FU'S PLANT-DICTIONARY (BETA EDITION)

植物科属大辞典 简明版

傅德志(De-zhi FU) 编著

長江出版傳媒 北京出版集团
崇文書局 北京出版社

图书在版编目（CIP）数据

植物科属大辞典 ： 简明版 / 傅德志编著． -- 武汉 ：
崇文书局 ； 北京 ： 北京出版社， 2024.6
ISBN 978-7-5403-7029-9

Ⅰ．①植… Ⅱ．①傅… Ⅲ．①植物－世界－词典
Ⅳ．①Q948.51-61

中国版本图书馆 CIP 数据核字（2022）第 202028 号

本书书名由王文采先生（1926—2022）生前题写；封面图（封怀木属植物科学画）由中国科学院华南植物园资深植物科学画家余峰绘制；封底图（圣赫勒拿橄榄 *Nesiota elliptica*）由作者傅德志提供。

植物科属大辞典·简明版
ZHIWU KESHU DA CIDIAN JIANMINGBAN

出 品 人：韩　敏　刘　可
项目策划：刘　可　张　弛
项目统筹：刘　可　张　弛
责任编辑：叶　芳　杨晓瑞　张　弛
责任校对：董　颖
责任印制：冯立慧
装帧设计：杨　艳
出版发行：长江出版传媒 崇文书局　北京出版集团 北京出版社
地　　址：武汉市雄楚大街 268 号 C 座 11 层
北京市西城区北三环中路 6 号
电　　话：(027)87677133　邮政编码　430070
印　　刷：湖北新华印务有限公司
开　　本：1/16
印　　张：66
字　　数：3 300 千
版　　次：2024 年 6 月第 1 版
印　　次：2024 年 6 月第 1 次印刷
定　　价：298.00 元

作者邮箱：nageia@qq.com，欢迎来信交流。

总目录

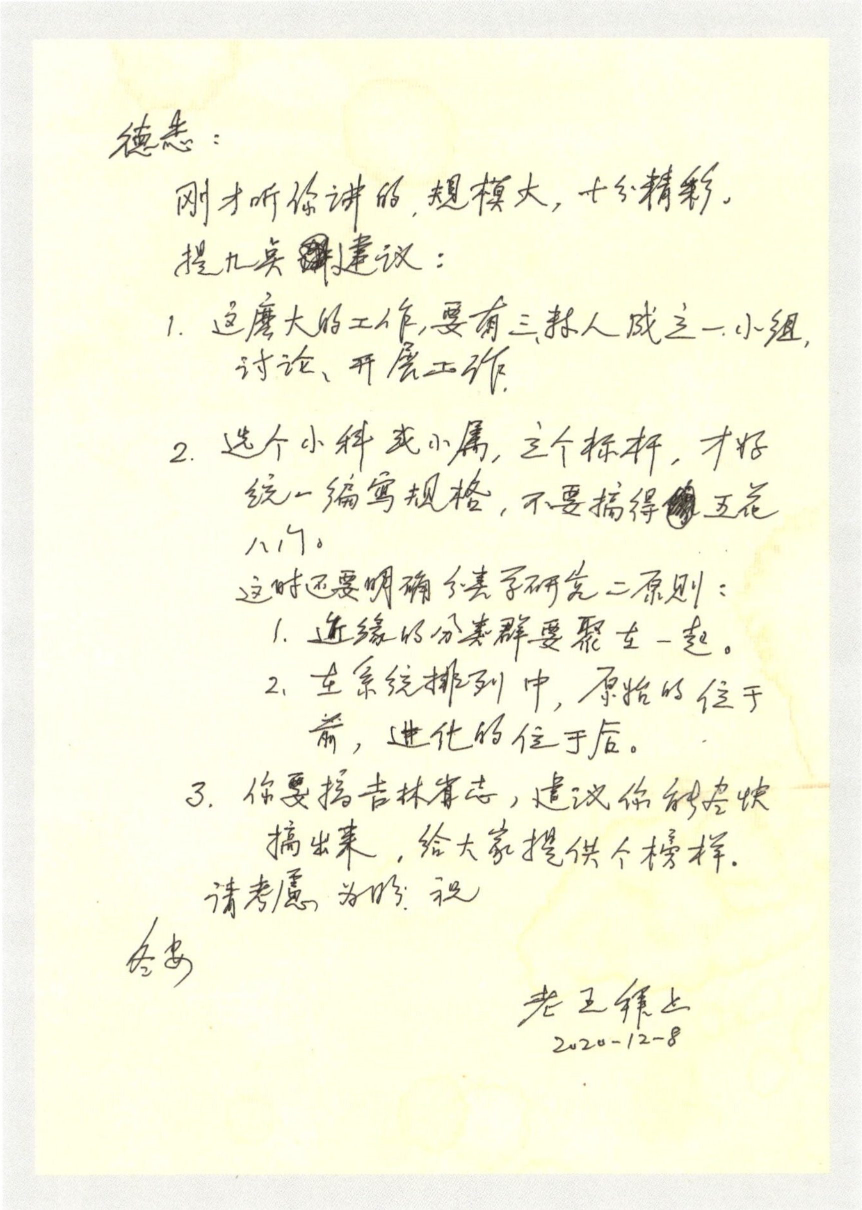
德志：

刚才听你讲的，规模大，十分精彩。

提几点建议：

1. 这么大的工作，要有三、数人成立一小组，讨论、开展工作。

2. 选个小科或小属，立个标杆，才好统一编写规格，不要搞得五花八门。

这时还要明确分类学研究二原则：

1. 近缘的分类群要聚在一起。

2. 在系统排列中，原始的位于前，进化的位于后。

3. 你要搞吉林省志，建议你能尽快搞出来，给大家提供个榜样。

请考虑，为盼。祝

安

老王维上

2020-12-8

王文采先生来信

本市 香山南辛村20号
中科院植物研究所 系统植物学研究室
傅德志 教授
海淀区中关村黄庄804楼703室
王文采寄
邮政编码：100190

王文采先生来信信封

前　　言

《植物科属大辞典》(简明版)共收录25817个植物拉丁学名。辞条中有1109个科名,其中1045个为可接受科名,8个为异型拼写科名,其他为包含在可接受科名里的狭义科名。辞条中有24708个属名,其中19043个为可接受属名,5665个为异名。词条中的苔藓植物接受科属为212科/2099属,蕨类植物为67科/610属,裸子植物为18科/94属,被子植物双子叶植物为594科/12725属,被子植物单子叶植物为154科/3515属。本辞典收录中国产高等植物527科,5734属,涵盖51935种,进一步确认中国高等植物种数为世界第一。中国产苔藓植物141科/721属/5598种,蕨类植物35科/162属/2693种, 裸子植物13科/59属/398种,被子植物双子叶植物268科/3745属/32233种,被子植物单子叶植物70科/1047属/11013种。

每个辞条的拉丁学名后,为该名称的定名人。异名定名人后面,用"="连接对应的接受名。接受名定名人后,是该植物名称的特征纪要、海拔、物候、生境、资源和以大洲为基本地理单位的全球分布数据等。中国分布数据位于世界分布数据之后。

本辞典编纂植物特征纪要的策略是首先基于《中国植物志》数据,保证中国产科属描述特征的准确性,进而覆盖全球植物描述特征的准确性。编纂全球所有高等植物科属描述特征是一种全新的尝试,所以目前的数据还不算完全成熟,因此在《植物科属大辞典》(简明版)的英文书名后注明为测试版(Beta Edition),仅供读者参考使用,并请多加批评指正。

简明版的编写中,全部采用中国学者发表的分类系统。苔藓植物分类系统采用贾渝2021年分类系统;蕨类植物采用秦仁昌1978年分类系统(陆树刚2020年最新修订);裸子植物采用傅德志、杨永、朱光华2004年分类系统。被子植物采用数字标准的被子植物新分类系统(傅德志2012)。以此证明,中国学者的植物分类研究深入到了理论研究阶段。学术研究历史中提出过的分类系统,都对各科的性状、描述和分布有过深入研究和贡献。本书附录了9家被子植物分类系统对照和转换表。中国学者胡先骕、张宏达、吴征镒提出的分类系统,以及数字标准的分类系统,都尽收其中。

王文采院士给学生晚辈的一封信,代为本书的序言。策划出版过我的全球植物专著系列的高继民编审是我研究生时代的同学,慧眼识珠开辟了世界性的植物学专著出版事业,值此《植物科属大辞典》(简明版)出版之际,欣然题跋,令本书蓬荜生辉。其中多有过誉之辞,我亦惭愧难当。感谢崇文书局和北京出版社两家单位共同策划、编辑、出版此书。感谢河北师范大学石硕博士审校本书的苔藓、蕨类和裸子植物部分的内容。感谢中国科学院植物研究所靳晓白博士审核本书的英文内容并提出意见。特别感谢植物所前所长方精云院士一直以来对全球植物大数据研究的支持。

傅德志

2023年12月28日

总 目 录

目录

凡　例

1. 本辞典收录的辞条为可接受的植物科属名称,共收录全球高等植物共收录全球高等植物1109科,24718属(其中包括19043个可接受属名和5665个异名),资料数据截至2023年6月。辞条内容基本包括植物科属拉丁学名、定名人(<unassigned>表示定名人待定)、特征纪要和分布项等。特征纪要基本由营养器官描述和生殖器官描述组成。分布项为全球各大洲分布数统计、各大洲分属种分布数以及中国产科属种的分布统计。南极洲作为泛洲际的地理单元,加之其上植物稀缺,一般将其上的植物种数放在非洲范围内计算。

2. 各大类群的编写均采用中国学者发表的分类系统。苔藓植物(科系统标志为B)的编写采用贾渝2021年分类系统;蕨类植物(科系统标志为F)的编写采用陆树刚2020年最新修订的秦仁昌分类系统;裸子植物(科系统标志为G)的编写采用傅德志、杨永、朱光华2004年分类系统,被子植物(双子叶植物科系统标志为MD,单子叶植物科系统标志为MM)的编写按照傅德志2012年公布的数字分类系统。

3. 苔藓,蕨类和裸子植物的特征纪要首先描述植物习性,然后以【Rep】开始标记对生殖器官的简要描述。植物习性及物候、海拔、生境、资源等内容不详的,用“-”标记。如:

Abietinella Müll. Hal. 山羽藓属 Thuidiaceae [B-184] 特征纪要:习性:-。【Rep】:雌苞叶具细长尖,有时叶边具纤毛,蒴柄细长,平滑,稀具密疣,孢蒴卵状圆柱形,倾立至平列,蒴齿两层,黄棕,内雌苞叶椭圆状披针形,上部具长纤毛,蒴柄平滑,孢蒴圆柱形,平列,内齿层基膜高达1/2,齿毛2-3。物候:-。海拔:700米。生境:常见于土上,土生。资源:-。全球5个大洲分布及种数(-)非洲:1;亚洲:3;大洋洲:1;欧洲:2;北美洲:1。【中国种数:8】。

Abacopteris Fée 金盘蕨属 Dryopteridaceae [F-49] 特征纪要:习性:-。【Rep】:孢子同形,囊群生叶背有盖-无盖。物候:-。海拔:20-2500米。生境:密林下,水旁密林。资源:-。全球3个大洲分布及种数(40)非洲:2; 亚洲:28; 大洋洲:7。

Abies Mill. 冷杉属 Pinaceae [G-15] 特征纪要:习性:-。【Rep】:复轴,球果状,苞鳞种鳞分离,球果当年成熟,直立,卵状圆柱形至短圆柱形,有短梗或几无梗,种鳞木质,腹面有2粒种子,背面托一基部结合而生的苞鳞,苞鳞露出,微露出或不露出,种子上部具宽大的膜质长翅。物候:-。花期:4-5月。果期:参考晚于花期。海拔:1400-1800米。生境:高山地区。资源:具栽培园艺种类。全球6个大洲分布及种数(65-77;hort. 1;cult: 21)非洲:20-67;亚洲:55-107;大洋洲:16-65;欧洲:32-81;北美洲:46-95;南美洲:8-55。【中国种数:37】。

因资料数据限制,同科多个属的特征纪要可能同时承继科的特征纪要而重复,使用者可以根据自己掌握的数据,完善科内各属的检索特征。

4. 被子植物营养器官特征多为简单的习性描述,生殖器官描述基本以花程式表示。习性及花程式内容不详的,用“-”标记。如:

Acaciella Britton & Rose 灰合欢属 Fabaceae3［MD-240］特征纪要:习性:木本。花程式:K1-∞,C3-5-∞,A5-9,=↓G1。物候:-。花期:7-11月。果期:参考晚于花期。海拔:7500米。生境:低荒漠河滩常见种。资源:-。全球6个大洲分布及种数(27-30;hort.1)非洲:1;亚洲:1-4;大洋洲:1;欧洲:1-2;北美洲:26-30;南美洲:2-4。【中国种数:3】。

Acanthophoenix H. Wendl. 刺椰属 Arecaceae［MM-717］特征纪要:习性:木本。花程式:K3-10,C3-10,A3-10,=G3-10。物候:-。海拔:-。生境:-。资源:具栽培园艺种类。全球4个大洲分布及种数(2-6)非洲:6; 亚洲:5; 北美洲:3; 南美洲:3。

5. 花程式里的S为花萼,K为萼片,P为花瓣,C为花冠,A为雄蕊,O为心皮,G为子房,Ou为胚珠,腹缝线为胚珠着生位置。F:后为果实特征,S:后为种子特征。

6. 分布项一般采用属种数的上限。科的分布以“属数/种数”表示,属的分布以种数表示。前后以符号“-”分隔的两组数字,表示种数上下限的范围。

7. 地理分布上,在地理名称前面加“◆”符号的,表示为该地理单元上的特有成分,如该地理单位后仍有其他地理单位植物数目出现,即为其他地理单位上的外来植物数目。

8. 本书附录部分,科属名称前面有“★”符号的为中国产科属。属接受名使用黑体,异名使用斜体。科属检索附录中的数据略有更新,可参考使用。

A

Aa Rchb. f. 阿兰属 Orchidaceae [MM－723] 特征纪要:习性:草本。花程式:(K)3,C3,A3, = ↓G3。其他特征参考科。全球6个大洲分布及种数(25－49)非洲:4; 亚洲:4; 大洋洲:2; 欧洲:10; 北美洲:10; 南美洲:47。

Aakia J. R. Grande 美嘉草属 Poaceae [MM－748] 特征纪要:习性:草本。花程式:－。其他特征参考科。全球1个大洲分布及种数(1)◆北美洲。

Aapaca Metzdorff = **Uapaca**

Abacopteris Fée 金盘蕨属 Dryopteridaceae [F－49] 特征纪要:习性:－。【Rep】:孢子同形,囊群生叶背有盖－无盖。物候:－。海拔:20－2500米。生境:密林下,水旁密林。资源:－。全球3个大洲分布及种数(40)非洲:2; 亚洲:28; 大洋洲:7。

Abarema Pittier 围涎树属 Fabaceae3 [MD－240] 特征纪要:习性:－。花程式:－。物候:－。花期:5－7月。果期:参考晚于花期。海拔:100－2500米。生境:山坡常绿阔叶林,疏林。资源:具栽培园艺种类。全球6个大洲分布及种数(47－53;hort. 1)非洲:7;亚洲:7－16;大洋洲:2－9;欧洲:7;北美洲:14－23;南美洲:35－44。

Abasicarpon (Andrz. ex Rchb.) Rchb. 十字花科属 Brassicaceae [MD－213] 特征纪要:习性:－。花程式:－。其他特征参考科。分布:－。

Abatia Ruiz & Pav. 阿巴特木属 Salicaceae [MD－123] 特征纪要:习性:木本。花程式:－。其他特征参考科。全球4个大洲分布及种数(10－31)亚洲:2; 欧洲:6; 北美洲:6; 南美洲:26。

Abbevillea O. Berg = **Campomanesia**

Abbottella <unassigned> 沼花荷属 Rhodoleiaceae [MD－64] 特征纪要:－。全球1个大洲分布及种数(1)◆大洋洲。

Abdominea J. J. Sm. 虫腹兰属 Orchidaceae [MM－723] 特征纪要:习性:－。花程式:－。其他特征参考科。全球1个大洲分布及种数(cf. 1)◆亚洲。

Abdra Greene = **Draba**

Abelia R. Br. 糯米条属 Caprifoliaceae [MD－510] 特征纪要:习性:木本。花程式:－。物候:－。花期:参考早于果期。果期:8－10月。海拔:200－1500米。生境:沟边,灌丛,山坡林下或林缘。资源:药用,具栽培园艺种类。全球6个大洲分布及种数(27－28)非洲:3;亚洲:22－27;大洋洲:3;欧洲:6－9;北美洲:10－14;南美洲:3。

Abeliophyllum Nakai 翅果连翘属 Oleaceae [MD－498] 特征纪要:习性:木本。花程式:－。物候:－。花期:4月。果期:参考晚于花期。海拔:4500米。生境:北山坡潮湿地,自然山坡地。资源:具园艺种类。全球3个大洲分布及种数(1－3)亚洲:2; 大洋洲:2; 北美洲:2。

Abelmoschus Medik. 秋葵属 Malvaceae [MD－203] 特征纪要:习性:木本。花程式:－。物候:－。花期:5－9月。果期:参考晚于花期。海拔:1000－2100米。生境:草坡。资源:药用,具栽培园艺种类。全球6个大洲分布及种数(15－80)非洲:18; 亚洲:44; 大洋洲:20; 欧洲:11; 北美洲:11; 南美洲:11。【中国种数:7】。

Aberrantia (Lür) Lür 黄药兰属 Orchidaceae [MM－723] 特征纪要:习性:－。花程式:－。其他特征参考科。全球1个大洲分布及种数(cf. 1)◆北美洲。

Abesina Neck. = **Verbesina**

Abies Mill. 冷杉属 Pinaceae [G－15] 特征纪要:习性:－。【Rep】:复轴,球果状,苞鳞种鳞分离,球果当年成熟,直立,卵状圆柱形至短圆柱形,有短梗或几无梗,种鳞木质,腹面有2粒种子,背面托一基部结合而生的苞鳞,苞鳞露出,微露出或不露出,种子上部具宽大的膜质长翅。物候:－。花期:4－5月。果期:参考晚于花期。海拔:1400－1800米。生境:高山地区。资源:具栽培园艺种类。全球6个大洲分布及种数(65－77;hort. 1;cult. 21)非洲:20－67;亚洲:55－107;大洋洲:16－65;欧洲:32－81;北美洲:46－95;南美洲:8－55。【中国种数:37】。

Abietaceae Gray = Pinaceae

Abietinella Müll. Hal. 山羽藓属 Thuidiaceae [B－184] 特征纪要:习性:－。【Rep】:雌苞叶具细长尖,有时叶边具纤毛,蒴柄细长,平滑,稀具密疣,孢蒴卵状圆柱形,倾立至平列,蒴齿两层,黄棕,内雌苞叶椭圆状披针形,上部具长纤毛,蒴柄平滑,孢蒴圆柱形,平列,内齿层基膜高达1/2,齿毛2－3。物候:－。海拔:700米。生境:常见于土上,土生。资源:－。全球5个大洲分布及种数(－)非洲:1;亚洲:3;大洋洲:1;欧洲:2;北美洲:1。【中国种数:8】。

Abildgaardia Vahl 扁拂草属 Cyperaceae [MM－747] 特征纪要:习性:草本。花程式:－。物候:－。花期:参考早于果期。果期:5－6月。海拔:5700米。生境:潮湿处,林下和路边。资源:－。全球6个大洲分布及种数(16－53;hort. 1)非洲:1－27;亚洲:11－42;大洋洲:6－33;欧洲:3－31;北美洲:4－33;南美洲:6－36。

Abilgaardia Poir. = **Abildgaardia**

Ablania Aubl. = **Sloanea**

Abobra Naudin 阿波瓜属 Cucurbitaceae［MD－205］特征纪要：习性：木本。花程式：K3－5，C3－5，A3－5，＝↓G1－2。其他特征参考科。全球 1 个大洲分布及种数(1)◆南美洲。

Abolboda Bonpl. 蓝眼草属 Xyridaceae［MM－712］特征纪要：习性：草本。花程式：(K)3，C3，A3－6，＝G3。其他特征参考科。全球 1 个大洲分布及种数(23)◆南美洲。

Aboriella Bennet = **Pellionia**

Abrahamia Randrian. & Lowry 尖丝漆属 Anacardiaceae［MD－432］特征纪要：习性：木本。花程式：－。其他特征参考科。全球 1 个大洲分布及种数(18－34)◆非洲。

Abrodictyum C. Presl 长片蕨属 Hymenophyllaceae［F－21］特征纪要：习性：－。【Rep】：孢子囊群生在向轴的短裂片的顶端。物候：－。海拔：200－3700 米。生境：常绿阔叶林，砂岩基部生，竹林石隙中。资源：－。全球 1 个大洲分布及种数(11－12)◆亚洲。

Abroma Jacq. 昂空莲属 Malvaceae［MD－203］特征纪要：习性：木本。花程式：－。物候：－。花期：4 月。果期：参考晚于花期。海拔：100－3000 米。生境：板状干基，中山坡路边灌丛。资源：具园艺种类。全球 6 个大洲分布及种数(3)非洲：2－4；亚洲：2－4；大洋洲：1－3；欧洲：1－3；北美洲：1－3；南美洲：1－3。【中国种数：1】。

Abromeitiella Mez 亚菠萝属 Bromeliaceae［MM－715］特征纪要：习性：草本。花程式：(K)3，C3，A6，↓G。其他特征参考科。全球 1 个大洲分布及种数(－)◆南美洲。

Abronia Juss. 沙马鞭属 Nyctaginaceae［MD－107］特征纪要：习性：木本。花程式：K1－5，C0，A5，＝G1。其他特征参考科。全球 1 个大洲分布及种数(31－66)◆北美洲。【中国种数：2】。

Abrophyllaceae (Endl.) Nakai［MD－342］王冠果科 特征纪要：习性：木本；落叶。花程式：K3，C3，A－，↓(G)－。全球 1 个大洲分布及属种数(2/4 hort. 1)◆大洋洲：1/ 2。

Abrophyllum Hook. f. 澳八仙属 Abrophyllaceae［MD－342］特征纪要(同科)。全球 1 个大洲分布及种数(2)◆大洋洲(◆澳大利亚)。

Abrotanella Cass. 垫菊属 Asteraceae［MD－586］特征纪要：习性：草本。花程式：(K)3－5，(C)3－5，A3－5，＝↓G2。其他特征参考科。全球 6 个大洲分布及种数(19－26)非洲：3－6；亚洲：1－4；大洋洲：10－17；欧洲：3；北美洲：3；南美洲：7－10。

Abrus Adans. 相思子属 Fabaceae3［MD－240］特征纪要：习性：木本。花程式：－。物候：－。花期：3－6 月。果期：参考晚于花期。海拔：200－1700 米。生境：山地疏林中。栽培：来自广西龙州。资源：药用，具栽培园艺种类。全球 6 个大洲分布及种数(16－22；hort. 1；cult. 2)非洲：13－30；亚洲：5－21；大洋洲：1－15；欧洲：13；北美洲：3－18；南美洲：5－20。【中国种数：4】。

Absconditella <unassigned> 滑芽藓属 Sorapillaceae［B－212］特征纪要：－。全球 1 个大洲分布及种数(－)。

Absolmsia Kuntze 鹰爪球兰属 Apocynaceae［MD－492］特征纪要：习性：木质攀援。花程式：(K－)，C5，A5，↓G－。物候：－。花期：8 月。果期：参考晚于花期。海拔：700 米。生境：山地杂林中。资源：－。全球 1 个大洲分布及种数(1－2)◆亚洲。

Abumon Adans. = **Agapanthus**

Abuta Aubl. 脱皮藤属 Menispermaceae［MD－42］特征纪要：习性：草本。花程式：K1(6－40)，C3，A1－6－40，＝G1－3。物候：－。海拔：200－2500 米。生境：板页岩岩石上，竹林中。资源：－。全球 1 个大洲分布及种数(38－39)◆南美洲。【中国种数：2】。

Abutilon Mill. 苘麻属 Malvaceae［MD－203］特征纪要：－。全球 6 个大洲分布及种数(618)非洲：50－87；亚洲：26－83；大洋洲：34－69；欧洲：4－16；北美洲：50－80；南美洲：50－235。【中国种数：17】。

Abutilothamnus Ulbr. = **Bastardiopsis**

Acacallis Lindl. 美兰属 Orchidaceae［MM－723］特征纪要：习性：－。花程式：－。其他特征参考科。全球 1 个大洲分布及种数(1－2)◆南美洲。

Acachmena H. P. Fuchs 十字花科属 Brassicaceae［MD－213］特征纪要：习性：－。花程式：－。其他特征参考科。分布：－。

Acacia Mill. 美合欢属 Fabaceae1［MD－238］特征纪要：习性：木质攀援。花程式：Kn，C2－3 参考科，A8，＝↓G－。物候：－。花期：4 月。果期：参考晚于花期。海拔：1200－1600 米。生境：薄森林，山地。资源：药用，具栽培园艺种类。全球 6 个大洲分布及种数(1182－1648；hort. 1；cult. 25)非洲：108－338；亚洲：137－294；大洋洲：996－1218；欧洲：38－132；北美洲：248－379；南美洲：149－285。【中国种数：41】。

Acaciella Britton & Rose 灰合欢属 Fabaceae3［MD－240］特征纪要：习性：木本。花程式：K1－∞，C3－5－∞，A5－9，＝↓G1。物候：－。花期：7－11 月。果期：参考晚于花期。海拔：7500 米。生境：低荒漠河滩常见种。资源：－。全球 6 个大洲分布及种数(27－30；hort. 1)非洲：1；亚洲：1－4；大洋洲：1；欧洲：1－2；北美洲：26－30；南美洲：2－4。【中国种数：3】。

Acaena Mutis ex L. 芒刺果属 Rosaceae［MD－246］特征纪要：习性：木本。花程式：－。物候：－。海拔：50－5400 米。生境：缢头沼泽地，自然山坡地。资源：具栽培园艺种类。全球 6 个大洲分布及种数(93－121；hort. 1；cult. 6)非洲：8－12；亚洲：85－111；大洋洲：23－34；欧洲：25－29；北美洲：18－21；南美洲：61－74。【中国种数：2】。

Acalypha L. 铁苋菜属 Euphorbiaceae［MD－217］特征纪要：习性：木本。花程式：－。物候：－。花期：3－8 月。果期：参考晚于花期。海拔：100－1900 米。生境：低海拔河谷干燥疏林下，中海拔山地灌木林中。资源：具栽培园艺种类。全球 6 个大洲分布及种数(388－523；hort. 1；cult. 28)非洲：157－258；亚洲：125－198；大洋洲：89－172；欧洲：50－107；北美洲：228－308；南美洲：179－250。【中国种数：89】。

Acalyphes Hassk. = **Acalypha**

Acalyphopsis Pax & K. Hoffm. = **Acalypha**

Acampe Lindl. 脆兰属 Orchidaceae［MM－723］特征纪要:习性:草本(多肉)。花程式:Kn,C2－3 参考科,A3 参考科,=↓(G)3。物候:－。花期:11 月。果期:参考晚于花期。海拔:300－1800 米。生境:附生。资源:具栽培园艺种类。全球 6 个大洲分布及种数(9－11;hort. 1)非洲:3－5;亚洲:8－12;大洋洲:1－3;欧洲:2;北美洲:1－3;南美洲:2。【中国种数:5】。

Acamptodous Duby = **Lepidopilum**

Acamptopappus A. Gray 直冠菊属 Asteraceae［MD－586］特征纪要:习性:草本。花程式:(K)3－5,(C)3－5,A3－5,↓G。其他特征参考科。全球 1 个大洲分布及种数(3)◆北美洲。

Acanos Adans. = **Onopordum**

Acantacaryx Arruda ex H. Kost. = **Caryocar**

Acanthaceae Juss.［MD－572］爵床科 特征纪要:习性:木本,藤本;落叶。花程式:↙ K4－5(－),C4－5,A8,↓(G)－。物候:－。花期:4－5 月,果期:8－9 月。果实:蒴果。种子:扁或透镜形,棕。海拔:0 米。生境:滨海地带,为红树林重要组成之一,栽培。资源:园林与花卉。栽培:中国有栽培。全球 6 个大洲分布及属种数(263－312/5156－7561 <IFR 42/134> hort. 1;cult. 26) 非洲:117－126/1713－2268(IFR 20/58); 亚洲:91－102/1759－2183(IFR 16/32); 大洋洲:36－37/216－271(IFR 6/10); 欧洲:17/56－69; 北美洲:68－69/773－884(IFR 12/22); 南美洲:73－86/1531－1861(IFR 9/19)。【中国属种数:50/410】。

Acanthella Hook. f. 小老鼠簕属 Melastomataceae［MD－364］特征纪要:习性:木本。花程式:K4－5,C4－5,A4－5,=↓(G)3－4。其他特征参考科。全球 3 个大洲分布及种数(2－7)非洲:2; 亚洲:2; 南美洲:7。

Acanthephippium Bl. ex Endl. 坛花兰属 Orchidaceae［MM－723］特征纪要:习性:－。花程式:－。物候:－。花期:4－5 月。果期:参考晚于花期。海拔:400－1350 米。生境:森林。资源:－。全球 5 个大洲分布及种数(26)非洲:6; 亚洲:24; 大洋洲:5; 北美洲:2; 南美洲:2。

Acanthinophyllum Allemão 桑科属 Moraceae［MD－87］特征纪要:习性:－。花程式:－。其他特征参考科。全球 1 个大洲分布及种数(5)◆南美洲:1。

Acanthium Hall. = **Onopordum**

Acanthocalycium Backeb. 花冠球属 Cactaceae［MD－100］特征纪要:习性:木本。花程式:K1－∞,C1－∞,A3－100,=↓G－。其他特征参考科。全球 2 个大洲分布及种数(7－19)北美洲:1; 南美洲:9。

Acanthocalyx (DC.) Van Tiegh. 刺续断属 Morinaceae［MD－546］特征纪要:木本,落叶,复叶; 花程式:(K)4,C4,A4,G(－)。果实:－。种子:柱状,圆柱形。全球 1 个大洲分布及种数(2－3)◆亚洲。

Acanthocarpus Lehm. 刺刃草属 Asparagaceae［MM－669］特征纪要:习性:草本。花程式:(K－),C0 参考科,A3 参考科,G3 参考科。其他特征参考科。全球 2 个大洲分布及种数(7－17)大洋洲:16; 南美洲:3。

Acanthocephalus Kar. & Kir. 棘头花属 Asteraceae［MD－586］特征纪要:习性:草本。花程式:(K)3－5,(C)3－5,A3－5,=↓G2。其他特征参考科。全球 3 个大洲分布及种数(2－5)亚洲:2; 北美洲:1; 南美洲:1。【中国种数:1】。

Acanthocereus (Engelm.) Britton & Rose 刺萼柱属 Cactaceae［MD－100］特征纪要:习性:木本。花程式:K1－∞,C1－∞,A3－100,=↓G3－100－。物候:－。海拔:－。生境:－。资源:具园艺种类。全球 5 个大洲分布及种数(15－52)非洲:3; 亚洲:5; 大洋洲:3; 北美洲:24; 南美洲:29。

Acanthochlamydaceae P. C. Kao［MM－692］芒苞草科 特征纪要:习性:草本;落叶。花程式:(K)6－,C6,A5,↓(G)－。物候:－。花期:6 月。果期:8 月。果实:－。种子:椭圆形作为亚科来处理。海拔:2700－3500 米。生境:草地上或开阔灌丛中。资源:－。栽培:－。全球 1 个大洲分布及属种数(2/3 hort. 1)◆非洲:1/ 19－24。

Acanthochlamys P. C. Kao 芒苞草属 Acanthochlamydaceae［MM－692］特征纪要:同科。全球 3 个大洲分布及种数(1－2)亚洲:2; 欧洲:2; 北美洲:2。【中国种数:1】。

Acanthocladiella M. Fleisch. 灰藓科属 Sematophyllaceae［B－192］特征纪要:－。全球 1 个大洲分布及种数(－)。

Acanthocladium F. Müll. 锦藓科属 Sematophyllaceae［B－192］特征纪要:习性:草本。【Rep】:参考科特征:雌雄同株或雌雄异株,稀雌雄杂株,蒴柄细长,下部平滑,上部具乳头突起,孢蒴小,垂倾或悬垂,长卵形或长圆,多暗色、绿色至金黄色。物候:－。全球 3 个大洲分布及种数(1－85)大洋洲:1; 北美洲:1; 南美洲:1。

Acanthocladus Klotzsch ex Hassk. 刺远志属 Polygalaceae［MD－291］特征纪要:习性:木本。花程式:－。其他特征参考科。全球 2 个大洲分布及种数(10－17)北美洲:2; 南美洲:11。

Acanthococos Barb. Rodr. = **Acrocomia**

Acanthocoleus R. M. Schust. 刺鳞苔属 Lejeuneaceae［B－84］特征纪要:习性:－。【Rep】:老时呈红褐色。物候:－。海拔:－。生境:山坡,针阔混交林中。资源:－。全球 6 个大洲分布及种数(16)非洲:3; 亚洲:4; 大洋洲:2; 欧洲:3; 北美洲:3; 南美洲:6。

Acanthodesmos C. D. Adams & duQüsnay 刺链菊属 Asteraceae［MD－586］特征纪要:习性:草本。花程式:(K)3－5,C3－5,A3－5,=↓(G)2。其他特征参考科。全球 2 个大洲分布及种数(2－4)北美洲:4; 南美洲:2。

Acanthodium Delile 簕藓属 Sematophyllaceae［B－192］特征纪要:习性:－。【Rep】:参考科特征:雌雄同株或雌雄异株,稀雌雄杂株,蒴柄细长,下部平滑,上部具乳头突起,孢蒴小,垂倾或悬垂,长卵形或长圆,多暗色、绿色至金黄色。其他特征参考科。全球 1 个大洲分布及种数(27)◆南美洲:1。【中国种数:1】。

Acanthodus Raf. = **Acanthus**

Acanthogilia A. G. Day & Moran 柏麻木属 Polemoniaceae［MD－481］特征纪要:习性:木本。花程式:－。其他特

征参考科。全球 1 个大洲分布及种数(1)◆北美洲。

Acantholejeunea (R. M. Schust.) R. M. Schust. 锥鳞苔属 Lejeuneaceae [B-84] 特征纪要:习性:-。【Rep】:老时呈红褐色。其他特征参考科。全球 1 个大洲分布及种数(3)◆亚洲:3。

Acantholepis Less. 棘苞菊属 Asteraceae [MD-586] 特征纪要:习性:-。花程式:-。其他特征参考科。全球 2 个大洲分布及种数(2)非洲:2; 亚洲:2。

A

Acantholimon Boiss. 彩花属 Plumbaginaceae [MD-227] 特征纪要:习性:草本,少灌木。花程式:(K-),C2-3 参考科,A3 参考科,=↓G5。物候:-。花期:9-10 月。果期:参考晚于花期。海拔:1300-2500 米。生境:黄土山坡上,岩石缝隙上。资源:具栽培园艺种类。全球 6 个大洲分布及种数(93-328;hort. 1;cult. 4)非洲:1-2;亚洲:90-304;大洋洲:1;欧洲:7-11;北美洲:8-10;南美洲:1。【中国种数:11】。

Acantholippia Griseb. 刺甜舌草属 Verbenaceae [MD-556] 特征纪要:习性:木本。花程式:-。其他特征参考科。全球 4 个大洲分布及种数(1-11)大洋洲:4; 欧洲:4; 北美洲:4; 南美洲:10。

Acanthomintha (A. Gray) A. Gray 刺薷属 Lamiaceae [MD-575] 特征纪要:习性:草本。花程式:K2,C0,A2,↓G。其他特征参考科。全球 3 个大洲分布及种数(5-11)亚洲:2; 北美洲:9; 南美洲:2。【中国种数:1】。

Acanthonema Hook. f. 齿丝苣苔属 Gesneriaceae [MD-549] 特征纪要:习性:草本。花程式:K5,C0,A2,=↓G2。其他特征参考科。全球 2 个大洲分布及种数(11)非洲:4; 南美洲:8。

Acanthonotus Benth. = **Indigofera**

Acanthopale C. B. Clarke 刺粉花属 Acanthaceae [MD-572] 特征纪要:习性:草本。花程式:K2-4,C0,A2-4,=G2。其他特征参考科。全球 6 个大洲分布及种数(11-15)非洲:10-17;亚洲:3;大洋洲:3;欧洲:3;北美洲:1-4;南美洲:3。

Acanthophippium Bl. ex Endl. 坛花兰属 Orchidaceae [MM-723] 特征纪要:习性:-。花程式:-。其他特征参考科。全球 3 个大洲分布及种数(12-16)非洲:1; 亚洲:13; 大洋洲:1。【中国种数:2】。

Acanthophoenix H. Wendl. 刺椰属 Arecaceae [MM-717] 特征纪要:习性:木本。花程式:K3-10,C3-10,A3-10,=G3-10。物候:-。海拔:-。生境:-。资源:具栽培园艺种类。全球 4 个大洲分布及种数(2-6)非洲:6; 亚洲:5; 北美洲:3; 南美洲:3。

Acanthophyllum C. A. Mey. 刺叶属 Caryophyllaceae [MD-77] 特征纪要:-。全球 4 个大洲分布及种数(48-90)非洲:16-48;亚洲:46-76;欧洲:1;北美洲:1。【中国种数:3】。

Acanthophyton Less. = **Cichorium**

Acanthoprasium (Benth.) Spach 宽萼苏属 Lamiaceae [MD-575] 特征纪要:习性:-。花程式:-。其他特征参考科。全球 1 个大洲分布及种数(-)。

Acanthopsis Harv. 拟老鼠簕属 Acanthaceae [MD-572] 特征纪要:习性:草本。花程式:K2-4,C0,A2-4,↓G。物候:-。海拔:-。生境:-。资源:具园艺种类。全球 4 个大洲分布及种数(22-55)非洲:50; 亚洲:5; 大洋洲:2; 南美洲:10。

Acanthorrhinum Rothm. 针玄参属 Plantaginaceae [MD-527] 特征纪要:习性:灌木。花程式:K2-4,C0,A2-4,=G2-3。其他特征参考科。全球 3 个大洲分布及种数(1-3)非洲:2; 欧洲:2; 北美洲:2。

Acanthorrhiza H. Wendl. = **Cryosophila**

Acanthorrhynchium M. Fleisch. 锥锦藓属 Sematophyllaceae [B-192] 特征纪要:习性:-。【Rep】:雌雄同株或雌雄异株,稀雌雄杂株,蒴柄细长,下部平滑,上部具乳头突起,孢蒴小,垂倾或悬垂,长卵形或长圆,多暗色、绿色至金黄色。生境:常见于竹上,岩石上。全球 4 个大洲分布及种数(9) 非洲:3;亚洲:5;大洋洲:5;南美洲:1。

Acanthosabal Prosch. = **Acoelorraphe**

Acanthoscyphus Small 多芒蓼属 Polygonaceae [MD-120] 特征纪要:习性:草本。花程式:K2-3,C0,A2,↓G-参考科。其他特征参考科。全球 1 个大洲分布及种数(1)◆北美洲。

Acanthosicyos Welw. ex Benth. & Hook. f. 刺枝瓜属 Cucurbitaceae [MD-205] 特征纪要:习性:木本。花程式:K3-5,C3-5,A3-5,=↓G(-)。资源:具园艺种类。全球 1 个大洲分布及种数(2)◆非洲。

Acanthospermum Schrank 刺苞果属 Asteraceae [MD-586] 特征纪要:习性:草本。花程式:(K)3-5,C3-5,A3 参考科,=↓G2。物候:-。花期:6-7 月。果期:参考晚于花期。海拔:1900 米。生境:生于平坡及河边沟旁,杂草。资源:具栽培园艺种类。全球 6 个大洲分布及种数(6-37)非洲:5; 亚洲:5; 大洋洲:4; 欧洲:6; 北美洲:6; 南美洲:27。【中国种数:2】。

Acanthospora Spreng. = **Tillandsia**

Acanthostachys Link, Klotzsch & Otto 刺穗凤梨属 Bromeliaceae [MM-715] 特征纪要:习性:草本。花程式:(K)3,C3,A6,=↓G3。物候:-。海拔:-。生境:-。资源:具园艺种类。全球 3 个大洲分布及种数(3-10)亚洲:2; 北美洲:3; 南美洲:10。

Acanthostyles R. M. King & H. Rob. 刺柱菊属 Asteraceae [MD-586] 特征纪要:习性:草本。花程式:(K-),(C)3-5,A3 参考科,↓G。其他特征参考科。全球 3 个大洲分布及种数(2-3)亚洲:2; 北美洲:2; 南美洲:3。

Acanthosyris (Eichler) Griseb. 刺沙针属 Santalaceae [MD-412] 特征纪要:习性:木本。花程式:K3-4,C0,A3-4,=↓G2-3。其他特征参考科。全球 3 个大洲分布及种数(6-8)大洋洲:1; 北美洲:3; 南美洲:8。

Acanthothamnus Brandegee 刑钉榄属 Celastraceae [MD-339] 特征纪要:习性:木本。花程式:K2-3,C2-3,A10,=G2-5。其他特征参考科。全球 2 个大洲分布及种数(1-4)北美洲:2; 南美洲:3。

Acanthotheca DC. = **Dimorphotheca**

Acanthotrichilia (Urb.) O. F. Cook & Collins = **Trichilia**

Acanthura Lindau 棘尾爵床属 Acanthaceae［MD－572］特征纪要:习性:－。花程式:－。其他特征参考科。全球2个大洲分布及种数(27)亚洲:8; 南美洲:25。
Acanthus L. 老鼠勒属 Acanthaceae［MD－572］特征纪要:习性:草质攀援(基生,多肉)。花程式:－。物候:－。花期:4－5月。果期:参考晚于花期。海拔:550－1150米。生境:滨海地带,为红树林重要组成之一。资源:具栽培园艺种类。全球6个大洲分布及种数(23－40;hort. 1;cult. 3)非洲:13－43;亚洲:13－39;大洋洲:5－25;欧洲:8－29;北美洲:7－27;南美洲:5－25。【中国种数:6】。
Acareosperma Gagnep. 东南亚葡萄属 Vitaceae［MD－403］特征纪要:习性:木本。花程式:－。其他特征参考科。全球1个大洲分布及种数(1)◆亚洲:1。
Acarospora A. Massal. 锦藓科属 Sematophyllaceae［B－192］特征纪要:－。全球6个大洲分布及种数(180)非洲:9; 亚洲:27; 大洋洲:5; 欧洲:15; 北美洲:6; 南美洲:50。
Acarphaea Harv. & A. Gray = **Chaenactis**
Acaulimalva Krapov. 无茎锦葵属 Malvaceae［MD－203］特征纪要:习性:木本。花程式:K5－∞,C5－∞,A10－8,＝G1－5。资源:具园艺种类。全球2个大洲分布及种数(21－24)大洋洲:1; 南美洲:24。
Acaulon Müll. Hal. 矮藓属 Pottiaceae［B－133］特征纪要:习性:－。【Rep】:孢腔轮廓清晰,蒴齿缺如,或具蒴齿而无基膜,下部呈黄绿或黄棕色。物候:－。海拔:－。生境:常见于高山岩石上。栽培:来自广西龙州。资源:具栽培园艺种类。全球6个大洲分布及种数(19) 非洲:8;亚洲:3;大洋洲:10;欧洲:6;北美洲:4;南美洲:4。【中国种数:2】。
Acaulonopsis R. H. Zander & Hedd. 丛藓科属 Pottiaceae［B－133］特征纪要:习性:－。【Rep】:孢腔轮廓清晰,蒴齿缺如,或具蒴齿而无基膜,下部呈黄绿或黄棕色。其他特征参考科。全球1个大洲分布及种数(2)◆非洲。
Acaulum Hedw. ex I. Hagen = **Acaulon**
Acca O. Berg 野凤榴属 Myrtaceae［MD－347］特征纪要:习性:木本。花程式:K4,C4,A8－10,＝↓G2－5。花期:4月。果期:参考晚于花期。海拔:100－2900米。生境:矮林,山坡,低丘和草原,总梗上,易于识别。资源:具园艺种类。全球6个大洲分布及种数(2－17)非洲:4; 亚洲:6; 大洋洲:16; 欧洲:7; 北美洲:7; 南美洲:16。
Accara Landrum 雅凤榴属 Myrtaceae［MD－347］特征纪要:习性:木本。花程式:K4,C4,A8－10,＝↓G2－5。其他特征参考科。全球5个大洲分布及种数(1－18)非洲:2; 亚洲:2; 大洋洲:2; 北美洲:2; 南美洲:18。
Accia A. St.－Hil. = **Plukenetia**
Acentra Phil. 堇菜科属 Violaceae［MD－126］特征纪要:习性:－。花程式:－。其他特征参考科。全球1个大洲分布及种数(5)◆南美洲:1。
Acer L. 枫属 Aceraceae［MD－431］特征纪要(同科)。全球6个大洲分布及种数(178－242;hort. 1;cult. 78)非洲:34－118;亚洲:163－265;大洋洲:13－97;欧洲:48－136;北美洲:89－179;南美洲:15－100。【中国种数:108】。
Aceraceae Juss.［MD－431］槭树科 特征纪要:习性:木本;常绿,落叶。花程式:K5,C5,A4－5,↑G－。物候:－。花期:3－4月。果期:9月。果实:翅果,瘦果。种子:种皮很薄,直径5－7毫米;总果梗长1－2厘米。海拔:0米。生境:安师大花房,自然山坡地。资源:园林。栽培:中国有栽培。全球6个大洲分布及属种数(3/183－247 < IFR 1/51 > hort. 1;cult. 2) 非洲:1/35; 亚洲:3/169－179(IFR 1/38); 大洋洲:1/14; 欧洲:1/49－53(IFR 1/4); 北美洲:1/89－95(IFR 1/11); 南美洲:1/15－16。【中国属种数:1/108】。
Aceranthus C. Morren & Decne. = **Epimedium**
Acerates Elliott 北美萝藦属 Apocynaceae［MD－492］特征纪要:习性:－。花程式:－。其他特征参考科。全球1个大洲分布及种数(12)◆北美洲。
Aceratium DC. 无距杜英属 Elaeocarpaceae［MD－134］特征纪要:习性:木本。花程式:－。其他特征参考科。全球4个大洲分布及种数(18－42)非洲:27; 亚洲:21; 大洋洲:38; 南美洲:2。
Aceriphyllum Engl. = **Mukdenia**
Achaemenes St.－Lag. = **Achimenes**
Achaeta E. Fourn. = **Calamagrostis**
Achania Sw. = **Malvaviscus**
Acharagma (N. P. Taylor) A. D. Zimmerman ex Glass 金杯球属 Cactaceae［MD－100］特征纪要:习性:木本。花程式:Kn,C2－3参考科,A3参考科,＝↓G－。其他特征参考科。全球1个大洲分布及种数(2 hort. 1)◆北美洲。
Acharia Thunb. 青钟麻属 Achariaceae［MD－159］特征纪要:习性:木本。花程式:－。其他特征参考科。全球3个大洲分布及种数(1－6)非洲:6; 亚洲:3; 南美洲:4。
Achariaceae Harms［MD－159］青钟麻科 特征纪要:习性:木本;常绿。花程式:K4－5(－),C5,A6,＝↓(G)2－10。果实:蒴果。海拔:800－1000米。生境:疏林潮湿处。全球5个大洲分布及属种数(22－23/92－169 < IFR 1/1 >) 非洲:14/49－69(IFR 1/1); 亚洲:3－5/6－35; 大洋洲:1/2; 北美洲:2/6; 南美洲:4/34－39。【中国属种数:8/17】。
Acharitea Benth. = **Nesogenes**
Achatocarpaceae Heimerl［MD－80］玛瑙果科 特征纪要:习性:木本;落叶。花程式:K1,C0,A10,G－。物候:－。果实:浆果。种子:－。海拔:－。生境:地方。资源:－。栽培:－。全球2个大洲分布及属种数(3/14 < IFR 1/1 > hort. 1;cult. 1) 北美洲:3/8; 南美洲:1/10(IFR 1/1)。
Achatocarpus Triana 玛瑙果属 Achatocarpaceae［MD－80］特征纪要:习性:木本。花程式:－。其他特征参考科。全球2个大洲分布及种数(11;hort. 1;cult. 1)北美洲:4;南美洲:9。

Achetaria Cham. & Schltdl. 长车前属 Plantaginaceae [MD－527] 特征纪要:习性:－。花程式:－。其他特征参考科。全球4个大洲分布及种数(22)非洲:4; 大洋洲:2; 北美洲:5; 南美洲:22。

Achillea L. 蓍属 Asteraceae [MD－586] 特征纪要:习性:草质攀援(具根状茎)。花程式:(K)3－5,C3－5,A3参考科,↓G－。物候:－。海拔:1500－2000米。生境:地方。栽培:来自广西龙州。资源:具栽培园艺种类。全球6个大洲分布及种数(156－329;hort. 1;cult. 80)非洲:27－49;亚洲:98－141;大洋洲:31－55;欧洲:114－147;北美洲:40－62;南美洲:9－31。【中国种数:36】。

A

Achilleanthus J. G. Chavez 茜草科属 Rubiaceae [MD－523] 特征纪要:习性:－。花程式:K－,C4－5－参考科,A9,↓(G)2－9。其他特征参考科。全球3个大洲分布及种数(7)亚洲:1; 大洋洲:5; 南美洲:1。

Achillios St. －Lag. = **Achillea**

Achimenantha H. E. Moore 长苣苔属 Gesneriaceae [MD－549] 特征纪要:习性:草本。花程式:参考科,C5,A8参考科,↓(G)－参考科。其他特征参考科。全球1个大洲分布及种数(1－2)◆非洲。

Achimenes P. Br. 长筒花属 Gesneriaceae [MD－549] 特征纪要:习性:草本。花程式:K5,C0,A2－5,＝G2。物候:－。海拔:－。生境:－。资源:具栽培园艺种类。全球6个大洲分布及种数(31－42)非洲:2;亚洲:4－6;大洋洲:4－7;欧洲:3－6;北美洲:24－33;南美洲:17－23。【中国种数:1】。

Achirida Horan. = **Canna**

Achlaena Griseb. 长筒草属 Poaceae [MM－748] 特征纪要:习性:－。花程式:－。其他特征参考科。全球2个大洲分布及种数(2)亚洲:2; 北美洲:2。

Achlydosa M. A. Clem. & D. L. Jones 长筒兰属 Orchidaceae [MM－723] 特征纪要:习性:草本。花程式:(K－),C2－3参考科,A3参考科,↓G－。其他特征参考科。全球1个大洲分布及种数(1) 分布(cf.)◆大洋洲:1。

Achlyphila Maguire & Wurdack 雾葱草属 Xyridaceae [MM－712] 特征纪要:习性:草本。花程式:(K)3,C3,A3－6,＝(G)3。其他特征参考科。全球1个大洲分布及种数(1)◆南美洲。

Achlys DC. 裸花草属 Berberidaceae [MD－45] 特征纪要:习性:草本。花程式:－。物候:－。海拔:－。生境:－。资源:具园艺种类。全球3个大洲分布及种数(4)亚洲:cf. 1;北美洲:2;南美洲:cf. 1。

Achnatherum P. Beauv. 芨芨草属 Poaceae [MM－748] 特征纪要:习性:草本(根状茎,基生)。花程式:(K－),C0参考科,A3,＝G2－3。物候:－。海拔:100－2300米。生境:草地,道路附近,云杉林下。资源:具栽培园艺种类。全球6个大洲分布及种数(24－143)非洲:18; 亚洲:72; 大洋洲:12; 欧洲:57; 北美洲:57; 南美洲:16。【中国种数:11】。

Achnella Barkworth 美芨草禾属 Poaceae [MM－748] 特征纪要:－。全球3个大洲分布及种数(19)非洲:11; 欧洲:3; 南美洲:2。

Achnodon Link = **Phleum**

Achnodonton P. Beauv. = **Phleum**

Achnophora F. Müll. 鞘莲菀属 Asteraceae [MD－586] 特征纪要:习性:草本。花程式:Kn,C3参考科,A3－5,↓G。其他特征参考科。全球1个大洲分布及种数(1)◆大洋洲(◆澳大利亚)。

Achnopogon Maguire, Steyerm. & Wurdack 糠菊木属 Asteraceae [MD－586] 特征纪要:习性:草本。花程式:(K)3－5,C3－5,A3－5,＝↓(G)2。其他特征参考科。全球1个大洲分布及种数(2)◆南美洲。

Achoriphragma Soják = **Parrya**

Achradelpha O. F. Cook = **Pouteria**

Achrohypnella Herzog = **Sauloma**

Achrolepis (Lindb.) Cardot = **Myuroclada**

Achrophyllum Vitt & Crosby 尖油藓属 Hookeriaceae [B－164] 特征纪要:习性:－。【Rep】:雌苞叶小,蒴柄侧生,密被刺状毛,孢蒴小,平展或下垂,卵形,具长台部,蒴齿两层,外齿层齿片,雌雄异株,内雌苞叶下部鞘状,孢蒴卵圆形,蒴齿两层,外齿层齿片披针形,具不明显的回折中脊,透明。其他特征参考科。全球4个大洲分布及种数(8)亚洲:2;大洋洲:4;欧洲:1;南美洲:6。

Achrouteria Eyma = **Chrysophyllum**

Achuaria Gereau 南美芸香属 Rutaceae [MD－399] 特征纪要:习性:木本。花程式:Kn,C5参考科,A－参考科,＝G1－3。其他特征参考科。全球1个大洲分布及种数(1)◆南美洲。

Achudemia Bl. 五萼冷水花属 Urticaceae [MD－91] 特征纪要和分布(－)。

Achupalla Humb. = **Puya**

Achyrachaena Schaür 拂妻菊属 Asteraceae [MD－586] 特征纪要:习性:草本。花程式:(K)3－5,(C)3－5,A3－5,↓G。其他特征参考科。全球2个大洲分布及种数(1－2)亚洲:2; 北美洲:2。【中国种数:1】。

Achyranthemum N. G. Bergh 菊科属 Asteraceae [MD－586] 特征纪要:习性:草本。花程式:－。其他特征参考科。全球1个大洲分布及种数(－)。

Achyranthes L. 牛膝属 Amaranthaceae [MD－116] 特征纪要:习性:草本,亚灌木。花程式:Kn,C2－3参考科,A2－3,G－。海拔:200－1800米。生境:密林,灌丛,山坡疏林。资源:药用,具栽培园艺种类。全球6个大洲分布及种数(22－268)非洲:100; 亚洲:97; 大洋洲:43; 欧洲:79; 北美洲:79; 南美洲:97。【中国种数:3】。

Achyrastrum Neck. = **Hyoseris**

Achyrocalyx Benoist 尖爵床属 Acanthaceae [MD－572] 特征纪要:习性:草本。花程式:K2－4,C0,A2－4,＝(G)2。其他特征参考科。全球1个大洲分布及种数(4)◆非洲(◆马达加斯加)。

Achyrocline (Less.) DC. 多头金绒草属 Asteraceae [MD－586] 特征纪要:习性:草本。花程式:(K)3－5,(C)3－

5,A3－5,＝↓G2。其他特征参考科。全球6个大洲分布及种数(45－672)非洲:164; 亚洲:168; 大洋洲:89; 欧洲:102; 北美洲:102; 南美洲:289。【中国种数:2】。

Achyrodes Böhm. ＝ **Lamarckia**

Achyronia Royen ex L. 尖豆属 Fabaceae3［MD－240］特征纪要:－。全球1个大洲分布及种数(118－130)◆非洲。

Achyronychia Torr. & A. Gray 霜垫花属 Caryophyllaceae［MD－77］特征纪要:习性:草本。花程式:K5,C5－4,A3参考科,G－参考科。其他特征参考科。全球6个大洲分布及种数(1－5)非洲:2; 亚洲:2; 大洋洲:2; 欧洲:2; 北美洲:2; 南美洲:1。

Achyropappus Kunth 秕冠菊属 Asteraceae［MD－586］特征纪要:习性:－。花程式:－。其他特征参考科。全球2个大洲分布及种数(3－7)北美洲:4; 南美洲:2。

Achyrophyllum J. Shaw 稜蒴藓属 Ptychomniaceae［B－159］特征纪要:－。全球1个大洲分布及种数(－)。

Achyropsis (Moq.) Hook. f. 帽牛膝属 Amaranthaceae［MD－116］特征纪要:习性:草本。花程式:K1－2,C0,A1－2,＝G2－3。其他特征参考科。全球6个大洲分布及种数(4－8)非洲:3－8;亚洲:1;大洋洲:1－3;欧洲:1;北美洲:1;南美洲:3。

Achyrospermum Bl. 鳞果草属 Lamiaceae［MD－575］特征纪要:习性:草本。花程式:－。物候:－。花期:11月。果期:参考晚于花期。海拔:750－1360米。生境:山谷阴处,疏密林中,生于山坡常绿阔叶林下。资源:－。全球6个大洲分布及种数(22－47)非洲:37; 亚洲:12; 大洋洲:4; 欧洲:6; 北美洲:6; 南美洲:8。【中国种数:4】。

Achyrostephus Kunze ex Rchb. 菊科属 Asteraceae［MD－586］特征纪要:－。全球1个大洲分布及种数(1)◆南美洲:1。

Aciachne Benth. 卧针草属 Poaceae［MM－748］特征纪要:习性:草本。花程式:(K)3,C0参考科,A1－2,＝G2－3。其他特征参考科。全球5个大洲分布及种数(3－5)非洲:2; 亚洲:2; 欧洲:3; 北美洲:3; 南美洲:5。

Acianthera Scheidw. 梗帽兰属 Orchidaceae［MM－723］特征纪要:习性:草本。花程式:(K)3,C3,A3,＝↓G3。其他特征参考科。全球4个大洲分布及种数(310－317;hort. 1;cult. 2)亚洲:1;大洋洲:7;北美洲:75;南美洲:249－254。【中国种数:1】。

Acianthus R. Br. 针花兰属 Orchidaceae［MM－723］特征纪要:习性:草本。花程式:(K)3,C3,A3,＝↓G3。物候:－。海拔:－。生境:－。资源:具园艺种类。全球6个大洲分布及种数(8－62)非洲:4; 亚洲:6; 大洋洲:57; 欧洲:6; 北美洲:6; 南美洲:2。

Acicarpa R. Br. ＝ **Digitaria**

Acicarpha Juss. 萼刺花属 Calyceraceae［MD－594］特征纪要:习性:草本。花程式:K4－5,(C)4－5,A4－5,＝↓G2。其他特征参考科。全球4个大洲分布及种数(7－18)大洋洲:2; 欧洲:3; 北美洲:3; 南美洲:16。

Acicarphaea Walp. ＝ **Chaenactis**

Aciclinium Torr. & A. Gray ＝ **Stellaria**

Acidanthera Hochst. 彩眼花属 Iridaceae［MM－700］特征纪要:习性:木本。花程式:－。其他特征参考科。全球6个大洲分布及种数(49)非洲:35; 亚洲:11; 大洋洲:2; 欧洲:4; 北美洲:4; 南美洲:7。

Acidocroton Griseb. 刺枝桐属 Euphorbiaceae［MD－217］特征纪要:习性:木本。花程式:K1(1000),C0,A6,＝G2－3。其他特征参考科。全球3个大洲分布及种数(13－19)亚洲:2; 北美洲:14; 南美洲:2。

Acidodontium Schwägr. 针枝藓属 Bryaceae［B－146］特征纪要:习性:－。【Rep】:孢子体不发达,雌雄异株或雌雄同株,朔柄长,直立或稍弯曲,孢蒴多直立或倾立,稀横列或下垂,梨形、卵形或棒槌形。其他特征参考科。全球3个大洲分布及种数(17) 亚洲:1;北美洲:4;南美洲:17。

Acidonia L. A. S. Johnson & B. G. Briggs 尖钗木属 Proteaceae［MD－219］特征纪要:习性:木本。花程式:K3－4－∞,C0,A2,G－。其他特征参考科。全球1个大洲分布及种数(1)◆大洋洲(◆澳大利亚)。

Acidosasa C. D. Chu & C. S. Chao ex Keng f. 酸竹属 Poaceae［MM－748］特征纪要:习性:竹类。花程式:(K－),C0参考科,A6,＝G2－3。花期:夏季或秋季。果期:参考晚于花期。海拔:1300－1700米。生境:路边,竹种之一。资源:具栽培园艺种类。全球3个大洲分布及种数(11－26)亚洲:18; 欧洲:3; 北美洲:3。【中国种数:10】。

Acidoton Sw. 刺药桐属 Euphorbiaceae［MD－217］特征纪要:木本。花程式:K1(1000),C0,A6,＝G2－3。其他特征参考科。全球6个大洲分布及种数(5－35)非洲:9; 亚洲:13; 大洋洲:2; 欧洲:23; 北美洲:23; 南美洲:17。

Acilepidopsis H. Rob. 少花尖鸠菊属 Asteraceae［MD－586］特征纪要:习性:草本。花程式:(K)3－5,(C)3－5,A3－5,↓G。其他特征参考科。全球1个大洲分布及种数(1)◆南美洲。

Acilepis D. Don 尖鸠菊属 Asteraceae［MD－586］特征纪要:习性:草本。花程式:(K)3－5,(C)3－5,A3参考科,↓G。物候:－。花期:8－10月。果期:参考晚于花期。海拔:300－3000米。生境:高山草地。资源:具栽培园艺种类。全球4个大洲分布及种数(40－44)亚洲:42; 大洋洲:3; 北美洲:2; 南美洲:2。【中国种数:7】。

Acineta Lindl. 固唇兰属 Orchidaceae［MM－723］特征纪要:习性:草本。花程式:(K)3,C3,A3,＝↓G3。物候:－。海拔:－。生境:－。资源:具园艺种类。全球2个大洲分布及种数(13－31)北美洲:13; 南美洲:31。

Acinodendron Raf. ＝ **Miconia**

Acinopetala Lür 针喙兰属 Orchidaceae［MM－723］特征纪要:习性:－。花程式:－。其他特征参考科。全球2个大洲分布及种数(cf.)北美洲;南美洲。

Acinos Mill. 欧风轮属 Lamiaceae［MD－575］特征纪要:习性:－。花程式:－。其他特征参考科。全球6个大洲分布及种数(77)非洲:23; 亚洲:31; 大洋洲:17; 欧洲:10; 北美洲:10; 南美洲:6。

Acioa Aubl. 蹄鼠栗属 Chrysobalanaceae［MD－243］特征纪要:习性:木本。花程式:－。其他特征参考科。全球6个大洲分布及种数(8－9)非洲:2;亚洲:2;大洋洲:2;欧洲:2;北美洲:2;南美洲:7－9。

Aciotis D. Don 霞鹿丹属 Melastomataceae［MD－364］特征纪要:习性:木本。花程式:K4－5,C4－5,A4－5,＝↓G3－4。其他特征参考科。全球2个大洲分布及种数(16－19)北美洲:7;南美洲:15－16。【中国种数:4】。

aciphylla J. R. Forst. & G. Forst. 针叶芹属 Apiaceae［MD－480］特征纪要:习性:草本。花程式:K5,C5,A5,＝↓G2。物候:－。海拔:－。生境:－。资源:具园艺种类。全球5个大洲分布及种数(45－68)亚洲:12; 大洋洲:63; 欧洲:6; 北美洲:6; 南美洲:9。【中国种数:6】。

A

Aciphyllaea（DC.）A. Gray 菊科属 Asteraceae［MD－586］特征纪要:习性:－。花程式:－。其他特征参考科。全球1个大洲分布及种数(－)。

Acis Salisb. 秋雪片莲属 Amaryllidaceae［MM－694］特征纪要:习性:草本。花程式:(K)3,C3,A1,＝↓(G)3。物候:－。海拔:100－4800米。生境:坡上。资源:－。全球6个大洲分布及种数(9－10)非洲:3－22;亚洲:2－21;大洋洲:19;欧洲:7－26;北美洲:19;南美洲:19。

Acisanthera P. Br. 粉子鹿丹属 Melastomataceae［MD－364］特征纪要:习性:木本。花程式:K4－5,C4－5,A4－5,＝↓G3－4。其他特征参考科。全球5个大洲分布及种数(14－78)非洲:3; 亚洲:8; 大洋洲:3; 北美洲:16; 南美洲:54。【中国种数:1】。

Acispermum Neck. ＝ **Coreopsis**

Ackama A. Cunn. 繁珠梅属 Cunoniaceae［MD－255］特征纪要:习性:木本。花程式:K4－5,C4－5,A4－5,＝↓G(－)。其他特征参考科。全球1个大洲分布及种数(2－3)◆大洋洲。

Ackermania Dodson & R. Escobar ＝ **Benzingia**

Acladodea Ruiz & Pav. ＝ **Talisia**

Acleisanthes A. Gray 喇叭茉莉属 Nyctaginaceae［MD－107］特征纪要:习性:木本。花程式:K1－5,C0,A5,＝G1。其他特征参考科。全球6个大洲分布及种数(19－27)非洲:3; 亚洲:3; 大洋洲:3; 欧洲:20; 北美洲:20; 南美洲:6。【中国种数:1】。

Acmadenia Bartl. & H. L. Wendl. 尖腺芸香属 Rutaceae［MD－399］特征纪要:习性:木本。花程式:K5,C5,A4,↓G－参考科。其他特征参考科。全球4个大洲分布及种数(33－57)非洲:55; 大洋洲:2; 欧洲:2; 北美洲:2。

Acmanthera（Juss.）Griseb. 蝇眼果属 Malpighiaceae［MD－343］特征纪要:习性:木本。花程式:K5,C5,A10,＝G2－3。其他特征参考科。全球2个大洲分布及种数(7－9)亚洲:2; 南美洲:9。

Acmella Rich. ex Pers. 金纽扣属 Asteraceae［MD－586］特征纪要:习性:草本。花程式:(K)3－5,C3－5,A3－5,＝↓G2。物候:－。花期:3－10月。果期:参考晚于花期。海拔:1000－1900米。生境:田野,荒地,路旁,林缘,栽培和归化。资源:具栽培园艺种类。全球6个大洲分布及种数(32－37;hort. 1;cult. 6)非洲:9－58;亚洲:16－65;大洋洲:6－55;欧洲:7－56;北美洲:24－74;南美洲:25－74。【中国种数:12】。

Acmena DC. 肖蒲桃属 Myrtaceae［MD－347］特征纪要:习性:－。花程式:－。物候:－。花期:参考早于果期。果期:4－6月。海拔:100－2900米。生境:低海拔至中海拔林中。资源:－。全球6个大洲分布及种数(4－8)非洲:2;亚洲:3;大洋洲:3－5;欧洲:2;北美洲:2;南美洲:2。

Acmispon Raf. 绒豆属 Fabaceae3［MD－240］特征纪要:习性:木本。花程式:K1－∞,C1－∞,A5－9,＝↓G1。其他特征参考科。全球6个大洲分布及种数(51－191)非洲:47; 亚洲:40; 大洋洲:65; 欧洲:65; 北美洲:65; 南美洲:21。【中国种数:4】。

Acmopylaceae Melikian & A. V. Bobrov ＝ Podocarpaceae

Acmopyle Pilg. 绒袍杉属 Podocarpaceae［G－13］特征纪要:习性:－。【Rep】:复轴,短穗状,上部苞片杯套状,内有种子发生,寡种子,雌雄同株。资源:具园艺种类。全球2个大洲分布及种数(2－5)大洋洲:4; 北美洲:2。

Acmostemon Pilg. ＝ **Ipomoea**

Acmostigma P. & K. ＝ **Pavetta**

Acnadena Raf. ＝ **Cordia**

Acnida L. 花苋属 Amaranthaceae［MD－116］特征纪要和分布(－)。

Acnistus Schott 鸫茄属 Solanaceae［MD－503］特征纪要:－。全球1个大洲分布及种数(20－29)◆南美洲。

Acoelorraphe H. Wendl. 棕榈科属 Arecaceae［MM－717］特征纪要:习性:木本。花程式:K3－10,C3－10,A3－10,＝G3－10。其他特征参考科。全球4个大洲分布及种数(1－5)亚洲:2; 大洋洲:2; 北美洲:3; 南美洲:3。

Acoelorrhaphe H. Wendl. 沼地棕属 Arecaceae［MM－717］特征纪要:习性:－。花程式:－。其他特征参考科。全球4个大洲分布及种数(7)亚洲:2; 大洋洲:2; 北美洲:2; 南美洲:2。

Acokanthera G. Don 长药花属 Apocynaceae［MD－492］特征纪要:习性:木本。花程式:K5－∞,C5－∞,A15,＝↓G2－5。物候:－。花期:全年。果期:参考晚于花期。海拔:80－3000米。生境:矮林或灌木丛中,住宅旁。资源:药用,园林,具栽培园艺种类。全球5个大洲分布及种数(5－8)非洲:4－6;亚洲:3－4;大洋洲:1－2;欧洲:cf. 1;北美洲:cf. 1。【中国种数:1】。

Acolea Corda 类钱袋苔属 Gymnomitriaceae［B－41］特征纪要:习性:－。【Rep】:－。物候:－。海拔:－。生境:水石生。资源:－。全球6个大洲分布及种数(12)非洲:2; 亚洲:7; 大洋洲:2; 欧洲:5; 北美洲:5; 南美洲:3。

Acomis F. Müll. 棕鼠麴属 Asteraceae［MD－586］特征纪要:习性:草本。花程式:(K)3－5,(C)3－5,A3－5,↓G。其他特征参考科。全球1个大洲分布及种数(4－7)◆大洋洲(◆澳大利亚)。

Aconisia J. R. Grande 乌草属 Poaceae［MM－748］特征纪要:习性:－。花程式:－。其他特征参考科。全球1个大洲分布及种数(cf. 1)◆南美洲。

Aconitella Spach 乌燕草属 Ranunculaceae［MD－38］特征纪要:习性:草本。花程式:K1－∞,C1－∞,A8,＝G1－3。其他特征参考科。全球5个大洲分布及种数(13)非洲:2; 亚洲:11; 欧洲:2; 北美洲:2; 南美洲:2。

Aconitopsis Kemul. = **Aconitella**

Aconitum L. 乌头属 Ranunculaceae [MD – 38] 特征纪要:习性:草本(根状茎,基生)。花程式:-。物候:-。花期:9 月。果期:参考晚于花期。海拔:100 – 2200 米。生境:竹林中。资源:药用,具栽培园艺种类。全球 6 个大洲分布及种数(390 – 523;hort. 1;cult. 54)非洲:8 – 47;亚洲:354 – 462;大洋洲:12 – 52;欧洲:72 – 131;北美洲:34 – 77;南美洲:1 – 40。【中国种数:164】。

Aconogonum (Meisn.) Rchb. 花旗蓼属 Polygonaceae [MD – 120] 特征纪要:习性:草本。花程式:K2 – 3,C0,A2,↓G – 参考科。其他特征参考科。全球 1 个大洲分布及种数(4)◆北美洲。

Acontias Schott = **Xanthosoma**

Acoraceae Martinov [MM – 637] 菖蒲科 特征纪要:习性:木本;常绿。花程式:K0,C0 – 6,A6,↑G1。物候:-。花期:6 – 9 月。果期 2 – 6 月。果实:蒴果。种子:种皮薄,棕色。海拔:1100 – 1300 米。生境:水边,沼泽湿地或湖泊浮岛上。资源:药用。栽培:中国有栽培。全球 4 个大洲分布及属种数(3/6 <IFR 1/2> hort. 1;cult. 1) 亚洲:2/4(IFR 1/2); 大洋洲:1/1; 欧洲:2/3; 北美洲:2/5。【中国属种数:1/2】。

Acorus L. 菖蒲属 Acoraceae [MM – 637] 特征纪要:习性:草本(根状茎,基生,多肉)。花程式:-。物候:-。花期:4 – 9 月。果期:参考晚于花期。海拔:2800 米。生境:水边,沼泽湿地或湖泊浮岛上。资源:药用,芳香油,具栽培园艺种类。全球 6 个大洲分布及种数(4;hort. 1;cult. 1)非洲:4;亚洲:2 – 7;大洋洲:4;欧洲:1 – 5;北美洲:3 – 7;南美洲:4。【中国种数:2】。

Acosmium Schott 埃可豆属 Fabaceae3 [MD – 240] 特征纪要:习性:木本。花程式:K1 – ∞,C1 – ∞,A5 – 9,=↓G1。其他特征参考科。全球 4 个大洲分布及种数(3 – 50)非洲:3; 亚洲:5; 北美洲:3; 南美洲:48。【中国种数:1】。

Acosta (Tourn.) Adans. 棕鼠藓属 Asteraceae [MD – 586] 特征纪要:-。全球 1 个大洲分布及种数(-)◆欧洲。

Acostaea Schltr. 无脉兰属 Orchidaceae [MM – 723] 特征纪要:习性:-。花程式:-。其他特征参考科。全球 2 个大洲分布及种数(cf. 1)北美洲;南美洲。

Acostia Swallen 细无脊草属 Poaceae [MM – 748] 特征纪要:习性:草本。花程式:(K)3,C0 参考科,A1 – 2,=G2 – 3。其他特征参考科。全球 1 个大洲分布及种数(1)◆南美洲。

Acourtia D. Don 沙牡丹属 Asteraceae [MD – 586] 特征纪要:习性:灌木。花程式:(K)3 – 5,(C)3 – 5,A3 – 5,=↓G2。物候:-。海拔:-。生境:-。资源:具园艺种类。全球 5 个大洲分布及种数(86 – 207)非洲:2; 亚洲:5; 大洋洲:2; 北美洲:103; 南美洲:130。

Acrachne Wight & Arn. ex Chiov. 尖稃草属 Poaceae [MM – 748] 特征纪要:习性:草本(基生)。花程式:(K –),C0 参考科,A3 参考科,=G2 – 3。物候:-。海拔:300 – 900 米。生境:山箐,田边,干涸河床边,斜坡干燥地,小田坝及江边。资源:具栽培园艺种类。全球 4 个大洲分布及种数(4)非洲:3;亚洲:2;大洋洲:1;北美洲:1。【中国种数:1】。

Acradenia Kippist 腺骨木属 Rutaceae [MD – 399] 特征纪要:习性:木本。花程式:K∞,C∞,A4,↓G – 参考科。其他特征参考科。全球 2 个大洲分布及种数(2 – 6)非洲:2; 大洋洲:4。

Acrandra O. Berg = **Campomanesia**

Acranthemum Tiegh. = **Agelanthus**

Acranthera Arn. ex Meisn. 尖药花属 Rubiaceae [MD – 523] 特征纪要:习性:木本。花程式:(K –),C2 – 3 参考科,A6,↓G –。物候:-。花期:4 – 6 月。果期:参考晚于花期。海拔:1000 – 1500 米。生境:森林,山地林下。资源:观赏,具栽培园艺种类。全球 5 个大洲分布及种数(42 – 64)非洲:9; 亚洲:62; 大洋洲:4; 北美洲:3; 南美洲:6。【中国种数:1】。

Acratherum Link = **Arundinella**

Acreugenia Kausel = **Myrcianthes**

Acridocarpus Guill., Perr. & A. Rich. 蛾眉果属 Malpighiaceae [MD – 343] 特征纪要:习性:木本。花程式:K5,C5,A10,=G2 – 3。物候:-。海拔:-。生境:-。资源:具园艺种类。全球 6 个大洲分布及种数(21 – 42)非洲:19 – 38;亚洲:2 – 5;大洋洲:1 – 2;欧洲:1;北美洲:1;南美洲:3 – 4。【中国种数:1】。

Acrilia Griseb. = **Trichilia**

Acriopsis Reinw. ex Bl. 合萼兰属 Orchidaceae [MM – 723] 特征纪要:习性:草本(多肉)。花程式:(K –),C2 – 3 参考科,A3 参考科,=↓G3。物候:-。花期:5 月。果期:参考晚于花期。海拔:1300 米。生境:树干上。资源:具园艺种类。全球 4 个大洲分布及种数(10 – 31)非洲:6; 亚洲:25; 大洋洲:6; 北美洲:2。【中国种数:2】。

Acrisione B. Nord. 箭药千里光属 Asteraceae [MD – 586] 特征纪要:习性:草本。花程式:(K)3 – 5,C3 – 5,A3 – 5,=↓(G)2。其他特征参考科。全球 1 个大洲分布及种数(2)◆南美洲。

Acrista O. F. Cook = **Prestoea**

Acritochaete Pilg. 乱毛颖草属 Poaceae [MM – 748] 特征纪要:习性:草本。花程式:(K)3,C0 参考科,A1 – 2,=G2 – 3。其他特征参考科。全球 1 个大洲分布及种数(1)◆非洲。

Acritodon H. Rob. 墨西哥锦藓属 Sematophyllaceae [B – 192] 特征纪要:习性:-。【Rep】:雌雄同株或雌雄异株,稀雌雄杂株,蒴柄细长,下部平滑,上部具乳头突起,孢蒴小,垂倾或悬垂,长卵形或长圆,多暗色、绿色至金黄色。其他特征参考科。全球 2 个大洲分布及种数(3)亚洲:2; 北美洲:1。

Acritopappus R. M. King & H. Rob. 短冠菊属 Asteraceae [MD – 586] 特征纪要:习性:草本。花程式:(K)3 – 5,(C)3 – 5,A3 – 5,=↓G2。物候:-。花期:7 – 10 月。果期:参考晚于花期。海拔:6000 米。生境:阿尔泰山地针叶林带山沟,柞林下路旁。资源:-。全球 3 个大洲分布及种数(19 – 33)非洲:2; 北美洲:11; 南美洲:31。

Acriulus Ridl. = **Scleria**

A

Acrobolba Nees 顶苞苔属 Acrobolbaceae［B－43］特征纪要：－。全球 1 个大洲分布及种数(1)◆非洲。

Acrobolbaceae E. A. Hodgs.［B－43］顶苞苔科 特征纪要：常绿乔木或灌木，叶条形、披针形、椭圆状卵形或鳞形，螺旋状排列，近对生或交叉对生，基部通常不扭转，或扭转列成两列。【Rep】：复轴，短穗状，上部苞片杯套状，内有种子发生，寡种子，雌雄异株，雄球花穗状，单生或簇生叶腋，或成分枝状，稀顶生，有总梗或几无总梗，基部有少数螺旋状排列的苞片，雄蕊多数，螺旋状排列，花药 2，花粉具 2 个气囊，雌球花常单生叶腋或苞腋，稀顶生，1 套被生 1 枚倒生胚珠，套被与珠被合生，花后套被增厚成肉质假种皮，苞片发育成肥厚或微肥厚的肉质种托，种子当年成熟，核果状。全球 6 个大洲分布和属种数(5/19－31)非洲：3/5；亚洲：3/6－13；大洋洲：4/11－18；欧洲：1－3/1－6；北美洲：1－3/2－7；南美洲：4/8－15。【中国属种数：1/1】。

Acrobolbus Nees 顶苞苔属 Acrobolbaceae［B－43］特征纪要：习性：－。【Rep】：雌雄异株，雌苞顶生，卵细胞受精后形成假蒴苞，向腹面生长，孢蒴壁具 4－5 层细胞。其他特征参考科。全球 6 个大洲分布及种数(11－15)非洲：2；亚洲：3－5；大洋洲：7－11；欧洲：1－3；北美洲：2－4；南美洲：2－6。【中国种数：1】。

Acrobotrys K. Schum. & K. Krause 顶穗茜属 Rubiaceae［MD－523］特征纪要：习性：木本。花程式：(K)4－5，(C)4－5，A4－5，＝↓(G)2－9。其他特征参考科。全球 1 个大洲分布及种数(1)◆南美洲。

Acrocarpus Wight ex Arn. 顶果木属 Fabaceae3［MD－240］特征纪要：习性：－。花程式：－。物候：－。花期：4－5 月。果期：参考晚于花期。海拔：1000－1200 米。生境：森林，疏林中。资源：－。全球 1 个大洲分布及种数(1－2)◆亚洲。【中国种数：1】。

Acrocephalus Benth. 尖头花属 Lamiaceae［MD－575］特征纪要：习性：－。花程式：－。物候：－。花期：9－10 月。果期：参考晚于花期。海拔：100－1800 米。生境：稻田，林缘，溪边，竹林。资源：－。全球 1 个大洲分布及种数(2－12)◆非洲。

Acroceras Stapf 凤头黍属 Poaceae［MM－748］特征纪要：习性：草本。花程式：(K－)，C0 参考科，A3 参考科，＝G2－3。物候：－。海拔：10－5600 米。生境：森林中潮湿的地方。资源：具园艺种类。全球 6 个大洲分布及种数(19－40)非洲：25；亚洲：13；大洋洲：4；欧洲：6；北美洲：6；南美洲：7。【中国种数：4】。

Acrochaene Lindl. 顶裂兰属 Orchidaceae［MM－723］特征纪要：习性：－。花程式：－。其他特征参考科。全球 3 个大洲分布及种数(10)非洲：3；亚洲：10；大洋洲：3。

Acrochila R. M. Schust. 凤头藓属 Plagiochilaceae［B－73］特征纪要：习性：－。【Rep】：雌雄同株或异株，雌苞顶生或生于侧枝先端，蒴萼多种形态，通常口部扁平，孢蒴卵圆形，成熟时 4，绿色或淡绿色。其他特征参考科。全球 2 个大洲分布及种数(5)亚洲：2；大洋洲：4。

Acrocladiaceae Tangney, D. Quandt, Huttunen & M. Stech ＝ Amblystegiaceae

Acrocladiopsis (Broth.) Cardot 棉藓属 Plagiotheciaceae［B－170］特征纪要：－。全球 1 个大洲分布及种数(－)。

Acrocladium Mitt. 柳叶藓科属 Lembophyllaceae［B－205］特征纪要：习性：－。【Rep】：雌雄同株，绿色、黄色或棕色。物候：－。海拔：－。生境：常见于腐木生，沼泽土生。资源：－。全球 6 个大洲分布及种数(13)非洲：2；亚洲：5；大洋洲：3；欧洲：6；北美洲：6；南美洲：2。

Acrocomia Mart. 刺茎椰子属 Arecaceae［MM－717］特征纪要：习性：木本。花程式：K3－10，C3－10，A3－10，＝G3－10。物候：－。海拔：－。生境：－。资源：具栽培园艺种类。全球 4 个大洲分布及种数(9－55)亚洲：12；欧洲：52；北美洲：52；南美洲：49。

Acrocordia <unassigned> 冠棕榈属 Arecaceae［MM－717］特征纪要和分布(－)。

Acrocoryne Turcz. ＝ **Metastelma**

Acrocryphaea Bosch & Sande Lac. 顶隐蒴藓属 Cryphaeaceae［B－197］特征纪要：习性：－。【Rep】：－。物候：－。海拔：－。生境：常见于树干，岩面薄土，常见于树干或树枝。资源：－。全球 1 个大洲分布及种数(－)。

Acrodon N. E. Br. 斗鱼花属 Aizoaceae［MD－94］特征纪要：习性：草本(基生)。资源：具园艺种类。全球 6 个大洲分布及种数(5－1032)非洲：952；亚洲：33；大洋洲：36；欧洲：28；北美洲：28；南美洲：54。

Acroelytrum Steud. ＝ **Lophatherum**

Acroglochin Schröd. 千针苋属 Amaranthaceae［MD－116］特征纪要：习性：草本。花程式：－。物候：－。花期：7－11 月。果期：参考晚于花期。海拔：600－5000 米。生境：田边、路旁、河边、荒地等处，云南松林下。资源：具园艺种类。全球 3 个大洲分布及种数(1－9)亚洲：6；欧洲：1；北美洲：1。【中国种数：1】。

Acrolejeunea (Spruce) Schiffn. 顶鳞苔属 Lejeuneaceae［B－84］特征纪要：习性：－。【Rep】：老时呈红褐色。物候：－。海拔：－。生境：山坡，针阔混交林中。资源：－。全球 6 个大洲分布及种数(16－19)非洲：3－5；亚洲：10－12；大洋洲：5－10；欧洲：2；北美洲：3－5；南美洲：2－4。【中国种数：1】。

Acrolobus Klotzsch ＝ **Heisteria**

Acrolophia Pfitzer 冠顶属 Orchidaceae［MM－723］特征纪要：习性：－。花程式：－。其他特征参考科。全球 4 个大洲分布及种数(15)非洲：14；亚洲：2；北美洲：2；南美洲：3。

Acrolophozia R. M. Schust. 冠顶藓属 Gymnomitriaceae［B－41］特征纪要：习性：－。【Rep】：雌苞顶生，雌苞叶数对，内雌叶常相连，蒴萼常存，蒴壁 2－3 层细胞，弹丝 2－4 列螺纹加厚，灰色、褐色或紫色。其他特征参考科。全球 2 个大洲分布及种数(4)大洋洲：4；南美洲：2。

Acrolophus Cass. ＝ **Centaurea**

Acromastigum A. Evans 细鞭苔属 Lepidoziaceae［B－63］特征纪要：习性：－。【Rep】：裂瓣披针形或指形。物候：－。海拔：－。生境：常见于高山林下腐殖质，土生。资源：－。全球 4 个大洲分布及种数(27)亚洲：12；大洋洲：19；北美洲：2；南美洲：2。【中国种数：3】。

Acronema Falc. ex Edgew. 丝瓣芹属 Apiaceae［MD－480］特征纪要：习性：草本(根状茎，基生)。花程式：Kn，

C5, A3 参考科, = ↓ G2。物候: - 。花期:7 月。果期:参考晚于花期。海拔:3000 - 4600 米。生境:灌丛,山谷,生于岩石边或阴湿岩隙中。资源:具栽培园艺种类。全球 5 个大洲分布及种数(33 - 73)非洲:2; 亚洲:68; 欧洲:2; 北美洲:2; 南美洲:3。【中国种数:17】。

Acronia C. Presl 针兰花属 Orchidaceae [MM - 723] 特征纪要:习性: - 。花程式: - 。其他特征参考科。全球 6 个大洲分布及种数(269)非洲:2; 亚洲:18; 大洋洲:9; 欧洲:44; 北美洲:44; 南美洲:208。

Acronoda Hassk. = **Elaeocarpus**

Acronodia Blume = **Elaeocarpus**

Acronozus Steud. = **Elaeocarpus**

Acronychia J. R. Forst. & G. Forst. 山油柑属 Rutaceae [MD - 399] 特征纪要:习性:木本。花程式: - 。物候: - 。花期:4 - 8 月。果期:参考晚于花期。海拔:900 米。生境:生于较低丘陵坡地杂木林中,次生林,有时成小片纯林。资源:药用,具栽培园艺种类。全球 6 个大洲分布及种数(19 - 69; hort. 1; cult. 2)非洲:7 - 138; 亚洲:11 - 131; 大洋洲:16 - 167; 欧洲:106; 北美洲:5 - 115; 南美洲:2 - 111。【中国种数:5】。

Acropelta (Endl.) Nakai 耳蕨属 Dryopteridaceae [F - 49] 特征纪要: - 。分布: - 。

Acropera Lindl. = **Ada**

Acrophorus C. Presl 鱼鳞蕨属 Peranemataceae [F - 48] 特征纪要:习性: - 。【Rep】:孢子囊群圆形,生于裂片或末回小羽片的基部上侧一小脉的顶端,每裂片通常 1 枚。物候: - 。海拔: - 。生境:针阔混交林,路边林下,针阔混交林,路旁林下。资源:药用。全球 6 个大洲分布及种数(10 - 13)非洲:2; 亚洲:7 - 12; 大洋洲:2 - 4; 欧洲:2; 北美洲:2; 南美洲:2。

Acrophyllum Benth. 威灵梅属 Cunoniaceae [MD - 255] 特征纪要:习性:木本。花程式:K4 - 5, C4 - 5, A4 - 5, = ↓ G2 - 3。其他特征参考科。全球 2 个大洲分布及种数(1 - 11)非洲:2; 大洋洲:6。

Acropogon Schltr. 顶须桐属 Malvaceae [MD - 203] 特征纪要:习性:木本。花程式:K3 - 5 - ∞, C3 - 5 - ∞, A10 - 8, = G1 - 5。物候: - 。海拔: - 。生境: - 。资源:具园艺种类。全球 3 个大洲分布及种数(27 - 35)亚洲:2; 大洋洲:33; 南美洲:3。【中国种数:1】。

Acroporium Mitt. 顶胞藓属 Sematophyllaceae [B - 192] 特征纪要:习性: - 。【Rep】:雌雄异株,具矮雄株,稀雌雄同株,内雌苞叶直立,基部呈鞘状,上部急狭或渐尖,蒴柄细长。物候: - 。海拔: - 。生境:常见于竹上,岩石上。资源: - 。全球 6 个大洲分布及种数(81) 非洲:13; 亚洲:50; 大洋洲:35; 欧洲:3; 北美洲:13; 南美洲:11。【中国种数:17】。

Acropteris (Ser.) Link 扇掌蕨属 Aspleniaceae [F - 43] 特征纪要: - 。全球 3 个大洲分布及种数(6)非洲:3; 亚洲:2; 南美洲:4。

Acropterygium (Diels) Nakai = **Dicranopteris**

Acroptilon Cass. 顶羽菊属 Asteraceae [MD - 586] 特征纪要: - 。全球 6 个大洲分布及种数(1)非洲:2; 亚洲:2; 大洋洲:2; 欧洲:2; 北美洲:2; 南美洲:2。

Acrorchis Dressler 顶花兰属 Orchidaceae [MM - 723] 特征纪要:习性:草本。花程式:(K)3, C3, A3, = ↓ (G)3。其他特征参考科。全球 2 个大洲分布及种数(1 - 3)北美洲:2; 南美洲:2。

Acrorumohra (H. Itô) H. Itô 假复叶耳蕨属 Dryopteridaceae [F - 49] 特征纪要:习性: - 。【Rep】:孢子囊群小,圆形,生小脉顶部。物候: - 。海拔:400 - 2900 米。生境:林下阴湿地,杂木林下。资源: - 。全球 5 个大洲分布及种数(10)亚洲:10; 大洋洲:3; 欧洲:2; 北美洲:2; 南美洲:4。

Acrosanthes Eckl. & Zeyh. 半隔番杏属 Aizoaceae [MD - 94] 特征纪要:习性:草本。花程式:K3 - 4, C3 - 4, A5 参考科, = ↓ G1 - 2。其他特征参考科。全球 2 个大洲分布及种数(6 - 16)非洲:16; 亚洲:9。

Acroschisma Lindl. 黑藓科属 Andreaeaceae [B - 98] 特征纪要: - 。全球 1 个大洲分布及种数(-)。

Acroschizocarpus Gombócz = **Smelowskia**

Acroscyphella N. Kitag. & Grolle 直胞苔属 Balantiopsaceae [B - 37] 特征纪要:习性: - 。【Rep】:先端 2 - 4 裂。其他特征参考科。全球 2 个大洲分布及种数(cf. 1)亚洲; 大洋洲; 南美洲。

Acroscyphus N. Kitag. & Grolle 番木瓜科属 Caricaceae [MD - 236] 特征纪要:习性: - 。花程式: - 。其他特征参考科。全球 1 个大洲分布及种数(-)。

Acrosorus Copel. 鼓蕨属 Polypodiaceae [F - 60] 特征纪要:习性: - 。【Rep】:孢子囊群单生于小脉顶端,位于裂片下面的顶部,每裂片 1 枚,裂片顶部的两侧边反折并互相相会而包着孢子囊群,当孢子囊群成熟时则被推开,无隔丝。物候: - 。海拔:400 - 3200 米。生境:山地雨林,针阔混交林树干上。资源: - 。全球 3 个大洲分布及种数(5 - 16)非洲:1; 亚洲:15; 大洋洲:2。【中国种数:1】。

Acrospelion Bess. = **Trisetum**

Acrostachys (Benth. & Hook. f.) Van Tiegh. 桑寄生科属 Loranthaceae [MD - 415] 特征纪要:习性: - 。花程式: - 。其他特征参考科。全球 1 个大洲分布及种数(-)。

Acrostemon Klotzsch 顶药石南属 Ericaceae [MD - 380] 特征纪要:习性:木本。花程式:(K)5 - 8, (C)5 - 8, A10, = G2 - 4。其他特征参考科。全球 1 个大洲分布及种数(25)◆非洲:24。

Acrostichaceae Mett. ex A. B. Frank [F - 32] 卤蕨科 特征纪要:叶状体不规则,二歧分枝或近羽状分枝,暗绿色,单层细胞。【Rep】:雌雄异株,孢蒴细长角状,无气孔,假弹丝具单列螺纹加厚,孢子单细胞,被细疣。全球 6 个大洲分布和属种数(1; hort. & cult. 1)/(55 - 203; hort. & cult. 3 - 8)非洲:1/10 - 19; 亚洲:1/24 - 41; 大洋洲:1/10 - 20; 欧洲:1/3 - 12; 北美洲:1/10 - 21; 南美洲:1/26 - 40。

Acrostichum L. 卤蕨属 Acrostichaceae [F - 32] 特征纪要(同科)。全球 6 个大洲分布及种数(56 - 184)非洲:10 -

19;亚洲:24－41;大洋洲:10－20;欧洲:3－12;北美洲:10－21;南美洲:26－40。【中国种数:3】。
Acrosticum L. ex Hultén = **Acrostichum**
Acrostigma O. F. Cook & Doyle = **Wettinia**
Acrostolia Dum. 绿片苔科属 Aneuraceae［B－86］特征纪要:－。全球1个大洲分布及种数(－)。
Acrosynanthus Urb. 顶蕊茜属 Rubiaceae［MD－523］特征纪要:习性:木本。花程式:(K)4－5,(C)4－5,A4－5,＝↓(G)2－9。其他特征参考科。全球1个大洲分布及种数(7)◆北美洲。

A

Acrothamnus Quinn 山须石南属 Ericaceae［MD－380］特征纪要:习性:木本。花程式:(K－),(C)5 参考科,A2－4,G3－ 参考科。其他特征参考科。全球2个大洲分布及种数(2－7) 分布(cf.)亚洲:1;大洋洲:1。
Acrotiche Poir. = **Acrotriche**
Acrotome Benth. ex Endl. 顶片草属 Lamiaceae［MD－575］特征纪要:习性:草本。花程式:K2,C0,A2,＝↓G2。物候:－。海拔:－。生境:－。资源:具园艺种类。全球6个大洲分布及种数(7－9)非洲:6－9;亚洲:1;大洋洲:1;欧洲:1－3;北美洲:1;南美洲:1。
Acrotrema Jack 五桠草属 Dilleniaceae［MD－66］特征纪要:习性:木本。花程式:K∞,C∞,A5,＝G1－2。物候:－。花期:4－5月。果期:参考晚于花期。海拔:400－1000米。生境:次生灌丛及草地上。资源:具栽培园艺种类。全球6个大洲分布及种数(16－26)非洲:2; 亚洲:23; 大洋洲:9; 欧洲:2; 北美洲:2; 南美洲:2。【中国种数:1】。
Acrotriche R. Br. 顶毛石南属 Ericaceae［MD－380］特征纪要:习性:木本。花程式:(K)2－4,(C)2－4,A10,＝G2－5。其他特征参考科。全球1个大洲分布及种数(8－19)◆大洋洲(◆澳大利亚)。
Acrozus Spreng. = **Elaeocarpus**
Acrymia Prain 伞歧花属 Lamiaceae［MD－575］特征纪要:习性:草本。花程式:K2,C0,A2,＝↓(G)2。其他特征参考科。全球2个大洲分布及种数(1－4)亚洲:4; 南美洲:3。
Acsmithia Hoogland 轮珠梅属 Cunoniaceae［MD－255］特征纪要:习性:－。花程式:－。其他特征参考科。全球1个大洲分布及种数(7－16)◆大洋洲。
Actaea L. 类叶升麻属 Ranunculaceae［MD－38］特征纪要:习性:草本(根状茎,基生)。花程式:－。物候:－。花期:5－6月。果期:参考晚于花期。海拔:300－3100米。生境:森林,中山灌丛林缘草地高山草甸。资源:具栽培园艺种类。全球6个大洲分布及种数(31－126)非洲:2; 亚洲:56; 大洋洲:2; 欧洲:32; 北美洲:32; 南美洲:37。【中国种数:18】。
Actephila Bl. 喜光花属 Euphorbiaceae［MD－217］特征纪要:习性:木质攀援。花期:2－9月。果期:参考晚于花期。海拔:100－1500米。生境:山地疏林或石灰岩山地灌木丛中。资源:具栽培园艺种类。全球6个大洲分布及种数(36－77)非洲:12; 亚洲:50; 大洋洲:29; 欧洲:3; 北美洲:3; 南美洲:5。【中国种数:6】。
Actinanthella Balle 星花寄生属 Loranthaceae［MD－415］特征纪要:习性:木本。花程式:K5,C0,A4,＝↓G3－4。其他特征参考科。全球1个大洲分布及种数(2)◆非洲。
Actinanthus Ehrenb. 辐芹属 Apiaceae［MD－480］特征纪要:习性:草本。花程式:参考科,C5,A15 参考科,＝↓(G)2 参考科。其他特征参考科。全球1个大洲分布及种数(1)◆非洲。
Actiniceps <unassigned> 斯里凤尾蕨属 Pteridaceae［F－31］特征纪要:－。全球1个大洲分布及种数(1)◆亚洲。
Actinidia Lindl. 猕猴桃属 Actinidiaceae［MD－242］特征纪要:习性:木质攀援。花程式:－。物候:－。花期:4月。果期:参考晚于花期。海拔:100－1800米。生境:阿里山上,在山谷灌丛中。资源:观赏,具栽培园艺种类。全球6个大洲分布及种数(75－269)非洲:3; 亚洲:193; 大洋洲:7; 欧洲:14; 北美洲:14; 南美洲:7。【中国种数:54】。
Actinidiaceae Gilg & Werderm.［MD－242］猕猴桃科 特征纪要:习性:木本,藤本;常绿,落叶。花程式:♀/♂(K)5,C2－4－5,A4,＝↑G5－20。物候:－。花期: 4月。果期: 8－10月。果实:浆果,蒴果。种子:种皮作不规则的矩圆形,纵径1－2毫米。海拔:0米。生境:阿里山上,在右山谷灌丛中。资源:园林。栽培:中国有栽培。全球4个大洲分布及属种数(4－5/288－555 <IFR 2/19> hort. 1;cult. 1) 亚洲:4/63－69(IFR 2/19); 大洋洲:(IFR 1/1); 欧洲:(IFR 1/1); 北美洲:(IFR 1/1)。【中国属种数:3/72】。
Actiniopteridaceae Pic. Serm. = Pteridaceae
Actiniopteris Link 扇掌蕨属 Pteridaceae［F－31］特征纪要:习性:－。【Rep】:孢子同形,囊群生叶背。资源:具园艺种类。全球2个大洲分布及种数(5－8;hort. 1)非洲:4－6;亚洲:cf. 1。【中国种数:3】。
Actinobole Endl. 羽冠鼠麴草属 Asteraceae［MD－586］特征纪要:习性:草本。花程式:(K)3－5,(C)3－5,A3－5,＝↓G2。其他特征参考科。全球2个大洲分布及种数(4－10)大洋洲:9; 南美洲:2。
Actinocarya Benth. 锚刺果属 Boraginaceae［MD－517］特征纪要:习性:草本(基生)。花程式:－。物候:－。海拔:5700米。生境:河滩沙砾草地。资源:－。全球3个大洲分布及种数(2－5)亚洲:5; 欧洲:2; 北美洲:2。【中国种数:2】。
Actinocephalus (Körn.) Sano 球谷精属 Eriocaulaceae［MM－726］特征纪要:习性:草本。花程式:－。其他特征参考科。全球4个大洲分布及种数(5－58)非洲:2; 亚洲:3; 北美洲:3; 南美洲:39。
Actinocheita F. A. Barkley 粗丝漆属 Anacardiaceae［MD－432］特征纪要:习性:木本。花程式:K5,C5,A5－10,＝(G)1－3。其他特征参考科。全球1个大洲分布及种数(1)◆北美洲。
Actinocladum McClure ex Soderstr. 射枝竹属 Poaceae［MM－748］特征纪要:习性:草本。花程式:(K)3,C0 参考科,A1－2,＝G2－3。其他特征参考科。全球1个大洲分布及种数(1－2)◆南美洲(◆巴西)。
Actinodaphne Nees 黄肉楠属 Lauraceae［MD－21］特征纪要:习性:木本。花程式:Kn,C3,A6,G－。物候:－。花

期:2－3 月。果期:参考晚于花期。海拔:1300－2300 米。生境:常绿阔叶林。栽培:来自广西龙州。资源:药用,具栽培园艺种类。全球 6 个大洲分布及种数(115－211)非洲:24; 亚洲:194; 大洋洲:42; 欧洲:22; 北美洲:22; 南美洲:27。【中国种数:21】。

Actinodium Schaür 菊蜡花属 Myrtaceae［MD－347］特征纪要:习性:木本。花程式:K4,C4,A8－10,＝↓G－。其他特征参考科。全球 1 个大洲分布及种数(1)◆大洋洲。

Actinodontium Schwägr. 假黄藓属 Pilotrichaceae［B－166］特征纪要:习性:－。【Rep】:雌苞叶小,基部阔卵形,上部呈狭长尖,蒴柄细长,红色,平滑,孢蒴倾列或平列,长卵形,棕色,蒴齿两层,外,蒴柄侧生,细长,平滑或具弱疣,孢蒴平展或下倾,卵状圆柱形,两侧不对称,台部长而粗,口部强烈收缩。物候:－。海拔:－。生境:水石生,无。资源:－。全球 6 个大洲分布及种数(8)非洲:3;亚洲:2;大洋洲:1;欧洲:2;北美洲:4;南美洲:2。

Actinokentia Dammer 叉叶椰属 Arecaceae［MM－717］特征纪要:习性:－。花程式:－。其他特征参考科。全球 3 个大洲分布及种数(4)大洋洲:2; 北美洲:1; 南美洲:1。

Actinolema Fenzl 射皮芹属 Apiaceae［MD－480］特征纪要:习性:草本。花程式:K5,C5,A5,＝↓G(－)。其他特征参考科。全球 1 个大洲分布及种数(1－3)◆欧洲。【中国种数:1】。

Actinolepis DC. ＝ **Eriophyllum**

Actinophlebia C. Presl ＝ **Cnemidaria**

Actinophyllum Ruiz & Pav. ＝ **Schefflera**

Actinorhytis H. Wendl. & Drude 拱叶椰属 Arecaceae［MM－717］特征纪要:习性:木本。花程式:Kn,C0 参考科,A3 参考科,G3－10。资源:具园艺种类。全球 4 个大洲分布及种数(1－4)非洲:1; 亚洲:4; 大洋洲:3; 北美洲:2。

Actinoschoenus Benth. 星穗莎属 Cyperaceae［MM－747］特征纪要:习性:草本(根状茎,基生)。花程式:(K)3,C3,A3,＝↓G2－3。物候:－。花期:9－10 月。果期:参考晚于花期。海拔:1200－1300 米。生境:山坡,在江边。资源:－。全球 6 个大洲分布及种数(9－11)非洲:2－4;亚洲:3－4;大洋洲:7－8;欧洲:1;北美洲:1;南美洲:1。【中国种数:1】。

Actinoscirpus (Ohwi) R. W. Haines & Lye 大藨草属 Cyperaceae［MM－747］特征纪要:习性:草本。花程式:(K)3,C3,A3,G－。物候:－。海拔:100－900 米。生境:浅水池,沼泽和稻田。资源:药用。全球 5 个大洲分布及种数(2－4)非洲:3; 亚洲:4; 大洋洲:3; 北美洲:2; 南美洲:2。【中国种数:1】。

Actinostachys Wall. 莎草蕨属 Schizaeaceae［F－19］特征纪要:习性:－。【Rep】:孢子同形,囊群生叶背。其他特征参考科。全球 6 个大洲分布及种数(15－17)非洲:4－5;亚洲:4－5;大洋洲:11－13;欧洲:1－2;北美洲:2－3;南美洲:3－4。【中国种数:2】。

Actinostema Lindl. ＝ **Actinostemon**

Actinostemma Griff. 星子草属 Cucurbitaceae［MD－205］特征纪要:习性:木质攀援。花程式:－。物候:－。花期:7－9 月。果期:参考晚于花期。海拔:60－3500 米。生境:草地,无。资源:药用,具栽培园艺种类。全球 1 个大洲分布及种数(cf. 1)◆亚洲。【中国种数:2】。

Actinostemon Mart. ex Klotzsch 鳞序柏属 Euphorbiaceae［MD－217］特征纪要:习性:木本。花程式:K1(1000),C0,A6,＝G2－3。物候:－。海拔:－。生境:－。资源:具栽培园艺种类。全球 6 个大洲分布及种数(32－36)非洲:1;亚洲:1;大洋洲:1－2;欧洲:1;北美洲:3－4;南美洲:30－33。【中国种数:1】。

Actinostephanus <unassigned> 星苣苔属 Gesneriaceae［MD－549］特征纪要:习性:－。花程式:－。其他特征参考科。全球 1 个大洲分布及种数(－)。

Actinostrobaceae Lotsy ＝ Cupressaceae

Actinostrobus Miq. 星鳞柏属 Cupressaceae［G－17］特征纪要:－。【Rep】:复轴,浆果状,苞鳞融合成果皮状,种鳞多退化,雌雄异株。其他特征参考科。全球 4 个大洲分布及种数(4)亚洲:3; 大洋洲:4; 欧洲:2; 北美洲:2。

Actinothuidium Broth. 锦丝藓属 Thuidiaceae［B－184］特征纪要:习性:－。【Rep】:雌雄异株,蒴柄长可达 5 厘米,孢蒴长圆柱形,略呈弓形弯曲,环带分化,蒴齿两层,内外齿层近于等长。物候:－。海拔:2140 米。生境:土生。资源:－。全球 1 个大洲分布及种数(1)◆亚洲(◆中国)

Actinotinus Oliv. ＝ **Viburnum**

Actinotus Labill. 绒苞芹属 Apiaceae［MD－480］特征纪要:习性:草本。花程式:K5,C5,A5,＝↓G2。其他特征参考科。全球 3 个大洲分布及种数(20－72)亚洲:5; 大洋洲:67; 南美洲:44。

Actipsis Raf. ＝ **Solidago**

Acuania Kuntze 豆科属 Fabaceae1［MD－238］特征纪要:习性:－。花程式:－。其他特征参考科。分布:－。

Acunaeanthus Borhidi, Járai－Koml. & Moncada 非楔花属 Rubiaceae［MD－523］特征纪要:习性:木本。花程式:(K)4－5,(C)4－5,A4－5,＝↓G2－9。其他特征参考科。全球 1 个大洲分布及种数(1)◆北美洲(◆古巴)。

Acunna Ruiz & Pav. ＝ **Bejaria**

Acunniana Orchard 楔花菊属 Asteraceae［MD－586］特征纪要:习性:草本。花程式:－。其他特征参考科。全球 1 个大洲分布及种数(－)。

Acustelma Baill. ＝ **Pentopetia**

Acuston Raf. 巨茴香芥属 Brassicaceae［MD－213］特征纪要:习性:－。花程式:－。其他特征参考科。全球 1 个大洲分布及种数(－)。

Acyntha Medik. ＝ **Sansevieria**

Acystopteris Nakai 亮毛蕨属 Woodsiaceae［F－47］特征纪要:习性:－。【Rep】:孢子囊群小,圆形,生于小脉背部,囊托凸起,在小羽轴两侧各成一列。物候:－。海拔:10－3900 米。生境:山地雨林下或沟,竹林中路边林缘。

资源：-。全球4个大洲分布及种数(3-9)非洲:1；亚洲:5；北美洲:2；南美洲:4。【中国种数:3】。

Ada Lindl. 垂芳兰属 Orchidaceae [MM-723] 特征纪要：习性：-。花程式：-。其他特征参考科。全球4个大洲分布及种数(14)亚洲:cf.1；大洋洲:1；北美洲:4；南美洲:13。

Adamantinia Van den Berg & C. N. Gonç. 腺兰属 Orchidaceae [MM-723] 特征纪要：习性：草本。花程式：(K)3，C3，A3，=↓(G)3。其他特征参考科。全球1个大洲分布及种数(1)◆南美洲(◆巴西)。

Adamaram Adans. = **Terminalia**

Adamea Jacq. -Fél. 野牡丹科属 Chenopodiaceae [MD-115] 特征纪要：习性：-。花程式：-。其他特征参考科。分布：-。

Adamsiella <unassigned> 隐花荷属 Rhodoleiaceae [MD-64] 特征纪要：-。全球1个大洲分布及种数(1)大洋洲:1。

Adansonia L. 猴面包树属 Bombacaceae [MD-201] 特征纪要：习性：木本。花程式：-。物候：-。花期:3-4月。果期：参考晚于花期。海拔:500-1700米。生境：干热河谷及稀树草原，沟谷季雨林内，栽培作行道树。资源：具栽培园艺种类。全球6个大洲分布及种数(8-21)非洲:14；亚洲:3；大洋洲:5；欧洲:3；北美洲:3；南美洲:3。【中国种数:1】。

Adectum Link 顶生碗蕨属 Dennstaedtiaceae [F-26] 特征纪要：-。全球2个大洲分布及种数(8)北美洲:1；南美洲:1。

Adelanthaceae Grolle [B-50] 隐蒴苔科 特征纪要：木本，常绿，簇生。【Rep】：雌雄异株，单轴球果。全球6个大洲分布和属种数(3/16-19)非洲:1-2/2-5；亚洲:2/14-17；大洋洲:1-2/2-4；欧洲:1/2；北美洲:1-2/1-3；南美洲:3/12-14。【中国属种数:1/1】。

Adelanthus Mitt. 刺核藤属 Adelanthaceae [B-50] 特征纪要：习性：-。花程式：-。其他特征参考科。全球6个大洲分布及种数(13-14)非洲:2-3；亚洲:12-13；大洋洲:2；欧洲:cf.1；北美洲:1；南美洲:9。

Adelbertia Meisn. = **Meriania**

Adelia L. 柑桐属 Euphorbiaceae [MD-217] 特征纪要：习性：-。花程式：-。其他特征参考科。全球6个大洲分布及种数(13-20；hort.1；cult. 1)非洲:2-11；亚洲:2-11；大洋洲:9；欧洲:9；北美洲:11-20；南美洲:4-13。【中国种数:1】。

Adelmeria Ridl. 山姜属 Zingiberaceae [MM-737] 特征纪要：习性：-。花程式：-。其他特征参考科。全球1个大洲分布及种数(-)。

Adelobotrys DC. 锦号丹属 Melastomataceae [MD-364] 特征纪要：习性：木本。花程式：K4-5，C4-5，A4-5，=↓G3-4。其他特征参考科。全球6个大洲分布及种数(48-52)非洲:1；亚洲:1；大洋洲:1；欧洲:1；北美洲:4-5；南美洲:46-51。【中国种数:1】。

Adelocaryum Brand 隐果紫草属 Boraginaceae [MD-517] 特征纪要：习性：草本。花程式：K5，C0，A5，=G2-4。其他特征参考科。全球4个大洲分布及种数(5-13)非洲:3；亚洲:11；欧洲:1；北美洲:1。

Adelococcus <unassigned> 紫草科属 Boraginaceae [MD-517] 特征纪要和分布(-)。

Adelocolia Mitt. 秘蒴苔属 Adelanthaceae [B-50] 特征纪要：-。全球1个大洲分布及种数(-)。

Adelodypsis Becc. = **Dypsis**

Adelolecia <unassigned> 隐芽藓属 Sorapillaceae [B-212] 特征纪要：-。全球1个大洲分布及种数(-)。

Adelosa Blume = **Clerodendrum**

Adelostemma Hook. f. 乳突果属 Apocynaceae [MD-492] 特征纪要：习性：-。花程式：-。物候：-。花期：秋天。果期：参考晚于花期。海拔:500-1000米。生境：山地灌木丛中或山谷林中。资源：-。全球1个大洲分布及种数(1-2)◆亚洲。

Adelostigma Steetz 隐柱菊属 Asteraceae [MD-586] 特征纪要：习性：草本。花程式：(K)3-5，(C)3-5，A3-5，↓G。其他特征参考科。全球1个大洲分布及种数(2)◆非洲。

Adelotheciaceae W. R. Buck = Hookeriaceae

Adelothecium Mitt. 隐线藓属 Hookeriaceae [B-164] 特征纪要：习性：-。【Rep】：雌苞叶小，蒴柄侧生，密被刺状毛，孢蒴小，平展或下垂，卵形，具长台部，蒴齿两层，外齿层齿片，雌雄异株，内雌苞叶下部鞘状，孢蒴卵圆形，蒴齿两层，外齿层齿片披针形，具不明显的回折中脊，透明。其他特征参考科。全球2个大洲分布及种数(2)北美洲:2；南美洲:2。

Adelphacme K. L. Gibbons, B. J. Conn & Henwood 隐羞草属 Fabaceae1 [MD-238] 特征纪要：习性：木本。花程式：-。其他特征参考科。全球1个大洲分布及种数(1) ◆大洋洲:1。

Adelphia W. R. Anderson 隐柱花属 Malpighiaceae [MD-343] 特征纪要：习性：木本。花程式：K5，C5，A10，=G2-3。其他特征参考科。全球2个大洲分布及种数(5)北美洲:1；南美洲:4。

Adenandra Willd. 阿登芸香属 Rutaceae [MD-399] 特征纪要：习性：木本。花程式：K5，C5，A4，=G1-3。其他特征参考科。全球3个大洲分布及种数(23-25)非洲:22；亚洲:cf.1；欧洲:2。

Adenanthellum B. Nord. 腺菊属 Asteraceae [MD-586] 特征纪要：习性：草本。花程式：(K)3-5，(C)3-5，A3-5，↓G。其他特征参考科。全球2个大洲分布及种数(1-2)非洲:2；南美洲:2。

Adenanthera L. 海红豆属 Fabaceae2 [MD-240] 特征纪要：习性：木质攀援。花程式：-。物候：-。花期:4-7月。果期：参考晚于花期。海拔:1000米。生境：林中。资源：药用，园林，具栽培园艺种类。全球6个大洲分布及种数(13-45)非洲:15；亚洲:23；大洋洲:11；欧洲:7；北美洲:7；南美洲:8。【中国种数:4】。

Adenanthos Labill. 独雀花属 Proteaceae [MD-219] 特征纪要：习性：木本。花程式：K3-4-∞，C0，A2，=G1。

其他特征参考科。全球 5 个大洲分布及种数(36－69)非洲:2; 亚洲:1; 大洋洲:65; 北美洲:2; 南美洲:2。

Adenarake Maguire & Wurdack 腺莲木属 Ochnaceae [MD－104] 特征纪要:习性:木本。花程式:K1－∞,C1－∞, A10,＝(G)2－15。其他特征参考科。全球 1 个大洲分布及种数(2)◆南美洲。

Adenaria Kunth 青虾花属 Lythraceae [MD－333] 特征纪要:习性:木本。花程式:－。其他特征参考科。全球 2 个大洲分布及种数(1－6)北美洲:2; 南美洲:4。

Adenema G. Don ＝ **Enicostema**

Adenia Forssk. 蒴莲属 Passifloraceae [MD－151] 特征纪要:习性:木质攀援。花程式:－。物候:－。花期:4－9 月。果期:参考晚于花期。海拔:800－2000 米。生境:混交林,灌丛,山坡密林中。资源:具园艺种类。全球 6 个大洲分布及种数(116－224)非洲:144; 亚洲:68; 大洋洲:7; 欧洲:23; 北美洲:23; 南美洲:25。【中国种数:8】。

Adenilema Blume ＝ **Neillia**

Adenimesa Nieuwl. ＝ **Swertia**

Adenium Röm. & Schult. 沙漠玫瑰属 Apocynaceae [MD－492] 特征纪要:习性:木本。花程式:K5－∞,C0,A15, ↓G。物候:－。海拔:－。生境:－。资源:具园艺种类。全球 6 个大洲分布及种数(6－77)非洲:56; 亚洲:13; 大洋洲:2; 欧洲:8; 北美洲:8; 南美洲:7。【中国种数:1】。

Adenoa Arbo 富镍花属 Passifloraceae [MD－151] 特征纪要:习性:木本。花程式:－。其他特征参考科。全球 1 个大洲分布及种数(1)◆北美洲。

Adenobasium C. Presl ＝ **Sloanea**

Adenobium Steud. ＝ **Sloanea**

Adenocalymma Mart. ex Meisn. 胡姬藤属 Bignoniaceae [MD－541] 特征纪要:习性:木本。花程式:K5,C0,A5,＝ G2。物候:－。海拔:－。生境:－。资源:具园艺种类。全球 6 个大洲分布及种数(91－374)非洲:9; 亚洲:34; 大洋洲:5; 欧洲:86; 北美洲:86; 南美洲:350。【中国种数:3】。

Adenocarpum D. Don ex Hook. & Arn. ＝ **Chrysanthellum**

Adenocarpus DC. 腺果豆属 Fabaceae3 [MD－240] 特征纪要:习性:木本。花程式:K1－∞,C1－∞,A5－9,＝↓ G1。物候:－。海拔:－。生境:－。资源:具园艺种类。全球 6 个大洲分布及种数(11－25;hort. 1;cult. 3)非洲:7－18;亚洲:2－5;大洋洲:1－3;欧洲:6－15;北美洲:4－7;南美洲:1－3。【中国种数:2】。

Adenocaulon Hook. 和尚菜属 Asteraceae [MD－586] 特征纪要:习性:草本(具根状茎)。花程式:－。物候:－。花期:6－8 月。果期:参考晚于花期。海拔:3400 米。生境:森林,灌木丛,草坡和溪边,溪边。资源:药用。全球 6 个大洲分布及种数(6)非洲:1;亚洲:4－6;大洋洲:1;欧洲:1;北美洲:3－4;南美洲:1－2。【中国种数:2】。

Adenochilus Hook. f. 腺唇兰属 Orchidaceae [MM－723] 特征纪要:习性:草本。花程式:(K)3,C3,A3,↓G－。其他特征参考科。全球 2 个大洲分布及种数(2－4)大洋洲:2; 南美洲:1。

Adenochlaena Boivin ex Baill. 羽萼巴豆属 Euphorbiaceae [MD－217] 特征纪要:习性:木本。花程式:K1(1000), C0,A6,＝G2－3。物候:－。花期:3－10 月。果期:参考晚于花期。海拔:20－5000 米。生境:中海拔山地灌木林中。资源:－。全球 4 个大洲分布及种数(2－13)非洲:4; 亚洲:10; 大洋洲:3; 北美洲:2。

Adenochloa Zuloaga 禾本科属 Poaceae [MM－748] 特征纪要:习性:草本。花程式:(K－),C0 参考科,A3 参考科, ↓G－参考科。其他特征参考科。全球 1 个大洲分布及种数(13)◆非洲。

Adenocline Turcz. 腺靛属 Euphorbiaceae [MD－217] 特征纪要:习性:木本。花程式:K1(1000),C0,A6,↓G－参考科。其他特征参考科。全球 6 个大洲分布及种数(3－27)非洲:12; 亚洲:6; 大洋洲:4; 欧洲:7; 北美洲:7; 南美洲:6。【中国种数:1】。

Adenocritonia R. M. King & H. Rob. 密腺亮泽兰属 Asteraceae [MD－586] 特征纪要:习性:草本。花程式:(K)3－5,(C)3－5,A3－5,↓G。其他特征参考科。全球 1 个大洲分布及种数(1－2)◆北美洲。

Adenocyclus Less. ＝ **Piptocoma**

Adenodaphne S. Moore 木姜子属 Lauraceae [MD－21] 特征纪要:习性:－。花程式:－。其他特征参考科。全球 1 个大洲分布及种数(－)。

Adenoderris J. Sm. 红腺耳蕨属 Woodsiaceae [F－47] 特征纪要:习性:－。【Rep】:孢子同形,囊群生叶背有盖。其他特征参考科。全球 1 个大洲分布及种数(1)◆北美洲。

Adenodolichos Harms 非洲长腺豆属 Fabaceae3 [MD－240] 特征纪要:习性:木本。花程式:K1－∞,C1－∞,A5－9,＝↓G1。其他特征参考科。全球 3 个大洲分布及种数(25－37)非洲:33; 大洋洲:2; 北美洲:2。

Adenodus Lour. ＝ **Elaeocarpus**

Adenoglossa B. Nord. 腺舌菊属 Asteraceae [MD－586] 特征纪要:习性:草本。花程式:(K)3－5,(C)3－5,A3－5,↓G。其他特征参考科。全球 1 个大洲分布及种数(1)◆非洲。

Adenogramma Rchb. 荞粟草属 Molluginaceae [MD－99] 特征纪要:习性:草本。花程式:K2－5,C2－5,A5,＝↓ G1－2。其他特征参考科。全球 2 个大洲分布及种数(11－14)非洲:10－12;大洋洲:1。

Adenogramme Link ＝ **Anogramma**

Adenogyne Raf. ＝ **Sebastiania**

Adenolisianthus (Spruce ex Progel) Gilg 蝌蚪果属 Gentianaceae [MD－496] 特征纪要:习性:灌木。花程式:K4－5,C0,A10,↓G－。其他特征参考科。全球 2 个大洲分布及种数(1－3)北美洲:1; 南美洲:2。

Adenolobus (Harvey ex Benth. & Hook. f.) Torre & Hillc. 驼蹄豆属 Fabaceae1 [MD－240] 特征纪要:习性:木本。花程式:K3－5－∞,C3－5－∞,A3－5,＝↓G1－2。其他特征参考科。全球 1 个大洲分布及种数(3)◆非洲。

Adenoncos Bl. 腺钗子股属 Orchidaceae [MM－723] 特征纪要:习性:草本。花程式:(K)3,C3,A3,＝↓G3。其他

特征参考科。全球 3 个大洲分布及种数(17 - 23)非洲:1; 亚洲:23; 大洋洲:3。【中国种数:1】。

Adenonema Bunge 繁缕属 Caryophyllaceae [MD - 77] 特征纪要:习性: - 。花程式: - 。其他特征参考科。全球 1 个大洲分布及种数(-)。

Adenoon Dalzell 无冠糙毛菊属 Asteraceae [MD - 586] 特征纪要:习性:草本。花程式:(K)3 - 5,(C)3 - 5,A3 - 5,↓G。其他特征参考科。全球 1 个大洲分布及种数(1)◆亚洲。

A

Adenopappus Benth. = **Tagetes**

Adenopeltis Bertero ex A. Juss. 棱果桕属 Euphorbiaceae [MD - 217] 特征纪要:习性:木本。花程式:K1(1000),C0,A6,=(G)2 - 3。其他特征参考科。全球 2 个大洲分布及种数(1 - 3)北美洲:2; 南美洲:3。

Adenophaedra (Müll. Arg.) Mülll. Arg. 长序桐属 Euphorbiaceae [MD - 217] 特征纪要:习性:木本。花程式:K1(1000),C0,A6,=G2 - 3。其他特征参考科。全球 2 个大洲分布及种数(3 - 8)北美洲:3; 南美洲:8。

Adenophora Fisch. 沙参属 Campanulaceae [MD - 561] 特征纪要:习性:草本(根状茎,基生,多肉)。花程式: - 。物候: - 。花期:7 - 8 月。果期:参考晚于花期。海拔:1000 - 2300 米。生境:草地,灌丛和乱石中,针叶林缘。资源:具栽培园艺种类。全球 6 个大洲分布及种数(61 - 86;hort. 1;cult. 19)非洲:7;亚洲:60 - 79;大洋洲:6 - 14;欧洲:23 - 33;北美洲:16 - 24;南美洲:7。【中国种数:40】。

Adenophorus Gaud. 隅蕨属 Polypodiaceae [F - 60] 特征纪要: - 。全球 1 个大洲分布及种数(14)◆北美洲:14。

Adenophyllum Pers. 腺叶菊属 Asteraceae [MD - 586] 特征纪要:习性:草本。花程式:(K)3 - 5,C3 - 5,A3 - 5,=↓(G)2。其他特征参考科。全球 6 个大洲分布及种数(15)非洲:4;亚洲:1 - 5;大洋洲:4;欧洲:1 - 5;北美洲:14 - 18;南美洲:1 - 5。

Adenopodia C. Presl 腺柄豆属 Fabaceae3 [MD - 240] 特征纪要:习性:木本。花程式:K3 - 5 - ∞,C3 - 5 - ∞,A1 - 10 - 50,=↓G1。其他特征参考科。全球 2 个大洲分布及种数(8)非洲:4;北美洲:3。

Adenopus Benth. = **Lagenaria**

Adenorachis (DC.) Nieuwl. 北美苞蔷薇属 Rosaceae [MD - 246] 特征纪要:习性:木本。花程式:K1(10 - 100),C1 - 10 - 100,A1 - 10 - 100,=↓G(-)。其他特征参考科。全球 1 个大洲分布及种数(1)◆北美洲。

Adenorandia Vermösen 苞茜草属 Rubiaceae [MD - 523] 特征纪要:习性:木本。花程式:(K -),(C)4,A4 - 5,↓G。花期:参考早于果期。果期:10 月。海拔:5 - 4800 米。生境:矮林内。资源: - 。全球 1 个大洲分布及种数(1)◆非洲。

Adenorima Raf. = **Euphorbia**

Adenosciadium H. Wolff 苞叶芹属 Apiaceae [MD - 480] 特征纪要:习性:草本。花程式:K5,C5,A5,=↓G(-)。其他特征参考科。全球 1 个大洲分布及种数(1)◆亚洲。

Adenosma R. Br. 毛麝香属 Scrophulariaceae [MD - 536] 特征纪要:习性:草本。花程式: - 。物候: - 。海拔:300 - 2000 米。生境:灌木林下。栽培:来自广西龙州。资源:药用,具栽培园艺种类。全球 6 个大洲分布及种数(16 - 44)非洲:4 - 33;亚洲:15 - 65;大洋洲:6 - 41;欧洲:25;北美洲:3 - 28;南美洲:2 - 29。【中国种数:6】。

Adenospermum Hook. & Arn. = **Chrysanthellum**

Adenostegia Benth. = **Cordylanthus**

Adenostemma J. R. Forst. & G. Forst. 下田菊属 Asteraceae [MD - 586] 特征纪要:习性:草本。花程式:(K)3 - 5,C3 - 5,A3 参考科,=↓G2。物候: - 。花期:8 - 10 月。果期:参考晚于花期。海拔:400 - 2000 米。生境:林中,森林和灌木丛。资源:药用。全球 6 个大洲分布及种数(20 - 27;hort. 1;cult. 1)非洲:5 - 9;亚洲:7 - 12;大洋洲:3 - 8;欧洲:4;北美洲:8 - 12;南美洲:13 - 17。【中国种数:5】。

Adenostoma Hook. & Arn. 柏枝梅属 Rosaceae [MD - 246] 特征纪要:习性:木本。花程式:K1(10 - 100),C1 - 10 - 100,A1 - 10 - 100,=↓G1 - 50。其他特征参考科。全球 2 个大洲分布及种数(3 - 10)非洲:2; 北美洲:8。

Adenostyles Cass. 菊科属 Asteraceae [MD - 586] 特征纪要:习性:草本。花程式:(K)3 - 5,(C)3 - 5,A3 参考科,=↓G2。物候: - 。海拔: - 。生境: - 。资源:具园艺种类。全球 6 个大洲分布及种数(11 - 47)非洲:7; 亚洲:10; 大洋洲:4; 欧洲:5; 北美洲:5; 南美洲:7。【中国种数:2】。

Adenostylium Rchb. f. = **Adenostyles**

Adenothamnus D. D. Keck 星木菊属 Asteraceae [MD - 586] 特征纪要:习性:草本。花程式:(K)3 - 5,(C)3 - 5,A3 - 5,=↓G2。其他特征参考科。全球 1 个大洲分布及种数(1)◆北美洲。

Adesmia DC. 艾兹豆属 Fabaceae3 [MD - 240] 特征纪要:习性:木本。花程式:K1 - ∞,C1 - ∞,A5 - 9,=↓G1。物候: - 。海拔: - 。生境: - 。资源:具园艺种类。全球 6 个大洲分布及种数(224 - 463)非洲:42; 亚洲:21; 大洋洲:21; 欧洲:44; 北美洲:44; 南美洲:432。【中国种数:9】。

Adetogramma T. E. Almeida 水龙骨科属 Polypodiaceae [F - 60] 特征纪要: - 。全球 1 个大洲分布及种数(-)。

Adhatoda Mill. 鸭嘴花属 Acanthaceae [MD - 572] 特征纪要:习性: - 。花程式: - 。物候: - 。花期:几乎全年。果期:参考晚于花期。海拔:50 - 3600 米。生境:滨海地带,为红树林重要组成之一,竹林中。资源:药用。全球 6 个大洲分布及种数(15 - 37)非洲:8 - 25;亚洲:5 - 20;大洋洲:14;欧洲:14;北美洲:15;南美洲:6 - 23。

Adhunia Vell. ex DC. 葎金娘属 Myrtaceae [MD - 347] 特征纪要: - 。全球 1 个大洲分布及种数(1) ◆南美洲:1。

Adiantaceae Newman [F - 35] 铁线蕨科 特征纪要:常绿乔木,枝条轮生或近轮生,叶螺旋状排列,鳞形、钻形、针状镰形、披针形或卵状三角形,叶形及其大小往往在同一树上也有变异。【Rep】:复轴,球果状,苞鳞下部生种子,无种鳞,球果直立,椭圆形或近球形,二至三年成熟,熟时苞鳞脱落,苞鳞宽大,木质,扁形,先端厚,上部边缘具锐利的横脊,舌状种鳞位于苞鳞的腹面中央,下部合生,先端肥厚而外露,发育苞鳞仅有 1 粒种子,种子生于舌状种鳞的下部,扁平,合生,无翅。全球 6 个大洲分布和属种数(7;hort. & cult. 1)(290 - 577;hort. & cult. 56 -

73)非洲:3-6/23-158; 亚洲:2-6/81-218; 大洋洲:1-6/19-150; 欧洲:1-6/1-127; 北美洲:4-6/75-206; 南美洲:5-7/199-348。

Adiantopsis Fée 拟铁线蕨属 Pteridaceae [F-31] 特征纪要:习性:-。【Rep】:孢子同形,囊群生叶缘。其他特征参考科。全球6个大洲分布及种数(22-30)非洲:1-2;亚洲:1-3;大洋洲:1;欧洲:1;北美洲:2-4;南美洲:19-27。

Adiantum L. 铁线蕨属 Adiantaceae [F-35] 特征纪要(同科)。全球6个大洲分布及种数(263-402;hort.1;cult.21)非洲:21-44;亚洲:79-107;大洋洲:19-38;欧洲:1-15;北美洲:68-87;南美洲:180-217。【中国种数:75】。

Adina Salisb. 水团花属 Rubiaceae [MD-523] 特征纪要:习性:木本。花程式:(K-),C2-3参考科,A5参考科,↓G2。物候:-。花期:6-9月。果期:参考晚于花期。海拔:200-400米。生境:乔木林内。资源:药用,纤维,木材可供雕刻,具栽培园艺种类。全球6个大洲分布及种数(9-12)非洲:2-9;亚洲:8-17;大洋洲:1-8;欧洲:7;北美洲:7;南美洲:7。【中国种数:6】。

Adinandra Jack 杨桐属 Pentaphylacaceae [MD-215] 特征纪要:习性:木本。花程式:-。物候:-。花期:4月。果期:参考晚于花期。海拔:1200-1300米。生境:常绿阔叶林或混交林中,竹林中。资源:具栽培园艺种类。全球6个大洲分布及种数(42-120;hort.1;cult. 2)非洲:3-6;亚洲:38-100;大洋洲:4-9;欧洲:1;北美洲:8-11;南美洲:3-8。【中国种数:26】。

Adinauclea Ridsdale = **Adina**

Adinobotrys Dunn 猪腰豆属 Fabaceae3 [MD-240] 特征纪要:习性:-。花程式:-。其他特征参考科。全球2个大洲分布及种数(4-9)亚洲:4; 南美洲:1。【中国种数:1】。

Adisa Steud. = **Mallotus**

Adiscanthus Ducke 红簪木属 Rutaceae [MD-399] 特征纪要:习性:木本。花程式:K5,C5,A4,=G1-3。其他特征参考科。全球1个大洲分布及种数(1)◆南美洲。

Adlumia Raf. ex DC. 荷包藤属 Papaveraceae [MD-54] 特征纪要:习性:草本(基生)。花程式:K2,C4,A9,G-。物候:-。海拔:80-6400米。生境:针叶林下或林缘,钻井队园内。资源:药用,具栽培园艺种类。全球2个大洲分布及种数(3)亚洲:cf.1;北美洲:1。【中国种数:1】。

Adnaria Raf. = **Styrax**

Adolphia Meisn. 加州棘属 Rhamnaceae [MD-331] 特征纪要:习性:木本。花程式:K4-5,C4-5,A2,↓G-参考科。物候:-。海拔:-。生境:-。资源:具园艺种类。全球6个大洲分布及种数(2-59)非洲:14; 亚洲:27; 大洋洲:7; 欧洲:29; 北美洲:29; 南美洲:23。

Adolphoduckea Paudyal & Delprete 南美茜属 Rubiaceae [MD-523] 特征纪要:习性:木本。花程式:(K-),(C)4,A3参考科,↓G。其他特征参考科。全球1个大洲分布及种数(1)◆南美洲:1。

Adonanthe Spach = **Adonis**

Adonidia Becc. 圣诞棕属 Arecaceae [MM-717] 特征纪要:习性:木本。花程式:K3-10,C3-10,A3-10,=G3-10。其他特征参考科。全球5个大洲分布及种数(2-3)非洲:1;亚洲:1;大洋洲:1;北美洲:1;南美洲:1。

Adonigeron Fourr. = **Jacobaea**

Adonis L. 侧金盏花属 Ranunculaceae [MD-38] 特征纪要:习性:草本(根状茎,基生)。花程式:-。物候:-。花期:6月。果期:参考晚于花期。海拔:1000-2900米。生境:牧场。栽培:来自广西龙州。资源:药用,具栽培园艺种类。全球6个大洲分布及种数(43-48;hort.1;cult. 7)非洲:11-30;亚洲:30-54;大洋洲:6-25;欧洲:21-41;北美洲:7-26;南美洲:19。【中国种数:17】。

Adopogon Neck. 侧毛菊属 Asteraceae [MD-586] 特征纪要和分布(-)。

Adoxa L. 五福花属 Adoxaceae [MD-530] 特征纪要:习性:草本(根状茎,基生)。花程式:-。物候:-。花期:4-7月。果期:参考晚于花期。海拔:3400-3900米。生境:林下,林缘或草地,云杉林缘阴湿沟谷草丛下。资源:具园艺种类。全球5个大洲分布及种数(4-11)非洲:2; 亚洲:8; 大洋洲:2; 欧洲:2; 北美洲:2。【中国种数:2】。

Adoxaceae E. Mey. [MD-530] 五福花科 特征纪要:习性:草本;落叶。花程式:K4-5(-),C4-5-,A3-5,↓(G)-。物候:-。花期:4-7月 果期:7-8月。果实:核果。种子:倒卵形,棕色。海拔:2300-3900米。生境:肥沃的土壤,森林,林缘,草地,云杉林缘阴湿沟谷草丛下。资源:-。栽培:-。全球2个大洲分布及属种数(3/9-10 <IFR 1/1> hort.1;cult. 1) 亚洲:3/9; 欧洲:(IFR 1/1)。【中国属种数:3/106】。

Adriana Gaud. 地藜叶属 Euphorbiaceae [MD-217] 特征纪要:习性:木本。花程式:K1(1000),C0,A6,=G2-3。其他特征参考科。全球2个大洲分布及种数(2-32)大洋洲:21; 南美洲:12。

Adromischus Lem. 天锦木属 Crassulaceae [MD-229] 特征纪要:习性:草本。花程式:K3-5-∞,C3-5-∞,A4,=↓G3-5。物候:-。海拔:-。生境:-。资源:具园艺种类。全球2个大洲分布及种数(31-36;hort.1;cult. 3)非洲:30-33;欧洲:1。

Adrorhizon Hook. f. 短根兰属 Orchidaceae [MM-723] 特征纪要:习性:草本。花程式:(K)3,C3,A3,=↓G3。物候:-。花期:参考早于果期。果期:10-11月。海拔:80-5200米。生境:柏树林下或草坡路旁,竹坡中。资源:-。全球1个大洲分布及种数(cf.1)◆亚洲。

Adventina Raf. = **Galinsoga**

Aechmaea Brongn. = **Aechmea**

Aechmandra Arn. = **Kedrostis**

Aechmanthera Nees = **Strobilanthes**

Aechmea Ruiz & Pav. 光萼荷属 Bromeliaceae [MM-715] 特征纪要:习性:草本。花程式:(K)3,C3,A6,=↓G3。

物候:-。海拔:-。生境:-。资源:具栽培园艺种类。全球6个大洲分布及种数(299-327;hort.1;cult. 8)非洲:6-9;亚洲:14-17;大洋洲:10-13;欧洲:3;北美洲:83-92;南美洲:287-307。【中国种数:3】。

Aechmophora Spreng. ex Steud. = **Bromus**

Aedesia O. Hoffm. 叶苞糙毛菊属 Asteraceae [MD-586] 特征纪要:习性:草本。花程式:(K)3-5,(C)3-5,A3-5,=↓G2。其他特征参考科。全球1个大洲分布及种数(1-3)◆非洲。

Aegialina Schult. = **Rostraria**

A

Aegialitis R. Br. 紫条木属 Plumbaginaceae [MD-227] 特征纪要:习性:-。花程式:-。其他特征参考科。全球3个大洲分布及种数(2-3)非洲:1; 亚洲:3; 大洋洲:3。【中国种数:1】。

Aegiceras Gaertn. 蜡烛果属 Aegicerataceae [MD-393] 特征纪要(同科)。全球6个大洲分布及种数(2-3)非洲:1-3;亚洲:1-3;大洋洲:1-2;欧洲:1-2;北美洲:1-2;南美洲:1。【中国种数:2】。

Aegicerataceae (Bl.) Bl. [MD-393] 桐花树科 特征纪要:习性:木本;落叶。花程式:K4-5(-),C5,A-,G-。物候:-。花期:12月至次年2月。果期:10-12月。果实:-。种子:-。海拔:10米。生境:红树林,泥滩,海岸,平原水旁海边。资源:丹宁。栽培:-。全球4个大洲分布及属种数(1/1 hort.1) 亚洲:1/3-4; 大洋洲:1/3; 欧洲:1/3; 北美洲:1/3。

Aegicon Adans. = **Aegilops**

Aegilemma Löve = **Aegilops**

Aegilonearum á. Löve = **Aegilops**

Aegilops L. 山羊草属 Poaceae [MM-748] 特征纪要:习性:草本。花程式:(K-),C0参考科,A3参考科,=G2-3。物候:-。花期:5-6月。果期:参考晚于花期。海拔:10-5600米。生境:地方。资源:具栽培园艺种类。全球6个大洲分布及种数(28-31;hort.1;cult. 11)非洲:19-31;亚洲:27-40;大洋洲:9-21;欧洲:22-34;北美洲:18-30;南美洲:2-14。【中国种数:19】。

Aegilotriticum P. Fourn. 斑斓草属 Poaceae [MM-748] 特征纪要:习性:草本。花程式:(K)3,C0参考科,A1-2,=G2-3。其他特征参考科。全球4个大洲分布及种数(1-7) 非洲;亚洲;欧洲;北美洲。

Aeginetia L. 野菰属 Orobanchaceae [MD-552] 特征纪要:-。全球1个大洲分布及种数(6-10)◆亚洲。【中国种数:3】。

Aegiphila Jacq. 羊喜木属 Lamiaceae [MD-575] 特征纪要:习性:木本。花程式:K2-4,C0,A3参考科,=↓G2-4。物候:-。海拔:-。生境:-。资源:具栽培园艺种类。全球6个大洲分布及种数(130-160;hort.6;cult. 6)非洲:14-21;亚洲:35-44;大洋洲:12-19;欧洲:6;北美洲:52-65;南美洲:115-137。【中国种数:16】。

Aegle Dulac 木橘属 Rutaceae [MD-399] 特征纪要:习性:木本。花程式:-。物候:-。海拔:600-1000米。生境:坡地林中,有栽种,坡地林中。资源:药用,具栽培园艺种类。全球6个大洲分布及种数(3-48)非洲:3; 亚洲:12; 大洋洲:2; 欧洲:2; 北美洲:2; 南美洲:35。【中国种数:1】。

Aeglopsis Swingle 非洲枳属 Rutaceae [MD-399] 特征纪要:习性:木本。花程式:K∞,C∞,A4,=G1-3。其他特征参考科。全球4个大洲分布及种数(4-9)非洲:8; 欧洲:1; 北美洲:1; 南美洲:4。

Aegokeras Raf. 山羊角芹属 Apiaceae [MD-480] 特征纪要:习性:-。花程式:-。物候:-。海拔:50-5600米。生境:半荒漠中和砾石质山坡上,柞林内。资源:-。全球1个大洲分布及种数(-)。

Aegomarathrum (DC.) Koch ex Meisner 绵羊芹属 Apiaceae [MD-480] 特征纪要:-。全球1个大洲分布及种数(1)◆非洲。

Aegonychon Gray 紫草科属 Boraginaceae [MD-517] 特征纪要:习性:-。花程式:-。其他特征参考科。全球5个大洲分布及种数(3-6)非洲:2; 亚洲:4; 大洋洲:2; 欧洲:2; 北美洲:2。

Aegopodium L. 羊角芹属 Apiaceae [MD-480] 特征纪要:习性:草本(根状茎,基生)。花程式:Kn,C5,A3参考科,=↓(G)2。物候:-。海拔:900-2200米。生境:山谷灌木丛下,针叶林缘。资源:具栽培园艺种类。全球6个大洲分布及种数(11-12)非洲:1;亚洲:10-11;大洋洲:2-3;欧洲:2-3;北美洲:2-3;南美洲:1-2。【中国种数:5】。

Aegopogon Humb. & Bonpl. ex Willd. 逸草属 Poaceae [MM-748] 特征纪要:习性:-。花程式:-。其他特征参考科。全球6个大洲分布及种数(4-5)非洲:2;亚洲:2;大洋洲:2;欧洲:2;北美洲:3-5;南美洲:3-5。

Aegoseris Steud. = **Crepis**

Aelbroeckia De Moor = **Triticum**

Aellenia Ulbr. = **Halothamnus**

Aeluropus Trin. 獐毛属 Poaceae [MM-748] 特征纪要:习性:草本(具根状茎)。花程式:(K-),C0参考科,A3,=G2-3。物候:-。海拔:560-3200米。生境:草原,盐碱土及沙地。资源:具园艺种类。全球6个大洲分布及种数(10-12)非洲:6-10;亚洲:8-14;大洋洲:4;欧洲:3-7;北美洲:1-5;南美洲:1-5。【中国种数:3】。

Aenhenrya Gopalan 斑茎兰属 Orchidaceae [MM-723] 特征纪要:习性:草本。花程式:(K-),C2-3参考科,A3参考科,↓G-。其他特征参考科。全球1个大洲分布及种数(1)◆亚洲。

Aenictophyton A. T. Lee 谜木豆属 Fabaceae3 [MD-240] 特征纪要:习性:木本。花程式:Kn,C2-3参考科,A3参考科,=↓G(-)。其他特征参考科。全球1个大洲分布及种数(2)◆大洋洲(◆澳大利亚)。

Aenigmatanthera W. R. Anderson 尖翅果属 Malpighiaceae [MD-343] 特征纪要:习性:-。花程式:-。其他特征参考科。全球2个大洲分布及种数(3)北美洲:1; 南美洲:3。

Aenigmopteris Holttum 半知蕨属 Dryopteridaceae [F-49] 特征纪要:习性:-。【Rep】:孢子同形,囊群生叶背有盖。其他特征参考科。全球1个大洲分布及种数(2-4)◆亚洲。

Aeolanthus Mart. = **Aeollanthus**

Aeollanthus Mart. ex Spreng. 柔花属 Lamiaceae [MD-575] 特征纪要:习性:草本。花程式:K2,C0,A2, = ↓ G2。物候:-。海拔:-。生境:-。资源:具园艺种类。全球6个大洲分布及种数(56)非洲:21-63;亚洲:6-15;大洋洲:1-9;欧洲:1-9;北美洲:2-10;南美洲:9。【中国种数:6】。

Aeonium Webb & Berthel. 莲花掌属 Crassulaceae [MD-229] 特征纪要:习性:草本。花程式:-。物候:-。海拔:-。生境:-。资源:具栽培园艺种类。全球6个大洲分布及种数(125-230)非洲:9; 亚洲:4; 大洋洲:9; 欧洲:5; 北美洲:5; 南美洲:4。

Aequatoriella Touw 指羽藓属 Thuidiaceae [B-184] 特征纪要:习性:-。【Rep】:雌苞叶具细长尖,有时叶边具纤毛,蒴柄细长,平滑,稀具密疣,孢蒴卵状圆柱形,倾立至平列,蒴齿两层,黄棕,内雌苞叶椭圆状披针形,上部具长纤毛,蒴柄平滑,孢蒴圆柱形,平列,内齿层基膜高达1/2,齿毛2-3。其他特征参考科。全球2个大洲分布及种数(1) 亚洲:1;大洋洲:1。

Aequatorium B. Nord. 赤道菊属 Asteraceae [MD-586] 特征纪要:习性:草本。花程式:(K)3-5,(C)3-5,A3-5, = ↓ G2。其他特征参考科。全球2个大洲分布及种数(19-24)非洲:2;南美洲:18-23。

Aerangis Rchb. f. 细距兰属 Orchidaceae [MM-723] 特征纪要:习性:草本。花程式:(K)3,C3,A3, = ↓ (G)3。其他特征参考科。全球6个大洲分布及种数(62-155)非洲:147; 亚洲:16; 大洋洲:2; 欧洲:2; 北美洲:2; 南美洲:2。【中国种数:1】。

Aeranthes Lindl. 气花兰属 Orchidaceae [MM-723] 特征纪要:习性:草本。花程式:(K)3,C3,A3, = ↓ G3。其他特征参考科。全球6个大洲分布及种数(45-163)非洲:139; 亚洲:21; 大洋洲:7; 欧洲:24; 北美洲:24; 南美洲:30。

Aerides Lour. 指甲兰属 Orchidaceae [MM-723] 特征纪要:习性:草本(多肉)。花程式:Kn,C2-3参考科,A3参考科, = ↓ G3。物候:-。海拔:1000-1500米。生境:常绿阔叶林树干附生植物,阴处。资源:园林,具栽培园艺种类。全球6个大洲分布及种数(31-430)非洲:14; 亚洲:260; 大洋洲:31; 欧洲:48; 北美洲:48; 南美洲:116。【中国种数:8】。

Aeridostachya (Hook. f.) Brieger 气穗兰属 Orchidaceae [MM-723] 特征纪要:习性:草本(基生)。花程式:-。物候:-。花期:5月。果期:参考晚于花期。海拔:1000米。生境:常绿阔叶林下,森林中树干附生植物。资源:-。全球5个大洲分布及种数(20-28)非洲:4; 亚洲:24; 大洋洲:5; 北美洲:1; 南美洲:2。【中国种数:1】。

Aerisilvaea A. Radcliffe-Smith = **Lingelsheimia**

Aerobion Kaempf. ex Spreng. = **Angraecum**

Aerobryidium M. Fleisch. ex Broth. 毛扭藓属 Meteoriaceae [B-188] 特征纪要:习性:-。【Rep】:雌雄异株,蒴柄有时具疣,孢蒴卵形或长卵形,蒴齿两层,外齿层具横纹和密疣,内齿层齿条具细疣,齿毛短。物候:-。海拔:2090米。生境:树生。资源:药用。全球4个大洲分布及种数(8) 非洲:2;亚洲:8;大洋洲:2;北美洲:1。【中国种数:12】。

Aerobryopsis M. Fleisch. 灰气藓属 Meteoriaceae [B-188] 特征纪要:习性:-。【Rep】:雌雄异株,内雌苞叶基部呈鞘状,具短或长尖,蒴柄略粗糙,孢蒴椭圆状圆柱形,具台部,蒴齿两层,内齿层齿条。物候:-。海拔:-。生境:山谷林下,树生。资源:-。全球6个大洲分布及种数(25) 非洲:5;亚洲:18;大洋洲:6;欧洲:2;北美洲:4;南美洲:4。【中国种数:24】。

Aerobryum Dozy & Molk. 气藓属 Meteoriaceae [B-188] 特征纪要:习性:-。【Rep】:雌雄异株或假雌雄异苞同株,蒴柄红棕色,上部弯曲,孢蒴卵形或长卵形,台部细,环带分化,宽阔,蒴齿两层。物候:-。海拔:1300米。生境:土生。资源:-。全球2个大洲分布及种数(4) 亚洲:4;大洋洲:1。【中国种数:4】。

Aerolindigia M. Menzel 扭青藓属 Brachytheciaceae [B-187] 特征纪要:习性:-。【Rep】:绿色或棕绿色。其他特征参考科。全球3个大洲分布及种数(1) 非洲:1;北美洲:1;南美洲:1。

Aeropsis Asch. & Graebn. = **Airopsis**

Aerva Forssk. 白花苋属 Amaranthaceae [MD-116] 特征纪要:习性:草质攀援。花程式:Kn,C2-3参考科,A4,G-。物候:-。花期:4-10月。果期:参考晚于花期。海拔:2500米。生境:山谷中或溪边,以下山坡荫处。资源:药用,具栽培园艺种类。全球6个大洲分布及种数(5-55)非洲:24; 亚洲:30; 大洋洲:3; 欧洲:7; 北美洲:7; 南美洲:6。【中国种数:1】。

Aeschynanthus Jack 芒毛苣苔属 Gesneriaceae [MD-549] 特征纪要:习性:草本,少灌木。花程式:-。物候:-。花期:8月。果期:参考晚于花期。海拔:1200-1500米。生境:山地林中树上。资源:具栽培园艺种类。全球6个大洲分布及种数(172-365)非洲:52; 亚洲:292; 大洋洲:55; 欧洲:7; 北美洲:7; 南美洲:16。【中国种数:34】。

Aeschynomene L. 合萌属 Fabaceae3 [MD-240] 特征纪要:习性:木质攀援。花程式:-。物候:-。花期:10-11月。果期:参考晚于花期。海拔:100-1300米。生境:路边,溪边稻田梗上草丛中。资源:药用,具栽培园艺种类。全球6个大洲分布及种数(124-220;hort. 1;cult. 5)非洲:42-135;亚洲:31-53;大洋洲:16-33;欧洲:9-26;北美洲:54-73;南美洲:84-109。【中国种数:9】。

Aesculus L. 七叶树属 Sapindaceae [MD-428] 特征纪要:习性:木本。花期:1-5月。果期:参考晚于花期。海拔:100-200米。生境:丛林中。资源:药用,园林,具栽培园艺种类。全球6个大洲分布及种数(24-36;hort. 1;cult. 14)非洲:27;亚洲:18-51;大洋洲:3-31;欧洲:10-38;北美洲:20-49;南美洲:4-31。【中国种数:9】。

Aetanthus (Eichler) Engl. 垂钉寄生属 Loranthaceae [MD-415] 特征纪要:木本。花程式:K3-5,C0,A4, = ↓ G3-4。其他特征参考科。全球5个大洲分布及种数(17-30)非洲:4; 大洋洲:2; 欧洲:3; 北美洲:3; 南美洲:30。

Aetheilema R. Br. = **Phaulopsis**

Aetheolaena Cass. 柄叶绵头菊属 Asteraceae [MD－586] 特征纪要:习性:草本。花程式:(K)3－5,(C)3－5,A3－5,＝↓G2。其他特征参考科。全球6个大洲分布及种数(22)非洲:2;亚洲:1;大洋洲:1;欧洲:1;北美洲:2;南美洲:22。

Aetheolirion Forman 线果吉祥草属 Commelinaceae [MM－708] 特征纪要:习性:草本。花程式:－。其他特征参考科。全球1个大洲分布及种数(1－2)◆亚洲。

Aetheorhiza Cass. 菊科属 Asteraceae [MD－586] 特征纪要:习性:草本。花程式:(K)3－5,(C)3－5,A3－5,↓G。其他特征参考科。全球3个大洲分布及种数(1) 非洲:1;亚洲:1;欧洲:1。

Aetheorhyncha Dressler 腺果兰属 Orchidaceae [MM－723] 特征纪要:习性:草本。花程式:(K－),C2－3参考科,A3参考科,↓G－。其他特征参考科。全球1个大洲分布及种数(1) ◆南美洲:1。

Aethephyllum N. E. Br. 琴霓花属 Aizoaceae [MD－94] 特征纪要:习性:－。花程式:－。其他特征参考科。全球2个大洲分布及种数(2)非洲:2; 南美洲:2。

Aethionema W. T. Aiton 岩芥菜属 Brassicaceae [MD－213] 特征纪要:习性:草本。花程式:K2－4,C2－4,A2－4,＝G2。物候:－。海拔:－。生境:－。资源:具栽培园艺种类。全球6个大洲分布及种数(75－317)非洲:23;亚洲:149; 大洋洲:9; 欧洲:28; 北美洲:28; 南美洲:108。【中国种数:5】。

Aethiopis (Benth.) Fourr. 唇形科属 Lamiaceae [MD－575] 特征纪要:习性:－。花程式:－。其他特征参考科。全球3个大洲分布及种数(3)非洲:2; 亚洲:3; 北美洲:3。

Aethusa L. 毒欧芹属 Apiaceae [MD－480] 特征纪要:习性:草本。花程式:K5,C5,A5,＝↓G(－)。物候:－。海拔:－。生境:－。资源:具园艺种类。全球6个大洲分布及种数(2)非洲:1;亚洲:1－2;大洋洲:1;欧洲:1－2;北美洲:1－2;南美洲:1。【中国种数:1】。

Aethyopys (Benth.) Opiz ＝ **Aethiopis**

Aetopteron Ehrhart ex House ＝ **Polystichum**

Aetoxylon (Airy－Shaw) Airy－Shaw 环薇木属 Thymelaeaceae [MD－310] 特征纪要:习性:木本。花程式:K2－4,C0,A2,↓G－参考科。其他特征参考科。全球1个大洲分布及种数(1－2)◆亚洲。

Aextoxicaceae Engl. & Gilg [MD－256] 毒羊树科 特征纪要:习性:木本;落叶。花程式:K5,C0,A5,↑G2。果实:核果。全球1个大洲分布及属种数(2/3 hort. 1)◆南美洲:1/ 1－1。

Aextoxicon Ruiz & Pav. 毒羊树属 Aextoxicaceae [MD－256] 特征纪要(同科)。全球1个大洲分布及种数(1)◆南美洲。

Affonsea A. St. －Hil. 巴西春豆属 Fabaceae3 [MD－240] 特征纪要:习性:－。花程式:－。其他特征参考科。全球5个大洲分布及种数(19)非洲:3; 亚洲:2; 大洋洲:4; 北美洲:7; 南美洲:19。

Afgekia Craib 猪腰豆属 Fabaceae3 [MD－240] 特征纪要:习性:木本。花程式:K1－∞,C1－∞,A5－9,＝↓G1。物候:－。花期:7－8月。果期:参考晚于花期。海拔:1100－1300米。生境:常绿阔叶林边缘,稀疏灌丛。资源:具园艺种类。全球4个大洲分布及种数(2－15)非洲:1; 亚洲:13; 大洋洲:2; 南美洲:3。【中国种数:2】。

Aflatunia Vassilcz. ＝ **Prunus**

Afoninia Ignatova, Goffinet & Fedosov ＝ **Amolinia**

Afrachneria Sprague ＝ **Pentaschistis**

Afraegle Engl. 炮弹橘属 Rutaceae [MD－399] 特征纪要:习性:木本。花程式:K∞,C∞,A4,＝G1－3。其他特征参考科。全球2个大洲分布及种数(3－5)非洲:5; 北美洲:2。

Aframmi C. Norman 非洲阿米芹属 Apiaceae [MD－480] 特征纪要:习性:草本。花程式:K5,C5,A5,＝↓G2。其他特征参考科。全球1个大洲分布及种数(2)◆非洲。

Aframomum K. Schum. 椒蔻属 Zingiberaceae [MM－737] 特征纪要:习性:草本。花程式:(K)3,C3,A5,＝↓G3。物候:－。海拔:－。生境:－。资源:具园艺种类。全球6个大洲分布及种数(51－76)非洲:50－75;亚洲:7－15;大洋洲:2;欧洲:1－3;北美洲:5－7;南美洲:1－3。【中国种数:4】。

Afrardisia Mez ＝ **Ardisia**

Afraurantium A. Chev. 豆蔻芸香属 Rutaceae [MD－399] 特征纪要:习性:木本。花程式:K4－5,C4－5,A4,↓G－参考科。其他特征参考科。全球1个大洲分布及种数(1) ◆非洲:1。

Afroamphica H. Ohashi & K. Ohashi 豆蔻兰属 Orchidaceae [MM－723] 特征纪要:习性:草本。花程式:(K－),C2－3参考科,A3参考科,↓G－。其他特征参考科。全球1个大洲分布及种数(1)◆非洲。

Afroaster J. C. Manning & Goldblatt 菊科属 Asteraceae [MD－586] 特征纪要:习性:草本。花程式:(K)3－5,(C)3－5,A3－5,↓G。其他特征参考科。全球1个大洲分布及种数(10)◆非洲。

Afrobrunnichia Hutch. & Dalziel 东珊藤属 Polygonaceae [MD－120] 特征纪要:习性:草本。花程式:K2－3,C0,A2,＝G2－3。其他特征参考科。全球2个大洲分布及种数(2－3)非洲:3; 北美洲:3。

Afrocalathea K. Schum. 小竹芋属 Marantaceae [MM－740] 特征纪要:习性:草本。花程式:(K)3,C3,A3－4,＝↓G3。其他特征参考科。全球2个大洲分布及种数(1－2)非洲:1; 南美洲:1。

Afrocalliandra E. R. Souza & L. P. Qüiroz 河骨豆属 Fabaceae3 [MD－240] 特征纪要:习性:木本。花程式:Kn,C2－3参考科,A3参考科,＝↓G(－)。其他特征参考科。全球1个大洲分布及种数(1－2)◆非洲。

Afrocanthium (Bridson) Lantz & B. Bremer 河骨木属 Rubiaceae [MD－523] 特征纪要:习性:木本。花程式:(K)4－5,(C)4－5,A4－5,＝↓G2－9。其他特征参考科。全球1个大洲分布及种数(17)◆非洲。

Afrocarpus (J. Buchholz & E. G. Gray) C. N. Page 非洲杉属 Podocarpaceae [G－13] 特征纪要:习性:－。【Rep】:复轴,短穗状,上部苞片杯套状,内有种子发生,寡种子,雌雄同株。其他特征参考科。全球6个大洲分布及种数

(5 - 13)非洲:7; 亚洲:4; 大洋洲:4; 欧洲:4; 北美洲:4; 南美洲:2。【中国种数:2】。

Afrocayratia J. Wen, L. M. Lu, Rabarij. & Z. D. chen 葡萄科属 Vitaceae [MD - 403] 特征纪要:习性: - 。花程式: - 。其他特征参考科。全球 1 个大洲分布及种数(-)。

Afrocrocus J. C. Manning & Goldblatt 岩红花属 Iridaceae [MM - 700] 特征纪要:习性: - 。花程式: - 。其他特征参考科。全球 1 个大洲分布及种数(-)。

Afrofittonia Lindau 非洲银网叶属 Acanthaceae [MD - 572] 特征纪要:习性:草本。花程式:Kn, C4 - 5 参考科, A0 参考科, = (G)2。其他特征参考科。全球 1 个大洲分布及种数(1)◆非洲。

Afroguatteria Boutiqü 簇梨藤属 Annonaceae [MD - 7] 特征纪要:习性:木本。花程式:K3 - ∞, C3, A2, = G10 - 100。其他特征参考科。全球 1 个大洲分布及种数(-)。

Afrohybanthus Flicker = **Pigea**

Afrolicania Mildbr. = **Licania**

Afroligusticum C. Norman 非洲藁本属 Apiaceae [MD - 480] 特征纪要:习性:草本。花程式:K5, C5, A5, = ↓ G2。其他特征参考科。全球 2 个大洲分布及种数(14 - 16)非洲:16; 南美洲:2。

Afrolilacina <unassigned> 可可李科属 Chrysobalanaceae [MD - 243] 特征纪要: - 。全球 1 个大洲分布及种数(1)◆非洲:1。

Afromendoncia Gilg ex Lindau = **Mendoncia**

Afropectinariella M. Simo & Stévart 木彩兰属 Orchidaceae [MM - 723] 特征纪要:习性:草本。花程式:(K -), C2 - 3 参考科, A3 参考科, ↓ G - 。其他特征参考科。全球 1 个大洲分布及种数(4)◆非洲。

Afropteris Alston = **Pteris**

Afroqueta Thulin & Razafim. 岩麻花属 Passifloraceae [MD - 151] 特征纪要:习性:木本。花程式:Kn, C5 参考科, A5, = ↓ (G)3。其他特征参考科。全球 1 个大洲分布及种数(1)◆非洲。

Afrorhaphidophora Engl. = **Rhaphidophora**

Afrosavia <unassigned> 肯尼亚大戟属 Euphorbiaceae [MD - 217] 特征纪要: - 。全球 1 个大洲分布及种数(1)◆非洲:1。

Afrosciadium P. J. D. Winter 香伞花属 Apiaceae [MD - 480] 特征纪要:习性:草本。花程式:Kn, C5, A5, = ↓ G (-)。其他特征参考科。全球 1 个大洲分布及种数(10 - 18 hort. 1) ◆非洲:10 - 15(IFR 1)。

Afroscirpoides García - Madr. & Muasya 香伞兰属 Orchidaceae [MM - 723] 特征纪要:习性:草本。花程式:(K -), C2 - 3 参考科, A3 参考科, ↓ G - 。其他特征参考科。全球 1 个大洲分布及种数(1)◆非洲。

Afrosolen Goldblatt & J. C. Manning 鸢尾科属 Iridaceae [MM - 700] 特征纪要:习性:草本。花程式: - 。其他特征参考科。全球 1 个大洲分布及种数(16 - 17)◆非洲:17。

Afrostyrax Perkins & Gilg 香葱树属 Huaceae [MD - 150] 特征纪要:习性:木本。花程式:K8 - 10, C8 - 10, A8 - 10, (G)5。其他特征参考科。全球 1 个大洲分布及种数(3)◆非洲。

Afrothamnium Enroth 蔓藓科属 Meteoriaceae [B - 188] 特征纪要: - 。全球 1 个大洲分布及种数(-)。

Afrothismia Schltr. 水玉爵属 Burmanniaceae [MM - 696] 特征纪要:习性:草本。花程式:(K)3, C3, A3, = ↓ (G) 3。其他特征参考科。全球 1 个大洲分布及种数(5 - 15)◆非洲。

Afrotrewia Pax & K. Hoffm. 喀麦桐属 Euphorbiaceae [MD - 217] 特征纪要:习性:木本。花程式:K1(1000), C0, A6, = (G)2 - 3。其他特征参考科。全球 1 个大洲分布及种数(1)◆非洲。

Afrotrichloris Chiov. 非洲虎尾草属 Poaceae [MM - 748] 特征纪要:习性:草本。花程式:(K)3, C0 参考科, A1 - 2, = (G)2 - 3。其他特征参考科。全球 1 个大洲分布及种数(2)◆非洲。

Afrotrilepis (Gilly) J. Raynal 落鳞茅属 Cyperaceae [MM - 747] 特征纪要:习性:草本。花程式:(K)3, C3, A1 - 3, = ↓ G2 - 3。其他特征参考科。全球 3 个大洲分布及种数(2 - 3)非洲:3; 亚洲:2; 南美洲:2。

Afrotysonia Rauschert 非洲紫草属 Boraginaceae [MD - 517] 特征纪要:习性:草本。花程式:K5, C0, A3 参考科, = ↓ G2 - 4。其他特征参考科。全球 2 个大洲分布及种数(3 - 5)非洲:5; 大洋洲:2。

Afrovivella A. Berger 蔓瓦莲属 Crassulaceae [MD - 229] 特征纪要:习性:草本。花程式: - 。其他特征参考科。全球 1 个大洲分布及种数(1) ◆非洲:1。

Afzelia Sm. 缅茄属 Fabaceae2 [MD - 239] 特征纪要和分布(-)。全球 6 个大洲分布及种数(17 - 23)非洲:6 - 13;亚洲:8 - 15;大洋洲:7;欧洲:5;北美洲:5 - 11;南美洲:5。【中国种数:1】。

Agalinis Raf. 帚地黄属 Orobanchaceae [MD - 552] 特征纪要:习性:草本。花程式: - 。物候: - 。海拔: - 。生境: - 。资源:具园艺种类。全球 6 个大洲分布及种数(79 - 85;hort. 1;cult. 3)非洲:7 - 19;亚洲:20 - 32;大洋洲:12;欧洲:12;北美洲:52 - 67;南美洲:31 - 43。【中国种数:6】。

Agallostachys Beer = **Bromelia**

Agalmanthus (Endl.) Hombr. & Jacquinot 桃金娘科属 Myrtaceae [MD - 347] 特征纪要:习性: - 。花程式: - 。其他特征参考科。分布: - 。

Agalmyla Bl. 弯筒苣苔属 Gesneriaceae [MD - 549] 特征纪要:习性:灌木。花程式: - 。物候: - 。海拔: - 。生境: - 。资源:具园艺种类。全球 6 个大洲分布及种数(97 - 142)非洲:61; 亚洲:137; 大洋洲:39; 欧洲:5; 北美洲:5; 南美洲:3。【中国种数:3】。

Aganisia Lindl. 雅兰属 Orchidaceae [MM - 723] 特征纪要:习性:草本。花程式:(K)3, C3, A3, = ↓ G3。其他特征参考科。全球 3 个大洲分布及种数(3 - 31)非洲:2; 北美洲:5; 南美洲:30。

Aganonerion Pierre ex Spire 酸羹藤属 Apocynaceae [MD - 492] 特征纪要:习性: - 。花程式: - 。其他特征参考

科。全球 1 个大洲分布及种数(cf. 1)◆亚洲。

Aganope Miq. 双束鱼藤属 Fabaceae3［MD－240］特征纪要:习性:木本。花程式:K1－∞,C1－∞,A5－9,＝↓G1。物候:－。花期:1－7 月。果期:参考晚于花期。海拔:600－1200 米。生境:开阔森林,山间溪水旁的灌木丛。资源:－。全球 6 个大洲分布及种数(12－13)非洲:8－17;亚洲:7－17;大洋洲:2－11;欧洲:9;北美洲:9;南美洲:9。【中国种数:4】。

A

Aganosma (Bl.) G. Don 香花藤属 Apocynaceae［MD－492］特征纪要:习性:木质攀援。花程式:(K－),C5,A5,↓G－。物候:－。花期:3－9 月。果期:参考晚于花期。海拔:300－1500 米。生境:灌木丛中,攀援树上。资源:具栽培园艺种类。全球 5 个大洲分布及种数(10－50)非洲:4; 亚洲:46; 大洋洲:6; 北美洲:6; 南美洲:8。【中国种数:5】。

Agapanthaceae F. Voigt［MM－671］百子莲科 特征纪要:习性:木本;落叶。花程式:(K)6－,C5,A6,↑G3。全球 6 个大洲分布及属种数(1/1 < IFR 1/4 > hort. 1;cult. 1) 非洲:1/13(IFR 1/4); 亚洲:1/5; 大洋洲:1/5(IFR 1/2); 欧洲:1/5; 北美洲:1/7(IFR 1/2); 南美洲:1/5。

Agapanthus L'Hér. 百子莲属 Agapanthaceae［MM－671］特征纪要(同科)。全球 6 个大洲分布及种数(13－15;hort. 1;cult. 1)非洲:11;亚洲:3;大洋洲:3;欧洲:3;北美洲:5;南美洲:3。【中国种数:1】。

Agapetes D. Don ex G. Don 树萝卜属 Ericaceae［MD－380］特征纪要:习性:木本。花程式:－。物候:－。花期:参考早于果期。果期:4 月。海拔:1200－1500 米。生境:常绿阔叶林中大乔木上,或为乔木,生林内,杂木林或栎林中树上。资源:具栽培园艺种类。全球 6 个大洲分布及种数(92－155;hort. 1)非洲:5－22;亚洲:82－129;大洋洲:10－31;欧洲:6;北美洲:6;南美洲:8－20。【中国种数:30】。

Agardhia Gray 萼囊花科属 Vochysiaceae［MD－314］特征纪要:习性:－。花程式:－。其他特征参考科。全球 1 个大洲分布及种数(2)◆南美洲:1。

Agarista D. Don ex G. Don 绊足花属 Ericaceae［MD－380］特征纪要:－。全球 6 个大洲分布及种数(36;hort. 1;cult. 4)非洲:3－4;亚洲:2－3;大洋洲:1－2;欧洲:3－4;北美洲:14－15;南美洲:31－32。【中国种数:4】。

Agasta Miers ＝ **Barringtonia**

Agastache Clayton ex Gronov. 藿香属 Lamiaceae［MD－575］特征纪要:习性:草本。花程式:－。物候:－。花期:6－9 月。果期:参考晚于花期。海拔:5400 米。生境:广泛栽培。资源:油脂,芳香油,药用,具栽培园艺种类。全球 6 个大洲分布及种数(33－79)非洲:4; 亚洲:25; 大洋洲:5; 欧洲:47; 北美洲:47; 南美洲:12。【中国种数:6】。

Agastachys R. Br. 山龙眼科属 Proteaceae［MD－219］特征纪要:习性:草本。花程式:参考科,C2 参考科,A2 参考科,↓G4 参考科。其他特征参考科。全球 1 个大洲分布及种数(－)◆大洋洲。

Agasyllis Spreng. 银花芹属 Apiaceae［MD－480］特征纪要:习性:草本。花程式:Kn,C5,A3 参考科,＝↓G(－)。其他特征参考科。全球 2 个大洲分布及种数(－)亚洲;欧洲。

Agatea A. Gray 疗喉堇属 Violaceae［MD－126］特征纪要:习性:－。花程式:－。其他特征参考科。全球 2 个大洲分布及种数(－)亚洲;大洋洲。

Agathaea Cass. ＝ **Felicia**

Agathelepis Rchb. ＝ **Dalea**

Agathelpis Choisy ＝ **Microdon**

Agathidaceae Baum.－Bod. ex A. V. Bobrov & Melikyan ＝ Araucariaceae

Agathis Salisb. 贝壳杉属 Araucariaceae［G－10］特征纪要:习性:－。【Rep】:复轴,球果状,苞鳞下部生种子,无种鳞,球果单生枝顶,圆球形或宽卵圆形,苞鳞排列紧密,扇形,顶端增厚,熟时脱落,种子生于苞鳞的下部,离生,一侧具翅,另一侧具一小突起物,稀发育成。物候:－。海拔:－。生境:－。栽培:－。资源:药用,材木,具栽培园艺种类。全球 6 个大洲分布及种数(18－65)非洲:7; 亚洲:43; 大洋洲:25; 欧洲:8; 北美洲:8; 南美洲:9。【中国种数:4】。

Agathisanthemum Klotzsch 团花茜属 Rubiaceae［MD－523］特征纪要:习性:木本。花程式:(K)4－5,(C)4－5,A4－5,＝↓G2－9。其他特征参考科。全球 1 个大洲分布及种数(3)◆非洲。

Agathophora (Fenzl) Bunge 穗刺蓬属 Amaranthaceae［MD－116］特征纪要:习性:草本。花程式:Kn,C0,A3 参考科,G－。其他特征参考科。全球 2 个大洲分布及种数(1－6)非洲:2; 亚洲:2。

Agathophyllum Juss. ＝ **Cryptocarya**

Agathophytum Moq. ＝ **Chenopodium**

Agathosma Willd. 香芸木属 Rutaceae［MD－399］特征纪要:习性:木本。花程式:－。其他特征参考科。全球 6 个大洲分布及种数(138－315)非洲:297; 亚洲:4; 大洋洲:6; 欧洲:4; 北美洲:4; 南美洲:10。

Agathotes D. Don ＝ **Swertia**

Agathyrsus D. Don ＝ **Lactuca**

Agathyrus Raf. ＝ **Lactuca**

Agation Brongn. ＝ **Agatea**

Agatophyton Fourr. ＝ **Chenopodium**

Agauria (DC.) Benth. & Hook. f. 醉篱木属 Ericaceae［MD－380］特征纪要:习性:－。花程式:－。其他特征参考科。全球 5 个大洲分布及种数(11)非洲:8; 亚洲:3; 欧洲:3; 北美洲:3; 南美洲:2。

Agavaceae Juss.［MM－698］龙舌兰科 特征纪要:习性:木本;落叶。花程式:(K)6,C6,A5,↓G。物候:－。果实:蒴果。种子:多数作为亚科来处理。海拔:1450 米。生境:山坡。资源:药用。栽培:中国有栽培。全球 6 个大洲分布及属种数(4-5/276-419 <IFR 2/40> hort. 1;cult. 2) 非洲:IFR 1/2; 亚洲:1(IFR 1/3); 大洋洲:1/16-25(IFR 2/3); 欧洲:IFR 1/3; 北美洲:2/258-316(IFR 1/38); 南美洲:IFR 1/2。

Agave L. 龙舌兰属 Agavaceae [MM-698] 特征纪要(同科)。全球6个大洲分布及种数(334-985)非洲:121; 亚洲:187; 大洋洲:62; 欧洲:546; 北美洲:546; 南美洲:116。【中国种数:12】。

Agdestidaceae Nakai [MD-127] 萝卜藤科 特征纪要:习性:草本;落叶。花程式:K1,C0,A15,G-。果实:果三裂多刺。全球1个大洲分布及属种数(2/3 hort. 1)◆北美洲:1/1。

Agdestis Moç. & Sessé ex DC. 萝卜藤属 Agdestidaceae [MD-127] 特征纪要(同科)。全球2个大洲分布及种数(1-4)北美洲:3; 南美洲:3。

Agelaea Sol. ex Planch. 栗豆藤属 Connaraceae [MD-284] 特征纪要:习性:木质攀援。花程式:K5,C5,A10,=↓G-。物候:-。花期:10月至次年3月。果期:参考晚于花期。海拔:100-1200米。生境:森林,雨林中。资源:具栽培园艺种类。全球6个大洲分布及种数(10-21;hort. 1)非洲:6-19;亚洲:5-12;大洋洲:4;欧洲:4;北美洲:4;南美洲:4。【中国种数:4】。

Agelanthus Van Tiegh. 直瓣寄生属 Loranthaceae [MD-415] 特征纪要:习性:木本。花程式:K5,C0,A4,=↓G3-4。其他特征参考科。全球6个大洲分布及种数(62-74)非洲:70; 亚洲:12; 大洋洲:7; 欧洲:3; 北美洲:3; 南美洲:6。

Agenium Nees 童颜草属 Poaceae [MM-748] 特征纪要:习性:草本。花程式:(K)3,C0参考科,A1-2,=G2-3。其他特征参考科。全球6个大洲分布及种数(3-11)非洲:4; 亚洲:4; 大洋洲:3; 欧洲:4; 北美洲:4; 南美洲:10。【中国种数:1】。

Ageratella A. Gray ex S. Watson 小藿香蓟属 Asteraceae [MD-586] 特征纪要:习性:草本。花程式:(K)3-5,C3-5,A3-5,=↓(G)2。其他特征参考科。全球2个大洲分布及种数(3-5)北美洲:4; 南美洲:2。

Ageratina Spach 紫茎泽兰属 Asteraceae [MD-586] 特征纪要:习性:草本,少木本。花程式:(K)3-5,C3-5,A3-5,=↓G2。物候:-。海拔:900-2200米。生境:山坡,林缘潮湿地方或路旁,沿着小路生长。资源:药用,具栽培园艺种类。全球6个大洲分布及种数(293-340;hort. 1;cult. 3)非洲:4-8;亚洲:12-17;大洋洲:7-13;欧洲:1-5;北美洲:208-226;南美洲:91-111。【中国种数:4】。

Ageratinastrum Mattf. 轮叶瘦片菊属 Asteraceae [MD-586] 特征纪要:习性:草本。花程式:(K)3-5,(C)3-5,A3-5,=↓G2。其他特征参考科。全球2个大洲分布及种数(5-16)非洲:16; 南美洲:2。

Ageratium Rchb. = **Aceratium**

Ageratum L. 藿香蓟属 Asteraceae [MD-586] 特征纪要:习性:草本。花程式:(K)3-5,C3-5,A3参考科,=↓(G)2。物候:-。海拔:100-1500米。生境:林缘,河岸,草地,田野边缘,中国为归化,生山坡桑园边。资源:药用,具栽培园艺种类。全球6个大洲分布及种数(36-297)非洲:9; 亚洲:26; 大洋洲:6; 欧洲:122; 北美洲:122; 南美洲:216。【中国种数:3】。

Agianthus (Nutt.) Greene 针芥属 Brassicaceae [MD-213] 特征纪要:习性:-。花程式:-。其他特征参考科。全球1个大洲分布及种数(2)◆北美洲。

Agiortia Quinn 山荆石南属 Ericaceae [MD-380] 特征纪要:习性:木本。花程式:(K-),(C)5参考科,A2-4,G3-参考科。其他特征参考科。全球1个大洲分布及种数(3)◆大洋洲。

Aglaea Steud. = **Aglaia**

Aglaia Lour. 米仔兰属 Meliaceae [MD-414] 特征纪要:习性:木本。花程式:-。物候:-。花期:11月至次年1月。果期:参考晚于花期。海拔:100-1400米。生境:沟谷雨林,季雨林及常绿阔叶林中。资源:药用,具栽培园艺种类。全球6个大洲分布及种数(70-173;hort. 1)非洲:36-80;亚洲:66-171;大洋洲:37-102;欧洲:5-18;北美洲:11-24;南美洲:14-38。【中国种数:30】。

Aglaodorum Schott 长柄万年青属 Araceae [MM-639] 特征纪要:习性:草本(生)。花程式:K0,C0,A3参考科,G3-参考科。其他特征参考科。全球1个大洲分布及种数(1)◆亚洲。【中国种数:1】。

Aglaomorpha Schott 连珠蕨属 Polypodiaceae [F-60] 特征纪要:习性:-。【Rep】:孢子囊群初为脉叉处生,后扩展成片(脉叉处囊群、汇生囊群或网状囊群),不具囊群盖,也无隔丝,孢子囊为水龙骨型,环带由10-16个加厚细胞组成。物候:-。海拔:100-3800米。生境:-。资源:-。全球5个大洲分布及种数(35)亚洲:21; 大洋洲:7; 欧洲:5; 北美洲:5; 南美洲:9。

Aglaonema Schott 广东万年青属 Araceae [MM-639] 特征纪要:习性:草本。花程式:-。物候:-。花期:5月。果期:参考晚于花期。海拔:500-1700米。生境:森林,也作为常绿观赏植物广泛种植在花园中。资源:药用,具栽培园艺种类。全球6个大洲分布及种数(29-106)非洲:18; 亚洲:93; 大洋洲:16; 欧洲:22; 北美洲:22; 南美洲:18。【中国种数:10】。

Aglossorrhyncha Schltr. 连珠兰属 Orchidaceae [MM-723] 特征纪要:习性:草本。花程式:(K)3,C3,A3,=↓(G)3。其他特征参考科。全球2个大洲分布及种数(3) 非洲:1;大洋洲:2。

Agnesia Zuloaga & Judz. 连珠草属 Poaceae [MM-748] 特征纪要:习性:草本。花程式:(K)3,C0参考科,A1-2,=(G)2-3。其他特征参考科。全球2个大洲分布及种数(1-12)北美洲:3; 南美洲:11。

Agnorhiza (Jeps.) W. A. Weber 花旗紫菊属 Asteraceae [MD-586] 特征纪要:习性:草本。花程式:(K)3-5,(C)3-5,A3-5,↓G。其他特征参考科。全球4个大洲分布及种数(5-14)亚洲:5; 欧洲:13; 北美洲:13; 南美洲:3。

Agonandra Miers ex Benth. 象牙檀属 Opiliaceae [MD-369] 特征纪要:习性:木本。花程式:K4-5,C4-5,A4-5,=G2-5。其他特征参考科。全球2个大洲分布及种数(10)北美洲:7;南美洲:6。

Agonimia <unassigned> 紫草科属 Boraginaceae [MD－517] 特征纪要:习性:－。花程式:－。其他特征参考科。全球1个大洲分布及种数(－)。

Agonis (DC.) Sweet 香柳梅属 Myrtaceae [MD－347] 特征纪要:习性:木本。花程式:K4－5,C4－5,A8－10,=↓G2－5。物候:－。海拔:－。生境:－。资源:具栽培园艺种类。全球6个大洲分布及种数(6－43)非洲:5; 亚洲:9; 大洋洲:35; 欧洲:8; 北美洲:8; 南美洲:4。【中国种数:1】。

Agoseris Raf. 高莛苣属 Asteraceae [MD－586] 特征纪要:习性:草本。花程式:(K)3－5,(C)3－5,A3－5,=↓G2)。物候:－。海拔:－。生境:－。资源:具园艺种类。全球6个大洲分布及种数(20－147)非洲:3; 亚洲:9; 大洋洲:2; 欧洲:66; 北美洲:66; 南美洲:26。【中国种数:2】。

Agouticarpa C. H. Perss. 高果茜属 Rubiaceae [MD－523] 特征纪要:习性:木本。花程式:(K)4－5,(C)4－5,A4－5,=↓G2－9。其他特征参考科。全球2个大洲分布及种数(9)北美洲:2;南美洲:8。

Agraulus Beauv. ＝ **Agrostis**

Agrestia <unassigned> 加拿大草属 Poaceae [MM－748] 特征纪要和分布(－)。

Agrestis Bubani ＝ **Agrostis**

Agrianthus Mart. ex DC. 田花菊属 Asteraceae [MD－586] 特征纪要:习性:草本。花程式:(K)3－5,C3－5,A3－5,=↓(G)2。其他特征参考科。全球2个大洲分布及种数(8－12)北美洲:2; 南美洲:12。

Agrimonia L. 龙芽草属 Rosaceae [MD－246] 特征纪要:习性:木本。花程式:－。物候:－。花期:7－8月。果期:参考晚于花期。海拔:100－3500米。生境:森林,林缘,灌木丛,草山坡,溪岸。资源:具栽培园艺种类。全球6个大洲分布及种数(29－38;hort. 1;cult. 3)非洲:2－8;亚洲:17－25;大洋洲:1－6;欧洲:14－19;北美洲:16－22;南美洲:4－10。【中国种数:9】。

Agrimonoides Mill. ＝ **Aremonia**

Agriophyllum M. Bieb. ex C. A. Mey. 沙蓬属 Amaranthaceae [MD－116] 特征纪要:习性:草本。花程式:－。物候:－。海拔:600－5000米。生境:荒漠地区。栽培:来自广西龙州。资源:药用,蛋白质,具栽培园艺种类。全球1个大洲分布及种数(5－6)◆亚洲。【中国种数:3】。

Agrocharis Hochst. 剪刀芹属 Apiaceae [MD－480] 特征纪要:习性:－。花程式:－。其他特征参考科。全球2个大洲分布及种数(12)非洲:10; 亚洲:4。

Agrocybe <unassigned> 摩洛哥藤蕨属 Lomariopsidaceae [F－52] 特征纪要:－。全球2个大洲分布及种数(24)非洲:23; 南美洲:18。

Agroelymus E. G. Camus ex A. Camus 剪股禾属 Poaceae [MM－748] 特征纪要:习性:草本。花程式:(K)3,C0参考科,A1－2,↓G－参考科。其他特征参考科。全球6个大洲分布及种数(3－6)非洲:8;亚洲:8;大洋洲:8;欧洲:8;北美洲:2－12;南美洲:8。

Agrohordeum E. G. Camus 剪股草属 Poaceae [MM－748] 特征纪要:习性:草本。花程式:(K)3,C0参考科,A1－2,↓G－参考科。其他特征参考科。全球2个大洲分布及种数(8)亚洲:2; 北美洲:4。

Agropogon P. Fourn. 剪棒草属 Poaceae [MM－748] 特征纪要:习性:草本(基生)。花程式:(K)3,C0参考科,A1－2,=G2－3)。物候:－。花期:6－7月。果期:参考晚于花期。海拔:1000－3000米。生境:温水和盐水地面。资源:具园艺种类。全球6个大洲分布及种数(3－8)非洲:5; 亚洲:7; 大洋洲:3; 欧洲:4; 北美洲:4; 南美洲:3。

Agropyron Gaertn. 冰草属 Poaceae [MM－748] 特征纪要:习性:草本(根状茎,基生)。花程式:(K－),C0参考科,A3参考科,=G2－3。物候:－。海拔:2700米。生境:草原,撩荒地。栽培:来自广西龙州。资源:具栽培园艺种类。全球6个大洲分布及种数(53－89;hort. 1;cult. 21)非洲:21－99;亚洲:40－130;大洋洲:14－93;欧洲:21－99;北美洲:19－98;南美洲:78。【中国种数:5】。

Agropyropsis (Trab.) A. Camus 麻蜥草属 Poaceae [MM－748] 特征纪要:习性:草本。花程式:(K)3,C0参考科,A1－2,=G2－3。其他特征参考科。全球1个大洲分布及种数(1)◆非洲。

Agropyrum Roem. & Schult. ＝ **Agropyron**

Agrositanion Bowden 麻草属 Poaceae [MM－748] 特征纪要:习性:草本。花程式:(K－),C0参考科,A3参考科,↓G－参考科。其他特征参考科。全球1个大洲分布及种数(1－2)◆北美洲(◆美国)。

Agrostemma L. 麦仙翁属 Caryophyllaceae [MD－77] 特征纪要:习性:草本。花程式:－。物候:－。花期:6－8月。果期:参考晚于花期。海拔:80－6000米。生境:麦田中或路旁草地。资源:药用,具栽培园艺种类。全球6个大洲分布及种数(2－50)非洲:7; 亚洲:19; 大洋洲:6; 欧洲:13; 北美洲:13; 南美洲:3。【中国种数:1】。

Agrosticula Raddi ＝ **Sporobolus**

Agrostis L. 剪股颖属 Poaceae [MM－748] 特征纪要:习性:草本(根状茎,基生)。花程式:(K－),C0参考科,A3参考科,=(G)2－3。物候:－。海拔:1000－1500米。生境:草地,山坡林下,路边,田边,溪旁等处。栽培:来自广西龙州。资源:具栽培园艺种类。全球6个大洲分布及种数(204－308;hort. 1;cult. 39)非洲:94－277;亚洲:118－306;大洋洲:74－243;欧洲:80－264;北美洲:100－271;南美洲:74－248。【中国种数:51】。

Agrostistachys Dalzell 李榄桐属 Euphorbiaceae [MD－217] 特征纪要:习性:木本。花程式:K1(1000),C0,A6,=G2－3。其他特征参考科。全球3个大洲分布及种数(6－33)非洲:6; 亚洲:29; 大洋洲:4。【中国种数:2】。

Agrostocrinum F. Müll. 茅百合属 Asphodelaceae [MM－649] 特征纪要:习性:草本。花程式:K3,C0参考科,A6,G3。其他特征参考科。全球4个大洲分布及种数(3－24)非洲:2; 大洋洲:22; 北美洲:2; 南美洲:3。

Agrostomia Cerv. ＝ **Chloris**

Agrostophyllum Bl. 禾叶兰属 Orchidaceae [MM－723] 特征纪要:习性:草本(根状茎,基生)。花程式:Kn,C2－3

参考科，A3 参考科，= ↓G3。物候：–。花期：7–8 月。果期：参考晚于花期。海拔：900–2400 米。生境：林中树上。资源：具园艺种类。全球 6 个大洲分布及种数(140–212)非洲：106；亚洲：129；大洋洲：97；欧洲：2；北美洲：2；南美洲：5。【中国种数：5】。

Agrostopoa Davidse, Soreng & P. M. Peterson 剪股米属 Poaceae [MM–748] 特征纪要：习性：草本。花程式：(K)3，C0 参考科，A1–2，=(G)2–3。其他特征参考科。全球 1 个大洲分布及种数(3)◆南美洲(◆哥伦比亚)。

Agrostula <unassigned> 刺股藓属 Rhachitheciaceae [B–125] 特征纪要：–。全球 2 个大洲分布及种数(2)非洲：1；欧洲：2。

Agrotrigia N. N. Tzvelev 剪股麦属 Poaceae [MM–748] 特征纪要：习性：草本。花程式：(K–)，C0 参考科，A3 参考科，↓G–参考科。其他特征参考科。全球 1 个大洲分布及种数(cf. 1)◆亚洲(◆格鲁吉亚)。

Aguava Raf. = **Myrcia**

Aguiaria Ducke 巴西木棉属 Malvaceae [MD–203] 特征纪要：习性：木本。花程式：K5，C5，A10，=(G)2–5。其他特征参考科。全球 1 个大洲分布及种数(1)◆南美洲(◆巴西)。

Agylla Phil. = **Machaerina**

Agylophora Neck. ex Raf. = **Uncaria**

Agyrium <unassigned> 意大利岩蕨属 Woodsiaceae [F–47] 特征纪要和分布(–)。

Ahernia Merr. 菲柞属 Salicaceae [MD–123] 特征纪要：习性：木本。花程式：–。物候：–。花期：参考早于果期。果期：深秋。海拔：600 米。生境：热带雨林中。资源：–。全球 2 个大洲分布及种数(1–3)亚洲：2；南美洲：2。【中国种数：1】。

Ahouai Mill. = **Thevetia**

Ahovai Auct. = **Thevetia**

Ahzolia Standl. & Steyerm. = **Sechium**

Aichryson Webb & Berthel. 金阳草属 Crassulaceae [MD–229] 特征纪要：习性：草本。花程式：K3–5–∞，C3–5–∞，A4，= ↓G3–5。其他特征参考科。全球 6 个大洲分布及种数(12–26)非洲：4；亚洲：3；大洋洲：1–4；欧洲：10–23；北美洲：3；南美洲：3。

Aidia Lour. 茜树属 Rubiaceae [MD–523] 特征纪要：习性：木质攀援。花程式：(K–)，C2–3 参考科，A5，↓G2。物候：–。花期：4–6 月。果期：参考晚于花期。海拔：500–1700 米。生境：灌丛或林中，山坡。资源：药用。全球 6 个大洲分布及种数(38–61；hort. 1；cult. 2)非洲：18–37；亚洲：31–58；大洋洲：13–32；欧洲：14；北美洲：11–25；南美洲：10–27。【中国种数：12】。

Aidiopsis Tirveng. 肖茜树属 Rubiaceae [MD–523] 特征纪要：习性：木本。花程式：(K)4–5，(C)4–5，A4–5，= ↓G2–9。其他特征参考科。全球 3 个大洲分布及种数(2–9)非洲：2；亚洲：5；南美洲：5。

Ailanthus Desf. 臭椿属 Simaroubaceae [MD–424] 特征纪要：习性：木本。花程式：–。物候：–。花期：4–5 月。果期：参考晚于花期。海拔：100–2500 米。生境：–。资源：具栽培园艺种类。全球 6 个大洲分布及种数(9–12)非洲：3–6；亚洲：8–13；大洋洲：4–8；欧洲：2–5；北美洲：3–6；南美洲：1–4。【中国种数：4】。

Ailantopsis Gagnep. = **Trichilia**

Ailuroglossum Sutory 椿紫草属 Boraginaceae [MD–517] 特征纪要：习性：草本。花程式：–。其他特征参考科。全球 1 个大洲分布及种数(–)。

Aimara Salariato & Al–Shehbaz 棕榈科属 Arecaceae [MM–717] 特征纪要：习性：草本。花程式：K4，C4，A3 参考科，↓G–参考科。其他特征参考科。全球 1 个大洲分布及种数(1)◆南美洲。

Ainea Ravenna = **Tigridia**

Ainsliaea DC. 兔儿风属 Asteraceae [MD–586] 特征纪要：习性：草本(根状茎，基生，多肉)。花程式：(K)3–5，C3–5，A3 参考科，= ↓G2。物候：–。花期：7–10 月。果期：参考晚于花期。海拔：1000–1900 米。生境：草地，森林边缘，溪旁石上或密林下湿润处。资源：具栽培园艺种类。全球 5 个大洲分布及种数(63–189)非洲：2；亚洲：149；大洋洲：2；欧洲：9；北美洲：9。【中国种数：43】。

Aiouea Aubl. 杯托樟属 Lauraceae [MD–21] 特征纪要：习性：木本。花程式：–。物候：–。花期：6–10 月。果期：参考晚于花期。海拔：20–3800 米。生境：边缘或次生阔叶林中，山坡，林缘，路旁。资源：–。全球 6 个大洲分布及种数(73–202)非洲：30；亚洲：41；大洋洲：2；欧洲：40；北美洲：40；南美洲：105。【中国种数：1】。

Aiphanes Willd. 刺叶椰子属 Arecaceae [MM–717] 特征纪要：习性：木本。花程式：K3–10，C3–10，A3–10，= G3–10。物候：–。海拔：–。生境：–。资源：具园艺种类。全球 6 个大洲分布及种数(30–35；hort. 1)非洲：3；亚洲：3；大洋洲：1–5；欧洲：3；北美洲：10–13；南美洲：28–36。【中国种数：1】。

Aipyanthus Steven = **Nonea**

Aira L. 银须草属 Poaceae [MM–748] 特征纪要：习性：草本(基生)。花程式：(K–)，C0 参考科，A3 参考科，= G2–3。物候：–。海拔：3600 米。生境：高山草地。资源：具栽培园艺种类。全球 6 个大洲分布及种数(16–37；hort. 1；cult. 7)非洲：12–54；亚洲：8–47；大洋洲：6–45；欧洲：11–50；北美洲：8–46；南美洲：7–49。【中国种数：2】。

Airampoa Frič 仙人掌属 Cactaceae [MD–100] 特征纪要：习性：–。花程式：–。其他特征参考科。全球 1 个大洲分布及种数(–)。

Airella (Dum.) Dumort. = **Aira**

Airidium Steud. = **Deschampsia**

Airochloa Link = **Koeleria**

Airopsis Desv. 圆稃草属 Poaceae [MM－748] 特征纪要:习性:草本。花程式:(K)3,C0 参考科,A1－2,＝G2－3。物候:－。海拔:－。生境:－。资源:具园艺种类。全球6个大洲分布及种数(3)非洲:2－7;亚洲:5;大洋洲:5;欧洲:1－6;北美洲:5;南美洲:5。

Airosperma K. Schum. & Lauterb. 锤籽草属 Rubiaceae [MD－523] 特征纪要:习性:木本。花程式:(K)4－5,(C)4－5,A4－5,＝↓G2－9。其他特征参考科。全球3个大洲分布及种数(6－10)非洲:5; 亚洲:4; 大洋洲:9。

Airyantha Brummitt 爱丽花豆属 Fabaceae3 [MD－240] 特征纪要:习性:木本。花程式:K1－∞,C1－∞,A5－9,＝↓G1。其他特征参考科。全球3个大洲分布及种数(3－5)非洲:2; 亚洲:1; 南美洲:1。

Aistopetalum Schltr. 荆椿李属 Cunoniaceae [MD－255] 特征纪要:习性:木本。花程式:Kn,C4－5,A4－5,＝↓G2－3。其他特征参考科。全球3个大洲分布及种数(2－4)非洲:4; 亚洲:3; 大洋洲:3。

Aitchisonia Hemsl. ex Aitch. 艾茜属 Rubiaceae [MD－523] 特征纪要:习性:木本。花程式:Kn,C4－5－ 参考科,A4－5－,↓G。其他特征参考科。全球1个大洲分布及种数(1－2)◆亚洲:1。

Aitchisoniella Kashyap 突苞苔属 Exormothecaceae [B－16] 特征纪要:习性:－。【Rep】:－。其他特征参考科。全球1个大洲分布及种数(cf. 1)◆亚洲。

Aizoaceae Martinov [MD－94] 番杏科 特征纪要:习性:木本;落叶。花程式:(K)6－,C5,A10,↓(G)－。物候:－。花期:4－7月。果实:蒴果。种子:种皮作不规则的矩圆形。海拔:0米。生境:海岸,空旷干沙地。资源:－。栽培:中国有栽培。全球6个大洲分布及属种数(142－153/2528－3184 <IFR 5/7> hort. 1;cult. 22) 非洲:135－139/2380－2876(IFR 4/6); 亚洲:11－12/43－46; 大洋洲:15/104－112(IFR 1/1); 欧洲:13－14/69－76; 北美洲:11/39－41; 南美洲:9/34－35。【中国属种数:8/11】。

Aizoanthemopsis Klak 旧陆番杏属 Aizoaceae [MD－94] 特征纪要:习性:草本。花程式:Kn,C2－3 参考科,A5 参考科,＝↓G－。其他特征参考科。全球3个大洲分布及种数(1) 非洲:1,亚洲:1,欧洲:1。

Aizoanthemum Dinter ex Friedrich 隆果番杏属 Aizoaceae [MD－94] 特征纪要:习性:草本。花程式:K3－4,C3－4,A5 参考科,＝↓G1－2。其他特征参考科。全球2个大洲分布及种数(4－11)非洲:10; 亚洲:2。

Aizoon L. 景天番杏属 Aizoaceae [MD－94] 特征纪要:习性:草本。花程式:K3－4,C3－4,A5 参考科,＝↓G1－2。其他特征参考科。全球6个大洲分布及种数(26－51)非洲:22－29;亚洲:1;大洋洲:4;欧洲:2;北美洲:3;南美洲:1。【中国种数:1】。

Aizopsis V. Grulich ＝ **Phedimus**

Ajania Poljakov 亚菊属 Asteraceae [MD－586] 特征纪要:习性:草本,少木本。花程式:(K)3－5,C3－5,A3 参考科,＝↓G2。物候:－。海拔:1700－2300米。生境:草原和荒漠草原,中山带山坡或灌丛中。资源:具栽培园艺种类。全球6个大洲分布及种数(45－91)非洲:3; 亚洲:82; 大洋洲:2; 欧洲:8; 北美洲:8; 南美洲:5。【中国种数:30】。

Ajaniopsis C. Shih 画笔菊属 Asteraceae [MD－586] 特征纪要:习性:草本,少灌木。花程式:(K)3－5,C3－5,A3 参考科,↓G。物候:－。海拔:4600－5000米。生境:生于流石山坡,斜坡。资源:－。全球2个大洲分布及种数(1－6)亚洲:6; 南美洲:4。

Ajuga L. 筋骨草属 Lamiaceae [MD－575] 特征纪要:习性:草质攀援。花程式:－。物候:－。花期:4－6月。果期:参考晚于花期。海拔:1300－3500米。生境:草地,矮草丛中,栽培。资源:药用,具栽培园艺种类。全球6个大洲分布及种数(98－325)非洲:57; 亚洲:215; 大洋洲:29; 欧洲:30; 北美洲:30; 南美洲:30。【中国种数:25】。

Ajugoides Makino 矮筋骨草属 Lamiaceae [MD－575] 特征纪要:习性:草本。花程式:K2,C0,A2,＝G2。其他特征参考科。全球1个大洲分布及种数(cf. 1)◆亚洲。

Akania Hook. f. 叠珠树属 Akaniaceae [MD－417] 特征纪要(同科)。全球2个大洲分布及种数(1－5)亚洲:2; 大洋洲:4。

Akaniaceae Stapf [MD－417] 叠珠树科 特征纪要:习性:木本;落叶。花程式:K5,C5,A5,↑(G)3。海拔:300－2000米。全球1个大洲分布及属种数(2/3)◆大洋洲:1/ 1。【中国属种数:1/1】。

Akeassia J. －P. Lebrun & Stork 锥托田基黄属 Asteraceae [MD－586] 特征纪要:习性:－。花程式:－。其他特征参考科。全球1个大洲分布及种数(1)◆非洲。

Akebia Decne. 木通属 Lardizabalaceae [MD－33] 特征纪要:习性:草质攀援(基生,多肉)。花程式:－。物候:－。花期:4－5月。果期:参考晚于花期。海拔:1500－2400米。生境:灌木,自然山坡地。资源:药用,食用,具栽培园艺种类。全球6个大洲分布及种数(6－30)非洲:2; 亚洲:26; 大洋洲:2; 欧洲:5; 北美洲:5; 南美洲:2。【中国种数:3】。

Akentra Benj. ＝ **Utricularia**

Akrosida Fryxell & Fürtes 重葵属 Malvaceae [MD－203] 特征纪要:习性:木本。花程式:K5－∞,C5－∞,A10－8,＝(G)1－5。其他特征参考科。全球2个大洲分布及种数(2－3)北美洲:1;南美洲:1。

Akschindlium H. Ohashi 重花豆属 Fabaceae3 [MD－240] 特征纪要:习性:木本。花程式:K1－∞,C1－∞,A5－9,＝↓G(－)。物候:－。海拔:7500米。生境:矮灌木丛或芦苇丛中,稀见于沿河岸疏林下,作为作物栽培。资源:具栽培园艺种类。全球1个大洲分布及种数(1) ◆亚洲:1。【中国种数:1】。

Akylopsis Lehm. ＝ **Matricaria**

Alafia Thou. 热非夹竹桃属 Apocynaceae [MD－492] 特征纪要:习性:木本。花程式:K5－∞,C0,A15,＝↓G2－5。其他特征参考科。全球6个大洲分布及种数(28)非洲:20－30;亚洲:5－7;大洋洲:2;欧洲:2－4;北美洲:2－4;南美洲:5－7。【中国种数:3】。

Alagophyla Raf. ＝ **Rechsteineria**

Alairia Kuntze = **Mairia**

Alajja Ikonn. 菱叶元宝草属 Lamiaceae [MD-575] 特征纪要:习性:-。花期:7-8月。果期:参考晚于花期。海拔:4000-5000米。生境:高山石坡或砾石坡地上。全球1个大洲分布及种数(2-3)◆亚洲。

Alamania Lex. 阿拉马兰属 Orchidaceae [MM-723] 特征纪要:习性:草本。花程式:(K)3,C3,A3,=↓G3。其他特征参考科。全球2个大洲分布及种数(2-4)北美洲:3; 南美洲:1。

Alangiaceae DC. [MD-443] 八角枫科 特征纪要:习性:木本;落叶。花程式:(K)6-,C4,A2-8,↓(G)-。物候:-。花期:6-8月。果期:10-11月。果实:核果。种子:-。海拔:-。生境:丛林中或林边,在灌木。资源:药用。栽培:-。全球6个大洲分布及属种数(2/41-63 <IFR 1/6> hort.1;cult. 1) 非洲:2/20-22(IFR 1/1); 亚洲:2/30-39(IFR 1/4); 大洋洲:2/10-13(IFR 1/1); 欧洲:2/4; 北美洲:2/7; 南美洲:1/5-6。

Alangium Lam. 八角枫属 Alangiaceae [MD-443] 特征纪要(同科)。全球6个大洲分布及种数(40-62;hort.1;cult. 5)非洲:18-24;亚洲:28-43;大洋洲:8-15;欧洲:2-6;北美洲:5-9;南美洲:5-10。【中国种数:15】。

Alania Endl. 蓝山草属 Boryaceae [MM-630] 特征纪要(同科)。全球1个大洲分布及种数(2)◆大洋洲(◆澳大利亚)。

Alansmia M. Kessler, Mogül, Sundü & Labiak 八龙蕨属 Polypodiaceae [F-60] 特征纪要:习性:-。【Rep】:孢子同形,囊群生叶背有盖-无盖。其他特征参考科。全球2个大洲分布及种数(23)北美洲:9;南美洲:19。

Alantsilodendron Villiers 八柱木属 Fabaceae3 [MD-240] 特征纪要:习性:木本。花程式:K1-∞,C3-5-∞,A5-9,=↓G1。其他特征参考科。全球3个大洲分布及种数(9-10)非洲:10; 亚洲:2; 北美洲:2。【中国种数:1】。

Alarconia DC. = **Wyethia**

Alaticaulia Lür 翅兰属 Orchidaceae [MM-723] 特征纪要:习性:-。花程式:-。其他特征参考科。全球3个大洲分布及种数(134)欧洲:9; 北美洲:9; 南美洲:118。

Alatiglossum Baptista 羽兰属 Orchidaceae [MM-723] 特征纪要:习性:-。花程式:-。其他特征参考科。全球1个大洲分布及种数(16)◆南美洲。

Alatiliparis Marg. & Szlach. 翅羊耳蒜属 Orchidaceae [MM-723] 特征纪要:习性:草本。花程式:(K-),C2-3参考科,A3参考科,↓G-。其他特征参考科。全球1个大洲分布及种数(5)◆亚洲。

Alatococcus Acev.-Rodr. 紫绒患子属 Sapindaceae [MD-428] 特征纪要:习性:木本。花程式:K5,C5,A10,↓G-参考科。其他特征参考科。全球1个大洲分布及种数(1) ◆南美洲:1。

Alatoseta Compton 细弱紫绒草属 Asteraceae [MD-586] 特征纪要:习性:草本。花程式:(K)3-5,(C)3-5,A3-5,↓G。其他特征参考科。全球1个大洲分布及种数(1)◆非洲。

Alatraea Neck. = **Astraea**

Albersia Kunth = **Amaranthus**

Alberta E. Mey. 赤焰茜属 Rubiaceae [MD-523] 特征纪要:习性:木本。花程式:(K)4-5,(C)4-5,A4-5,↓G。其他特征参考科。全球1个大洲分布及种数(6-7)◆非洲。

Albertinia Spreng. 陷托斑鸠菊属 Asteraceae [MD-586] 特征纪要:习性:草本。花程式:(K)3-5,(C)3-5,A3-5,=↓G2。其他特征参考科。全球3个大洲分布及种数(1-34)欧洲:3; 北美洲:3; 南美洲:31。

Albertisia Becc. 崖藤属 Menispermaceae [MD-42] 特征纪要:习性:草质攀援(基生,多肉)。花程式:-。物候:-。花期:初夏。果期:参考晚于花期。海拔:200-1000米。生境:林中,森林。资源:药用。全球3个大洲分布及种数(9-21)非洲:7-15;亚洲:2-7;大洋洲:1。【中国种数:2】。

Albidella Pichon = **Echinodorus**

Albinea Hombr. & Jacquinot ex Decne. = **Pleurophyllum**

Albizia Durazz. 合欢属 Fabaceae1 [MD-238] 特征纪要:习性:木质攀援。花程式:-。物候:-。花期:2-6月。果期:参考晚于花期。海拔:100-1000米。生境:薄森林。资源:药用,园林,具栽培园艺种类。全球6个大洲分布及种数(106-162;hort.1;cult. 1)非洲:60-90;亚洲:34-58;大洋洲:14-37;欧洲:1-9;北美洲:33-43;南美洲:37-45。【中国种数:20】。

Albovia Schischk. = **Pimpinella**

Alboviodoxa Woronow ex Grossh. 矮菊木属 Asteraceae [MD-586] 特征纪要:习性:-。花程式:-。其他特征参考科。全球1个大洲分布及种数(-)。

Albraunia Speta 假瑞欢属 Plantaginaceae [MD-527] 特征纪要:习性:草本。花程式:Kn,C0,A2-4,↓G。其他特征参考科。全球1个大洲分布及种数(3)◆亚洲。

Albuca L. 哨兵花属 Hyacinthaceae [MM-679] 特征纪要:习性:草本。花程式:(K)3,C0参考科,A3-6,=C3。物候:-。海拔:-。生境:-。资源:具栽培园艺种类。全球6个大洲分布及种数(106-191;hort.1)非洲:105-149;亚洲:13-23;大洋洲:3-11;欧洲:11-20;北美洲:3-11;南美洲:4-13。【中国种数:2】。

Alcantarea (E. Morren ex Mez) Harms 丝瓣凤梨属 Bromeliaceae [MM-715] 特征纪要:习性:草本。花程式:(K)3,C3,A6,=↓G3。其他特征参考科。全球2个大洲分布及种数(46-51)北美洲:1; 南美洲:50。

Alcea L. 蜀葵属 Malvaceae [MD-203] 特征纪要:习性:木本。花程式:K5-∞,C5-∞,A10-8,=G1-5。物候:-。花期:7月。果期:参考晚于花期。海拔:1000米。生境:山坡上。资源:具栽培园艺种类。全球6个大洲分布及种数(46-100;hort.1;cult. 2)非洲:5-8;亚洲:43-93;大洋洲:4-5;欧洲:12-15;北美洲:4-5;南美洲:1-4。【中国种数:2】。

Alchemilla L. 羽衣草属 Rosaceae [MD-246] 特征纪要:习性:木本。花程式:-。物候:-。海拔:1700-3500米。生境:放牧地。栽培:来自广西龙州。资源:具栽培园艺种类。全球6个大洲分布及种数(530-861;hort.1;

cult. 35)非洲:68 – 113;亚洲:113 – 253;大洋洲:56 – 69;欧洲:364 – 437;北美洲:38 – 58;南美洲:60 – 70。【中国种数:32】。

Alchornea Sw. 山麻杆属 Euphorbiaceae [MD – 217] 特征纪要:习性:木本。花程式:–。物候:–。花期:9 – 10 月。果期:参考晚于花期。海拔:100 – 200 米。生境:低海拔山地灌丛中。栽培:来自广西龙州。资源:药用,具栽培园艺种类。全球 6 个大洲分布及种数(57 – 66;hort. 1;cult. 5)非洲:13 – 20;亚洲:22 – 31;大洋洲:6 – 13;欧洲:2 – 7;北美洲:18 – 23;南美洲:41 – 46。【中国种数:17】。

A

Alchorneopsis Müll. Arg. 穗麻杆属 Euphorbiaceae [MD – 217] 特征纪要:习性:木本。花程式:K1(1000),C0,A6,↓G – 参考科。其他特征参考科。全球 4 个大洲分布及种数(1 – 6)非洲:1; 亚洲:2; 北美洲:5; 南美洲:3。

Alcicornium Gaudich. ex Underw. 鹿角蕨属 Platyceriaceae [F – 62] 特征纪要:–。全球 1 个大洲分布及种数(14)◆南美洲:1。

Alcimandra Dandy 长蕊木兰属 Magnoliaceae [MD – 1] 特征纪要:木本,落叶,复叶; 花程式:Kn,C,A3,G –。果实:圆柱状。种子:1 – 4 颗,棕色。全球 1 个大洲分布及种数(1 – 5)◆亚洲。

Alciope DC. = **Capelio**

Alcmene Urb. = **Duguetia**

Alcoceria Fernald = **Dalembertia**

Aldama La Llave 黑药葵属 Asteraceae [MD – 586] 特征纪要:习性:草本。花程式:(K)3 – 5,(C)3 – 5,A3 – 5,=↓G2。其他特征参考科。全球 6 个大洲分布及种数(113 – 119;hort. 1;cult. 1)非洲:4;亚洲:4;大洋洲:3 – 7;欧洲:1 – 5;北美洲:43 – 48;南美洲:72 – 78。

Aldina Endl. 阿尔丁豆属 Fabaceae3 [MD – 240] 特征纪要:习性:木本。花程式:K3 – 5 – ∞,C3 – 5 – ∞,A1 – 10 – 50,=↓G1。其他特征参考科。全球 2 个大洲分布及种数(17 – 33)亚洲:2; 南美洲:30。【中国种数:1】。

Aldrovanda L. 貉藻属 Droseraceae [MD – 261] 特征纪要:习性:草本(水生)。花程式:K5,C5,A5,=↓G –。物候:–。花期:全年。果期:参考晚于花期。海拔:50 – 3650 米。生境:静水,沟渠,水中。资源:具园艺种类。全球 5 个大洲分布及种数(2)非洲:1;亚洲:1;大洋洲:1;欧洲:1;北美洲:1。【中国种数:1】。

Alectoridia A. Rich. = **Arthraxon**

Alectoroctonum Schltdl. = **Euphorbia**

Alectorolophus Zinn = **Rhinanthus**

Alectra Thunb. 黑蒴属 Orobanchaceae [MD – 552] 特征纪要:习性:草本,少灌木。花程式:–。物候:–。花期:8 – 11 月。果期:参考晚于花期。海拔:700 – 2100 米。生境:森林。资源:–。全球 6 个大洲分布及种数(32 – 48;hort. 1;cult. 1)非洲:29 – 46;亚洲:7 – 15;大洋洲:3;欧洲:2 – 7;北美洲:4 – 8;南美洲:4 – 8。【中国种数:5】。

Alectryon Gaertn. 红冠果属 Sapindaceae [MD – 428] 特征纪要:习性:木本。花程式:K4 – 8,C4 – 8,A10,=G2 – 3。物候:–。海拔:–。生境:–。资源:具园艺种类。全球 6 个大洲分布及种数(17 – 47;hort. 1;cult. 2)非洲:3 – 11;亚洲:6 – 13;大洋洲:9 – 23;欧洲:2;北美洲:3 – 5;南美洲:1 – 3。【中国种数:2】。

Aleisanthia Ridl. 阿蕾茜属 Rubiaceae [MD – 523] 特征纪要:习性:木本。花程式:(K)4 – 5,(C)4 – 5,A4 – 5,=↓G2 – 9。其他特征参考科。全球 1 个大洲分布及种数(1 – 2)◆亚洲。

Aleisanthiopsis Tange 黑茜属 Rubiaceae [MD – 523] 特征纪要:习性:木本。花程式:(K)4 – 5,(C)4 – 5,A4 – 5,=↓(G)2 – 9。其他特征参考科。全球 1 个大洲分布及种数(1 – 3)◆亚洲。

Alepidea F. Delaroche 无鳞草属 Apiaceae [MD – 480] 特征纪要:习性:草本。花程式:K5,C5,A5,=↓G2。其他特征参考科。全球 3 个大洲分布及种数(34 – 68)非洲:53; 亚洲:3; 南美洲:4。

Alepidocalyx Piper = **phaseolus**

Alepidocline S. F. Blake 草落冠菊属 Asteraceae [MD – 586] 特征纪要:习性:草本。花程式:(K)3 – 5,(C)3 – 5,A3 – 5,=↓G2。其他特征参考科。全球 2 个大洲分布及种数(6 – 8)北美洲:6; 南美洲:3。

Alepis Van Tiegh. 金钟鞘花属 Loranthaceae [MD – 415] 特征纪要:习性:木本。花程式:K3 – 5,C0,A4,=↓G3 – 4。其他特征参考科。全球 6 个大洲分布及种数(1 – 2)非洲:4;亚洲:4;大洋洲:5;欧洲:4;北美洲:4;南美洲:4。

Aletes J. M. Coult. & Rose 磨石草属 Apiaceae [MD – 480] 特征纪要:习性:–。花程式:–。其他特征参考科。全球 4 个大洲分布及种数(42)亚洲:8; 欧洲:24; 北美洲:24; 南美洲:6。

Aletris L. 粉条儿菜属 Nartheciaceae [MM – 618] 特征纪要:习性:草本。花程式:–。物候:–。花期:4 – 7 月。果期:参考晚于花期。海拔:100 – 2900 米。生境:草甸,山顶。资源:药用,具栽培园艺种类。全球 6 个大洲分布及种数(28 – 31;hort. 1;cult. 3)非洲:13 – 42;亚洲:24 – 56;大洋洲:29;欧洲:29;北美洲:8 – 38;南美洲:2 – 31。【中国种数:19】。

Aleurites J. R. Forst. & G. Forst. 石栗属 Euphorbiaceae [MD – 217] 特征纪要:习性:木本。花程式:–。物候:–。花期:4 – 10 月。果期:参考晚于花期。海拔:100 – 1000 米。生境:混合常绿森林,种植在山坡,路边和乡村。资源:园林,具栽培园艺种类。全球 6 个大洲分布及种数(2 – 84)非洲:31; 亚洲:57; 大洋洲:32; 欧洲:24; 北美洲:24; 南美洲:28。【中国种数:1】。

Aleuritopteris Fée 粉背蕨属 Pteridaceae [F – 31] 特征纪要:习性:–。【Rep】:孢子囊群近边生,圆形,生于叶脉顶端,由 2 – 10 个孢子囊组成,彼此分离,成熟后常向两侧扩展成彼此接触。物候:–。海拔:1400 – 2600 米。生境:常绿阔叶林,密林中山箐,石壁岩隙,住房石墙缝中。资源:–。全球 6 个大洲分布及种数(40 – 58)非洲:6 – 14;亚洲:34 – 63;大洋洲:8;欧洲:8;北美洲:4 – 12;南美洲:6 – 14。【中国种数:3】。

Aleurodendron Reinw. = **Melochia**

Alevia Baill. = **Bernardia**

Alexa Moq. 护卫豆属 Fabaceae3 [MD－240] 特征纪要:习性:木本。花程式:K1－∞,C1－∞,A5－9,＝↓G1。其他特征参考科。全球 1 个大洲分布及种数(12－13)◆南美洲。

Alexfloydia B. K. Simon 黑茎草属 Poaceae [MM－748] 特征纪要:习性:草本。花程式:(K)3,C0 参考科,A1－2,＝(G)2－3。其他特征参考科。全球 1 个大洲分布及种数(1)◆大洋洲(◆澳大利亚)。

Alexgeorgea Carlquist 根茎灯草属 Restionaceae [MM－744] 特征纪要:习性:草本。花程式:(K)3,C3,A1－2,＝G1－3。其他特征参考科。全球 1 个大洲分布及种数(3)◆大洋洲(◆澳大利亚)。

Alexitoxicon St.－Lag. ＝ **Vincetoxicum**

Alfaroa Standl. 雀鹰木属 Juglandaceae [MD－136] 特征纪要:习性:木本。花程式:－。其他特征参考科。全球 2 个大洲分布及种数(9)北美洲:8;南美洲:3。

Alfonsia Kunth ＝ **Elaeis**

Alfredia Cass. 翅膜菊属 Asteraceae [MD－586] 特征纪要:习性:草本。花程式:(K)3－5,C3－5,A3 参考科,＝↓G2。物候:－。海拔:1400－2000 米。生境:林中高山,草地上,云杉林下。资源:具园艺种类。全球 6 个大洲分布及种数(6－87)非洲:5; 亚洲:24; 大洋洲:2; 欧洲:5; 北美洲:5; 南美洲:49。【中国种数:5】。

Algaria Hedd. & R. H. Zander 北美膜丛藓属 Pottiaceae [B－133] 特征纪要:习性:－。【Rep】:孢腔轮廓清晰,蒴齿缺如,或具蒴齿而无基膜,下部呈黄绿或黄棕色。其他特征参考科。全球 2 个大洲分布及种数(5)亚洲:3; 北美洲:1。

Algernonia Baill. 短丝戟属 Euphorbiaceae [MD－217] 特征纪要:习性:木本。花程式:K1(1000),C0,A6,＝G2－3。其他特征参考科。全球 1 个大洲分布及种数(12)◆南美洲。

Algrizea Prönça & NicLugh. 宝冠番樱属 Myrtaceae [MD－347] 特征纪要:习性:木本。花程式:K5,C5,A8－10,＝↓G－。其他特征参考科。全球 1 个大洲分布及种数(1－2)◆南美洲。

Alhagi Gagnebin 骆驼刺属 Fabaceae3 [MD－240] 特征纪要:习性:木本。花程式:Kn,C2－3 参考科,A8,＝↓G－。物候:－。花期:6－7 月。果期:参考晚于花期。海拔:100－700 米。生境:沙地,河岸,农田边。资源:药用,甜味剂,具栽培园艺种类。全球 6 个大洲分布及种数(5－9;hort. 1)非洲:1－4;亚洲:3－6;大洋洲:1－3;欧洲:2－4;北美洲:3－6;南美洲:1。【中国种数:1】。

Alibertia A. Rich. ex DC. 阿利茜属 Rubiaceae [MD－523] 特征纪要:习性:木本。花程式:(K)4－5,(C)4－5,A4－5,＝↓G2－9。其他特征参考科。全球 6 个大洲分布及种数(20－104)非洲:7; 亚洲:8; 大洋洲:4; 欧洲:31; 北美洲:31; 南美洲:89。【中国种数:2】。

Alicabon Raf. ＝ **Physalis**

Alicastrum P. Br. ＝ **Brosimum**

Alicia W. R. Anderson 黄虎尾属 Malpighiaceae [MD－343] 特征纪要:习性:木本。花程式:K5,C5,A10,＝G2－3。其他特征参考科。全球 2 个大洲分布及种数(2－17)亚洲:4; 南美洲:17。

Aliciella Brand 狼莉草属 Polemoniaceae [MD－481] 特征纪要:习性:草本。花程式:K5,C0,A5,＝↓(G)2－3。其他特征参考科。全球 4 个大洲分布及种数(24－36)亚洲:2; 欧洲:31; 北美洲:31; 南美洲:4。

Alicularia Rodway 叶苔科属 Jungermanniaceae [B－38] 特征纪要:习性:－。【Rep】:绿色、黄绿色、暗绿色或红褐色。物候:－。海拔:－。生境:常见于腐木上。栽培:来自广西龙州。资源:具栽培园艺种类。全球 6 个大洲分布及种数(31)非洲:2; 亚洲:11; 大洋洲:4; 欧洲:6; 北美洲:6; 南美洲:20。【中国种数:1】。

Aliella Qaiser & Lack 黄鼠麹属 Asteraceae [MD－586] 特征纪要:习性:草本。花程式:(K)3－5,(C)3－5,A3－5,↓G。物候:－。海拔:－。生境:－。资源:具园艺种类。全球 2 个大洲分布及种数(5－8)非洲:6; 南美洲:1。

Aligrimmia R. S. Williams 黄萼藓属 Grimmiaceae [B－115] 特征纪要:－。全球 1 个大洲分布及种数(1)◆南美洲。

Alinula J. Raynal 湖沙草属 Cyperaceae [MM－747] 特征纪要:习性:－。花程式:－。其他特征参考科。全球 3 个大洲分布及种数(8)非洲:6; 亚洲:3; 南美洲:2。

Aliopsis Omer & Qaiser ＝ **Gentianella**

Alisma L. 泽泻属 Alismataceae [MM－597] 特征纪要:习性:草本。花程式:－。物候:－。海拔:2500 米。生境:边缘,沼泽浅水处和积水湿地等。资源:具栽培园艺种类。全球 6 个大洲分布及种数(16－25;hort. 1;cult. 7)非洲:5－30;亚洲:11－37;大洋洲:4－29;欧洲:9－34;北美洲:8－33;南美洲:4－30。【中国种数:7】。

Alismataceae Vent. [MM－597] 泽泻科 特征纪要:习性:草本;落叶。花程式:K4－5,C5,A5,↓(G)3－6。花期和果期: 5－10 月。果实:瘦果。种子:紫红色,中部微凹。资源:园林。栽培:中国有栽培。全球 6 个大洲分布及属种数(16－18/140－199 <IFR 4/14> hort. 1;cult. 5) 非洲:8－9/20－23(IFR 4/6); 亚洲:9－10/64－71(IFR 3/7); 大洋洲:5/21－23; 欧洲:6/34－36(IFR 2/4); 北美洲:7－8/76－91(IFR 2/8); 南美洲:4－5/55－86(IFR 1/2)。【中国属种数:12/39】。

Alismatoideae (Dum.) Arn. 小泽泻属 Alismataceae [MM－597] 特征纪要和分布(－)。

Alismorchis Thou. 黄泽兰属 Orchidaceae [MM－723] 特征纪要:－。全球 6 个大洲分布及种数(4)非洲:1;亚洲:3－4;大洋洲:1;欧洲:1;北美洲:1;南美洲:1。

Alistilus N. E. Br. 海柱豆属 Fabaceae3 [MD－240] 特征纪要:习性:木本。花程式:K1－∞,C1－∞,A5－9,＝↓G1。其他特征参考科。全球 1 个大洲分布及种数(2－3)◆非洲。

Aliteria Benoist ＝ **Clarisia**

Alix Comm. ex DC. ＝ **Psiadia**

Alkanna Tausch ＝ **Lawsonia**。【中国种数:1】。

Allaeanthus Thwaites 落叶花桑属 Moraceae [MD－87] 特征纪要:习性:－。花程式:－。其他特征参考科。全球2个大洲分布及种数(4－6)非洲:1; 亚洲:3。【中国种数:1】。

Allagopappus Cass. 叉枝菊属 Asteraceae [MD－586] 特征纪要:习性:草本。花程式:(K)3－5,(C)3－5,A3－5,＝↓G2。物候:－。海拔:－。生境:－。资源:具园艺种类。全球6个大洲分布及种数(2－24)非洲:13; 亚洲:5; 大洋洲:2; 欧洲:3; 北美洲:3; 南美洲:2。

Allagoptera Nees 香花椰子属 Arecaceae [MM－717] 特征纪要:习性:木本。花程式:K3－10,C3－10,A3－10,＝G3－10。其他特征参考科。全球5个大洲分布及种数(6－22)非洲:3; 亚洲:2; 大洋洲:3; 北美洲:6; 南美洲:21。

Allagosperma M. Roem. ＝ **Cayaponia**

Allamanda L. 黄蝉属 Apocynaceae [MD－492] 特征纪要:习性:木本。花程式:(K－),C5,A15－6 参考科,＝↓G2－5)。物候:－。花期:春季－夏天。果期:参考晚于花期。海拔:80－3000米。生境:栽培密荫丛生。资源:药用,具栽培园艺种类。全球6个大洲分布及种数(15－50)非洲:15; 亚洲:18; 大洋洲:8; 欧洲:18; 北美洲:18; 南美洲:40。【中国种数:3】。

Allanblackia Oliv. 阿兰藤黄属 Clusiaceae [MD－141] 特征纪要:习性:木本。花程式:K1－3,C1－3,A1－3,＝G1－3。其他特征参考科。全球2个大洲分布及种数(9－13)非洲:13; 北美洲:2。

Allantodia R. Br. 短肠蕨属 Athyriaceae [F－40] 特征纪要:－。全球6个大洲分布及种数(92－97)非洲:2－18; 亚洲:90－109;大洋洲:8－24;欧洲:6－22;北美洲:16－32;南美洲:14－30。

Allantoma Miers 爪玉蕊属 Lecythidaceae [MD－267] 特征纪要:习性:木本。花程式:K40－1000,C40－1000,A40－1000,＝↓G2－6。其他特征参考科。全球3个大洲分布及种数(8－29)非洲:1; 亚洲:3; 南美洲:27。【中国种数:1】。

Allantoparmelia <unassigned> 水蕨科属 Parkeriaceae [F－36] 特征纪要:－。全球4个大洲分布及种数(4)亚洲:2; 欧洲:2; 北美洲:2; 南美洲:2。

Allantospermum Forman 扭荚木属 Irvingiaceae [MD－313] 特征纪要:习性:木本。花程式:－。其他特征参考科。全球2个大洲分布及种数(2)非洲:1;亚洲:cf. 1。

Allardia Decne. 扁毛菊属 Asteraceae [MD－586] 特征纪要:习性:草质攀援。花程式:(K－),C3－5,A3 参考科,↓G。物候:－。花期:7－9月。果期:参考晚于花期。海拔:3500－5500米。生境:河边,岩石斜坡,石质河床。资源:药用。全球1个大洲分布及种数(8－9)◆亚洲。【中国种数:5】。

Allardtia A. Dietr. ＝ **Tillandsia**

Allarthonia <unassigned> 扁冠苔属 Aytoniaceae [B－9] 特征纪要:－。全球2个大洲分布及种数(2)亚洲:1; 欧洲:2。

Alleizettea Dubard & Dop ＝ **Danais**

Alleizettella Pit. 白香楠属 Rubiaceae [MD－523] 特征纪要:习性:木本。花程式:－。物候:－。花期:4－6月。果期:参考晚于花期。海拔:200－1000米。生境:山坡,山谷溪边林中或灌丛中,在林中。资源:具园艺种类。全球1个大洲分布及种数(1－2)◆亚洲。【中国种数:1】。

Allelotheca Steud. ＝ **Lophatherum**

Allenanthus Standl. 阿伦花属 Rubiaceae [MD－523] 特征纪要:习性:－。花程式:－。其他特征参考科。全球1个大洲分布及种数(cf. 1)◆北美洲。

Allendea La Llav. ＝ **Liabum**

Alleniella S. Olsson, Enroth & D. Quandt 艾氏藓属 Neckeraceae [B－204] 特征纪要:习性:－。【Rep】:孢子体不详,黄绿色或黄褐色。物候:－。海拔:－。生境:常见于岩石或树干。资源:－。全球5个大洲分布及种数(2)非洲:1;亚洲:2;欧洲:2;北美洲:2;南美洲:2。

Allenrolfea Kuntze 墨节木属 Amaranthaceae [MD－116] 特征纪要:习性:草本。花程式:－。其他特征参考科。全球5个大洲分布及种数(3－12)非洲:2; 亚洲:7; 欧洲:2; 北美洲:2; 南美洲:5。

Allexis Pierre 卷瓣堇属 Violaceae [MD－126] 特征纪要:习性:木本。花程式:K5,C5,A10,＝G2－3。其他特征参考科。全球1个大洲分布及种数(3－4)◆非洲。

Alliaceae Borkh. [MM－667] 葱科 特征纪要:习性:木本;落叶。花程式:(K)6－,C3,A6,↑G－。物候:－。花期和果期4－8月。果实:－。种子:－。海拔:2700－3700米。生境:低山丘陵坡地。资源:－。栽培:－。全球5个大洲分布及属种数(7－9/28－39 <IFR 2/85> hort. 1;cult. 1) 非洲:(IFR 1/3); 亚洲:(IFR 1/64); 欧洲:(IFR 1/24); 北美洲:3－4/206－227(IFR 2/18); 南美洲:3－4/68－82(IFR 1/3)。

Alliaria Heist. ex Fabr. 葱芥属 Brassicaceae [MD－213] 特征纪要－。分布:－。【中国种数:1】。

Allionia L. 红风车属 Nyctaginaceae [MD－107] 特征纪要:习性:木本。花程式:K1－5,C0,A5,＝G1。物候:－。海拔:3400米。生境:森林,周公山路边。资源:－。全球6个大洲分布及种数(10－39;hort. 2;cult. 2)非洲:26; 亚洲:1－28;大洋洲:26;欧洲:26;北美洲:7－43;南美洲:5－34。

Allioniella Rydb. 茉莉藓属 Sematophyllaceae [B－192] 特征纪要:－。全球2个大洲分布及种数(2)北美洲:1; 南美洲:1。

Allioniellopsis Ochyra 厄瓜锦藓属 Sematophyllaceae [B－192] 特征纪要:习性:－。【Rep】:雌雄同株或雌雄异株,稀雌雄杂株,蒴柄细长,下部平滑,上部具乳头突起,孢蒴小,垂倾或悬垂,长卵形或长圆,多暗色、绿色至金黄色。其他特征参考科。全球1个大洲分布及种数(1)◆南美洲。

Allisonia Herzog 苞平苔属 Allisoniaceae [B－25] 特征纪要:－。全球2个大洲分布及种数(3)亚洲:2; 大洋洲:3。

Allisoniaceae (R. M. Schust. ex Grolle) Schljakov [B－25] 苞叶苔科 特征纪要:常绿乔木,枝短,水平伸展,叶二型。

【Rep】:球果有短柄,第二年成熟,种鳞木质,发育的种鳞有 5 - 9 粒种子,种子扁,有窄翅,子叶 2 枚。全球 3 个大洲分布和属种数(1 - 2/2 - 3)亚洲:1/1;大洋洲:1/1;北美洲:1/2。

Allisoniella E. A. Hodgs. 苞萼苔属 Cephaloziellaceae [B - 53] 特征纪要:习性: - 。【Rep】:雌苞叶全缘,老时呈红褐色。其他特征参考科。全球 2 个大洲分布及种数(7)亚洲:2; 大洋洲:5。

Allittia P. S. Short 湿地鹅河菊属 Asteraceae [MD - 586] 特征纪要:习性:草本。花程式:(K)3 - 5,(C)3 - 5,A3 - 5,↓G。其他特征参考科。全球 1 个大洲分布及种数(1 - 2)◆大洋洲。

Allium L. 葱属 Alliaceae [MM - 667] 特征纪要(同科)。全球 6 个大洲分布及种数(594 - 1079;hort. 1;cult. 37)非洲:84 - 217;亚洲:456 - 912;大洋洲:63 - 179;欧洲:165 - 357;北美洲:198 - 329;南美洲:49 - 170。【中国种数:204】。

Allmania R. Br. ex Wight 砂苋属 Amaranthaceae [MD - 116] 特征纪要:习性:草本(多肉)。花程式:Kn,C2 - 3 参考科,A5,G - 。物候: - 。花期:5 - 6 月。果期:参考晚于花期。海拔:200 米。生境:旷野砂地和海岸砂滩上,沙质土壤,沙质海岸。资源: - 。全球 4 个大洲分布及种数(2 - 7)非洲:2; 亚洲:5; 大洋洲:2; 南美洲:2。【中国种数:1】。

Allmaniopsis Süss. 芒砂苋属 Amaranthaceae [MD - 116] 特征纪要:习性:草本。花程式:Kn,C0,A1 - 2, = (G)2 - 3。其他特征参考科。全球 1 个大洲分布及种数(1)◆非洲(◆肯尼亚)。

Allobia Raf. = **Euphorbia**

Allobium Miers = **Phoradendron**

Allobriquetia Bovini 锦葵科属 Malvaceae [MD - 203] 特征纪要:习性: - 。花程式: - 。其他特征参考科。全球 2 个大洲分布及种数(3)北美洲:3; 南美洲:1。

Allocarpus Kunth = **Calea**

Allocassine N. Robson 金榄藤属 Celastraceae [MD - 339] 特征纪要:习性:木本。花程式:K2 - 3,C2 - 3,A10,G - 。其他特征参考科。全球 2 个大洲分布及种数(1 - 3)非洲:3; 亚洲:2。

Allocasuarina L. A. S. Johnson 异木麻黄属 Casuarinaceae [MD - 73] 特征纪要:习性:木本。花程式: - 。物候: - 。花期:4 月。果期:参考晚于花期。海拔: - 。生境: - 。栽培: - 。资源:具栽培园艺种类。全球 6 个大洲分布及种数(71 - 85)非洲:8; 亚洲:15; 大洋洲:80; 欧洲:17; 北美洲:17; 南美洲:10。【中国种数:9】。

Allocephalus Bringel, J. N. Nakaj. & H. Rob. 金榄菊属 Asteraceae [MD - 586] 特征纪要:习性:草本。花程式:(K)3 - 5,(C)3 - 5,A3 - 5,↓G。其他特征参考科。全球 2 个大洲分布及种数(1 - 9)亚洲:2; 南美洲:8。

Alloceratium Hook. f. & Thomson = **Diptychocarpus**

Allocetraria <unassigned> 水蕨科属 Parkeriaceae [F - 36] 特征纪要: - 。全球 1 个大洲分布及种数(-)。

Allocheilos W. T. Wang 异唇苣苔属 Gesneriaceae [MD - 549] 特征纪要:习性:草本(根状茎,基生)。花程式: - 。物候: - 。花期:7 - 8 月。果期:参考晚于花期。海拔:100 米。生境:常绿阔叶林中或灌丛,石灰岩丘陵中的岩石。资源: - 。全球 1 个大洲分布及种数(2 - 4)◆亚洲(◆中国)。【中国种数:2】。

Allochrusa Bunge ex Boiss. 异裂霞草属 Caryophyllaceae [MD - 77] 特征纪要:习性: - 。花程式: - 。其他特征参考科。全球 6 个大洲分布及种数(1)非洲:3;亚洲:1 - 4;大洋洲:3;欧洲:3;北美洲:3;南美洲:3。

Allodaphne Steud. = **Andromeda**

Alloeochaete C. E. Hubb. 非洲奇草属 Poaceae [MM - 748] 特征纪要:习性:草本。花程式:(K)3,C0 参考科,A1 - 2, = G2 - 3。其他特征参考科。全球 2 个大洲分布及种数(6 - 8)非洲:8; 大洋洲:2。

Allohemia Raf. = **Oryctanthus**

Alloiatheros Elliott = **Gymnopogon**

Alloiosepalum Gilg = **Purdiaea**

Alloispermum Willd. 异冠菊属 Asteraceae [MD - 586] 特征纪要:习性:草本。花程式:(K)3 - 5,(C)3 - 5,A3 - 5, = ↓G2。其他特征参考科。全球 5 个大洲分布及种数(19 - 30)非洲:2; 亚洲:1; 大洋洲:1; 北美洲:16; 南美洲:14。

Allolepis Soderstr. & H. F. Decker 类碱禾属 Poaceae [MM - 748] 特征纪要:习性:草本。花程式:(K)3,C0 参考科,A1 - 2,↓G - 参考科。其他特征参考科。全球 1 个大洲分布及种数(1)◆北美洲。

Allomaieta Gleason 异野牡丹属 Melastomataceae [MD - 364] 特征纪要:习性:木本。花程式:K4 - 5,C4 - 5,A4 - 5, = ↓G3 - 4。其他特征参考科。全球 1 个大洲分布及种数(7 - 8)◆南美洲。

Allomarkgrafia Woodson 马尔夹竹桃属 Apocynaceae [MD - 492] 特征纪要:习性:木本。花程式:K5 - ∞,C0,A15, = ↓G2 - 5。其他特征参考科。全球 2 个大洲分布及种数(10 - 13)北美洲:8; 南美洲:13。

Allomorphia Bl. 异形木属 Melastomataceae [MD - 364] 特征纪要:习性: - 。花程式: - 。物候: - 。花期:6 - 8 月。果期:参考晚于花期。海拔:200 - 1200 米。生境:山坡阳处,灌木丛中。资源: - 。全球 5 个大洲分布及种数(4 - 64)非洲:11; 亚洲:56; 大洋洲:13; 北美洲:2; 南美洲:2。

Alloneuron Pilg. 异脉野牡丹属 Melastomataceae [MD - 364] 特征纪要:习性:木本。花程式:K4 - 5,C4 - 5,A4 - 5, = ↓G3 - 4。其他特征参考科。全球 1 个大洲分布及种数(10)◆南美洲。

Allophylastrum Acev. - Rodr. 无患子科属 Sapindaceae [MD - 428] 特征纪要:习性:木本。花程式: - 。其他特征参考科。全球 1 个大洲分布及种数(1)◆南美洲。

Allophyllum (Nutt.) A. D. Grant & V. E. Grant 臭莉草属 Polemoniaceae [MD - 481] 特征纪要:习性:草本。花程式:K5,C0,A5, = ↓G2 - 3。其他特征参考科。全球 5 个大洲分布及种数(6 - 15)亚洲:3; 大洋洲:1; 欧洲:13; 北美洲:13; 南美洲:4。【中国种数:1】。

Allophyllus Gled. = **Allophylus**

Allophylus L. 异木患属 Sapindaceae［MD－428］特征纪要：习性：木本。花程式：－。物候：－。花期：8－9 月。果期：参考晚于花期。海拔：1100－1600 米。生境：灌木丛。栽培：来自广西龙州。资源：药用，具栽培园艺种类。全球 6 个大洲分布及种数(120－258；hort. 1；cult. 8)非洲：44－118；亚洲：33－89；大洋洲：12－28；欧洲：7－19；北美洲：16－37；南美洲：55－68。【中国种数：20】。

A

Alloplectus Mart. 兜瓣岩桐属 Gesneriaceae［MD－549］特征纪要：习性：灌木。花程式：K5，C0，A4，=↓G2。物候：－。海拔：－。生境：－。资源：具栽培园艺种类。全球 4 个大洲分布及种数(8－154)亚洲：14；欧洲：26；北美洲：26；南美洲：100。

Allopterigeron Dunlop 白蓬菊属 Asteraceae［MD－586］特征纪要：习性：草本。花程式：(K)3－5，(C)3－5，A3－5，=↓G2。其他特征参考科。全球 1 个大洲分布及种数(1)◆大洋洲(◆澳大利亚)。

Allopythion Schott = **Amorphophallus**

Allorgea Ando 灰藓科属 Hypnaceae［B－189］特征纪要：－。全球 1 个大洲分布及种数(－)。

Allorgella Tixier 耳鳞苔属 Lejeuneaceae［B－84］特征纪要：－。全球 1 个大洲分布及种数(－)。

Allosampela Raf. = **Ampelopsis**

Allosanthus Radlk. 异花无患子属 Sapindaceae［MD－428］特征纪要：习性：－。花程式：－。其他特征参考科。全球 2 个大洲分布及种数(3)北美洲：2；南美洲：3。

Alloschemone Schott 羽叶藤芋属 Araceae［MM－639］特征纪要：习性：草本。花程式：K0，C0，A1－4，=G1－3。其他特征参考科。全球 1 个大洲分布及种数(2)◆南美洲。

Allosidastrum (Hochr.) Krapov., Fryxell & D. M. Bates 木沙稔属 Malvaceae［MD－203］特征纪要：习性：木本。花程式：K5－∞，C5－∞，A10－8，=(G)1－5。其他特征参考科。全球 2 个大洲分布及种数(4－5)北美洲：3；南美洲：3－4。【中国种数：1】。

Allosorus Bernh. = **Cryptogramma**

Allospondias (Pierre) Stapf 漆树科属 Anacardiaceae［MD－432］特征纪要：习性：木本。花程式：K5，C5，A10，↓G－参考科。资源：具园艺种类。全球 1 个大洲分布及种数(2)◆亚洲。【中国种数：1】。

Allostelites (L.) Börner = **Equisetum**

Allostigma W. T. Wang 异片苣苔属 Gesneriaceae［MD－549］特征纪要：习性：草本。花程式：(K－)，(C)5 参考科，A5，↓G－。物候：－。海拔：80－4600 米。生境：石灰岩山丘。资源：－。全球 2 个大洲分布及种数(1－4)亚洲：3；南美洲：2。【中国种数：1】。

Allosurus Endl. = **Cheilanthes**

Allosyncarpia S. T. Blake 轮叶假桉属 Myrtaceae［MD－347］特征纪要：习性：木本。花程式：K4－5，C4－5，A8－10，=↓(G)2－5。其他特征参考科。全球 1 个大洲分布及种数(1)◆大洋洲(◆澳大利亚)。

Alloteropsis J. Presl 毛颖草属 Poaceae［MM－748］特征纪要：习性：草本(根状茎，基生)。花程式：(K－)，C0 参考科，A2－3，=G2－3。物候：－。花期：9 月。果期：参考晚于花期。海拔：200 米。生境：山坡，云南松林下。资源：具园艺种类。全球 6 个大洲分布及种数(6－26)非洲：20；亚洲：11；大洋洲：5；欧洲：9；北美洲：9；南美洲：6。【中国种数：2】。

Allotoonia J. F. Morales & J. K. Williams = **Echites**

Allotropa Torr. & A. Gray 桃晶兰属 Ericaceae［MD－380］特征纪要：习性：木本。花程式：(K)5－8，(C)5－8，A10，G3－ 参考科。其他特征参考科。全球 2 个大洲分布及种数(1－2)亚洲：2；北美洲：2。【中国种数：1】。

Allowissadula D. M. Bates 假苘麻属 Malvaceae［MD－203］特征纪要：习性：木本。花程式：K5－∞，C5－∞，A10－8，=(G)1－5。其他特征参考科。全球 2 个大洲分布及种数(12)欧洲：1；北美洲：11。

Allowoodsonia Markgr. 南蝉花属 Apocynaceae［MD－492］特征纪要：习性：木本。花程式：Kn，C0，A15，↓(G)2－5。其他特征参考科。全球 1 个大洲分布及种数(1)◆大洋洲。

Alloxylon P. H. Weston & Crisp 朱烟花属 Proteaceae［MD－219］特征纪要：习性：木本。花程式：K3－4－∞，C0，A2，=G1。其他特征参考科。全球 5 个大洲分布及种数(4－12)非洲：2；亚洲：4；大洋洲：6；北美洲：1；南美洲：5。

Alluaudia (Drake) Drake 亚龙木属 Didiereaceae［MD－152］特征纪要：习性：木本。花程式：－。其他特征参考科。全球 2 个大洲分布及种数(6－10)非洲：10；北美洲：3。

Alluaudiopsis Humbert & Choux 枝龙木属 Didiereaceae［MD－152］特征纪要：习性：木本。花程式：－。其他特征参考科。全球 2 个大洲分布及种数(2－4)非洲：4；北美洲：2。

Almaleea Crisp & P. H. Weston 阿尔玛豆属 Fabaceae3［MD－240］特征纪要：习性：木本。花程式：K1－∞，C1－∞，A5－9，=↓G1。其他特征参考科。全球 1 个大洲分布及种数(5)◆大洋洲(◆澳大利亚)。

Almedanthus Ver.－Lib. & R. D. Stone 野牡丹科属 Melastomataceae［MD－364］特征纪要：习性：－。花程式：－。其他特征参考科。全球 1 个大洲分布及种数(3)◆非洲：3。

Almeidea A. St.－Hil. 梅簪木属 Rutaceae［MD－399］特征纪要：习性：－。花程式：－。其他特征参考科。全球 2 个大洲分布及种数(22)北美洲：2；南美洲：21。

Almutaster á. Löve & D. Löve 泽菀属 Asteraceae［MD－586］特征纪要：习性：草本。花程式：(K)3－5，(C)3－5，A3－5，↓G。其他特征参考科。全球 2 个大洲分布及种数(1－2)北美洲：2；南美洲：2。

Alnaster Spach = **Alnus**

Alniaria Rushforth 十字花科属 Brassicaceae［MD－213］特征纪要：习性：草本。花程式：－。其他特征参考科。全

球 1 个大洲分布及种数(7)◆亚洲:7。

Alniphyllum Matsum. 赤杨叶属 Styracaceae [MD-327] 特征纪要:习性:木本。花程式:-。物候:-。花期:3-4月。果期:参考晚于花期。海拔:600-800 米。生境:常绿阔叶林中,湿润疏林或密林中。资源:具园艺种类。全球 4 个大洲分布及种数(3-74)亚洲:23; 欧洲:6; 北美洲:6; 南美洲:40。【中国种数:3】。

Alnus Mill. 桤木属 Betulaceae [MD-79] 特征纪要:习性:木本。花程式:-。物候:-。花期:5-7 月。果期:参考晚于花期。海拔:500-3000 米。生境:河岸两旁,有时成纯林。栽培:来自广西龙州。资源:纤维,丹宁,具栽培园艺种类。全球 6 个大洲分布及种数(47-73;hort. 1;cult. 24)非洲:7-37;亚洲:39-80;大洋洲:8-38;欧洲:17-49;北美洲:26-57;南美洲:9-39。【中国种数:23】。

Aloaceae Batsch [MM-668] 芦荟科 特征纪要:习性:木本;常绿。花程式:(K)6,C6,A2-6,↑G1。物候:-。花期:-。果期:-。果实:蒴果。种子:种皮薄,棕色。海拔:2348 米。生境:华西苗圃栽培,栽培和归化。资源:药用。栽培:中国有栽培。全球 6 个大洲分布及属种数(2-12/357-776 <IFR 2/62> hort. 4;cult. 4) 非洲:2-5/346-595(IFR 2/55); 亚洲:1/36-83(IFR 1/3); 大洋洲:1/15(IFR 1/3); 欧洲:1-2/17-19(IFR 1/6); 北美洲:1-2/29-39(IFR 2/5); 南美洲:1/16-18(IFR 1/1)。

Alobiella (Spruce) Schiffn. 立萼苔属 Cephaloziaceae [B-52] 特征纪要:习性:-。【Rep】:雌苞生于茎腹面短枝上,蒴萼长筒形,口部有长刺,雄苞生于茎腹面,雄苞叶多对,呈穗状,老时呈黄褐色。物候:-。海拔:-。生境:常见于湿地,江边山坡。资源:-。全球 6 个大洲分布及种数(1-3)非洲:1;亚洲:1;大洋洲:1;欧洲:1;北美洲:1;南美洲:3。

Alobiellopsis R. M. Schust. 柱萼苔属 Cephaloziaceae [B-52] 特征纪要:习性:-。【Rep】:雌苞生于茎腹面短枝上,蒴萼长筒形,口部有长刺,雄苞生于茎腹面,雄苞叶多对,呈穗状,老时呈黄褐色。物候:-。海拔:-。生境:常见于湿地,江边山坡。资源:-。全球 3 个大洲分布及种数(5)非洲:2;亚洲:cf. 1;南美洲:1。

Alocasia (Schott) G. Don 海芋属 Araceae [MM-639] 特征纪要:-。全球 1 个大洲分布及种数(34-98)◆亚洲。【中国种数:10】。

Aloe L. 芦荟属 Aloaceae [MM-668] 特征纪要:习性:草本(基生,多肉)。花程式:-。物候:-。海拔:-。生境:华西苗圃栽培,栽培和归化。资源:具栽培园艺种类。全球 6 个大洲分布及种数(355-712;hort. 1;cult. 10) 非洲:343-604;亚洲:37-103;大洋洲:14-32;欧洲:17-36;北美洲:28-54;南美洲:16-36。【中国种数:8】。

Aloestrela Molteno & Gideon F. Sm. 阿福花科属 Asphodelaceae [MM-649] 特征纪要:习性:草本。花程式:-。其他特征参考科。全球 1 个大洲分布及种数(1)◆非洲:1。

Aloexylum Lour. = **Aquilaria**

Aloiampelos Klopper & Gideon F. Sm. 刺福花属 Asphodelaceae [MM-649] 特征纪要:习性:草本。花程式:(K)3,C3,A3 参考科,G3- 参考科。其他特征参考科。全球 2 个大洲分布及种数(1) 非洲:2(IFR 2),欧洲:1(IFR 1)。

Aloidella Venturi = **Aloina**

Aloidendron (A. Berger) Klopper & Gideon F. Sm. 木福花属 Xanthorrhoeaceae [MM-701] 特征纪要:草本。花程式:(K)3,C3,A3 参考科,G3- 参考科。其他特征参考科。全球 2 个大洲分布及种数(7-8)非洲:6; 亚洲:1。

Aloina Kindb. 芦荟藓属 Pottiaceae [B-133] 特征纪要:习性:-。【Rep】:雌雄异株或杂株,雌苞叶与叶同形,仅稍长大,蒴柄细长,红色或紫红色,孢蒴直立,长卵状圆柱形,环带常存。物候:-。海拔:-。生境:常见于高山岩石上。栽培:来自广西龙州。资源:具栽培园艺种类。全球 6 个大洲分布及种数(16) 非洲:6;亚洲:6;大洋洲:5;欧洲:8;北美洲:8;南美洲:9。【中国种数:7】。

Aloinella Cardot 琉璃藓属 Pottiaceae [B-133] 特征纪要:习性:-。【Rep】:孢腔轮廓清晰,蒴齿缺如,或具蒴齿而无基膜,下部呈黄绿或黄棕色。其他特征参考科。全球 2 个大洲分布及种数(8) 北美洲:3;南美洲:6。

Aloinopsis Schwantes 鲛花属 Aizoaceae [MD-94] 特征纪要:习性:草本。花程式:K3-4,C3-4,A5 参考科,=↓G1-2。其他特征参考科。全球 5 个大洲分布及种数(8-33)非洲:25; 亚洲:2; 大洋洲:3; 北美洲:2; 南美洲:4。

Aloitis Raf. = **Gentianella**

Alomia Kunth 修泽兰属 Asteraceae [MD-586] 特征纪要:习性:草本。花程式:(K)3-5,(C)3-5,A3-5,=↓G2。其他特征参考科。全球 4 个大洲分布及种数(4-45)亚洲:3; 大洋洲:2; 北美洲:30; 南美洲:28。

Alomiella R. M. King & H. Rob. 毛瓣尖泽兰属 Asteraceae [MD-586] 特征纪要:习性:草本。花程式:(K)3-5,C3-5,A3-5,=↓(G)2。其他特征参考科。全球 2 个大洲分布及种数(2-3)北美洲:2; 南美洲:3。

Alonsoa Ruiz & Pav. 假面花属 Scrophulariaceae [MD-536] 特征纪要:习性:草本。花程式:K2-4,C0,A4,↓G2。物候:-。海拔:-。生境:-。资源:具栽培园艺种类。全球 6 个大洲分布及种数(11-46)非洲:8; 亚洲:4; 大洋洲:3; 欧洲:10; 北美洲:10; 南美洲:32。【中国种数:1】。

Alonzoa Brongn. = **Alonsoa**

Alopecuropsis Opiz = **Alopecurus**

Alopecurus L. 看麦娘属 Poaceae [MM-748] 特征纪要:习性:草本(根状茎,基生)。花程式:(K-),C0 参考科,A3 参考科,G-。物候:-。海拔:2000 米。生境:-。资源:具栽培园艺种类。全球 6 个大洲分布及种数(45-61;hort. 1;cult. 7)非洲:18-50;亚洲:39-73;大洋洲:15-46;欧洲:21-55;北美洲:18-51;南美洲:11-42。【中国种数:18】。

Alophia Herb. 旋桨鸢尾属 Iridaceae [MM-700] 特征纪要:习性:草本。花程式:(K)3,C3,A10,=↓G3。物候:-。海拔:-。生境:-。资源:具园艺种类。全球 4 个大洲分布及种数(6-28)亚洲:2; 大洋洲:4; 北美洲:10; 南美洲:26。

Alophosia Cardot 葡萄牙金发藓属 Polytrichaceae [B-101] 特征纪要:习性:-。【Rep】:孢子同形,雌雄异株,稀雌

A

雄同株,蒴柄细长,孢蒴长圆柱形,单生或多个簇生,蒴齿单层,齿片 32,棕红色,蒴盖圆锥形。其他特征参考科。全球 - 个大洲分布及种数(2)。

Alophotropis (Steven) Grossh. = **Vavilovia**

Aloysia Paláu 橙香木属 Verbenaceae [MD - 556] 特征纪要:习性:木本。花程式: - 。物候: - 。海拔: - 。生境: - 。资源:具园艺种类。全球 6 个大洲分布及种数(50 - 61;hort. 1;cult. 3)非洲:4 - 20;亚洲:2 - 17;大洋洲:7 - 23;欧洲:7 - 22;北美洲:18 - 37;南美洲:46 - 69。【中国种数:3】。

A

Alpagrostis <unassigned> 刺香藓属 Rhachitheciaceae [B - 125] 特征纪要: - 。全球 4 个大洲分布及种数(4)非洲:2; 亚洲:1; 欧洲:1; 北美洲:1。

Alphandia Baill. 漆桐属 Euphorbiaceae [MD - 217] 特征纪要:习性:木本。花程式:K1(1000),C0,A6, = (G)2 - 3。其他特征参考科。全球 3 个大洲分布及种数(3 - 4)非洲:2; 亚洲:2; 大洋洲:4。

Alphitonia Reissek ex Endl. 麦珠子属 Rhamnaceae [MD - 331] 特征纪要:习性:木质攀援。花程式: - 。物候: - 。花期:10 - 12 月。果期:参考晚于花期。海拔:1500 米。生境:柞林下。资源:木材,家具,具栽培园艺种类。全球 6 个大洲分布及种数(13 - 24)非洲:2 - 6;亚洲:7 - 14;大洋洲:9 - 21;欧洲:3;北美洲:3 - 6;南美洲:2。【中国种数:4】。

Alphonsea Hook. f. & Thoms. 藤春属 Annonaceae [MD - 7] 特征纪要:习性:木质攀援。花程式:K3,C3,A3 - 4, = G10 - 100。物候: - 。花期:4 月。果期:参考晚于花期。海拔:300 - 700 米。生境:山地常绿林中。栽培:来自广西龙州。资源:具栽培园艺种类。全球 5 个大洲分布及种数(37 - 69)非洲:5; 亚洲:60; 大洋洲:8; 北美洲:2; 南美洲:5。【中国种数:6】。

Alpinia Roxb. 山姜属 Zingiberaceae [MM - 737] 特征纪要: - 。全球 1 个大洲分布及种数(149 - 236)◆亚洲。【中国种数:64】。

Alrawia (Wendelbo) Perss. & Wendelbo 管花风信属 Asparagaceae [MM - 669] 特征纪要:习性:草本。花程式:(K)3,C3,A3 - 6,G3。物候: - 。海拔: - 。生境: - 。资源:具园艺种类。全球 1 个大洲分布及种数(3)◆亚洲。

Alseis Schott 牛尾楠属 Rubiaceae [MD - 523] 特征纪要:习性:木本。花程式:(K)4 - 5,(C)4 - 5,A4 - 5, = ↓G2 - 9。其他特征参考科。全球 3 个大洲分布及种数(18 - 33)亚洲:2; 北美洲:11; 南美洲:28。

Alseodaphne Nees 油丹属 Lauraceae [MD - 21] 特征纪要:习性:木本。花程式: - 。物候: - 。花期:7 月。果期:参考晚于花期。海拔:1000 - 1900 米。生境:干性季节雨林,主要上层树种之一。海拔:(1000)1200 - 1500(1900)。资源:具栽培园艺种类。全球 6 个大洲分布及种数(51 - 108)非洲:8; 亚洲:103; 大洋洲:14; 欧洲:5; 北美洲:5; 南美洲:6。【中国种数:23】。

Alseodaphnopsis H. W. Li & J. Li 丹樟属 Lauraceae [MD - 21] 特征纪要:习性:木本。花程式:Kn,C0,A3 参考科,↓G - 参考科。物候: - 。花期:7 月。果期:参考晚于花期。海拔:20 - 3800 米。生境:干性季节雨林,路旁密林中。资源: - 。全球 1 个大洲分布及种数(9)◆亚洲:7。

Alseuosmia A. Cunn. 岛海桐属 Alseuosmiaceae [MD - 475] 特征纪要:习性:木本。花程式: - 。其他特征参考科。全球 2 个大洲分布及种数(6 - 14)大洋洲:13; 北美洲:2。

Alseuosmiaceae Airy - Shaw [MD - 475] 岛海桐科 特征纪要:习性:木本;落叶。花程式:(K)4 - 5,(C)4 - 5,A4 - 5, = ↓G2。果实:蒴果。全球 1 个大洲分布及属种数(4/6 - 18 <IFR 1/1> hort. 1) ◆大洋洲:3 - 4/5 - 17(IFR 1/1)。

Alshehbazia Salariato & Zuloaga 海岛菜属 Brassicaceae [MD - 213] 特征纪要:习性:草本。花程式:K4,C4,A3 参考科,↓G - 参考科。其他特征参考科。全球 1 个大洲分布及种数(1) ◆南美洲:1。

Alsia Sull. 片齿藓属 Leucodontaceae [B - 198] 特征纪要:习性: - 。【Rep】:雌雄异苞同株,雌苞叶卵形,有短尖,上部边缘有齿突,无中肋,蒴柄细长,下部呈棕褐色。其他特征参考科。全球 3 个大洲分布及种数(4) 大洋洲:1;欧洲:1;北美洲:4。

Alsineae (DC.) Ser. 石繁缕属 Caryophyllaceae [MD - 77] 特征纪要:习性: - 。花程式: - 。其他特征参考科。全球 1 个大洲分布及种数(1)◆非洲。

Alsinidendron H. Mann 漆姑木属 Caryophyllaceae [MD - 77] 特征纪要:习性: - 。花程式: - 。其他特征参考科。全球 2 个大洲分布及种数(6)亚洲:3; 北美洲:6。

Alsobia Hanst. 齿瓣岩桐属 Gesneriaceae [MD - 549] 特征纪要:习性:草本。花程式:K5,C0,A2 - 5,↓G。其他特征参考科。全球 3 个大洲分布及种数(5 - 7)亚洲:1; 北美洲:6; 南美洲:2。

Alsodeiopsis Oliv. 六瑞木属 Icacinaceae [MD - 450] 特征纪要:习性:木本。花程式: - 。其他特征参考科。全球 1 个大洲分布及种数(2 - 8)◆非洲。

Alsomitra Cogn. 翅葫芦属 Cucurbitaceae [MD - 205] 特征纪要:习性: - 。花程式: - 。其他特征参考科。全球 5 个大洲分布及种数(1 - 38)非洲:4; 亚洲:34; 大洋洲:9; 北美洲:5; 南美洲:5。【中国种数:1】。

Alsophila R. Br. 桫椤属 Cyatheaceae [F - 23] 特征纪要:习性: - 。【Rep】:孢子囊群圆形,背生于叶脉上,囊托凸出,半圆形或圆柱形。物候: - 。海拔:1200 - 1800 米。生境:密林下,栽培于庭院中。资源:具栽培园艺种类。全球 6 个大洲分布及种数(310 - 506;hort. 1;cult. 4)非洲:128 - 149;亚洲:111 - 132;大洋洲:69 - 89;欧洲:9 - 20;北美洲:38 - 57;南美洲:133 - 163。【中国种数:31】。

Alstonia R. Br. 鸡骨常山属 Apocynaceae [MD - 492] 特征纪要: - 。全球 6 个大洲分布及种数(35 - 57;hort. 1;cult. 2)非洲:11 - 26;亚洲:26 - 43;大洋洲:19 - 39;欧洲:8;北美洲:12 - 22;南美洲:11 - 21。【中国种数:17】。

Alstroemeria L. 六出花属 Alstroemeriaceae [MM - 676] 特征纪要:习性:草本。花程式:(K)3,C4,A6, = ↓G3。物候: - 。海拔: - 。生境: - 。资源:具栽培园艺种类。全球 6 个大洲分布及种数(144 - 350)非洲:2; 亚洲:

12；大洋洲:37；欧洲:40；北美洲:40；南美洲:325。【中国种数:2】。

Alstroemeriaceae Dum. [MM－676] 六出花科 特征纪要:习性:木本;落叶。花程式:(K)3,C4,A6,＝↓G3。物候:－。果实:－。种子:大,棕色或带黑色。海拔:－。生境:－。资源:－。栽培:－。全球5个大洲分布及属种数(4/245－348 <IFR 2/20> hort. 1;cult. 2) 非洲:1；亚洲:1；大洋洲:2/6；北美洲:1/21；南美洲:4/232－328 (IFR 2/20)。【中国属种数:2/3】。

Altamiranoa Rose 景天科属 Crassulaceae [MD－229] 特征纪要:习性:－。花程式:－。其他特征参考科。全球2个大洲分布及种数(31)北美洲:1；南美洲:1。

Altensteinia Kunth 贝唇兰属 Orchidaceae [MM－723] 特征纪要:习性:草本。花程式:(K)3,C3,A3,＝↓G3。其他特征参考科。全球6个大洲分布及种数(7－41)非洲:2；亚洲:3；大洋洲:2；欧洲:4；北美洲:4；南美洲:41。

Alternanthera Forssk. 莲子草属 Amaranthaceae [MD－116] 特征纪要:习性:草本(基生)。花程式:Kn,C2－3参考科,A2－5,G－。物候:－。花期:8－9月。果期:参考晚于花期。海拔:2300米。生境:波阳附近草州。资源:药用,具栽培园艺种类。全球6个大洲分布及种数(120－364)非洲:34；亚洲:60；大洋洲:37；欧洲:85；北美洲:85；南美洲:225。【中国种数:10】。

Alternasemina Silva Manso ＝ **Cayaponia**

Althaea L. 药葵属 Malvaceae [MD－203] 特征纪要:习性:木本。花程式:Kn,C2－3参考科,A8,G－。物候:－。花期:7月。果期:参考晚于花期。海拔:300－3000米。生境:旱地,宅旁。资源:纤维,具栽培园艺种类。全球6个大洲分布及种数(24－37)非洲:6－8;亚洲:14－22;大洋洲:5－7;欧洲:13－15;北美洲:5－7;南美洲:2。【中国种数:2】。

Althenia F. Petit 柱果藻属 Potamogetonaceae [MM－606] 特征纪要:习性:草本。花程式:－。其他特征参考科。全球4个大洲分布及种数(10)非洲:2;亚洲:2;大洋洲:8;欧洲:2。

Altheria Thou. ＝ **Melochia**

Altingia Noronha 蕈树属 Hamamelidaceae [MD－63] 特征纪要:习性:木本。花程式:－。物候:－。花期:3－6月。果期:参考晚于花期。海拔:1000－1200米。生境:森林,山地山顶山坡阳处密林中。资源:－。全球6个大洲分布及种数(11)非洲:1;亚洲:9－10;大洋洲:1－2;欧洲:1;北美洲:1;南美洲:1。

Altingiaceae Lindl. [MD－65] 蕈树科 特征纪要:习性:木本;常绿。花程式:K4－5(－),C4,A6,↓(G)－。物候:－。花期:4－6月。果期:7－10月。果实:蒴果。种子:种皮,角质,直径6－7毫米。海拔:1000－1200米。生境:森林,山地山顶山坡阳处密林中。资源:药用。栽培:－。全球4个大洲分布及属种数(3/16 hort. 1;cult. 1)亚洲:3/15；大洋洲:1/2；欧洲:1/1；北美洲:1/1。【中国属种数:1/6】。

Altoparadisium Filg., Davidse, Zuloaga & Morrone 枫草属 Poaceae [MM－748] 特征纪要:习性:草本。花程式:(K)3,C0参考科,A1－2,＝(G)2－3。其他特征参考科。全球1个大洲分布及种数(－)。

Aluta Rye & Trudgen 腺蜡花属 Myrtaceae [MD－347] 特征纪要:习性:木本。花程式:K4－5,C4－5,A8－10,＝↓G－。其他特征参考科。全球1个大洲分布及种数(3－5)◆大洋洲。

Alvaradoa Liebm. 美洲臭椿属 Picramniaceae [MD－409] 特征纪要:习性:木本。花程式:－。其他特征参考科。全球2个大洲分布及种数(3－8)北美洲:1－6;南美洲:2。

Alvesia Welw. 黄花羊蹄甲属 Lamiaceae [MD－575] 特征纪要:习性:－。花程式:－。其他特征参考科。全球1个大洲分布及种数(3)◆非洲。

Alvimia C. E. Calderón ex Söderstr. & Londoño 阿尔芬竹属 Poaceae [MM－748] 特征纪要:习性:草本。花程式:(K)3,C0参考科,A1－2,＝(G)2－3。其他特征参考科。全球1个大洲分布及种数(3)◆南美洲(◆巴西)。

Alvimiantha Grey－Wilson 阿尔花属 Rhamnaceae [MD－331] 特征纪要:习性:木本。花程式:K4－5,C4－5,A2,＝(G)2－5。其他特征参考科。全球1个大洲分布及种数(1)◆南美洲(◆巴西)。

Alyogyne Alef. 合柱槿属 Malvaceae [MD－203] 特征纪要:习性:木本。花程式:K5－∞,C5－∞,A10－8,＝G1－5。资源:具园艺种类。全球2个大洲分布及种数(5－10)大洋洲:7；北美洲:3。

Alysicarpus Desv. 链荚豆属 Fabaceae3 [MD－240] 特征纪要:习性:木本。海拔:100－1000米。生境:滨海草本植被,沿海草本植被,位于沿海地区。资源:具栽培园艺种类。全球6个大洲分布及种数(28－46;hort. 1;cult. 2)非洲:12－19;亚洲:24－47;大洋洲:6－17;欧洲:4;北美洲:6－10;南美洲:4－8。【中国种数:7】。

Alysistyles N. E. Br. ex R. A. Dyer ＝ **Alistilus**

Alyssoides Mill. 木庭荠属 Brassicaceae [MD－213] 特征纪要:习性:草本。花程式:K2－4,C2－4,A2－4,＝G2。其他特征参考科。全球6个大洲分布及种数3个非洲:4;亚洲:1－5;大洋洲:4;欧洲:2－6;北美洲:1－5;南美洲:4。

Alyssopsis Boiss. 拟庭荠属 Brassicaceae [MD－213] 特征纪要:习性:－。花程式:K－,C4,A6－4强雄蕊,G－参考科。其他特征参考科。全球6个大洲分布及种数(2－161)非洲:28；亚洲:62；大洋洲:13；欧洲:29；北美洲:29；南美洲:36。

Alyssum L. 庭荠属 Brassicaceae [MD－213] 特征纪要:习性:草本(基生)。花程式:Kn,C2－3参考科,A3参考科,G－。物候:－。海拔:100－2600米。生境:沟谷低处,在岩屑斜坡上。资源:具栽培园艺种类。全球6个大洲分布及种数(214－258;hort. 1;cult. 13)非洲:30－45;亚洲:150－169;大洋洲:2－17;欧洲:105－122;北美洲:31－46;南美洲:15。【中国种数:9】。

Alyxia R. Br. 链珠藤属 Apocynaceae [MD－492] 特征纪要:习性:木质攀援。花程式:(K－),C5,A5,↓G－。物候:－。花期:9－14月。果期:参考晚于花期。海拔:1200－1300米。生境:矮林或灌木丛中,疏林中。资源:药用,具栽培园艺种类。全球6个大洲分布及种数(80－145)非洲:22－54;亚洲:41－87;大洋洲:56－116;欧洲:2

-19;北美洲:9-26;南美洲:17。【中国种数:20】。

Alzalia F. Dietr. = **Alzatea**

Alzatea Ruiz & Pav. 双隔果属 Alzateaceae [MD-351] 特征纪要(同科)。全球3个大洲分布及种数(2-7)亚洲:2; 北美洲:4; 南美洲:6。【中国种数:1】。

Alzateaceae S. A. Graham [MD-351] 双隔果科 特征纪要:习性:木本;落叶。花程式:K4-5(-),C5,A-,G-。果实:蒴果。全球1个大洲分布及属种数(2/3-IFR 1/1-hort. 1)◆南美洲:2/3(IFR 1/1)。【中国属种数:1/1】。

Amagris Raf. = **Calamagrostis**

Amaioua Aubl. 阿迈茜属 Rubiaceae [MD-523] 特征纪要:习性:木本。花程式:(K)4-5,(C)4-5,A4-5,=↓G2-9。其他特征参考科。全球5个大洲分布及种数(11-49)非洲:5; 亚洲:5; 欧洲:15; 北美洲:15; 南美洲:45。

Amalia Hort. Hisp. ex Endl. = **Tillandsia**

Amalias Hoffmanns. = **Tillandsia**

Amalocalyx Pierre 毛车藤属 Apocynaceae [MD-492] 特征纪要:习性:木质攀援。花程式:(K-),C5,A5,↓G-。物候:-。花期:4-10月。果期:参考晚于花期。海拔:800-1000米。生境:山地疏林中,稀疏的树林,常依附于树木。资源:具园艺种类。全球1个大洲分布及种数(1-2)◆亚洲。【中国种数:1】。

Amalophyllon Brandegee 饰缨岩桐属 Gesneriaceae [MD-549] 特征纪要:习性:草本。花程式:K5,C0,A4,=G2。其他特征参考科。全球2个大洲分布及种数(13-14)北美洲:13; 南美洲:9。

Amana Honda 老鸦瓣属 Liliaceae [MM-633] 特征纪要:习性:木本。花程式:-。物候:-。花期:参考早于果期。果期:7-11月。海拔:600-1100米。生境:竹林,灌木林,溪沟边林下路边。资源:具园艺种类。全球4个大洲分布及种数(6-13)亚洲:13; 欧洲:2; 北美洲:2; 南美洲:2。【中国种数:4】。

Amandinea <unassigned> 唐松木科属 Physenaceae [MD-169] 特征纪要:-。全球5个大洲分布及种数(13)亚洲:3; 大洋洲:2; 欧洲:2; 北美洲:2; 南美洲:9。

Amannia Blume = **Ammannia**

Amanoa Aubl. 花碟木属 Phyllanthaceae [MD-222] 特征纪要:习性:木本。花程式:K1(1000),C0,A1-1000,=(G)2-3。其他特征参考科。全球6个大洲分布及种数(17-21)非洲:1-7;亚洲:4;大洋洲:5;欧洲:4;北美洲:4-8;南美洲:15-20。【中国种数:1】。

Amaraboya Linden ex Mast. = **Blakea**

Amaracarpus Bl. 澄光茜属 Rubiaceae [MD-523] 特征纪要:习性:木本。花程式:(K)4-5,(C)4-5,A4-5,=↓G2-9。其他特征参考科。全球6个大洲分布及种数(27-117)非洲:82; 亚洲:49; 大洋洲:70; 欧洲:11; 北美洲:11; 南美洲:6。【中国种数:2】。

Amaranthaceae Juss. [MD-116] 苋科 特征纪要:习性:木本,藤本;落叶。花程式:K4-5(-),C0,A8,↑G-。物候:-。花期: 6-8月。果期: 10月。果实:胞果,蒴果。种子:棕。海拔:0米。生境:半固定沙丘或河边沙滩。栽培:来自广西龙州。资源:园林,药用。栽培:中国有栽培。全球6个大洲分布及属种数(144-173/1345-2001<IFR 34/111>hort. 1;cult. 21) 非洲:64-72/363-502(IFR 8/15); 亚洲:60-68/386-486(IFR 11/16); 大洋洲:38-39/289-510(IFR 9/31); 欧洲:24-28/131-155(IFR 4/15); 北美洲:36-37/308-344(IFR 8/18); 南美洲:37-42/501-587(IFR 13/48)。【中国属种数:68/321】。

Amaranthus L. 花苋属 Amaranthaceae [MD-116] 特征纪要:习性:草本。花程式:Kn,C2-3 参考科,A3,G-。物候:-。海拔:2300米。生境:村边,小树林中,正北坡柳阴丛。资源:具栽培园艺种类。全球6个大洲分布及种数(113-187;hort. 1;cult. 34)非洲:27-45;亚洲:46-65;大洋洲:26-46;欧洲:47-75;北美洲:60-78;南美洲:46-71。【中国种数:20】。

Amarcrinum Coutts 彩石蒜属 Amaryllidaceae [MM-694] 特征纪要:-。全球1个大洲分布及种数(1-2)◆非洲。

Amarenus C. Presl = **trifolium**

Amaria Mutis ex Caldas = **Bauhinia**

Amarygia Ciferri & Giacomini 北美石蒜属 Amaryllidaceae [MM-694] 特征纪要:习性:草本。花程式:(K)3,C3,A1,=↓(G)3。其他特征参考科。全球2个大洲分布及种数(5)非洲:2; 北美洲:2。

Amaryllidaceae J. St. -Hil. [MM-694] 石蒜科 特征纪要:习性:木本;落叶。花程式:↙K3,C3,A1-,↑(G)3。物候:-。花期: 夏季。果实:蒴果。种子:-。海拔:0米。生境:草地,高原,山坡,作为蔬菜栽培。资源:园林。栽培:中国有栽培。全球6个大洲分布及属种数(92-106/1379-1958<IFR 25/95>hort. 1;cult. 36) 非洲:35/393-492(IFR 10/27); 亚洲:20/129-184(IFR 9/29); 大洋洲:14/79-100(IFR 2/5); 欧洲:12-13/180-200(IFR 6/50); 北美洲:21/166-192(IFR 8/21); 南美洲:49-52/759-941(IFR 9/16)。【中国属种数:19/270】。

Amaryllis L. 孤挺花属 Amaryllidaceae [MM-694] 特征纪要:习性:草本。花程式:(K)3,C3,A1,=↓G3。物候:-。海拔:100-4800米。生境:-。栽培:-。资源:具栽培园艺种类。全球6个大洲分布及种数(18-49)非洲:3-37;亚洲:5-41;大洋洲:3-36;欧洲:1-34;北美洲:5-38;南美洲:13-53。【中国种数:1】。

Amasona Cothen. = **Amasonia**

Amasonia L. f. 彩苞花属 Verbenaceae [MD-556] 特征纪要:习性:草本。花程式:K2-4,C0,A2-4,=G2-4。其他特征参考科。全球6个大洲分布及种数(10-11)非洲:7;亚洲:7;大洋洲:7;欧洲:7;北美洲:3-10;南美洲:9-17。

Amatlania Lundell = **Ardisia**

Amauria Benth. 四棱菊属 Asteraceae [MD-586] 特征纪要:习性:-。花程式:-。其他特征参考科。全球1个

大洲分布及种数(4 - 5)◆北美洲。

Amauropelta Kunze 暗盾蕨属 Thelypteridaceae [F - 42] 特征纪要:习性: - 。【Rep】:孢子囊单生叶背。物候: - 。海拔:20 - 2500 米。生境:侧脉中上部,竹林下沟边。资源: - 。全球 4 个大洲分布及种数(10 - 11)非洲;亚洲;欧洲;北美洲。

Amaxitis Adans. = **Dactylis**

Amazoopsis J. J. Engel & G. L. Merr. 直叶苔属 Lepidoziaceae [B - 63] 特征纪要:习性: - 。【Rep】:裂瓣披针形或指形。其他特征参考科。全球 2 个大洲分布及种数(cf. 1)非洲;南美洲。

Amazopsis J. J. Engel & G. L. Merr. 胡罗卜属 Lepidoziaceae [B - 63] 特征纪要:习性: - 。花程式: - 。其他特征参考科。全球 1 个大洲分布及种数(1)◆非洲。

Ambassa Steetz 斑鸠菊科属 Vernoniaceae [MD - 587] 特征纪要:习性: - 。花程式: - 。其他特征参考科。全球 1 个大洲分布及种数(1 - 2)◆非洲:1。

Ambavia Le Thomas 澄光木属 Annonaceae [MD - 7] 特征纪要:习性:木本。花程式:K3 - ∞ ,C3,A2, = G10 - 100。其他特征参考科。全球 1 个大洲分布及种数(2)◆非洲。

Ambelania Aubl. 林瓜树属 Apocynaceae [MD - 492] 特征纪要:习性:木本。花程式:K5 - ∞ ,C0,A15, = ↓ G2 - 5。其他特征参考科。全球 3 个大洲分布及种数(3 - 31)非洲:2; 亚洲:6; 南美洲:28。

Amberboa (Pers.) Less. 珀菊属 Asteraceae [MD - 586] 特征纪要:习性:草本(基生)。花程式:(K)3 - 5,C3 - 5,A3 参考科, = ↓ G2。物候: - 。花期:5 - 9 月。果期:参考晚于花期。海拔:400 米。生境:固定沙丘丘间沙地边缘地带。资源:观赏,具栽培园艺种类。全球 3 个大洲分布及种数(13 - 22;hort. 1)亚洲:12 - 13;欧洲:2;北美洲:2。【中国种数:5】。

Amberboia Kuntze = **Volutaria**

Ambilobea Thulin, Beier & Razafim. 翼柄橄属 Burseraceae [MD - 408] 特征纪要:习性:木本。花程式:Kn,C4 - 5,A2, = G2 - 3。其他特征参考科。全球 1 个大洲分布及种数(1)◆非洲(◆马达加斯加)。

Amblachaenium Turcz. ex DC. = **Hypochaeris**

Amblia C. Presl = **Phanerophlebia**

Amblostoma Scheidw. 兰科属 Orchidaceae [MM - 723] 特征纪要:习性: - 。花程式: - 。其他特征参考科。全球 3 个大洲分布及种数(17)亚洲:2; 北美洲:4; 南美洲:15。

Amblyachyrum Hochst. ex Steud. = **Apocopis**

Amblyanthopsis Mez 连药金牛属 Primulaceae [MD - 401] 特征纪要:习性:木本。花程式: - 。其他特征参考科。全球 2 个大洲分布及种数(4 - 7)亚洲:4; 南美洲:1。【中国种数:1】。

Amblyanthus A. DC. 锥药金牛属 Primulaceae [MD - 401] 特征纪要:习性: - 。花程式: - 。物候: - 。花期:5 月。果期:参考晚于花期。海拔:100 - 5700 米。生境:背阴较湿地,中山,阴坡,山地草甸。资源: - 。全球 4 个大洲分布及种数(5 - 9)非洲:2; 亚洲:9; 大洋洲:2; 南美洲:3。

Amblygonocarpus Harms 响荚豆属 Fabaceae2 [MD - 240] 特征纪要:习性:木本。花程式:K3 - 5 - ∞ ,C3 - 5 - ∞ ,A1 - 10 - 50, = ↓ G(-)。其他特征参考科。全球 1 个大洲分布及种数(1)◆非洲。

Amblynotus (A. DC.) I. M. Johnst. 钝背草属 Boraginaceae [MD - 517] 特征纪要:习性:草本(基生)。花程式: - 。物候: - 。花期:4 - 7 月。果期:参考晚于花期。海拔:5700 米。生境: - 。资源: - 。全球 6 个大洲分布及种数(2)非洲:1;亚洲:1 - 2;大洋洲:1 - 2;欧洲:1;北美洲:1 - 2;南美洲:1。【中国种数:1】。

Amblyocarpum Fisch. & C. A. Mey. 钝果菊属 Asteraceae [MD - 586] 特征纪要:习性: - 。花程式: - 。其他特征参考科。全球 1 个大洲分布及种数(-)◆亚洲。

Amblyodon P. Beauv. 拟寒藓属 Meesiaceae [B - 144] 特征纪要:习性: - 。【Rep】:雌雄同株或异株,雄苞盘形,有棒槌形配丝,雌苞有线形配丝,蒴柄细长,直立,孢蒴直立,有长的台部。物候: - 。海拔: - 。生境:土生。资源: - 。全球 5 个大洲分布及种数(1) 非洲:1;亚洲:1;欧洲:1;北美洲:1;南美洲:1。【中国种数:1】。

Amblyodontaceae Schimp. = Meesiaceae

Amblyodum P. Beauv. 拟寒藓属 Meesiaceae [B - 144] 特征纪要:习性: - 。【Rep】:参考科特征:绿色或黄绿色。其他特征参考科。全球 1 个大洲分布及种数(1)◆欧洲。

Amblyolejeunea Ast. 微鳞苔属 Lejeuneaceae [B - 84] 特征纪要: - 。全球 1 个大洲分布及种数(1)◆非洲。

Amblyolepis DC. 金欢菊属 Asteraceae [MD - 586] 特征纪要:习性:草本。花程式:(K)3 - 5,(C)3 - 5,A3 - 5, ↓ G。其他特征参考科。全球 2 个大洲分布及种数(1 - 2)亚洲:2; 北美洲:2。【中国种数:1】。

Amblyopappus Hook. & Arn. 钝冠菊属 Asteraceae [MD - 586] 特征纪要:习性:草本。花程式:(K)3 - 5,(C)3 - 5,A3 - 5, ↓ G。其他特征参考科。全球 6 个大洲分布及种数(1)非洲:1;亚洲:1;大洋洲:1;欧洲:1;北美洲:1 - 2;南美洲:1 - 2。【中国种数:1】。

Amblyopogon Fisch. & C. A. Mey. ex DC. = **Centaurea**

Amblyopyrum (Jaub. & Spach) Eig 细禾属 Poaceae [MM - 748] 特征纪要:习性: - 。花程式: - 。其他特征参考科。全球 2 个大洲分布及种数(cf. 1)亚洲;欧洲。

Amblyotropis Kitag. = **Gueldenstaedtia**

Amblyotropsis (Mitt.) Broth. 米口袋属 Daltoniaceae [B - 162] 特征纪要:习性: - 。花程式: - 。其他特征参考科。全球 1 个大洲分布及种数(1)◆非洲。

Amblyphyllum Lindb. = **Splachnobryum**

Amblysperma Benth. 钝子菊属 Asteraceae [MD - 586] 特征纪要:习性: - 。花程式: - 。其他特征参考科。全球 2

个大洲分布及种数(1-4)大洋洲:1; 南美洲:1。

Amblystegiaceae Kindb. [B-178] 柳叶藓科 特征纪要:乔木或灌木,叶披针状条形,较窄,排成两列,几无柄,上面光绿色,中脉隆起,下面中脉微隆起,气孔带白色,较绿色边带宽 2-3 倍。【Rep】:雌雄同株,雌球果复轴,呈稀疏短穗状。种子椭圆状卵球形,先端有小尖头,种梗长约 1.5 厘米。全球 5 个大洲分布和属种数(47/294)亚洲:28/112;大洋洲:19/40;欧洲:36/139;北美洲:32/157;南美洲:27/98。【中国属种数:22/125(20)】。

A

Amblystegiella (I. Hagen) Löske 细柳藓属 Amblystegiaceae [B-178] 特征纪要:习性:-。【Rep】:(参考科特征)雌雄同株,绿色、黄色或棕色。物候:-。海拔:-。生境:枯枝落叶生,岩面土生。资源:-。全球 2 个大洲分布及种数(2) 非洲:1;亚洲:1。【中国种数:4】。

Amblystegium Schimp. 柳叶藓属 Amblystegiaceae [B-178] 特征纪要:习性:-。【Rep】:雌雄异株,内雌苞叶披针形,具长尖或纵褶,中肋单一,强劲,蒴柄细长,干燥时扭转,孢蒴长圆柱形,拱形弯曲。物候:-。海拔:900 米。生境:水生,沼泽草丛下生。资源:药用。全球 6 个大洲分布及种数(39)非洲:2;亚洲:9;大洋洲:3;欧洲:20;北美洲:16;南美洲:8。【中国种数:18】。

Amblystigma Benth. 钝子萝藦属 Apocynaceae [MD-492] 特征纪要:习性:-。花程式:-。其他特征参考科。全球 2 个大洲分布及种数(11)北美洲:5; 南美洲:7。

Amblytes Dulac = **Molinia**

Amblytropis Kitag. = **Gueldenstaedtia**

Ambongia Benoist 马岛爵床属 Acanthaceae [MD-572] 特征纪要:习性:草本。花程式:Kn,C4-5 参考科,A0 参考科,=(G)2。其他特征参考科。全球 2 个大洲分布及种数(1-2)非洲:2; 亚洲:1。

Ambora Juss. = **Tambourissa**

Amborella Baill. 无油樟属 Amborellaceae [MD-14] 特征纪要(同科)。全球 2 个大洲分布及种数(1-2)大洋洲:2; 北美洲:2。

Amborellaceae Pichon [MD-14] 无油樟科 特征纪要:习性:木本;落叶。花程式:K5,C0,A3,↑G5-8。果实:核果。全球 1 个大洲分布及属种数(2/3 hort. 1)◆大洋洲:1/ 1。

Amboroa Cabrera 刺冠亮泽兰属 Asteraceae [MD-586] 特征纪要:习性:草本。花程式:(K)3-5,C3-5,A3-5,=↓(G)2。其他特征参考科。全球 2 个大洲分布及种数(2-3)大洋洲:1; 南美洲:3。

Ambrella H. Perrier 狸藻兰属 Orchidaceae [MM-723] 特征纪要:习性:草本。花程式:(K)3,C3,A3,=↓(G)3。其他特征参考科。全球 2 个大洲分布及种数(1-3)非洲:3; 南美洲:2。

Ambrosia L. 豚草属 Ambrosiaceae [MD-580] 特征纪要(同科)。全球 6 个大洲分布及种数(51-160)非洲:13; 亚洲:25; 大洋洲:5; 欧洲:109; 北美洲:109; 南美洲:57。【中国种数:8】。

Ambrosiaceae Bercht. & J. Presl [MD-580] 豚草科 特征纪要:习性:草本;落叶。花程式:K4-5(-),C5,A-,G-。物候:-。花期:8-9 月。果期:8-10 月。果实:-。种子:-。海拔:1000 米。生境:长江边荒地,有毒杂草。资源:油脂。栽培:中国有栽培。全球 2 个大洲分布及属种数(1-2/1-2 <IFR 1/4> hort. 1;cult. 1) 欧洲:(IFR 1/1); 北美洲:1/47-48(IFR 1/3)。

Ambrosina Bassi 小囊芋属 Araceae [MM-639] 特征纪要:习性:草本。花程式:K0,C0,A1-4,=G1-3。物候:-。海拔:-。生境:-。资源:具园艺种类。全球 4 个大洲分布及种数(1-17)非洲:7; 亚洲:9; 欧洲:2; 北美洲:2。

Ambuchanania Seppelt & H. A. Crum ex A. J. Shaw 泥炭藓科属 Sphagnaceae [B-97] 特征纪要:习性:-。【Rep】:-。其他特征参考科。全球 1 个大洲分布及种数(1)◆大洋洲。

Ambuchananiaceae A. J. Shaw = Sphagnaceae

Ambuli Adans. 车前科属 Scrophulariaceae [MD-536] 特征纪要:-。全球 1 个大洲分布及种数(10)◆南美洲:1。

Amburana Schwacke & Taub. 青李豆属 Fabaceae3 [MD-240] 特征纪要:习性:木本。花程式:K1-∞,C1-∞,A5-9,=↓G1。其他特征参考科。全球 2 个大洲分布及种数(3-6)亚洲:1; 南美洲:5。【中国种数:1】。

Ambuya Raf. = **Aristolochia**

Amechania DC. = **Agarista**

Ameghinoa Speg. 腺叶钝柱菊属 Asteraceae [MD-586] 特征纪要:习性:草本。花程式:(K)3-5,C3-5,A3-5,=↓(G)2。其他特征参考科。全球 1 个大洲分布及种数(1)◆南美洲。

Amelanchier Medik. 唐蜡属 Rosaceae [MD-246] 特征纪要:习性:木本。花程式:-。物候:-。花期:4-5 月。果期:参考晚于花期。海拔:1000-2000 米。生境:半阳坡,密林下,中山区坡地上。资源:药用,具栽培园艺种类。全球 6 个大洲分布及种数(56-71;hort. 1;cult. 10)非洲:5-23;亚洲:27-48;大洋洲:1-19;欧洲:23-42;北美洲:50-79;南美洲:6-24。【中国种数:12】。

Amelasorbus Rehder 细籽玫属 Rosaceae [MD-246] 特征纪要:习性:木本。花程式:K1(10-100),C1-10-100,A1-10-100,=↓G(-)。其他特征参考科。全球 1 个大洲分布及种数(1)◆北美洲。

Amelia Alef. = **Pyrola**

Amelichloa Arriaga & Barkworth 穗花草属 Poaceae [MM-748] 特征纪要:习性:草本。花程式:(K-),C0 参考科,A3 参考科,↓G-参考科。其他特征参考科。全球 5 个大洲分布及种数(5-6)非洲:1; 大洋洲:2; 欧洲:4; 北美洲:4; 南美洲:6。

Amellus L. 非洲紫菀属 Asteraceae [MD-586] 特征纪要:习性:草本。花程式:(K)3-5,(C)3-5,A3-5,=↓G2。物候:-。海拔:-。生境:-。资源:具栽培园艺种类。全球 4 个大洲分布及种数(6-22;hort. 1)非洲:4;亚洲:cf. 1;欧洲:1;北美洲:2。

Amentotaxaceae Kudô & Yamam. = Taxaceae

Amentotaxus Pilg. 穗花杉属 Taxaceae [G-12] 特征纪要:习性:-。【Rep】:复轴,核果状,有肉质被套,下部苞鳞残迹,寡种子,雌雄异株,雄球花多数,组成穗状花序,常2-4穗,雄球花对生于穗上,无梗或几无梗,雄蕊多数,盾形或近盾形,花丝短,每雄蕊有3-8个花药,雌球花单生于新枝上的苞片腋部或叶腋,花梗长,生于花轴顶端的苞腋,为一漏斗状珠托所托,基部有6-10对交叉对生的苞片,种子当年成熟,核果状,有长柄,几全为囊状鲜红色肉质假种。物候:-。海拔:1000-1600米。生境:河岸,在石灰岩山地上形成小块纯林。资源:药用,园林,具栽培园艺种类。全球2个大洲分布及种数(9-13)亚洲:12; 北美洲:2。【中国种数:3】。

Amerimnon Jacq. 芳菲豆属 Fabaceae3 [MD-240] 特征纪要:习性:-。花程式:-。其他特征参考科。全球6个大洲分布及种数(23-27)非洲:8-11;亚洲:12-15;大洋洲:2-5;欧洲:3;北美洲:3;南美洲:10-15。

Ameroglossum Eb. Fisch., S. Vogel & A. V. Lopes 芳菲玄参属 Scrophulariaceae [MD-536] 特征纪要:习性:灌木。花程式:Kn,C0,A3 参考科,↓G2。其他特征参考科。全球1个大洲分布及种数(2)◆南美洲(◆巴西)。

Amerorchis Hultén 钝柱兰属 Orchidaceae [MM-723] 特征纪要:习性:-。花程式:-。其他特征参考科。全球1个大洲分布及种数(1)◆北美洲。

Amerosedum á. Löve & D. Löve 厚景天属 Crassulaceae [MD-229] 特征纪要:习性:-。花程式:-。其他特征参考科。全球2个大洲分布及种数(cf. 1) 北美洲;南美洲。

Amesia Sw. 细籽兰属 Orchidaceae [MM-723] 特征纪要:习性:-。花程式:-。其他特征参考科。全球5个大洲分布及种数(31)非洲:5; 亚洲:25; 欧洲:12; 北美洲:12; 南美洲:2。

Amesiella Schltr. ex Garay 芳菲兰属 Orchidaceae [MM-723] 特征纪要:习性:草本。花程式:(K)3,C3,A3,=↓(G)3。其他特征参考科。全球2个大洲分布及种数(3-14)亚洲:14; 大洋洲:2。

Amesiodendron Hu 细子龙属 Sapindaceae [MD-428] 特征纪要:习性:木本。花程式:-。物候:-。花期:5月。果期:参考晚于花期。海拔:300-1000米。生境:热带雨林。资源:具栽培园艺种类。全球1个大洲分布及种数(1-3)◆亚洲。【中国种数:1】。

Amesium Newman = **Asplenium**

Amethystea L. 水棘针属 Lamiaceae [MD-575] 特征纪要:习性:草本。花程式:(K-),C2-3 参考科,A3 参考科,=↓G2。物候:-。花期:8-9月。果期:参考晚于花期。海拔:200-3400米。生境:路旁和溪边。资源:药用。全球1个大洲分布及种数(cf. 1)◆亚洲。【中国种数:1】。

Amherstia Wall. 璎珞木属 Fabaceae1 [MD-240] 特征纪要:习性:木本。花程式:K3-5-∞,C3-5-∞,A3-5,=↓G1-2。其他特征参考科。全球4个大洲分布及种数(2)非洲:1;亚洲:cf. 1;北美洲:1;南美洲:1。

Amianthium A. Gray 毒蝇草属 Melanthiaceae [MM-621] 特征纪要:习性:草本。花程式:(K)3-∞,C3-∞ 参考科,A6-9,G3- 参考科。物候:-。海拔:-。生境:-。资源:具园艺种类。全球4个大洲分布及种数(1-12)亚洲:4; 欧洲:4; 北美洲:4; 南美洲:3。

Amicia Kunth 同瓣豆属 Fabaceae3 [MD-240] 特征纪要:习性:木本。花程式:K1-∞,C1-∞,A5-9,=↓G1。物候:-。海拔:-。生境:-。资源:具园艺种类。全球4个大洲分布及种数(8-10)亚洲:2; 欧洲:3; 北美洲:3; 南美洲:10。

Amischophacelus R. S. Rao & Kammathy = **Cyanotis**

Amischotolype Hassk. 穿鞘花属 Commelinaceae [MM-708] 特征纪要:习性:草本(具根状茎)。花程式:-。物候:-。花期:7-8月。果期:参考晚于花期。海拔:2100米。生境:常绿阔叶林,林下及山谷溪边。资源:药用,牧草,具栽培园艺种类。全球6个大洲分布及种数(17-25)非洲:3-7;亚洲:15-20;大洋洲:1-5;欧洲:4;北美洲:3-7;南美洲:2-6。【中国种数:2】。

Amitostigma Schltr. 无柱兰属 Orchidaceae [MM-723] 特征纪要:习性:-。花程式:-。物候:-。花期:7月。果期:参考晚于花期。海拔:200-400米。生境:中部山地,极为稀少而罕见。资源:-。全球6个大洲分布及种数(78)非洲:4; 亚洲:70; 大洋洲:2; 欧洲:3; 北美洲:3; 南美洲:3。

Ammandra O. F. Cook 百蕊椰子属 Arecaceae [MM-717] 特征纪要:习性:木本。花程式:K3-10,C3-10,A3-10,=G3-10。其他特征参考科。全球1个大洲分布及种数(1-5)◆南美洲。

Ammania Baill. = **Ammannia**

Ammanna Cothen. = **Ammannia**

Ammannia L. 水苋菜属 Lythraceae [MD-333] 特征纪要:习性:木本(水生)。花程式:Kn,C2-3 参考科,A10-,=↓G-。物候:-。花期:8-12月。果期:参考晚于花期。海拔:100-2000米。生境:农田,竹坡中。资源:药用,具栽培园艺种类。全球6个大洲分布及种数(98-119;hort. 1;cult. 9)非洲:73-102;亚洲:22-48;大洋洲:15-39;欧洲:8-31;北美洲:12-35;南美洲:8-31。【中国种数:7】。

Ammi L. 阿米芹属 Apiaceae [MD-480] 特征纪要:习性:草本(基生)。花程式:Kn,C5,A3 参考科,=↓(G)2。物候:-。花期:6-7月。果期:参考晚于花期。海拔:200米。生境:耕地,荒野,路边,在一些药用农场种植,在荒地或沿路种植。资源:药用,具栽培园艺种类。全球6个大洲分布及种数(4-90)非洲:10; 亚洲:55; 大洋洲:7; 欧洲:7; 北美洲:7; 南美洲:5。【中国种数:1】。

Ammios Moench = **Trachyspermum**

Ammobium R. Br. 银苞菊属 Asteraceae [MD-586] 特征纪要:习性:草本。花程式:(K)3-5,C3-5,A3-5,=↓(G)2。物候:-。海拔:-。生境:-。资源:具栽培园艺种类。全球5个大洲分布及种数(3-9)亚洲:2; 大洋洲:8; 欧洲:2; 北美洲:2; 南美洲:5。【中国种数:1】。

Ammocalamagrostis P. Fourn. 沙生草属 Poaceae [MM-748] 特征纪要:习性:竹类。花程式:-。其他特征参考

A

科。全球 3 个大洲分布及种数(5)亚洲:2; 欧洲:2; 北美洲:2。

Ammocharis Herb. 沙殊兰属 Amaryllidaceae [MM－694] 特征纪要:习性:草本。花程式:(K)3,C3,A1, = ↓ G3。物候:－。海拔:－。生境:－。资源:具园艺种类。全球 4 个大洲分布及种数(7－18)非洲:16; 亚洲:3; 北美洲:4; 南美洲:8。

Ammochloa Boiss. 沙禾属 Poaceae [MM－748] 特征纪要:习性:草本。花程式:(K)3,C0 参考科,A1－2, = G2－3。其他特征参考科。全球 5 个大洲分布及种数(3－10)非洲:7; 亚洲:5; 欧洲:2; 北美洲:2; 南美洲:2。【中国种数:1】。

A

Ammodaucus Coss. 砂萝卜属 Apiaceae [MD－480] 特征纪要:习性:草本。花程式:K5,C5,A5, = ↓ G2。其他特征参考科。全球 2 个大洲分布及种数(2－7)非洲:2; 南美洲:5。

Ammodendron Fisch. ex DC. 银砂槐属 Fabaceae3 [MD－240] 特征纪要:习性:木本。花程式:Kn,C2－3 参考科,A1, = ↓ G－。物候:－。花期:5－6 月。果期:参考晚于花期。海拔:7500 米。生境:砂石地带。资源:具栽培园艺种类。全球 6 个大洲分布及种数(2－6)非洲:1－4;亚洲:1－8;大洋洲:3;欧洲:3;北美洲:3;南美洲:3。【中国种数:3】。

Ammodenia Patrin ex J. G. Gmel. = **Honckenya**

Ammoides Adans. 安蒙草属 Apiaceae [MD－480] 特征纪要:习性:草本。花程式:K5,C5,A5, = ↓ G2。其他特征参考科。全球 2 个大洲分布及种数(2－5)非洲:1－3;欧洲:1－3。

Ammolirion Kar. & Kir. = **Eremurus**

Ammophila Host 滨草属 Poaceae [MM－748] 特征纪要:习性:－。花程式:－。其他特征参考科。全球 6 个大洲分布及种数(5)非洲:7;亚洲:2－9;大洋洲:3－10;欧洲:2－9;北美洲:3－10;南美洲:2－9。

Ammopiptanthus S. H. Cheng 沙冬青属 Fabaceae3 [MD－240] 特征纪要:习性:木本。花程式:－。物候:－。花期:4－6 月。果期:参考晚于花期。海拔:7500 米。生境:固沙植物,峡谷。资源:园林。全球 1 个大洲分布及种数(cf. 1)◆亚洲。【中国种数:2】。

Ammoselinum Torr. & A. Gray 沙欧芹属 Apiaceae [MD－480] 特征纪要:习性:草本。花程式:K5,C5,A5, = ↓ G2。其他特征参考科。全球 2 个大洲分布及种数(3－9)北美洲:7; 南美洲:3。

Ammoseris Endl. = **Launaea**

Ammosperma Hook. f. 非洲砂籽芥属 Brassicaceae [MD－213] 特征纪要:习性:草本。花程式:K2－4,C2－4,A2－4, = G2。其他特征参考科。全球 2 个大洲分布及种数(2－8)非洲:7; 亚洲:3。

Amoana Leopardi & Carnevali 沙大戟属 Orchidaceae [MM－723] 特征纪要:习性:草本。花程式:－。其他特征参考科。全球 1 个大洲分布及种数(2)◆北美洲(◆墨西哥)。

Amolinia R. M. King & H. Rob. 离苞毛泽兰属 Asteraceae [MD－586] 特征纪要:习性:草本。花程式:(K－),(C)3－5,A3 参考科,↓G。其他特征参考科。全球 1 个大洲分布及种数(1)◆北美洲。

Amomophyllum Engl. = **Spathiphyllum**

Amomum Roxb. 豆蔻属 Zingiberaceae [MM－737] 特征纪要和分布(－)。全球 1 个大洲分布及种数(96－196)◆亚洲。【中国种数:20】。

Amomyrtella Kausel 忍冬凤榴属 Myrtaceae [MD－347] 特征纪要:木本。花程式:K4,C4,A8－10, = ↓ G－。其他特征参考科。全球 1 个大洲分布及种数(2)◆南美洲。

Amomyrtus (Burret) D. Legrand & Kausel 小凤榴属 Myrtaceae [MD－347] 特征纪要:习性:木本。花程式:K5,C5,A8－10, = ↓ G2－5。其他特征参考科。全球 4 个大洲分布及种数(2－3)亚洲:2; 大洋洲:2; 北美洲:2; 南美洲:3。

Amoora Roxb. 崖摩属 Meliaceae [MD－414] 特征纪要:习性:－。花程式:－。物候:－。花期:参考早于果期。果期:8－10 月。海拔:1200－1600 米。生境:常绿阔叶林,疏林或灌木林中,中海拔山地林中。资源:－。全球 6 个大洲分布及种数(17－18)非洲:1－8;亚洲:12－19;大洋洲:3－10;欧洲:7;北美洲:7;南美洲:7。

Amoria (C. Presl) C. Presl 紫穗豆属 Fabaceae3 [MD－240] 特征纪要:习性:－。花程式:－。其他特征参考科。全球 2 个大洲分布及种数(26)北美洲:1; 南美洲:1。

Amorimia W. R. Anderson 紫虎尾属 Malpighiaceae [MD－343] 特征纪要:习性:木本。花程式:K5,C5,A10, = G2－3。其他特征参考科。全球 2 个大洲分布及种数(15－16)北美洲:4; 南美洲:16。

Amorpha L. 紫穗槐属 Fabaceae3 [MD－240] 特征纪要:习性:木本。花程式:Kn,(C)5 参考科,A5, = ↓ G－。物候:－。花期:5－6 月。果期:参考晚于花期。海拔:7500 米。生境:山腰,红壤,坡地黄壤。资源:药用,纤维,蛋白质,芳香油,具栽培园艺种类。全球 6 个大洲分布及种数(18－86)非洲:2; 亚洲:17; 大洋洲:2; 欧洲:48; 北美洲:48; 南美洲:5。【中国种数:6】。

Amorphallus <unassigned> 魔南星属 Araceae [MM－639] 特征纪要:－。全球 1 个大洲分布及种数(1)◆非洲:1。

Amorphophallus Bl. ex Decne. 磨芋属 Araceae [MM－639] 特征纪要:习性:草本(根状茎,基生,多肉)。花程式:K0,C0,A3 参考科, = G1－3。物候:－。花期:4 月。果期:参考晚于花期。海拔:100－3300 米。生境:－。资源:药用,淀粉,食用,具栽培园艺种类。全球 6 个大洲分布及种数(88－240;hort. 1)非洲:25－59;亚洲:66－205;大洋洲:4－21;欧洲:2－20;北美洲:14－43;南美洲:3－22。【中国种数:30】。

Amorphospermum F. Muell. = **Chrysophyllum**

Ampalis Bojer ex Bureau 琴叶桑属 Moraceae [MD－87] 特征纪要:习性:－。花程式:－。其他特征参考科。全球 1 个大洲分布及种数(－)。

Amparoa Schltr. 阿姆兰属 Orchidaceae [MM－723] 特征纪要:习性:－。花程式:－。其他特征参考科。全球6个大洲分布及种数(84)非洲:14; 亚洲:24; 大洋洲:15; 欧洲:25; 北美洲:25; 南美洲:28。

Ampelamus Raf. 丑藤属 Apocynaceae [MD－492] 特征纪要:习性:－。花程式:－。其他特征参考科。全球1个大洲分布及种数(3)◆北美洲。

Ampelanus Pfeiff. ＝ **Ampelamus**

Ampelaster G. L. Nesom 藤菀属 Asteraceae [MD－586] 特征纪要:习性:草本。花程式:(K)3－5,(C)3－5,A3－5,↓G。其他特征参考科。全球3个大洲分布及种数(1－2)亚洲:1; 北美洲:2; 南美洲:2。

Ampelocalamus S. L. Chen T. H. Wen & G. Y. Sheng 悬竹属 Poaceae [MM－748] 特征纪要:习性:竹类。花程式:(K－),C0参考科,A3参考科,↓G－参考科。物候:－。花期:2月。果期:参考晚于花期。海拔:1000－1700米。生境:河边黄岩上,山坡路边林下。资源:具园艺种类。全球6个大洲分布及种数(14－105)非洲:9; 亚洲:82; 大洋洲:3; 欧洲:5; 北美洲:5; 南美洲:7。【中国种数:12】。

Ampelocera Klotzsch 多蕊朴属 Ulmaceae [MD－83] 特征纪要:习性:木本。花程式:－。其他特征参考科。全球3个大洲分布及种数(12)亚洲:cf. 1;北美洲:6;南美洲:9。

Ampelocissus Planch. 酸蔹藤属 Vitaceae [MD－403] 特征纪要:习性:木质攀援。花程式:－。物候:－。花期:6月。果期:参考晚于花期。海拔:1200－1300米。生境:灌丛带,山坡上。资源:具园艺种类。全球6个大洲分布及种数(51－106)非洲:22－39;亚洲:28－71;大洋洲:4－9;欧洲:1－5;北美洲:12－19;南美洲:2－6。【中国种数:19】。

Ampelodesmos Link 架绳草属 Poaceae [MM－748] 特征纪要:习性:草本。花程式:(K)3,C0参考科,A1－2,↓G－参考科。物候:－。海拔:－。生境:－。资源:具园艺种类。全球6个大洲分布及种数(1－13)非洲:11; 亚洲:4; 大洋洲:3; 欧洲:2; 北美洲:2; 南美洲:6。【中国种数:1】。

Ampelodonax Lojac. ＝ **Ampelodesmos**

Ampelopsis Michx. 蛇葡萄属 Vitaceae [MD－403] 特征纪要:习性:木质攀援。花程式:－。物候:－。花期:5月。果期:参考晚于花期。海拔:100－600米。生境:常绿阔叶林中或灌丛。资源:具栽培园艺种类。全球6个大洲分布及种数(25－35;hort. 1;cult. 4)非洲:9;亚洲:23－36;大洋洲:3－12;欧洲:2－12;北美洲:10－22;南美洲:2－11。【中国种数:10】。

Ampelopteris Kunze 矮毛蕨属 Thelypteridaceae [F－42] 特征纪要:土生蔓状蕨类,高达1米以上。根状茎长而横走,有星状分叉毛的披针形鳞片。叶簇生或近生;叶片披针形,基部略变狭,叶轴顶端常延长成鞭状,着地生根,形成新的植株,一回羽状;羽片可达30对,近对生,近无柄,羽片腋间常生有鳞芽,叶脉明显,叶干后纸质,淡绿色或褐绿色。【Rep】:孢子囊群近圆形或长圆形,着生于侧脉中部,无盖,成熟后往往汇合。孢子囊体无毛。孢子椭圆形,单裂缝,周壁薄而透明。全球1个大洲分布及种数(1)◆亚洲。

Ampelosicyos Thou. ＝ **Ampelosycios**

Ampelosycios Thou. 齿瓜属 Cucurbitaceae [MD－205] 特征纪要:习性:木本。花程式:K3－5,C3－5,A3－5,＝↓G1－2。其他特征参考科。全球4个大洲分布及种数(7)非洲:7; 欧洲:2; 北美洲:2; 南美洲:2。

Ampelozizyphus Ducke 蔓枣属 Rhamnaceae [MD－331] 特征纪要:习性:木本。花程式:K4－5,C4－5,A2,＝(G)2－5。其他特征参考科。全球1个大洲分布及种数(2－3)◆南美洲。

Amperea A. Juss. 铁漆姑属 Euphorbiaceae [MD－217] 特征纪要:习性:木本。花程式:K1(1000),C0,A6,＝(G)2－3。其他特征参考科。全球3个大洲分布及种数(10－24)大洋洲:21; 北美洲:3; 南美洲:5。

Amphiachyris (DC.) Nutt. 短冠帚黄花属 Asteraceae [MD－586] 特征纪要:习性:草本。花程式:(K)3－5,(C)3－5,A3－5,＝↓G2。其他特征参考科。全球3个大洲分布及种数(2－14)亚洲:2; 北美洲:6; 南美洲:5。【中国种数:1】。

Amphiasma Bremek. 西南非茜草属 Rubiaceae [MD－523] 特征纪要:习性:木本。花程式:(K)4－5,(C)4－5,A4－5,＝↓G2－9。其他特征参考科。全球6个大洲分布及种数(7－36)非洲:36; 亚洲:18; 大洋洲:2; 欧洲:2; 北美洲:2; 南美洲:9。

Amphiblemma Naudin 热非野牡丹属 Melastomataceae [MD－364] 特征纪要:习性:木本。花程式:K4－5,C4－5,A4－5,＝↓G3－4。其他特征参考科。全球2个大洲分布及种数(16－35)非洲:34; 南美洲:2。

Amphiblestra C. Presl ＝ **Tectaria**

Amphibolia L. Bolus ex A. G. J. Herre 勋玉树属 Aizoaceae [MD－94] 特征纪要:习性:灌木。花程式:K3－4,C3－4,A5参考科,＝↓G1－2。其他特征参考科。全球3个大洲分布及种数(6－32)非洲:29; 亚洲:4; 南美洲:8。

Amphibolis C. Agardh 木枝藻属 Cymodoceaceae [MM－615] 特征纪要和分布(－)。全球1个大洲分布及种数(2－6)◆大洋洲(◆澳大利亚)。

Amphibologyne Brand 紫草科属 Boraginaceae [MD－517] 特征纪要:习性:草本。花程式:(K)n,C0,A8,G4。其他特征参考科。全球2个大洲分布及种数(1－2)北美洲:2; 南美洲:1。

Amphibromus Nees 光燕麦属 Poaceae [MM－748] 特征纪要:习性:草本。花程式:(K)3,C0参考科,A1－2,＝G2－3。其他特征参考科。全球4个大洲分布及种数(13)亚洲:cf. 1;大洋洲:10;北美洲:2;南美洲:2。

Amphicalea (DC.) Gardner ＝ **Calea**

Amphicarpa (L.) Fernald ＝ **Amphicarpaea**

Amphicarpaea Elliott ex Nutt. 两型豆属 Fabaceae3 [MD－240] 特征纪要:习性:木质攀援。花程式:－。物候:－。海拔:2300－3000米。生境:路旁及空旷地上,溪边阔叶林中。资源:具栽培园艺种类。全球6个大洲分布及种数(4－6)非洲:1－9;亚洲:2－12;大洋洲:7;欧洲:8;北美洲:9;南美洲:7。【中国种数:3】。

Amphicarpum Kunth 姬苇属 Poaceae［MM－748］特征纪要:习性:草本。花程式:(K)3,C0 参考科,A1－2,↓G－参考科。其他特征参考科。全球 6 个大洲分布及种数(2－7)非洲:2; 亚洲:5; 大洋洲:2; 欧洲:6; 北美洲:6; 南美洲:2。

Amphicephalozia R. M. Schust. 黄萼苔属 Cephaloziellaceae［B－53］特征纪要:习性:－。【Rep】:雌苞叶全缘,老时呈红褐色。其他特征参考科。全球 1 个大洲分布及种数(cf. 1)◆南美洲。

Amphicome Royle ＝ **Incarvillea**

Amphicosmia Gardner 姬桫椤属 Cyatheaceae［F－23］特征纪要:－。全球 1 个大洲分布及种数(7)◆南美洲:1。

Amphidasya Standl. 周毛茜属 Rubiaceae［MD－523］特征纪要:习性:木本。花程式:(K)4－5,(C)4－5,A4－5,＝↓G2－9。其他特征参考科。全球 2 个大洲分布及种数(13－17)北美洲:9; 南美洲:17。

Amphidiaceae M. Stech［B－123］瓶藓科 特征纪要:落叶,叶扇形,有长柄,具多数叉状并列细脉,在长枝上螺旋状排列散生,在短枝上成簇生状。【Rep】:雌雄异株,复轴球果短枝状,寡种子,短枝状,寡种子,雄球花具梗,葇荑花序状,雄蕊多数,螺旋状着生,排列较疏,具短梗,花药 2,药室纵裂,药隔不发达,雌球花具长梗,梗端常分 2 叉,稀不分叉或分成 3－5 叉,叉项生珠座,各具 1 枚直立胚珠,种子核果状,具长梗,下垂,外种皮肉质,中种皮骨质,内种皮膜质,胚乳丰富。全球 6 个大洲分布和属种数(1/8－17)非洲:1/3－11;亚洲:1/6－14;大洋洲:1/1－9;欧洲:1/3－11;北美洲:1/4－12;南美洲:1/4－12。【中国属种数:3】。

Amphidium Schimp. 瓶藓属 Amphidiaceae［B－123］特征纪要:习性:－。【Rep】:深绿色或黄绿色。其他特征参考科。全球 6 个大洲分布及种数(9) 非洲:3;亚洲:4;大洋洲:3;欧洲:4;北美洲:3;南美洲:4。【中国种数:4】。

Amphidonax Nees ex Steud. ＝ **Arundo**

Amphidoxa (Bl.) DC. 细菊属 Asteraceae［MD－586］特征纪要:－。全球 1 个大洲分布及种数(1－2)◆非洲。

Amphidrium Nees ex Steud. ＝ **Zygodon**

Amphiestes S. Moore ＝ **Hypoestes**

Amphigenes Janka ＝ **Festuca**

Amphiglossa DC. 叶苞帚鼠麴属 Asteraceae［MD－586］特征纪要:习性:草本。花程式:(K)3－5,C3－5,A3－5,＝↓(G)2。其他特征参考科。全球 2 个大洲分布及种数(10－25)非洲:23; 亚洲:5。

Amphijubula Yuzawa, Müs & S. Hatt. 耳叶苔属 Frullaniaceae［B－82］特征纪要:－。全球 1 个大洲分布及种数(2)◆南美洲:1。

Amphilejeunea (Lehm. & Lindenb.) Gradst. 小鳞苔属 Lejeuneaceae［B－84］特征纪要:习性:－。【Rep】:老时呈红褐色。其他特征参考科。全球 1 个大洲分布及种数(cf. 1)◆北美洲(◆哥斯达黎加)。

Amphilophium Kunth 领杯藤属 Bignoniaceae［MD－541］特征纪要:习性:木本。花程式:K5,C0,A5,＝↓G2。物候:－。海拔:100－5840 米。生境:常绿阔叶林,路旁,斜坡,竹木林中。资源:－。全球 6 个大洲分布及种数(47－212)非洲:15; 亚洲:19; 大洋洲:4; 欧洲:56; 北美洲:56; 南美洲:186。【中国种数:4】。

Amphilophocolea R. M. Schust. 领萼苔属 Geocalycaceae［B－49］特征纪要:习性:－。【Rep】:雌苞生于短枝上,雄苞生于短侧枝上,短枝上无正常叶发育,仅为雌雄苞叶,雌雄同株,稀异株,雌雄苞一般生于主茎或长分枝顶端,雌苞叶大于茎叶,先端具裂瓣和不规则齿突,蒴萼大。其他特征参考科。全球 1 个大洲分布及种数(1)◆非洲。

Amphilopsis Nash ＝ **Bothriochloa**

Amphimas Pierre ex Harms 双雄苏木属 Fabaceae3［MD－240］特征纪要:习性:木本。花程式:K1－∞,C1－∞,A5－9,＝↓G1。其他特征参考科。全球 1 个大洲分布及种数(1－3)◆非洲。

Amphineurion (A. DC.) Pichon 毛竹桃属 Apocynaceae［MD－492］特征纪要:习性:木本。花程式:－。物候:－。花期:全年。果期:参考晚于花期。海拔:80－3000 米。生境:矮林或灌木丛中,住宅旁。资源:－。全球 2 个大洲分布及种数(2－3)亚洲;大洋洲:cf. 1。【中国种数:1】。

Amphineuron Holttum 大金星蕨属 Thelypteridaceae［F－42］特征纪要:习性:－。【Rep】:孢子同形,囊群生叶背有盖－无盖。物候:－。海拔:20－2500 米。生境:侧脉中上部,竹林下沟边。资源:－。全球 2 个大洲分布及种数(8－11)亚洲:5;大洋洲:6－9。

Amphinomia DC. 欧洲蝶豆花属 Fabaceae3［MD－240］特征纪要:习性:－。花程式:－。其他特征参考科。全球 1 个大洲分布及种数(cf. 1)◆非洲。

Amphiodon Huber 毛蝶花属 Fabaceae3［MD－240］特征纪要:习性:木本。花程式:Kn,C1－∞参考科,A3 参考科,＝↓G(－)。其他特征参考科。全球 1 个大洲分布及种数(1)◆南美洲。

Amphipappus Torr. & A. Gray 刺黄花属 Asteraceae［MD－586］特征纪要:习性:草本。花程式:(K)3－5,(C)3－5,A3－5,↓G。其他特征参考科。全球 2 个大洲分布及种数(2－10)北美洲:5; 南美洲:2。

Amphipetalum Bacig. 毛栌兰属 Talinaceae［MD－84］特征纪要:习性:草本。花程式:K4－5,C4－5,A2,＝↓(G)2－3。其他特征参考科。全球 1 个大洲分布及种数(1)◆南美洲。

Amphiphyllum Gleason 鸢蔺花属 Rapateaceae［MM－713］特征纪要:习性:草本。花程式:(K)3,C0 参考科,A6,G3。其他特征参考科。全球 1 个大洲分布及种数(1)◆南美洲。

Amphipogon R. Br. 五毛草属 Poaceae［MM－748］特征纪要:习性:草本。花程式:－。其他特征参考科。全球 2 个大洲分布及种数(9－33)亚洲:5; 大洋洲:22。

Amphipterum C. Presl ＝ **Hymenophyllum**

Amphipterygium Schiede ex Standl. 乳椿属 Anacardiaceae［MD－432］特征纪要:习性:木本。花程式:－。其他特征参考科。全球 3 个大洲分布及种数(5－20)亚洲:5; 北美洲:12; 南美洲:7。

Amphirrhox Spreng. 尾隔堇属 Violaceae［MD－126］特征纪要:习性:木本。花程式:K5,C5,A10,＝G2－3。其他

特征参考科。全球 3 个大洲分布及种数(1 - 9)非洲:1; 北美洲:4; 南美洲:9。
Amphirrox Miq. = **Amphirrhox**
Amphiscirpus Oteng - Yeb. 硬秆水葱属 Cyperaceae [MM - 747] 特征纪要:习性:草本。花程式:(K)3,C3,A3,G -。其他特征参考科。全球 2 个大洲分布及种数(2)北美洲:1;南美洲:1。【中国种数:1】。
Amphisiphon W. F. Barker = **Daubenya**
Amphistemon Gröninckx 硬柱茜属 Rubiaceae [MD - 523] 特征纪要:习性:木本。花程式:(K -),(C)4,A3 - 5, = ↓(G)2 - 9。其他特征参考科。全球 6 个大洲分布及种数(2 - 108)非洲:4; 亚洲:6; 大洋洲:4; 欧洲:2; 北美洲:2; 南美洲:99。
Amphitecna Miers 米糠树属 Bignoniaceae [MD - 541] 特征纪要:习性:木本。花程式:K5,C0,A5, = ↓ G2。物候: -。海拔: -。生境: -。资源:具园艺种类。全球 4 个大洲分布及种数(22 - 38)非洲:3; 亚洲:4; 北美洲:24; 南美洲:12。【中国种数:1】。
Amphithalea Eckl. & Zeyh. 双盛豆属 Fabaceae3 [MD - 240] 特征纪要:习性:木本。花程式: -。其他特征参考科。全球 5 个大洲分布及种数(44 - 94)非洲:81; 亚洲:2; 欧洲:10; 北美洲:10; 南美洲:2。
Amphizoma Miers = **Anthodon**
Amphoricarpos Vis. 矮菊木属 Asteraceae [MD - 586] 特征纪要:习性:草本。花程式:(K)3 - 5,(C)3 - 5,A3 - 5, = ↓ G2。其他特征参考科。全球 3 个大洲分布及种数(7 - 12)亚洲:5; 欧洲:2; 北美洲:2。
Amphoridium Bruch & Schimp. 木灵藓科属 Orthotrichaceae [B - 151] 特征纪要:习性: -。【Rep】:常暗绿色或棕褐色,雌雄异株或同株,稀杂株,雌苞叶不分化,无明显鞘部,蒴柄长,黄色,孢蒴狭长卵形,口蒴,具明显纵褶及纵沟。其他特征参考科。全球 4 个大洲分布及种数(3) 亚洲:1;欧洲:1;北美洲:3;南美洲:1。
Amphoritheca Hampe 梨蒴藓属 Funariaceae [B - 106] 特征纪要: -。全球 1 个大洲分布及种数(-)。
Amphorocalyx Baker 矮牡丹属 Melastomataceae [MD - 364] 特征纪要:习性:木本。花程式:K4 - 5,C4 - 5,A4 - 5, = ↓ G3 - 4。其他特征参考科。全球 3 个大洲分布及种数(5 - 20)非洲:14; 亚洲:2; 南美洲:6。
Amphorogyne Stauffer & Hurlim. 长颈檀香属 Santalaceae [MD - 412] 特征纪要:习性:木本。花程式:K3 - 4,C0, A3 - 4, = ↓(G)2 - 3。其他特征参考科。全球 2 个大洲分布及种数(3 - 4)大洋洲:4; 北美洲:2。
Amphymenium Kunth 豆科属 Fabaceae3 [MD - 240] 特征纪要:习性: -。花程式: -。其他特征参考科。全球 2 个大洲分布及种数(15)北美洲:1; 南美洲:1。
Amsinckia Lehm. 琴颈草属 Boraginaceae [MD - 517] 特征纪要:习性:草本。花程式:K5,C0,A3 参考科, = ↓ G2 - 4。物候: -。海拔: -。生境: -。资源:具栽培园艺种类。全球 6 个大洲分布及种数(20 - 29;hort. 1;cult. 1)非洲:219;亚洲:9 - 228;大洋洲:4 - 223;欧洲:6 - 225;北美洲:18 - 244;南美洲:5 - 224。【中国种数:4】。
Amsinckiopsis <unassigned> 紫颈草属 Boraginaceae [MD - 517] 特征纪要:习性: -。花程式: -。其他特征参考科。全球 1 个大洲分布及种数(-)。
Amsonia Walter 水甘草属 Apocynaceae [MD - 492] 特征纪要:习性:木本。花程式:(K -),C5,A5, ↓ G -。花期: 6 月。果期:参考晚于花期。海拔:80 - 3000 米。生境:草原,水边。资源:具栽培园艺种类。全球 6 个大洲分布及种数(23 - 26;hort. 1)非洲:9;亚洲:6 - 16;大洋洲:9;欧洲:4 - 14;北美洲:22 - 31;南美洲:9。【中国种数:2】。
Amydrium Schott 雷公连属 Araceae [MM - 639] 特征纪要:习性:草本(多肉)。花程式: -。物候: -。花期:4 - 10 月。果期:参考晚于花期。海拔:500 - 1100 米。生境:常绿阔叶林中树干上或石崖上。资源:药用。全球 4 个大洲分布及种数(5 - 16)非洲:1; 亚洲:16; 大洋洲:1; 北美洲:3。【中国种数:4】。
Amyema Van Tiegh. 龙须寄生属 Loranthaceae [MD - 415] 特征纪要:习性:木本。花程式: -。其他特征参考科。全球 6 个大洲分布及种数(49 - 145;hort. 11;cult. 11)非洲:13 - 37;亚洲:29 - 62;大洋洲:40 - 119;欧洲:1;北美洲:1;南美洲:1。【中国种数:1】。
Amygdalaceae Marquis [MD - 248] 桃科 特征纪要:习性:木本;落叶。花程式:(K)6,C5,A2,G -。物候: -。花期:3 - 4 月。果期:8 月。果实:核果,腹缝线明显。种子: -。海拔:1000 - 2300 米。生境:低山丘陵坡麓,石质坡地及干河床,海拔 1000 - 2400 米。资源:园林。栽培:中国有栽培。全球 4 个大洲分布及属种数(1/1 hort. 1; cult. 1) 非洲:1/4; 亚洲:1/44; 大洋洲:1/4; 北美洲:1/14。
Amygdalaria <unassigned> 肉穗果科属 Bataceae [MD - 223] 特征纪要: -。全球 2 个大洲分布及种数(8)欧洲: 2; 北美洲:2。
Amygdalopsis M. Roem. = **Prunus**
Amygdalus L. 桃属 Amygdalaceae [MD - 248] 特征纪要(同科)。全球 6 个大洲分布及种数(49 - 58)非洲:2 - 9; 亚洲:43 - 51;大洋洲:2 - 9;欧洲:7 - 14;北美洲:12 - 19;南美洲:4 - 11。
Amylotheca Van Tiegh. 刷鞘花属 Loranthaceae [MD - 415] 特征纪要:习性:木本。花程式:K6,C0,A4, = ↓ G3 - 4。其他特征参考科。全球 6 个大洲分布及种数(5 - 81)非洲:9; 亚洲:40; 大洋洲:33; 欧洲:2; 北美洲:2; 南美洲:14。【中国种数:1】。
Amyrea Leandri 柔序桐属 Euphorbiaceae [MD - 217] 特征纪要:习性:木本。花程式:K1(1000),C0,A6, = (G)2 - 3。其他特征参考科。全球 1 个大洲分布及种数(11)◆非洲。
Amyrsia Raf. = **Myrteola**
Amyxa Van Tiegh. 角薇木属 Thymelaeaceae [MD - 310] 特征纪要:习性:木本。花程式:K2 - 4,C0,A2, = (G)2 - 5。其他特征参考科。全球 2 个大洲分布及种数(1 - 11)亚洲:4; 南美洲:7。
Anabasis L. 假木贼属 Chenopodiaceae [MD - 115] 特征纪要:习性:草本,少灌木。花程式: -。物候: -。花期:8 - 9 月。果期:参考晚于花期。海拔:600 - 5000 米。生境:干山坡,山前砾石洪积扇,戈壁,沙丘间。资源:药用,具栽培园艺种类。全球6个大洲分布及种数(21－35)非洲:4－14;亚洲:19－36;大洋洲:6;欧洲:2－10;北美洲:6;南美洲:6。【中国种数:12】。

Anacalypta Röhl. ex Léman 丛藓科属 Pottiaceae［B－133］特征纪要:－。全球1个大洲分布及种数(34)◆南美洲:1。

Anacampseros L. 回欢草属 Anacampserotaceae［MD－274］特征纪要:－。全球6个大洲分布及种数(61－82;hort. 1;cult. 1)非洲:42－56;亚洲:5;大洋洲:1－6;欧洲:18－23;北美洲:1－6;南美洲:3－8。

Anacampserotaceae Eggli & Nyffeler［MD－274］回欢草科 特征纪要:习性:草本;落叶。花程式:K4－5,C5,A4,＝↓(G)2－3。果实:蒴果。全球6个大洲分布及属种数(3－5/69－97 <IFR 1/3> hort. 1;cult. 3) 非洲:1/43－51(IFR 1/3); 亚洲:1/1; 大洋洲:2/4; 欧洲:1/19; 北美洲:3/8－9; 南美洲:2/8。

Anacampta Miers ＝ **Tabernaemontana**

Anacamptiplatanthera P. Fourn. 法国回兰属 Orchidaceae［MM－723］特征纪要:习性:草本。花程式:(K)3,C3,A3,↓G－。其他特征参考科。全球－个大洲分布及种数(4)。

Anacamptis Rich. 倒距兰属 Orchidaceae［MM－723］特征纪要:习性:草本。花程式:(K)3,C3,A3,＝↓G3。物候:－。海拔:－。生境:－。资源:具园艺种类。全球6个大洲分布及种数(67－295)非洲:70; 亚洲:84; 大洋洲:6; 欧洲:11; 北美洲:11; 南美洲:42。【中国种数:5】。

Anacamptodon Brid. 反齿藓属 Fabroniaceae［B－173］特征纪要:习性:－。【Rep】:雌雄同株异苞,内雌苞叶细长,渐尖,基部不呈鞘状,中肋细弱,蒴柄细长,直立,粗壮,紫红色,干时成螺旋状。生境:常见于阔叶林下树干。全球6个大洲分布及种数(15) 非洲:4;亚洲:6;大洋洲:1;欧洲:2;北美洲:3;南美洲:1。【中国种数:7】。

Anacamptorchis E. G. Camus 反兰属 Orchidaceae［MM－723］特征纪要:习性:草本。花程式:(K)3,C3,A3,＝↓(G)3。其他特征参考科。全球3个大洲分布及种数(cf.) 非洲;亚洲;欧洲。

Anacantha Sbo N. 倒刺菊属 Asteraceae［MD－586］特征纪要:习性:草本。花程式:(K－),(C)3－5,A3 参考科,↓G。其他特征参考科。全球2个大洲分布及种数(2－6)亚洲:3; 南美洲:1。

Anacaona Alain 海地葫芦属 Cucurbitaceae［MD－205］特征纪要:习性:－。花程式:－。其他特征参考科。全球4个大洲分布及种数(3)非洲:2; 欧洲:3; 北美洲:3; 南美洲:3。

Anacardiaceae R. Br.［MD－432］漆树科 特征纪要:习性:木本,藤本;落叶。花程式:(K)6,C5,A5,↑G1－3。物候:－。花期: 3－4月。果期: 7－8月。果实:外果。种子:纵折。海拔:1000米。生境:常绿阔叶林中,中山区山腰坡地路旁岩石上。资源:种子为重要干果,油脂,药用。栽培:中国有栽培。全球6个大洲分布及属种数(83－94/1011－1551 <IFR 15/48> hort. 1;cult. 13) 非洲:38－42/522－642(IFR 7/18); 亚洲:33－36/312－485(IFR 4/11); 大洋洲:15/41－63; 欧洲:7/29－30; 北美洲:25/146－178(IFR 2/7); 南美洲:23/190－213(IFR 5/13)。【中国属种数:31/110】。

Anacardium L. 腰果属 Anacardiaceae［MD－432］特征纪要:习性:木质攀援。花期:3－4月。果期:参考晚于花期。海拔:93－3600米。资源:果树,假果生食,种子炒食,油料,木材,具栽培园艺种类。全球6个大洲分布及种数(14－39)非洲:2; 亚洲:7; 大洋洲:2; 欧洲:5; 北美洲:5; 南美洲:34。【中国种数:1】。

Anachortus V. Jirasek & Chrtek ＝ **Corynephorus**

Anachyris Nees ＝ **Paspalum**

Anachyrium Steud. ＝ **Paspalum**

Anacolia Schimp. 刺毛藓属 Bartramiaceae［B－142］特征纪要:习性:－。【Rep】:雌雄异株,雌苞顶生或假侧生,芽胞形,雌苞叶较狭,蒴柄短,长不超过1厘米,直立,稀弯曲,孢蒴直立或略倾。生境:石生,岩面土生。全球5个大洲分布及种数(12) 非洲:5;亚洲:4;欧洲:3;北美洲:5;南美洲:5。【中国种数:2】。

Anacolosa (Bl.) Bl. 短小铁青树属 Olacaceae［MD－362］特征纪要:习性:木本。花程式:－。物候:－。海拔:100－1700米。生境:冲积森林和河流森林,沙地,很少有山丘。资源:－。全球5个大洲分布及种数(16－49)非洲:22; 亚洲:26; 大洋洲:7; 欧洲:3; 北美洲:3。【中国种数:5】。

Anactinia (Hook. f.) J. Rémy 菊科属 Asteraceae［MD－586］特征纪要:习性:－。花程式:－。其他特征参考科。分布:－。

Anacyclia Hoffmanns. ＝ **Billbergia**

Anacyclus L. 白纽扣属 Asteraceae［MD－586］特征纪要:习性:草本。花程式:(K)3－5,(C)3－5,A3－5,＝↓G2。物候:－。海拔:－。生境:－。资源:具园艺种类。全球6个大洲分布及种数(13－65)非洲:28; 亚洲:20; 大洋洲:3; 欧洲:6; 北美洲:6; 南美洲:6。【中国种数:3】。

Anacylus L. ＝ **Anacyclus**

Anadelphia Hack. 兄弟草属 Poaceae［MM－748］特征纪要:习性:草本。花程式:(K)3,C0 参考科,A1－2,＝G2－3。其他特征参考科。全球2个大洲分布及种数(14－30)非洲:30; 亚洲:3。

Anadenanthera Speg. 黑金檀属 Fabaceae2［MD－240］特征纪要:习性:木本。花程式:K3－5－∞,C3－5－∞,A1－10－50,＝↓G1。其他特征参考科。全球5个大洲分布及种数(4－13)非洲:1; 亚洲:4; 大洋洲:2; 北美洲:4; 南美洲:13。【中国种数:2】。

Anadendrum Schott 上树南星属 Araceae［MM－639］特征纪要:习性:草本(多肉)。花程式:－。物候:－。花期:4－5月。果期:参考晚于花期。海拔:100－300米。生境:林内树干或石上,森林。资源:具园艺种类。全球3个大洲分布及种数(16－29)非洲:2; 亚洲:22; 北美洲:1。【中国种数:3】。

Anagallis L. 琉璃繁缕属 Primulaceae［MD－401］特征纪要:习性:草本。花程式:(K－),(C)5 参考科,A5,↓G－。花期:3－4月。果期:参考晚于花期。海拔:100－5700米。生境:田野及荒地中。资源:具栽培园艺种类。全球6个大洲分布及种数(25－51)非洲:15－41;亚洲:8－16;大洋洲:5;欧洲:9－15;北美洲:5－11;南美洲:10

-17。

Anagalloides Krock. = **Lindernia**

Anagyris L. 螺旋豆属 Fabaceae3［MD-240］特征纪要:习性:木本。花程式:K1-∞,C1-∞,A5-9,=↓G1。物候:-。海拔:-。生境:-。资源:具栽培园艺种类。全球6个大洲分布及种数(2-14)非洲:3; 亚洲:8; 大洋洲:3; 欧洲:2; 北美洲:2; 南美洲:2。【中国种数:1】。

Anaheterotis Ver. -Lib. & G. Kadereit 螺牡丹属 Melastomataceae［MD-364］特征纪要:习性:木本。花程式:Kn,C2-3参考科,A3参考科,=↓G-。其他特征参考科。全球1个大洲分布及种数(1)◆非洲。

A

Anakasia Philipson = **Polyscias**

Anamaria V. C. Souza 巴西立玄参属 Plantaginaceae［MD-527］特征纪要:习性:草本。花程式:K2-4,C0,A2-4,↓G2。其他特征参考科。全球1个大洲分布及种数(1)◆南美洲。【中国种数:1】。

Anamirta Colebr. 醉鱼藤属 Menispermaceae［MD-42］特征纪要:习性:草本。花程式:K1(6-40),C3,A1-6-40,=G1-3。资源:具园艺种类。全球4个大洲分布及种数(1-14)非洲:1; 亚洲:12; 北美洲:2; 南美洲:2。

Anamtia Koidz. = **Myrsine**

Anamylospora <unassigned> 醉芽藓属 Sorapillaceae［B-212］特征纪要:-。全球1个大洲分布及种数(-)。

Ananas Mill. 凤梨属 Bromeliaceae［MM-715］特征纪要:习性:草本(多肉)。花程式:Kn,C2-3参考科,A3参考科,↓G-。物候:-。海拔:2348米。生境:-。栽培:-。资源:纤维,食用,具栽培园艺种类。全球6个大洲分布及种数(4-83)非洲:27; 亚洲:25; 大洋洲:24; 欧洲:36; 北美洲:36; 南美洲:67。【中国种数:1】。

Ananassa Lindl. = **Ananas**

Anandria (Siegesb.) Less. = **Leibnitzia**

Angangia W. J. de Wilde & Duyfjes 亚洲凤葫芦属 Cucurbitaceae［MD-205］特征纪要:习性:-。花程式:-。其他特征参考科。全球1个大洲分布及种数(-)◆亚洲。

Ananthacorus Underw. & Maxon 菖蒲蕨属 Pteridaceae［F-31］特征纪要:习性:-。【Rep】:孢子囊单生叶背。其他特征参考科。全球3个大洲分布及种数(1-3)亚洲:1; 北美洲:2; 南美洲:3。【中国种数:1】。

Anapalina N. E. Br. 南美圆鸢尾属 Iridaceae［MM-700］特征纪要:习性:-。花程式:-。其他特征参考科。全球6个大洲分布及种数(5)非洲:4-5;亚洲:1;大洋洲:1;欧洲:1;北美洲:1;南美洲:1。

Anapausia (C. Presl) C. Presl 实蕨属 Polypodiaceae［F-60］特征纪要:习性:-。【Rep】:孢子同形,囊群生叶背。其他特征参考科。全球2个大洲分布及种数(cf. 1)北美洲;南美洲。

Anapeltis J. Sm. 螺龙骨属 Polypodiaceae［F-60］特征纪要:习性:-。【Rep】:孢子同形,囊群生叶背。其他特征参考科。全球6个大洲分布及种数(3-4)非洲:1;亚洲:1;大洋洲:1;欧洲:1;北美洲:1-2;南美洲:1-2。

Anaphalioides (Benth.) Kirpichnikov 类香青属 Asteraceae［MD-586］特征纪要:习性:草本。花程式:(K)3-5,(C)3-5,A3-5,=↓G2。物候:-。花期:7-10月。果期:参考晚于花期。海拔:6000米。生境:阿尔泰山地针叶林带山沟,柞林下路旁。资源:具园艺种类。全球6个大洲分布及种数(7-10)非洲:5;亚洲:2-7;大洋洲:4-9;欧洲:5;北美洲:5;南美洲:5。

Anaphalis DC. 香青属 Asteraceae［MD-586］特征纪要:习性:草质攀援。花程式:(K)3-5,C3-5,A3参考科,=↓G2。物候:-。花期:7-9月。果期:参考晚于花期。海拔:1000-2700米。生境:草山坡。资源:药用,具栽培园艺种类。全球6个大洲分布及种数(110-132;hort. 1;cult. 16)非洲:4-15;亚洲:105-123;大洋洲:10;欧洲:6-16;北美洲:1-11;南美洲:1-11。【中国种数:54】。

Anaphyllopsis A. Hay 螺苞芋属 Araceae［MM-639］特征纪要:习性:草本。花程式:K0,C0,A1-4,=(G)1-3。其他特征参考科。全球1个大洲分布及种数(3)◆南美洲。

Anaphyllum Schott 旋苞芋属 Araceae［MM-639］特征纪要:习性:草本。花程式:-。其他特征参考科。全球3个大洲分布及种数(2-8)非洲:2; 亚洲:5; 大洋洲:4。

Anaptychia <unassigned> 唐松木科属 Physenaceae［MD-169］特征纪要:-。全球4个大洲分布及种数(53)亚洲:14; 欧洲:4; 北美洲:4; 南美洲:30。

Anarmodium Schott = **Dracunculus**

Anarrhinum Desf. 锉状玄参属 Plantaginaceae［MD-527］特征纪要:习性:灌木。花程式:K2-4,C0,A2-4,=G2-3。物候:-。海拔:-。生境:-。资源:具栽培园艺种类。全球4个大洲分布及种数(12-33)非洲:21; 亚洲:10; 欧洲:7; 北美洲:7。【中国种数:1】。

Anarthria R. Br. 刷柱草属 Anarthriaceae［MM-741］特征纪要(同科)。全球2个大洲分布及种数(6-17)大洋洲:16; 南美洲:6。

Anarthriaceae D. F. Cutler & Airy-Shaw［MM-741］苞穗草科 特征纪要:习性:木本;落叶。花程式:(K)3,C3,A3,↑(G)3。全球1个大洲分布及属种数(2/4-10 hort. 1)◆大洋洲:1/2-8。

Anarthrophyllum Benth. 小叶金雀豆属 Fabaceae3［MD-240］特征纪要:习性:木本。花程式:K1-∞,C1-∞,A5-9,=↓G1。物候:-。海拔:-。生境:-。资源:具园艺种类。全球5个大洲分布及种数(17-36)非洲:3; 亚洲:2; 欧洲:2; 北美洲:2; 南美洲:31。【中国种数:1】。

Anartia Miers = **Tabernaemontana**

Anaschovadi Adans. = **Elephantopus**

Anaspis K. H. Rechinger = **Scutellaria**

Anassera Pers. = **Geniostoma**

Anastatica L. 含生芥属 Brassicaceae［MD-213］特征纪要:习性:草本。花程式:K2-4,C2-4,A2-4,=G2。物

候:－。海拔:－。生境:－。资源:具园艺种类。全球2个大洲分布及种数(1－3)非洲:2; 亚洲:2。

Anastrabe E. Mey. ex Benth. 裂袋木属 Stilbaceae［MD－532］特征纪要:习性:草本。花程式:K2－4,C0,A2－4,↓G2。其他特征参考科。全球1个大洲分布及种数(1)◆非洲。

Anastraphia D. Don 栎菊木属 Asteraceae［MD－586］特征纪要:习性:草本。花程式:(K)3－5,(C)3－5,A3－5,↓G。其他特征参考科。全球2个大洲分布及种数(31－33)欧洲;北美洲。

Anastrepta (Lindb.) Schiffn. 卷叶苔属 Anastrophyllaceae［B－60］特征纪要:习性:－。【Rep】:雌雄同株或异株或有序同苞,雄苞顶生或间生,雄苞叶2－3对。物候:－。海拔:－。生境:土生。资源:－。全球4个大洲分布及种数(18)亚洲:4; 欧洲:2; 北美洲:2; 南美洲:14。【中国种数:1】。

Anastrophyllaceae Söderstr, Roo & Hedd.［B－60］挺叶苔科 特征纪要:常绿,簇生,羽状叶。【Rep】:雌雄同株,单轴球果。全球6个大洲分布和属种数(10－14/58－100)非洲:3－7/7－23;亚洲:10－14/42－59;大洋洲:4－8/10－30;欧洲:5－8/21－36;北美洲:7－9/29－44;南美洲:1－6/13－35。【中国属种数:7/22】。

Anastrophyllopsis (R. M. Schust.) Váňa & L. Söderstr. 拟萼苔属 Cephaloziellaceae［B－53］特征纪要:－。全球1个大洲分布及种数(－)。

Anastrophyllum (Spruce) Steph. 挺叶苔属 Anastrophyllaceae［B－60］特征纪要:习性:－。【Rep】:雌雄同株或异株或有序同苞,雄苞顶生或间生,雄苞叶2－3对。物候:－。海拔:－。生境:常见于腐木上。栽培:来自广西龙州。资源:具栽培园艺种类。全球6个大洲分布及种数(35－47)非洲:4－6;亚洲:19－21;大洋洲:5－12;欧洲:10－12;北美洲:14－16;南美洲:13－22。【中国种数:8】。

Anathallis Barb. Rodr. 挺叶兰属 Orchidaceae［MM－723］特征纪要:习性:草本。花程式:(K)3,C3,A3,＝↓G3。物候:－。花期:参考早于果期。果期:10－11月。海拔:80－5200米。生境:柏树林下或草坡路旁,竹坡中。资源:－。全球4个大洲分布及种数(181－187)亚洲:cf. 1;大洋洲:7;北美洲:26;南美洲:164。【中国种数:1】。

Anatherostipa (Hack. ex Kuntze) Peñail. 挺叶草属 Poaceae［MM－748］特征纪要:习性:－。花程式:－。其他特征参考科。全球6个大洲分布及种数(3－13)非洲:2; 亚洲:3; 大洋洲:3; 欧洲:5; 北美洲:5; 南美洲:13。

Anatropa Ehrenb. ＝ **Tetradiclis**

Anaua Miq. ＝ **Drypetes**

Anaueria Kosterm. 山潺属 Lauraceae［MD－21］特征纪要:习性:－。花程式:－。其他特征参考科。全球1个大洲分布及种数(cf. 1)◆北美洲(◆墨西哥)。

Anaxagoraea Mart. ＝ **Anaxagorea**

Anaxagorea A. St.－Hil. 蒙蒿子属 Annonaceae［MD－7］特征纪要:习性:木本。花程式:－。物候:－。花期:6－10月。果期:参考晚于花期。海拔:500－700米。生境:山坡,中海拔山地密林中。资源:具栽培园艺种类。全球4个大洲分布及种数(27－28)非洲:1;亚洲:26－27;北美洲:9;南美洲:21。【中国种数:1】。

Anaxeton Gaertn. 紫花鼠麴木属 Asteraceae［MD－586］特征纪要:习性:草本。花程式:(K)3－5,C3－5,A3－5,＝↓(G)2。其他特征参考科。全球2个大洲分布及种数(11－19)非洲:17; 南美洲:3。

Ancalanthus Balf. f. ＝ **Angkalanthus**

Ancana F. Müll. 澳茸木属 Annonaceae［MD－7］特征纪要:习性:－。花程式:－。其他特征参考科。全球3个大洲分布及种数(3)亚洲:cf. 1;大洋洲:2;南美洲:cf. 1。

Ancathia DC. 肋果蓟属 Asteraceae［MD－586］特征纪要:习性:草本(根状茎,基生)。花程式:(K)3－5,C3－5,A3参考科,↓G。物候:－。海拔:1100－1500米。生境:生于干旱石质荒滩,山坡等。资源:－。全球1个大洲分布及种数(1－2)◆亚洲。【中国种数:1】。

Anchietea A. St.－Hil. 囊果堇属 Violaceae［MD－126］特征纪要:习性:木本。花程式:K5,C5,A10,＝G2－3。其他特征参考科。全球2个大洲分布及种数(8－21)亚洲:4; 南美洲:18。

Anchomanes Schott 长柄刺芋属 Araceae［MM－639］特征纪要:习性:草本。花程式:K0,C0,A1－4,＝G1－3。其他特征参考科。全球5个大洲分布及种数(6－37)非洲:35; 亚洲:5; 欧洲:6; 北美洲:6; 南美洲:3。

Anchonium DC. 水果芥属 Brassicaceae［MD－213］特征纪要:习性:－。花程式:－。其他特征参考科。全球3个大洲分布及种数(23)非洲:2; 亚洲:8; 南美洲:11。

Anchusa L. 牛舌草属 Boraginaceae［MD－517］特征纪要:习性:草本(基生)。花程式:－。物候:－。海拔:5700米。生境:山坡,沼泽和田地边缘。资源:药用,具栽培园艺种类。全球6个大洲分布及种数(50－442)非洲:53;亚洲:105; 大洋洲:13; 欧洲:38; 北美洲:38; 南美洲:247。【中国种数:9】。

Ancipitia (Lür) Lür 腋花兰属 Orchidaceae［MM－723］特征纪要:习性:－。花程式:－。其他特征参考科。全球2个大洲分布及种数(32)北美洲:1; 南美洲:1。

Ancistrachne S. T. Blake 钩草属 Poaceae［MM－748］特征纪要:习性:草本。花程式:(K)3,C0参考科,A1－2,＝(G)2－3。其他特征参考科。全球2个大洲分布及种数(5)亚洲:1;大洋洲:3。

Ancistragrostis S. T. Blake 钩稃茅属 Poaceae［MM－748］特征纪要:习性:草本。花程式:(K－),C0参考科,A3参考科,↓G－参考科。其他特征参考科。全球3个大洲分布及种数(1－3)非洲:2; 亚洲:1; 大洋洲:2。

Ancistranthus Lindau 古巴爵床属 Acanthaceae［MD－572］特征纪要:习性:草本。花程式:－。其他特征参考科。全球1个大洲分布及种数(1)◆北美洲(◆古巴)。

Ancistrocarphus A. Gray 棉子菊属 Asteraceae［MD－586］特征纪要:习性:草本。花程式:(K)3－5,(C)3－5,A3－5,↓G。其他特征参考科。全球2个大洲分布及种数(2－3)大洋洲:1; 北美洲:3。

Ancistrocarpus Oliv. 沟果椴属 Malvaceae［MD－203］特征纪要和分布(－)。全球1个大洲分布及种数(4)◆非洲。【中国种数:1】。

Ancistrocarya Maxim. 泽琉璃草属 Boraginaceae [MD-517] 特征纪要:习性:草本。花程式:-。其他特征参考科。全球1个大洲分布及种数(1)◆亚洲(◆日本)。

Ancistrochilus Rolfe 钩唇兰属 Orchidaceae [MM-723] 特征纪要:习性:草本。花程式:(K)3,C3,A3,=↓G3。物候:-。海拔:-。生境:-。资源:具园艺种类。全球3个大洲分布及种数(2-13)非洲:5; 亚洲:4; 南美洲:4。

Ancistrochloa Honda = **Calamagrostis**

Ancistrocladaceae Planch. ex Walp. [MD-155] 钩枝藤科 特征纪要:习性:草本,攀援;落叶。花程式:(K)6-,C5,A17-20-2,↓(G)-。物候:-。花期:4-6月。果期:6月。果实:坚果。种子:种皮薄,棕色。海拔:500-700米。生境:常绿热带森林,生于山坡,山谷密林中或山地森林中。全球4个大洲分布及属种数(2/7-24<IFR 1/1>hort.1)非洲:2/5-17(IFR 1/1); 亚洲:2/5-10; 大洋洲:2/3; 北美洲:2/2-3。【中国属种数:1/4】。

Ancistrocladus Wall. 钩枝藤属 Ancistrocladaceae [MD-155] 特征纪要:习性:木本。花程式:-。物候:-。花期:4-6月。果期:参考晚于花期。海拔:500-700米。生境:山坡,山谷密林中或山地森林中。资源:具园艺种类。全球4个大洲分布及种数(6-23;hort.1)非洲:3-15;亚洲:3-8;大洋洲:1;北美洲:1。【中国种数:4】。

Ancistrodes Hampe 钝藓属 Saulomataceae [B-161] 特征纪要:-。全球1个大洲分布及种数(1)◆南美洲。

Ancistrorhynchus Finet 钩喙兰属 Orchidaceae [MM-723] 特征纪要:习性:草本。花程式:(K)3,C3,A3,=↓G3。其他特征参考科。全球3个大洲分布及种数(17-157)非洲:139; 亚洲:2; 南美洲:17。

Ancistrostylis T. Yamaz. 假马齿苋属 Plantaginaceae [MD-527] 特征纪要:习性:草本。花程式:K2-4,C0,A2-4,↓G2。其他特征参考科。全球2个大洲分布及种数(1-5)亚洲:1; 南美洲:1。

Ancistrothyrsus Harms 钩序莲属 Passifloraceae [MD-151] 特征纪要:习性:木本。花程式:-。其他特征参考科。全球1个大洲分布及种数(2)◆南美洲。

Ancistrotropis A. Delgado 钩豆属 Fabaceae3 [MD-240] 特征纪要:习性:木本。花程式:Kn,C1-∞参考科,A3参考科,=↓G(-)。其他特征参考科。全球2个大洲分布及种数(7)北美洲:2;南美洲:6。

Ancistrum J. R. Forst. & G. Forst. = **Acaena**

Ancylobothrys Pierre = **Ancylobotrys**

Ancylobotrys Pierre 非洲圆夹竹属 Apocynaceae [MD-492] 特征纪要:-。全球2个大洲分布及种数(16)非洲:15; 亚洲:4。

Ancylostemon Craib 直瓣苣苔属 Gesneriaceae [MD-549] 特征纪要:习性:-。花程式:-。物候:-。花期:5-10月。果期:参考晚于花期。海拔:1700-1900米。生境:潮湿阴凉森林中的岩石和树木上。资源:-。全球1个大洲分布及种数(6-14)◆亚洲。

Ancylotropis B. Eriksen 莫恩草属 Polygalaceae [MD-291] 特征纪要:习性:木本。花程式:-。其他特征参考科。全球1个大洲分布及种数(2) ◆南美洲:2。

Andeimalva J. A. Tate 卷葵属 Malvaceae [MD-203] 特征纪要:习性:木本。花程式:K5-∞,C5-∞,A10-8,=(G)1-5。其他特征参考科。全球2个大洲分布及种数(5-6)北美洲:2; 南美洲:6。

Anderbergia B. Nord. 外卷鼠麹木属 Asteraceae [MD-586] 特征纪要:习性:草本。花程式:(K)3-5,(C)3-5,A3-5,↓G。其他特征参考科。全球1个大洲分布及种数(2-6)◆非洲。

Andersonglossum J. I. Cohen 卷草属 Boraginaceae [MD-517] 特征纪要:习性:草本。花程式:Kn,C0,A5,↓G。其他特征参考科。全球2个大洲分布及种数(3) 亚洲:2,北美洲:3。

Andersonia R. Br. 八宝石南属 Epacridaceae [MD-391] 特征纪要和分布(-)。

Andersoniodoxa C. Davis & Amorim 金虎尾科属 Malpighiaceae [MD-343] 特征纪要:习性:-。花程式:-。其他特征参考科。全球2个大洲分布及种数(3)北美洲:1; 南美洲:2。

Andesanthus P. J. F. Guim. & Michelang. 野牡丹科属 Melastomataceae [MD-364] 特征纪要:习性:木本。花程式:-。其他特征参考科。全球2个大洲分布及种数(10)北美洲:3; 南美洲:8。

Andesia Hauman = **Oxychloe**

Andicolea Mayta & Molinari 菊科属 Asteraceae [MD-586] 特征纪要:习性:-。花程式:-。其他特征参考科。全球1个大洲分布及种数(20)◆南美洲:20。

Andina J. A. Jiménez & M. J. Cano 阔丛藓属 Pottiaceae [B-133] 特征纪要:-。全球1个大洲分布及种数(12)◆南美洲:7。

Andinia (Lür) Lür 甘蓝兰属 Orchidaceae [MM-723] 特征纪要:习性:草本。花程式:(K)3,C3,A3,=↓G3。其他特征参考科。全球6个大洲分布及种数(71-76)非洲:1;亚洲:1;大洋洲:3-4;欧洲:1;北美洲:1;南美洲:70-71。

Andinocleome Iltis 甘蓝菜属 Cleomaceae [MD-210] 特征纪要:-。全球2个大洲分布及种数(4)北美洲:2; 南美洲:2。

Andira Lam. 甘蓝豆属 Fabaceae3 [MD-240] 特征纪要:习性:木本。花程式:K1-∞,C3-5-∞,A5-9,=↓G1。物候:-。海拔:-。生境:-。资源:具园艺种类。全球6个大洲分布及种数(31-107)非洲:7; 亚洲:17; 大洋洲:3; 欧洲:14; 北美洲:14; 南美洲:67。【中国种数:7】。

Andiscus Vell. = **Chuquiraga**

Andoa Ochyra 连柱藓属 Hypnaceae [B-189] 特征纪要:习性:-。【Rep】:参考科特征:雌雄异苞同株,内雌苞叶直立,卵状披针形,上部渐狭成长毛状,近于全缘,无中肋,黄绿色。其他特征参考科。全球1个大洲分布及种数(1)◆欧洲:1。

Andrachne L. 连丝木属 Euphorbiaceae [MD-217] 特征纪要:习性:木本。花程式:K1(1000),C0,A1-1000,=

A

G2－3。物候：－。海拔：－。生境：－。资源：具栽培园艺种类。全球6个大洲分布及种数（11－30；hort.1）非洲：7－15；亚洲：6－23；大洋洲：5；欧洲：2－8；北美洲：2－9；南美洲：1－6。【中国种数：1】。

Andradea Allemão 黄柔木属 Nyctaginaceae［MD－107］特征纪要：习性：木本。花程式：K1－5，C0，A5，＝G1。其他特征参考科。全球1个大洲分布及种数（1）◆南美洲（◆巴西）。

Andreadoxa Kallunki 金荣木属 Rutaceae［MD－399］特征纪要：习性：木本。花程式：K5，C5，A4，↓G－参考科。其他特征参考科。全球1个大洲分布及种数（1）◆南美洲（◆巴西）。

A

Andreaea Hedw. 黑藓属 Andreaeaceae［B－98］特征纪要：习性：－。【Rep】：雌雄同株或异株，雌苞叶多长大，鞘状，孢蒴常为椭圆形，直立，成熟时中部4或5瓣不完全纵裂。其他特征参考科。全球6个大洲分布及种数（108）非洲：32；亚洲：18；大洋洲：26；欧洲：25；北美洲：20；南美洲：70。【中国种数：10】。

Andreaeaceae Dumort.［B－98］黑藓科特征纪要：习性：－。【Rep】：雌雄同株或异株，雌苞叶多长大，鞘状，孢蒴常为椭圆形，直立，成熟时中部4或5瓣不完全纵裂。全球6个大洲分布及种数（108）非洲：32；亚洲：18；大洋洲：26；欧洲：25；北美洲：20；南美洲：70。【中国种数：10】。

Andreaeobryum Steere & B. M. Murray 黑藓科属 Andreaeaceae［B－98］特征纪要：习性：－。【Rep】：雌雄同株或异株，雌苞叶多长大，鞘状，孢蒴常为椭圆形，直立，成熟时中部4或5瓣不完全纵裂。其他特征参考科。全球2个大洲分布及种数（2）亚洲：2；北美洲：2。

Andreettaea Lür 厄瓜多尔兰属 Orchidaceae［MM－723］特征纪要：－。全球1个大洲分布及种数（2）◆南美洲：2。

Andrewsianthus R. M. Schust. 花叶苔属 Lophoziaceae［B－56］特征纪要：－。全球6个大洲分布及种数（25）非洲：5；亚洲：6；大洋洲：9；欧洲：2；北美洲：2；南美洲：3。

Andriana B. －E. van Wyk 非洲圆芹属 Apiaceae［MD－480］特征纪要：习性：草本。花程式：K5，C5，A5，＝↓（G）2。其他特征参考科。全球2个大洲分布及种数（3－6）非洲：4；亚洲：3。

Andriapetalum Pohl ＝ **Panopsis**

Andringitra Skema 龙锦葵属 Malvaceae［MD－203］特征纪要：习性：木本。花程式：K5－∞，C5－∞，A10－8，G－。其他特征参考科。全球2个大洲分布及种数（7－8）非洲：8；北美洲：2。

Andripetalum Klotzsch & H. Karst. ＝ **Embelia**

Androcalva C. F. Wilkins & Whitlock 利叶花属 Byttneriaceae［MD－187］特征纪要：习性：木本。花程式：Kn，C2－3参考科，A3参考科，↓G－参考科。其他特征参考科。全球1个大洲分布及种数（33）◆大洋洲。

Androcalymma Dwyer 小花光叶豆属 Fabaceae3［MD－240］特征纪要：习性：木本。花程式：K3－5－∞，C3－5－∞，A1－10－50，＝↓G1。其他特征参考科。全球2个大洲分布及种数（1－4）亚洲：2；南美洲：3。

Androcera Nutt. ＝ **Solanum**

Androcoma Nees ＝ **Androtrichum**

Androcorys Schltr. 兜蕊兰属 Orchidaceae［MM－723］特征纪要：习性：－。花程式：－。物候：－。花期：7－8月。果期：参考晚于花期。海拔：1600－3900米。生境：高山草原，山坡。资源：－。全球3个大洲分布及种数（32）亚洲：29；欧洲：2；北美洲：2。

Androcryphia (Taylor ex Hook. f. & Wilson) Nees 穿溪苔属 Pelliaceae［B－33］特征纪要：－。全球3个大洲分布及种数（2）欧洲：2；北美洲：2；南美洲：2。

Androcymbium Willd. 摇船花属 Colchicaceae［MM－623］特征纪要：习性：草本。花程式：（K）6，C0参考科，A6，＝G3－4。其他特征参考科。全球6个大洲分布及种数（30－54）非洲：28－50；亚洲：3；大洋洲：3；欧洲：4；北美洲：2；南美洲：1。

Andrographis Wall. ex Nees 宽丝爵床属 Acanthaceae［MD－572］特征纪要：习性：草本，亚灌木。花期：8－11月。果期：参考晚于花期。海拔：200－1500米。生境：灌木丛，竹林中。资源：药用，具栽培园艺种类。全球5个大洲分布及种数（25－48）非洲：4；亚洲：44；大洋洲：2；北美洲：6；南美洲：7。【中国种数：1】。

Androgyne Griff. ＝ **Panisea**

Androlepis Brongn. ex Houllet 鳞药凤梨属 Bromeliaceae［MM－715］特征纪要：习性：草本。花程式：（K）3，C3，A6，＝↓（G）3。其他特征参考科。全球2个大洲分布及种数（3－4）北美洲：4；南美洲：2。

Andromachia Bonpl. ＝ **Liabum**

Andromeda L. 青姬木属 Ericaceae［MD－380］特征纪要：习性：木本。花程式：－。物候：－。海拔：100－5000米。生境：－。资源：具栽培园艺种类。全球6个大洲分布及种数（8－22；hort.1；cult. 2）非洲：35；亚洲：5－42；大洋洲：1－36；欧洲：1－38；北美洲：4－42；南美洲：1－36。【中国种数：1】。

Andropogon L. 须芒草属 Poaceae［MM－748］特征纪要：习性：草本（基生）。花程式：（K－），C0参考科，A3参考科，＝G2－3。物候：－。海拔：800米。生境：环境。栽培：来自广西龙州。资源：具栽培园艺种类。全球6个大洲分布及种数（153－214；hort.1；cult. 11）非洲：71－199；亚洲：63－184；大洋洲：27－140；欧洲：15－125；北美洲：65－179；南美洲：63－175。【中国种数：16】。

Andropterum Stapf 翼颖草属 Poaceae［MM－748］特征纪要：习性：草本。花程式：（K）3，C0参考科，A1－2，＝（G）2－3。其他特征参考科。全球1个大洲分布及种数（1）◆非洲。

Andropus Brand ＝ **Nama**

Androsace L. 点地梅属 Primulaceae［MD－401］特征纪要：习性：草本（根状茎，基生，多肉）。花程式：－。物候：－。花期：6月。果期：参考晚于花期。海拔：100－1500米。生境：草地，森林边缘，针茅草原。资源：具栽培园艺种类。全球6个大洲分布及种数（147－194；hort.1；cult. 14）非洲：9－41；亚洲：126－195；大洋洲：24－59；欧洲：39－77；北美洲：41－76；南美洲：13－44。【中国种数：92】。

Androsaemum Duhamel = **Hypericum**
Androscepia Brongn. = **Themeda**
Androsemum Neck. = **Vismia**
Androsiphon Schltr. = **Daubenya**
Androsiphonia Stapf 腺树莲属 Passifloraceae [MD－151] 特征纪要:习性:－。花程式:－。其他特征参考科。全球1个大洲分布及种数(－)。
Androstachys Prain 绒背桐属 Picrodendraceae [MD－317] 特征纪要:习性:木本。花程式:－。其他特征参考科。全球2个大洲分布及种数(1－10)非洲:7; 北美洲:1。
Androstephium Torr. 水仙韭属 Asparagaceae [MM－669] 特征纪要:习性:草本。花程式:(K)3,C0 参考科,A6,G3－参考科。其他特征参考科。全球2个大洲分布及种数(2－6)欧洲:6; 北美洲:6。
Androstoma Hook. f. 岩高石南属 Ericaceae [MD－380] 特征纪要:习性:－。花程式:－。其他特征参考科。全球1个大洲分布及种数(－)。
Androtium Stapf 折药漆属 Anacardiaceae [MD－432] 特征纪要:习性:木本。花程式:－。其他特征参考科。全球1个大洲分布及种数(1)◆亚洲。
Androtrichum (Brongn.) Brongn. 须蕊莎属 Cyperaceae [MM－747] 特征纪要:习性:－。花程式:－。其他特征参考科。全球6个大洲分布及种数(13)非洲:3; 亚洲:2; 大洋洲:2; 欧洲:4; 北美洲:4; 南美洲:13。
Androya H. Perrier 马岛苦槛蓝属 Scrophulariaceae [MD－536] 特征纪要:习性:木本。花程式:－。其他特征参考科。全球1个大洲分布及种数(1)◆非洲(◆马达加斯加)。
Andryala L. 毛托山柳菊属 Asteraceae [MD－586] 特征纪要:习性:草本。花程式:(K)3－5,(C)3－5,A3－5,=↓G2。物候:－。海拔:－。生境:－。资源:具栽培园艺种类。全球3个大洲分布及种数(20－34;hort. 1;cult. 3)非洲:14;亚洲:cf. 1;欧洲:15。【中国种数:1】。
Andrzeiowskia Rchb. 欧洲圆芥属 Brassicaceae [MD－213] 特征纪要:习性:草本。花程式:K2－4,C2－4,A2－4,=G2。其他特征参考科。全球3个大洲分布及种数(1－4)亚洲:4; 欧洲:1; 北美洲:1。
Anechites Griseb. 异蛇木属 Apocynaceae [MD－492] 特征纪要:习性:木本。花程式:K5－∞,C0,A15,=↓G2－5。其他特征参考科。全球3个大洲分布及种数(1－11)亚洲:4; 北美洲:8; 南美洲:6。
Anecio Neck. = **Senecio**
Aneilema R. Br. 竹叶菜属 Commelinaceae [MM－708] 特征纪要:习性:草本。花程式:(K)3,C3,A2－3,=G3。物候:－。花期:8－10月。果期:参考晚于花期。海拔:400－3400米。生境:足球场。资源:具园艺种类。全球6个大洲分布及种数(37－73;hort. 1)非洲:28－64;亚洲:12－27;大洋洲:4－12;欧洲:8;北美洲:1－9;南美洲:2－10。【中国种数:3】。
Aneimiaebotrys Fée = **Hemianemia**
Anelasma Miers = **Abuta**
Anelsonia J. F. Macbr. & Payson 蝉翼芥属 Brassicaceae [MD－213] 特征纪要:习性:草本。花程式:K2－4,C2－4,A2－4,↓G－参考科。其他特征参考科。全球2个大洲分布及种数(1－2)亚洲:2; 北美洲:2。【中国种数:1】。
Anelytrum Hack. = **Avena**
Anema <unassigned> 可可李科属 Chrysobalanaceae [MD－243] 特征纪要:习性:－。花程式:－。其他特征参考科。全球3个大洲分布及种数(8)欧洲:7; 北美洲:7; 南美洲:2。
Anemagrostis Trin. = **Apera**
Anemanthele Veldkamp 雉尾茅属 Poaceae [MM－748] 特征纪要:习性:草本。花程式:(K－),C0 参考科,A3 参考科,↓G－参考科。其他特征参考科。全球4个大洲分布及种数(1－2)亚洲:2; 大洋洲:2; 欧洲:2; 北美洲:2。
Anemarrhena Bunge 知母属 Anemarrhenaceae [MM－662] 特征纪要(同科)。全球2个大洲分布及种数(1－6)亚洲:4; 北美洲:2。【中国种数:1】。
Anemarrhenaceae J. G. Conran [MM－662] 知母科 特征纪要:习性:木本;落叶。花程式:(K)6,C5,A3,G3。全球1个大洲分布及属种数(1/1 hort. 1)◆亚洲:1/3。
Anemidictyon J. Sm. ex Hook. 双绿苔属 Sauruaceae [MD－35] 特征纪要:－。分布:－。
Anemiopsis Endl. = **Anemopsis**
Anemocarpa Paul G. Wilson 风果彩鼠麹属 Asteraceae [MD－586] 特征纪要:习性:草本。花程式:(K)3－5,(C)3－5,A3－5,=↓G2。其他特征参考科。全球5个大洲分布及种数(3－62)非洲:7; 大洋洲:31; 欧洲:2; 北美洲:2; 南美洲:3。
Anemoclema (Franch.) W. T. Wang 罂粟莲花属 Ranunculaceae [MD－38] 特征纪要:习性:草本(根状茎,基生)。花程式:－。物候:－。花期:7－9月。果期:参考晚于花期。海拔:1700－3000米。生境:森林,草坡。资源:－。全球1个大洲分布及种数(1－2)◆亚洲(◆中国)。【中国种数:1】。
Anemonastrum Holub = **Anemone**。【中国种数:2】。
Anemone L. 银莲花属 Ranunculaceae [MD－38] 特征纪要:习性:草本(根状茎,基生,多肉)。花程式:－。物候:－。花期:3－5月。果期:参考晚于花期。海拔:1000－2600米。生境:草地上。栽培:来自广西龙州。资源:具栽培园艺种类。全球6个大洲分布及种数(158－220;hort. 1;cult. 29)非洲:33－74;亚洲:112－176;大洋洲:27－67;欧洲:43－86;北美洲:58－98;南美洲:28－68。【中国种数:26】。
Anemonella Spach 唐松莲花属 Ranunculaceae [MD－38] 特征纪要:习性:草本。花程式:K1－∞,C1－∞,A8,↓G－参考科。物候:－。海拔:－。生境:－。资源:具栽培园艺种类。全球4个大洲分布及种数(1－8)亚洲:4;

欧洲:2; 北美洲:2; 南美洲:6。

Anemonoides Mill. 毛茛科属 Ranunculaceae [MD-38] 特征纪要:习性:-。花程式:-。物候:-。花期:7-10月。果期:参考晚于花期。海拔:50-6000米。生境:阴凉处。资源:-。全球3个大洲分布及种数(42)亚洲:28; 欧洲:12; 北美洲:7。【中国种数:1】。

Anemonopsis Siebold & Zucc. 塔银莲属 Ranunculaceae [MD-38] 特征纪要:习性:草本。花程式:-。其他特征参考科。全球1个大洲分布及种数(1)◆亚洲:1。

A

Anemopaegma Mart. ex Meisn. 黄葳属 Bignoniaceae [MD-541] 特征纪要:习性:木本。花程式:K5,C0,A5,=G2。其他特征参考科。全球5个大洲分布及种数(48-118)非洲:6; 亚洲:14; 大洋洲:3; 北美洲:28; 南美洲:110。【中国种数:4】。

Anemopsis Hook. & Arn. 塔银莲属 Saururaceae [MD-35] 特征纪要:习性:草本。花程式:-。物候:-。海拔:-。生境:-。资源:具园艺种类。全球2个大洲分布及种数(1-8)亚洲:3; 北美洲:4。

Anemotrochus Mangelsdorff, Meve & Liede 塔夹竹属 Apocynaceae [MD-492] 特征纪要:习性:木本。花程式:Kn,C0,A15,↓G。其他特征参考科。全球1个大洲分布及种数(3) ◆北美洲:3。

Anepsa Raf. = **Stenanthium**

Anepsias Schott = **Rhodospatha**

Anerincleistus Korth. 长穗花属 Melastomataceae [MD-364] 特征纪要:习性:木本。花程式:Kn,C2-3参考科,A3参考科,=↓G-。其他特征参考科。全球1个大洲分布及种数(12)◆亚洲。

Anetanthus Hiern ex Benth. & Hook. f. 杯腺岩桐属 Gesneriaceae [MD-549] 特征纪要:习性:草本。花程式:K5,C0,A4,=G2。其他特征参考科。全球2个大洲分布及种数(4-13)北美洲:4; 南美洲:13。

Anetholea Peter G. Wilson = **Syzygium**

Anethum L. 莳萝属 Apiaceae [MD-480] 特征纪要:习性:草本(基生)。花程式:Kn,C5,A3参考科,=↓G2。花期:5-8月。果期:参考晚于花期。海拔:200-1500米。生境:-。资源:药用,具栽培园艺种类。全球6个大洲分布及种数(4-6)非洲:2-5;亚洲:1-3;大洋洲:1-2;欧洲:3-4;北美洲:1-2;南美洲:1-2。【中国种数:1】。

Anetium (Kunze) Splitgerber 树卤蕨属 Pteridaceae [F-31] 特征纪要:习性:-。【Rep】:孢子囊单生叶背。其他特征参考科。全球4个大洲分布及种数(1-4)亚洲:3; 大洋洲:2; 北美洲:2; 南美洲:4。

Aneulophus Benth. 对叶古柯属 Erythroxylaceae [MD-319] 特征纪要:习性:木本。花程式:K5,C5,A10,G3-5。其他特征参考科。全球2个大洲分布及种数(1-6)非洲:5; 南美洲:3。

Aneura Dum. 马达藤属 Avetraceae [MM-690] 特征纪要(同科)。全球6个大洲分布及种数(31-77)非洲:3-34;亚洲:19-45;大洋洲:6-59;欧洲:2-28;北美洲:6-32;南美洲:4-44。【中国种数:5】。

Aneuraceae H. Klinggr. [B-86] 绿片苔科 特征纪要:常绿,常绿,叶由枝条合生蹼化形成。【Rep】:复轴,核果状,苞片杯套内生种子,雌雄异株。全球6个大洲分布和属种数(3;hort. & cult. 1)(186-276;hort. & cult. 1)非洲:2-3/15-59;亚洲:2-3/57-94;大洋洲:2-3/81-148;欧洲:2-3/7-44;北美洲:3/25-62;南美洲:2-3/46-97。【中国属种数:3/21(1)】。

Aneuriscus C. Presl = **Symphonia**

Angadenia Miers 金号藤属 Apocynaceae [MD-492] 特征纪要:木本。花程式:K5-∞,C0,A15,=↓G2-5。其他特征参考科。全球4个大洲分布及种数(2-29)亚洲:5; 大洋洲:2; 北美洲:20; 南美洲:20。【中国种数:1】。

Angeldiazia M. O. Dillon & Zapata 秘鲁菊属 Asteraceae [MD-586] 特征纪要:习性:草本。花程式:(K)3-5,C3-5,A3-5,=↓(G)2。其他特征参考科。全球1个大洲分布及种数(1)◆南美洲(◆秘鲁)。

Angelesia Korth. = **Licania**。【中国种数:1】。

Angelica L. 当归属 Apiaceae [MD-480] 特征纪要:习性:草本(根状茎,基生,多肉)。花程式:Kn,C5,A4,=↓(G)2。物候:-。花期:7-8月。果期:参考晚于花期。海拔:1000-1100米。生境:草山坡。资源:药用,具栽培园艺种类。全球6个大洲分布及种数(119-396)非洲:7; 亚洲:259; 大洋洲:23; 欧洲:57; 北美洲:57; 南美洲:11。【中国种数:50】。

Angelonia Bonpl. 香彩雀属 Plantaginaceae [MD-527] 特征纪要:习性:灌木。花程式:K2-4,C0,A2-4,=↓G2-3。物候:-。海拔:-。生境:-。资源:具栽培园艺种类。全球6个大洲分布及种数(26-61)非洲:7; 亚洲:12; 大洋洲:6; 欧洲:12; 北美洲:12; 南美洲:55。【中国种数:1】。

Angelphytum G. M. Barroso 天使菊属 Asteraceae [MD-586] 特征纪要:-。全球5个大洲分布及种数(134)亚洲:10; 大洋洲:3; 欧洲:12; 北美洲:12; 南美洲:118。

Angianthus J. C. Wendl. 盐鼠麹属 Asteraceae [MD-586] 特征纪要:习性:草本。花程式:(K)3-5,(C)3-5,A3-5,=↓G2。其他特征参考科。全球3个大洲分布及种数(19-70)大洋洲:50; 北美洲:2; 南美洲:4。

Anginon Raf. 安吉草属 Apiaceae [MD-480] 特征纪要:习性:草本。花程式:K5,C5,A5,=↓(G)2。其他特征参考科。全球4个大洲分布及种数(12-23)非洲:22; 亚洲:2; 大洋洲:2; 北美洲:2。

Angiopteridaceae Fée ex J. Bommer [F-12] 莲座蕨科 特征纪要:常绿乔木或灌木,叶条形,螺旋状着生,基部扭转排成二列,直或镰状,下延生长,上面中脉隆起,下面有两条淡灰色、灰绿色或淡黄色的气孔带,叶内无树脂道。【Rep】:复轴,核果状,有肉质被套,下部苞鳞残迹,寡种子,球花单生叶腋,雄球花圆球形,有梗,雄蕊6-14枚,盾状,雌球花几无梗,上端2-3对苞片交叉对生,胚珠直立,单生于总花轴上部侧生短轴之顶端的苞腋,珠托发育成肉质、杯状、红色的假种皮,种子坚果状,当年成熟。全球6个大洲分布和属种数(1;hort. & cult. 1)(166-204;hort. & cult. 3-4)非洲:1/6-11;亚洲:1/151-173;大洋洲:1/18-24;欧洲:1/6-11;北美洲:1/5-10;南美洲:1/5。

Angiopteris Hoffm. 莲座蕨属 Angiopteridaceae [F－12] 特征纪要:－。全球6个大洲分布及种数(167－196)非洲:6－11;亚洲:151－173;大洋洲:18－24;欧洲:6－11;北美洲:5－10;南美洲:5。【中国种数:22】。

Angkalanthus Balf. f. 索岛爵床属 Acanthaceae [MD－572] 特征纪要:习性:草本。花程式:K2－4,C0,A2－4,＝G2。其他特征参考科。全球2个大洲分布及种数(1－4)非洲:2; 亚洲:3。

Angolaea Wedd. 丝河杉属 Podostemaceae [MD－322] 特征纪要:习性:草本。花程式:K1－2,C0,A10,＝(G)1－2。其他特征参考科。全球1个大洲分布及种数(1)◆非洲(◆安哥拉)。

Angolluma R. Munster 剑龙角属 Apocynaceae [MD－492] 特征纪要:习性:－。花程式:－。其他特征参考科。全球1个大洲分布及种数(1)◆非洲。

Angophora Cav. 杯果木属 Myrtaceae [MD－347] 特征纪要:习性:木本。花程式:K4－5,C4－5,A8－10,＝↓G2－5。物候:－。海拔:－。生境:－。资源:具园艺种类。全球6个大洲分布及种数(16－41)非洲:2; 亚洲:9; 大洋洲:28; 欧洲:7; 北美洲:7; 南美洲:7。【中国种数:1】。

Angorchis Nees ＝ **Angraecum**

Angoseseli Chiov. 钩果芹属 Apiaceae [MD－480] 特征纪要:习性:草本。花程式:Kn,C5,A3 参考科,＝↓G(－)。其他特征参考科。全球1个大洲分布及种数(1)◆非洲。

Angostura Röm. & Schult. 苦笛香属 Rutaceae [MD－399] 特征纪要:习性:木本。花程式:K5,C5,A4,＝G1－3。其他特征参考科。全球4个大洲分布及种数(11－46)亚洲:2; 大洋洲:3; 北美洲:8; 南美洲:45。

Angostylidium Pax & K. Hoffm. ＝ **Plukenetia**

Angostylis Benth. 角柱桐属 Euphorbiaceae [MD－217] 特征纪要:习性:木本。花程式:K1(1000),C0,A6,＝(G)2－3。其他特征参考科。全球1个大洲分布及种数(2)◆南美洲。

Angraecopsis Kraenzl. 拟武夷兰属 Orchidaceae [MM－723] 特征纪要:习性:草本。花程式:(K)3,C3,A3,＝↓G3。物候:－。花期:参考早于果期。果期:10－11月。海拔:80－5200米。生境:柏树林下或草坡路旁,竹坡中。资源:－。全球5个大洲分布及种数(20－66)非洲:60; 亚洲:7; 欧洲:2; 北美洲:2; 南美洲:3。

Angraecum Bory 彗星兰属 Orchidaceae [MM－723] 特征纪要:习性:草本。花程式:(K)3,C3,A3,＝↓G3。物候:－。花期:参考早于果期。果期:10－11月。海拔:80－5200米。生境:柏树林下或草坡路旁,竹坡中。资源:－。全球6个大洲分布及种数(195－251;hort. 1)非洲:193－244;亚洲:8－13;大洋洲:2－5;欧洲:5－9;北美洲:5－7;南美洲:2－5。【中国种数:1】。

Anguina Mill. ＝ **Trichosanthes**

Anguloa Ruiz & Pav. 郁香兰属 Orchidaceae [MM－723] 特征纪要:习性:草本。花程式:(K)3,C3,A3,＝↓G3。资源:具栽培园艺种类。全球3个大洲分布及种数(14－57)亚洲:9; 北美洲:7; 南美洲:52。

Anguriopsis J. R. Johnst. ＝ **Corallocarpus**

Angylocalyx Taub. 北羚豆属 Fabaceae3 [MD－240] 特征纪要:习性:木本。花程式:K1－∞,C1－∞,A5－9,＝↓G1。其他特征参考科。全球2个大洲分布及种数(7－18)非洲:16; 北美洲:2。

Anhymenium Griff. ＝ **Regmatodon**

Ania Lindl. 安兰属 Orchidaceae [MM－723] 特征纪要:习性:草本。花程式:(K－),C0参考科,A3,↓G3。物候:－。花期:参考早于果期。果期:10－11月。海拔:80－5200米。生境:柏树林下或草坡路旁,竹坡中。资源:具园艺种类。全球3个大洲分布及种数(6－18)非洲:1; 亚洲:10; 南美洲:2。【中国种数:5】。

Aniba Aubl. 玫樟属 Lauraceae [MD－21] 特征纪要:习性:木本。花程式:K3－9,C0,A3参考科,＝G1－3。其他特征参考科。全球5个大洲分布及种数(49－153)非洲:4; 亚洲:15; 大洋洲:2; 北美洲:29; 南美洲:147。【中国种数:1】。

Anictangium Hedw. 丛本藓属 Pottiaceae [B－133] 特征纪要:习性:－。生境:常见于高山岩石上。栽培:来自广西龙州。资源:具栽培园艺种类。全球2个大洲分布及种数(20)北美洲:1; 南美洲:1。

Anigozanthos Labill. 袋鼠爪属 Haemodoraceae [MM－718] 特征纪要:习性:草本。花程式:(K)3,C0参考科,A3－6,↓G3。其他特征参考科。全球5个大洲分布及种数(17－36)非洲:4; 亚洲:4; 大洋洲:30; 北美洲:4; 南美洲:1。【中国种数:1】。

Anil Mill. 寻蝶豆属 Fabaceae3 [MD－240] 特征纪要和分布(－)。

Anila Ludw. ex Kuntze 异蝶豆属 Fabaceae3 [MD－240] 特征纪要:习性:－。花程式:－。其他特征参考科。全球3个大洲分布及种数(9－15)非洲:5－10;亚洲:cf. 1;北美洲:2。

Aningeria Aubrév. & Pellegr. 桃榄属 Sapotaceae [MD－357] 特征纪要:习性:木本。花程式:参考科,C4－5－参考科,A4－5－参考科,G－ 参考科。其他特征参考科。全球2个大洲分布及种数(9－14)非洲:9; 南美洲:1。

Anisacanthus Nees 火唇花属 Acanthaceae [MD－572] 特征纪要:习性:草本。花程式:K2－4,C0,A2－4,＝↓(G)2。物候:－。海拔:－。生境:－。资源:具园艺种类。全球3个大洲分布及种数(21－25;hort. 1)亚洲:cf. 1;北美洲:16;南美洲:10－13。【中国种数:1】。

Anisachne Keng ＝ **Calamagrostis**

Anisadenia Wall. ex Meisn. 异腺草属 Linaceae [MD－315] 特征纪要:习性:木本。花程式:－。物候:－。花期:6－9月。果期:参考晚于花期。海拔:1200－3200米。生境:山坡。资源:具园艺种类。全球1个大洲分布及种数(cf. 1)◆亚洲。【中国种数:2】。

Anisantha K. Koch 异花雀麦属 Poaceae [MM－748] 特征纪要:习性:－。花程式:－。其他特征参考科。全球1个大洲分布及种数(3)◆北美洲。

Anisantherina Pennell 帚地黄属 Orobanchaceae［MD－552］特征纪要：习性：草本。花程式：K2－4，C0，A2－4，↓G2。其他特征参考科。全球2个大洲分布及种数(1－2)北美洲：2；南美洲：2。

Aniseia Choisy 心萼薯属 Convolvulaceae［MD－499］特征纪要：习性：草质攀援。花程式：－。物候：－。海拔：150－1800米。生境：山坡，山谷，路旁或林下，常见于较干燥处。资源：具园艺种类。全球6个大洲分布及种数(6－7)非洲：3；亚洲：1－4；大洋洲：2－5；欧洲：1－4；北美洲：4－7；南美洲：5－8。【中国种数：1】。

Aniselytron Merr. 沟稃草属 Poaceae［MM－748］特征纪要：习性：草本(基生)。花程式：(K)3，C0 参考科，A1－2，↓G－参考科。物候：－。花期：7月。果期：参考晚于花期。海拔：1300－2000米。生境：潮湿阴凉多岩石的疏林下，山谷湿地或草丛中。资源：－。全球3个大洲分布及种数(2－14)亚洲：11；北美洲：2；南美洲：2。【中国种数：2】。

Anisocampium C. Presl 安蕨属 Athyriaceae［F－40］特征纪要：习性：－。【Rep】：孢子囊群圆形，背生于小脉中部，在主脉两侧各排列成1行或仅有3－5枚。物候：－。海拔：10－4000米。生境：山地雨林下，竹林下。资源：－。全球5个大洲分布及种数(12)非洲：2；亚洲：11；欧洲：6；北美洲：6；南美洲：5。

Anisocapparis Cornejo & Iltis 异花菜属 Capparaceae［MD－178］特征纪要：习性：－。花程式：－。其他特征参考科。全球3个大洲分布及种数(2)非洲：2；北美洲：2；南美洲：2。

Anisocarpus Nutt. 歪果菊属 Asteraceae［MD－586］特征纪要：习性：草本。花程式：(K)3－5，(C)3－5，A3－5，↓G。其他特征参考科。全球1个大洲分布及种数(3－6)◆北美洲。

Anisocentra Turcz. ＝ **Tropaeolum**

Anisocereus Backeb. ＝ **Pachycereus**

Anisochaeta DC. 芒冠鼠麴木属 Asteraceae［MD－586］特征纪要：习性：草本。花程式：(K)3－5，(C)3－5，A3－5，↓G。其他特征参考科。全球2个大洲分布及种数(1－4)非洲：4；南美洲：2。

Anisochilus Wall. ex Benth. 排草香属 Lamiaceae［MD－575］特征纪要：习性：－。花程式：－。物候：－。花期：3月。果期：参考晚于花期。海拔：1200－1700米。生境：生于草坡及林缘，杂木林中。资源：药用，具栽培园艺种类。全球6个大洲分布及种数(4－9)非洲：1－8；亚洲：3－16；大洋洲：7；欧洲：7；北美洲：7；南美洲：7。

Anisocoma Torr. & A. Gray 异冠苣属 Asteraceae［MD－586］特征纪要：习性：草本。花程式：(K)3－5，(C)3－5，A3－5，＝↓G2。其他特征参考科。全球2个大洲分布及种数(1－4)亚洲：2；北美洲：2。【中国种数：1】。

Anisocycla Baill. 异环藤属 Menispermaceae［MD－42］特征纪要：习性：草本。花程式：K1(6－40)，C3，A1－6－40，＝G1－3。其他特征参考科。全球1个大洲分布及种数(3－5)◆非洲。

Anisodon Schimp. ＝ **Clasmatodon**

Anisodontea C. Presl 南非葵属 Malvaceae［MD－203］特征纪要：习性：木本。花程式：K5－∞，C5－∞，A10－8，＝G1－5。其他特征参考科。全球6个大洲分布及种数(22－52)非洲：31；亚洲：6；大洋洲：2；欧洲：5；北美洲：5；南美洲：24。【中国种数：1】。

Anisodus Link ex Spreng. 山莨菪属 Solanaceae［MD－503］特征纪要：习性：草本，亚灌木。花程式：－。物候：－。花期：6－8月。果期：参考晚于花期。海拔：2800－3100米。生境：草坡，荒地。资源：药用，具栽培园艺种类。全球6个大洲分布及种数(5－62)非洲：8；亚洲：35；大洋洲：3；欧洲：5；北美洲：5；南美洲：13。【中国种数：3】。

Anisogonium C. Presl ＝ **Diplazium**

Anisolobus A. DC. ＝ **Odontadenia**

Anisolotus Bernh. ex Schltdl. 豆科属 Fabaceae3［MD－240］特征纪要：习性：－。花程式：－。其他特征参考科。全球2个大洲分布及种数(8)北美洲：1；南美洲：1。

Anisomeles R. Br. 广防风属 Lamiaceae［MD－575］特征纪要：习性：草本。花程式：－。物候：－。花期：8－9月。果期：参考晚于花期。海拔：0－2400米。生境：森林路边，中等土，草地，阴，干燥。资源：药用，具栽培园艺种类。全球6个大洲分布及种数(25－53)非洲：17；亚洲：21；大洋洲：40；欧洲：13；北美洲：13；南美洲：7。【中国种数：3】。

Anisomeria D. Don 异被商陆属 Phytolaccaceae［MD－125］特征纪要：习性：灌木。花程式：K4－5，C0，A6，＝G1－4。其他特征参考科。全球1个大洲分布及种数(4－5)◆南美洲。

Anisopappus Hook. & Arn. 山黄菊属 Asteraceae［MD－586］特征纪要：习性：草本(根状茎，基生)。花程式：(K)3－5，C3－5，A3 参考科，＝↓G2。物候：－。花期：8－11月。果期：参考晚于花期。海拔：2400米。生境：草坡，荒地，森林边缘，阳坡荒草中。资源：药用。全球6个大洲分布及种数(29－48；hort. 1)非洲：28－45；亚洲：1－3；大洋洲：2；欧洲：1－3；北美洲：2－4；南美洲：3－5。【中国种数：1】。

Anisopetala (Kraenzl.) M. A. Clem. 多变石斛属 Orchidaceae［MM－723］特征纪要和分布(－)。

Anisopetalum Hook. ＝ **Bulbophyllum**

Anisophyllea R. Br. ex Sabine 异叶木属 Anisophylleaceae［MD－324］特征纪要：习性：木本。花程式：－。其他特征参考科。全球4个大洲分布及种数(12－71)非洲：6－37；亚洲：3－20；大洋洲：1；南美洲：2。【中国种数：2】。

Anisophylleaceae Ridl.［MD－324］异叶木科 特征纪要：习性：木本；落叶。花程式：K4－5(－)，C3，A8，＝↓(G)3－。果实：核果。全球4个大洲分布及属种数(4－5/17－78 hort. 1) 非洲：2/9－40；亚洲：1/4－21；大洋洲：1/1－2；南美洲：3/6－7。【中国属种数：1/2】。

Anisophyllum G. Don ex Benth. 大戟科属 Euphorbiaceae［MD－217］特征纪要：习性：－。花程式：－。其他特征参考科。全球1个大洲分布及种数(－)。

Anisopoda Baker 异足芹属 Apiaceae［MD－480］特征纪要：习性：草本。花程式：K5，C5，A5，＝↓G2。其他特征参考科。全球1个大洲分布及种数(1)◆非洲(◆马达加斯加)。

Anisopogon R. Br. 澳异芒草属 Poaceae [MM－748] 特征纪要:习性:草本。花程式:(K)3,C0 参考科,A1－2,＝(G)2－3。其他特征参考科。全球 1 个大洲分布及种数(1－3)◆大洋洲(◆澳大利亚)。

Anisoptera Korth. 异翅香属 Dipterocarpaceae [MD－173] 特征纪要:习性:木本。花期:4－5 月。果期:参考晚于花期。海拔:300－1100 米。生境:沟谷雨林及石灰山密林中,在草甸干燥沙土中。资源:具园艺种类。全球 5 个大洲分布及种数(11－45)非洲:6; 亚洲:36; 大洋洲:7; 北美洲:3; 南美洲:8。【中国种数:2】。

Anisopus N. E. Br. 异足萝藦属 Apocynaceae [MD－492] 特征纪要:习性:木本。花程式:K5,C0,A15,＝↓G2。其他特征参考科。全球 3 个大洲分布及种数(2－13)非洲:5; 亚洲:3; 南美洲:6。【中国种数:1】。

Anisopyrum Gren. & Duval－Jouve ＝ **Leymus**

Anisora Raf. ＝ **Helicteres**

Anisosciadium DC. 矮伞芹属 Apiaceae [MD－480] 特征纪要:习性:草本。花程式:K5,C5,A5,＝↓G(－)。其他特征参考科。全球 1 个大洲分布及种数(1－3)◆亚洲。

Anisosepalum E. Hossain 叉柱花属 Acanthaceae [MD－572] 特征纪要:习性:草本。花程式:Kn,C0,A4,↓G。其他特征参考科。全球 1 个大洲分布及种数(4)◆非洲。

Anisosperma Silva Manso 爵床属 Cucurbitaceae [MD－205] 特征纪要:习性:－。花程式:－。其他特征参考科。全球 1 个大洲分布及种数(cf. 1)◆南美洲。

Anisostachya Nees 非洲异爵床属 Acanthaceae [MD－572] 特征纪要:习性:草本。花程式:K2－4,C0,A2－4,＝G2。其他特征参考科。全球 2 个大洲分布及种数(63－74)非洲:74; 亚洲:2。

Anisostemon Turcz. ＝ **Connarus**

Anisostichium Mitt. 小叶藓属 Bryaceae [B－146] 特征纪要:－。全球 1 个大洲分布及种数(－)。

Anisotes Nees 红唇花属 Acanthaceae [MD－572] 特征纪要:草本,落叶,复叶; 花程式:K2－4,C0,A2－4,G(－),果实:蒴果。种子:棕色。全球 1 个大洲分布及种数(10－24)◆非洲。

Anisothecium Mitt. 异尾藓属 Dicranaceae [B－128] 特征纪要:习性:－。【Rep】:雌苞叶分化,基部鞘状,有毛尖,蒴柄长,均高出于雌苞叶,孢蒴直立或背曲,长圆柱形或长椭圆形,辐射对称,雌雄异株,雄株矮小,附于假根上成假雌雄同株,雌苞叶形大,高鞘状,上部具细毛尖,与孢蒴等长或长于孢蒴。物候:－。全球 6 个大洲分布及种数(43)非洲:8;亚洲:12;大洋洲:7;欧洲:9;北美洲:12;南美洲:21。【中国种数:4】。

Anisotoma Fenzl 异片萝藦属 Apocynaceae [MD－492] 特征纪要:习性:木本。花程式:K5,C0,A15,＝↓(G)2。其他特征参考科。全球 2 个大洲分布及种数(3－8)非洲:7; 南美洲:3。

Anisotomaria C. Presl ＝ **Anisotoma**

Anisotome Hook. f. 甘松芹属 Apiaceae [MD－480] 特征纪要:习性:草本。花程式:K5,C5,A5,＝↓G2。其他特征参考科。全球 2 个大洲分布及种数(7－19)亚洲:3;大洋洲:6－16。【中国种数:3】。

Ankyropetalum Fenzl ＝ **Gypsophila**

Anna Pellegr. 大苞苣苔属 Gesneriaceae [MD－549] 特征纪要:习性:草本,少灌木。花程式:－。物候:－。花期:8 月。果期:参考晚于花期。海拔:1100－1500 米。生境:生于山坡草地及沟边林下石缝中,杂草中。资源:－。全球 4 个大洲分布及种数(4－8)非洲:2; 亚洲:8; 大洋洲:2; 南美洲:2。【中国种数:3】。

Annaea Kolak. ＝ **Campanula**

Annamocalamus H. N. Nguyen, N. H. Xia & V. T. Tran 禾本科属 Poaceae [MM－748] 特征纪要:习性:草本。花程式:－。其他特征参考科。全球 1 个大洲分布及种数◆亚洲:1。

Annamocarya A. Chev. 喙核桃属 Juglandaceae [MD－136] 特征纪要:木本(基生),叶互生,落叶,复叶。花程式:Kn,C,A(－),G－,房位(－)。果实:－。种子:矩圆形。全球 1 个大洲分布及种数(2)◆亚洲:cf. 1。

Anneliesia Brieger & Lückel 尖嘴兰属 Orchidaceae [MM－723] 特征纪要:习性:－。花程式:－。其他特征参考科。全球 1 个大洲分布及种数(1)◆南美洲(◆巴西)。

Annesijoa Pax & K. Hoffm. 钝药桐属 Euphorbiaceae [MD－217] 特征纪要:习性:木本。花程式:Kn,C0,A6,＝(G)2－3。其他特征参考科。全球 3 个大洲分布及种数(1－3)非洲:3; 亚洲:3; 大洋洲:3。

Anneslea Wall. 茶梨属 Pentaphylacaceae [MD－215] 特征纪要和分布(－)。全球 1 个大洲分布及种数(2－6)◆亚洲。【中国种数:1】。

Anneslia Salisb. 豆科属 Fabaceae1 [MD－238] 特征纪要:习性:－。花程式:－。其他特征参考科。全球 4 个大洲分布及种数(89)亚洲:3; 大洋洲:2; 北美洲:5; 南美洲:4。

Annesorhiza Cham. & Schltdl. 南非草属 Apiaceae [MD－480] 特征纪要:习性:草本。花程式:－。其他特征参考科。全球 5 个大洲分布及种数(22－54)非洲:39; 大洋洲:2; 欧洲:2; 北美洲:2; 南美洲:4。

Annickia Setten & Maas 南美野荔枝属 Annonaceae [MD－7] 特征纪要:习性:木本。花程式:K3,C3,A2,↓G－参考科。其他特征参考科。全球 2 个大洲分布及种数(10－11)非洲,大洋洲。

Annona L. 番荔枝属 Annonaceae [MD－7] 特征纪要:习性:木本。花程式:K3,C3,A5,＝G10－100。物候:－。花期:3－7 月。果期:参考晚于花期。海拔:100－200 米。生境:广泛种植,栽培河旁疏荫潮湿。资源:药用,食用,具栽培园艺种类。全球 6 个大洲分布及种数(176－358)非洲:52; 亚洲:49; 大洋洲:11; 欧洲:92; 北美洲:92; 南美洲:244。【中国种数:8】。

Annonaceae Juss. [MD－7] 番荔枝科 特征纪要:习性:木本;落叶。花程式:(K)6－,C3,A2－8,↑G10(100)。物候:－。花期:4 月。果期:5－6 月。果实:有果柄。种子:种皮作不规则的矩圆形。海拔:1000－1400 米。生境:半常绿阔叶林中,杂林。资源:园林,药用。栽培:中国有栽培。全球 6 个大洲分布及属种数(135－140/2310－3339 <IFR 17/36> hort. 1;cult. 13) 非洲:54－55/548－653(IFR 7/18); 亚洲:59－60/856－1334(IFR

6/10); 大洋洲:18 - 21/99 - 142; 欧洲:5/14 - 15; 北美洲:25/199 - 215(IFR 5/5); 南美洲:41/901 - 1024(IFR 2/3)。【中国属种数:33/155】。

Annularia Hochst. = **Voacanga**

Anoda Cav. 盘果苘属 Malvaceae [MD - 203] 特征纪要:习性:木本。花程式:K5 - ∞, C5 - ∞, A10 - 8, = G1 - 5。其他特征参考科。全球 6 个大洲分布及种数(24 - 57)非洲:2; 亚洲:6; 大洋洲:6; 欧洲:36; 北美洲:36; 南美洲:25。【中国种数:2】。

A

Anodendron A. DC. 鳝藤属 Apocynaceae [MD - 492] 特征纪要:习性:木质攀援。花程式:(K -), C5, A5, ↓ G - 。物候: - 。花期:4 月。果期:参考晚于花期。海拔:200 - 1000 米。生境:季节雨林,疏林,灌木。资源:药用和园林,藤用,具栽培园艺种类。全球 5 个大洲分布及种数(17 - 55)非洲:6; 亚洲:50; 大洋洲:8; 北美洲:3; 南美洲:4。【中国种数:5】。

Anodiscus Benth. 小岩桐属 Gesneriaceae [MD - 549] 特征纪要:习性: - 。花程式: - 。其他特征参考科。全球 1 个大洲分布及种数(cf. 1)◆南美洲(◆秘鲁)。

Anodon Rabenh. = **Schistidium**

Anodontea (DC.) Sweet = **Aurinia**

Anodontium Brid. 木衣藓属 Orthotrichaceae [B - 151] 特征纪要: - 。全球 1 个大洲分布及种数(-)。

Anodopetalum A. Cunn. ex Endl. 平枝梅属 Cunoniaceae [MD - 255] 特征纪要:习性:木本。花程式:K4 - 5, C4 - 5, A4 - 5, = ↓ G2 - 3。其他特征参考科。全球 1 个大洲分布及种数(1)◆大洋洲(◆澳大利亚)。

Anodus Bruch & Schimp. 细叶藓属 Seligeriaceae [B - 113] 特征纪要: - 。全球 1 个大洲分布及种数(-)。

Anoectangium Schwägr 丛本藓属 Pottiaceae [B - 133] 特征纪要:习性: - 。【Rep】:孢腔轮廓清晰,蒴齿缺如,或具蒴齿而无基膜,下部呈黄绿或黄棕色。物候: - 。海拔:600 米。生境:土生,岩石生。资源: - 。全球 6 个大洲分布及种数(15) 非洲:5;亚洲:5;大洋洲:3;欧洲:6;北美洲:7;南美洲:4。【中国种数:15】。

Anoectochilus Bl. 开唇兰属 Orchidaceae [MM - 723] 特征纪要:习性:草本。花程式:Kn, C2 - 3 参考科, A3 参考科, = ↓ G3。物候: - 。花期:4 月。果期:参考晚于花期。海拔:300 - 400 米。生境:常绿阔叶林下或沟谷阴湿处,阴湿森林或竹林内。资源:药用,具栽培园艺种类。全球 6 个大洲分布及种数(48 - 294)非洲:26; 亚洲:230; 大洋洲:50; 欧洲:12; 北美洲:12; 南美洲:16。【中国种数:11】。

Anogeissus (DC.) Wall. ex Guill., Perr. & A. Rich. 榆绿木属 Combretaceae [MD - 354] 特征纪要:习性:木质攀援。花程式:Kn, (C)5 参考科, A8, = ↓ G - 。物候: - 。花期:2 - 3 月。果期:参考晚于花期。海拔:700 米。生境:平地,中山湿润阔叶林。资源:木材,具栽培园艺种类。全球 6 个大洲分布及种数(27)非洲:7; 亚洲:20; 大洋洲:2; 欧洲:4; 北美洲:4; 南美洲:4。

Anogramma Link 翠蕨属 Pteridaceae [F - 31] 特征纪要:习性: - 。【Rep】:孢子囊群沿小脉着生,无盖,也无夹丝(毛)。物候: - 。海拔:1300 - 2900 米。生境: - 。资源:具园艺种类。全球 6 个大洲分布及种数(9 - 14)非洲:2 - 3;亚洲:3 - 4;大洋洲:1;欧洲:1;北美洲:3;南美洲:5。【中国种数:1】。

Anoma Lour. = **Moringa**

Anomacanthus R. D. Good 异花爵床属 Acanthaceae [MD - 572] 特征纪要:习性: - 。花程式: - 。其他特征参考科。全球 3 个大洲分布及种数(1 - 6)非洲:3; 亚洲:2; 南美洲:2。

Anomacaulis (R. M. Schust.) Grolle 翠叶苔属 Jungermanniaceae [B - 38] 特征纪要:习性: - 。【Rep】:雌苞叶和雌苞腹叶无纤毛和齿,具蒴囊,蒴萼近圆形,口部具细圆齿或突起,蒴壁 2 层细胞,雌苞叶和雌苞腹叶无纤毛和齿,具蒴囊,蒴萼近圆形,口部具细圆齿或突起,蒴壁 2 层细胞。其他特征参考科。全球 1 个大洲分布及种数(cf. 1)◆亚洲。

Anomalocalyx Ducke 裂萼桐属 Euphorbiaceae [MD - 217] 特征纪要:习性: - 。花程式: - 。其他特征参考科。全球 1 个大洲分布及种数(1)◆南美洲(◆巴西)。

Anomalolejeunea (Spruce) Schiffner 南美细鳞苔属 Lejeuneaceae [B - 84] 特征纪要: - 。全球 1 个大洲分布及种数(1)◆南美洲:1。

Anomalopteris (DC.) G. Don 金虎尾科属 Malpighiaceae [MD - 343] 特征纪要:习性: - 。花程式: - 。其他特征参考科。全球 3 个大洲分布及种数(10)非洲:3; 亚洲:2; 南美洲:2。

Anomalosicyos Gentry = **Sicyos**

Anomalotis Steud. = **Agrostis**

Anomantia Raf. ex DC. = **Verbesina**

Anomianthus Zoll. 甘玉盘属 Annonaceae [MD - 7] 特征纪要:习性: - 。花程式: - 。物候: - 。花期:4 月。果期:参考晚于花期。海拔:100 - 2400 米。生境:半常绿阔叶林中,在山地灌木丛中。资源: - 。全球 2 个大洲分布及种数(4)亚洲:4; 北美洲:3。

Anomobryopsis Cardot 真藓科属 Bryaceae [B - 146] 特征纪要: - 。全球 1 个大洲分布及种数(-)。

Anomobryum Schimp. 银藓属 Bryaceae [B - 146] 特征纪要:习性: - 。【Rep】:孢子体不发达,孢子体相似于真藓属。物候: - 。海拔:1000 米。生境:土生。资源: - 。全球 6 个大洲分布及种数(62) 非洲:15;亚洲:21;大洋洲:10;欧洲:10;北美洲:18;南美洲:22。【中国种数:15】。

Anomochloa Brongn. 柊叶竺属 Poaceae [MM - 748] 特征纪要:习性:草本。花程式: - 。其他特征参考科。全球 2 个大洲分布及种数(1 - 3)北美洲:2; 南美洲:3。

Anomochloaceae Nakai = Poaceae

Anomoclada Spruce 巴西大萼苔属 Cephaloziaceae [B - 52] 特征纪要:习性: - 。【Rep】:雌苞生于茎腹面短枝上,

蒴萼长筒形,口部有长刺,雄苞生于茎腹面,雄苞叶多对,呈穗状,老时呈黄褐色。其他特征参考科。全球1个大洲分布及种数(1)◆南美洲(◆巴西)。

Anomoctenium Pichon = **Amphilophium**

Anomodon Hook. & Taylor 广牛舌藓属 Thuidiaceae [B-184] 特征纪要:习性:-。【Rep】:雌雄异株,雌苞叶基部呈鞘状,蒴柄细长,孢蒴卵形至圆柱形,蒴齿外齿层淡黄色或黄褐色,具密疣,内齿层灰白。物候:-。海拔:900米。生境:腐木生,岩面土生。资源:-。全球6个大洲分布及种数(34) 非洲:8;亚洲:23;大洋洲:4;欧洲:10;北美洲:13;南美洲:5。【中国种数:28】。

Anomodontaceae Kindb. [B-209] 牛舌藓科 特征纪要:落叶,叶螺旋状排列,基部下延生长,异型钻形叶在主枝上斜上伸展,或向上弯曲而靠近小枝,宿存。【Rep】:球果球形或卵圆形,具短梗或几无梗,种鳞木质,盾形,顶部呈不规则的四边形,苞鳞与种鳞合生,仅先端分离,向外突起成三角状小尖头,发育的种鳞各有2粒种子,种子呈不规则三角形,有明显锐利的棱脊,子叶4-9枚,发芽时出土。全球5个大洲分布和属种数(3/10)亚洲:1/7;大洋洲:1/2;欧洲:3/4;北美洲:1/2;南美洲:1/1。【中国属种数:2/33】。

Anomomarsupella R. M. Schust. = **Eremonotus**

Anomomarsurpella R. M. Schust. 湿生苔属 Gymnomitriaceae [B-41] 特征纪要:-。全球1个大洲分布及种数(1)◆非洲。

Anomorhegmia Meisn. = **Mackinlaya**

Anomospermum Miers 异子藤属 Menispermaceae [MD-42] 特征纪要:习性:-。花程式:-。其他特征参考科。全球2个大洲分布及种数(10)北美洲:3;南美洲:9。

Anomostachys (Baill.) Hurus. 叉序柏属 Euphorbiaceae [MD-217] 特征纪要:习性:-。花程式:-。其他特征参考科。全球1个大洲分布及种数(-)。

Anomylia Vanderp., A. Schäfer-Verwimp & D. G. Long 薄萼苔属 Lophocoleaceae [B-74] 特征纪要:-。全球2个大洲分布及种数(4)北美洲:1; 南美洲:1。

Anonidium Engl. & Diels 巨番荔枝属 Annonaceae [MD-7] 特征纪要:习性:木本。花程式:K3-∞,C3,A2,=G10-100。其他特征参考科。全球2个大洲分布及种数(5-11)非洲:10; 大洋洲:2。

Anoniodes Schltr. = **Sloanea**

Anonocarpus Ducke = **Batocarpus**

Anoplocaryum Ledeb. 平核草属 Boraginaceae [MD-517] 特征纪要:习性:草本。花程式:K5,C0,A5,=(G)2-4。物候:-。花期:7-8月。果期:参考晚于花期。海拔:5700米。生境:草地,路边,耕地,自然山坡地。资源:-。全球1个大洲分布及种数(cf. 1)◆亚洲。【中国种数:1】。

Anoplolejeunea (Spruce) Schiffn. 玻鳞苔属 Lejeuneaceae [B-84] 特征纪要:习性:-。【Rep】:老时呈红褐色。其他特征参考科。全球2个大洲分布及种数(3)北美洲:2; 南美洲:3。

Anoplon Rchb. = **Diphelypaea**

Anoplophytum Beer = **Tillandsia**

Anopteris Prantl ex Diels 花旗凤尾蕨属 Pteridaceae [F-31] 特征纪要:习性:-。【Rep】:孢子囊单生叶背。其他特征参考科。全球2个大洲分布及种数(6)亚洲:2; 北美洲:3。

Anopterus Labill. 桂鼠刺属 Escalloniaceae [MD-447] 特征纪要:习性:木本。花程式:-。其他特征参考科。全球2个大洲分布及种数(2-6)大洋洲:6; 南美洲:4。

Anopyxis (Pierre) Engl. 楝红树属 Rhizophoraceae [MD-329] 特征纪要:习性:木本。花程式:-。其他特征参考科。全球1个大洲分布及种数(1)◆非洲。

Anosporum Nees = **Cyperus**

Anota Schltr. 无耳兰属 Orchidaceae [MM-723] 特征纪要:-。全球1个大洲分布及种数(6)◆亚洲:6。

Anotea (DC.) Kunth 墨西哥锦葵属 Malvaceae [MD-203] 特征纪要:习性:木本。花程式:K5-∞,C5-∞,A10-8,=(G)1-5。其他特征参考科。全球2个大洲分布及种数(1-3)北美洲:2; 南美洲:2。

Anotis DC. 假耳草属 Rubiaceae [MD-523] 特征纪要:习性:-。花程式:-。其他特征参考科。全球6个大洲分布及种数(4-5)非洲:16;亚洲:3-20;大洋洲:16;欧洲:16;北美洲:16;南美洲:16。

Anredera Juss. 落葵薯属 Basellaceae [MD-117] 特征纪要:习性:草质攀援。花程式:-。物候:-。花期:6-10月。果期:参考晚于花期。海拔:-。生境:-。栽培:-。资源:药用,具栽培园艺种类。全球6个大洲分布及种数(13-40)非洲:7; 亚洲:10; 大洋洲:3; 欧洲:17; 北美洲:17; 南美洲:32。【中国种数:3】。

Ansellia Lindl. 豹斑兰属 Orchidaceae [MM-723] 特征纪要:习性:草本。花程式:(K)3,C3,A3,=↓G3。其他特征参考科。全球6个大洲分布及种数(2)非洲:1-3;亚洲:2;大洋洲:2;欧洲:2;北美洲:1-3;南美洲:2。

Antagonia Griseb. = **Cayaponia**

Antartica (Hand.-Mazz.) R. Doll 银丽菊属 Asteraceae [MD-586] 特征纪要:-。全球1个大洲分布及种数(1)◆非洲。

Antaurea Neck. = **Centaurea**

Antegibbaeum Schwantes ex C. Weber 银丽玉属 Aizoaceae [MD-94] 特征纪要:习性:草本。花程式:Kn,C∞参考科,A5参考科,=↓G-。其他特征参考科。全球3个大洲分布及种数(1-26)非洲:1; 亚洲:15; 南美洲:11。

Antennaria Gaertn. 蝶须属 Asteraceae [MD-586] 特征纪要:习性:草本(根状茎,基生)。花程式:(K)3-5,C3-5,A3参考科,=↓G2。物候:-。花期:5-8月。果期:参考晚于花期。海拔:600-2700米。生境:苔原,草地,针叶林的干坡,针叶林下也常见。资源:药用,具栽培园艺种类。全球6个大洲分布及种数(63-102;hort. 1;

cult. 12)非洲:106;亚洲:22-133;大洋洲:3-109;欧洲:9-115;北美洲:57-166;南美洲:13-119。【中国种数:16】。

Antenoron Raf. 金线草属 Polygonaceae [MD-120] 特征纪要:习性:-。花程式:-。物候:-。花期:8-10 月。果期:参考晚于花期。海拔:100-2500 米。生境:山谷,针叶林,山地,黄壤,阴生。资源:-。全球 6 个大洲分布及种数(1-3)非洲:2;亚洲:2;大洋洲:2;欧洲:2;北美洲:2;南美洲:2。

Antephora Steud. = **Anthephora**

Anteremanthus H. Rob. 单头巴西菊属 Asteraceae [MD-586] 特征纪要:习性:草本。花程式:(K)3-5,C3-5,A3-5,=↓(G)2。其他特征参考科。全球 1 个大洲分布及种数(2)◆南美洲(◆巴西)。

Anthacantha Lem. = **Euphorbia**

Anthaenantia P. Beauv. 绢鳞草属 Poaceae [MM-748] 特征纪要:习性:-。花程式:-。其他特征参考科。全球6 个大洲分布及种数(21)非洲:4; 亚洲:6; 大洋洲:3; 欧洲:14; 北美洲:14; 南美洲:11。

Anthaenantiopsis Mez ex Pilg. 拟银鳞草属 Poaceae [MM-748] 特征纪要:习性:草本。花程式:(K)3,C0 参考科,A1-2,=G2-3。其他特征参考科。全球 1 个大洲分布及种数(4)◆南美洲。

Anthaenantropsis A. Camus = **Anthaenantiopsis**

Anthelepis <unassigned> 莎鳞草属 Cyperaceae [MM-747] 特征纪要:习性:-。花程式:-。其他特征参考科。全球 2 个大洲分布及种数(4)亚洲:1; 大洋洲:4。

Anthelia (Dum.) Dum. 兔耳苔属 Antheliaceae [B-45] 特征纪要(同科)。全球 6 个大洲分布及种数(4)非洲:13;亚洲:2-15;大洋洲:13;欧洲:3-16;北美洲:3-16;南美洲:1-14。【中国种数:1】。

Antheliaceae R. M. Schust. [B-45] 兔耳苔科 特征纪要:叶状体小或大形,浅绿色至暗绿色,有时具光泽,多回叉状分枝。【Rep】:雌雄异株,雄托椭圆形,生于叶状体背面的前端,无托柄,雌托长圆锥形,边缘 5-9 浅裂。全球 6 个大洲分布和属种数(3-4 ;hort. & cult. 2-3)(33-55;hort. & cult. 11-20)非洲:1/2-6; 亚洲:1/8-11; 大洋洲:3-4/25-46; 欧洲:1/3; 北美洲:1/7-10; 南美洲:1/1-4。【中国属种数:1/1】。

Anthelmenthia P. Br. = **Spigelia**

Anthematricaria Rohlena 长耳菊属 Asteraceae [MD-586] 特征纪要:习性:-。花程式:-。其他特征参考科。全球 1 个大洲分布及种数(1)◆非洲。

Anthemidaceae Bercht. & J. Presl [MD-589] 春黄菊科 特征纪要:习性:草本;落叶。花程式:(K)6-,C4-5,A3,↓(G)-。花期:6-7 月。果期:8 月。果实:瘦果。海拔:2000 米。生境:已种植,可能已归化。栽培:来自广西龙州。资源:观赏。栽培:中国有栽培。全球 5 个大洲分布及属种数(2-3/2-3 <IFR 1/39> hort. 1;cult. 1)非洲:2/49-59(IFR 1/11); 亚洲:1/125-131(IFR 1/18); 大洋洲:1/18; 欧洲:IFR 1/19; 北美洲:1/19。

Anthemimatricaria P. Fourn. 菊科属 Asclepiadaceae [MD-494] 特征纪要:习性:-。花程式:(K)3-5,(C)3-5,A3-5,↓G。其他特征参考科。全球 1 个大洲分布及种数(1)◆非洲。

Anthemis L. 春黄菊属 Anthemidaceae [MD-589] 特征纪要(同科)。全球6 个大洲分布及种数(171-284;hort. 1;cult. 26)非洲:46-61;亚洲:123-136;大洋洲:16-21;欧洲:67-77;北美洲:17-23;南美洲:6-11。【中国种数:7】。

Anthenantia P. Beauv. = **Anthaenantia**

Anthephora Schreb. 瓶刷草属 Poaceae [MM-748] 特征纪要:习性:草本。花程式:(K)3,C0 参考科,A1-2,=G2-3。物候:-。海拔:-。生境:-。资源:具园艺种类。全球 6 个大洲分布及种数(11-15)非洲:10-14;亚洲:5-8;大洋洲:2;欧洲:2;北美洲:4-7;南美洲:4-7。

Anthereon Pridgeon & M. W. Chase = **Pabstiella**

Anthericaceae J. Agardh [MM-643] 猴面包科 特征纪要:习性:木本;落叶。花程式:(K)6-,C3,A3,↑G3。物候:-。花期:-。果期:-。果实:蒴果。种子:-。海拔:-米。生境:-。资源:-。栽培:-。全球 5 个大洲分布及属种数(10/22-29 <IFR 1/5> hort. 1;cult. 1) 非洲:IFR 1/5; 亚洲:1/7-10; 大洋洲:2/8-13; 北美洲:2/5-6; 南美洲:4/30-34。

Anthericopsis Engl. 旱竹叶属 Commelinaceae [MM-708] 特征纪要:习性:草本。花程式:(K)3,C3,A2-3,=G3。其他特征参考科。全球 1 个大洲分布及种数(1)◆非洲。

Anthericum L. 圆果吊兰属 Anthericaceae [MM-643] 特征纪要(同科)。全球6 个大洲分布及种数(34-99;hort. 1;cult. 2)非洲:22-72;亚洲:5-25;大洋洲:5-21;欧洲:3-21;北美洲:1-18;南美洲:17-35。【中国种数:3】。

Antherocephala DC. = **Atherocephala**

Antherolophus Gagnep. = **Aspidistra**

Antheroporum Gagnep. 肿荚豆属 Fabaceae3 [MD-240] 特征纪要:习性:木本。花程式:Kn,C2-3 参考科,A3 参考科,=↓G1。物候:-。花期:3-8 月。果期:参考晚于花期。海拔:500-1300 米。生境:季节性雨林,生于山谷杂木林中。资源:-。全球 1 个大洲分布及种数(3-4)◆亚洲。【中国种数:2】。

Antherostele Bremek. 尖叶木属 Rubiaceae [MD-523] 特征纪要:习性:木本。花程式:(K-),(C)4,A3-5,↓G。其他特征参考科。全球 1 个大洲分布及种数(4-5)◆亚洲。

Antherothamnus N. E. Br. 繁铃木属 Scrophulariaceae [MD-536] 特征纪要:习性:灌木。花程式:K2-4,C0,A3 参考科,↓G2。其他特征参考科。全球 1 个大洲分布及种数(1)◆非洲。

Antherotoma (Naudin) Hook. f. 割花野牡丹属 Melastomataceae [MD-364] 特征纪要:习性:木本。花程式:K4-5,C4-5,A4-5,=↓G3-4。其他特征参考科。全球 3 个大洲分布及种数(11-21)非洲:18; 亚洲:2; 北美洲:2。

Antherura Lour. = **Psychotria**

Anthipsimus Raf. = **Muhlenbergia**
Anthirrinum Moench = **Antirrhinum**
Anthisteria Schreb. = **Themeda**
Anthistiria L. f. = **Themeda**

Anthobolus R. Br. 羊柴檀属 Santalaceae［MD－412］特征纪要:习性:木本。花程式:K3－4,C0,A3－4,＝↓(G)2－3。其他特征参考科。全球4个大洲分布及种数(4－24)非洲:2; 亚洲:1; 大洋洲:24; 南美洲:16。

Anthocarapa Pierre 烟松楝属 Meliaceae［MD－414］特征纪要:习性:木本。花程式:K3－5,C3－5,A6,＝(G)1－2。其他特征参考科。全球3个大洲分布及种数(1－2)非洲:1; 亚洲:2; 大洋洲:2。

Anthocarpa (Griseb.) Pierre 楝科属 Meliaceae［MD－414］特征纪要:习性:－。花程式:－。其他特征参考科。全球1个大洲分布及种数(－)。

Anthocephalum A. Rich. 知母茜草属 Rubiaceae［MD－523］特征纪要:－。全球1个大洲分布及种数(1)◆非洲。

Anthocephalus A. Rich. 知母茜草属 Rubiaceae［MD－523］特征纪要:习性:－。花程式:－。其他特征参考科。全球3个大洲分布及种数(2) 亚洲:2;大洋洲:1;北美洲:1。

Anthocercis Labill. 尾花茄属 Solanaceae［MD－503］特征纪要:习性:草本。花程式:－。其他特征参考科。全球6个大洲分布及种数(13－45)非洲:2; 亚洲:2; 大洋洲:34; 欧洲:2; 北美洲:2; 南美洲:2。

Anthoceris Steud. = **Anthocercis**

Anthoceros L. 角苔属 Anthocerotaceae［B－91］特征纪要:习性:－。【Rep】:雌雄多同株,精子器着生封闭的腔内,孢蒴长角状,基部由筒状苞膜所包围,胞壁常具气孔,孢子多黑褐色。其他特征参考科。全球6个大洲分布及种数(17－26)非洲:29;亚洲:11－42;大洋洲:1－34;欧洲:4－33;北美洲:7－36;南美洲:4－36。【中国种数:6】。

Anthocerotaceae Dum.［B－91］角苔科 特征纪要:灌木,常绿,单叶,对生。【Rep】:复轴,球果状,多种子,雌雄异株。全球6个大洲分布和属种数(2/17－55)非洲:1/29;亚洲:2/12－43;大洋洲:1/1－34;欧洲:1/4－33;北美洲:1/7－36;南美洲:1/4－36。【中国属种数:1/6】。

Anthochlamys Fenzl ex Endl. 合被虫实属 Amaranthaceae［MD－116］特征纪要:习性:草本。花程式:－。其他特征参考科。全球3个大洲分布及种数(5－12)非洲:2; 亚洲:8; 南美洲:3。【中国种数:2】。

Anthochloa Nees & Meyen 扇稃草属 Poaceae［MM－748］特征纪要:习性:－。花程式:－。其他特征参考科。全球1个大洲分布及种数(1)◆北美洲。

Anthochortus Nees ex Endl. 匍茎灯草属 Restionaceae［MM－744］特征纪要:习性:草本。花程式:(K)3,C3,A1－2,↓G－参考科。其他特征参考科。全球2个大洲分布及种数(7－14)非洲:14; 亚洲:2。

Anthocleista Afzel. ex R. Br. 星花莉属 Gentianaceae［MD－496］特征纪要:习性:木本。花程式:－。其他特征参考科。全球6个大洲分布及种数(16－52)非洲:46; 亚洲:5; 大洋洲:2; 欧洲:2; 北美洲:2; 南美洲:3。

Anthodiscus G. Mey. 佐灵木属 Caryocaraceae［MD－111］特征纪要:习性:木本。花程式:－。其他特征参考科。全球2个大洲分布及种数(12)北美洲:2;南美洲:11。

Anthodon Ruiz & Pav. 齿花卫矛属 Celastraceae［MD－339］特征纪要:习性:木本。花程式:－。其他特征参考科。全球4个大洲分布及种数(1－76)非洲:7; 亚洲:9; 北美洲:10; 南美洲:70。

Anthodus Mart. ex Roem. & Schult. = **Anthodon**

Anthogonium Wall. ex Lindl. 筒瓣兰属 Orchidaceae［MM－723］特征纪要:习性:草本。花程式:Kn,C2－3参考科,A3参考科,↓G－。物候:－。花期:7－11月。果期:参考晚于花期。海拔:1200－2300米。生境:山坡草丛中或灌丛下。资源:药用。全球1个大洲分布及种数(cf. 1)◆亚洲。【中国种数:1】。

Antholobus Rchb. = **Anthobolus**

Antholoma Labill. = **Sloanea**

Anthonotha P. Beauv. 巨瓣苏木属 Fabaceae1［MD－240］特征纪要:习性:木本。花程式:－。其他特征参考科。全球2个大洲分布及种数(17－46)非洲:33; 南美洲:1。

Anthopteropsis A. C. Sm. 距药莓属 Ericaceae［MD－380］特征纪要:习性:木本。花程式:－。其他特征参考科。全球1个大洲分布及种数(1)◆中美洲(◆巴拿马)。

Anthopterus Hook. 翼冠莓属 Ericaceae［MD－380］特征纪要:习性:木本。花程式:K5－8,(C)5－8,A10,＝G2－4。其他特征参考科。全球3个大洲分布及种数(12－22)亚洲:3; 北美洲:9; 南美洲:21。【中国种数:2】。

Anthorrhiza C. R. Huxley & Jebb 刺蚁茜属 Rubiaceae［MD－523］特征纪要:习性:木本。花程式:(K)4－5,(C)4－5,A4－5,＝↓(G)2－9。其他特征参考科。全球2个大洲分布及种数(9－10)非洲:9; 大洋洲:6。

Anthosachne Steud. = **Elymus**

Anthosiphon Schltr. 知母兰花属 Orchidaceae［MM－723］特征纪要:习性:－。花程式:－。其他特征参考科。全球3个大洲分布及种数(cf. 1)欧洲;北美洲;南美洲。

Anthospermopsis (K. Schum.) J. H. Kirkbr. 巴西尾茜属 Rubiaceae［MD－523］特征纪要:习性:木本。花程式:(K)4－5,(C)4－5,A4－5,＝↓G2－9。其他特征参考科。全球1个大洲分布及种数(1)◆南美洲。

Anthospermum L. 水丝律属 Rubiaceae［MD－523］特征纪要:习性:木本。花程式:(K)4－5,(C)4－5,A4－5,＝↓G2－9。物候:－。海拔:－。生境:－。资源:具园艺种类。全球6个大洲分布及种数(49－121)非洲:100; 亚洲:22; 大洋洲:10; 欧洲:16; 北美洲:16; 南美洲:13。【中国种数:4】。

Anthostema A. Juss. 莲花戟属 Euphorbiaceae［MD－217］特征纪要:习性:木本。花程式:K1(1000),C0,A6,＝(G)2－3。其他特征参考科。全球4个大洲分布及种数(3－18)非洲:6; 亚洲:3; 北美洲:4; 南美洲:10。

Anthostyrax Pierre = **Styrax**

Anthotium R. Br. 钗鸾花属 Goodeniaceae [MD-578] 特征纪要:习性:草本。花程式:(K)5,(C)5,A5, = ↓ G2。其他特征参考科。全球 3 个大洲分布及种数(4-9)亚洲:2; 大洋洲:8; 南美洲:2。

Anthotroche Endl. 澳茄属 Solanaceae [MD-503] 特征纪要:习性:草本。花程式:-。其他特征参考科。全球 1 个大洲分布及种数(3)◆大洋洲(◆澳大利亚)。

Anthoxanthum L. 黄花茅属 Poaceae [MM-748] 特征纪要:习性:草本。花程式:-。物候:-。海拔:1400-2900 米。生境:冰碛杂类草甸。栽培:来自广西龙州。资源:具栽培园艺种类。全球 6 个大洲分布及种数(43-54;hort. 1;cult. 4)非洲:9-20;亚洲:21-33;大洋洲:14-24;欧洲:11-21;北美洲:11-21;南美洲:11-21。【中国种数:12】。

Anthrichaerophyllum P. Fourn. 细叶芹属 Apiaceae [MD-480] 特征纪要:习性:草本。花程式:参考科,C5 参考科,A2-3 参考科, = ↓ (G)2 参考科。其他特征参考科。全球 - 个大洲分布及种数(3)。

Anthriscus Pers. 峨参属 Apiaceae [MD-480] 特征纪要:习性:草本(基生)。花程式:Kn,C5,A3 参考科, = ↓ G2。物候:-。花期:4-5 月。果期:参考晚于花期。海拔:1600-3800 米。生境:草地。栽培:来自广西龙州。资源:药用,具栽培园艺种类。全球 6 个大洲分布及种数(16-27;hort. 1;cult. 1)非洲:3-7;亚洲:10-18;大洋洲:1-5;欧洲:13-18;北美洲:3-7;南美洲:4。【中国种数:3】。

Anthrophyum Kaulf. = **Antrophyum**

Anthropodium Sims = **Arthropodium**

Anthrotroche F. v. Mueller ex Lucas = **Anthotroche**

Anthurium Schott 花烛属 Araceae [MM-639] 特征纪要:习性:草本。花程式:K0,C0,A4, = G1-3。物候:-。花期:参考早于果期。果期:8-9 月。海拔:10-4000 米。生境:林下。资源:观赏,具栽培园艺种类。全球 6 个大洲分布及种数(1305-2809)非洲:24; 亚洲:91; 大洋洲:23; 欧洲:795; 北美洲:795; 南美洲:2108。【中国种数:27】。

Anthyllis L. 岩豆属 Fabaceae3 [MD-240] 特征纪要:习性:木本。花程式:K1-∞,C1-∞,A5-9, = ↓ G1。物候:-。海拔:7500 米。生境:矮灌木丛或芦苇丛中,稀见于沿河岸疏林下,作为作物栽培。资源:具栽培园艺种类。全球 6 个大洲分布及种数(23-57;hort. 1;cult. 7)非洲:17-31;亚洲:20-45;大洋洲:4-12;欧洲:20-49;北美洲:5-11;南美洲:1-7。【中国种数:5】。

Antiaris Lesch. 见血封喉属 Moraceae [MD-87] 特征纪要:习性:木本。花期:3-4 月。果期:参考晚于花期。海拔:1500 米。生境:热带雨林。资源:药用,毒液可制毒,纤维,箭猎兽用,具栽培园艺种类。全球 6 个大洲分布及种数(4-5;hort. 1)非洲:1-9;亚洲:2-10;大洋洲:3-11;欧洲:8;北美洲:1-9;南美洲:8。【中国种数:1】。

Antiaropsis K. Schum. 钩被桑属 Moraceae [MD-87] 特征纪要:习性:木本。花程式:K1-4,C0,A6, = -(G)1-2。其他特征参考科。全球 4 个大洲分布及种数(2-5)非洲:5; 亚洲:2; 大洋洲:3; 南美洲:2。

Anticharis Endl. 蓬钟堇属 Scrophulariaceae [MD-536] 特征纪要:习性:草本。花程式:K2-4,C0,A2-4, ↓ G2。其他特征参考科。全球 3 个大洲分布及种数(11-34)非洲:25; 亚洲:10; 南美洲:3。

Antichorus L. = **Corchorus**

Anticlea Kunth 棋盘花属 Melanthiaceae [MM-621] 特征纪要:习性:草本。资源:具栽培园艺种类。全球 6 个大洲分布及种数(11-12;hort. 1)非洲:3;亚洲:4-7;大洋洲:3;欧洲:3;北美洲:9-12;南美洲:3。【中国种数:3】。

Anticona E. Linares Perea 脚骨脆属 Flacourtiaceae [MD-142] 特征纪要:习性:草本。花程式:(K)3-5,(C)3-5,A3-5, ↓ G。其他特征参考科。全球 1 个大洲分布及种数(1)◆南美洲。

Anticoryne Turcz. 岗松属 Myrtaceae [MD-347] 特征纪要:习性:-。花程式:-。其他特征参考科。全球 1 个大洲分布及种数(-)。

Antidaphne Pöpp. & Endl. 番樱寄生属 Santalaceae [MD-412] 特征纪要:习性:木本。花程式:-。其他特征参考科。全球 2 个大洲分布及种数(9-19)北美洲:5; 南美洲:16。

Antidesma L. 五月茶属 Phyllanthaceae [MD-222] 特征纪要:习性:木本。花程式:-。物候:-。花期:5-7 月。果期:参考晚于花期。海拔:100-1200 米。生境:常绿混交林。资源:具栽培园艺种类。全球 6 个大洲分布及种数(51-143;hort. 1;cult. 7)非洲:17-57;亚洲:42-114;大洋洲:13-64;欧洲:1-21;北美洲:5-28;南美洲:4-23。【中国种数:29】。

Antigonon Endl. 珊瑚藤属 Polygonaceae [MD-120] 特征纪要:习性:草本。花程式:K2-3,C0,A2, ↓ G-参考科。物候:-。海拔:20-5400 米。生境:冰川融水河流下游,河边,山坡地带。资源:观赏,具栽培园艺种类。全球 6 个大洲分布及种数(3-23)非洲:2; 亚洲:7; 大洋洲:2; 欧洲:11; 北美洲:11; 南美洲:19。【中国种数:2】。

Antigramma C. Presl = **Asplenium**

Antilla (Lür) Lür 知母兰属 Orchidaceae [MM-723] 特征纪要:习性:-。花程式:-。其他特征参考科。全球 5 个大洲分布及种数(32)非洲:2; 亚洲:2; 欧洲:5; 北美洲:5; 南美洲:24。

Antillanthus B. Nord. 五蟹甲属 Asteraceae [MD-586] 特征纪要:习性:草本。花程式:(K-),(C)5 参考科,A3-5, ↓ G。其他特征参考科。全球 2 个大洲分布及种数(17-19)北美洲:18; 南美洲:1。

Antillia R. M. King & H. Rob. 多花亮泽兰属 Asteraceae [MD-586] 特征纪要:习性:草本。花程式:(K)3-5,C3-5,A3-5, = ↓ (G)2。其他特征参考科。全球 2 个大洲分布及种数(1-3)亚洲:2; 北美洲:2。

Antimanoa <unassigned> 花芭蕉属 Lowiaceae [MM-729] 特征纪要:-。全球 1 个大洲分布及种数(1)◆南美洲:1。

Antimima N. E. Br. 紫波玉属 Aizoaceae [MD-94] 特征纪要:习性:灌木。花程式:K3-4,C3-4,A5 参考科, =

↓G1－2。其他特征参考科。全球3个大洲分布及种数(106－113)非洲:112; 亚洲:2; 南美洲:2。

Antinisa (Tul.) Hutch. ＝ **Homalium**

Antinoria Parl. 圆稃稷属 Poaceae［MM－748］特征纪要:习性:草本。花程式:(K)3,C0 参考科,A1－2,＝(G)2－3。其他特征参考科。全球6个大洲分布及种数(3;hort. 1;cult. 1)非洲:2－3;亚洲:1－2;大洋洲:1;欧洲:2－3;北美洲:1;南美洲:1。【中国种数:1】。

Antiostelma (Tsiang & P. T. Li) P. T. Li ＝ **Micholitzia**

Antiotrema Hand.－Mazz. 长蕊斑种草属 Boraginaceae［MD－517］特征纪要:习性:草本(基生)。花程式:－。物候:－。花期:5－6月。果期:参考晚于花期。海拔:1600－2500米。生境:山坡草甸,松林和阔叶林,灌木丛,林缘,路旁,山坡阳处松树下。资源:药用,具栽培园艺种类。全球1个大洲分布及种数(cf. 1)◆亚洲。【中国种数:1】。

Antiphiona Merxm. 短尾菊属 Asteraceae［MD－586］特征纪要:习性:草本。花程式:参考科,C3 参考科,A3 参考科,↓(G)2－9 参考科。其他特征参考科。全球1个大洲分布及种数(2)◆亚洲。

Antiphytum DC. ex Meisn. 碟花草属 Boraginaceae［MD－517］特征纪要:习性:草本。花程式:K5,C0,A3 参考科,＝↓G2－4。其他特征参考科。全球6个大洲分布及种数(16－18)非洲:1;亚洲:1－2;大洋洲:1;欧洲:1;北美洲:12－13;南美洲:4－6。

Antirhea Comm. ex A. Juss. 毛茶属 Rubiaceae［MD－523］特征纪要:习性:木本。花期:4－6月。果期:参考晚于花期。海拔:100－1700米。生境:森林,灌丛,往往高达3－4米。资源:药用。全球6个大洲分布及种数(35－52;hort. 1;cult. 1)非洲:8－15;亚洲:18－34;大洋洲:12－18;欧洲:5;北美洲:7－12;南美洲:1－6。

Antirhoea DC. ＝ **Antirhea**

Antirrhinum L. 金鱼草属 Plantaginaceae［MD－527］特征纪要:习性:灌木。花程式:K2－4,C0,A2－4,＝↓G2－3。物候:－。海拔:－。生境:－。资源:具栽培园艺种类。全球6个大洲分布及种数(32－240)非洲:62; 亚洲:24; 大洋洲:6; 欧洲:132; 北美洲:132; 南美洲:10。【中国种数:2】。

Antistrophe A. DC. 左旋金牛属 Primulaceae［MD－401］特征纪要:习性:草本。花程式:(K)3－4,(C)3－4,A4,＝(G)3－5。其他特征参考科。全球1个大洲分布及种数(2－6)◆亚洲。

Antitoxicum Pobed. ＝ **Cynanchum**

Antitragus Gaertn. ＝ **Crypsis**

Antitrichia Brid. 逆毛藓属 Antitrichiaceae［B－199］特征纪要(同科)。全球5个大洲分布及种数(18)非洲:4; 亚洲:7; 欧洲:4; 北美洲:4; 南美洲:3。【中国种数:4】。

Antitrichiaceae Ignatov & Ignatova［B－199］逆毛藓科 特征纪要:常绿乔木,稀灌木状,叶鳞形,交叉对生,排列成四行,同型或二型,叶背有明显或不明显的腺点,边缘具极细的齿毛,仅幼苗或萌生枝上之叶为刺形。【Rep】:复轴,浆果状,苞鳞融合成果皮状,种鳞多退化,球果第二年夏初成熟,球形或近球形,种鳞4－8对,熟时张开,木质,盾形,顶端中部常具凸起的短尖头,能育种鳞具。全球6个大洲分布和属种数(1/2－4)非洲:1/2;亚洲:1/2－4;大洋洲:1/2;欧洲:1/2;北美洲:1/2－4;南美洲:1/2。【中国属种数:3】。

Antizoma Miers 南非锡生藤属 Menispermaceae［MD－42］特征纪要:习性:灌木。花程式:K1(6－40),C3,A1－6－40,＝G1－3。其他特征参考科。全球2个大洲分布及种数(3－13)非洲:7; 南美洲:7。

Antodon Neck. ＝ **Leontodon**

Antonella Caro ＝ **Tridens**

Antongilia Jum. ＝ **Dypsis**

Antonia Pohl 叠苞花属 Antoniaceae［MD－488］特征纪要(同科)。全球5个大洲分布及种数(1－40)非洲:2; 亚洲:24; 欧洲:2; 北美洲:2; 南美洲:38。【中国种数:1】。

Antoniaceae Hutch.［MD－488］阔柄叶科 特征纪要:习性:木本;落叶。花程式:K5,C0,A1－－,G－。全球1个大洲分布及属种数(2/3)◆南美洲:1/ 1－6。

Antrocaryon Pierre 洞果漆属 Anacardiaceae［MD－432］特征纪要:习性:木本。花程式:－。其他特征参考科。全球2个大洲分布及种数(5－6)非洲:4－5;南美洲:1。

Antrodiella <unassigned> 楝科属 Meliaceae［MD－414］特征纪要:－。全球1个大洲分布及种数(16)◆南美洲:14。

Antrophora I. M. Johnst. ＝ **Lepidocordia**

Antrophyaceae Ching & Z. R. Wang［F－38］车前蕨科 特征纪要:常绿,单叶,对生。【Rep】:复轴,枝条状,寡种子,成熟核果状(偶浆果状),雌雄异株。全球6个大洲分布和属种数(1;hort. & cult. 1)(45－72;hort. & cult. 1)非洲:1/18－21;亚洲:1/28－35;大洋洲:1/13－18;欧洲:1/1－3;北美洲:1/7－12;南美洲:1/9－13。

Antrophyum Kaulf. 车前蕨属 Antrophyaceae［F－38］特征纪要(同科)。全球6个大洲分布及种数(46－68)非洲:18－21;亚洲:28－35;大洋洲:13－18;欧洲:1－3;北美洲:7－12;南美洲:9－13。【中国种数:16】。

Antunesia O. Hoffm. ＝ **Distephanus**

Anubias Schott 水榕芋属 Araceae［MM－639］特征纪要:习性:草本。花程式:K0,C0,A3 参考科,＝G1－3。其他特征参考科。全球4个大洲分布及种数(12－40)非洲:34; 欧洲:5; 北美洲:5; 南美洲:11。

Anulocaulis Standl. 黏环草属 Nyctaginaceae［MD－107］特征纪要:习性:木本。花程式:K1－5,C0,A5,＝G1。其他特征参考科。全球1个大洲分布及种数(4－7)◆北美洲。

Anurosperma Hallier f. ＝ **Nepenthes**

Anvillea DC. 合杯菊属 Asteraceae［MD－586］特征纪要:习性:草本。花程式:(K)3－5,(C)3－5,A3－5,＝↓

G2。其他特征参考科。全球 2 个大洲分布及种数(3 – 9)非洲:9; 亚洲:4。

Anychia Michx. 杯石竹属 Caryophyllaceae [MD – 77] 特征纪要:习性: – 。花程式: – 。其他特征参考科。全球 3 个大洲分布及种数(17)欧洲:4; 北美洲:4; 南美洲:4。

Anzhengxia Al – Shehbaz & D. A. German 杯花菜属 Brassicaceae [MD – 213] 特征纪要:习性:草本。花程式:K4, C4, A3 参考科, ↓G – 参考科。物候: – 。花期:5 – 7 月。果期:6 – 8 月。海拔:30 – 6200 米。生境:半固定沙地前平地,作为蔬菜栽培。资源:具栽培园艺种类。全球 1 个大洲分布及种数(1) ◆亚洲:1。

A

Anzia Sandwith 水蕨科属 Poaceae [MM – 748] 特征纪要:习性:草本。【Rep】: – 。其他特征参考科。全球 6 个大洲分布及种数(1)非洲:4;亚洲:4;大洋洲:4;欧洲:4;北美洲:4;南美洲:4。

Anzina <unassigned> 土芽藓属 Sorapillaceae [B – 212] 特征纪要和分布(–)。

Aongstroemia Bruch & Schimp. 昂氏藓属 Aongstroemiaceae [B – 121] 特征纪要(同科)。全球 6 个大洲分布及种数(26)非洲:4;亚洲:2;大洋洲:2;欧洲:3;北美洲:14;南美洲:11。【中国种数:4】。

Aongstroemiaceae De Not. [B – 121] 昂氏藓科 特征纪要:常绿乔木,树干端直,叶螺旋状着生,辐射伸展或基部扭转列成两列,或枝条下面之叶列成两列、上面之叶斜展、直伸或向气后反曲。【Rep】:复轴,球果状,苞鳞种鳞分离,球果当年成熟,直立,卵状圆柱形至短圆柱形,有短梗或几无梗,种鳞木质,腹面有 2 粒种子,背面托一基部结合而生的苞鳞,苞鳞露出、微露出或不露出,种子上部具宽大的膜质长翅。全球 3 个大洲分布和属种数(1/1)亚洲:1/1;欧洲:1/1;北美洲:1/1。【中国属种数:3/10】。

Aongstroemiopsis M. Fleisch. 拟昂氏藓属 Dicranaceae [B – 128] 特征纪要:习性: – 。【Rep】:黄色或黄褐色。物候: – 。全球 2 个大洲分布及种数(1)非洲:1;亚洲:1。【中国种数:2】。

Aonikena Speg. = **Chiropetalum**

Aopla Lindl. = **Habenaria**

Aoranthe Somers 畸花茜属 Rubiaceae [MD – 523] 特征纪要:习性:木本。花程式:(K)4 – 5, (C)4 – 5, A4 – 5, = ↓G2 – 9。其他特征参考科。全球 1 个大洲分布及种数(5 – 6) ◆非洲。

Aorchis Verm. = **Galearis**

Aosa Weigend 巴西刺莲花属 Loasaceae [MD – 435] 特征纪要:习性:木本。花程式:K5 – 10, C5 – 10, A5 – 10, = ↓G1 – 3。其他特征参考科。全球 3 个大洲分布及种数(7 – 41)亚洲:3; 北美洲:3; 南美洲:41。【中国种数:1】。

Aotus Sm. 枭豆属 Fabaceae3 [MD – 240] 特征纪要:习性:木本。花程式:K1 – ∞, C1 – ∞, A5 – 9, = ↓G1。其他特征参考科。全球 3 个大洲分布及种数(17 – 45)亚洲:3; 大洋洲:36; 南美洲:8。

Apacheria C. T. Mason 刺缨木属 Crossosomataceae [MD – 241] 特征纪要:习性:木本。花程式: – 。其他特征参考科。全球 1 个大洲分布及种数(1) ◆北美洲(◆美国)。

Apalanthe Planch. 水育花属 Hydrocharitaceae [MM – 599] 特征纪要:习性: – 。花程式: – 。其他特征参考科。全球 4 个大洲分布及种数(5)非洲:2; 大洋洲:2; 北美洲:3; 南美洲:5。

Apalatoa Aubl. = **Crudia**

Apalochlamys Cass. 多鳞菊属 Asteraceae [MD – 586] 特征纪要:习性:草本。花程式:(K)3 – 5, (C)3 – 5, A3 – 5, ↓G。其他特征参考科。全球 1 个大洲分布及种数(1) ◆大洋洲。

Apalodium Mitt. 直齿藓属 Bryaceae [B – 146] 特征纪要: – 。全球 1 个大洲分布及种数(–)。

Apalophlebia C. Presl = **Pyrrosia**

Apaloxylon Drake = **Neoapaloxylon**

Aparinanthus Fourr. = **Galium**

Aparine Hill = **Galium**

Aparinella Fourr. = **Galium**

Aparisthmium Endl. 棉麻秆属 Euphorbiaceae [MD – 217] 特征纪要:习性:木本。花程式:K1(1000), C0, A6, ↓G – 参考科。其他特征参考科。全球 4 个大洲分布及种数(1 – 7)非洲:2; 亚洲:5; 北美洲:4; 南美洲:5。【中国种数:1】。

Apassalus Kobuski 北美白爵床属 Acanthaceae [MD – 572] 特征纪要:习性: – 。花程式: – 。其他特征参考科。全球 4 个大洲分布及种数(31)非洲:2; 亚洲:3; 北美洲:3; 南美洲:29。

Apatelantha T. C. Wilson & Henwood 唇形科属 Lamiaceae [MD – 575] 特征纪要:习性: – 。花程式:K5, C5, A4, G2。其他特征参考科。全球 1 个大洲分布及种数(–) ◆大洋洲。

Apatelia DC. = **Saurauia**

Apatesia N. E. Br. 黄苏花属 Aizoaceae [MD – 94] 特征纪要:习性:草本。花程式:K3 – 4, C3 – 4, A5 参考科, = ↓G – 。其他特征参考科。全球 1 个大洲分布及种数(4) ◆非洲。

Apatitia Desv. ex Ham. = **Bellucia**

Apatophyllum McGill. 幻叶卫矛属 Celastraceae [MD – 339] 特征纪要:习性:木本。花程式:K2 – 3, C2 – 3, A10, = (G)2 – 5。其他特征参考科。全球 2 个大洲分布及种数(5 – 9)亚洲:3; 大洋洲:9。

Apatostelis Garay = **Stelis**

Apatzingania Dieterle 胡瓢属 Cucurbitaceae [MD – 205] 特征纪要:习性: – 。花程式: – 。其他特征参考科。全球 1 个大洲分布及种数(cf. 1) ◆北美洲。

Apeiba Aubl. 海胆果属 Tiliaceae [MD – 185] 特征纪要:习性:木本。花程式:K1 – ∞, C1 – ∞, A10 – 8, = G2 – 100。其他特征参考科。全球 2 个大洲分布及种数(11 – 13)北美洲:5;南美洲:10 – 11。

Apera Adans. 丝须草属 Poaceae [MM – 748] 特征纪要:习性:草本。花程式:(K)3, C0 参考科, A1 – 2, = G2 – 3。

其他特征参考科。全球 6 个大洲分布及种数(5 - 7)非洲:2 - 5;亚洲:3 - 8;大洋洲:2 - 5;欧洲:3 - 6;北美洲:2 - 5;南美洲:3。【中国种数:2】。

Aperula Bl. 山樟属 Lauraceae [MD - 21] 特征纪要:习性: - 。花程式: - 。其他特征参考科。全球 1 个大洲分布及种数(1)◆亚洲。

Apetlothamnus Nieuwl. ex Lunell = **Rhamnus**

Aphaca Mill. = **Lathyrus**

Aphaenandra Miq. 隐蕊茜属 Rubiaceae [MD - 523] 特征纪要:习性: - 。花程式: - 。物候: - 。花期:参考早于果期。果期:10 月。海拔:5 - 4800 米。生境:矮林内。资源: - 。全球 4 个大洲分布及种数(5)非洲:2; 亚洲:5; 北美洲:2; 南美洲:2。

Aphanactis Wedd. 隐舌菊属 Asteraceae [MD - 586] 特征纪要:习性:草本。花程式:(K)3 - 5,C3 - 5,A3 - 5, = ↓(G)2。其他特征参考科。全球 2 个大洲分布及种数(11 - 16)北美洲:5; 南美洲:14。

Aphanamixis Bl. 山楝属 Meliaceae [MD - 414] 特征纪要:习性:木本。花程式: - 。物候: - 。花期:5 - 9 月。果期:参考晚于花期。海拔:500 米。生境:常绿,阔叶和落叶混交林,杂木林中,目前已广为栽培。资源:药用,具栽培园艺种类。全球 4 个大洲分布及种数(3 - 40)非洲:5; 亚洲:29; 大洋洲:3; 北美洲:3。【中国种数:2】。

Aphananthe Planch. 糙叶树属 Cannabaceae [MD - 89] 特征纪要:习性:木质攀援。花程式:Kn,C2 - 3 参考科,A10,G - 。物候: - 。花期:3 - 5 月。果期:参考晚于花期。海拔:100 - 1600 米。生境:山谷,溪边,山坡林中或山谷地带。资源:具栽培园艺种类。全球 6 个大洲分布及种数(5 - 15)非洲:3; 亚洲:8; 大洋洲:5; 欧洲:4; 北美洲:4; 南美洲:3。【中国种数:2】。

Aphandra Barfod 穗序椰子属 Arecaceae [MM - 717] 特征纪要:习性:木本。花程式:K3 - 10,C3 - 10,A3 - 10, = G3 - 10。其他特征参考科。全球 1 个大洲分布及种数(1)◆南美洲。

Aphanelytrum Hack. = **Poa**

Aphanes L. 霓裳草属 Rosaceae [MD - 246] 特征纪要:习性: - 。花程式: - 。其他特征参考科。全球 6 个大洲分布及种数(20 - 23)非洲:4 - 12;亚洲:3 - 9;大洋洲:5 - 12;欧洲:8 - 16;北美洲:5 - 11;南美洲:8 - 14。

Aphania Blume = **Lepisanthes**

Aphanisma Nutt. ex Moq. 西滨苋属 Amaranthaceae [MD - 116] 特征纪要:习性:草本。花程式: - 。其他特征参考科。全球 2 个大洲分布及种数(1 - 3)北美洲:3; 南美洲:2。

Aphanocalyx Oliv. 隐萼异花豆属 Fabaceae3 [MD - 240] 特征纪要:习性:木本。花程式:K3 - 5 - ∞,C3 - 5 - ∞,A3 - 5, = ↓G1 - 2。其他特征参考科。全球 1 个大洲分布及种数(12 - 15)◆非洲。

Aphanocapsa <unassigned> 水蕨科属 Parkeriaceae [F - 36] 特征纪要: - 。全球 4 个大洲分布及种数(36)亚洲:1; 欧洲:18; 北美洲:3; 南美洲:15。

Aphanocarpus Steyerm. 隐果茜属 Rubiaceae [MD - 523] 特征纪要:习性:木本。花程式:(K)4 - 5,(C)4 - 5,A4 - 5, = ↓G2 - 9。其他特征参考科。全球 1 个大洲分布及种数(1)◆南美洲。

Aphanochilus Benth. = **Elsholtzia**

Aphanolejeunea A. Evans 截叶小鳞苔属 Lejeuneaceae [B - 84] 特征纪要:习性: - 。【Rep】:雌苞顶生于主枝,蒴萼具 3 个脊,并常附 1 - 7 个小脊,脊部具冠状突起,一般稀疏生长。物候: - 。海拔:0 米。生境:山坡,针阔混交林中。资源: - 。全球 6 个大洲分布及种数(46)非洲:5; 亚洲:4; 大洋洲:5; 欧洲:6; 北美洲:6; 南美洲:24。【中国种数:1】。

Aphanopetalaceae Doweld [MD - 230] 隐瓣藤科 特征纪要:习性:木本;落叶。花程式:K5,C4,A2 - 4,↓(G) - 。果实:果实偏红色。全球 1 个大洲分布及属种数(2/4 hort. 1)◆大洋洲:1/ 2。

Aphanopetalum Endl. 隐瓣藤属 Aphanopetalaceae [MD - 230] 特征纪要(同科)。全球 2 个大洲分布及种数(2 - 7)大洋洲:5; 南美洲:3。

Aphanopleura Boiss. 隐棱芹属 Apiaceae [MD - 480] 特征纪要:习性:草本(基生)。花程式:Kn,C5,A3 参考科, = ↓(G)2。物候: - 。花期:4 - 6 月。果期:参考晚于花期。海拔:1400 - 2500 米。生境:山坡,沙质沙漠,粘土坡地和砂质旷地。资源:具栽培园艺种类。全球 2 个大洲分布及种数(5 - 7)非洲:2; 亚洲:6。【中国种数:2】。

Aphanorrhegma Sull. 北美葫芦藓属 Funariaceae [B - 106] 特征纪要:习性: - 。【Rep】:雌雄同株,蒴柄细长,顶生,孢蒴直立,对称,近于圆球形或短梨形,台部极短而粗,环带由小形细胞组成而常存,雌雄同株异苞,蒴柄细长,黄色,孢蒴直立,对称,呈倒梨形,多具明显的长台部,环带缺如,蒴齿缺如。其他特征参考科。全球 3 个大洲分布及种数(3)非洲:1;欧洲:1;北美洲:1。

Aphanosperma T. F. Daniel 隐籽爵床属 Acanthaceae [MD - 572] 特征纪要:习性:草本。花程式:K2 - 4,C0,A2 - 4, = G2。其他特征参考科。全球 1 个大洲分布及种数(1)◆北美洲。

Aphanostephus DC. 惰雏菊属 Asteraceae [MD - 586] 特征纪要:习性:草本。花程式:(K)3 - 5,(C)3 - 5,A3 - 5, = ↓G2。其他特征参考科。全球 5 个大洲分布及种数(9 - 32)非洲:5; 亚洲:2; 欧洲:18; 北美洲:18; 南美洲:1。

Aphanotropis Herzog 南亚细鳞苔属 Lejeuneaceae [B - 84] 特征纪要:习性: - 。【Rep】:老时呈红褐色。其他特征参考科。全球 1 个大洲分布及种数(cf. 1)◆亚洲。

Aphelandra R. Br. 单药花属 Acanthaceae [MD - 572] 特征纪要:习性:灌木。花程式: - 。物候: - 。海拔: - 。生境: - 。资源:具栽培园艺种类。全球 6 个大洲分布及种数(196 - 242;hort. 1;cult. 4)非洲:18 - 24;亚洲:12 - 19;大洋洲:6 - 12;欧洲:1 - 6;北美洲:50 - 59;南美洲:172 - 215。【中国种数:6】。

Aphelandrella Mildbr. 小单药爵床属 Acanthaceae [MD - 572] 特征纪要:习性: - 。花程式: - 。其他特征参考科。全球 1 个大洲分布及种数(2)◆南美洲:2。

Aphelia R. Br. 扇鳞草属 Restionaceae [MM-744] 特征纪要:习性:草本。花程式:-。其他特征参考科。全球4个大洲分布及种数(6-16)非洲:2; 亚洲:2; 大洋洲:13; 南美洲:8。

Aphloea P. & K. = Aphloiaceae

Aphloia Benn. 脱皮檀属 Aphloiaceae [MD-124] 特征纪要(同科)。全球2个大洲分布及种数(1-22)非洲:8; 亚洲:2。【中国种数:1】。

Aphloiaceae Takht. [MD-124] 脱皮檀科 特征纪要:习性:木本;落叶。花程式:K4-5,C5,A-,G-。果实:果实黄色。全球1个大洲分布及属种数(2/4-5 hort. 1,cult. 1)◆非洲:1/ 2-3。【中国属种数:1/1】。

Aphoma Raf. = **Iphigenia**

Aphragmia Nees = **Ruellia**

Aphragmus Andrz. ex DC. 寒原荠属 Brassicaceae [MD-213] 特征纪要:习性:草本(基生,多肉)。花程式:Kn,C2-3参考科,A4-5,G-。物候:-。花期:6月。果期:参考晚于花期。海拔:3400-5300米。生境:冰渍地,湿润草甸,碎石坡,高山草甸,岩石坡。资源:-。全球4个大洲分布及种数(13-24)亚洲:18; 欧洲:4; 北美洲:4; 南美洲:3。【中国种数:5】。

Aphyllanthaceae Burnett [MM-673] 星捧月科 特征纪要:习性:木本;落叶。花程式:(K)6-,C3,A6,↑G3。种子:黑色。全球2个大洲分布及属种数(1/1-2 hort. 1) 非洲:1/1; 欧洲:1/1。

Aphyllanthes L. 星捧月属 Aphyllanthaceae [MM-673] 特征纪要(同科)。全球2个大洲分布及种数(1-2)非洲:1;欧洲:1。【中国种数:1】。

Aphyllarum S. Moore = **Caladium**

Aphylleia Champ. = **Sciaphila**

Aphyllocalpa Cav. = **Osmunda**

Aphyllocaulon Lag. = **Arnica**

Aphyllocladus Wedd. 丢叶菊属 Asteraceae [MD-586] 特征纪要:习性:草本。花程式:(K)3-5,(C)3-5,A3-5,=↓G2。其他特征参考科。全球1个大洲分布及种数(6)◆南美洲。

Aphyllodium (DC.) Gagnep. 两节豆属 Fabaceae3 [MD-240] 特征纪要:习性:木质攀援。花程式:K1-∞,C1-∞,A5-9,=↓G1。物候:-。花期:8-9月。果期:参考晚于花期。海拔:7500米。生境:森林边缘。资源:-。全球4个大洲分布及种数(8-13)非洲:10; 亚洲:3; 大洋洲:9; 南美洲:2。【中国种数:1】。

Aphyllorchis Bl. 无叶兰属 Orchidaceae [MM-723] 特征纪要:习性:草本。花程式:Kn,C2-3参考科,A3参考科,↓G-。物候:-。花期:7月。果期:参考晚于花期。海拔:2100-2600米。生境:常绿阔叶林下,森林,河岸。资源:具园艺种类。全球6个大洲分布及种数(22-57)非洲:11; 亚洲:50; 大洋洲:11; 欧洲:5; 北美洲:5; 南美洲:5。【中国种数:6】。

Apiaceae Lindl. [MD-480] 伞形科 特征纪要:习性:木本;落叶。花程式:K5,C5,A5,=↓(G)2。物候:-。花期:7月。果期:8月。果实:果柄。种子:种皮。海拔:0米。生境:-。资源:园林。栽培:中国有栽培。全球6个大洲分布及属种数(419-526/4066-6242 <IFR 68/191> hort. 1;cult. 60) 非洲:94-108/680-929(IFR 14/24); 亚洲:203-260/2198-2990(IFR 35/78); 大洋洲:40-42/273-436(IFR 4/5); 欧洲:99-116/574-883(IFR 21/42); 北美洲:99-104/862-972(IFR 19/51); 南美洲:62-64/478-524(IFR 7/9)。【中国属种数:145/705】。

Apiastrum Nutt. 拟欧芹属 Apiaceae [MD-480] 特征纪要:习性:草本。花程式:K5,C5,A5,=↓G(-)。其他特征参考科。全球1个大洲分布及种数(2-4)◆北美洲。【中国种数:1】。

Apinagia Tul. 河缎草属 Podostemaceae [MD-322] 特征纪要:习性:草本。花程式:K1-2,C0,A10,=G1-2。其他特征参考科。全球4个大洲分布及种数(37-95)非洲:1; 亚洲:7; 北美洲:3; 南美洲:92。

Apiocarpa Hübener 缺齿藓属 Bryaceae [B-146] 特征纪要:-。全球1个大洲分布及种数(-)。

Apiopetalum Baill. 梨瓣五加属 Apiaceae [MD-480] 特征纪要:习性:木本。花程式:K1-∞,C1-∞,A2,=↓(G)2-5。其他特征参考科。全球1个大洲分布及种数(2)◆大洋洲(◆美拉尼西亚)。

Apios Fabr. 土圞儿属 Fabaceae3 [MD-240] 特征纪要:习性:木质攀援。花程式:Kn,C2-3参考科,A3,=↓G-。物候:-。花期:7-9月。果期:参考晚于花期。海拔:600-2600米。生境:沟边杂木林中或溪边路旁。栽培:来自广西龙州。资源:具栽培园艺种类。全球6个大洲分布及种数(9-10;hort. 1;cult. 1)非洲:11;亚洲:7-20;大洋洲:11;欧洲:1-12;北美洲:2-13;南美洲:11。【中国种数:5】。

Apium L. 芹属 Apiaceae [MD-480] 特征纪要:习性:草本。花程式:Kn,C5,A3参考科,=↓(G)2。物候:-。花期:4-7月。果期:参考晚于花期。海拔:50-5600米。生境:广泛栽培。栽培:来自广西龙州。资源:药用,具栽培园艺种类。全球6个大洲分布及种数(20-31;hort. 1;cult. 3)非洲:6-16;亚洲:8-18;大洋洲:4-14;欧洲:7-17;北美洲:7-15;南美洲:9-20。【中国种数:2】。

Aplanodes Marais 土著荠属 Brassicaceae [MD-213] 特征纪要:习性:草本。花程式:K2-4,C2-4,A2-4,↓G-参考科。其他特征参考科。全球2个大洲分布及种数(2-4)非洲:3; 南美洲:2。

Aplectrum Nutt. 腻根兰属 Orchidaceae [MM-723] 特征纪要:习性:-。花程式:-。其他特征参考科。全球4个大洲分布及种数(1-16)亚洲:7; 欧洲:4; 北美洲:4; 南美洲:2。

Aplexia Raf. = **Leersia**

Aplocera Raf. = **Ctenium**

Aplodon R. Br. 无壶藓属 Splachnaceae [B-143] 特征纪要:习性:-。【Rep】:雌雄同株,或雌雄异株,蒴柄细长,左旋,孢蒴小,直立,卵状倒圆柱形,革质,红棕色,台部较壶部肥大,色泽,绿色或黄绿色。物候:-。海拔:-。

生境:常见于生于湿土上,土生。资源:-。全球6个大洲分布及种数(13)非洲:2; 亚洲:6; 大洋洲:2; 欧洲:4; 北美洲:4; 南美洲:3。

Aplophyllum Cass. = **Haplophyllum**

Aplotaxis DC. = **Cirsium**

Aplozia (Taylor ex Lehm.) Horik. 华叶苔属 Jungermanniaceae [B-38] 特征纪要:习性:-。【Rep】:雌雄同株或异株或有序同苞,雄苞顶生或间生,雄苞叶2-3对。其他特征参考科。全球4个大洲分布及种数(18)亚洲:14; 欧洲:6; 北美洲:6; 南美洲:4。【中国种数:1】。

Apluda L. 水蔗草属 Poaceae [MM-748] 特征纪要:习性:竹类。花程式:-。物候:-。海拔:1800米。生境:常见于灌木丛和森林边缘,有时形成大团,田边,水旁湿地及山坡草丛中。资源:蛋白质,具栽培园艺种类。全球6个大洲分布及种数(2-3)非洲:2;亚洲:1-3;大洋洲:1-3;欧洲:2;北美洲:1-4;南美洲:2。【中国种数:1】。

Apoballis Schott 天南星科属 Araceae [MM-639] 特征纪要:习性:-。花程式:-。其他特征参考科。全球1个大洲分布及种数(12-13)◆亚洲:3。

Apocarpum P. Beauv. = **Grimmia**

Apocaulon R. S. Cowan 卧笛草属 Rutaceae [MD-399] 特征纪要:习性:木本。花程式:K5,C5,A4,=G1-3。其他特征参考科。全球1个大洲分布及种数(1)◆南美洲。

Apochaete (C. E. Hubb.) J. B. Phipps = **Tristachya**

Apochiton C. E. Hubb. 离颖草属 Poaceae [MM-748] 特征纪要:习性:-。花程式:-。其他特征参考科。全球2个大洲分布及种数(1-5)非洲:5; 南美洲:4。

Apochloa Zuloaga & Morrone 黍属 Poaceae [MM-748] 特征纪要:习性:草本。花程式:(K)3,C0参考科,A1-2,↓G-参考科。其他特征参考科。全球2个大洲分布及种数(15-20)北美洲:1; 南美洲:17。

Apoclada McClure 离枝竹属 Poaceae [MM-748] 特征纪要:习性:草本。花程式:(K)3,C0参考科,A1-2,=G2-3。其他特征参考科。全球2个大洲分布及种数(1-6)大洋洲:1; 南美洲:6。

Apocopis Nees 楔颖草属 Poaceae [MM-748] 特征纪要:习性:草本(根状茎,基生)。花程式:(K-),C0参考科,A3参考科,=G2-3。物候:-。花期:夏天-秋天。果期:参考晚于花期。海拔:10-5600米。生境:草坡。资源:具栽培园艺种类。全球3个大洲分布及种数(16-41)亚洲:34; 大洋洲:3; 北美洲:2。【中国种数:6】。

Apocynaceae Juss. [MD-492] 夹竹桃科 特征纪要:习性:木本,藤本;落叶。花程式:(K)6-,C4-5-,A15-6,↓(G)-。果实:蒴果。海拔:0米。资源:园林和药用。栽培:中国有栽培。全球6个大洲分布及属种数(314-341/3955-5480<IFR 58/125>hort. 1;cult. 41) 非洲:146-148/1295-1605(IFR 30/59); 亚洲:110-113/940-1251(IFR 19/27); 大洋洲:37-38/260-452(IFR 8/11); 欧洲:25-26/79-82(IFR 2/4); 北美洲:68-69/645-713(IFR 12/20); 南美洲:93-101/1707-1984(IFR 10/22)。【中国属种数:122/659】。

Apocynum L. 罗布麻属 Apocynaceae [MD-492] 特征纪要:习性:木本。花程式:(K-),C5,A5,↓G-。物候:-。花期:4-9月。果期:参考晚于花期。海拔:80-3000米。生境:河谷较凉处,盐碱地,沙漠边缘,河岸。资源:药用,具栽培园艺种类。全球6个大洲分布及种数(15-28;hort. 1;cult. 7)非洲:77;亚洲:6-85;大洋洲:77;欧洲:4-81;北美洲:13-93;南美洲:3-80。【中国种数:4】。

Apodandra Pax & K. Hoffm. = **Plukenetia**

Apodanthaceae Van Tiegh. ex Takht. [MD-157] 风生花科 特征纪要:习性:草本;落叶。花程式:K4,C0,A5,=↓(G)4-8。果实:浆果。全球1个大洲分布和属种数(5-9)◆南美洲。

Apodanthera Arn. 温美葫芦属 Cucurbitaceae [MD-205] 特征纪要:习性:木本。资源:具园艺种类。全球2个大洲分布及种数(35-39;hort. 1)北美洲:7;南美洲:29-33。

Apodanthes Poit. 风生花属 Apodanthaceae [MD-157] 特征纪要:习性:草本。花程式:-。其他特征参考科。全球2个大洲分布及种数(1-21)北美洲:8; 南美洲:19。

Apodanthus Bach. Pyl. = **Splachnum**

Apoda-prorepentia (Lindl.) Luer 风生兰属 Orchidaceae [MM-723] 特征纪要:习性:-。花程式:-。其他特征参考科。全球2个大洲分布及种数(10)北美洲:3; 南美洲:10。

Apodasmia B. G. Briggs & L. A. S. Johnson 囊薄果草属 Restionaceae [MM-744] 特征纪要:习性:草本。其他特征参考科。全球6个大洲分布及种数(4-5)非洲:2;亚洲:2;大洋洲:3-6;欧洲:2;北美洲:2;南美洲:1-3。

Apodicarpum Makino 倭水芹属 Apiaceae [MD-480] 特征纪要:习性:草本。花程式:参考科,C5参考科,A3参考科,↓(G)2-9参考科。其他特征参考科。全球1个大洲分布及种数(1)◆亚洲。

Apodiscus Hutch. 串珠茶属 Phyllanthaceae [MD-222] 特征纪要:习性:木本。花程式:K1(1000),C0,A6,=(G)2-3。其他特征参考科。全球1个大洲分布及种数(5)◆非洲。

Apodocephala Baker 薄颜菊属 Asteraceae [MD-586] 特征纪要:习性:草本。花程式:(K)3-5,C3-5,A3-5,=↓(G)2。其他特征参考科。全球1个大洲分布及种数(9)◆非洲(◆马达加斯加)。

Apodolirion Baker 独艳花属 Amaryllidaceae [MM-694] 特征纪要:习性:草本(水生)。花程式:(K)3,C3,A1,↓G-。其他特征参考科。全球2个大洲分布及种数(6-14)非洲:11; 南美洲:4。

Apodostigma R. Wilczek 无梗柱卫矛属 Celastraceae [MD-339] 特征纪要:习性:木本。花程式:K2-3,C2-3,A10,=(G)2-5。其他特征参考科。全球1个大洲分布及种数(1)◆非洲。

Apodytes E. Mey. ex Arn. 柴龙树属 Metteniusaceae [MD-454] 特征纪要:习性:木本。花程式:Kn,C2-3参考科,A3参考科,G1。物候:-。海拔:500-1900米。生境:灌丛中,中山坡常绿阔叶林。资源:材用,具栽培园艺种类。全球6个大洲分布及种数(8-44)非洲:20; 亚洲:14; 大洋洲:5; 欧洲:2; 北美洲:2; 南美洲:2。【中国种数:1】。

Apogonia (Nutt.) E. Fourn. 隐穗草属 Poaceae [MM-748] 特征纪要和分布(-)。

Apolepsis Hassk. = **Strobilanthes**

Apomarsupella R. M. Schust. 类钱袋苔属 Gymnomitriaceae [B-41] 特征纪要:习性:-。【Rep】:雌雄异株,雄苞叶类似茎叶,雌苞直立,外雌苞叶似茎叶,稍大,内雌苞叶具1-2(3)较小的不分裂或浅裂。物候:-。海拔:-。生境:水石生。资源:-。全球2个大洲分布及种数(6)非洲:1;亚洲:cf. 1。【中国种数:3】。

Apometzgeria Kuwah. 毛叉苔属 Metzgeriaceae [B-89] 特征纪要:习性:-。【Rep】:雌枝背腹面被长纤毛,雄枝仅腹面被纤毛。物候:-。海拔:-。生境:石壁,土生。资源:-。全球4个大洲分布及种数(4)亚洲:3;欧洲:2;北美洲:2;南美洲:3。【中国种数:3】。

Apomuria Bremek. = **Psychotria**

Aponardia (R. M. Schust.) Váňa 扫叶苔属 Jungermanniaceae [B-38] 特征纪要:-。全球1个大洲分布及种数(-)。

Aponogeton L. f. 角茨藻科属 Aponogetonaceae [MM-602] 特征纪要:习性:草本。果期:春季-秋季。海拔:2348米。生境:浅水塘,溪沟及蓄水稻田中,在水下或在水田中。资源:具栽培园艺种类。全球6个大洲分布及种数(61-143)非洲:75;亚洲:38;大洋洲:24;欧洲:10;北美洲:10;南美洲:4。【中国种数:5】。

Aponogetonaceae Planch. [MM-602] 水蕹科 特征纪要:习性:草本;落叶。花程式:K4-5,C5,A6,↑G-。物候:-。花期:4-10月。果实:蓇葖果。种子:无胚乳,子叶圆形。海拔:2348米。生境:稻田,池塘,小溪。资源:-。栽培:-。全球2个大洲分布及属种数(1/1 < IFR 1/1 > hort. 1;cult. 1) 亚洲:1/13-18;大洋洲:1/4-7(IFR 1/1)。【中国属种数:1/5】。

Apopellia <unassigned> 溪苔科属 Pelliaceae [B-33] 特征纪要:-。全球1个大洲分布及种数(-)。

Apopetalum Pax = **Brunellia**

Apophyllum F. Müll. 帚山柑属 Capparaceae [MD-178] 特征纪要:习性:-。花程式:-。其他特征参考科。全球2个大洲分布及种数(5)大洋洲:5;南美洲:4。

Apoplanesia C. Presl 微红血豆属 Fabaceae3 [MD-240] 特征纪要:习性:木本。花程式:K1-∞,C1-∞,A5-9,=↓G1。其他特征参考科。全球2个大洲分布及种数(2-5)北美洲:2;南美洲:5。

Apopyros G. L. Nesom 紫菀属 Asteraceae [MD-586] 特征纪要:习性:草本。花程式:(K)3-5,(C)3-5,A3-5,↓G。其他特征参考科。全球1个大洲分布及种数(2)◆南美洲。

Aporella Podp. = **Micromitrium**

Aporocactus Lem. 鼠尾令箭属 Cactaceae [MD-100] 特征纪要:习性:木本。花程式:K1-∞,C1-∞,A3-100,=↓G-。其他特征参考科。全球2个大洲分布及种数(2-9)北美洲:3;南美洲:2。

Aporophyllum D. R. Hunt 鼠尾昙花属 Cactaceae [MD-100] 特征纪要:习性:-。花程式:-。其他特征参考科。全球1个大洲分布及种数(-)。

Aporosa Bl. 银柴属 Euphorbiaceae [MD-217] 特征纪要:习性:木本。花程式:K1(1000),C1-1000,A6,=G2-3。物候:-。花期:几乎全年。果期:参考晚于花期。海拔:100-1500米。生境:山地疏林。栽培:来自广西龙州。资源:具栽培园艺种类。全球4个大洲分布及种数(94-206)非洲:30;亚洲:170;大洋洲:35;南美洲:4。【中国种数:16】。

Aporosella Chodat & Hassl. = **Phyllanthus**

Aporostylis Rupp & Hatch 裂缘兰属 Orchidaceae [MM-723] 特征纪要:习性:草本。花程式:(K-),C2-3参考科,A3参考科,↓G-。其他特征参考科。全球1个大洲分布及种数(1)◆大洋洲。

Aporrhiza Radlk. 离根无患子属 Sapindaceae [MD-428] 特征纪要:习性:木本。花程式:K4-8,C4-8,A10,=(G)2-3。其他特征参考科。全球1个大洲分布及种数(1-8)◆非洲。

Aporum Blume = **Dendrobium**

Aposeris Neck. ex Cass. 菊科属 Asteraceae [MD-586] 特征纪要:习性:-。花程式:-。其他特征参考科。全球2个大洲分布及种数(1)亚洲:1;欧洲:1。【中国种数:1】。

Apostasia Bl. 拟兰属 Apostasiaceae [MM-721] 特征纪要(同科)。全球5个大洲分布及种数(9-39)非洲:4;亚洲:30;大洋洲:10;北美洲:2;南美洲:3。【中国种数:2】。

Apostasiaceae (Lindl.) Lindl. [MM-721] 假兰科 特征纪要:习性:木本;落叶。花程式:K4-5(-),C6,A3,↓G3。全球2个大洲分布及属种数(1/1 hort. 1) 亚洲:1/9-11;大洋洲:1/4。

Apostates Lander 榄叶菊属 Asteraceae [MD-586] 特征纪要:习性:草本。花程式:(K)3-5,(C)3-5,A3-5,↓G。其他特征参考科。全球1个大洲分布及种数(1)◆大洋洲。

Apotreubia S. Hatt. & Mizut. 拟陶氏苔属 Treubiaceae [B-1] 特征纪要:-。全球2个大洲分布及种数(5)亚洲:3;北美洲:2。

Apowollastonia Orchard 菊科属 Asteraceae [MD-586] 特征纪要:习性:草本。花程式:-。其他特征参考科。全球3个大洲分布及种数(9-10)非洲:1;亚洲:1;大洋洲:10。

Appendicula Bl. 牛齿兰属 Orchidaceae [MM-723] 特征纪要:习性:草本。花程式:Kn,C2-3参考科,A3参考科,=↓G3。物候:-。花期:4-5月。果期:参考晚于花期。海拔:100-1200米。生境:陡坡,固体岩石。资源:具园艺种类。全球4个大洲分布及种数(161-281)非洲:75;亚洲:198;大洋洲:103;南美洲:18。【中国种数:9】。

Appendicularia DC. 鹿丹属 Melastomataceae [MD-364] 特征纪要:习性:木本。花程式:-。其他特征参考科。

全球 2 个大洲分布及种数(3 - 5)北美洲:1; 南美洲:4。

Appertiella C. D. K. Cook & L. Triest 百里香属 Hydrocharitaceae [MM - 599] 特征纪要:习性:草本。花程式:(K)3, C3, A2 - 3, ↓G -。其他特征参考科。全球 1 个大洲分布及种数(1) ◆非洲(◆马达加斯加)。

Appiana Steenbock, R. A. Stockey, G. Beard & Tomescu 叶苔科属 Jungermanniaceae [B - 38] 特征纪要: -。全球 1 个大洲分布及种数(-)。

Appunia Hook. f. 委内茜草属 Rubiaceae [MD - 523] 特征纪要:习性:木本。花程式:(K)4 - 5, (C)4 - 5, A4 - 5, = ↓G2 - 9。其他特征参考科。全球 2 个大洲分布及种数(13 - 22)北美洲:4; 南美洲:21。

Aprevalia Baill. = **Delonix**

Aptandra Miers 兜帽果属 Aptandraceae [MD - 365] 特征纪要(同科)。全球 6 个大洲分布及种数(4 - 5)非洲:2; 亚洲:1;大洋洲:1;欧洲:1;北美洲:1;南美洲:3 - 4。

Aptandraceae (DC.) Miers [MD - 365] 油籽树科 特征纪要:习性:木本;落叶。花程式:K4 - 5(-), C5, A - , = G -。全球 2 个大洲分布及属种数(1/1 hort. 1) 非洲:1/2 - 3; 南美洲:1/5。

Aptandropsis Ducke = **Heisteria**

Apteranthes Mik. = **Caralluma**

Apteria Nutt. 水玉钟属 Burmanniaceae [MM - 696] 特征纪要:习性:草本。花程式:(K)3, C3, A3, ↓G -。其他特征参考科。全球 3 个大洲分布及种数(1 - 23)亚洲:12; 北美洲:23; 南美洲:14。

Apterokarpos Rizzini 白林漆属 Anacardiaceae [MD - 432] 特征纪要:习性: -。花程式: -。其他特征参考科。全球 1 个大洲分布及种数(1) ◆南美洲(◆巴西)。

Apteropteris (Copel.) Copel. = **Hymenophyllum**

Apterosperma Hung T. Chang 圆籽荷属 Theaceae [MD - 168] 特征纪要:习性:木本。花期:5 - 6 月。果期:参考晚于花期。海拔:800 - 1300 米。生境:森林。全球 1 个大洲分布及种数(cf. 1) ◆亚洲(◆中国)。

Apterygia Baehni = **Sideroxylon**

Apterygium Kindb. 柳叶藓科属 Amblystegiaceae [B - 178] 特征纪要:习性: -。【Rep】:参考科特征:雌雄同株,绿色、黄色或棕色。物候: -。海拔: -。生境:枯枝落叶生,岩面土生。资源: -。全球 1 个大洲分布及种数(1) ◆亚洲(◆中国)。【中国种数:1】。

Aptosimum Burch. ex Benth. 沙钟堇属 Scrophulariaceae [MD - 536] 特征纪要:习性:灌木。花程式:K2 - 4, C0, A3 参考科, ↓G2。物候: -。海拔: -。生境: -。资源:具园艺种类。全球 5 个大洲分布及种数(22 - 48)非洲:41; 亚洲:3; 欧洲:3; 北美洲:3; 南美洲:2。

Aptrootia <unassigned> 沙钟芹属 Apiaceae [MD - 480] 特征纪要: -。全球 2 个大洲分布及种数(1)大洋洲:1; 欧洲:1。

Aptychella (Broth.) Herzog 无锦藓属 Sematophyllaceae [B - 192] 特征纪要:习性: -。【Rep】:雌雄异苞同株或雌雄异株,稀雌雄混生同苞,雌雄杂株或叶生(雄苞)异株,雄苞芽状。物候: -。海拔: -。生境:常见于竹上,岩石上。资源: -。全球 4 个大洲分布及种数(15)亚洲:9;大洋洲:1;北美洲:2;南美洲:4。【中国种数:10】。

Aptychopsis (Broth.) M. Fleisch. 哥伦蔓藓属 Sematophyllaceae [B - 192] 特征纪要:习性: -。【Rep】:雌雄同株或雌雄异株,稀雌雄杂株,蒴柄细长,下部平滑,上部具乳头突起,孢蒴小,垂倾或悬垂,长卵形或长圆,多暗色、绿色至金黄色。其他特征参考科。全球 1 个大洲分布及种数(6) ◆南美洲。

Aptychus (Müll. Hal.) Müll. Hal. 锦藓属 Sematophyllaceae [B - 192] 特征纪要: -。全球 2 个大洲分布及种数(45)北美洲:1; 南美洲:1。

Apuleia Mart. 铁苏木属 Fabaceae3 [MD - 240] 特征纪要和分布(-)。全球 1 个大洲分布及种数(1 - 2) ◆南美洲。【中国种数:1】。

Apuleja Gaertn. = **Berkheya**

Apurimacia Harms 阿普里豆属 Fabaceae3 [MD - 240] 特征纪要:习性:木本。花程式:K1 - ∞, C1 - ∞, A5 - 9, = ↓G1。其他特征参考科。全球 1 个大洲分布及种数(2) ◆南美洲。

Aquarius Christenh. & Byng 冬泽泻属 Alismataceae [MM - 597] 特征纪要:习性:草本。花程式: -。其他特征参考科。全球 4 个大洲分布及种数(26) 非洲:1, 亚洲:1, 北美洲:11, 南美洲:26。

Aquartia Jacq. = **Solanum**

Aquifoliaceae Bercht. & J. Presl [MD - 438] 冬青科 特征纪要:习性:木本;常绿,落叶。花程式:♀/♂K4, C4, A2 - 3, ↑G - 2。物候: -。花期: 4 - 5 月。果期: 6 - 9 月。果实:果实具翅。种子: -。海拔: -。生境:滨海砂地,少见,中海拔至高海拔山地林中。资源:园林。栽培:中国有栽培。全球 6 个大洲分布及属种数(7 - 8/644 - 801 <IFR 1/29> hort. 1; cult. 2) 非洲:1/33 - 36(IFR 1/1); 亚洲:2/389 - 427(IFR 1/10); 大洋洲:1/35 - 42; 欧洲:1/23 - 24; 北美洲:3/162 - 185(IFR 1/8); 南美洲:4/283 - 321(IFR 1/10)。【中国属种数:1/201】。

Aquifolium Mill. = **Ilex**

Aquilaria Lam. 沉香属 Aquilariaceae [MD - 312] 特征纪要(同科)。全球 6 个大洲分布及种数(24 - 25)非洲:1 - 3;亚洲:23 - 25;大洋洲:1 - 3;欧洲:2;北美洲:2;南美洲:2。【中国种数:4】。

Aquilariaceae R. Br. ex DC. [MD - 312] 沉香科 特征纪要:习性:木本;落叶。花程式:(K)6 - , C5, A2, ↑G -。物候: -。花期:春季 - 夏季。果期:8 - 10 月。果实: -。种子:种皮坚脆,子叶叶状,无胚乳。海拔:1200 米。生境:山地,丘陵以及路边阳处疏林中。栽培:来自广西龙州。资源:药用。栽培: -。全球 2 个大洲分布及属种数(1/1 hort. 1) 亚洲:1/25; 大洋洲:1/3。

Aquilariella Tiegh. = **Aquilaria**

Aquilegia L. 耧斗菜属 Ranunculaceae［MD－38］特征纪要:习性:草本(基生)。花程式:K5,C5,A3 参考科,＝G1－3。物候:－。花期:5－7 月。果期:参考晚于花期。海拔:1000－2000 米。生境:草坡,湿地。栽培:来自广西龙州。资源:具栽培园艺种类。全球 6 个大洲分布及种数(107－149;hort. 1;cult. 26)非洲:8－30;亚洲:52－92;大洋洲:7－29;欧洲:50－81;北美洲:38－67;南美洲:4－26。【中国种数:35】。

Aquilonium <unassigned> 灰藓科属 Hypnaceae［B－189］特征纪要:－。全球 1 个大洲分布及种数(－)。

Aquilula G. L. Nesom 菊科属 Asteraceae［MD－586］特征纪要:习性:草本。花程式:参考科,C4 参考科,A4 参考科,＝↓G3 参考科。其他特征参考科。全球 1 个大洲分布及种数(2)◆北美洲。

Arabidella (F. Müll.) O. E. Schulz 澳小南芥属 Brassicaceae［MD－213］特征纪要:习性:草本。花程式:K2－4,C2－4,A2－4,＝G2。其他特征参考科。全球 4 个大洲分布及种数(7－8)亚洲:3; 大洋洲:8; 欧洲:2; 北美洲:2。【中国种数:1】。

Arabidium Spach ＝ **Arabis**

Arabidopsis Heynh. 拟南芥属 Brassicaceae［MD－213］特征纪要:习性:草本(基生)。花期:6－7 月。果期:参考晚于花期。海拔:1500－2600 米。生境:高山灌丛中时见。栽培:来自广西龙州。资源:具栽培园艺种类。全球 6 个大洲分布及种数(17;hort. 1;cult. 1)非洲:5－18;亚洲:16－30;大洋洲:1－14;欧洲:10－23;北美洲:6－19;南美洲:13。【中国种数:4】。

Arabis L. 南芥属 Brassicaceae［MD－213］特征纪要:习性:草质攀援。花期:5－6 月。果期:参考晚于花期。海拔:100－3200 米。生境:草山坡。栽培:来自广西龙州。资源:具栽培园艺种类。全球 6 个大洲分布及种数(155－241;hort. 1;cult. 12)非洲:29－199;亚洲:86－262;大洋洲:16－186;欧洲:64－237;北美洲:57－237;南美洲:11－181。【中国种数:22】。

Aracamunia Carnevali & I. Ramírez 阿拉兰属 Orchidaceae［MM－723］特征纪要:习性:草本。花程式:(K)3,C3,A3,＝↓(G)3。其他特征参考科。全球 1 个大洲分布及种数(1)◆南美洲。

Araceae Juss.［MM－639］天南星科 特征纪要:习性:木本,藤本;落叶。花程式:♀|♂(K)5,C5,A:n,G1。物候:－。花期: 4－9 月。果实:蒴果。种子:－。海拔:1000－1100 米。生境:－。资源:园林。栽培:中国有栽培。全球 6 个大洲分布及属种数(124－138/2718－4841 <IFR 25/150> hort. 1;cult. 30) 非洲:37－38/221－359 (IFR 12/22); 亚洲:52/672－1305(IFR 9/52); 大洋洲:19/100－152(IFR 3/3); 欧洲:15－17/58－70(IFR 3/6); 北美洲:21－23/514－565(IFR 5/47); 南美洲:49－50/1854－2820(IFR 11/57)。【中国属种数:50/357】。

Arachis L. 落花生属 Fabaceae3［MD－240］特征纪要:习性:木本。花程式:Kn,C2－3 参考科,A3 参考科,＝↓G－。物候:－。花期:5－8 月。果期:参考晚于花期。海拔:7500 米。生境:河边。栽培:来自广西龙州。资源:药用,油脂,具栽培园艺种类。全球 6 个大洲分布及种数(86－170)非洲:11; 亚洲:18; 大洋洲:9; 欧洲:24; 北美洲:24; 南美洲:156。【中国种数:7】。

Arachniodes Bl. 复叶耳蕨属 Dryopteridaceae［F－49］特征纪要:习性:－。【Rep】:孢子囊群顶生或近顶生小脉上,少有背生,位中脉与叶边中间,或为近叶边生,圆形。物候:－。海拔:500－800 米。生境:淤泥,沙质土壤,灌木丛,着生在土壤中。资源:具园艺种类。全球 6 个大洲分布及种数(89－326)非洲:11; 亚洲:285; 大洋洲:9; 欧洲:16; 北美洲:16; 南美洲:17。【中国种数:39】。

Arachniopsis Spruce 南美指叶苔属 Lepidoziaceae［B－63］特征纪要:习性:－。【Rep】:裂瓣披针形或指形。其他特征参考科。全球 3 个大洲分布及种数(10)非洲:5; 北美洲:2; 南美洲:8。

Arachnis Bl. 蜘蛛兰属 Orchidaceae［MM－723］特征纪要:习性:草本(多肉)。花程式:Kn,C2－3 参考科,A3 参考科,＝↓G3。物候:－。花期:8－9 月。果期:参考晚于花期。海拔:600－1200 米。生境:附生植物。栽培:来自广西龙州。资源:具栽培园艺种类。全球 4 个大洲分布及种数(18－67)非洲:4; 亚洲:47; 大洋洲:4; 南美洲:21。【中国种数:6】。

Arachnitis Phil. 腐蛛草属 Corsiaceae［MM－705］特征纪要:习性:草本。花程式:(K)3,C0 参考科,A6,↓G3。其他特征参考科。全球 1 个大洲分布及种数(1)◆南美洲。

Arachnodes Gagnep. ＝ **Phyllanthus**

Arachnospermum Berg. ＝ **Podospermum**

Arachnothryx Planch. 绒香玫属 Rubiaceae［MD－523］特征纪要:习性:木本。花程式:(K)4－5,(C)4－5,A4－5,＝↓G2－9。其他特征参考科。全球 4 个大洲分布及种数(104－109;hort. 1)亚洲:4;大洋洲:1;北美洲:83－85;南美洲:27－28。

Araeococcus Brongn. 多穗凤梨属 Bromeliaceae［MM－715］特征纪要:习性:草本。花程式:(K)3,C3,A6,＝↓(G)3。其他特征参考科。全球 2 个大洲分布及种数(11)北美洲:3;南美洲:10。

Arafoe Pimenov & Lavrova 俄罗斯芹属 Apiaceae［MD－480］特征纪要:习性:草本。花程式:参考科,C5,A15 参考科,＝↓(G)2 参考科。其他特征参考科。全球 3 个大洲分布及种数(1－2)亚洲:2; 欧洲:1; 北美洲:1。

Aragoa Kunth 雪杉花属 Plantaginaceae［MD－527］特征纪要:习性:灌木。花程式:K2－4,C0,A4,＝(G)2－3。其他特征参考科。全球 1 个大洲分布及种数(22－23)◆南美洲。

Araiostegia Copel. 小膜盖蕨属 Davalliaceae［F－56］特征纪要:习性:－。【Rep】:孢子囊群小,圆形,背生于裂片上,位于上侧短小脉的顶端。物候:－。海拔:1000－1500 米。生境:林下岩石上,竹木林下。资源:－。全球 6 个大洲分布及种数(36)非洲:2; 亚洲:34; 大洋洲:3; 欧洲:4; 北美洲:4; 南美洲:6。

Araiostegiella M. Kato & Tsutsumi ＝ **Leucostegia**

Aralia L. 湖南参属 Araliaceae［MD－471］特征纪要:习性:木本。花程式:Kn,(C)5 齿裂,A5,↓G－5。物候:－。花期:6 月。果期:参考晚于花期。海拔:100－1300 米。生境:草原,森林。栽培:来自广西龙州。资源:具栽培园艺种类。全球 6 个大洲分布及种数(78 - 104;hort. 1;cult. 5)非洲:14 - 58;亚洲:65 - 114;大洋洲:17 - 64;欧洲:12 - 55;北美洲:25 - 70;南美洲:17 - 61。【中国种数:57】。

Araliaceae Juss. [MD - 471] 五加科 特征纪要:习性:木本,藤本;落叶。花程式:(K)6 - ,C6,A2 - 7 - 12,↓(G)6 - 12,↓(G)1 - 15。物候:-。花期:6 月。果期:8 月。果实:浆果核果。种子:-。海拔:-。生境:塭头沼泽地,自然山坡地。资源:园林。栽培:中国有栽培。全球 6 个大洲分布及属种数(59 - 69/1250 - 1827 <IFR 19/56 >hort. 1;cult. 19) 非洲:14 - 16/167 - 268(IFR 3/5); 亚洲:34/622 - 819(IFR 9/34); 大洋洲:23 - 24/189 - 248(IFR 7/12); 欧洲:6/35 - 39(IFR 1/3); 北美洲:13/175 - 182(IFR 2/7); 南美洲:14 - 15/390 - 465(IFR 1/1)。【中国属种数:26/241】。

Aralidiaceae Phil. & B. C. Stone [MD - 470] 假茱萸科 特征纪要:习性:木本;落叶。花程式:(K)5,C5,A:n,G1。全球 1 个大洲分布及属种数(2/3)◆大洋洲:1/ 1。

Aralidiales (Philipson & B. C. Stone) Takht. ex Reveal 假茱萸科属 Aralidiaceae [MD - 470] 特征纪要(同科)。全球 1 个大洲分布及种数(-)◆亚洲。

Aralidium Miq. 沟子树属 Torricelliaceae [MD - 466] 特征纪要:习性:木本。花程式:-。其他特征参考科。全球 2 个大洲分布及种数(1 - 6)亚洲:6; 北美洲:2。【中国种数:1】。

Araliopsis Kurz 南美沟芸香属 Araliaceae [MD - 471] 特征纪要:习性:-。花程式:-。其他特征参考科。全球 4 个大洲分布及种数(cf. 1) 非洲;亚洲;北美洲;南美洲。

Araliorhamnus H. Perrier = **Berchemia**

Arapabaca Adans. = **Spigelia**

Arapatiella Rizzini & A. Mattos 小阿拉苏木属 Fabaceae1 [MD - 240] 特征纪要:习性:木本。花程式:K3 - 5 - ∞,C3 - 5 - ∞,A3 - 5,= ↓ G1 - 2。其他特征参考科。全球 1 个大洲分布及种数(2 - 3)◆南美洲(◆巴西)。

Araracuara Fern. Alonso 哥伦鼠李属 Rhamnaceae [MD - 331] 特征纪要:习性:木本。花程式:K4 - 5,C4 - 5,A2,=(G)2 - 5。其他特征参考科。全球 1 个大洲分布及种数(1)◆南美洲。

Araschcoolia Sch. Bip. = **Geigeria**

Aratitiyopea Steyerm. & P. E. Berry 鹦山草属 Xyridaceae [MM - 712] 特征纪要:习性:草本。花程式:(K)3,C3,A3 - 6,=(G)3。其他特征参考科。全球 1 个大洲分布及种数(1)◆南美洲。

Araucaria Juss. 南洋杉属 Araucariaceae [G - 10] 特征纪要:习性:-。【Rep】:复轴,球果状,苞鳞下部生种子,无种鳞,球果直立,椭圆形或近球形,二至三年成熟,熟时苞鳞脱落,苞鳞宽大,木质,扁形,先端厚,上部边缘具锐利的横脊,舌状种鳞位于苞鳞的腹面中央,下部合生,先端肥厚而外露,发育苞鳞仅有 1 粒种子,种子生于舌状种鳞的下部,扁平,合生,无翅。资源:具栽培园艺种类。全球 6 个大洲分布及种数(23 - 195)非洲:65; 亚洲:37; 大洋洲:49; 欧洲:20; 北美洲:20; 南美洲:80。【中国种数:8】。

Araucariaceae Henkel & W. Hochst. [G - 10] 南洋杉科 特征纪要:灌木,常绿,簇生。【Rep】:单轴球果,雌雄异株。全球 3 个大洲分布及属种数(8/36 - 62 <IFR 3/8 >hort. 1;cult. 2) 非洲:IFR 3/8; 亚洲:1/21 - 29; 大洋洲:4/24 - 30。【中国属种数:2/12】。

Araujia Brot. 白蛾藤属 Asclepiadaceae [MD - 494] 特征纪要:习性:木本。花程式:K5,C0,A15,= ↓ G2。资源:具栽培园艺种类。全球 6 个大洲分布及种数(14 - 49)非洲:2; 亚洲:4; 大洋洲:5; 欧洲:5; 北美洲:5; 南美洲:45。

Arawakia L. Marinho 藤黄科属 Clusiaceae [MD - 141] 特征纪要:习性:-。花程式:-。其他特征参考科。全球 2 个大洲分布及种数(18) 北美洲:5; 南美洲:14。

Arbelaezaster Cuatrec. 千里光属 Asteraceae [MD - 586] 特征纪要:习性:草本。花程式:(K -),(C)5 参考科,A3 - 5,↓G。其他特征参考科。全球 1 个大洲分布及种数(1) ◆南美洲:1。

Arberella Soderstr. & C. E. Calderón 臺竺属 Poaceae [MM - 748] 特征纪要:习性:草本。花程式:(K)3,C0 参考科,A1 - 2,= G2 - 3。其他特征参考科。全球 2 个大洲分布及种数(13)北美洲:6;南美洲:7。

Arboa Thulin & Razafim. 萝蝶花属 Passifloraceae [MD - 151] 特征纪要:习性:木本。花程式:Kn,C5 参考科,A5,= ↓(G)3。其他特征参考科。全球 1 个大洲分布及种数(4 - 5)◆非洲:5。

Arbulocarpus Tennant = **Spermacoce**

Arbuscula H. A. Crum 木藓属 Neckeraceae [B - 204] 特征纪要:习性:-。【Rep】:参考科特征:孢子体不详,黄绿色或黄褐色。生境:常见于岩石或树干。全球 2 个大洲分布及种数(4)北美洲:1; 南美洲:1。【中国种数:1】。

Arbusculohypopterygium M. Stech, T. Pfeiff. & W. Frey 孔尾藓属 Hypopterygiaceae [B - 160] 特征纪要:习性:-。【Rep】:雌雄同苞同株,或雌雄异株,蒴柄细长,平滑或具疣,孢蒴多倾立或平列,通常对称,蒴齿两层,外齿层齿片狭长,有时分叉。其他特征参考科。全球 1 个大洲分布及种数(1)◆南美洲:1。

Arbutus L. 草莓树属 Ericaceae [MD - 380] 特征纪要:习性:木本。花程式:(K)5 - 8,(C)5 - 8,A10,= G2 - 4。物候:-。海拔:-。生境:-。资源:具栽培园艺种类。全球 6 个大洲分布及种数(19 - 29)非洲:4 - 13;亚洲:6 - 16;大洋洲:3 - 12;欧洲:4 - 14;北美洲:13 - 23;南美洲:6 - 15。【中国种数:3】。

Arcangelina Kuntze = **Chiliocephalum**

Arcangelisia Becc. 古山龙属 Menispermaceae [MD - 42] 特征纪要:习性:草质攀援。花程式:-。物候:-。花期:夏天。果期:参考晚于花期。海拔:200 - 2500 米。生境:森林。资源:药用,具栽培园艺种类。全球 3 个大洲分布及种数(3 - 9)非洲:4; 亚洲:9; 大洋洲:3。【中国种数:1】。

Arceuthidaceae A. V. Bobrov & Melikyan = Cupressaceae

Arceuthobium M. Bieb. 油杉寄生属 Santalaceae [MD - 412] 特征纪要:习性:木本(寄生)。花程式:-。物候:-。花期:7 - 11 月。果期:参考晚于花期。海拔:1500 - 3600 米。生境:长苞冷杉或川滇冷杉上,针叶林,山坡。资源:具园艺种类。全球 6 个大洲分布及种数(40 –52;hort. 1;cult. 3)非洲:2 –6;亚洲:17 –21;大洋洲:2;欧洲:2 –5;北美洲:31 –39;南美洲:2 –4。【中国种数:14】。

Arceuthos Antoine & Kotschy = **Juniperus**

Archakebia C. Y. Wu, T. C. Chen & H. N. Qin 长萼木通属 Lardizabalaceae [MD –33] 特征纪要:习性:–。花程式:–。物候:–。花期:4 –5 月。果期:参考晚于花期。海拔:500 –1000 米。生境:半山坡,路旁,灌丛上,山坡上的开阔森林。资源:–。全球 1 个大洲分布及种数(cf. 1)◆亚洲(◆中国)。

A

Archangiopteris Christ & Giesenh. 古莲蕨属 Angiopteridaceae [F –12] 特征纪要:习性:–。【Rep】:孢子囊群为长线形,沿叶脉中部以二列着生,照例位于边缘与中肋之间,但既不达中肋,也不达叶边,每群由 40 –240 个船形的无柄分离的成两排紧靠的孢子囊组成,孢子囊的顶部有不发育的环带,并以腹部的一纵缝开裂,放出大量孢子,下面有沿叶脉着生的分枝夹丝,夹丝的长短不一,节状,腺头,透明,分枝,干后易擦落。物候:–。海拔:100 –300 米。生境:生于山地林下。资源:药用。全球 1 个大洲分布及种数(7 –11)◆亚洲。

Archanthemis Lo Presti 亚洲莲菊属 Asteraceae [MD –586] 特征纪要:习性:草本。花程式:(K)3 –5,(C)3 –5,A3 –5,↓G。其他特征参考科。全球 3 个大洲分布及种数(7 –9)亚洲:8; 欧洲:2; 北美洲:2。

Archboldiella E. B. Bartram = **Distichophyllidium**

Archboldiodendron Kobuski 丽绢桐属 Pentaphylacaceae [MD –215] 特征纪要:习性:木本。花程式:–。其他特征参考科。全球 3 个大洲分布及种数(3 –6)非洲:5; 亚洲:3; 大洋洲:4。

Archeochaete R. M. Schust. 拟叉苔属 Pseudolepicoleaceae [B –71] 特征纪要:习性:–。【Rep】:雌雄同株或异株,雄苞着生茎、枝先端,雌苞顶生,雌苞叶与茎叶同形,4 –5 裂,蒴柄横切面中央 4 个细胞。其他特征参考科。全球 2 个大洲分布及种数(cf. 1)北美洲;南美洲。

Archeophylla R. M. Schust. 拟复苔属 Pseudolepicoleaceae [B –71] 特征纪要:习性:–。【Rep】:雌雄同株或异株,雄苞着生茎、枝先端,雌苞顶生,雌苞叶与茎叶同形,4 –5 裂,蒴柄横切面中央 4 个细胞。其他特征参考科。全球 1 个大洲分布及种数(1)◆非洲。

Archephemeropsis Renner 夭油藓属 Hookeriaceae [B –164] 特征纪要:–。全球 1 个大洲分布及种数(–)。

Archeria Hook. f. 狼毒石南属 Ericaceae [MD –380] 特征纪要:习性:木本。花程式:(K)2 –4,(C)2 –4,A10,= G2 –5。其他特征参考科。全球 2 个大洲分布及种数(4 –8)大洋洲:3 –6;南美洲:cf. 1。

Archiatriplex G. L. Chu 单性滨藜属 Amaranthaceae [MD –116] 特征纪要:习性:草本。花程式:K3 –5,C3 –5,A3 –5,G –。物候:–。海拔:2100 米。生境:道路银行,在灌木,灌木坡,河岸和农舍附近。资源:–。全球 2 个大洲分布及种数(1 –2)亚洲:2; 北美洲:2。【中国种数:1】。

Archibaccharis Heering 近单性紫菀属 Asteraceae [MD –586] 特征纪要:习性:草本。花程式:(K)3 –5,(C)3 –5,A3 –5,= ↓G2。其他特征参考科。全球 5 个大洲分布及种数(37 –67)非洲:4; 亚洲:4; 大洋洲:2; 北美洲:40; 南美洲:16。【中国种数:1】。

Archiboehmeria C. J. Chen 舌柱麻属 Urticaceae [MD –91] 特征纪要:习性:木本。花程式:Kn,C2 –3 参考科,A4,G –。物候:–。花期:5 –8 月。果期:参考晚于花期。海拔:300 –1500 米。生境:山谷半阴坡疏林中较潮湿肥沃土上或石缝内。资源:–。全球 1 个大洲分布及种数(cf. 1)◆亚洲。【中国种数:1】。

Archiclematis (Tamura) Tamura = **Clematis**

Archidasyphyllum <unassigned> 菊科属 Asteraceae [MD –586] 特征纪要:习性:–。花程式:–。其他特征参考科。全球 1 个大洲分布及种数(–)。

Archidendron F. Müll. 猴耳环属 Fabaceae3 [MD –240] 特征纪要:习性:木本。花程式:K3 –5 –∞,C3 –5 –∞,A1 –10 –50,= ↓G1。物候:–。花期:3 月。果期:参考晚于花期。海拔:100 –1400 米。生境:边缘。资源:具园艺种类。全球 6 个大洲分布及种数(106 –179)非洲:63; 亚洲:109; 大洋洲:67; 欧洲:15; 北美洲:15; 南美洲:74。【中国种数:21】。

Archidendropsis I. C. Nielsen 拟古木属 Fabaceae2 [MD –240] 特征纪要:习性:木本。花程式:K3 –5 –∞,C3 –5 –∞,A1 –10 –50,= ↓G1。其他特征参考科。全球 3 个大洲分布及种数(15 –16;hort. 1)非洲:2;亚洲:3;大洋洲:14。

Archidiaceae Schimp. [B –116] 无轴藓科 特征纪要:土生,叶簇生,一形。【Rep】:孢子囊群线形,连续,少有中断,紧靠主脉并与之平行,着生于主脉两侧的不甚明显的 1 条纵脉上,仅羽片先端(或有时基部)不育。全球 5 个大洲分布和属种数(1/38)亚洲:1/6;大洋洲:1/18;欧洲:1/4;北美洲:1/9;南美洲:1/10。【中国属种数:1/3】。

Archidiella Irmsch. = **Archidium**

Archidium Brid. 无轴藓属 Archidiaceae [B –116] 特征纪要(同科)。全球 6 个大洲分布及种数(38) 非洲:16;亚洲:6;大洋洲:18;欧洲:4;北美洲:9;南美洲:10。【中国种数:3】。

Archigrammitis Parris = **Grammitis**

Archilejeunea (Spruce) Steph. 原鳞苔属 Lejeuneaceae [B –84] 特征纪要:习性:–。【Rep】:雌苞叶和雌苞腹叶全缘,蒴萼具 4 –6 个脊,雄苞顶生短侧枝上。生境:山坡,针阔混交林中。全球 6 个大洲分布及种数(22 –27)非洲:6 –13;亚洲:8 –14;大洋洲:4 –12;欧洲:6;北美洲:1 –7;南美洲:9 –16。【中国种数:5】。

Archimedea Leandro ex A. St. –Hil. = **Lophophytum**

Archiphysalis Kuang 地海椒属 Solanaceae [MD –503] 特征纪要和分布(–)。

Archirhodomyrtus (Nied.) Burret 盾金娘属 Myrtaceae [MD –347] 特征纪要:习性:–。花程式:–。物候:–。花期:4 月。果期:参考晚于花期。海拔:100 –2900 米。生境:矮林,山坡,低丘和草原,总梗上,易于识别。资源:–。全球 1 个大洲分布及种数(–)。

Archiserratula L. Martins 滇麻花头属 Asteraceae［MD－586］特征纪要:习性:草本,少木本。花程式:(K－),C3－5,A3 参考科,↓G。物候:－。花期:8－11 月。果期:参考晚于花期。海拔:1300－2000 米。生境:草原,岩石裂缝。资源:－。全球 1 个大洲分布及种数(cf. 1)◆亚洲(◆中国)。【中国种数:1】。

Archivea Christenson & Jenny 桃金茶属 Orchidaceae［MM－723］特征纪要:习性:木本。花程式:－。其他特征参考科。全球 1 个大洲分布及种数(1)◆南美洲。

Archontophoenix H. Wendl. & Drude 假槟榔属 Arecaceae［MM－717］特征纪要:习性:木本。花程式:K3,C3,A3 参考科,＝↓G3－10。物候:－。花期:4 月。果期:参考晚于花期。海拔:100－2800 米。生境:植物园。资源:药用,观赏,具栽培园艺种类。全球 5 个大洲分布及种数(6－14)非洲:3; 亚洲:3; 大洋洲:13; 北美洲:8; 南美洲:6。【中国种数:1】。

Archytaea Mart. 桃金茶属 Bonnetiaceae［MD－102］特征纪要:习性:木本。花程式:－。其他特征参考科。全球 2 个大洲分布及种数(2－14)亚洲:3; 南美洲:14。

Arcoa Urb. 海地豆属 Fabaceae2［MD－240］特征纪要:习性:木本。花程式:K3－5－∞,C3－5－∞,A1－10－50,＝↓G1。其他特征参考科。全球 1 个大洲分布及种数(1)◆北美洲(◆海地)。

Arctagrostis Griseb. 北极禾属 Poaceae［MM－748］特征纪要:习性:草本。花程式:(K)3,C0 参考科,A1－2,↓G－参考科。其他特征参考科。全球 6 个大洲分布及种数(3)非洲:2;亚洲:2－4;大洋洲:2;欧洲:1－3;北美洲:2－4;南美洲:2。【中国种数:2】。

Arcteranthis Greene ＝ **Ranunculus**

Arcterica Coville ＝ **Pieris**

Arctium L. 牛蒡属 Asteraceae［MD－586］特征纪要:习性:草本(基生,多肉)。花程式:(K)3－5,C3－5,A3 参考科,＝↓G2。物候:－。海拔:1200－2100 米。生境:林缘,灌丛,山谷,山坡,或荒地。资源:药用,具栽培园艺种类。全球 6 个大洲分布及种数(53－171)非洲:6; 亚洲:68; 大洋洲:5; 欧洲:11; 北美洲:11; 南美洲:7。【中国种数:5】。

Arctoa Bruch & Schimp. 极地藓属 Dicranaceae［B－128］特征纪要:习性:－。【Rep】:雌雄同株,雌苞叶基部鞘状,上部细长芒状,蒴柄黄色,直立,与雌苞叶等长,孢蒴倒卵形,略背曲,干燥或脱盖。物候:－。全球 4 个大洲分布及种数(4) 亚洲:4;欧洲:3;北美洲:3;南美洲:1。【中国种数:2】。

Arctocetraria <unassigned> 水蕨科属 Parkeriaceae［F－36］特征纪要:－。全球 3 个大洲分布及种数(3)亚洲:2; 欧洲:2; 北美洲:2。

Arctocrania (Endl.) Nakai ＝ **Cornus**

Arctodupontia Tzvelev 北早禾属 Poaceae［MM－748］特征纪要:习性:草本。花程式:(K－),C0 参考科,A3 参考科,↓G－参考科。其他特征参考科。全球 1 个大洲分布及种数(1)◆北美洲。

Arctogeron DC. 莎菀属 Asteraceae［MD－586］特征纪要:习性:草本(根状茎,基生)。花程式:(K)3－5,C3－5,A3 参考科,↓G。物候:－。花期:5－6 月。果期:参考晚于花期。海拔:6000 米。生境:干燥山坡或多砾石处,斜坡。资源:－。全球 3 个大洲分布及种数(2)亚洲:cf. 1;北美洲:1;南美洲:1。【中国种数:1】。

Arctohyalopoa Röser & Tkach 禾本科属 Poaceae［MM－748］特征纪要和分布(－)。

Arctomecon Torr. & Frém. 熊罂粟属 Papaveraceae［MD－54］特征纪要:习性:草本。花程式:K1－∞,C4,A4－6,＝(G)2－100。其他特征参考科。全球 1 个大洲分布及种数(3－5)◆北美洲。

Arctomia <unassigned> 喜芽藓属 Sorapillaceae［B－212］特征纪要和分布(－)。

Arctoparmelia <unassigned> 水蕨科属 Parkeriaceae［F－36］特征纪要:－。全球 3 个大洲分布及种数(5)欧洲:2; 北美洲:2; 南美洲:2。

Arctophila (Rupr.) Rupr. ex Andersson 喜极草属 Poaceae［MM－748］特征纪要:习性:－。花程式:－。其他特征参考科。全球 6 个大洲分布及种数(2)非洲:4;亚洲:4;大洋洲:4;欧洲:1－5;北美洲:1－5;南美洲:4。

Arctopoa (Griseb.) Prob. 早熟禾属 Poaceae［MM－748］特征纪要:习性:草本。花程式:(K－),C0 参考科,A3 参考科,↓G－参考科。物候:－。海拔:10－5600 米。生境:草地,作为饲料植物或大麦田杂草种植。资源:－。全球 2 个大洲分布及种数(4－8)亚洲:3－5;北美洲:1。【中国种数:3】。

Arctopus L. 熊掌芹属 Apiaceae［MD－480］特征纪要:习性:草本。花程式:K5,C5,A5,＝↓G(－)。其他特征参考科。全球 1 个大洲分布及种数(3)◆非洲。

Arctoscyphus Hässel 非洲地萼苔属 Jungermanniaceae［B－38］特征纪要:习性:－。【Rep】:常具蒴囊,绿色、黄绿色、暗绿色或红褐色。其他特征参考科。全球 2 个大洲分布及种数(2)非洲:1;大洋洲:1。

Arctostaphylos Adans. 熊果属 Ericaceae［MD－380］特征纪要:习性:木本。花程式:(K)5－8,(C)5－8,A10,＝G2－4。其他特征参考科。全球 6 个大洲分布及种数(84－105;hort. 1;cult. 21)非洲:37;亚洲:21－58;大洋洲:15－52;欧洲:2－39;北美洲:83－139;南美洲:3－40。【中国种数:21】。

Arctotheca J. C. Wendl. 赛金盏属 Arctotidaceae［MD－582］特征纪要:习性:草本。花程式:(K－),(C)3－5,A3 参考科,↓G。物候:－。海拔:－。生境:－。资源:具栽培园艺种类。全球 6 个大洲分布及种数(5－16)非洲:11; 亚洲:3; 大洋洲:5; 欧洲:3; 北美洲:3; 南美洲:4。

Arctotidaceae Bercht. & J. Presl［MD－582］灰暗菊科 特征纪要:习性:草本;落叶。花程式:K4－5(－),C5,A3,G－。全球 6 个大洲分布及属种数(2/2 hort. 1;cult. 1) 非洲:1/72－75; 亚洲:1/5; 大洋洲:1/7; 欧洲:1/14; 北美洲:1/9; 南美洲:1/3。

Arctotis L. 熊耳菊属 Arctotidaceae［MD－582］特征纪要(同科)。全球 6 个大洲分布及种数(73－102)非洲:70－81;亚洲:3－10;大洋洲:5－12;欧洲:12－19;北美洲:7－14;南美洲:1－8。【中国种数:2】。

Arctottonia Trel. = **Ottonia**

Arctous Nied. 北极果属 Ericaceae［MD－380］特征纪要：习性：木本。花程式：(K－)，C2－3 参考科，A4，G－。物候：－。花期：5－7 月。果期：参考晚于花期。海拔：1900－3000 米。生境：高山冻原及高山灌丛中，云杉林木。资源：具园艺种类。全球 3 个大洲分布及种数(7)亚洲：6－7；欧洲：3；北美洲：4。【中国种数：2】。

Arcuatopterus M. I. Sheh & R. H. Shan 弓翅芹属 Apiaceae［MD－480］特征纪要：习性：草本(基生)。花程式：Kn，C5，A3 参考科，＝↓(G)2。物候：－。花期：8－9 月。果期：参考晚于花期。海拔：1500－3000 米。生境：高山草甸，路边草丛。资源：－。全球 1 个大洲分布及种数(5－7)◆亚洲。【中国种数：3】。

Arcyna Wiklund = **Cynara**

Arcyosperma O. E. Schulz 报春芥属 Brassicaceae［MD－213］特征纪要：习性：草本。花程式：K2－4，C2－4，A2－4，＝(G)2。其他特征参考科。全球 1 个大洲分布及种数(cf. 1)◆亚洲。

Arcypteris Underwood 网鳞蕨属 Dryopteridaceae［F－49］特征纪要：习性：－。【Rep】：孢子囊单生叶背。其他特征参考科。全球 1 个大洲分布及种数(1)◆东南亚(◆菲律宾)。

Arcytophyllum Willd. 假耳苗属 Rubiaceae［MD－523］特征纪要：习性：木本。花程式：(K)4－5，(C)4－5，A4－5，＝↓G2－9。物候：－。海拔：－。生境：－。资源：具园艺种类。全球 5 个大洲分布及种数(18－65)非洲：3；亚洲：4；欧洲：9；北美洲：9；南美洲：55。【中国种数：1】。

Ardeuma R. H. Zander & Hedd. 葵丛藓属 Pottiaceae［B－133］特征纪要：习性：－。【Rep】：孢腔轮廓清晰，蒴齿缺如，或具蒴齿而无基膜，下部呈黄绿或黄棕色。其他特征参考科。全球 1 个大洲分布及种数(1)◆非洲。

Ardisia Sw. 紫金牛属 Primulaceae［MD－401］特征纪要－。全球 6 个大洲分布及种数(383－795；hort. 1；cult. 9)非洲：61－149；亚洲：206－455；大洋洲：37－76；欧洲：4－37；北美洲：169－215；南美洲：99－140。【中国种数：124】。

Ardisiandra Hook. f. 葵报春属 Primulaceae［MD－401］特征纪要：习性：草本。花程式：－。其他特征参考科。全球 1 个大洲分布及种数(2－6)◆非洲。

Areca L. 槟榔属 Arecaceae［MM－717］特征纪要：习性：木本。花程式：－。物候：－。花期：10 月。果期：参考晚于花期。海拔：100－2800 米。生境：水平土地和沙土村庄，植物园栽培。资源：具栽培园艺种类。全球 6 个大洲分布及种数(46－294)非洲：61；亚洲：251；大洋洲：55；欧洲：39；北美洲：39；南美洲：101。【中国种数：3】。

Arecaceae Bercht. & J. Presl［MM－717］棕榈科 特征纪要：习性：木本，藤本；落叶。花程式：♀｜♂K3，C3，A：6，↑G1－3。果实：核果。海拔：－。生境：半常绿雨林常见乔木，石灰岩山地区或沟谷林中。资源：制糖，酿酒，食用，观赏，药用。栽培：中国有栽培。全球 6 个大洲分布及属种数(201－226/2128－3601 <IFR 37/111> hort. 1；cult. 17) 非洲：52－57/425－601(IFR 5/6)；亚洲：73－74/628－1292(IFR 8/25)；大洋洲：50－52/267－465；欧洲：10－11/25－27(IFR 1/1)；北美洲：67－68/584－625(IFR 16/40)；南美洲：64－65/757－865(IFR 18/52)。【中国属种数：54/162】。

Areldia Lür 无心兰属 Orchidaceae［MM－723］特征纪要：习性：－。花程式：－。其他特征参考科。全球 6 个大洲分布及种数(2)非洲：1；亚洲：1；大洋洲：1；欧洲：1；北美洲：1－2；南美洲：1。

Arelina Neck. = **Berkheya**

Aremonia Neck. ex Nestl. 假龙牙草属 Rosaceae［MD－246］特征纪要：习性：木本。花程式：K1(10－100)，C1－10－100，A1－10－100，＝↓G1－50。其他特征参考科。全球 3 个大洲分布及种数(2－8)亚洲：2；大洋洲：2；南美洲：5。【中国种数：1】。

Arenaria L. 无心菜属 Caryophyllaceae［MD－77］特征纪要：习性：草本(基生，水生，多肉)。花程式：K5，C5，A10，G1。物候：－。海拔：3000－4700 米。生境：冰斗中，河边耕地。资源：药用，具栽培园艺种类。全球 6 个大洲分布及种数(279－396；hort. 1；cult. 17)非洲：24－115；亚洲：155－276；大洋洲：16－99；欧洲：85－198；北美洲：78－177；南美洲：66－154。【中国种数：23】。

Arenbergia M. Martens & Galeotti = **Eustoma**

Arenga Labill. ex DC. 桄榔属 Arecaceae［MM－717］特征纪要：习性：木本。花程式：－。物候：－。花期：5－6 月。果期：参考晚于花期。海拔：600－1400 米。生境：低地雨林，岩石丘陵树，在木沟，开阔地或低地雨林。资源：具栽培园艺种类。全球 4 个大洲分布及种数(18－30)非洲：2；亚洲：16－26；大洋洲：4－5；北美洲：9－10。【中国种数：7】。

Arethusa L. 美髯兰属 Orchidaceae［MM－723］特征纪要：习性：草本。花程式：(K)3，C3，A3，＝↓G3。物候：－。海拔：－。生境：－。资源：具栽培园艺种类。全球 6 个大洲分布及种数(1－90)非洲：45；亚洲：21；大洋洲：13；欧洲：31；北美洲：31；南美洲：29。

Aretiastrum Spach 南美败酱属 Caprifoliaceae［MD－510］特征纪要：习性：－。花程式：－。其他特征参考科。全球 1 个大洲分布及种数(5)◆南美洲。

Arfeuillea Pierre ex Radlk. 阿福木属 Sapindaceae［MD－428］特征纪要：习性：木本。花程式：K5，C5，A10，＝G2－3。物候：－。花期：2－5 月。果期：参考晚于花期。海拔：100－2600 米。生境：潮湿，陡坡；砂土；灌木丛。资源：－。全球 1 个大洲分布及种数(1)◆亚洲。【中国种数：1】。

Argania Röm. & Schult. 山羊榄属 Sapotaceae［MD－357］特征纪要：习性：－。花程式：－。其他特征参考科。全球 4 个大洲分布及种数(8)非洲：4；欧洲：3；北美洲：3；南美洲：4。

Argemone L. 蓟罂粟属 Papaveraceae［MD－54］特征纪要：习性：草本(基生，多肉)。花程式：－。物候：－。海拔：80－6400 米。生境：田中阳处，沿海岸引进，庭院引进，归化于福建、广东、云南等地。资源：药用，油料，具栽培园艺种类。全球 6 个大洲分布及种数(42－101)非洲：6；亚洲：11；大洋洲：9；欧洲：55；北美洲：55；南美洲：17。【中国种数：2】。

Argentina Hill 蕨麻属 Rosaceae [MD－246] 特征纪要:习性:－。花程式:－。物候:－。海拔:50－5400米。生境:溢头沼泽地,自然山坡地。资源:－。全球6个大洲分布及种数(73－99)非洲:24; 亚洲:71; 大洋洲:20; 欧洲:13; 北美洲:13; 南美洲:7。【中国种数:1】。

Argentipallium Paul G. Wilson 彩鼠麹属 Asteraceae [MD－586] 特征纪要:习性:草本。花程式:(K)3－5,(C)3－5,A3－5,＝↓G2。其他特征参考科。全球2个大洲分布及种数(6－9)非洲:2; 大洋洲:8。

Argocoffeopsis Lebrun 拟阿尔加咖啡属 Rubiaceae [MD－523] 特征纪要:习性:木本。花程式:(K)4－5,(C)4－5,A4－5,＝↓G2－9。其他特征参考科。全球3个大洲分布及种数(9－27)非洲:26; 亚洲:3; 南美洲:2。

Argomuellera Pax 泡花桐属 Euphorbiaceae [MD－217] 特征纪要:习性:木本。花程式:－。其他特征参考科。全球2个大洲分布及种数(16－24)非洲:21; 南美洲:2。

Argophyllaceae Takht. [MD－445] 雪叶木科 特征纪要:习性:木本;落叶。花程式:K4－5(－),C5,A－,↓(G)－。果实:蒴果。全球1个大洲分布及属种数(3/11－30 hort. 1)◆大洋洲:3/9－19。

Argophyllum J. R. Forst. & G. Forst. 雪叶木属 Argophyllaceae [MD－445] 特征纪要(同科)。全球3个大洲分布及种数(18－33)非洲:2; 亚洲:2; 大洋洲:31。

Argopogon Mimeur ＝ **Ischaemum**

Argostemma Wall. 雪花属 Rubiaceae [MD－523] 特征纪要:习性:木本。花程式:－。物候:－。花期:3－5月。果期:参考晚于花期。海拔:500－1500米。生境:密林下,溪流。资源:具园艺种类。全球3个大洲分布及种数(40－182;hort. 1;cult. 2)非洲:2－24;亚洲:39－157;大洋洲:2－20。【中国种数:9】。

Arguzia Amm. ex Steud. ＝ **Tournefortia**

Argylia D. Don 角葵属 Bignoniaceae [MD－541] 特征纪要:习性:木本。花程式:K5,C0,A5,＝G2。其他特征参考科。全球2个大洲分布及种数(12－37)亚洲:2; 南美洲:35。

Argyra Noronha ex Baill. ＝ **Croton**

Argyranthemum Webb 木茼蒿属 Asteraceae [MD－586] 特征纪要:习性:草本,少灌木。花程式:(K)3－5,C3－5,A3参考科,＝↓G2。花期:7－10月。果期:参考晚于花期。海拔:6000米。资源:具栽培园艺种类。全球6个大洲分布及种数(39－58)非洲:6; 亚洲:6; 大洋洲:5; 欧洲:6; 北美洲:6; 南美洲:4。【中国种数:1】。

Argyrautia E. E. Sherff 银背蒿属 Asteraceae [MD－586] 特征纪要:－。全球3个大洲分布及种数(12)亚洲:1; 北美洲:1; 南美洲:10。

Argyreia Lour. 银背藤属 Convolvulaceae [MD－499] 特征纪要:习性:草质攀援(基生,多肉)。花程式:－。物候:－。花期:8－10月。果期:参考晚于花期。海拔:200－1000米。生境:草坡。栽培:来自广西龙州。资源:药用,具栽培园艺种类。全球6个大洲分布及种数(144－162;hort. 1;cult. 1)非洲:12－15;亚洲:137－158;大洋洲:5－8;欧洲:12－16;北美洲:6－9;南美洲:11－15。【中国种数:34】。

Argyrella Naudin 鹿丹属 Melastomataceae [MD－364] 特征纪要:习性:木本。花程式:Kn,C2－3参考科,A3参考科,＝↓G－。其他特征参考科。全球1个大洲分布及种数(4－8)◆非洲。

Argyrobryum (Müll. Hal.) Kindb. 极地真藓属 Bryaceae [B－146] 特征纪要:－。全球1个大洲分布及种数(－)。

Argyrocalymma K. Schum. & Lauterb. ＝ **Carpodetus**

Argyrochosma (J. Sm.) Windham 银旱蕨属 Pteridaceae [F－31] 特征纪要:习性:－。【Rep】:孢子同形,囊群生叶背。其他特征参考科。全球6个大洲分布及种数(16;hort. 1)非洲:2;亚洲:3－5;大洋洲:2;欧洲:1－3;北美洲:14－16;南美洲:5－7。

Argyrocytisus (Maire) Raynaud 金雀儿属 Fabaceae3 [MD－240] 特征纪要:习性:木本。花程式:Kn,C2－3参考科,A3参考科,＝↓G(－)。其他特征参考科。全球1个大洲分布及种数(1) ◆非洲:1。

Argyroderma N. E. Br. 银叶花属 Aizoaceae [MD－94] 特征纪要:习性:草本。花程式:K3－4,C3－4,A5参考科,＝↓G1－2。资源:具园艺种类。全球3个大洲分布及种数(13－162)非洲:161; 亚洲:2; 南美洲:8。

Argyroglottis Turcz. 银舌鼠麹木属 Asteraceae [MD－586] 特征纪要:习性:－。花程式:－。其他特征参考科。全球1个大洲分布及种数(－)。

Argyrolobium Eckl. & Zeyh. 银豆属 Fabaceae3 [MD－240] 特征纪要:习性:木本。花程式:K1－∞,C1－∞,A5－9,＝↓G1。物候:－。海拔:7500米。生境:矮灌木丛或芦苇丛中,稀见于沿河岸疏林下,作为作物栽培。资源:具栽培园艺种类。全球6个大洲分布及种数(41－132;hort. 1;cult. 1)非洲:37－115;亚洲:14－28;大洋洲:1;欧洲:6－8;北美洲:3－11;南美洲:8。【中国种数:4】。

Argyrophyllum Pohl ex Baker ＝ **Clarisia**

Argyrotegium J. M. Ward & Breitw. 银盖鼠曲属 Asteraceae [MD－586] 特征纪要:习性:草本。花程式:(K)3－5,C3－5,A3－5,＝↓(G)2。其他特征参考科。全球6个大洲分布及种数(4－5)非洲:2; 亚洲:2; 大洋洲:5; 欧洲:2; 北美洲:2; 南美洲:2。

Argyrothamnia Müll. Arg. ＝ **Argythamnia**

Argyroxiphium DC. 龙舌菊属 Asteraceae [MD－586] 特征纪要:习性:草本。花程式:(K)3－5,(C)3－5,A3－5,＝↓G2。其他特征参考科。全球2个大洲分布及种数(7－18)亚洲:5; 北美洲:14。

Argytamnia Duchesne ＝ **Argythamnia**

Argythamnia P. Br. 地银蓬属 Euphorbiaceae [MD－217] 特征纪要:木本。花程式:K1(1000),C0,A6,＝G2－3。其他特征参考科。全球5个大洲分布及种数(23－169)非洲:5; 亚洲:11; 大洋洲:4; 北美洲:56; 南美洲:78。

Aria (Pers.) Host 白花楸属 Rosaceae [MD－246] 特征纪要:习性:－。花程式:－。物候:－。海拔:50－5400

米。生境:塭头沼泽地,自然山坡地。资源:具栽培园艺种类。全球 5 个大洲分布及种数(58 -99)非洲:2; 亚洲:9; 欧洲:3; 北美洲:3; 南美洲:1。

Arida (R. L. Hartm.) D. R. Morgan & R. L. Hartm. 沙蒿菀属 Asteraceae [MD -586] 特征纪要:习性: -。花程式: -。其他特征参考科。全球 2 个大洲分布及种数(9)北美洲:2; 南美洲:2。

Aridarum Ridl. 藏蕊落檐属 Araceae [MM -639] 特征纪要:习性:草本。花程式:K0,C0,A1 -4, =G1 -3。其他特征参考科。全球 1 个大洲分布及种数(3 -4)◆亚洲。

Arikury Becc. = **Syagrus**

Arikuryroba Oarb. = **Syagrus**

Arillastrum Pancher ex Baill. 寒金娘属 Myrtaceae [MD -347] 特征纪要:习性:木本。花程式:K4,C4,A8 -10, = ↓G -。其他特征参考科。全球 2 个大洲分布及种数(1 -2)大洋洲:1; 南美洲:1。

Ariocarpus Scheidw. 岩牡丹属 Cactaceae [MD -100] 特征纪要:习性:木本。花程式:K1 -∞,C1 -∞,A3 -100, = ↓G3 -100 -。物候: -。海拔: -。生境: -。资源:具栽培园艺种类。全球 4 个大洲分布及种数(9 -39)非洲:2; 亚洲:3; 北美洲:15; 南美洲:8。【中国种数:1】。

Arioechinopsis Mottram 仙人掌科属 Cactaceae [MD -100] 特征纪要:习性: -。花程式: -。其他特征参考科。分布: -。

Ariopsis Nimmo 盾叶芋属 Araceae [MM -639] 特征纪要:习性:草本。花程式:K0,C0,A1 -4, =(G)1 -3。其他特征参考科。全球 3 个大洲分布及种数(3 -11)亚洲:5; 北美洲:2; 南美洲:6。

Aripuana Struwe, Maas & V. A. Albert 巴西雪龙胆属 Gentianaceae [MD -496] 特征纪要:习性:木本。花程式:K5, C0,A10, =(G)2。其他特征参考科。全球 1 个大洲分布及种数(1 -2)◆南美洲(◆巴西)。

Arisaema Mart. 天南星属 Araceae [MM -639] 特征纪要:习性:草本。花程式:K0,C0,A10, =G1 -3。物候: -。花期:5 月。果期:参考晚于花期。海拔:100 -1500 米。生境:灌丛,铁杉林,冷杉林,冷杉桦木林,杜鹃林以及高山草地等,驻地前山阴坡草地。资源:药用,具栽培园艺种类。全球 6 个大洲分布及种数(138 -237;hort. 1;cult. 25)非洲:4 -36;亚洲:134 -239;大洋洲:1 -31;欧洲:1 -29;北美洲:39 -71;南美洲:28。【中国种数:110】。

Arisarum Mill. 盔苞芋属 Araceae [MM -639] 特征纪要:习性:草本。花程式:K0,C0,A1 -4, =G1 -3。其他特征参考科。全球 6 个大洲分布及种数(6 -74)非洲:34; 亚洲:49; 大洋洲:7; 欧洲:5; 北美洲:5; 南美洲:6。

Arischrada Pobed. = **Salvia**

Aristaloe Boatwr. & J. C. Manning 槐芦荟属 Aloaceae [MM -668] 特征纪要:习性:草本。花程式:(K -),C2 -3 参考科,A3 参考科,G3 - 参考科。其他特征参考科。全球 2 个大洲分布及种数(1) 非洲:1;欧洲:1。

Aristaria Jungh. = **Themeda**

Aristavena F. Albers & Butzin = **Deschampsia**

Aristea Aiton 蓝星鸢尾属 Iridaceae [MM -700] 特征纪要:习性:草本。花程式:(K)3,C3,A10, = ↓G3。物候: -。海拔: -。生境: -。资源:具栽培园艺种类。全球 6 个大洲分布及种数(59 -147)非洲:119; 亚洲:13; 大洋洲:12; 欧洲:32; 北美洲:32; 南美洲:19。【中国种数:1】。

Aristeguietia R. M. King & H. Rob. 尖苞亮泽兰属 Asteraceae [MD -586] 特征纪要:习性:草本。花程式:(K)3 -5,C3 -5,A3 -5, = ↓(G)2。其他特征参考科。全球 3 个大洲分布及种数(22 -23)亚洲:cf. 1;北美洲:1;南美洲:21 -22。【中国种数:1】。

Aristeyera H. E. Moore = **Asterogyne**

Aristida L. 三芒草属 Poaceae [MM -748] 特征纪要:习性:草本。花程式: -。物候: -。海拔:200 -1800 米。生境:干旱山坡石地。资源:药用,具栽培园艺种类。全球 6 个大洲分布及种数(309 -359;hort. 1;cult. 11)非洲:95 -164;亚洲:79 -142;大洋洲:72 -129;欧洲:22 -77;北美洲:108 -163;南美洲:113 -168。【中国种数:32】。

Aristidium Lindl. = **Bouteloua**

Aristocapsa Reveal & Hardham 五芒蓼属 Polygonaceae [MD -120] 特征纪要:习性:草本。花程式:K2 -3,C0,A2, ↓G -参考科。其他特征参考科。全球 1 个大洲分布及种数(1 -2)◆北美洲(◆美国)。

Aristogeitonia Prain 美登桐属 Picrodendraceae [MD -317] 特征纪要:习性:木本。花程式: -。其他特征参考科。全球 1 个大洲分布及种数(3 -7)◆非洲。

Aristolochia L. 马兜铃属 Aristolochiaceae [MD -56] 特征纪要:习性:草质攀援(基生,多肉)。花程式: -。物候: -。花期:4 -6 月。果期:参考晚于花期。海拔:100 -200 米。生境:干热河谷草地上,岩石缝隙或草丛中。资源:药用,具栽培园艺种类。全球 6 个大洲分布及种数(464 -636;hort. 1;cult. 9)非洲:51 -89;亚洲:147 -252;大洋洲:24 -61;欧洲:28 -71;北美洲:167 -210;南美洲:208 -274。【中国种数:74】。

Aristolochiaceae Juss. [MD -56] 马兜铃科 特征纪要:习性:木本,藤本;落叶。花程式:K4 -5(-),C0,A6, ↓(G) -。物候: -。花期: 4 -6 月。果期: 7 -10 月。果实:蒴果。种子: -。海拔:1000 -1300 米。生境:背阴地区,竹丛,黄色砂土中。资源:药用。栽培:中国有栽培。全球 6 个大洲分布及属种数(9 -10/630 -862 <IFR 2/11 >hort. 1;cult. 2) 非洲:3/74 -87(IFR 1/1); 亚洲:5/190 -270(IFR 2/5); 大洋洲:2/29 -41; 欧洲:2/28 -46 (IFR 1/2); 北美洲:3/171 -190(IFR 1/2); 南美洲:3/211 -252(IFR 1/1)。【中国属种数:3/132】。

Aristopsis Catasús = **Aristida**

Aristotela Adans. = **Othonna**

Aristotelesa Cothen. = **Aristotelia**

Aristotelia L'Hér. 酒果属 Elaeocarpaceae [MD -134] 特征纪要:习性:木本。花程式: -。物候: -。海拔: -。生境: -。资源:具园艺种类。全球 6 个大洲分布及种数(6 -27)非洲:2; 亚洲:3; 大洋洲:16; 欧洲:2; 北美洲:2;

南美洲:9。

Arjona Cav. 银檀草属 Schoepfiaceae［MD-370］特征纪要:习性:木本。花程式:-。其他特征参考科。全球3个大洲分布及种数(6-21)亚洲:3; 大洋洲:1; 南美洲:21。

Arjonaea Kuntze = **Arjona**

Arkezostis Raf. = **Cayaponia**

Armatocereus Backeb. 仙人柱属 Cactaceae［MD-100］特征纪要:习性:木本。花程式:K1-∞,C1-∞,A3-100,=↓G-。其他特征参考科。全球2个大洲分布及种数(9-25)北美洲:1; 南美洲:11。

Armeniaca G. A. Scop. 杏属 Rosaceae［MD-246］特征纪要:习性:木本。花程式:-。物候:-。花期:4-5月。果期:参考晚于花期。海拔:1000-1500米。生境:山区。资源:药用,观赏,具栽培园艺种类。全球3个大洲分布及种数(44)亚洲:28; 北美洲:1; 南美洲:1。

Armenoprunus Janch. & Dans. 亚洲蔷薇属 Rosaceae［MD-246］特征纪要:习性:-。花程式:-。其他特征参考科。全球6个大洲分布及种数(1)非洲:1;亚洲:1;大洋洲:1;欧洲:1;北美洲:1;南美洲:1。

Armeria Willd. 海石竹属 Plumbaginaceae［MD-227］特征纪要和分布(-)。全球6个大洲分布及种数(77-137;hort. 1;cult. 17)非洲:23-25;亚洲:14-15;大洋洲:6;欧洲:67-101;北美洲:19-21;南美洲:8。【中国种数:4】。

Armeriastrum Lindl. = **Acantholimon**

Armodorum Breda 兰科属 Orchidaceae［MM-723］特征纪要:习性:-。花程式:-。物候:-。花期:参考早于果期。果期:10-11月。海拔:80-5200米。生境:柏树林下或草坡路旁,竹坡中。资源:-。全球1个大洲分布及种数(-)。

Armola (Kirschl.) Friche-Joset & Montandon 藜科属 Amaranthaceae［MD-116］特征纪要:习性:-。花程式:-。其他特征参考科。全球1个大洲分布及种数(-)。

Armoracia G. Gaertn., B. Mey. & Scherb. 辣根属 Brassicaceae［MD-213］特征纪要:习性:草本(基生,多肉)。花程式:Kn,C2-3参考科,A3参考科,G-。物候:-。花期:5-7月。果期:参考晚于花期。海拔:30-6200米。生境:栽培归化。资源:药用,食用。全球6个大洲分布及种数(3-17)非洲:2; 亚洲:6; 大洋洲:3; 欧洲:5; 北美洲:5; 南美洲:4。【中国种数:1】。

Arnaldoa Cabrera 凤菊木属 Asteraceae［MD-586］特征纪要:习性:草本。花程式:(K)3-5,(C)3-5,A3-5,=↓G2。其他特征参考科。全球2个大洲分布及种数(4-33)亚洲:2; 南美洲:33。

Arnebia Forssk. 软紫草属 Boraginaceae［MD-517］特征纪要:习性:草本(基生)。花程式:(K-),C5,A5,↓G-4。物候:-。海拔:1000-2000米。生境:山坡,沙滩,荒地,石质山坡。资源:药用,具栽培园艺种类。全球5个大洲分布及种数(21-43;hort. 1;cult. 1)非洲:5-7;亚洲:20-34;欧洲:5;北美洲:4;南美洲:2-3。【中国种数:8】。

Arnellia Lindb. 阿氏苔属 Arnelliaceae［B-72］特征纪要:习性:-。【Rep】:淡绿色或褐绿色。其他特征参考科。全球4个大洲分布及种数(3)亚洲:2; 欧洲:2; 北美洲:2; 南美洲:2。

Arnelliaceae Nakai［B-72］阿氏苔科 特征纪要:陆生植物,叶簇生,有长柄。【Rep】:孢子囊群小,圆形,顶生或几顶生于小脉上,无盖,有腺状毛混生。全球6个大洲分布和属种数(3/15-18)非洲:2/4-5;亚洲:2/7-8;大洋洲:1-2/1-2;欧洲:2/2-3;北美洲:3/6-7;南美洲:2/5-7。【中国属种数:1/1】。

Arnelliella (K. Müller) Frye & L. Clark = **Mannia**

Arnhemia Airy-Shaw 桉瑞木属 Thymelaeaceae［MD-310］特征纪要:习性:木本。花程式:K2-4,C0,A2,=(G)2-5。其他特征参考科。全球1个大洲分布及种数(1)◆大洋洲(◆澳大利亚)。

Arnica L. 多榔菊属 Asteraceae［MD-586］特征纪要:习性:草本。花程式:(K)3-5,(C)3-5,A3-5,↓G。物候:-。海拔:-。生境:-。资源:具栽培园艺种类。全球6个大洲分布及种数(79)非洲:67;亚洲:41;大洋洲:5;欧洲:23;北美洲:71;南美洲:26。【中国种数:9】。

Arnicastrum Greenm. 肖羊菊属 Asteraceae［MD-586］特征纪要:习性:草本。花程式:(K)3-5,C3-5,A3-5,=↓(G)2。其他特征参考科。全球1个大洲分布及种数(1-2)◆北美洲(◆墨西哥)。

Arnicratea N. Hallé 羊头卫矛属 Celastraceae［MD-339］特征纪要:习性:木本。花程式:K2-3,C2-3,A10,=(G)2-5。其他特征参考科。全球1个大洲分布及种数(1-3)◆亚洲。【中国种数:1】。

Arnocrinum Endl. & Lehm. 羊百合属 Asphodelaceae［MM-649］特征纪要:习性:草本。花程式:(K)3,C3,A3-6,(G)3。其他特征参考科。全球1个大洲分布及种数(4)◆大洋洲(◆澳大利亚)。

Arnoseris Gaertn. 羊苣属 Asteraceae［MD-586］特征纪要:草本。花程式:(K)3-5,(C)3-5,A3-5,↓G。其他特征参考科。全球5个大洲分布及种数(1-4)非洲:1; 亚洲:2; 大洋洲:3; 欧洲:2; 北美洲:2。【中国种数:1】。

Arnottia A. Rich. ex DC. 阿尔兰属 Orchidaceae［MM-723］特征纪要:习性:-。花程式:-。其他特征参考科。全球2个大洲分布及种数(6)非洲:5; 南美洲:3。

Arodendron Werth = **Typhonodorum**

Aronia Medik. 涩石楠属 Rosaceae［MD-246］特征纪要:-。全球6个大洲分布及种数(8-12)非洲:13;亚洲:4-17;大洋洲:1-14;欧洲:4-17;北美洲:7-20;南美洲:13。【中国种数:2】。

Arophyton Jum. 犁头芋属 Araceae［MM-639］特征纪要:习性:草本。花程式:K0,C0,A1-4,=G1-3。其他特征参考科。全球2个大洲分布及种数(8-12)非洲:12; 大洋洲:2。

Aropteris Alston = **Pteris**

Arosma Raf. = **Philodendron**

Aroton Neck. = **Croton**

Arouna Aubl. 犁头豆属 Fabaceae3 [MD－240] 特征纪要:习性:－。花程式:－。其他特征参考科。全球 1 个大洲分布及种数(1)◆南美洲:1。

Arpophyllum Lex. 镰叶兰属 Orchidaceae [MM－723] 特征纪要:习性:草本。花程式:(K)3,C3,A3,=↓(G)3。其他特征参考科。全球 5 个大洲分布及种数(5－16)非洲:3; 亚洲:2; 大洋洲:2; 北美洲:9; 南美洲:6。

Arquita Gagnon, G. P. Lewis & C. E. Hughes 镰叶豆属 Fabaceae3 [MD－240] 特征纪要:习性:木本。花程式:Kn,C2－3 参考科,A3 参考科,=↓G(－)。其他特征参考科。全球 1 个大洲分布及种数(－)◆南美洲:1－5(IFR 1)。

Arrabidaea DC. 二叶藤属 Bignoniaceae [MD－541] 特征纪要:习性:－。花程式:－。其他特征参考科。全球 5 个大洲分布及种数(232)非洲:3; 亚洲:13; 大洋洲:3; 北美洲:77; 南美洲:187。

Arracacia Bancr. 芹薯属 Apiaceae [MD－480] 特征纪要:习性:草本。花程式:K5,C5,A5,=↓G2。物候:－。海拔:－。生境:－。资源:具园艺种类。全球 6 个大洲分布及种数(42－49;hort. 1)非洲:9;亚洲:9;大洋洲:9;欧洲:10;北美洲:34－49;南美洲:10－19。

Arrhenatherum P. Beauv. 燕麦草属 Poaceae [MM－748] 特征纪要:习性:草本(基生)。花程式:(K－),C0 参考科,A4,=G2－3。物候:－。海拔:10－5600 米。生境:广泛栽培。资源:具栽培园艺种类。全球 6 个大洲分布及种数(11－15;hort. 1;cult. 2)非洲:6－11;亚洲:5－9;大洋洲:1－5;欧洲:8－14;北美洲:1－6;南美洲:1－5。【中国种数:3】。

Arrhenechthites Mattf. 紫菊芹属 Asteraceae [MD－586] 特征纪要:习性:草本。花程式:(K)3－5,(C)3－5,A3－5,=↓G2。其他特征参考科。全球 3 个大洲分布及种数(13)非洲:6;亚洲:1;大洋洲:6。

Arrhenopterum Hedw. 沼泽皱蒴藓属 Aulacomniaceae [B－153] 特征纪要:习性:－。【Rep】:－。物候:－。海拔:－。生境:土生,沼泽生。资源:－。分布:－。

Arrhostoxylum Nees 芦莉草属 Acanthaceae [MD－572] 特征纪要:习性:－。花程式:－。其他特征参考科。全球 2 个大洲分布及种数(29)北美洲:1; 南美洲:4。

Arrojadoa Britton & Rose 猩冠柱属 Cactaceae [MD－100] 特征纪要:－。全球 1 个大洲分布及种数(－)◆亚洲。

Arrojadocharis Mattf. 密叶柄泽兰属 Asteraceae [MD－586] 特征纪要:习性:草本。花程式:(K)3－5,C3－5,A3－5,=↓(G)2。其他特征参考科。全球 1 个大洲分布及种数(6)◆南美洲。

Arrowsmithia DC. 毛柱鼠麹木属 Asteraceae [MD－586] 特征纪要:习性:草本。花程式:(K)3－5,(C)3－5,A3－5,↓G。其他特征参考科。全球 2 个大洲分布及种数(12－13)非洲:13; 亚洲:2。

Arrozia Schröd. ex Kunth = **Luziola**

Arsenjevia Starod. = **Anemone**

Artabotrys R. Br. 鹰爪花属 Annonaceae [MD－7] 特征纪要:习性:木质攀援。花程式:－。物候:－。花期:7－8 月。果期:参考晚于花期。海拔:100－300 米。生境:低海拔至中海拔密林中。栽培:来自广西龙州。资源:具栽培园艺种类。全球 6 个大洲分布及种数(116－184)非洲:65; 亚洲:115; 大洋洲:8; 欧洲:2; 北美洲:2; 南美洲:3。【中国种数:11】。

Artanema D. Don 悬丝参属 Scrophulariaceae [MD－536] 特征纪要:习性:草本。花程式:K2－4,C0,A4,=↓G2－3。资源:具园艺种类。全球 5 个大洲分布及种数(4－16)非洲:5; 亚洲:7; 大洋洲:2; 北美洲:2; 南美洲:5。

Artanthe Miq. 敛椒木属 Piperaceae [MD－39] 特征纪要:习性:－。花程式:－。其他特征参考科。全球 2 个大洲分布及种数(7－12)北美洲:4;南美洲:2－3。

Artedia L. 银冠芹属 Apiaceae [MD－480] 特征纪要:习性:草本。花程式:Kn,C5,A3 参考科,=↓G(－)。资源:具园艺种类。全球 6 个大洲分布及种数(2)非洲:2;亚洲:1－3;大洋洲:2;欧洲:2;北美洲:2;南美洲:2。

Artemisia L. 蒿属 Asteraceae [MD－586] 特征纪要:习性:草本,少木本(根状茎,基生)。花程式:(K)3－5,C3－5,A3 参考科,=↓G2。物候:－。海拔:1000－2850 米。生境:半荒漠草原,戈壁沙漠,主要伴生种。资源:药用,具栽培园艺种类。全球 6 个大洲分布及种数(488－670;hort. 1;cult. 69)非洲:43－122;亚洲:413－516;大洋洲:37－108;欧洲:113－192;北美洲:115－202;南美洲:23－97。【中国种数:250】。

Artemisiella Ghafoor 冻原白蒿属 Asteraceae [MD－586] 特征纪要:习性:－。花程式:－。其他特征参考科。全球 1 个大洲分布及种数(cf. 1)◆亚洲。

Artemisiopsis S. Moore 蒿绒草属 Asteraceae [MD－586] 特征纪要:习性:草本。花程式:(K)3－5,(C)3－5,A3－5,↓G。其他特征参考科。全球 1 个大洲分布及种数(1)◆非洲。

Artenema G. Don = **Artanema**

Arthonia <unassigned> 绒冠苔属 Aytoniaceae [B－9] 特征纪要和分布(－)。

Arthoniopsis <unassigned> 绒囊苔属 Aytoniaceae [B－9] 特征纪要:－。全球 2 个大洲分布及种数(1)亚洲:1; 南美洲:1。

Arthothelium <unassigned> 锦葵科属 Malvaceae [MD－203] 特征纪要:－。全球 6 个大洲分布及种数(59)非洲:2; 亚洲:8; 大洋洲:10; 欧洲:3; 北美洲:3; 南美洲:20。

Arthraerua (Kuntze) Schinz 盐角苋属 Amaranthaceae [MD－116] 特征纪要:习性:草本。花程式:K1－2,C0,A1－2,G－。其他特征参考科。全球 2 个大洲分布及种数(1－2)非洲:2; 亚洲:2。

Arthragrostis Lazarides 北澳黍属 Poaceae [MM－748] 特征纪要:习性:－。花程式:－。其他特征参考科。全球 1 个大洲分布及种数(3－4)◆大洋洲(◆澳大利亚)。

Arthraterum Roem. & Schult. = **Aristida**

Arthratherum P. Beauv. = **Streptachne**

Arthraxon P. Beauv. 荩草属 Poaceae［MM－748］特征纪要:习性:－。海拔:100－2300 米。生境:田边,林坡或林缘。全球 6 个大洲分布及种数(25)非洲:11－19;亚洲:23－31;大洋洲:5－13;欧洲:8;北美洲:9－17;南美洲:8。【中国种数:14】。

Arthrobotrys Wall. ＝ **Dryopteris**

Arthrocaulon Piirainen & G. Kadereit 莉苋属 Amaranthaceae［MD－116］特征纪要:习性:草本。花程式:Kn,C0,A5 参考科,G－。其他特征参考科。全球 3 个大洲分布及种数(2)非洲:2;亚洲:1;欧洲:1。

Arthrocereus A. Berger 关节柱属 Cactaceae［MD－100］特征纪要:习性:木本。花程式:K1－∞,C1－∞,A3－100,＝↓G3－100－。资源:具园艺种类。全球 1 个大洲分布及种数(8)◆南美洲。

Arthrochilus F. Müll. 节唇兰属 Orchidaceae［MM－723］特征纪要:习性:草本。花程式:(K)3,C3,A3,＝↓G3。其他特征参考科。全球 3 个大洲分布及种数(16－31)非洲:2; 亚洲:2; 大洋洲:30。

Arthrochortus Lowe ＝ **Lolium**

Arthroclianthus Baill. 新耀花豆属 Fabaceae3［MD－240］特征纪要:习性:木本。花程式:K1－∞,C1－∞,A5－9,＝↓G1。其他特征参考科。全球 2 个大洲分布及种数(13－27)大洋洲:26; 南美洲:2。

Arthrocnemum Moq. 蝎节木属 Amaranthaceae［MD－116］特征纪要:习性:－。花程式:－。其他特征参考科。全球 6 个大洲分布及种数(45)非洲:21; 亚洲:9; 大洋洲:14; 欧洲:5; 北美洲:5; 南美洲:5。

Arthrocormus Dozy & Molk. 亮发藓属 Calymperaceae［B－130］特征纪要:习性:－。【Rep】:雌雄同株或雌雄异株,蒴柄顶生或侧生,孢蒴直立,卵圆形或圆柱形,对称,蒴齿 8 或 16,阔披针形,中缝开裂,蒴柄不甚长,孢蒴顶生,直立,圆柱形,蒴齿发育或退失,齿片 16,披针形,具细疣,蒴盖具长喙,蒴帽多兜。生境:常见于林下树干和树基,石生。全球 3 个大洲分布及种数(3)非洲:1;亚洲:1;大洋洲:2。

Arthromeris (T. Moore) J. Sm. 节肢蕨属 Polypodiaceae［F－60］特征纪要:习性:－。【Rep】:孢子囊群圆形、分离,或因两个汇生而呈椭圆形,叶表面生（不凹陷）,不具隔丝,着生于小脉的交结点上,在相邻的侧脉之间有一至数个,在羽片中脉两侧各有 1 行至多行。物候:－。海拔:1600 米。生境:常绿阔叶林下石壁上,针阔混交林中。资源:－。全球 5 个大洲分布及种数(48)非洲:2; 亚洲:39; 大洋洲:2; 北美洲:3; 南美洲:6。

Arthrophytum Schrenk 节节木属 Amaranthaceae［MD－116］特征纪要:习性:草本,少木本。花程式:－。物候:－。花期:6－8 月。果期:参考晚于花期。海拔:600－5000 米。生境:河岸台地,阳山坡。资源:－。全球 3 个大洲分布及种数(8－24)非洲:2; 亚洲:21; 大洋洲:2。【中国种数:6】。

Arthropodium R. Br. 龙舌百合属 Asparagaceae［MM－669］特征纪要:习性:草本。花程式:(K)3,C0 参考科,A3 参考科,＝G3。其他特征参考科。全球 6 个大洲分布及种数(11－21)非洲:3－8;亚洲:4;大洋洲:9－23;欧洲:1－6;北美洲:1－6;南美洲:3－8。

Arthropogon Nees 节芒草属 Poaceae［MM－748］特征纪要:习性:草本。花程式:(K)3,C0 参考科,A1－2,＝G2－3。其他特征参考科。全球 2 个大洲分布及种数(5－15)北美洲:4; 南美洲:14。

Arthropteris J. Sm. 爬树蕨属 Oleandraceae［F－55］特征纪要:习性:－。【Rep】:孢子囊群圆形,生于叶的背面,成 1 列位于主脉与叶边之间,接近叶边,顶生于每组侧脉的上侧一小脉。物候:－。海拔:250－600 米。生境:生于路旁,沟边。栽培:来自广西龙州。资源:具栽培园艺种类。全球 6 个大洲分布及种数(20－29;hort. 1)非洲:9－12;亚洲:19－26;大洋洲:6－10;欧洲:3－4;北美洲:2－4;南美洲:2－4。【中国种数:3】。

Arthrosia (Lür) Lür 节兰属 Orchidaceae［MM－723］特征纪要:习性:－。花程式:－。其他特征参考科。全球 4 个大洲分布及种数(41)亚洲:12; 欧洲:4; 北美洲:4; 南美洲:28。

Arthrosolen C. A. Mey. ＝ **Gnidia**

Arthrostachya Link ＝ **Gaudinia**

Arthrostachys Desv. ＝ **Andropogon**

Arthrostemma Pav. ex D. Don 锦鹿丹属 Melastomataceae［MD－364］特征纪要:习性:木本。花程式:K4－5,C4－5,A4－5,＝↓G3－4。其他特征参考科。全球 2 个大洲分布及种数(7－32)北美洲:5;南美洲:4。

Arthrostylidium Rupr. 节柱竹属 Poaceae［MM－748］特征纪要:习性:草本。花程式:(K)3,C0 参考科,A1－2,＝G2－3。资源:具园艺种类。全球 6 个大洲分布及种数(33－36)非洲:1;亚洲:9－10;大洋洲:1;欧洲:2－3;北美洲:20－21;南美洲:19－20。【中国种数:4】。

Arthrostylis R. Br. 节柱莎属 Cyperaceae［MM－747］特征纪要:习性:草本。花程式:－。其他特征参考科。全球 6 个大洲分布及种数(2)非洲:2;亚洲:2;大洋洲:1－3;欧洲:2;北美洲:2;南美洲:2。【中国种数:1】。

Arthrotaxis Endl. ＝ **Athrotaxis**

Arthrothamnus Klotzsch & Garcke ＝ **Euphorbia**

Artia Guillaumin 假同心结属 Apocynaceae［MD－492］特征纪要:木本。花程式:K5－∞,C0,A15,＝↓(G)2－5。其他特征参考科。全球 4 个大洲分布及种数(6－52)非洲:2; 亚洲:7; 大洋洲:12; 南美洲:39。【中国种数:2】。

Artobotrys P. & K. ＝ **Artabotrys**

Artocarpus J. R. Forst. & G. Forst. 波罗蜜属 Moraceae［MD－87］特征纪要:习性:木本。花程式:－。物候:－。花期:初夏。果期:参考晚于花期。海拔:100－1800 米。生境:常绿阔叶林或半常绿林中,在石灰岩山地林中。资源:药用,具栽培园艺种类。全球 6 个大洲分布及种数(56－257)非洲:24; 亚洲:195; 大洋洲:34; 欧洲:29; 北美洲:29; 南美洲:20。【中国种数:17】。

Artorima Dressler & G. E. Pollard 围柱兰属 Orchidaceae［MM－723］特征纪要:习性:草本。花程式:(K－),C2－3 参考科,A3 参考科,↓G－。其他特征参考科。全球 2 个大洲分布及种数(1－3)北美洲:2; 南美洲:1。

Arum L. 疆南星属 Araceae［MM－639］特征纪要:习性:草本(多肉)。花程式:K0,C0,A3 参考科,＝G1－3。物

候:-。花期:4-5月。果期:参考晚于花期。海拔:1600-3700米。生境:山地岩缝,石堆中,田野边缘。资源:具栽培园艺种类。全球6个大洲分布及种数(33-303)非洲:73;亚洲:192;大洋洲:35;欧洲:67;北美洲:67;南美洲:59。【中国种数:7】。

Aruna Schreb. = **Arouna**

Aruncus L. 假升麻属 Rosaceae [MD-246] 特征纪要:习性:木本。花程式:-。物候:-。花期:6月。果期:参考晚于花期。海拔:1800-3500米。生境:河边林下时见,杂木林。资源:具栽培园艺种类。全球6个大洲分布及种数(10-11;hort. 1;cult. 3)非洲:6;亚洲:9-15;大洋洲:6;欧洲:4-10;北美洲:5-11;南美洲:6。【中国种数:3】。

A

Arundarbor Kuntze = **Bambusa**

Arundastrum Rumph. ex Kuntze = **Donax**

Arundina Bl. 竹叶兰属 Orchidaceae [MM-723] 特征纪要:习性:草本。花程式:Kn,C2-3参考科,A3参考科,=↓G3。物候:-。花期:参考早于果期。果期:9-11月或1-4月。海拔:400-2800米。生境:草坡,溪边,灌木丛和森林。栽培:来自广西龙州。资源:花卉,具栽培园艺种类。全球6个大洲分布及种数(2-38)非洲:18;亚洲:31;大洋洲:19;欧洲:18;北美洲:18;南美洲:3。【中国种数:1】。

Arundinaria Michx. 北美箭竹属 Poaceae [MM-748] 特征纪要:习性:竹类。花程式:(K-),C0参考科,A3参考科,=G2-3。物候:-。花期:参考早于果期。果期:7-10月。海拔:1100-2500米。生境:山地山坡北疏密林下阴处,竹种园。资源:具栽培园艺种类。全球6个大洲分布及种数(25-37)非洲:18;亚洲:23-46;大洋洲:1-19;欧洲:18;北美洲:3-21;南美洲:1-20。【中国种数:1】。

Arundinella Raddi 野古草属 Poaceae [MM-748] 特征纪要:习性:草本。花程式:(K-),C0参考科,A3参考科,=G2-3。物候:-。海拔:100-1500米。生境:草坡,路旁,岩石间,杂草丛中。资源:纤维,蛋白质,具栽培园艺种类。全球6个大洲分布及种数(60-65)非洲:20-33;亚洲:51-67;大洋洲:17-29;欧洲:5-17;北美洲:16-28;南美洲:17-28。【中国种数:25】。

Arundo L. 芦竹属 Poaceae [MM-748] 特征纪要:习性:竹类。花程式:(K-),C0参考科,A3,=G2-3。物候:-。花期:参考早于果期。果期:9-12月。海拔:10-5600米。生境:河岸道旁,砂质壤土上。资源:具栽培园艺种类。全球6个大洲分布及种数(15-30;hort. 1;cult. 1)非洲:4-16;亚洲:7-19;大洋洲:1-13;欧洲:6-18;北美洲:3-15;南美洲:7-24。【中国种数:2】。

Arundoclaytonia Davidse & R. P. Ellis 克莱东芦竹属 Poaceae [MM-748] 特征纪要:习性:草本。花程式:(K)3,C0参考科,A1-2,=(G)2-3。其他特征参考科。全球1个大洲分布及种数(2)◆南美洲(◆巴西)。

Arungana Pers. = **Harungana**

Arytera Bl. 滨木患属 Sapindaceae [MD-428] 特征纪要:习性:木本。花程式:-。物候:-。花期:初夏。果期:参考晚于花期。海拔:100-2600米。生境:石头上。栽培:来自广西龙州。资源:材用,具栽培园艺种类。全球5个大洲分布及种数(18-68)非洲:17;亚洲:25;大洋洲:52;北美洲:6;南美洲:9。【中国种数:1】。

Asahinea <unassigned> 水蕨科属 Parkeriaceae [F-36] 特征纪要:-。全球2个大洲分布及种数(4)北美洲:1;南美洲:2。

Asanthus R. M. King & H. Rob. 鳞叶肋泽兰属 Asteraceae [MD-586] 特征纪要:习性:草本。花程式:(K-),(C)3-5,A3参考科,↓G。其他特征参考科。全球2个大洲分布及种数(3-4)北美洲:4;南美洲:2。

Asaraceae Vent. [MD-57] 细辛科 特征纪要:习性:草本;落叶。花程式:(K)3,C0,A12,↓(G)6。物候:-。花期:11月至翌年3月。果实:-。种子:-。海拔:1000-1200米。生境:背阴地区,竹丛,黄色砂土。资源:药用。栽培:中国有栽培。全球6个大洲分布及属种数(1/1 <IFR 2/15> hort. 1;cult. 1)非洲:1/3;亚洲:1/86-115(IFR 2/14);大洋洲:1/1;欧洲:1/3(IFR 1/1);北美洲:1/24-25(IFR 2/2);南美洲:1/1。

Asarca Lindl. 兰科属 Orchidaceae [MM-723] 特征纪要:习性:-。花程式:-。其他特征参考科。全球1个大洲分布及种数(105)◆南美洲:96。

Asarina Mill. 蔓金鱼草属 Plantaginaceae [MD-527] 特征纪要:习性:草本。花程式:K2-4,C0,A2-4,=↓G2-3。其他特征参考科。全球5个大洲分布及种数(1-28)亚洲:8;大洋洲:3;欧洲:19;北美洲:19;南美洲:10。【中国种数:1】。

Asarum L. 细辛属 Asaraceae [MD-57] 特征纪要和分布(-)。全球6个大洲分布及种数(96-138;hort. 1;cult. 11)非洲:1-12;亚洲:84-124;大洋洲:11;欧洲:1-12;北美洲:22-34;南美洲:11。【中国种数:57】。

Ascarina J. R. Forst. & G. Forst. 蛔囊花属 Chloranthaceae [MD-31] 特征纪要:习性:草本。花程式:-。其他特征参考科。全球4个大洲分布及种数(15)非洲:2-4;亚洲:2-3;大洋洲:2-12;北美洲:1。

Ascarinopsis Humbert & Capuron = **Ascarina**

Aschenbornia S. Schauer = **Calea**

Aschersoniodoxa Gilg & Muschl. 山白花芥属 Brassicaceae [MD-213] 特征纪要:习性:草本。花程式:K2-4,C2-4,A2-4,=G2。其他特征参考科。全球1个大洲分布及种数(3-4)◆南美洲。

Aschisma Lindb. 花旗丛藓属 Pottiaceae [B-133] 特征纪要:习性:-。【Rep】:孢腔轮廓清晰,蒴齿缺,或具蒴齿而无基膜,下部呈黄绿或黄棕色。其他特征参考科。全球5个大洲分布及种数(8)非洲:2;亚洲:3;欧洲:3;北美洲:3;南美洲:2。

Aschistanthera C. Hansen 全药野牡丹属 Melastomataceae [MD-364] 特征纪要:习性:木本。花程式:-。其他特征参考科。全球1个大洲分布及种数(1)◆亚洲。

Aschistodon Mont. 牛毛藓属 Ditrichaceae [B-119] 特征纪要:习性:-。【Rep】:孢蒴台部发达,蒴齿具疣或纵斜

条纹，绿色或黄绿色。其他特征参考科。全球 1 个大洲分布及种数(1)◆南美洲。

Asciadium Griseb. 囊芹属 Apiaceae [MD－480] 特征纪要：习性：草本。花程式：K5，C5，A5，=↓(G)2。其他特征参考科。全球 2 个大洲分布及种数(1－13)亚洲：9；北美洲：2。

Ascidieria Seidenf. 毛萼兰属 Orchidaceae [MM－723] 特征纪要：习性：－。花程式：－。其他特征参考科。全球 1 个大洲分布及种数(－)。

Ascidiogyne Cuatrec. 瓶实菊属 Asteraceae [MD－586] 特征纪要：习性：草本。花程式：(K)3－5，C3－5，A3－5，=↓(G)2。其他特征参考科。全球 1 个大洲分布及种数(3)◆南美洲。

Ascidiota C. Massal. 耳坠苔属 Porellaceae [B－80] 特征纪要：习性：－。【Rep】：雌雄异株，仅 1 种和 1 变种，温带或高海拔山区分布。物候：－。海拔：－。生境：常见于林下沙地，岩生。资源：－。全球 6 个大洲分布及种数(2)非洲：2；亚洲：1－3；大洋洲：2；欧洲：2；北美洲：1－3；南美洲：2。【中国种数：1】。

Ascleia Raf. ＝ **Hydrolea**

Asclepiadaceae Borkh. [MD－494] 萝藦科 特征纪要：习性：木本，藤本；落叶。花程式：(K)6－，C4－5－，A5－6，↓(G)－。物候：－。花期：秋季。资源：园林观赏。栽培：中国有栽培。全球 6 个大洲分布及属种数(124－147/1718－3537 <IFR 17/125> hort. 1；cult. 13) 非洲：45－47/744－953(IFR 10/62)；亚洲：45－52/732－1116(IFR 13/49)；大洋洲：10/61－101(IFR 2/7)；欧洲：8/40－45；北美洲：17－18/204－215(IFR 2/10)；南美洲：21－24/218－249(IFR 3/3)。

Asclepias L. 马利筋属 Asclepiadaceae [MD－494] 特征纪要(同科)。全球 6 个大洲分布及种数(234－296；hort. 1；cult. 9)非洲：107－198；亚洲：68－133；大洋洲：17－78；欧洲：15－76；北美洲：138－204；南美洲：72－142。【中国种数：35】。

Asclerum Tiegh. ＝ **Gonystylus**

Ascocentropsis Senghas & Schildh. 雏鸟兰属 Orchidaceae [MM－723] 特征纪要：习性：－。花程式：－。其他特征参考科。全球 1 个大洲分布及种数(cf. 1)◆亚洲。

Ascocentrum Schltr. ex J. J. Sm. 鸟舌兰属 Orchidaceae [MM－723] 特征纪要：习性：－。花程式：－。物候：－。花期：4－5 月。果期：参考晚于花期。海拔：1100－1500 米。生境：常绿阔叶林树干附生植物，常绿阔叶林中树干上。资源：花卉。全球 5 个大洲分布及种数(30)非洲：2；亚洲：20；大洋洲：2；北美洲：6；南美洲：9。

Ascochilopsis Carr 囊唇兰属 Orchidaceae [MM－723] 特征纪要：习性：－。花程式：－。其他特征参考科。全球 1 个大洲分布及种数(－)◆东南亚。

Ascochilus Ridl. 兜唇兰属 Orchidaceae [MM－723] 特征纪要：习性：－。花程式：－。其他特征参考科。全球 4 个大洲分布及种数(25)亚洲：20；大洋洲：7；欧洲：1；北美洲：1。

Ascoglossum Schltr. 隔距兰属 Orchidaceae [MM－723] 特征纪要：习性：－。花程式：－。其他特征参考科。全球 1 个大洲分布及种数(1)◆亚洲。

Ascogrammitis Sundü 委蕨属 Polypodiaceae [F－60] 特征纪要：习性：－。【Rep】：孢子同形，囊群生叶背有盖－无盖。其他特征参考科。全球 3 个大洲分布及种数(1－19)亚洲：2；北美洲：2；南美洲：13。

Ascolepis Nees ex Steud. 胀颖莎属 Cyperaceae [MM－747] 特征纪要：习性：－。花程式：－。其他特征参考科。全球 6 个大洲分布及种数(21－23)非洲：20－23；亚洲：3－5；大洋洲：1－3；欧洲：2；北美洲：1－3；南美洲：2－4。

Ascopholis C. E. C. Fisch. ＝ **Cyperus**

Ascophyllum STäckh. 茜草科属 Rubiaceae [MD－523] 特征纪要：习性：－。花程式：－。其他特征参考科。全球 2 个大洲分布及种数(1)欧洲：1；北美洲：1。

Ascotainia Ridl. 兰科属 Orchidaceae [MM－723] 特征纪要：习性：－。花程式：－。其他特征参考科。全球 1 个大洲分布及种数(－)。

Ascotheca Heine 非洲萼爵床属 Acanthaceae [MD－572] 特征纪要：习性：草本。花程式：K2－4，C0，A2－4，=(G)2。其他特征参考科。全球 1 个大洲分布及种数(1)◆非洲。

Ascyrum L. 四数金丝桃属 Hypericaceae [MD－119] 特征纪要：习性：木本。花程式：Kn，C2－3 参考科，A3 参考科，↓G－参考科。其他特征参考科。全球 2 个大洲分布及种数(19)亚洲：5；北美洲：9。

Asemanthia (Stapf) Ridl. ＝ **Mussaenda**

Asemeia Raf. 小扁豆属 Polygalaceae [MD－291] 特征纪要：习性：－。花程式：－。其他特征参考科。全球 3 个大洲分布及种数(34－42)亚洲：1；北美洲：11；南美洲：28。

Asemnantha Hook. f. 阿塞茜属 Rubiaceae [MD－523] 特征纪要：习性：－。花程式：－。其他特征参考科。全球 1 个大洲分布及种数(1)◆北美洲。

Asepalum Marais 圆唇花属 Orobanchaceae [MD－552] 特征纪要：习性：灌木。花程式：－。其他特征参考科。全球 2 个大洲分布及种数(1－3)非洲：1；亚洲：1。

Ashtonia Airy－Shaw 反柱茶属 Phyllanthaceae [MD－222] 特征纪要：习性：木本。花程式：K1(1000)，C0，A6，=(G)2－3。其他特征参考科。全球 1 个大洲分布及种数(1－3)◆东南亚。

Asiasarum Maekawa ＝ **Asarum**

Asimia Kunth ＝ **Asimina**

Asimina Adans. 巴婆果属 Annonaceae [MD－7] 特征纪要：习性：木本。花程式：K3－∞，C3，A2，=G10－100。其他特征参考科。全球 6 个大洲分布及种数(16－46)非洲：5；亚洲：8；大洋洲：2；欧洲：32；北美洲：32；南美洲：5。【中国种数：2】。

Asimitellaria (Wakab.) R. A. Folk & Y. Okuyama 虎耳草科属 Saxifragaceae [MD－231] 特征纪要：习性：－。花程

式:K – ,C5,A2, = ↓G – 参考科。其他特征参考科。全球 1 个大洲分布及种数(–)◆亚洲(◆日本)。

Askellia W. A. Weber 假苦菜属 Asteraceae［MD – 586］特征纪要:习性:草本(基生)。花程式:(K)3 – 5,C3 – 5,A3 – 5, = ↓(G)2。物候: – 。海拔:2500 – 4500 米。生境:砾石区域,溪流,河岸。资源: – 。全球 3 个大洲分布及种数(10 – 14)亚洲:8; 北美洲:3; 南美洲:1。【中国种数:2】。

Askepos Griff. 地钱科属 Marchantiaceae［B – 12］特征纪要: – 。全球 1 个大洲分布及种数(–)。

Asketanthera Woodson 胶藤属 Apocynaceae［MD – 492］特征纪要:习性:木本。花程式:Kn,C0,A15,↓G。其他特征参考科。全球 3 个大洲分布及种数(3 – 4) 欧洲;北美洲;南美洲。

Askidiosperma Steud. 膜苞灯草属 Restionaceae［MM – 744］特征纪要:习性:草本。花程式:(K)3,C3,A1 – 2, = G1 – 3。其他特征参考科。全球 3 个大洲分布及种数(12 – 43)非洲:43; 北美洲:2; 南美洲:2。

Aspalathus L. 松雀花属 Fabaceae3［MD – 240］特征纪要: – 。全球 1 个大洲分布及种数(158 – 357)◆非洲。

Asparagaceae Juss.［MM – 669］天门冬科 特征纪要:习性:木本;常绿,落叶。花程式:(K)6 – ,C3,A5,↑G – 。花期:4 – 11 月。果期:7 – 11 月。果实:蒴果。海拔:1000 – 2000 米。生境:半固定沙丘,作为蔬菜栽培。资源:药用。栽培:中国有栽培。全球 6 个大洲分布及属种数(78 – 87/1362 – 2068 <IFR 26/72 > hort. 1;cult. 16) 非洲:33 – 34/657 – 847(IFR 11/24); 亚洲:20/341 – 450(IFR 8/29); 大洋洲:19 – 21/90 – 119(IFR 1/1); 欧洲:18/130 – 151(IFR 7/15); 北美洲:37/440 – 465(IFR 12/34); 南美洲:12/58 – 63(IFR 2/2)。【中国属种数:52/392】。

Asparagus Tourn. ex L. 叶门冬属 Asparagaceae［MM – 669］特征纪要:习性:草本。花程式: – 。物候: – 。花期:6 – 7 月。果期:参考晚于花期。海拔:1500 – 3300 米。生境:草地,湖边或灌丛中,栽培和归化。资源:具栽培园艺种类。全球 6 个大洲分布及种数(143 – 244;hort. 1;cult. 5)非洲:94 – 163;亚洲:75 – 115;大洋洲:28 – 36;欧洲:34 – 43;北美洲:23 – 31;南美洲:12 – 17。【中国种数:44】。

Aspasia Salisb. 喜兰属 Orchidaceae［MM – 723］特征纪要:习性: – 。花程式: – 。其他特征参考科。全球 6 个大洲分布及种数(8 – 9)非洲:1;亚洲:1;大洋洲:1;欧洲:1;北美洲:4 – 5;南美洲:7 – 9。

Aspegrenia Poepp. & Endl. = **Octomeria**

Aspera Columna ex Moench = **Galium**

Aspergillus <unassigned> 绒苔科属 Trichocoleaceae［B – 62］特征纪要: – 。全球 4 个大洲分布及种数(81)非洲:3; 亚洲:25; 北美洲:2; 南美洲:55。

Asperugalium P. Fourn. 车叶草属 Rubiaceae［MD – 523］特征纪要: – 。全球 1 个大洲分布及种数(cf. 1)◆南美洲。

Asperuginoides Rauschert 糙芥属 Brassicaceae［MD – 213］特征纪要:习性:草本。花程式: – 。其他特征参考科。全球 1 个大洲分布及种数(1)◆亚洲:1。

Asperugo L. 糙草属 Boraginaceae［MD – 517］特征纪要:习性:草本(基生)。花程式: – 。物候: – 。花期:7 – 9 月。果期:参考晚于花期。海拔:2000 米。生境:农地边杂草,山坡草地,靠近村庄,田地边缘。资源:药用。全球 6 个大洲分布及种数(1 – 4)非洲:3; 亚洲:3; 大洋洲:2; 欧洲:2; 北美洲:2; 南美洲:2。【中国种数:1】。

Asperula L. 车叶草属 Rubiaceae［MD – 523］特征纪要:习性:木本。花程式:(K –),C2 – 3 参考科,A5 参考科,↓G – 。物候: – 。花期:6 – 7 月。果期:参考晚于花期。海拔:3700 米。生境:砾石,栽培于苗圃中。资源:具栽培园艺种类。全球 6 个大洲分布及种数(96 – 218;hort. 1;cult. 12)非洲:22 – 33;亚洲:50 – 125;大洋洲:37 – 56;欧洲:59 – 99;北美洲:14 – 23;南美洲:15 – 23。【中国种数:7】。

Asphodelaceae Juss.［MM – 649］阿福花科 特征纪要:习性:木本;落叶。花程式:(K)6 – ,C3,A3 – 6,↑G3。果实:蒴果。全球 5 个大洲分布及属种数(8 – 9/36 – 57 <IFR 3/15 > hort. 1;cult. 1) 非洲:5/33 – 40(IFR 2/5); 亚洲:2 – 3/12 – 14(IFR 1/3); 大洋洲:3/15 – 27(IFR 1/3); 欧洲:1/16 – 18(IFR 2/11); 北美洲:1/12。【中国属种数:5/11】。

Asphodeline Rchb. 日光兰属 Asphodelaceae［MM – 649］特征纪要:习性:草本。花程式:K3,C0 参考科,A6,G3。资源:具栽培园艺种类。全球 4 个大洲分布及种数(24 – 50)非洲:9; 亚洲:42; 欧洲:6; 北美洲:6。【中国种数:2】。

Asphodelus L. 阿福花属 Asphodelaceae［MM – 649］特征纪要:习性:草本。花程式:K3,C0 参考科,A3 参考科, = G3。资源:具栽培园艺种类。全球 6 个大洲分布及种数(19 – 28;hort. 1;cult. 7)非洲:14 – 19;亚洲:9 – 12;大洋洲:5 – 8;欧洲:14 – 17;北美洲:5 – 6;南美洲:1。【中国种数:3】。

Aspicarpa Rich. 盾果金虎尾属 Malpighiaceae［MD – 343］特征纪要:习性:木本。花程式:K5,C5,A10, = G2 – 3。其他特征参考科。全球 3 个大洲分布及种数(22 – 24)亚洲:cf. 1;北美洲:12;南美洲:13。【中国种数:2】。

Aspidalis Gaertn. = **Cuspidia**

Aspideium Zollik. ex DC. = **Chondrilla**

Aspidiaceae S. F. Gray［F – 50］叉蕨科 特征纪要:附生,偶为土生,中型或小型,很少为大型,叶硬革质,有时质较薄,有小鳞片或近光滑。【Rep】:孢子囊群为卤蕨型,孢子囊沿侧脉着生,成熟时满布于能育叶的下面,不具隔丝。全球 6 个大洲分布和属种数(9;hort. & cult. 5 – 6)(367 – 813;hort. & cult. 15 – 23)非洲:4 – 5/62 – 146;亚洲:7/223 – 339;大洋洲:3 – 4/68 – 148;欧洲:1 – 3/5 – 74;北美洲:4 – 5/72 – 145;南美洲:3 – 4/82 – 151。【中国属种数:4/64】。

Aspidistra Ker Gawl. 蜘蛛抱蛋属 Convallariaceae［MM – 638］特征纪要:习性:草本。花程式: – 。物候: – 。花期:10 月。果期:参考晚于花期。海拔:1500 – 1600 米。生境:潮湿竹林中。资源:具栽培园艺种类。全球 4 个大洲分布及种数(235 – 282)亚洲:261; 大洋洲:7; 欧洲:4; 北美洲:4。【中国种数:68】。

Aspidium Sw. 铁角线蕨属 Aspidiaceae［F – 50］特征纪要: – 。全球 6 个大洲分布及种数(27 – 183;hort. 13;cult. 13)非洲:1 – 37;亚洲:16 – 54;大洋洲:2 – 38;欧洲:36;北美洲:7 – 43;南美洲:8 – 44。

Aspidixia (Korth.) Tiegh. = **Viscum**

Aspidocarya Hook. f. & Thoms. 球果藤属 Menispermaceae [MD - 42] 特征纪要:习性:草本(多肉)。花程式:-。物候:-。花期:4 - 5 月。果期:参考晚于花期。海拔:200 - 2500 米。生境:密林中。资源:具园艺种类。全球 3 个大洲分布及种数(1 - 6)非洲:4; 亚洲:3; 大洋洲:2。【中国种数:1】。

Aspidoglossum E. Mey. 盾舌萝藦属 Apocynaceae [MD - 492] 特征纪要:习性:木本。花程式:K5, C0, A15, = ↓ G2。其他特征参考科。全球 1 个大洲分布及种数(32 - 38)◆非洲。

Aspidogyne Garay 盾柱兰属 Orchidaceae [MM - 723] 特征纪要:习性:草本。花程式:(K)3, C3, A3, = ↓ G3。其他特征参考科。全球 2 个大洲分布及种数(88 - 92; hort. 1)北美洲:19; 南美洲:77 - 80。

Aspidonepsis Nicholas & Goyder 阳杯花属 Apocynaceae [MD - 492] 特征纪要:习性:木本。花程式:K5, C0, A15, ↓ G。其他特征参考科。全球 2 个大洲分布及种数(5 - 6)非洲:6; 南美洲:2。

Aspidopterys A. Juss. ex Endl. 盾翅藤属 Malpighiaceae [MD - 343] 特征纪要:习性:木质攀援。花程式:-。物候:-。花期:2 - 4 月。果期:参考晚于花期。海拔:200 - 800 米。生境:山地灌丛或疏林中,中等土野生密林中斜坡秘密荫干燥。资源:药用。全球 2 个大洲分布及种数(28 - 69)亚洲:49; 南美洲:15。【中国种数:14】。

Aspidosperma Mart. & Zucc. 白坚木属 Apocynaceae [MD - 492] 特征纪要:习性:木本。花程式:K5 - ∞, C0, A15, = ↓ G2 - 5。其他特征参考科。全球 6 个大洲分布及种数(84 - 94; hort. 1; cult. 2)非洲:1; 亚洲:1; 大洋洲:1; 欧洲:1; 北美洲:13 - 14; 南美洲:83 - 90。

Aspidostemon Rohwer & H. G. Richt. 盾蕊桂属 Lauraceae [MD - 21] 特征纪要:习性:木本。花程式:-。其他特征参考科。全球 3 个大洲分布及种数(19 - 37)非洲:18 - 36; 亚洲:cf. 1; 南美洲:1 - 2。【中国种数:1】。

Aspidotis (Nutt. ex Hook.) Copel. 盾旱蕨属 Pteridaceae [F - 31] 特征纪要:习性:-。【Rep】:孢子同形,囊群生叶缘。其他特征参考科。全球 6 个大洲分布及种数(6)非洲:1 - 5; 亚洲:4; 大洋洲:4; 欧洲:4; 北美洲:4 - 8; 南美洲:1 - 5。

Aspilia Thou. 阿斯皮尔菊属 Asteraceae [MD - 586] 特征纪要:习性:草本。花程式:(K)3 - 5, (C)3 - 5, A3 - 5, = ↓ G2。其他特征参考科。全球 6 个大洲分布及种数(68 - 276)非洲:74; 亚洲:10; 大洋洲:5; 欧洲:22; 北美洲:22; 南美洲:165。

Aspiromitus Steph. 褐角苔属 Anthocerotaceae [B - 91] 特征纪要:-。全球 6 个大洲分布及种数(44)非洲:7; 亚洲:19; 大洋洲:5; 欧洲:5; 北美洲:5; 南美洲:7。

Aspleniaceae Newman [F - 43] 铁角蕨科 特征纪要:土生中型或小型植物,少攀援,或水生。叶草质,光滑,能育叶缩小并具长柄。【Rep】:孢子囊群棕色,满布于能育羽片下面,无囊群盖及隔丝。全球 6 个大洲分布和属种数(10 - 13; hort. & cult. 2 - 6)(970 - 1814; hort. & cult. 105 - 145)非洲:2 - 8/ 269 - 426; 亚洲:6 - 8/ 530 - 788; 大洋洲:3 - 9/ 204 - 335; 欧洲:2 - 8/ 115 - 255; 北美洲:5 - 9/ 315 - 465; 南美洲:4 - 9/ 324 - 456。【中国属种数:3/212】。

Asplenidictyum J. Sm. in Hook. = **Asplenium**

Aspleniopsis Mett. ex Kuhn 线角蕨属 Pteridaceae [F - 31] 特征纪要:习性:-。【Rep】:孢子囊单生叶背。其他特征参考科。全球 1 个大洲分布及种数(cf. 1)◆亚洲。

Asplenium L. 铁角蕨属 Aspleniaceae [F - 43] 特征纪要:习性:-。【Rep】:孢子囊群通常线形(有时近椭圆形),通直,沿每组叶脉的上侧一脉的一侧(大都为上侧)着生,单生一脉,罕有双生,有囊群盖。物候:-。海拔:1100 米。生境:常绿阔叶林中,竹林中石壁下。资源:具栽培园艺种类。全球 6 个大洲分布及种数(940 - 1394; hort. 1; cult. 178)非洲:267 - 399; 亚洲:513 - 745; 大洋洲:201 - 305; 欧洲:113 - 228; 北美洲:301 - 422; 南美洲:320 - 427。【中国种数:206】。

Asplenoceterach D. E. Mey. 德国铁角蕨属 Aspleniaceae [F - 43] 特征纪要:-。全球 1 个大洲分布及种数(4)◆欧洲:1。

Asplenosorus Wherry 铁坚蕨属 Aspleniaceae [F - 43] 特征纪要:习性:-。【Rep】:孢子囊单生叶背。其他特征参考科。全球 1 个大洲分布及种数(3 - 8)◆北美洲(◆美国)。

Asplundia Harling 玉须草属 Cyclanthaceae [MM - 706] 特征纪要:习性:草本。花程式:K0, C0, A4 - 10, ↓ G4。物候:-。海拔:-。生境:-。资源:具栽培园艺种类。全球 6 个大洲分布及种数(100 - 131)非洲:4; 亚洲:14; 大洋洲:1; 欧洲:49; 北美洲:49; 南美洲:121。【中国种数:1】。

Asplundianthus R. M. King & H. Rob. 平托亮泽兰属 Asteraceae [MD - 586] 特征纪要:习性:草本。花程式:(K)3 - 5, (C)3 - 5, A3 - 5, = ↓ G2。其他特征参考科。全球 1 个大洲分布及种数(11)◆南美洲。

Asprella Schreb. = **Leersia**

Assa Houtt. = **Tetracera**

Asta Klotzsch ex O. E. Schulz 阿斯塔芥属 Brassicaceae [MD - 213] 特征纪要:习性:草本。花程式:K2 - 4, C2 - 4, A2 - 4, = G2。其他特征参考科。全球 3 个大洲分布及种数(3 - 22)亚洲:10; 北美洲:5; 南美洲:9。

Astartea DC. 束蕊梅属 Myrtaceae [MD - 347] 特征纪要:习性:木本。花程式:K4 - 5, C4 - 5, A8 - 10, = ↓ (G)2 - 5。其他特征参考科。全球 4 个大洲分布及种数(19 - 43)非洲:2; 亚洲:4; 大洋洲:41; 南美洲:6。

Astartoseris N. Kilian, Hand, Hadjik. Christodoulou & Bou Dagh. - Kharr. 束梅菊属 Asteraceae [MD - 586] 特征纪要:习性:草本。花程式:(K)3 - 5, (C)3 - 5, A3 - 5, ↓ G。其他特征参考科。全球 1 个大洲分布及种数(-)。

Astelia Banks & Sol. ex R. Br. 聚星草属 Asteliaceae [MM - 635] 特征纪要:习性:草本。花程式:-。其他特征参考科。全球 6 个大洲分布及种数(29 - 41; hort. 1; cult. 1)非洲:2 - 6; 亚洲:8 - 11; 大洋洲:20 - 35; 欧洲:3; 北美洲:7 - 10; 南美洲:1 - 4。【中国种数:1】。

Asteliaceae Dum. [MM－635] 聚星草科 特征纪要:习性:木本;落叶。花程式:K5－n－,C2－3－,A－,(G)1－2。果实:蒴果。全球5个大洲分布及属种数(5/38－56 <IFR 1/2> hort. 1;cult. 1)非洲:1/3－4;亚洲:1/9;大洋洲:5/30－48(IFR 1/2);北美洲:1/8;南美洲:1/1。【中国属种数:1/1】。

Astemon Regel = **Lepechinia**

Astephanocarpa Baker = **Syncephalum**

Astephanus R. Br. 长灯花属 Apocynaceae [MD－492] 特征纪要:习性:木本。花程式:K5,C0,A15,=↓G2。其他特征参考科。全球5个大洲分布及种数(1－73)非洲:69;亚洲:3;欧洲:17;北美洲:17;南美洲:33。

A

Aster L. 紫菀属 Asteraceae [MD－586] 特征纪要:习性:草质攀援。花程式:(K)3－5,C3－5,A3参考科,=↓(G)2。物候:－。海拔:100－200米。生境:草地,灌木丛,山坡,河岸,沟渠,干燥的路边。栽培:来自广西龙州。资源:药用,具栽培园艺种类。全球6个大洲分布及种数(370－685;hort. 1;cult. 59)非洲:39－340;亚洲:367－721;大洋洲:26－326;欧洲:29－329;北美洲:149－473;南美洲:32－345。【中国种数:112】。

Asteraceae Bercht. & J. Presl [MD－586] 菊科 特征纪要:习性:木本;落叶。花程式:↙K4－5(－),C3,A:4－5,↓(G)2。物候:－。花期:6－7月。果期:8－10。果实:瘦果。种子:棕。海拔:0－6000米。生境:－。资源:园林。栽培:中国有栽培。全球6个大洲分布及属种数(1781－2371/35342－54421 <IFR 509/2598> hort. 1;cult. 326)非洲:462－475/5355－5778(IFR 151/398);亚洲:466－487/9568－10819(IFR 148/685);大洋洲:303－315/2480－2864(IFR 53/105);欧洲:239－241/8203－8782(IFR 98/823);北美洲:657－663/8064－8682(IFR 211/731);南美洲:545－559/6817－7400(IFR 93/259)。【中国属种数:448/3171】。

Asterago T. H. Everett 一枝黄花属 Asteraceae [MD－586] 特征纪要:－。全球1个大洲分布及种数(1)◆北美洲。

Asteranthaceae R. Knuth [MD－374] 合玉蕊科 特征纪要:习性:木本;落叶。花程式:K4－5(－),C5,A－,G－。全球1个大洲分布及属种数(1/1)◆北美洲:1－3/1－3。

Asteranthe Engl. & Diels 朱顶木属 Annonaceae [MD－7] 特征纪要:习性:木本。花程式:－。其他特征参考科。全球1个大洲分布及种数(1－2)◆非洲。

Asteranthera Hanst. 盔瓣岩桐属 Gesneriaceae [MD－549] 特征纪要:习性:草本。花程式:K5,C0,A4,=(G)2。其他特征参考科。全球2个大洲分布及种数(1－4)非洲:2;南美洲:3。

Asteranthopsis Kuntze = **Asteranthe**

Asteranthos Desf. 伞褶花属 Lecythidaceae [MD－267] 特征纪要:习性:木本。花程式:K40－1000,C40－1000,A40－1000,=↓G2－6。其他特征参考科。全球1个大洲分布及种数(1)◆南美洲。

Asteranthus Spreng. ex Juss. 伞褶花属 Asteranthaceae [MD－374] 特征纪要及分布(－)。

Asterella P. Beauv. 花萼苔属 Aytoniaceae [B－9] 特征纪要:习性:－。【Rep】:雌托半球形,边缘(4－),5－7深裂,雌雄同株或异株,雄托无柄,生于叶状体背面前端,雌托近球形或半球形,基部通常浅裂或近于不开裂,下方具苞。物候:－。海拔:－。生境:山坡向阳,岩面土生。资源:－。全球6个大洲分布及种数(56－58)非洲:11－21;亚洲:27－39;大洋洲:15－25;欧洲:3－13;北美洲:11－21;南美洲:5－15。【中国种数:2】。

Asteridea Lindl. 星绒草属 Asteraceae [MD－586] 特征纪要:习性:草本。花程式:(K)3－5,(C)3－5,A3－5,=↓G2。其他特征参考科。全球6个大洲分布及种数(10－96)非洲:2;亚洲:10;大洋洲:15;欧洲:1;北美洲:1;南美洲:2。

Asteridium Eng. ex Walp. = **Chaetopappa**

Asterigeron Rydb. = **Erigeron**

Asteringa E. Mey. ex DC. = **Pentzia**

Asteriscium Cham. & Schltdl. 金丛藓属 Apiaceae [MD－480] 特征纪要:习性:草本。【Rep】:－。其他特征参考科。全球2个大洲分布及种数(9－41)北美洲:1;南美洲:10。

Asteriscodes Kuntze = **Callistephus**

Asteriscus Tourn. ex Mill. 金币花属 Asteraceae [MD－586] 特征纪要:习性:草本。花程式:(K)3－5,(C)3－5,A3－5,=↓G2。其他特征参考科。全球6个大洲分布及种数(12－72)非洲:42;亚洲:13;大洋洲:2;欧洲:4;北美洲:4;南美洲:19。

Asterocephalus Zinn = **Scabiosa**

Asterochaete Nees 莎草科属 Cyperaceae [MM－747] 特征纪要:习性:－。花程式:－。其他特征参考科。全球5个大洲分布及种数(14)非洲:13;亚洲:2;大洋洲:4;北美洲:2;南美洲:3。

Asterocytisus (W. D. J. Koch) Schur ex Fuss 蝶形花科属 Fabaceae3 [MD－240] 特征纪要:习性:－。花程式:－。其他特征参考科。分布:－。

Asterogyne H. Wendl. ex Hook. f. 单叶椰属 Arecaceae [MM－717] 特征纪要:习性:木本。花程式:K3－10,C3－10,A3－10,=G3－10。资源:具园艺种类。全球3个大洲分布及种数(5－7)亚洲:1;北美洲:3;南美洲:7。

Asterohyptis Epling 星香属 Lamiaceae [MD－575] 特征纪要:习性:草本。花程式:K2,C0,A2,=G2。其他特征参考科。全球2个大洲分布及种数(3－6)北美洲:6;南美洲:3。

Asterolasia F. Müll. 星南香属 Rutaceae [MD－399] 特征纪要:习性:木本。花程式:K5,C5,A4,=G1－3。其他特征参考科。全球3个大洲分布及种数(23－47)亚洲:9;大洋洲:36;南美洲:2。

Asterolepidion Ducke = **Dendrobangia**

Asteromyrtus S. Schaür 星刷树属 Myrtaceae [MD－347] 特征纪要:习性:木本。花程式:K4－5,C4－5,A8－10,=

↓G2－5。其他特征参考科。全球 3 个大洲分布及种数(7－9)非洲:4; 亚洲:6; 大洋洲:7。

Asteropeia Thou. 翼萼茶属 Asteropeiaceae [MD－132] 特征纪要(同科)。全球 4 个大洲分布及种数(8－20)非洲:11; 大洋洲:4; 北美洲:2; 南美洲:5。

Asteropeiaceae Takht. ex Reveal & Hoogland [MD－132] 翼萼茶科 特征纪要:习性:木本;落叶。花程式:K0,C0,A8,↑G1－3。果实:果实小于 4 毫米。全球 1 个大洲分布及属种数(2/11 hort. 1)◆非洲:1/ 9。

Asterophoma <unassigned> 野牡丹科属 Melastomataceae [MD－364] 特征纪要和分布(－)。

Asterophorum Spragü 金椵树属 Malvaceae [MD－203] 特征纪要:习性:－。花程式:－。其他特征参考科。全球 3 个大洲分布及种数(7)亚洲:2; 大洋洲:3; 南美洲:4。

Asteropsis Less. 层菀属 Asteraceae [MD－586] 特征纪要:习性:－。花程式:－。其他特征参考科。全球 1 个大洲分布及种数(cf. 1)◆南美洲。

Asteropus Schult. = **Waltheria**

Asteropyrum J. R. Drumm. & Hutch. 星果草属 Ranunculaceae [MD－38] 特征纪要:习性:草本(根状茎,基生)。花程式:－。物候:－。花期:5－6 月。果期:参考晚于花期。海拔:1000－1100 米。生境:阴凉处,在峡谷潮湿的苔藓地上,林下阴湿坡上,森林,溪流旁的阴凉处。资源:具园艺种类。全球 1 个大洲分布及种数(2－3)◆亚洲(◆中国)。【中国种数:2】。

Asterosedum Grulich = **Phedimus**

Asterostemma Decne. 星冠萝藦属 Apocynaceae [MD－492] 特征纪要:习性:木本。花程式:K5,C0,A5,=(G)2。其他特征参考科。全球 1 个大洲分布及种数(cf. 1)◆亚洲。

Asterostigma Fisch. & C. A. Mey. 星柱芋属 Araceae [MM－639] 特征纪要:习性:草本。花程式:K0,C0,A1－4,=G1－3。其他特征参考科。全球 5 个大洲分布及种数(8－53)非洲:2; 大洋洲:1; 欧洲:3; 北美洲:3; 南美洲:48。

Asterostomella <unassigned> 星芳香草属 Asteliaceae [MM－635] 特征纪要:－。全球 2 个大洲分布及种数(6)非洲:1; 南美洲:4。

Asterothamnus Novopokr. 紫菀木属 Asteraceae [MD－586] 特征纪要:习性:草质攀援。花程式:(K)3－5,C3－5,A3 参考科,=↓(G)2。物候:－。海拔:1000－1600 米。生境:草原。资源:药用。全球 3 个大洲分布及种数(9－18)亚洲:16; 欧洲:2; 北美洲:2。【中国种数:5】。

Asterothyrium <unassigned> 溪芽藓属 Sorapillaceae [B－212] 特征纪要:－。全球 4 个大洲分布及种数(15)非洲:2; 亚洲:2; 北美洲:7; 南美洲:15。

Asterotrichion Klotzsch 溪麻树属 Malvaceae [MD－203] 特征纪要:习性:－。花程式:－。其他特征参考科。全球 1 个大洲分布及种数(－)。

Asthenatherum Nevski = **Centropodia**

Asthenochloa Buse 柔草属 Poaceae [MM－748] 特征纪要:习性:草本。花程式:(K)3,C0 参考科,A1－2,=G2－3。其他特征参考科。全球 6 个大洲分布及种数(1－3)非洲:2; 亚洲:3; 大洋洲:2; 欧洲:2; 北美洲:2; 南美洲:2。

Astianthus D. Don 美花属 Bignoniaceae [MD－541] 特征纪要:习性:木本。花程式:K5,C0,A5,=(G)2。其他特征参考科。全球 2 个大洲分布及种数(1－3)北美洲:2; 南美洲:2。

Astichis <unassigned> 菲律宾兰属 Orchidaceae [MM－723] 特征纪要:－。全球 1 个大洲分布及种数(1)◆亚洲:1。

Astiella Jovet 小美茜属 Rubiaceae [MD－523] 特征纪要:习性:木本。花程式:(K)4－5,(C)4－5,A4－5,=↓(G)2－9。其他特征参考科。全球 2 个大洲分布及种数(12－16)非洲:16; 南美洲:4。

Astilbe Buch. －Ham. ex D. Don 落新妇属 Saxifragaceae [MD－231] 特征纪要:习性:草本(根状茎,基生)。花程式:－。物候:－。花期:6－9 月。果期:参考晚于花期。海拔:400－3600 米。生境:沟谷灌丛和草丛中。资源:具栽培园艺种类。全球 6 个大洲分布及种数(22－31;hort. 1;cult. 6)非洲:4;亚洲:20－27;大洋洲:1－3;欧洲:4－6;北美洲:9－11;南美洲:2。【中国种数:12】。

Astilboides Engl. 大叶子属 Saxifragaceae [MD－231] 特征纪要:习性:草本(根状茎,基生)。花程式:－。物候:－。花期:8－9 月。果期:参考晚于花期。海拔:70－5850 米。生境:山坡,山谷中的森林,山坡杂木林下或山谷沟边。资源:药用,食用(淀粉,丹宁),具栽培园艺种类。全球 3 个大洲分布及种数(1－2)亚洲:2; 欧洲:2; 北美洲:2。【中国种数:1】。

Astiria Lindl. 毛梧桐属 Malvaceae [MD－203] 特征纪要:习性:－。花程式:－。其他特征参考科。全球 1 个大洲分布及种数(1)◆非洲。

Astomaea Rchb. 无口草属 Apiaceae [MD－480] 特征纪要:习性:草本。花程式:Kn,C5,A3 参考科,=↓G(－)。其他特征参考科。全球 1 个大洲分布及种数(1－2)◆亚洲。

Astomiopsis Müll. Hal. 高地藓属 Ditrichaceae [B－119] 特征纪要:习性:－。【Rep】:雌雄同株,雌苞叶宽阔,紧贴茎,蒴柄短,孢蒴隐于雌苞叶中,卵圆形,成熟时略高出,环带分化,常存。物候:－。海拔:－。生境:土生,野生。资源:具园艺种类。全球 6 个大洲分布及种数(38)非洲:10; 亚洲:13; 大洋洲:4; 欧洲:5; 北美洲:5; 南美洲:12。【中国种数:2】。

Astomum Hampe 丛藓科属 Pottiaceae [B－133] 特征纪要:习性:－。【Rep】:雌雄异株或同株,孢蒴多呈卵形、长卵状圆柱形,稀球形,多直立,稀倾斜或下垂。物候:－。海拔:－。生境:常见于高山岩石上。栽培:来自广西龙州。资源:具栽培园艺种类。全球 6 个大洲分布及种数(68)非洲:5; 亚洲:10; 大洋洲:5; 欧洲:7; 北美洲:7; 南美洲:9。【中国种数:1】。

Astonia S. W. L. Jacobs 圆果慈姑属 Alismataceae [MM-597] 特征纪要:习性:草本。花程式:K3-∞,C3-∞,A3-6,G3- 参考科。其他特征参考科。全球 2 个大洲分布及种数(-)大洋洲;北美洲。

Astracantha D. Podlech 云英花属 Fabaceae3 [MD-240] 特征纪要:习性:-。花程式:-。物候:-。海拔:7500 米。生境:矮灌木丛或芦苇丛中,稀见于沿河岸疏林下,作为作物栽培。资源:具栽培园艺种类。全球 6 个大洲分布及种数(95-178;hort. 8;cult. 8)非洲:1;亚洲:88-91;大洋洲:1;欧洲:1-2;北美洲:4-5;南美洲:1-2。

Astradelphus J. Rémy = **Erigeron**

Astraea Klotzsch 桃金星属 Euphorbiaceae [MD-217] 特征纪要:习性:-。花程式:-。其他特征参考科。全球 6 个大洲分布及种数(14)非洲:2;亚洲:2;大洋洲:1-3;欧洲:2;北美洲:1-3;南美洲:13-15。【中国种数:1】。

Astragalus L. 蛇荚黄芪属 Fabaceae3 [MD-240] 特征纪要:习性:木本。花程式:Kn,C2-3 参考科,A3 参考科,=↓G1。物候:-。海拔:100-300 米。生境:半荒漠地,在高山草丛中。资源:具栽培园艺种类。全球 6 个大洲分布及种数(1677-3361;hort. 1;cult. 92)非洲:99-452;亚洲:1192-2883;大洋洲:49-359;欧洲:157-508;北美洲:548-888;南美洲:191-504。【中国种数:582】。

Astranthium Nutt. 西雏菊属 Asteraceae [MD-586] 特征纪要:习性:草本。花程式:(K)3-5,(C)3-5,A3-5,=↓G2。其他特征参考科。全球 4 个大洲分布及种数(11-24)亚洲:3; 大洋洲:2; 北美洲:14; 南美洲:4。【中国种数:1】。

Astrantia L. 星芹属 Apiaceae [MD-480] 特征纪要:习性:草本。花程式:K5,C5,A5,=↓G2。其他特征参考科。全球 6 个大洲分布及种数(13-62)非洲:6; 亚洲:14; 大洋洲:5; 欧洲:6; 北美洲:6; 南美洲:15。【中国种数:1】。

Astrapaea Lindl. = **Dombeya**

Astrebla F. Müll. 阿司吹禾属 Poaceae [MM-748] 特征纪要:习性:草本。花程式:(K)3,C0 参考科,A1-2,=(G)2-3。其他特征参考科。全球 5 个大洲分布及种数(4-30)亚洲:3; 大洋洲:30; 欧洲:4; 北美洲:4; 南美洲:25。

Astrephia Dufr. 星败酱属 Caprifoliaceae [MD-510] 特征纪要:习性:-。花程式:-。其他特征参考科。全球 4 个大洲分布及种数(-)亚洲;欧洲;北美洲;南美洲。

Astridia Dinter 鹿角海棠属 Aizoaceae [MD-94] 特征纪要:习性:灌木。花程式:K3-4,C3-4,A5 参考科,=↓G-。其他特征参考科。全球 2 个大洲分布及种数(12-19)非洲:19; 亚洲:2。

Astripomoea A. Meeuse 星毛薯属 Convolvulaceae [MD-499] 特征纪要:习性:草本。花程式:-。其他特征参考科。全球 6 个大洲分布及种数(17-55)非洲:29; 亚洲:23; 大洋洲:2; 欧洲:4; 北美洲:4; 南美洲:6。

Astrocalyx Merr. 褐萼棯属 Melastomataceae [MD-364] 特征纪要:习性:木本。花程式:Kn,C2-3 参考科,A4-5,=↓G-。其他特征参考科。全球 2 个大洲分布及种数(1-5)亚洲:5; 南美洲:2。

Astrocarpa Neck. ex Dum. 木樨草科属 Resedaceae [MD-196] 特征纪要:习性:-。花程式:-。其他特征参考科。全球 2 个大洲分布及种数(20)非洲:2; 欧洲:9。

Astrocaryum G. Mey. 星果椰子属 Arecaceae [MM-717] 特征纪要:习性:木本。花程式:K3-10,C3-10,A3-10,=G3-10。其他特征参考科。全球 2 个大洲分布及种数(40-54;hort. 1)北美洲:8;南美洲:37-46。

Astrocasia B. L. Rob. & Millsp. 辟蛇木属 Phyllanthaceae [MD-222] 特征纪要:习性:木本。花程式:K1(1000),C0,A6,=G2-3。其他特征参考科。全球 3 个大洲分布及种数(6-9)亚洲:2; 北美洲:8; 南美洲:5。【中国种数:1】。

Astrocassine <unassigned> 马达星卫矛属 Celastraceae [MD-339] 特征纪要:-。全球 1 个大洲分布及种数(3)◆非洲:3。

Astrocephalus Raf. = **Scabiosa**

Astrococcus Benth. 星角桐属 Euphorbiaceae [MD-217] 特征纪要:习性:木本。花程式:K1(1000),C0,A6,=G2-3。其他特征参考科。全球 5 个大洲分布及种数(1-17)亚洲:4; 大洋洲:2; 欧洲:1; 北美洲:1; 南美洲:7。

Astrodaucus Drude 五角芹属 Apiaceae [MD-480] 特征纪要:习性:-。花程式:-。其他特征参考科。全球 4 个大洲分布及种数(3-7)非洲:2; 亚洲:5; 欧洲:1; 北美洲:1。【中国种数:1】。

Astrodontium Dozy & Molk. 三列疣胞藓属 Leucodontaceae [B-198] 特征纪要:-。全球 1 个大洲分布及种数(-)。

Astrogyne Benth. = **Croton**

Astrolepis D. M. Benham & Windham 星鳞蕨属 Pteridaceae [F-31] 特征纪要:习性:-。【Rep】:孢子同形,囊群生叶背。其他特征参考科。全球 6 个大洲分布及种数(7-8)非洲:1-2;亚洲:1-2;大洋洲:1;欧洲:1;北美洲:6-7;南美洲:1-2。

Astrolista Molteno & Figüiredo 星芦荟属 Aloaceae [MM-668] 特征纪要(同科)。全球 1 个大洲分布及种数(-)。

Astroloba Uitewaal 松塔掌属 Asphodelaceae [MM-649] 特征纪要:习性:草本。花程式:Kn,C0 参考科,A3 参考科,G3 参考科。其他特征参考科。全球 2 个大洲分布及种数(11-21)非洲:16; 亚洲:2。

Astroloma R. Br. 红莓石南属 Epacridaceae [MD-391] 特征纪要:习性:-。花程式:-。其他特征参考科。全球 3 个大洲分布及种数(57)亚洲:2; 大洋洲:48; 南美洲:3。

Astronia Bl. 褐鳞木属 Melastomataceae [MD-364] 特征纪要:习性:木本。花程式:-。物候:-。花期:全年。

果期:参考晚于花期。海拔:200－500米。生境:森林,林缘,山坡,山谷,山间林中。资源:具园艺种类。全球6个大洲分布及种数(81－115;hort. 1;cult. 1)非洲:29－33;亚洲:37－56;大洋洲:46－50;欧洲:2;北美洲:6;南美洲:2。【中国种数:3】。

Astronium Jacq. 斑纹漆属 Anacardiaceae［MD－432］特征纪要:习性:木本。花程式:K5,C5,A5－10,＝G1－3。其他特征参考科。全球6个大洲分布及种数(18;hort. 1;cult. 3)非洲:3;亚洲:1－4;大洋洲:3;欧洲:3;北美洲:6－9;南美洲:15－18。

Astropanax Seem. ＝ **Schefflera**

Astrophyllum Lindb. 提灯藓科属 Mniaceae［B－149］特征纪要:习性:－。生境:林下岩面生。栽培:来自广西龙州。资源:具栽培园艺种类。全球2个大洲分布及种数(26)北美洲:1; 南美洲:1。

Astrophytum Lem. 星球属 Cactaceae［MD－100］特征纪要:习性:木本。花程式:K1－∞,C1－∞,A3－100,＝↓G3－100－。其他特征参考科。全球4个大洲分布及种数(17－19;hort. 1;cult. 3)亚洲:cf. 1;欧洲:1;北美洲:7－8;南美洲:12。

Astropoea Steud. ＝ **Waltheria**

Astropus Spreng. ＝ **Waltheria**

Astrostemma Benth. ＝ **Absolmsia**

Astrothalamus C. B. Rob. 星托麻属 Urticaceae［MD－91］特征纪要:习性:木本。花程式:－。其他特征参考科。全球1个大洲分布及种数(1)◆亚洲。【中国种数:1】。

Astrotheca Miers ex Vesque 小猪胶树属 Calophyllaceae［MD－140］特征纪要:习性:－。花程式:－。其他特征参考科。全球1个大洲分布及种数(cf. 1)◆南美洲。

Astrotricha DC. 大洋洲五加属 Araliaceae［MD－471］特征纪要:习性:木本。花程式:K1－∞,C1－∞,A2,＝↓G2－5。其他特征参考科。全球6个大洲分布及种数(20－25)非洲:2; 亚洲:3; 大洋洲:24; 欧洲:2; 北美洲:2; 南美洲:2。【中国种数:1】。

Astrotrichilia (Harms) T. D. Penn. & Styles 星帚木属 Meliaceae［MD－414］特征纪要:习性:木本。花程式:K3－5,C3－5,A6,＝G1－2。其他特征参考科。全球2个大洲分布及种数(13－14)非洲:14; 南美洲:2。

Astroworthia G. D. Rowley 松蛇掌属 Asphodelaceae［MM－649］特征纪要:习性:草本。花程式:(K－),C2－3参考科,A3参考科,G3－参考科。其他特征参考科。全球1个大洲分布及种数(1)◆非洲。

Astus Trudgen & Rye 岗松属 Myrtaceae［MD－347］特征纪要:习性:木本。花程式:K4－5,C4－5,A8－10,＝↓G－。其他特征参考科。全球2个大洲分布及种数(4－7)大洋洲:4; 南美洲:1。

Astydamia DC. 柴胡属 Apiaceae［MD－480］特征纪要:习性:草本。资源:具园艺种类。全球5个大洲分布及种数(1－41)非洲:16; 亚洲:4; 欧洲:1; 北美洲:1; 南美洲:30。

Astylis Wight ＝ **Drypetes**

Astyposanthes Herter ＝ **Stylosanthes**

Astyria Lindl. ＝ **Astiria**

Asyneuma Griseb. & Schenk 牧根草属 Campanulaceae［MD－561］特征纪要:习性:草本(基生,多肉)。花程式:(K－),C2－3参考科,A5,↓G－。物候:－。海拔:3000米。生境:草坡,林缘,森林,山坡草地,林中。资源:药用。全球5个大洲分布及种数(33－43;hort. 1;cult. 7)非洲:10;亚洲:30－36;欧洲:15－16;北美洲:1;南美洲:3。【中国种数:6】。

Asyneumopsis Contandr. ＝ **Asyneuma**

Asynthema S. Denham & Pozner 萼角花科属 Calyceraceae［MD－594］特征纪要:习性:－。其他特征参考科。全球1个大洲分布及种数(1)◆南美洲。

Asystasia Bl. 十万错属 Acanthaceae［MD－572］特征纪要:习性:草质攀援。花期:9－12月。果期:参考晚于花期。海拔:100－1800米。生境:林缘,路旁,遮荫深谷。资源:药用,具栽培园艺种类。全球6个大洲分布及种数(54－124)非洲:72; 亚洲:51; 大洋洲:12; 欧洲:7; 北美洲:7; 南美洲:5。【中国种数:6】。

Asystasiella Lindau 白接骨属 Acanthaceae［MD－572］特征纪要:习性:－。花程式:－。物候:－。花期:7－9月。果期:参考晚于花期。海拔:50－3600米。生境:山谷水沟旁潮湿阴凉处。资源:药用。全球1个大洲分布及种数(1－2)◆亚洲。

Atacama O. Toro, Mort& Al－Shehbaz ＝ **Atalay**

Atacamallium <unassigned> 石蒜苞属 Amaryllidaceae［MM－694］特征纪要:习性:－。其他特征参考科。全球1个大洲分布及种数(－)。

Atacca Lem. ＝ **Ataccia**

Ataccia J. Presl 薯蓣科属 Dioscoreaceae［MM－691］特征纪要:习性:藤本。其他特征参考科。全球1个大洲分布及种数(－)。

Atalantia Corrêa 酒饼簕属 Rutaceae［MD－399］特征纪要:习性:木本。花期:5月。果期:参考晚于花期。海拔:100－400米。生境:林中,栽培。资源:具栽培园艺种类。全球6个大洲分布及种数(21－152)非洲:13; 亚洲:89; 大洋洲:15; 欧洲:56; 北美洲:56; 南美洲:55。【中国种数:13】。

Atalaya Bl. 椒木患属 Sapindaceae［MD－428］特征纪要:习性:木本。花程式:K4－8,C4－8,A10,＝G2－3。物候:－。海拔:－。生境:－。资源:具园艺种类。全球6个大洲分布及种数(16－65)非洲:8; 亚洲:14; 大洋洲:

17；欧洲:19；北美洲:19；南美洲:25。【中国种数:1】。

Atalopteris Maxon & C. Chr. 攀实蕨属 Dryopteridaceae［F－49］特征纪要:习性:－。【Rep】:孢子同形,囊群生叶背。其他特征参考科。全球1个大洲分布及种数(1－3)◆北美洲。

Atamasco (L.) Greene ＝ **Atamosco**

Atamisquea Miers ex Hook. & Arn. 山柑属 Capparaceae［MD－178］特征纪要:习性:－。其他特征参考科。全球6个大洲分布及种数(1)非洲:1;亚洲:1;大洋洲:1;欧洲:1;北美洲:1;南美洲:1。

A

Atamosco Adans. 北美百合属 Amaryllidaceae［MM－694］特征纪要:习性:－。其他特征参考科。全球2个大洲分布及种数(2) 亚洲:1;北美洲:2。

Ataxia R. Br. ＝ **Anthoxanthum**

Ataxipteris Holttum 三相蕨属 Dryopteridaceae［F－49］特征纪要:习性:－。【Rep】:孢子同形,囊群生叶背。其他特征参考科。全球1个大洲分布及种数(－)◆大洋洲。

Atelanthera Hook. f. & Thoms. 异药芥属 Brassicaceae［MD－213］特征纪要:习性:草本(基生)。花程式:Kn,C2－3参考科,A6,G－。物候:－。花期:5－7月。果期:6－8月。海拔:2400－3100米。生境:砾石或砂质层,位于石头,砂质斜坡之间。资源:－。全球1个大洲分布及种数(－)。【中国种数:1】。

Ateleia (DC.) D. Dietr. 瑕豆属 Fabaceae3［MD－240］特征纪要:习性:木本。花程式:K1－∞,C1－∞,A5－9,＝↓G1。其他特征参考科。全球3个大洲分布及种数(25－32)亚洲:cf. 1;北美洲:22－28;南美洲:5－6。

Atelophragma Rydb. 矮山黧豆属 Fabaceae3［MD－240］特征纪要:习性:－。花程式:－。其他特征参考科。全球1个大洲分布及种数(－)。

Atemnosiphon Leandri 马达瑞香属 Thymelaeaceae［MD－310］特征纪要:习性:木本。花程式:K2－4,C0,A2,＝G2－5。其他特征参考科。全球1个大洲分布及种数(1)◆非洲(◆马达加斯加)。

Athalamia Falc. 高山苔属 Cleveaceae［B－15］特征纪要:习性:－。【Rep】:灰绿色至深绿色,叉状分枝。其他特征参考科。全球6个大洲分布及种数(6)非洲:3－6;亚洲:3－6;大洋洲:3;欧洲:2－5;北美洲:1－4;南美洲:3。

Athamanta L. 芒芹属 Apiaceae［MD－480］特征纪要:习性:草本。花程式:K5,C5,A5,＝↓G2。物候:－。海拔:50－5600米。生境:半荒漠中和砾石质山坡上,柞林内。资源:具栽培园艺种类。全球6个大洲分布及种数(16－189)非洲:16;亚洲:46;大洋洲:2;欧洲:3;北美洲:3;南美洲:82。【中国种数:3】。

Athanasia L. 永菊属 Asteraceae［MD－586］特征纪要:习性:草本。花程式:(K)3－5,(C)3－5,A3－5,＝↓G2。物候:－。海拔:－。生境:－。资源:具栽培园艺种类。全球6个大洲分布及种数(45－201)非洲:133;亚洲:27;大洋洲:15;欧洲:24;北美洲:24;南美洲:31。

Athelia <unassigned> 乳蕨属 Woodsiaceae［F－47］特征纪要:－。全球5个大洲分布及种数(7)非洲:4;亚洲:2;欧洲:2;北美洲:2;南美洲:4。

Athenaea Sendtn. 阿西娜茄属 Solanaceae［MD－503］特征纪要:－。全球1个大洲分布及种数(14－23)◆南美洲(◆巴西)。

Atherandra Decne. 芒蕊萝藦属 Apocynaceae［MD－492］特征纪要:习性:木本。花程式:K5,C0,A5,＝G2。其他特征参考科。全球2个大洲分布及种数(1－8)亚洲:6;大洋洲:2。【中国种数:1】。

Athernotus Dulac ＝ **Calamagrostis**

Atherocephala DC. 八宝石南属 Ericaceae［MD－380］特征纪要:习性:－。花程式:－。其他特征参考科。全球1个大洲分布及种数(－)◆大洋洲。

Atherosperma Labill. 香皮檫属 Atherospermataceae［MD－19］特征纪要:习性:木本。花程式:－。其他特征参考科。全球2个大洲分布及种数(2－15)大洋洲:13;南美洲:2。

Atherospermataceae R. Br.［MD－19］香皮檫科 特征纪要:习性:木本;落叶。花程式:K3,C0,A12,G1－3。果实:瘦果。全球2个大洲分布及属种数(6/14－30 hort. 1) 大洋洲:6/12－23;南美洲:1/2。【中国属种数:1/1】。

Atherotoma Hook. f. ＝ **Antherotoma**

Atherstonea Pappe ＝ **Strychnos**

Athertonia L. A. S. Johnson & B. G. Briggs 栎山龙眼属 Proteaceae［MD－219］特征纪要:习性:木本。花程式:K3－4－∞,C0,A2,＝G1。其他特征参考科。全球2个大洲分布及种数(1－2)亚洲:2;大洋洲:2。

Athrixia Ker Gawl. 紫绒草属 Asteraceae［MD－586］特征纪要:习性:草本。花程式:(K)3－5,(C)3－5,A3－5,＝↓G2。其他特征参考科。全球6个大洲分布及种数(13－19;hort. 1)非洲:12－39;亚洲:2－26;大洋洲:24;欧洲:24;北美洲:24;南美洲:24。【中国种数:1】。

Athroisma DC. 黑果菊属 Asteraceae［MD－586］特征纪要:草本,落叶;花程式:(K)3－5,(C)3－5,A3－5,＝↓G;2。果实:瘦果。种子:－。全球6个大洲分布及种数(13)非洲:7－13;亚洲:1－3;大洋洲:1－3;欧洲:2;北美洲:2;南美洲:2。【中国种数:1】。

Athronia Neck. ＝ **Acmella**

Athroostachys Benth. 密穗竹属 Poaceae［MM－748］特征纪要:习性:草本。花程式:－。其他特征参考科。全球1个大洲分布及种数(1)◆南美洲。

Athrotaxidaceae Doweld ＝ Cupressaceae

Athrotaxis D. Don 密叶杉属 Cupressaceae［G－17］特征纪要:习性:－。【Rep】:雌雄异株。资源:具园艺种类。全球4个大洲分布及种数(3－11)亚洲:3;大洋洲:8;欧洲:3;北美洲:3。

Athruphyllum Lour. = **Myrsine**

Athyana (Griseb.) Radlk. 南美无患子属 Sapindaceae [MD-428] 特征纪要:习性:木本。花程式:K4-8,C4-8,A10,=(G)2-3。其他特征参考科。全球3个大洲分布及种数(1-11)亚洲:7; 北美洲:2; 南美洲:11。

Athyriaceae Alston [F-40] 蹄盖蕨科 特征纪要:陆生小形植物,直立,营养叶1-2片,少有更多的,有柄,常为单叶,全缘,披针形或卵形,叶脉网状,网眼内无内藏小脉,中脉不明显。【Rep】:孢子囊穗自营养叶的基部生出,有长柄。全球6个大洲分布和属种数(10-11;hort. & cult. 3-4)(1106-1787;hort. & cult. 44-70)非洲:4-8/103-188;亚洲:10/ 838-1045;大洋洲:4-8/ 88-180;欧洲:4-8/ 37-114;北美洲:4-8/ 205-292;南美洲:4-8/ 209-297。【中国属种数:3/118】。

Athyriopsis Ching 假蹄盖蕨属 Athyriaceae [F-40] 特征纪要:习性:-。【Rep】:孢子囊群线形或椭圆形,单生于小脉上侧,呈铁角蕨型,或在裂片基部上出一脉常双生于上下两侧,为双盖蕨型。物候:-。海拔:200-500米。生境:阔叶林下溪沟边,竹木林水沟边。资源:-。全球6个大洲分布及种数(74)非洲:2; 亚洲:67; 大洋洲:3; 欧洲:3; 北美洲:3; 南美洲:3。

Athyrium Roth 蹄盖蕨属 Athyriaceae [F-40] 特征纪要:习性:-。【Rep】:孢子囊群圆形、圆肾形、马蹄形、弯勾形、长圆形或短线形,背生、侧生或横跨小脉上。物候:-。海拔:2800-4000米。生境:常绿阔叶林下箭竹灌丛中,竹林下水沟边。资源:药用,具栽培园艺种类。全球6个大洲分布及种数(369-513;hort. 1;cult. 92)非洲:30-56;亚洲:325-433;大洋洲:20-56;欧洲:17-44;北美洲:47-75;南美洲:42-69。【中国种数:118】。

Athysanus Greene 小盾芥属 Brassicaceae [MD-213] 特征纪要:习性:草本。花程式:K2-4,C2-4,A2-4,↓G-参考科。其他特征参考科。全球1个大洲分布及种数(2-3)◆北美洲。

Atimeta Schott = **Rhodospatha**

Atirsita Raf. = **Eryngium**

Atkinsia R. A. Howard = **Thespesia**

Atkinsonia F. Müll. 金榄檀属 Loranthaceae [MD-415] 特征纪要:习性:木本。花程式:Kn,C0,A4,↓G。其他特征参考科。全球1个大洲分布及种数(1-2)◆大洋洲:2。

Atocion Adans. 高雪轮属 Caryophyllaceae [MD-77] 特征纪要:习性:-。花程式:-。其他特征参考科。全球3个大洲分布及种数(6-9)亚洲:6; 欧洲:1; 北美洲:1。

Atomostigma Kuntze 金壳果属 Rosaceae [MD-246] 特征纪要:习性:-。花程式:-。其他特征参考科。全球1个大洲分布及种数(cf. 1)◆南美洲。

Atomostylis Steud. = **Cyperus**

Atopoglossum Lür 金壳兰属 Orchidaceae [MM-723] 特征纪要:习性:-。花程式:-。其他特征参考科。全球6个大洲分布及种数(4)非洲:2;亚洲:2;大洋洲:2;欧洲:2;北美洲:3-5;南美洲:2。

Atossa Alef. = **Orobus**

Atractantha McClure 纺锤花竹属 Poaceae [MM-748] 特征纪要:习性:草本。花程式:(K)3,C0参考科,A1-2,=(G)2-3。其他特征参考科。全球1个大洲分布及种数(7)◆南美洲。

Atractocarpa Franch. = **Puelia**

Atractocarpus Schltr. & K. Krause 瓦果栀属 Rubiaceae [MD-523] 特征纪要:习性:木本。花程式:(K)4-5,(C)4-5,A4-5,=↓G2-9。其他特征参考科。全球6个大洲分布及种数(40-55)非洲:8; 亚洲:12; 大洋洲:49; 欧洲:6; 北美洲:6; 南美洲:5。【中国种数:1】。

Atractogyne Pierre 小角栀属 Rubiaceae [MD-523] 特征纪要:习性:木本。花程式:(K)4-5,(C)4-5,A4-5,=↓G2-9。其他特征参考科。全球1个大洲分布及种数(1-2)◆非洲。

Atractylis L. 羽叶苍术属 Asteraceae [MD-586] 特征纪要:习性:草本。花程式:(K)3-5,(C)3-5,A3-5,=↓G2。物候:-。海拔:-。生境:-。资源:具园艺种类。全球5个大洲分布及种数(33-103)非洲:47; 亚洲:40; 欧洲:2; 北美洲:2; 南美洲:13。【中国种数:1】。

Atractylocarpus Mitt. 长帽藓属 Dicranaceae [B-128] 特征纪要:习性:-。【Rep】:雌雄同株,雌苞叶基部鞘状,长卵形,有细中肋,蒴柄单生,直立,褐色,孢蒴长圆柱形,辐射对称,直立。物候:-。全球6个大洲分布及种数(11) 非洲:2;亚洲:5;大洋洲:2;欧洲:2;北美洲:2;南美洲:4。【中国种数:4】。

Atractylodes DC. 苍术属 Asteraceae [MD-586] 特征纪要:习性:草质攀援。花程式:(K)3-5,C3-5,A5,=↓(G)2。物候:-。海拔:200-2500米。生境:山地阴坡。栽培:来自广西龙州。资源:药用,具栽培园艺种类。全球4个大洲分布及种数(4-17)非洲:3; 亚洲:12; 欧洲:2; 北美洲:2。【中国种数:4】。

Atraphaxis L. 木蓼属 Polygonaceae [MD-120] 特征纪要:习性:草本,少灌木。花程式:-。物候:-。海拔:100-1500米。生境:旱砂地,滩涂地。资源:具栽培园艺种类。全球6个大洲分布及种数(34-52;hort. 1)非洲:4-7;亚洲:33-47;大洋洲:1-4;欧洲:3-7;北美洲:4-7;南美洲:3。【中国种数:14】。

Atrichantha Hilliard & B. L. Burtt 疏毛鼠麹木属 Asteraceae [MD-586] 特征纪要:习性:草本。花程式:(K)3-5,(C)3-5,A3-5,↓G。其他特征参考科。全球1个大洲分布及种数(1)◆非洲。

Atrichites Ignatov & Shcherbakov 金发藓科属 Polytrichaceae [B-101] 特征纪要:-。全球1个大洲分布及种数(-)。

Atrichodendron Gagnep. 无毛茄属 Solanaceae [MD-503] 特征纪要:-。全球1个大洲分布及种数(1)◆亚洲:1。

Atrichopsis Cardot 南美金发藓属 Polytrichaceae [B-101] 特征纪要:习性:-。【Rep】:孢子同形,雌雄异株,稀雌

雄同株,蒴柄细长,孢蒴长圆柱形,单生或多个簇生,蒴齿单层,齿片32,棕红色,蒴盖圆锥形。其他特征参考科。全球2个大洲分布及种数(1)非洲:1;南美洲:1。

Atrichoseris A. Gray 白伞苣属 Asteraceae [MD - 586] 特征纪要:习性:草本。花程式:(K)3 - 5,(C)3 - 5,A3 - 5,↓G。其他特征参考科。全球1个大洲分布及种数(1)◆北美洲(◆美国)。

A

Atrichum P. Beauv. 仙鹤藓属 Polytrichaceae [B - 101] 特征纪要:习性:-。【Rep】:雌雄异株,稀雌雄同株,蒴柄细长,孢蒴长圆柱形,单生或多个簇生,蒴齿单层,齿片32,棕红色,蒴盖圆锥形。物候:-。海拔:600米。生境:石生,土生。资源:-。全球6个大洲分布及种数(38)非洲:3;亚洲:19;大洋洲:5;欧洲:7;北美洲:19;南美洲:8。【中国种数:24】。

Atriplex L. 滨藜属 Chenopodiaceae [MD - 115] 特征纪要:习性:草本,少木本。花程式:Kn,C2 - 3参考科,A2 - 3,G -。物候:-。海拔:600 - 5000米。生境:草地。资源:药用,具栽培园艺种类。全球6个大洲分布及种数(263 - 362;hort. 1;cult. 17)非洲:64 - 131;亚洲:99 - 169;大洋洲:89 - 163;欧洲:64 - 127;北美洲:134 - 200;南美洲:86 - 150。【中国种数:76】。

Atriscia <unassigned> 安哥拉菊属 Asteraceae [MD - 586] 特征纪要:-。全球1个大洲分布及种数(1)◆非洲:1。

Atropa L. 颠茄属 Solanaceae [MD - 503] 特征纪要:习性:草本(多肉)。花程式:-。物候:-。海拔:100 - 5000米。生境:草丛中,庄稼地边。资源:药用,具栽培园艺种类。全球6个大洲分布及种数(4 - 14;hort. 1;cult. 2)非洲:1 - 8;亚洲:2 - 10;大洋洲:6;欧洲:2 - 9;北美洲:2 - 8;南美洲:2 - 8。【中国种数:1】。

Atropanthe Pascher 天蓬子属 Solanaceae [MD - 503] 特征纪要:习性:草本,亚灌木。花程式:(K -),C2 - 3参考科,A4,↓G -。物候:-。花期:4 - 7月。果期:参考晚于花期。海拔:1400 - 3000米。生境:沿着沟渠和森林,杂木林下阴湿处或沟边。资源:药用,经济植物,具栽培园艺种类。全球3个大洲分布及种数(1 - 4)亚洲:3;欧洲:2;北美洲:2。【中国种数:1】。

Atropis (Trin.) Griseb. = **Puccinellia**

Atroxima Stapf 黑远志属 Polygalaceae [MD - 291] 特征纪要:习性:木本。花程式:-。其他特征参考科。全球1个大洲分布及种数(2 - 6)◆非洲。

Attalea Kunth 直叶椰子属 Arecaceae [MM - 717] 特征纪要:习性:木本。花程式:K3 - 10,C3 - 10,A3 - 10,= G3 - 10。其他特征参考科。全球6个大洲分布及种数(73 - 93;hort. 1;cult. 3)非洲:4;亚洲:6 - 10;大洋洲:4;欧洲:4;北美洲:14 - 18;南美洲:72 - 88。

Attalerie Poir. = **Hydrolea**

Attilaea E. Martŕínez & Ramos 北美漆树属 Anacardiaceae [MD - 432] 特征纪要:习性:木本。花程式:Kn,C2 - 3参考科,A3参考科,↓G - 参考科。其他特征参考科。全球2个大洲分布及种数(1 - 9)北美洲:2;南美洲:8。

Atuna Raf. 灯罩李属 Chrysobalanaceae [MD - 243] 特征纪要:习性:木本。花程式:-。其他特征参考科。全球6个大洲分布及种数(11 - 14;hort. 1)非洲:3 - 4;亚洲:9 - 11;大洋洲:5 - 7;欧洲:1 - 2;北美洲:1;南美洲:4 - 6。【中国种数:1】。

Aubion Raf. = **Cleome**

Aubleta Cothen. = **Ruellia**

Aubletiana J. Murillo 河桐属 Euphorbiaceae [MD - 217] 特征纪要:习性:木本。花程式:K1(1000),C0,A6,↓G - 参考科。其他特征参考科。全球2个大洲分布及种数(2 - 3)非洲:2;南美洲:1。

Aubregrinia Heine 桃榄属 Sapotaceae [MD - 357] 特征纪要:习性:木本。花程式:Kn,C0,A5,↓G。其他特征参考科。全球2个大洲分布及种数(1 - 3)非洲:2;南美洲:2。

Aubrevillea Pellegr. 奥布雷豆属 Fabaceae2 [MD - 240] 特征纪要:习性:木本。花程式:K3 - 5 - ∞,C3 - 5 - ∞,A1 - 10 - 50,= ↓G1。其他特征参考科。全球2个大洲分布及种数(2 - 5)非洲:4;南美洲:2。

Aubrieta Adans. 南庭荠属 Brassicaceae [MD - 213] 特征纪要:习性:草本。花程式:K2 - 4,C2 - 4,A2 - 4,= G2。其他特征参考科。全球3个大洲分布及种数(23 - 24)亚洲:cf. 1;欧洲:12;北美洲:2。【中国种数:1】。

Aubrya Baill. = **Sacoglottis**

Aucellia Szlach. & Sitko = **Maxillaria**

Aucklandia Falc. = **Saussurea**

Aucoumea Pierre 桃心榄属 Burseraceae [MD - 408] 特征纪要:习性:木本。花程式:-。其他特征参考科。全球3个大洲分布及种数(1 - 2)非洲:2;北美洲:2;南美洲:2。

Aucuba Thunb. 桃叶珊瑚属 Aucubaceae [MD - 460] 特征纪要(同科)。全球5个大洲分布及种数(17 - 75)亚洲:48;大洋洲:2;欧洲:4;北美洲:4;南美洲:6。【中国种数:10】。

Aucubaceae Bercht. & J. Presl [MD - 460] 桃叶珊瑚科 特征纪要:习性:木本;落叶。花程式:K4 - 5(-),C5,A,G -。物候:-。花期:1 - 3月。果期:来年1月。果实:-。种子:-。海拔:1000 - 1300米。生境:常绿阔叶林。栽培:来自广西龙州。资源:园林。栽培:中国有栽培。全球3个大洲分布及属种数(1/1 <IFR 1/6> hort. 1;cult. 1)亚洲:1/13(IFR 1/6);欧洲:IFR 1/1;北美洲:IFR 1/1。

Audouinia Brongn. 红杉杜属 Bruniaceae [MD - 336] 特征纪要:习性:木本。花程式:K4 - 5,C4 - 5,A4 - 5,= ↓G(-)。其他特征参考科。全球1个大洲分布及种数(1 - 5)◆非洲。

Auerodendron Urb. 岛勾儿茶属 Rhamnaceae [MD - 331] 特征纪要:习性:木本。花程式:K4 - 5,C4 - 5,A2,= G2 - 5。其他特征参考科。全球1个大洲分布及种数(4 - 10)◆北美洲。

Augea Thunb. 狒狒蓬属 Zygophyllaceae [MD-288] 特征纪要:习性:木本。花程式:K4-5,C4-5,A3-6,G-。其他特征参考科。全球1个大洲分布及种数(1)◆非洲。

Augouardia Pellegr. 日光豆属 Fabaceae1 [MD-240] 特征纪要:习性:木本。花程式:K3-5-∞,C3-5-∞,A3-5,=↓G1-2。其他特征参考科。全球1个大洲分布及种数(2)◆非洲。

Augusta Pohl 栀子属 Rubiaceae [MD-523] 特征纪要:木本,叶对生,落叶,复叶;花程式:(K)4-5,(C)4-5,A4-5,G(-)。果实:浆果。种子:具种脐,棕红色。全球1个大洲分布及种数(4)◆南美洲。

Aulacocalyx Hook. f. 萼茜草属 Rubiaceae [MD-523] 特征纪要:习性:木本。花程式:(K)4-5,(C)4-5,A4-5,=↓G2-9。其他特征参考科。全球2个大洲分布及种数(14-35)非洲:32;亚洲:2。

Aulacocarpus O. Berg = **Mouriri**

Aulacomitrium Broth. ex Müll. Hal. 高领藓属 Ptychomitriaceae [B-114] 特征纪要:-。全球1个大洲分布及种数(8)◆北美洲:1。

Aulacomniaceae Schimp. [B-153] 皱蒴藓科 特征纪要:小型蕨类,通常附生,地上茎直立,无毛或具有鳞片,二叉分枝;枝有棱或扁压状。叶小型,散生,二型,不育叶鳞片状,无柄,无脉。【Rep】:孢子叶二叉形,孢子囊单生在孢子叶腋,球形,2瓣纵裂,常3个融合为聚囊。孢子肾形,极面观矩圆形,赤道面观肾形,具细长的单裂缝,外壁具穴状饰。全球5个大洲分布和属种数(2/9)亚洲:1/4;大洋洲:1/2;欧洲:1/4;北美洲:2/8;南美洲:1/4。【中国属种数:1/7(2)】。

Aulacomnium Schwägr. 皱蒴藓属 Aulacomniaceae [B-153] 特征纪要:习性:-。【Rep】:雌雄异株,稀同株,雄苞芽胞形,有线形配丝,或盘形而有棒槌形配丝,雌苞叶异形,蒴柄高出,孢蒴下垂。物候:-。海拔:900米。生境:土生,沼泽生。资源:-。全球6个大洲分布及种数(7)非洲:3;亚洲:4;大洋洲:2;欧洲:4;北美洲:6;南美洲:4。【中国种数:7】。

Aulacophyllum Regel = **Zamia**

Aulacopilum Wilson 苔叶藓属 Erpodiaceae [B-126] 特征纪要:习性:-。【Rep】:雌雄同株,雄苞叶少数,卵形,隔丝少数或无,雌苞叶稍长,直立,蒴柄略长,孢蒴卵形,稍伸出苞叶,蒴齿多退化。其他特征参考科。全球5个大洲分布及种数(8)非洲:2;亚洲:7;大洋洲:2;北美洲:2;南美洲:2。【中国种数:3】。

Aulacospermum Ledeb. 槽子芹属 Apiaceae [MD-480] 特征纪要:习性:草本。花程式:K5,C5,A5,=↓G2。物候:-。海拔:50-5600米。生境:栽培(来自广西龙州),中山带沙谷灌丛。资源:具栽培园艺种类。全球2个大洲分布及种数(13-40)亚洲:31;南美洲:2。【中国种数:2】。

Aulandra H. J. Lam 笛胶木属 Sapotaceae [MD-357] 特征纪要:习性:木本。花程式:K4-15,C0,A5,=G2-4。其他特征参考科。全球1个大洲分布及种数(1-3)◆亚洲。

Aulax P. J. Bergius 丝羽木属 Proteaceae [MD-219] 特征纪要:习性:木本。花程式:K3-4-∞,C0,A2,G-。其他特征参考科。全球3个大洲分布及种数(3-7)非洲:7;欧洲:2;北美洲:2。

Aulaxanthus Elliott = **Anthaenantia**

Aulaxina <unassigned> 南美丝羽草属 Poaceae [MM-748] 特征纪要和分布(-)。

Aulaya Harv. = **Harveya**

Aulisconema Hua = **Disporopsis**

Aulonemia Goudot 牧笛竹属 Poaceae [MM-748] 特征纪要:习性:草本。花程式:(K)3,C0参考科,A1-2,=G2-3。其他特征参考科。全球3个大洲分布及种数(56-58)亚洲:cf. 1;北美洲:4;南美洲:52-54。【中国种数:1】。

Aulonemiella <unassigned> 刺藓科属 Rhachitheciaceae [B-125] 特征纪要:-。全球1个大洲分布及种数(-)。

Aulosepalum Garay = **Deiregyne**

Aulotandra Gagnep. 合丝姜属 Zingiberaceae [MM-737] 特征纪要:习性:草本。花程式:(K)3,C3,A5,=↓(G)3。其他特征参考科。全球1个大洲分布及种数(4-7)◆非洲。

Auranticarpa L. W. Cayzer, Crisp & I. Telford 金海桐属 Pittosporaceae [MD-448] 特征纪要:习性:木本。花程式:K5,C5,A2,=G2-5。其他特征参考科。全球1个大洲分布及种数(6)◆大洋洲(◆澳大利亚)。

Aureliana Sendtn. 金蛹茄属 Solanaceae [MD-503] 特征纪要和分布(-)。全球1个大洲分布及种数(8-9)◆南美洲。

Aureolaria Raf. 栎地黄属 Orobanchaceae [MD-552] 特征纪要:习性:草本。花程式:K2-4,C0,A2-4,=↓G2-3。其他特征参考科。全球5个大洲分布及种数(8-44)非洲:2;亚洲:8;欧洲:24;北美洲:24;南美洲:5。【中国种数:1】。

Aureolejeunea R. M. Schust. 栎鳞苔属 Lejeuneaceae [B-84] 特征纪要:习性:-。【Rep】:老时呈红褐色。物候:-。海拔:-。生境:山坡,针阔混交林中。资源:-。全球3个大洲分布及种数(7)亚洲:cf. 1;北美洲:1;南美洲:3。

Auriculardisia C. L. Lundell = **Ardisia**

Aurinia (L.) Desv. 金庭荠属 Brassicaceae [MD-213] 特征纪要:习性:草本。花程式:K2-4,C2-4,A2-4,=G2。其他特征参考科。全球6个大洲分布及种数(9-21)非洲:3;亚洲:10;大洋洲:4;欧洲:3;北美洲:3;南美洲:2。【中国种数:1】。

Austinella R. S. Williams 曲尾藓科属 Dicranaceae [B-128] 特征纪要:-。全球1个大洲分布及种数(-)。

Austinia Müll. Hal. 巴西光藓属 Fabroniaceae [B-173] 特征纪要:-。全球4个大洲分布及种数(15)亚洲:2;大

洋洲:2; 北美洲:2; 南美洲:11。

Australina Gaud. 伏单蕊麻属 Urticaceae［MD－91］特征纪要:习性:木本。花程式:K2－4,C0,A2－4,＝G1。其他特征参考科。全球 3 个大洲分布及种数(2－20)非洲:9; 亚洲:3; 大洋洲:7。

Australluma Plowes 水牛角属 Apocynaceae［MD－492］特征纪要:习性:木本。花程式:K5,C0,A5,↓G。其他特征参考科。全球 1 个大洲分布及种数(1)◆非洲。

Australopyrum (Tzvelev) Á. Löve 南麦草属 Poaceae［MM－748］特征纪要:习性:草本。花程式:(K)3,C0 参考科,A1－2,＝(G)2－3。其他特征参考科。全球 6 个大洲分布及种数(6－8)非洲:4; 亚洲:3; 大洋洲:8; 欧洲:2; 北美洲:2; 南美洲:2。【中国种数:1】。

Austro R. M. Schust. 亮叶苔属 Fossombroniaceae［B－23］特征纪要:－。全球 1 个大洲分布及种数(1)◆非洲。

Austrobaeckea <unassigned> 桃木娘属 Myrtaceae［MD－347］特征纪要:习性:－。花程式:－。其他特征参考科。全球 1 个大洲分布及种数(－)。

Austrobaileya C. T. White 木兰藤属 Austrobaileyaceae［MD－2］特征纪要(同科)。全球 3 个大洲分布及种数(1－4)亚洲:2; 大洋洲:4; 北美洲:3。

Austrobaileyaceae Croizat［MD－2］木兰藤科 特征纪要:习性:木本;落叶。花程式:K4－5(－),C5,A－,↑G－。果实:浆果。全球 1 个大洲分布及属种数(2/2－4 hort. 1)◆大洋洲:1/ 2。

Austrobrickellia R. M. King & H. Rob. 泽兰属 Asteraceae［MD－586］特征纪要:习性:草本。花程式:(K)3－5,(C)3－5,A3－5,↓G。其他特征参考科。全球 2 个大洲分布及种数(5－6)北美洲:1; 南美洲:6。

Austrobryonia H. Schaef. 南瓜属 Cucurbitaceae［MD－205］特征纪要:习性:木本。花程式:Kn,C2－3 参考科,A3－5,＝↓G(－)。其他特征参考科。全球 1 个大洲分布及种数(1－4)◆大洋洲。

Austrobuxus Miq. 黄杨桐属 Picrodendraceae［MD－317］特征纪要:习性:木本。花程式:－。其他特征参考科。全球 6 个大洲分布及种数(22－64)非洲:4; 亚洲:7; 大洋洲:41; 欧洲:5; 北美洲:5; 南美洲:19。【中国种数:1】。

Austrocactus Britton & Rose 狼爪玉属 Cactaceae［MD－100］特征纪要:习性:木本。花程式:K1－∞,C1－∞,A3－100,＝↓G3－100－。其他特征参考科。全球 3 个大洲分布及种数(11)欧洲:2;北美洲:2;南美洲:10。

Austrocallerya J. Compton & Schrire 豆科属 Fabaceae3［MD－240］特征纪要:习性:－。花程式:－。其他特征参考科。全球 2 个大洲分布及种数(3) 亚洲:1; 大洋洲:3。

Austrocedrus Florin & Boutelje 智利翠柏属 Cupressaceae［G－17］特征纪要:习性:－。【Rep】:复轴,浆果状,苞鳞融合成果皮状,种鳞多退化,雌雄异株。资源:具栽培园艺种类。全球 4 个大洲分布及种数(1－5)大洋洲:2; 欧洲:2; 北美洲:2; 南美洲:5。

Austrocephalocereus Backeb. 小花柱属 Cactaceae［MD－100］特征纪要:木本,落叶; 花程式:Kn,C,A(－),G－。种子:具种脐,略凹陷,稀直伸;胚乳存在或缺失。全球 1 个大洲分布及种数(1)◆非洲。

Austrochloris Lazarides 大洋洲虎尾草属 Poaceae［MM－748］特征纪要:习性:草本。花程式:(K)3,C0 参考科,A1－2,＝(G)2－3。其他特征参考科。全球 2 个大洲分布及种数(1－5)大洋洲:5; 南美洲:2。

Austrochthamalia Morillo & Fontella 南夹竹属 Apocynaceae［MD－492］特征纪要:木本,落叶; 花程式:Kn,C0,A15,G(－)。果实:双蓇葖果。种子:种皮脆骨质。全球 1 个大洲分布及种数(1) ◆南美洲:1。

Austrocritonia R. M. King & H. Rob. 巴西亮泽兰属 Asteraceae［MD－586］特征纪要:习性:草本。花程式:(K)3－5,C3－5,A3－5,＝↓(G)2。其他特征参考科。全球 2 个大洲分布及种数(4－5)北美洲:2; 南美洲:5。

Austrocylindropuntia Backeb. 圆筒掌属 Cactaceae［MD－100］特征纪要:习性:木本。花程式:K1－∞,C1－∞,A3－100,＝↓G3－100－。资源:具园艺种类。全球 6 个大洲分布及种数(8－64)非洲:9; 亚洲:5; 大洋洲:6; 欧洲:11; 北美洲:11; 南美洲:58。

Austrocynoglossum M. Popov ex R. R. Mill ＝ **Hackelia**

Austrodanthonia H. P. Linder ＝ **Rytidosperma**

Austroderia N. P. Barker & H. P. Linder 竹叶吊钟属 Poaceae［MM－748］特征纪要:习性:草本。花程式:(K－),C0 参考科,A3 参考科,↓G－参考科。其他特征参考科。全球 2 个大洲分布及种数(4－5)大洋洲;北美洲。

Austrodolichos Verdc. 镰扁豆属 Fabaceae3［MD－240］特征纪要:习性:木本。花程式:K1－∞,C1－∞,A5－9,＝↓G(－)。其他特征参考科。全球 1 个大洲分布及种数(1)◆大洋洲(◆澳大利亚)。

Austroeupatorium R. M. King & H. Rob. 南泽兰属 Asteraceae［MD－586］特征纪要:习性:草本,少木本。花程式:(K)3－5,C3－5,A3－5,＝↓G2。物候:－。花期:7－10 月。果期:参考晚于花期。海拔:6000 米。生境:－。栽培:－。资源:具栽培园艺种类。全球 6 个大洲分布及种数(19－22)非洲:1;亚洲:1－2;大洋洲:1－2;欧洲:1;北美洲:2－3;南美洲:18－20。【中国种数:1】。

Austrofestuca (Tzvelev) E. B. Alexeev 南羊茅属 Poaceae［MM－748］特征纪要:习性:－。花程式:－。其他特征参考科。全球 3 个大洲分布及种数(6)非洲:2; 大洋洲:6; 北美洲:2。

Austrofossombronia (Mitt.) R. M. Schust. 小叶苔科属 Fossombroniaceae［B－23］特征纪要:－。全球 2 个大洲分布及种数(3)大洋洲:2; 南美洲:2。

Austrogramme E. Fourn. 东线蕨属 Pteridaceae［F－31］特征纪要:－。全球 4 个大洲分布及种数(6) 非洲:1; 亚洲:2; 大洋洲:4; 南美洲:1。

Austrohondaella Z. Iwats., H. P. Ramsay & Fife 澳灰藓属 Hypnaceae［B－189］特征纪要:习性:－。【Rep】:雌雄异苞同株,内雌苞叶直立,卵状披针形,上部渐狭成长毛状,近于全缘,无中肋,黄绿色。其他特征参考科。全球

1 个大洲分布及种数(1)◆大洋洲。

Austrolejeunea (R. M. Schust.) R. M. Schust. 澳澳鳞苔属 Lejeuneaceae [B - 84] 特征纪要:习性: - 。【Rep】:老时呈红褐色。其他特征参考科。全球 3 个大洲分布及种数(10)亚洲:2; 大洋洲:10; 南美洲:2。

Austrolembidium Hässel de Menéndez 指叶苔科属 Lepidoziaceae [B - 63] 特征纪要: - 。全球 1 个大洲分布及种数(-)。

Austroliabum H. Rob. & Brettell 菊科属 Asteraceae [MD - 586] 特征纪要:习性:草本。花程式: - 。其他特征参考科。全球 1 个大洲分布及种数世界(3)◆南美洲:3。

Austrolophozia R. M. Schust. 顶片苔属 Acrobolbaceae [B - 43] 特征纪要:习性: - 。【Rep】:黄色、淡绿色或暗绿色。其他特征参考科。全球 1 个大洲分布及种数(cf. 1)◆南美洲。

Austrolycopodium Holub = **Lycopodium**

Austromatthaea L. B. Sm. 澳榕桂属 Monimiaceae [MD - 20] 特征纪要:习性:木本。花程式:K1 - ∞ , C0, A10 - 150, G1 - 3。其他特征参考科。全球 1 个大洲分布及种数(1)◆大洋洲。

Austrometzgeria Kuwah. 澳叉苔属 Metzgeriaceae [B - 89] 特征纪要:习性: - 。【Rep】:雌枝背腹面被长纤毛,雄枝仅腹面被纤毛,与叶状体分界明显,叶状体边缘及中肋腹面通常着生单细胞的长纤毛。物候: - 。海拔: - 。生境:石壁,土生。资源: - 。全球 2 个大洲分布及种数(2)亚洲:2; 大洋洲:2。

Austromuellera C. T. White 光银桦属 Proteaceae [MD - 219] 特征纪要:习性:木本。花程式:K3 - 4 - ∞ , C0, A2, = G1。其他特征参考科。全球 1 个大洲分布及种数(2)◆大洋洲(◆澳大利亚)。

Austromyrtus (Nied.) Burret 斑桃木属 Myrtaceae [MD - 347] 特征纪要:习性:木本。花程式:K5, C5, A8 - 10, = ↓G2 - 5。其他特征参考科。全球 5 个大洲分布及种数(4 - 76)非洲:5; 亚洲:8; 大洋洲:72; 北美洲:2; 南美洲:9。

Austronea Mart. - Azorín, M. B. Crespo, M. Pinter & Wetschnig 斑门冬属 Asparagaceae [MM - 669] 特征纪要:习性:草本。花程式:(K -), C0 参考科, A3 参考科, G3 - 参考科。其他特征参考科。全球 1 个大洲分布及种数(16)◆非洲。

Austropeucedanum Mathias & Constance 前胡属 Apiaceae [MD - 480] 特征纪要:习性:草本。花程式:Kn, C5, A3 参考科, = ↓G(-)。其他特征参考科。全球 1 个大洲分布及种数(1)◆南美洲。

Austrophilibertiella Ochyra 南牛毛藓属 Ditrichaceae [B - 119] 特征纪要:习性: - 。【Rep】:孢蒴台部发达,蒴齿具疣或纵斜条纹,绿色或黄绿色。其他特征参考科。全球 1 个大洲分布及种数(2)◆南美洲。

Austroriella Cargill & J. Milne 澳叶苔属 Riellaceae [B - 5] 特征纪要: - 。全球 1 个大洲分布及种数(4)◆南美洲:3。

Austroscyphus R. M. Schust. 澳袋苔属 Balantiopsaceae [B - 37] 特征纪要: - 。全球 2 个大洲分布及种数(4)亚洲:2; 大洋洲:3。

Austrosteenisia R. Geesink 澳矛果豆属 Fabaceae3 [MD - 240] 特征纪要:习性:木本。花程式:K1 - ∞ , C1 - ∞ , A5 - 9, = ↓G1。其他特征参考科。全球 2 个大洲分布及种数(5 - 6)非洲:1; 大洋洲:6。

Austrostipa S. W. L. Jacobs & J. Everett 澳针茅属 Poaceae [MM - 748] 特征纪要:习性:草本。花程式:(K)3, C0 参考科, A1 - 2, = (G)2 - 3。其他特征参考科。全球 6 个大洲分布及种数(75 - 78)非洲:1; 亚洲:2; 大洋洲:78; 欧洲:2; 北美洲:2; 南美洲:3。

Austrosynotis C. Jeffrey 千里光属 Asteraceae [MD - 586] 特征纪要:习性:草本。花程式:(K)3 - 5, (C)3 - 5, A3 - 5, ↓G。其他特征参考科。全球 1 个大洲分布及种数(1)◆非洲。

Austrotaxaceae Nakai = Taxaceae

Austrotaxus Compton 南紫杉属 Taxaceae [G - 12] 特征纪要:习性: - 。【Rep】:复轴,核果状,有肉质被套,下部苞鳞残迹,寡种子,雌雄异株。其他特征参考科。全球 3 个大洲分布及种数(1 - 3)亚洲:2; 大洋洲:3; 南美洲:3。【中国种数:1】。

Autana C. T. Philbrick 皱川苔草属 Podostemaceae [MD - 322] 特征纪要:习性:草本。花程式:K1 - 2, C0, A10, = (G)1 - 2。其他特征参考科。全球 2 个大洲分布及种数(1 - 2)非洲:1; 南美洲:2。

Autonoe (Webb & Berthel.) Speta 蓝瑰花属 Asparagaceae [MM - 669] 特征纪要和分布(-)。全球 1 个大洲分布及种数(-) ◆亚洲。

Autranella A. Chev. 香榄属 Sapotaceae [MD - 357] 特征纪要:习性:木本。花程式:K4 - 15, C0, A5, ↓G。其他特征参考科。全球 1 个大洲分布及种数(1)◆非洲。

Autumnalia Pimenov 秋芹属 Apiaceae [MD - 480] 特征纪要:习性:草本。花程式:参考科, C5 参考科, A2 - 3 - 参考科, = ↓(G)2 参考科。其他特征参考科。全球 1 个大洲分布及种数(1 - 3)◆非洲。

Auxopus Schltr. 大足兰属 Orchidaceae [MM - 723] 特征纪要:习性:草本。花程式:(K)3, C3, A3, = ↓(G)3。其他特征参考科。全球 2 个大洲分布及种数(4 - 8)非洲:7; 南美洲:5。

Auzuba Plum. ex Lam. = **Sideroxylon**

Avellanita Phil. 珠花桐属 Euphorbiaceae [MD - 217] 特征纪要:习性:木本。花程式:K1(1000), C0, A6, = (G)2 - 3。其他特征参考科。全球 1 个大洲分布及种数(1)◆南美洲(◆智利)。

Avellinia Parl. 红三毛禾属 Poaceae [MM - 748] 特征纪要:习性:草本。花程式:(K -), C0 参考科, A3 参考科, ↓G - 参考科。其他特征参考科。全球 4 个大洲分布及种数(3)非洲:1;亚洲:1;大洋洲:2;欧洲:1。

Avena L. 燕麦属 Poaceae [MM - 748] 特征纪要:习性:草本(基生)。花程式:(K -), C0 参考科, A6, G - 。物候:

-。海拔:1000-3200 米。生境:广泛栽培,杂草。资源:具栽培园艺种类。全球 6 个大洲分布及种数(33-57; hort. 1;cult. 8)非洲:24-49;亚洲:20-42;大洋洲:7-28;欧洲:17-41;北美洲:13-34;南美洲:11-34。【中国种数:10】。

Avenaria Heist. ex Fabr. = **Bromus**

Avenella Drejer 亚洲燕麦草属 Poaceae [MM-748] 特征纪要:习性:草本。花程式:(K-),C0 参考科,A3 参考科,↓G-参考科。其他特征参考科。全球 6 个大洲分布及种数(8-23)非洲:11; 亚洲:11; 大洋洲:2; 欧洲:10; 北美洲:10; 南美洲:6。【中国种数:1】。

Avenula (Dum.) Dum. 燕禾属 Poaceae [MM-748] 特征纪要:习性:草本。花程式:(K-),C0 参考科,A3 参考科,=G2-3。其他特征参考科。全球 6 个大洲分布及种数(1-86)非洲:48; 亚洲:13; 大洋洲:5; 欧洲:4; 北美洲:4; 南美洲:2。

Averrhoa L. 阳桃属 Averrhoaceae [MD-295] 特征纪要(同科)。全球 6 个大洲分布及种数(4-8)非洲:5; 亚洲:8; 大洋洲:4; 欧洲:4; 北美洲:4; 南美洲:4。【中国种数:2】。

Averrhoaceae Hutch. [MD-295] 阳桃科 特征纪要:习性:木本;落叶。花程式:(K)6-,C5,A5,↓(G)5。物候:-。花期:4-12 月。果期:7-12 月。果实:浆果。种子:-。海拔:1000 米。生境:耕地,有时逃到路边和次生林,阴坡林下草中。资源:食用,砧木。栽培:中国有栽培。全球 1 个大洲分布及属种数(1/1 hort. 1)◆亚洲:1/4。

Averrhoidium Baill. 阳桃无患子属 Sapindaceae [MD-428] 特征纪要:习性:木本。花程式:K4-8,C4-8,A10,=G2-3。其他特征参考科。全球 2 个大洲分布及种数(4-6)北美洲:2; 南美洲:6。

Avesicaria Barnh. = **Utricularia**

Avetra H. Perrier = **Trichopus**

Avetraceae Takht. [MM-690] 马达藤科 特征纪要:习性:木本;落叶。花程式:K5,C5-,A5,=↓G-。全球 1 个大洲分布和属种数(-)◆亚洲。

Avicenia A. St. -Hil. = **Avicennia**

Avicennia L. 海榄雌属 Avicenniaceae [MD-569] 特征纪要(同科)。全球 6 个大洲分布及种数(8-11;hort. 1; cult. 4)非洲:4-6;亚洲:5-7;大洋洲:6-9;欧洲:2;北美洲:5-7;南美洲:5-7。【中国种数:5】。

Avicenniaceae Miq. [MD-569] 海榄雌科 特征纪要:习性:木本;落叶。花程式:K4-5,C5,A1,↑G-。花果期:7-10 月。果实:蒴果。种子:直立,纵折。海拔:2348 米。生境:-。资源:食用,饲料,药用。栽培:-。全球 5 个大洲分布及属种数(2/2 <IFR 1/4> hort. 1;cult. 1) 非洲:1/6(IFR 1/4); 亚洲:1/7(IFR 1/3); 大洋洲:1/8-9(IFR 1/3); 北美洲:1/7(IFR 1/1); 南美洲:1/7。

Avoira Giseke = **Astrocaryum**

Avonsera Speta = **Ornithogalum**

Axinaea Ruiz & Pav. 斧号丹属 Melastomataceae [MD-364] 特征纪要:习性:木本。花程式:K4-5,C4-5,A4-5,=↓G3-4。其他特征参考科。全球 4 个大洲分布及种数(41-65)非洲:2; 大洋洲:3; 北美洲:3; 南美洲:63。

Axinandra Thwaites 斧蕊木属 Crypteroniaceae [MD-372] 特征纪要:习性:木本。花程式:-。其他特征参考科。全球 3 个大洲分布及种数(4-7)亚洲:7; 大洋洲:2; 南美洲:2。

Axinanthera H. Karst. = **Bellucia**

Axiniphyllum Benth. 箭叶菊属 Asteraceae [MD-586] 特征纪要:习性:草本。花程式:(K)3-5,(C)3-5,A3-5,=↓G2。其他特征参考科。全球 1 个大洲分布及种数(5-6)◆北美洲(◆墨西哥)。

Axonopus P. Beauv. 地毯草属 Poaceae [MM-748] 特征纪要:习性:草本(基生)。海拔:10-5600 米。生境:荒野,路旁较潮湿处。资源:蛋白质,具栽培园艺种类。全球6 个大洲分布及种数(79-243)非洲:38; 亚洲:21; 大洋洲:22; 欧洲:75; 北美洲:75; 南美洲:204。【中国种数:3】。

Axyris L. 轴藜属 Amaranthaceae [MD-116] 特征纪要:习性:草本(基生)。花程式:Kn,C2-3 参考科,A5,G-。物候:-。海拔:2800-4300 米。生境:草地,斜坡,沙地,荒地,河岸,田地和路边。资源:药用,具栽培园艺种类。全球 3 个大洲分布及种数(7-20)亚洲:7; 欧洲:2; 北美洲:2。【中国种数:4】。

Ayapana Spach 尖泽兰属 Asteraceae [MD-586] 特征纪要:习性:草本。花程式:(K)3-5,(C)3-5,A3-5,=↓G2。其他特征参考科。全球 5 个大洲分布及种数(15-18)非洲:2;亚洲:1;大洋洲:2;北美洲:6;南美洲:13-16。

Ayapanopsis R. M. King & H. Rob. 显药尖泽兰属 Asteraceae [MD-586] 特征纪要:习性:草本。花程式:(K)3-5,(C)3-5,A3-5,=↓G2。其他特征参考科。全球 1 个大洲分布及种数(18-19)◆南美洲。

Ayena Cothen. = **Ayenia**

Ayenia L. 肾瓣麻属 Sterculiaceae [MD-189] 特征纪要:习性:木本。花程式:K3-5-∞,C3-5-∞,A10-8,=G1-5。物候:-。花期:4 月。果期:参考晚于花期。海拔:100-3000 米。生境:板状干基,中山坡路边灌丛。资源:-。全球 6 个大洲分布及种数(209)非洲:29-30;亚洲:9-10;大洋洲:1;欧洲:3-4;北美洲:53-60;南美洲:119-127。【中国种数:2】。

Ayensua L. B. Sm. 莲座凤梨属 Bromeliaceae [MM-715] 特征纪要:习性:-。花程式:-。其他特征参考科。全球 1 个大洲分布及种数(1)◆南美洲。

Aylacophora Cabrera 菊科属 Asteraceae [MD-586] 特征纪要:习性:-。花程式:-。其他特征参考科。全球 1 个大洲分布及种数(1)◆南美洲:1。

Aylostera Speg. 子孙球属 Cactaceae [MD-100] 特征纪要:习性:木本。花程式:K1-∞,C1-∞,A3-100,=↓G

-。其他特征参考科。全球 1 个大洲分布及种数(1)◆南美洲。

Aynia H. Rob. 叶苞斑鸠菊属 Asteraceae [MD-586] 特征纪要:习性:草本。花程式:(K)3-5,C3-5,A3-5,=↓(G)2。其他特征参考科。全球 1 个大洲分布及种数(1)◆南美洲(◆秘鲁)。

Ayparia Raf. = **Elaeocarpus**

Aytonia L. f. 石楝苔属 Aytoniaceae [B-9] 特征纪要和分布(-)。

Aytoniaceae Cavers [B-9] 疣冠苔科 特征纪要:小型附生或石生膜质植物,叶小型,羽状分裂,半透明,细胞壁不加厚,边缘有小锯齿或尖齿牙,叶轴上面通常有红棕色的细长毛疏生,少为无毛。【Rep】:孢子囊大,无柄。全球 6 个大洲分布和属种数(5-6;hort. & cult. 2)(79-136;hort. & cult. 2)非洲:4-5/21-69;亚洲:3-5/45-95;大洋洲:3-5/17-64;欧洲:3-5/10-57;北美洲:5/24-71;南美洲:5/11-58。【中国属种数:4/14】。

Azadirachta A. Juss. 印楝属 Meliaceae [MD-414] 特征纪要:习性:木本。花程式:K3-5,C3-5,A6,=G1-2。资源:具栽培园艺种类。全球 6 个大洲分布及种数(2-8)非洲:3; 亚洲:6; 大洋洲:2; 欧洲:2; 北美洲:2; 南美洲:3。【中国种数:2】。

Azalea L. 北美石楠属 Ericaceae [MD-380] 特征纪要:习性:-。花程式:-。其他特征参考科。全球 4 个大洲分布及种数(63)亚洲:25; 大洋洲:2; 欧洲:22; 北美洲:22。

Azaleastrum (Planch. ex Maxim.) Rydb. 马银花属 Ericaceae [MD-380] 特征纪要:-。全球 1 个大洲分布及种数(1-2)◆北美洲。

Azanza Alef. 桐棉属 Malvaceae [MD-203] 特征纪要:习性:木本。花程式:K5-∞,C5-∞,A10-8,G-。其他特征参考科。全球 6 个大洲分布及种数(3)非洲:1;亚洲:1-2;大洋洲:1-2;欧洲:1;北美洲:1;南美洲:1。【中国种数:1】。

Azara Ruiz & Pav. 金柞属 Flacourtiaceae [MD-142] 特征纪要:习性:木本。花程式:-。其他特征参考科。全球 3 个大洲分布及种数(12-14)大洋洲:1;北美洲:6;南美洲:11-13。【中国种数:2】。

Azaraea P. & K. = **Azara**

Azedarach Mill. = **Melia**

Azeredia Arruda ex Allemão = **Cochlospermum**

Azilia Hedge & Lamond 伊朗草属 Apiaceae [MD-480] 特征纪要:习性:草本。花程式:K5,C5,A5,=↓G(-)。资源:具园艺种类。全球 1 个大洲分布及种数(1) ◆亚洲:1。

Azima Lam. 刺茉莉属 Salvadoraceae [MD-425] 特征纪要:习性:木质攀援。花期:1-3 月。果期:参考晚于花期。海拔:84 米。生境:平野疏林下,沿海森林。资源:具园艺种类。全球 2 个大洲分布及种数(4)非洲:3;亚洲:cf. 1。【中国种数:2】。

Azolla Lam. 满江红属 Azollaceae [F-67] 特征纪要(同科)。全球 6 个大洲分布及种数(8-9;hort. 1)非洲:4-11;亚洲:5-12;大洋洲:3-9;欧洲:2-8;北美洲:5-11;南美洲:5-11。【中国种数:4】。

Azollaceae Wettst. [F-67] 满江红科 特征纪要:陆生蕨类植物,通常为树状,乔木状或灌木状,茎粗壮,圆柱形,高耸,直立通常不分枝(少数种类仅具短而平卧的根状茎),披鳞片,茎干下部密生交织包裹的不定根,叶柄基部宿存或迟早脱落而残留叶痕于茎干上,叶大型,多数,簇生于茎干顶端,成对称的树冠,叶柄宿存或早落,披鳞片或有毛,叶片通常为二至三回羽状,或四回羽状,披多细胞的毛,或有鳞片混生,叶脉通常分离,单一或分叉。【Rep】:孢子囊群,圆形,生于隆起的囊托上,生于小脉背上。全球 6 个大洲分布和属种数(1;hort. & cult. 1)(7-18;hort. & cult. 2-3)非洲:1/4-11;亚洲:1/5-12;大洋洲:1/3-9;欧洲:1/2-8;北美洲:1/5-11;南美洲:1/5-11。

Azorella Lam. 卧芹属 Apiaceae [MD-480] 特征纪要:习性:草本。花程式:K5,C5,A5,=↓G2。其他特征参考科。全球 6 个大洲分布及种数(61-161)非洲:5; 亚洲:2; 大洋洲:42; 欧洲:8; 北美洲:8; 南美洲:107。

Azorina Feer 木风铃属 Campanulaceae [MD-561] 特征纪要:-。全球 1 个大洲分布及种数(1-2)◆非洲。

Aztecaster G. L. Nesom 酒神菊属 Asteraceae [MD-586] 特征纪要:习性:草本。花程式:(K)3-5,(C)3-5,A3-5,↓G。其他特征参考科。全球 2 个大洲分布及种数(2-3)北美洲:2; 南美洲:1。

Aztekium Böd. 太平球属 Cactaceae [MD-100] 特征纪要:习性:木本。花程式:K1-∞,C1-∞,A3-100,=↓G-。其他特征参考科。全球 2 个大洲分布及种数(2-4)北美洲:2; 南美洲:1。

Azureocereus Akers & H. Johnson 佛塔柱属 Cactaceae [MD-100] 特征纪要:-。全球 1 个大洲分布及种数(3)◆南美洲:3。

B

B

Babactes DC. = **Chirita**

Babiana Ker Gawl. 狒狒草属 Iridaceae［MM－700］特征纪要:习性:草本。花程式:(K)3,C3,A10,=↓G3。物候:-。海拔:-。生境:-。资源:具栽培园艺种类。全球6个大洲分布及种数(80－105;hort. 1;cult. 1)非洲:78－100;亚洲:9－11;大洋洲:10－12;欧洲:12－14;北美洲:8－10;南美洲:2。【中国种数:1】。

Babingtonia Lindl. 岗松属 Myrtaceae［MD－347］特征纪要:习性:木本。花程式:K4－5,C4－5,A8－10,=↓G－。其他特征参考科。全球1个大洲分布及种数(1)◆大洋洲。

Bacasia Ruiz & Pav. = **Barnadesia**

Baccapparis Iltis & Cornejo 山柑属 Capparaceae［MD－178］特征纪要和分布(－)。

Baccaurea Lour. 木奶果属 Euphorbiaceae［MD－217］特征纪要:习性:木本。花程式:-。物候:-。花期:5－7月。果期:参考晚于花期。海拔:100－1300米。生境:森林。资源:具栽培园艺种类。全球6个大洲分布及种数(28－59)非洲:5－11;亚洲:24－49;大洋洲:5－13;欧洲:1;北美洲:6－7;南美洲:1。【中国种数:16】。

Baccaureopsis Pax = **Thecacoris**

Baccharidiopsis G. M. Barroso = **Baccharis**

Baccharis L. 酒神菊属 Asteraceae［MD－586］特征纪要:习性:木本。花程式:(K)3－5,C3－5,A3－5,=↓(G)2。资源:具栽培园艺种类。全球6个大洲分布及种数(469－587;hort. 1;cult. 44)非洲:33－42;亚洲:72－87;大洋洲:48－60;欧洲:12－20;北美洲:91－111;南美洲:434－486。【中国种数:35】。

Baccharodes Kuntze = **Vernonia**

Baccharoides Mönch 驱虫菊属 Asteraceae［MD－586］特征纪要:习性:草本。花程式:(K)3－5,(C)3－5,A3－5,↓G。其他特征参考科。全球5个大洲分布及种数(47－63)非洲:54; 亚洲:3; 大洋洲:2; 北美洲:4; 南美洲:7。【中国种数:1】。

Bachmannia Pax 四指柑属 Capparaceae［MD－178］特征纪要:习性:木本。花程式:-。其他特征参考科。全球1个大洲分布及种数(1)◆非洲。

Bachmanniomyces <unassigned> 山柑科属 Capparaceae［MD－178］特征纪要和分布(－)。

Bacidina <unassigned> 爵床科属 Acanthaceae［MD－572］特征纪要:习性:-。花程式:-。其他特征参考科。全球4个大洲分布及种数(21)非洲:2; 欧洲:4; 北美洲:4; 南美洲:12。

Backebergia Bravo 仙人掌科属 Cactaceae［MD－100］特征纪要:习性:木本。花程式:=↓(Kn),C2－3参考科,A3参考科,=↓G－。其他特征参考科。全球1个大洲分布及种数(－)。

Backhousia Hook. & Harv. 檬香桃属 Myrtaceae［MD－347］特征纪要:习性:木本。花程式:K4－5,C4－5,A8－10,=↓G2－5。其他特征参考科。全球4个大洲分布及种数(13－21)非洲:4; 亚洲:3; 大洋洲:19; 南美洲:2。

Bacopa Aubl. 假马齿苋属 Plantaginaceae［MD－527］特征纪要:习性:草本(多肉)。花程式:-。物候:-。花期:8－11月。果期:参考晚于花期。海拔:1100米。生境:稻田;沼地。资源:具园艺种类。全球6个大洲分布及种数(65－81)非洲:12－21;亚洲:13－24;大洋洲:6－14;欧洲:8;北美洲:31－44;南美洲:48－65。【中国种数:7】。

Bactria Yurtseva & Mavrodiev = **Bactris**

Bactris Jacq. ex G. A. Scop. 桃果椰子属 Arecaceae［MM－717］特征纪要:习性:木本。花程式:K3－10,C3－10,A3－10,=G3－10。物候:-。花期:10月。果期:参考晚于花期。海拔:100－2800米。生境:半常绿雨林常见乔木,竹林下。资源:-。全球5个大洲分布及种数(95－404)非洲:6; 亚洲:18; 大洋洲:1; 北美洲:155; 南美洲:330。【中国种数:2】。

Baculellum L. V. Ozerova & A. C. Timonin 含羞椰属 Fabaceae1［MD－238］特征纪要:习性:木本。花程式:-。其他特征参考科。全球2个大洲分布及种数(1)非洲:1; 亚洲:1。

Bacurio Gideon F. Sm. & Figueiredo 菊科属 Asteraceae［MD－586］特征纪要:习性:-。花程式:-。其他特征参考科。全球1个大洲分布及种数(1)◆非洲:1。

Badamia Gaertn. = **Terminalia**

Baderoa Bert. ex Hook. = **Sicyos**

Badiera DC. 巴迪远志属 Polygalaceae［MD－291］特征纪要:习性:-。花程式:-。其他特征参考科。全球6个大洲分布及种数(9)非洲:2;亚洲:2;大洋洲:2;欧洲:2;北美洲:8－11;南美洲:2－4。【中国种数:1】。

Badilloa R. M. King & H. Rob. 点腺亮泽兰属 Asteraceae［MD－586］特征纪要:习性:草本。花程式:(K)3－5,C3－5,A3－5,=↓(G)2。其他特征参考科。全球2个大洲分布及种数(13)大洋洲:1;南美洲:12。

Badula Juss. 岛金牛属 Primulaceae [MD - 401] 特征纪要:习性:草本。花程式:(K)5,(C)5,A4,G -。其他特征参考科。全球 6 个大洲分布及种数(15 - 20)非洲:14 - 21;亚洲:3;大洋洲:3;欧洲:3;北美洲:3;南美洲:3。

Badusa A. Gray 白杜伞属 Rubiaceae [MD - 523] 特征纪要:习性:木本。花程式:(K)4 - 5,(C)4 - 5,A4 - 5, = ↓ G2 - 9。其他特征参考科。全球 3 个大洲分布及种数(3)非洲:1;亚洲:1 - 2;大洋洲:1 - 3。

Baeckea L. 岗松属 Myrtaceae [MD - 347] 特征纪要和分布(-)。全球 6 个大洲分布及种数(67 - 84;hort. 1;cult. 2)非洲:1 - 7;亚洲:3 - 9;大洋洲:66 - 83;欧洲:1 - 7;北美洲:1 - 7;南美洲:6。【中国种数:1】。

Baeometra Salisb. ex Endl. 金龟百合属 Colchicaceae [MM - 623] 特征纪要:习性:草本。花程式:(K)6,C0 参考科,A6, = G3 - 4。资源:具栽培园艺种类。全球 6 个大洲分布及种数(1 - 52)非洲:15; 亚洲:17; 大洋洲:19; 欧洲:16; 北美洲:16; 南美洲:17。【中国种数:1】。

Baeomyces Pers. 木灵藓科属 Orthotrichaceae [B - 151] 特征纪要: - 。全球 5 个大洲分布及种数(43)亚洲:6; 大洋洲:6; 欧洲:19; 北美洲:1; 南美洲:13。

Baeothryon A. Dietr. 紫金莎草属 Cyperaceae [MM - 747] 特征纪要和分布(-)。全球 6 个大洲分布及种数(3)非洲:9;亚洲:2 - 12;大洋洲:9;欧洲:9;北美洲:9;南美洲:9。

Baeria Fisch. & C. A. Mey. = **Lasthenia**

Baeriopsis J. T. Howell 腺肉菊属 Asteraceae [MD - 586] 特征纪要:习性:草本。花程式:(K)3 - 5,C3 - 5,A3 - 5, = ↓ (G)2。其他特征参考科。全球 3 个大洲分布及种数(1 - 4)亚洲:2; 北美洲:2; 南美洲:2。

Bafodeya Prance ex F. White 怀春李属 Chrysobalanaceae [MD - 243] 特征纪要:习性:木本。花程式: - 。其他特征参考科。全球 1 个大洲分布及种数(1)◆非洲。

Bagassa Aubl. 乳桑属 Moraceae [MD - 87] 特征纪要:习性:木本。花程式:K1 - 4,C0,A6, = G1 - 2。其他特征参考科。全球 6 个大洲分布及种数(2)非洲:2;亚洲:2;大洋洲:2;欧洲:2;北美洲:1 - 3;南美洲:1 - 3。

Bagliettoa <unassigned> 乳紫草属 Boraginaceae [MD - 517] 特征纪要: - 。全球 1 个大洲分布及种数(3)◆欧洲:3。

Bagnisia Becc. = **Thismia**

Baharuia D. J. Middleton 印尼夹竹桃属 Apocynaceae [MD - 492] 特征纪要:习性:木本。花程式:K5 - ∞ ,C0,A15, = ↓ (G)2 - 5。其他特征参考科。全球 1 个大洲分布及种数(cf. 1)◆亚洲。

Bahia Lag. 黄羽菊属 Asteraceae [MD - 586] 特征纪要:习性: - 。花程式: - 。其他特征参考科。全球 6 个大洲分布及种数(18 - 21;hort. 1)非洲:38;亚洲:38;大洋洲:38;欧洲:38;北美洲:16 - 54;南美洲:4 - 42。

Bahianthus R. M. King & H. Rob. 泽兰属 Asteraceae [MD - 586] 特征纪要:习性:草本。花程式:(K)3 - 5,(C)3 - 5,A3 - 5, ↓ G。其他特征参考科。全球 2 个大洲分布及种数(1 - 3)北美洲:1; 南美洲:2。

Bahiella J. F. Morales 巴西夹竹属 Apocynaceae [MD - 492] 特征纪要:习性:木本。花程式:K5 - ∞ ,C0,A15, = ↓ G2 - 5。其他特征参考科。全球 4 个大洲分布及种数(2 - 5)亚洲:2; 大洋洲:2; 北美洲:2; 南美洲:5。

Bahiopsis Kellogg 金目菊属 Asteraceae [MD - 586] 特征纪要:习性:草本。花程式:(K)3 - 5,(C)3 - 5,A3 - 5, ↓ G。其他特征参考科。全球 2 个大洲分布及种数(12 - 13)北美洲:13; 南美洲:1。

Baigulia Ignatov, Karasev, Eugeny V. & Sinitsa, Sofia M. 蝶形花科属 Fabaceae3 [MD - 240] 特征纪要:习性: - 。花程式: - 。其他特征参考科。分布: - 。

Baijiania A. M. Lu & J. Q. Li 南洋白兼果属 Cucurbitaceae [MD - 205] 特征纪要:习性:木本。花程式:K3 - 5,C3 - 5,A3 - 5, = ↓ G1 - 2。物候: - 。花期:7 - 9 月。果期:参考晚于花期。海拔:60 - 3500 米。生境:草地,竹杉林中近水边阴湿地。资源: - 。全球 1 个大洲分布及种数(cf. 1)◆亚洲。

Baikiaea Benth. 红苏木属 Fabaceae1 [MD - 240] 特征纪要:习性:木本。花程式:K3 - 5 - ∞ ,C3 - 5 - ∞ ,A3 - 5, = ↓ G1 - 2。其他特征参考科。全球 4 个大洲分布及种数(6 - 12)非洲:12; 亚洲:2; 北美洲:2; 南美洲:3。

Baileya Harv. & A. Gray ex Torr. 沙金盏属 Asteraceae [MD - 586] 特征纪要:习性:草本。花程式:(K)3 - 5,C3 - 5,A3 - 5, = ↓ (G)2。其他特征参考科。全球 2 个大洲分布及种数(3 - 16)北美洲:8; 南美洲:3。

Baileyoxylon C. T. White 橡子钟花属 Achariaceae [MD - 159] 特征纪要:习性:木本。花程式: - 。其他特征参考科。全球 1 个大洲分布及种数(1 - 2)◆大洋洲:2。

Baillieria Aubl. = **Clibadium**

Baillonella Pierre 毒子榄属 Sapotaceae [MD - 357] 特征纪要:习性:木本。花程式: - 。其他特征参考科。全球 3 个大洲分布及种数(1 - 14)非洲:11; 北美洲:2; 南美洲:4。

Baillonia Bocq. 白花不老树属 Verbenaceae [MD - 556] 特征纪要:习性: - 。花程式: - 。其他特征参考科。全球 4 个大洲分布及种数(23)亚洲:6; 大洋洲:2; 北美洲:3; 南美洲:20。

Baimashania Al - Shehbaz 白马芥属 Brassicaceae [MD - 213] 特征纪要:习性:草本。花程式:K2 - 4,C2 - 4,A2 - 4, ↓ G - 参考科。花期:6 - 7 月。果期:参考晚于花期。海拔:4200 - 4600 米。生境:砾石草地,石灰岩和岩石裂缝。全球 1 个大洲分布及种数(cf. 1)◆亚洲(◆中国)。【中国种数:1】。

Baissea A. DC. 血平藤属 Apocynaceae [MD - 492] 特征纪要:习性:木质攀援。花期:4 - 7 月。果期:参考晚于花期。海拔:500 - 1600 米。生境:山地疏林中或山坡路旁,溪边灌木丛中或山谷水沟边。资源:具园艺种类。全球 4 个大洲分布及种数(19 - 81)非洲:67; 亚洲:11; 大洋洲:3; 南美洲:4。【中国种数:3】。

Bajacalia Loockerman, B. L. Turner & R. K. Jansen 肉腺菊属 Asteraceae [MD - 586] 特征纪要:习性:草本。花程式:(K)3 - 5,C3 - 5,A3 - 5, = ↓ (G)2。其他特征参考科。全球 1 个大洲分布及种数(2 - 3)◆北美洲(◆墨西哥)。

Bakerantha L. B. Sm. = **Hechtia**

Bakerella Van Tiegh. 马岛寄生属 Loranthaceae [MD - 415] 特征纪要:习性:木本。花程式:Kn,C0,A4, = ↓ G3 -

4。其他特征参考科。全球 6 个大洲分布及种数(19－195)非洲:43; 亚洲:97; 大洋洲:43; 欧洲:4; 北美洲:4; 南美洲:20。

Bakeridesia Hochr. 亮花苘属 Malvaceae [MD－203] 特征纪要:习性:木本。花程式:K5－∞,C5－∞,A10－8,＝(G)1－5。其他特征参考科。全球 3 个大洲分布及种数(25－32)大洋洲:1;北美洲:18－21;南美洲:9－13。

Bakeriopteris Kuntze ＝ **Doryopteris**

Bakerisideroxylon (Engl.) Engl. 橡榄属 Sapotaceae [MD－357] 特征纪要:习性:－。花程式:－。其他特征参考科。全球 1 个大洲分布及种数(1－2)◆非洲。

Bakerolimon Lincz. 鳞霜花属 Plumbaginaceae [MD－227] 特征纪要:习性:草本。花程式:(K)5,(C)5,A5,＝(G)5。其他特征参考科。全球 1 个大洲分布及种数(2)◆南美洲。

Bakoa P. C. Boyce & S. Y. Wong 落檐属 Araceae [MM－639] 特征纪要:习性:草本。花程式:K0,C0,A8,G1－3。其他特征参考科。全球 1 个大洲分布及种数(1－2)◆亚洲。

Bakoaella S. Y. Wong & P. C. Boyce 桑寄生科属 Loranthaceae [MD－415] 特征纪要:习性:木本。花程式:－。其他特征参考科。全球 1 个大洲分布及种数(－)。

Balaka Becc. 矛椰属 Arecaceae [MM－717] 特征纪要:习性:木本。花程式:K3－10,C3－10,A3－10,＝G3－10。其他特征参考科。全球 3 个大洲分布及种数(12－18)大洋洲:11－17;北美洲:1－2;南美洲:2。

Balakata Esser 浆果乌桕属 Euphorbiaceae [MD－217] 特征纪要:习性:木本。花程式:K1(1000),C1－1000,A6,＝(G)2－3。花期:4－5 月。果期:参考晚于花期。海拔:600－700 米。生境:原生林和次生林,溪边。资源:药用。全球 2 个大洲分布及种数(3)非洲:1;亚洲:cf. 1。【中国种数:2】。

Balangue Gaertn. 裸芽刺属 Oleaceae [MD－498] 特征纪要:－。全球 1 个大洲分布及种数(1) ◆非洲:1。

Balania Nor. ＝ **Balanophora**

Balaniella Tiegh. ＝ **Balanophora**

Balanitaceae (Endl.) M. Röm. [MD－290] 龟头树科 特征纪要:习性:木本;落叶。花程式:K5,C5,A3,G5。果实:核果。种子:无胚乳。全球 5 个大洲分布及属种数(1/1 <IFR 1/8> hort. 1) 非洲:1/9－12(IFR 1/8); 亚洲:1/6－7(IFR 1/2); 欧洲:1/3; 北美洲:1/5－6; 南美洲:1/3。

Balanites Delile 卤刺树属 Balanitaceae [MD－290] 特征纪要(同科)。全球 6 个大洲分布及种数(9－15;hort. 1)非洲:7－11;亚洲:4－6;大洋洲:1;欧洲:1－2;北美洲:3－5;南美洲:1－2。

Balanopaceae Benth. & Hook. f. [MD－74] 橡子木科 特征纪要:习性:木本;落叶。花程式:K2,C0,A2,↑G2－3。果实:核果。全球 1 个大洲分布及属种数(2/6－17 hort. 1)◆大洋洲:2/6－17。【中国属种数:1/1】。

Balanophora J. R. Forst. & G. Forst. 蛇菰属 Balanophoraceae [MD－307] 特征纪要:习性:木本。花程式:－。物候:－。海拔:2300－3600 米。生境:常绿季雨林中,竹林内。资源:具栽培园艺种类。全球 6 个大洲分布及种数(22－27;hort. 1;cult. 1)非洲:3－22;亚洲:19－39;大洋洲:5－24;欧洲:19;北美洲:1－20;南美洲:19。【中国种数:12】。

Balanophoraceae Rich. [MD－307] 蛇菰科 特征纪要:习性:草本;落叶。花程式:K4－5,C0,A6,↓(G)－。物候:－。花期: 11－12 月。果实:－。种子:－。海拔:－。生境:常绿季雨林中,印度尼西亚也有分布。资源:药用。栽培:－。全球 5 个大洲分布及属种数(16－19/65－79 <IFR 2/3> hort. 1;cult. 1)非洲:8/10－11; 亚洲:5/25－26(IFR 1/2); 大洋洲:2－3/6－7; 北美洲:2/2(IFR 1/1); 南美洲:7/12(IFR 1/1)。【中国属种数:4/16】。

Balanophoreae A. Rich. 蛇行菰属 Balanophoraceae [MD－307] 特征纪要:习性:－。花程式:－。其他特征参考科。全球 1 个大洲分布及种数(1)◆非洲。

Balanops Baill. 橡子木属 Balanopaceae [MD－74] 特征纪要(同科)。全球 3 个大洲分布及种数(9－39)亚洲:9; 大洋洲:17; 南美洲:21。【中国种数:1】。

Balanopteris Gaertn. ＝ **Heritiera**

Balanostreblus Kurz ＝ **Streblus**

Balansochloa Kuntze ＝ **Germainia**

Balantiopsaceae H. Buch [B－37] 直蒴苔科 特征纪要:土生较大型的蕨类,根状茎长而横走,粗壮,木质,有管状中柱,披黑褐色坚硬刚毛状的鳞片。叶远生,单叶,扇形。【Rep】:孢子囊群小,圆形,点状或近汇生于联结的小脉上,无囊群盖,隔丝棒状或盘状。全球 6 个大洲分布和属种数(5/35－45)非洲:1/1－6;亚洲:2/8－12;大洋洲:2/13－17;欧洲:1/3;北美洲:2/2－5;南美洲:5/19－26。【中国属种数:1/1】。

Balantiopsidaceae Stephani ＝ Balantiopsaceae

Balantiopsis Mitt. 沟蒴苔属 Balantiopsaceae [B－37] 特征纪要:习性:－。【Rep】:先端 2－4 裂。其他特征参考科。全球 3 个大洲分布及种数(18)亚洲:3;大洋洲:10;南美洲:7。

Balantium Kaulf. 软树蕨属 Chrysobalanaceae [MD－243] 特征纪要:习性:－。【Rep】:孢子同形,囊群至叶缘。其他特征参考科。全球 6 个大洲分布及种数(1) 非洲;亚洲;大洋洲;欧洲;北美洲;南美洲。

Balaustion Hook. 榴岗松属 Myrtaceae [MD－347] 特征纪要:习性:木本。花程式:K4－5,C4－5,A8－10,＝↓G2－5。其他特征参考科。全球 2 个大洲分布及种数(17－24)亚洲:2; 大洋洲:21。

Balbisia Cav. 寒露梅属 Ledocarpaceae [MD－287] 特征纪要和分布(－)。全球 6 个大洲分布及种数(12－13;hort. 1)非洲:2;亚洲:2;大洋洲:2;欧洲:2;北美洲:1－3;南美洲:11－13。

Baldellia Parl. 假泽泻属 Alismataceae [MM－597] 特征纪要:习性:草本。花程式:K3－∞,C3－∞,A3－6,＝G3－6。其他特征参考科。全球 6 个大洲分布及种数(5－14)非洲:6; 亚洲:3; 大洋洲:3; 欧洲:3; 北美洲:3; 南美洲:2。【中国种数:1】。

Baldomiria Herter = **Leptochloa**

Balduina Nutt. 蜂巢菊属 Asteraceae［MD－586］特征纪要:习性:草本。花程式:(K)3－5,(C)3－5,A3－5,↓G。其他特征参考科。全球 3 个大洲分布及种数(3－8)亚洲:3; 欧洲:5; 北美洲:5。

Baldwiniella Broth. 花旗平藓属 Neckeraceae［B－204］特征纪要:习性:－。【Rep】:孢子体不详,黄绿色或黄褐色。生境:常见于岩石或树干。全球 2 个大洲分布及种数(3)亚洲:2; 北美洲:1。【中国种数:1】。

Balendasia Raf. = **Passerina**

Balfourina Kuntze = **Didymaea**

Balfourodendron Corr. Mello ex Oliv. 巴福芸香属 Rutaceae［MD－399］特征纪要:习性:木本。花程式:K4,C4,A4,＝G1－3。其他特征参考科。全球 1 个大洲分布及种数(2)◆南美洲。

Balgoya Morat & Meijden 新喀远志属 Polygalaceae［MD－291］特征纪要:习性:－。花程式:－。其他特征参考科。全球 1 个大洲分布及种数(1)◆大洋洲。

Balingayum Blanco = **Goodenia**

Baliospermum Bl. 斑籽木属 Euphorbiaceae［MD－217］特征纪要:习性:木本。花期:8 月。果期:参考晚于花期。海拔:500－2500 米。生境:沟谷;密林中;水边;潮湿。资源:具栽培园艺种类。全球 2 个大洲分布及种数(12－38)亚洲:38; 南美洲:2。【中国种数:3】。

Balizia Barneby & J. W. Grimes 沟蝶豆属 Fabaceae3［MD－240］特征纪要:习性:－。花程式:－。其他特征参考科。全球 6 个大洲分布及种数(4)非洲:3;亚洲:3;大洋洲:3;欧洲:3;北美洲:3－6;南美洲:2－5。

Balkana Madhani & Zarre 浆果乌柏属 Caryophyllaceae［MD－77］特征纪要:习性:草本。花程式:K5,C5－4,A10,G－。其他特征参考科。全球 0 个大洲分布及种数(1)。

Balladonia P. S. Short 脱被苣属 Asteraceae［MD－586］特征纪要:习性:草本。花程式:－。其他特征参考科。全球 1 个大洲分布及种数(－)。

Ballantinia Hook. f. ex E. A. Shaw 牧人钱袋芥属 Brassicaceae［MD－213］特征纪要:习性:草本。花程式:K4,C4,A3 参考科,↓G－参考科。其他特征参考科。全球 1 个大洲分布及种数(2)◆大洋洲(◆澳大利亚)。

Ballieria Juss. = **Clibadium**

Ballochia Balf. f. 脱被爵床属 Acanthaceae［MD－572］特征纪要:习性:草本。花程式:K2－4,C0,A2－4,＝(G)2。其他特征参考科。全球 1 个大洲分布及种数(1－3)◆亚洲。

Ballota L. 宽萼苏属 Lamiaceae［MD－575］特征纪要:习性:草本。花程式:K2,C0,A2,＝↓G2。资源:具栽培园艺种类。全球 6 个大洲分布及种数(15－42;hort. 1;cult. 2)非洲:8－16;亚洲:10－27;大洋洲:1－3;欧洲:6－12;北美洲:1－3;南美洲:2。【中国种数:1】。

Ballyanthus Bruyns 素利筋属 Apocynaceae［MD－492］特征纪要:习性:木本。花程式:Kn,C0,A15,↓G。其他特征参考科。全球 1 个大洲分布及种数(1－2)◆非洲。

Balmea Martinez 红丁桐属 Rubiaceae［MD－523］特征纪要:习性:木本。花程式:(K)4－5,(C)4－5,A4－5,＝↓(G)2－9。其他特征参考科。全球 1 个大洲分布及种数(1)◆北美洲。

Baloghia Endl. 血梅桐属 Euphorbiaceae［MD－217］特征纪要:习性:木本。花程式:K1(1000),C0,A6,＝G2－3。资源:具园艺种类。全球 4 个大洲分布及种数(15－36)非洲:2; 亚洲:13; 大洋洲:24; 北美洲:4。

Balonga Le Thomas 紫玉盘属 Annonaceae［MD－7］特征纪要:习性:－。花程式:－。其他特征参考科。全球 1 个大洲分布及种数(1)◆非洲。

Baloskion Raf. 薄壁灯草属 Restionaceae［MM－744］特征纪要:习性:草本(基生)。花程式:(K)3,C3,A1－2,＝(G)1－3。其他特征参考科。全球 1 个大洲分布及种数(8)◆大洋洲(◆澳大利亚)。

Balsamiflua Griff. = **Populus**

Balsaminaceae A. Rich.［MD－434］凤仙花科 特征纪要:习性:木本,草本;落叶。花程式:(K)6－,C5,A10,↑G5。花期和果期:9－11 月。果实:蒴果。海拔:0 米。生境:草地,作物地中。资源:园林。栽培:中国有栽培。全球 6 个大洲分布及属种数(4/909－1288 <IFR 1/36> hort. 1;cult. 1) 非洲:2/238－380(IFR 1/14); 亚洲:4/703－804(IFR 1/21); 大洋洲:1/28－34; 欧洲:1/18－23; 北美洲:1/36－43(IFR 1/1); 南美洲:1/6－10。【中国属种数:2/272】。

Balsamocarpon Clos 云实属 Fabaceae1［MD－240］特征纪要:习性:木本。花程式:Kn,C3－5－∞,A3 参考科,＝↓G(－)。其他特征参考科。全球 1 个大洲分布及种数(1)◆南美洲。

Balsamocitrus Stapf 香胶橘属 Rutaceae［MD－399］特征纪要:习性:木本。花程式:K∞,C∞,A4,＝G1－3。其他特征参考科。全球 3 个大洲分布及种数(3－5)非洲:4; 亚洲:2; 北美洲:3。【中国种数:1】。

Balsamodendrum Kunth 没药树属 Burseraceae［MD－408］特征纪要:习性:－。花程式:－。其他特征参考科。全球 1 个大洲分布及种数(cf. 1)◆非洲。

Balsamona Vand. = **Cuphea**

Balsas J. Jiménez Ram. & K. Vega 墨西哥无患子属 Sapindaceae［MD－428］特征纪要:习性:－。花程式:－。其他特征参考科。全球 1 个大洲分布及种数(1)◆北美洲(◆墨西哥)。

Balthasaria Verdc. 管花杨桐属 Pentaphylacaceae［MD－215］特征纪要:习性:木本。花程式:K5－10,C5－10,A5－10,＝G2－3。其他特征参考科。全球 1 个大洲分布及种数(2)◆非洲。

Baltimora L. 艳头菊属 Asteraceae［MD－586］特征纪要:习性:草本。花程式:(K)3－5,(C)3－5,A3－5,＝↓G2。其他特征参考科。全球 4 个大洲分布及种数(2－20)亚洲:7; 欧洲:3; 北美洲:3; 南美洲:4。

Bambekea Cogn. 巴姆葫芦属 Cucurbitaceae［MD－205］特征纪要:习性:木本。花程式:K3－5,C3－5,A5,＝↓

G1－2。其他特征参考科。全球 1 个大洲分布及种数(1－2)◆非洲。

Bambos Retz. ＝ **Bambusa**

Bambusa Schreb. 孝顺竹属 Poaceae［MM－748］特征纪要:习性:竹类。花程式:－。物候:－。花期:10－12 月。果期:参考晚于花期。海拔:100－200 米。生境:村边坡地多栽培,在低山、平原和河边种植。资源:具栽培园艺种类。全球 6 个大洲分布及种数(148－640)非洲:74; 亚洲:403; 大洋洲:27; 欧洲:85; 北美洲:85; 南美洲:96。【中国种数:79】。

Bambuseria Schuit., Y. P. Ng & H. A. Pedersen 含羞簕属 Fabaceae1［MD－238］特征纪要:习性:木本。花程式:K3－5－∞,C3－5－∞,A1－10－50,＝↓G(－)。物候:－。花期:4－5 月。果期:参考晚于花期。海拔:100－1500 米。生境:高山密林或疏林中,山谷或溪边。资源:具栽培园艺种类。全球 1 个大洲分布及种数(2) ◆亚洲:1。

B

Bamiania Lincz. 肉霜花属 Plumbaginaceae［MD－227］特征纪要:习性:灌木。花程式:－。其他特征参考科。全球 1 个大洲分布及种数(1) ◆亚洲:1。

Bampsia Lisowski & Mielcarek 巴氏婆婆纳属 Linderniaceae［MD－534］特征纪要:习性:草本。花程式:－。其他特征参考科。全球 1 个大洲分布及种数(1－3)◆非洲(◆刚果〔金〕)。

Banara Aubl. 牧羊柞属 Flacourtiaceae［MD－142］特征纪要:习性:木本。花程式:－。其他特征参考科。全球 6 个大洲分布及种数(29－44)非洲:14;亚洲:7－21;大洋洲:1－15;欧洲:14;北美洲:10－36;南美洲:21－38。【中国种数:1】。

Banisteriopsis C. B. Rob. 通灵藤属 Malpighiaceae［MD－343］特征纪要:习性:木本。花程式:K5,C5,A10,＝G2－3。其他特征参考科。全球 6 个大洲分布及种数(86－97;hort. 1)非洲:2;亚洲:2;大洋洲:2;欧洲:2;北美洲:16－19;南美洲:85－89。【中国种数:1】。

Banksea J. König ＝ **Costus**

Banksia L. f. 萼距花属 Proteaceae［MD－219］特征纪要:习性:－。花程式:－。其他特征参考科。全球 6 个大洲分布及种数(167－182;hort. 1;cult. 1)非洲:1－5;亚洲:107－111;大洋洲:166－175;欧洲:3－7;北美洲:4;南美洲:4。【中国种数:3】。

Baobabus Kuntze ＝ **Adansonia**

Baolia H. W. Kung & G. L. Chu 苞藜属 Amaranthaceae［MD－116］特征纪要:习性:草本(基生,多肉)。海拔:1900 米。生境:草原斜坡,阳山坡。全球 2 个大洲分布及种数(1－5)亚洲:2; 大洋洲:4。【中国种数:1】。

Baoulia A. Chev. ＝ **Murdannia**

Baphia Afzel. ex Lodd. 鸡血檀属 Fabaceae3［MD－240］特征纪要:习性:木本。花程式:K1－∞,C1－∞,A5－9,＝↓G1。其他特征参考科。全球 6 个大洲分布及种数(54－69;hort. 1;cult. 1)非洲:53－64;亚洲:3;大洋洲:2;欧洲:2;北美洲:2－3;南美洲:3。【中国种数:2】。

Baphiastrum Harms 异非洲紫檀属 Fabaceae3［MD－240］特征纪要:习性:木本。花程式:K1－∞,C1－∞,A5－9,＝↓G1。其他特征参考科。全球 2 个大洲分布及种数(1－17)非洲:1; 南美洲:1。

Baphicacanthus Bremek. ＝ **Strobilanthes**

Baphiopsis Benth. ex Baker 非洲紫檀属 Fabaceae3［MD－240］特征纪要:习性:木本。花程式:K1－∞,C1－∞,A5－9,＝↓G1。其他特征参考科。全球 1 个大洲分布及种数(1)◆非洲。

Baptisia Vent. 赝靛属 Fabaceae3［MD－240］特征纪要:习性:木本。花程式:K1－∞,C1－∞,A5－9,＝↓G1。其他特征参考科。全球 6 个大洲分布及种数(23－31;hort. 1;cult. 4)非洲:3－27;亚洲:11－36;大洋洲:24;欧洲:24;北美洲:22－53;南美洲:1－25。【中国种数:4】。

Baptistonia Barb. Rodr. 猬兰属 Orchidaceae［MM－723］特征纪要和分布(－)。全球 1 个大洲分布及种数(23)◆南美洲。

Baptorhachis Clayton & Renvoize 染轴粟属 Poaceae［MM－748］特征纪要:习性:草本。花程式:(K)3,C0 参考科,A1－2,＝G2－3。其他特征参考科。全球 1 个大洲分布及种数(1)◆非洲。

Barathranthus Danser 绵寄生属 Loranthaceae［MD－415］特征纪要:习性:木本。花程式:K3－5,C0,A4,↓G。其他特征参考科。全球 3 个大洲分布及种数(4－8)亚洲:7; 大洋洲:2; 南美洲:2。

Baratostachys (Korth.) Kuntze ＝ **Phoradendron**

Baratranthus (Korth.) Miq. 桑寄生属 Loranthaceae［MD－415］特征纪要:习性:木本。花程式:K4,C0,A4,↓G。海拔:100－3100 米。生境:常绿森林、山谷等地,锥属等植物上。全球 1 个大洲分布及种数(1－3)◆亚洲。

Barbacenia Vand. 杯若翠属 Velloziaceae［MM－704］特征纪要:习性:草本。花程式:(K)3,C0 参考科,A6,↓G3。其他特征参考科。全球 5 个大洲分布及种数(120－201)非洲:25; 亚洲:5; 欧洲:4; 北美洲:4; 南美洲:173。【中国种数:2】。

Barbaceniopsis L. B. Sm. 丝若翠属 Velloziaceae［MM－704］特征纪要:习性:草本。花程式:－。其他特征参考科。全球 1 个大洲分布及种数(4)◆南美洲。

Barbamine A. P. Khokhr. 南芥属 Brassicaceae［MD－213］特征纪要:习性:草本。花程式:K4,C4,A3 参考科,↓G－参考科。其他特征参考科。全球 2 个大洲分布及种数(2－3)亚洲:2; 北美洲:2。

Barbarea R. Br. ex W. T. Aiton 山芥属 Brassicaceae［MD－213］特征纪要:习性:草本(基生)。花程式:Kn,C2－3 参考科,A4,G－。物候:－。海拔:3200－4000 米。生境:山地,草地,沼地,玄武岩。资源:具栽培园艺种类。全球 6 个大洲分布及种数(32－42;hort. 1;cult. 4)非洲:9－22;亚洲:28－41;大洋洲:6－19;欧洲:15－28;北美洲:5－18;南美洲:2－15。【中国种数:6】。

Barbella M. Fleisch. ex Broth. 悬藓属 Meteoriaceae [B－188] 特征纪要:习性:－。【Rep】:雌苞着生茎或枝上,蒴柄平滑或粗糙,孢蒴椭圆形或椭圆状圆柱形,蒴齿内外齿层等长或内齿层稍短,基膜高出。物候:－。海拔:－。生境:水沟边树上。资源:－。全球 6 个大洲分布及种数(65)非洲:3; 亚洲:44; 大洋洲:3; 欧洲:5; 北美洲:5; 南美洲:3。【中国种数:26】。

Barbellopsis Broth. 拟悬藓属 Meteoriaceae [B－188] 特征纪要:习性:－。【Rep】:雌苞着生茎或枝上,蒴柄平滑或粗糙,孢蒴椭圆形或椭圆状圆柱形,蒴齿内外齿层等长或内齿层稍短,基膜高出,蒴柄细长,孢蒴卵圆形。物候:－。海拔:－。生境:山谷林下。资源:－。全球 4 个大洲分布及种数(1)亚洲:1;大洋洲:1;北美洲:1;南美洲:1。【中国种数:1】。

Barberetta Harv. 金血草属 Haemodoraceae [MM－718] 特征纪要:习性:草本。花程式:(K)3,C0 参考科,A3,↓G。其他特征参考科。全球 1 个大洲分布及种数(1)◆非洲。

Barberina Vell. = **Symplocos**

Barbeuia Thou. 商陆藤属 Barbeuiaceae [MD－93] 特征纪要(同科)。全球 1 个大洲分布及种数(1)◆非洲(◆马达加斯加)。

Barbeuiaceae Nakai [MD－93] 商陆藤科 特征纪要:习性:草本;落叶。花程式:K5,C5,A3,=↓(G)2。果实:蒴果。全球 1 个大洲分布及属种数(2/3 hort. 1)◆非洲:1/1。

Barbeya Schweinf. 钩毛树属 Barbeyaceae [MD－101] 特征纪要(同科)。全球 3 个大洲分布及种数(1－4)非洲:2; 亚洲:2; 南美洲:2。

Barbeyaceae Rendle [MD－101] 钩毛树科 特征纪要:习性:木本;落叶。花程式:K6,C0,A2－6,↑G1－3。物候:－。果实:果实具翅。种子:－。海拔:－。生境:－。资源:－。栽培:－。全球 1 个大洲分布及属种数(2/3 hort. 1)◆南美洲:1/1－1。

Barbieria DC. 绵枣豆属 Fabaceae3 [MD－240] 特征纪要:习性:木本。花程式:K1－∞,C1－∞,A5－9,=↓G(－)。其他特征参考科。全球 3 个大洲分布及种数(2)亚洲:cf. 1;北美洲:1;南美洲:1。【中国种数:1】。

Barbilophozia Löske 细裂瓣苔属 Anastrophyllaceae [B－60] 特征纪要:习性:－。【Rep】:雌雄同株或异株或有序同苞,雄苞顶生或间生,雄苞叶 2－3 对。物候:－。海拔:600 米。生境:土生。资源:－。全球 6 个大洲分布及种数(10)非洲:3;亚洲:9－12;大洋洲:3;欧洲:8－11;北美洲:8－11;南美洲:3。【中国种数:3】。

Barbilus P. Br. = **Trichilia**

Barbosa Becc. = **Syagrus**

Barbosella Schltr. 飞仙兰属 Orchidaceae [MM－723] 特征纪要:习性:草本。花程式:(K)3,C3,A3,=↓G3。其他特征参考科。全球 3 个大洲分布及种数(22－24)大洋洲:1;北美洲:7;南美洲:19－20。

Barbrodria Lür 扭仙兰属 Orchidaceae [MM－723] 特征纪要:习性:－。花程式:－。其他特征参考科。全球 2 个大洲分布及种数(3)亚洲:2; 南美洲:1。

Barbula Hedw. 赤藓属 Pottiaceae [B－133] 特征纪要:习性:－。海拔:900 米。生境:树生,土生。全球 6 个大洲分布及种数(291)非洲:47;亚洲:76;大洋洲:43;欧洲:36;北美洲:72;南美洲:106。【中国种数:66】。

Barcella (Trail) Drude 亚马逊棕属 Arecaceae [MM－717] 特征纪要:习性:木本。花程式:K3－10,C3－10,A3－10,=G3－10。其他特征参考科。全球 1 个大洲分布及种数(1)◆南美洲。

Barcena Duges = **Adolphia**

Barclaya Wall. 合瓣莲属 Barclayaceae [MD－29] 特征纪要(同科)。全球 3 个大洲分布及种数(6－15)非洲:1; 亚洲:13; 大洋洲:1。【中国种数:1】。

Barclayaceae H. L. Li [MD－29] 合瓣莲科 特征纪要:习性:草本;落叶。花程式:K4－5(－),C5,An,↓G－。全球 1 个大洲分布及属种数(1/1 hort. 1,cult. 1)◆北美洲:1/1。

Bardana Hill = **Arctium**

Bardunovia Ignatov & Ochyra 柳叶藓科属 Plagiotheciaceae [B－170] 特征纪要:－。全球 1 个大洲分布及种数(－)。

Barfussia Manzan. & W. Till 瓣凤梨属 Bromeliaceae [MM－715] 特征纪要:习性:草本。花程式:(K)3,C3,A3 参考科,↓G。其他特征参考科。全球 1 个大洲分布及种数(3)◆南美洲。

Barhamia Klotzsch = **Croton**

Barjonia Decne. 巴尔萝藦属 Apocynaceae [MD－492] 特征纪要:习性:木本。花程式:K5,C0,A15,=(G)2。其他特征参考科。全球 1 个大洲分布及种数(8)◆南美洲。

Barkeria Knowles & Westc. 朱虾兰属 Orchidaceae [MM－723] 特征纪要:习性:草本。花程式:(K)3,C3,A3,=↓G3。物候:－。花期:参考早于果期。果期:10－11 月。海拔:80－5200 米。生境:柏树林下或草坡路旁,竹坡中。资源:－。全球 6 个大洲分布及种数(18－20;hort. 1)非洲:2－4;亚洲:3－5;大洋洲:2;欧洲:2;北美洲:17－20;南美洲:4－6。【中国种数:1】。

Barkleyanthus H. Rob. & Brettell 柳千里光属 Asteraceae [MD－586] 特征纪要:习性:草本。花程式:(K)3－5,(C)3－5,A3－5,↓G。其他特征参考科。全球 5 个大洲分布及种数(1－2)非洲:2; 亚洲:2; 欧洲:2; 北美洲:2; 南美洲:2。

Barklya F. Müll. 丁香豆属 Fabaceae3 [MD－240] 特征纪要:习性:木本。花程式:－。其他特征参考科。全球 1 个大洲分布及种数(1)◆大洋洲。

Barkworthia <unassigned> 刺豆藓属 Rhachitheciaceae [B－125] 特征纪要:－。全球 1 个大洲分布及种数(－)。

Barleria L. 假杜鹃属 Acanthaceae [MD－572] 特征纪要:习性:草本,少木本。花程式:－。物候:－。花期:参考

早于果期。果期:5 - 10 月。海拔:100 - 2600 米。生境:江边草丛中。资源:园林与花卉,具栽培园艺种类。全球6个大洲分布及种数(196 - 336;hort. 1;cult. 3)非洲:179 - 286;亚洲:54 - 102;大洋洲:9 - 16;欧洲:7 - 18;北美洲:14 - 23;南美洲:21 - 29。【中国种数:17】。

Barleriola örst. 肖蓝靛属 Acanthaceae [MD - 572] 特征纪要:习性:草本。花程式:K2 - 4, C0, A2 - 4, = ↓ G2。其他特征参考科。全球3个大洲分布及种数(6 - 12)亚洲:2; 北美洲:8; 南美洲:3。

Barlorchis J. Kalopissis & T. Constantinidis 西班牙兰花属 Orchidaceae [MM - 723] 特征纪要: - 。全球 - 个大洲分布及种数(3)。

Barnadesia Mutis ex L. f. 刺菊木属 Asteraceae [MD - 586] 特征纪要:习性:木本。资源:具园艺种类。全球2个大洲分布及种数(25 - 27;hort. 1;cult. 1)亚洲:cf. 1;南美洲:24。

Barnardia Lindl. 绵枣儿属 Asparagaceae [MM - 669] 特征纪要:习性:草本。海拔:2600 米。生境:林缘,山坡,开阔坡地,草地,农地旁石缝。全球6个大洲分布及种数(3;hort. 1;cult. 1)非洲:1 - 2;亚洲:1 - 2;大洋洲:1;欧洲:1;北美洲:1;南美洲:1。【中国种数:1】。

Barnebya W. R. Anderson & B. Gates 巴恩木属 Malpighiaceae [MD - 343] 特征纪要:习性:木本。花程式:K5, C5, A10, = G2 - 3。其他特征参考科。全球2个大洲分布及种数(2 - 11)亚洲:6; 南美洲:11。

Barnebydendron J. H. Kirkbr. 猴花树属 Fabaceae3 [MD - 240] 特征纪要:习性:木本。花程式:K1 - ∞, C1 - ∞, A5 - 9, = ↓ G1。其他特征参考科。全球3个大洲分布及种数(1 - 3)亚洲:2; 北美洲:2; 南美洲:3。

Barneoudia Gay 南獐耳属 Ranunculaceae [MD - 38] 特征纪要和分布(-)。全球1个大洲分布及种数(2 - 4)◆南美洲。

Barnesia Cardot = **Streptocalypta**

Barnhartia Gleason 巴氏远志属 Polygalaceae [MD - 291] 特征纪要:习性:木本。花程式: - 。其他特征参考科。全球1个大洲分布及种数(1)◆南美洲。

Barongia Peter G. Wilson & B. Hyland 蛾须水桉属 Myrtaceae [MD - 347] 特征纪要:习性:木本。花程式:K5, C5, A8 - 10, = ↓ (G)2 - 5。其他特征参考科。全球1个大洲分布及种数(2)◆大洋洲(◆澳大利亚)。

Baronia Baker = **Rhus**

Baroniella Costantin & Gallaud 巴龙萝藦属 Apocynaceae [MD - 492] 特征纪要:习性:木本。花程式:K5, C0, A5, = G2。其他特征参考科。全球2个大洲分布及种数(10 - 13)非洲:12; 南美洲:2。

Barraldeia Thou. = **Carallia**

Barringtonia J. R. Forst. & G. Forst. 玉蕊属 Barringtoniaceae [MD - 266] 特征纪要(同科)。全球6个大洲分布及种数(49 - 83;hort. 1;cult. 1)非洲:18 - 26;亚洲:35 - 68;大洋洲:24 - 33;欧洲:1 - 5;北美洲:9 - 15;南美洲:10 - 16。【中国种数:18】。

Barringtoniaceae DC. ex F. Rudolphi [MD - 266] 翅玉蕊科 特征纪要:习性:木本;落叶。花程式:(K)6 - , C5, A - , ↓ (G) - 。花期和果期:几乎全年。海拔:120 - 760 米。生境:潮湿海拔 120 - 760 米。资源:药用。全球4个大洲分布及属种数(2/2 < IFR 1/4 > hort. 1;cult. 1)非洲:1/20 - 24(IFR 1/4); 亚洲:1/37 - 64(IFR 1/2); 大洋洲:1/26 - 31(IFR 1/2); 南美洲:1/10 - 12。【中国属种数:1/18】。

Barroetea A. Gray 刺叶修泽兰属 Asteraceae [MD - 586] 特征纪要:习性: - 。花程式: - 。其他特征参考科。全球1个大洲分布及种数(4)◆北美洲(◆墨西哥)。

Barrosoa R. M. King & H. Rob. 腺果柄泽兰属 Asteraceae [MD - 586] 特征纪要:习性:草本。花程式:(K)3 - 5, (C)3 - 5, A3 - 5, = ↓ G2。其他特征参考科。全球4个大洲分布及种数(11 - 23)亚洲:2; 大洋洲:2; 北美洲:2; 南美洲:23。【中国种数:1】。

Barteria Hook. f. 苞树莲属 Passifloraceae [MD - 151] 特征纪要和分布(-)。全球1个大洲分布及种数(6)◆非洲。

Barthea Hook. f. 棱果花属 Melastomataceae [MD - 364] 特征纪要:习性:木本。花程式:Kn, (C)5 参考科, A8, = ↓ G - 。物候: - 。花期:参考早于果期。果期:10 - 12 月(5 月)。海拔:400 - 2800 米。生境:混交林,开阔的丛林,林地,溪流,有时达 280 米常见于山坡,山谷或山顶疏,密林中有时也见于水旁。资源:具园艺种类。全球1个大洲分布及种数(1 - 2)◆亚洲。【中国种数:1】。

Barthlottia E. Fisch. 凤烛木属 Scrophulariaceae [MD - 536] 特征纪要:习性:灌木。花程式:K2 - 4, C0, A2 - 4, G2。其他特征参考科。全球1个大洲分布及种数(1)◆非洲(◆马达加斯加)。

Bartholina R. Br. 秀蛛兰属 Orchidaceae [MM - 723] 特征纪要:习性: - 。花程式: - 。其他特征参考科。全球2个大洲分布及种数(5)非洲:5; 亚洲:2。

Barthollesia Silva Manso = **Bertholletia**

Bartholomaea Standl. & Steyerm. 巴斯木属 Salicaceae [MD - 123] 特征纪要:习性:木本。花程式: - 。其他特征参考科。全球1个大洲分布及种数(3)◆北美洲。

Bartlettia A. Gray 粗莛菊属 Asteraceae [MD - 586] 特征纪要:习性:草本。花程式:(K)3 - 5, (C)3 - 5, A3 - 5, ↓ G。其他特征参考科。全球1个大洲分布及种数(1)◆北美洲。

Bartlettina R. M. King & H. Rob. 雾泽兰属 Asteraceae [MD - 586] 特征纪要:习性:草本。花程式:(K)3 - 5, (C)3 - 5, A3 - 5, = ↓ G2。资源:具园艺种类。全球4个大洲分布及种数(46 - 49)亚洲:1;大洋洲:1;北美洲:39;南美洲:9 - 10。

Bartolia L. = **Tridax**

Bartonia Pursh ex Sims 巴顿龙胆属 Gentianaceae [MD - 496] 特征纪要:习性: - 。花程式: - 。其他特征参考科。全球5个大洲分布及种数(5 - 30)非洲:2; 亚洲:6; 欧洲:18; 北美洲:18; 南美洲:4。【中国种数:2】。

Bartramia Hedw. 钓钟柳属 Bartramiaceae［B－142］特征纪要:习性:－。海拔:950 米。生境:岩面土生。资源:－。全球 6 个大洲分布及种数(136)非洲:45;亚洲:21;大洋洲:26;欧洲:16;北美洲:28;南美洲:61。【中国种数:16】。

Bartramiaceae Schwägr.［B－142］珠藓科 特征纪要:土生,中型草本,根状茎直立或斜升,粗短,木质,披鳞片;叶簇生。【Rep】:孢子囊群球圆形,有细长柄,背生于末回小羽片基部上侧一小脉上,每片末回小羽片 1 枚。全球 5 个大洲分布和属种数(12/533)亚洲:11/100;大洋洲:8/96;欧洲:7/64;北美洲:9/130;南美洲:11/242。【中国属种数:10/89(9)】。

Bartramidula Bruch & Schimp. 不明科属 Bartramiaceae［B－142］特征纪要:习性:－。【Rep】:雌雄同株或异株,生殖苞顶生,稀因苗生新芽而成为假侧生,雄苞芽胞形或盘形,配丝多数线形或棒槌形。生境:石生,岩面土生。全球 5 个大洲分布及种数(45)非洲:10; 亚洲:10; 大洋洲:3; 北美洲:4; 南美洲:10。【中国种数:4】。

Bartramiopsis Kindb. 北美锦藓属 Polytrichaceae［B－101］特征纪要:习性:－。【Rep】:孢子同形,雌雄异株,稀雌雄同株,蒴柄细长,孢蒴长圆柱形,单生或多个簇生,蒴齿单层,齿片 32,棕红色,蒴盖圆锥形。其他特征参考科。全球 2 个大洲分布及种数(1)亚洲:1;北美洲:1。

Bartsia L. 绒铃草属 Scrophulariaceae［MD－536］特征纪要:习性:灌木。花程式:K4,C0,A2－4,＝↓G2－3。资源:具园艺种类。全球 6 个大洲分布及种数(40－55)非洲:6－18;亚洲:8－21;大洋洲:3－16;欧洲:8－21;北美洲:23－36;南美洲:34－47。【中国种数:1】。

Barylucuma Ducke ＝ **Pouteria**

Basananthe Peyr. 离蕊莲属 Passifloraceae［MD－151］特征纪要:习性:木本。花程式:－。其他特征参考科。全球 3 个大洲分布及种数(38－73)非洲:73; 亚洲:2; 南美洲:2。

Basedowia E. Pritz. 细弱金绒草属 Asteraceae［MD－586］特征纪要:习性:草本。花程式:(K)3－5,C3－5,A3－5,＝↓(G)2。其他特征参考科。全球 1 个大洲分布及种数(1)◆大洋洲(◆澳大利亚)。

Basella L. 落葵属 Basellaceae［MD－117］特征纪要:习性:草质攀援。花程式:Kn,C2－3 参考科,A6,G－。物候:－。花期:参考早于果期。果期:8－9 月。海拔:－。生境:广泛种植。资源:维生素,色素,食用,观赏,药用,具栽培园艺种类。全球 6 个大洲分布及种数(4－6)非洲:3－6;亚洲:1－3;大洋洲:1－2;欧洲:1－2;北美洲:1－3;南美洲:1－2。【中国种数:1】。

Basellaceae Raf.［MD－117］落葵科 特征纪要:习性:草本,攀援;落叶。花程式:K4－5(－),C0,A5,↑G－。物候:－。花期: 6－10 月。果实:胞果。种子:球形,棕色,直立,纵折。海拔:1700 米。生境:广泛种植,栽培。资源:药用。栽培:中国有栽培。全球 6 个大洲分布及属种数(5－6/23－30 <IFR 2/2> hort. 1;cult. 3) 非洲:1/4－6; 亚洲:1/2; 大洋洲:1/2; 欧洲:1/2; 北美洲:1/2－3(IFR 2/2); 南美洲:5/18(IFR 2/2)。【中国属种数:2/4】。

Baseonema Schltr. & Rendle 基丝萝藦属 Apocynaceae［MD－492］特征纪要:习性:木本。花程式:K5,C0,A5,＝G2。其他特征参考科。全球 1 个大洲分布及种数(1)◆非洲。

Bashania Keng f. & T. P. Yi 禾本科属 Poaceae［MM－748］特征纪要:习性:竹类。花程式:K5,C3,A3－6,G1。物候:－。花期:参考早于果期。果期:8－9 月。海拔:800－1150 米。生境:生于长苞冷杉或杜鹃林下,常形成纯林,但竿矮小。资源:具园艺种类。全球 1 个大洲分布及种数(4)。【中国种数:2】。

Basicarpus Tiegh. ＝ **Antidaphne**

Basidioradulum <unassigned> 英国茶藨子属 Grossulariaceae［MD－212］特征纪要:－。全球 2 个大洲分布及种数(1)欧洲:1; 南美洲:1。

Basilicum Mönch 小冠薰属 Lamiaceae［MD－575］特征纪要:习性:草本。花程式:(K－),(C)5 参考科,A3 参考科,↓G。物候:－。海拔:800 米。生境:生于荒地,溪旁灌丛及谷地中,海拔达 800 米。资源:具园艺种类。全球 6 个大洲分布及种数(2)非洲:1;亚洲:1;大洋洲:1;欧洲:1;北美洲:1;南美洲:cf. 1。【中国种数:1】。

Basiloxylon K. Schum. 翅苹婆属 Malvaceae［MD－203］特征纪要:习性:－。花程式:－。其他特征参考科。全球 2 个大洲分布及种数(4)北美洲:1; 南美洲:2。

Basiphyllaea Schltr. 蟹兰属 Orchidaceae［MM－723］特征纪要:习性:－。花程式:－。其他特征参考科。全球 4 个大洲分布及种数(26)亚洲:4; 欧洲:11; 北美洲:11; 南美洲:6。

Basisperma C. T. White 红籽水桉属 Myrtaceae［MD－347］特征纪要:习性:木本。花程式:K5,C5,A8－10,＝↓(G)2－5。其他特征参考科。全球 2 个大洲分布及种数(2)非洲:1;大洋洲:1。

Basistemon Turcz. 基蕊玄参属 Plantaginaceae［MD－527］特征纪要:习性:木本。花程式:K2－4,C0,A2－4,G2。其他特征参考科。全球 1 个大洲分布及种数(7－9)◆南美洲。

Baskervilla Lindl. 落花兰属 Orchidaceae［MM－723］特征纪要:习性:草本。花程式:(K)3,C3,A3,＝↓(G)3。其他特征参考科。全球 3 个大洲分布及种数(10)大洋洲:1;北美洲:3;南美洲:7－8。

Bassecoia B. L. Burtt 翼首花属 Caprifoliaceae［MD－510］特征纪要:习性:木本。花程式:－。物候:－。花期:7－8 月。果期:参考晚于花期。海拔:300－4800 米。生境:草坡,高山草地,路边石隙中。资源:－。全球 1 个大洲分布及种数(1－3)◆亚洲。【中国种数:1】。

Basselinia Vieill. 彩颈椰属 Arecaceae［MM－717］特征纪要:习性:木本。花程式:K3－10,C3－10,A3－10,＝G3－10。其他特征参考科。全球 5 个大洲分布及种数(13－39)亚洲:6; 大洋洲:35; 欧洲:3; 北美洲:3; 南美洲:5。【中国种数:1】。

Bassia All. 雾冰藜属 Amaranthaceae［MD－116］特征纪要和分布(－)。全球 1 个大洲分布及种数(18－32)◆亚洲。【中国种数:8】。

Bastardia Kunth 粘苘麻属 Malvaceae［MD－203］特征纪要:习性:－。花程式:－。其他特征参考科。全球 2 个大

洲分布及种数(5－7)北美洲:4;南美洲:3－5。

Bastardiastrum (Rose) D. M. Bates 小巴氏葵属 Malvaceae [MD－203] 特征纪要:习性:木本。花程式:K5－∞,C5－∞,A10－8,＝(G)1－5。其他特征参考科。全球2个大洲分布及种数(8－9)北美洲:9; 南美洲:2。

Bastardiopsis (K. Schum.) Hassl. 韧葵属 Malvaceae [MD－203] 特征纪要:习性:－。花程式:－。其他特征参考科。全球4个大洲分布及种数(10)亚洲:3; 欧洲:2; 北美洲:2; 南美洲:9。

Basutica E. Phillips ＝ **Gnidia**

Bataceae Mart. ex Perleb [MD－223] 肉穗果科 特征纪要:习性:木本;落叶。花程式:K4,C0,A4,↑(G)2。果实:核果。全球1个大洲分布及属种数(3/4－5 hort. 1)◆亚洲:2/3－4。

Batatas Choisy 虎掌藤属 Convolvulaceae [MD－499] 特征纪要:习性:－。花程式:－。其他特征参考科。全球3个大洲分布及种数(1－2) 欧洲;北美洲;南美洲。

B

Batemania Endl. ＝ **Batemannia**

Batemannia Lindl. 抚稚兰属 Orchidaceae [MM－723] 特征纪要:习性:草本。花程式:(K)3,C3,A3,＝↓G3。其他特征参考科。全球5个大洲分布及种数(5－21)非洲:2; 大洋洲:2; 欧洲:7; 北美洲:7; 南美洲:17。

Batesanthus N. E. Br. 非洲萝藦属 Apocynaceae [MD－492] 特征纪要:习性:木本。花程式:K5,C0,A15,＝G2。其他特征参考科。全球2个大洲分布及种数(2－9)非洲:8; 南美洲:2。

Batesia Spruce ex Benth. & Hook. f. 喜林芋属 Fabaceae1 [MD－240] 特征纪要:习性:木本。花程式:K3－5－∞,C3－5－∞,A3－5,＝↓G(－)。其他特征参考科。全球1个大洲分布及种数(1)◆南美洲。

Batesimalva Fryxell 贝茨锦葵属 Malvaceae [MD－203] 特征纪要:习性:木本。花程式:K5－∞,C5－∞,A10－8,＝(G)1－5。其他特征参考科。全球2个大洲分布及种数(3－6)北美洲:2－4;南美洲:1。

Bathelium <unassigned> 玫红草属 Poaceae [MM－748] 特征纪要和分布(－)。

Bathiaea Drake ＝ **Brandzeia**

Bathiea Schltr. ＝ **Neobathiea**

Bathiorchis Bosser & P. J. Cribb ＝ **Goodyera**

Bathiorhamnus Capuron 巴斯鼠李属 Rhamnaceae [MD－331] 特征纪要:习性:木本。花程式:K4－5,C4－5,A2,＝G2－5。其他特征参考科。全球1个大洲分布及种数(5－7)◆非洲(◆马达加斯加)。

Bathmium C. Presl ex Link 三枝蕨属 Dryopteridaceae [F－49] 特征纪要:习性:－。【Rep】:孢子囊单生叶背。其他特征参考科。全球2个大洲分布及种数(－)北美洲;南美洲。

Bathysa C. Presl 南鸡纳属 Rubiaceae [MD－523] 特征纪要:习性:木本。花程式:(K)4－5,(C)4－5,A4－5,＝↓G2－9。其他特征参考科。全球2个大洲分布及种数(14－15)北美洲:1;南美洲:13－14。

Bathysanthus G. L. Nesom 菊科属 Asteraceae [MD－586] 特征纪要:习性:－。花程式:－。其他特征参考科。全球1个大洲分布及种数(1)◆北美洲:1。

Batidea (Dum.) Greene 悬钩子属 Rosaceae [MD－246] 特征纪要:习性:－。花程式:－。其他特征参考科。全球2个大洲分布及种数(cf. 1)欧洲;北美洲。

Batis P. Br. 螳螂跌打属 Bataceae [MD－223] 特征纪要:习性:草本。花程式:－。其他特征参考科。全球5个大洲分布及种数(2－32)非洲:3; 亚洲:9; 大洋洲:2; 北美洲:4; 南美洲:25。

Batocarpus H. Karst. 荔枝桑属 Moraceae [MD－87] 特征纪要:习性:木本。花程式:K1－4,C0,A6,＝G1－2。其他特征参考科。全球2个大洲分布及种数(3－7)北美洲:4; 南美洲:7。

Batopedina Verdc. 平原茜属 Rubiaceae [MD－523] 特征纪要:习性:木本。花程式:(K)4－5,(C)4－5,A4－5,＝↓G2－9。其他特征参考科。全球2个大洲分布及种数(5－10)非洲:10; 南美洲:2。

Batopilasia G. L. Nesom & R. D. Noyes 莲菀属 Asteraceae [MD－586] 特征纪要:习性:草本。花程式:(K)3－5,(C)3－5,A3－5,↓G。其他特征参考科。全球1个大洲分布及种数(1)◆北美洲:1。

Batrachium (DC.) A. Gray 水毛茛属 Ranunculaceae [MD－38] 特征纪要:习性:－。花期:4－6月。果期:参考晚于花期。海拔:100－3600米。生境:池塘,溪流,沼泽中。全球6个大洲分布及种数(1－78)非洲:11; 亚洲:37; 大洋洲:6; 欧洲:11; 北美洲:11; 南美洲:7。

Batratherum Nees ＝ **Arthraxon**

Bauchea Fourn. ex Benth. ＝ **Sporobolus**

Baudouinia Baill. 鲍德豆属 Fabaceae1 [MD－240] 特征纪要:习性:木本。花程式:K3－5－∞,C3－5－∞,A3－5,＝↓G1－2。其他特征参考科。全球1个大洲分布及种数(5－7)◆非洲(◆马达加斯加)。

Bauera Banks ex Andrews 车叶梅属 Baueraceae [MD－214] 特征纪要(同科)。全球3个大洲分布及种数(3－12)亚洲:2; 大洋洲:8; 北美洲:1。

Baueraceae (Lindl.) Lindl. [MD－214] 常绿枝科 特征纪要:习性:木本;落叶。花程式:K4,C4,A4,＝↓(G)2。种子:无毛。全球1个大洲分布及属种数(1/1 hort. 1)◆大洋洲:1/ 2－5。

Bauhina Cothen. ＝ **Bauhinia**

Bauhinia Plum. ex L. 羊蹄甲属 Fabaceae2 [MD－239] 特征纪要:习性:木质攀援。花期:4－6月。果期:参考晚于花期。海拔:100－800米。生境:低海拔山地疏林中,栽培于路旁。资源:具栽培园艺种类。全球6个大洲分布及种数(199－994)非洲:117; 亚洲:393; 大洋洲:35; 欧洲:120; 北美洲:120; 南美洲:360。【中国种数:20】。

Baukea Vatke ＝ **Rhynchosia**

Baumia Engl. & Gilg 鲍姆玄参属 Orobanchaceae [MD－552] 特征纪要:习性:草本。花程式:K5,C0,A2－4,G2。其他特征参考科。全球1个大洲分布及种数(1)◆非洲。

Baursea Hort. ex Hoffmanns. = **Philodendron**

Baxtera Rchb. = **Marsdenia**

Baxteria R. Br. ex Hook. 触苞花属 Baxteriaceae [MM-731] 特征纪要(同科)。全球1个大洲分布及种数(-)。

Baxteriaceae Takht. [MM-731] 无茎草科 特征纪要:习性:木本;落叶。花程式:K3,C3,A6,↑G-。全球1个大洲分布及属种数(2/3)◆大洋洲:1/1。

Bayabusua W. J. de Wilde 马来细葫芦属 Cucurbitaceae [MD-205] 特征纪要:习性:木本。花程式:K3-5,C3-5,A3,=↓(G)1-2。其他特征参考科。全球1个大洲分布及种数(cf.1)◆东南亚(◆马来西亚)。

Baynesia Bruyns 非洲细萝藦属 Apocynaceae [MD-492] 特征纪要:习性:木本。花程式:Kn,C0,A15,↓G。其他特征参考科。全球2个大洲分布及种数(1-3)非洲:2;亚洲:2。

Bayonia Dugand = **Mansoa**

Baziasa Steud. = **Sabazia**

Bazzania Gray 鞭苔属 Lepidoziaceae [B-63] 特征纪要:习性:-。【Rep】:裂瓣披针形或指形。生境:常见于高山林下腐殖质,山谷林下。全球6个大洲分布及种数(161-168)非洲:14-33;亚洲:85-102;大洋洲:54-73;欧洲:6-23;北美洲:22-39;南美洲:31-50。【中国种数:35】。

Bdallophytum Eichler 榄寄生属 Cytinaceae [MD-182] 特征纪要:习性:草本。花程式:Kn,C0,A3 参考科,G-参考科。其他特征参考科。全球3个大洲分布及种数(4-7)非洲:3;北美洲:4;南美洲:2。

Beadlea Small 合箫兰属 Orchidaceae [MM-723] 特征纪要:习性:-。花程式:-。其他特征参考科。全球6个大洲分布及种数(6)非洲:3;亚洲:3;大洋洲:3;欧洲:3;北美洲:3;南美洲:5-8。

Bealia Scribn. = **Muhlenbergia**

Beatsonia Roxb. = **Frankenia**

Beaucarnea Lem. 酒瓶兰属 Asparagaceae [MM-669] 特征纪要:习性:木本。花程式:(K)3,C0 参考科,A6,=G3。其他特征参考科。全球5个大洲分布及种数(13-30)非洲:2;亚洲:2;欧洲:16;北美洲:16;南美洲:5。

Beaufortia R. Br. 缨刷树属 Myrtaceae [MD-347] 特征纪要:习性:-。花程式:-。其他特征参考科。全球4个大洲分布及种数(3-50)非洲:2;亚洲:9;大洋洲:40;南美洲:2。

Beaumaria Deless. ex Steud. = **Aristotelia**

Beaumontia Wall. 清明花属 Apocynaceae [MD-492] 特征纪要:习性:木质攀援。花期:春季-夏季。果期:参考晚于花期。海拔:1000-1500米。生境:山地林中,广西,广东和福建有栽培;杂木林中。资源:药用,具栽培园艺种类。全球6个大洲分布及种数(8-10)非洲:2-3;亚洲:7-10;大洋洲:1;欧洲:1;北美洲:1-3;南美洲:1。【中国种数:6】。

Beauprea Brongn. & Gris 荷枫李属 Proteaceae [MD-219] 特征纪要:习性:木本。花程式:K3-4-∞,C0,A2,=G1。其他特征参考科。全球1个大洲分布及种数(1-13)◆大洋洲。

Beaupreopsis Virot 小荷枫李属 Proteaceae [MD-219] 特征纪要:习性:木本。花程式:K3-4-∞,C0,A2,=G1。其他特征参考科。全球1个大洲分布及种数(1)◆大洋洲。

Beautempsia (Benth. & Hook. f.) Gaudich. 山柑属 Capparaceae [MD-178] 特征纪要:习性:木本。花程式:-。其他特征参考科。全球1个大洲分布及种数(-)。

Bebbia Greene 甜菊木属 Asteraceae [MD-586] 特征纪要:习性:草本。花程式:(K)3-5,(C)3-5,A3-5,=↓G2。其他特征参考科。全球1个大洲分布及种数(3-5)◆北美洲。

Becabunga Hill 车前科属 Plantaginaceae [MD-527] 特征纪要:习性:-。花程式:-。其他特征参考科。全球1个大洲分布及种数(-)。

Beccabunga Hill = **Becabunga**

Beccaria Müll. Hal. = **Pottia**

Beccarianthus Cogn. 菲律宾甜牡丹属 Melastomataceae [MD-364] 特征纪要:习性:木本。花程式:-。其他特征参考科。全球3个大洲分布及种数(9-17)非洲:7;亚洲:11;大洋洲:7。

Beccariella Pierre 山榄木属 Sapotaceae [MD-357] 特征纪要:习性:-。花程式:-。其他特征参考科。全球4个大洲分布及种数(14)非洲:1;大洋洲:13;北美洲:3;南美洲:6。

Beccarinda Kuntze 横蒴苣苔属 Gesneriaceae [MD-549] 特征纪要:习性:草本,少木本。花程式:-。物候:-。花期:3月。果期:参考晚于花期。海拔:1200-1600米。生境:山谷森林中的岩石,石灰岩石壁上。资源:-。全球1个大洲分布及种数(6-10)◆亚洲。【中国种数:6】。

Beccariophoenix Jum. & H. Perrier 裂苞椰子属 Arecaceae [MM-717] 特征纪要:习性:木本。花程式:K3-10,C3-10,A3-10,=G3-10。其他特征参考科。全球2个大洲分布及种数(3-4)非洲:4;北美洲:2。

Becheria Ridl. = **Ixora**

Bechium DC. 铁鸠菊属 Asteraceae [MD-586] 特征纪要:习性:草本。花程式:(K)3-5,(C)3-5,A3-5,↓G。其他特征参考科。全球1个大洲分布及种数(3)◆非洲。

Becium Lindl. = **Ocimum**

Beckera Fresen. = **Paratheria**

Beckeropsis Fig. & De Not. = **Pennisetum**

Beckettia Müll. Hal. = **Hennediella**

Beckmannia Host 菵草属 Poaceae [MM-748] 特征纪要:习性:草本(基生)。花程式:(K-),C0 参考科,A4,=G2-3。物候:-。花期:参考早于果期。果期:4-10月。海拔:3000米。生境:流水中,沼泽地。资源:具栽培园艺种类。全球 6 个大洲分布及种数(3)非洲:1-3;亚洲:2-4;大洋洲:2;欧洲:2-4;北美洲:2-4;南美洲:2。【中国种数:2】。

Beckwithia Jeps. 冰毛茛属 Ranunculaceae [MD-38] 特征纪要:习性:-。花期:7-10 月。果期:参考晚于花期。海拔:50-6000 米。生境:竹林中。全球 6 个大洲分布及种数(2)非洲:2;亚洲:1-3;大洋洲:2;欧洲:1-3;北美洲:1-3;南美洲:2。

Beclardia A. Rich. 伯克兰属 Orchidaceae [MM-723] 特征纪要:习性:草本。花程式:(K)3,C3,A3,=↓G3。其他特征参考科。全球 4 个大洲分布及种数(2-18)非洲:10; 亚洲:1; 大洋洲:2; 南美洲:10。

Becquerelia Brongn. 多颖茅属 Cyperaceae [MM-747] 特征纪要:习性:草本。花程式:(K)3,C3,A1-3,=↓G2-3。其他特征参考科。全球 2 个大洲分布及种数(8-9)北美洲:3;南美洲:7-8。

Bedfordia DC. 线绒菊属 Asteraceae [MD-586] 特征纪要:习性:草本。花程式:(K)3-5,C3-5,A3-5,=↓(G)2。其他特征参考科。全球 3 个大洲分布及种数(5-8)亚洲:2; 大洋洲:6; 北美洲:2。

Beesia Balf. f. & W. W. Sm. 铁破锣属 Ranunculaceae [MD-38] 特征纪要:习性:草本(根状茎,基生)。花程式:-。物候:-。花期:5-8 月。果期:参考晚于花期。海拔:1400-3500 米。生境:森林,阴湿地区。资源:具园艺种类。全球 3 个大洲分布及种数(2-15)亚洲:6; 北美洲:1; 南美洲:9。【中国种数:1】。

Beethovenia Engl. = **Ceroxylon**

Beeveria Fife 澳毛帽藓属 Hookeriaceae [B-164] 特征纪要:-。【Rep】:雌苞叶小,蒴柄侧生,密披刺状毛,孢蒴小,平展或下垂,卵形,具长台部,蒴齿两层,外齿层齿片,雌雄异株,内雌苞叶下部鞘状,孢蒴卵圆形,蒴齿两层,外齿层齿片披针形,具不明显的回折中脊,透明。其他特征参考科。全球 1 个大洲分布及种数(1)◆大洋洲。

Begonia L. 秋海棠属 Begoniaceae [MD-195] 特征纪要:习性:木质攀援。花程式:-。物候:-。花期:参考早于果期。果期:10-11 月。海拔:1500-3400 米。生境:常绿阔叶林,竹林下。资源:具栽培园艺种类。全球 6 个大洲分布及种数(2112-3574)非洲:479; 亚洲:1542; 大洋洲:152; 欧洲:449; 北美洲:449; 南美洲:976。【中国种数:235】。

Begoniaceae C. Agardh [MD-195] 秋海棠科 特征纪要:习性:木本;落叶。花程式:♀|♂K4-5(-),C5,A2,↓(G)-。物候:-。花期:4-5 月,果期:5 月。果实:蒴果。种子:棕红色。海拔:-。生境:常绿阔叶林,竹林下。资源:药用。栽培:中国有栽培。全球 4 个大洲分布及属种数(5-11/471-2125 <IFR 2/46 >hort. 1;cult. 1)非洲:IFR 2/11; 亚洲:1-2/461-835(IFR 1/26); 北美洲:2/3; 南美洲:1/6(IFR 2/11)。【中国属种数:2/236】。

Begoniella Oliv. 矮秋海棠属 Begoniaceae [MD-195] 特征纪要:习性:-。花程式:-。其他特征参考科。全球 1 个大洲分布及种数(5)◆南美洲(◆哥伦比亚)。

Beguea Capuron 布格木属 Sapindaceae [MD-428] 特征纪要:习性:木本。花程式:K4-8,C4-8,A10,=(G)2-3。其他特征参考科。全球 1 个大洲分布及种数(6-10)◆非洲(◆马达加斯加)。

Behaimia Griseb. 古巴豆属 Fabaceae3 [MD-240] 特征纪要:习性:木本。花程式:K1-∞,C1-∞,A5-9,=↓G1。其他特征参考科。全球 1 个大洲分布及种数(1)◆北美洲(◆古巴)。

Behenantha Schur = **Silene**

Behnia Didr. 拟菝葜属 Behniaceae [MM-655] 特征纪要(同科)。全球 5 个大洲分布及种数(1-14)非洲:3; 亚洲:3; 欧洲:2; 北美洲:2; 南美洲:10。

Behniaceae J. G. Conran [MM-655] 非拔契科 特征纪要:习性:木本;落叶。花程式:(K)6-,C3,A6,↑G-。种子:种皮作不规则的矩圆形。全球 1 个大洲分布及属种数(1/3-3 hort. 1)◆亚洲:1/ 1。

Behuria Cham. 巴西野牡丹属 Melastomataceae [MD-364] 特征纪要:习性:-。花程式:-。其他特征参考科。全球 1 个大洲分布及种数(13-16)◆南美洲。

Beilschmidtia Rchb. = **Beilschmiedia**

Beilschmiedia Nees 山潺属 Lauraceae [MD-21] 特征纪要:习性:木本。花程式:Kn,C3,A3 参考科,G-。物候:-。花期:2-3 月。果期:参考晚于花期。海拔:100 米。生境:常绿阔叶林,针阔叶林中。资源:具栽培园艺种类。全球 6 个大洲分布及种数(207-307;hort. 1)非洲:108-134;亚洲:95-165;大洋洲:28-58;欧洲:3-8;北美洲:31-38;南美洲:31-42。【中国种数:50】。

Beirnaertia Louis ex Troupin 碧柰藤属 Menispermaceae [MD-42] 特征纪要:习性:草本。花程式:K1(6-40),C3,A1-6-40,=G1-3。其他特征参考科。全球 1 个大洲分布及种数(1)◆非洲。

Beiselia Forman 刺茎橄属 Burseraceae [MD-408] 特征纪要:习性:木本。花程式:-。其他特征参考科。全球 1 个大洲分布及种数(1)◆北美洲(◆墨西哥)。

Bejaranoa R. M. King & H. Rob. 锥托泽兰属 Asteraceae [MD-586] 特征纪要:习性:草本。花程式:(K)3-5,(C)3-5,A3-5,↓G。其他特征参考科。全球 1 个大洲分布及种数(2)◆南美洲。

Bejaria Mutis 七瓣杜鹃属 Ericaceae [MD-380] 特征纪要:习性:木本。花程式:(K)5-8,(C)5-8,A10,=G2-4。其他特征参考科。全球 6 个大洲分布及种数(21-25)非洲:2;亚洲:1-3;大洋洲:2;欧洲:2;北美洲:5-7;南美洲:19-23。

Bejuco Loefl. = **Hippocratea**

Belairia A. Rich. ex DC. 佛堤豆属 Fabaceae3 [MD-240] 特征纪要:习性:-。花程式:-。其他特征参考科。全球 1 个大洲分布及种数(1)◆北美洲。

Belamcanda Adans. 射干属 Iridaceae [MM-700] 特征纪要:习性:-。花期:6-8 月。果期:参考晚于花期。海拔:2200 米。生境:西南山区。资源:药用,具栽培园艺种类。全球 1 个大洲分布及种数(1-2)◆亚洲。

Belandra S. F. Blake = **Lass**

Belantheria Nees = **Brillantaisia**

Belemia Pires 金钟茉莉属 Nyctaginaceae［MD－107］特征纪要:习性:木本。花程式:K1－5,C0,A5,＝G1。其他特征参考科。全球1个大洲分布及种数(1)◆南美洲(◆巴西)。

Belencita H. Karst. 山柑属 Capparaceae［MD－178］特征纪要:习性:－。花程式:－。其他特征参考科。全球1个大洲分布及种数(1)◆南美洲。

Belenia Decne. = **Physochlaina**

Belia Steller ex S. G. Gmel. = **Claytonia**

Belicea Lundell = **Morinda**

Beliceodendron Lundell = **Lecointea**

Belilla Adans. = **Mussaenda**

Belingia Pierre = **Benzingia**

Belis Salisb. = **Cunninghamia**

Belladonna (Sweet ex Endl.) Sweet ex W. H. Harvey 紫石蒜属 Amaryllidaceae［MM－694］特征纪要和分布(－)。全球1个大洲分布及种数(1)◆非洲。

Bellardiochloa Chiov. 紫穗禾属 Poaceae［MM－748］特征纪要:习性:草本。花程式:(K)3,C0 参考科,A1－2,＝(G)2－3。资源:具园艺种类。全球6个大洲分布及种数(5－10)非洲:2; 亚洲:7; 大洋洲:3; 欧洲:5; 北美洲:5; 南美洲:2。

Bellendena R. Br. 旋桨木属 Proteaceae［MD－219］特征纪要:习性:木本。花程式:K3－4－∞,C0,A2,＝G1。其他特征参考科。全球1个大洲分布及种数(1)◆大洋洲(◆澳大利亚)。

Bellevalia Lapeyr. 鞭风信属 Asparagaceae［MM－669］特征纪要和分布(－)。全球6个大洲分布及种数(35－81;hort. 1;cult. 1)非洲:10－21;亚洲:30－70;大洋洲:5;欧洲:6－15;北美洲:5;南美洲:5。

Bellibarbula P. C. Chen 美叶藓属 Pottiaceae［B－133］特征纪要:习性:－。【Rep】:雌雄异株,雌苞叶鞘状,具短尖,细胞菱形,平滑无疣,蒴柄细长,孢蒴直立,椭圆状圆柱形,台部明显。生境:常见于高山岩石上。栽培:来自广西龙州。资源:具栽培园艺种类。全球6个大洲分布及种数(3)非洲:1;亚洲:3;大洋洲:1;欧洲:1;北美洲:1;南美洲:1。【中国种数:3】。

Bellida Ewart 禾鼠麹属 Asteraceae［MD－586］特征纪要:习性:草本。花程式:(K)3－5,C3－5,A3－5,＝↓(G)2。其他特征参考科。全球1个大洲分布及种数(1)◆大洋洲(◆澳大利亚)。

Bellidium Bertol. = **Bellis**

Bellincinia (Nees) Kuntze 光萼苔科属 Porellaceae［B－80］特征纪要:－。全球1个大洲分布及种数(－)。

Bellis L. 雏菊属 Asteraceae［MD－586］特征纪要:习性:草本(基生)。花程式:(K)3－5,C3－5,A3 参考科,＝↓G2。物候:－。花期:7－10月。果期:参考晚于花期。海拔:6000米。生境:栽培在地上。资源:药用,具栽培园艺种类。全球6个大洲分布及种数(19－36;hort. 1;cult. 2)非洲:7－10;亚洲:3－6;大洋洲:4－6;欧洲:12－15;北美洲:4－6;南美洲:5－7。【中国种数:2】。

Bellium L. 丽菊属 Asteraceae［MD－586］特征纪要:习性:草本。花程式:(K)3－5,C3－5,A3－5,＝↓(G)2。其他特征参考科。全球3个大洲分布及种数(5－7)非洲:2;亚洲:cf. 1;欧洲:3。

Bellizinca Borhidi = **Deppea**

Belloa J. Rémy 尖柱紫绒草属 Asteraceae［MD－586］特征纪要:习性:草本。花程式:(K)3－5,(C)3－5,A3－5,＝↓G2)。其他特征参考科。全球4个大洲分布及种数(5－27)非洲:2; 亚洲:3; 北美洲:2; 南美洲:25。

Bellonia L. 茄岩桐属 Siphonandraceae［MD－379］特征纪要(同科)。全球4个大洲分布及种数(2－10)亚洲:3;欧洲:5; 北美洲:5; 南美洲:2。

Bellota C. Gay = **Beilschmiedia**

Bellucia Neck. ex Raf. 丽牡丹属 Melastomataceae［MD－364］特征纪要和分布(－)。全球1个大洲分布及种数(24－26)◆南美洲。

Belmontia E. Mey. = **Sebaea**

Beloanthera Hassk. = **Hydrolea**

Beloere Shuttlew. = **Abutilon**

Beloglottis Schltr. 矢唇兰属 Orchidaceae［MM－723］特征纪要:习性:草本。花程式:(K)3,C3,A3,＝↓(G)3。其他特征参考科。全球2个大洲分布及种数(10)北美洲:9;南美洲:5。

Belonanthus Graebn. 箭败酱属 Caprifoliaceae［MD－510］特征纪要:习性:－。花程式:－。其他特征参考科。全球1个大洲分布及种数(5－6)◆南美洲。

Belonia Adans. 茄岩桐属 Gesneriaceae［MD－549］特征纪要和分布(－)。全球1个大洲分布及种数(1)◆欧洲。

Belonites E. Mey. = **Pachypodium**

Belonophora Hook. f. 箭茜草属 Rubiaceae［MD－523］特征纪要:习性:木本。花程式:(K)4－5,(C)4－5,A4－5,＝↓G2－9。其他特征参考科。全球4个大洲分布及种数(6－100)非洲:91; 亚洲:14; 大洋洲:3; 南美洲:4。

Beloperone Nees 箭爵床属 Acanthaceae［MD－572］特征纪要:习性:－。花程式:－。其他特征参考科。全球6个大洲分布及种数(8－24)非洲:4;亚洲:4;大洋洲:4;欧洲:4;北美洲:5;南美洲:7－14。

Belostemma Wall. ex Wight 箭药藤属 Asclepiadaceae［MD－494］特征纪要:木质攀援(基生,多肉),叶对生,落叶。花程式:(K),5深裂,(C)5深裂,A5枚,G－。果实:蓇葖果。种子:具种毛,黄色绢质。全球1个大洲分布及种数(cf. 1)◆亚洲。

Belosynapsis Hassk. 假紫万年青属 Commelinaceae［MM－708］特征纪要:习性:－。花期:6－7 月。果期:参考晚于花期。海拔:2300 米。生境:林中石上。资源:－。全球 6 个大洲分布及种数(9)非洲:2; 亚洲:9; 大洋洲:3; 欧洲:3; 北美洲:3; 南美洲:2。

Belotia A. Rich. 箭椴树属 Malvaceae［MD－203］特征纪要:习性:－。花程式:－。其他特征参考科。全球 4 个大洲分布及种数(23)亚洲:18; 大洋洲:2; 北美洲:15; 南美洲:6。

Belou Adans. ＝ **Aegle**

Belovia Bunge ＝ **Belowia**

Belowia Moq. 箭苋属 Amaranthaceae［MD－116］特征纪要:习性:－。花程式:－。其他特征参考科。全球 1 个大洲分布及种数(1)◆非洲。

Belutta－kaka Adans. ＝ **Chonemorpha**

B

Belvisia Mirb. 尖嘴蕨属 Polypodiaceae［F－60］特征纪要:习性:－。【Rep】:孢子囊群线形,仅生于叶片先端狭缩部分,在主脉两侧各成一条,幼时被隔丝覆盖,成熟时遍布狭缩部分下面。海拔:114－1520 米。生境:生于林下荫湿树干上,生于岩石上。全球 6 个大洲分布及种数(11)非洲:4－5;亚洲:10－11;大洋洲:3－4;欧洲:1;北美洲:1;南美洲:1－2。

Bemangidia L. Gaut. 沙山榄属 Sapotaceae［MD－357］特征纪要:习性:木本。花程式:Kn,C0,A5,↓G。其他特征参考科。全球 1 个大洲分布及种数(1)◆非洲。

Bembicia Oliv. 莎苞木属 Bembiciaceae［MD－146］特征纪要(同科)。全球 1 个大洲分布及种数(1－2)◆非洲(◆马达加斯加)。

Bembiciaceae R. C. Keating & Takht.［MD－146］盾头木科 特征纪要:习性:木本;落叶。花程式:K4－5(－),Cn,A－,↓(G)－。全球 1 个大洲分布及属种数(3/4－5)◆非洲:1/ 1－2。

Bembiciopsis H. Perrier ＝ **Camellia**

Bemsetia Raf. ＝ **Ixora**

Bencomia Webb & Berthel. 木地榆属 Rosaceae［MD－246］特征纪要:习性:木本。花程式:K1(10－100),C1－10－100,A1－10－100,＝↓G1－50。其他特征参考科。全球 2 个大洲分布及种数(4－7)欧洲:2; 北美洲:2。

Bengt－jonsellia Al－Shehbaz 野羞草属 Fabaceae1［MD－238］特征纪要:习性:木本。花程式:－。其他特征参考科。全球 1 个大洲分布及种数(2)◆非洲。

Benguellia G. Taylor 安哥拉草属 Lamiaceae［MD－575］特征纪要:习性:草本。花程式:Kn,C0,A3 参考科,↓G。其他特征参考科。全球 2 个大洲分布及种数(1－2)非洲:2; 亚洲:2。【中国种数:1】。

Benincasa Savi 空心瓜属 Cucurbitaceae［MD－205］特征纪要:习性:木质攀援。花期:6－9 月。果期:参考晚于花期。海拔:60－3500 米。生境:广泛栽培。资源:药用,具栽培园艺种类。全球 6 个大洲分布及种数(2－9)非洲:3; 亚洲:5; 大洋洲:4; 欧洲:3; 北美洲:3; 南美洲:2。【中国种数:1】。

Benitoa D. D. Keck 光叶沙紫菀属 Asteraceae［MD－586］特征纪要:习性:草本。花程式:(K)3－5,(C)3－5,A3－5,↓G。其他特征参考科。全球 1 个大洲分布及种数(1)◆北美洲(◆美国)。

Benitotania H. Akiyama, T. Yamag. & Suleiman 马来小黄藓属 Daltoniaceae［B－162］特征纪要:习性:－。【Rep】:雌苞叶小,蒴柄侧生,密披刺状毛,孢蒴小,平展或下垂,卵形,具长台部,蒴齿两层,外齿层齿片,雌雄异株,内雌苞叶下部鞘状,孢蒴卵圆形,蒴齿两层,外齿层齿片披针形,具不明显的回折中脊,透明。其他特征参考科。全球 1 个大洲分布及种数(1)◆亚洲:1。

Benitzia H. Karst. ＝ **Gymnosiphon**

Benjaminia Mart. ex Benj. 簕婆婆纳属 Plantaginaceae［MD－527］特征纪要:习性:草本(水生)。花程式:K2－4,C0,A2－4,G2。其他特征参考科。全球 2 个大洲分布及种数(2)北美洲:1;南美洲:1。

Benkara Adans. 鸡爪簕属 Rubiaceae［MD－523］特征纪要:习性:木本。花程式:(K)4－5,C4－5,A4－5,＝↓G2－9。物候:－。花期:4 月。果期:参考晚于花期。海拔:1000－2400 米。生境:海边或山上的森林或灌木丛,溪边。资源:药用。全球 6 个大洲分布及种数(20)非洲:5－17;亚洲:19－35;大洋洲:12;欧洲:12;北美洲:12;南美洲:4－16。【中国种数:10】。

Benna <unassigned> 盘牡丹属 Melastomataceae［MD－364］特征纪要:习性:－。花程式:－。其他特征参考科。全球 1 个大洲分布及种数(－)。

Bennettiodendron Merr. 山桂花属 Salicaceae［MD－123］特征纪要:习性:木本。花程式:－。物候:－。花期:3－4 月。果期:参考晚于花期。海拔:400－1800 米。生境:常绿阔叶林,湿润疏林中。资源:具园艺种类。全球 3 个大洲分布及种数(2－31)非洲:2; 亚洲:25; 大洋洲:2。【中国种数:1】。

Benoicanthus Heine & A. Raynal ＝ **Ruellia**

Benoistia H. Perrier & Leandri 腺鳞桐属 Euphorbiaceae［MD－217］特征纪要:习性:木本。花程式:K1(1000),C0,A6,＝(G)2－3。其他特征参考科。全球 1 个大洲分布及种数(3)◆非洲(◆马达加斯加)。

Bensoniella C. V. Morton 泽葵草属 Saxifragaceae［MD－231］特征纪要:习性:草本。花程式:K5,C5,A5－10,＝↓G2－5。其他特征参考科。全球 3 个大洲分布及种数(1－5)亚洲:2; 欧洲:3; 北美洲:3。

Bensteinia Christenson 露兰属 Orchidaceae［MM－723］特征纪要:习性:木本。花程式:参考科,C5 参考科,A2－3－参考科,＝↓G3 参考科。其他特征参考科。全球 2 个大洲分布及种数(1－5)北美洲:2; 南美洲:3。

Benstonea Callm. & Bürki 矮露兜树属 Pandanaceae［MM－703］特征纪要:习性:木本。花程式:－。物候:－。花期:4－5 月。果期:参考晚于花期。海拔:800 米。生境:山头及东坡常绿林中偶见。资源:具栽培园艺种类。全球 4 个大洲分布及种数(50－64)非洲:10－14;亚洲:45;大洋洲:8;北美洲:1。

Benthamia A. Rich. 本氏兰属 Orchidaceae［MM－723］特征纪要：习性：－。花程式：－。物候：－。花期：参考早于果期。果期：10－11 月。海拔：80－5200 米。生境：柏树林下或草坡路旁，竹坡中。资源：－。全球 6 个大洲分布及种数(45－46；hort. 1)非洲：36－37；亚洲：2－3；大洋洲：1；欧洲：1；北美洲：10－11；南美洲：2－3。【中国种数：1】。

Benthamidia Spach ＝ **Cornus**

Benthamiella Speg. 卧茄属 Solanaceae［MD－503］特征纪要：习性：灌木。花程式：K3－4，C0，A3－4，＝↓G2。其他特征参考科。全球 5 个大洲分布及种数(12－26)亚洲：3；大洋洲：8；欧洲：2；北美洲：2；南美洲：23。

Benthamina Van Tiegh. 亮叶寄生属 Loranthaceae［MD－415］特征纪要：习性：木本。花程式：K5，C0，A4，↓G。其他特征参考科。全球 2 个大洲分布及种数(1－2)亚洲：cf. 1；大洋洲：1。

Bentinckia Berry ex Roxb. 毛梗椰属 Arecaceae［MM－717］特征纪要：习性：木本。花程式：K3－10，C3－10，A3－10，＝G3－10。其他特征参考科。全球 3 个大洲分布及种数(2－3)亚洲：1－2；北美洲：1；南美洲：1。

Bentleya E. M. Benn. 鬼箭莓属 Pittosporaceae［MD－448］特征纪要：习性：木本。花程式：－。其他特征参考科。全球 1 个大洲分布及种数(2)◆大洋洲(◆澳大利亚)。

Benzingia Dodson 山樟兰属 Orchidaceae［MM－723］特征纪要：习性：草本。花程式：(K)3，C3，A3，＝↓G3。其他特征参考科。全球 3 个大洲分布及种数(11－14)亚洲：2；北美洲：2；南美洲：12。

Benzonia Schumach. 卫茜草属 Rubiaceae［MD－523］特征纪要：习性：木本。花程式：(K)4－5，(C)4－5，A4－5，＝↓(G)2－9。其他特征参考科。全球 1 个大洲分布及种数(1－2)◆非洲：2。

Bequaertia R. Wilczek 热非卫矛属 Celastraceae［MD－339］特征纪要：习性：木本。花程式：－。其他特征参考科。全球 1 个大洲分布及种数(1)◆非洲。

Berardia Vill. 双绵菊属 Asteraceae［MD－586］特征纪要：习性：－。花程式：－。其他特征参考科。全球 1 个大洲分布及种数(1－5)◆非洲。

Berberidaceae Juss.［MD－45］小檗科 特征纪要：习性：木本；常绿，落叶。花程式：K6，C3，A2－8，↑G－。物候：－。花期：5－6 月。果期：7－10 月。果实：蒴果。种子：棕。海拔：0 米。生境：－。资源：药用。栽培：中国有栽培。全球 6 个大洲分布及属种数(19－20/558－986 <IFR 3/21> hort. 1；cult. 5)非洲：3/4；亚洲：14/501－598(IFR 2/17)；大洋洲：2/8；欧洲：4/15－18(IFR 1/1)；北美洲：9/65－71(IFR 2/2)；南美洲：2/2(IFR 1/1)。【中国属种数：9/288】。

Berberidopsidaceae Takht.［MD－62］红珊藤科 特征纪要：习性：木本；落叶。花程式：K4－5(－)，C2，A－，(G)2－10。果实：浆果。全球 3 个大洲分布及属种数(2－3/4－5 hort. 1)大洋洲：2/3；北美洲：1/2；南美洲：1/2。

Berberidopsis Hook. f. 红珊藤属 Berberidopsidaceae［MD－62］特征纪要：习性：木本。花程式：－。其他特征参考科。全球 3 个大洲分布及种数 3 个大洋洲：1；北美洲：1；南美洲：1。

Berberis L. 小檗属 Berberidaceae［MD－45］特征纪要：习性：草本，少灌木。花程式：－。物候：－。花期：5－6 月。果期：参考晚于花期。海拔：1000－4000 米。生境：常绿阔叶林中，中山腰缓坡地带。资源：药用，具栽培园艺种类。全球 6 个大洲分布及种数(612－1348)非洲：19；亚洲：771；大洋洲：24；欧洲：131；北美洲：131；南美洲：284。【中国种数：213】。

Berchemia Neck. ex DC. 勾儿茶属 Rhamnaceae［MD－331］特征纪要：习性：木质攀援。花程式：－。物候：－。花期：7－8 月。果期：参考晚于花期。海拔：100－2100 米。生境：林下，山坡，林缘，山谷的森林和灌丛的下垫层。资源：药用，具栽培园艺种类。全球 6 个大洲分布及种数(37－122)非洲：6；亚洲：101；大洋洲：9；欧洲：8；北美洲：8；南美洲：4。【中国种数：21】。

Berchemiella Nakai 小勾儿茶属 Rhamnaceae［MD－331］特征纪要：习性：木质攀援。花程式：Kn，(C)5 齿裂，A5 参考科，G－。物候：－。花期：7 月。果期：参考晚于花期。海拔：500－1500 米。生境：山谷森林，山坡石缝中。资源：药用。全球 1 个大洲分布及种数(3－5)◆亚洲(◆中国)。【中国种数：3】。

Berchtoldia J. Presl ＝ **Chaetium**

Berendtiella Wettst. & Harms ＝ **Hemichaena**

Berenice Tul. 葱属 Saxifragaceae［MD－231］特征纪要：习性：－。花程式：－。其他特征参考科。全球 1 个大洲分布及种数(1)◆非洲。

Bergbambos Stapleton 碟草属 Poaceae［MM－748］特征纪要：习性：草本。花程式：(K－)，C0 参考科，A3 参考科，↓G－参考科。其他特征参考科。全球 1 个大洲分布及种数(1)◆非洲。

Bergena Adans. ＝ **Lecythis**

Bergenia Mönch 岩白菜属 Saxifragaceae［MD－231］特征纪要和分布(－)。全球 1 个大洲分布及种数(8－12)◆亚洲。【中国种数：8】。

Bergeranthus Schwantes 照波花属 Aizoaceae［MD－94］特征纪要：习性：草本。花程式：K3－4，C3－4，A5 参考科，＝↓G1－2。其他特征参考科。全球 1 个大洲分布及种数(13－14)◆非洲。

Bergerocactus Britton & Rose 碧彩柱属 Cactaceae［MD－100］特征纪要：习性：木本。花程式：K1－∞，C1－∞，A3－100，＝↓G－。其他特征参考科。全球 1 个大洲分布及种数(1)◆北美洲。

Berghausia Endl. ＝ **Garnotia**

Berghesia Nees 伯格茜属 Rubiaceae［MD－523］特征纪要：习性：木本。花程式：(K)4－5，(C)4－5，A4－5，＝↓(G)2－9。其他特征参考科。全球 1 个大洲分布及种数(1)◆北美洲。

Bergia L. 田繁缕属 Elatinaceae［MD－129］特征纪要：习性：草质攀援(基生，多肉)。生境：稻田，沟边潮湿处，田边，路旁及溪边草地。资源：具园艺种类。全球 6 个大洲分布及种数(21－33；hort. 1)非洲：13－23；亚洲：6－11；

大洋洲:6－16;欧洲:4－10;北美洲:4－9;南美洲:1－7。【中国种数:3】。

Berhautia Balle 伯氏寄生属 Loranthaceae［MD－415］特征纪要:习性:木本。花程式:K4,C0,A4,＝↓(G)3－4。其他特征参考科。全球1个大洲分布及种数(1)◆非洲(◆塞内加尔)。

Berkheya Ehrh. 刺阳菊属 Asteraceae［MD－586］特征纪要:习性:草本。花程式:(K)3－5,(C)3－5,A3－5,＝↓G2。其他特征参考科。全球6个大洲分布及种数(78－98;hort. 1)非洲:77－79;亚洲:1;大洋洲:3－4;欧洲:6－7;北美洲:1－2;南美洲:1。【中国种数:1】。

Berkheyopsis O. Hoffm. 联苞菊属 Asteraceae［MD－586］特征纪要和分布(－)。全球1个大洲分布及种数(1)◆非洲。

Berlandiera DC. 绿眼菊属 Asteraceae［MD－586］特征纪要:习性:草本。花程式:(K)3－5,C3－5,A3－5,＝↓(G)2。其他特征参考科。全球3个大洲分布及种数(11－29)亚洲:4; 北美洲:17; 南美洲:3。【中国种数:2】。

Berlinia Sol. ex Hook. f. & Benth. 鞋工木属 Fabaceae1［MD－240］特征纪要:习性:木本。花程式:K3－5－∞,C3－5－∞,A3－5,＝↓G1－2。其他特征参考科。全球3个大洲分布及种数(20－95)非洲:94; 亚洲:2; 南美洲:2。

Berlinianche Vattimo 豆生花属 Apodanthaceae［MD－157］特征纪要:习性:草本。花程式:－。其他特征参考科。全球1个大洲分布及种数(cf. 1)◆非洲。

Bernardia Houst. ex Mill. 鼠耳桐属 Euphorbiaceae［MD－217］特征纪要:习性:木本。花程式:K1(1000),C0,A6,＝G2－3。其他特征参考科。全球6个大洲分布及种数(71－82;hort. 4;cult. 4)非洲:5－10;亚洲:3－8;大洋洲:5;欧洲:1－6;北美洲:33－46;南美洲:44－50。【中国种数:2】。

Bernardinia Planch. 美洲牛栓藤属 Connaraceae［MD－284］特征纪要:习性:－。花程式:－。其他特征参考科。全球3个大洲分布及种数(2－3)亚洲:cf. 1;北美洲:1;南美洲:1。

Berneuxia Decne. 岩匙属 Diapensiaceae［MD－405］特征纪要:习性:木质攀援。花期:4－6月。果期:参考晚于花期。海拔:1700－3500米。生境:高山或中山林中潮湿地区。资源:药用。全球2个大洲分布及种数(1－3)亚洲:3; 北美洲:2。【中国种数:1】。

Berniera DC. ＝ **Gerbera**

Bernieria Baill. ＝ **Beilschmiedia**

Bernoullia Oliv. 贝尔木棉属 Malvaceae［MD－203］特征纪要:习性:木本。花程式:K5,C5,A10－8,＝G2－5。其他特征参考科。全球2个大洲分布及种数(3－11)北美洲:3; 南美洲:6。

Berriochloa M. K. Elias 娑禾草属 Poaceae［MM－748］特征纪要:习性:－。花程式:－。其他特征参考科。全球1个大洲分布及种数(32)◆北美洲:4。

Berroa Beauverd 羽冠紫绒草属 Asteraceae［MD－586］特征纪要:习性:草本。花程式:(K)3－5,C3－5,A3－5,＝↓(G)2。其他特征参考科。全球2个大洲分布及种数(1－2)北美洲:1; 南美洲:2。

Berrya Roxb. 六翅木属 Berryaceae［MD－186］特征纪要(同科)。全球6个大洲分布及种数(6－13)非洲:1－5;亚洲:3－7;大洋洲:3－10;欧洲:3;北美洲:2－5;南美洲:1－4。【中国种数:2】。

Berryaceae Doweld［MD－186］六翅木科 特征纪要:习性:木本;落叶。花程式:K4－5(－),C5,A10,G－。海拔:2348米。全球－个大洲分布及属种数(1/1 hort. 1)。

Bersama Fresen. 娑羽树属 Francoaceae［MD－269］特征纪要:习性:木本。花程式:K4－5,C4－5,A4－5,＝G4－5。资源:具园艺种类。全球4个大洲分布及种数(9－13)非洲:8－11;亚洲:1;大洋洲:1;欧洲:1。【中国种数:1】。

Berteroa DC. 团扇荠属 Brassicaceae［MD－213］特征纪要:习性:草本(基生)。花程式:Kn,C2－3参考科,A5参考科,G－。物候:－。花期:5－8月。果期:参考晚于花期。海拔:700－1900米。生境:砾石山坡,山麓,田地,河岸,路旁,扰动场地,草地,牧场。资源:具园艺种类。全球6个大洲分布及种数(7－19)非洲:2; 亚洲:11; 大洋洲:2; 欧洲:3; 北美洲:3; 南美洲:2。【中国种数:1】。

Berteroella O. E. Schulz 锥果芥属 Brassicaceae［MD－213］特征纪要:习性:－。花期:6－10月。果期:参考晚于花期。海拔:300－900米。生境:多岩石的森林,山坡,水沟边。资源:－。全球1个大洲分布及种数(cf. 1)◆亚洲。

Berthelotia DC. ＝ **Pluchea**

Bertholletia Bonpl. 巴西栗属 Lecythidaceae［MD－267］特征纪要:习性:木本。花程式:－。其他特征参考科。全球4个大洲分布及种数(1－4)非洲:1; 亚洲:2; 北美洲:4; 南美洲:4。【中国种数:1】。

Bertiera Aubl. 贝尔茜属 Rubiaceae［MD－523］特征纪要:习性:木本。花程式:(K)4－5,(C)4－5,A4－5,＝↓G2－9。资源:具栽培园艺种类。全球6个大洲分布及种数(48－60;hort. 1)非洲:40－52;亚洲:6－9;大洋洲:2;欧洲:3;北美洲:6－9;南美洲:9－11。【中国种数:4】。

Bertolonia Raddi 华贵草属 Melastomataceae［MD－364］特征纪要:习性:－。花程式:－。其他特征参考科。全球6个大洲分布及种数(26－52;hort. 1;cult. 1)非洲:9;亚洲:9;大洋洲:9;欧洲:9;北美洲:3－12;南美洲:24－39。

Bertuchia Dennst. ＝ **Gardenia**

Bertya Planch. 白杉桐属 Euphorbiaceae［MD－217］特征纪要:习性:木本。花程式:K1(1000),C0,A6,＝G2－3。其他特征参考科。全球3个大洲分布及种数(31－50)亚洲:4; 大洋洲:42; 北美洲:3。

Berula W. D. J. Koch 天山泽芹属 Apiaceae［MD－480］特征纪要:习性:草本(基生,水生)。花程式:Kn,C5,A3参考科,＝↓G(－)。花期:5－6月。果期:参考晚于花期。海拔:1500米。生境:河,湖和水沟边,其他河岸生境。资源:具栽培园艺种类。全球1个大洲分布及种数(1－16)◆北美洲。【中国种数:1】。

Beryllis Salisb. ＝ **Ornithogalum**

Berylsimpsonia B. L. Turner 沙牡丹属 Asteraceae［MD－586］特征纪要:习性:草本。花程式:(K)3－5,C3－5,A3－5,＝↓(G)2。其他特征参考科。全球2个大洲分布及种数(2)亚洲;北美洲。

Berzelia Brongn. 饰球花属 Bruniaceae［MD－336］特征纪要:习性:－。花程式:－。其他特征参考科。全球5个大洲分布及种数(15－31)非洲:25; 亚洲:2; 欧洲:1; 北美洲:1; 南美洲:6。

Bescherellea Duby ex A. Jaeger ＝ **Bescherellia**

Bescherellia Duby 山蘚属 Hookeriaceae［B－164］特征纪要:习性:－。【Rep】:雌雄异株,蒴柄短,孢蒴略倾斜,长卵形,不对称,稍弯曲,平滑,蒴盖高圆锥体形,有弯斜尖喙,蒴齿两层。其他特征参考科。全球2个大洲分布及种数(3)亚洲:2;大洋洲:3。

Beschorneria Kunth 龙荟兰属 Asparagaceae［MM－669］特征纪要:习性:草本。花程式:－。其他特征参考科。全球3个大洲分布及种数(8－24)欧洲:12; 北美洲:12; 南美洲:5。

Besleria Plum. ex L. 浆果岩桐属 Gesneriaceae［MD－549］特征纪要:习性:木本。花程式:K5,C0,A2－5,＝G2。资源:具栽培园艺种类。全球6个大洲分布及种数(144－196;hort. 1;cult. 3)非洲:6;亚洲:7－17;大洋洲:5－11;欧洲:5－11;北美洲:44－57;南美洲:120－169。【中国种数:1】。

Bessera Schult. f. 罗伞葱属 Asparagaceae［MM－669］特征纪要和分布(－)。全球1个大洲分布及种数(3－7)◆北美洲。

Besseya Rydb. 珊尾草属 Plantaginaceae［MD－527］特征纪要:习性:－。花程式:－。其他特征参考科。全球3个大洲分布及种数(15)亚洲:2; 欧洲:10; 北美洲:10。

Bestia Broth. 北美假青蘚属 Leucodontaceae［B－198］特征纪要:习性:－。【Rep】:雌雄异苞同株,雌苞叶卵形,有短尖,上部边缘有齿突,无中肋,蒴柄细长,下部呈棕褐色。其他特征参考科。全球2个大洲分布及种数(11)亚洲:6; 北美洲:3。

Beta L. 甜菜属 Amaranthaceae［MD－116］特征纪要:习性:草本(基生,多肉)。花程式:Kn,C2－3参考科,A5,G－。物候:－。花期:5－9月。果期:参考晚于花期。海拔:600－5000米。生境:普遍栽培。栽培:来自广西龙州。资源:药用,蛋白质,色素,果胶,具栽培园艺种类。全球6个大洲分布及种数(5－14;hort. 1;cult. 2)非洲:2－31;亚洲:4－35;大洋洲:27;欧洲:3－32;北美洲:1－33;南美洲:29。【中国种数:2】。

Betaphycus <unassigned> 莎草科属 Cyperaceae［MM－747］特征纪要:－。全球4个大洲分布及种数(4)非洲:1; 亚洲:3; 大洋洲:1; 北美洲:2。

Betckea DC. 歧缬草属 Caprifoliaceae［MD－510］特征纪要:习性:－。花程式:－。其他特征参考科。全球1个大洲分布及种数(cf. 1)◆南美洲。

Betencourtia A. St. －Hil. 乳豆属 Fabaceae3［MD－240］特征纪要:习性:－。花程式:－。其他特征参考科。全球2个大洲分布及种数(8－10)北美洲:1; 南美洲:9。

Bethencourtia Choisy 小头尾药菊属 Asteraceae［MD－586］特征纪要:－。全球2个大洲分布及种数(3－4)欧洲:2; 北美洲:2。

Betkea Meisn. ＝ **Betckea**

Betonica L. 药水苏属 Lamiaceae［MD－575］特征纪要:习性:草本(基生)。花程式:Kn,C2－3参考科,A5,＝↓G2。物候:－。花期:5月。果期:参考晚于花期。海拔:5400米。生境:广泛栽培。资源:具栽培园艺种类。全球4个大洲分布及种数(9－14;hort. 1;cult. 2)非洲:1;亚洲:cf. 1;欧洲:6;北美洲:2。【中国种数:2】。

Betula L. 桦木属 Betulaceae［MD－79］特征纪要:习性:木本。花程式:－。物候:－。花期:5－6月。果期:参考晚于花期。海拔:1000－1700米。生境:潮湿地区,苔藓沼泽区以及沿河湿地,集生成丛,阳坡杂木林内。资源:具栽培园艺种类。全球6个大洲分布及种数(95－166;hort. 1;cult. 43)非洲:20－85;亚洲:83－190;大洋洲:15－81;欧洲:30－101;北美洲:53－134;南美洲:13－78。【中国种数:34】。

Betulaceae Gray［MD－79］桦木科 特征纪要:习性:木本;落叶。花程式:♀|♂(K)6－,C0,A6,↓(G)2。物候:－。花期:5－7月,果期:8－9月。果实:坚果。种子:种皮 作不规则的矩圆形.海拔:0米。生境:北坡石灰岩缝中,阳坡杂木林内。资源:油脂,丹宁,药用。栽培:中国有栽培。全球6个大洲分布及属种数(8－9/228－344<IFR 2/36>hort. 1;cult. 2) 非洲:2/29(IFR 1/1); 亚洲:7/181－227(IFR 2/21); 大洋洲:2/25－26; 欧洲:5/57－65(IFR 2/9); 北美洲:5/102－115(IFR 2/19); 南美洲:4/27(IFR 1/3)。【中国属种数:6/115】。

Beuthea Walp. ＝ **Elaeocarpus**

Bewsia Gooss. 非洲千金子属 Poaceae［MM－748］特征纪要:习性:草本。花程式:(K)3,C0参考科,A1－2,↓G－参考科。其他特征参考科。全球3个大洲分布及种数(1－5)非洲:2; 亚洲:3; 北美洲:3。

Beyeria Miq. 木姜桐属 Euphorbiaceae［MD－217］特征纪要:习性:木本。花程式:K1(1000),C0,A6,＝G2－3。其他特征参考科。全球3个大洲分布及种数(29－50)亚洲:2; 大洋洲:47; 北美洲:2。

Beythea Endl. ＝ **Elaeocarpus**

Bhesa Buch. －Ham. ex Arn. 膝柄木属 Centroplacaceae［MD－172］特征纪要:习性:木本。花程式:－。物候:－。花期:6－7月。果期:参考晚于花期。海拔:100米。生境:低地森林。资源:具园艺种类。全球5个大洲分布及种数(8－20)非洲:2; 亚洲:19; 大洋洲:3; 北美洲:1; 南美洲:3。【中国种数:3】。

Bhidea Stapf ex Bor 印比草属 Poaceae［MM－748］特征纪要:习性:草本。花程式:(K)3,C0参考科,A1－2,＝(G)2－3。其他特征参考科。全球1个大洲分布及种数(1－3)◆南亚(◆印度)。

Bhutanthera Renz 高山兰属 Orchidaceae［MM－723］特征纪要:习性:－。花程式:－。物候:－。花期:7－8月。果期:参考晚于花期。海拔:4200－4300米。生境:高山草甸。资源:－。全球1个大洲分布及种数(5－6)◆亚洲。

Bia Klotzsch 刺痒藤属 Euphorbiaceae［MD－217］特征纪要:习性:木本。花程式:K1(1000),C0,A6,↓G－参考科。其他特征参考科。全球2个大洲分布及种数(6)北美洲:1;南美洲:5。

Biancaea Tod. 云实属 Fabaceae3［MD－240］特征纪要:习性:木本。花程式:Kn,C3－5－∞,A3参考科,＝↓G

B

(–)。物候：–。海拔:7500 米。生境:山坡。资源：–。全球 1 个大洲分布及种数(2–6) ◆亚洲:2–5。

Biantheridion (Grolle) Konstant. & Vilnet 圆瓣苔属 Anastrophyllaceae [B–60] 特征纪要:习性：–。【Rep】:雌雄同株或异株或有序同苞,雄苞顶生或间生,雄苞叶 2–3 对。物候：–。海拔：–。生境:土生。资源：–。全球 3 个大洲分布及种数(2)亚洲:2; 欧洲:2; 北美洲:2。

Biarum Schott 破土芋属 Araceae [MM–639] 特征纪要:习性:草本。花程式:K0,C0,A1–4, = G1–3。其他特征参考科。全球 6 个大洲分布及种数(16–25;hort. 1;cult. 1)非洲:3–9;亚洲:13–22;大洋洲:5;欧洲:6–13;北美洲:5;南美洲:5。

Biaslia Vand. = **Mayaca**

Biassolettia Endl. = **Hernandia**

Biatherium Desv. = **Gymnopogon**

Biatora <unassigned> 肉穗果科属 Bataceae [MD–223] 特征纪要：–。全球 5 个大洲分布及种数(121)亚洲:6; 大洋洲:7; 欧洲:8; 北美洲:8; 南美洲:30。

Biatoropsis <unassigned> 土囊藓属 Sorapillaceae [B–212] 特征纪要：–。全球 3 个大洲分布及种数(6)亚洲:2; 大洋洲:5; 南美洲:3。

Biauricula Bub. = **Iberis**

Bicolor <unassigned> 英国鸢尾属 Iridaceae [MM–700] 特征纪要：–。全球 1 个大洲分布及种数(1)◆欧洲:1。

Bicosta Ochyra 南桑群岛黑藓属 Andreaeaceae [B–98] 特征纪要:习性：–。【Rep】:雌雄同株或异株,雌苞叶多长大,鞘状,孢蒴常为椭圆形,直立,成熟时中部 4 或 5 瓣不完全纵裂。其他特征参考科。全球 1 个大洲分布及种数(2)◆南美洲:2。

Bicuiba J. J. de Wilde 肉豆蔻属 Myristicaceae [MD–15] 特征纪要:习性:木本。花程式:Kn,C0,A5,↓G–参考科。其他特征参考科。全球 1 个大洲分布及种数(1)◆南美洲。

Bicuspidaria (S. Watson) Rydb. 耀星花属 Loasaceae [MD–435] 特征纪要:习性：–。花程式：–。其他特征参考科。全球 1 个大洲分布及种数(1)◆非洲。

Bidaria Decne. = **Gymnema**

Bidayuha S. Y. Wong & P. C. Boyce 针南星属 Araceae [MM–639] 特征纪要:习性:草本。花程式：–。其他特征参考科。全球 1 个大洲分布及种数(–)。

Bidens L. 鬼针草属 Asteraceae [MD–586] 特征纪要:习性:草本。花程式:(K)3–5,C3–5,A3 参考科, = ↓G2。物候：–。花期:8–10 月。果期:参考晚于花期。海拔:1300 米。生境:菜园地上,沼泽及河边湿地。资源:具栽培园艺种类。全球 6 个大洲分布及种数(243–346;hort. 1;cult. 20)非洲:81–145;亚洲:61–126;大洋洲:39–107;欧洲:27–91;北美洲:145–224;南美洲:65–138。【中国种数:22】。

Bidoupia Aver., Ormerod & Duy 鬼柱兰属 Orchidaceae [MM–723] 特征纪要:习性:草本。花程式：–。其他特征参考科。全球 1 个大洲分布及种数(–)。

Biebersteinia Stephan 熏倒牛属 Biebersteiniaceae [MD–394] 特征纪要(同科)。全球 1 个大洲分布及种数(3–4)◆亚洲。【中国种数:3】。

Biebersteiniaceae Schnizl. [MD–394] 熏倒牛科 特征纪要:习性:草本;落叶。花程式:K4–5(–),C5,A2,G–。物候：–。花期:4–5 月。果期:4–6 月。果实:蒴果。种子：–。海拔:1000–3200 米。生境:低山草原或荒漠冲沟,石坡,靠近冰川,岩石和砾石地区。资源:药用。栽培：–。全球 1 个大洲分布及属种数(2/5–6 hort. 1)◆非洲:1/ 3。【中国属种数:1/3】。

Bienertia Bunge ex Boiss. 纵翅碱蓬属 Amaranthaceae [MD–116] 特征纪要:习性:草本。花程式:K3–5,C0,A3–5,G–。物候：–。海拔:600–5000 米。生境:半固定沙丘或河边沙滩,棕钙土。资源：–。全球 1 个大洲分布及种数(3–4)◆亚洲。【中国种数:1】。

Biermannia King & Pantl. 胼胝兰属 Orchidaceae [MM–723] 特征纪要:习性:草本。花程式:(K)3,C3,A3, = ↓G3。物候：–。花期:7–9 月。果期:参考晚于花期。海拔:800 米。生境:附生植物。资源：–。全球 2 个大洲分布及种数(10–55)亚洲:52; 大洋洲:5。【中国种数:2】。

Bifora Hoffm. 双孔芹属 Apiaceae [MD–480] 特征纪要:习性:草本。花程式:K5,C5,A5, = ↓G2。其他特征参考科。全球 6 个大洲分布及种数(5)非洲:2–4;亚洲:4–6;大洋洲:1–3;欧洲:3–5;北美洲:3–5;南美洲:2。【中国种数:2】。

Bifrenaria Lindl. 双柄兰属 Orchidaceae [MM–723] 特征纪要:习性:草本。花程式:(K)3,C3,A3, = ↓G3。物候：–。花期:参考早于果期。果期:10–11 月。海拔:80–5200 米。生境:柏树林下或草坡路旁,竹坡中。资源:具栽培园艺种类。全球 6 个大洲分布及种数(30–34)非洲:2;亚洲:2;大洋洲:1–3;欧洲:2;北美洲:7–9;南美洲:29–34。【中国种数:1】。

Bigamea Koen. ex Endl. = **Ancistrocladus**

Bignonia L. 号角藤属 Bignoniaceae [MD–541] 特征纪要:习性:木本。花程式:K5,C0,A5, = ↓G2。物候：–。海拔:100–5840 米。生境:常绿阔叶林,路旁,斜坡,竹木林中。资源:具栽培园艺种类。全球 6 个大洲分布及种数(44–120)非洲:4–33;亚洲:11–38;大洋洲:4–33;欧洲:4–33;北美洲:17–52;南美洲:38–103。【中国种数:6】。

Bignoniaceae Juss. [MD–541] 紫葳科 特征纪要:习性:木本,藤本;落叶。花程式:↙(K)6–,C4–5–,A6,↑G2。物候：–。花期: 5–8 月。果实:浆果,蒴果。种子:周围具透明膜质翅。海拔:1000–1650 米。生境:常绿阔叶林,路旁,斜坡。栽培:来自广西龙州。资源:园林,药用。栽培:中国有栽培。全球 6 个大洲分布及属种数(105

–119/1099 –1594 <IFR 12/20 > hort. 1; cult. 18）非洲:27 –28/165 –205(IFR 4/4)；亚洲:33/261 –298；大洋洲:20/65 –85(IFR 1/1)；欧洲:6/20 –24；北美洲:26 –27/211 –231(IFR 7/10)；南美洲:54 –57/723 –930(IFR 6/14)。【中国属种数:45/118】。

Bijlia N. E. Br. 秋矛玉属 Aizoaceae［MD –94］特征纪要:习性:–。花程式:–。其他特征参考科。全球 2 个大洲分布及种数(2 –4)非洲:4；南美洲:2。

Bikinia Wieringa 膜苞豆属 Fabaceae1［MD –240］特征纪要:习性:木本。花程式:Kn, C3 –5 –∞, A3 参考科, =↓G(–)。其他特征参考科。全球 1 个大洲分布及种数(11)◆非洲。

Bikkia Reinw. ex Bl. 比克茜属 Rubiaceae［MD –523］特征纪要:习性:木本。花程式:(K)4 –5, (C)4 –5, A4 –5, =↓G2 –9。物候:–。海拔:–。生境:–。资源:具栽培园艺种类。全球 6 个大洲分布及种数(11 –19)非洲:2 –8;亚洲:2 –5;大洋洲:8 –12;欧洲:3;北美洲:3;南美洲:3。

Bilimbia (Endl.) Rchb. 沟酢浆草属 Oxalidaceae［MD –395］特征纪要:–。全球 4 个大洲分布及种数(25)亚洲:6；大洋洲:1；欧洲:13；南美洲:3。

Billardiera Sm. 吊藤莓属 Pittosporaceae［MD –448］特征纪要和分布(–)。全球 4 个大洲分布及种数(24 –40; hort. 1; cult. 1)亚洲:1;大洋洲:23 –39;欧洲:1;北美洲:1。【中国种数:1】。

Billbergia Thunb. 水塔花属 Bromeliaceae［MM –715］特征纪要:习性:草本(基生)。花程式:–。物候:–。海拔:–。生境:药圃栽培。资源:药用,观赏,具栽培园艺种类。全球 6 个大洲分布及种数(65 –273)非洲:20；亚洲:9；大洋洲:3；欧洲:51；北美洲:51；南美洲:184。【中国种数:3】。

Billburttia Magee & B. –E. van Wyk 水塔芹属 Apiaceae［MD –480］特征纪要:习性:草本。花程式:Kn, C5, A3 参考科, =↓G(–)。其他特征参考科。全球 1 个大洲分布及种数(2)◆非洲。

Billia Peyr. 三叶树属 Sapindaceae［MD –428］特征纪要:习性:木本。花程式:–。其他特征参考科。全球 5 个大洲分布及种数(1 –18)亚洲:3；大洋洲:2；欧洲:4；北美洲:4；南美洲:11。

Billieturnera Fryxell 纤花棯属 Malvaceae［MD –203］特征纪要:习性:木本。花程式:K5 –∞, C5 –∞, A10 –8, G –。其他特征参考科。全球 3 个大洲分布及种数(1 –2)非洲:2；亚洲:2；北美洲:2。

Billolivia D. J. Middleton 纤岩桐属 Gesneriaceae［MD –549］特征纪要:习性:草本。花程式:–。其他特征参考科。全球 1 个大洲分布及种数(–)。

Billya Cass. = **Petalacte**

Binaria Raf. 羊蹄甲属 Fabaceae3［MD –240］特征纪要:习性:–。花程式:–。其他特征参考科。全球 1 个大洲分布及种数(cf. 1)◆南美洲。

Biondea Usteri = **Sloanea**

Biondia Schltr. 秦岭藤属 Asclepiadaceae［MD –494］特征纪要:习性:–。花程式:–。物候:–。花期:5 月。果期:参考晚于花期。海拔:1400 –2000 米。生境:常绿阔叶林中时见小藤本。资源:药用。全球 1 个大洲分布及种数(13 –15)◆亚洲。

Bionia Mart. ex Benth. 感应豆属 Fabaceae3［MD –240］特征纪要:习性:–。花程式:–。其他特征参考科。全球 1 个大洲分布及种数(5 –6)◆南美洲(◆巴西)。

Biophytum DC. 感应草属 Oxalidaceae［MD –395］特征纪要:习性:草本(基生)。花程式:K5, C5, A10, ↓G –。物候:–。花期:6 –12 月。果期:参考晚于花期。海拔:300 –2300 米。生境:路旁,山坡草地和林下阴湿处,杂木林缘。资源:药用,具栽培园艺种类。全球 6 个大洲分布及种数(61 –87; hort. 1)非洲:17 –29;亚洲:13 –25;大洋洲:5 –8;欧洲:2;北美洲:12 –14;南美洲:32 –39。【中国种数:8】。

Bipinnula Comm. ex Juss. 羽须兰属 Orchidaceae［MM –723］特征纪要:习性:草本。花程式:(K)3, C3, A3, =↓G3。其他特征参考科。全球 3 个大洲分布及种数(10 –23)大洋洲:2；北美洲:2；南美洲:23。

Bipontia S. F. Blake = **Clarisia**

Biporeia Thou. = **Quassia**

Bisboeckelera Kuntze 裂鞘茅属 Cyperaceae［MM –747］特征纪要:习性:草本。花程式:(K)3, C3, A1 –3, =↓G2 –3。其他特征参考科。全球 6 个大洲分布及种数(4 –6)非洲:2;亚洲:2;大洋洲:2;欧洲:2;北美洲:2 –4;南美洲:3 –6。

Bischoffia F. Muell. = **Bischofia**

Bischofia Bl. 秋枫属 Bischofiaceae［MD –221］特征纪要同科。全球 6 个大洲分布及种数(2 –204)非洲:26；亚洲:69；大洋洲:26；欧洲:8；北美洲:8；南美洲:91。【中国种数:2】。

Bischofiaceae H. K. Airy –Shaw［MD –221］重阳木科 特征纪要:习性:木本;落叶。花程式:K5, C5, A9 –15, =↓G2 –3。物候:–。花期:4 –5 月。果期:8 –12 月。果实:–。种子:–。海拔:1000 米。生境:山谷林地,广泛种植在河岸上,在花园和大道上种植,以下山地林中或平原栽培,在长江中下游平原或农村常见,常栽培为行道树。资源:油脂。栽培:中国有栽培。全球 1 个大洲分布及属种数(1/1 hort. 1)◆亚洲:1/4。

Biscutela Raf. = **Biscutella**

Biscutella L. 双盾荠属 Brassicaceae［MD –213］特征纪要:习性:草本。花程式:K2 –4, C2 –4, A2 –4, =G2。物候:–。海拔:–。生境:–。资源:具园艺种类。全球 6 个大洲分布及种数(63 –80; hort. 1; cult. 7)非洲:21 –25;亚洲:7 –11;大洋洲:4;欧洲:54 –61;北美洲:4 –8;南美洲:6。【中国种数:2】。

Biserrula L. 齿荚豆属 Fabaceae3［MD –240］特征纪要:习性:木本。花程式:Kn, C1 –∞ 参考科, A3 参考科, =↓G(–)。其他特征参考科。全球 1 个大洲分布及种数(2)◆南美洲。

Bisglaziovia Cogn. 格拉野牡丹属 Melastomataceae［MD –364］特征纪要:习性:木本。花程式:K4 –5, C4 –5, A4 –

5, = ↓ (G)3 - 4。其他特征参考科。全球 1 个大洲分布及种数(1)◆南美洲(◆巴西)。

Bisgoeppertia Kuntze 北美双龙胆属 Gentianaceae [MD - 496] 特征纪要:习性:草本。花程式:K5, C0, A10, = G2。其他特征参考科。全球 5 个大洲分布及种数(3 - 8)非洲:2; 亚洲:3; 欧洲:6; 北美洲:6; 南美洲:2。

Bishopalea H. Rob. 毛瓣叉毛菊属 Asteraceae [MD - 586] 特征纪要:习性: - 。花程式: - 。其他特征参考科。全球 1 个大洲分布及种数(1)◆南美洲(◆巴西)。

Bishopanthus H. Rob. 单头黄安菊属 Asteraceae [MD - 586] 特征纪要:习性:草本。花程式:(K)3 - 5, C3 - 5, A3 - 5, = ↓ (G)2。其他特征参考科。全球 1 个大洲分布及种数(1)◆南美洲(◆秘鲁)。

Bishopiella R. M. King & H. Rob. 莲座柄泽兰属 Asteraceae [MD - 586] 特征纪要:习性:草本。花程式:(K)3 - 5, C3 - 5, A3 - 5, = ↓ (G)2。其他特征参考科。全球 1 个大洲分布及种数(1)◆南美洲(◆巴西)。

B

Bishovia R. M. King & H. Rob. 繁花亮泽兰属 Asteraceae [MD - 586] 特征纪要:习性:草本。花程式:(K)3 - 5, C3 - 5, A3 - 5, = ↓ (G)2。其他特征参考科。全球 1 个大洲分布及种数(2)◆南美洲(◆玻利维亚)。

Bismarckia Hildebrandt & H. Wendl. 霸王棕属 Arecaceae [MM - 717] 特征纪要:习性:木本。花程式: - 。其他特征参考科。全球 4 个大洲分布及种数(1 - 3)非洲:3; 亚洲:1; 北美洲:2; 南美洲:2。

Bisnaga Orcutt = **Ferocactus**

Bissea V. Fuentes = **Henoonia**

Bissetia Broth. ex M. Fleisch. 双平藓属 Neckeraceae [B - 204] 特征纪要:习性: - 。【Rep】:孢子体不详,黄绿色或黄褐色。其他特征参考科。全球 2 个大洲分布及种数(1)亚洲:1;大洋洲:1。

Bistella Adans. 二歧草属 Vahliaceae [MD - 420] 特征纪要(同科)。全球 4 个大洲分布及种数(9)非洲:8; 亚洲:3; 欧洲:2; 北美洲:2。

Bistorta (L.) G. A. Scop. 拳参属 Polygonaceae [MD - 120] 特征纪要:习性:草本。花程式:K2 - 3, C0, A2, = (G) 2 - 3。物候: - 。海拔:20 - 5400 米。生境:山坡草地。栽培:来自广西龙州。资源:具栽培园艺种类。全球 6 个大洲分布及种数(37 - 48;hort. 1;cult. 3)非洲:1 - 7;亚洲:36 - 53;大洋洲:6;欧洲:3 - 9;北美洲:3 - 10;南美洲:6。【中国种数:23】。

Biswarea Cogn. 三裂瓜属 Cucurbitaceae [MD - 205] 特征纪要:习性: - 。花程式: - 。物候: - 。花期:7 - 9 月。果期:参考晚于花期。海拔:60 - 3500 米。生境:在岩石或灌木丛上,山坡,田埂,林中或路旁。资源: - 。全球 1 个大洲分布及种数(cf. 1)◆亚洲。

Bituminaria Heist. ex Fabr. 柏油豆属 Fabaceae3 [MD - 240] 特征纪要:习性:木本。花程式:K1 - ∞, C1 - ∞, A5 - 9, = ↓ G1。物候: - 。海拔:7500 米。生境:矮灌木丛或芦苇丛中,稀见于沿河岸疏林下,作为作物栽培。资源:具栽培园艺种类。全球 6 个大洲分布及种数(10 - 12)非洲:6; 亚洲:6; 大洋洲:3; 欧洲:2; 北美洲:2; 南美洲:2。

Bivinia Tul. 蛛丝木属 Salicaceae [MD - 123] 特征纪要:习性:木本。花程式:K2 - 10, C0, A2 - 10, = G2 - 10。其他特征参考科。全球 1 个大洲分布及种数(1)◆非洲。

Bivonaea DC. 西地中海芥属 Brassicaceae [MD - 213] 特征纪要:习性:草本。花程式:K2 - 4, C2 - 4, A2 - 4, = G2。其他特征参考科。全球 6 个大洲分布及种数(2 - 3)非洲:1 - 2;亚洲:1 - 3;大洋洲:1;欧洲:1 - 2;北美洲:1;南美洲:1。

Bivonia Spreng. = **Bernardia**

Bixa L. 红木属 Bixaceae [MD - 176] 特征纪要:习性:木本。生境:民族园内草坪上向阳干燥地,种植,耐贫瘠土壤,但不耐阴凉。资源:药用,色素,纤维,具栽培园艺种类。全球 6 个大洲分布及种数(6 - 22)非洲:12; 亚洲:14; 大洋洲:11; 欧洲:12; 北美洲:12; 南美洲:17。【中国种数:2】。

Bixaceae Kunth [MD - 176] 红木科 特征纪要:习性:木本;常绿,落叶。花程式:K5, C5, A4 - 8, ↑ G2 - 4。物候: - 。果实:蒴果。种子:多数作为亚科来处理。海拔:1535 米。生境:民族园内草坪上向阳干燥地,种植,耐贫瘠土壤,但不耐阴凉。资源:色素,药用,纤维。栽培:中国有栽培。全球 6 个大洲分布及属种数(3/28 - 30 hort. 1; cult. 1) 非洲:1; 亚洲:3/5; 大洋洲:3/3; 欧洲:2/3; 北美洲:3/4; 南美洲:3/7。【中国属种数:2/5】。

Bizonula Pellegr. 双带无患子属 Sapindaceae [MD - 428] 特征纪要:习性:木本。花程式:K4 - 8, C4 - 8, A10, = (G)2 - 3。其他特征参考科。全球 1 个大洲分布及种数(1 - 2)◆非洲。

Bizotia R. B. Pierrot = **Campylopus**

Blaberopus A. DC. = **Alstonia**

Blachia Baill. 留萼木属 Euphorbiaceae [MD - 217] 特征纪要:习性:木本。花程式: - 。物候: - 。花期:9 - 10 月。果期:参考晚于花期。海拔:100 - 200 米。生境:灌木丛中,沿海低山或海滨干燥疏林中。资源:具栽培园艺种类。全球 2 个大洲分布及种数(13 - 26)亚洲:20; 南美洲:6。【中国种数:7】。

Blackallia C. A. Gardner 布莱鼠李属 Rhamnaceae [MD - 331] 特征纪要:习性:木本。花程式:K4 - 5, C4 - 5, A2, = G2 - 5。其他特征参考科。全球 1 个大洲分布及种数(1)◆大洋洲(◆澳大利亚)。

Blackstonia Huds. 绮莲花属 Gentianaceae [MD - 496] 特征纪要:习性:草本。花程式: - 。其他特征参考科。全球 6 个大洲分布及种数(6 - 29)非洲:9; 亚洲:14; 大洋洲:3; 欧洲:5; 北美洲:5; 南美洲:8。【中国种数:1】。

Blackwella Cothen. = **Leea**

Bladha Cothen. = **Cyathodes**

Blaeria L. 四蕊石南属 Ericaceae [MD - 380] 特征纪要:习性: - 。花程式: - 。其他特征参考科。全球 6 个大洲分布及种数(96)非洲:91; 亚洲:8; 大洋洲:3; 欧洲:1; 北美洲:1; 南美洲:2。

Blainvillea Cass. 百能葳属 Asteraceae [MD - 586] 特征纪要:习性:草本。花程式:(K)3 - 5, C3 - 5, A3 参考科, =

↓G2。物候：-。花期：4-6月。果期：参考晚于花期。海拔：2600米。生境：阔叶林，草坡，林中荒地草地阳处山脚。资源：药用。全球6个大洲分布及种数(8-15)非洲：3-4；亚洲：3-5；大洋洲：4-5；欧洲：1-2；北美洲：1-2；南美洲：4-8。【中国种数：1】。

Blakea P. Br. 杯碟花属 Melastomataceae [MD-364] 特征纪要：习性：木本。花程式：-。其他特征参考科。全球4个大洲分布及种数(194-255)大洋洲：2；欧洲：88；北美洲：88；南美洲：171。

Blakeanthus R. M. King & H. Rob. 藿香蓟属 Asteraceae [MD-586] 特征纪要：习性：-。花程式：-。其他特征参考科。全球2个大洲分布及种数(2)北美洲：1；南美洲：1。

Blakiella Cuatrec. 层菀属 Asteraceae [MD-586] 特征纪要：习性：草本。花程式：(K)3-5,(C)3-5,A3-5,↓G。其他特征参考科。全球2个大洲分布及种数(1-5)大洋洲：1；南美洲：2。

Blanchetia DC. 黑毛落苞菊属 Asteraceae [MD-586] 特征纪要：习性：草本。花程式：(K)3-5,C3-5,A3-5,=↓(G)2。其他特征参考科。全球2个大洲分布及种数(2-3)非洲：2；南美洲：3。

Blanchetiodendron Barneby & J. W. Grimes 合欢属 Fabaceae2 [MD-240] 特征纪要：习性：木本。花程式：K3-5-∞,C3-5-∞,A1-10-50,=↓G(-)。其他特征参考科。全球1个大洲分布及种数(1)◆南美洲。

Blancoa Lindl. 冬钟花属 Haemodoraceae [MM-718] 特征纪要和分布(-)。全球1个大洲分布及种数(1)◆大洋洲(◆澳大利亚)。

Blandfordia Sm. 火铃花属 Blandfordiaceae [MM-636] 特征纪要(同科)。全球3个大洲分布及种数(4-14)大洋洲：9；欧洲：1；北美洲：1。

Blandfordiaceae R. Dahlgren & Clifford [MM-636] 火铃花科 特征纪要：习性：木本；落叶。花程式：(K)6-,C3,A6,↑G3。果实：蒴果。全球1个大洲分布及属种数(2/8 hort. 1)◆大洋洲：1/6。

Blasia L. 壶苞苔属 Blasiaceae [B-3] 特征纪要：习性：-。【Rep】：雌雄苞均着生叶状体背面，颈卵器裸露，受精后沉生于叶状体内，由菱形苞膜覆盖，蒴被薄，膜质，孢蒴卵形。物候：-。海拔：1000米。生境：土生。资源：-。全球4个大洲分布及种数(3)非洲：2；亚洲：3；欧洲：2；北美洲：2。【中国种数：1】。

Blasiaceae H. Klinggr. [B-3] 壶苞苔科 特征纪要：陆生植物，叶柄基部膨大，彼此呈复瓦状，叶大，簇生，二型或同一叶的羽片为二型，一至二回羽状。【Rep】：孢子囊球圆形，有柄，边缘着生，自顶端纵裂。全球3个大洲分布及属种数(1/1)非洲：1；亚洲：1；北美洲：1。【中国属种数：1/1】。

Blastania Kotschy & Peyr. 泻根属 Cucurbitaceae [MD-205] 特征纪要：习性：-。花程式：-。其他特征参考科。全球2个大洲分布及种数(3-7)非洲：2；亚洲：2。

Blastemanthus Planch. 覆萼莲木属 Ochnaceae [MD-104] 特征纪要：习性：木本。花程式：K1-∞,C1-∞,A10,=G2-15。其他特征参考科。全球2个大洲分布及种数(3-11)非洲：2；南美洲：11。

Blastocaulon Ruhland 荫谷精属 Eriocaulaceae [MM-726] 特征纪要：习性：-。花程式：-。其他特征参考科。全球3个大洲分布及种数(6)非洲：2；亚洲：2；南美洲：6。

Blastotrophe F. Didrichs. = **Alafia**

Blastus Lour. 柏拉木属 Melastomataceae [MD-364] 特征纪要：习性：木本。花程式：-。物候：-。花期：6月。果期：参考晚于花期。海拔：100-1600米。生境：溪边或路旁，山坡沿水沟上下花岗岩山地。资源：具栽培园艺种类。全球5个大洲分布及种数(11-81)非洲：3；亚洲：67；大洋洲：4；北美洲：2；南美洲：3。【中国种数：9】。

Blaxium Cass. = **Dimorphotheca**

Bleasdalea F. Müll ex Domin 盐麸李属 Proteaceae [MD-219] 特征纪要：习性：木本。花程式：K3-4-∞,C0,A2,G-。其他特征参考科。全球4个大洲分布及种数(2-9)非洲：1；亚洲：1；大洋洲：2；南美洲：1。

Blechnaceae Newman [F-46] 乌毛蕨科 特征纪要：陆生，植株大型，粗壮，叶远生，有长柄。【Rep】：孢子囊群沿叶边成线形分布，着生于叶边内的一条连结脉上，无隔丝。全球6个大洲分布和属种数(8；hort. & cult. 5-6)(321-486；hort. & cult. 52-82)非洲：3-6/55-74；亚洲：6/98-131；大洋洲：4-6/107-156；欧洲：3-5/14-28；北美洲：6-7/97-117；南美洲：5-7/151-175。【中国属种数：4/62】。

Blechnidium Moore 乌毛蕨科属 Blechnaceae [F-46] 特征纪要：附生，中小型草本。根状茎横走，细长，黑褐色，密被鳞片；叶疏生至近生；柄长，乌木色，无光泽，上面有纵沟，基部披鳞片，叶片披针形至阔披针形，两端变狭，一回羽裂深达叶轴，下部数对羽片逐渐狭缩成圆耳状。小脉不明显，沿主脉两侧各有1-3行多角形的网眼，其外侧的小脉分离并直达叶缘。叶厚纸质至革质，干后褐绿色，两面均无毛，呈褶皱状。【Rep】：孢子囊群线形，沿主脉两侧各有1条，几与羽片等长，仅羽片先端不育，着生于紧靠主脉的囊托上；囊群盖线形，与孢子囊群等长，也着生于主脉两侧的囊托上，成熟时开向主脉，宿存。孢子椭圆形，具周壁，形成不规则的网状纹饰，上有稀疏的粗颗粒，外壁表面光滑。全球1个大洲分布及种数(1)◆亚洲。

Blechnopsis C. Presl 乌毛蕨属 Blechnaceae [F-46] 特征纪要：-。全球1个大洲分布及种数(6)◆南美洲：1。

Blechnum L. 泽丘蕨属 Blechnaceae [F-46] 特征纪要：习性：-。【Rep】：孢子囊群线形，连续，少有中断，紧靠主脉并与之平行，着生于主脉两侧的不甚明显的1条纵脉上，仅羽片先端(或有时基部)不育。物候：-。海拔：1600-2800米。生境：热性灌丛，竹林下。资源：药用，具栽培园艺种类。全球6个大洲分布及种数(265-357；hort. 1；cult. 21)非洲：52-61；亚洲：65-83；大洋洲：93-125；欧洲：12-16；北美洲：74-82；南美洲：143-155。【中国种数：47】。

Blechum P. Br. 赛山蓝属 Acanthaceae [MD-572] 特征纪要：习性：-。花程式：-。物候：-。花期：几乎全年。果期：参考晚于花期。海拔：50-3600米。生境：滨海地带，为红树林重要组成之一，竹林中。资源：-。全球6个大洲分布及种数(6-7)非洲：1-2；亚洲：1-2；大洋洲：1-2；欧洲：1-2；北美洲：3-4；南美洲：4-5。

Bleekrodea Bl. 南鹊肾树属 Moraceae [MD-87] 特征纪要：习性：木本。花程式：K1-4,C0,A6,=G1-2。物候：

-。海拔:2-2800 米。生境:林下时见,石灰岩山峰上。资源:-。全球 3 个大洲分布及种数(3-6)非洲:2; 亚洲:4; 北美洲:1。【中国种数:1】。

Blennodia R. Br. 粘液芥属 Brassicaceae [MD-213] 特征纪要:习性:草本。花程式:K2-4,C2-4,A2-4, = G2。其他特征参考科。全球 6 个大洲分布及种数(2-31)非洲:2; 亚洲:2; 大洋洲:29; 欧洲:3; 北美洲:3; 南美洲:3。

Blennosperma Less. 黏子菊属 Asteraceae [MD-586] 特征纪要:习性:草本。花程式:(K)3-5,(C)3-5,A3-5, = ↓G2。其他特征参考科。全球 6 个大洲分布及种数(6)非洲:2;亚洲:2;大洋洲:2;欧洲:2;北美洲:3-5;南美洲:2-4。

Blennospora A. Gray 丝叶鼠麹草属 Asteraceae [MD-586] 特征纪要:习性:草本。花程式:(K)3-5,(C)3-5,A3-5, = ↓G2。其他特征参考科。全球 2 个大洲分布及种数(3-8)大洋洲:5; 南美洲:2。

B

Blepharaden Dulac = **Swertia**

Blepharandra Griseb. 巴西金虎尾属 Malpighiaceae [MD-343] 特征纪要:习性:木本。花程式:-。其他特征参考科。全球 1 个大洲分布及种数(6)◆南美洲。

Blepharanthes Sm. = **Modecca**

Blepharidachne Hack. 睫毛草属 Poaceae [MM-748] 特征纪要:习性:草本。花程式:(K)3,C0 参考科,A1-2, = G2-3。其他特征参考科。全球 3 个大洲分布及种数(4-7)亚洲:2; 北美洲:7; 南美洲:4。

Blepharidium Standl. 白靛榄属 Rubiaceae [MD-523] 特征纪要:习性:木本。花程式:(K)4-5,(C)4-5,A4-5, = ↓G2-9。其他特征参考科。全球 2 个大洲分布及种数(1-3)北美洲:2; 南美洲:2。

Blepharidophyllaceae R. M. Schust. [B-59] 睑苔科 特征纪要:陆生,叶簇生。【Rep】:孢子四面型(但凤尾蕨组的一些种的孢子偶 1 条裂缝的两面型),灰色或几为黑色,表面通常粗糙或有疣状突起。全球 4 个大洲分布及属种数(1/1)非洲:1; 亚洲:1; 大洋洲:1; 南美洲:1。

Blepharidophyllum Ångstr. 乌叶苔属 Blepharidophyllaceae [B-59] 特征纪要:-。全球 2 个大洲分布及种数(3)大洋洲:cf. 1;南美洲:2。

Blephariglottis Raf. 银苏兰属 Orchidaceae [MM-723] 特征纪要:习性:-。花程式:-。其他特征参考科。全球 3 个大洲分布及种数(13)非洲:4; 亚洲:2; 北美洲:6。

Blepharipappus Hook. 睑冠菊属 Asteraceae [MD-586] 特征纪要:习性:草本。花程式:(K)3-5,(C)3-5,A3-5, = ↓G2。其他特征参考科。全球 6 个大洲分布及种数(1-68)非洲:4; 亚洲:18; 大洋洲:4; 欧洲:19; 北美洲:19; 南美洲:21。【中国种数:1】。

Blepharis Juss. 百簕花属 Acanthaceae [MD-572] 特征纪要:习性:草本,少木本。花程式:(K-),C2-3 参考科,A4,↓G-。物候:-。花期:12 月。果期:参考晚于花期。海拔:800 米。生境:石灰岩上,石灰岩悬崖或岩石。资源:具园艺种类。全球 6 个大洲分布及种数(95-137;hort. 1;cult. 3)非洲:94-130;亚洲:9-18;大洋洲:1;欧洲:1-2;北美洲:3-4;南美洲:1。【中国种数:3】。

Blepharispermum DC. 睑子菊属 Asteraceae [MD-586] 特征纪要:习性:草本。花程式:(K)3-5,(C)3-5,A3-5, = ↓G2。其他特征参考科。全球 2 个大洲分布及种数(17-18)非洲:13;亚洲:cf. 1。

Blepharistemma Wall. ex Benth. 睫瓣红树属 Rhizophoraceae [MD-329] 特征纪要:习性:木本。花程式:-。物候:-。海拔:1900 米。生境:中海拔山谷密林中。资源:-。全球 2 个大洲分布及种数(1-6)亚洲:5; 大洋洲:2。【中国种数:1】。

Blepharitheca Pichon = **Cuspidaria**

Blepharizonia (A. Gray) Greene 睑菊属 Asteraceae [MD-586] 特征纪要:习性:草本。花程式:(K)3-5,(C)3-5,A3-5,↓G。其他特征参考科。全球 3 个大洲分布及种数(2-9)亚洲:2; 北美洲:5; 南美洲:2。

Blepharocalyx O. Berg 睫萼木属 Myrtaceae [MD-347] 特征纪要:习性:木本。花程式:K4,C4,A8-10, = ↓G2-5。其他特征参考科。全球 6 个大洲分布及种数(3-65)非洲:4; 亚洲:3; 大洋洲:5; 欧洲:5; 北美洲:5; 南美洲:47。【中国种数:1】。

Blepharocarya F. Müll. 木姜漆属 Anacardiaceae [MD-432] 特征纪要:习性:木本。花程式:-。其他特征参考科。全球 1 个大洲分布及种数(2)◆大洋洲(◆澳大利亚)。

Blepharochloa Endl. = **Leersia**

Blepharodon Decne. 毛齿萝藦属 Apocynaceae [MD-492] 特征纪要:习性:木本。花程式:K5,C0,A15, = G2。其他特征参考科。全球 3 个大洲分布及种数(47)亚洲:cf. 1;北美洲:3;南美洲:27-45。【中国种数:2】。

Blepharolejeunea S. W. Arnell 乌鳞苔属 Lejeuneaceae [B-84] 特征纪要:习性:-。【Rep】:老时呈红褐色。其他特征参考科。全球 2 个大洲分布及种数(5)北美洲:1;南美洲:4。

Blepharoneuron Nash 落子草属 Poaceae [MM-748] 特征纪要:习性:-。花程式:-。其他特征参考科。全球 3 个大洲分布及种数(6)亚洲:2; 北美洲:4; 南美洲:3。

Blepharostoma (Dum.) Dum. 睫毛苔属 Blepharostomataceae [B-61] 特征纪要(同科)。全球 6 个大洲分布及种数(12)非洲:2; 亚洲:3; 大洋洲:2; 欧洲:2; 北美洲:2; 南美洲:4。【中国种数:2】。

Blepharostomataceae W. Frey & M. Stech [B-61] 睫毛苔科 特征纪要:一年生的多汁水生(或沼生)植物,根状茎短而直立,下端有一簇粗根,上部着生莲座状的叶子,顶端疏披鳞片,鳞片为阔卵形,基部多少呈心脏形,质薄,全缘,透明,叶簇生,叶柄绿色,肉质,光滑,叶二型,不育叶片为长圆状三角形至卵状三角形,绿色,薄草质,单叶或羽状复叶,能育叶与不育叶同形,往往较高,分裂较深而细,末回裂片边缘向下反卷达主脉,线形至角果形。【Rep】:孢子囊群,沿主脉两侧生,形大,几无柄。全球 2 个大洲分布和属种数(1/3-4)亚洲:1/2;北美洲:1/2。【中国属种数:1/2】。

Blepharozia (Mitt.) S. Okamura 须苔属 Ptilidiaceae [B-75] 特征纪要:-。全球 1 个大洲分布及种数(3)◆南美洲:1。

Blephilia (L.) Raf. 睫蕎属 Lamiaceae [MD-575] 特征纪要:习性:草本。花程式:K2,C0,A2,↓G。其他特征参考科。全球 3 个大洲分布及种数(4-11)亚洲:2; 欧洲:7; 北美洲:7。

Bletia Ruiz & Pav. 拟白及属 Orchidaceae [MM-723] 特征纪要:习性:草本。花程式:(K)3,C3,A3,=↓(G)3。资源:具栽培园艺种类。全球 6 个大洲分布及种数(41-57;hort. 1;cult. 4)非洲:20;亚洲:10-30;大洋洲:20;欧洲:3-23;北美洲:36-59;南美洲:20-46。【中国种数:4】。

Bletilla Rchb. f. 白及属 Orchidaceae [MM-723] 特征纪要:习性:草本(根状茎,基生,多肉)。花程式:Kn,C2-3 参考科,A3 参考科,↓G-。物候:-。花期:4-6 月。果期:参考晚于花期。海拔:600-3100 米。生境:常绿阔叶林,栎林,针叶林,草原,草坡,裂缝,山坡林下。资源:药用,具栽培园艺种类。全球 5 个大洲分布及种数(6-27)亚洲:23; 大洋洲:2; 欧洲:5; 北美洲:5; 南美洲:6。【中国种数:4】。

Blighia K. D. König 咸鱼果属 Sapindaceae [MD-428] 特征纪要:习性:木本。花程式:-。其他特征参考科。全球 5 个大洲分布及种数(3-19)非洲:17; 亚洲:3; 大洋洲:2; 北美洲:2; 南美洲:4。【中国种数:2】。

Blighiopsis Van der Veken 拟阿开木属 Sapindaceae [MD-428] 特征纪要:习性:木本。花程式:K4-5,C4-5,A10,=(G)2-3。其他特征参考科。全球 1 个大洲分布及种数(2)◆非洲。

Blindia Bruch & Schimp. 小穗藓属 Seligeriaceae [B-113] 特征纪要:习性:-。【Rep】:雌雄多异株,蒴柄高出于雌苞叶,直立或弯曲,孢蒴多平滑,干燥时不收缩,短柱形或梨形,有时基部呈短台状。其他特征参考科。全球 6 个大洲分布及种数(31)非洲:9;亚洲:6;大洋洲:12;欧洲:6;北美洲:7;南美洲:12。【中国种数:1】。

Blindiadelphus (Lindb.) Fedosov & Ignatov 细叶藓科属 Seligeriaceae [B-113] 特征纪要:-。全球 1 个大洲分布及种数(-)。

Blindiopsis E. B. Bartram & Dixon 小穗藓属 Seligeriaceae [B-113] 特征纪要:-。全球 1 个大洲分布及种数(-)。

Blinkworthia Choisy 苞叶藤属 Convolvulaceae [MD-499] 特征纪要:习性:-。花程式:-。物候:-。海拔:400-2500 米。生境:灌丛,森林草原,乔木林及灌丛草地中。资源:药用。全球 1 个大洲分布及种数(1-2)◆亚洲。【中国种数:1】。

Blochmannia Rchb. = **Triplaris**

Blomia Miranda 布氏无患子属 Sapindaceae [MD-428] 特征纪要:习性:木本。花程式:K4-8,C4-8,A10,=G2-3。其他特征参考科。全球 2 个大洲分布及种数(1-5)北美洲:2; 南美洲:3。

Blondea Rich. = **Sloanea**

Bloomeria Kellogg 金星韭属 Asparagaceae [MM-669] 特征纪要:习性:草本。花程式:(K)3,C0 参考科,A6,G3-参考科。其他特征参考科。全球 3 个大洲分布及种数(5-11)亚洲:2; 北美洲:8; 南美洲:2。【中国种数:1】。

Blossfeldia Werderm. 银绣玉属 Cactaceae [MD-100] 特征纪要:习性:木本。花程式:K1-∞,C1-∞,A3-100,=↓G-。其他特征参考科。全球 1 个大洲分布及种数(1)◆南美洲。

Blotia Leandri = **Wielandia**

Blotiella R. M. Tryon 灰白蕨属 Dennstaedtiaceae [F-26] 特征纪要:习性:-。【Rep】:孢子同形,囊群至叶缘。其他特征参考科。全球 6 个大洲分布及种数(19-23)非洲:17-23;亚洲:3-6;大洋洲:3;欧洲:1-4;北美洲:4-7;南美洲:1-4。【中国种数:1】。

Bluffia Nees = **Alloteropsis**

Blumenbachia Schröd. 布氏刺莲花属 Loasaceae [MD-435] 特征纪要:习性:-。花程式:-。其他特征参考科。全球 6 个大洲分布及种数(11-42)非洲:2; 亚洲:4; 大洋洲:2; 欧洲:3; 北美洲:3; 南美洲:39。【中国种数:1】。

Blumeodendron (Müll. Arg.) Kurz 蔽雨桐属 Euphorbiaceae [MD-217] 特征纪要:习性:木本。花程式:K1(1000),C0,A6,=G2-3。物候:-。花期:3-10 月。果期:参考晚于花期。海拔:20-5000 米。生境:中海拔山地灌木林中。资源:-。全球 3 个大洲分布及种数(9-24)非洲:4; 亚洲:22; 大洋洲:1。【中国种数:3】。

Blumeopsis Gagnep. 拟艾纳属 Asteraceae [MD-586] 特征纪要:习性:-。花期:10 月至次年 3 月。果期:参考晚于花期。海拔:6000 米。生境:草坡,疏林。全球 2 个大洲分布及种数(3)亚洲:3; 南美洲:3。

Blutaparon Raf. 银头苋属 Amaranthaceae [MD-116] 特征纪要:习性:草本。花程式:K1-2,C0,A1-2,=G2-3。其他特征参考科。全球 3 个大洲分布及种数(4)非洲:1;北美洲:2;南美洲:3。

Blysmocarex Ivanova = **Kobresia**

Blysmopsis Oteng-Yeb. 扁穗草属 Cyperaceae [MM-747] 特征纪要:习性:-。花程式:-。其他特征参考科。全球 2 个大洲分布及种数(cf. 1)欧洲;北美洲。

Blysmoschoenus Palla 扁穗莎草属 Cyperaceae [MM-747] 特征纪要:-。全球 1 个大洲分布及种数(1)◆南美洲:1。

Blysmus Panz. ex Schult. 扁穗草属 Cyperaceae [MM-747] 特征纪要:习性:草本(根状茎,基生)。花程式:(K)3,C3,A3,G-。物候:-。花期:7-9 月。果期:参考晚于花期。海拔:500-4800 米。生境:斜坡。资源:具栽培园艺种类。全球 6 个大洲分布及种数(4-6;hort. 1;cult. 1)非洲:2-4;亚洲:3-6;大洋洲:2;欧洲:3-5;北美洲:1-3;南美洲:2。【中国种数:2】。

Blyttia Arn. 白前属 Apocynaceae [MD-492] 特征纪要:习性:-。花程式:-。其他特征参考科。全球 1 个大洲分布及种数(cf. 1)◆欧洲。

Blyxa Noronha ex Thou. 水筛属 Hydrocharitaceae [MM-599] 特征纪要:习性:草本(根状茎,基生)。花程式:-。物候:-。海拔:-。生境:稻田和水渠。栽培:来自广西龙州。资源:具栽培园艺种类。全球 6 个大洲分布及种数(13-18;hort. 1)非洲:9-14;亚洲:8-16;大洋洲:5-10;欧洲:4-9;北美洲:4-9;南美洲:5。【中国种数:6】。

Blyxopsis Kuntze = **Blyxa**

Bobartia L. 灯草鸢尾属 Iridaceae［MM－700］特征纪要:习性:草本。花程式:(K)3,C3,A10,↓G。其他特征参考科。全球6个大洲分布及种数(21－37)非洲:29; 亚洲:5; 大洋洲:2; 欧洲:4; 北美洲:4; 南美洲:6。

Bobea Gaud. 黄舷木属 Rubiaceae［MD－523］特征纪要:习性:木本。花程式:(K)4－5,(C)4－5,A4－5,=↓G2－9。其他特征参考科。全球3个大洲分布及种数(5－26)亚洲:18; 大洋洲:4; 北美洲:18。

Boberella E. H. L. Krause = **Physalis**

Bobgunnia J. H. Kirkbr. & Wiersema 铁木豆属 Fabaceae2［MD－240］特征纪要:习性:草本。花程式:－。其他特征参考科。全球3个大洲分布及种数(2－3)非洲:2; 亚洲:2; 南美洲:1。【中国种数:1】。

Bobua DC. = **Symplocos**

Bocagea A. St. －Hil. 地星木属 Annonaceae［MD－7］特征纪要:习性:木本。花程式:K3－∞,C3,A2,=G10－100。其他特征参考科。全球5个大洲分布及种数(4－38)非洲:2; 亚洲:18; 大洋洲:4; 北美洲:2; 南美洲:37。

Bocageopsis R. E. Fr. 驴辕木属 Annonaceae［MD－7］特征纪要:习性:木本。花程式:K3－∞,C3,A2,=G10－100。其他特征参考科。全球2个大洲分布及种数(4－6)亚洲:2; 南美洲:6。【中国种数:1】。

Bocconia Plum. ex L. 博落木属 Papaveraceae［MD－54］特征纪要:习性:草本。花程式:K1－∞,C4,A4－6,=G2－100。物候:－。海拔:－。生境:－。资源:具栽培园艺种类。全球6个大洲分布及种数(12－14)非洲:1－2;亚洲:2－3;大洋洲:1;欧洲:1;北美洲:8－10;南美洲:5－6。【中国种数:2】。

Bocoa Aubl. 头铁豆属 Fabaceae3［MD－240］特征纪要:习性:木本。花程式:K1－∞,C1－∞,A5－9,=↓G1。其他特征参考科。全球2个大洲分布及种数(3－23)亚洲:3; 南美洲:22。

Bocquillonia Baill. 头麻秆属 Euphorbiaceae［MD－217］特征纪要:习性:木本。花程式:K1(1000),C0,A6,=G2－3。其他特征参考科。全球1个大洲分布及种数(5－15)◆大洋洲。

Boea Comm. ex Lam. 旋蒴苣苔属 Gesneriaceae［MD－549］特征纪要:习性:草质攀援。花程式:(K－),C2－3参考科,A8,↓G－。物候:－。花期:6－8月。果期:参考晚于花期。海拔:500－3100米。生境:生于山坡,路旁,林下阴湿岩石上,山腰坡地岩石上。资源:药用,具栽培园艺种类。全球6个大洲分布及种数(10－23)非洲:3－16;亚洲:5－17;大洋洲:4－18;欧洲:5;北美洲:5;南美洲:6。【中国种数:1】。

Boeberastrum Rydb. 肉羽菊属 Asteraceae［MD－586］特征纪要:习性:草本。花程式:(K)3－5,C3－5,A3－5,=↓(G)2。其他特征参考科。全球1个大洲分布及种数(3)◆北美洲。

Boeberoides (DC.) Strother 多腺菊属 Asteraceae［MD－586］特征纪要:习性:草本。花程式:(K)3－5,C3－5,A3－5,=↓(G)2。其他特征参考科。全球1个大洲分布及种数(1)◆北美洲。

Boechera á. Löve & D. Löve 肥菜属 Brassicaceae［MD－213］特征纪要:习性:草本。花程式:K2－4,C2－4,A2－4,=G2。其他特征参考科。全球6个大洲分布及种数(121;hort. 1)非洲:11;亚洲:11－22;大洋洲:8－19;欧洲:19－30;北美洲:119－130;南美洲:9－20。【中国种数:3】。

Boehmeria Jacq. 苎麻属 Urticaceae［MD－91］特征纪要:习性:木本。花程式:Kn,C2－3参考科,A2,G－。物候:－。花期:8月。果期:参考晚于花期。海拔:100－1000米。生境:灌木丛,路旁,竹林下。资源:药用,具栽培园艺种类。全球6个大洲分布及种数(89－129;hort. 1;cult. 4)非洲:17－47;亚洲:72－130;大洋洲:13－45;欧洲:6－36;北美洲:32－65;南美洲:24－59。【中国种数:24】。

Boeica C. B. Clarke 短筒苣苔属 Gesneriaceae［MD－549］特征纪要:习性:草质攀援。花程式:－。物候:－。海拔:300－1200米。生境:生于密林下阴湿处,山地。资源:－。全球1个大洲分布及种数(7－15)◆亚洲。【中国种数:5】。

Boeicopsis H. W. Li = **Boeica**

Boelckea Rossow 南美玄参属 Plantaginaceae［MD－527］特征纪要:习性:草本。花程式:Kn,C0,A3参考科,↓G。其他特征参考科。全球1个大洲分布及种数(1)◆南美洲。

Boenninghausenia Rchb. ex Meisn. 石椒草属 Rutaceae［MD－399］特征纪要:习性:木本。花程式:－。物候:－。海拔:500－2800米。生境:多生于海拔1500－2800米山地草丛中或疏林下,土山或石岩山地均有,开阔森林,草坡。资源:药用,具栽培园艺种类。全球2个大洲分布及种数(1－13)非洲:2; 亚洲:11。【中国种数:1】。

Boerhavia Vaill. ex L. 黄细心属 Nyctaginaceae［MD－107］特征纪要:习性:木本。花程式:(K－),C2－3参考科,A4,G－。物候:－。花期:春季－秋天。果期:参考晚于花期。海拔:－。生境:森林,雅砻江流域。资源:药用,具栽培园艺种类。全球6个大洲分布及种数(70－100;hort. 1;cult. 6)非洲:25－50;亚洲:22－45;大洋洲:14－37;欧洲:6－23;北美洲:33－57;南美洲:18－40。【中国种数:6】。

Boerlagea Cogn. 野牡丹科属 Melastomataceae［MD－364］特征纪要:习性:木本。花程式:参考科,C5参考科,A－参考科,↓(G)－参考科。其他特征参考科。全球1个大洲分布及种数(－)◆大洋洲。

Boerlagiodendron Harms 五加木属 Araliaceae［MD－471］特征纪要:习性:－。花程式:－。物候:－。海拔:1－4200米。生境:阴湿森林下。资源:－。全球6个大洲分布及种数(6－12)非洲:3;亚洲:1－4;大洋洲:4－7;欧洲:3;北美洲:3;南美洲:3。

Boesenbergia Kuntze 凹唇姜属 Zingiberaceae［MM－737］特征纪要:习性:草本(根状茎,基生,多肉)。花程式:－。物候:－。花期:参考早于果期。果期:4－6月。海拔:1100－1900米。生境:森林,生于山地林下阴湿处。资源:药用,具栽培园艺种类。全球4个大洲分布及种数(96－144)非洲:2; 亚洲:138; 北美洲:2; 南美洲:2。【中国种数:6】。

Bognera Mayo & Nicolson 网脉芋属 Araceae［MM－639］特征纪要:习性:草本。花程式:K0,C0,A1－4,=G1－3。其他特征参考科。全球1个大洲分布及种数(1)◆南美洲(◆巴西)。

Bogoria J. J. Sm. 扑蝶兰属 Orchidaceae［MM－723］特征纪要:习性:草本。花程式:(K)3,C3,A3,＝↓(G)3。其他特征参考科。全球5个大洲分布及种数(12－23)非洲:3; 亚洲:13; 大洋洲:12; 欧洲:3; 北美洲:3。

Bohemeria Scop. ＝ **Boehmeria**

Boholia Merr. 菲律宾茜属 Rubiaceae［MD－523］特征纪要:习性:木本。花程式:(K)4－5,(C)4－5,A4－5,＝↓(G)2－9。其他特征参考科。全球1个大洲分布及种数(cf. 1)◆亚洲。

Boisduvalia Spach 穗樱草属 Onagraceae［MD－396］特征纪要:习性:－。花程式:－。其他特征参考科。全球6个大洲分布及种数(8)非洲:4;亚洲:4;大洋洲:1－5;欧洲:4;北美洲:5－9;南美洲:1－5。

Boissiera Hochst. & Steud. 九顶雀麦属 Poaceae［MM－748］特征纪要:习性:－。花程式:－。其他特征参考科。全球6个大洲分布及种数(1－2)非洲:2;亚洲:3;大洋洲:2;欧洲:2;北美洲:2;南美洲:2。

Bojeria DC. ＝ **Euphorbia**

Bokkeveldia D. & U. Müler－Doblies ＝ **Strumaria**

Bolandia Cron 葵叶菊属 Asteraceae［MD－586］特征纪要:习性:草本。花程式:K－,C3,A4－5,↓(G)2。其他特征参考科。全球1个大洲分布及种数(5)◆非洲。

Bolandra A. Gray 洪崖草属 Saxifragaceae［MD－231］特征纪要:习性:草本。花程式:K5,C5,A5－10,＝↓G－。其他特征参考科。全球1个大洲分布及种数(2－4)◆北美洲(◆美国)。

Bolanosa A. Gray 铁鸠菊属 Asteraceae［MD－586］特征纪要:习性:草本。花程式:(K)3－5,(C)3－5,A3－5,↓G。其他特征参考科。全球1个大洲分布及种数(1)◆北美洲。

Bolanthus (Ser.) Rchb. 爪翅花属 Caryophyllaceae［MD－77］特征纪要:习性:草本。花程式:－。其他特征参考科。全球6个大洲分布及种数(22－28)非洲:5; 亚洲:18; 大洋洲:2; 欧洲:3; 北美洲:3; 南美洲:2。【中国种数:1】。

Bolax Comm. ex Juss. 垫芹属 Apiaceae［MD－480］特征纪要:习性:草本。花程式:K5,C5,A5,＝↓G2。其他特征参考科。全球2个大洲分布及种数(2－12)北美洲:1; 南美洲:4。

Bolbitidaceae Ching［F－51］实蕨科 特征纪要:高山林下小型夏绿植物,叶薄草质或草质,干后绿色,叶柄、叶轴及羽片、小羽片基部具稀少的鳞毛、多细胞节状毛或单细胞腺毛,叶片通常无毛。【Rep】:孢子囊群圆形,生于小脉背上,囊托微凸,孢子囊的环带有14－16个加厚细胞,囊群盖卵形、披针形、近圆形或半杯形,着生于孢子囊群下面囊托基部的一侧,膜质,宿存,起初覆盖孢子囊群,随后被成熟的孢子囊群推开,并将基部压于下面,宛如下位的囊群盖。全球6个大洲分布和属种数(2;hort. & cult. 1)(84－191;hort. & cult. 4－7)非洲:2/9; 亚洲:2/84－112; 大洋洲:1－2/2－12; 欧洲:2/9; 北美洲:1－2/4－14; 南美洲:1－2/2－11。

Bolbitis Schott 实蕨属 Bolbitidaceae［F－51］特征纪要(同科)。全球6个大洲分布及种数(74－245)非洲:28; 亚洲:129; 大洋洲:26; 欧洲:24; 北美洲:24; 南美洲:61。【中国种数:24】。

Bolborchis Zoll. & Mor. ＝ **Nervilia**

Bolbosaponaria Bondarenko ＝ **Gypsophila**

Bolboschoenoplectus Tatanov 海三棱藨草属 Cyperaceae［MM－747］特征纪要:习性:草本。花程式:(K)3,C3,A1－3,＝↓(G)2－3。其他特征参考科。全球1个大洲分布及种数(2)◆亚洲:cf. 1。

Bolboschoenus (Asch.) Palla 三棱草属 Cyperaceae［MM－747］特征纪要:习性:草本(具根状茎)。花程式:(K)3,C3,A3,＝↓G2－3。物候:－。海拔:1000－2900米。生境:湖泊边缘,沼泽地(通常为碱性)和树林边缘,沼泽草甸。资源:具栽培园艺种类。全球6个大洲分布及种数(17－18;hort. 1;cult. 2)非洲:9－11;亚洲:16－18;大洋洲:7－9;欧洲:7－9;北美洲:7－9;南美洲:3－5。【中国种数:6】。

Bolbostemma Franqüt 假贝母属 Cucurbitaceae［MD－205］特征纪要:习性:木质攀援。花程式:Kn,C2－3参考科,A2,＝↓G－。物候:－。花期:9月。果期:参考晚于花期。海拔:1000－1400米。生境:林下灌丛中,种植。资源:药用,具栽培园艺种类。全球1个大洲分布及种数(cf. 1)◆亚洲(◆中国)。【中国种数:2】。

Bolelia Raf. ＝ **Downingia**

Boleum P. Beauv. ex Desv. 木芥属 Brassicaceae［MD－213］特征纪要:习性:－。花程式:－。其他特征参考科。全球3个大洲分布及种数(cf. 1)亚洲;欧洲;南美洲。

Bolivaria Cham. & Schltdl. 木樨科属 Oleaceae［MD－498］特征纪要:习性:－。花程式:－。其他特征参考科。全球1个大洲分布及种数(17)◆南美洲:12。

Bollea Rchb. f. 宝丽兰属 Orchidaceae［MM－723］特征纪要:习性:－。花程式:－。其他特征参考科。全球5个大洲分布及种数(28)非洲:2; 亚洲:4; 大洋洲:2; 北美洲:4; 南美洲:23。

Bolocephalus Hand.－Mazz. ＝ **Dolomiaea**

Bolosia Pourr. ex Willk. & Lange ＝ **Hispidella**

Boltonia L'Hér. 偶雏菊属 Asteraceae［MD－586］特征纪要:习性:草本。花程式:(K)3－5,C3－5,A3参考科,↓G。物候:－。花期:7－10月。果期:参考晚于花期。海拔:6000米。生境:阿尔泰山地针叶林带山沟,柞林下路旁。资源:具栽培园艺种类。全球6个大洲分布及种数(6－9;hort. 1;cult. 1)非洲:4;亚洲:3－7;大洋洲:4;欧洲:4;北美洲:5－10;南美洲:4。【中国种数:2】。

Bolusafra Kuntze 南美豆属 Fabaceae3［MD－240］特征纪要:习性:木本。花程式:Kn,C2－3参考科,A3参考科,＝↓G(－)。物候:－。海拔:7500米。生境:矮灌木丛或芦苇丛中,稀见于沿河岸疏林下,作为作物栽培。资源:具栽培园艺种类。全球2个大洲分布及种数(1) 非洲;亚洲。

Bolusanthus Harms 丽葛树属 Fabaceae3［MD－240］特征纪要:习性:木本。花程式:K1－∞,C1－∞,A5－9,＝↓G(－)。其他特征参考科。全球1个大洲分布及种数(1)◆非洲。

Bolusia Benth. 托叶齿豆属 Fabaceae3 [MD-240] 特征纪要:习性:木本。花程式:K1-∞,C1-∞,A5-9,=↓G1。其他特征参考科。全球1个大洲分布及种数(4-7)◆非洲。

Bolusiella Schltr. 波鲁兰属 Orchidaceae [MM-723] 特征纪要:习性:草本。花程式:(K)3,C3,A3,=↓(G)3。其他特征参考科。全球5个大洲分布及种数(6-30)非洲:29;亚洲:3;欧洲:19;北美洲:19;南美洲:4。【中国种数:1】。

Bomarea Mirb. 竹叶吊钟属 Alstroemeriaceae [MM-676] 特征纪要:习性:草本。花程式:(K)3,C4,A6,=↓G3。资源:具栽培园艺种类。全球6个大洲分布及种数(131-163;hort. 1;cult. 2)非洲:1;亚洲:1;大洋洲:1-2;欧洲:1;北美洲:20-21;南美洲:122-152。

Bombacaceae Kunth [MD-201] 木棉科 特征纪要:习性:木本;落叶。花程式:(K)6-,C5,A10-5,↑G5。物候:-。花期和果期:11-12月。果实:蒴果。种子:种皮革质、平滑。海拔:1400-1700米。生境:干热河谷及稀树草原,也可生长在沟谷季雨林内,栽培作行道树,栽培林中。资源:药用,园林。栽培:中国有栽培。全球5个大洲分布及属种数(11-14/88-125 <IFR 2/2> hort. 1;cult. 3) 非洲:1/17;亚洲:1-2/8-16;大洋洲:1/11;北美洲:1-3/6-7(IFR 1/1);南美洲:7-8/84-96(IFR 1/1)。

Bombacopsis Pittier = **Pachira**

Bombax L. 木棉属 Bombacaceae [MD-201] 特征纪要(同科)。全球6个大洲分布及种数(27-39)非洲:7-16;亚洲:6-16;大洋洲:1-10;欧洲:9;北美洲:3-12;南美洲:16-30。【中国种数:5】。

Bombicella (DC.) Bello 锦葵科属 Malvaceae [MD-203] 特征纪要:习性:-。花程式:-。其他特征参考科。全球1个大洲分布及种数(-)。

Bombix Medik. = **Hibiscus**

Bombycidendron Zoll. & Mor. 木槿属 Malvaceae [MD-203] 特征纪要:习性:木本。花程式:K5-∞,C5-∞,A10-8,G-。其他特征参考科。全球3个大洲分布及种数(3-7)亚洲:5;北美洲:1;南美洲:1。【中国种数:1】。

Bombycilaena (DC.) Smoljan. 光果紫绒草属 Asteraceae [MD-586] 特征纪要:习性:草本。花程式:(K)3-5,(C)3-5,A3-5,=↓G2。其他特征参考科。全球6个大洲分布及种数(3)非洲:2-3;亚洲:2-3;大洋洲:1;欧洲:2-3;北美洲:1;南美洲:1。【中国种数:2】。

Bombycodendron Hassk. = **Bombycidendron**

Bombycospermum C. Presl = **Ipomoea**

Bombyliospora <unassigned> 扭叶苔科属 Riellaceae [B-5] 特征纪要:-。全球4个大洲分布及种数(13)非洲:2;亚洲:2;大洋洲:3;南美洲:6。

Bommeria E. Fourn. 铜背蕨属 Pteridaceae [F-31] 特征纪要:习性:-。【Rep】:孢子同形,囊群生叶缘。其他特征参考科。全球6个大洲分布及种数(41)非洲:2;亚洲:32;大洋洲:2;欧洲:7;北美洲:7;南美洲:4。

Bonafousia A. DC. = **Tabernaemontana**

Bonamia Thou. 睡帽藤属 Convolvulaceae [MD-499] 特征纪要:习性:灌木。花程式:K5,C0,A3参考科,=↓G2-5。其他特征参考科。全球6个大洲分布及种数(72-159)非洲:59;亚洲:12;大洋洲:24;欧洲:98;北美洲:98;南美洲:57。

Bonania A. Rich. 刺柏属 Euphorbiaceae [MD-217] 特征纪要:习性:木本。花程式:K1(1000),C0,A6,=G2-3。其他特征参考科。全球4个大洲分布及种数(12-22)非洲:2;亚洲:4;北美洲:18;南美洲:5。

Bonanox Raf. 凤旋花属 Convolvulaceae [MD-499] 特征纪要:习性:-。花程式:-。其他特征参考科。全球6个大洲分布及种数(31)非洲:9;亚洲:15;大洋洲:3;欧洲:8;北美洲:8;南美洲:9。

Bonatea Willd. 凤蛾兰属 Orchidaceae [MM-723] 特征纪要:习性:草本。花程式:(K)3,C3,A3,=↓G3。其他特征参考科。全球6个大洲分布及种数(12-53)非洲:38;亚洲:14;大洋洲:3;欧洲:3;北美洲:3;南美洲:10。【中国种数:2】。

Bonellia Bertero ex Colla 钟萝桐属 Primulaceae [MD-401] 特征纪要:习性:草本。花程式:-。其他特征参考科。全球2个大洲分布及种数(30;hort. 1)北美洲:25;南美洲:4。

Bonetiella Rzed. 多腺漆属 Anacardiaceae [MD-432] 特征纪要:习性:木本。花程式:K5,C5,A5-10,=G1-3。其他特征参考科。全球5个大洲分布及种数(1-8)非洲:3;亚洲:6;大洋洲:4;北美洲:3;南美洲:3。

Bongardia C. A. Mey. 山槐叶属 Berberidaceae [MD-45] 特征纪要:习性:草本。花程式:-。其他特征参考科。全球5个大洲分布及种数(2-7)非洲:6;亚洲:4;欧洲:1;北美洲:1;南美洲:3。

Bonia Balansa 越南竹属 Poaceae [MM-748] 特征纪要:习性:草本。花程式:(K)3,C0参考科,A1-2,=G2-3。物候:-。海拔:200-700米。生境:利姆斯通山脉,石灰岩山地。资源:具园艺种类。全球1个大洲分布及种数(cf. 1)◆亚洲(◆中国)。【中国种数:3】。

Boniniella Hayata 铁角蕨科属 Aspleniaceae [F-43] 特征纪要:中型,土生。根状茎细长横走,分枝,密披黑褐色的卵状披针形小鳞片,具网状中柱。单叶,疏生;叶柄乌木色,略有光泽,基部以上光滑无鳞片;叶片卵圆形或长卵形,先端渐尖,基部深心脏形,全缘。叶薄纸质,光滑无毛,主脉明显,侧脉羽状,多回二叉分枝,近叶边形成两行不规则的狭长网眼,或在主脉两侧形成一些近三角形的网眼,小脉先端分离,略膨大,不达叶边。【Rep】:孢子囊群线形,生于主脉与叶缘之间,斜出;囊群盖线形,向轴开或偶为相对开。全球1个大洲分布及种数(1)◆亚洲。

Boninofatsia Nakai = **Fatsia**

Boniodendron Gagnep. 黄梨木属 Sapindaceae [MD-428] 特征纪要:习性:木质攀援。花程式:K5,C5,A1,G-。花期:5-6月。果期:参考晚于花期。海拔:100-2600米。生境:石灰岩山地,疏林或密林中。资源:油脂,材用,具栽培园艺种类。全球1个大洲分布及种数(cf. 1)◆亚洲。【中国种数:1】。

Bonnaya Link & Otto 泥花草属 Linderniaceae［MD－534］特征纪要:习性:－。花程式:－。其他特征参考科。全球5个大洲分布及种数(16－41)非洲:5; 亚洲:17; 大洋洲:3; 北美洲:1; 南美洲:1。【中国种数:5】。

Bonnetia Mart. 泽茶属 Calophyllaceae［MD－140］特征纪要:木本,落叶。花程式:K5,C5,A40－100,↑G:3－5。果实:蒴果。种子:(－)。全球6个大洲分布及种数(33－39)非洲:1;亚洲:1;大洋洲:1;欧洲:1;北美洲:1－2;南美洲:31－38。

Bonnetiaceae L. Beauvis. ex Nakai［MD－102］泽茶科 特征纪要:习性:木本;落叶。花程式:(K)6－,C4,A6,↑G－。果实:蒴果。全球2个大洲分布及属种数(2/34－40 hort. 1) 北美洲:2/3; 南美洲:2/33－39。【中国属种数:1/1】。

Bonnierella R. Vig. ＝ **Polyscias**

Bonplandia Cav. 牛堇花属 Polemoniaceae［MD－481］特征纪要:习性:－。花程式:－。其他特征参考科。全球4个大洲分布及种数(1－4)大洋洲:1; 欧洲:3; 北美洲:3; 南美洲:3。

Bontia L. 假瑞香属 Scrophulariaceae［MD－536］特征纪要:习性:草本,少木本。花程式:－。物候:－。海拔:45－6000米。生境:沼泽草地。资源:具栽培园艺种类。全球6个大洲分布及种数(15－48)非洲:3;亚洲:1－4;大洋洲:13－49;欧洲:3;北美洲:1－4;南美洲:1－4。【中国种数:1】。

Bonyunia R. H. Schomb. ex Progel 热美马钱属 Loganiaceae［MD－486］特征纪要:习性:木本。花程式:K5,C0,A4－5,＝(G)2。其他特征参考科。全球2个大洲分布及种数(10－15)非洲:1; 南美洲:15。

Boodleopsis <unassigned> 折布木属 Cordiaceae［MD－516］特征纪要:－。全球5个大洲分布及种数(6)非洲:1; 亚洲:2; 大洋洲:1; 北美洲:1; 南美洲:1。

Boophone Herb. 折扇兰属 Amaryllidaceae［MM－694］特征纪要:习性:草本。花程式:－。其他特征参考科。全球4个大洲分布及种数(3－14)非洲:12; 亚洲:2; 欧洲:2; 北美洲:2。

Boopis Juss. 萼头花属 Calyceraceae［MD－594］特征纪要:习性:草本。花程式:－。其他特征参考科。全球4个大洲分布及种数(1－87)大洋洲:2; 欧洲:3; 北美洲:3; 南美洲:81。

Boottia Wall. ＝ **Ottelia**

Bopopia Munzinger & J. R. Morel 苦苣苔科属 Gesneriaceae［MD－549］特征纪要:习性:－。花程式:(K)n,C0,A8,↓(G)。其他特征参考科。全球1个大洲分布及种数(1)◆大洋洲。

Boquila Decne. 南美木通属 Lardizabalaceae［MD－33］特征纪要:习性:木本。花程式:－。其他特征参考科。全球2个大洲分布及种数(1－11)北美洲:3; 南美洲:11。

Borabora Steud. ＝ **Cyperus**

Boraginaceae Juss.［MD－517］紫草科 特征纪要:习性:木本;落叶。花程式:↙(K)6－,C0,A8,↑G4。花期和果期:7－8月。种子:种皮膜质,纵折。海拔:0－1900米。生境:－。资源:油料,牧草。栽培:中国有栽培。全球6个大洲分布及属种数(155－188/3469－4817 <IFR 56/172> hort. 1;cult. 43) 非洲:41－45/321－426(IFR 11/24); 亚洲:77－90/1109－1451(IFR 25/52); 大洋洲:27－28/154－203(IFR 3/3); 欧洲:41－46/451－596(IFR 18/39); 北美洲:69－71/1118－1233(IFR 22/59); 南美洲:39－42/368－408(IFR 5/5)。【中国属种数:74/433】。

Borago L. 玻璃苣属 Boraginaceae［MD－517］特征纪要:习性:草本。花程式:K5,C0,A3 参考科,＝↓G2－4。物候:－。花期:5－8月。果期:参考晚于花期。海拔:5700米。生境:草地,路边,耕地,自然山坡地。资源:具栽培园艺种类。全球6个大洲分布及种数(5－9)非洲:1－3;亚洲:1－2;大洋洲:1;欧洲:4;北美洲:2;南美洲:1。【中国种数:1】。

Borassodendron Becc. 糖棕属 Arecaceae［MM－717］特征纪要:习性:木本。花程式:Kn,C2－3 参考科,A3 参考科,G3－ 参考科。其他特征参考科。全球1个大洲分布及种数(2)◆东南亚(◆马来西亚)。【中国种数:1】。

Borassus L. 糖棕属 Arecaceae［MM－717］特征纪要:习性:木本。花程式:－。物候:－。花期:10月。果期:参考晚于花期。海拔:100－2800米。生境:林中。资源:具栽培园艺种类。全球6个大洲分布及种数(7－8)非洲:6－9;亚洲:2－5;大洋洲:1－4;欧洲:2;北美洲:2;南美洲:2。【中国种数:1】。

Borbonia Mill. 糖樟属 Fabaceae3［MD－240］特征纪要和分布(－)。全球1个大洲分布及种数(14)◆非洲。

Bordasia Krapov. 糖锦葵属 Malvaceae［MD－203］特征纪要:习性:木本。花程式:K5－∞,C5－∞,A10－8,＝(G)1－5。其他特征参考科。全球1个大洲分布及种数(1)◆南美洲(◆巴拉圭)。

Boreava Jaub. & Spach 钩喙荠属 Brassicaceae［MD－213］特征纪要:习性:－。花程式:－。其他特征参考科。全球3个大洲分布及种数(6)非洲:3; 亚洲:4; 南美洲:3。

Boriskellera Terechov ＝ **Eragrostis**

Borismene Barneby 月牛藤属 Menispermaceae［MD－42］特征纪要:习性:草本。花程式:K1(6－40),C3,A1－6－40,＝G1－3。其他特征参考科。全球1个大洲分布及种数(1)◆南美洲。

Borneacanthus Bremek. 印尼爵床属 Acanthaceae［MD－572］特征纪要:习性:草本。花程式:K2－4,C0,A2－4,＝(G)2。其他特征参考科。全球1个大洲分布及种数(2－7)◆亚洲。

Borneodendron Airy－Shaw 蒲桃属 Euphorbiaceae［MD－217］特征纪要:习性:木本。花程式:Kn,C2－3 参考科,A8－10,＝↓G－。其他特征参考科。全球1个大洲分布及种数(1)◆东南亚(◆印度尼西亚)。

Borneosicyos W. J. de Wilde 马来节葫芦属 Cucurbitaceae［MD－205］特征纪要:习性:木本。花程式:K3－5,C3－5,A3－5,＝↓(G)1－2。其他特征参考科。全球1个大洲分布及种数(cf. 1)◆东南亚(◆马来西亚)。

Bornmuellera Hausskn. 岩园葶苈属 Brassicaceae［MD－213］特征纪要:习性:草本。花程式:K2－4,C2－4,A2－4,＝(G)2。其他特征参考科。全球4个大洲分布及种数(11－15)非洲:1; 亚洲:10; 欧洲:2; 北美洲:2。

Borodinia Busch 窄翅芥属 Brassicaceae［MD－213］特征纪要:习性:草本。花程式:K2－4,C2－4,A2－4,＝(G)

2。物候:-。花期:5-6月。果期:参考晚于花期。海拔:30-6200米。生境:钙质斜坡,森林边缘和溪边。资源:-。全球4个大洲分布及种数(8-13)亚洲:8; 欧洲:7; 北美洲:7; 南美洲:3。

Borojoa Cuatrec. = **Alibertia**

Boronella Baill. 石南香属 Rutaceae [MD-399] 特征纪要:习性:-。花程式:-。其他特征参考科。全球1个大洲分布及种数(cf. 1)◆大洋洲。

Boronia Sm. 石南香属 Rutaceae [MD-399] 特征纪要:习性:木本。花程式:-。其他特征参考科。全球6个大洲分布及种数(164-327)非洲:2; 亚洲:9; 大洋洲:285; 欧洲:6; 北美洲:6; 南美洲:20。【中国种数:1】。

Borrichia Adans. 滨菊蒿属 Asteraceae [MD-586] 特征纪要:习性:草本。花程式:(K)3-5,(C)3-5,A3-5,=↓G2。其他特征参考科。全球5个大洲分布及种数(3-15)非洲:2; 亚洲:2; 欧洲:9; 北美洲:9; 南美洲:6。【中国种数:1】。

B

Borszczowia Bunge = **Suaeda**

Borthwickia W. W. Sm. 节蒴木属 Resedaceae [MD-196] 特征纪要:习性:木质攀援。花程式:Kn,C2-3参考科,A5,G-。物候:-。花期:4-6月。果期:参考晚于花期。海拔:300-1400米。生境:季节雨林,沟谷或湿润山坡林下。资源:具园艺种类。全球1个大洲分布及种数(cf. 1)◆亚洲。【中国种数:1】。

Borya Spreng. 耐旱草属 Boryaceae [MM-630] 特征纪要和分布(-)。全球6个大洲分布及种数(8-16)非洲:1; 亚洲:3-4;大洋洲:7-16;欧洲:1;北美洲:1;南美洲:1。【中国种数:3】。

Boryaceae M. W. Chase, Rudall & Conran [MM-630] 耐旱草科 特征纪要:习性:木本;落叶。花程式:(K)6-,C3,A3,↑G3。果实:蒴果。全球2个大洲分布及属种数(3/10-20 hort. 1)亚洲:1/4; 大洋洲:3/10-20。【中国属种数:1/3】。

Borzicactus Riccob. 花冠柱属 Cactaceae [MD-100] 特征纪要:习性:木本。花程式:K1-∞,C1-∞,A3-100,=↓G3-100-。其他特征参考科。全球3个大洲分布及种数(14-76)亚洲:2; 北美洲:3; 南美洲:70。

Borzipostoa G. D. Rowley 仙女掌属 Cactaceae [MD-100] 特征纪要:-。全球1个大洲分布及种数(1)◆南美洲:1。

Boschia Korth. 孔药榴梿属 Malvaceae [MD-203] 特征纪要:习性:木本。花程式:K5-∞,C5-∞,A10-8,G-。其他特征参考科。全球1个大洲分布及种数(3-6)◆亚洲。

Boschniakia C. A. Mey. ex Bong. 草苁蓉属 Orobanchaceae [MD-552] 特征纪要:习性:草本。花期:4-6月。果期:参考晚于花期。海拔:2500-4400米。生境:山坡,森林,灌丛,生于山坡,林下低湿处及河边。资源:药用,具栽培园艺种类。全球4个大洲分布及种数(1-12)亚洲:9; 欧洲:4; 北美洲:4; 南美洲:2。【中国种数:1】。

Boscia Lam. 牧羊柑属 Capparaceae [MD-178] 特征纪要和分布(-)。全球1个大洲分布及种数(25-38)◆非洲。

Bosciopsis B. S. Sun 亚洲白花菜属 Capparaceae [MD-178] 特征纪要:习性:-。花程式:-。其他特征参考科。全球1个大洲分布及种数(-)。

Bosea L. 赤珠苋属 Amaranthaceae [MD-116] 特征纪要:习性:草本。花程式:K1-2,C0,A1-2,=G2-3。其他特征参考科。全球1个大洲分布及种数(1-3)◆亚洲。

Bosistoa F. Müll. ex Benth. 骨木属 Rutaceae [MD-399] 特征纪要:习性:木本。花程式:K5,C5,A4,=G1-3。其他特征参考科。全球1个大洲分布及种数(3-9)◆大洋洲(◆澳大利亚)。

Bosmania Testo 菊科属 Asteraceae [MD-586] 特征纪要:习性:草本。花程式:-。其他特征参考科。全球2个大洲分布及种数(3)非洲:2; 亚洲:1。

Bosqueia Thou. ex Baill. = **Trilepisium**

Bosqueiopsis De Wild. & T. Durand 盾桑属 Moraceae [MD-87] 特征纪要:习性:木本。花程式:K1-4,C0,A6,=(G)1-2。其他特征参考科。全球1个大洲分布及种数(1)◆非洲。

Bosscheria de Vriese & Teijsm. = **Ficus**

Bossera Leandri 同株柞桐属 Euphorbiaceae [MD-217] 特征纪要:习性:木本。花程式:K1(1000),C0,A6,=(G)2-3。其他特征参考科。全球1个大洲分布及种数(1-4)◆非洲(◆马达加斯加)。

Bossiaea Vent. 麒麟豆属 Fabaceae3 [MD-240] 特征纪要:习性:木本。花程式:K1-∞,C1-∞,A5-9,=↓G1。其他特征参考科。全球5个大洲分布及种数(79-140)非洲:2; 亚洲:5; 大洋洲:115; 欧洲:3; 北美洲:3。【中国种数:1】。

Bostrychanthera Benth. 毛药花属 Lamiaceae [MD-575] 特征纪要:习性:-。花期:7-9月。果期:参考晚于花期。海拔:500-1200米。生境:森林,针叶林下。全球1个大洲分布及种数(cf. 1)◆亚洲(◆中国)。

Bostrychia Mont. 喀麦隆红花荷属 Rhodoleiaceae [MD-64] 特征纪要:-。全球6个大洲分布及种数(46)非洲:38; 亚洲:11; 大洋洲:14; 欧洲:2; 北美洲:13; 南美洲:21。

Boswellia Roxb. ex Colebr. 乳香树属 Burseraceae [MD-408] 特征纪要:习性:木本。花期:4-5月。果期:参考晚于花期。海拔:100-2400米。生境:森林,自然山坡地。资源:药用。全球6个大洲分布及种数(22-43)非洲:21; 亚洲:16; 大洋洲:2; 欧洲:6; 北美洲:6; 南美洲:4。【中国种数:1】。

Bothriochilus Lem. 凸粉兰属 Orchidaceae [MM-723] 特征纪要:习性:-。花程式:-。其他特征参考科。全球1个大洲分布及种数(cf. 1)◆北美洲。

Bothriochloa Kuntze 孔颖草属 Poaceae [MM-748] 特征纪要:习性:草本(基生)。花程式:(K-),C0参考科,A3参考科,=G2-3。物候:-。花期:7-10月。果期:参考晚于花期。海拔:400-1600米。生境:路边沙土草丛中,沼泽地。资源:纤维,具栽培园艺种类。全球6个大洲分布及种数(45-47;hort. 1;cult. 2)非洲:6-15;亚洲:20-29;大洋洲:15-24;欧洲:8-17;北美洲:22-31;南美洲:19-28。【中国种数:7】。

Bothriocline Oliv. ex Benth. 孔苞菊属 Asteraceae [MD-586] 特征纪要:习性:草本。花程式:(K)3-5,(C)3-5,

A3 -5, = ↓ G2。其他特征参考科。全球 4 个大洲分布及种数(64 -86)非洲:81; 亚洲:2; 北美洲:2; 南美洲:3。【中国种数:1】。

Bothriopodium Rizzini = **Amphilophium**

Bothriospermum Bunge 斑种草属 Boraginaceae [MD -517] 特征纪要:习性:草本(基生)。花程式:(K -),C5,A5,↓ G -4。花期:4 -6 月。果期:参考晚于花期。海拔:100 -1600 米。生境:路边,森林,竹林下草丛中。资源:药用,具栽培园艺种类。全球 6 个大洲分布及种数(6 -24)非洲:3; 亚洲:21; 大洋洲:4; 欧洲:4; 北美洲:4; 南美洲:2。【中国种数:5】。

Bothriospora Hook. f. 黄珠茜属 Rubiaceae [MD -523] 特征纪要:习性:木本。花程式:(K)4 -5,(C)4 -5,A4 -5, = ↓ G2 -9。其他特征参考科。全球 1 个大洲分布及种数(1)◆南美洲。

Bothrocaryum (Köhne) H. N. Pojark. 灯台树属 Cornaceae [MD -457] 特征纪要:木本,叶互生,落叶。花程式:Kn,C,A2,G。果实:核果。种子:2 枚,棕褐色。全球 6 个大洲分布及种数(2)非洲:1;亚洲:1;大洋洲:1;欧洲:1;北美洲:1 -2;南美洲:1。

Botryanthe Klotzsch = **Plukenetia**

Botryarrhena Ducke 串雄茜属 Rubiaceae [MD -523] 特征纪要:习性:木本。花程式:(K)4 -5,(C)4 -5,A4 -5, = ↓ (G)2 -9。其他特征参考科。全球 1 个大洲分布及种数(2)◆南美洲。

Botrychiaceae Horan. [F -10] 阴地蕨科 特征纪要:土生,茎直立,球状,较大,宿存有叶柄基部,叶全缘,或裂叶辐射排列,簇生,一形,长达 2 -4 米,叶片 2 -4 回羽状,先端逐渐缩短,末回羽轴通常有翅,羽片和小羽片通常对生。【Rep】:孢子囊群长约 2 毫米,略靠近叶缘。全球 6 个大洲分布和属种数(1;hort. & cult. 1)(69 -122;hort. & cult. 8 -10)非洲:1/10 -30;亚洲:1/38 -61;大洋洲:1/12 -32;欧洲:1/18 -38;北美洲:1/53 -78;南美洲:1/9 -30。

Botrychium Sw. 阴地蕨属 Botrychiaceae [F -10] 特征纪要(同科)。全球 6 个大洲分布及种数(70 -88;hort. 1;cult. 19)非洲:10 -30;亚洲:38 -61;大洋洲:12 -32;欧洲:18 -38;北美洲:53 -78;南美洲:9 -30。【中国种数:23】。

Botryocarpium (A. Rich.) Spach = **Ribes**

Botryocytinus (Baker f.) Watanabe = **Cytinus**

Botryodendraceae J. Agardh = Araliaceae

Botryogramme Fée = **Meliosma**

Botryoloranthus (Engl. & K. Krause) Balle 桑寄生科属 Loranthaceae [MD -415] 特征纪要:习性: -。花程式: -。其他特征参考科。全球 1 个大洲分布及种数(-)。

Botryolotus Jaub. & Spach = **Melissitus**

Botryopanax Miq. = **Polyscias**

Botryophora Hook. f. 鹰嘴桐属 Euphorbiaceae [MD -217] 特征纪要:习性:木本。花程式:K1(1000),C0,A6, = G2 -3。其他特征参考科。全球 2 个大洲分布及种数(1 -4)非洲:2; 亚洲:3。

Botryopitys Doweld = **Prumnopitys**

Botryopleuron Hemsl. = **Veronicastrum**

Botryopteris C. Presl = **Helminthostachys**

Botryosicyos Hochst. = **Dioscorea**

Botrypus Michx. 蕨萁属 Ophioglossaceae [F -9] 特征纪要:习性: -。【Rep】:囊群生叶背。生境:石灰岩隙,阳地,竹林中。全球 5 个大洲分布及种数(34)非洲:4; 亚洲:15; 欧洲:3; 北美洲:3; 南美洲:18。

Botschantzevia Nabiev 条果芥属 Brassicaceae [MD -213] 特征纪要:习性:草本。花程式:K4,C4,A3 参考科,↓ G -参考科。其他特征参考科。全球 1 个大洲分布及种数(1)◆亚洲。

Bottegoa Chiov. 莽原枫属 Rutaceae [MD -399] 特征纪要:习性:木本。花程式:K4 -8,C4 -8,A10, = (G)2 -3。其他特征参考科。全球 1 个大洲分布及种数(1)◆非洲。

Boucerosia Wight & Arn. 水牛角属 Apocynaceae [MD -492] 特征纪要:习性:木本。花程式:Kn,C0,A15,↓ G。其他特征参考科。全球 1 个大洲分布及种数(7)◆亚洲。

Bouchardatia Baill. 布沙芸香属 Rutaceae [MD -399] 特征纪要:习性:木本。花程式:K4,C4,A4, = G1 -3。其他特征参考科。全球 2 个大洲分布及种数(1 -6)非洲:2; 大洋洲:6。

Bouchea Cham. 布谢草属 Verbenaceae [MD -556] 特征纪要:习性:木本。花程式:K2 -4,C0,A4, = ↓ G2 -4。其他特征参考科。全球 6 个大洲分布及种数(13 -141)非洲:61; 亚洲:47; 大洋洲:11; 欧洲:42; 北美洲:42; 南美洲:90。

Bouchetia DC. ex Dunal 绘茉莉属 Solanaceae [MD -503] 特征纪要:习性:草本。花程式: -。其他特征参考科。全球 3 个大洲分布及种数(2 -8)亚洲:3; 北美洲:6; 南美洲:3。

Bouea Meisn. 士打树属 Anacardiaceae [MD -432] 特征纪要:习性:木本。花期:4 月。果期:参考晚于花期。海拔:93 -3600 米。生境:常绿阔叶林中,中山区山腰坡地路旁岩石上。资源:具园艺种类。全球 4 个大洲分布及种数(3 -14)亚洲:10; 大洋洲:2; 北美洲:3; 南美洲:4。【中国种数:2】。

Bouffordia H. Ohashi & K. Ohashi 叶柱兰属 Orchidaceae [MM -723] 特征纪要:习性:草本。花程式:(K -),C2 -3 参考科,A3 参考科,↓ G -。其他特征参考科。全球 2 个大洲分布及种数(cf. 1) 非洲:1,亚洲:1。

Bougainvillea Comm. ex Juss. 叶子花属 Nyctaginaceae [MD -107] 特征纪要:习性:木质攀援。花期:参考早于果期。果期:8 月。海拔:3400 米。生境:广泛种植,栽培。资源:药用,观赏,具栽培园艺种类。全球 6 个大洲分布及种数(19－61)非洲:5; 亚洲:8; 大洋洲:5; 欧洲:8; 北美洲:8; 南美洲:47。【中国种数:2】。

Bougueria Decne. 单蕊车前属 Plantaginaceae [MD－527] 特征纪要:习性:－。花程式:－。其他特征参考科。全球1个大洲分布及种数(1)◆南美洲。

Boulaya Cardot 虫毛藓属 Thuidiaceae [B－184] 特征纪要:习性:－。【Rep】:雌雄异株,雌苞叶基部鞘状,具狭长披针形尖,蒴柄细长,平滑,孢蒴卵形,直立,蒴齿的外齿层齿片披针形。生境:常见于湿润林地或阴湿岩石。全球2个大洲分布及种数(1)亚洲:1;北美洲:1。【中国种数:1】。

Bournea Oliv. 四数苣苔属 Gesneriaceae [MD－549] 特征纪要:习性:草本(根状茎,基生)。花期:9月。果期:参考晚于花期。海拔:650－1000米。生境:生于山谷溪边石上或林中。栽培:来自广西龙州。资源:具栽培园艺种类。全球2个大洲分布及种数(2－5)亚洲:5; 南美洲:3。

Bourreria P. Br. 虎躯木属 Boraginaceae [MD－517] 特征纪要:习性:木本。花程式:－。其他特征参考科。全球6个大洲分布及种数(68－87)非洲:23－24;亚洲:8－9;大洋洲:1;欧洲:3;北美洲:45－60;南美洲:8－11。【中国种数:1】。

Bousigonia Pierre 奶子藤属 Apocynaceae [MD－492] 特征纪要:习性:木质攀援。花期:春季－夏天。果期:参考晚于花期。海拔:800－1400米。生境:混交林,林缘,山地疏林中或林缘湿润地方。资源:藤用,具栽培园艺种类。全球1个大洲分布及种数(2－3)◆亚洲。【中国种数:2】。

Bouteloua Lag. 格兰马草属 Poaceae [MM－748] 特征纪要:习性:草本(根状茎,基生)。花程式:(K－),C0 参考科,A10,＝G2－3。物候:－。海拔:10－5600米。生境:广泛栽培。资源:具栽培园艺种类。全球6个大洲分布及种数(58－177)非洲:19; 亚洲:42; 大洋洲:19; 欧洲:106; 北美洲:106; 南美洲:68。【中国种数:8】。

Boutonia Bojer 非洲叶爵床属 Acanthaceae [MD－572] 特征纪要:习性:－。花程式:－。其他特征参考科。全球3个大洲分布及种数(1－8)非洲:6; 亚洲:3; 南美洲:2。

Bouvardia Salisb. 寒丁子属 Rubiaceae [MD－523] 特征纪要:习性:木本。花程式:(K)4－5,(C)4－5,A4－5,＝↓G2－9。资源:具栽培园艺种类。全球6个大洲分布及种数(56－151)非洲:10; 亚洲:9; 大洋洲:3; 欧洲:133; 北美洲:133; 南美洲:121。【中国种数:3】。

Bouzetia Montrouz. 褐芸香属 Rutaceae [MD－399] 特征纪要:习性:木本。花程式:K4－5,C4－5,A4,＝G1－3。其他特征参考科。全球1个大洲分布及种数(1)◆大洋洲。

Bowdichia Kunth 褐心木属 Fabaceae3 [MD－240] 特征纪要:习性:木本。花程式:K1－∞,C1－∞,A5－9,＝↓G1。其他特征参考科。全球4个大洲分布及种数(2－28)非洲:1; 亚洲:1; 北美洲:2; 南美洲:23。

Bowenia Hook. 波温铁属 Boweniaceae [G－3] 特征纪要(同科)。全球3个大洲分布及种数(3)亚洲:2;大洋洲:2;北美洲:2。

Boweniaceae D. W. Stev. [G－3] 波温铁科 特征纪要:多年生中型土生植物,主茎匍匐地面,奇数二回羽状疏生叶,螺旋状排列,基部楔形,下延,无柄,先端渐尖,边缘全缘或具齿,纸质至革质。【Rep】:孢子囊穗,由两行并生的孢子囊组成,孢子囊生于小脉顶端,并被由叶边外长出来的一个反折小瓣包裹,形如囊群盖。全球3个大洲分布及属种数(2/4 hort. 1) 亚洲:1/3; 大洋洲:2/4; 北美洲:1/3。

Bowiea Harv. ex Hook. f. 苍角殿属 Asparagaceae [MM－669] 特征纪要:习性:草本。花程式:(K)3,C0 参考科,A3－6,G3－ 参考科。其他特征参考科。全球3个大洲分布及种数(2－7)非洲:7; 北美洲:2; 南美洲:2。

Bowkeria Harv. 笼袋木属 Stilbaceae [MD－532] 特征纪要:习性:木本。花程式:K2－4,C0,A2－4,↓G。其他特征参考科。全球3个大洲分布及种数(3－8)非洲:8; 北美洲:2; 南美洲:2。

Bowlesia Ruiz & Pav. 鲍尔斯草属 Apiaceae [MD－480] 特征纪要:习性:草本。花程式:K5,C5,A5,＝↓G2。其他特征参考科。全球6个大洲分布及种数(19－21)非洲:1;亚洲:1－2;大洋洲:1;欧洲:1－2;北美洲:7－8;南美洲:18－21。

Bowmania Gardn. ＝ **Alomia**

Bowringia Hook. 藤槐属 Fabaceae3 [MD－240] 特征纪要和分布(－)。全球2个大洲分布及种数(3－4)非洲:1－2;亚洲:cf. 1。【中国种数:1】。

Boyania Wurdack 圭亚那野牡丹属 Melastomataceae [MD－364] 特征纪要:习性:木本。花程式:K4－5,C4－5,A4－5,＝↓(G)3－4。其他特征参考科。全球1个大洲分布及种数(1－2)◆南美洲。

Boykinia Nutt. 八幡草属 Saxifragaceae [MD－231] 特征纪要:习性:草本。花程式:K5,C5,A5－10,＝↓G2－5。资源:具栽培园艺种类。全球6个大洲分布及种数(10－11)非洲:7;亚洲:2－10;大洋洲:7;欧洲:7;北美洲:9－16;南美洲:1－8。【中国种数:1】。

Brabejum L. 铁咖啡属 Proteaceae [MD－219] 特征纪要:习性:木本。花程式:K3－4－∞,C0,A2,G－。其他特征参考科。全球3个大洲分布及种数(1－6)非洲:3; 亚洲:4; 大洋洲:2。

Brachanthemum DC. 短舌菊属 Asteraceae [MD－586] 特征纪要:习性:草本,少木本。花程式:(K)3－5,C3－5,A3 参考科,＝↓G2。物候:－。海拔:1200－3160米。生境:戈壁沙漠,斜坡上。资源:－。全球2个大洲分布及种数(9－16)亚洲:15; 南美洲:2。【中国种数:5】。

Brachatera Desv. ＝ **Sieglingia**

Brachelyma Schimp. ex Cardot 花旗水藓属 Fontinalaceae [B－169] 特征纪要:习性:－。【Rep】:孢蒴卵形,长约2毫米,蒴齿两层,外齿层齿片尖部相连或分离,脊部具穿孔,内齿层齿条上部呈格状。其他特征参考科。全球2个大洲分布及种数(1)亚洲:1;北美洲:1。

Brachiaria (Trin.) Griseb. 臂形草属 Poaceae [MM－748] 特征纪要:习性:－。花程式:－。物候:－。海拔:800米。生境:草地,田野和山坡。资源:－。全球6个大洲分布及种数(104－115)非洲:84－101;亚洲:38－48;大

洋洲:32 - 42;欧洲:10 - 20;北美洲:26 - 36;南美洲:21 - 31。

Brachiolejeunea (Spruce) Schiffn. 叠鳞苔属 Lejeuneaceae [B - 84] 特征纪要:习性: - 。【Rep】:老时呈红褐色。生境:山坡,针阔混交林中。全球 6 个大洲分布及种数(10)非洲:1 - 5;亚洲:4 - 9;大洋洲:4;欧洲:4;北美洲:2 - 6;南美洲:5 - 9。【中国种数:4】。

Brachiolobos All. = **Rorippa**

Brachionidium Lindl. 杯兰属 Orchidaceae [MM - 723] 特征纪要:习性:草本。花程式:(K)3,C3,A3, = ↓G3。其他特征参考科。全球 2 个大洲分布及种数(77 - 88)北美洲:22;南美洲:61 - 72。

Brachionostylum Mattf. 齿叶蟹甲木属 Asteraceae [MD - 586] 特征纪要:习性:草本。花程式:(K)3 - 5,C3 - 5,A3 - 5, = ↓(G)2。其他特征参考科。全球 3 个大洲分布及种数(1 - 2)非洲:2; 亚洲:2; 大洋洲:2。

Brachiostemon Hand. - Mazz. = **Ornithoboea**

Brachistus Miers 短茄属 Solanaceae [MD - 503] 特征纪要:习性:草本。花程式:K3 - 4,C0,A3 - 4, = ↓G2。其他特征参考科。全球 6 个大洲分布及种数(8 - 16)非洲:2;亚洲:3;大洋洲:1 - 4;欧洲:2;北美洲:4 - 7;南美洲:4 - 11。

Brachtia Rchb. f. 勃拉兰属 Orchidaceae [MM - 723] 特征纪要:习性: - 。花程式: - 。其他特征参考科。全球 1 个大洲分布及种数(2)◆南美洲。

Brachyachaenium Baker = **Dicoma**

Brachyachenium Baker = **Dicoma**

Brachyachne (Benth. & Hook. f.) Stapf 短毛草属 Poaceae [MM - 748] 特征纪要:习性: - 。花程式: - 。其他特征参考科。全球 6 个大洲分布及种数(1 - 16)非洲:11; 亚洲:6; 大洋洲:7; 欧洲:3; 北美洲:3; 南美洲:2。

Brachyachyris Spreng. = **Gutierrezia**

Brachyapium (Baill.) Maire 蓍属 Apiaceae [MD - 480] 特征纪要:习性: - 。花程式: - 。其他特征参考科。全球 2 个大洲分布及种数(4)非洲:4; 亚洲:2。

Brachyathera P. & K. = **Sieglingia**

Brachybotrys Maxim. ex Oliv. 山茄子属 Boraginaceae [MD - 517] 特征纪要:习性:草本(具根状茎)。花程式:(K -),C5,A5,↓G - 4。物候: - 。花期:4 - 6 月。果期:参考晚于花期。海拔:5700 米。生境:森林,山坡草甸,田野边缘,山坡针阔叶混交林下。资源:具栽培园艺种类。全球 1 个大洲分布及种数(cf. 1)◆亚洲。

Brachycarpaea DC. 彤号丹属 Brassicaceae [MD - 213] 特征纪要:习性: - 。花程式: - 。其他特征参考科。全球 1 个大洲分布及种数(cf. 1)◆非洲。

Brachycaulos Dikshit & Panigrahi 亚洲短枝玫属 Rosaceae [MD - 246] 特征纪要:习性:木本。花程式: - 。其他特征参考科。全球 2 个大洲分布及种数(1 - 4)亚洲:2; 南美洲:3。

Brachycereus Britton & Rose 仙人柱属 Cactaceae [MD - 100] 特征纪要:习性:木本。花程式:K1 - ∞,C1 - ∞,A3 - 100, = ↓G - 。其他特征参考科。全球 1 个大洲分布及种数(1 - 2)◆南美洲。

Brachychilum (R. Br. ex Wall.) Petersen 姜花属 Zingiberaceae [MM - 737] 特征纪要和分布(-)。全球 1 个大洲分布及种数(cf. 1)◆北美洲。

Brachychiton Schott & Endl. 酒瓶树属 Malvaceae [MD - 203] 特征纪要:习性:木本。花程式:K3 - 5 - ∞,C3 - 5 - ∞,A10 - 8, = G1 - 5。资源:具栽培园艺种类。全球 6 个大洲分布及种数(43 - 76)非洲:12; 亚洲:9; 大洋洲:62; 欧洲:10; 北美洲:10; 南美洲:6。【中国种数:3】。

Brachychloa S. M. Phillips 非洲矮草属 Poaceae [MM - 748] 特征纪要:习性:草本。花程式:(K)3,C0 参考科,A1 - 2,↓G - 参考科。其他特征参考科。全球 2 个大洲分布及种数(2 - 4)非洲:3; 北美洲:1。

Brachyclados D. Don 短枝菊属 Asteraceae [MD - 586] 特征纪要:习性:草本。花程式:(K)3 - 5,(C)3 - 5,A3 - 5, = ↓G2。其他特征参考科。全球 2 个大洲分布及种数(3 - 11)大洋洲:1; 南美洲:11。

Brachycome (Cass.) Cass. 短叶菊属 Asteraceae [MD - 586] 特征纪要和分布(-)。全球 1 个大洲分布及种数(1)◆大洋洲(◆澳大利亚)。

Brachycorythis Lindl. 苞叶兰属 Orchidaceae [MM - 723] 特征纪要:习性:草本。花程式:Kn,C2 - 3 参考科,A3 参考科, = ↓G3。物候: - 。花期:5 - 7 月。果期:参考晚于花期。海拔:1200 - 2100 米。生境:草原,在开阔潮湿的路边,山坡伐林丛中。资源:具栽培园艺种类。全球 6 个大洲分布及种数(39 - 45;hort. 1)非洲:27 - 29;亚洲:15 - 18;大洋洲:1 - 2;欧洲:1;北美洲:1;南美洲:1。【中国种数:11】。

Brachycylix (Harms) R. S. Cowan 艳花短杯豆属 Fabaceae1 [MD - 240] 特征纪要:习性:木本。花程式:K3 - 5 - ∞,C3 - 5 - ∞,A3 - 5, = ↓G1 - 2。其他特征参考科。全球 1 个大洲分布及种数(1)◆南美洲(◆哥伦比亚)。

Brachydontium Fürnr. 短齿藓属 Seligeriaceae [B - 113] 特征纪要:习性: - 。【Rep】:雌雄多异株,蒴柄高出于雌苞叶,直立或弯曲,孢蒴多平滑,干燥时不收缩,短柱形或梨形,有时基部呈短台状。其他特征参考科。全球 6 个大洲分布及种数(8)非洲:1;亚洲:3;大洋洲:1;欧洲:1;北美洲:5;南美洲:2。

Brachyelyma Cardot ex I. Hagen = **Brachelyma**

Brachyelytrum P. Beauv. 短颖草属 Poaceae [MM - 748] 特征纪要:习性:草本(根状茎,基生)。花程式: - 。物候: - 。花期:6 - 7 月。果期:参考晚于花期。海拔:10 - 5600 米。生境:林地阴影。栽培:来自广西龙州。资源:具栽培园艺种类。全球 6 个大洲分布及种数(3 - 14)非洲:4; 亚洲:5; 大洋洲:2; 欧洲:5; 北美洲:5; 南美洲:3。【中国种数:2】。

Brachyglottis J. R. Forst. & G. Forst. 常春菊属 Asteraceae [MD - 586] 特征纪要:习性:草本。花程式:(K)3 - 5,(C)3 - 5,A3 - 5, = ↓G2。其他特征参考科。全球 6 个大洲分布及种数(41 - 59)非洲:5; 亚洲:2; 大洋洲:57; 欧洲:7; 北美洲:7; 南美洲:5。

Brachyhelus (Benth.) P. & K. 茄科属 Solanaceae [MD－503] 特征纪要：－。全球1个大洲分布及种数(2)◆南美洲:2。

Brachylaena R. Br. 短被菊属 Asteraceae [MD－586] 特征纪要：习性：草本。花程式：(K)3－5,(C)3－5,A3－5,＝↓G2。其他特征参考科。全球4个大洲分布及种数(17－38)非洲:36；欧洲:2；北美洲:2；南美洲:3。

Brachylobus Dulac 十字花科属 Brassicaceae [MD－213] 特征纪要：习性：－。花程式：－。其他特征参考科。全球1个大洲分布及种数(－)。

Brachyloma Sond. 瑞香石南属 Epacridaceae [MD－391] 特征纪要：习性：－。花程式：－。其他特征参考科。全球5个大洲分布及种数(19－38)亚洲:3；大洋洲:33；欧洲:4；北美洲:4；南美洲:6。

Brachylophon Oliv. 短脊木属 Malpighiaceae [MD－343] 特征纪要：习性：木本。花程式：K5,C5,A10,＝G2－3。其他特征参考科。全球1个大洲分布及种数(1－2)◆亚洲。

Brachymeniopsis Broth. 拟短月藓属 Funariaceae [B－106] 特征纪要：习性：－。【Rep】：雌雄同株，蒴柄细长，顶生，孢蒴直立，对称，近于圆球形或短梨形，台部极短而粗，环带由小形细胞组成而常存；雌雄同株异苞，蒴柄细长，黄色，孢蒴直立，对称，呈倒梨形，多具明显的长台部，环带缺，蒴齿缺。生境：河畔土生，土生。全球1个大洲分布及种数(1)◆亚洲。【中国种数:1】。

Brachymenium Schwägr. 短月藓属 Bryaceae [B－146] 特征纪要：习性：－。【Rep】：雌雄异株或雌雄同株，朔柄长，直立或稍弯曲，孢蒴多直立或倾立，稀横列或下垂，梨形、卵形或棒槌形。物候：－。海拔:500米。生境：常见于土坡，土生。资源：－。全球6个大洲分布及种数(121)非洲:42；亚洲:35；大洋洲:18；欧洲:10；北美洲:39；南美洲:47。【中国种数:19】。

Brachymenuiosus Broth. 短葫芦藓属 Funariaceae [B－106] 特征纪要：－。全球1个大洲分布及种数(1)◆非洲。

Brachymitrion Taylor 矮壶藓属 Splachnaceae [B－143] 特征纪要：习性：－。【Rep】：雌雄同株，或雌雄异株，蒴柄细长，左旋，孢蒴小，直立，卵状倒圆柱形，革质，红棕色，台部较壶部肥大，绿色或黄绿色。其他特征参考科。全球3个大洲分布及种数(6)非洲:4；北美洲:3；南美洲:4。

Brachynema Griff. 短丝铁青树属 Olacaceae [MD－362] 特征纪要：习性：－。花程式：－。其他特征参考科。全球3个大洲分布及种数(2－5)亚洲:2；大洋洲:2；南美洲:4。

Brachyodon Fürnr. 细丝藓属 Seligeriaceae [B－113] 特征纪要：－。全球1个大洲分布及种数(－)。

Brachyodontaceae Schimp. ＝ Seligeriaceae

Brachyodus Fürnr. ex Nees & Hornsch. 短齿藓属 Seligeriaceae [B－113] 特征纪要：－。全球2个大洲分布及种数(5)北美洲:1；南美洲:1。

Brachyotum (DC.) Triana 锦铃丹属 Melastomataceae [MD－364] 特征纪要：习性：木本。花程式：K4－5,C4－5,A4－5,＝↓G3－4。其他特征参考科。全球4个大洲分布及种数(55－78)非洲:2；亚洲:6；北美洲:5；南美洲:76。

Brachypeza Garay 短足兰属 Orchidaceae [MM－723] 特征纪要：习性：草本。花程式：(K)3,C3,A3,＝↓(G)3。物候：－。花期：参考早于果期。果期:10－11月。海拔:80－5200米。生境：柏树林下或草坡路旁，竹坡中。资源：－。全球3个大洲分布及种数(11－13)非洲:2；亚洲:9；大洋洲:6。

Brachypodium P. Beauv. 短柄藓属 Ptychomitriaceae [B－114] 特征纪要：习性：草本(根状茎，基生)。物候：－。海拔:1500－3600米。生境：草地，竹林下。资源：具栽培园艺种类。全球6个大洲分布及种数(10－20)非洲:10－20；亚洲:6－21；大洋洲:8；欧洲:7－15；北美洲:6－14；南美洲:1－10。【中国种数:6】。

Brachypteris Griseb. ＝ **Brachypterys**

Brachypterum (Wight & Arn.) Benth. 亚洲短柄豆属 Fabaceae3 [MD－240] 特征纪要：习性：－。花程式：(K)5,C5,A10多二体,G1。其他特征参考科。全球3个大洲分布及种数(12－19)非洲:4；亚洲:16；大洋洲:6。【中国种数:1】。

Brachypterys A. Juss. 老虎尾属 Malpighiaceae [MD－343] 特征纪要：习性：－。花程式：－。其他特征参考科。全球3个大洲分布及种数(cf. 1)亚洲；北美洲；南美洲。

Brachypus Ledeb. 银扇草属 Brassicaceae [MD－213] 特征纪要：习性：－。花程式：－。物候：－。花期:3－7月。果期:6－8月。海拔:30－6200米。生境：半固定沙地前平地，作为蔬菜栽培。资源：具栽培园艺种类。全球1个大洲分布及种数(－)。

Brachyramphus DC. ＝ **Launaea**

Brachyscias J. M. Hart & Henwood 短柄芹属 Apiaceae [MD－480] 特征纪要：习性：草本。花程式：Kn,C5,A5,＝↓(G)2。其他特征参考科。全球1个大洲分布及种数(1)◆大洋洲。

Brachyscome Cass. 鹅河菊属 Asteraceae [MD－586] 特征纪要：习性：草本。花程式：(K)3－5,C3－5,A3－5,＝↓(G)2。其他特征参考科。全球6个大洲分布及种数(69－124;hort. 1;cult. 10)非洲:3－5；亚洲:2－4；大洋洲:67－104；欧洲:1－3；北美洲:2；南美洲:2。

Brachysema R. Br. 西澳木属 Fabaceae3 [MD－240] 特征纪要：习性：－。花程式：－。其他特征参考科。全球4个大洲分布及种数(44)大洋洲:36；欧洲:5；北美洲:5；南美洲:3。

Brachysiphon A. Juss. 巧玲木属 Penaeaceae [MD－375] 特征纪要：习性：木本。花程式：－。其他特征参考科。全球2个大洲分布及种数(11)非洲:11；南美洲:2。

Brachysola Rye 荔南苏属 Lamiaceae [MD－575] 特征纪要：习性：木本。花程式：K2－4,C0,A2－4,↓G。其他特征参考科。全球2个大洲分布及种数(2－21)大洋洲:2；南美洲:19。

Brachysorus C. Presl ＝ **Athyrium**

Brachyspatha Schott = **Amorphophallus**

Brachystachys Klotzsch = **Croton**

Brachystachyum Keng 禾本科属 Poaceae［MM－748］特征纪要:习性:竹类。花程式:K5,C3,A3－6,G1。物候:－。花期:3－5月。果期:参考晚于花期。海拔:10－5600米。生境:低山或平原路边。资源:具园艺种类。全球1个大洲分布及种数(2)。

Brachystegia Benth. 短盖豆属 Fabaceae1［MD－240］特征纪要:习性:木本。花程式:K3－5－∞,C3－5－∞,A3－5,＝↓G1－2。其他特征参考科。全球2个大洲分布及种数(35－108)非洲:102; 亚洲:2。

Brachystele Schltr. 礼裙兰属 Orchidaceae［MM－723］特征纪要:习性:草本。花程式:(K)3,C3,A3,＝↓G3。资源:具园艺种类。全球5个大洲分布及种数(32－34)非洲:1;亚洲:cf. 1;大洋洲:2;北美洲:9;南美洲:25－26。

Brachysteleum (Endl.) Rchb. 缩叶藓属 Ptychomitriaceae［B－114］特征纪要:－。全球1个大洲分布及种数(－)。

Brachystelma R. Br. 润肺草属 Apocynaceae［MD－492］特征纪要:习性:－。花期:10月。果期:参考晚于花期。海拔:300－1200米。生境:森林,沙滩,岩石裂缝中。资源:药用。全球6个大洲分布及种数(113－154)非洲:108－129;亚洲:6－22;大洋洲:2－7;欧洲:1;北美洲:3－5;南美洲:1。

Brachystemma D. Don 短瓣花属 Caryophyllaceae［MD－77］特征纪要:习性:草本,少灌木。花期:4－7月。果期:参考晚于花期。海拔:500－2700米。生境:森林,山坡草地或路旁疏林中。资源:药用,具栽培园艺种类。全球1个大洲分布及种数(cf. 1)◆亚洲。【中国种数:1】。

Brachystephanus Nees 短冠爵床属 Acanthaceae［MD－572］特征纪要:习性:草本。花程式:K2－4,C0,A2－4,＝G2。其他特征参考科。全球1个大洲分布及种数(10－22)◆非洲。

Brachystylis E. Mey. ex DC. = **Marasmodes**

Brachystylus Dulac = **Koeleria**

Brachythalamus Gilg = **Gyrinops**

Brachytheciaceae Schimp.［B－187］青藓科 特征纪要:陆生中形蕨类植物,叶簇生顶端,二型,叶柄长,基部膨大,三角形,呈托叶状,腹部扁平,背面中部隆起。【Rep】:孢子囊群为近叶边生,位于分叉叶脉的加厚小脉上,幼时分离,成熟后汇合成片,满复羽片下面,幼时为特化的干膜质的反卷叶边所覆盖,后被成熟的孢子囊群推开。全球5个大洲分布和属种数(49/749)亚洲:27/316;大洋洲:18/93;欧洲:22/159;北美洲:29/237;南美洲:27/173。【中国属种数:32/311(29)】。

Brachytheciastrum Ignatov & Huttunen 短青藓属 Brachytheciaceae［B－187］特征纪要:习性:－。【Rep】:绿色或棕绿色。物候:－。海拔:－。生境:常见于林下土生,岩面土生。资源:－。全球6个大洲分布及种数(7)非洲:4;亚洲:5;大洋洲:2;欧洲:4;北美洲:4;南美洲:2。【中国种数:1】。

Brachytheciella Ignatov 墨藓属 Brachytheciaceae［B－187］特征纪要:习性:－。【Rep】:绿色或棕绿色。其他特征参考科。全球1个大洲分布及种数(1)◆非洲。

Brachythecium Schimp. 青短藓属 Brachytheciaceae［B－187］特征纪要:习性:－。【Rep】:雌雄同株或异株,内雌苞叶较长,具细长尖,蒴柄平滑或有疣,孢蒴倾立或平横。物候:－。海拔:1360米。生境:常见于树干,岩面土生。资源:－。全球6个大洲分布及种数(252)非洲:52;亚洲:111;大洋洲:23;欧洲:55;北美洲:94;南美洲:47。【中国种数:103】。

Brachythrix Wild & G. V. Pope 短毛瘦片菊属 Asteraceae［MD－586］特征纪要:习性:草本。花程式:(K)3－5,(C)3－5,A3－5,＝↓G2。其他特征参考科。全球1个大洲分布及种数(6)◆非洲。

Brachytome Hook. f. 短萼齿木属 Rubiaceae［MD－523］特征纪要:习性:木本。花程式:－。物候:－。花期:3－6月。果期:参考晚于花期。海拔:700－1600米。生境:山谷中溪边的森林或灌木丛。资源:具园艺种类。全球1个大洲分布及种数(5－8)◆亚洲。【中国种数:3】。

Brachytrichum Röhl. 木灵藓属 Orthotrichaceae［B－151］特征纪要:－。全球1个大洲分布及种数(－)。

Bracisepalum J. J. Sm. 马来兰属 Orchidaceae［MM－723］特征纪要:木本,叶对生,落叶,复叶。花程式:－。全球1个大洲分布及种数(1－3)◆亚洲。

Brackenridgea A. Gray 银莲木属 Ochnaceae［MD－104］特征纪要:习性:木本。花程式:K1－∞,C1－∞,A10,＝G2－15。其他特征参考科。全球6个大洲分布及种数(13－257)非洲:79; 亚洲:48; 大洋洲:7; 欧洲:13; 北美洲:13; 南美洲:136。【中国种数:1】。

Braconotia Godr. = **Elytrigia**

Bracteantha A. A. Anderb. & L. Haegi = **Xerochrysum**

Bracteanthus Ducke = **Siparuna**

Bracteocarpus A. V. Bobrov & Melikyan = **Dacrycarpus**

Bracteolanthus de Wit = **Bauhinia**

Bracteolaria Hochst. 鸡血檀属 Fabaceae3［MD－240］特征纪要:习性:－。花程式:－。其他特征参考科。全球1个大洲分布及种数(－)。

Bradburya Raf. 距瓣豆属 Fabaceae3［MD－240］特征纪要:习性:－。花程式:－。其他特征参考科。全球1个大洲分布及种数(－)。

Bradea Standl. 布雷德茜属 Rubiaceae［MD－523］特征纪要:习性:木本。花程式:(K)4－5,(C)4－5,A4－5,＝↓(G)2－9。其他特征参考科。全球2个大洲分布及种数(6－14)亚洲:6; 南美洲:12。

Bradlaeia Banks ex Gaertn. = **Laserpitium**

Braemia Jenny 玄鹤兰属 Orchidaceae [MM－723] 特征纪要:习性:草本。花程式:(K)3,C3,A3,=↓G3。其他特征参考科。全球4个大洲分布及种数(1－7)亚洲:2; 欧洲:2; 北美洲:2; 南美洲:3。

Bragaia Esteves & al. 赤人掌属 Cactaceae [MD－100] 特征纪要:习性:－。花程式:－。其他特征参考科。全球1个大洲分布及种数(－)。

Bragginsella R. M. Schust. 石苔属 Lophocoleaceae [B－74] 特征纪要:习性:－。【Rep】:常具蒴囊,绿色、黄绿色、暗绿色或红褐色。其他特征参考科。全球1个大洲分布及种数(1)◆非洲。

Brahea Mart. 石棕属 Arecaceae [MM－717] 特征纪要:习性:木本。花程式:K3－10,C3－10,A3－10,=G3－10。资源:具园艺种类。全球6个大洲分布及种数(11－33)非洲:4; 亚洲:3; 大洋洲:3; 欧洲:14; 北美洲:14; 南美洲:6。【中国种数:1】。

Brainea J. Sm. 苏铁蕨属 Blechnaceae [F－46] 特征纪要:习性:－。【Rep】:孢子囊群沿小脉着生而成为汇生孢子囊群,无囊群盖。物候:－。海拔:1600－2800米。生境:山坡常见。资源:－。全球1个大洲分布及种数(1－2)◆亚洲。

Braithwaitea Lindb. 柏藓属 Braithwaiteaceae [B－155] 特征纪要(同科)。全球2个大洲分布及种数(2)亚洲:2; 大洋洲:2。

Braithwaiteaceae N. E. Bell, A. E. Newton & D. Quandt [B－155] 柏藓科 特征纪要:陆生植物,叶片掌状,有羽片3－5枚,少为单叶,全缘或波状,侧脉明显,小脉网状,网眼有内藏小脉。【Rep】:孢子囊群为球圆形的聚合囊群,散生于叶下面的小脉连接点,由10－15个肉质的孢子囊合生成为一个中空的圆形钵状,以腹部上方的短纵缝向钵内开裂,放出孢子。全球2个大洲分布及属种数(1/1)亚洲:1; 大洋洲:1。

Brandegea Cogn. 星瓜属 Cucurbitaceae [MD－205] 特征纪要:习性:木本。花程式:K3－5,C3－5,A3－5,=↓G(－)。其他特征参考科。全球1个大洲分布及种数(2)◆北美洲。

Brandella R. R. Mill 布雷德草属 Boraginaceae [MD－517] 特征纪要:习性:草本。花程式:K5,C0,A5,=(G)2－4。其他特征参考科。全球3个大洲分布及种数(1－4)非洲:2; 亚洲:1; 南美洲:3。

Brandisia Hook. f. & Thoms. 来江藤属 Orobanchaceae [MD－552] 特征纪要:习性:草质攀援(寄生)。花程式:－。物候:－。花期:6－7月。果期:参考晚于花期。海拔:1400－2300米。生境:低山森林,主茎上,苞片较小,叶片披针形,边缘无锯齿。资源:具园艺种类。全球3个大洲分布及种数(10－27)亚洲:19; 北美洲:2; 南美洲:8。【中国种数:8】。

Brandtia Kunth = **Arundinella**

Brandzeia Baill. 红花翼豆属 Fabaceae3 [MD－240] 特征纪要:习性:木本。花程式:K1－∞,C3－5－∞,A5－9,=↓G1。其他特征参考科。全球2个大洲分布及种数(1－3)非洲:3; 亚洲:2。

Branicia Andrz. ex Trautv. = **Senecio**

Brasenia Schreb. 莼菜属 Cabombaceae [MD－22] 特征纪要:习性:草本(生)。花程式:－。物候:－。花期:6月。果期:参考晚于花期。海拔:1150－1500米。生境:在池塘,湖泊或沼泽中。资源:药用,具栽培园艺种类。全球6个大洲分布及种数(2)非洲:1－3;亚洲:1－3;大洋洲:1－3;欧洲:1－3;北美洲:1－3;南美洲:2。【中国种数:1】。

Brasilettia Kuntze = **Caesalpinia**

Brasilia G. M. Barroso = **Calea**

Brasilianthus Almeda & Michelang. 厚碟花属 Melastomataceae [MD－364] 特征纪要:习性:木本。花程式:Kn,C2－3参考科,A3参考科,=↓G－。其他特征参考科。全球1个大洲分布及种数(1)◆南美洲:1。

Brasilicactus Backeb. 仙人手属 Cactaceae [MD－100] 特征纪要:习性:－。花程式:－。其他特征参考科。全球2个大洲分布及种数(5)北美洲:2; 南美洲:4。

Brasilicereus Backeb. 巴西柱属 Cactaceae [MD－100] 特征纪要:习性:木本。花程式:K1－∞,C1－∞,A3－100,=↓G3－100－。其他特征参考科。全球1个大洲分布及种数(3)◆南美洲。

Brasiliocroton P. E. Berry & Cordeiro 巴西大戟属 Euphorbiaceae [MD－217] 特征纪要:习性:木本。花程式:K1(1000),C0,A6,=(G)2－3。其他特征参考科。全球1个大洲分布及种数(1－2)◆南美洲(◆巴西)。

Brasiliopuntia (K. Schum.) A. Berger 戒尺掌属 Cactaceae [MD－100] 特征纪要:习性:木本。花程式:－。其他特征参考科。全球4个大洲分布及种数(1－6)亚洲:1; 欧洲:4; 北美洲:4; 南美洲:6。

Brasiliorchis R. B. Singer, S. Köhler & Carnevali 巴西兰属 Orchidaceae [MM－723] 特征纪要:习性:－。花程式:－。其他特征参考科。全球4个大洲分布及种数(20)非洲:3; 亚洲:2; 北美洲:3; 南美洲:19。

Brasilocalamus Nakai = **Merostachys**

Brasilochloa R. P. Oliveira & L. G. Clark 禾本科属 Poaceae [MM－748] 特征纪要:习性:草本。花程式:－。其他特征参考科。全球1个大洲分布及种数(1)◆南美洲:1。

Brasilocycnis G. Gerlach & Whitten 金绣兰属 Orchidaceae [MM－723] 特征纪要:习性:－。花程式:－。其他特征参考科。全球1个大洲分布及种数(1)◆南美洲。

Brassaiopsis Decne. & Planch. 掌叶树属 Araliaceae [MD－471] 特征纪要:习性:木本。花程式:－。物候:－。花期:11月。果期:参考晚于花期。海拔:1200－1700米。生境:茂密森林,中湿林,山谷阔叶林中。资源:具栽培园艺种类。全球4个大洲分布及种数(45－124)非洲:3; 亚洲:94; 大洋洲:5; 南美洲:18。【中国种数:23】。

Brassavola R. Br. 修胫兰属 Orchidaceae [MM－723] 特征纪要:习性:草本。花程式:－。其他特征参考科。全球5个大洲分布及种数(16－66)非洲:2; 亚洲:7; 大洋洲:2; 北美洲:25; 南美洲:40。

Brassia R. Br. 长萼兰属 Orchidaceae [MM－723] 特征纪要:习性:草本。花程式:(K)3,C3,A3,=↓G3。其他特征参考科。全球3个大洲分布及种数(66－118)亚洲:6; 北美洲:44; 南美洲:112。【中国种数:1】。

Brassiantha A. C. Sm. 新几内亚卫矛属 Celastraceae［MD－339］特征纪要：习性：木本。花程式：K2－3，C2－3，A10，＝（G）2－5。其他特征参考科。全球3个大洲分布及种数（2－3）非洲：2；亚洲：2；大洋洲：3。

Brassica L. 芸薹属 Brassicaceae［MD－213］特征纪要：习性：草质攀援（基生，多肉）。花程式：Kn，C2－3参考科，A3参考科，G－。物候：－。海拔：900－2400米。生境：草原。资源：具栽培园艺种类。全球6个大洲分布及种数（51－69；hort. 1；cult. 13）非洲：29－49；亚洲：28－50；大洋洲：11－31；欧洲：32－53；北美洲：15－36；南美洲：4－24。【中国种数：9】。

Brassicaceae Burnett［MD－213］十字花科 特征纪要：习性：木本；落叶。花程式：K4－5（－），C4，A6（4），G－。物候：－。花期：4－6月。果期：5－7月。栽培：中国有栽培。全球6个大洲分布及属种数（401－450/4665－5759 <IFR 85/300> hort. 1；cult. 74）非洲：89－93/689－709（IFR 31/65）；亚洲：200－215/2243－2352（IFR 43/90）；大洋洲：56/454－469（IFR 1/1）；欧洲：97－103/1196－1256（IFR 44/129）；北美洲：104－106/1330－1359（IFR 30/87）；南美洲：71－75/647－675（IFR 8/11）。【中国属种数：127/653】。

Brassicella Fourr. ＝ **Coincya**

Brassiophoenix Burret 三叉羽椰属 Arecaceae［MM－717］特征纪要：习性：木本。花程式：K3－10，C3－10，A3－10，＝G3－10。其他特征参考科。全球2个大洲分布及种数（2－4）非洲：2；大洋洲：2。

Brassocattleya Rolfe 修卡兰属 Orchidaceae［MM－723］特征纪要：习性：草本。花程式：（K）3，C3，A3，＝↓G3。其他特征参考科。全球3个大洲分布及种数（5－13）非洲：2；北美洲：1；南美洲：12。

Brathys Mutis ex L. f. ＝ **Hypericum**

Braunfelsia Paris 高苞藓属 Dicranaceae［B－128］特征纪要：习性：－。【Rep】：雌苞叶分化，基部鞘状，有毛尖，蒴柄长，均高出于雌苞叶，孢蒴直立或背曲，长圆柱形或长椭圆形，辐射对称，雌雄异株，雄株矮小，附于假根上成假雌雄同株，雌苞叶形大，高鞘状，上部具细毛尖，与孢蒴等长或长于孢蒴。物候：－。全球4个大洲分布及种数（10）亚洲：8；大洋洲：4；欧洲：1；北美洲：1。【中国种数：1】。

Braunia Bruch & Schimp. 赤枝藓属 Hedwigiaceae［B－138］特征纪要：习性：－。【Rep】：或带紫红色。物候：－。海拔：1900米。生境：常见于岩石或树干。资源：－。全球6个大洲分布及种数（71）非洲：20；亚洲：14；大洋洲：4；欧洲：6；北美洲：6；南美洲：26。【中国种数：5】。

Braunlowia A. DC. ＝ **Brownlowia**

Braunsia Schwantes 叠碧玉属 Aizoaceae［MD－94］特征纪要：习性：灌木。花程式：K3－4，C3－4，A5参考科，＝↓G1－2。资源：具园艺种类。全球3个大洲分布及种数（7－9）非洲：9；亚洲：2；大洋洲：2。

Bravaisia DC. 墨爵床属 Acanthaceae［MD－572］特征纪要：习性：木本。花程式：－。其他特征参考科。全球3个大洲分布及种数（3－10）亚洲：2；北美洲：7；南美洲：6。

Braya Sternb. & Hoppe 肉叶荠属 Brassicaceae［MD－213］特征纪要：习性：草本（根状茎，基生，多肉）。花程式：Kn，C2－3参考科，A4，G－。物候：－。花期：5－7月。果期：参考晚于花期。海拔：3500－5000米。生境：高山草坡和碎石，岩石牧场。栽培：来自广西龙州。资源：具栽培园艺种类。全球6个大洲分布及种数（25－30；hort. 1；cult. 5）非洲：5；亚洲：20－25；大洋洲：5；欧洲：5－10；北美洲：11－16；南美洲：4－9。【中国种数：10】。

Brayodendron Small ＝ **Diospyros**

Brayopsis Gilg & Muschl. 假肉叶芥属 Brassicaceae［MD－213］特征纪要：习性：草本。花程式：K2－4，C2－4，A2－4，＝G2。其他特征参考科。全球2个大洲分布及种数（12－21）非洲：2；南美洲：17。

Brazoria Engelm. & A. Gray 布拉梭属 Lamiaceae［MD－575］特征纪要：习性：草本。花程式：K2，C0，A2，↓G。其他特征参考科。全球2个大洲分布及种数（4－12）北美洲：9；南美洲：2。

Brazzeia Baill. 簇织瓣花属 Lecythidaceae［MD－267］特征纪要：习性：木本。花程式：K10－20，C10－20，A10－20，G3－8。其他特征参考科。全球1个大洲分布及种数（3）◆非洲。

Brebissonia（Dunal）Spach 柳叶菜科属 Onagraceae［MD－396］特征纪要：习性：－。花程式：－。其他特征参考科。分布：－。

Bredemeyera Willd. 澳远志属 Polygalaceae［MD－291］特征纪要：习性：木本。花程式：K3－8，C3－8，A8，＝G2－5。其他特征参考科。全球5个大洲分布及种数（18－118）非洲：7；亚洲：8；大洋洲：83；北美洲：6；南美洲：43。

Bredia Bl. 野海棠属 Melastomataceae［MD－364］特征纪要：习性：木本。花程式：－。物候：－。花期：6－8月。果期：参考晚于花期。海拔：100－1400米。生境：草丛中或水旁，林缘荫处，竹林沟边。资源：药用，具栽培园艺种类。全球5个大洲分布及种数（26－105）非洲：9；亚洲：83；大洋洲：12；北美洲：4；南美洲：9。【中国种数：9】。

Breedlovea H. A. Crum ＝ **Holomitrium**

Breidleria Löske 扁灰藓属 Hypnaceae［B－189］特征纪要：习性：－。【Rep】：雌雄异苞同株，内雌苞叶直立，卵状披针形，上部渐狭成长毛状，近于全缘，无中肋，黄绿色。物候：－。海拔：1170米。生境：土生。资源：－。全球4个大洲分布及种数（4）非洲：1；亚洲：3；欧洲：1；北美洲：1。【中国种数：4】。

Bremeria Razafim. & Alejandro 伯乐茜属 Rubiaceae［MD－523］特征纪要：习性：木本。花程式：（K）4－5，（C）4－5，A4－5，＝↓G2－9。其他特征参考科。全球6个大洲分布及种数（23）非洲：23－24；亚洲：4－5；大洋洲：1；欧洲：1；北美洲：1；南美洲：1。【中国种数：2】。

Brenandendron H. Rob. 铁鸠菊属 Asteraceae［MD－586］特征纪要：习性：草本。花程式：（K）3－5，（C）3－5，A3－5，↓G。其他特征参考科。全球1个大洲分布及种数（3）◆非洲。【中国种数：1】。

Brenania Keay 布雷南属 Rubiaceae［MD－523］特征纪要：习性：木本。花程式：（K）4－5，（C）4－5，A4－5，＝↓（G）2－9。其他特征参考科。全球3个大洲分布及种数（2－4）非洲：4；亚洲：3；南美洲：2。

Brenesia Schltr. 腋花兰属 Orchidaceae［MM－723］特征纪要：习性：－。花程式：－。其他特征参考科。全球2个

大洲分布及种数(-)北美洲;南美洲。

Brenierea Humbert 扁竹豆属 Fabaceae1 [MD-240] 特征纪要:习性:木本。花程式:K3-5-∞,C3-5-∞,A3-5,=↓G1-2。其他特征参考科。全球1个大洲分布及种数(1)◆非洲(◆马达加斯加)。

Breonadia Ridsdale 柳团花属 Rubiaceae [MD-523] 特征纪要:习性:木本。花程式:(K)4-5,(C)4-5,A4-5,↓G。其他特征参考科。全球5个大洲分布及种数(1-12)非洲:6; 亚洲:5; 大洋洲:2; 北美洲:2; 南美洲:4。

Breonia A. Rich. ex DC. 帽团花属 Rubiaceae [MD-523] 特征纪要:习性:木本。花程式:(K)4-5,(C)4-5,A4-5,=↓G2-9。其他特征参考科。全球2个大洲分布及种数(21-22)非洲:20;亚洲:cf. 1。【中国种数:1】。

Bretschneidera Hemsl. 伯乐树属 Bretschneideraceae [MD-360] 特征纪要(同科)。全球2个大洲分布及种数(1-4)亚洲:4; 北美洲:2。【中国种数:1】。

B

Bretschneideraceae Engl. & Gilg [MD-360] 伯乐树科 特征纪要:习性:木本;落叶。花程式:(K)6,C5,A12-8,↑G-。物候:-。花期:3-9月。果期:8月至次年4月。果实:蒴果。种子:大,棕色或带黑色,椭圆球形,棕黄色。海拔:300-1700米。生境:森林,山地林中。资源:药用。栽培:-。全球1个大洲分布及属种数(2/4 hort. 1)◆亚洲:1/ 1。

Breutelia (Bruch & Schimp.) Schimp. 热泽藓属 Bartramiaceae [B-142] 特征纪要:习性:-。【Rep】:雌雄异株,雄苞盘形,雄苞叶较宽大,直立,往往集成莲座状,雌苞叶较小,直立,细胞无疣,蒴柄粗短或较长。物候:-。海拔:2530米。生境:树生。资源:-。全球6个大洲分布及种数(105)非洲:29;亚洲:13;大洋洲:22;欧洲:12;北美洲:31;南美洲:53。【中国种数:7】。

Brevianthaceae J. J. Engel & R. M. Schust. [B-46] 短片苔科 特征纪要:多年生,匍匐茎细长横走,二叉分枝,叶稀疏,螺旋状排列,披针形,基部下延,抱茎。【Rep】:孢子囊穗,圆柱形或柔荑花序状,生于孢子枝顶端或侧生,孢子叶阔卵状。全球1个大洲分布和属种数(1/1)◆大洋洲:1/1。

Brevianthus J. J. Engel & R. M. Schust. 短片苔属 Brevianthaceae [B-46] 特征纪要:-。全球1个大洲分布及种数(1)◆大洋洲(◆澳大利亚)。

Breviea (Baehni) Aubrév. & Pellegr. 长籽山榄属 Sapotaceae [MD-357] 特征纪要:木本。花程式:K4-15,C0,A5,=(G)2-4。其他特征参考科。全球4个大洲分布及种数(1-4)非洲:4; 大洋洲:3; 北美洲:2; 南美洲:3。

Brevilongium Christenson = **Seppeltia**

Brevipodium á. Löve & D. Löve = **Brachypodium**

Brewcaria L. B. Sm. Steyerm. & H. Rob. 刺莲凤梨属 Bromeliaceae [MM-715] 特征纪要:习性:-。花程式:-。其他特征参考科。全球3个大洲分布及种数(7)非洲:2; 亚洲:2; 南美洲:7。

Breweria R. Br. 伯纳旋花属 Convolvulaceae [MD-499] 特征纪要:习性:-。花程式:-。其他特征参考科。全球6个大洲分布及种数(14)非洲:13;亚洲:11;大洋洲:11;欧洲:11;北美洲:2-13;南美洲:14。

Brewerimitella (Engl.) R. A. Folk & Y. Okuyama 虎耳草科属 Saxifragaceae [MD-231] 特征纪要:习性:-。花程式:-。其他特征参考科。全球1个大洲分布及种数(-)。

Breweriopsis Roberty = **Bonamia**

Brexia Noronha ex Thou. 胡桃桐属 Brexiaceae [MD-278] 特征纪要(同科)。全球4个大洲分布及种数(4-23)非洲:20; 亚洲:2; 北美洲:2; 南美洲:4。【中国种数:1】。

Brexiaceae Loudon [MD-278] 雨湿木科 特征纪要:习性:木本;落叶。花程式:K4,C4,A10,↑G4-7。种子:种皮紫褐色棕色或浅棕色。全球1个大洲分布及属种数(1/1 hort. 1)◆非洲:1/13。

Brexiella H. Perrier 小雨湿木属 Celastraceae [MD-339] 特征纪要:习性:木本。花程式:K2-3,C2-3,A10,=G2-5。其他特征参考科。全球1个大洲分布及种数(5)◆非洲(◆马达加斯加)。

Brexiopsis H. Perrier = **Drypetes**

Breynia J. R. Forst. & G. Forst. 黑面神属 Euphorbiaceae [MD-217] 特征纪要和分布(-)。【中国种数:12】。

Brezia Moq. = **Suaeda**

Brianhuntleya Chess., S. A. Hammer & I. Oliv. 翠峰玉属 Aizoaceae [MD-94] 特征纪要:习性:草本。花程式:Kn,C∞参考科,A5参考科,=↓G-。其他特征参考科。全球1个大洲分布及种数(1)◆非洲。

Bribria Wahlert & H. E. Ballard 堇菜科属 Violaceae [MD-126] 特征纪要:习性:-。花程式:-。其他特征参考科。全球3个大洲分布及种数(3)亚洲:1; 北美洲:1; 南美洲:2。

Brickelliastrum R. M. King & H. Rob. 落冠肋泽兰属 Asteraceae [MD-586] 特征纪要:习性:草本。花程式:(K-),(C)3-5,A3参考科,↓G。其他特征参考科。全球1个大洲分布及种数(2)◆北美洲(◆美国)。

Bridelia Willd. 土蜜树属 Phyllanthaceae [MD-222] 特征纪要:习性:木质攀援。花期:几乎全年。果期:参考晚于花期。海拔:300-1500米。生境:常绿灌木丛边缘。栽培:来自广西龙州。资源:药用,具栽培园艺种类。全球6个大洲分布及种数(45-66;hort. 1;cult. 5)非洲:26-36;亚洲:24-38;大洋洲:13-25;欧洲:5-11;北美洲:5;南美洲:3-8。【中国种数:15】。

Bridgesia Hook. & Arn. 布里无患子属 Sapindaceae [MD-428] 特征纪要:习性:-。花程式:-。其他特征参考科。全球1个大洲分布及种数(1)◆南美洲(◆智利)。

Bridsonia Verstraete & A. E. van Wyk 木蓝属 Rubiaceae [MD-523] 特征纪要:习性:木本。花程式:(K-),(C)4,A3参考科,↓G。其他特征参考科。全球1个大洲分布及种数(1)◆非洲。

Briedelia Willd. = **Bridelia**

Brieya De Wild. 离鼎木属 Annonaceae [MD-7] 特征纪要:习性:-。花程式:-。其他特征参考科。全球1个大洲分布及种数(-)。

Briggsia Craib 粗筒苣苔属 Gesneriaceae [MD-549] 特征纪要:习性:-。花期:9月。果期:参考晚于花期。海拔:1000-2000米。生境:常绿阔叶林树木,岩石。全球2个大洲分布及种数(48)亚洲:45; 北美洲:1。

Briggsiopsis K. Y. Pan 筒花苣苔属 Gesneriaceae [MD-549] 特征纪要:习性:草本(具根状茎)。花程式:(K-),C2-3参考科,A8,↓G-。物候:-。花期:8月。果期:参考晚于花期。海拔:200-1500米。生境:生于山地山坡阴湿岩石上。资源:-。全球1个大洲分布及种数(cf.1)◆亚洲(◆中国)。【中国种数:1】。

Brighamia A. Gray 木油菜属 Campanulaceae [MD-561] 特征纪要:习性:草本。花程式:(K)5,(C)5,A5,↓G-。其他特征参考科。全球2个大洲分布及种数(2-6)亚洲:2; 北美洲:3。【中国种数:1】。

Brillantaisia P. Beauv. 逐马蓝属 Acanthaceae [MD-572] 特征纪要:草本。花程式:K2-4,C0,A2-4,=G2。其他特征参考科。全球6个大洲分布及种数(13-49)非洲:45; 亚洲:8; 大洋洲:2; 欧洲:4; 北美洲:4; 南美洲:5。

Brimeura Salisb. 紫晶风信属 Asparagaceae [MM-669] 特征纪要:习性:草本。花程式:(K)3,C0参考科,A3-6,G3。其他特征参考科。全球5个大洲分布及种数(4-11)非洲:2; 亚洲:6; 欧洲:4; 北美洲:4; 南美洲:3。

Brintonia Greene 千里光属 Asteraceae [MD-586] 特征纪要:习性:-。花程式:-。其他特征参考科。全球2个大洲分布及种数(1-2)亚洲:1; 北美洲:1。

Briquetia Hochr. 布里锦葵属 Malvaceae [MD-203] 特征纪要:习性:木本。花程式:K5-∞,C5-∞,A10-8,=G1-5。其他特征参考科。全球4个大洲分布及种数(2-8)大洋洲:2; 欧洲:4; 北美洲:4; 南美洲:8。

Briquetina J. F. Macbr. = **Citronella**

Britoa O. Berg 桃金娘科属 Myrtaceae [MD-347] 特征纪要:习性:-。花程式:-。其他特征参考科。全球1个大洲分布及种数(16)◆南美洲:1。

Brittonodoxa <unassigned> 锦藓科属 Sematophyllaceae [B-192] 特征纪要:习性:-。【Rep】:参考科特征,雌雄同株或雌雄异株,稀雌雄杂株,蒴柄细长,下部平滑,上部具乳头突起,孢蒴小,垂倾或悬垂,长卵形或长圆,多暗色、绿色至金黄色。其他特征参考科。全球1个大洲分布及种数(1)◆亚洲(◆中国)。【中国种数:1】。

Brium Hedw. ex Brid. = **Bryum**

Briza L. 凌风草属 Poaceae [MM-748] 特征纪要:习性:草本(基生)。花程式:(K-),C0参考科,A3参考科,=G2-3。物候:-。花期:7-9月。果期:参考晚于花期。海拔:3600-3800米。生境:花园,麦田中杂性草常见。资源:具栽培园艺种类。全球6个大洲分布及种数(11-16)非洲:5-11;亚洲:6-13;大洋洲:6-12;欧洲:6-13;北美洲:7-13;南美洲:9-18。【中国种数:3】。

Brizochloa V. Jirásek & Chrtek 凌风草属 Poaceae [MM-748] 特征纪要:习性:-。花程式:-。其他特征参考科。全球2个大洲分布及种数(cf.1)亚洲;欧洲。

Brocchia Vis. 黏周菊属 Simmondsiaceae [MD-163] 特征纪要及分布(-)。

Brocchinia Schult. & Schult. f. 小花凤梨属 Bromeliaceae [MM-715] 特征纪要:习性:草本。花程式:K3,C3,A6,=↓G3。其他特征参考科。全球2个大洲分布及种数(20-36)亚洲:2; 南美洲:35。

Brochoneura Warb. 寒脂楠属 Myristicaceae [MD-15] 特征纪要:习性:木本。花程式:-。其他特征参考科。全球1个大洲分布及种数(3)◆非洲。

Brodiaea Sm. 紫灯韭属 Alliaceae [MM-667] 特征纪要:习性:草本。花程式:(K)3,C0参考科,A3,=G3。资源:具栽培园艺种类。全球6个大洲分布及种数(21-161)非洲:5; 亚洲:17; 大洋洲:10; 欧洲:90; 北美洲:90; 南美洲:52。【中国种数:2】。

Brodoa <unassigned> 水蕨科属 Parkeriaceae [F-36] 特征纪要:-。全球0个大洲分布及种数(4)。

Brodriguesia R. S. Cowan 飘柔丝蕊豆属 Fabaceae1 [MD-240] 特征纪要:习性:木本。花程式:K3-5-∞,C3-5-∞,A3-5,=↓G1-2。其他特征参考科。全球1个大洲分布及种数(1)◆南美洲(◆巴西)。

Brombya F. Müll. 澳东北芸香属 Rutaceae [MD-399] 特征纪要:习性:-。花程式:-。其他特征参考科。全球1个大洲分布及种数(-)。

Bromelia L. 红心凤梨属 Bromeliaceae [MM-715] 特征纪要:习性:草本。资源:具栽培园艺种类。全球6个大洲分布及种数(74-80;hort.1;cult. 2)非洲:1-10;亚洲:60-70;大洋洲:9;欧洲:9;北美洲:14-23;南美洲:68-80。【中国种数:2】。

Bromeliaceae Juss. [MM-715] 凤梨科 特征纪要:习性:草本;落叶。花程式:K5,C5,A3-6,=↑G5。果实:浆果,蒴果。海拔:1030米。生境:药圃栽培,栽培。资源:纤维,食用。栽培:中国有栽培。全球6个大洲分布及属种数(72-94/3688-4309<IFR 34/179>hort.1;cult. 21) 非洲:6/27(IFR 1/1); 亚洲:7/132-134(IFR 1/1); 大洋洲:7-8/60-61(IFR 3/5); 欧洲:2/12(IFR 1/1); 北美洲:21-27/879-966(IFR 11/35); 南美洲:57-69/3143-3404(IFR 34/165)。【中国属种数:11/24】。

Bromeliophila R. M. Schust. 红鳞苔属 Lejeuneaceae [B-84] 特征纪要:习性:-。【Rep】:老时呈红褐色。其他特征参考科。全球2个大洲分布及种数(3)北美洲:1;南美洲:1。

Bromheadia Lindl. 白苇兰属 Orchidaceae [MM-723] 特征纪要:习性:草本。花程式:(K)3,C3,A3,=↓G3。其他特征参考科。全球3个大洲分布及种数(31-45)非洲:4; 亚洲:44; 大洋洲:7。【中国种数:2】。

Bromidium Nees & Meyen 凤凰草属 Poaceae [MM-748] 特征纪要和分布(-)。全球1个大洲分布及种数(3)◆南美洲。

Bromofestuca Prodán 欧凤草属 Poaceae [MM-748] 特征纪要:习性:草本。花程式:(K)3,C0参考科,A1-2,=(G)2-3。其他特征参考科。全球1个大洲分布及种数(cf.1)◆欧洲。

Bromopsis (Dum.) Fourr. 小雀麦属 Poaceae [MM-748] 特征纪要:习性:-。海拔:10-5600米。生境:草地,作为饲料植物或大麦田杂草种植。全球6个大洲分布及种数(13-20)非洲:6;亚洲:11-17;大洋洲:6;欧洲:1-

7;北美洲:6;南美洲:6。

Bromuniola Stapf & C. E. Hubb. 脊稃芒属 Poaceae [MM-748] 特征纪要:习性:草本。花程式:(K)3,C0 参考科,A1-2,=(G)2-3。其他特征参考科。全球 1 个大洲分布及种数(1)◆非洲。

Bromus L. 雀麦属 Poaceae [MM-748] 特征纪要和分布(-)。全球 6 个大洲分布及种数(198-234;hort. 1;cult. 48)非洲:66-142;亚洲:123-205;大洋洲:50-125;欧洲:77-155;北美洲:100-175;南美洲:46-120。【中国种数:64】。

Brongniartella <unassigned> 豌花荷属 Rhodoleiaceae [MD-64] 特征纪要:-。全球 5 个大洲分布及种数(4)非洲:2; 亚洲:1; 大洋洲:4; 欧洲:1; 北美洲:1。

Brongniartia Bl. 豌豆树属 Fabaceae3 [MD-240] 特征纪要:习性:-。花程式:-。其他特征参考科。全球 6 个大洲分布及种数(59-94)非洲:2; 亚洲:7; 大洋洲:2; 欧洲:66; 北美洲:66; 南美洲:16。【中国种数:1】。

B

Bronnia Kunth = **Fouquieria**

Bronwenia W. R. Anderson & C. Davis 赤虎尾属 Malpighiaceae [MD-343] 特征纪要:习性:木本。花程式:K5,C5,A10,=G2-3。其他特征参考科。全球 2 个大洲分布及种数(10)北美洲:3;南美洲:10。

Brookea Benth. 锥袋木属 Stilbaceae [MD-532] 特征纪要:习性:木本。花程式:Kn,C0,A4,↓G2。其他特征参考科。全球 2 个大洲分布及种数(6-14)亚洲:7; 南美洲:7。

Brosimopsis S. Moore = **Brosimum**

Brosimum Sw. 蛇桑属 Moraceae [MD-87] 特征纪要:习性:木本。花程式:-。其他特征参考科。全球 4 个大洲分布及种数(17-22;hort. 1;cult. 1)亚洲:cf. 1;大洋洲:1;北美洲:7;南美洲:15-18。【中国种数:1】。

Brossaea L. = **Gaultheria**

Brossea Kuntze = **Gaultheria**

Brothera Müll. Hal. 白氏藓属 Dicranaceae [B-128] 特征纪要:习性:-。【Rep】:雌雄异株,雌苞叶与营养叶同形,蒴柄直立或呈鹅颈状扭曲,孢蒴长卵形,环带 2 列细胞,齿片 2 深裂达基部。物候:-。全球 3 个大洲分布及种数(2)非洲:1;亚洲:2;北美洲:1。【中国种数:2】。

Brotherella Löske ex M. Fleisch. 小锦藓属 Pylaisiadelphaceae [B-191] 特征纪要:习性:-。【Rep】:雌雄异株,稀雌雄异苞同株或叶生雄苞异株,内雌苞叶具长皱褶,尖端具长毛尖,上部边缘有细齿,孢蒴长卵圆形。物候:-。海拔:600 米。生境:土生。资源:-。全球 4 个大洲分布及种数(33)亚洲:26;大洋洲:2;欧洲:1;北美洲:11。【中国种数:26】。

Brotherobryum M. Fleisch. 红尾藓属 Dicranaceae [B-128] 特征纪要:习性:-。【Rep】:雌苞叶分化,基部鞘状,有毛尖,蒴柄长,均高出于雌苞叶,孢蒴直立或背曲,长圆柱形或长椭圆形,辐射对称,雌雄异株,雄株矮小,附于假根上成假雌雄同株,雌苞叶形大,高鞘状,上部具细毛尖,与孢蒴等长或长于孢蒴。其他特征参考科。全球 3 个大洲分布及种数(4)非洲:1;亚洲:3;大洋洲:4。

Brotobroma H. Karst. & Triana = **Herrania**

Broughtonia R. Br. 紫薇兰属 Orchidaceae [MM-723] 特征纪要和分布(-)。全球 1 个大洲分布及种数(6-12)◆北美洲。【中国种数:1】。

Brousemichea Balansa = **Zoysia**

Broussaisia Gaud. 浆果绣球属 Hydrangeaceae [MD-429] 特征纪要:习性:木本。花程式:K4-8,C4-8,A4-8,=↓G(-)。其他特征参考科。全球 3 个大洲分布及种数(3)亚洲:2; 大洋洲:2; 北美洲:2。

Broussonetia Ortega 构属 Moraceae [MD-87] 特征纪要和分布(-)。全球 1 个大洲分布及种数(6-9)◆亚洲。【中国种数:3】。

Browalia Scop. = **Browallia**

Browallia L. 蓝英花属 Solanaceae [MD-503] 特征纪要:习性:草本。花程式:K3-4,C0,A3 参考科,=↓G2。资源:具栽培园艺种类。全球 6 个大洲分布及种数(17-23)非洲:1-3;亚洲:3-5;大洋洲:2-4;欧洲:2-4;北美洲:4-6;南美洲:15-20。【中国种数:2】。

Brownea Jacq. 宝冠木属 Fabaceae2 [MD-240] 特征纪要:习性:木本。花程式:K3-5-∞,C3-5-∞,A1-10-50,=↓G1。其他特征参考科。全球 4 个大洲分布及种数(23-57)非洲:6; 亚洲:15; 北美洲:14; 南美洲:52。【中国种数:1】。

Browneopsis Huber 拟热木豆属 Fabaceae2 [MD-240] 特征纪要:习性:木本。花程式:K3-5-∞,C3-5-∞,A1-10-50,=↓G1。其他特征参考科。全球 2 个大洲分布及种数(8-10)北美洲:2; 南美洲:9。

Browningia Britton & Rose 群蛇柱属 Cactaceae [MD-100] 特征纪要:习性:木本。花程式:K1-∞,C1-∞,A3-100,=↓G3-100-。其他特征参考科。全球 2 个大洲分布及种数(11-24)亚洲:2; 南美洲:23。

Brownleea Harv. ex Lindl. 凤仙兰属 Orchidaceae [MM-723] 特征纪要:习性:草本。花程式:(K)3,C3,A3,=↓(G)3。其他特征参考科。全球 2 个大洲分布及种数(9-30)非洲:29; 南美洲:8。

Brownlowia Roxb. 杯萼椴属 Sparmanniaceae [MD-184] 特征纪要(同科)。全球 3 个大洲分布及种数(29-70)非洲:4; 亚洲:51; 大洋洲:14。【中国种数:5】。

Brucea J. F. Mill. 鸦胆子属 Simaroubaceae [MD-424] 特征纪要:习性:木本。花程式:-。物候:-。花期:6-7 月。果期:参考晚于花期。海拔:700-1900 米。生境:常绿阔叶林边,旷野或山麓灌丛中或疏林中。资源:具栽培园艺种类。全球 6 个大洲分布及种数(8-13)非洲:6-17;亚洲:3-16;大洋洲:1-12;欧洲:2-13;北美洲:2-13;南美洲:11。【中国种数:2】。

Bruceholstia Morillo 夹竹桃科属 Apocynaceae [MD-492] 特征纪要:习性:木本。花程式:-。其他特征参考科。

全球 1 个大洲分布及种数(–)。

Bruchia Schwägr. 小烛藓属 Bruchiaceae [B – 120] 特征纪要:习性: – 。物候: – 。海拔: – 。生境:土生。资源: – 。全球 6 个大洲分布及种数(23)非洲:4;亚洲:2;大洋洲:3;欧洲:2;北美洲:15;南美洲:6。【中国种数:1】。

Bruchiaceae Schimp. [B – 120] 小烛藓科 特征纪要:小型或中型蕨类,土生,湿生或浅水生,叶鳞片状,轮生,在每个节上合生成筒状的叶鞘(鞘筒)包围在节间基部,前段分裂呈齿状(鞘齿)。【Rep】:孢子囊穗顶生,圆柱形或椭圆形,时具长柄。全球 5 个大洲分布和属种数(3/115)亚洲:2/20;大洋洲:2/22;欧洲:2/9;北美洲:2/28;南美洲:3/28。【中国属种数:2/5】。

Bruchmannia Nutt. = **Beckmannia**

Brugmansia Pers. 木曼陀罗属 Solanaceae [MD – 503] 特征纪要:习性: – 。花程式: – 。物候: – 。海拔:100 – 5000 米。生境:草丛中,庄稼地边。资源:经济植物,具栽培园艺种类。全球 6 个大洲分布及种数(9 – 31)非洲:4; 亚洲:7; 大洋洲:3; 欧洲:8; 北美洲:8; 南美洲:13。【中国种数:2】。

Bruguiera Lam. 木榄属 Rhizophoraceae [MD – 329] 特征纪要:习性: – 。花程式: – 。物候: – 。花期:秋天。果期:参考晚于花期。海拔: – 。生境:红树林,沼泽地。资源: – 。全球 6 个大洲分布及种数(7 – 10)非洲:4 – 7;亚洲:5 – 10;大洋洲:5 – 8;欧洲:2 – 4;北美洲:3 – 5;南美洲:2。【中国种数:4】。

Bruguieria Arn. 马达红树属 Rhizophoraceae [MD – 329] 特征纪要:习性:木本。花程式: – 。其他特征参考科。全球 1 个大洲分布及种数(cf. 1)◆非洲。

Bruinsmania Miq. = **Isertia**

Bruinsmia Börl. & Koord. 歧序安息香属 Styracaceae [MD – 327] 特征纪要:习性:木本。花程式: – 。物候: – 。花期:4 – 7 月。果期:参考晚于花期。海拔:1100 – 1300 米。生境:森林。资源: – 。全球 3 个大洲分布及种数(2 – 4)非洲:1; 亚洲:4; 大洋洲:1。【中国种数:2】。

Brunella L. = **Prunella**

Brunellia Ruiz & Pav. 槽柱花属 Brunelliaceae [MD – 252] 特征纪要(同科)。全球 5 个大洲分布及种数(68 – 122)非洲:3; 亚洲:5; 大洋洲:2; 北美洲:17; 南美洲:95。【中国种数:1】。

Brunelliaceae Engl. [MD – 252] 槽柱花科 特征纪要:习性:木本;落叶。花程式:K8,C8 – 10,A8, = ↓(G)2 – 4。果实:蓇葖果。全球 1 个大洲分布及属种数(2/61 – 69 < IFR 1/3 > hort. 1)◆南美洲:2/61 – 64(IFR 1/3)。【中国属种数:1/1】。

Brunfelsia Plum. ex L. 鸳鸯茉莉属 Solanaceae [MD – 503] 特征纪要:习性:草本。花程式:K3 – 4,C0,A2, = ↓ G2。物候: – 。海拔:100 – 5000 米。生境: – 。栽培: – 。资源:具栽培园艺种类。全球 6 个大洲分布及种数(39 – 68;hort. 1;cult. 1)非洲:3 – 4;亚洲:12 – 17;大洋洲:1 – 2;欧洲:1;北美洲:19 – 35;南美洲:31 – 35。【中国种数:7】。

Brunia L. 绒球花属 Bruniaceae [MD – 336] 特征纪要:习性:木本。花程式: – 。其他特征参考科。全球 6 个大洲分布及种数(38 – 93)非洲:71; 亚洲:5; 大洋洲:4; 欧洲:3; 北美洲:3; 南美洲:9。

Bruniaceae R. Br. ex DC. [MD – 336] 绒球花科 特征纪要:习性:木本;落叶。花程式:K4 – 5(–),C5,A – ,↓(G) – 。果实:蒴果。全球 1 个大洲分布及属种数(13/124 – 159 hort. 1)◆非洲:12/ 111 – 145。

Bruniera Franch. 无根萍属 Araceae [MM – 639] 特征纪要:习性: – 。花程式: – 。其他特征参考科。全球 3 个大洲分布及种数(2)非洲:1; 亚洲:1; 北美洲:1。

Brunnera Steven 蓝珠草属 Boraginaceae [MD – 517] 特征纪要:习性:草本。花程式:K5,C0,A3 参考科, = ↓(G)2 – 4。花期:5 – 8 月。果期:参考晚于花期。海拔:5700 米。生境:草地,路边,耕地,自然山坡地。全球 6 个大洲分布及种数(3 – 9)非洲:2; 亚洲:9; 大洋洲:1; 欧洲:4; 北美洲:4; 南美洲:6。【中国种数:1】。

Brunnichia Banks ex Gaertn. 黄珊藤属 Polygonaceae [MD – 120] 特征纪要:习性:木本。花程式:K2 – 3,C0,A2,↓ G – 参考科。其他特征参考科。全球 3 个大洲分布及种数(1 – 5)非洲:3; 亚洲:3; 北美洲:5。

Brunonia R. Br. 蓝针花属 Brunoniaceae [MD – 584] 特征纪要(同科)。全球 1 个大洲分布及种数(1)◆大洋洲(◆澳大利亚)。

Brunoniaceae Dum. [MD – 584] 留粉花科 特征纪要:习性:草本;落叶。花程式:K4 – 5(–),C5,A – ,G – 。果实:坚果。全球 1 个大洲分布及属种数(1/1 hort. 1)◆大洋洲:1/ 1。

Brunoniella Bremek. 半插花属 Acanthaceae [MD – 572] 特征纪要:习性:草本。花程式:K2 – 4,C0,A2 – 4,↓ G。其他特征参考科。全球 1 个大洲分布及种数(3 – 6)◆大洋洲。

Brunsfelsia Plum. ex L. = **Brunfelsia**

Brunsvigia Heist. 花盏属 Amaryllidaceae [MM – 694] 特征纪要:习性:草本。花程式:(K)3,C3,A1, = ↓ G3。其他特征参考科。全球 6 个大洲分布及种数(19 – 62)非洲:47; 亚洲:7; 大洋洲:6; 欧洲:11; 北美洲:11; 南美洲:11。

Brya P. Br. 椰豆木属 Fabaceae3 [MD – 240] 特征纪要:习性: – 。花程式: – 。其他特征参考科。全球 5 个大洲分布及种数(7 – 21)非洲:2; 亚洲:4; 欧洲:8; 北美洲:8; 南美洲:5。

Bryaceae Schwägr. [B – 146] 真藓科 特征纪要:陆生,小型,有地下块茎,地上茎短小,密生不定根,鳞叶,高度简化。【Rep】:孢子囊单生叶表。全球 5 个大洲分布和属种数(33/1444)亚洲:23/346;大洋洲:20/234;欧洲:17/320;北美洲:24/429;南美洲:22/542。【中国属种数:10/208(17)】。

Bryanthus S. G. Gmel. 线香石南属 Ericaceae [MD – 380] 特征纪要:习性:木本。花程式:(K)5 – 8,(C)5 – 8,A10, = G2 – 4。物候: – 。海拔:100 – 5000 米。生境:暗针叶林下,性喜阴湿。资源:具园艺种类。全球 5 个大洲分布及种数(1 – 10)非洲:2; 亚洲:3; 欧洲:2; 北美洲:2; 南美洲:3。

Bryantiella J. M. Porter 吉莉草属 Polemoniaceae［MD－481］特征纪要：习性：草本。花程式：K5，C0，A5，↓G－。其他特征参考科。全球6个大洲分布及种数(2)非洲：1；亚洲：1；大洋洲：1；欧洲：1；北美洲：1－2；南美洲：1。

Bryaspis P. A. Duvign. 满盾豆属 Fabaceae3［MD－240］特征纪要：习性：木本。花程式：K1－∞，C1－∞，A5－9，＝↓G1。其他特征参考科。全球1个大洲分布及种数(3)◆非洲。

Bryella Berk. ＝ **Microbryum**

Bryhnia Kaurin 燕尾藓属 Brachytheciaceae［B－187］特征纪要：习性：－。【Rep】：绿色或棕绿色。生境：常见于树干，林地腐殖质，土生。全球4个大洲分布及种数(22)亚洲：17；欧洲：2；北美洲：5；南美洲：1。【中国种数：17】。

Brylkinia F. Schmidt 扁穗茅属 Poaceae［MM－748］特征纪要：习性：草本(根状茎，基生)。花程式：(K－)，C0参考科，A3，G－。物候：－。海拔：3000米。生境：森林空地。资源：－。全球3个大洲分布及种数(1－3)亚洲：3；欧洲：2；北美洲：2。【中国种数：1】。

Brymela Crosby & B. H. Allen 小帽藓属 Pilotrichaceae［B－166］特征纪要：习性：－。【Rep】：雌苞叶小，基部阔卵形，上部呈狭长尖，蒴柄细长，红色，平滑，孢蒴倾列或平列，长卵形，棕色，蒴齿两层，外，蒴柄侧生，细长，平滑或具弱疣，孢蒴平展或下倾，卵状圆柱形，两侧不对称，台部长而粗，口部强烈收缩。其他特征参考科。全球3个大洲分布及种数(14)欧洲：1；北美洲：11；南美洲：9。

Bryoacantholoma W. Schultze－Motel 木毛藓属 Hypnodendraceae［B－158］特征纪要：－。全球1个大洲分布及种数(－)。

Bryoandersonia H. Rob. 北美囊青藓属 Brachytheciaceae［B－187］特征纪要：习性：－。【Rep】：绿色或棕绿色。其他特征参考科。全球2个大洲分布及种数(1)欧洲：1；北美洲：1。

Bryobartlettia W. R. Buck ＝ **Cryphaea**

Bryobartramia Sainsbury 小线藓属 Bryaceae［B－146］特征纪要：习性：－。【Rep】：下部褐色。其他特征参考科。全球2个大洲分布及种数(1)非洲：1；大洋洲：1。

Bryobeckettia Fife 纽葫芦藓属 Funariaceae［B－106］特征纪要：习性：－。【Rep】：雌雄同株，蒴柄细长，顶生，孢蒴直立，对称，近于圆球形或短梨形，台部极短而粗，环带由小形细胞组成而常存，雌雄同株异苞，蒴柄细长，黄色，孢蒴直立，对称，呈倒梨形，多具明显的长台部，环带缺如，蒴齿缺如。其他特征参考科。全球1个大洲分布及种数(1)◆大洋洲。

Bryobium Lindl. 藓兰属 Orchidaceae［MM－723］特征纪要：习性：草本(具根状茎)。花程式：(K)3，C3，A3，＝↓(G)3。花期：6－7月。果期：参考晚于花期。海拔：1500米。生境：森林中树干附生植物。全球6个大洲分布及种数(28－34)非洲：10；亚洲：22；大洋洲：15；欧洲：2；北美洲：2；南美洲：3。【中国种数：3】。

Bryobrittomia R. S. Williams 北美大帽藓属 Encalyptaceae［B－105］特征纪要：－。全球1个大洲分布及种数(1)◆非洲。

Bryobrittonia R. S. Williams 北美大帽藓属 Encalyptaceae［B－105］特征纪要：习性：－。【Rep】：下部褐色。其他特征参考科。全球2个大洲分布及种数(1)欧洲：1；北美洲：1。

Bryobrothera Thér. 花线藓属 Hookeriaceae［B－164］特征纪要：习性：－。【Rep】：雌苞叶小，蒴柄侧生，密披刺状毛，孢蒴小，平展或下垂，卵形，具长台部，蒴齿两层，外齿层齿片，雌雄异株，内雌苞叶下部鞘状，孢蒴卵圆形，蒴齿两层，外齿层齿片披针形，具不明显的回折中脊，透明。其他特征参考科。全球1个大洲分布及种数(1)◆大洋洲。

Bryocarpum Hook. f. & Thoms. 长果报春属 Primulaceae［MD－401］特征纪要：习性：草本(根状茎，基生)。花期：5月。果期：参考晚于花期。海拔：3000－4000米。生境：松林，混交林。全球1个大洲分布及种数(－)。【中国种数：1】。

Bryocaulon <unassigned> 水蕨科属 Parkeriaceae［F－36］特征纪要：－。全球2个大洲分布及种数(3)北美洲：2；南美洲：2。

Bryoceuthospora H. A. Crum & L. E. Anderson 线丛藓属 Pottiaceae［B－133］特征纪要：习性：－。【Rep】：孢腔轮廓清晰，蒴齿缺如，或具蒴齿而无基膜，下部呈黄绿或黄棕色。其他特征参考科。全球3个大洲分布及种数(2)非洲：1；北美洲：2；南美洲：1。

Bryochenea C. Gao & G. C. Zhang 毛羽藓属 Thuidiaceae［B－184］特征纪要：习性：－。【Rep】：参考科特征，雌苞叶具细长尖，有时叶边具纤毛，蒴柄细长，平滑，稀具密疣，孢蒴卵状圆柱形，倾立至平列，蒴齿两层，黄棕，内雌苞叶椭圆状披针形，上部具长纤毛，蒴柄平滑，孢蒴圆柱形，平列，内齿层基膜高达1/2，齿毛2－3。生境：湿润林地或阴湿岩石。全球2个大洲分布及种数(2)：亚洲：2；北美洲：1。【中国种数：1】。

Bryocladia <unassigned> 玉花荷属 Rhodoleiaceae［MD－64］特征纪要：－。全球5个大洲分布及种数(6)非洲：3；亚洲：1；大洋洲：1；北美洲：3；南美洲：2。

Bryocrumia L. E. Anderson 圆尖藓属 Hypnaceae［B－189］特征纪要：习性：－。【Rep】：雌雄异苞同株，内雌苞叶直立，卵状披针形，上部渐狭成长毛状，近于全缘，无中肋，黄绿色。物候：－。海拔：－。生境：常见于林下土或岩面薄土，沼泽水生。资源：－。全球3个大洲分布及种数(1)非洲：1；亚洲：1；北美洲：1。【中国种数：1】。

Bryodes Benth. 马岛透骨草属 Plantaginaceae［MD－527］特征纪要：习性：－。花程式：－。其他特征参考科。全球2个大洲分布及种数(7)非洲：7；南美洲：3。

Bryodesma Soják 石卷柏属 Selaginellaceae［F－6］特征纪要：习性：－。【Rep】：囊单生叶表。物候：－。海拔：50－4200米。生境：干旱山坡草地，岩石上，砖缝。资源：－。全球3个大洲分布及种数(6－17)非洲：1；亚洲：cf.1；北美洲：3。

Bryodixonia Sainsbury 卷叶藓属 Orthotrichaceae［B－151］特征纪要：－。全球1个大洲分布及种数(－)。

Bryodusenia H. Rob. 钝藓属 Meteoriaceae [B－188] 特征纪要：－。全球 1 个大洲分布及种数(－)。

Bryoerythrophyllum P. C. Chen 红叶藓属 Pottiaceae [B－133] 特征纪要：习性：－。【Rep】：孢腔轮廓清晰，蒴齿缺，或具蒴齿而无基膜，下部呈黄绿或黄棕色。物候：－。海拔：1000 米。生境：石生，岩面土生。资源：－。全球 6 个大洲分布及种数(36)非洲：10；亚洲：18；大洋洲：6；欧洲：10；北美洲：15；南美洲：17。【中国种数：26】。

Bryohaplocladium R. Watan. & Z. Iwats. 羽藓科属 Thuidiaceae [B－184] 特征纪要：习性：－。【Rep】：雌苞叶具细长尖，有时叶边具纤毛，蒴柄细长，平滑，稀具密疣，孢蒴卵状圆柱形，倾立至平列，蒴齿两层，黄棕，内雌苞叶椭圆状披针形，上部具长纤毛，蒴柄平滑，孢蒴圆柱形，平列，内齿层基膜高达 1/2，齿毛 2－3。生境：常见于湿润林地或阴湿岩石。全球 3 个大洲分布及种数(5)非洲：1；亚洲：3；北美洲：3。【中国种数：4】。

Bryohumbertia P. de la Varde & Thér. 小尾藓属 Dicranaceae [B－128] 特征纪要：习性：－。【Rep】：雌苞叶分化，基部鞘状，有毛尖，蒴柄长，均高出于雌苞叶，孢蒴直立或背曲，长圆柱形或长椭圆形，辐射对称，雌雄异株，雄株矮小，附于假根上成假雌雄同株，雌苞叶形大，高鞘状，上部具细毛尖，与孢蒴等长或长于孢蒴。物候：－。全球 6 个大洲分布及种数(4)非洲：2；亚洲：2；大洋洲：2；欧洲：1；北美洲：1；南美洲：2。

Bryokhutuliinia Ignatov 孢芽藓科属 Sorapillaceae [B－212] 特征纪要和分布(－)。

Bryolawtonia D. H. Norris & Enroth 平藓科属 Neckeraceae [B－204] 特征纪要：习性：－。【Rep】：孢子体不详，黄绿色或黄褐色。其他特征参考科。全球 2 个大洲分布及种数(1)亚洲：1；北美洲：1。【中国种数：1】。

Bryomaltaea Goffinet 变齿藓属 Orthotrichaceae [B－151] 特征纪要：习性：－。【Rep】：常暗绿色或棕褐色，雌雄异株或同株，稀杂株，雌苞叶不分化，无明显鞘部，蒴柄长，黄色，孢蒴狭长卵形，口蒴，具明显纵褶及纵沟。其他特征参考科。全球 4 个大洲分布及种数(1)亚洲：1；大洋洲：1；北美洲：1；南美洲：1。【中国种数：1】。

Bryomanginia Thér. 小牛毛藓属 Ditrichaceae [B－119] 特征纪要：习性：－。【Rep】：孢蒴台部发达，蒴齿具疣或纵斜条纹，绿色或黄绿色。其他特征参考科。全球 2 个大洲分布及种数(1)北美洲：1；南美洲：1。

Bryomnium Cardot 小壶藓属 Splachnaceae [B－143] 特征纪要：－。全球 1 个大洲分布及种数(－)。

Bryomyces Miq. = **Orthotrichum**

Bryonia L. 泻根属 Cucurbitaceae [MD－205] 特征纪要：习性：木本。花程式：K3－5，C3－5，A3－5，= ↓ G1－2。物候：－。花期：7－9 月。果期：参考晚于花期。海拔：60－3500 米。生境：草地，竹杉林中近水边阴湿地。资源：具栽培园艺种类。全球 6 个大洲分布及种数(11－22；hort. 1；cult. 3)非洲：6－12；亚洲：8－16；大洋洲：5；欧洲：4－10；北美洲：4－9；南美洲：4－9。

Bryonoguchia Z. Iwats. & Inoü 毛羽藓属 Thuidiaceae [B－184] 特征纪要：习性：－。【Rep】：内雌苞叶椭圆状披针形，上部具长纤毛，蒴柄平滑，孢蒴圆柱形，平列，内齿层基膜高达 1/2，齿毛 2－3。生境：常见于湿润林地或阴湿岩石。全球 3 个大洲分布及种数(8)亚洲：6；大洋洲：2；南美洲：3。【中国种数：3】。

Bryonorrisia L. R. Stark & W. R. Buck 薄罗藓科属 Leskeaceae [B－181] 特征纪要：习性：－。【Rep】：雌雄同株，雌苞生于茎上，雄苞常着生于枝端，蒴柄长，直立，平滑或粗糙具疣，孢蒴多数直立，有时倾立；雌雄异株，蒴柄纤细，长约 1 厘米，孢蒴长卵形，蒴齿两层，内齿层齿毛缺失，蒴盖圆锥形。生境：树茎生，岩面土生。全球 1 个大洲分布及种数(1)◆亚洲(◆中国)。【中国种数：1】。

Bryophyllum Salisb. 落地生根属 Crassulaceae [MD－229] 特征纪要：习性：－。花程式：－。物候：－。花期：1－3 月。果期：参考晚于花期。海拔：200－5700 米。生境：栽培归化。资源：药用，具栽培园艺种类。全球 6 个大洲分布及种数(15－17)非洲：11－14；亚洲：7－8；大洋洲：6－7；欧洲：2－3；北美洲：5－6；南美洲：2－3。

Bryoporteria Thér. = **Camptodontium**

Bryopteris (Nees) Lindenb. 小苔属 Lejeuneaceae [B－84] 特征纪要：习性：－。【Rep】：老时呈红褐色。其他特征参考科。全球 3 个大洲分布及种数(3)非洲：2；亚洲：cf. 1；南美洲：1。

Bryosedgwickia Cardot & Dixon 灰藓科属 Hypnaceae [B－189] 特征纪要：－。全球 2 个大洲分布及种数(8)非洲：2；亚洲：2。

Bryosporis Mildenhall, Dallas Clive & Bussell 孢芽藓科属 Sorapillaceae [B－212] 特征纪要和分布(－)。

Bryostreimannia Ochyra 澳青藓属 Brachytheciaceae [B－187] 特征纪要：－。全球 1 个大洲分布及种数(1)◆大洋洲。

Bryotestua Thér. & P. de la Varde 中非曲尾藓属 Dicranaceae [B－128] 特征纪要：习性：－。【Rep】：蒴帽边缘有缨络。其他特征参考科。全球 1 个大洲分布及种数(2)◆非洲。

Bryothamnion <unassigned> 墨西哥红花荷属 Rhodoleiaceae [MD－64] 特征纪要：－。全球 3 个大洲分布及种数(7)非洲：1；北美洲：4；南美洲：4。

Bryowijkia Nog. 蔓枝藓属 Bryowijkjaceae [B－140] 特征纪要(同科)。全球 2 个大洲分布及种数(2)：非洲：1；亚洲：1。【中国种数：2】。

Bryowijkiaceae W. Frey & M. Stech = Bryowijkjaceae

Bryowijkjaceae M. Stech & W. Frey [B－140] 多苞藓科 特征纪要：土生或附生，小型或中型，常绿，根状茎长而横走或短而直立，密披鳞片，鳞片薄，卵状披针形，渐尖头，单叶，一型，少有二型，叶片通常为线形、披针形或倒披针形，尖头或渐尖头，基部渐狭，全缘，无毛，肉质，主脉粗壮，下面明显，多少隆起，侧脉不明显。【Rep】：孢子囊群，粗线形，略下陷于叶肉中，斜出，无囊群盖。全球 2 个大洲分布和属种数(1/2)非洲：1/1；亚洲：1/1。【中国属种数：2/3】。

Bryoxiphiaceae Besch. [B－112] 虾藓科 特征纪要：附生植物，叶远生。【Rep】：孢子囊群圆形或椭圆形，着生于侧脉的基部上侧一小脉的顶端，在裂片中脉两侧各成 1 行，隔丝有或无，无囊群盖。全球 4 个大洲分布和属种数(1/3)亚洲：1/2；欧洲：1/2；北美洲：1/2；南美洲：1/1。【中国属种数：1/5(1)】。

Bryoxiphium Mitt. 虾藓属 Bryoxiphiaceae［B－112］特征纪要:习性:－。其他特征参考科。全球 4 个大洲分布及种数(3)亚洲:2;欧洲:2;北美洲:2;南美洲:1。【中国种数:5】。

Bryum Hedw. 真藓属 Bryaceae［B－146］特征纪要:习性:－。【Rep】:雌雄异株,雌雄同株异序或雌雄同株混生,雌器胞顶生,雌苞叶小,侧丝常众多,蒴柄长,孢蒴倾斜或下垂。物候:－。海拔:900 米。生境:常见于林地边或岩面薄土,岩面土生。资源:具园艺种类。全球 6 个大洲分布及种数(687)非洲:172;亚洲:148;大洋洲:112;欧洲:227;北美洲:217;南美洲:219。【中国种数:126】。

Bubbia Van Tiegh. 合轴林仙属 Winteraceae［MD－3］特征纪要:习性:－。花程式:－。其他特征参考科。全球 3 个大洲分布及种数(43)非洲:19; 亚洲:5; 大洋洲:35。

Bubroma Schreb. ＝ **Guazuma**

Buccella Lür 尾萼兰属 Orchidaceae［MM－723］特征纪要:习性:－。花程式:－。其他特征参考科。全球 2 个大洲分布及种数(12)北美洲:1; 南美洲:1。

Bucegia Radian 地钱属 Marchantiaceae［B－12］特征纪要:习性:－。【Rep】:雌雄异株或同株。其他特征参考科。全球 2 个大洲分布及种数(2)欧洲:1;北美洲:1。

Bucephalandra Schott 展苞落檐属 Araceae［MM－639］特征纪要:习性:木本。花程式:K0,C0,A1－4,＝(G)1－3。其他特征参考科。全球 2 个大洲分布及种数(30－36)亚洲:23; 南美洲:1。

Buceragenia Greenm. 闭壳骨属 Acanthaceae［MD－572］特征纪要:习性:－。花程式:－。其他特征参考科。全球 1 个大洲分布及种数(1－2)◆北美洲。

Bucetum Parn. ＝ **Schedonorus**

Buchanania Spreng. 山様子属 Anacardiaceae［MD－432］特征纪要和分布(－)。全球 6 个大洲分布及种数(13－32)非洲:2－6;亚洲:11－27;大洋洲:2－9;欧洲:3;北美洲:3;南美洲:3。【中国种数:6】。

Buchenavia Eichler 榄桐属 Combretaceae［MD－354］特征纪要:习性:－。花程式:－。其他特征参考科。全球 4 个大洲分布及种数(1－50)非洲:2; 亚洲:2; 北美洲:3; 南美洲:46。

Buchenroedera Eckl. & Zeyh. ＝ **Lotononis**

Buchholzia Engl. 香椰子属 Capparaceae［MD－178］特征纪要:习性:木本。花程式:K4－6,C4－6,A4－6,＝(G)2－10。其他特征参考科。全球 2 个大洲分布及种数(2－9)非洲:7; 南美洲:3。

Buchlo Engelm. ＝ **Buchloe**

Buchloe Engelm. 野牛草属 Poaceae［MM－748］特征纪要和分布(－)。全球 2 个大洲分布及种数(cf. 1)亚洲;北美洲。

Buchlomimus C. Reeder, C. Reeder & Rzed. ＝ **Bouteloua**

Buchnera L. 黑草属 Scrophulariaceae［MD－536］特征纪要:习性:草本(基生)。花程式:(K－),C2－3 参考科,A4,↓G2。物候:－。海拔:1600 米。生境:旷野,山坡及疏林中。资源:药用,具栽培园艺种类。全球 6 个大洲分布及种数(95－159;hort. 1;cult. 2)非洲:69－126;亚洲:11－26;大洋洲:8－21;欧洲:1－9;北美洲:20－31;南美洲:19－32。【中国种数:4】。

Buchnerodendron Gürke 齿玫木属 Achariaceae［MD－159］特征纪要:习性:木本。花程式:K2－10,C2－10,A2－10,＝↓G2－10。其他特征参考科。全球 1 个大洲分布及种数(2)◆非洲。

Buchtienia Schltr. 锚花兰属 Orchidaceae［MM－723］特征纪要:习性:草本。花程式:(K)3,C3,A3,＝↓(G)3。其他特征参考科。全球 1 个大洲分布及种数(4－5)◆南美洲。

Bucida L. 榄檀属 Combretaceae［MD－354］特征纪要:习性:－。花程式:－。其他特征参考科。全球 4 个大洲分布及种数(43)非洲:3; 亚洲:5; 北美洲:9; 南美洲:7。

Buckia D. Ríos, M. T. Gallego & J. Gürra 金灰藓科属 Pylaisiaceae［B－190］特征纪要:－。全球 1 个大洲分布及种数(－)。

Buckiella Ireland 灰藓科属 Hypnaceae［B－189］特征纪要:习性:－。【Rep】:雌雄异株或雌雄异苞同株,生殖苞侧生,雌苞叶分化,蒴柄长。生境:常见于林下土或岩面薄土,沼泽水生。全球 4 个大洲分布及种数(6)亚洲:2;欧洲:2; 北美洲:2; 南美洲:5。【中国种数:1】。

Buckinghamia F. Müll. 曲牙花属 Proteaceae［MD－219］特征纪要:习性:木本。花程式:K3－4－∞,C0,A2,＝G1。其他特征参考科。全球 2 个大洲分布及种数(2－3)亚洲:2; 大洋洲:3。

Bucklandiella Roiv. 矮齿藓属 Grimmiaceae［B－115］特征纪要:习性:－。生境:草甸岩面土生。资源:－。全球 6 个大洲分布及种数(101)非洲:36;亚洲:33;大洋洲:25;欧洲:31;北美洲:37;南美洲:42。【中国种数:3】。

Buckleya Torr. 米面蓊属 Santalaceae［MD－412］特征纪要:习性:木本。花期:6 月。果期:参考晚于花期。海拔:500－600 米。生境:山坡阴处密林中。资源:药用,具栽培园艺种类。全球 3 个大洲分布及种数(4－17)亚洲:13; 北美洲:3; 南美洲:2。【中国种数:3】。

Buckollia Venter & R. L. Verh. 非洲塔卡萝藦属 Apocynaceae［MD－492］特征纪要:习性:木本。花程式:Kn,C0,A3 参考科,↓G。其他特征参考科。全球 1 个大洲分布及种数(2)◆非洲。

Bucquetia DC. 锦龙丹属 Melastomataceae［MD－364］特征纪要:习性:木本。花程式:K4－5,C4－5,A4－5,＝↓(G)3－4。其他特征参考科。全球 2 个大洲分布及种数(3－4)北美洲:2; 南美洲:4。

Buda Adans. ＝ **Spergularia**

Buddleja Houst. ex L. 醉鱼草属 Buddlejaceae［MD－515］特征纪要(同科)。全球 6 个大洲分布及种数(131－152;hort. 1;cult. 13)非洲:35－48;亚洲:48－70;大洋洲:14－26;欧洲:15－28;北美洲:56－69;南美洲:71－90。【中国种数:29】。

Buddlejaceae K. Wilh. [MD-515] 醉鱼草科 特征纪要:习性:木本;落叶。花程式:(K)6,C0,A4,G-。物候:-。花期:2-9月。果实:蒴果。种子:棕黄色。海拔:1000-2500米。生境:灌木丛。栽培:来自广西龙州。资源:园林。栽培:中国有栽培。全球6个大洲分布及属种数(7/143-164 <IFR 1/7> hort. 1;cult. 1) 非洲:4/42-43; 亚洲:1/49-53; 大洋洲:1/15; 欧洲:1/15-16; 北美洲:2/60-61(IFR 1/3); 南美洲:2/74-81(IFR 1/4)。

Buechneria Roth = **Buchnera**

Buelliella <unassigned> 唐松木科属 Physenaceae [MD-169] 特征纪要:习性:-。花程式:-。其他特征参考科。全球6个大洲分布及种数(11)非洲:4; 亚洲:3; 大洋洲:2; 欧洲:3; 北美洲:3; 南美洲:4。

Buergersiochloa Pilg. 伊里安竺属 Poaceae [MM-748] 特征纪要:习性:草本。花程式:(K)3,C0参考科,A1-2,=(G)2-3。其他特征参考科。全球3个大洲分布及种数(1-3)非洲:3; 亚洲:2; 大洋洲:3。

Buesia (Morton) Copel. = **Hymenophyllum**

Buesiella C. Schweinf. 兰科属 Orchidaceae [MM-723] 特征纪要:习性:-。花程式:-。其他特征参考科。全球1个大洲分布及种数(-)。

Buetneria Jacq. = **Byttneria**

Buettnera J. F. Gmel. = **Byttneria**

Buffhamia <unassigned> 英国醉马桑属 Coriariaceae [MD-277] 特征纪要:-。全球1个大洲分布及种数(1)◆欧洲:1。

Bufonia Sauvage 蟾漆姑属 Caryophyllaceae [MD-77] 特征纪要:习性:草本。花程式:K1-5,C1-5,A1-5,=(G)2-5。其他特征参考科。全球5个大洲分布及种数(47-74)非洲:23; 亚洲:43; 欧洲:4; 北美洲:4; 南美洲:3。【中国种数:2】。

Buforrestia C. B. Clarke 透鞘花属 Commelinaceae [MM-708] 特征纪要:习性:草本。花程式:(K)3,C3,A2-3,=G3。其他特征参考科。全球2个大洲分布及种数(3-13)非洲:10; 南美洲:3。

Buglossoides Mönch 田紫草属 Boraginaceae [MD-517] 特征纪要:习性:草本。花程式:K5,C0,A3参考科,=↓(G)2-4。物候:-。花期:5-8月。果期:参考晚于花期。海拔:5700米。生境:草地,路边,耕地,自然山坡地。资源:具栽培园艺种类。全球6个大洲分布及种数(9-27)非洲:6; 亚洲:11; 大洋洲:5; 欧洲:4; 北美洲:4; 南美洲:3。【中国种数:2】。

Buhsea Bunge 鸟足菜属 Cleomaceae [MD-210] 特征纪要:习性:-。花程式:-。其他特征参考科。全球1个大洲分布及种数(cf. 1)◆亚洲。

Buhsia Bunge = **Buhsea**

Bukiniczia Lincz. 贵霜花属 Plumbaginaceae [MD-227] 特征纪要:习性:草本。花程式:(K)5-10,(C)5-10,A3参考科,G3- 参考科。其他特征参考科。全球2个大洲分布及种数(1-3)亚洲:3; 北美洲:2。

Bulbine Wolf 须尾草属 Asphodelaceae [MM-649] 特征纪要和分布(-)。全球1个大洲分布及种数(47-88)◆非洲。【中国种数:2】。

Bulbinella Kunth 粗尾草属 Asphodelaceae [MM-649] 特征纪要:习性:草本。花程式:K3,C0参考科,A3参考科,=G3。其他特征参考科。全球6个大洲分布及种数(30-53)非洲:31; 亚洲:6; 大洋洲:12; 欧洲:3; 北美洲:3; 南美洲:6。【中国种数:1】。

Bulbophyllaria S. Moore = **Bulbophyllum**

Bulbophyllum Thou. 石豆兰属 Orchidaceae [MM-723] 特征纪要:习性:草本。花程式:Kn,C2-3参考科,A3参考科,=↓(G)3。物候:-。花期:5-7月。果期:参考晚于花期。海拔:100-400米。生境:常绿阔叶林树干附生植物。栽培:来自广西龙州。资源:具栽培园艺种类。全球6个大洲分布及种数(2232-4094)非洲:1763; 亚洲:3453; 大洋洲:1180; 欧洲:131; 北美洲:131; 南美洲:310。【中国种数:1273】。

Bulbospermum Blume = **Peliosanthes**

Bulbostylis Kunth 球柱草属 Cyperaceae [MM-747] 特征纪要和分布(-)。全球1个大洲分布及种数(49-70)◆亚洲。【中国种数:37】。

Bulbothrix <unassigned> 水蕨科属 Parkeriaceae [F-36] 特征纪要:-。全球5个大洲分布及种数(38)非洲:2; 亚洲:3; 欧洲:4; 北美洲:4; 南美洲:37。

Bullatina <unassigned> 蜂芽藓属 Sorapillaceae [B-212] 特征纪要:-。全球2个大洲分布及种数(4)亚洲:3; 南美洲:2。

Bulleyia Schltr. 蜂腰兰属 Orchidaceae [MM-723] 特征纪要:习性:-。花程式:-。物候:-。花期:7-8月。果期:参考晚于花期。海拔:700-2700米。生境:生于林中树干上或山谷旁岩石上。资源:-。全球1个大洲分布及种数(1-7)◆亚洲(◆中国)。

Bullockia (Bridson) Razafim., Lantz & B. Bremer 非洲密茜属 Rubiaceae [MD-523] 特征纪要:习性:木本。花程式:(K)4-5,(C)4-5,A4-5,=↓(G)2-9。其他特征参考科。全球2个大洲分布及种数(6-10)非洲:9; 南美洲:3。

Bulnesia Gay 玉檀木属 Zygophyllaceae [MD-288] 特征纪要:习性:木本。花程式:K4-5,C4-5,A3-6,=G2-5。资源:具园艺种类。全球2个大洲分布及种数(5-16)北美洲:3; 南美洲:16。

Bumalda Thunb. = **Staphylea**

Bunburya Meisn. ex Hochst. = **Tricalysia**

Bunchosia Rich. ex Kunth 林咖啡属 Malpighiaceae [MD-343] 特征纪要:习性:木本。花程式:K5,C5,A10,=G2-3。其他特征参考科。全球6个大洲分布及种数(76-97;hort. 1;cult. 10)非洲:1;亚洲:6-8;大洋洲:1-2;

B

欧洲:3－4;北美洲:44－60;南美洲:47－51。【中国种数:1】。

Bungarimba K. M. Wong 南亚茜属 Rubiaceae［MD－523］特征纪要:习性:木本。花程式:(K)4－5,(C)4－5,A4－5,＝↓(G)2－9。其他特征参考科。全球4个大洲分布及种数(4－5)非洲:1; 亚洲:4; 大洋洲:1; 南美洲:2。

Bungea C. A. Mey. 本格草属 Orobanchaceae［MD－552］特征纪要:习性:草本。花程式:－。物候:－。海拔:45－6000米。生境:沼泽草地。资源:具园艺种类。全球4个大洲分布及种数(2－6)非洲:2; 亚洲:6; 欧洲:1; 北美洲:1。【中国种数:1】。

Bunias L. 匙荠属 Brassicaceae［MD－213］特征纪要:习性:草本(基生)。花程式:Kn,C2－3参考科,A3参考科,G－。物候:－。海拔:30－6200米。生境:东北湿地,沙漠,草原。资源:具园艺种类。全球6个大洲分布及种数(3－33)非洲:9; 亚洲:10; 大洋洲:4; 欧洲:5; 北美洲:5; 南美洲:5。【中国种数:3】。

Buniella Schischk. ＝ **Bunium**

Bunioseris Jord. ＝ **Lactuca**

Bunium L. 黑孜然芹属 Apiaceae［MD－480］特征纪要:习性:草本。花程式:K5,C5,A5,＝↓(G)2。物候:－。海拔:－。生境:－。资源:具园艺种类。全球6个大洲分布及种数(37－166)非洲:24; 亚洲:106; 大洋洲:2; 欧洲:6; 北美洲:6; 南美洲:2。【中国种数:3】。

Buonapartea G. Don ＝ **Tillandsia**

Buphthalmum L. 牛眼菊属 Asteraceae［MD－586］特征纪要:习性:草本。花程式:(K)3－5,C3－5,A3参考科,＝↓G2。物候:－。花期:7－10月。果期:参考晚于花期。海拔:6000米。生境:广泛栽培。资源:具栽培园艺种类。全球4个大洲分布及种数(3－47)亚洲:3; 欧洲:2; 北美洲:2; 南美洲:1。【中国种数:1】。

Bupleurum L. 柴胡属 Apiaceae［MD－480］特征纪要:习性:草本,少木本。花程式:Kn,C5,A3参考科,＝↓G2。物候:－。海拔:100－2700米。生境:半山坡,针叶林。资源:药用,具栽培园艺种类。全球6个大洲分布及种数(145－250;hort. 1;cult. 36)非洲:33－61;亚洲:123－194;大洋洲:23－38;欧洲:57－94;北美洲:18－32;南美洲:7－18。【中国种数:67】。

Burasaia Thou. 马岛啤酒藤属 Menispermaceae［MD－42］特征纪要:习性:木本。花程式:K1(6－40),C3,A1－6－40,＝G1－3。其他特征参考科。全球2个大洲分布及种数(4－7)非洲:7; 南美洲:2。

Burbidgea Hook. f. 短唇姜属 Zingiberaceae［MM－737］特征纪要:习性:草本。花程式:K3,C3,A5,＝↓(G)3。物候:－。海拔:80－3800米。生境:湿沟边,竹木林中。资源:－。全球3个大洲分布及种数(5－8)亚洲:5; 北美洲:1; 南美洲:1。

Burcarda J. F. Gmel. ＝ **Piriqueta**

Burchardia R. Br. 葱水仙属 Burchardiaceae［MM－622］特征纪要(同科)。全球5个大洲分布及种数(5－15)亚洲:2; 大洋洲:10; 欧洲:2; 北美洲:2; 南美洲:3。【中国种数:1】。

Burchardiaceae Takht.［MM－622］球茎草科 特征纪要:习性:木本;落叶。花程式:K6,C6,A6,G1。全球1个大洲分布及属种数(1/1 hort. 1;cult. 1)◆大洋洲:1/ 2－7。

Burchellia R. Br. 布切尔木属 Rubiaceae［MD－523］特征纪要:习性:木本。花程式:(K)4－5,(C)4－5,A4－5,↓G。资源:具栽培园艺种类。全球4个大洲分布及种数(1－9)非洲:7; 大洋洲:3; 北美洲:2; 南美洲:2。

Burckella Pierre 大洋榄属 Sapotaceae［MD－357］特征纪要:习性:木本。花程式:K4－15,C0,A5,＝↓G2－4。其他特征参考科。全球6个大洲分布及种数(13－47)非洲:8; 亚洲:12; 大洋洲:27; 欧洲:2; 北美洲:2; 南美洲:18。

Burdachia A. Juss. ex Endl. 巴北木属 Malpighiaceae［MD－343］特征纪要:习性:木本。花程式:K5,C5,A10,＝G2－3。其他特征参考科。全球2个大洲分布及种数(4－15)非洲:1; 南美洲:13。

Burkartia Crisci 莲座钝柱菊属 Asteraceae［MD－586］特征纪要:习性:草本。花程式:(K)3－5,(C)3－5,A3－5,↓G。其他特征参考科。全球1个大洲分布及种数(1)◆南美洲。

Burkea Benth. 白奇木属 Fabaceae1［MD－240］特征纪要:习性:木本。花程式:K3－5－∞,C3－5－∞,A3－5,＝↓G(－)。其他特征参考科。全球1个大洲分布及种数(1)◆非洲。

Burkillanthus Swingle 柑橘属 Rutaceae［MD－399］特征纪要:习性:木本。花程式:－。其他特征参考科。全球1个大洲分布及种数(1)◆亚洲。

Burkilliodendron Sastry 马来布豆属 Fabaceae3［MD－240］特征纪要:习性:木本。花程式:K1－∞,C1－∞,A5－9,＝↓G1。其他特征参考科。全球1个大洲分布及种数(1)◆亚洲。

Burmabambus Keng f. ＝ **Sinarundinaria**

Burmannia L. 水玉簪属 Burmanniaceae［MM－696］特征纪要:习性:草本(基生,腐生)。花程式:－。物候:－。海拔:300－1300米。生境:草原上,湿地上。资源:具栽培园艺种类。全球6个大洲分布及种数(39－65)非洲:8－21;亚洲:16－39;大洋洲:6－17;欧洲:7;北美洲:8－15;南美洲:20－27。【中国种数:14】。

Burmanniaceae Bl.［MM－696］水玉簪科 特征纪要:习性:草本;落叶。花程式:(K)6,C5,A5,↓(G)2－3,↓(G)－。物候:－。花期和果期: 5－8月。果实:蒴果。种子:种皮作不规则的矩圆形。海拔:100－3000米。生境:草原上,湿地上。资源:药用。栽培:－。全球6个大洲分布及属种数(17/125－239 <IFR 2/3> hort. 1;cult. 3)非洲:5/20－40(IFR 1/1); 亚洲:3－4/17－35; 大洋洲:2/7－12; 欧洲:1/1－2; 北美洲:5/15－16(IFR 1/2); 南美洲:9/53－54(IFR 1/2)。【中国属种数:4/22】。

Burmeistera H. Karst. & Triana 蚧齿花属 Campanulaceae［MD－561］特征纪要:习性:灌木。花程式:－。物候:－。海拔:－。生境:－。资源:具园艺种类。全球6个大洲分布及种数(137－254)非洲:17; 亚洲:16; 大洋洲:9; 欧洲:65; 北美洲:65; 南美洲:209。【中国种数:1】。

Burnatastrum Briq. ＝ **Plectranthus**

Burnatia Micheli 微瓣泽泻属 Alismataceae［MM－597］特征纪要:习性:草本。花程式:K3－∞,C3－∞,A3－6,G3－ 参考科。其他特征参考科。全球 2 个大洲分布及种数(1－7)非洲:5; 亚洲:2。

Burnettia Lindl. 拟同蒴藓属 Orchidaceae［MM－723］特征纪要:习性:草本。物候:－。海拔:－。生境:－。资源:具园艺种类。全球 2 个大洲分布及种数(1－5)大洋洲:1; 北美洲:2。

Burragea Donn. Sm. & Rose = **Gongylocarpus**

Burretiodendron Rehder 柄翅果属 Malvaceae［MD－203］特征纪要:习性:木本。花程式:－。物候:－。花期:4－5 月。果期:参考晚于花期。海拔:100－700 米。生境:常绿森林。栽培:来自广西龙州。资源:具栽培园艺种类。全球 1 个大洲分布及种数(5－8)◆亚洲。【中国种数:4】。

Burretiokentia Pic. Serm. 裂柄椰属 Arecaceae［MM－717］特征纪要:习性:木本。花程式:K3,C3,A3－10,＝G3－10。资源:具园艺种类。全球 4 个大洲分布及种数(3－6)非洲:1;亚洲:1;大洋洲:2－5;北美洲:1。

Burrielia DC. = **Lasthenia**

Bursa－pastoris Ség. = **Capsella**

Bursaria Cav. 群心木属 Pittosporaceae［MD－448］特征纪要:习性:木本。花程式:－。其他特征参考科。全球 5 个大洲分布及种数(10－27)亚洲:4; 大洋洲:22; 欧洲:3; 北美洲:3; 南美洲:5。

Bursera Jacq. ex L. 裂榄属 Burseraceae［MD－408］特征纪要:习性:木本。花程式:K3－5,C3－5,A2,＝G2－3。物候:－。海拔:－。生境:－。资源:具园艺种类。全球 6 个大洲分布及种数(122－134)非洲:2;亚洲:10－13;大洋洲:2;欧洲:1－4;北美洲:115－123;南美洲:16－22。【中国种数:3】。

Burseraceae Kunth［MD－408］橄榄科 特征纪要:习性:木本;落叶。花程式:♀|♂(K)6,C3,A2,↑G－。物候:－。花期: 4－5 月。果期: 11－12 月。果实:蒴果。种子:无胚乳,子叶圆形。海拔:100－1300 米。生境:二次森林,森林。资源:油性,食用,木材,药用。栽培:中国有栽培。全球 6 个大洲分布及属种数(22－27/468－923 <IFR 5/22> hort. 1;cult. 5) 非洲:10－11/190－356(IFR 2/8); 亚洲:8－9/95－201(IFR 1/1); 大洋洲:4－5/43－77(IFR 2/2); 欧洲:4/15－40; 北美洲:8/156－171(IFR 1/1); 南美洲:8/98－111(IFR 2/10)。【中国属种数:9/30】。

Burseranthe C. T. Rizzini 玉楝属 Euphorbiaceae［MD－217］特征纪要:习性:－。花程式:－。其他特征参考科。全球 1 个大洲分布及种数(1)◆南美洲(◆巴西)。

Burtonia R. Br. 裂蝶豆属 Fabaceae3［MD－240］特征纪要:习性:－。花程式:－。其他特征参考科。全球 1 个大洲分布及种数(1)◆大洋洲(◆澳大利亚)。

Burttdavya Hoyle = **Nauclea**

Burttia Baker f. & Exell 伯特藤属 Connaraceae［MD－284］特征纪要:习性:木本。花程式:－。其他特征参考科。全球 1 个大洲分布及种数(1)◆非洲。

Burttianthus S. Y. Wong, S. L. Low & P. C. Boyce 天南花属 Araceae［MM－639］特征纪要:习性:草本。花程式:－。其他特征参考科。全球 1 个大洲分布及种数(－)。

Bushiola Nieuwl. = **Kochia**

Bussea Harms 巴瑟苏木属 Fabaceae1［MD－240］特征纪要:习性:木本。花程式:K3－5－∞,C3－5－∞,A3－5,＝↓G1－2。其他特征参考科。全球 1 个大洲分布及种数(6－7)◆非洲。

Butania Keng f. = **Sinarundinaria**

Butea Roxb. ex Willd. 紫矿属 Fabaceae3［MD－240］特征纪要:习性:木质攀援。花程式:－。物候:－。花期:3－4 月。果期:参考晚于花期。海拔:1800－2000 米。生境:河谷干坡,雨林。资源:药用,具栽培园艺种类。全球 5 个大洲分布及种数(4－76)非洲:3; 亚洲:27; 大洋洲:2; 北美洲:6; 南美洲:24。【中国种数:3】。

Butia (Becc.) Becc. 果冻椰子属 Arecaceae［MM－717］特征纪要:习性:木本。花程式:K3－10,C3－10,A3－10,＝G3－10。物候:－。花期:10 月。果期:参考晚于花期。海拔:100－2800 米。生境:半常绿雨林常见乔木,竹林下。资源:观赏,具栽培园艺种类。全球 6 个大洲分布及种数(21－42)非洲:2; 亚洲:3; 大洋洲:2; 欧洲:6; 北美洲:6; 南美洲:39。【中国种数:1】。

Butomaceae Mirb.［MM－595］花蔺科 特征纪要:习性:草本;落叶。花程式:K4－5(－),C5,A10－4,↓(G)－。物候:－。花期和果期: 5－9 月。果实:蓇葖果。种子:多数作为亚科来处理。海拔:600－700 米。生境:浅水中或沼泽里。资源:淀粉。栽培:－。全球 5 个大洲分布及属种数(3/8 hort. 1;cult. 1) 非洲:2/3; 亚洲:3/4; 欧洲:2/3; 北美洲:3/4; 南美洲:1。【中国属种数:1/1】。

Butomopsis Kunth 拟花蔺属 Alismataceae［MM－597］特征纪要:习性:草本(基生,水生,多肉)。花程式:－。物候:－。海拔:560－860 米。生境:沼泽。资源:具栽培园艺种类。全球 3 个大洲分布及种数(1－5)非洲:4; 亚洲:5; 大洋洲:3。【中国种数:1】。

Butomus L. 花蔺属 Butomaceae［MM－595］特征纪要:习性:草本(基生,水生)。花程式:Kn,C2－3 参考科,A4,↓G－。物候:－。花期:7－9 月。果期:参考晚于花期。海拔:600－700 米。生境:浅水中或沼泽里。资源:淀粉,具栽培园艺种类。全球 6 个大洲分布及种数(1－20)非洲:8; 亚洲:9; 大洋洲:2; 欧洲:7; 北美洲:7; 南美洲:3。【中国种数:1】。

Butonica Lam. = **Barringtonia**

Buttonia McKen ex Benth. 巴顿列当属 Orobanchaceae［MD－552］特征纪要:习性:灌木。花程式:K2－4,C0,A2－4,↓G2。其他特征参考科。全球 2 个大洲分布及种数(2－5)非洲:3; 北美洲:2。

Butyagrus Vorster 南美榄棕属 Arecaceae［MM－717］特征纪要:习性:木本。花程式:K3－10,C3－10,A3－10,＝G3－10。其他特征参考科。全球 1 个大洲分布及种数(1－3)◆南美洲。

Buxaceae Dum. [MD－131] 黄杨科 特征纪要:习性:木本;常绿,落叶。花程式:♀|♂K5,C5,A5,↑G－。花期:3－4月。果期:9－11。果实:蒴果。海拔:0米。生境:石灰岩上的林缘或灌丛。资源:药用。栽培:中国有栽培。全球6个大洲分布及属种数(4/93－141 <IFR 2/14> hort. 1;cult. 3) 非洲:2/21－23; 亚洲:4/49－62(IFR 2/8); 大洋洲:2/6; 欧洲:4/14－15; 北美洲:4/47－77(IFR 1/6); 南美洲:1/5－6。【中国属种数:3/32】。

Buxbaumia Hedw. 烟杆藓属 Buxbaumiaceae [B－102] 特征纪要:习性:－。【Rep】:雌雄异株,雄株甚小,高度不超过0.5毫米,蚌壳状,多透明,着生于原丝体上,精子器多球形,雌株略大。生境:常见于林下腐木,林地或火烧迹地上。全球4个大洲分布及种数(11)亚洲:6;大洋洲:6;欧洲:2;北美洲:4。【中国种数:4】。

Buxbaumiaceae Schimp. [B－102] 烟杆藓科 特征纪要:陆生中形植物,叶同型,有柄,叶片为三角形至长圆形,多回羽状细裂,小羽片多达十对以上。【Rep】:孢子囊群圆形,叶缘着生,顶生于每条小脉,分离。全球5个大洲分布和属种数(4/31)亚洲:3/20;大洋洲:2/9;欧洲:2/5;北美洲:2/11;南美洲:2/7。【中国属种数:2/7】。

B

Buxiphyllum W. T. Wang & C. Z. Gao ＝ **Paraboea**

Buxus L. 黄杨属 Buxaceae [MD－131] 特征纪要:习性:木本。花程式:－。物候:－。花期:3－4月。果期:参考晚于花期。海拔:1000－1800米。生境:石灰岩上的林缘或灌丛。资源:药用,观赏,绿化,具栽培园艺种类。全球6个大洲分布及种数(73－116;hort. 1;cult. 4)非洲:19－24;亚洲:30－43;大洋洲:4－7;欧洲:6－9;北美洲:37－69;南美洲:5－9。【中国种数:19】。

Byblidaceae Domin [MD－449] 腺毛草科 特征纪要:习性:木本;落叶。花程式:K4－5(－),C5,A－,↓(G)－。果实:蒴果。全球1个大洲分布及属种数(2/5－10 hort. 1)◆大洋洲:1/ 3－9。

Byblis Salisb. 腺毛草属 Byblidaceae [MD－449] 特征纪要(同科)。全球5个大洲分布及种数(8－22)非洲:1; 亚洲:10; 大洋洲:20; 北美洲:2; 南美洲:3。

Byrsanthus Guill. 非洲大风子属 Salicaceae [MD－123] 特征纪要:习性:木本。花程式:－。其他特征参考科。全球2个大洲分布及种数(1－4)非洲:1; 南美洲:1。

Byrsella Lür 袋兰属 Orchidaceae [MM－723] 特征纪要:习性:－。花程式:－。其他特征参考科。全球3个大洲分布及种数(43)欧洲:4; 北美洲:4; 南美洲:33。

Byrsonima Rich. ex Kunth 栎樱木属 Malpighiaceae [MD－343] 特征纪要:习性:木本。花程式:K5,C5,A10,＝G2－3。资源:具园艺种类。全球6个大洲分布及种数(135－179;hort. 1;cult. 17)非洲:3－10;亚洲:5－15;大洋洲:1－8;欧洲:1－8;北美洲:29－52;南美洲:129－166。【中国种数:1】。

Byrsophyllum Hook. f. 咖啡属 Rubiaceae [MD－523] 特征纪要:习性:木本。花程式:(K－),(C)4,A3－5,↓G。其他特征参考科。全球1个大洲分布及种数(2)◆亚洲。

Byrsopteris Morton 假复叶耳蕨属 Dryopteridaceae [F－49] 特征纪要:习性:－。【Rep】:孢子囊单生叶背。其他特征参考科。全球2个大洲分布及种数(7)北美洲:1; 南美洲:1。

Byssolecania <unassigned> 蜜刺花属 Melianthaceae [MD－398] 特征纪要:－。全球2个大洲分布及种数(7)亚洲:3; 南美洲:4。

Byssoloma <unassigned> 罗汉松属 Podocarpaceae [G－13] 特征纪要:－。全球4个大洲分布及种数(28)亚洲:2; 大洋洲:3; 北美洲:3; 南美洲:23。

Byssophytum <unassigned> 刺禾草属 Poaceae [MM－748] 特征纪要:－。全球1个大洲分布及种数(4)◆亚洲:4。

Bystropogon L'Hér. 毕斯特罗木属 Lamiaceae [MD－575] 特征纪要:习性:草本。花程式:K2,C0,A2,＝G2。其他特征参考科。全球5个大洲分布及种数(6－17)亚洲:1;大洋洲:4;欧洲:4;北美洲:1;南美洲:1－2。

Bythophyton Hook. f. 刺母草属 Plantaginaceae [MD－527] 特征纪要:习性:草本(水生)。花程式:Kn,C0,A3 参考科,↓G。其他特征参考科。全球1个大洲分布及种数(cf. 1)◆亚洲。

Bytneria Jacq. ＝ **Byttneria**

Byttneria Löfl. 刺果藤属 Byttneriaceae [MD－187] 特征纪要(同科)。全球6个大洲分布及种数(145－154)非洲:35－36;亚洲:32－35;大洋洲:8－9;欧洲:1;北美洲:18－19;南美洲:88－94。

Byttneriaceae R. Br. [MD－187] 利末花科 特征纪要:习性:木本;落叶。花程式:K4－5(－),C5,A－,G－。花期:4月。果期:3－4月。海拔:100－3000米。生境:中山坡路边灌丛。资源:药用。全球2个大洲分布及属种数(2－3/4－37 hort. 1;cult. 1) 非洲:2/40; 大洋洲:1/9－27。

C

Caa H. A. Keller & Liede 夹竹桃科属 Apocynaceae［MD－492］特征纪要：习性：－。花程式：－。其他特征参考科。全球 1 个大洲分布及种数(1)◆南美洲：1。

Caamembeca J. F. B. Pastore 秘鲁远志属 Polygalaceae［MD－291］特征纪要：习性：木本。花程式：K5，C5，A3 参考科，↓G－参考科。其他特征参考科。全球 4 个大洲分布及种数(14－17)非洲：2；亚洲：2；北美洲：2；南美洲：17。

Caatinganthus H. Rob. 芒冠斑鸠菊属 Asteraceae［MD－586］特征纪要：习性：草本。花程式：(K)3－5，(C)3－5，A3－5，↓G。其他特征参考科。全球 1 个大洲分布及种数(2)◆南美洲。

Caballeria Ruiz & Pav. ＝ **Myrsine**

Caballeroa Font Quer ＝ **Saharanthus**

Cabobanthus H. Rob. 铁鸠菊属 Asteraceae［MD－586］特征纪要：习性：草本。花程式：(K)3－5，(C)3－5，A3－5，↓G。其他特征参考科。全球 1 个大洲分布及种数(2)◆非洲。

Cabomba Aubl. 水盾草属 Cabombaceae［MD－22］特征纪要：习性：草本(水生)。花程式：－。物候：－。海拔：－。生境：河流。资源：具栽培园艺种类。全球 6 个大洲分布及种数(7－8；hort. 1；cult. 1)非洲：2；亚洲：2－4；大洋洲：1－3；欧洲：2；北美洲：5－7；南美洲：5－7。【中国种数：1】。

Cabombaceae Rich. ex A. Rich.［MD－22］莼菜科 特征纪要：习性：草本；落叶。花程式：K3，C3，A3－18，G2－18。物候：－。花期：6 月。果期：8－10 月。果实：坚果。种子：卵形。海拔：1150－1500 米。生境：池塘，湖泊或沼泽。资源：药用。栽培：中国有栽培。全球 6 个大洲分布及属种数(3/10－11 <IFR 1/1> hort. 1；cult. 1) 非洲：2/3；亚洲：3/6(IFR 1/1)；大洋洲：3/5；欧洲：2/3；北美洲：3/9(IFR 1/1)；南美洲：2/7。【中国属种数：2/2】。

Cabralea A. Juss. 权杖楝属 Meliaceae［MD－414］特征纪要：习性：木本。花程式：K3－5，C3－5，A6，＝G1－2。其他特征参考科。全球 3 个大洲分布及种数(3－64)亚洲：4；北美洲：6；南美洲：61。【中国种数：1】。

Cabrera Lag. ＝ **Axonopus**

Cabreriella Cuatrec. 光藤菊属 Asteraceae［MD－586］特征纪要：习性：草本。花程式：(K)3－5，C3－5，A3－5，＝↓(G)2。其他特征参考科。全球 1 个大洲分布及种数(2)◆南美洲(◆哥伦比亚)。

Cabucala Pichon ＝ **Petchia**

Cacadinium <unassigned> 甲紫草属 Boraginaceae［MD－517］特征纪要：－。全球 1 个大洲分布及种数(1)◆欧洲：1。

Cacalia L. 甲菊属 Asteraceae［MD－586］特征纪要和分布(－)。全球 6 个大洲分布及种数(17－122；hort. 2；cult. 2)非洲：34；亚洲：16－53；大洋洲：34；欧洲：34；北美洲：2－36；南美洲：34。

Cacaliopsis A. Gray 类蟹甲属 Asteraceae［MD－586］特征纪要：习性：草本。花程式：Kn，C3 参考科，A3－5，↓G。其他特征参考科。全球 1 个大洲分布及种数(1)◆北美洲。

Caccinia Savi 卡克草属 Boraginaceae［MD－517］特征纪要：习性：草本。花程式：K5，C0，A5，＝G2－4。其他特征参考科。全球 4 个大洲分布及种数(5－17)非洲：5；亚洲：17；欧洲：1；北美洲：1。【中国种数：1】。

Cachrys L. 绵果芹属 Apiaceae［MD－480］特征纪要：习性：草本(基生)。花程式：Kn，C5，A3 参考科，＝↓G(－)。物候：－。花期：5 月。果期：参考晚于花期。海拔：50－5600 米。生境：半荒漠中和砾石质山坡上，柞林内。资源：具园艺种类。全球 6 个大洲分布及种数(8－12)非洲：2－12；亚洲：5－16；大洋洲：9；欧洲：3－14；北美洲：9；南美洲：9。

Cacosmia Kunth 无冠黄安菊属 Asteraceae［MD－586］特征纪要：习性：草本。花程式：(K)3－5，(C)3－5，A3－5，＝↓G2。其他特征参考科。全球 1 个大洲分布及种数(3)◆南美洲。

Cactaceae Juss.［MD－100］仙人掌科 特征纪要：习性：木本；落叶。花程式：↙ K4－5(－)，C5，A－，＝↓(G)－。物候：－。花期：6－10 月。果实：－。种子：－。海拔：1000－1200 米。生境：灌丛。资源：园林。栽培：中国有栽培。全球 6 个大洲分布及属种数(201－244/3688－4711 <IFR 78/325> hort. 1；cult. 77) 非洲：12/138－140 (IFR 2/3)；亚洲：15－16/96－106(IFR 2/3)；大洋洲：8－9/54(IFR 4/6)；欧洲：11/69－74(IFR 2/2)；北美洲：81－83/1701－1891(IFR 36/165)；南美洲：106－114/1998－2230(IFR 49/161)。【中国属种数：22/38】。

Cactus L. 花座掌属 Cactaceae［MD－100］特征纪要：习性：－。花程式：－。其他特征参考科。全球 5 个大洲分布及种数(1－629)亚洲：37；大洋洲：3；欧洲：102；北美洲：102；南美洲：339。

Cadaba Forssk. 蛭果柑属 Capparaceae［MD－178］特征纪要：习性：木本。花程式：－。其他特征参考科。全球 6 个大洲分布及种数(15－32；hort. 1)非洲：13－29；亚洲：6－13；大洋洲：2；欧洲：1；北美洲：3－4；南美洲：3－4。

Cadalvena Fenzl ＝ **Costus**

Cadellia F. Müll. 大洋洲海人树属 Surianaceae［MD－257］特征纪要：习性：木本。花程式：K5，C0，A8－10，G5。

其他特征参考科。全球 2 个大洲分布及种数(1－5)亚洲:3; 大洋洲:5。

Cadia Forssk. 风铃豆属 Fabaceae3 [MD－240] 特征纪要:习性:木本。花程式:K1－∞,C1－∞,A5－9, = ↓ G1。其他特征参考科。全球 6 个大洲分布及种数(8－9)非洲:7－9;亚洲:1－2;大洋洲:1;欧洲:1－2;北美洲:1－2;南美洲:1。【中国种数:1】。

Cadiscus E. Mey. ex DC. 水漂菊属 Asteraceae [MD－586] 特征纪要:习性:草本。花程式:(K)3－5,(C)3－5,A3－5, ↓ G。其他特征参考科。全球 2 个大洲分布及种数(1－6)非洲:5; 南美洲:4。

Caduciella Enroth 尾枝藓属 Neckeraceae [B－204] 特征纪要:习性:－。【Rep】:孢子体不详。物候:－。海拔:－。生境:常见于岩石或树干。资源:－。全球 4 个大洲分布及种数(2)非洲:1;亚洲:2;大洋洲:1;欧洲:1。【中国种数:2】。

Caelestium Yurtseva & Mavrodiev 蓼穴草属 Polygonaceae [MD－120] 特征纪要:习性:－。花程式:－。其他特征参考科。全球 1 个大洲分布及种数(－)。

Caelodepas Benth. & Hook. f. = **Koilodepas**

Caelogyne Lindl. 兰科属 Orchidaceae [MM－723] 特征纪要:习性:－。花程式:－。其他特征参考科。分布:－。

Caelospermum Bl. 穴果木属 Rubiaceae [MD－523] 特征纪要:习性:木本。花程式:－。物候:－。花期:4－5月。果期:参考晚于花期。海拔:1900 米。生境:在丘陵或山上的灌丛或稀疏的森林。资源:－。全球 6 个大洲分布及种数(22)非洲:3; 亚洲:10; 大洋洲:17; 欧洲:3; 北美洲:3; 南美洲:5。

Caenopteris Bergius = **Asplenium**

Caenotus (Nutt.) Raf. = **Erigeron**

Caesalpinia Plum. ex L. 云实属 Fabaceae2 [MD－239] 特征纪要:习性:木质攀援。花程式:－。物候:－。花期:参考早于果期。果期:5－10 月。海拔:100－900 米。生境:灌丛。资源:药用,具栽培园艺种类。全球 6 个大洲分布及种数(19－423)非洲:58; 亚洲:149; 大洋洲:35; 欧洲:116; 北美洲:116; 南美洲:155。【中国种数:8】。

Caesalpiniaceae R. Br. = Mitrastemonaceae

Caesarea Cambess. 巍安草属 Vivianiaceae [MD－283] 特征纪要:习性:草本。花程式:－。其他特征参考科。全球 2 个大洲分布及种数(11)北美洲:1; 南美洲:2。

Caesia R. Br. 草百合属 Asphodelaceae [MM－649] 特征纪要:习性:－。花程式:－。其他特征参考科。全球 6 个大洲分布及种数(18)非洲:4－16;亚洲:9;大洋洲:6－23;欧洲:9;北美洲:9;南美洲:9。

Caesulia Roxb. 腋序菊属 Asteraceae [MD－586] 特征纪要:习性:草本。花程式:(K)3－5,(C)3－5,A3－5, = ↓ G2。其他特征参考科。全球 2 个大洲分布及种数(1－6)亚洲:3; 南美洲:3。

Caetangil L. P. Queiroz 蝶形花科属 Fabaceae3 [MD－240] 特征纪要:习性:－。花程式:－。其他特征参考科。全球 1 个大洲分布及种数(2)◆南美洲:2。

Cafe Adans. = **Coffea**

Caidbeja Forssk. = **Forsskaolea**

Cailliea J. B. A. Guillemin 豆科属 Fabaceae2 [MD－240] 特征纪要:习性:－。花程式:－。其他特征参考科。全球 2 个大洲分布及种数(7)北美洲:1; 南美洲:1。

Cailliella Jacq. －Fél. 非洲野牡丹属 Melastomataceae [MD－364] 特征纪要:习性:木本。花程式:Kn,C2－3 参考科,A4－5, = ↓ (G)3－4。其他特征参考科。全球 2 个大洲分布及种数(1－3)非洲:2; 亚洲:2。

Cainito Plum. ex Adans. = **Chrysophyllum**

Caiophora C. Presl 逸群麻属 Loasaceae [MD－435] 特征纪要:习性:木本。花程式:K5－10,C5－10,A5－10, = ↓ G1－3。其他特征参考科。全球 6 个大洲分布及种数(37－402)非洲:55; 亚洲:89; 大洋洲:33; 欧洲:129; 北美洲:129; 南美洲:383。

Cajanus DC. 木豆属 Fabaceae3 [MD－240] 特征纪要:习性:木质攀援。花程式:Kn,C2－3 参考科,A3 参考科, = ↓ G－。物候:－。海拔:100－900 米。生境:照叶林。资源:具栽培园艺种类。全球6 个大洲分布及种数(28－36;hort. 1;cult. 1)非洲:6－10;亚洲:21－26;大洋洲:12－22;欧洲:3;北美洲:2－5;南美洲:3－6。【中国种数:9】。

Cajophora (Wedd.) Urb. & Gilg = **Caiophora**

Cakile Mill. 海滨芥属 Brassicaceae [MD－213] 特征纪要:习性:草本。花程式:K2－4,C2－4,A2－4, = G2。资源:具园艺种类。全球 6 个大洲分布及种数(8;hort. 1;cult. 4)非洲:1－6;亚洲:5－10;大洋洲:2－7;欧洲:4－9;北美洲:5－10;南美洲:1－6。【中国种数:3】。

Calacanthus T. Anderson ex Benth. 鳞花草属 Acanthaceae [MD－572] 特征纪要:习性:草本。花程式:Kn,C0,A3 参考科, ↓ G。其他特征参考科。全球 2 个大洲分布及种数(1－2) 亚洲;北美洲。

Calacinum Raf. = **Muehlenbeckia**

Caladenia R. Br. 裂缘兰属 Orchidaceae [MM－723] 特征纪要:习性:草本。花程式:(K)3,C3,A3, = ↓ (G)3。其他特征参考科。全球 6 个大洲分布及种数(360－583)非洲:9; 亚洲:27; 大洋洲:522; 欧洲:11; 北美洲:11; 南美洲:46。【中国种数:1】。

Caladiopsis Engl. = **Chlorospatha**

Caladium Vent. 五彩芋属 Araceae [MM－639] 特征纪要:习性:草本(多肉)。花程式:K0,C0,A3 参考科, = G1－3。物候:－。花期:4 月。果期:参考晚于花期。海拔:100－4400 米。生境:芭蕉－海芋群落,驻地前山阴坡草地。资源:药用,具栽培园艺种类。全球 6 个大洲分布及种数(20－308)非洲:110; 亚洲:52; 大洋洲:91; 欧洲:122; 北美洲:122; 南美洲:202。【中国种数:1】。

Calais DC. = **Microseris**

Calamagrostis Adans. 拂子茅属 Poaceae［MM－748］特征纪要:习性:草本。花程式:(K－),C0 参考科,A3 参考科,＝(G)2－3。物候:－。海拔:100－3900 米。生境:草地,中山坡北坡石缝上。资源:具栽培园艺种类。全球 6 个大洲分布及种数(278－346;hort. 1;cult. 39)非洲:28－84;亚洲:119－188;大洋洲:36－92;欧洲:39－95;北美洲:67－121;南美洲:112－166。【中国种数:48】。

Calamaria Böhm. 大水韭属 Isoetaceae［F－7］特征纪要:习性:－。【Rep】:囊单生叶表。物候:－。海拔:1800－1900 米。生境:高山草甸水浸处,竹林下湿地。资源:－。全球 6 个大洲分布及种数(6)非洲:1－4;亚洲:2－5;大洋洲:1－4;欧洲:1－4;北美洲:2－5;南美洲:3。

Calamina Beauv. ＝ **Apluda**

Calamintha Mill. 新风轮属 Lamiaceae［MD－575］特征纪要:习性:－。花期:6－7 月。果期:参考晚于花期。海拔:500－2000 米。生境:生于亚高山草甸,砾石山坡,浅水石滩,岩峭及碎石堆上。全球 6 个大洲分布及种数(31－68;hort. 1;cult. 17)非洲:15;亚洲:14－37;大洋洲:3－18;欧洲:21－39;北美洲:15－30;南美洲:3－18。

Calamistrum (L.) Kuntze ＝ **Pilularia**

Calammophila A. Brand 爪草属 Poaceae［MM－748］特征纪要:习性:草本。花程式:(K)3,C0 参考科,A1－2,＝(G)2－3。其他特征参考科。全球 3 个大洲分布及种数(3)亚洲:2; 欧洲:3; 北美洲:3。

Calamochloe Rchb. ＝ **Arundinella**

Calamogrostis Moench ＝ **Calamagrostis**

Calamophyllum Schwantes 酋矛玉属 Aizoaceae［MD－94］特征纪要:习性:草本。花程式:Kn,C∞ 参考科,A5 参考科,＝↓G－。其他特征参考科。全球 1 个大洲分布及种数(3)◆非洲。

Calamovilfa (A. Gray) Hack. ex Scribn. & Southw. 沙芦属 Poaceae［MM－748］特征纪要:习性:－。花程式:－。其他特征参考科。全球 4 个大洲分布及种数(13)非洲:2; 亚洲:2; 北美洲:10; 南美洲:3。

Calampelis D. Don ＝ **Eccremocarpus**

Calamus L. 省藤属 Arecaceae［MM－717］特征纪要和分布(－)。全球 6 个大洲分布及种数(214－576;hort. 1)非洲:41－105;亚洲:175－401;大洋洲:15－74;欧洲:16;北美洲:7－24;南美洲:9－26。【中国种数:38】。

Calandrinia Kunth 红娘花属 Portulacaceae［MD－85］特征纪要:习性:草本。资源:具栽培园艺种类。全球 6 个大洲分布及种数(20－306)非洲:6; 亚洲:10; 大洋洲:83; 欧洲:62; 北美洲:62; 南美洲:285。【中国种数:1】。

Calanthe R. Br. 虾脊兰属 Orchidaceae［MM－723］特征纪要:习性:草本。花程式:(K－),C2－3 参考科,A3 参考科,＝↓G3。物候:－。海拔:1600－1700 米。生境:常绿阔叶林,在山谷常绿森林湿润地面上。资源:具栽培园艺种类。全球 6 个大洲分布及种数(286－653)非洲:155; 亚洲:465; 大洋洲:119; 欧洲:13; 北美洲:13; 南美洲:23。【中国种数:61】。

Calanthea (DC.) Miers 山柑属 Capparaceae［MD－178］特征纪要:习性:－。花程式:－。其他特征参考科。全球 1 个大洲分布及种数(cf. 1)◆南美洲。

Calanthus Oerst. ＝ **Alloplectus**

Calantica Jaub. ex Tul. 非洲大风子属 Salicaceae［MD－123］特征纪要:习性:木本。花程式:K2－10,C0,A2－10,＝G2－10。其他特征参考科。全球 1 个大洲分布及种数(7－11)◆非洲。

Calanticaria (B. L. Rob. & Greenm.) E. E. Schill. & Panero 少花葵属 Asteraceae［MD－586］特征纪要:习性:草本。花程式:(K)3－5,C3－5,A3－5,＝↓(G)2。其他特征参考科。全球 2 个大洲分布及种数(5－6)北美洲:6; 南美洲:3。

Calasias Raf. ＝ **Dianthera**

Calassodia M. A. Clem. 裂缘兰属 Orchidaceae［MM－723］特征纪要:习性:草本。花程式:(K)3,C3,A3,↓G－。其他特征参考科。全球 1 个大洲分布及种数(1)◆大洋洲(◆澳大利亚)。

Calathea G. Mey. 肖竹芋属 Marantaceae［MM－740］特征纪要:习性:草本。花程式:－。物候:－。花期:参考早于果期。果期:8－10 月。海拔:100－1400 米。生境:次生林中或灌丛等潮湿处。资源:具栽培园艺种类。全球 6 个大洲分布及种数(99－167)非洲:4－12;亚洲:17－26;大洋洲:4－12;欧洲:8;北美洲:42－58;南美洲:81－111。【中国种数:2】。

Calathodes Hook. f. & Thoms. 鸡爪草属 Ranunculaceae［MD－38］特征纪要:习性:草本(基生)。花程式:－。物候:－。花期:5－7 月。果期:参考晚于花期。海拔:1800－2000 米。生境:冷杉林内空地。资源:－。全球 4 个大洲分布及种数(5－11)亚洲:10; 欧洲:1; 北美洲:1; 南美洲:2。【中国种数:4】。

Calatholejeunea K. I. Göbel 爪鳞苔属 Lejeuneaceae［B－84］特征纪要:习性:－。【Rep】:老时呈红褐色。其他特征参考科。全球 1 个大洲分布及种数(2)◆大洋洲(◆巴布亚新几内亚)。

Calatola Standl. 热美茶茱萸属 Metteniusaceae［MD－454］特征纪要:习性:木本。花程式:K4,C4,A2,＝(G)2－3。其他特征参考科。全球 2 个大洲分布及种数(8－10)北美洲:5;南美洲:4－6。

Calaunia Grudzinskaja 榆科属 Cannabaceae［MD－89］特征纪要:习性:－。花程式:－。其他特征参考科。全球 1 个大洲分布及种数(2)◆亚洲:1。

Calboa Cav. ＝ **Ipomoea**

Calcaratolobelia Wilbur 铜锤玉带属 Campanulaceae［MD－561］特征纪要:习性:－。花程式:－。其他特征参考科。全球 2 个大洲分布及种数(13)北美洲:1; 南美洲:1。

Calcareoboea C. Y. Wu ex H. W. Li 朱红苣苔属 Gesneriaceae［MD－549］特征纪要:习性:－。花程式:－。物候:－。花期:4－6 月。果期:参考晚于花期。海拔:1000－1500 米。生境:生于石灰岩山林中石上,石缝。资源:药用。全球 1 个大洲分布及种数(1)◆亚洲。

Calceolaria L. 荷包花属 Calceolariaceae［MD－531］特征纪要和分布(－)。全球 6 个大洲分布及种数(284－310; hort. 1; cult. 19)非洲:4;亚洲:264－268;大洋洲:7－11;欧洲:9－13;北美洲:24－28;南美洲:280－296。【中国种数:4】。

Calceolariaceae Olmstead［MD－531］荷包花科 特征纪要:习性:木本;落叶。花程式:K3,C0,A3,↓(G)3－4。果实:蒴果。全球 5 个大洲分布及属种数(4/290－319 <IFR 1/38> hort. 1; cult. 1) 亚洲:2/266; 大洋洲:3/10; 欧洲:3/13; 北美洲:3/28(IFR 1/1); 南美洲:3/286－298(IFR 1/37)。【中国属种数:1/4】。

Calcicola W. R. Anderson & C. Davis 藤翅果属 Malpighiaceae［MD－343］特征纪要:习性:木本。花程式:－。其他特征参考科。全球 2 个大洲分布及种数(2－3)北美洲:3; 南美洲:2。

Calciphila Liede & Meve 鹅绒藤属 Apocynaceae［MD－492］特征纪要:习性:木本。花程式:Kn,C0,A3 参考科,↓G。其他特征参考科。全球 1 个大洲分布及种数(1－2)◆非洲。

Calciphilopteris Yesilyurt & H. Schneid. 戟叶黑心蕨属 Pteridaceae［F－31］特征纪要:旱生常绿中小型植物,叶大型。【Rep】:孢子囊单生叶背。全球 1 个大洲分布及种数(1)◆亚洲(◆中国)。

Calcoa Salisb. ＝ **Geitonoplesium**

Caldcluvia D. Don 栎珠梅属 Cunoniaceae［MD－255］特征纪要:习性:木本。花程式:K4－5,C4－5,A4－5,＝↓G2－3。其他特征参考科。全球 4 个大洲分布及种数(1－28)非洲:15; 亚洲:13; 大洋洲:21; 南美洲:17。

Calderonella Söderstr. & H. F. Decker 林轭草属 Poaceae［MM－748］特征纪要:习性:－。花程式:－。其他特征参考科。全球 2 个大洲分布及种数(2)北美洲:2; 南美洲:2。

Calderonia Standl. ＝ **Simira**

Caldesia Parl. 泽苔草属 Alismataceae［MM－597］特征纪要:习性:草本。花程式:－。物候:－。花期:7－9 月。果期:参考晚于花期。海拔:500－2100 米。生境:湖泊,水塘,沼泽等静水水域,湖沼浅水处。资源:园林。全球 4 个大洲分布及种数(3－25)非洲:7; 亚洲:8; 大洋洲:5; 南美洲:4。【中国种数:2】。

Calea L. 多鳞菊属 Asteraceae［MD－586］特征纪要:习性:草本。花程式:(K)3－5,(C)3－5,A3－5,＝↓G2。其他特征参考科。全球 6 个大洲分布及种数(141－191; hort. 1; cult. 4)非洲:1－4;亚洲:3;大洋洲:5－9;欧洲:3;北美洲:12－15;南美洲:132－161。【中国种数:1】。

Caleana R. Br. 飞鸭兰属 Orchidaceae［MM－723］特征纪要:习性:草本。花程式:(K)3,C3,A3,＝↓G3。其他特征参考科。全球 3 个大洲分布及种数(14－41)亚洲:5; 大洋洲:40; 南美洲:21。

Calebrachys Cass. ＝ **Calea**

Calectasia R. Br. 澳丽花属 Calectasiaceae［MM－719］特征纪要(同科)。全球 1 个大洲分布及种数(7－16)◆大洋洲(◆澳大利亚)。

Calectasiaceae Schnizl.［MM－719］篮花木科 特征纪要:习性:木本;落叶。花程式:K4－5(－),C6,A6,G－。全球 1 个大洲分布及属种数(1/1 hort. 1; cult. 1)◆大洋洲:1/ 7－16。

Calendula L. 金盏花属 Calendulaceae［MD－583］特征纪要(同科)。全球 6 个大洲分布及种数(21－37; hort. 1; cult. 2)非洲:12－13;亚洲:12－16;大洋洲:6－7;欧洲:11－12;北美洲:4－5;南美洲:1－2。【中国种数:2】。

Calendulaceae Bercht. & J. Presl［MD－583］金盏花科 特征纪要:习性:草本;落叶。花程式:(K)6－,C3,A3,↓(G)1－3。物候:－。花期:4－9 月。果期:8 月。果实:瘦果。种子:－。海拔:1600 米。生境:广泛栽培,原标本无记录。资源:药用。栽培:中国有栽培。全球 1 个大洲分布及属种数(2/2 <IFR 1/6> hort. 1; cult. 1)◆非洲:1/14(IFR 1/6)。

Calepina Adans. 白球芥属 Brassicaceae［MD－213］特征纪要:习性:草本。花程式:K2－4,C2－4,A2－4,↓G－参考科。其他特征参考科。全球 6 个大洲分布及种数(1－4)非洲:2; 亚洲:3; 大洋洲:2; 欧洲:3; 北美洲:3; 南美洲:2。【中国种数:1】。

Calibanus Rose 砾丝兰属 Asparagaceae［MM－669］特征纪要:习性:－。花程式:－。其他特征参考科。全球 1 个大洲分布及种数(2)◆北美洲。

Calibrachoa Cerv. 舞春花属 Solanaceae［MD－503］特征纪要:习性:草本。花程式:K3－4,C0,A3－4,＝↓G2。其他特征参考科。全球 6 个大洲分布及种数(29－39)非洲:2; 亚洲:2; 大洋洲:8; 欧洲:4; 北美洲:4; 南美洲:38。【中国种数:1】。

Calicharis Meerow 巴拿马石蒜属 Amaryllidaceae［MM－694］特征纪要:习性:草本。花程式:(K)3,C3,A1,＝↓(G)3。其他特征参考科。全球 2 个大洲分布及种数(1－5)北美洲:3; 南美洲:5。

Calicium <unassigned> 蓼科属 Caricaceae［MD－236］特征纪要:习性:－。花程式:－。其他特征参考科。全球 6 个大洲分布及种数(75)非洲:2; 亚洲:5; 大洋洲:7; 欧洲:9; 北美洲:9; 南美洲:23。

Calicorema Hook. f. 灰苋木属 Amaranthaceae［MD－116］特征纪要:习性:草本。花程式:K1－2,C0,A1－2,G－。其他特征参考科。全球 1 个大洲分布及种数(2)◆非洲。

Calicotome Link 刺金雀属 Fabaceae3［MD－240］特征纪要:习性:木本。花程式:K1－∞,C1－∞,A5－9,＝↓G1。其他特征参考科。全球 4 个大洲分布及种数(5－13)非洲:10; 亚洲:4; 大洋洲:3; 南美洲:4。

California Aldasoro, C. Navarro, P. Vargas, L. Sáez & Aedo 牻牛儿苗属 Geraniaceae［MD－318］特征纪要:习性:草本。花程式:K5,C5,A5,G－。其他特征参考科。全球 6 个大洲分布及种数(2)非洲:1;亚洲:1;大洋洲:1;欧洲:1;北美洲:1－2;南美洲:1。

Calimeris Nees 菊科属 Asteraceae［MD－586］特征纪要:－。全球 1 个大洲分布及种数(22)◆南美洲:1。

Calinea Aubl. ＝ **Doliocarpus**

Caliphruria Herb. 漏斗水仙属 Amaryllidaceae [MM－694] 特征纪要:习性:－。花程式:－。其他特征参考科。全球3个大洲分布及种数(8)欧洲:2; 北美洲:2; 南美洲:8。

Calista Ritgen = **Appendicula**

Calla L. 水芋属 Araceae [MM－639] 特征纪要:习性:草本(根状茎,水生)。花程式:K0,C0,A3参考科,G－。物候:－。花期:5－7月。果期:参考晚于花期。海拔:1100米。生境:匍匐草本植物,生活在浅水中,通常有泥炭藓,山顶平原草甸子地。资源:药用,具栽培园艺种类。全球6个大洲分布及种数(2)非洲:1;亚洲:1－2;大洋洲:1;欧洲:1－2;北美洲:1－2;南美洲:1。【中国种数:1】。

Callaeum Small 冠虎尾属 Malpighiaceae [MD－343] 特征纪要:习性:木本。花程式:K5,C5,A10,＝G2－3。其他特征参考科。全球3个大洲分布及种数(11－16)亚洲:2; 北美洲:15; 南美洲:11。

Callerya Endl. 鸡血藤属 Fabaceae3 [MD－240] 特征纪要:习性:木本。花程式:K1－∞,C1－∞,A5－9,＝↓G1。物候:－。花期:4－6月。果期:参考晚于花期。海拔:100－1000米。生境:常绿阔叶林,在山坡上的灌丛或在山谷里,溪流旁的灌丛。资源:药用。全球6个大洲分布及种数(30－36)非洲:5－10;亚洲:27－36;大洋洲:4－12;欧洲:5;北美洲:5;南美洲:1－7。【中国种数:5】。

Callialaria Ochyra 牛角藓属 Amblystegiaceae [B－178] 特征纪要:习性:－。【Rep】:雌雄同株,绿色、黄色或棕色。物候:－。海拔:－。生境:常见于腐木生,沼泽土生。资源:－。全球3个大洲分布及种数(1)亚洲:1;欧洲:1;北美洲:1。【中国种数:1】。

Calliandra Benth. 朱缨花属 Fabaceae3 [MD－240] 特征纪要:习性:木本。花程式:－。物候:－。花期:8－9月。果期:参考晚于花期。海拔:300－400米。生境:灌木丛。资源:药用,园林,具栽培园艺种类。全球6个大洲分布及种数(185－499)非洲:28; 亚洲:47; 大洋洲:18; 欧洲:317; 北美洲:317; 南美洲:280。【中国种数:11】。

Calliandropsis H. M. Hern. & P. Guinet 合欢草属 Fabaceae2 [MD－240] 特征纪要:习性:木本。花程式:K3－5－∞,C3－5－∞,A1－10－50,＝↓G(－)。其他特征参考科。全球1个大洲分布及种数(1)◆北美洲:1。

Callianthe Donnell 嘉美兰属 Malvaceae [MD－203] 特征纪要:习性:木本。花程式:K5－∞,C5－∞,A10－8,＝(G)1－5。其他特征参考科。全球6个大洲分布及种数(50－54)非洲:2; 亚洲:6; 大洋洲:4; 欧洲:10; 北美洲:10; 南美洲:49。

Callianthemoides Tamura 美花草属 Ranunculaceae [MD－38] 特征纪要:习性:草本。花程式:Kn,C2－3参考科,A8,↓G－参考科。其他特征参考科。全球1个大洲分布及种数(1)◆南美洲:1。

Callianthemum C. A. Mey. 美花草属 Ranunculaceae [MD－38] 特征纪要:习性:草本(根状茎,基生)。花程式:K5,C5,A3参考科,G－。物候:－。花期:5－6月。果期:参考晚于花期。海拔:2600－3400米。生境:草坡,山谷,山坡砾石质。资源:具园艺种类。全球6个大洲分布及种数(11－18)非洲:1;亚洲:10－15;大洋洲:1;欧洲:3－6;北美洲:1;南美洲:1。【中国种数:6】。

Callibryon Zenker & D. Dietr. 东亚仙鹤藓属 Polytrichaceae [B－101] 特征纪要:－。全球1个大洲分布及种数(－)。

Callicarpa L. 紫珠属 Verbenaceae [MD－556] 特征纪要:习性:木质攀援。花程式:－。物候:－。花期:7－9月。果期:参考晚于花期。海拔:100－300米。生境:丛林中,自然山坡地。资源:药用,具栽培园艺种类。全球6个大洲分布及种数(178－574)非洲:43; 亚洲:398; 大洋洲:49; 欧洲:139; 北美洲:139; 南美洲:147。【中国种数:62】。

Callicephalus C. A. Mey. 菊科属 Asteraceae [MD－586] 特征纪要:习性:－。花程式:－。其他特征参考科。全球1个大洲分布及种数(1)◆亚洲:1。

Callichilia Stapf 丽唇夹竹桃属 Apocynaceae [MD－492] 特征纪要:习性:木本。花程式:K5－∞,C0,A15,＝↓G2－5。其他特征参考科。全球3个大洲分布及种数(6－14)非洲:13; 亚洲:3; 南美洲:2。

Callichlamys Miq. 美苞紫葳属 Bignoniaceae [MD－541] 特征纪要:习性:木本。花程式:K5,C0,A5,＝G2。其他特征参考科。全球4个大洲分布及种数(1－11)非洲:2; 亚洲:3; 北美洲:8; 南美洲:10。【中国种数:1】。

Callichroa Fisch. & C. A. Mey. = **Harmonia**

Callicladium H. A. Crum 拟腐木藓属 Hypnaceae [B－189] 特征纪要:习性:－。【Rep】:雌雄异株或雌雄异苞同株,生殖苞侧生,雌苞叶分化,蒴柄长。物候:－。海拔:1170米。生境:土生。资源:－。全球3个大洲分布及种数(2)亚洲:2;欧洲:2;北美洲:2。【中国种数:1】。

Callicoma Andrews 银枫梅属 Cunoniaceae [MD－255] 特征纪要:习性:木本。花程式:K4－5,C4－5,A4－5,＝↓G2－3。其他特征参考科。全球6个大洲分布及种数(1－60)非洲:9; 亚洲:7; 大洋洲:60; 欧洲:2; 北美洲:2; 南美洲:10。

Callicosta Müll. Hal. 爪帽藓属 Daltoniaceae [B－162] 特征纪要:习性:－。【Rep】:雌苞叶小,蒴柄侧生,密披刺状毛,孢蒴小,平展或下垂,卵形,具长台部,蒴齿两层,外齿层齿片,雌雄异株,内雌苞叶下部鞘状,孢蒴卵圆形,蒴齿两层,外齿层齿片披针形,具不明显的回折中脊,透明。其他特征参考科。全球3个大洲分布及种数(2)欧洲:1;北美洲:2;南美洲:1。

Callicostella (Müll. Hal.) Mitt. 强肋藓属 Pilotrichaceae [B－166] 特征纪要:习性:－。【Rep】:蒴柄侧生,细长,平滑或具弱疣,孢蒴平展或下倾,卵状圆柱形,两侧不对称,台部长而粗,口部强烈收缩。其他特征参考科。全球6个大洲分布及种数(102)非洲:28;亚洲:9;大洋洲:18;欧洲:5;北美洲:31;南美洲:48。【中国种数:3】。

Callicostellopsis Broth. 绒帽藓属 Pilotrichaceae [B－166] 特征纪要:习性:－。【Rep】:雌苞叶小,基部阔卵形,上部呈狭长尖,蒴柄细长,红色,平滑,孢蒴倾列或平列,长卵形,棕色,蒴齿两层,外,蒴柄侧生,细长,平滑或具弱疣,孢蒴平展或下倾,卵状圆柱形,两侧不对称,台部长而粗,口部强烈收缩。其他特征参考科。全球1个大洲分布及种数(1)◆南美洲:1。

Calliergidium (Müll. Hal.) Grout 柳叶藓科属 Amblystegiaceae [B-178] 特征纪要:-。全球5个大洲分布及种数(9)非洲:4; 亚洲:3; 欧洲:3; 北美洲:3; 南美洲:2。【中国种数:1】。

Calliergon (Sull.) Kindb. 湿原藓属 Amblystegiaceae [B-178] 特征纪要:习性:-。【Rep】:雌雄同株或异株,内雌苞叶具单中肋,蒴柄细长,干燥时扭转,红色或紫色。物候:-。海拔:900米。生境:土生,沼泽生。资源:具园艺种类。全球6个大洲分布及种数(16)非洲:2;亚洲:3;大洋洲:4;欧洲:6;北美洲:9;南美洲:3。【中国种数:6】。

Calliergonaceae (Kanda) Vanderp. [B-179] 湿原藓科 特征纪要:叶状体多较大,稀形小,带状,灰绿色、绿色至暗绿色,多数质厚,干燥时边缘有时背卷,常多回叉状分枝。【Rep】:雌雄异株或同株。全球5个大洲分布和属种数(1/7)亚洲:1/2;大洋洲:1/3;欧洲:1/5;北美洲:1/6;南美洲:1/4。【中国属种数:3/8】。

Calliergonella Löske 大湿原藓属 Amblystegiaceae [B-178] 特征纪要:习性:-。【Rep】:雌雄异株,内雌苞叶阔披针形,具纵褶,无中肋,蒴柄细长,紫红色,孢蒴长圆柱形,平列。物候:-。海拔:900米。生境:土生。资源:-。全球6个大洲分布及种数(5)非洲:2;亚洲:3;大洋洲:2;欧洲:2;北美洲:5;南美洲:3。【中国种数:4】。

Calligonum L. 沙拐枣属 Polygonaceae [MD-120] 特征纪要和分布(-)。全球6个大洲分布及种数(45-68;hort. 1;cult. 4)非洲:3-14;亚洲:44-61;大洋洲:8;欧洲:1-9;北美洲:4-12;南美洲:8-16。【中国种数:15】。

Callilepis DC. 美鳞菊属 Asteraceae [MD-586] 特征纪要:习性:草本。花程式:(K)3-5,(C)3-5,A3-5,↓G。其他特征参考科。全球1个大洲分布及种数(7)◆非洲。

Callipeltis Steven 美盾茜属 Rubiaceae [MD-523] 特征纪要:习性:木本。花程式:(K)4-5,(C)4-5,A4-5,=↓G2-9。其他特征参考科。全球5个大洲分布及种数(3-33)非洲:3; 亚洲:9; 欧洲:2; 北美洲:2; 南美洲:22。

Calliphysalis Whitson 美叶茄属 Solanaceae [MD-503] 特征纪要:习性:草本。花程式:Kn,C0,A3 参考科,↓G。其他特征参考科。全球1个大洲分布及种数(1)◆北美洲:1。

Callipsygma <unassigned> 澳破布木属 Cordiaceae [MD-516] 特征纪要:-。全球1个大洲分布及种数(1)◆大洋洲:1。

Callipteris Bory 白沙蕨属 Woodsiaceae [F-47] 特征纪要:陆生大型常绿喜湿植物。根状茎粗壮,披鳞片;叶簇生。一至二回羽状,叶草质或近革质,叶轴上部腋间偶有芽胞。【Rep】:孢子囊群椭圆形至线形,几着生于全部小脉上;囊群盖厚膜质,线形,黄褐色,全缘,缩存或最后消失。孢子周壁表面具大颗粒状或小瘤状纹饰。全球1个大洲分布及种数(3)◆亚洲。

Callirhoe Nutt. 罂粟葵属 Malvaceae [MD-203] 特征纪要:习性:木本。花程式:K5-∞,C5-∞,A10-8,G-。物候:-。海拔:-。生境:-。资源:具栽培园艺种类。全球4个大洲分布及种数(11-20)非洲:2; 亚洲:6; 北美洲:14; 南美洲:3。【中国种数:3】。

Calliscirpus C. N. Gilmour, J. R. Starr & Naczi 锦莎草属 Cyperaceae [MM-747] 特征纪要:习性:草本。花程式:(K)3,C3,A1-3,G-。其他特征参考科。全球1个大洲分布及种数(2)◆北美洲(◆美国)。

Callisia L. 洋竹草属 Commelinaceae [MM-708] 特征纪要和分布(-)。全球1个大洲分布及种数(23-26)◆南美洲。【中国种数:4】。

Callista Lour. 极美石南属 Orchidaceae [MM-723] 特征纪要:木本,叶对生,落叶,复叶。花程式:(K)3,C3,A3,=↓G:3。果实:蒴果。种子:极小,棕黄色。全球1个大洲分布及种数(2-16)◆大洋洲。

Callistachys Heuff. 尖裂豆属 Fabaceae3 [MD-240] 特征纪要:习性:-。花程式:-。其他特征参考科。全球1个大洲分布及种数(1)◆大洋洲。

Callistemma Cass. 紫忍冬属 Asteraceae [MD-586] 特征纪要和分布(-)。

Callistemon R. Br. 红千层属 Myrtaceae [MD-347] 特征纪要:习性:-。花期:6-8月。果期:参考晚于花期。海拔:100-2900米。生境:矮林,山坡,低丘和草原。资源:观赏,具栽培园艺种类。全球6个大洲分布及种数(33-45;hort. 1;cult. 1)非洲:1;亚洲:10-11;大洋洲:32-42;欧洲:4-5;北美洲:14-15;南美洲:9-10。

Callistephus Cass. 翠菊属 Asteraceae [MD-586] 特征纪要:习性:草本。花程式:(K)3-5,C3-5,A3 参考科,↓G。物候:-。海拔:300-2700米。生境:草地。资源:药用,观赏,具栽培园艺种类。全球6个大洲分布及种数(1-9)非洲:2; 亚洲:7; 大洋洲:1; 欧洲:3; 北美洲:3; 南美洲:3。【中国种数:1】。

Callisthene Mart. 木山姜属 Vochysiaceae [MD-314] 特征纪要:习性:木本。花程式:K1-5,C1-5,A1-5,G1-3。其他特征参考科。全球2个大洲分布及种数(9-25)北美洲:3; 南美洲:24。

Callistopteris Copel. 毛杆蕨属 Hymenophyllaceae [F-21] 特征纪要:习性:-。【Rep】:孢子囊群着生于向轴的短裂片的顶端。物候:-。海拔:200-3700米。生境:阴湿溪边石上。资源:-。全球6个大洲分布及种数(2-4)非洲:1;亚洲:1;大洋洲:1-2;欧洲:1;北美洲:1-2;南美洲:1。

Callitrichaceae Link [MD-459] 水马齿科 特征纪要:习性:草本;落叶。花程式:K4-5(-),C5,A10-5,↓(G)-。物候:-。果实:果实。种子:具膜质种皮,胚乳肉质。海拔:1100-3000米。生境:湖泊,静水,沼泽草间成片。资源:药用。栽培:-。全球6个大洲分布及属种数(2/42-92 <IFR 1/15> hort. 1;cult. 1) 非洲:2/14-30(IFR 1/9); 亚洲:2/25-29(IFR 1/12); 大洋洲:2/18-25(IFR 1/1); 欧洲:2/17-24(IFR 1/12); 北美洲:2/24-27(IFR 1/8); 南美洲:2/19-21(IFR 1/2)。

Callitriche L. 水马齿属 Callitrichaceae [MD-459] 特征纪要(同科)。全球6个大洲分布及种数(41-91;hort. 1;cult. 2)非洲:12-50;亚洲:23-51;大洋洲:16-46;欧洲:15-44;北美洲:22-49;南美洲:17-41。【中国种数:18】。

Callitris Vent. 澳柏属 Cupressaceae [G-17] 特征纪要:习性:-。【Rep】:复轴,浆果状,苞鳞融合成果皮状,种鳞

多退化,雌雄同株。物候:-。海拔:-。生境:-。资源:具栽培园艺种类。全球6个大洲分布及种数(19-101)非洲:20;亚洲:17;大洋洲:62;欧洲:17;北美洲:17;南美洲:27。【中国种数:7】。

Callitropsis örst. 北美金柏属 Cupressaceae [G-17] 特征纪要:-。全球6个大洲分布及种数(1-21)非洲:3;亚洲:5;大洋洲:4;欧洲:8;北美洲:8;南美洲:8。

Callogramme Fée = **Syngramma**

Callopsis Engl. 丽白芋属 Araceae [MM-639] 特征纪要:习性:草本。花程式:K0,C0,A1-4,=G1-3。其他特征参考科。全球5个大洲分布及种数(1-15)非洲:3;亚洲:9;大洋洲:2;北美洲:3;南美洲:4。

Callostylis Bl. 美柱兰属 Orchidaceae [MM-723] 特征纪要:习性:草本(根状茎,基生,多肉)。花程式:Kn,C2-3参考科,A3参考科,=↓G3。物候:-。花期:12月。果期:参考晚于花期。海拔:900-1200米。生境:森林中树干附生植物,生于混交林中树上。资源:具园艺种类。全球1个大洲分布及种数(-)。【中国种数:2】。

Calluna Salisb. 帚石南属 Ericaceae [MD-380] 特征纪要:习性:木本。花程式:(K)5-8,(C)5-8,A10,G3-参考科。其他特征参考科。全球6个大洲分布及种数(2)非洲:1-6;亚洲:1-6;大洋洲:1-6;欧洲:1-6;北美洲:1-6;南美洲:5。【中国种数:1】。

Callyntranthele Nied. = **Blepharandra**

Calobota Eckl. & Zeyh. 金松豆属 Fabaceae3 [MD-240] 特征纪要:习性:-。花程式:-。其他特征参考科。全球1个大洲分布及种数(-)。

Calobryum (Stephani) Grolle 裸蒴苔科属 Haplomitriaceae [B-2] 特征纪要:习性:-。【Rep】:精子器黄色或橙黄色,着生于茎顶端,颈卵器2至多个,受精后颈卵器基部发育形成短筒状蒴帽。物候:-。海拔:0米。生境:-。资源:-。全球2个大洲分布及种数(5)亚洲:4;大洋洲:2。【中国种数:1】。

Calocedrus Kurz 翠柏属 Cupressaceae [G-17] 特征纪要:习性:-。【Rep】:复轴,浆果状,苞鳞融合成果皮状,种鳞多退化,球果矩圆形,椭圆柱形或长卵状圆柱形,种鳞3对,木质,扁平,外部顶端之下有短尖头,熟时张开,最下面一对形小,微向外反曲,不生种子。物候:-。花期:3-4月。果期:参考晚于花期。海拔:1000-2000米。生境:阔叶林中,松柏林区。资源:具栽培园艺种类。全球5个大洲分布及种数(4-11)亚洲:8;大洋洲:5;欧洲:3;北美洲:3;南美洲:3。【中国种数:4】。

Calocephalus R. Br. 美头菊属 Asteraceae [MD-586] 特征纪要:习性:草本。花程式:(K)3-5,(C)3-5,A3-5,=↓G2。其他特征参考科。全球3个大洲分布及种数(15-57)亚洲:10;大洋洲:32;南美洲:14。

Calochilus R. Br. 胡须兰属 Orchidaceae [MM-723] 特征纪要:习性:草本。花程式:(K)3,C3,A3,=↓(G)3。其他特征参考科。全球3个大洲分布及种数(31-40)非洲:2;大洋洲:39;北美洲:2。

Calochlaena (Maxon) M. D. Turner & R. A. White 美囊蕨属 Dicksoniaceae [F-22] 特征纪要:习性:-。【Rep】:孢子同形,囊群至叶缘。物候:-。海拔:-。生境:山麓沟边及林下阴处酸性土上,针阔混生林中。资源:具园艺种类。全球3个大洲分布及种数(7)非洲:3;亚洲:4;大洋洲:5。【中国种数:3】。

Calochone Keay 丽蔓属 Rubiaceae [MD-523] 特征纪要:习性:木本。花程式:(K)4-5,(C)4-5,A4-5,=↓G2-9。其他特征参考科。全球1个大洲分布及种数(1-2)◆非洲。

Calochortaceae Dum. [MM-629] 裂果草科 特征纪要:习性:木本;落叶。花程式:(K)6-,C3,A4,↓G3。种子:棕。全球1个大洲分布及属种数(1/1 <IFR 1/13> hort. 1) ◆北美洲:2/ 85-124。

Calochortus Pursh 仙灯属 Calochortaceae [MM-629] 特征纪要(同科)。全球4个大洲分布及种数(93-188)亚洲:16;大洋洲:2;北美洲:122;南美洲:18。【中国种数:14】。

Calococcus Kurz ex Teijsm. & Binn. = **Margaritaria**

Calocrater K. Schum. 丽杯夹竹桃属 Apocynaceae [MD-492] 特征纪要:习性:木本。花程式:K5-∞,C0,A15,=↓G2-5。其他特征参考科。全球1个大洲分布及种数(1)◆非洲。

Calodecaryia Leroy 马达楝属 Meliaceae [MD-414] 特征纪要:习性:木本。花程式:K3-5,C3-5,A6,=(G)1-2。其他特征参考科。全球1个大洲分布及种数(2)◆非洲(◆马达加斯加)。

Calodendrum Thunb. 丽芸木属 Rutaceae [MD-399] 特征纪要:习性:木本。花程式:K5,C5,A4,↓G-参考科。资源:具栽培园艺种类。全球6个大洲分布及种数(2-4)非洲:4;亚洲:1;大洋洲:2;欧洲:4;北美洲:4;南美洲:2。

Calodryum Desv. = **Turraea**

Caloglossum Schltr. = **Cymbidiella**

Calohypnum Sakurai 灰藓属 Hypnaceae [B-189] 特征纪要:习性:-。【Rep】:雌雄异苞同株,内雌苞叶直立,卵状披针形,上部渐狭成长毛状,近于全缘,无中肋,黄绿色。生境:常见于林下土或岩面薄土,沼泽水生。全球2个大洲分布及种数(2)亚洲:2;北美洲:1。【中国种数:1】。

Calolisianthus Gilg 瘤花龙胆属 Gentianaceae [MD-496] 特征纪要:习性:草本。花程式:K5,C0,A10,↓G-。其他特征参考科。全球1个大洲分布及种数(4)◆南美洲。

Calomelanos (C. Presl) Lindl. 铅背蕨属 Pteridaceae [F-31] 特征纪要:习性:-。【Rep】:孢子同形,囊群生叶背。其他特征参考科。全球1个大洲分布及种数(1)◆非洲。

Calomeria Vent. 苋菊属 Asteraceae [MD-586] 特征纪要:草本。花程式:(K)3-5,(C)3-5,A3-5,=↓G2。其他特征参考科。全球6个大洲分布及种数(4-20)非洲:5;亚洲:2;大洋洲:13;欧洲:2;北美洲:2;南美洲:2。

Calomicta Lindl. = **Actinidia**

Calomnion Hook. f. & Wilson 美灯藓属 Rhizogoniaceae [B-154] 特征纪要:习性:-。【Rep】:孢子体多数单生,蒴柄高出,孢蒴棕色,长卵形,有时隆背或呈圆柱形,具短台部,有时具纵,雌雄异株,稀同株,生殖苞芽胞形,基生或侧生,有线形配丝,外雌苞叶小,内雌苞叶较大,蒴柄长,直立。其他特征参考科。全球 3 个大洲分布及种数(8)亚洲:2;大洋洲:7;欧洲:1。

Calomnium Hook. f. & Wilson ex Broth. = **Calomnion**

Caloncoba Gilg 茶花雀杨属 Achariaceae [MD – 159] 特征纪要:习性:木本。花程式:K2 – 10,C2 – 10,A2 – 10, = ↓G2 – 10。其他特征参考科。全球 6 个大洲分布及种数(10 – 22)非洲:22; 亚洲:3; 大洋洲:2; 欧洲:4; 北美洲:4; 南美洲:2。【中国种数:1】。

Calonema (Lindl.) Szlach. 丽兰属 Orchidaceae [MM – 723] 特征纪要和分布(–)。全球 1 个大洲分布及种数(–)◆大洋洲。

Calonnea Buchoz = **Gaillardia**

Calopadia <unassigned> 巴西紫茉莉属 Nyctaginaceae [MD – 107] 特征纪要和分布(–)。

Calophaca Fisch. 丽豆属 Fabaceae3 [MD – 240] 特征纪要:习性:木本。花期:7 – 8 月。果期:参考晚于花期。海拔:900 – 1400 米。生境:草甸。栽培:来自广西龙州。资源:具栽培园艺种类。全球 5 个大洲分布及种数(10 – 20)亚洲:14; 大洋洲:4; 欧洲:3; 北美洲:3; 南美洲:2。【中国种数:4】。

C

Calophyllaceae J. Agardh [MD – 140] 红厚壳科 特征纪要:习性:木本;落叶。花程式:K4 – 5(–),C5,A – ,G – 。花期:3 – 5 月。果期 8 – 12 月。果实:蒴果。海拔:100 – 1800 米。生境:林下及林缘灌丛,山地森林河谷,灌丛,杂草丛和草原洼地处。资源:油脂。栽培:中国有栽培。全球 5 个大洲分布及属种数(9 – 11/133 – 183 <IFR 4/25> hort. 1;cult. 1) 非洲:1 – 2/35 – 65(IFR 1/2); 亚洲:2 – 3/47 – 156(IFR 1/12); 大洋洲:1/29 – 75; 北美洲:2/20 – 31(IFR 1/1); 南美洲:7/136 – 162(IFR 3/10)。【中国属种数:6/25】。

Calophyllum L. 红厚壳属 Calophyllaceae [MD – 140] 特征纪要:习性:木本。花程式: – 。物候: – 。花期:3 – 6 月。果期:参考晚于花期。海拔:100 – 200 米。生境:平原阳处路旁疏林中。资源:药用,油脂,具栽培园艺种类。全球 6 个大洲分布及种数(79 – 227;hort. 1;cult. 2)非洲:33 – 62;亚洲:42 – 137;大洋洲:26 – 72;欧洲:4 – 5;北美洲:9 – 17;南美洲:8 – 10。【中国种数:18】。

Calophysa (Bl.) DC. 野牡丹科属 Melastomataceae [MD – 364] 特征纪要:习性: – 。花程式: – 。其他特征参考科。全球 2 个大洲分布及种数(25)北美洲:1; 南美洲:1。

Calopogon R. Br. 泽红兰属 Orchidaceae [MM – 723] 特征纪要:习性:草本。花程式:(K)3,C3,A3,↓G – 。其他特征参考科。全球 5 个大洲分布及种数(6 – 16)非洲:2; 亚洲:8; 大洋洲:2; 北美洲:14; 南美洲:5。【中国种数:2】。

Calopogonium Desv. 毛蔓豆属 Fabaceae3 [MD – 240] 特征纪要:习性:木质攀援。花程式:Kn,C2 – 3 参考科,A9 +1 二体, = ↓G – 。花期:10 月。果期:参考晚于花期。海拔:7500 米。资源:具栽培园艺种类。全球 6 个大洲分布及种数(8 – 33)非洲:4; 亚洲:6; 大洋洲:3; 欧洲:21; 北美洲:21; 南美洲:30。【中国种数:2】。

Calopteryx A. C. Sm. 南美杜鹃属 Ericaceae [MD – 380] 特征纪要:习性: – 。花程式: – 。其他特征参考科。全球 1 个大洲分布及种数(1)◆南美洲(◆哥伦比亚)。

Calopyxis Tul. = **Combretum**

Calorezia Panero 菲律宾菊属 Asteraceae [MD – 586] 特征纪要:习性:草本。花程式:参考科,C4 参考科,A4 参考科, = ↓G3 参考科。其他特征参考科。全球 2 个大洲分布及种数(2 – 4)亚洲:2; 南美洲:2。

Calorhabdos Benth. = **Veronicastrum**。【中国种数:1】。

Calorophus Labill. 肋果灯草属 Restionaceae [MM – 744] 特征纪要:习性:草本。花程式:(K)3,C3,A1 – 2, = G1 – 3。其他特征参考科。全球 3 个大洲分布及种数(2 – 26)非洲:5; 亚洲:2; 大洋洲:21。

Caloscordum Herb. = **Allium**

Caloseris Benth. = **Onoseris**

Calospermum Pierre = **Pouteria**

Calosteca Desv. = **Calotheca**

Calostemma R. Br. 全能花属 Amaryllidaceae [MM – 694] 特征纪要:习性:草本。花程式:(K –),C2 – 3 参考科,A1,↓G – 。其他特征参考科。全球 1 个大洲分布及种数(1 – 3)◆大洋洲(◆澳大利亚)。

Calostephane Benth. 丽冠菊属 Asteraceae [MD – 586] 特征纪要:习性:草本。花程式:(K)3 – 5,(C)3 – 5,A3 – 5, = ↓G2。其他特征参考科。全球 1 个大洲分布及种数(6)◆非洲。

Calostigma Decne. 喜林芋属 Apocynaceae [MD – 492] 特征纪要:习性: – 。花程式: – 。其他特征参考科。全球 1 个大洲分布及种数(1)◆南美洲。

Calotesta P. O. Karis 白苞鼠麹木属 Asteraceae [MD – 586] 特征纪要:习性:草本。花程式:(K)3 – 5,(C)3 – 5,A3 – 5,↓G。其他特征参考科。全球 1 个大洲分布及种数(1)◆非洲。

Calothamnus Labill. 网刷树属 Myrtaceae [MD – 347] 特征纪要:习性: – 。花程式: – 。其他特征参考科。全球 4 个大洲分布及种数(90)大洋洲:65; 欧洲:11; 北美洲:11; 南美洲:3。

Calotheca Desv. 巴西禾本属 Poaceae [MM – 748] 特征纪要和分布(–)。

Calotis R. Br. 刺冠菊属 Asteraceae [MD – 586] 特征纪要:习性:草本(基生)。花程式:(K)3 – 5,C3 – 5,A3 参考科, = ↓G2。物候: – 。花期:9 – 11 月。果期:参考晚于花期。海拔:6000 米。生境:海边干燥的沙地和草地。资源:具园艺种类。全球 6 个大洲分布及种数(25 – 36)非洲:1;亚洲:4 – 5;大洋洲:22 – 29;欧洲:4 – 5;北美洲:1 – 2;南美洲:1。

Calotrichopsis <unassigned> 牛角李属 Chrysobalanaceae [MD – 243] 特征纪要: – 。全球 1 个大洲分布及种数(3)◆南美洲:3。

Calotropis R. Br. 牛角瓜属 Apocynaceae［MD－492］特征纪要:习性:木质攀援。花程式:－。物候:－。花期:几乎全年。果期:参考晚于花期。海拔:0－1400 米。生境:垃圾堆。资源:农药,药用,橡胶,绿肥,具栽培园艺种类。全球 6 个大洲分布及种数(3－7)非洲:3; 亚洲:4; 大洋洲:3; 欧洲:3; 北美洲:3; 南美洲:4。【中国种数:2】。

Calpidia Thou. = **Pisonia**

Calpidochlamys Diels = **Trophis**

Calpidosicyos Harms = **Momordica**

Calpocalyx Harms 瓮萼豆属 Fabaceae2［MD－240］特征纪要:习性:木本。花程式:K3－5－∞,C3－5－∞,A1－10－50,=↓G1。其他特征参考科。全球 1 个大洲分布及种数(6－12)◆非洲。

Calpurnia E. Mey. 金雀槐属 Fabaceae3［MD－240］特征纪要:木本。花程式:K1－∞,C1－∞,A5－9,=↓G1。其他特征参考科。全球 6 个大洲分布及种数(4－9)非洲:3－10;亚洲:1－4;大洋洲:3;欧洲:3;北美洲:3;南美洲:3。

Caltha L. 驴蹄草属 Ranunculaceae［MD－38］特征纪要和分布(－)。全球 6 个大洲分布及种数(15－23)非洲:10;亚洲:5－15;大洋洲:3－13;欧洲:1－11;北美洲:6－16;南美洲:3－13。【中国种数:4】。

Calthoides B. Juss. ex DC. = **Othonna**

Caluera Dodson & Determann 卡卢兰属 Orchidaceae［MM－723］特征纪要:习性:草本。花程式:(K)3,C3,A3,=↓(G)3。其他特征参考科。全球 2 个大洲分布及种数(5－6)大洋洲:1; 南美洲:5。

Calvaria Comm. ex C. F. Gaertn. = **Sideroxylon**

Calvoa Hook. f. 非洲野牡丹属 Melastomataceae［MD－364］特征纪要:习性:木本。花程式:K4－5,C4－5,A4－5,=↓G3－4。其他特征参考科。全球 4 个大洲分布及种数(21－34)非洲:34; 亚洲:2; 北美洲:3; 南美洲:3。

Calycacanthus K. Schum. 新几内亚爵床属 Acanthaceae［MD－572］特征纪要:习性:草本。花程式:Kn,C0,A2－4,=(G)2。其他特征参考科。全球 3 个大洲分布及种数(1－2)非洲:2; 亚洲:2; 大洋洲:2。

Calycadenia DC. 杯腺菊属 Asteraceae［MD－586］特征纪要:习性:草本。花程式:(K)3－5,(C)3－5,A3－5,=↓G2。其他特征参考科。全球 3 个大洲分布及种数(10－38)亚洲:2; 欧洲:18; 北美洲:18。【中国种数:1】。

Calycampe O. Berg = **Myrcia**

Calycanthaceae Lindl.［MD－12］蜡梅科 特征纪要:习性:木本;常绿,落叶。花程式:K4－5(－),C5,A7－40,G－。物候:－。花期: 5 月。果期: 10 月。果实:瘦果。种子:无胚乳,子叶圆形。海拔:0 米。生境:林地,竹林中。资源:油脂,芳香油,药用。栽培:中国有栽培。全球 6 个大洲分布及属种数(6－7/16－24 <IFR 2/4> hort. 1;cult. 2) 非洲:1/1; 亚洲:4/14(IFR 2/4); 大洋洲:1/3; 欧洲:1/3; 北美洲:1/5(IFR 2/4); 南美洲:1－2/3－4。【中国属种数:2/9】。

Calycanthus L. 花旗蜡梅属 Calycanthaceae［MD－12］特征纪要:习性:木本。花程式:－。物候:－。花期:5 月。果期:参考晚于花期。海拔:600－1000 米。生境:山地沟边林荫下,竹林中。资源:药用,观赏,具栽培园艺种类。全球 6 个大洲分布及种数(5－9;hort. 1;cult. 2)非洲:2;亚洲:4－6;大洋洲:2－4;欧洲:2－4;北美洲:4－6;南美洲:2－4。【中国种数:3】。

Calycera Cav. 萼角花属 Calyceraceae［MD－594］特征纪要:草本,落叶; 花程式:K4－5,(C)4－5,A4－5,=↓G:2。果实:瘦果。全球 1 个大洲分布及种数(18－26)◆南美洲(◆智利)。

Calyceraceae R. Br. ex Rich.［MD－594］萼角花科 特征纪要:习性:草本;落叶。花程式:K4,C4－5,A4,↓(G)2。果实:瘦果。全球 1 个大洲分布及属种数(7/72－85 <IFR 3/5> hort. 1,cult. 3)◆南美洲:6/ 65－89。

Calycium Ell. = **Heterotheca**

Calycobolus Willd. ex Schult. 落萼旋花属 Convolvulaceae［MD－499］特征纪要:习性:草本。花程式:K5,C0,A5,=(G)2－5。其他特征参考科。全球 3 个大洲分布及种数(32)非洲:22－26;北美洲:1－2;南美洲:3－4。

Calycocarpum Nutt. ex Torr. & A. Gray 杯子藤属 Menispermaceae［MD－42］特征纪要:习性:草本。花程式:K1(6－40),C3,A1－6－40,↓G－参考科。其他特征参考科。全球 2 个大洲分布及种数(1－2)亚洲:1; 北美洲:2。

Calycodendron A. C. Sm. = **Psychotria**

Calycodon Nutt. = **Muhlenbergia**

Calycogonium DC. 角绢木属 Melastomataceae［MD－364］特征纪要:习性:－。花程式:－。其他特征参考科。全球 3 个大洲分布及种数(62)亚洲:2; 北美洲:43; 南美洲:5。

Calycolpus O. Berg 合萼桃木属 Myrtaceae［MD－347］特征纪要:习性:木本。花程式:K4－5,C4－5,A8－10,=↓G2－5。其他特征参考科。全球 6 个大洲分布及种数(17－43)非洲:3; 亚洲:6; 大洋洲:3; 欧洲:14; 北美洲:14; 南美洲:30。【中国种数:2】。

Calycomorphum C. Presl = **Trifolium**

Calycopeplus Planch. 麻黄戟属 Euphorbiaceae［MD－217］特征纪要:习性:木本。花程式:Kn,C0,A6,↓G－参考科。其他特征参考科。全球 1 个大洲分布及种数(1－5)◆大洋洲(◆澳大利亚)。

Calycophyllum DC. 檬檀属 Rubiaceae［MD－523］特征纪要:习性:木本。花程式:(K)4－5,(C)4－5,A4－5,=↓G2－9。资源:具园艺种类。全球 3 个大洲分布及种数(11－24)非洲:2; 北美洲:5; 南美洲:22。

Calycophysum H. Karst. & Triana 南美葫芦属 Cucurbitaceae［MD－205］特征纪要:习性:木本。花程式:K3－5,C3－5,A3－5,=↓G1－2。其他特征参考科。全球 2 个大洲分布及种数(4－9)亚洲:1; 南美洲:8。

Calycorectes O. Berg 裂萼番樱属 Myrtaceae［MD－347］特征纪要:习性:木本。花程式:K4－5,C4－5,A8－10,=↓G2－5。其他特征参考科。全球 6 个大洲分布及种数(17－71)非洲:6; 亚洲:8; 大洋洲:12; 欧洲:12; 北美洲:12; 南美洲:59。

Calycoseris A. Gray 杯苣属 Asteraceae [MD－586] 特征纪要:习性:草本。花程式:(K)3－5,(C)3－5,A3－5,↓G。其他特征参考科。全球2个大洲分布及种数(2－5)亚洲:2; 北美洲:4。【中国种数:1】。

Calycosia A. Gray 索岛茜属 Rubiaceae [MD－523] 特征纪要:习性:木本。花程式:(K)4－5,(C)4－5,A4－5,=↓(G)2－9。其他特征参考科。全球4个大洲分布及种数(7－24)非洲:1; 亚洲:2; 大洋洲:18; 南美洲:3。

Calycosiphonia Pierre ex Robbr. 咖啡属 Rubiaceae [MD－523] 特征纪要:习性:木本。花程式:(K)4－5,(C)4－5,A4－5,↓G。其他特征参考科。全球1个大洲分布及种数(2－5)◆非洲:2。

Calycularia Mitt. 苞片苔属 Allisoniaceae [B－25] 特征纪要:－。全球2个大洲分布及种数(3)亚洲:cf. 1;北美洲:2。

Calyculariaceae He－Nygrén, Juslen, Ahonen, Glenny & Piippo 苞片苔科 Allisoniaceae [B－25]。

Calyculogygas Krapov. 手萼锦葵属 Malvaceae [MD－203] 特征纪要:习性:木本。花程式:K5－∞,C5－∞,A10－8,=(G)1－5。其他特征参考科。全球2个大洲分布及种数(2－3)大洋洲:1; 南美洲:3。

Calydermos Ruiz & Pav. ＝ **Calea**

Calydorea Herb. 堇鸢尾属 Iridaceae [MM－700] 特征纪要:习性:草本。花程式:(K)3,C3,A10,=↓G3。其他特征参考科。全球6个大洲分布及种数(23－24)非洲:2;亚洲:2;大洋洲:2;欧洲:2;北美洲:5－7;南美洲:21－24。

Calylophis Spach ＝ **Calylophus**

Calylophus Spach 旱桃草属 Onagraceae [MD－396] 特征纪要:习性:－。花程式:－。其他特征参考科。全球2个大洲分布及种数(32)北美洲:17; 南美洲:2。

Calymella C. Presl ＝ **Gleichenia**

Calymmanthera Schltr. 纱药兰属 Orchidaceae [MM－723] 特征纪要:习性:草本。花程式:(K)3,C3,A3,=↓G3。其他特征参考科。全球3个大洲分布及种数(5－16)非洲:10; 亚洲:5; 大洋洲:16。

Calymmanthium F. Ritter 万唤柱属 Cactaceae [MD－100] 特征纪要:习性:木本。花程式:K1－∞,C1－∞,A3－100,=↓G3－100－。其他特征参考科。全球1个大洲分布及种数(2)◆南美洲(◆秘鲁)。

Calymmatium O. E. Schulz 面纱芥属 Brassicaceae [MD－213] 特征纪要:习性:草本。花程式:K4,C4,A3 参考科,↓G－参考科。其他特征参考科。全球1个大洲分布及种数(2)◆中亚(◆乌兹别克斯坦)。

Calymmodon C. Presl 荷包蕨属 Polypodiaceae [F－60] 特征纪要:习性:－。【Rep】:孢子囊群圆形或椭圆形,生于叶片上部,每羽片或裂片1枚,着生于小脉的中部或顶部,不具隔丝,也无囊群盖,每羽片或裂片向基的一半反卷而包被孢子囊群。物候:－。海拔:400－3200米。生境:－。资源:－。全球6个大洲分布及种数(50－83)非洲:14; 亚洲:46; 大洋洲:33; 欧洲:2; 北美洲:2; 南美洲:3。【中国种数:1】。

Calymperaceae Kindb. [B－130] 花叶藓科 特征纪要:附生,中型或小型,根状茎直立,或为短而横走,叶大型。【Rep】:孢子同形,囊群生叶背。全球5个大洲分布和属种数(14/294)亚洲:13/141;大洋洲:9/115;欧洲:5/40;北美洲:3/52;南美洲:5/64。【中国属种数:10/68(3)】。

Calymperastrum I. G. Stone 澳隐丛藓属 Pottiaceae [B－133] 特征纪要:习性:－。【Rep】:孢腔轮廓清晰,蒴齿缺如,或具蒴齿而无基膜,下部呈黄绿或黄棕色。其他特征参考科。全球1个大洲分布及种数(1)◆大洋洲。

Calymperes Sw. ex F. Weber 花叶藓属 Calymperaceae [B－130] 特征纪要:习性:－。【Rep】:雌雄异株,稀同株,蒴柄直立,孢蒴顶生,直立,长圆柱形,蒴齿退化,蒴盖圆锥形,具短喙,蒴帽钟形。物候:－。海拔:－。生境:常见于林下树干和树基,石生。资源:－。全球6个大洲分布及种数(87)非洲:40;亚洲:41;大洋洲:29;欧洲:16;北美洲:17;南美洲:19。【中国种数:22】。

Calymperidium Dozy & Molk. 花叶藓科属 Calymperaceae [B－130] 特征纪要:－。全球1个大洲分布及种数(－)。

Calymperopsis (Müll. Hal.) M. Fleisch. 花叶藓科属 Calymperaceae [B－130] 特征纪要:习性:－。【Rep】:雌雄同株或雌雄异株,蒴柄顶生或侧生,孢蒴直立,卵圆形或圆柱形,对称,蒴齿8或16,阔披针形,中缝开裂,蒴柄不甚长,孢蒴顶生,直立,圆柱形,蒴齿发育或退失,齿片16,披针形,具细疣,蒴盖具长喙,蒴帽多兜。物候:－。海拔:－。生境:常见于林下树干和树基,石生。资源:－。全球3个大洲分布及种数(8)非洲:6;亚洲:2;南美洲:1。

Calypogeia Raddi 护蒴苔属 Calypogeiaceae [B－44] 特征纪要:习性:－。【Rep】:雌雄异株,雄苞小,由腹叶叶腋伸出,具4－8对雄苞叶,精子器单生,蒴囊黄褐色,长椭圆形。其他特征参考科。全球6个大洲分布及种数(40－43)非洲:12－50;亚洲:19－57;大洋洲:1－39;欧洲:8－46;北美洲:13－51;南美洲:19－60。【中国种数:13】。

Calypogeiaceae Arnell [B－44] 护蒴苔科 特征纪要:大型攀援蕨类,常攀援至树冠顶部,叶二形。【Rep】:孢子囊群满布于能育羽片的下面。全球6个大洲分布和属种数(4/47－90)非洲:2－3/13－53;亚洲:3/22－62;大洋洲:2－3/3－43;欧洲:1－2/8－48;北美洲:3－4/17－57;南美洲:2－3/21－64。【中国属种数:2/15(2)】。

Calypso Salisb. 布袋兰属 Orchidaceae [MM－723] 特征纪要和分布(－)。全球6个大洲分布及种数(3;hort. 1;cult. 1)非洲:1－8;亚洲:1－9;大洋洲:7;欧洲:1－8;北美洲:1－8;南美洲:7。【中国种数:1】。

Calypteriopetalum Hassk. ＝ **Croton**

Calypterium Bernh. ＝ **Onoclea**

Calypthranthes Raeusch. ＝ **Calyptranthes**

Calyptocarpus Less. 伏金腰箭属 Asteraceae [MD－586] 特征纪要:习性:草本。花程式:(K)3－5,C3－5,A3－5,=↓G2。花期:7－10月。果期:参考晚于花期。海拔:6000米。生境:归化路旁杂草,基部。资源:具栽培园艺种类。全球5个大洲分布及种数(3－9)非洲:2; 亚洲:2; 大洋洲:3; 北美洲:8; 南美洲:5。【中国种数:1】。

Calyptochloa C. E. Hubb. 昆士兰隐草属 Poaceae [MM－748] 特征纪要:习性:草本。花程式:(K)3,C0 参考科,A1－2,=(G)2－3。其他特征参考科。全球2个大洲分布及种数(5－7)大洋洲:6; 北美洲:2。

Calyptopogon (Mitt.) Broth. 大洋洲丛藓属 Pottiaceae [B-133] 特征纪要:习性:-。【Rep】:孢腔轮廓清晰,蒴齿缺如,或具蒴齿而无基膜,下部呈黄绿或黄棕色。其他特征参考科。全球4个大洲分布及种数(2)大洋洲:1;欧洲:1;北美洲:1;南美洲:2。

Calyptosepalum S. Moore = **Drypetes**

Calyptostylis Arènes = **Rhynchophora**

Calyptothecium Mitt. 耳平藓属 Pterobryaceae [B-201] 特征纪要:习性:-。【Rep】:雌雄异株,孢蒴隐生于雌苞叶。生境:常见于林下树干,土生。全球6个大洲分布及种数(43)非洲:10;亚洲:27;大洋洲:15;欧洲:2;北美洲:2;南美洲:5。【中国种数:29】。

Calyptraemalva Krapov. 异锦葵属 Malvaceae [MD-203] 特征纪要:习性:木本。花程式:K5-∞,C5-∞,A10-8,=(G)1-5。其他特征参考科。全球2个大洲分布及种数(1-2)大洋洲:1;南美洲:2。

Calyptranthe (Maxim.) Nakai = **Hydrangea**

Calyptranthera Klack. 马达萝藦属 Apocynaceae [MD-492] 特征纪要:习性:木本。花程式:K5,C0,A5,=(G)2。其他特征参考科。全球1个大洲分布及种数(7-11)◆非洲(◆马达加斯加)。

Calyptranthes Sw. 帽矾木属 Myrtaceae [MD-347] 特征纪要:习性:-。花程式:-。其他特征参考科。全球6个大洲分布及种数(209-221;hort. 1;cult. 4)非洲:1-6;亚洲:15-20;大洋洲:2-7;欧洲:5;北美洲:118-125;南美洲:116-125。

Calyptranthus Juss. = **Calyptranthes**

Calyptridieae (Franz) McNeill 锦卷耳属 Montiaceae [MD-81] 特征纪要和分布(-)。全球2个大洲分布及种数(cf. 1)亚洲;南美洲。

Calyptridium Nutt. 穗石薇属 Montiaceae [MD-81] 特征纪要:习性:木本。花程式:K4-5,C4-5,A4-5,=↓G2-3。其他特征参考科。全球2个大洲分布及种数(11-30)北美洲:19;南美洲:4。

Calyptrocalyx Bl. 隐萼椰属 Arecaceae [MM-717] 特征纪要:习性:木本。花程式:K3-10,C3-10,A3-10,=G3-10。其他特征参考科。全球6个大洲分布及种数(28-46)非洲:39;亚洲:27;大洋洲:32;欧洲:6;北美洲:6;南美洲:2。

Calyptrocarpus Rchb. = **Calyptocarpus**

Calyptrocarya Nees 囊颖茅属 Cyperaceae [MM-747] 特征纪要:习性:草本。花程式:(K)3,C3,A1-3,=↓G2-3。其他特征参考科。全球4个大洲分布及种数(8-21)非洲:1;亚洲:1;北美洲:12;南美洲:18。

Calyptrochaeta Desv. 毛柄藓属 Hookeriaceae [B-164] 特征纪要:习性:-。【Rep】:雌苞叶小,蒴柄侧生,密被刺状毛,孢蒴小,平展或下垂,卵形,具长台部,蒴齿两层。物候:-。海拔:1080米。生境:-。资源:-。全球6个大洲分布及种数(28)非洲:3;亚洲:10;大洋洲:11;欧洲:2;北美洲:3;南美洲:11。【中国种数:5】。

Calyptrochaete Wijk = **Calyptrochaeta**

Calyptrochilum Kraenzl. 冠唇兰属 Orchidaceae [MM-723] 特征纪要:习性:草本。花程式:(K)3,C3,A3,=↓(G)3。其他特征参考科。全球3个大洲分布及种数(3-19)非洲:17;亚洲:2;南美洲:13。

Calyptrocolea (Stephani) R. M. Schust. 隐蒴苔科属 Adelanthaceae [B-50] 特征纪要:-。全球3个大洲分布及种数(6)大洋洲:3;北美洲:1;南美洲:3。

Calyptrogenia Burret 冠番樱属 Myrtaceae [MD-347] 特征纪要:习性:-。花程式:-。其他特征参考科。全球2个大洲分布及种数(6-7)北美洲:4-5;南美洲:1。

Calyptrogyne H. Wendl. 肖椰子属 Arecaceae [MM-717] 特征纪要:习性:木本。花程式:K3-10,C3-10,A3-10,G3- 参考科。其他特征参考科。全球2个大洲分布及种数(26-58)北美洲:30;南美洲:4。

Calyptromyrcia O. Berg = **Myrcia**

Calyptromyrtus <unassigned> 哥伦桃金娘属 Myrtaceae [MD-347] 特征纪要:-。全球1个大洲分布及种数(1)◆南美洲:1。

Calyptronoma Griseb. 肖椰子属 Arecaceae [MM-717] 特征纪要:习性:木本。花程式:K3-10,C3-10,A3-10,=G3-10。资源:具园艺种类。全球4个大洲分布及种数(3-53)亚洲:17;欧洲:16;北美洲:16;南美洲:20。

Calyptrosciadium Rech. f. & Kuber 隐伞芹属 Apiaceae [MD-480] 特征纪要:习性:草本。花程式:K5,C5,A5,=↓(G)2。其他特征参考科。全球1个大洲分布及种数(1-2)◆亚洲(◆阿富汗)。

Calyptrosicyos Keraudren = **Corallocarpus**

Calyptrospermum A. Dietr. = **Bolivaria**

Calyptrostegia C. A. Mey. = **Pimelea**

Calyptrostylis Nees = **Rhynchospora**

Calyptrotheca Gilg 缨苋树属 Didiereaceae [MD-152] 特征纪要:习性:草本。花程式:K4-5,C4-5,A2,=↓(G)2-3。其他特征参考科。全球3个大洲分布及种数(2-8)非洲:4;亚洲:5;北美洲:1。

Calystegia R. Br. 打碗花属 Convolvulaceae [MD-499] 特征纪要:习性:草本。花程式:-。物候:-。花期:3-9月。果期:参考晚于花期。海拔:100-2600米。生境:山坡,有时是杂草种植地,竹篱笆边。资源:药用,具栽培园艺种类。全球6个大洲分布及种数(33-46;hort. 6;cult. 6)非洲:7-12;亚洲:11-17;大洋洲:5-11;欧洲:6-11;北美洲:23-30;南美洲:11-18。【中国种数:6】。

Calytrix Labill. 星蜡花属 Myrtaceae [MD-347] 特征纪要:习性:木本。资源:具园艺种类。全球6个大洲分布及种数(95-234)非洲:6;亚洲:18;大洋洲:159;欧洲:15;北美洲:15;南美洲:18。【中国种数:2】。

Camaion Raf. = **Helicteres**

Camarea A. St. – Hil. 拱顶金虎尾属 Malpighiaceae［MD – 343］特征纪要:习性:木本。花程式:K5,C5,A10, = G2 –3。其他特征参考科。全球 3 个大洲分布及种数(9 – 26)亚洲:4; 北美洲:3; 南美洲:26。

Camaridium Lindl. 伏虎兰属 Orchidaceae［MM – 723］特征纪要:习性: – 。花程式: – 。其他特征参考科。全球 6 个大洲分布及种数(81 – 91)非洲:4 – 10;亚洲:3 – 9;大洋洲:6;欧洲:6;北美洲:72 – 78;南美洲:38 – 44。

Camarotea Elliot 拱顶爵床属 Acanthaceae［MD – 572］特征纪要:习性:草本。花程式:K2 – 4,C0,A2 – 4, = (G) 2。其他特征参考科。全球 3 个大洲分布及种数(1 – 4)非洲:2; 北美洲:2; 南美洲:3。

Camassia Lindl. 糠米百合属 Asparagaceae［MM – 669］特征纪要:习性:草本。花程式:(K)3,C0 参考科,A3 – 6, G3 – 参考科。其他特征参考科。全球 5 个大洲分布及种数(14 – 37)亚洲:6; 大洋洲:2; 欧洲:19; 北美洲:19; 南美洲:2。【中国种数:2】。

Cambajuva P. L. Viana, L. G. Clark & Filg. 须龙草属 Poaceae［MM – 748］特征纪要:习性:草本。花程式:(K –), C0 参考科,A3 参考科,↓G – 参考科。其他特征参考科。全球 1 个大洲分布及种数(1)◆南美洲。

Cambessedesia DC. 须龙丹属 Melastomataceae［MD – 364］特征纪要:习性:木本。花程式:K4 – 5,C4 – 5,A4 – 5, = ↓G3 – 4。其他特征参考科。全球 3 个大洲分布及种数(27 – 61)亚洲:3; 北美洲:4; 南美洲:49。【中国种数:2】。

Camchaya Gagnep. 凋缨菊属 Asteraceae［MD – 586］特征纪要:习性:草本。花程式:(K)3 – 5,C3 – 5,A3 参考科, = ↓G2。物候: – 。花期:8 – 11 月。果期:参考晚于花期。海拔:500 – 1600 米。生境:丛林,山谷,林缘,开阔的森林,山谷灌丛。资源:具园艺种类。全球 2 个大洲分布及种数(12 – 24)亚洲:21; 南美洲:5。【中国种数:2】。

Camdenia Scop. = **Evolvulus**

Camderia Dumort. = **Lachnanthes**

Camelina Crantz 亚麻荠属 Brassicaceae［MD – 213］特征纪要:习性:草本(基生)。花程式:Kn,C2 – 3 参考科,A2, = G2。物候: – 。花期:4 – 6 月。果期:参考晚于花期。海拔:1000 – 1900 米。生境:荒草地旱田中。资源:具园艺种类。全球 6 个大洲分布及种数(12 – 14;hort. 1;cult. 1)非洲:3 – 6;亚洲:10 – 15;大洋洲:4 – 7;欧洲:7 – 10;北美洲:4 – 7;南美洲:3。【中国种数:4】。

Camelinopsis A. G. Mill. 曲柄荠属 Brassicaceae［MD – 213］特征纪要:习性: – 。花程式: – 。其他特征参考科。全球 2 个大洲分布及种数(4)亚洲:2; 南美洲:2。

Camellia L. 山茶属 Theaceae［MD – 168］特征纪要和分布(–)。全球 1 个大洲分布及种数(3 – 132)◆非洲。【中国种数:99】。

Cameraria L. 鸭蛋花属 Apocynaceae［MD – 492］特征纪要:习性: – 。花程式: – 。物候: – 。花期:全年。果期:参考晚于花期。海拔:80 – 3000 米。生境:矮林或灌木丛中,住宅旁。资源: – 。全球 6 个大洲分布及种数(7 – 21)非洲:3; 亚洲:10; 大洋洲:3; 欧洲:12; 北美洲:12; 南美洲:5。【中国种数:1】。

Camerunia (Pichon) Boiteau = **Tabernaemontana**

Camforosma Spreng. = **Camphorosma**

Camilleugenia Frapp. ex Cordem. = **Cynorkis**

Camirium Gaertn. = **Aleurites**

Camissonia Link 待晖草属 Onagraceae［MD – 396］特征纪要:习性:草本。花程式: – 。物候: – 。海拔: – 。生境: – 。资源:具园艺种类。全球 6 个大洲分布及种数(60 – 63;hort. 1)非洲:22;亚洲:22;大洋洲:22;欧洲:22;北美洲:59 – 84;南美洲:5 – 27。【中国种数:3】。

Camissoniopsis W. L. Wagner & Hoch 海晖草属 Onagraceae［MD – 396］特征纪要:习性:草本。花程式:K4,C4,A1 –2, = ↓(G)4 – 7。其他特征参考科。全球 2 个大洲分布及种数(17 – 18)北美洲:17; 南美洲:1。

Camoensia Welw. ex Benth. 非洲豆藤属 Fabaceae3［MD – 240］特征纪要:习性:木本。花程式:K1 – ∞,C1 – ∞, A5 – 9, = ↓G1。其他特征参考科。全球 4 个大洲分布及种数(2 – 5)非洲:5; 亚洲:3; 北美洲:3; 南美洲:3。

Camomilla Gilib. = **Matricaria**

Camonea Raf. 旋花科属 Convolvulaceae［MD – 499］特征纪要:习性: – 。花程式: – 。其他特征参考科。全球 5 个大洲分布及种数(5)非洲:2; 亚洲:5; 大洋洲:2; 北美洲:1; 南美洲:1。

Campanocolea R. M. Schust. 风萼苔属 Geocalycaceae［B – 49］特征纪要:习性: – 。【Rep】:雌苞生于短枝上,雄苞生于短侧枝上,短枝上无正常叶发育,仅为雌雄苞叶,雌雄同株,稀异株,雌雄苞一般生于主茎或长分枝顶端,雌苞叶大于茎叶,先端具裂瓣和不规则齿突,蒴萼大。其他特征参考科。全球 2 个大洲分布及种数(cf. 1)北美洲;南美洲。

Campanula L. 木风铃属 Campanulaceae［MD – 561］特征纪要:习性:草本(根状茎,基生,多肉)。花程式:(K –),C2 – 3 参考科,A4,↓G – 。物候: – 。花期:6 – 8 月。果期:参考晚于花期。海拔:1000 – 1400 米。生境:草丛及灌丛中。资源:具栽培园艺种类。全球 6 个大洲分布及种数(342 – 575;hort. 1;cult. 73)非洲:68 – 120;亚洲:210 – 330;大洋洲:47 – 85;欧洲:203 – 305;北美洲:82 – 126;南美洲:18 – 54。【中国种数:78】。

Campanulaceae Juss.［MD – 561］桔梗科 特征纪要:习性:木本;落叶。花程式:♀/♂↙(K)6,C4 – 5 – ,A5,↓(G) – 。物候: – 。花期: 7 – 8 月。果期: 9 月。资源:药用。栽培:中国有栽培。全球 6 个大洲分布及属种数(91 – 112/2266 – 3159 <IFR 38/243> hort. 1;cult. 34) 非洲:32/477 – 526(IFR 8/35); 亚洲:29 – 32/477 – 600(IFR 15/110); 大洋洲:15/141 – 180(IFR 2/8); 欧洲:21 – 22/346 – 435(IFR 10/91); 北美洲:28 – 29/380 – 433(IFR 16/37); 南美洲:13/570 – 740(IFR 8/14)。【中国属种数:29/280】。

Campanulorchis Brieger 钟兰属 Orchidaceae［MM – 723］特征纪要:习性:草本(具根状茎)。花程式:(K)3,C3, A3, = ↓(G)3。物候: – 。花期:8 – 10 月。果期:参考晚于花期。海拔:600 – 1200 米。生境:岩生。资源: – 。

全球1个大洲分布及种数(cf.1)◆亚洲。

Campanumoea Bl. 金钱豹属 Campanulaceae [MD-561] 特征纪要:习性:-。花程式:-。物候:-。海拔:2500米。生境:灌丛及草丛中,林中。资源:-。全球6个大洲分布及种数(22)非洲:4; 亚洲:16; 大洋洲:1; 欧洲:2; 北美洲:2; 南美洲:2。

Campbellia Wight 列当科属 Scrophulariaceae [MD-536] 特征纪要:习性:-。花程式:-。其他特征参考科。全球1个大洲分布及种数(-)。

Campeiostachys Drobow 披碱草属 Poaceae [MM-748] 特征纪要:习性:-。花程式:-。物候:-。海拔:10-5600米。生境:草地,作为饲料植物或大麦田杂草种植。资源:-。全球1个大洲分布及种数(1)◆亚洲。

Campestigma Pierre ex Costantin 曲柱萝藦属 Apocynaceae [MD-492] 特征纪要:习性:木本。花程式:K5,C0,A5,=(G)2。其他特征参考科。全球1个大洲分布及种数(cf.1)◆亚洲。

Camphora Fabr. 爪樟属 Lauraceae [MD-21] 特征纪要:习性:-。花程式:-。物候:-。花期:6-10月。果期:参考晚于花期。海拔:20-3800米。生境:次生阔叶林中,在山坡,林缘,路旁。资源:-。全球6个大洲分布及种数(133)非洲:21; 亚洲:81; 大洋洲:7; 欧洲:63; 北美洲:63; 南美洲:95。

Camphorosma L. 樟味藜属 Chenopodiaceae [MD-115] 特征纪要:习性:草质攀援。花程式:Kn,C2-3参考科,A2,G-。物候:-。海拔:600-5000米。生境:戈壁沙漠,干旱斜坡,沙丘和荒地。资源:具园艺种类。全球6个大洲分布及种数(7-9)非洲:2-3;亚洲:5-8;大洋洲:1;欧洲:2-4;北美洲:1-2;南美洲:1。【中国种数:2】。

Campilopus Brid. ex Henriq. = **Campylopus**

Campium C. Presl = **Bolbitis**

Camplothecium Schimp. ex Schur = **Homalothecium**

Campnospera <unassigned> 油漆木属 Anacardiaceae [MD-432] 特征纪要:习性:-。花程式:-。其他特征参考科。全球1个大洲分布及种数(-)。

Campnosperma Thwaites 鸠漆属 Anacardiaceae [MD-432] 特征纪要:习性:木本。花程式:-。其他特征参考科。全球6个大洲分布及种数(12-21)非洲:6-11;亚洲:4-8;大洋洲:1-5;欧洲:1-2;北美洲:2-3;南美洲:3-4。【中国种数:1】。

Campomanesia Ruiz & Pav. 橘凤榴属 Myrtaceae [MD-347] 特征纪要:习性:木本。花程式:K5,C5,A8-10,=↓G2-5。其他特征参考科。全球6个大洲分布及种数(46-189)非洲:4; 亚洲:14; 大洋洲:8; 欧洲:24; 北美洲:24; 南美洲:172。【中国种数:7】。

Campothecium Schimp. ex Kindb. = **Camptothecium**

Campovassouria R. M. King & H. Rob. 泽兰属 Asteraceae [MD-586] 特征纪要:习性:草本。花程式:(K)3-5,(C)3-5,A3-5,↓G。其他特征参考科。全球2个大洲分布及种数(2-4)北美洲:1; 南美洲:3。

Campsiandra Benth. 卡姆苏木属 Fabaceae2 [MD-240] 特征纪要:习性:木本。花程式:K3-5-∞,C3-5-∞,A1-10-50,=↓G1。其他特征参考科。全球4个大洲分布及种数(27-34)非洲:3; 亚洲:2; 北美洲:2; 南美洲:34。【中国种数:1】。

Campsidium Seem. 粉花凌霄属 Bignoniaceae [MD-541] 特征纪要:习性:木本。资源:具园艺种类。全球6个大洲分布及种数(1-13)非洲:8; 亚洲:3; 大洋洲:3; 欧洲:5; 北美洲:5; 南美洲:5。

Campsis Lour. 凌霄属 Bignoniaceae [MD-541] 特征纪要:习性:木质攀援。花程式:-。物候:-。花期:5-8月。果期:参考晚于花期。海拔:100-5840米。生境:山谷中,栽培于宅旁。资源:具栽培园艺种类。全球6个大洲分布及种数(5)非洲:1;亚洲:3-4;大洋洲:4-5;欧洲:1;北美洲:3-4;南美洲:1。【中国种数:2】。

Campsoneura Dur. & Jacks = **Compsoneura**

Camptacra N. T. Burb. 紫菀属 Asteraceae [MD-586] 特征纪要:习性:草本。花程式:(K)3-5,(C)3-5,A3-5,↓G。物候:-。花期:7-10月。果期:参考晚于花期。海拔:6000米。生境:阿尔泰山地针叶林带山沟,柞林下路旁。资源:-。全球3个大洲分布及种数(4-8)非洲:2; 亚洲:2; 大洋洲:4。

Camptandra Ridl. 弯药姜属 Zingiberaceae [MM-737] 特征纪要:习性:草本。花程式:(K)3,C3,A5,=↓G3。物候:-。海拔:80-3800米。生境:湿沟边形成小群体,竹木林中。资源:具园艺种类。全球1个大洲分布及种数(3-4)◆亚洲。【中国种数:1】。

Campteria C. Presl = **Pteris**

Camptocarpus Decne. 散沫花属 Lythraceae [MD-333] 特征纪要:草本,叶互生,落叶。花程式:K5,C0,A5,G(-),果实:-。种子:种皮膜质,纵折。全球1个大洲分布及种数(8)◆非洲。

Camptochaete Reichardt 爪藓属 Lembophyllaceae [B-205] 特征纪要:习性:-。【Rep】:雌雄多异株,内雌苞叶基部呈鞘状,具长尖,孢蒴直立或平列,卵形或长椭圆形,环带分化,蒴齿两层,外齿层黄,雌雄异株或雌雄异苞同株,内雌苞叶基部呈鞘状,上部呈披针形,孢蒴卵形或椭圆形,蒴齿两层,外齿层透明。物候:-。海拔:-。生境:树生,土生。资源:-。全球6个大洲分布及种数(15)非洲:2;亚洲:2;大洋洲:13;欧洲:1;北美洲:2;南美洲:2。【中国种数:1】。

Camptodium Fée = **Tectaria**

Camptodontium Dusén 南美弯尾藓属 Dicranaceae [B-128] 特征纪要:习性:-。【Rep】:雌苞叶分化,基部鞘状,有毛尖,蒴柄长,均高出于雌苞叶,孢蒴直立或背曲,长圆柱形或长椭圆形,辐射对称,雌雄异株,雄株矮小,附于假根上成假雌雄同株,雌苞叶形大,高鞘状,上部具细毛尖,与孢蒴等长或长于孢蒴。其他特征参考科。全球2个大洲分布及种数(6)亚洲:2; 南美洲:6。

Camptolepis Radlk. 弯鳞无患子属 Sapindaceae [MD-428] 特征纪要:习性:木本。花程式:K4-8,C4-8,A10,=

G2 – 3。其他特征参考科。全球 4 个大洲分布及种数(4 – 10)非洲:6; 亚洲:2; 北美洲:3; 南美洲:2。

Camptoloma Benth. 雪崖花属 Scrophulariaceae [MD – 536] 特征纪要:习性:灌木。花程式:K2 – 4,C0,A2 – 4,↓ G2。其他特征参考科。全球 3 个大洲分布及种数(3 – 7)非洲:7; 亚洲:2; 南美洲:3。

Camptorrhiza Hutch. 单柱山慈姑属 Colchicaceae [MM – 623] 特征纪要:习性:草本。花程式:(K)6,C0 参考科,A6, = G3 – 4。其他特征参考科。全球 2 个大洲分布及种数(1 – 6)非洲:5; 亚洲:2。

Camptosema Hook. & Arn. 红玉豆属 Fabaceae3 [MD – 240] 特征纪要:习性:木本。花程式:K1 – ∞ ,C1 – ∞ ,A5 – 9, = ↓ G1。其他特征参考科。全球 4 个大洲分布及种数(2 – 50)亚洲:3; 大洋洲:2; 北美洲:3; 南美洲:46。

Camptosorus Link 过山蕨属 Aspleniaceae [F – 43] 特征纪要:习性: – 。【Rep】:孢子囊群线形或椭圆形,在主脉两侧各排成不规则的 1 – 3 行,靠近主脉的一行生于网眼向轴的一侧,且与主脉近平行,其外的 1 – 2 行斜上,如成对地生于网眼内时,则囊群盖相对开,如单独地生于网眼内时,则囊群盖开向主脉或开向叶边。物候: – 。海拔:50 – 4200 米。生境:常绿阔叶林,自然山坡地。资源: – 。全球 1 个大洲分布及种数(1 – 2)◆亚洲。

Camptostemon Mast. 曲蕊木棉属 Malvaceae [MD – 203] 特征纪要:习性:木本。花程式:K5,C5,A10 – 8, = G2 – 5。其他特征参考科。全球 4 个大洲分布及种数(3 – 11)非洲:1; 亚洲:5; 大洋洲:3; 南美洲:5。

C

Camptostylus Gilg 弯柱雀杨属 Achariaceae [MD – 159] 特征纪要:习性:木本。花程式:K2 – 10,C2 – 10,A2 – 10, = ↓ G2 – 10。其他特征参考科。全球 1 个大洲分布及种数(3)◆非洲。

Camptotheca Decne. 喜树属 Nyssaceae [MD – 451] 特征纪要:习性:木本。花程式: – 。物候: – 。花期:5 – 7 月。果期:参考晚于花期。海拔:1000 米。生境:林边或溪边,开阔潮湿谷底。资源:具栽培园艺种类。全球 4 个大洲分布及种数(2 – 7)非洲:2; 亚洲:6; 北美洲:2; 南美洲:2。【中国种数:2】。

Camptotheciaceae Schimp. = Brachytheciaceae

Camptothecium Schimp. 斜蒴藓属 Brachytheciaceae [B – 187] 特征纪要:习性: – 。【Rep】:雌雄异株,内雌苞叶较长,有芒状尖,蒴柄细长,粗糙,略扭曲,孢蒴垂倾或平列,长卵形或长圆柱形,有时略弯。海拔:1360 米。生境:土生。全球 4 个大洲分布及种数(10)亚洲:1;欧洲:2;北美洲:7;南美洲:1。【中国种数:3】。

Campuloa Desv. = **Campulosus**

Campuloclinium DC. 大头柄泽兰属 Asteraceae [MD – 586] 特征纪要:习性:草本。花程式:(K)3 – 5,(C)3 – 5,A3 – 5, = ↓ G2。其他特征参考科。全球 3 个大洲分布及种数(17 – 20)非洲:1;北美洲:2 – 3;南美洲:16 – 18。【中国种数:1】。

Campulosus Desv. 开口草属 Poaceae [MM – 748] 特征纪要:习性: – 。花程式: – 。其他特征参考科。全球 1 个大洲分布及种数(–)◆欧洲。

Campylandra Baker 开口箭属 Liliaceae [MM – 633] 特征纪要:草本,具根状茎,落叶。花程式:(K)4 – 6,C(–),A4 – 8 对,G – ,房位(–)。果实: – 。种子:棕色。全球 1 个大洲分布及种数(cf. 1)◆亚洲。

Campylanthus Roth 弯花婆婆纳属 Plantaginaceae [MD – 527] 特征纪要:习性:草本。花程式: – 。其他特征参考科。全球 4 个大洲分布及种数(5 – 19)非洲:4 – 9;亚洲:1 – 11;欧洲:2;北美洲:1。

Campyliadelphus (Kindb.) R. S. Chopra 拟细湿藓属 Amblystegiaceae [B – 178] 特征纪要:习性: – 。【Rep】:雌雄同株,绿色、黄色或棕色。物候: – 。海拔: – 。生境:常见于腐木生,沼泽土生。资源: – 。全球 6 个大洲分布及种数(4)非洲:2;亚洲:4;大洋洲:2;欧洲:4;北美洲:3;南美洲:3。【中国种数:4】。

Campylidium (Kindb.) Ochyra 亚洲柳叶藓属 Amblystegiaceae [B – 178] 特征纪要: – 。全球 4 个大洲分布及种数(4)亚洲:2;欧洲:2;北美洲:1;南美洲:1。【中国种数:1】。

Campylium (Sull.) Mitt. 细湿藓属 Amblystegiaceae [B – 178] 特征纪要:习性: – 。【Rep】:绿色、黄色或棕色。物候: – 。海拔:900 米。生境:常见于腐木生,土生。资源: – 。全球 6 个大洲分布及种数(30)非洲:1;亚洲:15;大洋洲:1;欧洲:12;北美洲:18;南美洲:6。【中国种数:16】。

Campylobotrys Lem. = **Duranta**

Campylocarpus Brid. ex Grout = **Campylopus**

Campylocentron Benth. = **Campylocentrum**

Campylocentrum Benth. 弯距兰属 Orchidaceae [MM – 723] 特征纪要:习性:草本。花程式:(K)3,C3,A3, = ↓ G3。其他特征参考科。全球6 个大洲分布及种数(90 – 98)非洲:13;亚洲:3;大洋洲:4;欧洲:1;北美洲:22 – 25;南美洲:78 – 84。

Campylochaetium Besch. = **Dicranella**

Campylodontium Dozy & Molk. 绢藓科属 Entodontaceae [B – 195] 特征纪要:习性: – 。【Rep】:雌雄同株,少数异枝,雄苞小,呈芽状,雄苞叶阔卵形,内凹,全缘或具微齿,上部边缘内卷,无中肋,雌苞叶披,蒴柄红褐色,长 1.4 – 2.5 厘米,孢蒴通常呈卵形或长椭圆形,红褐色,蒴齿两层。物候: – 。海拔: – 。生境:石生,岩面土生。资源: – 。全球 1 个大洲分布及种数(1)◆亚洲(◆中国)。【中国种数:1】。

Campylogramma Alderw. = **Microsorum**

Campylolejeunea (Mitt.) Mizut. 细鳞苔科属 Lejeuneaceae [B – 84] 特征纪要:习性: – 。【Rep】: – 。物候: – 。海拔: – 。生境:山坡,针阔混交林中。资源: – 。全球 2 个大洲分布及种数(3)亚洲:2; 大洋洲:2。

Campyloneurum C. Presl 带蕨属 Polypodiaceae [F – 60] 特征纪要:习性: – 。【Rep】:孢子同形,囊群生叶背有盖 – 无盖。物候: – 。海拔: – 。生境: – 。资源:具园艺种类。全球 6 个大洲分布及种数(62 – 226)非洲:3; 亚洲:74; 大洋洲:10; 欧洲:72; 北美洲:72; 南美洲:145。【中国种数:9】。

Campylopetalum Forman 枫漆属 Anacardiaceae [MD – 432] 特征纪要:习性:木本。花程式: – 。其他特征参考科。全球 1 个大洲分布及种数(1)◆东南亚(◆泰国)。

Campylophyllopsis W. R. Buck 柳叶藓科属 Amblystegiaceae [B – 178] 特征纪要：–。全球 1 个大洲分布及种数(–)。

Campylophyllum (Schimp.) M. Fleisch. 偏叶藓属 Hypnaceae [B – 189] 特征纪要：习性：–。【Rep】：雌雄异苞同株，内雌苞叶直立，卵状披针形，上部渐狭成长毛状，近于全缘，无中肋，黄绿色。物候：–。海拔：–。生境：常见于林下土或岩面薄土，沼泽水生。资源：–。全球 4 个大洲分布及种数(3)亚洲：3；欧洲：3；北美洲：3；南美洲：1。【中国种数：2】。

Campylopodiella Cardot 拟扭柄藓属 Dicranaceae [B – 128] 特征纪要：习性：–。【Rep】：孢蒴无气孔。物候：–。全球 5 个大洲分布及种数(7)非洲：1；亚洲：2；大洋洲：1；北美洲：2；南美洲：3。【中国种数：2】。

Campylopodium (Müll. Hal.) Besch. 扭柄藓属 Dicranellaceae [B – 122] 特征纪要：习性：–。【Rep】：蒴帽边缘有缨络。物候：–。全球 6 个大洲分布及种数(11)非洲：2；亚洲：2；大洋洲：6；欧洲：1；北美洲：3；南美洲：4。【中国种数：2】。

Campyloptera Boiss. = **Aethionema**

Campylopus Brid. 金丝桃属 Leucobryaceae [B – 129] 特征纪要：习性：–。花程式：–。物候：–。花期：3 – 8 月。果期：参考晚于花期。海拔：250 – 500 米。生境：石生，土生。资源：–。全球 6 个大洲分布及种数(956)非洲：232；亚洲：206；大洋洲：57；欧洲：131；北美洲：131；南美洲：566。【中国种数：59】。

Campylosiphon Benth. 弯玉簪属 Burmanniaceae [MM – 696] 特征纪要：习性：–。花程式：–。其他特征参考科。全球 1 个大洲分布及种数(1)◆南美洲。

Campylospermum Van Tiegh. 赛金莲木属 Ochnaceae [MD – 104] 特征纪要：习性：木本。花程式：K1 – ∞，C1 – ∞，A10，= G2 – 15。物候：–。花期：7 月。果期：参考晚于花期。海拔：600 – 700 米。生境：森林，溪边，花岗岩区，有时在山顶上，通常在花岗岩地区的森林中。资源：–。全球 6 个大洲分布及种数(74 – 82；hort. 1；cult. 1)非洲：70 – 79；亚洲：7 – 9；大洋洲：1；欧洲：1；北美洲：1；南美洲：5 – 7。【中国种数：2】。

Campylosteliaceae De Not. = Ptychomitriaceae

Campylostelium Bruch & Schimp. 小缩叶藓属 Ptychomitriaceae [B – 114] 特征纪要：习性：–。【Rep】：雌苞叶少，大形，鞘状，环抱蒴柄，有时高出蒴柄，雌雄异株或同株，孢蒴多呈卵形、长卵状圆柱形，稀球形，多直立，稀倾斜或下垂，蒴壁平滑。物候：–。海拔：–。生境：土生。资源：–。全球 5 个大洲分布及种数(6)非洲：1；亚洲：3；欧洲：3；北美洲：3；南美洲：2。

Campylostemon Welw. ex Benth. & Hook. f. 曲蕊卫矛属 Celastraceae [MD – 339] 特征纪要：习性：木本。花程式：K2 – 3，C2 – 3，A10，= G2 – 5。其他特征参考科。全球 2 个大洲分布及种数(7 – 25)非洲：25；大洋洲：3。

Campylotheca Cass. = **Bidens**

Campylotortula <unassigned> 翠丛藓属 Pottiaceae [B – 133] 特征纪要：–。全球 1 个大洲分布及种数(1)◆亚洲：1。

Campylotrichum Sikora = **Lepidopilum**

Campylotropis Bunge 笐子梢属 Fabaceae3 [MD – 240] 特征纪要：习性：木本。花程式：–。物候：–。海拔：100 – 1900 米。生境：草坡及溪流旁等处。资源：具栽培园艺种类。全球 3 个大洲分布及种数(49 – 126)亚洲：105；欧洲：6；北美洲：6。【中国种数：33】。

Campynema Labill. 翠菱花属 Campynemataceae [MM – 657] 特征纪要：习性：草本。花程式：–。其他特征参考科。全球 6 个大洲分布及种数(1 – 11)非洲：2；亚洲：2；大洋洲：7；欧洲：2；北美洲：2；南美洲：2。

Campynemanthe Baill. 翠菱花属 Campynemataceae [MM – 657] 特征纪要：习性：草本。花程式：–。其他特征参考科。全球 1 个大洲分布及种数(1 – 3)◆大洋洲。

Campynemataceae Dum. [MM – 657] 翠菱花科 特征纪要：习性：木本；落叶。花程式：(K)6 –，C3，A6，↓(G) –。种子：棕色或带黑色。全球 1 个大洲分布及属种数(3/4 – 7 hort. 1)◆大洋洲：1/ 1。

Camusia Lorch = **Acrachne**

Camusiella Bosser 狗尾草属 Poaceae [MM – 748] 特征纪要：习性：–。花程式：–。其他特征参考科。全球 2 个大洲分布及种数(1 – 6)非洲：1；南美洲：2。

Camutia Bonat. ex Steud. = **Melampodium**

Canacomyrica Guillaumin 岛杨梅属 Myricaceae [MD – 82] 特征纪要：习性：木本。花程式：–。其他特征参考科。全球 1 个大洲分布及种数(1)◆大洋洲(◆美拉尼西亚)。

Canadanthus G. L. Nesom 沼菀属 Asteraceae [MD – 586] 特征纪要：习性：草本。花程式：(K)3 – 5，(C)3 – 5，A3 – 5，↓G。其他特征参考科。全球 3 个大洲分布及种数(1 – 2)大洋洲：2；欧洲：2；北美洲：2。

Canahia Steud. = **Kanahia**

Canala Pohl = **Spigelia**

Canalia F. W. Schmidt = **Gnidia**

Canalohypopterygium W. Frey & Schaepe 爪孔雀藓属 Hypopterygiaceae [B – 160] 特征纪要：习性：–。【Rep】：雌雄同苞同株，或雌雄异株，蒴柄细长，平滑或具疣，孢蒴多倾立或平列，通常对称，蒴齿两层，外齿层齿片狭长，有时分叉。其他特征参考科。全球 4 个大洲分布及种数(1)亚洲：1；大洋洲：1；北美洲：1；南美洲：1。

Cananga (DC.) Hook. f. & Thoms. 依兰属 Annonaceae [MD – 7] 特征纪要：习性：–。花程式：–。物候：–。花期：4 – 8 月。果期：参考晚于花期。海拔：100 – 200 米。生境：–。资源：芳香油，具栽培园艺种类。全球 4 个大洲分布及种数(3 – 37)非洲：1；亚洲：5；北美洲：2；南美洲：1。【中国种数：1】。

Canangium Baill. = **Cananga**

Canaria L. = **Canarina**

Canarina L. 莺风铃属 Campanulaceae［MD－561］特征纪要:习性:草本。花程式:－。其他特征参考科。全球5个大洲分布及种数(3－22)非洲:18; 亚洲:8; 欧洲:2; 北美洲:2; 南美洲:6。

Canarium L. 橄榄属 Burseraceae［MD－408］特征纪要:习性:木质攀援。花程式:K3,C3,A2,＝G2－3。物候:－。花期:4－5月。果期:参考晚于花期。海拔:100－1300米。生境:沟谷和山坡杂木林中,或栽培于庭院,村旁,自然山坡地。资源:具栽培园艺种类。全球6个大洲分布及种数(87－141;hort. 1;cult. 8)非洲:55－79;亚洲:41－78;大洋洲:19－49;欧洲:5－15;北美洲:12－22;南美洲:7－16。【中国种数:12】。

Canastra Morrone, Zuloaga, Davidse & Filg. 巴西草属 Poaceae［MM－748］特征纪要:习性:草本。花程式:(K)3,C0参考科,A1－2,＝(G)2－3。其他特征参考科。全球1个大洲分布及种数(－)。

Canavali Adans. = **Canavalia**

Canavalia DC. 刀豆属 Fabaceae3［MD－240］特征纪要:习性:木质攀援。花程式:Kn,C2－3参考科,A5参考科,＝↓G－。物候:－。花期:4－10月。果期:参考晚于花期。海拔:7500米。生境:海岸,河岸。资源:药用,具栽培园艺种类。全球6个大洲分布及种数(63－151)非洲:18; 亚洲:39; 大洋洲:20; 欧洲:52; 北美洲:52; 南美洲:59。【中国种数:11】。

Canbya Parry ex A. Gray 矮罂粟属 Papaveraceae［MD－54］特征纪要:习性:草本。花程式:K1－∞,C4,A4－6,↓G－参考科。其他特征参考科。全球1个大洲分布及种数(2)◆北美洲。

Cancrinia Kar. & Kir. 小甘菊属 Asteraceae［MD－586］特征纪要:习性:草质攀援。花程式:(K)3－5,C3－5,A3参考科,＝↓G2。物候:－。海拔:3300－4000米。生境:生于山坡多石地,草甸及砾质河漫滩。资源:药用,具栽培园艺种类。全球1个大洲分布及种数(10－11)◆亚洲。【中国种数:4】。

Cancriniella Tzvelev 木甘菊属 Asteraceae［MD－586］特征纪要:习性:草本。花程式:(K)3－5,(C)3－5,A3－5,＝↓G2。其他特征参考科。全球2个大洲分布及种数(1－2)亚洲:1; 南美洲:1。

Candarum Schott = **Amorphophallus**

Candidea Ten. = **Baccharoides**

Candolleodendron R. S. Cowan 巴西坎多豆属 Fabaceae2［MD－240］特征纪要:习性:木本。花程式:K3－5－∞,C3－5－∞,A1－10－50,＝↓G1。其他特征参考科。全球1个大洲分布及种数(1)◆南美洲。

Canella P. Br. 白樟属 Winteraceae［MD－3］特征纪要:木本,落叶。花程式:Kn,C,A(－),G(－),房位(－)。果实:浆果。全球1个大洲分布及种数(1－8)◆南美洲。【中国种数:1】。

Canellaceae Mart.［MD－9］白樟科 特征纪要:习性:木本;落叶。花程式:K4－5(－),C5,A－,G－。果实:浆果。全球4个大洲分布及属种数(6/24－30 <IFR 2/2> hort. 1) 非洲:2/7－9(IFR 2/2); 亚洲:1/2－3; 北美洲:3/9－11; 南美洲:2/10－12。【中国属种数:2/2】。

Canephora Juss. 苇梗茜属 Rubiaceae［MD－523］特征纪要:习性:木本。花程式:(K)4－5,(C)4－5,A4－5,＝↓G2－9。其他特征参考科。全球4个大洲分布及种数(7－18)非洲:9; 亚洲:2; 北美洲:3; 南美洲:10。

Canicidia Vell. = **Connarus**

Canistropsis (Mez) Leme 姜黄凤梨属 Bromeliaceae［MM－715］特征纪要:萼花区,落叶。花程式:(K)3,C3,A6,＝↓(G),3,子房下位。果实:－。种子:大,棕色或带黑色。全球1个大洲分布及种数(11)◆南美洲(◆巴西)。

Canistrum E. Morren 围苞凤梨属 Bromeliaceae［MM－715］特征纪要:习性:草本。花程式:(K)3,C3,A6,＝↓G3。其他特征参考科。全球5个大洲分布及种数(14－53)非洲:2; 亚洲:2; 大洋洲:5; 北美洲:4; 南美洲:46。

Canna L. 美人蕉属 Cannaceae［MM－739］特征纪要(同科)。全球6个大洲分布及种数(22－25)非洲:5－20;亚洲:10－26;大洋洲:7－22;欧洲:4－19;北美洲:12－27;南美洲:19－35。【中国种数:4】。

Cannabaceae Martinov［MD－89］大麻科 特征纪要:习性:草本;落叶。花程式:K4－5(－),C0,A5,G－。物候:－。花期:5－6月。果期:7月。果实:蒴果,瘦果。种子:扁平,棕色。海拔:1200－2800米。生境:沟边,荒地,废墟,林缘边,自然山坡地。资源:药用。栽培:中国有栽培。全球6个大洲分布及属种数(5－6/17－18 hort. 1; cult. 1) 非洲:3/5; 亚洲:3/10; 大洋洲:1/3; 欧洲:1/4; 北美洲:1/7; 南美洲:1/1。【中国属种数:7/37】。

Cannabis L. 大麻属 Cannabaceae［MD－89］特征纪要:习性:木本。花程式:Kn,C2－3参考科,A5,G－。物候:－。花期:5－6月。果期:参考晚于花期。海拔:1200－2800米。生境:沙地。资源:药用,纤维,具栽培园艺种类。全球6个大洲分布及种数(1－29)非洲:2; 亚洲:9; 大洋洲:2; 欧洲:5; 北美洲:5; 南美洲:5。【中国种数:1】。

Cannaboides B. －E. van Wyk 非洲美芹属 Apiaceae［MD－480］特征纪要:习性:草本。花程式:K5,C5,A5,＝↓(G)2。其他特征参考科。全球1个大洲分布及种数(2)◆非洲(◆马达加斯加)。

Cannaceae Juss.［MM－739］美人蕉科 特征纪要:习性:草本;落叶。花程式:K3,C3,A6,↓(G)－。物候:－。果实:蒴果。种子:球形,棕色。海拔:0米。生境:湖泊,栽培。资源:药用。栽培:中国有栽培。全球6个大洲分布及属种数(2/23－26 hort. 1;cult. 1)非洲:2/7－8; 亚洲:2/10－12; 大洋洲:2/9－10; 欧洲:1/4－5; 北美洲:2/14－15; 南美洲:2/21－23。【中国属种数:1/4】。

Cannacorus Mill. = **Canna**

Cannomois P. Beauv. ex Desv. 曜灯草属 Restionaceae［MM－744］特征纪要:习性:草本。花程式:(K)3,C3,A1－2,＝G1－3。物候:－。海拔:－。生境:－。资源:具园艺种类。全球1个大洲分布及种数(7－17)◆非洲。

Canoparmelia <unassigned> 水蕨科属 Parkeriaceae［F－36］特征纪要:－。全球3个大洲分布及种数(21)欧洲:5; 北美洲:5; 南美洲:19。

Canotia Torr. 刑钉木属 Celastraceae［MD－339］特征纪要:习性:木本。花程式:K2－3,C2－3,A10,＝(G)2－5。其他特征参考科。全球1个大洲分布及种数(1－3)◆北美洲。

Canscora Lam. 穿心草属 Gentianaceae［MD－496］特征纪要：习性：草本（基生）。花程式：(K)4，C4，A10，↓G－。物候：－。海拔：200－1400 米。生境：山谷田中，耕地，山谷，森林。资源：具栽培园艺种类。全球 6 个大洲分布及种数（15－66）非洲：11；亚洲：45；大洋洲：8；欧洲：6；北美洲：6；南美洲：16。【中国种数：6】。

Cansenia Raf. ＝ **Bauhinia**

Cansjera Juss. 山柑藤属 Opiliaceae［MD－369］特征纪要：习性：木质攀援。花程式：－。物候：－。花期：10－12 月。果期：参考晚于花期。海拔：1400 米。生境：森林，灌丛。资源：具园艺种类。全球 3 个大洲分布及种数（5－6）非洲：1；亚洲：4－5；大洋洲：3。【中国种数：1】。

Canthium Lam. 猪肚木属 Rubiaceae［MD－523］特征纪要：习性：木本。花程式：－。物候：－。花期：8 月。果期：参考晚于花期。海拔：200－1500 米。生境：低海拔至中海拔杂木林内，杂木林内。资源：药用，具栽培园艺种类。全球 6 个大洲分布及种数（70－125；hort. 1）非洲：29－44；亚洲：43－86；大洋洲：8－15；欧洲：1－5；北美洲：3－9；南美洲：4。【中国种数：7】。

Canthiumera K. M. Wong & Mahyuni 彩茜草属 Rubiaceae［MD－523］特征纪要：习性：木本。花程式：(K－)，(C)4，A3 参考科，↓G。其他特征参考科。全球 1 个大洲分布及种数（－）◆非洲。

Cantinoa Harley & J. F. B. Pastore 金芩属 Lamiaceae［MD－575］特征纪要：习性：草本。花程式：K2，C0，A2，＝↓G2。其他特征参考科。全球 6 个大洲分布及种数（25－30）非洲：3；亚洲：4；大洋洲：3；欧洲：5；北美洲：5；南美洲：29。【中国种数：1】。

Cantleya Ridl. 金檀木属 Stemonuraceae［MD－440］特征纪要：习性：木本。花程式：K3－4，C3－4，A2，＝G2－3。物候：－。海拔：2500 米。生境：常绿阔叶林，中山坡常绿阔叶林。资源：－。全球 5 个大洲分布及种数（1－25）非洲：3；亚洲：25；大洋洲：6；欧洲：4；北美洲：4。

Cantua Juss. ex Lam. 魔力花属 Polemoniaceae［MD－481］特征纪要：习性：木本。花程式：K5，C0，A5，＝↓G2－3。其他特征参考科。全球 4 个大洲分布及种数（18－36）亚洲：4；大洋洲：2；北美洲：8；南美洲：33。【中国种数：1】。

Caobangia A. R. Sm. & X. C. Zhang 高平蕨属 Polypodiaceae［F－60］特征纪要：习性：－。【Rep】：孢子同形，囊群生叶背有盖－无盖。物候：－。海拔：50－3600 米。生境：常绿阔叶林，棕竹林下。资源：－。全球 1 个大洲分布及种数（cf. 1）◆亚洲。

Caoutchoua J. F. Gmel. ＝ **Hevea**

Capanea Decne. 硕花岩桐属 Gesneriaceae［MD－549］特征纪要：习性：－。花程式：－。其他特征参考科。全球 2 个大洲分布及种数（5－8）北美洲：1；南美洲：4。

Capanemia Barb. Rodr. 卡班兰属 Orchidaceae［MM－723］特征纪要：习性：草本。花程式：(K)3，C3，A3，＝↓G3。其他特征参考科。全球 2 个大洲分布及种数（8－27）北美洲：2；南美洲：26。

Capelio B. Nord. 多绒菊属 Asteraceae［MD－586］特征纪要：习性：草本。花程式：(K)3－5，(C)3－5，A3－5，↓G。其他特征参考科。全球 4 个大洲分布及种数（3－6）非洲：5；亚洲：2；欧洲：4；北美洲：4。

Capeobolus Browning 锥序莎属 Cyperaceae［MM－747］特征纪要：习性：草本。花程式：(K)3，C3，A3，G－。其他特征参考科。全球 1 个大洲分布及种数（1）◆非洲。

Capeochloa H. P. Linder & N. P. Barker 南非绒毛草属 Poaceae［MM－748］特征纪要：习性：草本。花程式：(K－)，C0 参考科，A3 参考科，↓G－参考科。其他特征参考科。全球 1 个大洲分布及种数（3）◆非洲。

Caperonia A. St.－Hil. 地榆叶属 Euphorbiaceae［MD－217］特征纪要：习性：木本。花程式：K1（1000），C0，A6，＝G2－3。其他特征参考科。全球 6 个大洲分布及种数（32－41）非洲：7－11；亚洲：3－5；大洋洲：1－3；欧洲：1－3；北美洲：6－10；南美洲：29－36。【中国种数：1】。

Caphexandra Iltis & Cornejo 地山柑属 Capparaceae［MD－178］特征纪要：习性：－。花程式：－。其他特征参考科。全球 2 个大洲分布及种数（cf.）亚洲；北美洲。

Capillipedium Stapf 细柄草属 Poaceae［MM－748］特征纪要：习性：竹类。花程式：(K－)，C0 参考科，A3 参考科，＝G2－3。物候：－。花期：参考早于果期。果期：8－12 月。海拔：600－1900 米。生境：河边，林中或湿地上，在江河岸。资源：具园艺种类。全球 6 个大洲分布及种数（17－21）非洲：4－5；亚洲：16－22；大洋洲：4－5；欧洲：1；北美洲：2－3；南美洲：1。【中国种数：10】。

Capillolejeunea S. W. Arnell 细鳞苔科属 Lejeuneaceae［B－84］特征纪要：－。全球 1 个大洲分布及种数（－）。

Capirona Spruce 苞檬檀属 Rubiaceae［MD－523］特征纪要：习性：木本。花程式：(K)4－5，(C)4－5，A4－5，＝↓G2－9。其他特征参考科。全球 3 个大洲分布及种数（1－22）非洲：2；北美洲：7；南美洲：22。

Capitanopsis S. Moore 鞘蕊花属 Lamiaceae［MD－575］特征纪要：习性：草本。花程式：Kn，C0，A3 参考科，↓G。其他特征参考科。全球 1 个大洲分布及种数（3）◆非洲。

Capitularina J. Kern 球穗芒属 Cyperaceae［MM－747］特征纪要：习性：草本。花程式：(K)3，C3，A1－3，＝↓G2－3。其他特征参考科。全球 2 个大洲分布及种数（1）亚洲；大洋洲。

Capnodiaceae S. F. Gray 红柚子科 Opiliaceae［MD－369］。

Capnogorium （L.） Bernh. ＝ **Corydalis**

Capnoides Mill. 红堇属 Papaveraceae［MD－54］特征纪要：习性：－。花程式：－。其他特征参考科。全球 6 个大洲分布及种数 5 个非洲：7；亚洲：1－8；大洋洲：7；欧洲：7；北美洲：4－11；南美洲：7。【中国种数：1】。

Capnophyllum Gaertn. 烟叶草属 Apiaceae［MD－480］特征纪要：习性：草本。花程式：K5，C5，A5，＝↓G2。其他特征参考科。全球 6 个大洲分布及种数（4－24）非洲：13；亚洲：9；大洋洲：2；欧洲：3；北美洲：3；南美洲：5。

Capparaceae Juss.［MD－178］山柑科 特征纪要：习性：木本，藤本；落叶。花程式：K4，C4，A15，G－。物候：－。花

期: 7 – 9 月。果期: 10 月。果实:浆果。种子:直径 5 – 6 毫米。海拔:1000 – 2400 米。生境:对面约成直角弯曲,在灌木。资源:油脂。栽培:中国有栽培。全球 6 个大洲分布及属种数(49 – 52/593 – 1017 < IFR 8/18 > hort. 1;cult. 7) 非洲:13 – 14/236 – 301(IFR 4/5); 亚洲:14/136 – 196(IFR 4/7); 大洋洲:4/37 – 53(IFR 1/1); 欧洲:3/13 – 16; 北美洲:9/104 – 115(IFR 2/6); 南美洲:14/165 – 187。【中国属种数:4/68】。

Capparicordis Iltis & Cornejo 白花菜属 Capparaceae [MD – 178] 特征纪要:习性: – 。花程式: – 。其他特征参考科。全球 6 个大洲分布及种数(6 – 21)非洲:2;亚洲:2;大洋洲:2;欧洲:2;北美洲:5 – 7;南美洲:2。

Capparidastrum (DC.) Hutch. 山柑属 Capparaceae [MD – 178] 特征纪要:习性: – 。花程式: – 。其他特征参考科。全球 2 个大洲分布及种数(6 – 26)北美洲:3; 南美洲:9。

Capparis Tourn. ex L. 山柑属 Capparaceae [MD – 178] 特征纪要:习性:木质攀援。花程式: – 。物候: – 。花期: 4 – 5 月。果期:参考晚于花期。海拔:100 – 300 米。生境:在灌木。资源:具栽培园艺种类。全球 6 个大洲分布及种数(149 – 270;hort. 1;cult. 10)非洲:44 – 80;亚洲:86 – 143;大洋洲:30 – 57;欧洲:8 – 23;北美洲:33 – 55;南美洲:52 – 80。【中国种数:56】。

Capraria L. 羊玄参属 Acanthaceae [MD – 572] 特征纪要:习性:草本。花程式: – 。其他特征参考科。全球 6 个大洲分布及种数(6 – 46)非洲:9; 亚洲:7; 大洋洲:4; 欧洲:27; 北美洲:27; 南美洲:16。【中国种数:1】。

Caprifoliaceae Juss. [MD – 510] 忍冬科 特征纪要:习性:木本,藤本;常绿,落叶。花程式:K4 – 5(–),C4 – 5 – ,A5,↓(G)5 – 8(10)。物候: – 。花期: 8 – 9 月。果期: 10 – 11 月。果实:蒴果。种子:种皮作不规则的矩圆形,柱状,圆柱形。海拔:0 米。生境: – 。资源:药用。栽培:中国有栽培。全球 6 个大洲分布及属种数(37 – 43/622 – 987 < IFR 4/28》hort. 1;cult. 9) 非洲:7 – 8/7 – 8(IFR 1/1); 亚洲:21/85 – 94(IFR 2/16); 大洋洲:3/3; 欧洲:12/34 – 42(IFR 1/4); 北美洲:12/144 – 154(IFR 3/9); 南美洲:7/17。【中国属种数:23/188】。

Caprifolium Mill. = **Lonicera**

Capsella Medik. 荠属 Brassicaceae [MD – 213] 特征纪要:习性:草本(基生)。花程式:Kn,C2 – 3 参考科,A3 参考科,G2。物候: – 。花期:4 – 7 月。果期:参考晚于花期。海拔:30 – 6200 米。生境:路边,花园,田野,荒地,山坡,丘陵田野草丛。资源:具栽培园艺种类。全球 6 个大洲分布及种数(14 – 16)非洲:2 – 20;亚洲:9 – 27;大洋洲:3 – 21;欧洲:8 – 26;北美洲:3 – 21;南美洲:1 – 19。【中国种数:3】。

Capsicodendron Hoehne = **Cinnamodendron**

Capsicophysalis (Bitter) Averett & M. Martínez 萨拉茄属 Solanaceae [MD – 503] 特征纪要:习性:草本。花程式:Kn,C0,A3 参考科,↓G。其他特征参考科。全球 2 个大洲分布及种数(1 – 2)北美洲:1; 南美洲:1。

Capsicum L. 辣椒属 Solanaceae [MD – 503] 特征纪要:习性:草本,少木本。花程式: – 。物候: – 。花期:5 – 8 月。果期:参考晚于花期。海拔:100 – 5000 米。生境:广泛栽培。资源:具栽培园艺种类。全球 6 个大洲分布及种数(47 – 90;hort. 1;cult. 4)非洲:5 – 7;亚洲:6 – 12;大洋洲:3 – 4;欧洲:4 – 6;北美洲:11 – 17;南美洲:44 – 63。【中国种数:4】。

Capsosiphon <unassigned> 新西兰榆属 Ulmaceae [MD – 83] 特征纪要: – 。全球 5 个大洲分布及种数(4)亚洲:1; 大洋洲:4; 欧洲:2; 北美洲:2; 南美洲:1。

Capurodendron Aubrév. 卡普山榄属 Sapotaceae [MD – 357] 特征纪要:习性:木本。花程式:K4 – 15,C0,A5, = G2 – 4。其他特征参考科。全球 4 个大洲分布及种数(36 – 47)非洲:45; 亚洲:7; 大洋洲:2; 南美洲:4。

Capuronetta Markgr. = **Tabernaemontana**

Capuronia Lour. 刺薇属 Lythraceae [MD – 333] 特征纪要:习性:木本。花程式:K2 – 4,C2 – 4,A10, = ↓(G)2 – 4。其他特征参考科。全球 3 个大洲分布及种数(1 – 3)非洲:3; 亚洲:3; 大洋洲:3。

Capuronianthus J. – F. Leroy 歪瓣楝属 Meliaceae [MD – 414] 特征纪要:习性:木本。花程式:K3 – 5,C3 – 5,A6, = (G)1 – 2)。其他特征参考科。全球 1 个大洲分布及种数(2)◆非洲(◆马达加斯加)。

Caquepiria J. F. Gmel. = **Gardenia**

Caragana Lam. 锦鸡儿属 Fabaceae3 [MD – 240] 特征纪要:习性:木本。花程式:Kn,C2 – 3 参考科,A3 参考科, = ↓G – 。物候: – 。花期:4 – 5 月。果期:参考晚于花期。海拔:1000 – 1100 米。生境:半固定和固定沙地,黄土丘陵。栽培:来自广西龙州。资源:具栽培园艺种类。全球 6 个大洲分布及种数(82 – 113;hort. 1;cult. 6)非洲:16 – 32;亚洲:81 – 114;大洋洲:10;欧洲:11 – 23;北美洲:23 – 33;南美洲:11。【中国种数:62】。

Caraipa Aubl. 南美洲藤黄属 Calophyllaceae [MD – 140] 特征纪要:习性:木本。花程式:K1 – 3,C1 – 3,A1 – 3,G1 – 3。其他特征参考科。全球 2 个大洲分布及种数(49)北美洲:1;南美洲:43 – 46。【中国种数:2】。

Carajaea (Tul.) Wedd. 河钱草属 Podostemaceae [MD – 322] 特征纪要:习性: – 。花程式: – 。其他特征参考科。全球 1 个大洲分布及种数(cf. 1)◆南美洲(◆巴西)。

Carallia Roxb. 竹节树属 Rhizophoraceae [MD – 329] 特征纪要:习性:木本。花程式: – 。物候: – 。花期:冬 – 春。果期:参考晚于花期。海拔:700 – 1900 米。生境:常绿森林,灌木丛,沼泽,中海拔山谷密林中。资源:具栽培园艺种类。全球 5 个大洲分布及种数(13 – 62)非洲:9; 亚洲:41; 大洋洲:6; 北美洲:3; 南美洲:10。【中国种数:6】。

Caralluma R. Br. 水牛角属 Asclepiadaceae [MD – 494] 特征纪要:习性:木本。花程式:K5,C0,A15, = ↓G2。其他特征参考科。全球 6 个大洲分布及种数(62 – 78;hort. 1;cult. 2)非洲:43 – 52;亚洲:23 – 26;大洋洲:2;欧洲:4 – 6;北美洲:3 – 5;南美洲:1 – 3。

Carambola Adans. = **Averrhoa**

Caramuri Aubrév. & Pellegr. = **Pouteria**

Carandas Rumph. ex Adans. = **Carissa**

Carapa Aubl. 苦油楝属 Meliaceae [MD－414] 特征纪要:习性:木本。花程式:K3－5,C3－5,A6,＝G1－2。物候:－。海拔:－。生境:－。资源:具园艺种类。全球6个大洲分布及种数(17－30)非洲:8－15;亚洲:1;大洋洲:1;欧洲:1;北美洲:3－6;南美洲:11－16。【中国种数:1】。

Carapichea Aubl. 假吐根属 Rubiaceae [MD－523] 特征纪要:习性:木本。花程式:(K)4－5,(C)4－5,A4－5,＝↓G2－9。其他特征参考科。全球6个大洲分布及种数(24－31)非洲:3; 亚洲:3; 大洋洲:1; 欧洲:7; 北美洲:7; 南美洲:30。【中国种数:1】。

Carbeni Adans. 疆矢车菊属 Asteraceae [MD－586] 特征纪要:习性:－。花程式:－。其他特征参考科。全球1个大洲分布及种数(－)◆大洋洲。

Carcia Raeusch. ＝ **Garcia**

Cardamindum Tourn. ex Adans. ＝ **Tropaeolum**

Cardamine L. 弯蕊芥属 Brassicaceae [MD－213] 特征纪要:习性:草本。花程式:－。物候:－。海拔:1000－3000米。生境:草丛中,粘泥质湿草地。资源:具栽培园艺种类。全球6个大洲分布及种数(278－330;hort. 1;cult. 47)非洲:25－84;亚洲:139－202;大洋洲:77－146;欧洲:81－144;北美洲:78－140;南美洲:65－129。【中国种数:77】。

Cardaminum Moench ＝ **Rorippa**

Cardamomum Nor. ＝ **Amomum**

Cardanthera Buch.－Ham. ＝ **Hygrophila**

Cardenanthus R. C. Foster 细柱鸢尾属 Iridaceae [MM－700] 特征纪要:习性:－。花程式:－。其他特征参考科。全球1个大洲分布及种数(7－8)◆南美洲。

Cardenasiodendron F. A. Barkley 短翅漆属 Anacardiaceae [MD－432] 特征纪要:习性:木本。花程式:K5,C5,A5－10,＝G1－3。其他特征参考科。全球2个大洲分布及种数(1－2)大洋洲:1; 南美洲:2。

Cardiandra Siebold & Zucc. 草绣球属 Hydrangeaceae [MD－429] 特征纪要:习性:－。花程式:－。物候:－。花期:8－9月。果期:参考晚于花期。海拔:700－1500米。生境:常绿落叶阔叶混交林内林下沟边,中海拔山地林下阴湿处。资源:－。全球1个大洲分布及种数(5－6)◆亚洲。

Cardinalis Fabr. ＝ **Lobelia**

Cardiochilos P. J. Cribb 心唇兰属 Orchidaceae [MM－723] 特征纪要:习性:草本。花程式:(K)3,C3,A3,＝↓(G)3。其他特征参考科。全球1个大洲分布及种数(1)◆非洲。

Cardiochlaena Fée ＝ **Tectaria**

Cardiochlamys Oliv. 心被藤属 Convolvulaceae [MD－499] 特征纪要:习性:草本。花程式:K5,C0,A5,＝G2－5。其他特征参考科。全球2个大洲分布及种数(2－6)非洲:4; 亚洲:4。

Cardiocrinum (Endl.) Lindl. 大百合属 Liliaceae [MM－633] 特征纪要:习性:草本(基生)。花程式:－。物候:－。花期:7－8月。果期:参考晚于花期。海拔:1200－3600米。生境:森林。资源:药用,具栽培园艺种类。全球4个大洲分布及种数(4－11)亚洲:10; 大洋洲:2; 欧洲:5; 北美洲:5。【中国种数:3】。

Cardiogyne Bureau ＝ **Maclura**

Cardiolejeunea (Stephani) R. M. Schust. 心鳞苔属 Lejeuneaceae [B－84] 特征纪要:习性:－。【Rep】:老时呈红褐色。其他特征参考科。全球1个大洲分布及种数(cf. 1)◆非洲。

Cardionema DC. 沙垫花属 Illecebraceae [MD－113] 特征纪要:习性:草本。花程式:K5,C5－4,A3参考科,G－参考科。其他特征参考科。全球2个大洲分布及种数(9－11)北美洲:3;南美洲:8－10。

Cardiopetalum Schltdl. 黄蚕木属 Annonaceae [MD－7] 特征纪要:习性:木本。花程式:K3－∞,C3,A2,＝G10－100。其他特征参考科。全球4个大洲分布及种数(3－14)非洲:2; 亚洲:3; 北美洲:2; 南美洲:13。

Cardiophyllariopsis <unassigned> 马达无患子属 Sapindaceae [MD－428] 特征纪要:－。全球1个大洲分布及种数(1)◆非洲:1。

Cardiopteridaceae Bl. [MD－452] 心翼果科 特征纪要:习性:木本;落叶。花程式:K4－5(－),C5,A5,G－。物候:－。花期:5－11月。果期:10月至次年3月。果实:核果。种子:下垂,子叶细长或成卵形。海拔:100－1300米。生境:灌丛中,疏林,沟谷密林及灌木丛中。资源:药用。栽培:－。全球2个大洲分布及属种数(5/24－52 hort. 1) 亚洲:2/6－14; 南美洲:1－2/16－20。【中国属种数:4/9】。

Cardiopteris Wall. ex Royle 心翼果属 Cardiopteridaceae [MD－452] 特征纪要:习性:草质藤本。花程式:－。物候:－。花期:5－11月。果期:参考晚于花期。海拔:100－1300米。生境:灌丛中。资源:具园艺种类。全球4个大洲分布及种数(2－21)非洲:2; 亚洲:15; 大洋洲:5; 南美洲:5。【中国种数:2】。

Cardiospermum L. 倒地铃属 Sapindaceae [MD－428] 特征纪要:习性:木质攀援。花程式:－。物候:－。花期:夏天－秋天。果期:参考晚于花期。海拔:100－2600米。生境:旱山坡,平地。资源:药用,具栽培园艺种类。全球6个大洲分布及种数(25－26)非洲:5;亚洲:6;大洋洲:4;欧洲:2;北美洲:10;南美洲:15－16。【中国种数:4】。

Cardioteucris C. Y. Wu ＝ **Caryopteris**

Cardonaea Aristeg. Maguire & Steyerm. ＝ **Gongylolepis**

Cardopatium Juss. 蓝丝菊属 Asteraceae [MD－586] 特征纪要:习性:草本。花程式:(K)3－5,(C)3－5,A3－5,＝↓G2。其他特征参考科。全球2个大洲分布及种数(3)非洲:1;欧洲:1。

Cardotia Besch. ex Cardot 白发藓属 Dicranaceae [B－128] 特征纪要:－。全球1个大洲分布及种数(1)◆非洲。

Cardotiella Vitt 心灵藓属 Orthotrichaceae [B－151] 特征纪要:习性:－。【Rep】:常暗绿色或棕褐色,雌雄异株或

同株,稀杂株,雌苞叶不分化,无明显鞘部,蒴柄长,黄色,孢蒴狭长卵形,口蒴,具明显纵褶及纵沟。其他特征参考科。全球 3 个大洲分布及种数(13)非洲:7; 北美洲:2; 南美洲:7。

Carduaceae Bercht. & J. Presl [MD - 591] 飞廉科 特征纪要:习性:草本;落叶。花程式:(K)6 - ,C3,A - ,↓(G)2。物候: - 。花期和果期:4 - 10 月。果实:瘦果。种子: - 。海拔:200 - 3500 米。生境:生于山坡草地,田间,荒地河旁及林下。资源:药用。栽培: - 。全球 6 个大洲分布及属种数(1/1 < IFR 1/43 > hort. 1;cult. 1) 非洲:1/36 - 37(IFR 1/11); 亚洲:1/48 - 53(IFR 1/11); 大洋洲:1/7; 欧洲:1/101(IFR 1/29); 北美洲:1/20 - 21(IFR 1/3); 南美洲:1/3(IFR 1/1)。

Carduncellus Adans. 小飞廉属 Asteraceae [MD - 586] 特征纪要:习性: - 。花程式: - 。其他特征参考科。全球 2 个大洲分布及种数(67)非洲:37; 亚洲:5。

Carduocirsium E. C. Sennen in E. C. Sennen & P. Fournier 飞廉属 Asteraceae [MD - 586] 特征纪要:习性:草本。花程式: - 。其他特征参考科。全球 1 个大洲分布及种数(1 - 6)◆非洲。

Carduogalactites P. Fourn. 乳刺菊属 Asteraceae [MD - 586] 特征纪要:习性:草本。花程式:参考科,C3 参考科,A3 参考科, = ↓(G)2 参考科。其他特征参考科。全球 1 个大洲分布及种数(1 - 2)◆非洲。

Carduus L. 飞廉属 Carduaceae [MD - 591] 特征纪要(同科)。全球 6 个大洲分布及种数(193 - 949)非洲:93; 亚洲:185; 大洋洲:19; 欧洲:55; 北美洲:55; 南美洲:18。【中国种数:11】。

Cardwellia F. Müll. 北银桦属 Proteaceae [MD - 219] 特征纪要:习性:木本。花程式:K3 - 4 - ∞ ,C0,A2, = G1。其他特征参考科。全球 4 个大洲分布及种数(1 - 4)亚洲:2; 大洋洲:4; 北美洲:2; 南美洲:3。

Carelia Fabr. = **Ageratum**

Carex L. 薹草属 Cyperaceae [MM - 747] 特征纪要:习性:草本。花程式: - 。物候: - 。海拔:1100 - 3700 米。生境:草地,森林中的湿地,竹林下。资源:具栽培园艺种类。全球 6 个大洲分布及种数(1967 - 2702;hort. 1;cult. 423)非洲:437 - 926;亚洲:1295 - 2021;大洋洲:431 - 951;欧洲:544 - 1036;北美洲:894 - 1388;南美洲:372 - 830。【中国种数:904】。

Careya Roxb. 槲玉蕊属 Lecythidaceae [MD - 267] 特征纪要:习性:木本。花程式:K40 - 1000,C40 - 1000,A40 - 1000, = ↓(G)2 - 6。其他特征参考科。全球 4 个大洲分布及种数(3 - 17)非洲:2; 亚洲:16; 大洋洲:7; 南美洲:5。【中国种数:1】。

Caribaeohypnum Ando & Higuchi 爪灰藓属 Hypnaceae [B - 189] 特征纪要:习性: - 。【Rep】:雌雄异苞同株,内雌苞叶直立,卵状披针形,上部渐狭成长毛状,近于全缘,无中肋,黄绿色。其他特征参考科。全球 3 个大洲分布及种数(1)亚洲:1;北美洲:1;南美洲:1。

Caribea Alain 抱茎茉莉属 Nyctaginaceae [MD - 107] 特征纪要:习性:木本。花程式:K1 - 5,C0,A5, = G1。其他特征参考科。全球 3 个大洲分布及种数(1 - 4)亚洲:2; 北美洲:4; 南美洲:2。

Carica L. 番木瓜属 Caricaceae [MD - 236] 特征纪要:习性:木本。花程式: - 。物候: - 。海拔:1300 米。生境: - 。栽培: - 。资源:药用,维生素,油脂,食用,具栽培园艺种类。全球 6 个大洲分布及种数(3 - 100)非洲:2; 亚洲:6; 大洋洲:3; 欧洲:13; 北美洲:13; 南美洲:71。【中国种数:1】。

Caricaceae Dum. [MD - 236] 番木瓜科 特征纪要:习性:木本;落叶。花程式:K3,C3,A - , = ↓G3。物候: - 。果实:浆果。种子: - 。海拔:1300 米。生境: - 。栽培: - 。资源:维生素,油脂,食用。栽培:中国有栽培。全球 5 个大洲分布及属种数(8 - 9/57 - 74 < IFR 3/3 > hort. 1;cult. 2) 非洲:1/3; 亚洲:2/2; 大洋洲:1/1; 北美洲:5/15(IFR 1/1); 南美洲:4/46 - 50(IFR 2/2)。【中国属种数:2/2】。

Carinafolium R. S. Williams 爪花叶藓属 Calymperaceae [B - 130] 特征纪要:习性: - 。【Rep】:雌雄同株或雌雄异株,蒴柄顶生或侧生,孢蒴直立,卵圆形或圆柱形,对称,蒴齿 8 或 16,阔披针形,中缝开裂,蒴柄不甚长,孢蒴顶生,直立,圆柱形,蒴齿发育或退失,齿片 16,披针形,具细疣,蒴盖具长喙,蒴帽多兜。其他特征参考科。全球 1 个大洲分布及种数(1)◆南美洲:1。

Carinavalva Ising 大洋洲灰绿芥属 Brassicaceae [MD - 213] 特征纪要:习性:草本。花程式:K2 - 4,C2 - 4,A2 - 4, = (G)2。其他特征参考科。全球 1 个大洲分布及种数(1)◆大洋洲(◆澳大利亚)。

Cariniana Casar. 翅玉蕊属 Lecythidaceae [MD - 267] 特征纪要:习性:木本。花程式:K40 - 1000,C40 - 1000,A40 - 1000, = ↓(G)2 - 6。其他特征参考科。全球 4 个大洲分布及种数(9 - 28)亚洲:4; 大洋洲:1; 北美洲:4; 南美洲:26。【中国种数:1】。

Carinta W. Wight = **Geophila**

Carissa L. 假虎刺属 Apocynaceae [MD - 492] 特征纪要:习性:木本。花程式:(K -),C5,A5, ↓G - 。物候: - 。花期:3 - 6 月。果期:参考晚于花期。海拔:80 - 3000 米。生境:干热荒茅坡地。资源:药用,具栽培园艺种类。全球 6 个大洲分布及种数(17 - 22)非洲:15 - 22;亚洲:8 - 12;大洋洲:6 - 10;欧洲:4;北美洲:5 - 9;南美洲:1 - 5。【中国种数:3】。

Carissophyllum Pichon = **Tachiadenus**

Carlemannia Benth. 香茜属 Carlemanniaceae [MD - 528] 特征纪要:习性:木本。花程式: - 。物候: - 。花期:6 - 9 月。果期:参考晚于花期。海拔:600 - 1500 米。生境:密林中,尤以潮湿沟谷常见,峡谷中。资源:具园艺种类。全球 1 个大洲分布及种数(1 - 3)◆亚洲。【中国种数:1】。

Carlemanniaceae Airy - Shaw [MD - 528] 香茜科 特征纪要:习性:木本;落叶。花程式:(K)5,(C)5,A5, = (↓G)2。物候: - 。花期:3 - 7 月。果期:10 - 12 月。果实:蒴果。种子: - 。海拔:600 - 1500 米。生境:森林。资源: - 。栽培: - 。全球 1 个大洲分布及属种数(3/6 - 8 hort. 1)◆亚洲:1/ 3 - 4。【中国属种数:2/3】。

Carlephyton Jum. 灰岩芋属 Araceae [MM - 639] 特征纪要:习性:木本。花程式:K0,C0,A1 - 4, = (G)1 - 3。其

他特征参考科。全球 3 个大洲分布及种数(4 - 5)非洲:5; 北美洲:2; 南美洲:2。

Carlesia Dunn 山茴香属 Apiaceae [MD - 480] 特征纪要:习性:草本(基生)。花程式:-。物候:-。海拔:300 - 1000 米。生境:山峰石缝,山坡,岩石裂缝。资源:药用。全球 2 个大洲分布及种数(1 - 3)亚洲:2; 南美洲:2。【中国种数:1】。

Carlina L. 刺苞菊属 Asteraceae [MD - 586] 特征纪要:习性:草本(基生)。花程式:(K)3 - 5,C3 - 5,A3 参考科, = ↓ G2。物候:-。海拔:1000 米。生境:草地,灌木丛,河流阶地,河边石滩地,干草甸或灌丛中。资源:具栽培园艺种类。全球 6 个大洲分布及种数(57 - 157)非洲:26; 亚洲:44; 大洋洲:3; 欧洲:7; 北美洲:7; 南美洲:5。【中国种数:5】。

Carlowrightia A. Gray 巧匠花属 Acanthaceae [MD - 572] 特征纪要:习性:草本。花程式:K2 - 4,C0,A2 - 4, = ↓ G2。其他特征参考科。全球 5 个大洲分布及种数(26 - 51)非洲:2; 亚洲:5; 大洋洲:2; 北美洲:34; 南美洲:12。【中国种数:2】。

Carlquistia B. G. Baldwin 星盘菊属 Asteraceae [MD - 586] 特征纪要:习性:草本。花程式:(K)3 - 5,(C)3 - 5,A3 - 5, ↓ G。其他特征参考科。全球 1 个大洲分布及种数(1)◆北美洲(◆美国)。

Carludovica Ruiz & Pav. 巴拿马草属 Cyclanthaceae [MM - 706] 特征纪要:习性:草本。花程式:-。物候:-。海拔:-。生境:-。资源:具栽培园艺种类。全球 6 个大洲分布及种数(6 - 18)非洲:1;亚洲:2 - 3;大洋洲:1 - 2;欧洲:1;北美洲:4 - 5;南美洲:4 - 11。【中国种数:1】。

Carmenocania Wernham = **Pogonopus**

Carmichaelia R. Br. 扁枝豆属 Fabaceae3 [MD - 240] 特征纪要:习性:木本。花程式:K1 - ∞ ,C1 - ∞ ,A5 - 9, = ↓ G1。其他特征参考科。全球 4 个大洲分布及种数(26 - 69)亚洲:2; 大洋洲:67; 欧洲:3; 北美洲:3。

Carminatia Moç. ex DC. 羽冠肋泽兰属 Asteraceae [MD - 586] 特征纪要:习性:草本。花程式:(K)3 - 5,C3 - 5,A3 - 5, = ↓ (G)2。其他特征参考科。全球 2 个大洲分布及种数(4 - 8)北美洲:6; 南美洲:2。

Carnarvonia F. Müll. 红银桦属 Proteaceae [MD - 219] 特征纪要:习性:木本。花程式:K3 - 4 - ∞ ,C0,A2, = G1。其他特征参考科。全球 1 个大洲分布及种数(1)◆大洋洲(◆澳大利亚)。

Carnegia Britton & Rose = **Carnegiea**

Carnegiea Britton & Rose 巨人柱属 Cactaceae [MD - 100] 特征纪要:习性:-。花程式:-。其他特征参考科。全球 3 个大洲分布及种数(1 - 8)大洋洲:2; 北美洲:8; 南美洲:7。

Carolus W. R. Anderson 爪虎尾属 Malpighiaceae [MD - 343] 特征纪要:习性:木本。花程式:K5,C5,A10, = G2 - 3。其他特征参考科。全球 6 个大洲分布及种数(7)非洲:3;亚洲:3;大洋洲:3;欧洲:3;北美洲:2 - 5;南美洲:5 - 8。

Caropodium Stapf & Wettstein = **Grammosciadium**

Caropsis (Rouy & E. G. Camus) Rauschert 法国芹属 Apiaceae [MD - 480] 特征纪要:习性:草本。花程式:K5,C5,A5, = ↓ G2。其他特征参考科。全球 5 个大洲分布及种数(1 - 31)亚洲:11; 大洋洲:4; 欧洲:3; 北美洲:3; 南美洲:19。

Caroxylon Thunb. 浆果猪毛菜属 Amaranthaceae [MD - 116] 特征纪要:习性:灌木。花程式:Kn,C0,A3 - 5,G -。物候:-。海拔:600 - 5000 米。生境:半固定沙丘或河边沙滩,棕钙土。资源:-。全球 4 个大洲分布及种数(34 - 127 hort. 1) 非洲:21 - 73,亚洲:22 - 32(IFR 1),欧洲:4 - 5,北美洲:1。【中国种数:1】。

Carpacoce Sond. 尖果茜属 Rubiaceae [MD - 523] 特征纪要:木本。花程式:(K)4 - 5,(C)4 - 5,A4 - 5, ↓ G。其他特征参考科。全球 6 个大洲分布及种数(9 - 13)非洲:11; 亚洲:2; 大洋洲:2; 欧洲:2; 北美洲:2; 南美洲:2。

Carpanthea N. E. Br. 斗鱼花属 Aizoaceae [MD - 94] 特征纪要:习性:草本。花程式:-。其他特征参考科。全球 2 个大洲分布及种数(1 - 3)非洲:1; 大洋洲:1。

Carpentaria Becc. 木匠椰属 Arecaceae [MM - 717] 特征纪要:习性:木本。花程式:K3 - 10,C3 - 10,A3 - 10, = G3 - 10。其他特征参考科。全球 1 个大洲分布及种数(1)◆大洋洲。

Carpenteria Torr. 木银莲属 Hydrangeaceae [MD - 429] 特征纪要:习性:木本。花程式:K4 - 8,C4 - 8,A4 - 8, = ↓ G(-)。其他特征参考科。全球 1 个大洲分布及种数(1)◆北美洲。

Carpesium L. 天名精属 Asteraceae [MD - 586] 特征纪要:习性:草本(根状茎,基生)。花程式:(K)3 - 5,C3 - 5,A3 参考科, = ↓ G2。物候:-。花期:8 - 10 月。果期:参考晚于花期。海拔:1100 - 2700 米。生境:桦杨幼林下。资源:具栽培园艺种类。全球 6 个大洲分布及种数(26 - 98)非洲:2; 亚洲:78; 大洋洲:5; 欧洲:3; 北美洲:3; 南美洲:2。【中国种数:16】。

Carpha Banks & Sol. ex R. Br. 稻莎属 Cyperaceae [MM - 747] 特征纪要:习性:草本。花程式:-。其他特征参考科。全球 6 个大洲分布及种数(12 - 59)非洲:24; 亚洲:6; 大洋洲:19; 欧洲:2; 北美洲:2; 南美洲:17。【中国种数:1】。

Carphalea Juss. 繁星花属 Rubiaceae [MD - 523] 特征纪要:习性:木本。花程式:(K)4 - 5,(C)4 - 5,A4 - 5, = ↓ G2 - 9。其他特征参考科。全球 5 个大洲分布及种数(3 - 35)非洲:31; 亚洲:4; 大洋洲:2; 欧洲:1; 北美洲:1。

Carphephorus Cass. 托鞭菊属 Asteraceae [MD - 586] 特征纪要:习性:草本。花程式:(K)3 - 5,(C)3 - 5,A3 - 5, = ↓ G2。其他特征参考科。全球 3 个大洲分布及种数(8 - 23)亚洲:6; 北美洲:14; 南美洲:6。

Carphochaete A. Gray 毛托菊属 Asteraceae [MD - 586] 特征纪要:习性:草本。花程式:(K)3 - 5,(C)3 - 5,A3 - 5, = ↓ G2。其他特征参考科。全球 2 个大洲分布及种数(7 - 12)北美洲:8; 南美洲:2。

Carpidopterix H. Karst. = **Vitis**

Carpinus L. 鹅耳枥属 Betulaceae [MD - 79] 特征纪要:习性:木本。花程式:-。物候:-。花期:5 - 6 月。果期:参考晚于花期。海拔:1000 - 1500 米。生境:北坡石灰岩缝中,中海拔杂木林中。资源:具栽培园艺种类。全球

6 个大洲分布及种数(51 -60;hort. 1;cult. 4)非洲:16;亚洲:49 -73;大洋洲:16;欧洲:6 -22;北美洲:18 -35;南美洲:4 -20。【中国种数:34】。

Carpobrotus N. E. Br. 海榕菜属 Aizoaceae [MD -94] 特征纪要:习性:草本。花程式:K3 -4,C3 -4,A5 参考科,=↓G1 -2。物候:-。花期:4 -7 月。果期:参考晚于花期。海拔:-。生境:海岸,空旷干沙地。资源:-。全球 6 个大洲分布及种数(17 -18)非洲:11;亚洲:3;大洋洲:10 -11;欧洲:5;北美洲:5;南美洲:2。【中国种数:1】。

Carpoceras Link = **Martynia**

Carpodetaceae Fenzl. [MD -376] 腕带花科 特征纪要:习性:木本;落叶。花程式:K4 -5(-),C5,A -,G -。果实:浆果。全球 1 个大洲分布及属种数(1/1 hort. 1)◆大洋洲:1/ 3 -14。

Carpodetus J. R. Forst. & G. Forst. 彩枥花属 Carpodetaceae [MD -376] 特征纪要(同科)。全球 4 个大洲分布及种数(4 -39)非洲:14; 亚洲:33; 大洋洲:19; 南美洲:2。

Carpodiptera Griseb. 红针椴属 Malvaceae [MD -203] 特征纪要:习性:木本。花程式:K1 -∞,C1 -∞,A10 -8,=(G)2 -100。其他特征参考科。全球 4 个大洲分布及种数(5 -17)非洲:6; 亚洲:4; 北美洲:8; 南美洲:4。

Carpodontos Labill. = **Eucryphia**

Carpoecia Venturi = **Campylopus**

Carpogymnia Love & Love = **Gymnocarpium**

Carpolobia G. Don 塞拉利昂远志属 Polygalaceae [MD -291] 特征纪要:习性:木本。花程式:-。其他特征参考科。全球 3 个大洲分布及种数(5 -34)非洲:17; 亚洲:12; 南美洲:9。

Carpophillus L. = **Pereskia**

Carpotroche Endl. 烟斗树属 Achariaceae [MD -159] 特征纪要:习性:木本。花程式:-。其他特征参考科。全球 4 个大洲分布及种数(12 -29)非洲:2; 亚洲:2; 北美洲:8; 南美洲:28。【中国种数:1】。

Carpoxylon H. Wendl. & Drude 硬果椰属 Arecaceae [MM -717] 特征纪要:习性:木本。花程式:K3 -10,C3 -10,A3 -10,=G3 -10。其他特征参考科。全球 1 个大洲分布及种数(1)◆大洋洲(◆瓦努阿图)。

Carramboa Cuatrec. = **Wyethia**

Carrierea Franch. 山羊角树属 Salicaceae [MD -123] 特征纪要:习性:木质攀援。花程式:-。物候:-。花期:5 -6 月。果期:参考晚于花期。海拔:1300 -1600 米。生境:常绿阔叶林,山坡林中和林缘。资源:木材,油脂,具栽培园艺种类。全球 3 个大洲分布及种数(3 -8)亚洲:8; 北美洲:2; 南美洲:2。【中国种数:2】。

Carrissoa Baker f. 鸡头薯属 Fabaceae3 [MD -240] 特征纪要:习性:木本。花程式:Kn,C2 -3 参考科,A3 参考科,=↓G(-)。其他特征参考科。全球 1 个大洲分布及种数(1)◆非洲(◆安哥拉)。

Carroa C. Presl = **Marina**

Carronia F. Müll. 卡罗藤属 Menispermaceae [MD -42] 特征纪要:习性:草本。花程式:K1(6 -40),C3,A1 -6 -40,=G1 -3。其他特征参考科。全球 6 个大洲分布及种数(4 -23)非洲:2; 亚洲:2; 大洋洲:7; 欧洲:2; 北美洲:2; 南美洲:3。

Carruanthophyllum G. D. Rowley 番杏科属 Aizoaceae [MD -94] 特征纪要和分布(-)。

Carruanthus (Schwantes) Schwantes 菊波花属 Aizoaceae [MD -94] 特征纪要:习性:草本。花程式:K3 -4,C3 -4,A5 参考科,=↓G -。其他特征参考科。全球 1 个大洲分布及种数(2)◆非洲。

Carruthersia Seem. 爪竹桃属 Apocynaceae [MD -492] 特征纪要:习性:木本。花程式:K5 -∞,C0,A15,=↓G2 -5。其他特征参考科。全球 2 个大洲分布及种数(2 -6)亚洲:1 -3;大洋洲:1 -3。

Carsonia Greene 鸟足菜属 Cleomaceae [MD -210] 特征纪要:习性:-。花程式:-。其他特征参考科。全球 1 个大洲分布及种数(cf. 1)◆北美洲。

Carterella Terrell 耳草属 Rubiaceae [MD -523] 特征纪要:习性:木本。花程式:(K)4 -5,(C)4 -5,A4 -5,↓G。其他特征参考科。全球 1 个大洲分布及种数(-)。

Carterothamnus R. M. King = **Hofmeisteria**

Carthamus L. 红花属 Asteraceae [MD -586] 特征纪要:习性:草本。花程式:(K)3 -5,C3 -5,A3 参考科,=↓G2。海拔:6000 米。生境:广泛栽培。资源:药用,具栽培园艺种类。全球 6 个大洲分布及种数(50 -72;hort. 1;cult. 8)非洲:37 -42;亚洲:20 -26;大洋洲:6 -11;欧洲:23 -28;北美洲:9 -14;南美洲:4 -9。【中国种数:2】。

Cartiera Greene = **Streptanthus**

Cartodium Sol. ex R. Br. = **Craspedia**

Cartonema R. Br. 黄剑草属 Cartonemataceae [MM -709] 特征纪要(同科)。全球 6 个大洲分布及种数(7 -20)非洲:1; 亚洲:4; 大洋洲:18; 欧洲:2; 北美洲:2; 南美洲:8。【中国种数:1】。

Cartonemataceae Pichon [MM -709] 彩花草科 特征纪要:习性:木本;落叶。花程式:K4 -5(-),C5,A6,G -。全球 1 个大洲分布及属种数(1/1)◆大洋洲:1/ 3 -7。

Cartrema Raf. 木樨属 Oleaceae [MD -498] 特征纪要:习性:木本。花程式:-。物候:-。花期:4 月。果期:参考晚于花期。海拔:4500 米。生境:北山坡潮湿地,自然山坡地。资源:-。全球 2 个大洲分布及种数(6)亚洲:5;北美洲:2。

Carum L. 葛缕子属 Apiaceae [MD -480] 特征纪要:习性:草本(基生,多肉)。花程式:Kn,C5,A3 参考科,=↓(G)2。物候:-。海拔:1500 -4300 米。生境:草原,山坡和沙丘,荫蔽潮湿处。资源:具栽培园艺种类。全球 6 个大洲分布及种数(32 -52;hort. 1;cult. 3)非洲:11 -31;亚洲:21 -47;大洋洲:5 -21;欧洲:14 -32;北美洲:3 -18;南美洲:6 -21。【中国种数:4】。

Caruncularia Haw. = **Stapelia**

Carvalhoa K. Schum. 小钟夹竹桃属 Apocynaceae［MD－492］特征纪要：习性：木本。花程式：K5－∞，C0，A15，＝↓（G）2－5。其他特征参考科。全球1个大洲分布及种数（2）◆非洲。

Carya Nutt. 山核桃属 Juglandaceae［MD－136］特征纪要：习性：木本。花程式：－。物候：－。花期：4－6月。果期：参考晚于花期。海拔：1300－2200米。生境：常绿阔叶林沟边道旁。资源：具栽培园艺种类。全球6个大洲分布及种数（31－113）非洲：5；亚洲：33；大洋洲：3；欧洲：60；北美洲：60；南美洲：9。【中国种数：11】。

Caryocar L. 油桃木属 Caryocaraceae［MD－111］特征纪要：习性：木本。花程式：－。其他特征参考科。全球5个大洲分布及种数（19－55）非洲：1；亚洲：2；大洋洲：2；北美洲：9；南美洲：52。【中国种数：1】。

Caryocaraceae Voigt［MD－111］油桃木科 特征纪要：习性：木本；落叶。花程式：K4－5（－），C5，A－，G－。果实：核果。全球2个大洲分布及属种数（4/33－34 <IFR 1/2> hort. 1；cult. 1）北美洲：1/3；南美洲：3/32－33（IFR 1/2）。【中国属种数：1/1】。

Caryodaphnopsis Airy－Shaw 檬果樟属 Lauraceae［MD－21］特征纪要：习性：木本。花程式：Kn，C3，A12，＝G1－3。物候：－。花期：5月。果期：参考晚于花期。海拔：300－1200米。生境：迁地保护区兰花专园，疏林，林缘。资源：具栽培园艺种类。全球3个大洲分布及种数（17－19）亚洲：11；北美洲：2；南美洲：10。【中国种数：3】。

Caryodendron H. Karst. 榛桐属 Euphorbiaceae［MD－217］特征纪要：习性：木本。花程式：K1（1000），C0，A6，＝G2－3。其他特征参考科。全球3个大洲分布及种数（4－9）大洋洲：3；北美洲：3；南美洲：7。

Caryomene Barneby & Krukoff 月实藤属 Menispermaceae［MD－42］特征纪要：习性：草本。花程式：K1（6－40），C3，A1－6－40，＝G1－3。其他特征参考科。全球1个大洲分布及种数（5）◆南美洲。

Caryophyllaceae Juss.［MD－77］石竹科 特征纪要：习性：木本；落叶。花程式：（K）6－，C5，A8，↑G－。物候：－。花期：6－8月。果实：蒴果。种子：棕。海拔：0米。生境：－。资源：药用。栽培：中国有栽培。全球6个大洲分布及属种数（107－139/3095－4734 <IFR 41/329> hort. 1；cult. 29）非洲：38－39/552－727（IFR 14/29）；亚洲：64－77/1705－2343（IFR 23/111）；大洋洲：26/304－378（IFR 2/3）；欧洲：49－54/1060－1439（IFR 22/134）；北美洲：47－51/711－820（IFR 15/66）；南美洲：34/525－578（IFR 8/26）。【中国属种数：40/485】。

Caryophyllea Opiz ＝ **Aira**

Caryopitys Small ＝ **Pinus**

Caryopteris Bunge 莸属 Lamiaceae［MD－575］特征纪要：习性：木本。花程式：（K－），C2－3参考科，A4，↓G－。物候：－。花期：4月。果期：参考晚于花期。海拔：100－700米。生境：草坡，山坡上的灌丛，山谷中，沿路旁。资源：药用，具栽培园艺种类。全球6个大洲分布及种数（15－17；hort. 1；cult. 3）非洲：4；亚洲：14－21；大洋洲：1－5；欧洲：1－6；北美洲：3－8；南美洲：4。【中国种数：6】。

Caryota L. 鱼尾葵属 Arecaceae［MM－717］特征纪要：习性：木本。花程式：－。物候：－。花期：3－5月。果期：参考晚于花期。海拔：1400－1800米。生境：半常绿雨林常见乔木，石灰岩山地区或沟谷林中。资源：药用，观赏，具栽培园艺种类。全球6个大洲分布及种数（11－21）非洲：2－5；亚洲：9－14；大洋洲：4－8；欧洲：1－3；北美洲：7－10；南美洲：2－4。【中国种数：8】。

Caryotophora Leistner 藐唱花属 Aizoaceae［MD－94］特征纪要：习性：－。花程式：－。其他特征参考科。全球1个大洲分布及种数（1）◆非洲。

Casasia A. Rich. 卡萨茜属 Rubiaceae［MD－523］特征纪要：习性：木本。花程式：（K）4－5，（C）4－5，A4－5，＝↓（G）2－9。其他特征参考科。全球6个大洲分布及种数（11－140）非洲：28；亚洲：44；大洋洲：38；欧洲：24；北美洲：24；南美洲：20。

Cascabela Raf. 松竹桃属 Apocynaceae［MD－492］特征纪要：习性：木本。花程式：K5－∞，C0，A15，＝↓（G）2－5。其他特征参考科。全球6个大洲分布及种数（6－31）非洲：7；亚洲：18；大洋洲：7；欧洲：17；北美洲：17；南美洲：18。【中国种数：1】。

Cascadia A. M. Johnson 虎耳草属 Saxifragaceae［MD－231］特征纪要：习性：草本。花程式：K5，C5，A5－10，＝↓G－。其他特征参考科。全球2个大洲分布及种数（1－3）北美洲：2；南美洲：1。

Cascaronia Griseb. 紫云英豆属 Fabaceae3［MD－240］特征纪要：习性：木本。花程式：K1－∞，C1－∞，A5－9，＝↓G1。其他特征参考科。全球1个大洲分布及种数（1）◆南美洲。

Casearia Jacq. 脚骨脆属 Salicaceae［MD－123］特征纪要：习性：木本。花程式：－。物候：－。花期：4月。果期：参考晚于花期。海拔：100－700米。生境：潮湿山谷中的雨林，中山区密林中。资源：具栽培园艺种类。全球6个大洲分布及种数（124－274；hort. 1；cult. 3）非洲：18－72；亚洲：42－116；大洋洲：15－80；欧洲：3－14；北美洲：47－71；南美洲：79－104。【中国种数：25】。

Casebeeria Fée ＝ **Doryopteris**

Caseria Griseb. ＝ **Casearia**

Cashalia Standl. ＝ **Dussia**

Casimira Scop. ＝ **Melicoccus**

Casimirella Hassl. 香茶茱萸属 Icacinaceae［MD－450］特征纪要：习性：木本。花程式：K3－4，C3－4，A2，＝G2－3。其他特征参考科。全球2个大洲分布及种数（7－9）北美洲：2；南美洲：9。

Casimiroa La Llave 香肉果属 Rutaceae［MD－399］特征纪要：习性：木本。花程式：－。物候：－。花期：1－2月。果期：参考晚于花期。海拔：100－3200米。生境：观赏。资源：药用，生物碱，食用，具栽培园艺种类。全球4个大洲分布及种数（14－18）亚洲：2；大洋洲：1；北美洲：8－12；南美洲：8。【中国种数：1】。

Casparia（Kunth）Kunth 北美云实豆属 Fabaceae2［MD－239］特征纪要：习性：－。花程式：－。其他特征参考科。全球2个大洲分布及种数（45）北美洲：1；南美洲：26。

Cassebura Link = **Doryopteris**

Casselia Nees & Mart. 花旗里白属 Gleicheniaceae［F－18］特征纪要:陆生植物,有长而横走的根状茎,具原始中柱,披鳞片或节状毛,叶为纸质或近革质,下面往往为灰白或灰绿色。全球 1 个大洲分布及种数(8)◆南美洲。

Cassia L. 腊肠树属 Fabaceae2［MD－239］特征纪要:习性:木本。花程式:－。物候:－。花期:10－11 月。果期:参考晚于花期。海拔:100－2500 米。生境:草丛中。资源:药用,园林,具栽培园艺种类。全球 6 个大洲分布及种数(90－184;hort. 1;cult. 9)非洲:25－125;亚洲:22－113;大洋洲:15－105;欧洲:7－94;北美洲:29－118;南美洲:59－153。【中国种数:6】。

Cassine L. 金榄属 Celastraceae［MD－339］特征纪要:习性:木本。资源:具园艺种类。全球 6 个大洲分布及种数(45－60)非洲:40－50;亚洲:14－29;大洋洲:17－22;欧洲:2－8;北美洲:12－21;南美洲:4－9。【中国种数:3】。

Cassinia R. Br. 滨篱菊属 Asteraceae［MD－586］特征纪要:习性:草本。花程式:(K)3－5,(C)3－5,A3－5,＝↓G2。其他特征参考科。全球 4 个大洲分布及种数(50－93)非洲:4; 亚洲:3; 大洋洲:69; 北美洲:3。

Cassiniola F. Muell. = **Syncarpha**

Cassinopsis Sond. 刺檬木属 Icacinaceae［MD－450］特征纪要:习性:木本。花程式:K3－4,C3－4,A2,＝G2－3。其他特征参考科。全球 3 个大洲分布及种数(6－19)非洲:16; 亚洲:4; 南美洲:2。【中国种数:1】。

Cassiope D. Don 岩须属 Ericaceae［MD－380］特征纪要:习性:木本。花程式:－。物候:－。花期:5－8 月。果期:参考晚于花期。海拔:1000－1100 米。生境:草地或路边灌丛中。资源:药用,具栽培园艺种类。全球 5 个大洲分布及种数(22－50)非洲:2; 亚洲:36; 欧洲:20; 北美洲:20; 南美洲:4。【中国种数:14】。

Cassipourea Aubl. 苏瓣红树属 Rhizophoraceae［MD－329］特征纪要:习性:木本。花程式:－。其他特征参考科。全球 6 个大洲分布及种数(70－152)非洲:99; 亚洲:9; 大洋洲:15; 欧洲:13; 北美洲:13; 南美洲:25。

Cassupa Humb. & Bonpl. = **Isertia**

Cassytha Osbeck ex L. 无根藤属 Lauraceae［MD－21］特征纪要和分布(－)。全球 6 个大洲分布及种数(13－34;hort. 1;cult. 3)非洲:4－9;亚洲:4－9;大洋洲:9－29;欧洲:2;北美洲:1－3;南美洲:1－3。【中国种数:4】。

Castalis Cass. = **Calendula**

castanea Mill. 栗属 Fagaceae［MD－69］特征纪要:习性:木本。花期:4－6 月。果期:参考晚于花期。海拔:2800 米。生境:混交林中。资源:药用,具栽培园艺种类。全球 6 个大洲分布及种数(11－16;hort. 1;cult. 4)非洲:1－19;亚洲:7－28;大洋洲:1－19;欧洲:6－24;北美洲:9－28;南美洲:4－22。【中国种数:7】。

Castanedia R. M. King & H. Rob. 细柱亮泽兰属 Asteraceae［MD－586］特征纪要:习性:草本。花程式:(K)3－5,(C)3－5,A3－5,↓G。其他特征参考科。全球 3 个大洲分布及种数(2)大洋洲:1;北美洲:1;南美洲:1。

Castanoclobos J. J. Engel & Glenny 澳绒苔属 Pseudolepicoleaceae［B－71］特征纪要:习性:－。【Rep】:雌雄异株,雌苞生于茎或分枝顶端,颈卵器受精后由茎端膨大形成短柱形的茎鞘,孢蒴长卵圆形,蒴壁有 6－8 层。其他特征参考科。全球 1 个大洲分布及种数(cf. 1)◆大洋洲。

Castanoclobus J. J. Engel & Glenny 澳绒苔属 Trichocoleaceae［B－62］特征纪要:－。全球 1 个大洲分布及种数(1)◆非洲。

Castanola Llanos = **Agelaea**

Castanopsis (D. Don) Spach 锥属 Fagaceae［MD－69］特征纪要:习性:木质攀援。花程式:－。物候:－。花期:8－10 月。果期:参考晚于花期。海拔:100－2000 米。生境:半常绿雨林中。资源:具栽培园艺种类。全球 6 个大洲分布及种数(149－398)非洲:19; 亚洲:365; 大洋洲:18; 欧洲:43; 北美洲:43; 南美洲:18。【中国种数:69】。

Castanospermum A. Cunn. ex Mudie 栗豆树属 Fabaceae3［MD－240］特征纪要:习性:木本。花程式:K1－∞,C1－∞,A5－9,＝↓G1。其他特征参考科。全球 5 个大洲分布及种数(1－6)非洲:2; 亚洲:2; 大洋洲:4; 北美洲:2; 南美洲:2。【中国种数:1】。

Castanospora F. Müll. 栗果无患子属 Sapindaceae［MD－428］特征纪要:习性:木本。花程式:K4－8,C4－8,A10,＝G2－3。其他特征参考科。全球 2 个大洲分布及种数(1－4)亚洲:3; 大洋洲:4。

Castela Turpin 爪苦木属 Simaroubaceae［MD－424］特征纪要:习性:木本。花程式:K3－10,C3－10,A2,＝G1－2。其他特征参考科。全球 2 个大洲分布及种数(18－22)北美洲:12－15;南美洲:7。【中国种数:1】。

Castellanosia Cárdenas 翁龙柱属 Cactaceae［MD－100］特征纪要:习性:木本。花程式:Kn,C3 参考科,A3－100,＝↓G－。其他特征参考科。全球 1 个大洲分布及种数(1)◆南美洲。

Castellia Tineo 瘤稃茅属 Poaceae［MM－748］特征纪要:习性:草本。花程式:(K)3,C0 参考科,A1－2,↓G－参考科。其他特征参考科。全球 4 个大洲分布及种数(2)非洲:1;亚洲:1;大洋洲:1;欧洲:1。

Castelnavia Tul. & Wedd. 河钱草属 Podostemaceae［MD－322］特征纪要:习性:草本。花程式:K1－2,C0,A10,＝G1－2。其他特征参考科。全球 1 个大洲分布及种数(8－13)◆南美洲(◆巴西)。

Castenedia R. M. King & H. Rob. 哥伦菊属 Asteraceae［MD－586］特征纪要:－。全球 1 个大洲分布及种数(1)◆南美洲:1。

Castiglionia Ruiz & Pav. = **Jatropha**

Castilla Cerv. 橡胶桑属 Moraceae［MD－87］特征纪要:习性:木本。花程式:K1－4,C0,A6,＝G1－2。其他特征参考科。全球 5 个大洲分布及种数(4－24)非洲:2; 亚洲:2; 大洋洲:2; 北美洲:12; 南美洲:21。【中国种数:1】。

Castilleja Mutis ex L. f. 火焰草属 Orobanchaceae［MD－552］特征纪要:习性:草本(基生)。花程式:－。物候:－。花期:6－8 月。果期:参考晚于花期。海拔:700－900 米。生境:草原或碱土草甸,也见于灌丛下。资源:具园艺种类。全球 6 个大洲分布及种数(243－278;hort. 1;cult. 12)非洲:134;亚洲:42－179;大洋洲:4－138;欧洲:6－142;北美洲:226－383;南美洲:51－192。【中国种数:33】。

Castra Vell. = **Alomia**

Castratella Naudin 独龙丹属 Melastomataceae［MD－364］特征纪要：习性：木本。花程式：K4－5，C4－5，A4－5，=↓（G）3－4。其他特征参考科。全球1个大洲分布及种数（2）◆南美洲。

Castrilanthemum Vogt & Oberpr. 丁毛菊属 Asteraceae［MD－586］特征纪要：习性：草本。花程式：（K）3－5，C3－5，A3－5，=↓（G）2。其他特征参考科。全球0个大洲分布及种数（1－2）。

Castroviejoa Galbany，L. Sáez & Benedí 岛蜡菊属 Asteraceae［MD－586］特征纪要：习性：草本。花程式：（K）3－5，C3－5，A3－5，=↓（G）2。其他特征参考科。全球2个大洲分布及种数（2－3）亚洲：2；南美洲：2。

Casuarina L. 木麻黄属 Casuarinaceae［MD－73］特征纪要：习性：木本。花程式：－。物候：－。花期：4月。果期：参考晚于花期。海拔：910米。生境：－。栽培：－。资源：药用，木材，具栽培园艺种类。全球6个大洲分布及种数（10－22；hort. 1；cult. 2）非洲：5－16；亚洲：9－27；大洋洲：7－24；欧洲：3－13；北美洲：4－14；南美洲：3－12。【中国种数：5】。

Casuarinaceae R. Br.［MD－73］木麻黄科 特征纪要：习性：木本；落叶。花程式：♀|　♂K4－5（－），C0，A10，（G）2。物候：－。花期：4月。果期：6－9月。果实：翅果。种子：单生，种皮膜质。海拔：100米。资源：木材。栽培：中国有栽培。全球6个大洲分布及属种数（5/68－104 <IFR 2/10> hort. 1；cult. 2）非洲：1/6－8（IFR 1/1）；亚洲：4/25－37；大洋洲：2/51－79（IFR 2/9）；欧洲：1/3－4；北美洲：1/5－6；南美洲：1/3。【中国属种数：3/16】。

Catabrosa P. Beauv. 沿沟草属 Poaceae［MM－748］特征纪要：习性：草本。花程式：（K－），C0参考科，A3，=G2－3。物候：－。海拔：800－4000米。生境：浅水，溪水旁。资源：蛋白质。全球6个大洲分布及种数（5－79）非洲：27；亚洲：45；大洋洲：5；欧洲：28；北美洲：28；南美洲：16。【中国种数：1】。

Catabrosella（Tzvelev）Tzvelev 小沿沟草属 Poaceae［MM－748］特征纪要：习性：草本。花程式：－。物候：－。花期：4－6月。果期：参考晚于花期。海拔：480－700米。生境：－。资源：－。全球4个大洲分布及种数（7－18）非洲：4；亚洲：14；欧洲：2；北美洲：2。【中国种数：3】。

Catacolea B. G. Briggs & L. A. S. Johnson 平灯草属 Restionaceae［MM－744］特征纪要：习性：草本（基生）。花程式：（K）3，C3，A1－2，=（G）1－3。其他特征参考科。全球2个大洲分布及种数（1－4）大洋洲：4；南美洲：2。

Catadysia O. E. Schulz 秘鲁莲座芥属 Brassicaceae［MD－213］特征纪要：习性：－。花程式：－。其他特征参考科。全球1个大洲分布及种数（1）◆南美洲。

Catagoniaceae W. R. Buck & Ireland［B－171］弹叶藓科 特征纪要：奇特的大型附生植物，偶生岩石上，多年生，叶近生，二型，不以关节着生，基生不育叶直立，无柄。【Rep】：孢子囊群为卤蕨型，生于圆形、增厚的小裂片顶部，或生于特化的裂片下面。全球6个大洲分布和属种数（1/6－9）非洲：1/3－6；亚洲：1/5－8；大洋洲：1/1－4；欧洲：1/2－5；北美洲：1/2－5；南美洲：1/4－7。

Catagoniopsis Broth. 智利硬叶藓属 Brachytheciaceae［B－187］特征纪要：习性：－。其他特征参考科。全球1个大洲分布及种数（1）◆南美洲。

Catagonium Broth. 弹叶藓属 Hypnaceae［B－189］特征纪要：－。全球6个大洲分布及种数（19）非洲：4；亚洲：8；大洋洲：2；欧洲：4；北美洲：4；南美洲：9。

Catakidozamia W. Hill = **Lepidozamia**

Catalepidia P. H. Weston 光山龙眼属 Proteaceae［MD－219］特征纪要：习性：木本。花程式：K3－4－∞，C0，A2，=G1。其他特征参考科。全球1个大洲分布及种数（1）◆大洋洲。

Catalepis Stapf & Stent 实心草属 Poaceae［MM－748］特征纪要：习性：草本。花程式：（K）3，C0参考科，A1－2，↓G－参考科。其他特征参考科。全球2个大洲分布及种数（1－4）非洲：3；北美洲：2。

Catalpa G. A. Scop. 梓属 Bignoniaceae［MD－541］特征纪要：习性：木本。花程式：－。物候：－。花期：5－6月。果期：参考晚于花期。海拔：500－2500米。生境：村庄，公路附近，栽于路旁或庭院。资源：药用，花卉，具栽培园艺种类。全球6个大洲分布及种数（9－47）非洲：2；亚洲：20；大洋洲：4；欧洲：14；北美洲：14；南美洲：8。【中国种数：4】。

Catalpium Raf. = **Catalpa**

Catamixis Thoms. 簇黄菊属 Asteraceae［MD－586］特征纪要：习性：草本。花程式：（K）3－5，（C）3－5，A3－5，↓G。其他特征参考科。全球2个大洲分布及种数（1－2）亚洲：2；北美洲：2。

Catananche L. 蓝苣属 Asteraceae［MD－586］特征纪要：习性：草本。花程式：（K）3－5，（C）3－5，A3－5，=↓G2。物候：－。海拔：－。生境：－。资源：具栽培园艺种类。全球6个大洲分布及种数（5－24）非洲：7；亚洲：6；大洋洲：8；欧洲：2；北美洲：2；南美洲：3。【中国种数：1】。

Catanthera F. Müll. 垂药野牡丹属 Melastomataceae［MD－364］特征纪要：习性：木本。花程式：K4－5，C4－5，A4－5，=↓G3－4。其他特征参考科。全球4个大洲分布及种数（19－25）非洲：11；亚洲：20；大洋洲：13；北美洲：2。

Catapodium Link 硬禾属 Poaceae［MM－748］特征纪要：习性：草本。花程式：（K）3，C0参考科，A1－2，↓G－参考科。物候：－。海拔：－。生境：－。资源：具园艺种类。全球6个大洲分布及种数（7－75）非洲：43；亚洲：36；大洋洲：6；欧洲：10；北美洲：10；南美洲：8。

Catappa Gaertn. = **Terminalia**

Cataputia Ludw. = **Ricinus**

Catapyrenium Flot. 硬紫草属 Boraginaceae［MD－517］特征纪要：－。全球4个大洲分布及种数（36）亚洲：7；欧洲：1；北美洲：1；南美洲：10。

Catasetum Rich. ex Kunth 龙须兰属 Orchidaceae［MM－723］特征纪要：习性：草本。花程式：（K）3，C3，A3，=↓

G3。物候:-。花期:参考早于果期。果期:10-11 月。海拔:80-5200 米。生境:柏树林下或草坡路旁,竹坡中。资源:具栽培园艺种类。全球 6 个大洲分布及种数(213-414)非洲:5; 亚洲:18; 大洋洲:3; 欧洲:61; 北美洲:61; 南美洲:387。【中国种数:8】。

Catatia Humbert 尖柱鼠麹木属 Asteraceae [MD-586] 特征纪要:习性:草本。花程式:(K)3-5,C3-5,A3-5, =↓(G)2。其他特征参考科。全球 1 个大洲分布及种数(2)◆非洲(◆马达加斯加)。

Catenulina Soják 塔吉克芥属 Brassicaceae [MD-213] 特征纪要:习性:草本。花程式:K4,C4,A3 参考科,↓G-参考科。其他特征参考科。全球 3 个大洲分布及种数(-)亚洲;北美洲;南美洲。

Catesbaea L. 喇叭茜属 Rubiaceae [MD-523] 特征纪要:习性:木本。花程式:(K)4-5,(C)4-5,A4-5, =↓G2-9。其他特征参考科。全球 5 个大洲分布及种数(17-30)亚洲:10; 大洋洲:2; 欧洲:24; 北美洲:24; 南美洲:6。

Catha Forssk. ex G. A. Scop. 巧茶属 Celastraceae [MD-339] 特征纪要:习性:-。花程式:-。物候:-。花期:6-7 月。果期:参考晚于花期。海拔:40-4300 米。生境:-。栽培:-。资源:制茶,酿酒,具栽培园艺种类。全球 6 个大洲分布及种数(1-31)非洲:19; 亚洲:9; 大洋洲:3; 欧洲:3; 北美洲:3; 南美洲:6。【中国种数:1】。

Catharanthus G. Don 长春花属 Apocynaceae [MD-492] 特征纪要:习性:木本。花程式:-。物候:-。花期:春季-秋天。果期:参考晚于花期。海拔:80-3000 米。生境:开阔道路一侧,栽种。资源:药用,具栽培园艺种类。全球 6 个大洲分布及种数(10-26)非洲:18; 亚洲:8; 大洋洲:3; 欧洲:6; 北美洲:6; 南美洲:3。【中国种数:1】。

Catharinea Ehrh. ex F. Weber & D. Mohr 金发藓科属 Polytrichaceae [B-101] 特征纪要:习性:-。【Rep】:孢子同形,雌雄异株,稀雌雄同株,蒴柄细长,孢蒴长圆柱形,单生或多个簇生,蒴齿单层,齿片 32,棕红色,蒴盖圆锥形。物候:-。海拔:-。生境:常见于林边阴湿土壁,杂木林下。资源:-。全球 6 个大洲分布及种数(86)非洲:2; 亚洲:11; 大洋洲:7; 欧洲:5; 北美洲:5; 南美洲:10。【中国种数:4】。

Catharinella (Müll. Hal.) Kindb. 穗发小金发藓属 Polytrichaceae [B-101] 特征纪要:-。全球 1 个大洲分布及种数(-)。

Cathariostachys S. Dransf. 巧草属 Poaceae [MM-748] 特征纪要:习性:草本。花程式:(K)3,C0 参考科,A1-2, =(G)2-3。其他特征参考科。全球 3 个大洲分布及种数(2-3)非洲:3; 亚洲:2; 南美洲:2。

Catharomnion Hook. f. & Wilson 印度小黄藓属 Daltoniaceae [B-162] 特征纪要:习性:-。【Rep】:雌雄同苞同株,或雌雄异株,蒴柄细长,平滑或具疣,孢蒴多倾立或平列,通常对称,蒴齿两层,外齿层齿片狭长,有时分叉。其他特征参考科。全球 1 个大洲分布及种数(1)◆亚洲。

Cathaya Chun & Kuang 银杉属 Pinaceae [G-15] 特征纪要:习性:-。【Rep】:复轴,球果状,苞鳞种鳞分离,球果当年成熟,常多年不脱落,成熟时卵圆形,无梗,起初直立,逐渐下垂,种鳞远较苞鳞为大,熟时张开,木质,较坚硬,不脱落,近圆形,背面拱凸成蚌壳状,发育种鳞的腹面具两粒上部有翅的种子,种翅膜质,较种鳞为短,下端边缘不包卷种子,仅贴着它的内面(即向轴面),易与种子脱离,种皮硬壳质。花期:3-4 月。果期:参考晚于花期。海拔:900-1900 米。生境:斜坡和山脊上。资源:具园艺种类。全球 2 个大洲分布及种数(1-3)亚洲:3; 北美洲:2。【中国种数:1】。

Cathayanthe Chun 扁蒴苣苔属 Gesneriaceae [MD-549] 特征纪要:习性:草本(根状茎,基生)。花期:参考早于果期。果期:1-9 月。海拔:2400 米。生境:岩石上。全球 1 个大洲分布及种数(cf. 1)◆亚洲(◆中国)。

Cathcartia Hook. f. 蒿枝七属 Papaveraceae [MD-54] 特征纪要:习性:草本。资源:具栽培园艺种类。全球 1 个大洲分布及种数(-)。

Cathedra Miers 椅树属 Olacaceae [MD-362] 特征纪要:习性:木本。花程式:-。其他特征参考科。全球 3 个大洲分布及种数(6-17)非洲:1; 亚洲:1; 南美洲:15。

Cathestecum J. Presl 假垂穗草属 Poaceae [MM-748] 特征纪要:习性:-。花程式:-。其他特征参考科。全球 1 个大洲分布及种数(4-5)◆北美洲。

Cathetus Lour. = **Phyllanthus**

Cathormion (Benth.) Hassk. 项链豆属 Fabaceae3 [MD-240] 特征纪要:习性:木本。花程式:K3-5-∞,C3-5-∞,A1-10-50, =↓G1。其他特征参考科。全球 5 个大洲分布及种数(2-14)非洲:6; 亚洲:11; 大洋洲:3; 北美洲:2; 南美洲:7。【中国种数:1】。

Catillaria <unassigned> 爵床科属 Acanthaceae [MD-572] 特征纪要:习性:-。花程式:-。其他特征参考科。全球 5 个大洲分布及种数(118)亚洲:16; 大洋洲:14; 欧洲:9; 北美洲:9; 南美洲:42。

Catimbaua <unassigned> 母尾草属 Linderniaceae [MD-534] 特征纪要:习性:草本。花程式:-。其他特征参考科。全球 1 个大洲分布及种数(-)。

Catinga Aubl. = **Calycorectes**

Catis O. F. Cook = **Euterpe**

Catoblastus H. Wendl. 绳序椰属 Arecaceae [MM-717] 特征纪要:习性:-。花程式:-。其他特征参考科。全球 2 个大洲分布及种数(18)北美洲:1; 南美洲:1。

Catocoryne Hook. f. 蔓牡丹属 Melastomataceae [MD-364] 特征纪要:习性:-。花程式:-。其他特征参考科。全球 1 个大洲分布及种数(2)◆南美洲。

Catoferia (Benth.) Benth. 疏蕊无梗花属 Lamiaceae [MD-575] 特征纪要:习性:草本。花程式:K2,C0,A2, =↓G2。其他特征参考科。全球 5 个大洲分布及种数(4-5)非洲:1;亚洲:1;大洋洲:1;北美洲:3-4;南美洲:2。【中国种数:1】。

Catolechia <unassigned> 脊棱囊藓属 Rhacocarpaceae [B-139] 特征纪要:-。全球 1 个大洲分布及种数(-)。

Catolesia D. J. N. Hind 落苞柄泽兰属 Asteraceae [MD-586] 特征纪要:习性:草本。花程式:(K)3-5,C3-5,A3-5,=↓(G)2。其他特征参考科。全球1个大洲分布及种数(1-2)◆南美洲。

Catolobus (C. A. Mey.) Al-Shehbaz 垂果南芥属 Brassicaceae [MD-213] 特征纪要:习性:草本。花程式:K2-4,C2-4,A2-4,=(G)2。其他特征参考科。全球6个大洲分布及种数(2)非洲:1;亚洲:1-2;大洋洲:1;欧洲:1-2;北美洲:1;南美洲:1。【中国种数:1】。

Catopheria Benth. = **Catoferia**

Catophractes D. Don 刺角树属 Bignoniaceae [MD-541] 特征纪要:习性:木本。花程式:-。其他特征参考科。全球1个大洲分布及种数(1)◆非洲。

Catophyllum Pohl ex Baker = **Mikania**

Catopsis Griseb. 粉衣凤梨属 Bromeliaceae [MM-715] 特征纪要:习性:草本。花程式:K3,C3,A6,=↓G3。其他特征参考科。全球5个大洲分布及种数(21-90)非洲:3; 亚洲:5; 欧洲:67; 北美洲:67; 南美洲:56。【中国种数:1】。

Catoptridium Brid. = **Schistostega**

Catoscopiaceae Boulay ex Broth. [B-109] 垂蒴藓科 特征纪要:土生,中型草本,叶疏生,有柄,二形,不育叶绿色,叶片阔卵状三角形,一回羽状(先端为羽状半裂),羽片披针形,边缘浅裂,下部1-2对有短柄。【Rep】:孢子囊群背生于显著的囊托上。全球4个大洲分布和属种数(1/2)亚洲:1/1;欧洲:1/2;北美洲:1/1;南美洲:1/1。

Catoscopium Brid. 垂蒴藓属 Catoscopiaceae [B-109] 特征纪要(同科)。全球4个大洲分布及种数(2)亚洲:1;欧洲:2;北美洲:1;南美洲:1。

Catostemma Benth. 垂冠木棉属 Bombacaceae [MD-201] 特征纪要:习性:木本。花程式:K5,C5,A10-8,=G2-5。其他特征参考科。全球2个大洲分布及种数(15-30)大洋洲:3; 南美洲:29。

Catostigma O. F. Cook & Doyle = **Wettinia**

Cattimarus Kuntze = **Kleinhovia**

Cattleya Lindl. 卡特兰属 Orchidaceae [MM-723] 特征纪要:习性:草本。花程式:(K)3,C3,A3,=↓G3。其他特征参考科。全球5个大洲分布及种数(234-614)非洲:4; 亚洲:25; 大洋洲:17; 北美洲:64; 南美洲:476。【中国种数:6】。

Cattleyella Van den Berg & M. W. Chase 卡特兰属 Orchidaceae [MM-723] 特征纪要:习性:-。花程式:-。其他特征参考科。全球1个大洲分布及种数(1)◆非洲。

Catunaregam Wolf 山石榴属 Rubiaceae [MD-523] 特征纪要:习性:木本。花程式:(K-),C2-3参考科,A5参考科,↓G2。物候:-。花期:3-6月。果期:参考晚于花期。海拔:1600米。生境:林中或灌丛中,溪边,小山或山坡上。资源:药用。全球6个大洲分布及种数(13-31)非洲:16; 亚洲:16; 大洋洲:3; 欧洲:4; 北美洲:4; 南美洲:2。【中国种数:5】。

Catyclia J. M. H. Shaw 兰科属 Fabaceae3 [MD-240] 特征纪要:习性:-。花程式:-。其他特征参考科。全球1个大洲分布及种数(2)◆南美洲:1。

Caucaea Schltr. 高加兰属 Orchidaceae [MM-723] 特征纪要:习性:草本。花程式:(K)3,C3,A3,=↓G3。其他特征参考科。全球3个大洲分布及种数(17-32)亚洲:2; 北美洲:4; 南美洲:27。

Caucalis L. 钩果芹属 Apiaceae [MD-480] 特征纪要:习性:草本。花程式:K5,C5,A5,=↓G2。物候:-。海拔:-。生境:-。资源:具园艺种类。全球6个大洲分布及种数(7-12;hort. 1;cult. 1)非洲:4-8;亚洲:3-4;大洋洲:1;欧洲:1-2;北美洲:1-2;南美洲:1-2。【中国种数:1】。

Caucanthus Forssk. 金虎尾科属 Sterculiaceae [MD-189] 特征纪要:习性:-。花程式:-。其他特征参考科。全球2个大洲分布及种数(3)非洲:3; 亚洲:1。

Caucasalia B. Nord. 甲菊属 Asteraceae [MD-586] 特征纪要:习性:草本。花程式:(K)3-5,(C)3-5,A3-5,↓G。其他特征参考科。全球2个大洲分布及种数(4-5)亚洲:4; 北美洲:4。

Caudalejeunea Stephani 尾鳞苔属 Lejeuneaceae [B-84] 特征纪要:习性:-。【Rep】:雌苞顶生于主枝,蒴萼具3个脊,并常附1-7个小脊,脊部具冠状突起,一般稀疏生长。物候:-。海拔:-。生境:山坡。资源:-。全球6个大洲分布及种数(10-13)非洲:4-8;亚洲:6-8;大洋洲:3-5;欧洲:2;北美洲:1-3;南美洲:2。【中国种数:3】。

Caudanthera Plowes 水牛角属 Apocynaceae [MD-492] 特征纪要:习性:木本。花程式:Kn,C0,A15,↓G。其他特征参考科。全球2个大洲分布及种数(3-4) 非洲:3;亚洲:2-3。

Caulanthus S. Watson 甘蓝花属 Brassicaceae [MD-213] 特征纪要:习性:-。花程式:-。其他特征参考科。全球5个大洲分布及种数(49)非洲:2; 亚洲:8; 欧洲:32; 北美洲:32; 南美洲:3。

Caularthron Raf. 双角兰属 Orchidaceae [MM-723] 特征纪要:习性:草本。花程式:(K)3,C3,A3,=↓G3。其他特征参考科。全球4个大洲分布及种数(2-15)非洲:1; 亚洲:2; 北美洲:13; 南美洲:14。

Caulinia DC. 柱子豆属 Cymodoceaceae [MM-615] 特征纪要和分布(-)。全球6个大洲分布及种数(25)非洲:3;亚洲:25;大洋洲:19;欧洲:5;北美洲:6;南美洲:8。

Caulokaempferia K. Larsen 大苞姜属 Zingiberaceae [MM-737] 特征纪要:习性:草本(基生)。花程式:-。物候:-。花期:4-7月。果期:参考晚于花期。海拔:1500-2800米。生境:生于山地密林中。资源:药用。全球3个大洲分布及种数(32-48)非洲:2; 亚洲:46; 大洋洲:1。【中国种数:1】。

Caulophyllum Michx. 红毛七属 Berberidaceae [MD-45] 特征纪要:习性:草本(根状茎,基生,多肉)。花程式:-。物候:-。花期:5-6月。果期:参考晚于花期。海拔:900-3500米。生境:生于林下,山沟阴湿处或竹林下,亦生银杉林下,中山阳坡。资源:药用,具栽培园艺种类。全球 2 个大洲分布及种数(4)亚洲:cf. 1;北美洲:3。【中国种数:2】。

Caulostramina Rollins 天蓝菜属 Brassicaceae [MD-213] 特征纪要:习性:-。花程式:-。其他特征参考科。全球 1 个大洲分布及种数(1)◆北美洲。

Causea Scop. = **Hirtella**

Causonis Raf. 乌蔹莓属 Vitaceae [MD-403] 特征纪要:习性:木本。花程式:-。其他特征参考科。全球 5 个大洲分布及种数(2)非洲:2;亚洲:2;大洋洲:2;欧洲:1;北美洲:1。

Caustis R. Br. 曲秆莎属 Cyperaceae [MM-747] 特征纪要:习性:草本。花程式:(K)3,C3,A1-3,=↓G2-3。其他特征参考科。全球 3 个大洲分布及种数(8-21)亚洲:2; 大洋洲:16; 南美洲:2。

Cautleya (Royle ex Benth. & Hook. f.) Hook. f. 距药姜属 Zingiberaceae [MM-737] 特征纪要:习性:草本。花程式:-。物候:-。花期:6 月。果期:参考晚于花期。海拔:1700-2500 米。生境:高山疏林,生于杂木林下或附生于树上。资源:具园艺种类。全球 2 个大洲分布及种数(3-12)亚洲:11; 北美洲:2。【中国种数:2】。

Cavacoa J. Léonard 金丝桐属 Euphorbiaceae [MD-217] 特征纪要:习性:木本。花程式:K1(1000),C0,A6,=G2-3。其他特征参考科。全球 1 个大洲分布及种数(3)◆非洲。

Cavalcantia R. M. King & H. Rob. 宽片菊属 Asteraceae [MD-586] 特征纪要:习性:草本。花程式:(K)3-5,C3-5,A3-5,=↓(G)2。其他特征参考科。全球 1 个大洲分布及种数(2)◆南美洲。

Cavanillesia Ruiz & Pav. 纺锤树属 Bombacaceae [MD-201] 特征纪要:习性:木本。花程式:K5,C5,A10,=(G)2-5。其他特征参考科。全球 3 个大洲分布及种数(4-12)亚洲:2; 北美洲:2; 南美洲:11。

Cavea W. W. Sm. & J. Small 葚菊属 Asteraceae [MD-586] 特征纪要:习性:草本(根状茎,基生,多肉)。花程式:(K)3-5,C3-5,A3 参考科,↓G。物候:-。花期:7-8 月。果期:参考晚于花期。海拔:4000-5100 米。生境:砾石坡地,干燥沙地和河谷或灌丛间,碎石地面。资源:药用,具栽培园艺种类。全球 1 个大洲分布及种数(cf. 1)◆亚洲。【中国种数:1】。

Cavendishia Lindl. 艳苞莓属 Ericaceae [MD-380] 特征纪要和分布(-)。【中国种数:2】。

Cavernularia <unassigned> 水蕨科属 Parkeriaceae [F-36] 特征纪要:-。全球 1 个大洲分布及种数(-)。

Cavicularia Steph. 勺苔属 Blasiaceae [B-3] 特征纪要:习性:-。【Rep】:雌雄苞均着生叶状体背面,颈卵器裸露,受精后沉生于叶状体内,由菱形苞膜覆盖,蒴披薄膜质,孢蒴卵形,具裂瓣背面基部着生蓝藻。其他特征参考科。全球 1 个大洲分布及种数(cf. 1)◆亚洲。

Cavinium Thou. = **Vaccinium**

Caxamarca M. O. Dillon & Sagást. 臭根菊属 Asteraceae [MD-586] 特征纪要:习性:草本。花程式:(K)3-5,C3-5,A3-5,=↓(G)2。其他特征参考科。全球 1 个大洲分布及种数(1-2)◆南美洲(◆秘鲁)。

Cayaponia Silva Manso 盘腺瓜属 Cucurbitaceae [MD-205] 特征纪要:习性:木本。花程式:-。其他特征参考科。全球 6 个大洲分布及种数(79-94)非洲:4-9;亚洲:11-15;大洋洲:3-7;欧洲:4-8;北美洲:26-30;南美洲:73-86。【中国种数:5】。

Caylusea A. St. -Hil. 盘樨草属 Resedaceae [MD-196] 特征纪要:习性:草本。花程式:K3-50,C3-50,A4,=G2-3。其他特征参考科。全球 4 个大洲分布及种数(3-4)非洲:2-3;亚洲:cf. 1;欧洲:1;北美洲:1。

Cayratia Juss. 乌蔹莓属 Vitaceae [MD-403] 特征纪要:习性:木质攀援。花程式:Kn,C2-3 参考科,A5,G2。物候:-。花期:5-7 月。果期:参考晚于花期。海拔:100-1100 米。生境:灌丛,竹林下。资源:具栽培园艺种类。全球 6 个大洲分布及种数(46-71;hort. 1;cult. 1)非洲:15-28;亚洲:35-62;大洋洲:12-30;欧洲:2-13;北美洲:3-14;南美洲:11。【中国种数:10】。

Ceanothus L. 美洲茶属 Rhamnaceae [MD-331] 特征纪要:习性:木本。花程式:K4-5,C4-5,A2,=G2-5。物候:-。海拔:-。生境:-。资源:具栽培园艺种类。全球 6 个大洲分布及种数(86-281)非洲:8; 亚洲:47; 大洋洲:17; 欧洲:172; 北美洲:172; 南美洲:10。【中国种数:27】。

Cearanthes Ravenna 静石蒜属 Amaryllidaceae [MM-694] 特征纪要:习性:草本。花程式:(K)3,C3,A1,=↓(G)3。其他特征参考科。全球 1 个大洲分布及种数(2)◆南美洲(◆巴西)。

Cecalyphum P. Beauv. 曲尾藓科属 Dicranaceae [B-128] 特征纪要:-。全球 1 个大洲分布及种数(-)。

Cecarria Barlow 切卡寄生属 Loranthaceae [MD-415] 特征纪要:习性:木本。花程式:K6,C0,A4,=↓G3-4。其他特征参考科。全球 4 个大洲分布及种数(2)非洲:1;亚洲:1;大洋洲:1;南美洲:cf. 1。

Cecropia Löfl. 号角树属 Cecropiaceae [MD-88] 特征纪要(同科)。全球 6 个大洲分布及种数(77-93;hort. 1;cult. 3)非洲:2;亚洲:2-4;大洋洲:3-5;欧洲:2;北美洲:18-20;南美洲:75-85。【中国种数:2】。

Cecropiaceae C. C. Berg [MD-88] 南美伞科 特征纪要:习性:木本;落叶。花程式:K4,C0,A,↑G1。物候:-。花期:3-4 月。果期:4-6 月。果实:-。种子:-。海拔:1600 米。生境:生于热带季雨林地区山谷疏林湿处。资源:-。栽培:-。全球 5 个大洲分布及属种数(2/4 <IFR 1/1> hort. 1;cult. 1) 非洲:2/4; 亚洲:2/5; 大洋洲:1/5; 北美洲:2/22(IFR 1/1); 南美洲:1/77-85。

Cedrela P. Br. 洋椿属 Meliaceae [MD-414] 特征纪要:习性:木本。花程式:K5,C5,A5,G-。物候:-。花期:夏天。果期:参考晚于花期。海拔:100-2900 米。生境:-。栽培:-。资源:具栽培园艺种类。全球 6 个大洲分布及种数(17-153)非洲:13; 亚洲:36; 大洋洲:6; 欧洲:47; 北美洲:47; 南美洲:120。【中国种数:2】。

Cedrelinga Ducke 通灵豆属 Fabaceae2 [MD-240] 特征纪要:习性:木本。花程式:K3-5-∞,C3-5-∞,A1-10-50,=↓G1。其他特征参考科。全球 2 个大洲分布及种数(1-4)非洲:1; 南美洲:4。

Cedrella Scop. = **Cedrela**

Cedrelopsis Baill. 香皮椿属 Rutaceae［MD－399］特征纪要:习性:木本。花程式:－。其他特征参考科。全球 3 个大洲分布及种数(8－11)非洲:11; 亚洲:2; 大洋洲:2。【中国种数:1】。

Cedronella Mönch 柠檬草属 Lamiaceae［MD－575］特征纪要:习性:草本。花程式:K2,C0,A2,↓G。物候:－。海拔:－。生境:－。资源:具栽培园艺种类。全球 6 个大洲分布及种数(1－18)非洲:3; 亚洲:16; 大洋洲:4; 欧洲:14; 北美洲:14; 南美洲:5。

Cedrus Trew 雪松属 Pinaceae［G－15］特征纪要和分布(－)。全球 6 个大洲分布及种数(4;hort. 1;cult. 3)非洲:3－4;亚洲:3－4;大洋洲:3－4;欧洲:3－4;北美洲:3－4;南美洲:3－4。【中国种数:3】。

Ceiba Mill. 吉贝属 Malvaceae［MD－203］特征纪要:习性:木本。花程式:－。物候:－。花期:3－4 月。果期:参考晚于花期。海拔:500－1700 米。生境:绿化草坪上。资源:具栽培园艺种类。全球 6 个大洲分布及种数(19－51)非洲:6; 亚洲:10; 大洋洲:43; 欧洲:18; 北美洲:18; 南美洲:35。【中国种数:4】。

Celaena Wedd. = **Lucilia**

Celaenodendron Standl. = **Piranhea**

Celastraceae R. Br.［MD－339］卫矛科 特征纪要:习性:木本,藤本;常绿,落叶。花程式:(K)6,C5,A10－6,↑G－。物候:－。果实:蒴果。种子:种皮作不规则的矩圆形。海拔:0 米。生境:暗礁上,植物园内栽。资源:制茶,酿酒。栽培:中国有栽培。全球 6 个大洲分布及属种数(98－107/1348－1941 < IFR 18/55 > hort. 1;cult. 16) 非洲:44/416－489(IFR 8/31); 亚洲:28－30/489－641(IFR 4/7); 大洋洲:19/102－134(IFR 2/3); 欧洲:5－6/35－38; 北美洲:27－29/262－339(IFR 7/12); 南美洲:26－27/339－375(IFR 2/2)。【中国属种数:25/282】。

Celastrus L. 南蛇藤属 Celastraceae［MD－339］特征纪要:习性:木质攀援。花程式:－。物候:－。花期:3－4 月。果期:参考晚于花期。海拔:100－1000 米。生境:干沟边岩石。栽培:来自广西龙州。资源:油脂,药用,具栽培园艺种类。全球 6 个大洲分布及种数(45－377)非洲:111; 亚洲:207; 大洋洲:22; 欧洲:39; 北美洲:39; 南美洲:33。【中国种数:26】。

Celerina Benoist 马爵床属 Acanthaceae［MD－572］特征纪要:习性:草本。花程式:K2－4,C0,A2－4,=(G)2。其他特征参考科。全球 3 个大洲分布及种数(1－6)非洲:3; 亚洲:2; 南美洲:2。

Celianella Jabl. 苞萼茶属 Phyllanthaceae［MD－222］特征纪要:习性:木本。花程式:K1(1000),C0,A6,=(G)2－3。其他特征参考科。全球 3 个大洲分布及种数(1－5)亚洲:2; 北美洲:2; 南美洲:4。

Celiantha Maguire 瘤花龙胆属 Gentianaceae［MD－496］特征纪要:习性:草本。花程式:K4－5,C0,A10,=(G)2。其他特征参考科。全球 1 个大洲分布及种数(9)◆南美洲。

Celmearia P. Heenan 兰科属 Orchidaceae［MM－723］特征纪要:习性:－。花程式:－。其他特征参考科。全球 1 个大洲分布及种数(1－2)◆大洋洲:1。

Celome Greene = **Peritoma**

Celosia L. 青葙属 Amaranthaceae［MD－116］特征纪要:习性:草本,亚灌木。花程式:－。物候:－。花期:5－8 月。果期:参考晚于花期。海拔:1100 米。生境:广泛种植,杂草。资源:园林,药用,具栽培园艺种类。全球 6 个大洲分布及种数(46－83;hort. 1;cult. 3)非洲:19－46;亚洲:21－29;大洋洲:5－13;欧洲:4－11;北美洲:15－25;南美洲:14－23。【中国种数:8】。

Celothelium <unassigned> 青芽藓属 Sorapillaceae［B－212］特征纪要:－。全球 4 个大洲分布及种数(18)亚洲:2; 欧洲:15; 北美洲:15; 南美洲:17。

Celsa Vell. = **Casearia**

Celsioverbascum K. H. Rechinger & Hub. －Mor. 苞玄参属 Scrophulariaceae［MD－536］特征纪要:－。全球 1 个大洲分布及种数(5)◆亚洲:2。

Celtica F. M. Vázqüz & Barkworth 针茅属 Poaceae［MM－748］特征纪要:草本。花程式:(K－),C0 参考科,A3 参考科,↓G－参考科。其他特征参考科。全球 4 个大洲分布及种数(1－7)非洲:4; 欧洲:1; 北美洲:1; 南美洲:1。

Celtidaceae (Lindl.) Endl.［MD－90］朴科 特征纪要:习性:木本;落叶。花程式:(K)5,C0,A4－5,G2。物候:－。花期:2－3 月。果期:8－10 月。果实:－。种子:－。海拔:1000 米。生境:－。资源:油脂,药用。栽培:－。全球 5 个大洲分布及属种数(1/1 < IFR 1/1 > hort. 1;cult. 1) 非洲:1/22－34; 亚洲:1/38－46; 大洋洲:1/18－29; 北美洲:1/31－35; 南美洲:1/30－32(IFR 1/1)。

Celtis L. 朴属 Celtidaceae［MD－90］特征纪要(同科)。全球 6 个大洲分布及种数(65－102;hort. 1;cult. 9)非洲:20－88;亚洲:36－102;大洋洲:16－83;欧洲:10－67;北美洲:29－89;南美洲:28－86。【中国种数:24】。

Cenangiella <unassigned> 塔苞菰属 Helosaceae［MD－305］特征纪要:－。全球 1 个大洲分布及种数(1)◆欧洲:1。

Cenarrhenes Labill. 塔州李属 Proteaceae［MD－219］特征纪要:习性:木本。花程式:K3－4－∞,C0,A2,=G1。其他特征参考科。全球 2 个大洲分布及种数(1－10)大洋洲:10; 南美洲:6。

Cenchrus L. 蒺藜草属 Poaceae［MM－748］特征纪要:习性:草本(基生)。花程式:－。物候:－。海拔:10－5600 米。生境:土地。栽培:来自广西龙州。资源:具栽培园艺种类。全球 6 个大洲分布及种数(108－286)非洲:161; 亚洲:111; 大洋洲:89; 欧洲:122; 北美洲:122; 南美洲:73。【中国种数:16】。

Cencrus Scop. = **Cenchrus**

Cenia Comm. ex Juss. = **Cotula**

Cenocentrum Gagnep. 大萼葵属 Malvaceae［MD－203］特征纪要:习性:木本。花程式:－。物候:－。花期:9－11 月。果期:参考晚于花期。海拔:700－1600 米。生境:沟谷,疏林或草丛中。资源:观赏,具栽培园艺种类。

全球 1 个大洲分布及种数(cf. 1)◆亚洲。【中国种数:1】。

Cenolophium W. D. J. Koch 空棱芹属 Apiaceae [MD – 480] 特征纪要:习性:草本(基生)。花程式:Kn, C5, A3 参考科, = ↓G(–)。物候: – 。花期:7 – 8 月。果期:参考晚于花期。海拔:400 – 1800 米。生境:河边草地和泛滥地林下。资源:具园艺种类。全球 3 个大洲分布及种数(2)非洲:1;亚洲:cf. 1;欧洲:1。

Cenomyce Ach. 合椿梅科属 Cunoniaceae [MD – 255] 特征纪要: – 。全球 3 个大洲分布及种数(15)大洋洲:2; 欧洲:10; 南美洲:3。

Cenostigma Tul. 星毛苏木属 Fabaceae1 [MD – 240] 特征纪要:习性:木本。花程式:K3 – 5 – ∞, C3 – 5 – ∞, A3 – 5, = ↓G1 – 2。其他特征参考科。全球 3 个大洲分布及种数(21 – 31)非洲:2; 北美洲:5; 南美洲:24。

Centaurea L. 疆矢车菊属 Asteraceae [MD – 586] 特征纪要:习性:草质攀援。花程式:(K)3 – 5, C3 – 5, A3 参考科, = ↓(G)2。物候: – 。海拔:400 – 1400 米。生境:河边草地中。资源:具栽培园艺种类。全球 6 个大洲分布及种数(941 – 1474; hort. 1; cult. 195)非洲:141 – 185;亚洲:451 – 530;大洋洲:57 – 104;欧洲:590 – 677;北美洲:70 – 116;南美洲:45 – 89。【中国种数:57】。

Centaurium Hill 白金花属 Gentianaceae [MD – 496] 特征纪要和分布(–)。全球 6 个大洲分布及种数(50 – 76; hort. 1; cult. 10)非洲:11 – 30;亚洲:15 – 34;大洋洲:6 – 23;欧洲:23 – 42;北美洲:25 – 44;南美洲:11 – 28。【中国种数:7】。

Centaurodendron Johow 矢车木属 Asteraceae [MD – 586] 特征纪要:习性:草本。花程式:(K)3 – 5, (C)3 – 5, A3 – 5, = ↓G2。其他特征参考科。全球 1 个大洲分布及种数(3)◆南美洲(◆智利)。

Centauropsis Bojer ex DC. 矢车鸡菊花属 Asteraceae [MD – 586] 特征纪要:习性:草本。花程式:(K)3 – 5, C3 – 5, A3 – 5, = ↓(G)2。其他特征参考科。全球 2 个大洲分布及种数(9 – 13)非洲:13; 亚洲:2。

Centaurothamnus Wagenitz & Dittrich 小矢车木属 Asteraceae [MD – 586] 特征纪要:习性:草本。花程式:(K)3 – 5, (C)3 – 5, A3 – 5, ↓G。其他特征参考科。全球 1 个大洲分布及种数(1)◆亚洲。

Centella L. 积雪草属 Apiaceae [MD – 480] 特征纪要:习性:草本。花程式:Kn, C5, A2, = ↓G2。物候: – 。海拔:200 – 1900 米。生境:草地或水沟边,路旁屋边。资源:药用,具栽培园艺种类。全球 6 个大洲分布及种数(43 – 58)非洲:39 – 53;亚洲:2;大洋洲:3;欧洲:1;北美洲:2;南美洲:6。【中国种数:1】。

Centema Hook. f. 花刺苋属 Amaranthaceae [MD – 116] 特征纪要:习性:草本。花程式:K1 – 2, C0, A1 – 2, = G2 – 3。其他特征参考科。全球 2 个大洲分布及种数(2 – 10)非洲:9; 亚洲:2。

Centemopsis Schinz 红尾苋属 Amaranthaceae [MD – 116] 特征纪要:习性:草本。花程式:K1 – 2, C0, A1 – 2, = G2 – 3。其他特征参考科。全球 3 个大洲分布及种数(12 – 17)非洲:16; 大洋洲:3; 北美洲:2。

Centenaria P. Gonzáles, A. Cano & H. Rob. 赤尾菊属 Asteraceae [MD – 586] 特征纪要:习性: – 。花程式: – 。其他特征参考科。全球 1 个大洲分布及种数(–)。

Centipeda Lour. 石胡荽属 Asteraceae [MD – 586] 特征纪要:习性:草本。花程式:(K)3 – 5, C3 – 5, A3 参考科, = ↓G2。物候: – 。花期:7 – 10 月。果期:参考晚于花期。海拔:1500 – 2500 米。生境:路旁,荒野阴湿地,栖息地。资源:具园艺种类。全球 6 个大洲分布及种数(10 – 12; hort. 1; cult. 1)非洲:1;亚洲:2;大洋洲:9 – 11;欧洲:1;北美洲:1;南美洲:2。【中国种数:2】。

Centosteca Desv. = **Centotheca**

Centotheca Desv. 酸模芒属 Poaceae [MM – 748] 特征纪要:习性:竹类。花程式:(K –), C0 参考科, A6, = G2 – 3。物候: – 。海拔:10 – 5600 米。生境:林下,林缘和山谷蔽荫处。资源:药用。全球 6 个大洲分布及种数(6 – 8)非洲:4 – 5;亚洲:4 – 6;大洋洲:3 – 4;欧洲:1;北美洲:1;南美洲:1。【中国种数:1】。

Centradenia G. Don 距药花属 Melastomataceae [MD – 364] 特征纪要:习性:木本。花程式:K4 – 5, C4 – 5, A4 – 5, = ↓G3 – 4。其他特征参考科。全球 3 个大洲分布及种数(6 – 23)亚洲:2; 北美洲:10; 南美洲:4。【中国种数:1】。

Centradeniastrum Cogn. 小距药花属 Melastomataceae [MD – 364] 特征纪要:习性:木本。花程式:K4 – 5, C4 – 5, A4 – 5, = ↓(G)3 – 4。其他特征参考科。全球 1 个大洲分布及种数(2)◆南美洲。

Centrandra H. Karst. = **Croton**

Centranthera Scheidw. 胡麻草属 Scrophulariaceae [MD – 536] 特征纪要和分布(–)。【中国种数:5】。

Centranthus Raf. 距花属 Caprifoliaceae [MD – 510] 特征纪要和分布(–)。全球 1 个大洲分布及种数(10 – 12)◆欧洲。

Centratherum Cass. 钮扣花属 Asteraceae [MD – 586] 特征纪要:习性:草本。花程式:(K)3 – 5, (C)3 – 5, A3 – 5, = ↓G2。物候: – 。花期:7 – 10 月。果期:参考晚于花期。海拔:6000 米。生境:阿尔泰山地针叶林带山沟,柞林下路旁。资源:具园艺种类。全球 6 个大洲分布及种数(3 – 50)非洲:4; 亚洲:23; 大洋洲:6; 欧洲:6; 北美洲:6; 南美洲:18。【中国种数:1】。

Centrochloa Swallen 巴西向心草属 Poaceae [MM – 748] 特征纪要:习性: – 。花程式: – 。其他特征参考科。全球 1 个大洲分布及种数(1)◆南美洲(◆巴西)。

Centroclinium D. Don = **Onoseris**

Centroglossa Barb. Rodr. 距舌兰属 Orchidaceae [MM – 723] 特征纪要:习性:草本。花程式:(K)3, C3, A3, = ↓G3。其他特征参考科。全球 1 个大洲分布及种数(6 – 8)◆南美洲。

Centrolepidaceae (Lindl.) Endl. [MM – 745] 刺鳞草科 特征纪要:习性:草本;落叶。花程式:(K)6, C1, A2, G1。物候: – 。花期和果期: 11 月至次年 2 月。果实:蓇葖果。种子: – 。海拔:100 米。生境:低草地,旱田,旷野或河边沙质土上。资源: – 。栽培: – 。全球 4 个大洲分布及属种数(4/37 – 54 < IFR 1/2 > hort. 1) 非洲:1 – 2/3 – 4; 亚洲:2/8 – 10; 大洋洲:4/34 – 48(IFR 1/2); 南美洲:1/2。【中国属种数:1/2】。

Centrolepis Labill. 刺鳞草属 Centrolepidaceae［MM－745］特征纪要(同科)。全球6个大洲分布及种数(29－74)非洲:5；亚洲:18；大洋洲:58；欧洲:2；北美洲:2；南美洲:3。【中国种数:2】。

Centrolobium Mart. ex Benth. 刺荚豆属 Fabaceae3［MD－240］特征纪要:习性:木本。花程式:K1－∞,C1－∞,A5－9,＝↓G1。其他特征参考科。全球3个大洲分布及种数(8－9)亚洲:cf. 1;北美洲:2;南美洲:7。【中国种数:1】。

Centromadia Greene 星刺菊属 Asteraceae［MD－586］特征纪要:习性:草本。花程式:－。其他特征参考科。全球4个大洲分布及种数(8－26)亚洲:2；大洋洲:2；欧洲:13；北美洲:13。【中国种数:1】。

Centronia D. Don 彤号丹属 Melastomataceae［MD－364］特征纪要:习性:－。花程式:－。其他特征参考科。全球6个大洲分布及种数(13－20)非洲:3;亚洲:3;大洋洲:3;欧洲:3;北美洲:1－4;南美洲:12－21。

Centropappus Hook. f. 泌液菊属 Asteraceae［MD－586］特征纪要:习性:－。花程式:－。其他特征参考科。全球1个大洲分布及种数(－)。

Centropetalum Lindl. ＝ **Fernandezia**

Centrophorum Trin. ＝ **Chrysopogon**

Centroplacaceae Doweld & Reveal［MD－172］安神木科 特征纪要:习性:木本;常绿,落叶。花程式:K3,C3,A3,G3。果实:偏红色。海拔:50－100米。生境:低海拔林。全球1个大洲分布及属种数(2－3/2－9)◆亚洲:1/1。【中国属种数:1/3】。

Centroplacus Pierre 安神木属 Centroplacaceae［MD－172］特征纪要:习性:木本。花程式:－。其他特征参考科。全球1个大洲分布及种数(1)◆非洲。

Centropodia Rchb. 白霜草属 Poaceae［MM－748］特征纪要:习性:草本。花程式:(K)3,C0参考科,A1－2,＝G2－3。其他特征参考科。全球2个大洲分布及种数(5－14)非洲:11；亚洲:7。

Centropogon C. Presl 蝮齿花属 Campanulaceae［MD－561］特征纪要:习性:灌木。花程式:(K)5,(C)5,A5,＝↓G2－3。其他特征参考科。全球6个大洲分布及种数(191－265;hort. 1;cult. 16)非洲:2;亚洲:6－8;大洋洲:2;欧洲:2－5;北美洲:30－36;南美洲:177－243。【中国种数:2】。

Centropsis Endl. ＝ **Sclerolaena**

Centrosema (DC.) Benth. 距瓣豆属 Fabaceae3［MD－240］特征纪要:习性:木质攀援。花程式:Kn,C2－3参考科,A9＋1二体,＝↓G－。物候:－。花期:1－4月。果期:参考晚于花期。海拔:100米。生境:栽培,牧草。资源:具栽培园艺种类。全球6个大洲分布及种数(42－110)非洲:10；亚洲:13；大洋洲:6；欧洲:33；北美洲:33；南美洲:72。【中国种数:5】。

Centrosia A. Rich. ＝ **Calanthe**

Centrosolenia Benth. 兜瓣岩桐属 Gesneriaceae［MD－549］特征纪要:习性:草本。花程式:－。其他特征参考科。全球2个大洲分布及种数(13－21)北美洲:1；南美洲:14。

Centrospermum Kunth ＝ **Acanthospermum**

Centrostachys Wall. 水膝苋属 Amaranthaceae［MD－116］特征纪要:习性:草本。花程式:K1－2,C0,A1－2,＝(G)2－3。其他特征参考科。全球6个大洲分布及种数(3－4)非洲:2－5;亚洲:1－4;大洋洲:3;欧洲:3;北美洲:3;南美洲:3。【中国种数:1】。

Centrostegia A. Gray 刺距蓼属 Polygonaceae［MD－120］特征纪要:习性:草本。花程式:K2－3,C0,A2,↓G－参考科。其他特征参考科。全球1个大洲分布及种数(1－5)◆北美洲。

Centrostemma Decne. ＝ **Hoya**

Centrostigma Schltr. 玉凤花属 Orchidaceae［MM－723］特征纪要:习性:草本。花程式:(K－),C2－3参考科,A3参考科,↓G－。其他特征参考科。全球1个大洲分布及种数(1－3)◆非洲。

Cephalacanthus Lindau 头刺爵床属 Acanthaceae［MD－572］特征纪要:习性:草本。花程式:K2－4,C0,A2－4,＝(G)2。其他特征参考科。全球1个大洲分布及种数(1)◆南美洲(◆秘鲁)。

Cephalandra Schröd. ＝ **Coccinia**

Cephalanophlos Neck. ＝ **Cirsium**

Cephalanthera Rich. 头蕊兰属 Orchidaceae［MM－723］特征纪要:习性:草本(根状茎,腐生,多肉)。花程式:Kn,C2－3参考科,A3参考科,＝↓G3。物候:－。花期:5－8月。果期:参考晚于花期。海拔:2000－3000米。生境:常绿阔叶林边缘,竹坡中。资源:药用,具栽培园艺种类。全球6个大洲分布及种数(24－123)非洲:24；亚洲:71；大洋洲:7；欧洲:12；北美洲:12；南美洲:5。【中国种数:9】。

Cephalantheropsis Guillaumin 黄兰属 Orchidaceae［MM－723］特征纪要:习性:－。花期:10－11月。果期:参考晚于花期。海拔:400－1400米。生境:森林。资源:花卉。全球1个大洲分布及种数(5－8)◆亚洲。

Cephalantholejeunea R. M. Schust. 黄鳞苔属 Lejeuneaceae［B－84］特征纪要:习性:－。【Rep】:老时呈红褐色。其他特征参考科。全球1个大洲分布及种数(1)◆非洲。

Cephalanthus L. 风箱树属 Rubiaceae［MD－523］特征纪要:习性:木本。花程式:(K－),(C)5参考科,A5参考科,↓G2。物候:－。花期:6－9月。果期:参考晚于花期。海拔:700米。生境:水沟旁或溪畔。资源:药用,具栽培园艺种类。全球6个大洲分布及种数(9－13)非洲:1－12;亚洲:5－18;大洋洲:11;欧洲:2－13;北美洲:5－16;南美洲:3－15。【中国种数:2】。

Cephalaralia Harms 湖南参属 Araliaceae［MD－471］特征纪要:习性:木本。花程式:K1－∞,C1－∞,A2,＝↓G－。其他特征参考科。全球1个大洲分布及种数(1) ◆大洋洲:1。

Cephalaria Schröd. 刺头草属 Dipsacaceae［MD－545］特征纪要:习性:草本。花程式:(K)2－3,(C)2－3,A2－3,

= ↓ G2。海拔:300 - 4800 米。生境:草坡,中山下坡竹林下。全球 6 个大洲分布及种数(53 - 109;hort. 1;cult. 2)非洲:19 - 25;亚洲:36 - 77;大洋洲:2;欧洲:16 - 23;北美洲:2 - 4;南美洲:2 - 4。【中国种数:7】。

Cephalidium A. Rich. = **Breonia**

Cephalipterum A. Gray 顶羽鼠曲属 Asteraceae [MD - 586] 特征纪要:习性:草本。花程式: - 。其他特征参考科。全球 1 个大洲分布及种数(1)◆大洋洲(◆澳大利亚)。

Cephalocarpus Nees 头莎木属 Cyperaceae [MM - 747] 特征纪要:习性:草本。花程式:(K)3,C3,A1 - 3, = ↓ G2 - 3。其他特征参考科。全球 4 个大洲分布及种数(20 - 39)非洲:2; 亚洲:2; 北美洲:3; 南美洲:34。

Cephaloceraton (Bory & Dur.) Gennari = **Isoetes**

Cephalocereus Pfeiff. 翁柱属 Cactaceae [MD - 100] 特征纪要:习性:木本。花程式:K1 - ∞ ,C1 - ∞ ,A3 - 100, = ↓ (G)3 - 100。其他特征参考科。全球 4 个大洲分布及种数(13 - 120)亚洲:7; 欧洲:45; 北美洲:45; 南美洲:108。

Cephalocladium Laz. = **Struckia**

Cephalocroton Hochst. 头巴豆属 Euphorbiaceae [MD - 217] 特征纪要:习性:木本。花程式:K1(1000),C0,A6, = (G)2 - 3。其他特征参考科。全球 4 个大洲分布及种数(3 - 26)非洲:14; 亚洲:11; 大洋洲:3; 北美洲:2。

Cephalocrotonopsis Pax 头巴豆属 Euphorbiaceae [MD - 217] 特征纪要:习性:木本。花程式: - 。其他特征参考科。全球 1 个大洲分布及种数(1 - 2)◆亚洲。

Cephalodaphne <unassigned> 亚洲大樟属 Lauraceae [MD - 21] 特征纪要: - 。全球 1 个大洲分布及种数(1)◆亚洲:1。

Cephalohibiscus Ulbr. 李花棉属 Malvaceae [MD - 203] 特征纪要:习性:木本。花程式:Kn,C6 参考科,A - 参考科, = (G)1 - 5。其他特征参考科。全球 2 个大洲分布及种数(1 - 3)非洲:2; 大洋洲:3。

Cephalojonesia Grolle 非洲大萼苔属 Cephaloziellaceae [B - 53] 特征纪要:习性: - 。【Rep】:老时呈红褐色。其他特征参考科。全球 2 个大洲分布及种数(3)非洲:2; 北美洲:2。

Cephalolejeunea Mizut. 亚洲细鳞苔属 Lejeuneaceae [B - 84] 特征纪要:习性: - 。【Rep】:老时呈红褐色。其他特征参考科。全球 1 个大洲分布及种数(cf. 1)◆亚洲。

Cephalolobus R. M. Schust. 花叶苔属 Lophoziaceae [B - 56] 特征纪要和分布(-)。

Cephalomanes Webb & Berth. ex C. Presl 膜蕨科属 Hymenophyllaceae [F - 21] 特征纪要:陆生植物。根状茎粗健,上升或直立,下面密生粗根。叶簇生;叶柄坚硬,被刺毛;叶片一回羽状或很少为羽裂,通常为披针形;羽片两侧不对称,向顶一边常为浅裂或撕裂状;叶脉近于扇状分枝,粗健,小脉常突出叶缘以外成刺毛状。叶质粗硬,颜色深黝,细胞大,细胞壁薄而呈波浪状。【Rep】:孢子囊群生于叶片顶部的缩狭裂片上,或生在正常羽片上侧的叶缘上;囊苞管状或很少缩短为倒圆锥形,坚厚;囊群托长,突出,粗壮,有时顶端膨大。全球 1 个大洲分布及种数(2)◆亚洲。

Cephalomappa Baill. 肥牛树属 Euphorbiaceae [MD - 217] 特征纪要:习性:木本。花程式: - 。物候: - 。花期:3 - 4 月。果期:参考晚于花期。海拔:100 - 500 米。生境:森林,石灰岩山常绿林中。资源:蛋白质,具栽培园艺种类。全球 2 个大洲分布及种数(9 - 13)亚洲:8; 北美洲:1。【中国种数:2】。

Cephalomitrion R. M. Schust. 肥萼苔属 Cephaloziellaceae [B - 53] 特征纪要:习性: - 。【Rep】:雌苞叶全缘,老时呈红褐色。其他特征参考科。全球 1 个大洲分布及种数(1)◆大洋洲(◆澳大利亚)。

Cephalopactis Asch. & Graebn. 头花兰属 Orchidaceae [MM - 723] 特征纪要:习性:草本。花程式:(K)3,C3,A3, = ↓ G3。其他特征参考科。全球 2 个大洲分布及种数(2 - 5)欧洲:2; 北美洲:2。

Cephalopanax <unassigned> 五加头属 Araliaceae [MD - 471] 特征纪要:习性: - 。花程式: - 。其他特征参考科。全球 1 个大洲分布及种数(-)。

Cephalopappus Nees & Mart. 毛头钝柱菊属 Asteraceae [MD - 586] 特征纪要:习性:草本。花程式:(K)3 - 5,(C) 3 - 5,A3 - 5, = ↓ G2。其他特征参考科。全球 3 个大洲分布及种数(1 - 3)亚洲:2; 北美洲:2; 南美洲:3。

Cephalopentandra Chiov. 立布袋属 Cucurbitaceae [MD - 205] 特征纪要:习性:木本。花程式:K3 - 5,C3 - 5,A3 - 5, = ↓ (G)1 - 2。其他特征参考科。全球 1 个大洲分布及种数(1)◆非洲。

Cephalophilon (Meisn.) é. Spach = **Polygonum**

Cephalophis Vollesen 头爵床属 Acanthaceae [MD - 572] 特征纪要:习性: - 。花程式: - 。其他特征参考科。全球 2 个大洲分布及种数(1 - 13)非洲:1; 南美洲:1。

Cephalophora Cav. = **Helenium**

Cephalophyllum (Haw.) N. E. Br. 旭峰花属 Aizoaceae [MD - 94] 特征纪要:草本。花程式:K3 - 4,C3 - 4,A5 参考科, = ↓ G1 - 2。其他特征参考科。全球 4 个大洲分布及种数(33 - 110)非洲:109; 亚洲:3; 欧洲:2; 北美洲:2。

Cephalophysis <unassigned> 肉穗果科属 Bataceae [MD - 223] 特征纪要: - 。全球 2 个大洲分布及种数(2)欧洲:2; 北美洲:2。

Cephalophyton Hook. f. ex Baker = **Langsdorffia**

Cephalopodum Korovin 前胡属 Apiaceae [MD - 480] 特征纪要:习性:草本。花程式:Kn,C5,A3 参考科, = ↓ G (-)。其他特征参考科。全球 1 个大洲分布及种数(cf.)◆亚洲:3。

Cephalorchis F. M. Vázqüz 叠花兰属 Bartramiaceae [B - 142] 特征纪要:习性: - 。花程式: - 。其他特征参考科。全球 0 个大洲分布及种数(3)。

Cephalorhizum Popov & Korovin 叠霜花属 Plumbaginaceae [MD - 227] 特征纪要:习性:草本。花程式: - 。其他特征参考科。全球 1 个大洲分布及种数(2 - 4)◆亚洲。

Cephalorrhynchus Boiss. 头嘴菊属 Asteraceae [MD - 586] 特征纪要:草本(基生),叶互生,落叶。花程式:(K)3

-5,C3-5,A(-),=↓G:2。果实:瘦果。全球1个大洲分布及种数(3-8)◆亚洲。

Cephaloschefflera Merr. = **Schefflera**

Cephaloschoenus Nees = **Rhynchospora**

Cephaloscirpus Kurz = **Cephalocarpus**

Cephaloseris Poepp. ex Rchb. = **Polyachyrus**

Cephalosorus A. Gray 鳞冠鼠麹草属 Asteraceae [MD-586] 特征纪要:习性:草本。花程式:(K)3-5,(C)3-5,A3-5,=↓G2。其他特征参考科。全球1个大洲分布及种数(3)◆大洋洲(◆澳大利亚)。

Cephalosphaera Warb. 锥头楠属 Myristicaceae [MD-15] 特征纪要:习性:-。花程式:-。其他特征参考科。全球1个大洲分布及种数(1)◆非洲。

Cephalostachyum Munro 空竹属 Poaceae [MM-748] 特征纪要:习性:竹类。花程式:(K-),C0参考科,A3参考科,=(G)2-3。物候:-。花期:3-4月。果期:参考晚于花期。海拔:1200-2000米。生境:-。资源:具栽培园艺种类。全球6个大洲分布及种数(17-20)非洲:4-5;亚洲:13-17;大洋洲:1;欧洲:1;北美洲:1;南美洲:1。【中国种数:4】。

Cephalostemon R. H. Schomb. 球蔺花属 Rapateaceae [MM-713] 特征纪要:习性:草本。花程式:-。其他特征参考科。全球3个大洲分布及种数(5-10)亚洲:2; 大洋洲:1; 南美洲:10。【中国种数:1】。

Cephalostigma A. DC. = **Wahlenbergia**

Cephalotaceae Dum. [MD-270] 土瓶草科 特征纪要:习性:草本;落叶。花程式:K4,C4,A10,G3。果实:蓇葖果。海拔:300-1800米。生境:混合针叶林和阔叶林,灌木丛,路旁。全球1个大洲分布及属种数(2/2-3 hort. 1)◆大洋洲:1/ 1。

Cephalotaxaceae Neger [G-11] 三尖杉科 特征纪要:小型草本,附生或石生,叶远生。【Rep】:孢子囊群粗线形,沿叶脉着生,不达叶脉先端,无盖。全球6个大洲分布及属种数(2/13 hort. 1;cult. 1)◆亚洲:2/13。

Cephalotaxus Siebold & Zucc. ex Endl. 三尖杉属 Cephalotaxaceae [G-11] 特征纪要(同科)。全球6个大洲分布及种数(8-51)非洲:6; 亚洲:38; 大洋洲:4; 欧洲:8; 北美洲:8; 南美洲:5。【中国种数:7】。

Cephalotomandra H. Karst. & Triana 香柔木属 Nyctaginaceae [MD-107] 特征纪要:习性:木本。花程式:K1-5,C0,A5,=G1。其他特征参考科。全球2个大洲分布及种数(1-3)北美洲:1;南美洲:1。

Cephalotrophis Blume = **Trophis**

Cephalotus Labill. 土瓶草属 Cephalotaceae [MD-270] 特征纪要(同科)。全球3个大洲分布及种数(1-49)大洋洲:3; 北美洲:2; 南美洲:48。

Cephaloxis Desv. = **Bartramia**

Cephaloxys Desv. = **Juncus**

Cephalozia (Dum.) Dum. 大萼苔属 Cephaloziaceae [B-52] 特征纪要:习性:-。【Rep】:老时呈黄褐色。物候:-。海拔:-。生境:常见于腐木上。栽培:来自广西龙州。资源:具栽培园艺种类。全球6个大洲分布及种数(34-37)非洲:9-34;亚洲:17-39;大洋洲:3-25;欧洲:11-33;北美洲:19-41;南美洲:10-32。【中国种数:20】。

Cephaloziaceae Mig. [B-52] 大萼苔科 特征纪要:根状茎短粗,直立,簇生肉质根。叶片大,3-4回羽裂,羽片6-7对。【Rep】:孢子叶特化,聚生成圆锥状,孢子囊无柄,沿小穗内侧成两行排列,不陷入囊托内,横裂。全球6个大洲分布和属种数(9-10/58-104)非洲:2-7/11-47;亚洲:8-9/31-64;大洋洲:4-6/6-41;欧洲:4-7/18-51;北美洲:4-7/27-60;南美洲:6-8/18-54。【中国属种数:5/28(2)】。

Cephaloziella (Spruce) Schiffn. 拟大萼苔属 Cephaloziellaceae [B-53] 特征纪要:习性:-。【Rep】:雌苞叶全缘。物候:-。海拔:500米。生境:常见于林下湿岩面,岩面土生。资源:-。全球6个大洲分布及种数(38-50)非洲:11-37;亚洲:18-37;大洋洲:7-27;欧洲:14-32;北美洲:18-36;南美洲:8-27。【中国种数:8】。

Cephaloziellaceae Douin [B-53] 拟大萼苔科 特征纪要:高大攀援植物,叶远生,二型,通常奇数羽状,羽片多数,侧生的以关节着生于叶轴,顶生的不具关节。【Rep】:孢子囊满布羽片下面,无隔丝。全球6个大洲分布和属种数(6/57-95)非洲:4/18-44;亚洲:4/30-49;大洋洲:3/9-29;欧洲:1/14-32;北美洲:4/23-41;南美洲:4/14-34。【中国属种数:2/10】。

Cephaloziopsis (Spruce) Schiffn. 大头萼苔属 Cephaloziellaceae [B-53] 特征纪要:习性:-。【Rep】:雌苞叶全缘,老时呈红褐色。生境:常见于林下湿岩面,岩面土生。全球4个大洲分布及种数(4)非洲:1;亚洲:cf. 1;北美洲:1;南美洲:1。

Ceradenia L. E. Bishop 蜡腺蕨属 Polypodiaceae [F-60] 特征纪要:习性:-。【Rep】:孢子同形,囊群生叶背有盖。其他特征参考科。全球6个大洲分布及种数(7-275)非洲:20; 亚洲:112; 大洋洲:31; 欧洲:41; 北美洲:41; 南美洲:140。

Ceramanthe (Rchb.) Dumort. 玄参属 Scrophulariaceae [MD-536] 特征纪要:习性:-。花程式:-。其他特征参考科。全球1个大洲分布及种数(-)。

Ceramanus E. D. Cooper 蜡叶苔属 Lepidoziaceae [B-63] 特征纪要:习性:-。【Rep】:雌雄同株或异株,雄苞生于短侧枝上,雄苞叶一般3-6对,雌苞生于腹面短枝上,内雌苞叶先端具齿或纤毛,蒴裂瓣披针形或指形。其他特征参考科。全球2个大洲分布及种数(1) 亚洲;南美洲。

Ceraria Pearson & Stephens 刺戟木科属 Portulacaceae [MD-85] 特征纪要:习性:-。花程式:-。其他特征参考科。全球5个大洲分布及种数(29)非洲:29; 亚洲:12; 欧洲:2; 北美洲:2; 南美洲:10。

Cerasiocarpum Hook. f. = **Kedrostis**

Cerastium Tourn. ex L. 卷耳属 Caryophyllaceae [MD-77] 特征纪要:习性:草本(基生)。花程式:K5,C5,A10,

G1。物候：-。花期：5-8月。果期：参考晚于花期。海拔：100-2300米。生境：草甸中，渠边及河岸，针叶林，丘陵草甸。资源：药用，具栽培园艺种类。全球6个大洲分布及种数(200-307；hort. 1；cult. 37)非洲：40-72；亚洲：94-155；大洋洲：34-63；欧洲：99-152；北美洲：56-91；南美洲：59-100。【中国种数：45】。

Cerasus Mill. 樱属 Rosaceae［MD-246］特征纪要：习性：-。花期：4-5月。果期：参考晚于花期。海拔：100-200米。生境：沟谷密林中。资源：具栽培园艺种类。全球6个大洲分布及种数(79-88；hort. 1；cult. 17)非洲：4-37；亚洲：76-131；大洋洲：7-40；欧洲：24-57；北美洲：20-53；南美洲：5-38。

Ceratandra Lindl. 叉角兰属 Orchidaceae［MM-723］特征纪要：习性：草本。花程式：(K)3，C3，A3，↓G-。其他特征参考科。全球3个大洲分布及种数(6-15)非洲：10；亚洲：7；南美洲：3。

Ceratanthus F. Müll. 角花属 Lamiaceae［MD-575］特征纪要：草质攀援，落叶，复叶；花程式：(K)，C，A4-8，G(-)。种子：子叶缘倚胚根。全球1个大洲分布及种数(2-3)◆亚洲：1-2。

Ceratiola Michx. 沙石南属 Ericaceae［MD-380］特征纪要：习性：木本。花程式：-。其他特征参考科。全球3个大洲分布及种数(1-41)亚洲：6；北美洲：40；南美洲：34。【中国种数：1】。

Ceratiosicyos Nees 青钟藤属 Achariaceae［MD-159］特征纪要：习性：木本。花程式：-。其他特征参考科。全球1个大洲分布及种数(1-2)◆非洲。

C

Ceratocapnos Durieu 藤堇属 Papaveraceae［MD-54］特征纪要：习性：草本。花程式：K1-∞，C4，A4-6，=G2-100。其他特征参考科。全球4个大洲分布及种数(4-7)非洲：4；亚洲：5；欧洲：2；北美洲：2。【中国种数：2】。

Ceratocarpus L. 角果藜属 Amaranthaceae［MD-116］特征纪要：习性：草本。海拔：600-5000米。生境：戈壁沙漠，干旱斜坡。全球2个大洲分布及种数(2)亚洲：cf. 1；欧洲：1。【中国种数：1】。

Ceratocaryum Nees 帚灯草属 Restionaceae［MM-744］特征纪要：习性：草本。花程式：(K-)，C2-3参考科，A3参考科，↓G-参考科。其他特征参考科。全球1个大洲分布及种数(8)◆非洲。

Ceratocaulos (Bernh.) Rchb. 曼陀罗属 Solanaceae［MD-503］特征纪要和分布(-)。全球1个大洲分布及种数(1)◆非洲。

Ceratocentron Senghas 红头兰属 Orchidaceae［MM-723］特征纪要：习性：草本。花程式：(K-)，C2-3参考科，A3参考科，↓G-。其他特征参考科。全球1个大洲分布及种数(1)◆亚洲。

Ceratocephala Pers. 角果毛茛属 Ranunculaceae［MD-38］特征纪要：习性：-。花期：4-5月。果期：参考晚于花期。海拔：600-1600米。生境：干燥的干燥的石头上，通常是栽培的杂草，荒沙地，路旁或水边。资源：具栽培园艺种类。全球5个大洲分布及种数(1-8)亚洲：5；大洋洲：3；欧洲：4；北美洲：4；南美洲：4。

Ceratocephalus Vaill. ex Cass. 角毛茛属 Asteraceae［MD-586］特征纪要和分布(-)。全球1个大洲分布及种数(1-5)◆北美洲。

Ceratochilus Lindl. ex Lodd. 角唇兰属 Orchidaceae［MM-723］特征纪要：习性：-。花程式：-。其他特征参考科。全球3个大洲分布及种数(10)亚洲：8；北美洲：3；南美洲：4。

Ceratochloa P. Beauv. 显脊雀麦属 Poaceae［MM-748］特征纪要：习性：-。花程式：-。其他特征参考科。全球6个大洲分布及种数(2)非洲：3；亚洲：3；大洋洲：3；欧洲：3；北美洲：3；南美洲：1-4。

Ceratocnemum Coss. & Balansa 非洲野蔓菁属 Brassicaceae［MD-213］特征纪要：习性：草本。花程式：K2-4，C2-4，A2-4，=G2。其他特征参考科。全球1个大洲分布及种数(1)◆非洲(◆摩洛哥)。

Ceratococcus Meisn. = **Plukenetia**

Ceratocoreta (DC.) Rchb. 锦葵科属 Malvaceae［MD-203］特征纪要和分布(-)。

Ceratodactylis J. Sm. = **Meliosma**

Ceratodon Brid. 角齿藓属 Ditrichaceae［B-119］特征纪要：习性：-。【Rep】：绿色或黄绿色。物候：-。海拔：900米。生境：岩石面石缝土生。资源：-。全球6个大洲分布及种数(17)非洲：6；亚洲：1；大洋洲：2；欧洲：7；北美洲：7；南美洲：5。【中国种数：5】。

Ceratogonon Meisn. = **Oxygonum**

Ceratogyne Turcz. 角果菊属 Asteraceae［MD-586］特征纪要：习性：草本。花程式：(K)3-5，(C)3-5，A3-5，=↓G2。其他特征参考科。全球1个大洲分布及种数(1)◆大洋洲(◆澳大利亚)。

Ceratoides Gagnebin 夜香苋属 Amaranthaceae［MD-116］特征纪要：习性：-。花程式：-。物候：-。海拔：3000-3800米。生境：半荒漠，砂丘，荒地，田边及路旁。资源：-。全球3个大洲分布及种数(16)亚洲：13；欧洲：3；北美洲：3。

Ceratolacis (Tul.) Wedd. 巴西川苔草属 Podostemaceae［MD-322］特征纪要：习性：草本。花程式：K1-2，C0，A10，=(G)1-2。其他特征参考科。全球2个大洲分布及种数(2-4)亚洲：2；南美洲：4。

Ceratolejeunea J. B. Jack & Steph. 角萼苔属 Lejeuneaceae［B-84］特征纪要：习性：-。【Rep】：雄苞纤小，无柄，雄苞叶数对。物候：-。海拔：-。生境：山坡，针阔混交林中。资源：-。全球6个大洲分布及种数(35-45)非洲：2-12；亚洲：34-48；大洋洲：3-8；欧洲：4；北美洲：12-16；南美洲：20-27。【中国种数：1】。

Ceratolimon M. B. Crespo & Lledó 屈霜花属 Plumbaginaceae［MD-227］特征纪要：习性：草本。花程式：-。其他特征参考科。全球2个大洲分布及种数(3) 非洲：3，亚洲：1。

Ceratolobus Bl. 角裂藤属 Arecaceae［MM-717］特征纪要：习性：-。花程式：-。其他特征参考科。全球4个大洲分布及种数(14)非洲：2；亚洲：13；北美洲：3；南美洲：3。

Ceratonia L. 长角豆属 Fabaceae2［MD-240］特征纪要：习性：木本。花程式：Kn，C3-5-∞，A6，=↓G-。物候：-。花期：11月。果期：参考晚于花期。海拔：100-2500米。生境：-。栽培：-。资源：果胶，具栽培园艺种类。全球6个大洲分布及种数(3-17)非洲：4；亚洲：8；大洋洲：2；欧洲：2；北美洲：2；南美洲：9。【中国种数:1】。

Ceratopetalum Sm. 朱萼梅属 Cunoniaceae [MD-255] 特征纪要:习性:木本。花程式:K4-5,C4-5,A4-5,=↓G2-3。其他特征参考科。全球5个大洲分布及种数(8-14)非洲:3; 亚洲:5; 大洋洲:12; 欧洲:3; 北美洲:3。

Ceratophyllaceae Gray [MD-52] 金鱼藻科 特征纪要:习性:草本;落叶。花程式:♀|♂K4-5(-),C0,A6,G1。物候:-。花期和果期:6-9月。果实:坚果。种子:种皮作不规则的矩圆形。海拔:0米。生境:湖泊,池塘,溪流。资源:药用。栽培:-。全球6个大洲分布及属种数(2/9 <IFR 1/3> hort. 1;cult. 1) 非洲:1/3(IFR 1/3); 亚洲:2/9(IFR 1/3); 大洋洲:2/4(IFR 1/1); 欧洲:1/5(IFR 1/2); 北美洲:2/7(IFR 1/1); 南美洲:2/7(IFR 1/1)。【中国属种数:1/3】。

Ceratophyllum L. 金鱼藻属 Ceratophyllaceae [MD-52] 特征纪要(同科)。全球6个大洲分布及种数(8;hort. 1;cult. 3)非洲:3-9;亚洲:7-13;大洋洲:2-8;欧洲:5-11;北美洲:5-11;南美洲:5-11。【中国种数:3】。

Ceratophytum Pittier 塔纳葳属 Bignoniaceae [MD-541] 特征纪要:习性:-。花程式:-。其他特征参考科。全球2个大洲分布及种数(cf. 1)北美洲;南美洲。

Ceratopteris Brongn. 水蕨属 Parkeriaceae [F-36] 特征纪要:习性:-。【Rep】:孢子囊群沿主脉两侧生,形大,几无柄,幼时完全为反卷的叶边所覆盖,环带宽而直立,由排列不整齐的30-70个加厚的阔细胞组成,裂缝明显或否。物候:-。海拔:2348米。生境:沼泽,河沟和水塘。资源:具栽培园艺种类。全球6个大洲分布及种数(8-25)非洲:5; 亚洲:16; 大洋洲:5; 欧洲:7; 北美洲:7; 南美洲:11。【中国种数:3】。

Ceratopyxis Hook. f. 角果茜草属 Rubiaceae [MD-523] 特征纪要:习性:木本。花程式:(K)4-5,(C)4-5,A4-5,=↓G2-9。其他特征参考科。全球1个大洲分布及种数(1)◆北美洲(◆古巴)。

Ceratosanthes Burm. ex Adans. 角花葫芦属 Cucurbitaceae [MD-205] 特征纪要:习性:木本。花程式:K3-5,C3-5,A3,=↓(G)1-2。其他特征参考科。全球3个大洲分布及种数(9-21)亚洲:3; 北美洲:2; 南美洲:19。【中国种数:1】。

Ceratoscyphus Chun = **Chirita**

Ceratostema Juss. 囊冠莓属 Ericaceae [MD-380] 特征纪要:习性:木本。花程式:-。物候:-。海拔:-。生境:-。资源:具园艺种类。全球4个大洲分布及种数(35-114)亚洲:9; 欧洲:2; 北美洲:2; 南美洲:98。

Ceratostigma Bunge 蓝雪花属 Plumbaginaceae [MD-227] 特征纪要:习性:草本,少灌木。花程式:(K-),C2-3参考科,A3参考科,=↓G5。物候:-。花期:8-12月。果期:参考晚于花期。海拔:1000-4800米。生境:灌丛边和路边,岩壁和砾石或砂质基地上,多见于山麓,路边,河边向阳处。资源:药用,具栽培园艺种类。全球6个大洲分布及种数(7-10)非洲:2;亚洲:5-9;大洋洲:2;欧洲:1;北美洲:2;南美洲:1。【中国种数:5】。

Ceratostylis Bl. 牛角兰属 Orchidaceae [MM-723] 特征纪要:习性:草本(根状茎,基生,多肉)。花程式:Kn,C2-3参考科,A3参考科,=↓G3。海拔:700-1000米。生境:生于林中树上或溪谷畔岩石上。资源:具园艺种类。全球6个大洲分布及种数(155-291)非洲:86; 亚洲:240; 大洋洲:80; 欧洲:8; 北美洲:8; 南美洲:3。【中国种数:7】。

Ceratotheca Endl. 角果麻属 Pedaliaceae [MD-539] 特征纪要:习性:木本。花程式:K5,C0,A10,=↓(G)2。其他特征参考科。全球3个大洲分布及种数(14)非洲:12; 北美洲:3; 南美洲:2。

Ceratozamia Brongn. 角状铁属 Zamiaceae [G-2] 特征纪要:习性:-。【Rep】:雌雄异株,单轴球果。资源:具栽培园艺种类。全球4个大洲分布及种数(37-53)非洲:2; 大洋洲:2; 北美洲:44; 南美洲:8。

Cerbera L. 海杧果属 Apocynaceae [MD-492] 特征纪要:习性:-。花程式:-。物候:-。花期:3-10月。果期:参考晚于花期。海拔:80-3000米。生境:海滨,潮汐河岸。资源:药用。全球6个大洲分布及种数(6-10)非洲:2-7;亚洲:4-8;大洋洲:3-8;欧洲:1-4;北美洲:3-8;南美洲:3。【中国种数:3】。

Cerberiopsis Vieill. ex Pancher & Sebert 拟海杧果属 Apocynaceae [MD-492] 特征纪要:习性:木本。花程式:K5-∞,C0,A15,=↓G2-5。其他特征参考科。全球2个大洲分布及种数(4-11)大洋洲:9; 南美洲:3。

Cercestis Schott 鞭藤芋属 Araceae [MM-639] 特征纪要:习性:草本。花程式:K0,C0,A1-4,=G1-3。其他特征参考科。全球5个大洲分布及种数(9-43)非洲:39; 亚洲:15; 欧洲:2; 北美洲:2; 南美洲:4。

Cercidiphyllaceae Engl. [MD-51] 连香树科 特征纪要:习性:木本;落叶。花程式:♀/♂K4-5(-),C5,A2-4,↑G1。花期:4月。果期:8月。果实:荚果。种子:有翅,子叶钝。海拔:600-2700米。生境:森林,林缘,溪边。资源:药用。全球6个大洲分布及属种数(2/4 hort. 1;cult. 1)◆亚洲:2/4。【中国属种数:1/2】。

Cercidiphyllum Siebold & Zucc. 连香树属 Cercidiphyllaceae [MD-51] 特征纪要(同科)。全球3个大洲分布及种数(2-12)亚洲:9; 欧洲:3; 北美洲:3。【中国种数:2】。

Cercidium Tul. 假紫荆属 Fabaceae3 [MD-240] 特征纪要:习性:-。花程式:-。其他特征参考科。全球6个大洲分布及种数(4)非洲:7;亚洲:7;大洋洲:1-8;欧洲:7;北美洲:7;南美洲:2-9。

Cercidospora <unassigned> 紫芽藓属 Sorapillaceae [B-212] 特征纪要:-。全球2个大洲分布及种数(9)亚洲:4; 南美洲:4。

Cercis L. 紫荆属 Fabaceae3 [MD-240] 特征纪要:习性:木本。花程式:Kn,C3-5-∞,A10,=↓G-。物候:-。花期:3-4月。果期:参考晚于花期。海拔:100米。生境:低海拔山地疏林灌丛,路旁或栽培于庭院中。资源:园林,具栽培园艺种类。全球6个大洲分布及种数(9-11;hort. 1;cult. 2)非洲:1-15;亚洲:7-25;大洋洲:1-15;欧洲:3-17;北美洲:6-22;南美洲:2-16。【中国种数:8】。

Cercocarpus Kunth 山红木属 Rosaceae [MD-246] 特征纪要:习性:木本。花程式:K1(10-100),C1-10-100,A1-10-100,=↓G1-50。其他特征参考科。全球5个大洲分布及种数(14-60)亚洲:4; 大洋洲:1; 欧洲:33; 北美洲:33; 南美洲:9。【中国种数:2】。

Cercosporella <unassigned> 连囊藓属 Sorapillaceae [B-212] 特征纪要:-。全球 4 个大洲分布及种数(26)非洲:1; 亚洲:2; 欧洲:6; 南美洲:9。

Cercosporidium <unassigned> 桃囊藓属 Sorapillaceae [B-212] 特征纪要:-。全球 3 个大洲分布及种数(9)亚洲:1; 北美洲:8; 南美洲:7。

Cerdia Moç. & Sessé ex DC. 单蕊漆姑属 Caryophyllaceae [MD-77] 特征纪要:习性:草本。花程式:K1-5,C1-5,A1-5,=(G)2-5。其他特征参考科。全球 3 个大洲分布及种数(1-9)亚洲:2; 北美洲:2; 南美洲:5。

Cerea Thou. = **Paspalum**

Ceresia Pers. = **Paspalum**

Cereus Mill. 仙人柱属 Cactaceae [MD-100] 特征纪要:习性:木本。花程式:K1-∞,C1-∞,A3-100,=↓(G)3-100。物候:-。海拔:-。生境:-。资源:具栽培园艺种类。全球 6 个大洲分布及种数(96-245;hort. 1;cult. 11)非洲:3-50;亚洲:7-60;大洋洲:3-50;欧洲:5-54;北美洲:35-99;南美洲:77-170。【中国种数:3】。

Cerinthe L. 蜜蜡花属 Boraginaceae [MD-517] 特征纪要:习性:草本。花程式:K5,C0,A5,=↓G2-4。其他特征参考科。全球 5 个大洲分布及种数(11-38)非洲:8; 亚洲:13; 大洋洲:4; 欧洲:5; 北美洲:5。【中国种数:2】。

C

Ceriops Arn. 角果木属 Rhizophoraceae [MD-329] 特征纪要:习性:木本。花程式:-。物候:-。花期:秋季。果期:参考晚于花期。海拔:0 米。生境:红树林,沼泽地。资源:药用,具栽培园艺种类。全球 3 个大洲分布及种数(5-6)非洲:4;亚洲:3;大洋洲:4。【中国种数:2】。

Ceriosperma (O. E. Schulz) Greuter & Burdet 夜香芥属 Brassicaceae [MD-213] 特征纪要:习性:-。花程式:-。其他特征参考科。全球 2 个大洲分布及种数(3)亚洲:1; 南美洲:2。

Ceriscoides (Hook. f.) Tirveng. 木瓜榄属 Rubiaceae [MD-523] 特征纪要:习性:木本。花程式:-。物候:-。花期:10 月。果期:参考晚于花期。海拔:400-500 米。生境:山谷林中。资源:-。全球 4 个大洲分布及种数(12-13)非洲:2; 亚洲:13; 大洋洲:2; 北美洲:2。【中国种数:2】。

Cerocarpus Hassk. = **Eugenia**

Cerochlamys N. E. Br. 细鳞玉属 Aizoaceae [MD-94] 特征纪要:习性:草本。花程式:K3-4,C3-4,A5 参考科,=↓(G)1-2。其他特征参考科。全球 1 个大洲分布及种数(1-4)◆非洲。

Ceropegia L. 吊灯花属 Asclepiadaceae [MD-494] 特征纪要:习性:木质攀援。花程式:-。物候:-。花期:7-8 月。果期:参考晚于花期。海拔:1000-3200 米。生境:草原,原始林区。资源:药用,具栽培园艺种类。全球 6 个大洲分布及种数(252-444;hort. 1;cult. 7)非洲:167-247;亚洲:103-154;大洋洲:5-16;欧洲:4-14;北美洲:11-22;南美洲:5-15。【中国种数:26】。

Cerophora Raf. = **Morella**

Ceropteris (Ser.) Link 卤蕨属 Pteridaceae [F-31] 特征纪要:-。全球 2 个大洲分布及种数(30)北美洲:1; 南美洲:1。

Cerosora (Baker) Domin 蜡囊蕨属 Pteridaceae [F-31] 特征纪要:习性:-。【Rep】:孢子同形,囊群生叶缘。其他特征参考科。全球 5 个大洲分布及种数(5-265)非洲:4; 亚洲:38; 欧洲:7; 北美洲:7; 南美洲:154。【中国种数:1】。

Ceroxylon Bonpl. ex DC. 蜡椰属 Arecaceae [MM-717] 特征纪要:习性:木本。花程式:K3-10,C3-10,A3-10,=G3-10。其他特征参考科。全球 3 个大洲分布及种数(13-40)亚洲:1; 北美洲:2; 南美洲:38。

Cerqueiria O. Berg = **Myrcia**

Cerradicola L. P. Queiroz 蝶形花科属 Fabaceae3 [MD-240] 特征纪要:习性:-。花程式:-。其他特征参考科。全球 1 个大洲分布及种数(16)◆南美洲:16。

Ceruana Forssk. 草基黄属 Asteraceae [MD-586] 特征纪要:习性:草本。花程式:(K)3-5,(C)3-5,A3-5,=↓G2。其他特征参考科。全球 2 个大洲分布及种数(1-5)非洲:4; 亚洲:2。

Ceruchis Gaertn. ex Schreb. = **Spilanthes**

Cervantesia Ruiz & Pav. 塞檀香属 Santalaceae [MD-412] 特征纪要:习性:木本。花程式:K3-4,C0,A3-4,=↓G2-3。其他特征参考科。全球 2 个大洲分布及种数(2-7)非洲:3; 南美洲:7。

Cervantesiaceae Nickrent & Der = Santalaceae

Cesatia Endl. = **Trachymene**

Cesius (Nees) Lindb. 全萼苔科属 Gymnomitriaceae [B-41] 特征纪要:-。全球 5 个大洲分布及种数(7)亚洲:4; 大洋洲:3; 欧洲:3; 北美洲:3; 南美洲:2。

Cespedesia Goudot 栾莲木属 Ochnaceae [MD-104] 特征纪要:习性:木本。花程式:K1-∞,C1-∞,A10,=G2-15。其他特征参考科。全球 3 个大洲分布及种数(1-11)非洲:3; 北美洲:4; 南美洲:10。

Cespedezia Huber = **Cespedesia**

Cestrum L. 夜香树属 Solanaceae [MD-503] 特征纪要:习性:草本,少灌木。花程式:(K-),C2-3 参考科,A10,↓G-。物候:-。海拔:100-5000 米。生境:低山丘陵山坡灌丛。资源:花卉,具栽培园艺种类。全球 6 个大洲分布及种数(202-303;hort. 1;cult. 6)非洲:7-13;亚洲:17-21;大洋洲:7-10;欧洲:7-10;北美洲:99-141;南美洲:139-170。【中国种数:6】。

Ceterach Willd. 药蕨属 Aspleniaceae [F-43] 特征纪要:习性:-。【Rep】:孢子囊群线形,着生于小脉一侧。物候:-。海拔:100-4100 米。生境:常绿阔叶林树干上,竹林中,石壁下。资源:-。全球 6 个大洲分布及种数(3-5)非洲:2;亚洲:2;大洋洲:2;欧洲:2;北美洲:1;南美洲:2。

Ceterachopsis (J. Sm.) Ching 苍山蕨属 Aspleniaceae [F-43] 特征纪要:习性:-。【Rep】:孢子囊群线形,自主脉

斜行几达叶边,彼此平行,通常沿每组侧脉的上侧一条小脉的上侧着生。物候:-。海拔:100-4100米。生境:-。资源:-。全球1个大洲分布及种数(3-6)◆亚洲。

Cetraria L. 芦蕨草属 Caryophyllaceae [MD-77] 特征纪要:习性:草本。【Rep】:-。其他特征参考科。全球1个大洲分布及种数(-)◆欧洲。

Cetrariella <unassigned> 水蕨科属 Parkeriaceae [F-36] 特征纪要:-。全球4个大洲分布及种数(5)亚洲:2;欧洲:1;北美洲:1;南美洲:3。

Cetrelia <unassigned> 水蕨科属 Lythraceae [MD-333] 特征纪要:-。全球2个大洲分布及种数(13)北美洲:1;南美洲:1。

Ceuthocarpus A. Aiello 木茜属 Rubiaceae [MD-523] 特征纪要:习性:-。花程式:-。其他特征参考科。全球3个大洲分布及种数(6)亚洲:2;北美洲:1;南美洲:4。

Ceuthospora H. A. Crum & L. E. Anderson 囊丛藓属 Pottiaceae [B-133] 特征纪要:-。全球2个大洲分布及种数(10)北美洲:1;南美洲:1。

Ceuthostoma L. A. S. Johnson 北木麻黄属 Casuarinaceae [MD-73] 特征纪要:习性:木本。花程式:-。其他特征参考科。全球3个大洲分布及种数(2-4)非洲:1;亚洲:3;南美洲:2。

Ceuthotheca Lewinsky 美洲木灵藓属 Orthotrichaceae [B-151] 特征纪要:习性:-。【Rep】:常暗绿色或棕褐色,雌雄异株或同株,稀杂株,雌苞叶不分化,无明显鞘部,蒴柄长,黄色,孢蒴狭长卵形,口蒴,具明显纵褶及纵沟。其他特征参考科。全球1个大洲分布及种数(1)◆北美洲。

Cevallia Lag. 蛇星花属 Loasaceae [MD-435] 特征纪要:习性:木本。花程式:-。其他特征参考科。全球3个大洲分布及种数(1-3)亚洲:2;北美洲:2;南美洲:1。【中国种数:1】。

Cevalliaceae Griseb. = Loasaceae

Chaboissaea Fourn. = **Muhlenbergia**

Chacasanum (L.) E. Mey. = **Chascanum**

Chacoa R. M. King & H. Rob. 泽兰属 Asteraceae [MD-586] 特征纪要:习性:草本。花程式:(K-),(C)3-5,A3参考科,↓G。其他特征参考科。全球2个大洲分布及种数(1-4)大洋洲:1;南美洲:2。

Chadara Forssk. = **Grewia**

Chadsia Bojer 扭瓣豆属 Fabaceae3 [MD-240] 特征纪要:习性:木本。花程式:K1-∞,C1-∞,A5-9,=↓G1。其他特征参考科。全球3个大洲分布及种数(12-24)非洲:22;北美洲:2;南美洲:2。

Chaenactis DC. 针垫菊属 Asteraceae [MD-586] 特征纪要:习性:草本。花程式:(K)3-5,(C)3-5,A3-5,=↓G2。其他特征参考科。全球4个大洲分布及种数(25-102)非洲:2;亚洲:6;北美洲:41;南美洲:3。【中国种数:4】。

Chaenanthe Lindl. = **Comparettia**

Chaenocarpus Juss. = **Spermacoce**

Chaenomeles Lindl. 木瓜海棠属 Rosaceae [MD-246] 特征纪要:习性:木本。花期:3-5月。果期:参考晚于花期。海拔:2600-3800米。生境:平地田边阴处,植物园栽培。资源:药用,园林,具栽培园艺种类。全球6个大洲分布及种数(5-31)非洲:4;亚洲:18;大洋洲:6;欧洲:12;北美洲:12;南美洲:5。【中国种数:2】。

Chaenophora Rich. ex Crueg. = **Miconia**

Chaenorhinum (DC.) Rchb. 毛彩雀属 Plantaginaceae [MD-527] 特征纪要:习性:草本。花程式:-。其他特征参考科。全球6个大洲分布及种数(42-69)非洲:19;亚洲:24;大洋洲:2;欧洲:8;北美洲:8;南美洲:3。【中国种数:1】。

Chaenostoma Benth. 雪麦花属 Scrophulariaceae [MD-536] 特征纪要:习性:灌木。花程式:-。物候:-。海拔:45-6000米。生境:沼泽草地。资源:-。全球6个大洲分布及种数(33-49;hort. 1;cult. 1)非洲:32-34;亚洲:cf. 1;大洋洲:cf. 1;欧洲:1;北美洲:1;南美洲:1。【中国种数:1】。

Chaenothecopsis Titov 毛彩木属 Physenaceae [MD-169] 特征纪要:-。全球5个大洲分布及种数(43)亚洲:14;大洋洲:4;欧洲:3;北美洲:3;南美洲:18。

Chaerophyllopsis H. Boiss. 滇藏细叶芹属 Apiaceae [MD-480] 特征纪要:习性:草本。花程式:Kn,C5,A3参考科,=↓G(-)。物候:-。花期:8-9月。果期:参考晚于花期。海拔:3600-3800米。生境:高山峡谷灌木和草地中。资源:-。全球1个大洲分布及种数(1)◆亚洲:1。【中国种数:1】。

Chaerophyllum L. 细叶芹属 Apiaceae [MD-480] 特征纪要:习性:草本(基生)。花程式:-。物候:-。海拔:2100-2800米。生境:林下及林缘灌丛,山地森林河谷,灌丛,杂草丛和草原洼地处。资源:具栽培园艺种类。全球6个大洲分布及种数(55-90;hort. 1;cult. 2)非洲:13-23;亚洲:29-55;大洋洲:17-27;欧洲:18-32;北美洲:14-24;南美洲:8-17。【中国种数:11】。

Chaetacanthus Nees 南非爵床属 Acanthaceae [MD-572] 特征纪要:习性:-。花程式:-。其他特征参考科。全球1个大洲分布及种数(3-4)◆非洲。

Chaetachlaena D. Don = **Onoseris**

Chaetachme Planch. 非洲朴属 Cannabaceae [MD-89] 特征纪要:习性:木本。花程式:K5,C0,A2-4,=(G)2-3。其他特征参考科。全球2个大洲分布及种数(1-6)非洲:6;北美洲:2。

Chaetacme Rendle = **Chaetachme**

Chaetadelpha A. Gray ex S. Watson 骨苣属 Asteraceae [MD-586] 特征纪要:习性:草本。花程式:(K)3-5,(C)3-5,A3-5,↓G。其他特征参考科。全球2个大洲分布及种数(1-2)亚洲:2;北美洲:2。【中国种数:1】。

C

Chaetaea Jacq. = **Byttneria**

Chaetangium <unassigned> 薄患子属 Sapindaceae［MD－428］特征纪要：－。全球 3 个大洲分布及种数(9)非洲:3；大洋洲:3；南美洲:3。

Chaetanthus R. Br. 垂薄果草属 Restionaceae［MM－744］特征纪要:习性:草本(基生)。花程式:(K)3,C3,A1－2,＝G1－3。其他特征参考科。全球 2 个大洲分布及种数(3－5)非洲:2；大洋洲:4。

Chaetaria Beauv. = **Aristida**

Chaetium Nees 刚毛草属 Poaceae［MM－748］特征纪要:习性:草本。花程式:(K)3,C0 参考科,A1－2,＝G2－3。其他特征参考科。全球 6 个大洲分布及种数(3－74)非洲:5；亚洲:24；大洋洲:7；欧洲:4；北美洲:4；南美洲:45。

Chaetobromus Nees 南非雀麦属 Poaceae［MM－748］特征纪要:习性:草本。花程式:(K)3,C0 参考科,A1－2,↓G－参考科。其他特征参考科。全球 2 个大洲分布及种数(3－33)非洲:11；南美洲:22。

Chaetocalathus <unassigned> 玻利合囊蕨属 Marattiaceae［F－13］特征纪要：－。全球 1 个大洲分布及种数(5)◆南美洲:5。

Chaetocalyx DC. 鬃萼豆属 Fabaceae3［MD－240］特征纪要:习性：－。花程式：－。其他特征参考科。全球 5 个大洲分布及种数(50)非洲:2；亚洲:5；大洋洲:2；北美洲:8；南美洲:39。

Chaetocarpus Thwaites 刺果树属 Peraceae［MD－216］特征纪要:习性：－。花期:10－12 月。果期:参考晚于花期。海拔:600－800 米。生境:常绿林,次生林坡地,山地或平坝常绿林或次生林中。全球 5 个大洲分布及种数(17－21;hort. 1;cult. 1)非洲:2－3;亚洲:5－6;大洋洲:1;北美洲:5－7;南美洲:6。

Chaetocephala Barb. Rodr. = **Myoxanthus**

Chaetochlamys Lindau 爵床属 Acanthaceae［MD－572］特征纪要:习性：－。花程式：－。其他特征参考科。全球 2 个大洲分布及种数(15)北美洲:1；南美洲:2。

Chaetocladus J. Nelson = **Ephedra**

Chaetocolea Spruce 南美拟复叉苔属 Pseudolepicoleaceae［B－71］特征纪要:习性：－。【Rep】:雌雄同株或异株,雄苞着生茎、枝先端,雌苞顶生,雌苞叶与茎叶同形,4－5 裂,蒴柄横切面中央 4 个细胞。其他特征参考科。全球 2 个大洲分布及种数(2)大洋洲:2；南美洲:2。

Chaetocyperus Nees ex Steud. 荸荠属 Cyperaceae［MM－747］特征纪要:习性：－。花程式：－。其他特征参考科。全球 2 个大洲分布及种数(25)北美洲:1；南美洲:1。

Chaetolepis (DC.) Miq. 须牡丹属 Melastomataceae［MD－364］特征纪要:习性:木本。花程式:K4－5,C4－5,A4－5,＝↓G3－4。其他特征参考科。全球 5 个大洲分布及种数(16)非洲:1;亚洲:2;大洋洲:1;北美洲:4;南美洲:9－10。【中国种数:1】。

Chaetomitrella Hampe 刺柄藓属 Hookeriaceae［B－164］特征纪要：－。全球 1 个大洲分布及种数(－)。

Chaetomitriopsis M. Fleisch. 灰果藓属 Symphyodontaceae［B－196］特征纪要:习性：－。【Rep】:雌雄异苞同株,内雌苞叶有皱褶,具细长尖,蒴柄长 2－3 厘米,孢蒴圆柱形,下垂,蒴齿两层,外齿层齿片披针。物候：－。海拔：－。生境:常见于河边石坝上。资源：－。全球 2 个大洲分布及种数(1)亚洲:1;大洋洲:1。【中国种数:1】。

Chaetomitrium Dozy & Molk. 刺柄藓属 Symphyodontaceae［B－196］特征纪要:习性：－。【Rep】:雌雄异苞同株,蒴柄红色或橙红色,平滑,孢蒴平列或下垂,长卵形,环带发达,易脱落,蒴齿两层。物候：－。海拔：－。生境:常见于河边石坝上。资源：－。全球 4 个大洲分布及种数(66)非洲:5;亚洲:40;大洋洲:36;北美洲:1。

Chaetonychia (DC.) Sweet 指甲蓬属 Caryophyllaceae［MD－77］特征纪要:习性:草本。花程式:Kn,C0,A3 参考科,G－参考科。其他特征参考科。全球 3 个大洲分布及种数(1－4)非洲:3；亚洲:2；南美洲:2。【中国种数:1】。

Chaetopappa DC. 毛冠雏菊属 Asteraceae［MD－586］特征纪要:习性:草本。花程式:(K)3－5,(C)3－5,A3－5,＝↓G2。其他特征参考科。全球 6 个大洲分布及种数(12－198)非洲:6；亚洲:10；大洋洲:2；欧洲:43；北美洲:43；南美洲:156。【中国种数:1】。

Chaetophora Brid. 雏油藓属 Hookeriaceae［B－164］特征纪要和分布(－)。全球 4 个大洲分布及种数(4)大洋洲:2;欧洲:4;北美洲:2;南美洲:2。

Chaetophyllopsaceae R. M. Schust.［B－55］毛苔科 特征纪要:陆生大形植物,根状茎长而横走,有管状中柱,披多细胞的刚毛,无鳞片,叶大形,柄往往粗大,有毛,不以关节着生,粗糙,少有刺头突起,直立,少为蔓生,叶片为多回羽状韧裂,各回羽片偏斜,有毛,尤以叶轴及羽轴为多,少有光滑无毛,叶脉分离,羽状分枝。【Rep】:孢子囊群圆形,近叶边着生于一条小脉顶端,一般位于裂片处,为反折的锯齿或小裂片所覆盖,孢子为两面形,长圆形,有小刺头及疣状突起,少有平滑的。全球 3 个大洲分布及属种数(1/1)亚洲:1；大洋洲:1；南美洲:1。

Chaetophyllopsidaceae (Carrington & Pearson) R. M. Schust. ex Hamlin = Chaetophyllopsaceae

Chaetophyllopsis R. M. Schust. 须叶苔属 Chaetophyllopsaceae［B－55］特征纪要：－。全球 1 个大洲分布及种数(1)◆大洋洲(◆澳大利亚)。

Chaetopoa C. E. Hubb. 非洲早熟禾属 Poaceae［MM－748］特征纪要:习性:草本。花程式:(K)3,C0 参考科,A1－2,＝(G)2－3。其他特征参考科。全球 3 个大洲分布及种数(2－31)非洲:31；亚洲:17；南美洲:14。

Chaetopogon Janch. 鬃颖草属 Poaceae［MM－748］特征纪要:习性：－。花程式：－。其他特征参考科。全球 5 个大洲分布及种数(6)非洲:5；亚洲:3；大洋洲:2；欧洲:2；北美洲:2。

Chaetoptelea Liebm. = **Ulmus**

Chaetosartorya <unassigned> 绒苔科属 Trichocoleaceae［B－62］特征纪要：－。全球 1 个大洲分布及种数(1)◆亚洲:1。

Chaetosciadium Boiss. 亚洲毛芹属 Apiaceae［MD－480］特征纪要:草本。花程式:Kn,C5,A3 参考科,＝↓G

(-)。其他特征参考科。全球6个大洲分布及种数(1-2)非洲:1;亚洲:2;大洋洲:1;欧洲:1;北美洲:1;南美洲:1。

Chaetoseris C. Shih 景东毛鳞菊属 Asteraceae [MD-586] 特征纪要:习性:-。花程式:-。物候:-。花期:11月。果期:参考晚于花期。海拔:1500-2800米。生境:山顶。资源:-。全球4个大洲分布及种数(89)亚洲:58; 欧洲:2; 北美洲:2; 南美洲:63。

Chaetospira S. F. Blake = **Pseudelephantopus**

Chaetostachydium Airy-Shaw 印尼茜草属 Rubiaceae [MD-523] 特征纪要:习性:木本。花程式:-。其他特征参考科。全球2个大洲分布及种数(3-4)非洲:3; 亚洲:3。

Chaetostichium C. E. Hubb. = **Oropetium**

Chaetostoma DC. 柏龙丹属 Melastomataceae [MD-364] 特征纪要:习性:-。花程式:-。其他特征参考科。全球3个大洲分布及种数(67)亚洲:2; 北美洲:3; 南美洲:59。

Chaetothylax Nees 哥伦比亚爵床属 Acanthaceae [MD-572] 特征纪要:习性:-。花程式:-。其他特征参考科。全球3个大洲分布及种数(1-23)亚洲:3; 北美洲:9; 南美洲:22。

Chaetymenia Hook. & Arn. 碱菊属 Asteraceae [MD-586] 特征纪要:习性:草本。花程式:(K)3-5,(C)3-5,A3-5,↓G。其他特征参考科。全球1个大洲分布及种数(1) ◆北美洲:1。

Chailletia DC. = **Dichapetalum**

Chaiturus Ehrh. ex Willd. 鬃尾草属 Lamiaceae [MD-575] 特征纪要:习性:草本(具根状茎)。花程式:-。物候:-。花期:6-7月。果期:参考晚于花期。海拔:900米。生境:牧场,休闲地,河岸,沟边及路旁旷处。资源:-。全球6个大洲分布及种数(1-4)非洲:2; 亚洲:4; 大洋洲:2; 欧洲:2; 北美洲:2; 南美洲:2。【中国种数:1】。

Chalarothyrsus Lindau 柔茎爵床属 Acanthaceae [MD-572] 特征纪要:习性:草本。花程式:K2-4,C0,A2-4,=(G)2。其他特征参考科。全球2个大洲分布及种数(1-3)亚洲:2; 北美洲:2。

Chalcoelytrum Lunell = **Chrysopogon**

Chalema Dieterle 聚药瓜属 Cucurbitaceae [MD-205] 特征纪要:习性:-。花程式:-。其他特征参考科。全球3个大洲分布及种数(22)亚洲:6; 北美洲:21; 南美洲:17。

Chalepophyllum Hook. f. 光亮叶属 Rubiaceae [MD-523] 特征纪要:习性:木本。花程式:(K)4-5,(C)4-5,A4-5,=↓G2-9。其他特征参考科。全球1个大洲分布及种数(2)◆南美洲。

Chaloupkaea Niederle 景天科属 Crassulaceae [MD-229] 特征纪要:习性:木本。花程式:-。其他特征参考科。全球1个大洲分布及种数(9)◆亚洲:9。

Chalybea Naudin 野牡丹科属 Melastomataceae [MD-364] 特征纪要:习性:-。花程式:-。其他特征参考科。全球3个大洲分布及种数(11)大洋洲:4; 北美洲:1; 南美洲:11。

Chamabainia Wight 微柱麻属 Urticaceae [MD-91] 特征纪要:习性:木质攀援。花程式:Kn,C2-3参考科,A5参考科,G-。花期:6-8月。果期:参考晚于花期。海拔:1000-2900米。生境:生于山地林中,灌丛中,沟边或石上,中山疏林,次生林。资源:具栽培园艺种类。全球1个大洲分布及种数(1-2)◆亚洲。【中国种数:1】。

Chamaeangis Schltr. = **Diaphananthe**

Chamaeanthus Schltr. ex J. J. Sm. 低药兰属 Orchidaceae [MM-723] 特征纪要:习性:-。花程式:-。物候:-。花期:2月。果期:参考晚于花期。海拔:80-5200米。生境:热带雨林中树干上,森林中树干附生植物。资源:-。全球4个大洲分布及种数(5-25)非洲:7; 亚洲:11; 大洋洲:16; 南美洲:3。【中国种数:1】。

Chamaebatia Benth. 蒿叶梅属 Rosaceae [MD-246] 特征纪要:习性:木本。花程式:K1(10-100),C1-10-100,A1-10-100,=↓G(-)。其他特征参考科。全球1个大洲分布及种数(2)◆北美洲。

Chamaebatiaria (Porter ex W. H. Brewer & S. Watson) Maxim. 蓍叶梅属 Rosaceae [MD-246] 特征纪要:习性:木本。花程式:K1(10-100),C1-10-100,A1-10-100,=↓G1-50。其他特征参考科。全球2个大洲分布及种数(1-4)亚洲:2; 北美洲:2。【中国种数:1】。

Chamaebryum Thér. & Dixon 南非大孢藓属 Gigaspermaceae [B-108] 特征纪要:-。全球1个大洲分布及种数(1)◆非洲。

Chamaebuxus (Tourn.) Spach = **Polygala**

Chamaecallis Smedmark 巨苞兰属 Orchidaceae [MM-723] 特征纪要:习性:草本。花程式:(K-),C2-3参考科,A3参考科,↓G-。物候:-。花期:参考早于果期。果期:10-11月。海拔:80-5200米。生境:柏树林下或草坡路旁,竹坡中。资源:-。全球1个大洲分布及种数(1) ◆亚洲:1。

Chamaecereus Britton & Rose 仙人球属 Cactaceae [MD-100] 特征纪要:习性:木本。花程式:Kn,C2-3参考科,A3参考科,=↓G-。其他特征参考科。全球2个大洲分布及种数(5-6)北美洲:1; 南美洲:6。

Chamaechaenactis Rydb. 矮针垫菊属 Asteraceae [MD-586] 特征纪要:习性:草本。花程式:(K-),(C)3-5,A3参考科,↓G。其他特征参考科。全球1个大洲分布及种数(1)◆北美洲(◆美国)。

Chamaecladon Miq. = **Homalomena**

Chamaeclitandra (Stapf) Pichon 非洲矮竹桃属 Apocynaceae [MD-492] 特征纪要:习性:木本。花程式:K5-∞,C0,A15,=↓G2-5。其他特征参考科。全球2个大洲分布及种数(1-2)非洲:1; 北美洲:1。

Chamaecostus C. D. Specht & D. W. Stev. 喇叭姜属 Costaceae [MM-738] 特征纪要:习性:草本。花程式:-。其他特征参考科。全球4个大洲分布及种数(10-13)亚洲:3; 大洋洲:2; 北美洲:2; 南美洲:13。【中国种数:1】。

Chamaecrista Mönch 山扁豆属 Fabaceae3 [MD-240] 特征纪要:习性:木本。花程式:K3-5-∞,C3-5-∞,A1

-10-50, = ↓G1。物候:-。花期:5-7 月。果期:参考晚于花期。海拔:100-2500 米。生境:草地边。资源:药用,具栽培园艺种类。全球 6 个大洲分布及种数(346-371;hort. 1;cult. 5)非洲:61-74;亚洲:35-46;大洋洲:16-34;欧洲:8-19;北美洲:46-64;南美洲:282-298。【中国种数:15】。

Chamaecrypta Schltr. & Diels 小双距花属 Scrophulariaceae [MD-536] 特征纪要:习性:草本。花程式:Kn,C0,A2-4, ↓G2。其他特征参考科。全球 1 个大洲分布及种数(1)◆非洲。

Chamaecyparis Spach 扁柏属 Cupressaceae [G-17] 特征纪要:习性:-。【Rep】:复轴,浆果状,苞鳞融合成果皮状,种鳞多退化,球果圆球形,很少矩圆形,当年成熟,种鳞 3-6 对,木质,盾形,顶部中央有小尖头,发育种鳞有种子 1-5 枚。花期:4 月。果期:参考晚于花期。海拔:1000-2900 米。生境:山区森林,种植用于装饰、木材和植树造林。资源:具栽培园艺种类。全球 6 个大洲分布及种数(7-8;hort. 1;cult. 4)非洲:3-7;亚洲:5-9;大洋洲:3-7;欧洲:4-8;北美洲:6-10;南美洲:4。【中国种数:5】。

Chamaecystis Link = **Chamaecytisus**

Chamaecytisus Link 山雀花属 Fabaceae3 [MD-240] 特征纪要:习性:木本。花程式:K1-∞,C1-∞,A5-9, = ↓G1。其他特征参考科。全球 6 个大洲分布及种数(48-57;hort. 1;cult. 3)非洲:8-10;亚洲:27-32;大洋洲:12-14;欧洲:40-47;北美洲:12-14;南美洲:2。【中国种数:8】。

Chamaedactylis T. Nees = **Aeluropus**

Chamaedaphne Mönch 地桂属 Ericaceae [MD-380] 特征纪要:习性:-。花程式:-。物候:-。花期:6 月。果期:参考晚于花期。海拔:100 米。生境:针叶(如落叶松等)林下及水藓沼泽中,常成为林下优势种。资源:-。全球 6 个大洲分布及种数(3)非洲:1;亚洲:1-2;大洋洲:1;欧洲:1-2;北美洲:2-3;南美洲:1。【中国种数:1】。

Chamaedendron (Kük.) Larridon 莎草科属 Cyperaceae [MM-747] 特征纪要:习性:-。花程式:-。其他特征参考科。全球 1 个大洲分布及种数(-)。

Chamaedorea Willd. 竹节椰属 Arecaceae [MM-717] 特征纪要:习性:木本。花程式:K3,C3,A3-10, = G3-10。资源:具栽培园艺种类。全球 6 个大洲分布及种数(118-125)非洲:3-16;亚洲:4-17;大洋洲:13;欧洲:13;北美洲:111-124;南美洲:41-54。【中国种数:2】。

Chamaefilix Hill ex Farw. = **Asplenium**

Chamaefistula (DC. ex Collad.) G. Don 哥伦云实属 Fabaceae3 [MD-240] 特征纪要:习性:-。花程式:-。其他特征参考科。全球 4 个大洲分布及种数(55)亚洲:2; 欧洲:24; 北美洲:24; 南美洲:53。

Chamaegastrodia Makino & F. Maek. 叠鞘兰属 Orchidaceae [MM-723] 特征纪要:习性:草本(根状茎,腐生,多肉)。花程式:Kn,C2-3 参考科,A3 参考科, ↓G-。物候:-。花期:7-8 月。果期:参考晚于花期。海拔:1200-2600 米。生境:沿着山谷,山坡或沟谷林下阴湿处。资源:具栽培园艺种类。全球 2 个大洲分布及种数(4-8)亚洲:6; 南美洲:1。【中国种数:3】。

Chamaegeron Schrenk. 矮蓬属 Asteraceae [MD-586] 特征纪要:习性:草本。花程式:(K)3-5,C3-5,A3-5, = ↓(G)2。其他特征参考科。全球 1 个大洲分布及种数(cf. 1)◆亚洲。

Chamaejasme Amm. = **Stellera**

Chamaele Miq. 羊角芹属 Apiaceae [MD-480] 特征纪要:习性:-。花程式:-。其他特征参考科。全球 1 个大洲分布及种数(1)◆亚洲。

Chamaeleon Cass. 小狮菊属 Asteraceae [MD-586] 特征纪要:习性:草本。花程式:(K)3-5,C3-5,A3-5, = ↓(G)2。资源:具园艺种类。全球 3 个大洲分布及种数(4)非洲:2;亚洲:3;欧洲:2。

Chamaeleorchis Senghas & Lückel = **Oncidium**

Chamaelirium Willd. 仙杖花属 Melanthiaceae [MM-621] 特征纪要:习性:草本。花程式:(K)3-∞,C3-∞ 参考科,A6-9,G3- 参考科。物候:-。海拔:-。生境:-。资源:具栽培园艺种类。全球 4 个大洲分布及种数(14-32)亚洲:21; 欧洲:3; 北美洲:3; 南美洲:10。

Chamaelobivia Y. Itô 短仙掌属 Cactaceae [MD-100] 特征纪要:习性:木本。花程式:参考科,C5 参考科,A5 参考科, = ↓(G) 参考科。其他特征参考科。全球 1 个大洲分布及种数(3)◆非洲。

Chamaemeles Lindl. 石楠属 Rosaceae [MD-246] 特征纪要:习性:木本。花程式:-。其他特征参考科。全球 0 个大洲分布及种数(1-3)。

Chamaemelum Mill. 果香菊属 Asteraceae [MD-586] 特征纪要:习性:草本。花程式:(K)3-5,C3-5,A3 参考科, ↓G-。物候:-。花期:7-10 月。果期:参考晚于花期。海拔:6000 米。生境:阿尔泰山地针叶林带山沟,柞林下路旁。资源:药用,具栽培园艺种类。全球 6 个大洲分布及种数(4-15)非洲:2-3;亚洲:2-3;大洋洲:1-2;欧洲:2-3;北美洲:3-4;南美洲:1-2。【中国种数:1】。

Chamaemespilus Medik. 花楸属 Rosaceae [MD-246] 特征纪要:习性:-。花程式:-。其他特征参考科。全球 1 个大洲分布及种数(-)。

Chamaemorus Hill = **Rubus**

Chamaepentas Bremek. 矮五星花属 Rubiaceae [MD-523] 特征纪要:习性:木本。花程式:(K)4-5,(C)4-5, A4-5, = ↓G2-9。其他特征参考科。全球 2 个大洲分布及种数(9-12)非洲:11; 南美洲:2。

Chamaepericlimenum Hill = **Chamaepericlymenum**

Chamaepericlymenum Hill 草茱萸属 Cornaceae [MD-457] 特征纪要:习性:-。花程式:-。物候:-。花期:8 月。果期:参考晚于花期。海拔:1200 米。生境:山区。资源:-。全球 6 个大洲分布及种数(1)非洲:3;亚洲:3;大洋洲:3;欧洲:3;北美洲:3;南美洲:3。

Chamaepitys Tourn. ex Rupp. = **Ajuga**

Chamaeplium Wallr. = **Sisymbrium**

Chamaepus Wagenitz 骨苞紫绒草属 Asteraceae［MD－586］特征纪要:习性:草本。花程式:(K)3－5,C3－5,A3－5,＝↓(G)2。其他特征参考科。全球1个大洲分布及种数(cf.1)◆亚洲(◆阿富汗)。

Chamaeranthemum Nees 矮爵床属 Acanthaceae［MD－572］特征纪要:习性:草本。花程式:K2－4,C0,A2－4,＝G2。其他特征参考科。全球3个大洲分布及种数(7)大洋洲:1;北美洲:2;南美洲:4。

Chamaeraphis R. Br. 短针狗尾草属 Poaceae［MM－748］特征纪要:习性:草本。花程式:(K)3,C0 参考科,A1－2,＝G2－3。其他特征参考科。全球6个大洲分布及种数(3－4)非洲:2;亚洲:2;大洋洲:2－4;欧洲:2;北美洲:2;南美洲:2。

Chamaerhodiola Nakai = **Rhodiola**

Chamaerhodos Bunge 地蔷薇属 Rosaceae［MD－246］特征纪要:习性:木本。花程式:－。物候:－。花期:6－8月。果期:参考晚于花期。海拔:2500米。生境:草原或山坡,生于山坡岩石间。资源:药用,具栽培园艺种类。全球3个大洲分布及种数(10)亚洲:cf.1;欧洲:1;北美洲:2。【中国种数:6】。

Chamaerops L. 矮棕属 Arecaceae［MM－717］特征纪要:习性:木本。花程式:K3－10,C3－10,A3－10,＝G3－10。物候:－。花期:10月。果期:参考晚于花期。海拔:100－2800米。生境:半常绿雨林常见乔木,竹林下。资源:具栽培园艺种类。全球6个大洲分布及种数(2－76)非洲:21; 亚洲:20; 大洋洲:5; 欧洲:19; 北美洲:19; 南美洲:12。【中国种数:1】。

Chamaesaracha (A. Gray) Benth. 五目茄属 Solanaceae［MD－503］特征纪要:习性:草本。花程式:K3－4,C0,A3－4,＝↓G2。其他特征参考科。全球4个大洲分布及种数(12－38)亚洲:8; 欧洲:25; 北美洲:25; 南美洲:7。

Chamaesciadium C. A. Mey. 矮伞芹属 Apiaceae［MD－480］特征纪要:习性:草本(基生)。花程式:Kn,C5,A3 参考科,＝↓(G)2。物候:－。花期:6－7月。果期:参考晚于花期。海拔:2500－2700米。生境:草原。资源:－。全球4个大洲分布及种数(1－15)非洲:3; 亚洲:11; 欧洲:1; 北美洲:1。【中国种数:1】。

Chamaescilla F. Müll. ex Benth. 蓝星百合属 Asphodelaceae［MM－649］特征纪要:习性:草本。花程式:(K)3,C0 参考科,A3－6,(G)3。其他特征参考科。全球2个大洲分布及种数(6－12)大洋洲:11; 北美洲:2。

Chamaesium H. Wolff 矮泽芹属 Apiaceae［MD－480］特征纪要:习性:草本(根状茎,基生)。花程式:Kn,C5,A3 参考科,＝↓G－。物候:－。海拔:3200－4300米。生境:山坡湿草地。海拔 340－4800。资源:具栽培园艺种类。全球4个大洲分布及种数(10－21)非洲:2; 亚洲:19; 北美洲:2; 南美洲:2。【中国种数:8】。

Chamaespartium Adans. 西班牙豆属 Fabaceae3［MD－240］特征纪要:习性:－。花程式:－。其他特征参考科。全球5个大洲分布及种数(12)非洲:6; 亚洲:3; 大洋洲:3; 欧洲:3; 北美洲:3。

Chamaesphacos Schrenk ex Fisch. & C. A. Mey. 矮刺苏属 Lamiaceae［MD－575］特征纪要:习性:草本。花程式:(K－),C2－3 参考科,A3 参考科,↓G。物候:－。花期:4－5月。果期:参考晚于花期。海拔:5400米。生境:砂地。资源:具园艺种类。全球1个大洲分布及种数(cf.1)◆亚洲。【中国种数:1】。

Chamaesyce Gray 地锦草属 Euphorbiaceae［MD－217］特征纪要:习性:－。花期:3－10月。果期:参考晚于花期。海拔:20－5000米。生境:中海拔山地灌木林中。全球6个大洲分布及种数(148－157;hort.3;cult. 3)非洲:32－116;亚洲:54－138;大洋洲:26－110;欧洲:13－97;北美洲:85－172;南美洲:35－119。

Chamaexeros Benth. 地金花属 Asparagaceae［MM－669］特征纪要:习性:草本。花程式:(K－),C2－3 参考科,A3 参考科,G3 参考科。其他特征参考科。全球1个大洲分布及种数(4)◆大洋洲(◆澳大利亚)。

Chamagrostis Borkh. ex Wibel = **Mibora**

Chamarea Eckl. & Zeyh. 矮缕子属 Apiaceae［MD－480］特征纪要:习性:草本。花程式:K5,C5,A5,＝↓G(－)。其他特征参考科。全球1个大洲分布及种数(2－7)◆非洲。

Chamberlainia (Müll. Hal.) Grout 青藓科属 Brachytheciaceae［B－187］特征纪要:习性:－。【Rep】:雌苞侧生,雌苞叶分化,蒴柄长,平滑或粗糙,孢蒴卵球形或长椭圆状圆柱形,下弯至横生,甚少直立,颈部短而,绿色或棕绿色。生境:常见于林下土生,岩面土生。全球2个大洲分布及种数(21)北美洲:1; 南美洲:1。【中国种数:1】。

Chambeyronia Vieill. 茶梅椰属 Arecaceae［MM－717］特征纪要:习性:木本。花程式:K3－10,C3－10,A3－10,＝G3－10。其他特征参考科。全球4个大洲分布及种数(9－15)亚洲:2; 大洋洲:15; 北美洲:3; 南美洲:2。

Chamelaucium Desf. 风蜡花属 Myrtaceae［MD－347］特征纪要:习性:木本。花程式:K4－5,C4－5,A8－10,＝↓G2－5。资源:具园艺种类。全球4个大洲分布及种数(22－74)非洲:2; 大洋洲:67; 欧洲:3; 北美洲:3。

Chameleion L. T. Ellis & A. Eddy 花叶藓科属 Calymperaceae［B－130］特征纪要:－。全球1个大洲分布及种数(－)。

Chamelophyton Garay 步甲兰属 Orchidaceae［MM－723］特征纪要:习性:草本。花程式:(K)3,C3,A3,＝↓G3。其他特征参考科。全球1个大洲分布及种数(1－2)◆南美洲。

Chamerion Ség. 柳兰属 Onagraceae［MD－396］特征纪要:习性:－。花程式:－。物候:－。花期:7－9月。果期:参考晚于花期。海拔:1600－5200米。生境:河岸,山谷沼泽地。资源:－。全球6个大洲分布及种数(6;hort.1;cult. 1)非洲:3;亚洲:5－8;大洋洲:3;欧洲:2－5;北美洲:3－7;南美洲:3。

Chamguava Landrum 无梗凤榴属 Myrtaceae［MD－347］特征纪要:习性:木本。花程式:－。其他特征参考科。全球2个大洲分布及种数(4－6)北美洲:6; 南美洲:3。

Chamira Thunb. 南非角状芥属 Brassicaceae［MD－213］特征纪要:习性:草本。花程式:K4,C4,A3 参考科,↓G－参考科。其他特征参考科。全球5个大洲分布及种数(1－16)非洲:2; 亚洲:2; 欧洲:2; 北美洲:2; 南美洲:13。

Chamissoa Kunth 鸽苋属 Amaranthaceae［MD－116］特征纪要:习性:草本。花程式:K1－2,C0,A1－2,＝G2－3。其他特征参考科。全球6个大洲分布及种数(4－33)非洲:3; 亚洲:4; 大洋洲:2; 欧洲:7; 北美洲:7; 南美洲:

C

24。【中国种数:1】。

Chamorchis Rich. 矮麝兰属 Orchidaceae [MM－723] 特征纪要:习性:草本。花程式:(K)3,C3,A3,↓(G)3。其他特征参考科。全球5个大洲分布及种数(1－4)亚洲:3; 大洋洲:2; 欧洲:4; 北美洲:4; 南美洲:2。【中国种数:1】。

Champaca Adans. ＝ **Michelia**

Champereia Griff. 台湾山柚属 Opiliaceae [MD－369] 特征纪要:习性:木本。花程式:Kn,C2－3参考科,A6,G－。物候:－。花期:2－6月。果期:参考晚于花期。海拔:300－1300米。生境:灌木林或疏林中,山谷。资源:具园艺种类。全球4个大洲分布及种数(2－16)非洲:2; 亚洲:16; 大洋洲:3; 南美洲:2。【中国种数:1】。

Championella Bremek. ＝ **Strobilanthes**

Championia Gardner 旋瓣苣苔属 Gesneriaceae [MD－549] 特征纪要和分布(－)。全球1个大洲分布及种数(1－2)◆亚洲。

Champluviera <unassigned> 爵床科属 Acanthaceae [MD－572] 特征纪要:习性:－。花程式:－。其他特征参考科。全球1个大洲分布及种数(－)。

Chandonanthus Mitt. 广萼苔属 Anastrophyllaceae [B－60] 特征纪要:习性:－。【Rep】:雌雄同株或异株或有序同苞,雄苞顶生或间生,雄苞叶2－3对。物候:－。海拔:－。生境:土生。资源:－。全球6个大洲分布及种数(3－4)非洲:1－4;亚洲:2－4;大洋洲:2－4;欧洲:2;北美洲:1－3;南美洲:2。【中国种数:5】。

Chandrasekharania V. J. Nair, V. S. Ramach. & Sreek. 喀拉拉草属 Poaceae [MM－748] 特征纪要:习性:草本。花程式:(K－),C0参考科,A3参考科,↓G－参考科。其他特征参考科。全球1个大洲分布及种数(1－2)◆亚洲。

Chanekia Lundell ＝ **Licaria**

Changiostyrax Tao Chen 秤锤树属 Styracaceae [MD－327] 特征纪要:习性:木本。花程式:－。物候:－。花期:4月。果期:参考晚于花期。海拔:30－3500米。生境:落叶阔叶林。资源:－。全球1个大洲分布及种数(1)◆亚洲:1。

Changium H. Wolff 明党参属 Apiaceae [MD－480] 特征纪要:习性:草本(基生)。花程式:－。物候:－。海拔:100－300米。生境:山谷林缘,山坡,岩石裂缝。资源:药用。全球3个大洲分布及种数(1－3)亚洲:2; 北美洲:2; 南美洲:1。【中国种数:1】。

Changnienia S. S. Chien 独花兰属 Orchidaceae [MM－723] 特征纪要:习性:草本(多肉)。花程式:Kn,C2－3参考科,A3参考科,＝↓(G)3。物候:－。花期:4月。果期:参考晚于花期。海拔:400－1800米。生境:阴影地带。资源:药用,花卉,具栽培园艺种类。全球1个大洲分布及种数(cf. 1)◆亚洲(◆中国)。【中国种数:1】。

Changruicaoia Z. Y. Zhu 长蕊草属 Lamiaceae [MD－575] 特征纪要:－。全球1个大洲分布及种数(1)◆亚洲:1。

Chantransia <unassigned> 浮萍科属 Lemnaceae [MM－647] 特征纪要:－。全球4个大洲分布及种数(25)亚洲:1; 欧洲:14; 北美洲:2; 南美洲:3。

Chaochienchangia <unassigned> 独花菊属 Asteraceae [MD－586] 特征纪要:习性:－。花程式:－。其他特征参考科。全球1个大洲分布及种数(－)。

Chapelieria A. Rich. ex DC. 沙普茜属 Rubiaceae [MD－523] 特征纪要:习性:木本。花程式:－。其他特征参考科。全球1个大洲分布及种数(2－5)◆非洲。

Chapelliera Nees ＝ **Machaerina**

Chapmannia Torr. & A. Gray 佛罗里达豆属 Fabaceae3 [MD－240] 特征纪要:习性:木本。花程式:K1－∞,C1－∞,A5－9,＝↓G1。全球4个大洲分布及种数(7－9)非洲:2; 亚洲:5; 北美洲:9; 南美洲:3。

Chaptalia Vent. 阳帽菊属 Asteraceae [MD－586] 特征纪要:习性:草本。花程式:(K)3－5,(C)3－5,A3－5,＝↓G2。其他特征参考科。全球6个大洲分布及种数(71－133)非洲:3; 亚洲:16; 大洋洲:3; 欧洲:94; 北美洲:94; 南美洲:64。【中国种数:1】。

Characias Gray ＝ **Euphorbia**

Charadra Scop. ＝ **Grewia**

Charadranaetes Janovec & H. Rob. 裸托千里光属 Asteraceae [MD－586] 特征纪要:习性:草本。花程式:(K－),(C)5参考科,A3参考科,↓G。其他特征参考科。全球1个大洲分布及种数(1)◆中美洲(◆哥斯达黎加)。

Charadrophila Marloth 岩桐堇属 Stilbaceae [MD－532] 特征纪要:习性:草本。花程式:K2－4,C0,A2－4,↓G2。其他特征参考科。全球1个大洲分布及种数(1)◆非洲。

Chardinia Desf. 干花菊属 Asteraceae [MD－586] 特征纪要:习性:草本。花程式:(K)3－5,(C)3－5,A3－5,↓G。其他特征参考科。全球2个大洲分布及种数(1－4)亚洲:1; 北美洲:1。

Charesia E. A. Busch ＝ **Silene**

Charianthus D. Don 雅花野牡丹属 Melastomataceae [MD－364] 特征纪要:习性:－。花程式:－。其他特征参考科。全球3个大洲分布及种数(28)亚洲:6; 北美洲:11; 南美洲:5。

Charieis Cass. ＝ **Felicia**

Chariomma Miers ＝ **Echites**

Charpentiera Gaud. 炬苋树属 Amaranthaceae [MD－116] 特征纪要:习性:－。花程式:－。其他特征参考科。全球3个大洲分布及种数(8－13)亚洲:4; 大洋洲:8; 北美洲:10。

Chartocalyx Regel ＝ **Moluccella**

Chartolepis Cass. 薄鳞菊属 Asteraceae [MD－586] 特征纪要:草本(基生),落叶; 花程式:(K)3－5,C3－5,A(－),G(－)。果实:瘦果。全球6个大洲分布及种数(2－4)非洲:1;亚洲:1－2;大洋洲:1;欧洲:1;北美洲:1;

南美洲:1。

Chartoloma Bunge 薄缘芥属 Brassicaceae [MD-213] 特征纪要:习性:草本。花程式:K2-4,C2-4,A2-4,=G2。其他特征参考科。全球1个大洲分布及种数(cf.1)◆亚洲。

Chasallia Comm. ex Poir. = **Chassalia**

Chascanum E. Mey. 胀萼马鞭草属 Verbenaceae [MD-556] 特征纪要:习性:木本。花程式:K2-4,C0,A4,=↓G2-4。其他特征参考科。全球2个大洲分布及种数(27-35;hort.1;cult. 2)非洲:26-30;亚洲:6-7。

Chascolytrum Desv. 微凌风草属 Poaceae [MM-748] 特征纪要:习性:草本。花程式:(K)3,C0 参考科,A1-2,=G2-3。其他特征参考科。全球6个大洲分布及种数(10-47)非洲:4; 亚洲:5; 大洋洲:3; 欧洲:13; 北美洲:13; 南美洲:41。

Chascotheca Urb. 土苞树属 Euphorbiaceae [MD-217] 特征纪要:习性:木本。花程式:K1(1000),C0,A6,=G2-3。其他特征参考科。全球4个大洲分布及种数(2-29)亚洲:7; 欧洲:9; 北美洲:9; 南美洲:18。

Chasechloa A. Camus = **Echinolaena**

Chaseella Summerh. 松针兰属 Orchidaceae [MM-723] 特征纪要:习性:-。花程式:-。其他特征参考科。全球3个大洲分布及种数(5)非洲:2; 亚洲:2; 南美洲:3。

Chasmanthe N. E. Br. 豁裂花属 Iridaceae [MM-700] 特征纪要:习性:草本。花程式:(K)3,C3,A10,↓G)。其他特征参考科。全球5个大洲分布及种数(3-9)非洲:8; 大洋洲:5; 欧洲:5; 北美洲:5; 南美洲:2。

Chasmanthera Hochst. = **Tinospora**。【中国种数:1】。

Chasmanthium Link 小盼草属 Poaceae [MM-748] 特征纪要:习性:草本。花程式:(K)3,C0 参考科,A1-2,=G2-3。其他特征参考科。全球5个大洲分布及种数(5-11)非洲:2; 亚洲:4; 欧洲:8; 北美洲:8; 南美洲:5。【中国种数:2】。

Chasmatophyllum (Schwantes) Dinter & Schwantes 唐锦玉属 Aizoaceae [MD-94] 特征纪要:习性:草本。花程式:K3-4,C3-4,A5 参考科,=↓G-。其他特征参考科。全球1个大洲分布及种数(6-8)◆非洲。

Chasmone E. Mey. 豆科属 Fabaceae3 [MD-240] 特征纪要:习性:-。花程式:-。其他特征参考科。

Chasmopodium Stapf 假柄草属 Poaceae [MM-748] 特征纪要:习性:草本。花程式:(K)3,C0 参考科,A1-2,=G2-3。其他特征参考科。全球5个大洲分布及种数(2-78)非洲:41; 亚洲:3; 欧洲:4; 北美洲:4; 南美洲:44。

Chassalia Comm. ex Poir. 弯管花属 Rubiaceae [MD-523] 特征纪要:习性:木本。花程式:(K-),C2-3 参考科,A5,↓G2。物候:-。花期:4-6月。果期:参考晚于花期。海拔:100-2000米。生境:疏林中。资源:药用。全球6个大洲分布及种数(80-118;hort.1)非洲:65-92;亚洲:71-106;大洋洲:3-5;欧洲:2-3;北美洲:5-11;南美洲:7-10。【中国种数:4】。

Chastenaea DC. = **Axinaea**

Chatelania Neck. = **Tolpis**

Chatiakella Cass. = **Tilesia**

Chaubardia Rchb. f. 梳杯兰属 Orchidaceae [MM-723] 特征纪要:习性:草本。花程式:(K)3,C3,A3,=↓G3。其他特征参考科。全球2个大洲分布及种数(3-9)北美洲:2; 南美洲:9。

Chaubardiella Garay 拟乔巴兰属 Orchidaceae [MM-723] 特征纪要:习性:草本。花程式:(K)3,C3,A3,=↓G3。其他特征参考科。全球2个大洲分布及种数(8-14)北美洲:4; 南美洲:13。

Chauliodon Summerh. 翠雀兰属 Orchidaceae [MM-723] 特征纪要:习性:草本。花程式:(K)3,C3,A3,=↓(G)3。其他特征参考科。全球3个大洲分布及种数(1-13)非洲:5; 亚洲:3; 南美洲:7。

Chaunanthus O. E. Schulz 微花菜属 Brassicaceae [MD-213] 特征纪要:习性:草本。花程式:K4,C4,A3 参考科,↓G-参考科。其他特征参考科。全球1个大洲分布及种数(4)◆北美洲。

Chaunochiton Benth. 草帽果属 Olacaceae [MD-362] 特征纪要:习性:木本。花程式:K5,C5,A5-6,=G2-3。其他特征参考科。全球3个大洲分布及种数(3-9)非洲:2; 北美洲:2; 南美洲:9。

Chaunostoma Donn. Sm. 危地马拉芩属 Lamiaceae [MD-575] 特征纪要:习性:-。花程式:-。其他特征参考科。全球1个大洲分布及种数(1)◆北美洲。

Chautemsia A. O. Araujo & V. C. Souza 宽喉岩桐属 Gesneriaceae [MD-549] 特征纪要:习性:草本。花程式:K5,C0,A2-5,=(G)2。其他特征参考科。全球1个大洲分布及种数(1)◆南美洲(◆巴西)。

Chavica Miq. = **Piper**

Chayamaritia D. J. Middleton & Mich. Möller 含羞花属 Fabaceae1 [MD-238] 特征纪要:习性:木本。花程式:K3-5-∞,C3-5-∞,A1-10-50,=↓G(-)。其他特征参考科。全球1个大洲分布及种数(2)◆亚洲:2。

Chaydaia Pit. 猫乳属 Rhamnaceae [MD-331] 特征纪要:习性:-。花程式:-。物候:-。花期:7-9月。果期:参考晚于花期。海拔:1500米。生境:山地林中或灌丛中。资源:-。全球1个大洲分布及种数(1)◆亚洲。

Chayota Jacq. = **Sechium**

Chazaliella E. M. A. Petit & Verdc. 须茜属 Rubiaceae [MD-523] 特征纪要:习性:-。花程式:-。其他特征参考科。全球3个大洲分布及种数(15-20)非洲:14-18;欧洲:1;南美洲:1。

Cheilanthes Sw. 旱米蕨属 Sinopteridaceae [F-34] 特征纪要:习性:-。【Rep】:囊群生叶缘。物候:-。海拔:700-2600米。生境:干燥山坡,林下。资源:-。全球6个大洲分布及种数(219-301;hort.1;cult. 20)非洲:47-82;亚洲:77-118;大洋洲:28-61;欧洲:18-43;北美洲:99-125;南美洲:85-114。【中国种数:1】。

Cheilanthopsis Hieron. 滇蕨属 Woodsiaceae [F-47] 特征纪要:习性:-。【Rep】:孢子囊群小,圆形,由4-10个孢子囊组成,近叶边生于端小脉的近顶处。物候:-。海拔:10-3900米。生境:-。资源:-。全球2个大洲分布及种数(5)亚洲:5; 南美洲:2。

Cheileainea <unassigned> 马达爵床属 Acanthaceae [MD-572] 特征纪要:-。全球 1 个大洲分布及种数(1)◆非洲:1。

Cheiloclinium Miers 斜唇卫矛属 Celastraceae [MD-339] 特征纪要:习性:木本。花程式:-。其他特征参考科。全球 4 个大洲分布及种数(11-28)非洲:3; 亚洲:6; 北美洲:8; 南美洲:28。

Cheilocostus C. D. Specht 指鞘姜属 Costaceae [MM-738] 特征纪要:习性:草本。花程式:-。物候:-。花期:8 月。果期:参考晚于花期。海拔:45-2200 米。生境:潮湿生于疏林下,山谷荫湿地,路边草丛,荒坡,水沟边等处。资源:-。全球 6 个大洲分布及种数(5)非洲:1;亚洲:4;大洋洲:1;欧洲:1;北美洲:2;南美洲:1。

Cheilogramma Maxon = **Cheilogramme**

Cheilogramme (Bl.) Underw. 铁龙骨属 Polypodiaceae [F-60] 特征纪要:-。分布:-。

Cheilolejeunea (Spruce) Steph. 唇鳞苔属 Lejeuneaceae [B-84] 特征纪要:习性:-。【Rep】:蒴萼倒梨形至倒心脏形,具 3-5 脊,雄苞具 2-4 对苞叶。物候:-。海拔:1900 米。生境:树生。资源:-。全球 6 个大洲分布及种数(100-105)非洲:20-36;亚洲:41-57;大洋洲:28-44;欧洲:1-15;北美洲:13-27;南美洲:33-47。【中国种数:10】。

C

Cheilolepton Fée = **Lomagramma**

Cheilophyllum Pennell 离药草属 Plantaginaceae [MD-527] 特征纪要:习性:草本。花程式:Kn,C0,A2-4,↓G2。其他特征参考科。全球 2 个大洲分布及种数(8-11)北美洲:9; 南美洲:2。

Cheiloplecton Fée 硬旱蕨属 Pteridaceae [F-31] 特征纪要:习性:-。【Rep】:孢子同形,囊群生叶背。其他特征参考科。全球 4 个大洲分布及种数(1) 亚洲;欧洲;北美洲;南美洲。

Cheilosa Bl. 铁椤桐属 Euphorbiaceae [MD-217] 特征纪要:习性:木本。花程式:K1(1000),C0,A6,=G2-3。其他特征参考科。全球 2 个大洲分布及种数(1-15)亚洲:10; 南美洲:4。

Cheilosoria Trevis. 碎米蕨属 Sinopteridaceae [F-34] 特征纪要:习性:-。【Rep】:孢子囊群小,圆形,生小脉顶端,成熟时往往汇合。物候:-。海拔:50-4200 米。生境:灌丛中,竹林,河边。资源:-。全球 6 个大洲分布及种数(7-8)非洲:5;亚洲:6-12;大洋洲:1-6;欧洲:5;北美洲:5;南美洲:5。

Cheilotheca Hook. f. 假水晶兰属 Ericaceae [MD-380] 特征纪要:习性:木本。花程式:-。物候:-。花期:参考早于果期。果期:8-10 月。海拔:1160 米。生境:林下阴湿处,针阔混交林或阔叶林下。资源:-。全球 2 个大洲分布及种数(4-20)亚洲:9; 南美洲:9。

Cheilothela Lindb. ex Broth. 厄牛毛藓属 Ditrichaceae [B-119] 特征纪要:习性:-。【Rep】:孢蒴台部发达,蒴齿具疣或纵斜条纹,绿色或黄绿色。物候:-。海拔:-。生境:土生,野生。资源:-。全球 4 个大洲分布及种数(10)非洲:2; 亚洲:4; 大洋洲:2; 南美洲:6。【中国种数:1】。

Cheilyctis (Raf.) Spach 唇形科属 Lamiaceae [MD-575] 特征纪要:习性:-。花程式:-。其他特征参考科。全球 1 个大洲分布及种数(-)。

Cheiradenia Lindl. 手腺兰属 Orchidaceae [MM-723] 特征纪要:习性:草本。花程式:Kn,C0- 参考科,A-参考科,=↓G3。其他特征参考科。全球 2 个大洲分布及种数(1-3)北美洲:2; 南美洲:3。

Cheiridopsis N. E. Br. 虾钳花属 Aizoaceae [MD-94] 特征纪要:习性:灌木。花程式:K3-4,C3-4,A5 参考科,=↓(G)1-2。其他特征参考科。全球 2 个大洲分布及种数(41-127)非洲:123; 北美洲:2。

Cheirodendron Nutt. ex Seem. 柏叶枫属 Araliaceae [MD-471] 特征纪要:习性:木本。花程式:K1-∞,C1-∞,A2,=↓G2-5。其他特征参考科。全球 6 个大洲分布及种数(6-10;hort. 1;cult. 1)非洲:1;亚洲:1;大洋洲:3;欧洲:1;北美洲:5-6;南美洲:1。

Cheiroglossa C. Presl 掌叶箭蕨属 Ophioglossaceae [F-9] 特征纪要:习性:-。【Rep】:囊群生叶背。其他特征参考科。全球 6 个大洲分布及种数(4)非洲:2-4;亚洲:2;大洋洲:2;欧洲:2;北美洲:1-3;南美洲:2-4。

Cheirolaena Benth. 手苞梧桐属 Malvaceae [MD-203] 特征纪要:习性:木本。花程式:K3-5-∞,C5,A5-10,=G1-5。其他特征参考科。全球 1 个大洲分布及种数(1)◆非洲。

Cheirolophus Cass. 齿菊木属 Asteraceae [MD-586] 特征纪要:习性:草本。花程式:(K)3-5,(C)3-5,A3-5,=↓G2。其他特征参考科。全球 5 个大洲分布及种数(33-39)非洲:8; 亚洲:4; 大洋洲:2; 欧洲:2; 北美洲:2。【中国种数:2】。

Cheiropleuria C. Presl 燕尾蕨属 Cheiropleuriaceae [F-59] 特征纪要(同科)。全球 2 个大洲分布及种数(3-7)非洲:1; 亚洲:5。【中国种数:2】。

Cheiropleuriaceae (Endl.) Nakai [F-59] 燕尾蕨科 特征纪要:根状茎横走,密被暗栗色的长针状鳞片,其基部变阔,叶全缘。【Rep】:孢子囊群线形,连续或少有中断的,位于中脉与叶缘之间。全球 6 个大洲分布和属种数(1/2-4)非洲:1/1;亚洲:1/2-3;大洋洲:1/1;欧洲:1/1;北美洲:1/1;南美洲:1/1。

Cheirostylis Bl. 叉柱兰属 Orchidaceae [MM-723] 特征纪要:习性:草本。花程式:(K-),C2-3 参考科,A3 参考科,=↓G3。物候:-。花期:3 月。果期:参考晚于花期。海拔:1000-2400 米。生境:潮湿石上,覆土中或地上,竹林中。资源:具园艺种类。全球 6 个大洲分布及种数(63-150)非洲:24; 亚洲:91; 大洋洲:11; 欧洲:2; 北美洲:2; 南美洲:28。【中国种数:19】。

Chelidonium L. 白屈菜属 Papaveraceae [MD-54] 特征纪要:习性:草本(基生,多肉)。花程式:-。物候:-。花期:4-9 月。果期:参考晚于花期。海拔:500-2200 米。生境:山坡,山谷林缘草地或路旁,石缝。资源:药用,具栽培园艺种类。全球 6 个大洲分布及种数(4-5)非洲:1-4;亚洲:3-7;大洋洲:3;欧洲:2-6;北美洲:2-5;南美洲:3。【中国种数:2】。

Chelonanthus (Griseb.) Gilg 龟花龙胆属 Gentianaceae [MD-496] 特征纪要:习性:草本。花程式:K5,C0,A10,=G2。其他特征参考科。全球5个大洲分布及种数(5-29)非洲:3; 亚洲:3; 大洋洲:2; 北美洲:8; 南美洲:28。【中国种数:1】。

Chelone L. 鳖头花属 Plantaginaceae [MD-527] 特征纪要:习性:草本。花程式:K2-4,C0,A2-4,=↓G2-3。其他特征参考科。全球6个大洲分布及种数(6-50)非洲:3; 亚洲:12; 大洋洲:2; 欧洲:35; 北美洲:35; 南美洲:15。【中国种数:1】。

Chelonistele Pfitzer 穹柱兰属 Orchidaceae [MM-723] 特征纪要:习性:-。花程式:-。物候:-。花期:参考早于果期。果期:10-11月。海拔:80-5200米。生境:柏树林下或草坡路旁,竹坡中。资源:-。全球2个大洲分布及种数(44)亚洲:39; 南美洲:4。

Chelonopsis Miq. 铃子香属 Lamiaceae [MD-575] 特征纪要:习性:草本,少木本。花程式:-。物候:-。花期:9-10月。果期:参考晚于花期。海拔:1400-2000米。生境:谷地上,斜坡。资源:具园艺种类。全球3个大洲分布及种数(20-39)亚洲:31; 北美洲:2; 南美洲:6。【中国种数:14】。

Chelyella Szlach. & Sitko = **Maxillaria**

Chelyocarpus Dammer 龟壳棕属 Arecaceae [MM-717] 特征纪要:习性:木本。花程式:K3-10,C3-10,A3-10,=G3-10。其他特征参考科。全球3个大洲分布及种数(4-9)亚洲:2; 北美洲:4; 南美洲:9。

Chelyorchis Dressler & N. H. Williams = **Rossioglossum**

Chengiodendron <unassigned> 木樨树属 Oleaceae [MD-498] 特征纪要:习性:-。花程式:-。其他特征参考科。全球1个大洲分布及种数(-)。

Chengiopanax C. B. Shang & J. Y. Huang 人参木属 Araliaceae [MD-471] 特征纪要:习性:木本。花程式:K1-∞,C1-∞,A2,=↓(G)2-5。物候:-。花期:9月。果期:参考晚于花期。海拔:1000-2000米。生境:山坡混交林。资源:木材,具栽培园艺种类。全球1个大洲分布及种数(cf. 1)◆亚洲(◆中国)。【中国种数:2】。

Chenia R. H. Zander 陈氏藓属 Pottiaceae [B-133] 特征纪要:习性:-。【Rep】:黄绿带褐色。物候:-。海拔:-。生境:常见于高山岩石上。栽培:来自广西龙州。资源:具栽培园艺种类。全球6个大洲分布及种数(4)非洲:2;亚洲:1;大洋洲:1;欧洲:1;北美洲:1;南美洲:3。【中国种数:1】。

Chennapyrum Löve = **Aegilops**

Chenolea Thunb. 海垫藜属 Chenopodiaceae [MD-115] 特征纪要:习性:草本。花程式:K3-5,C0,A3-5,=↓G2-5。其他特征参考科。全球5个大洲分布及种数(2-33)非洲:8; 亚洲:5; 大洋洲:19; 欧洲:2; 北美洲:2。

Chenoleoides (Ulbr.) Botsch. 木冰藜属 Amaranthaceae [MD-116] 特征纪要:习性:-。花程式:-。其他特征参考科。全球3个大洲分布及种数(-)非洲;亚洲;欧洲。

Chenopodiaceae Vent. [MD-115] 藜科 特征纪要:习性:木本,草本;落叶。花程式:♀/♂K4-5(-),C0,A6,↑G-。物候:-。花期和果期: 7-11月。果实:翅果。种子:种皮膜质或无子叶,通常狭细。海拔:0米。生境:-。资源:植株用火烧成灰后,可以取碱。栽培:中国有栽培。全球6个大洲分布及属种数(70-79/1252-1750 <IFR 17/83> hort. 1;cult. 12) 非洲:20-23/333-367(IFR 4/5); 亚洲:38-40/611-713(IFR 11/23); 大洋洲:16-17/251-276(IFR 6/23); 欧洲:22-23/254-291(IFR 6/12); 北美洲:23-24/324-349(IFR 5/26); 南美洲:10-11/194-215(IFR 2/3)。【中国属种数:2/46】。

Chenopodiastrum S. Fuentes, Uotila & Borsch 麻叶藜属 Amaranthaceae [MD-116] 特征纪要:习性:草本。花程式:Kn,C0,A5参考科,G-。物候:-。海拔:2300米。生境:中山疏林,密林,灌丛,山坡疏林。资源:-。全球5个大洲分布及种数(7-8 hort. 1) 非洲:2(IFR 1);亚洲:6;大洋洲:1;欧洲:2;北美洲:1。

Chenopodina (Moq.) Moq. 非洲藜属 Amaranthaceae [MD-116] 特征纪要和分布(-)。全球1个大洲分布及种数(-)。◆大洋洲。

Chenopodiopsis Hilliard & B. L. Burtt 假藜属 Scrophulariaceae [MD-536] 特征纪要:习性:草本。花程式:-。其他特征参考科。全球1个大洲分布及种数(3)◆非洲。

Chenopodium L. 藜属 Chenopodiaceae [MD-115] 特征纪要(同科)。全球6个大洲分布及种数(205-297;hort. 1;cult. 68)非洲:40-95;亚洲:72-132;大洋洲:49-102;欧洲:79-138;北美洲:76-136;南美洲:59-117。【中国种数:17】。

Cherleria Hall. = **Stellaria**

Chersodoma Phil. 山绒菊属 Asteraceae [MD-586] 特征纪要:习性:草本。花程式:(K)3-5,C3-5,A3-5,=↓(G)2。其他特征参考科。全球1个大洲分布及种数(10)◆南美洲。

Chersydrium Schott = **Dracontium**

Chesnea Scop. = **Psychotria**

Chesneya Lindl. ex Endl. 雀儿豆属 Fabaceae3 [MD-240] 特征纪要和分布(-)。全球1个大洲分布及种数(17-37)◆亚洲。【中国种数:13】。

Chesniella Boriss. 旱雀豆属 Fabaceae3 [MD-240] 特征纪要:习性:-。花程式:-。物候:-。花期:7月。果期:参考晚于花期。海拔:1800米。生境:干旱山坡,砾石地。资源:-。全球1个大洲分布及种数(cf. 1)◆亚洲。

Chetastrum Neck. = **Scabiosa**

Chetocrater Raf. = **Casearia**

Chevaliera Gaudich. ex Beer = **Aechmea**

Chevalierella A. Camus 距花黍属 Poaceae [MM-748] 特征纪要:习性:草本。花程式:(K)3,C0参考科,A1-2,↓G-参考科。其他特征参考科。全球1个大洲分布及种数(1)◆非洲。

Chevreulia Cass. 钝柱紫绒草属 Asteraceae [MD－586] 特征纪要：习性：草本。花程式：(K)3－5,(C)3－5,A3－5,＝↓G2。其他特征参考科。全球 4 个大洲分布及种数(6－20)非洲：2；亚洲：1；北美洲：3；南美洲：19。

Cheyniana Rye 榴岗松属 Myrtaceae [MD－347] 特征纪要：习性：木本。花程式：Kn,C2－3 参考科,A8－10,＝↓G－。其他特征参考科。全球 1 个大洲分布及种数(2)◆大洋洲：2。

Chiangiodendron Wendt 墨西哥大风子属 Achariaceae [MD－159] 特征纪要：习性：木本。花程式：K2－10,C2－10,A5,＝↓(G)2－10。其他特征参考科。全球 1 个大洲分布及种数(1)◆北美洲。

Chiastocaulon Carl 树羽苔属 Plagiochilaceae [B－73] 特征纪要：习性：－。【Rep】：雌雄同株或异株，雌苞顶生或生于侧枝先端，蒴萼多种形态，通常口部扁平，孢蒴卵圆形，成熟时绿色或淡绿色。物候：－。海拔：－。生境：常见于林地石面。资源：－。全球 2 个大洲分布及种数(2)亚洲：2；大洋洲：2。

Chiastophyllum (Ledeb.) A. Berger 银波木属 Crassulaceae [MD－229] 特征纪要：习性：草本。资源：具园艺种类。全球 3 个大洲分布及种数(1－2)亚洲：1；欧洲：1；北美洲：1。【中国种数：1】。

Chichaea C. Presl ＝ **Sterculia**

Chichicaste Weigend 白莲花属 Loasaceae [MD－435] 特征纪要：习性：－。花程式：－。其他特征参考科。全球 2 个大洲分布及种数(2)北美洲：2；南美洲：2。

Chichimecactus <unassigned> 仙莲掌属 Cactaceae [MD－100] 特征纪要：习性：－。花程式：－。其他特征参考科。全球 1 个大洲分布及种数(－)。

Chiclea Lundell ＝ **Manilkara**

Chidlowia Hoyle 奇罗维豆属 Fabaceae1 [MD－240] 特征纪要：习性：木本。花程式：K3－5－∞,C3－5－∞,A3－5,＝↓G1－2。其他特征参考科。全球 1 个大洲分布及种数(1)◆非洲。

Chienia W. T. Wang ＝ **Delphinium**

Chieniodendron Y. Tsiang & P. T. Li 假鹰爪属 Annonaceae [MD－7] 特征纪要：习性：木本。花程式：Kn,C3,A2,↓G－参考科。物候：－。花期：4－12 月。果期：参考晚于花期。海拔：300－600 米。生境：茂密森林。资源：具园艺种类。全球 1 个大洲分布及种数(2)◆亚洲。【中国种数：1】。

Chieniopteris Ching 长羽狗脊属 Blechnaceae [F－46] 特征纪要：土生，中小型草本。根状茎部而横走，褐黑色，披鳞片；叶散生，有部柄，叶片远比叶柄短，单叶、三裂或常为卵状三角形而羽状深裂达于叶轴；主脉明显，两面均隆起，小脉网状，不甚明显，叶厚纸质或近革质，两面均无毛。【Rep】：孢子囊群叶表面生，不下陷于叶肉，粗线形，不连续，沿主脉两侧着生并与之平行，有时向外侧另伸出 1 对孢子囊群；囊群盖粗线形，背面呈拱圆形，纸质，深棕色，着生于靠近主脉的狭部网眼的小脉上。全球 1 个大洲分布及种数(3)◆亚洲。

Chienodoxa Y. Z. Sun ＝ **Schnabelia**

Chigua D. W. Stev. ＝ **Zamia**

Chihuahuana Urbatsch & R. P. Roberts ＝ **Medranoa**

Chikusichloa Koidz. 山涧草属 Poaceae [MM－748] 特征纪要：习性：草本(水生)。花程式：－。物候：－。花期：9－10 月。果期：参考晚于花期。海拔：10－5600 米。生境：山谷，溪边，山林间溪涧旁。资源：－。全球 1 个大洲分布及种数(cf. 1)◆亚洲。【中国种数：2】。

Chileobryon Enroth 白牛舌藓属 Leskeaceae [B－181] 特征纪要：习性：－。【Rep】：雌雄同株，雌苞生于茎上，雄苞常着生于枝端，蒴柄长，直立，平滑或粗糙具疣，孢蒴多数直立，有时倾立，两侧，雌雄异株，蒴柄纤细，长约 1 厘米，孢蒴长卵形，蒴齿两层，内齿层齿毛缺失，蒴盖圆锥形。其他特征参考科。全球 1 个大洲分布及种数(1)◆南美洲。

Chileranthemum örst. 智利喜花草属 Acanthaceae [MD－572] 特征纪要：习性：草本。花程式：K2－4,C0,A2－4,＝G2。其他特征参考科。全球 1 个大洲分布及种数(3)◆北美洲。

Chiliadenus Cass. 叉枝菊属 Asteraceae [MD－586] 特征纪要：习性：草本。花程式：(K)3－5,(C)3－5,A3－5,↓G。其他特征参考科。全球 2 个大洲分布及种数(－)非洲；亚洲。

Chiliandra Griff. ＝ **Rhynchotechum**

Chiliocephalum Benth. 光果金绒草属 Asteraceae [MD－586] 特征纪要：习性：草本。花程式：(K)3－5,(C)3－5,A3－5,＝↓G2。其他特征参考科。全球 1 个大洲分布及种数(1－2)◆非洲。

Chiliophyllum Phil. 黄帚菀属 Asteraceae [MD－586] 特征纪要：习性：草本。花程式：(K)3－5,(C)3－5,A3－5,＝↓G2。其他特征参考科。全球 2 个大洲分布及种数(1－6)北美洲：1；南美洲：2。

Chiliotrichiopsis Cabrera 胶帚菀属 Asteraceae [MD－586] 特征纪要：习性：草本。花程式：(K)3－5,C3－5,A3－5,＝↓(G)2。其他特征参考科。全球 1 个大洲分布及种数(5)◆南美洲。

Chiliotrichum Cass. 绒帚菀属 Asteraceae [MD－586] 特征纪要：习性：草本。花程式：(K)3－5,(C)3－5,A3－5,＝↓G2。其他特征参考科。全球 5 个大洲分布及种数(2－27)亚洲：6；大洋洲：4；欧洲：4；北美洲：4；南美洲：15。

Chilocardamum O. E. Schulz 雌足芥属 Brassicaceae [MD－213] 特征纪要：习性：草本。花程式：K4,C4,A3 参考科,↓G－参考科。其他特征参考科。全球 1 个大洲分布及种数(4)◆南美洲。

Chilocarpus Bl. 唇果夹竹桃属 Apocynaceae [MD－492] 特征纪要：习性：木本。花程式：K5－∞,C0,A15,＝↓G2－5。物候：－。花期：全年。果期：参考晚于花期。海拔：80－3000 米。生境：矮林或灌木丛中，住宅旁。资源：－。全球 5 个大洲分布及种数(14－56)非洲：3；亚洲：54；大洋洲：2；北美洲：2；南美洲：2。【中国种数：3】。

Chilochium Raf. ＝ **Echiochilon**

Chilochloa Beauv. ＝ **Phleum**

Chiloglottis R. Br. 飞鸟兰属 Orchidaceae [MM－723] 特征纪要：习性：草本。花程式：(K)3,C3,A3,＝↓G3。其

他特征参考科。全球 2 个大洲分布及种数(27－37)亚洲:2; 大洋洲:36。

Chilopogon Schltr. 白花兰属 Orchidaceae [MM－723] 特征纪要:习性:－。花程式:－。其他特征参考科。全球 4 个大洲分布及种数(20)非洲:5; 亚洲:11; 大洋洲:4; 南美洲:11。

Chilopsis D. Don 沙楸属 Bignoniaceae [MD－541] 特征纪要:习性:木本。花程式:K5,C0,A4,↓G。其他特征参考科。全球 2 个大洲分布及种数(3－10)北美洲:6; 南美洲:2。【中国种数:1】。

Chilopteris (C. Presl) Lindl. 瓷足蕨属 Polypodiaceae [F－60] 特征纪要:习性:－。【Rep】:孢子同形,囊群生叶背。其他特征参考科。全球 1 个大洲分布及种数(1)◆非洲。

Chiloschista Lindl. 异型兰属 Orchidaceae [MM－723] 特征纪要:习性:草本(多肉)。花程式:Kn,C2－3 参考科,A3 参考科,=↓(G)3。物候:－。海拔:700－1000 米。生境:茶园附近,山地林缘或疏林中树干上。资源:具园艺种类。全球 5 个大洲分布及种数(28－40)非洲:1; 亚洲:32; 大洋洲:11; 北美洲:3; 南美洲:2。【中国种数:8】。

Chiloscyphus Corda 裂萼苔属 Lophocoleaceae [B－74] 特征纪要:习性:－。【Rep】:雌雄同株,稀异株,雌雄苞一般生于主茎或长分枝顶端,雌苞叶大于茎叶,先端具裂瓣和不规则齿突,蒴萼大。物候:－。海拔:2040 米。生境:常见于树干或腐木,土生。资源:－。全球 6 个大洲分布及种数(198－213)非洲:18－45;亚洲:40－68;大洋洲:90－125;欧洲:11－36;北美洲:32－57;南美洲:60－86。【中国种数:21】。

Chimaerochloa H. P. Linder 裂萼禾属 Poaceae [MM－748] 特征纪要:习性:草本。花程式:(K－),C0 参考科,A3 参考科,↓G－参考科。其他特征参考科。全球 3 个大洲分布及种数(1－2)非洲:1; 亚洲:1; 大洋洲:1。

Chimantaea Maguire, Steyerm. & Wurdack 掸菊木属 Asteraceae [MD－586] 特征纪要:习性:草本。花程式:(K)3－5,(C)3－5,A3－5,↓G2。其他特征参考科。全球 2 个大洲分布及种数(10－33)亚洲:2; 南美洲:30。

Chimaphila Pursh 喜冬草属 Ericaceae [MD－380] 特征纪要:习性:木质攀援。花程式:K5,C5,A5,↓G。物候:－。花期:6－8 月。果期:参考晚于花期。海拔:2600－3000 米。生境:干燥森林,原始森林。资源:具栽培园艺种类。全球 6 个大洲分布及种数(6－7;hort. 1;cult. 1)非洲:12;亚洲:5－17;大洋洲:12;欧洲:2－14;北美洲:4－16;南美洲:12。【中国种数:4】。

Chimarhis Raf. = **Chimarrhis**

Chimarrhis Jacq. 冬流木属 Rubiaceae [MD－523] 特征纪要:习性:木本。花程式:(K)4－5,(C)4－5,A4－5,=↓G2－9。其他特征参考科。全球 2 个大洲分布及种数(15－17)北美洲:6－7;南美洲:11－12。

Chimborazoa H. Beck 白患子属 Sapindaceae [MD－428] 特征纪要:习性:－。花程式:－。其他特征参考科。全球 1 个大洲分布及种数(1)◆南美洲(◆厄瓜多尔)。

Chimonanthus Lindl. 蜡梅属 Calycanthaceae [MD－12] 特征纪要:习性:木本。花程式:Kn,C2－3 参考科,A2,↓G－参考科。物候:－。花期:8－12 月。果期:参考晚于花期。海拔:1000－2900 米。生境:林地,竹林中。资源:药用,芳香油,具栽培园艺种类。全球 5 个大洲分布及种数(7－20)亚洲:12; 大洋洲:2; 欧洲:3; 北美洲:3; 南美洲:3。【中国种数:6】。

Chimonobambusa Makino 月月竹属 Poaceae [MM－748] 特征纪要:习性:竹类。花程式:(K－),C0 参考科,A3 参考科,=G2－3。物候:－。花期:4－12 月。果期:参考晚于花期。海拔:1000－2100 米。生境:常绿阔叶林下,山区。资源:具栽培园艺种类。全球 6 个大洲分布及种数(40－67)非洲:2; 亚洲:59; 大洋洲:3; 欧洲:5; 北美洲:5; 南美洲:4。【中国种数:34】。

Chimonocalamus Hsueh f. & T. P. Yi 香竹属 Poaceae [MM－748] 特征纪要:习性:竹类。花程式:(K－),C0 参考科,A3 参考科,=(G)2－3。物候:－。花期:3 月底至 4 月。果期:参考晚于花期。海拔:1400－2000 米。生境:常绿阔叶林,杂木林中。资源:具园艺种类。全球 1 个大洲分布及种数(16－17)◆亚洲。【中国种数:10】。

Chimophila Radius = **Chimaphila**

Chingia Holttum 仁昌蕨属 Thelypteridaceae [F－42] 特征纪要:习性:－。【Rep】:孢子同形,囊群生叶背有盖－无盖。其他特征参考科。全球 3 个大洲分布及种数(3－35)亚洲:27; 大洋洲:7; 南美洲:4。

Chingiacanthus Hand.－Mazz. = **Isoglossa**

Chingyungia Ai = **Melampyrum**

Chinostomum Müll. Hal. ex Crosby & Magill = **Chionostomum**

Chiococca P. Br. 黑鸡纳属 Rubiaceae [MD－523] 特征纪要:习性:木本。花程式:(K)4－5,(C)4－5,A4－5,=↓G2－9。资源:具园艺种类。全球 6 个大洲分布及种数(28－32;hort. 1;cult. 2)非洲:6;亚洲:3－9;大洋洲:6;欧洲:6;北美洲:19－27;南美洲:17－23。【中国种数:1】。

Chionachne R. Br. 葫芦草属 Poaceae [MM－748] 特征纪要:习性:－。花程式:－。物候:－。海拔:10－5600 米。生境:草地。栽培:来自广西龙州。资源:具栽培园艺种类。全球 6 个大洲分布及种数(9)非洲:2;亚洲:7－10;大洋洲:4－6;欧洲:2;北美洲:2－4;南美洲:2。

Chionanthus Royen 流苏树属 Oleaceae [MD－498] 特征纪要:习性:木本。花程式:－。物候:－。花期:1－3 月。果期:参考晚于花期。海拔:900－1500 米。生境:森林山坡。栽培:来自广西龙州。资源:油脂,食用(代茶),原材料,具栽培园艺种类。全球 6 个大洲分布及种数(124－172;hort. 1)非洲:27－37;亚洲:79－106;大洋洲:20－28;欧洲:4－11;北美洲:30－41;南美洲:29－36。【中国种数:18】。

Chione DC. 雪脂木属 Rubiaceae [MD－523] 特征纪要和分布(－)。全球 1 个大洲分布及种数(4－23)◆北美洲(◆美国)。

Chionobryum Glow. = **Brachythecium**

Chionocharis I. M. Johnst. 垫紫草属 Boraginaceae [MD－517] 特征纪要:习性:草本。花程式:(K－),C5,A5,↓G

-4。物候:-。花期:5-8月。果期:参考晚于花期。海拔:3500-5000米。生境:山阴坡。资源:具园艺种类。全球1个大洲分布及种数(1-2)◆亚洲。【中国种数:1】。

Chionochloa Zotov 白穗茅属 Poaceae [MM-748] 特征纪要:习性:草本。花程式:(K)3,C0参考科,A1-2,=G2-3。其他特征参考科。全球6个大洲分布及种数(37-49)非洲:3;亚洲:4;大洋洲:48;欧洲:3;北美洲:3;南美洲:3。【中国种数:1】。

Chionodoxa Boiss. 雪百合属 Hyacinthaceae [MM-679] 特征纪要:草本,落叶;花程式:(K),C(-)3,A(-),G(-)。果实:果三裂,多刺。种子:矩圆形。全球1个大洲分布及种数(1)◆北美洲(◆美国)。

Chionographidaceae Takht. [MM-626] 白丝草科 特征纪要:习性:木本;落叶。花程式:K4-5(-),C5,A-,G-。全球1个大洲分布及属种数(1/1 hort. 1;cult. 1)◆亚洲:1/7。

Chionographis Maxim. 白丝草属 Chionographidaceae [MM-626] 特征纪要(同科)。全球3个大洲分布及种数(33)亚洲:21;北美洲:3;南美洲:11。

Chionolaena DC. 雪衣鼠麴木属 Asteraceae [MD-586] 特征纪要:习性:草本。花程式:(K)3-5,(C)3-5,A3-5,=↓G2。其他特征参考科。全球3个大洲分布及种数(16-42)非洲:2;北美洲:20;南美洲:22。

Chionoloma Dixon 白丛藓属 Pottiaceae [B-133] 特征纪要:习性:-。【Rep】:孢腔轮廓清晰,蒴齿缺如,或具蒴齿而无基膜,下部呈黄绿或黄棕色。物候:-。海拔:-。生境:常见于高山岩石上。栽培:来自广西龙州。资源:具栽培园艺种类。全球6个大洲分布及种数(11)非洲:6;亚洲:8;大洋洲:6;欧洲:4;北美洲:6;南美洲:5。【中国种数:6】。

Chionopappus Benth. 羽冠黄安菊属 Asteraceae [MD-586] 特征纪要:习性:草本。花程式:(K)3-5,C3-5,A3-5,=↓(G)2。其他特征参考科。全球1个大洲分布及种数(1)◆南美洲(◆秘鲁)。

Chionophila Benth. 寒钟柳属 Plantaginaceae [MD-527] 特征纪要:习性:-。花程式:-。其他特征参考科。全球1个大洲分布及种数(2)◆北美洲(◆美国)。

Chionosphaera <unassigned> 塞芽藓属 Sorapillaceae [B-212] 特征纪要:-。全球1个大洲分布及种数(-)。

Chionostomum Müll. Hal. 花锦藓属 Sematophyllaceae [B-192] 特征纪要:习性:-。【Rep】:雌雄异苞同株。生境:常见于竹上。全球2个大洲分布及种数(13)亚洲:8;南美洲:2。【中国种数:2】。

Chionothrix Hook. f. 白苋木属 Amaranthaceae [MD-116] 特征纪要:习性:草本。花程式:K1-2,C0,A1-2,=G2-3。其他特征参考科。全球2个大洲分布及种数(2-8)非洲:4;南美洲:5。

Chiracanthia <unassigned> 魔花荷属 Rhodoleiaceae [MD-64] 特征纪要:-。全球1个大洲分布及种数(1)◆大洋洲:1。

Chiranthodendron Larreat. 魔爪花属 Sterculiaceae [MD-189] 特征纪要:习性:木本。花程式:K3-5-∞,C5,A5-10,↓G-参考科。物候:-。花期:4月。果期:参考晚于花期。海拔:100-3000米。生境:板状干基,中山坡路边灌丛。资源:-。全球2个大洲分布及种数(1-5)亚洲:2;北美洲:2。

Chiranthofremontia J. Henrickson 魔爪桐属 Sterculiaceae [MD-189] 特征纪要和分布(-)。全球1个大洲分布及种数(-)◆北美洲(◆美国)。

Chirita Buch.-Ham. ex D. Don 唇柱苣苔属 Gesneriaceae [MD-549] 特征纪要:习性:-。花程式:-。物候:-。花期:7-9月。果期:参考晚于花期。海拔:100-200米。生境:低山石崖上,中山岩石。资源:-。全球6个大洲分布及种数(107-118)非洲:4-39;亚洲:106-147;大洋洲:2-36;欧洲:34;北美洲:1-35;南美洲:3-37。

Chiritopsis W. T. Wang 小花苣苔属 Gesneriaceae [MD-549] 特征纪要:草本(根状茎,基生),落叶,复叶;花程式:(K),(C),A5,G-。果实:蒴果。种子:小,纵径1-1.5毫米。全球1个大洲分布及种数(11)亚洲:10-15。

Chirochlaena P. & K. = **Cheirolaena**

Chironia L. 绮龙花属 Gentianaceae [MD-496] 特征纪要:习性:草本。其他特征参考科。全球6个大洲分布及种数(19-37;hort. 1)非洲:18-34;亚洲:3-7;大洋洲:3;欧洲:3;北美洲:2-6;南美洲:3。【中国种数:3】。

Chiropetalum A. Juss. 地杜英属 Euphorbiaceae [MD-217] 特征纪要:习性:木本。花程式:K1(1000),C0,A6,=G2-3。其他特征参考科。全球6个大洲分布及种数(24-47)非洲:2;亚洲:2;大洋洲:6;欧洲:7;北美洲:7;南美洲:41。

Chirripoa Suess. = **Guzmania**

Chisocheton Bl. 溪桫属 Meliaceae [MD-414] 特征纪要:习性:木本。花程式:-。物候:-。花期:6-7月。果期:参考晚于花期。海拔:100-2900米。生境:村旁密林中,山地沟谷密林中。资源:油脂。全球4个大洲分布及种数(55-164)非洲:47;亚洲:115;大洋洲:31;南美洲:8。【中国种数:9】。

Chitalpa T. S. Elias & W. Wisura 梓属 Bignoniaceae [MD-541] 特征纪要:-。全球1个大洲分布及种数(1)◆北美洲(◆美国)。

Chlaenaceae Caruel = Sarcolaenaceae

Chlaenandra Miq. 被蕊藤属 Menispermaceae [MD-42] 特征纪要:习性:草本。花程式:K1(6-40),C3,A1-6-40,=G1-3。其他特征参考科。全球3个大洲分布及种数(1-7)非洲:4;亚洲:4;大洋洲:3。

Chlaenobolus Cass. = **Pterocaulon**

Chlaenosciadium C. Norman 篷伞芹属 Apiaceae [MD-480] 特征纪要:习性:草本。花程式:K5,C5,A5,=↓(G)2。其他特征参考科。全球1个大洲分布及种数(1)◆大洋洲(◆澳大利亚)。

Chlamydacanthus Lindau 刺被爵床属 Acanthaceae [MD-572] 特征纪要:习性:-。花程式:-。其他特征参考科。全球1个大洲分布及种数(-)。

Chlamydanthus C. A. Mey. = **Thymelaea**

Chlamydites J. R. Drumm. = **Aster**

Chlamydoboea Stapf = **Paraboea**

Chlamydocardia Lindau 心被爵床属 Acanthaceae [MD-572] 特征纪要:习性:草本。花程式:K2-4,C0,A2-4,=(G)2。其他特征参考科。全球 1 个大洲分布及种数(2)◆非洲。

Chlamydocarya Baill. 篷果茱萸属 Convolvulaceae [MD-499] 特征纪要:习性:-。花程式:-。其他特征参考科。全球 1 个大洲分布及种数(6)◆非洲。

Chlamydocola (K. Schum.) M. Bodard 可乐果属 Malvaceae [MD-203] 特征纪要:习性:-。花程式:-。其他特征参考科。全球 1 个大洲分布及种数(cf. 1)◆非洲。

Chlamydogramme Holttum = **Tectaria**

Chlamydojatropha Pax & K. Hoffm. 被桐子属 Euphorbiaceae [MD-217] 特征纪要:习性:木本。花程式:Kn,C0,A6,=(G)2-3。其他特征参考科。全球 1 个大洲分布及种数(1)◆非洲。

Chlamydophora Ehrenb. ex Less. 齿芫荽属 Asteraceae [MD-586] 特征纪要:习性:草本。花程式:(K)3-5,(C)3-5,A3-5,=↓G2。其他特征参考科。全球 6 个大洲分布及种数(2)非洲:1-2;亚洲:1-2;大洋洲:1;欧洲:1-2;北美洲:1;南美洲:1。

Chlamydophytum Mildbr. 无苞菰属 Balanophoraceae [MD-307] 特征纪要:习性:木本。花程式:-。其他特征参考科。全球 1 个大洲分布及种数(1-2)◆非洲:2。

Chlamysporum Salisb. = **Thysanotus**

Chlidanthus Herb. 黛玉花属 Amaryllidaceae [MM-694] 特征纪要:习性:草本。花程式:(K)3,C3,A1,=↓G3。其他特征参考科。全球 6 个大洲分布及种数(4-15)非洲:3; 亚洲:2; 大洋洲:3; 欧洲:5; 北美洲:5; 南美洲:13。

Chloachne Stapf = **Poecilostachys**

Chloammia Raf. = **Festuca**

Chloanthes R. Br. 荔南苏属 Lamiaceae [MD-575] 特征纪要:习性:草本。花程式:K2-4,C0,A2-4,(G)2-4。其他特征参考科。全球 4 个大洲分布及种数(4-56)大洋洲:52; 欧洲:3; 北美洲:3; 南美洲:19。

Chloopsis Blume = **Ophiopogon**

Chloothamnus Buse = **Nastus**

Chloracantha G. L. Nesom 刺菀属 Asteraceae [MD-586] 特征纪要:习性:草本。花程式:(K)3-5,(C)3-5,A3-5,↓G。其他特征参考科。全球 4 个大洲分布及种数(3-21)非洲:2; 亚洲:2; 北美洲:6; 南美洲:12。

Chloraea Lindl. 绿丝兰属 Orchidaceae [MM-723] 特征纪要:习性:草本。花程式:(K)3,C3,A3,=↓G3。其他特征参考科。全球 5 个大洲分布及种数(51-185)非洲:2; 亚洲:4; 欧洲:8; 北美洲:8; 南美洲:178。【中国种数:1】。

Chloranthaceae R. Br. ex Sims [MD-31] 金粟兰科 特征纪要:习性:木本;落叶。花程式:(K)6-,C0,A3-6,G-。物候:-。花期:4 月。果期:5 月。果实:核果。种子:-。海拔:1000-1200 米。生境:草甸。栽培:来自广西龙州。资源:园林,药用。栽培:中国有栽培。全球 5 个大洲分布及属种数(6-7/81-96 <IFR 3/4> hort. 1; cult. 2) 非洲:1/3-5; 亚洲:4/30-33(IFR 1/1); 大洋洲:1/3-13(IFR 1/1); 北美洲:2/20-21(IFR 1/2); 南美洲:2/42。【中国属种数:3/15】。

Chloranthelia R. M. Schust. 指头苔属 Lepidoziaceae [B-63] 特征纪要:习性:-。【Rep】:裂瓣披针形或指形。其他特征参考科。全球 1 个大洲分布及种数(1)◆大洋洲(◆美拉尼西亚)。

Chloranthus Sw. 金粟兰属 Chloranthaceae [MD-31] 特征纪要:习性:草本(根状茎,基生)。花程式:-。物候:-。花期:4 月。果期:参考晚于花期。海拔:100-1800 米。生境:灌丛。栽培:来自广西龙州。资源:具栽培园艺种类。全球 6 个大洲分布及种数(18-84)非洲:4; 亚洲:62; 大洋洲:8; 欧洲:7; 北美洲:7; 南美洲:12。【中国种数:13】。

Chloris Sw. 虎尾草属 Poaceae [MM-748] 特征纪要:习性:草本(基生)。花程式:(K-),C0 参考科,A3 参考科,=G2-3)。物候:-。花期:4-5 月。果期:参考晚于花期。海拔:400-1500 米。生境:海边沙地。资源:具栽培园艺种类。全球 6 个大洲分布及种数(54-351)非洲:130; 亚洲:110; 大洋洲:80; 欧洲:141; 北美洲:141; 南美洲:132。【中国种数:11】。

Chlorocalymma Clayton 非洲绿苞草属 Poaceae [MM-748] 特征纪要:习性:草本。花程式:(K)3,C0 参考科,A1-2,=(G)2-3。其他特征参考科。全球 1 个大洲分布及种数(1)◆非洲(◆坦桑尼亚)。

Chlorocardium Rohwer, H. G. Richt. & van der Werff 绿心樟属 Lauraceae [MD-21] 特征纪要:习性:木本。花程式:-。其他特征参考科。全球 1 个大洲分布及种数(2)◆南美洲。

Chlorocarpa Alston 绿果木属 Achariaceae [MD-159] 特征纪要:习性:木本。花程式:-。其他特征参考科。全球 1 个大洲分布及种数(1-2)◆亚洲。

Chlorocaulon Klotzsch = **Chiropetalum**

Chlorocrambe Rydb. 矛头芥属 Brassicaceae [MD-213] 特征纪要:习性:草本。花程式:K2-4,C2-4,A2-4,↓G-参考科。其他特征参考科。全球 1 个大洲分布及种数(1)◆北美洲(◆美国)。

Chlorocyathus Oliv. 澳非萝藦属 Apocynaceae [MD-492] 特征纪要:习性:木本。花程式:Kn,C0,A3 参考科,↓G。其他特征参考科。全球 1 个大洲分布及种数(2)◆中非。

Chlorocyperus Rikli = **Pycreus**

Chlorogalaceae Doweld & Reveal [MM-644] 皂百合科 特征纪要:习性:草本;落叶。花程式:(K)6-,C3,A3,↑G-。果实:蒴果。种子:种皮作不规则的矩圆形。全球 1 个大洲分布及属种数(1/1 <IFR 1/1> hort. 1) ◆北美

洲:1/9(IFR 1/1)。

Chlorogalum (Lindl.) Kunth 皂百合属 Chlorogalaceae [MM-644] 特征纪要(同科)。全球2个大洲分布及种数(6-17)亚洲:3; 北美洲:14。【中国种数:1】。

Chlorolepis Nutt. = **Savia**

Chloroleucon (Benth.) Record 绿苞属 Fabaceae3 [MD-240] 特征纪要:习性:木本。花程式:K1-∞,C3-5-∞,A5-9,=↓G1。其他特征参考科。全球2个大洲分布及种数(15-17;hort.1;cult. 1)北美洲:7;南美洲:12-13。【中国种数:1】。

Chloroluma Baill. = **Chrysophyllum**

Chloromyrtus Pierre = **Eugenia**

Chloronotus Venturi = **Crossidium**

Chlorophytum Ker Gawl. 吊兰属 Liliaceae [MM-633] 特征纪要:习性:草本。花程式:-。物候:-。花期:6-8月。果期:参考晚于花期。海拔:2600-3000米。生境:低海拔地区山坡荫蔽处或岩石边。资源:药用,具栽培园艺种类。全球6个大洲分布及种数(143-250;hort.1;cult. 3)非洲:130-209;亚洲:34-50;大洋洲:13-16;欧洲:14-18;北美洲:10-12;南美洲:12-18。【中国种数:13】。

Chloropsis Kuntze = **Trichloris**

Chloropyron Behr 天料木属 Orobanchaceae [MD-552] 特征纪要:习性:木本。花程式:-。其他特征参考科。全球1个大洲分布及种数(7-12)◆北美洲:9。

Chlorospatha Engl. 绿苞芋属 Araceae [MM-639] 特征纪要:习性:草本。花程式:K0,C0,A1-4,=G1-3。其他特征参考科。全球2个大洲分布及种数(71-78)北美洲:7; 南美洲:76。

Chlorostemma Fourr. = **Asperula**

Chlorostis Raf. = **Chloris**

Chloroxylon DC. 柿树属 Rutaceae [MD-399] 特征纪要:习性:木本。花程式:K5,C5,A4,↓G-参考科。其他特征参考科。全球3个大洲分布及种数(3)非洲:3;亚洲:1;北美洲:1。

Chloryllis E. Mey. = **Dolichos**

Chnoophora Kaulf. = **Cyathea**

Chodanthus Hassl. = **Mansoa**

Choerospondias B. L. Burtt & A. W. Hill 南酸枣属 Anacardiaceae [MD-432] 特征纪要:习性:木本。花程式:K5,C5,A10,G-。物候:-。花期:3-4月。果期:参考晚于花期。海拔:300-2000米。生境:低地,丘陵和山林,疏林中。资源:药用,丹宁,造林,纤维,果可食,具栽培园艺种类。全球5个大洲分布及种数(3-8)非洲:3; 亚洲:6; 大洋洲:3; 北美洲:2; 南美洲:3。【中国种数:1】。

Choisya Kunth 墨西哥橘属 Rutaceae [MD-399] 特征纪要:习性:木本。花程式:Kn,C4-5,A4,=G1-3。其他特征参考科。全球5个大洲分布及种数(8-18)亚洲:4; 大洋洲:2; 欧洲:12; 北美洲:12; 南美洲:4。【中国种数:1】。

Chomelia L. 广茜草属 Aquifoliaceae [MD-438] 特征纪要:木本,叶对生,落叶,复叶; 花程式:(K)4-5,(C)4-5,A4-5,=G:2-9。果实:浆果。种子:具种脐,棕红色。全球6个大洲分布及种数(90-98;hort.1;cult. 1)非洲:6-11;亚洲:12-15;大洋洲:4-10;欧洲:3;北美洲:29-32;南美洲:70-74。【中国种数:1】。

Chondrachyrum Nees = **Chascolytrum**

Chondrilla L. 粉苞菊属 Asteraceae [MD-586] 特征纪要:习性:草本(基生)。花程式:(K)3-5,C3-5,A3参考科,=↓G2。物候:-。花期:5-9月。果期:参考晚于花期。海拔:1100-1400米。生境:湿润荒地。栽培:来自广西龙州。资源:具栽培园艺种类。全球6个大洲分布及种数(31-167)非洲:25; 亚洲:94; 大洋洲:37; 欧洲:32; 北美洲:32; 南美洲:31。【中国种数:12】。

Chondriolejeunea (Benedix) Kis & Pócs 硬鳞苔属 Lejeuneaceae [B-84] 特征纪要:习性:-。【Rep】:老时呈红褐色。物候:-。海拔:-。生境:山坡,针阔混交林中。资源:-。全球1个大洲分布及种数(2)◆亚洲:cf.1。

Chondrodendron Ruiz & Pav. 茎花毒藤属 Menispermaceae [MD-42] 特征纪要:习性:草本。花程式:K1(6-40),C3,A1-6-40,=G1-3。全球3个大洲分布及种数(3-34)非洲:2; 北美洲:3; 南美洲:30。

Chondrolaena Nees = **Prionanthium**

Chondrophycus <unassigned> 澳红花荷属 Rhodoleiaceae [MD-64] 特征纪要:-。全球6个大洲分布及种数(25)非洲:7; 亚洲:14; 大洋洲:25; 欧洲:3; 北美洲:13; 南美洲:6。

Chondrophyllum Panch. ex Guillaumin = **Herzogobryum**

Chondropsis Raf. = **Exacum**

Chondropyxis D. A. Cooke 长果鼠麹草属 Asteraceae [MD-586] 特征纪要:习性:草本。花程式:(K)3-5,C3-5,A3-5,=↓(G)2。其他特征参考科。全球1个大洲分布及种数(1)◆大洋洲。

Chondrorhyncha Lindl. 鸟喙兰属 Orchidaceae [MM-723] 特征纪要:习性:草本。花程式:(K)3,C3,A3,=↓G3。资源:具栽培园艺种类。全球6个大洲分布及种数(29-42)非洲:2;亚洲:2;大洋洲:2;欧洲:2;北美洲:8-10;南美洲:24-30。

Chondroscaphe (Dressler) Senghas & G. Gerlach 厚羚兰属 Orchidaceae [MM-723] 特征纪要:习性:草本。花程式:(K)3,C3,A3,=↓(G)3。其他特征参考科。全球2个大洲分布及种数(16-18)北美洲:5;南美洲:11。

Chondrosium Desv. = **Chondrosum**

Chondrostylis Börl. 野桐属 Euphorbiaceae [MD-217] 特征纪要:习性:木本。花程式:K1(1000),C0,A6,↓G-参

考科。其他特征参考科。全球 1 个大洲分布及种数(2 -3)◆亚洲。

Chondrosum Desv. 侧穗草属 Poaceae［MM -748］特征纪要:习性: -。花程式: -。其他特征参考科。全球 6 个大洲分布及种数(18)非洲:5;亚洲:6;大洋洲:2;欧洲:4;北美洲:18;南美洲:1。

Chonecolea Grolle 鹿角苔属 Chonecoleaceae［B -47］特征纪要(同科)。全球 4 个大洲分布及种数(4)亚洲:2;大洋洲:1;北美洲:1;南美洲:2。

Chonecoleaceae R. M. Schust. ex Grolle［B -47］鹿角苔科 特征纪要:陆生或附生植物,叶长而狭,有柄,不以关节着生于根状茎。【Rep】:孢子囊群圆形,生于每粗叶脉的上侧一小脉顶端,成为一列,接近叶边,囊群盖圆肾形或少为肾形,暗棕色,宿存。全球 4 个大洲分布及属种数(1/1)亚洲:1; 大洋洲:1; 北美洲:1; 南美洲:1。

Chonemorpha G. Don 鹿角藤属 Apocynaceae［MD -492］特征纪要:习性:木质攀援。花程式:(K -),C2 -3 参考科,A10,↓G -。物候: -。花期:5 -7 月。果期:参考晚于花期。海拔:300 -1000 米。生境:沟谷路边灌丛中,疏林山地及湿润山谷中。资源:橡胶,园林,具栽培园艺种类。全球 6 个大洲分布及种数(9 -54)非洲:4; 亚洲:51; 大洋洲:3; 欧洲:3; 北美洲:3; 南美洲:5。【中国种数:7】。

Chonocentrum Pierre ex Pax & K. Hoffm. 核果木属 Phyllanthaceae［MD -222］特征纪要:习性:木本。花程式:K1(1000),C0,A6,↓G -参考科。其他特征参考科。全球 1 个大洲分布及种数(1)◆南美洲。

Chonopetalum Radlk. 隐患子属 Sapindaceae［MD -428］特征纪要:习性:木本。花程式: -。其他特征参考科。全球 1 个大洲分布及种数(1) ◆非洲:1。

Chontalesia Lundell = **Hymenandra**

Chordifex B. G. Briggs & L. A. S. Johnson 纽扣灯草属 Restionaceae［MM -744］特征纪要:习性:草本(基生)。花程式:(K)3,C3,A1 -2, =G1 -3。其他特征参考科。全球 4 个大洲分布及种数(20 -53)非洲:3; 亚洲:2; 大洋洲:22; 南美洲:27。

Choretrum R. Br. 帚寄生属 Santalaceae［MD -412］特征纪要:习性:木本。花程式:K3 -4,C0,A3 -4, =↓G2 -3。其他特征参考科。全球 2 个大洲分布及种数(8 -15)亚洲:2; 大洋洲:15。【中国种数:1】。

Choriantha Riedl 紫草科属 Boraginaceae［MD -517］特征纪要:习性:草本。花程式: -。其他特征参考科。全球 1 个大洲分布及种数(-)。

Choriceras Baill. 离角桐属 Picrodendraceae［MD -317］特征纪要:习性:木本。花程式:K1(1000),C0,A6, =G2 -3。其他特征参考科。全球 3 个大洲分布及种数(2 -4)非洲:1; 亚洲:2; 大洋洲:3。

Chorigyne R. Erikss. 散兜草属 Cyclanthaceae［MM -706］特征纪要:习性:草本。花程式:K0,C0,A4 -10,↓(G)4。其他特征参考科。全球 1 个大洲分布及种数(7)◆北美洲。

Chorilaena Endl. 栎南香属 Rutaceae［MD -399］特征纪要:习性:木本。花程式:K5,C5,A4, =G1 -3。其他特征参考科。全球 1 个大洲分布及种数(1 -2)◆大洋洲(◆澳大利亚)。

Choripetalum A. DC. = **Embelia**

Choriptera Botsch. 浆果猪毛菜属 Amaranthaceae［MD -116］特征纪要:习性: -。花程式: -。其他特征参考科。全球 2 个大洲分布及种数(cf. 1)亚洲;南美洲。

Chorisandrachne Airy -Shaw 雀舌木属 Phyllanthaceae［MD -222］特征纪要:习性:木本。花程式: -。其他特征参考科。全球 1 个大洲分布及种数(1) ◆亚洲:1。

Chorisepalum Gleason & Wodehouse 分萼龙胆属 Gentianaceae［MD -496］特征纪要:习性:木本。花程式: -。其他特征参考科。全球 1 个大洲分布及种数(5)◆南美洲。

Chorisia Kunth 美人树属 Malvaceae［MD -203］特征纪要:习性: -。花程式: -。其他特征参考科。全球 2 个大洲分布及种数(1 -4)北美洲:1;南美洲:cf. 1。

Chorisis DC. = **Ixeris**

Chorisiva Rydb. 花旗硬菊属 Asteraceae［MD -586］特征纪要和分布(-)。全球 1 个大洲分布及种数(1)◆北美洲。

Chorisochora Vollesen 去爵床属 Acanthaceae［MD -572］特征纪要:习性:草本。花程式:K2 -4,C0,A2 -4, =↓G2。其他特征参考科。全球 2 个大洲分布及种数(4 -5)非洲:2 -3;亚洲:cf. 1。

Chorisodontium (Mitt.) Broth. 分尾藓属 Dicranaceae［B -128］特征纪要:习性: -。【Rep】:雌苞叶分化,基部鞘状,有毛尖,蒴柄长,均高出于雌苞叶,孢蒴直立或背曲,长圆柱形或长椭圆形,辐射对称,雌雄异株,雄株矮小,附于假根上成假雌雄同株,雌苞叶形大,高鞘状,上部具细毛尖,与孢蒴等长或长于孢蒴。其他特征参考科。全球 5 个大洲分布及种数(18)非洲:3;亚洲:2;大洋洲:1;北美洲:2;南美洲:16。【中国种数:1】。

Chorispermum W. T. Aiton = **Chorispora**

Chorispora R. Br. ex DC. 离子芥属 Brassicaceae［MD -213］特征纪要:习性:草本(基生)。花程式: -。物候: -。花期:6 -8 月。果期:参考晚于花期。海拔:2200 -4200 米。生境:河谷沙岸,石质山坡。资源:具园艺种类。全球 6 个大洲分布及种数(12 -25)非洲:5; 亚洲:23; 大洋洲:2; 欧洲:3; 北美洲:3; 南美洲:2。【中国种数:8】。

Choristemon Will. 尖苞树属 Ericaceae［MD -380］特征纪要:习性: -。花程式: -。其他特征参考科。全球 1 个大洲分布及种数(1)◆大洋洲(◆澳大利亚)。

Choristes Benth. = **Deppea**

Choristosoria Mett. = **Pellaea**

Choristylis Harv. 离柱鼠刺属 Iteaceae［MD -211］特征纪要:习性:木本。花程式:K5,C5 参考科,A5, =↓G(-)。其他特征参考科。全球 1 个大洲分布及种数(1)◆非洲。

Choritaenia Benth. 分带芹属 Apiaceae［MD－480］特征纪要:习性:木本。花程式:K5,C5,A10,↓G－参考科。其他特征参考科。全球2个大洲分布及种数(1－6)非洲:6; 亚洲:2。

Chorizandra R. Br. 球穗芒属 Cyperaceae［MM－747］特征纪要:习性:草本。花程式:(K)3,C3,A1－3,↓(G)2－3。其他特征参考科。全球3个大洲分布及种数(6－16)非洲:2; 亚洲:4; 大洋洲:11。

Chorizanthe R. Br. ex Benth. 刺花蓼属 Polygonaceae［MD－120］特征纪要:习性:草本。花程式:－。其他特征参考科。全球4个大洲分布及种数(67－163)亚洲:3; 大洋洲:3; 北美洲:107; 南美洲:39。

Chorizema Labill. 橙花豆属 Fabaceae3［MD－240］特征纪要:木本。花程式:K1－∞,C1－∞,A5－9,＝↓G1。其他特征参考科。全球6个大洲分布及种数(23－93)非洲:3; 亚洲:1; 大洋洲:76; 欧洲:2; 北美洲:2; 南美洲:7。

Chorizopteris T. Moore ＝ **Leptochilus**

Chortolirion A. Berger 鳞茎芦荟属 Xanthorrhoeaceae［MM－701］特征纪要:习性:－。花程式:－。其他特征参考科。全球1个大洲分布及种数(－)。

Chosenia Nakai ＝ **Salix**

C

Chouxia Capuron 干序木属 Sapindaceae［MD－428］特征纪要:习性:木本。花程式:K4－8,C4－8,A10,＝(G)2－3。其他特征参考科。全球1个大洲分布及种数(6)◆非洲(◆马达加斯加)。

Chresta Vell. ex DC. 长管菊属 Asteraceae［MD－586］特征纪要:习性:草本。花程式:(K)3－5,(C)3－5,A3－5,＝↓G2。其他特征参考科。全球2个大洲分布及种数(18－39)非洲:9; 南美洲:31。

Chrismatopteris Quansah & D. S. Edwards 非洲金星蕨属 Thelypteridaceae［F－42］特征纪要:－。全球1个大洲分布及种数(1)◆非洲。

Christannia C. Presl 牧羊柞属 Salicaceae［MD－123］特征纪要:习性:－。花程式:－。其他特征参考科。全球1个大洲分布及种数(－)◆亚洲。

Christella H. Lév. 小毛蕨属 Thelypteridaceae［F－42］特征纪要:习性:－。【Rep】:孢子同形,囊群生叶背有盖－无盖。物候:－。海拔:20－2500米。生境:侧脉中上部,竹林下沟边。资源:－。全球6个大洲分布及种数(17－36;hort. 1)非洲:9－11;亚洲:8－17;大洋洲:4－6;欧洲:2;北美洲:1－4;南美洲:2。

Christensenia Maxon 天星蕨属 Christenseniaceae［F－15］特征纪要(同科)。全球2个大洲分布及种数(1－11)亚洲:10; 大洋洲:2。【中国种数:1】。

Christenseniaceae Ching & Z. R. Wang［F－15］天星蕨科 特征纪要:小型,附生,少为土生,叶膜质至肉质或革质,通常披红褐色长毛,或少有无毛。【Rep】:孢子囊群圆形或略呈椭圆形,着生于每组小脉的基部上侧分叉小脉上,在主脉两侧各有1行,着生于叶片表面,无囊群盖。全球1个大洲分布和属种数(1;hort. & cult. 1)(3－6;hort. & cult. 1)◆非洲:1/2。

Christensonella Szlach., Mytnik, Górniak & śmiszek 壶唇兰属 Orchidaceae［MM－723］特征纪要:习性:－。花程式:－。其他特征参考科。全球4个大洲分布及种数(1－29)非洲:3; 亚洲:3; 北美洲:6; 南美洲:25。

Christensonia Haager 克里兰属 Orchidaceae［MM－723］特征纪要:习性:－。花程式:－。其他特征参考科。全球1个大洲分布及种数(cf. 1)◆东南亚(◆越南)。

Christia Mönch 蝙蝠草属 Fabaceae3［MD－240］特征纪要:习性:木本。花程式:－。物候:－。海拔:400－1100米。生境:废弃草坡,路旁,生于稀疏林下。资源:具园艺种类。全球4个大洲分布及种数(11－14)非洲:2;亚洲:10－13;大洋洲:2－3;北美洲:1－2。【中国种数:4】。

Christiana DC. 银莲椴属 Tiliaceae［MD－185］特征纪要:习性:木本。花程式:K1－∞,C1－∞,A5,＝G2－100。其他特征参考科。全球4个大洲分布及种数(6)非洲:1;大洋洲:1;北美洲:1;南美洲:4。

Christianella W. R. Anderson 天虎尾属 Malpighiaceae［MD－343］特征纪要:习性:木本。花程式:K5,C5,A10,＝G2－3。其他特征参考科。全球2个大洲分布及种数(6)北美洲:1;南美洲:4。

Christiania Rchb. ＝ **Banara**

Christiannia Wittst. ＝ **Christannia**

Christiopteris Copel. 戟蕨属 Polypodiaceae［F－60］特征纪要:习性:－。【Rep】:－。物候:－。海拔:50－3600米。生境:常绿阔叶林,棕竹林下。资源:－。全球1个大洲分布及种数(cf. 1)◆亚洲。

Christisonia Gardner 假野菰属 Orobanchaceae［MD－552］特征纪要:习性:草本(基生,寄生,多肉)。花程式:－。物候:－。花期:参考早于果期。果期:8－10月。海拔:1500－2000米。生境:生于竹林下或潮湿处。资源:－。全球2个大洲分布及种数(22－31)亚洲:30; 大洋洲:5。【中国种数:1】。

Christolea Cambess. 高原芥属 Brassicaceae［MD－213］特征纪要:习性:草本(基生,多肉)。花程式:Kn,C2－3参考科,A10,G－。物候:－。花期:6－9月。果期:参考晚于花期。海拔:3500－4700米。生境:干旱山坡常见种,石质地区。资源:具园艺种类。全球4个大洲分布及种数(2－36)亚洲:29; 大洋洲:2; 欧洲:4; 北美洲:4。【中国种数:1】。

Christopheria J. F. Sm. & J. L. Clark 曲丝岩桐属 Gesneriaceae［MD－549］特征纪要:习性:草本。花程式:K5,C0,A4,↓G。其他特征参考科。全球1个大洲分布及种数(1)◆南美洲。

Christopteris Copel. 心叶薄唇蕨属 Polypodiaceae［F－60］特征纪要:习性:－。【Rep】:－。物候:－。海拔:50－3600米。生境:常绿阔叶林,棕竹林下。资源:－。全球1个大洲分布及种数(6)◆亚洲:2。

Chroesthes Benoist 色萼花属 Acanthaceae［MD－572］特征纪要:习性:草本,少灌木。花程式:(K－),C2－3参考科,A3参考科,↓G－。物候:－。花期:2－3月。果期:参考晚于花期。海拔:200－1400米。生境:森林。资源:具园艺种类。全球1个大洲分布及种数(1－3)◆亚洲。【中国种数:1】。

Chromatochlamys <unassigned> 孢芽藓科属 Sorapillaceae [B－212] 特征纪要:－。全球 1 个大洲分布及种数(－)。

Chromolaena DC. 飞机草属 Asteraceae [MD－586] 特征纪要:习性:草本(具根状茎)。花程式:(K)3－5,C3－5,A3－5,=↓(G)2。物候:－。海拔:6000 米。生境:低岩陵,林下林缘灌丛中或山坡草丛。资源:药用,芳香油,具栽培园艺种类。全球 6 个大洲分布及种数(160－239)非洲:6; 亚洲:26; 大洋洲:15; 欧洲:210; 北美洲:210; 南美洲:195。【中国种数:4】。

Chromolepis Benth. 彩鳞菊属 Asteraceae [MD－586] 特征纪要:习性:草本。花程式:(K)3－5,(C)3－5,A3－5,=↓G2。其他特征参考科。全球 6 个大洲分布及种数(1－19)非洲:3; 亚洲:4; 大洋洲:2; 欧洲:2; 北美洲:2; 南美洲:5。

Chromolucuma Ducke 大托叶山榄属 Sapotaceae [MD－357] 特征纪要:习性:木本。花程式:K4－15,C0,A5,=(G)2－4)。其他特征参考科。全球 2 个大洲分布及种数(6－9)北美洲:5; 南美洲:8。

Chronanthos (DC.) K. Koch 蝶形花科属 Fabaceae3 [MD－240] 特征纪要:习性:－。花程式:－。其他特征参考科。全球 1 个大洲分布及种数(－)。

Chrone Dulac = **Eupatorium**

Chroniochilus J. J. Sm. 宿唇兰属 Orchidaceae [MM－723] 特征纪要:习性:木本。花程式:(K)3,C3,A3,=↓G3)。物候:－。花期:参考早于果期。果期:10－11 月。海拔:1000 米。生境:柏树林下或草坡路旁,竹坡中。资源:－。全球 1 个大洲分布及种数(3－5)◆亚洲。【中国种数:1】。

Chronobasis DC. ex Benth. & Hook. f. = **Ursinia**

Chronopappus DC. 泡叶巴西菊属 Asteraceae [MD－586] 特征纪要:习性:草本。花程式:(K)3－5,C3－5,A3－5,=↓(G)2)。其他特征参考科。全球 1 个大洲分布及种数(1)◆南美洲(◆巴西)。

Chrozophora Neck. ex A. Juss. 沙戟属 Euphorbiaceae [MD－217] 特征纪要:习性:木本。花程式:－。物候:－。花期:6－7。果期:参考晚于花期。海拔:500－600 米。生境:边缘沙蒿荒漠,沙丘,沙质河岸。资源:具园艺种类。全球 6 个大洲分布及种数(8－10)非洲:6－7;亚洲:5－8;大洋洲:1－2;欧洲:3－4;北美洲:2－3;南美洲:1。【中国种数:5】。

Chrysactinia A. Gray 金线菊属 Asteraceae [MD－586] 特征纪要:习性:草本。花程式:(K)3－5,(C)3－5,A3－5,=↓G2。其他特征参考科。全球 2 个大洲分布及种数(6－8)北美洲:7; 南美洲:5。

Chrysactinium Wedd. 白冠黑药菊属 Asteraceae [MD－586] 特征纪要:习性:草本。花程式:(K)3－5,(C)3－5,A3－5,=↓G2。其他特征参考科。全球 3 个大洲分布及种数(7－9)非洲:2; 北美洲:2; 南美洲:9。

Chrysallidosperma H. E. Moore = **Syagrus**

Chrysanthellum Rich. 苏头菊属 Asteraceae [MD－586] 特征纪要:习性:草本。花程式:(K)3－5,C3－5,A3－5,=↓(G)2。其他特征参考科。全球 6 个大洲分布及种数(25)非洲:2－3;亚洲:2－3;大洋洲:1;欧洲:1;北美洲:11－13;南美洲:6－8。

Chrysanthemopsis Rech. f. = **Smelowskia**

Chrysanthemum L. 茼蒿属 Asteraceae [MD－586] 特征纪要:习性:草质攀援。花程式:(K)3－5,C3－5,A3 参考科,=↓G2。物候:－。海拔:100－2900 米。生境:草地,栽培园。资源:具栽培园艺种类。全球 6 个大洲分布及种数(64－146;hort. 1;cult. 12)非洲:2－19;亚洲:54－74;大洋洲:2－18;欧洲:6－22;北美洲:4－21;南美洲:4－20。【中国种数:21】。

Chrysanthoglossum B. H. Wilcox, K. Bremer & Humphries 茼蒿属 Asteraceae [MD－586] 特征纪要:习性:草本。花程式:(K)3－5,(C)3－5,A3－5,↓G。其他特征参考科。全球 1 个大洲分布及种数(－)。

Chrysaspis Desv. = **trifolium**

Chryselium Urtubey & S. E. Freire 菊科属 Asteraceae [MD－586] 特征纪要:习性:草本。花程式:－。其他特征参考科。全球 1 个大洲分布及种数(1)◆南美洲:1。

Chrysis Reneaulme ex DC. = **Helianthus**

Chrysitrix L. 金毛芒属 Cyperaceae [MM－747] 特征纪要:习性:草本(基生)。花程式:(K)3,C3,A3 参考科,=↓(G)2－3。其他特征参考科。全球 2 个大洲分布及种数(5－8)非洲:5; 大洋洲:2。

Chrysobalanaceae R. Br. [MD－243] 可可李科 特征纪要:习性:木本;落叶。花程式:(K)4,C4－5,A2,↓G－。全球 6 个大洲分布及属种数(24－26/572－653 <IFR 9/26> hort. 1;cult. 4) 非洲:11－12/91－98(IFR 6/11); 亚洲:12/61－73(IFR 2/2); 大洋洲:6/23－32; 欧洲:2/4; 北美洲:9/90－93(IFR 3/6); 南美洲:14/460－491(IFR 5/15)。【中国属种数:10/20】。

Chrysobalanus L. 可可李属 Chrysobalanaceae [MD－243] 特征纪要:习性:木本。花程式:－。其他特征参考科。全球 6 个大洲分布及种数(5－7;hort. 1;cult. 1)非洲:1－6;亚洲:1－6;大洋洲:1－6;欧洲:5;北美洲:2－7;南美洲:3－9。【中国种数:1】。

Chrysoblastella R. S. Williams 巴西金毛藓属 Ditrichaceae [B－119] 特征纪要:习性:－。【Rep】:孢蒴台部发达,蒴齿具疣或纵斜条纹,绿色或黄绿色。其他特征参考科。全球 5 个大洲分布及种数(6)非洲:2; 大洋洲:2; 欧洲:2; 北美洲:2; 南美洲:4。

Chrysobraya H. Hara = **Lepidostemon**

Chrysocephalum Walp. 金头菊属 Asteraceae [MD－586] 特征纪要:草本。花程式:(K)3－5,(C)3－5,A3－5,=↓G2。其他特征参考科。全球 5 个大洲分布及种数(42－68)非洲:3; 亚洲:2; 大洋洲:53; 欧洲:2; 北美洲:2。

Chrysochamela (Fenzl) Boiss. 金角状芥属 Brassicaceae [MD－213] 特征纪要:习性:草本。花程式:K2－4,C2－

C

4,A2 - 4, = (G)2。其他特征参考科。全球 2 个大洲分布及种数(3 - 7)非洲:2; 亚洲:6。

Chrysochlamys Pöpp. 金被藤黄属 Clusiaceae [MD - 141] 特征纪要:习性:木本。花程式:K1 - 3,C1 - 3,A1 - 3, = G1 - 3。其他特征参考科。全球 3 个大洲分布及种数(34 - 40)亚洲:1 - 2;北美洲:19 - 20;南美洲:28 - 33。【中国种数:1】。

Chrysochloa Swallen 金草属 Poaceae [MM - 748] 特征纪要:习性:草本。花程式:(K)3,C0 参考科,A1 - 2, = G2 - 3。其他特征参考科。全球 1 个大洲分布及种数(4 - 6)◆非洲。

Chrysochosma J. Sm. = **Notholaena**

Chrysocladium M. Fleisch. 垂藓属 Meteoriaceae [B - 188] 特征纪要:习性: - 。【Rep】:雌雄异株,蒴柄表面具乳头状密疣,孢蒴长卵形,长约 2 毫米,蒴齿两层,外齿层齿片狭披针形,具横脊及细密疣。物候: - 。海拔:2300 米。生境:树生,土生。资源: - 。全球 1 个大洲分布及种数(12)◆亚洲:7。【中国种数:8】。

Chrysocoma L. 金毛菀属 Asteraceae [MD - 586] 特征纪要:习性:草本。花程式:(K)3 - 5,(C)3 - 5,A3 - 5, = ↓ G2。物候: - 。海拔: - 。生境: - 。资源:具园艺种类。全球 6 个大洲分布及种数(22 - 62)非洲:20 - 31;亚洲:1 - 10;大洋洲:9;欧洲:3 - 13;北美洲:9;南美洲:9。

C

Chrysocycnis Linden & Rchb. f. 金鹅兰属 Orchidaceae [MM - 723] 特征纪要:习性: - 。花程式: - 。其他特征参考科。全球 2 个大洲分布及种数(12)北美洲:1; 南美洲:11。

Chrysodium Fée 卤蕨属 Pteridaceae [F - 31] 特征纪要: - 。全球 6 个大洲分布及种数(23)非洲:4; 亚洲:2; 大洋洲:2; 欧洲:3; 北美洲:3; 南美洲:11。

Chrysoglossum Bl. 金唇兰属 Orchidaceae [MM - 723] 特征纪要:习性:草本(具根状茎)。花程式:Kn,C2 - 3 参考科,A3 参考科, = ↓ G3。物候: - 。花期:4 月。果期:参考晚于花期。海拔:700 - 1700 米。生境:山坡林下阴湿处。资源:具园艺种类。全球 6 个大洲分布及种数(4 - 57)非洲:7; 亚洲:44; 大洋洲:15; 欧洲:4; 北美洲:4; 南美洲:5。【中国种数:2】。

Chrysogonum L. 金星菊属 Asteraceae [MD - 586] 特征纪要:习性:草本。花程式:(K)3 - 5,C3 - 5,A3 - 5, = ↓ (G)2。物候: - 。海拔: - 。生境: - 。资源:具栽培园艺种类。全球 6 个大洲分布及种数(6 - 10;hort. 1)非洲:4 - 11;亚洲:7;大洋洲:7;欧洲:7;北美洲:1 - 8;南美洲:7。【中国种数:1】。

Chrysogrammitis Parris 金禾蕨属 Polypodiaceae [F - 60] 特征纪要:习性: - 。【Rep】:孢子同形,囊群生叶背有盖 - 无盖。物候: - 。海拔:50 - 3600 米。生境:常绿阔叶林,棕竹林下。资源: - 。全球 2 个大洲分布及种数(3)亚洲:3; 北美洲:2。

Chrysohypnum (Hampe) G. Roth 金叶藓属 Amblystegiaceae [B - 178] 特征纪要: - 。全球 3 个大洲分布及种数(19)非洲:2; 欧洲:1; 北美洲:1。

Chryso - hypnum Hampe 小金灰藓属 Hypnaceae [B - 189] 特征纪要:习性: - 。【Rep】:雌雄异苞同株,内雌苞叶直立,卵状披针形,上部渐狭成长毛状,近于全缘,无中肋,黄绿色。其他特征参考科。全球 5 个大洲分布及种数(9)非洲:6;大洋洲:1;欧洲:2;北美洲:4;南美洲:5。

Chrysojasminum Banfi 金辉兰属 Oleaceae [MD - 498] 特征纪要:习性:木本。花程式: - 。物候: - 。花期:参考早于果期。果期:10 - 11 月。海拔:80 - 5200 米。生境:柏树林下或草坡路旁,竹坡中。资源: - 。全球 2 个大洲分布及种数(12 - 14)非洲:3; 亚洲:12。

Chrysolaena H. Rob. 黄毛斑鸠菊属 Asteraceae [MD - 586] 特征纪要:习性:草本。花程式:(K)3 - 5,C3 - 5,A3 - 5, = ↓ (G)2。其他特征参考科。全球 5 个大洲分布及种数(20 - 29)非洲:5; 亚洲:3; 大洋洲:2; 北美洲:7; 南美洲:28。

Chrysolepis Hjelmq. 金鳞栗属 Fagaceae [MD - 69] 特征纪要:习性:木本。花程式: - 。其他特征参考科。全球 6 个大洲分布及种数(3 - 11)非洲:2; 亚洲:5; 大洋洲:2; 欧洲:10; 北美洲:10; 南美洲:7。【中国种数:1】。

Chrysoma Nutt. 木黄花属 Asteraceae [MD - 586] 特征纪要:习性:草本。花程式:(K)3 - 5,(C)3 - 5,A3 - 5, = ↓ G2。其他特征参考科。全球 4 个大洲分布及种数(1 - 25)亚洲:13; 欧洲:15; 北美洲:15; 南美洲:2。

Chrysomallum A. Thou. = **Vitex**

Chrysophae (Drude) Koso - Pol. 细叶芹属 Apiaceae [MD - 480] 特征纪要:习性: - 。花程式: - 。其他特征参考科。全球 1 个大洲分布及种数(cf. 1)◆北美洲。

Chrysophtalmum Sch. Bip. ex Walp. 马兰属 Asteraceae [MD - 586] 特征纪要:习性:草本。花程式:(K)3 - 5,(C)3 - 5,A3 - 5, ↓ G。其他特征参考科。全球 1 个大洲分布及种数(2 - 3) ◆亚洲:2 - 3。

Chrysophyllum L. 金叶树属 Sapotaceae [MD - 357] 特征纪要:习性:木本。花程式: - 。物候: - 。花期:5 月。果期:参考晚于花期。海拔:1500 米。生境:森林。资源:药用,食用,具栽培园艺种类。全球 6 个大洲分布及种数(62 - 497)非洲:163; 亚洲:72; 大洋洲:82; 欧洲:79; 北美洲:79; 南美洲:228。【中国种数:4】。

Chrysopia Thou. = **Symphonia**

Chrysopogon Trin. 金须茅属 Poaceae [MM - 748] 特征纪要:习性:竹类。花程式:(K -),C0 参考科,A3, = G2 - 3。物候: - 。海拔:500 - 1000 米。生境:草原,荒地和草坪。资源:具栽培园艺种类。全球 6 个大洲分布及种数(42 - 54)非洲:18 - 35;亚洲:31 - 54;大洋洲:19 - 35;欧洲:4 - 18;北美洲:13 - 27;南美洲:8 - 22。【中国种数:10】。

Chrysoprenanthes (Sch. Bip.) Bramwell = **Sonchus**

Chrysopsis (Nutt.) Elliott 金菀属 Asteraceae [MD - 586] 特征纪要:习性:草本。花程式:(K)3 - 5,C3 - 5,A3 - 5, = ↓ (G)2。物候: - 。海拔: - 。生境: - 。资源:具栽培园艺种类。全球 4 个大洲分布及种数(14 - 180)亚洲:15; 欧洲:86; 北美洲:86; 南美洲:25。【中国种数:3】。

Chrysopteris Link = **Phlebodium**

Chrysosciadium Tamamsch. = **Echinophora**

Chrysosplenium L. 金腰属 Saxifragaceae [MD-231] 特征纪要:习性:草本(根状茎,基生,多肉)。花程式:-。物候:-。海拔:1100-1600 米。生境:林下,草甸或石隙。资源:药用,具栽培园艺种类。全球 6 个大洲分布及种数(114-235)非洲:3; 亚洲:197; 大洋洲:2; 欧洲:21; 北美洲:21; 南美洲:6。【中国种数:45】。

Chrysothamnus Nutt. 兔黄花属 Asteraceae [MD-586] 特征纪要:习性:草本。花程式:(K)3-5,(C)3-5,A3-5,=↓G2。其他特征参考科。全球 2 个大洲分布及种数(13-199)亚洲:3; 北美洲:42。【中国种数:1】。

Chrysothemis Decne. 金红岩桐属 Gesneriaceae [MD-549] 特征纪要:习性:草本。花程式:K5,C0,A4,=↓G2。物候:-。海拔:-。生境:-。资源:具园艺种类。全球 3 个大洲分布及种数(12-13)亚洲:cf. 1;北美洲:5;南美洲:9-10。【中国种数:1】。

Chrysothrix Röm. & Schult. 金毛莎草属 Cyperaceae [MM-747] 特征纪要和分布(-)。全球 1 个大洲分布及种数(4)◆欧洲。

Chrysurus Pers. = **Lamarckia**

Chthonocephalus Steetz 对叶鼠麹草属 Asteraceae [MD-586] 特征纪要:习性:草本。花程式:(K)3-5,(C)3-5,A3-5,=↓G2。其他特征参考科。全球 1 个大洲分布及种数(8)◆大洋洲(◆澳大利亚)。

Chuanminshen M. L. Sheh & R. H. Shan 川明参属 Apiaceae [MD-480] 特征纪要:习性:草本(基生)。花程式:Kn,C5,A3 参考科,=↓G(-)。物候:-。海拔:100-800 米。生境:草地,山坡。资源:药用,具栽培园艺种类。全球 1 个大洲分布及种数(cf. 1)◆亚洲(◆中国)。【中国种数:1】。

Chucoa Cabrera 黄菊木属 Asteraceae [MD-586] 特征纪要:习性:草本。花程式:(K)3-5,(C)3-5,A3-5,=↓G2。其他特征参考科。全球 1 个大洲分布及种数(2)◆南美洲(◆秘鲁)。

Chukrasia A. Juss. 麻楝属 Meliaceae [MD-414] 特征纪要:习性:木本。花程式:-。物候:-。花期:4-5 月。果期:参考晚于花期。海拔:300-1600 米。生境:季雨林,疏林,次生林。资源:具栽培园艺种类。全球 3 个大洲分布及种数(1-11)非洲:2; 亚洲:8; 北美洲:2。【中国种数:1】。

Chumsriella Bor = **Germainia**

Chuncoa Pav. ex Juss. = **Terminalia**

Chunechites Tsiang = **Urceola**

Chunia H. T. Chang 山铜材属 Hamamelidaceae [MD-63] 特征纪要:习性:木质攀援。花程式:-。物候:-。花期:3-6 月。果期:参考晚于花期。海拔:300-600 米。生境:潮湿的山谷,雨林。资源:具园艺种类。全球 2 个大洲分布及种数(1-3)亚洲:3; 南美洲:2。

Chuniophoenix Burret 琼棕属 Arecaceae [MM-717] 特征纪要:习性:木本。花程式:-。物候:-。花期:4-5 月。果期:参考晚于花期。海拔:100-2800 米。生境:低地雨林,山地疏林中。资源:园林,具栽培园艺种类。全球 2 个大洲分布及种数(3-6)亚洲:6; 北美洲:3。

Chuquiraga Juss. 龙菊木属 Asteraceae [MD-586] 特征纪要:习性:草本。花程式:(K)3-5,C3-5,A3-5,=↓(G)2。其他特征参考科。全球 6 个大洲分布及种数(28-153)非洲:2; 亚洲:5; 大洋洲:1; 欧洲:3; 北美洲:3; 南美洲:128。

Chusquea Kunth 丘竹属 Poaceae [MM-748] 特征纪要:习性:草本。花程式:-。物候:-。海拔:10-5600 米。生境:草地,作为饲料植物或大麦田杂草种植。资源:-。全球 6 个大洲分布及种数(191-197;hort. 1;cult. 2)非洲:1;亚洲:3-4;大洋洲:8-9;欧洲:1;北美洲:53-56;南美洲:155-160。

Chusua Nevski 丘兰属 Orchidaceae [MM-723] 特征纪要:习性:-。花程式:-。物候:-。花期:参考早于果期。果期:10-11 月。海拔:80-5200 米。生境:柏树林下或草坡路旁,竹坡中。资源:-。全球 6 个大洲分布及种数(9-10)非洲:2;亚洲:8-10;大洋洲:2;欧洲:2;北美洲:2;南美洲:2。

Chydenanthus Miers 繁玉蕊属 Lecythidaceae [MD-267] 特征纪要:习性:木本。花程式:K40-1000,C40-1000,A40-1000,=↓(G)2-6。物候:-。海拔:-。生境:砂质海岸。资源:-。全球 3 个大洲分布及种数(1-4)非洲:2; 亚洲:3; 北美洲:1。【中国种数:1】。

Chylisma Nutt. ex Torr. & A. Gray = **Chylismia**

Chylismia Nutt. 待晖草属 Onagraceae [MD-396] 特征纪要:习性:草本。花程式:-。其他特征参考科。全球 1 个大洲分布及种数(35-39)◆北美洲:35。

Chylismiella (Munz) W. L. Wagner & Hoch 银晖草属 Onagraceae [MD-396] 特征纪要:习性:草本。花程式:K4,C4,A1-2,=↓(G)4-7。其他特征参考科。全球 1 个大洲分布及种数(1)◆北美洲(◆美国)。

Chylodia Rich. ex Cass. = **Tilesia**

Chylogala Fourr. = **Euphorbia**

Chymococca Meisn. = **Passerina**

Chymsydia Albov 高加索芹属 Apiaceae [MD-480] 特征纪要:习性:草本。花程式:参考科,C5 参考科,A3 参考科,↓(G)2-9 参考科。其他特征参考科。全球 2 个大洲分布及种数(1-4)亚洲:1; 北美洲:1。

Chysis Lindl. 合粉兰属 Orchidaceae [MM-723] 特征纪要:习性:草本。花程式:(K)3,C3,A3,=↓G3。其他特征参考科。全球 3 个大洲分布及种数(14-32)亚洲:1; 北美洲:17; 南美洲:8。

Chytraculia P. Br. 桃金娘科属 Myrtaceae [MD-347] 特征纪要:习性:-。花程式:-。其他特征参考科。全球 2 个大洲分布及种数(46)北美洲:1; 南美洲:1。

Chytralia Adans. = **Calyptranthes**

Chytranthus Hook. f. 壶花无患子属 Sapindaceae [MD－428] 特征纪要:习性:木本。花程式:K4－8,C4－8,A10,＝G2－3。其他特征参考科。全球 2 个大洲分布及种数(31－56)非洲:55; 亚洲:2。【中国种数:1】。

Chytroglossa Rchb. f. 合药兰属 Orchidaceae [MM－723] 特征纪要:习性:草本。花程式:(K)3,C3,A3,＝↓G3。其他特征参考科。全球 1 个大洲分布及种数(3)◆南美洲(◆巴西)。

Chytroma Miers ＝ **Lecythis**

Chytropsia Bremek. ＝ **Margaritopsis**

Cibirhiza Bruyns 囊根萝藦属 Apocynaceae [MD－492] 特征纪要:习性:木本。花程式:K5,C0,A5,＝(G)2。其他特征参考科。全球 2 个大洲分布及种数(1－4)非洲:2;亚洲:cf. 1。

Cibotiaceae Korall ＝ Dicksoniaceae

Cibotium Kaulf. 金毛狗属 Cyatheaceae [F－23] 特征纪要:习性:－。【Rep】:孢子囊群着生叶边,顶生于小脉上,囊群盖两瓣状,革质,分内外两瓣,内瓣较小,形如蚌壳。物候:－。海拔:2348 米。生境:山麓沟边及林下阴处酸性土上,针阔混生林中。资源:药用,具栽培园艺种类。全球 6 个大洲分布及种数(13－19)非洲:1－3;亚洲:5－8;大洋洲:2;欧洲:2;北美洲:9－13;南美洲:2。【中国种数:6】。

Cicclidotus P. Beauv. ＝ **Cinclidotus**

Cicendia Adans. 黄绮草属 Gentianaceae [MD－496] 特征纪要:习性:草本。花程式:K4,C0,A10,＝↓G2。物候:－。海拔:－。生境:－。资源:具园艺种类。全球 6 个大洲分布及种数(2－11)非洲:2; 亚洲:4; 大洋洲:3; 欧洲:3; 北美洲:3; 南美洲:3。【中国种数:1】。

Cicer L. 鹰嘴豆属 Fabaceae3 [MD－240] 特征纪要:习性:木质攀援。花程式:－。物候:－。花期:6－7 月。果期:参考晚于花期。海拔:2000－2700 米。生境:干旱砾石地,作为作物栽培。资源:药用,具栽培园艺种类。全球 6 个大洲分布及种数(48－87)非洲:8; 亚洲:56; 大洋洲:5; 欧洲:3; 北美洲:3; 南美洲:15。【中国种数:7】。

Cicerbita Wallr. 岩参属 Asteraceae [MD－586] 特征纪要:习性:草本(根状茎,基生)。花程式:(K)3－5,C3－5,A3 参考科,＝↓G2。物候:－。海拔:1600－2000 米。生境:山坡,河流,森林,云杉林下潮湿地。资源:具园艺种类。全球 6 个大洲分布及种数(39－67;hort. 1)非洲:4;亚洲:35－39;大洋洲:4;欧洲:5－9;北美洲:1－5;南美洲:4。【中国种数:3】。

Ciceronia Urb. 长冠亮泽兰属 Asteraceae [MD－586] 特征纪要:习性:草本。花程式:(K)3－5,C3－5,A3－5,＝↓(G)2。其他特征参考科。全球 2 个大洲分布及种数(1－10)北美洲:10; 南美洲:9。

Cichlanthus (Endl.) Van Tiegh. 桑寄生属 Loranthaceae [MD－415] 特征纪要:习性:－。花程式:－。其他特征参考科。全球 1 个大洲分布及种数(－)。

Cichorium L. 菊苣属 Asteraceae [MD－586] 特征纪要:习性:草本(基生)。花程式:(K)3－5,C3－5,A3 参考科,＝↓G2。物候:－。花期:5－10 月。果期:参考晚于花期。海拔:100 米。生境:滨海荒地,河边,水沟边或山坡。栽培:来自广西龙州。资源:药用,食用,具栽培园艺种类。全球 6 个大洲分布及种数(7－40)非洲:10; 亚洲:13; 大洋洲:3; 欧洲:3; 北美洲:3; 南美洲:3。【中国种数:4】。

Ciclospermum Lag. 细叶旱芹属 Apiaceae [MD－480] 特征纪要:草本,落叶; 花程式:Kn,C5,A5,G(－),果实:－。种子:种皮上,心皮柄 2 裂。全球 1 个大洲分布及种数(cf. 1)北美洲;南美洲。

Cicuta L. 毒芹属 Apiaceae [MD－480] 特征纪要:习性:草本(根状茎,基生,多肉)。花程式:Kn,C5,A3 参考科,＝↓G2。物候:－。海拔:300－3300 米。生境:山地沟底水边,沼泽地。资源:具栽培园艺种类。全球 6 个大洲分布及种数(8－13;hort. 1;cult. 1)非洲:16;亚洲:5－21;大洋洲:3－20;欧洲:2－18;北美洲:6－24;南美洲:3－20。【中国种数:3】。

Cienfuegia Willd. ＝ **Cienfuegosia**

Cienfuegosia Cav. 蝇棉属 Malvaceae [MD－203] 特征纪要:习性:木本。花程式:K5－∞,C5－∞,A10－8,＝G1－5。物候:－。海拔:－。生境:－。资源:具园艺种类。全球 5 个大洲分布及种数(34－47)非洲:4－8;亚洲:2－4;大洋洲:9－12;北美洲:9－10;南美洲:20。

Cienfugosia Giseke ＝ **Cienfuegosia**

Cienkowskya Regel & Rach ＝ **Cordia**

Cigarrilla Aiello ＝ **Nernstia**

Ciliosemina Antonelli 纤翼鸡纳属 Rubiaceae [MD－523] 特征纪要:习性:木本。花程式:(K)4－5,(C)4－5,A4－5,＝↓(G)2－9。其他特征参考科。全球 1 个大洲分布及种数(2)◆南美洲(◆巴西)。

Cimbaria Hill ＝ **Cymbaria**

Cimicifuga L. 升麻属 Ranunculaceae [MD－38] 特征纪要:习性:－。花程式:－。物候:－。花期:8－9 月。果期:参考晚于花期。海拔:1700－2300 米。生境:灌木和草坡,山坡。资源:－。全球 5 个大洲分布及种数(1－67)亚洲:49; 大洋洲:3; 欧洲:13; 北美洲:13; 南美洲:3。

Cinchona L. 金鸡纳属 Rubiaceae [MD－523] 特征纪要:习性:木本。花程式:(K－),(C)5 参考科,A5,↓G－。物候:－。花期:参考早于果期。果期:2－6 月。海拔:5－4800 米。生境:栽培(来自广西龙州)。资源:药用,具栽培园艺种类。全球 6 个大洲分布及种数(36－46)非洲:7－12;亚洲:7－12;大洋洲:5;欧洲:5;北美洲:12－17;南美洲:34－41。【中国种数:3】。

Cinchonopsis L. Andersson 毛鸡纳属 Rubiaceae [MD－523] 特征纪要:习性:木本。花程式:(K)4－5,(C)4－5,A4－5,＝↓(G)2－9。其他特征参考科。全球 1 个大洲分布及种数(1)◆南美洲。

Cincinalis Gled. 旱米蕨属 Pteridiaceae [F－30] 特征纪要:－。全球 1 个大洲分布及种数(8)◆南美洲:1。

Cincinnobotrys Gilg 卷序牡丹属 Melastomataceae [MD－364] 特征纪要:习性:木本。花程式:K4－5,C4－5,A4－

5, = ↓G3 - 4。其他特征参考科。全球 3 个大洲分布及种数(10 - 18)非洲:16; 亚洲:3; 南美洲:2。

Cincinnulus (Nees & Mont. ex Nees) Dum. 护蒴苔科属 Calypogeiaceae [B - 44] 特征纪要:-。全球 1 个大洲分布及种数(-)。

Cinclidiaceae Kindb. = Mniaceae

Cinclidium Sw. 北灯藓属 Mniaceae [B - 149] 特征纪要:习性:-。【Rep】:呈黄绿带红棕色。物候:-。海拔:-。生境:林下岩面生。栽培:来自广西龙州。资源:具栽培园艺种类。全球 5 个大洲分布及种数(5)非洲:1;亚洲:2;欧洲:4;北美洲:5;南美洲:1。【中国种数:2】。

Cinclidotus P. Beauv. 复边藓属 Pottiaceae [B - 133] 特征纪要:习性:-。【Rep】:孢腔轮廓清晰,蒴齿缺如,或具蒴齿而无基膜,下部呈黄绿或黄棕色。物候:-。海拔:-。生境:常见于高山岩石上。栽培:来自广西龙州。资源:具栽培园艺种类。全球 6 个大洲分布及种数(11)非洲:2;亚洲:7;大洋洲:2;欧洲:8;北美洲:3;南美洲:2。

Cineraria L. 葵叶菊属 Asteraceae [MD - 586] 特征纪要:习性:草本。花程式:(K)3 - 5,C3 - 5,A3 - 5, = ↓(G)2。物候:-。海拔:-。生境:-。资源:具栽培园艺种类。全球 6 个大洲分布及种数(55 - 244)非洲:165; 亚洲:39; 大洋洲:7; 欧洲:21; 北美洲:21; 南美洲:15。

Cinna L. 单蕊草属 Poaceae [MM - 748] 特征纪要:习性:草本(基生)。花程式:-。物候:-。花期:7 - 9 月。果期:参考晚于花期。海拔:10 - 5600 米。生境:林缘,林间空地及水边。资源:具园艺种类。全球 6 个大洲分布及种数(8)非洲:10;亚洲:3 - 13;大洋洲:10;欧洲:3 - 13;北美洲:5 - 15;南美洲:3 - 13。【中国种数:1】。

Cinnadenia Kosterm. 须弥樟属 Lauraceae [MD - 21] 特征纪要:习性:木本。花程式:-。物候:-。花期:6 - 10 月。果期:参考晚于花期。海拔:20 - 3800 米。生境:边缘或次生阔叶林中,山坡,林缘,路旁。资源:-。全球 1 个大洲分布及种数(cf. 1)◆亚洲。【中国种数:1】。

Cinnagrostis Griseb. = **Calamagrostis**

Cinnamodendron Endl. 万灵樟属 Canellaceae [MD - 9] 特征纪要:习性:木本。其他特征参考科。全球 6 个大洲分布及种数(10 - 14)非洲:1;亚洲:1 - 3;大洋洲:1;欧洲:1;北美洲:3 - 6;南美洲:7 - 10。【中国种数:1】。

Cinnamomum Schaeff. 樟属 Lauraceae [MD - 21] 特征纪要:习性:木本。花程式:Kn,C3,A12, = G1 - 3。物候:-。花期:参考早于果期。果期:10 月。海拔:300 - 1400 米。生境:常绿阔叶林中,樟茶混交林。资源:药用,具栽培园艺种类。全球 6 个大洲分布及种数(238 - 763)非洲:39; 亚洲:539; 大洋洲:78; 欧洲:106; 北美洲:106; 南美洲:131。【中国种数:61】。

Cinnamosma Baill. 合瓣樟属 Canellaceae [MD - 9] 特征纪要:习性:木本。花程式:-。其他特征参考科。全球 2 个大洲分布及种数(4 - 8)非洲:6; 亚洲:2。

Cinnastrum Fourn. = **Cinna**

Cionandra Griseb. = **Cayaponia**

Cionidium T. Moore = **Tectaria**

Cionomene Krukoff 象牙藤属 Menispermaceae [MD - 42] 特征纪要:习性:-。花程式:-。其他特征参考科。全球 1 个大洲分布及种数(cf. 1)◆南美洲。

Cionosicyos Benth. & Hook. f. = **Cionosicys**

Cionosicys Griseb. 奶葫芦属 Cucurbitaceae [MD - 205] 特征纪要:习性:木本。花程式:K3 - 5,C3 - 5,A3 - 5, = ↓(G)1 - 2。其他特征参考科。全球 3 个大洲分布及种数(4 - 7)亚洲:2; 北美洲:5; 南美洲:3。

Cionura Griseb. 拟牛奶菜属 Apocynaceae [MD - 492] 特征纪要:习性:木本。花程式:K5,C0,A15, = (G)2。其他特征参考科。全球 6 个大洲分布及种数(1 - 8)非洲:1; 亚洲:3; 大洋洲:2; 欧洲:2; 北美洲:2; 南美洲:7。【中国种数:1】。

Cipadessa Bl. 浆果楝属 Meliaceae [MD - 414] 特征纪要:习性:木本。花程式:-。物候:-。花期:4 - 10 月。果期:参考晚于花期。海拔:200 - 2100 米。生境:森林和灌丛,山坡密林。资源:具栽培园艺种类。全球 4 个大洲分布及种数(1 - 15)非洲:5; 亚洲:9; 北美洲:2; 南美洲:3。【中国种数:1】。

Cipocereus F. Ritter 蓝壶柱属 Cactaceae [MD - 100] 特征纪要:习性:木本。花程式:K1 - ∞,C1 - ∞,A3 - 100, = ↓(G)3 - 100。其他特征参考科。全球 1 个大洲分布及种数(6)◆南美洲。

Cipoia C. T. Philbrick, Novelo & Irgang 河芹草属 Podostemaceae [MD - 322] 特征纪要:习性:草本。花程式:K1 - 2,C0,A10, = (G)1 - 2。其他特征参考科。全球 1 个大洲分布及种数(3)◆南美洲(◆巴西)。

Ciponima Aubl. = **Symplocos**

Cipura Aubl. 壶鸢花属 Iridaceae [MM - 700] 特征纪要:习性:草本。花程式:(K)3,C3,A10, = ↓G3。其他特征参考科。全球 4 个大洲分布及种数(9 - 44)非洲:7; 亚洲:11; 北美洲:19; 南美洲:40。

Cipuropsis Ule 丽穗凤梨属 Bromeliaceae [MM - 715] 特征纪要:习性:草本。花程式:(K)3,C3,A3 参考科,↓G。其他特征参考科。全球 3 个大洲分布及种数(12 - 13)大洋洲:1; 北美洲:4; 南美洲:12。

Circaea L. 露珠草属 Onagraceae [MD - 396] 特征纪要:习性:草质攀援。花程式:-。物候:-。花期:参考早于果期。果期:8 - 10 月。海拔:1800 - 3200 米。生境:干旱地区,通常沿着溪流,在阔叶落叶林中。栽培:来自广西龙州。资源:具栽培园艺种类。全球 6 个大洲分布及种数(15 - 22;hort. 1;cult. 11)非洲:2 - 18;亚洲:14 - 33;大洋洲:16;欧洲:2 - 18;北美洲:6 - 23;南美洲:16。【中国种数:7】。

Circaeaster Maxim. 星叶草属 Circaeasteraceae [MD - 58] 特征纪要(同科)。全球 2 个大洲分布及种数(1 - 3)亚洲:2; 南美洲:2。【中国种数:1】。

Circaeasteraceae Hutch. [MD - 58] 星叶草科 特征纪要:习性:草本;落叶。花程式:K2,C0 - 2,A5,↑G -。物候:-。花期:4 - 7 月。果期:8 - 9 月。果实:瘦果。种子:-。海拔:2100 - 5000 米。生境:山坡林下,灌丛下,云

杉林下。资源:药用。栽培:-。全球1个大洲分布及属种数(2/3 hort.1)◆亚洲:1/ 1。【中国属种数:2/2】。

Circaeocarpus C. Y. Wu = **Zippelia**

Circandra N. E. Br. 浴凰花属 Aizoaceae [MD-94] 特征纪要:习性:灌木。花程式:Kn,C∞ 参考科,A5 参考科,=↓G-。其他特征参考科。全球1个大洲分布及种数(1)◆非洲。

Circulifolium S. Olsson, Enroth & D. Quandt 片藓属 Neckeraceae [B-204] 特征纪要:习性:-。【Rep】:孢子体不详,黄绿色或黄褐色。其他特征参考科。全球3个大洲分布及种数(2)非洲:1;亚洲:2;大洋洲:2。【中国种数:1】。

Cirrhaea Lindl. 升龙兰属 Orchidaceae [MM-723] 特征纪要:习性:草本。花程式:(K)3,C3,A3,=↓G3。其他特征参考科。全球4个大洲分布及种数(7-28)亚洲:2; 大洋洲:1; 北美洲:4; 南美洲:22。

Cirrhopetalum Lindl. 卷瓣兰属 Orchidaceae [MM-723] 特征纪要:习性:-。花程式:-。物候:-。花期:参考早于果期。果期:10-11月。海拔:80-5200米。生境:-。资源:-。全球6个大洲分布及种数(13)非洲:8;亚洲:5-13;大洋洲:1-9;欧洲:8;北美洲:8;南美洲:8。

Cirriphyllum Grout 毛尖藓属 Brachytheciaceae [B-187] 特征纪要:习性:-。【Rep】:绿色或棕绿色。物候:-。海拔:2300米。生境:土生。资源:-。全球6个大洲分布及种数(33)非洲:3; 亚洲:15; 大洋洲:2; 欧洲:8; 北美洲:8; 南美洲:3。【中国种数:7】。

C

Cirromitra <unassigned> 泰国葫芦属 Cucurbitaceae [MD-205] 特征纪要:-。全球1个大洲分布及种数(1)◆亚洲:1。

Cirsiocarduus P. Fourn. 飞廉蓟属 Asteraceae [MD-586] 特征纪要:习性:-。花程式:-。其他特征参考科。全球1个大洲分布及种数(-)。

Cirsium Mill. 蓟属 Asteraceae [MD-586] 特征纪要:习性:草本(根状茎,基生)。花程式:(K)3-5,C3-5,A3 参考科,=↓G2。物候:-。海拔:100-2700米。生境:草甸,中山。资源:具栽培园艺种类。全球6个大洲分布及种数(493-924;hort.1;cult. 164)非洲:29-105;亚洲:331-439;大洋洲:25-101;欧洲:132-216;北美洲:148-231;南美洲:10-85。【中国种数:101】。

Cischweinfia Dressler & N. H. Williams 西宜兰属 Orchidaceae [MM-723] 特征纪要:习性:草本。花程式:(K)3,C3,A3,=↓G3。其他特征参考科。全球2个大洲分布及种数(12;hort.1;cult. 1)北美洲:4;南美洲:9。

Cissampelopsis Miq. 藤菊属 Asteraceae [MD-586] 特征纪要:习性:草质攀援。花程式:(K)3-5,C3-5,A3 参考科,=↓(G)2。物候:-。花期:2月。果期:参考晚于花期。海拔:1000-2000米。生境:沟边生于岩石上,在灌木丛中攀爬。资源:-。全球5个大洲分布及种数(13-18)非洲:3; 亚洲:17; 欧洲:3; 北美洲:3; 南美洲:3。【中国种数:6】。

Cissampelos L. 锡生藤属 Menispermaceae [MD-42] 特征纪要:习性:草质攀援。花程式:-。物候:-。海拔:200-2500米。生境:林中,森林。资源:具栽培园艺种类。全球6个大洲分布及种数(29-36)非洲:14-19;亚洲:10-15;大洋洲:1-5;欧洲:4;北美洲:7-11;南美洲:16-23。【中国种数:3】。

Cissarobryon Pöpp. 巍安草属 Vivianiaceae [MD-283] 特征纪要:习性:-。花程式:-。其他特征参考科。全球2个大洲分布及种数(5)北美洲:1; 南美洲:1。

Cissus L. 白粉藤属 Vitaceae [MD-403] 特征纪要:习性:木质攀援。花程式:Kn,C2-3 参考科,A4,G2。物候:-。花期:6-7月。果期:参考晚于花期。海拔:100-1100米。生境:灌丛。栽培:来自广西龙州。资源:具栽培园艺种类。全球6个大洲分布及种数(203-413;hort.1;cult. 6)非洲:90-194;亚洲:49-113;大洋洲:13-39;欧洲:8-17;北美洲:46-62;南美洲:82-101。【中国种数:26】。

Cistaceae Juss. [MD-175] 半日花科 特征纪要:习性:木本;落叶。花程式:K5,C5,An,↑G-。物候:-。果实:蒴果。种子:小。海拔:1000-1400米。生境:-。资源:-。栽培:-。全球6个大洲分布及属种数(13/288-600 <IFR 5/50> hort.1;cult. 7) 非洲:3/97-151(IFR 3/15); 亚洲:4/68-92(IFR 3/5); 大洋洲:2/15-23; 欧洲:6/160-217(IFR 3/37); 北美洲:6/98-109(IFR 2/5); 南美洲:2-3/10-14。【中国属种数:6/24】。

Cistanche Hoffmanns. & Link 肉苁蓉属 Orobanchaceae [MD-552] 特征纪要:习性:草本(多肉)。花程式:-。物候:-。花期:5-6月。果期:参考晚于花期。海拔:200-1200米。生境:田梗山坡阴处。资源:药用,具栽培园艺种类。全球4个大洲分布及种数(26-57)非洲:19; 亚洲:42; 欧洲:5; 北美洲:5。【中国种数:7】。

Cistanthe Spach 石薇花属 Montiaceae [MD-81] 特征纪要:习性:草本。花程式:-。其他特征参考科。全球6个大洲分布及种数(41-42)非洲:3;亚洲:5;大洋洲:5;欧洲:2;北美洲:21;南美洲:32-33。【中国种数:3】。

Cistanthera K. Schum. = **Nesogordonia**

Cistocarpium Spach = **Alyssoides**

Cistus L. 岩蔷薇属 Cistaceae [MD-175] 特征纪要:习性:木本。花程式:K3-15,C3-15,A3-15,=G3-5。物候:-。海拔:-。生境:-。资源:具栽培园艺种类。全球6个大洲分布及种数(25-174;hort.1;cult. 78)非洲:15-53;亚洲:7-30;大洋洲:4-22;欧洲:13-54;北美洲:9-31;南美洲:2-18。【中国种数:6】。

Cithareloma Bunge 对枝菜属 Brassicaceae [MD-213] 特征纪要:习性:草本。花程式:K2-4,C2-4,A2-4,=G2。物候:-。花期:3-5月。果期:参考晚于花期。海拔:30-6200米。生境:沙漠。资源:-。全球1个大洲分布及种数(cf.1)◆亚洲。【中国种数:1】。

Citharexylum B. Juss. 琴木属 Verbenaceae [MD-556] 特征纪要:习性:木本。花程式:K2-4,C0,A3 参考科,=↓G2-4。物候:-。海拔:-。生境:-。资源:具栽培园艺种类。全球6个大洲分布及种数(99-120;hort.1;cult. 10)非洲:3;亚洲:11-14;大洋洲:9-12;欧洲:3-6;北美洲:58-75;南美洲:58-68。【中国种数:6】。

Citriobatus A. Cunn. ex Loud. 刺海桐属 Pittosporaceae [MD-448] 特征纪要:习性:-。花程式:-。其他特征参考科。全球1个大洲分布及种数(cf.1)◆亚洲。

Citriosma Poepp. ex Endl. = **Siparuna**

Citronella D. Don 橘茱萸属 Icacinaceae［MD－450］特征纪要:习性:木本。花程式:K3－4,C3－4,A3－4,＝G2－3。其他特征参考科。全球5个大洲分布及种数(20－56)非洲:4; 亚洲:12; 大洋洲:16; 北美洲:5; 南美洲:34。【中国种数:2】。

Citropsis (Engl.) Swingle & M. Kellerm. 野柑橘属 Rutaceae［MD－399］特征纪要:习性:木本。花程式:K∞,C∞,A4,＝G1－3。物候:－。海拔:－。生境:－。资源:具栽培园艺种类。全球3个大洲分布及种数(7－17)非洲:16; 亚洲:2; 北美洲:3。

Citrosma Ruiz & Pav. = **Siparuna**

Citrullus Schröd. ex Eckl. & Zeyh. 西瓜属 Cucurbitaceae［MD－205］特征纪要:习性:木质攀援。花程式:－。物候:－。花期:4－10月。果期:参考晚于花期。海拔:60－3500米。生境:广泛栽培。资源:药用,具栽培园艺种类。全球6个大洲分布及种数(8－9)非洲:6－8;亚洲:3－4;大洋洲:2－3;欧洲:2－3;北美洲:4－5;南美洲:2－3。【中国种数:2】。

Citrus L. 柑橘属 Rutaceae［MD－399］特征纪要:习性:木质攀援。花程式:－。物候:－。花期:4－5月。果期:参考晚于花期。海拔:600－1000米。生境:办公室作观赏。资源:具栽培园艺种类。全球6个大洲分布及种数(38－406)非洲:41; 亚洲:189; 大洋洲:63; 欧洲:87; 北美洲:87; 南美洲:48。【中国种数:8】。

C

Cladanthus Cass. = **Chamaemelum**。【中国种数:1】。

Cladastomum Müll. Hal. 巴西牛毛藓属 Ditrichaceae［B－119］特征纪要:习性:－。【Rep】:孢蒴台部发达,蒴齿具疣或纵斜条纹,绿色或黄绿色。其他特征参考科。全球1个大洲分布及种数(2)◆南美洲。

Claderia Hook. f. 毛茎兰属 Orchidaceae［MM－723］特征纪要:习性:－。花程式:－。其他特征参考科。全球4个大洲分布及种数(1－36)非洲:3; 亚洲:5; 大洋洲:3; 南美洲:32。

Cladina Torr. ex Fenzl 衣莎草属 Cyperaceae［MM－747］特征纪要:习性:草本。花程式:(K)3,C3,A1－3,G－。其他特征参考科。全球4个大洲分布及种数(cf. 1)亚洲;欧洲;北美洲;南美洲。

Cladium P. Br. 一本芒属 Cyperaceae［MM－747］特征纪要:习性:草本(根状茎,基生,多肉)。花程式:－。物候:－。海拔:2200米。生境:沼泽。资源:具园艺种类。全球6个大洲分布及种数(22－29;hort. 1;cult. 3)非洲:2－15;亚洲:5－18;大洋洲:14－27;欧洲:1－14;北美洲:9－23;南美洲:4－17。【中国种数:3】。

Cladoceras Bremek. 弓枝茜属 Rubiaceae［MD－523］特征纪要:习性:木本。花程式:(K)4－5,(C)4－5,A4－5,＝↓(G)2－9。其他特征参考科。全球2个大洲分布及种数(2－8)非洲:3; 南美洲:6。

Cladochaeta DC. 拟蜡菊属 Asteraceae［MD－586］特征纪要:习性:草本。花程式:(K)3－5,(C)3－5,A3－5,↓G。其他特征参考科。全球2个大洲分布及种数(2)非洲:1;大洋洲:1。

Cladocolea R. M. Schust. 细棕苔属 Loranthaceae［MD－415］特征纪要:习性:木本。【Rep】:－。其他特征参考科。全球3个大洲分布及种数(26－37)非洲:2;北美洲:13－22;南美洲:15－16。

Cladodium Brid. 南美真藓属 Bryaceae［B－146］特征纪要:习性:－。【Rep】:孢子体不发达,雌雄异株或雌雄同株,朔柄长,直立或稍弯曲,孢蒴多直立或倾立,稀横列或下垂,梨形、卵形或棒槌形。其他特征参考科。全球1个大洲分布及种数(1)◆北美洲:1。

Cladogelonium Leandri 叶枝桐属 Euphorbiaceae［MD－217］特征纪要:习性:木本。花程式:K1(1000),C0,A6,＝(G)2－3。其他特征参考科。全球1个大洲分布及种数(1)◆非洲(◆马达加斯加)。

Cladogynos Zipp. ex Span. 白大凤属 Euphorbiaceae［MD－217］特征纪要:习性:木本。花程式:－。物候:－。海拔:200－500米。生境:石灰岩上的灌木丛或森林,疏林或灌丛中,稀常绿林中。资源:具园艺种类。全球2个大洲分布及种数(1－8)亚洲:4; 南美洲:4。【中国种数:1】。

Cladolejeunea Zwicked 白鳞苔属 Lejeuneaceae［B－84］特征纪要:习性:－。【Rep】:老时呈红褐色。其他特征参考科。全球1个大洲分布及种数(1)◆非洲。

Cladomastigum Fulford 白片苔属 Cephaloziaceae［B－52］特征纪要:－。全球1个大洲分布及种数(1)◆南美洲:1。

Cladomnion Hook. f. & Wilson 纽片蒴藓属 Ptychomniaceae［B－159］特征纪要:习性:－。【Rep】:假雌雄异苞同株,内雌苞叶基部高鞘状,有狭长叶尖,孢蒴完全隐生于雌苞叶内,卵形或长卵形,棕色,平滑。其他特征参考科。全球3个大洲分布及种数(11)亚洲:3; 大洋洲:4; 南美洲:2。

Cladomniopsis M. Fleisch. 智利棱蒴藓属 Ptychomniaceae［B－159］特征纪要:习性:－。【Rep】:假雌雄异苞同株,内雌苞叶基部高鞘状,有狭长叶尖,孢蒴完全隐生于雌苞叶内,卵形或长卵形,棕色,平滑。其他特征参考科。全球1个大洲分布及种数(1)◆南美洲。

Cladomnium Hook. f. & Wilson = **Cladomnion**

Cladomyza Danser 枝寄生属 Santalaceae［MD－412］特征纪要:习性:－。花程式:－。其他特征参考科。全球1个大洲分布及种数(1－2)◆大洋洲。

Cladophascum Dixon ex Sim. 赤发藓属 Dicranaceae［B－128］特征纪要:习性:－。其他特征参考科。全球1个大洲分布及种数(1)◆非洲。

Cladopodanthus Dozy & Molk. 亚洲曲尾藓属 Dicranaceae［B－128］特征纪要:习性:－。【Rep】:孢蒴无气孔,雌雄异株或假雌雄同株,雌苞叶鞘状,具长尖,孢子体顶生或侧生,有时丛生,蒴柄直立。物候:－。全球2个大洲分布及种数(3)亚洲:3;大洋洲:2。

Cladopodiella H. Buch 钝叶苔属 Cephaloziaceae［B－52］特征纪要:习性:－。【Rep】:雌苞生于茎腹面短枝上,蒴萼长筒形,口部有长刺,雄苞生于茎腹面,雄苞叶多对,呈穗状,老时呈黄褐色。物候:－。海拔:－。生境:常见于湿地。资源:－。全球3个大洲分布及种数(3)亚洲:cf. 1;欧洲:2;北美洲:2。

Cladopus H. A. Möller 川苔草属 Podostemaceae [MD－322] 特征纪要:习性:草本(根状茎,基生)。花程式:Kn,C2－3 参考科,A5,G－。物候:－。花期:9－12 月。果期:参考晚于花期。海拔:200－400 米。生境:河川及瀑布下,溪流和瀑布,依附着岩石。资源:－。全球 4 个大洲分布及种数(11－66)非洲:3; 亚洲:21; 大洋洲:4; 南美洲:40。【中国种数:2】。

Cladoraphis Franch. 硬眉草属 Poaceae [MM－748] 特征纪要:习性:草本。花程式:(K)3,C0 参考科,A1－2,=G2－3。其他特征参考科。全球 3 个大洲分布及种数(2－5)非洲:5; 亚洲:2; 北美洲:2。

Cladoseris Spach = **Onoseris**

Cladosiphon <unassigned> 石头马桑属 Coriariaceae [MD－277] 特征纪要:－。全球 3 个大洲分布及种数(11)大洋洲:6; 欧洲:2; 南美洲:2。

Cladosporium <unassigned> 合石蒜属 Amaryllidaceae [MM－694] 特征纪要:－。全球 5 个大洲分布及种数(43)非洲:6; 亚洲:7; 欧洲:6; 北美洲:1; 南美洲:20。

Cladostachys D. Don = **Deeringia**

Cladostemon A. Braun & Vatke 瓠果柑属 Capparaceae [MD－178] 特征纪要:习性:－。花程式:－。其他特征参考科。全球 1 个大洲分布及种数(1)◆非洲。

C

Cladostigma Radlk. 枝柱头旋花属 Convolvulaceae [MD－499] 特征纪要:习性:草本。花程式:K5,C0,A5,=↓(G)2－5。其他特征参考科。全球 3 个大洲分布及种数(3－6)非洲:6; 亚洲:1; 南美洲:2。

Cladrastis Raf. 香槐属 Fabaceae3 [MD－240] 特征纪要:习性:木质攀援。花程式:Kn,C2－3 参考科,A10,=↓G－。物候:－。花期:4－5 月。果期:参考晚于花期。海拔:1000 米。生境:山坡密林下半阳处路旁,生于山坡灌木丛中。资源:具栽培园艺种类。全球 6 个大洲分布及种数(9－11;hort. 1;cult. 2)非洲:2;亚洲:8－12;大洋洲:2;欧洲:2;北美洲:2－5;南美洲:2。【中国种数:3】。

Clandarium (Grolle) R. M. Schust. 南美合叶苔属 Blepharidophyllaceae [B－59] 特征纪要:－。全球 2 个大洲分布及种数(3)大洋洲:cf. 1;南美洲:2。

Claopodium (Lesq. & James) Renauld & Cardot 麻羽藓属 Leskeaceae [B－181] 特征纪要:习性:－。【Rep】:雌雄异株,蒴柄平滑或粗糙,孢蒴长卵形,蒴齿两层,内外齿层等长,齿毛 2－3 条,具结节,蒴盖具长喙。物候:－。海拔:900 米。生境:树生,土生。资源:－。全球 5 个大洲分布及种数(12)非洲:2;亚洲:10;大洋洲:2;欧洲:1;北美洲:6。【中国种数:24】。

Claotrachelus Zoll. = **Cyanthillium**

Claoxylon A. Juss. 白桐树属 Euphorbiaceae [MD－217] 特征纪要:习性:木本。花程式:－。物候:－。海拔:1500－1800 米。生境:低海拔灌木丛中,山森林。资源:具栽培园艺种类。全球 6 个大洲分布及种数(49－141;hort. 1;cult. 2)非洲:24－56;亚洲:16－68;大洋洲:17－67;欧洲:8;北美洲:1－9;南美洲:7。【中国种数:11】。

Claoxylopsis Leandri 白桐藤属 Euphorbiaceae [MD－217] 特征纪要:习性:木本。花程式:K1(1000),C0,A6,=(G)2－3。其他特征参考科。全球 1 个大洲分布及种数(3)◆非洲(◆马达加斯加)。

Clappertonia Meisn. 刺蓟麻属 Malvaceae [MD－203] 特征纪要:习性:木本。花程式:K1－∞,C1－∞,A5,=G2－100。其他特征参考科。全球 6 个大洲分布及种数(3－8)非洲:5; 亚洲:2; 大洋洲:2; 欧洲:4; 北美洲:4; 南美洲:4。

Clappia A. Gray 盐菊属 Asteraceae [MD－586] 特征纪要:习性:草本。花程式:(K)3－5,(C)3－5,A3－5,↓G)。其他特征参考科。全球 1 个大洲分布及种数(1)◆北美洲。

Clara Kunth 假薯草属 Asparagaceae [MM－669] 特征纪要:习性:草本。花程式:(K)3,C3,A6,=G3。其他特征参考科。全球 4 个大洲分布及种数(3－56)亚洲:2; 欧洲:1; 北美洲:1; 南美洲:8。

Clarionella DC. ex Steud. = **Perezia**

Clarionema Phil. = **Perezia**

Clarisia Ruiz & Pav. 猴果桑属 Moraceae [MD－87] 特征纪要和分布(－)。全球 3 个大洲分布及种数(5－6)亚洲:cf. 1;北美洲:3;南美洲:3。

Clarkea Spreng. = **Clarkia**

Clarkeasia J. R. I. Wood 亚洲爵床属 Acanthaceae [MD－572] 特征纪要:习性:－。花程式:－。其他特征参考科。全球 1 个大洲分布及种数(cf. 1)◆亚洲。

Clarkella Hook. f. 岩上珠属 Rubiaceae [MD－523] 特征纪要:习性:木本。花程式:(K－),C2－3 参考科,A5,↓G2。物候:－。海拔:1400 米。生境:潮湿岩石上,石灰石。资源:药用。全球 2 个大洲分布及种数(1－11)亚洲:3; 南美洲:10。【中国种数:1】。

Clarkia Pursh 仙女扇属 Onagraceae [MD－396] 特征纪要:习性:草本。花程式:－。物候:－。花期:参考早于果期。果期:6－12 月。海拔:5200 米。生境:滨海草本植被,沼泽。资源:花卉,具栽培园艺种类。全球 6 个大洲分布及种数(47－48;hort. 1;cult. 4)非洲:17;亚洲:5－22;大洋洲:1－18;欧洲:2－19;北美洲:46－64;南美洲:9－26。【中国种数:9】。

Clasmatocolea Spruce 白萼苔属 Geocalycaceae [B－49] 特征纪要:习性:－。【Rep】:雌苞生于短枝上,雄苞生于短侧枝上,短枝上无正常叶发育,仅为雌雄苞叶,雌雄同株,稀异株,雌雄苞一般生于主茎或长分枝顶端,雌苞叶大于茎叶,先端具裂瓣和不规则齿突,蒴萼大。其他特征参考科。全球 6 个大洲分布及种数(12)非洲:2－3;亚洲:4－5;大洋洲:7－8;欧洲:1;北美洲:1－2;南美洲:5－6。

Clasmatodon Hook. & Wilson 花旗异青藓属 Fabroniaceae [B－173] 特征纪要:习性:－。【Rep】:绿色或棕绿色。物候:－。海拔:－。生境:常见于高寒山区,岩面土生。资源:－。全球 4 个大洲分布及种数(3)亚洲:1;欧洲:

1;北美洲:2;南美洲:1。【中国种数:1】。

Clastobryella M. Fleisch. 开山藓属 Sematophyllaceae［B－192］特征纪要:习性:－。【Rep】:雌雄异苞同株或雌雄异株,稀雌雄混生同苞,雌雄杂株或叶生(雄苞)异株,雄苞芽状。生境:常见于竹上,岩石上。全球 3 个大洲分布及种数(11)非洲:1;亚洲:7;大洋洲:4。【中国种数:2】。

Clastobryophilum M. Fleisch. 金毛藓属 Sematophyllaceae［B－192］特征纪要:习性:－。【Rep】:雌雄同株或雌雄异株,稀雌雄杂株,蒴柄细长,下部平滑,上部具乳头突起,孢蒴小,垂倾或悬垂,长卵形或长圆,多暗色、绿色至金黄色。其他特征参考科。全球 1 个大洲分布及种数(6)◆亚洲:2。

Clastobryopsis M. Fleisch. 拟疣胞藓属 Sematophyllaceae［B－192］特征纪要:习性:－。【Rep】:植物体黄绿色或红色。物候:－。海拔:－。生境:常见于竹上,岩石上。资源:－。全球 3 个大洲分布及种数(5)亚洲:4;大洋洲:2;北美洲:2。【中国种数:4】。

Clastobryum Dozy & Molk. 疣胞藓属 Sematophyllaceae［B－192］特征纪要:习性:－。【Rep】:雌雄异株,内雌苞叶披针形,有长毛状尖,蒴柄细,扭卷,紫红色,孢蒴直立,长卵圆形,环带缺失,蒴齿两层。物候:－。海拔:－。生境:常见于竹上,岩石上。资源:－。全球 3 个大洲分布及种数(18)亚洲:14;大洋洲:8;北美洲:1。【中国种数:5】。

Clastopus Bunge ex Boiss. 克拉荠属 Brassicaceae［MD－213］特征纪要:习性:草本。花程式:K2－4,C2－4,A2－4,=(G)2。其他特征参考科。全球 1 个大洲分布及种数(cf. 1)◆亚洲。

Clathrotropis (Benth.) Harms 篱瓣豆属 Fabaceae3［MD－240］特征纪要:习性:木本。花程式:K1－∞,C1－∞,A5－9,=↓G1。其他特征参考科。全球 3 个大洲分布及种数(8－11)非洲:1; 北美洲:2; 南美洲:10。

Claudia Opiz ex Panz. = **Snowdenia**

Clausena Burm. f. 黄皮属 Rutaceae［MD－399］特征纪要:习性:木质攀援。花程式:－。物候:－。花期:4－5月。果期:参考晚于花期。海拔:300－1300 米。生境:灌木丛。资源:具栽培园艺种类。全球 6 个大洲分布及种数(27－35;hort. 1)非洲:6－10;亚洲:25－34;大洋洲:3－9;欧洲:3－7;北美洲:7－11;南美洲:4－8。【中国种数:12】。

Clausia Korn. －Trotzky 香芥属 Brassicaceae［MD－213］特征纪要:习性:草本(基生)。花程式:Kn,C2－3 参考科,A3 参考科,=G2。物候:－。海拔:1100－1700 米。生境:山坡,草原,石砾土中。资源:具栽培园艺种类。全球 2 个大洲分布及种数(4－18)亚洲:14; 南美洲:4。【中国种数:2】。

Clausospicula Lazarides 闭穗草属 Poaceae［MM－748］特征纪要:习性:草本。花程式:(K)3,C0 参考科,A1－2,=(G)2－3。其他特征参考科。全球 1 个大洲分布及种数(1)◆大洋洲(◆澳大利亚)。

Clauzadea <unassigned> 团芽藓属 Sorapillaceae［B－212］特征纪要:－。全球 1 个大洲分布及种数(－)。

Clauzadeana <unassigned> 野牡丹科属 Melastomataceae［MD－364］特征纪要:－。全球 2 个大洲分布及种数(2)欧洲:2; 北美洲:2。

Clavapetalum Pulle = **Dendrobangia**

Claviga Regel = **Clavija**

Clavija Ruiz & Pav. 香萝桐属 Theophrastaceae［MD－387］特征纪要:习性:草本。花程式:(K)8－10,(C)8－10,A4,=G4－5。其他特征参考科。全球 4 个大洲分布及种数(57－98)亚洲:5; 欧洲:32; 北美洲:32; 南美洲:94。

Clavinodum T. H. Wen = **Arundinaria**

Clavitheca O. Werner, Ros & Goffinet 亚洲葫芦藓属 Funariaceae［B－106］特征纪要:习性:－。【Rep】:雌雄同株,蒴柄细长,顶生,孢蒴直立,对称,近于圆球形或短梨形,台部极短而粗,环带由小形细胞组成而常存,雌雄同株异苞,蒴柄细长,黄色,孢蒴直立,对称,呈倒梨形,多具明显的长台部,环带缺如,蒴齿缺如。其他特征参考科。全球 2 个大洲分布及种数(2)亚洲:2; 大洋洲:2。

Clavulium P. Beauv. ex Desv. 蝶形花科属 Fabaceae3［MD－240］特征纪要:习性:－。花程式:－。其他特征参考科。全球 1 个大洲分布及种数(－)。

Clavulum G. Don = **Crotalaria**

Claytona L. = **Claytonia**

Claytonia L. 春美草属 Montiaceae［MD－81］特征纪要:习性:草本。花程式:K4－5,C4－5,A4－5,=↓G2－3。其他特征参考科。全球 6 个大洲分布及种数(45－221)非洲:3; 亚洲:23; 大洋洲:10; 欧洲:117; 北美洲:117; 南美洲:25。【中国种数:9】。

Claytoniella Jurtzev 冰泉草属 Montiaceae［MD－81］特征纪要:习性:－。花程式:－。其他特征参考科。全球 3 个大洲分布及种数(cf. 1)亚洲;欧洲;北美洲。

Cleghornia Wight 金平藤属 Apocynaceae［MD－492］特征纪要:习性:木本。花程式:K5－∞,C5－∞,A15,↓G。物候:－。花期:4－7 月。果期:参考晚于花期。海拔:500－1600 米。生境:灌木丛,岩石上疏密林中。资源:－。全球 1 个大洲分布及种数(cf. 1)◆亚洲。【中国种数:2】。

Cleidiocarpon Airy－Shaw 蝴蝶果属 Euphorbiaceae［MD－217］特征纪要:习性:木本。花程式:－。物候:－。海拔:100－1000 米。生境:山坡或沟谷常绿林中,石灰岩,山坡或山谷中的森林。资源:油脂,具栽培园艺种类。全球 1 个大洲分布及种数(1－2)◆亚洲。【中国种数:1】。

Cleidion Bl. 棒柄花属 Euphorbiaceae［MD－217］特征纪要:习性:木本。花程式:－。物候:－。花期:12 月至次年 2 月。果期:参考晚于花期。海拔:600－1400 米。生境:石灰岩山常绿林或疏林中。资源:具栽培园艺种类。全球 6 个大洲分布及种数(36－82)非洲:11; 亚洲:29; 大洋洲:44; 欧洲:9; 北美洲:9; 南美洲:19。【中国种数:2】。

Cleisocentron Brühl 隔距兰属 Orchidaceae［MM－723］特征纪要:习性:草本。花程式:(K－),C2－3 参考科,A3

参考科,↓G-。物候:-。花期:参考早于果期。果期:10-11月。海拔:80-5200米。生境:柏树林下或草坡路旁,竹坡中。资源:-。全球1个大洲分布及种数(2-7)◆亚洲。

Cleisomeria Lindl. ex G. Don 隔距兰属 Orchidaceae [MM-723] 特征纪要:习性:草本。花程式:(K-),C2-3参考科,A3参考科,↓G-。物候:-。花期:参考早于果期。果期:10-11月。海拔:80-5200米。生境:柏树林下或草坡路旁,竹坡中。资源:-。全球1个大洲分布及种数(1-2)◆亚洲。

Cleisostoma Lindl. 隔距兰属 Orchidaceae [MM-723] 特征纪要:习性:草本。花程式:Kn,C2-3参考科,A3参考科,↓G-。物候:-。花期:4-5月。果期:参考晚于花期。海拔:900-1600米。生境:常绿阔叶林中树干上。资源:药用,具栽培园艺种类。全球6个大洲分布及种数(97-353)非洲:21;亚洲:309;大洋洲:46;欧洲:10;北美洲:10;南美洲:12。【中国种数:22】。

Cleisostomopsis Seidenf. 隔距兰属 Orchidaceae [MM-723] 特征纪要:习性:草本。花程式:(K-),C2-3参考科,A3参考科,↓G-。物候:-。花期:5-6月。果期:参考晚于花期。海拔:600米。生境:森林中树干附生植物。资源:-。全球1个大洲分布及种数(2) ◆亚洲:2。【中国种数:1】。

Cleistachne Benth. 闭壳草属 Poaceae [MM-748] 特征纪要:习性:草本。花程式:(K)3,C0参考科,A1-2,↓G-参考科。其他特征参考科。全球3个大洲分布及种数(1-5)非洲:5;亚洲:3;北美洲:2。

C

Cleistanthium Kunze = **Leibnitzia**

Cleistanthopsis Capuron = **Allantospermum**

Cleistanthus Hook. f. ex Planch. 闭花木属 Phyllanthaceae [MD-222] 特征纪要:习性:木本。花程式:-。物候:-。花期:1-3月。果期:参考晚于花期。海拔:200-500米。生境:次生林灌丛(近石灰岩)以下山地密林中,较耐荫,在林中为二层乔木。资源:具园艺种类。全球6个大洲分布及种数(135-264)非洲:65;亚洲:179;大洋洲:34;欧洲:4;北美洲:4;南美洲:3。【中国种数:15】。

Cleistes Rich. ex Lindl. 美洲朱兰属 Orchidaceae [MM-723] 特征纪要:习性:草本。花程式:(K)3,C3,A3,=↓G3。其他特征参考科。全球4个大洲分布及种数(71-81)亚洲:4;大洋洲:3;北美洲:7;南美洲:68-77。【中国种数:2】。

Cleistesiopsis Pansarin & F. Barros 美髯兰属 Orchidaceae [MM-723] 特征纪要:习性:草本。花程式:(K-),C2-3参考科,A3参考科,↓G-。其他特征参考科。全球2个大洲分布及种数(4-6)亚洲:2;北美洲:5。

Cleistoblechnum Gasper & Salino = **Blechnum**

Cleistocactus Lem. 蛇雪柱属 Cactaceae [MD-100] 特征纪要:习性:木本。花程式:K1-∞,C1-∞,A3-100,=↓G3-100。其他特征参考科。全球6个大洲分布及种数(18-128)非洲:2;亚洲:3;大洋洲:6;欧洲:10;北美洲:10;南美洲:109。

Cleistocana G. D. Rowley 水人掌属 Cactaceae [MD-100] 特征纪要:习性:木本。花程式:Kn,C2-3参考科,A3参考科,=↓G-。其他特征参考科。全球1个大洲分布及种数(1)◆南美洲。

Cleistocarpidium Ochyra & Bednarek-Ochyra 闭蒴藓属 Ditrichaceae [B-119] 特征纪要:习性:-。【Rep】:孢蒴台部发达,蒴齿具疣或纵斜条纹,绿色或黄绿色。物候:-。海拔:-。生境:土生,野生。资源:-。全球3个大洲分布及种数(1)亚洲:1;欧洲:1;北美洲:1。【中国种数:1】。

Cleistochlamys Oliv. 紫梨木属 Annonaceae [MD-7] 特征纪要:习性:木本。花程式:K3-∞,C3,A2,=G10-100。其他特征参考科。全球1个大洲分布及种数(1)◆非洲。

Cleistochloa C. E. Hubb. 澳隐黍属 Poaceae [MM-748] 特征纪要:习性:草本。花程式:(K)3,C0参考科,A1-2,=G2-3。其他特征参考科。全球3个大洲分布及种数(2-5)非洲:1;大洋洲:5;南美洲:2。

Cleistogenes Keng 隐子草属 Poaceae [MM-748] 特征纪要:习性:草本(根状茎,基生)。花程式:-。物候:-。海拔:1500米。生境:地边。栽培:来自广西龙州。资源:具栽培园艺种类。全球6个大洲分布及种数(16-19)非洲:4-10;亚洲:15-23;大洋洲:6;欧洲:2-8;北美洲:6;南美洲:6。【中国种数:11】。

Cleistopetalum H. Okada = **Monoon**

Cleistopholis Pierre ex Engl. 闭盔木属 Annonaceae [MD-7] 特征纪要:习性:木本。花程式:K3-∞,C3,A2,=G10-100。物候:-。海拔:-。生境:-。资源:具园艺种类。全球2个大洲分布及种数(4-15)非洲:15;亚洲:2。

Cleistostoma Brid. 花叶藓科属 Calymperaceae [B-130] 特征纪要:习性:-。【Rep】:雌雄同株或雌雄异株,蒴柄顶生或侧生,孢蒴直立,卵圆形或圆柱形,对称,蒴齿8或16,阔披针形,中缝开裂,蒴柄不甚长,孢蒴顶生,直立,圆柱形,蒴齿发育或退失,齿片16,披针形,具细疣,蒴盖具长喙,蒴帽多兜。物候:-。海拔:-。生境:常见于林下树干和树基,石生。资源:-。全球1个大洲分布及种数(1)◆亚洲(◆中国)。【中国种数:1】。

Clematepistephium N. Hallé 美蕉兰属 Orchidaceae [MM-723] 特征纪要:习性:草本(水生)。花程式:(K-),C2-3参考科,A3参考科,↓G-。其他特征参考科。全球2个大洲分布及种数(1-2)大洋洲:1;南美洲:1。

Clematicissus Planch. 玉椒藤属 Vitaceae [MD-403] 特征纪要:习性:木本。花程式:K3-4,C3-4,A2,=(G)2-3。其他特征参考科。全球2个大洲分布及种数(7-8)大洋洲:3;南美洲:5。

Clematis L. 铁线莲属 Ranunculaceae [MD-38] 特征纪要:习性:草质攀援(基生,多肉)。花程式:-。物候:-。花期:4-5月。果期:参考晚于花期。海拔:100-1000米。生境:沿着丘陵地区的溪流生长,针叶林下。资源:具栽培园艺种类。全球6个大洲分布及种数(340-486;hort. 1;cult. 50)非洲:54-118;亚洲:322-460;大洋洲:31-100;欧洲:36-82;北美洲:109-160;南美洲:32-76。【中国种数:178】。

Clematoclethra (Franch.) Maxim. 藤山柳属 Actinidiaceae [MD-242] 特征纪要:习性:木质攀援。花程式:K5,C5,A10,G-。物候:-。花期:6-7月。果期:参考晚于花期。海拔:1000-2500米。生境:混合林中。资源:

具栽培园艺种类。全球 3 个大洲分布及种数(4－60)亚洲:50; 北美洲:3; 南美洲:4。【中国种数:1】。

Clematopsis Boj. ex Hook. = **Clematis**

Clementea Cav. = **Angiopteris**

Clementsiella M. K. Elias 针茅属 Poaceae [MM－748] 特征纪要:习性:－。花程式:－。其他特征参考科。全球 6 个大洲分布及种数(1)非洲:1;亚洲:1;大洋洲:1;欧洲:1;北美洲:1;南美洲:1。

Cleobula Vell. ex DC. 菜蝶豆属 Fabaceae3 [MD－240] 特征纪要:－。全球 1 个大洲分布及种数(1)◆南美洲:1。

Cleobulia Mart. ex Benth. 克利奥豆属 Fabaceae3 [MD－240] 特征纪要:习性:木本。花程式:K1－∞,C1－∞,A5－9,=↓G1。其他特征参考科。全球 2 个大洲分布及种数(4－6)北美洲:2; 南美洲:6。

Cleodora Klotzsch = **Croton**

Cleomaceae Bercht. & J. Presl [MD－210] 白花菜科 特征纪要:习性:木本;落叶。花程式:K4－5(－),C4,A－,G－。物候:－。花期:4－12 月。果期:4－6 月。果实:－。种子:25－40。海拔:1500－3400 米。生境:－。资源:园林。栽培:中国有栽培。全球 6 个大洲分布及属种数(22/96－119 <IFR 2/15> hort. 1;cult. 3)非洲:5/66－106(IFR 1/3); 亚洲:3/8(IFR 1/2); 大洋洲:2/5－6(IFR 1/2); 欧洲:1/2; 北美洲:9/58－65(IFR 2/6); 南美洲:5/36－41(IFR 1/2)。【中国属种数:3/16】。

Cleome L. 鸟足菜属 Cleomaceae [MD－210] 特征纪要:习性:木质攀援。花程式:－。物候:－。海拔:200 米。生境:－。资源:药用,具栽培园艺种类。全球 6 个大洲分布及种数(209－588)非洲:179; 亚洲:152; 大洋洲:35; 欧洲:121; 北美洲:121; 南美洲:220。【中国种数:14】。

Cleomella DC. 群心柑属 Cleomaceae [MD－210] 特征纪要:习性:草本。花程式:K4－6,C4－6,A4－6,=G2－10。其他特征参考科。全球 3 个大洲分布及种数(25－51)亚洲:2; 北美洲:30; 南美洲:8。【中国种数:1】。

Cleonia L. 克里昂草属 Lamiaceae [MD－575] 特征纪要:习性:草本。花程式:K2,C0,A2,=(G)2。其他特征参考科。全球 5 个大洲分布及种数(1－12)非洲:3; 亚洲:2; 欧洲:2; 北美洲:2; 南美洲:9。

Cleoserrata Iltis 洋白花菜属 Cleomaceae [MD－210] 特征纪要:习性:－。花程式:－。物候:－。花期:8－11 月。果期:参考晚于花期。海拔:1500－3400 米。生境:土地。资源:具栽培园艺种类。全球 5 个大洲分布及种数(5)非洲:3; 亚洲:3; 大洋洲:2; 北美洲:3; 南美洲:5。

Cleretum N. E. Br. 霓花属 Aizoaceae [MD－94] 特征纪要:习性:草本。花程式:K3－4,C3－4,A5 参考科,=↓G1－2。其他特征参考科。全球 4 个大洲分布及种数(14－32)非洲:26; 亚洲:5; 大洋洲:3; 南美洲:4。

Clermontia Gaud. 瓜莲属 Campanulaceae [MD－561] 特征纪要:习性:木本。花程式:(K)5,(C)5,A5,↓G－。其他特征参考科。全球 4 个大洲分布及种数(33－105)亚洲:40; 大洋洲:2; 欧洲:72; 北美洲:72。【中国种数:5】。

Clerodendranthus Kudo 肾茶属 Lamiaceae [MD－575] 特征纪要:草本;花程式(K),C,A(－),G(－)。果实:－。种子:子叶缘倚胚根。全球 1 个大洲分布及种数(2)◆亚洲:cf. 1。

Clerodendrum L. 大青属 Lamiaceae [MD－575] 特征纪要:习性:木质攀援。花程式:－。物候:－。海拔:100－1200 米。生境:低山密林中。资源:药用,具栽培园艺种类。全球 6 个大洲分布及种数(274－1026)非洲:469; 亚洲:403; 大洋洲:120; 欧洲:116; 北美洲:116; 南美洲:82。【中国种数:61】。

Clethra L. 桤叶树属 Clethraceae [MD－326] 特征纪要:习性:木本。花程式:－。物候:－。花期:6－8 月。果期:参考晚于花期。海拔:300－2000 米。生境:混交林中。栽培:来自广西龙州。资源:具栽培园艺种类。全球 6 个大洲分布及种数(74－95;hort. 1;cult. 2)非洲:3－22;亚洲:18－47;大洋洲:3－22;欧洲:16;北美洲:48－67;南美洲:32－53。【中国种数:15】。

Clethraceae Klotzsch [MD－326] 桤叶树科 特征纪要:习性:木本;常绿,落叶。花程式:(K)6－,C5,A2,↑G3。物候:－。花期:6－8 月。果期:9－11 月。果实:蒴果。种子:种皮作不规则的矩圆形。海拔:1000－1700 米。生境:地方。栽培:来自广西龙州。资源:药用。栽培:中国有栽培。全球 5 个大洲分布及属种数(4/85－112 <IFR 2/8> hort. 1;cult. 1) 非洲:2/5－8(IFR 1/3); 亚洲:2/20－32(IFR 1/2); 大洋洲:2/5－8; 北美洲:4/57－66(IFR 1/4); 南美洲:3/37－42(IFR 1/1)。【中国属种数:1/15】。

Clethropsis Spach = **Alnus**

Clevea Lindb. 克氏苔属 Cleveaceae [B－15] 特征纪要:－。全球 4 个大洲分布及种数(10)非洲:4; 亚洲:5; 欧洲:2; 北美洲:2。

Cleveaceae Cavers [B－15] 星孔苔科 特征纪要:草本,植株高 30－40 厘米,单叶。【Rep】:孢子囊满布能育叶片下面,具长柄,环带稍斜,由 24 个细胞组成,隔丝棒状。全球 6 个大洲分布和属种数(2/9－16)非洲:1－2/3－9; 亚洲:2/7－13;大洋洲:2/6;欧洲:1－2/2－8;北美洲:1－2/1－7;南美洲:1－2/1－7。

Clevelandia Greene = **Castilleja**

Cleyera Thunb. 红淡比属 Pentaphylacaceae [MD－215] 特征纪要:习性:－。花期:5－7 月。果期:参考晚于花期。海拔:400－1200 米。生境:山坡,针叶阔叶混交林林下。全球 6 个大洲分布及种数(24－27;hort. 1;cult. 1)非洲:1;亚洲:20－24;大洋洲:1－2;欧洲:3;北美洲:14－17;南美洲:4－5。【中国种数:8】。

Clianthus Sol. ex Lindl. 鹦喙花属 Fabaceae3 [MD－240] 特征纪要:习性:木本。花程式:K1－∞,C1－∞,A5－9,=↓G1。物候:－。海拔:7500 米。生境:矮灌木丛或芦苇丛中,稀见于沿河岸疏林下,作为作物栽培。资源:具栽培园艺种类。全球 5 个大洲分布及种数(2－35)非洲:3; 亚洲:11; 大洋洲:14; 北美洲:2; 南美洲:15。

Clibadium F. Allam. ex L. 白头菊属 Asteraceae [MD－586] 特征纪要:习性:草本,少灌木。花程式:(K)3－5,C3－5,A3－5,=↓G2。物候:－。花期:7－10 月。果期:参考晚于花期。海拔:6000 米。生境:归化,路边。资源:具栽培园艺种类。全球 5 个大洲分布及种数(38－134)非洲:1; 亚洲:10; 大洋洲:2; 北美洲:21; 南美洲:99。【中国种数:2】。

Clidemia DC. 毛绢木属 Melastomataceae [MD－364] 特征纪要:习性:－。花程式:－。其他特征参考科。全球6个大洲分布及种数(231－302;hort. 1;cult. 1)非洲:3－7;亚洲:15－20;大洋洲:7－12;欧洲:3－7;北美洲:108－131;南美洲:195－241。

Cliffordiochloa B. K. Simon ＝ **Steinchisma**

Cliffortia L. 藤友木属 Rosaceae [MD－246] 特征纪要:习性:木本。花程式:K1(10－100),C1－10－100,A1－10－100,＝↓G1－50。其他特征参考科。全球5个大洲分布及种数(140－237)非洲:184; 亚洲:2; 欧洲:13; 北美洲:13; 南美洲:12。

Cliftonia Banks ex C. F. Gaertn. 荞麦树属 Cyrillaceae [MD－352] 特征纪要:习性:木本。花程式:K5－10,C5－10,A5－10,＝G2－5。其他特征参考科。全球4个大洲分布及种数(1－5)亚洲:1; 大洋洲:2; 欧洲:4; 北美洲:4。

Climacandra Miq. ＝ **Ardisia**

Climaciaceae Kindb. [B－177] 万年藓科 特征纪要:中小型的石灰岩的旱生植物,叶草质或纸质,干后灰绿色或淡褐绿色,两面连同叶轴和各回羽轴通常披灰白色的单细胞柔毛或针状毛。【Rep】:孢子囊群圆形,背生于侧脉中部。全球4个大洲分布和属种数(1/5)亚洲:1/4;大洋洲:1/2;欧洲:1/2;北美洲:1/4。【中国属种数:3/10(2)】。

C

Climacium F. Weber & D. Mohr 万年藓属 Climaciaceae [B－177] 特征纪要:习性:－。【Rep】:雌雄异株,内雌苞叶具高鞘部,上部突狭窄成细长尖。物候:－。海拔:－。生境:土生。资源:－。全球4个大洲分布及种数(5)亚洲:4;大洋洲:2;欧洲:2;北美洲:4。【中国种数:8】。

Climacoptera Botsch. 梯翅蓬属 Amaranthaceae [MD－116] 特征纪要:习性:草本。花程式:K3－5,C0,A3－5,＝↓G2－5。物候:－。海拔:600－5000米。生境:半固定沙丘或河边沙滩,棕钙土。资源:－。全球3个大洲分布及种数(32－44)亚洲:38; 北美洲:1; 南美洲:1。【中国种数:3】。

Climatium Weber & D. Mohr ex W. Gümbel ＝ **Climacium**

Climedia Rafarin ＝ **Clidemia**

Clinacanthus Nees 鳄嘴花属 Acanthaceae [MD－572] 特征纪要:习性:草本,少木本。花程式:－。物候:－。花期:1－10月。果期:参考晚于花期。海拔:700米。生境:低海拔疏林中或灌丛内,灌木丛。资源:药用。全球3个大洲分布及种数(2－7)非洲:2; 亚洲:6; 南美洲:2。【中国种数:1】。

Clinanthus Herb. 斑君兰属 Amaryllidaceae [MM－694] 特征纪要:习性:草本。花程式:－。其他特征参考科。全球6个大洲分布及种数(24)非洲:17;亚洲:17;大洋洲:17;欧洲:17;北美洲:17;南美洲:23－40。

Clinomicromeria Govaerts 风轮芩属 Lamiaceae [MD－575] 特征纪要:习性:草本。花程式:－。其他特征参考科。全球－个大洲分布及种数(1－7)。

Clinopodium L. 风轮菜属 Lamiaceae [MD－575] 特征纪要:习性:草本(根状茎,基生)。花程式:－。物候:－。花期:5－8月。果期:参考晚于花期。海拔:900－1000米。生境:草坡,干燥山谷。资源:具栽培园艺种类。全球6个大洲分布及种数(163－193;hort. 1;cult. 14)非洲:34－44;亚洲:78－89;大洋洲:15－25;欧洲:46－56;北美洲:58－70;南美洲:57－68。【中国种数:28】。

Clinosperma Becc. 斜柱椰属 Arecaceae [MM－717] 特征纪要:习性:木本。花程式:Kn,C2－3参考科,A3参考科,G3－ 参考科。其他特征参考科。全球1个大洲分布及种数(4)◆大洋洲。

Clinostemon Kuhlm. & A. Samp. 土壳楠属 Lauraceae [MD－21] 特征纪要:习性:－。花程式:－。其他特征参考科。全球1个大洲分布及种数(－)。

Clinostigma H. Wendl. 斜柱椰属 Arecaceae [MM－717] 特征纪要:习性:木本。花程式:K3－10,C3－10,A3－10,＝G3－10。全球4个大洲分布及种数(13－21)亚洲:2－3;大洋洲:12－20;欧洲:2;北美洲:1。

Clintonia Raf. 七筋菇属 Liliaceae [MM－633] 特征纪要和分布(－)。全球6个大洲分布及种数(6－7;hort. 1;cult. 2)非洲:5;亚洲:3－9;大洋洲:5;欧洲:5;北美洲:5－10;南美洲:1－6。【中国种数:3】。

Cliococca Bab. 亚麻属 Linaceae [MD－315] 特征纪要:习性:－。花程式:－。其他特征参考科。全球1个大洲分布及种数(cf. 1)◆南美洲。

Cliostomum <unassigned> 石锦藓属 Sematophyllaceae [B－192] 特征纪要:－。全球3个大洲分布及种数(9)欧洲:1; 北美洲:1; 南美洲:4。

Clistax Mart. 坚冠马蓝属 Acanthaceae [MD－572] 特征纪要:习性:草本。花程式:K2－4,C0,A2－4,＝G2。其他特征参考科。全球1个大洲分布及种数(2－3)◆南美洲(◆巴西)。

Clitandra Benth. 加蓬夹竹桃属 Apocynaceae [MD－492] 特征纪要:习性:木本。花程式:K5－∞,C0,A15,＝↓G2－5。其他特征参考科。全球4个大洲分布及种数(1－51)非洲:47; 亚洲:2; 大洋洲:2; 南美洲:3。

Clitoria L. 蝶豆属 Fabaceae2 [MD－239] 特征纪要:习性:木质攀援。花程式:－。物候:－。花期:6－11月。果期:参考晚于花期。海拔:600米。生境:草原上,山坡路旁灌丛或疏林中。资源:药用,具栽培园艺种类。全球6个大洲分布及种数(65－85;hort. 1;cult. 11)非洲:9－21;亚洲:13－27;大洋洲:4－14;欧洲:1－10;北美洲:21－31;南美洲:55－68。【中国种数:8】。

Clitoriopsis R. Wilczek 苏丹豆属 Fabaceae3 [MD－240] 特征纪要:习性:木本。花程式:K1－∞,C1－∞,A5－9,＝↓G1。其他特征参考科。全球1个大洲分布及种数(1)◆非洲。

Clivia Lindl. 君子兰属 Amaryllidaceae [MM－694] 特征纪要:习性:草本(基生,多肉)。花程式:(K－),C2－3参考科,A2,↓G－。物候:－。花期:参考早于果期。果期:8月。海拔:100－4800米。生境:草地,山坡,灌丛中或松林下。资源:具栽培园艺种类。全球6个大洲分布及种数(7－34)非洲:11; 亚洲:9; 大洋洲:2; 欧洲:6; 北美洲:6; 南美洲:10。【中国种数:1】。

Cloanthe Nees = **Chloanthes**

Cloanthes Lehm. = **Chloanthes**

Cloezia Brongn. & Gris 环珠木属 Myrtaceae [MD－347] 特征纪要:木本。花程式:K4－5,C4－5,A8－10,=↓G2－5。其他特征参考科。全球5个大洲分布及种数(8－32)非洲:2; 亚洲:4; 大洋洲:24; 北美洲:2; 南美洲:11。

Cloiselia S. Moore 菊科属 Asteraceae [MD－586] 特征纪要:习性:－。花程式:－。其他特征参考科。全球1个大洲分布及种数(4－5)◆非洲:4。

Clomena Beauv. = **Muhlenbergia**

Clomenocoma Cass. = **Adenophyllum**

Clonodia Griseb. 八腺木属 Malpighiaceae [MD－343] 特征纪要:习性:－。花程式:－。其他特征参考科。全球2个大洲分布及种数(13)北美洲:2; 南美洲:12。

Clonostylis S. Moore 匙蕊戟属 Euphorbiaceae [MD－217] 特征纪要:习性:木本。花程式:Kn,C0,A6,↓G－参考科。其他特征参考科。全球1个大洲分布及种数(1)◆亚洲。

Closirospermum Neck. = **Crepis**

Clowesia Lindl. 克劳兰属 Orchidaceae [MM－723] 特征纪要:习性:草本。花程式:(K)3,C3,A3,=↓G3。其他特征参考科。全球2个大洲分布及种数(8)北美洲:6;南美洲:6。

Clusia Plum. ex L. 书带木属 Clusiaceae [MD－141] 特征纪要:习性:木本。花程式:K1－3,C1－3,A1－3,=G1－3。物候:－。海拔:－。生境:－。资源:具园艺种类。全球6个大洲分布及种数(266－362;hort. 1;cult. 1)非洲:4;亚洲:15－20;大洋洲:3－7;欧洲:4;北美洲:73－101;南美洲:239－314。【中国种数:6】。

Clusiaceae Lindl. [MD－141] 藤黄科 特征纪要:习性:木本;落叶。花程式:(K)2－4－5(6),C2－4－5－6,A:4－5－10束生,G3－5。物候:－。果实:蒴果。种子:棕。海拔:0－1200米。生境:－。资源:园林,药用。栽培:中国有栽培。全球6个大洲分布及属种数(41－47/1388－2231 <IFR 9/89> hort. 1;cult. 6)非洲:11/192－362(IFR 2/12); 亚洲:15－16/517－818(IFR 3/41); 大洋洲:8－9/96－211; 欧洲:5/115－142(IFR 1/15); 北美洲:13/311－396(IFR 4/14); 南美洲:25/595－711(IFR 5/27)。【中国属种数:5/53】。

Clusiella Planch. & Triana 小猪胶树属 Calophyllaceae [MD－140] 特征纪要:习性:木本。花程式:K1－3,C1－3,A1－3,(G)1－3。其他特征参考科。全球2个大洲分布及种数(10)北美洲:2;南美洲:8。

Clutia Börh. ex L. 铁远志属 Peraceae [MD－216] 特征纪要:习性:木本。花程式:K1(1000),C0,A6,=G2－3。其他特征参考科。全球6个大洲分布及种数(58－170)非洲:109; 亚洲:28; 大洋洲:4; 欧洲:3; 北美洲:3; 南美洲:5。【中国种数:2】。

Cluytiandra Müll. Arg. = **Meineckia**

Clymenia Swingle 多蕊柑属 Rutaceae [MD－399] 特征纪要:习性:木本。花程式:K∞,C∞,A4,=G1－3。其他特征参考科。全球4个大洲分布及种数(2－3)非洲:3; 亚洲:3; 大洋洲:3; 北美洲:2。

Clynhymenia A. Rich. & Galeotti = **Cryptarrhena**

Clypeococcum <unassigned> 孢芽藓科属 Sorapillaceae [B－212] 特征纪要:－。全球1个大洲分布及种数(－)。

Clypeola L. 小盾荠属 Brassicaceae [MD－213] 特征纪要:习性:草本。花程式:K2－4,C2－4,A2－4,=G2。物候:－。海拔:－。生境:－。资源:具栽培园艺种类。全球6个大洲分布及种数(10－12)非洲:2－7;亚洲:7－12;大洋洲:5;欧洲:4－9;北美洲:1－7;南美洲:5。【中国种数:2】。

Clytostomanthus Pichon = **Bignonia**

Cnemidaria C. Presl 矮桫椤属 Cyatheaceae [F－23] 特征纪要:习性:－。【Rep】:孢子同形,囊群生叶背有盖。其他特征参考科。全球6个大洲分布及种数(5－12)非洲:3;亚洲:1－4;大洋洲:3;欧洲:3;北美洲:2－5;南美洲:4－7。

Cnemidostachys Mart. & Zucc. = **Sebastiania**

Cneoraceae Vest [MD－397] 叶柄花科 特征纪要:习性:木本;落叶。花程式:K3,C3,A4,G3－4。种子:种脐子叶深绿色。海拔:2348米。全球1个大洲分布及属种数(1/1 hort. 1)◆北美洲:1/ 2－3。

Cneoridium Hook. f. 小柄花属 Rutaceae [MD－399] 特征纪要:习性:木本。花程式:K4,C4,A4,=G1－3。其他特征参考科。全球3个大洲分布及种数(1－9)非洲:2; 北美洲:9; 南美洲:7。

Cneorum L. 戟橄榄属 Cneoraceae [MD－397] 特征纪要(同科)。全球5个大洲分布及种数(2－16)非洲:2; 亚洲:5; 欧洲:4; 北美洲:4; 南美洲:9。【中国种数:1】。

Cnesmocarpon Adema 三蝶果属 Sapindaceae [MD－428] 特征纪要:习性:木本。花程式:K5,C5,A10,↓G－参考科。其他特征参考科。全球2个大洲分布及种数(4－5)非洲:4; 大洋洲:4。

Cnesmone Bl. 粗毛藤属 Euphorbiaceae [MD－217] 特征纪要:习性:木质攀援。花程式:－。物候:－。花期:4－6月。果期:参考晚于花期。海拔:100米。生境:海岸,田野,荒地,灌木丛。栽培:来自广西龙州。资源:致痒,具栽培园艺种类。全球4个大洲分布及种数(12－22)非洲:4; 亚洲:22; 北美洲:2; 南美洲:5。【中国种数:5】。

Cnestidium Planch. 小螯毛果属 Connaraceae [MD－284] 特征纪要:习性:木本。花程式:K5－10,C5－10,A5,=↓G1－3。其他特征参考科。全球3个大洲分布及种数(4－8)亚洲:2; 北美洲:2; 南美洲:8。

Cnestis Juss. 螯毛果属 Connaraceae [MD－284] 特征纪要:习性:木质攀援。花程式:K5,C5,A10,=↓G－。物候:－。花期:3－10月。果期:参考晚于花期。海拔:200－300米。生境:灌木丛,荫蔽灌丛中。资源:具园艺种类。全球6个大洲分布及种数(14－30)非洲:11－24;亚洲:3－5;大洋洲:2;欧洲:1;北美洲:1;南美洲:1。【中国种数:2】。

Cnestrum I. Hagen 矮尾藓属 Dicranaceae [B－128] 特征纪要:习性:－。【Rep】:雌苞叶分化,基部鞘状,有毛尖,

蒴柄长,均高出于雌苞叶,孢蒴直立或背曲,长圆柱形或长椭圆形,辐射对称,雌雄异株,雄株矮小,附于假根上成假雌雄同株,雌苞叶形大,高鞘状,上部具细毛尖,与孢蒴等长或长于孢蒴。其他特征参考科。全球 2 个大洲分布及种数(3)欧洲:3;北美洲:3。

Cnicothamnus Griseb. 橙菊木属 Asteraceae [MD-586] 特征纪要:习性:草本。花程式:(K)3-5,(C)3-5,A3-5,=↓G2。其他特征参考科。全球 1 个大洲分布及种数(2)◆南美洲。

Cnicus L. 藏掖花属 Asteraceae [MD-586] 特征纪要:草本,落叶;花程式:(K)3-5,C3-5,A(-),=↓G:2。果实:瘦果。全球 6 个大洲分布及种数(10-56;hort. 4;cult. 4)非洲:1-47;亚洲:4-51;大洋洲:1-47;欧洲:2-48;北美洲:5-51;南美洲:1-47。

Cnidiocarpa Pimenov 蛇床属 Apiaceae [MD-480] 特征纪要:习性:草本。花程式:参考科,C5 参考科,A3 参考科,↓(G)2-9 参考科。全球 4 个大洲分布及种数(2-7)亚洲:3; 欧洲:2; 北美洲:2; 南美洲:1。

Cnidium Cusson ex Juss. 蛇床属 Apiaceae [MD-480] 特征纪要:习性:草本(基生)。花程式:Kn,C5,A3 参考科,=↓(G)2。物候:-。花期:7-8 月。果期:参考晚于花期。海拔:500-2000 米。生境:草甸,盐碱滩,沟渠边等潮湿地段,住宅旁生于潮湿处。资源:具栽培园艺种类。全球 6 个大洲分布及种数(13-21;hort. 1)非洲:2;亚洲:11-17;大洋洲:2;欧洲:3-6;北美洲:2-5;南美洲:1-6。【中国种数:4】。

Cnidochloa <unassigned> 刺棘藓属 Rhachitheciaceae [B-125] 特征纪要:-。全球 1 个大洲分布及种数(-)。

Cnidoscolus Pohl 花棘麻属 Euphorbiaceae [MD-217] 特征纪要:习性:木本。花程式:K1(1000),C0,A6,=G2-3。其他特征参考科。全球 6 个大洲分布及种数(101-177)非洲:4; 亚洲:10; 大洋洲:3; 欧洲:81; 北美洲:81; 南美洲:157。【中国种数:4】。

Coaxana J. M. Coult. & Rose 紫美芹属 Apiaceae [MD-480] 特征纪要:习性:草本。花程式:K5,C5,A5,=↓G2。其他特征参考科。全球 2 个大洲分布及种数(2-6)北美洲:5; 南美洲:3。

Cobaea Cav. 电灯花属 Cobaeaceae [MD-476] 特征纪要(同科)。全球 6 个大洲分布及种数(17-33)非洲:2; 亚洲:3; 大洋洲:2; 欧洲:22; 北美洲:22; 南美洲:32。【中国种数:1】。

Cobaeaceae D. Don ex G. Don [MD-476] 电灯花科 特征纪要:习性:木本;落叶。花程式:(K)6,C4,A16,↓(G)-。果实:蒴果。种子:扁平,棕色。全球 1 个大洲分布及属种数(1/1 hort. 1;cult. 1)◆南美洲:1/11-12。

Cobana Ravenna 短丝鸢尾属 Iridaceae [MM-700] 特征纪要:习性:草本。花程式:(K)3,C3,A10,=↓(G)3。其他特征参考科。全球 2 个大洲分布及种数(1-8)北美洲:2; 南美洲:7。

Cobananthus Wiehler 星萼岩桐属 Gesneriaceae [MD-549] 特征纪要:习性:-。花程式:-。其他特征参考科。全球 1 个大洲分布及种数(1-2)◆北美洲。

Cobresia Pers. = **Kobresia**

Coccineorchis Schltr. 绶草属 Orchidaceae [MM-723] 特征纪要:习性:草本。花程式:(K)3,C3,A3,↓G-。其他特征参考科。全球 2 个大洲分布及种数(8-9)北美洲:8; 南美洲:8。

Coccinia Wight & Arn. 红瓜属 Cucurbitaceae [MD-205] 特征纪要:习性:木质攀援。花程式:-。物候:-。海拔:100-1100 米。生境:灌木林中溪旁阴处。资源:药用,具栽培园艺种类。全球 6 个大洲分布及种数(25-48;hort. 1)非洲:23-43;亚洲:3-5;大洋洲:1-2;欧洲:1-3;北美洲:3-5;南美洲:1。【中国种数:2】。

Coccochondra Rauschert 脆果茜属 Rubiaceae [MD-523] 特征纪要:习性:木本。花程式:-。其他特征参考科。全球 6 个大洲分布及种数(5-10)非洲:2; 亚洲:4; 大洋洲:3; 欧洲:3; 北美洲:3; 南美洲:7。

Coccocipsilum P. Br. = **Coccocypselum**

Coccocypselum P. Br. 蜂巢茜属 Rubiaceae [MD-523] 特征纪要:习性:木本。花程式:(K)4-5,(C)4-5,A4-5,=↓G2-9。物候:-。海拔:-。生境:-。资源:具栽培园艺种类。全球 6 个大洲分布及种数(20-149)非洲:8; 亚洲:18; 大洋洲:2; 欧洲:52; 北美洲:52; 南美洲:131。

Coccoloba P. Br. 海葡萄属 Polygonaceae [MD-120] 特征纪要:习性:草本。花程式:K2-3,C0,A2,=G2-3。物候:-。海拔:20-5400 米。生境:山坡。资源:具栽培园艺种类。全球 6 个大洲分布及种数(148-236;hort. 1;cult. 9)非洲:4;亚洲:134-214;大洋洲:3-7;欧洲:1-7;北美洲:95-158;南美洲:95-127。【中国种数:5】。

Coccolobis P. Br. = **Coccoloba**

Cocconerion Baill. 柳轮桐属 Euphorbiaceae [MD-217] 特征纪要:习性:木本。花程式:K1(1000),C0,A6,=(G)2-3。其他特征参考科。全球 1 个大洲分布及种数(2)◆大洋洲(◆美拉尼西亚)。

Coccopeziza <unassigned> 银疣苔属 Aytoniaceae [B-9] 特征纪要:-。全球 1 个大洲分布及种数(1)◆欧洲:1。

Coccosperma Klotzsch 杜鹃花科属 Ericaceae [MD-380] 特征纪要:习性:-。花程式:-。其他特征参考科。全球 1 个大洲分布及种数(-)。

Coccothrinax Sarg. 银棕属 Arecaceae [MM-717] 特征纪要:习性:木本。花程式:-。其他特征参考科。全球 5 个大洲分布及种数(68-123)亚洲:14; 大洋洲:2; 欧洲:88; 北美洲:88; 南美洲:27。【中国种数:2】。

Cocculus DC. 木防己属 Menispermaceae [MD-42] 特征纪要:习性:草质攀援。花程式:K6,C3,A2,=G1-3。物候:-。花期:春夏。果期:参考晚于花期。海拔:1200 米。生境:疏林中和灌丛中。资源:药用,具栽培园艺种类。全球 6 个大洲分布及种数(27-47;hort. 1;cult. 1)非洲:7-16;亚洲:18-31;大洋洲:6-14;欧洲:1-9;北美洲:5-13;南美洲:4-13。【中国种数:4】。

Coccyganthe Rchb. = **Lychnis**

Cochemiea (K. Brandegee) Walton 云峰球属 Cactaceae [MD-100] 特征纪要:习性:木本。花程式:K1-∞,C1-∞,A3-100,=↓G-。其他特征参考科。全球 2 个大洲分布及种数(42-43)北美洲:42; 南美洲:1。

Cochinchinochloa H. N. Nguyen & V. T. Tran 禾本科属 Poaceae [MM-748] 特征纪要:习性:草本。花程式:-。其

他特征参考科。全球 1 个大洲分布及种数(1)◆亚洲:1。

Cochleanthes Raf. 扇贝兰属 Orchidaceae［MM－723］特征纪要:习性:草本。花程式:(K)3,C3,A3, = ↓ G3。其他特征参考科。全球 5 个大洲分布及种数(4－36)非洲:3; 亚洲:5; 大洋洲:2; 北美洲:13; 南美洲:32。

Cochlearia L. 岩荠属 Brassicaceae［MD－213］特征纪要:习性:草本(根状茎,基生,多肉)。花程式:Kn,C2－3 参考科,A3 参考科,G2。物候:－。花期:3 月。果期:参考晚于花期。海拔:30－6200 米。生境:半固定沙地前平地,作为蔬菜栽培。资源:具栽培园艺种类。全球 6 个大洲分布及种数(17－147)非洲:12; 亚洲:81; 大洋洲:9; 欧洲:16; 北美洲:16; 南美洲:8。【中国种数:4】。

Cochleariella Y. H. Zhang & Vogt = **Yinshania**

Cochlianthus Benth. 旋花豆属 Fabaceae3［MD－240］特征纪要:习性:木质攀援。花程式:－。物候:－。花期:9 月。果期:参考晚于花期。海拔:1400－1800 米。生境:高山路旁灌丛中,山地疏林中。资源:－。全球 1 个大洲分布及种数(cf. 1)◆亚洲。【中国种数:2】。

Cochliasanthus Trew 豆科属 Fabaceae3［MD－240］特征纪要:习性:－。花程式:－。其他特征参考科。全球 4 个大洲分布及种数(1)亚洲:1; 欧洲:1; 北美洲:1; 南美洲:1。

Cochlidiosperma (Rich.) Rich. = **Veronica**

Cochlidium Kaulf. 螺叶蕨属 Polypodiaceae［F－60］特征纪要:习性:－。【Rep】:孢子同形,囊群生叶背无盖。其他特征参考科。全球 6 个大洲分布及种数(17－18)非洲:2－3;亚洲:1－2;大洋洲:1;欧洲:1;北美洲:8－10;南美洲:13－14。

Cochlioda Lindl. 蜗牛兰属 Orchidaceae［MM－723］特征纪要:－。全球 3 个大洲分布及种数(22)亚洲:1; 北美洲:1; 南美洲:22。

Cochliopetalum Beer = **Pitcairnia**

Cochliostema Lem. 鹤蕊花属 Commelinaceae［MM－708］特征纪要:习性:草本。花程式:(K)3,C3,A2－3, = G3。其他特征参考科。全球 2 个大洲分布及种数(2－6)北美洲:5; 南美洲:6。

Cochlospermaceae Planch.［MD－156］弯子木科 特征纪要:习性:木本;落叶。花程式:K4－5(－),C5,A15, ↑ G3－5。全球 3 个大洲分布及属种数(2/6 < IFR 1/3 > hort. 1) 非洲:IFR 1/2; 大洋洲:IFR 1/2; 北美洲:2/15。

Cochlospermum Kunth 弯子木属 Cochlospermaceae［MD－156］特征纪要(同科)。全球 5 个大洲分布及种数(21－23;hort. 1)非洲:8－9;亚洲:4;大洋洲:7;北美洲:8;南美洲:9。【中国种数:3】。

Cocleorchis Szlach. 玉箫兰属 Orchidaceae［MM－723］特征纪要:习性:－。花程式:－。其他特征参考科。全球 1 个大洲分布及种数(cf. 1)◆北美洲。

Cocoloba Raf. = **Coccoloba**

Cocops O. F. Cook = **Calyptronoma**

Cocos L. 椰子属 Arecaceae［MM－717］特征纪要:习性:木本。花程式:－。物候:－。花期:10 月。果期:参考晚于花期。海拔:1000 米。生境:种植在低海拔地区。资源:药用,园林,具栽培园艺种类。全球 6 个大洲分布及种数(17－31)非洲:1－8;亚洲:1－9;大洋洲:1－8;欧洲:1－8;北美洲:1－8;南美洲:16－29。【中国种数:1】。

Codariocalyx Hassk. 摇摆草属 Fabaceae3［MD－240］特征纪要:习性:木本。花程式:Kn,C2－3 参考科,A5, = ↓ G1。物候:－。花期:7－9 月。果期:参考晚于花期。海拔:100－1500 米。生境:生于平原,河边草地及山坡疏林中,生于丘陵山坡或山沟灌丛中。资源:药用。全球 6 个大洲分布及种数(2－7)非洲:2; 亚洲:6; 大洋洲:4; 欧洲:3; 北美洲:3; 南美洲:3。【中国种数:2】。

Codazzia H. Karst. & Triana = **Delostoma**

Coddia Verdc. 栀子属 Rubiaceae［MD－523］特征纪要:习性:木本。花程式:(K－),(C)4,A4－5, ↓ G。其他特征参考科。全球 1 个大洲分布及种数(1)◆非洲。

Codia J. R. Forst. & G. Forst. 岛枫梅属 Cunoniaceae［MD－255］特征纪要:习性:木本。花程式:K4－5,C4－5,A4－5, = ↓ G2－3。其他特征参考科。全球 3 个大洲分布及种数(16－29)亚洲:3; 大洋洲:27; 南美洲:4。

Codiaeum Rumph. ex A. Juss. 变叶木属 Euphorbiaceae［MD－217］特征纪要:习性:木本。花程式:－。物候:－。花期:9－10 月。果期:参考晚于花期。海拔:20－5000 米。生境:－。栽培:－。资源:园林,具栽培园艺种类。全球 6 个大洲分布及种数(7－22;hort. 1;cult. 1)非洲:1－7;亚洲:4－15;大洋洲:3－10;欧洲:1;北美洲:1－3;南美洲:1。【中国种数:1】。

Codiocarpus R. A. Howard 光丝木属 Stemonuraceae［MD－440］特征纪要:习性:木本。花程式:K3－4,C3－4,A2, = G2－3。其他特征参考科。全球 1 个大洲分布及种数(cf. 1)◆亚洲。

Codon L. 刺钟花属 Boraginaceae［MD－517］特征纪要:习性:木本。花程式:－。其他特征参考科。全球 2 个大洲分布及种数(2－4)非洲:4; 亚洲:2。

Codonacanthus Nees 钟花草属 Acanthaceae［MD－572］特征纪要:习性:草本。海拔:100－1500 米。生境:潮湿地带,山谷。资源:药用。全球 2 个大洲分布及种数(2－7)亚洲:7; 北美洲:2。【中国种数:1】。

Codonaceae Weigend & Hilger［MD－518］紫花草科 特征纪要:习性:草本;落叶。花程式:K4－5(－),C5,A4,G－。全球 1 个大洲分布及属种数(1/1 hort. 1)◆非洲:1/ 2。

Codonanthe (Mart.) Hanst. 蚁巢岩桐属 Gesneriaceae［MD－549］特征纪要:习性:灌木。花程式:K5,C0,A4, = G2。物候:－。海拔:－。生境:－。资源:具园艺种类。全球 4 个大洲分布及种数(21－22)亚洲:1;大洋洲:1;北美洲:8;南美洲:17－18。

Codonanthopsis Mansf. 赤车岩桐属 Gesneriaceae［MD－549］特征纪要:习性:灌木。花程式:K5,C0,A4, = (G)2。其他特征参考科。全球 2 个大洲分布及种数(13－20)北美洲:7; 南美洲:17。

Codonechites Markgr. = **Odontadenia**

Codonemma Miers = **Tabernaemontana**

Codonoblepharon Schwägr 钟灵藓属 Orthotrichaceae［B-151］特征纪要:习性:-。【Rep】:常暗绿色或棕褐色,雌雄异株或同株,稀杂株,雌苞叶不分化,无明显鞘部,蒴柄长,黄色,孢蒴狭长卵形,口蒴,具明显纵褶及纵沟。其他特征参考科。全球6个大洲分布及种数(97)非洲:22;亚洲:22;大洋洲:10;欧洲:9;北美洲:23;南美洲:57。

Codonoblepharum Dozy & Molk. 变齿藓属 Orthotrichaceae［B-151］特征纪要:-。分布:-。

Codonoboea Ridl. 钟花苣苔属 Gesneriaceae［MD-549］特征纪要:习性:草本。花程式:Kn,C0,A2,↓(G)2。其他特征参考科。全球2个大洲分布及种数(136-140)非洲:6; 亚洲:129。【中国种数:2】。

Codonocarpus A. Cunn. ex Endl. 葵果木属 Gyrostemonaceae［MD-198］特征纪要:习性:草本。花程式:-。其他特征参考科。全球3个大洲分布及种数(3-7)大洋洲:7; 欧洲:3; 北美洲:3。

Codonochlamys Ulbr. = **Pavonia**

Codonopsis Wall. 党参属 Campanulaceae［MD-561］特征纪要:习性:草质攀援(基生,多肉)。花程式:-。物候:-。海拔:1000-1800米。生境:半阳处林丛下。栽培:来自广西龙州。资源:药用,具栽培园艺种类。全球6个大洲分布及种数(56-603)非洲:335; 亚洲:191; 大洋洲:73; 欧洲:34; 北美洲:34; 南美洲:40。【中国种数:38】。

C

Codonorchis Lindl. 钟瓣兰属 Orchidaceae［MM-723］特征纪要:习性:草本。花程式:(K)3,C3,A3,=↓(G)3。其他特征参考科。全球3个大洲分布及种数(2-7)亚洲:2; 北美洲:2; 南美洲:7。

Codonorhiza Goldblatt & J. C. Manning 鸢尾科属 Iridaceae［MM-700］特征纪要:习性:草本。花程式:-。其他特征参考科。全球1个大洲分布及种数(-)。

Codonosiphon Schltr. = **Bulbophyllum**

Codoriocalyx Hassk. 舞草属 Fabaceae3［MD-240］特征纪要:习性:-。花程式:-。物候:-。花期:9-10月。果期:参考晚于花期。海拔:100-1500米。生境:平原,草原,河岸,林木山坡,灌丛。资源:-。全球1个大洲分布及种数(3-5)◆亚洲。

Codriophorus P. Beauv. 无尖藓属 Grimmiaceae［B-115］特征纪要:习性:-。物候:-。海拔:-。生境:草甸岩面土生,岩面土生。资源:-。全球6个大洲分布及种数(20)非洲:3; 亚洲:10; 大洋洲:4; 欧洲:8; 北美洲:8; 南美洲:3。【中国种数:2】。

Coelachne R. Br. 小丽草属 Poaceae［MM-748］特征纪要:习性:草本。花程式:(K-),C0参考科,A5,=G2-3。物候:-。花期:9-12月。果期:参考晚于花期。海拔:10-5600米。生境:谷中或溪旁草丛中,沼泽地。资源:具园艺种类。全球4个大洲分布及种数(9-14)非洲:6-8;亚洲:6-9;大洋洲:3;南美洲:1。【中国种数:4】。

Coelanthum E. Mey. ex Fenzl 繁缕粟草属 Molluginaceae［MD-99］特征纪要:习性:草本。花程式:K2-5,C2-5,A5,=↓G1-2。其他特征参考科。全球6个大洲分布及种数(3-29)非洲:23; 亚洲:12; 大洋洲:3; 欧洲:11; 北美洲:11; 南美洲:21。

Coelarthron Hook. f. = **Microstegium**

Coelia Lindl. 凸粉兰属 Orchidaceae［MM-723］特征纪要:习性:草本。花程式:(K)3,C3,A3,=↓G3)。其他特征参考科。全球4个大洲分布及种数(5-16)亚洲:5; 欧洲:6; 北美洲:6; 南美洲:5。

Coelidium Reichardt 天盛藓属 Meteoriaceae［B-188］特征纪要:习性:-。【Rep】:雌苞着生茎或枝上,蒴柄平滑或粗糙,孢蒴椭圆形或椭圆状圆柱形,蒴齿内外齿层等长,或内齿层稍短,基膜高出,蒴柄细长,孢蒴卵圆形。其他特征参考科。全球1个大洲分布及种数(1)◆南美洲:1。

Coelina Nor. = **Elaeocarpus**

Coeliopsis Rchb. f. 拟粉兰属 Orchidaceae［MM-723］特征纪要:习性:草本。花程式:(K)3,C3,A3,=↓(G)3。其他特征参考科。全球2个大洲分布及种数(2)北美洲:1;南美洲:1。

Coelocarpum Balf. f. 凹果马鞭草属 Verbenaceae［MD-556］特征纪要:习性:木本。花程式:-。其他特征参考科。全球2个大洲分布及种数(5-9)非洲:4-6;亚洲:cf. 1。

Coelocaryon Warb. 止血楠属 Myristicaceae［MD-15］特征纪要:习性:木本。花程式:K2-3,C0,A5,=G1。其他特征参考科。全球1个大洲分布及种数(1-5)◆非洲。

Coeloclonium <unassigned> 天花荷属 Rhodoleiaceae［MD-64］特征纪要:-。全球1个大洲分布及种数(4)大洋洲:4。

Coeloglossorchis Guétrot 兰科属 Orchidaceae［MM-723］特征纪要:习性:-。花程式:-。其他特征参考科。分布:-。

Coelogyne Lindl. 贝母兰属 Orchidaceae［MM-723］特征纪要:习性:草本。花程式:Kn,C2-3参考科,A3参考科,=↓G3。物候:-。花期:1月。果期:参考晚于花期。海拔:1100-2000米。生境:灌木枝上,中湿林。资源:药用,具栽培园艺种类。全球6个大洲分布及种数(72-236;hort. 1;cult. 4)非洲:3-12;亚洲:71-207;大洋洲:6-24;欧洲:2-7;北美洲:5-14;南美洲:5-11。【中国种数:43】。

Coelonema Maxim. 穴丝荠属 Brassicaceae［MD-213］特征纪要:草本。花程式:Kn,C,A6-8对,G,房位(-)。果实:角果。种子:棕色。全球1个大洲分布及种数(2)◆亚洲:1-2。

Coeloneurum Radlk. 凹脉茄属 Solanaceae［MD-503］特征纪要:习性:木本。花程式:-。其他特征参考科。全球2个大洲分布及种数(1-4)亚洲:4; 北美洲:4。

Coelopyrena Valeton 穴茜草属 Rubiaceae［MD-523］特征纪要:习性:木本。花程式:(K)4-5,(C)4-5,A4-5,=↓(G)2-9。其他特征参考科。全球1个大洲分布及种数(cf. 1)◆东南亚(◆印度尼西亚)。

Coelorachis Endl. 空轴茅属 Poaceae［MM-748］特征纪要:习性:-。花程式:-。物候:-。海拔:1300米。生

境:路旁草丛中,疏林下或灌草丛中。资源:-。全球 6 个大洲分布及种数(7-8)非洲:2-7;亚洲:2-7;大洋洲:5;欧洲:5;北美洲:1-6;南美洲:2-7。

Coelospermum Bl. 杯果茜属 Rubiaceae [MD-523] 特征纪要:习性:木质攀援。花程式:-。物候:-。花期:4-5 月。果期:参考晚于花期。海拔:290 米。生境:疏林下或灌丛中。栽培:来自广西龙州。资源:具栽培园艺种类。全球 6 个大洲分布及种数(13-31)非洲:7; 亚洲:18; 大洋洲:27; 欧洲:4; 北美洲:4; 南美洲:4。【中国种数:4】。

Coelostegia Benth. 杯榴梿属 Malvaceae [MD-203] 特征纪要:习性:木本。花程式:K5,C5,A10,=(G)2-5。其他特征参考科。全球 1 个大洲分布及种数(cf. 1)◆亚洲。

Coenoemersa R. González & Lizb. Hern. 凹瓣兰属 Orchidaceae [MM-723] 特征纪要:习性:-。花程式:-。其他特征参考科。全球 2 个大洲分布及种数(3)北美洲:3; 南美洲:1。

Coenogonium <unassigned> 凹苋属 Amaranthaceae [MD-116] 特征纪要和分布(-)。

Coenopteris Leman = **Asplenium**

Coespeletia Cuatrec. 凹菊属 Asteraceae [MD-586] 特征纪要:习性:-。花程式:-。其他特征参考科。全球 2 个大洲分布及种数(13)大洋洲:1; 南美洲:13。

Coffea L. 咖啡属 Rubiaceae [MD-523] 特征纪要:习性:木本。花程式:-。物候:-。花期:3-7 月。果期:参考晚于花期。海拔:200-700 米。生境:热带地区,热带季雨林河边杂木中。资源:咖啡原料植物之一,具栽培园艺种类。全球 6 个大洲分布及种数(80-157;hort. 1;cult. 8)非洲:67-126;亚洲:17-27;大洋洲:5-11;欧洲:4-8;北美洲:9-15;南美洲:13-19。【中国种数:9】。

Cogniauxia Baill. 科葫芦属 Cucurbitaceae [MD-205] 特征纪要:习性:木本。花程式:K3-5,C3-5,A3-5,=↓G1-2。其他特征参考科。全球 1 个大洲分布及种数(1-2)◆非洲。

Cogswellia Spreng. ex Juss. 春欧芹属 Apiaceae [MD-480] 特征纪要:习性:-。花程式:-。其他特征参考科。全球 2 个大洲分布及种数(71)北美洲:3; 南美洲:1。

Cohniella Rchb. f. 星芸兰属 Orchidaceae [MM-723] 特征纪要:习性:-。花程式:-。其他特征参考科。全球 6 个大洲分布及种数(1-38)非洲:6; 亚洲:4; 大洋洲:2; 欧洲:6; 北美洲:6; 南美洲:23。

Coilochilus Schltr. 空唇兰属 Orchidaceae [MM-723] 特征纪要:习性:草本。花程式:(K)3,C3,A3,=↓(G)3。其他特征参考科。全球 2 个大洲分布及种数(1-4)亚洲:2; 大洋洲:3。

Coilostigma Klotzsch 杜鹃花科属 Ericaceae [MD-380] 特征纪要:习性:-。花程式:-。其他特征参考科。全球 1 个大洲分布及种数(-)。

Coilostylis Raf. = **Epidendrum**

Coilotapalus P. Br. = **Cecropia**

Coincya Rouy 星芸薹属 Brassicaceae [MD-213] 特征纪要:习性:草本。花程式:K2-4,C2-4,A2-4,=G2。其他特征参考科。全球 5 个大洲分布及种数(15-35)非洲:7; 亚洲:6; 欧洲:10; 北美洲:10; 南美洲:2。

Coix L. 薏苡属 Poaceae [MM-748] 特征纪要:习性:草本(基生,水生)。花程式:(K-),C0 参考科,A10,=G2-3。物候:-。花期:参考早于果期。果期:8-11 月。海拔:500-1800 米。生境:潮湿山谷森林。资源:药用,具栽培园艺种类。全球 6 个大洲分布及种数(6-53)非洲:20; 亚洲:26; 大洋洲:17; 欧洲:19; 北美洲:19; 南美洲:7。【中国种数:2】。

Cojoba Britton & Rose 鸡髯豆属 Fabaceae2 [MD-240] 特征纪要:习性:木本。花程式:K3-5-∞,C3-5-∞,A1-10-50,=↓G1。其他特征参考科。全球 2 个大洲分布及种数(21-26;hort. 1)北美洲:16-18;南美洲:14。

Cola Schott & Endl. 可乐果属 Malvaceae [MD-203] 特征纪要:习性:木本。花程式:K3-5-∞,C3-5-∞,A10-8,=G1-5。物候:-。海拔:-。生境:-。资源:药用,具栽培园艺种类。全球 6 个大洲分布及种数(43-148)非洲:42-152;亚洲:7-22;大洋洲:3-15;欧洲:1-14;北美洲:5-21;南美洲:5-17。【中国种数:9】。

Colacodasya <unassigned> 番杏科属 Aizoaceae [MD-94] 特征纪要:-。全球 2 个大洲分布及种数(3)北美洲:1; 南美洲:1。

Colania Gagnep. = **Aspidistra**

Colanthelia McClure & E. W. Sm. 短序竹属 Poaceae [MM-748] 特征纪要:习性:草本。花程式:(K)3,C0 参考科,A1-2,=(G)2-3。其他特征参考科。全球 2 个大洲分布及种数(11-13)亚洲:2; 南美洲:13。

Colchicaceae DC. [MM-623] 秋水仙科 特征纪要:习性:木本;落叶。花程式:(K)6,C3,A6,↑G-。果实:蒴果。全球 6 个大洲分布及属种数(14/161-329<IFR 4/17>hort. 1;cult. 2) 非洲:13/113-158(IFR 3/8); 亚洲:5/53-92(IFR 1/5); 大洋洲:6/20-41(IFR 2/4); 欧洲:5/50-71(IFR 1/5); 北美洲:5/23-28; 南美洲:3/5。【中国属种数:8/28】。

Colchicum L. 秋水仙属 Colchicaceae [MM-623] 特征纪要:习性:草本。资源:具栽培园艺种类。全球 6 个大洲分布及种数(61-170;hort. 1;cult. 7)非洲:27-49;亚洲:41-81;大洋洲:2;欧洲:35-57;北美洲:12-18;南美洲:1。【中国种数:8】。

Coldenia L. 双柱紫草属 Boraginaceae [MD-517] 特征纪要:习性:草本,亚灌木。花程式:-。物候:-。花期:4 月。果期:参考晚于花期。海拔:5700 米。生境:沙地,海滩,干燥的耕地,水田中平地。资源:具栽培园艺种类。全球 6 个大洲分布及种数(8-13)非洲:1-12;亚洲:1-12;大洋洲:1-12;欧洲:11;北美洲:3-15;南美洲:4-16。【中国种数:1】。

Colea Bojer ex Meisn. 鞘葳属 Bignoniaceae [MD-541] 特征纪要:习性:木本。花程式:K5,C0,A5,=G2。资源:具园艺种类。全球 4 个大洲分布及种数(32-80)非洲:68; 亚洲:4; 大洋洲:2; 南美洲:4。

Coleactina N. Hallé = **Leptactina**

Coleanthera Stschegl. 锥药石南属 Ericaceae［MD－380］特征纪要:习性:－。花程式:－。其他特征参考科。全球2个大洲分布及种数(9)大洋洲:8；南美洲:2。

Coleanthus Seidl 莎禾属 Poaceae［MM－748］特征纪要:习性:草本。花程式:－。物候:－。花期:春夏。果期:参考晚于花期。海拔:10－5600米。生境:河岸,湖泊边及沼泽等水湿地。资源:具园艺种类。全球3个大洲分布及种数(2)亚洲:cf. 1;欧洲:1;北美洲:1。【中国种数:1】。

Coleataenia Griseb. 鞘毛草属 Poaceae［MM－748］特征纪要:习性:草本。花程式:(K)3,C0参考科,A1－2,＝(G)2－3。其他特征参考科。全球6个大洲分布及种数(11)非洲:1;亚洲:5－6;大洋洲:1;欧洲:1;北美洲:9－10;南美洲:4－5。【中国种数:1】。

Colebrookea Sm. 羽萼木属 Lamiaceae［MD－575］特征纪要:习性:草本,少灌木。花程式:－。物候:－。花期:1－3月。果期:参考晚于花期。海拔:200－2200米。生境:季雨林,稀树乔木林或灌丛中。资源:药用,具栽培园艺种类。全球6个大洲分布及种数(1－71)非洲:15；亚洲:56；大洋洲:17；欧洲:3；北美洲:3；南美洲:7。【中国种数:1】。

C

Colensoa Hook. f. = **Lobelia**

Coleocarya S. T. Blake 鞘果灯草属 Restionaceae［MM－744］特征纪要:习性:草本。花程式:(K)3,C3,A1－2,＝(G)1－3。其他特征参考科。全球1个大洲分布及种数(1)◆大洋洲。

Coleocephalocereus Backeb. 银龙柱属 Cactaceae［MD－100］特征纪要:习性:木本。花程式:K1－∞,C1－∞,A3－100,＝↓G3－100－。其他特征参考科。全球5个大洲分布及种数(10－34)非洲:3；亚洲:6；欧洲:4；北美洲:4；南美洲:27。

Coleochaetium (Besch.) Renauld & Cardot 危地木灵藓属 Orthotrichaceae［B－151］特征纪要:习性:－。【Rep】:常暗绿色或棕褐色,雌雄异株或同株,稀杂株,雌苞叶不分化,无明显鞘部,蒴柄长,黄色,孢蒴狭长卵形,口蒴,具明显纵褶及纵沟。其他特征参考科。全球1个大洲分布及种数(1)◆非洲。

Coleochloa Gilly 残鞘茅属 Cyperaceae［MM－747］特征纪要:习性:草本。花程式:－。其他特征参考科。全球5个大洲分布及种数(9－24)非洲:17；亚洲:2；欧洲:2；北美洲:2；南美洲:5。

Coleocoma F. Müll. 宽苞菊属 Asteraceae［MD－586］特征纪要:习性:草本。花程式:(K)3－5,C3－5,A3－5,＝↓(G)2。其他特征参考科。全球1个大洲分布及种数(1)◆大洋洲(◆澳大利亚)。

Coleogyne Torr. 黑刷树属 Rosaceae［MD－246］特征纪要:习性:木本。花程式:K1(10－100),C1－10－100,A1－10－100,＝↓G(－)。其他特征参考科。全球1个大洲分布及种数(1)◆北美洲(◆美国)。

Coleonema Bartl. & H. L. Wendl. 石南芸木属 Rutaceae［MD－399］特征纪要:习性:木本。花程式:K5,C5,A4,＝G1－3。全球5个大洲分布及种数(8－30)非洲:30；大洋洲:5；欧洲:9；北美洲:9；南美洲:6。

Coleophora Miers = **Daphnopsis**

Coleostachys A. Juss. 鞘穗花属 Malpighiaceae［MD－343］特征纪要:习性:木本。花程式:K5,C5,A10,＝G2－3。其他特征参考科。全球1个大洲分布及种数(－)。

Coleostephus Cass. 鞘冠菊属 Asteraceae［MD－586］特征纪要:习性:草本(基生)。花程式:(K)3－5,C3－5,A3参考科,＝↓G2。物候:－。海拔:6000米。生境:阿尔泰山地针叶林带山沟,柞林下路旁。资源:具栽培园艺种类。全球5个大洲分布及种数(4;hort. 1)非洲:3;亚洲:cf. 1;欧洲:2;北美洲:1;南美洲:1。【中国种数:1】。

Coleotrype C. B. Clarke 瓣鞘花属 Commelinaceae［MM－708］特征纪要:习性:草本。花程式:(K)3,C3,A2－3,＝(G)3。其他特征参考科。全球1个大洲分布及种数(5－10)◆非洲。

Coletia Vell. = **Mayaca**

Coleus Lour. 鞘蕊花属 Lamiaceae［MD－575］特征纪要:习性:草本(多肉)。花程式:－。物候:－。花期:9月。果期:参考晚于花期。海拔:1000－2200米。生境:草丛或林中,栽培温室内。资源:具栽培园艺种类。全球6个大洲分布及种数(306－674)非洲:473；亚洲:221；大洋洲:114；欧洲:61；北美洲:61；南美洲:30。【中国种数:5】。

Colicodendron Mart. 南美白花菜属 Capparaceae［MD－178］特征纪要:习性:－。花程式:－。其他特征参考科。全球2个大洲分布及种数(11)北美洲:1；南美洲:4。

Colignonia Endl. 银茉莉属 Nyctaginaceae［MD－107］特征纪要:习性:木本。花程式:K1－5,C0,A5,＝G1。其他特征参考科。全球3个大洲分布及种数(8－19)大洋洲:2；北美洲:3；南美洲:18。

Colima (Ravenna) Aa. Rodr. & Ortiz－Catedral 北美鸢尾属 Iridaceae［MM－700］特征纪要:习性:－。花程式:－。其他特征参考科。全球1个大洲分布及种数(1)◆北美洲。

Colina Greene = **Mohria**

Collabium Bl. 吻兰属 Orchidaceae［MM－723］特征纪要:习性:草本(具根状茎)。花程式:Kn,C2－3参考科,A3参考科,＝↓G3。物候:－。花期:7－11月。果期:参考晚于花期。海拔:400－2400米。生境:山地山坡上或石壁上。资源:药用,具栽培园艺种类。全球6个大洲分布及种数(15－39)非洲:4；亚洲:34；大洋洲:5；欧洲:2；北美洲:2；南美洲:5。【中国种数:3】。

Colladoa Cav. = **Ischaemum**

Collaea DC. 黏乳豆属 Fabaceae3［MD－240］特征纪要:习性:－。花程式:－。其他特征参考科。全球2个大洲分布及种数(10－13)亚洲:cf. 1;南美洲:9－12。

Collandra Lem. = **Besleria**

Collania Schult. f. = **Gollania**

Collea Lindl. = **Pelexia**

Collemopsis <unassigned> 桐李属 Chrysobalanaceae［MD－243］特征纪要：－。全球3个大洲分布及种数(14)非洲：1；亚洲：1；欧洲：11。

Collenucia Chiov. = **Jatropha**

Colleteria David W. Taylor 黏雪木属 Rubiaceae［MD－523］特征纪要：习性：－。花程式：－。其他特征参考科。全球6个大洲分布及种数(3)非洲：1－4；亚洲：1－4；大洋洲：3；欧洲：3；北美洲：2－5；南美洲：3。

Colletia G. A. Scop. 锚刺棘属 Rhamnaceae［MD－331］特征纪要：习性：－。花程式：－。其他特征参考科。全球6个大洲分布及种数(5－209)非洲：13；亚洲：26；大洋洲：2；欧洲：11；北美洲：11；南美洲：202。

Colletoecema E. M. A. Petit 黏托木属 Rubiaceae［MD－523］特征纪要：习性：木本。花程式：(K)4－5，(C)4－5，A4－5，=↓(G)2－9。其他特征参考科。全球1个大洲分布及种数(1－3)◆非洲。

Colletogyne Buchet 斑岩芋属 Araceae［MM－639］特征纪要：习性：木本。花程式：－。其他特征参考科。全球1个大洲分布及种数(1)◆非洲(◆马达加斯加)。

Colliguaja Molina 杨柏属 Euphorbiaceae［MD－217］特征纪要：习性：木本。花程式：K1(1000)，C0，A6，=G2－3。其他特征参考科。全球2个大洲分布及种数(5－13)大洋洲：3；南美洲：13。

Collinsia Nutt. 锦龙花属 Scrophulariaceae［MD－536］特征纪要：习性：草本。花程式：K2－4，C0，A3参考科，=↓G2－3。其他特征参考科。全球6个大洲分布及种数(26－80)非洲：3；亚洲：8；大洋洲：1；欧洲：48；北美洲：48；南美洲：1。【中国种数：6】。

Collinsonia L. 马香草属 Lamiaceae［MD－575］特征纪要：习性：草本。花程式：K2，C0，A2，=↓G2。物候：－。海拔：5400米。生境：石林内荫处。资源：具园艺种类。全球4个大洲分布及种数(10－22)亚洲：14；欧洲：16；北美洲：16；南美洲：2。【中国种数：8】。

Collomia Nutt. 山号草属 Polemoniaceae［MD－481］特征纪要：习性：草本。花程式：K5，C0，A5，=↓G2－3。物候：－。海拔：－。生境：－。资源：具栽培园艺种类。全球6个大洲分布及种数(16－20)非洲：18；亚洲：5－23；大洋洲：3－21；欧洲：4－22；北美洲：15－34；南美洲：5－26。【中国种数：5】。

Collomiastrum (Brand) S. L. Welsh 山号草属 Polemoniaceae［MD－481］特征纪要：习性：－。花程式：－。其他特征参考科。全球1个大洲分布及种数(1)◆非洲。

Colobachne Beauv. = **Alopecurus**

Colobanthera Humbert 平托菊属 Asteraceae［MD－586］特征纪要：习性：草本。花程式：(K)3－5，C3－5，A3－5，=↓(G)2。其他特征参考科。全球1个大洲分布及种数(1)◆非洲(◆马达加斯加)。

Colobanthus Bartl. 南漆姑属 Caryophyllaceae［MD－77］特征纪要：习性：－。花程式：－。其他特征参考科。全球6个大洲分布及种数(10－29；hort. 1)非洲：2－4；亚洲：2；大洋洲：6－23；欧洲：1－3；北美洲：2；南美洲：6。

Colobocarpos Esser & Welzen 巴豆属 Euphorbiaceae［MD－217］特征纪要：习性：木本。花程式：Kn，C0，A6，↓G－参考科。其他特征参考科。全球1个大洲分布及种数(1)◆亚洲：1。

Colobodontium Herzog 巴西锦藓属 Sematophyllaceae［B－192］特征纪要：习性：－。【Rep】：雌雄同株或雌雄异株，稀雌雄杂株，蒴柄细长，下部平滑，上部具乳头突起，孢蒴小，垂倾或悬垂，长卵形或长圆，多暗色、绿色至金黄色。其他特征参考科。全球1个大洲分布及种数(1)◆南美洲。

Colobogynium Schott 落檐属 Araceae［MM－639］特征纪要：习性：－。花程式：－。其他特征参考科。全球1个大洲分布及种数(－)。

Colocasia Schott 马蹄莲属 Araceae［MM－639］特征纪要：习性：－。花程式：－。物候：－。花期：6－8月。果期：参考晚于花期。海拔：1000－1100米。生境：溪流。资源：淀粉，具栽培园艺种类。全球6个大洲分布及种数(8－19)非洲：10；亚洲：6－24；大洋洲：10；欧洲：10；北美洲：1－11；南美洲：1－12。【中国种数：5】。

Colocynthis Herm. ex Mill. 锦葫芦属 Cucurbitaceae［MD－205］特征纪要：习性：－。花程式：－。其他特征参考科。全球1个大洲分布及种数(cf. 1)◆南美洲。

Cologania Kunth 热美两型豆属 Fabaceae3［MD－240］特征纪要：习性：木本。花程式：K1－∞，C1－∞，A5－9，=↓G1。其他特征参考科。全球6个大洲分布及种数(15－16)非洲：1－5；亚洲：1－5；大洋洲：4；欧洲：4；北美洲：13－17；南美洲：5－9。

Cololejeunea (Spruce) Steph. 疣鳞苔属 Lejeuneaceae［B－84］特征纪要：习性：－。【Rep】：雌苞蒴萼倒梨形，脊多5个，具疣。物候：－。海拔：－。生境：叶附生。资源：－。全球6个大洲分布及种数(244－257)非洲：55－86；亚洲：122－155；大洋洲：64－95；欧洲：5－33；北美洲：26－55；南美洲：36－65。【中国种数：28】。

Cololobus H. Rob. 短瓣斑鸠菊属 Asteraceae［MD－586］特征纪要：习性：草本。花程式：(K)3－5，C3－5，A3－5，=↓(G)2。其他特征参考科。全球2个大洲分布及种数(5－8)亚洲：3；南美洲：8。

Colona Cav. 一担柴属 Tiliaceae［MD－185］特征纪要：习性：木本。花程式：－。物候：－。花期：6月。果期：参考晚于花期。海拔：200－800米。生境：二次山地森林，山谷路旁疏林中疏荫湿润。资源：具栽培园艺种类。全球5个大洲分布及种数(36－71)非洲：7；亚洲：59；大洋洲：7；北美洲：3；南美洲：10。【中国种数：8】。

Colonia P. & K. = **Colona**

Colonna J. St. －Hil. = **Colona**

Colpias E. Mey. ex Benth. 虎崖花属 Scrophulariaceae［MD－536］特征纪要：习性：灌木。花程式：K2－4，C0，A4，↓G2。其他特征参考科。全球3个大洲分布及种数(1－41)非洲：41；亚洲：25；南美洲：18。

Colpodium Trin. 拟沿沟草属 Poaceae［MM－748］特征纪要：习性：草本。花程式：－。物候：－。海拔：2500－4800米。生境：山坡。资源：具栽培园艺种类。全球6个大洲分布及种数(13－14)非洲：2－6；亚洲：10－14；大

C

洋洲:4;欧洲:4;北美洲:1-5;南美洲:4。

Colpogyne B. L. Burtt = **Streptocarpus**

Colpoon P. J. Bergius 扁枝沙针属 Santalaceae [MD-412] 特征纪要:习性:-。花程式:-。其他特征参考科。全球2个大洲分布及种数(5)非洲:4; 亚洲:2。

Colpothrinax Schaedtler 瓶棕属 Arecaceae [MM-717] 特征纪要:习性:木本。花程式:K3-10,C3-10,A3-10,=G3-10。其他特征参考科。全球1个大洲分布及种数(3)◆北美洲。

Colquhounia Wall. 火把花属 Lamiaceae [MD-575] 特征纪要:习性:草质攀援。花程式:(K-),(C)5 参考科,A3 参考科,↓G。物候:-。花期:参考早于果期。果期:11月至次年1月。海拔:1200-1700米。生境:次生草坡,灌木丛,很少有森林。资源:药用,具栽培园艺种类。全球3个大洲分布及种数(8-25)亚洲:23; 大洋洲:2; 北美洲:2。【中国种数:4】。

Colubrina Rich. ex Brongn. 蛇藤属 Rhamnaceae [MD-331] 特征纪要和分布(-)。全球6个大洲分布及种数(40-50;hort. 1;cult. 2)非洲:7-12;亚洲:33-41;大洋洲:1-7;欧洲:1-6;北美洲:29-37;南美洲:12-18。【中国种数:6】。

Columbea Salisb. 古陆杉属 Araucariaceae [G-10] 特征纪要:-。全球2个大洲分布及种数(10)北美洲:1; 南美洲:1。

Columbiadoria G. L. Nesom 溪黄花属 Asteraceae [MD-586] 特征纪要:习性:草本。花程式:(K)3-5,(C)3-5,A3-5,↓G。其他特征参考科。全球1个大洲分布及种数(1)◆北美洲(◆美国)。

Columella Lour. = **Cayratia**

Columellea Jacq. = **Athanasia**

Columellia Ruiz & Pav. 弯药树属 Columelliaceae [MD-482] 特征纪要(同科)。全球2个大洲分布及种数(6-17)亚洲:2; 南美洲:16。

Columelliaceae D. Don [MD-482] 弯药树科 特征纪要:习性:木本;落叶。花程式:K5,C0,A5,↑G3-5。果实:蒴果。全球1个大洲分布及属种数(3/15 <IFR 1/1>)◆南美洲:1/ 5-5。

Columnea Plum. ex L. 鲸鱼花属 Gesneriaceae [MD-549] 特征纪要:习性:灌木。花程式:-。其他特征参考科。全球6个大洲分布及种数(219-381)非洲:4; 亚洲:25; 大洋洲:5; 欧洲:171; 北美洲:171; 南美洲:352。【中国种数:1】。

Colura (Dum.) Dum. 管叶苔属 Lejeuneaceae [B-84] 特征纪要:习性:-。【Rep】:蒴萼倒圆锥形,具3-5脊,雄苞无柄,雄苞叶数对。物候:-。海拔:-。生境:山坡,针阔混交林中。资源:-。全球6个大洲分布及种数(35-42)非洲:13-15;亚洲:12-15;大洋洲:11-19;欧洲:2;北美洲:3-5;南美洲:6-8。【中国种数:4】。

Coluria R. Br. 无尾果属 Rosaceae [MD-246] 特征纪要:习性:木本。花程式:-。物候:-。花期:4-6月。果期:参考晚于花期。海拔:1200-2300米。生境:山沟草丛中,岩石缝内。资源:药用,具栽培园艺种类。全球4个大洲分布及种数(6-7;hort. 1;cult. 1)亚洲:4-5;欧洲:1;北美洲:1;南美洲:1。【中国种数:4】。

Colurolejeunea (Spruce) Schiffn. 管叶苔属 Lejeuneaceae [B-84] 特征纪要:习性:-。【Rep】:老时呈红褐色。生境:山坡,针阔混交林中。全球3个大洲分布及种数(7)非洲:3; 亚洲:2; 大洋洲:3。

Colutea L. 鱼鳔槐属 Fabaceae3 [MD-240] 特征纪要:习性:木质攀援。花程式:-。物候:-。花期:5-7月。果期:参考晚于花期。海拔:1800-3000米。生境:干旱河谷河漫滩坡麓,为装饰而种植。资源:具栽培园艺种类。全球6个大洲分布及种数(19-40;hort. 1;cult. 4)非洲:3-12;亚洲:13-31;大洋洲:2-9;欧洲:4-10;北美洲:3-10;南美洲:2-6。【中国种数:8】。

Colvillea Bojer ex Hook. 垂花楹属 Fabaceae3 [MD-240] 特征纪要:习性:木本。花程式:K3-5-∞,C3-5-∞,A3-5,=↓G1-2。其他特征参考科。全球6个大洲分布及种数(1-2)非洲:2; 亚洲:2; 大洋洲:1; 欧洲:2; 北美洲:2; 南美洲:2。

Colymbada Hill = **Centaurea**

Colyris Endl. = **Dischidia**

Colysis C. Presl 线蕨属 Polypodiaceae [F-60] 特征纪要:习性:-。【Rep】:孢子囊群线形,连续或有时中断,在每对侧脉之间有1条并与侧脉平行,而与主脉斜交,大多数种类不具隔丝,但褐叶线蕨和胄叶线蕨具有明显鳞片状隔丝。物候:-。海拔:100-2500米。生境:常绿阔叶林,棕竹林下。资源:-。全球6个大洲分布及种数(33-42)非洲:5;亚洲:32-38;大洋洲:5-10;欧洲:1-6;北美洲:5-10;南美洲:5。

Comaclinium Scheidw. & Planch. 山橙菊属 Asteraceae [MD-586] 特征纪要:习性:草本。花程式:(K)3-5,C3-5,A3-5,=↓(G)2。其他特征参考科。全球1个大洲分布及种数(1)◆北美洲。

Comandra Nutt. 柳檀草属 Santalaceae [MD-412] 特征纪要:习性:木本。花程式:K3-4,C0,A3-4,=↓G2-3。物候:-。海拔:-。生境:-。资源:具园艺种类。全球4个大洲分布及种数(4-24)非洲:2; 亚洲:4; 欧洲:11; 北美洲:11。【中国种数:1】。

Comanthera L. B. Sm. 独蕊谷精属 Eriocaulaceae [MM-726] 特征纪要:习性:草本。花程式:-。其他特征参考科。全球4个大洲分布及种数(40-69)非洲:3; 亚洲:4; 大洋洲:2; 南美洲:64。【中国种数:1】。

Comanthosphace S. Moore 绵穗苏属 Lamiaceae [MD-575] 特征纪要:习性:草本,少木本。花程式:(K-),C2-3 参考科,A3 参考科,=↓G2。物候:-。花期:8-9月。果期:参考晚于花期。海拔:1300-1600米。生境:森林。栽培:来自广西龙州。资源:药用,具栽培园艺种类。全球1个大洲分布及种数(4-7)◆亚洲。【中国种数:5】。

Comarella Rydb. = **Potentilla**

Comarostaphylis Zucc. 夏冬青属 Ericaceae［MD－380］特征纪要:习性:木本。花程式:(K)5－8,(C)5－8,A10,＝(G)2－4。其他特征参考科。全球4个大洲分布及种数(18－42)亚洲:4; 欧洲:22; 北美洲:22; 南美洲:6。【中国种数:2】。

Comarum L. 沼委陵菜属 Rosaceae［MD－246］特征纪要:习性:木本。花程式:－。物候:－。花期:5－8月。果期:参考晚于花期。海拔:3600－4000米。生境:山坡侧坡,沼泽。资源:羊食,具栽培园艺种类。全球3个大洲分布及种数(3－4)亚洲:2－3;欧洲:1;北美洲:2。【中国种数:1】。

Comastoma Toyok. 喉毛花属 Gentianaceae［MD－496］特征纪要:习性:草本(基生)。花程式:－。物候:－。花期:6－10月。果期:参考晚于花期。海拔:2100－5300米。生境:阴湿草坡,灌丛中。资源:药用。全球5个大洲分布及种数(21－45)非洲:3; 亚洲:39; 欧洲:4; 北美洲:4; 南美洲:6。【中国种数:13】。

Comatocroton H. Karst. ＝ **Croton**

Comatoglossum Karst. & Triana ＝ **Talisia**

Combera Sandwith 库默茄属 Solanaceae［MD－503］特征纪要:习性:草本。花程式:K3－4,C0,A3－4,＝(G)2。其他特征参考科。全球1个大洲分布及种数(2)◆南美洲。

Combretaceae R. Br.［MD－354］使君子科 特征纪要:习性:木本,藤本;落叶。花程式:↙(K)6,C4,A,↓(G)－。物候:－。花期: 2－3月。果实:瘦果。种子:纵折。海拔:1000－1280米。生境:－。栽培:来自广西龙州。资源:油脂,药用。栽培:中国有栽培。全球6个大洲分布及属种数(25－27/601－892 <IFR 2/21> hort. 1;cult. 6)非洲:15/296－483(IFR 2/9); 亚洲:8－9/191－235(IFR 2/7); 大洋洲:6/122－150(IFR 1/1); 欧洲:5/25－31; 北美洲:9/96－116; 南美洲:10/166－194(IFR 2/4)。【中国属种数:5/49】。

Combretocarpus Hook. f. 风车木属 Anisophylleaceae［MD－324］特征纪要:习性:木本。花程式:－。其他特征参考科。全球1个大洲分布及种数(1)◆亚洲。

Combretum Löfl. 风车子属 Combretaceae［MD－354］特征纪要:习性:木质攀援。花程式:Kn,C2－3参考科,A3参考科,↓G－。物候:－。花期:5－9月。果期:参考晚于花期。海拔:600－1600米。生境:－。栽培:－。资源:具栽培园艺种类。全球6个大洲分布及种数(165－349;hort. 1;cult. 2)非洲:114－269;亚洲:47－80;大洋洲:11－24;欧洲:13－27;北美洲:32－48;南美洲:52－71。【中国种数:26】。

Comelina Bunge ＝ **Commelina**

Comesperma Labill. 雅志属 Polygalaceae［MD－291］特征纪要:习性:木本。花程式:K3－8,C3－8,A8,＝G2－5。其他特征参考科。全球4个大洲分布及种数(39－100)非洲:2; 亚洲:2; 大洋洲:81; 南美洲:5。

Cometes L. 彗星花属 Caryophyllaceae［MD－77］特征纪要:草本。花程式:Kn,C0,A3参考科,G3参考科。其他特征参考科。全球6个大洲分布及种数(2－4)非洲:1－5;亚洲:1－4;大洋洲:2;欧洲:2;北美洲:2;南美洲:2。

Cometia Thou. ex Baill. ＝ **Drypetes**

Comiphyton Floret 裂瓣红树属 Rhizophoraceae［MD－329］特征纪要:习性:木本。花程式:－。其他特征参考科。全球1个大洲分布及种数(1)◆非洲。

Commarum Schrank ＝ **Comarum**

Commelina Plum. ex L. 鸭跖草属 Commelinaceae［MM－708］特征纪要:习性:草本。花程式:－。物候:－。花期:7－12月。果期:参考晚于花期。海拔:2300米。生境:潮湿地方。资源:药用,具栽培园艺种类。全球6个大洲分布及种数(97－263;hort. 1;cult. 13)非洲:49－189;亚洲:46－92;大洋洲:23－56;欧洲:9－35;北美洲:45－90;南美洲:39－77。【中国种数:33】。

Commelinaceae Mirb.［MM－708］鸭跖草科 特征纪要:习性:木本;落叶。花程式:K3,C5,A2,↑G－。物候:－。花期: 7－8月。果期: 9月。果实:蒴果。种子:－。海拔:1000－3000米。生境:草地,水田边,沼地。资源:药用。栽培:中国有栽培。全球6个大洲分布及属种数(48－51/553－967 <IFR 14/74> hort. 1;cult. 7) 非洲:18/180－371(IFR 8/49); 亚洲:17－18/212－265(IFR 4/12); 大洋洲:11/69－82(IFR 1/1); 欧洲:5/18－19; 北美洲:14－15/122－148(IFR 5/23); 南美洲:17/230－246(IFR 6/11)。【中国属种数:20/120】。

Commelinidium Stapf ＝ **Acroceras**

Commelinopis Pichon ＝ **Commelina**

Commersonia J. R. Forst. & G. Forst. 山麻树属 Sterculiaceae［MD－189］特征纪要:习性:木本。花程式:－。物候:－。花期:参考早于果期。果期:3－4月。海拔:100－400米。生境:山坡混交林,开阔山谷林,杂木林中。资源:纤维,具栽培园艺种类。全球6个大洲分布及种数(27－35;hort. 1)非洲:3－5;亚洲:1－3;大洋洲:24－30;欧洲:1－3;北美洲:1－3;南美洲:2。【中国种数:1】。

Commicarpus Standl. 黏腺果属 Nyctaginaceae［MD－107］特征纪要:习性:木本。花程式:Kn,C2－3参考科,A5,G－。物候:－。海拔:2300－3000米。生境:干热河谷,路旁石缝中。资源:经济植物,具栽培园艺种类。全球6个大洲分布及种数(33－37;hort. 1;cult. 1)非洲:23－24;亚洲:17;大洋洲:3;欧洲:1;北美洲:5;南美洲:2。【中国种数:4】。

Commidendrum Burch. ex DC. 胶菀木属 Asteraceae［MD－586］特征纪要:习性:草本。花程式:(K)3－5,(C)3－5,A3－5,＝↓G2。其他特征参考科。全球6个大洲分布及种数(4－5)非洲:1;亚洲:1－2;大洋洲:1;欧洲:1－2;北美洲:3－4;南美洲:2－3。

Commiphora Jacq. 没药树属 Burseraceae［MD－408］特征纪要:习性:木本。花程式:－。物候:－。花期:4－5月。果期:参考晚于花期。海拔:100－2400米。生境:次森林,自然山坡地。资源:具园艺种类。全球6个大洲分布及种数(188－364)非洲:312; 亚洲:36; 大洋洲:4; 欧洲:11; 北美洲:11; 南美洲:19。【中国种数:2】。

Commitheca Bremek. ＝ **Pauridiantha**

C

Comocladia P. Br. 冬青漆属 Anacardiaceae［MD－432］特征纪要：木本，落叶；花程式：K3－4，C3－4，A5－10，=↑G：1－3，房位（－）。种子：种皮膜质，纵折。全球 1 个大洲分布及种数（11－28）◆北美洲。

Comolia DC. 腺海棠属 Melastomataceae［MD－364］特征纪要和分布（－）。全球 1 个大洲分布及种数（27－32）◆南美洲。【中国种数：1】。

Comoliopsis Wurdack 类腺海棠属 Melastomataceae［MD－364］特征纪要：习性：木本。花程式：K4－5，C4－5，A4－5，=↓（G）3－4。其他特征参考科。全球 1 个大洲分布及种数（1）◆南美洲。

Comomyrsine Hook. f. ＝ **Cybianthus**

Comopyrum（Jaub. & Spach）á. Löve ＝ **Aegilops**

Comoranthus Knobl. 河樟榄属 Oleaceae［MD－498］特征纪要：习性：木本。花程式：K2－4，C0，A2－4，=（G）2。其他特征参考科。全球 2 个大洲分布及种数（2－5）非洲：4；亚洲：2。

Comosperma Poir. ＝ **Comesperma**

Comospermum Rauschert 圆果吊兰属 Asparagaceae［MM－669］特征纪要：习性：草本（基生）。花程式：（K）3，C3，A3 参考科，G3－ 参考科。其他特征参考科。全球 1 个大洲分布及种数（1）◆亚洲。【中国种数：1】。

Comostemum Nees ＝ **Androtrichum**

Comparettia Pöpp. & Endl. 凹唇兰属 Orchidaceae［MM－723］特征纪要：习性：草本。花程式：（K）3，C3，A3，=↓G3。其他特征参考科。全球 3 个大洲分布及种数（80－104）大洋洲：1；北美洲：11；南美洲：102。

Complanato－hypnum Hampe ＝ **Stereophyllum**

Compositae Giseke ＝ Asteliaceae

Compsoa D. Don ＝ **Tricyrtis**

Compsoaceae Horan. ＝ Hypoxidaceae

Compsoneura（DC.）Warb. 丽脉楠属 Myristicaceae［MD－15］特征纪要：习性：木本。花程式：K2－3，C0，A5，=G1。特征参考科。全球 5 个大洲分布及种数（18－33）亚洲：5；大洋洲：2；欧洲：10；北美洲：10；南美洲：29。

Compsopogon <unassigned> 圭亚那草属 Poaceae［MM－748］特征纪要：－。全球 5 个大洲分布及种数（11）亚洲：7；大洋洲：1；欧洲：2；北美洲：3；南美洲：11。

Comptonanthus B. Nord. ＝ **Ifloga**

Comptonella Baker f. 肖长苞杨梅属 Rutaceae［MD－399］特征纪要：习性：木本。花程式：K∞，C∞，A4，=G1－3。特征参考科。全球 4 个大洲分布及种数（10－15）亚洲：3；大洋洲：15；北美洲：2；南美洲：2。【中国种数：1】。

Comptonia L'Hér. 杨梅木属 Myricaceae［MD－82］特征纪要：习性：木本。花程式：K2－4，C0，A2－4，↓G－参考科。其他特征参考科。全球 6 个大洲分布及种数（1－32）非洲：6；亚洲：11；大洋洲：1；欧洲：8；北美洲：8；南美洲：8。【中国种数：1】。

Conamomum Ridl. 豆蔻属 Zingiberaceae［MM－737］特征纪要：习性：草本。花程式：（K－），C2－3 参考科，A3 参考科，↓G。物候：－。海拔：80－3800 米。生境：湿沟边，竹木林中。资源：－。全球 1 个大洲分布及种数（2－10）◆亚洲：2－5。

Conandrium（K. Schum.）Mez 合药金牛属 Primulaceae［MD－401］特征纪要：习性：草本。花程式：－。其他特征参考科。全球 3 个大洲分布及种数（2－14）非洲：11；亚洲：5；大洋洲：6。

Conandron Siebold & Zucc. 苦苣苔属 Gesneriaceae［MD－549］特征纪要：习性：草本（根状茎，基生）。花程式：（K－），C2－3 参考科，A5，↓G－。物候：－。花期：6－7 月。果期：参考晚于花期。海拔：600－1300 米。生境：生于山谷溪边石上，山坡林中石壁上阴湿处，原野自生。资源：药用，具栽培园艺种类。全球 1 个大洲分布及种数（cf. 1）◆亚洲。【中国种数：1】。

Conanthera Ruiz & Pav. 野鹳莲属 Tecophilaeaceae［MM－686］特征纪要：习性：草本。花程式：－。其他特征参考科。全球 5 个大洲分布及种数（5－26）非洲：2；亚洲：2；大洋洲：3；北美洲：3；南美洲：23。

Conanthes Raf. ＝ **Pitcairnia**

Conanthus（A. DC.）S. Watson ＝ **Nama**

Conardia H. Rob. 列胞藓属 Amblystegiaceae［B－178］特征纪要：习性：－。【Rep】：雌雄同株，绿色、黄色或棕色。物候：－。海拔：－。生境：常见于腐木生，沼泽土生。资源：－。全球 4 个大洲分布及种数（1）非洲：1；亚洲：1；欧洲：1；北美洲：1。【中国种数：1】。

Conceveiba Aubl. 河桐属 Euphorbiaceae［MD－217］特征纪要：习性：木本。花程式：K1（1000），C0，A6，=（G）2－3。其他特征参考科。全球 4 个大洲分布及种数（15－42）非洲：5；亚洲：5；北美洲：8；南美洲：38。【中国种数：1】。

Conchidium Griff. 蛤兰属 Orchidaceae［MM－723］特征纪要：习性：－。花程式：－。物候：－。花期：6 月。果期：参考晚于花期。海拔：1800－2800 米。生境：附生植物，岩石上。资源：－。全球 5 个大洲分布及种数（17）非洲：3；亚洲：15；大洋洲：6；北美洲：2；南美洲：4。

Conchocarpus J. C. Mikan 袖笛香属 Rutaceae［MD－399］特征纪要：习性：木本。花程式：Kn，C4－5，A4，=G1－3。其他特征参考科。全球 2 个大洲分布及种数（48）北美洲：4；南美洲：48。

Conchopetalum Radlk. 壳瓣花属 Sapindaceae［MD－428］特征纪要：习性：木本。花程式：K4－8，C4－8，A10，=（G）2－3。其他特征参考科。全球 2 个大洲分布及种数（2－3）非洲：3；亚洲：2。【中国种数：1】。

Condalia Cav. 刺勾儿茶属 Rubiaceae［MD－523］特征纪要：木本，叶互生，复叶；花程式：K4－5，C4－5，A2，=（G）：2－5，房位（－）。果实：蒴果。种子：紫红色或红褐色。全球 6 个大洲分布及种数（30）非洲：1；亚洲：1－3；大洋洲：1；欧洲：1；北美洲：15－19；南美洲：9－14。

Condaminea DC. 栀绫花属 Rubiaceae［MD－523］特征纪要：习性：木本。花程式：（K）4－5，（C）4－5，A4－5，=

↓(G)2-9。其他特征参考科。全球 2 个大洲分布及种数(4-13)北美洲:2; 南美洲:5。

Condea Adans. 绫花苓属 Lamiaceae [MD-575] 特征纪要:习性:草本。花程式:-。其他特征参考科。全球 3 个大洲分布及种数(27):非洲:1;北美洲:21;南美洲:8。

Condylago Lür 银光兰属 Orchidaceae [MM-723] 特征纪要:习性:-。花程式:-。其他特征参考科。全球 2 个大洲分布及种数(3)北美洲:1; 南美洲:1。

Condylidium R. M. King & H. Rob. 狭管尖泽兰属 Asteraceae [MD-586] 特征纪要:习性:草本。花程式:(K)3-5,C3-5,A3-5,=↓(G)2。其他特征参考科。全球 2 个大洲分布及种数(2-3)北美洲:2; 南美洲:3。

Condylocarpon Desf. 秘鲁夹竹桃属 Apocynaceae [MD-492] 特征纪要:习性:木本。花程式:-。其他特征参考科。全球 5 个大洲分布及种数(8-51)亚洲:5; 大洋洲:6; 欧洲:13; 北美洲:13; 南美洲:47。

Condylopodium R. M. King & H. Rob. 微腺修泽兰属 Asteraceae [MD-586] 特征纪要:习性:草本。花程式:(K)3-5,C3-5,A3-5,=↓(G)2。其他特征参考科。全球 2 个大洲分布及种数(6-9)大洋洲:1; 南美洲:9。

Condylostylis Piper 豇豆属 Fabaceae3 [MD-240] 特征纪要:习性:木本。花程式:K1-∞,C1-∞,A5-9,=↓G(-)。其他特征参考科。全球 1 个大洲分布及种数(3-4)◆南美洲。

Conforata Caesalp. ex Fourr. = **Achillea**

Congea Roxb. 绒苞藤属 Lamiaceae [MD-575] 特征纪要:习性:木质攀援。花程式:-。物候:-。花期:10 月。果期:参考晚于花期。海拔:600-1200 米。生境:混交林。资源:具园艺种类。全球 6 个大洲分布及种数(12-51)非洲:6; 亚洲:33; 大洋洲:5; 欧洲:9; 北美洲:9; 南美洲:16。【中国种数:7】。

Congolanthus A. Raynal 康吉龙胆属 Gentianaceae [MD-496] 特征纪要:习性:草本。花程式:K4,C0,A10,=G2。其他特征参考科。全球 2 个大洲分布及种数(1-2)非洲:2; 南美洲:2。

Coniandra Schröd. = **Kedrostis**

Conicosia N. E. Br. 锥果玉属 Aizoaceae [MD-94] 特征纪要:习性:草本。花程式:K3-4,C3-4,A5 参考科,=↓G-。其他特征参考科。全球 3 个大洲分布及种数(4-37)非洲:32; 大洋洲:3; 北美洲:3。

Conimitella Rydb. 崖葵草属 Saxifragaceae [MD-231] 特征纪要:习性:草本。花程式:K5,C5,A5-10,=↓G-。其他特征参考科。全球 1 个大洲分布及种数(1)◆北美洲。

Coniochaeta <unassigned> 摩洛哥菊属 Asteraceae [MD-586] 特征纪要:-。全球 2 个大洲分布及种数(13)非洲:13; 南美洲:12。

Coniocybe <unassigned> 大戟科属 Euphorbiaceae [MD-217] 特征纪要:-。全球 5 个大洲分布及种数(13)非洲:2; 大洋洲:2; 欧洲:9; 北美洲:9; 南美洲:2。

Coniogramme Fée 凤了蕨属 Pteridaceae [F-31] 特征纪要:习性:-。【Rep】:孢子囊群沿侧脉着生,线形或网状,不到叶边,无盖,有短小隔丝(毛)混生。物候:-。海拔:50-4200 米。生境:阔叶林中,竹林下。资源:具园艺种类。全球 6 个大洲分布及种数(25-177)非洲:6; 亚洲:148; 大洋洲:6; 欧洲:4; 北美洲:4; 南美洲:15。【中国种数:17】。

Conioselinum Fisch. ex Hoffm. 山芎属 Apiaceae [MD-480] 特征纪要:习性:草本(根状茎,基生)。花程式:Kn,C5,A3 参考科,=↓G2。物候:-。花期:8-10 月。果期:参考晚于花期。海拔:1300-2700 米。生境:山谷,溪流和河岸,溪边土坡。资源:药用。全球 6 个大洲分布及种数(16-22)非洲:6;亚洲:11-23;大洋洲:6;欧洲:2-8;北美洲:6-12;南美洲:6。【中国种数:7】。

Conium L. 毒参属 Apiaceae [MD-480] 特征纪要:习性:草本(基生)。花程式:Kn,C5,A3 参考科,=↓G2。物候:-。海拔:50-5600 米。生境:林缘和农田边,森林边缘,耕地边缘。资源:药用,具栽培园艺种类。全球 6 个大洲分布及种数(5-7;hort. 1)非洲:3-20;亚洲:1-17;大洋洲:1-17;欧洲:2-18;北美洲:1-17;南美洲:1-17。【中国种数:1】。

Connaraceae R. Br. [MD-284] 牛栓藤科 特征纪要:习性:木本,藤本;常绿,落叶。花程式:K3,C3,A12,=↓G6。果实:蒴果。种子:种皮作不规则的矩圆形。海拔:100-1200 米。生境:潮湿密林中。栽培:来自广西龙州。资源:药用。全球 6 个大洲分布及属种数(19-21/213-373 <IFR 3/18> hort. 1; cult. 2) 非洲:14/87-121(IFR 3/3); 亚洲:8/67-95; 大洋洲:4/10-18; 欧洲:1/2; 北美洲:3/22-25(IFR 2/2); 南美洲:6-7/71-79(IFR 2/14)。【中国属种数:6/24】。

Connarus L. 牛栓藤属 Connaraceae [MD-284] 特征纪要:习性:木质攀援。花程式:K5,C5,A10,=↓G-。物候:-。花期:10 月至次年 3 月。果期:参考晚于花期。海拔:100-1200 米。生境:潮湿密林中。栽培:来自广西龙州。资源:具栽培园艺种类。全球 6 个大洲分布及种数(81-120;hort. 1)非洲:8-21;亚洲:17-45;大洋洲:2-13;欧洲:1-6;北美洲:18-25;南美洲:52-60。【中国种数:8】。

Connellia N. E. Br. 点头凤梨属 Bromeliaceae [MM-715] 特征纪要:习性:草本。花程式:(K)3,C3,A6,=↓G3。其他特征参考科。全球 1 个大洲分布及种数(6)◆南美洲。

Connorochloa Barkworth, S. W. L. Jacobs & H. Q. Zhang 披碱草属 Poaceae [MM-748] 特征纪要:习性:-。花程式:-。物候:-。海拔:10-5600 米。生境:草地,作为饲料植物或大麦田杂草种植。资源:-。全球 1 个大洲分布及种数(cf. 1)◆南美洲。

Conobea Aubl. 双唇婆婆纳属 Scrophulariaceae [MD-536] 特征纪要:习性:-。花程式:-。其他特征参考科。全球 3 个大洲分布及种数(3-25)亚洲:6; 北美洲:11; 南美洲:14。

Conobia D. Don = **Conobea**

Conocarpus L. 使君子科属 Proteaceae [MD-219] 特征纪要:习性:-。资源:具园艺种类。全球 5 个大洲分布及种数(2)非洲:2; 亚洲:1; 大洋洲:1; 北美洲:1; 南美洲:1。【中国种数:1】。

Conocephalaceae Müll. Frib. ex Grolle [B－11] 蛇苔科 特征纪要:草本,缠绕,叶大型。【Rep】:孢子同形,囊群生叶背有盖。全球6个大洲分布和属种数(1;hort. & cult.1)(7－34;hort. & cult.2－3)非洲:1/18;亚洲:1/3－21;大洋洲:1/18;欧洲:1/18;北美洲:1/18;南美洲:1/18。【中国属种数:1/6】。

Conocephalum Hill 蛇苔属 Conocephalaceae [B－11] 特征纪要(同科)。全球6个大洲分布及种数(4)非洲:18;亚洲:3－21;大洋洲:18;欧洲:18;北美洲:18;南美洲:18。【中国种数:6】。

Conocliniopsis R. M. King & H. Rob. 泽兰属 Asteraceae [MD－586] 特征纪要:习性:草本。花程式:(K)3－5,(C)3－5,A3－5,↓G。其他特征参考科。全球2个大洲分布及种数(2)北美洲:1; 南美洲:2。

Conoclinium DC. 锥托泽兰属 Asteraceae [MD－586] 特征纪要:习性:草本。花程式:(K)3－5,C3－5,A3－5,=↓(G)2。物候:－。海拔:6000米。生境:潮湿地区。资源:具栽培园艺种类。全球6个大洲分布及种数(6－10)非洲:4;亚洲:1－5;大洋洲:4;欧洲:4;北美洲:4－8;南美洲:2－6。【中国种数:1】。

Conomitra Fenzl 夹竹桃科属 Apocynaceae [MD－492] 特征纪要:习性:－。花程式:－。其他特征参考科。全球1个大洲分布及种数(1)◆非洲:1。

Conomitrium Mont. 凤尾藓属 Fissidentaceae [B－131] 特征纪要:习性:－。【Rep】:孢蒴弯曲。其他特征参考科。全球4个大洲分布及种数(12)非洲:1;亚洲:1;北美洲:8;南美洲:3。

Conomorpha A. DC. = **Cybianthus**

Conopea Schreb. = **Conobea**

Conophallus Schott = **Amorphophallus**

Conopharyngia G. Don = **Tabernaemontana**

Conopholis Wallr. 苞谷列当属 Orobanchaceae [MD－552] 特征纪要:习性:草本。花程式:K2－4,C0,A2－4,↓G。资源:具园艺种类。全球2个大洲分布及种数(3－7)亚洲:3; 北美洲:6。【中国种数:2】。

Conophytum N. E. Br. 肉锥花属 Aizoaceae [MD－94] 特征纪要:习性:草本。花程式:K3－4,C3－4,A5参考科,=↓G1－2。其他特征参考科。全球3个大洲分布及种数(166－569)非洲:470; 欧洲:7; 北美洲:7。

Conopodium W. D. J. Koch 栗根芹属 Apiaceae [MD－480] 特征纪要:习性:草本。花程式:K5,C5,A5,=↓G2。资源:具园艺种类。全球6个大洲分布及种数(6－18;hort.1;cult. 1)非洲:3－8;亚洲:2－9;大洋洲:3;欧洲:4－14;北美洲:1－5;南美洲:3。【中国种数:1】。

Conopsis L. = **Coreopsis**

Conosapium Müll. Arg. = **Sapium**

Conoscyphus Mitt. 萨摩亚地萼苔属 Lophocoleaceae [B－74] 特征纪要:习性:－。【Rep】:雌苞生于短枝上,雄苞生于短侧枝上,短枝上无正常叶发育,仅为雌雄苞叶,雌雄同株,稀异株,雌雄苞一般生于主茎或长分枝顶端,雌苞叶大于茎叶,先端具裂瓣和不规则齿突,蒴萼大。其他特征参考科。全球2个大洲分布及种数(4)亚洲:2; 大洋洲:3。

Conosilene Fourr. = **Silene**

Conospermum Sm. 彩烟木属 Proteaceae [MD－219] 特征纪要:习性:木本。花程式:K3－4－∞,C0,A2,=G1。其他特征参考科。全球4个大洲分布及种数(74－118)亚洲:1; 大洋洲:109; 欧洲:4; 北美洲:4。

Conostegia D. Don 蜗牛木属 Melastomataceae [MD－364] 特征纪要:习性:－。花程式:－。其他特征参考科。全球6个大洲分布及种数(76－87)非洲:4;亚洲:9－13;大洋洲:1－6;欧洲:4;北美洲:67－78;南美洲:36－45。

Conostephium Benth. 梭花石南属 Ericaceae [MD－380] 特征纪要:习性:木本。花程式:－。其他特征参考科。全球1个大洲分布及种数(5－15)◆大洋洲(◆澳大利亚)。

Conostomium (Stapf) Cufod. 锥口茜属 Rubiaceae [MD－523] 特征纪要:习性:木本。花程式:(K)4－5,(C)4－5,A4－5,=↓G2－9。其他特征参考科。全球4个大洲分布及种数(5－21)非洲:15; 亚洲:2; 北美洲:2; 南美洲:2。

Conostomum Sw. ex F. Weber & D. Mohr 箭珠藓属 Bartramiaceae [B－142] 特征纪要:习性:－。【Rep】:雌雄同株或异株,生殖苞顶生,稀因茁生新芽而成为假侧生,雄苞芽胞形或盘形,配丝多数线形或棒槌形,雌苞叶,雌雄异株,雄苞盘形,雄苞叶较宽大,直立,往往集成莲座状,雌苞叶较小,直立,细胞无疣,蒴柄粗短或较长。其他特征参考科。全球6个大洲分布及种数(9)非洲:4;亚洲:1;大洋洲:4;欧洲:1;北美洲:2;南美洲:6。

Conostylidaceae Takht. [MM－720] 叉毛草科 特征纪要:习性:木本;落叶。花程式:(K)6,C3,A3,↓(G)－。种子:大,棕色或带黑色。全球1个大洲分布及属种数(2/13－64 <IFR 1/12> hort.1)◆大洋洲:1/ 11－63。

Conostylis R. Br. 锥柱草属 Conostylidaceae [MM－720] 特征纪要(同科)。全球3个大洲分布及种数(66－110)亚洲:5; 大洋洲:103; 北美洲:2。

Conotrema <unassigned> 泽蔺花科属 Rapateaceae [MM－713] 特征纪要和分布(－)。

Conradia Mart. 扫苣苔属 Gesneriaceae [MD－549] 特征纪要:习性:－。花程式:－。其他特征参考科。全球1个大洲分布及种数(2)◆北美洲。

Conradina A. Gray 康拉德草属 Lamiaceae [MD－575] 特征纪要:习性:草本。花程式:K2,C0,A2,=↓(G)2。其他特征参考科。全球4个大洲分布及种数(6－17)非洲:2; 亚洲:6; 大洋洲:2; 北美洲:15。

Conringia Heist. ex Fabr. 线果芥属 Brassicaceae [MD－213] 特征纪要:习性:草本(基生)。花程式:Kn,C2－3参考科,A3参考科,G－。物候:－。花期:5－6月。果期:参考晚于花期。海拔:300－3600米。生境:山坡,沙漠,草原。资源:具栽培园艺种类。全球6个大洲分布及种数(5－11)非洲:6; 亚洲:9; 大洋洲:3; 欧洲:3; 北美洲:3; 南美洲:3。【中国种数:2】。

Consolea Lem. 仙人掌属 Cactaceae [MD－100] 特征纪要:习性:木本。花程式:K1－∞,C1－∞,A3－100,=↓G

-。其他特征参考科。全球 3 个大洲分布及种数(8-15)非洲:1; 北美洲:12; 南美洲:1。

Consolida (DC.) A. Gray 飞燕草属 Ranunculaceae [MD-38] 特征纪要:习性:-。花程式:-。物候:-。花期:4-5 月。果期:参考晚于花期。海拔:700 米。生境:土地栽培。资源:具栽培园艺种类。全球 6 个大洲分布及种数(34-39)非洲:5-7;亚洲:29-33;大洋洲:4-5;欧洲:12-14;北美洲:6-7;南美洲:3-4。

Constancea B. G. Baldwin 绵菊木属 Asteraceae [MD-586] 特征纪要:习性:草本。花程式:(K)3-5,(C)3-5,A3-5,↓G。其他特征参考科。全球 1 个大洲分布及种数(1)◆北美洲(◆美国)。

Constantia Barb. Rodr. 树甲兰属 Orchidaceae [MM-723] 特征纪要:习性:草本。花程式:(K)3,C3,A3,=↓(G)3。其他特征参考科。全球 5 个大洲分布及种数(6-11)亚洲:3; 大洋洲:2; 欧洲:5; 北美洲:5; 南美洲:11。

Conuleum A. Rich. = **Siparuna**

Convallaria L. 铃兰属 Convallariaceae [MM-638] 特征纪要:习性:草本(根状茎,基生,多肉)。花程式:-。物候:-。花期:5-6 月。果期:参考晚于花期。海拔:800-2500 米。生境:山顶半阳处林中下,阴凉山坡。资源:药用,具栽培园艺种类。全球 6 个大洲分布及种数(5-10;hort. 1;cult. 2)非洲:9;亚洲:4-13;大洋洲:1-10;欧洲:2-11;北美洲:2-11;南美洲:9。【中国种数:2】。

Convallariaceae Horan. [MM-638] 铃兰科 特征纪要:习性:木本;落叶。花程式:(K)6,C4,A4-5,↑G-。物候:-。花期:5-8 月。果期:8 月。果实:浆果。种子:1-4 颗,棕色。海拔:1300-4000 米。生境:北山坡陡处疏林下。栽培:来自广西龙州。资源:药用。全球 6 个大洲分布及属种数(5-7/9-16 <IFR 4/5> hort. 1;cult. 2)非洲:1/2(IFR 1/1); 亚洲:3/10(IFR 3/3); 大洋洲:2/5-7; 欧洲:1/4(IFR 1/1); 北美洲:1/6(IFR 3/4); 南美洲:1/1。【中国属种数:1/2】。

Convolvulaceae Juss. [MD-499] 旋花科 特征纪要:习性:木本;落叶。花程式:K4-5(-),C4-5,A8,↑G2-4。花期: 8-10 月。果期: 10 月至次年 2 月。果实:蒴果。种子:-。海拔:0-1100 米。生境:-。资源:园林,药用。栽培:中国有栽培。全球 6 个大洲分布及属种数(66-78/2256-2833 <IFR 30/172> hort. 1;cult. 12) 非洲:31-37/476-609(IFR 14/57); 亚洲:29-34/817-939(IFR 19/64); 大洋洲:19-21/184-223(IFR 7/8); 欧洲:9/111-127(IFR 2/8); 北美洲:24-25/604-666(IFR 7/42); 南美洲:23-26/770-858(IFR 10/40)。【中国属种数:26/231】。

Convolvuloides Moench = **Pharbitis**

Convolvulus L. 旋花属 Convolvulaceae [MD-499] 特征纪要:习性:草质攀援。花程式:-。物候:-。花期:6-8 月。果期:参考晚于花期。海拔:1200-3400 米。生境:半荒漠草原及干草原地带或砾石滩中。栽培:来自广西龙州。资源:具栽培园艺种类。全球 6 个大洲分布及种数(304-446;hort. 1;cult. 24)非洲:87-170;亚洲:161-262;大洋洲:25-89;欧洲:43-110;北美洲:55-127;南美洲:44-116。【中国种数:19】。

Conyza Less. 香丝草属 Asteraceae [MD-586] 特征纪要:习性:-。花程式:-。物候:-。花期:5-9 月。果期:参考晚于花期。海拔:1000-1800 米。生境:海边或荒地上,中山。资源:-。全球 6 个大洲分布及种数(163-265;hort. 2;cult. 2)非洲:76-100;亚洲:48-81;大洋洲:13-32;欧洲:17-36;北美洲:35-55;南美洲:85-105。【中国种数:1】。

Conyzanthus Tamamsch. = **Symphyotrichum**

Conyzigeron S. Rauschert 小蓬草属 Asteraceae [MD-586] 特征纪要:习性:草本。花程式:(K)3-5,(C)3-5,A3-5,↓G。其他特征参考科。全球 2 个大洲分布及种数(2)亚洲;欧洲。

Conzattia Rose 黄花苏木属 Fabaceae2 [MD-240] 特征纪要:习性:木本。花程式:K3-5-∞,C3-5-∞,A1-10-50,=↓G1。其他特征参考科。全球 2 个大洲分布及种数(3-5)北美洲:4; 南美洲:2。

Cooktownia D. L. Jones 谜兰属 Orchidaceae [MM-723] 特征纪要:习性:草本。花程式:(K-),C0 参考科,A3,↓(G)3。其他特征参考科。全球 1 个大洲分布及种数(1)◆大洋洲。

Cooperia Herb. 细韭兰属 Amaryllidaceae [MM-694] 特征纪要:习性:-。花程式:-。其他特征参考科。全球 3 个大洲分布及种数(16)亚洲:4; 北美洲:10; 南美洲:8。

Coopernookia Carolin 紫鸾花属 Goodeniaceae [MD-578] 特征纪要:习性:灌木。花程式:(K)5,(C)5,A5,=↓G2。其他特征参考科。全球 1 个大洲分布及种数(4-6)◆大洋洲(◆澳大利亚)。

Copaiba Herm. ex Mill. 豆科属 Fabaceae2 [MD-239] 特征纪要:习性:-。花程式:-。其他特征参考科。全球 2 个大洲分布及种数(23)北美洲:1; 南美洲:1。

Copaifera L. 香漆豆属 Fabaceae2 [MD-239] 特征纪要:习性:木本。花程式:K3-5-∞,C3-5-∞,A1-10-50,=↓G1。其他特征参考科。全球 6 个大洲分布及种数(43-58;hort. 1;cult. 1)非洲:6-8;亚洲:4-6;大洋洲:1;欧洲:1;北美洲:6-9;南美洲:39-48。【中国种数:2】。

Copaiva Jacq. = **Copaifera**

Copernicia Mart. ex Endl. 蜡棕属 Arecaceae [MM-717] 特征纪要:习性:木本。花程式:K3-10,C3-10,A3-10,=G3-10。其他特征参考科。全球 2 个大洲分布及种数(22-30;hort. 1;cult. 6)北美洲:21-24;南美洲:4。

Copiapoa Britton & Rose 龙爪球属 Cactaceae [MD-100] 特征纪要:习性:木本。花程式:K1-∞,C1-∞,A3-100,=↓G3-100-。其他特征参考科。全球 4 个大洲分布及种数(37-203)亚洲:1; 欧洲:16; 北美洲:16; 南美洲:181。【中国种数:1】。

Copisma E. Mey. = **Rhynchosia**

Coppensia Dum. 岩梅兰属 Orchidaceae [MM-723] 特征纪要:习性:-。花程式:-。其他特征参考科。全球 1 个大洲分布及种数(-)。

Coprosma J. R. Forst. & G. Forst. 臭叶木属 Rubiaceae [MD-523] 特征纪要:习性:木本。花程式:(K)4-5,(C)4

C

-5,A4-5,=↓G2-9。物候:-。花期:参考早于果期。果期:10月。海拔:5-4800米。生境:矮林内。资源:具栽培园艺种类。全球6个大洲分布及种数(70-174;hort. 1;cult. 11)非洲:4-15;亚洲:64-165;大洋洲:48-144;欧洲:1-8;北美洲:25-37;南美洲:6-15。【中国种数:4】。

Coprosmanthus (Torr.) Kunth = **Smilax**

Coptidipteris Nakai & Momose = **Dennstaedtia**

Coptidium (Prantl) Beurl. ex Rydb. 香毛茛属 Ranunculaceae [MD-38] 特征纪要:习性:-。花程式:-。物候:-。花期:1-10月。果期:参考晚于花期。海拔:50-6000米。生境:竹林中。资源:-。全球6个大洲分布及种数(2)非洲:2;亚洲:2;大洋洲:2;欧洲:2;北美洲:1-3;南美洲:2。

Coptis Salisb. 黄连属 Ranunculaceae [MD-38] 特征纪要:习性:草本(根状茎,基生)。花程式:K5,C5,A3参考科,=G1-3。物候:-。花期:2-3月。果期:参考晚于花期。海拔:1000-1700米。生境:常绿阔叶林,阴影地带。资源:用途同黄连,具栽培园艺种类。全球6个大洲分布及种数(16-17;hort. 1;cult. 2)非洲:10;亚洲:11-22;大洋洲:10;欧洲:10;北美洲:7-17;南美洲:2-12。【中国种数:7】。

Coptocheile Hoffmanns. 苦苣苔科属 Gesneriaceae [MD-549] 特征纪要:习性:-。花程式:-。其他特征参考科。全球1个大洲分布及种数(1)◆南美洲:1。

Coptodipteris Nakai & Momose 溪洞碗蕨属 Dennstaedtiaceae [F-26] 特征纪要:-。全球1个大洲分布及种数(-)。

Coptophyllum Korth. 裂叶茜属 Rubiaceae [MD-523] 特征纪要和分布(-)。

Coptosapelta Korth. 流苏子属 Rubiaceae [MD-523] 特征纪要:习性:木质攀援。花程式:(K-),(C)5参考科,A5,↓G2。物候:-。花期:5-7月。果期:参考晚于花期。海拔:100-1500米。生境:林中或灌丛中,竹林中。资源:根可药用,具栽培园艺种类。全球3个大洲分布及种数(16-24)非洲:8; 亚洲:18; 大洋洲:8。【中国种数:3】。

Coptosperma Hook. f. 裂籽茜属 Rubiaceae [MD-523] 特征纪要:习性:木本。花程式:(K)4-5,(C)4-5,A4-5,=↓G2-9。其他特征参考科。全球6个大洲分布及种数(21-36)非洲:35; 亚洲:9; 大洋洲:2; 欧洲:5; 北美洲:5; 南美洲:3。

Corallina L. 墨西哥鸭跖草属 Commelinaceae [MM-708] 特征纪要:-。全球6个大洲分布及种数(48)非洲:6; 亚洲:9; 大洋洲:5; 欧洲:11; 北美洲:29; 南美洲:15。

Corallocarpus Welw. ex Hook. f. 珊瑚果属 Cucurbitaceae [MD-205] 特征纪要:习性:木本。花程式:K3-5,C3-5,A5,=↓G1-2。其他特征参考科。全球4个大洲分布及种数(14-42)非洲:28; 亚洲:10; 北美洲:3; 南美洲:3。

Corallodiscus Batalin 珊瑚苣苔属 Gesneriaceae [MD-549] 特征纪要:习性:草本(根状茎,基生)。花程式:(K-),C2-3参考科,A5,=↓G2。物候:-。花期:6-9月。果期:参考晚于花期。海拔:2100-3300米。生境:江边山坡岩石上,岩石裂缝或道路附近。资源:具栽培园艺种类。全球2个大洲分布及种数(5-42)亚洲:29; 南美洲:2。【中国种数:3】。

Corallophyllum Kunth = **Lennoa**

Corallorhiza Gagnebin 珊瑚兰属 Orchidaceae [MM-723] 特征纪要:习性:草本(根状茎,腐生,多肉)。花程式:Kn,C2-3参考科,A3参考科,↓G-。物候:-。花期:6-8月。果期:参考晚于花期。海拔:2000-2700米。生境:林下或灌丛中。资源:-。全球6个大洲分布及种数(12-16;hort. 1;cult. 6)非洲:18;亚洲:7-25;大洋洲:18;欧洲:1-19;北美洲:11-30;南美洲:3-21。【中国种数:6】。

Corbichonia G. A. Scop. 莲粟草属 Lophiocarpaceae [MD-110] 特征纪要:习性:草本。花程式:K2-5,C0,A2-5,↓G-参考科。其他特征参考科。全球2个大洲分布及种数(3-12)非洲:4; 亚洲:3。

Corchoropsis Siebold & Zucc. 田麻属 Malvaceae [MD-203] 特征纪要:习性:木本。花期:4-6月。果期:参考晚于花期。海拔:100-3900米。生境:山谷林旁路边,竹山林中近水处阴湿处。资源:药用,具栽培园艺种类。全球4个大洲分布及种数(4-18)非洲:2; 亚洲:18; 欧洲:3; 北美洲:3。【中国种数:1】。

Corchorus L. 黄麻属 Malvaceae [MD-203] 特征纪要:习性:木本。花程式:-。物候:-。花期:夏天-秋天。果期:参考晚于花期。海拔:100-3900米。生境:广泛种植,河谷路旁林旁。资源:药用,具栽培园艺种类。全球6个大洲分布及种数(81-194)非洲:67; 亚洲:50; 大洋洲:67; 欧洲:21; 北美洲:21; 南美洲:28。【中国种数:7】。

Cordeauxia Hemsl. 野合豆属 Fabaceae1 [MD-240] 特征纪要:习性:木本。花程式:K3-5-∞,C3-5-∞,A3-5,=↓G1-2。其他特征参考科。全球3个大洲分布及种数(1-2)非洲:2; 亚洲:1; 北美洲:2。

Cordia L. 破布木属 Cordiaceae [MD-516] 特征纪要(同科)。全球6个大洲分布及种数(274-426;hort. 1;cult. 6)非洲:54-102;亚洲:64-108;大洋洲:20-45;欧洲:5-29;北美洲:112-160;南美洲:174-252。【中国种数:13】。

Cordiaceae R. Br. ex Dum. [MD-516] 破布木科 特征纪要:习性:木本;落叶。花程式:K5,C0,A5,↓(G)-。物候:-。花期:11月。果期:4-9月。海拔:100-1200米。生境:林边半栽培。资源:油料,木材,药用。全球4个大洲分布及属种数(2/2 <IFR 1/5> hort. 1;cult. 1) 非洲:IFR 1/2; 亚洲:IFR 1/1; 北美洲:IFR 1/2; 南美洲:1/176-231。

Cordiera A. Rich. ex DC. 心茜草属 Rubiaceae [MD-523] 特征纪要:习性:木本。花程式:(K)4-5,(C)4-5,A4-5,=↓(G)2-9。其他特征参考科。全球4个大洲分布及种数(30-47)非洲:4; 亚洲:1; 北美洲:10; 南美洲:47。

Cordillera Sothers & Prance 可可李科属 Rubiaceae［MD－523］特征纪要:习性:木本。花程式:－。其他特征参考科。全球 2 个大洲分布及种数(1)北美洲:1; 南美洲:1。

Cordiofontis <unassigned> 可心菊属 Asteraceae［MD－586］特征纪要:习性:－。花程式:－。其他特征参考科。全球 1 个大洲分布及种数(－)。

Cordiopsis Desv. ex Ham. ＝ **Cordia**

Cordisepalum Verdc. 心萼藤属 Convolvulaceae［MD－499］特征纪要:习性:灌木。花程式:K5,C0,A5,＝G2－5。其他特征参考科。全球 2 个大洲分布及种数(2－3)非洲:2; 亚洲:3。【中国种数:1】。

Cordobia Nied. 克尔金虎尾属 Malpighiaceae［MD－343］特征纪要:习性:木本。花程式:K5,C5,A10,＝G2－3。其他特征参考科。全球 2 个大洲分布及种数(1－5)非洲:2; 南美洲:5。

Cordylanthus Nutt. ex Benth. 鸢钩草属 Orobanchaceae［MD－552］特征纪要:习性:－。花程式:－。其他特征参考科。全球 5 个大洲分布及种数(27－129)非洲:2; 亚洲:11; 大洋洲:2; 北美洲:67; 南美洲:2。【中国种数:1】。

Cordyline Comm. ex R. Br. 朱蕉属 Asparagaceae［MM－669］特征纪要:习性:木本。花程式:－。物候:－。花期:11 月至次年 3 月。果期:参考晚于花期。海拔:1450 米。生境:广泛栽培,有时归化。资源:具栽培园艺种类。全球 6 个大洲分布及种数(26－140)非洲:36; 亚洲:63; 大洋洲:73; 欧洲:41; 北美洲:41; 南美洲:24。【中国种数:3】。

Cordyloblaste Hensch. ex Moritzi 山矾科属 Symplocaceae［MD－373］特征纪要:习性:－。花程式:－。其他特征参考科。全球 1 个大洲分布及种数(－)。

Cordylocarpus Desf. 非洲棒果芥属 Brassicaceae［MD－213］特征纪要:习性:草本。花程式:K2－4,C2－4,A2－4,＝G2。其他特征参考科。全球 2 个大洲分布及种数(1－4)非洲:4; 亚洲:2。

Cordylogyne E. Mey. 心萝藦属 Apocynaceae［MD－492］特征纪要:习性:木本。花程式:K5,C0,A15,＝↓G2。其他特征参考科。全球 1 个大洲分布及种数(2－3)◆非洲。

Cordylophorum（Nutt.）Rydb. 柳叶菜科属 Onagraceae［MD－396］特征纪要:习性:－。花程式:－。其他特征参考科。全球 1 个大洲分布及种数(－)。

Cordylostigma Groeninckx & Dessein 心柱茜属 Rubiaceae［MD－523］特征纪要:习性:木本。花程式:(K)4－5,(C)4－5,A4－5,＝↓(G)2－9。其他特征参考科。全球 3 个大洲分布及种数(11)非洲:10;亚洲:2;大洋洲:1。【中国种数:1】。

Corema D. Don 岩帚兰属 Empetraceae［MD－423］特征纪要:习性:－。花程式:－。其他特征参考科。全球 5 个大洲分布及种数(2－5)非洲:2; 亚洲:3; 欧洲:4; 北美洲:4; 南美洲:4。【中国种数:2】。

Coreocarpus Benth. 虫子菊属 Asteraceae［MD－586］特征纪要:习性:草本。花程式:(K)3－5,(C)3－5,A3－5,＝↓G2。其他特征参考科。全球 2 个大洲分布及种数(13－30)非洲:2; 北美洲:14。

Coreopsis L. 金鸡菊属 Asteraceae［MD－586］特征纪要:习性:草本(水生)。花程式:(K)3－5,C3－5,A3 参考科,＝↓(G)2。物候:－。花期:5－8 月。果期:参考晚于花期。海拔:6000 米。生境:路旁山坡少见散生。资源:药用,色素,具栽培园艺种类。全球 6 个大洲分布及种数(100－138;hort. 1;cult. 4)非洲:47;亚洲:18－65;大洋洲:3－50;欧洲:3－50;北美洲:62－114;南美洲:42－90。【中国种数:18】。

Corethamnium R. M. King & H. Rob. 展瓣亮泽兰属 Asteraceae［MD－586］特征纪要:习性:草本。花程式:(K)3－5,C3－5,A3－5,＝↓(G)2。其他特征参考科。全球 1 个大洲分布及种数(1)◆南美洲(◆哥伦比亚)。

Corethrodendron Fisch. & Basiner 羊柴属 Fabaceae3［MD－240］特征纪要:习性:木本。花程式:K1－∞,C1－∞,A5－9,＝↓G(－)。物候:－。花期:7－8 月。果期:参考晚于花期。海拔:2100－3000 米。生境:草原沙质地区,山坡,路旁。资源:药用。全球 1 个大洲分布及种数(6;hort. 1)◆亚洲:cf. 1。【中国种数:2】。

Corethrogyne DC. 沙紫菀属 Asteraceae［MD－586］特征纪要:习性:草本。花程式:(K)3－5,C3－5,A3－5,＝↓(G)2。其他特征参考科。全球 1 个大洲分布及种数(1－17)◆北美洲。

Coriandrum L. 芫荽属 Apiaceae［MD－480］特征纪要:习性:草本。花程式:Kn,C5,A3 参考科,＝↓G2。物候:－。海拔:50－5600 米。生境:栽培,归化。资源:芳香油,药用,具栽培园艺种类。全球 6 个大洲分布及种数(2－12)非洲:4; 亚洲:5; 大洋洲:2; 欧洲:3; 北美洲:3; 南美洲:2。【中国种数:1】。

Coriaria L. 马桑属 Coriariaceae［MD－277］特征纪要:习性:木本。花程式:K5,C5,A3,G－。物候:－。花期:1－4 月。果期:参考晚于花期。海拔:1800－3700 米。生境:干涸河床或小径上,山中野生。资源:油脂,丹宁,药用,具栽培园艺种类。全球 6 个大洲分布及种数(12－21;hort. 1;cult. 3)非洲:3－5;亚洲:8－12;大洋洲:4－14;欧洲:2－4;北美洲:5－7;南美洲:1－4。【中国种数:4】。

Coriariaceae DC.［MD－277］马桑科 特征纪要:习性:木本;落叶。花程式:K5,C5,A3,↑G－。物候:－。花期:2－4 月。果期:5－11 月。果实:瘦果。种子:无胚乳,子叶圆形。海拔:1800－3700 米。生境:干涸河床或小径上,山中野生。资源:油脂,丹宁,药用。全球 6 个大洲分布及属种数(2/13－22 <IFR 1/4> hort. 1;cult. 1)非洲:2/5(IFR 1/1) 亚洲:2/9－10; 大洋洲:2/6－14(IFR 1/3); 欧洲:2/4; 北美洲:2/7(IFR 1/1); 南美洲:2/3－4(IFR 1/1)。【中国属种数:1/4】。

Corida Tourn. Ex L. 麝香草科属 Coridaceae［MD－402］特征纪要及分布(－)。

Coridaceae J. Agardh［MD－402］麝香草科 特征纪要:习性:草本;落叶。花程式:K4－5(－),C5,A,G－。全球 3 个大洲分布及属种数(1/1)非洲:1/1; 亚洲:1/1; 欧洲:1/1。

Coriophyllus（M. E. Jones）Rydb. 伞形科属 Apiaceae［MD－480］特征纪要和分布(－)。

Coris L. 麝香草属 Primulaceae［MD－401］特征纪要:习性:草本。花程式:(K)5,(C)5,A4,＝G5。物候:－。海拔:－。生境:－。资源:具园艺种类。全球 6 个大洲分布及种数(2;hort. 1;cult. 1)非洲:1－10;亚洲:1－10;大

洋洲:9;欧洲:1-10;北美洲:9;南美洲:9。【中国种数:1】。

Corispermum L. 虫实属 Amaranthaceae [MD-116] 特征纪要:习性:草本(多肉)。花程式:Kn,C2-3 参考科,A2,G-。物候:-。海拔:2500 米。生境:半固定沙丘或河边沙滩。栽培:来自广西龙州。资源:具栽培园艺种类。全球 6 个大洲分布及种数(52-79;hort. 1;cult. 3)非洲:3-10;亚洲:50-72;大洋洲:6;欧洲:11-22;北美洲:14-20;南美洲:6。【中国种数:28】。

Cormonema Reissek ex Endl. 心鼠李属 Rhamnaceae [MD-331] 特征纪要:习性:-。花程式:-。其他特征参考科。全球 2 个大洲分布及种数(17)北美洲:8; 南美洲:8。

Cormophyllum Newman 小桫椤属 Cyatheaceae [F-23] 特征纪要:-。全球 1 个大洲分布及种数(-)。

Cormus Spach 棠楸属 Rosaceae [MD-246] 特征纪要:习性:木本。花程式:-。其他特征参考科。全球 6 个大洲分布及种数(2)非洲:1-2;亚洲:1-2;大洋洲:1-2;欧洲:1-2;北美洲:1;南美洲:1。

Cornaceae Bercht. & J. Presl [MD-457] 山茱萸科 特征纪要:习性:木本;常绿,落叶。花程式:(K)6,C5,A10-2,=↓(G)-。物候:-。花期: 3-4 月。果期: 2-4 月。果实:核果,浆果。种子:种皮膜质或薄革质胚细小。海拔:0 米。生境:-。资源:园林。栽培:中国有栽培。全球 4 个大洲分布及属种数(10-13/96-157 <IFR 4/25> hort. 1;cult. 1) 亚洲:6/63-66(IFR 4/24); 大洋洲:1/1(IFR 1/1); 欧洲:(IFR 2/3); 北美洲:4-5/11-12(IFR 1/1)。【中国属种数:3/63】。

Cornalia Lavy 欧洲山芥属 Brassicaceae [MD-213] 特征纪要:-。全球 2 个大洲分布及种数(2)欧洲:1; 南美洲:1。

Cornicularia (Schreb.) Hoffm. 水蕨科属 Parkeriaceae [F-36] 特征纪要:-。全球 4 个大洲分布及种数(15)亚洲:2; 欧洲:1; 北美洲:1; 南美洲:4。

Cornidia Ruiz & Pav. = **Hydrangea**

Cornopteris Nakai 角蕨属 Athyriaceae [F-40] 特征纪要:习性:-。【Rep】:孢子囊群短线形,椭圆形或圆形,背生于小脉上,无囊群盖。物候:-。海拔:1100-2400 米。生境:杂木林密林林下溪边。资源:-。全球 3 个大洲分布及种数(2-52)非洲:6; 亚洲:36; 南美洲:3。【中国种数:1】。

Cornucopiae L. 丰角草属 Poaceae [MM-748] 特征纪要:习性:-。花程式:-。其他特征参考科。全球 5 个大洲分布及种数(2-9)非洲:5; 亚洲:4; 欧洲:4; 北美洲:4; 南美洲:6。

Cornuella Pierre = **Chrysophyllum**

Cornukaempferia Mood & K. Larsen 角山柰属 Zingiberaceae [MM-737] 特征纪要:习性:草本。花程式:(K-),C0 参考科,A5,↓(G)3。其他特征参考科。全球 1 个大洲分布及种数(1-3)◆亚洲。

Cornulaca Delile 单刺蓬属 Amaranthaceae [MD-116] 特征纪要:习性:草本,少灌木。花程式:-。物候:-。海拔:600-5000 米。生境:洪积层上,沙丘间,沙丘田边缘,冲积扇。资源:-。全球 2 个大洲分布及种数(7-10)非洲:3;亚洲:6-8。【中国种数:1】。

Cornus L. 山茱萸属 Cornaceae [MD-457] 特征纪要:习性:木质攀援。花程式:-。物候:-。花期:6-7 月。果期:参考晚于花期。海拔:100-1100 米。生境:常绿阔叶林,竹林。资源:药用,具栽培园艺种类。全球 6 个大洲分布及种数(70-438)非洲:17; 亚洲:267; 大洋洲:31; 欧洲:114; 北美洲:114; 南美洲:41。【中国种数:41】。

Cornutia Plum. ex L. 石荠荆属 Lamiaceae [MD-575] 特征纪要:习性:草本。花程式:-。物候:-。海拔:-。生境:-。资源:具栽培园艺种类。全球 6 个大洲分布及种数(6-11;hort. 1;cult. 1)非洲:3;亚洲:2-6;大洋洲:3;欧洲:1-5;北美洲:2-9;南美洲:4-8。【中国种数:1】。

Cornutispora <unassigned> 秋芽藓属 Sorapillaceae [B-212] 特征纪要:-。全球 1 个大洲分布及种数(-)。

Corokia A. Cunn. 秋叶果属 Corokiaceae [MD-368] 特征纪要(同科)。全球 2 个大洲分布及种数(7-15)大洋洲:14; 北美洲:2。

Corokiaceae Kapil ex Takht. [MD-368] 宿萼果科 特征纪要:习性:木本;落叶。花程式:K4-5,C5,A,↓(G)-。果实:核果。全球 1 个大洲分布及属种数(1-2/1-2 hort. 1,cult. 1)◆非洲:1/ 1。

Coronanthera Vieill. ex C. B. Clarke 木岩桐属 Gesneriaceae [MD-549] 特征纪要:习性:木本。花程式:K5,C0,A4,=↓G2。其他特征参考科。全球 6 个大洲分布及种数(11-29)非洲:3; 亚洲:9; 大洋洲:14; 欧洲:4; 北美洲:4; 南美洲:4。

Coronidium Paul G. Wilson 冠花菊属 Asteraceae [MD-586] 特征纪要:习性:草本。花程式:(K)3-5,C3-5,A3-5,=↓(G)2。其他特征参考科。全球 1 个大洲分布及种数(20-21)◆大洋洲(◆澳大利亚)。【中国种数:1】。

Coronilla L. 小冠花属 Fabaceae3 [MD-240] 特征纪要:习性:木本。花程式:-。物候:-。花期:4-5 月。果期:参考晚于花期。海拔:7500 米。生境:-。栽培:-。资源:园林,具栽培园艺种类。全球 6 个大洲分布及种数(32-130)非洲:27; 亚洲:33; 大洋洲:66; 欧洲:18; 北美洲:18; 南美洲:11。【中国种数:6】。

Corpuscularia Schwantes 丽人玉属 Aizoaceae [MD-94] 特征纪要:习性:-。花程式:-。其他特征参考科。全球 1 个大洲分布及种数(-)。

Correa Andrews 钟南香属 Rutaceae [MD-399] 特征纪要:习性:-。花程式:-。其他特征参考科。全球 5 个大洲分布及种数(32-104)亚洲:2; 大洋洲:78; 欧洲:5; 北美洲:5; 南美洲:11。

Correlliana D'Arcy = **Cybianthus**

Corrigiolaceae (Dumort.) Dumort. = Caryophyllaceae

Corryocactus Britton & Rose 潜龙柱属 Cactaceae [MD-100] 特征纪要:习性:木本。花程式:K1-∞,C1-∞,A3-100,=↓G3-100-。其他特征参考科。全球 3 个大洲分布及种数(15-50)亚洲:3; 北美洲:2; 南美洲:48。

Corsia Becc. 丽腐草属 Corsiaceae [MM-705] 特征纪要:习性:草本(具根状茎)。花程式:(K)3,C0 参考科,A6,=↓(G)3。其他特征参考科。全球 3 个大洲分布及种数(25-27)非洲:23; 亚洲:10; 大洋洲:26。

Corsiaceae Becc. [MM – 705] 白玉簪科 特征纪要:习性:木本;落叶。花程式:K4 – 5,C5,A,↑G –。物候: –。花期:6 月。果实:蒴果。种子: –。海拔:100 – 700 米。生境:土壤上。资源: –。栽培: –。全球 3 个大洲分布及属种数(4 – 5/9 – 33 hort. 1) 亚洲:1/2; 大洋洲:2/5 – 28; 南美洲:1/2。【中国属种数:1/1】。

Corsinia Raddi 花地钱属 Corsiniaceae [B – 18] 特征纪要:习性: –。其他特征参考科。全球 6 个大洲分布及种数(2)非洲:1 – 2;亚洲:1 – 2;大洋洲:1;欧洲:1 – 2;北美洲:1;南美洲:1 – 2。

Corsiniaceae Engl. [B – 18] 花地钱科 特征纪要:陆生,根状茎横走,营养叶掌状或鸟足状,叶柄基部有大的肉质托叶,叶裂为三深裂或为半羽裂,小羽片为披针形,中肋明显,侧脉羽状分离,二次三叉分枝,达于叶边。【Rep】:孢子囊穗单生,通常高出不育叶,孢子囊穗为圆柱形,孢子囊围绕囊托着生,球形,大,无柄,少有单生,顶部具有鸡冠状的不育附属物。全球 6 个大洲分布和属种数(2/3 – 4)非洲:1/1 – 2;亚洲:1/1 – 2;大洋洲:1/1;欧洲:1/1 – 2;北美洲:1/1;南美洲:2/3 – 4。

Corsiopsis D. X. Zhang, R. M. K. Saunders & C. M. Hu 白玉簪属 Corsiaceae [MM – 705] 特征纪要:习性:草本(具根状茎)。花程式: –。物候: –。花期:6 月。果期:参考晚于花期。海拔:100 – 700 米。生境:土壤上。资源: –。全球 1 个大洲分布及种数(cf. 1)◆亚洲(◆中国)。【中国种数:1】。

Cortaderia Stapf 蒲苇属 Poaceae [MM – 748] 特征纪要:习性:草本(基生)。花程式:(K –),C0 参考科,A3 参考科,= G2 – 3。物候: –。海拔:10 – 5600 米。生境: –。栽培: –。资源:具栽培园艺种类。全球 6 个大洲分布及种数(29)非洲:6;亚洲:5;大洋洲:9;欧洲:3;北美洲:11;南美洲:22。【中国种数:2】。

Cortia DC. 喜峰芹属 Apiaceae [MD – 480] 特征纪要:习性:草本(基生)。花程式:Kn,C5,A3 参考科,= ↓G2。物候: –。海拔:4400 米。生境:高山草地。资源:具园艺种类。全球 2 个大洲分布及种数(3 – 18)亚洲:11; 南美洲:5。【中国种数:1】。

Corticifraga <unassigned> 拴芽藓属 Sorapillaceae [B – 212] 特征纪要: –。全球 1 个大洲分布及种数(–)。

Cortiella C. Norman 栓果芹属 Apiaceae [MD – 480] 特征纪要:习性:草本(基生)。花程式:Kn,C5,A3 参考科,= ↓(G)2。物候: –。海拔:4000 – 5400 米。生境:高山砾石草甸。资源:具园艺种类。全球 2 个大洲分布及种数(5 – 9)亚洲:6; 南美洲:3。【中国种数:2】。

Cortinarius (Pers.) A. Gray 马桑科属 Coriariaceae [MD – 277] 特征纪要: –。全球 5 个大洲分布及种数(309)非洲:71; 亚洲:6; 欧洲:1; 北美洲:1; 南美洲:198。

Cortusa L. = **Androsace**

Corunastylis R. Fitzg. 矮人兰属 Orchidaceae [MM – 723] 特征纪要:习性: –。花程式: –。其他特征参考科。全球 1 个大洲分布及种数(–)◆大洋洲。

Corvisartia Mérat = **Inula**

Coryanthes Hook. 吊桶兰属 Orchidaceae [MM – 723] 特征纪要:习性:草本。花程式:(K)3,C3,A3,= ↓G3。其他特征参考科。全球 5 个大洲分布及种数(69 – 101)非洲:2; 亚洲:1; 大洋洲:6; 北美洲:28; 南美洲:92。

Corybas Salisb. 铠兰属 Orchidaceae [MM – 723] 特征纪要:习性:草本。花程式:Kn,C2 – 3 参考科,A3 参考科,↓G –。物候: –。花期:6 – 7 月。果期:参考晚于花期。海拔:1700 – 1900 米。生境:土地,岩壁。资源:具园艺种类。全球 6 个大洲分布及种数(129 – 174)非洲:46 – 52;亚洲:33 – 39;大洋洲:63 – 76;欧洲:1 – 2;北美洲:1 – 2;南美洲:6 – 8。【中国种数:6】。

Corycium Sw. 乌头兰属 Orchidaceae [MM – 723] 特征纪要:习性:草本。花程式:(K)3,C3,A3,= ↓G3。特征参考科。全球 6 个大洲分布及种数(13 – 169)非洲:56; 亚洲:6; 大洋洲:2; 欧洲:6; 北美洲:6; 南美洲:75。

Corydalis DC. 紫堇属 Papaveraceae [MD – 54] 特征纪要:习性:草质攀援。花程式: –。物候: –。海拔:3000 – 4600 米。生境:沙地,高山草甸。资源:药用,具栽培园艺种类。全球 6 个大洲分布及种数(475 – 616;hort. 1;cult. 27)非洲:13 – 57;亚洲:451 – 577;大洋洲:43;欧洲:35 – 85;北美洲:38 – 82;南美洲:13 – 56。【中国种数:320】。

Corydandra Rchb. = **Galeandra**

Corylaceae Mirb. [MD – 76] 榛科 特征纪要:习性:木本;落叶。花程式:K4 – 5,C5,A4,G –。物候: –。花期:4 – 6 月。果期:8 – 9 月。果实: –。种子: –。海拔:1000 – 1500 米。生境:北坡石灰岩缝中,中海拔杂木林中。资源:药用。栽培:中国有栽培。全球 4 个大洲分布及属种数(1/1 < IFR 3/27 > hort. 1;cult. 3) 亚洲:1/18 – 21 (IFR 3/24); 欧洲:1/12(IFR 1/1); 北美洲:1/15(IFR 3/10); 南美洲:1/2。

Corylopsis Siebold & Zucc. 蜡瓣花属 Hamamelidaceae [MD – 63] 特征纪要:习性:木本。花程式: –。物候: –。花期:5 – 7 月。果期:参考晚于花期。海拔:1000 – 1200 米。生境:常绿阔叶林,松栎林。资源:药用,具栽培园艺种类。全球 6 个大洲分布及种数(27 – 84)非洲:6; 亚洲:57; 大洋洲:3; 欧洲:10; 北美洲:10; 南美洲:21。【中国种数:22】。

Corylus L. 榛属 Corylaceae [MD – 76] 特征纪要(同科)。全球6 个大洲分布及种数(20 – 26;hort. 1;cult. 7)非洲:4;亚洲:16 – 24;大洋洲:4;欧洲:10 – 14;北美洲:13 – 17;南美洲:1 – 5。【中国种数:15】。

Corymbia K. D. Hill & L. A. S. Johnson 伞房桉属 Myrtaceae [MD – 347] 特征纪要:习性:木本。花程式:K4 – 5,C4 – 5,A8 – 10,= ↓(G)2 – 5。物候: –。花期:4 月。果期:参考晚于花期。海拔:100 – 2900 米。生境:矮林,山坡,低丘和草原。资源: –。全球 6 个大洲分布及种数(93 – 109;hort. 1)非洲:15 – 20;亚洲:19 – 24;大洋洲:90 – 105;欧洲:4;北美洲:22 – 26;南美洲:13 – 17。【中国种数:11】。

Corymbium Gronov. 绣球菊属 Asteraceae [MD – 586] 特征纪要:习性:木本。花程式:(K)3 – 5,(C)3 – 5,A3 – 5,↓G。其他特征参考科。全球 3 个大洲分布及种数(14 – 25)非洲:21; 欧洲:2; 北美洲:2。

Corymborchis Thou. ex Blume = **Corymborkis**

Corymborkis Thou. 管花兰属 Orchidaceae［MM－723］特征纪要:习性:草本。花程式:Kn,C2－3 参考科,A3 参考科,＝↓G3。物候:－。花期:7 月。果期:参考晚于花期。海拔:700－1000 米。生境:密林下,森林中处于阴凉处。资源:花卉。全球 6 个大洲分布及种数(10)非洲:4－14;亚洲:5－15;大洋洲:1－11;欧洲:2－12;北美洲:3－13;南美洲:6－16。【中国种数:3】。

Corymbostachys Lindau ＝ **Anisostachya**

Corynabutilon（K. Schum.）Kearney 茼麻属 Malvaceae［MD－203］特征纪要:习性:木本。花程式:K5－∞,C5－∞,A10－8,G－。其他特征参考科。全球 2 个大洲分布及种数(7－12)北美洲:1; 南美洲:8。

Corynaea Hook. f. 棒花菰属 Balanophoraceae［MD－307］特征纪要:习性:木本。花程式:K1－2,C0,A1－2,＝↓G1－2。其他特征参考科。全球 2 个大洲分布及种数(2－9)北美洲:3; 南美洲:8。

Corynanthe Welw. 结春檀属 Rubiaceae［MD－523］特征纪要:习性:木本。花程式:(K)4－5,(C)4－5,A4－5,＝↓G2－9。其他特征参考科。全球 3 个大洲分布及种数(8－21)非洲:21; 亚洲:2; 北美洲:1。

Corynanthelium Kunze ＝ **Mikania**

Corynemyrtus（Kiaersk.）Mattos 心金娘属 Myrtaceae［MD－347］特征纪要:习性:－。花程式:－。其他特征参考科。全球 2 个大洲分布及种数(cf. 1)亚洲;南美洲。

Corynephorus P. Beauv. 棒芒草属 Poaceae［MM－748］特征纪要:习性:草本。花程式:(K)3,C0 参考科,A1－2,＝G2－3。其他特征参考科。全球 6 个大洲分布及种数(7－8)非洲:4－5;亚洲:4;大洋洲:1;欧洲:5;北美洲:2;南美洲:3。【中国种数:2】。

Corynocarpaceae Engl.［MD－371］毛利果科 特征纪要:习性:木本;落叶。花程式:K5,C5,A10,↑G2。全球 4 个大洲分布及属种数(2/2－7 hort. 1) 非洲:1/1; 亚洲:2/2－4; 大洋洲:2/2－7; 北美洲:2/2－3。

Corynocarpus J. R. Forst. & G. Forst. 毛利果属 Corynocarpaceae［MD－371］特征纪要(同科)。全球 5 个大洲分布及种数(6－14)非洲:1; 亚洲:6; 大洋洲:9; 欧洲:4; 北美洲:4。

Corynophallus Schott ＝ **Amorphophallus**

Corynophlaea <unassigned> 澳盘马桑属 Coriariaceae［MD－277］特征纪要:－。全球 1 个大洲分布及种数(1)◆大洋洲:1。

Corynophloea <unassigned> 欧洲盘马桑属 Coriariaceae［MD－277］特征纪要:－。全球 1 个大洲分布及种数(1)◆欧洲:1。

Corynopuntia F. M. Knuth 白棒掌属 Cactaceae［MD－100］特征纪要:习性:－。花程式:－。其他特征参考科。全球 6 个大洲分布及种数(6－7)非洲:7;亚洲:7;大洋洲:7;欧洲:7;北美洲:5－13;南美洲:7。

Corynostylis Mart. & Zucc. 盘种堇属 Violaceae［MD－126］特征纪要:习性:－。花程式:－。其他特征参考科。全球 4 个大洲分布及种数(17)非洲:3; 亚洲:2; 北美洲:6; 南美洲:17。

Corynotheca F. Müll. ex Benth. 帚枝百合属 Funariaceae［B－106］特征纪要:习性:－。花程式:－。其他特征参考科。全球 1 个大洲分布及种数(4－8)◆大洋洲。【中国种数:1】。

Corynula Hook. f. ＝ **Leptostigma**

Corypha L. 贝叶棕属 Arecaceae［MM－717］特征纪要:习性:木本。花程式:－。物候:－。花期:2－4 月。果期:参考晚于花期。海拔:100－2800 米。生境:半常绿雨林常见乔木,竹林下。资源:具栽培园艺种类。全球 5 个大洲分布及种数(5－54)非洲:7; 亚洲:29; 大洋洲:5; 北美洲:10; 南美洲:17。【中国种数:3】。

Coryphadenia Morley ＝ **Votomita**

Coryphantha（Engelm.）Lem. 香蜂球属 Cactaceae［MD－100］特征纪要:习性:木本。花程式:K1－∞,C1－∞,A3－100,＝↓G3－100－。其他特征参考科。全球 3 个大洲分布及种数(53－181)亚洲:2; 北美洲:70; 南美洲:31。

Coryphomia Rojas Acosta ＝ **Copernicia**

Coryphopteris Holttum 簇叶蕨属 Thelypteridaceae［F－42］特征纪要:习性:－。【Rep】:孢子同形,囊群生叶背有盖－无盖。物候:－。海拔:20－2500 米。生境:侧脉中上部,竹林下沟边。资源:－。全球 6 个大洲分布及种数(31－51;hort. 1)非洲:15－27;亚洲:12－27;大洋洲:8－20;欧洲:1－7;北美洲:6;南美洲:6。

Coryphothamnus Steyerm. 帕加茜属 Rubiaceae［MD－523］特征纪要:习性:木本。花程式:(K－),(C)4,A3－5,↓G。其他特征参考科。全球 1 个大洲分布及种数(1)◆南美洲。

Coryspermum Juss. ＝ **Corispermum**

Corythea S. Watson ＝ **Acalypha**

Corytholoma（Benth.）Decne. 心苣苔属 Gesneriaceae［MD－549］特征纪要:习性:－。花程式:－。其他特征参考科。全球 1 个大洲分布及种数(cf. 1)◆南美洲。

Corythophora R. Knuth 盔玉蕊属 Lecythidaceae［MD－267］特征纪要:习性:木本。花程式:K40－1000,C40－1000,A40－1000,＝↓G2－6。其他特征参考科。全球 1 个大洲分布及种数(4)◆南美洲。

Corytoplectus örst. 亮果岩桐属 Gesneriaceae［MD－549］特征纪要:习性:草本。花程式:K5,C0,A4,＝G2。其他特征参考科。全球 2 个大洲分布及种数(12－14;hort. 1;cult. 1)北美洲:2;南美洲:10－12。

Coscinium Colebr. 南洋药藤属 Menispermaceae［MD－42］特征纪要:习性:草本。花程式:K1(6－40),C3,A1－6－40,＝G1－3。其他特征参考科。全球 1 个大洲分布及种数(cf. 1)◆亚洲。

Coscinodon Spreng. 筛齿藓属 Grimmiaceae［B－115］特征纪要:习性:－。物候:－。海拔:－。生境:草甸,岩面土生。资源:－。全球 6 个大洲分布及种数(17)非洲:2;亚洲:6;大洋洲:1;欧洲:8;北美洲:6;南美洲:1。【中国种数:2】。

Coscinodontella R. S. Williams 南美紫萼藓属 Grimmiaceae［B－115］特征纪要：－。全球 2 个大洲分布及种数(1)欧洲:1;南美洲:1。

Cosentinia Tod. 火岩蕨属 Sinopteridaceae［F－34］特征纪要：－。全球 3 个大洲分布及种数(5)非洲:3; 亚洲:3; 欧洲:5。

Cosmanthus Nolte ex A. DC. = **Phacelia**

Cosmea Willd. = **Cosmos**

Cosmelia R. Br. 澳石南属 Ericaceae［MD－380］特征纪要:习性:木本。花程式:(K－),(C)5 参考科,A3 参考科,G3－ 参考科。其他特征参考科。全球 1 个大洲分布及种数(1) ◆大洋洲:1。

Cosmianthemum Bremek. 秋英爵床属 Acanthaceae［MD－572］特征纪要:习性:草本。花程式:－。物候:－。花期:10 月。果期:参考晚于花期。海拔:400－500 米。生境:森林,中海拔密林下。资源:具园艺种类。全球 2 个大洲分布及种数(14－27)亚洲:21; 南美洲:3。【中国种数:2】。

Cosmibuena Ruiz & Pav. 黄丁桐属 Rubiaceae［MD－523］特征纪要:习性:木本。花程式:(K)4－5,(C)4－5,A4－5,＝↓G2－9。资源:具园艺种类。全球 5 个大洲分布及种数(4－29)非洲:2; 亚洲:3; 大洋洲:2; 北美洲:19; 南美洲:18。【中国种数:1】。

Cosmidium Nutt. = **Thelesperma**

Cosmocalyx Standl. 墨茜草属 Rubiaceae［MD－523］特征纪要:习性:木本。花程式:(K)4－5,(C)4－5,A4－5,＝↓(G)2－9)。其他特征参考科。全球 1 个大洲分布及种数(1)◆北美洲。

Cosmos Cav. 秋英属 Asteraceae［MD－586］特征纪要:习性:草本。花程式:(K)3－5,C3－5,A3 参考科,＝↓G2。物候:－。花期:6－8 月。果期:参考晚于花期。海拔:6000 米。生境:灌丛。资源:药用,油脂,观赏,具栽培园艺种类。全球 6 个大洲分布及种数(41－128)非洲:6; 亚洲:15; 大洋洲:5; 欧洲:61; 北美洲:61; 南美洲:29。【中国种数:5】。

Cosmostigma Wight 荟蔓藤属 Apocynaceae［MD－492］特征纪要:习性:木质攀援。花程式:(K－),C5,A5,↓G－。物候:－。花期:5 月。果期:参考晚于花期。海拔:5000 米。生境:潮湿森林。资源:－。全球 2 个大洲分布及种数(3－7)亚洲:6; 南美洲:2。【中国种数:2】。

Cossignia Comm. ex Juss. = **Cossinia**

Cossinia Comm. ex Lam. 澳木患属 Sapindaceae［MD－428］特征纪要:习性:木本。花程式:K4－8,C4－8,A10,＝G2－3。其他特征参考科。全球 2 个大洲分布及种数(4－8)非洲:5; 大洋洲:8。

Costaceae Nakai［MM－738］闭鞘姜科 特征纪要:习性:木本;落叶。花程式:(K)6,C3,A1－6,↓(G)3。物候:－。花期::5－7 月。果期:9－11 月。果实:蒴果。种子:种皮作不规则的矩圆形。海拔:1000 米。生境:潮湿地方,疏林下,山谷荫湿地,路边草丛,荒坡,水沟边等处。资源:药用。全球 6 个大洲分布及属种数(9/118－170 < IFR 3/10 > hort. 1) 非洲:4/37－68; 亚洲:4/38－49; 大洋洲:3/14－28; 欧洲:2/9; 北美洲:2/44(IFR 2/3); 南美洲:6/73－78(IFR 3/10)。【中国属种数:2/12】。

Costaea A. Rich. = **Purdiaea**

Costantina Bullock = **Lygisma**

Costarica L. D. Gómez = **Sicyos**

Costaricaea Schltr. = **Scaphyglottis**

Costaricia Christ = **Dennstaedtia**

Costea A. Rich. = **Purdiaea**

Costera J. J. Sm. 腺叶莓属 Ericaceae［MD－380］特征纪要:习性:木本。花程式:K5－8,(C)5－8,A10,＝G2－4。其他特征参考科。全球 2 个大洲分布及种数(10－18)亚洲:11; 南美洲:9。

Costesia Thér. 大孢藓属 Gigaspermaceae［B－108］特征纪要:－。全球 2 个大洲分布及种数(5)亚洲:3; 南美洲:3。

Costularia C. B. Clarke 锥序莎属 Cyperaceae［MM－747］特征纪要:习性:草本。花程式:(K)3,C3,A3,＝↓G2－3。其他特征参考科。全球 3 个大洲分布及种数(17－25;hort. 1;cult. 1)非洲:13－14;亚洲:1;大洋洲:3－9。

Costus L. 西闭鞘姜属 Costaceae［MM－738］特征纪要:习性:草本。花程式:－。物候:－。花期:5－7 月。果期:参考晚于花期。海拔:1100－2200 米。生境:潮湿地方,疏林下,山谷荫湿地,路边草丛,荒坡,水沟边等处。资源:药用,具栽培园艺种类。全球 6 个大洲分布及种数(88－123;hort. 1)非洲:32－55;亚洲:29－41;大洋洲:8－15;欧洲:7－14;北美洲:40－47;南美洲:51－63。【中国种数:11】。

Cota J. Gay ex Guss. 全黄菊属 Asteraceae［MD－586］特征纪要:习性:草本。花程式:(K)3－5,(C)3－5,A3 参考科,↓G。物候:－。花期:6－7 月。果期:参考晚于花期。海拔:－。生境:已种植,可能已归化。栽培:来自广西龙州。资源:具栽培园艺种类。全球 6 个大洲分布及种数(47－63)非洲:8; 亚洲:39; 大洋洲:3; 欧洲:11; 北美洲:11; 南美洲:4。【中国种数:3】。

Cotema Britton & P. Wilson = **Tecoma**

Cotinus Mill. 黄栌属 Anacardiaceae［MD－432］特征纪要:习性:木本。花程式:K5,C5,A5,G－。物候:－。花期:参考早于果期。果期:5－11 月。海拔:700－2400 米。生境:南北山坡山脚,向阳山坡林中。资源:色素,丹宁,具栽培园艺种类。全球 6 个大洲分布及种数(9－11)非洲:71;亚洲:6－78;大洋洲:1－72;欧洲:1－72;北美洲:4－75;南美洲:2－73。【中国种数:3】。

Cotoneaster Medik. 栒子属 Rosaceae［MD－246］特征纪要:习性:木本。花程式:－。物候:－。花期:5－6 月。果期:参考晚于花期。海拔:1000－3000 米。生境:常绿阔叶林,在山坡上的茂密的森林,林缘,草原。资源:具栽培园艺种类。全球 6 个大洲分布及种数(172－338;hort. 1;cult. 18)非洲:14－58;亚洲:152－247;大洋洲:17

-60;欧洲:79-132;北美洲:77-127;南美洲:9-49。【中国种数:64】。

Cotopaxia Mathias & Constance 哥伦草属 Apiaceae [MD-480] 特征纪要:习性:草本。花程式:K5,C5,A5,=↓(G)2。其他特征参考科。全球1个大洲分布及种数(2)◆南美洲。

Cottea Kunth 白衣草属 Poaceae [MM-748] 特征纪要:习性:草本。花程式:(K)3,C0参考科,A1-2,↓G-参考科。其他特征参考科。全球4个大洲分布及种数(1-4)非洲:2; 亚洲:3; 北美洲:4; 南美洲:3。

Cottendorfia Schult. & Schult. f. 繁穗凤梨属 Bromeliaceae [MM-715] 特征纪要:习性:草本。花程式:K3,C3,A6,=↓(G)3。其他特征参考科。全球2个大洲分布及种数(1-41)北美洲:2; 南美洲:36。

Cottonia Wight 折被兰属 Orchidaceae [MM-723] 特征纪要:习性:草本。花程式:(K)3,C3,A3,=↓G3。其他特征参考科。全球3个大洲分布及种数(1-5)亚洲:4; 北美洲:2; 南美洲:2。

Cotula L. 山芫荽属 Asteraceae [MD-586] 特征纪要:习性:草本(基生)。花程式:(K)3-5,C3-5,A3参考科,=↓G2。物候:-。花期:参考早于果期。果期:9月至翌年3月。海拔:1000-1100米。生境:河边潮湿的稻田,田间杂草。资源:具栽培园艺种类。全球6个大洲分布及种数(60-93;hort. 1)非洲:52-59;亚洲:7-13;大洋洲:16-20;欧洲:12-16;北美洲:8-12;南美洲:11-15。【中国种数:4】。

Cotyla L. = **Cotula**

Cotylanthera Bl. 杯药草属 Gentianaceae [MD-496] 特征纪要:习性:-。花程式:-。物候:-。海拔:1700-2400米。生境:森林,林下。资源:-。全球2个大洲分布及种数(6)亚洲:6; 大洋洲:1。

Cotylanthes Calest. = **Schefflera**

Cotyledon L. 银波木属 Crassulaceae [MD-229] 特征纪要:习性:灌木。花程式:-。物候:-。海拔:-。生境:-。资源:具栽培园艺种类。全球6个大洲分布及种数(39-81;hort. 1;cult. 4)非洲:26-61;亚洲:5-36;大洋洲:1-32;欧洲:5-36;北美洲:12-43;南美洲:5-36。【中国种数:1】。

Cotylelobium Pierre 毛药香属 Dipterocarpaceae [MD-173] 特征纪要:习性:木本。花程式:K5,C5,A5-15,=G2-3。物候:-。花期:4-5月。果期:参考晚于花期。海拔:300-1100米。生境:沟谷雨林及石灰山密林中,在草甸干燥沙土中。资源:-。全球1个大洲分布及种数(1-5)◆亚洲。【中国种数:1】。

Cotylodiscus Radlk. = **Plagioscyphus**

Cotylolabium Garay 绥草属 Orchidaceae [MM-723] 特征纪要:习性:草本。花程式:(K)3,C3,A3,↓G-。其他特征参考科。全球1个大洲分布及种数(1)◆南美洲。

Couepia Aubl. 玉蕊李属 Chrysobalanaceae [MD-243] 特征纪要:习性:木本。花程式:-。物候:-。海拔:-。生境:-。资源:具园艺种类。全球6个大洲分布及种数(69-139)非洲:6; 亚洲:7; 大洋洲:2; 欧洲:24; 北美洲:24; 南美洲:129。【中国种数:1】。

Coula Baill. 檀榛属 Olacaceae [MD-362] 特征纪要:习性:木本。花程式:K3,C3,A5-6,=(G)2-3)。其他特征参考科。全球1个大洲分布及种数(1)◆非洲。

Coulaceae Van Tiegh. 檀榛科 = Olacaceae

Coulterella Vasey & Rose 菊科属 Dipsacaceae [MD-545] 特征纪要:习性:-。花程式:-。其他特征参考科。全球1个大洲分布及种数(1)◆北美洲:1。

Coulteria Kunth 树实豆属 Fabaceae2 [MD-240] 特征纪要:习性:木本。花程式:K1-∞,C3-5-∞,A5-9,=↓G1。其他特征参考科。全球6个大洲分布及种数(7)非洲:1;亚洲:1;大洋洲:1;欧洲:1;北美洲:6-7;南美洲:1-2。

Coulterina Kuntze = **Physaria**

Coulterophytum B. L. Rob. 考特草属 Apiaceae [MD-480] 特征纪要:习性:草本。花程式:K5,C5,A5,=↓(G)2。其他特征参考科。全球1个大洲分布及种数(4)◆北美洲(◆墨西哥)。

Couma Aubl. 牛奶木属 Apocynaceae [MD-492] 特征纪要:习性:木本。花程式:K5-∞,C0,A15,=↓G2-5。其他特征参考科。全球3个大洲分布及种数(6-19)非洲:2; 北美洲:6; 南美洲:19。

Coumarouna Aubl. 牛奶豆属 Fabaceae3 [MD-240] 特征纪要:习性:-。花程式:-。其他特征参考科。全球3个大洲分布及种数(20)亚洲:2; 北美洲:2; 南美洲:18。

Coupia G. Don = **Goupia**

Couralia Splitg. = **Tabebuia**

Courantia Lem. = **Echeveria**

Couratari Aubl. 兜玉蕊属 Lecythidaceae [MD-267] 特征纪要:习性:木本。花程式:-。其他特征参考科。全球1个大洲分布及种数(21)◆南美洲。

Courataria Rchb. = **Couratari**

Courbonia Brongn. = **Maerua**

Courimari Aubl. = **Sloanea**

Couroupita Aubl. 炮弹树属 Lecythidaceae [MD-267] 特征纪要:习性:木本。花程式:K40-1000,C40-1000,A40-1000,=↓G2-6。物候:-。海拔:-。生境:-。资源:具栽培园艺种类。全球6个大洲分布及种数(3-25)非洲:2; 亚洲:5; 大洋洲:2; 欧洲:12; 北美洲:12; 南美洲:16。【中国种数:1】。

Coursetia DC. 宝锋豆属 Fabaceae3 [MD-240] 特征纪要:习性:木本。花程式:K1-∞,C1-∞,A5-9,=↓G1。其他特征参考科。全球6个大洲分布及种数(41-43;hort. 1;cult. 1)非洲:2-3;亚洲:1;大洋洲:1;欧洲:1-2;北美洲:24-25;南美洲:20-21。【中国种数:1】。

Coursiana Homolle = **Payera**

Courtoisina Soják 翅鳞莎属 Cyperaceae［MM－747］特征纪要：习性：－。花程式：－。物候：－。花期：6－9月。果期：参考晚于花期。海拔：1000－1800米。生境：草原。栽培：来自广西龙州。资源：具栽培园艺种类。全球4个大洲分布及种数(3)非洲：2；亚洲：2；大洋洲：1；北美洲：1。

Cousinia Cass. 刺头菊属 Asteraceae［MD－586］特征纪要：习性：草本，少木本。花程式：(K)3－5，C3－5，A3参考科，=↓(G)2。物候：－。海拔：1200－2000米。生境：沙漠。资源：具栽培园艺种类。全球4个大洲分布及种数(698－988)非洲：12；亚洲：904；欧洲：6；北美洲：6。【中国种数：13】。

Cousiniopsis Nevski 蓝刺菊属 Asteraceae［MD－586］特征纪要：习性：草本。花程式：(K)3－5，C3－5，A3－5，=↓(G)2。其他特征参考科。全球2个大洲分布及种数(1－10)非洲：2；亚洲：6。

Coussapoa Aubl. 绞麻树属 Urticaceae［MD－91］特征纪要：习性：木本。花程式：－。其他特征参考科。全球5个大洲分布及种数(52－126)非洲：1；大洋洲：2；欧洲：24；北美洲：24；南美洲：122。

Coussarea Aubl. 雪蛛檀属 Rubiaceae［MD－523］特征纪要：习性：木本。花程式：(K)4－5，(C)4－5，A4－5，=↓G2－9。其他特征参考科。全球4个大洲分布及种数(127－212)非洲：3；亚洲：5；北美洲：60；南美洲：201。

Coutaportla Urb. 美茜树属 Rubiaceae［MD－523］特征纪要：习性：木本。花程式：(K)4－5，(C)4－5，A4－5，=↓G2－9。其他特征参考科。全球2个大洲分布及种数(5－6)北美洲：5；南美洲：1。

Coutarea Aubl. 巴西鸡纳属 Rubiaceae［MD－523］特征纪要：习性：木本。花程式：(K)4－5，(C)4－5，A4－5，=↓G2－9。物候：－。海拔：－。生境：－。资源：具园艺种类。全球2个大洲分布及种数(1－31)北美洲：19；南美洲：24。

Coutareopsis Paudyal & Delprete 美鸡纳属 Rubiaceae［MD－523］特征纪要：习性：木本。花程式：(K－)，(C)4，A3参考科，↓G。其他特征参考科。全球1个大洲分布及种数(3)◆南美洲：3。

Coutinia Vell. ＝ **Aspidosperma**

Coutoubea Aubl. 库塔龙胆属 Gentianaceae［MD－496］特征纪要：习性：草本。花程式：K4－5，C0，A10，=G2。其他特征参考科。全球4个大洲分布及种数(5－17)非洲：3；欧洲：4；北美洲：4；南美洲：16。

Coutubea Steud. ＝ **Coutoubea**

Coveniella M. D. Tindale 昆士兰蕨属 Dryopteridaceae［F－49］特征纪要：习性：－。【Rep】：孢子同形，囊群生叶背有盖。其他特征参考科。全球2个大洲分布及种数(3)大洋洲：3；北美洲：2。

Cowania D. Don 铁线梅属 Rosaceae［MD－246］特征纪要：习性：－。花程式：－。其他特征参考科。全球6个大洲分布及种数(32)非洲：7；亚洲：4；大洋洲：11；欧洲：12；北美洲：12；南美洲：3。

Cowiea Wernham 林巴戟属 Rubiaceae［MD－523］特征纪要：习性：－。花程式：K－，C4－5参考科，A9，↓(G)2－9。其他特征参考科。全球1个大洲分布及种数(2－4)◆亚洲：1。

Coxia Endl. ＝ **Lysimachia**

Crabbea Harv. 莽银花属 Acanthaceae［MD－572］特征纪要：习性：草本。花程式：K2－4，C0，A2－4，=↓G2。其他特征参考科。全球4个大洲分布及种数(13－40)非洲：21；欧洲：1；北美洲：1；南美洲：17。

Cracca Benth. 大巢菜属 Fabaceae3［MD－240］特征纪要：习性：－。花程式：－。其他特征参考科。全球6个大洲分布及种数(35－38)非洲：18－33；亚洲：8－23；大洋洲：14－29；欧洲：1－17；北美洲：4－19；南美洲：1－16。

Craccina Stev. ＝ **Astragalus**

Cracosna Gagnep. 亚洲龙胆属 Gentianaceae［MD－496］特征纪要：习性：草本。花程式：－。物候：－。海拔：2－6000米。生境：山坡草地。资源：－。全球2个大洲分布及种数(3－4)亚洲：3；南美洲：1。【中国种数：3】。

Craepalia Schrank ＝ **lolium**

Craepaloprumnon (H. Karst.) H. Karst. 柞木属 Fabaceae3［MD－240］特征纪要：习性：－。花程式：－。其他特征参考科。全球1个大洲分布及种数(5)◆南美洲：1。

Craibella R. M. K. Saunders, Y. C. F. Su & Chalermglin 玉钩花属 Annonaceae［MD－7］特征纪要：习性：－。花程式：－。其他特征参考科。全球2个大洲分布及种数(4)亚洲：2；南美洲：3。

Craibia Dunn 木豌豆属 Fabaceae3［MD－240］特征纪要：习性：木本。花程式：K1－∞，C1－∞，A5－9，=↓G1。其他特征参考科。全球4个大洲分布及种数(12－32)非洲：31；亚洲：3；欧洲：2；北美洲：2。

Craibiodendron W. W. Sm. 金叶子属 Ericaceae［MD－380］特征纪要：习性：木本。花程式：－。物候：－。花期：4－7月。果期：参考晚于花期。海拔：1200－2800米。生境：干燥阳处，疏林中。资源：药用，具栽培园艺种类。全球1个大洲分布及种数(4－8)◆亚洲。【中国种数：3】。

Craigia W. W. Sm. & W. E. Evans 滇桐属 Malvaceae［MD－203］特征纪要：习性：木本。花程式：－。物候：－。花期：4－6月。果期：参考晚于花期。海拔：500－1600米。生境：常绿阔叶林，路边。资源：具园艺种类。全球1个大洲分布及种数(2－3)◆亚洲。【中国种数：2】。

Crambe L. 两节荠属 Brassicaceae［MD－213］特征纪要：习性：草本(基生)。花程式：Kn，C2－3参考科，A5，G2。物候：－。花期：3－5月。果期：参考晚于花期。海拔：700－4000米。生境：河滩乱石堆旁，山麓。资源：具栽培园艺种类。全球6个大洲分布及种数(44－87)非洲：17；亚洲：39；大洋洲：3；欧洲：9；北美洲：9；南美洲：7。【中国种数：1】。

Crambella Maire 柱叶荠属 Brassicaceae［MD－213］特征纪要：习性：草本。花程式：K2－4，C2－4，A2－4，=(G)2。其他特征参考科。全球1个大洲分布及种数(1)◆非洲(◆摩洛哥)。

Cranichis Sw. 盔唇兰属 Orchidaceae［MM－723］特征纪要：习性：草本。花程式：(K)3，C3，A3，=↓(G)3)。其他特征参考科。全球5个大洲分布及种数(85－149)非洲：3；亚洲：10；欧洲：79；北美洲：79；南美洲：139。

Craniolaria L. 短角胡麻属 Martyniaceae［MD－557］特征纪要：习性：木本。花程式：－。其他特征参考科。全球

C

5 个大洲分布及种数(2 – 8)非洲:1; 亚洲:3; 大洋洲:2; 北美洲:3; 南美洲:6。

Craniospermum Lehm. 颅果草属 Boraginaceae [MD – 517] 特征纪要:习性:草本。花程式:(K –),C5,A5,↓G – 4。物候: – 。花期:6 月。果期:参考晚于花期。海拔:1700 米。生境:草原斜坡,干旱峡谷,岩石上。资源:具栽培园艺种类。全球 1 个大洲分布及种数(4 – 8)◆亚洲。【中国种数:3】。

Craniotome Rchb. 簇序草属 Lamiaceae [MD – 575] 特征纪要:习性:草本。花程式: – 。物候: – 。花期:8 – 9 月。果期:参考晚于花期。海拔:900 – 3200 米。生境:林下或灌丛中。资源:具栽培园艺种类。全球 2 个大洲分布及种数(1 – 4)非洲:2; 亚洲:4。【中国种数:1】。

Cranocarpus Benth. 巴西盔豆属 Fabaceae3 [MD – 240] 特征纪要:习性:木本。花程式:K1 – ∞ ,C1 – ∞ ,A5 – 9, = ↓G1。其他特征参考科。全球 3 个大洲分布及种数(3 – 5)非洲:2; 亚洲:2; 南美洲:5。

Crantzia G. A. Scop. 山苣苔属 Gesneriaceae [MD – 549] 特征纪要和分布(–)。全球 6 个大洲分布及种数(5 – 8)非洲:1;亚洲:1;大洋洲:1;欧洲:1;北美洲:1 – 2;南美洲:4 – 6。

Craspedaria Link 边龙骨属 Polypodiaceae [F – 60] 特征纪要:习性: – 。【Rep】:孢子同形,囊群生叶背。其他特征参考科。全球 2 个大洲分布及种数(13)北美洲:1; 南美洲:1。

C

Craspedia G. Forst. 金槌花属 Asteraceae [MD – 586] 特征纪要:习性:草本。花程式:(K)3 – 5,(C)3 – 5,A3 – 5, = ↓G2。其他特征参考科。全球 5 个大洲分布及种数(33 – 90)非洲:4; 亚洲:17; 大洋洲:52; 北美洲:2; 南美洲:5。

Craspedodictyum Copel. = **Syngramma**

Craspedolobium Harms 巴豆藤属 Fabaceae3 [MD – 240] 特征纪要:习性:木质攀援。花程式: – 。物候: – 。花期:6 – 9 月。果期:参考晚于花期。海拔:600 – 2000 米。生境:疏林下和路旁灌木林中。资源:药用。全球 1 个大洲分布及种数(1 – 2)◆亚洲。【中国种数:1】。

Craspedoneuron Bosch = **Trichomanes**

Craspedophyllum (C. Presl) Copel. 膜蕨属 Hymenophyllaceae [F – 21] 特征纪要:习性: – 。其他特征参考科。全球 1 个大洲分布及种数(–)◆大洋洲。

Craspedorhachis Benth. 流苏舌草属 Poaceae [MM – 748] 特征纪要:习性:草本。花程式:(K)3,C0 参考科,A1 – 2, = (G)2 – 3。其他特征参考科。全球 2 个大洲分布及种数(3 – 12)非洲:10; 北美洲:2。

Craspedosorus Ching & W. M. Chu 边果蕨属 Thelypteridaceae [F – 42] 特征纪要:习性: – 。【Rep】:孢子囊群长圆形,生于叶脉顶端稍下处,较近叶边,无盖。海拔:20 – 2500 米。生境:近顶部,较近叶边,孢子囊无毛,或近环带处常有一根短针毛;杂木罗汉竹林林缘溪边。全球 1 个大洲分布及种数(1 – 3)◆亚洲(◆中国)。

Craspedostoma Domke = **Gnidia**

Craspedum Lour. = **Elaeocarpus**

Craspidospermum Bojer ex A. DC. 马达夹竹桃属 Apocynaceae [MD – 492] 特征纪要:习性:木本。花程式: – 。其他特征参考科。全球 1 个大洲分布及种数(1)◆非洲:1。

Crassicosta H. A. Crum & Sharp = **Haplocladium**

Crassipes Swallen = **Sclerochloa**

Crassiphyllum Ochyra 平藓科属 Neckeraceae [B – 204] 特征纪要:习性: – 。【Rep】:孢子体不详,黄绿色或黄褐色。其他特征参考科。全球 1 个大洲分布及种数(1)◆欧洲。

Crassocephalum Mönch 野茼蒿属 Asteraceae [MD – 586] 特征纪要:习性:草本。花程式:(K)3 – 5,C3 – 5,A3 参考科, = ↓G2。物候: – 。海拔:300 – 1800 米。生境:荒地,路旁,草原。栽培:来自广西龙州。资源:药用,具栽培园艺种类。全球 6 个大洲分布及种数(28 – 35;hort. 1;cult. 2)非洲:27 – 31;亚洲:3 – 6;大洋洲:1 – 2;欧洲:1 – 2;北美洲:3 – 4;南美洲:1。【中国种数:3】。

Crassothonna B. Nord. 野茼菊属 Asteraceae [MD – 586] 特征纪要:习性:草本。花程式:(K)3 – 5,(C)3 – 5,A3 – 5,↓G。其他特征参考科。全球 2 个大洲分布及种数(14)非洲:14; 大洋洲:1。

Crassula L. 青锁龙属 Crassulaceae [MD – 229] 特征纪要:习性:灌木。花程式: – 。物候: – 。花期:7 – 8 月。果期:参考晚于花期。海拔:200 – 5700 米。生境:池塘的边缘。栽培:来自广西龙州。资源:具栽培园艺种类。全球 6 个大洲分布及种数(209 – 286;hort. 1;cult. 21)非洲:181 – 220;亚洲:33 – 45;大洋洲:47 – 68;欧洲:27 – 39;北美洲:31 – 42;南美洲:32 – 45。【中国种数:12】。

Crassulaceae J. St. – Hil. [MD – 229] 景天科 特征纪要:习性:木本;落叶。花程式:♀/♂(K)6,C5,A4,↓(G) – 。物候: – 。花期: 2 – 3 月。果实:蓇果。种子:种皮有皱纹或微乳头状突起,棕色。海拔:0 米。生境:北京西北旺药用植物试验场引种,在右山坡阴地。资源:园林。栽培:中国有栽培。全球 6 个大洲分布及属种数(55 – 67/1784 – 2432 <IFR 31/192 > hort. 1;cult. 23) 非洲:21/503 – 624(IFR 12/58); 亚洲:23/619 – 684(IFR 15/59); 大洋洲:9/123 – 146(IFR 6/12); 欧洲:19/329 – 413(IFR 9/24); 北美洲:27/741 – 807(IFR 9/49); 南美洲:9/112 – 117(IFR 2/3)。【中国属种数:16/261】。

Crataegomespilus Simon – Louis ex G. Bellair 山楂欧海棠属 Rosaceae [MD – 246] 特征纪要: – 。全球 3 个大洲分布及种数(6)亚洲:1; 欧洲:2; 北美洲:2。

Crataegosorbus Makino 花楸玫瑰属 Rosaceae [MD – 246] 特征纪要:习性: – 。花程式: – 。其他特征参考科。全球 1 个大洲分布及种数(–)。

Crataegus L. 山楂属 Rosaceae [MD – 246] 特征纪要:习性:木本。花程式: – 。物候: – 。花期:5 – 6 月。果期:参考晚于花期。海拔:100 – 1500 米。生境:草地,自然山坡地。资源:药用,具栽培园艺种类。全球 6 个大洲分布及种数(343 – 718;hort. 1;cult. 106)非洲:25 – 687;亚洲:146 – 853;大洋洲:8 – 665;欧洲:92 – 767;北美洲:

263－1137;南美洲:15－677。【中国种数:34】。

Crataemespilus Camus 花楸属 Rosaceae［MD－246］特征纪要:习性:木本。花程式:K4,C5,A8,↓(G)1－50。其他特征参考科。全球－个大洲分布及种数(1－6)。

Crategus Roxb. 山玫瑰属 Rosaceae［MD－246］特征纪要:习性:－。花程式:－。其他特征参考科。全球1个大洲分布及种数(cf. 1)◆北美洲。

Crateranthus Baker f. 摆裙花属 Lecythidaceae［MD－267］特征纪要:习性:木本。花程式:K40－1000,C40－1000,A40－1000,＝↓(G)2－6。其他特征参考科。全球1个大洲分布及种数(2－5)◆非洲。

Craterispermum Benth. 粥棒树属 Rubiaceae［MD－523］特征纪要:习性:木本。花程式:(K)4－5,(C)4－5,A4－5,＝↓(G)2－9。其他特征参考科。全球4个大洲分布及种数(29－41)非洲:39; 亚洲:3; 北美洲:4; 南美洲:2。

Craterocapsa Hilliard & B. L. Burtt 莲风铃属 Campanulaceae［MD－561］特征纪要:习性:草本。花程式:(K)5,(C)5,A5,↓G－。其他特征参考科。全球1个大洲分布及种数(4－5)◆非洲。

Craterogyne Lanj. ＝ **Dorstenia**

Craterosiphon Engl. & Gilg 瑞薇香属 Thymelaeaceae［MD－310］特征纪要:习性:木本。花程式:K2－4,C0,A2,＝(G)2－5。其他特征参考科。全球1个大洲分布及种数(10)◆非洲。

Craterostigma Hochst. 碗柱草属 Linderniaceae［MD－534］特征纪要:习性:草本(水生)。花程式:K2－4,C0,A4,＝↓G2－3。其他特征参考科。全球4个大洲分布及种数(26－43)非洲:42; 亚洲:5; 大洋洲:1; 北美洲:3。

Crateva L. 鱼木属 Capparaceae［MD－178］特征纪要:习性:木本。花期:6－7月。果期:参考晚于花期。海拔:1300米。生境:沟谷或平地,低山水旁或石山密林中。资源:具栽培园艺种类。全球6个大洲分布及种数(26－29)非洲:10－13;亚洲:10－12;大洋洲:2－4;欧洲:2;北美洲:4－6;南美洲:7－10。【中国种数:7】。

Cratoneuraceae Mönk. ＝ Amblystegiaceae

Cratoneurella H. Rob. 青短藓属 Brachytheciaceae［B－187］特征纪要:习性:－。【Rep】:雌苞侧生,雌苞叶分化,蒴柄长,平滑或粗糙,孢蒴卵球形或长椭圆状圆柱形,下弯至横生,甚少直立,颈部短而,绿色或棕绿色。物候:－。海拔:－。生境:常见于林下土生,岩面土生。资源:－。全球1个大洲分布及种数(1)◆亚洲:1。

Cratoneuron (Sull.) Spruce 牛角藓属 Amblystegiaceae［B－178］特征纪要:习性:－。【Rep】:雌雄同株,蒴柄长3－4。物候:－。海拔:970米。生境:沼泽土生。资源:－。全球6个大洲分布及种数(9)非洲:3;亚洲:3;大洋洲:1;欧洲:4;北美洲:3;南美洲:3。【中国种数:9】。

Cratoneuropsis (Broth.) M. Fleisch. 山叶藓属 Amblystegiaceae［B－178］特征纪要:习性:－。【Rep】:雌雄同株,绿色、黄色或棕色。物候:－。海拔:－。生境:常见于腐木生,沼泽土生。资源:－。全球4个大洲分布及种数(3)非洲:2;大洋洲:2;欧洲:1;南美洲:2。

Cratoxylum Bl. 黄牛木属 Clusiaceae［MD－141］特征纪要:习性:木本。花程式:－。物候:－。花期:4－5月。果期:参考晚于花期。海拔:1200米。生境:生于山地次生疏林或灌丛中。资源:具栽培园艺种类。全球6个大洲分布及种数(10－64)非洲:2; 亚洲:55; 大洋洲:3; 欧洲:8; 北美洲:8; 南美洲:2。【中国种数:5】。

Cratylia Mart. ex Benth. 灌木豆属 Fabaceae3［MD－240］特征纪要:习性:木本。花程式:K1－∞,C1－∞,A5－9,＝↓G1。其他特征参考科。全球1个大洲分布及种数(8－10)◆南美洲。

Cratystylis S. Moore 束柱菊属 Asteraceae［MD－586］特征纪要:习性:草本。花程式:(K)3－5,(C)3－5,A3－5,＝↓G2。其他特征参考科。全球3个大洲分布及种数(4－6)大洋洲:6; 北美洲:3; 南美洲:2。

Crawfurdia Wall. 蔓龙胆属 Gentianaceae［MD－496］特征纪要:习性:草本。花程式:(K－),C2－3参考科,A10,↓G－。物候:－。海拔:1500－2800米。生境:山坡山沟边灌丛中,林缘,草坡。资源:药用。全球2个大洲分布及种数(23－64)亚洲:60; 北美洲:4。【中国种数:15】。

Creatantha Standl. ＝ **Isertia**

Cremanium D. Don ＝ **Miconia**

Cremanthodium Benth. 垂头菊属 Asteraceae［MD－586］特征纪要:习性:草本(基生,多肉)。花程式:(K)3－5,C3－5,A3参考科,＝↓G2。物候:－。海拔:2400－4800米。生境:草地,高山草甸,高山流石滩,碎石区。资源:药用。全球6个大洲分布及种数(84－174)非洲:2; 亚洲:146; 大洋洲:2; 欧洲:4; 北美洲:4; 南美洲:16。【中国种数:52】。

Cremaspora Benth. 悬子茜属 Rubiaceae［MD－523］特征纪要:习性:木本。花程式:(K)4－5,(C)4－5,A4－5,＝↓G2－9。其他特征参考科。全球3个大洲分布及种数(4－24)非洲:23; 亚洲:2; 南美洲:2。

Cremastopus Paul G. Wilson ＝ **Cyclanthera**

Cremastosperma R. E. Fr. 橘饼木属 Annonaceae［MD－7］特征纪要:习性:木本。花程式:K3－∞,C3,A2,＝G10－100。其他特征参考科。全球2个大洲分布及种数(34－47)北美洲:6; 南美洲:45。

Cremastra Lindl. 杜鹃兰属 Orchidaceae［MM－723］特征纪要:习性:草本。花程式:－。物候:－。花期:5－6月。果期:参考晚于花期。海拔:1000－2900米。生境:森林边缘,竹林边潮湿岩石上。资源:药用,花卉,具栽培园艺种类。全球1个大洲分布及种数(6－7)◆亚洲。【中国种数:3】。

Cremastus Miers ＝ **Cuspidaria**

Crematomia Miers ＝ **Bourreria**

Cremersia Feuillet & L. E. Skog 细筒岩桐属 Gesneriaceae［MD－549］特征纪要:习性:草本。花程式:K5,C0,A4,＝(G)2。其他特征参考科。全球1个大洲分布及种数(1)◆南美洲(◆圭亚那)。

Cremneria Moran 回欢龙属 Crassulaceae［MD－229］特征纪要:习性:草本。花程式:参考科,C5参考科,A参考

科，↓(G) - 参考科。其他特征参考科。全球 1 个大洲分布及种数(4)◆欧洲。

Cremnocereus M. Lowry, Winberg & Gut. Romero 细人掌属 Cactaceae [MD - 100] 特征纪要：习性：木本。花程式：Kn,C2 - 3 参考科,A3 参考科, = ↓G - 。其他特征参考科。全球 1 个大洲分布及种数(1)◆南美洲:1。

Cremnophila Rose 景天属 Crassulaceae [MD - 229] 特征纪要：习性：草本。花程式：K3 - 5 - ∞ ,C3 - 5 - ∞ ,A4, = ↓G(-)。其他特征参考科。全球 1 个大洲分布及种数(3)◆北美洲。

Cremnothamnus Puttock 拟蜡菊属 Asteraceae [MD - 586] 特征纪要：习性：草本。花程式：(K)3 - 5,(C)3 - 5,A3 - 5,↓G。其他特征参考科。全球 1 个大洲分布及种数(1)◆大洋洲。

Cremobotrys Beer = **Billbergia**

Cremocarpon Boivin ex Baill. 悬果茜属 Rubiaceae [MD - 523] 特征纪要：习性： - 。花程式： - 。其他特征参考科。全球 3 个大洲分布及种数(13)非洲:13; 大洋洲:3; 南美洲:2。

Cremocephalum Cass. = **Crassocephalum**

Cremolobus DC. 双钱荠属 Brassicaceae [MD - 213] 特征纪要：习性：草本。花程式：K2 - 4,C2 - 4,A2 - 4, = G2。其他特征参考科。全球 2 个大洲分布及种数(5 - 23)亚洲:2; 南美洲:22。

Cremophyllum Scheidw. = **Dalechampia**

Cremopyrum Schur = **Agropyron**

Cremosperma Benth. 膜蒴岩桐属 Gesneriaceae [MD - 549] 特征纪要：习性：草本。花程式：K5,C0,A4, = (G)2。其他特征参考科。全球 2 个大洲分布及种数(29 - 38)北美洲:6; 南美洲:37。

Cremospermopsis L. E. Skog & L. P. Kvist 浆果岩桐属 Gesneriaceae [MD - 549] 特征纪要：习性：灌木。花程式：K5,C0,A4,↓G。其他特征参考科。全球 1 个大洲分布及种数(3)◆南美洲。

Crenaea Schreb. = **Crenea**

Crenea Aubl. 海薇属 Lythraceae [MD - 333] 特征纪要：习性： - 。花程式： - 。其他特征参考科。全球 3 个大洲分布及种数(2 - 7)欧洲:1; 北美洲:1; 南美洲:6。

Crenias Spreng. 河苔草属 Podostemaceae [MD - 322] 特征纪要：习性： - 。花程式： - 。其他特征参考科。全球 1 个大洲分布及种数(1)◆南美洲。

Crenidium Haegi 大洋洲茄属 Solanaceae [MD - 503] 特征纪要：习性：灌木。花程式： - 。其他特征参考科。全球 2 个大洲分布及种数(1 - 3)大洋洲:3; 北美洲:2。

Crenularia Boiss. = **Aethionema**

Creochiton Bl. 肉被野牡丹属 Melastomataceae [MD - 364] 特征纪要：习性：木本。花程式：K4 - 5,C4 - 5,A4 - 5, = ↓(G)3 - 4。其他特征参考科。全球 3 个大洲分布及种数(13 - 20)非洲:8; 亚洲:15; 大洋洲:7。

Crepidaria Haw. = **Pedilanthus**

Crepidiastrixeris Kitam. = **Crepidiastrum**

Crepidiastrum Nakai 假还阳参属 Asteraceae [MD - 586] 特征纪要：习性：草本,少木本。花程式：(K)3 - 5,C3 - 5,A3 参考科, = ↓G2。物候： - 。海拔:1000 - 1700 米。生境：草地。栽培：来自广西龙州。资源：具栽培园艺种类。全球 5 个大洲分布及种数(25 - 58)亚洲:46; 大洋洲:2; 欧洲:5; 北美洲:5; 南美洲:3。【中国种数:8】。

Crepidifolium Sennikov 假还羊参属 Asteraceae [MD - 586] 特征纪要和分布(-)。全球 1 个大洲分布及种数(cf. 1)◆亚洲。

Crepidium C. Presl 沼兰属 Orchidaceae [MM - 723] 特征纪要和分布(-)。全球 6 个大洲分布及种数(233 - 311; hort. 1)非洲:90 - 104;亚洲:139 - 155;大洋洲:105 - 116;欧洲:2 - 4;北美洲:9 - 11;南美洲:8 - 11。【中国种数:20】。

Crepidomanes Copel. 假脉蕨属 Hymenophyllaceae [F - 21] 特征纪要：习性： - 。【Rep】:孢子囊群生于裂片的腋间或着生于向轴的短裂片顶端。物候： - 。海拔:1500 米。生境：杂木罗汉竹林,溪边阴湿处岩石上。资源： - 。全球 6 个大洲分布及种数(59 - 67)非洲:14 - 27;亚洲:40 - 55;大洋洲:24 - 36;欧洲:1 - 13;北美洲:8 - 20;南美洲:6 - 18。

Crepidophyllum C. F. Reed 灰藓科属 Hymenophyllaceae [F - 21] 特征纪要：习性： - 。【Rep】:孢子囊单生叶背。其他特征参考科。全球 1 个大洲分布及种数(1)◆大洋洲。

Crepidorhopalon Eb. Fisch. 肖蝴蝶草属 Linderniaceae [MD - 534] 特征纪要：习性：草本。花程式：K2 - 4,C0,A4, = ↓G2 - 3。特征参考科。全球 3 个大洲分布及种数(33 - 37)非洲:37; 亚洲:2; 南美洲:2。【中国种数:1】。

Crepidospermum Hook. f. 悬子橄属 Burseraceae [MD - 408] 特征纪要：习性： - 。花程式： - 。其他特征参考科。全球 1 个大洲分布及种数(7)◆南美洲。

Crepidotropis Walp. = **Dioclea**

Crepidotus <unassigned> 马桑科属 Coriariaceae [MD - 277] 特征纪要： - 。全球 6 个大洲分布及种数(86)非洲:7; 亚洲:1; 大洋洲:1; 欧洲:11; 北美洲:17; 南美洲:77。

Crepinella (Marchal) ex Oliv. = **Schefflera**

Crepinodendron Pierre = **Micropholis**

Crepis L. 还阳参属 Asteraceae [MD - 586] 特征纪要：习性：草本(根状茎,基生)。花程式：(K)3 - 5,C3 - 5,A3 参考科, = ↓(G)2。物候： - 。海拔:1200 - 2400 米。生境：草原。栽培：来自广西龙州。资源：具栽培园艺种类。全球 6 个大洲分布及种数(186 - 341;hort. 1;cult. 19)非洲:39 - 79;亚洲:109 - 157;大洋洲:5 - 44;欧洲:75 - 121;北美洲:46 - 85;南美洲:39。【中国种数:49】。

Crescentia L. 葫芦树属 Bignoniaceae [MD - 541] 特征纪要：习性：木质攀援。花程式： - 。物候： - 。花期：参考

早于果期。果期:4-8月。海拔:100-5840米。生境:常绿阔叶林,路旁,斜坡,竹木林中。资源:药用,具栽培园艺种类。全球6个大洲分布及种数(6-44)非洲:16; 亚洲:11; 大洋洲:3; 欧洲:25; 北美洲:25; 南美洲:10。【中国种数:2】。

Cressa L. 盐帚花属 Convolvulaceae [MD-499] 特征纪要:习性:灌木。花程式:K5,C0,A3 参考科,=↓G2-5。其他特征参考科。全球6个大洲分布及种数(7-10)非洲:1-9;亚洲:3-11;大洋洲:3-10;欧洲:1-8;北美洲:2-10;南美洲:3-11。【中国种数:2】。

Cribbia Senghas 克里布兰属 Orchidaceae [MM-723] 特征纪要:习性:-。花程式:-。其他特征参考科。全球1个大洲分布及种数(-)。

Cribrodontium Herzog 绢毛藓属 Entodontaceae [B-195] 特征纪要:习性:-。【Rep】:雌雄同株,少数异枝,雄苞小,呈芽状,雄苞叶阔卵形,内凹,全缘或具微齿,上部边缘内卷,无中肋,雌苞叶披,蒴柄红褐色,长1.4-2.5厘米,孢蒴通常呈卵形或长椭圆形,红褐色,蒴齿两层。其他特征参考科。全球1个大洲分布及种数(1)◆亚洲:1。

Criciuma Soderstr. & Londoño = **Eremocaulon**

Crimaea Vassilcz. = **Melissitus**

Crinipes Hochst. 毛发草属 Poaceae [MM-748] 特征纪要:习性:草本。花程式:(K)3,C0 参考科,A1-2,=G2-3。其他特征参考科。全球3个大洲分布及种数(2-10)非洲:6; 亚洲:2; 南美洲:4。

Crinissa Rchb. = **Pyrrhopappus**

Crinitaria Cass. 文菊属 Asteraceae [MD-586] 特征纪要:习性:-。花程式:-。物候:-。花期:7-10月。果期:参考晚于花期。海拔:6000米。生境:阿尔泰山地针叶林带山沟,柞林下路旁。资源:-。全球4个大洲分布及种数(8)亚洲:4; 欧洲:1; 北美洲:1; 南美洲:1。

Crinodendron Molina 百合木属 Elaeocarpaceae [MD-134] 特征纪要:习性:木本。花程式:-。其他特征参考科。全球4个大洲分布及种数(4-13)大洋洲:1; 欧洲:4; 北美洲:4; 南美洲:13。

Crinodendrum Juss. = **Crinodendron**

Crinonia Bl. 肉仙桃属 Orchidaceae [MM-723] 特征纪要:习性:-。花程式:-。其他特征参考科。全球1个大洲分布及种数(-)。

Crinum L. 文殊兰属 Amaryllidaceae [MM-694] 特征纪要:习性:草本(基生)。花程式:(K-),C2-3 参考科,A3,↓G-。物候:-。花期:夏天。果期:参考晚于花期。海拔:100-4800米。生境:海滨地区或河旁沙地,现栽培供观赏。资源:园林,药用,具栽培园艺种类。全球6个大洲分布及种数(69-170;hort. 1;cult. 10)非洲:48-118;亚洲:22-68;大洋洲:15-59;欧洲:7-35;北美洲:21-61;南美洲:23-63。【中国种数:7】。

Crioceras Pierre 公羊木属 Apocynaceae [MD-492] 特征纪要:习性:木本。花程式:K5-∞,C0,A15,=↓(G)2-5。其他特征参考科。全球2个大洲分布及种数(2)非洲:1;亚洲:cf. 1。

Criscia Katinas 橙花钝柱菊属 Asteraceae [MD-586] 特征纪要:习性:草本。花程式:(K)3-5,C3-5,A3-5,=↓(G)2。其他特征参考科。全球2个大洲分布及种数(1-3)北美洲:1; 南美洲:3。

Criscianthus Grossi & J. N. Nakaj. 橙花菊属 Asteraceae [MD-586] 特征纪要:习性:草本。花程式:(K)3-5,(C)3-5,A3-5,↓G。其他特征参考科。全球1个大洲分布及种数(1)◆非洲。

Crispiloba Steenis 苏海桐属 Alseuosmiaceae [MD-475] 特征纪要:习性:木本。花程式:-。其他特征参考科。全球1个大洲分布及种数(1)◆大洋洲(◆澳大利亚)。

Cristaria Cav. 夷葵属 Malvaceae [MD-203] 特征纪要:习性:-。花程式:-。其他特征参考科。全球6个大洲分布及种数(54-65;hort. 1)非洲:2;亚洲:2;大洋洲:2;欧洲:3-5;北美洲:1-3;南美洲:51-60。

Cristatella Nutt. 冠毛山柑属 Cleomaceae [MD-210] 特征纪要:习性:-。花程式:-。其他特征参考科。全球1个大洲分布及种数(15)◆北美洲。

Cristobalia Morillo, S. A. Cáceres & H. A. Keller 冠夹竹属 Apocynaceae [MD-492] 特征纪要:习性:木本。花程式:Kn,C0,A15,↓G。其他特征参考科。全球1个大洲分布及种数(2)◆南美洲:2。

Cristonia J. H. Ross 波思豆属 Fabaceae3 [MD-240] 特征纪要:习性:木本。花程式:K1-∞,C1-∞,A5-9,=↓G1。其他特征参考科。全球2个大洲分布及种数(3-9)大洋洲:3; 南美洲:4。

Crithmum L. 海崖芹属 Apiaceae [MD-480] 特征纪要:习性:草本。花程式:K5,C5,A5,=↓G2。其他特征参考科。全球5个大洲分布及种数(1-5)非洲:2; 亚洲:2; 大洋洲:2; 欧洲:2; 北美洲:2。【中国种数:1】。

Critho E. Mey. = **Hordeum**

Crithodium Link = **Triticum**

Crithopsis Jaub. & Spach 类大麦属 Poaceae [MM-748] 特征纪要:习性:草本。花程式:(K)3,C0 参考科,A1-2,=(G)2-3。其他特征参考科。全球6个大洲分布及种数(1-18)非洲:6; 亚洲:5; 大洋洲:2; 欧洲:2; 北美洲:2; 南美洲:14。【中国种数:1】。

Critonia P. Br. 亮泽兰属 Asteraceae [MD-586] 特征纪要:草本。花程式:(K)3-5,C3-5,A3-5,=↓(G)2。其他特征参考科。全球3个大洲分布及种数(38-42)亚洲:6-8;北美洲:32-34;南美洲:10。【中国种数:1】。

Critoniadelphus R. M. King & H. Rob. 亮泽兰属 Asteraceae [MD-586] 特征纪要:习性:草本。花程式:(K)3-5,(C)3-5,A3-5,↓G。其他特征参考科。全球2个大洲分布及种数(2-3)北美洲:3; 南美洲:1。

Critoniella R. M. King & H. Rob. 柔柱亮泽兰属 Asteraceae [MD-586] 特征纪要:习性:草本。花程式:(K)3-5,C3-5,A3-5,=↓(G)2。其他特征参考科。全球5个大洲分布及种数(6-12)非洲:2; 亚洲:3; 大洋洲:6; 北美洲:2; 南美洲:9。

Critoniopsis Sch. Bip. 腺瓣落苞菊属 Asteraceae [MD-586] 特征纪要:习性:草本。花程式:(K)3-5,(C)3-5,

C

A3 - 5, = ↓ G2。其他特征参考科。全球 6 个大洲分布及种数(76 - 111)非洲:5; 亚洲:7; 大洋洲:5; 欧洲:14; 北美洲:14; 南美洲:84。

Croatiella E. G. Gonç. 鞘柄芋属 Araceae [MM - 639] 特征纪要:习性:草本。花程式:K0, C0, A1 - 4, (G)1 - 3。其他特征参考科。全球 1 个大洲分布及种数(1 - 5)◆南美洲:5。

Crobylanthe Bremek. 尖叶木属 Rubiaceae [MD - 523] 特征纪要:习性:木本。花程式:参考科, C3 参考科, A3 参考科, ↓ (G)2 - 9 参考科。其他特征参考科。全球 1 个大洲分布及种数(1)◆亚洲。

Crocanthemum Spach 霜石玫属 Cistaceae [MD - 175] 特征纪要:习性:木本。花程式:K3 - 15, C3 - 15, A3 - 15, = G3 - 5。其他特征参考科。全球 6 个大洲分布及种数(20)非洲:1;亚洲:7 - 8;大洋洲:1;欧洲:1;北美洲:19 - 20;南美洲:2。【中国种数:1】。

Crocidium Hook. 腋绒菊属 Asteraceae [MD - 586] 特征纪要:习性:草本。花程式:(K)3 - 5, (C)3 - 5, A3 - 5, ↓ G。其他特征参考科。全球 3 个大洲分布及种数(1 - 3)亚洲:2; 北美洲:3; 南美洲:2。【中国种数:1】。

Crociseris (Rchb.) Fourr. = **Senecio**

Crocodeilanthe Rchb. f. & Warsz. 金鳄兰属 Orchidaceae [MM - 723] 特征纪要:习性: - 。花程式: - 。其他特征参考科。全球 3 个大洲分布及种数(41 - 42)亚洲:cf. 1;北美洲:4;南美洲:40 - 41。

C

Crocodilium Hill 疆矢车菊属 Asteraceae [MD - 586] 特征纪要:习性:草本。花程式:参考科, C4 参考科, A4 参考科, = ↓ G3 参考科。其他特征参考科。全球 4 个大洲分布及种数(6)非洲:6;亚洲:5;欧洲:4;南美洲:1。

Crocopsis Pax 斑君兰属 Amaryllidaceae [MM - 694] 特征纪要:习性: - 。花程式: - 。其他特征参考科。全球 1 个大洲分布及种数(1)◆南美洲。

Crocosmia Planch. 雄黄兰属 Iridaceae [MM - 700] 特征纪要:习性:草本(基生)。花程式:(K -), C2 - 3 参考科, A6, ↓ G - 。物候: - 。花期:7 - 8 月。果期:参考晚于花期。海拔:100 - 4400 米。生境:草丛中,自然山坡地。资源:具栽培园艺种类。全球 6 个大洲分布及种数(12 - 13; hort. 1; cult. 2)非洲:11 - 14;亚洲:4 - 9;大洋洲:2 - 6;欧洲:4 - 7;北美洲:4 - 8;南美洲:1 - 5。【中国种数:2】。

Crocus L. 番红花属 Iridaceae [MM - 700] 特征纪要:习性:草本(基生,水生)。花程式:(K -), C2 - 3 参考科, A4, ↓ G - 。物候: - 。花期:5 - 6 月。果期:参考晚于花期。海拔:1200 - 3000 米。生境:山坡及河滩草地。资源:药用,具栽培园艺种类。全球 6 个大洲分布及种数(259 - 549)非洲:45; 亚洲:305; 大洋洲:11; 欧洲:52; 北美洲:52; 南美洲:14。【中国种数:13】。

Crocyllis E. Mey. ex Benth. 卷毛茜属 Rubiaceae [MD - 523] 特征纪要:习性: - 。花程式: - 。其他特征参考科。全球 1 个大洲分布及种数(cf. 1)◆非洲。

Crocynia <unassigned> 红叶苔属 Riellaceae [B - 5] 特征纪要和分布(-)。

Crodisperma Poit. ex Cass. = **Tilesia**

Croizatia Steyerm. 微瓣桐属 Phyllanthaceae [MD - 222] 特征纪要:习性:木本。花程式:K1(1000), C0, A6, = G2 - 3。其他特征参考科。全球 3 个大洲分布及种数(5 - 7)亚洲:3; 北美洲:2; 南美洲:6。

Cromidon Compton 苞萼玄参属 Scrophulariaceae [MD - 536] 特征纪要:习性:草本。花程式:K2 - 4, C0, A2 - 4, ↓ G2。其他特征参考科。全球 1 个大洲分布及种数(12)◆非洲。

Croninia J. W. Powell 沙鞭石南属 Ericaceae [MD - 380] 特征纪要:习性: - 。花程式: - 。其他特征参考科。全球 1 个大洲分布及种数(1)◆大洋洲(◆澳大利亚)。

Cronisia Berk. 巴西花地钱属 Corsiniaceae [B - 18] 特征纪要:习性: - 。其他特征参考科。全球 1 个大洲分布及种数(2)◆南美洲(◆巴西)。

Cronquistia R. M. King = **Carphochaete**

Cronquistianthus R. M. King & H. Rob. 圆苞亮泽兰属 Asteraceae [MD - 586] 特征纪要:习性:草本。花程式:(K) 3 - 5, C3 - 5, A3 - 5, = ↓ (G)2。其他特征参考科。全球 3 个大洲分布及种数(23 - 30)欧洲:2; 北美洲:2; 南美洲:30。

Croomia Torr. 金刚大属 Croomiaceae [MM - 652] 特征纪要(同科)。全球 2 个大洲分布及种数(6 - 9)亚洲:9; 北美洲:2。【中国种数:2】。

Croomiaceae (Endl.) Nakai [MM - 652] 金刚大科 特征纪要:习性:木本;落叶。花程式:(K)6, C5, A10, ↑ G - 。果实:蒴果。种子:近球形,棕黑色。全球 1 个大洲分布及属种数(1/1 hort. 1)◆北美洲:1/ 2。

Croptilon Raf. 划雏菊属 Asteraceae [MD - 586] 特征纪要:草本。花程式:(K)3 - 5, (C)3 - 5, A3 - 5, ↓ G。其他特征参考科。全球 5 个大洲分布及种数(5 - 11)非洲:2; 亚洲:4; 欧洲:9; 北美洲:9; 南美洲:3。【中国种数:1】。

Crosbya Vitt 巴油藓属 Hookeriaceae [B - 164] 特征纪要:习性: - 。【Rep】:雌苞叶小,蒴柄侧生,密被刺状毛,孢蒴小,平展或下垂,卵形,具长台部,蒴齿两层,外齿层齿片,雌雄异株,内雌苞叶下部鞘状,孢蒴卵圆形,蒴齿两层,外齿层齿片披针形,具不明显的回折中脊,透明。其他特征参考科。全球 3 个大洲分布及种数(2)大洋洲:2;北美洲:1;南美洲:1。

Crossandra Salisb. 黑爵床属 Acanthaceae [MD - 572] 特征纪要:习性:草质攀援。花程式:K2 - 4, C0, A2 - 4, = ↓ G2。物候: - 。花期:几乎全年。果期:参考晚于花期。海拔:50 - 3600 米。生境:滨海地带,为红树林重要组成之一,竹林中。资源:具栽培园艺种类。全球 6 个大洲分布及种数(42 - 64; hort. 1)非洲:40 - 63;亚洲:6 - 9;大洋洲:1 - 3;欧洲:2 - 4;北美洲:4 - 7;南美洲:4 - 6。【中国种数:3】。

Crossandrella C. B. Clarke 非洲爵床属 Acanthaceae [MD - 572] 特征纪要:习性:草本。花程式:K2 - 4, C0, A2 - 4, = (G)2。其他特征参考科。全球 1 个大洲分布及种数(1 - 3)◆非洲。

Crossidium Jur. 流苏藓属 Pottiaceae [B - 133] 特征纪要:习性: - 。【Rep】:雌雄同株或异株,雌苞叶一般与叶同

形,内雌苞叶较小,蒴柄直立,细长,孢蒴长卵形,直立或稍弯曲。物候:-。海拔:-。生境:常见于高山岩石上。栽培:来自广西龙州。资源:具栽培园艺种类。全球6个大洲分布及种数(21)非洲:10;亚洲:9;大洋洲:3;欧洲:8;北美洲:11;南美洲:5。【中国种数:3】。

Crosslandia W. Fitzg. 莎拂草属 Cyperaceae [MM-747] 特征纪要:习性:-。花程式:-。其他特征参考科。全球2个大洲分布及种数(4)大洋洲:4; 南美洲:2。

Crossocalyx Meyl. 花旗过叶苔属 Anastrophyllaceae [B-60] 特征纪要:-。全球1个大洲分布及种数(-)。

Crossoglossa Dressler & Dodson 缨舌兰属 Orchidaceae [MM-723] 特征纪要:习性:草本。花程式:(K)3,C3,A3,=↓(G)3。其他特征参考科。全球6个大洲分布及种数(51-62)非洲:2; 亚洲:4; 大洋洲:1; 欧洲:15; 北美洲:15; 南美洲:46。【中国种数:2】。

Crossogyna (Taylor) Schljakov 叶苔科属 Jungermanniaceae [B-38] 特征纪要:-。全球2个大洲分布及种数(4)亚洲:2; 北美洲:1。

Crossoliparis Marg. 叶兰属 Orchidaceae [MM-723] 特征纪要:习性:草本。花程式:(K)3,C3,A3,=↓(G)3。其他特征参考科。全球2个大洲分布及种数(1) 北美洲:1,南美洲:1。

Crossomitrium Müll. Hal. 过帽藓属 Daltoniaceae [B-162] 特征纪要:习性:-。【Rep】:雌雄异苞同株,蒴柄红色或橙红色,平滑,孢蒴平列或下垂,长卵形,环带发达,易脱落,蒴齿两层。其他特征参考科。全球3个大洲分布及种数(14)欧洲:2;北美洲:10;南美洲:10。

Crossonephelis Baill. 金患子属 Sapindaceae [MD-428] 特征纪要:习性:-。花程式:-。其他特征参考科。全球2个大洲分布及种数(11)非洲:10; 亚洲:8。

Crossopetalum P. Br. 玉女樱属 Celastraceae [MD-339] 特征纪要:木本; 花程式:K4,C4,A10,=↑G:2-5,房位(-)。果实:-。种子:种皮紫褐色,棕色或浅棕色。全球6个大洲分布及种数(28-44;hort. 1;cult. 1)非洲:3-6;亚洲:2-7;大洋洲:2;欧洲:2;北美洲:23-38;南美洲:4-8。

Crossopteryx Fenzl 绣晶木属 Rubiaceae [MD-523] 特征纪要:习性:木本。花程式:(K)4-5,(C)4-5,A4-5,↓G。其他特征参考科。全球2个大洲分布及种数(1-6)非洲:6; 亚洲:2。

Crossosoma Nutt. 缨子木属 Crossosomataceae [MD-241] 特征纪要:习性:木本。花程式:-。其他特征参考科。全球3个大洲分布及种数(2-39)亚洲:2; 北美洲:35; 南美洲:23。

Crossosomataceae Engl. [MD-241] 缨子木科 特征纪要:习性:木本;落叶。花程式:K4-5,C1-∞,A-,↓(G)-。果实:蓇葖果。种子:假种皮。全球1个大洲分布及属种数(5-6/15-19 <IFR 3/5> hort. 1,cult. 1)◆北美洲:3-5/ 10-26。

Crossosperma T. G. Hartley 蜜茱萸属 Rutaceae [MD-399] 特征纪要:习性:木本。花程式:K4,C4,A4,↓G-参考科。其他特征参考科。全球2个大洲分布及种数(2-4)大洋洲:2; 南美洲:1。

Crossostemma Planch. ex Benth. 草海桐属 Passifloraceae [MD-151] 特征纪要:习性:木本。花程式:-。其他特征参考科。全球1个大洲分布及种数(1)◆非洲(◆塞拉利昂)。

Crossostephium Less. 芙蓉菊属 Asteraceae [MD-586] 特征纪要:习性:草本。花程式:(K)3-5,C3-5,A3 参考科,↓G。物候:-。海拔:6000米。生境:滨海植物。栽培:来自广西龙州。资源:药用,具栽培园艺种类。全球3个大洲分布及种数(1-5)非洲:1; 亚洲:4; 北美洲:1。【中国种数:1】。

Crossostigma Spach = **Epilobium**

Crossostylis J. R. Forst. & G. Forst. 桃红树属 Rhizophoraceae [MD-329] 特征纪要:习性:木本。花程式:-。其他特征参考科。全球3个大洲分布及种数(13-17)亚洲:2; 大洋洲:16; 南美洲:1。

Crossotolejeunea (Spruce) Schiffn. 指鳞苔属 Lejeuneaceae [B-84] 特征纪要:习性:-。【Rep】:雌苞顶生于主枝,蒴萼具3个脊,并常附1-7个小脊,脊部具冠状突起,一般稀疏生长。物候:-。海拔:-。生境:山坡,针阔混交林中。资源:-。全球3个大洲分布及种数(cf. 1)亚洲;北美洲;南美洲。【中国种数:1】。

Crossotoma (G. Don) Spach 叉海桐属 Goodeniaceae [MD-578] 特征纪要:习性:草本。花程式:(K)5,(C)5,A5,=↓G2。其他特征参考科。全球1个大洲分布及种数(2-3)◆大洋洲(◆澳大利亚)。

Crossotropis Stapf = **Trichoneura**

Crossyne Salisb. 折扇兰属 Amaryllidaceae [MM-694] 特征纪要:习性:草本。花程式:(K)3,C3,A1,↓G-。其他特征参考科。全球1个大洲分布及种数(2)◆非洲。

Crotalaria L. 猪屎豆属 Fabaceae3 [MD-240] 特征纪要:习性:木本。花程式:Kn,C2-3 参考科,A3 参考科,=↓G-。物候:-。花期:8-11月。果期:参考晚于花期。海拔:100-1100米。生境:草地。栽培:来自广西龙州。资源:具栽培园艺种类。全球6个大洲分布及种数(795-1497)非洲:954; 亚洲:391; 大洋洲:108; 欧洲:176; 北美洲:176; 南美洲:194。【中国种数:82】。

Crotolaria Neck. = **Crotalaria**

Croton L. 巴豆属 Euphorbiaceae [MD-217] 特征纪要:习性:木本。花程式:-。物候:-。花期:几乎全年。果期:参考晚于花期。海拔:100-300米。生境:村旁或山地疏林中,或仅见栽培。资源:具栽培园艺种类。全球6个大洲分布及种数(1065-1449;hort. 1;cult. 25)非洲:197-367;亚洲:132-312;大洋洲:69-173;欧洲:9-91;北美洲:275-437;南美洲:685-869。【中国种数:55】。

Crotonanthus Klotzsch ex Schltdl. = **Croton**

Crotonogyne Müll. Arg. 巴豆桐属 Euphorbiaceae [MD-217] 特征纪要:习性:木本。花程式:K1(1000),C0,A6,=G2-3。其他特征参考科。全球1个大洲分布及种数(11-14)◆非洲。

Crotonogynopsis Pax 栎轮桐属 Euphorbiaceae [MD-217] 特征纪要:习性:木本。花程式:K1(1000),C0,A6,=

(G)2 - 3。其他特征参考科。全球 1 个大洲分布及种数(1 - 4)◆非洲。

Crotularia Medik. = **Crotalaria**

Crowea Sm. 柳南香属 Rutaceae [MD - 399] 特征纪要:习性:木本。花程式:K5,C5,A4, = G1 - 3。其他特征参考科。全球 1 个大洲分布及种数(1 - 3)◆大洋洲(◆澳大利亚)。

Crozophora A. Juss. = **Chrozophora**

Crucianella L. 欧叶茜属 Rubiaceae [MD - 523] 特征纪要:习性:木本。花程式:(K)4 - 5,(C)4 - 5,A4 - 5, = ↓ G2 - 9。物候: - 。海拔: - 。生境: - 。资源:具栽培园艺种类。全球 6 个大洲分布及种数(7 - 37;hort. 1;cult. 1)非洲:4 - 12;亚洲:5 - 30;大洋洲:1;欧洲:5 - 12;北美洲:5 - 8;南美洲:1。【中国种数:1】。

Cruciata Mill. 广茜属 Rubiaceae [MD - 523] 特征纪要:习性: - 。花程式: - 。其他特征参考科。全球 6 个大洲分布及种数(7 - 12;hort. 1;cult. 2)非洲:5 - 6;亚洲:6 - 9;大洋洲:1;欧洲:5 - 6;北美洲:5 - 7;南美洲:1。【中国种数:3】。

Crucicaryum Brand 紫草科属 Boraginaceae [MD - 517] 特征纪要:习性:草本。花程式:(K)n,C0,A8,G4。其他特征参考科。全球 2 个大洲分布及种数(1 - 2)非洲:2; 大洋洲:2。

Cruciferae Juss. = Brassicaceae

Crucihimalaya Al - Shehbaz, O'Kane & R. A. Price 须弥芥属 Brassicaceae [MD - 213] 特征纪要:习性:草本。花程式:K2 - 4,C2 - 4,A2 - 4, = G2。物候: - 。花期:3 - 6 月。果期:参考晚于花期。海拔:1500 - 5000 米。生境:多岩石的山坡,阴凉的河岸,开阔的林地,路边,岩石缝隙,梯田,森林。栽培:来自广西龙州。资源:具栽培园艺种类。全球 6 个大洲分布及种数(13 - 14)非洲:2 - 3;亚洲:10 - 11;大洋洲:3 - 4;欧洲:5 - 6;北美洲:5 - 6;南美洲:1。【中国种数:6】。

Cruckshanksia Hook. & Arn. 卧扇花属 Rubiaceae [MD - 523] 特征纪要:习性: - 。花程式: - 。其他特征参考科。全球 1 个大洲分布及种数(7)◆南美洲。

Cruddasia Prain 亚洲蝶豆属 Fabaceae3 [MD - 240] 特征纪要:习性:木本。花程式:K1 - ∞,C1 - ∞,A5 - 9, = ↓ G1。物候: - 。海拔:7500 米。生境:矮灌木丛或芦苇丛中,稀见于沿河岸疏林下,作为作物栽培。资源:具栽培园艺种类。全球 2 个大洲分布及种数(5 - 6)亚洲:6; 北美洲:2。【中国种数:2】。

Crudia Schreb. 库地苏木属 Fabaceae2 [MD - 239] 特征纪要:习性:木本。花程式:K3 - 5 - ∞,C3 - 5 - ∞,A1 - 10 - 50, = ↓ G1。物候: - 。花期:5 - 7 月。果期:参考晚于花期。海拔:100 - 2500 米。生境:潮湿土地边缘。资源: - 。全球 6 个大洲分布及种数(24 - 64)非洲:6 - 17;亚洲:9 - 25;大洋洲:1 - 3;欧洲:1;北美洲:4 - 5;南美洲:9 - 11。【中国种数:2】。

Crumenaria Mart. 袋鼠李属 Rhamnaceae [MD - 331] 特征纪要:习性:木本。花程式:K4 - 5,C4 - 5,A2, = (G)2 - 5。其他特征参考科。全球 2 个大洲分布及种数(8 - 10)北美洲:2;南美洲:7 - 9。

Crumia W. B. Schofield 北美十字藓属 Pottiaceae [B - 133] 特征纪要:习性: - 。【Rep】:孢腔轮廓清晰,蒴齿缺如,或具蒴齿而无基膜,下部呈黄绿或黄棕色。特征参考科。全球 2 个大洲分布及种数(1)亚洲:1;北美洲:1。

Crumuscus W. R. Buck & Snider 巴西十字藓属 Ditrichaceae [B - 119] 特征纪要:习性: - 。【Rep】:孢蒴台部发达,蒴齿具疣或纵斜条纹,绿色或黄绿色。其他特征参考科。全球 1 个大洲分布及种数(1)◆南美洲。

Crunocallis Rydb. 垫卷耳属 Montiaceae [MD - 81] 特征纪要:习性: - 。花程式: - 。其他特征参考科。全球 1 个大洲分布及种数(1 - 2)◆北美洲。

Crupina (Pers.) DC. 半毛菊属 Asteraceae [MD - 586] 特征纪要:习性:草本(基生)。花程式: - 。物候: - 。花期:7 月。果期:参考晚于花期。海拔:1100 米。生境:斜坡。资源:具园艺种类。全球 6 个大洲分布及种数(3 - 20)非洲:4; 亚洲:6; 大洋洲:2; 欧洲:6; 北美洲:6; 南美洲:3。【中国种数:2】。

Crupinastrum Schur = **Serratula**

Crusea Cham. ex DC. 碟茜属 Rubiaceae [MD - 523] 特征纪要:木本,叶对生,落叶,复叶; 花程式:(K)4 - 5,(C)4 - 5,A4 - 5, = ↓ G:2 - 9。果实:浆果。种子:具种脐,棕红色。全球 6 个大洲分布及种数(15 - 16;hort. 1)非洲:4 - 8;亚洲:7 - 11;大洋洲:4;欧洲:1 - 5;北美洲:14 - 19;南美洲:7 - 11。

Cryanthemum Kamelin = **Ajania**

Cryophytum N. E. Br. = **Acrodon**

Cryosophila Bl. 根刺棕属 Arecaceae [MM - 717] 特征纪要:习性:木本。花程式:K3 - 10,C3 - 10,A3 - 10, = G3 - 10。其他特征参考科。全球6 个大洲分布及种数(10 - 21)非洲:2; 亚洲:3; 大洋洲:2; 欧洲:12; 北美洲:12; 南美洲:10。【中国种数:1】。

Cryphaea D. Mohr 金粟兰属 Cryphaeaceae [B - 197] 特征纪要:习性: - 。花程式: - 。物候: - 。海拔: - 。生境:常见于树干,岩面薄土。资源: - 。全球 6 个大洲分布及种数(50)非洲:7;亚洲:8;大洋洲:9;欧洲:5;北美洲:15;南美洲:25。【中国种数:6】。

Cryphaeaceae Schimp. [B - 197] 隐蒴藓科 特征纪要:大型或中型,附生。【Rep】:孢子囊无柄,或有极端的短柄,形体宛如槲叶或罕为饶钹形,披毛或鳞片,或光滑,坚硬的干膜质或硬革质,枯棕色,宿存,全缘,波状至羽状分裂,基部心脏形,覆盖于根状茎上,以储存树上落下的枯枝落叶的碎屑,转化成腐殖质以提供群体所需的营养,同时也保护根系免受干旱的威胁。全球 5 个大洲分布和属种数(13/91)亚洲:6/16;大洋洲:6/19;欧洲:2/6;北美洲:7/24;南美洲:9/44。【中国属种数:5/15(1)】。

Cryphaeadelphus (Müll. Hal.) Cardot 多水藓属 Fontinalaceae [B - 169] 特征纪要: - 。全球 1 个大洲分布及种数(-)。

Cryphaeophilum M. Fleisch. 南美蔓藓属 Cryphaeaceae [B - 197] 特征纪要:习性: - 。【Rep】:雌雄异苞同株,雌

苞着生短枝顶端,基部雌苞叶形小,渐上较大而成长披针形,中肋消失于叶尖,孢蒴完全隐生于,雌雄异苞同株,雄苞芽苞形,侧生,雌苞生短枝顶端,雌苞叶直立,内雌苞叶多具高鞘部,蒴柄短,孢蒴直立。其他特征参考科。全球1个大洲分布及种数(1)◆南美洲。

Cryphidium (Mitt.) A. Jaeger 隐蒴藓科属 Cryphaeaceae [B-197] 特征纪要:-。全球1个大洲分布及种数(-)。

Cryphium P. Beauv. ex Schwägr. = **Calymperes**

Crypsinna Fourn. ex Benth. = **Muhlenbergia**

Crypsinopsis Pic. Serm. = **Selliguea**

Crypsinus C. Presl 隐子蕨属 Polypodiaceae [F-60] 特征纪要:习性:-。【Rep】:孢子同形,囊群生叶背。物候:-。海拔:50-3600米。生境:常绿阔叶林下树干上,岩石上。资源:-。全球6个大洲分布及种数(1-170)非洲:2; 亚洲:145; 大洋洲:5; 欧洲:7; 北美洲:7; 南美洲:3。

Crypsis Aiton 隐花草属 Poaceae [MM-748] 特征纪要:习性:-。花程式:-。物候:-。海拔:320-540米。生境:河岸,沟旁及盐碱地,沼泽地。资源:-。全球6个大洲分布及种数(9)非洲:2-5;亚洲:7-10;大洋洲:3;欧洲:1-4;北美洲:4-7;南美洲:3。

Crypsocalyx Endl. = **Crotalaria**

Cryptachne <unassigned> 隐花草属 Poaceae [MM-748] 特征纪要:习性:-。花程式:-。其他特征参考科。全球1个大洲分布及种数(-)。

Cryptadenia (Wight & Arn.) Meisn. 小瑞香属 Thymelaeaceae [MD-310] 特征纪要:习性:-。花程式:-。其他特征参考科。全球1个大洲分布及种数(cf. 1)◆非洲。

Cryptandra Sm. 缩苞木属 Rhamnaceae [MD-331] 特征纪要:习性:木本。花程式:-。其他特征参考科。全球4个大洲分布及种数(70-200)亚洲:3; 大洋洲:162; 北美洲:7; 南美洲:17。【中国种数:1】。

Cryptangium Schröd. ex Nees 隐片莎属 Cyperaceae [MM-747] 特征纪要:习性:草本。花程式:(K)3,C3,A1-3,=↓G2-3。其他特征参考科。全球4个大洲分布及种数(1-53)亚洲:3; 大洋洲:2; 北美洲:5; 南美洲:48。

Cryptantha Lehm. ex G. Don 隐花紫草属 Boraginaceae [MD-517] 特征纪要:习性:草本。花程式:-。物候:-。花期:6-8月。果期:参考晚于花期。海拔:5700米。生境:山脊,岩石上。资源:具园艺种类。全球6个大洲分布及种数(115-412)非洲:10; 亚洲:28; 大洋洲:18; 欧洲:294; 北美洲:294; 南美洲:119。【中国种数:11】。

Cryptanthopsis Ule = **Orthophytum**

Cryptanthus Otto & A. Dietr. 姬凤梨属 Bromeliaceae [MM-715] 特征纪要和分布(-)。

Cryptarrhena R. Br. 藏蕊兰属 Orchidaceae [MM-723] 特征纪要:草本。花程式:(K)3,C3,A3,=↓G3。其他特征参考科。全球6个大洲分布及种数(3-17)非洲:2; 亚洲:3; 大洋洲:4; 欧洲:10; 北美洲:10; 南美洲:12。

Crypteronia Bl. 隐翼木属 Crypteroniaceae [MD-372] 特征纪要:习性:木本。花程式:-。物候:-。花期:7-8月。果期:参考晚于花期。海拔:300-1300米。生境:山谷,疏林潮湿沟谷雨林及季雨林。资源:具园艺种类。全球4个大洲分布及种数(9-25)非洲:1; 亚洲:24; 大洋洲:1; 北美洲:2。【中国种数:3】。

Crypteroniaceae A. DC. [MD-372] 隐翼木科 特征纪要:习性:木本;落叶。花程式:K4-5,C4,A5,↑G-。物候:-。花期:7-8月。果期: 9-11月。果实:蒴果。种子:多数作为亚科来处理,种皮作不规则的矩圆形,无胚乳。海拔:300-1300米。生境:疏林潮湿沟谷雨林及季雨林。资源:-。栽培:-。全球1个大洲分布及属种数(4/7-17 <IFR 1/2> hort. 1)◆亚洲:1-3/ 3-12。【中国属种数:1/3】。

Cryptobasis Nevski = **Iris**

Cryptocapnos Rech. f. 烟堇属 Papaveraceae [MD-54] 特征纪要:习性:草本。花程式:-。其他特征参考科。全球1个大洲分布及种数(1)◆亚洲:1。

Cryptocarpon Dozy & Molk. 亚洲木灵藓属 Orthotrichaceae [B-151] 特征纪要:-。全球1个大洲分布及种数(-)。

Cryptocarpus Kunth 微花茉莉属 Nyctaginaceae [MD-107] 特征纪要:习性:木本。花程式:K1-5,C0,A5,=G1。其他特征参考科。全球2个大洲分布及种数(1-12)北美洲:2; 南美洲:8。

Cryptocarya R. Br. 厚壳桂属 Lauraceae [MD-21] 特征纪要:习性:木本。花程式:-。物候:-。花期:3-5月。果期:参考晚于花期。海拔:500-700米。生境:常绿阔叶林中,沿海森林。资源:具栽培园艺种类。全球6个大洲分布及种数(133-417;hort. 1;cult. 2)非洲:74-187;亚洲:60-216;大洋洲:26-202;欧洲:1-16;北美洲:8-23;南美洲:22-44。【中国种数:36】。

Cryptocentrum Benth. 隐距兰属 Orchidaceae [MM-723] 特征纪要:习性:-。花程式:-。其他特征参考科。全球6个大洲分布及种数(20-21)非洲:13;亚洲:13;大洋洲:13;欧洲:13;北美洲:10-23;南美洲:17-30。

Cryptocereus Alexander = **Selenicereus**

Cryptochila R. M. Schust. 大洋洲叶苔属 Jungermanniaceae [B-38] 特征纪要:习性:-。【Rep】:雌苞叶和雌苞腹叶无纤毛和齿,具蒴囊,蒴萼近圆形,口部具细圆齿或突起,蒴壁2层细胞。其他特征参考科。全球2个大洲分布及种数(2)大洋洲:1;南美洲:1。

Cryptochilus Wall. 宿苞兰属 Orchidaceae [MM-723] 特征纪要:习性:草本(具根状茎)。花程式:(K-),C2-3参考科,A3参考科,=↓G3。物候:-。花期:6-7月。果期:参考晚于花期。海拔:1000-2300米。生境:附生在树木上或岩石上,在密林或林缘,树上或石隙上。资源:具园艺种类。全球2个大洲分布及种数(8-26)亚洲:19; 南美洲:7。【中国种数:2】。

Cryptochloa Swallen 隐黍竺属 Poaceae [MM-748] 特征纪要:习性:草本。花程式:(K)3,C0参考科,A1-2,=G2-3。其他特征参考科。全球2个大洲分布及种数(10)北美洲:7;南美洲:5。

Cryptocodon Fed. 短钟花属 Campanulaceae［MD－561］特征纪要:习性:草本。花程式:(K)5,(C)5,A5,＝↓(G)2－3。其他特征参考科。全球1个大洲分布及种数(1－3)◆亚洲:1。

Cryptocolea R. M. Schust. 叶苔科属 Jungermanniaceae［B－38］特征纪要:－。全球3个大洲分布及种数(2)亚洲:2; 欧洲:2; 北美洲:2。

Cryptocoleopsis Amakawa 拟隐苞苔属 Gymnomitriaceae［B－41］特征纪要:习性:－。【Rep】:常具蒴囊,绿色、黄绿色、暗绿色或红褐色。物候:－。海拔:－。生境:常见于腐木上。栽培:来自广西龙州。资源:具栽培园艺种类。全球1个大洲分布及种数(cf. 1)◆亚洲。

Cryptocoryne Fisch. ex Wydler 隐棒花属 Araceae［MM－639］特征纪要:习性:草本。花程式:K0,C0,A3参考科,＝G1－3。物候:－。花期:12月至次年4月。果期:参考晚于花期。海拔:600米。生境:河流,溪流,石山,坡地。资源:药用,具栽培园艺种类。全球6个大洲分布及种数(99－187)非洲:7; 亚洲:168; 大洋洲:12; 欧洲:5; 北美洲:5; 南美洲:3。【中国种数:6】。

Cryptodiaporthe <unassigned> 美国隐歧草属 Vahliaceae［MD－420］特征纪要:－。全球2个大洲分布及种数(2)北美洲:1; 南美洲:1。

C

Cryptodicranum E. B. Bartram 藏尾藓属 Dicranaceae［B－128］特征纪要:习性:－。【Rep】:雌苞叶分化,基部鞘状,有毛尖,蒴柄长,均高出于雌苞叶,孢蒴直立或背曲,长圆柱形或长椭圆形,辐射对称,雌雄异株,雄株矮小,附于假根上成假雌雄同株,雌苞叶形大,高鞘状,上部具细毛尖,与孢蒴等长或长于孢蒴。其他特征参考科。全球2个大洲分布及种数(1)亚洲:1;大洋洲:1。

Cryptogonium (Müll. Hal.) Hampe 匿带藓属 Pterobryaceae［B－201］特征纪要:习性:－。【Rep】:雌雄异株,稀雌雄同株,蒴柄短或较长,平滑或粗糙,孢蒴长卵形,直立,蒴齿两层,环带不分化,蒴盖圆锥形,亮绿色至红棕色。生境:常见于林下树干,土生。全球2个大洲分布及种数(1)亚洲:1;大洋洲:1。【中国种数:1】。

Cryptogramma R. Br. 珠蕨属 Pteridaceae［F－31］特征纪要:习性:－。【Rep】:孢子囊群生小脉顶端,圆形或椭圆形,成熟后向两侧扩散。物候:－。海拔:700－2600米。生境:连接脉上,仅成熟时彼此沿叶边汇合,针阔混交林中岩石上。资源:具栽培园艺种类。全球6个大洲分布及种数(10－60)非洲:4; 亚洲:22; 大洋洲:2; 欧洲:10; 北美洲:10; 南美洲:21。【中国种数:5】。

Cryptogynolejeunea R. M. Schust. 细鳞苔科属 Lejeuneaceae［B－84］特征纪要:－。全球1个大洲分布及种数(－)。

Cryptolepis R. Br. 白叶藤属 Asclepiadaceae［MD－494］特征纪要:习性:木质攀援。花程式:(K－),C5,A5,↓G－。物候:－。花期:3－8月。果期:参考晚于花期。海拔:100－800米。生境:丘陵山地灌木丛中,石灰岩疏林下。资源:药用,具栽培园艺种类。全球6个大洲分布及种数(33－187)非洲:64; 亚洲:61; 大洋洲:8; 欧洲:5; 北美洲:5; 南美洲:68。【中国种数:2】。

Cryptoleptodon Renauld & Cardot 藏蕨藓属 Pterobryaceae［B－201］特征纪要:习性:－。【Rep】:雌雄异株,稀雌雄同株,蒴柄短或较长,平滑或粗糙,孢蒴长卵形,直立,蒴齿两层,环带不分化,蒴盖圆锥形,亮绿色至红棕色。物候:－。海拔:－。生境:常见于林下树干,土生。资源:－。全球3个大洲分布及种数(2)非洲:1;亚洲:1;欧洲:1。

Cryptolophocolea L. Söderstr., Crand.－Stot., Stotler & Váňa 藏萼苔属 Lophocoleaceae［B－74］特征纪要:习性:－。【Rep】:雌苞生于短枝上,雄苞生于短侧枝上,短枝上无正常叶发育,仅为雌雄苞叶,雌雄同株,稀异株,雌雄苞一般生于主茎或长分枝顶端,雌苞叶大于茎叶,先端具裂瓣和不规则齿突,蒴萼大。物候:－。海拔:－。生境:常见于树干或腐木,岩面土生。资源:－。全球1个大洲分布及种数(1)◆非洲。

Cryptomeria D. Don 柳杉属 Cupressaceae［G－17］特征纪要:习性:－。【Rep】:球果近球形,种鳞不脱落,木质,盾形,上部肥大,上部边缘有3－7裂齿,背面中部或中下部有一个三角状分离的苞鳞尖头,球果顶端的种鳞形小,无种子,种子不规则扁椭圆形或扁三角状椭圆形,边缘有极窄的翅,子叶2－3枚,发芽时出土。物候:－。花期:4月。果期:参考晚于花期。海拔:1100米。生境:攀援灌木上,作为观赏植物种植,用于木材。资源:建筑,电线杆,器具,家具,造纸原料,具栽培园艺种类。全球6个大洲分布及种数(1－21)非洲:2; 亚洲:10; 大洋洲:2; 欧洲:2; 北美洲:2; 南美洲:2。【中国种数:1】。

Cryptomeriaceae Gorozh. ＝ Cupressaceae

Cryptomitrium Austin ex Underw. 薄地钱属 Aytoniaceae［B－9］特征纪要:习性:－。【Rep】:雌托半球形,边缘4－7深裂,雌雄同株或异株,雄托无柄,生于叶状体背面前端,雌托近球形或半球形,基部通常浅裂或近于不开裂,下方具苞。物候:－。海拔:－。生境:山坡向阳,岩面土生。资源:－。全球6个大洲分布及种数(3)非洲:1－2;亚洲:1;大洋洲:1;欧洲:1;北美洲:1－2;南美洲:1－2。

Cryptopapillaria M. Menzel 隐松萝藓属 Meteoriaceae［B－188］特征纪要:习性:－。【Rep】:雌雄异株,蒴柄短而粗糙,孢蒴卵形,隐生雌苞叶内,蒴齿两层,内齿层具低基膜,蒴帽僧帽形,被纤毛。物候:－。海拔:－。生境:山谷林下。资源:－。全球4个大洲分布及种数(5)亚洲:4;大洋洲:2;北美洲:1;南美洲:1。【中国种数:3】。

Cryptophoranthus Barb. Rodr. ＝ **Zootrophion**

Cryptopodia Röhl. 平藓科属 Neckeraceae［B－204］特征纪要:－。全球1个大洲分布及种数(－)。

Cryptopodium Brid. 伏桧藓属 Rhizogoniaceae［B－154］特征纪要:习性:－。【Rep】:孢子体多数单生,蒴柄高出,孢蒴棕色,长卵形,有时隆背或呈圆柱形,具短台部,有时具纵,雌雄异株,稀同株,生殖苞芽胞形,基生或侧生,有线形配丝,外雌苞叶小,内雌苞叶较大,蒴柄长,直立。其他特征参考科。全球4个大洲分布及种数(2)非洲:1;大洋洲:1;北美洲:1;南美洲:1。

Cryptopus Lindl. 藏粉兰属 Orchidaceae［MM－723］特征纪要:习性:草本。花程式:(K)3,C3,A3,＝↓(G)3。其

他特征参考科。全球 3 个大洲分布及种数(4－29)非洲:5; 亚洲:2; 南美洲:23。

Cryptopylos Garay 长足兰属 Orchidaceae［MM－723］特征纪要:草本。花程式(参考科):S:(K)(－),P:C(－),A:A6,O:↓(G)/Ou:侧膜胎座,/Ou:不结实,F:蒴果,S:周围有狭翅。全球 1 个大洲分布及种数(－)◆亚洲。

Cryptorhiza Urb. ＝ **Pimenta**

Cryptosaccus Rchb. f. ＝ **Leochilus**

Cryptosanus Scheidw. ＝ **Leochilus**

Cryptosepalum Benth. 隐萼豆属 Fabaceae1［MD－240］特征纪要:习性:木本。花程式:K3－5－∞,C3－5－∞,A3－5,＝↓G1－2。其他特征参考科。全球 2 个大洲分布及种数(15－37)非洲:37; 亚洲:2。

Cryptoseta（Arn.）Hook. f. ex Kitt. ＝ **Cryptopodium**

Cryptosorus Fée ＝ **Grammitis**

Cryptospora Kar. & Kir. 隐子芥属 Brassicaceae［MD－213］特征纪要:习性:草本。花程式:Kn,C2－3 参考科,A3 参考科,G－。物候:－。花期:4－7 月。果期:参考晚于花期。海拔:500－1000 米。生境:沙漠,草原,沙质土壤荒草地。资源:具栽培园艺种类。全球 5 个大洲分布及种数(3－68)非洲:19; 亚洲:19; 欧洲:1; 北美洲:1; 南美洲:12。【中国种数:1】。

Cryptostachys Steud. ＝ **Sporobolus**

Cryptostegia R. Br. 桉叶藤属 Apocynaceae［MD－492］特征纪要:习性:木本。花程式:K5,C0,A15,↓G。物候:－。花期:几乎全年。果期:参考晚于花期。海拔:5000 米。生境:草间路旁。资源:具栽培园艺种类。全球 5 个大洲分布及种数(3)非洲:2;亚洲:2;大洋洲:2;北美洲:2;南美洲:2。【中国种数:2】。

Cryptostephane Sch. Bip. ＝ **Dicoma**

Cryptostephanus Welw. ex Baker 小君兰属 Amaryllidaceae［MM－694］特征纪要:习性:草本。花程式:(K)3,C3,A1,＝↓(G)3。其他特征参考科。全球 1 个大洲分布及种数(3)◆非洲。

Cryptostipula R. M. Schust. 隐萼苔属 Jungermanniaceae［B－38］特征纪要:习性:－。【Rep】:常具蒴囊,绿色、黄绿色、暗绿色或红褐色。其他特征参考科。全球 1 个大洲分布及种数(1)◆非洲。

Cryptostylis R. Br. 隐柱兰属 Orchidaceae［MM－723］特征纪要:习性:草本。花程式:Kn,C2－3 参考科,A3 参考科,＝↓G3。物候:－。花期:5－6 月。果期:参考晚于花期。海拔:100－500 米。生境:常绿阔叶林,竹林,山坡阔叶林下。资源:具园艺种类。全球 4 个大洲分布及种数(2－26;hort. 1)非洲:1－12;亚洲:1－11;大洋洲:1－15;南美洲:1。【中国种数:2】。

Cryptotaenia DC. 鸭儿芹属 Apiaceae［MD－480］特征纪要:习性:草本(基生)。花程式:Kn,C5,A3 参考科,＝↓G2。物候:－。海拔:200－2400 米。生境:土地。栽培:来自广西龙州。资源:具栽培园艺种类。全球 6 个大洲分布及种数(4－8)非洲:2－5;亚洲:2－4;大洋洲:2－3;欧洲:1－2;北美洲:2－3;南美洲:2－3。【中国种数:2】。

Cryptothallus Malmb. 腐生苔属 Aneuraceae［B－86］特征纪要:习性:－。【Rep】:雌雄苞均着生短侧枝上,雌苞无假蒴萼,蒴被形大,肉质,圆柱形或棒形,尖端具疣状突起,孢蒴椭圆形,成熟时,雌雄异株,蒴被筒状,蒴柄细长,柔弱,芽胞常着生叶状体尖部,1－2 个细胞。物候:－。海拔:－。生境:腐生,土生。资源:－。全球 6 个大洲分布及种数(2)非洲:1;亚洲:1;大洋洲:1;欧洲:1;北美洲:1－2;南美洲:1。

Cryptotheca（Bl.）Bl. 蕨藓科属 Pterobryaceae［B－201］特征纪要:－。全球 1 个大洲分布及种数(－)。

Cryptothecia <unassigned> 美国蕨藓属 Pterobryaceae［B－201］特征纪要和分布(－)。

Cryptothele <unassigned> 可可李科属 Chrysobalanaceae［MD－243］特征纪要:习性:－。花程式:－。其他特征参考科。全球 3 个大洲分布及种数(5)欧洲:1; 北美洲:1; 南美洲:2。

Cryptothladia（Bunge）M. J. Cannon ＝ **Morina**

Crypturus Link ＝ **Lolium**

Crystallopollen Steetz 铁鸠菊属 Asteraceae［MD－586］特征纪要:习性:－。花程式:－。其他特征参考科。全球 1 个大洲分布及种数(－)。

Csapodya Borhidi ＝ **Deppea**

Cteisium Michx. ＝ **Lygodium**

Ctenanthe Eichler 栉花芋属 Marantaceae［MM－740］特征纪要:习性:草本。花程式:(K)3,C3,A3－4,＝↓G3。其他特征参考科。全球 4 个大洲分布及种数(18)亚洲:5;大洋洲:3;北美洲:11;南美洲:16。【中国种数:1】。

Ctenardisia Ducke 短蕊金牛属 Primulaceae［MD－401］特征纪要:习性:草本。花程式:(K)3－4,(C)3－4,A4,＝G3－5。其他特征参考科。全球 3 个大洲分布及种数(4－7)大洋洲:2; 北美洲:4; 南美洲:6。

Ctenidiadelphus M. Fleisch. 泥灰藓属 Hypnaceae［B－189］特征纪要:习性:－。【Rep】:雌雄异苞同株,内雌苞叶直立,卵状披针形,上部渐狭成长毛状,近于全缘,无中肋,黄绿色。其他特征参考科。全球 3 个大洲分布及种数(3)亚洲:2;大洋洲:1;北美洲:1。

Ctenidium（Schimp.）Mitt. 梳藓属 Hypnaceae［B－189］特征纪要:习性:－。【Rep】:短或不明显。物候:－。海拔:－。生境:常见于树干和岩面。资源:－。全球 6 个大洲分布及种数(31)非洲:2;亚洲:19;大洋洲:7;欧洲:3;北美洲:7;南美洲:5。【中国种数:18】。

Ctenitis（C. Chr.）C. Chr. 肋毛蕨属 Dryopteridaceae［F－49］特征纪要:习性:－。【Rep】:孢子囊群圆形,中等大小,着生于小脉中部或很少近顶部。物候:－。海拔:2500 米。生境:常绿阔叶林砂岩。栽培:来自广西龙州。资源:具栽培园艺种类。全球 6 个大洲分布及种数(165－212;hort. 1;cult. 4)非洲:51－87;亚洲:53－107;大洋洲:15－51;欧洲:7－37;北美洲:45－81;南美洲:45－81。【中国种数:21】。

Ctenitopsis Ching ex Tardieu & C. Chr. ＝ **Tectaria**

Ctenium Panz. 灰藓科属 Hypnaceae [B - 189] 特征纪要:习性:草本。其他特征参考科。全球 6 个大洲分布及种数(19 - 82)非洲:39; 亚洲:12; 大洋洲:2; 欧洲:18; 北美洲:18; 南美洲:22。【中国种数:1】。

Ctenobryum Koi & M. Kato 川苔苗属 Podostemaceae [MD - 322] 特征纪要:习性:草本。花程式:-。其他特征参考科。全球 1 个大洲分布及种数(-)。

Ctenocladium Airy Shaw = **Dorstenia**

Ctenodon Baill. 合萌属 Fabaceae3 [MD - 240] 特征纪要:习性:-。花程式:-。其他特征参考科。全球 4 个大洲分布及种数(76 - 78)非洲:2; 亚洲:2; 北美洲:29; 南美洲:57。

Ctenolepis Hook. f. 梳鳞葫芦属 Cucurbitaceae [MD - 205] 特征纪要:习性:-。花程式:-。其他特征参考科。全球 3 个大洲分布及种数(4)非洲:2;亚洲:2 - 3;北美洲:2。

Ctenolophon Oliv. 泥沱树属 Ctenolophonaceae [MD - 282] 特征纪要(同科)。全球 2 个大洲分布及种数(2 - 3)非洲:1 - 2;亚洲:cf. 1。【中国种数:1】。

Ctenolophonaceae Exell & Mendonça [MD - 282] 泥沱树科 特征纪要:习性:木本;落叶。花程式:K5,C5,A10,↑(G)2。果实:蒴果。全球 2 个大洲分布及属种数(2/3 - 4 hort. 1) 非洲:2/3 - 4; 亚洲:2/2 - 3。【中国属种数:1/1】。

C

Ctenomeria Harv. = **Tragia**

Ctenophrynium K. Schum. = **Saranthe**

Ctenopsis De Not. 鼠茅属 Poaceae [MM - 748] 特征纪要:习性:-。花程式:-。其他特征参考科。全球 1 个大洲分布及种数(cf. 1)◆非洲。

Ctenopterella Parris = **Calymmodon**

Ctenopteris Bl. ex Kunze 蒿叶蕨属 Polypodiaceae [F - 60] 特征纪要:附生,小型或中型,叶草质至肉质或革质,遍体被红褐色至暗褐色长毛。【Rep】:孢子囊群圆形或椭圆形,背生或顶生于小脉上,着生于叶表面,罕有下陷于叶肉中,在主脉两侧各排成 1 行,不具隔丝,无囊群盖。全球 6 个大洲分布及种数(82 - 101)非洲:9 - 15;亚洲:54 - 61;大洋洲:26 - 32;欧洲:6;北美洲:4 - 10;南美洲:6 - 12。

Ctenorchis K. Schum. = **Angraecum**

Cuatrecasanthus H. Rob. 单花落苞菊属 Asteraceae [MD - 586] 特征纪要:习性:草本。花程式:(K)3 - 5,C3 - 5,A3 - 5, = ↓(G)2。其他特征参考科。全球 1 个大洲分布及种数(4 - 6)◆南美洲。

Cuatrecasasiella H. Rob. 对叶紫绒草属 Asteraceae [MD - 586] 特征纪要:习性:草本。花程式:(K)3 - 5,C3 - 5,A3 - 5, = ↓(G)2。其他特征参考科。全球 1 个大洲分布及种数(2)◆南美洲。

Cuatrecasea Dugand = **Iriartella**

Cuatresia Hunz. 绿酸浆属 Solanaceae [MD - 503] 特征纪要:习性:木本。花程式:K3 - 4,C0,A3 - 4, = (G)2。其他特征参考科。全球 2 个大洲分布及种数(14 - 18)北美洲:6 - 7;南美洲:12 - 15。

Cubacroton Alain = **Croton**

Cubanicula <unassigned> 肘花草属 Haemodoraceae [MM - 718] 特征纪要:习性:-。花程式:-。其他特征参考科。全球 1 个大洲分布及种数(-)。

Cubanola Aiello 古巴茜属 Rubiaceae [MD - 523] 特征纪要:习性:木本。花程式:(K)4 - 5,(C)4 - 5,A4 - 5, = ↓(G)2 - 9。其他特征参考科。全球 2 个大洲分布及种数(2 - 3)北美洲:3; 南美洲:2。

Cubanthus (DC.) Millsp. 红雀珊瑚属 Euphorbiaceae [MD - 217] 特征纪要:习性:-。花程式:-。其他特征参考科。全球 1 个大洲分布及种数(cf. 1)◆北美洲。

Cubilia Bl. 南洋丹属 Sapindaceae [MD - 428] 特征纪要:习性:木本。花程式:K4 - 8,C4 - 8,A10, = G2 - 3。其他特征参考科。全球 2 个大洲分布及种数(1 - 5)亚洲:4; 北美洲:1。

Cubitanthus Barringer 爆仗竹属 Gesneriaceae [MD - 549] 特征纪要:习性:草本。花程式:-。其他特征参考科。全球 1 个大洲分布及种数(1)◆南美洲。

Cuchumatanea Seid. & Beaman 危地马拉菊属 Asteraceae [MD - 586] 特征纪要:习性:草本。花程式:(K)3 - 5,C3 - 5,A3 - 5, = ↓(G)2。其他特征参考科。全球 1 个大洲分布及种数(1)◆中美洲(◆危地马拉)。

Cucularia Raf. = **Dicentra**

Cucumella Chiov. 黄葫芦属 Cucurbitaceae [MD - 205] 特征纪要:习性:-。花程式:-。其他特征参考科。全球 3 个大洲分布及种数(28)非洲:12; 亚洲:3; 南美洲:14。

Cucumeria Lür 腋花兰属 Orchidaceae [MM - 723] 特征纪要:习性:-。花程式:-。其他特征参考科。全球 1 个大洲分布及种数(1)◆非洲。

Cucumeroides Gaertn. = **Trichosanthes**

Cucumis L. 黄瓜属 Cucurbitaceae [MD - 205] 特征纪要:习性:木质攀援。海拔:700 - 2000 米。生境:广泛栽培,竹杉林中近水边阴湿地。资源:药用,具栽培园艺种类。全球 6 个大洲分布及种数(65 - 77; hort. 1; cult. 5)非洲:48 - 58;亚洲:23 - 33;大洋洲:14 - 24;欧洲:4 - 13;北美洲:12 - 22;南美洲:7 - 16。【中国种数:8】。

Cucurbita L. 南瓜属 Cucurbitaceae [MD - 205] 特征纪要:习性:木质攀援。花程式:-。物候:-。海拔:60 - 3500 米。生境:广泛栽培。资源:药用,具栽培园艺种类。全球 6 个大洲分布及种数(23 - 94)非洲:10; 亚洲:17; 大洋洲:58; 欧洲:48; 北美洲:48; 南美洲:20。【中国种数:6】。

Cucurbitaceae Juss. [MD - 205] 葫芦科 特征纪要:习性:木本,藤本;落叶。花程式:♀|♂(K)6,C5,A8, = ↓(G)。花期:7 - 9 月。果期:9 - 11 月。果实:蒴果。种子:周围有膜质的翅,子叶大。资源:油脂,药用。栽培:中国有栽培。全球 6 个大洲分布及属种数(132 - 142/1240 - 1626 <IFR 22/43> hort. 1; cult. 15) 非洲:43/348 - 409

(IFR 7/11)；亚洲:50 - 52/445 - 480(IFR 11/27)；大洋洲:17 - 18/87 - 95；欧洲:12/35 - 37(IFR 2/4)；北美洲:42 - 43/308 - 324(IFR 4/5)；南美洲:35 - 36/333 - 383(IFR 5/5)。【中国属种数:40/183】。

Cucurbitaria <unassigned> 南瓜苗属 Cucurbitaceae [MD - 205] 特征纪要: - 。全球 5 个大洲分布及种数(14)非洲:7；亚洲:2；大洋洲:1；欧洲:3；南美洲:1。

Cucurbitella Walp. 小南瓜属 Cucurbitaceae [MD - 205] 特征纪要:习性:木本。花程式:K3 - 5,C3 - 5,A3, = ↓G1 - 2。其他特征参考科。全球 3 个大洲分布及种数(1 - 11)亚洲:2；大洋洲:3；南美洲:8。

Cudrania Trécul 柘属 Moraceae [MD - 87] 特征纪要:习性: - 。花程式: - 。物候: - 。花期:4 - 5 月。果期:参考晚于花期。海拔:1000 - 1700 米。生境:村庄附近或荒野,山坡林缘。资源: - 。全球 6 个大洲分布及种数(2 - 4)非洲:7;亚洲:1 - 8;大洋洲:7;欧洲:7;北美洲:8;南美洲:7。

Cuenotia Rizzini 杯爵床属 Acanthaceae [MD - 572] 特征纪要:习性:草本。花程式:Kn,C0,A2 - 4, = (G)2)。其他特征参考科。全球 1 个大洲分布及种数(1)◆南美洲。

Cuervea Triana ex Miers 小香卫矛属 Celastraceae [MD - 339] 特征纪要:习性:木本。花程式:K2 - 3,C2 - 3,A10, = G2 - 5。其他特征参考科。全球 4 个大洲分布及种数(4 - 9)非洲:2;亚洲:cf. 1;北美洲:2 - 5;南美洲:2。

Cufodontia R. E. Woodson = **Aspidosperma**

Cuitlauzina Lex. 香花兰属 Orchidaceae [MM - 723] 特征纪要:习性:草本。花程式:(K)3,C3,A3, = ↓G3。其他特征参考科。全球 2 个大洲分布及种数(8 - 13)北美洲:9；南美洲:5。

Culcasia P. Beauv. 网藤芋属 Araceae [MM - 639] 特征纪要:习性:草本。花程式:K0,C0,A1 - 4, = (G)1 - 3。其他特征参考科。全球 6 个大洲分布及种数(27 - 48)非洲:42；亚洲:5；大洋洲:2；欧洲:10；北美洲:10；南美洲:2。【中国种数:1】。

Culcita C. Presl 垫囊蕨属 Dicksoniaceae [F - 22] 特征纪要:习性: - 。【Rep】:孢子同形,囊群至叶缘。物候: - 。海拔: - 。生境: - 。资源:具园艺种类。全球 6 个大洲分布及种数(2 - 14)非洲:2；亚洲:5；大洋洲:6；欧洲:2；北美洲:2；南美洲:4。【中国种数:1】。

Culcitaceae Pic. Serm. = Dicksoniaceae

Culcitium Humb. & Bonpl. 垂绒菊属 Senecionaceae [MD - 590] 特征纪要:草本,落叶。花程式:(K)3 - 5,(C)3 - 5,A3 - 5, = ↓G:2。果实:瘦果。全球 1 个大洲分布及种数(19 - 22)◆南美洲。

Cullen Medik. 补骨脂属 Fabaceae3 [MD - 240] 特征纪要:习性:木本。花程式:K1 - ∞,C1 - ∞,A5 - 9, = ↓G1。物候: - 。花期:7 - 8 月。果期:参考晚于花期。海拔:7500 米。生境:温暖的山谷,植物园栽培。资源:具栽培园艺种类。全球 6 个大洲分布及种数(14 - 40)非洲:7 - 16;亚洲:7 - 16;大洋洲:5 - 32;欧洲:1 - 7;北美洲:4 - 14;南美洲:6。【中国种数:2】。

Cullenia Wight 榴梿属 Malvaceae [MD - 203] 特征纪要:习性:木本。花程式: - 。其他特征参考科。全球 3 个大洲分布及种数(2 - 13)亚洲:3；北美洲:1；南美洲:8。

Cullumia R. Br. 帚叶联苞菊属 Asteraceae [MD - 586] 特征纪要:习性:草本。花程式:(K)3 - 5,C3 - 5,A3 - 5, = ↓(G)2。其他特征参考科。全球 4 个大洲分布及种数(23 - 39)非洲:33；欧洲:2；北美洲:2；南美洲:2。

Cullumiopsis Drake = **Dicoma**

Cumarinia (F. M. Knuth) Buxb. 香蜂球属 Cactaceae [MD - 100] 特征纪要:习性:木本。花程式:Kn,C2 - 3 参考科,A3 参考科, = ↓G - 。其他特征参考科。全球 2 个大洲分布及种数(1 - 2)北美洲:1；南美洲:1。

Cumaruna J. F. Gmel. = **Coumarouna**

Cumbulu Adans. = **Catalpa**

Cumetea Raf. = **Myrcia**

Cuminia J. F. Gmel. 卡明木属 Lamiaceae [MD - 575] 特征纪要:习性: - 。花程式: - 。其他特征参考科。全球 1 个大洲分布及种数(1)◆南美洲。

Cuminum Tourn. ex L. 孜然芹属 Apiaceae [MD - 480] 特征纪要:习性:草本(基生)。花程式:Kn,C5,A3 参考科, = ↓G2。物候: - 。海拔:50 - 5600 米。生境: - 。栽培: - 。资源:药用,具栽培园艺种类。全球 4 个大洲分布及种数(4 - 7)非洲:1 - 2;亚洲:3 - 4;欧洲:2;北美洲:1。【中国种数:2】。

Cumulopuntia F. Ritter 敦丘掌属 Cactaceae [MD - 100] 特征纪要:习性:木本。花程式:K1 - ∞,C1 - ∞,A3 - 100, = ↓G3 - 100 - 。其他特征参考科。全球 1 个大洲分布及种数(21 - 23)◆南美洲。

Cuniculotinus Urbatsch, R. P. Roberts & Neubig 兔黄花属 Asteraceae [MD - 586] 特征纪要:习性:草本。花程式:(K -),(C)3 - 5,A3 参考科,↓G。其他特征参考科。全球 1 个大洲分布及种数(1)◆北美洲。

Cunila D. Royen ex L. 岩薄荷属 Lamiaceae [MD - 575] 特征纪要:习性: - 。花程式: - 。其他特征参考科。全球 6 个大洲分布及种数(20 - 51)非洲:2；亚洲:8；大洋洲:3；欧洲:21；北美洲:21；南美洲:43。

Cunninghamia R. Br. 杉木属 Cupressaceae [G - 17] 特征纪要:习性: - 。【Rep】:球果近球形或卵圆形,苞鳞革质,扁平,宽卵形或三角状卵形,先端有硬尖头,边缘有不规则的。物候: - 。花期:4 月。果期:参考晚于花期。海拔:1300 - 2000 米。生境:森林,岩石山坡和路边。资源:纤维,油脂,芳香油,丹宁,具栽培园艺种类。全球 6 个大洲分布及种数(2 - 14)非洲:3；亚洲:10；大洋洲:4；欧洲:5；北美洲:5；南美洲:3。【中国种数:2】。

Cunninghamiaceae Siebold & Zucc. = Cupressaceae

Cunonia L. 合椿梅属 Cunoniaceae [MD - 255] 特征纪要:习性: - 。花程式: - 。其他特征参考科。全球 5 个大洲分布及种数(25 - 52)非洲:2；亚洲:10；大洋洲:51；北美洲:2；南美洲:7。

Cunoniaceae R. Br. [MD - 255] 合椿梅科 特征纪要:习性:木本;落叶。花程式:K4 - 5,C4,A4, = ↓(G)2 - 3。果实:蒴果。种子:无毛。全球 5 个大洲分布及属种数(27 - 30/267 - 484 < IFR 3/16 > hort. 1;cult. 6) 非洲:5/50

-58(IFR 1/1)；亚洲:3/26-32；大洋洲:20-21/94-271(IFR 2/2)；北美洲:2/26-27；南美洲:4/105-109(IFR 1/13)。【中国属种数:4/5】。

Cupameni Adans. = **Acalypha**

Cupania L. 野蜜莓属 Sapindaceae [MD-428] 特征纪要:习性:木本。花程式:K4-8,C4-8,A10,=G2-3。物候:-。海拔:-。生境:-。资源:具栽培园艺种类。全球6个大洲分布及种数(88-115)非洲:6-10;亚洲:22-26;大洋洲:29-39;欧洲:3;北美洲:23-33;南美洲:53-64。【中国种数:3】。

Cupaniopsis Radlk. 鸮蜜莓属 Sapindaceae [MD-428] 特征纪要:习性:木本。花程式:K4-8,C4-8,A10,=G2-3。其他特征参考科。全球6个大洲分布及种数(46-109)非洲:30；亚洲:14；大洋洲:100；欧洲:4；北美洲:4；南美洲:2。

Cuphaea Moench = **Cuphea**

Cuphea P. Br. 萼距花属 Lythraceae [MD-333] 特征纪要:习性:木本。花程式:-。物候:-。花期:6-10月。果期:参考晚于花期。海拔:100-2000米。生境:草原,河岸,竹坡中。资源:具栽培园艺种类。全球6个大洲分布及种数(321-379;hort. 1;cult. 27)非洲:4-14;亚洲:34-46;大洋洲:95-107;欧洲:9-19;北美洲:108-131;南美洲:186-231。【中国种数:30】。

Cuphocarpus Decne. & Planch. = **Polyscias**

Cuphonotus O. E. Schulz 驼缘芥属 Brassicaceae [MD-213] 特征纪要:习性:-。花程式:-。其他特征参考科。全球1个大洲分布及种数(2)◆大洋洲(◆澳大利亚)。

Cupi Adans. = **Tarenna**

Cuprella Raf. 相思树属 Fabaceae3 [MD-240] 特征纪要:习性:-。花程式:-。其他特征参考科。全球2个大洲分布及种数(2)非洲:2；亚洲:1。

Cupressaceae Gray [G-17] 柏科 特征纪要:草本,根茎不分化,匍匐,鳞叶二型,退化。【Rep】:孢子囊球果形,单生叶表。全球6个大洲分布及属种数(27-28/211-268 <IFR 7/37> hort. 1;cult. 11) 非洲:6/22-24(IFR 3/4)；亚洲:12/130-134(IFR 5/23)；大洋洲:10/69-79；欧洲:4/24-26(IFR 1/7)；北美洲:7/58(IFR 4/16)；南美洲:3/12。【中国属种数:23/91】。

Cupressina Müll. Hal. 暗绿灰藓属 Hypnaceae [B-189] 特征纪要:习性:-。物候:-。海拔:-。生境:常见于林下土或岩面薄土,沼泽水生。资源:-。全球2个大洲分布及种数(2)亚洲:1;南美洲:1。

Cupresstellata J. Nelson = **Fitzroya**

Cupressus L. 柏木属 Cupressaceae [G-17] 特征纪要:习性:-。【Rep】:复轴,浆果状,苞鳞融合成果皮状,种鳞多退化,球果第二年夏初成熟,球形或近球形,种鳞4-8对,熟时张开,木质,盾形,顶端中部常具凸起的短尖头,能育种鳞具。物候:-。海拔:1400-3300米。生境:纯林。资源:具栽培园艺种类。全球6个大洲分布及种数(31-42;hort. 1;cult. 8)非洲:9-20;亚洲:28-44;大洋洲:8-20;欧洲:12-25;北美洲:16-27;南美洲:8-19。【中国种数:8】。

Curarea Barneby & Krukoff 箭毒藤属 Menispermaceae [MD-42] 特征纪要:习性:草本。花程式:K1(6-40),C3,A1-6-40,=G1-3。其他特征参考科。全球5个大洲分布及种数(9-44)亚洲:2；大洋洲:6；欧洲:6；北美洲:6；南美洲:44。

Curataria Spreng. = **Couratari**

Curatella Löfl. 锡叶树属 Dilleniaceae [MD-66] 特征纪要:习性:木本。花程式:K∞,C∞,A5,=G1-2。其他特征参考科。全球3个大洲分布及种数(1-21)亚洲:2；北美洲:3；南美洲:19。【中国种数:1】。

Curculigo Gaertn. 仙茅属 Hypoxidaceae [MM-695] 特征纪要:习性:草本。花程式:-。物候:-。花期:5-6月。果期:参考晚于花期。海拔:600米。生境:地方。栽培:来自广西龙州。资源:药用,具栽培园艺种类。全球6个大洲分布及种数(19-35;hort. 1)非洲:6-13;亚洲:16-26;大洋洲:3-9;欧洲:5;北美洲:6-11;南美洲:2-7。【中国种数:10】。

Curcuma L. 姜黄属 Zingiberaceae [MM-737] 特征纪要:习性:草本。花程式:(K-),C2-3参考科,A3参考科,=↓G3。物候:-。花期:5月。果期:参考晚于花期。海拔:900米。生境:狭谷砂岩草地。资源:药用,经济植物,具栽培园艺种类。全球6个大洲分布及种数(156-223)非洲:18；亚洲:209；大洋洲:21；欧洲:25；北美洲:25；南美洲:11。【中国种数:34】。

Curimari P. & K. = **Sloanea**

Curio P. V. Heath 仙人笔属 Asteraceae [MD-586] 特征纪要:习性:草本。花程式:(K)3-5,(C)3-5,A3-5,↓G。其他特征参考科。全球5个大洲分布及种数(20-25)非洲:20；大洋洲:1；欧洲:1；北美洲:1；南美洲:2。

Curitiba Salywon & Landrum 棱凤榴属 Myrtaceae [MD-347] 特征纪要:习性:木本。花程式:K4,C4,A8-10,=↓G2-5。特征参考科。全球1个大洲分布及种数(1)◆南美洲。

Curmeria Linden & Andre = **Homalomena**

Curnilia Raf. = **Leptadenia**

Currania (Copel.) Tagawa = **Gymnocarpium**

Cursonia Nutt. = **Onoseris**

Curtia Cham. & Schltdl. 库尔特龙胆属 Gentianaceae [MD-496] 特征纪要:习性:草本。花程式:K4-5,C0,A10,=↓G2。其他特征参考科。全球5个大洲分布及种数(8-34)亚洲:3；大洋洲:2；欧洲:6；北美洲:6；南美洲:33。

Curtisia Aiton 铩木属 Curtisiaceae [MD-456] 特征纪要和分布(-)。全球1个大洲分布及种数(1)◆非洲。

Curtisiaceae Takht. [MD-456] 铩木科 特征纪要:习性:木本;落叶。花程式:K4,C4,A4,↓(G)-。果实:核果。

全球 1 个大洲分布及属种数(2/3 hort. 1)◆非洲:1/ 1。

Curtopogon P. Beauv. = **Aristida**

Curupira G. A. Black 巴西铁青树属 Olacaceae [MD – 362] 特征纪要:习性:木本。花程式: – 。其他特征参考科。全球 1 个大洲分布及种数(1)◆南美洲。

Curvicladium Enroth 弯枝藓属 Neckeraceae [B – 204] 特征纪要:习性: – 。【Rep】:孢子体不详,黄绿色或黄褐色。物候: – 。海拔: – 。生境:常见于岩石或树干。资源: – 。全球 2 个大洲分布及种数(3)亚洲:2; 南美洲:2。【中国种数:1】。

Curviramea H. A. Crum 牛舌藓属 Hookeriaceae [B – 164] 特征纪要:习性: – 。【Rep】:雌雄异苞同株,蒴柄红色或橙红色,平滑,孢蒴平列或下垂,长卵形,环带发达,易脱落,蒴齿两层。其他特征参考科。全球 1 个大洲分布及种数(1)◆北美洲。

Cuscatlania Standl. 睫苞茉莉属 Nyctaginaceae [MD – 107] 特征纪要:习性:木本。花程式: – 。其他特征参考科。全球 1 个大洲分布及种数(1)◆北美洲(◆萨尔瓦多)。

Cuscuta L. 菟丝子属 Cuscutaceae [MD – 502] 特征纪要(同科)。全球 6 个大洲分布及种数(226 – 266;hort. 1;cult. 7)非洲:51 – 74;亚洲:70 – 96;大洋洲:25 – 48;欧洲:34 – 57;北美洲:113 – 143;南美洲:85 – 114。【中国种数:29】。

Cuscutaceae Dum. [MD – 502] 菟丝子科 特征纪要:习性:草本;落叶。花程式:K1 – 3,C1 – 3,A12 – 26, = ↓ G1 – 3。物候: – 。花期:7 月。果期:8 月。果实:蒴果。种子:黑褐色种皮常有小瘤状突起。海拔:1200 米。生境:草本或灌木上。栽培:来自广西龙州。资源:药用。全球 6 个大洲分布及属种数(3/8 – 9 < IFR 1/49 > hort. 1;cult. 2) 非洲:1/53 – 56(IFR 1/11); 亚洲:2/72 – 78(IFR 1/17); 大洋洲:2/30 – 33(IFR 1/2); 欧洲:1/35 – 38(IFR 1/6); 北美洲:2/119 – 129(IFR 1/13); 南美洲:2/93 – 102(IFR 1/19)。

Cusickiella Rollins 库西葶苈属 Brassicaceae [MD – 213] 特征纪要:习性:草本。花程式:K2 – 4,C2 – 4,A2 – 4,↓G – 参考科。其他特征参考科。全球 1 个大洲分布及种数(2)◆北美洲(◆美国)。

Cuspidaria DC. 彩虹藤属 Bignoniaceae [MD – 541] 特征纪要和分布(–)。全球 1 个大洲分布及种数(16 – 26)◆南美洲。【中国种数:1】。

Cuspidatula Stephani 亚洲叶苔属 Adelanthaceae [B – 50] 特征纪要:习性: – 。【Rep】:雌苞叶和雌苞腹叶无纤毛和齿,具蒴囊,蒴萼近圆形,口部具细圆齿或突起,蒴壁 2 层细胞。物候: – 。海拔: – 。生境:常见于腐木上。栽培:来自广西龙州。资源:具栽培园艺种类。全球 6 个大洲分布及种数(3)非洲:1;亚洲:2 – 3;大洋洲:1;欧洲:1;北美洲:1;南美洲:1。

Cuspidia Gaertn. 杯头联苞菊属 Asteraceae [MD – 586] 特征纪要:习性:草本。花程式:(K)3 – 5,(C)3 – 5,A3 – 5,↓G。其他特征参考科。全球 1 个大洲分布及种数(1 – 2)◆非洲。

Cussetia M. Kato 壳川藻属 Podostemaceae [MD – 322] 特征纪要:习性:草本。花程式:Kn,C0,A10,G – 。其他特征参考科。全球 1 个大洲分布及种数(2) ◆亚洲:2。

Cussonia Thunb. 甘蓝树属 Araliaceae [MD – 471] 特征纪要:习性:木本。花程式:K1 – ∞ ,C1 – ∞ ,A2, = ↓G – 。物候: – 。海拔: – 。生境: – 。资源:具栽培园艺种类。全球 5 个大洲分布及种数(21 – 85)非洲:67; 亚洲:13; 大洋洲:9; 北美洲:4; 南美洲:7。

Cutandia Willk. 滨硬禾属 Poaceae [MM – 748] 特征纪要:习性:草本。花程式:(K)3,C0 参考科,A1 – 2, = (G)2 – 3。其他特征参考科。全球 6 个大洲分布及种数(6 – 20)非洲:11; 亚洲:9; 大洋洲:3; 欧洲:5; 北美洲:5; 南美洲:3。【中国种数:1】。

Cuttsia F. Müll. 澳接骨属 Rousseaceae [MD – 436] 特征纪要:习性:木本。花程式: – 。其他特征参考科。全球 1 个大洲分布及种数(1)◆大洋洲(◆澳大利亚)。

Cutubea J. St. – Hil. = **Coutoubea**

Cuviera Köler 居维叶茜草属 Rubiaceae [MD – 523] 特征纪要:习性: – 。花程式: – 。其他特征参考科。全球 3 个大洲分布及种数(18 – 50)非洲:47; 亚洲:9; 南美洲:4。

Cwangayana Rauschert = **Aralia**

Cyamopsis DC. 瓜儿豆属 Fabaceae3 [MD – 240] 特征纪要:习性:木质攀援。花程式: – 。物候: – 。海拔:7500 米。生境: – 。栽培: – 。资源:具栽培园艺种类。全球 4 个大洲分布及种数(4 – 9)非洲:4; 亚洲:4; 北美洲:3; 南美洲:1。【中国种数:1】。

Cyanaeorchis Barb. Rodr. 蓝青兰属 Orchidaceae [MM – 723] 特征纪要:习性:草本。花程式:(K)3,C3,A3, = ↓(G)3。其他特征参考科。全球 1 个大洲分布及种数(3)◆南美洲。

Cyananthus Wall. ex Benth. 蓝钟花属 Campanulaceae [MD – 561] 特征纪要和分布(–)。【中国种数:14】。

Cyanastraceae Engl. [MM – 693] 蓝星科 特征纪要:习性:木本;落叶。花程式:(K)6,C3,A3,↓(G)2。果实:蒴果。种子:大,棕色或带黑色。全球 1 个大洲分布及属种数(2 – 4/3 – 5 hort. 1)◆非洲:1/ 6 – 7。

Cyanastrum Oliv. 蓝星莲属 Cyanastraceae [MM – 693] 特征纪要(同科)。全球 3 个大洲分布及种数(3 – 14)非洲:10; 亚洲:5; 北美洲:2。

Cyanea Gaud. 樱莲属 Campanulaceae [MD – 561] 特征纪要:习性:木本。花程式:(K)5,(C)5,A5, = ↓G2 – 3。其他特征参考科。全球 6 个大洲分布及种数(87 – 236)非洲:3; 亚洲:100; 大洋洲:5; 欧洲:197; 北美洲:197; 南美洲:34。【中国种数:8】。

Cyanella Royen 美堇莲属 Tecophilaeaceae [MM – 686] 特征纪要:习性:草本。花程式: – 。其他特征参考科。全球 6 个大洲分布及种数(7 – 11;hort. 1)非洲:5 – 8;亚洲:1;大洋洲:2 – 3;欧洲:1;北美洲:1;南美洲:1 – 2。

Cyanicula Hopper & A. P. Br. 蓝花兰属 Orchidaceae［MM－723］特征纪要:习性:－。花程式:－。其他特征参考科。全球 3 个大洲分布及种数(24)亚洲:2; 大洋洲:13; 南美洲:5。

Cyanisticta <unassigned> 冰花兰属 Lanariaceae［MM－681］特征纪要:－。全球 2 个大洲分布及种数(9)大洋洲:3; 南美洲:5。

Cyanixia Goldblatt & J. C. Manning 狒狒草属 Iridaceae［MM－700］特征纪要:习性:草本。花程式:(K－),C0 参考科,A10,↓G。其他特征参考科。全球 1 个大洲分布及种数(－)◆亚洲。

Cyanocephalus (Pohl ex Benth.) Harley & J. F. B. Pastore 凸芹属 Lamiaceae［MD－575］特征纪要:习性:草本。花程式:K2,C0,A2,=↓G2。其他特征参考科。全球 6 个大洲分布及种数(27)非洲:1;亚洲:1;大洋洲:1;欧洲:1;北美洲:1－2;南美洲:25－26。

Cyanolophocolea (R. M. Schust.) R. M. Schust. 锦萼苔属 Geocalycaceae［B－49］特征纪要:习性:－。【Rep】:雌苞生于短枝上,雄苞生于短侧枝上,短枝上无正常叶发育,仅为雌雄苞叶,雌雄同株,稀异株,雌雄苞一般生于主茎或长分枝顶端,雌苞叶大于茎叶,先端具裂瓣和不规则齿突,蒴萼大。其他特征参考科。全球 2 个大洲分布及种数(2)亚洲:2; 大洋洲:2。

C

Cyanoneuron Tange 耳草属 Rubiaceae［MD－523］特征纪要:习性:木本。花程式:(K)4－5,(C)4－5,A4－5,↓G。其他特征参考科。全球 1 个大洲分布及种数(－)。

Cyanostegia Turcz. 帽南苏属 Lamiaceae［MD－575］特征纪要:习性:草本。花程式:K2－4,C0,A2－4,G2－4。其他特征参考科。全球 1 个大洲分布及种数(1－5)◆大洋洲(◆澳大利亚)。

Cyanotis D. Don 蓝耳草属 Commelinaceae［MM－708］特征纪要:习性:草本。花程式:－。物候:－。花期:6－9 月。果期:参考晚于花期。海拔:2700 米。生境:林下,山谷溪边或开阔潮湿处,峡谷和岩石。资源:药用,具栽培园艺种类。全球 6 个大洲分布及种数(36－60;hort. 1)非洲:18－33;亚洲:27－37;大洋洲:7－10;欧洲:1;北美洲:6－11;南美洲:1。【中国种数:11】。

Cyanthera Hopper & A. P. Br. 独蕊谷精属 Eriocaulaceae［MM－726］特征纪要:习性:－。花程式:－。其他特征参考科。全球 1 个大洲分布及种数(1)◆大洋洲。

Cyanthillium Bl. 夜香牛属 Asteraceae［MD－586］特征纪要:习性:草本。花程式:(K)3－5,(C)3－5,A3－5,=↓G2。物候:－。花期:5－7 月。果期:参考晚于花期。海拔:6000 米。生境:山坡少数散生次生林。资源:－。全球 6 个大洲分布及种数(20－57)非洲:21; 亚洲:14; 大洋洲:8; 欧洲:6; 北美洲:6; 南美洲:27。【中国种数:2】。

Cyanus Mill. 矢车菊属 Asteraceae［MD－586］特征纪要:习性:－。花程式:－。物候:－。花期:7－10 月。果期:参考晚于花期。海拔:6000 米。生境:阿尔泰山地针叶林带山沟,柞林下路旁。资源:－。全球 6 个大洲分布及种数(13－27;hort. 1;cult. 1)非洲:1－2;亚洲:6－7;大洋洲:2－3;欧洲:5－6;北美洲:2－3;南美洲:1－2。

Cyathanthus Engl. = **Scyphosyce**

Cyathea Sm. 番桫椤属 Cyatheaceae［F－23］特征纪要:习性:－。【Rep】:囊群生叶背有盖。物候:－。海拔:95－2500 米。生境:密林下,竹林内,土生。资源:具栽培园艺种类。全球 6 个大洲分布及种数(349－1379)非洲:142; 亚洲:458; 大洋洲:166; 欧洲:276; 北美洲:276; 南美洲:1110。【中国种数:25】。

Cyatheaceae Kaulf.［F－23］桫椤科 特征纪要:小型或中型附生植物,附生树干或岩石上,叶一型,单叶,全缘,具软骨质狭边,有或长或短的叶柄。【Rep】:孢子囊形成汇生囊群,线形,沿小脉延伸,常呈网状,下陷于叶肉中,无囊群盖,混生有大量细小的隔丝。全球 6 个大洲分布和属种数(7;hort. & cult. 2－3)(859－1450;hort. & cult. 18－55)非洲:2－7/155－201;亚洲:6－7/166－216;大洋洲:3－7/114－161;欧洲:1－6/9－45;北美洲:6－7/61－107;南美洲:6－7/605－694。【中国属种数:4/70】。

Cyathella Decne. = **Cynanchum**

Cyathidium Lindl. ex Royle = **Saussurea**

Cyathobasis Aellen 对叶盐蓬属 Amaranthaceae［MD－116］特征纪要:习性:草本。花程式:－。其他特征参考科。全球 1 个大洲分布及种数(1)◆亚洲。

Cyathocalyx Champ. ex Hook. f. & Thoms. 杯萼木属 Annonaceae［MD－7］特征纪要:习性:木本。花程式:K3－∞,C3,A2,=G10－100。物候:－。花期:4 月。果期:参考晚于花期。海拔:100－2400 米。生境:半常绿阔叶林中,在山地灌木丛中。资源:－。全球 5 个大洲分布及种数(8－65)非洲:11; 亚洲:56; 大洋洲:15; 北美洲:2; 南美洲:2。【中国种数:1】。

Cyathochaeta Nees 鞘苞莎属 Cyperaceae［MM－747］特征纪要:习性:草本。花程式:－。其他特征参考科。全球 1 个大洲分布及种数(3－5)◆大洋洲(◆澳大利亚)。

Cyathocline Cass. 杯菊属 Asteraceae［MD－586］特征纪要:习性:草本。花程式:(K)3－5,C3－5,A3 参考科,=↓(G)2。物候:－。海拔:100－2000 米。生境:森林,草原,山坡,沟壑,水边,路旁,田野,水田边,山谷阴处。资源:药用。全球 2 个大洲分布及种数(3－10)非洲:3; 亚洲:10。【中国种数:1】。

Cyathocoma Nees 扁序莎属 Cyperaceae［MM－747］特征纪要:习性:草本。花程式:－。其他特征参考科。全球 6 个大洲分布及种数(3－104)非洲:14; 亚洲:25; 大洋洲:7; 欧洲:23; 北美洲:23; 南美洲:12。

Cyathodes Labill. 天冬石南属 Epacridaceae［MD－391］特征纪要:习性:木本。花程式:(K)2－4,(C)2－4,A10,=(G)2－5。其他特征参考科。全球 5 个大洲分布及种数(3－51)非洲:2; 亚洲:4; 大洋洲:42; 北美洲:4; 南美洲:2。

Cyathodiaceae Stotler & Crand. －Stotl.［B－17］光苔科 特征纪要:热带陆生中小形植物。【Rep】:孢子囊群沿能育叶的网脉着生,无盖,成熟时满布叶的下面,不具夹丝(毛)。全球 6 个大洲分布和属种数(1/5－9)非洲:1/1－

4;亚洲:1/5 -9;大洋洲:1/1 -4;欧洲:1/3;北美洲:1/1 -4;南美洲:1/1 -4。【中国属种数:1/2】。

Cyathodiscus Hochst. = **Peddiea**

Cyathodium Kunze ex Lehm. 光苔属 Cyathodiaceae [B -17] 特征纪要:习性:-。【Rep】:雌雄异株孢蒴球形,成熟后顶端6 -8瓣裂。其他特征参考科。全球6个大洲分布及种数(6 -7)非洲:1 -4;亚洲:5 -9;大洋洲:1 -4;欧洲:3;北美洲:1 -4;南美洲:1 -4。【中国种数:2】。

Cyathogyne Müll. Arg. = **Thecacoris**

Cyathomone S. F. Blake 杯冠菊属 Asteraceae [MD -586] 特征纪要:习性:草本。花程式:(K)3 -5,(C)3 -5,A3 -5,=↓G2。其他特征参考科。全球2个大洲分布及种数(1 -2)北美洲:2; 南美洲:2。

Cyathophoraceae Kindb. = Hookeriaceae

Cyathophorella M. Fleisch. 亚洲矮尾藓属 Hookeriaceae [B -164] 特征纪要:习性:-。【Rep】:雌雄异株,内雌苞叶下部鞘状,孢蒴卵圆形,蒴齿两层,外齿层齿片披针形,具不明显的回折中脊,透明。物候:-。海拔:2000米。生境:水石生。资源:-。全球2个大洲分布及种数(15)亚洲:13;大洋洲:4。【中国种数:14】。

Cyathophorum P. Beauv. 矮尾藓属 Hookeriaceae [B -164] 特征纪要:习性:-。【Rep】:雌雄同苞同株,或雌雄异株,蒴柄细长,平滑或具疣,孢蒴多倾立或平列,通常对称,蒴齿两层,外齿层齿片狭长,有时分叉。物候:-。海拔:-。生境:常见于河边石坝上。资源:-。全球5个大洲分布及种数(9)非洲:1;亚洲:6;大洋洲:5;欧洲:1;南美洲:1。【中国种数:2】。

C

Cyathophylla Bocqüt & Strid 肥皂草属 Caryophyllaceae [MD -77] 特征纪要:习性:草本。花程式:K5,C5 -4,A10,G -。其他特征参考科。全球2个大洲分布及种数(1 -2) 亚洲:1 -2,欧洲:1。

Cyathopsis Brongn. & Gris 炽穗石南属 Ericaceae [MD -380] 特征纪要:习性:木本。花程式:-。其他特征参考科。全球6个大洲分布及种数(1 -4)非洲:1;亚洲:1;大洋洲:4;欧洲:1;北美洲:1;南美洲:1。

Cyathopus Stapf 杯禾属 Poaceae [MM -748] 特征纪要:习性:草本。花程式:-。物候:-。花期:9月。果期:参考晚于花期。海拔:2900 -3200米。生境:栽培(来自广西龙州),针叶林(冷杉)和竹丛(箭竹)。资源:具栽培园艺种类。全球3个大洲分布及种数(1 -24)非洲:2; 亚洲:10; 南美洲:21。【中国种数:1】。

Cyathorhachis Nees ex Steud. 多裔草属 Poaceae [MM -748] 特征纪要:习性:-。花程式:-。其他特征参考科。全球1个大洲分布及种数(-)。

Cyathoselinum Benth. 杯芹属 Apiaceae [MD -480] 特征纪要:习性:草本。花程式:Kn,C5,A3 参考科, =↓G(-)。其他特征参考科。全球1个大洲分布及种数(1)◆欧洲。

Cyathostegia (Benth.) Schery 杯豆属 Fabaceae3 [MD -240] 特征纪要:习性:木本。花程式:K1 -∞,C1 -∞,A5 -9,=↓G1。其他特征参考科。全球2个大洲分布及种数(2 -5)北美洲:2; 南美洲:5。

Cyathostemma Griff. 杯冠木属 Annonaceae [MD -7] 特征纪要:习性:-。花程式:-。物候:-。花期:6 -7月。果期:参考晚于花期。海拔:1000米。生境:山地灌木丛中。资源:-。全球4个大洲分布及种数(21)非洲:3;亚洲:19; 大洋洲:5; 南美洲:2。

Cyathostemon Turcz. 杯蕊梅属 Myrtaceae [MD -347] 特征纪要:习性:木本。花程式:K4 -5,C4 -5,A8 -10,=↓(G)2 -5。其他特征参考科。全球1个大洲分布及种数(7)◆大洋洲(◆澳大利亚)。

Cyathothecium Dixon 杯藓属 Hypnaceae [B -189] 特征纪要:习性:-。【Rep】:雌雄异苞同株,内雌苞叶直立,卵状披针形,上部渐狭成长毛状,近于全缘,无中肋,黄绿色。其他特征参考科。全球1个大洲分布及种数(1)◆亚洲:1。

Cyathula Bl. 杯苋属 Amaranthaceae [MD -116] 特征纪要:习性:-。花程式:-。物候:-。花期:8月。果期:参考晚于花期。海拔:1700 -2300米。生境:林间阴湿处多见,山坡杂木林下。资源:药用。全球6个大洲分布及种数(28 -71)非洲:43; 亚洲:21; 大洋洲:4; 欧洲:7; 北美洲:7; 南美洲:14。【中国种数:8】。

Cybebe <unassigned> 疣兰草属 Poaceae [MM -748] 特征纪要和分布(-)。

Cybebus Garay 疣兰属 Orchidaceae [MM -723] 特征纪要:习性:草本。花程式:(K)3,C3,A3,=↓(G)3。其他特征参考科。全球1个大洲分布及种数(1)◆南美洲。

Cybele Salisb. ex Knight = **Stenocarpus**

Cybianthopsis (Mez) Lundell = **Cybianthus**

Cybianthus Mart. 疣金牛属 Primulaceae [MD -401] 特征纪要:习性:草本。花程式:(K)3 -4,(C)3 -4,A4,=G3 -5。其他特征参考科。全球6个大洲分布及种数(157 -362)非洲:10; 亚洲:27; 大洋洲:4; 欧洲:52; 北美洲:52; 南美洲:344。【中国种数:3】。

Cybiostigma Turcz. = **Ayenia**

Cybistax Mart. ex Meisn. 艳阳花属 Bignoniaceae [MD -541] 特征纪要:习性:木本。花程式:K5,C0,A5,=↓G2。其他特征参考科。全球3个大洲分布及种数(1 -20)亚洲:5; 北美洲:5; 南美洲:17。【中国种数:1】。

Cycadaceae Pers. [G -1] 苏铁科 特征纪要:陆生中小形蕨类,体形变异很大。【Rep】:孢子囊群着生在叶片或羽片顶部边缘的叶脉上,无盖,而由反折的叶缘覆盖,一般称这反折覆盖孢子囊群的特化边缘为"假囊群盖"。全球6个大洲分布及属种数(4/71 -138 <IFR 1/1> hort. 1;cult. 1) 非洲:3/14 -17; 亚洲:3/57 -80(IFR 1/1); 大洋洲:2/22 -47; 欧洲:2/4; 北美洲:2/14 -16; 南美洲:1/5。【中国属种数:1/18】。

Cycas L. 苏铁属 Cycadaceae [G -1] 特征纪要:习性:-。【Rep】:雌雄异株,雄球花(小孢子叶球)长卵圆形或圆柱形,小孢子叶下面着生多数单室的花药,花药无柄,通常3 -5个聚生,药室纵裂,大孢子叶中下部狭窄成柄状,两侧着生2 -10枚胚株,种子的外种皮肉质,中种皮木质,常具2棱,稀3棱,内种皮膜质,在种子成熟时则破裂。物候:-。海拔:300 -1000米。生境:半阴灌丛,阔叶季风林。资源:具栽培园艺种类。全球6个大洲分布及种数(67 - 134;hort. 1;cult. 7)非洲:10 - 18;亚洲:54 - 84;大洋洲:20 - 51;欧洲:2 - 7;北美洲:12 - 19;南美洲:5 - 10。【中国种数:18】。

Cyclacanthus S. Moore 环刺爵床属 Acanthaceae [MD - 572] 特征纪要:习性:草本。花程式:参考科,C4 参考科,A4 参考科,↓(G) 参考科。其他特征参考科。全球 1 个大洲分布及种数(1 - 3)◆亚洲。

Cyclachaena Fresen. = **Iva**。【中国种数:1】。

Cycladenia Benth. 蜡布麻属 Apocynaceae [MD - 492] 特征纪要:习性:木本。花程式:K5 - ∞,C0,A15,↓G。其他特征参考科。全球 1 个大洲分布及种数(1 - 4)◆北美洲(◆美国)。

Cyclamen L. 仙客来属 Primulaceae [MD - 401] 特征纪要:习性:草本(基生)。花程式:(K -),C5,A5,↓G - 。物候: - 。花期:5 月。果期:参考晚于花期。海拔:100 - 5700 米。生境: - 。栽培: - 。资源:具栽培园艺种类。全球 6 个大洲分布及种数(28 - 123)非洲:21; 亚洲:45; 大洋洲:5; 欧洲:18; 北美洲:18; 南美洲:2。【中国种数:3】。

Cyclandrophora Hassk. = **Atuna**

Cyclanthaceae Poit. ex A. Rich. [MM - 706] 环花草科 特征纪要:习性:木本;落叶。花程式:K0,C0,A4,↑G4。全球 4 个大洲分布及属种数(13/227 - 266 <IFR 3/6> hort. 1) 亚洲:1/3; 大洋洲:2/3; 北美洲:5/32 - 34(IFR 1/1); 南美洲:12/217 - 239(IFR 3/6)。【中国属种数:3/3】。

Cyclanthera Schröd. 小雀瓜属 Cucurbitaceae [MD - 205] 特征纪要:习性:木质攀援。花程式:Kn,C2 - 3 参考科,A3,=↓G - 。物候: - 。海拔:60 - 3500 米。生境: - 。栽培: - 。资源:食用,具栽培园艺种类。全球 6 个大洲分布及种数(44 - 126)非洲:1; 亚洲:8; 大洋洲:82; 欧洲:57; 北美洲:57; 南美洲:62。【中国种数:2】。

Cyclantheropsis Harms 拟小雀瓜属 Cucurbitaceae [MD - 205] 特征纪要:习性:木本。花程式: - 。其他特征参考科。全球 1 个大洲分布及种数(2 - 3)◆非洲。

Cyclanthus Poit. ex A. Rich. 环花草属 Cyclanthaceae [MM - 706] 特征纪要:习性:草本。花程式:K0,C0,A4 - 10,↓G4。其他特征参考科。全球 2 个大洲分布及种数(3)北美洲:2;南美洲:2。

Cyclea Arn. ex Wight 轮环藤属 Menispermaceae [MD - 42] 特征纪要:习性:草质攀援(基生,多肉)。花程式: - 。物候: - 。花期:秋天。果期:参考晚于花期。海拔:700 - 760 米。生境:低海拔林中和灌丛中,山坡山地黄壤。资源:药用,具栽培园艺种类。全球 4 个大洲分布及种数(30 - 54)非洲:2; 亚洲:47; 大洋洲:2; 南美洲:2。【中国种数:15】。

Cyclichnium Dulac = **Gaudinia**

Cyclobalanopsis örst. 青冈属 Fagaceae [MD - 69] 特征纪要:习性: - 。花程式: - 。物候: - 。花期:10 月。果期:参考晚于花期。海拔:1000 - 2000 米。生境:背阴山坡,山谷疏或密林中,中生混交林。资源:丹宁。全球 6 个大洲分布及种数(87)非洲:23;亚洲:86 - 115;大洋洲:23;欧洲:23;北美洲:1 - 24;南美洲:23。【中国种数:1】。

Cyclobotrya Engels & Canestraro 茶藨叶属 Grossulariaceae [MD - 212] 特征纪要:习性:木本。花程式: - 。其他特征参考科。全球 1 个大洲分布及种数(3)◆南美洲:2。

Cyclocarpa Afzel. ex Urb. 球豆属 Fabaceae3 [MD - 240] 特征纪要:习性:木本。花程式:参考科,C1 - ∞ 参考科,A1 - ∞ 参考科,=(↓G)2 参考科。其他特征参考科。全球 3 个大洲分布及种数(1)非洲:1;亚洲:1;大洋洲:1。

Cyclocarya Iljinsk. 青钱柳属 Juglandaceae [MD - 136] 特征纪要:习性:木本。花程式:Kn,C2 - 3 参考科,A2,G - 。物候: - 。花期:5 - 6 月。果期:参考晚于花期。海拔:400 - 2500 米。生境:隔膜,山窝沟边。资源:纤维,丹宁,具栽培园艺种类。全球 3 个大洲分布及种数(1 - 9)非洲:2; 亚洲:9; 南美洲:8。【中国种数:1】。

Cyclocheilaceae W. Marais [MD - 555] 盘果木科 特征纪要:习性:木本;落叶。花程式:K4 - 5,C0,A,↑G - 。种子:种皮网状,凹点。全球 2 个大洲分布及属种数(1/1)◆非洲:1/5 - 6。

Cyclocheilon Oliv. 圆唇花属 Cyclocheilaceae [MD - 555] 特征纪要(同科)。全球 2 个大洲分布及种数(3 - 6)非洲:6; 亚洲:3。

Cyclocodon Griff. ex Hook. f. & Thomson 轮钟草属 Campanulaceae [MD - 561] 特征纪要:习性:草本(具根状茎)。花程式: - 。物候: - 。花期:参考早于果期。果期:7 月至次年 1 月。海拔:800 - 2600 米。生境:草坡,灌木丛,林地,中山草坡。资源: - 。全球 6 个大洲分布及种数(3 - 11)非洲:4; 亚洲:9; 大洋洲:3; 欧洲:5; 北美洲:5; 南美洲:3。【中国种数:2】。

Cyclocotyla Stapf 梨莓藤属 Apocynaceae [MD - 492] 特征纪要:习性:木本。花程式:K5 - ∞,C0,A15,=↓(G)2 - 5。其他特征参考科。全球 1 个大洲分布及种数(1)◆非洲。

Cyclodictyon Mitt. 圆网藓属 Pilotrichaceae [B - 166] 特征纪要:习性: - 。【Rep】:雌苞叶小,基部阔卵形,上部呈狭长尖,蒴柄细长,红色,平滑,孢蒴倾列或平列,长卵形,棕色,蒴齿两层,蒴柄侧生,细长,平滑或具弱疣,孢蒴平展或下倾,卵状圆柱形,两侧不对称,台部长而粗,口部强烈收缩。其他特征参考科。全球 6 个大洲分布及种数(91)非洲:22;亚洲:2;大洋洲:4;欧洲:1;北美洲:23;南美洲:56。

Cyclodium C. Presl 圆蕨属 Dryopteridaceae [F - 49] 特征纪要:习性: - 。【Rep】:孢子同形,囊群生叶背。其他特征参考科。全球 6 个大洲分布及种数(11 - 13;hort. 1)非洲:1;亚洲:1;大洋洲:1 - 2;欧洲:1;北美洲:5 - 6;南美洲:10 - 11。【中国种数:1】。

Cyclogramma Tagawa 钩毛蕨属 Thelypteridaceae [F - 42] 特征纪要:习性: - 。【Rep】:孢子囊群小,由少数孢子囊组成,圆形,背生于侧脉中部或中部以下,在主脉两侧各排成 1 行,无盖。物候: - 。海拔:20 - 2500 米。生境:阴湿沟边,杂木疏荫下。资源: - 。全球 2 个大洲分布及种数(26)非洲:2; 亚洲:26。

Cyclolejeunea A. Evans 圆鳞苔属 Lejeuneaceae [B - 84] 特征纪要:习性: - 。【Rep】:老时呈红褐色。其他特征参考科。全球 3 个大洲分布及种数(9 - 10)亚洲:cf. 1;北美洲:3;南美洲:6 - 7。

Cyclolobium Benth. 环裂豆属 Fabaceae3［MD－240］特征纪要：习性：木本。花程式：K1－∞，C1－∞，A5－9，＝↓G1。其他特征参考科。全球 1 个大洲分布及种数(2－4)◆南美洲。

Cycloloma Moq. 环翅藜属 Chenopodiaceae［MD－115］特征纪要：习性：－。花程式：－。其他特征参考科。全球 5 个大洲分布及种数(5)亚洲：1；大洋洲：2；欧洲：5；北美洲：5；南美洲：4。

Cyclonema Hochst. ＝ **Rotheca**

Cyclopeltis J. Sm. 拟贯众属 Lomariopsidaceae［F－52］特征纪要：习性：－。【Rep】：孢子囊群大，圆形，背生小脉上，在主脉两侧各排成 1－4 行。物候：－。海拔：400－2900 米。生境：雨林溪边。资源：具园艺种类。全球 6 个大洲分布及种数(7－23)非洲：3；亚洲：14；大洋洲：5；欧洲：4；北美洲：4；南美洲：7。【中国种数：3】。

Cyclophorus P. Beauv. ex Desv. 石韦属 Polypodiaceae［F－60］特征纪要：习性：－。【Rep】：囊群生叶背有盖－无盖。其他特征参考科。全球 6 个大洲分布及种数(82)非洲：10；亚洲：52；大洋洲：9；欧洲：2；北美洲：2；南美洲：7。

Cyclophyllum Hook. f. 圆叶茜属 Rubiaceae［MD－523］特征纪要：习性：木本。花程式：(K)4－5，(C)4－5，A4－5，＝↓(G)2－9。其他特征参考科。全球 6 个大洲分布及种数(45－52)非洲：11；亚洲：10；大洋洲：49；欧洲：3；北美洲：3；南美洲：2。【中国种数：1】。

Cyclopia Vent. 蜜茶豆属 Fabaceae3［MD－240］特征纪要：习性：木本。花程式：K1－∞，C1－∞，A5－9，＝↓G1。其他特征参考科。全球 4 个大洲分布及种数(23－45)非洲：45；亚洲：4；大洋洲：2；南美洲：10。

Cyclopogon C. Presl 玉箫兰属 Orchidaceae［MM－723］特征纪要：习性：草本。花程式：(K)3，C3，A3，＝↓(G)3。物候：－。花期：参考早于果期。果期：10－11 月。海拔：80－5200 米。生境：柏树林下或草坡路旁，竹坡中。资源：－。全球 6 个大洲分布及种数(109－113)非洲：1－4；亚洲：1－5；大洋洲：1－4；欧洲：3；北美洲：26－30；南美洲：98－103。【中国种数：2】。

Cyclorhiza M. L. Sheh & R. H. Shan 环根芹属 Apiaceae［MD－480］特征纪要：习性：草本(基生)。花程式：Kn，C5，A3 参考科，＝↓G(－)。物候：－。花期：7－8 月。果期：参考晚于花期。海拔：1800－3600 米。生境：高山开阔混交林，竹林，灌丛，田边砾石地。资源：具园艺种类。全球 1 个大洲分布及种数(2－4)◆亚洲(◆中国)。【中国种数：2】。

Cyclosorus Link 毛蕨属 Thelypteridaceae［F－42］特征纪要：习性：－。【Rep】：孢子囊群大，圆形，背生于侧脉中部，罕有生于侧脉基部或顶部，照例有囊群盖。物候：－。海拔：100 米。生境：低山沟谷林下，竹林下沟边。资源：－。全球 6 个大洲分布及种数(2－745)非洲：36；亚洲：495；大洋洲：59；欧洲：20；北美洲：20；南美洲：23。

Cyclospathe O. F. Cook ＝ **Pseudophoenix**

Cyclospermum Lag. 细叶旱芹属 Apiaceae［MD－480］特征纪要：习性：草本。花程式：－。物候：－。花期：5－6 月。果期：参考晚于花期。海拔：50－5600 米。生境：溪边，荒地。资源：具栽培园艺种类。全球 5 个大洲分布及种数(5－9)非洲：1；亚洲：2；欧洲：2；北美洲：2；南美洲：7。【中国种数：1】。

Cyclostachya Reeder & C. Reeder ＝ **Bouteloua**

Cyclostegia Benth. ＝ **Elsholtzia**

Cyclotrichium (Boiss.) Manden. & Scheng. 环毛草属 Lamiaceae［MD－575］特征纪要：习性：草本。花程式：K2，C0，A2，＝(G)2。其他特征参考科。全球 3 个大洲分布及种数(9－12)亚洲：9；北美洲：1；南美洲：1。

Cycnea Berk. ＝ **Microbryum**

Cycnia Lindl. ＝ **Parinari**

Cycniopsis Engl. 拟鹅参属 Orobanchaceae［MD－552］特征纪要：习性：草本。花程式：K5，C0，A2－4，G2。其他特征参考科。全球 3 个大洲分布及种数(2－4)非洲：4；亚洲：2；南美洲：2。

Cycnium E. Mey. ex Benth. 粉墨花属 Orobanchaceae［MD－552］特征纪要：习性：灌木。花程式：－。其他特征参考科。全球 6 个大洲分布及种数(17－48)非洲：45；亚洲：3；大洋洲：2；欧洲：3；北美洲：3；南美洲：6。【中国种数：1】。

Cycnoches Lindl. 天鹅兰属 Orchidaceae［MM－723］特征纪要：习性：草本。花程式：(K)3，C3，A3，＝↓(G)3。其他特征参考科。全球 2 个大洲分布及种数(34－39；hort. 1)北美洲：14；南美洲：26－31。

Cycnogeton Endl. 水麦冬属 Juncaginaceae［MM－604］特征纪要：习性：草本。花程式：－。其他特征参考科。全球 2 个大洲分布及种数(4－9)非洲：1；大洋洲：3－6。

Cydonia Mill. 榅桲属 Rosaceae［MD－246］特征纪要：习性：木本。花程式：－。物候：－。花期：4－5 月。果期：参考晚于花期。海拔：50－5400 米。生境：－。栽培：－。资源：果胶，具栽培园艺种类。全球 6 个大洲分布及种数(1－18)非洲：2；亚洲：10；大洋洲：5；欧洲：7；北美洲：7；南美洲：3。【中国种数：1】。

Cygnicollum Fife & Magill 南非葫芦藓属 Funariaceae［B－106］特征纪要：习性：－。【Rep】：雌雄同株，蒴柄细长，顶生，孢蒴直立，对称，近于圆球形或短梨形，台部极短而粗，环带由小形细胞组成而常存，雌雄同株异苞，蒴柄细长，黄色，孢蒴直立，对称，呈倒梨形，多具明显的长台部，环带缺如，蒴齿缺如。其他特征参考科。全球 1 个大洲分布及种数(1)◆非洲。

Cygniella H. A. Crum 墨牛毛藓属 Ditrichaceae［B－119］特征纪要：习性：－。【Rep】：孢蒴台部发达，蒴齿具疣或纵斜条纹，绿色或黄绿色。其他特征参考科。全球 1 个大洲分布及种数(1)◆北美洲。

Cylactis Raf. 悬钩子属 Rosaceae［MD－246］特征纪要：习性：－。花程式：－。其他特征参考科。全球 1 个大洲分布及种数(－)。

Cylicadenia Lem. ＝ **Odontadenia**

Cylicocarpus Lindb. 瓶藓属 Orthotrichaceae［B－151］特征纪要：－。全球 1 个大洲分布及种数(－)。

Cylicodaphne Nees 樟科属 Lauraceae［MD－21］特征纪要:习性:－。花程式:－。其他特征参考科。全球 3 个大洲分布及种数(41)亚洲:1; 北美洲:1; 南美洲:1。

Cylicodiscus Harms 杯盘豆属 Fabaceae2［MD－239］特征纪要:习性:木本。花程式:Kn,C3－5－∞,A3 参考科,＝↓G(－)。其他特征参考科。全球 1 个大洲分布及种数(1)◆非洲。

Cylicomorpha Urb. 肋木瓜属 Caricaceae［MD－236］特征纪要:习性:木本。花程式:－。其他特征参考科。全球 1 个大洲分布及种数(2)◆非洲。

Cylindrocarpa Regel 锥风铃属 Campanulaceae［MD－561］特征纪要:习性:草本。花程式:(K)5,(C)5,A5,＝↓G2－3。其他特征参考科。全球 4 个大洲分布及种数(1－18)亚洲:5; 欧洲:1; 北美洲:1; 南美洲:12。

Cylindrocladium <unassigned> 兰科属 Orchidaceae［MM－723］特征纪要:－。全球 3 个大洲分布及种数(14)亚洲:1; 北美洲:13; 南美洲:12。

Cylindrocline Cass. 绵背菊属 Asteraceae［MD－586］特征纪要:习性:草本。花程式:(K)3－5,(C)3－5,A3－5,＝↓G2。其他特征参考科。全球 1 个大洲分布及种数(2)◆非洲。

Cylindrocolea R. M. Schust. 筒萼苔属 Cephaloziellaceae［B－53］特征纪要:习性:－。【Rep】:雌雄同株,雄苞生于雌苞下方,雄苞叶 3－6 对,雌苞生于茎顶端,雌苞叶 2 裂,雌苞腹叶略小,苞叶基部相连。物候:－。海拔:1130 米。生境:流水石生。资源:－。全球 4 个大洲分布及种数(11)非洲:4;亚洲:cf. 1;北美洲:2;南美洲:3。【中国种数:2】。

Cylindrokelupha Kosterm. 棋子豆属 Fabaceae3［MD－240］特征纪要:习性:－。花程式:－。物候:－。花期:3 月。果期:参考晚于花期。海拔:1200－1500 米。生境:生于疏林中。资源:－。全球 6 个大洲分布及种数(5)非洲:8;亚洲:4－12;大洋洲:8;欧洲:8;北美洲:8;南美洲:1－9。

Cylindrolepis Boeckeler ＝ **Cyperus**

Cylindrolobus Bl. 兰科属 Orchidaceae［MM－723］特征纪要:习性:草本。花程式:(K)n,C2 参考科,A6,↓(G)。物候:－。花期:4 月。果期:参考晚于花期。海拔:1000－2000 米。生境:林缘树干附生植物,树干附生。资源:－。全球 1 个大洲分布及种数(3)。

Cylindrophyllum Schwantes 胜矛玉属 Aizoaceae［MD－94］特征纪要:习性:草本。花程式:K3－4,C3－4,A5 参考科,＝↓G－。其他特征参考科。全球 2 个大洲分布及种数(5－8)非洲:8; 北美洲:2。

Cylindropsis Pierre 柱状夹竹桃属 Apocynaceae［MD－492］特征纪要:习性:木本。花程式:K5－∞,C0,A15,＝↓(G)2－5。其他特征参考科。全球 4 个大洲分布及种数(1－8)非洲:4; 亚洲:4; 大洋洲:2; 南美洲:2。

Cylindropuntia (Engelm.) F. M. Knuth 圆柱掌属 Cactaceae［MD－100］特征纪要:习性:－。花程式:－。其他特征参考科。全球 6 个大洲分布及种数(66－123)非洲:5; 亚洲:2; 大洋洲:6; 欧洲:95; 北美洲:95; 南美洲:10。

Cylindrosolenium Lindau 秘鲁爵床属 Acanthaceae［MD－572］特征纪要:习性:－。花程式:－。其他特征参考科。全球 1 个大洲分布及种数(cf. 1)◆南美洲。

Cylindrothecium Bruch & Schimp. 绢藓属 Entodontaceae［B－195］特征纪要:习性:－。【Rep】:参考科特征:雌雄同株,少数异枝,雄苞小,呈芽状,雄苞叶阔卵形,内凹,全缘或具微齿,上部边缘内卷,无中肋,雌苞叶披,蒴柄红褐色,长 1.4－2.5 厘米,孢蒴通常呈卵形或长椭圆形,红褐色,蒴齿两层。物候:－。海拔:－。生境:石生,岩面土生。资源:－。全球 4 个大洲分布及种数(16)非洲:4;亚洲:2;欧洲:1;北美洲:11。【中国种数:1】。

Cylipogon Raf. ＝ **Dalea**

Cylista Ait. ＝ **Paracalyx**

Cymaria Benth. 歧伞花属 Lamiaceae［MD－575］特征纪要:习性:草本,少灌木。花程式:－。物候:－。花期:7－8 月。果期:参考晚于花期。海拔:30 米。生境:潮湿地区,生于干燥疏林下。资源:－。全球 4 个大洲分布及种数(2－11)非洲:3; 亚洲:7; 大洋洲:2; 南美洲:3。【中国种数:1】。

Cymatellopsis <unassigned> 欧洲合囊蕨属 Marattiaceae［F－13］特征纪要:－。全球 2 个大洲分布及种数(1)亚洲:1; 欧洲:1。

Cymatocarpus O. E. Schulz 大蒜芥属 Brassicaceae［MD－213］特征纪要:习性:草本。花程式:K4,C4,A3 参考科,↓G－参考科。其他特征参考科。全球 1 个大洲分布及种数(2－3)◆亚洲。

Cymatochloa Schlecht. ＝ **Paspalum**

Cymba Dulac ＝ **Cheiroglossa**

Cymbaecarpa Cav. ＝ **Coreopsis**

Cymbalaria Hill 蔓柳穿鱼属 Plantaginaceae［MD－527］特征纪要:习性:草本。花程式:K2－4,C0,A2－4,＝↓G2－3。物候:－。海拔:－。生境:－。资源:具栽培园艺种类。全球 6 个大洲分布及种数(8－18;hort. 1)非洲:3－4;亚洲:4－6;大洋洲:1;欧洲:5－14;北美洲:3－5;南美洲:1。【中国种数:1】。

Cymbaria L. 大黄花属 Orobanchaceae［MD－552］特征纪要:习性:草本(基生)。花程式:－。物候:－。花期:6－8 月。果期:参考晚于花期。海拔:600－1100 米。生境:干山坡与砂砾草原上。资源:药用,蛋白质,具栽培园艺种类。全球 2 个大洲分布及种数(3－18)亚洲:8; 南美洲:11。【中国种数:2】。

Cymbidiella Rolfe 艳唇兰属 Orchidaceae［MM－723］特征纪要:习性:－。花程式:－。其他特征参考科。全球 6 个大洲分布及种数(31)非洲:16; 亚洲:13; 大洋洲:4; 欧洲:3; 北美洲:3; 南美洲:4。

Cymbidium Sw. 兰属 Orchidaceae［MM－723］特征纪要:习性:草本,木本(根状茎,基生,腐生,多肉)。花程式:Kn,C2－3 参考科,A3 参考科,＝↓(G)3。物候:－。海拔:100－1100 米。生境:草坡,开阔森林和森林边缘。栽培:来自广西龙州。资源:药用,具栽培园艺种类。全球 6 个大洲分布及种数(72－112;hort. 1;cult. 26)非洲:2－17;亚洲:67－111;大洋洲:12－28;欧洲:15;北美洲:22－37;南美洲:26－44。【中国种数:45】。

Cymbilabia D. K. Liu & Ming H. Li 车前科属 Plantaginaceae [MD－527] 特征纪要:习性:草本。花程式:－。其他特征参考科。全球 1 个大洲分布及种数(3)◆亚洲:3。

Cymbispatha Pichon = **Tradescantia**

Cymbocarpa Miers 水玉舟属 Burmanniaceae [MM－696] 特征纪要:习性:－。花程式:－。其他特征参考科。全球 2 个大洲分布及种数(5)北美洲:3; 南美洲:4。

Cymbocarpum DC. ex C. A. Mey. 舟果芹属 Apiaceae [MD－480] 特征纪要:习性:草本。花程式:K5,C5,A5,=↓G2。其他特征参考科。全球 4 个大洲分布及种数(5－12)非洲:3; 亚洲:12; 欧洲:1; 北美洲:1。

Cymbolaena Smoljan. 长柱紫绒草属 Asteraceae [MD－586] 特征纪要:习性:－。花程式:－。其他特征参考科。全球 3 个大洲分布及种数(2)亚洲:2; 欧洲:2; 北美洲:2。

Cymbonotus Cass. 大洋洲熊耳菊属 Asteraceae [MD－586] 特征纪要:习性:草本。花程式:(K)3－5,C3－5,A3－5,=↓(G)2。其他特征参考科。全球 3 个大洲分布及种数(3－101)亚洲:8; 大洋洲:101; 南美洲:93。

Cymbopappus B. Nord. 舟冠菊属 Asteraceae [MD－586] 特征纪要:习性:草本。花程式:(K)3－5,(C)3－5,A3－5,↓G。其他特征参考科。全球 1 个大洲分布及种数(4)◆非洲。

Cymbopetalum Benth. 添巧木属 Annonaceae [MD－7] 特征纪要:习性:木本。花程式:K3－∞,C3,A2,=G10－100。其他特征参考科。全球 6 个大洲分布及种数(29－32;hort. 1;cult. 1)非洲:1;亚洲:2－3;大洋洲:1;欧洲:1;北美洲:16－17;南美洲:17－20。

Cymbopogon Spreng. 香茅属 Poaceae [MM－748] 特征纪要:习性:草本。花程式:(K－),C0 参考科,A3 参考科,=G2－3。物候:－。海拔:1000－2200 米。生境:草地。资源:具栽培园艺种类。全球 6 个大洲分布及种数(61－70;hort. 1;cult. 1)非洲:25－36;亚洲:48－61;大洋洲:17－27;欧洲:3－13;北美洲:19－29;南美洲:10－20。【中国种数:32】。

Cymbosema Benth. 淡红豆属 Fabaceae3 [MD－240] 特征纪要:习性:木本。花程式:K1－∞,C1－∞,A5－9,=↓G1。其他特征参考科。全球 3 个大洲分布及种数(1－2)亚洲:1; 北美洲:2; 南美洲:2。

Cymbosepalum Baker = **Haematoxylum**

Cymbostemon Spach = **Illicium**

Cymodocea K. D. König 丝粉藻属 Cymodoceaceae [MM－615] 特征纪要:习性:草本。花程式:－。物候:－。海拔:1980 米。生境:海洋浅层砂质底,热带浅海低潮线,喜泥质海滩,多见于红树林下。资源:－。全球 6 个大洲分布及种数(8)非洲:4－8;亚洲:3－7;大洋洲:5－9;欧洲:2－6;北美洲:4－8;南美洲:4。【中国种数:2】。

Cymodoceaceae Vines [MM－615] 丝粉藻科 特征纪要:习性:草本;落叶。花程式:K2,C2,A2,↑G2。果实:角果。种子:棕色。海拔:－。生境:海底,从低潮线以下约至水深 6 米。全球 6 个大洲分布及属种数(8/28－32 hort. 1; cult. 1) 非洲:3/10－11; 亚洲:3/11; 大洋洲:5/17; 欧洲:2/5; 北美洲:3/13; 南美洲:1/4。【中国属种数:4/6】。

Cymophora B. L. Rob. 银光菊属 Asteraceae [MD－586] 特征纪要:习性:草本。花程式:(K)3－5,C3－5,A3－5,=↓(G)2。其他特征参考科。全球 5 个大洲分布及种数(4－16)非洲:2; 亚洲:3; 大洋洲:10; 北美洲:5; 南美洲:3。

Cymophyllus Mack. 波缘薹属 Cyperaceae [MM－747] 特征纪要:习性:－。花程式:－。其他特征参考科。全球 3 个大洲分布及种数(3)非洲:2; 北美洲:2; 南美洲:2。

Cymopterus Raf. 春欧芹属 Apiaceae [MD－480] 特征纪要:习性:草本。花程式:K5,C5,A5,=↓(G)2。资源:具园艺种类。全球 6 个大洲分布及种数(52－157)非洲:5; 亚洲:13; 大洋洲:3; 欧洲:88; 北美洲:88; 南美洲:10。【中国种数:1】。

Cynanchica Fourr. 车叶草属 Rubiaceae [MD－523] 特征纪要:习性:－。花程式:－。其他特征参考科。全球 4 个大洲分布及种数(104－105)非洲:3; 亚洲:16; 欧洲:4; 北美洲:4。

Cynanchum L. 鹅绒藤属 Asclepiadaceae [MD－494] 特征纪要:习性:木质攀援。花程式:(K－),C5,A5,=↓(G)2。物候:－。花期:6－8 月。果期:参考晚于花期。海拔:100－800 米。生境:草间路旁。栽培:来自广西龙州。资源:药用,橡胶,具栽培园艺种类。全球 6 个大洲分布及种数(288－993)非洲:268; 亚洲:376; 大洋洲:35; 欧洲:113; 北美洲:113; 南美洲:304。【中国种数:37】。

Cynara L. 菜蓟属 Asteraceae [MD－586] 特征纪要:习性:草本(基生,多肉)。花程式:(K)3－5,C3－5,A3 参考科,=↓G2。物候:－。花期:7－10 月。果期:参考晚于花期。海拔:6000 米。生境:田坎边。资源:药用,具栽培园艺种类。全球 6 个大洲分布及种数(15－78)非洲:16; 亚洲:13; 大洋洲:4; 欧洲:5; 北美洲:5; 南美洲:45。【中国种数:1】。

Cynaropsis Kuntze = **Cynara**

Cynarospermum Vollesen 百籥花属 Acanthaceae [MD－572] 特征纪要:习性:草本。花程式:Kn,C0,A2－4,↓G。其他特征参考科。全球 1 个大洲分布及种数(1) ◆亚洲:1。

Cyne Danser 犬寄生属 Loranthaceae [MD－415] 特征纪要:习性:木本。花程式:K6,C0,A4,=↓G3－4。其他特征参考科。全球 5 个大洲分布及种数(7－17)非洲:2; 亚洲:4; 大洋洲:2; 北美洲:1; 南美洲:1。

Cynochloris Clifford & Everist 狗牙禾属 Poaceae [MM－748] 特征纪要:习性:草本。花程式:(K)3,C0 参考科,A1－2,=(G)2－3。其他特征参考科。全球 2 个大洲分布及种数(2－15)大洋洲:7; 南美洲:7。

Cynocramba Gagneb. 刺爪花科属 Cynocrambaceae [MD－484] 特征纪要及分布(－)。

Cynocrambaceae Nees [MD－484] 刺爪花科 特征纪要:习性:草本;落叶。花程式:K4－5,C5,A,G－。全球－个大洲分布及属种数(－)。

Cynodon Rich. 牛牙藓属 Poaceae [MM－748] 特征纪要:习性:草本(具根状茎)。物候:－。海拔:2500 米。生

境:草州湿地或沼泽中有浅水,住宅旁边。资源:药用,园林,具栽培园艺种类。全球 6 个大洲分布及种数(30)非洲:17;亚洲:14;大洋洲:19;欧洲:7;北美洲:16;南美洲:16。【中国种数:4】。

Cynodontiella (Limpr.) Bryhn 狗牙藓属 Dicranaceae [B-128] 特征纪要:-。全球-个大洲分布及种数(-)。

Cynodontium Bruch & Schimp. 狗牙藓属 Dicranaceae [B-128] 特征纪要:习性:-。【Rep】:雌雄同株,稀异株,内雌苞叶多具短或长鞘部,呈管状,孢蒴多数略垂倾,稀直立,有明显纵长脊,干时成纵沟。物候:-。全球 5 个大洲分布及种数(16)非洲:3;亚洲:6;欧洲:8;北美洲:11;南美洲:2。【中国种数:7】。

Cynoglossopsis Brand 紫草科属 Boraginaceae [MD-517] 特征纪要:习性:草本。花程式:(K)n,C0,A8,G4。其他特征参考科。全球 1 个大洲分布及种数(1-2)◆非洲。

Cynoglossum L. 琉璃草属 Boraginaceae [MD-517] 特征纪要:习性:草本(基生)。花程式:-。物候:-。海拔:1200-2500 米。生境:高地。栽培:来自广西龙州。资源:药用,具栽培园艺种类。全球 6 个大洲分布及种数(72-130;hort. 1;cult. 13)非洲:28-86;亚洲:39-91;大洋洲:9-47;欧洲:21-59;北美洲:14-47;南美洲:11-45。【中国种数:15】。

Cynoglottis Vara & Kit Tan 玻璃草属 Boraginaceae [MD-517] 特征纪要:习性:草本。花程式:K5,C0,A5,=(G)2-4。其他特征参考科。全球 5 个大洲分布及种数(2)亚洲:2;大洋洲:1;欧洲:1;北美洲:1;南美洲:1。

Cynometra L. 喃喃果属 Fabaceae2 [MD-239] 特征纪要:习性:木本。花程式:K3-5-∞,C3-5-∞,A1-10-50,=↓G1。物候:-。海拔:-。生境:-。资源:具栽培园艺种类。全球 6 个大洲分布及种数(123-227)非洲:109;亚洲:60;大洋洲:39;欧洲:23;北美洲:23;南美洲:62。【中国种数:8】。

Cynomoriaceae Endl. ex Lindl. [MD-309] 锁阳科 特征纪要:习性:草本;落叶。花程式:K4-5,C0,A2,↓(G)-。花期:5-7 月。果期:6-7 月。果实:小坚果,瘦果。种子:具胚乳,紫褐色。海拔:500-700 米。生境:盐碱地区。资源:药用。全球 1 个大洲分布及属种数(2/4 <IFR 1/1> hort. 1)◆北美洲:1/1。【中国属种数:1/1】。

Cynomorium L. 锁阳属 Cynomoriaceae [MD-309] 特征纪要(同科)。全球 5 个大洲分布及种数(2-10)非洲:3;亚洲:7;欧洲:4;北美洲:4;南美洲:3。【中国种数:1】。

Cynontodium Hedw. 狗毛藓属 Ditrichaceae [B-119] 特征纪要:习性:-。【Rep】:孢蒴台部发达,蒴齿具疣或纵斜条纹,绿色或黄绿色。物候:-。海拔:-。生境:土生,野生。资源:-。全球 1 个大洲分布及种数(-)◆亚洲。

Cynophalla (DC.) J. Presl 艳花菜属 Capparaceae [MD-178] 特征纪要:习性:-。花程式:-。其他特征参考科。全球 2 个大洲分布及种数(9-16)北美洲:1;南美洲:8。

Cynorhiza Eckl. & Zeyh. 前胡属 Apiaceae [MD-480] 特征纪要:习性:草本。花程式:K5,C5,A5,=↓G(-)。其他特征参考科。全球 1 个大洲分布及种数(1-4)◆非洲。

Cynorkis Thou. 狗兰属 Orchidaceae [MM-723] 特征纪要:习性:草本。花程式:(K)3,C3,A3,=↓(G)3。花期:参考早于果期。果期:10-11 月。海拔:80-5200 米。生境:柏树林下或草坡路旁,竹坡中。全球 6 个大洲分布及种数(193-347)非洲:310;亚洲:52;大洋洲:11;欧洲:5;北美洲:5;南美洲:8。【中国种数:3】。

Cynorrhiza Endl. = **Cynorhiza**

Cynosciadium DC. 狗芹属 Apiaceae [MD-480] 特征纪要:习性:草本。花程式:K5,C5,A5,=↓G(-)。其他特征参考科。全球 1 个大洲分布及种数(2-3)◆北美洲(◆美国)。

Cynosorchis Thou. = **Cynorkis**

Cynosurus L. 洋狗尾草属 Poaceae [MM-748] 特征纪要:习性:草本(基生)。花程式:(K-),C0 参考科,A3 参考科,=G2-3。物候:-。花期:6-8 月。果期:参考晚于花期。海拔:10-5600 米。生境:路边,林缘,田野。资源:具栽培园艺种类。全球 6 个大洲分布及种数(17-22)非洲:12-19;亚洲:6-15;大洋洲:3-10;欧洲:9-16;北美洲:3-10;南美洲:3-11。【中国种数:4】。

Cyparissia Hoffmanns. = **Callitris**

Cypella Herb. 杯鸢花属 Iridaceae [MM-700] 特征纪要和分布(-)。全球 1 个大洲分布及种数(44-48)◆南美洲。【中国种数:1】。

Cyperaceae Juss. [MM-747] 莎草科 特征纪要:习性:草本;落叶。花程式:♀/♂(K)6,C2-3,A2,↓G4。物候:-。花期:9-10 月。果期:4-5 月。果实:果囊所包裹。种子:-。海拔:0-1000 米。生境:-。资源:油脂,药用。栽培:中国有栽培。全球 6 个大洲分布及属种数(133-158/5464-8083 <IFR 59/796> hort. 1;cult. 39)非洲:65-67/2047-2502(IFR 36/239);亚洲:52-53/2613-3239(IFR 39/467);大洋洲:52/1340-1760(IFR 13/68);欧洲:29/815-907(IFR 20/208);北美洲:48/1942-2066(IFR 31/290);南美洲:55-56/1551-1708(IFR 30/136)。【中国属种数:39/1525】。

Cyperochloa Lazarides & L. Watson 苔草禾属 Poaceae [MM-748] 特征纪要:习性:草本。花程式:(K)3,C0 参考科,A1-2,=(G)2-3。其他特征参考科。全球 4 个大洲分布及种数(1-3)亚洲:2;大洋洲:2;北美洲:1;南美洲:2。

Cyperocymbidium A. D. Hawkes 兰科属 Orchidaceae [MM-723] 特征纪要:习性:-。花程式:-。其他特征参考科。分布:-。

Cyperorchis Bl. 莎草兰属 Orchidaceae [MM-723] 特征纪要:习性:-。花程式:-。其他特征参考科。全球 3 个大洲分布及种数(31)亚洲:27;大洋洲:2;北美洲:2。

Cyperus L. 莎草属 Cyperaceae [MM-747] 特征纪要:习性:草本。花程式:-。物候:-。海拔:1100-2600 米。生境:草地,沙滩,花园,沼泽地,山谷及田间。资源:药用,具栽培园艺种类。全球 6 个大洲分布及种数(834-1218;hort. 1;cult. 92)非洲:535-823;亚洲:299-505;大洋洲:181-389;欧洲:62-216;北美洲:275-439;南美洲:249-427。【中国种数:179】。

Cyphacanthus Leonard 弯刺爵床属 Acanthaceae［MD－572］特征纪要:习性:草本。花程式:K2－4,C0,A2－4,＝(G)2。其他特征参考科。全球1个大洲分布及种数(1)◆南美洲(◆哥伦比亚)。

Cyphanthera Miers 驼药茄属 Solanaceae［MD－503］特征纪要:习性:草本。花程式:－。其他特征参考科。全球1个大洲分布及种数(3－7)◆大洋洲(◆澳大利亚)。

Cyphelium <unassigned> 唐松木科属 Caricaceae［MD－236］特征纪要:习性:－。花程式:－。其他特征参考科。全球5个大洲分布及种数(26)亚洲:2; 大洋洲:2; 欧洲:3; 北美洲:3; 南美洲:5。

Cyphia P. J. Bergius 腔柱草属 Cyphiaceae［MD－564］特征纪要(同科)。全球4个大洲分布及种数(69－168)非洲:101; 亚洲:2; 大洋洲:2; 南美洲:5。

Cyphiaceae A. DC.［MD－564］驼曲草科 特征纪要:习性:草本;落叶。花程式:(K)5,C5,A5,G2。全球1个大洲分布及属种数(1/1 <IFR 1/1> hort. 1;cult. 1)◆非洲:1/33－72(IFR 1/1)。

Cyphocarpa Lopr. 肿苋属 Cyphocarpaceae［MD－563］特征纪要(同科)。全球1个大洲分布及种数(2－8)◆非洲。

Cyphocarpaceae Reveal & Hoogland［MD－563］弯果草科 特征纪要:习性:草本;落叶。花程式:K4－5,C5,A1－,G－。全球－个大洲分布及属种数(1/1)。

Cyphocarpus Miers 苣莲属 Campanulaceae［MD－561］特征纪要:习性:草本。花程式:－。其他特征参考科。全球1个大洲分布及种数(3)◆南美洲。

Cyphochilus Schltr. 肿兰属 Orchidaceae［MM－723］特征纪要:习性:－。花程式:－。其他特征参考科。全球4个大洲分布及种数(13)非洲:8; 亚洲:4; 大洋洲:13; 南美洲:5。

Cyphochlaena Hack. 肿蜀黍属 Poaceae［MM－748］特征纪要:习性:草本。花程式:(K)3,C0参考科,A1－2,＝G2－3。其他特征参考科。全球2个大洲分布及种数(2－11)非洲:11; 大洋洲:2。

Cyphokentia Brongn. 瓶椰属 Arecaceae［MM－717］特征纪要:习性:木本。花程式:K3－10,C3－10,A3－10,＝G3－10。其他特征参考科。全球2个大洲分布及种数(2－18)亚洲:2; 大洋洲:2。【中国种数:1】。

Cypholophus Wedd. 瘤冠麻属 Urticaceae［MD－91］特征纪要:习性:木本。花程式:Kn,C2－3参考科,A8,G－。物候:－。花期:4－6月。果期:参考晚于花期。海拔:200米。生境:低山地区湿润处。资源:－。全球6个大洲分布及种数(38－50)非洲:32; 亚洲:29; 大洋洲:38; 欧洲:5; 北美洲:5; 南美洲:4。【中国种数:3】。

Cypholoron Dodson & Dressler 驼兰属 Orchidaceae［MM－723］特征纪要:习性:草本。花程式:(K)3,C3,A3,＝↓G3。其他特征参考科。全球1个大洲分布及种数(2－4)◆南美洲。

Cyphomandra Mart. ex Sendtn. 树番茄属 Solanaceae［MD－503］特征纪要:习性:－。花程式:－。物候:－。海拔:100－5000米。生境:云南松林下。资源:花卉,具栽培园艺种类。全球6个大洲分布及种数(25－33)非洲:2;亚洲:2;大洋洲:1;欧洲:1;北美洲:7;南美洲:23－26。

Cyphomeris Standl. 隆果草属 Nyctaginaceae［MD－107］特征纪要:习性:木本。花程式:K1－5,C0,A5,G－。其他特征参考科。全球5个大洲分布及种数(2－19)非洲:2; 亚洲:7; 大洋洲:4; 北美洲:11; 南美洲:12。

Cyphonanthus Zuloaga & Morrone 肿草属 Poaceae［MM－748］特征纪要:习性:草本。花程式:(K)3,C0参考科,A1－2,＝(G)2－3。其他特征参考科。全球2个大洲分布及种数(1－2)北美洲:2; 南美洲:2。

Cyphophoenix H. Wendl. ex Hook. f. 斜柱椰属 Arecaceae［MM－717］特征纪要:习性:木本。花程式:Kn,C2－3参考科,A3参考科,G3－ 参考科。其他特征参考科。全球2个大洲分布及种数(4－6)大洋洲:6; 南美洲:1。

Cyphopsis Kuntze ＝ **Cyphia**

Cyphosperma H. Wendl. ex Hook. f. 肿瘤椰属 Arecaceae［MM－717］特征纪要:习性:木本。花程式:K3－10,C3－10,A3－10,＝G3－10。其他特征参考科。全球2个大洲分布及种数(5－10)亚洲:1; 大洋洲:5。

Cyphostemma (Planch.) Alston 葡萄瓮属 Vitaceae［MD－403］特征纪要:习性:木本。花程式:K3－4,C3－4,A2,＝G2－3。物候:－。花期:4月。果期:参考晚于花期。海拔:100－3800米。生境:缠绕树上,竹林下。资源:－。全球6个大洲分布及种数(250－362)非洲:338; 亚洲:24; 大洋洲:2; 欧洲:5; 北美洲:5; 南美洲:11。【中国种数:7】。

Cyphostigma Benth. 折花姜属 Zingiberaceae［MM－737］特征纪要:习性:草本。花程式:(K)3,C3,A5,＝↓(G)3。其他特征参考科。全球1个大洲分布及种数(cf. 1)◆亚洲。

Cyphostyla Gleason ＝ **Allomaieta**

Cyphotheca Diels 药囊花属 Melastomataceae［MD－364］特征纪要:习性:木本。花程式:Kn,(C)5参考科,A8,＝↓G－。物候:－。花期:参考早于果期。果期:10月。海拔:1000－2400米。生境:阔叶林,竹林,山坡,山谷,山坡和河岸,路旁,坡边或小溪边。资源:具园艺种类。全球1个大洲分布及种数(cf. 1)◆亚洲。【中国种数:1】。

Cypringlea M. T. Strong 墨西哥莎草属 Cyperaceae［MM－747］特征纪要:习性:－。花程式:－。其他特征参考科。全球2个大洲分布及种数(6)亚洲:3; 北美洲:4。

Cypripediaceae (Lindl.) Lindl.［MM－722］杓兰科 特征纪要:习性:木本;落叶。花程式:(K)6,C5,A,↓(G)－。种子:极小,棕黄色。海拔:2300－3900米。生境:北陡坡阴密林草地。栽培:来自广西龙州。资源:园林。全球6个大洲分布及属种数(1/1 <IFR 1/7> hort. 1;cult. 1) 非洲:1/6; 亚洲:1/50－52(IFR 1/6); 大洋洲:1/5; 欧洲:1/10－11; 北美洲:1/29－31(IFR 1/6); 南美洲:1/2。

Cypripedium L. 羊角兰属 Cypripediaceae［MM－722］特征纪要(同科)。全球6个大洲分布及种数(58－218; hort. 1;cult. 153)非洲:4－43;亚洲:48－98;大洋洲:3－42;欧洲:8－48;北美洲:27－71;南美洲:39。【中国种数:39】。

Cypselea Turpin 蜂巢草属 Aizoaceae［MD－94］特征纪要:习性:草本。花程式:K3－4,C3－4,A5参考科,＝↓G1－2。其他特征参考科。全球2个大洲分布及种数(5)北美洲:3; 南美洲:3。

Cypselocarpus F. Müll. 假二仙草属 Gyrostemonaceae［MD－198］特征纪要：习性：草本。花程式：－。其他特征参考科。全球 1 个大洲分布及种数(1)◆大洋洲(◆澳大利亚)。

Cyptodon (Broth.) Paris & Schimp. ex M. Fleisch. 大洋洲隐蒴藓属 Cryphaeaceae［B－197］特征纪要：习性：－。【Rep】：雌雄异苞同株，雌苞着生短枝顶端，基部雌苞叶形小，渐上较大而成长披针形，中肋消失于叶尖，孢蒴完全隐生于，雌雄异苞同株，雄苞芽苞形，侧生，雌苞生短枝顶端，雌苞叶直立，内雌苞叶多具高鞘部，蒴柄短，孢蒴直立。其他特征参考科。全球 3 个大洲分布及种数(7)大洋洲：6；北美洲：1；南美洲：1。

Cyptodontopsis Dixon 线齿藓属 Cryphaeaceae［B－197］特征纪要：习性：－。【Rep】：雌雄异苞同株，雄苞芽苞形，侧生，雌苞生短枝顶端，雌苞叶直立，内雌苞叶多具高鞘部，蒴柄短，孢蒴直立。物候：－。海拔：－。生境：常见于树干，岩面薄土，常见于树干或树枝。资源：－。全球 1 个大洲分布及种数(3)◆亚洲：3。【中国种数：1】。

Cyptotrama <unassigned> 巴西合囊蕨属 Marattiaceae［F－13］特征纪要：－。全球 1 个大洲分布及种数(6)◆南美洲：6。

Cyrbasium Endl. ＝ **Cristatella**

Cyrilla Garden ex L. 鞣木属 Cyrillaceae［MD－352］特征纪要：习性：木本。花程式：K5－10，C5－10，A5－10，＝G2－5。其他特征参考科。全球 4 个大洲分布及种数(11－19)亚洲：4；大洋洲：2；北美洲：18；南美洲：5。【中国种数：1】。

Cyrillaceae Lindl.［MD－352］鞣木科 特征纪要：习性：木本；落叶。花程式：K5，C5，A5，G－。全球 1 个大洲分布及属种数(4/9－16 < IFR 1/1 > hort. 1；cult. 1)◆北美洲：3/7－13(IFR 1/1)。【中国属种数：1/1】。

Cyrillopsis Kuhlm. 莽鞣木属 Ixonanthaceae［MD－294］特征纪要：习性：木本。花程式：－。其他特征参考科。全球 1 个大洲分布及种数(2)◆南美洲。

Cyrta Lour. ＝ **Styrax**

Cyrtandra J. R. Forst. & G. Forst. 浆果苣苔属 Gesneriaceae［MD－549］特征纪要：习性：草本，少灌木。花程式：－。物候：－。花期：参考早于果期。果期：5 月。海拔：400 米。生境：阴凉森林，在溪边的岩石上，在干燥的山谷悬崖上，半遮荫的的地方。资源：具园艺种类。全球 6 个大洲分布及种数(199－983；hort. 1；cult. 41)非洲：11－148；亚洲：104－366；大洋洲：17－145；欧洲：44；北美洲：158－237；南美洲：43。【中国种数：9】。

Cyrtandromoea Zoll. 囊萼花属 Gesneriaceae［MD－549］特征纪要：习性：草本。花程式：K2－4，C2－4，A2－4，↓G2。物候：－。海拔：1100 米。生境：森林。资源：－。全球 1 个大洲分布及种数(6－12)◆亚洲。【中国种数：4】。

Cyrtanthus Aiton 曲管花属 Amaryllidaceae［MM－694］特征纪要和分布(－)。全球 1 个大洲分布及种数(51－62)◆非洲。

Cyrthanthus Eckl. ＝ **Cyrtanthus**

Cyrtidiorchis Rauschert 曲兰属 Orchidaceae［MM－723］特征纪要：习性：－。花程式：－。其他特征参考科。全球 2 个大洲分布及种数(12)亚洲：3；南美洲：10。

Cyrtidium Schltr. ＝ **Cyrtidiorchis**

Cyrtocarpa Kunth 斜枣属 Anacardiaceae［MD－432］特征纪要：习性：木本。花程式：K5，C5，A5－10，＝G1－3。其他特征参考科。全球 2 个大洲分布及种数(6)北美洲：4；南美洲：2。

Cyrtochiloides N. H. Williams & M. W. Chase 齿舌兰属 Orchidaceae［MM－723］特征纪要：习性：草本。花程式：(K－)，C2－3 参考科，A3 参考科，↓G－。其他特征参考科。全球 2 个大洲分布及种数(3) 北美洲；南美洲。

Cyrtochilum Kunth 凸唇兰属 Orchidaceae［MM－723］特征纪要：习性：草本。花程式：(K)3，C3，A3，＝↓G3。花期：参考早于果期。果期：10－11 月。海拔：80－5200 米。生境：柏树林下或草坡路旁，竹坡中。全球 6 个大洲分布及种数(205－296)非洲：3；亚洲：6；大洋洲：3；欧洲：20；北美洲：20；南美洲：286。【中国种数：1】。

Cyrtochloa S. Dransf. 曲草属 Poaceae［MM－748］特征纪要：习性：草本。花程式：(K)3，C0 参考科，A1－2，＝(G)2－3。其他特征参考科。全球 1 个大洲分布及种数(8)◆亚洲。

Cyrtocladon Griff. ＝ **Homalomena**

Cyrtococcum Stapf 弓果黍属 Poaceae［MM－748］特征纪要：习性：草本。花程式：(K－)，C0 参考科，A3 参考科，＝G2－3。物候：－。海拔：10－5600 米。生境：生于丘陵杂木林或草地较阴湿处。资源：具园艺种类。全球 6 个大洲分布及种数(12－14；hort. 1)非洲：9－12；亚洲：7－8；大洋洲：7－8；欧洲：4－5；北美洲：3－4；南美洲：1。【中国种数：4】。

Cyrtocymura H. Rob. 曲序斑鸠菊属 Asteraceae［MD－586］特征纪要：习性：草本。花程式：(K)3－5，C3－5，A3－5，＝↓(G)2。其他特征参考科。全球 4 个大洲分布及种数(6－8)亚洲：2；欧洲：2；北美洲：2；南美洲：6。

Cyrtodon (R. Br.) Hook. ＝ **Tayloria**

Cyrtoglottis Schltr. ＝ **Mormolyca**

Cyrtogonellum Ching 柳叶蕨属 Dryopteridaceae［F－49］特征纪要：习性：－。【Rep】：孢子囊群圆形，生于基部上侧小脉顶端或生于内藏小脉顶端，并在羽片主脉两侧各排成 1－2 行，彼此不并行。物候：－。海拔：400－2900 米。生境：林下。栽培：来自广西龙州。资源：具栽培园艺种类。全球 1 个大洲分布及种数(8－13)◆亚洲。

Cyrtogonium J. Sm. ＝ **Bolbitis**

Cyrtogonone Prain 银背桐属 Euphorbiaceae［MD－217］特征纪要：习性：木本。花程式：Kn，C0，A6，↓G－参考科。其他特征参考科。全球 1 个大洲分布及种数(1) ◆非洲：1。

Cyrto－hypnum (Hampe) Hampe & Lorentz 细羽藓属 Thuidiaceae［B－184］特征纪要：习性：－。【Rep】：雌雄异苞同株或雌雄异株，雌苞叶全缘或具齿。物候：－。海拔：680 米。生境：石生，树生。资源：－。全球 6 个大洲分布及种数(60)非洲：4；亚洲：16；大洋洲：2；欧洲：7；北美洲：7；南美洲：6。【中国种数：12】。

Cyrtolejeunea A. Evans 细鳞苔科属 Lejeuneaceae [B-84] 特征纪要:习性:-。【Rep】:雌苞顶生于主枝,蒴萼具3个脊,并常附1-7个小脊,脊部具冠状突起,一般稀疏生长。其他特征参考科。全球2个大洲分布及种数(3)北美洲:1; 南美洲:3。

Cyrtolobum R. Br. = **Crotalaria**

Cyrtomidictyum Ching 鞭叶蕨属 Dryopteridaceae [F-49] 特征纪要:习性:-。【Rep】:孢子囊群小,圆形,背生小脉上,在主脉两侧各排成1-2行。物候:-。海拔:400-2900米。生境:山沟边湿地。资源:-。全球2个大洲分布及种数(6)亚洲:6; 北美洲:2。

Cyrtomium C. Presl 贯众属 Dryopteridaceae [F-49] 特征纪要:习性:-。【Rep】:孢子囊群圆形,背生于内含小脉上,在主脉两侧各1至多行。物候:-。海拔:1000-2500米。生境:常绿阔叶林下,竹林边。资源:药用,具栽培园艺种类。全球6个大洲分布及种数(40-168)非洲:6; 亚洲:139; 大洋洲:2; 欧洲:12; 北美洲:12; 南美洲:7。【中国种数:28】。

Cyrtomnium Holmen 曲灯藓属 Mniaceae [B-149] 特征纪要:习性:-。【Rep】:孢子体的形态构造同于提灯藓属,蒴柄长,孢蒴下垂,呈卵形或长卵形,环带呈片状自行散落,蒴齿两层,外层齿较短。物候:-。海拔:-。生境:栽培(来自广西龙州)。资源:具栽培园艺种类。全球3个大洲分布及种数(2)亚洲:1;欧洲:2;北美洲:2。

Cyrtonema Schröd. = **Kedrostis**

Cyrtopera Lindl. = **Eulophia**

Cyrtophlebium (R. Br.) J. Sm. = **Campyloneurum**

Cyrtophyllum Reinw. 香灰莉属 Gentianaceae [MD-496] 特征纪要:习性:-。花程式:-。物候:-。花期:4-8月。果期:参考晚于花期。海拔:200-3000米。生境:林地,杂灌丛边草地。资源:-。全球2个大洲分布及种数(5-11)非洲:1; 亚洲:5。

Cyrtopodendron M. Fleisch. 曲藓属 Pterobryellaceae [B-157] 特征纪要:-。全球1个大洲分布及种数(1)◆大洋洲。

Cyrtopodium R. Br. 萼足兰属 Orchidaceae [MM-723] 特征纪要:习性:草本。花程式:(K)3,C3,A3,=↓G3。其他特征参考科。全球6个大洲分布及种数(51-135)非洲:9; 亚洲:20; 大洋洲:3; 欧洲:39; 北美洲:39; 南美洲:126。【中国种数:2】。

Cyrtopogon Spreng. = **Aristida**

Cyrtopus (Brid.) Hook. f. 曲轴藓属 Hookeriaceae [B-164] 特征纪要:习性:-。【Rep】:雌雄异株,蒴柄短,孢蒴略倾斜,长卵形,不对称,稍弯曲,平滑,蒴盖高圆锥体形,有弯斜尖喙,蒴齿两层。其他特征参考科。全球2个大洲分布及种数(1)亚洲:1;大洋洲:1。

Cyrtorchis Schltr. 弯萼兰属 Orchidaceae [MM-723] 特征纪要:习性:草本。花程式:(K)3,C3,A3,=↓G3。其他特征参考科。全球3个大洲分布及种数(21-49)非洲:43; 亚洲:3; 南美洲:3。

Cyrtorhyncha Nutt. 毛茛属 Ranunculaceae [MD-38] 特征纪要:习性:草本。花程式:Kn,C2-3参考科,A8,↓G-参考科。其他特征参考科。全球2个大洲分布及种数(1) 亚洲;北美洲。【中国种数:1】。

Cyrtosia Bl. 肉果兰属 Orchidaceae [MM-723] 特征纪要:习性:草本(根状茎,基生,腐生)。花程式:Kn,C2-3参考科,A3参考科,=↓G3。物候:-。花期:5-6月。果期:参考晚于花期。海拔:550-1340米。生境:竹林。栽培:来自广西龙州。资源:药用,具栽培园艺种类。全球5个大洲分布及种数(7-21)非洲:2; 亚洲:15; 大洋洲:4; 北美洲:1; 南美洲:5。【中国种数:5】。

Cyrtosiphonia Miq. = **Rauvolfia**

Cyrtosperma Griff. 曲籽芋属 Araceae [MM-639] 特征纪要:习性:草本(多肉)。花程式:-。物候:-。花期:2-9月。果期:参考晚于花期。海拔:100-4400米。生境:沼泽地或浅水域。资源:具园艺种类。全球6个大洲分布及种数(4-13)非洲:3-11;亚洲:3-6;大洋洲:2-3;欧洲:1;北美洲:1;南美洲:1。【中国种数:1】。

Cyrtospermum Benth. = **Campnosperma**

Cyrtostachys Bl. 猩红椰属 Arecaceae [MM-717] 特征纪要:习性:木本。花程式:K3-10,C3-10,A3-10,=G3-10。其他特征参考科。全球5个大洲分布及种数(7-18)非洲:13; 亚洲:10; 大洋洲:11; 北美洲:3; 南美洲:3。【中国种数:1】。

Cyrtostylis R. Br. 蚊兰属 Orchidaceae [MM-723] 特征纪要:习性:草本。花程式:(K)3,C3,A3,=↓(G)3。其他特征参考科。全球5个大洲分布及种数(5-13)亚洲:2; 大洋洲:12; 欧洲:2; 北美洲:2; 南美洲:2。【中国种数:1】。

Cystacanthus T. Anderson 鳔冠花属 Acanthaceae [MD-572] 特征纪要:习性:-。花程式:-。物候:-。花期:几乎全年。果期:参考晚于花期。海拔:200-1100米。生境:处。资源:-。全球2个大洲分布及种数(20)非洲:2; 亚洲:20。

Cyste Dulac = **Cystopteris**

Cystea Sm. = **Cystopteris**

Cysticorydalis Fedde = **Corydalis**

Cystidospermum Prokh. = **Euphorbia**

Cystium Stev. 豆科属 Fabaceae3 [MD-240] 特征纪要:习性:-。花程式:-。其他特征参考科。全球2个大洲分布及种数(54)北美洲:1; 南美洲:1。

Cystoathyrium Ching 宝兴冷蕨属 Davalliaceae [F-56] 特征纪要:中等大的林下阴地常绿植物。根状茎短而横卧,先端被深褐色卵状披针形鳞片;叶近生。叶柄短,基部褐色,稍膨大,被少数鳞片,向上淡禾秆色,光滑,向轴

C

面有一条浅纵沟;叶片狭披针形,一回羽状,羽片羽裂,背面具散生的橙黄色腺体;羽片多数,可达 30 对,无柄,中部的大多数羽片(可达 20 对)的羽轴顶部下侧具有 1 - 3 个性质不明的小突起,生于单一侧脉之中上部。【Rep】:孢子囊群圆形,每裂片 1 枚,生于基部。全球 1 个大洲分布及种数(1)◆亚洲。

Cystobasidium <unassigned> 孢芽藓科属 Sorapillaceae [B - 212] 特征纪要: - 。全球 1 个大洲分布及种数(-)。

Cystocoleus <unassigned> 冷芽藓属 Sorapillaceae [B - 212] 特征纪要: - 。全球 3 个大洲分布及种数(3)欧洲:2; 北美洲:2; 南美洲:3。

Cystodium J. Sm. 光苔科属 Lindsaeaceae [F - 27] 特征纪要:习性: - 。其他特征参考科。全球 2 个大洲分布及种数(2 - 3;hort. 1)非洲:1;南美洲:cf. 1。【中国种数:1】。

Cystolejeunea A. Evans 冷鳞苔属 Lejeuneaceae [B - 84] 特征纪要:习性: - 。【Rep】:老时呈红褐色。其他特征参考科。全球 1 个大洲分布及种数(1)◆北美洲(◆美国)。

Cystopteridaceae Shmakov = Davalliaceae

Cystopteris Bernh. 冷蕨属 Davalliaceae [F - 56] 特征纪要:习性: - 。【Rep】:孢子囊群圆形,生于小脉背上,囊托微凸,孢子囊的环带有 14 - 16 个加厚细胞,囊群盖卵形、披针形、近圆形或半杯形,着生于孢子囊群下面囊托基部的一侧,膜质,宿存,起初覆盖孢子囊群,随后被成熟的孢子囊群推开,并将基部压于下面,宛如下位的囊群盖。物候: - 。海拔:2400 - 3000 米。生境:高山,针叶林场。资源:具栽培园艺种类。全球 6 个大洲分布及种数(30 - 140)非洲:13; 亚洲:61; 大洋洲:5; 欧洲:29; 北美洲:29; 南美洲:19。【中国种数:8】。

C

Cystorchis Bl. 鳔唇兰属 Orchidaceae [MM - 723] 特征纪要:习性:草本。花程式:(K)3,C3,A3, = ↓ G3。物候: - 。花期:参考早于果期。果期:10 - 11 月。海拔:80 - 5200 米。生境:柏树林下或草坡路旁,竹坡中。资源: - 。全球 3 个大洲分布及种数(20 - 31)非洲:4; 亚洲:12; 大洋洲:5。【中国种数:3】。

Cystostemon Balf. f. 囊蕊紫草属 Boraginaceae [MD - 517] 特征纪要:习性:灌木。花程式:K5,C0,A3 参考科, = ↓ G2 - 4。其他特征参考科。全球 2 个大洲分布及种数(17 - 23)非洲:20; 亚洲:18。

Cytidospermum Prokh. = **Euphorbia**

Cytinaceae A. Rich. [MD - 182] 岩寄生科 特征纪要:习性:草本;落叶。花程式:K4 - 5,C0,A5,G - 。果实:浆果。全球 2 个大洲分布及属种数(3/11 - 15 hort. 1;cult. 1) 非洲:2/7 - 10; 北美洲:1/3。

Cytinus L. 岩寄生属 Cytinaceae [MD - 182] 特征纪要:习性:草本。花程式:Kn,C0,A3 参考科,G - 参考科。物候: - 。海拔: - 。生境: - 。资源:具园艺种类。全球 6 个大洲分布及种数(10 - 54)非洲:17; 亚洲:10; 大洋洲:3; 欧洲:11; 北美洲:11; 南美洲:21。

Cytisopsis Jaub. & Spach 西亚绒毛花属 Fabaceae3 [MD - 240] 特征纪要:习性:木本。花程式:K1 - ∞,C1 - ∞,A5 - 9, = ↓ G1。其他特征参考科。全球 2 个大洲分布及种数(3 - 10)非洲:6; 亚洲:6。

Cytisus L. 金雀儿属 Fabaceae3 [MD - 240] 特征纪要和分布(-)。【中国种数:7】。

Cytogonidium B. G. Briggs & L. A. S. Johnson 帚灯草属 Restionaceae [MM - 744] 特征纪要:习性:草本(基生)。花程式:(K -),C2 - 3 参考科,A3 参考科,↓ G - 参考科。其他特征参考科。全球 1 个大洲分布及种数(1)◆大洋洲(◆澳大利亚)。

Cyttaranthus J. Léonard 潺槁桐属 Euphorbiaceae [MD - 217] 特征纪要:习性:木本。花程式:K1(1000),C0,A6, = (G)2 - 3。其他特征参考科。全球 1 个大洲分布及种数(1)◆非洲。

Czernaevia Turcz. 当归属 Apiaceae [MD - 480] 特征纪要和分布(-)。全球 2 个大洲分布及种数(cf. 1)亚洲;欧洲。

Czerniaevia Turcz. ex Griseb. 禾本科属 Poaceae [MM - 748] 特征纪要:习性: - 。花程式: - 。其他特征参考科。全球 4 个大洲分布及种数(3)非洲:3; 亚洲:3; 北美洲:2; 南美洲:3。

Czernya C. Presl = **Phragmites**

D

Daboecia D. Don 大宝石南属 Ericaceae［MD－380］特征纪要:习性:木本。花程式:(K)5－8,(C)5－8,A10,＝G2－4。其他特征参考科。全球5个大洲分布及种数(2－8)亚洲:3; 大洋洲:2; 欧洲:3; 北美洲:3; 南美洲:2。【中国种数:1】。

Dacampia <unassigned> 宝囊藓属 Sorapillaceae［B－212］特征纪要:－。全球1个大洲分布及种数(－)。

Dacryanthus (Endl.) Spach 河杉草属 Ericaceae［MD－380］特征纪要:习性:草本。花程式:Kn,C0,A10,G－。其他特征参考科。全球1个大洲分布及种数(cf. 1)◆非洲。

Dacrycarpaceae Melikyan & A. V. Bobrov ＝ Podocarpaceae

Dacrycarpus (Endl.) de Laub. 鸡毛松属 Podocarpaceae［G－13］特征纪要:习性:－。【Rep】:复轴,短穗状,上部苞片杯套状,内有种子发生,寡种子,雌雄同株。物候:－。海拔:400－1500米。生境:溪谷。资源:具栽培园艺种类。全球6个大洲分布及种数(11－27)非洲:9; 亚洲:14; 大洋洲:18; 欧洲:4; 北美洲:4; 南美洲:2。【中国种数:2】。

Dacrydium Sol. ex G. Forst. 陆均松属 Podocarpaceae［G－13］特征纪要:习性:－。【Rep】:复轴,短穗状,上部苞片杯套状,内有种子发生,寡种子,雌雄异株,稀同株,雄球花穗状,矩圆形或圆柱形,雄蕊多数,螺旋状排列,花丝极短或无,每雄蕊有2个花药,药隔盾形,花粉具3个气囊,雌球花生枝顶或近枝顶,单生或成穗状,最上部有1套被生1倒生胚珠,稀2个套被各生1胚珠,套被与珠被离生,种子坚果状,基部为杯状肉质或较薄而干的假种皮所包。物候:－。海拔:300－2100米。生境:针叶林,阔叶林和热带山地混交林。资源:具栽培园艺种类。全球6个大洲分布及种数(22－85)非洲:12; 亚洲:31; 大洋洲:44; 欧洲:5; 北美洲:5; 南美洲:16。【中国种数:3】。

Dacryodes Vahl 蜡烛榄属 Burseraceae［MD－408］特征纪要:习性:木本。花程式:K3－5,C3－5,A2,＝G2－3。物候:－。花期:4－5月。果期:参考晚于花期。海拔:100－2400米。生境:二次森林,自然山坡地。资源:－。全球6个大洲分布及种数(73－123)非洲:31; 亚洲:32; 大洋洲:3; 欧洲:9; 北美洲:9; 南美洲:63。【中国种数:2】。

Dacryophyllum Ireland 掌叶藓属 Hypnaceae［B－189］特征纪要:习性:－。【Rep】:雌雄异苞同株,内雌苞叶直立,卵状披针形,上部渐狭成长毛状,近于全缘,无中肋,黄绿色。其他特征参考科。全球1个大洲分布及种数(1)◆北美洲。

Dacryotrichia Wild 毛基黄属 Asteraceae［MD－586］特征纪要:习性:草本。花程式:(K)3－5,C3－5,A3－5,＝↓(G)2。其他特征参考科。全球1个大洲分布及种数(1)◆非洲(◆赞比亚)。

Dactimala Raf. ＝ **Chrysophyllum**

Dactiphyllum Raf. ＝ **Jrifolium**

Dactyladenia Welw. 猿猴栗属 Chrysobalanaceae［MD－243］特征纪要:习性:木本。花程式:－。其他特征参考科。全球4个大洲分布及种数(30－34)非洲:29－33;亚洲:cf. 1;北美洲:3;南美洲:4。【中国种数:1】。

Dactylaea Fedde ex H. Wolff 小芹属 Apiaceae［MD－480］特征纪要:习性:草本。花程式:K5,C5,A5,＝↓G(－)。其他特征参考科。全球1个大洲分布及种数(2－3)◆亚洲。

Dactylaena Schröd. ex Schult. f. 指被山柑属 Cleomaceae［MD－210］特征纪要:习性:－。花程式:－。其他特征参考科。全球2个大洲分布及种数(5－7)北美洲:1;南美洲:4－5。

Dactylanthaceae Takht.［MD－298］手指花科 特征纪要:习性:木本;落叶。花程式:K4－5,C0,A,↓(G)－。种子:种皮作不规则的矩圆形。全球1个大洲分布及属种数(2/2－3)◆大洋洲:1/1。

Dactylanthera P. F. Hunt & Summerh. 兰科属 Clusiaceae［MD－141］特征纪要:习性:－。花程式:－。其他特征参考科。全球1个大洲分布及种数(9)◆欧洲:9。

Dactylanthes Haw. ＝ **Euphorbia**

Dactylanthus Hook. f. 指花菰属 Dactylanthaceae［MD－298］特征纪要(同科)。全球2个大洲分布及种数(1－3)大洋洲:2; 南美洲:2。

Dactylhymenium Cardot ＝ **Didymodon**

Dactyliandra (Hook. f.) Hook. f. 指蕊瓜属 Cucurbitaceae［MD－205］特征纪要:习性:木本。花程式:－。其他特征参考科。全球2个大洲分布及种数(1－5)非洲:5; 亚洲:2。

Dactylicapnos Wall. 紫金龙属 Papaveraceae［MD－54］特征纪要:习性:草质攀援。花程式:－。物候:－。海拔:700－1800米。生境:磨砂,岩石。资源:药用。全球3个大洲分布及种数(16－21)亚洲:20; 欧洲:2; 北美洲:2。【中国种数:9】。

Dactylina <unassigned> 水蕨科属 Parkeriaceae [F-36] 特征纪要:-。全球3个大洲分布及种数(8)亚洲:3; 北美洲:1; 南美洲:2。

Dactyliocapnos Spreng. = **Dactylicapnos**

Dactyliophora Van Tiegh. 桑寄生属 Loranthaceae [MD-415] 特征纪要:习性:木本。花程式:K6,C0,A4,↓G。其他特征参考科。全球3个大洲分布及种数(2-5)非洲:2; 亚洲:2; 大洋洲:2。

Dactylis L. 鸭茅属 Poaceae [MM-748] 特征纪要:习性:草本(基生)。花程式:(K-),C0 参考科,A3,=G2-3。物候:-。花期:5-8月。果期:参考晚于花期。海拔:1400-3600米。生境:山坡,草地,林下。资源:具栽培园艺种类。全球6个大洲分布及种数(20-234)非洲:78; 亚洲:75; 大洋洲:40; 欧洲:51; 北美洲:51; 南美洲:7。【中国种数:1】。

Dactylitella P. F. Hunt & Summerh. 万鸟兰属 Orchidaceae [MM-723] 特征纪要:习性:-。花程式:-。其他特征参考科。全球0个大洲分布及种数(1-3)。

Dactylocamptis P. F. Hunt & Summerh. 反兰属 Orchidaceae [MM-723] 特征纪要:习性:草本。花程式:(K)3,C3,A3,↓G-。其他特征参考科。全球0个大洲分布及种数(17-39)。

Dactylocardamum Al-Shehbaz 指碎米荠属 Brassicaceae [MD-213] 特征纪要:习性:草本。花程式:K2-4,C2-4,A2-4,=(G)2。其他特征参考科。全球1个大洲分布及种数(2)◆南美洲(◆秘鲁)。

Dactylocladus Oliv. 落毡木属 Crypteroniaceae [MD-372] 特征纪要:习性:木本。花程式:-。其他特征参考科。全球1个大洲分布及种数(cf.1)◆亚洲。

Dactyloctenium Willd. 龙爪茅属 Poaceae [MM-748] 特征纪要:习性:草本。花程式:-。物候:-。花期:5-10月。果期:参考晚于花期。海拔:10-5600米。生境:沙土上,山坡或草地。资源:具栽培园艺种类。全球6个大洲分布及种数(11-18)非洲:9-13;亚洲:6-8;大洋洲:6-11;欧洲:2-5;北美洲:7-11;南美洲:1-3。【中国种数:1】。

Dactylodenia Garay & H. R. Sweet 万鸟兰属 Orchidaceae [MM-723] 特征纪要:习性:草本。花程式:(K)3,C3,A3,=↓G3。其他特征参考科。全球6个大洲分布及种数(11-28)非洲:2;亚洲:4;大洋洲:1-3;欧洲:10-23;北美洲:2;南美洲:2。

Dactylodes Kuntze = **Tripsacum**

Dactyloglossum P. F. Hunt & Summerh. 掌裂兰属 Orchidaceae [MM-723] 特征纪要:习性:草本。花程式:(K)3,C3,A3,↓G-。其他特征参考科。全球1个大洲分布及种数(2)◆欧洲。

Dactylogramma Link = **Muhlenbergia**

Dactylogymnadenia Soó 万鸟兰属 Orchidaceae [MM-723] 特征纪要:习性:草本。花程式:(K)3,C3,A3,=↓(G)3。其他特征参考科。全球1个大洲分布及种数(1)◆欧洲。

Dactylomyces <unassigned> 绒苔科属 Trichocoleaceae [B-62] 特征纪要:-。全球1个大洲分布及种数(1)◆欧洲:1。

Dactylopetalum Benth. = **Cassipourea**

Dactylophorella R. M. Schust. 掌鳞苔属 Lejeuneaceae [B-84] 特征纪要:习性:-。【Rep】:老时呈红褐色。其他特征参考科。全球1个大洲分布及种数(cf.1)◆南美洲。

Dactylorchis (Klinge) Verm. 掌裂兰属 Orchidaceae [MM-723] 特征纪要:习性:-。花程式:-。其他特征参考科。全球5个大洲分布及种数(6)非洲:6;亚洲:6;欧洲:6;北美洲:3;南美洲:2。

Dactylorhiza Neck. ex Nevski 掌裂兰属 Orchidaceae [MM-723] 特征纪要:习性:草本。花程式:(K)3,C3,A3,=↓G3。物候:-。花期:6-8月。果期:参考晚于花期。海拔:1200-4300米。生境:草原,沿着溪流和斜坡,针叶林下。资源:具园艺种类。全球6个大洲分布及种数(142-610)非洲:37; 亚洲:134; 大洋洲:10; 欧洲:24; 北美洲:24; 南美洲:7。【中国种数:12】。

Dactylostalix Rchb. f. 指脊兰属 Orchidaceae [MM-723] 特征纪要:习性:草本。花程式:Kn,C0 参考科,A-参考科,=↓G3。物候:-。花期:参考早于果期。果期:10-11月。海拔:80-5200米。生境:柏树林下或草坡路旁,竹坡中。资源:-。全球2个大洲分布及种数(1-5)亚洲:4; 南美洲:2。

Dactylostegium Nees = **Dicliptera**

Dactylostemon Klotzsch = **Gymnanthes**

Dactylostigma D. F. Austin = **Hildebrandtia**

Dadjoua Parsa 拟翅甲草属 Caryophyllaceae [MD-77] 特征纪要:习性:草本。花程式:K5,C5-4,A3 参考科,G-。其他特征参考科。全球1个大洲分布及种数(1)◆亚洲。

Daedalacanthus T. Anderson = **Eranthemum**

Daedalea <unassigned> 哥伦水龙骨属 Polypodiaceae [F-60] 特征纪要:-。全球3个大洲分布及种数(31)非洲:1; 亚洲:3; 南美洲:28。

Daemonorops Bl. 黄藤属 Arecaceae [MM-717] 特征纪要:习性:-。花程式:-。物候:-。花期:5月。果期:参考晚于花期。海拔:1000米。生境:地区。栽培:来自广西龙州。资源:具栽培园艺种类。全球5个大洲分布及种数(261)非洲:5; 亚洲:223; 大洋洲:2; 北美洲:2; 南美洲:5。

Daenikera Hurlim. & Stauffer 珊瑚寄生属 Santalaceae [MD-412] 特征纪要:习性:木本。花程式:Kn,C0,A3-4,=↓(G)2-3。其他特征参考科。全球1个大洲分布及种数(1)◆大洋洲。

Dahlberga Cothen. = **Dalbergia**

Dahlgrenia Steyerm. = **Dictyocaryum**

Dahlia Cav. 大丽花属 Asteraceae［MD－586］特征纪要:习性:－。花程式:－。物候:－。花期:参考早于果期。果期:8－10 月。海拔:6000 米。生境:植物园栽培。资源:具栽培园艺种类。全球 6 个大洲分布及种数(42－57)非洲:3－6;亚洲:6－11;大洋洲:4－7;欧洲:4－7;北美洲:40－50;南美洲:5－8。【中国种数:1】。

Dahliaphyllum Constance & Breedlove 指头芹属 Apiaceae［MD－480］特征纪要:习性:草本。花程式:Kn,C5,A5,＝↓(G)2。其他特征参考科。全球 1 个大洲分布及种数(1)◆北美洲。

Dahlstedtia Malme 达氏豆属 Fabaceae3［MD－240］特征纪要:习性:木本。花程式:K1－∞,C1－∞,A5－9,＝↓G1。其他特征参考科。全球 3 个大洲分布及种数(15－19)大洋洲:2; 北美洲:2; 南美洲:18。

Dahuronia Scop. ＝**Licania**

Daiotyla Dressler 羊头兰属 Orchidaceae［MM－723］特征纪要:习性:草本。花程式:(K)3,C3,A3,↓G－。其他特征参考科。全球 2 个大洲分布及种数(5)北美洲:2;南美洲:2。

Dais D. Royen ex L. 菊瑞香属 Thymelaeaceae［MD－310］特征纪要:习性:木本。花程式:－。物候:－。海拔:－。生境:－。资源:具园艺种类。全球 5 个大洲分布及种数(2－31)非洲:31; 亚洲:6; 欧洲:2; 北美洲:2; 南美洲:18。

Daiswa Raf. ＝**Paris**

Daknopholis Clayton 咬鳞草属 Poaceae［MM－748］特征纪要:习性:草本。花程式:(K)3,C0 参考科,A1－2,＝(G)2－3。其他特征参考科。全球 1 个大洲分布及种数(1)◆非洲。

Dalbergaria Tussac ＝**Columnea**

Dalbergia L. f. 黄檀属 Fabaceae3［MD－240］特征纪要:习性:木质攀援。花程式:－。物候:－。花期:4－7 月。果期:参考晚于花期。海拔:100－500 米。生境:竹木灌丛。资源:具栽培园艺种类。全球 6 个大洲分布及种数(218－346;hort. 1;cult. 3)非洲:96－166;亚洲:79－148;大洋洲:8－20;欧洲:5－12;北美洲:44－58;南美洲:63－82。【中国种数:47】。

Dalbergiella Baker f. 小黄檀属 Fabaceae3［MD－240］特征纪要:习性:木本。花程式:K1－∞,C1－∞,A5－9,＝↓G1。其他特征参考科。全球 1 个大洲分布及种数(1－3)◆非洲。

Dalea L. 甸苜蓿属 Fabaceae3［MD－240］特征纪要和分布(－)。全球 6 个大洲分布及种数(190－231;hort. 1;cult. 4)非洲:56;亚洲:19－78;大洋洲:56;欧洲:4－60;北美洲:169－251;南美洲:47－107。【中国种数:11】。

Dalechampia Plum. ex L. 黄蓉花属 Euphorbiaceae［MD－217］特征纪要:习性:木质攀援。花程式:－。物候:－。花期:6－12 月。果期:参考晚于花期。海拔:400－1500 米。生境:山坡常绿林中。资源:具园艺种类。全球6 个大洲分布及种数(133－295)非洲:60; 亚洲:34; 大洋洲:9; 欧洲:59; 北美洲:59; 南美洲:192。【中国种数:5】。

Dalembertia Baill. 枫柏属 Euphorbiaceae［MD－217］特征纪要:习性:木本。花程式:K1(1000),C0,A6,＝G2－3。其他特征参考科。全球 2 个大洲分布及种数(4－6)北美洲:4; 南美洲:1。

Dalenia Korth. 明牡丹属 Melastomataceae［MD－364］特征纪要:习性:木本。花程式:－。其他特征参考科。全球 2 个大洲分布及种数(10－16)亚洲:8; 南美洲:3。

Dalhousiea Graham ex Benth. 水花槐属 Fabaceae3［MD－240］特征纪要:习性:木本。花程式:Kn,C2－3 参考科,A3 参考科,＝↓G(－)。其他特征参考科。全球 1 个大洲分布及种数(2)◆亚洲。

Dalibarda L. 矮生莓属 Rosaceae［MD－246］特征纪要:习性:－。花程式:－。其他特征参考科。全球 1 个大洲分布及种数(－)。【中国种数:1】。

Dallwatsonia B. K. Simon 澳澳禾草属 Poaceae［MM－748］特征纪要:习性:－。花程式:－。其他特征参考科。全球 1 个大洲分布及种数(1)◆大洋洲(◆澳大利亚)。

Dalrympelea Roxb. 山香圆属 Staphyleaceae［MD－407］特征纪要:习性:木本。花程式:－。物候:－。花期:4 月。果期:参考晚于花期。海拔:100－2700 米。生境:来自广西龙州。资源:具栽培园艺种类。全球 2 个大洲分布及种数(9－11)非洲:2; 亚洲:11。【中国种数:1】。

Daltonia Hook. & Taylor 小黄藓属 Daltoniaceae［B－162］特征纪要:习性:－。【Rep】:雌雄混生同株,或异苞同株,雌苞叶小,中肋不明显或缺失,蒴柄细长,干时扭曲,红色,孢蒴卵形或长卵形。物候:－。海拔:－。生境:水中石上。资源:－。全球 6 个大洲分布及种数(61)非洲:24;亚洲:23;大洋洲:15;欧洲:6;北美洲:20;南美洲:23。【中国种数:9】。

Daltoniaceae Schimp.［B－162］小黄藓科 特征纪要:小型或中型土生蕨类,叶为小型叶,仅具中脉,一型。【Rep】:孢子囊通常为肾形,具小柄,2 瓣开裂,生于全枝或枝上部叶腋,或在枝顶端形成细长线形的孢子囊穗。精子器和颈卵器生于原叶体背面。全球 5 个大洲分布和属种数(17/314)亚洲:10/76;大洋洲:10/45;欧洲:7/25;北美洲:10/116;南美洲:14/152。【中国属种数:5/45】。

Dalucum Adans. ＝**Melica**

Dalzellia Wight 川藻属 Podostemaceae［MD－322］特征纪要和分布(－)。全球 1 个大洲分布及种数(7－12)◆亚洲。【中国种数:1】。

Dalzielia Turrill 牛奶菜属 Apocynaceae［MD－492］特征纪要:习性:－。花程式:－。其他特征参考科。全球 1 个大洲分布及种数(cf. 1)◆非洲。

Damapana Adans. ＝**Smithia**

Damasonium Mill. 星果泽泻属 Alismataceae［MM－597］特征纪要和分布(－)。全球6 个大洲分布及种数(8－9)非洲:3－4;亚洲:5－7;大洋洲:3－4;欧洲:5－6;北美洲:2－3;南美洲:1－2。【中国种数:2】。

Damatris Cass. ＝**Arctotis**

Damburneya Raf. 蜜樟属 Lauraceae［MD－21］特征纪要:习性:－。花程式:－。其他特征参考科。全球 3 个大

洲分布及种数(24 - 25)非洲:1; 北美洲:24; 南美洲:5。

Dameria Endl. = **Embelia**

Damnacanthus C. F. Gaertn. 虎刺属 Rubiaceae [MD - 523] 特征纪要:习性:木本。花程式:-。物候:-。花期:参考早于果期。果期:1 - 6 月(10 - 11 月)。海拔:100 - 1500 米。生境:林下,林缘,路旁和石山等处。资源:药用,具栽培园艺种类。全球 6 个大洲分布及种数(15 - 59)非洲:5; 亚洲:39; 大洋洲:3; 欧洲:2; 北美洲:2; 南美洲:2。【中国种数:10】。

Damnamenia Given 紫菀属 Asteraceae [MD - 586] 特征纪要:习性:草本。花程式:(K)3 - 5,(C)3 - 5,A3 - 5,↓G。其他特征参考科。全球 1 个大洲分布及种数(1)◆大洋洲。

Damnxanthodium Strother 毛花菊属 Asteraceae [MD - 586] 特征纪要:习性:草本。花程式:(K)3 - 5,(C)3 - 5,A3 - 5,↓G。其他特征参考科。全球 1 个大洲分布及种数(1)◆北美洲。

Dampiera R. Br. 青鸾花属 Goodeniaceae [MD - 578] 特征纪要:习性:灌木。花程式:(K)5,(C)5,A5,=↓G2。其他特征参考科。全球 5 个大洲分布及种数(75 - 137)亚洲:2; 大洋洲:119; 欧洲:2; 北美洲:2; 南美洲:2。

Damrongia Kerr ex Craib 唇柱苣苔属 Gesneriaceae [MD - 549] 特征纪要:习性:-。花程式:-。物候:-。海拔:80 - 4600 米。生境:山地。资源:-。全球 1 个大洲分布及种数(-)。

Danae Medik. 大王桂属 Asparagaceae [MM - 669] 特征纪要:习性:木本。花程式:(K)3,C0 参考科,A3 - 6,=G3。物候:-。海拔:-。生境:-。资源:具园艺种类。全球 3 个大洲分布及种数(1 - 5)亚洲:4; 欧洲:2; 北美洲:2。【中国种数:1】。

Danaea Sm. 多孔蕨属 Danaeaceae [F - 14] 特征纪要(同科)。全球 4 个大洲分布及种数(61 - 124)亚洲:7; 大洋洲:1; 北美洲:49; 南美洲:113。【中国种数:1】。

Danaeaceae C. Agardh [F - 14] 多孔蕨科 特征纪要:附生禾草型植物,叶近生,单叶,具柄或近无柄。【Rep】:孢子囊群为线形的汇生囊群,无盖,着生于叶下面中肋两侧叶缘内或生于叶缘双唇状夹缝中,与中肋平行,每边 1 条,混杂有隔丝多数。全球 1 个大洲分布和属种数(1;hort. & cult. 1)(49 - 61;hort. & cult. 1)◆南美洲:1/49 - 61。

Danais Comm. ex Vent. 达奈茜属 Rubiaceae [MD - 523] 特征纪要:习性:木本。花程式:(K)4 - 5,(C)4 - 5,A4 - 5,=↓G2 - 9。其他特征参考科。全球 4 个大洲分布及种数(38 - 91)非洲:83; 亚洲:9; 北美洲:2; 南美洲:9。

Dandya H. E. Moore 杯丝韭属 Asparagaceae [MM - 669] 特征纪要:习性:草本。花程式:(K)3,C3,A6,(G)3。其他特征参考科。全球 1 个大洲分布及种数(4)◆北美洲。

Dangervilla Vell. = **Conchocarpus**

Danguyodrypetes Leandri = **Lingelsheimia**

Danhatchia Garay & Christenson 宽距兰属 Orchidaceae [MM - 723] 特征纪要:习性:草本。花程式:(K -),C2 - 3 参考科,A3 参考科,↓G -。其他特征参考科。全球 1 个大洲分布及种数(1 - 2)◆大洋洲。

Dankia Gagnep. 山茶属 Theaceae [MD - 168] 特征纪要:习性:-。花程式:-。其他特征参考科。全球 1 个大洲分布及种数(1)◆亚洲。

Dansiea Byrnes 异翅苞木属 Combretaceae [MD - 354] 特征纪要:习性:木本。花程式:-。其他特征参考科。全球 1 个大洲分布及种数(2)◆大洋洲(◆澳大利亚)。

Danthia Steud. = **Ludwigia**

Danthonia DC. 扁芒草属 Poaceae [MM - 748] 特征纪要:习性:草本。花程式:(K -),C0 参考科,A3 参考科,=(G)2 - 3。物候:-。海拔:3000 - 4500 米。生境:高山草原草甸及林下灌丛中或河沟边多石处,岩石裂缝。资源:具园艺种类。全球 6 个大洲分布及种数(48 - 61;hort. 1;cult. 1)非洲:11 - 28;亚洲:14 - 29;大洋洲:13 - 30;欧洲:7 - 22;北美洲:15 - 30;南美洲:21 - 36。【中国种数:4】。

Danthoniastrum (Holub) Holub 欧燕穗草属 Poaceae [MM - 748] 特征纪要:习性:草本。花程式:(K)3,C0 参考科,A1 - 2,=(G)2 - 3。其他特征参考科。全球 3 个大洲分布及种数(3 - 5)亚洲:1; 欧洲:1; 北美洲:1。

Danthonidium C. E. Hubb. 扁芒草属 Poaceae [MM - 748] 特征纪要:习性:草本。花程式:(K -),C0 参考科,A3 参考科,↓G - 参考科。其他特征参考科。全球 1 个大洲分布及种数(2)◆亚洲。

Danthoniopsis Stapf 拟扁芒草属 Poaceae [MM - 748] 特征纪要:习性:草本。花程式:(K)3,C0 参考科,A1 - 2,=G2 - 3。其他特征参考科。全球 6 个大洲分布及种数(21 - 22)非洲:19 - 22;亚洲:2 - 4;大洋洲:2;欧洲:2;北美洲:2;南美洲:2。【中国种数:1】。

Danthosieglingia Domin 欧洲扁芒草属 Poaceae [MM - 748] 特征纪要:习性:竹类。花程式:K5,C3 参考科,A3 参考科,↓G - 参考科。其他特征参考科。全球 0 个大洲分布及种数(3)。

Danxiaorchis J. W. Zhai, F. W. Xing & Z. J. Liu 丹霞兰属 Orchidaceae [MM - 723] 特征纪要:习性:草本。花程式:(K -),C2 - 3 参考科,A3 参考科,↓G -。物候:-。花期:参考早于果期。果期:10 - 11 月。海拔:80 - 5200 米。生境:柏树林下或草坡路旁,竹坡中。资源:-。全球 1 个大洲分布及种数(2) ◆亚洲:2。

Dapania Korth. 藤阳桃属 Oxalidaceae [MD - 395] 特征纪要:习性:草本。花程式:-。物候:-。海拔:100 - 4000 米。生境:针阔混交林和灌丛中。资源:-。全球 6 个大洲分布及种数(3 - 5)非洲:1 - 2;亚洲:1 - 3;大洋洲:1;欧洲:1;北美洲:1;南美洲:1。

Daphnandra Benth. 销枝檫属 Atherospermataceae [MD - 19] 特征纪要:习性:木本。花程式:K1 - ∞,C0,A10 - 150,G1 - 3。其他特征参考科。全球 2 个大洲分布及种数(7 - 14)非洲:3; 大洋洲:13。

Daphne Tourn. ex L. 瑞香属 Thymelaeaceae [MD - 310] 特征纪要:习性:木本。花程式:-。物候:-。花期:4 - 5 月。果期:参考晚于花期。海拔:1000 - 1500 米。生境:长条裂,达 3 毫米,竹林下。资源:药用,具栽培园艺种类。全球 6 个大洲分布及种数(128 - 157;hort. 1;cult. 51)非洲:11 - 30;亚洲:91 - 115;大洋洲:15 - 34;欧洲:54 - 73;北美洲:45 - 64;南美洲:3 - 22。【中国种数:61】。

Daphnidium Nees 樟科属 Lauraceae [MD - 21] 特征纪要:习性: - 。花程式: - 。其他特征参考科。全球 4 个大洲分布及种数(20)非洲:2; 亚洲:17; 大洋洲:2; 南美洲:3。

Daphnidostaphylis Klotzsch = **Arctostaphylos**

Daphnimorpha Nakai = **Wikstroemia**

Daphniphyllaceae Müll. Arg. [MD - 106] 虎皮楠科 特征纪要:习性:木本;落叶。花程式:(K)6, C0, A5 - 8, ↑G - 。物候: - 。花期: 4 - 5 月。果期: 8 - 10 月。果实:核果。种子:种皮膜质,纵折。海拔:1000 - 1800 米。生境:森林,竹林阴下。资源:油脂,药用。全球 4 个大洲分布及属种数(3/36 - 39 <IFR 1/4> hort. 1;cult. 1) 非洲:3/5 - 6(IFR 1/2); 亚洲:1/33 - 36(IFR 1/2); 大洋洲:1/3 - 4; 北美洲:1/4。【中国属种数:1/14】。

Daphniphyllum Bl. 虎皮楠属 Daphniphyllaceae [MD - 106] 特征纪要(同科)。全球 5 个大洲分布及种数(36 - 127)非洲:8; 亚洲:104; 大洋洲:5; 欧洲:6; 北美洲:6。【中国种数:14】。

Daphnobryon Meisn. = **Kelleria**

Daphnopsis Mart. 檀薇香属 Thymelaeaceae [MD - 310] 特征纪要:习性:木本。其他特征参考科。全球 6 个大洲分布及种数(76)非洲:7;亚洲:6 - 13;大洋洲:1 - 8;欧洲:7;北美洲:42 - 49;南美洲:40 - 48。【中国种数:1】。

Daprainia H. Ohashi & K. Ohashi 酢浆苗属 Fabaceae3 [MD - 240] 特征纪要:习性: - 。花程式: - 。其他特征参考科。全球 1 个大洲分布及种数(1)◆亚洲:1。

Dapsilanthus B. G. Briggs & L. A. S. Johnson 薄果草属 Restionaceae [MM - 744] 特征纪要:习性:草本(具根状茎)。花程式: - 。物候: - 。花期:4 - 7 月。果期:参考晚于花期。海拔:1400 米。生境:沿海地区。资源:编织,具栽培园艺种类。全球 3 个大洲分布及种数(4 - 5)非洲:1 - 2;亚洲:3 - 4;大洋洲:3 - 4。【中国种数:1】。

Darcya Hunz. 指玄参属 Plantaginaceae [MD - 527] 特征纪要和分布(-)。全球 2 个大洲分布及种数(4 - 5)北美洲:2;南美洲:1。

Darcyanthus Hunz. ex N. A. Harriman 短茄属 Solanaceae [MD - 503] 特征纪要:习性:草本。花程式:K3 - 4, C0, A3 - 4, ↓G。其他特征参考科。全球 1 个大洲分布及种数(1)◆南美洲。

Darea Juss. 寒地铁角蕨属 ≒ **Asplenium**

Dargeria Decne. = **Leptorhabdos**

Daria Smith ex Usteri = **Asplenium**

Darlingia F. Müll. 榄仁桤属 Proteaceae [MD - 219] 特征纪要:习性:木本。花程式:K3 - 4 - ∞, C0, A2, = G1。其他特征参考科。全球 2 个大洲分布及种数(2 - 10)大洋洲:9; 南美洲:5。

Darlingtonia Torr. 眼镜蛇草属 Sarraceniaceae [MD - 208] 特征纪要:习性: - 。花程式: - 。其他特征参考科。全球 1 个大洲分布及种数(2 - 3)◆北美洲。

Darmera Voss 雨伞草属 Saxifragaceae [MD - 231] 特征纪要:习性:草本。花程式:K5, C5, A5 - 10, = ↓G - 。其他特征参考科。全球 4 个大洲分布及种数(1 - 5)亚洲:4; 欧洲:5; 北美洲:5; 南美洲:2。【中国种数:1】。

Darwinia Rudge 长柱蜡花属 Myrtaceae [MD - 347] 特征纪要:习性: - 。花程式: - 。其他特征参考科。全球 6 个大洲分布及种数(54 - 120)非洲:4; 亚洲:4; 大洋洲:100; 欧洲:4; 北美洲:4; 南美洲:2。

Darwiniothamnus Harling 达尔文菊属 Asteraceae [MD - 586] 特征纪要:习性: - 。花程式: - 。其他特征参考科。全球 1 个大洲分布及种数(3)◆南美洲(◆厄瓜多尔)。

Dasanthera Raf. = **Penstemon**

Dasillipe Dubard = **Madhuca**

Dasiola Raf. = **Vulpia**

Dasiorima Raf. = **Solidago**

Dasiphora Raf. 金露梅属 Rosaceae [MD - 246] 特征纪要:习性:木本。花程式:Kn, C2 - 3 参考科, A3 参考科, = ↓G(-)。物候: - 。花期:6 - 9 月。果期:参考晚于花期。海拔:50 - 5400 米。生境:中山阴坡,山地土质干草原。资源:具栽培园艺种类。全球 3 个大洲分布及种数(4 - 11)亚洲:3 - 9;欧洲:1;北美洲:1。【中国种数:4】。

Dasispermum Neck. ex Raf. 毛籽芹属 Apiaceae [MD - 480] 特征纪要:习性:草本。花程式:K5, C5, A5, = ↓(G)2。其他特征参考科。全球 3 个大洲分布及种数(7 - 11)非洲:11; 亚洲:3; 大洋洲:2。

Dasistema Raf. = **Dasistoma**

Dasistoma Raf. 毛口列当属 Orobanchaceae [MD - 552] 特征纪要:习性:草本。花程式:K4, C0, A2 - 4, = ↓G2 - 3。其他特征参考科。全球 2 个大洲分布及种数(18)亚洲:4; 北美洲:5。

Dasyandantha H. Rob. 铁鸠菊属 Asteraceae [MD - 586] 特征纪要:习性:草本。花程式:(K)3 - 5, (C)3 - 5, A3 参考科, ↓G。其他特征参考科。全球 1 个大洲分布及种数(1) ◆南美洲:1。

Dasyanthera Rchb. = **Scolopia**

Dasyanthina H. Rob. 毛瓣斑鸠菊属 Asteraceae [MD - 586] 特征纪要:习性:草本。花程式:(K)3 - 5, (C)3 - 5, A3 参考科, ↓G。其他特征参考科。全球 4 个大洲分布及种数(2 - 3)非洲:2; 欧洲:2; 北美洲:2; 南美洲:3。

Dasyanthus Bubani = **Gnaphalium**

Dasyaulus Thw. = **Madhuca**

Dasycarpus Oerst. = **Sloanea**

Dasyclonium <unassigned> 毛红花荷属 Rhodoleiaceae [MD - 64] 特征纪要: - 。全球 3 个大洲分布及种数(4)非洲:2; 亚洲:2; 大洋洲:4。

Dasycondylus R. M. King & H. Rob. 基节柄泽兰属 Asteraceae［MD－586］特征纪要:习性:草本。花程式:(K)3－5,C3－5,A3－5,＝↓(G)2。其他特征参考科。全球2个大洲分布及种数(9－10)北美洲:2;南美洲:10。

Dasydesmus Craib ＝ **Oreocharis**

Dasylepis Oliv. 毛鳞大风子属 Achariaceae［MD－159］特征纪要:习性:木本。花程式:K2－10,C2－10,A2－10,＝↓G2－10。其他特征参考科。全球1个大洲分布及种数(2－7)◆非洲。

Dasylirion Zucc. 猬丝兰属 Asparagaceae［MM－669］特征纪要:习性:木本。花程式:(K)3,C0参考科,A6,＝G3。其他特征参考科。全球3个大洲分布及种数(22－53)亚洲:2;北美洲:28;南美洲:14。【中国种数:1】。

Dasymalla Endl. 钟南苏属 Lamiaceae［MD－575］特征纪要:习性:－。花程式:－。其他特征参考科。全球1个大洲分布及种数(－)。

Dasymaschalon (Hook. f. & Thoms.) Dalla Torre & Harms 皂帽花属 Annonaceae［MD－7］特征纪要:习性:木本。花程式:K3,C3,A3－4,＝G10－100。物候:－。花期:8－10月。果期:参考晚于花期。海拔:200－2400米。生境:半常绿阔叶林中。资源:观赏,具栽培园艺种类。全球5个大洲分布及种数(29－67)非洲:2;亚洲:59;大洋洲:2;北美洲:1;南美洲:4。【中国种数:11】。

Dasymitrium Lindb. 蓑藓属 Orthotrichaceae［B－151］特征纪要:－。全球1个大洲分布及种数(－)。

Dasynema Schott ＝ **Sloanea**

Dasynotus I. M. Johnst. 白喉草属 Boraginaceae［MD－517］特征纪要:习性:草本。花程式:K5,C0,A3参考科,↓G。其他特征参考科。全球3个大洲分布及种数(1－4)亚洲:2;北美洲:4;南美洲:2。

D

Dasyochloa Willd. ex Rydb. 侏绒草属 Poaceae［MM－748］特征纪要:习性:－。花程式:－。其他特征参考科。全球4个大洲分布及种数(8)亚洲:2;大洋洲:2;北美洲:2;南美洲:6。

Dasyphonion (Sims) Raf. ＝ **Aristolochia**

Dasyphyllum Kunth 蛾菊木属 Asteraceae［MD－586］特征纪要:习性:木本。花程式:(K)3－5,C3－5,A3－5,＝↓(G)2。其他特征参考科。全球2个大洲分布及种数(41－74)亚洲:4;南美洲:72。【中国种数:1】。

Dasypoa Pilg. ＝ **Poa**

Dasypogon R. Br. 鼓槌草属 Dasypogonaceae［MM－710］特征纪要:习性:草本。花程式:K3,C0参考科,A6,G3。其他特征参考科。全球2个大洲分布及种数(3－6)大洋洲:5;南美洲:2。

Dasypogonaceae Dum.［MM－710］鼓槌草科 特征纪要:习性:木本;落叶。花程式:K3,C3,A6,↑G3。物候:－。果实:蒴果。种子:－。海拔:－。生境:－。资源:－。栽培:－。全球1个大洲分布及属种数(4/12－25 hort. 1)◆大洋洲:1－2/1－5。

Dasypyrum (Coss. & Durieu) T. Durand 簇毛麦属 Poaceae［MM－748］特征纪要:习性:草本。花程式:(K)3,C0参考科,A1－2,＝G2－3。其他特征参考科。全球6个大洲分布及种数(2－18)非洲:8;亚洲:5;大洋洲:3;欧洲:3;北美洲:3;南美洲:12。【中国种数:1】。

Dasyranthus Raf. ex Steud. ＝ **Gnaphalium**

Dasysiphonia <unassigned> 番杏科属 Aizoaceae［MD－94］特征纪要:－。全球1个大洲分布及种数(1)◆亚洲:1。

Dasysphaera Volkens ex Gilg 白穗苋属 Amaranthaceae［MD－116］特征纪要:习性:草本。花程式:K1－2,C0,A1－2,＝G2－3。其他特征参考科。全球1个大洲分布及种数(1－4)◆非洲。

Dasystoma Raf. ex Endl. ＝ **Dasistoma**

Dasytropis Urb. 毛肋爵床属 Acanthaceae［MD－572］特征纪要:习性:草本。花程式:K2－4,C0,A2－4,＝(G)2。其他特征参考科。全球1个大洲分布及种数(1)◆北美洲(◆古巴)。

Datisca L. 野麻属 Datiscaceae［MD－204］特征纪要(同科)。全球3个大洲分布及种数(3)亚洲:cf. 1;欧洲:1;北美洲:2。【中国种数:2】。

Datiscaceae Dum.［MD－204］野麻科 特征纪要:习性:木本;落叶。花程式:K4－5,C3,A2,↓(G)－。物候:－。果实:蒴果。种子:－。海拔:－。生境:－。资源:－。栽培:－。全球3个大洲分布及属种数(2/4 hort. 1)亚洲:2/3;欧洲:2/3;北美洲:2/4。【中国属种数:1/2】。

Datura L. 曼陀罗属 Solanaceae［MD－503］特征纪要:习性:草本,少灌木。海拔:1200－2100米。生境:村边,路旁,住宅旁,路边或草地上,也有作药用或观赏而栽培。资源:药用,具栽培园艺种类。全球6个大洲分布及种数(13－120)非洲:18;亚洲:31;大洋洲:14;欧洲:32;北美洲:32;南美洲:68。【中国种数:6】。

Daubentonia (Bl.) DC. 双泡豆属 Fabaceae3［MD－240］特征纪要:习性:－。花程式:－。其他特征参考科。全球3个大洲分布及种数(－)亚洲;北美洲;南美洲。

Daubenya Lindl. 金玉凤属 Asparagaceae［MM－669］特征纪要:习性:草本。花程式:(K)3,C3,A3参考科,G3－参考科。其他特征参考科。全球3个大洲分布及种数(8－18)非洲:17;亚洲:3;南美洲:2。

Daucosma Engelm. & A. Gray 匍伞芹属 Apiaceae［MD－480］特征纪要:习性:草本。花程式:K5,C5,A5,＝↓G(－)。其他特征参考科。全球1个大洲分布及种数(2)◆北美洲(◆美国)。

Daucus L. 胡萝卜属 Apiaceae［MD－480］特征纪要:习性:草本(基生,多肉)。花程式:Kn,C5,A3参考科,＝↓(G)2。物候:－。花期:5－7月。果期:参考晚于花期。海拔:2000－3000米。生境:生页岩荒土中。资源:药用,维生素,芳香油,具栽培园艺种类。全球6个大洲分布及种数(56－83;hort. 1;cult. 3)非洲:34－53;亚洲:23－42;大洋洲:4－15;欧洲:22－38;北美洲:5－15;南美洲:2－12。【中国种数:2】。

Daun－contu Adans. ＝ **Paederia**

Dauphinea Hedge ＝ **Capitanopsis**

Dauresia B. Nord. & Pelser 白皮菊属 Asteraceae［MD－586］特征纪要:习性:草本。花程式:(K)3－5,(C)3－5,

A3 - 5, ↓ G。其他特征参考科。全球 1 个大洲分布及种数(1 - 2) ◆非洲。

Daustinia Buril & A. R. Simões 旋花科属 Convolvulaceae [MD - 499] 特征纪要:习性:草本。花程式:Kn, C0, A3 参考科, ↓ G。其他特征参考科。全球 2 个大洲分布及种数(1)亚洲:1; 南美洲:1。

Davallia Sm. 骨碎补属 Davalliaceae [F - 56] 特征纪要:习性: - 。【Rep】:孢子囊群着生于小脉的顶端,每个末回裂片早生 1 个。物候: - 。海拔:1350 - 1900 米。生境:生于山地混交林中树干上。栽培:来自广西龙州。资源:具栽培园艺种类。全球 6 个大洲分布及种数(95 - 141; hort. 1; cult. 3)非洲:21 - 29; 亚洲:71 - 89; 大洋洲:37 - 46; 欧洲:3 - 13; 北美洲:6 - 15; 南美洲:9 - 18。【中国种数:29】。

Davalliaceae M. R. Schomb. ex A. B. Frank [F - 56] 骨碎补科 特征纪要:海岸沼泽植物,叶二型,或一型而仅顶部羽片能育,奇数一回羽状。【Rep】:孢子囊沿网脉着生,井头状而分裂的隔丝混生,无盖。全球 6 个大洲分布和属种数(8 - 10; hort. & cult. 5)(211 - 406; hort. & cult. 26 - 43)非洲:2 - 8/22 - 61; 亚洲:8 - 9/173 - 232; 大洋洲:3 - 8/62 - 103; 欧洲:1 - 8/3 - 44; 北美洲:2 - 8/12 - 59; 南美洲:2 - 8/12 - 52。【中国属种数:5/59】。

Davalliopsis Bosch = **Trichomanes**

Davallodes Copel. 钻毛蕨属 Davalliaceae [F - 56] 特征纪要:习性: - 。【Rep】:孢子囊群小,位于裂片下面,着生于上侧分叉的短小脉顶端。物候: - 。海拔:1300 - 1500 米。生境:生于混交林下岩石上,生于山地溪旁岩石上或树干上。资源: - 。全球 4 个大洲分布及种数(13 - 47)非洲:6; 亚洲:35; 大洋洲:4; 南美洲:3。【中国种数:2】。

Daveaua Willk. ex Mariz 母菊属 Asteraceae [MD - 586] 特征纪要:习性:草本。花程式:(K)3 - 5, (C)3 - 5, A3 - 5, ↓ G。其他特征参考科。全球 1 个大洲分布及种数(1 - 3) ◆非洲:1。

Davidia Baill. 珙桐属 Davidiaceae [MD - 455] 特征纪要(同科)。全球 3 个大洲分布及种数(1 - 10)亚洲:9; 欧洲:2; 北美洲:2。【中国种数:1】。

Davidiaceae H. L. Li [MD - 455] 珙桐科 特征纪要:习性:木本;落叶。花程式:K4 - 5, C5, A, G - 。物候: - 。花期:4 月。果期:10 月。果实: - 。种子: - 。海拔:1100 - 2600 米。生境:常绿阔叶落叶阔叶混交林中,自然山坡地。资源:园林。全球 1 个大洲分布及属种数(1/1 hort. 1) ◆亚洲:1/1。

Davidsea Soderstr. & R. P. Ellis 亚禾草属 Poaceae [MM - 748] 特征纪要:习性:草本。花程式:(K)3, C0 参考科, A1 - 2, = (G)2 - 3。其他特征参考科。全球 1 个大洲分布及种数(cf. 1) ◆南亚(◆斯里兰卡)。

Davidsonia F. Müll. 红椿李属 Davidsoniaceae [MD - 250] 特征纪要(同科)。全球 3 个大洲分布及种数(3 - 5)亚洲:2; 大洋洲:4; 北美洲:2。

Davidsoniaceae Bange [MD - 250] 澳楸科 特征纪要:习性:木本;落叶。花程式:K8, C4, A8, = ↓ (G)2。物候: - 。果实: - 。种子:无毛。海拔: - 。生境: - 。资源: - 。栽培: - 。全球 1 个大洲分布及属种数(1/1 hort. 1) ◆大洋洲:1/ 2 - 3。

Daviesia Poir. 澳苦豆属 Fabaceae3 [MD - 240] 特征纪要和分布(-)。全球 1 个大洲分布及种数(38 - 167) ◆大洋洲(◆澳大利亚)。

Davilanthus E. E. Schill. & Panero 花菊属 Asteraceae [MD - 586] 特征纪要:习性:草本。花程式:(K)3 - 5, (C)3 - 5, A3 - 5, ↓ G。其他特征参考科。全球 1 个大洲分布及种数(3 - 7) ◆北美洲。

Davilla Vand. 苞萼藤属 Dilleniaceae [MD - 66] 特征纪要:习性:木本。花程式:K∞, C∞, A5, = G1 - 2。其他特征参考科。全球 6 个大洲分布及种数(39)非洲:1; 亚洲:1; 大洋洲:1; 欧洲:1; 北美洲:5 - 6; 南美洲:36 - 40。【中国种数:1】。

Dawsonia R. Br. 指发藓属 Polytrichaceae [B - 101] 特征纪要:习性: - 。【Rep】:孢子同形,雌雄异株,稀雌雄同株,蒴柄细长,孢蒴长圆柱形,单生或多个簇生,蒴齿单层,齿片 32,棕红色,蒴盖圆锥形。其他特征参考科。全球 4 个大洲分布及种数(13)非洲:1; 亚洲:8; 大洋洲:13; 欧洲:2。

Dawsoniaceae Broth. = Polytrichaceae

Dawsoniella <unassigned> 指花荷属 Rhodoleiaceae [MD - 64] 特征纪要: - 。全球 1 个大洲分布及种数(1) ◆大洋洲:1。

Dayaoshania W. T. Wang 瑶山苣苔属 Gesneriaceae [MD - 549] 特征纪要:习性: - 。花程式: - 。物候: - 。花期:9 月。果期:参考晚于花期。海拔:900 - 1200 米。生境:山地林中或路边林下。资源: - 。全球 1 个大洲分布及种数(2) ◆亚洲:cf. 1。

Dayia J. M. Porter 吉莉草属 Polemoniaceae [MD - 481] 特征纪要:习性:灌木。花程式:K5, C0, A5, ↓ G - 。其他特征参考科。全球 2 个大洲分布及种数(5 - 6)北美洲:5; 南美洲:2。

Deamia Britton & Rose 羽棱柱属 Cactaceae [MD - 100] 特征纪要:习性: - 。花程式: - 。其他特征参考科。全球 2 个大洲分布及种数(3 - 5)亚洲:1; 北美洲:3。

Debia Neupane & N. Wikstr. 草鸢尾属 Iridaceae [MM - 700] 特征纪要:草本,叶互生,落叶。花程式:(K), C, A10, G。果实:蒴果。种子:大,棕色或带黑色。全球 1 个大洲分布及种数(3) ◆亚洲。

Debregeasia Gaud. 水麻属 Urticaceae [MD - 91] 特征纪要:习性:木本。花程式: - 。物候: - 。花期:8 - 9 月。果期:参考晚于花期。海拔:100 - 1900 米。生境:灌丛中,石灰岩林中。资源:具栽培园艺种类。全球 5 个大洲分布及种数(10 - 54)非洲:5; 亚洲:36; 大洋洲:9; 北美洲:4; 南美洲:5。【中国种数:6】。

Decachaena (Torr. & A. Gray) Lindl. 佳露果属 Ericaceae [MD - 380] 特征纪要:习性: - 。花程式: - 。其他特征参考科。全球 1 个大洲分布及种数(4) ◆北美洲。

Decachaeta DC. = **Acritopappus**

Decagonocarpus Engl. 朱笛香属 Rutaceae [MD - 399] 特征纪要:习性:木本。花程式:K∞, C∞, A4, = G1 - 3。其他特征参考科。全球 1 个大洲分布及种数(2) ◆南美洲。

Decaisnea Lindl. ex Wall. 猫儿屎属 Lardizabalaceae [MD－33] 特征纪要和分布(－)。【中国种数:1】。

Decaisnella Kuntze ＝ **Aquilaria**

Decaisnina Van Tiegh. 德卡寄生属 Loranthaceae [MD－415] 特征纪要:习性:木本。花程式:Kn,C0,A4,＝↓G3－4。物候:－。海拔:100－3100 米。生境:常绿森林,山谷,锥属等植物上。资源:－。全球 6 个大洲分布及种数(21－34)非洲:6－15;亚洲:14－19;大洋洲:11－22;欧洲:2;北美洲:2;南美洲:2。

Decalepidanthus Riedl 假滨紫草属 Boraginaceae [MD－517] 特征纪要:习性:草本。花程式:Kn,C0,A5,↓G。物候:－。花期:7－8 月。果期:参考晚于花期。海拔:5700 米。生境:草地,路边,耕地,自然山坡地。资源:－。全球 1 个大洲分布及种数(9) ◆亚洲:8。

Decalepis Böckeler 十鳞萝藦属 Apocynaceae [MD－492] 特征纪要和分布(－)。全球 1 个大洲分布及种数(2－5)◆南亚(◆印度)。

Decalobanthus Ooststr. 亚洲旋花草属 Convolvulaceae [MD－499] 特征纪要:习性:草本。花程式:Kn,C0,A3 参考科,↓G。物候:－。海拔:4500 米。生境:热带雨林林缘及山谷阴处。资源:－。全球 4 个大洲分布及种数(16－20)非洲:2; 亚洲:12; 大洋洲:3; 南美洲:1。

Decameria Welw. ＝ **Gardenia**

Decandolia Bastard ＝ **Agrostis**

Decanema Decne. ＝ **Cynanchum**

Decaneuropsis H. Rob. & Skvarla 斑鸠花属 Asteraceae [MD－586] 特征纪要:习性:草本。花程式:(K－),(C)3－5,A3 参考科,↓G。物候:－。花期:9 月至次年 2 月。果期:参考晚于花期。海拔:6000 米。生境:灌丛或森林,路旁,阴处,灌木丛下。资源:－。全球 6 个大洲分布及种数(12－13)非洲:1－2;亚洲:11－12;大洋洲:1;欧洲:1;北美洲:1;南美洲:1。【中国种数:2】。

D

Decaneurum DC. ＝ **Gymnanthemum**

Decaphalangium Melch. 秘金丝桃属 Clusiaceae [MD－141] 特征纪要:习性:－。花程式:－。其他特征参考科。全球 1 个大洲分布及种数(1)◆南美洲。

Decaptera Turcz. ex Fisch. & C. A. Mey. 曲芥属 Brassicaceae [MD－213] 特征纪要:习性:－。花程式:－。其他特征参考科。全球 2 个大洲分布及种数(1)亚洲;南美洲。

Decarinium Raf. ＝ **Croton**

Decarya Choux 曲龙木属 Didiereaceae [MD－152] 特征纪要:习性:木本。花程式:－。其他特征参考科。全球 3 个大洲分布及种数(1－3)非洲:2; 亚洲:2; 北美洲:1。

Decarydendron Danguy 棋盘桂属 Monimiaceae [MD－20] 特征纪要:习性:木本。花程式:K1－∞,C0,A10－150,G1－3。其他特征参考科。全球 1 个大洲分布及种数(4)◆非洲(◆马达加斯加)。

Decaryella A. Camus 小德卡草属 Poaceae [MM－748] 特征纪要:习性:草本。花程式:(K)3,C0 参考科,A1－2,＝(G)2－3。其他特征参考科。全球 1 个大洲分布及种数(1)◆非洲(◆马达加斯加)。

Decaryochloa A. Camus 堇蕊竹属 Poaceae [MM－748] 特征纪要:习性:草本。花程式:(K)3,C0 参考科,A1－2,＝(G)2－3。其他特征参考科。全球 1 个大洲分布及种数(1)◆非洲(◆马达加斯加)。

Decaschista Rchb. ＝ **Decaschistia**

Decaschistia Wight & Arn. 十裂葵属 Malvaceae [MD－203] 特征纪要:习性:木本。花程式:－。物候:－。花期:4－5 月。果期:参考晚于花期。海拔:300－3000 米。生境:热带稀树草原,沿海向阳砂地。资源:－。全球 2 个大洲分布及种数(14－27)亚洲:20; 大洋洲:5。【中国种数:2】。

Decaspermum J. R. Forst. & G. Forst. 子楝树属 Myrtaceae [MD－347] 特征纪要:习性:木本。花程式:－。物候:－。花期:4－5 月。果期:参考晚于花期。海拔:200－400 米。生境:灌丛,森林。资源:药用。全球 6 个大洲分布及种数(22－42;hort. 1)非洲:10－22;亚洲:16－31;大洋洲:13－29;欧洲:6;北美洲:3－10;南美洲:5－11。【中国种数:8】。

Decastelma Schltr. 异被藤属 Apocynaceae [MD－492] 特征纪要:习性:－。花程式:－。其他特征参考科。全球 3 个大洲分布及种数(cf. 1)亚洲;北美洲;南美洲。

Decastylocarpus Humbert 十肋瘦片菊属 Asteraceae [MD－586] 特征纪要:习性:草本。花程式:(K)3－5,C3－5,A3－5,＝↓(G)2。其他特征参考科。全球 1 个大洲分布及种数(1)◆非洲(◆马达加斯加)。

Decatoca F. Müll. 十肋石南属 Ericaceae [MD－380] 特征纪要:习性:木本。花程式:－。其他特征参考科。全球 2 个大洲分布及种数(1－3)非洲:3; 大洋洲:3。

Decatropis Hook. f. 十肋芸香属 Rutaceae [MD－399] 特征纪要:习性:木本。花程式:K5,C5,A4,＝G1－3。其他特征参考科。全球 2 个大洲分布及种数(2－6)北美洲:4; 南美洲:1。

Decazesia F. Müll. 膜苞鼠麹草属 Asteraceae [MD－586] 特征纪要:习性:草本。花程式:(K)3－5,C3－5,A3－5,＝↓(G)2。其他特征参考科。全球 1 个大洲分布及种数(1)◆大洋洲(◆澳大利亚)。

Decazyx Pittier & S. F. Blake 墨西哥芸香属 Rutaceae [MD－399] 特征纪要:习性:木本。花程式:K5,C5,A4,＝G1－3。其他特征参考科。全球 1 个大洲分布及种数(2)◆北美洲。

Deccania Tirveng. 戴康茜属 Rubiaceae [MD－523] 特征纪要:习性:木本。花程式:(K)4－5,(C)4－5,A4－5,＝↓(G)2－9。其他特征参考科。全球 4 个大洲分布及种数(2－8)非洲:2; 亚洲:8; 北美洲:2; 南美洲:2。

Deceptifrons J. J. Engel & Váňa 十萼苔属 Lophocoleaceae [B－74] 特征纪要:－。分布:－。

Deceptor Seidenf. 脆兰属 Orchidaceae [MM－723] 特征纪要:习性:草本。花程式:(K)3,C3,A3,↓G－。其他特征参考科。全球 1 个大洲分布及种数(1)◆亚洲。

Deckenia H. Wendl. ex Seem. 华丽刺椰属 Arecaceae［MM－717］特征纪要:习性:木本。花程式:－。其他特征参考科。全球 3 个大洲分布及种数(1－2)非洲:1; 北美洲:2; 南美洲:1。
Deckera Sch. Bip. ＝ **Picris**
Deckeria H. Karst. ＝ **Iriartea**
Declieuxia Kunth 戴克茜属 Rubiaceae［MD－523］特征纪要:习性:木本。花程式:(K)4－5,(C)4－5,A4－5,＝↓G2－9。其他特征参考科。全球 6 个大洲分布及种数(33－113)非洲:4; 亚洲:3; 大洋洲:1; 欧洲:25; 北美洲:25; 南美洲:100。
Decodon J. F. Gmel. 千屈梅属 Lythraceae［MD－333］特征纪要:习性:木本。花程式:Kn,C2－3 参考科,A10,＝↓G－。物候:－。海拔:－。生境:－。资源:具园艺种类。全球 3 个大洲分布及种数(1－9)亚洲:2; 北美洲:3; 南美洲:3。【中国种数:1】。
Decorsea R. Vig. 华美豆属 Fabaceae3［MD－240］特征纪要:习性:木本。花程式:K1－∞,C1－∞,A5－9,＝↓G1。其他特征参考科。全球 2 个大洲分布及种数(6－8)非洲:7; 大洋洲:2。
Decorsella A. Chev. 早裂堇属 Violaceae［MD－126］特征纪要:习性:木本。花程式:Kn,C5 参考科,A10,G2－3。其他特征参考科。全球 1 个大洲分布及种数(1－2)◆非洲。
Decumaria L. 赤壁木属 Hydrangeaceae［MD－429］特征纪要:习性:－。花程式:－。物候:－。花期:3－5 月。果期:参考晚于花期。海拔:600－1300 米。生境:灌丛中,山坡,岩石裂缝。资源:－。全球 2 个大洲分布及种数(3)亚洲:cf. 1;北美洲:2。
Decussocarpus de Laub. ＝ **Nageia**
Dedeckera Reveal & J. T. Howell 夏金蓼属 Polygonaceae［MD－120］特征纪要:习性:灌木。花程式:K2－3,C0,A2,↓G－参考科。其他特征参考科。全球 1 个大洲分布及种数(1)◆北美洲(◆美国)。
Deeringia R. Br. 浆果苋属 Amaranthaceae［MD－116］特征纪要:习性:草本,少灌木。花程式:－。物候:－。海拔:100－2200 米。生境:山坡上。资源:药用,具栽培园艺种类。全球 6 个大洲分布及种数(10－20)非洲:13; 亚洲:12; 大洋洲:6; 欧洲:2; 北美洲:2; 南美洲:2。【中国种数:2】。
Deeringothamnus Small 假鼬木属 Annonaceae［MD－7］特征纪要:习性:木本。花程式:K3－∞,C3,A2,↓G－参考科。其他特征参考科。全球 1 个大洲分布及种数(2)◆北美洲(◆美国)。
Degeneria I. W. Bailey & A. C. Sm. 单心木兰属 Degeneriaceae［MD－13］特征纪要(同科)。全球 2 个大洲分布及种数(2－6)大洋洲:4; 北美洲:3。
Degeneriaceae I. W. Bailey & A. C. Sm.［MD－13］单心木兰科 特征纪要:习性:木本;落叶。花程式:K3,C3,A3,↑G1。物候:－。果实:蓇葖果。种子:－。海拔:－。生境:－。资源:－。栽培:－。全球 1 个大洲分布及属种数(2/4 hort. 1)◆大洋洲:2/4。
Degenia Hayek 斑鸠菜属 Brassicaceae［MD－213］特征纪要:习性:草本。花程式:K4,C4,A3 参考科,↓G－参考科。其他特征参考科。全球 0 个大洲分布及种数(1－2)。
Degranvillea Determann 宝簪兰属 Orchidaceae［MM－723］特征纪要:习性:草本。花程式:(K)3,C3,A3,＝↓(G)3。其他特征参考科。全球 1 个大洲分布及种数(1)◆南美洲。
Deguelia Aubl. 单蝶豆属 Fabaceae3［MD－240］特征纪要:习性:木本。花程式:K1－∞,C1－∞,A5－9,＝↓G1。其他特征参考科。全球 6 个大洲分布及种数(30)非洲:1－2;亚洲:7－9;大洋洲:2－3;欧洲:1;北美洲:4－5;南美洲:24－25。【中国种数:1】。
Dehaasia Bl. 莲桂属 Lauraceae［MD－21］特征纪要:习性:木本。花程式:－。物候:－。花期:4－6 月。果期:参考晚于花期。海拔:20－3800 米。生境:谷地。栽培:来自广西龙州。资源:具栽培园艺种类。全球 4 个大洲分布及种数(40－63)非洲:3; 亚洲:58; 大洋洲:5; 南美洲:2。【中国种数:8】。
Deherainia Decne. 绿萝桐属 Primulaceae［MD－401］特征纪要:习性:草本。花程式:(K)8－10,(C)8－10,A4,＝G4－5。其他特征参考科。全球 2 个大洲分布及种数(3－6)欧洲:4; 北美洲:4。
Deianira Cham. & Schltdl. 代亚龙胆属 Gentianaceae［MD－496］特征纪要:习性:草本。花程式:－。其他特征参考科。全球 4 个大洲分布及种数(7－54)非洲:8; 亚洲:7; 大洋洲:2; 南美洲:53。
Deidamia Noronha ex Thou. 掌叶莲属 Passifloraceae［MD－151］特征纪要:习性:木本。花程式:K1－∞,C1－∞,A5－20,＝↓G2－3。其他特征参考科。全球 4 个大洲分布及种数(3－14)非洲:12; 亚洲:2; 大洋洲:2; 南美洲:2。【中国种数:1】。
Deilanthe N. E. Br. 虎鲛玉属 Aizoaceae［MD－94］特征纪要:习性:草本。花程式:K3－4,C3－4,A5 参考科,＝↓G－。其他特征参考科。全球 1 个大洲分布及种数(3)◆非洲。
Deilosma Andrz. ex DC. ＝ **Hesperis**
Deina Alef. ＝ **Triticum**
Deinacanthon Mez 尖萼凤梨属 Bromeliaceae［MM－715］特征纪要:习性:草本。花程式:(K)3,C3,A3 参考科,↓G。其他特征参考科。全球 1 个大洲分布及种数(1)◆南美洲。
Deinandra Greene 星香菊属 Asteraceae［MD－586］特征纪要:草本。花程式:(K)3－5,C3－5,A3－5,＝↓(G)2。其他特征参考科。全球 4 个大洲分布及种数(23－41)亚洲:2; 欧洲:28; 北美洲:28; 南美洲:2。【中国种数:1】。
Deinanthe Maxim. 叉叶蓝属 Hydrangeaceae［MD－429］特征纪要:习性:－。花程式:－。物候:－。花期:6－7 月。果期:参考晚于花期。海拔:700－1600 米。生境:山谷中的潮湿森林,生于山地沟边湿润草丛中。资源:－。全球 2 个大洲分布及种数(3)亚洲:3; 北美洲:2。
Deinbollia Schumach. & Thonn. 沙木患属 Sapindaceae［MD－428］特征纪要:习性:木本。花程式:K4－8,C4－8,

A10, = G2 - 3。其他特征参考科。全球 5 个大洲分布及种数(40 - 80)非洲:71; 亚洲:7; 大洋洲:3; 欧洲:2; 北美洲:2。【中国种数:1】。

Deinocheilos W. T. Wang 全唇苣苔属 Gesneriaceae [MD - 549] 特征纪要:习性: - 。花程式: - 。物候: - 。花期:参考早于果期。果期:10 月。海拔:1200 米。生境:山地。资源: - 。全球 1 个大洲分布及种数(2)◆亚洲。

Deinostema T. Yamaz. 泽番椒属 Plantaginaceae [MD - 527] 特征纪要:习性:草本。花程式: - 。物候: - 。花期:8 月。果期:参考晚于花期。海拔:45 - 6000 米。生境:沼泽。资源: - 。全球 1 个大洲分布及种数(cf. 1)◆亚洲。【中国种数:2】。

Deinostigma W. T. Wang & Z. Y. Li 单座苣苔属 Gesneriaceae [MD - 549] 特征纪要:习性:草本。花程式:Kn, C0, A2, ↓G。物候: - 。海拔:80 - 4600 米。生境:山地。资源: - 。全球 1 个大洲分布及种数(2 - 7) ◆亚洲:2。

Deiregyne Schltr. 蜜囊兰属 Orchidaceae [MM - 723] 特征纪要:习性:草本。花程式:(K)3, C3, A3, = ↓(G)3。其他特征参考科。全球 2 个大洲分布及种数(24 - 49)北美洲:29; 南美洲:5。

Delairea Lem. 肉藤菊属 Asteraceae [MD - 586] 特征纪要:习性:草本。花程式:(K)3 - 5, (C)3 - 5, A3 - 5, ↓G。其他特征参考科。全球 6 个大洲分布及种数(2 - 4)非洲:2; 亚洲:2; 大洋洲:2; 欧洲:2; 北美洲:2; 南美洲:3。【中国种数:1】。

Delamerea S. Moore 锐苞菊属 Asteraceae [MD - 586] 特征纪要:习性:草本。花程式:(K)3 - 5, C3 - 5, A3 - 5, = ↓(G)2。其他特征参考科。全球 2 个大洲分布及种数(1 - 3)非洲:2; 北美洲:1。

Delarbrea Vieill. 玉果枫属 Myodocarpaceae [MD - 472] 特征纪要:习性:木本。花程式: - 。其他特征参考科。全球 4 个大洲分布及种数(6 - 8; hort. 1)非洲:1; 亚洲:1 - 2; 大洋洲:5 - 7; 北美洲:2。

Delaria Desv. = **Baphia**

Delastrea A. DC. = **Labramia**

Delavaya Franch. 茶条木属 Sapindaceae [MD - 428] 特征纪要:习性:木本。花程式:K5, C5, A8, G - 。物候: - 。花期:4 月。果期:参考晚于花期。海拔:500 - 2000 米。生境:混林避风坡,岩山杂木林中。资源:药用,油脂,具栽培园艺种类。全球 1 个大洲分布及种数(cf. 1)◆亚洲。【中国种数:1】。

Delavayella Stephani 侧囊苔属 Delavayellaceae [B - 58] 特征纪要(同科)。全球 1 个大洲分布及种数(cf. 1)◆亚洲。

Delavayellaceae R. M. Schust. [B - 58] 合片苔科 特征纪要:中小型的沼泽或草甸生植物,叶远生或近生,有柄。【Rep】:孢子囊群圆形,背生于侧脉上,位于主脉和叶缘之间,在主脉两侧各成 1 列,往往被反卷的叶边覆盖。全球 1 个大洲分布和属种数(1/1 - 2)◆亚洲:1/6 - 18。

Delgadoa <unassigned> 十字花属 Brassicaceae [MD - 213] 特征纪要:习性: - 。花程式: - 。其他特征参考科。全球 1 个大洲分布及种数(-)。

Delilia Spreng. 圆苞菊属 Asteraceae [MD - 586] 特征纪要:习性:草本。花程式:(K)3 - 5, (C)3 - 5, A3 - 5, = ↓ G2。其他特征参考科。全球 2 个大洲分布及种数(2 - 3)北美洲:1; 南美洲:1。

Delima L. = **Tetracera**

Delimopsis Miq. = **Tetracera**

Delissea Gaud. 榕莲属 Campanulaceae [MD - 561] 特征纪要:习性:木本。花程式: - 。其他特征参考科。全球 6 个大洲分布及种数(16 - 104)非洲:2; 亚洲:48; 大洋洲:5; 欧洲:57; 北美洲:57; 南美洲:5。

Delognaea Cogn. = **Ampelosycios**

Delonix Raf. 凤凰木属 Fabaceae3 [MD - 240] 特征纪要:习性:木本。花程式:K5, C3 - 5 - ∞, A10 - , = ↓ G - 。花期:6 - 7 月。果期:参考晚于花期。海拔:100 - 2500 米。资源:果胶,具栽培园艺种类。全球 6 个大洲分布及种数(14 - 28)非洲:18; 亚洲:6; 大洋洲:2; 欧洲:8; 北美洲:8; 南美洲:10。【中国种数:1】。

Delosperma N. E. Br. 露子花属 Aizoaceae [MD - 94] 特征纪要:习性:灌木。花程式:K3 - 4, C3 - 4, A5 参考科, = ↓ G1 - 2。其他特征参考科。全球 6 个大洲分布及种数(168 - 244)非洲:236; 亚洲:8; 大洋洲:2; 欧洲:12; 北美洲:12; 南美洲:9。

Delostoma D. Don 披风木属 Bignoniaceae [MD - 541] 特征纪要:习性:木本。花程式:K5, C0, A5, = ↓ G2。其他特征参考科。全球 4 个大洲分布及种数(4 - 16)亚洲:2; 大洋洲:2; 北美洲:3; 南美洲:16。

Delpechia Montrouz. = **Psychotria**

Delphidium Raf. 毛茛科属 Ranunculaceae [MD - 38] 特征纪要:习性: - 。花程式: - 。其他特征参考科。全球 1 个大洲分布及种数(-)。

Delphinacanthus Benoist = **Pseudodicliptera**

Delphinium Tourn. ex L. 翠雀属 Ranunculaceae [MD - 38] 特征纪要:习性:草本(基生)。花程式:K5, C5, A2, = G1 - 3。物候: - 。花期:7 - 8 月。果期:参考晚于花期。海拔:100 - 1800 米。生境:北向坡上。资源:药用,具栽培园艺种类。全球 6 个大洲分布及种数(408 - 592; hort. 1; cult. 45)非洲:24 - 84; 亚洲:321 - 475; 大洋洲:1 - 55; 欧洲:45 - 110; 北美洲:103 - 168; 南美洲:9 - 64。【中国种数:145】。

Delpinophytum Speg. 巴西岩园芥属 Brassicaceae [MD - 213] 特征纪要:习性:草本。花程式:K2 - 4, C2 - 4, A2 - 4, = G2。其他特征参考科。全球 6 个大洲分布及种数(1 - 29)非洲:13; 亚洲:6; 大洋洲:5; 欧洲:5; 北美洲:5; 南美洲:13。

Delpydora Pierre 长被山榄属 Sapotaceae [MD - 357] 特征纪要:习性:木本。花程式:K4 - 15, C0, A5, = (G)2 - 4。其他特征参考科。全球 1 个大洲分布及种数(2)◆非洲。

Deltaria Steenis 戟瑞木属 Thymelaeaceae [MD - 310] 特征纪要:习性:木本。花程式:K2 - 4, C0, A2, = (G)2 - 5。其他特征参考科。全球 4 个大洲分布及种数(1 - 6)亚洲:3; 大洋洲:6; 北美洲:2; 南美洲:2。

Deltocheilos W. T. Wang = **Chirita**

Deluciris A. Gil & Lovo 长鸢尾属 Iridaceae [MM－700] 特征纪要:习性:－。花程式:－。其他特征参考科。全球1个大洲分布及种数(2) ◆南美洲:2。

Delwiensia W. A. Weber & R. C. Wittmann 长菊属 Asteraceae [MD－586] 特征纪要:习性:草本。花程式:(K)3－5,(C)3－5,A3－5,↓G。其他特征参考科。全球1个大洲分布及种数(1) ◆北美洲:1。

Dematra Raf. = **Euphorbia**

Demavendia Pimenov 代马草属 Apiaceae [MD－480] 特征纪要:习性:草本。花程式:K5,C5,A5,=↓G2。其他特征参考科。全球1个大洲分布及种数(cf. 1)◆亚洲。

Demetria Lag. = **Grindelia**

Demidium DC. = **Amphidoxa**

Democrita Vell. ex DC. 凌芸香属 Rutaceae [MD－399] 特征纪要:－。全球1个大洲分布及种数(1) ◆南美洲:1。

Democritea DC. = **Serissa**

Demosthenesia A. C. Sm. 凌霄莓属 Ericaceae [MD－380] 特征纪要:习性:木本。花程式:K5－8,(C)5－8,A10,=(G)2－4。其他特征参考科。全球2个大洲分布及种数(12－17)亚洲:3; 南美洲:17。

Dendia R. Br. bis = **Pottia**

Dendriscocaulon <unassigned> 雪绒兰科属 Lanariaceae [MM－681] 特征纪要:－。全球1个大洲分布及种数(4) ◆南美洲:2。

Dendroalsia E. Britton ex Broth. 枝隐蒴藓属 Leucodontaceae [B－198] 特征纪要:习性:－。【Rep】:雌雄异苞同株,雌苞叶卵形,有短尖,上部边缘有齿突,无中肋,蒴柄细长,下部呈棕褐色。其他特征参考科。全球2个大洲分布及种数(1)亚洲:1;北美洲:1。【中国种数:1】。

Dendroarabis (C. A. Mey. & Bunge) D. A. German & Al－Shehbaz 木南芥属 Brassicaceae [MD－213] 特征纪要:习性:－。花程式:－。物候:－。花期:4－5月。果期:参考晚于花期。海拔:30－6200米。生境:岩石裂缝,斜坡,山坡。资源:－。全球2个大洲分布及种数(2)亚洲;大洋洲。

Dendrobangia Rusby 乔茶萸属 Metteniusaceae [MD－454] 特征纪要:习性:木本。花程式:K3－4,C3－4,A2,=G2－3。其他特征参考科。全球2个大洲分布及种数(2－7)北美洲:2; 南美洲:7。

Dendrobazzania R. M. Schust. 木叶苔属 Lepidoziaceae [B－63] 特征纪要:习性:－。【Rep】:裂瓣披针形或指形。其他特征参考科。全球2个大洲分布及种数(2)亚洲:cf. 1;北美洲:1。

Dendrobium Sw. 丝球兰属 Orchidaceae [MM－723] 特征纪要:习性:草本。花程式:－。物候:－。花期:7月。果期:参考晚于花期。海拔:1000－1300米。生境:常绿阔叶林内树干上。资源:药用,具栽培园艺种类。全球6个大洲分布及种数(1677－3633)非洲:986; 亚洲:2958; 大洋洲:1308; 欧洲:113; 北美洲:113; 南美洲:225。【中国种数:851】。

Dendrobrychis Galushko = **Onobrychis**

Dendrocacalia (Nakai) Nakai ex Tuyama 甲菊属 Asteraceae [MD－586] 特征纪要和分布(－)。全球1个大洲分布及种数(1)◆亚洲。

Dendrocalamopsis (L. C. Chia & H. L. Fung) Keng f. 绿竹属 Poaceae [MM－748] 特征纪要:竹类; 花程式(K),C(科)3,A(－),G(－),房位(－)。果实:蒴果。种子:稃体分离易于脱落,与无柄者相似。全球6个大洲分布及种数(3)非洲:1－16;亚洲:2－17;大洋洲:15;欧洲:15;北美洲:1－16;南美洲:1－16。

Dendrocalamus Nees 牡竹属 Poaceae [MM－748] 特征纪要:习性:竹类。花程式:(K－),C0参考科,A3参考科,=G2－3。物候:－。花期:10－12月。果期:参考晚于花期。海拔:1200－1700米。生境:低山与河谷地区,主要用于栽培。资源:具栽培园艺种类。全球6个大洲分布及种数(75－183)非洲:25; 亚洲:148; 大洋洲:6; 欧洲:9; 北美洲:9; 南美洲:8。【中国种数:32】。

Dendroceros Nees 树角苔属 Dendrocerotaceae [B－95] 特征纪要:习性:－。【Rep】:雌雄异株,孢蒴细长角状,无气孔,假弹丝具单列螺纹加厚,孢子单细胞,披细疣。其他特征参考科。全球6个大洲分布及种数(8－10)非洲:1－19;亚洲:3－20;大洋洲:2－20;欧洲:17;北美洲:1－18;南美洲:2－19。

Dendrocerotaceae J. Haseg. [B－95] 树角苔科 特征纪要:中型,附生。根状茎横走,圆柱形,密被鳞片;叶薄草质,极光滑,四回羽状细裂。【Rep】:孢子囊群小,无盖,圆形,由少数孢子囊组成,不具隔丝,每末回裂片有1枚,生于小脉的背部,成熟时稍扩大且较裂片为阔。全球6个大洲分布和属种数(3/17－45)非洲:1－2/1－26;亚洲:2/4－28;大洋洲:3/6－32;欧洲:2/24;北美洲:2－3/4－28;南美洲:3/7－32。【中国属种数:1/2】。

Dendrochilum Bl. 足柱兰属 Orchidaceae [MM－723] 特征纪要:习性:－。花程式:－。物候:－。花期:10－11月。果期:参考晚于花期。海拔:500－1000米。生境:生于阔叶林中或灌丛中树上。栽培:来自广西龙州。资源:具栽培园艺种类。全球6个大洲分布及种数(122－303;hort. 1)非洲:1－6;亚洲:120－295;大洋洲:3－8;欧洲:4;北美洲:4－8;南美洲:4。

Dendrochloa C. E. Parkinson = **Schizostachyum**

Dendrocnide Miq. 火麻树属 Urticaceae [MD－91] 特征纪要:习性:木本。花程式:Kn,C2－3参考科,A3参考科,G－。花期:8－9月。果期:参考晚于花期。海拔:100－200米。生境:混交林中,月顺季节雨林。资源:具园艺种类。全球5个大洲分布及种数(44－64)非洲:16; 亚洲:38; 大洋洲:36; 欧洲:7; 北美洲:7。【中国种数:6】。

Dendroconche Copel. = **Microsorum**

Dendrocoryne (Lindl.) Brieger 石斛属 Orchidaceae [MM－723] 特征纪要和分布(－)。

Dendrocousinsia Millsp. = **Sebastiania**

Dendrocryphaea Paris & Schimp. ex Broth. 树隐蒴藓属 Cryphaeaceae [B－197] 特征纪要:习性:－。【Rep】:雌雄异苞同株,雌苞着生短枝顶端,基部雌苞叶形小,渐上较大而成长披针形,中肋消失于叶尖,孢蒴完全隐生于,雌雄异苞同株,雄苞芽苞形,侧生,雌苞生短枝顶端,雌苞叶直立,内雌苞叶多具高鞘部,蒴柄短,孢蒴直立。其他特征参考科。全球3个大洲分布及种数(8)大洋洲:1;欧洲:1;南美洲:7。

Dendrocyathophorum Dixon 树雉尾藓属 Hookeriaceae [B－164] 特征纪要:习性:－。【Rep】:雌雄异苞同株,雌苞叶倒卵状披针形,全缘,无中肋,蒴柄细长,平滑,直立,孢蒴红棕色,平列或下垂。物候:－。海拔:－。生境:常见于河边石坝上。资源:－。全球1个大洲分布及种数(5)◆亚洲:5。【中国种数:3】。

Dendrodaphne Beurl. = **Ocotea**

Dendrodochium <unassigned> 兰科属 Orchidaceae [MM－723] 特征纪要:－。全球1个大洲分布及种数(4)◆非洲:3。

Dendrographa <unassigned> 树叶苔属 Riellaceae [B－5] 特征纪要:－。全球1个大洲分布及种数(－)。

Dendro－hypnum Hampe 树形藓属 Hypnodendraceae [B－158] 特征纪要:习性:－。【Rep】:雌雄异株,蒴柄短,孢蒴略倾斜,长卵形,不对称,稍弯曲,平滑,蒴盖高圆锥体形,有弯斜尖喙,蒴齿两层。其他特征参考科。全球2个大洲分布及种数(13)亚洲:6; 大洋洲:3。

Dendrohypopterygium Kruijer 木孔雀藓属 Hypopterygiaceae [B－160] 特征纪要:习性:－。【Rep】:雌雄同苞同株,或雌雄异株,蒴柄细长,平滑或具疣,孢蒴多倾立或平列,通常对称,蒴齿两层,外齿层齿片狭长,有时分叉。其他特征参考科。全球3个大洲分布及种数(2)亚洲:1;大洋洲:1;南美洲:1。

Dendrokingstonia Rauschert 单心玉盘属 Annonaceae [MD－7] 特征纪要:习性:木本。花程式:K3－∞,C3,A2,=G10－100。其他特征参考科。全球2个大洲分布及种数(3－4)亚洲:3; 南美洲:2。

Dendroleandria Arènes = **Helmiopsiella**

Dendrolejeunea (Spruce) Lacout. 木鳞苔属 Lejeuneaceae [B－84] 特征纪要:习性:－。【Rep】:老时呈红褐色。其他特征参考科。全球2个大洲分布及种数(2)亚洲:1;大洋洲:1。

Dendrolembidium Herzog 纽金叶苔属 Lepidoziaceae [B－63] 特征纪要:－。全球1个大洲分布及种数(3)◆大洋洲:1。

Dendro－leskea Hampe = **Porotrichum**

Dendroligotrichum (Müll. Hal.) Broth. 树金发藓属 Polytrichaceae [B－101] 特征纪要:习性:－。【Rep】:孢子同形,雌雄异株,稀雌雄同株,蒴柄细长,孢蒴长圆柱形,单生或多个簇生,蒴齿单层,齿片32,棕红色,蒴盖圆锥形。其他特征参考科。全球3个大洲分布及种数(4)非洲:2;大洋洲:3;南美洲:2。

Dendroligotrichun (Müll. Hal.) Broth. 树金发藓属 Polytrichaceae [B－101] 特征纪要:－。全球1个大洲分布及种数(1)◆非洲。

Dendrolirium Bl. 兰科属 Orchidaceae [MM－723] 特征纪要:习性:草本(具根状茎)。花程式:(K)n,C2参考科,A6,↓(G)。物候:－。花期:1－4月。果期:参考晚于花期。海拔:1200－1700米。生境:树木上,岩石上。资源:－。全球1个大洲分布及种数(2)。

Dendrolobium (Wight & Arn.) Benth. 假木豆属 Fabaceae3 [MD－240] 特征纪要:习性:木本。花程式:－。物候:－。花期:10月。果期:参考晚于花期。海拔:100－800米。生境:草地上,生于溪边草地,山坡灌丛或疏林中。资源:具园艺种类。全球3个大洲分布及种数(10－20;hort. 1;cult. 2)非洲:2－3;亚洲:7－13;大洋洲:3。【中国种数:8】。

Dendromastigophora R. M. Schust. 树须苔属 Mastigophoraceae [B－68] 特征纪要(同科)。全球2个大洲分布及种数(2)亚洲:2; 大洋洲:2。

Dendromecon Benth. 罂粟木属 Papaveraceae [MD－54] 特征纪要:习性:灌木。花程式:K1－∞,C4,A4－6,=(G)2－100。其他特征参考科。全球2个大洲分布及种数(3－35)亚洲:3; 北美洲:11。【中国种数:1】。

Dendromyza Danser 米扎树属 Santalaceae [MD－412] 特征纪要:习性:木本。花程式:K3－4,C0,A3－4,=↓G2－3。其他特征参考科。全球4个大洲分布及种数(30－39)非洲:31; 亚洲:32; 大洋洲:32; 南美洲:2。

Dendropanax Decne. & Planch. 树参属 Araliaceae [MD－471] 特征纪要:习性:木本。花程式:－。物候:－。花期:8－9月。果期:参考晚于花期。海拔:1000－1500米。生境:常绿阔叶林,阴影处。资源:药用,具栽培园艺种类。全球6个大洲分布及种数(93－105)非洲:2－13;亚洲:34－48;大洋洲:3－14;欧洲:11;北美洲:39－53;南美洲:44－61。【中国种数:23】。

Dendropemon (Bl.) Rchb. 木桑寄生属 Loranthaceae [MD－415] 特征纪要:木本。花程式:K6,C0,A4,=↓G3－4。其他特征参考科。全球5个大洲分布及种数(32－57)非洲:2; 亚洲:14; 大洋洲:2; 北美洲:42; 南美洲:8。

Dendrophorbium (Cuatrec.) C. Jeffrey 番千里木属 Asteraceae [MD－586] 特征纪要:习性:草本。花程式:(K)3－5,C3－5,A3－5,=↓(G)2。物候:－。花期:7－10月。果期:参考晚于花期。海拔:6000米。生境:阿尔泰山地针叶林带山沟,柞林下路旁。资源:－。全球5个大洲分布及种数(84－88)非洲:3;亚洲:1;大洋洲:4;北美洲:7;南美洲:82。【中国种数:2】。

Dendrophthoe Mart. 五蕊寄生属 Loranthaceae [MD－415] 特征纪要:习性:木质攀援。花程式:－。物候:－。海拔:100－1600米。生境:潮湿森林,较少出现在开阔森林和种植园。栽培:来自广西龙州。资源:药用,具栽培园艺种类。全球6个大洲分布及种数(15－64)非洲:3－11;亚洲:10－49;大洋洲:4－17;欧洲:2－6;北美洲:3－7;南美洲:2－5。【中国种数:5】。

Dendrophthora Eichler 单药寄生属 Santalaceae [MD－412] 特征纪要:习性:木本。花程式:K4,C0,A4,=↓G3－4。物候:－。海拔:100－4100米。生境:长苞冷杉或川滇冷杉上,锥栗属,柯属或樟树等植物上。资源:－。全球6

个大洲分布及种数(124-144)非洲:2-3;亚洲:11-13;大洋洲:1;欧洲:1;北美洲:71-76;南美洲:85-100。

Dendrophylax Rchb. f. 抱树兰属 Orchidaceae [MM-723] 特征纪要:习性:草本。花程式:(K)3,C3,A3, =↓G3。其他特征参考科。全球6个大洲分布及种数(15-21)非洲:9; 亚洲:9; 大洋洲:2; 欧洲:20; 北美洲:20; 南美洲:5。

Dendrophyllanthus S. Moore = **Phyllanthus**

Dendropogon Raf. 隐蒴藓科属 Bromeliaceae [MM-715] 特征纪要: -。全球2个大洲分布及种数(2)亚洲:1;大洋洲:1。

Dendropogonella E. Britton 木隐蒴藓属 Cryphaeaceae [B-197] 特征纪要:习性: -。【Rep】:雌雄异苞同株,雌苞着生短枝顶端,基部雌苞叶形小,渐上较大而成长披针形,中肋消失于叶尖,孢蒴完全隐生于,雌雄异苞同株,雄苞芽苞形,侧生,雌苞生短枝顶端,雌苞叶直立,内雌苞叶多具高鞘部,蒴柄短,孢蒴直立。其他特征参考科。全球2个大洲分布及种数(1)北美洲:1;南美洲:1。

Dendroportulaca Eggli = **Deeringia**

Dendrosenecio (Hauman ex Hedberg) B. Nord. 多榔菊属 Asteraceae [MD-586] 特征纪要:习性:草本。花程式:(K)3-5,(C)3-5,A3-5,↓G。其他特征参考科。全球3个大洲分布及种数(19-114)非洲:23; 北美洲:1; 南美洲:1。

Dendroseris D. Don 苦苣木属 Asteraceae [MD-586] 特征纪要:习性: -。花程式: -。其他特征参考科。全球1个大洲分布及种数(11)◆南美洲。

Dendrosicus Raf. = **Enallagma**

Dendrosicyos Balf. f. 胡瓜树属 Cucurbitaceae [MD-205] 特征纪要:习性:木本。花程式:K3-5,C3-5,A3, =↓(G)1-2。其他特征参考科。全球1个大洲分布及种数(cf. 1)◆亚洲。

Dendrosida J. E. Fryxell 树锦葵属 Malvaceae [MD-203] 特征纪要:习性:木本。花程式:K5-∞,C5-∞,A10-8, =(G)1-5。其他特征参考科。全球2个大洲分布及种数(6-17)北美洲:17; 南美洲:12。

Dendrosipanea Ducke 树茜属 Rubiaceae [MD-523] 特征纪要:习性:木本。花程式:(K)4-5,(C)4-5,A4-5, =↓(G)2-9。其他特征参考科。全球1个大洲分布及种数(3)◆南美洲。

Dendrosma Pancher & Sebert 香皮檫属 Rutaceae [MD-399] 特征纪要:习性: -。花程式: -。其他特征参考科。全球1个大洲分布及种数(1)◆大洋洲。

Dendrostellera Tiegh. = **Diarthron**

Dendrostylis H. Karst. & Triana = **Mayna**

Dendrothrix Esser 枝毛桕属 Euphorbiaceae [MD-217] 特征纪要:习性:木本。花程式:K1(1000),C0,A6, =G2-3。其他特征参考科。全球1个大洲分布及种数(4)◆南美洲。

Dendrotrophe Miq. 寄生藤属 Santalaceae [MD-412] 特征纪要:习性:木质攀援。花程式: -。物候: -。花期:12月至次年2月。果期:参考晚于花期。海拔:100-300米。生境:阔叶森林,中山密林。资源:药用。全球6个大洲分布及种数(8-9;hort. 1)非洲:1-8;亚洲:8-15;大洋洲:1-8;欧洲:6;北美洲:6;南美洲:6。【中国种数:5】。

Dendroviguiera E. E. Schill. & Panero 枝毛菊属 Asteraceae [MD-586] 特征纪要:习性:草本。花程式:(K)3-5,(C)3-5,A3-5,↓G。其他特征参考科。全球2个大洲分布及种数(15-16)北美洲:15; 南美洲:2。

Denekea Dinter 非洲钟花菊属 Asteraceae [MD-586] 特征纪要: -。全球1个大洲分布及种数(1)◆非洲:1。

Denhamia Meisn. 橙杞木属 Celastraceae [MD-339] 特征纪要和分布(-)。全球1个大洲分布及种数(10-15)◆大洋洲(◆澳大利亚)。

Denira Adans. = **Iva**

Deniseia Neck. 穿骨草属 Verbenaceae [MD-556] 特征纪要: -。全球3个大洲分布及种数(2)非洲:1; 北美洲:1; 南美洲:1。

Denisophytum R. Vig. = **Caesalpinia**

Denmoza Britton & Rose 栖凤球属 Cactaceae [MD-100] 特征纪要:习性:木本。花程式: -。其他特征参考科。全球1个大洲分布及种数(1)◆南美洲。

Dennettia Baker f. 单性玉盘属 Annonaceae [MD-7] 特征纪要:习性: -。花程式: -。其他特征参考科。全球1个大洲分布及种数(-)◆亚洲。

Dennstaedtia Bernh. 碗蕨属 Dennstaedtiaceae [F-26] 特征纪要:习性: -。【Rep】:孢子囊群圆形,叶缘着生,顶生于每条小脉,分离。物候: -。海拔:800-900米。生境:灌丛,阴处石壁,针阔混交林下。资源:具栽培园艺种类。全球6个大洲分布及种数(81-98)非洲:9-18;亚洲:77-96;大洋洲:15-25;欧洲:3-11;北美洲:21-30;南美洲:33-42。【中国种数:18】。

Dennstaedtiaceae Lotsy [F-26] 碗蕨科 特征纪要:通常为小型漂浮水生蕨类,叶无柄,成两列互生于茎上,叶片深裂而分为背腹两部份,在上面的裂片称背裂片,浮在水面上,下表面隆起,腔内寄生固氮的鱼腥藻。【Rep】:孢子果有大小两种,多为双生,少为4个簇生于茎的下面分枝处。全球6个大洲分布和属种数(11-13;hort. & cult. 6)(280-399;hort. & cult. 17-22)非洲:7-8/45-72;亚洲:6-9/234-286;大洋洲:7-8/57-81;欧洲:6-7/13-31;北美洲:7-9/46-68;南美洲:8-9/65-87。【中国属种数:9/79】。

Denotarisia Grolle 兜叶苔属 Adelanthaceae [B-50] 特征纪要:习性: -。【Rep】:雌苞叶和雌苞腹叶无纤毛和齿,具蒴囊,蒴萼近圆形,口部具细圆齿或突起,蒴壁2层细胞,雌苞叶和雌苞腹叶无纤毛和齿,具蒴囊,蒴萼近圆形,口部具细圆齿或突起,蒴壁2层细胞。物候: -。海拔: -。生境:常见于腐木上。栽培:来自广西龙州。资

D

源:具栽培园艺种类。全球 2 个大洲分布及种数 2 个亚洲:1;大洋洲:1。

Denscantia E. L. Cabral & Bacigalupo 巴西树茜属 Rubiaceae [MD－523] 特征纪要:习性:木本。花程式:(K)4－5,(C)4－5,A4－5,=↓G2－9。其他特征参考科。全球 3 个大洲分布及种数(5－7)亚洲:1; 北美洲:2; 南美洲:7。

Dentaria L. 石芥花属 Brassicaceae [MD－213] 特征纪要:习性:－。花程式:－。其他特征参考科。全球 6 个大洲分布及种数(79)非洲:2; 亚洲:18; 大洋洲:4; 欧洲:23; 北美洲:23; 南美洲:16。

Dentella J. R. Forst. & G. Forst. 小牙草属 Rubiaceae [MD－523] 特征纪要:习性:木质攀援。花程式:(K－),C2－3 参考科,A5,↓G2。物候:－。花期:参考早于果期。果期:夏季。海拔:5－4800 米。生境:田间湿点。资源:具园艺种类。全球 6 个大洲分布及种数(12－31)非洲:7; 亚洲:17; 大洋洲:19; 欧洲:2; 北美洲:2; 南美洲:6。【中国种数:1】。

Depanthus S. Moore 辐花木岩桐属 Gesneriaceae [MD－549] 特征纪要:习性:草本。花程式:K5,C0,A5,=G2。其他特征参考科。全球 2 个大洲分布及种数(2－18)大洋洲:14; 南美洲:4。

Deparia Hook. & Grev. 对囊蕨属 Athyriaceae [F－40] 特征纪要:习性:－。【Rep】:孢子同形,囊群生叶背有盖。物候:－。海拔:10－3900 米。生境:路边石坎缝中,竹林下水边。资源:具园艺种类。全球 6 个大洲分布及种数(98－113;hort. 1;cult. 12)非洲:10－18;亚洲:84－115;大洋洲:9－17;欧洲:3－11;北美洲:11－20;南美洲:1－9。【中国种数:25】。

Deplanchea Vieill. 金盏树属 Bignoniaceae [MD－541] 特征纪要:习性:木本。花程式:K5,C0,A5,=↓G2。其他特征参考科。全球 6 个大洲分布及种数(6－17)非洲:4; 亚洲:9; 大洋洲:9; 欧洲:2; 北美洲:2; 南美洲:2。【中国种数:1】。

Deppea Schltdl. & Cham. 德普茜属 Rubiaceae [MD－523] 特征纪要:习性:木本。花程式:(K)4－5,(C)4－5,A4－5,=↓G2－9。其他特征参考科。全球 2 个大洲分布及种数(39－59)北美洲:45; 南美洲:10。

Deppeopsis Borhidi & Strancz. = **Deppea**

Deprea Raf. 盏安茄属 Solanaceae [MD－503] 特征纪要:灌木,叶互生,落叶,单叶。花程式:K3－4,C0,A3－4,=↑G:2。果实:－。种子:棕黄色。全球 6 个大洲分布及种数(49－54)非洲:1;亚洲:1－2;大洋洲:1;欧洲:1;北美洲:2－3;南美洲:47－52。【中国种数:1】。

Dermasea Haw. = **Saxifraga**

Dermatina <unassigned> 白冠苔属 Aytoniaceae [B－9] 特征纪要:－。全球 2 个大洲分布及种数(4)亚洲:2; 欧洲:2。

Dermatiscum <unassigned> 唐松木科属 Physenaceae [MD－169] 特征纪要:－。全球 1 个大洲分布及种数(1)◆非洲:1。

Dermatobotrys Bolus 骑师木属 Scrophulariaceae [MD－536] 特征纪要:习性:灌木。花程式:－。其他特征参考科。全球 1 个大洲分布及种数(1)◆非洲。

Dermatocalyx Oerst. = **Schlegelia**

Dermatocarpon Eschw. 骑紫草属 Boraginaceae [MD－517] 特征纪要:－。全球 5 个大洲分布及种数(48)非洲:1; 亚洲:12; 欧洲:19; 北美洲:3; 南美洲:9。

Dermatodon Hübener 骑丛藓属 Pottiaceae [B－133] 特征纪要:习性:－。【Rep】:孢腔轮廓清晰,蒴齿缺如,或具蒴齿而无基膜,下部呈黄绿或黄棕色。其他特征参考科。全球 1 个大洲分布及种数(－)。

Dermatophyllum Scheele 越南槐属 Fabaceae3 [MD－240] 特征纪要:习性:木本。花程式:Kn,C1－∞ 参考科,A3 参考科,=↓G(－)。其他特征参考科。全球 2 个大洲分布及种数(5)非洲:1;北美洲:5。

Dermiscellum <unassigned> 唐松木科属 Physenaceae [MD－169] 特征纪要和分布(－)。

Dermophylla Silva Manso = **Cayaponia**

Derosiphia Raf. 非洲棯属 Melastomataceae [MD－364] 特征纪要:习性:－。花程式:－。其他特征参考科。全球 1 个大洲分布及种数(－)。

Derris Lour. 鱼藤属 Fabaceae3 [MD－240] 特征纪要:习性:木质攀援。花程式:Kn,C2－3 参考科,A10,=↓G－。物候:－。花期:4－6 月。果期:参考晚于花期。海拔:1900－2000 米。生境:草地,柱石上。资源:具栽培园艺种类。全球 6 个大洲分布及种数(65－104;hort. 1)非洲:9－28;亚洲:54－90;大洋洲:9－26;欧洲:11;北美洲:2－13;南美洲:17－29。【中国种数:24】。

Desbordesia Pierre ex Van Tiegh. 双椿果属 Irvingiaceae [MD－313] 特征纪要:习性:木本。花程式:－。其他特征参考科。全球 1 个大洲分布及种数(2)◆非洲。

Deschampsia P. Beauv. 发草属 Poaceae [MM－748] 特征纪要:习性:草本(基生)。花程式:－。物候:－。海拔:1500－4500 米。生境:草甸草原上,中高山草甸。资源:具栽培园艺种类。全球 6 个大洲分布及种数(75－404)非洲:112; 亚洲:126; 大洋洲:30; 欧洲:119; 北美洲:119; 南美洲:141。【中国种数:8】。

Descurainia Webb & Berthel. 播娘蒿属 Brassicaceae [MD－213] 特征纪要:习性:草本(基生)。花程式:Kn,C2－3 参考科,A5,=G2。物候:－。海拔:4200 米。生境:林地,田边。资源:油脂,药用,具栽培园艺种类。全球 6 个大洲分布及种数(51－57;hort. 1;cult. 5)非洲:2－10;亚洲:6－15;大洋洲:2－10;欧洲:13－21;北美洲:25－33;南美洲:26－35。【中国种数:2】。

Desfontaena Vell. = **Chiropetalum**

Desfontainia Ruiz & Pav. 枸骨黄属 Desfontainiaceae [MD－483] 特征纪要(同科)。全球 3 个大洲分布及种数(3－19)欧洲:4; 北美洲:4; 南美洲:16。

Desfontainiaceae (Lindl.) Endl. [MD－483] 离水花科 特征纪要:习性:木本;落叶。花程式:K5,C0,A5,↑G3－5。

物候：-。果实：蒴果。种子：-。海拔：-。生境：-。资源：-。栽培：-。全球1个大洲分布及属种数(1/1 hort. 1, cult. 1)◆南美洲：1/7-7。

Desideria Pamp. 扇叶芥属 Brassicaceae [MD-213] 特征纪要：习性：-。花程式：-。物候：-。花期：6-7月。果期：参考晚于花期。海拔：3200-6200米。生境：砾石内，小石子斜坡。资源：-。全球1个大洲分布及种数(3-11)◆亚洲。

Desmanthodium Benth. 梭果菊属 Asteraceae [MD-586] 特征纪要：习性：草本。花程式：(K)3-5, C3-5, A3-5, =↓(G)2。其他特征参考科。全球2个大洲分布及种数(9-10)北美洲：6-7；南美洲：2。

Desmanthus Willd. 合欢草属 Fabaceae1 [MD-238] 特征纪要：习性：木本。花程式：-。物候：-。花期：5-7月。果期：参考晚于花期。海拔：100-2500米。生境：-。栽培：-。资源：具栽培园艺种类。全球6个大洲分布及种数(25-30; hort. 1; cult. 1)非洲：6；亚洲：2-10；大洋洲：2-10；欧洲：2-10；北美洲：22-31；南美洲：9-17。【中国种数：3】。

Desmaria Van Tiegh. 桑寄生属 Loranthaceae [MD-415] 特征纪要：习性：木本。花程式：K6, C0, A4, ↓G。其他特征参考科。全球1个大洲分布及种数(1)◆南美洲。

Desmatodon Brid. 芽胞链齿藓属 Pottiaceae [B-133] 特征纪要：习性：-。【Rep】：雌雄同株，雄生殖苞具棒槌状配丝，雄苞叶与一般叶同形，蒴柄长，直立，旋扭或呈鹅颈状弯曲。物候：-。海拔：-。生境：常见于高山岩石上。资源：-。全球6个大洲分布及种数(115)非洲：9；亚洲：25；大洋洲：3；欧洲：20；北美洲：20；南美洲：11。【中国种数：15】。

Desmazeria Dum. 沙硬禾属 Poaceae [MM-748] 特征纪要：习性：草本。花程式：(K)3, C0参考科, A1-2, =(G)2-3。全球5个大洲分布及种数(3-29)非洲：17；亚洲：12；欧洲：4；北美洲：4；南美洲：2。

Desmidorchis Ehrenb. 球花角属 Apocynaceae [MD-492] 特征纪要：习性：-。花程式：-。其他特征参考科。全球2个大洲分布及种数(11-22)非洲：7；亚洲：10。

Desmochaeta DC. = **Pupalia**

Desmocladus Nees 簇枝灯草属 Restionaceae [MM-744] 特征纪要：习性：草本(基生)。花程式：(K)3, C3, A1-2, =G1-3。全球3个大洲分布及种数(23-28)亚洲：2；大洋洲：25；北美洲：1。【中国种数：1】。

Desmodiastrum (Prain) A. Pramanik & Thoth. = **Alysicarpus**

Desmodiopsis (Schindl.) H. Ohashi & K. Ohashi 犬茴香属 Asteraceae [MD-586] 特征纪要：习性：草本。花程式：(K)3-5, (C)3-5, A3-5, ↓G。其他特征参考科。全球1个大洲分布及种数(1)◆大洋洲。

Desmodium Desv. 山蚂蝗属 Fabaceae3 [MD-240] 特征纪要：习性：木本。花程式：-。物候：-。海拔：100-1400米。生境：草地，竹林阴地。资源：蛋白质，具栽培园艺种类。全球6个大洲分布及种数(270-341; hort. 1; cult. 25)非洲：49-112；亚洲：104-190；大洋洲：36-108；欧洲：19-72；北美洲：178-240；南美洲：80-140。【中国种数：25】。

Desmoncus Mart. 椰藤属 Arecaceae [MM-717] 特征纪要：习性：木本。花程式：K3-10, C3-10, A3-10, =G3-10。其他特征参考科。全球6个大洲分布及种数(26-39; hort. 1)非洲：3；亚洲：3；大洋洲：3；欧洲：3；北美洲：12-19；南美洲：19-30。【中国种数：1】。

Desmophlebium Mynssen, A. Vasco, Sylvestre, R. C. Moran & Rouhan 链脉蕨属 Aspleniaceae [F-43] 特征纪要：习性：-。其他特征参考科。全球2个大洲分布及种数(2) 北美洲：1，南美洲：2。

Desmopsis Saff. 钳瓣鹰爪属 Annonaceae [MD-7] 特征纪要：习性：木本。花程式：K3-∞, C3, A2, =G10-100。其他特征参考科。全球4个大洲分布及种数(29-43)亚洲：3；欧洲：32；北美洲：32；南美洲：8。

Desmos Lour. 假鹰爪属 Annonaceae [MD-7] 特征纪要：习性：木质攀援。花程式：-。物候：-。花期：4-10月。果期：参考晚于花期。海拔：100-1500米。生境：丘陵山坡，林缘灌木丛中或低海拔旷地，荒野及山谷等地，竹杂木林。资源：观赏，具栽培园艺种类。全球4个大洲分布及种数(16-81)非洲：9；亚洲：60；大洋洲：8；南美洲：5。【中国种数：5】。

Desmoscelis Naudin 索脉野牡丹属 Melastomataceae [MD-364] 特征纪要：习性：木本。花程式：K4-5, C4-5, A4-5, =↓G3-4。其他特征参考科。全球4个大洲分布及种数(2-9)非洲：1；亚洲：2；北美洲：2；南美洲：4。【中国种数：1】。

Desmostachya (Stapf) Stapf 羽穗草属 Poaceae [MM-748] 特征纪要：习性：草本(具根状茎)。花程式：(K-), C0参考科, A3参考科, ↓G-参考科。物候：-。海拔：10-5600米。生境：近地表地下水位干旱地区，沙荒或半沙荒地。资源：药用。全球5个大洲分布及种数(1-4)非洲：4；亚洲：4；大洋洲：2；欧洲：2；北美洲：2。【中国种数：1】。

Desmostachys Planch. ex Miers 佛荐草属 Icacinaceae [MD-450] 特征纪要：习性：木本。花程式：-。其他特征参考科。全球2个大洲分布及种数(2-41)非洲：15；亚洲：15。

Desmotes Kallunki 罩衫花属 Rutaceae [MD-399] 特征纪要：习性：木本。花程式：K5, C5, A4, ↓G-参考科。其他特征参考科。全球2个大洲分布及种数(1-2)北美洲：2；南美洲：2。

Desmotheca Lindb. 亚洲木灵藓属 Orthotrichaceae [B-151] 特征纪要：习性：-。【Rep】：常暗绿色或棕褐色，雌雄异株或同株，稀杂株，雌苞叶不分化，无明显鞘部，蒴柄长，黄色，孢蒴狭长卵形，口蒴，具明显纵褶及纵沟。生境：常见于树干或树枝，岩面土生。全球2个大洲分布及种数(3)亚洲：3；大洋洲：1。

Desplatsia Bocq. 裂托叶椴属 Malvaceae [MD-203] 特征纪要：习性：木本。花程式：K1-∞, C1-∞, A10-8, =G2-100。其他特征参考科。全球2个大洲分布及种数(4-13)非洲：12；北美洲：1。

Despretzia Kunth = **Zeugites**

D

Desrousseauxia Tiegh. = **Aetanthus**

Dessenia Adans. = **Gnidia**

Detandra Miers = **Chondrodendron**

Detarium Juss. 甘豆属 Fabaceae1［MD－240］特征纪要:木本。花程式:K3－5－∞,C3－5－∞,A3－5,=↓G1－2。其他特征参考科。全球4个大洲分布及种数(3－42)非洲:10; 亚洲:15; 北美洲:2; 南美洲:22。【中国种数:1】。

Dethawia Endl. 藁本属 Apiaceae［MD－480］特征纪要:习性:草本。花程式:K5,C5,A5,=↓G(－)。其他特征参考科。全球1个大洲分布及种数(1)◆欧洲。

Deuterocohnia Mez 刺垫凤梨属 Bromeliaceae［MM－715］特征纪要:习性:草本。花程式:(K)3,C3,A6,=↓G3。其他特征参考科。全球4个大洲分布及种数(20－35)亚洲:2; 大洋洲:2; 北美洲:4; 南美洲:32。

Deuteromallotus Pax & K. Hoffm. = **Hancea**

Deutzia Thunb. 溲疏属 Hydrangeaceae［MD－429］特征纪要:习性:木本。花程式:－。物候:－。花期:6月。果期:参考晚于花期。海拔:1000－1500米。生境:沟边灌丛中。资源:具栽培园艺种类。全球6个大洲分布及种数(70－90;hort. 1;cult. 12)非洲:8;亚洲:64－90;大洋洲:2－10;欧洲:5－14;北美洲:21－33;南美洲:1－9。【中国种数:52】。

Deutzianthus Gagnep. 东京桐属 Euphorbiaceae［MD－217］特征纪要:习性:木本。花程式:－。物候:－。花期:4－6月。果期:参考晚于花期。海拔:900米。生境:山坡,密林中。资源:油脂,具栽培园艺种类。全球1个大洲分布及种数(cf. 1)◆亚洲。【中国种数:1】。

Deverra DC. 肖德弗草属 Apiaceae［MD－480］特征纪要:习性:草本。花程式:K5,C5,A5,=↓G(－)。海拔:50－5600米。生境:半荒漠中和砾石质山坡上,柞林内。全球1个大洲分布及种数(5－8)◆非洲。

Devia Goldblatt & J. C. Manning 草鸢尾属 Iridaceae［MM－700］特征纪要:习性:草本。花程式:(K)3,C3,A10,=↓(G)3。其他特征参考科。全球4个大洲分布及种数(1－9)非洲:8; 亚洲:2; 大洋洲:2; 南美洲:5。

Devillea Tul. & Wedd. 藁本属 Podostemaceae［MD－322］特征纪要:习性:－。花程式:－。其他特征参考科。全球2个大洲分布及种数(2)北美洲:1; 南美洲:1。

Devogelia Schuit. 彩兰属 Orchidaceae［MM－723］特征纪要:习性:木本。花程式:－。其他特征参考科。全球3个大洲分布及种数(1－2)非洲:1; 亚洲:2; 大洋洲:1。

Dewevrea Micheli 德瓦豆属 Fabaceae3［MD－240］特征纪要:习性:木本。花程式:K1－∞,C1－∞,A5－9,=↓G1。其他特征参考科。全球1个大洲分布及种数(2)◆非洲。

Dewevrella De Wild. 德瓦夹竹桃属 Apocynaceae［MD－492］特征纪要:习性:木本。花程式:K5－∞,C0,A15,=↓(G)2－5。其他特征参考科。全球1个大洲分布及种数(1)◆非洲。

Dewildemania O. Hoffm. ex De Wild. 螺叶瘦片菊属 Asteraceae［MD－586］特征纪要:习性:草本。花程式:(K)3－5,C3－5,A3－5,=↓(G)2。其他特征参考科。全球1个大洲分布及种数(5－7)◆非洲。

Dewinterella D. Müll. －Doblies & U. Müll. －Doblies = **Hessea**

Dewinteria Van Jaarsv. & A. E. van Wyk 犀角麻属 Pedaliaceae［MD－539］特征纪要:习性:木本。花程式:K5,C0,A10,↓G－。其他特征参考科。全球1个大洲分布及种数(1)◆非洲。

Deyeuxia Clarion ex P. Beauv. 异颖草属 Poaceae［MM－748］特征纪要:习性:－。花程式:－。物候:－。花期:11月。果期:参考晚于花期。海拔:100－4200米。生境:草地和石地,竹林下或路旁潮湿处。资源:－。全球6个大洲分布及种数(15－478)非洲:43; 亚洲:168; 大洋洲:90; 欧洲:83; 北美洲:83; 南美洲:174。【中国种数:1】。

Dhofaria A. G. Mill. 星被山柑属 Capparaceae［MD－178］特征纪要:习性:－。花程式:－。其他特征参考科。全球1个大洲分布及种数(cf. 1)◆亚洲(◆阿曼苏丹)。

Diabelia Landrein 双六道木属 Caprifoliaceae［MD－510］特征纪要:习性:－。花程式:－。物候:－。花期:5月。果期:参考晚于花期。海拔:700－900米。生境:灌木丛,森林。资源:－。全球2个大洲分布及种数(20－27)亚洲:22; 南美洲:6。

Diacalpe Bl. 红腺蕨属 Peranemataceae［F－48］特征纪要:习性:－。【Rep】:孢子囊群圆球形,背生于末回小羽片基部上侧一小脉的基部或中部,每末回小羽片1枚。物候:－。海拔:400－2900米。生境:冷杉林中,针阔混交林路边。资源:－。全球3个大洲分布及种数(22)亚洲:15; 北美洲:1; 南美洲:2。

Diachroa Nutt. = **Leptochloa**

Diachyrium Griseb. = **Sporobolus**

Diacicarpium Blume = **Alangium**

Diacidia Griseb. 二裂金虎尾属 Malpighiaceae［MD－343］特征纪要:习性:木本。花程式:－。其他特征参考科。全球1个大洲分布及种数(11)◆南美洲。

Diacranthera R. M. King & H. Rob. 光果柄泽兰属 Asteraceae［MD－586］特征纪要:习性:草本。花程式:(K)3－5,C3－5,A3－5,=↓(G)2。其他特征参考科。全球1个大洲分布及种数(3)◆南美洲(◆巴西)。

Diacrium (Lindl.) Benth. 二角兰属 Orchidaceae［MM－723］特征纪要:习性:－。花程式:－。其他特征参考科。全球2个大洲分布及种数(11)北美洲:8; 南美洲:8。

Diacrodon Spragü 双齿茜属 Rubiaceae［MD－523］特征纪要:习性:木本。花程式:(K)4－5,(C)4－5,A4－5,=↓(G)2－9。其他特征参考科。全球1个大洲分布及种数(－)。

Diadenaria Klotzsch & Garcke = **Pedilanthus**

Diadenium Pöpp. & Endl. 双兰属 Orchidaceae［MM－723］特征纪要:习性:－。花程式:－。其他特征参考科。全

球1个大洲分布及种数(1)◆南美洲。

Dialesta Kunth = **Oliganthes**

Dialium L. 酸榄豆属 Fabaceae1 [MD-240] 特征纪要:习性:木本。花程式:K3-5-∞,C3-5-∞,A3-5,=↓G1-2。物候:-。花期:4-5月。果期:参考晚于花期。海拔:100-1500米。生境:高山密林或疏林中,山谷或溪边。资源:具栽培园艺种类。全球6个大洲分布及种数(23-51;hort.1)非洲:16-35;亚洲:6-11;大洋洲:1;欧洲:1;北美洲:2;南美洲:2-5。【中国种数:1】。

Dialyanthera Warb. = **Otoba**

Dialyceras Capuron 羊角茶属 Sphaerosepalaceae [MD-137] 特征纪要(同科)。全球1个大洲分布及种数(3)◆非洲(◆马达加斯加)。

Dialypetalanthaceae Rizzini & Occhioni [MD-478] 毛枝树科 特征纪要:习性:木本;落叶。花程式:(K)6,C4-5,A16,↓(G)2。物候:-。果实:-。种子:-。海拔:-。生境:-。资源:-。栽培:-。全球1个大洲分布及属种数(2/3)◆南美洲:1/1-1。

Dialypetalanthus Kuhlm. 木兰茜属 Dialypetalanthaceae [MD-478] 特征纪要(同科)。全球1个大洲分布及种数(1)◆南美洲。

Dialypetalum Benth. 离瓣莲属 Campanulaceae [MD-561] 特征纪要:习性:灌木。花程式:(K)5,(C)5,A5,=↓G2-3。其他特征参考科。全球1个大洲分布及种数(5-6)◆非洲(◆马达加斯加)。

Dialyssa Lindl. = **Stelis**

Dialytheca Exell & Mendonça 吊防己属 Menispermaceae [MD-42] 特征纪要:习性:草本。花程式:K1(6-40),C3,A1-6-40,=G1-3。其他特征参考科。全球1个大洲分布及种数(1)◆非洲。

Dialytrichia (Schimp.) Limpr. 亚洲丛藓属 Pottiaceae [B-133] 特征纪要:习性:-。【Rep】:孢腔轮廓清晰,蒴齿缺如,或具蒴齿而无基膜,下部呈黄绿或黄棕色。其他特征参考科。全球1个大洲分布及种数(6)◆亚洲:2。

Diamantina Novelo, C. T. Philbrick & Irgang 川薹草科属 Podostemaceae [MD-322] 特征纪要:习性:草本。花程式:Kn,C0,A10,=(G)1-2。其他特征参考科。全球1个大洲分布及种数(1)◆南美洲。

Diamena Ravenna 管花吊兰属 Asparagaceae [MM-669] 特征纪要:习性:草本。花程式:(K)3,C3,A3-6,(G)3。其他特征参考科。全球2个大洲分布及种数(1-6)亚洲:2; 南美洲:6。

Diamorpha Nutt. 霞珠景天属 Crassulaceae [MD-229] 特征纪要和分布(-)。全球1个大洲分布及种数(1-3)◆北美洲(◆美国)。

Diandriella Engl. = **Homalomena**

Diandrochloa De Winter = **Eragrostis**

Diandrolyra Stapf 南星竺属 Poaceae [MM-748] 特征纪要:习性:草本。花程式:(K)3,C0参考科,A1-2,=(G)2-3。其他特征参考科。全球1个大洲分布及种数(3-4)◆南美洲(◆巴西)。

Diandrostachya (C. E. Hubb.) Jacq.-Fél. = **Loudetiopsis**

Dianella Lam. ex Juss. 山菅兰属 Dianellaceae [MM-648] 特征纪要(同科)。全球6个大洲分布及种数(22-48;hort.1;cult. 7)非洲:6-14;亚洲:9-15;大洋洲:20-47;欧洲:5;北美洲:6-12;南美洲:5。【中国种数:4】。

Dianellaceae Salisb. [MM-648] 山菅兰科 特征纪要:习性:木本;落叶。花程式:K4-5,C5,A,G-。物候:-。果实:浆果。种子:-。海拔:-。生境:-。资源:-。栽培:-。全球4个大洲分布及属种数(1/1 < IFR 1/4 > hort.1;cult. 1) 非洲:1/8-11(IFR 1/1); 亚洲:1/11-12; 大洋洲:1/22-44(IFR 1/3); 北美洲:1/8-9(IFR 1/1)。

Diania Nor. ex Tul. = **Dicoryphe**

Dianthera L. 红唇花属 Acanthaceae [MD-572] 特征纪要和分布(-)。全球6个大洲分布及种数(44-51)非洲:5-14;亚洲:3-12;大洋洲:9;欧洲:9;北美洲:23-33;南美洲:26-35。【中国种数:1】。

Dianthoveus Hammel & G. J. Wilder 岩苞草属 Cyclanthaceae [MM-706] 特征纪要:习性:草本。花程式:K0,C0,A4-10,↓(G)4。其他特征参考科。全球1个大洲分布及种数(1)◆南美洲。

Dianthus L. 石竹属 Caryophyllaceae [MD-77] 特征纪要:习性:草本,少灌木。花程式:-。物候:-。海拔:1300-1800米。生境:草甸或石崖上,竹林。资源:具栽培园艺种类。全球6个大洲分布及种数(325-573;hort.1;cult. 67)非洲:57-107;亚洲:170-314;大洋洲:38-86;欧洲:225-314;北美洲:36-81;南美洲:14-54。【中国种数:63】。

Dianyuea C. Shang, S. Liao & Z. X. Zhang 含羞梅属 Fabaceae1 [MD-238] 特征纪要:习性:木本。花程式:K3-5-∞,C3-5-∞,A1-10-50,=↓G(-)。物候:-。花期:4-5月。果期:参考晚于花期。海拔:100-1500米。生境:高山密林或疏林中,山谷或溪边。资源:具栽培园艺种类。全球1个大洲分布及种数(1) ◆亚洲:1。

Diapensia L. 岩梅属 Diapensiaceae [MD-405] 特征纪要:习性:-。花程式:-。物候:-。花期:5-6月。果期:参考晚于花期。海拔:3200-5000米。生境:潮湿岩坡上,岩石上。资源:-。全球6个大洲分布及种数(6)非洲:2;亚洲:5-7;大洋洲:2;欧洲:1-3;北美洲:3-5;南美洲:2。【中国种数:3】。

Diapensiaceae Lindl. [MD-405] 岩梅科 特征纪要:习性:木本;常绿,落叶。花程式:K4-5,C5,A5,↓(G)-。物候:-。花期: 4-6月。果期: 8-9月。果实:蒴果。种子:细小,棕色。海拔:1000-3000米。生境:潮湿岩坡上,岩石上。资源:药用。全球3个大洲分布及属种数(10/27-34 < IFR 1/2 > hort.1;cult. 3) 亚洲:5/18-23(IFR 1/2); 欧洲:1/2; 北美洲:5/14-16。【中国属种数:4/8】。

Diaperia Nutt. 兔烟花属 Asteraceae [MD-586] 特征纪要:习性:草本。花程式:(K)3-5,(C)3-5,A3-5,↓G。其他特征参考科。全球4个大洲分布及种数(5-7)非洲:2; 亚洲:1; 欧洲:7; 北美洲:7。

Diaphananthe Schltr. 透瓣兰属 Orchidaceae [MM－723] 特征纪要:习性:草本。花程式:(K)3,C3,A3, = ↓ G3。其他特征参考科。全球 2 个大洲分布及种数(30－99)非洲:94; 亚洲:2。【中国种数:1】。

Diaphanodon Renauld & Cardot 异节藓属 Lembophyllaceae [B－205] 特征纪要:习性:－。【Rep】:蒴柄高出,上部具乳头,孢蒴近于呈球形,老时红棕色,蒴齿两层,基膜低,齿毛缺失。物候:－。海拔:－。生境:树生,土生。资源:－。全球 5 个大洲分布及种数(5)非洲:1;亚洲:4;大洋洲:1;北美洲:1;南美洲:1。【中国种数:4】。

Diaphanophyllum Lindb. 牛毛藓科属 Ditrichaceae [B－119] 特征纪要:－。全球 1 个大洲分布及种数(－)。

Diaphanoptera Rech. f. 膜翅花属 Caryophyllaceae [MD－77] 特征纪要:草本,叶对生,落叶; 花程式:K1－5,C1－5,A1－5, = ↑ (G)2－5。果实:蒴果;种子:棕色。全球 1 个大洲分布及种数(cf. 1)◆亚洲。

Diaphractanthus Humbert 腺果瘦片菊属 Asteraceae [MD－586] 特征纪要:习性:草本。花程式:(K)3－5,C3－5,A3－5, = ↓ (G)2。其他特征参考科。全球 1 个大洲分布及种数(1)◆非洲(◆马达加斯加)。

Diarrhena P. Beauv. 龙常草属 Poaceae [MM－748] 特征纪要:习性:草本。花程式:(K－),C0 参考科,A6, = G2－3。物候:－。花期:7－9 月。果期:参考晚于花期。海拔:1900 米。生境:林下路旁山坡,生于低山带林缘或灌木丛中及草地上。资源:具园艺种类。全球 6 个大洲分布及种数(6)非洲:3;亚洲:4－7;大洋洲:3;欧洲:1－4;北美洲:3－6;南美洲:3。【中国种数:4】。

Diarthron Turcz. 草瑞香属 Thymelaeaceae [MD－310] 特征纪要:习性:木本。花程式:－。物候:－。花期:5－6 月。果期:参考晚于花期。海拔:1700－2000 米。生境:坡地荒草丛。资源:－。全球 6 个大洲分布及种数(17－37)非洲:4; 亚洲:35; 大洋洲:3; 欧洲:2; 北美洲:2; 南美洲:2。【中国种数:4】。

D

Diascia Link & Otto 双距花属 Scrophulariaceae [MD－536] 特征纪要:习性:草本。花程式:K2－4,C0,A4, ↓ G2。其他特征参考科。全球 6 个大洲分布及种数(63－110)非洲:101; 亚洲:4; 大洋洲:4; 欧洲:7; 北美洲:7; 南美洲:6。

Diaspananthus Miq. 双花菊属 Asteraceae [MD－586] 特征纪要和分布(－)。全球 1 个大洲分布及种数(2)◆亚洲:cf. 1。

Diaspasis R. Br. 丝鸾花属 Goodeniaceae [MD－578] 特征纪要:习性:－。花程式:－。其他特征参考科。全球 1 个大洲分布及种数(1)◆大洋洲(◆澳大利亚)。

Diastatea Scheidw. 膜瓣莲属 Campanulaceae [MD－561] 特征纪要:习性:草本。花程式:(K)5,(C)5,A5, = ↓ G2－3。其他特征参考科。全球 6 个大洲分布及种数(10)非洲:1－8;亚洲:1－8;大洋洲:4－11;欧洲:7;北美洲:6－14;南美洲:3－10。

Diastella Salisb. ex Knight 丽钵木属 Proteaceae [MD－219] 特征纪要:习性:木本。花程式:K3－4－∞,C0,A2,G－。其他特征参考科。全球 1 个大洲分布及种数(9)◆非洲。

Diastema Benth. 尖蒴岩桐属 Gesneriaceae [MD－549] 特征纪要:习性:草本。花程式:K5,C0,A4, = G2。其他特征参考科。全球 4 个大洲分布及种数(18－25)亚洲:cf. 1;欧洲:1;北美洲:7－8;南美洲:16－22。

Diastemanthe Desv. = **Stenotaphrum**

Diastemenanthe Steud. = **Stenotaphrum**

Diatenopteryx Radlk. 回无患子属 Sapindaceae [MD－428] 特征纪要:习性:木本。花程式:K4－8,C4－8,A10, = (G)2－3。全球 3 个大洲分布及种数(2－4)亚洲:2; 北美洲:2; 南美洲:4。【中国种数:1】。

Diazeuxis D. Don = **Lycoseris**

Dibaeis Clem. 合椿梅科属 Cunoniaceae [MD－255] 特征纪要:－。全球 4 个大洲分布及种数(9)大洋洲:2; 欧洲:2; 北美洲:2; 南美洲:8。

Dibothrospermum Knaf = **Tripleurospermum**

Dibrachionostylus Bremek. 双枝茜属 Rubiaceae [MD－523] 特征纪要:习性:木本。花程式:(K)4－5,(C)4－5,A4－5, = ↓ (G)2－9。其他特征参考科。全球 1 个大洲分布及种数(1)◆非洲。

Dibridsonia K. M. Wong 茜草属 Rubiaceae [MD－523] 特征纪要:习性:木本。花程式:－。其他特征参考科。全球 1 个大洲分布及种数(－)。

Dicarpellum (Lös.) A. C. Sm. 五层龙属 Celastraceae [MD－339] 特征纪要:习性:木本。花程式:K2－3,C2－3,A10,G－。其他特征参考科。全球 1 个大洲分布及种数(3－4)◆大洋洲。

Dicarpidium F. Müll. 双果梧桐属 Malvaceae [MD－203] 特征纪要:习性:木本。花程式:K3－5－∞,C5,A5－10, = G1－5。其他特征参考科。全球 3 个大洲分布及种数(1－6)非洲:2; 大洋洲:6; 南美洲:5。

Dicaryum Willd. ex Roem. & Schult. = **Geissanthus**

Dicella Griseb. 二室金虎尾属 Malpighiaceae [MD－343] 特征纪要:习性:木本。花程式:K5,C5,A10, = G2－3。其他特征参考科。全球 4 个大洲分布及种数(7－36)非洲:2; 欧洲:4; 北美洲:4; 南美洲:34。

Dicellandra Hook. f. 二室蕊属 Melastomataceae [MD－364] 特征纪要:习性:木本。花程式:K4－5,C4－5,A4－5, = ↓ G3－4。其他特征参考科。全球 3 个大洲分布及种数(6－19)非洲:17; 亚洲:2; 南美洲:2。

Dicellostyles Benth. 双锦葵属 Malvaceae [MD－203] 特征纪要:习性:木本。花程式:K5－∞,C5－∞,A10－8, = G1－5。其他特征参考科。全球 2 个大洲分布及种数(1－4)亚洲:4; 大洋洲:2。

Dicentra Bernh. 马裤花属 Papaveraceae [MD－54] 特征纪要:习性:草本(根状茎,基生,多肉)。花程式:－。物候:－。花期:4－6 月。果期:参考晚于花期。海拔:1500－2700 米。生境:河岸石滩,沼泽地。资源:药用;园林,具栽培园艺种类。全球 6 个大洲分布及种数(10－11)非洲:4;亚洲:6－11;大洋洲:1－5;欧洲:3－7;北美洲:7－11;南美洲:4。【中国种数:3】。

Dicerandra Benth. 双角雄属 Lamiaceae [MD－575] 特征纪要:习性:草本。花程式:K2,C0,A2, ↓ G。其他特征参

考科。全球 2 个大洲分布及种数(13 - 29)亚洲:5; 北美洲:22。

Diceratella Boiss. 双钝角芥属 Brassicaceae [MD - 213] 特征纪要:习性:草本。花程式:K2 - 4,C2 - 4,A2 - 4, = G2。其他特征参考科。全球 2 个大洲分布及种数(11 - 12)非洲:9;亚洲:3 - 4。

Diceratostele Summerh. 双角柱兰属 Orchidaceae [MM - 723] 特征纪要:习性:草本。花程式:(K)3,C3,A3, = ↓ (G)3。其他特征参考科。全球 1 个大洲分布及种数(1)◆非洲。

Diceratotheca J. R. I. Wood & Scotland 散爵床属 Acanthaceae [MD - 572] 特征纪要:习性: - 。花程式: - 。其他特征参考科。全球 1 个大洲分布及种数(-)。

Dicercoclados C. Jeffrey & Y. L. Chen 歧笔菊属 Asteraceae [MD - 586] 特征纪要:习性:草本,少灌木。花程式:(K)3 - 5,C3 - 5,A3 参考科,↓G。物候: - 。花期:9 月。果期:参考晚于花期。海拔:6000 米。生境:可能灭绝。资源: - 。全球 1 个大洲分布及种数(cf. 1)◆亚洲(◆中国)。【中国种数:1】。

Dicerocaryum Bojer 刺靴麻属 Pedaliaceae [MD - 539] 特征纪要:习性: - 。花程式: - 。其他特征参考科。全球 1 个大洲分布及种数(2 - 3)◆非洲。

Dicerothamnus Kök. 南非复菊属 Asteraceae [MD - 586] 特征纪要:习性:草本。花程式:(K)3 - 5,(C)3 - 5,A3 - 5,↓G。其他特征参考科。全球 1 个大洲分布及种数(2)◆非洲。

Dichaea Lindl. 篦叶兰属 Orchidaceae [MM - 723] 特征纪要:习性:草本。花程式:(K)3,C3,A3, = ↓G3。其他特征参考科。全球 4 个大洲分布及种数(123 - 132;hort. 1;cult. 1)亚洲:8;大洋洲:3;北美洲:52 - 53;南美洲:94 - 101。

Dichaeopsis Pfitzer = **Dichaea**

Dichaetanthera Endl. 二毛药属 Melastomataceae [MD - 364] 特征纪要:习性:木本。花程式:K4 - 5,C4 - 5,A4 - 5, = ↓G3 - 4。其他特征参考科。全球 3 个大洲分布及种数(46 - 63)非洲:62; 亚洲:2; 南美洲:2。

Dichaetaria Nees ex Steud. 匍匐木根草属 Poaceae [MM - 748] 特征纪要:习性:草本。花程式:(K)3,C0 参考科,A1 - 2, = (G)2 - 3。物候: - 。海拔:10 - 5600 米。生境:草地,作为饲料植物或大麦田杂草种植。资源: - 。全球 4 个大洲分布及种数(1 - 3)亚洲:2; 大洋洲:3; 北美洲:3; 南美洲:3。【中国种数:1】。

Dichaetophora A. Gray 田雏菊属 Asteraceae [MD - 586] 特征纪要:习性:草本。花程式:(K -),(C)3 - 5,A3 参考科,↓G。其他特征参考科。全球 2 个大洲分布及种数(1 - 4)亚洲:2; 北美洲:2。

Dichanthelium (Hitchc. & Chase) Gould 莲座黍属 Poaceae [MM - 748] 特征纪要:习性:草本(基生)。花程式:(K -),C0 参考科,A3 参考科, = (G)2 - 3。物候: - 。海拔:10 - 5600 米。生境:草地,作为饲料植物或大麦田杂草种植。资源:具栽培园艺种类。全球 6 个大洲分布及种数(101;hort. 1;cult. 2)非洲:5;亚洲:47 - 52;大洋洲:5;欧洲:5;北美洲:77 - 82;南美洲:42 - 47。【中国种数:9】。

Dichanthium Willemet 双花草属 Poaceae [MM - 748] 特征纪要:习性:草本(基生)。花程式:(K -),C0 参考科,A5, = G2 - 3。物候: - 。花期:参考早于果期。果期:6 - 11 月。海拔:100 - 2200 米。生境:山坡,路旁,田边。栽培:来自广西龙州。资源:具栽培园艺种类。全球 6 个大洲分布及种数(24 - 28;hort. 1;cult. 1)非洲:7 - 10;亚洲:16 - 21;大洋洲:11 - 13;欧洲:3 - 5;北美洲:7 - 9;南美洲:2 - 4。【中国种数:5】。

Dichapetalaceae Baill. [MD - 202] 毒鼠子科 特征纪要:习性:木本;落叶。花程式:K5,C5,A2,↑G - 。物候: - 。果实:核果。种子:无胚乳,子叶圆形。海拔:1500 米。生境:中海拔山地沟谷密林或疏林中。资源:药用。全球 4 个大洲分布及属种数(5 - 6/125 - 240 <IFR 2/12> hort. 1) 非洲:4/81 - 139(IFR 1/8); 亚洲:1/3; 北美洲:2/16(IFR 2/2); 南美洲:2/40 - 41(IFR 1/2)。【中国属种数:1/8】。

Dichapetalum Thou. 毒鼠子属 Dichapetalaceae [MD - 202] 特征纪要:习性:木质攀援。花期:参考早于果期。果期:8 - 9 月。海拔:1500 米。生境:中海拔山地沟谷密林或疏林中。资源:药用。全球 6 个大洲分布及种数(171 - 473)非洲:318; 亚洲:95; 大洋洲:21; 欧洲:23; 北美洲:23; 南美洲:48。【中国种数:8】。

Dichasianthus Ovcz. & Yunusov 异蕊芥属 Brassicaceae [MD - 213] 特征纪要:习性:草本。花程式:K4,C4,A3 参考科,↓G - 参考科。其他特征参考科。全球 4 个大洲分布及种数(3)非洲:1,亚洲:3,欧洲:1,南美洲:1。

Dichasium (A. Braun) Fée = **Dryopteris**

Dichazothece Lindau 巴东爵床属 Acanthaceae [MD - 572] 特征纪要:习性:草本。花程式:Kn,C0,A2 - 4, = (G)2。其他特征参考科。全球 1 个大洲分布及种数(1)◆南美洲。

Dichelachne Endl. 齿稃茅属 Poaceae [MM - 748] 特征纪要:习性:草本。花程式:(K)3,C0 参考科,A1 - 2, = (G) 2 - 3。其他特征参考科。全球 6 个大洲分布及种数(8 - 26)非洲:5; 亚洲:6; 大洋洲:22; 欧洲:5; 北美洲:5; 南美洲:4。【中国种数:3】。

Dichelactina Hance = **Phyllanthus**

Dichelodontium Hook. f. & Wilson ex Broth. 鳞片藓属 Ptychomniaceae [B - 159] 特征纪要:习性: - 。【Rep】:假雌雄异苞同株,内雌苞叶基部高鞘状,有狭长叶尖,孢蒴完全隐生于雌苞叶内,卵形或长卵形,棕色,平滑。其他特征参考科。全球 4 个大洲分布及种数(2)亚洲:2; 大洋洲:2; 北美洲:2; 南美洲:2。

Dichelostemma Kunth 蓝壶韭属 Asparagaceae [MM - 669] 特征纪要:习性:草本。花程式: - 。全球 6 个大洲分布及种数(5 - 27)非洲:3; 亚洲:6; 大洋洲:5; 欧洲:14; 北美洲:14; 南美洲:11。【中国种数:3】。

Dichelyma Myrin 弯刀藓属 Fontinalaceae [B - 169] 特征纪要:习性: - 。【Rep】:孢蒴卵形,长约 2 毫米,蒴齿两层,外齿层,孢蒴卵形,长约 2 毫米蒴齿两层,外齿层齿片尖部相连或分离,脊部具穿孔,内齿层齿条上部呈格状。其他特征参考科。全球 3 个大洲分布及种数(8)亚洲:1;欧洲:4;北美洲:6。

Dichelymaceae Schimp. = Fontinalaceae

Dicheranthus Webb 灰甲蓬属 Caryophyllaceae [MD - 77] 特征纪要:习性:灌木。花程式: - 。其他特征参考科。

全球 1 个大洲分布及种数(1)◆欧洲(◆西班牙)。

Dichilanthe Thwaites 二唇茜属 Rubiaceae [MD - 523] 特征纪要:习性:木本。花程式:(K)4 - 5,(C)4 - 5,A4 - 5,= ↓(G)2 - 9。其他特征参考科。全球 2 个大洲分布及种数(2 - 3)亚洲:3; 大洋洲:2。

Dichiloboea Stapf = **Trisepalum**

Dichilus DC. 二分豆属 Fabaceae3 [MD - 240] 特征纪要:习性:木本。花程式:K1 - ∞,C1 - ∞,A5 - 9,= ↓ G(-)。其他特征参考科。全球 1 个大洲分布及种数(3 - 6)◆非洲。

Dichiton (Lindb.) H. Buch 花旗拟大萼苔属 Cephaloziellaceae [B - 53] 特征纪要:习性:-。【Rep】:雌苞叶全缘,老时呈红褐色。其他特征参考科。全球 4 个大洲分布及种数(cf. 1)非洲;亚洲;欧洲;北美洲。

Dichocarpum W. T. Wang & P. K. Hsiao 人字果属 Ranunculaceae [MD - 38] 特征纪要:习性:草本(根状茎,基生)。花程式:-。物候:-。花期:4 - 5 月。果期:参考晚于花期。海拔:1200 - 1300 米。生境:地方。资源:药用。全球 1 个大洲分布及种数(cf. 1)◆亚洲。【中国种数:13】。

Dichodon (Bartl. ex Rchb.) Rchb. 粉花无心菜属 Caryophyllaceae [MD - 77] 特征纪要:习性:-。花程式:-。其他特征参考科。全球 4 个大洲分布及种数(5 - 9)非洲:1; 亚洲:6; 欧洲:1; 北美洲:1。【中国种数:1】。

Dichodontium Schimp. 裂齿藓属 Dicranaceae [B - 128] 特征纪要:习性:-。【Rep】:雌雄异株,雌苞叶与茎叶同形,雌苞叶稍大,孢蒴横列,稀近于直立,卵圆形,或近圆柱形,不对称,平滑。物候:-。全球 6 个大洲分布及种数(10)非洲:1;亚洲:3;大洋洲:5;欧洲:3;北美洲:4;南美洲:4。【中国种数:4】。

Dichoglottis Fisch. & C. A. Mey. = **Arenaria**

D

Dichondra J. R. Forst. & G. Forst. 马蹄金属 Convolvulaceae [MD - 499] 特征纪要:习性:草本(基生)。花程式:-。物候:-。海拔:1300 - 2000 米。生境:草地,山坡草地路旁或沟边。资源:药用,具栽培园艺种类。全球 6 个大洲分布及种数(19 - 20;hort. 1;cult. 1)非洲:2 - 5;亚洲:18 - 21;大洋洲:4 - 7;欧洲:1 - 4;北美洲:12 - 15;南美洲:12 - 15。【中国种数:3】。

Dichondropsis Brandegee = **Dichondra**

Dichopogon Kunth 糖馨百合属 Asparagaceae [MM - 669] 特征纪要:习性:草本。花程式:(K)3,C0 参考科,A3 - 6,G3。其他特征参考科。全球 6 个大洲分布及种数(4 - 33)非洲:3; 亚洲:9; 大洋洲:8; 欧洲:2; 北美洲:2; 南美洲:16。【中国种数:1】。

Dichorisandra J. C. Mikan 鸳鸯草属 Commelinaceae [MM - 708] 特征纪要:习性:草本。花程式:(K)3,C3,A2 - 3,= G3。其他特征参考科。全球 6 个大洲分布及种数(56 - 96)非洲:6; 亚洲:9; 大洋洲:3; 欧洲:22; 北美洲:22; 南美洲:88。【中国种数:1】。

Dichoropetalum Fenzl 苞花芹属 Apiaceae [MD - 480] 特征纪要:习性:-。花程式:-。其他特征参考科。全球 4 个大洲分布及种数(36 - 38)非洲:1; 亚洲:27; 欧洲:3; 北美洲:3。

Dichosciadium Domin 银莲芹属 Apiaceae [MD - 480] 特征纪要:习性:草本。花程式:K5,C5,A5,= ↓(G)2。其他特征参考科。全球 1 个大洲分布及种数(1)◆大洋洲(◆澳大利亚)。

Dichostemma Pierre 异杯戟属 Euphorbiaceae [MD - 217] 特征纪要:习性:木本。花程式:K1(1000),C0,A6,= (G)2 - 3。其他特征参考科。全球 1 个大洲分布及种数(1 - 2)◆非洲。

Dichotoma Sch. Bip. = **Sclerocarpus**

Dichotomanthes Kurz 牛筋条属 Rosaceae [MD - 246] 特征纪要:习性:木本。花程式:-。物候:-。花期:4 - 5 月。果期:参考晚于花期。海拔:1300 - 1500 米。生境:混交林,常绿林边缘,开阔坡地,中山疏林。资源:具园艺种类。全球 2 个大洲分布及种数(2 - 8)亚洲:7; 北美洲:2。【中国种数:1】。

Dichroa Lour. 常山属 Hydrangeaceae [MD - 429] 特征纪要:习性:-。花程式:-。物候:-。花期:3 - 5 月。果期:参考晚于花期。海拔:400 - 800 米。生境:林下,阴湿疏林中。资源:-。全球 6 个大洲分布及种数(27)非洲:5; 亚洲:21; 大洋洲:4; 欧洲:3; 北美洲:3; 南美洲:5。

Dichrocephala L'Hér. ex DC. 鱼眼草属 Asteraceae [MD - 586] 特征纪要:习性:草本。花程式:(K)3 - 5,C3 - 5,A3 参考科,↓ G。物候:-。海拔:200 - 2000 米。生境:生于山坡与山谷草地,河岸,溪旁,路旁或田边荒地。资源:药用,具栽培园艺种类。全球 6 个大洲分布及种数(5 - 8;hort. 1;cult. 1)非洲:3 - 5;亚洲:3 - 6;大洋洲:1 - 3;欧洲:2 - 4;北美洲:2;南美洲:1 - 3。【中国种数:3】。

Dichromanthus Garay 丹绶草属 Orchidaceae [MM - 723] 特征纪要:习性:草本。花程式:(K)3,C3,A3,= ↓ G3。其他特征参考科。全球 3 个大洲分布及种数(4 - 8)亚洲:2; 北美洲:5; 南美洲:4。

Dichromochlamys Dunlop 异色层菀属 Asteraceae [MD - 586] 特征纪要:习性:草本。花程式:(K)3 - 5,C3 - 5,A3 - 5,= ↓(G)2。其他特征参考科。全球 1 个大洲分布及种数(1)◆大洋洲(◆澳大利亚)。

Dichrospermum Bremek. = **Spermacoce**

Dichrostachys (A. DC.) Wight & Arn. 代儿茶属 Fabaceae2 [MD - 240] 特征纪要:习性:木本。花程式:-。物候:-。花期:10 月。果期:参考晚于花期。海拔:100 - 2500 米。生境:栽培于水边向阳。资源:药用,具栽培园艺种类。全球 6 个大洲分布及种数(16 - 19;hort. 1)非洲:14 - 15;亚洲:1 - 4;大洋洲:2 - 4;欧洲:1;北美洲:1 - 2;南美洲:1 - 3。【中国种数:1】。

Dichrotrichium Benth. 代苣苔属 Gesneriaceae [MD - 549] 特征纪要:习性:草本。花程式:Kn,C1 - ∞ 参考科,A0 参考科,↓ G - 参考科。其他特征参考科。全球 1 个大洲分布及种数(1)◆非洲。

Dichrotrichum Reinw. ex de Vriese 弯筒苣苔属 Gesneriaceae [MD - 549] 特征纪要:习性:-。花程式:-。其他特征参考科。全球 1 个大洲分布及种数(1)◆东南亚。

Dickasonia L. O. Williams 合唇兰属 Orchidaceae [MM - 723] 特征纪要:习性:-。花程式:-。其他特征参考科。

全球 2 个大洲分布及种数(5)亚洲:3; 南美洲:3。

Dickinsia Franch. 马蹄芹属 Apiaceae [MD - 480] 特征纪要:习性:草本(根状茎,基生)。海拔:1500 - 3200 米。生境:竹林下。全球 2 个大洲分布及种数(1 - 8)亚洲:5; 南美洲:3。【中国种数:1】。

Dicksonia L'Hér. 蚌壳蕨属 Dicksoniaceae [F - 22] 特征纪要:习性: - 。【Rep】:孢子同形,囊群至叶缘。物候: - 。海拔: - 。生境:山麓沟边及林下阴处酸性土上,针阔混生林中。资源:具栽培园艺种类。全球 6 个大洲分布及种数(28 - 65;hort. 1;cult. 1)非洲:1 - 10;亚洲:8 - 21;大洋洲:8 - 25;欧洲:3;北美洲:3 - 10;南美洲:15 - 22。【中国种数:8】。

Dicksoniaceae M. R. Schomb. [F - 22] 蚌壳蕨科 特征纪要:陆生植物,少有附生(有攀援的根状茎),叶脉分离,或少有为稀疏的网状,形成斜长六角形的网眼而并不具分离的内藏细脉。【Rep】:孢子囊群,叶缘生的汇生囊群,着生细脉的结合线上,或单独生于脉顶,位于叶边或边内,有盖,少为无盖。全球 6 个大洲分布和属种数(6;hort. & cult. 5 - 6)(52 - 117;hort. & cult. 17 - 30)非洲:3/5 - 16;亚洲:4/18 - 34;大洋洲:3 - 4/14 - 33;欧洲:3/6;北美洲:4/14 - 25;南美洲:4 - 5/20 - 29。【中国属种数:4/13】。

Dicladanthera F. Müll. 拉轮蕊花属 Acanthaceae [MD - 572] 特征纪要:习性:草本。花程式:Kn,C0,A2 - 4, = (G)2。其他特征参考科。全球 1 个大洲分布及种数(1 - 2)◆大洋洲(◆澳大利亚)。

Dicladiella W. R. Buck 亚洲蔓藓属 Meteoriaceae [B - 188] 特征纪要:习性: - 。【Rep】:雌雄异株,蒴柄平滑,孢蒴卵形或长卵形,环带分化,蒴齿两层,内齿层齿毛常缺失,蒴帽钟形,罩覆孢蒴上部。物候: - 。海拔: - 。生境:山谷林下。资源: - 。全球 4 个大洲分布及种数(2)亚洲:2;大洋洲:1;北美洲:1;南美洲:1。【中国种数:2】。

Dicladolejeunea (Stephani) R. M. Schust. 巴西细鳞苔属 Lejeuneaceae [B - 84] 特征纪要:习性: - 。【Rep】:老时呈红褐色。其他特征参考科。全球 1 个大洲分布及种数(cf. 1)◆南美洲。

Diclidanthera Mart. 折药花属 Diclidantheraceae [MD - 276] 特征纪要(同科)。全球 2 个大洲分布及种数(6 - 14)非洲:1; 南美洲:14。

Diclidantheraceae J. Agardh [MD - 276] 轮蕊花科 特征纪要:习性:木本;落叶。花程式:K3,C0,A,G - 。物候: - 。果实: - 。种子: - 。海拔: - 。生境: - 。资源: - 。栽培: - 。全球 1 个大洲分布及属种数(2/7 - 9)◆南美洲:1/ 5 - 7。

Diclidium Schröd. ex Nees = **Cyperus**

Diclidopteris Brack. = **Vaginularia**

Diclinanona Diels 指瓣树属 Annonaceae [MD - 7] 特征纪要:习性:木本。花程式:K3 - ∞ ,C3,A2, = G10 - 100。其他特征参考科。全球 2 个大洲分布及种数(3 - 6)北美洲:2; 南美洲:5。

Dicliptera Juss. 狗肝菜属 Acanthaceae [MD - 572] 特征纪要:习性:草本(基生)。花程式: - 。物候: - 。花期:11 月至次年 5 月。果期:参考晚于花期。海拔:800 - 1900 米。生境:沟谷路边。资源:药用,具栽培园艺种类。全球 6 个大洲分布及种数(162 - 269;hort. 1;cult. 1)非洲:52 - 103;亚洲:43 - 72;大洋洲:14 - 31;欧洲:6 - 15;北美洲:45 - 60;南美洲:66 - 105。【中国种数:12】。

Diclis Benth. 伏龙花属 Scrophulariaceae [MD - 536] 特征纪要:习性:草本。花程式:K2 - 4,C0,A4,↓G2。其他特征参考科。全球 2 个大洲分布及种数(9 - 11)非洲:11; 亚洲:3。

Diclisodon T. Moore = **Dryopteris**

Dicnemoloma Renauld 曲尾藓科属 Dicranaceae [B - 128] 特征纪要: - 。全球 1 个大洲分布及种数(-)。

Dicnemon Schwägr. 圆藓属 Dicranaceae [B - 128] 特征纪要:习性: - 。【Rep】:雌苞叶分化,基部鞘状,有毛尖,蒴柄长,均高出于雌苞叶,孢蒴直立或背曲,长圆柱形或长椭圆形,辐射对称,雌雄异株,雄株矮小,附于假根上成假雌雄同株,雌苞叶形大,高鞘状,上部具细毛尖,与孢蒴等长或长于孢蒴。其他特征参考科。全球 2 个大洲分布及种数(15)亚洲:1;大洋洲:15。

Dicnemonaceae Broth. = Dicranaceae

Dicoelia Benth. 兜帽木属 Phyllanthaceae [MD - 222] 特征纪要:习性:木本。花程式: - 。其他特征参考科。全球 1 个大洲分布及种数(1 - 3)◆亚洲。

Dicoma Cass. 鳞苞菊属 Asteraceae [MD - 586] 特征纪要:习性:草本。花程式:(K)3 - 5,C3 - 5,A3 - 5, = ↓(G)2。其他特征参考科。全球 6 个大洲分布及种数(32 - 49;hort. 1;cult. 1)非洲:30 - 37;亚洲:3 - 6;大洋洲:3;欧洲:3;北美洲:3;南美洲:3。

Dicomopsis S. Ortiz 鳞片菊属 Asteraceae [MD - 586] 特征纪要:习性:草本。花程式:(K)3 - 5,(C)3 - 5,A3 - 5,↓G。其他特征参考科。全球 1 个大洲分布及种数(1)◆非洲。

Dicoria Torr. & A. Gray 双虫菊属 Asteraceae [MD - 586] 特征纪要:习性:草本。花程式: - 。其他特征参考科。全球 1 个大洲分布及种数(5 - 13)◆北美洲。

Dicorynia Benth. 棒蕊豆属 Fabaceae1 [MD - 240] 特征纪要:习性:木本。花程式:K3 - 5 - ∞ ,C3 - 5 - ∞ ,A3 - 5, = ↓G1 - 2。其他特征参考科。全球 1 个大洲分布及种数(4)◆南美洲。

Dicoryphe Thou. 李榄梅属 Hamamelidaceae [MD - 63] 特征纪要:习性:木本。花程式:K4 - 5,C4 - 5,A4 - 5, = ↓G2 - 3。其他特征参考科。全球 1 个大洲分布及种数(-)。

Dicraeanthus Engl. 河鹿草属 Podostemaceae [MD - 322] 特征纪要:习性:草本。花程式:K1 - 2,C0,A10, = G1 - 2。其他特征参考科。全球 1 个大洲分布及种数(3)◆非洲。

Dicraeopetalum Harms 二叉豆属 Fabaceae3 [MD - 240] 特征纪要:习性:木本。花程式:K1 - ∞ ,C1 - ∞ ,A5 - 9, = ↓G1。其他特征参考科。全球 2 个大洲分布及种数(3 - 6)非洲:6; 南美洲:2。

Dicranaceae Schimp. [B - 128] 曲尾藓科 特征纪要:陆生,中型草本植物,叶干后常为草质,少为纸质或革质,两面通常光滑,罕被鳞片或毛,唯叶轴、羽轴和小羽轴(或主脉)上往往被有短腺毛。【Rep】:孢子囊群圆形、圆肾形、马蹄形、弯勾形、长圆形或短线形,背生、侧生或横跨小脉上。全球5个大洲分布和属种数(72/1147)亚洲:44/346;大洋洲:37/261;欧洲:33/178;北美洲:38/308;南美洲:49/371。【中国属种数:12/153(2)】。

Dicranella Schimp. 小曲尾藓属 Dicranellaceae [B-122] 特征纪要(同科)。全球6个大洲分布及种数(201)非洲:43;亚洲:60;大洋洲:33;欧洲:25;北美洲:64;南美洲:69。【中国种数:28】。

Dicranellaceae M. Stech [B-122] 小曲尾藓科 特征纪要:陆生中型植物,叶薄草质,无毛,干后绿色或黄绿色。【Rep】:孢子囊群短线形,通直或略呈新月形,通常单生于侧脉上侧,少见双生一脉两侧,在主脉两侧各列成整齐的一行,通常下端达到或接近主脉,上端斜向上或略斜展,不达叶边。全球6个大洲分布和属种数(5/169-222)非洲:3-4/56-83;亚洲:4/46-71;大洋洲:3/28-54;欧洲:1-3/10-33;北美洲:3-4/41-65;南美洲:4/62-88。【中国属种数:3/26】。

Dicranites G. A. Klebs 曲尾藓科属 Dicranaceae [B-128] 特征纪要和分布(-)。

Dicranocarpus A. Gray 草耙菊属 Asteraceae [MD-586] 特征纪要:习性:草本。花程式:(K)3-5,(C)3-5,A3-5,↓G。其他特征参考科。全球2个大洲分布及种数(1-2)北美洲:2; 南美洲:1。

Dicranodon Béhéré 鶵尾尾藓属 Dicranaceae [B-128] 特征纪要:习性:-。【Rep】:雌苞叶分化,基部鞘状,有毛尖,蒴柄长,均高出于雌苞叶,孢蒴直立或背曲,长圆柱形或长椭圆形,辐射对称,雌雄异株,雄株矮小,附于假根上成假雌雄同株,雌苞叶形大,高鞘状,上部具细毛尖,与孢蒴等长或长于孢蒴。其他特征参考科。全球1个大洲分布及种数(1)◆欧洲:1。

Dicranodontium Bruch & Schimp. 青毛藓属 Leucobryaceae [B-129] 特征纪要:习性:-。【Rep】:雌雄异株,雄株常自成群落,雌苞叶基部鞘状,向上急狭呈细长叶尖。物候:-。全球6个大洲分布及种数(22)非洲:5;亚洲:15;大洋洲:4;欧洲:5;北美洲:6;南美洲:3。【中国种数:18】。

Dicranoglossum J. Sm. 二叉舌蕨属 Polypodiaceae [F-60] 特征纪要:习性:-。【Rep】:孢子同形,囊群生叶背有盖-无盖。其他特征参考科。全球3个大洲分布及种数(10)亚洲:2; 北美洲:6; 南美洲:9。

Dicranolejeunea (Spruce) Schiffn. 丝鳞苔属 Lejeuneaceae [B-84] 特征纪要:习性:-。【Rep】:老时呈红褐色。其他特征参考科。全球3个大洲分布及种数(2)非洲:cf. 1;北美洲:1;南美洲:1。

Dicranolepis Planch. 栀薇香属 Thymelaeaceae [MD-310] 特征纪要:习性:木本。花程式:K2-4,C0,A2,=(G)2-5。其他特征参考科。全球3个大洲分布及种数(21-42)非洲:42; 欧洲:3; 北美洲:3。

Dicranoloma (Renauld) Renauld 锦叶藓属 Dicranaceae [B-128] 特征纪要:习性:-。【Rep】:雌苞叶分化,基部鞘状,有毛尖,蒴柄长,均高出于雌苞叶,孢蒴直立或背曲,长圆柱形或长椭圆形,辐射对称。物候:-。全球6个大洲分布及种数(95)非洲:13;亚洲:30;大洋洲:63;欧洲:8;北美洲:11;南美洲:26。【中国种数:13】。

Dicranophlebia (Mart.) Lindl. 桫椤科属 Cyatheaceae [F-23] 特征纪要:-。全球1个大洲分布及种数(-)。

Dicranopteris Bernh. 芒萁属 Gleicheniaceae [F-18] 特征纪要:习性:-。【Rep】:孢子囊群生于叶下面小脉的背上,圆形,无囊群盖,通常由6-10个无柄的孢子囊组成,在中脉与叶边间排成一列(稀为2-3列),稍近中脉,孢子囊群托小而不凸出。物候:-。全球6个大洲分布及种数(36-48;hort. 1;cult. 6)非洲:6-7;亚洲:18-25;大洋洲:4-8;欧洲:1-2;北美洲:8-10;南美洲:15-17。【中国种数:9】。

Dicranopygium Harling 束苞草属 Cyclanthaceae [MM-706] 特征纪要:习性:草本。花程式:K0,C0,A4-10,↓(G)4。其他特征参考科。全球3个大洲分布及种数(56)大洋洲:1;北美洲:13-15;南美洲:49-54。

Dicranostegia (A. Gray) Pennell 鸢钩草属 Orobanchaceae [MD-552] 特征纪要:习性:草本。花程式:K2-4,C0,A2-4,↓G2。其他特征参考科。全球1个大洲分布及种数(1)◆北美洲。

Dicranostigma Hook. f. & Thoms. 秃疮花属 Papaveraceae [MD-54] 特征纪要:习性:草本(基生,多肉)。花程式:-。物候:-。海拔:2900-4300米。生境:冰碛,石坡或岩屑坡。资源:药用,具栽培园艺种类。全球3个大洲分布及种数(3-12)亚洲:11; 欧洲:4; 北美洲:4。【中国种数:3】。

Dicranostyles Benth. 双旋花属 Convolvulaceae [MD-499] 特征纪要:习性:草本。花程式:K5,C0,A5,=G2-5。其他特征参考科。全球2个大洲分布及种数(17-27)北美洲:4; 南美洲:25。

Dicranoweisia Lindb. ex Milde 卷毛藓属 Dicranaceae [B-128] 特征纪要:习性:-。【Rep】:雌雄同株,内雌苞叶分化,鞘状,蒴柄直立,椭圆形、长卵形或圆柱形,辐射对称,平滑,老时皱缩。物候:-。全球6个大洲分布及种数(27)非洲:9;亚洲:6;大洋洲:10;欧洲:6;北美洲:6;南美洲:13。【中国种数:3】。

Dicranum Hedw. 曲尾藓属 Dicranaceae [B-128] 特征纪要:习性:-。【Rep】:雌苞叶分化,基部鞘状,有毛尖,蒴柄长,均高出于雌苞叶,孢蒴直立或背曲,长圆柱形或长椭圆形,辐射对称,雌雄异株,雄株矮小,附于假根上成假雌雄同株,雌苞叶形大,高鞘状,上部具细毛尖,与孢蒴等长或长于孢蒴。物候:-。全球6个大洲分布及种数(793)非洲:73; 亚洲:171; 大洋洲:68; 欧洲:97; 北美洲:97; 南美洲:127。【中国种数:81】。

Dicraspidia Standl. 排钱麻属 Muntingiaceae [MD-193] 特征纪要:习性:木本。花程式:-。其他特征参考科。全球2个大洲分布及种数(1-3)北美洲:3; 南美洲:3。

Dicrastylidaceae J. L. Drumm. ex Harv. [MD-571] 离柱花科 特征纪要:习性:木本;落叶。花程式:K5,C0,A2,G-。物候:-。果实:-。种子:-。海拔:-。生境:-。资源:-。栽培:-。全球2个大洲分布及属种数(3/17-41 hort. 1;cult. 1) 大洋洲:2/15-39; 北美洲:1/1。

Dicrastylis Drumm. ex Harv. 石南苏属 Dicrastylidaceae [MD-571] 特征纪要(同科)。全球2个大洲分布及种数(31-65)大洋洲:45; 南美洲:13。

Dicraurus Hook. f. 血苋属 Amaranthaceae [MD-116] 特征纪要:习性:-。花程式:-。其他特征参考科。全球2个大洲分布及种数(8)北美洲:2; 南美洲:1。

Dicrocaulon N. E. Br. 银杯玉属 Aizoaceae［MD－94］特征纪要:习性:灌木。花程式:K3－4,C3－4,A5 参考科,＝↓G1－2。其他特征参考科。全球 1 个大洲分布及种数(8)◆非洲。

Dicrocephala Royle ex Benth. 菊科属 Asteraceae［MD－586］特征纪要:－。全球 1 个大洲分布及种数(3)◆南美洲:1。

Dicrus Reinw. ＝ **Voacanga**

Dicrypta Lindl. ＝ **Heterotaxis**

Dictamnus L. 白鲜属 Rutaceae［MD－399］特征纪要:习性:－。花程式:－。物候:－。花期:5 月。果期:参考晚于花期。海拔:100－3200 米。生境:开阔森林。资源:药用。全球 4 个大洲分布及种数(3)非洲:1;亚洲:cf. 1;欧洲:1;北美洲:2。【中国种数:2】。

Dictyanthes Raf. ＝ **Aristolochia**

Dictyanthus Decne. 双萝藦属 Apocynaceae［MD－492］特征纪要:习性:－。花程式:－。其他特征参考科。全球 3 个大洲分布及种数(2－24)非洲:3; 北美洲:21; 南美洲:19。

Dictymia J. Sm. 澳带蕨属 Polypodiaceae［F－60］特征纪要:习性:－。【Rep】:孢子同形,囊群生叶背。其他特征参考科。全球 5 个大洲分布及种数(2－46)亚洲:10; 大洋洲:21; 欧洲:3; 北美洲:3; 南美洲:10。

Dictyocaryum H. Wendl. 金椰属 Arecaceae［MM－717］特征纪要:习性:木本。花程式:K3－10,C3－10,A3－10,＝G3－10。其他特征参考科。全球 3 个大洲分布及种数(3－12)亚洲:1; 北美洲:6; 南美洲:12。

Dictyochloa E. G. Camus ＝ **Ammochloa**

Dictyocline T. Moore 圣蕨属 Thelypteridaceae［F－42］特征纪要:习性:－。【Rep】:孢子囊散生于网脉上,无盖;孢子囊体近顶处有直立的针状刚毛;孢子椭圆形,表面有刺状纹饰。物候:－。海拔:20－2500 米。生境:山谷,路旁,疏林下。资源:－。全球 1 个大洲分布及种数(4)◆亚洲。

Dictyodroma Ching 棒囊蕨属 Athyriaceae［F－40］特征纪要:中等大的陆生喜阴湿常绿植物。根状茎短,直立,叶簇生。能育叶片通常椭圆形或长椭圆形,少见长三角形,下部羽状,羽片少数,对生或近对生,叶草质干后深绿色或褐绿色,无光泽。【Rep】:孢子囊群线形,长短不一,铁角蕨型,生于每组小脉基部上出一脉的往往为双盖蕨型;囊群盖线形,膜质,宿存。孢子赤道面观豆形或半圆形,周壁明显,形成阔翅状褶皱,表面具颗粒状纹饰。孢子囊群形如腊肠,成熟时往往从背部破裂,容易区别。全球 1 个大洲分布及种数(4)◆亚洲。

Dictyoglossum J. Sm. ＝ **Elaphoglossum**

Dictyolimon Rech. f. 驼舌草属 Plumbaginaceae［MD－227］特征纪要:习性:草本。花程式:(K－),C5 参考科,A5,(G)5。物候:－。海拔:－。生境:－。资源:具园艺种类。全球 1 个大洲分布及种数(2－3)◆亚洲。

Dictyoloma A. Juss. 醉鱼枫属 Rutaceae［MD－399］特征纪要:习性:木本。花程式:K∞,C∞,A4,＝G1－3。其他特征参考科。全球 3 个大洲分布及种数(1－7)非洲:2; 亚洲:3; 南美洲:7。

Dictyomenia <unassigned> 金花荷属 Rhodoleiaceae［MD－64］特征纪要:－。全球 2 个大洲分布及种数(4)非洲:1; 大洋洲:4。

Dictyonema <unassigned> 南美复患子属 Sapindaceae［MD－428］特征纪要和分布(－)。

Dictyoneura Bl. 网脉无患子属 Sapindaceae［MD－428］特征纪要:习性:木本。花程式:K4－8,C4－8,A10,＝G2－3。其他特征参考科。全球 4 个大洲分布及种数(3－17)非洲:7; 亚洲:15; 大洋洲:4; 南美洲:5。【中国种数:1】。

Dictyopetalum (Fisch. & C. A. Mey.) Baill. 月见草属 Onagraceae［MD－396］特征纪要:习性:－。花程式:－。其他特征参考科。全球 1 个大洲分布及种数(1)◆非洲。

Dictyophleba Pierre 双夹竹桃属 Apocynaceae［MD－492］特征纪要:习性:木本。花程式:K5－∞,C0,A15,＝↓G2－5。其他特征参考科。全球 2 个大洲分布及种数(6－8)非洲:8; 南美洲:1。

Dictyophragmus O. E. Schulz 网篱芭属 Brassicaceae［MD－213］特征纪要:习性:草本。花程式:K2－4,C2－4,A2－4,＝(G)2。其他特征参考科。全球 2 个大洲分布及种数(3－4)北美洲:2; 南美洲:4。

Dictyophyllaria Garay ＝ **Vanilla**

Dictyopteris (C. Presl) C. Presl 薄脉蕨属 Dryopteridaceae［F－49］特征纪要:－。全球 5 个大洲分布及种数(－)亚洲;大洋洲;欧洲;北美洲;南美洲

Dictyosiphon <unassigned> 马复桑属 Coriariaceae［MD－277］特征纪要:－。全球 4 个大洲分布及种数(6)大洋洲:1; 欧洲:3; 北美洲:1; 南美洲:2。

Dictyosperma H. Wendl. & Drude 飓风椰属 Arecaceae［MM－717］特征纪要:习性:－。花程式:－。其他特征参考科。全球 6 个大洲分布及种数(2;hort. 1)非洲:1－3;亚洲:1－3;大洋洲:2;欧洲:2;北美洲:1－3;南美洲:2。【中国种数:1】。

Dictyospermum Wight 网籽草属 Commelinaceae［MM－708］特征纪要:习性:草本。花程式:－。物候:－。花期:5－7 月。果期:参考晚于花期。海拔:1200 米。生境:山谷林下或沟谷阴湿处。资源:具园艺种类。全球 5 个大洲分布及种数(5－45)非洲:1; 亚洲:30; 大洋洲:6; 北美洲:2; 南美洲:11。【中国种数:4】。

Dictyostega Miers 水玉壶属 Burmanniaceae［MM－696］特征纪要:习性:草本。花程式:(K)3,C3,A3,＝↓G3。其他特征参考科。全球 2 个大洲分布及种数(1)北美洲:1;南美洲:1。【中国种数:1】。

Dictyostegia Benth. & Hook. f. ＝ **Dictyostega**

Dictyoxiphium Hook. 三叉蕨属 Aspidiaceae［F－50］特征纪要:习性:－。其他特征参考科。全球 2 个大洲分布及种数(1)北美洲;南美洲。

Dicyclophora Boiss. 双环梗属 Apiaceae［MD－480］特征纪要:习性:草本。花程式:参考科,C5 参考科,A3 参考

科，↓(G)2－9 参考科。其他特征参考科。全球 1 个大洲分布及种数(1)◆亚洲。

Dicymbe Spruce ex Benth. & Hook. f. 天篷豆属 Fabaceae1［MD－240］特征纪要：习性：木本。花程式：K3－5－∞，C3－5－∞，A3－5，＝↓G1－2。其他特征参考科。全球 1 个大洲分布及种数(20)◆南美洲。

Dicymbopsis Ducke 天篷豆属 Fabaceae3［MD－240］特征纪要：习性：－。花程式：－。其他特征参考科。全球 1 个大洲分布及种数(－)◆亚洲。

Dicypellium Nees & Mart. 丁香桂属 Lauraceae［MD－21］特征纪要：习性：木本。花程式：K3－9，C0，A3－9，＝G1－3。其他特征参考科。全球 1 个大洲分布及种数(2－3)◆南美洲。

Didactyle Lindl. ＝ **Bulbophyllum**

Didactylon Zoll. & Mor. ＝ **Dimeria**

Didactylus (Lür) Lür 腋花兰属 Orchidaceae［MM－723］特征纪要：习性：－。花程式：－。其他特征参考科。全球 1 个大洲分布及种数(1)◆非洲。

Didelotia Baill. 代德苏木属 Fabaceae1［MD－240］特征纪要：习性：木本。花程式：K3－5－∞，C3－5－∞，A3－5，＝↓G1－2。其他特征参考科。全球 2 个大洲分布及种数(13－16)非洲：15；南美洲：3。

Didelta L'Hér. 离苞菊属 Asteraceae［MD－586］特征纪要：习性：草本。花程式：(K)3－5，(C)3－5，A3－5，↓G。其他特征参考科。全球 6 个大洲分布及种数(3－17)非洲：8；亚洲：4；大洋洲：3；欧洲：2；北美洲：2；南美洲：5。

Didesmandra Stapf 双袖花属 Dilleniaceae［MD－66］特征纪要：习性：木本。花程式：－。其他特征参考科。全球 1 个大洲分布及种数(1)◆亚洲。

Didesmus Desv. 迪德匕果芥属 Brassicaceae［MD－213］特征纪要：习性：草本。花程式：K2－4，C2－4，A2－4，＝G2。其他特征参考科。全球 6 个大洲分布及种数(3－4)非洲：2－3；亚洲：1－3；大洋洲：1；欧洲：1－2；北美洲：1；南美洲：1。

Didiclis (L.) P. Beauv. ex J. St.－Hil. ＝ **Selaginella**

Didierea Baill. 刺戟木属 Didiereaceae［MD－152］特征纪要：习性：木本。花程式：－。其他特征参考科。全球 2 个大洲分布及种数(2－8)非洲：8；北美洲：2。

Didiereaceae Radlk.［MD－152］刺戟木科 特征纪要：习性：木本；落叶。花程式：K8，C8－10，A8，↑G2－3。物候：－。果实：瘦果。种子：－。海拔：－。生境：－。资源：－。栽培：－。全球 1 个大洲分布及属种数(6/24 hort. 1，cult. 1)◆非洲：4/ 11。

Didimodon Hedw. ex P. Beauv. ＝ **Didymodon**

Didiplis Raf. 水篱草属 Lythraceae［MD－333］特征纪要：习性：木本(水生)。花程式：Kn，C2－3 参考科，A10，＝↓G－。物候：－。海拔：－。生境：－。资源：具园艺种类。全球 3 个大洲分布及种数(1－10)亚洲：4；北美洲：2；南美洲：6。

Didiscus DC. ex Hook. ＝ **Trachymene**

Didissandra C. B. Clarke 肋蒴苣苔属 Gesneriaceae［MD－549］特征纪要：习性：草质攀援。花程式：－。物候：－。花期：8－9 月。果期：参考晚于花期。海拔：1200－2100 米。生境：生于林下潮湿处或溪边，岩石上。资源：具园艺种类。全球 6 个大洲分布及种数(14－22)非洲：1；亚洲：13－19；大洋洲：1；欧洲：1；北美洲：1；南美洲：1。【中国种数：1】。

Didonica Luteyn & Wilbur 羊乳莓属 Ericaceae［MD－380］特征纪要：习性：木本。花程式：(K)5－8，(C)5－8，A10，＝(G)2－4。其他特征参考科。全球 2 个大洲分布及种数(4－8)北美洲：8；南美洲：4。

Didymaea Hook. f. 双球茜属 Rubiaceae［MD－523］特征纪要：习性：木本。花程式：(K)4－5，(C)4－5，A4－5，＝↓G2－9。其他特征参考科。全球 2 个大洲分布及种数(5－14)北美洲：5；南美洲：1。

Didymanthus Endl. 南美榛属 Amaranthaceae［MD－116］特征纪要：习性：－。花程式：－。其他特征参考科。全球 1 个大洲分布及种数(1)◆大洋洲。

Didymaotus N. E. Br. 灵石花属 Aizoaceae［MD－94］特征纪要：习性：草本。花程式：Kn，C∞ 参考科，A5 参考科，＝↓G－。其他特征参考科。全球 1 个大洲分布及种数(1)◆非洲。

Didymelaceae Leandri［MD－75］双颊果科 特征纪要：习性：木本；落叶。花程式：K4，C0，A2－4，↑G1。物候：－。果实：－。种子：－。海拔：－。生境：－。资源：－。栽培：－。全球 1 个大洲分布及属种数(2/5)◆非洲：1/ 3－8。

Didymeles Thou. 双蕊花属 Didymelaceae［MD－75］特征纪要(同科)。全球 5 个大洲分布及种数(2－38)非洲：7；亚洲：4；欧洲：1；北美洲：1；南美洲：16。

Didymia Phil. ＝ **Cyperus**

Didymiandrum Gilly 木秆茅属 Cyperaceae［MM－747］特征纪要：习性：草本。花程式：(K)3，C3，A1－3，＝↓G2－3。其他特征参考科。全球 1 个大洲分布及种数(1－2)◆南美洲。

Didymocarpus Wall. 长蒴苣苔属 Gesneriaceae［MD－549］特征纪要：习性：草本，亚灌木。花程式：－。物候：－。花期：7 月。果期：参考晚于花期。海拔：1000－2200 米。生境：低山阴处石上，岩石山谷森林。资源：药用，具栽培园艺种类。全球 6 个大洲分布及种数(48－129；hort. 1)非洲：2－14；亚洲：47－119；大洋洲：1－9；欧洲：7；北美洲：7；南美洲：9。【中国种数：31】。

Didymochaeta Steud. ＝ **Bromidium**

Didymochlaena Desv. 翼囊蕨属 Dryopteridaceae［F－49］特征纪要：习性：－。【Rep】：孢子同形，囊群生叶背有盖。物候：－。海拔：－。生境：－。资源：具园艺种类。全球 6 个大洲分布及种数(17－55)非洲：11；亚洲：14；大洋洲：4；欧洲：5；北美洲：5；南美洲：34。【中国种数：1】。

Didymocistus Kuhlm. 双囊茶属 Phyllanthaceae［MD－222］特征纪要：习性：木本。花程式：K1(1000)，C0，A6，＝

(G)2-3。其他特征参考科。全球2个大洲分布及种数(1-7)非洲:2; 南美洲:7。

Didymodon Hedw. 对齿藓属 Pottiaceae [B-133] 特征纪要:习性:-。【Rep】:雌雄同株,蒴柄多右旋,蒴盖具长喙,蒴帽兜形,孢子褐绿色,无性芽孢由8个以下细胞构成。物候:-。全球6个大洲分布及种数(171)非洲:35;亚洲:63;大洋洲:17;欧洲:40;北美洲:63;南美洲:73。【中国种数:40】。

Didymodoxa E. Mey. ex Wedd. 裸单蕊麻属 Urticaceae [MD-91] 特征纪要:习性:木本。花程式:K2-4,C0,A2-4,↓G-参考科。其他特征参考科。全球3个大洲分布及种数(3-9)非洲:8; 亚洲:2; 大洋洲:1。【中国种数:1】。

Didymodum Hedw. ex P. Beauv. = **Didymodon**

Didymoglossum Desv. 毛边蕨属 Hymenophyllaceae [F-21] 特征纪要:习性:-。【Rep】:孢子同形,囊群生叶缘之外(有托)。物候:-。海拔:200-3700米。生境:常绿阔叶林,砂岩基部生,竹林石隙中。资源:-。全球6个大洲分布及种数(34-39)非洲:9-11;亚洲:10-12;大洋洲:5-7;欧洲:2;北美洲:4-7;南美洲:12-14。

Didymogonyx (L. G. Clark & Londoño) C. D. Tyrrell, L. G. Clark & Londoño 南美复禾属 Poaceae [MM-748] 特征纪要:习性:草本。花程式:(K-),C0 参考科,A3 参考科,↓G-参考科。其他特征参考科。全球1个大洲分布及种数(2) ◆南美洲:2。

Didymopanax Decne. & Planch. 蛇荚黄芪属 Araliaceae [MD-471] 特征纪要:习性:木本。花程式:K1-∞,C1-∞,A2,=↓G-。其他特征参考科。全球2个大洲分布及种数(38-109)北美洲:3; 南美洲:40。

Didymopelta Regel & Schmalh. = **Astragalus**

Didymophysa Boiss. 双球芥属 Brassicaceae [MD-213] 特征纪要:习性:草本。花程式:K2-4,C2-4,A2-4,=(G)2。其他特征参考科。全球1个大洲分布及种数(cf. 1)◆亚洲。

Didymoplexiella Garay 锚柱兰属 Orchidaceae [MM-723] 特征纪要:习性:草本(根状茎,腐生,多肉)。花程式:(K-),C2-3 参考科,A3 参考科,=↓G3。物候:-。花期:4-7月。果期:参考晚于花期。海拔:80-5200米。生境:阔叶林中阴凉处。资源:-。全球1个大洲分布及种数(6-7)◆亚洲。【中国种数:2】。

Didymoplexiopsis Seidenf. 拟锚柱兰属 Orchidaceae [MM-723] 特征纪要:习性:草本(具根状茎)。花程式:(K)3,C3,A3,↓G-。物候:-。花期:3月。果期:参考晚于花期。海拔:700-800米。生境:湿润常绿森林。资源:-。全球1个大洲分布及种数(cf. 1)◆亚洲(◆中国)。【中国种数:1】。

Didymoplexis Griff. 双唇兰属 Orchidaceae [MM-723] 特征纪要:习性:草本(根状茎,腐生,多肉)。花程式:(K-),C2-3 参考科,A3 参考科,=↓G3。物候:-。海拔:100-300米。生境:灌丛中,海拔接近海平面,湿雨林,竹林,季节性干旱林。资源:-。全球3个大洲分布及种数(9-22)非洲:4-8;亚洲:5-12;大洋洲:3-4。【中国种数:3】。

Didymopogon Bremek. 尖叶木属 Rubiaceae [MD-523] 特征纪要:习性:木本。花程式:-。其他特征参考科。全球1个大洲分布及种数(1)◆亚洲。

Didymosalpinx Keay 蔓钟木属 Rubiaceae [MD-523] 特征纪要:习性:木本。花程式:(K)4-5,(C)4-5,A4-5,=↓G2-9。其他特征参考科。全球3个大洲分布及种数(5-9)非洲:9; 亚洲:2; 南美洲:2。

Didymostigma W. T. Wang 双片苣苔属 Gesneriaceae [MD-549] 特征纪要:习性:草本。花程式:(K-),(C)5 参考科,A5,↓G-。物候:-。花期:9月。果期:参考晚于花期。海拔:650米。生境:边缘潮湿,岩石上的森林。资源:-。全球1个大洲分布及种数(2-3)◆亚洲(◆中国)。【中国种数:2】。

Diedropetala Galushko = **Delphinium**

Dieffenbachia Schott 黛粉芋属 Araceae [MM-639] 特征纪要:习性:木本。花程式:-。物候:-。花期:2-9月。果期:参考晚于花期。海拔:100-4400米。生境:芭蕉-海芋群落,山阴坡草地。资源:药用,园林,具栽培园艺种类。全球6个大洲分布及种数(67-140)非洲:5;亚洲:7-14;大洋洲:5;欧洲:1-6;北美洲:33-40;南美洲:53-129。【中国种数:1】。

Diegodendraceae R. Capuron [MD-165] 地果莲木科 特征纪要:习性:木本;落叶。花程式:K3,C3,A3,↑(G)1-4。全球1个大洲分布及属种数(2/3)◆非洲:1/1。

Diegodendron Capuron 基柱木属 Diegodendraceae [MD-165] 特征纪要(参考)。全球1个大洲分布及种数(1)◆非洲(◆马达加斯加)。

Dielitzia P. S. Short 层苞鼠麹草属 Asteraceae [MD-586] 特征纪要:习性:草本。花程式:(K)3-5,C3-5,A3-5,=↓(G)2。其他特征参考科。全球1个大洲分布及种数(1)◆大洋洲(◆澳大利亚)。

Diellia Brack. 岛铁角蕨属 Aspleniaceae [F-43] 特征纪要:习性:-。【Rep】:孢子同形,囊群生叶背有盖。其他特征参考科。全球2个大洲分布及种数(28)北美洲:22; 南美洲:16。

Dielsantha E. Wimm. 丝柱莲属 Campanulaceae [MD-561] 特征纪要:习性:草本。花程式:(K)5,(C)5,A5,=↓(G)2-3。其他特征参考科。全球1个大洲分布及种数(1)◆非洲。

Dielsia Gilg ex Diels & E. Pritz. 狭穗灯草属 Restionaceae [MM-744] 特征纪要:习性:-。花程式:-。其他特征参考科。全球2个大洲分布及种数(1-4)亚洲:2; 大洋洲:3。

Dielsiocharis O. E. Schulz 中亚庭芥属 Brassicaceae [MD-213] 特征纪要:习性:草本。花程式:K2-4,C2-4,A2-4,=(G)2。物候:-。花期:3-7月。果期:6-8月。海拔:30-6200米。生境:半固定沙地前平地,作为蔬菜栽培。资源:具栽培园艺种类。全球1个大洲分布及种数(cf. 1)◆亚洲。

Dielsiochloa Pilg. 多须茅属 Poaceae [MM-748] 特征纪要:习性:-。花程式:-。其他特征参考科。全球1个大洲分布及种数(1)◆南美洲。

Dielsiodoxa Albr. 柽柳石南属 Ericaceae [MD-380] 特征纪要:习性:木本。花程式:-。其他特征参考科。全球1个大洲分布及种数(2-5)◆大洋洲(◆澳大利亚)。

Dielsiothamnus R. E. Fr. 展玉盘属 Annonaceae［MD－7］特征纪要：习性：木本。花程式：K3－∞，C3，A2，＝G10－100。其他特征参考科。全球1个大洲分布及种数(1)◆非洲。

Diemenia Korth. ＝ **Parastemon**

Dienia Lindl. 无耳沼兰属 Orchidaceae［MM－723］特征纪要：习性：草本。花程式：(K)3，C3，A3，＝↓G3。物候：－。花期：5－8月。果期：参考晚于花期。海拔：2000米。生境：陆地。资源：具园艺种类。全球2个大洲分布及种数(8－11)亚洲：6－7；大洋洲：2。【中国种数：2】。

Dierama K. Koch 漏斗鸢尾属 Iridaceae［MM－700］特征纪要：习性：草本。花程式：(K)3，C3，A10，＝↓G3。其他特征参考科。全球6个大洲分布及种数(44－59)非洲：57；亚洲：2；大洋洲：4；欧洲：17；北美洲：17；南美洲：7。

Diervilla Tourn. ex Mill. 黄锦带属 Diervillaceae［MD－511］特征纪要(同科)。全球6个大洲分布及种数(4－9)非洲：10；亚洲：3－16；大洋洲：10；欧洲：1－13；北美洲：3－15；南美洲：10。【中国种数：2】。

Diervillaceae Pyck［MD－511］夷忍冬科 特征纪要：习性：木本；落叶。花程式：(K)5，C4－5，A，G－。物候：－。花期：－。果期：－。果实：－。种子：－。海拔：100－1500米。生境：－。资源：－。栽培：－。全球3个大洲分布及属种数(1/1 hort.1) 亚洲：1/5－8；欧洲：1/3－5；北美洲：1/5－7。

Diesingia Endl. ＝ **Psophocarpus**

Dieteria Nutt. 灰菀属 Asteraceae［MD－586］特征纪要：习性：草本。花程式：(K)3－5，(C)3－5，A3－5，↓G。其他特征参考科。全球2个大洲分布及种数(16－30)北美洲：17；南美洲：1。

Dieterlea E. J. Lott 迪特葫芦属 Cucurbitaceae［MD－205］特征纪要：习性：－。花程式：－。其他特征参考科。全球1个大洲分布及种数(1－2)◆北美洲。

Dietes Salisb. ex Klatt 离被鸢尾属 Iridaceae［MM－700］特征纪要：习性：草本。花程式：(K)3，C3，A10，＝↓G3。物候：－。花期：4－5月。果期：参考晚于花期。海拔：100－4400米。生境：草丛中，自然山坡地。资源：－。全球6个大洲分布及种数(8－26)非洲：22；亚洲：3；大洋洲：5；欧洲：11；北美洲：11；南美洲：7。【中国种数：1】。

Digastrium A. Camus ＝ **Ischaemum**

Digeneopsis <unassigned> 红花荷科属 Rhodoleiaceae［MD－64］特征纪要：－。全球1个大洲分布及种数(1)◆非洲：1。

Digera Forssk. 长序苋属 Amaranthaceae［MD－116］特征纪要：习性：草本。花程式：K1－2，C0，A1－2，＝G2－3。物候：－。海拔：2300米。生境：中山疏林，密林，灌丛。资源：－。全球6个大洲分布及种数(2；hort.1)非洲：1－2；亚洲：1－2；大洋洲：1；欧洲：1；北美洲：1－2；南美洲：1－2。【中国种数：1】。

Digitacalia Pippen 指蟹甲属 Asteraceae［MD－586］特征纪要：习性：草本。花程式：(K)3－5，C3－5，A3－5，＝↓(G)2。其他特征参考科。全球3个大洲分布及种数(4－9)非洲：2；北美洲：8；南美洲：1。

Digitalis Tourn. ex L. 毛地黄属 Plantaginaceae［MD－527］特征纪要：习性：草本(基生)。花程式：(K－)，C5，A5，↓G－。物候：－。花期：5－6月。果期：参考晚于花期。海拔：100米。生境：杉木林下透光处。资源：药用，具栽培园艺种类。全球6个大洲分布及种数(40－129)非洲：13；亚洲：30；大洋洲：6；欧洲：18；北美洲：18；南美洲：15。【中国种数：6】。

Digitaria Haller 马唐属 Poaceae［MM－748］特征纪要：习性：草本。花程式：(K－)，C0参考科，A3参考科，＝G2－3。物候：－。海拔：1000－1800米。生境：滨海沙地，松林下。资源：具栽培园艺种类。全球6个大洲分布及种数(264－909)非洲：454；亚洲：267；大洋洲：208；欧洲：294；北美洲：294；南美洲：224。【中国种数：40】。

Digitariella De Winter ＝ **Digitaria**

Digitariopsis C. E. Hubb. ＝ **Digitaria**

Diglosselis Raf. ＝ **Aristolochia**

Diglossophyllum (Michx.) H. Wendl. ex Drude ＝ **Serenoa**

Diglottis Nees & Mart. ＝ **Conchocarpus**

Diglyphosa Bl. 密花兰属 Orchidaceae［MM－723］特征纪要：习性：草本。花程式：Kn，C2－3参考科，A3参考科，＝↓G3。物候：－。花期：6月。果期：参考晚于花期。海拔：1200米。生境：山谷，沟谷林下阴湿处。资源：－。全球3个大洲分布及种数(3－6)非洲：1；亚洲：4；大洋洲：1。【中国种数：1】。

Dignathe Lindl. ＝ **Cuitlauzina**

Dignathia Stapf 合宜草属 Poaceae［MM－748］特征纪要：习性：草本。花程式：(K)3，C0参考科，A1－2，＝(G)2－3。其他特征参考科。全球2个大洲分布及种数(4－6)非洲：3－5；亚洲：2－3。【中国种数：1】。

Digomphia Benth. 二叉蕊属 Bignoniaceae［MD－541］特征纪要：习性：－。花程式：－。其他特征参考科。全球1个大洲分布及种数(3)◆南美洲。

Digoniopterys Arènes 二节翅属 Malpighiaceae［MD－343］特征纪要：习性：木本。花程式：K5，C5，A10，＝G2－3。其他特征参考科。全球1个大洲分布及种数(1)◆非洲(◆马达加斯加)。

Digrammaria Webb & Berth. ex C. Presl ＝ **Diplazium**

Digraphis Trin. ＝ **Phalaris**

Diheteropogon Stapf 非洲须芒草属 Poaceae［MM－748］特征纪要：习性：草本。花程式：(K)3，C0参考科，A1－2，＝(G)2－3。其他特征参考科。全球4个大洲分布及种数(5－12)非洲：12；亚洲：4；大洋洲：2；北美洲：2。【中国种数：1】。

Diholcos (Baill.) Rydb. 豆科属 Fabaceae3［MD－240］特征纪要：习性：－。花程式：－。其他特征参考科。

Dilatris P. J. Bergius 伞血草属 Haemodoraceae［MM－718］特征纪要：习性：草本。花程式：－。其他特征参考科。全球4个大洲分布及种数(4－9)非洲：9；亚洲：2；大洋洲：2；北美洲：3。

Dilepyrum Michx. = **Oryzopsis**

Dilkea Mast. 管托莲属 Passifloraceae［MD－151］特征纪要:习性:木本。花程式:K1－∞,C1－∞,A5－20,=↓G2－3。其他特征参考科。全球5个大洲分布及种数(13－28)非洲:2; 亚洲:5; 欧洲:7; 北美洲:7; 南美洲:28。

Dillandia V. A. Funk & H. Rob. 羽脉黄安菊属 Asteraceae［MD－586］特征纪要:习性:草本。花程式:(K)3－5,C3－5,A3－5,=↓(G)2。其他特征参考科。全球2个大洲分布及种数(3－4)北美洲:2; 南美洲:4。

Dillenia L. 五桠果属 Dilleniaceae［MD－66］特征纪要和分布(－)。全球6个大洲分布及种数(27－73)非洲:8－18;亚洲:21－59;大洋洲:15－38;欧洲:3－6;北美洲:4－7;南美洲:3－5。【中国种数:14】。

Dilleniaceae Salisb.［MD－66］五桠果科 特征纪要:习性:木本,藤本;常绿,落叶。花程式:K4－5,C5,A5,G－。物候:－。果实:浆果。种子:种皮作不规则的矩圆形。海拔:400－1000米。生境:次生灌丛及草地上。资源:药用。全球6个大洲分布及属种数(13－15/481－661 <IFR 4/15> hort. 1;cult. 2) 非洲:3/38－46(IFR 1/1); 亚洲:6/80－123; 大洋洲:4/288－348(IFR 1/7); 欧洲:2/6－7; 北美洲:7/44－46(IFR 1/1); 南美洲:6/134－145(IFR 3/6)。【中国属种数:6/22】。

Dillwynia Sm. 鹦花豆属 Fabaceae3［MD－240］特征纪要:习性:－。花程式:－。其他特征参考科。全球6个大洲分布及种数(14－32)非洲:1;亚洲:2－3;大洋洲:13－21;欧洲:2－3;北美洲:1－2;南美洲:1。【中国种数:1】。

Dilobeia Thou. 鹿角木属 Proteaceae［MD－219］特征纪要:习性:木本。花程式:K3－4－∞,C0,A2,=G1。其他特征参考科。全球1个大洲分布及种数(2)◆非洲(◆马达加斯加)。

Dilochia Lindl. 蔗兰属 Orchidaceae［MM－723］特征纪要:习性:草本。花程式:(K)3,C3,A3,=↓G3。物候:－。花期:参考早于果期。果期:10－11月。海拔:80－5200米。生境:柏树林下或草坡路旁,竹坡中。资源:－。全球6个大洲分布及种数(10－46)非洲:1; 亚洲:16; 大洋洲:5; 欧洲:3; 北美洲:3; 南美洲:24。

Dilochiopsis (Hook. f.) Brieger 毛兰属 Orchidaceae［MM－723］特征纪要:习性:草本。花程式:(K)3,C3,A3,↓G－。其他特征参考科。全球1个大洲分布及种数(2) ◆亚洲:1。

Dilodendron Radlk. 热美无患子属 Sapindaceae［MD－428］特征纪要:习性:木本。花程式:K4－8,C4－8,A10,=G2－3。其他特征参考科。全球2个大洲分布及种数(3－7)北美洲:5; 南美洲:6。

Dilomilis Raf. 印巴兰属 Orchidaceae［MM－723］特征纪要:习性:草本。花程式:(K)3,C3,A3,=↓(G)3。其他特征参考科。全球4个大洲分布及种数(5－10)亚洲:4; 大洋洲:2; 北美洲:9; 南美洲:4。

Dilophia Thoms. 双脊荠属 Brassicaceae［MD－213］特征纪要:习性:草本(根状茎,基生,多肉)。花程式:Kn,C2－3参考科,A3参考科,G－。物候:－。花期:参考早于果期。果期:8－10月。海拔:2200－5500米。生境:固结草坡,间歇性河水冲积地河岸一级阶地。资源:具园艺种类。全球2个大洲分布及种数(2－25)亚洲:6; 南美洲:18。【中国种数:1】。

Dilophotriche (C. E. Hubb.) Jacq. －Fél. = **Loudetiopsis**

Dimeiostemon Raf. = **Andropogon**

Dimelaena <unassigned> 唐松木科属 Physenaceae［MD－169］特征纪要:习性:－。花程式:－。其他特征参考科。全球3个大洲分布及种数(10)亚洲:2; 北美洲:4; 南美洲:7。

Dimenops Raf. = **Krameria**

Dimenostemma Steud. = **Dimerostemma**

Dimerandra Schltr. 裂床兰属 Orchidaceae［MM－723］特征纪要:习性:草本。花程式:(K)3,C3,A3,=↓(G)3。其他特征参考科。全球3个大洲分布及种数(7－15)非洲:2; 北美洲:11; 南美洲:14。

Dimerella <unassigned> 英国菊属 Asteraceae［MD－586］特征纪要和分布(－)。

Dimeresia A. Gray 对双菊属 Asteraceae［MD－586］特征纪要:习性:草本。花程式:(K)3－5,(C)3－5,A3－5,↓G。其他特征参考科。全球1个大洲分布及种数(1)◆北美洲(◆美国)。

Dimeria R. Br. 雁茅属 Poaceae［MM－748］特征纪要:习性:草本(基生)。花程式:(K－),C0参考科,A3参考科,=G2－3。物候:－。海拔:2000米。生境:草地,山顶,山坡向阳处,沼泽斜坡,湖边。资源:具园艺种类。全球6个大洲分布及种数(47－71;hort. 1;cult. 2)非洲:4－12;亚洲:44－62;大洋洲:11－18;欧洲:1－3;北美洲:2－4;南美洲:2。【中国种数:7】。

Dimerocarpus Gagnep. = **Streblus**

Dimerocostus Kuntze 双室姜属 Costaceae［MM－738］特征纪要:习性:草本。花程式:－。其他特征参考科。全球3个大洲分布及种数(5－20)大洋洲:3; 北美洲:6; 南美洲:20。

Dimerodontium Mitt. 圆碎米藓属 Fabroniaceae［B－173］特征纪要:习性:－。【Rep】:雌雄同株,内雌苞叶鞘状,具细长尖,边缘具齿或毛,无中肋,蒴柄短或稍细长,黄色,平滑,孢蒴直立,倒卵形,雌雄异株或雌雄同株,孢蒴高出,直立,卵形或圆柱形,台部粗短,薄壁,气孔生于台部,环带常存。其他特征参考科。全球2个大洲分布及种数(9)非洲:3;南美洲:8。

Dimerosporium <unassigned> 复芳草属 Asteliaceae［MM－635］特征纪要:－。全球1个大洲分布及种数(30)◆南美洲:29。

Dimerostemma Cass. 双冠菊属 Asteraceae［MD－586］特征纪要:习性:草本。花程式:(K)3－5,(C)3－5,A3－5,=↓G2。其他特征参考科。全球6个大洲分布及种数(31－127)非洲:19; 亚洲:16; 大洋洲:5; 欧洲:27; 北美洲:27; 南美洲:78。

Dimesia Raf. = **Hierochloe**

Dimetia (Wight & Arn.) Meisn. 矮小耳草属 Rubiaceae［MD－523］特征纪要:习性:－。花程式:－。物候:－。花期:参考早于果期。果期:10月。海拔:5－4800米。生境:矮林内。资源:－。全球2个大洲分布及种数(10

D

-11)亚洲:10; 北美洲:1。

Dimetopia DC. = **Trachymene**

Dimetra Kerr 逢春花属 Oleaceae [MD-498] 特征纪要:习性:木本。花程式:K2-4,C0,A2-4,=(G)2-4。其他特征参考科。全球1个大洲分布及种数(cf. 1)◆东南亚(◆泰国)。

Dimocarpus Lour. 肖韶子属 Sapindaceae [MD-428] 特征纪要:习性:木本。花程式:-。物候:-。花期:夏天。果期:参考晚于花期。海拔:400-1000米。生境:河边,疏林中。资源:药用,具栽培园艺种类。全球6个大洲分布及种数(14-34)非洲:1; 亚洲:27; 大洋洲:5; 欧洲:3; 北美洲:3; 南美洲:2。【中国种数:3】。

Dimorphandra Schott 松塔豆属 Fabaceae1 [MD-240] 特征纪要:习性:木本。花程式:K3-5-∞,C3-5-∞,A3-5,=↓G1-2。其他特征参考科。全球3个大洲分布及种数(31-51)亚洲:1; 北美洲:4; 南美洲:50。

Dimorphanthera (F. Müll. ex Drude) F. Müll. 异药莓属 Ericaceae [MD-380] 特征纪要:习性:木本。花程式:K5-8,(C)5-8,A10,=(G)2-4。其他特征参考科。全球3个大洲分布及种数(91-125)非洲:101; 亚洲:110; 大洋洲:101。【中国种数:1】。

Dimorphella (Müll. Hal.) Renauld & Cardot 灰藓科属 Hypnaceae [B-189] 特征纪要:-。全球1个大洲分布及种数(-)。

Dimorphocalyx Thwaites 异萼木属 Euphorbiaceae [MD-217] 特征纪要:习性:-。花程式:-。物候:-。花期:5-12月。果期:参考晚于花期。海拔:100-200米。生境:海边灌木丛中或疏林下潮湿处,沿海灌木丛,开阔林地。资源:-。全球4个大洲分布及种数(10-21;hort. 1)非洲:1;亚洲:9-16;大洋洲:1;北美洲:1。

Dimorphocarpa Rollins 异果荠属 Brassicaceae [MD-213] 特征纪要:习性:草本。花程式:K2-4,C2-4,A2-4,=(G)2。其他特征参考科。全球2个大洲分布及种数(4-6)北美洲:5; 南美洲:1。

Dimorphochloa S. T. Blake = **Cleistochloa**

Dimorphocladium Britton = **Phyllanthus**

Dimorphocladon Dixon 亚洲油藓属 Symphyodontaceae [B-196] 特征纪要:习性:-。【Rep】:雌雄异苞同株,内雌苞叶有皱褶,具细长尖,蒴柄长2-3厘米,孢蒴圆柱形,下垂,蒴齿两层,外齿层齿片披针,老时呈红棕色。其他特征参考科。全球1个大洲分布及种数(3)◆亚洲:2。

Dimorphoclamys Hook. f. = **Momordica**

Dimorphocoma F. Müll. & Tate 异冠层菀属 Asteraceae [MD-586] 特征纪要:习性:草本。花程式:(K)3-5,C3-5,A3-5,=↓(G)2。其他特征参考科。全球1个大洲分布及种数(1)◆大洋洲(◆澳大利亚)。

Dimorphopteris Tagawa & K. Iwats. ex K. Iwats. = **Thelypteris**

Dimorphorchis Rolfe 异花兰属 Orchidaceae [MM-723] 特征纪要:习性:-。花程式:-。其他特征参考科。全球3个大洲分布及种数(10-14)非洲:3; 亚洲:8; 大洋洲:2。

Dimorphosciadium Pimenov 矮伞芹属 Apiaceae [MD-480] 特征纪要:习性:草本。花程式:K5,C5,A5,=↓G(-)。物候:-。花期:6-7月。果期:参考晚于花期。海拔:50-5600米。生境:草原。资源:-。全球1个大洲分布及种数(1-2) ◆亚洲:1。

Dimorphostachys Fourn. = **Paspalum**

Dimorphostemon Kitag. = **Dontostemon**

Dimorphotheca Mönch 异果菊属 Asteraceae [MD-586] 特征纪要:习性:草本。花程式:(K)3-5,(C)3-5,A3-5,↓G。其他特征参考科。全球6个大洲分布及种数(22-58)非洲:49; 亚洲:5; 大洋洲:8; 欧洲:10; 北美洲:10; 南美洲:14。

Dinaeba Delile = **Dinebra**

Dinckleria Trevis. 澳双羽苔属 Plagiochilaceae [B-73] 特征纪要:习性:-。【Rep】:雌雄同株或异株,雌苞顶生或生于侧枝先端,蒴萼多种形态,通常口部扁平,孢蒴卵圆形,成熟时4,绿色或淡绿色。其他特征参考科。全球1个大洲分布及种数(1)◆大洋洲(◆澳大利亚)。

Dineba Delile ex P. Beauv. = **Dinebra**

Dinebra Jacq. 弯穗草属 Poaceae [MM-748] 特征纪要:习性:草本(基生)。花程式:-。物候:-。花期:参考早于果期。果期:11-12月。海拔:1150米。生境:耕地或墙头。资源:具栽培园艺种类。全球6个大洲分布及种数(18-20;hort. 1)非洲:6-11;亚洲:14-20;大洋洲:4-9;欧洲:3-8;北美洲:12-17;南美洲:2-7。【中国种数:1】。

Dinema Lindl. 双丝兰属 Orchidaceae [MM-723] 特征纪要:习性:草本。花程式:(K)3,C3,A3,=↓(G)3。其他特征参考科。全球3个大洲分布及种数(1-8)亚洲:2; 北美洲:2; 南美洲:5。

Dinemagonum A. Juss. 双曲蕊属 Malpighiaceae [MD-343] 特征纪要:习性:木本。花程式:K5,C5,A10,=G2-3。其他特征参考科。全球1个大洲分布及种数(1)◆南美洲(◆智利)。

Dinemandra A. Juss. ex Endl. 双雄金虎尾属 Malpighiaceae [MD-343] 特征纪要:习性:木本。花程式:K5,C5,A10,=G2-3。其他特征参考科。全球1个大洲分布及种数(1)◆南美洲。

Dinetopsis Roberty = **Dinetus**

Dinetus Buch.-Ham. ex D. Don 飞蛾藤属 Convolvulaceae [MD-499] 特征纪要:习性:草本。花程式:-。物候:-。花期:6-9月。果期:参考晚于花期。海拔:100-3200米。生境:灌丛,落叶林或云林,水道,峡谷,向阳山坡。资源:药用,具栽培园艺种类。全球3个大洲分布及种数(8-16)亚洲:15; 北美洲:2; 南美洲:2。【中国种数:6】。

Dinghoua R. H. Archer 侯定木属 Celastraceae [MD-339] 特征纪要:习性:木本。花程式:Kn,C2-3参考科,A10,

G－。其他特征参考科。全球 2 个大洲分布及种数(1－3)大洋洲:1; 南美洲:2。

Dinizia Ducke 双豆属 Fabaceae3［MD－240］特征纪要:习性:木本。花程式:K1－∞,C3－5－∞,A5－9,=↓G1。其他特征参考科。全球 2 个大洲分布及种数(2－3)北美洲:2; 南美洲:3。

Dinklagea Gilg = **Manotes**

Dinklageella Mansf. 攀根兰属 Orchidaceae［MM－723］特征纪要:习性:草本。花程式:(K－),C2－3 参考科,A3 参考科,↓G－。其他特征参考科。全球 1 个大洲分布及种数(4)◆非洲。

Dinklageodoxa Heine & Sandwith 丁克紫葳属 Bignoniaceae［MD－541］特征纪要:习性:木本。花程式:K5－裂片,C0,A5,=(G)2。其他特征参考科。全球 1 个大洲分布及种数(1)◆非洲(◆利比里亚)。

Dinocanthium Bremek. = **Pyrostria**

Dinochloa Buse 藤竹属 Poaceae［MM－748］特征纪要:习性:草本。花程式:(K)3,C0 参考科,A1－2,=G2－3。物候:－。海拔:10－5600 米。生境:山坡,密林下。资源:具栽培园艺种类。全球 1 个大洲分布及种数(24－33)◆亚洲。【中国种数:3】。

Dinophora Benth. 旋梗野牡丹属 Melastomataceae［MD－364］特征纪要:习性:木本。花程式:K4－5,C4－5,A4－5,=↓(G)3－4。其他特征参考科。全球 3 个大洲分布及种数(2－9)非洲:6; 亚洲:3; 南美洲:2。

Dinoseris Griseb. 钟苞琉菊木属 Asteraceae［MD－586］特征纪要和分布(－)。全球 1 个大洲分布及种数(1)◆南美洲。

Dinosperma T. G. Hartley 厚壳桂属 Rutaceae［MD－399］特征纪要:习性:木本。花程式:－。其他特征参考科。全球 1 个大洲分布及种数(1－5)◆大洋洲。

Dintera Stapf 迪恩玄参属 Plantaginaceae［MD－527］特征纪要:习性:草本(水生)。花程式:Kn,C0,A3 参考科,↓G2。其他特征参考科。全球 2 个大洲分布及种数(1－3)非洲:2; 南美洲:2。

Dinteracanthus C. B. Clarke ex Schinz 非洲复爵床属 Acanthaceae［MD－572］特征纪要:习性:草本。花程式:Kn,C0,A3 参考科,↓G。其他特征参考科。全球 1 个大洲分布及种数(2－5) ◆非洲:2－5。

Dinteranthus Schwantes 春桃玉属 Aizoaceae［MD－94］特征纪要:习性:草本。花程式:K3－4,C3－4,A5 参考科,=↓G－。其他特征参考科。全球 3 个大洲分布及种数(7－15)非洲:11; 大洋洲:2; 南美洲:2。

Dioaceae Doweld = Zamiaceae

Diobelon Hampe 小曲尾藓属 Dicranaceae［B－128］特征纪要:－。全球 1 个大洲分布及种数(－)。

Diobelonella Ochyra 回尾藓属 Aongstroemiaceae［B－121］特征纪要:习性:－。【Rep】:黄色或黄褐色。其他特征参考科。全球 3 个大洲分布及种数(1)亚洲:1;欧洲:1;北美洲:1。

Dioclea Kunth 迪奥豆属 Fabaceae3［MD－240］特征纪要:习性:－。花程式:－。全球 6 个大洲分布及种数(65)非洲:4－7;亚洲:4－12;大洋洲:3－6;欧洲:3;北美洲:15－20;南美洲:52－65。【中国种数:1】。

Diodella Small 回茜草属 Rubiaceae［MD－523］特征纪要:习性:－。花程式:－。其他特征参考科。全球 6 个大洲分布及种数(18)非洲:9; 亚洲:8; 大洋洲:3; 欧洲:12; 北美洲:12; 南美洲:18。

Diodia L. 双角草属 Rubiaceae［MD－523］特征纪要:习性:木本。花程式:－。物候:－。海拔:5－4800 米。生境:竹林边。资源:具栽培园艺种类。全球 6 个大洲分布及种数(15－46;hort. 1;cult. 1)非洲:6－25;亚洲:5－18;大洋洲:2－15;欧洲:13;北美洲:10－29;南美洲:10－29。【中国种数:1】。

Diodonopsis Pridgeon & M. W. Chase 细瓣兰属 Orchidaceae［MM－723］特征纪要:习性:草本。花程式:(K)3,C3,A3,=↓G3。其他特征参考科。全球 2 个大洲分布及种数(7)北美洲:2;南美洲:6。

Diodontium F. Müll. 双齿菊属 Asteraceae［MD－586］特征纪要:习性:草本。花程式:(K)3－5,C3－5,A3－5,=↓(G)2。其他特征参考科。全球 1 个大洲分布及种数(1)◆大洋洲(◆澳大利亚)。

Diodosperma H. Wendl. = **Trithrinax**

Dioecrescis Tirveng. 栀子属 Rubiaceae［MD－523］特征纪要:习性:木本。花程式:(K－),(C)4,A3－5,↓G。物候:－。花期:参考早于果期。果期:10 月。海拔:5－4800 米。生境:矮林内。资源:－。全球 1 个大洲分布及种数(1)◆亚洲。【中国种数:1】。

Diogenesia Sleumer 桂叶莓属 Ericaceae［MD－380］特征纪要:习性:木本。花程式:(K)5－8,(C)5－8,A10,=G2－4。其他特征参考科。全球 3 个大洲分布及种数(14－28)非洲:2; 亚洲:11; 南美洲:28。

Diogoa Exell & Mendonça 迪奥戈木属 Olacaceae［MD－362］特征纪要:习性:木本。花程式:K5,C5,A5－6,=G2－3。其他特征参考科。全球 2 个大洲分布及种数(2－4)非洲:3; 亚洲:2。

Dioicodendron Steyerm. 异株绫花属 Rubiaceae［MD－523］特征纪要:习性:木本。花程式:(K)4－5,(C)4－5,A4－5,=↓(G)2－9。其他特征参考科。全球 1 个大洲分布及种数(1)◆南美洲。

Diolena Naudin 回野牡丹属 Melastomataceae［MD－364］特征纪要:习性:－。花程式:－。其他特征参考科。全球 2 个大洲分布及种数(4－5)北美洲:cf. 1;南美洲:3。

Diomedea Bert. ex Colla = **Helianthus**

Diomedella Cass. = **Borrichia**

Dion Lindl. = **Dioon**

Dionaea J. Ellis 捕蝇草属 Droseraceae［MD－261］特征纪要:习性:草本。花程式:Kn,C2－3 参考科,A3 参考科,=↓G－。其他特征参考科。全球 4 个大洲分布及种数(1－2)亚洲:2; 欧洲:2; 北美洲:2; 南美洲:2。

Dioncophyllaceae Airy－Shaw［MD－139］双钩叶科 特征纪要:习性:木本;落叶。花程式:K4－5,C5,A10,=↓(G)2－5。物候:－。果实:蒴果。种子:－。海拔:－。生境:－。资源:－。栽培:－。全球 1 个大洲分布及属种数(4/8 hort. 1)◆非洲:3/ 4。

Dioncophyllum Baill. 双钩叶属 Dioncophyllaceae［MD－139］特征纪要:习性:木本。花程式:－。其他特征参考科。全球1个大洲分布及种数(2)◆非洲。

Dionycha Naudin 双距野牡丹属 Melastomataceae［MD－364］特征纪要:习性:木本。花程式:K4－5,C4－5,A4－5,＝↓G3－4。其他特征参考科。全球2个大洲分布及种数(3－7)非洲:3; 南美洲:1。

Dionychastrum A. Fern. & R. Fern. 垫牡丹属 Melastomataceae［MD－364］特征纪要:习性:木本。花程式:Kn,C2－3参考科,A3参考科,＝↓G－。其他特征参考科。全球1个大洲分布及种数(1)◆亚洲。

Dionysia Fenzl 垫报春属 Primulaceae［MD－401］特征纪要:草本,落叶; 花程式:(K)3－5,(C)3－5,A4,＝↑G:5。果实:肉质。种子:种皮革质。全球1个大洲分布及种数(10－56)◆亚洲。【中国种数:1】。

Dioon Lindl. 双子铁属 Zamiaceae［G－2］特征纪要:习性:－。【Rep】:雌雄异株,单轴球果。其他特征参考科。全球6个大洲分布及种数(18－34)非洲:3; 亚洲:8; 大洋洲:2; 欧洲:21; 北美洲:21; 南美洲:5。

Diopogon Jord. & Fourr. ＝ **Jovibarba**

Diora Ravenna 秘鲁吊兰属 Asparagaceae［MM－669］特征纪要:习性:草本。花程式:(K)3,C0参考科,A3－6,(G)3。其他特征参考科。全球1个大洲分布及种数(－)。

Dioscorea Plum. ex L. 薯蓣属 Dioscoreaceae［MM－691］特征纪要:习性:藤本。花程式:－。物候:－。花期:11月至次年1月。果期:参考晚于花期。海拔:100－1200米。生境:中山灌丛,林缘。资源:药用,具栽培园艺种类。全球6个大洲分布及种数(571－731;hort. 1;cult. 9)非洲:87－126;亚洲:129－220;大洋洲:32－61;欧洲:14－31;北美洲:177－204;南美洲:350－390。【中国种数:95】。

Dioscoreaceae R. Br.［MM－691］薯蓣科 特征纪要:习性:木本,藤本;落叶。花程式:♀/♂(K)6,C5,A6,↓(G)－。物候:－。花期: 11月至次年1月。果期: 12月至次年1月。果实:蒴果。种子:着生于每室中轴中部。海拔:1000－1800米。生境:中山灌丛,林缘。资源:药用。栽培:中国有栽培。全球6个大洲分布及属种数(6－7/581－747<IFR 1/28>hort. 1;cult. 1) 非洲:2/89－114(IFR 1/8); 亚洲:2/130－206(IFR 1/5); 大洋洲:1/33－48; 欧洲:1/14－17; 北美洲:2/181－195(IFR 1/9); 南美洲:2/352－378(IFR 1/8)。【中国属种数:2/103】。

Dioscoreophyllum Engl. 应乐果属 Menispermaceae［MD－42］特征纪要:习性:草本。花程式:K1(6－40),C3,A1－6－40,＝G1－3。其他特征参考科。全球2个大洲分布及种数(2－14)非洲:12; 北美洲:2。

Diosma L. 逸香木属 Rutaceae［MD－399］特征纪要:习性:木本。花程式:K5,C5,A4,＝G1－3。其他特征参考科。全球3个大洲分布及种数(28－151)非洲:135; 亚洲:2; 南美洲:2。

Diosphaera Feer ＝ **Campanula**

Diospyros L. 柿树属 Ebenaceae［MD－353］特征纪要:习性:木本。花程式:－。物候:－。花期:4－5月。果期:参考晚于花期。海拔:0－1600米。生境:常绿阔叶林,中性土壤,较能耐寒,但较能耐瘠薄,抗旱性强,不耐盐碱土。资源:具栽培园艺种类。全球6个大洲分布及种数(468－852;hort. 1;cult. 16)非洲:217－335;亚洲:194－434;大洋洲:56－147;欧洲:22－44;北美洲:82－117;南美洲:121－172。【中国种数:98】。

Diostea Miers 双核草属 Verbenaceae［MD－556］特征纪要:习性:木本。花程式:K2－4,C0,A3参考科,↓G。其他特征参考科。全球2个大洲分布及种数(1－8)北美洲:1; 南美洲:2。

Diotocarpus Hochst. ＝ **Pentanisia**

Diotocranus Bremek. ＝ **Mitrasacmopsis**

Dipanax Seem. ＝ **Polyscias**

Dipcadi Medik. 尾风信子属 Hyacinthaceae［MM－679］特征纪要:习性:草本。花程式:(K)3,C0参考科,A3参考科,＝G3。全球3个大洲分布及种数(29－47;hort. 1)非洲:20－28;亚洲:10－15;欧洲:3－4。

Dipelta Maxim. 双盾木属 Caprifoliaceae［MD－510］特征纪要:习性:－。花程式:－。物候:－。花期:5－6月。果期:参考晚于花期。海拔:2000米。生境:阔叶森林,杂木林下或山坡灌丛中。资源:－。全球2个大洲分布及种数(5－13)亚洲:10; 北美洲:3。

Dipentodon Dunn 十齿花属 Dipentodontaceae［MD－233］特征纪要:习性:木本。花程式:－。物候:－。花期:5－9月。果期:参考晚于花期。海拔:900－3200米。生境:乔木林内,山坡沟边,溪边和路旁。资源:具园艺种类。全球1个大洲分布及种数(1－2)◆亚洲。【中国种数:1】。

Dipentodontaceae Merr.［MD－233］十齿花科 特征纪要:习性:木本;常绿,落叶。花程式:K5,C5,A4,G3心皮。物候:－。花期: 5－9月。果期: 8－10月。果实:蒴果。种子:－。海拔:900－3200米。生境:乔木林内,山坡沟边,溪边和路旁。资源:药用。全球1个大洲分布及属种数(2/3 hort. 1)◆亚洲:2/3。【中国属种数:2/5】。

Diperium Desv. ＝ **Mnesithea**

Dipetalia Raf. ＝ **Oligomeris**

Dipetalon Raf. ＝ **Cuphea**

Dipetalum Dalz. ＝ **Vepris**

Diphaca Lour. ＝ **Ormocarpum**

Diphalangium Schaür 北美葱属 Alliaceae［MM－667］特征纪要:木本,叶对生,落叶。花程式:花基数; 3; 有限(聚伞)花序; 单被花; 两性; 雄蕊:6; 雌蕊(↑G):3。全球1个大洲分布及种数(－)◆非洲。

Diphas Raf. ＝ **Diphyscium**

Diphascum D. Mohr ex Eaton 短梗藓属 Buxbaumiaceae［B－102］特征纪要:－。全球1个大洲分布及种数(－)。

Diphasiastrum Holub 扁枝石松属 Lycopodiaceae［F－4］特征纪要:习性:－。【Rep】:孢子囊穗生于孢子枝顶端,圆柱形,淡黄色。物候:－。海拔:1700－2400米。生境:高山苔原带,小灌木丛下,混交林内土生或生岩石上,竹林中。资源:－。全球6个大洲分布及种数(18－20)非洲:2－5;亚洲:12－16;大洋洲:6－9;欧洲:4－7;北美洲:8 - 11;南美洲:3 - 6。

Diphasium C. Presl ex Rothm. 南扁石松属 Lycopodiaceae [F - 4] 特征纪要:习性: - 。【Rep】:孢子囊单生叶表。其他特征参考科。全球 1 个大洲分布及种数(1)◆北美洲。

Diphelypaea D. H. Nicolson 红野菰属 Orobanchaceae [MD - 552] 特征纪要:习性: - 。花程式: - 。其他特征参考科。全球 1 个大洲分布及种数(cf. 1)◆亚洲。

Diphylax Hook. f. 尖药兰属 Orchidaceae [MM - 723] 特征纪要:草本。花程式 Kn, C, A, = ↓ G:3。果实:蒴果;种子:极小,棕黄色。全球 1 个大洲分布及种数(4 - 5)◆亚洲。

Diphyllarium Gagnep. 双苞豆属 Fabaceae3 [MD - 240] 特征纪要:习性:木本。花程式:K1 - ∞, C1 - ∞, A5 - 9, = ↓ G1。物候: - 。海拔:7500 米。生境:矮灌木丛或芦苇丛中,稀见于沿河岸疏林下,作为作物栽培。资源:具栽培园艺种类。全球 1 个大洲分布及种数(1 - 2)◆亚洲。【中国种数:1】。

Diphylleia Michx. 山荷叶属 Berberidaceae [MD - 45] 特征纪要:习性:草本(具根状茎)。花程式: - 。物候: - 。花期:5 - 6 月。果期:参考晚于花期。海拔:1900 - 3700 米。生境:落叶和针叶林,灌木丛。栽培:来自广西龙州。资源:药用,具栽培园艺种类。全球 2 个大洲分布及种数(4)亚洲:cf. 1;北美洲:1。

Diphyllocalyx (Griseb.) Greuter & R. Rankin 马鞭草科属 Verbenaceae [MD - 556] 特征纪要:习性:木本。花程式: - 。其他特征参考科。全球 2 个大洲分布及种数(7 - 8)亚洲:1; 北美洲:8。

Diphysa Jacq. 双泡豆属 Fabaceae3 [MD - 240] 特征纪要:习性:木本。花程式:K1 - ∞, C1 - ∞, A5 - 9, = ↓ G1。其他特征参考科。全球 6 个大洲分布及种数(20 - 45)非洲:3; 亚洲:5; 大洋洲:5; 欧洲:32; 北美洲:32; 南美洲:16。

Diphysciaceae M. Fleisch. [B - 103] 短颈藓科 特征纪要:形体大小不一的石生或附生(有时为土生或攀援)的草本植物,叶草质至革质,有时近肉质,干后淡绿色(肉质)、绿色(草质)或棕色(革质),无毛。【Rep】:孢子囊群通常线形(有时近椭圆形),通直,沿每组叶脉的上侧一脉的一侧(大都为上侧)着生,单生一脉,罕有双生,有囊群盖。全球 5 个大洲分布及属种数(1/1)非洲:1; 亚洲:1; 大洋洲:1; 北美洲:1; 南美洲:1。【中国属种数:1/4】。

Diphyscium D. Mohr 短颈藓属 Buxbaumiaceae [B - 102] 特征纪要:习性: - 。物候: - 。海拔:2010 米。生境:常见于林下岩面,土生。资源: - 。全球 6 个大洲分布及种数(17)非洲:2;亚洲:12;大洋洲:3;欧洲:3;北美洲:7;南美洲:6。【中国种数:6】。

Diplachne P. Beauv. 双稃草属 Myrtaceae [MD - 347] 特征纪要:习性: - 。花程式: - 。物候: - 。海拔:10 - 5600 米。生境:潮湿地。资源: - 。全球 1 个大洲分布及种数(5 - 16)◆非洲。【中国种数:1】。

Diplachyrium Nees = **Muhlenbergia**

Diplacorchis Schltr. = **Brachycorythis**

Diplacrum R. Br. 裂颖茅属 Cyperaceae [MM - 747] 特征纪要:习性:草本(根状茎,基生)。花程式: - 。物候: - 。海拔:100 - 800 米。生境:花岗岩,阳处,水缘,阴坡,田缘。资源: - 。全球 6 个大洲分布及种数(10 - 27)非洲:7; 亚洲:12; 大洋洲:4; 欧洲:8; 北美洲:8; 南美洲:11。【中国种数:2】。

Diplarche Hook. f. & Thoms. 杉叶杜属 Ericaceae [MD - 380] 特征纪要:习性: - 。花程式: - 。物候: - 。海拔:3500 - 4100 米。生境:灌木丛,高山草甸,岩石山坡,悬崖,生于亚高山草甸,高山灌丛,石坡,石缝中。资源:药用。全球 1 个大洲分布及种数(cf. 1)◆亚洲。

Diplarpea Triana 重野牡丹属 Melastomataceae [MD - 364] 特征纪要:习性: - 。花程式: - 。其他特征参考科。全球 1 个大洲分布及种数(1)◆南美洲。

Diplarrena Labill. 澳菖蒲属 Iridaceae [MM - 700] 特征纪要:习性:草本。花程式:(K)3, C3, A10, = ↓ (G)3。其他特征参考科。全球 2 个大洲分布及种数(2 - 3)大洋洲:3; 北美洲:2。

Diplasanthum Desv. = **Dichanthium**

Diplasia Pers. 梭穗芒属 Cyperaceae [MM - 747] 特征纪要:习性:草本。花程式:(K)3, C3, A3 参考科, = ↓ (G)2 - 3。其他特征参考科。全球 6 个大洲分布及种数(2 - 3)非洲:3;亚洲:3;大洋洲:3;欧洲:3;北美洲:1 - 4;南美洲:1 - 4。

Diplasiolejeunea (Spruce) Schiffn. 双鳞苔属 Lejeuneaceae [B - 84] 特征纪要:习性: - 。【Rep】:蒴萼长梨形,具 5 个脊,雄苞小穗状。物候: - 。海拔: - 。生境:山坡,针阔混交林中。资源: - 。全球 6 个大洲分布及种数(44)非洲:22 - 23;亚洲:4 - 5;大洋洲:4 - 5;欧洲:1;北美洲:14 - 15;南美洲:14 - 15。【中国种数:2】。

Diplaspis Hook. f. 花娜芹属 Apiaceae [MD - 480] 特征纪要:习性:草本。花程式:K5, C5, A5, = ↓ G(-)。其他特征参考科。全球 1 个大洲分布及种数(1)◆大洋洲。

Diplatia Van Tiegh. 桉寄生属 Loranthaceae [MD - 415] 特征纪要:习性:木本。花程式:K5, C0, A4, = ↓ G3 - 4。其他特征参考科。全球 2 个大洲分布及种数(3 - 6)非洲:1; 大洋洲:3。

Diplax Sol. ex Benn. = **Ehrharta**

Diplaziopsidaceae Ching = Woodsiaceae

Diplaziopsis C. Chr. 肠蕨属 Woodsiaceae [F - 47] 特征纪要:习性: - 。【Rep】:孢子囊群短线形,通直或略呈新月形,通常单生于侧脉上侧,少见双生一脉两侧,在主脉两侧各列成整齐的一行,通常下端达到或接近主脉,上端斜向上或略斜展,不达叶边。物候: - 。海拔:1000 - 1800 米。生境:生于山谷阔叶林下,针阔混交林路边。资源:药用。全球 4 个大洲分布及种数(3 - 206)非洲:2; 亚洲:199; 大洋洲:5; 北美洲:1。【中国种数:2】。

Diplazium Sw. 双盖蕨属 Woodsiaceae [F - 47] 特征纪要:习性: - 。【Rep】:孢子囊群线形,多生于每组小脉的基部上出和下出一脉,或仅生于上出一脉,较少见生于中部小脉,相背双生于一脉两侧或单生于一脉内侧,自中脉向外几达叶边。物候: - 。海拔:100 - 450 米。生境:低中山坡或沟谷密林下。栽培:来自广西龙州。资源:药用,具栽培园艺种类。全球 6 个大洲分布及种数(489 - 668;hort. 1;cult. 24)非洲:61 - 78;亚洲:277 - 330;大洋洲:51 - 65;欧洲:11 - 19;北美洲:131 - 147;南美洲:152 - 171。【中国种数:92】。

Diplazoptilon Y. Ling 重羽菊属 Asteraceae [MD - 586] 特征纪要和分布(-)。全球 1 个大洲分布及种数(1 - 2)◆亚洲(◆中国)。

Diplecthrum Pers. = **Satyrium**

Diplectria (Bl.) Rchb. 藤牡丹属 Melastomataceae [MD - 364] 特征纪要:习性:木质攀援。花程式:Kn,C2 - 3 参考科,A8, = ↓G - 。物候: - 。花期:参考早于果期。果期:6 - 7 月。海拔:400 米。生境:密林中,常攀援于乔木上。资源: - 。全球 2 个大洲分布及种数(7 - 43)亚洲:39; 大洋洲:1。

Diplemium Raf. = **Erigeron**

Diploen Cronquist = **Diploon**

Diploblechnum Hayata 矮树蕨属 Blechnaceae [F - 46] 特征纪要:土生,中型林下蕨类。根状茎在地面上呈细圆柱形的直立主轴,主轴上部密被鳞片;鳞片披针形,长约 1 厘米,深棕色,质厚,全缘,先端钻形。叶多数,簇生于主轴顶端,二回羽状,羽片多数,披针形,渐尖头,基部以沿叶轴两侧的狭翅相连,翅上有三角形的小凸起,中部羽片深羽裂几达羽轴,叶草质,两面均无毛;叶轴和羽轴上面有纵沟,彼此不相通。能育叶与不育叶同形,略较狭。【Rep】:孢子囊群线形,生于主脉与叶边之间。全球 1 个大洲分布及种数(1)◆亚洲。

Diplocea Raf. = **Triplasis**

Diplocentrum Lindl. 双距兰属 Orchidaceae [MM - 723] 特征纪要:习性:草本。花程式:(K)3,C3,A3, = ↓(G)3。其他特征参考科。全球 1 个大洲分布及种数(cf. 1)◆亚洲。

Diplochita (Bl.) DC. 绢木属 Melastomataceae [MD - 364] 特征纪要:习性: - 。花程式: - 。其他特征参考科。全球 2 个大洲分布及种数(-)北美洲;南美洲。

Diploclisia Miers 秤钩风属 Menispermaceae [MD - 42] 特征纪要:习性:草质攀援(基生,多肉)。花程式: - 。物候: - 。花期:4 - 5 月。果期:参考晚于花期。海拔:400 米。生境:林缘或疏林中,竹林中。资源:具栽培园艺种类。全球 2 个大洲分布及种数(3 - 8)非洲:1; 亚洲:8。【中国种数:2】。

Diplocolea Amakawa 钩叶苔属 Jungermanniaceae [B - 38] 特征纪要:习性: - 。【Rep】:常具蒴囊,绿色、黄绿色、暗绿色或红褐色。其他特征参考科。全球 1 个大洲分布及种数(1)◆非洲。

Diplocomium F. Weber & D. Mohr 寒藓科属 Meesiaceae [B - 144] 特征纪要: - 。全球 1 个大洲分布及种数(-)。

Diplocos Bureau = **Streblus**

Diplocyathium H. Schmidt. = **Euphorbia**

Diplocyclos (Endl.) P. & K. 毒瓜属 Cucurbitaceae [MD - 205] 特征纪要:习性:木质攀援。花程式: - 。物候: - 。花期:3 - 8 月。果期:参考晚于花期。海拔:1000 米。生境:山坡疏林或灌丛中。资源:具园艺种类。全球 6 个大洲分布及种数(6 - 10)非洲:7; 亚洲:4; 大洋洲:3; 欧洲:2; 北美洲:2; 南美洲:2。【中国种数:1】。

Diplodiscus Turcz. 独子椴属 Malvaceae [MD - 203] 特征纪要:习性:木本。花程式:K1 - ∞ ,C1 - ∞ ,A5, = G2 - 100。物候: - 。花期:秋天。果期:参考晚于花期。海拔:200 - 300 米。生境:森林。资源: - 。全球 2 个大洲分布及种数(10 - 18)亚洲:18; 大洋洲:3。

Diplofatsia Nakai = **Fatsia**

Diplogenea Lindl. = **Medinilla**

Diploglottis Hook. f. 罗望子属 Sapindaceae [MD - 428] 特征纪要:习性:木本。花程式:K4 - 8,C4 - 8,A10, = G2 - 3。其他特征参考科。全球 3 个大洲分布及种数(11 - 14)非洲:1; 亚洲:5; 大洋洲:14。

Diploicia <unassigned> 唐松木科属 Physenaceae [MD - 169] 特征纪要:习性: - 。花程式: - 。其他特征参考科。全球 5 个大洲分布及种数(36)非洲:3; 亚洲:2; 欧洲:2; 北美洲:2; 南美洲:25。

Diplokeleba N. E. Br. 双杯无患子属 Sapindaceae [MD - 428] 特征纪要:习性:木本。花程式:K4 - 8,C4 - 8,A10, = G2 - 3。其他特征参考科。全球 1 个大洲分布及种数(2)◆南美洲。

Diploknema Pierre 藏榄属 Sapotaceae [MD - 357] 特征纪要:习性:木本。花程式:(K -),(C)5 参考科,A3 参考科,↓G - 。物候: - 。花期:9 月。果期:参考晚于花期。海拔:1000 - 1300 米。生境:河边。资源:具园艺种类。全球 3 个大洲分布及种数(8 - 16)亚洲:13; 北美洲:2; 南美洲:4。【中国种数:2】。

Diplolaena R. Br. 荷南香属 Rutaceae [MD - 399] 特征纪要:习性:木本。花程式:K5,C5,A4, = G1 - 3。其他特征参考科。全球 2 个大洲分布及种数(15 - 23)大洋洲:20; 北美洲:2。

Diplolepis R. Br. 双鳞藤属 Apocynaceae [MD - 492] 特征纪要:习性:木本。花程式:K5,C0,A15, = G2。其他特征参考科。全球 6 个大洲分布及种数(7 - 15)非洲:1;亚洲:2 - 3;大洋洲:1;欧洲:1;北美洲:1;南美洲:6 - 15。【中国种数:1】。

Diplolophium Turcz. 双冠芹属 Apiaceae [MD - 480] 特征纪要:习性:草本。花程式:K5,C5,A5, = ↓(G)2。其他特征参考科。全球 1 个大洲分布及种数(2 - 7)◆非洲。

Diplomeris D. Don 合柱兰属 Orchidaceae [MM - 723] 特征纪要:习性:草本(基生,多肉)。花程式:Kn,C2 - 3 参考科,A3 参考科,↓G - 。物候: - 。花期:7 - 8 月。果期:参考晚于花期。海拔:650 - 2600 米。生境:草原,山坡林下草地。资源:花卉,具栽培园艺种类。全球 2 个大洲分布及种数(3 - 13)亚洲:9; 南美洲:3。【中国种数:2】。

Diplomitrion Corda 带叶苔科属 Pallaviciniaceae [B - 30] 特征纪要: - 。全球 1 个大洲分布及种数(-)。

Diplomorpha Meisn. 毛荛花属 Phyllanthaceae [MD - 222] 特征纪要:习性: - 。花程式: - 。其他特征参考科。全球 3 个大洲分布及种数(1 - 30)非洲:3; 亚洲:21; 南美洲:6。

Diploneuron E. B. Bartram 牙买毛帽藓属 Pilotrichaceae [B - 166] 特征纪要:习性: - 。【Rep】:雌苞叶小,基部阔

卵形,上部呈狭长尖,蒴柄细长,红色,平滑,孢蒴倾列或平列,长卵形,棕色,蒴齿两层,外,蒴柄侧生,细长,平滑或具弱疣,孢蒴平展或下倾,卵状圆柱形,两侧不对称,台部长而粗,口部强烈收缩。其他特征参考科。全球1个大洲分布及种数(2)◆北美洲。

Diploon Cronquist 缺蕊山榄属 Sapotaceae [MD-357] 特征纪要:习性:木本。花程式:K4-15,C0,A5,↓G。其他特征参考科。全球2个大洲分布及种数(1-6)亚洲:3; 南美洲:6。

Diploophyllum Bosch = **Hymenophyllum**

Diplopanax Hand.-Mazz. 马蹄参属 Nyssaceae [MD-451] 特征纪要:习性:木本。花程式:-。物候:-。花期:4月。果期:参考晚于花期。海拔:1300-1900米。生境:常绿阔叶林,冲积盆地河边。资源:药用,油脂,具栽培园艺种类。全球1个大洲分布及种数(2-3)◆亚洲。【中国种数:1】。

Diplopeltis Endl. 灿椒木属 Sapindaceae [MD-428] 特征纪要:习性:木本。花程式:K4-8,C4-8,A10,=(G)2-3。其他特征参考科。全球3个大洲分布及种数(8-15)非洲:2; 大洋洲:11; 北美洲:2。

Diplopenta Alef. = **Pavonia**

Diplophyllum (Dum.) Dum. 折叶苔属 Scapaniaceae [B-57] 特征纪要:习性:-。【Rep】:雌雄多异株,蒴萼生于茎顶端,长圆筒形或椭圆形,一般不呈背腹扁平,向上收缩,具多条深纵褶,口部有齿突。物候:-。海拔:1050米。生境:常见于岩石或土上。资源:-。全球5个大洲分布及种数(41)亚洲:16; 大洋洲:10; 欧洲:9; 北美洲:9; 南美洲:7。【中国种数:7】。

Diplopogon R. Br. 澳双芒草属 Poaceae [MM-748] 特征纪要:习性:-。花程式:-。其他特征参考科。全球1个大洲分布及种数(1)◆大洋洲(◆澳大利亚)。

Diploprion Viv. 蝶形花科属 Fabaceae3 [MD-240] 特征纪要:习性:-。花程式:-。其他特征参考科。分布:-。

Diploprora Hook. f. 蛇舌兰属 Orchidaceae [MM-723] 特征纪要:习性:草本(多肉)。花程式:Kn,C2-3参考科,A3参考科,=↓G3。物候:-。海拔:200-1500米。生境:山地林中树干上或沟谷岩石上。栽培:来自广西龙州。资源:具栽培园艺种类。全球3个大洲分布及种数(2-7)亚洲:7; 大洋洲:3; 南美洲:4。【中国种数:1】。

Diplopterygium (Diels) Nakai 里白属 Gleicheniaceae [F-18] 特征纪要:习性:-。【Rep】:孢子同形,囊群生叶背有盖。物候:-。全球6个大洲分布及种数(21-52)非洲:7; 亚洲:43; 大洋洲:8; 欧洲:6; 北美洲:6; 南美洲:6。【中国种数:11】。

Diplopterys A. Juss. 双翅金虎尾属 Malpighiaceae [MD-343] 特征纪要:习性:木本。花程式:K5,C5,A10,=G2-3。其他特征参考科。全球3个大洲分布及种数(31-41)亚洲:4; 北美洲:7; 南美洲:40。【中国种数:2】。

Diplora Baker 铁双蕨属 Aspleniaceae [F-43] 特征纪要:习性:-。【Rep】:孢子同形,囊群生叶背。其他特征参考科。全球2个大洲分布及种数(15)北美洲:1; 南美洲:4。

Diplorhynchus Welw. ex Ficalho & Hiern 角素馨属 Apocynaceae [MD-492] 特征纪要:习性:木本。花程式:K5-∞,C0,A15,↓G。其他特征参考科。全球2个大洲分布及种数(1-9)非洲:9; 南美洲:3。

Diplosiphon Decne. = **Blyxa**

Diplosoma Schwantes 怪奇玉属 Aizoaceae [MD-94] 特征纪要:习性:草本。花程式:K3-4,C3-4,A5参考科,=↓(G)1-2。其他特征参考科。全球3个大洲分布及种数(2-30)非洲:19; 亚洲:3; 南美洲:8。

Diplospora DC. 狗骨柴属 Rubiaceae [MD-523] 特征纪要:习性:木本。花程式:(K-),(C)5参考科,A5参考科,↓G2。物候:-。花期:4-8月。果期:参考晚于花期。海拔:1500米。生境:林中。资源:具园艺种类。全球4个大洲分布及种数(23-55)非洲:5; 亚洲:50; 大洋洲:5; 南美洲:2。【中国种数:4】。

Diplostachyum (Hieron. ex Small) Small = **Selaginella**

Diplostephium Kunth 长冠菀属 Asteraceae [MD-586] 特征纪要:习性:草本。花程式:(K)3-5,(C)3-5,A3-5,=↓G2。其他特征参考科。全球5个大洲分布及种数(53-194)非洲:164; 亚洲:3; 大洋洲:6; 北美洲:12; 南美洲:164。【中国种数:1】。

Diplostichum Mont. 东虾藓科属 Eustichiaceae [B-118] 特征纪要:-。全球1个大洲分布及种数(-)。

Diplotaenia Boiss. 前胡属 Apiaceae [MD-480] 特征纪要:习性:草本。花程式:K5,C5,A5,=↓G(-)。其他特征参考科。全球1个大洲分布及种数(1-5)◆亚洲。

Diplotaxis DC. 二行芥属 Brassicaceae [MD-213] 特征纪要:习性:草本(基生)。花程式:Kn,C2-3参考科,A3参考科,G-。物候:-。花期:参考早于果期。果期:8月。海拔:30-6200米。生境:沿海杂草丛生地区。资源:具栽培园艺种类。全球6个大洲分布及种数(48-118)非洲:62; 亚洲:23; 大洋洲:4; 欧洲:11; 北美洲:11; 南美洲:14。【中国种数:9】。

Diploter Raf. = **Tetracera**

Diplothemium Mart. = **Allagoptera**

Diplothorax Gagnep. = **Streblus**

Diplothrix DC. = **Zinnia**

Diplotomma <unassigned> 唐松木科属 Physenaceae [MD-169] 特征纪要:习性:-。花程式:-。其他特征参考科。全球5个大洲分布及种数(14)非洲:2; 亚洲:2; 欧洲:1; 北美洲:1; 南美洲:2。

Diplotropis Benth. 双龙瓣豆属 Fabaceae3 [MD-240] 特征纪要:习性:木本。花程式:K1-∞,C1-∞,A5-9,=↓G1。其他特征参考科。全球3个大洲分布及种数(11-33)亚洲:2; 北美洲:2; 南美洲:30。【中国种数:1】。

Diplousodon Meisn. = **Diplusodon**

Diplusodon Pohl 莲薇属 Lythraceae [MD-333] 特征纪要:习性:木本。花程式:-。其他特征参考科。全球4个大洲分布及种数(107-158)非洲:3; 亚洲:11; 北美洲:3; 南美洲:148。【中国种数:10】。

Diplycosia Bl. 簇白珠属 Ericaceae［MD－380］特征纪要:习性:－。花程式:－。其他特征参考科。全球4个大洲分布及种数(162)非洲:25; 亚洲:147; 大洋洲:25; 南美洲:3。

Dipodium R. Br. 风信兰属 Orchidaceae［MM－723］特征纪要:习性:草本。花程式:(K)3,C3,A3,＝↓G3。其他特征参考科。全球4个大洲分布及种数(11－41;hort. 1)非洲:1－5;亚洲:7－13;大洋洲:5－15;南美洲:1。【中国种数:2】。

Dipogonia P. Beauv. ＝ **Diplopogon**

Dipoma Franch. 蛇头荠属 Brassicaceae［MD－213］特征纪要:习性:草本(根状茎,基生)。花程式:Kn,C2－3参考科,A3参考科,G－。花期:4－7月。果期:参考晚于花期。海拔:3000－4600米。生境:高山流石坡上,石质草甸,砾石,牧场,高山草甸。资源:－。全球2个大洲分布及种数(1－8)亚洲:8; 南美洲:5。【中国种数:1】。

Diporidium H. L. Wendl. ＝ **Ochna**

Diposis DC. 双夫草属 Apiaceae［MD－480］特征纪要:习性:草本。花程式:K5,C5,A5,＝↓(G)2。其他特征参考科。全球1个大洲分布及种数(2－4)◆南美洲。

Dipsacaceae Juss.［MD－545］川续断科 特征纪要:习性:木本,草本;落叶。花程式:(K)6,C5,A2,↓(G)－。物候:－。花期: 6－8月。果期: 7－9月。果实:瘦果。种子:下垂,子叶细长或成卵形,种皮作不规则的矩圆形。海拔:0米。生境:草坡,高山草地,路边石隙中。资源:园林。栽培:中国有栽培。全球6个大洲分布及属种数(13－16/257－502 <IFR 5/21> hort. 1;cult. 7) 非洲:5/44－61(IFR 4/4); 亚洲:5/115－199(IFR 2/4); 大洋洲:2/6－8; 欧洲:8－9/208－251(IFR 4/13); 北美洲:4/17; 南美洲:2/9。【中国属种数:1/10】。

D

Dipsacus L. 川续断属 Dipsacaceae［MD－545］特征纪要(同科)。全球6个大洲分布及种数(29－40)非洲:5－11;亚洲:25－32;大洋洲:4－10;欧洲:8－14;北美洲:7－11;南美洲:3－7。【中国种数:11】。

Dipseudochorion Buchenau ＝ **Limnophyton**

Diptera Borkh. ＝ **Saxifraga**

Dipteracanthus Nees 楠草属 Acanthaceae［MD－572］特征纪要:习性:－。花程式:－。物候:－。花期:参考早于果期。果期:春夏。海拔:50－3600米。生境:低海拔路边或旷野草地上。资源:－。全球6个大洲分布及种数(4－141)非洲:13; 亚洲:22; 大洋洲:10; 欧洲:90; 北美洲:90; 南美洲:70。

Dipteranthus Barb. Rodr. 双翅兰属 Orchidaceae［MM－723］特征纪要:习性:－。花程式:－。其他特征参考科。全球1个大洲分布及种数(4)◆南美洲。

Dipteridaceae Seward & E. Dale［F－58］双扇蕨科 特征纪要:小型漂浮蕨类,叶三片轮生,排成三列,其中二列漂浮水面,为正常的叶片,长圆形,绿色,全缘,被毛,上面密布乳头状突起,中脉略显。【Rep】:孢子果簇生于沉水叶的基部,或沿沉水叶成对着生。全球2个大洲分布和属种数(1;hort. & cult. 1)(9－21;hort. & cult. 1－3)亚洲:1/9－10;大洋洲:1/1。【中国属种数:2/6】。

Dipteris Reinw. 双扇蕨属 Dipteridaceae［F－58］特征纪要(同科)。全球6个大洲分布及种数(8－81)非洲:5; 亚洲:53; 大洋洲:11; 欧洲:4; 北美洲:4; 南美洲:9。【中国种数:4】。

Dipterix Willd. ＝ **Dipteryx**

Dipterocalyx Cham. ＝ **Lippia**

Dipterocarpaceae Bl.［MD－173］龙脑香科 特征纪要:习性:木本;常绿,落叶。花程式:K4－5,C5,A5,↑G－。物候:－。花期: 5－6月。果期: 12月至次年1月。果实:蒴果。海拔:1000米。生境:矮灌木丛或芦苇丛中,稀见于沿河岸疏林下,作为作物栽培。资源:药用。栽培:中国有栽培。全球6个大洲分布及属种数(16－23/511－754 <IFR 5/5> hort. 1;cult. 1) 非洲:2－3/5－8(IFR 1/1); 亚洲:12－15/475－601(IFR 3/3); 大洋洲:1/2; 欧洲:1/1; 北美洲:1/6－7; 南美洲:2－3/4－5(IFR 1/1)。【中国属种数:9/59】。

Dipterocarpus C. F. Gaertn. 龙脑香属 Dipterocarpaceae［MD－173］特征纪要:习性:木本。花程式:－。物候:－。花期:5－6月。果期:参考晚于花期。海拔:1000米。生境:沟谷雨林及石灰山密林中。资源:药用,具栽培园艺种类。全球6个大洲分布及种数(17－69)非洲:2;亚洲:16－45;大洋洲:1－3;欧洲:2;北美洲:5－8;南美洲:2。【中国种数:13】。

Dipterocladia <unassigned> 番杏科属 Aizoaceae［MD－94］特征纪要:－。全球2个大洲分布及种数(3)非洲:1; 亚洲:3。

Dipterocome Fisch. & C. A. Mey. 双角菊属 Asteraceae［MD－586］特征纪要:习性:草本。花程式:(K)3－5,(C)3－5,A3－5,＝↓G2。其他特征参考科。全球2个大洲分布及种数(1－7)非洲:3; 亚洲:6。

Dipterocypsela S. F. Blake 独行菊属 Asteraceae［MD－586］特征纪要:习性:草本。花程式:(K)3－5,C3－5,A3－5,＝↓(G)2。其他特征参考科。全球1个大洲分布及种数(1)◆南美洲(◆哥伦比亚)。

Dipterodendron Radlk. ＝ **Dilodendron**

Dipteronia Oliv. 金钱槭属 Sapindaceae［MD－428］特征纪要:习性:木质攀援。花程式:K5,C5,A5,G－。物候:－。花期:4－6月。果期:参考晚于花期。海拔:2000－2500米。生境:林边或疏林中。资源:具栽培园艺种类。全球2个大洲分布及种数(2－6)亚洲:4; 北美洲:2。【中国种数:2】。

Dipteropeltis Hallier f. 双翅盾属 Convolvulaceae［MD－499］特征纪要:习性:草本。花程式:K5,C0,A5,＝(G)2－5。其他特征参考科。全球2个大洲分布及种数(2－7)非洲:7; 南美洲:2。

Dipterosiphon Huber ＝ **Campylosiphon**

Dipterostele Schltr. ＝ **Telipogon**

Dipterostemon (Baill.) Rydb. 蓝壶韭属 Asparagaceae［MM－669］特征纪要:习性:－。花程式:－。其他特征参考科。全球1个大洲分布及种数(－)。

Dipterygia C. Presl ex DC. 多梅草属 Apiaceae［MD－480］特征纪要:习性:－。花程式:－。其他特征参考科。全球 1 个大洲分布及种数(cf. 1)◆南美洲。

Dipterygium Decne. 翅果柑属 Cleomaceae［MD－210］特征纪要:习性:－。花程式:－。其他特征参考科。全球 2 个大洲分布及种数(2)非洲:2; 亚洲:2。

Dipteryx Schreb. 香豆树属 Fabaceae3［MD－240］特征纪要:习性:木本。花程式:K1－∞,C1－∞,A5－9,＝↓G1。全球 3 个大洲分布及种数(15－20)亚洲:cf. 1;北美洲:3;南美洲:13－14。【中国种数:1】。

Diptychandra Tul. 小黄花苏木属 Fabaceae1［MD－240］特征纪要:习性:木本。花程式:K3－5－∞,C3－5－∞,A3－5,＝↓G1－2。其他特征参考科。全球 1 个大洲分布及种数(2)◆南美洲。

Diptychocarpus Trautv. 异果芥属 Brassicaceae［MD－213］特征纪要:习性:草本(基生)。花程式:Kn,C2－3 参考科,A3 参考科,G－。物候:－。花期:4－6 月。果期:参考晚于花期。海拔:500－1000 米。生境:大草原,山坡,荒地。资源:－。全球 1 个大洲分布及种数(cf. 1)◆亚洲。【中国种数:1】。

Diptychum Dulac ＝ **Sesleria**

Dipyrena Hook. 荷南桐属 Verbenaceae［MD－556］特征纪要:习性:木本。花程式:K2－4,C0,A2－4,＝↓G2－4。其他特征参考科。全球 4 个大洲分布及种数(1－47)亚洲:2; 大洋洲:6; 北美洲:4; 南美洲:47。

Dirachma Schweinf. ex Balf. f. 八瓣果属 Dirachmaceae［MD－265］特征纪要(同科)。全球 2 个大洲分布及种数(2－3)非洲:2; 亚洲:3。

Dirachmaceae Hutch.［MD－265］八瓣果科 特征纪要:习性:木本;落叶。花程式:K4,C4,A8,↑(G)8。果实:蒴果。全球 1 个大洲分布及属种数(2/3－4 hort. 1)◆亚洲:1/ 1－2。

Dirca L. 韦木属 Thymelaeaceae［MD－310］特征纪要:习性:木本。花程式:－。其他特征参考科。全球 3 个大洲分布及种数(4－7)亚洲:3; 北美洲:7; 南美洲:3。【中国种数:2】。

Dirhamphis Krapov. 双钩锦葵属 Malvaceae［MD－203］特征纪要:习性:木本。花程式:K5－∞,C5－∞,A10－8,＝(G)1－5。其他特征参考科。全球 2 个大洲分布及种数(2－3)北美洲:2; 南美洲:3。

Dirichletia Klotzsch 双茜属 Rubiaceae［MD－523］特征纪要:习性:木本。花程式:(K)4－5,(C)4－5,A4－5,＝↓G2－9。其他特征参考科。全球 2 个大洲分布及种数(5－26)非洲:6; 亚洲:3。

Dirina <unassigned> 韦叶苔属 Riellaceae［B－5］特征纪要:－。全球 4 个大洲分布及种数(17)非洲:3; 欧洲:3; 北美洲:3; 南美洲:9。

Dirinaria <unassigned> 禾本科属 Physenaceae［MD－169］特征纪要:习性:－。花程式:－。其他特征参考科。全球 5 个大洲分布及种数(20)非洲:3; 亚洲:3; 大洋洲:2; 北美洲:3; 南美洲:15。

Disa P. J. Bergius 萼距兰属 Orchidaceae［MM－723］特征纪要:习性:草本。花程式:(K)3,C3,A3,＝↓G3。其他特征参考科。全球 6 个大洲分布及种数(153－209;hort. 1;cult. 4)非洲:152－202;亚洲:12－21;大洋洲:2－10;欧洲:7－16;北美洲:8;南美洲:1－9。【中国种数:2】。

Disadena Miq. ＝ **Voyria**

Disakisperma Steud. 禾本科属 Poaceae［MM－748］特征纪要:习性:－。花程式:－。其他特征参考科。全球 5 个大洲分布及种数(4－10)非洲:5; 亚洲:4; 大洋洲:2; 北美洲:3; 南美洲:3。

Disanthus Maxim. 双花木属 Hamamelidaceae［MD－63］特征纪要:习性:木质攀援。花程式:－。物候:－。花期:参考早于果期。果期:9 月。海拔:450－1200 米。生境:混合常绿和落叶阔叶林,林中或灌丛中。资源:具园艺种类。全球 2 个大洲分布及种数(3－12)亚洲:11; 北美洲:2。【中国种数:1】。

Discalyxia Markgr. ＝ **Alyxia**

Discanthera Torr. & A. Gray ＝ **Cyclanthera**

Discaria Hook. 连叶棘属 Rhamnaceae［MD－331］特征纪要:习性:木本。花程式:K4－5,C4－5,A2,＝G2－5。其他特征参考科。全球 4 个大洲分布及种数(7－42)非洲:4; 亚洲:6; 大洋洲:5; 南美洲:30。【中国种数:1】。

Disceliaceae Schimp.［B－107］细蒴藓科 特征纪要:中型至中大型土生植物,少为小型,根状茎短而直立或斜升,被鳞片,鳞片披针形,膜质,棕色,全缘或有睫毛,叶簇生,有时为近生,有柄,被鳞片,叶为一型或有时二型,通常羽裂,少为单叶,叶脉多型:或为分离,小脉单一或分叉,主脉两面均隆起。【Rep】:孢子囊群,圆形,着生于分离小脉的顶端或近顶端或中部,或生于形成网眼的小脉上或交结处。全球 3 个大洲分布及属种数(1/1) 亚洲:1/ 1; 欧洲:1/1; 北美洲:1/1。

Discelium Brid. 叉藓属 Disceliaceae［B－107］特征纪要(同科)。全球 3 个大洲分布及种数(1)亚洲:1;欧洲:1;北美洲:1。

Dischidanthus Tsiang 马兰藤属 Apocynaceae［MD－492］特征纪要:习性:木本。花程式:－。物候:－。花期:3－9 月。果期:参考晚于花期。海拔:300－800 米。生境:混合木材,灌木丛,生长在森林旁。资源:园林,具栽培园艺种类。全球 1 个大洲分布及种数(cf. 1)◆亚洲。【中国种数:1】。

Dischidia R. Br. 眼树莲属 Apocynaceae［MD－492］特征纪要:习性:木质攀援。花程式:(K－),C5,A5,↓G－。物候:－。花期:3 月。果期:参考晚于花期。海拔:300－1000 米。生境:大树上,沿岩蔓生。资源:具栽培园艺种类。全球 6 个大洲分布及种数(26－127;hort. 1)非洲:5－24;亚洲:25－99;大洋洲:4－30;欧洲:1－6;北美洲:2－9;南美洲:4。【中国种数:16】。

Dischimia Rchb. ＝ **Dischisma**

Dischisma Choisy 裂掌花属 Scrophulariaceae［MD－536］特征纪要:习性:灌木。花程式:－。其他特征参考科。全球 3 个大洲分布及种数(13－20)非洲:19; 大洋洲:3; 南美洲:2。

Dischistocalyx T. Anderson ex Benth. 爵床科属 Acanthaceae［MD－572］特征纪要:习性:－。花程式:－。其他特

征参考科。全球 2 个大洲分布及种数(12 - 30)非洲:29; 大洋洲:2。

Disciphania Eichler 盘金藤属 Menispermaceae [MD - 42] 特征纪要:习性:草本。花程式:K1(6 - 40),C3,A1 - 6 - 40, = G1 - 3。其他特征参考科。全球 2 个大洲分布及种数(29)北美洲:8;南美洲:22 - 23。

Discladium Tiegh. = **Ochna**

Discocactus Pfeiff. 红尾令箭属 Cactaceae [MD - 100] 特征纪要:习性:木本。花程式:K1 - ∞,C1 - ∞,A3 - 100, = ↓G - 。其他特征参考科。全球 2 个大洲分布及种数(19 - 79)北美洲:1; 南美洲:26。

Discocalyx (A. DC.) Mez 盘金牛属 Primulaceae [MD - 401] 特征纪要:习性:草本。花程式:(K)3 - 4,(C)3 - 4, A4, = G3 - 5。物候: - 。海拔:3600 米。生境:薄森林,山坡,山脊,竹林下。资源: - 。全球 6 个大洲分布及种数(7 - 57)非洲:2 - 12;亚洲:4 - 39;大洋洲:3 - 18;欧洲:2;北美洲:1;南美洲:1。【中国种数:8】。

Discocapnos Cham. & Schltdl. 烟堇属 Papaveraceae [MD - 54] 特征纪要:习性:草本。花程式:K4,C4,A3 参考科, ↓G - 参考科。其他特征参考科。全球 2 个大洲分布及种数(2 - 6)非洲:2; 南美洲:1。

Discocarpus Klotzsch 头碟木属 Phyllanthaceae [MD - 222] 特征纪要:习性: - 。花程式: - 。其他特征参考科。全球 3 个大洲分布及种数(4 - 14)非洲:4; 北美洲:3; 南美洲:14。

Discoclaoxylon (Müll. Arg.) Pax & K. Hoffm. 盘桐树属 Euphorbiaceae [MD - 217] 特征纪要:习性:木本。花程式: K1(1000),C0,A6, = (G)2 - 3。其他特征参考科。全球 1 个大洲分布及种数(4)◆非洲。

Discocleidion Pax & K. Hoffm. 丹麻秆属 Euphorbiaceae [MD - 217] 特征纪要:习性:木本。花程式: - 。物候: - 。花期:5 - 10 月。果期:参考晚于花期。海拔:100 - 500 米。生境:林中或山坡灌丛中,山坡,通常在石灰岩森林或灌木丛中。资源:具园艺种类。全球 3 个大洲分布及种数(2 - 6)非洲:2; 亚洲:6; 北美洲:2。【中国种数:1】。

D

Discocnide Chew 盘果麻属 Urticaceae [MD - 91] 特征纪要:习性:木本。花程式:Kn,C0,A2 - 4,(G)1。其他特征参考科。全球 2 个大洲分布及种数(1 - 2)北美洲:2; 南美洲:2。

Discocoffea A. Chev. = **Tricalysia**

Discoglypremna Prain 南蛇桐属 Euphorbiaceae [MD - 217] 特征纪要:习性:木本。花程式:K1(1000),C0,A6, = (G)2 - 3。其他特征参考科。全球 1 个大洲分布及种数(1)◆非洲。

Discolobium Benth. 盘豆属 Fabaceae3 [MD - 240] 特征纪要:习性:木本。花程式:K1 - ∞,C1 - ∞,A5 - 9, = ↓ G1。其他特征参考科。全球 1 个大洲分布及种数(7 - 8)◆南美洲。

Discoluma Baill. = **Pouteria**

Discophora Miers 毛盘木属 Icacinaceae [MD - 450] 特征纪要:习性:木本。花程式:K3 - 4,C4 参考科,A3 - 4,G2 - 3。其他特征参考科。全球 3 个大洲分布及种数(2 - 8)非洲:2; 北美洲:3; 南美洲:8。

Discophyllum Mitt. 圆油藓属 Hookeriaceae [B - 164] 特征纪要: - 。全球 1 个大洲分布及种数(-)。

Discopleura (Bl.) DC. 圆盘芹属 Apiaceae [MD - 480] 特征纪要:习性: - 。花程式: - 。其他特征参考科。全球 5 个大洲分布及种数(7)非洲:2; 亚洲:2; 欧洲:3; 北美洲:3; 南美洲:2。

Discospermum Dalzell 圆果茜属 Rubiaceae [MD - 523] 特征纪要:习性: - 。花程式: - 。其他特征参考科。全球 3 个大洲分布及种数(12 - 25)非洲:2; 亚洲:25; 北美洲:2。【中国种数:2】。

Discostegia (C. Presl) C. Presl 合囊蕨属 Marattiaceae [F - 13] 特征纪要: - 。全球 1 个大洲分布及种数(-)。

Discretitheca P. D. Cantino 尼泊尔莸属 Lamiaceae [MD - 575] 特征纪要:习性:草本。花程式:K2 - 4,C0,A2 - 4, = (G)2 - 4。其他特征参考科。全球 1 个大洲分布及种数(cf. 1)◆南亚(◆尼泊尔)。

Discyphus Schltr. 茸帚兰属 Orchidaceae [MM - 723] 特征纪要:习性:草本。花程式:(K)3,C3,A3, = ↓G3。其他特征参考科。全球 2 个大洲分布及种数(1)北美洲:1;南美洲:1。

Diselma Hook. f. 寒寿柏属 Cupressaceae [G - 17] 特征纪要:习性: - 。【Rep】:复轴,浆果状,苞鳞融合成果皮状,种鳞多退化,雌雄同株。其他特征参考科。全球 1 个大洲分布及种数(1)◆大洋洲。

Diselmaceae A. V. Bobrov & Melikyan = Cupressaceae

Disemma Raf. 西番莲科属 Passifloraceae [MD - 151] 特征纪要:习性: - 。花程式: - 。其他特征参考科。全球 3 个大洲分布及种数(21)亚洲:2; 北美洲:1; 南美洲:1。

Disepalum Hook. f. 异萼花属 Annonaceae [MD - 7] 特征纪要:习性:木本。花程式:K3 - ∞,C3,A2, = G10 - 100。物候: - 。花期:3 - 11 月。果期:参考晚于花期。海拔:100 - 2000 米。生境:森林斜坡,通常是沿潮湿的山谷,山谷阴处林下散生。资源: - 。全球 1 个大洲分布及种数(3 - 9)◆亚洲。【中国种数:2】。

Disocactus Lindl. 红尾令箭属 Cactaceae [MD - 100] 特征纪要:习性:木本。花程式:K1 - ∞,C1 - ∞,A3 - 100, = ↓G3 - 100 - 。物候: - 。海拔: - 。生境: - 。资源:具园艺种类。全球 4 个大洲分布及种数(23 - 164)亚洲: 9; 大洋洲:2; 北美洲:37; 南美洲:128。【中国种数:2】。

Dispara Raf. = **Cristatella**

Disparago Gaertn. 多头帚鼠麹属 Asteraceae [MD - 586] 特征纪要:习性:草本。花程式:(K)3 - 5,(C)3 - 5,A3 - 5, = ↓G2。其他特征参考科。全球 1 个大洲分布及种数(5 - 8)◆非洲。

Disperis Sw. 双袋兰属 Orchidaceae [MM - 723] 特征纪要:习性:草本。花程式:(K -),C2 - 3 参考科,A3 参考科, = ↓G3。物候: - 。花期:5 - 8 月。果期:参考晚于花期。海拔:200 - 900 米。生境:草坡上,林地,灌丛。资源:具园艺种类。全球 6 个大洲分布及种数(65 - 101;hort. 1)非洲:58 - 90;亚洲:5 - 12;大洋洲:3 - 8;欧洲:1 - 5;北美洲:4 - 9;南美洲:11 - 16。【中国种数:1】。

Disphenia C. Presl = **Cyathea**

Disphyma N. E. Br. 圆棒玉属 Aizoaceae [MD - 94] 特征纪要:习性:草本。花程式:K3 - 4,C3 - 4,A5 参考科, = ↓(G)1 - 2。其他特征参考科。全球 3 个大洲分布及种数(3 - 5;hort. 1)非洲:2;大洋洲:1 - 3;欧洲:1。

Disporopsis Hance 竹根七属 Asparagaceae［MM－669］特征纪要:习性:草本。花程式:(K)2－∞,C2－∞,A6,↓G－。物候:－。花期:5－6月。果期:参考晚于花期。海拔:1000－1100米。生境:混交林旁,林下处,常绿阔叶林小径,石质阔叶林,竹林下。资源:药用。全球2个大洲分布及种数(11－25)亚洲:22; 北美洲:4。【中国种数:6】。

Disporum Salisb. 万寿竹属 Colchicaceae［MM－623］特征纪要:习性:草本。花程式:－。物候:－。花期:4－5月。果期:参考晚于花期。海拔:100－2500米。生境:草原,自然山坡地。资源:具栽培园艺种类。全球6个大洲分布及种数(21－29;hort. 1;cult. 3)非洲:25;亚洲:20－50;大洋洲:25;欧洲:25;北美洲:25;南美洲:25。【中国种数:14】。

Dissanthelium Trin. 卧燕草属 Poaceae［MM－748］特征纪要:习性:－。花程式:－。其他特征参考科。全球6个大洲分布及种数(10)非洲:1－3;亚洲:1－3;大洋洲:1－3;欧洲:1－3;北美洲:1－3;南美洲:9－11。

Dissiliaria F. Müll. ex Baill. 卫矛桐属 Picrodendraceae［MD－317］特征纪要:习性:木本。花程式:K1(1000),C0,A6,＝G2－3。其他特征参考科。全球3个大洲分布及种数(6－10)亚洲:2; 大洋洲:10; 南美洲:2。

Dissocarpus F. Müll. 刺被澳藜属 Amaranthaceae［MD－116］特征纪要:习性:草本。花程式:K3－5,C0,A3－5,＝↓(G)2－5。其他特征参考科。全球4个大洲分布及种数(6－7)非洲:2; 亚洲:3; 大洋洲:7; 北美洲:3。【中国种数:1】。

Dissochaeta Bl. 双野牡丹属 Melastomataceae［MD－364］特征纪要:习性:木本。花程式:K4－5,C4－5,A4－5,＝↓G3－4。其他特征参考科。全球4个大洲分布及种数(30－146)非洲:14; 亚洲:117; 大洋洲:12; 北美洲:2。【中国种数:3】。

Dissochondrus (Hillebr.) Kuntze 狗尾草属 Poaceae［MM－748］特征纪要:习性:草本。花程式:(K)3,C0参考科,A1－2,↓G－参考科。其他特征参考科。全球1个大洲分布及种数(1)◆北美洲。

Dissodon Grev. & Arn. 壶藓科属 Splachnaceae［B－143］特征纪要:习性:－。【Rep】:雌雄同株,或雌雄异株,蒴柄细长,左旋,孢蒴小,直立,卵状倒圆柱形,革质,红棕色,台部较壶部肥大,色泽,绿色或黄绿色。其他特征参考科。全球1个大洲分布及种数(1)◆亚洲(◆中国)。【中国种数:1】。

Dissomeria Hook. f. ex Benth. 非洲刺篱木属 Salicaceae［MD－123］特征纪要:习性:木本。花程式:－。其他特征参考科。全球1个大洲分布及种数(2－5)◆非洲:5。

Dissopetalum Miers ＝ **Cissampelos**

Dissothrix A. Gray 甜叶菊属 Asteraceae［MD－586］特征纪要:习性:草本。花程式:(K)3－5,(C)3－5,A3－5,↓G。其他特征参考科。全球2个大洲分布及种数(1－17)北美洲:1; 南美洲:2。

Dissotidendron (A. Fern. & R. Fern.) Ver. －Lib. & G. Kadereit 野牡丹科属 Melastomataceae［MD－364］特征纪要:习性:木本。花程式:－。其他特征参考科。全球1个大洲分布及种数(－)。

Dissotis Benth. 非洲桤属 Melastomataceae［MD－364］特征纪要:习性:木本。花程式:－。其他特征参考科。全球6个大洲分布及种数(10－197)非洲:169; 亚洲:7; 大洋洲:2; 欧洲:3; 北美洲:3; 南美洲:7。

Distaxia C. Presl 矮树蕨属 Blechnaceae［F－46］特征纪要:－。全球1个大洲分布及种数(－)。

Disteganthus Lem. 卧花凤梨属 Bromeliaceae［MM－715］特征纪要:习性:草本。花程式:(K)3,C3,A6,＝↓(G)3。其他特征参考科。全球1个大洲分布及种数(6)◆南美洲。

Distegia Klatt 圆盘菊属 Asteraceae［MD－586］特征纪要和分布(－)。全球1个大洲分布及种数(cf. 1)◆非洲。

Disteira Raf. ＝ **Martynia**

Distemma Lem. ＝ **Disemma**

Distemonanthus Benth. 双蕊苏木属 Fabaceae1［MD－240］特征纪要:习性:木本。花程式:Kn,C3－5－∞,A3参考科,＝↓G(－)。其他特征参考科。全球1个大洲分布及种数(1)◆非洲。【中国种数:1】。

Distephanus Cass. 黄鸠菊属 Asteraceae［MD－586］特征纪要:习性:草本,少灌木。花程式:(K)3－5,C3－5,A3－5,＝↓G2。花期:9－10月。果期:参考晚于花期。海拔:1200－1400米。全球6个大洲分布及种数(37－47)非洲:33－44;亚洲:4－6;大洋洲:2－4;欧洲:1－3;北美洲:2;南美洲:3－5。【中国种数:2】。

Disterigma (Klotzsch) Nied. 拟越橘属 Ericaceae［MD－380］特征纪要:习性:木本。花程式:(K)5－8,(C)5－8,A10,＝G2－4。其他特征参考科。全球4个大洲分布及种数(45－47)亚洲:cf. 1;欧洲:2;北美洲:13;南美洲:39－40。【中国种数:2】。

Distiacanthus Linden ＝ **Bromelia**

Distichella Tiegh. ＝ **Dendrophthora**

Distichia Nees & Meyen 黄平藓属 Neckeraceae［B－204］特征纪要:习性:草本。其他特征参考科。全球5个大洲分布及种数(3－22)亚洲:2; 大洋洲:5; 欧洲:2; 北美洲:2; 南美洲:11。

Distichirhops Haegens 双大戟属 Phyllanthaceae［MD－222］特征纪要:习性:木本。花程式:K1(1000),C0,A6,＝(G)2－3。其他特征参考科。全球3个大洲分布及种数(1－4)非洲:3;亚洲:2;大洋洲:2。

Distichium Bruch & Schimp. 对芯草属 Ditrichaceae［B－119］特征纪要:习性:－。生境:土生。全球6个大洲分布及种数(6)非洲:2;亚洲:4;大洋洲:1;欧洲:3;北美洲:3;南美洲:4。【中国种数:13】。

Distichlis Raf. 碱禾属 Poaceae［MM－748］特征纪要:习性:草本。花程式:(K)3,C0参考科,A1－2,＝G2－3。其他特征参考科。全球6个大洲分布及种数(12)非洲:4;亚洲:3－7;大洋洲:3－7;欧洲:3－7;北美洲:6－10;南美洲:9－13。【中国种数:2】。

Distichochlamys M. F. Newman 歧苞姜属 Zingiberaceae［MM－737］特征纪要:习性:草本。花程式:(K)3,C3,A5,＝↓(G)3。其他特征参考科。全球2个大洲分布及种数(4－6)亚洲:6; 北美洲:3。

Distichophyllidium M. Fleisch. 黄圆藓属 Daltoniaceae［B－162］特征纪要:习性:－。【Rep】:雌苞叶小,蒴柄侧生,密被刺状毛,孢蒴小,平展或下垂,卵形,具长台部,蒴齿两层,外齿层齿片,雌雄异株,内雌苞叶下部鞘状,孢蒴卵圆形,蒴齿两层,外齿层齿片披针形,具不明显的回折中脊,透明。其他特征参考科。全球3个大洲分布及种数(5)非洲:1;亚洲:3;大洋洲:3。

Distichophyllum Dozy & Molk. 黄藓属 Hookeriaceae［B－164］特征纪要:习性:－。【Rep】:雌雄同株异苞,雌苞叶小,舌形或卵状披针形,无分化边缘,无中肋,蒴柄细长,棕红色,平滑或具疣,孢蒴直立。物候:－。海拔:1800米。生境:常见于河边石坝上。资源:－。全球6个大洲分布及种数(111)非洲:8;亚洲:52;大洋洲:47;欧洲:1;北美洲:6;南美洲:23。【中国种数:20】。

Distichoselinum García－Martín & Silvestre ＝ **Thapsia**

Distichum Bruch & Schimp. ex Bayrh. ＝ **Distichium**

Distictella Kuntze ＝ **Amphilophium**

Distimake Raf. 虎掌藤属 Convolvulaceae［MD－499］特征纪要:习性:－。花程式:－。物候:－。海拔:4500米。生境:半荒漠草原及干草原地带或砾石滩中,柞桦林间草地上。资源:－。全球5个大洲分布及种数(44－48)非洲:18; 亚洲:9; 大洋洲:4; 北美洲:14; 南美洲:26。

Distomomischus (L.) Dulac ＝ **Vulpia**

Distrepta Miers ＝ **Tecophilaea**

Distreptus Cass. ＝ **Pseudelephantopus**

D

Distrianthes Danser 桑寄生属 Loranthaceae［MD－415］特征纪要:习性:木本。花程式:Kn,C0,A4,↓G。其他特征参考科。全球3个大洲分布及种数(2－5)非洲:2; 亚洲:1; 大洋洲:2。

Distyliopsis Endress 假蚊母属 Hamamelidaceae［MD－63］特征纪要:习性:木本。花程式:－。物候:－。花期:4－6月。果期:参考晚于花期。海拔:1300－1500米。生境:常绿森林中的山地。资源:具园艺种类。全球3个大洲分布及种数(6－7)非洲:3; 亚洲:7; 大洋洲:3。【中国种数:5】。

Distylium Siebold & Zucc. 蚊母树属 Hamamelidaceae［MD－63］特征纪要:习性:木本。花程式:－。物候:－。花期:4－5月。果期:参考晚于花期。海拔:1000－1200米。生境:竹木林缘。资源:药用,具栽培园艺种类。全球3个大洲分布及种数(16－39)亚洲:32; 北美洲:3; 南美洲:2。【中国种数:13】。

Distylodon Summerh. 双齿柱兰属 Orchidaceae［MM－723］特征纪要:草本,叶对生,落叶,复叶。花程式:Kn,在3/4以上紧密靠合成兜,C(－),A3,＝↓(G)3。果实:蒴果。种子:周围有宽翅。全球1个大洲分布及种数(－)◆非洲。

Disynanthus Raf. ＝ **Antennaria**

Disynaphia DC. 泽兰属 Asteraceae［MD－586］特征纪要:习性:草本。花程式:(K)3－5,(C)3－5,A3－5,↓G。其他特征参考科。全球1个大洲分布及种数(14)◆南美洲。

Disynstemon R. Vig. 马岛豆属 Fabaceae3［MD－240］特征纪要:习性:木本。花程式:K1－∞,C1－∞,A5－9,＝↓G1。其他特征参考科。全球1个大洲分布及种数(1)◆非洲(◆马达加斯加)。

Ditassa R. Br. 南美地萝藦属 Apocynaceae［MD－492］特征纪要:习性:木本。花程式:K5,C0,A15,＝(G)2。其他特征参考科。全球4个大洲分布及种数(110－225)非洲:4; 亚洲:9; 北美洲:6; 南美洲:219。【中国种数:1】。

Ditaxis Vahl ex A. Juss. 地银柴属 Euphorbiaceae［MD－217］特征纪要:习性:木本。花程式:K1(1000),C0,A6,＝G2－3。其他特征参考科。全球6个大洲分布及种数(52－54;hort. 1;cult. 1)非洲:2－8;亚洲:2－8;大洋洲:6;欧洲:6;北美洲:29－35;南美洲:28－36。

Ditepalanthus Fagerl. 盾片蛇菰属 Balanophoraceae［MD－307］特征纪要:习性:木本。花程式:－。其他特征参考科。全球1个大洲分布及种数(2)◆非洲(◆马达加斯加)。

Dithyrea Harv. 奇果荠属 Brassicaceae［MD－213］特征纪要:习性:草本。花程式:K2－4,C2－4,A2－4,↓G－参考科。其他特征参考科。全球1个大洲分布及种数(2－5)◆北美洲。

Dithyridanthus Garay ＝ **Schiedeella**

Dithyrocarpus Kunth ＝ **Floscopa**

Dithyrostegia A. Gray 舟苞鼠麹草属 Asteraceae［MD－586］特征纪要:习性:草本。花程式:(K)3－5,C3－5,A3－5,＝↓(G)2。其他特征参考科。全球1个大洲分布及种数(2)◆大洋洲(◆澳大利亚)。

Ditrichaceae Limpr.［B－119］牛毛藓科 特征纪要:根茎短,块状,不分枝,底部2－4浅裂,小型或中型蕨类,多为水生或沼地生,茎粗短,块状或伸长而分枝,具原生中柱,下部生根,有根托,叶螺旋状排呈丛生状,一型,狭长线形或钻形,基部扩大,腹面有叶舌,内部有分隔的气室及叶脉1条,叶内有1条维管束和4条纵向具横隔的通气道。【Rep】:孢子囊单生在叶基部腹面的穴内,椭圆形,外有盖膜覆盖,二型,大孢子囊生在外部的叶基,小。全球6个大洲分布和属种数(31/248)亚洲:18/67;大洋洲:15/65;欧洲:13/45;北美洲:21/73;南美洲:23/96。【中国属种数:16/66(5)】。

Ditrichanthus (Borhidi) Borhidi 茜草科属 Rubiaceae［MD－523］特征纪要:习性:木本。花程式:－。其他特征参考科。全球2个大洲分布及种数(1－2)北美洲:1; 南美洲:1。

Ditrichopsis Broth. 拟牛毛藓属 Ditrichaceae［B－119］特征纪要:习性:－。【Rep】:孢蒴台部发达,蒴齿具疣或纵斜条纹,绿色或黄绿色。生境:土生。全球1个大洲分布及种数(3)亚洲:2。【中国种数:2】。

Ditrichum Hampe 牛毛藓属 Ditrichaceae［B－119］特征纪要和分布(－)。全球6个大洲分布及种数(86)非洲:24;亚洲:29;大洋洲:24;欧洲:21;北美洲:23;南美洲:36。【中国种数:26】。

Ditricium Hampe 牛绒藓属 Ditrichaceae［B－119］特征纪要:－。全球1个大洲分布及种数(1)◆非洲。

Ditrysinia Raf. 漆杨桃属 Euphorbiaceae [MD－217] 特征纪要:习性:木本。花程式:K1(1000),C0,A6,↓G－参考科。其他特征参考科。全球2个大洲分布及种数(1－3)亚洲:1; 北美洲:2。

Ditta Griseb. 杨梅桐属 Euphorbiaceae [MD－217] 特征纪要:习性:木本。花程式:K1(1000),C0,A6,=(G)2－3。其他特征参考科。全球3个大洲分布及种数(2－25)亚洲:18; 北美洲:23; 南美洲:4。

Dittoceras Hook. f. 回萝藦属 Apocynaceae [MD－492] 特征纪要:习性:－。花程式:－。其他特征参考科。全球1个大洲分布及种数(1－4)◆亚洲。

Dittrichia Greuter 臭蓬属 Asteraceae [MD－586] 特征纪要:习性:草本。花程式:(K)3－5,(C)3－5,A3－5,↓G。其他特征参考科。全球5个大洲分布及种数(3;hort. 1)非洲:2;亚洲:2;大洋洲:2;欧洲:2;北美洲:2。【中国种数:2】。

Diuranthera Hemsl. 鹭鸶草属 Asparagaceae [MM－669] 特征纪要:习性:草本。花程式:(K)2－∞,C2－∞,A6,↓G3。物候:－。花期:6月。果期:参考晚于花期。海拔:1200－1900米。生境:草坡,林下或路旁,在油杉林中。资源:具栽培园艺种类。全球2个大洲分布及种数(4－6)非洲:2; 亚洲:5。【中国种数:4】。

Diuris Sm. 双尾兰属 Orchidaceae [MM－723] 特征纪要:习性:草本。花程式:(K)3,C3,A3,=↓G3。其他特征参考科。全球2个大洲分布及种数(46－121;hort. 1;cult. 3)亚洲:1－2;大洋洲:45－115。

Diuroglossum Turcz. = **Guazuma**

Diurospermum Edgew. = **Utricularia**

Dixonia Horik. & Ando 狄氏藓属 Neckeraceae [B－204] 特征纪要:习性:－。【Rep】:雌雄异株或假雌雄同株,蒴柄细长,孢蒴卵形至圆柱形,平展,或略呈弓形。物候:－。海拔:－。生境:树生,土生。资源:－。全球1个大洲分布及种数(2)◆亚洲。【中国种数:2】。

Diyaminauclea Ridsdale 乌檀属 Rubiaceae [MD－523] 特征纪要:习性:木本。花程式:(K)4－5,(C)4－5,A4－5,↓G。其他特征参考科。全球1个大洲分布及种数(2) ◆亚洲:1。

Dizonium Willd. ex Schltdl. = **Geigeria**

Dizygostemon (Benth.) Radlk. ex Wettst. 二对蕊属 Plantaginaceae [MD－527] 特征纪要:习性:草本。花程式:Kn,C0,A3参考科,↓G2。其他特征参考科。全球4个大洲分布及种数(2－7)亚洲:2; 大洋洲:2; 北美洲:2; 南美洲:6。

Dizygotheca N. E. Br. 孔雀木属 Araliaceae [MD－471] 特征纪要:习性:－。花程式:－。其他特征参考科。全球2个大洲分布及种数(cf. 1)亚洲;南美洲。

Djaloniella P. Taylor 几内亚龙胆属 Gentianaceae [MD－496] 特征纪要:习性:草本。花程式:－。其他特征参考科。全球1个大洲分布及种数(1)◆非洲。

Djinga C. Cusset 水石花属 Podostemaceae [MD－322] 特征纪要:习性:草本。花程式:K1－2,C0,A10,=(G)1－2。其他特征参考科。全球1个大洲分布及种数(1－2)◆非洲(◆喀麦隆)。

Dobera Juss. 苏丹香属 Salvadoraceae [MD－425] 特征纪要:习性:木本。花程式:K4－5,C0,A4－5,=G2。其他特征参考科。全球2个大洲分布及种数(3)非洲:2;亚洲:1－2。

Dobinea Buch. －Ham. ex D. Don 九子母属 Anacardiaceae [MD－432] 特征纪要:习性:木本。花程式:－。物候:－。海拔:1100－2300米。生境:江边,河谷疏林中,向阳草坡或灌丛中。资源:药用,具栽培园艺种类。全球1个大洲分布及种数(2－3)◆亚洲。【中国种数:2】。

Dobineeeae <unassigned> 漆树科属 Anacardiaceae [MD－432] 特征纪要和分布(－)。分布:－。

Dochafa Schott = **Arisaema**

Docynia Decne. 移柀属 Rosaceae [MD－246] 特征纪要:习性:木本。花程式:－。物候:－。花期:3－4月。果期:参考晚于花期。海拔:1000－3000米。生境:河岸山坡常绿阔叶林,阳处路旁。资源:药用,具栽培园艺种类。全球3个大洲分布及种数(4－12)亚洲:10; 大洋洲:2; 北美洲:2。【中国种数:3】。

Dodartia Tourn. ex L. 野胡麻属 Malvaceae [MD－203] 特征纪要:习性:草本(多肉)。花程式:(K－),C2－3参考科,A4,↓G2。物候:－。海拔:1200米。生境:河岸,耕地,荒地,沙漠,干河床,青海湖边沙滩。资源:具栽培园艺种类。全球4个大洲分布及种数(1－7)亚洲:4; 欧洲:1; 北美洲:1; 南美洲:2。【中国种数:1】。

Dodecadenia Nees 单花木姜子属 Lauraceae [MD－21] 特征纪要:习性:木本。花程式:－。物候:－。花期:6－10月。果期:参考晚于花期。海拔:2000－2600米。生境:中湿林。资源:具园艺种类。全球2个大洲分布及种数(1－14)亚洲:8; 南美洲:4。【中国种数:1】。

Dodecahema Reveal & Hardham 角刺蓼属 Polygonaceae [MD－120] 特征纪要:习性:草本。花程式:K2－3,C0,A2,↓G－参考科。其他特征参考科。全球1个大洲分布及种数(1)◆北美洲(◆美国)。

Dodecasperma Raf. = **Bomarea**

Dodecastemon Hassk. = **Drypetes**

Dodecastigma Ducke 多柱桐属 Euphorbiaceae [MD－217] 特征纪要:习性:木本。花程式:K1(1000),C0,A6,=G2－3。其他特征参考科。全球1个大洲分布及种数(3)◆南美洲。

Dodecatheon L. 流星报春属 Primulaceae [MD－401] 特征纪要:习性:－。花程式:－。其他特征参考科。全球6个大洲分布及种数(23－25;hort. 1;cult. 5)非洲:32;亚洲:32;大洋洲:32;欧洲:32;北美洲:22－56;南美洲:32。

Dodonaea Mill. 车桑子属 Sapindaceae [MD－428] 特征纪要和分布(－)。全球6个大洲分布及种数(21－81;hort. 1;cult. 2)非洲:2－12;亚洲:6－19;大洋洲:18－55;欧洲:9;北美洲:1－11;南美洲:2－11。【中国种数:4】。

Dodsonia Ackerman 车桑子属 Orchidaceae [MM－723] 特征纪要:习性:－。花程式:－。其他特征参考科。全球2个大洲分布及种数(4)北美洲:1; 南美洲:1。

Doellia Sch. Bip. 小蓬草属 Asteraceae［MD－586］特征纪要:习性:－。花程式:－。其他特征参考科。全球 1 个大洲分布及种数(1－2)◆非洲。

Doellingeria Nees 白头菀属 Asteraceae［MD－586］特征纪要:习性:草本(具根状茎)。花程式:(K)3－5,C3－5,A3 参考科,＝↓(G)2。物候:－。花期:－。果期:－。海拔:500－1100 米。生境:山谷坡地,草地和灌丛中极常见,柞林下路旁。资源:具栽培园艺种类。全球 5 个大洲分布及种数(15－40)非洲:4; 亚洲:18; 大洋洲:2; 欧洲:18; 北美洲:18。【中国种数:2】。

Doellochloa Kuntze ＝ **Gymnopogon**

Doerpfeldia Urb. 古巴鼠李属 Rhamnaceae［MD－331］特征纪要:习性:木本。花程式:K4－5,C4－5,A2,＝(G)2－5。其他特征参考科。全球 1 个大洲分布及种数(1)◆北美洲(◆古巴)。

Dofia Adans. ＝ **Dirca**

Dolianthus C. H. Wright 澄光茜属 Rubiaceae［MD－523］特征纪要:习性:－。花程式:－。其他特征参考科。全球 2 个大洲分布及种数(13－16)非洲:13; 大洋洲:13。

Dolichandra Cham. 长蕊紫葳属 Bignoniaceae［MD－541］特征纪要:习性:木本。花程式:K2－5－裂片,C0,A5,＝G2。物候:－。海拔:100－5840 米。生境:常绿阔叶林,路旁,斜坡,竹木林中。资源:－。全球 6 个大洲分布及种数(9－22)非洲:3; 亚洲:5; 大洋洲:2; 欧洲:14; 北美洲:14; 南美洲:20。【中国种数:1】。

Dolichandrone (Fenzl) Seem. 银角树属 Bignoniaceae［MD－541］特征纪要:习性:木本。花程式:(K－),C2－3 参考科,A3 参考科,＝↓G2。物候:－。花期:参考早于果期。果期:4－8 月。海拔:200－300 米。生境:生于密林或疏林中,疏林中润湿地。资源:具园艺种类。全球 6 个大洲分布及种数(12－39)非洲:14; 亚洲:16; 大洋洲:9; 欧洲:5; 北美洲:5; 南美洲:4。【中国种数:3】。

Dolichlasium Lag. 白头菊属 Asteraceae［MD－586］特征纪要:习性:草本。花程式:(K)3－5,(C)3－5,A3－5,↓G。其他特征参考科。全球 2 个大洲分布及种数(1－3)北美洲:1; 南美洲:2。

Dolichocarpa K. L. Gibbons 茜草属 Rubiaceae［MD－523］特征纪要:习性:－。花程式:－。其他特征参考科。全球 1 个大洲分布及种数(－)。

Dolichocentrum (Schltr.) Brieger 兰科属 Orchidaceae［MM－723］特征纪要:习性:－。花程式:－。物候:－。花期:参考早于果期。果期:10－11 月。海拔:80－5200 米。生境:柏树林下或草坡路旁,竹坡中。资源:－。全球 1 个大洲分布及种数(－)。

Dolichochaete (C. E. Hubb.) J. B. Phipps ＝ **Tristachya**

Dolichodelphys K. Schum. & K. Krause 高房栀属 Rubiaceae［MD－523］特征纪要:习性:木本。花程式:(K)4－5,(C)4－5,A4－5,＝↓(G)2－9。其他特征参考科。全球 3 个大洲分布及种数(1－3)非洲:2; 亚洲:2; 南美洲:2。

Dolichoglottis B. Nord. 千里光属 Asteraceae［MD－586］特征纪要:习性:草本。花程式:(K)3－5,(C)3－5,A3－5,↓G。其他特征参考科。全球 1 个大洲分布及种数(2) ◆大洋洲:2。

Dicholobium A. Gray 滨茉莉属 Rubiaceae［MD－523］特征纪要:习性:木本。花程式:(K)4－5,(C)4－5,A4－5,＝↓(G)2－9。其他特征参考科。全球 3 个大洲分布及种数(6－29)非洲:2－15;亚洲:2－8;大洋洲:4－24。

Dicholoma D. Fang & W. T. Wang 长檐苣苔属 Gesneriaceae［MD－549］特征纪要:习性:－。花程式:－。物候:－。花期:4 月。果期:参考晚于花期。海拔:80－4600 米。生境:背阴悬崖,石灰岩山陡崖阴处。资源:－。全球 1 个大洲分布及种数(2)◆亚洲。

Dolicholus Medik. 长豆属 Fabaceae3［MD－240］特征纪要:习性:－。花程式:－。其他特征参考科。全球 6 个大洲分布及种数(3)非洲:1－13;亚洲:1－13;大洋洲:1－13;欧洲:12;北美洲:1－13;南美洲:12。

Dolichometra K. Schum. 长腹茜属 Rubiaceae［MD－523］特征纪要:习性:木本。花程式:(K)4－5,(C)4－5,A4－5,＝↓(G)2－9。其他特征参考科。全球 2 个大洲分布及种数(1－5)非洲:5; 南美洲:4。

Dolichomitra Broth. 船叶藓属 Lembophyllaceae［B－205］特征纪要:习性:－。【Rep】:雌雄异株,孢蒴长圆柱形,台部粗短,蒴齿两层,外齿层齿片狭披针形,基部相互连合,具疣,内齿层齿条披针形。物候:－。海拔:1500 米。生境:树生,土生。资源:－。全球 1 个大洲分布及种数(2)◆亚洲:2。【中国种数:2】。

Dolichomitriopsis S. Okamura 拟船叶藓属 Lembophyllaceae［B－205］特征纪要:习性:－。【Rep】:雌雄异株,孢蒴长卵形,红棕色,蒴齿两层,外齿层齿片狭披针形,基部相互连合,被细疣,内齿层无齿毛。物候:－。海拔:2000 米。生境:树生。资源:－。全球 1 个大洲分布及种数(4)◆亚洲:4。【中国种数:2】。

Dolichopentas Kårehed & B. Bremer 素馨栀属 Rubiaceae［MD－523］特征纪要:习性:木本。花程式:(K－),(C)4,A3－5,↓G。其他特征参考科。全球 2 个大洲分布及种数(－)非洲;北美洲。

Dolichopetalum Tsiang 金凤藤属 Apocynaceae［MD－492］特征纪要:习性:木质攀援。花程式:(K－),C5,A5,↓G－。物候:－。花期:8－10 月。果期:参考晚于花期。海拔:5000 米。生境:山地丛林地带。资源:药用,具栽培园艺种类。全球 1 个大洲分布及种数(cf. 1)◆亚洲(◆中国)。【中国种数:1】。

Dolichopsis Hassl. 菜豆属 Fabaceae3［MD－240］特征纪要:习性:木本。花程式:K1－∞,C1－∞,A5－9,＝↓G(－)。其他特征参考科。全球 1 个大洲分布及种数(3)◆南美洲。

Dolichorrhiza (Pojark.) Galushko 葵叶菊属 Asteraceae［MD－586］特征纪要:习性:草本。花程式:(K)3－5,(C)3－5,A3－5,↓G。其他特征参考科。全球 2 个大洲分布及种数(4－5)亚洲:4; 北美洲:3。

Dolichos L. 镰扁豆属 Fabaceae3［MD－240］特征纪要:习性:木质攀援。花程式:Kn,(C)5 参考科,A10,＝↓G－。物候:－。花期:8 月。果期:参考晚于花期。海拔:2000－2300 米。生境:草地上,针叶林中。资源:具栽培园艺种类。全球 6 个大洲分布及种数(27－123;hort. 1)非洲:18－97;亚洲:9－35;大洋洲:1－19;欧洲:1－17;北美洲:2－19;南美洲:3－27。【中国种数:5】。

Dolichostachys Benoist 长爵床属 Acanthaceae［MD－572］特征纪要：习性：草本。花程式：K2－4，C0，A2－4，＝(G)2。其他特征参考科。全球1个大洲分布及种数(1)◆非洲(◆马达加斯加)。

Dolichostemon Bonati 长玄参属 Scrophulariaceae［MD－536］特征纪要：习性：草本。花程式：K2－4，C0，A2－4，G2。物候：－。海拔：45－6000米。生境：沼泽草地。资源：－。全球1个大洲分布及种数(cf.1)◆亚洲。

Dolichotheca (Cass.) Cass. 灰藓科属 Hypnaceae［B－189］特征纪要和分布(－)。全球1个大洲分布及种数(1)◆亚洲。

Dolichothrix Hilliard & B. L. Burtt 黄花帚鼠麴属 Asteraceae［MD－586］特征纪要：习性：草本。花程式：(K)3－5，(C)3－5，A3－5，＝↓G2。其他特征参考科。全球4个大洲分布及种数(1－14)非洲：3；亚洲：3；欧洲：1；北美洲：1。

Dolichoura Brade 长尾野牡丹属 Melastomataceae［MD－364］特征纪要：习性：－。花程式：－。其他特征参考科。全球1个大洲分布及种数(1－2)◆南美洲(◆巴西)。

Dolichovigna Hayata ＝ **Dolichos**

Doliocarpus Rol. 蕴水藤属 Dilleniaceae［MD－66］特征纪要：习性：木本。花程式：K∞，C∞，A5，＝G1－2。物候：－。花期：4－5月。果期：参考晚于花期。海拔：400－1000米。生境：次生灌丛及草地上，栽培。资源：具栽培园艺种类。全球6个大洲分布及种数(60－68；hort.1)非洲：4；亚洲：4；大洋洲：4；欧洲：4；北美洲：14－19；南美洲：58－68。【中国种数：1】。

Dolomiaea DC. 川木香属 Asteraceae［MD－586］特征纪要：习性：草本，少灌木。花程式：(K)3－5，C3－5，A3参考科，＝↓G2。物候：－。海拔：2800－5200米。生境：草地，生于山坡林缘及草地。资源：药用。全球2个大洲分布及种数(21－62)亚洲：40；南美洲：21。【中国种数：7】。

Dolophragma Fenzl ＝ **Arenaria**

Dolotortula R. H. Zander 巴西丛藓属 Pottiaceae［B－133］特征纪要：习性：－。【Rep】：孢腔轮廓清晰，蒴齿缺如，或具蒴齿而无基膜，下部呈黄绿或黄棕色。全球2个大洲分布及种数(3)北美洲：2；南美洲：3。

Dombeya Lam. 非洲芙蓉属 Dombeyaceae［MD－191］特征纪要和分布(－)。全球6个大洲分布及种数(185－210；hort.1；cult. 2)非洲：183－208；亚洲：12－21；大洋洲：6；欧洲：6；北美洲：3－9；南美洲：6。【中国种数：5】。

Dombeyaceae Desf. ［MD－191］铃铃科 特征纪要：习性：木本；落叶。花程式：K4－5，C5，A5，G－。全球2个大洲分布及属种数(1/1)非洲：1/1；亚洲：1/1。

Domeykoa Phil. 多梅草属 Apiaceae［MD－480］特征纪要：习性：草本。花程式：K5，C5，A5，＝↓G2。其他特征参考科。全球5个大洲分布及种数(5－45)非洲：3；亚洲：7；欧洲：2；北美洲：2；南美洲：42。

Domingoa Schltr. 幡唇兰属 Orchidaceae［MM－723］特征纪要：习性：草本。花程式：(K)3，C3，A3，＝↓G3。其他特征参考科。全球6个大洲分布及种数(5－11)非洲：3；亚洲：2；大洋洲：2；欧洲：7；北美洲：7；南美洲：2。

Dominia Fedde ＝ **Trachymene**

Domkeocarpa Markgr. ＝ **Tabernaemontana**

Domohinea Leandri ＝ **Tannodia**

Donacium Fr. ＝ **Donax**

Donacopsis Gagnep. ＝ **Eulophia**

Donatia J. R. Forst. & G. Forst. 寒莲花属 Donatiaceae［MD－439］特征纪要和分布(－)。全球2个大洲分布及种数(3)大洋洲：1；南美洲：1。

Donatiaceae B. Chandler［MD－439］陀螺果科 特征纪要：习性：草本；落叶。花程式：K5，C5，A2，↓(G)－。全球2个大洲分布及属种数(2/4) 大洋洲：2/3；南美洲：2/3。

Donax Lour. 竹叶蕉属 Marantaceae［MM－740］特征纪要：习性：－。花程式：－。物候：－。花期：6月。果期：参考晚于花期。海拔：100－1400米。生境：次生林中或灌丛等潮湿处。资源：－。全球6个大洲分布及种数(1－110)非洲：40；亚洲：46；大洋洲：20；欧洲：14；北美洲：14；南美洲：48。【中国种数：1】。

Dondodia Lür 竹蕉兰属 Orchidaceae［MM－723］特征纪要：习性：－。花程式：－。其他特征参考科。全球2个大洲分布及种数(cf.)北美洲；南美洲。

Donella Pierre ex Baill. 金叶树属 Sapotaceae［MD－357］特征纪要：习性：木本。花程式：K4－15，C0，A5，↓G。其他特征参考科。全球3个大洲分布及种数(17－33)非洲：17；亚洲：1；南美洲：1。【中国种数：1】。

Doniophyton Wedd. 羽刺菊属 Asteraceae［MD－586］特征纪要：习性：草本。花程式：(K)3－5，(C)3－5，A3－5，↓(G)2。其他特征参考科。全球1个大洲分布及种数(2)◆南美洲。

Donnellia Austin 洋竹草属 Sematophyllaceae［B－192］特征纪要：习性：－。花程式：－。其他特征参考科。全球4个大洲分布及种数(6)非洲：3；欧洲：1；北美洲：1；南美洲：4。

Donnellsmithia J. M. Coult. & Rose 道斯芹属 Apiaceae［MD－480］特征纪要：习性：草本。花程式：K5，C5，A5，＝↓G2。其他特征参考科。全球3个大洲分布及种数(19－23)亚洲：2；北美洲：21；南美洲：4。

Donnellyanthus Borhidi 西方茜属 Rubiaceae［MD－523］特征纪要：习性：木本。花程式：(K－)，(C)4，A3－5，＝↓(G)2－9。其他特征参考科。全球1个大洲分布及种数(1) ◆北美洲：1。

Donrichardsia H. A. Crum & L. E. Anderson 华柳叶藓属 Amblystegiaceae［B－178］特征纪要：习性：－。【Rep】：绿色或棕绿色。物候：－。海拔：－。生境：常见于腐木生，沼泽土生。资源：－。全球2个大洲分布及种数(4)亚洲：2；北美洲：3。【中国种数：1】。

Donrichardsiaceae Ochyra ＝ Amblystegiaceae

Dontospermum Sch. Bip. ＝ **Asteriscus**

Dontostemon Andrz. ex C. A. Mey. 异蕊芥属 Brassicaceae [MD－213] 特征纪要:习性:草本(基生,多肉)。花程式:Kn,C2－3 参考科,A3 参考科,＝G2。物候:－。花期:6－8 月。果期:参考晚于花期。海拔:1100－4600 米。生境:草地,山坡,岩石斜坡和路旁。栽培:来自广西龙州。资源:具栽培园艺种类。全球 6 个大洲分布及种数(12－103)非洲:2; 亚洲:36; 大洋洲:2; 欧洲:5; 北美洲:5; 南美洲:63。【中国种数:9】。

Doodia R. Br. 锉豆属 Blechnaceae [F－46] 特征纪要:习性:－。花程式:－。其他特征参考科。全球 6 个大洲分布及种数(13－20)非洲:4;亚洲:2－8;大洋洲:10－20;欧洲:1－5;北美洲:2－6;南美洲:2－6。

Dopatrium Buch.－Ham. ex Benth. 虻眼属 Plantaginaceae [MD－527] 特征纪要:习性:草本(多肉)。花程式:－。物候:－。海拔:1800 米。生境:稻田,湿地。资源:具园艺种类。全球 4 个大洲分布及种数(4－18)非洲:2－12;亚洲:2－5;大洋洲:1;北美洲:1。【中国种数:2】。

Doraena Thunb. ＝ **Maesa**

Doranthera Steud. ＝ **Doratanthera**

Doratanthera Benth. ex Endl. 玄参科属 Scrophulariaceae [MD－536] 特征纪要:习性:－。花程式:－。其他特征参考科。全球 1 个大洲分布及种数(－)。

Doratometra Klotzsch ＝ **Begonia**

Doratoxylon Thouars ex Hook. f. 矛木患属 Sapindaceae [MD－428] 特征纪要:习性:木本。花程式:K4－8,C4－8,A10,＝G2－3。其他特征参考科。全球 1 个大洲分布及种数(5)◆非洲。

Dorcadion Adans. ex Lindb. 木灵藓属 Orthotrichaceae [B－151] 特征纪要:－。分布:－。

Dorcapteris C. Presl ＝ **Olfersia**

Dorcoceras Bunge ＝ **Boea**

Dorema D. Don 氨胶芹属 Apiaceae [MD－480] 特征纪要:习性:－。花程式:－。物候:－。海拔:50－5600 米。生境:半荒漠中和砾石质山坡上,柞林内。资源:－。全球 3 个大洲分布及种数(3－23)亚洲:22; 欧洲:2; 北美洲:2。【中国种数:1】。

Dorobaea Cass. 羽莲菊属 Asteraceae [MD－586] 特征纪要:习性:草本。花程式:(K)3－5,(C)3－5,A3－5,＝↓G2。其他特征参考科。全球 3 个大洲分布及种数(4)亚洲:cf. 1;北美洲:1;南美洲:3。

Doronicum L. 多榔菊属 Asteraceae [MD－586] 特征纪要:习性:草本(根状茎,基生)。花程式:(K)3－5,C3－5,A3 参考科,＝↓(G)2。物候:－。花期:6－8 月。果期:参考晚于花期。海拔:1800－2700 米。生境:生于草坡,林下,岩石土壤。资源:药用,具栽培园艺种类。全球 6 个大洲分布及种数(36－61;hort. 1;cult. 8)非洲:5－9;亚洲:28－39;大洋洲:9－13;欧洲:22－26;北美洲:8－11;南美洲:3。【中国种数:12】。

Dorophyllum Jur. ex Luisier ＝ **Echinodium**

Dorotheanthus Schwantes 彩虹花属 Aizoaceae [MD－94] 特征纪要:习性:－。花程式:－。其他特征参考科。全球 4 个大洲分布及种数(24)非洲:16; 亚洲:2; 大洋洲:2; 南美洲:4。

Dorozinckia <unassigned> 马达虹大戟属 Euphorbiaceae [MD－217] 特征纪要:－。全球 1 个大洲分布及种数(1)◆非洲:1。

Dorstenia Plum. ex L. 琉桑属 Moraceae [MD－87] 特征纪要:习性:木本。花程式:K1－4,C0,A6,＝G1－2。其他特征参考科。全球 6 个大洲分布及种数(135－157;hort. 1;cult. 5)非洲:73－77;亚洲:9;大洋洲:6;欧洲:3;北美洲:24－25;南美洲:44－50。【中国种数:1】。

Dortmanna Hill ＝ **Lobelia**

Doryanthaceae R. Dahlgren & Clifford [MM－689] 矛花科 特征纪要:习性:木本;落叶。花程式:(K)6,C3,A6,↓(G)3。物候:－。果实:蒴果。种子:－。海拔:－。生境:－。资源:－。栽培:－。全球 1 个大洲分布及属种数(2/4 hort. 1)◆大洋洲:1/ 2。

Doryanthes Corrêa 矛花属 Doryanthaceae [MM－689] 特征纪要(同科)。全球 2 个大洲分布及种数(2－6)大洋洲:4; 南美洲:2。

Dorycnium Mill. 矛豆属 Fabaceae3 [MD－240] 特征纪要:习性:－。花程式:－。物候:－。海拔:7500 米。生境:矮灌木丛或芦苇丛中,稀见于沿河岸疏林下,作为作物栽培。资源:具栽培园艺种类。全球 6 个大洲分布及种数(62)非洲:9; 亚洲:26; 大洋洲:4; 欧洲:6; 北美洲:6; 南美洲:4。

Dorycnopsis Boiss. 黑心豆属 Fabaceae3 [MD－240] 特征纪要:习性:木本。花程式:Kn,C2－3 参考科,A5－9,＝↓G1。其他特征参考科。全球 3 个大洲分布及种数(2)非洲:2;亚洲:1;欧洲:1。

Doryopteris J. Sm. 黑心蕨属 Pteridaceae [F－31] 特征纪要:习性:－。【Rep】:孢子囊群沿边脉着生,线形,囊群盖由反折变质的叶边形成,仅在裂片顶端及基部中断。物候:－。海拔:700－2600 米。生境:溪边杂木林下石灰岩上。资源:－。全球 6 个大洲分布及种数(60－81)非洲:7－12;亚洲:12－14;大洋洲:6－9;欧洲:2;北美洲:11－14;南美洲:48－55。

Doryphora Endl. 矛蕊檫属 Atherospermataceae [MD－19] 特征纪要:习性:木本。花程式:K1－∞,C0,A10－150,＝G1－3。其他特征参考科。全球 3 个大洲分布及种数(2－10)亚洲:2; 大洋洲:7; 南美洲:3。

Dorystigma Miers ＝ **Pandanus**

Doryxylon Zoll. 刺杨桐属 Euphorbiaceae [MD－217] 特征纪要:习性:木本。花程式:K1(1000),C0,A6,＝G2－3。其他特征参考科。全球 6 个大洲分布及种数(1－8)非洲:2; 亚洲:8; 大洋洲:4; 欧洲:4; 北美洲:4; 南美洲:3。【中国种数:1】。

Doselia <unassigned> 茄属 Solanaceae [MD－503] 特征纪要:习性:－。花程式:－。其他特征参考科。全球 1 个大洲分布及种数(－)。

Dossinia C. Morren 玛瑙兰属 Orchidaceae [MM-723] 特征纪要:习性:草本。花程式:(K)3,C3,A3, = ↓ G3。其他特征参考科。全球 3 个大洲分布及种数(1-27)亚洲:20; 北美洲:1; 南美洲:9。

Douarrea Montrouz. = **Psychotria**

Douepea Cambess. 堇娘芥属 Brassicaceae [MD-213] 特征纪要:习性:草本。花程式:K2-4,C2-4,A2-4, ↓ G-参考科。其他特征参考科。全球 1 个大洲分布及种数(2-3)◆亚洲:2。

Douglasdeweya C. Yen, J. L. Yang & B. R. Baum 禾本科属 Poaceae [MM-748] 特征纪要:习性:-。花程式:-。其他特征参考科。全球 1 个大洲分布及种数(-)。

Douglasia Lindl. 卧地梅属 Primulaceae [MD-401] 特征纪要:习性:-。花程式:-。其他特征参考科。全球 3 个大洲分布及种数(1-20)亚洲:6; 欧洲:16; 北美洲:16。

Douglassia Mill. = **Volkameria**

Douinia (C. E. O. Jensen) H. Buch 北美合叶苔属 Scapaniaceae [B-57] 特征纪要:习性:-。【Rep】:呈紫红色,雌雄异株,雄苞间生,雌苞叶与侧叶相似,但较大,蒴萼多背腹扁平。物候:-。海拔:-。生境:常见于山地湿土,沼泽。资源:-。全球 6 个大洲分布及种数(2)非洲:1;亚洲:1;大洋洲:1;欧洲:1;北美洲:1-2;南美洲:1。

Douradoa Sleumer 杜拉木属 Olacaceae [MD-362] 特征纪要:习性:木本。花程式:K3,C3,A5-6, =(G)2-3)。其他特征参考科。全球 1 个大洲分布及种数(1)◆南美洲(◆巴西)。

Dovyalis E. Mey. ex Arn. 锡兰莓属 Salicaceae [MD-123] 特征纪要:习性:木本。花程式:-。物候:-。花期:1-4 月。果期:参考晚于花期。海拔:50-3000 米。生境:常绿阔叶林,林缘,针叶林和阔叶混交林。资源:果树,园林,具栽培园艺种类。全球 6 个大洲分布及种数(21-26)非洲:20-25;亚洲:4-5;大洋洲:4-5;欧洲:1;北美洲:3-4;南美洲:3-4。【中国种数:2】。

Downingia Torr. 布纹莲属 Campanulaceae [MD-561] 特征纪要:习性:草本。花程式:(K)5,(C)5,A5, ↓ G-。物候:-。海拔:-。生境:-。资源:具栽培园艺种类。全球 4 个大洲分布及种数(15-42)亚洲:4; 欧洲:36; 北美洲:36; 南美洲:26。【中国种数:3】。

Doxodasya <unassigned> 珊花荷属 Rhodoleiaceae [MD-64] 特征纪要:-。全球 1 个大洲分布及种数(1)◆大洋洲:1。

Doyerea Grosourdy 珊瑚瓜属 Cucurbitaceae [MD-205] 特征纪要:习性:木本。花程式:-。其他特征参考科。全球 3 个大洲分布及种数(1-4)亚洲:2; 北美洲:4; 南美洲:4。

Doyleanthus Sauqüt 疏花寒楠属 Myristicaceae [MD-15] 特征纪要:习性:木本。花程式:-。其他特征参考科。全球 1 个大洲分布及种数(1)◆非洲(◆马达加斯加)。

Dozya Sande Lac. 单齿藓属 Leucodontaceae [B-198] 特征纪要:习性:-。【Rep】:雌雄异株,内雌苞叶大,有高鞘部,呈筒形,上部有狭长尖,无中肋,蒴柄硬梃,平滑,孢蒴直立,长卵形。物候:-。海拔:2100 米。生境:石生。资源:-。全球 6 个大洲分布及种数(98)非洲:16; 亚洲:20; 大洋洲:47; 欧洲:25; 北美洲:25; 南美洲:19。【中国种数:1】。

Draba Dill. ex L. 葶苈属 Brassicaceae [MD-213] 特征纪要:习性:草本(根状茎,基生)。花程式:Kn,C2-3 参考科,A2, = G2。物候:-。海拔:2900-3800 米。生境:草地,中部山地较高海拔处。资源:药用,具栽培园艺种类。全球 6 个大洲分布及种数(406-505;hort. 1;cult. 49)非洲:25-87;亚洲:185-255;大洋洲:23-85;欧洲:94-159;北美洲:181-246;南美洲:101-165。【中国种数:83】。

Drabastrum (F. Müll.) O. E. Schulz 亚高山葶苈属 Brassicaceae [MD-213] 特征纪要:习性:草本。花程式:K2-4,C2-4,A2-4, =(G)2。其他特征参考科。全球 1 个大洲分布及种数(1)◆大洋洲(◆澳大利亚)。

Drabopsis K. Koch 假葶苈属 Brassicaceae [MD-213] 特征纪要:草本,落叶,单叶。花程式:K2-4,C2-4,A2-4,G(-),房位(-)。果实:短角果。种子:棕色。全球 1 个大洲分布及种数(2)◆亚洲:cf. 1。

Dracaena Vand. ex L. 龙血树属 Dracaenaceae [MM-665] 特征纪要(同科)。全球 6 个大洲分布及种数(172-227;hort. 1;cult. 6)非洲:130-156;亚洲:58-77;大洋洲:14-25;欧洲:6-15;北美洲:28-36;南美洲:4-11。【中国种数:25】。

Dracaenaceae Salisb. [MM-665] 龙血树科 特征纪要:习性:木本;落叶。花程式:(K)6,C3,A6, ↑ G3。物候:-。花期:11-12 月。果期:-。果实:浆果。种子:-。海拔:-米。生境:-。资源:药用。栽培:中国有栽培。全球 6 个大洲分布及属种数(4/108-120 <IFR 1/11> hort. 1;cult. 1) 非洲:2/219-246(IFR 1/9); 亚洲:2/100-111(IFR 1/1); 大洋洲:2/27-31(IFR 1/2); 欧洲:1/11-13; 北美洲:4/65-66(IFR 1/1); 南美洲:1/9。

Dracamine Nieuwl. = **Cardamine**

Dracocephalum L. 青兰属 Lamiaceae [MD-575] 特征纪要:习性:草质攀援。花程式:-。物候:-。花期:7-8 月。果期:参考晚于花期。海拔:1700-2500 米。生境:草坡山谷,土丘上。资源:药用,具栽培园艺种类。全球 6 个大洲分布及种数(58-94;hort. 1;cult. 1)非洲:5-13;亚洲:52-88;大洋洲:5-11;欧洲:15-23;北美洲:15-22;南美洲:6。【中国种数:39】。

Dracoglossum Christenh. 红囊藤蕨属 Lomariopsidaceae [F-52] 特征纪要:习性:-。【Rep】:孢子同形,囊群生叶背有盖。其他特征参考科。全球 2 个大洲分布及种数(2-3)北美洲:3; 南美洲:3。

Dracomonticola H. P. Linder & Kurzweil 新波鲁兰属 Orchidaceae [MM-723] 特征纪要:习性:草本。花程式:(K-),C2-3 参考科,A3 参考科, ↓ G-。其他特征参考科。全球 1 个大洲分布及种数(1) ◆非洲:1。

Draconanthes (Lür) Lür 龙花兰属 Orchidaceae [MM-723] 特征纪要:习性:草本。花程式:(K)3,C3,A3, = ↓ (G)3。其他特征参考科。全球 1 个大洲分布及种数(2)◆南美洲。

Draconopteris Li Bing Zhang & Liang Zhang 叉龙蕨属 Aspidiaceae [F-50] 特征纪要:习性:-。其他特征参考科。

全球 2 个大洲分布及种数(2) 北美洲:1,南美洲:1。

Dracontia (Lür) Lür 波龙兰属 Orchidaceae [MM－723] 特征纪要:习性:－。花程式:－。其他特征参考科。全球 3 个大洲分布及种数(27)非洲:2; 北美洲:8; 南美洲:8。

Dracontioides Engl. 孔叶龙莲属 Araceae [MM－639] 特征纪要:习性:草本。花程式:K0,C0,A1－4,＝(G)1－3。其他特征参考科。全球 1 个大洲分布及种数(2)◆南美洲。

Dracontium L. 龙莲属 Araceae [MM－639] 特征纪要:习性:草本。花程式:K0,C0,A1－4,＝G1－3。物候:－。海拔:－。生境:－。资源:具栽培园艺种类。全球 6 个大洲分布及种数(28－31)非洲:5;亚洲:5－10;大洋洲:1－6;欧洲:5;北美洲:11－17;南美洲:26－32。【中国种数:3】。

Dracontomelon Bl. 人面子属 Anacardiaceae [MD－432] 特征纪要:习性:木质攀援。花程式:－。物候:－。花期:4－5 月。果期:参考晚于花期。海拔:100－400 米。生境:低地森林,平原。资源:药用,具栽培园艺种类。全球 6 个大洲分布及种数(8－24)非洲:6; 亚洲:19; 大洋洲:7; 欧洲:4; 北美洲:4; 南美洲:2。【中国种数:3】。

Dracontopsis Lem. ＝ **Rudbeckia**

Dracophilus (Schwantes) Dinter & Schwantes 龙幻玉属 Aizoaceae [MD－94] 特征纪要:习性:草本。花程式:K3－4,C3－4,A5 参考科,＝↓G1－2。其他特征参考科。全球 3 个大洲分布及种数(2－17)非洲:16; 欧洲:6; 北美洲:6。

Dracophyllum Labill. 龙血石南属 Epacridaceae [MD－391] 特征纪要:习性:木本。花程式:(K)2－4,(C)2－4,A10,＝G2－5。其他特征参考科。全球 4 个大洲分布及种数(61－111)非洲:2; 亚洲:2; 大洋洲:102; 南美洲:4。

Dracopis (Cass.) Cass. ＝ **Rudbeckia**

D

Dracopsis L. ＝ **Rudbeckia**

Dracosciadium Hilliard & B. L. Burtt 散叶芹属 Apiaceae [MD－480] 特征纪要:习性:草本。花程式:K5,C5,A5,＝↓G(－)。其他特征参考科。全球 1 个大洲分布及种数(2)◆非洲。

Dracoscirpoides Muasya 龙山莎属 Cyperaceae [MM－747] 特征纪要:习性:草本。花程式:(K)3,C3,A3,＝↓(G)2－3。其他特征参考科。全球 1 个大洲分布及种数(3)◆非洲。

Dracula Lür 小龙兰属 Orchidaceae [MM－723] 特征纪要:习性:草本。花程式:(K)3,C3,A3,＝↓(G)3。其他特征参考科。全球 6 个大洲分布及种数(138－152;hort. 1;cult. 3)非洲:1;亚洲:1;大洋洲:1;欧洲:1;北美洲:14－15;南美洲:128－140。

Dracunculus Mill. 龙木芋属 Araceae [MM－639] 特征纪要:习性:－。花程式:－。其他特征参考科。全球 5 个大洲分布及种数(2－24)非洲:9; 亚洲:12; 欧洲:5; 北美洲:5; 南美洲:6。【中国种数:1】。

Drakaea Lindl. 槌唇兰属 Orchidaceae [MM－723] 特征纪要:习性:草本。花程式:(K)3,C3,A3,＝↓G3。其他特征参考科。全球 1 个大洲分布及种数(2－11)◆大洋洲(◆澳大利亚)。

Drake－brockmania Stapf ＝ **Dinebra**

Drakonorchis (Hopper & A. P. Br.) D. L. Jones & M. A. Clem. 裂缘兰属 Orchidaceae [MM－723] 特征纪要:习性:－。花程式:－。其他特征参考科。全球 1 个大洲分布及种数(cf. 1)◆大洋洲。

Dransfieldia W. J. Baker & Zona 异苞椰属 Arecaceae [MM－717] 特征纪要:习性:木本。花程式:Kn,C2－3 参考科,A3 参考科,G3－ 参考科。其他特征参考科。全球 2 个大洲分布及种数(1)亚洲;大洋洲。

Draperia Torr. 堇琐花属 Boraginaceae [MD－517] 特征纪要:习性:草本。花程式:K4－5,C0,A3 参考科,↓G。其他特征参考科。全球 1 个大洲分布及种数(1)◆北美洲(◆美国)。

Drapetes Banks ex Lam. 垫瑞香属 Thymelaeaceae [MD－310] 特征纪要:习性:木本。花程式:K2－4,C0,A2,＝G2－5。资源:具园艺种类。全球 3 个大洲分布及种数(1－12)亚洲:3; 大洋洲:11; 南美洲:4。

Drapiezia Blume ＝ **Disporum**

Draytonia A. Gray ＝ **Saurauia**

Dregea E. Mey. 麻前胡属 Asclepiadaceae [MD－494] 特征纪要:习性:－。花程式:－。物候:－。花期:7 月。果期:参考晚于花期。海拔:500－3000 米。生境:丛林,阴坡。资源:药用,具栽培园艺种类。全球 6 个大洲分布及种数(8－14;hort. 1)非洲:2－3;亚洲:5－6;大洋洲:1;欧洲:1;北美洲:1;南美洲:1。【中国种数:3】。

Dregeochloa Conert 玉指草属 Poaceae [MM－748] 特征纪要:习性:草本。花程式:(K)3,C0 参考科,A1－2,↓G－参考科。其他特征参考科。全球 1 个大洲分布及种数(2)◆非洲。

Drepadenium Raf. ＝ **Croton**

Drepananthus Maingay ex Hook. f. & Thomson 金线木属 Annonaceae [MD－7] 特征纪要:习性:－。花程式:－。物候:－。花期:4 月。果期:参考晚于花期。海拔:100－2400 米。生境:半常绿阔叶林中,山地灌木丛中。资源:－。全球 3 个大洲分布及种数(26－35)非洲:6; 亚洲:22; 大洋洲:7。

Drepanium (Schimp.) C. E. O. Jensen 灰藓属 Amblystegiaceae [B－178] 特征纪要:习性:－。【Rep】:参考科特征:雌雄异苞同株,内雌苞叶直立,卵状披针形,上部渐狭成长毛状,近于全缘,无中肋,黄绿色。物候:－。海拔:－。生境:常见于林下土或岩面薄土,沼泽水生。资源:－。全球 1 个大洲分布及种数(25)◆南美洲:1。

Drepanocarpus G. F. W. Mey. 镰果豆属 Fabaceae3 [MD－240] 特征纪要:习性:－。花程式:－。物候:－。海拔:7500 米。生境:矮灌木丛或芦苇丛中,稀见于沿河岸疏林下,作为作物栽培。资源:具栽培园艺种类。全球 4 个大洲分布及种数(37)非洲:2; 亚洲:3; 北美洲:4; 南美洲:20。

Drepanocaryum Pojark. 镰果草属 Lamiaceae [MD－575] 特征纪要:习性:草本。花程式:K2,C0,A2,＝(G)2。其他特征参考科。全球 1 个大洲分布及种数(cf. 1)◆亚洲。

Drepanocladus (Müll. Hal.) G. Roth 镰刀藓属 Amblystegiaceae [B－178] 特征纪要:习性:－。【Rep】:雌雄异株,

稀雌雄同株,内雌苞叶直立,长披针形,具纵长皱褶,蒴柄细长。物候:-。海拔:900 米。生境:河边沼泽岩面生,岩面土生。资源:具园艺种类。全球 6 个大洲分布及种数(29)非洲:9;亚洲:7;大洋洲:6;欧洲:13;北美洲:14;南美洲:12。【中国种数:21】。

Drepano - hypnum Hampe 镰刀藓属 Amblystegiaceae [B - 178] 特征纪要和分布(-)。

Drepanolejeunea (Spruce) Schiffn. 角鳞苔属 Lejeuneaceae [B - 84] 特征纪要:习性:-。【Rep】:雌苞顶生于主枝,蒴萼具 3 个脊,并常附 1 - 7 个小脊,脊部具冠状突起,一般稀疏生长。物候:-。海拔:1900 米。生境:树生。资源:-。全球 6 个大洲分布及种数(60 - 76)非洲:7 - 24;亚洲:31 - 46;大洋洲:9 - 26;欧洲:13;北美洲:5 - 18;南美洲:19 - 37。【中国种数:12】。

Drepanophyllaria Müll. Hal. 牛角藓属 Amblystegiaceae [B - 178] 特征纪要:习性:-。【Rep】:雌雄同株,绿色、黄色或棕色。物候:-。海拔:-。生境:常见于腐木生,沼泽土生。资源:-。全球 2 个大洲分布及种数(2)非洲:1;亚洲:1。【中国种数:1】。

Drepanophyllum (Torr.) Hook. 叶藓科属 Apiaceae [MD - 480] 特征纪要:-。全球 2 个大洲分布及种数(5)北美洲:1; 南美洲:1。

Drepanostachyum Keng f. 镰序竹属 Poaceae [MM - 748] 特征纪要:习性:竹类。花程式:(K -),C0 参考科,A3 参考科, = (G)2 - 3。物候:-。花期:2 月。果期:参考晚于花期。海拔:110 - 200 米。生境:山区,竹林。资源:具园艺种类。全球 4 个大洲分布及种数(12 - 35)亚洲:21; 欧洲:4; 北美洲:4; 南美洲:3。【中国种数:4】。

Drepanostemma Jum. & H. Perrier = **Cynanchum**

Dresslerella Lür 小玉兔兰属 Orchidaceae [MM - 723] 特征纪要:习性:草本。花程式:(K)3,C3,A3, = ↓ G3。其他特征参考科。全球 6 个大洲分布及种数(17 - 18)非洲:2;亚洲:2;大洋洲:2;欧洲:2;北美洲:9 - 11;南美洲:12 - 15。

Dressleria Dodson 香鲨兰属 Orchidaceae [MM - 723] 特征纪要:习性:草本。花程式:(K)3,C3,A3, = ↓ (G)3。其他特征参考科。全球 2 个大洲分布及种数(14)北美洲:6;南美洲:10。

Dressleriopsis Dwyer = **Lasianthus**

Dresslerothamnus H. Rob. 红丝菊属 Asteraceae [MD - 586] 特征纪要:习性:草本。花程式:(K)3 - 5,C3 - 5,A3 - 5, = ↓ (G)2。其他特征参考科。全球 2 个大洲分布及种数(5 - 6)北美洲:4;南美洲:1。

Driessenia Korth. 德里野牡丹属 Melastomataceae [MD - 364] 特征纪要:习性:木本。花程式:K4 - 5,C4 - 5,A4 - 5, = ↓ G3 - 4。其他特征参考科。全球 1 个大洲分布及种数(cf. 1)◆亚洲。

Drimia Jacq. ex Willd. 银桦百合属 Hyacinthaceae [MM - 679] 特征纪要:习性:草本。花程式:(K)3,C0 参考科,A3 - 6, = G3。物候:-。海拔:-。生境:-。资源:具栽培园艺种类。全球 6 个大洲分布及种数(106 - 128; hort. 1)非洲:97 - 144;亚洲:17 - 50;大洋洲:5 - 38;欧洲:13 - 46;北美洲:3 - 36;南美洲:33。【中国种数:3】。

Drimiopsis Lindl. & Paxton 豹叶百合属 Asparagaceae [MM - 669] 特征纪要:习性:草本。资源:具园艺种类。全球 4 个大洲分布及种数(17 - 37)非洲:19; 亚洲:2; 北美洲:1; 南美洲:1。【中国种数:1】。

Drimycarpus Hook. f. 辛果漆属 Anacardiaceae [MD - 432] 特征纪要:习性:木本。花程式:-。物候:-。花期:4 月。果期:参考晚于花期。海拔:600 - 700 米。生境:沟谷密林中。资源:具园艺种类。全球 1 个大洲分布及种数(3 - 5)◆亚洲。【中国种数:2】。

Drimyphyllum Burch. ex DC. = **Petrobium**

Drimys J. R. Forst. & G. Forst. 林仙属 Winteraceae [MD - 3] 特征纪要:习性:木本。花程式:-。其他特征参考科。全球 6 个大洲分布及种数(14 - 130)非洲:44; 亚洲:8; 大洋洲:93; 欧洲:11; 北美洲:11; 南美洲:35。【中国种数:2】。

Drimyspermum Reinw. 瑞香科属 Thymelaeaceae [MD - 310] 特征纪要:习性:-。花程式:-。其他特征参考科。全球 1 个大洲分布及种数(-)。

Driopteris Raf. = **Dryopteris**

Droceloncia J. Léonard 银鹃桐属 Euphorbiaceae [MD - 217] 特征纪要:习性:木本。花程式:K1(1000),C0,A6, = (G)2 - 3。其他特征参考科。全球 1 个大洲分布及种数(1)◆非洲。

Droguetia Gaud. 单蕊麻属 Urticaceae [MD - 91] 特征纪要:习性:木本。花程式:-。物候:-。花期:9 月。果期:参考晚于花期。海拔:1500 - 2500 米。生境:林缘,山谷,山地林中。资源:-。全球 5 个大洲分布及种数(10 - 26)非洲:18; 亚洲:7; 大洋洲:2; 北美洲:2; 南美洲:4。【中国种数:1】。

Droogmansia De Wild. 德罗豆属 Fabaceae3 [MD - 240] 特征纪要:习性:木本。花程式:K1 - ∞,C1 - ∞,A5 - 9, = ↓ G1。其他特征参考科。全球 2 个大洲分布及种数(23 - 40)非洲:39; 亚洲:2。

Drosanthemopsis Rauschert 白鸽玉属 Aizoaceae [MD - 94] 特征纪要:习性:草本。花程式:Kn,C2 - 3 参考科,A5 参考科, = ↓ G -。其他特征参考科。全球 1 个大洲分布及种数(4)◆非洲。

Drosanthemum Schwantes 弥生花属 Aizoaceae [MD - 94] 特征纪要:习性:灌木。花程式:K3 - 4,C3 - 4,A5 参考科, = ↓ G1 - 2。其他特征参考科。全球 6 个大洲分布及种数(102 - 123)非洲:101 - 112;亚洲:1;大洋洲:3 - 4;欧洲:4 - 5;北美洲:3 - 4;南美洲:1 - 2。

Drosera L. 茅膏菜属 Droseraceae [MD - 261] 特征纪要:习性:草本。花程式:-。物候:-。花期:全年。果期:参考晚于花期。海拔:1200 - 3650 米。生境:潮湿旷地或水田边,沼泽湿地。资源:药用,具栽培园艺种类。全球 6 个大洲分布及种数(190 - 284;hort. 1;cult. 20)非洲:33 - 51;亚洲:27 - 43;大洋洲:124 - 191;欧洲:9 - 18;北美洲:25 - 35;南美洲:46 - 60。【中国种数:13】。

Droseraceae Salisb. [MD - 261] 茅膏菜科 特征纪要:习性:草本;落叶。花程式:(K)6,C5,A2, ↓ (G) -。物候:

-。果实:蒴果。种子:多数作为亚科来处理。海拔:1200 - 3650 米。生境:潮湿旷地或水田边,沼泽湿地。资源:药用。全球 6 个大洲分布及属种数(4/195 - 289 < IFR 1/13 > hort. 1;cult. 1) 非洲:3/37 - 48(IFR 1/1); 亚洲:3/27 - 31(IFR 1/2); 大洋洲:3/128 - 188(IFR 1/8); 欧洲:2/12 - 14; 北美洲:3/29 - 30(IFR 1/2); 南美洲:2/48 - 55(IFR 1/2)。【中国属种数:2/14】。

Drosophyllaceae Chrtek, Slavíková & Studnička [MD - 262] 露松科 特征纪要:习性:木本;落叶。花程式:K5,C5,A5, = ↓(G)5。果实:蒴果。全球 1 个大洲分布及属种数(2/3 hort. 1)◆非洲:1/ 7。

Drosophyllum Link 露松属 Drosophyllaceae [MD - 262] 特征纪要(同科)。全球 5 个大洲分布及种数(1 - 7)非洲:4; 亚洲:4; 欧洲:4; 北美洲:4; 南美洲:3。

Drouguetia Endl. = **Droguetia**

Drucella E. A. Hodgs. 澳指木叶苔属 Lepidoziaceae [B - 63] 特征纪要:习性: - 。【Rep】:裂瓣披针形或指形。其他特征参考科。全球 2 个大洲分布及种数(5)亚洲:4; 大洋洲:2。

Drummondia Hook. 木衣藓属 Drummondiaceae [B - 111] 特征纪要(同科)。全球 3 个大洲分布及种数(7)亚洲:4;北美洲:4;南美洲:1。【中国种数:7】。

Drummondiaceae Goffinet [B - 111] 木衣藓科 特征纪要:叶分裂,囊群生叶背。【Rep】:胞芽,囊群生叶背。全球 6 个大洲分布和属种数(1/14)亚洲:1/5;大洋洲:1/1;欧洲:1/3;北美洲:1/4;南美洲:1/7。【中国属种数:2/8(3)】。

Drummondita Harv. 蓬南香属 Rutaceae [MD - 399] 特征纪要:习性:木本。花程式:K5,C5,A4, = G1 - 3。其他特征参考科。全球 1 个大洲分布及种数(6 - 9)◆大洋洲(◆澳大利亚)。

D

Drusa DC. 结晶草属 Apiaceae [MD - 480] 特征纪要:习性:草本。花程式:K5,C5,A5, = ↓(G)2。其他特征参考科。全球 6 个大洲分布及种数(2)非洲:1 - 15;亚洲:14;大洋洲:14;欧洲:1 - 15;北美洲:14;南美洲:14。

Dryadanthe Endl. = **Sibbaldia**

Dryadella Lür 雉斑兰属 Orchidaceae [MM - 723] 特征纪要:习性:草本。花程式:(K)3,C3,A3, = ↓(G)3。其他特征参考科。全球 3 个大洲分布及种数(62 - 74)大洋洲:2; 北美洲:17; 南美洲:64。

Dryadodaphne S. Moore 锥果檫属 Atherospermataceae [MD - 19] 特征纪要:习性:木本。花程式:K1 - ∞,C0,A10 - 150,G1 - 3。其他特征参考科。全球 3 个大洲分布及种数(5 - 9)非洲:7; 亚洲:5; 大洋洲:7。

Dryadorchis Schltr. 澳兰属 Orchidaceae [MM - 723] 特征纪要:习性:草本。花程式:(K)3,C3,A3, = ↓(G)3。其他特征参考科。全球 4 个大洲分布及种数(5 - 12)非洲:6; 亚洲:1; 大洋洲:12; 南美洲:7。

Dryandra R. Br. 蓟序木属 Proteaceae [MD - 219] 特征纪要:习性: - 。花程式: - 。其他特征参考科。全球 5 个大洲分布及种数(125)非洲:5; 亚洲:7; 大洋洲:118; 北美洲:6; 南美洲:2。

Dryas L. 仙女木属 Rosaceae [MD - 246] 特征纪要:习性:木本。花期:7 - 8 月。果期:参考晚于花期。海拔:2200 - 2800 米。生境:草地。栽培:来自广西龙州。资源:具栽培园艺种类。全球 6 个大洲分布及种数(15 - 20; hort. 1;cult. 6)非洲:6;亚洲:7 - 14;大洋洲:6;欧洲:4 - 10;北美洲:8 - 14;南美洲:6。【中国种数:1】。

Drymaria Willd. ex Schult. 荷莲豆草属 Caryophyllaceae [MD - 77] 特征纪要:习性:草本(基生)。花程式:K5,C5,A3,G - 。物候: - 。花期:4 - 10 月。果期:参考晚于花期。海拔:200 - 2400 米。生境:林间草地,阴影地带。资源:具栽培园艺种类。全球 6 个大洲分布及种数(64 - 72;hort. 1;cult. 2)非洲:3 - 9;亚洲:5 - 12;大洋洲:1 - 7;欧洲:2 - 8;北美洲:44 - 54;南美洲:31 - 38。【中国种数:4】。

Drymis Juss. = **Drimys**

Drymispermum Rchb. = **Drimyspermum**

Drymoanthus Nicholls 丝带兰属 Orchidaceae [MM - 723] 特征纪要:习性:草本。花程式:(K)3,C3,A3, = ↓(G)3。其他特征参考科。全球 2 个大洲分布及种数(4 - 5)大洋洲:4; 南美洲:1。

Drymocallis Fourr. ex Rydb. 路边青属 Rosaceae [MD - 246] 特征纪要:习性:木本。花程式: - 。物候: - 。海拔:50 - 5400 米。生境:沼泽地,自然山坡地。资源: - 。全球 6 个大洲分布及种数(17 - 24;hort. 1)非洲:1 - 18;亚洲:4 - 22;大洋洲:17;欧洲:3 - 23;北美洲:12 - 30;南美洲:17。【中国种数:1】。

Drymochloa Holub 石陵草属 Poaceae [MM - 748] 特征纪要:习性: - 。花程式: - 。其他特征参考科。全球 2 个大洲分布及种数(-)欧洲;北美洲。

Drymoda Lindl. 栖林兰属 Orchidaceae [MM - 723] 特征纪要:习性: - 。花程式: - 。物候: - 。花期:参考早于果期。果期:10 - 11 月。海拔:80 - 5200 米。生境:柏树林下或草坡路旁,竹坡中。资源: - 。全球 4 个大洲分布及种数(7)非洲:3; 亚洲:7; 大洋洲:2; 南美洲:2。

Drymoglossum C. Presl 抱树莲属 Polypodiaceae [F - 60] 特征纪要:习性: - 。【Rep】:孢子囊群线形,位于主脉两侧,成熟时布满羽片下面,具星状毛。物候: - 。海拔:50 - 3600 米。生境:常绿阔叶林,棕竹林下。资源: - 。全球 6 个大洲分布及种数(28)非洲:5; 亚洲:14; 大洋洲:3; 欧洲:5; 北美洲:5; 南美洲:5。

Drymonia Mart. 彩苞岩桐属 Gesneriaceae [MD - 549] 特征纪要:习性:灌木。花程式:K5,C0,A4, = (G)2。其他特征参考科。全球 2 个大洲分布及种数(74 - 80)北美洲:40;南美洲:56 - 62。

Drymophila R. Br. 林珠草属 Alstroemeriaceae [MM - 676] 特征纪要:习性:草本。花程式: - 。其他特征参考科。全球 6 个大洲分布及种数(2 - 50)非洲:28; 亚洲:4; 大洋洲:33; 欧洲:2; 北美洲:2; 南美洲:12。

Drymophloeus Zipp. 木果椰属 Arecaceae [MM - 717] 特征纪要:习性:木本。花程式:K3 - 10,C3 - 10,A3 - 10, = G3 - 10。其他特征参考科。全球 5 个大洲分布及种数(3 - 46)非洲:10; 亚洲:11; 大洋洲:30; 北美洲:11; 南美洲:5。【中国种数:1】。

Drymotaenium Makino 丝带蕨属 Polypodiaceae [F - 60] 特征纪要:习性: - 。【Rep】:孢子囊群线形,连续,位于主脉两侧的一条纵沟内,靠近主脉,幼时被盾状隔丝覆盖。物候: - 。海拔:50 - 3600 米。生境:常绿阔叶林,棕竹林下。资源：-。全球1个大洲分布及种数(1)◆亚洲。

Drynaria (Bory) J. Sm. 槲蕨属 Drynariaceae［F-61］特征纪要(同科)。全球6个大洲分布及种数(49-63)非洲:13-15;亚洲:37-44;大洋洲:11-12;欧洲:3-4;北美洲:4-5;南美洲:2-3。【中国种数:13】。

Drynariaceae Ching［F-61］槲蕨科 特征纪要:大形陆生植物,高1-2米或更高,叶大,二回羽状(偶为一回羽状),有粗长柄,基部有肉质托叶状的附属物。【Rep】:孢子囊群船形,质厚,顶端有不发育的环带,分离,沿叶脉两行排列。全球6个大洲分布和属种数(3-4;hort. & cult.2)(60-99;hort. & cult.8-14)非洲:1-3/13-18;亚洲:3-4/49-60;大洋洲:1-3/11-15;欧洲:1-3/3-7;北美洲:1-3/4-8;南美洲:1-3/2-6。

Drynariopsis (Copel.) Ching 类槲蕨属 Polypodiaceae［F-60］特征纪要:习性:-。【Rep】:孢子同形,囊群生叶背有盖-无盖。物候:-。海拔:50-3600米。生境:常绿阔叶林,棕竹林下。资源:-。全球2个大洲分布及种数(3)非洲:2;亚洲:3。

Dryoathyrium Ching = **Deparia**

Dryobalanops C. F. Gaertn. 冰片香属 Dipterocarpaceae［MD-173］特征纪要:习性:木本。花程式:-。物候:-。花期:4-5月。果期:参考晚于花期。海拔:300-1100米。生境:沟谷雨林及石灰山密林中,草甸干燥沙土中。资源:具园艺种类。全球4个大洲分布及种数(8-18)亚洲:18;欧洲:3;北美洲:3;南美洲:2。【中国种数:1】。

Dryomenis Fée = **Tectaria**

Dryopeia Thou. = **Disperis**

Dryopetalon A. Gray 北美岩芥属 Brassicaceae［MD-213］特征纪要:习性:草本。花程式:K2-4,C2-4,A2-4,=G2。其他特征参考科。全球2个大洲分布及种数(9-14)北美洲:10;南美洲:1。

Dryopoa Vickery 桉林茅属 Poaceae［MM-748］特征纪要:习性:草本。花程式:(K)3,C0参考科,A1-2,=(G)2-3。其他特征参考科。全球2个大洲分布及种数(1-3)大洋洲:2;北美洲:2。

Dryopolystichum Copel. 新几内亚蕨属 Dryopteridaceae［F-49］特征纪要:习性:-。【Rep】:孢子同形,囊群生叶背。其他特征参考科。全球3个大洲分布及种数(1-3)非洲:1;亚洲:1;大洋洲:1。

Dryopsis Holttum & P. J. Edwards 轴鳞蕨属 Dryopteridaceae［F-49］特征纪要:习性:-。【Rep】:孢子同形,囊群生叶背。物候:-。海拔:400-2900米。生境:冷杉与阔叶混交林下,针叶林下。资源:-。全球6个大洲分布及种数(21-22)非洲:1-5;亚洲:20-26;大洋洲:4;欧洲:4;北美洲:1-5;南美洲:3-7。

Dryopteridaceae Herter［F-49］鳞毛蕨科 特征纪要:中等大小或小形陆生植物。根状茎短而直立或斜升,叶簇生或散生,多少被鳞片;叶片一至五回羽状,极少单叶,纸质或革质,干后淡绿色,光滑,或叶轴、各回羽轴和主脉下面多少被披针形或钻形鳞片。【Rep】:孢子同形,囊群生叶背有盖。全球5个大洲分布及属种数(1/1)非洲:1;亚洲:1;大洋洲:1;北美洲:1;南美洲:1。【中国属种数:20/538】。

Dryopteris Adans. 鳞毛蕨属 Pteridaceae［F-31］特征纪要:习性:-。【Rep】:孢子囊群圆形,生于叶脉背部,或罕有生于叶脉顶部、通常有囊群盖(少为无盖)。物候:-。海拔:1000-1200米。生境:常绿阔叶林下,竹林下斜坡。资源:药用,具栽培园艺种类。全球6个大洲分布及种数(773-1272;hort. 1;cult. 136)非洲:84-146;亚洲:495-662;大洋洲:134-204;欧洲:51-118;北美洲:145-223;南美洲:106-182。【中国种数:175】。

Drypetes Vahl 核果木属 Putranjivaceae［MD-228］特征纪要:习性:木本。花程式:-。物候:-。花期:4-10月。果期:参考晚于花期。海拔:200-500米。生境:低海拔山地疏林或海岸林中。栽培:来自广西龙州。资源:具栽培园艺种类。全球6个大洲分布及种数(145-238;hort. 1)非洲:74-114;亚洲:68-127;大洋洲:16-36;欧洲:3-16;北美洲:20-39;南美洲:32-49。【中国种数:27】。

Drypis L. 刺繁缕属 Caryophyllaceae［MD-77］特征纪要:习性:草本。花程式:K1-5,C1-5,A1-5,=(G)2-5。其他特征参考科。全球2个大洲分布及种数(2-6)非洲:2;亚洲:2。

Dryptodon Brid. 紫萼藓科属 Grimmiaceae［B-115］特征纪要:习性:-。其他特征参考科。全球1个大洲分布及种数(1)◆亚洲(◆中国)。【中国种数:1】。

Duabanga Buch. -Ham. 八宝树属 Duabangaceae［MD-334］特征纪要(同科)。全球5个大洲分布及种数(3-9)非洲:1;亚洲:8;大洋洲:1;北美洲:3;南美洲:3。【中国种数:2】。

Duabangaceae Takht.［MD-334］八宝树科 特征纪要:习性:木本;落叶。花程式:K4-5,C5,A12,=↓(G)4-8。物候:-。花期:5月。果期:4-6月。果实:蒴果。种子:小。海拔:900-1500米。生境:草原,河岸,竹坡中。资源:用材。栽培:中国有栽培。全球6个大洲分布及属种数(2/4-5 hort. 1;cult. 1)◆亚洲:2/4-5。

Dubautia Gaud. 轮菊属 Asteraceae［MD-586］特征纪要:习性:草本。花程式:(K)3-5,(C)3-5,A3-5,=↓G2。其他特征参考科。全球4个大洲分布及种数(40-131)亚洲:35;大洋洲:2;北美洲:81;南美洲:2。

dubius Kuntze 全缘菊属 Sapindaceae［MD-428］特征纪要:-。全球2个大洲分布及种数(4)亚洲:2;欧洲:1。

Duboisia R. Br. 软木茄属 Solanaceae［MD-503］特征纪要:习性:-。花程式:-。其他特征参考科。全球4个大洲分布及种数(4-8)亚洲:2;大洋洲:8;北美洲:4;南美洲:2。

Dubois-reymondia H. Karst. = **Myoxanthus**

Duboscia Bocq. 全缘椴属 Malvaceae［MD-203］特征纪要:习性:木本。花程式:K1-∞,C1-∞,A5,=G2-100。其他特征参考科。全球2个大洲分布及种数(2-8)非洲:7;南美洲:2。

Dubouzetia Pancher ex Brongn. & Gris 迪布木属 Elaeocarpaceae［MD-134］特征纪要:习性:木本。花程式:-。其他特征参考科。全球3个大洲分布及种数(12-17)非洲:7;亚洲:5;大洋洲:16。

Dubrueilia Gaudich. = **Pilea**

Dubyaea DC. 厚喙菊属 Asteraceae［MD-586］特征纪要:习性:草本(根状茎,基生)。花程式:(K)3-5,C3-5,A3参考科,=↓G2。物候:-。海拔:3500-3800米。生境:高山草甸,生于云杉林缘。资源:药用。全球3个大洲分布及种数(12 – 33)亚洲:28; 大洋洲:2; 南美洲:3。【中国种数:7】。

Dubyella Bruch & Schimp. 碎米藓科属 Fabroniaceae [B – 173] 特征纪要: – 。全球 1 个大洲分布及种数(–)。

Ducampopinus A. Chev. = **Pinus**

Duchassaingia Walp. = **Erythrina**

Duchesnea Sm. 蛇莓属 Rosaceae [MD – 246] 特征纪要:习性: – 。花程式: – 。物候: – 。花期:5 – 7 月。果期:参考晚于花期。海拔:2500 – 3100 米。生境:草地,田埂堤边。资源: – 。全球 3 个大洲分布及种数(12)亚洲:6; 北美洲:2; 南美洲:1。

Duchesnia Cass. = **Pulicaria**

Duchola Adans. = **Omphalea**

Duckea Maguire 头蔺花属 Rapateaceae [MM – 713] 特征纪要:习性:草本。花程式:(K)3,C0 参考科,A6, = G3。其他特征参考科。全球 3 个大洲分布及种数(4 – 8)亚洲:2; 大洋洲:2; 南美洲:8。

Duckeanthus R. E. Fr. 华心木属 Annonaceae [MD – 7] 特征纪要:习性:木本。花程式:K3 – ∞ ,C3,A2, = G10 – 100。其他特征参考科。全球 1 个大洲分布及种数(1)◆南美洲(◆巴西)。

Duckeella Porto & Brade 伸翅兰属 Orchidaceae [MM – 723] 特征纪要:习性:草本。花程式:(K)3,C3,A3, = ↓(G)3。其他特征参考科。全球 2 个大洲分布及种数(8 – 11)非洲:1; 南美洲:11。

Duckeodendraceae Kuhlm. [MD – 505] 羽柱果科 特征纪要:习性:木本;落叶。花程式:K5,C0,A5,↑(G)2。果实:核果。全球 1 个大洲分布及属种数(2/3)◆南美洲:1/ 1 – 1。

Duckeodendron Kuhlm. 核果茄属 Duckeodendraceae [MD – 505] 特征纪要(同科)。全球 1 个大洲分布及种数(1)◆南美洲(◆巴西)。

Duckera F. A. Barkley = **Rhus**

Duckesia Cuatrec. 疣核木属 Humiriaceae [MD – 348] 特征纪要:习性:木本。花程式: – 。其他特征参考科。全球 1 个大洲分布及种数(1)◆南美洲(◆巴西)。

Ducosia Vieill. ex Guillaumin = **Dubouzetia**

Ducrosia Boiss. 迪克罗草属 Apiaceae [MD – 480] 特征纪要:习性:草本。花程式:K5,C5,A5, = ↓ G2。其他特征参考科。全球 3 个大洲分布及种数(6 – 11)非洲:2; 亚洲:11; 南美洲:2。

Dudleveria G. D. Rowley 石莲花属 Crassulaceae [MD – 229] 特征纪要:习性:草本。花程式:C5,A2 – 3,↓(G)。其他特征参考科。全球 1 个大洲分布及种数(1 – 2)◆非洲。

Dudleya Britton & Rose 仙女杯属 Crassulaceae [MD – 229] 特征纪要:习性:草本。花程式:K3 – 5 – ∞ ,C3 – 5 – ∞ ,A4, = ↓ G3 – 5。其他特征参考科。全球 6 个大洲分布及种数(72 – 191)非洲:3; 亚洲:3; 大洋洲:12; 欧洲:95; 北美洲:95; 南美洲:8。

Dufresnea Meisn. = **Valerianella**

Dufresnia DC. = **Valerianella**

Dugandiodendron Lozano 南美盖裂木属 Magnoliaceae [MD – 1] 特征纪要:习性: – 。花程式: – 。其他特征参考科。全球 2 个大洲分布及种数(28)北美洲:2; 南美洲:20。

Dugesia A. Gray 绿纹菊属 Asteraceae [MD – 586] 特征纪要:习性:草本。花程式:(K)3 – 5,C3 – 5,A3 – 5, = ↓(G)2。其他特征参考科。全球 3 个大洲分布及种数(1 – 5)亚洲:3; 北美洲:5; 南美洲:3。

Dugortia Scop. = **Parinari**

Duguetia A. St. – Hil. 端心木属 Annonaceae [MD – 7] 特征纪要:习性:木本。花程式:K3 – ∞ ,C3,A2, = G10 – 100。其他特征参考科。全球 6 个大洲分布及种数(97 – 100)非洲:6 – 7;亚洲:1;大洋洲:1 – 2;欧洲:1;北美洲:10 – 11;南美洲:90 – 93。【中国种数:1】。

Duhaldea DC. 羊耳菊属 Asteraceae [MD – 586] 特征纪要:习性:草本,少灌木。花程式:(K)3 – 5,C3 – 5,A3 – 5, = ↓ G2。物候: – 。花期:6 – 10 月。果期:参考晚于花期。海拔:1000 – 2000 米。生境:干草坡,山丘,荒地,灌木丛和草原。资源:药用。全球 5 个大洲分布及种数(12 – 17)非洲:3; 亚洲:16; 欧洲:3; 北美洲:3; 南美洲:4。【中国种数:7】。

Duhamela Raf. = **Amaioua**

Duidaea S. F. Blake 杉菊木属 Asteraceae [MD – 586] 特征纪要:习性:草本。花程式:(K)3 – 5,(C)3 – 5,A3 – 5,↓(G)2。其他特征参考科。全球 1 个大洲分布及种数(4)◆南美洲。

Duidania Standl. 委内茜属 Rubiaceae [MD – 523] 特征纪要:习性:木本。花程式:(K)4 – 5,(C)4 – 5,A4 – 5, = ↓(G)2 – 9。其他特征参考科。全球 1 个大洲分布及种数(1)◆南美洲。

Dukea Dwyer = **Raritebe**

Dulacia Vell. 百合犀属 Olacaceae [MD – 362] 特征纪要和分布(–)。全球 1 个大洲分布及种数(14)◆南美洲。

Dulcamara Hill. = **Solanum**

Dulichium Pers. 芦莎属 Cyperaceae [MM – 747] 特征纪要:习性:草本。花程式:(K)3,C3,A1 – 3,G – 。其他特征参考科。全球 4 个大洲分布及种数(2 – 8)非洲:4; 亚洲:4; 北美洲:6; 南美洲:2。【中国种数:1】。

Dulongia Kunth 假茶藨属 Dulongiaceae [MD – 392] 特征纪要及分布(–)。

Dulongiaceae J. G. Agardh. [MD – 392] 假茶藨科 特征纪要:习性:木本;落叶。花程式:K4 – 5,C5,A,G – 。全球 2 个大洲分布及属种数(1/8)。

Duma T. M. Schust. 沙棘蓼属 Polygonaceae [MD – 120] 特征纪要:习性:草本。花程式:Kn,C0,A2,↓ G – 参考科。全球 6 个大洲分布及种数(3)非洲:1;亚洲:1 – 2;大洋洲:3 – 4;欧洲:1;北美洲:1;南美洲:1。

Dumaniana Yıld. & B. Selvi 沙棘芹属 Apiaceae [MD－480] 特征纪要:习性:－。花程式:－。其他特征参考科。全球 1 个大洲分布及种数(1)◆非洲。

Dumartroya Gaudich. ＝ **Trophis**

Dumasia DC. 山黑豆属 Fabaceae3 [MD－240] 特征纪要:习性:木质攀援。花程式:－。物候:－。花期:8－9 月。果期:参考晚于花期。海拔:1000－1500 米。生境:生于山谷溪边灌丛中。资源:具园艺种类。全球 6 个大洲分布及种数(11－13;hort. 1)非洲:1－2;亚洲:10－13;大洋洲:1;欧洲:1;北美洲:1;南美洲:1。【中国种数:7】。

Dumerilia Lag. ex DC. ＝ **Perezia**

Dumortiera Nees 毛地钱属 Dumortieraceae [B－13] 特征纪要(同科)。全球 6 个大洲分布及种数(4)非洲:1－10;亚洲:2－11;大洋洲:2－11;欧洲:9;北美洲:1－10;南美洲:1－10。【中国种数:3】。

Dumortieraceae D. G. Long [B－13] 毛地钱科 特征纪要:陆生直立小型植物,根状茎短而匍匐,有时上升,有毛,叶簇生或近生,叶柄与叶片很不分明,单叶或常为 1－多次二歧分枝,或为假掌状簇生于叶柄顶端,裂片为狭线形,仅有一条中脉。【Rep】:孢子囊形体同海金沙科,无柄,1－2 行排列于中脉两侧,孢子两面形,原叶体为丝状。全球 6 个大洲分布和属种数(1;hort. & cult. 1)(3－13;hort. & cult. 1)非洲:1/1－10;亚洲:1/2－11;大洋洲:1/2－11;欧洲:1/9;北美洲:1/1－10;南美洲:1/1－10。【中国属种数:1/3】。

Dumortieropsis Horik. 单月苔科属 Monosoleniaceae [B－14] 特征纪要:－。全球 1 个大洲分布及种数(－)。

Dumreichera Hochst. & Steud. ＝ **Senra**

Dunalia Spreng. 杜纳尔茄属 Solanaceae [MD－503] 特征纪要:习性:－。花程式:－。其他特征参考科。全球 6 个大洲分布及种数(14－19)非洲:1;亚洲:2;大洋洲:1;欧洲:1;北美洲:3;南美洲:13－15。【中国种数:1】。

Dunantia DC. ＝ **Ageratum**

Dunbaria Wight & Arn. 野扁豆属 Fabaceae3 [MD－240] 特征纪要:习性:木质攀援。花程式:－。物候:－。花期:9－10 月。果期:参考晚于花期。海拔:100－800 米。生境:草坡上。栽培:来自广西龙州。资源:具栽培园艺种类。全球 4 个大洲分布及种数(16－30)非洲:3－4;亚洲:15－28;大洋洲:2－3;南美洲:cf. 1。【中国种数:15】。

Duncania Rchb. ＝ **Vepris**

Dungsia Chiron & V. P. Castro 凸兰属 Orchidaceae [MM－723] 特征纪要:习性:－。花程式:－。其他特征参考科。全球 1 个大洲分布及种数(3)◆南美洲(◆巴西)。

Dunnaria Rushforth 兰科属 Orchidaceae [MM－723] 特征纪要:习性:草本。花程式:－。其他特征参考科。全球 1 个大洲分布及种数(1)◆亚洲:1。

Dunnia Tutcher 绣球茜属 Rubiaceae [MD－523] 特征纪要:习性:木本。花程式:(K－),(C)5 参考科,A5 参考科,↓G2。物候:－。海拔:200－900 米。生境:峡谷中的灌木丛或森林。资源:具园艺种类。全球 1 个大洲分布及种数(cf. 1)◆亚洲(◆中国)。【中国种数:1】。

Dunniella Rauschert ＝ **Pilea**

Dunstervillea Garay 邓斯兰属 Orchidaceae [MM－723] 特征纪要:习性:草本。花程式:(K)3,C3,A3,＝↓(G)3。其他特征参考科。全球 1 个大洲分布及种数(1)◆南美洲。

Duosperma Dayton 苞爵床属 Acanthaceae [MD－572] 特征纪要:习性:草本。花程式:K2－4,C0,A2－4,＝↓G2。其他特征参考科。全球 5 个大洲分布及种数(28－35)非洲:34; 亚洲:2; 欧洲:1; 北美洲:1; 南美洲:2。

Duparquetia Baill. 山姜豆属 Fabaceae3 [MD－240] 特征纪要:习性:草本。花程式:K5,C0,A2－5,＝G2。其他特征参考科。全球 1 个大洲分布及种数(1)◆非洲。

Duperrea Pierre ex Pit. 长柱山丹属 Rubiaceae [MD－523] 特征纪要:习性:木本。花程式:－。物候:－。花期:4－6 月。果期:参考晚于花期。海拔:100－1100 米。生境:中海拔或低海拔杂木林内。资源:具园艺种类。全球 1 个大洲分布及种数(cf. 1)◆亚洲。【中国种数:1】。

Duperreya Gaud. 马尾藤属 Convolvulaceae [MD－499] 特征纪要:习性:－。花程式:－。其他特征参考科。全球 1 个大洲分布及种数(－)。

Dupineta Raf. 非洲棯属 Melastomataceae [MD－364] 特征纪要:习性:－。花程式:－。其他特征参考科。全球 1 个大洲分布及种数(－)。

Duplipetala Thiv 穿心草属 Gentianaceae [MD－496] 特征纪要:习性:草本。花程式:－。物候:－。海拔:2－6000 米。生境:草地。资源:－。全球 1 个大洲分布及种数(2) ◆亚洲:2。

Dupoa J. Cay. & Darbysh. 美恋草属 Poaceae [MM－748] 特征纪要:习性:草本。花程式:(K)3,C0 参考科,A1－2,↓G－参考科。其他特征参考科。全球 2 个大洲分布及种数(1－4)亚洲:2; 北美洲:3。

Dupontia R. Br. 恋极草属 Poaceae [MM－748] 特征纪要:习性:草本。花程式:(K)3,C0 参考科,A1－2,＝G2－3。其他特征参考科。全球 5 个大洲分布及种数(2－20)非洲:2; 亚洲:9; 大洋洲:3; 欧洲:13; 北美洲:13。【中国种数:1】。

Dupontiopsis Soreng, L. J. Gillespie & Koba 恋极禾属 Poaceae [MM－748] 特征纪要:习性:草本。花程式:(K－),C0 参考科,A3 参考科,↓G－参考科。其他特征参考科。全球 1 个大洲分布及种数(1) ◆亚洲:1。

Dupontopoa Prob. 禾本科属 Poaceae [MM－748] 特征纪要:习性:－。花程式:－。其他特征参考科。全球 1 个大洲分布及种数(－)。

Dupratzia Raf. ＝ **Eustoma**

Dupuya J. H. Kirkbr. 杧果豆属 Fabaceae3 [MD－240] 特征纪要:习性:－。花程式:－。其他特征参考科。全球 1 个大洲分布及种数(2)◆非洲。

Durandea Planch. 岛麻藤属 Linaceae [MD－315] 特征纪要:习性:－。花程式:－。其他特征参考科。全球 3 个

D

大洲分布及种数(18)非洲:4; 亚洲:4; 大洋洲:16。

Duranta L. 假连翘属 Verbenaceae [MD - 556] 特征纪要:习性:木本。花程式: - 。物候: - 。海拔:200 - 400 米。生境:庭院绿蓠,通常在农舍附近种植或有时引入。资源:药用,观赏,园林,具栽培园艺种类。全球 6 个大洲分布及种数(26 - 35;hort. 1;cult. 5)非洲:10;亚洲:4 - 14;大洋洲:1 - 11;欧洲:10;北美洲:8 - 20;南美洲:21 - 33。【中国种数:2】。

Durantea Cothen. = **Duranta**

Duria Scop. = **Durio**

Duriala (R. H. Anderson) Ulbr. 澳地肤属 Amaranthaceae [MD - 116] 特征纪要:习性: - 。花程式: - 。其他特征参考科。全球 1 个大洲分布及种数(cf. 1)◆亚洲。

Durio Adans. 榴梿属 Durionaceae [MD - 200] 特征纪要(同科)。全球 5 个大洲分布及种数(28 - 69)非洲:4; 亚洲:59; 大洋洲:3; 北美洲:4; 南美洲:15。【中国种数:1】。

Durionaceae Cheek [MD - 200] 榴莲科 特征纪要:习性:木本;常绿。花程式:K4 - 5,C5,A5,↑G - 。物候: - 。花果期:6 - 12 月。果实:蒴果。种子:种皮白色或黄白色,有强烈的气味。海拔: - 米。生境: - 。资源:食用。栽培:中国有栽培。全球 1 个大洲分布及属种数(3/11 - 36 hort. 1)◆亚洲:3/11 - 36。

Duroia L. f. 杜氏茜属 Rubiaceae [MD - 523] 特征纪要:习性:木本。花程式:(K)4 - 5,(C)4 - 5,A4 - 5, = ↓G2 - 9。物候: - 。花期:参考早于果期。果期:10 月。海拔:5 - 4800 米。生境:矮林内。资源: - 。全球 2 个大洲分布及种数(42 - 46;hort. 1;cult. 1)北美洲:3;南美洲:39 - 40。

Durringtonia R. J. F. Hend. & Guymer 杜灵茜属 Rubiaceae [MD - 523] 特征纪要:习性:木本。花程式:(K)4 - 5,(C)4 - 5,A4 - 5, = ↓(G)2 - 9。其他特征参考科。全球 1 个大洲分布及种数(1)◆大洋洲(◆澳大利亚)。

Dusenia O. Hoffm. 南美轮菊属 Leucodontaceae [B - 198] 特征纪要和分布(-)。全球 2 个大洲分布及种数(2)亚洲:1;南美洲:1。

Duseniella K. Schum. 玉石菊属 Asteraceae [MD - 586] 特征纪要:习性:草本。花程式:(K)3 - 5,(C)3 - 5,A3 - 5, = ↓G2。其他特征参考科。全球 2 个大洲分布及种数(1 - 7)北美洲:1; 南美洲:2。

Dussia Krug & Urb. ex Taub. 杜西豆属 Fabaceae3 [MD - 240] 特征纪要:习性:木本。花程式:K1 - ∞,C1 - ∞,A5 - 9, = ↓G1。其他特征参考科。全球 3 个大洲分布及种数(10 - 19)亚洲:1; 北美洲:11; 南美洲:13。

Dutailliopsis T. G. Hartley 山芸香属 Rutaceae [MD - 399] 特征纪要:习性:木本。花程式:K∞,C∞,A4, = G1 - 3。其他特征参考科。全球 1 个大洲分布及种数(1)◆大洋洲(◆美拉尼西亚)。

Dutaillyea Baill. 迪塔芸香属 Rutaceae [MD - 399] 特征纪要:习性:木本。花程式:K∞,C∞,A4, = G1 - 3。其他特征参考科。全球 1 个大洲分布及种数(1 - 3)◆大洋洲(◆美拉尼西亚)。

Duthiastrum M. P. de Vos 假毛蕊草属 Iridaceae [MM - 700] 特征纪要:习性:草本。花程式:(K)3,C3,A10,↓G。其他特征参考科。全球 1 个大洲分布及种数(1)◆非洲。

Duthiea Hack. 毛蕊草属 Poaceae [MM - 748] 特征纪要:习性: - 。花程式: - 。物候: - 。海拔:3000 - 5300 米。生境:高山疏林下,灌丛中或阳坡草地上。资源: - 。全球 2 个大洲分布及种数(3 - 12)非洲:4; 亚洲:8。【中国种数:1】。

Duthiella Renauld 绿锯藓属 Meteoriaceae [B - 188] 特征纪要:习性: - 。【Rep】:雌苞着生茎或枝上,蒴柄平滑或粗糙,孢蒴椭圆形或椭圆状圆柱形,蒴齿内外齿层等长,或内齿层稍短,基膜高出,蒴柄细长,孢蒴卵圆形。物候: - 。海拔: - 。生境:山谷林下。资源: - 。全球 6 个大洲分布及种数(39)非洲:4; 亚洲:18; 大洋洲:2; 欧洲:2; 北美洲:2; 南美洲:17。【中国种数:15】。

Duvalia Haw. 玉牛角属 Apocynaceae [MD - 492] 特征纪要:习性: - 。花程式: - 。其他特征参考科。全球 6 个大洲分布及种数(17 - 64)非洲:47; 亚洲:8; 大洋洲:5; 欧洲:5; 北美洲:5; 南美洲:4。

Duvaliandra M. G. Gilbert 钝牛角属 Apocynaceae [MD - 492] 特征纪要:习性:木本。花程式:K5,C0,A5, = (G)2。其他特征参考科。全球 1 个大洲分布及种数(cf. 1)◆亚洲(◆也门)。

Duval - jouvea Palla = **Cyperus**

Dvorakia <unassigned> 十字花属 Brassicaceae [MD - 213] 特征纪要:习性: - 。花程式: - 。其他特征参考科。全球 1 个大洲分布及种数(-)。

Dyakia Christenson 戴克兰属 Orchidaceae [MM - 723] 特征纪要:习性:草本。花程式:(K)n,C2 参考科,A6,↓(G)。其他特征参考科。全球 3 个大洲分布及种数(1 - 3)亚洲:2; 北美洲:2; 南美洲:2。

Dybowskia Stapf = **Apogonia**

Dychotria Raf. = **Psychotria**

Dyckia Schult. & Schult. f. 雀舌兰属 Bromeliaceae [MM - 715] 特征纪要:习性:草本。花程式:(K)3,C3,A3 参考科, = ↓G3。其他特征参考科。全球 6 个大洲分布及种数(191 - 294)非洲:2; 亚洲:3; 大洋洲:8; 欧洲:11; 北美洲:11; 南美洲:264。

Dyera Hook. f. 大糖胶树属 Apocynaceae [MD - 492] 特征纪要:习性:木本。花程式:K5 - ∞,C0,A15, = ↓(G)2 - 5。物候: - 。花期:全年。果期:参考晚于花期。海拔:80 - 3000 米。生境:矮林或灌木丛中。资源: - 。全球 3 个大洲分布及种数(2 - 8)亚洲:6; 北美洲:3; 南美洲:5。

Dyerocycas Nakai = **Cycas**

Dymondia Compton 垫状灰毛菊属 Asteraceae [MD - 586] 特征纪要:习性:草本。花程式:(K)3 - 5,(C)3 - 5,A3 - 5,↓G。其他特征参考科。全球 1 个大洲分布及种数(1)◆非洲。

Dyospyros Dumort. = **Diospyros**

Dypsidium Baill. = **Dypsis**

Dypsis Noronha ex Mart. 焰轴椰属 Arecaceae［MM－717］特征纪要:习性:木本。花程式:K3－10,C3－10,A3－10,＝G3－10。物候:－。花期:10 月。果期:参考晚于花期。海拔:100－2800 米。生境:半常绿雨林常见乔木,竹林下。资源:药用,观赏,具栽培园艺种类。全球 6 个大洲分布及种数(173－247)非洲:236; 亚洲:7; 大洋洲:3; 欧洲:15; 北美洲:15; 南美洲:13。【中国种数:3】。

Dysaster H. Rob. & V. A. Funk 金果菊属 Asteraceae［MD－586］特征纪要:习性:草本。花程式:(K)3－5,(C)3－5,A3－5,↓G。其他特征参考科。全球 1 个大洲分布及种数(1) ◆南美洲:1。

Dyschoriste Nees 距药蓝属 Acanthaceae［MD－572］特征纪要:习性:草质攀援。花程式:－。物候:－。花期:几乎全年。果期:参考晚于花期。海拔:50－3600 米。生境:滨海地带,为红树林重要组成之一,竹林中。资源:具园艺种类。全球 6 个大洲分布及种数(65－101;hort. 1;cult. 3)非洲:23－39;亚洲:13－19;大洋洲:2－5;欧洲:3;北美洲:21－32;南美洲:19－23。【中国种数:4】。

Dyscritogyne R. M. King & H. Rob. = **Steviopsis**

Dyscritothamnus B. L. Rob. 亮光菊属 Asteraceae［MD－586］特征纪要:习性:草本。花程式:(K)3－5,C3－5,A3－5,＝↓(G)2。其他特征参考科。全球 2 个大洲分布及种数(2－3)北美洲:2; 南美洲:2。

Dysmicodon (Endl.) Nutt. 异檐花属 Campanulaceae［MD－561］特征纪要:习性:－。花程式:－。其他特征参考科。全球 2 个大洲分布及种数(1)北美洲:1; 南美洲:1。

Dysoda Lour. = **Serissa**

Dysodiopsis Rydb. 犬茴香属 Asteraceae［MD－586］特征纪要:习性:草本。花程式:(K)3－5,(C)3－5,A3－5,↓G。其他特征参考科。全球 1 个大洲分布及种数(1)◆北美洲。

Dysolobium (Benth.) Prain 镰瓣豆属 Fabaceae3［MD－240］特征纪要:习性:木质攀援。花程式:Kn,C2－3 参考科,A5 参考科,＝↓G－。物候:－。花期:7－10 月。果期:参考晚于花期。海拔:300－500 米。生境:在粘质地面上蔓生或在森林或边缘的灌木上缠绕,山坡,山谷,湿地,林缘,河岸。资源:－。全球 3 个大洲分布及种数(5－9)非洲:1; 亚洲:8; 南美洲:3。【中国种数:2】。

Dysophylla Bl. 水蜡烛属 Lamiaceae［MD－575］特征纪要:习性:－。花程式:－。物候:－。花期:9－11 月。果期:参考晚于花期。海拔:1100－1500 米。生境:平地上,沼泽中或水边。资源:－。全球 6 个大洲分布及种数(56)非洲:2; 亚洲:51; 大洋洲:7; 欧洲:2; 北美洲:1; 南美洲:2。

Dysopsis Baill. 地血丹属 Euphorbiaceae［MD－217］特征纪要:习性:木本。花程式:K1(1000),C0,A6,＝G2－3。其他特征参考科。全球 3 个大洲分布及种数(3－6)大洋洲:3; 北美洲:3; 南美洲:5。

Dysosma Woodson 鬼臼属 Berberidaceae［MD－45］特征纪要:习性:－。花程式:－。物候:－。花期:5－6 月。果期:参考晚于花期。海拔:1200－2500 米。生境:落叶阔叶林,生于山坡林下,灌丛中,溪旁阴湿处,竹林下或石灰山常绿林下。资源:药用。全球 3 个大洲分布及种数(1－21)亚洲:18; 北美洲:5; 南美洲:3。

Dysosmia M. Röm. 西番花属 Passifloraceae［MD－151］特征纪要和分布(－)。全球 1 个大洲分布及种数(1)◆非洲。

Dysoxylum Bl. 桎木属 Meliaceae［MD－414］特征纪要:习性:木本。花程式:－。物候:－。花期:3－7 月。果期:参考晚于花期。海拔:1200－1400 米。生境:沟谷密林中,雨林中。资源:具栽培园艺种类。全球 6 个大洲分布及种数(34－366)非洲:74; 亚洲:223; 大洋洲:139; 欧洲:11; 北美洲:11; 南美洲:16。【中国种数:9】。

Dysphania R. Br. 香藜属 Dysphaniaceae［MD－78］特征纪要(同科)。全球 6 个大洲分布及种数(43－48;hort. 1;cult. 4)非洲:14－16;亚洲:16－17;大洋洲:20－21;欧洲:9－11;北美洲:14－15;南美洲:15－16。【中国种数:8】。

Dysphaniaceae Pax［MD－78］澳藜科 特征纪要:习性:草本;落叶。花程式:K4－5,C5,A,G－。物候:－。花期和果期: 持续。资源:药用。全球 5 个大洲分布及属种数(1/1 < IFR 1/2 > hort. 1;cult. 1) 非洲:1/16－17; 亚洲:1/18; 大洋洲:1/22(IFR 1/2); 欧洲:1/11－12; 北美洲:1/16。

Dyssochroma Miers 三尖茄属 Solanaceae［MD－503］特征纪要:习性:灌木。花程式:K3－4,C0,A3－4,↓G。其他特征参考科。全球 1 个大洲分布及种数(3)◆南美洲。

Dystaenia Kitag. 藁本属 Apiaceae［MD－480］特征纪要:习性:草本。花程式:K5,C5,A5,＝↓G(－)。其他特征参考科。全球 1 个大洲分布及种数(2－3)◆亚洲。

Dystovomita (Engl.) D'Arcy 热美藤黄属 Clusiaceae［MD－141］特征纪要:习性:木本。花程式:K1－3,C1－3,A1－3,G1－3。其他特征参考科。全球 2 个大洲分布及种数(4)北美洲:1;南美洲:3。

D

E

Earina Lindl. 悬树兰属 Orchidaceae [MM-723] 特征纪要:习性:草本。花程式:(K)3,C3,A3,=↓(G)3。其他特征参考科。全球3个大洲分布及种数(8-38)亚洲:8; 大洋洲:17; 南美洲:17。

Earleocassia Britton = **Cassia**

Eastwoodia Brandegee 黄菀木属 Asteraceae [MD-586] 特征纪要:习性:草本。花程式:(K)3-5,(C)3-5,A3-5,↓G。其他特征参考科。全球1个大洲分布及种数(1)◆北美洲(◆美国)。

Eastwoodiella <unassigned> 白发藓属 Leucobryaceae [B-129] 特征纪要:-。全球1个大洲分布及种数(-)。

Eatonella A. Gray 银绒菊属 Asteraceae [MD-586] 特征纪要:习性:草本。花程式:(K)3-5,(C)3-5,A3-5,↓G。其他特征参考科。全球2个大洲分布及种数(1-16)北美洲:16; 南美洲:15。

Eatoniopteris Bommer = **Sphaeropteris**

Ebelia Rchb. = **Rhynchospora**

Ebenaceae Gürke [MD-353] 柿科 特征纪要:习性:木本;落叶。花程式:♀/♂(K)6-,C0,A2-3,↑G-。物候:-。花期:4-5月。果期:5-6月。果实:果实在果时增大。种子:种脐小,直径约4毫米。海拔:0-1600米。生境:常绿阔叶林,中性土壤,较能耐寒,但较能耐瘠薄,抗旱性强,不耐盐碱土。资源:药用。栽培:中国有栽培。全球6个大洲分布及属种数(7-8/492-891 <IFR 3/30> hort. 1;cult. 1) 非洲:5/236-342(IFR 3/14); 亚洲:4/204-430(IFR 1/4); 大洋洲:4/60-136(IFR 1/4); 欧洲:2/23-29; 北美洲:3/88-106(IFR 1/6); 南美洲:4/125-160(IFR 1/3)。【中国属种数:1/98】。

Ebenopsis Britton & Rose 番乌木豆属 Fabaceae2 [MD-240] 特征纪要:习性:木本。花程式:K3-5-∞,C3-5-∞,A1-10-50,=↓G(-)。其他特征参考科。全球1个大洲分布及种数(3)◆北美洲(◆美国)。

Eberhardtia Lecomte 梭子果属 Sapotaceae [MD-357] 特征纪要:习性:木本。花程式:-。物候:-。花期:3月。果期:参考晚于花期。海拔:700-1300米。生境:常绿阔叶林,混交林,沟谷林中及路旁偶见,疏、密和混交林中。资源:药用,油脂,材用,具栽培园艺种类。全球3个大洲分布及种数(3-6)亚洲:4; 北美洲:1; 南美洲:2。【中国种数:3】。

Eberlanzia Schwantes 霜玉树属 Aizoaceae [MD-94] 特征纪要:习性:灌木。花程式:K3-4,C3-4,A5参考科,=↓(G)1-2。其他特征参考科。全球1个大洲分布及种数(14-21)◆非洲。

Ebertia Speta = **Drimia**

Ebracteola Dinter & Schwantes 青须玉属 Aizoaceae [MD-94] 特征纪要:习性:草本。花程式:K3-4,C3-4,A5参考科,=↓(G)1-2。其他特征参考科。全球1个大洲分布及种数(5)◆非洲。

Ecastaphyllum P. Br. 南美喷蝶豆属 Fabaceae3 [MD-240] 特征纪要:习性:-。花程式:-。其他特征参考科。全球3个大洲分布及种数(1-2) 非洲;北美洲;南美洲。

Ecballium A. Rich. 喷瓜属 Cucurbitaceae [MD-205] 特征纪要:习性:木质攀援。花程式:Kn,C2-3参考科,A9+1,=↓G-。物候:-。花期:7-9月。果期:参考晚于花期。海拔:60-3500米。生境:山坡或草地。资源:药用,具栽培园艺种类。全球6个大洲分布及种数(3;hort. 1)非洲:1;亚洲:cf. 1;大洋洲:cf. 1;欧洲:1;北美洲:2;南美洲:cf. 1。【中国种数:1】。

Ecclinusa Mart. 外倾山榄属 Sapotaceae [MD-357] 特征纪要:习性:木本。花程式:K4-15,C0,A5,=G2-4。其他特征参考科。全球4个大洲分布及种数(12-40)非洲:4; 亚洲:3; 北美洲:9; 南美洲:40。【中国种数:1】。

Eccoilopus Steud. = **Spodiopogon**

Eccoptocarpha Launert 稃柄草属 Poaceae [MM-748] 特征纪要:习性:草本。花程式:(K)3,C0参考科,A1-2,=(G)2-3。其他特征参考科。全球1个大洲分布及种数(1)◆非洲。

Eccremidiium E. H. Wilson. 裂蒴藓属 Ditrichaceae [B-119] 特征纪要:-。全球1个大洲分布及种数(1)◆亚洲(◆中国)。

Eccremidium E. H. Wilson 裂蒴藓属 Ditrichaceae [B-119] 特征纪要:习性:-。【Rep】:孢蒴台部发达,蒴齿具疣或纵斜条纹,绿色或黄绿色。物候:-。海拔:-。生境:土生。资源:-。全球5个大洲分布及种数(7)非洲:1;亚洲:3;大洋洲:6;北美洲:1;南美洲:2。

Eccremocarpus Ruiz & Pav. 悬果藤属 Bignoniaceae [MD-541] 特征纪要:习性:木本。花程式:K5,C0,A5,=G2。其他特征参考科。全球4个大洲分布及种数(3-14)大洋洲:2; 欧洲:2; 北美洲:2; 南美洲:13。

Ecdeiocolea F. Müll. 沟秆草属 Ecdeiocoleaceae [MM-746] 特征纪要:习性:草本(基生)。花程式:-。其他特征参考科。全球1个大洲分布及种数(2)◆大洋洲(◆澳大利亚)。

Ecdeiocoleaceae D. W. Cutler & Airy Shaw [MM-746] 沟秆草科 特征纪要:习性:木本;落叶。花程式:K3,C3,A3-

5, = ↓G-。果实:蒴果。全球1个大洲分布及属种数(3/3-6 hort. 1)◆大洋洲:2/3。

Echeandia Ortega 锥灯吊兰属 Asparagaceae [MM-669] 特征纪要:习性:草本。花程式:(K)3,C0 参考科,A3 参考科,=(G)3。其他特征参考科。全球6个大洲分布及种数(83-105)非洲:8; 亚洲:2; 大洋洲:2; 欧洲:83; 北美洲:83; 南美洲:24。

Echeveria DC. 石莲花属 Crassulaceae [MD-229] 特征纪要:习性:草本。花程式:K3-5-∞,C3-5-∞,A4,=↓G3-5。物候:-。海拔:-。生境:-。资源:具栽培园艺种类。全球6个大洲分布及种数(207-454)非洲:7; 亚洲:13; 大洋洲:4; 欧洲:246; 北美洲:246; 南美洲:121。【中国种数:3】。

Echidnium Schott = **Dracontium**

Echidnodes <unassigned> 芳草花属 Asteliaceae [MM-635] 特征纪要:-。全球3个大洲分布及种数(6)非洲:1; 亚洲:1; 南美洲:1。

Echidnopsis Hook. f. 青龙角属 Apocynaceae [MD-492] 特征纪要:习性:木本。花程式:K5,C0,A15,=G2。其他特征参考科。全球4个大洲分布及种数(18-41;hort. 1)非洲:15-29;亚洲:3-13;欧洲:cf. 1;北美洲:1。

Echinacanthus Nees 恋岩花属 Acanthaceae [MD-572] 特征纪要:习性:草本,少木本。花程式:-。物候:-。花期:5-10月。果期:参考晚于花期。海拔:500-1000米。生境:山顶,林下,石灰岩上。资源:-。全球3个大洲分布及种数(4-19)非洲:5; 亚洲:16; 南美洲:2。【中国种数:4】。

Echinacea Mönch 松果菊属 Asteraceae [MD-586] 特征纪要:习性:草本。花程式:(K)3-5,(C)3-5,A3-5,=↓G2。物候:-。海拔:-。生境:-。资源:具栽培园艺种类。全球4个大洲分布及种数(10-36)亚洲:7; 欧洲:20; 北美洲:20; 南美洲:3。【中国种数:4】。

Echinanthus Neck. = **Echinops**

Echinaria Desf. 猬禾属 Poaceae [MM-748] 特征纪要:习性:-。花程式:-。其他特征参考科。全球6个大洲分布及种数(1-12)非洲:6; 亚洲:6; 大洋洲:2; 欧洲:2; 北美洲:2; 南美洲:4。【中国种数:1】。

Echinocactus Link & Otto 太平球属 Cactaceae [MD-100] 特征纪要:习性:木本。花程式:K1-∞,C1-∞,A3-100,=↓G3-100。物候:-。海拔:-。生境:-。资源:具栽培园艺种类。全球4个大洲分布及种数(8-508)亚洲:12; 欧洲:221; 北美洲:221; 南美洲:203。

Echinocarpus Blume = **Sloanea**

Echinocereus Engelm. 鹿角柱属 Cactaceae [MD-100] 特征纪要:习性:木本。花程式:K1-∞,C1-∞,A3-100,=↓G3-100。其他特征参考科。全球6个大洲分布及种数(85-102;hort. 1;cult. 9)非洲:29;亚洲:3-32;大洋洲:29;欧洲:29;北美洲:82-114;南美洲:12-42。【中国种数:2】。

Echinochloa P. Beauv. 稗属 Poaceae [MM-748] 特征纪要:习性:草本(基生)。花程式:(K-),C0 参考科,A3 参考科,=G2-3。物候:-。花期:夏天-秋天。果期:参考晚于花期。海拔:10-5600米。生境:草地上,沼泽地或水沟边。资源:具栽培园艺种类。全球6个大洲分布及种数(36-42)非洲:25-34;亚洲:18-28;大洋洲:19-33;欧洲:9-18;北美洲:21-31;南美洲:13-22。【中国种数:8】。

Echinocodon D. Y. Hong 刺萼参属 Campanulaceae [MD-561] 特征纪要:习性:-。花程式:-。物候:-。海拔:300米。生境:老田埂石缝中,石地草本植物群落。资源:-。全球1个大洲分布及种数(cf. 1)◆亚洲(◆中国)。

Echinocolea Mizut. & Grolle 刺细鳞苔属 Lejeuneaceae [B-84] 特征纪要:习性:-。【Rep】:老时呈红褐色。其他特征参考科。全球3个大洲分布及种数(7)亚洲:2; 北美洲:1; 南美洲:4。

Echinocoryne H. Rob. 刺毛斑鸠菊属 Asteraceae [MD-586] 特征纪要:习性:草本。花程式:(K)3-5,(C)3-5,A3 参考科,↓G。其他特征参考科。全球3个大洲分布及种数(6-9)非洲:2; 亚洲:3; 南美洲:9。

Echinocystis Torr. & A. Gray 刺囊瓜属 Cucurbitaceae [MD-205] 特征纪要:习性:木本。花程式:K3-5,C3-5,A3,=↓G1-2。其他特征参考科。全球6个大洲分布及种数(4-5)非洲:9;亚洲:1-10;大洋洲:9;欧洲:9;北美洲:3-12;南美洲:9。【中国种数:1】。

Echinodiaceae Broth. [B-207] 缘边拟平藓科 特征纪要:土生,石生,极少附生,常绿或夏绿,通常为多年生草本植物,叶螺旋排列或排成4行,单叶,具叶舌,一形或二形,在分枝上通常成4行排列。【Rep】:孢子叶穗生茎或枝的先端,或侧生于小枝上,紧密或疏松,四棱形或压扁,偶呈圆柱形。全球5个大洲分布和属种数(4/18)亚洲:1/1;大洋洲:2/7;欧洲:2/6;北美洲:1/3;南美洲:1/2。

Echinodiopsis S. Olsson, Enroth & D. Quandt 平边藓属 Neckeraceae [B-204] 特征纪要:习性:-。【Rep】:孢子体不详,黄绿色或黄褐色。其他特征参考科。全球1个大洲分布及种数(2)◆大洋洲。

Echinodium Jur. 刺苞果属 Echinodiaceae [B-207] 特征纪要:习性:-。花程式:-。其他特征参考科。全球2个大洲分布及种数(7)大洋洲:4;欧洲:5。

Echinodorus Rich. 肋果慈姑属 Alismataceae [MM-597] 特征纪要:习性:草本。花程式:-。物候:-。海拔:500-2100米。生境:海边。资源:具园艺种类。全球6个大洲分布及种数(38-47)非洲:4;亚洲:8-12;大洋洲:1-5;欧洲:4-8;北美洲:25-29;南美洲:35-40。【中国种数:1】。

Echinofossulocactus Lawr. 多棱球属 Cactaceae [MD-100] 特征纪要:习性:-。花程式:-。其他特征参考科。全球1个大洲分布及种数(3-5)◆北美洲。

Echinoglochin (A. Gray) Brand 米花草属 Boraginaceae [MD-517] 特征纪要:习性:-。花程式:-。其他特征参考科。全球1个大洲分布及种数(4)◆北美洲。

Echinolaena Desv. 刺衣黍属 Poaceae [MM-748] 特征纪要:习性:草本。花程式:(K)3,C0 参考科,A1-2,=G2-3。其他特征参考科。全球6个大洲分布及种数(2-18)非洲:8; 亚洲:2; 大洋洲:3; 欧洲:5; 北美洲:5; 南美洲:11。【中国种数:1】。

Echinolejeunea R. M. Schust. 刺衣苔属 Lejeuneaceae [B－84] 特征纪要:习性:－。【Rep】:老时呈红褐色。其他特征参考科。全球 2 个大洲分布及种数(2)亚洲:2; 大洋洲:2。

Echinolytrum Desv. 莎草科属 Cyperaceae [MM－747] 特征纪要:习性:－。花程式:－。其他特征参考科。全球 1 个大洲分布及种数(－)。

Echinomastus Britton & Rose 鱼钩球属 Cactaceae [MD－100] 特征纪要:习性:－。花程式:－。其他特征参考科。全球 3 个大洲分布及种数(27)亚洲:2; 北美洲:10; 南美洲:3。

Echinomitrion (L.) Corda 叉苔科属 Metzgeriaceae [B－89] 特征纪要:－。全球 3 个大洲分布及种数(2)欧洲:2; 北美洲:2; 南美洲:2。

Echinopepon Naudin 香脂瓜属 Cucurbitaceae [MD－205] 特征纪要:习性:木本。花程式:K3－5,C3－5,A3－5,＝↓G1－2。其他特征参考科。全球 6 个大洲分布及种数(23)非洲:3;亚洲:3;大洋洲:3;欧洲:3;北美洲:19－22;南美洲:3－6。【中国种数:1】。

Echinophora Tourn. ex L. 刺梗芹属 Apiaceae [MD－480] 特征纪要:习性:草本。花程式:K5,C5,A5,＝↓(G)2。其他特征参考科。全球 6 个大洲分布及种数(10－15)非洲:1－6;亚洲:8－17;大洋洲:4;欧洲:3－8;北美洲:4;南美洲:4。【中国种数:1】。

Echinophyllum T. J. O'Brien 刺羽藓属 Thuidiaceae [B－184] 特征纪要:习性:－。【Rep】:雌苞叶具细长尖,有时叶边具纤毛,蒴柄细长,平滑,稀具密疣,孢蒴卵状圆柱形,倾立至平列,蒴齿两层,黄棕,内雌苞叶椭圆状披针形,上部具长纤毛,蒴柄平滑,孢蒴圆柱形,平列,内齿层基膜高达 1/2,齿毛 2－3。其他特征参考科。全球 2 个大洲分布及种数(1)亚洲:1;北美洲:1。

Echinoplaca <unassigned> 刺芽藓属 Sorapillaceae [B－212] 特征纪要:－。全球 3 个大洲分布及种数(26)亚洲:3; 大洋洲:2; 南美洲:21。

Echinopogon P. Beauv. 蛐蜒茅属 Poaceae [MM－748] 特征纪要:习性:草本。花程式:(K)3,C0 参考科,A1－2,＝G2－3。其他特征参考科。全球 4 个大洲分布及种数(7－17)非洲:3; 亚洲:3; 大洋洲:13; 南美洲:2。【中国种数:1】。

E

Echinops L. 蓝刺头属 Asteraceae [MD－586] 特征纪要:习性:草本(基生)。花程式:(K)3－5,C3－5,A3 参考科,＝↓G2。物候:－。海拔:100－2200 米。生境:针叶林。资源:具栽培园艺种类。全球 6 个大洲分布及种数(171－260;hort. 1;cult. 8)非洲:41－48;亚洲:140－196;大洋洲:10－17;欧洲:20－27;北美洲:8－15;南美洲:7。【中国种数:26】。

Echinopsis Zucc. 仙人球属 Cactaceae [MD－100] 特征纪要:习性:木本。花程式:K1－∞,C1－∞,A3－100,＝↓(G)3－100。物候:－。海拔:3－2900 米。生境:灌丛,种植。资源:药用,具栽培园艺种类。全球 6 个大洲分布及种数(22－406)非洲:3; 亚洲:8; 大洋洲:3; 欧洲:29; 北美洲:29; 南美洲:341。

Echinopsus St.－Lag. ＝ **Echinops**

Echinopterys A. Juss. 刺翼果属 Malpighiaceae [MD－343] 特征纪要:习性:木本。花程式:K5,C5,A10,＝G2－3。其他特征参考科。全球 2 个大洲分布及种数(2－6)北美洲:3; 南美洲:2。

Echinorhyncha Dressler 棘羚兰属 Orchidaceae [MM－723] 特征纪要:习性:草本。花程式:(K)3,C3,A3,↓G－。其他特征参考科。全球 1 个大洲分布及种数(4－5)◆南美洲。

Echinoschoenus Nees & Meyen ＝ **Rhynchospora**

Echinosepala Pridgeon & M. W. Chase 刺萼兰属 Orchidaceae [MM－723] 特征纪要:习性:草本。花程式:(K)3,C3,A3,↓(G)3。其他特征参考科。全球 2 个大洲分布及种数(15)北美洲:11;南美洲:11。

Echinospartum (Spach) Fourr. 海胆染料木属 Fabaceae3 [MD－240] 特征纪要:习性:木本。花程式:K1－∞,C1－∞,A5－9,＝↓G1。其他特征参考科。全球 4 个大洲分布及种数(4－10)亚洲:2; 大洋洲:1; 欧洲:2; 北美洲:2。【中国种数:1】。

Echinospermum Sw. ex Lehm. 冠紫草属 Boraginaceae [MD－517] 特征纪要:习性:－。花程式:－。其他特征参考科。全球 6 个大洲分布及种数(18)非洲:18;亚洲:1－19;大洋洲:18;欧洲:18;北美洲:3－21;南美洲:18。

Echinostephia (Diels) Domin 千金藤属 Menispermaceae [MD－42] 特征纪要:习性:草本。花程式:K1(6－40),C3,A1－6－40,↓G－参考科。其他特征参考科。全球 1 个大洲分布及种数(1)◆大洋洲。

Echinothamnion <unassigned> 碧花荷属 Rhodoleiaceae [MD－64] 特征纪要:－。全球 2 个大洲分布及种数(5)大洋洲:5; 南美洲:2。

Echinothecium <unassigned> 棘芽藓属 Sorapillaceae [B－212] 特征纪要:－。全球 1 个大洲分布及种数(－)。

Echiochilon Desf. 彗紫草属 Boraginaceae [MD－517] 特征纪要:习性:草本。花程式:K5,C0,A5,＝G2－4。其他特征参考科。全球 2 个大洲分布及种数(6－19)非洲:4－13;亚洲:3－9。

Echitella Pichon ＝ **Mascarenhasia**

Echites P. Br. 胶藤属 Apocynaceae [MD－492] 特征纪要:习性:木本。花程式:－。物候:－。花期:全年。果期:参考晚于花期。海拔:80－3000 米。生境:矮林或灌木丛中,住宅旁。资源:具栽培园艺种类。全球 6 个大洲分布及种数(25－82)非洲:1－22;亚洲:4－24;大洋洲:17;欧洲:1－18;北美洲:20－45;南美洲:12－43。【中国种数:1】。

Echium Tourn. ex L. 蓝蓟属 Boraginaceae [MD－517] 特征纪要:习性:草本(基生)。花程式:－。物候:－。花期:7－8 月。果期:参考晚于花期。海拔:5700 米。生境:干草群落,岩石区。资源:药用,具栽培园艺种类。全球 6 个大洲分布及种数(65－119;hort. 1;cult. 11)非洲:34－62;亚洲:53－100;大洋洲:11－23;欧洲:47－82;北美洲:15－30;南美洲:4－16。【中国种数:9】。

Echtrus Lour. = **Argemone**

Eclecticus P. O'Byrne 醴柱兰属 Orchidaceae [MM – 723] 特征纪要:习性:草本。花程式:(K –),C2 – 3 参考科,A3 参考科,↓G –。物候: –。花期:参考早于果期。果期:10 – 11 月。海拔:80 – 5200 米。生境:柏树林下或草坡路旁,竹坡中。资源: –。全球 1 个大洲分布及种数(1)◆亚洲:1。

Eclipta L. 鳢肠属 Asteraceae [MD – 586] 特征纪要:习性:草本。花程式:(K)3 – 5,C3 – 5,A3 参考科,=↓G2。物候: –。花期:6 – 9 月。果期:参考晚于花期。海拔:1600 米。生境:河边,田边或路旁,废弃的池塘。资源:具栽培园艺种类。全球 6 个大洲分布及种数(14;hort. 1;cult. 1)非洲:2 – 11;亚洲:4 – 13;大洋洲:3 – 12;欧洲:9;北美洲:3 – 12;南美洲:8 – 17。【中国种数:2】。

Ectadium E. Mey. 凸萝藦属 Apocynaceae [MD – 492] 特征纪要:习性:木本。花程式:K5,C0,A15,↓G。其他特征参考科。全球 1 个大洲分布及种数(1 – 3)◆非洲。

Ecteinanthus T. Anders. = **Isoglossa**

Ectinocladus Benth. = **Alafia**

Ectopopterys W. R. Anderson 异翅金虎尾属 Malpighiaceae [MD – 343] 特征纪要:习性:木本。花程式:K5,C5,A10,=G2 – 3。其他特征参考科。全球 1 个大洲分布及种数(1)◆南美洲。

Ectropodon Dixon = **Anacamptodon**

Ectropotheciella M. Fleisch. 短菱藓属 Hypnaceae [B – 189] 特征纪要:习性: –。【Rep】:雌雄异株,雌苞叶具长纤毛状齿,蒴柄长约 1 厘米,平滑,孢蒴卵圆形,直立,环带易脱落,蒴齿单层。物候: –。海拔: –。生境:常见于林下土或岩面薄土,沼泽水生。资源: –。全球 2 个大洲分布及种数(2)亚洲:2;大洋洲:1。【中国种数:1】。

Ectropotheciopsis (Broth.) M. Fleisch. 亚洲短灰藓属 Hypnaceae [B – 189] 特征纪要:习性: –。【Rep】:雌雄异苞同株,内雌苞叶直立,卵状披针形,上部渐狭成长毛状,近于全缘,无中肋,黄绿色。其他特征参考科。全球 1 个大洲分布及种数(4)◆亚洲:2。

Ectropothecium Mitt. 偏蒴藓属 Hypnaceae [B – 189] 特征纪要:习性: –。【Rep】:雌雄异苞同株或雌雄异株,稀雌雄杂株,内雌苞叶阔披针形,渐尖或突成细长尖,蒴柄细长。物候: –。海拔: –。生境:常见于林下土或岩面薄土,沼泽水生。资源: –。全球 6 个大洲分布及种数(250)非洲:58;亚洲:124;大洋洲:99;欧洲:6;北美洲:24;南美洲:15。【中国种数:23】。

Ectrosia R. Br. 兔迹草属 Poaceae [MM – 748] 特征纪要:习性: –。花程式: –。其他特征参考科。全球 3 个大洲分布及种数(25)非洲:6; 亚洲:5; 大洋洲:24。

Ectrosiopsis (Ohwi) Ohwi ex Jansen 偏禾草属 Poaceae [MM – 748] 特征纪要:习性: –。花程式: –。其他特征参考科。全球 3 个大洲分布及种数(6)非洲:3; 亚洲:4; 大洋洲:4。

Ecua D. J. Middleton 厄竹桃属 Apocynaceae [MD – 492] 特征纪要:习性:木本。花程式: –。其他特征参考科。全球 1 个大洲分布及种数(1 – 2)◆非洲。

Ecuadendron D. A. Neill 厄蝶豆属 Fabaceae3 [MD – 240] 特征纪要:习性:木本。花程式:K1 – ∞,C1 – ∞,A5 – 9,=↓G1。其他特征参考科。全球 1 个大洲分布及种数(1)◆南美洲(◆厄瓜多尔)。

Edanyoa Copel. = **Bolbitis**

Edbakeria R. Vig. = **Pearsonia**

Edemias Raf. = **Eschenbachia**

Edgaria C. B. Clarke 三棱瓜属 Cucurbitaceae [MD – 205] 特征纪要:习性: –。花程式: –。物候: –。花期:5 – 8 月。果期:参考晚于花期。海拔:1700 米。生境:山坡草地及阔叶林中。资源: –。全球 1 个大洲分布及种数(1 – 2)◆亚洲。

Edgeworthia Meisn. 结香属 Thymelaeaceae [MD – 310] 特征纪要:习性: –。花程式: –。物候: –。花期:冬末春初。果期:参考晚于花期。海拔:1000 – 1200 米。生境:阴湿肥沃地。资源:纤维造纸。全球 4 个大洲分布及种数(4 – 9)非洲:2; 亚洲:9; 欧洲:4; 北美洲:4。【中国种数:4】。

Edithcolea N. E. Br. 巨龙角属 Apocynaceae [MD – 492] 特征纪要:习性:木本。花程式: –。其他特征参考科。全球 3 个大洲分布及种数(1 – 3)非洲:2; 亚洲:3; 北美洲:2。

Edithea Standl. 巨茜草属 Rubiaceae [MD – 523] 特征纪要:习性: –。花程式: –。其他特征参考科。全球 2 个大洲分布及种数(1 – 10)北美洲:2; 南美洲:5。

Edmundoa Leme 围苞凤梨属 Bromeliaceae [MM – 715] 特征纪要:习性:草本。花程式: –。其他特征参考科。全球 2 个大洲分布及种数(2 – 5)北美洲:1; 南美洲:4。

Edraianthus A. DC. 岩风铃属 Campanulaceae [MD – 561] 特征纪要:习性:草本。花程式:(K)5,(C)5,A5,=↓G2 – 3。物候: –。花期:4 – 10 月。果期:参考晚于花期。海拔:100 – 5000 米。生境:半阳处林丛下,竹林下。资源: –。全球 4 个大洲分布及种数(25 – 54)非洲:2; 亚洲:7; 欧洲:3; 北美洲:3。【中国种数:1】。

Edrastima Raf. 矮小耳草属 Rubiaceae [MD – 523] 特征纪要:习性: –。花程式: –。物候: –。花期:参考早于果期。果期:10 月。海拔:5 – 4800 米。生境:矮林内。资源: –。全球 4 个大洲分布及种数(5 – 6)非洲:3; 亚洲:2; 北美洲:1; 南美洲:1。

Eduandrea Leme, W. Till, G. K. Br., J. R. Grant & Govaerts 鸟巢凤梨属 Bromeliaceae [MM – 715] 特征纪要:习性:草本。花程式:(K –),C0 参考科,A3 参考科,↓G。其他特征参考科。全球 1 个大洲分布及种数(1)◆南美洲。

Edwartiothamnus A. A. Anderberg 菊科属 Asteraceae [MD – 586] 特征纪要:习性: –。花程式: –。其他特征参考科。全球 1 个大洲分布及种数(–)。

Effusiella Lür 委内兰属 Orchidaceae [MM – 723] 特征纪要:习性: –。花程式: –。其他特征参考科。全球 3 个大

E

洲分布及种数(44)亚洲:4; 北美洲:17; 南美洲:43。

Efulensia C. H. Wright 合蕊莲属 Passifloraceae [MD – 151] 特征纪要:习性: – 。花程式: – 。其他特征参考科。全球 1 个大洲分布及种数(–)。

Eganthus Tiegh. = **Minquartia**

Egenolfia Schott 刺蕨属 Lomariopsidaceae [F – 52] 特征纪要:习性: – 。【Rep】:孢子囊群满布于能育羽片下面,无囊群盖及隔丝。物候: – 。海拔:1000 米。生境:沟谷,杂木林阴湿溪边林下石上。资源: – 。全球 4 个大洲分布及种数(27)非洲:2; 亚洲:22; 大洋洲:2; 南美洲:2。

Egeria Planch. 水蕴草属 Hydrocharitaceae [MM – 599] 特征纪要:习性: – 。花程式: – 。物候: – 。海拔: – 。生境:从养殖鱼塘中得知。资源:具栽培园艺种类。全球 6 个大洲分布及种数(33)非洲:11; 亚洲:11; 大洋洲:13; 欧洲:12; 北美洲:12; 南美洲:20。

Eggelingia Summerh. 彗星兰属 Orchidaceae [MM – 723] 特征纪要:习性:草本。花程式:(K –),C2 – 3 参考科,A3 参考科,↓G – 。其他特征参考科。全球 1 个大洲分布及种数(3)◆非洲。

Egleria G. Eiten 须藨草属 Cyperaceae [MM – 747] 特征纪要:习性: – 。花程式: – 。其他特征参考科。全球 1 个大洲分布及种数(1)◆南美洲。

Eglerodendron Aubrév. & Pellegr. = **Pouteria**

Egletes Cass. 热雏菊属 Asteraceae [MD – 586] 特征纪要:习性:草本。花程式:(K)3 – 5,(C)3 – 5,A3 – 5, = ↓G2。其他特征参考科。全球 6 个大洲分布及种数(8 – 14)非洲:2;亚洲:2;大洋洲:2;欧洲:2 – 4;北美洲:4 – 6;南美洲:6 – 9。

Ehrendorferia Fukuhara & Lidén 耳坠花属 Papaveraceae [MD – 54] 特征纪要:习性:草本。花程式: – 。其他特征参考科。全球 2 个大洲分布及种数(2 – 3)欧洲:3; 北美洲:3。

Ehretia P. Br. 厚壳树属 Ehretiaceae [MD – 501] 特征纪要(同科)。全球 6 个大洲分布及种数(47 – 81;hort. 1)非洲:18 – 45;亚洲:28 – 55;大洋洲:7 – 23;欧洲:3 – 17;北美洲:9 – 23;南美洲:8 – 24。【中国种数:19】。

E

Ehretiaceae Mart. [MD – 501] 厚壳树科 特征纪要:习性:木本;落叶。花程式:(K)6,C4 – 5,A5,↓(G) – 。物候: – 。花果期:12 月。果实:果实内果皮成熟时分裂为 2 个,具 2 粒种子或 4 个具 1 粒种子的分核。种子:棕褐色。海拔:100 – 1700 米。生境:灌木丛,山中向阳坡地。资源:药用。栽培:中国有栽培。全球 6 个大洲分布及属种数(1/1 <IFR 1/4> hort. 1) 非洲:1/20 – 33(IFR 1/2); 亚洲:1/30 – 41(IFR 1/2); 大洋洲:1/9 – 11; 欧洲:1/5; 北美洲:1/11; 南美洲:1/10 – 12。

Ehrharta Thunb. 皱稃草属 Poaceae [MM – 748] 特征纪要:习性:草本(基生)。花程式:(K)3,C0 参考科,A1 – 2, = G2 – 3。物候: – 。海拔:10 – 5600 米。生境:引入路旁阴凉的地方。资源:具栽培园艺种类。全球 6 个大洲分布及种数(36 – 43;hort. 1)非洲:31 – 38;亚洲:6 – 8;大洋洲:12 – 15;欧洲:6 – 10;北美洲:5 – 7;南美洲:3 – 4。【中国种数:3】。

Ehrhartia F. H. Wigg. = **Leersia**

Eichhornia Kunth 凤眼莲属 Pontederiaceae [MM – 711] 特征纪要:习性: – 。花程式: – 。物候: – 。花期:7 – 10 月。果期:参考晚于花期。海拔:200 – 500 米。生境:水塘,沟渠及稻田中。资源: – 。全球 6 个大洲分布及种数(34)非洲:11; 亚洲:11; 大洋洲:10; 欧洲:27; 北美洲:27; 南美洲:30。

Eichornia A. Rich. = **Eichhornia**

Eichwaldia Ledeb. = **Reaumuria**

Eidothea A. W. Douglas & B. Hyland 攀鼠桍属 Proteaceae [MD – 219] 特征纪要:习性:木本。花程式:K3 – 4 – ∞,C0,A2, = G1。其他特征参考科。全球 1 个大洲分布及种数(2)◆大洋洲(◆澳大利亚)。

Eigia Soják 肥皂草属 Brassicaceae [MD – 213] 特征纪要:习性:草本。花程式:K5,C5 – 4,A3 参考科,G – 。其他特征参考科。全球 2 个大洲分布及种数(1 – 3)亚洲:1; 南美洲:1。

Eiglera K. Schum. & Lauterb. 瑞士野牡丹属 Melastomataceae [MD – 364] 特征纪要: – 。全球 5 个大洲分布及种数(4)非洲:3; 大洋洲:3; 欧洲:2; 北美洲:2; 南美洲:2。

Einadia Raf. 浆果藜属 Amaranthaceae [MD – 116] 特征纪要:习性: – 。花程式: – 。其他特征参考科。全球 1 个大洲分布及种数(cf. 1)◆非洲。

Einomeia Raf. = **Aristolochia**

Eirmocephala H. Rob. 翼柄斑鸠菊属 Asteraceae [MD – 586] 特征纪要:习性:草本。花程式:(K)3 – 5,C3 – 5,A3 – 5, = ↓(G)2。其他特征参考科。全球 2 个大洲分布及种数(4 – 5)北美洲:1;南美洲:3。

Eitenia R. M. King & H. Rob. 肋毛泽兰属 Asteraceae [MD – 586] 特征纪要:习性:草本。花程式:(K)3 – 5,C3 – 5,A3 – 5, = ↓(G)2。其他特征参考科。全球 1 个大洲分布及种数(2)◆南美洲。

Eithea Ravenna 紫鹃莲属 Amaryllidaceae [MM – 694] 特征纪要:习性: – 。花程式: – 。其他特征参考科。全球 1 个大洲分布及种数(1)◆南美洲(◆巴西)。

Eizia Standl. 埃兹茜属 Rubiaceae [MD – 523] 特征纪要:习性:木本。花程式:(K)4 – 5,(C)4 – 5,A4 – 5, = ↓(G)2 – 9。其他特征参考科。全球 1 个大洲分布及种数(1)◆北美洲。

Ekebergia Sparrm. 犬李属 Meliaceae [MD – 414] 特征纪要:习性:木本。花程式:K3 – 5,C3 – 5,A6, = G1 – 2。物候: – 。海拔: – 。生境: – 。资源:具园艺种类。全球 6 个大洲分布及种数(3 – 129)非洲:56; 亚洲:9; 大洋洲:3; 欧洲:6; 北美洲:6; 南美洲:60。

Ekimia H. Duman & M. F. Watson 隐盘芹属 Apiaceae [MD – 480] 特征纪要:习性:草本。花程式:Kn,C5,A3 参考科, = ↓G(–)。其他特征参考科。全球 1 个大洲分布及种数(2 – 3)◆亚洲。

Ekmania Gleason 多鳞落苞菊属 Asteraceae［MD－586］特征纪要:习性:草本。花程式:(K)3－5,C3－5,A3－5,=↓(G)2。其他特征参考科。全球1个大洲分布及种数(1)◆北美洲(◆古巴)。

Ekmanianthe Urb. 埃克曼紫葳属 Bignoniaceae［MD－541］特征纪要:习性:木本。花程式:K5,C0,A5,=(G)2。其他特征参考科。全球2个大洲分布及种数(2－3)北美洲:3; 南美洲:2。

Ekmaniopappus Borhidi 盘花藤菊属 Asteraceae［MD－586］特征纪要:习性:草本。花程式:(K)3－5,(C)3－5,A3－5,=↓G2。其他特征参考科。全球1个大洲分布及种数(1)◆北美洲。

Ekmanochloa Hitchc. 古巴竺属 Poaceae［MM－748］特征纪要:习性:草本。花程式:(K)3,C0参考科,A1－2,=(G)2－3。其他特征参考科。全球2个大洲分布及种数(2－3)亚洲:2; 北美洲:3。

Elachanthemum Y. Ling & Y. R. Ling 紊蒿属 Asteraceae［MD－586］特征纪要:习性:－。花程式:－。物候:－。花期:7－10月。果期:参考晚于花期。海拔:6000米。生境:荒漠或草原。资源:－。全球1个大洲分布及种数(2)◆亚洲:cf. 1。

Elachanthus F. Müll. 小花层菀属 Asteraceae［MD－586］特征纪要:习性:草本。花程式:(K)3－5,C3－5,A3－5,=↓(G)2。其他特征参考科。全球1个大洲分布及种数(3)◆大洋洲(◆澳大利亚)。

Elachocroton F. Muell. = **Sebastiania**

Elacholoma F. Müll. & Tate 伏沟漆姑属 Phrymaceae［MD－559］特征纪要:习性:木本(水生)。花程式:－。其他特征参考科。全球1个大洲分布及种数(1－2)◆大洋洲(◆澳大利亚)。

Elachyptera A. C. Sm. 小翅卫矛属 Celastraceae［MD－339］特征纪要:习性:木本。花程式:K2－3,C2－3,A10,=G2－5。其他特征参考科。全球3个大洲分布及种数(8－9)非洲:4－5;北美洲:1;南美洲:4。

Elaeagia Wedd. 蜡锦树属 Rubiaceae［MD－523］特征纪要:习性:木本。花程式:(K)4－5,(C)4－5,A4－5,=↓G2－9。其他特征参考科。全球2个大洲分布及种数(24－30;hort. 2;cult. 2)北美洲:9－10;南美洲:20－24。

Elaeagnaceae Juss.［MD－356］胡颓子科 特征纪要:习性:木本,藤本;常绿,落叶。花程式:(K)6,C0,A10－2,↑G－。物候:－。花期:4－5月。果期:7－8月。果实:瘦果。种子:－。海拔:1000米。生境:－。资源:园林,药用。栽培:中国有栽培。全球5个大洲分布及属种数(4/111－140 <IFR 2/11> hort. 1;cult. 3)非洲:1/3(IFR 1/1);亚洲:2/103－122(IFR 2/10);大洋洲:1/5;欧洲:2/10;北美洲:4/23－24。【中国属种数:3/73】。

Elaeagnus Tourn. ex L. 胡颓子属 Elaeagnaceae［MD－356］特征纪要:习性:木质攀援。花程式:－。物候:－。花期:4－5月。果期:参考晚于花期。海拔:100－3000米。生境:低地和山区的灌木丛,开阔的林地。资源:药用,具栽培园艺种类。全球6个大洲分布及种数(95－122;hort. 1;cult. 11)非洲:3－16;亚洲:92－128;大洋洲:4－17;欧洲:8－21;北美洲:14－27;南美洲:13。【中国种数:67】。

Elaeis Jacq. 油棕属 Arecaceae［MM－717］特征纪要:习性:木本。花程式:－。物候:－。花期:6月。果期:参考晚于花期。海拔:100－2800米。生境:平地,密林。资源:蛋白质,油脂,观赏,具栽培园艺种类。全球6个大洲分布及种数(2－63)非洲:11; 亚洲:10; 大洋洲:8; 欧洲:11; 北美洲:11; 南美洲:33。【中国种数:1】。

Elaeocarpaceae Juss.［MD－134］杜英科 特征纪要:习性:木本;常绿,落叶。花程式:K4,C4,A4,G3。物候:－。花期:8－9月。果期:9－11月。果实:蒴果。种子:椭圆形。海拔:0米。生境:常绿林里。栽培:来自广西龙州。资源:油脂,园林观赏。栽培:中国有栽培。全球6个大洲分布及属种数(14－17/380－967 <IFR 5/49> hort. 1;cult. 3):非洲:3/49－159(IFR 4/13);亚洲:3/152－431(IFR 2/23);大洋洲:10/111－440(IFR 2/8);欧洲:3/5－12;北美洲:3/72－82(IFR 1/2);南美洲:5/136－149(IFR 1/4)。【中国属种数:2/77】。

Elaeocarpus Burm. ex L. 杜英属 Elaeocarpaceae［MD－134］特征纪要:习性:木本。花程式:－。物候:－。花期:8－9月。果期:参考晚于花期。海拔:100－1100米。生境:常绿林里。栽培:来自广西龙州。资源:具栽培园艺种类。全球6个大洲分布及种数(545－960)非洲:198; 亚洲:650; 大洋洲:314; 欧洲:29; 北美洲:29; 南美洲:31。【中国种数:63】。

Elaeodendron Jacq. 福榄属 Celastraceae［MD－339］特征纪要:习性:木本。花程式:－。物候:－。海拔:－。生境:－。资源:具栽培园艺种类。全球6个大洲分布及种数(37－141)非洲:109; 亚洲:29; 大洋洲:32; 欧洲:24; 北美洲:24; 南美洲:17。【中国种数:2】。

Elaeoluma Baill. 巴西山榄属 Sapotaceae［MD－357］特征纪要:习性:木本。花程式:K4－15,C0,A5,=G2－4。其他特征参考科。全球4个大洲分布及种数(5－26)非洲:3; 亚洲:6; 北美洲:7; 南美洲:25。

Elaeophora Ducke = **Plukenetia**

Elaeophorbia Stapf = **Euphorbia**

Elaeopleurum Korovin = **Seseli**

Elaeoselinum Koch. ex DC. = **Thapsia**

Elaeosticta Fenzl 斑驳芹属 Apiaceae［MD－480］特征纪要:习性:草本。花程式:K5,C5,A5,=↓(G)2。物候:－。海拔:50－5600米。生境:半荒漠中和砾石质山坡上,柞林内。资源:－。全球2个大洲分布及种数(19－27)亚洲:18－25;欧洲:1。

Elaiocarpus Kuntze = **Elaeocarpus**

Elais L. = **Elaeis**

Elaphandra Strother 鹿菊属 Asteraceae［MD－586］特征纪要:习性:草本。花程式:(K)3－5,C3－5,A3－5,=↓(G)2。其他特征参考科。全球2个大洲分布及种数(14－15)北美洲:2－3;南美洲:13。

Elaphanthera N. Hallé 鹿药檀香属 Santalaceae［MD－412］特征纪要:习性:木本。花程式:K3－4,C0,A3－4,=↓(G)2－3。其他特征参考科。全球1个大洲分布及种数(1)◆大洋洲(◆美拉尼西亚)。

Elaphoglossaceae Pic. Serm. ex Pic. Serm.［F－53］舌蕨科 特征纪要:附生。【Rep】:孢子囊群圆形,生于叶的背面,

成1列位于主脉与叶边之间,接近叶边,顶生于每组侧脉的上侧一小脉。全球6个大洲分布和属种数(1;hort. & cult. 1)(738 – 940;hort. & cult. 8 – 12)非洲:1/88 – 136; 亚洲:1/94 – 134; 大洋洲:1/65 – 85; 欧洲:1/9 – 11; 北美洲:1/303 – 315; 南美洲:1/490 – 534。

Elaphoglossum Schott ex J. Sm. 舌蕨属 Elaphoglossaceae [F – 53] 特征纪要(同科)。全球6个大洲分布及种数(739 – 922;hort. 1;cult. 11)非洲:88 – 136;亚洲:94 – 134;大洋洲:65 – 85;欧洲:9 – 11;北美洲:303 – 315;南美洲:490 – 534。【中国种数:34】。

Elaphrium Jacq. 橄榄木属 Burseraceae [MD – 408] 特征纪要:习性: – 。花程式: – 。其他特征参考科。全球4个大洲分布及种数(68)非洲:4; 亚洲:5; 北美洲:7; 南美洲:11。

Elasis D. R. Hunt 须花草属 Commelinaceae [MM – 708] 特征纪要:习性:草本。花程式:(K)3,C3,A2 – 3,G3 – 参考科。其他特征参考科。全球3个大洲分布及种数(1 – 30)亚洲:2; 北美洲:3; 南美洲:28。

Elate L. = **Phoenix**

Elateriopsis Ernst 委内葫芦属 Cucurbitaceae [MD – 205] 特征纪要:习性: – 。花程式: – 。其他特征参考科。全球3个大洲分布及种数(9)大洋洲:5; 北美洲:3; 南美洲:7。

Elateriospermum Bl. 豆桐属 Euphorbiaceae [MD – 217] 特征纪要:习性:木本。花程式:K1(1000),C0,A6,= G2 – 3。物候: – 。花期:3 – 10月。果期:参考晚于花期。海拔:20 – 5000米。生境:中海拔山地灌木林中。资源: – 。全球1个大洲分布及种数(–)。【中国种数:1】。

Elatinaceae Dum. [MD – 129] 沟繁缕科 特征纪要:习性:木本;落叶。花程式:K2,C2,A2,↑G – 。物候: – 。果实:蒴果。种子: – 。海拔:100米。生境:草地,田边,路旁及溪边。资源:药用。全球6个大洲分布及属种数(4/52 – 70 <IFR 1/1> hort. 1;cult. 1) 非洲:3/26 – 32; 亚洲:3/19; 大洋洲:3/15 – 22(IFR 1/1); 欧洲:3/19 – 21; 北美洲:3/18 – 19; 南美洲:3/15 – 17。【中国属种数:2/11】。

Elatine L. 沟繁缕属 Elatinaceae [MD – 129] 特征纪要和分布(–)。全球6个大洲分布及种数(29 – 35)非洲:10 – 16;亚洲:10 – 15;大洋洲:6 – 13;欧洲:12 – 18;北美洲:11 – 17;南美洲:12 – 18。【中国种数:8】。

E

Elatinoides Wettst. 银鱼草属 Scrophulariaceae [MD – 536] 特征纪要和分布(–)。

Elatostema J. R. Forst. & G. Forst. 楼梯草属 Urticaceae [MD – 91] 特征纪要:习性:木本。花程式: – 。物候: – 。花期:4月。果期:参考晚于花期。海拔:1000 – 1100米。生境:常绿阔叶林中。资源:药用,具栽培园艺种类。全球6个大洲分布及种数(325 – 691;hort. 1;cult. 9)非洲:15 – 111;亚洲:311 – 565;大洋洲:16 – 148;欧洲:20;北美洲:2 – 25;南美洲:1 – 18。【中国种数:207】。

Elatostemma Endl. = **Elatostema**

Elattosis Gagnep. 泽泻科属 Butomaceae [MM – 595] 特征纪要:习性: – 。花程式: – 。其他特征参考科。全球1个大洲分布及种数(–)。

Elattospermum Soler. = **Breonia**

Elattostachys Radlk. 小穗无患子属 Sapindaceae [MD – 428] 特征纪要:习性:木本。花程式:K4 – 8,C4 – 8,A10, = (G)2 – 3。其他特征参考科。全球5个大洲分布及种数(20 – 30)非洲:9; 亚洲:12; 大洋洲:24; 北美洲:4; 南美洲:3。

Elayuna Raf. = **Bauhinia**

Elburzia Hedge = **Didymophysa**

Elcaja Forssk. = **Trichilia**

Elcana Blanco = **Cerbera**

Electranthera Mesfin, D. J. Crawford & Pruski 竹灯菊属 Asteraceae [MD – 586] 特征纪要:习性:草本。花程式:(K)3 – 5,(C)3 – 5,A3 – 5,↓G。其他特征参考科。全球1个大洲分布及种数(–)◆北美洲。

Elegia L. 竹灯草属 Restionaceae [MM – 744] 特征纪要:习性:草本。花程式:(K)3,C3,A1 – 2, = G1 – 3。其他特征参考科。全球4个大洲分布及种数(50 – 82)非洲:78; 亚洲:2; 大洋洲:4; 北美洲:5。

Eleiastis Raf. = **Tetracera**

Eleiodoxa (Becc.) Burret 蛇皮果属 Arecaceae [MM – 717] 特征纪要:习性:木本。花程式:Kn,C2 – 3 参考科,A3 参考科,G3 – 参考科。其他特征参考科。全球1个大洲分布及种数(1)◆亚洲。

Eleiotis DC. 姊妹豆属 Fabaceae3 [MD – 240] 特征纪要:习性:木本。花程式:K1 – ∞,C1 – ∞,A5 – 9, = ↓G1。其他特征参考科。全球5个大洲分布及种数(2 – 27)非洲:2; 亚洲:10; 大洋洲:2; 北美洲:2; 南美洲:17。

Elekmania B. Nord. 千里光属 Asteraceae [MD – 586] 特征纪要:习性:草本。花程式:(K –),(C)5 参考科,A3 – 5,↓G。其他特征参考科。全球3个大洲分布及种数(9) 非洲;亚洲;北美洲。

Eleocharis R. Br. 荸荠属 Cyperaceae [MM – 747] 特征纪要:习性:草本(根状茎,基生)。花程式:(K)3,C3,A3 参考科, = ↓G2 – 3。物候: – 。海拔:100 – 1800米。生境:稻田,浅水区,沼泽中。资源:具栽培园艺种类。全球6个大洲分布及种数(273 – 377;hort. 1;cult. 36)非洲:84 – 152;亚洲:126 – 198;大洋洲:73 – 138;欧洲:42 – 92;北美洲:135 – 199;南美洲:156 – 219。【中国种数:72】。

Eleogenus Nees = **Eleocharis**

Eleogiton Link = **Isolepis**

Eleorchis F. Maek. 旭兰属 Orchidaceae [MM – 723] 特征纪要:习性:草本。花程式:(K)3,C3,A3, = ↓(G)3。物候: – 。花期:参考早于果期。果期:10 – 11月。海拔:80 – 5200米。生境:柏树林下或草坡路旁,竹坡中。资源: – 。全球1个大洲分布及种数(cf. 1)◆亚洲。【中国种数:1】。

Eleotis Ver. – Lib. & R. D. Stone 野牡丹科属 Melastomataceae [MD – 364] 特征纪要:习性: – 。花程式: – 。其他

特征参考科。全球 1 个大洲分布及种数(4)非洲:4。

Elephantomene Barneby & Krukoff 象牙藤属 Menispermaceae [MD-42] 特征纪要:习性:草本。花程式:K1(6-40),C3,A1-6-40,=G1-3。其他特征参考科。全球 1 个大洲分布及种数(1)◆南美洲。

Elephantopsis A. Dietr. = **Elephantopus**

Elephantopus L. 地胆草属 Asteraceae [MD-586] 特征纪要:习性:草本(具根状茎)。花程式:(K)3-5,C3-5,A3 参考科,=↓G2。物候:-。花期:7-11 月。果期:参考晚于花期。海拔:1400 米。生境:开阔山坡,路旁,或山谷林缘,植物园栽培。资源:具栽培园艺种类。全球 6 个大洲分布及种数(28-32;hort. 1;cult. 2)非洲:9-13;亚洲:8-13;大洋洲:2-6;欧洲:1-5;北美洲:11-15;南美洲:17-21。【中国种数:3】。

Elephantusia Willd. = **Phytelephas**

Elettaria Maton 绿豆蔻属 Zingiberaceae [MM-737] 特征纪要:习性:草本。花程式:-。其他特征参考科。全球 6 个大洲分布及种数(2-49)非洲:4; 亚洲:45; 大洋洲:3; 欧洲:4; 北美洲:4; 南美洲:4。【中国种数:1】。

Elettariopsis Baker 地豆蔻属 Zingiberaceae [MM-737] 特征纪要:习性:-。花程式:-。物候:-。花期:5 月。果期:参考晚于花期。海拔:100 米。生境:森林。资源:-。全球 3 个大洲分布及种数(36)非洲:2; 亚洲:34; 大洋洲:2。

Eleusine Gaertn. 䅟属 Poaceae [MM-748] 特征纪要:习性:草本(基生)。花程式:(K-),C0 参考科,A5,=G2-3。物候:-。花期:5-9 月。果期:参考晚于花期。海拔:10-5600 米。生境:荒芜地及道路旁,是一种谷物作物。资源:药用,具栽培园艺种类。全球 6 个大洲分布及种数(12)非洲:11-16;亚洲:5-10;大洋洲:3-8;欧洲:4-9;北美洲:4-9;南美洲:4-9。【中国种数:4】。

Eleutera Stuntz 平藓属 Neckeraceae [B-204] 特征纪要:-。全球 1 个大洲分布及种数(-)。

Eleutharrhena Forman 藤枣属 Menispermaceae [MD-42] 特征纪要:习性:草质攀援。花程式:-。物候:-。花期:5 月。果期:参考晚于花期。海拔:800-1500 米。生境:密林中,也见于疏林。资源:具园艺种类。全球 1 个大洲分布及种数(cf. 1)◆亚洲(◆中国)。【中国种数:1】。

Eleutherandra Slooten 离蕊木属 Achariaceae [MD-159] 特征纪要:习性:木本。花程式:-。其他特征参考科。全球 1 个大洲分布及种数(1-2)◆亚洲。

Eleutheranthera Poit. 离药菊属 Asteraceae [MD-586] 特征纪要:习性:草本。花程式:(K)3-5,C3-5,A3-5,=↓G2。物候:-。花期:7-10 月。果期:参考晚于花期。海拔:6000 米。生境:阿尔泰山地针叶林带山沟,柞林下路旁。资源:具栽培园艺种类。全球 6 个大洲分布及种数(3-23)非洲:4; 亚洲:5; 大洋洲:2; 欧洲:15; 北美洲:15; 南美洲:16。【中国种数:1】。

Eleutherine Herb. 红葱属 Iridaceae [MM-700] 特征纪要:习性:草本(基生,多肉)。花程式:(K-),C2-3 参考科,A3,↓G-。物候:-。花期:6 月。果期:参考晚于花期。海拔:100-4400 米。生境:草丛中,自然山坡地。资源:药用,具栽培园艺种类。全球 6 个大洲分布及种数(3-16)非洲:8; 亚洲:10; 大洋洲:2; 欧洲:9; 北美洲:9; 南美洲:12。【中国种数:1】。

Eleutherococcus Maxim. 五加属 Araliaceae [MD-471] 特征纪要:习性:木本。花程式:K1-∞,C1-∞,A2,=↓(G)2-5。物候:-。花期:7-8 月。果期:参考晚于花期。海拔:100-3200 米。生境:森林,山顶。资源:药用,具栽培园艺种类。全球 6 个大洲分布及种数(34-118)非洲:4; 亚洲:83; 大洋洲:4; 欧洲:15; 北美洲:15; 南美洲:4。【中国种数:25】。

Eleutheroglossum (Schltr.) M. A. Clem. & D. L. Jones 耳垂石斛属 Orchidaceae [MM-723] 特征纪要:-。全球 2 个大洲分布及种数(6)亚洲:6; 大洋洲:6。

Eleutheropetalum H. Wendl. ex Oerst. = **Chamaedorea**

Eleutherospermum K. Koch 离籽芹属 Apiaceae [MD-480] 特征纪要:习性:草本。花程式:K5,C5,A5,=↓(G)2。其他特征参考科。全球 4 个大洲分布及种数(1-7)非洲:3; 亚洲:7; 欧洲:1; 北美洲:1。

Eleutherostigma Pax & K. Hoffm. = **Plukenetia**

Eleutherostylis Burret 舟叶椴属 Malvaceae [MD-203] 特征纪要:习性:木本。花程式:K1-∞,C1-∞,A10-8,=(G)2-100。其他特征参考科。全球 3 个大洲分布及种数(1-2)非洲:1;亚洲:1;大洋洲:1。

Eleuthrantheron Steud. = **Eleutheranthera**

Eleuthranthes F. Müll. ex Benth. 盖茜属 Rubiaceae [MD-523] 特征纪要:习性:木本。花程式:(K)4-5,(C)4-5,A4-5,↓G。其他特征参考科。全球 1 个大洲分布及种数(1)◆大洋洲。

Elharveya H. A. Crum 墨西哥油藓属 Hookeriaceae [B-164] 特征纪要:习性:-。【Rep】:雌雄异苞同株,蒴柄红色或橙红色,平滑,孢蒴平列或下垂,长卵形,环带发达,易脱落,蒴齿两层。其他特征参考科。全球 1 个大洲分布及种数(1)◆北美洲。

Eliaea Cambess. = **Eliea**

Elichrysum Mill. = **Helichrysum**

Eliea Cambess. 埃利木属 Hypericaceae [MD-119] 特征纪要:习性:木本。花程式:K1-3,C1-3,A1-3,(G)1-3。其他特征参考科。全球 3 个大洲分布及种数(1-13)非洲:7; 亚洲:6; 南美洲:2。

Eligmocarpus Capuron 折扇豆属 Fabaceae1 [MD-240] 特征纪要:习性:木本。花程式:K3-5-∞,C3-5-∞,A3-5,=↓G1-2。其他特征参考科。全球 1 个大洲分布及种数(1)◆非洲(◆马达加斯加)。

Elingamita G. T. S. Baylis 瑞金牛属 Primulaceae [MD-401] 特征纪要:习性:草本。花程式:-。其他特征参考科。全球 1 个大洲分布及种数(1)◆大洋洲。

Elionurus Humb. & Bonpl. ex Willd. 香鳞草属 Poaceae [MM-748] 特征纪要:习性:草本。花程式:(K)3,C0 参

E

考科，A1－2，＝G2－3。其他特征参考科。全球6个大洲分布及种数(20－23)非洲:15;亚洲:7;大洋洲:4;欧洲:1;北美洲:4;南美洲:11。【中国种数:2】。

Elisanthe Rchb. ＝ **Silene**

Elisma Buchen. ＝ **Luronium**

Elissarrhena Miers 防己科属 Menispermaceae［MD－42］特征纪要:习性:草本。花程式:－。其他特征参考科。全球2个大洲分布及种数(2－4)北美洲:1; 南美洲:3。

Elizabetha Schomburgk ex Benth. 伊丽豆属 Fabaceae1［MD－240］特征纪要:习性:－。花程式:－。其他特征参考科。全球1个大洲分布及种数(11)◆南美洲。

Elleanthus C. Presl 托塔兰属 Orchidaceae［MM－723］特征纪要:习性:草本。花程式:(K)3,C3,A3,＝↓G3。其他特征参考科。全球6个大洲分布及种数(121－140)非洲:1;亚洲:3－5;大洋洲:1;欧洲:1;北美洲:41－45;南美洲:102－116。【中国种数:4】。

Ellenbergia Cuatrec. 外腺菊属 Asteraceae［MD－586］特征纪要:习性:草本。花程式:Kn,C3参考科,A3－5,＝↓(G)2。其他特征参考科。全球1个大洲分布及种数(1)◆南美洲(◆秘鲁)。

Ellimia Nutt. ＝ **Oligomeris**

Elliottia Muhl. ex Elliott 夏羽树属 Ericaceae［MD－380］特征纪要:习性:木本。花程式:(K)5－8,(C)5－8,A10,(G)2－4。物候:－。海拔:－。生境:－。资源:具园艺种类。全球3个大洲分布及种数(4－9)亚洲:6; 欧洲:6; 北美洲:6。

Ellipanthus Hook. f. 单叶豆属 Connaraceae［MD－284］特征纪要:习性:木本。花程式:－。物候:－。花期:10月至次年3月。果期:参考晚于花期。海拔:100米。生境:低海拔山地密林中,为季雨林中常见树种,海南特有种。资源:经济植物,具栽培园艺种类。全球3个大洲分布及种数(9－12)非洲:2－3;亚洲:6－9;大洋洲:1。【中国种数:1】。

Ellipeiopsis R. E. Fr. 单核玉盘属 Annonaceae［MD－7］特征纪要:习性:－。花程式:－。其他特征参考科。全球2个大洲分布及种数(10)亚洲:9; 南美洲:2。

Ellisia L. 斑蝶花属 Hydrophyllaceae［MD－513］特征纪要:习性:－。花程式:－。其他特征参考科。全球6个大洲分布及种数(1－33)非洲:2; 亚洲:9; 大洋洲:2; 欧洲:8; 北美洲:8; 南美洲:19。【中国种数:1】。

Ellisiophyllaceae Honda［MD－521］幌菊科 特征纪要:习性:草本;落叶。花程式:(K)6,C5,A3,↓(G)－。物候:－。花果期:8－10月。果实:蒴果。种子:－。海拔:1500－2500米。生境:林下较湿润处,竹林中。资源:药用。全球2个大洲分布及属种数(1/1 <IFR 1/1 >hort. 1) 亚洲:1/3(IFR 1/1);南美洲:1/ 1－1。

Ellisiophyllum Maxim. 幌菊属 Ellisiophyllaceae［MD－521］特征纪要(同科)。全球4个大洲分布及种数(3－6)非洲:1; 亚洲:5; 大洋洲:2; 北美洲:2。【中国种数:1】。

Ellisochloa P. M. Peterson & N. P. Barker 单草属 Poaceae［MM－748］特征纪要:习性:草本。花程式:(K－),C0参考科,A3参考科,↓G－参考科。其他特征参考科。全球1个大洲分布及种数(2)◆非洲。

Ellobium Lilja ＝ **Fuchsia**

Ellobocarpus Kaulf. ＝ **Ceratopteris**

Elmera Rydb. 钟秀草属 Saxifragaceae［MD－231］特征纪要:习性:草本。花程式:K5,C5,A5－10,＝↓G－。其他特征参考科。全球2个大洲分布及种数(1－5)北美洲:5; 南美洲:2。

Elmeriobryum Broth. 灰藓科属 Hypnaceae［B－189］特征纪要:习性:－。【Rep】:雌雄异株或假雌雄同株,蒴柄细长,孢蒴卵形至圆柱形,平展,或略呈弓形。物候:－。海拔:－。生境:常见于林下土或岩面薄土,沼泽水生。资源:－。全球2个大洲分布及种数(5)亚洲:2; 北美洲:1。【中国种数:1】。

Elmigera Rchb. ＝ **Penstemon**

Elodea Rich. 水蕴藻属 Hydrocharitaceae［MM－599］特征纪要:习性:草本。花程式:－。物候:－。海拔:－。生境:－。资源:具栽培园艺种类。全球6个大洲分布及种数(11－13)非洲:1－27;亚洲:3－29;大洋洲:1－27;欧洲:2－28;北美洲:6－32;南美洲:6－32。【中国种数:3】。

Elodium (Sull.) Austin 羽藓科属 Thuidiaceae［B－184］特征纪要:习性:－。【Rep】:雌苞叶具细长尖,有时叶边具纤毛,蒴柄细长,平滑,稀具密疣,孢蒴卵状圆柱形,倾立至平列,蒴齿两层,黄棕,内雌苞叶椭圆状披针形,上部具长纤毛,蒴柄平滑,孢蒴圆柱形,平列,内齿层基膜高达1/2,齿毛2－3。物候:－。海拔:－。生境:常见于湿润林地或阴湿岩石。资源:－。全球1个大洲分布及种数(1)◆亚洲(◆中国)。【中国种数:1】。

Elongatia (Lür) Lür 腋花兰属 Orchidaceae［MM－723］特征纪要:习性:－。花程式:－。其他特征参考科。全球2个大洲分布及种数(cf. 1)北美洲;南美洲。

Elopium Schott ＝ **Philodendron**

Eloyella P. Ortiz 水蕴兰属 Orchidaceae［MM－723］特征纪要:习性:草本。花程式:(K)3,C3,A3,＝↓G3。其他特征参考科。全球3个大洲分布及种数(10－11)亚洲:cf. 1;北美洲:1;南美洲:9－10。

Elsholtzia Willd. 香薷属 Lamiaceae［MD－575］特征纪要和分布(－)。全球6个大洲分布及种数(37－50;hort. 1;cult. 7)非洲:3－12;亚洲:36－55;大洋洲:2－10;欧洲:1－9;北美洲:5－13;南美洲:6－15。【中国种数:33】。

Elsinoe <unassigned> 香光藓属 Myriniaceae［B－174］特征纪要:－。全球3个大洲分布及种数(55)非洲:3; 亚洲:5; 南美洲:45。

Eltroplectris Raf. 唇距兰属 Orchidaceae［MM－723］特征纪要:习性:草本。花程式:(K)3,C3,A3,＝↓G3。其他特征参考科。全球2个大洲分布及种数(18－20)北美洲:3;南美洲:17。

Elvasia DC. 硬果莲木属 Ochnaceae［MD－104］特征纪要:习性:木本。花程式:K1－∞,C1－∞,A10,＝G2－15。

其他特征参考科。全球 4 个大洲分布及种数(14 – 29)非洲:3; 亚洲:1; 北美洲:3; 南美洲:29。

Elvira Cass. = **Delilia**

Elwendia Boiss. 黑孜然芹属 Apiaceae [MD – 480] 特征纪要:习性: – 。花程式: – 。其他特征参考科。全球 1 个大洲分布及种数(–)。

Elyhordeum Mansf. ex Tsitsin & K. A. Petrova 鞘足麦属 Poaceae [MM – 748] 特征纪要:习性:草本。花程式:(K)3,C0 参考科,A1 – 2, = G2 – 3。其他特征参考科。全球 6 个大洲分布及种数(1 – 19)非洲:3;亚洲:18;大洋洲:3;欧洲:3;北美洲:12;南美洲:3。

Elyleymus B. R. Baum 披碱茅属 Poaceae [MM – 748] 特征纪要:习性:草本。花程式:(K)3,C0 参考科,A1 – 2,↓G – 参考科。其他特征参考科。全球 3 个大洲分布及种数(7 – 19)亚洲:1; 欧洲:11; 北美洲:11。

Elymandra Stapf 箭袋草属 Poaceae [MM – 748] 特征纪要:习性:草本。花程式:(K)3,C0 参考科,A1 – 2, = G2 – 3)。其他特征参考科。全球 3 个大洲分布及种数(6 – 8)非洲:8; 亚洲:3; 南美洲:2。

Elymordeum Lepage 鞘足草属 Poaceae [MM – 748] 特征纪要:习性:草本。花程式:(K)3,C0 参考科,A1 – 2, = (G)2 – 3。其他特征参考科。全球 2 个大洲分布及种数(–)亚洲;北美洲。

Elymostachys Tzvelev 新麦草属 Poaceae [MM – 748] 特征纪要:习性:草本。花程式:(K –),C0 参考科,A3 参考科,↓G – 参考科。其他特征参考科。全球 2 个大洲分布及种数(–)亚洲;欧洲。

Elymotrigia Hyl. 鞘足茅属 Poaceae [MM – 748] 特征纪要:习性:竹类。花程式:参考科,C5 参考科,A5,G2 – 4。其他特征参考科。全球 1 个大洲分布及种数(1 – 10)◆大洋洲。

Elymus L. 披碱草属 Poaceae [MM – 748] 特征纪要和分布(–)。全球 1 个大洲分布及种数(194 – 298)◆亚洲。【中国种数:87】。

Elyonorus Bartl. = **Elionurus**

Elysitanion Bowden 美国舟叶草属 Poaceae [MM – 748] 特征纪要:习性:草本。花程式:(K –),C0 参考科,A3 参考科,↓G – 参考科。其他特征参考科。全球 1 个大洲分布及种数(2)◆北美洲。

Elythranthera (R. Br.) A. S. George 珐琅兰属 Orchidaceae [MM – 723] 特征纪要:习性: – 。花程式: – 。其他特征参考科。全球 2 个大洲分布及种数(5)大洋洲:5; 南美洲:2。

Elytranthe (Bl.) Bl. 大苞鞘花属 Loranthaceae [MD – 415] 特征纪要:习性:木本。花程式:K6,C6,A6,↓G – 。物候: – 。花期:1 – 4 月。果期:参考晚于花期。海拔:1500 – 1600 米。生境:阔叶树上,寄主未详,森林,山坡。资源:具园艺种类。全球 6 个大洲分布及种数(3 – 104)非洲:31; 亚洲:45; 大洋洲:30; 欧洲:4; 北美洲:4; 南美洲:7。【中国种数:1】。

Elytraria Michx. 鳞堇花属 Acanthaceae [MD – 572] 特征纪要:习性:草本。花程式: – 。其他特征参考科。全球 6 个大洲分布及种数(12 – 25;hort. 1)非洲:5 – 11;亚洲:3 – 6;大洋洲:2;欧洲:2;北美洲:7 – 17;南美洲:6 – 9。【中国种数:1】。

Elytrigia Desv. 偃麦草属 Poaceae [MM – 748] 特征纪要:习性: – 。花程式: – 。物候: – 。花期:6 – 8 月。果期:参考晚于花期。海拔:500 – 1900 米。生境:沟谷。资源:蛋白质,具栽培园艺种类。全球 6 个大洲分布及种数(23 – 31;hort. 1;cult. 4)非洲:10 – 17;亚洲:20 – 30;大洋洲:2 – 9;欧洲:9 – 16;北美洲:7 – 14;南美洲:7。

Elytroblepharum (Steud.) Schltdl. = **Digitaria**

Elytropappus Cass. 鞘冠帚鼠麹属 Asteraceae [MD – 586] 特征纪要:习性:草本。花程式:(K)3 – 5,(C)3 – 5,A3 – 5, = ↓G2。其他特征参考科。全球 2 个大洲分布及种数(3 – 19)非洲:16; 北美洲:2。

Elytrophorus P. Beauv. 总苞草属 Poaceae [MM – 748] 特征纪要:习性:草本(基生)。花程式: – 。物候: – 。花期:参考早于果期。果期:6 – 11 月。海拔:10 – 5600 米。生境:稻田中。资源:具园艺种类。全球 3 个大洲分布及种数 3 个非洲:2;亚洲:1;大洋洲:1。【中国种数:1】。

Elytropus Müll. Arg. 鞘足夹竹桃属 Apocynaceae [MD – 492] 特征纪要:习性:木本。花程式:K5 – ∞,C0,A15, = ↓(G)2 – 5。其他特征参考科。全球 4 个大洲分布及种数(11)非洲:2; 亚洲:2; 北美洲:2; 南美洲:10。

Elytrostachys McClure 甲稃竹属 Poaceae [MM – 748] 特征纪要:习性:草本。花程式:(K)3,C0 参考科,A1 – 2, = (G)2 – 3。其他特征参考科。全球 3 个大洲分布及种数(3)亚洲:cf. 1;北美洲:2;南美洲:2。

Emarhendia Kiew, A. Weber & B. L. Burtt 腺唇苣苔属 Gesneriaceae [MD – 549] 特征纪要:习性:草本。花程式: – 。其他特征参考科。全球 1 个大洲分布及种数(1)◆亚洲。

Embadium J. M. Black 紫草科属 Boraginaceae [MD – 517] 特征纪要:习性:草本。花程式: – 。其他特征参考科。全球 2 个大洲分布及种数(3 – 6)亚洲:2; 大洋洲:5。

Embelia Burm. f. 酸藤子属 Primulaceae [MD – 401] 特征纪要:习性:木质攀援。花程式: – 。物候: – 。花期:5 月。果期:参考晚于花期。海拔:100 – 2000 米。生境:常绿阔叶林,灌木区,山谷和山坡。资源:药用,具栽培园艺种类。全球 6 个大洲分布及种数(70 – 159;hort. 1)非洲:21 – 71;亚洲:53 – 130;大洋洲:5 – 44;欧洲:2 – 27;北美洲:6 – 30;南美洲:4 – 29。【中国种数:25】。

Emblemantha B. C. Stone 瓮金牛属 Primulaceae [MD – 401] 特征纪要:习性:木本。花程式:(K)3 – 4,(C)3 – 4,A3 – 4, = (G)3 – 5。其他特征参考科。全球 1 个大洲分布及种数(cf. 1)◆东南亚(◆印度尼西亚)。

Emblingia F. Müll. 丝履花属 Emblingiaceae [MD – 218] 特征纪要(同科)。全球 2 个大洲分布及种数(1 – 2)亚洲:2; 大洋洲:2。【中国种数:1】。

Emblingiaceae Airy – Shaw [MD – 218] 丝履花科 特征纪要:习性:木本;落叶。花程式:K5,C5,A8,↑G1。果实:果实肉质。全球 1 个大洲分布及属种数(2/2 – 3 hort. 1)◆大洋洲:1/ 1。【中国属种数:1/1】。

Embolanthera Merr. 活塞花属 Hamamelidaceae [MD – 63] 特征纪要:习性:木本。花程式: – 。其他特征参考科。

全球 1 个大洲分布及种数(cf. 1)◆亚洲。

Embolidium <unassigned> 唐松子属 Physenaceae［MD－169］特征纪要:－。全球 2 个大洲分布及种数(3)亚洲:2; 欧洲:3。

Embothrium J. R. Forst. & G. Forst. 筒瓣花属 Proteaceae［MD－219］特征纪要:习性:木本。花程式:K3－4－∞, C0,A2, = G1。物候:－。海拔:－。生境:－。资源:具栽培园艺种类。全球 6 个大洲分布及种数(3－4)非洲:1;亚洲:1;大洋洲:1－3;欧洲:1;北美洲:1－2;南美洲:2－3。【中国种数:1】。

Embotrium Ruiz & Pav. = **Alloxylon**

Embreea Dodson 鳍唇兰属 Orchidaceae［MM－723］特征纪要:习性:草本。花程式:(K)3,C3,A3, = ↓(G)3。其他特征参考科。全球 1 个大洲分布及种数(2)◆南美洲。

Emelianthe Danser 伞蕊寄生属 Loranthaceae［MD－415］特征纪要:习性:木本。花程式:K4,C0,A4, = ↓(G)3－4。其他特征参考科。全球 1 个大洲分布及种数(1)◆非洲。

Emerus (DC.) Kuntze 双泡豆属 Fabaceae3［MD－240］特征纪要:习性:－。花程式:－。其他特征参考科。全球 2 个大洲分布及种数(9)北美洲:1; 南美洲:1。

Emex Neck. ex Campd. 角刺酸模属 Polygonaceae［MD－120］特征纪要:习性:－。花程式:－。其他特征参考科。全球 6 个大洲分布及种数(3)非洲:2－8;亚洲:2－8;大洋洲:2－8;欧洲:1－7;北美洲:2－9;南美洲:1－7。

Emicocarpus K. Schum. & Schltr. 东南非萝藦属 Apocynaceae［MD－492］特征纪要:习性:木本。花程式:K5,C0, A5, = (G)2。其他特征参考科。全球 1 个大洲分布及种数(1)◆非洲。

Emilia Cass. 一点红属 Asteraceae［MD－586］特征纪要:习性:草本(基生)。花程式:(K)3－5,C3－5,A3 参考科, = ↓G2。物候:－。花期:7－11 月。果期:参考晚于花期。海拔:500－2000 米。生境:广泛栽培。栽培:来自广西龙州。资源:药用,具栽培园艺种类。全球 6 个大洲分布及种数(96－122;hort. 1;cult. 2)非洲:84－101;亚洲:16－20;大洋洲:2－4;欧洲:1;北美洲:3－5;南美洲:2－4。【中国种数:6】。

Emiliella S. Moore 一点紫属 Asteraceae［MD－586］特征纪要:习性:－。花程式:－。其他特征参考科。全球 1 个大洲分布及种数(5－8)◆非洲。

Eminia Taub. 鹿藿属 Fabaceae3［MD－240］特征纪要:习性:木本。花程式:Kn,C2－3 参考科,A3 参考科, = ↓G(－)。其他特征参考科。全球 1 个大洲分布及种数(3－4)◆非洲。

Eminium Schott 黑苞芋属 Araceae［MM－639］特征纪要:习性:草本。花程式:K0,C0,A1－4,G3－ 参考科。其他特征参考科。全球 2 个大洲分布及种数(7－9;hort. 1)非洲:1;亚洲:6－8。【中国种数:1】。

Emmenanthe Benth. 风铎花属 Boraginaceae［MD－517］特征纪要:习性:草本。花程式:K4－5,C0,A3 参考科,↓G。其他特征参考科。全球 3 个大洲分布及种数(2－13)亚洲:2; 北美洲:5; 南美洲:2。【中国种数:1】。

Emmenopterys Oliv. 香果树属 Rubiaceae［MD－523］特征纪要:习性:木本。花程式:(K－),(C)5 参考科,A6, ↓G2。物候:－。花期:6－8 月。果期:参考晚于花期。海拔:400－1600 米。生境:森林。资源:药用,观赏,纤维,木材,具栽培园艺种类。全球 2 个大洲分布及种数(1－3)亚洲:3; 北美洲:2。【中国种数:1】。

Emmenosperma F. Müll. 细革果属 Rhamnaceae［MD－331］特征纪要:习性:木本。花程式:K4－5,C4－5,A2, = G2－5。其他特征参考科。全球 3 个大洲分布及种数(5－8)非洲:3; 亚洲:3; 大洋洲:8。

Emmeorhiza Pohl ex Endl. 南美根茜属 Rubiaceae［MD－523］特征纪要:习性:木本。花程式:(K)4－5,(C)4－5,A4－5, = ↓G2－9。其他特征参考科。全球 3 个大洲分布及种数(1－11)亚洲:1; 北美洲:4; 南美洲:8。

Emmotum Desv. 埃莫藤属 Icacinaceae［MD－450］特征纪要:习性:木本。花程式:K3－4,C3－4,A2, = G2－3。其他特征参考科。全球 2 个大洲分布及种数(13－22)亚洲:2; 南美洲:21。【中国种数:1】。

Emodiopteris Ching & S. K. Wu = **Dennstaedtia**

Emorya Torr. 金蛇花属 Scrophulariaceae［MD－536］特征纪要:习性:－。花程式:－。其他特征参考科。全球 2 个大洲分布及种数(6)北美洲:5; 南美洲:4。

Empedoclea A. St. －Hil. = **Tetracera**

Empedoclesia Sleumer = **Orthaea**

Empetraceae Hook. & Lindl.［MD－423］岩高兰科 特征纪要:习性:木本;常绿。花程式:K2,C0,A2, ↑G－。物候:－。果实:果实近球形。种子:有丰富的肉质胚乳,子叶小。海拔:700－1500 米。生境:森林,石山。资源:药用。全球 2 个大洲分布及属种数(2/3 <IFR 1/3> hort. 1;cult. 1) 亚洲:IFR 1/3; 北美洲:2/9。

Empetrum Tourn. ex L. 岩高兰属 Empetraceae［MD－423］特征纪要(同科)。全球 6 个大洲分布及种数(7－8; hort. 1;cult. 2)非洲:1－4;亚洲:4－7;大洋洲:3;欧洲:3－6;北美洲:5－8;南美洲:3－6。【中国种数:1】。

Emphytostemma <unassigned> 巴拉圭萝藦属 Asclepiadaceae［MD－494］特征纪要:－。全球 1 个大洲分布及种数(1)◆南美洲:1。

Emplectanthus N. E. Br. 南非萝藦属 Apocynaceae［MD－492］特征纪要:习性:木本。花程式:K5,C0,A5, ↓G。其他特征参考科。全球 1 个大洲分布及种数(2－3)◆非洲。

Empleuridium Sond. & Harv. 柏荚木属 Celastraceae［MD－339］特征纪要:习性:木本。花程式:K4,C4,A4, ↓G－参考科。其他特征参考科。全球 1 个大洲分布及种数(1)◆非洲。

Empleurum Aiton 畔芸木属 Rutaceae［MD－399］特征纪要:习性:木本。花程式:K5,C5,A4, = G1－3。其他特征参考科。全球 3 个大洲分布及种数(2－6)非洲:6; 欧洲:2; 北美洲:2。

Empodisma L. A. S. Johnson & D. F. Cutler 折叶灯草属 Restionaceae［MM－744］特征纪要:习性:草本(基生)。花程式:(K)3,C3,A1－2, = (G)1－3。其他特征参考科。全球 2 个大洲分布及种数(3－5)亚洲:3; 大洋洲:4。【中国种数:1】。

Empodium Salisb. 小仙梅草属 Hypoxidaceae［MM－695］特征纪要:习性:草本。花程式:－。物候:－。海拔:－。生境:－。资源:具园艺种类。全球4个大洲分布及种数(7－16)非洲:15; 亚洲:3; 北美洲:2; 南美洲:7。

Empogona Hook. f. 猪肚木属 Rubiaceae［MD－523］特征纪要:习性:木本。花程式:(K)4－5,(C)4－5,A4－5,↓G。其他特征参考科。全球2个大洲分布及种数(37－53)非洲:42; 南美洲:1。

Empusa Lindl. ＝ **Liparis**

Empusella (Lür) Lür 仙梅兰属 Orchidaceae［MM－723］特征纪要:习性:－。花程式:－。其他特征参考科。全球2个大洲分布及种数(2)北美洲:2; 南美洲:2。

Emurtia Raf. ＝ **Eugenia**

Enalcida Cass. ＝ **Tagetes**

Enallagma (Miers) Baill. 葫芦树属 Bignoniaceae［MD－541］特征纪要:习性:－。花程式:－。其他特征参考科。全球4个大洲分布及种数(cf. 1)亚洲;欧洲;北美洲;南美洲。

Enantiophylla J. M. Coult. & Rose 反叶草属 Apiaceae［MD－480］特征纪要:习性:草本。花程式:K5,C5,A5,＝↓(G)2。其他特征参考科。全球2个大洲分布及种数(1－3)北美洲:1; 南美洲:1。

Enantiotrichum E. Mey. ex DC. ＝ **Euryops**

Enarganthe N. E. Br. 辉玉树属 Aizoaceae［MD－94］特征纪要:习性:灌木。花程式:K3－4,C3－4,A5参考科,＝↓G－。其他特征参考科。全球1个大洲分布及种数(1)◆非洲。

Enarthrocarpus Labill. 羚角芥属 Brassicaceae［MD－213］特征纪要:习性:草本。花程式:K2－4,C2－4,A2－4,＝G2。其他特征参考科。全球3个大洲分布及种数(6)非洲:5;亚洲:cf. 1;欧洲:3。

Encabarcenia Archila & Szlach. 大帽兰属 Orchidaceae［MM－723］特征纪要:草本,叶对生,落叶,复叶; 花程式:(K),C,A(－),G。果实:蒴果;种子:极小,棕黄色。全球1个大洲分布及种数(1)◆北美洲:1。

Encalypta Hedw. 大帽藓属 Encalyptaceae［B－105］特征纪要:习性:－。【Rep】:下部褐色。物候:－。海拔:900米。生境:常见于干燥土生,溪边岩面生。资源:－。全球6个大洲分布及种数(44)非洲:13;亚洲:14;大洋洲:6;欧洲:23;北美洲:27;南美洲:11。【中国种数:20】。

Encalyptaceae Schimp.［B－105］大帽藓科 特征纪要:根状茎粗壮,木质,平卧或有时转为升,密被柔软锈黄色长毛茸,形如金毛狗头,叶同型,有粗长的柄,叶片大,广卵形,多回羽状分裂。【Rep】:孢子囊群着生叶边,顶生于小脉上,囊群盖两瓣状,革质,分内外两瓣,内瓣较小,形如蚌壳。全球5个大洲分布和属种数(2/45)亚洲:1/14;大洋洲:1/6;欧洲:2/24;北美洲:2/28;南美洲:1/11。【中国属种数:1/20】。

Encelia Adans. 脆菊木属 Asteraceae［MD－586］特征纪要:习性:草本。花程式:(K)3－5,(C)3－5,A3－5,＝↓G2。其他特征参考科。全球6个大洲分布及种数(22－38;hort. 1;cult. 4)非洲:9;亚洲:9;大洋洲:9;欧洲:9;北美洲:20－32;南美洲:4－13。【中国种数:3】。

Enceliopsis (A. Gray) A. Nelson 光线菊属 Asteraceae［MD－586］特征纪要:习性:草本。花程式:(K)3－5,(C)3－5,A3－5,↓G。其他特征参考科。全球3个大洲分布及种数(3－11)亚洲:2; 北美洲:9; 南美洲:3。

Encephalartos Lehm. 非洲铁属 Zamiaceae［G－2］特征纪要:习性:－。【Rep】:雌雄同株,单轴球果。其他特征参考科。全球6个大洲分布及种数(68－120)非洲:86; 亚洲:9; 大洋洲:7; 欧洲:34; 北美洲:34; 南美洲:4。【中国种数:1】。

Encephallartes Endl. ＝ **Encephalartos**

Encephalosphaera Lindau 内球爵床属 Acanthaceae［MD－572］特征纪要:习性:－。花程式:－。其他特征参考科。全球2个大洲分布及种数(3－4)非洲:2; 南美洲:4。

Encholirium Mart. ex Schult. & Schult. f. 刺矛凤梨属 Bromeliaceae［MM－715］特征纪要:习性:草本。花程式:(K)3,C3,A6,＝↓(G)3。其他特征参考科。全球2个大洲分布及种数(34－60)北美洲:4; 南美洲:58。

Enchylaena R. Br. 红珠澳藜属 Amaranthaceae［MD－116］特征纪要:习性:草本。花程式:K3－5,C0,A3－5,＝↓G2－5。其他特征参考科。全球3个大洲分布及种数(2－14)亚洲:1; 大洋洲:12; 北美洲:2。

Encliandra Zucc. ＝ **Fuchsia**

Encopea C. Presl ＝ **Faramea**

Encopella Pennell 凹玄参属 Plantaginaceae［MD－527］特征纪要:习性:草本(水生)。花程式:K2－4,C0,A2－4,G2。其他特征参考科。全球2个大洲分布及种数(1－6)北美洲:2; 南美洲:5。

Encyclia Hook. 围柱兰属 Orchidaceae［MM－723］特征纪要:习性:草本。花程式:(K)3,C3,A3,＝↓(G)3。物候:－。花期:参考早于果期。果期:10－11月。海拔:80－5200米。生境:柏树林下或草坡路旁,竹坡中。资源:具园艺种类。全球6个大洲分布及种数(217－254;hort. 1;cult. 23)非洲:10;亚洲:27－37;大洋洲:13－23;欧洲:10;北美洲:130－149;南美洲:125－140。【中国种数:5】。

Endacanthus Baill. ex Grandid. ＝ **Pyrenacantha**

Endallex Raf. ＝ **Phalaroides**

Endecaria Raf. ＝ **Cuphea**

Endertia Steenis & de Wit 彤仪花属 Fabaceae1［MD－240］特征纪要:习性:木本。花程式:K3－5－∞,C3－5－∞,A3－5,＝↓G1－2。其他特征参考科。全球1个大洲分布及种数(cf. 1)◆亚洲。

Endiandra R. Br. 土楠属 Lauraceae［MD－21］特征纪要:习性:木本。花程式:Kn,C3,A4,G－。物候:－。花期:6月。果期:参考晚于花期。海拔:330米。生境:密林中,生于山谷混交林中或旷野灌丛中,海拔约330米。资源:具园艺种类。全球5个大洲分布及种数(20－139)非洲:4－52;亚洲:11－48;大洋洲:11－106;北美洲:3;南美洲:2。【中国种数:5】。

Endiplus Raf. = **Phacelia**

Endlicheria Nees 锥钓樟属 Lauraceae［MD－21］特征纪要:习性:木本。花程式:K3－9,C0,A9,＝G1－3。其他特征参考科。全球6个大洲分布及种数(62－302)非洲:8; 亚洲:35; 大洋洲:11; 欧洲:78; 北美洲:78; 南美洲:273。【中国种数:4】。

Endocaulos C. Cusset 河仙菜属 Podostemaceae［MD－322］特征纪要:习性:草本。花程式:K1－2,C0,A10,＝(G)1－2。其他特征参考科。全球1个大洲分布及种数(1)◆非洲(◆马达加斯加)。

Endocellion Turcz. ex Herder 北蜂斗菜属 Asteraceae［MD－586］特征纪要:习性:－。花程式:－。其他特征参考科。全球1个大洲分布及种数(－)。

Endococcus <unassigned> 毛叶萝藦属 Phyllanthaceae［MD－222］特征纪要和分布(－)。

Endocodon Raf. = **Goeppertia**

Endocomia W. J. de Wilde 内毛楠属 Myristicaceae［MD－15］特征纪要:习性:木本。花程式:K2－3,C0,A5,＝G1。物候:－。花期:4－8月。果期:参考晚于花期。海拔:100－1700米。生境:低沟谷,竹林中。资源:－。全球3个大洲分布及种数(6－7)非洲:1; 亚洲:7; 大洋洲:3。

Endodesmia Benth. 内索藤黄属 Calophyllaceae［MD－140］特征纪要:习性:木本。花程式:K1－3,C1－3,A1－3,(G)1－3。其他特征参考科。全球2个大洲分布及种数(1－4)非洲:2; 亚洲:3。

Endodia Raf. = **Leersia**

Endogemma Konstant., Vilnet & A. V. Troitsky 红厚壳科属 Calophyllaceae［MD－140］特征纪要:习性:－。花程式:－。其他特征参考科。全球3个大洲分布及种数(6)亚洲:3; 北美洲:2; 南美洲:3。

Endogemmataceae Konstant., Vilnet & A. V. Troitsky = Calophyllaceae

Endoloma Raf. = **Amphilophium**

Endonema A. Juss. 叉苞木属 Penaeaceae［MD－375］特征纪要:习性:－。花程式:－。其他特征参考科。全球5个大洲分布及种数(55)非洲:53; 亚洲:7; 欧洲:4; 北美洲:4; 南美洲:32。

Endopappus Sch. Bip. 内冠菊属 Asteraceae［MD－586］特征纪要:习性:－。花程式:－。其他特征参考科。全球1个大洲分布及种数(－)。

Endopleura Cuatrec. 肋核木属 Humiriaceae［MD－348］特征纪要:习性:木本。花程式:－。其他特征参考科。全球1个大洲分布及种数(1)◆南美洲。

Endopyrenium <unassigned> 叉紫草属 Boraginaceae［MD－517］特征纪要:－。全球2个大洲分布及种数(3)亚洲:1; 欧洲:2。

Endosamara R. Geesink 崖豆藤属 Fabaceae3［MD－240］特征纪要:习性:木本。花程式:K1－∞,C1－∞,A5－9,＝↓G(－)。其他特征参考科。全球1个大洲分布及种数(1) ◆亚洲:1。

Endospermum Benth. 黄桐属 Euphorbiaceae［MD－217］特征纪要:习性:木本。花程式:－。物候:－。花期:5－8月。果期:参考晚于花期。海拔:800米。生境:山地常绿林中。资源:油脂,具栽培园艺种类。全球3个大洲分布及种数(6－16)非洲:1－4;亚洲:5－12;大洋洲:2－7。【中国种数:3】。

Endostemon N. E. Br. 内蕊草属 Lamiaceae［MD－575］特征纪要:习性:草本。花程式:K2,C0,A2,＝↓G2。其他特征参考科。全球2个大洲分布及种数(15－24)非洲:14－20;亚洲:5－6。【中国种数:2】。

Endotheca Raf. = **Aristolochia**

Endotrichella Müll. Hal. 亚洲蕨藓属 Pterobryaceae［B－201］特征纪要:习性:－。【Rep】:雌雄异株,稀雌雄同株,蒴柄短或较长,平滑或粗糙,孢蒴长卵形,直立,蒴齿两层,环带不分化,蒴盖圆锥形,亮绿色至红棕色。生境:常见于林下树干。全球2个大洲分布及种数(15)亚洲:11;大洋洲:6。【中国种数:3】。

Endotrichellopsis During 仪藓属 Pterobryaceae［B－201］特征纪要:习性:－。【Rep】:假雌雄异苞同株,内雌苞叶基部高鞘状,有狭长叶尖,孢蒴完全隐生于雌苞叶内,卵形或长卵形,棕色,平滑。其他特征参考科。全球1个大洲分布及种数(1)◆亚洲:1。

Endotrichum Dozy & Molk. 拟蕨藓属 Pterobryaceae［B－201］特征纪要:习性:－。【Rep】:雌雄异株,稀雌雄同株,蒴柄短或较长,平滑或粗糙,孢蒴长卵形,直立,蒴齿两层,环带不分化,蒴盖圆锥形,亮绿色至红棕色。生境:常见于林下树干,土生。全球3个大洲分布及种数(12)非洲:1;亚洲:10;大洋洲:1。

Endrachium Juss. = **Humbertia**

Endressia J. Gay 藁本属 Apiaceae［MD－480］特征纪要:习性:－。花程式:－。其他特征参考科。全球1个大洲分布及种数(2)◆欧洲。

Endusa Miers = **Minquartia**

Enekbatus Trudgen & Rye 仪金娘属 Myrtaceae［MD－347］特征纪要:习性:木本。花程式:K4－5,C4－5,A8－10,＝↓(G)2－5。其他特征参考科。全球1个大洲分布及种数(10)◆大洋洲。

Enemion Raf. 拟扁果草属 Ranunculaceae［MD－38］特征纪要:习性:草本(根状茎,基生)。花程式:－。物候:－。花期:5月。果期:参考晚于花期。海拔:50－6000米。生境:山地林下。资源:－。全球4个大洲分布及种数(6－9)亚洲:5; 欧洲:6; 北美洲:6; 南美洲:2。【中国种数:2】。

Enetophyton Nieuwl. = **Utricularia**

Engelhardia Lesch. ex Bl. 烟包树属 Juglandaceae［MD－136］特征纪要:习性:木本。花程式:－。物候:－。花期:2月。果期:参考晚于花期。海拔:1500－1700米。生境:阔叶林丘陵,中山坡次生杂木林中。资源:药用。全球5个大洲分布及种数(15－49)非洲:4; 亚洲:39; 大洋洲:4; 北美洲:2; 南美洲:2。【中国种数:4】。

Engelhardtia Lesch. ex Bl. 烟包木属 Dipterocarpaceae［MD－173］特征纪要:习性:木本。花程式:(K－),C4,A4,

↓G－参考科。物候:－。花期:7 月。果期:4 月。海拔:1000－1400 米。生境:林中,山腰或山谷疏林中。资源:具栽培园艺种类。全球 5 个大洲分布及种数(47)非洲:2; 亚洲:34; 大洋洲:3; 北美洲:2; 南美洲:2。

Englerarum Nauheimer & P. C. Boyce 窄南星属 Araceae［MM－639］特征纪要:习性:木本。花程式:K0,C0,A3 参考科,G3－ 参考科。物候:－。花期:2－9 月。果期:参考晚于花期。海拔:100－4400 米。生境:芭蕉－海芋群落,山阴坡草地。资源:－。全球 1 个大洲分布及种数(1) ◆亚洲:1。

Englerella Pierre ＝ **Pouteria**

Engleria O. Hoffm. 窄翅菀属 Asteraceae［MD－586］特征纪要:习性:草本。花程式:(K)3－5,(C)3－5,A3－5,↓G。其他特征参考科。全球 1 个大洲分布及种数(2)◆非洲。

Englerina Van Tiegh. 卷蕊寄生属 Loranthaceae［MD－415］特征纪要:习性:木本。花程式:K4,C0,A4,＝↓G3－4。其他特征参考科。全球 3 个大洲分布及种数(26)非洲:20－26;亚洲:1;大洋洲:3。

Englerocharis Muschl. 恩格勒芥属 Brassicaceae［MD－213］特征纪要:习性:草本。花程式:K2－4,C2－4,A2－4,＝(G)2。其他特征参考科。全球 1 个大洲分布及种数(5－6)◆南美洲。

Englerodaphne Gilg 非洲瑞香属 Thymelaeaceae［MD－310］特征纪要:习性:木本。花程式:K4,C0,A2,＝(G)2－5。其他特征参考科。全球 1 个大洲分布及种数(3)◆非洲。

Englerodendron Harms 恩格勒豆属 Fabaceae1［MD－240］特征纪要:习性:木本。花程式:K3－5－∞,C3－5－∞,A3－5,＝↓G1－2。其他特征参考科。全球 1 个大洲分布及种数(1－4)◆非洲。

Englerophoenix Kuntze ＝ **Attalea**

Englerophytum K. Krause 蜜乳榄属 Sapotaceae［MD－357］特征纪要:习性:木本。花程式:K4－15,C0,A5,＝↓G2－4。其他特征参考科。全球 3 个大洲分布及种数(19－79)非洲:79; 亚洲:2; 南美洲:5。

Englerulaster <unassigned> 芳香草属 Asteliaceae［MM－635］特征纪要:－。全球 3 个大洲分布及种数(3)非洲:1; 亚洲:1; 南美洲:1。

Engomegoma Breteler 加蓬铁青树属 Olacaceae［MD－362］特征纪要:习性:木本。花程式:－。其他特征参考科。全球 1 个大洲分布及种数(1)◆非洲。

Enhalus Rich. 海菖蒲属 Hydrocharitaceae［MM－599］特征纪要:习性:草本。花程式:－。物候:－。花期:5 月。果期:参考晚于花期。海拔:2348 米。生境:沙滩上,淹没在沿海浅水区。资源:－。全球 6 个大洲分布及种数(2)非洲:1－2;亚洲:1－2;大洋洲:1－2;欧洲:1;北美洲:1;南美洲:1。【中国种数:1】。

Enicosanthellum Ban ＝ **Disepalum**

Enicosanthum Becc. 韦暗罗属 Annonaceae［MD－7］特征纪要:习性:－。花程式:－。其他特征参考科。全球 1 个大洲分布及种数(6－17)◆亚洲。

Enicostema Bl. 南美单蕊龙胆属 Gentianaceae［MD－496］特征纪要:习性:草本。花程式:Kn,C0,A10,＝↓G2。其他特征参考科。全球 6 个大洲分布及种数(5－13)非洲:8; 亚洲:6; 大洋洲:3; 欧洲:3; 北美洲:3; 南美洲:5。【中国种数:2】。

Enicostemma Steud. ＝ **Enicostema**

Enigmella G. A. M. Scott & K. G. Beckm. 大洋洲顶苞苔属 Acrobolbaceae［B－43］特征纪要:习性:－。【Rep】:黄色、淡绿色或暗绿色。其他特征参考科。全球 1 个大洲分布及种数(cf. 1)◆大洋洲。

Enkianthus Lour. 吊钟花属 Ericaceae［MD－380］特征纪要:习性:木本。花程式:(K－),C5,A5,G－。物候:－。花期:5－7 月。果期:参考晚于花期。海拔:1000－3900 米。生境:干燥山坡灌丛中。资源:园林,具栽培园艺种类。全球 4 个大洲分布及种数(19－80)亚洲:65; 大洋洲:2; 欧洲:7; 北美洲:7。【中国种数:11】。

Enkleia Griff. 翼薇香属 Thymelaeaceae［MD－310］特征纪要:习性:木本。花程式:K2－4,C0,A2,＝G2－5。物候:－。海拔:100－5000 米。生境:长条裂,高达 3 毫米,竹林中。资源:－。全球 3 个大洲分布及种数(3－10)非洲:3; 亚洲:9; 大洋洲:3。【中国种数:2】。

Enkylia Griff. ＝ **Gynostemma**

Ennealophus N. E. Br. 锥鸢花属 Iridaceae［MM－700］特征纪要:习性:草本。花程式:(K)3,C3,A10,＝↓G3。其他特征参考科。全球 3 个大洲分布及种数(8－13)非洲:2; 大洋洲:2; 南美洲:13。

Enneapogon Desv. ex P. Beauv. 九顶草属 Poaceae［MM－748］特征纪要:习性:草本(基生)。花程式:－。物候:－。海拔:1000－1900 米。生境:干燥山坡,荒山坡,干燥的石质或沙质土壤。资源:具园艺种类。全球 6 个大洲分布及种数(24－30;hort. 1;cult. 1)非洲:11－15;亚洲:9－14;大洋洲:13－23;欧洲:2－6;北美洲:4－8;南美洲:3－7。【中国种数:4】。

Enodium Gaudin ＝ **Molinia**

Enomegra A. Nelson ＝ **Argemone**

Enothrea Raf. ＝ **Octomeria**

Enriquebeltrania Rzed. 齿柑桐属 Euphorbiaceae［MD－217］特征纪要:习性:木本。花程式:K1(1000),C0,A6,＝G2－3。其他特征参考科。全球 3 个大洲分布及种数(2－6)亚洲:2; 北美洲:6; 南美洲:4。

Ensete Bruce ex Horan. 象腿蕉属 Musaceae［MM－727］特征纪要:习性:草本(多肉)。花程式:－。物候:－。海拔:800－1100 米。生境:缓坡地带,植物园栽培。资源:药用,猪饲料,具栽培园艺种类。全球 6 个大洲分布及种数(9－10;hort. 1)非洲:6－7;亚洲:4－5;大洋洲:2－3;欧洲:1;北美洲:1－2;南美洲:1。【中国种数:3】。

Enskide Raf. ＝ **Utricularia**

Ensolenanthe Schott ＝ **Alocasia**

Entada Adans. 榼藤属 Fabaceae1［MD－238］特征纪要:习性:木质攀援。花程式:Kn,C3－5－∞,A10,＝↓G－。

物候:-。花期:8-11月。果期:参考晚于花期。海拔:100-600米。生境:森林,山涧或山坡混交林中,攀援于大乔木上。资源:具园艺种类。全球6个大洲分布及种数(25-44;hort.1)非洲:17-28;亚洲:8-15;大洋洲:4;欧洲:1-3;北美洲:6;南美洲:6-8。【中国种数:7】。

Entadopsis Britton 榼藤属 Fabaceae3 [MD-240] 特征纪要:习性:-。花程式:-。其他特征参考科。全球2个大洲分布及种数(6)北美洲:1; 南美洲:1。

Entandrophragma C. DC. 天马楝属 Meliaceae [MD-414] 特征纪要:习性:木本。花程式:K3-5,C3-5,A6,=G1-2。其他特征参考科。全球2个大洲分布及种数(11-34)非洲:31; 北美洲:4。

Entelea R. Br. 浮标麻属 Malvaceae [MD-203] 特征纪要:习性:木本。花程式:-。其他特征参考科。全球4个大洲分布及种数(1-8)非洲:2; 大洋洲:3; 北美洲:2; 南美洲:5。

Enterographa <unassigned> 浮叶苔属 Riellaceae [B-5] 特征纪要:-。全球6个大洲分布及种数(30)非洲:2; 亚洲:3; 大洋洲:3; 欧洲:6; 北美洲:6; 南美洲:19。

Enterolobium Mart. 象耳豆属 Fabaceae2 [MD-240] 特征纪要:习性:木质攀援。花程式:Kn,C3-5-∞,A6,=↓G-。物候:-。花期:4-6月。果期:参考晚于花期。海拔:100-2500米。生境:山坡栽培。资源:园林,具栽培园艺种类。全球6个大洲分布及种数(14-18)非洲:2-3;亚洲:2-3;大洋洲:1-2;欧洲:1;北美洲:4-5;南美洲:13-16。【中国种数:2】。

Enteromorpha <unassigned> 象榆属 Ulmaceae [MD-83] 特征纪要:-。全球6个大洲分布及种数(81)非洲:51; 亚洲:24; 大洋洲:10; 欧洲:21; 北美洲:33; 南美洲:19。

Enteropogon Nees 肠须草属 Poaceae [MM-748] 特征纪要:习性:草本(基生)。花程式:(K-),C0参考科,A3参考科,=G2-3。物候:-。花期:参考早于果期。果期:8-12月。海拔:200-1000米。生境:旱田中路旁阴处,旷野草地或海边。资源:-。全球6个大洲分布及种数(16-20;hort.1)非洲:10-11;亚洲:8-11;大洋洲:7-8;欧洲:4;北美洲:9;南美洲:2。【中国种数:4】。

Enterosora Baker 肠囊蕨属 Polypodiaceae [F-60] 特征纪要:习性:-。【Rep】:孢子同形,囊群生叶背有盖-无盖。其他特征参考科。全球3个大洲分布及种数(14)非洲:3;北美洲:10;南美洲:8。

Enterospermum Hiern = **Coptosperma**

Enthomanthus Moç. & Sessé ex Ramirez = **Lopezia**

Entodon Müll. Hal. 绢藓属 Entodontaceae [B-195] 特征纪要:习性:-。【Rep】:雌雄同株,少数异枝,雄苞小,呈芽状,雄苞叶阔卵形,内凹,全缘或具微齿,上部边缘内卷,无中肋。物候:-。海拔:980米。生境:石生,岩面土生。资源:药用。全球6个大洲分布及种数(137)非洲:23;亚洲:66;大洋洲:9;欧洲:6;北美洲:34;南美洲:40。【中国种数:85】。

Entodontaceae Kindb. [B-195] 绢藓科 特征纪要:中生或旱生中小形植物,根状茎短而直立或斜升,少为横卧或细长横走(如金粉蕨属),叶簇生或罕为远生,有柄,光滑,罕被柔毛或鳞片,叶一型,罕有二型或近二型,二回羽状或三至四回羽状细裂,叶草质或坚纸质,下面绿色,或往往被白色或黄色腊质粉末。【Rep】:孢子囊群小,球形,沿叶缘着生于小脉顶端或顶部的一段,有盖(隐囊蕨属无盖)。全球5个大洲分布和属种数(13/59)亚洲:10/24;大洋洲:5/7;欧洲:3/3;北美洲:6/19;南美洲:5/13。【中国属种数:6/96(9)】。

Entodontella Broth. ex M. Fleisch. 喀麦隆灰藓属 Hypnaceae [B-189] 特征纪要:习性:-。【Rep】:雌雄异苞同株,内雌苞叶直立,卵状披针形,上部渐狭成长毛状,近于全缘,无中肋,黄绿色。其他特征参考科。全球1个大洲分布及种数(1)◆非洲。

Entodontopsis Broth. 拟绢藓属 Stereophyllaceae [B-172] 特征纪要:习性:-。物候:-。海拔:-。生境:常见于石灰岩或腐木。资源:-。全球6个大洲分布及种数(15)非洲:4;亚洲:7;大洋洲:1;欧洲:3;北美洲:6;南美洲:6。【中国种数:5】。

Entolasia Stapf 灌丛草属 Poaceae [MM-748] 特征纪要:习性:草本。花程式:(K)3,C0参考科,A1-2,=(G)2-3。其他特征参考科。全球6个大洲分布及种数(5-7)非洲:4-5;亚洲:1;大洋洲:2-5;欧洲:2-3;北美洲:4-5;南美洲:1。

Entomophobia de Vogel 石仙桃属 Orchidaceae [MM-723] 特征纪要:习性:-。花程式:-。其他特征参考科。全球1个大洲分布及种数(1-2)◆亚洲。

Entoplocamia Stapf 假穗草属 Poaceae [MM-748] 特征纪要:习性:草本。花程式:(K)3,C0参考科,A1-2,↓G-参考科。其他特征参考科。全球1个大洲分布及种数(1)◆非洲。

Entosiphon Bedd. = **Atuna**

Entosthodon Schwägr 梨蒴藓属 Funariaceae [B-106] 特征纪要:习性:-。【Rep】:雌雄同株异苞,蒴柄细长,黄色,孢蒴直立,对称,呈倒梨形,多具明显的长台部,环带缺如,蒴齿缺如。生境:额尔古纳河畔土生。全球6个大洲分布及种数(91)非洲:30;亚洲:21;大洋洲:16;欧洲:18;北美洲:32;南美洲:30。【中国种数:4】。

Entosthymenium Brid. 丛藓科属 Pottiaceae [B-133] 特征纪要:-。全球1个大洲分布及种数(-)。

Enydra Lour. 沼菊属 Asteraceae [MD-586] 特征纪要:习性:草本(多肉)。花程式:-。物候:-。花期:1-4月。果期:参考晚于花期。海拔:6000米。生境:湿地或溪流边。资源:具园艺种类。全球5个大洲分布及种数(11-13)非洲:4;亚洲:2;大洋洲:1;北美洲:3;南美洲:10。【中国种数:2】。

Eobruchia W. R. Buck 拟小烛藓属 Bruchiaceae [B-120] 特征纪要:习性:-。物候:-。海拔:-。生境:土生。资源:-。全球1个大洲分布及种数(2)◆南美洲:2。

Eocalypogeia (R. M. Schust.) R. M. Schust. 北美护蒴苔属 Calypogeiaceae [B-44] 特征纪要:习性:-。【Rep】:雌雄异株,雄苞小,由腹叶叶腋伸出,具4-8,对雄苞叶,精子器单生,蒴囊黄褐色,长椭圆形。其他特征参考科。

E

全球 2 个大洲分布及种数(4)亚洲:2; 北美洲:1。

Eohypopterygiopsis J. – P. Frahm 孔雀藓科属 Hypopterygiaceae [B – 160] 特征纪要: – 。全球 1 个大洲分布及种数(–)。

Eoisotachis R. M. Schust. 护袋苔属 Balantiopsaceae [B – 37] 特征纪要:习性: – 。【Rep】:先端 2 – 4 裂。其他特征参考科。全球 1 个大洲分布及种数(1)◆非洲。

Eoleucodon H. A. Mill. & H. Whittier 太平洋白齿藓属 Leucodontaceae [B – 198] 特征纪要:习性: – 。【Rep】:雌雄异苞同株,雌苞叶卵形,有短尖,上部边缘有齿突,无中肋,蒴柄细长,下部呈棕褐色。其他特征参考科。全球 1 个大洲分布及种数(1)◆大洋洲。

Eomecon Hance 血水草属 Papaveraceae [MD – 54] 特征纪要:习性:草本(基生,多肉)。花程式: – 。物候: – 。花期:3 – 6 月。果期:参考晚于花期。海拔:1400 – 1800 米。生境:林下,灌丛下或溪边,路旁,山地。资源:药用,具栽培园艺种类。全球 3 个大洲分布及种数(1 – 3)亚洲:3; 大洋洲:2; 北美洲:3。【中国种数:1】。

Eopleurozia <unassigned> 紫叶苔科属 Pleuroziaceae [B – 85] 特征纪要:习性: – 。【Rep】:灰绿色至紫红色。物候: – 。海拔: – 。生境:常见于热带林地腐木或岩石。全球 1 个大洲分布及种数(–)。【中国种数:1】。

Eopolytrichum Konopka, Herend., G. L. Merr. & P. Crane 金发藓科属 Polytrichaceae [B – 101] 特征纪要: – 。分布: – 。

Eopyrenula <unassigned> 始芽藓属 Sorapillaceae [B – 212] 特征纪要: – 。全球 1 个大洲分布及种数(–)。

Eosanthe Urb. 晓花茜属 Rubiaceae [MD – 523] 特征纪要:习性:木本。花程式:Kn,C4 – 5 参考科,A4 – 5, = ↓ (G)2 – 9。其他特征参考科。全球 1 个大洲分布及种数(1)◆北美洲。

Eosphagnum A. J. Shaw 微囊藓属 Sphagnaceae [B – 97] 特征纪要: – 。全球 1 个大洲分布及种数(2)◆南美洲:2。

Eotrichocolea R. M. Schust. 新西兰绒苔属 Trichocoleaceae [B – 62] 特征纪要:习性: – 。【Rep】:雌雄异株,雌苞生于茎或分枝顶端,颈卵器受精后由茎端膨大形成短柱形的茎鞘,孢蒴长卵圆形,蒴壁由 6 – 8 层。其他特征参考科。全球 2 个大洲分布及种数(4)亚洲:3; 大洋洲:3。

Epacridaceae R. Br. [MD – 391] 尖苞树科 特征纪要:习性:木本;落叶。花程式:(K)6,C5,A,G – 。物候: – 。花期:9 月。果实: – 。种子: – 。海拔:2900 – 3200 米。生境:针叶林(冷杉)和竹丛(箭竹)。资源: – 。栽培: – 。全球 3 个大洲分布及属种数(14 – 16/23 – 55 hort. 1;cult. 1) 非洲:1/1; 亚洲:1; 大洋洲:12/36 – 137。

Epacris J. R. Forst. & G. Forst. 澳石南属 Epacridaceae [MD – 391] 特征纪要和分布(–)。全球 1 个大洲分布及种数(17 – 97)◆大洋洲。【中国种数:1】。

Epallage DC. = **Anisopappus**

Epaltes Cass. 球菊属 Asteraceae [MD – 586] 特征纪要:草本。花程式:(K)3 – 5,C3 – 5,A3 参考科, = ↓ (G)2。花期:5 – 11 月。果期:参考晚于花期。海拔:100 米。生境:旱田中或旷野沙地上。资源:具园艺种类。全球 6 个大洲分布及种数(7 – 37)非洲:8; 亚洲:9; 大洋洲:8; 欧洲:5; 北美洲:5; 南美洲:12。【中国种数:1】。

Eparmatostigma Garay = **Vanda**

Eperua Aubl. 镰荚豆属 Fabaceae1 [MD – 238] 特征纪要:习性:木本。花程式:K3 – 5 – ∞,C3 – 5 – ∞,A3 – 5, = ↓ G1 – 2。其他特征参考科。全球 3 个大洲分布及种数(22 – 36)亚洲:5; 北美洲:4; 南美洲:34。【中国种数:1】。

Ephebeia <unassigned> 镰李属 Chrysobalanaceae [MD – 243] 特征纪要: – 。全球 2 个大洲分布及种数(5)欧洲:5; 南美洲:1。

Ephedra Tourn. ex L. 麻黄属 Ephedraceae [G – 7] 特征纪要(同科)。全球 6 个大洲分布及种数(55 – 81;hort. 1;cult. 10)非洲:10 – 23;亚洲:34 – 56;大洋洲:1 – 9;欧洲:10 – 19;北美洲:30 – 39;南美洲:15 – 23。【中国种数:30】。

Ephedraceae Dum. [G – 7] 麻黄科 特征纪要:小片状丛生,上部绿色至黄绿色,下部褐色。【Rep】:下部褐色。全球 5 个大洲属种分布(2/56 – 82 <IFR 1/13> hort. 1;cult. 1) 非洲:2/12 – 17(IFR 1/4); 亚洲:2/35 – 49(IFR 1/6); 欧洲:2/12 – 13(IFR 1/4); 北美洲:2/32 – 33(IFR 1/3); 南美洲:2/17。【中国属种数:1/30】。

Ephedranthus S. Moore 长梗辕木属 Annonaceae [MD – 7] 特征纪要:习性:木本。花程式:K3 – ∞,C3,A2, = G10 – 100。其他特征参考科。全球 1 个大洲分布及种数(9)◆南美洲。

Ephedrides G. L. Nesom 菊科属 Asteraceae [MD – 586] 特征纪要:习性: – 。花程式: – 。其他特征参考科。全球 1 个大洲分布及种数(1)◆大洋洲:1。

Ephemeraceae Schimp. [B – 135] 夭命藓科 特征纪要:中形至粗壮,绿色或黄绿色,具光泽,片状扁平生长。【Rep】:雌雄同株,少数异枝,雄苞小,呈芽状,雄苞叶阔卵形,内凹,全缘或具微齿,上部边缘内卷,无中肋。全球 4 个大洲分布和属种数(1/4)亚洲:1/3;大洋洲:1/2;北美洲:1/1;南美洲:1/2。【中国属种数:1/3】。

Ephemerella Müll. Hal. 夭命藓属 Ephemeraceae [B – 135] 特征纪要: – 。全球 1 个大洲分布及种数(–)。

Ephemerellaceae Schimp. = Ephemeraceae

Ephemeridium Kindb. 夭命藓属 Ephemeraceae [B – 135] 特征纪要: – 。全球 1 个大洲分布及种数(–)。

Ephemeropsis K. I. Göbel 夭油藓属 Hookeriaceae [B – 164] 特征纪要:习性: – 。【Rep】:雌苞叶小,蒴柄侧生,密被刺状毛,孢蒴小,平展或下垂,卵形,具长台部,蒴齿两层,外齿层齿片,雌雄异株,内雌苞叶下部鞘状,孢蒴卵圆形,蒴齿两层,外齿层齿片披针形,具不明显的回折中脊,透明。物候: – 。海拔: – 。生境:常见于河边石坝上。资源: – 。全球 2 个大洲分布及种数(5)亚洲:4; 大洋洲:2。

Ephemerum Hampe 夭命藓属 Pottiaceae [B – 133] 特征纪要:习性: – 。其他特征参考科。全球 6 个大洲分布及种数(34)非洲:10;亚洲:6;大洋洲:9;欧洲:12;北美洲:8;南美洲:11。【中国种数:3】。

Ephielis Schreb. = **Matayba**

Ephippiandra Decne. 非洲桂属 Monimiaceae [MD – 20] 特征纪要:习性:木本。花程式:K1 – ∞,C0,A10 – 150,G1

-3。其他特征参考科。全球 1 个大洲分布及种数(7)◆非洲。

Ephippianthus Rchb. f. 羊耳蒜属 Orchidaceae [MM-723] 特征纪要:草本。花程式:(K)3,C3,A3,↓G-。其他特征参考科。全球 1 个大洲分布及种数(3)◆亚洲。

Ephippiocarpa Markgr. 丽唇夹竹桃属 Apocynaceae [MD-492] 特征纪要:习性:木本。花程式:Kn,C0,A15,↓G。其他特征参考科。全球 1 个大洲分布及种数(2)◆非洲。

Ephippiorhynchium Nees = **Rhynchospora**

Epiamomum A. D. Poulsen & Škorničk. 姜科属 Zingiberaceae [MM-737] 特征纪要:习性:木本。花程式:-。其他特征参考科。全球 1 个大洲分布及种数(6)◆亚洲:6。

Epiblastus Schltr. 上枝兰属 Orchidaceae [MM-723] 特征纪要:习性:草本。花程式:(K)3,C3,A3,=↓(G)3。其他特征参考科。全球 4 个大洲分布及种数(4-26;hort. 1)非洲:2-18;亚洲:9;大洋洲:19;欧洲:1。【中国种数:1】。

Epiblema R. Br. 摇篮兰属 Orchidaceae [MM-723] 特征纪要:习性:草本。花程式:(K)3,C3,A3,=↓(G)3。其他特征参考科。全球 3 个大洲分布及种数(2-5)亚洲:2; 大洋洲:5; 南美洲:2。

Epichrocantha Eckl. & Zeyh. ex Tiegh. = **Gnidia**

Epicladonia <unassigned> 摇囊藓属 Sorapillaceae [B-212] 特征纪要:-。全球 1 个大洲分布及种数(-)。

Epiclastopelma Lindau 并蒂马蓝属 Acanthaceae [MD-572] 特征纪要:习性:-。花程式:-。其他特征参考科。全球 1 个大洲分布及种数(cf. 1)◆非洲。

Epicoccum <unassigned> 摩洛哥柳叶菜属 Onagraceae [MD-396] 特征纪要:-。全球 3 个大洲分布及种数(9)非洲:9; 亚洲:1; 南美洲:8。

Epicranthes Blume = **Bulbophyllum**

Epicycas de Laub. = **Cycas**

Epidanthus L. O. Williams = **Epidendrum**

Epidendron L. = **Epidendrum**

Epidendrum L. 树兰属 Orchidaceae [MM-723] 特征纪要:习性:草本。花程式:(K)3,C3,A3,=↓(G)3。物候:-。海拔:-。生境:-。资源:具栽培园艺种类。全球 6 个大洲分布及种数(1852-3188)非洲:117; 亚洲:342; 大洋洲:126; 欧洲:1036; 北美洲:1036; 南美洲:2355。【中国种数:73】。

Epidorchis Kuntze = **Mystacidium**

Epidryos Maguire 树蔺花属 Rapateaceae [MM-713] 特征纪要:习性:草本。花程式:(K)3,C0 参考科,A6,=G3。其他特征参考科。全球 2 个大洲分布及种数(5)北美洲:1;南美洲:4。

Epifagus Nutt. 青冈寄生属 Orobanchaceae [MD-552] 特征纪要:习性:草本。花程式:K5,C0,A2-4,=↓G2-3。其他特征参考科。全球 3 个大洲分布及种数(1-9)亚洲:2; 北美洲:7; 南美洲:6。【中国种数:1】。

Epigaea L. 岩梨属 Ericaceae [MD-380] 特征纪要:习性:木本。花程式:(K)5-8,(C)5-8,A10,=G2-4。物候:-。海拔:100-5000 米。生境:暗针叶林下,性喜阴湿,竹子红桦林。资源:-。全球 5 个大洲分布及种数(3-20)非洲:3; 亚洲:16; 欧洲:5; 北美洲:5; 南美洲:3。【中国种数:1】。

Epigenia Vell. = **Styrax**

Epigynium Klotzsch = **Vaccinium**

Epigynum Wight 思茅藤属 Apocynaceae [MD-492] 特征纪要:习性:木质攀援。花程式:(K-),C5,A5,↓G-。物候:-。花期:4-7 月。果期:参考晚于花期。海拔:700-1300 米。生境:山地森林,依附于树木,山地杂林中,攀援树上。资源:药用。全球 4 个大洲分布及种数(5-33)亚洲:22; 大洋洲:2; 北美洲:2; 南美洲:13。【中国种数:4】。

Epilasia (Bunge) Benth. & Hook. f. 鼠毛菊属 Asteraceae [MD-586] 特征纪要:习性:草本(基生)。花程式:(K)3-5,C3-5,A3 参考科,=↓(G)2。物候:-。花期:5-6 月。果期:参考晚于花期。海拔:500-1000 米。生境:沙丘背风坡,粘土及石质地。资源:具栽培园艺种类。全球 2 个大洲分布及种数(3-10)非洲:2; 亚洲:7。【中国种数:3】。

Epilichen <unassigned> 顶刺苞藓科属 Rhacocarpaceae [B-139] 特征纪要:-。全球 1 个大洲分布及种数(-)。

Epilobium Dill. ex L. 柳叶菜属 Onagraceae [MD-396] 特征纪要:习性:草质攀援。花程式:-。物候:-。花期:6-9 月。果期:参考晚于花期。海拔:1100-3500 米。生境:草坡,河谷,溪流河床沙地,石砾地,沟边,灌丛,荒坡。资源:药用,具栽培园艺种类。全球 6 个大洲分布及种数(197-411;hort. 1;cult. 100)非洲:29-94;亚洲:101-185;大洋洲:40-140;欧洲:87-165;北美洲:86-151;南美洲:42-109。【中国种数:68】。

Epilyna Schltr. 厄花兰属 Orchidaceae [MM-723] 特征纪要:习性:-。花程式:-。其他特征参考科。全球 2 个大洲分布及种数(6)北美洲:4; 南美洲:6。

Epimedium Tourn. ex L. 淫羊藿属 Berberidaceae [MD-45] 特征纪要:习性:草本(根状茎,基生,多肉)。花程式:-。物候:-。花期:4-5 月。果期:参考晚于花期。海拔:200-1800 米。生境:灌木丛,溪边,岩石裂缝。资源:药用,具栽培园艺种类。全球 6 个大洲分布及种数(71-162)非洲:2; 亚洲:126; 大洋洲:4; 欧洲:40; 北美洲:40; 南美洲:2。【中国种数:50】。

Epipactis Zinn 火烧兰属 Orchidaceae [MM-723] 特征纪要和分布(-)。全球 6 个大洲分布及种数(88-115;hort. 1;cult. 37)非洲:11-37;亚洲:75-116;大洋洲:10-37;欧洲:58-97;北美洲:16-42;南美洲:26。【中国种数:19】。

Epiphyllum Pfeiff. 昙花属 Cactaceae [MD-100] 特征纪要和分布(-)。全球 1 个大洲分布及种数(16-29)◆北

E

美洲(◆美国)。【中国种数:1】。

Epiphystis Trin. = **Cyperus**

Epipogium Borkh. 虎舌兰属 Orchidaceae [MM - 723] 特征纪要:习性:草本(根状茎,腐生,多肉)。花程式:Kn,C2 - 3 参考科,A3 参考科,↓G -。物候:-。花期:8 - 9 月。果期:参考晚于花期。海拔:1200 - 3600 米。生境:冷杉林下偶见,针叶林。资源:具栽培园艺种类。全球 6 个大洲分布及种数(7 - 9)非洲:3 - 5;亚洲:6 - 9;大洋洲:3 - 4;欧洲:1 - 2;北美洲:1;南美洲:1。【中国种数:3】。

Epipremnopsis Engl. = **Amydrium**

Epipremnum Schott 麒麟叶属 Araceae [MM - 639] 特征纪要:习性:木本。花程式:-。物候:-。花期:4 - 7 月。果期:参考晚于花期。海拔:2000 米。生境:大树上或岩壁上,热带雨林,山林,岩石或石墙。资源:观赏,具栽培园艺种类。全球 6 个大洲分布及种数(9 - 17)非洲:3 - 7;亚洲:8 - 14;大洋洲:3 - 9;欧洲:2;北美洲:3 - 5;南美洲:1 - 2。【中国种数:3】。

Epiprinus Griff. 苞轮桐属 Euphorbiaceae [MD - 217] 特征纪要:习性:木本。花程式:-。物候:-。花期:1 - 6 月。果期:参考晚于花期。海拔:100 - 1000 米。生境:河边或山地常绿林中。资源:具园艺种类。全球 2 个大洲分布及种数(6 - 22)亚洲:12; 南美洲:10。【中国种数:2】。

Epipterygium Lindb. 小叶藓属 Bryaceae [B - 146] 特征纪要:习性:-。【Rep】:雌雄异株,孢蒴倾立或垂倾,卵球形,具短而粗的台部,环带宽,不常存,内齿层具高基膜,具穿孔,齿毛具小节。物候:-。海拔:-。生境:常见于林地边或岩面薄土。资源:-。全球 6 个大洲分布及种数(15)非洲:3;亚洲:3;大洋洲:3;欧洲:2;北美洲:5;南美洲:6。【中国种数:1】。

Epirhizanthes Benth. & Hook. f. = **Epirixanthes**

Epirixanthes Bl. 鳞叶草属 Polygalaceae [MD - 291] 特征纪要:习性:木本。花程式:-。物候:-。海拔:600 - 1100 米。生境:森林,竹林。资源:-。全球 4 个大洲分布及种数(7 - 12)非洲:3; 亚洲:8; 大洋洲:2; 南美洲:4。【中国种数:1】。

Epirizanthes Baill. = **Epirixanthes**

Epischoenus C. B. Clarke 长序莎属 Cyperaceae [MM - 747] 特征纪要:习性:-。花程式:-。其他特征参考科。全球 1 个大洲分布及种数(cf. 1)◆非洲。

Episcia Mart. 喜荫花属 Gesneriaceae [MD - 549] 特征纪要:习性:草本。花程式:K5,C0,A4,= ↓ G2。其他特征参考科。全球 6 个大洲分布及种数(12 - 22)非洲:2 - 13;亚洲:2 - 14;大洋洲:2 - 13;欧洲:11;北美洲:7 - 19;南美洲:8 - 24。【中国种数:1】。

Epistemma D. V. Field & J. B. Hall 显冠萝藦属 Apocynaceae [MD - 492] 特征纪要:习性:木本。花程式:K5,C0,A5,= (G)2。其他特征参考科。全球 3 个大洲分布及种数(4 - 10)非洲:10; 亚洲:2; 南美洲:4。

Epistephium Kunth 美蕉兰属 Orchidaceae [MM - 723] 特征纪要:习性:草本。花程式:(K)3,C3,A3,= ↓ (G)3。其他特征参考科。全球 2 个大洲分布及种数(27 - 33)北美洲:4;南美洲:26 - 32。

Epistylium Sw. = **Phyllanthus**

Epithelantha F. A. C. Weber ex Britton & Rose 清影球属 Cactaceae [MD - 100] 特征纪要:习性:木本。花程式:K1 - ∞,C1 - ∞,A3 - 100,= ↓ G -。其他特征参考科。全球 2 个大洲分布及种数(10 - 18)北美洲:13; 南美洲:3。【中国种数:1】。

Epithema Bl. 盾座苣苔属 Gesneriaceae [MD - 549] 特征纪要:习性:草本(多肉)。花程式:-。物候:-。花期:6 - 9 月。果期:参考晚于花期。海拔:200 - 500 米。生境:生于山谷阴处石上或山洞中。资源:具园艺种类。全球 6 个大洲分布及种数(20 - 63)非洲:6; 亚洲:39; 大洋洲:3; 欧洲:6; 北美洲:6; 南美洲:13。【中国种数:3】。

Epithinia Jack = **Scyphiphora**

Epitrachys (DC. ex Duby) K. Koch = **Cirsium**

Epitriche Turcz. 无冠鼠麹草属 Asteraceae [MD - 586] 特征纪要:习性:草本。花程式:(K)3 - 5,C3 - 5,A3 - 5,= ↓ (G)2。其他特征参考科。全球 1 个大洲分布及种数(2)◆大洋洲(◆澳大利亚)。

Epixiphium Munz 堇桐花属 Plantaginaceae [MD - 527] 特征纪要:习性:草本。花程式:K2 - 4,C0,A2 - 4,↓ G2。其他特征参考科。全球 1 个大洲分布及种数(1)◆北美洲。

Epleienda Raf. = **Eugenia**

Eplingiella Harley & J. F. B. Pastore 独香薷属 Lamiaceae [MD - 575] 特征纪要:习性:草本。花程式:K2,C0,A2,= ↓ G2。其他特征参考科。全球 1 个大洲分布及种数(3)◆南美洲(◆巴西)。

Epurga Fourr. = **Euphorbia**

Equilabium Mwany., A. J. Paton & Culham 木香薷属 Lamiaceae [MD - 575] 特征纪要:习性:草本。花程式:Kn, C0,A3 参考科,↓G。物候:-。海拔:5400 米。生境:石林内荫处。资源:-。全球 3 个大洲分布及种数(45 - 48)非洲:46; 亚洲:2; 北美洲:1。

Equisetaceae Michx. ex DC. [F - 8] 木贼科 特征纪要:草本,小形土生藓类,黄绿色,疏松丛生。【Rep】:雌雄同株或异株,雌苞叶与茎叶同形,略大,蒴柄细长,直立,孢蒴长卵形或长圆柱形,直立,对称或弓形弯曲。全球 6 个大洲分布和属种数(1;hort. & cult. 1)(34 - 100;hort. & cult. 13 - 19)非洲:1/13 - 29;亚洲:1/23 - 44;大洋洲:1/12 - 28;欧洲:1/20 - 36;北美洲:1/26 - 45;南美洲:1/14 - 30。【中国属种数:1/16】。

Equisetum L. 木贼属 Equisetaceae [F - 8] 特征纪要:习性:-。【Rep】:孢子囊穗顶生,圆柱形或椭圆形,有的具长柄。物候:-。海拔:100 - 3000 米。生境:沟边,着生在阴湿处。资源:具园艺种类。全球 6 个大洲分布及种数(35 - 56;hort. 1;cult. 33)非洲:13 - 29;亚洲:23 - 44;大洋洲:12 - 28;欧洲:20 - 36;北美洲:26 - 45;南美洲:

E

14 – 30。【中国种数:16】。

Eragrostideae Stapf 非洲画眉草属 Poaceae［MM – 748］特征纪要:–。全球 5 个大洲分布及种数(15)非洲:14; 亚洲:8; 欧洲:2; 北美洲:2; 南美洲:2。

Eragrostiella Bor 细画眉草属 Poaceae［MM – 748］特征纪要:习性:草本(基生)。花程式:(K –),C0 参考科,A3 参考科,=(G)2 – 3。物候:–。花期:参考早于果期。果期:秋冬季。海拔:1400 – 2000 米。生境:山坡,路旁,亚热带干草原,砂质地。资源:–。全球 3 个大洲分布及种数(7;hort. 1)非洲:2;亚洲:6;大洋洲:1。【中国种数:2】。

Eragrostis Wolf 画眉草属 Poaceae［MM – 748］特征纪要:习性:草本。花程式:(K –),C0 参考科,A6,= G2 – 3。物候:–。海拔:500 – 1000 米。生境:沼泽。资源:药用,具栽培园艺种类。全球 6 个大洲分布及种数(366 – 492;hort. 1;cult. 20)非洲:197 – 341;亚洲:348 – 508;大洋洲:104 – 163;欧洲:75 – 131;北美洲:131 – 185;南美洲:113 – 171。【中国种数:69】。

Eranthemum L. 喜花草属 Acanthaceae［MD – 572］特征纪要:习性:–。花程式:–。物候:–。花期:12 月至次年 3 月。果期:参考晚于花期。海拔:100 – 700 米。生境:森林。资源:具栽培园艺种类。全球 6 个大洲分布及种数(23 – 190)非洲:29; 亚洲:112; 大洋洲:12; 欧洲:16; 北美洲:16; 南美洲:35。【中国种数:8】。

Eranthis Salisb. 菟葵属 Ranunculaceae［MD – 38］特征纪要:习性:草本(根状茎,基生)。花期:3 月。果期:参考晚于花期。海拔:1700 – 2100 米。生境:草坡,森林边缘。资源:具栽培园艺种类。全球 3 个大洲分布及种数(7 – 12;hort. 1;cult. 2)亚洲:6 – 10;欧洲:1;北美洲:1 – 2。【中国种数:5】。

Erasanthe P. J. Cribb, Hermans & D. L. Roberts 气花兰属 Orchidaceae［MM – 723］特征纪要:习性:草本。花程式:(K)3,C3,A3,↓G –。其他特征参考科。全球 1 个大洲分布及种数(1)◆非洲。

Erato DC. 绿背黑药菊属 Asteraceae［MD – 586］特征纪要:习性:草本。花程式:(K)3 – 5,C3 – 5,A3 – 5,=↓(G)2。其他特征参考科。全球 2 个大洲分布及种数(5 – 16)北美洲:4; 南美洲:14。

E

Erblichia Seem. 火蝶花属 Passifloraceae［MD – 151］特征纪要:习性:木本。花程式:K5,C5,A5,=↓G3。其他特征参考科。全球 4 个大洲分布及种数(1 – 14)非洲:5; 亚洲:2; 北美洲:2; 南美洲:5。

Ercilla A. Juss. 七索藤属 Phytolaccaceae［MD – 125］特征纪要:习性:草本。资源:具园艺种类。全球 2 个大洲分布及种数(2 – 13)非洲:3; 南美洲:11。

Erdisia Britton & Rose 潜龙柱属 Cactaceae［MD – 100］特征纪要:习性:–。其他特征参考科。全球 1 个大洲分布及种数(cf. 1)◆南美洲。

Erechtites Raf. 菊芹属 Asteraceae［MD – 586］特征纪要:习性:草本。花程式:(K)3 – 5,C3 – 5,A3 – 5,=↓G2。物候:–。花期:6 – 10 月。果期:参考晚于花期。海拔:1000 – 1400 米。生境:牧场。栽培:来自广西龙州。资源:食用,具栽培园艺种类。全球 6 个大洲分布及种数(28 – 38;hort. 1;cult. 3)非洲:4 – 13;亚洲:5 – 15;大洋洲:21 – 30;欧洲:4 – 13;北美洲:9 – 19;南美洲:12 – 21。【中国种数:2】。

Ereicoctis (DC.) Kuntze 茜草科属 Rubiaceae［MD – 523］特征纪要:习性:–。花程式:–。其他特征参考科。全球 2 个大洲分布及种数(2)北美洲:1; 南美洲:1。

Eremaea Lindl. 火刷树属 Myrtaceae［MD – 347］特征纪要:习性:–。花程式:–。其他特征参考科。全球 1 个大洲分布及种数(2 – 15)◆大洋洲(◆澳大利亚)。

Eremalche Greene 沙葵属 Malvaceae［MD – 203］特征纪要:习性:木本。花程式:K5 – ∞,C5 – ∞,A10 – 8,G –。其他特征参考科。全球 3 个大洲分布及种数(4 – 11)亚洲:2; 北美洲:8; 南美洲:3。【中国种数:1】。

Eremanthus Less. 巴西菊属 Asteraceae［MD – 586］特征纪要:习性:草本。花程式:(K)3 – 5,(C)3 – 5,A3 – 5,=↓G2。其他特征参考科。全球 4 个大洲分布及种数(25 – 78)非洲:2; 欧洲:2; 北美洲:2; 南美洲:73。

Eremia D. Don 单籽石南属 Ericaceae［MD – 380］特征纪要:习性:–。花程式:–。其他特征参考科。全球 3 个大洲分布及种数(58)非洲:33; 亚洲:21; 南美洲:6。

Eremiolirion J. C. Manning & F. Forest 沙堇莲属 Tecophilaeaceae［MM – 686］特征纪要:习性:草本。花程式:–。其他特征参考科。全球 1 个大洲分布及种数(1)◆非洲。

Eremitilla Yatsk. & J. L. Contr. 墨西哥列当属 Orobanchaceae［MD – 552］特征纪要:习性:草本。花程式:–。其他特征参考科。全球 1 个大洲分布及种数(1)◆北美洲(◆墨西哥)。

Eremitis Döll 地花竺属 Poaceae［MM – 748］特征纪要:习性:草本。花程式:(K)3,C0 参考科,A1 – 2,= G2 – 3。其他特征参考科。全球 1 个大洲分布及种数(5)◆南美洲。

Eremium Seberg & Linde – Laursen = **Leymus**

Eremobium Boiss. 沙生芥属 Brassicaceae［MD – 213］特征纪要:习性:草本。花程式:K2 – 4,C2 – 4,A2 – 4,= G2。其他特征参考科。全球 5 个大洲分布及种数(3 – 9)非洲:6; 亚洲:5; 欧洲:2; 北美洲:2; 南美洲:2。

Eremoblastus Botch. 旱花芥属 Brassicaceae［MD – 213］特征纪要:习性:草本。花程式:K4,C4,A3 参考科,↓G – 参考科。其他特征参考科。全球 1 个大洲分布及种数(1)◆亚洲。

Eremocarya Greene 隐花紫草属 Boraginaceae［MD – 517］特征纪要:习性:草本。花程式:Kn,C0,A5,↓G。其他特征参考科。全球 1 个大洲分布及种数(2) ◆北美洲。

Eremocaulon Soderstr. & Londoño 巴西簕竹属 Poaceae［MM – 748］特征纪要:习性:草本。花程式:(K)3,C0 参考科,A1 – 2,= G2 – 3。其他特征参考科。全球 2 个大洲分布及种数(5 – 9)非洲:2; 南美洲:9。

Eremocharis Phil. 荒野草属 Apiaceae［MD – 480］特征纪要:习性:–。花程式:–。其他特征参考科。全球 1 个大洲分布及种数(9 – 10)◆南美洲。

Eremochlamys Peter = **Tricholaena**

Eremochloa Buse 蜈蚣草属 Poaceae［MM－748］特征纪要:习性:草本。花程式:－。物候:－。海拔:1000－1800米。生境:草坡,灌木丛。资源:药用,具栽培园艺种类。全球6个大洲分布及种数(14)非洲:3－5;亚洲:13－16;大洋洲:6－8;欧洲:2;北美洲:4－6;南美洲:2。【中国种数:9】。

Eremochloe S. Watson ＝ **Blepharidachne**

Eremocrinum M. E. Jones 沙吊兰属 Asparagaceae［MM－669］特征纪要:习性:草本。花程式:－。其他特征参考科。全球2个大洲分布及种数(1－4)亚洲:2; 北美洲:4。

Eremodaucus Bunge 沙萝卜属 Apiaceae［MD－480］特征纪要:习性:草本。花程式:K5,C5,A5,＝↓(G)2。其他特征参考科。全球1个大洲分布及种数(cf. 1)◆亚洲。

Eremodon Brid. 无壶藓属 Splachnaceae［B－143］特征纪要:习性:－。【Rep】:雌雄同株,或雌雄异株,蒴柄细长,左旋,孢蒴小,直立,卵状倒圆柱形,革质,红棕色,台部较壶部肥大,色泽,绿色或黄绿色。其他特征参考科。全球2个大洲分布及种数(2)欧洲:1;南美洲:1。

Eremodraba O. E. Schulz 旱葶苈属 Brassicaceae［MD－213］特征纪要:习性:－。花程式:－。其他特征参考科。全球1个大洲分布及种数(3)◆南美洲。

Eremogeton Standl. & L. O. Williams 变色虾脊兰属 Scrophulariaceae［MD－536］特征纪要:习性:草本。花程式:Kn,C0,A2,↓G2。其他特征参考科。全球2个大洲分布及种数(1－2)北美洲:2; 南美洲:1。

Eremogone Fenzl 老牛筋属 Caryophyllaceae［MD－77］特征纪要:习性:草本。花程式:－。物候:－。花期:7月。果期:参考晚于花期。海拔:80－6000米。生境:高山草甸,冰斗,在雪线以上,生岩石缝隙。资源:－。全球6个大洲分布及种数(85－104;hort. 1)非洲:2－3;亚洲:69－72;大洋洲:1;欧洲:7－8;北美洲:15－18;南美洲:1。【中国种数:9】。

Eremolaena Baill. 领杯花属 Sarcolaenaceae［MD－153］特征纪要:习性:木本。花程式:K5－10,C5－10,A5－10,G1－3。其他特征参考科。全球1个大洲分布及种数(3)◆非洲(◆马达加斯加)。

Eremolepidaceae Van Tiegh. ex Kuijt［MD－418］房底珠科 特征纪要:习性:木本;落叶。花程式:K3,C0,A3,↓(G)3－5。种子:种皮作不规则的矩圆形。全球2个大洲分布及属种数(2/5)◆南美洲:2/5。

Eremolepis Griseb. 穗寄生属 Eremolepidaceae［MD－418］特征纪要及分布(－)。

Eremolirion J. C. Manning & F. Forest 石蒜科属 Amaryllidaceae［MM－694］特征纪要和分布(－)。

Eremoluma Baill. ＝ **Pouteria**

Eremomastax Lindau 单口爵床属 Acanthaceae［MD－572］特征纪要:习性:草本。花程式:K2－4,C0,A2－4,＝G2。其他特征参考科。全球1个大洲分布及种数(1)◆非洲。

Eremonotus Lindb. & Kaal. ex Pearson 湿生苔属 Jungermanniaceae［B－38］特征纪要:习性:－。【Rep】:雌苞顶生,雌苞叶数对,内雌叶常相连,蒴萼常存,蒴壁2－3层细胞,弹丝2－4列螺纹加厚,灰色、褐色或紫色。生境:水石生。全球6个大洲分布及种数2个非洲:1;亚洲:1－2;大洋洲:1;欧洲:1－2;北美洲:1－2;南美洲:1。

Eremopanax Baill. ＝ **Polyscias**

Eremophea Paul G. Wilson 沙冰藜属 Amaranthaceae［MD－116］特征纪要:习性:草本。花程式:K3－5,C0,A3－5,G－。其他特征参考科。全球2个大洲分布及种数(2－4)大洋洲:2; 南美洲:1。

Eremophila R. Br. 喜沙木属 Myoporaceae［MD－566］特征纪要:习性:木本。花程式:－。其他特征参考科。全球6个大洲分布及种数(297－436)非洲:2; 亚洲:3; 大洋洲:364; 欧洲:6; 北美洲:6; 南美洲:11。

Eremophyton Bég. 非洲旱芥属 Brassicaceae［MD－213］特征纪要:习性:草本。花程式:K2－4,C2－4,A2－4,＝(G)2。其他特征参考科。全球1个大洲分布及种数(1)◆非洲。

Eremopoa Roshev. 旱禾属 Poaceae［MM－748］特征纪要:习性:－。花程式:－。物候:－。花期:4－5月。果期:参考晚于花期。海拔:1300－2000米。生境:湖边壤土上,生于山坡沟边草地。资源:－。全球6个大洲分布及种数(3－4)非洲:4;亚洲:2－6;大洋洲:4;欧洲:4;北美洲:4;南美洲:4。

Eremopodium Trevisan ＝ **Asplenium**

Eremopogon Stapf 双花草属 Poaceae［MM－748］特征纪要:草本,(基生),落叶; 花程式:(K)3,C(科)3,A1－2,G(－),房位(－)。果实:蒴果。种子:稃体分离易于脱落,与无柄者相似。全球2个大洲分布及种数(1)亚洲:1;大洋洲:1。

Eremopyrum (Ledeb.) Jaub. & Spach 旱麦草属 Poaceae［MM－748］特征纪要:习性:草本。花程式:(K－),C0参考科,A5,↓G－参考科。物候:－。花期:4－5月。果期:参考晚于花期。海拔:580－1600米。生境:草地或河床砾石滩上。资源:具栽培园艺种类。全球6个大洲分布及种数(4－40)非洲:14; 亚洲:21; 大洋洲:14; 欧洲:5; 北美洲:5; 南美洲:3。【中国种数:4】。

Eremosis Gleason ＝ **Vernonia**

Eremosparton Fisch. & C. A. Mey. 无叶豆属 Fabaceae3［MD－240］特征纪要:习性:木本。花程式:Kn,C2－3参考科,A5参考科,＝↓G－。物候:－。花期:5－6月。果期:参考晚于花期。海拔:7500米。生境:迁移或固定沙丘。资源:具园艺种类。全球1个大洲分布及种数(2－4)◆亚洲(◆中国)。【中国种数:3】。

Eremospatha Mann & H. Wendl. 单苞藤属 Arecaceae［MM－717］特征纪要:习性:木本。花程式:K3－10,C3－10,A3－10,＝G3－10。其他特征参考科。全球1个大洲分布及种数(6－11)◆非洲。

Eremosperma Chiov. ＝ **Hewittia**

Eremostachys Bunge 沙穗属 Lamiaceae［MD－575］特征纪要:习性:－。花程式:－。物候:－。花期:6月。果期:参考晚于花期。海拔:1800米。生境:生于砾质砂质戈壁干旱地。资源:－。全球4个大洲分布及种数(3－146)非洲:4; 亚洲:141; 欧洲:2; 北美洲:2。

Eremosynaceae Dandy [MD - 422] 寄奴花科 特征纪要:习性:草本;落叶。花程式:K5,C5,A5, = ↓(G)2。全球1个大洲分布及属种数(2/2 - 3)◆大洋洲:1/ 1。

Eremosyne Endl. 沙甘松属 Eremosynaceae [MD - 422] 特征纪要(同科)。全球1个大洲分布及种数(1)◆大洋洲(◆澳大利亚)。

Eremothamnus O. Hoffm. 橙菀属 Asteraceae [MD - 586] 特征纪要:习性:草本。花程式:(K)3 - 5,(C)3 - 5,A3 - 5,↓G。其他特征参考科。全球1个大洲分布及种数(1)◆非洲。

Eremothera (P. H. Raven) W. L. Wagner & Hoch 沙宵草属 Onagraceae [MD - 396] 特征纪要:习性:草本。花程式:K4,C4,A1 - 2, = ↓(G)4 - 7。其他特征参考科。全球4个大洲分布及种数(12 - 13)亚洲:2; 欧洲:13; 北美洲:13; 南美洲:2。【中国种数:1】。

Eremotropa Andres 沙晶兰属 Ericaceae [MD - 380] 特征纪要:习性:木本。花程式: - 。物候: - 。花期:参考早于果期。果期:11月。海拔:2200米。生境:柞树朽木上。资源: - 。全球1个大洲分布及种数(1)◆亚洲:1。【中国种数:1】。

Eremurus M. Bieb. 独尾草属 Xanthorrhoeaceae [MM - 701] 特征纪要:习性:草本(根状茎,基生,多肉)。花程式: - 。物候: - 。海拔:1300 - 2200米。生境:江边山林边见,沼泽地,阳光,砾石和岩石斜坡。资源:具栽培园艺种类。全球5个大洲分布及种数(65 - 149)非洲:4; 亚洲:129; 欧洲:10; 北美洲:10; 南美洲:6。【中国种数:9】。

Erepsia N. E. Br. 群蝶花属 Aizoaceae [MD - 94] 特征纪要:习性:灌木。花程式:K3 - 4,C3 - 4,A5 参考科, = ↓G1 - 2。其他特征参考科。全球5个大洲分布及种数(31 - 72)非洲:69; 亚洲:2; 欧洲:2; 北美洲:2; 南美洲:21。

Ergocarpon C. C. Towns. 刺梗芹属 Apiaceae [MD - 480] 特征纪要:习性:草本。花程式: - 。其他特征参考科。全球1个大洲分布及种数(2) ◆亚洲:1。

Eria Lindl. 毛兰属 Orchidaceae [MM - 723] 特征纪要:习性:木本。花程式:Kn,C2 - 3 参考科,A3 参考科,↓G - 。物候: - 。花期:3月。果期:参考晚于花期。海拔:1000 - 1700米。生境:常绿阔叶林下,附生于树干或岩石上。资源:具栽培园艺种类。全球6个大洲分布及种数(46 - 951)非洲:95; 亚洲:758; 大洋洲:155; 欧洲:16; 北美洲:16; 南美洲:88。【中国种数:8】。

Eriachaenium Sch. Bip. 败育菊属 Asteraceae [MD - 586] 特征纪要:习性:草本。花程式:(K)3 - 5,(C)3 - 5,A3 - 5, = ↓G2。其他特征参考科。全球1个大洲分布及种数(1)◆南美洲。

Eriachne R. Br. 鹧鸪草属 Poaceae [MM - 748] 特征纪要和分布(-)。全球6个大洲分布及种数(52;hort. 1;cult. 2)非洲:11 - 14;亚洲:13 - 16;大洋洲:50 - 53;欧洲:3;北美洲:6 - 9;南美洲:3。【中国种数:11】。

Eriadenia Miers = **Mandevilla**

Eriandra P. Royen & Steenis 强蕊远志属 Polygalaceae [MD - 291] 特征纪要:习性:木本。花程式: - 。其他特征参考科。全球4个大洲分布及种数(1 - 2)非洲:2; 亚洲:2; 大洋洲:2; 北美洲:1。

Eriandrostachys Baill. = **Macphersonia**

Erianthecium Parodi = **Chascolytrum**

Erianthemum Van Tiegh. 蛛花寄生属 Loranthaceae [MD - 415] 特征纪要:习性:木本。花程式:K5,C0,A4, = ↓(G)3 - 4。其他特征参考科。全球1个大洲分布及种数(12 - 18)◆非洲。

Erianthera Nees 异叶元宝草属 Lamiaceae [MD - 575] 特征纪要和分布(-)。

Erianthus Michx. 蔗茅属 Poaceae [MM - 748] 特征纪要:习性:草本。花程式: - 。物候: - 。海拔:1200 - 3000米。生境:山坡草地,中山灌丛间。资源:具栽培园艺种类。全球6个大洲分布及种数(4 - 9)非洲:12;亚洲:3 - 15;大洋洲:12;欧洲:12;北美洲:14;南美洲:12。

Eriastrum Wooton & Standl. 绵星花属 Polemoniaceae [MD - 481] 特征纪要:习性:草本。花程式:K5,C0,A5,↓G - 。其他特征参考科。全球5个大洲分布及种数(32 - 62)亚洲:3; 大洋洲:3; 欧洲:42; 北美洲:42; 南美洲:3。【中国种数:2】。

Eriaxis Rchb. f. 绒珊兰属 Orchidaceae [MM - 723] 特征纪要:习性:草本。花程式:K3,C3,A3, = ↓(G)3。其他特征参考科。全球1个大洲分布及种数(1)◆大洋洲(◆美拉尼西亚)。

Erica Tourn. ex L. 欧石南属 Ericaceae [MD - 380] 特征纪要:习性:木本。花程式:(K)5 - 8,(C)5 - 8,A10,(G)2 - 4。物候: - 。海拔:100 - 5000米。生境:暗针叶林下,性喜阴湿,竹子红桦林。资源:具栽培园艺种类。全球6个大洲分布及种数(852 - 1168;hort. 1;cult. 51)非洲:830 - 999;亚洲:71 - 94;大洋洲:40 - 60;欧洲:88 - 111;北美洲:19 - 38;南美洲:47 - 68。【中国种数:13】。

Ericaceae Juss. [MD - 380] 杜鹃花科 特征纪要:习性:木本;常绿,落叶。花程式:(K)6,C5,A10 - 4,↓(G)10 - 12。物候: - 。花期: 1 - 2月。果实:核果,蒴果。种子:小,着生于中轴之上部,子叶卵形。资源:园林。栽培:中国有栽培。全球6个大洲分布及属种数(153 - 165/4245 - 6214 <IFR 27/128 > hort. 1;cult. 42) 非洲:22/1143 - 1364(IFR 3/10); 亚洲:46 - 47/1452 - 1800(IFR 11/23); 大洋洲:34 - 36/393 - 1025(IFR 7/14); 欧洲:28/324 - 346(IFR 2/2); 北美洲:59 - 60/714 - 771(IFR 10/46); 南美洲:49/893 - 947(IFR 8/42)。【中国属种数:45/791】。

Ericameria Nutt. 金菀木属 Asteraceae [MD - 586] 特征纪要:习性:草本。花程式:(K)3 - 5,(C)3 - 5,A3 - 5, = ↓G2。其他特征参考科。全球6个大洲分布及种数(79 - 163)非洲:2; 亚洲:9; 大洋洲:2; 欧洲:94; 北美洲:94; 南美洲:3。【中国种数:7】。

Ericentrodea S. F. Blake & Sherff 坛果菊属 Asteraceae [MD - 586] 特征纪要:习性:草本。花程式:(K)3 - 5,C3 - 5,A3 - 5, = ↓(G)2。其他特征参考科。全球3个大洲分布及种数(6 - 8)大洋洲:1; 北美洲:3; 南美洲:8。

Erichsenia Hemsl. 澳钩豆属 Fabaceae3 [MD - 240] 特征纪要:习性:木本。花程式:Kn,C2 - 3 参考科,A5 - 9, =

↓G1。其他特征参考科。全球 1 个大洲分布及种数(1)◆大洋洲(◆澳大利亚)。

Ericinella Klotzsch = **Erica**

Ericksonella Hopper & A. P. Br. 糖馨兰属 Orchidaceae [MM – 723] 特征纪要:习性: – 。花程式: – 。其他特征参考科。全球 1 个大洲分布及种数(1)◆大洋洲(◆澳大利亚)。

Ericomyrtus Turcz. 岗松属 Myrtaceae [MD – 347] 特征纪要:习性: – 。花程式: – 。其他特征参考科。全球 2 个大洲分布及种数(4 – 5)大洋洲:4; 南美洲:1。

Erigenia Nutt. 报春芹属 Apiaceae [MD – 480] 特征纪要:习性:草本。花程式:K5,C5,A5, = ↓G(–)。其他特征参考科。全球 1 个大洲分布及种数(1 – 8)◆北美洲。

Erigerodes Kuntze = **Epaltes**

Erigeron L. 小蓬草属 Asteraceae [MD – 586] 特征纪要:习性:草质攀援。花程式:(K)3 – 5,C3 – 5,A3 参考科, = ↓(G)2。物候: – 。花期:6 – 9 月。果期:参考晚于花期。海拔:100 – 2500 米。生境:草坝。栽培:来自广西龙州。资源:药用,具栽培园艺种类。全球 6 个大洲分布及种数(508 – 816;hort. 1;cult. 64)非洲:28 – 157;亚洲:153 – 302;大洋洲:32 – 159;欧洲:77 – 206;北美洲:314 – 477;南美洲:135 – 283。【中国种数:83】。

Erinacea Tourn. ex Adans. 猬豆属 Fabaceae3 [MD – 240] 特征纪要:习性:木本。花程式:K1 – ∞ ,C1 – ∞ ,A5 – 9, = ↓G1。其他特征参考科。全球 4 个大洲分布及种数(2 – 9)非洲:4; 亚洲:4; 欧洲:2; 北美洲:2。

Erinacella (Rech. f.) Dostál = **Centaurea**

Eringium Neck. = **Eryngium**

Erinocarpus Nimmo ex J. Graham 野秋葵属 Malvaceae [MD – 203] 特征纪要:习性:木本。花程式:K1 – ∞ ,C1 – ∞ ,A10 – 8, = (G)2 – 100。其他特征参考科。全球 1 个大洲分布及种数(1 – 2)◆亚洲。

Erinosma Herb. = **Leucojum**

Erinus L. 狐地黄属 Scrophulariaceae [MD – 536] 特征纪要:习性:灌木。资源:具栽培园艺种类。全球 6 个大洲分布及种数(2 – 37)非洲:10; 亚洲:8; 大洋洲:3; 欧洲:4; 北美洲:4; 南美洲:15。【中国种数:1】。

E

Erioblastus Honda = **Avenella**

Eriobotrya Lindl. 枇杷属 Rosaceae [MD – 246] 特征纪要:习性: – 。花程式: – 。物候: – 。花期:参考早于果期。果期:4 – 6 月。海拔:1200 – 1800 米。生境:常绿阔叶林,杂木林中。资源:淀粉。全球 6 个大洲分布及种数(3 – 78)非洲:2; 亚洲:58; 大洋洲:2; 欧洲:9; 北美洲:9; 南美洲:6。

Eriocapitella Nakai = **Anemone**。【中国种数:2】。

Eriocarpha Cass. = **Montanoa**

Eriocaucanthus (Nied.) Chiov. 考卡花属 Malpighiaceae [MD – 343] 特征纪要:习性: – 。花程式: – 。其他特征参考科。全球 1 个大洲分布及种数(–)。

Eriocaulaceae Martinov [MM – 726] 谷精草科 特征纪要:习性:草本;落叶。花程式:K4 – 5,C5,A10,G3 – 1 室。物候: – 。花期和果期: 11 – 12 月。果实:蒴果。资源:药用。全球 6 个大洲分布及属种数(14 – 15/580 – 1557 < IFR 7/97 > hort. 1;cult. 7) 非洲:5/85 – 211(IFR 2/13); 亚洲:4/105 – 271(IFR 1/23); 大洋洲:3/28 – 86(IFR 1/6); 欧洲:3/9 – 11; 北美洲:5/64 – 82(IFR 3/6); 南美洲:12/395 – 485(IFR 7/64)。【中国属种数:4/79】。

Eriocaulon L. 谷精草属 Eriocaulaceae [MM – 726] 特征纪要:习性:草本(基生,水生,多肉)。花程式: – 。物候: – 。花期:11 – 12 月。果期:参考晚于花期。海拔:1000 米。生境:稻田开阔的边缘,沼泽附近。资源:具栽培园艺种类。全球 6 个大洲分布及种数(230 – 551;hort. 1;cult. 22)非洲:51 – 183;亚洲:100 – 296;大洋洲:25 – 109;欧洲:6 – 34;北美洲:37 – 78;南美洲:82 – 130。【中国种数:75】。

Eriocephala Backeb. = **Parodia**

Eriocephalus L. 野迷菊属 Asteraceae [MD – 586] 特征纪要:习性:草本。花程式:(K)3 – 5,(C)3 – 5,A3 – 5, = ↓G2。其他特征参考科。全球 5 个大洲分布及种数(41 – 47;hort. 1)非洲:39 – 40;亚洲:cf. 1;大洋洲:1;北美洲:1;南美洲:cf. 1。

Eriocereus (A. Berger) Riccob. 卧龙柱属 Cactaceae [MD – 100] 特征纪要:习性: – 。花程式: – 。其他特征参考科。全球 2 个大洲分布及种数(11)北美洲:2; 南美洲:1。

Eriochaeta Fig. & De Not. = **Pennisetum**

Eriochilus R. Br. 兔兰属 Orchidaceae [MM – 723] 特征纪要:习性:草本。花程式:(K)3,C3,A3, = ↓G3。其他特征参考科。全球 2 个大洲分布及种数(19 – 32)亚洲:1; 大洋洲:30。

Eriochiton (R. H. Anderson) A. J. Scott 大洋洲藜属 Amaranthaceae [MD – 116] 特征纪要:习性: – 。花程式: – 。其他特征参考科。全球 1 个大洲分布及种数(1)◆大洋洲(◆澳大利亚)。

Eriochlamys Sond. & F. Müll. 腺鼠麹属 Asteraceae [MD – 586] 特征纪要:习性:草本。花程式:(K)3 – 5,C3 – 5,A3 – 5, = ↓(G)2。其他特征参考科。全球 1 个大洲分布及种数(3 – 4)◆大洋洲(◆澳大利亚)。

Eriochloa Kunth 野黍属 Poaceae [MM – 748] 特征纪要:习性:草本(基生)。花程式:(K –),C0 参考科,A3 参考科, = G2 – 3。物候: – 。花期:夏天 – 秋天。果期:参考晚于花期。海拔:10 – 5600 米。生境:山坡和潮湿地区。资源:药用,蛋白质,具栽培园艺种类。全球 6 个大洲分布及种数(37 – 42;hort. 1;cult. 3)非洲:11 – 19;亚洲:11 – 18;大洋洲:10 – 20;欧洲:6 – 15;北美洲:20 – 29;南美洲:24 – 31。【中国种数:5】。

Eriochrysis P. Beauv. 金毛蔗属 Poaceae [MM – 748] 特征纪要:习性:草本。花程式:(K)3,C0 参考科,A1 – 2, = G2 – 3。物候: – 。海拔:10 – 5600 米。生境:草地,作为饲料植物或大麦田杂草种植。资源: – 。全球 4 个大洲分布及种数(12;hort. 1;cult. 1)非洲:3;亚洲:cf. 1;北美洲:1;南美洲:8。

Eriocladium Lindl. = **Aerobryopsis**

Eriocnema Naudin 绵龙丹属 Melastomataceae [MD-364] 特征纪要:习性:木本。花程式:K4-5,C4-5,A4-5,=↓(G)3-4。其他特征参考科。全球2个大洲分布及种数(2-20)亚洲:2;南美洲:17。

Eriococcus Hassk. = **Phyllanthus**

Eriocoelum Hook. f. 毛腹无患子属 Sapindaceae [MD-428] 特征纪要:习性:木本。花程式:K4-8,C4-8,A10,=(G)2-3。其他特征参考科。全球2个大洲分布及种数(12-16)非洲:16;亚洲:2。

Eriocycla Lindl. 绒果芹属 Apiaceae [MD-480] 特征纪要:习性:-。花程式:-。物候:-。花期:8-9月。果期:参考晚于花期。海拔:2700-3000米。生境:干旱石灰石斜坡,碎屑坡及山坡砾地。资源:-。全球1个大洲分布及种数(4-5)◆亚洲。

Erioderma Vogel 轴花菜属 Brassicaceae [MD-213] 特征纪要:习性:-。花程式:-。其他特征参考科。全球5个大洲分布及种数(1) 非洲;亚洲;欧洲;北美洲;南美洲。

Eriodes Rolfe 毛梗兰属 Orchidaceae [MM-723] 特征纪要:习性:草本(具根状茎)。花程式:Kn,C2-3参考科,A3参考科,↓G-。物候:-。花期:10-11月。果期:参考晚于花期。海拔:1400-1700米。生境:山地林缘或疏林中树干上。资源:具园艺种类。全球2个大洲分布及种数(1-5)亚洲:2;南美洲:4。【中国种数:1】。

Eriodictyon Benth. 宜降木属 Boraginaceae [MD-517] 特征纪要:习性:灌木。花程式:K4-5,C0,A3参考科,=↓G2。其他特征参考科。全球4个大洲分布及种数(12-30)亚洲:4;大洋洲:2;欧洲:20;北美洲:20。【中国种数:2】。

Eriodon Mont. 锦青藓属 Brachytheciaceae [B-187] 特征纪要:习性:-。【Rep】:绿色或棕绿色。物候:-。海拔:-。生境:常见于林下土生,岩面土生。资源:-。全球3个大洲分布及种数(12)亚洲:4;大洋洲:3;南美洲:6。

Eriodyction Benth. = **Eriodictyon**

E

Eriogonum Michx. 苞蓼属 Polygonaceae [MD-120] 特征纪要:习性:草本。花程式:K2-3,C0,A2,=G2-3。其他特征参考科。全球6个大洲分布及种数(441-1098)非洲:1;亚洲:17;大洋洲:15;欧洲:630;北美洲:630;南美洲:32。【中国种数:23】。

Eriolaena DC. 火绳树属 Sterculiaceae [MD-189] 特征纪要:习性:木本。花程式:-。物候:-。花期:3-4月。果期:11-12月。海拔:1300-1400米。生境:缓坡地疏林中,或在草坡上散生,引种栽培于路边。资源:具栽培园艺种类。全球4个大洲分布及种数(28-48)非洲:21;亚洲:22;大洋洲:2;南美洲:2。【中国种数:4】。

Eriolarynx (Hunz.) Hunz. 轴花茄属 Solanaceae [MD-503] 特征纪要:习性:草本。花程式:K3-4,C0,A3-4,=(G)2。其他特征参考科。全球1个大洲分布及种数(2-3)◆南美洲。

Eriolithis Banks & Sol. ex Gaertn. 南美玫瑰属 Rosaceae [MD-246] 特征纪要:-。全球1个大洲分布及种数(1)◆南美洲:1。

Eriolobus (DC.) M. Röm. 枫棠属 Rosaceae [MD-246] 特征纪要:习性:木本。花程式:Kn,C2-3参考科,A20,=↓G(-)。其他特征参考科。全球1个大洲分布及种数(2-4)◆欧洲。

Erione Schott & Endl. = **Ceiba**

Erioneuron Nash 密丛草属 Poaceae [MM-748] 特征纪要:习性:草本。花程式:(K)3,C0参考科,A1-2,=G2-3。其他特征参考科。全球5个大洲分布及种数(3-23)非洲:2;亚洲:2;大洋洲:4;北美洲:13;南美洲:10。

Eriope Humb. & Bonpl. ex Benth. 毛口草属 Lamiaceae [MD-575] 特征纪要:习性:草本。花程式:K2,C0,A2,=G2。其他特征参考科。全球4个大洲分布及种数(40-74)非洲:1;亚洲:2;北美洲:2;南美洲:70。

Eriophorum L. 羊胡子草属 Cyperaceae [MM-747] 特征纪要:习性:草本(根状茎,基生)。花程式:(K)3,C3,A1-3,=↓G2-3。物候:-。海拔:100-800米。生境:潮湿平原,砂丘间湿地,江岸边或山脚下。资源:具栽培园艺种类。全球6个大洲分布及种数(27-39;hort. 1;cult. 19)非洲:6-26;亚洲:22-47;大洋洲:20;欧洲:13-35;北美洲:25-46;南美洲:3-24。【中国种数:11】。

Eriophorus Vaill. ex DC. = **Andryala**

Eriophyllum Lag. 绵叶菊属 Asteraceae [MD-586] 特征纪要:习性:草本。花程式:(K)3-5,(C)3-5,A3-5,=↓G2。其他特征参考科。全球6个大洲分布及种数(26-125)非洲:2;亚洲:9;大洋洲:2;欧洲:58;北美洲:58;南美洲:13。【中国种数:3】。

Eriophyton Benth. 绵参属 Lamiaceae [MD-575] 特征纪要:习性:草本(多肉)。花程式:-。物候:-。花期:7-8月。果期:参考晚于花期。海拔:2700-4700米。生境:高山冲积扇。资源:药用。全球1个大洲分布及种数(cf. 1)◆亚洲。【中国种数:2】。

Eriopidion Harley 水苏芹属 Lamiaceae [MD-575] 特征纪要:习性:草本。花程式:Kn,C0,A3参考科,↓G。其他特征参考科。全球1个大洲分布及种数(1)◆南美洲(◆巴西)。

Eriopsis Lindl. 类毛兰属 Orchidaceae [MM-723] 特征纪要:习性:草本。花程式:(K)3,C3,A3,=↓G3。其他特征参考科。全球4个大洲分布及种数(5-19)非洲:2;欧洲:9;北美洲:9;南美洲:19。

Eriopus Brid. 柄油藓属 Hookeriaceae [B-164] 特征纪要和分布(-)。全球5个大洲分布及种数(24)非洲:2;亚洲:7;大洋洲:9;北美洲:2;南美洲:8。【中国种数:3】。

Erioscirpus Palla 岩胡子草属 Cyperaceae [MM-747] 特征纪要:习性:草本。花程式:-。其他特征参考科。全球1个大洲分布及种数(cf. 1)◆亚洲。【中国种数:1】。

Eriosella (DC.) Desv. 豆科属 Fabaceae3 [MD-240] 特征纪要:习性:乔木,少灌木。花程式:-。其他特征参考科。全球1个大洲分布及种数(1)◆北美洲:1。

Eriosema (DC.) G. Don 鸡头薯属 Fabaceae3 [MD-240] 特征纪要:习性:木本。花程式:-。物候:-。花期:5-7月。果期:参考晚于花期。海拔:300-2000米。生境:草坡。资源:药用。全球6个大洲分布及种数(86-212;hort. 1;cult. 10)非洲:42-155;亚洲:10-12;大洋洲:5;欧洲:3;北美洲:18-19;南美洲:46-49。【中国种数:7】。

Eriosemopsis Robyns 拟鸡头薯属 Rubiaceae [MD-523] 特征纪要:习性:木本。花程式:(K)4-5,(C)4-5,A4-5,↓G。其他特征参考科。全球1个大洲分布及种数(1)◆非洲。

Eriosolena Bl. 毛花瑞香属 Thymelaeaceae [MD-310] 特征纪要:习性:木本。花程式:-。物候:-。花期:春季。果期:参考晚于花期。海拔:1300-1800米。生境:生于林中或山坡灌丛中。资源:药用。全球1个大洲分布及种数(-)。【中国种数:1】。

Eriosolenia Benth. & Hook. f. = **Eriosolena**

Eriosonia Pic. Serm. 凤丫蕨属 Pteridaceae [F-31] 特征纪要:习性:-。【Rep】:孢子同形,囊群生叶背。其他特征参考科。全球2个大洲分布及种数(2)北美洲;南美洲。

Eriosorus Fée 栗发蕨属 Pteridaceae [F-31] 特征纪要:草本,叶大型。【Rep】:孢子囊单生叶背。全球1个大洲分布及种数(2)◆南美洲。

Eriospermaceae (Engelm.) Lem. [MM-677] 洋莎草科 特征纪要:习性:木本;落叶。花程式:(K)6,C3,A6,↑G3。物候:-。果实:蒴果。种子:种皮作不规则的矩圆形。海拔:-。生境:-。资源:-。栽培:-。全球1个大洲分布及属种数(1/1 <IFR 1/3> hort. 1;cult. 1)◆非洲:1/74-143(IFR 1/3)。

Eriospermum Jacq. ex Willd. 雾冰玉属 Eriospermaceae [MM-677] 特征纪要(同科)。全球6个大洲分布及种数(121-221)非洲:205; 亚洲:4; 大洋洲:2; 欧洲:5; 北美洲:5; 南美洲:5。

Eriostemon Sm. 蜡南香属 Rutaceae [MD-399] 特征纪要:习性:-。花程式:-。其他特征参考科。全球6个大洲分布及种数(9-12)非洲:4;亚洲:4;大洋洲:8-13;欧洲:4;北美洲:4;南美洲:4。

Eriostoma Boiv. ex Baill. = **Tricalysia**

Eriostylos C. C. Towns. 花刺苋属 Amaranthaceae [MD-116] 特征纪要:习性:草本。花程式:Kn,C0,A1-2,G-。其他特征参考科。全球1个大洲分布及种数(1)◆非洲。

Eriosyce Phil. 极光球属 Cactaceae [MD-100] 特征纪要:习性:木本。花程式:K1-∞,C1-∞,A3-100,=↓G3-100。其他特征参考科。全球4个大洲分布及种数(68-238)亚洲:2; 欧洲:19; 北美洲:19; 南美洲:217。

Eriotheca Schott & Endl. 小瓜栗属 Malvaceae [MD-203] 特征纪要:习性:木本。花程式:K5,C5,A10-8,=G2-5。其他特征参考科。全球5个大洲分布及种数(31-48)非洲:1; 亚洲:1; 大洋洲:3; 北美洲:2; 南美洲:45。

Eriothrix Cass. 毛里求斯菊属 Asteraceae [MD-586] 特征纪要:草本。花程式:(K)3-5,C3-5,A3-5,=↓(G)2。其他特征参考科。全球6个大洲分布及种数(3)非洲:2-3;亚洲:1;大洋洲:1;欧洲:1;北美洲:1;南美洲:1。

Eriothymus Rchb. 甘薄荷属 Lamiaceae [MD-575] 特征纪要:习性:草本。花程式:K2,C0,A2,↓G。其他特征参考科。全球1个大洲分布及种数(1)◆南美洲。

Eriotrix Cass. = **Baccharis**

Erioxylum Rose & Standl. = **Gossypium**

Erisma Rudge 落囊花属 Vochysiaceae [MD-314] 特征纪要:习性:木本。花程式:K1-5,C1-5,A1-5,G1-3。其他特征参考科。全球4个大洲分布及种数(21-39)非洲:1; 大洋洲:3; 北美洲:3; 南美洲:38。

Erismadelphus Mildbr. 宿囊花属 Vochysiaceae [MD-314] 特征纪要:习性:木本。花程式:K1-5,C1-5,A1-5,(G)1-3。其他特征参考科。全球1个大洲分布及种数(2)◆非洲。

Erismanthus Wall. ex Müll. Arg. 轴花木属 Euphorbiaceae [MD-217] 特征纪要:习性:木本。花程式:-。物候:-。花期:几乎全年。果期:参考晚于花期。海拔:100-400米。生境:热带常绿林中。资源:-。全球1个大洲分布及种数(1-2)◆亚洲。【中国种数:2】。

Erithalis P. Br. 埃利茜属 Rubiaceae [MD-523] 特征纪要和分布(-)。全球6个大洲分布及种数(7-13;hort. 1)非洲:1;亚洲:1-3;大洋洲:1;欧洲:1;北美洲:6-12;南美洲:3-4。【中国种数:2】。

Eritrichium Schröd. ex Gaudin 齿缘草属 Boraginaceae [MD-517] 特征纪要:习性:草本(根状茎,基生)。花程式:-。物候:-。海拔:1400-2000米。生境:草原,沼泽地。资源:具园艺种类。全球6个大洲分布及种数(78-130;hort. 1;cult. 3)非洲:43;亚洲:72-135;大洋洲:2-45;欧洲:4-47;北美洲:17-60;南美洲:19-63。【中国种数:29】。

Erlangea Sch. Bip. 瘦片菊属 Asteraceae [MD-586] 特征纪要:习性:草本。花程式:(K)3-5,(C)3-5,A3-5,=↓G2。其他特征参考科。全球3个大洲分布及种数(12-74)非洲:73; 亚洲:4; 南美洲:7。

Ermaniopsis H. Hara = **Desideria**

Ernestia DC. 欧野牡丹属 Melastomataceae [MD-364] 特征纪要:习性:木本。花程式:-。其他特征参考科。全球3个大洲分布及种数(14-39)大洋洲:1; 北美洲:2; 南美洲:38。

Ernodea Sw. 芽茜属 Rubiaceae [MD-523] 特征纪要:习性:木本。花程式:(K)4-5,(C)4-5,A4-5,=↓G2-9。其他特征参考科。全球5个大洲分布及种数(7-17)非洲:3; 亚洲:6; 欧洲:11; 北美洲:11; 南美洲:3。

Ernstingia Scop. = **Matayba**

Erocallis Rydb. 春美苋属 Montiaceae [MD－81] 特征纪要:习性:－。花程式:－。其他特征参考科。全球 1 个大洲分布及种数(－)。

Erochloe Raf. ＝ **Eragrostis**

Erodiophyllum F. Müll. 琴菀属 Asteraceae [MD－586] 特征纪要:习性:草本。花程式:(K)3－5,C3－5,A3－5,＝↓(G)2。其他特征参考科。全球 1 个大洲分布及种数(1－2)◆大洋洲(◆澳大利亚)。

Erodium L'Hér. ex Aiton 牻牛儿苗属 Geraniaceae [MD－318] 特征纪要:习性:草质攀援。花程式:－。物候:－。花期:6－7 月。果期:参考晚于花期。海拔:400－4000 米。生境:波状侵触平原顶部,沼泽地。资源:丹宁,药用,具栽培园艺种类。全球 6 个大洲分布及种数(122－383)非洲:140; 亚洲:125; 大洋洲:25; 欧洲:64; 北美洲:64; 南美洲:42。【中国种数:23】。

Erophaca Boiss. 牻儿豆属 Fabaceae3 [MD－240] 特征纪要:习性:－。花程式:－。其他特征参考科。全球 2 个大洲分布及种数(2－4)非洲:2; 亚洲:1。

Erophila DC. 绮春属 Brassicaceae [MD－213] 特征纪要:习性:－。花程式:－。其他特征参考科。全球 1 个大洲分布及种数(1－5)◆欧洲。

Erosion Lunell ＝ **Eragrostis**

Erotium L'Hér. ＝ **Freziera**

Erpetion DC. ex Sweet ＝ **Viola**

Erpodiaceae Broth. [B－126] 树生藓科 特征纪要:纤长,平展,丛集成片,通常树生、稀石生藓类。【Rep】:雌雄同株或异株,雌苞叶同形或略长,舌状卷筒形,钝端,蒴柄长,孢蒴卵形,薄壁,脱盖后易皱缩,环带不分化。全球 5 个大洲分布和属种数(6/39)亚洲:4/16;大洋洲:5/10;欧洲:2/2;北美洲:4/13;南美洲:3/10。【中国属种数:4/7】。

Erpodiopsis Müll. Hal. 真藓科属 Bryaceae [B－146] 特征纪要:－。全球 1 个大洲分布及种数(－)。

Erpodium (Brid.) Brid. 树生藓属 Erpodiaceae [B－126] 特征纪要:习性:－。【Rep】:雌雄同株,雄苞叶少数,卵形,隔丝少数或无,雌苞叶稍长,直立,蒴柄略长,孢蒴卵形,稍伸出苞叶,蒴齿多退,雌雄同株,雄苞于茎上侧生,雌苞于分枝顶端,雌苞叶较大,卵状披针形,内凹,有时细长毛尖,蒴柄短。其他特征参考科。全球 6 个大洲分布及种数(22)非洲:12;亚洲:5;大洋洲:5;欧洲:1;北美洲:8;南美洲:7。【中国种数:2】。

Erporchis Kuntze ＝ **Platylepis**

Ertela Adans. 覆笛草属 Rutaceae [MD－399] 特征纪要:习性:木本。花程式:－。其他特征参考科。全球 3 个大洲分布及种数(2－7)亚洲:2; 北美洲:3; 南美洲:7。

Eruca Mill. 芝麻菜属 Brassicaceae [MD－213] 特征纪要:习性:草本(基生)。花程式:Kn,C2－3 参考科,A3 参考科,＝G2。物候:－。花期:5－7 月。果期:参考晚于花期。海拔:3800 米。生境:荒地,田野,路旁,斜坡。资源:药用,具栽培园艺种类。全球 6 个大洲分布及种数(2－29)非洲:14; 亚洲:7; 大洋洲:3; 欧洲:4; 北美洲:4; 南美洲:3。【中国种数:1】。

Erucaria Gaertn. 芝麻芥属 Brassicaceae [MD－213] 特征纪要:草本,落叶,单叶; 花程式:K2－4,C2－4,A2－4,＝↑G:2,房位(－)。果实:短角果。种子:棕色。全球 1 个大洲分布及种数(7－20)◆亚洲。

Erucastrum (DC.) C. Presl 异芝麻芥属 Brassicaceae [MD－213] 特征纪要:习性:草本。花程式:K2－4,C2－4,A2－4,＝G2。其他特征参考科。全球 6 个大洲分布及种数(33－168)非洲:37; 亚洲:32; 大洋洲:7; 欧洲:17; 北美洲:17; 南美洲:106。【中国种数:2】。

Ervum L. 小巢菜属 Fabaceae3 [MD－240] 特征纪要:习性:－。花程式:－。其他特征参考科。全球 6 个大洲分布及种数(2－11)非洲:4;亚洲:5;大洋洲:4;欧洲:1－5;北美洲:1－5;南美洲:1－10。

Erycibe Roxb. 丁公藤属 Convolvulaceae [MD－499] 特征纪要:习性:草质攀援。花程式:K5,C5,A5,↓G－。物候:－。花期:7－10 月。果期:参考晚于花期。海拔:600－1200 米。生境:沟谷密林,野生或栽培于肥沃的土壤或沟壑。资源:具栽培园艺种类。全球 6 个大洲分布及种数(76－195)非洲:22; 亚洲:140; 大洋洲:21; 欧洲:1; 北美洲:1; 南美洲:34。【中国种数:16】。

Erycina Lindl. 埃利兰属 Orchidaceae [MM－723] 特征纪要:习性:草本。花程式:(K)3,C3,A3,＝↓G3。其他特征参考科。全球 4 个大洲分布及种数(7－19)亚洲:4; 大洋洲:2; 北美洲:16; 南美洲:16。【中国种数:1】。

Erymophyllum Paul G. Wilson 丝叶彩鼠麴属 Asteraceae [MD－586] 特征纪要:习性:草本。花程式:(K)3－5,(C)3－5,A3－5,＝↓G2。其他特征参考科。全球 1 个大洲分布及种数(2－5)◆大洋洲(◆澳大利亚)。

Eryngiophyllum Greenm. 苏头菊属 Asteraceae [MD－586] 特征纪要:草本,落叶; 花程式:Kn,(C)(u(C)),A3－5,G(－)。果实:瘦果。全球 1 个大洲分布及种数(－)◆北美洲。

Eryngium Tourn. ex L. 刺芹属 Apiaceae [MD－480] 特征纪要:习性:草本(基生)。花程式:Kn,C5,A2,＝↓G2。物候:－。海拔:100－1500 米。生境:平地水田边阳处。资源:具栽培园艺种类。全球 6 个大洲分布及种数(210－299;hort. 1;cult. 16)非洲:14－54;亚洲:37－91;大洋洲:11－46;欧洲:25－72;北美洲:85－119;南美洲:110－144。【中国种数:20】。

Erysimastrum Rupr. ＝ **Erysimum**

Erysimum Tourn. ex L. 糖芥属 Brassicaceae [MD－213] 特征纪要:习性:草质攀援。花程式:Kn,C2－3 参考科,A2,G－。物候:－。花期:5－8 月。果期:参考晚于花期。海拔:1900－4100 米。生境:草原,针叶林带。资源:具栽培园艺种类。全球 6 个大洲分布及种数(306－356;hort. 1;cult. 13)非洲:30－72;亚洲:202－256;大洋洲:25－67;欧洲:131－177;北美洲:57－101;南美洲:9－51。【中国种数:50】。

Erythea S. Watson 糖棕榈属 Arecaceae [MM – 717] 特征纪要：–。全球 1 个大洲分布及种数(11)◆南美洲：1。

Erythradenia (B. L. Rob.) R. M. King & H. Rob. 短冠菊属 Asteraceae [MD – 586] 特征纪要：习性：–。花程式：–。其他特征参考科。全球 2 个大洲分布及种数(cf. 1)：非洲；北美洲。

Erythrandra <unassigned> 南非红番杏属 Aizoaceae [MD – 94] 特征纪要：–。全球 1 个大洲分布及种数(1)◆非洲：1。

Erythranthe Spach 狗面花属 Phrymaceae [MD – 559] 特征纪要：习性：草本(水生)。花程式：Kn, C0, A4, ↓G2。物候：–。海拔：45 – 6000 米。生境：–。栽培：–。资源：具栽培园艺种类。全球 5 个大洲分布及种数(135 – 146)亚洲：15；大洋洲：1；欧洲：113；北美洲：113；南美洲：16。【中国种数：1】。

Erythranthera Zotov = **Rytidosperma**

Erythranthus Oerst. ex Hanst. = **Alloplectus**

Erythrina L. 刺桐属 Fabaceae3 [MD – 240] 特征纪要：习性：木本。花程式：–。物候：–。花期：7 – 9 月。果期：参考晚于花期。海拔：300 – 600 米。生境：低山沟谷雨林中，栽培观赏。资源：园林，具栽培园艺种类。全球 6 个大洲分布及种数(112 – 151；hort. 1；cult. 19)非洲：40 – 62；亚洲：35 – 47；大洋洲：11 – 23；欧洲：7 – 16；北美洲：67 – 92；南美洲：41 – 52。【中国种数：19】。

Erythrobalanus (Oerst.) O. Schwarz = **Quercus**

Erythrobarbula Steere 丛藓科属 Pottiaceae [B – 133] 特征纪要：习性：–。【Rep】：孢腔轮廓清晰，蒴齿缺如，或具蒴齿而无基膜，下部呈黄绿或黄棕色。生境：常见于高山岩石上。栽培：来自广西龙州。资源：具栽培园艺种类。全球 2 个大洲分布及种数(13)非洲：3；亚洲：6。

Erythrocephalum Benth. 红头菊属 Asteraceae [MD – 586] 特征纪要：习性：草本。花程式：(K)3 – 5，(C)3 – 5，A3 – 5，= ↓G2。其他特征参考科。全球 1 个大洲分布及种数(14)◆非洲。

Erythrochaete Siebold & Zucc. = **Ligularia**

Erythrochiton Nees & Mart. 罩衫花属 Rutaceae [MD – 399] 特征纪要：习性：–。花程式：–。其他特征参考科。全球 4 个大洲分布及种数(7 – 19)亚洲：2；大洋洲：1；北美洲：7；南美洲：19。

Erythrococca Benth. 红桐树属 Euphorbiaceae [MD – 217] 特征纪要：习性：木本。花程式：–。其他特征参考科。全球 4 个大洲分布及种数(42 – 65)非洲：62；亚洲：7；北美洲：2；南美洲：3。【中国种数：1】。

Erythrodes Bl. 钳唇兰属 Orchidaceae [MM – 723] 特征纪要：习性：草本。花程式：Kn, C2 – 3 参考科, A3 参考科, = ↓(G)3。物候：–。花期：4 – 5 月。果期：参考晚于花期。海拔：100 – 1500 米。生境：常绿阔叶林。栽培：来自广西龙州。资源：具栽培园艺种类。全球 6 个大洲分布及种数(27 – 325)非洲：35；亚洲：60；大洋洲：20；欧洲：32；北美洲：32；南美洲：234。【中国种数：2】。

Erythrodontium Hampe 赤齿藓属 Entodontaceae [B – 195] 特征纪要：习性：–。【Rep】：雌雄异苞同株，稀雌雄异株，雌苞叶淡绿色，下部成鞘状，上部呈狭披针形，蒴柄细长，红色或黄色，孢蒴直立。物候：–。海拔：1300 米。生境：土生。资源：–。全球 5 个大洲分布及种数(17)非洲：11；亚洲：5；大洋洲：3；北美洲：2；南美洲：6。【中国种数：5】。

Erythronium L. 猪牙花属 Liliaceae [MM – 633] 特征纪要：习性：草本。花程式：–。物候：–。花期：4 – 5 月。果期：参考晚于花期。海拔：1100 – 2500 米。生境：生于林下，灌丛下和亚高山草地上。资源：具栽培园艺种类。全球 6 个大洲分布及种数(30 – 37；hort. 1；cult. 5)非洲：13；亚洲：10 – 25；大洋洲：13；欧洲：2 – 16；北美洲：27 – 42；南美洲：1 – 14。【中国种数：11】。

Erythropalaceae Planch. ex Miq. [MD – 325] 赤苍藤科 特征纪要：习性：木本；落叶。花程式：K0, C0, A5, G –。物候：–。花期：4 – 5 月。果期：4 – 6 月。果实：–。种子：棕色。海拔：100 – 1500 米。生境：水旁林边树中。资源：药用。全球 1 个大洲分布及属种数(1/1 hort. 1)◆亚洲：1/ 3 – 5。

Erythropalum Bl. 赤苍藤属 Erythropalaceae [MD – 325] 特征纪要(同科)。全球 4 个大洲分布及种数(1 – 12)非洲：3；亚洲：10；大洋洲：2；南美洲：3。【中国种数：1】。

Erythrophleum Afzel. ex G. Don 格木属 Fabaceae2 [MD – 239] 特征纪要：习性：木本。花程式：–。物候：–。花期：5 – 6 月。果期：参考晚于花期。海拔：100 – 2500 米。生境：山地密林或疏林中。资源：果胶，具栽培园艺种类。全球 3 个大洲分布及种数(9 – 14)非洲：6 – 8；亚洲：6 – 10；大洋洲：3。【中国种数：4】。

Erythrophyllastrum R. H. Zander 厄瓜丛藓属 Pottiaceae [B – 133] 特征纪要：习性：–。【Rep】：孢腔轮廓清晰，蒴齿缺如，或具蒴齿而无基膜，下部呈黄绿或黄棕色。其他特征参考科。全球 1 个大洲分布及种数(1)◆南美洲。

Erythrophyllopsis Broth. 南美丛藓属 Pottiaceae [B – 133] 特征纪要：习性：–。【Rep】：孢腔轮廓清晰，蒴齿缺如，或具蒴齿而无基膜，下部呈黄绿或黄棕色。其他特征参考科。全球 1 个大洲分布及种数(6)◆南美洲：4。

Erythrophyllum (Lindb.) Löske 红叶藓属 Pottiaceae [B – 133] 特征纪要：习性：–。【Rep】：参考科特征：孢腔轮廓清晰，蒴齿缺如，或具蒴齿而无基膜，下部呈黄绿或黄棕色。物候：–。海拔：–。生境：常见于高山岩石上。栽培：来自广西龙州。资源：具栽培园艺种类。全球 3 个大洲分布及种数(5)亚洲：3；欧洲：1；南美洲：1。【中国种数：3】。

Erythrophysa E. Mey. ex Harv. & Sond. 红栾属 Sapindaceae [MD – 428] 特征纪要：习性：木本。花程式：K4 – 8, C4 – 8, A10, = G2 – 3。其他特征参考科。全球 2 个大洲分布及种数(9 – 13)非洲：12；亚洲：2。

Erythrophysopsis Verdc. = **Erythrophysa**

Erythropyxis Engl. = **Brazzeia**

Erythrorchis Bl. 倒吊兰属 Orchidaceae [MM－723] 特征纪要:习性:草本。花程式:Kn,C2－3 参考科,A3 参考科,=↓G3。物候:－。花期:4－5 月。果期:参考晚于花期。海拔:500 米。生境:生于竹林或阔叶林下,攀援于树木或石上。资源:－。全球 2 个大洲分布及种数(2－7)亚洲:3; 大洋洲:1。【中国种数:1】。

Erythroseris N. Kilian & Gemeinholzer 猪牙菊属 Asteraceae [MD－586] 特征纪要:习性:草本。花程式:(K－),(C)3－5,A3 参考科,↓G。其他特征参考科。全球 3 个大洲分布及种数(2－4)非洲:1; 欧洲:1; 北美洲:1。

Erythrospermum Lam. 红子木属 Achariaceae [MD－159] 特征纪要:习性:木本。花程式:K2－10,C2－10,A2－10,=↓G2－10。其他特征参考科。全球 6 个大洲分布及种数(22－57)非洲:37; 亚洲:12; 大洋洲:6; 欧洲:1; 北美洲:1; 南美洲:3。

Erythrostemon Klotzsch 云实属 Fabaceae2 [MD－240] 特征纪要:习性:木本。花程式:Kn,C3－5－∞,A3 参考科,=↓G(－)。其他特征参考科。全球 4 个大洲分布及种数(33)非洲:1－2;亚洲:1－2;北美洲:1－26;南美洲:2－8。【中国种数:1】。

Erythrostigma Hassk. = **Connarus**

Erythroxylaceae Kunth [MD－319] 古柯科 特征纪要:习性:木本;落叶。花程式:♀/♂(K)6,C5,A2－5,↑G3－5G3－5。物候:－。花期: 2－3 月。果期: 5－12 月。果实:蒴果。种子:有胚乳或无胚乳。海拔:200－2200 米。生境:路旁山坡,疏密林中。资源:药用。栽培:中国有栽培。全球 6 个大洲分布及属种数(5/275－335 < IFR 1/4 > hort. 1;cult. 1) 非洲:5/66－84; 亚洲:1/23－33; 大洋洲:1/8－15; 欧洲:1/4－7; 北美洲:1/57－61; 南美洲:1/196－212(IFR 1/4)。【中国属种数:1/14】。

Erythroxylum P. Br. 古柯属 Erythroxylaceae [MD－319] 特征纪要:习性:木本。花程式:－。物候:－。花期:参考早于果期。果期:5－12 月。海拔:200－2200 米。生境:路旁山坡,疏密林中。资源:药用,具栽培园艺种类。全球 6 个大洲分布及种数(260－318;hort. 1;cult. 13)非洲:50－69;亚洲:22－35;大洋洲:7－17;欧洲:3－9;北美洲:57－64;南美洲:195－214。【中国种数:14】。

Escallonia Mutis ex L. f. 南鼠刺属 Escalloniaceae [MD－447] 特征纪要和分布(－)。【中国种数:3】。

Escalloniaceae R. Br. ex Dum. [MD－447] 南鼠刺科 特征纪要:习性:木本;落叶。花程式:(K)3,C3,A4,↑G－。物候:－。花期:－。果期:－。果实:蒴果。种子:棕色。海拔:－米。生境:－。资源:－。栽培:－。全球 6 个大洲分布及属种数(5/140－173 < IFR 1/6 > hort. 1;cult. 1) 非洲:2/1－3; 亚洲:2/1; 大洋洲:4/12; 欧洲:1/7; 北美洲:1/11(IFR 1/2); 南美洲:1/43－47(IFR 1/6)。【中国属种数:2/7】。

Eschenbachia Mönch 白酒草属 Asteraceae [MD－586] 特征纪要:习性:草本。花程式:K－,C3,A4－5,↓(G)2。花期:6 月。果期:参考晚于花期。海拔:1800－2600 米。生境:河岸旁的灌木丛沙地,山坡,沟壑,田缘。全球 5 个大洲分布及种数(13－18)非洲:6; 亚洲:11; 大洋洲:1; 北美洲:1; 南美洲:1。【中国种数:1】。

Escholtzia Dumort. = **Eschscholzia**

Eschscholzia Cham. 花菱草属 Papaveraceae [MD－54] 特征纪要:习性:草本(多肉)。花程式:K1－∞,C4,A4－6,=G2－100。物候:－。花期:4－8 月。果期:参考晚于花期。海拔:80－6400 米。生境:－。栽培:－。资源:药用,具栽培园艺种类。全球 6 个大洲分布及种数(19－187)非洲:2; 亚洲:5; 大洋洲:2; 欧洲:49; 北美洲:49; 南美洲:3。【中国种数:3】。

Eschweilera Mart. ex DC. 帽玉蕊属 Lecythidaceae [MD－267] 特征纪要:习性:木本。花程式:K40－1000,C40－1000,A40－1000,=↓G2－6。其他特征参考科。全球 4 个大洲分布及种数(103－207)非洲:6; 亚洲:9; 北美洲:65; 南美洲:200。

Eschweileria Zipp. ex Boerl. = **Osmoxylon**

Escobaria Britton & Rose 松笠球属 Cactaceae [MD－100] 特征纪要和分布(－)。

Escobedia Ruiz & Pav. 埃斯列当属 Orobanchaceae [MD－552] 特征纪要:习性:草本。花程式:K2－4,C0,A2－4,=G2－3。其他特征参考科。全球 3 个大洲分布及种数(7－22)非洲:2; 北美洲:13; 南美洲:21。

Escontria Rose 仙人柱属 Cactaceae [MD－100] 特征纪要:习性:木本。花程式:K1－∞,C1－∞,A3－100,=↓G－。其他特征参考科。全球 2 个大洲分布及种数(1－3)北美洲:2; 南美洲:1。

Esculus L. = **Aesculus**

Esenbeckia Brid. 芸香科属 Rutaceae [MD－399] 特征纪要:习性:－。花程式:－。其他特征参考科。全球 4 个大洲分布及种数(42－101)亚洲:2; 大洋洲:1; 北美洲:27; 南美洲:31。【中国种数:2】。

Eskemukerjea Malick & Sengupta 荞麦属 Polygonaceae [MD－120] 特征纪要:习性:草本。花程式:Kn,C0,A2,↓G－参考科。其他特征参考科。全球 1 个大洲分布及种数(1) ◆亚洲:1。

Esmeralda Rchb. f. 花蜘蛛兰属 Orchidaceae [MM－723] 特征纪要:习性:－。花程式:－。物候:－。花期:11 月。果期:参考晚于花期。海拔:1700－1800 米。生境:开放性森林树干附生植物,山谷崖石上或疏林中树干上。资源:花卉。全球 1 个大洲分布及种数(cf. 1)◆亚洲。

Esmeraldia E. Fourn. = **Metastelma**

Espadaea A. Rich. 古巴印茄树属 Solanaceae [MD－503] 特征纪要:习性:草本。花程式:－。其他特征参考科。全球 1 个大洲分布及种数(1)◆北美洲。

Espejoa DC. 碱菊属 Asteraceae [MD－586] 特征纪要:习性:草本。花程式:Kn,C3 参考科,A3－5,↓G。其他特征参考科。全球 1 个大洲分布及种数(1)◆北美洲。

Espeletia Humb. & Bonpl. = **Wyethia**

Espinhassoa Salazar & J. A. N. Bat. 兰科属 Orchidaceae [MM-723] 特征纪要:习性:草本。花程式:-。其他特征参考科。全球1个大洲分布及种数(2)◆南美洲:2。

Espostoa Britton & Rose 老乐柱属 Cactaceae [MD-100] 特征纪要:习性:木本。花程式:K1-∞,C1-∞,A3-100,=↓G3-100-。其他特征参考科。全球1个大洲分布及种数(21-23)◆南美洲。

Espostoopsis Buxb. 丽翁柱属 Cactaceae [MD-100] 特征纪要:习性:木本。花程式:-。其他特征参考科。全球1个大洲分布及种数(1)◆南美洲(◆巴西)。

Esquiroliella H. Lév. = **Eutrema**

Esslingeriana <unassigned> 水蕨科属 Parkeriaceae [F-36] 特征纪要:-。全球1个大洲分布及种数(-)。

Esterhazya J. C. Mikan 艾什列当属 Scrophulariaceae [MD-536] 特征纪要:习性:灌木。花程式:K5,C0,A2-4,=G2-3。其他特征参考科。全球1个大洲分布及种数(6)◆南美洲。

Esterhuysenia L. Bolus 崖丽花属 Aizoaceae [MD-94] 特征纪要:习性:灌木。花程式:K3-4,C3-4,A5 参考科,=↓G-。其他特征参考科。全球1个大洲分布及种数(1-6)◆非洲。

Estevesia P. J. Braun 苹果柱属 Cactaceae [MD-100] 特征纪要:习性:-。花程式:-。其他特征参考科。全球1个大洲分布及种数(1)◆南美洲:1。

Etaballia Benth. 栗檀属 Fabaceae3 [MD-240] 特征纪要:习性:-。花程式:-。其他特征参考科。全球2个大洲分布及种数(8)北美洲:1;南美洲:2。

Etaeria Blume = **Hetaeria**

Etericius Desv. 恒茜属 Rubiaceae [MD-523] 特征纪要:习性:木本。花程式:(K-),(C)4,A3-5,↓G。其他特征参考科。全球1个大洲分布及种数(1)◆南美洲。

Ethanium Salisb. = **Renealmia**

Ethulia L. f. 都丽菊属 Asteraceae [MD-586] 特征纪要:习性:草本。花程式:(K)3-5,C3-5,A3 参考科,=↓G2。物候:-。花期:4-5月。果期:参考晚于花期。海拔:600-1400米。生境:生于池塘,稻田边。资源:具园艺种类。全球6个大洲分布及种数(12-21;hort. 1)非洲:11-17;亚洲:2-8;大洋洲:1-4;欧洲:3;北美洲:3;南美洲:2-5。【中国种数:2】。

Ethuliopsis F. Muell. = **Epaltes**

Etlingera Giseke 茴香砂仁属 Zingiberaceae [MM-737] 特征纪要:草本。花程式:(K)3,C3,A3 参考科,=↓G3。花期:4-5月。果期:参考晚于花期。海拔:200-300米。生境:森林。资源:观赏,具栽培园艺种类。全球5个大洲分布及种数(158-218)非洲:23;亚洲:195;大洋洲:19;北美洲:6;南美洲:7。【中国种数:6】。

Etorloba Raf. = **Rafinesquia**

Euadenia Oliv. 良腺山柑属 Capparaceae [MD-178] 特征纪要:习性:-。花程式:-。其他特征参考科。全球3个大洲分布及种数(13)非洲:12;亚洲:2;北美洲:1。

Eualcida Hemsl. = **Tagetes**

Euanthe Schltr. 万灵兰属 Orchidaceae [MM-723] 特征纪要:习性:-。花程式:-。其他特征参考科。全球1个大洲分布及种数(cf. 1)◆亚洲。

Eubotryoides (Nakai) H. Hara 串白珠属 Ericaceae [MD-380] 特征纪要:习性:木本。花程式:(K)5-8,(C)5-8,A10,G3- 参考科。其他特征参考科。全球1个大洲分布及种数(2)◆亚洲。

Eubotrys Nutt. 蓝壶花属 Ericaceae [MD-380] 特征纪要:习性:-。花程式:-。其他特征参考科。全球3个大洲分布及种数(2-8)亚洲:2;北美洲:4;南美洲:1。

Eubrachion Hook. f. 鳞穗寄生属 Santalaceae [MD-412] 特征纪要:习性:木本。花程式:-。其他特征参考科。全球2个大洲分布及种数(3-9)北美洲:5;南美洲:8。

Eucallias Raf. = **Billbergia**

Eucalyptopsis C. T. White 假桉属 Myrtaceae [MD-347] 特征纪要:习性:木本。花程式:K4-5,C4-5,A8-10,=↓(G)2-5。其他特征参考科。全球3个大洲分布及种数(2-3)非洲:3;亚洲:3;大洋洲:3。

Eucalyptus L'Hér. 桉属 Myrtaceae [MD-347] 特征纪要:习性:木本。花程式:-。物候:-。花期:12月至次年5月。果期:参考晚于花期。海拔:100-2900米。生境:抗盐力,在砂土或岩石上是矮树状,也见于砂石上。资源:药用,木材,纤维,芳香油,具栽培园艺种类。全球6个大洲分布及种数(1009-2244)非洲:200;亚洲:301;大洋洲:1567;欧洲:337;北美洲:337;南美洲:144。【中国种数:97】。

Eucalyx (Lindb.) Breidl. 亚洲银叶苔属 Jungermanniaceae [B-38] 特征纪要:-。全球1个大洲分布及种数(2)◆亚洲:2。

Eucamptodon Mont. 银泽藓属 Dicranaceae [B-128] 特征纪要:习性:-。【Rep】:雌苞叶分化,基部鞘状,有毛尖,蒴柄长,均高出于雌苞叶,孢蒴直立或背曲,长圆柱形或长椭圆形,辐射对称,雌雄异株,雄株矮小,附于假根上成假雌雄同株,雌苞叶形大,高鞘状,上部具细毛尖,与孢蒴等长或长于孢蒴。其他特征参考科。全球5个大洲分布及种数(9)亚洲:1;大洋洲:6;欧洲:1;北美洲:1;南美洲:1。

Eucamptodontopsis Broth. 银尾藓属 Dicranaceae [B-128] 特征纪要:习性:-。【Rep】:雌苞叶分化,基部鞘状,有毛尖,蒴柄长,均高出于雌苞叶,孢蒴直立或背曲,长圆柱形或长椭圆形,辐射对称,雌雄异株,雄株矮小,附于假根上成假雌雄同株,雌苞叶形大,高鞘状,上部具细毛尖,与孢蒴等长或长于孢蒴。其他特征参考科。全球3个大洲分布及种数(5)欧洲:1;北美洲:3;南美洲:4。

Eucarpha (R. Br.) Spach 鹃银桦属 Proteaceae [MD－219] 特征纪要:习性:－。花程式:－。其他特征参考科。全球 1 个大洲分布及种数(－)。

Eucatagonium M. Fleisch. ex Broth. 飞叶藓属 Catagoniaceae [B－171] 特征纪要:－。全球 1 个大洲分布及种数(－)。

Eucephalus Nutt. 紫菀属 Asteraceae [MD－586] 特征纪要:习性:－。花程式:－。其他特征参考科。全球 2 个大洲分布及种数(24)北美洲:15; 南美洲:1。

Euceraea Mart. 良角木属 Salicaceae [MD－123] 特征纪要:习性:－。花程式:－。其他特征参考科。全球 1 个大洲分布及种数(3)◆南美洲。

Euceras P. & K. = **Euceraea**

Euchaetis Bartl. & H. L. Wendl. 南非芸香属 Rutaceae [MD－399] 特征纪要:习性:木本。花程式:K5,C5,A4,＝G1－3。其他特征参考科。全球 3 个大洲分布及种数(23－59)非洲:57; 亚洲:2; 南美洲:26。

Eucharidium Fisch. & C. A. Mey. = **Clarkia**

Eucharis Planch. & Linden 南美水仙属 Amaryllidaceae [MM－694] 特征纪要:习性:－。花程式:－。其他特征参考科。全球 5 个大洲分布及种数(47)亚洲:3; 大洋洲:3; 欧洲:9; 北美洲:9; 南美洲:41。

Euchile (Dressler & G. E. Pollard) Withner 笼唇兰属 Orchidaceae [MM－723] 特征纪要:习性:－。花程式:－。其他特征参考科。全球 2 个大洲分布及种数(3)北美洲:3; 南美洲:3。

Euchilopsis F. Müll. 唇豆属 Fabaceae3 [MD－240] 特征纪要:习性:木本。花程式:K1－∞,C1－∞,A5－9,＝↓G1。其他特征参考科。全球 3 个大洲分布及种数(1－4)亚洲:2; 大洋洲:3; 南美洲:2。

Euchiton Cass. 匍茎鼠麹草属 Asteraceae [MD－586] 特征纪要:习性:草本。花程式:(K)3－5,C3－5,A3－5,＝↓(G)2。物候:－。花期:7－10 月。果期:参考晚于花期。海拔:6000 米。生境:阿尔泰山地针叶林带山沟,柞林下路旁。资源:－。全球 6 个大洲分布及种数(16－35)非洲:5; 亚洲:8; 大洋洲:21; 欧洲:7; 北美洲:7; 南美洲:11。【中国种数:5】。

Euchlora Eckl. & Zeyh. = **Lotononis**

Euchorium Ekman & Radlk. 良膜无患子属 Sapindaceae [MD－428] 特征纪要:习性:木本。花程式:K4－8,C4－8,A10,＝(G)2－3。其他特征参考科。全球 1 个大洲分布及种数(1)◆北美洲(◆古巴)。

Euchresta Benn. 山豆根属 Fabaceae3 [MD－240] 特征纪要:习性:木质攀援。花程式:Kn,C2－3 参考科,A10,＝↓G－。物候:－。花期:8 月。果期:参考晚于花期。海拔:1000－1400 米。生境:生于石灰岩石山坡林中,在阔叶林地,半遮荫地点。资源:药用。全球 2 个大洲分布及种数(6－17)亚洲:15; 南美洲:3。【中国种数:4】。

Euchroma Nutt. = **Castilleja**

Euchylaena Spreng. = **Enchylaena**

Eucladium Bruch & Schimp. 艳枝藓属 Pottiaceae [B－133] 特征纪要:习性:－。【Rep】:下部呈黄绿或黄棕色。物候:－。海拔:－。生境:栽培(来自广西龙州)。资源:具栽培园艺种类。全球 6 个大洲分布及种数(19)非洲:2; 亚洲:3; 大洋洲:8; 欧洲:2; 北美洲:2; 南美洲:6。【中国种数:1】。

Euclasta Franch. 拟须芒草属 Poaceae [MM－748] 特征纪要:习性:草本。花程式:(K)3,C0 参考科,A1－2,＝G2－3。其他特征参考科。全球 4 个大洲分布及种数(3－12)非洲:7; 亚洲:4; 北美洲:5; 南美洲:7。

Euclea L. 海柿属 Ebenaceae [MD－353] 特征纪要:习性:木本。花程式:－。物候:－。花期:4－7 月。果期:参考晚于花期。海拔:2700 米。生境:常绿阔叶林,中性土壤,较能耐寒,但较能耐瘠薄,抗旱性强,不耐盐碱土。资源:－。全球 6 个大洲分布及种数(15－23;hort. 1)非洲:14－20;亚洲:4－8;大洋洲:3;欧洲:2;北美洲:2;南美洲:2。

Euclidium W. T. Aiton 鸟头荠属 Brassicaceae [MD－213] 特征纪要:习性:草本。花程式:Kn,C2－3 参考科,A4－5,G－。物候:－。海拔:300－3500 米。生境:水边,河滩。资源:具栽培园艺种类。全球 6 个大洲分布及种数(2)非洲:4;亚洲:1－5;大洋洲:1－5;欧洲:1－5;北美洲:1－5;南美洲:4。【中国种数:1】。

Euclinia Salisb. 吊盏栀属 Rubiaceae [MD－523] 特征纪要:习性:木本。花程式:(K)4－5,(C)4－5,A4－5,＝↓(G)2－9。其他特征参考科。全球 4 个大洲分布及种数(3－4)非洲:2－3;亚洲:1;大洋洲:1－2;南美洲:1。【中国种数:1】。

Euclisia Greene 十字花科属 Brassicaceae [MD－213] 特征纪要:－。全球 2 个大洲分布及种数(4)北美洲:1; 南美洲:1。

Eucnemia Rchb. = **Govenia**

Eucnide Zucc. 沙岩麻属 Loasaceae [MD－435] 特征纪要:习性:木本。花程式:－。其他特征参考科。全球 3 个大洲分布及种数(15－24)欧洲:18; 北美洲:18; 南美洲:5。

Eucochlospermum Planch. = **Suaeda**

Eucodonia Hanst. 绵毛岩桐属 Gesneriaceae [MD－549] 特征纪要:习性:草本。花程式:K5,C0,A2－5,＝(G)2。其他特征参考科。全球 2 个大洲分布及种数(2－4)北美洲:3; 南美洲:1。

Eucodonopsis Van Houtte 长筒花属 Gesneriaceae [MD－549] 特征纪要:习性:草本。花程式:Kn,C1－∞ 参考科,A0 参考科,↓G－参考科。其他特征参考科。全球 1 个大洲分布及种数(1)◆非洲。

Eucomis L'Hér. 凤梨百合属 Asparagaceae [MM－669] 特征纪要:习性:草本。花程式:(K)3,C0 参考科,A3 参考科,＝G3。其他特征参考科。全球 6 个大洲分布及种数(15－33)非洲:29; 亚洲:6; 大洋洲:5; 欧洲:7; 北美洲:7; 南美洲:4。

Eucommia Oliv. 杜仲属 Eucommiaceae [MD－254] 特征纪要(同科)。全球 5 个大洲分布及种数(1－8)非洲:2; 亚洲:8; 欧洲:2; 北美洲:2; 南美洲:4。【中国种数:1】。

Eucommiaceae Engl. [MD－254] 杜仲科 特征纪要:习性:木本;落叶。花程式:♀/♂K4－5,C5,A10,G1。物候:－。花期: 3－5 月。果期: 6－11 月。果实:不开裂。种子:种皮膜质,纵折。海拔:100－2000 米。生境:阳处竹园旁屋旁。资源:橡胶,药用。栽培:中国有栽培。全球 1 个大洲分布及属种数(2/3 hort. 1)◆亚洲:1/ 1－2。【中国属种数:1/1】。

Eucorymbia Stapf 良序夹竹桃属 Apocynaceae [MD－492] 特征纪要:习性:木本。花程式:K5－∞,C0,A15, = ↓(G)2－5。其他特征参考科。全球 1 个大洲分布及种数(cf. 1)◆亚洲。

Eucriphia Pers. = **Eucryphia**

Eucrosia Ker Gawl. 龙须石蒜属 Amaryllidaceae [MM－694] 特征纪要:习性:草本。花程式:(K)3,C3,A1, = ↓G3。其他特征参考科。全球 2 个大洲分布及种数(9－18)北美洲:2; 南美洲:18。

Eucryphia Cav. 银香茶属 Eucryphiaceae [MD－235] 特征纪要(同科)。全球 4 个大洲分布及种数(4－13;hort. 1; cult. 4)亚洲:1;大洋洲:1－6;北美洲:2;南美洲:2－3。

Eucryphiaceae C. Gay [MD－235] 船形果科 特征纪要:习性:木本;落叶。花程式:K2,C4,A2, = ↓(G)4－14。种子:无毛。全球 4 个大洲分布及属种数(1/1 <IFR 1/1> hort. 1;cult. 1) 亚洲:1/2－3; 大洋洲:1/3－8; 北美洲:1/4; 南美洲:1/4－5(IFR 1/1)。

Eucrypta Nutt. 菊蝶花属 Boraginaceae [MD－517] 特征纪要:习性:草本。花程式:K4－5,C0,A3 参考科,↓G。其他特征参考科。全球 2 个大洲分布及种数(3－8)亚洲:2; 北美洲:5。【中国种数:1】。

Eucycla Nutt. = **Eriogonum**

Eucyperus Rikli = **Cyperus**

Eudema Bonpl. 南纬岩芥属 Brassicaceae [MD－213] 特征纪要:习性:草本。花程式:K2－4,C2－4,A2－4, = G2。其他特征参考科。全球 2 个大洲分布及种数(5－55)亚洲:4; 南美洲:46。

Eudianthe (Rchb.) Rchb. 蝇子草属 Caryophyllaceae [MD－77] 特征纪要:习性:草本。花程式:K5,C5－4,A10,G－。其他特征参考科。全球 2 个大洲分布及种数(3－4) 非洲:3,欧洲:2－3。【中国种数:1】。

Eudonax Fr. = **Donax**

Euduxia Walp. = **Pandanus**

Euephemerum Limpr. ex Hillier 夭命藓属 Ephemeraceae [B－135] 特征纪要:－。全球 1 个大洲分布及种数(－)。

Eufournia Reeder = **Sohnsia**

Eugeissona Griff. 刺果椰属 Arecaceae [MM－717] 特征纪要:习性:木本。花程式:K3－10,C3－10,A3－10, = G3－10。其他特征参考科。全球 2 个大洲分布及种数(6－11)亚洲:11; 北美洲:2。

Eugenia L. 番樱桃属 Myrtaceae [MD－347] 特征纪要:习性:木本。花程式:－。物候:－。花期:春季。果期:参考晚于花期。海拔:100－2900 米。生境:栽培(来自广西龙州),栽培。资源:药用,园林,具栽培园艺种类。全球 6 个大洲分布及种数(1149－1443;hort. 1;cult. 4)非洲:164－293;亚洲:166－255;大洋洲:177－270;欧洲:26－88;北美洲:416－557;南美洲:717－825。【中国种数:59】。

Eugeniella <unassigned> 刺蜜花属 Melianthaceae [MD－398] 特征纪要:－。全球 2 个大洲分布及种数(5)亚洲:1; 南美洲:2。

Eugenioides L. = **Symplocos**

Eugeniopsis O. Berg = **Marlierea**

Euglypha Chodat & Hassl. 马兜铃属 Aristolochiaceae [MD－56] 特征纪要:习性:草本。花程式:－。其他特征参考科。全球 1 个大洲分布及种数(1)◆南美洲。

Eugrimmia (Schwägr.) F. Müll. 紫萼藓科属 Grimmiaceae [B－115] 特征纪要:－。全球 1 个大洲分布及种数(2)◆亚洲:1。

Euklastaxon Steud. = **Andropogon**

Eukrania Raf. = **Cornus**

Eulacophyllum W. R. Buck & Ireland 北美硬叶藓属 Stereophyllaceae [B－172] 特征纪要:习性:－。其他特征参考科。全球 2 个大洲分布及种数(1)北美洲:1;南美洲:1。

Eulalia Kunth 黄金茅属 Poaceae [MM－748] 特征纪要:习性:草本(根状茎,基生)。花程式:(K－),C0 参考科,A3 参考科, = G2－3。物候:－。花期:参考早于果期。果期:5－12 月。海拔:1400－2200 米。生境:草地,杂草丛中。资源:具栽培园艺种类。全球 6 个大洲分布及种数(35－39)非洲:10－15;亚洲:31－38;大洋洲:8－13;欧洲:5;北美洲:3－8;南美洲:5－10。【中国种数:16】。

Eulaliopsis Honda 拟金茅属 Poaceae [MM－748] 特征纪要:习性:草本。花程式:－。物候:－。海拔:10－5600 米。生境:干燥山坡草丛中。资源:药用,纤维,蛋白质,具栽培园艺种类。全球 3 个大洲分布及种数(2－10)亚洲:10; 大洋洲:2; 北美洲:2。【中国种数:1】。

Eulejeunea (Stephani) S. Hatt. 细鳞苔属 Lejeuneaceae [B－84] 特征纪要:习性:－。【Rep】:－。物候:－。海拔:－。生境:山坡,针阔混交林中。资源:－。全球 2 个大洲分布及种数(36)北美洲:1; 南美洲:1。

Eulenburgia Pax = **Momordica**

Euleria Urb. 毛漆树属 Anacardiaceae［MD－432］特征纪要:习性:－。花程式:－。其他特征参考科。全球3个大洲分布及种数(cf. 1)亚洲;北美洲;南美洲。

Eulobus Nutt. 帚晖草属 Onagraceae［MD－396］特征纪要:习性:草本。花程式:K4,C4,A1－2,＝↓(G)4－7。其他特征参考科。全球2个大洲分布及种数(4－5)北美洲:5; 南美洲:1。

Eulophia R. Br. 紫花美冠兰属 Orchidaceae［MM－723］特征纪要:习性:草本,木本(根状茎,基生,腐生,多肉)。花程式:Kn,C2－3参考科,A3参考科,＝↓G3。物候:－。花期:6月。果期:参考晚于花期。海拔:100－400米。生境:草坡或荒地,竹林。资源:花卉,具栽培园艺种类。全球6个大洲分布及种数(43)非洲:25;亚洲:24;大洋洲:22;欧洲:10;北美洲:19;南美洲:11。【中国种数:28】。

Eulophiella Rolfe 拟美冠兰属 Orchidaceae［MM－723］特征纪要:习性:－。花程式:－。其他特征参考科。全球1个大洲分布及种数(5－7)◆非洲(◆马达加斯加)。

Eulophiopsis Pfitzer ＝ **Graphorkis**

Eulychnia Phil. 绿竹柱属 Cactaceae［MD－100］特征纪要:习性:木本。花程式:K1－∞,C1－∞,A3－100,＝↓G3－100－。其他特征参考科。全球1个大洲分布及种数(9)◆南美洲。

Eumachia DC. ＝ **Psychotria**

Eumecanthus Klotzsch & Garcke ＝ **Euphorbia**

Eumorphanthus A. C. Sm. ＝ **Psychotria**

Eumorphia DC. 秀菊木属 Asteraceae［MD－586］特征纪要:习性:草本。花程式:(K)3－5,(C)3－5,A3－5,↓G。其他特征参考科。全球2个大洲分布及种数(7－9)非洲:9; 北美洲:2。

Eumyurium Nog. 拟金毛藓属 Myuriaceae［B－208］特征纪要:习性:－。【Rep】:雌雄异株,雌苞侧生枝上,雌苞叶披针形,蒴柄细长,棕黄色,孢蒴长卵形,蒴齿两层,外齿层淡黄色。其他特征参考科。全球1个大洲分布及种数(1)◆亚洲:1。【中国种数:2】。

E

Euodia J. R. Forst. & G. Forst. 洋茱萸属 Rutaceae［MD－399］特征纪要:习性:木本。花程式:K4,C4,A4,＝G1－3。物候:－。海拔:100－3200米。生境:溪旁,疏荫,竹林中。资源:具园艺种类。全球6个大洲分布及种数(11－16)非洲:3－14;亚洲:6－16;大洋洲:2－11;欧洲:9;北美洲:9;南美洲:1－10。【中国种数:1】。

Euonymus L. 卫矛属 Celastraceae［MD－339］特征纪要:习性:木质攀援。花程式:－。物候:－。花期:5－8月。果期:参考晚于花期。海拔:100－1400米。生境:中山疏林,密林。资源:药用,具栽培园艺种类。全球6个大洲分布及种数(139－177;hort. 1;cult. 15)非洲:11－126;亚洲:126－278;大洋洲:9－130;欧洲:17－132;北美洲:41－160;南美洲:4－119。【中国种数:98】。

Euopsis <unassigned> 可可李科属 Chrysobalanaceae［MD－243］特征纪要:习性:－。花程式:－。其他特征参考科。全球2个大洲分布及种数(4)欧洲:2; 北美洲:2。

Euosmolejeunea (Spruce) Steph. 唇鳞苔属 Lejeuneaceae［B－84］特征纪要:习性:－。【Rep】:雌苞顶生于主枝,蒴萼具3个脊,并常附1－7个小脊,脊部具冠状突起,一般稀疏生长。生境:针阔混交林中。资源:－。全球6个大洲分布及种数(28)非洲:2; 亚洲:13; 大洋洲:4; 欧洲:4; 北美洲:4; 南美洲:6。【中国种数:5】。

Eupatoriaceae Bercht. & J. Presl［MD－588］泽兰科 特征纪要:习性:草本;落叶。花程式:(K)6,C3,A,↓(G)2－9。物候:－。花期和果期:4－10月。果实:瘦果。种子:－。海拔:100－3000米。生境:沼泽地。资源:药用。栽培:中国有栽培。全球5个大洲分布及属种数(10－11/20－21<IFR 2/12>hort. 1;cult. 1) 非洲:IFR 1/1; 亚洲:IFR 1/5; 欧洲:IFR 1/1; 北美洲:2/101－122(IFR 1/9); 南美洲:7/209－253(IFR 1/1)。

Eupatoriadelphus R. M. King & H. Rob. ＝ **Eupatorium**

Eupatoriastrum Greenm. 肖泽兰属 Asteraceae［MD－586］特征纪要:习性:草本。花程式:(K)3－5,(C)3－5,A3－5,＝↓G2。其他特征参考科。全球2个大洲分布及种数(8－15)北美洲:10; 南美洲:2。

Eupatorina R. M. King & H. Rob. 泽兰属 Asteraceae［MD－586］特征纪要:习性:草本。花程式:K－,C3,A4－5,↓(G)2。其他特征参考科。全球2个大洲分布及种数(1－2)北美洲:2; 南美洲:1。

Eupatoriophalacron Mill. ＝ **Eclipta**

Eupatoriopsis Hieron. 辐泽兰属 Asteraceae［MD－586］特征纪要:习性:草本。花程式:(K)3－5,C3－5,A3－5,＝↓(G)2。其他特征参考科。全球1个大洲分布及种数(1)◆南美洲(◆巴西)。

Eupatorium Tourn. ex L. 泽兰属 Eupatoriaceae［MD－588］特征纪要(同科)。全球6个大洲分布及种数(272－704;hort. 1;cult. 44)非洲:4－95;亚洲:50－154;大洋洲:7－98;欧洲:12－103;北美洲:98－210;南美洲:198－332。【中国种数:26】。

Euphlebium (Kraenzl.) Brieger 兰科属 Orchidaceae［MM－723］特征纪要:习性:－。花程式:－。物候:－。花期:参考早于果期。果期:10－11月。海拔:80－5200米。生境:柏树林下或草坡路旁,竹坡中。资源:－。分布:－。

Euphorbia L. 麻黄戟属 Euphorbiaceae［MD－217］特征纪要:习性:木质攀援。花程式:－。物候:－。花期:6－8月。果期:参考晚于花期。海拔:1200－2700米。生境:－。资源:具栽培园艺种类。全球6个大洲分布及种数(1531－2312;hort. 1;cult. 105)非洲:702－1266;亚洲:484－739;大洋洲:162－330;欧洲:219－382;北美洲:514－695;南美洲:267－445。【中国种数:219】。

Euphorbiaceae Juss.［MD－217］大戟科 特征纪要:习性:木本,藤本;落叶。花程式:♀|♂K4－5,C0,A6－8,↑G2。花期:4－8月。果实:蒴果。种子:棕。资源:园林。栽培:中国有栽培。全球6个大洲分布及属种数(307

-355/7214 - 11115 < IFR 80/612 > hort. 1; cult. 53) 非洲:114 - 120/2207 - 3206(IFR 42/276); 亚洲:118 - 122/2079 - 3047(IFR 28/159); 大洋洲:75 - 78/936 - 1587(IFR 14/73); 欧洲:27 - 29/361 - 405(IFR 4/73); 北美洲:76 - 81/1796 - 2095(IFR 23/95); 南美洲:97 - 104/2556 - 2835(IFR 19/78)。【中国属种数:80/729】。

Euphorbiastrum Klotzsch & Garcke = **Euphorbia**

Euphorbiodendron Millsp. = **Euphorbia**

Euphorbion St. - Lag. = **Euphorbia**

Euphorbiopsis H. Lév. = **Canscora**

Euphorbium Hill = **Euphorbia**

Euphorianthus Radlk. 良梗花属 Sapindaceae [MD - 428] 特征纪要:习性:木本。花程式:K4 - 8, C4 - 8, A10, = G2 - 3。其他特征参考科。全球 3 个大洲分布及种数(1 - 6)非洲:3; 亚洲:6; 大洋洲:2。

Euphrasia L. 小米草属 Orobanchaceae [MD - 552] 特征纪要:习性:草质攀援。花程式: - 。物候: - 。花期:6 - 8 月。果期:参考晚于花期。海拔:1200 - 3500 米。生境:草地。栽培:来自广西龙州。资源:具栽培园艺种类。全球 6 个大洲分布及种数(160 - 378; hort. 1; cult. 32)非洲:14 - 44; 亚洲:54 - 153; 大洋洲:21 - 61; 欧洲:112 - 158; 北美洲:24 - 41; 南美洲:24 - 40。【中国种数:33】。

Euphrona Vell. ex DC. 银鹃芸香属 Rutaceae [MD - 399] 特征纪要: - 。全球 1 个大洲分布及种数(3)◆亚洲:2。

Euphronia Mart. 银鹃木属 Euphroniaceae [MD - 273] 特征纪要(同科)。全球 2 个大洲分布及种数(3 - 26)非洲:1; 南美洲:26。

Euphroniaceae Marc. - Berti [MD - 273] 银鹃木科 特征纪要:习性:木本;落叶。花程式:K4 - 5, C5, A, ↓(G) - 。果实:蒴果。全球 1 个大洲分布及属种数(2/6 hort. 1)◆南美洲:1/ 4 - 4。

Euphrosyne DC. 欢乐菊属 Asteraceae [MD - 586] 特征纪要:习性:草本。花程式:(K)3 - 5, (C)3 - 5, A3 - 5, = ↓G2。其他特征参考科。全球 3 个大洲分布及种数(4 - 19)欧洲:6; 北美洲:6; 南美洲:10。

Euplassa Salisb. ex Knight 南美榛属 Proteaceae [MD - 219] 特征纪要:习性:木本。花程式:K3 - 4 - ∞, C0, A2, = G1。其他特征参考科。全球 3 个大洲分布及种数(22 - 51)非洲:3; 大洋洲:7; 南美洲:47。

Euploca Nutt. 天芥菜属 Boraginaceae [MD - 517] 特征纪要:习性:灌木。花程式:K5, C0, A5, ↓G。其他特征参考科。全球 5 个大洲分布及种数(171 - 179)非洲:11; 亚洲:13; 大洋洲:80; 北美洲:47; 南美洲:46。【中国种数:2】。

Eupodium J. Sm. 杯囊蕨属 Marattiaceae [F - 13] 特征纪要:习性: - 。【Rep】:囊群生叶背。其他特征参考科。全球 3 个大洲分布及种数(4 - 5)亚洲:2; 北美洲:4; 南美洲:5。【中国种数:1】。

Eupomatia R. Br. 帽花木属 Eupomatiaceae [MD - 5] 特征纪要(同科)。全球 5 个大洲分布及种数(3 - 6)非洲:1; 亚洲:3; 大洋洲:6; 北美洲:3; 南美洲:2。

Eupomatiaceae Orb. [MD - 5] 帽花木科 特征纪要:习性:木本;落叶。花程式:K5, C5, A8 - 9, = ↑G1。果实:浆果。全球 1 个大洲分布及属种数(3/3 - 8 hort. 1)◆大洋洲:1/ 3。

Euproboscis Griff. = **Thelasis**

Euptelea Siebold & Zucc. 领春木属 Eupteleaceae [MD - 49] 特征纪要(同科)。全球 3 个大洲分布及种数(2 - 12)亚洲:10; 欧洲:4; 北美洲:4。【中国种数:2】。

Eupteleaceae K. Wilh. [MD - 49] 领春木科 特征纪要:习性:木本;落叶。花程式:K4 - 5, C5, A6, G1。物候: - 。花期: 4 - 5 月。果期: 7 - 8 月。果实:有果梗。种子: - 。海拔:900 - 3600 米。生境:森林。栽培:来自广西龙州。资源:药用。全球 1 个大洲分布及属种数(2/3 - 4 hort. 1; cult. 1)◆亚洲:2/3 - 4。【中国属种数:1/2】。

Eupteris Newman = **Pteridium**

Eupteron Miq. = **Polyscias**

Euptychium Schimp. 澳银藓属 Pterobryaceae [B - 201] 特征纪要:习性: - 。【Rep】:假雌雄异苞同株,内雌苞叶基部高鞘状,有狭长叶尖,孢蒴完全隐生于雌苞叶内,卵形或长卵形,棕色,平滑。其他特征参考科。全球 2 个大洲分布及种数(10)亚洲:2;大洋洲:9。

Eureiandra Hook. f. 热非瓜属 Cucurbitaceae [MD - 205] 特征纪要:习性:木本。花程式:K3 - 5, C3 - 5, A3, = ↓G1 - 2。其他特征参考科。全球 2 个大洲分布及种数(2 - 9)非洲:1 - 7;亚洲:cf. 1。

Eurhynchiadelphu Ignatov, Huttunen & T. J. Kop. 亚洲银根藓属 Brachytheciaceae [B - 187] 特征纪要: - 。全球 1 个大洲分布及种数(1)◆非洲。

Eurhynchiadelphus Ignatov, Huttunen & T. J. Kop. 亚洲银根藓属 Brachytheciaceae [B - 187] 特征纪要:习性: - 。【Rep】:雌苞侧生,雌苞叶分化,蒴柄长,平滑或粗糙,孢蒴卵球形或长椭圆状圆柱形,下弯至横生,甚少直立,颈部短而,绿色或棕绿色。其他特征参考科。全球 1 个大洲分布及种数(1)◆亚洲:1。【中国种数:1】。

Eurhynchiastrum Ignatov & Huttunen 北美根藓属 Brachytheciaceae [B - 187] 特征纪要:习性: - 。【Rep】:绿色或棕绿色。其他特征参考科。全球 5 个大洲分布及种数(1)非洲:1;亚洲:1;欧洲:1;北美洲:1;南美洲:1。【中国种数:1】。

Eurhynchiella M. Fleisch. 青银藓属 Brachytheciaceae [B - 187] 特征纪要:习性: - 。【Rep】:绿色或棕绿色。其他特征参考科。全球 3 个大洲分布及种数(6)非洲:2;亚洲:2;南美洲:4。

Eurhynchium Schimp. 美喙藓属 Brachytheciaceae [B - 187] 特征纪要:习性: - 。【Rep】:雌苞叶长,基部鞘状,上部呈毛状,反卷,蒴柄长,粗糙或平滑。物候: - 。海拔:920 米。生境:树生,溪边岩面生。资源: - 。全球 6 个大洲分布及种数(71)非洲:17;亚洲:25;大洋洲:16;欧洲:16;北美洲:25;南美洲:18。【中国种数:36】。

Euriosma Desv. = **Eriosema**

Eurohypnum Ando 亚洲真根藓属 Hypnaceae［B－189］特征纪要:习性:－。【Rep】:雌雄异株,内雌苞叶披针形,具长尖,上部具细齿,中肋2或不明显,蒴柄长约2厘米。物候:－。海拔:－。生境:常见于林下土或岩面薄土,沼泽水生。资源:－。全球1个大洲分布及种数(1)◆亚洲:1。【中国种数:2】。

Euroschinus Hook. f. 条纹漆属 Anacardiaceae［MD－432］特征纪要:习性:木本。花程式:－。其他特征参考科。全球3个大洲分布及种数(11－20)非洲:3; 亚洲:3; 大洋洲:18。

Eurrhynchium Bruch & Schimp. ex I. Hagen = **Eurhynchium**

Eurya Thunb. 柃属 Theaceae［MD－168］特征纪要:习性:木本。花程式:－。物候:－。花期:11－12月。果期:参考晚于花期。海拔:1100－2500米。生境:滨海山地及山坡路旁或溪谷边灌丛中。栽培:来自广西龙州。资源:具栽培园艺种类。全球6个大洲分布及种数(176－429)非洲:59; 亚洲:307; 大洋洲:58; 欧洲:13; 北美洲:13; 南美洲:33。【中国种数:85】。

Euryalaceae J. Agardh［MD－28］芡实科 特征纪要:习性:草本;落叶。花程式:K4－5,C5,A,G－。物候:－。花期:7－8月。果期:8－10月。果实:－。种子:－。海拔:40－330米。生境:湖泊,池塘。资源:淀粉,药用。栽培:中国有栽培。全球1个大洲分布及属种数(1/1 hort. 1)◆亚洲:1/3。

Euryale Salisb. 芡属 Euryalaceae［MD－28］特征纪要(同科)。全球4个大洲分布及种数(1－11)亚洲:3; 欧洲:2; 北美洲:2; 南美洲:6。【中国种数:1】。

Euryanthe Cham. & Schltdl. = **Cochlospermum**

Eurybia (Cass.) Cass. 北美紫菀属 Asteraceae［MD－586］特征纪要:习性:草本(具根状茎)。花程式:(K)3－5,C3－5,A3－5,=↓G2。物候:－。花期:7－8月。果期:参考晚于花期。海拔:300米。生境:草地。资源:具园艺种类。全球6个大洲分布及种数(35－45;hort. 1;cult. 1)非洲:5;亚洲:17－22;大洋洲:7－12;欧洲:7－12;北美洲:30－35;南美洲:8－13。【中国种数:10】。

E

Eurybiopsis (Bl.) DC. 簇毛层菀属 Asteraceae［MD－586］特征纪要和分布(－)。

Euryblema Dressler 兜羚兰属 Orchidaceae［MM－723］特征纪要:习性:草本。花程式:(K)3,C3,A3,↓G－。其他特征参考科。全球3个大洲分布及种数(2－6)亚洲:4; 北美洲:2; 南美洲:2。

Eurycarpus Botsch. 宽果芥属 Brassicaceae［MD－213］特征纪要:习性:－。花程式:－。物候:－。花期:3－7月。果期:6－8月。海拔:5100－5300米。生境:高山地区,斜坡。资源:－。全球1个大洲分布及种数(cf. 1)◆亚洲。

Eurycentrum Schltr. 宝石兰属 Orchidaceae［MM－723］特征纪要:习性:草本。花程式:(K)3,C3,A3,=↓(G)3。其他特征参考科。全球4个大洲分布及种数(4－11)非洲:8; 亚洲:6; 大洋洲:10; 南美洲:1。

Eurychone Schltr. 漏斗兰属 Orchidaceae［MM－723］特征纪要:习性:草本。花程式:(K)3,C3,A3,=↓G3。其他特征参考科。全球2个大洲分布及种数(2－14)非洲:3; 南美洲:12。

Eurychorda B. G. Briggs & L. A. S. Johnson 帚灯草属 Restionaceae［MM－744］特征纪要:习性:草本(基生)。花程式:－。其他特征参考科。全球3个大洲分布及种数(1－3)大洋洲:1; 北美洲:1; 南美洲:1。

Eurycoma Jack 马来参属 Simaroubaceae［MD－424］特征纪要:习性:木本。花程式:K3－10,C3－10,A2,=G1－2。物候:－。花期:4－5月。果期:参考晚于花期。海拔:100－2500米。生境:半常绿林中,针阔叶林边。资源:－。全球5个大洲分布及种数(4－22)亚洲:14; 大洋洲:2; 欧洲:2; 北美洲:2; 南美洲:7。【中国种数:2】。

Eurycorymbus Hand.－Mazz. 伞花木属 Sapindaceae［MD－428］特征纪要:习性:木质攀援。花程式:K5,C5,A8,G－。物候:－。花期:5－6月。果期:参考晚于花期。海拔:300－1400米。生境:阔叶林中。资源:具栽培园艺种类。全球1个大洲分布及种数(cf. 1)◆亚洲。【中国种数:1】。

Eurydictyon (Cardot) Horik. & Nog. = **Dendrocyathophorum**

Eurydochus Maguire & Wurdack 莲菊木属 Asteraceae［MD－586］特征纪要:习性:草本。花程式:(K)3－5,(C)3－5,A3－5,↓G。其他特征参考科。全球1个大洲分布及种数(2)◆南美洲。

Eurygania Klotzsch = **Thibaudia**

Euryodendron Hung T. Chang 猪血木属 Pentaphylacaceae［MD－215］特征纪要:习性:木本。花程式:－。物候:－。花期:5－7月。果期:参考晚于花期。海拔:100－400米。生境:低丘疏林中或村旁林缘。资源:具园艺种类。全球1个大洲分布及种数(cf. 1)◆亚洲(◆中国)。【中国种数:1】。

Euryomyrtus S. Schaür 岗松属 Myrtaceae［MD－347］特征纪要:习性:木本。花程式:Kn,C2－3参考科,A8－10,=↓G－。其他特征参考科。全球2个大洲分布及种数(8－14)大洋洲:9; 南美洲:1。

Euryops (Cass.) Cass. 黄蓉菊属 Asteraceae［MD－586］特征纪要:习性:草本。花程式:(K)3－5,(C)3－5,A3－5,=↓G2。其他特征参考科。全球6个大洲分布及种数(98－111;hort. 1)非洲:96－100;亚洲:6－7;大洋洲:3－4;欧洲:3－4;北美洲:10－11;南美洲:1。【中国种数:1】。

Eurypetalum Harms 贝壳豆属 Fabaceae1［MD－240］特征纪要:习性:木本。花程式:K3－5－∞,C3－5－∞,A3－5,=↓G1－2。其他特征参考科。全球2个大洲分布及种数(2－5)非洲:5; 南美洲:2。

Euryptera Nutt. ex Torr. & A. Gray = **Lomatium**

Eurysolen Prain 宽管花属 Lamiaceae［MD－575］特征纪要:习性:草质攀援。花程式:－。物候:－。花期:12月至次年2月。果期:参考晚于花期。海拔:600－1900米。生境:生于热带亚热带干性季节性雨林内。资源:具园艺种类。全球1个大洲分布及种数(cf. 1)◆亚洲。【中国种数:1】。

Eurystyles Wawra 奶油兰属 Orchidaceae［MM－723］特征纪要:习性:草本。花程式:(K)3,C3,A3,＝↓G3。物候:－。海拔:－。生境:－。资源:具园艺种类。全球 6 个大洲分布及种数(24－26)非洲:1;亚洲:1;大洋洲:1－2;欧洲:1－3;北美洲:10－12;南美洲:20－22。

Eurystylus Bouché ＝ **Canna**

Eurytaenia Torr. & A. Gray 宽翅芹属 Apiaceae［MD－480］特征纪要:习性:草本。花程式:K5,C5,A5,＝↓G(－)。其他特征参考科。全球 1 个大洲分布及种数(2)◆北美洲(◆美国)。

Euscaphis Siebold & Zucc. 野鸦椿属 Staphyleaceae［MD－407］特征纪要:习性:－。花程式:－。物候:－。花期:4－6 月。果期:参考晚于花期。海拔:100－2700 米。生境:山谷,疏林,山坡。资源:药用。全球 4 个大洲分布及种数(13)非洲:2; 亚洲:11; 欧洲:2; 北美洲:2。

Eusideroxylon Teijsm. & Binn. 铁樟属 Lauraceae［MD－21］特征纪要:习性:木本。花程式:K3－9,C0,A3 参考科,↓G－参考科。物候:－。花期:6－10 月。果期:参考晚于花期。海拔:20－3800 米。生境:边缘或次生阔叶林中,林缘,路旁。资源:－。全球 2 个大洲分布及种数(1－7)亚洲:5; 北美洲:2。

Eusiphon Benoist 秀管爵床属 Acanthaceae［MD－572］特征纪要:习性:－。花程式:－。其他特征参考科。全球 3 个大洲分布及种数(11)非洲:6; 亚洲:2; 南美洲:4。

Eustachys Desv. 真穗草属 Poaceae［MM－748］特征纪要:习性:－。花程式:－。物候:－。海拔:10－5600 米。生境:低海拔开阔草地或灌丛林下。资源:－。全球 6 个大洲分布及种数(18－19;hort. 1)非洲:2－3;亚洲:8－9;大洋洲:5－6;欧洲:3－4;北美洲:12－13;南美洲:15－16。【中国种数:5】。

Eustegia R. Br. 良盖萝藦属 Apocynaceae［MD－492］特征纪要:习性:－。花程式:－。其他特征参考科。全球 1 个大洲分布及种数(7)◆非洲。

Eustephia Cav. 垂筒石蒜属 Amaryllidaceae［MM－694］特征纪要:习性:草本。花程式:(K)3,C3,A1,＝↓G3。其他特征参考科。全球 2 个大洲分布及种数(6－20)非洲:2; 南美洲:19。

Eustichia (Brid.) Brid. 壮藓属 Eustichiaceae［B－118］特征纪要:－。全球 3 个大洲分布及种数(6)非洲:1;欧洲:1;北美洲:3;南美洲:6。

Eustichiaceae Broth.［B－118］东虾藓科 特征纪要(参考 Neckeraceae),黄绿色,或呈褐绿色,无光泽。【Rep】:孢子体不详,黄绿色或黄褐色。全球 4 个大洲分布和属种数(2/8)欧洲:2/2;北美洲:2/5;南美洲:2/7。

Eustichium Bruch & Schimp. 虾藓属 Bryoxiphiaceae［B－112］特征纪要:－。全球 1 个大洲分布及种数(－)。

Eustigma Gardner & Champ. 秀柱花属 Hamamelidaceae［MD－63］特征纪要:习性:木本。花程式:－。物候:－。花期:4－5 月。果期:参考晚于花期。海拔:100－200 米。生境:森林。资源:具园艺种类。全球 2 个大洲分布及种数(4－13)亚洲:11; 大洋洲:2。【中国种数:3】。

Eustoma Salisb. 洋桔梗属 Gentianaceae［MD－496］特征纪要:习性:草本。花程式:K5,C0,A10,↓G－。其他特征参考科。全球 6 个大洲分布及种数(2－46)非洲:2; 亚洲:4; 大洋洲:2; 欧洲:28; 北美洲:28; 南美洲:21。【中国种数:1】。

Eustrephus R. Br. 袋熊果属 Asparagaceae［MM－669］特征纪要:草本。花程式:(K)3,C0 参考科,A6,(G)3。其他特征参考科。全球 4 个大洲分布及种数(1－13)非洲:3; 亚洲:5; 大洋洲:10; 北美洲:3。【中国种数:1】。

Eutacta Link ＝ **Araucaria**

Eutassa Salisb. ＝ **Araucaria**

Eutaxia R. Br. 大洋洲铁扫帚属 Fabaceae3［MD－240］特征纪要:习性:木本。花程式:K1－∞,C1－∞,A5－9,＝↓G1。其他特征参考科。全球 4 个大洲分布及种数(22－46)亚洲:2; 大洋洲:42; 欧洲:2; 北美洲:2。

Eutereia Raf. ＝ **Dracontium**

Euterpe Mart. 菜椰属 Arecaceae［MM－717］特征纪要和分布(－)。全球 6 个大洲分布及种数(12－15;hort. 1)非洲:3;亚洲:3;大洋洲:3;欧洲:3;北美洲:4－7;南美洲:10－14。

Eutetras A. Gray 四鳞菊属 Asteraceae［MD－586］特征纪要:习性:草本。花程式:(K)3－5,C3－5,A3－5,＝↓(G)2。其他特征参考科。全球 2 个大洲分布及种数(2－3)北美洲:2; 南美洲:2。

Euthemis Jack 泽莲木属 Ochnaceae［MD－104］特征纪要:习性:木本。花程式:K1－∞,C1－∞,A10,＝(G)2－15。物候:－。花期:4 月。果期:参考晚于花期。海拔:60－1400 米。生境:林中,岩石山谷两侧,溪流湿地。资源:－。全球 2 个大洲分布及种数(2－20)亚洲:6; 南美洲:10。【中国种数:2】。

Euthryptochloa Cope ＝ **Phaenosperma**

Euthyra Salisb. ＝ **Paris**

Euthystachys A. DC. 光仙木属 Stilbaceae［MD－532］特征纪要:习性:木本。花程式:K4－5,C0,A4－5,↓G。其他特征参考科。全球 5 个大洲分布及种数(1－2)非洲:2; 亚洲:2; 大洋洲:2; 北美洲:2; 南美洲:2。

Eutoca R. Br. ＝ **Phacelia**

Eutrema R. Br. 山嵛菜属 Brassicaceae［MD－213］特征纪要:习性:草本(根状茎,基生)。花程式:Kn,C2－3 参考科,A5,＝G2。物候:－。花期:6－7 月。果期:参考晚于花期。海拔:2500－5400 米。生境:潮湿地区归化,针叶林下,林缘。资源:具栽培园艺种类。全球 6 个大洲分布及种数(44－120)非洲:4; 亚洲:81; 大洋洲:2; 欧洲:7; 北美洲:7; 南美洲:31。【中国种数:21】。

Eutriana Trin. ＝ **Bouteloua**

Eutrochium Raf. 喇叭泽兰属 Asteraceae［MD－586］特征纪要:习性:草本。花程式:(K)3－5,(C)3－5,A3－5,

E

↓G。其他特征参考科。全球6个大洲分布及种数(9-13)非洲:2; 亚洲:5; 大洋洲:1; 欧洲:13; 北美洲:13; 南美洲:3。【中国种数:2】。

Eutropia Klotzsch = **Croton**

Euxylophora Huber 嘉黄木属 Rutaceae [MD-399] 特征纪要:习性:木本。花程式:K5,C5,A4,=G1-3。其他特征参考科。全球1个大洲分布及种数(1)◆南美洲(◆巴西)。

Euzoniella <unassigned> 嘉花荷属 Rhodoleiaceae [MD-64] 特征纪要:-。全球2个大洲分布及种数(2)亚洲:1; 大洋洲:2。

Euzygodon Jur. 变齿藓属 Orthotrichaceae [B-151] 特征纪要:-。全球1个大洲分布及种数(-)。

Evandra R. Br. 多蕊莎属 Cyperaceae [MM-747] 特征纪要:习性:草本。花程式:-。其他特征参考科。全球1个大洲分布及种数(2)◆大洋洲(◆澳大利亚)。

Evanesca Raf. = **Pimenta**

Evansia Salisb. 千鸢尾属 Iridaceae [MM-700] 特征纪要和分布(-)。

Evansianthus R. M. Schust. & J. J. Engel 智利地萼苔属 Lophocoleaceae [B-74] 特征纪要:习性:-。【Rep】:雌苞生于短枝上,雄苞生于短侧枝上,短枝上无正常叶发育,仅为雌雄苞叶,雌雄同株,稀异株,雌雄苞一般生于主茎或长分枝顶端,雌苞叶大于茎叶,先端具裂瓣和不规则齿突,蒴萼大。其他特征参考科。全球1个大洲分布及种数(1)◆南美洲(◆智利)。

Evansiolejeunea Vanden Berghen 唇鳞苔属 Lejeuneaceae [B-84] 特征纪要:-。全球1个大洲分布及种数(1)◆非洲。

Evax Gaertn. = **Filago**

Everardia Ridl. 锥莎木属 Cyperaceae [MM-747] 特征纪要:习性:-。花程式:-。其他特征参考科。全球1个大洲分布及种数(14)◆南美洲。

Everistia S. T. Reynolds & R. J. F. Hend. 澳茜木属 Rubiaceae [MD-523] 特征纪要:习性:木本。花程式:(K)4-5,(C)4-5,A4-5,=↓(G)2-9。其他特征参考科。全球1个大洲分布及种数(1)◆大洋洲(◆澳大利亚)。

Everniastrum <unassigned> 水蕨科属 Parkeriaceae [F-36] 特征纪要:-。全球2个大洲分布及种数(20)亚洲:7; 南美洲:19。

Everniicola <unassigned> 孢芽藓科属 Sorapillaceae [B-212] 特征纪要:-。全球1个大洲分布及种数(-)。

Eversmannia Bunge 刺枝豆属 Fabaceae3 [MD-240] 特征纪要:习性:木本。花程式:K1-∞,C1-∞,A5-9,=↓G(-)。物候:-。花期:5-6月。果期:参考晚于花期。海拔:800-3100米。生境:沙地草原,干燥草甸。资源:具栽培园艺种类。全球1个大洲分布及种数(1-2)◆亚洲。【中国种数:1】。

Evodia J. R. Forst. & G. Forst. 茱萸属 Rutaceae [MD-399] 特征纪要:习性:-。花程式:-。物候:-。花期:4-5月。果期:参考晚于花期。海拔:1500米。生境:低海拔地区阳坡。资源:-。全球6个大洲分布及种数(29)非洲:36;亚洲:2-44;大洋洲:36;欧洲:36;北美洲:36;南美洲:36。

Evodianthus örst. 香绳草属 Cyclanthaceae [MM-706] 特征纪要:习性:草本。花程式:K0,C0,A4-10,↓(G)4。其他特征参考科。全球2个大洲分布及种数(1)北美洲:1;南美洲:1。

Evodiella B. L. Linden 红茱萸属 Rutaceae [MD-399] 特征纪要:习性:-。花程式:-。其他特征参考科。全球5个大洲分布及种数(3)非洲:1;亚洲:1;大洋洲:2;北美洲:1;南美洲:cf. 1。

Evodiopanax Nakai = **Gamblea**

Evolvolus Sw. 旋花科属 Convolvulaceae [MD-499] 特征纪要和分布(-)。

Evolvulus L. 土丁桂属 Convolvulaceae [MD-499] 特征纪要:习性:草质攀援。花程式:-。物候:-。海拔:600-1800米。生境:草坡,灌丛及路边。栽培:来自广西龙州。资源:具栽培园艺种类。全球6个大洲分布及种数(115-127;hort. 1;cult. 6)非洲:6-18;亚洲:12-25;大洋洲:7-18;欧洲:1-12;北美洲:33-46;南美洲:98-114。【中国种数:10】。

Evonymopsis H. Perrier 马达土卫矛属 Celastraceae [MD-339] 特征纪要:习性:木本。花程式:-。其他特征参考科。全球1个大洲分布及种数(4)◆非洲(◆马达加斯加)。

Evonymus Tourn. ex L. = **Euonymus**

Evopis Cass. = **Berkheya**

Evotella Kurzweil & H. P. Linder 乌头兰属 Orchidaceae [MM-723] 特征纪要:习性:草本。花程式:(K-),C2-3参考科,A3参考科,↓G-。其他特征参考科。全球1个大洲分布及种数(2)◆非洲。

Evrardiella Gagnep. = **Aspidistra**

Ewartia Beauverd 湿鼠曲草属 Asteraceae [MD-586] 特征纪要:习性:草本。花程式:(K)3-5,(C)3-5,A3-5,↓G。其他特征参考科。全球1个大洲分布及种数(2-4)◆大洋洲(◆澳大利亚)。

Ewartiothamnus Anderb. 银苞紫绒草属 Asteraceae [MD-586] 特征纪要:习性:草本。花程式:(K)3-5,(C)3-5,A3-5,↓G。其他特征参考科。全球1个大洲分布及种数(1)◆大洋洲。

Exaculum Carül 小红管属 Gentianaceae [MD-496] 特征纪要:习性:草本。花程式:K4,C0,A10,=G2。其他特征参考科。全球4个大洲分布及种数(2)非洲:1;大洋洲:1;欧洲:1;北美洲:1。

Exacum L. 藻百年属 Gentianaceae [MD-496] 特征纪要:习性:草本。花程式:-。物候:-。海拔:900-1500米。生境:森林,旷地。资源:具栽培园艺种类。全球6个大洲分布及种数(64-80;hort. 1;cult. 1)非洲:45-

E

57;亚洲:24－46;大洋洲:4－16;欧洲:10;北美洲:1－12;南美洲:10。【中国种数:6】。

Exadenus Griseb. = **Halenia**

Exallage Bremek. = **Hedyotis**。【中国种数:2】。

Exallosperma De Block 盔茜属 Rubiaceae［MD－523］特征纪要:习性:木本。花程式:(K－),(C)4,A3 参考科,↓G。其他特征参考科。全球 1 个大洲分布及种数(1)◆非洲。

Exandra Standl. = **Simira**

Exarata A. H. Gentry 樟萼桐属 Schlegeliaceae［MD－538］特征纪要:习性:草本。花程式:－。其他特征参考科。全球 1 个大洲分布及种数(1)◆南美洲。

Exbucklandia R. W. Br. 马蹄荷属 Hamamelidaceae［MD－63］特征纪要:习性:木质攀援。花程式:－。物候:－。花期:5－6 月。果期:参考晚于花期。海拔:800－1500 米。生境:山地常绿森林,山坡,丛林,花岗岩山地黄壤。资源:具园艺种类。全球 2 个大洲分布及种数(3－7)亚洲:6; 北美洲:2。【中国种数:3】。

Excentradenia W. R. Anderson 巴西半虎尾属 Malpighiaceae［MD－343］特征纪要:习性:木本。花程式:K5,C5,A10,＝G2－3。其他特征参考科。全球 1 个大洲分布及种数(4)◆南美洲。

Excentrodendron H. T. Chang & R. H. Miao 蚬木属 Malvaceae［MD－203］特征纪要:木本,复叶。花程式:Kn,C,A10 枚,G5,房位(－)。果实:蒴果。种子:倒卵状长圆形,有狭翅及乳头状突起。全球 1 个大洲分布及种数(2－4)◆亚洲。

Excoecaria L. 海漆属 Euphorbiaceae［MD－217］特征纪要:习性:木本。花程式:－。物候:－。花期:参考早于果期。果期:2 月。海拔:1200－3000 米。生境:滨海潮湿处,疏林或密林中。资源:具栽培园艺种类。全球 6 个大洲分布及种数(34－55;hort. 1;cult. 2)非洲:12－22;亚洲:13－27;大洋洲:5－13;欧洲:1－6;北美洲:7－12;南美洲:3－8。【中国种数:8】。

Exellia Boutiqü 嘉陵花属 Annonaceae［MD－7］特征纪要:习性:－。花程式:－。其他特征参考科。全球 1 个大洲分布及种数(－)。

Exellodendron Prance 苞谷李属 Chrysobalanaceae［MD－243］特征纪要:习性:木本。花程式:－。其他特征参考科。全球 2 个大洲分布及种数(5－6)大洋洲:2; 南美洲:6。

Exhalimolobos Al－Shehbaz & C. D. Bailey 红花菜属 Brassicaceae［MD－213］特征纪要:习性:草本。花程式:K2－4,C2－4,A2－4,＝(G)2。其他特征参考科。全球 2 个大洲分布及种数(10)北美洲:5;南美洲:5。

Exioxylon Raf. = **Echiochilon**

Exoacantha Labill. 外刺芹属 Apiaceae［MD－480］特征纪要:习性:草本。花程式:Kn,C5,A3 参考科,＝↓G(－)。其他特征参考科。全球 2 个大洲分布及种数(1－2)亚洲:cf. 1;北美洲:1。

Exobryum R. H. Zander 丛藓科属 Pottiaceae［B－133］特征纪要:－。全球 1 个大洲分布及种数(－)。

Exocarpos Labill. 罗汉檀属 Santalaceae［MD－412］特征纪要:习性:木本。花程式:K3－4,C0,A3－4,＝↓G2－3。物候:－。海拔:－。生境:－。资源:具园艺种类。全球 6 个大洲分布及种数(10－29)非洲:20;亚洲:3－22;大洋洲:6－40;欧洲:15;北美洲:3－19;南美洲:15。【中国种数:1】。

Exocarya Benth. 黑曜芒属 Cyperaceae［MM－747］特征纪要:习性:草本。花程式:(K)3,C3,A1－3,＝↓(G)2－3。其他特征参考科。全球 2 个大洲分布及种数(2)非洲:1;大洋洲:1。

Exochaenium Griseb. 小黄管属 Gentianaceae［MD－496］特征纪要:习性:－。花程式:－。其他特征参考科。全球 1 个大洲分布及种数(－)。

Exochogyne C. B. Clarke 珍珠茅属 Cyperaceae［MM－747］特征纪要:习性:草本。花程式:－。其他特征参考科。全球 2 个大洲分布及种数(2－10)亚洲:3; 南美洲:5。

Exochorda Lindl. 白鹃梅属 Rosaceae［MD－246］特征纪要:习性:木本。花程式:－。物候:－。花期:5 月。果期:参考晚于花期。海拔:1000－2000 米。生境:栽培。资源:药用,具栽培园艺种类。全球 4 个大洲分布及种数(4－23)亚洲:16; 大洋洲:3; 欧洲:9; 北美洲:9。【中国种数:1】。

Exodeconus Raf. 肖酸浆属 Solanaceae［MD－503］特征纪要:习性:木本。花程式:K3－4,C0,A3－4,＝G2。其他特征参考科。全球 2 个大洲分布及种数(8)欧洲:1;南美洲:7。

Exodictyon Cardot 围网藓属 Calymperaceae［B－130］特征纪要:习性:－。【Rep】:雌雄同株或雌雄异株,蒴柄顶生或侧生,孢蒴直立,卵圆形或圆柱形,对称,蒴齿 8 或 16,阔披针形,中缝开裂,蒴柄不甚长,孢蒴顶生,直立,圆柱形,蒴齿发育或退失,齿片 16,披针形,具细疣,蒴盖具长喙,蒴帽多兜。物候:－。海拔:－。生境:常见于林下树干和树基,石生。资源:－。全球 3 个大洲分布及种数(14)亚洲:5;大洋洲:13;欧洲:1。【中国种数:1】。

Exodokidium Cardot 珠藓科属 Bartramiaceae［B－142］特征纪要:－。全球 1 个大洲分布及种数(－)。

Exogonium Choisy 虎掌藤属 Acanthaceae［MD－572］特征纪要:习性:－。花程式:－。其他特征参考科。全球 2 个大洲分布及种数(30)北美洲:1; 南美洲:1。

Exolobus E. Fourn. = **Gonolobus**

Exomiocarpon Lawalrée 斑果菊属 Asteraceae［MD－586］特征纪要:习性:草本。花程式:(K)3－5,C3－5,A3－5,＝↓(G)2。其他特征参考科。全球 1 个大洲分布及种数(1)◆非洲。

Exomis Fenzl ex Moq. 柱苞滨藜属 Amaranthaceae［MD－116］特征纪要:习性:草本。花程式:K3－5,C0,A3－5,G－。其他特征参考科。全球 4 个大洲分布及种数(2－54)非洲:53; 亚洲:2; 大洋洲:2; 南美洲:50。

Exormotheca Mitt. 短托苔属 Exormothecaceae［B－16］特征纪要:－。全球 5 个大洲分布及种数(14)非洲:4; 亚

E

洲:4; 大洋洲:3; 欧洲:2; 北美洲:2。

Exormothecaceae Grolle [B－16] 短托苔科 特征纪要:叶状体大形,一般宽 1－2 厘米,长 2－15 厘米,暗绿色,表面常具长纤毛,多回叉状分枝,边缘略波曲。【Rep】:雌雄同株或异株,雄托圆盘形,精子器着生其上,周围密生长刺状毛,托柄极短,雌托半球形,表面具多数纤毛。全球 4 个大洲分布及属种数(1/1)非洲:1; 亚洲:1; 大洋洲:1; 北美洲:1。

Exostema (Pers.) Bonpl. 白茜草属 Rubiaceae [MD－523] 特征纪要:习性:木本。花程式:(K)4－5,(C)4－5,A4－5,＝↓G2－9。物候:－。海拔:－。生境:－。资源:具园艺种类。全球 6 个大洲分布及种数(22－42;hort. 1)非洲:3－5;亚洲:7－12;大洋洲:2;欧洲:2;北美洲:19－35;南美洲:9－12。

Exostigma G. Sancho 白茜菊属 Asteraceae [MD－586] 特征纪要:习性:草本。花程式:(K)3－5,(C)3－5,A3－5,↓G。其他特征参考科。全球 1 个大洲分布及种数(2) ◆南美洲:2。

Exostratum L. T. Ellis 拟外网藓属 Calymperaceae [B－130] 特征纪要:习性:－。【Rep】:雌雄异株,蒴柄细长,红色,无疣,干时旋扭,孢蒴直立,长椭圆形。物候:－。海拔:－。生境:常见于林下树干和树基,石生。资源:－。全球 2 个大洲分布及种数(4)亚洲:3;大洋洲:4。【中国种数:2】。

Exostyles Schott 巴西外柱豆属 Fabaceae3 [MD－240] 特征纪要:习性:木本。花程式:K1－∞,C1－∞,A5－9,＝↓G1。其他特征参考科。全球 1 个大洲分布及种数(4)◆南美洲。

Exothamnus D. Don ex Hook. ＝ **Haplopappus**

Exothea Macfad. 墨木患属 Sapindaceae [MD－428] 特征纪要:习性:木本。花程式:K4－8,C4－8,A10,＝(G)2－3。其他特征参考科。全球 3 个大洲分布及种数(3－4)亚洲:2; 北美洲:4; 南美洲:3。【中国种数:1】。

Exotheca Andersson 埃塞逐草属 Poaceae [MM－748] 特征纪要:习性:草本。花程式:(K)3,C0 参考科,A1－2,＝(G)2－3。其他特征参考科。全球 2 个大洲分布及种数(1－5)非洲:3; 亚洲:5。【中国种数:1】。

Exothostemon G. Don ＝ **Laubertia**

Exsertanthera Pichon ＝ **Lundia**

Exsertotheca S. Olsson, Enroth & D. Quandt 突蒴藓属 Neckeraceae [B－204] 特征纪要:习性:－。【Rep】:孢子体不详,黄绿色或黄褐色。物候:－。海拔:－。生境:常见于岩石或树干。资源:－。全球 3 个大洲分布及种数(2)非洲:1;亚洲:1;欧洲:2。

Extriplex E. H. Zacharias 滨藜属 Amaranthaceae [MD－116] 特征纪要:习性:草本。花程式:Kn,C0,A5 参考科,G－。其他特征参考科。全球 1 个大洲分布及种数(2) ◆北美洲:2。

Exydra Endl. ＝ **Glyceria**

Eysenhardtia Kunth 肾豆木属 Fabaceae3 [MD－240] 特征纪要:习性:木本。花程式:K1－∞,C1－∞,A5－9,＝↓G1。其他特征参考科。全球 5 个大洲分布及种数(13－26)非洲:2; 亚洲:3; 欧洲:18; 北美洲:18; 南美洲:8。【中国种数:1】。

Ezosciadium B. L. Burtt 非洲伞芹属 Apiaceae [MD－480] 特征纪要:习性:草本。花程式:Kn,C5,A3 参考科,＝↓G(－)。其他特征参考科。全球 1 个大洲分布及种数(1)◆非洲。

F

Fabaceae Lindl [MD－240] 豆科 特征纪要参考 Fabaceae1,2,3。全球－个大洲分布及属种数(864 <872> －949/18386－28615)。

Fabaceae1 Dum. [MD－238] 含羞草科 特征纪要:习性:木本;落叶。花程式:K4－5,C3,A1－8－10－50,＝↓(G)－。花期:3－10月。果期:6－9月。果实:荚果。种子:棕色。生境:薄森林,栽培。资源:园林,药用。栽培:中国有栽培。全球6个大洲分布及属种数(135－160/2949－3936 <IFR 41/144> hort. 12;cult. 12) 非洲:69－73/687－889(IFR 22/53); 亚洲:37－48/384－497(IFR 12/25); 大洋洲:24－25/418－454(IFR 4/5); 欧洲:13－14/47－58; 北美洲:40－43/917－1008(IFR 13/31); 南美洲:50－55/1257－1408(IFR 18/60)。【中国属种数:8/25】。

Fabaceae2 Lindl. [MD－239] 云实科 特征纪要:习性:木本;落叶。花程式:K5－n,C0,A,↓G－。花期:5－7月,参考果期12月。果实:荚果。种子:棕色。生境:－。资源:园林。栽培:中国有栽培。全球6个大洲分布及属种数(133－139/1972－2901 <IFR 40/364> hort. 20;cult. 20) 非洲:66－68/375－480(IFR 12/39); 亚洲:32－34/643－766(IFR 13/33); 大洋洲:24/158－205(IFR 5/10); 欧洲:14/62; 北美洲:34－35/418－439(IFR 17/99); 南美洲:61－63/1241－1328(IFR 28/249)。【中国属种数:6/6】。

Fabaceae3 Dum. [MD－240] 蝶形花科 特征纪要:习性:木本;落叶。花程式:K5,C1－∞,A5,＝(↓G)2。花期:6－10月。果期:9－11月。果实:无果颈。种子:棕。生境:－。资源:园林。栽培:中国有栽培。全球6个大洲分布及属种数(604－650/13444－22778 <IFR 180/1259> hort. 133;cult. 133) 非洲:229－239/3479－5518(IFR 74/355); 亚洲:234－244/4878－7734(IFR 84/340); 大洋洲:155－163/2340－3738(IFR 33/131); 欧洲:102－107/1190－1726(IFR 32/158); 北美洲:176－178/3679－4249(IFR 61/349); 南美洲:198－206/3096－3489(IFR 50/145)。【中国属种数:281/2729】。

Fabbronia Raddi ex Lindb. ＝ **Fabronia**

Faberia Hemsl. 假花佩菊属 Asteraceae [MD－586] 特征纪要:习性:草本(根状茎,基生)。花程式:(K)3－5,C3－5,A3 参考科,↓G。物候:－。海拔:1800－3000米。生境:路边、沟边及山坡上树林。资源:药用,具栽培园艺种类。全球6个大洲分布及种数(11－19)非洲:2; 亚洲:15; 大洋洲:2; 欧洲:2; 北美洲:2; 南美洲:2。【中国种数:6】。

Faberiopsis C. Shih & Y. L. Chen ＝ **Faberia**

Fabiana Ruiz & Pav. 柏枝花属 Solanaceae [MD－503] 特征纪要:习性:草本。花程式:－。其他特征参考科。全球4个大洲分布及种数(16－42)大洋洲:1; 欧洲:2; 北美洲:2; 南美洲:38。

Fabricia (Tourn.) Adans. 含金娘属 Asparagaceae [MM－669] 特征纪要:习性:－。花程式:－。其他特征参考科。全球6个大洲分布及种数(28)非洲:8; 亚洲:10; 大洋洲:5; 欧洲:4; 北美洲:4; 南美洲:3。

Fabroleskea Best 细枝藓属 Leskeaceae [B－181] 特征纪要:－。全球1个大洲分布及种数(－)。

Fabronia Raddi 碎米藓属 Fabroniaceae [B－173] 特征纪要:习性:－。【Rep】:雌雄同株,内雌苞叶鞘状,具细长尖,边缘具齿或毛,无中肋,蒴柄短或稍细长,黄色,平滑,孢蒴直立。物候:－。海拔:900米。生境:常见于高寒山区,岩面土生。资源:－。全球6个大洲分布及种数(85)非洲:32;亚洲:25;大洋洲:10;欧洲:3;北美洲:12;南美洲:20。【中国种数:20】。

Fabroniaceae Schimp. [B－173] 碎米藓科 特征纪要:柔弱,单一或两叉分枝。【Rep】:精子器橙黄色,裸露或部分被雄苞叶包围,颈卵器顶生,受精后由大形钟状假蒴萼包被,孢蒴球形,具蒴柄。全球6个大洲分布和属种数(17/165)亚洲:9/49;大洋洲:4/14;欧洲:7/12;北美洲:8/24;南美洲:8/49。【中国属种数:4/25】。

Fabronidium Müll. Hal. 北美薄罗藓属 Leskeaceae [B－181] 特征纪要:习性:－。【Rep】:雌雄同株,雌苞生于茎上,雄苞常着生于枝端,蒴柄长,直立,平滑或粗糙具疣,孢蒴多数直立,有时倾立,两侧;雌雄异株,蒴柄纤细,长约1厘米,孢蒴长卵形,蒴齿两层,内齿层齿毛缺失,蒴盖圆锥形。其他特征参考科。全球2个大洲分布及种数(2)北美洲:1;南美洲:1。

Fabroniella Lorentz ex Müll. Hal. ＝ **Juratzkaea**

Facchinia Rchb. 石竹科属 Caryophyllaceae [MD－77] 特征纪要:习性:－。花程式:－。其他特征参考科。全球1个大洲分布及种数(8)◆欧洲:8。

Facelis Cass. 疏头紫绒草属 Asteraceae [MD－586] 特征纪要:习性:草本。花程式:(K)3－5,(C)3－5,A3－5,＝↓G2。其他特征参考科。全球6个大洲分布及种数(4－22)非洲:2; 亚洲:3; 大洋洲:3; 欧洲:4; 北美洲:4; 南美洲:10。

Facheiroa Britton & Rose 红翁柱属 Cactaceae [MD－100] 特征纪要:习性:木本。花程式:K1－∞,C1－∞,A3－

100, = ↓ G3 – 100 – 。其他特征参考科。全球 1 个大洲分布及种数(5)◆南美洲。

Fadenia Aellen & C. C. Towns. 浆果猪毛菜属 Amaranthaceae [MD – 116] 特征纪要:习性:草本。花程式:K3 – 5, C0, A3 – 5, G – 。其他特征参考科。全球 1 个大洲分布及种数(cf.)◆非洲。

Fadogia Schweinf. 茶骨木属 Rubiaceae [MD – 523] 特征纪要:习性:木本。花程式:(K)4 – 5, (C)4 – 5, A4 – 5, = ↓ G2 – 9。其他特征参考科。全球 4 个大洲分布及种数(51 – 135)非洲:122; 亚洲:7; 北美洲:1; 南美洲:7。

Fadogiella Robyns 非洲钩茜草属 Rubiaceae [MD – 523] 特征纪要:习性:木本。花程式:(K –), (C)4, A3 – 5, ↓ G。其他特征参考科。全球 1 个大洲分布及种数(2 – 3)◆非洲。

Fadyenia Hook. 叉囊蕨属 Dryopteridaceae [F – 49] 特征纪要:习性: – 。其他特征参考科。全球 1 个大洲分布及种数(1)◆北美洲:1。

Fagaceae Dum. [MD – 69] 壳斗科 特征纪要:习性:木本;常绿,落叶。花程式:K25 – 100, C25 – 100, A25 – 100, = ↑ G13 – 68。花期: 4 – 6 月。果期: 9 – 10 月。生境:半常绿雨林中较常见,在石灰岩山地。资源:药用。栽培:中国有栽培。全球 6 个大洲分布及属种数(16 – 21/1104 – 1565 <IFR 10/113> hort. 1; cult. 7) 非洲:3/62 – 63; 亚洲:8 – 9/781 – 964(IFR 7/78); 大洋洲:3/50 – 51; 欧洲:3/126 – 137(IFR 1/34); 北美洲:7 – 9/421 – 454 (IFR 6/35); 南美洲:4/52 – 55。【中国属种数:8/397】。

Fagara L. 芸香科属 Rutaceae [MD – 399] 特征纪要:习性: – 。花程式: – 。物候: – 。海拔:100 – 3200 米。生境:林中。资源: – 。全球 3 个大洲分布及种数(2 – 304)亚洲:3; 北美洲:3; 南美洲:2。

Fagaropsis Mildbr. 拟崖椒属 Rutaceae [MD – 399] 特征纪要:习性:木本。花程式:K4, C4, A4, = G1 – 3。其他特征参考科。全球 1 个大洲分布及种数(4)◆非洲。

Fagelia (Bl.) DC. 南美豆属 Calceolariaceae [MD – 531] 特征纪要:习性: – 。花程式: – 。物候: – 。海拔:7500 米。生境:矮灌木丛或芦苇丛中,稀见于沿河岸疏林下,作为作物栽培。资源:具栽培园艺种类。全球 3 个大洲分布及种数(58)非洲:4; 亚洲:2; 南美洲:22。

Fagonia L. 蒺刺玫属 Zygophyllaceae [MD – 288] 特征纪要:习性: – 。其他特征参考科。全球 6 个大洲分布及种数(27 – 36; hort. 1; cult. 2)非洲:16 – 29; 亚洲:15 – 24; 大洋洲:6; 欧洲:2 – 8; 北美洲:11 – 17; 南美洲:3 – 9。

Fagopyrum Mill. 荞麦属 Polygonaceae [MD – 120] 特征纪要:习性:草质攀援(具根状茎)。花期:6 – 10 月。果期:参考晚于花期。海拔:1000 – 2200 米。生境:路边向阳处草地,直立,泉水旁。资源:药用,具栽培园艺种类。全球 6 个大洲分布及种数(29 – 63)非洲:8; 亚洲:54; 大洋洲:3; 欧洲:8; 北美洲:8; 南美洲:3。【中国种数:16】。

F

Fagraea Thunb. 灰莉属 Loganiaceae [MD – 486] 特征纪要:习性:木质攀援。花程式:Kn, C2 – 3 参考科, A5, = ↓ G2。物候: – 。花期:4 – 8 月。果期:参考晚于花期。海拔:500 – 1800 米。生境:林地。资源:园林,具栽培园艺种类。全球 6 个大洲分布及种数(33 – 100; hort. 1)非洲:8 – 27; 亚洲:26 – 80; 大洋洲:10 – 34; 欧洲:1 – 5; 北美洲:5 – 10; 南美洲:2 – 6。【中国种数:4】。

Faguetia Marchand 镰果漆属 Anacardiaceae [MD – 432] 特征纪要:习性:木本。花程式: – 。其他特征参考科。全球 1 个大洲分布及种数(1)◆非洲(◆马达加斯加)。

Fagus L. 水青冈属 Fagaceae [MD – 69] 特征纪要:习性:木本。花程式: – 。物候: – 。花期:4 – 5 月。果期:参考晚于花期。海拔:1500 – 2500 米。生境:常绿落叶阔叶混交林中。栽培:来自广西龙州。资源:药用,具栽培园艺种类。全球 6 个大洲分布及种数(15 – 21; hort. 1; cult. 6)非洲:6; 亚洲:12 – 18; 大洋洲:3 – 9; 欧洲:4 – 10; 北美洲:9 – 15; 南美洲:2 – 8。【中国种数:9】。

Faika Phil. 榕檫属 Monimiaceae [MD – 20] 特征纪要:习性: – 。花程式: – 。其他特征参考科。全球 1 个大洲分布及种数(–)。

Fairchildia Britton & Rose 豆科属 Fabaceae2 [MD – 239] 特征纪要:习性:草本。花程式: – 。其他特征参考科。全球 2 个大洲分布及种数(1 – 2)北美洲:2; 南美洲:2。

Falcaria Fabr. 镰叶芹属 Apiaceae [MD – 480] 特征纪要:习性:草本。花程式:K5, C5, A5, = ↓ (G)2。物候: – 。海拔:50 – 5600 米。生境:半荒漠中和砾石质山坡上,柞林内。资源:具园艺种类。全球 6 个大洲分布及种数(1 – 68)非洲:6; 亚洲:45; 大洋洲:4; 欧洲:21; 北美洲:21; 南美洲:17。【中国种数:1】。

falcata J. F. Gmel. 两型豆属 Fabaceae3 [MD – 240] 特征纪要:习性: – 。花程式: – 。其他特征参考科。全球 3 个大洲分布及种数(cf. 1)亚洲;北美洲;南美洲。

Falcataria (I. C. Nielsen) Barneby & J. W. Grimes 南洋楹属 Fabaceae2 [MD – 240] 特征纪要:习性:木本。花程式:K3 – 5 – ∞, C3 – 5 – ∞, A1 – 10 – 50, = ↓ G1。物候: – 。花期:4 – 7 月。果期:参考晚于花期。海拔:100 – 2500 米。生境: – 。栽培: – 。资源:药用,具栽培园艺种类。全球 6 个大洲分布及种数(3 – 5)非洲:4; 亚洲:4; 大洋洲:5; 欧洲:5; 北美洲:5; 南美洲:3。

Falcatifoliaceae Melikyan & A. V. Bobrov = Podocarpaceae

Falcatifolium de Laub. 镰叶杉属 Podocarpaceae [G – 13] 特征纪要:习性: – 。【Rep】:复轴,短穗状,上部苞片杯套状,内有种子发生,寡种子,雌雄同株。物候: – 。海拔: – 。生境: – 。资源:具园艺种类。全球 4 个大洲分布及种数(6 – 10)非洲:3; 亚洲:6; 大洋洲:4; 南美洲:1。

Falcatula Brot. = **trifolium**

Falckia Thunb. = **Falkia**

Falconeria Ryole 美洲柏属 Euphorbiaceae [MD – 217] 特征纪要:习性: – 。花程式: – 。物候: – 。花期:3 – 4 月。果期:参考晚于花期。海拔:200 – 800 米。生境:地方。资源: – 。全球 3 个大洲分布及种数(1 – 11)亚洲:2; 北美洲:1; 南美洲:1。【中国种数:1】。

Falimiria Rchb. = **Gaudinia**

Falkia Thunb. 银毯藤属 Convolvulaceae [MD－499] 特征纪要:习性:草本。花程式:－。其他特征参考科。全球3个大洲分布及种数(3－9)非洲:8; 亚洲:2; 南美洲:2。

Fallaciella H. A. Crum 南美灰藓属 Lembophyllaceae [B－205] 特征纪要:习性:－。【Rep】:雌雄多异株,内雌苞叶基部呈鞘状,具长尖,孢蒴直立或平列,卵形或长椭圆形,环带分化,蒴齿两层,外齿层黄,雌雄异株或雌雄异苞同株,内雌苞叶基部呈鞘状,上部呈披针形,孢蒴卵形或椭圆形,蒴齿两层,外齿层透明。其他特征参考科。全球2个大洲分布及种数(2)大洋洲:2;南美洲:1。

Fallopia Adans. 首乌属 Polygonaceae [MD－120] 特征纪要和分布(－)。全球6个大洲分布及种数(17－22;hort. 1;cult. 2)非洲:6－10;亚洲:16－26;大洋洲:5－9;欧洲:6－10;北美洲:11－15;南美洲:4。【中国种数:6】。

Fallugia Endl. 岩车木属 Rosaceae [MD－246] 特征纪要:习性:木本。花程式:Kn,C2－3参考科,A3参考科,=↓G(－)。其他特征参考科。全球1个大洲分布及种数(1)◆北美洲(◆美国)。

Falona Adans. = **Cynosurus**

Famatinanthus Ariza & S. E. Freire 崖菊木属 Asteraceae [MD－586] 特征纪要:习性:草本。花程式:(K)3－5,(C)3－5,A3－5,↓G。其他特征参考科。全球1个大洲分布及种数(1) ◆南美洲:1。

Fanninia Harv. 法宁萝藦属 Apocynaceae [MD－492] 特征纪要:习性:木本。花程式:Kn,C0,A15,↓G。其他特征参考科。全球1个大洲分布及种数(1)◆非洲。

Faradaya F. Müll. 阳芋藤属 Lamiaceae [MD－575] 特征纪要:习性:－。花程式:－。其他特征参考科。全球4个大洲分布及种数(30)非洲:12; 亚洲:17; 大洋洲:14; 北美洲:5。

Faramea Aubl. 高蛛檀属 Rubiaceae [MD－523] 特征纪要:习性:木本。花程式:－。其他特征参考科。全球6个大洲分布及种数(192－236;hort. 1;cult. 1)非洲:1;亚洲:6－7;大洋洲:1－3;欧洲:1;北美洲:53－57;南美洲:169－207。【中国种数:1】。

Farfara Gilib. = **Tussilago**

Farfugium Lindl. 大吴风草属 Asteraceae [MD－586] 特征纪要:习性:草本(根状茎,基生)。花程式:(K)3－5,C3－5,A3参考科,=↓(G)2。物候:－。海拔:100米。生境:森林,草坡,山谷,有时是种植园。资源:药用,园林,具栽培园艺种类。全球3个大洲分布及种数(4－15)亚洲:11; 欧洲:2; 北美洲:2。【中国种数:1】。

Fargesia Franch. 箭竹属 Poaceae [MM－748] 特征纪要:习性:竹类。花程式:(K－),C0参考科,A3,=G2－3。物候:－。花期:10月。果期:参考晚于花期。海拔:1000－1200米。生境:北坡薄层砂壤土中,棕色森林土壤,长叶云杉,乔松林下。资源:药用,纤维,具栽培园艺种类。全球5个大洲分布及种数(49－147)非洲:5; 亚洲:126; 欧洲:12; 北美洲:12; 南美洲:4。【中国种数:42】。

Farinopsis Chrtek & Soják 臭扁麻属 Rosaceae [MD－246] 特征纪要:习性:－。花程式:－。其他特征参考科。全球1个大洲分布及种数(－)。【中国种数:1】。

Farmeria Willis ex Hook. f. 河苔草属 Podostemaceae [MD－322] 特征纪要:习性:草本。花程式:Kn,C0,A10,G－。其他特征参考科。全球2个大洲分布及种数(2－3)亚洲:2; 南美洲:1。

Farnoldia <unassigned> 爪芽藓属 Sorapillaceae [B－212] 特征纪要和分布(－)。

Faroa Welw. 法鲁龙胆属 Gentianaceae [MD－496] 特征纪要:习性:草本。花程式:K4,C0,A10,=G2。其他特征参考科。全球2个大洲分布及种数(19－25)非洲:24; 南美洲:2。

Farquharia Stapf 法夸尔木属 Apocynaceae [MD－492] 特征纪要:习性:木本。花程式:－。其他特征参考科。全球2个大洲分布及种数(1－3)非洲:3; 亚洲:2。【中国种数:1】。

Farrago Clayton 假穗序草属 Poaceae [MM－748] 特征纪要:习性:草本。花程式:(K)3,C0参考科,A1－2,=(G)2－3。其他特征参考科。全球1个大洲分布及种数(1)◆非洲(◆坦桑尼亚)。

Farreria Balf. f. & W. W. Sm. ex Farrer = **Daphne**

Farsetia Turra = **Alyssum**

Fartis Adans. = **Zizania**

Fascicularia Mez 束花凤梨属 Bromeliaceae [MM－715] 特征纪要:习性:草本。花程式:(K)3,C3,A6,=↓(G)3。其他特征参考科。全球5个大洲分布及种数(2－18)非洲:2; 亚洲:2; 欧洲:2; 北美洲:2; 南美洲:18。

Fasciculochloa B. K. Simon & C. M. Weiller = **Steinchisma**

Fatioa DC. = **Lagerstroemia**

Fatoua Gaud. 水蛇麻属 Moraceae [MD－87] 特征纪要:习性:木本。花程式:Kn,C2－3参考科,A4,G－。物候:－。花期:6－11月。果期:参考晚于花期。海拔:2－2800米。生境:草地,小路边,荒地或岩石上。资源:具园艺种类。全球5个大洲分布及种数(2－11)非洲:5; 亚洲:8; 大洋洲:3; 北美洲:2; 南美洲:2。【中国种数:1】。

Fatshedera Guillaumin 湖南参属 Araliaceae [MD－471] 特征纪要和分布(－)。全球2个大洲分布及种数(1) 亚洲;北美洲。

Fatsia Decne. & Planch. 八角金盘属 Araliaceae [MD－471] 特征纪要:习性:木本。花程式:－。物候:－。花期:10－11月。果期:参考晚于花期。海拔:2000－2800米。生境:栽培。资源:观赏,具栽培园艺种类。全球6个大洲分布及种数(3－16)非洲:3; 亚洲:13; 大洋洲:4; 欧洲:4; 北美洲:4; 南美洲:3。【中国种数:2】。

Faucaria Schwantes 虎腭花属 Aizoaceae [MD－94] 特征纪要:习性:草本。花程式:K3－4,C3－4,A5参考科,=↓G－。其他特征参考科。全球1个大洲分布及种数(10－11)◆非洲。

Faucherea Lecomte 福谢山榄属 Sapotaceae [MD－357] 特征纪要:习性:木本。其他特征参考科。全球6个大洲分布及种数(13)非洲:12－16;亚洲:2－6;大洋洲:1－5;欧洲:4;北美洲:3－7;南美洲:2－6。【中国种数:1】。

Faujasia Cass. 留菊属 Asteraceae [MD－586] 特征纪要:习性:草本。花程式:(K)3－5,(C)3－5,A3－5,=↓

G2。其他特征参考科。全球 3 个大洲分布及种数(4-9)非洲:4; 北美洲:1; 南美洲:1。

Faujasiopsis C. Jeffrey 甲菊属 Asteraceae [MD-586] 特征纪要:习性:草本。花程式:(K)3-5,(C)3-5,A3-5,↓G。其他特征参考科。全球 3 个大洲分布及种数(5-7)非洲:6; 北美洲:1; 南美洲:1。

Faurea Harv. 柳绵木属 Proteaceae [MD-219] 特征纪要:习性:木本。花程式:K3-4-∞,C0,A2,=G1。其他特征参考科。全球 2 个大洲分布及种数(15-24)非洲:22; 南美洲:4。

Fauriella Besch. 粗疣藓属 Theliaceae [B-210] 特征纪要:习性:-。【Rep】:蒴柄细长,孢蒴小,卵形,老时常平列,红褐色,环带分化,蒴齿两层,等长,外齿层齿片长披针形,黄色。物候:-。海拔:1990 米。生境:岩土。资源:-。全球 2 个大洲分布及种数(5)亚洲:5;大洋洲:1。【中国种数:3】。

Faustula Cass. = **Ozothamnus**

Favolaschia <unassigned> 粗合囊蕨属 Marattiaceae [F-13] 特征纪要:-。全球 5 个大洲分布及种数(50)亚洲:1; 大洋洲:1; 欧洲:1; 北美洲:1; 南美洲:39。

Favolus <unassigned> 粗水龙骨属 Polypodiaceae [F-60] 特征纪要:-。全球 4 个大洲分布及种数(42)非洲:5; 亚洲:5; 大洋洲:2; 南美洲:29。

Favratia Feer 木风铃属 Campanulaceae [MD-561] 特征纪要:习性:草本。花程式:(K)5,(C)5,A5,↓G-。其他特征参考科。全球 1 个大洲分布及种数(1)◆欧洲。

Faxonanthus Greenm. = **Leucophyllum**

Faxonia Brandegee 微舌菊属 Asteraceae [MD-586] 特征纪要:习性:草本。花程式:(K-),(C)3-5,A3 参考科,↓G。其他特征参考科。全球 1 个大洲分布及种数(1)◆北美洲(◆墨西哥)。

Faya Neck. = **Crenea**

Fayodia <unassigned> 粗柄藓科属 Trachylomataceae [B-168] 特征纪要:-。全球 1 个大洲分布及种数(-)。

Feaea Spreng. = **Selloa**

Feaella S. F. Blake = **Selloa**

Feddea Urb. 古藤菊属 Asteraceae [MD-586] 特征纪要:习性:草本。花程式:(K)3-5,C3-5,A3-5,=↓(G)2。其他特征参考科。全球 1 个大洲分布及种数(1)◆北美洲(◆古巴)。

Fedia Gaertn. 败酱属 Valerianaceae [MD-537] 特征纪要:习性:-。花程式:-。其他特征参考科。全球 6 个大洲分布及种数(1-5)非洲:7;亚洲:7;大洋洲:7;欧洲:7;北美洲:7;南美洲:7。

Fedorovia Kolak. 异红豆树属 Campanulaceae [MD-561] 特征纪要:习性:-。花程式:-。其他特征参考科。全球 2 个大洲分布及种数(8)非洲:2; 亚洲:8。

Fedtschenkiella Kudr. = **Dracocephalum**

Fedtschenkoa Regel = **Strigosella**

Feea Bory 膜片蕨属 Hymenophyllaceae [F-21] 特征纪要:习性:-。【Rep】:孢子同形,囊群生叶缘之外(有托)。其他特征参考科。全球 2 个大洲分布及种数(cf. 1)北美洲;南美洲。

Feedia Hornem. = **Fedia**

Feeria Buser 疗喉草属 Campanulaceae [MD-561] 特征纪要:习性:草本。花程式:(K)5,(C)5,A5,↓G-。其他特征参考科。全球 1 个大洲分布及种数(1)◆非洲。

Fegimanra Pierre 单蕊漆属 Anacardiaceae [MD-432] 特征纪要:习性:木本。花程式:K4,C4,A5-10,=(G)1-3。其他特征参考科。全球 1 个大洲分布及种数(1-3)◆非洲。

Feijoa O. Berg 番樱桃属 Myrtaceae [MD-347] 特征纪要:习性:木本。花程式:-。物候:-。花期:4 月。果期:参考晚于花期。海拔:100-2900 米。生境:矮林,山坡,低丘和草原。资源:园林,具栽培园艺种类。全球 4 个大洲分布及种数(1)非洲:1;亚洲:1;大洋洲:1;欧洲:1。

Feldstonia P. S. Short 亮鼠麴属 Asteraceae [MD-586] 特征纪要:习性:草本。花程式:(K)3-5,C3-5,A3-5,=↓(G)2。其他特征参考科。全球 1 个大洲分布及种数(1)◆大洋洲。

Felicia Cass. 蓝菊属 Asteraceae [MD-586] 特征纪要:习性:草本。花程式:(K)3-5,(C)3-5,A3-5,=↓G2。物候:-。花期:7-10 月。果期:参考晚于花期。海拔:6000 米。生境:阿尔泰山地针叶林带山沟,柞林下路旁。资源:具栽培园艺种类。全球 6 个大洲分布及种数(112-189)非洲:165; 亚洲:21; 大洋洲:16; 欧洲:17; 北美洲:17; 南美洲:14。【中国种数:5】。

Feliciadamia Bullock 绢木属 Melastomataceae [MD-364] 特征纪要:习性:木本。花程式:Kn,C2-3 参考科,A4-5,=↓G-。其他特征参考科。全球 1 个大洲分布及种数(1) ◆非洲:1。

Felicianea Cambess. = **Myrrhinium**

Feliciotis Ver.-Lib. & G. Kadereit 野牡丹科属 Melastomataceae [MD-364] 特征纪要:习性:-。花程式:-。其他特征参考科。全球 1 个大洲分布及种数(12)◆非洲:12。

Felipponea Broth. 篮齿藓属 Leucodontaceae [B-198] 特征纪要:习性:-。【Rep】:参考科特征:雌雄异苞同株,雌苞叶卵形,有短尖,上部边缘有齿突,无中肋,蒴柄细长,下部呈棕褐色。物候:-。海拔:-。生境:常见于树干,林地腐殖质,土生。资源:-。全球 2 个大洲分布及种数(1)北美洲:1;南美洲:1。

Fellhanera <unassigned> 罗汉松属 Podocarpaceae [G-13] 特征纪要:-。全球 4 个大洲分布及种数(28)亚洲:4; 大洋洲:3; 北美洲:2; 南美洲:23。

Fendlera Engelm. & A. Gray 岩爪梅属 Hydrangeaceae [MD-429] 特征纪要:木本。花程式:K4-8,C4-8,A4-8,=↓G2-3。其他特征参考科。全球 3 个大洲分布及种数(3-18)亚洲:3; 北美洲:8; 南美洲:11。【中国种数:1】。

Fendlerella A. Heller 沙黛梅属 Hydrangeaceae [MD-429] 特征纪要:习性:木本。花程式:K4-8,C4-8,A4-8,

= ↓ G2 - 3。其他特征参考科。全球 2 个大洲分布及种数(4 - 8)北美洲:7; 南美洲:3。

Fendleria Steud. = **Achnatherum**

Fenerivia Diels 盘梁木属 Annonaceae [MD - 7] 特征纪要:习性:木本。花程式:K3 - ∞, C3, A2, = G10 - 100。其他特征参考科。全球 2 个大洲分布及种数(9 - 11)非洲:11; 亚洲:3。

Fenestraria N. E. Br. 窗玉属 Aizoaceae [MD - 94] 特征纪要:习性:草本。花程式:K3 - 4, C3 - 4, A5 参考科, = ↓ G -。其他特征参考科。全球 2 个大洲分布及种数(2 - 6)非洲:5; 南美洲:2。

Fenestratarum P. C. Boyce & S. Y. Wong 天南星科属 Araceae [MM - 639] 特征纪要:习性:木本。花程式: -。其他特征参考科。全球 1 个大洲分布及种数(-)。

Fenghwaia G. T. Wang & R. J. Wang 鼠李科属 Rhamnaceae [MD - 331] 特征纪要:习性: -。花程式: -。物候: -。花期:4 - 7 月。果期:参考晚于花期。海拔:4500 米。生境:滨海砂地灌丛或疏林中,柞林下。资源: -。全球 1 个大洲分布及种数(1)◆亚洲(中国)。

Fenixia Merr. 双舌菊属 Asteraceae [MD - 586] 特征纪要:习性:草本。花程式:(K)3 - 5, C3 - 5, A3 - 5, = ↓ (G) 2。其他特征参考科。全球 1 个大洲分布及种数(cf. 1)◆东南亚(◆菲律宾)。

Ferdinandusa Pohl 翡丁香属 Rubiaceae [MD - 523] 特征纪要:习性:木本。花程式:(K)4 - 5, (C)4 - 5, A4 - 5, ↓ (G)2 - 9。其他特征参考科。全球 2 个大洲分布及种数(23 - 25)北美洲:1;南美洲:22 - 24。

Fereiria Vell. ex Vand. = **Halesia**

Feretia Delile 血楂木属 Rubiaceae [MD - 523] 特征纪要:习性:木本。花程式:(K)4 - 5, (C)4 - 5, A4 - 5, = ↓ G2 - 9。其他特征参考科。全球 3 个大洲分布及种数(5 - 13)非洲:10; 亚洲:3; 南美洲:3。

Fergania Pimenov 阿魏属 Apiaceae [MD - 480] 特征纪要:习性:草本。花程式:Kn, C5, A3 参考科, = ↓ G(-)。其他特征参考科。全球 1 个大洲分布及种数(1)◆亚洲:1。

Fergusonia Hook. f. 丰花草属 Rubiaceae [MD - 523] 特征纪要:习性:木本。花程式:参考科, C3 参考科, A3 参考科, ↓ (G)2 - 9 参考科。其他特征参考科。全球 1 个大洲分布及种数(1)◆亚洲。

Fernaldia Woodson 花饼藤属 Apocynaceae [MD - 492] 特征纪要:习性: -。花程式: -。其他特征参考科。全球 2 个大洲分布及种数(2)亚洲:cf. 1;北美洲:cf. 1。

Fernandezia Ruiz & Pav. 栉叶兰属 Orchidaceae [MM - 723] 特征纪要和分布(-)。全球 3 个大洲分布及种数(64 - 66)大洋洲:1;北美洲:7;南美洲:61。

Fernandia Baill. = **Fernandoa**

Fernandoa Welw. ex Seem. 厚膜树属 Bignoniaceae [MD - 541] 特征纪要:习性:木本。花程式:(K -), C2 - 3 参考科, A5, ↓ G -。物候: -。海拔:640 米。生境:混交林。资源:具园艺种类。全球 6 个大洲分布及种数(14 - 16)非洲:6 - 8;亚洲:8 - 9;大洋洲:1 - 2;欧洲:1;北美洲:1;南美洲:2 - 3。【中国种数:2】。

Fernelia Comm. ex Lam. 费内尔茜属 Rubiaceae [MD - 523] 特征纪要:习性:木本。花程式:(K)4 - 5, (C)4 - 5, A4 - 5, = ↓ G2 - 9。其他特征参考科。全球 4 个大洲分布及种数(4 - 10)非洲:9; 亚洲:2; 北美洲:2; 南美洲:3。

Fernseea Baker 高山凤梨属 Bromeliaceae [MM - 715] 特征纪要:习性:草本。花程式:(K)3, C3, A6, = ↓ (G)3。其他特征参考科。全球 1 个大洲分布及种数(2)◆南美洲。

Ferocactus Britton & Rose 日出球属 Cactaceae [MD - 100] 特征纪要:习性:木本。其他特征参考科。全球 6 个大洲分布及种数(43 - 94)非洲:2; 亚洲:3; 大洋洲:1; 欧洲:52; 北美洲:52; 南美洲:12。【中国种数:1】。

Feroniella Swingle 厚壳橘属 Rutaceae [MD - 399] 特征纪要:习性:木本。花程式:K∞, C∞, A4, = G1 - 3。物候: -。海拔:100 - 3200 米。生境:办公室作观赏。资源: -。全球 6 个大洲分布及种数(1 - 2)非洲:1;亚洲:2;大洋洲:1;欧洲:1;北美洲:1;南美洲:1。

Ferraria Burm. ex Mill. 魔星兰属 Iridaceae [MM - 700] 特征纪要:习性:草本。花程式:(K)3, C3, A10, = ↓ G3。物候: -。海拔: -。生境: -。资源:具栽培园艺种类。全球 6 个大洲分布及种数(20 - 70)非洲:52; 亚洲:7; 大洋洲:4; 欧洲:14; 北美洲:14; 南美洲:15。

Ferreyranthus H. Rob. & Brettell 鞘柄黄安菊属 Asteraceae [MD - 586] 特征纪要:习性:草本。花程式:(K)3 - 5, C3 - 5, A3 - 5, = ↓ (G)2。物候: -。海拔: -。生境: -。资源:具园艺种类。全球 1 个大洲分布及种数(8)◆南美洲。

Ferreyrella S. F. Blake 柄腺菊属 Asteraceae [MD - 586] 特征纪要:习性:草本。花程式:(K)3 - 5, C3 - 5, A3 - 5, = ↓ (G)2。其他特征参考科。全球 1 个大洲分布及种数(2)◆南美洲。

Ferrocalamus Hsueh & Keng f. 铁竹属 Poaceae [MM - 748] 特征纪要:习性:竹类。花程式:(K -), C0 参考科, A3 参考科, ↓ G - 参考科。物候: -。花期:4 月。果期:参考晚于花期。海拔:900 - 1000 米。生境:山地阔叶林。资源:具园艺种类。全球 1 个大洲分布及种数(cf. 1)◆亚洲(◆中国)。【中国种数:1】。

Ferula Tourn. ex L. 阿魏属 Apiaceae [MD - 480] 特征纪要:习性:草本(基生,多肉)。花程式:Kn, C5, A3 参考科, = ↓ (G)2。物候: -。花期:6 - 7 月。果期:参考晚于花期。海拔:100 - 200 米。生境:沟中河滩时见。资源:具栽培园艺种类。全球 6 个大洲分布及种数(223 - 439)非洲:44; 亚洲:325; 大洋洲:5; 欧洲:24; 北美洲:24; 南美洲:35。【中国种数:36】。

Ferulago W. D. J. Koch 肖阿魏属 Apiaceae [MD - 480] 特征纪要:习性:草本。花程式:K5, C5, A5, = ↓ G2。其他特征参考科。全球 4 个大洲分布及种数(15 - 50; hort. 1)非洲:2 - 6;亚洲:9 - 36;欧洲:9 - 19;北美洲:2 - 3。【中国种数:3】。

Ferulopsis Kitag. 假阿魏属 Apiaceae [MD - 480] 特征纪要:习性:草本。花程式:K5, C5, A5, = ↓ (G)2。物候: -。海拔:50 - 5600 米。生境:半荒漠中和砾石质山坡上,柞林内。资源: -。全球 1 个大洲分布及种数(1 - 2)

◆亚洲。【中国种数:2】。

Fessia Speta 石瑰花属 Asparagaceae [MM-669] 特征纪要:习性:草本。花程式:(K)3,C3,A3-6,(G)3。其他特征参考科。全球4个大洲分布及种数(14-15)亚洲:15; 大洋洲:2; 欧洲:2; 北美洲:2。

Festuca Tourn. ex L. 羊茅属 Poaceae [MM-748] 特征纪要:习性:草本。花程式:-。物候:-。海拔:1000-3700米。生境:草地,栽培。资源:具栽培园艺种类。全球6个大洲分布及种数(619-807;hort. 1;cult. 74)非洲:145-248;亚洲:236-379;大洋洲:85-185;欧洲:245-398;北美洲:158-257;南美洲:185-278。【中国种数:107】。

Festucopsis (C. E. Hubb.) Melderis 类羊茅属 Poaceae [MM-748] 特征纪要:习性:草本。花程式:(K)3,C0 参考科,A1-2,=(G)2-3。其他特征参考科。全球1个大洲分布及种数(1)◆欧洲。

Festulolium Asch. & Graebn. 羊茅禾属 Poaceae [MM-748] 特征纪要:习性:草本。花程式:(K)3,C0 参考科,A1-2,↓G-参考科。其他特征参考科。全球5个大洲分布及种数(3-17)非洲:2; 亚洲:5; 大洋洲:3; 欧洲:3; 北美洲:3。

Festulpia Melderis ex Stace & R. Cotton 鼠茅属 Poaceae [MM-748] 特征纪要:习性:草本。花程式:(K-),C0 参考科,A3 参考科,↓G-参考科。其他特征参考科。全球1个大洲分布及种数(5)◆南美洲:1。

Feuilleea Cothen. 化毒藤属 Fabaceae3 [MD-240] 特征纪要:习性:-。花程式:-。其他特征参考科。全球3个大洲分布及种数(64)亚洲:2; 北美洲:1; 南美洲:1。

Fevillea L. 化毒藤属 Cucurbitaceae [MD-205] 特征纪要:习性:木本。花程式:-。其他特征参考科。全球6个大洲分布及种数(8-85)非洲:13; 亚洲:19; 大洋洲:15; 欧洲:20; 北美洲:20; 南美洲:75。【中国种数:1】。

Fezia Pit. ex Batt. 摩洛哥芥属 Brassicaceae [MD-213] 特征纪要:习性:草本。花程式:K2-4,C2-4,A2-4,=(G)2。其他特征参考科。全球2个大洲分布及种数(1-6)非洲:3; 南美洲:3。

Fibichia Koeler = **Cynodon**

Fibigia Medik. 单盾荠属 Brassicaceae [MD-213] 特征纪要:习性:草本。花程式:K2-4,C2-4,A2-4,=G2。物候:-。花期:3-7月。果期:6-8月。海拔:30-6200米。生境:半固定沙地前平地,作为蔬菜栽培。资源:具栽培园艺种类。全球6个大洲分布及种数(18;hort. 1;cult. 1)非洲:3-4;亚洲:17-18;大洋洲:1;欧洲:3-4;北美洲:1;南美洲:1。【中国种数:1】。

Fibraurea Lour. 天仙藤属 Menispermaceae [MD-42] 特征纪要:习性:-。花程式:-。物候:-。花期:春夏。果期:参考晚于花期。海拔:200-2500米。生境:森林。资源:药用。全球2个大洲分布及种数(3-14)亚洲:13; 北美洲:2。【中国种数:2】。

Ficalhoa Hiern 裂果柃属 Sladeniaceae [MD-166] 特征纪要:习性:木本。花程式:K5-10,C5-10,A5-10,=(G)2-3。其他特征参考科。全球1个大洲分布及种数(1)◆非洲。

Ficaria Gütt. 毛茛属 Ranunculaceae [MD-38] 特征纪要:习性:-。花程式:-。其他特征参考科。全球4个大洲分布及种数(2)非洲;亚洲;欧洲;北美洲。

Ficinia Schröd. 球莎属 Cyperaceae [MM-747] 特征纪要:习性:草本。花程式:(K)3,C3,A3,=G2-3。物候:-。海拔:-。生境:-。资源:具栽培园艺种类。全球6个大洲分布及种数(84-189)非洲:165; 亚洲:22; 大洋洲:20; 欧洲:27; 北美洲:27; 南美洲:24。【中国种数:2】。

Ficus Tourn. ex L. 榕属 Moraceae [MD-87] 特征纪要:习性:木质攀援。花程式:-。物候:-。花期:5-7月。果期:参考晚于花期。海拔:100-1400米。生境:常绿阔叶林,在石灰岩山峰上。资源:具栽培园艺种类。全球6个大洲分布及种数(699-1188;hort. 1;cult. 50)非洲:235-457;亚洲:643-1159;大洋洲:190-448;欧洲:58-144;北美洲:194-296;南美洲:253-394。【中国种数:186】。

Fiebrigia Fritsch = **Seemannia**

Fiebrigiella Harms 细豆属 Fabaceae3 [MD-240] 特征纪要:习性:木本。花程式:K1-∞,C1-∞,A5-9,=↓G1。其他特征参考科。全球1个大洲分布及种数(1)◆南美洲。

Fiedleria Rabenh. 丛藓科属 Pottiaceae [B-133] 特征纪要:习性:-。【Rep】:-。物候:-。海拔:-。生境:常见于高山岩石上。栽培:来自广西龙州。资源:具栽培园艺种类。分布:-。

Fieldia Gaud. 藤木岩桐属 Gesneriaceae [MD-549] 特征纪要:习性:-。花程式:-。其他特征参考科。全球2个大洲分布及种数(2-7)亚洲:4; 大洋洲:4。

Fifea H. A. Crum 繁叶藓属 Lembophyllaceae [B-205] 特征纪要:-。全球1个大洲分布及种数(1)◆大洋洲:1。

Figaraea Viv. = **Neurada**

Filago Löfl. 絮菊属 Asteraceae [MD-586] 特征纪要:习性:草本(基生)。花程式:(K)3-5,C3-5,A3 参考科,=↓G2。物候:-。花期:7-10月。果期:参考晚于花期。海拔:1000米。生境:干旱坡地,滩地或沙地。资源:具园艺种类。全球6个大洲分布及种数(62-85;hort. 1;cult. 6)非洲:30-40;亚洲:30-40;大洋洲:2-11;欧洲:37-48;北美洲:19-28;南美洲:9。【中国种数:9】。

Filarum Nicolson 丝芒芋属 Araceae [MM-639] 特征纪要:习性:草本。花程式:K0,C0,A1-4,=(G)1-3。其他特征参考科。全球1个大洲分布及种数(1)◆南美洲(◆秘鲁)。

Filetia Miq. 菲尔特爵床属 Acanthaceae [MD-572] 特征纪要:习性:草本。花程式:K2-4,C0,A2-4,=↓G2。其他特征参考科。全球3个大洲分布及种数(9-19)非洲:2; 亚洲:16; 南美洲:2。

Filfia Holub 欧洲蚊子菊属 Asteraceae [MD-586] 特征纪要:习性:-。花程式:-。其他特征参考科。全球1个大洲分布及种数(-)。

Filgueirasia Guala 菲尔竹属 Poaceae [MM-748] 特征纪要:习性:草本。花程式:(K)3,C0 参考科,A1-2,=G2

-3。其他特征参考科。全球 1 个大洲分布及种数(2)◆南美洲。

Filicium Thwaites 齿木患属 Sapindaceae [MD - 428] 特征纪要:习性:木本。花程式:K4 - 8,C4 - 8,A10, = G2 - 3。其他特征参考科。全球 6 个大洲分布及种数(3 - 11)非洲:7; 亚洲:4; 大洋洲:2; 欧洲:2; 北美洲:2; 南美洲:3。【中国种数:1】。

Filicula Ség. 高山冷蕨属 Davalliaceae [F - 56] 特征纪要:-。全球 2 个大洲分布及种数(5)北美洲:1; 南美洲:1。

Filifolium Kitam. 线叶菊属 Asteraceae [MD - 586] 特征纪要:习性:草本(基生)。花程式:(K)3 - 5,C3 - 5,A3 参考科,↓G。物候:-。海拔:1500 - 2600 米。生境:山坡草地。资源:-。全球 1 个大洲分布及种数(cf. 1)◆亚洲。【中国种数:1】。

Filipedium Raizada & S. K. Jain = **Capillipedium**

Filipendula Mill. 蚊子草属 Rosaceae [MD - 246] 特征纪要:习性:木本。花程式:-。物候:-。海拔:200 - 2000 米。生境:林缘,山谷,草地。栽培:来自广西龙州。资源:丹宁,具栽培园艺种类。全球 6 个大洲分布及种数(23 - 24;hort. 1;cult. 10)非洲:1 - 2;亚洲:20 - 21;大洋洲:1 - 2;欧洲:7 - 8;北美洲:10 - 11;南美洲:1。【中国种数:8】。

Filix (Tourn.) Adans. 南亚鳞毛蕨属 Pteridaceae [F - 31] 特征纪要:-。全球 1 个大洲分布及种数(-)。

Filix - foemina generic Hill ex Farw. 飘碗蕨属 Dennstaedtiaceae [F - 26] 特征纪要和分布(-)。全球 1 个大洲分布及种数(-)◆亚洲。

Fillaeopsis Harms 非洲云实豆属 Fabaceae2 [MD - 240] 特征纪要:习性:木本。花程式:K3 - 5 - ∞,C3 - 5 - ∞,A1 - 10 - 50, = ↓G1。其他特征参考科。全球 2 个大洲分布及种数(1 - 2)非洲:2; 南美洲:2。

Fimbraria Nees 单纹花萼苔属 Aytoniaceae [B - 9] 特征纪要:习性:-。生境:山坡向阳,岩面土生。全球 5 个大洲分布及种数(57)非洲:13; 亚洲:16; 大洋洲:13; 北美洲:3; 南美洲:10。

Fimbribambusa Widjaja 孝顺竹属 Poaceae [MM - 748] 特征纪要:习性:草本。花程式:(K -),C0 参考科,A3 参考科,↓G - 参考科。其他特征参考科。全球 2 个大洲分布及种数(2)非洲:1,亚洲:1。

Fimbripetalum (Turcz.) Ikonn. = **Stellaria**

Fimbristemma Turcz. = **Gonolobus**

Fimbristylis Vahl 飘拂草属 Cyperaceae [MM - 747] 特征纪要:习性:草本。花程式:-。物候:-。海拔:100 - 1400 米。生境:草山坡,沼泽地。资源:具栽培园艺种类。全球 6 个大洲分布及种数(190 - 379;hort. 1;cult. 24)非洲:63 - 142;亚洲:119 - 280;大洋洲:83 - 157;欧洲:15 - 71;北美洲:41 - 98;南美洲:36 - 95。【中国种数:87】。

Fingalia Schrank = **Eleutheranthera**

Fingerhuthia Lehm. 弗氏草属 Poaceae [MM - 748] 特征纪要:习性:草本。花程式:(K)3,C0 参考科,A1 - 2,↓G - 参考科。其他特征参考科。全球 4 个大洲分布及种数(2 - 11)非洲:9; 亚洲:6; 欧洲:4; 北美洲:4。

Finlaysonia Wall. 亚洲萝藦属 Apocynaceae [MD - 492] 特征纪要:习性:木本。花程式:K5,C0,A15, = G2。其他特征参考科。全球 3 个大洲分布及种数(6 - 18)亚洲:15; 大洋洲:3; 南美洲:3。【中国种数:1】。

Finschia Warb. 核果银桦属 Proteaceae [MD - 219] 特征纪要:习性:木本。花程式:K3 - 4 - ∞,C0,A2, = G1。其他特征参考科。全球 5 个大洲分布及种数(3 - 8)非洲:6; 亚洲:2; 大洋洲:7; 欧洲:2; 北美洲:2。【中国种数:1】。

Fintelmannia Kunth = **Trilepis**

Fioria Mattei 玉盘葵属 Malvaceae [MD - 203] 特征纪要:习性:-。花程式:-。其他特征参考科。全球 6 个大洲分布及种数(5)非洲:3; 亚洲:3; 大洋洲:2; 欧洲:2; 北美洲:2; 南美洲:2。

Firmiana Marsili 梧桐属 Malvaceae [MD - 203] 特征纪要:习性:木质攀援。花程式:-。物候:-。花期:4 - 5 月。果期:10 月。海拔:200 - 300 米。生境:森林斜坡,万寿山南山坡下,北近墙,南距昆明湖约 4 米。资源:纤维,具栽培园艺种类。全球 6 个大洲分布及种数(18 - 41)非洲:5; 亚洲:36; 大洋洲:3; 欧洲:3; 北美洲:3; 南美洲:4。【中国种数:8】。

Fischeria DC. 费氏萝藦属 Apocynaceae [MD - 492] 特征纪要:习性:木本。花程式:K5,C0,A15, = (G)2。其他特征参考科。全球 3 个大洲分布及种数(10 - 13)亚洲:cf. 1;北美洲:7 - 8;南美洲:6 - 7。【中国种数:1】。

Fissia (Lür) Lür 尾萼兰属 Orchidaceae [MM - 723] 特征纪要:习性:-。花程式:-。其他特征参考科。全球 2 个大洲分布及种数(cf. 1)北美洲;南美洲。

Fissicalyx Benth. 裂萼豆属 Fabaceae3 [MD - 240] 特征纪要:习性:木本。花程式:K1 - ∞,C1 - ∞,A5 - 9, = ↓G1。其他特征参考科。全球 3 个大洲分布及种数(1 - 2)亚洲:1; 北美洲:2; 南美洲:2。

Fissidens Hedw. 凤尾藓属 Fissidentaceae [B - 131] 特征纪要:习性:-。【Rep】:孢蒴弯曲。物候:-。海拔:960 米。生境:常见于半荫蔽环境溪边石上,土生。资源:-。全球 6 个大洲分布及种数(729)非洲:262;亚洲:244;大洋洲:178;欧洲:100;北美洲:135;南美洲:170。【中国种数:111】。

Fissidentaceae Schimp. [B - 131] 凤尾藓科 特征纪要:硬挺,形小至中形,褐绿色至深红褐色。【Rep】:褐绿色至深红褐色。全球 1 个大洲分布和属种数(6/754)亚洲:3/246;大洋洲:2/179;欧洲:1/100;北美洲:3/144;南美洲:4/177。【中国属种数:2/112(8)】。

Fissidentella Cardot = **Fissidens**

Fissistigma Griff. 瓜馥木属 Annonaceae [MD - 7] 特征纪要:习性:木质攀援。花程式:K3,C3,A5, = G10 - 100。物候:-。花期:3 - 11 月。果期:参考晚于花期。海拔:100 - 1000 米。生境:低海拔山谷水旁灌木丛中,中海拔至高海拔山地林中或山谷蔽荫处或水旁岩石上。资源:药用,具栽培园艺种类。全球 6 个大洲分布及种数(41 - 77)非洲:2;亚洲:36 - 69;大洋洲:6 - 9;欧洲:2;北美洲:1 - 3;南美洲:1 - 3。【中国种数:25】。

Fistularia Kuntze = **Ascophyllum**

Fittingia Mez 软金牛属 Primulaceae［MD－401］特征纪要:习性:草本。花程式:(K)3－4,(C)3－4,A4,＝G3－5。其他特征参考科。全球3个大洲分布及种数(7－10)非洲:6－9;亚洲:1;大洋洲:4－7。

Fittonia Cöm. 网纹草属 Acanthaceae［MD－572］特征纪要:习性:草本(基生)。花期:几乎全年。果期:参考晚于花期。海拔:50－3600米。生境:滨海地带,为红树林重要组成之一,竹林中。资源:具栽培园艺种类。全球5个大洲分布及种数(2－6)非洲:1; 亚洲:2; 大洋洲:1; 北美洲:3; 南美洲:3。【中国种数:1】。

Fitzalania F. Müll. 靛玉盘属 Annonaceae［MD－7］特征纪要:习性:－。花程式:－。其他特征参考科。全球1个大洲分布及种数(1－2)◆大洋洲(◆澳大利亚)。

Fitzroya Lindl. 智利乔柏属 Cupressaceae［G－17］特征纪要:习性:－。【Rep】:复轴,浆果状,苞鳞融合成果皮状,种鳞多退化,雌雄异株。其他特征参考科。全球5个大洲分布及种数(1－8)亚洲:3; 大洋洲:4; 欧洲:2; 北美洲:2; 南美洲:6。【中国种数:1】。

Fitz－roya Hook. f. ex Lindl. ＝ **Fitzroya**

Fitzroyaceae A. V. Bobrov & Melikyan ＝ Cupressaceae

Fitzwillia P. S. Short 盐鼠麹属 Asteraceae［MD－586］特征纪要:习性:草本。花程式:(K)3－5,(C)3－5,A3－5,↓G。其他特征参考科。全球1个大洲分布及种数(1)◆大洋洲(◆澳大利亚)。

Fiwa J. F. Gmel. 樟科属 Lauraceae［MD－21］特征纪要:习性:－。花程式:－。其他特征参考科。全球1个大洲分布及种数(－)。

Flabellaria Cav. 非洲金虎尾属 Malpighiaceae［MD－343］特征纪要:习性:木本。花程式:Kn,C5参考科,A10,G2－3。其他特征参考科。全球4个大洲分布及种数(1－5)非洲:3; 亚洲:3; 欧洲:1; 北美洲:1。【中国种数:1】。

Flabellariopsis R. Wilczek 丛宝兰属 Malpighiaceae［MD－343］特征纪要:习性:木本。花程式:K5,C5,A10,G－。其他特征参考科。全球1个大洲分布及种数(1)◆非洲:1。

Flabellidium Herzog 玻利青藓属 Brachytheciaceae［B－187］特征纪要:习性:－。【Rep】:绿色或棕绿色。其他特征参考科。全球1个大洲分布及种数(1)◆南美洲。

Flacourtia Comm. ex L'Hér. 刺篱木属 Flacourtiaceae［MD－142］特征纪要:习性:木本。花程式:－。物候:－。花期:1－3月。果期:参考晚于花期。海拔:1000－1700米。生境:常绿阔叶林。栽培:来自广西龙州。资源:果树,园林,木材,具栽培园艺种类。全球6个大洲分布及种数(22－85)非洲:22; 亚洲:45; 大洋洲:18; 欧洲:12; 北美洲:12; 南美洲:15。【中国种数:8】。

Flacourtiaceae A. Rich. ex DC.［MD－142］大风子科 特征纪要:习性:木本;常绿,落叶。花程式:♀/♂K4－5,C5,A,↓(G)－。物候:－。花期: 3－4月。果期: 5－11月。果实:蒴果。种子:－。海拔:0米。生境:常绿阔叶林,林缘,栽培路旁中等土疏荫干燥。资源:园林。栽培:中国有栽培。全球6个大洲分布及属种数(36－40/616－977 <IFR 2/6> hort. 1;cult. 3) 非洲:11－13/178－228(IFR 1/3); 亚洲:12－15/187－212; 大洋洲:6/98－147(IFR 1/1); 欧洲:4/7; 北美洲:13/69－87(IFR 1/2); 南美洲:10/66－70。

Flacurtia Juss. ＝ **Flacourtia**

Flagellaria L. 须叶藤属 Flagellariaceae［MM－724］特征纪要(同科)。全球4个大洲分布及种数(6－9;hort. 1;cult. 1)非洲:2;亚洲:2－3;大洋洲:5－7;北美洲:1。【中国种数:2】。

Flagellariaceae Dum.［MM－724］须叶藤科 特征纪要:习性:木本,藤本;落叶。花程式:K4－5,C5,A6,↑G3。物候:－。花期: 4－7月。果期: 9－11月。果实:核果。种子:－。海拔:1500米。生境:潮湿林地和雨林边缘,沿海森林,红树林沼泽,淡水沼泽。资源:药用。全球4个大洲分布及属种数(2/7－10 <IFR 1/1> hort. 1;cult. 1) 非洲:2/4(IFR 1/1); 亚洲:2/4－5(IFR 1/1); 大洋洲:2/7－9; 北美洲:2/3。【中国属种数:1/2】。

Flagellarisaema Nakai ＝ **Arisaema**

Flagellomnium Laz. ＝ **Trachycystis**

Flagenium Baill. 肋果茜属 Rubiaceae［MD－523］特征纪要:习性:木本。花程式:(K)4－5,(C)4－5,A4－5,＝↓G2－9。其他特征参考科。全球1个大洲分布及种数(3－6)◆非洲。

Flatbergiaceae A. J. Shaw 丝光泥炭藓科 Sphagnaceae［B－97］。

Flatbergium A. J. Shaw 泥炭藓科属 Sphagnaceae［B－97］特征纪要:习性:－。其他特征参考科。全球2个大洲分布及种数(1)亚洲:1;大洋洲:1。【中国种数:1】。

Flaveria Juss. 黄顶菊属 Asteraceae［MD－586］特征纪要:习性:草本。花程式:(K)3－5,C3－5,A3－5,＝↓G2。物候:－。花期:7－11月。果期:参考晚于花期。海拔:6000米。生境:杂草。资源:具栽培园艺种类。全球6个大洲分布及种数(22－27)非洲:5;亚洲:5－10;大洋洲:1－6;欧洲:5;北美洲:20－25;南美洲:2－7。【中国种数:2】。

Flavia Heist. ex Fabr. ＝ **Anthoxanthum**

Flavocetraria <unassigned> 水蕨科属 Parkeriaceae［F－36］特征纪要:－。全球2个大洲分布及种数(5)亚洲:2; 南美洲:3。

Flavoparmelia Hale 香蕨属 Parkeriaceae［F－36］特征纪要:－。全球5个大洲分布及种数(22)亚洲:2; 大洋洲:2; 欧洲:2; 北美洲:2; 南美洲:20。

Flavopunctelia <unassigned> 水蕨科属 Parkeriaceae［F－36］特征纪要:－。全球4个大洲分布及种数(6)亚洲:3; 欧洲:3; 北美洲:3; 南美洲:5。

Fleischerobryum Löske 长柄藓属 Bartramiaceae［B－142］特征纪要:习性:－。【Rep】:雌雄异株,雌苞叶与叶同形,蒴柄细长,直立或上部弯曲,孢蒴顶生,垂倾或平列,长卵形,红棕色,有长颈部。物候:－。海拔:－。生境:石生,岩面土生。资源:－。全球1个大洲分布及种数(2)◆亚洲:2。【中国种数:3】。

Fleischmannia Sch. Bip. 光泽兰属 Asteraceae［MD－586］特征纪要:习性:草本。花程式:(K)3－5,(C)3－5,A3－5,＝↓G2。其他特征参考科。全球6个大洲分布及种数(100－129)非洲:2; 亚洲:5; 大洋洲:4; 欧洲:103; 北美洲:103; 南美洲:75。【中国种数:1】。

Fleischmanniopsis R. M. King & H. Rob. 细毛亮泽兰属 Asteraceae［MD－586］特征纪要:习性:草本。花程式:(K)3－5,C3－5,A3－5,＝↓(G)2。全球2个大洲分布及种数(4－7)北美洲:6; 南美洲:2。

Flemingia Roxb. ex W. T. Aiton 千斤拔属 Fabaceae3［MD－240］特征纪要和分布(－)。【中国种数:20】。

Fleroya Y. F. Deng 泽帽蕊木属 Rubiaceae［MD－523］特征纪要:习性:－。花程式:－。其他特征参考科。全球1个大洲分布及种数(1－2)◆非洲。

Fleurydora A. Chev. 凹叶莲木属 Ochnaceae［MD－104］特征纪要:习性:木本。花程式:K1－∞,C1－∞,A10,＝(G)2－15。其他特征参考科。全球1个大洲分布及种数(1)◆非洲(◆几内亚)。

Flexanthera Rusby 茜草科属 Rubiaceae［MD－523］特征纪要:习性:木本。花程式:K－,C4－5参考科,A9,↓(G)2－9。其他特征参考科。全球1个大洲分布及种数(1)◆南美洲。

Flexitrichum Ignatov & Fedosov 牛毛藓科属 Ditrichaceae［B－119］特征纪要:习性:－。【Rep】:孢蒴台部发达,蒴齿具疣或纵斜条纹,绿色或黄绿色。其他特征参考科。全球1个大洲分布及种数(1)◆亚洲(◆中国)。【中国种数:1】。

Flindersia R. Br. 巨盘木属 Rutaceae［MD－399］特征纪要:习性:木本。花程式:－。物候:－。花期:5月。果期:参考晚于花期。海拔:100－3200米。生境:办公室作观赏。资源:木材,具栽培园艺种类。全球5个大洲分布及种数(10－21)非洲:6－8;亚洲:5－8;大洋洲:8－17;北美洲:3;南美洲:1。【中国种数:1】。

Floerkea Willd. 沼堇花属 Limnanthaceae［MD－433］特征纪要:习性:－。花程式:－。其他特征参考科。全球5个大洲分布及种数(1－8)亚洲:2; 大洋洲:2; 欧洲:4; 北美洲:4; 南美洲:3。【中国种数:1】。

Florestina Cass. 双修菊属 Asteraceae［MD－586］特征纪要:习性:草本。花程式:(K)3－5,(C)3－5,A3－5,＝↓G2。其他特征参考科。全球4个大洲分布及种数(8－11)大洋洲:2; 欧洲:10; 北美洲:10; 南美洲:5。

Floribundaria M. Fleisch. 丝带藓属 Meteoriaceae［B－188］特征纪要:习性:－。【Rep】:雌雄异株,蒴柄平滑,常弯曲,孢蒴椭圆形,蒴齿两层,内齿层齿条具穿孔,基膜高,齿毛缺失,蒴帽兜形。物候:－。海拔:685米。生境:石生,土生。资源:－。全球6个大洲分布及种数(22)非洲:10;亚洲:13;大洋洲:6;欧洲:2;北美洲:5;南美洲:4。【中国种数:17】。

Florschuetzia Crosby ＝ **Muscoflorschuetzia**

Florschuetziella Vitt 墨西哥木灵藓属 Orthotrichaceae［B－151］特征纪要:习性:－。【Rep】:常暗绿色或棕褐色,雌雄异株或同株,稀杂株,雌苞叶不分化,无明显鞘部,蒴柄长,黄色,孢蒴狭长卵形,口蒴,具明显纵褶及纵沟。其他特征参考科。全球2个大洲分布及种数(3)亚洲:2; 北美洲:2。【中国种数:1】。

Floscaldasia Cuatrec. 匍枝菀属 Asteraceae［MD－586］特征纪要:习性:草本。花程式:(K)3－5,C3－5,A3－5,＝↓(G)2。其他特征参考科。全球1个大洲分布及种数(3)◆南美洲。

Floscopa Lour. 聚花草属 Commelinaceae［MM－708］特征纪要:习性:草本。花程式:(K)3,C3,A6,↓G－。物候:－。花期:7－11月。果期:参考晚于花期。海拔:1700米。生境:草沟,森林,水边,山沟边草地及林中。资源:具栽培园艺种类。全球5个大洲分布及种数(14－25;hort. 1)非洲:5－16;亚洲:4;大洋洲:1;北美洲:3;南美洲:7－8。【中国种数:3】。

Flosmutisia Cuatrec. 寒莲菀属 Asteraceae［MD－586］特征纪要:习性:草本。花程式:(K)3－5,C3－5,A3－5,＝↓(G)2。其他特征参考科。全球1个大洲分布及种数(1)◆南美洲(◆哥伦比亚)。

Flotovia Spreng. ＝ **Dasyphyllum**

Flotowia Endl. ＝ **Dasyphyllum**

Flourensia DC. 焦油菊属 Asteraceae［MD－586］特征纪要:习性:－。花程式:－。其他特征参考科。全球2个大洲分布及种数(33－35)北美洲:16;南美洲:19－20。

Flowersia D. G. Griff. & W. R. Buck 花珠藓属 Bartramiaceae［B－142］特征纪要:习性:－。【Rep】:雌雄同株或异株,生殖苞顶生,稀因茁生新芽而成为假侧生,雄苞芽胞形或盘形,配丝多数线形或棒槌形,雌苞叶,雌雄异株,雄苞盘形,雄苞叶较宽大,直立,往往集成莲座状,雌苞叶较小,直立,细胞无疣,蒴柄粗短或较长。物候:－。海拔:－。生境:石生,岩面土生。资源:－。全球3个大洲分布及种数(5)亚洲:2; 北美洲:2; 南美洲:2。【中国种数:1】。

Floydia L. A. S. Johnson & B. G. Briggs 山龙眼属 Proteaceae［MD－219］特征纪要:习性:木本。花程式:－。其他特征参考科。全球1个大洲分布及种数(1－2)◆大洋洲。

Flueckigera Kuntze ＝ **Ledenbergia**

Flueggea Willd. 白饭树属 Euphorbiaceae［MD－217］特征纪要和分布(－)。全球6个大洲分布及种数(16－20;hort. 1;cult. 1)非洲:8－11;亚洲:12－17;大洋洲:8－11;欧洲:2－5;北美洲:6－10;南美洲:5－8。【中国种数:8】。

Flueggeopsis K. Schum. ＝ **Phyllanthus**

Fluggea Willd. ＝ **Flueggea**

Fluminaria N. G. Bergh 水茅属 Poaceae［MM－748］特征纪要:习性:草本。花程式:(K－),C0参考科,A3参考科,↓G－参考科。其他特征参考科。全球1个大洲分布及种数(1)◆非洲。

Fluvialis Ség. 茨藻科属 Najadaceae［MM－607］特征纪要:习性:－。花程式:－。其他特征参考科。分布:－。

Flyriella R. M. King & H. Rob. 疏序肋泽兰属 Asteraceae［MD－586］特征纪要:习性:草本。花程式:(K)3－5,C3－5,A3－5,＝↓(G)2。其他特征参考科。全球1个大洲分布及种数(4)◆北美洲。

Fockea Endl. 水根藤属 Apocynaceae [MD-492] 特征纪要:习性:木本。花程式:K5,C0,A5,=↓G2。其他特征参考科。全球3个大洲分布及种数(6-22)非洲:21; 北美洲:3; 南美洲:1。

Fockeanthus H. R. Wehrh. 木风铃属 Campanulaceae [MD-561] 特征纪要:习性:草本。花程式:(K)5,(C)5,A5,↓G-。其他特征参考科。全球0个大洲分布及种数(3)。

Fockonia <unassigned> 委内谷精草属 Eriocaulaceae [MM-726] 特征纪要:-。全球1个大洲分布及种数(1)◆南美洲:1。

Foeniculum Mill. 茴香属 Apiaceae [MD-480] 特征纪要:习性:草本。花程式:Kn,C5,A3参考科,=↓G2。物候:-。花期:5-6月。果期:参考晚于花期。海拔:200-2600米。生境:栽培。资源:药用,具栽培园艺种类。全球6个大洲分布及种数(5-22)非洲:8; 亚洲:9; 大洋洲:3; 欧洲:4; 北美洲:4; 南美洲:4。【中国种数:1】。

Foenodorum E. H. L. Krause = **Anthoxanthum**

Foersteria Scop. = **Breynia**

Foetidia Comm. ex Lam. 玉海桑属 Foetidiaceae [MD-268] 特征纪要(同科)。全球2个大洲分布及种数(18-29)非洲:25; 亚洲:4。【中国种数:1】。

Foetidiaceae H. K. Airy-Shaw [MD-268] 藏蕊花科 特征纪要:习性:木本;落叶。花程式:K5-n,C2-3,A5枚,↓G9-6。全球1个大洲分布及属种数(1/1 <IFR 1/1> hort. 1, cult. 1) ◆非洲:1/17-19。【中国属种数:1/1】。

Fokienia A. Henry & H. H. Thomas 福建柏属 Cupressaceae [G-17] 特征纪要:习性:-。【Rep】:复轴,浆果状,苞鳞融合成果皮状,种鳞多退化,球果翌年成熟,近球形,种鳞6-8对,熟时张开,木质,盾形,基部渐窄,顶部中央微凹,有一凸起的小尖头,能育的种鳞各具2粒种子,种子卵形,具明显的种脐,上部有两个大小不等的薄翅,子叶2枚,发芽时出土。物候:-。海拔:100-1800米。生境:山地森林。资源:具园艺种类。全球2个大洲分布及种数(1-6)亚洲:4; 北美洲:2。【中国种数:1】。

Foleyola Maire 涩树属 Brassicaceae [MD-213] 特征纪要:习性:木本。花程式:-。其他特征参考科。全球1个大洲分布及种数(1)◆非洲。

Folioceros D. C. Bhardwaj 褐角苔属 Foliocerotaceae [B-92] 特征纪要(同科)。全球3个大洲分布及种数(14)亚洲:10;大洋洲:4;南美洲:1。【中国种数:1】。

Foliocerotaceae Hässel [B-92] 褐角苔科 特征纪要(参考 Schistostegaceae):细小,绿色,扁平,习生于阴暗处的藓丛。全球3个大洲分布和属种数(1/13)亚洲:1/10;大洋洲:1/4;南美洲:1/1-1。【中国属种数:1/1】。

Follmanniella <unassigned> 扭叶苔科属 Riellaceae [B-5] 特征纪要:-。全球1个大洲分布及种数(1)◆南美洲:1。

Folotsia Costantin & Bois = **Cynanchum**

Fomes (Fr.) Fr. 恶龙骨属 Polypodiaceae [F-60] 特征纪要:-。全球2个大洲分布及种数(93)亚洲:3; 南美洲:92。

Fonkia Phil. 水八角属 Scrophulariaceae [MD-536] 特征纪要:习性:草本。花程式:Kn,C0,A3参考科,↓G。其他特征参考科。全球2个大洲分布及种数(1-4)北美洲:1; 南美洲:2。

Fontainea Heckel 茶梅桐属 Euphorbiaceae [MD-217] 特征纪要:习性:木本。花程式:K1(1000),C0,A6,=(G)2-3。其他特征参考科。全球3个大洲分布及种数(9-10)非洲:2; 亚洲:2; 大洋洲:10。

Fontainesia P. & K. = **Fontanesia**

Fontanesia Labill. 雪柳属 Oleaceae [MD-498] 特征纪要:习性:木本。花程式:-。物候:-。花期:4-6月。果期:参考晚于花期。海拔:800米。生境:靠近沟壑,溪流或树林。栽培:来自广西龙州。资源:具栽培园艺种类。全球4个大洲分布及种数(2-15)非洲:2; 亚洲:11; 欧洲:6; 北美洲:6。【中国种数:2】。

Fontenellea A. St. -Hil. & Tul. = **Quillaja**

Fontinalaceae Schimp. [B-169] 水藓科 特征纪要:体硬挺,多灰绿色,有时呈深绿色、棕黄色至黑褐色。【Rep】:呈深绿色、棕黄色至黑褐色。全球5个大洲分布和属种数(3/54)亚洲:3/8;大洋洲:1/1;欧洲:2/23;北美洲:3/37;南美洲:1/6。【中国属种数:1/3】。

Fontinalis Hedw. 水藓属 Fontinalaceae [B-169] 特征纪要:习性:-。【Rep】:孢蒴卵形,长约2毫米,蒴齿两层。物候:-。海拔:-。生境:-。资源:具园艺种类。全球6个大洲分布及种数(45)非洲:7;亚洲:6;大洋洲:1;欧洲:19;北美洲:30;南美洲:6。【中国种数:3】。

Foonchewia R. J. Wang 宽昭木属 Rubiaceae [MD-523] 特征纪要:习性:木本。花程式:(K-),(C)4,A3-5,↓G。物候:-。花期:参考早于果期。果期:10月。海拔:5-4800米。生境:矮林内。资源:-。全球1个大洲分布及种数(1)◆亚洲(◆中国)。

Forasaccus Bubani = **Bromus**

Forchhammeria Liebm. 福希木属 Resedaceae [MD-196] 特征纪要:习性:木本。花程式:-。其他特征参考科。全球4个大洲分布及种数(14-22)非洲:2; 亚洲:3; 北美洲:17; 南美洲:4。

Forcipella Baill. 钳爵床属 Acanthaceae [MD-572] 特征纪要:习性:-。花程式:-。其他特征参考科。全球1个大洲分布及种数(6)◆非洲(◆马达加斯加)。

Fordia Hemsl. 干花豆属 Fabaceae3 [MD-240] 特征纪要:习性:木本。花程式:-。物候:-。花期:5-9月。果期:参考晚于花期。海拔:500米。生境:山谷岩石坡地或灌林中。资源:药用。全球4个大洲分布及种数(10-38)非洲:2; 亚洲:34; 大洋洲:3; 南美洲:2。【中国种数:1】。

Fordiophyton Stapf 无距花属 Melastomataceae [MD-364] 特征纪要:习性:木质攀援。花程式:-。物候:-。花期:6月。果期:参考晚于花期。海拔:200-300米。生境:山谷密林下荫湿处。资源:具栽培园艺种类。全球2个大洲分布及种数(16-40)非洲:2; 亚洲:35。【中国种数:10】。

Foreauella Dixon & P. de la Varde 曲枝藓属 Sematophyllaceae [B－192] 特征纪要:习性:－。【Rep】:雌雄异株或雌雄异苞同株,生殖苞侧生,雌苞叶分化,蒴柄长。物候:－。海拔:－。生境:常见于竹上,岩石上。资源:－。全球 1 个大洲分布及种数(1)◆亚洲:1。【中国种数:1】。

Forestiera Poir. 泽蜡树属 Oleaceae [MD－498] 特征纪要:习性:木本。花程式:－。其他特征参考科。全球 6 个大洲分布及种数(22－72)非洲:2; 亚洲:14; 大洋洲:6; 欧洲:42; 北美洲:42; 南美洲:17。【中国种数:3】。

Forexeta Raf. = **Carex**

Forgerouxa Neck. = **Rhamnus**

Forgesia Comm. ex Juss. 玫铃木属 Escalloniaceae [MD－447] 特征纪要:习性:木本。花程式:－。其他特征参考科。全球 2 个大洲分布及种数(1－7)非洲:3; 南美洲:5。

Forgetina Boquill. ex Baill. = **Sloanea**

Formania W. W. Sm. & J. Small 复芒菊属 Asteraceae [MD－586] 特征纪要:习性:草本,少灌木。花程式:(K)3－5,C3－5,A3 参考科,↓G。物候:－。花期:7－10 月。果期:参考晚于花期。海拔:3000 米。生境:干燥的岩石斜坡,岩壁,金沙江河谷东岸山坡灌丛。资源:－。全球 1 个大洲分布及种数(2)◆亚洲:cf. 1。【中国种数:1】。

Formosia Pichon = **Anodendron**

Forskohlea (Tourn.) L. 燧荨麻属 Urticaceae [MD－91] 特征纪要:－。全球 1 个大洲分布及种数(1)◆非洲:1。

Forssellia <unassigned> 石李属 Chrysobalanaceae [MD－243] 特征纪要:－。全球 1 个大洲分布及种数(1)◆欧洲:1。

Forsskaolea L. 石谷麻属 Urticaceae [MD－91] 特征纪要:习性:木本。花程式:－。其他特征参考科。全球 3 个大洲分布及种数(6－8)非洲:5;亚洲:3－4;欧洲:1－2。

Forsstroemia Lindb. 残齿藓属 Leucodontaceae [B－198] 特征纪要:习性:－。【Rep】:黄绿色或黄褐色。物候:－。海拔:－。生境:常见于树干,林地腐殖质。资源:－。全球 6 个大洲分布及种数(22)非洲:4;亚洲:13;大洋洲:2;欧洲:2;北美洲:5;南美洲:7。【中国种数:14】。

Forstera L. f. 蝇柱草属 Stylidiaceae [MD－568] 特征纪要:习性:草本。花程式:－。其他特征参考科。全球 3 个大洲分布及种数(6－22)亚洲:6; 大洋洲:14; 南美洲:6。

Forsteronia G. Mey. 犬乳藤属 Apocynaceae [MD－492] 特征纪要:习性:木本。花程式:Kn,C0,A15,↓(G)2－5。其他特征参考科。全球 6 个大洲分布及种数(54)非洲:3;亚洲:3;大洋洲:3;欧洲:3;北美洲:7－11;南美洲:41－50。【中国种数:2】。

Forsythia Vahl 连翘属 Oleaceae [MD－498] 特征纪要和分布(－)。全球 6 个大洲分布及种数(12－16)非洲:3;亚洲:11－16;大洋洲:4;欧洲:6－10;北美洲:8－12;南美洲:3。【中国种数:7】。

Fortunaea Lindl. = **Platycarya**

Fortunatia J. F. Macbr. 圣泪百合属 Amaryllidaceae [MM－694] 特征纪要:习性:－。花程式:－。其他特征参考科。全球 2 个大洲分布及种数(cf. 1)北美洲;南美洲。

Fortunearia Rehder & E. H. Wilson 牛鼻栓属 Hamamelidaceae [MD－63] 特征纪要:习性:木质攀援。花程式:－。物候:－。花期:3－4 月。果期:参考晚于花期。海拔:800－1000 米。生境:森林。资源:药用,油脂,具栽培园艺种类。全球 3 个大洲分布及种数(1－2)亚洲:2; 欧洲:2; 北美洲:2。【中国种数:1】。

Fortuynia Shuttlew. ex Boiss. 曲序芥属 Brassicaceae [MD－213] 特征纪要:习性:草本。花程式:K2－4,C2－4,A2－4,=(G)2。其他特征参考科。全球 1 个大洲分布及种数(cf. 1)◆亚洲。

Forzzaea Leme, S. Heller & Zizka 曲羞草属 Fabaceae1 [MD－238] 特征纪要:习性:木本。花程式:K3－5－∞,C3－5－∞,A1－10－50,=↓G(－)。其他特征参考科。全球 1 个大洲分布及种数(3) ◆南美洲:3。

Fosbergia Tirveng. & Sastre 大果茜属 Rubiaceae [MD－523] 特征纪要:习性:木本。花程式:(K)4－5,C4－5,A4－5,=↓G2－9。物候:－。花期:3－4 月。果期:参考晚于花期。海拔:1100－2200 米。生境:山谷,混交林,较低的山地常绿森林。资源:－。全球 1 个大洲分布及种数(3－4)◆亚洲。【中国种数:3】。

Fosselinia Scop. = **Clypeola**

Fossombronia Raddi 卫矛科属 Fossombroniaceae [B－23] 特征纪要:习性:－。花程式:－。物候:－。海拔:－。生境:－。资源:具园艺种类。全球 6 个大洲分布及种数(46－63)非洲:21－34;亚洲:7－15;大洋洲:17－34;欧洲:4－11;北美洲:11－18;南美洲:5－12。【中国种数:1】。

Fossombroniaceae Hazsl. [B－23] 小叶苔科 特征纪要:直立,具横茎,柔弱,鲜绿色或淡绿色,疏横展生长。【Rep】:精子器黄色或橙黄色,着生于茎顶端,颈卵器 2 至多个,受精后颈卵器基部发育形成短筒状蒴帽。全球 6 个大洲分布和属种数(1;hort. & cult. 1)(45－69;hort. & cult. 1)非洲:1/21－34;亚洲:1/7－15;大洋洲:1/17－34;欧洲:1/4－11;北美洲:1/11－18;南美洲:1/5－12。【中国属种数:1/1】。

Fosterella L. B. Sm. 卷药凤梨属 Bromeliaceae [MM－715] 特征纪要:习性:草本。花程式:(K)3,C3,A3 参考科,=↓G3。其他特征参考科。全球 3 个大洲分布及种数(32－33;hort. 1)欧洲:3;北美洲:3;南美洲:31－32。

Fothergilla Spreng. 银刷树属 Hamamelidaceae [MD－63] 特征纪要:习性:－。花程式:－。其他特征参考科。全球 4 个大洲分布及种数(3－12)亚洲:2; 欧洲:8; 北美洲:8; 南美洲:2。

Fouquiera Spreng. = **Fouquieria**

Fouquieria Kunth 福桂树属 Fouquieriaceae [MD－308] 特征纪要:习性:木本。花程式:－。其他特征参考科。全球 4 个大洲分布及种数(13－32)非洲:2; 亚洲:7; 北美洲:15; 南美洲:5。【中国种数:1】。

Fouquieriaceae DC. [MD－308] 福桂树科 特征纪要:习性:木本;落叶。花程式:K5,C5,A10,G－。全球 1 个大洲分布及属种数(3/12－14 <IFR 1/1> hort. 1,cult. 1)◆北美洲:1－2/ 9－14。【中国属种数:1/1】。

Fourcroya Spreng. = **Furcraea**
Fournieria Tiegh. = **Cespedesia**
Fourraea Greuter & Burdet = **Potentilla**

Foveolina Källersjö 微肋菊属 Asteraceae［MD－586］特征纪要:习性:草本。花程式:(K)3－5,(C)3－5,A3－5,↓G。其他特征参考科。全球1个大洲分布及种数(4－5)◆非洲。

Fractiunguis Schltr. = **Scaphyglottis**

Fragaria L. 草莓属 Rosaceae［MD－246］特征纪要:习性:木质攀援。花程式:－。物候:－。花期:4－5月。果期:参考晚于花期。海拔:1000－2700米。生境:草地,中山山坡。资源:具栽培园艺种类。全球6个大洲分布及种数(51－69;hort.1;cult. 12)非洲:7－12;亚洲:29－40;大洋洲:1－6;欧洲:20－26;北美洲:23－32;南美洲:7－12。【中国种数:14】。

Fragariopsis A. St. －Hil. = **Plukenetia**
Fragmosa Raf. = **Erigeron**

Frahmiella Ignatov, Vanderp. & Y. F. Wang 巴西青藓属 Brachytheciaceae［B－187］特征纪要:习性:－。【Rep】:绿色或棕绿色。物候:－。海拔:－。生境:常见于林下土生,岩面土生。资源:－。全球2个大洲分布及种数(2)亚洲:1;南美洲:1。【中国种数:1】。

Frailea Britton & Rose 天惠球属 Cactaceae［MD－100］特征纪要:习性:木本。花程式:K1－∞,C1－∞,A3－100,=↓G3－100－。其他特征参考科。全球2个大洲分布及种数(25－76)北美洲:6;南美洲:62。

Franchetia Baill. = **Breonia**

Franciella Thér. 新喀藓属 Hypnodendraceae［B－158］特征纪要:习性:－。【Rep】:雌雄异株,蒴柄短,孢蒴略倾斜,长卵形,不对称,稍弯曲,平滑,蒴盖高圆锥体形,有弯斜尖喙,蒴齿两层。其他特征参考科。全球1个大洲分布及种数(3)◆大洋洲:3。

Franciscea Pohl = **Brunfelsia**

Franciscodendron B. Hyland & Steenis 甘蓝桐属 Malvaceae［MD－203］特征纪要:习性:木本。花程式:(K)n,C6,A10,G2－52。其他特征参考科。全球2个大洲分布及种数(1－2)非洲:2; 大洋洲:2。

Francoa Cav. 新妇花属 Francoaceae［MD－269］特征纪要:习性:草本。花程式:－。其他特征参考科。全球3个大洲分布及种数(3－8)亚洲:3; 北美洲:2; 南美洲:8。

F

Francoaceae A. Juss.［MD－269］新妇花科 特征纪要:习性:草本;落叶。花程式:K8,C8－16,A8,=↓(G)2－4。全球1个大洲分布及属种数(7/36－52 <IFR 1/1> hort. 1,cult. 1)◆南美洲:1/ 3－3。【中国属种数:1/1】。

Francoeuria Cass. = **Pulicaria**

Frangula Mill. 裸芽鼠李属 Rhamnaceae［MD－331］特征纪要:习性:木本。花期:4－7月。果期:参考晚于花期。海拔:4500米。生境:路边灌丛中,杂木林中。全球6个大洲分布及种数(59－62;hort.1;cult. 2)非洲:1－3;亚洲:18－20;大洋洲:2;欧洲:11－13;北美洲:41－43;南美洲:14－16。【中国种数:9】。

Frankenia L. 瓣鳞花属 Frankeniaceae［MD－160］特征纪要(同科)。全球6个大洲分布及种数(53－98;hort.1;cult. 3)非洲:13－20;亚洲:18－22;大洋洲:26－56;欧洲:8－12;北美洲:11－14;南美洲:14－15。【中国种数:6】。

Frankeniaceae Desv.［MD－160］瓣鳞花科 特征纪要:习性:木本;落叶。花程式:(K)6,C5,A3－4,↑G1。物候:－。花期和果期:5－8月。果实:蒴果。种子:种皮作不规则的矩圆形。海拔:1200－1500米。生境:湖边高盐分草原,荒漠地带河流泛滥地,湖盆等低湿盐碱化土壤上。资源:－。栽培:－。全球6个大洲分布及属种数(3/55－100 <IFR 1/4> hort.1;cult. 1) 非洲:1/14－20(IFR 1/1); 亚洲:1/18－19(IFR 1/1); 大洋洲:1/27－56(IFR 1/2); 欧洲:1/9－12; 北美洲:1/12－14; 南美洲:1/14。【中国属种数:1/6】。

Franklandia R. Br. 羊脂木属 Proteaceae［MD－219］特征纪要:习性:木本。花程式:K3－4－∞,C0,A2,=G1。其他特征参考科。全球3个大洲分布及种数(2－5)亚洲:1; 大洋洲:5; 南美洲:3。

Franklinia W. Bartram ex Marshall 洋木荷属 Theaceae［MD－168］特征纪要:习性:木本。花程式:Kn,C2－3参考科,A3参考科,G－。其他特征参考科。全球6个大洲分布及种数(1－291)非洲:33; 亚洲:255; 大洋洲:33; 欧洲:7; 北美洲:7; 南美洲:17。【中国种数:1】。

Franseria Cav. 木豚草属 Asteraceae［MD－586］特征纪要和分布(－)。全球6个大洲分布及种数(4－25)非洲:19;亚洲:19;大洋洲:19;欧洲:19;北美洲:1－20;南美洲:2－21。

Frantzia Pittier = **Sechium**

Frasera Walter 轮叶龙胆属 Gentianaceae［MD－496］特征纪要:习性:草本。花程式:K4,C0,A10,=↓G2。其他特征参考科。全球2个大洲分布及种数(20－48)亚洲:4; 北美洲:26。【中国种数:2】。

Fraunhofera Mart. 坚杞木属 Celastraceae［MD－339］特征纪要:习性:木本。花程式:K2－3,C2－3,A10,=(G)2－5。其他特征参考科。全球1个大洲分布及种数(1)◆南美洲(◆巴西)。

Fraxinus Tourn. ex L. 梣属 Oleaceae［MD－498］特征纪要:习性:木本。花程式:－。物候:－。花期:参考早于果期。果期:4－6月。海拔:900－1500米。生境:次生混交林。栽培:来自广西龙州。资源:园林绿化,具栽培园艺种类。全球6个大洲分布及种数(77－106;hort.1;cult. 16)非洲:18－67;亚洲:52－108;大洋洲:9－58;欧洲:19－69;北美洲:44－98;南美洲:9－58。【中国种数:34】。

Freeria Merr. = **Pyrenacantha**

Freesia Eckl. ex Klatt 香雪兰属 Iridaceae［MM－700］特征纪要:习性:草本(基生)。花程式:(K－),C2－3参考科,A4,↓G－。物候:－。花期:4－5月。果期:参考晚于花期。海拔:100－4400米。生境:草丛中,自然山坡地。资源:药用,具栽培园艺种类。全球6个大洲分布及种数(20－48)非洲:42; 亚洲:7; 大洋洲:7; 欧洲:17;

北美洲:17; 南美洲:13。【中国种数:3】。

Freireodendron Müll. Arg. = **Drypetes**

Fremontodendron Coult. 绵绒树属 Malvaceae [MD-203] 特征纪要:习性:木本。花程式:K3-5-∞,C3-5-∞,A10-8,=G1-5。其他特征参考科。全球2个大洲分布及种数(3-9)亚洲:3; 北美洲:6。【中国种数:1】。

Frerea Dalzell 水牛角属 Apocynaceae [MD-492] 特征纪要:习性:-。花程式:-。其他特征参考科。全球1个大洲分布及种数(cf.1)◆亚洲。

Freya V. M. Badillo 委内菊属 Asteraceae [MD-586] 特征纪要:习性:草本。花程式:(K)3-5,C3-5,A3-5,=↓(G)2。其他特征参考科。全球1个大洲分布及种数(1)◆南美洲。

Freycinetia Gaud. 藤露兜树属 Pandanaceae [MM-703] 特征纪要:习性:木本。花期:4-5月。果期:参考晚于花期。海拔:800米。生境:海岸附近的灌木丛和悬崖。资源:具栽培园艺种类。全球6个大洲分布及种数(279-450)非洲:165; 亚洲:234; 大洋洲:232; 欧洲:14; 北美洲:14; 南美洲:2。【中国种数:5】。

Freylenia Brongn. = **Freylinia**

Freylinia Colla 蜜铃木属 Scrophulariaceae [MD-536] 特征纪要:习性:灌木。花程式:K2-4,C0,A4,↓G2。其他特征参考科。全球5个大洲分布及种数(10-14)非洲:14; 亚洲:2; 大洋洲:2; 北美洲:4; 南美洲:2。【中国种数:1】。

Freziera Sw. ex Willd. 美杨桐属 Theaceae [MD-168] 特征纪要:习性:木本。花程式:K5-10,C5-10,A5-10,=G2-3。其他特征参考科。全球5个大洲分布及种数(61-72;hort.1;cult. 1)非洲:1;亚洲:9;大洋洲:1-3;北美洲:16-17;南美洲:52-62。【中国种数:3】。

Fridericia Mart. 弗里紫葳属 Bignoniaceae [MD-541] 特征纪要:习性:木本。花程式:K5,C0,A5,=G2。其他特征参考科。全球6个大洲分布及种数(58-172)非洲:11; 亚洲:19; 大洋洲:3; 欧洲:50; 北美洲:50; 南美洲:163。【中国种数:5】。

Friederichsthalia A. DC. = **Trichodesma**

Friedmannia Cham. & Schltdl. = **Curculigo**

Friesea Rchb. = **Aristotelia**

Friesodielsia Steenis 尖花藤属 Annonaceae [MD-7] 特征纪要:习性:木本。花程式:K3-∞,C3,A2,=G10-100。物候:-。花期:8-9月。果期:参考晚于花期。海拔:300-500米。生境:森林山坡。资源:-。全球6个大洲分布及种数(48-86)非洲:20; 亚洲:72; 大洋洲:4; 欧洲:4; 北美洲:4; 南美洲:3。【中国种数:1】。

F

Frigidorchis Z. J. Liu & S. C. Chen 冷兰属 Orchidaceae [MM-723] 特征纪要:习性:-。花程式:-。物候:-。花期:8月。果期:参考晚于花期。海拔:3600-4500米。生境:高大莎草丛的侧面,沼泽草地上被土壤覆盖的岩石。资源:-。全球1个大洲分布及种数(2)◆亚洲:cf.1。

Frithia N. E. Br. 晃玉属 Aizoaceae [MD-94] 特征纪要:习性:草本。花程式:K3-4,C3-4,A5参考科,=↓G-。其他特征参考科。全球2个大洲分布及种数(2-4)非洲:4; 南美洲:2。

Fritillaria Tourn. ex L. 囊瓣贝母属 Liliaceae [MM-633] 特征纪要:习性:草本。花程式:-。物候:-。花期:3-4月。果期:参考晚于花期。海拔:1500-2100米。生境:菜田,石质山坡上。资源:具栽培园艺种类。全球6个大洲分布及种数(108-171;hort.1;cult. 11)非洲:14-41;亚洲:82-147;大洋洲:26;欧洲:29-67;北美洲:35-64;南美洲:3-29。【中国种数:37】。

Fritschiantha Kuntze = **Seemannia**

Fritzschia Cham. 弗里野牡丹属 Melastomataceae [MD-364] 特征纪要:习性:木本。花程式:K4-5,C4-5,A4-5,=↓G3-4。其他特征参考科。全球1个大洲分布及种数(9-10)◆南美洲(◆巴西)。

Frodinia Lowry & G. M. Plunkett 五加科属 Araliaceae [MD-471] 特征纪要:习性:-。花程式:-。其他特征参考科。全球2个大洲分布及种数(2)北美洲;南美洲。

Froelichia Mönch 蛇棉苋属 Rubiaceae [MD-523] 特征纪要:习性:-。花程式:-。其他特征参考科。全球6个大洲分布及种数(17-18;hort.1;cult. 1)非洲:5;亚洲:2-7;大洋洲:4-9;欧洲:3-8;北美洲:10-15;南美洲:9-15。【中国种数:2】。

Froelichiella R. E. Fr. 灰棉苋属 Amaranthaceae [MD-116] 特征纪要:习性:草本。花程式:K1-2,C0,A1-2,=(G)2-3。其他特征参考科。全球1个大洲分布及种数(1)◆南美洲(◆巴西)。

Froesia Pires 巨鸦椿属 Ochnaceae [MD-104] 特征纪要:习性:木本。花程式:K15-30,C15-30,A15-30,G2-3。其他特征参考科。全球1个大洲分布及种数(5)◆南美洲。

Froesiochloa G. A. Black 格兰马竺属 Poaceae [MM-748] 特征纪要:习性:草本。花程式:(K)3,C0参考科,A1-2,=(G)2-3。其他特征参考科。全球1个大洲分布及种数(1)◆南美洲。

Froesiodendron R. E. Fr. 黄蚕木属 Annonaceae [MD-7] 特征纪要:习性:木本。花程式:K3-∞,C3,A2,↓G-参考科。其他特征参考科。全球1个大洲分布及种数(3)◆南美洲。

Frolovia (DC.) Lipsch. 齿冠菊属 Asteraceae [MD-586] 特征纪要:习性:-。花程式:-。物候:-。花期:7-8月。果期:参考晚于花期。海拔:6000米。生境:阿尔泰山地针叶林带山沟,柞林下路旁。资源:-。全球1个大洲分布及种数(7-8)◆亚洲:cf.1。

Frommia H. Wolff 弗罗姆草属 Apiaceae [MD-480] 特征纪要:习性:草本。花程式:Kn,C5,A3参考科,=↓G(-)。其他特征参考科。全球1个大洲分布及种数(1)◆非洲。

Frondaria Lür 弗龙兰属 Orchidaceae [MM-723] 特征纪要:习性:草本。花程式:(K)3,C3,A3,=↓(G)3。其他特征参考科。全球2个大洲分布及种数(2-3)亚洲:2; 南美洲:3。

Froriepia K. Koch 土耳其芹属 Apiaceae［MD－480］特征纪要:习性:草本。花程式:K5,C5,A5,＝↓(G)2。其他特征参考科。全球4个大洲分布及种数(1－6)亚洲:4; 欧洲:1; 北美洲:1; 南美洲:4。

Frostia Bert. ex Guill. ＝ **Pilostyles**

Fructesca DC. ＝ **Gaertnera**

Frullania Raddi 耳叶苔属 Frullaniaceae［B－82］特征纪要:习性:－。物候:－。海拔:－。生境:常见于林下腐木,岩石表面,阴岩面土生。资源:－。全球6个大洲分布及种数(303－389)非洲:37－186;亚洲:136－265;大洋洲:84－235;欧洲:15－133;北美洲:57－176;南美洲:74－209。【中国种数:99】。

Frullaniaceae Lorch［B－82］耳叶苔科 特征纪要:纤细,无光泽,交织成小片状生长。【Rep】:雌雄异株,内雌苞叶直立,具狭长尖,边缘常有粗齿,蒴柄细长,黄褐色或紫红色,孢蒴直立,长卵圆形。全球6个大洲分布和属种数(1/302－515)非洲:1/37－186; 亚洲:1/136－265; 大洋洲:1/84－235; 欧洲:1/15－133; 北美洲:1/57－176; 南美洲:1/74－209。【中国属种数:1/99(18)】。

Frullanoides Raddi 褶瓣耳叶苔属 Lejeuneaceae［B－84］特征纪要:习性:－。【Rep】:老时呈红褐色。物候:－。海拔:－。生境:山坡,针阔混交林中。资源:－。全球6个大洲分布及种数(8)非洲:2－3;亚洲:1;大洋洲:1－2;欧洲:1;北美洲:5－6;南美洲:5－6。

Frumentum E. H. L. Krause ＝ **Triticum**

Fruticicola (Schltr.) M. A. Clem. & D. L. Jones 石豆兰属 Orchidaceae［MM－723］特征纪要:习性:－。花程式:－。物候:－。花期:参考早于果期。果期:10－11月。海拔:80－5200米。生境:柏树林下或草坡路旁,竹坡中。资源:－。全球3个大洲分布及种数(cf. 1)亚洲;大洋洲;南美洲。

Frutidella <unassigned> 肉穗果科属 Bataceae［MD－223］特征纪要:－。全球2个大洲分布及种数(2)欧洲:2;北美洲:2。

Fryxellia D. M. Bates 弗氏锦葵属 Malvaceae［MD－203］特征纪要:习性:木本。花程式:K5－∞,C5－∞,A10－8,＝(G)1－5。其他特征参考科。全球1个大洲分布及种数(1－2)◆北美洲。

Fuchsia L. 倒挂金钟属 Onagraceae［MD－396］特征纪要和分布(－)。全球6个大洲分布及种数(131－151;hort. 1;cult. 11)非洲:1－6;亚洲:15－22;大洋洲:12－17;欧洲:6－11;北美洲:34－40;南美洲:112－123。【中国种数:6】。

F

Fucodium <unassigned> 壳斗科属 Fagaceae［MD－69］特征纪要:－。全球1个大洲分布及种数(1)◆非洲:1。

Fuernrohria K. Koch 亚芹属 Apiaceae［MD－480］特征纪要:习性:草本。花程式:Kn,C5,A3 参考科,＝↓G(－)。其他特征参考科。全球1个大洲分布及种数(1)◆亚洲。

Fuerstia T. C. E. Fr. 富斯草属 Lamiaceae［MD－575］特征纪要:习性:草本。花程式:K2,C0,A2,＝(G)2。其他特征参考科。全球3个大洲分布及种数(9－12)非洲:12; 亚洲:3; 北美洲:2。

Fuertesia Urb. 钩星花属 Loasaceae［MD－435］特征纪要:习性:木本。花程式:－。其他特征参考科。全球2个大洲分布及种数(1－3)北美洲:2; 南美洲:2。

Fuertesiella Schltr. 富氏兰属 Orchidaceae［MM－723］特征纪要:习性:草本。花程式:(K)3,C3,A3,＝↓(G)3。其他特征参考科。全球2个大洲分布及种数(1－3)北美洲:2; 南美洲:1。

Fuertesimalva Fryxell 丝锦葵属 Malvaceae［MD－203］特征纪要:习性:木本。花程式:K5－∞,C5－∞,A10－8,＝G1－5。其他特征参考科。全球3个大洲分布及种数(16－17)欧洲:2;北美洲:2;南美洲:14。

Fuirena Rottb. 芙兰草属 Cyperaceae［MM－747］特征纪要:习性:草本(根状茎,基生,多肉)。花程式:Kn,C2－3参考科,A4,G－。物候:－。海拔:200米。生境:水田,河边,沼泽地。资源:药用,具栽培园艺种类。全球6个大洲分布及种数(41－64;hort. 1;cult. 4)非洲:23－43;亚洲:19－30;大洋洲:3－14;欧洲:3－10;北美洲:15－22;南美洲:8－16。【中国种数:7】。

Fuisa Raf. ＝ **Patrinia**

Fulcaldea Poir. 桂菊木属 Asteraceae［MD－586］特征纪要:草本。花程式:(K)3－5,C3－5,A3－5,＝↓(G)2。其他特征参考科。全球6个大洲分布及种数(2－33)非洲:5; 亚洲:18; 大洋洲:5; 欧洲:2; 北美洲:2; 南美洲:3。

Fulfordianthus Gradst. 桂鳞苔属 Lejeuneaceae［B－84］特征纪要:习性:－。【Rep】:老时呈红褐色。其他特征参考科。全球2个大洲分布及种数(3)北美洲:2;南美洲:1。

Fulfordiella Hässel de Menéndez 杉叉苔属 Pseudolepicoleaceae［B－71］特征纪要:习性:－。【Rep】:雌雄同株或异株,雄苞着生茎、枝先端,雌苞顶生,雌苞叶与茎叶同形,4－5裂,蒴柄横切面中央4个细胞。其他特征参考科。全球1个大洲分布及种数(－)◆南美洲。

Fuligo <unassigned> 唐松木科属 Physenaceae［MD－169］特征纪要:－。全球3个大洲分布及种数(7)非洲:6; 亚洲:2; 南美洲:4。

Fumana (Dunal) Spach 杉石玫属 Cistaceae［MD－175］特征纪要:习性:木本。花程式:－。其他特征参考科。全球6个大洲分布及种数(27－65)非洲:26; 亚洲:22; 大洋洲:2; 欧洲:5; 北美洲:5; 南美洲:4。【中国种数:5】。

Fumaria Tourn. ex L. 烟堇属 Fumariaceae［MD－59］特征纪要(同科)。全球6个大洲分布及种数(42－83;hort. 1;cult. 10)非洲:25－55;亚洲:19－31;大洋洲:14－18;欧洲:27－50;北美洲:14－18;南美洲:9－12。【中国种数:9】。

Fumariaceae Marquis［MD－59］紫堇科 特征纪要:习性:草本;落叶。花程式:K6,C1－∞,A6,G－。物候:－。花期和果期:4－6月。果实:－。种子:－。海拔:620－2200米。生境:耕地,果园,村边,路旁或石坡。资源:药用;园林。全球1个大洲分布及属种数(3/4<IFR 1/14>hort. 1,cult. 1)◆北美洲:3/ 16－21。

Fumarioideae M. L. Zhang, Z. Y. Su & Lidén 烟罂粟属 Papaveraceae［MD－54］特征纪要和分布(－)。全球1个大

洲分布及种数(1)◆非洲。

Fumariola Korsh. 紫堇属 Papaveraceae [MD-54] 特征纪要:习性:草本。花程式:K4,C4,A3 参考科,↓G-参考科。其他特征参考科。全球1个大洲分布及种数(1)◆亚洲。

Funaria Hedw. 葫芦藓属 Funariaceae [B-106] 特征纪要:习性:-。【Rep】:雌雄同株,雄苞呈花苞形,顶生,雌苞生于雄苞下的短侧枝上,当雄枝萎缩后即成为主枝,孢蒴长梨形。物候:-。海拔:980米。生境:土生。资源:-。全球6个大洲分布及种数(139)非洲:38;亚洲:28;大洋洲:17;欧洲:18;北美洲:22;南美洲:63。【中国种数:18】。

Funariaceae Schwägr. [B-106] 葫芦藓科 特征纪要(参考 Antheliaceae):密集丛生,倾立,褐绿色,有光泽。【Rep】:颈卵器顶生,蒴萼卵圆形,有多条纵褶,口部具多个裂瓣,蒴柄短。全球5个大洲分布和属种数(20/333)亚洲:10/77;大洋洲:8/54;欧洲:9/52;北美洲:7/75;南美洲:4/123。【中国属种数:5/41(1)】。

Funariella Sérgio 欧葫芦藓属 Funariaceae [B-106] 特征纪要:习性:-。【Rep】:雌雄同株,蒴柄细长,顶生,孢蒴直立,对称,近于圆球形或短梨形,台部极短而粗,环带由小形细胞组成而常存,雌雄同株异苞,蒴柄细长,黄色,孢蒴直立,对称,呈倒梨形,多具明显的长台部,环带缺如,蒴齿缺如。其他特征参考科。全球3个大洲分布及种数(1)非洲:1;亚洲:1;欧洲:1。

Funariophyscomitrella F. Wettst. 葫芦藓科属 Funariaceae [B-106] 特征纪要:-。全球1个大洲分布及种数(-)。

Funastrum E. Fourn. 扭绳藤属 Apocynaceae [MD-492] 特征纪要:习性:木本。花程式:K5,C0,A15,=↓G2。其他特征参考科。全球4个大洲分布及种数(23-57)非洲:3;亚洲:4;北美洲:32;南美洲:49。【中国种数:1】。

Funckiella Schltr. = **Funkiella**

Funifera Andrews ex C. A. Mey. 丝薇香属 Thymelaeaceae [MD-310] 特征纪要:习性:木本。花程式:-。其他特征参考科。全球2个大洲分布及种数(4-7)北美洲:2;南美洲:7。

Funium Willem. = **Furcraea**

Funkia Spreng. 亚洲天冬属 Funkiaceae [MM-663] 特征纪要及分布(-)。

Funkiaceae Schwägr. [MM-663] 紫萼玉簪科 特征纪要:习性:木本;落叶。花程式:(K)6,C3,A,↑G-。果实:果三裂,多刺。种子:种皮作不规则的矩圆形。全球1个大洲分布及属种数(1/1-6 <IFR 1/4>)◆亚洲:IFR 1/4。

Funkiella Schltr. 北美北美兰属 Orchidaceae [MM-723] 特征纪要:习性:草本。花程式:(K)3,C3,A3,=↓(G)3。其他特征参考科。全球3个大洲分布及种数(7-22)欧洲:9;北美洲:9;南美洲:9。

Funtumia Stapf 丝胶树属 Apocynaceae [MD-492] 特征纪要:习性:木本。花程式:K5-∞,C5-∞,A15,↓G。物候:-。花期:全年。果期:参考晚于花期。海拔:80-3000米。生境:-。栽培:-。资源:具栽培园艺种类。全球5个大洲分布及种数(2-8)非洲:8;亚洲:3;大洋洲:2;北美洲:3;南美洲:2。【中国种数:1】。

Furcraea Vent. 巨麻属 Asparagaceae [MM-669] 特征纪要:习性:草本。花程式:(K)3,C0 参考科,A3 参考科,G-。物候:-。海拔:-。生境:-。资源:具栽培园艺种类。全球6个大洲分布及种数(28-33;hort. 1)非洲:6-10;亚洲:8-13;大洋洲:7-11;欧洲:8-12;北美洲:24-32;南美洲:15-20。【中国种数:4】。

Furcroya Raf. = **Furcraea**

Furtadoa M. Hotta 千年健属 Araceae [MM-639] 特征纪要:习性:木本。花程式:-。其他特征参考科。全球1个大洲分布及种数(1-3)◆亚洲。

Fusaea (Baill.) Saff. 山番荔枝属 Annonaceae [MD-7] 特征纪要:习性:木本。花程式:K3-∞,C3,A2,=G10-100。其他特征参考科。全球3个大洲分布及种数(2-5)非洲:2;北美洲:2;南美洲:4。

Fuscobryum R. H. Zander 丛藓科属 Pottiaceae [B-133] 特征纪要:-。全球1个大洲分布及种数(-)。

Fuscocephaloziopsis Fulford 山萼苔属 Cephaloziaceae [B-52] 特征纪要:习性:-。【Rep】:雌苞生于茎腹面短枝上,蒴萼长筒形,口部有长刺,雄苞生于茎腹面,雄苞叶多对,呈穗状,老时呈黄褐色。其他特征参考科。全球1个大洲分布及种数(21)◆南美洲:2。

Fuscopannaria <unassigned> 可可李科属 Chrysobalanaceae [MD-243] 特征纪要:-。全球5个大洲分布及种数(25)亚洲:9;大洋洲:3;欧洲:5;北美洲:5;南美洲:7。

Fusiconia P. Beauv. 沼泽皱蒴藓属 Aulacomniaceae [B-153] 特征纪要:习性:-。物候:-。海拔:-。生境:土生,沼泽生。资源:-。分布:-。

Fusifilum Raf. 海葱属 Asparagaceae [MM-669] 特征纪要:习性:草本。花程式:(K-),C0 参考科,A3 参考科,G3-参考科。其他特征参考科。全球3个大洲分布及种数(3-20)非洲:3;北美洲:1;南美洲:1。

Fusispermum Cuatrec. 异子堇属 Violaceae [MD-126] 特征纪要:习性:木本。花程式:K5,C5,A10,=(G)2-3。其他特征参考科。全球2个大洲分布及种数(3-6)北美洲:3;南美洲:5。

Fussia Schur = **Aira**

Fuziifilix Nakai & Momose = **Microlepia**

F

G

Gabonius Mackinder & Wieringa 蝶多花属 Fabaceae3［MD－240］特征纪要:习性:木本。花程式:Kn,C2－3 参考科,A3 参考科,＝↓G(－)。其他特征参考科。全球 1 个大洲分布及种数(1)◆非洲。

Gabunia K. Schum. ＝ **Tabernaemontana**

Gackstroemia Trevis. 多孢苔属 Lepidolaenaceae［B－77］特征纪要:习性:－。【Rep】:雌雄同株,雌苞生于茎或分枝先端,蒴被发达,短柱形,被长纤毛,孢蒴卵圆形,蒴壁厚 4－6 层细胞。其他特征参考科。全球 3 个大洲分布及种数(7)亚洲:1;大洋洲:2;南美洲:4。

Gaertnera Retz. 拟九节属 Rubiaceae［MD－523］特征纪要和分布(－)。全球 1 个大洲分布及种数(1)◆南美洲。【中国种数:4】。

Gaga Pryer 廊盖蕨属 Sinopteridaceae［F－34］特征纪要:陆生,大型或中型蕨类植物,叶脉分离或罕为网状,网眼内不具内藏小脉。全球 6 个大洲分布及种数(5)非洲:2;亚洲:2;大洋洲:2;欧洲:2;北美洲:4－6;南美洲:1－3。

Gagea Salisb. 顶冰花属 Liliaceae［MM－633］特征纪要:习性:草本。花程式:－。物候:－。花期:4－5 月。果期:参考晚于花期。海拔:1600－2300 米。生境:半固定沙丘,亚高山草原。资源:具栽培园艺种类。全球 6 个大洲分布及种数(123－252;hort. 1;cult. 17)非洲:25－40;亚洲:101－193;大洋洲:1－8;欧洲:42－73;北美洲:3－10;南美洲:7。【中国种数:38】。

Gagnebina Neck. ex DC. 加涅豆属 Fabaceae2［MD－240］特征纪要:习性:木本。花程式:K3－5－∞,C3－5－∞,A1－10－50,＝↓G1。其他特征参考科。全球 3 个大洲分布及种数(5－12)非洲:9; 亚洲:3; 南美洲:1。

Gagnepainia K. Schum. 玉凤姜属 Zingiberaceae［MM－737］特征纪要:习性:草本。花程式:(K)3,C3,A5,＝↓G3。其他特征参考科。全球 1 个大洲分布及种数(cf. 1)◆亚洲。【中国种数:1】。

Gagria M. Král ＝ **Pachyphragma**

Gahnia J. R. Forst. & G. Forst. 黑莎草属 Cyperaceae［MM－747］特征纪要:习性:草本。花程式:－。物候:－。海拔:100－3000 米。生境:多岩石潮湿的丘陵和斜坡。资源:具栽培园艺种类。全球 6 个大洲分布及种数(22－54;hort. 1;cult. 2)非洲:3－14;亚洲:7－19;大洋洲:20－54;欧洲:1－9;北美洲:7－16;南美洲:7。【中国种数:5】。

Gaiadendron G. Don 金桂檀属 Loranthaceae［MD－415］特征纪要:习性:木本。花程式:K3－5,C0,A4,＝↓G3－4。其他特征参考科。全球 5 个大洲分布及种数(2－17)非洲:2; 亚洲:2; 大洋洲:2; 北美洲:4; 南美洲:15。【中国种数:1】。

Gaillardia Foug. 天人菊属 Asteraceae［MD－586］特征纪要:习性:草本(基生)。花程式:(K)3－5,C3－5,A3 参考科,＝↓G2。物候:－。花期:5－8 月。果期:参考晚于花期。海拔:6000 米。生境:广泛栽培。资源:观赏,具栽培园艺种类。全球 6 个大洲分布及种数(23－33;hort. 1;cult. 4)非洲:2－25;亚洲:6－29;大洋洲:3－26;欧洲:3－26;北美洲:19－42;南美洲:9－32。【中国种数:5】。

Gaimardia Gaud. 针垫草属 Centrolepidaceae［MM－745］特征纪要:习性:草本。花程式:－。其他特征参考科。全球 4 个大洲分布及种数(4－20)非洲:1; 亚洲:8; 大洋洲:9; 南美洲:12。

Gajanus (DC.) Kuntze 头铁豆属 Fabaceae3［MD－240］特征纪要:习性:－。花程式:－。其他特征参考科。全球 1 个大洲分布及种数(11)◆南美洲:1。

Galactia P. Br. 乳豆属 Fabaceae3［MD－240］特征纪要:习性:木质攀援。花程式:－。物候:－。海拔:7500 米。生境:海边旷地灌丛或低海拔丘陵地带疏林或密林中,常攀援于灌木或乔木上。资源:药用,具栽培园艺种类。全球 6 个大洲分布及种数(96－153;hort. 1;cult. 11)非洲:6－20;亚洲:24－50;大洋洲:6－20;欧洲:1－13;北美洲:59－110;南美洲:53－76。【中国种数:8】。

Galactites Mönch 乳刺菊属 Asteraceae［MD－586］特征纪要:习性:草本。花程式:(K)3－5,(C)3－5,A3－5,＝↓G2。其他特征参考科。全球 4 个大洲分布及种数(4－17)非洲:5; 亚洲:4; 大洋洲:2; 南美洲:2。

Galactodenia Sundü & Labiak 岩山蕨属 Polypodiaceae［F－60］特征纪要:习性:－。【Rep】:孢子同形,囊群生叶背。其他特征参考科。全球 2 个大洲分布及种数(6)北美洲:3; 南美洲:5。

Galactophora Woodson 乳梗木属 Apocynaceae［MD－492］特征纪要:习性:木本。花程式:K5－∞,C0,A15,＝↓G2－5。其他特征参考科。全球 1 个大洲分布及种数(6－7)◆南美洲。

Galagania Lipsky 天山芹属 Apiaceae［MD－480］特征纪要:习性:－。花程式:－。物候:－。海拔:50－5600 米。生境:半荒漠中和砾石质山坡上,柞林内。资源:－。全球 1 个大洲分布及种数(－)。【中国种数:1】。

Galantharum P. C. Boyce & S. Y. Wong 天南星科属 Araceae［MM－639］特征纪要:习性:木本。花程式:－。其他特征参考科。全球 1 个大洲分布及种数(－)。

Galanthus L. 雪滴花属 Amaryllidaceae［MM－694］特征纪要:习性:草本。花程式:(K)3,C3,A1,＝↓G3。物候:－。海拔:100－4800 米。生境:草地,山坡,灌丛中或松林下。资源:－。全球 6 个大洲分布及种数(14－29;hort. 1;cult. 7)非洲:5;亚洲:10－23;大洋洲:5;欧洲:9－16;北美洲:4－9;南美洲:5。【中国种数:3】。

Galardia Lam. ＝ **Gaillardia**

Galatella Cass. 乳菀属 Asteraceae［MD－586］特征纪要:习性:草本(根状茎,基生)。花程式:(K)3－5,C3－5,A3 参考科,＝↓G2。物候:－。花期:7－9 月。果期:参考晚于花期。海拔:1200－1800 米。生境:多砾石山坡或林缘。栽培:来自广西龙州。资源:具栽培园艺种类。全球 6 个大洲分布及种数(27－59;hort. 1;cult. 5)非洲:4－8;亚洲:23－35;大洋洲:2－6;欧洲:11－17;北美洲:8－12;南美洲:4。【中国种数:14】。

Galathenium Nutt. ＝ **Lactuca**

Galax L. 岩穗属 Diapensiaceae［MD－405］特征纪要和分布(－)。全球 1 个大洲分布及种数(2－4)◆北美洲。

Galbulimima F. M. Bailey 瓣蕊花属 Himantandraceae［MD－4］特征纪要(同科)。全球 3 个大洲分布及种数(1－3)非洲:2; 亚洲:2; 大洋洲:3。

Galeana La Llave 软翅菊属 Asteraceae［MD－586］特征纪要:习性:草本。花程式:(K)3－5,(C)3－5,A3－5,＝↓G2。其他特征参考科。全球 3 个大洲分布及种数(1－15)欧洲:5; 北美洲:5; 南美洲:5。

Galeandra Lindl. 盔药兰属 Orchidaceae［MM－723］特征纪要:习性:草本。花程式:(K)3,C3,A3,＝↓G3。其他特征参考科。全球 3 个大洲分布及种数(33－50)亚洲:cf. 1;北美洲:8－9;南美洲:28－40。

Gálearia Zoll. & Mor. 山篱木属 Pandaceae［MD－234］特征纪要和分布(－)。全球 1 个大洲分布及种数(3－12)◆亚洲。【中国种数:1】。

Galearis Raf. 无距兰属 Orchidaceae［MM－723］特征纪要:习性:草本(根状茎,基生)。花程式:(K)3,C3,A3,＝↓G3。物候:－。花期:5－6 月。果期:参考晚于花期。海拔:1000－2900 米。生境:高山灌丛。栽培:来自广西龙州。资源:具栽培园艺种类。全球 6 个大洲分布及种数(13－14)非洲:3;亚洲:12－16;大洋洲:3;欧洲:1－4;北美洲:2－5;南美洲:3。【中国种数:6】。

Galeata J. C. Wendl. 亚洲蔓旋花属 Convolvulaceae［MD－499］特征纪要:－。全球 1 个大洲分布及种数(2)◆亚洲:1。

Galega Tourn. ex L. 山羊豆属 Fabaceae3［MD－240］特征纪要:习性:木本。花程式:－。物候:－。花期:6－8 月。果期:参考晚于花期。海拔:7500 米。生境:－。栽培:－。资源:园林,药用,具栽培园艺种类。全球 6 个大洲分布及种数(6－19)非洲:3－11;亚洲:2－13;大洋洲:7;欧洲:1－11;北美洲:1－8;南美洲:7。【中国种数:2】。

Galenia L. 小叶番杏属 Aizoaceae［MD－94］特征纪要:习性:－。花程式:－。其他特征参考科。全球 6 个大洲分布及种数(44)非洲:40; 亚洲:3; 大洋洲:3; 欧洲:5; 北美洲:5; 南美洲:3。

Galeobdolon Adans. 黄野芝麻属 Lamiaceae［MD－575］特征纪要:习性:－。花程式:－。物候:－。花期:3－5 月。果期:参考晚于花期。海拔:100－300 米。生境:森林,生于溪边竹林下。资源:－。全球 2 个大洲分布及种数(6)亚洲:cf. 1;北美洲:1。

Galeoglossa C. Presl ＝ **Pyrrosia**

Galeoglossum A. Rich. & Galeotti 假宝石兰属 Orchidaceae［MM－723］特征纪要:习性:草本。花程式:(K)3,C3,A3,＝↓(G)3。其他特征参考科。全球 5 个大洲分布及种数(3－13)非洲:2; 亚洲:4; 欧洲:7; 北美洲:7; 南美洲:7。

Galeola Lour. 山珊瑚属 Orchidaceae［MM－723］特征纪要:习性:草本。花程式:Kn,C2－3 参考科,A3 参考科,＝↓G3。物候:－。花期:5－7 月。果期:参考晚于花期。海拔:1800－2300 米。生境:生于疏林下或竹林下多腐殖质和湿润处。资源:药用,具栽培园艺种类。全球 6 个大洲分布及种数(5－11)非洲:1－5;亚洲:4－11;大洋洲:1－6;欧洲:3;北美洲:3;南美洲:3。【中国种数:2】。

Galeomma Rauschert 独毛金绒草属 Asteraceae［MD－586］特征纪要:习性:草本。花程式:(K)3－5,(C)3－5,A3－5,↓G。其他特征参考科。全球 1 个大洲分布及种数(2)◆非洲。

Galeopsis L. 鼬瓣花属 Lamiaceae［MD－575］特征纪要和分布(－)。全球 6 个大洲分布及种数(18－30;hort. 1;cult. 9)非洲:6－12;亚洲:9－16;大洋洲:5;欧洲:17－23;北美洲:5－10;南美洲:5。【中国种数:6】。

Galeottia A. Rich. & Galeotti 缟狸兰属 Orchidaceae［MM－723］特征纪要:习性:－。花程式:－。其他特征参考科。全球 6 个大洲分布及种数(12－16)非洲:2; 亚洲:3; 大洋洲:2; 欧洲:4; 北美洲:4; 南美洲:16。

Galeottiella Schltr. 玉绶草属 Orchidaceae［MM－723］特征纪要:习性:草本。花程式:(K)3,C3,A3,＝↓(G)3。其他特征参考科。全球 2 个大洲分布及种数(1－13)北美洲:3; 南美洲:3。

Galianthe Griseb. 丰花草属 Rubiaceae［MD－523］特征纪要:习性:木本。花程式:(K)4－5,(C)4－5,A4－5,↓G。其他特征参考科。全球 3 个大洲分布及种数(54－66)大洋洲:3; 北美洲:6; 南美洲:59。

Galiastrum Fabr. ＝ **Mollugo**

Galilea Parl. ＝ **Cyperus**

Galiniera Delile 加利茜属 Rubiaceae［MD－523］特征纪要:习性:木本。花程式:(K)4－5,(C)4－5,A4－5,＝↓G2－9。其他特征参考科。全球 1 个大洲分布及种数(2)◆非洲。

Galinsoga Ruiz & Pav. 牛膝菊属 Asteraceae［MD－586］特征纪要:习性:草本。花程式:(K)3－5,C3－5,A3 参考科,＝↓G2。物候:－。花期:7－10 月。果期:参考晚于花期。海拔:6000 米。生境:山地,地沟,原野。资源:蛋白质,具栽培园艺种类。全球 6 个大洲分布及种数(12－69)非洲:4; 亚洲:9; 大洋洲:4; 欧洲:31; 北美洲:31; 南美洲:52。【中国种数:2】。

Galipea Aubl. 玉笛香属 Rutaceae［MD－399］特征纪要:习性:木本。花程式:K∞,C∞,A4,＝G1－3。其他特征参考科。全球3个大洲分布及种数(14－51)亚洲:3; 北美洲:8; 南美洲:47。

Galitzkya V. V. Botschantz. 翅籽芥属 Brassicaceae［MD－213］特征纪要:习性:草本。花程式:K2－4,C2－4,A2－4,＝(G)2。物候:－。花期:4－5月。果期:参考晚于花期。海拔:500－1000米。生境:落基山坡,岩石边坡。资源:－。全球5个大洲分布及种数(3－13)非洲:5; 亚洲:4; 欧洲:2; 北美洲:2; 南美洲:2。【中国种数:2】。

Galium L. 拉拉藤属 Rubiaceae［MD－523］特征纪要:习性:木质攀援。花程式:(K－),C2－3参考科,A5,↓G－。物候:－。海拔:1300－2800米。生境:草丛,灌丛或林下,针叶林下。资源:具栽培园艺种类。全球6个大洲分布及种数(440－784;hort. 1;cult. 60)非洲:107－227;亚洲:213－422;大洋洲:91－201;欧洲:164－347;北美洲:162－256;南美洲:125－205。【中国种数:120】。

Gallardoa Hicken 克尔金虎尾属 Malpighiaceae［MD－343］特征纪要:习性:木本。花程式:K5,C5,A10,G－。其他特征参考科。全球1个大洲分布及种数(1)◆南美洲。

Gallesia Casar. 蒜香木属 Petiveriaceae［MD－128］特征纪要:习性:草本。花程式:－。其他特征参考科。全球2个大洲分布及种数(1－6)北美洲:3; 南美洲:6。

Gallienia Dubard & Dop 马达茜草属 Rubiaceae［MD－523］特征纪要:习性:木本。花程式:(K)4－5,(C)4－5,A4－5,＝↓(G)2－9。其他特征参考科。全球2个大洲分布及种数(1－4)非洲:2; 亚洲:3。

Gallion Pohl ＝ **Galium**

Galoglychia Gasp. ＝ **Ficus**

Galopina Thunb. 加洛茜属 Rubiaceae［MD－523］特征纪要:习性:木本。花程式:(K)4－5,(C)4－5,A4－5,↓G。其他特征参考科。全球3个大洲分布及种数(4－12)非洲:10; 亚洲:4; 南美洲:2。

Galordia Raeusch. ＝ **Gaillardia**

Galphimia Cav. 金英属 Malpighiaceae［MD－343］特征纪要:习性:木本。花程式:K5,C5,A10,＝G2－3。物候:－。海拔:－。生境:－。资源:具栽培园艺种类。全球6个大洲分布及种数(29－30)非洲:3－4;亚洲:2－3;大洋洲:2－3;欧洲:1;北美洲:25－26;南美洲:15－16。【中国种数:2】。

Galpinia N. E. Br. 野银薇属 Lythraceae［MD－333］特征纪要:习性:木本。花程式:－。其他特征参考科。全球2个大洲分布及种数(1－5)非洲:5; 亚洲:3。

Galtonia Decne. 夏风信子属 Asparagaceae［MM－669］特征纪要:习性:－。花程式:－。其他特征参考科。全球2个大洲分布及种数(9)非洲:6; 南美洲:3。

Galvania Vand. ＝ **Psychotria**

Galvesia J. F. Gmel. ＝ **Galvezia**

Galvezia Ruiz & Pav. 卡尔维西木属 Scrophulariaceae［MD－536］特征纪要:习性:－。花程式:－。其他特征参考科。全球2个大洲分布及种数(6－20)北美洲:7; 南美洲:18。

Gamanthera van der Werff 聚药桂属 Lauraceae［MD－21］特征纪要:习性:－。花程式:－。其他特征参考科。全球2个大洲分布及种数(3)北美洲:2; 南美洲:2。

Gamanthus Bunge 合苞蓬属 Amaranthaceae［MD－116］特征纪要:习性:草本。花程式:Kn,C0,A3－5,↓(G)2－5。物候:－。海拔:600－5000米。生境:半固定沙丘或河边沙滩,棕钙土。资源:具栽培园艺种类。全球2个大洲分布及种数(3－8)非洲:1;亚洲:2－4。

Gambelia Nutt. 火曜花属 Plantaginaceae［MD－527］特征纪要:习性:灌木。花程式:K2－4,C0,A2－4,＝↓(G)2－3。其他特征参考科。全球4个大洲分布及种数(4－13)非洲:2; 亚洲:3; 北美洲:13; 南美洲:10。

Gambeya Pierre ＝ **Chrysophyllum**

Gamblea C. B. Clarke 萸叶五加属 Araliaceae［MD－471］特征纪要:习性:木本。花程式:－。物候:－。花期:5－9月。果期:参考晚于花期。海拔:800－3700米。生境:森林,云杉林。资源:具园艺种类。全球3个大洲分布及种数(5－25)亚洲:21; 欧洲:2; 北美洲:2。【中国种数:4】。

Gamelythrum Nees ＝ **Amphipogon**

Gamiella Broth. ex M. Fleisch. ＝ **Gammiella**

Gammiella Broth. 厚角藓属 Sematophyllaceae［B－192］特征纪要:习性:－。【Rep】:雌雄异苞同株,内雌苞叶直立,卵状披针形,上部渐狭成长毛状,近于全缘,无中肋。物候:－。海拔:－。生境:常见于竹上,岩石上。资源:－。全球2个大洲分布及种数(7)非洲:1;亚洲:7。【中国种数:7】。

Gamocarpha DC. 萼苞花属 Calyceraceae［MD－594］特征纪要:习性:草本。花程式:－。其他特征参考科。全球1个大洲分布及种数(7－10)◆南美洲。

Gamochaeta Wedd. 合冠鼠曲属 Asteraceae［MD－586］特征纪要:习性:草本(根状茎,基生)。花程式:(K)3－5,C3－5,A3－5,＝↓G2。物候:－。花期:5－7月。果期:参考晚于花期。海拔:1800－2200米。生境:草山坡。栽培:来自广西龙州。资源:具栽培园艺种类。全球6个大洲分布及种数(71－73)非洲:9;亚洲:14;大洋洲:11;欧洲:8;北美洲:22;南美洲:62。【中国种数:5】。

Gamochaetopsis Anderb. & S. E. Freire 棕绒草属 Asteraceae［MD－586］特征纪要:习性:－。花程式:－。其他特征参考科。全球1个大洲分布及种数(－)◆南美洲。

Gamochilus Lestib. ＝ **Hedychium**

Gamogyne N. E. Br. 落檐属 Araceae［MM－639］特征纪要:习性:－。花程式:－。其他特征参考科。全球1个大洲分布及种数(－)。

Gamoplexis Falconer ex Lindl. ＝ **Gastrodia**

Gamopoda Baker = **Rhaptonema**

Gamotopea Bremek. = **Psychotria**

Gandasulium Kuntze = **Hedychium**

Gandola Rumph. ex L. = **Basella**

Gandriloa Steud. = **Lipandra**

Ganguelia Robbr. 文殊栀属 Rubiaceae [MD－523] 特征纪要:习性:木本。花程式:(K)4－5,(C)4－5,A4－5,↓G。其他特征参考科。全球 1 个大洲分布及种数(1)◆非洲。

Ganguleea R. H. Zander 印度丛藓属 Pottiaceae [B－133] 特征纪要:习性:－。【Rep】:孢腔轮廓清晰,蒴齿缺如,或具蒴齿而无基膜,下部呈黄绿或黄棕色。其他特征参考科。全球 2 个大洲分布及种数(2)亚洲:2; 南美洲:2。

Ganitrum Raf. = **Elaeocarpus**

Ganitrus Gaertn. = **Elaeocarpus**

Ganja (DC.) Rchb. 锦葵科属 Malvaceae [MD－203] 特征纪要:习性:－。花程式:－。其他特征参考科。全球 1 个大洲分布及种数(－)。

Ganophyllum Bl. 甘欧属 Sapindaceae [MD－428] 特征纪要:习性:木本。花程式:K4－8,C4－8,A10,＝G2－3。其他特征参考科。全球 4 个大洲分布及种数(2－5)非洲:4; 亚洲:3; 大洋洲:2; 南美洲:2。

Gansblum Adans. = **Erophila**

Gaoligongshania D. Z. Li, Hsueh & N. H. Xia 贡山竹属 Poaceae [MM－748] 特征纪要:习性:草本。花程式:(K)3,C0 参考科,A1－2,↓G－参考科。物候:－。海拔:1600－2200 米。生境:常绿阔叶林,有时在老树的树干上。资源:具园艺种类。全球 1 个大洲分布及种数(cf. 1)◆亚洲(◆中国)。【中国种数:1】。

Garacium Gren. & Godr. = **Lactuca**

Garapatica H. Karst. = **Cordiera**

Garberia A. Gray 粉香菊属 Asteraceae [MD－586] 特征纪要:习性:草本。花程式:(K)3－5,(C)3－5,A3－5,↓G。其他特征参考科。全球 6 个大洲分布及种数(2)非洲:1;亚洲:1;大洋洲:1;欧洲:1;北美洲:1－2;南美洲:1－2。

Garcia Vahl ex Rohr 构桐属 Euphorbiaceae [MD－217] 特征纪要:习性:木本。花程式:K1(1000),C0,A6,＝G2－3。其他特征参考科。全球 3 个大洲分布及种数(2－21)亚洲:13; 北美洲:20; 南美洲:11。【中国种数:1】。

Garciadelia Jestrow & Jiménez Rodr. 北美金大戟属 Euphorbiaceae [MD－217] 特征纪要:习性:木本。花程式:K1(1000),C0,A6,＝(G)2－3。其他特征参考科。全球 2 个大洲分布及种数(4－5)北美洲:5; 南美洲:2。

Garcibarrigoa Cuatrec. 显脉千里光属 Asteraceae [MD－586] 特征纪要:习性:草本。花程式:(K)3－5,(C)3－5,A3－5,＝↓G2。其他特征参考科。全球 1 个大洲分布及种数(2－3)◆南美洲。

Garcilassa Pöpp. 南美千里菊属 Asteraceae [MD－586] 特征纪要:习性:－。花程式:－。其他特征参考科。全球 2 个大洲分布及种数(2)北美洲:1; 南美洲:1。

Garcinia L. 藤黄属 Clusiaceae [MD－141] 特征纪要:习性:木质攀援。花程式:－。物候:－。花期:4－5 月。果期:参考晚于花期。海拔:300－400 米。生境:沟谷密林下。资源:食用,具栽培园艺种类。全球 6 个大洲分布及种数(138－482;hort. 1;cult. 3)非洲:61－188;亚洲:56－287;大洋洲:32－132;欧洲:1－12;北美洲:18－62;南美洲:19－36。【中国种数:43】。

Garckea Müll. Hal. 荷包藓属 Ditrichaceae [B－119] 特征纪要:习性:－。【Rep】:孢蒴台部发达,蒴齿具疣或纵斜条纹,绿色或黄绿色。物候:－。海拔:－。生境:土生,野生。资源:－。全球 6 个大洲分布及种数(9)非洲:8;亚洲:4;大洋洲:3;欧洲:2;北美洲:1;南美洲:1。【中国种数:3】。

Gardenia J. Ellis 栀子属 Rubiaceae [MD－523] 特征纪要和分布(－)。全球 6 个大洲分布及种数(61－186;hort. 1;cult. 4)非洲:17－54;亚洲:56－177;大洋洲:16－80;欧洲:2－10;北美洲:12－26;南美洲:3－21。【中国种数:15】。

Gardeniopsis Miq. 栀子茜属 Rubiaceae [MD－523] 特征纪要:习性:木本。花程式:Kn,C4－5－ 参考科,A4－5－,＝↓(G)2－9。其他特征参考科。全球 1 个大洲分布及种数(cf. 1)◆亚洲。

Gardneria Wall. 蓬莱葛属 Loganiaceae [MD－486] 特征纪要:习性:木质攀援。花程式:－。物候:－。花期:4－7 月。果期:参考晚于花期。海拔:1000－3000 米。生境:林地,山坡沟边灌丛。资源:具栽培园艺种类。全球 4 个大洲分布及种数(5－26)非洲:2; 亚洲:17; 大洋洲:2; 南美洲:4。【中国种数:5】。

Gardnerina R. M. King & H. Rob. 修泽兰属 Asteraceae [MD－586] 特征纪要:习性:草本。花程式:(K)3－5,(C)3－5,A3－5,↓G。其他特征参考科。全球 2 个大洲分布及种数(1－2)北美洲:1; 南美洲:2。

Gardnerodoxa Sandwith = **Neojobertia**

Gardoquia Ruiz & Pav. = **Clinopodium**

Garhadiolus Jaub. & Spach 小疮菊属 Asteraceae [MD－586] 特征纪要:习性:草本(基生)。花程式:(K)3－5,C3－5,A3 参考科,＝↓G2。物候:－。海拔:600 米。生境:平原,低山区。资源:－。全球 3 个大洲分布及种数(3－8)非洲:2; 亚洲:7; 南美洲:2。【中国种数:1】。

Garnieria Brongn. & Gris 银钗木属 Proteaceae [MD－219] 特征纪要:习性:木本。花程式:K3－4－∞,C0,A2,＝G1。其他特征参考科。全球 1 个大洲分布及种数(1)◆大洋洲。

Garnotia Brongn. 耳稃草属 Poaceae [MM－748] 特征纪要:习性:草本(基生)。花程式:(K－),C0 参考科,A3 参考科,＝G2－3。海拔:300－1700 米。生境:潮湿地。栽培:来自广西龙州。资源:具栽培园艺种类。全球 6 个大洲分布及种数(30－143)非洲:9; 亚洲:88; 大洋洲:40; 欧洲:6; 北美洲:6; 南美洲:4。【中国种数:6】。

Garnotiella Stapf = **Asthenochloa**

Garovaglia Endl. 绳藓属 Pterobryaceae [B－201] 特征纪要:习性:－。【Rep】:假雌雄异苞同株,内雌苞叶基部高鞘状,有狭长叶尖,孢蒴完全隐生于雌苞叶内,卵形或长卵形,棕色,平滑。物候:－。海拔:－。生境:常见于林下树干,土生。资源:－。全球 6 个大洲分布及种数(98)非洲:3; 亚洲:32; 大洋洲:28; 欧洲:3; 北美洲:3; 南美洲:21。【中国种数:7】。

Garrelia Gaudich. = **Dyckia**

Garretia Welw. = **Khaya**

Garrettia H. R. Fletcher 辣莸属 Lamiaceae [MD－575] 特征纪要:习性:木本。花程式:(K－),C2－3 参考科,A4, G－。物候:－。海拔:600－1200 米。生境:开阔森林,石灰岩疏林中。资源:具园艺种类。全球 1 个大洲分布及种数(cf. 1)◆亚洲。【中国种数:1】。

Garrya Douglas ex Lindl. 丝缨花属 Garryaceae [MD－446] 特征纪要(同科)。全球 4 个大洲分布及种数(20－63)亚洲:14; 欧洲:40; 北美洲:40; 南美洲:7。【中国种数:2】。

Garryaceae Lindl. [MD－446] 丝缨花科 特征纪要:习性:木本;落叶。花程式:K4,C1,A4, =↓(G)2－3。全球 1 个大洲分布及属种数(2/23 < IFR 1/1 > hort. 1; cult. 1)◆北美洲:2/23(IFR 1/1)。【中国属种数:2/12】。

Garuga Roxb. 嘉榄属 Burseraceae [MD－408] 特征纪要:习性:木质攀援。花程式:Kn,C2－3 参考科,A10,G－。物候:－。花期:5 月。果期:参考晚于花期。海拔:200－900 米。生境:密林中,河谷灌丛,山坡疏林或杂木林中。资源:具栽培园艺种类。全球 5 个大洲分布及种数(5－20)非洲:5; 亚洲:15; 大洋洲:4; 北美洲:2; 南美洲:3。【中国种数:4】。

Garuleum Cass. 紫盏花属 Asteraceae [MD－586] 特征纪要:习性:草本。花程式:(K)3－5,(C)3－5,A3－5,↓G。其他特征参考科。全球 5 个大洲分布及种数(8－16)非洲:16; 大洋洲:3; 欧洲:3; 北美洲:3; 南美洲:3。

Garysmithia Steere = **Leptopterigynandrum**

Gaseranthus Poit. ex Meisn. = **Maripa**

Gasparrinia Bertol. = **Seseli**

Gasteranthus Benth. 肉蒴岩桐属 Gesneriaceae [MD－549] 特征纪要:习性:灌木。花程式:K5,C0,A4, =G2。其他特征参考科。全球 2 个大洲分布及种数(41－44; hort. 1)北美洲:7;南美洲:38－40。

Gasteria Duval 鲨鱼掌属 Asphodelaceae [MM－649] 特征纪要:习性:草本。花程式:－。物候:－。海拔:－。生境:－。资源:具栽培园艺种类。全球 6 个大洲分布及种数(37－134)非洲:66; 亚洲:7; 大洋洲:2; 欧洲:5; 北美洲:5; 南美洲:5。

Gasterogrimmia (Schimp.) Buyss. 紫萼藓属 Grimmiaceae [B－115] 特征纪要:－。全球 1 个大洲分布及种数(－)。

Gastoniella Li Bing Zhang & Liang Zhang 鲨尾蕨属 Pteridaceae [F－31] 特征纪要:习性:－。【Rep】:孢子同形,囊群生叶背。其他特征参考科。全球 2 个大洲分布及种数(3) 北美洲:2;南美洲:1。

Gastridium P. Beauv. 腹颖草属 Poaceae [MM－748] 特征纪要:习性:草本。花程式:(K)3,C0 参考科,A1－2,↓G－参考科。物候:－。海拔:10－5600 米。生境:草地,作为饲料植物或大麦田杂草种植。资源:具园艺种类。全球 6 个大洲分布及种数(4－228)非洲:120; 亚洲:187; 大洋洲:163; 欧洲:8; 北美洲:8; 南美洲:10。【中国种数:1】。

Gastrilia Raf. = **Daphnopsis**

Gastrochilus D. Don 盆距兰属 Orchidaceae [MM－723] 特征纪要和分布(－)。全球 1 个大洲分布及种数(57－79)◆亚洲。【中国种数:35】。

Gastrococos Morales 刺瓶椰子属 Arecaceae [MM－717] 特征纪要和分布(－)。全球 1 个大洲分布及种数(cf. 1)◆北美洲。

Gastrocotyle Bunge 腹脐草属 Boraginaceae [MD－517] 特征纪要:习性:草本。花程式:－。物候:－。花期:7－8 月。果期:参考晚于花期。海拔:900－1500 米。生境:盐碱地。资源:－。全球 4 个大洲分布及种数(3－4)非洲:1;亚洲:1－2;欧洲:1;北美洲:1。【中国种数:1】。

Gastrodia R. Br. 天麻属 Orchidaceae [MM－723] 特征纪要:习性:草本。花程式:(K－),C2－3 参考科,A3 参考科, =↓G3。物候:－。海拔:1100－1300 米。生境:竹林下乱石夹缝中。资源:药用,具栽培园艺种类。全球 6 个大洲分布及种数(43－94)非洲:5－11;亚洲:34－59;大洋洲:6－20;欧洲:2;北美洲:2;南美洲:2。【中国种数:17】。

Gastrolepis Van Tiegh. 膨丝木属 Stemonuraceae [MD－440] 特征纪要:习性:木本。花程式:K3－4,C3－4,A2, =(G)2－3。其他特征参考科。全球 3 个大洲分布及种数(2－4)非洲:2; 亚洲:2; 大洋洲:4。

Gastrolirion E. Walther 南非芦荟属 Xanthorrhoeaceae [MM－701] 特征纪要:－。全球 1 个大洲分布及种数(1)◆非洲。

Gastrolobium R. Br. 毒羊豆属 Fabaceae3 [MD－240] 特征纪要:习性:木本。花程式:K1－∞,C1－∞,A5－9, =↓G1。其他特征参考科。全球 6 个大洲分布及种数(108－185)非洲:5; 亚洲:13; 大洋洲:167; 欧洲:12; 北美洲:12; 南美洲:9。【中国种数:2】。

Gastrolychnis (Fenzl) Rchb. 囊萼蝇草属 Caryophyllaceae [MD－77] 特征纪要:习性:－。花程式:－。物候:－。海拔:80－6000 米。生境:栽培(来自广西龙州)。资源:具栽培园艺种类。全球 6 个大洲分布及种数(7－10)非洲:5;亚洲:5－10;大洋洲:5;欧洲:5;北美洲:2－7;南美洲:5。

Gastropyrum (Jaub. & Spach) á. Löve = **Aegilops**

Gastrorchis Thou. 鹤腹兰属 Orchidaceae [MM－723] 特征纪要:习性:－。花程式:－。物候:－。花期:参考早于

G

果期。果期:10 - 11 月。海拔:80 - 5200 米。生境:柏树林下或草坡路旁,竹坡中。资源: - 。全球 3 个大洲分布及种数(25)非洲:19; 亚洲:3; 北美洲:2。

Gastrosiphon (Schltr.) M. A. Clem. & D. L. Jones 膨丝兰属 Orchidaceae [MM - 723] 特征纪要:习性: - 。花程式: - 。其他特征参考科。全球 2 个大洲分布及种数(13 - 14)亚洲:2;大洋洲:10。

Gattenhoffia Neck. = **Dimorphotheca**

Gaudichaudia Kunth 麻柳藤属 Malpighiaceae [MD - 343] 特征纪要:习性:木本。花程式:K5,C5,A10, = G2 - 3。物候: - 。花期:8 月。果期:参考晚于花期。海拔:100 - 2000 米。生境:山坡,竹林中。资源: - 。全球 3 个大洲分布及种数(17 - 27)亚洲:1 - 2;北美洲:14 - 24;南美洲:5。

Gaudinia P. Beauv. 脆燕麦属 Poaceae [MM - 748] 特征纪要:习性:草本。花程式: - 。其他特征参考科。全球 6 个大洲分布及种数(4 - 47)非洲:27; 亚洲:23; 大洋洲:4; 欧洲:5; 北美洲:5; 南美洲:3。【中国种数:1】。

Gaudinopsis (Boiss.) Eig 别离草属 Poaceae [MM - 748] 特征纪要:习性: - 。花程式: - 。其他特征参考科。全球 1 个大洲分布及种数(2)◆亚洲。

Gaulettia Sothers & Prance 钓竿李属 Chrysobalanaceae [MD - 243] 特征纪要:习性:木本。花程式: - 。其他特征参考科。全球 1 个大洲分布及种数(9)◆南美洲。

Gaulteria Adans. = **Gaultheria**

Gaultheria Kalm ex L. 白珠属 Ericaceae [MD - 380] 特征纪要:习性:木本。花程式: - 。物候: - 。花期:参考早于果期。果期:7 - 11 月。海拔:800 - 2600 米。生境:常绿阔叶林,杂木林中。资源:具栽培园艺种类。全球 6 个大洲分布及种数(330 - 610)非洲:26; 亚洲:257; 大洋洲:63; 欧洲:68; 北美洲:68; 南美洲:175。【中国种数:37】。

Gaulthiera Rchb. = **Gaultheria**

Gaulthieria Klotzsch = **Gaultheria**

Gaura L. 山桃草属 Onagraceae [MD - 396] 特征纪要:习性: - 。花程式: - 。物候: - 。海拔:100 - 800 米。生境: - 。栽培: - 。资源:花卉,具栽培园艺种类。全球 6 个大洲分布及种数(27)非洲:2 - 23;亚洲:5 - 26;大洋洲:1 - 22;欧洲:4 - 25;北美洲:25 - 46;南美洲:8 - 29。

Gauridium Spach = **Gaura**

Gaussenia A. V. Bobrov & Melikyan = **Dacrydium**

Gaussia H. Wendl. 玛雅椰属 Arecaceae [MM - 717] 特征纪要:习性:木本。花程式:K3 - 10,C3 - 10,A3 - 10, = G3 - 10。其他特征参考科。全球 3 个大洲分布及种数(5 - 18)亚洲:7; 北美洲:11; 南美洲:8。

Gavarretia Baill. = **Conceveiba**

Gavilea Pöpp. 鹦喙兰属 Orchidaceae [MM - 723] 特征纪要:习性:草本。花程式:(K)3,C3,A3, = ↓(G)3。其他特征参考科。全球 2 个大洲分布及种数(17 - 26)大洋洲:3; 南美洲:26。

Gaya Kunth 盖伊锦葵属 Malvaceae [MD - 203] 特征纪要:习性: - 。花程式: - 。其他特征参考科。全球 6 个大洲分布及种数(41 - 46)非洲:1;亚洲:1;大洋洲:4 - 6;欧洲:1;北美洲:6 - 7;南美洲:36 - 41。【中国种数:1】。

Gayella Pierre = **Pouteria**

Gaylussacia Kunth 佳露果属 Ericaceae [MD - 380] 特征纪要:习性:木本。花程式:K5 - 8,(C)5 - 8,A10, = G2 - 4。其他特征参考科。全球 6 个大洲分布及种数(66 - 72;hort. 1;cult. 8)非洲:1;亚洲:7 - 8;大洋洲:1;欧洲:1;北美洲:13 - 14;南美洲:55 - 58。【中国种数:2】。

Gayophytum A. Juss. 地烟花属 Onagraceae [MD - 396] 特征纪要:习性:草本。花程式:K4,C4,A1 - 2, = ↓(G)4 - 7。其他特征参考科。全球 6 个大洲分布及种数(12)非洲:4;亚洲:4;大洋洲:4;欧洲:4;北美洲:9 - 15;南美洲:5 - 9。【中国种数:3】。

Gazachloa Phipps = **Danthoniopsis**

Gazania Gaertn. 勋章菊属 Asteraceae [MD - 586] 特征纪要:习性:草本。花程式:(K)3 - 5,(C)3 - 5,A3 - 5, = ↓G2。物候: - 。海拔: - 。生境: - 。资源:具栽培园艺种类。全球 6 个大洲分布及种数(25 - 87)非洲:70; 亚洲:7; 大洋洲:3; 欧洲:8; 北美洲:8; 南美洲:10。【中国种数:1】。

Geanthemum Saff. = **Duguetia**

Gearum N. E. Br. 巴西魔芋属 Araceae [MM - 639] 特征纪要:习性:草本。花程式:K0,C0,A1 - 4, = (G)1 - 3。其他特征参考科。全球 3 个大洲分布及种数(1 - 62)非洲:5; 亚洲:6; 南美洲:57。

Geaya Costantin & Poiss. = **Kalanchoe**

Geesinkorchis de Vogel 穹柱兰属 Orchidaceae [MM - 723] 特征纪要:习性: - 。花程式: - 。其他特征参考科。全球 1 个大洲分布及种数(1 - 5)◆亚洲。

Geheebia Schimp. 对齿藓属 Pottiaceae [B - 133] 特征纪要:习性: - 。生境:常见于高山岩石上。栽培:来自广西龙州。资源:具栽培园艺种类。全球 4 个大洲分布及种数(cf. 1)亚洲;欧洲;北美洲;南美洲。

Geigeria Griess. 翼茎菊属 Asteraceae [MD - 586] 特征纪要:习性:草本。花程式:(K)3 - 5,(C)3 - 5,A3 - 5, = ↓G2。其他特征参考科。全球 3 个大洲分布及种数(48 - 92)非洲:88; 亚洲:4; 大洋洲:2。

Geijera Schott 钩瓣常山属 Rutaceae [MD - 399] 特征纪要:习性:木本。花程式: - 。其他特征参考科。全球 4 个大洲分布及种数(7 - 15)非洲:3; 亚洲:1; 大洋洲:13; 北美洲:2。

Geiseleria Klotzsch = **Croton**

Geissanthera Schltr. = **Microtatorchis**

Geissanthus Hook. f. 繁金牛属 Primulaceae [MD - 401] 特征纪要:习性:草本。花程式: - 。其他特征参考科。全

G

球 4 个大洲分布及种数(51 - 65)亚洲:3; 大洋洲:2; 北美洲:5; 南美洲:64。

Geissaspis Wight & Arn. 睫苞豆属 Fabaceae3 [MD - 240] 特征纪要:习性:木本。花程式: - 。物候: - 。花期:5月至次年 1 月。果期:参考晚于花期。海拔:100 米。生境:海滨或村旁开阔向阳潮湿地,海滩,沙质湿地。资源: - 。全球 2 个大洲分布及种数(3 - 50)非洲:38; 亚洲:6。【中国种数:1】。

Geissois Labill. 红荆梅属 Cunoniaceae [MD - 255] 特征纪要:习性:木本。花程式:K4 - 5,C4 - 5,A4 - 5, = ↓ G2 - 3。其他特征参考科。全球 3 个大洲分布及种数(20 - 38)大洋洲:31; 北美洲:1; 南美洲:1。

Geissolepis B. L. Rob. 肉菀属 Asteraceae [MD - 586] 特征纪要:习性:草本。花程式:(K)3 - 5,(C)3 - 5,A3 - 5, = ↓ G2。其他特征参考科。全球 2 个大洲分布及种数(1 - 3)北美洲:1; 南美洲:1。

Geissoloma Lindl. ex Kunth 四轮梅属 Geissolomataceae [MD - 328] 特征纪要(同科)。全球 2 个大洲分布及种数(1 - 3)非洲:3; 北美洲:2。

Geissolomataceae A. DC. [MD - 328] 四轮梅科 特征纪要:习性:木本;落叶。花程式:K4,C0,A8,G - 。果实:蒴果。全球 1 个大洲分布及属种数(2/3 hort. 1)◆非洲:1/ 1。

Geissomeria Lindl. 热美爵床属 Acanthaceae [MD - 572] 特征纪要:习性: - 。花程式: - 。其他特征参考科。全球 4 个大洲分布及种数(4 - 10)非洲:cf. 1;亚洲:cf. 1;北美洲:1;南美洲:2 - 6。

Geissorhiza Ker Gawl. 酒杯花属 Iridaceae [MM - 700] 特征纪要:习性:草本。花程式:(K)3,C3,A10, ↓ G。物候: - 。海拔: - 。生境: - 。资源:具栽培园艺种类。全球 6 个大洲分布及种数(105 - 173)非洲:160; 亚洲:3; 大洋洲:2; 欧洲:6; 北美洲:6; 南美洲:2。

Geissospermum Allemão 常山梨属 Apocynaceae [MD - 492] 特征纪要:习性:木本。花程式:K5 - ∞ ,C0,A15, = ↓ G2 - 5。其他特征参考科。全球 2 个大洲分布及种数(5 - 13)北美洲:2; 南美洲:13。

Geitonoplesiaceae R. Dahlgren ex J. G. Conran [MM - 632] 马拔契科 特征纪要:习性:木本;落叶。花程式:(K)6, C3,A, ↑ G - 。全球 - 个大洲分布及属种数(1/3 - 4 hort. 1;cult. 1)。

Geitonoplesium A. Cunn. ex R. Br. 爬百合属 Geitonoplesiaceae [MM - 632] 特征纪要及分布(-)。

Gelasia Cass. = **Scorzonera**

Gelasine Herb. 笑面鸢尾属 Iridaceae [MM - 700] 特征纪要:习性:草本。花程式:(K)3,C3,A10, = ↓ G3。其他特征参考科。全球 3 个大洲分布及种数(10 - 23)非洲:2; 北美洲:7; 南美洲:21。

Geleznowia Turcz. 彩南香属 Rutaceae [MD - 399] 特征纪要:习性:木本。花程式:K5,C5,A4, = G1 - 3。其他特征参考科。全球 1 个大洲分布及种数(1)◆大洋洲(◆澳大利亚)。

Gelibia Hutch. = **Polyscias**

Gelidocalamus T. H. Wen 短枝竹属 Poaceae [MM - 748] 特征纪要:习性:竹类。花程式:(K -),C0 参考科,A3 参考科,↓ G - 参考科。物候: - 。花期:11 月。果期:参考晚于花期。海拔:300 - 1500 米。生境:多生于林下低湿地。资源:具栽培园艺种类。全球 1 个大洲分布及种数(11 - 14)◆亚洲。【中国种数:10】。

Gelonium Roxb. ex Willd. 大洋洲无患子属 Euphorbiaceae [MD - 217] 特征纪要:习性: - 。花程式: - 。其他特征参考科。全球 6 个大洲分布及种数(2 - 3)非洲:5;亚洲:1 - 6;大洋洲:5;欧洲:5;北美洲:5;南美洲:5。

Gelrebia Gagnon & G. P. Lewis 扭口豆属 Pottiaceae [B - 133] 特征纪要:习性: - 。花程式: - 。其他特征参考科。全球 1 个大洲分布及种数(7)◆非洲。

Gelsemiaceae L. Struwe & V. A. Albert [MD - 491] 钩吻科 特征纪要:习性:木本;落叶。花程式:K4,C0,A4, ↑ G2. 物候: - 。花期:5 - 11 月。果期:7 月至翌年 3 月。果实:蒴果。种子: - 。海拔:200 - 2000 米。生境:灌丛,丘陵,森林。资源:药用,园林。栽培:中国有栽培。全球 1 个大洲分布及属种数(2/12 - 13 hort. 1) 非洲:1/9 - 10; 亚洲:1/5; 大洋洲:1/3; 北美洲:1/5; 南美洲:2/6。【中国属种数:2/2】。

Gelsemium Juss. 钩吻属 Gelsemiaceae [MD - 491] 特征纪要:习性:木质攀援。花程式: - 。物候: - 。花期:5 - 11 月。果期:参考晚于花期。海拔:200 - 2000 米。生境:灌丛,丘陵,森林。资源:药用,园林,具栽培园艺种类。全球 6 个大洲分布及种数(4)非洲:3;亚洲:3 - 6;大洋洲:1 - 4;欧洲:3;北美洲:3 - 6;南美洲:1 - 4。【中国种数:1】。

Geminaria Raf. = **Phyllanthus**

Gemmabryum J. R. Spence & H. P. Ramsay 网真藓属 Bryaceae [B - 146] 特征纪要:习性: - 。【Rep】:雌雄同株或异株。物候: - 。海拔: - 。生境:常见于林地边或岩面薄土。资源: - 。全球 6 个大洲分布及种数(9)非洲:1; 亚洲:2;大洋洲:8;欧洲:1;北美洲:2;南美洲:2。【中国种数:1】。

Genesiphyla Raf. = **Phyllanthus**

Genesiphylla L'Hér. = **Phyllanthus**

Genianthus Hook. f. 须花藤属 Apocynaceae [MD - 492] 特征纪要:习性:木质攀援。花程式:(K -),C5,A5, ↓ G - 。物候: - 。花期:1 - 5 月。果期:参考晚于花期。海拔:500 - 1000 米。生境:混合树林,杂木林旁。资源:具栽培园艺种类。全球 3 个大洲分布及种数(16 - 25)非洲:2; 亚洲:24; 大洋洲:2。【中国种数:4】。

Geniosporum Wall. ex Benth. 网萼木属 Lamiaceae [MD - 575] 特征纪要:草本; 花程式(K),C,A, = ↑ G:2。果实:花萼筒状。种子:子叶缘倚胚根。全球 1 个大洲分布及种数(1 - 4)◆非洲。

Geniostemon Engelm. & A. Gray 毛蕊龙胆属 Gentianaceae [MD - 496] 特征纪要:习性:草本。花程式:K4,C0, A10, = (G)2。其他特征参考科。全球 2 个大洲分布及种数(4 - 8)北美洲:5; 南美洲:3。

Geniostoma J. R. Forst. & G. Forst. 髯管花属 Geniostomaceae [MD - 490] 特征纪要(同科)。全球 6 个大洲分布及种数(37 - 79;hort. 1;cult. 2)非洲:5 - 18;亚洲:3 - 18;大洋洲:18 - 59;欧洲:2 - 12;北美洲:17 - 30;南美洲:11。【中国种数:1】。

Geniostomaceae L. Struwe & V. A. Albert［MD－490］髯管花科 特征纪要：习性：木本；落叶。花程式：K4－5，C5，A4，G－。物候：－。花期：5－6月。果期：8－10月。果实：－。种子：－。海拔：300米。生境：灌丛，沿森林边缘。资源：－。栽培：－。全球6个大洲分布及属种数（1/1 <IFR 1/10> hort. 1；cult. 1）非洲：1/7－10（IFR 1/1）；亚洲：1/5－10；大洋洲：1/20－51（IFR 1/8）；欧洲：1/4；北美洲：1/19－22（IFR 1/1）；南美洲：1/2－3。

Genipa L. 靛榄属 Rubiaceae［MD－523］特征纪要：习性：木本。花程式：（K）4－5，（C）4－5，A4－5，＝↓（G）2－9。物候：－。海拔：－。生境：－。资源：具栽培园艺种类。全球6个大洲分布及种数（12－17）非洲：2－7；亚洲：3－5；大洋洲：1－4；欧洲：2；北美洲：2－4；南美洲：6－9。

Genista L. 染料木属 Fabaceae3［MD－240］特征纪要：习性：木本。花程式：－。物候：－。花期：6－8月。果期：参考晚于花期。海拔：7500米。生境：平地。资源：园林，具栽培园艺种类。全球6个大洲分布及种数（191－492）非洲：131；亚洲：119；大洋洲：16；欧洲：40；北美洲：40；南美洲：23。【中国种数：19】。

Genitia Nakai ＝ **Euonymus**

Genlisea A. St.－Hil. 旋刺草属 Lentibulariaceae［MD－570］特征纪要：习性：草本。花程式：K2－4，C0，A2－4，＝↓G2。其他特征参考科。全球4个大洲分布及种数（21－33；hort. 1）非洲：3－9；欧洲：1；北美洲：3；南美洲：17－23。

Gennaria Parl. 怒江兰属 Orchidaceae［MM－723］特征纪要：习性：草本。花程式：（K）3，C3，A3，＝↓G3。物候：－。花期：参考早于果期。果期：10－11月。海拔：80－5200米。生境：柏树林下或草坡路旁，竹坡中。资源：具园艺种类。全球6个大洲分布及种数（2－7）非洲：2；亚洲：5；大洋洲：2；欧洲：2；北美洲：2；南美洲：4。【中国种数：1】。

Genoplesium R. Br. 侏儒兰属 Orchidaceae［MM－723］特征纪要：习性：草本。花程式：（K）3，C3，A3，＝↓G3。其他特征参考科。全球3个大洲分布及种数（59－69）非洲：2；亚洲：2；大洋洲：68。【中国种数：1】。

Genorchis Schltr. ＝ **Genyorchis**

Genthia Bayrh. ＝ **Physcomitrella**

Gentiana Tourn. ex L. 龙胆属 Gentianaceae［MD－496］特征纪要：习性：草质攀援。花程式：（K－），C2－3参考科，A10，↓G－。物候：－。海拔：2700－3000米。生境：针阔混交林附近。资源：药用，具栽培园艺种类。全球6个大洲分布及种数（477－1979）非洲：79；亚洲：1069；大洋洲：84；欧洲：203；北美洲：203；南美洲：384。【中国种数：218】。

Gentianaceae Juss.［MD－496］龙胆科 特征纪要：习性：草本；落叶。花程式：（K）6，C0，A10－8，↑G－。物候：－。果实：蒴果。种子：小，棕。海拔：0米。生境：针阔混交林附近。资源：药用。栽培：中国有栽培。全球6个大洲分布及属种数（101－120/2052－2609 <IFR 26/175> hort. 1；cult. 22）非洲：29－31/325－394（IFR 8/16）；亚洲：34－38/852－976（IFR 12/106）；大洋洲：11/107－126（IFR 2/5）；欧洲：10/145－158（IFR 4/25）；北美洲：30－32/423－472（IFR 9/27）；南美洲：42－43/667－714（IFR 8/11）。【中国属种数：33/472】。

Gentianella Mönch 假龙胆属 Gentianaceae［MD－496］特征纪要：习性：草本（基生）。花程式：（K）4－5，C4－5，A10，↓G－。物候：－。海拔：900－1500米。生境：草地。栽培：来自广西龙州。资源：具栽培园艺种类。全球6个大洲分布及种数（324－365；hort. 1；cult. 20）非洲：11－17；亚洲：58－75；大洋洲：51－63；欧洲：36－45；北美洲：38－49；南美洲：222－238。【中国种数：25】。

Gentianopsis Ma 扁蕾属 Gentianaceae［MD－496］特征纪要：习性：草本（基生）。花程式：－。物候：－。海拔：1100－3000米。生境：草地，针叶林。资源：药用，具栽培园艺种类。全球6个大洲分布及种数（24；hort. 1；cult. 3）非洲：1－3；亚洲：18－21；大洋洲：2－4；欧洲：4－6；北美洲：15－17；南美洲：2。【中国种数：11】。

Gentianothamnus Humbert 马岛龙胆木属 Gentianaceae［MD－496］特征纪要：习性：灌木。花程式：K5，C0，A10，＝（G）2。其他特征参考科。全球1个大洲分布及种数（1）◆非洲（◆马达加斯加）。

Gentingia J. T. Johanss. & K. M. Wong 南山花属 Rubiaceae［MD－523］特征纪要：习性：－。花程式：－。其他特征参考科。全球1个大洲分布及种数（2）◆亚洲。

Gentlea Lundell 长丝金牛属 Primulaceae［MD－401］特征纪要：习性：－。花程式：－。其他特征参考科。全球3个大洲分布及种数（22）亚洲：5；北美洲：8；南美洲：4。

Gentrya Breedlove & Heckard ＝ **Castilleja**

Genyorchis Schltr. 石腭兰属 Orchidaceae［MM－723］特征纪要：习性：－。花程式：－。物候：－。花期：参考早于果期。果期：10－11月。海拔：80－5200米。生境：柏树林下或草坡路旁，竹坡中。资源：－。全球1个大洲分布及种数（2－8）◆非洲。

Geobalanus Small 桂樱李属 Chrysobalanaceae［MD－243］特征纪要：习性：－。花程式：－。其他特征参考科。全球2个大洲分布及种数（3－5）亚洲：1；北美洲：5。

Geoblasta Barb. Rodr. 地蕴兰属 Orchidaceae［MM－723］特征纪要：习性：－。花程式：－。其他特征参考科。全球1个大洲分布及种数（2）◆南美洲。

Geocalycaceae H. Klinggr.［B－49］地萼苔科 特征纪要：密集成丛生长，灰色、褐色或紫色。【Rep】：灰色、褐色或紫色。全球6个大洲分布和属种数（4/17－24）非洲：1/1；亚洲：4/12－15；大洋洲：1－2/4－7；欧洲：1－2/1－2；北美洲：3－4/5－6；南美洲：2/4－5。【中国属种数：3/5】。

Geocalyx Nees 地萼苔属 Geocalycaceae［B－49］特征纪要：习性：－。【Rep】：雌雄同株异苞，雌雄苞均生于短侧枝上，蒴囊棒状。物候：－。海拔：－。生境：岩面土生。资源：－。全球6个大洲分布及种数（5）非洲：3；亚洲：4；大洋洲：2；欧洲：2；北美洲：2；南美洲：2。【中国种数：1】。

Geocardia Standl. ＝ **Geophila**

Geocarpon Mack. 侏漆姑属 Caryophyllaceae［MD－77］特征纪要：习性：草本。花程式：Kn，C0，A3参考科，↓G－

参考科。其他特征参考科。全球 1 个大洲分布及种数(1)◆北美洲(◆美国)。

Geocaryum Coss. 葛缕子属 Apiaceae [MD-480] 特征纪要:习性:-。花程式:-。其他特征参考科。全球 1 个大洲分布及种数(-)。【中国种数:1】。

Geocaulon Fernald 雀檀草属 Santalaceae [MD-412] 特征纪要:习性:木本。花程式:K3-4,C0,A3-4,↓G。其他特征参考科。全球 1 个大洲分布及种数(1)◆北美洲。

Geocharis (K. Schum.) Ridl. 齿丝姜属 Zingiberaceae [MM-737] 特征纪要:习性:草本。花程式:(K)3,C3,A5,=↓(G)3。其他特征参考科。全球 3 个大洲分布及种数(7-9)非洲:2; 亚洲:9; 北美洲:2。

Geochloa H. P. Linder & N. P. Barker 地宝草属 Poaceae [MM-748] 特征纪要:习性:草本。花程式:(K-),C0 参考科,A3 参考科,↓G-参考科。其他特征参考科。全球 1 个大洲分布及种数(3)◆非洲。

Geochorda Cham. & Schltdl. 巴西玄参属 Plantaginaceae [MD-527] 特征纪要:习性:草本。花程式:K2-4,C0,A2-4,G2。其他特征参考科。全球 1 个大洲分布及种数(1)◆南美洲。

Geococcus J. Drumm. ex Harv. 地果芥属 Brassicaceae [MD-213] 特征纪要:习性:草本。花程式:K2-4,C2-4,A2-4,=(G)2。其他特征参考科。全球 3 个大洲分布及种数(1-6)大洋洲:5; 欧洲:2; 北美洲:2。

Geodorum Jacks. 地宝兰属 Orchidaceae [MM-723] 特征纪要:习性:-。花程式:-。物候:-。花期:5-6 月。果期:参考晚于花期。海拔:200-1400 米。生境:草原,生于溪谷旁。资源:花卉。全球 6 个大洲分布及种数(47)非洲:8; 亚洲:39; 大洋洲:18; 欧洲:4; 北美洲:4; 南美洲:6。

Geoffroea Jacq. 乔弗豆属 Fabaceae3 [MD-240] 特征纪要:习性:木本。花程式:K1-∞,C1-∞,A5-9,=↓G1。其他特征参考科。全球 6 个大洲分布及种数(5-8)非洲:2;亚洲:1;大洋洲:1;欧洲:1;北美洲:3-5;南美洲:4-6。

Geoffroya Murr. = **Geoffroea**

Geogenanthus Ule 银波草属 Commelinaceae [MM-708] 特征纪要:习性:草本。花程式:(K)3,C3,A2-3,=G3。其他特征参考科。全球 3 个大洲分布及种数(3-6)亚洲:4; 北美洲:2; 南美洲:6。

Geohintonia Glass & W. A. Fitz Maur. 太平球属 Cactaceae [MD-100] 特征纪要:习性:木本。花程式:Kn,C2-3 参考科,A3 参考科,=↓G-。其他特征参考科。全球 1 个大洲分布及种数(1)◆北美洲。

Geomitra Becc. 水玉帽属 Burmanniaceae [MM-696] 特征纪要:习性:草本。花程式:(K)3,C3,A6,↓G。其他特征参考科。全球 2 个大洲分布及种数(1-20)亚洲:7; 南美洲:15。

Geonoma Willd. 苇椰属 Arecaceae [MM-717] 特征纪要:习性:木本。花程式:K3-10,C3-10,A3-10,=G3-10。物候:-。海拔:-。生境:-。资源:具栽培园艺种类。全球 4 个大洲分布及种数(92-120;hort. 1)亚洲:2;大洋洲:1;北美洲:31;南美洲:81-100。【中国种数:1】。

Geopanax Hemsl. = **Schefflera**

Geophila D. Don 爱地草属 Rubiaceae [MD-523] 特征纪要和分布(-)。全球 1 个大洲分布及种数(10-17)◆非洲。【中国种数:3】。

Georgeantha B. G. Briggs & L. A. S. Johnson 脱鞘草属 Ecdeiocoleaceae [MM-746] 特征纪要:习性:草本。花程式:-。其他特征参考科。全球 1 个大洲分布及种数(1)◆大洋洲。

Georgia Ehrh. ex Müll. Hal. 古巴四齿藓属 Asteraceae [MD-586] 特征纪要:-。全球 2 个大洲分布及种数(5)北美洲:1; 南美洲:1。

Georgiaceae Lindb. = Tetraphidaceae

Georgina Willd. = **Dahlia**

Geosiridaceae Jonker [MM-702] 地蜂草科 特征纪要:习性:木本;落叶。花程式:(K)6,C3,A10,↓(G)3。果实:蒴果。种子:大,棕色或带黑色。全球 1 个大洲分布及属种数(1/1)◆非洲:1/ 2-3。

Geosiris Baill. 地鸢尾属 Geosiridaceae [MM-702] 特征纪要(同科)。全球 2 个大洲分布及种数(3-5)非洲:4;大洋洲:1。

Geostachys (Baker) Ridl. 地穗姜属 Zingiberaceae [MM-737] 特征纪要:习性:草本。花程式:(K)3,C3,A5,=↓G3。其他特征参考科。全球 1 个大洲分布及种数(6-25)◆亚洲。【中国种数:1】。

Geotaenium (Hemsl.) F. Maek. = **Asarum**

Geothallus Campb. 地果苔属 Sphaerocarpaceae [B-4] 特征纪要:-。全球 1 个大洲分布及种数(1)◆北美洲(◆美国)。

Geraea Torr. & A. Gray 沙向日葵属 Asteraceae [MD-586] 特征纪要:习性:草本。花程式:(K)3-5,(C)3-5,A3-5,↓G。其他特征参考科。全球 4 个大洲分布及种数(2-26)非洲:2; 亚洲:10; 北美洲:23; 南美洲:14。

Geraniaceae Juss. [MD-318] 牻牛儿苗科 特征纪要:习性:木本;落叶。花程式:K4-5,C5,A5,↑(G)5。物候:-。花期: 5-8 月。果期: 7-9 月。果实:蒴果。种子:-。海拔:1000-1500 米。生境:柏树林下或草坡路旁,竹坡中。资源:药用。栽培:中国有栽培。全球 6 个大洲分布及属种数(7-8/794-1147 <IFR 3/19> hort. 1;cult. 4) 非洲:4/484-552(IFR 2/6); 亚洲:5/552-678(IFR 2/2); 大洋洲:2/74-104(IFR 1/1); 欧洲:3/123-143(IFR 2/7); 北美洲:3/191-217(IFR 1/2); 南美洲:2/164-176(IFR 1/2)。【中国属种数:3/124】。

Geraniopsis Chrtek = **Geranium**

Geranium Tourn. ex L. 老鹳草属 Geraniaceae [MD-318] 特征纪要:习性:草质攀援(基生,多肉)。花程式:-。物候:-。花期:6-7 月。果期:参考晚于花期。海拔:100-3600 米。生境:山地草甸,林缘或杂草山坡。资源:具栽培园艺种类。全球 6 个大洲分布及种数(368-1168)非洲:186; 亚洲:398; 大洋洲:87; 欧洲:222; 北美洲:222; 南美洲:248。【中国种数:94】。

Gerardia L. 地爵床属 Acanthaceae [MD－572] 特征纪要:习性:－。花程式:－。其他特征参考科。全球 6 个大洲分布及种数(24－43)非洲:34;亚洲:1－35;大洋洲:34;欧洲:34;北美洲:22－58;南美洲:2－37。

Gerardianella Klotzsch ＝ **Micrargeria**

Gerardiina Engl. 杰寄生属 Orobanchaceae [MD－552] 特征纪要:习性:草本。花程式:K2－4,C0,A2－4,＝↓(G)2－3。其他特征参考科。全球 1 个大洲分布及种数(1－2)◆非洲。

Gerardoa Lür 北美兰属 Orchidaceae [MM－723] 特征纪要:习性:－。花程式:－。其他特征参考科。全球 2 个大洲分布及种数(2)北美洲:2; 南美洲:2。

Gerbera L. 火石花属 Asteraceae [MD－586] 特征纪要:习性:草本(根状茎,基生,多肉)。花程式:(K)3－5,C3－5,A3 参考科,＝↓G2。物候:－。花期:10 月至次年 4 月。果期:参考晚于花期。海拔:1800－3200 米。生境:林下,庄园栽培。资源:药用,具栽培园艺种类。全球 6 个大洲分布及种数(37－48;hort. 1;cult. 1)非洲:25－38;亚洲:13－27;大洋洲:1－14;欧洲:1－14;北美洲:5－18;南美洲:6－19。【中国种数:1】。

Gereaua Bürki & Callm. 单腔无患子属 Sapindaceae [MD－428] 特征纪要:习性:木本。花程式:K4－8,C4－8,A10,↓G－参考科。其他特征参考科。全球 1 个大洲分布及种数(1)◆非洲。

Gerhildiella Grolle 布袋苔属 Lophoziaceae [B－56] 特征纪要:－。全球 1 个大洲分布及种数(1)◆非洲。

Gerlachia Szlach. 三角螳臂兰属 Orchidaceae [MM－723] 特征纪要:习性:－。花程式:－。其他特征参考科。全球 1 个大洲分布及种数(1)◆南美洲。

Germainia Balansa & Poitr. 筒穗草属 Poaceae [MM－748] 特征纪要:习性:草本(基生)。花程式:(K－),C0 参考科,A5,＝G2－3。物候:－。海拔:800－1000 米。生境:干燥山坡。资源:－。全球 3 个大洲分布及种数(9－10)非洲:2;亚洲:6－8;大洋洲:3。【中国种数:5】。

Germanea Lam. ＝ **Plectranthus**

Gerontostoma <unassigned> 南美疏茜属 Rubiaceae [MD－523] 特征纪要:－。全球 1 个大洲分布及种数(1)◆南美洲:1。

Geropogon L. 疏毛参属 Asteraceae [MD－586] 特征纪要:习性:－。花程式:－。物候:－。海拔:－。生境:－。资源:具栽培园艺种类。全球 2 个大洲分布及种数(1－6)非洲:1; 亚洲:1。

Gerrardanthus Harv. ex Benth. & Hook. f. 睡布袋属 Cucurbitaceae [MD－205] 特征纪要:习性:木本。花程式:K3－5,C3－5,A3－5,＝↓G1－2。其他特征参考科。全球 1 个大洲分布及种数(3－5)◆非洲。

Gerrardiana Oliv. ＝ **Gerrardina**

Gerrardina Oliv. 柳红莓属 Gerrardinaceae [MD－158] 特征纪要(同科)。全球 1 个大洲分布及种数(1－2)◆非洲。

Gerrardinaceae M. H. Alford [MD－158] 柳红莓科 特征纪要:习性:木本;落叶。花程式:K4－5,C5,A,G－。物候:－。果实:浆果。种子:－。海拔:－。生境:－。资源:－。栽培:－。全球 1 个大洲分布及属种数(2/3－4 hort. 1)◆非洲:1/ 1－2。

Gerritea Zuloaga, Morrone & Killeen 地禾属 Poaceae [MM－748] 特征纪要:习性:草本。花程式:(K)3,C0 参考科,A1－2,＝(G)2－3。其他特征参考科。全球 1 个大洲分布及种数(1)◆南美洲。

Gerronema <unassigned> 地囊蕨属 Marattiaceae [F－13] 特征纪要:－。全球 4 个大洲分布及种数(39)非洲:2;欧洲:4; 北美洲:1; 南美洲:29。

Gertrudia Herzog 泰国丛藓属 Pottiaceae [B－133] 特征纪要和分布(－)。全球 1 个大洲分布及种数(1)◆南美洲。

Gertrudiella Broth. 南美网丛藓属 Pottiaceae [B－133] 特征纪要:习性:－。【Rep】:孢腔轮廓清晰,蒴齿缺如,或具蒴齿而无基膜,下部呈黄绿或黄棕色。其他特征参考科。全球 1 个大洲分布及种数(3)◆南美洲。

Gesneria Plum. ex L. 岛岩桐属 Gesneriaceae [MD－549] 特征纪要:习性:木本。花程式:K5,C0,A4,＝↓G2。物候:－。海拔:－。生境:－。资源:具栽培园艺种类。全球 6 个大洲分布及种数(42－75;hort. 1;cult. 1)非洲:2－6;亚洲:9－13;大洋洲:4;欧洲:4－8;北美洲:38－66;南美洲:5－10。【中国种数:2】。

Gesneriaceae Rich. & Juss. [MD－549] 苦苣苔科 特征纪要:习性:木本,藤本;落叶。花程式:↙(K)6,C0,A8,↓(G)－。物候:－。花期: 8 月。果实:蒴果。种子:种脐 一端有 1 子叶卷曲。海拔:0 米。生境:－。资源:药用。栽培:中国有栽培。全球 6 个大洲分布及属种数(194－229/2997－4901 <IFR 40/99> hort. 1;cult. 34) 非洲:16－17/223－392(IFR 1/7); 亚洲:79－90/1469－2146(IFR 19/56); 大洋洲:16/60－175(IFR 1/1); 欧洲:9－10/26－33(IFR 1/1); 北美洲:40/516－609(IFR 9/19); 南美洲:67－68/1028－1233(IFR 14/18)。【中国属种数:52/369】。

Gesnouinia Gaud. 苞麻树属 Urticaceae [MD－91] 特征纪要:习性:木本。花程式:K2－4,C0,A2－4,＝G1。其他特征参考科。全球 4 个大洲分布及种数(1－4)亚洲:3; 欧洲:4; 北美洲:4; 南美洲:2。

Gethyllis L. 独秀花属 Haemodoraceae [MM－718] 特征纪要:习性:草本(水生)。花程式:(K)3,C3,A1,＝↓G3。其他特征参考科。全球 5 个大洲分布及种数(36－156)非洲:45; 亚洲:41; 大洋洲:3; 北美洲:2; 南美洲:66。

Getonia Roxb. 萼翅藤属 Combretaceae [MD－354] 特征纪要和分布(－)。全球 1 个大洲分布及种数(1－5)◆亚洲。【中国种数:1】。

Geum L. 路边青属 Rosaceae [MD－246] 特征纪要和分布(－)。全球 1 个大洲分布及种数(41－72)◆亚洲。【中国种数:21】。

Gevuina Molina 智利榛属 Proteaceae [MD－219] 特征纪要:习性:木本。花程式:K3－4－∞,C0,A2,＝G1。物候:－。海拔:－。生境:－。资源:具园艺种类。全球 5 个大洲分布及种数(1－4)非洲:2; 亚洲:2; 大洋洲:4; 北美洲:2; 南美洲:4。

Ghesaembilla Adans. ＝ **Embelia**

Ghikaea Volkens & Schweinf. 地铃草属 Orobanchaceae [MD-552] 特征纪要:习性:灌木。花程式:-。其他特征参考科。全球1个大洲分布及种数(1)◆非洲。

Gibasis Raf. 新娘草属 Commelinaceae [MM-708] 特征纪要:习性:草本。花程式:(K)3,C3,A2-3,=G3。其他特征参考科。全球6个大洲分布及种数(16;hort.1)非洲:2-5;亚洲:3-6;大洋洲:2-5;欧洲:2-5;北美洲:15-18;南美洲:4-7。【中国种数:3】。

Gibasoides D. R. Hunt 紫竹梅属 Commelinaceae [MM-708] 特征纪要:习性:-。花程式:-。其他特征参考科。全球1个大洲分布及种数(1)◆北美洲。

Gibbaeum Haw. ex N. E. Br. 藻玲玉属 Aizoaceae [MD-94] 特征纪要:习性:草本。花程式:K3-4,C3-4,A5参考科,=↓G1-2。其他特征参考科。全球5个大洲分布及种数(17-65)非洲:38; 亚洲:16; 大洋洲:4; 北美洲:2; 南美洲:16。

Gibbaria Cass. 银盏花属 Asteraceae [MD-586] 特征纪要:习性:草本。花程式:(K)3-5,(C)3-5,A3-5,=↓G2。其他特征参考科。全球3个大洲分布及种数(2-7)非洲:5; 欧洲:1; 北美洲:1。

Gibbsia Rendle 盘柱麻属 Urticaceae [MD-91] 特征纪要:习性:木本。花程式:-。其他特征参考科。全球4个大洲分布及种数(2-6)非洲:3; 亚洲:4; 大洋洲:3; 南美洲:3。

Gibsoniothamnus L. O. Williams 掌萼桐属 Schlegeliaceae [MD-538] 特征纪要:习性:木本。花程式:-。其他特征参考科。全球2个大洲分布及种数(12-17)北美洲:13; 南美洲:2。

Giffordia <unassigned> 美国桐马桑属 Coriariaceae [MD-277] 特征纪要:-。全球2个大洲分布及种数(6)北美洲:6; 南美洲:6。

Gigantochloa Kurz ex Munro 巨竹属 Poaceae [MM-748] 特征纪要:习性:竹类。花程式:(K-),C0参考科,A3参考科,=G2-3。物候:-。海拔:500-1000米。生境:河谷平原。资源:具栽培园艺种类。全球5个大洲分布及种数(65-102)非洲:5; 亚洲:94; 大洋洲:3; 北美洲:11; 南美洲:5。【中国种数:15】。

Gigartina <unassigned> 大荨麻属 Urticaceae [MD-91] 特征纪要:-。全球6个大洲分布及种数(114)非洲:16; 亚洲:16; 大洋洲:23; 欧洲:12; 北美洲:13; 南美洲:21。

Gigasiphon Drake = **Bauhinia**

Gigaspermaceae Lindb. [B-108] 大蒴藓科 特征纪要(参考 Herbertaceae):硬挺,形小至中形,褐绿色至深红褐色。【Rep】:褐绿色至深红褐色。全球5个大洲分布和属种数(6/14)亚洲:1/2;大洋洲:1/1;欧洲:2/2;北美洲:3/3;南美洲:3/9。

Gigaspermum Lindb. 大蒴藓属 Gigaspermaceae [B-108] 特征纪要:-。全球5个大洲分布及种数(3)非洲:3;亚洲:2;大洋洲:1;欧洲:1;北美洲:1。

G

Gilberta Turcz. 万头菊属 Asteraceae [MD-586] 特征纪要:习性:草本。花程式:(K)3-5,(C)3-5,A3-5,↓G。其他特征参考科。全球1个大洲分布及种数(1)◆大洋洲。

Gilbertiella Boutiqü 西莓藤属 Annonaceae [MD-7] 特征纪要:习性:-。花程式:-。其他特征参考科。全球3个大洲分布及种数(3)非洲:3; 亚洲:2; 南美洲:2。

Gilbertiodendron J. Léonard 大瓣苏木属 Fabaceae1 [MD-240] 特征纪要:习性:木本。花程式:K3-5-∞,C3-5-∞,A3-5,=↓G1-2。其他特征参考科。全球2个大洲分布及种数(38-42)非洲:42; 南美洲:2。

Gilesia F. Müll. 密钟木属 Malvaceae [MD-203] 特征纪要:习性:木本。花程式:K3-5-∞,C5,A5-10,↓G-参考科。其他特征参考科。全球2个大洲分布及种数(1-3)大洋洲:1; 南美洲:1。

Gilgiochloa Pilg. 吉草属 Poaceae [MM-748] 特征纪要:习性:草本。花程式:(K)3,C0参考科,A1-2,=(G)2-3。其他特征参考科。全球1个大洲分布及种数(1)◆非洲。

Gilgiodaphne Domke = **Synandrodaphne**

Gilia Ruiz & Pav. 吉莉草属 Polemoniaceae [MD-481] 特征纪要:习性:草本。花程式:K5,C0,A5,=↓(G)2-3。其他特征参考科。全球6个大洲分布及种数(69-535)非洲:6; 亚洲:29; 大洋洲:10; 欧洲:215; 北美洲:215; 南美洲:54。【中国种数:7】。

Giliastrum (Brand) Rydb. 蓝钵花属 Polemoniaceae [MD-481] 特征纪要:习性:草本。花程式:K5,C0,A5,=↓(G)2-3。其他特征参考科。全球2个大洲分布及种数(10)北美洲:9;南美洲:2。【中国种数:1】。

Giliberta St. -Lag. = **Tonina**

Gillbeea F. Müll. 翅珠梅属 Cunoniaceae [MD-255] 特征纪要:习性:木本。花程式:K4-5,C4-5,A4-5,=↓G2-3。其他特征参考科。全球2个大洲分布及种数(3-5)非洲:3; 大洋洲:5。

Gillespiea A. C. Sm. 吉来茜属 Rubiaceae [MD-523] 特征纪要:习性:木本。花程式:(K)4-5,(C)4-5,A4-5,=↓(G)2-9。其他特征参考科。全球1个大洲分布及种数(1)◆大洋洲。

Gilletiodendron Vermösen 愈疮豆属 Fabaceae3 [MD-240] 特征纪要:习性:木本。花程式:K3-5-∞,C3-5-∞,A3-5,=↓G1-2。其他特征参考科。全球1个大洲分布及种数(3-5)◆非洲。

Gilliesia Lindl. 蜂花韭属 Amaryllidaceae [MM-694] 特征纪要:习性:草本。花程式:-。其他特征参考科。全球1个大洲分布及种数(13)◆南美洲。

Gilmania Coville 金垫蓼属 Polygonaceae [MD-120] 特征纪要:习性:木本。花程式:K2-3,C0,A2,↓G-参考科。其他特征参考科。全球1个大洲分布及种数(1)◆北美洲(◆美国)。

Gilruthia Ewart 寡头鼠麹草属 Asteraceae [MD-586] 特征纪要:习性:草本。花程式:(K)3-5,C3-5,A3-5,=↓(G)2。其他特征参考科。全球1个大洲分布及种数(1)◆大洋洲(◆澳大利亚)。

Gimbernatea Ruiz & Pav. = **Gimbernatia**

Gimbernatia Ruiz & Pav. 榄仁属 Combretaceae［MD－354］特征纪要:习性:－。花程式:－。其他特征参考科。全球1个大洲分布及种数(cf.1)◆亚洲。

Ginalloa Korth. 飘穗寄生属 Santalaceae［MD－412］特征纪要:习性:木本。花程式:K4,C0,A4,＝↓(G)3－4。其他特征参考科。全球3个大洲分布及种数(9－21)非洲:1; 亚洲:20; 大洋洲:4。【中国种数:1】。

Gingidia J. W. Dawson 纽草属 Apiaceae［MD－480］特征纪要:习性:草本。花程式:K5,C5,A5,＝↓(G)2。其他特征参考科。全球2个大洲分布及种数(12－15)亚洲:2; 大洋洲:14。【中国种数:1】。

Ginkgo L. 银杏属 Ginkgoaceae［G－5］特征纪要:习性:－。物候:－。海拔:500－1000米。生境:天然林中,常与柳杉,榧树,蓝果树等针阔叶树种混生。资源:药用,淀粉,具栽培园艺种类。全球6个大洲分布及种数(1－18)非洲:2; 亚洲:10; 大洋洲:2; 欧洲:7; 北美洲:7; 南美洲:7。【中国种数:1】。

Ginkgoaceae Engl. ［G－5］银杏科 特征纪要(参考 Ptychomitriaceae):小形至中形,绿色、棕绿色至深褐色,多生于树上。【Rep】:雌苞叶少,大形,通常鞘状,似筒环抱蒴柄,有时高出蒴柄,中肋单一。全球1个大洲分布及属种数(2/3 hort.1,cult.1)◆亚洲:1/1。【中国属种数:1/1】。

Ginoria Jacq. 棠薇属 Lythraceae［MD－333］特征纪要和分布(－)。全球1个大洲分布及种数(6－20)◆北美洲。【中国种数:1】。

Ginsen Adans. ＝ **Panax**

Giraldia Baroni ＝ **Atractylodes**

Giraldiella Damm. 丝合藓属 Hypnaceae［B－189］特征纪要:习性:－。【Rep】:参考科特征:雌雄异苞同株,内雌苞叶直立,卵状披针形,上部渐狭成长毛状,近于全缘,无中肋,黄绿色。物候:－。海拔:0米。生境:常见于竹上,岩石上。资源:－。全球2个大洲分布及种数(7)北美洲:1; 南美洲:1。【中国种数:2】。

Girardinia Gaud. 蝎子草属 Urticaceae［MD－91］特征纪要:习性:木本。花程式:－。物候:－。花期:9－10月。果期:参考晚于花期。海拔:100－2800米。生境:沿着溪流,靠近村庄。栽培:来自广西龙州。资源:具栽培园艺种类。全球6个大洲分布及种数(4－64)非洲:11; 亚洲:22; 大洋洲:4; 欧洲:3; 北美洲:3; 南美洲:28。【中国种数:1】。

Gireoudia Klotzsch ＝ **Begonia**

Girgensohnia Bunge ex Fenzl 对叶盐蓬属 Amaranthaceae［MD－116］特征纪要:习性:草本。花程式:Kn,C2－3参考科,A5,G－。物候:－。海拔:600－5000米。生境:戈壁沙漠,沙漠和干旱斜坡。资源:－。全球3个大洲分布及种数(5－9)亚洲:8; 欧洲:2; 北美洲:2。【中国种数:1】。

Gironniera Gaud. 白颜树属 Ulmaceae［MD－83］特征纪要:习性:木质攀援。花程式:－。物候:－。花期:2－4月。果期:参考晚于花期。海拔:100－800米。生境:山谷,溪流旁,湿润林中。资源:药用,具栽培园艺种类。全球6个大洲分布及种数(6－93)非洲:8; 亚洲:31; 大洋洲:8; 欧洲:17; 北美洲:17; 南美洲:59。【中国种数:3】。

Gisekia L. 针晶粟草属 Gisekiaceae［MD－97］特征纪要(同科)。全球6个大洲分布及种数(5－11;hort.1)非洲:3－9;亚洲:4－6;大洋洲:1;欧洲:1;北美洲:1－2;南美洲:1。【中国种数:2】。

Gisekiaceae Nakai［MD－97］针晶粟草科 特征纪要:习性:草本;落叶。花程式:K4－5,C5,A103,↓(G)1。物候:－。花期:全年。果期:全年。果实:瘦果。种子:有胚乳,紫褐色。海拔:100米。生境:海岸沙地。资源:－。栽培:－。全球3个大洲分布及属种数(2/6－12 < IFR 1/1 > hort.1) 非洲:2/5－10(IFR 1/1); 亚洲:2/6－7(IFR 1/1); 北美洲:2/3。【中国属种数:1/2】。

Gisopteris Bernh. ＝ **Lygodium**

Gitara Pax & K. Hoffm. 刺药桐属 Euphorbiaceae［MD－217］特征纪要:习性:木本。花程式:Kn,C0,A6,↓G－参考科。其他特征参考科。全球2个大洲分布及种数(1) 北美洲:1,南美洲:1。

Githopsis Nutt. 蓝杯草属 Campanulaceae［MD－561］特征纪要:习性:草本。花程式:(K)5,(C)5,A5,↓G－。其他特征参考科。全球3个大洲分布及种数(9－34)非洲:2; 亚洲:2; 北美洲:17。

Givotia Griff. 杨巴豆属 Euphorbiaceae［MD－217］特征纪要:习性:木本。花程式:K1(1000),C0,A6,＝G2－3。其他特征参考科。全球6个大洲分布及种数(5)非洲:3－4;亚洲:1－2;大洋洲:1;欧洲:1;北美洲:1;南美洲:1。

Gjellerupia Lauterb. 岛象牙檀属 Opiliaceae［MD－369］特征纪要:习性:木本。花程式:－。其他特征参考科。全球3个大洲分布及种数(1－2)非洲:2; 亚洲:2; 大洋洲:2。

Glabrella Mich. Möller & W. H. Chen 月见草属 Gesneriaceae［MD－549］特征纪要:习性:草本。花程式:Kn,C0,A3参考科,↓G。物候:－。海拔:80－4600米。生境:草本直立。资源:－。全球1个大洲分布及种数(3)◆亚洲。

Gladiolus Tourn. ex L. 唐菖蒲属 Iridaceae［MM－700］特征纪要:习性:草本(基生)。花程式:(K－),C2－3参考科,A5,↓G－。物候:－。花期:7－9月。果期:参考晚于花期。海拔:100－4400米。生境:草丛中,自然山坡地。资源:具栽培园艺种类。全球6个大洲分布及种数(299－843)非洲:633; 亚洲:149; 大洋洲:33; 欧洲:136; 北美洲:136; 南美洲:106。【中国种数:6】。

Gladiopappus Humbert 剑冠菊属 Asteraceae［MD－586］特征纪要:习性:草本。花程式:(K)3－5,C3－5,A3－5,＝↓(G)2。其他特征参考科。全球1个大洲分布及种数(1)◆非洲(◆马达加斯加)。

Glandonia Griseb. 格朗东草属 Malpighiaceae［MD－343］特征纪要:习性:木本。花程式:K5,C5,A10,＝G2－3。其他特征参考科。全球5个大洲分布及种数(3－13)非洲:5; 亚洲:7; 欧洲:4; 北美洲:4; 南美洲:8。

Glandularia J. F. Gmel. 美女樱属 Verbenaceae［MD－556］特征纪要:习性:－。花程式:－。物候:－。海拔:20－3950米。生境:自然山坡地。资源:－。全球6个大洲分布及种数(92－100)非洲:7－11;亚洲:12－16;大洋洲:14－18;欧洲:6－10;北美洲:38－46;南美洲:76－80。

G

Glandulicactus Backeb. 长钩玉属 Cactaceae [MD－100] 特征纪要:木本,落叶; 花程式:K1－∞,C1－∞,A3(100),G,果实:－。种子:具种脐,略凹陷,稀直伸;胚乳存在或缺失。全球 1 个大洲分布及种数(2)◆北美洲。

Glandulifera Frič ＝ **Coryphantha**

Glaphyropteridopsis Ching 金星蕨科属 Thelypteridaceae [F－42] 特征纪要:大中型土生蕨类。根状茎短粗,横卧或斜升,无毛,稍披鳞片。叶簇生或近生;叶柄粗壮,叶片椭圆形,基部不变狭,二回羽状深裂;羽片多对,无柄,分离,对生或近对生,叶脉分离,在裂片上为羽状,小脉单一,多且密,达于叶边,基部一对到达缺刻附近或缺刻以上的叶边。叶草质,纸质或革质,干后黄绿色,叶轴和羽片两面多少被灰白色长毛,不具腺体。【Rep】:孢子囊群圆形,生于侧脉基部,靠近裂片主脉两侧各成 1 行,成熟时彼此密接,常汇合成线形,无盖或有盖;孢子囊体近顶处往往具有针状毛。孢子椭圆状两面形,表面具有不规则的刺状或小瘤状突起。全球 1 个大洲分布及种数(11)◆亚洲。

Glaphyropteris (Fée) Presl ex Fée ＝ **Thelypteris**

Glaribraya H. Hara ＝ **Taphrospermum**

Glastaria Boiss. 岩盾荠属 Brassicaceae [MD－213] 特征纪要:习性:草本。花程式:K4,C4,A3 参考科,↓G－参考科。其他特征参考科。全球 1 个大洲分布及种数(1)◆亚洲。

Glaucidiaceae Tamura [MD－48] 白根葵科 特征纪要:习性:草本;落叶。花程式:K4－5,C5,A,G－。全球 1 个大洲分布及属种数(1/1 hort. 1,cult. 1)◆亚洲:1/ 3。

Glaucidium Siebold & Zucc. 白根葵属 Glaucidiaceae [MD－48] 特征纪要(同科)。全球 2 个大洲分布及种数(1－38)亚洲:27; 南美洲:20。【中国种数:1】。

Glaucium Mill. 海罂粟属 Papaveraceae [MD－54] 特征纪要:习性:草本(基生,多肉)。花程式:－。物候:－。花期:5－7 月。果期:参考晚于花期。海拔:700－800 米。生境:荒漠,低山石坡或河滩,石坡。资源:具栽培园艺种类。全球 6 个大洲分布及种数(15－29;hort. 1;cult. 2)非洲:4－5;亚洲:14－28;大洋洲:2－3;欧洲:3－4;北美洲:2－4;南美洲:1。【中国种数:6】。

Glaucocarpum Rollins 海白菜属 Brassicaceae [MD－213] 特征纪要:习性:－。花程式:－。其他特征参考科。全球 1 个大洲分布及种数(1)◆北美洲。

Glaucocochlearia (O. E. Schulz) Pobed. ＝ **Cochlearia**

Glaucodipsis K. F. Schimp. ＝ **Leucobryum**

Glaucosciadium B. L. Burtt & P. H. Davis 灰伞芹属 Apiaceae [MD－480] 特征纪要:习性:草本。花程式:Kn,C5,A3 参考科,＝↓G(－)。其他特征参考科。全球 1 个大洲分布及种数(1－2)◆亚洲。

Glaucothea O. F. Cook ＝ **Brahea**

G

Glaux L. 海乳草属 Primulaceae [MD－401] 特征纪要:草本(多肉),落叶,单叶。花程式:(K),C,A5－10,G。果实:蒴果。种子:少数,棕色。全球 1 个大洲分布及种数(2)◆亚洲。

Glaziophyton Franch. 灯芯竺属 Poaceae [MM－748] 特征纪要:习性:草本。花程式:(K)3,C0 参考科,A1－2,＝(G)2－3。其他特征参考科。全球 1 个大洲分布及种数(1)◆南美洲(◆巴西)。

Glaziovia Benth. & Hook. f. ＝ **Amphilophium**

Gleadovia Gamble & Prain 藨寄生属 Orobanchaceae [MD－552] 特征纪要:习性:草本(基生,寄生,腐生,多肉)。花程式:－。物候:－。花期:4－7 月。果期:参考晚于花期。海拔:3000－3500 米。生境:生于林下,路旁及潮湿处。资源:－。全球 1 个大洲分布及种数(2－4)◆亚洲。【中国种数:1】。

Gleasonia Standl. 格利森茜属 Rubiaceae [MD－523] 特征纪要:习性:木本。花程式:(K)4－5,(C)4－5,A4－5,＝↓(G)2－9。其他特征参考科。全球 1 个大洲分布及种数(5)◆南美洲。

Glebionis Cass. 茼蒿属 Asteraceae [MD－586] 特征纪要:习性:草本。花程式:－。物候:－。海拔:500－2200 米。生境:作为蔬菜栽培。资源:具栽培园艺种类。全球 6 个大洲分布及种数(6)非洲:3;亚洲:6－9;大洋洲:2;欧洲:2;北美洲:4－5;南美洲:cf. 1。【中国种数:2】。

Glechoma L. 活血丹属 Lamiaceae [MD－575] 特征纪要:习性:草本(基生)。花程式:－。物候:－。花期:4－5 月。果期:参考晚于花期。海拔:1000－1700 米。生境:林下,溪边,林缘阴湿肥沃土上。资源:药用,具栽培园艺种类。全球 6 个大洲分布及种数(40－43;hort. 1;cult. 1)非洲:11－19;亚洲:32－43;大洋洲:1－9;欧洲:17－25;北美洲:9－17;南美洲:8。【中国种数:6】。

Glechon Spreng. 格莱薄荷属 Lamiaceae [MD－575] 特征纪要:习性:草本。花程式:K2,C0,A2,＝G2。其他特征参考科。全球 2 个大洲分布及种数(6－24)北美洲:1; 南美洲:24。

Glecoma L. ＝ **Glechoma**

Gleditsia L. 皂荚属 Fabaceae2 [MD－239] 特征纪要:习性:木本。花程式:－。物候:－。花期:6－10 月。果期:参考晚于花期。海拔:100－1000 米。生境:向阳的斜坡,山谷,溪边,道路附近。资源:药用,具栽培园艺种类。全球 6 个大洲分布及种数(11－14;hort. 1;cult. 3)非洲:1－6;亚洲:9－17;大洋洲:3－8;欧洲:6－11;北美洲:5－11;南美洲:5－10。【中国种数:6】。

Glehnia F. Schmidt ex Miq. 珊瑚菜属 Apiaceae [MD－480] 特征纪要:习性:草本(基生)。花程式:Kn,C5,A3 参考科,＝↓G(－)。物候:－。花期:6－8 月。果期:参考晚于花期。海拔:50－100 米。生境:海边砾地,沙滩,也栽培在沙质土壤。资源:药用,具栽培园艺种类。全球 6 个大洲分布及种数(2;hort. 1;cult. 1)非洲:1;亚洲:1－2;大洋洲:1;欧洲:1;北美洲:1－2;南美洲:1。【中国种数:1】。

Gleichenella Ching 梳芒萁属 Gleicheniaceae [F－18] 特征纪要:习性:－。【Rep】:孢子同形,囊群生叶背有盖。其他特征参考科。全球 2 个大洲分布及种数(2)北美洲:1;南美洲:1。

Gleichenia Sm. 珊瑚蕨属 Gleicheniaceae [F－18] 特征纪要:习性:－。【Rep】:孢子同形,囊群生叶背有盖。物候:－。全球6个大洲分布及种数(60－98;hort. 1;cult. 4)非洲:6－10;亚洲:58－83;大洋洲:21－30;欧洲:1;北美洲:7－10;南美洲:13－18。【中国种数:4】。

Gleicheniaceae C. Presl [F－18] 里白科 特征纪要:形体稍粗,绿色至暗绿色,无光泽,根着水生。【Rep】:孢蒴卵形,长约2毫米,蒴齿两层。全球6个大洲分布和属种数(7－8;hort. & cult. 2)(225－341;hort. & cult. 5－8)非洲:3－5/27－55;亚洲:6/128－186;大洋洲:4－6/44－84;欧洲:2－5/3－28;北美洲:5－6/50－84;南美洲:4－6/89－123。【中国属种数:5/37】。

Gleicheniastrum C. Presl = **Gleichenia**

Glekia Hilliard 非洲山玄参属 Scrophulariaceae [MD－536] 特征纪要:习性:灌木。花程式:K2－4,C0,A3 参考科,↓G2。其他特征参考科。全球1个大洲分布及种数(1)◆非洲。

Glenniea Hook. f. 李荔枝属 Sapindaceae [MD－428] 特征纪要:习性:木本。花程式:K4－8,C4－8,A10,=G2－3。全球4个大洲分布及种数(8－18)非洲:10; 亚洲:15; 大洋洲:2; 南美洲:3。【中国种数:1】。

Glia Sond. 胶芹属 Apiaceae [MD－480] 特征纪要:习性:草本。花程式:K5,C5,A5,=↓G(－)。其他特征参考科。全球1个大洲分布及种数(1－2)◆非洲。

Glicophyllum R. F. Almeida 金虎尾科属 Malpighiaceae [MD－343] 特征纪要:习性:－。花程式:－。其他特征参考科。全球3个大洲分布及种数(26)亚洲:1; 北美洲:3; 南美洲:24。

Glinus L. 星粟草属 Molluginaceae [MD－99] 特征纪要:习性:草本(基生)。花程式:K5,C5,A5,=↓G－。物候:－。花期:春季－夏天。果期:参考晚于花期。海拔:100米。生境:河溪边或海岸空旷沙地及稻田阳处。资源:具栽培园艺种类。全球6个大洲分布及种数(8－13;hort. 1)非洲:6－8;亚洲:4;大洋洲:2－4;欧洲:2;北美洲:3;南美洲:2。【中国种数:2】。

Glionnetia Tirveng. 龙船花属 Rubiaceae [MD－523] 特征纪要:习性:木本。花程式:(K－),(C)4,A3 参考科,↓G。其他特征参考科。全球2个大洲分布及种数(1－2)非洲:1; 亚洲:1。

Gliricidia Kunth 藩篱豆属 Fabaceae3 [MD－240] 特征纪要:习性:木本。花程式:K1－∞,C1－∞,A5－9,=↓G1。物候:－。海拔:7500米。生境:矮灌木丛或芦苇丛中,稀见于沿河岸疏林下,作为作物栽培。资源:具栽培园艺种类。全球4个大洲分布及种数(6－7)亚洲:1;大洋洲:1;北美洲:4;南美洲:3－4。【中国种数:1】。

Glischrocaryon Endl. 蓼花草属 Haloragaceae [MD－271] 特征纪要:习性:草本。花程式:－。其他特征参考科。全球2个大洲分布及种数(11－16)大洋洲:14; 南美洲:2。

Glischrothamnus Pilg. 腺粟木属 Molluginaceae [MD－99] 特征纪要:习性:－。花程式:－。其他特征参考科。全球1个大洲分布及种数(1)◆南美洲(◆巴西)。

Glissanthe Steud. = **Costus**

Globba L. 舞花姜属 Zingiberaceae [MM－737] 特征纪要:习性:草本。花程式:－。物候:－。花期:8月。果期:参考晚于花期。海拔:100－1200米。生境:林中荫湿处。栽培:来自广西龙州。资源:具栽培园艺种类。全球6个大洲分布及种数(29－112;hort. 1;cult. 2)非洲:5;亚洲:28－108;大洋洲:4;欧洲:3;北美洲:2－8;南美洲:4。【中国种数:24】。

Globimetula Van Tiegh. 菌帽寄生属 Loranthaceae [MD－415] 特征纪要:习性:木本。花程式:K5,C0,A4,=↓(G)3－4。其他特征参考科。全球4个大洲分布及种数(13－14)非洲:14; 亚洲:2; 大洋洲:2; 南美洲:2。

Globularia Tourn. ex L. 地团花属 Globulariaceae [MD－558] 特征纪要(同科)。全球6个大洲分布及种数(34－84)非洲:19; 亚洲:22; 大洋洲:5; 欧洲:10; 北美洲:10; 南美洲:4。【中国种数:5】。

Globulariaceae (Bl.) DC. [MD－558] 球花科 特征纪要:习性:草本;落叶。花程式:K5,C0,A4,↑G1。物候:－。果实:果实开裂。种子:棕。全球4个大洲分布及属种数(1－2/1－3 <IFR 1/3> hort. 1;cult. 1) 非洲:1/3－13(IFR 1/1); 亚洲:1/9－18(IFR 1/1); 欧洲:1－2/17－28(IFR 1/1); 北美洲:1/6。

Globulariopsis Compton 团杉花属 Scrophulariaceae [MD－536] 特征纪要:习性:灌木。花程式:K2－4,C0,A3 参考科,↓G。其他特征参考科。全球2个大洲分布及种数(7－8)非洲:8; 大洋洲:2。

Globulina (Müll. Hal.) Broth. 舌藓属 Pottiaceae [B－133] 特征纪要:习性:－。【Rep】:孢腔轮廓清晰,蒴齿缺如,或具蒴齿而无基膜,下部呈黄绿或黄棕色。其他特征参考科。全球1个大洲分布及种数(1)◆南美洲。

Globulinella Steere 舌藓属 Pottiaceae [B－133] 特征纪要:习性:－。【Rep】:孢腔轮廓清晰,蒴齿缺如,或具蒴齿而无基膜,下部呈黄绿或黄棕色。其他特征参考科。全球2个大洲分布及种数(4)北美洲:2;南美洲:3。

Globulostylis Wernham 居维叶茜草属 Rubiaceae [MD－523] 特征纪要:习性:木本。花程式:(K－),(C)4,A3 参考科,↓G。其他特征参考科。全球1个大洲分布及种数(6－7) ◆非洲:6－7。

Glochidion J. R. Forst. & G. Forst. 算盘子属 Euphorbiaceae [MD－217] 特征纪要:习性:木本。花程式:－。物候:－。花期:4－6月。果期:参考晚于花期。海拔:100－1500米。生境:常绿森林。栽培:来自广西龙州。资源:油脂,具栽培园艺种类。全球6个大洲分布及种数(92－324;hort. 1;cult. 4)非洲:16－88;亚洲:66－219;大洋洲:40－178;欧洲:3－24;北美洲:10－33;南美洲:7－27。【中国种数:12】。

Glochidocaryum W. T. Wang = **Actinocarya**

Glocodonia H. Wiehler 苦苣苔科属 Gesneriaceae [MD－549] 特征纪要:习性:－。花程式:－。其他特征参考科。全球1个大洲分布及种数(－)。

Gloeocarpus Radlk. 胶果无患子属 Sapindaceae [MD－428] 特征纪要:习性:木本。花程式:K4－8,C4－8,A10,=(G)2－3。其他特征参考科。全球1个大洲分布及种数(cf. 1)◆东南亚(◆菲律宾)。

Gloeospermum Triana & Planch. 胶子堇属 Violaceae [MD－126] 特征纪要:习性:－。花程式:－。其他特征参考

G

科。全球 6 个大洲分布及种数(100)非洲:14; 亚洲:3; 大洋洲:2; 欧洲:38; 北美洲:38; 南美洲:98。

Gloiocephala <unassigned> 堇囊蕨属 Marattiaceae [F－13] 特征纪要:－。全球 1 个大洲分布及种数(19)◆南美洲:16。

Glomera Bl. 球序兰属 Orchidaceae [MM－723] 特征纪要:习性:草本。花程式:(K)3,C3,A3,＝↓G3。花期:参考早于果期。果期:10－11 月。海拔:80－5200 米。生境:柏树林下或草坡路旁,竹坡中。全球 6 个大洲分布及种数(154－202)非洲:166; 亚洲:110; 大洋洲:165; 欧洲:2; 北美洲:2; 南美洲:2。【中国种数:13】。

Glomeropitcairnia Mez 雨蛙凤梨属 Bromeliaceae [MM－715] 特征纪要:习性:草本。花程式:(K)3,C3,A6,＝↓(G)3。其他特征参考科。全球 2 个大洲分布及种数(3)北美洲:2;南美洲:2。

Gloriosa L. 嘉兰属 Colchicaceae [MM－623] 特征纪要:习性:草本。花程式:(K)2－∞,C2－∞,A6,↓G3。物候:－。花期:7－8 月。果期:参考晚于花期。海拔:900－1300 米。生境:林下或灌丛中。资源:具栽培园艺种类。全球 6 个大洲分布及种数(15－17)非洲:14－21;亚洲:5－10;大洋洲:1－6;欧洲:2－7;北美洲:2－7;南美洲:3－8。【中国种数:1】。

Glosarithys Rizzini ＝ **Saglorithys**

Glosocomia D. Don ＝ **Codonopsis**

Glossadelphus M. Fleisch. 扁锦藓属 Hypnaceae [B－189] 特征纪要:习性:－。【Rep】:雌雄异株,稀雌雄异苞同株,内雌苞叶披针形,多渐尖,蒴柄细长,平滑,稀上部具疣,孢蒴倾立,拱背状卵圆形。物候:－。海拔:－。生境:常见于树干基部,岩石上。资源:－。全球 5 个大洲分布及种数(40)非洲:9;亚洲:22;大洋洲:9;北美洲:7;南美洲:2。【中国种数:17】。

Glossadenia hort. ex J. M. H. Shaw 西班牙蜡唇兰属 Orchidaceae [MM－723] 特征纪要:－。全球 1 个大洲分布及种数(1)◆欧洲:1。

Glossarion Maguire & Wurdack 红莲菊木属 Asteraceae [MD－586] 特征纪要:习性:草本。花程式:(K)3－5,(C)3－5,A3－5,＝↓G2。其他特征参考科。全球 1 个大洲分布及种数(2)◆南美洲。

Glossocalycoidea Thorne ＝ Siparunaceae

Glossocalyx Benth. 玉爵桂属 Siparunaceae [MD－17] 特征纪要:习性:木本。花程式:K1－∞,C0,A10－150,＝G1－3。其他特征参考科。全球 2 个大洲分布及种数(1－7)非洲:5; 大洋洲:2。

Glossocardia Cass. 鹿角草属 Asteraceae [MD－586] 特征纪要:习性:草本(基生)。花程式:(K)3－5,C3－5,A3－5,＝↓G2。物候:－。花期:7－10 月。果期:参考晚于花期。海拔:100 米。生境:珊瑚礁上。资源:－。全球 6 个大洲分布及种数(13－42)非洲:2; 亚洲:15; 大洋洲:6; 欧洲:3; 北美洲:3; 南美洲:25。【中国种数:1】。

Glossocarya Wall. ex Griff. 舌果马鞭草属 Lamiaceae [MD－575] 特征纪要:习性:草本。花程式:K2－4,C0,A2－4,＝(G)2－4。物候:－。海拔:20－3950 米。生境:自然山坡地。资源:－。全球 3 个大洲分布及种数(2－11)非洲:1;亚洲:1－9;大洋洲:1－4。【中国种数:2】。

Glossochilus Nees 舌唇爵床属 Acanthaceae [MD－572] 特征纪要:习性:草本。花程式:K2－4,C0,A2－4,↓G。其他特征参考科。全球 1 个大洲分布及种数(2)◆非洲。

Glossodia R. Br. 蜡唇兰属 Orchidaceae [MM－723] 特征纪要:习性:－。花程式:－。其他特征参考科。全球 1 个大洲分布及种数(1－3)◆大洋洲(◆澳大利亚)。

Glossoloma Hanst. 舌苣苔属 Gesneriaceae [MD－549] 特征纪要:习性:草本。花程式:K5,C0,A4,＝(G)2。其他特征参考科。全球 2 个大洲分布及种数(29－30)北美洲:9;南美洲:27－28。

Glossoma Schreb. 野牡丹科属 Melastomataceae [MD－364] 特征纪要:习性:－。花程式:－。其他特征参考科。全球 1 个大洲分布及种数(－)。

Glossonema Decne. 舌蕊萝藦属 Apocynaceae [MD－492] 特征纪要:习性:－。花程式:－。其他特征参考科。全球 2 个大洲分布及种数(4－6)非洲:2－4;亚洲:cf. 1。

Glossopappus Kunze 舌冠菊属 Asteraceae [MD－586] 特征纪要:习性:草本。花程式:(K)3－5,C3－5,A3－5,＝↓(G)2。其他特征参考科。全球 2 个大洲分布及种数(1)非洲:1;欧洲:1。

Glossopetalon A. Gray 枳缨木属 Crossosomataceae [MD－241] 特征纪要:习性:木本。花程式:－。其他特征参考科。全球 1 个大洲分布及种数(6－10)◆北美洲。

Glossopholis Pierre ＝ **Tiliacora**

Glossophyllum (Müll. Hal.) Hampe 硬叶藓科属 Stereophyllaceae [B－172] 特征纪要:－。全球 1 个大洲分布及种数(－)。

Glossorhyncha Ridl. 舌蕊兰花属 Orchidaceae [MM－723] 特征纪要:习性:－。花程式:－。其他特征参考科。全球 1 个大洲分布及种数(27－33)◆大洋洲。

Glossorrhyncha Ridl. ＝ **Glossorhyncha**

Glossospermum Wall. ＝ **Melochia**

Glossostelma Schltr. 锈杯花属 Apocynaceae [MD－492] 特征纪要:习性:木本。花程式:K5,C0,A5,＝(G)2。其他特征参考科。全球 3 个大洲分布及种数(12－14)非洲:14; 大洋洲:2; 北美洲:2。

Glossostemon Desf. 非洲芙蓉属 Malvaceae [MD－203] 特征纪要:习性:木本。花程式:－。其他特征参考科。全球 1 个大洲分布及种数(1－2)◆亚洲。

Glossostemum Steud. ＝ **Glossostemon**

Glossostigma Wight & Arn. 舌柱草属 Scrophulariaceae [MD－536] 特征纪要:习性:木本(水生)。花程式:K2－4,C0,A4,＝↓G2－3。其他特征参考科。全球 6 个大洲分布及种数(2－7)非洲:1－6;亚洲:1－6;大洋洲:1－11;

欧洲:5;北美洲:1－7;南美洲:5。

Glossostipula Lorence 舌叶茜属 Rubiaceae［MD－523］特征纪要:习性:木本。花程式:(K)4－5,(C)4－5,A4－5,＝↓(G)2－9。其他特征参考科。全球2个大洲分布及种数(3－4)大洋洲:2; 北美洲:4。

Glottiphyllum Haw. ex N. E. Br. 舌叶花属 Aizoaceae［MD－94］特征纪要:习性:草本。花程式:K3－4,C3－4,A5参考科,＝↓G－。其他特征参考科。全球2个大洲分布及种数(16－55)非洲:39; 亚洲:3。

Gloxinella (H. E. Moore) Roalson & Boggan 小岩桐属 Gesneriaceae［MD－549］特征纪要:习性:草本。花程式:K5,C0,A4,↓G。其他特征参考科。全球2个大洲分布及种数(1－5)北美洲:1; 南美洲:2。

Gloxinia L'Hér. 小岩桐属 Gesneriaceae［MD－549］特征纪要:习性:草本。花程式:K5,C0,A4,＝↓(G)2。其他特征参考科。全球6个大洲分布及种数(7－16)非洲:1;亚洲:1－2;大洋洲:1;欧洲:1;北美洲:2－3;南美洲:6－8。

Gloxiniopsis Roalson & Boggan 小岩桐属 Gesneriaceae［MD－549］特征纪要:习性:草本。花程式:Kn,C0,A4,↓G。其他特征参考科。全球2个大洲分布及种数(1－10)北美洲:1; 南美洲:2。

Gluema Aubrév. & Pellegr. 对蕊山榄属 Sapotaceae［MD－357］特征纪要:习性:－。花程式:－。其他特征参考科。全球1个大洲分布及种数(－)。

Glumicalyx Hiern 管槌花属 Scrophulariaceae［MD－536］特征纪要:习性:灌木。花程式:K2－4,C0,A4,↓G2。其他特征参考科。全球2个大洲分布及种数(6－7)非洲:7; 北美洲:2。

Gluta L. 胶漆树属 Anacardiaceae［MD－432］特征纪要:习性:木本。花程式:K5,C5,A5,＝G1－3。物候:－。花期:4月。果期:参考晚于花期。海拔:93－3600米。生境:常绿阔叶林中,中山区山腰坡地路旁岩石上。资源:具园艺种类。全球6个大洲分布及种数(36－63)非洲:4; 亚洲:60; 大洋洲:2; 欧洲:6; 北美洲:6; 南美洲:4。【中国种数:4】。

Glyce Lindl. ＝ **Lobularia**

Glyceria R. Br. 甜茅属 Poaceae［MM－748］特征纪要和分布(－)。全球6个大洲分布及种数(46－60;hort. 1;cult. 14)非洲:10－30;亚洲:45－70;大洋洲:13－32;欧洲:15－35;北美洲:23－42;南美洲:13－32。【中国种数:21】。

Glycine Willd. 大豆属 Fabaceae3［MD－240］特征纪要和分布(－)。全球6个大洲分布及种数(15－59;hort. 1;cult. 2)非洲:4－35;亚洲:8－41;大洋洲:9－54;欧洲:3－28;北美洲:7－36;南美洲:3－30。【中国种数:5】。

Glyciphylla Raf. ＝ **Gaultheria**

Glycocystis Chinnock 香霉木属 Scrophulariaceae［MD－536］特征纪要:习性:灌木。花程式:－。其他特征参考科。全球4个大洲分布及种数(1－11)亚洲:2; 大洋洲:2; 欧洲:4; 北美洲:4。

Glycosmis Corrêa 山小橘属 Rutaceae［MD－399］特征纪要:习性:木本。花程式:－。物候:－。海拔:1000米。生境:沟谷季雨林。资源:具栽培园艺种类。全球5个大洲分布及种数(78－159)非洲:11; 亚洲:131; 大洋洲:11; 欧洲:6; 北美洲:6。【中国种数:24】。

Glycoxylon Ducke ＝ **Pradosia**

Glycydendron Ducke 甜桐属 Euphorbiaceae［MD－217］特征纪要:习性:木本。花程式:K1(1000),C0,A6,＝G2－3。其他特征参考科。全球1个大洲分布及种数(2)◆南美洲。

Glycyderas Cass. ＝ **Psiadia**

Glycyphylla Stev. ＝ **Gaultheria**

Glycyrrhiza Tourn. ex L. 甘草属 Fabaceae3［MD－240］特征纪要:习性:木本。花程式:－。物候:－。花期:5－6月。果期:参考晚于花期。海拔:100－1100米。生境:干旱沙地,河岸砂质地,山坡草地及盐渍化土壤中。资源:具栽培园艺种类。全球6个大洲分布及种数(35－46;hort. 1;cult. 3)非洲:3－5;亚洲:34－42;大洋洲:2－7;欧洲:6－12;北美洲:3－5;南美洲:4－6。【中国种数:9】。

Glycyrrhizopsis Boiss. 甘草属 Fabaceae3［MD－240］特征纪要:习性:－。花程式:－。物候:－。海拔:7500米。生境:矮灌木丛或芦苇丛中,稀见于沿河岸疏林下,作为作物栽培。资源:具栽培园艺种类。全球1个大洲分布及种数(－)。

Glyphaea Hook. f. 牛轭麻属 Malvaceae［MD－203］特征纪要:习性:木本。花程式:K1－∞,C1－∞,A10－8,＝G2－100。其他特征参考科。全球2个大洲分布及种数(2－8)非洲:7; 南美洲:2。

Glyphia Cass. ＝ **Psiadia**

Glyphis <unassigned> 轭菊属 Asteraceae［MD－586］特征纪要和分布(－)。

Glyphocarpa R. Br. 珠藓科属 Bartramiaceae［B－142］特征纪要:习性:－。物候:－。海拔:－。生境:石生,岩面土生。资源:－。全球2个大洲分布及种数(13)北美洲:2; 南美洲:1。

Glyphocarpus R. Br. ex Brid. 珠藓科属 Bartramiaceae［B－142］特征纪要:习性:－。【Rep】:雌雄同株或异株,生殖苞顶生,稀因苗生新芽而成为假侧生,雄苞芽胞形或盘形,配丝多数线形或棒槌形,雌苞叶,雌雄异株,雄苞盘形,雄苞叶较宽大,直立,往往集成莲座状,雌苞叶较小,直立,细胞无疣,蒴柄粗短或较长。物候:－。海拔:－。生境:石生,岩面土生。资源:－。全球1个大洲分布及种数(1)◆亚洲(◆中国)。【中国种数:1】。

Glyphochloa Clayton 塑草属 Poaceae［MM－748］特征纪要:习性:草本。花程式:(K)3,C0参考科,A1－2,＝G2－3。其他特征参考科。全球2个大洲分布及种数(17－20)亚洲:20; 南美洲:2。

Glypholecia <unassigned> 塑锦藓属 Sematophyllaceae［B－192］特征纪要:－。全球1个大洲分布及种数(－)。

Glyphomitrium Brid. 高领藓属 Ptychomitriaceae［B－114］特征纪要:习性:－。【Rep】:雌苞叶少,大形,通常鞘状,似筒环抱蒴柄,有时高出蒴柄,中肋单一。物候:－。海拔:－。生境:土生。资源:－。全球6个大洲分布及种数(21)非洲:2;亚洲:9;大洋洲:1;欧洲:1;北美洲:4;南美洲:4。【中国种数:6】。

Glyphotaenium (Sm.) Sm. 肠囊蕨属 Grammitidaceae [F-63] 特征纪要:习性:-。【Rep】:孢子同形,囊群生叶背有盖。其他特征参考科。全球 3 个大洲分布及种数(9)亚洲:2; 北美洲:4; 南美洲:5。

Glyphotheciopsis N. Pedersen & A. E. Newton 棱槲藓属 Ptychomniaceae [B-159] 特征纪要:习性:-。【Rep】:假雌雄异苞同株,内雌苞叶基部高鞘状,有狭长叶尖,孢蒴完全隐生于雌苞叶内,卵形或长卵形,棕色,平滑。其他特征参考科。全球 1 个大洲分布及种数(1)◆非洲。

Glyphothecium Hampe 直棱藓属 Ptychomniaceae [B-159] 特征纪要:习性:-。【Rep】:假雌雄异苞同株,内雌苞叶基部高鞘状,有狭长叶尖,孢蒴完全隐生于雌苞叶内,卵形或长卵形,棕色,平滑。其他特征参考科。全球 4 个大洲分布及种数(3)亚洲:1;大洋洲:2;欧洲:1;南美洲:2。【中国种数:1】。

Glypphotheciopsis N. Pedersen & A. E. Newton 棱槲藓属 Ptychomniaceae [B-159] 特征纪要:-。全球 1 个大洲分布及种数(1)◆非洲。

Glypphothecium Hampe 棱蒴藓科属 Ptychomniaceae [B-159] 特征纪要:-。全球 1 个大洲分布及种数(1)◆亚洲(◆中国)。

Glyptopetalum Thwaites 沟瓣木属 Celastraceae [MD-339] 特征纪要:习性:木质攀援。花程式:-。物候:-。海拔:500-600 米。生境:低地森林,山脚山沟阳处南坡密林中。资源:具园艺种类。全球 3 个大洲分布及种数(28-59)亚洲:53; 大洋洲:3; 北美洲:2。【中国种数:14】。

Glyptopleura D. C. Eaton 割脉苣属 Asteraceae [MD-586] 特征纪要:习性:草本。花程式:(K)3-5,(C)3-5,A3-5,↓G。其他特征参考科。全球 1 个大洲分布及种数(2)◆北美洲(◆美国)。

Glyptostrobus Endl. 水松属 Cupressaceae [G-17] 特征纪要:习性:-。【Rep】:球果直立,苞鳞与种鳞几全部合生,仅苞鳞的先端与种鳞分离,三角状,向后反曲,位于种鳞背面的中部或中上部,中部种鳞的上部边缘有 6-10 个三角状尖齿,顶部的种鳞多棱,长条形,能育种鳞有 2 粒种子,种子椭圆形,微扁,具向下生长的长翅,子叶 4-5 枚,发芽时出土。物候:-。花期:1-2 月。果期:参考晚于花期。海拔:200-2800 米。生境:用于在沼泽土壤上造林,住宅边,干地。资源:具园艺种类。全球 5 个大洲分布及种数(1-11)非洲:2; 亚洲:6; 欧洲:5; 北美洲:5; 南美洲:3。【中国种数:1】。

Glyptothecium Hampe ex Broth. 棱蒴藓科属 Ptychomniaceae [B-159] 特征纪要:习性:-。【Rep】:假雌雄异苞同株,内雌苞叶基部高鞘状,有狭长叶尖,孢蒴完全隐生于雌苞叶内,卵形或长卵形,棕色,平滑。其他特征参考科。全球 1 个大洲分布及种数(-)。

Gmelina L. 石梓属 Lamiaceae [MD-575] 特征纪要:习性:木质攀援。花程式:-。物候:-。花期:4-5 月。果期:参考晚于花期。海拔:400-800 米。生境:荒坡上。栽培:来自广西龙州。资源:药用,材用,具栽培园艺种类。全球 6 个大洲分布及种数(20-37;hort. 1;cult. 7)非洲:6-17;亚洲:12-21;大洋洲:11-21;欧洲:3;北美洲:3-7;南美洲:3-7。【中国种数:8】。

G

Gnaphalion St. -Lag. = **Gnaphalium**

Gnaphaliothamnus Kirp. = **Chionolaena**

Gnaphalium L. 湿鼠曲草属 Asteraceae [MD-586] 特征纪要:习性:草质攀援。花程式:(K)3-5,C3-5,A3 参考科,=↓(G)2。物候:-。海拔:200-1800 米。生境:草坡上,中高山坡。资源:具栽培园艺种类。全球 6 个大洲分布及种数(136-249;hort. 1;cult. 7)非洲:36-91;亚洲:29-85;大洋洲:20-75;欧洲:15-69;北美洲:32-88;南美洲:72-138。【中国种数:4】。

Gnaphalopsis DC. = **Thymophylla**

Gnemon Kuntze = **Gnetum**

Gnephosis Cass. 长序鼠麹草属 Asteraceae [MD-586] 特征纪要:习性:草本。花程式:(K)3-5,(C)3-5,A3-5,=↓G2。其他特征参考科。全球 6 个大洲分布及种数(17-59)非洲:2; 亚洲:4; 大洋洲:38; 欧洲:1; 北美洲:1; 南美洲:8。

Gnetaceae Bl. [G-9] 买麻藤科 特征纪要:体形纤细、柔弱或稍粗大,褐绿色、深黑色或红褐色,多具光泽,习生于树干、树枝或岩面,稀叶面附生,或悬垂。全球 5 个大洲分布及属种数(3-4/38-51 <IFR 1/3> hort. 1;cult. 1)非洲:2/11-14; 亚洲:3/29-34(IFR 1/3); 大洋洲:2/7; 北美洲:2/10; 南美洲:2/10。【中国属种数:1/16】。

Gnetum L. 买麻藤属 Gnetaceae [G-9] 特征纪要(同科)。全球 6 个大洲分布及种数(35-47;hort. 1;cult. 6)非洲:9-21;亚洲:27-41;大洋洲:5-14;欧洲:9;北美洲:8-17;南美洲:8-17。【中国种数:16】。

Gnidia L. 夜薇香属 Thymelaeaceae [MD-310] 特征纪要:习性:木本。花程式:K2-4,C0,A2,=G2-5。其他特征参考科。全球 6 个大洲分布及种数(150-175;hort. 1;cult. 3)非洲:148-161;亚洲:9-12;大洋洲:1-4;欧洲:7-10;北美洲:3;南美洲:23-28。

Gnidiopsis Tiegh. = **Gnidia**

Gnomophalium Greuter 垫头鼠曲属 Asteraceae [MD-586] 特征纪要:习性:草本。花程式:(K-),C3-5,A3 参考科,↓G。物候:-。花期:11 月至次年 5 月。果期:参考晚于花期。海拔:4000 米。生境:-。资源:-。全球 2 个大洲分布及种数(2)非洲:1;亚洲:cf. 1。【中国种数:1】。

Gnoteris Raf. = **Hyptis**

Gochnatia Kunth 绒菊木属 Asteraceae [MD-586] 特征纪要:习性:草质攀援。花程式:(K)3-5,C3-5,A3 参考科,=↓G2。物候:-。海拔:1100-1900 米。生境:山地林中。资源:药用。全球 6 个大洲分布及种数(35-51;hort. 1;cult. 1)非洲:1-3;亚洲:5-9;大洋洲:2;欧洲:2;北美洲:9-13;南美洲:21-24。

Godmania Hemsl. 巴西金紫葳属 Bignoniaceae [MD-541] 特征纪要:习性:木本。花程式:K5,C0,A5,=G2。其他特征参考科。全球 3 个大洲分布及种数(2-6)非洲:1; 北美洲:4; 南美洲:6。

Godoya Ruiz & Pav. 决明莲木属 Ochnaceae［MD－104］特征纪要:习性:木本。花程式:K1－∞,C1－∞,A10,＝G2－15。其他特征参考科。全球2个大洲分布及种数(2－13)北美洲:2; 南美洲:13。

Godwinia Seem. ＝ **Dracontium**

Goebelia Bunge ex Boiss. ＝ **Vexibia**

Goebeliella Steph. 地生苔属 Goebeliellaceae［B－79］特征纪要(同科)。全球2个大洲分布及种数(3)亚洲:2; 大洋洲:3。

Goebeliellaceae Verd.［B－79］地生苔科 特征纪要(参考 Schistostegaceae):细小,绿色,扁平,习生于阴暗处的藓丛。全球1个大洲分布和属种数(1/1)◆非洲:1/1－2。

Goebelobryum Grolle 澳顶苞苔属 Acrobolbaceae［B－43］特征纪要:习性:－。【Rep】:黄色、淡绿色或暗绿色。其他特征参考科。全球2个大洲分布及种数(4)亚洲:2; 大洋洲:4。

Goeppertia Nees 竹芋科属 Marantaceae［MM－740］特征纪要:习性:－。花程式:－。其他特征参考科。全球6个大洲分布及种数(287)非洲:4; 亚洲:4－30; 大洋洲:6－8; 欧洲:4; 北美洲:62－69; 南美洲:204－197。【中国种数:1】。

Goerkemia Yıld. 一担菜花属 Brassicaceae［MD－213］特征纪要:习性:草本。花程式:K4,C4,A3 参考科,↓G－参考科。其他特征参考科。全球1个大洲分布及种数(1) ◆亚洲:1。

Goerziella Urb. ＝ **Amaranthus**

Goethalsia Pittier 白一担柴属 Malvaceae［MD－203］特征纪要:习性:木本。花程式:K1－∞,C1－∞,A5,＝(G)2－100。其他特征参考科。全球2个大洲分布及种数(1－3)北美洲:2; 南美洲:2。

Goethartia Herzog ＝ **Pouzolzia**

Goethea Nees ＝ **Pavonia**

Goetzea Wydler 锈毛茄属 Goetzeaceae［MD－509］特征纪要及分布(－)。

Goetzeaceae (DC.) Miers［MD－509］印茄树科 特征纪要:习性:草本;落叶。花程式:K4－5,C0,A,↓(G)－。果实:核果。全球1个大洲分布及属种数(3/4－6)◆非洲:1/ 1。

Goldbachia DC. 四棱荠属 Brassicaceae［MD－213］特征纪要和分布(－)。全球1个大洲分布及种数(cf. 1)◆亚洲。【中国种数:3】。

Goldmanella Greenm. 斜叶菊属 Asteraceae［MD－586］特征纪要:习性:草本。花程式:(K)3－5,(C)3－5,A3－5,＝↓G2。其他特征参考科。全球2个大洲分布及种数(1－8)北美洲:4; 南美洲:6。

Goldmania Rose ex Micheli ＝ **Goldmanella**

Golenkinianthe Koso－Pol. ＝ **Chaerophyllum**

Gollania Broth. 粗枝藓属 Hypnaceae［B－189］特征纪要:习性:－。【Rep】:雌雄异苞同株,内雌苞叶直立,卵状披针形,上部渐狭成长毛状,近于全缘,无中肋,黄绿色。物候:－。海拔:－。生境:常见于林下土或岩面薄土,沼泽水生。资源:－。全球4个大洲分布及种数(25)非洲:1;亚洲:24;大洋洲:1;北美洲:1。【中国种数:26】。

Gollaniella Steph. 印度星孔苔属 Cleveaceae［B－15］特征纪要:－。全球1个大洲分布及种数(1)◆亚洲:1。

Gomara Ruiz & Pav. 青锁龙属 Crassulaceae［MD－229］特征纪要:习性:－。花程式:－。其他特征参考科。全球1个大洲分布及种数(－)◆亚洲。

Gomaria Spreng. ＝ **Gomara**

Gomesa R. Br. 宫美兰属 Orchidaceae［MM－723］特征纪要:习性:草本。花程式:(K)3,C3,A3,＝↓G3。其他特征参考科。全球6个大洲分布及种数(133－194)非洲:6; 亚洲:9; 大洋洲:4; 欧洲:8; 北美洲:8; 南美洲:186。【中国种数:2】。

Gomidesia O. Berg 毛矾木属 Myrtaceae［MD－347］特征纪要:习性:－。花程式:－。其他特征参考科。全球4个大洲分布及种数(91)亚洲:8; 大洋洲:2; 北美洲:6; 南美洲:79。

Gomortega Ruiz & Pav. 奎乐果属 Gomortegaceae［MD－10］特征纪要(同科)。全球1个大洲分布及种数(1)◆南美洲。

Gomortegaceae Reiche［MD－10］奎乐果科 特征纪要:习性:木本;落叶。花程式:K2,C2,A2,＝↓(G)2－3。果实:核果。全球1个大洲分布及属种数(2/3 hort. 1)◆亚洲:1/ 3。

Gomphandra Wall. ex Lindl. 粗丝木属 Stemonuraceae［MD－440］特征纪要:习性:木本。花程式:－。物候:－。花期:2月。果期:参考晚于花期。海拔:150－1100米。生境:林中。资源:药用。全球4个大洲分布及种数(48－124)非洲:17; 亚洲:104; 大洋洲:20; 南美洲:3。【中国种数:4】。

Gomphia Schreb. 光莲木属 Ochnaceae［MD－104］特征纪要:习性:－。花程式:－。物候:－。花期:参考早于果期。果期:8－12月。海拔:60－700米。生境:森林中,生于花岗岩地区,溪旁或密林中,有时生山顶。资源:－。全球6个大洲分布及种数(155)非洲:40; 亚洲:27; 大洋洲:3; 欧洲:11; 北美洲:11; 南美洲:87。

Gomphichis Lindl. 棒兰属 Orchidaceae［MM－723］特征纪要:习性:草本。花程式:(K)3,C3,A3,＝↓(G)3。其他特征参考科。全球2个大洲分布及种数(34－47)北美洲:5; 南美洲:45。

Gomphillus <unassigned> 尾瓣桂科属 Goupiaceae［MD－384］特征纪要和分布(－)。

Gomphiluma Baill. ＝ **Pouteria**

Gomphima Raf. ＝ **Monochoria**

Gomphocalyx Baker 非洲茜木属 Rubiaceae［MD－523］特征纪要:习性:木本。花程式:(K)4－5,(C)4－5,A4－5,＝↓(G)2－9。其他特征参考科。全球1个大洲分布及种数(1)◆非洲。

Gomphocarpus R. Br. 钉头果属 Asclepiadaceae［MD－494］特征纪要:习性:木质攀援。花程式:(K－),C5,A5,

↓G－。物候：－。花期：夏天。果期：参考晚于花期。海拔：5000 米。生境：药用植物。资源：园林，药用，具栽培园艺种类。全球 6 个大洲分布及种数（36－49；hort. 1；cult. 1）非洲：35－53；亚洲：5－15；大洋洲：3－11；欧洲：2－10；北美洲：4－12；南美洲：1－9。【中国种数：2】。

Gomphogyne Griff. 锥形果属 Cucurbitaceae［MD－205］特征纪要：习性：木质攀援。花程式：Kn，C2－3 参考科，A5，＝↓G－。物候：－。花期：9－10 月。果期：参考晚于花期。海拔：2100－2800 米。生境：山坡杂木林中，雨林，常绿阔叶林。资源：具园艺种类。全球 1 个大洲分布及种数（5－9）◆亚洲。【中国种数：2】。

Gompholobium Sm. 楔豆属 Fabaceae3［MD－240］特征纪要：习性：木本。花程式：K1－∞，C1－∞，A5－9，＝↓G1。其他特征参考科。全球 5 个大洲分布及种数（48－115）非洲：4；亚洲：3；大洋洲：94；欧洲：4；北美洲：4。

Gomphostemma Wall. ex Benth. 锥花属 Lamiaceae［MD－575］特征纪要：习性：草质攀援（基生，多肉）。花程式：（K－），（C）5 参考科，A3 参考科，＝↓G2。物候：－。花期：5 月。果期：参考晚于花期。海拔：100－1100 米。生境：沟谷或石灰岩密林下及灌丛中，阴凉地带。资源：具栽培园艺种类。全球 6 个大洲分布及种数（31－195）非洲：6；亚洲：121；大洋洲：1；欧洲：35；北美洲：35；南美洲：103。【中国种数：11】。

Gomphostigma Turcz. 玄参科属 Scrophulariaceae［MD－536］特征纪要：习性：木本。花程式：（K）n，C0，A4，G2 参考科。其他特征参考科。全球 2 个大洲分布及种数（2－5）非洲：5；北美洲：2。

Gomphrena L. 千日红属 Amaranthaceae［MD－116］特征纪要：习性：草本，亚灌木。花程式：－。物候：－。海拔：2300 米。生境：广泛种植。资源：园林，药用，具栽培园艺种类。全球 6 个大洲分布及种数（117－174；hort. 1；cult. 16）非洲：9－10；亚洲：9－14；大洋洲：16－47；欧洲：2－3；北美洲：22－25；南美洲：99－122。【中国种数：6】。

Gonatocarpus Schreb. ＝ **Gonocarpus**

Gonatogyne Klotzsch ex Müll. Arg. 花碟木属 Phyllanthaceae［MD－222］特征纪要：习性：木本。花程式：K1（1000），C0，A6，↓G－参考科。其他特征参考科。全球 1 个大洲分布及种数（1）◆南美洲。

Gonatopus Engl. 肿足芋属 Araceae［MM－639］特征纪要：习性：草本。花程式：K0，C0，A3 参考科，＝G1－3。资源：具园艺种类。全球 3 个大洲分布及种数（5－38）非洲：37；北美洲：2；南美洲：27。

Gonatostylis Schltr. 长序翻唇兰属 Orchidaceae［MM－723］特征纪要：习性：草本。花程式：（K－），C2－3 参考科，A3 参考科，↓G－。其他特征参考科。全球 1 个大洲分布及种数（1－2）◆大洋洲。

Gonatozygon <unassigned> 德国芍药属 Paeoniaceae［MD－60］特征纪要：－。全球 4 个大洲分布及种数（8）亚洲：2；大洋洲：1；欧洲：6；南美洲：3。

Gongora Ruiz & Pav. 爪唇兰属 Orchidaceae［MM－723］特征纪要：习性：草本。花程式：（K）3，C3，A3，＝↓（G）3。其他特征参考科。全球 5 个大洲分布及种数（74－183）非洲：2；亚洲：55；大洋洲：3；北美洲：43；南美洲：120。【中国种数：2】。

Gongrodiscus Radlk. 鳗鱼盘属 Sapindaceae［MD－428］特征纪要：习性：木本。花程式：K4－8，C4－8，A10，＝（G）2－3。其他特征参考科。全球 1 个大洲分布及种数（3）◆大洋洲（◆美拉尼西亚）。

Gongronema（Endl.）Decne. 纤冠藤属 Apocynaceae［MD－492］特征纪要：习性：木质攀援。花程式：（K－），C5，A5，↓G－。物候：－。花期：4 月。果期：参考晚于花期。海拔：500－1500 米。生境：森林，灌木丛，峡谷。资源：药用，藤具，具栽培园艺种类。全球 6 个大洲分布及种数（9－16；hort. 1）非洲：3－5；亚洲：7－14；大洋洲：1；欧洲：1；北美洲：1；南美洲：1。【中国种数：3】。

Gongronia I. Hagen 狗牙藓属 Dicranaceae［B－128］特征纪要：－。全球 1 个大洲分布及种数（－）。

Gongrospermum Radlk. 鳗籽木属 Sapindaceae［MD－428］特征纪要：习性：木本。花程式：K4－5，C4－5，A10，↓G－参考科。其他特征参考科。全球 1 个大洲分布及种数（1）◆亚洲。

Gongrostylus R. M. King & H. Rob. 宽柱尖泽兰属 Asteraceae［MD－586］特征纪要：习性：草本。花程式：（K－），（C）3－5，A3 参考科，↓G。其他特征参考科。全球 2 个大洲分布及种数（2－4）北美洲：4；南美洲：4。

Gongrothamnus Steetz ＝ **Distephanus**

Gongylanthus Nees 对叶苔属 Arnelliaceae［B－72］特征纪要：习性：－。【Rep】：淡绿色或褐绿色。物候：－。海拔：－。生境：常见于碱性土壤。资源：－。全球 6 个大洲分布及种数（12－14）非洲：3；亚洲：4；大洋洲：1；欧洲：1；北美洲：4；南美洲：4－5。【中国种数：1】。

Gongylia <unassigned> 十字花科属 Brassicaceae［MD－213］特征纪要和分布（－）。

Gongylocarpus Schltdl. & Cham. 瘿序草属 Onagraceae［MD－396］特征纪要：习性：草本。花程式：K4，C4，A1－2，＝↓G4－7。其他特征参考科。全球 2 个大洲分布及种数（3－5）大洋洲：1；北美洲：3。

Gongyloglossa Kök. 南非莲菊属 Asteraceae［MD－586］特征纪要：习性：－。花程式：－。其他特征参考科。全球 1 个大洲分布及种数（－）。

Gongylolepis Schomb. 莲菊木属 Asteraceae［MD－586］特征纪要：习性：草本。花程式：（K）3－5，（C）3－5，A3－5，↓（G）2。其他特征参考科。全球 2 个大洲分布及种数（14－26）非洲：1；南美洲：23。

Gongylosciadium Rech. f. 镰叶芹属 Apiaceae［MD－480］特征纪要：习性：草本。花程式：Kn，C5，A5，＝↓G（－）。其他特征参考科。全球 1 个大洲分布及种数（1）◆亚洲：1。

Gongylotaxis Pimenov & Kljuykov 黑孜然芹属 Apiaceae［MD－480］特征纪要：习性：草本。花程式：Kn，C5，A5，＝↓G（－）。其他特征参考科。全球 1 个大洲分布及种数（1）◆亚洲：1。

Gonialoe（Baker）Boatwr. & J. C. Manning 玉芦荟属 Aloaceae［MM－668］特征纪要：习性：草本。花程式：（K－），C2－3 参考科，A3 参考科，G3－ 参考科。其他特征参考科。全球 1 个大洲分布及种数（3）◆非洲。

Goniobryum Lindb. 南美桧藓属 Rhizogoniaceae［B－154］特征纪要：习性：－。【Rep】：孢子体多数单生，蒴柄高出，孢蒴棕色，长卵形，有时隆背或呈圆柱形，具短台部，有时具纵，雌雄异株，稀同株，生殖苞芽胞形，基生或侧生,有线形配丝,外雌苞叶小,内雌苞叶较大,蒴柄长,直立。其他特征参考科。全球 2 个大洲分布及种数(1)大洋洲:1;南美洲:1。

Goniocarpus K. D. König = **Gonocarpus**

Goniocaulon Cass. 棱枝菊属 Asteraceae [MD - 586] 特征纪要:习性:草本。花程式:(K)3 - 5,C3 - 5,A3 - 5, = ↓(G)2。物候:-。花期:7 - 10 月。果期:参考晚于花期。海拔:6000 米。生境:阿尔泰山地针叶林带山沟,柞林下路旁。资源:-。全球 2 个大洲分布及种数(1 - 3)非洲:1; 亚洲:3。

Goniocheton Bl. 樫木属 Meliaceae [MD - 414] 特征纪要:习性:木本。花程式:-。其他特征参考科。全球 2 个大洲分布及种数(4 - 5)亚洲:4; 大洋洲:1。

Goniochilus M. W. Chase 蜜唇兰属 Orchidaceae [MM - 723] 特征纪要:习性:-。花程式:-。其他特征参考科。全球 1 个大洲分布及种数(1 - 2)◆北美洲。

Goniodiscus Kuhlm. 棱盘卫矛属 Celastraceae [MD - 339] 特征纪要:习性:木本。花程式:K2 - 3,C2 - 3,A10, = (G)2 - 5。其他特征参考科。全球 1 个大洲分布及种数(1)◆南美洲。

Goniogyna DC. = **Crotalaria**

Goniolimon Boiss. 驼舌草属 Plumbaginaceae [MD - 227] 特征纪要:习性:草本,少灌木。花程式:-。物候:-。花期:6 - 7 月。果期:参考晚于花期。海拔:1400 - 2000 米。生境:草原地带,石质山坡上。资源:具栽培园艺种类。全球 6 个大洲分布及种数(13 - 24;hort. 1;cult. 1)非洲:2 - 4;亚洲:10 - 19;大洋洲:1 - 3;欧洲:5 - 13;北美洲:2;南美洲:2。【中国种数:6】。

Gonioma E. Mey. 黄杨榄属 Apocynaceae [MD - 492] 特征纪要:习性:木本。花程式:K5 - ∞,C0,A15, = ↓(G)2 - 5。其他特征参考科。全球 3 个大洲分布及种数(2 - 23)非洲:21; 亚洲:6; 南美洲:14。

Goniomitrium Hook. f. & Wilson 非洲金丛藓属 Funariaceae [B - 106] 特征纪要:习性:-。【Rep】:雌雄同株,蒴柄细长,顶生,孢蒴直立,对称,近于圆球形或短梨形,台部极短而粗,环带由小形细胞组成而常存,雌雄同株异苞,蒴柄细长,黄色,孢蒴直立,对称,呈倒梨形,多具明显的长台部,环带缺如,蒴齿缺如。其他特征参考科。全球 3 个大洲分布及种数(5)非洲:3;大洋洲:2;欧洲:1。

Goniophlebium (Bl.) C. Presl 棱脉蕨属 Polypodiaceae [F - 60] 特征纪要:习性:-。【Rep】:囊群生叶背有盖 - 无盖。物候:-。海拔:50 - 3600 米。生境:岩石上,针阔混交林下石灰岩隙。资源:具园艺种类。全球 5 个大洲分布及种数(23 - 50 hort. 1;cult. 1) 亚洲;大洋洲;欧洲;北美洲;南美洲。【中国种数:12】。

Goniopteris C. Presl 角毛蕨属 Thelypteridaceae [F - 42] 特征纪要:习性:-。【Rep】:孢子同形,囊群生叶背有盖。物候:-。海拔:20 - 2500 米。生境:侧脉中上部,竹林下沟边。资源:-。全球 6 个大洲分布及种数(9 - 25)非洲:1;亚洲:1;大洋洲:2;欧洲:1;北美洲:4 - 6;南美洲:4 - 5。

Goniorrhachis Taub. 角刺豆属 Fabaceae2 [MD - 240] 特征纪要:习性:木本。花程式:K3 - 5 - ∞,C3 - 5 - ∞,A1 - 10 - 50, = ↓G1。其他特征参考科。全球 2 个大洲分布及种数(2 - 3)亚洲:1; 南美洲:3。

Goniostachyum Small = **Lippia**

Goniostemma Wight 勐腊藤属 Apocynaceae [MD - 492] 特征纪要:习性:木质攀援。花程式:(K -),C5,A5, ↓G -。物候:-。花期:10 月。果期:参考晚于花期。海拔:200 米。生境:山地森林。资源:藤具,具栽培园艺种类。全球 2 个大洲分布及种数(2 - 10)亚洲:10; 南美洲:7。【中国种数:2】。

Goniothalamus (Bl.) Hook. f. & Thoms. 哥纳香属 Annonaceae [MD - 7] 特征纪要:习性:木本。花程式:-。物候:-。花期:5 - 7 月。果期:参考晚于花期。海拔:200 - 700 米。生境:低海拔山地林中。资源:药用,具栽培园艺种类。全球 4 个大洲分布及种数(143 - 216)非洲:19; 亚洲:177; 大洋洲:41; 南美洲:6。【中国种数:15】。

Goniurus C. Presl = **Pothos**

Gonocalyx Planch. & Linden 枸莓属 Ericaceae [MD - 380] 特征纪要:习性:木本。花程式:(K)5 - 8,(C)5 - 8,A10, = (G)2 - 4。其他特征参考科。全球 6 个大洲分布及种数(11 - 17)非洲:2; 亚洲:2; 大洋洲:2; 欧洲:12; 北美洲:12; 南美洲:5。

Gonocarpus Thunb. 小二仙草属 Haloragaceae [MD - 271] 特征纪要:习性:-。花程式:-。物候:-。花期:3 - 10 月。果期:参考晚于花期。海拔:100 - 1800 米。生境:潮湿或沼泽,中山路旁草丛中。资源:-。全球 6 个大洲分布及种数(33 - 45;hort. 1;cult. 1)非洲:5 - 6;亚洲:8 - 10;大洋洲:31 - 40;欧洲:1 - 2;北美洲:1 - 2;南美洲:1 - 2。【中国种数:9】。

Gonocaryum Miq. 琼榄属 Cardiopteridaceae [MD - 452] 特征纪要:习性:草本(多肉)。花程式:-。物候:-。海拔:0 米。生境:山谷密林中。资源:具栽培园艺种类。全球 4 个大洲分布及种数(11 - 41)非洲:4; 亚洲:38; 大洋洲:5; 北美洲:2。【中国种数:4】。

Gonocormus Bosch 团扇蕨属 Hymenophyllaceae [F - 21] 特征纪要:习性:-。【Rep】:囊群生叶缘之外(有托)。物候:-。海拔:200 - 3700 米。生境:沟谷中岩石上,河边湿石上。资源:-。全球 6 个大洲分布及种数(2 - 3)非洲:1 - 6;亚洲:5;大洋洲:5;欧洲:5;北美洲:5;南美洲:5。

Gonocrypta Baill. = **Pentopetia**

Gonocytisus Spach 翅金雀花属 Fabaceae3 [MD - 240] 特征纪要:习性:-。花程式:-。其他特征参考科。全球 1 个大洲分布及种数(-)。

Gonohymenia <unassigned> 角李属 Chrysobalanaceae [MD - 243] 特征纪要:-。全球 3 个大洲分布及种数(6)亚洲:1; 欧洲:4; 南美洲:1。

Gonolobium R. Hedw. = **Gonolobus**

Gonolobus Michx. 角荚藤属 Asclepiadaceae [MD - 494] 特征纪要:习性:木本。花程式:K5,C0,A15, = ↓G2。物

G

候:-。海拔:-。生境:-。资源:具园艺种类。全球6个大洲分布及种数(129-348)非洲:14;亚洲:31;大洋洲:5;欧洲:164;北美洲:164;南美洲:213。【中国种数:3】。

Gonoloma Raf. = **Cissus**

Gonophlebium Presl. ex Hitchcock = **Goniophlebium**

Gonophylla Eckl. & Zeyh. ex Meisn. = **Lachnaea**

Gonospermum Less. 棱子菊属 Asteraceae [MD-586] 特征纪要:习性:草本。花程式:(K)3-5,(C)3-5,A3-5,=↓G2。其他特征参考科。全球4个大洲分布及种数(9-12)非洲:2;欧洲:2;北美洲:2;南美洲:3。

Gonostegia Turcz. 雾水葛属 Urticaceae [MD-91] 特征纪要:习性:木本。花程式:Kn,C2-3参考科,A6,G-。物候:-。花期:5-7月。果期:参考晚于花期。海拔:100-2700米。生境:丘陵较阴湿处,竹林下。资源:药用,具栽培园艺种类。全球3个大洲分布及种数(4-39)非洲:3;亚洲:7;大洋洲:1。【中国种数:2】。

Gonostemon Haw. 萝藦科属 Apocynaceae [MD-492] 特征纪要:习性:-。花程式:-。其他特征参考科。全球2个大洲分布及种数(36)北美洲:1;南美洲:1。

Gontscharovia Boriss. 新姜草属 Lamiaceae [MD-575] 特征纪要:习性:草本。花程式:K2,C0,A2,=(G)2。其他特征参考科。全球1个大洲分布及种数(cf. 1)◆亚洲。

Gonystylaceae Van Tiegh. [MD-275] 膝柱花科 特征纪要:习性:木本;落叶。花程式:K8,C0,A2,↑(G)2-5。物候:-。果实:蒴果。种子:子叶厚。海拔:-。生境:-。资源:-。栽培:-。全球1个大洲分布及属种数(1/1 hort. 1)◆东南亚:1/32。

Gonystylus Teijsm. & Binn. 膝柱木属 Gonystylaceae [MD-275] 特征纪要(同科)。全球4个大洲分布及种数(33-48)非洲:1;亚洲:46;大洋洲:5;北美洲:3。

Gonzalagunia Ruiz & Pav. 西印度茜属 Rubiaceae [MD-523] 特征纪要:习性:木本。花程式:(K)4-5,(C)4-5,A4-5,=↓G2-9。其他特征参考科。全球2个大洲分布及种数(35-42)北美洲:15-17;南美洲:26-29。

Gonzalea Pers. = **Gonzalagunia**

Gonzalezia E. E. Schill. & Panero 北美菊属 Asteraceae [MD-586] 特征纪要:习性:草本。花程式:(K)3-5,(C)3-5,A3-5,↓G。其他特征参考科。全球1个大洲分布及种数(3) ◆北美洲:3。

Goodallia Benth. 栌薇香属 Thymelaeaceae [MD-310] 特征纪要:习性:木本。花程式:-。其他特征参考科。全球2个大洲分布及种数(1-2)北美洲:2;南美洲:2。

Goodenia Sm. 离根香属 Goodeniaceae [MD-578] 特征纪要:习性:草本(基生)。花程式:-。物候:-。花期:11月至次年3月。果期:参考晚于花期。海拔:100米。生境:草地。资源:具栽培园艺种类。全球6个大洲分布及种数(67-272;hort. 1;cult. 6)非洲:1-24;亚洲:12-47;大洋洲:62-281;欧洲:20;北美洲:1-26;南美洲:9-36。【中国种数:8】。

Goodeniaceae R. Br. [MD-578] 草海桐科 特征纪要:习性:木本;落叶。花程式:(K)6,C5,A5,↓(G)-。物候:-。花期和果期:11月至次年3月。果实:蒴果。种子:棕黄色。海拔:100米。生境:草地,稀树草地中。资源:药用。全球6个大洲分布及属种数(17-19/348-656 <IFR 3/19> hort. 1;cult. 5) 非洲:2/13-19;亚洲:2/44-70(IFR 1/1);大洋洲:16/319-594(IFR 3/18);欧洲:1/1-2;北美洲:2/32-44;南美洲:2/20-30。【中国属种数:2/12】。

Goodia Salisb. 谷豆属 Fabaceae3 [MD-240] 特征纪要:习性:木本。花程式:K1-∞,C1-∞,A5-9,=↓G1。其他特征参考科。全球5个大洲分布及种数(6-25)亚洲:2;大洋洲:9;欧洲:2;北美洲:2;南美洲:13。【中国种数:1】。

Goodmania Reveal & Ertter 黄刺蓼属 Polygonaceae [MD-120] 特征纪要:习性:草本。花程式:K2-3,C0,A2,↓G-参考科。其他特征参考科。全球3个大洲分布及种数(1-4)非洲:2;北美洲:4;南美洲:2。

Goodyera R. Br. 斑叶兰属 Orchidaceae [MM-723] 特征纪要:习性:草本(根状茎,基生,多肉)。花程式:Kn,C2-3参考科,A3参考科,=↓G3。物候:-。花期:8月。果期:参考晚于花期。海拔:1400-2800米。生境:常绿阔叶林内常生于树干上,针阔混交林下阴湿处。资源:具栽培园艺种类。全球6个大洲分布及种数(71-122;hort. 1;cult. 5)非洲:12-42;亚洲:47-91;大洋洲:13-42;欧洲:4-22;北美洲:21-45;南美洲:9-29。【中国种数:33】。

Gooringia Williams = **Arenaria**

Gorceixia Baker 翅莛菊属 Asteraceae [MD-586] 特征纪要:习性:草本。花程式:(K)3-5,C3-5,A3-5,=↓(G)2。其他特征参考科。全球1个大洲分布及种数(1)◆南美洲(◆巴西)。

Gordonia Ellis 湿地茶属 Theaceae [MD-168] 特征纪要:习性:木本。花程式:-。物候:-。花期:10-12月。果期:参考晚于花期。海拔:100-3500米。生境:竹林中。资源:药用,具栽培园艺种类。全球6个大洲分布及种数(25-62)非洲:14;亚洲:5-76;大洋洲:14;欧洲:14;北美洲:17-31;南美洲:7-21。【中国种数:2】。

Gorgasia O. F. Cook = **Roystonea**

Gorgoniceps <unassigned> 魔花蕉属 Lowiaceae [MM-729] 特征纪要:-。全球1个大洲分布及种数(3)◆南美洲:3。

Gorgonidium Schott 蛇芋属 Araceae [MM-639] 特征纪要:习性:草本。花程式:K0,C0,A1-4,=G1-3。其他特征参考科。全球2个大洲分布及种数(8-12)亚洲:3;南美洲:12。

Gorteria L. 黑斑菊属 Asteraceae [MD-586] 特征纪要:习性:草本。花程式:(K)3-5,(C)3-5,A3-5,↓G。全球6个大洲分布及种数(11)非洲:2-8;亚洲:2;大洋洲:1-4;欧洲:2;北美洲:2;南美洲:2。

Gosela Choisy 绵烛木属 Scrophulariaceae [MD-536] 特征纪要:习性:灌木。花程式:K2-4,C0,A2-4,↓G2。其

他特征参考科。全球 1 个大洲分布及种数(1)◆非洲。

Gosong S. Y. Wong & P. C. Boyce 天南星属 Araceae [MM-639] 特征纪要:习性:草本。花程式:-。其他特征参考科。全球 1 个大洲分布及种数(-)。

Gossia N. Snow & Guymer 斑桃木属 Myrtaceae [MD-347] 特征纪要:木本。花程式:K4-5,C4-5,A8-10,=↓G-。其他特征参考科。全球 5 个大洲分布及种数(57-69)非洲:7; 亚洲:3; 大洋洲:56; 北美洲:1; 南美洲:1。

Gossweilera S. Moore 守泽菊属 Asteraceae [MD-586] 特征纪要:习性:草本。花程式:(K)3-5,C3-5,A3-5,=↓(G)2。其他特征参考科。全球 1 个大洲分布及种数(2)◆非洲(◆安哥拉)。

Gossweilerochloa Renvoize = **Tridens**

Gossypianthus Hook. 棉花苋属 Amaranthaceae [MD-116] 特征纪要:习性:-。花程式:-。其他特征参考科。全球 4 个大洲分布及种数(14)亚洲:3; 欧洲:8; 北美洲:8; 南美洲:5。

Gossypioides Skovst. ex J. B. Hutch. 叉柱棉属 Malvaceae [MD-203] 特征纪要:习性:木本。花程式:K5-∞,C5-∞,A10-8,=(G)1-5。其他特征参考科。全球 1 个大洲分布及种数(2)◆非洲。

Gossypiosperma Urb. = **Gossypiospermum**

Gossypiospermum Urb. 脚骨脆属 Salicaceae [MD-123] 特征纪要:习性:-。花程式:-。其他特征参考科。全球 1 个大洲分布及种数(cf. 1)◆南美洲。

Gossypium L. 棉属 Malvaceae [MD-203] 特征纪要:习性:木本。花程式:-。物候:-。花期:6-9 月。果期:参考晚于花期。海拔:1500 米。生境:在无霜区种植。资源:具栽培园艺种类。全球 6 个大洲分布及种数(59-197)非洲:36; 亚洲:72; 大洋洲:38; 欧洲:60; 北美洲:60; 南美洲:33。【中国种数:5】。

Gottschea Nees ex Mont. 狭瓣苔属 Schistochilaceae [B-34] 特征纪要:习性:-。【Rep】:雌雄异株,雄苞顶生,雄苞叶数对,与茎叶相,或单独簇状生长。其他特征参考科。全球 5 个大洲分布及种数(18)非洲:6;亚洲:4;大洋洲:14;欧洲:2;北美洲:1。【中国种数:1】。

Gottschelia Grolle 戈氏苔属 Cephaloziellaceae [B-53] 特征纪要:习性:-。物候:-。海拔:-。生境:常见于腐木上。栽培:来自广西龙州。资源:具栽培园艺种类。全球 6 个大洲分布及种数(3)非洲:2;亚洲:1-3;大洋洲:2-4;欧洲:2;北美洲:2;南美洲:2。

Gouania Jacq. 咀签属 Rhamnaceae [MD-331] 特征纪要:习性:木质攀援。花程式:-。物候:-。花期:7-9 月。果期:参考晚于花期。海拔:500 米。生境:低、中海拔林中或灌丛中。栽培:来自广西龙州。资源:药用,具栽培园艺种类。全球 6 个大洲分布及种数(77-108;hort. 1;cult. 1)非洲:15-29;亚洲:21-29;大洋洲:1-13;欧洲:2-7;北美洲:34-39;南美洲:34-43。【中国种数:4】。

Goudaea W. Till & Barfuss 莽银花属 Acanthaceae [MD-572] 特征纪要:习性:草本。花程式:(K)3,C3,A3 参考科,↓G。其他特征参考科。全球 2 个大洲分布及种数(2)北美洲:1;南美洲:2。

Goudotia Decne. = **Distichia**

Gouinia E. Fourn. ex Benth. & Hook. f. 格维木草属 Poaceae [MM-748] 特征纪要:习性:草本。花程式:(K)3,C0 参考科,A1-2,=G2-3。其他特征参考科。全球 6 个大洲分布及种数(11-19)非洲:6; 亚洲:4; 大洋洲:4; 欧洲:10; 北美洲:10; 南美洲:9。【中国种数:1】。

Goulardia Husnot = **Elymus**

Gouldochloa J. Valdés R. C. W. Morden & S. L. Hatch = **Chasmanthium**

Goupia Aubl. 尾瓣桂属 Goupiaceae [MD-384] 特征纪要:习性:木本。花程式:-。其他特征参考科。全球 3 个大洲分布及种数(1-5)非洲:1; 北美洲:3; 南美洲:5。

Goupiaceae Miers [MD-384] 尾瓣桂科 特征纪要:习性:木本;落叶。花程式:K5,C5,A5,↑G5。果实:核果。全球 1 个大洲分布及属种数(2/3-4 hort. 1)◆南美洲:1/ 1-2。

Govania Raddi = **Gouania**

Govenia Lindl. 虾钳兰属 Orchidaceae [MM-723] 特征纪要:习性:草本。花程式:(K)3,C3,A3,=↓G3。其他特征参考科。全球 6 个大洲分布及种数(32-33)非洲:1-3;亚洲:2-4;大洋洲:2;欧洲:2;北美洲:25-27;南美洲:15-17。【中国种数:2】。

Govindooia Wight = **Tropidia**

Goyazia Taub. 细茎岩桐属 Gesneriaceae [MD-549] 特征纪要:习性:草本。花程式:K5,C0,A4,=↓(G)2。其他特征参考科。全球 2 个大洲分布及种数(2-7)亚洲:2; 南美洲:7。

Goyazianthus R. M. King & H. Rob. 泽兰属 Asteraceae [MD-586] 特征纪要:习性:草本。花程式:(K)3-5,(C)3-5,A3-5,↓G。其他特征参考科。全球 1 个大洲分布及种数(1)◆南美洲。

Grabowskia Schltdl. 刺茄属 Solanaceae [MD-503] 特征纪要:习性:-。花程式:-。其他特征参考科。全球 3 个大洲分布及种数(22)欧洲:2; 北美洲:2; 南美洲:19。

Graciela Rzed. = **Strotheria**

Gracielanthus R. González & Szlach. 地铃兰属 Orchidaceae [MM-723] 特征纪要:-。全球 1 个大洲分布及种数(4)◆北美洲:1。

Graciemoriana Morillo 夹竹桃科属 Apocynaceae [MD-492] 特征纪要:习性:木本。花程式:-。其他特征参考科。全球 1 个大洲分布及种数(-)。

Gracilea Koen. ex Rottl. = **Melanocenchris**

Graderia Benth. 地铃草属 Scrophulariaceae [MD-536] 特征纪要:习性:灌木。花程式:K5,C0,A2-4,=↓G2-3。其他特征参考科。全球 3 个大洲分布及种数(3-5)非洲:2;亚洲:1-2;大洋洲:1。

Gradsteinia Ochyra 哥伦柳叶藓属 Amblystegiaceae［B－178］特征纪要：－。全球 1 个大洲分布及种数(2)◆南美洲。

Gradsteinianthus <unassigned> 细鳞苔科属 Lejeuneaceae［B－84］特征纪要：－。全球 1 个大洲分布及种数(－)。

Gradyana Athiê－Souza, A. L. Melo & M. F. Sales 柳大戟属 Euphorbiaceae［MD－217］特征纪要：习性：木本。花程式：Kn,C0,A6,↓G－参考科。其他特征参考科。全球 1 个大洲分布及种数(1)◆南美洲：1。

Graecobolanthus Madhani & Rabeler 彩石竹属 Caryophyllaceae［MD－77］特征纪要：习性：－。花程式：－。其他特征参考科。全球 1 个大洲分布及种数(6)◆亚洲：1。

Graellsia Boiss. 格赖芥属 Brassicaceae［MD－213］特征纪要：习性：草本。花程式：K2－4,C2－4,A2－4,＝G2。物候：－。花期：3－7 月。果期：6－8 月。海拔：30－6200 米。生境：半固定沙地前平地，作为蔬菜栽培。资源：具栽培园艺种类。全球 2 个大洲分布及种数(11－14)非洲：3；亚洲：11。【中国种数：1】。

Graffenrieda DC. 彩号丹属 Melastomataceae［MD－364］特征纪要和分布(－)。全球 5 个大洲分布及种数(62－73；hort. 1)非洲：1；亚洲：2；大洋洲：2－3；北美洲：14－16；南美洲：57－65。【中国种数：1】。

Grafia Rchb. 彩花兰属 Apiaceae［MD－480］特征纪要和分布(－)。全球 1 个大洲分布及种数(1)◆欧洲。

Grahamia Gillies ex Hook. & Arn. 马齿藤属 Anacampserotaceae［MD－274］特征纪要：习性：－。花程式：－。其他特征参考科。全球 3 个大洲分布及种数(7－8)大洋洲：1；北美洲：3－4；南美洲：3。

Grajalesia Miranda 翼果柔木属 Nyctaginaceae［MD－107］特征纪要：习性：－。花程式：－。其他特征参考科。全球 1 个大洲分布及种数(1)◆北美洲。

Gramerium Desv. ＝ **Digitaria**

Graminastrum E. H. L. Krause ＝ **Poa**

Gramineae Juss. ＝ Poaceae

Grammangis Rchb. f. 斑唇兰属 Orchidaceae［MM－723］特征纪要：习性：草本。花程式：(K)3,C3,A3,＝↓G3。其他特征参考科。全球 2 个大洲分布及种数(2－8)非洲：2；亚洲：1。

Grammarthron Cass. ＝ **Doronicum**

Grammatophyllum Bl. 斑被兰属 Orchidaceae［MM－723］特征纪要：习性：草本。花程式：(K)3,C3,A3,＝↓G3。物候：－。花期：参考早于果期。果期：10－11 月。海拔：80－5200 米。生境：柏树林下或草坡路旁，竹坡中。资源：－。全球 5 个大洲分布及种数(14－40)非洲：9；亚洲：30；大洋洲：22；北美洲：4；南美洲：4。【中国种数：2】。

Grammatopteridium Alderw. 修蕨属 Polypodiaceae［F－60］特征纪要：习性：－。【Rep】：孢子同形，囊群生叶背。其他特征参考科。全球 1 个大洲分布及种数(－)◆大洋洲。

Grammatosorus Regel ＝ **Tectaria**

Grammatotheca C. Presl 铜锤玉带属 Campanulaceae［MD－561］特征纪要：习性：草本。花程式：(K)5,(C)5,A5,↓G－。其他特征参考科。全球 2 个大洲分布及种数(1－7)非洲：1；大洋洲：1。

Grammeionium Rchb. ＝ **Viola**

Grammica Lour. 旋花科属 Cuscutaceae［MD－502］特征纪要：习性：－。花程式：－。其他特征参考科。全球 2 个大洲分布及种数(19)北美洲：1；南美洲：1。

Grammitidaceae Newman［F－63］禾叶蕨科 特征纪要：一年至二年生，矮小丛集土生藓类。【Rep】：雌雄同株，雄苞呈花苞形，顶生，雌苞生于雄苞下的短侧枝上，当雄枝萎缩后即成为主枝，孢蒴长梨形。全球 1 个大洲分布及种数(1/2)◆亚洲。

Grammitis Sw. 禾叶蕨属 Polypodiaceae［F－60］特征纪要：习性：－。【Rep】：孢子囊群圆形或略呈椭圆形，着生于每组小脉的基部上侧分叉小脉上，在主脉两侧各有 1 行，着生于叶片表面，无囊群盖。物候：－。海拔：400－800 米。生境：山地雨林。资源：具园艺种类。全球 6 个大洲分布及种数(675－794；hort. 1；cult. 3)非洲：160－196；亚洲：180－211；大洋洲：114－147；欧洲：1－6；北美洲：161－169；南美洲：268－283。【中国种数：29】。

Grammosciadium DC. 文字芹属 Apiaceae［MD－480］特征纪要：习性：草本。花程式：K5,C5,A5,＝↓(G)2。其他特征参考科。全球 2 个大洲分布及种数(5－15)非洲：2；亚洲：14。

Grammosolen Haegi 纹茄属 Solanaceae［MD－503］特征纪要：习性：草本。花程式：K3－4,C0,A2,＝G2。其他特征参考科。全球 2 个大洲分布及种数(5－10)大洋洲：10；北美洲：2。

Grammosperma O. E. Schulz 肉葶荬属 Brassicaceae［MD－213］特征纪要：习性：－。花程式：－。其他特征参考科。全球 1 个大洲分布及种数(cf. 1)◆南美洲。

Granadilla Mill. ＝ **Adenia**

Granatum (DC.) Kuntze 楝科属 Punicaceae［MD－349］特征纪要：习性：－。花程式：－。其他特征参考科。全球 1 个大洲分布及种数(－)。

Grandidiera Jaub. 格兰大风子属 Achariaceae［MD－159］特征纪要：习性：木本。花程式：K2－10,C2－10,A2－10,＝↓(G)2－10。其他特征参考科。全球 2 个大洲分布及种数(1－3)非洲：2；南美洲：2。

grandiflora <unassigned> 马达巨花茜属 Rubiaceae［MD－523］特征纪要：－。全球 1 个大洲分布及种数(1)◆非洲：1。

Grandiphyllum Docha Neto 大叶兰属 Orchidaceae［MM－723］特征纪要：习性：草本。花程式：(K－),C0 参考科，A3,↓(G)3。其他特征参考科。全球 2 个大洲分布及种数(8－14)亚洲：2；南美洲：14。

Grangea Adans. 田基黄属 Asteraceae［MD－586］特征纪要：草本(基生)。花程式：(K)3－5,C3－5,A3 参考科，＝↓G2。物候：－。花期：1－8 月。果期：参考晚于花期。海拔：100－1000 米。生境：河岸，水边，稻田，沙地，草地，开阔的森林，灌木丛，野生草地疏林中无阴干燥。资源：具园艺种类。全球 3 个大洲分布及种数(8－10)

非洲:7 - 8;亚洲:cf. 1;南美洲:cf. 1。【中国种数:1】。

Grangeopsis Humbert 翅果田基黄属 Asteraceae [MD - 586] 特征纪要:习性:草本。花程式:(K)3 - 5,C3 - 5,A3 - 5, = ↓(G)2。其他特征参考科。全球 2 个大洲分布及种数(1 - 2)非洲:2; 亚洲:2。【中国种数:1】。

Grangeria Comm. ex Juss. 沙枣李属 Chrysobalanaceae [MD - 243] 特征纪要:习性:木本。花程式: - 。其他特征参考科。全球 2 个大洲分布及种数(2 - 6)非洲:5; 亚洲:3。

Granitites Rye 拟麦珠子属 Rhamnaceae [MD - 331] 特征纪要:习性:木本。花程式:K4 - 5,C4 - 5,A2, = (G)2 - 5。其他特征参考科。全球 1 个大洲分布及种数(-)。

Granulopyrenis <unassigned> 天芥菜科属 Heliotropiaceae [MD - 519] 特征纪要和分布(-)。

Graphandra Imlay 泰国爵床属 Acanthaceae [MD - 572] 特征纪要:习性:草本。花程式:K2 - 4,C0,A2 - 4, = (G) 2。其他特征参考科。全球 1 个大洲分布及种数(cf. 1)◆东南亚(◆泰国)。

Graphardisia (Mez) C. L. Lundell = **Ardisia**

Graphephorum Desv. 紫喙草属 Poaceae [MM - 748] 特征纪要:习性: - 。花程式: - 。其他特征参考科。全球 6 个大洲分布及种数(3)非洲:1 - 4;亚洲:3;大洋洲:1 - 4;欧洲:1 - 4;北美洲:2 - 5;南美洲:3。

Graphidium <unassigned> 大叶兰花属 Orchidaceae [MM - 723] 特征纪要和分布(-)。

Graphina Müll. Arg. 蝶形花科属 Fabaceae3 [MD - 240] 特征纪要和分布(-)。

Graphis Adans. 裂苔藓属 Fabaceae3 [MD - 240] 特征纪要和分布(-)。

Graphistemma (Champ. ex Benth.) Champ. ex Benth. 天星藤属 Apocynaceae [MD - 492] 特征纪要:习性: - 。花程式: - 。物候: - 。花期:4 - 9 月。果期:参考晚于花期。海拔:100 - 700 米。生境:森林,原始林区,山谷林中荫处缠绕于乔木。资源:药用,园林。全球 1 个大洲分布及种数(cf. 1)◆亚洲。

Graphistylis B. Nord. 笔柱菊属 Asteraceae [MD - 586] 特征纪要:习性:草本。花程式:(K)3 - 5,C3 - 5,A3 - 5, = ↓(G)2。其他特征参考科。全球 2 个大洲分布及种数(9 - 11)大洋洲:1; 南美洲:11。

Graphorchis Thou. = **Graphorkis**

Graphorkis Thou. 画兰属 Orchidaceae [MM - 723] 特征纪要:习性:草本。花程式:(K)3,C3,A3, = ↓(G)3。其他特征参考科。全球 6 个大洲分布及种数(5 - 105)非洲:63; 亚洲:61; 大洋洲:19; 欧洲:3; 北美洲:3; 南美洲:7。

Graptopetalum Rose 风车莲属 Crassulaceae [MD - 229] 特征纪要:习性:草本。花程式:K3 - 5 - ∞,C3 - 5 - ∞, A4, = ↓ G3 - 5。其他特征参考科。全球 5 个大洲分布及种数(21 - 44)亚洲:14; 大洋洲:1; 欧洲:24; 北美洲: 24; 南美洲:5。【中国种数:1】。

Graptophyllum Nees 彩叶木属 Acanthaceae [MD - 572] 特征纪要:习性:草本。花程式:K2 - 4,C0,A2 - 4, = ↓ G2。物候: - 。海拔: - 。生境: - 。资源:具栽培园艺种类。全球 6 个大洲分布及种数(6 - 17)非洲:2 - 6;亚洲:1 - 4;大洋洲:5 - 15;欧洲:1;北美洲:1 - 2;南美洲:1 - 2。【中国种数:1】。

Graptoveria G. D. Rowley 风车莲属 Crassulaceae [MD - 229] 特征纪要和分布(-)。全球 1 个大洲分布及种数(1)◆非洲。

Grastidium Bl. 双花石斛属 Orchidaceae [MM - 723] 特征纪要:习性: - 。花程式: - 。物候: - 。花期:参考早于果期。果期:10 - 11 月。海拔:80 - 5200 米。生境:柏树林下或草坡路旁,竹坡中。资源: - 。全球 2 个大洲分布及种数(201)北美洲:1; 南美洲:1。

Gratiola L. 水八角属 Gratiolaceae [MD - 533] 特征纪要(同科)。全球 6 个大洲分布及种数(41 - 56)非洲:4 - 17; 亚洲:24 - 38;大洋洲:9 - 26;欧洲:4 - 17;北美洲:25 - 38;南美洲:6 - 20。【中国种数:4】。

Gratiolaceae Martinov [MD - 533] 水八角科 特征纪要:习性:草本;落叶。花程式:K4 - 5,C0,A2,↓(G) - 。物候: - 。花期和果期:4 - 6 月。果实: - 。种子: - 。海拔:100 米。生境:沼泽。资源: - 。栽培: - 。全球 1 个大洲分布及属种数(3/4 hort. 1;cult. 1)◆南美洲:2/9 - 11。【中国属种数:1/4】。

Gratwickia F. Müll. 单毛金绒草属 Asteraceae [MD - 586] 特征纪要:习性:草本。花程式:(K)3 - 5,C3 - 5,A3 - 5, = ↓(G)2。其他特征参考科。全球 1 个大洲分布及种数(1)◆大洋洲(◆澳大利亚)。

Grauanthus Fayed 鱼眼草属 Asteraceae [MD - 586] 特征纪要:习性:草本。花程式:(K)3 - 5,(C)3 - 5,A3 - 5,↓ G)。其他特征参考科。全球 1 个大洲分布及种数(1 - 2)◆非洲。

Gravendeelia Bogarín & Karremans 灌丛兰属 Orchidaceae [MM - 723] 特征纪要:习性:草本。花程式:(K -),C2 - 3 参考科,A3 参考科,↓ G - 。其他特征参考科。全球 1 个大洲分布及种数(1)◆南美洲:1。

Gravesia Naudin 灌丛野牡丹属 Melastomataceae [MD - 364] 特征纪要:习性:木本。花程式: - 。其他特征参考科。全球 4 个大洲分布及种数(135 - 170)非洲:153; 亚洲:8; 大洋洲:7; 南美洲:14。

Graya Arn. ex Steud. = **Grayia**

Grayia Hook. & Arn. 刺壤藜属 Chenopodiaceae [MD - 115] 特征纪要:习性:草本。花程式:K3 - 5,C0,A3 - 5,G - 。其他特征参考科。全球 4 个大洲分布及种数(4 - 10)亚洲:2; 大洋洲:2; 北美洲:9; 南美洲:3。【中国种数:1】。

Grazielanthus Peixoto & Per. - Moura 榕盘桂属 Monimiaceae [MD - 20] 特征纪要:习性:木本。花程式:K1 - ∞, C0,A10 - 150,G1 - 3。其他特征参考科。全球 1 个大洲分布及种数(1)◆南美洲。

Grazielia R. M. King & H. Rob. 等苞泽兰属 Asteraceae [MD - 586] 特征纪要:习性:草本。花程式:(K)3 - 5,C3 - 5,A3 - 5, = ↓(G)2。其他特征参考科。全球 4 个大洲分布及种数(12 - 16)非洲:2; 大洋洲:2; 北美洲:4; 南美洲:16。

Grazielodendron H. C. Lima 巴西紫檀属 Fabaceae3 [MD - 240] 特征纪要:习性:木本。花程式:K1 - ∞,C1 - ∞,

G

A5 -9, = ↓G1。其他特征参考科。全球 1 个大洲分布及种数(3)◆南美洲(◆巴西)。

Greenea Wight & Arn. 格林茜属 Rubiaceae [MD-523] 特征纪要:木本。花程式:(K)4-5,(C)4-5,A4-5, = ↓G2-9。其他特征参考科。全球 3 个大洲分布及种数(12-28)亚洲:27; 北美洲:2; 南美洲:2。【中国种数:1】。

Greeneocharis Gürke & Harms 隐花紫草属 Boraginaceae [MD-517] 特征纪要:习性:草本。花程式:Kn,C0,A5,↓G。其他特征参考科。全球 2 个大洲分布及种数(2)北美洲:2;南美洲:1。【中国种数:1】。

Greeneochloa <unassigned> 刺藓属 Rhachitheciaceae [B-125] 特征纪要:-。全球 2 个大洲分布及种数(2)亚洲:1; 北美洲:2。

Greeneothallus Hässel 南桑带叶苔属 Pallaviciniaceae [B-30] 特征纪要:习性:-。【Rep】:蒴柄白色,纤长,孢蒴短圆柱形,2-4 瓣开裂,弹丝 2 列螺纹加厚,孢子棕色,直径约 25 微米,与叶状体间具清晰界限,横切面中央有厚壁细胞组成的中轴。其他特征参考科。全球 0 个大洲分布及种数(2)。

Greeniopsis Merr. 拟格林茜属 Rubiaceae [MD-523] 特征纪要:习性:木本。花程式:(K)4-5,(C)4-5,A4-5, = ↓G2-9。其他特征参考科。全球 1 个大洲分布及种数(cf. 1)◆东南亚(◆菲律宾)。

Greenmaniella W. M. Sharp 微芒菊属 Asteraceae [MD-586] 特征纪要:习性:草本。花程式:(K)3-5,C3-5,A3-5, = ↓(G)2。其他特征参考科。全球 1 个大洲分布及种数(1)◆北美洲(◆墨西哥)。

Greenwayodendron Verdc. 梁栋木属 Annonaceae [MD-7] 特征纪要:习性:木本。花程式:Kn,C3,A2,G10-100。其他特征参考科。全球 1 个大洲分布及种数(5)◆非洲。

Greenwoodiella Salazar, Hern. -López & J. Sharma 梁兰属 Orchidaceae [MM-723] 特征纪要:习性:草本。花程式:(K-),C2-3 参考科,A3 参考科,↓G-。其他特征参考科。全球 2 个大洲分布及种数(4-5)北美洲:5; 南美洲:1。

Greevesia F. Muell. = **Pavonia**

Gregbrownia W. Till & Barfuss 梁凤梨属 Bromeliaceae [MM-715] 特征纪要:习性:草本。花程式:(K)3,C3,A3 参考科,↓G。其他特征参考科。全球 1 个大洲分布及种数(4) ◆南美洲:4。

Greigia Regel 头花凤梨属 Bromeliaceae [MM-715] 特征纪要:习性:草本。花程式:(K)3,C3,A6, = ↓G3。其他特征参考科。全球 3 个大洲分布及种数(38-40;hort. 1)大洋洲:1;北美洲:10;南美洲:31-33。

Greslania Balansa 单秆竹属 Poaceae [MM-748] 特征纪要:习性:草本。花程式:(K)3,C0 参考科,A1-2, = (G)2-3。其他特征参考科。全球 1 个大洲分布及种数(4)◆大洋洲(◆美拉尼西亚)。

Gretheria <unassigned> 蝶形花属 Fabaceae3 [MD-240] 特征纪要:习性:-。花程式:-。其他特征参考科。全球 1 个大洲分布及种数(-)。

Greuia Stokes. = **Grewia**

Greuteria Amirahm. & Kaz. Osaloo 瓶头豆属 Fabaceae3 [MD-240] 特征纪要:习性:木本。花程式:K3,C3,A2,↓G-参考科。其他特征参考科。全球 1 个大洲分布及种数(1-2)◆非洲。

Grevea Baill. 瓶头李属 Montiniaceae [MD-463] 特征纪要:习性:木本。花程式:-。其他特征参考科。全球 2 个大洲分布及种数(5-20)非洲:6; 南美洲:14。

Grevellina Baill. = **Turraea**

Grevillea R. Br. ex Knight 银桦属 Proteaceae [MD-219] 特征纪要:习性:木质攀援。花程式:-。物候:-。花期:3-5 月。果期:参考晚于花期。海拔:20-2800 米。生境:行道树。资源:园林,木材,具栽培园艺种类。全球 6 个大洲分布及种数(101-402;hort. 1;cult. 9)非洲:3-6;亚洲:74-227;大洋洲:96-330;欧洲:1-4;北美洲:3-6;南美洲:2-5。【中国种数:5】。

Grevilleanum L. C. Beck & Emmons 美龙眼属 Proteaceae [MD-219] 特征纪要:-。全球 1 个大洲分布及种数(1) ◆北美洲。

Grewa Cothen. = **Grewia**

Grewia L. 扁担杆属 Grewiaceae [MD-192] 特征纪要(同科)。全球 6 个大洲分布及种数(214-371;hort. 1;cult. 2)非洲:156-261;亚洲:90-154;大洋洲:27-56;欧洲:10-25;北美洲:19-32;南美洲:7-17。【中国种数:45】。

Grewiaceae Doweld & Reveal [MD-192] 扁担杆科 特征纪要:习性:木本;落叶。花程式:K5,C5,An,G2-4。物候:-。花期:4-5 月。果期:7-8 月。果实:-。种子:-。海拔:1000 米。生境:照叶林。资源:紫胶虫。全球 4 个大洲分布及属种数(1/1 <IFR 1/4> hort. 1;cult. 1) 非洲:1/158-253(IFR 1/3); 亚洲:1/92-145(IFR 1/1); 大洋洲:1/29-48; 北美洲:1/21-24。

Greyia Hook. & Harv. 红鹃木属 Greyiaceae [MD-321] 特征纪要(同科)。全球 2 个大洲分布及种数(3-6)非洲:6; 北美洲:3。

Greyiaceae Hutch. [MD-321] 鞘叶树科 特征纪要:习性:木本;落叶。花程式:K5,C5,A15,G-。全球 1 个大洲分布及属种数(2/5 hort. 1)◆非洲:1/ 3。

Grias L. 玉杧果属 Lecythidaceae [MD-267] 特征纪要:习性:木本。花程式:K40-1000,C40-1000,A40-1000, = ↓(G)2-6。其他特征参考科。全球 6 个大洲分布及种数(11-14)非洲:1;亚洲:1;大洋洲:1;欧洲:1;北美洲:1-2;南美洲:10-14。

Grielum L. 黄沙莓属 Neuradaceae [MD-281] 特征纪要:习性:木本。花程式:-。其他特征参考科。全球 2 个大洲分布及种数(5-13)非洲:10; 亚洲:2。

Griffinia Ker Gawl. 孤挺蓝属 Amaryllidaceae [MM-694] 特征纪要:习性:草本。花程式:(K)3,C3,A1, = ↓G3。其他特征参考科。全球 3 个大洲分布及种数(25-44)非洲:2; 亚洲:1; 南美洲:44。

Griffitharia Rushforth 茜草科属 Rubiaceae [MD-523] 特征纪要:习性:木本。花程式:-。其他特征参考科。全

G

球1个大洲分布及种数(17)◆亚洲:17。

Griffithsochloa G. J. Pierce = **Bouteloua**

Grimaldia Schranck 疣冠苔科属 Aytoniaceae [B-9] 特征纪要:-。全球5个大洲分布及种数(1) 非洲;亚洲;欧洲;北美洲;南美洲。

Grimmeodendron Urb. 合丝柏属 Euphorbiaceae [MD-217] 特征纪要:习性:木本。花程式:K1(1000),C0,A6,=(G)2-3。其他特征参考科。全球1个大洲分布及种数(1-2)◆北美洲。

Grimmia Hedw. 紫萼藓属 Grimmiaceae [B-115] 特征纪要:习性:-。物候:-。海拔:900米。生境:腐木生,岩面土生。资源:具园艺种类。全球6个大洲分布及种数(178)非洲:59;亚洲:59;大洋洲:31;欧洲:65;北美洲:90;南美洲:55。【中国种数:32】。

Grimmiaceae Arn. [B-115] 紫萼藓科 特征纪要:形小,黄绿色或褐绿色,有时灰绿色,常与其他苔藓混生。【Rep】:淡绿色或褐绿色。全球5个大洲分布和属种数(15/474)亚洲:10/138;大洋洲:8/78;欧洲:9/170;北美洲:11/211;南美洲:13/161。【中国属种数:8/84】。

Grindelia Willd. 胶菀属 Asteraceae [MD-586] 特征纪要:习性:草本,少木本。花程式:(K)3-5,C3-5,A3-5,=↓G2。物候:-。花期:7-10月。果期:参考晚于花期。海拔:100-200米。生境:杂木林中。栽培:来自广西龙州。资源:具栽培园艺种类。全球6个大洲分布及种数(76-288)非洲:6; 亚洲:19; 大洋洲:7; 欧洲:170; 北美洲:170; 南美洲:94。【中国种数:4】。

Grisebachia Klotzsch 扁蒴石南属 Arecaceae [MM-717] 特征纪要:习性:-。花程式:-。其他特征参考科。全球6个大洲分布及种数(41)非洲:30; 亚洲:2; 大洋洲:3; 欧洲:3; 北美洲:3; 南美洲:3。

Grisebachianthus R. M. King & H. Rob. 飞机草属 Asteraceae [MD-586] 特征纪要:习性:草本。花程式:(K)3-5,(C)3-5,A3-5,↓G。其他特征参考科。全球2个大洲分布及种数(7) 亚洲;北美洲。

Griselinia J. R. Forst. & G. Forst. 南茱萸属 Griseliniaceae [MD-465] 特征纪要和分布(-)。【中国种数:3】。

Griseliniaceae Takht. [MD-465] 南茱萸科 特征纪要:习性:木本;落叶。花程式:K5,C5,A5,↓(G)3。物候:-。果实:核果。种子:-。海拔:-。生境:-。资源:-。栽培:-。全球4个大洲分布及属种数(2/9 hort. 1) 亚洲:2/5; 大洋洲:2/6; 北美洲:2/4; 南美洲:2/7。【中国属种数:1/3】。

Grisollea Baill. 潮汐木属 Stemonuraceae [MD-440] 特征纪要:习性:木本。花程式:K3-4,C3-4,A2,=(G)2-3。其他特征参考科。全球1个大洲分布及种数(1-3)◆非洲。

Grobya Lindl. 格罗兰属 Orchidaceae [MM-723] 特征纪要:习性:草本。花程式:(K)3,C3,A3,=↓(G)3。其他特征参考科。全球3个大洲分布及种数(5-7)亚洲:2; 大洋洲:1; 南美洲:7。【中国种数:1】。

Groenlandia J. Gay 河蜈蚣属 Potamogetonaceae [MM-606] 特征纪要:习性:草本。花程式:-。其他特征参考科。全球6个大洲分布及种数(1-3)非洲:2; 亚洲:2; 大洋洲:2; 欧洲:2; 北美洲:2; 南美洲:3。【中国种数:1】。

Grollea R. M. Schust. 智利韧苔属 Grolleaceae [B-70] 特征纪要(同科)。全球1个大洲分布及种数(cf. 1)◆南美洲。

Grolleaceae R. M. Schust. [B-70] 韧苔科 特征纪要:柔弱,单一或两叉分枝。【Rep】:精子器橙黄色,裸露或部分被雄苞叶包围,颈卵器顶生,受精后由大形钟状假蒴萼包被,孢蒴球形,具蒴柄。全球1个大洲分布和属种数(cf. 1)◆南美洲。

Grona Lour. 土黄芪属 Fabaceae3 [MD-240] 特征纪要:习性:木本。花程式:Kn,C2-3参考科,A3参考科,=↓G(-)。物候:-。花期:8月。果期:参考晚于花期。海拔:7500米。生境:灌丛中。资源:-。全球5个大洲分布及种数(38)非洲:18;亚洲:16;大洋洲:11;北美洲:4;南美洲:6。

Gronovia L. 刺星花属 Loasaceae [MD-435] 特征纪要和分布(-)。全球1个大洲分布及种数(2)◆北美洲。

Gronoviaceae (Rchb.) Endl. = Loasaceae

Grosourdya Rchb. f. 火炬兰属 Orchidaceae [MM-723] 特征纪要:习性:草本(基生,多肉)。花程式:Kn,C2-3参考科,A3参考科,=↓G3。物候:-。花期:8月。果期:参考晚于花期。海拔:80-5200米。生境:常绿阔叶林树干附生植物。资源:-。全球4个大洲分布及种数(26-48)亚洲:38; 大洋洲:8; 北美洲:1; 南美洲:9。【中国种数:1】。

Grossera Pax 宿苞桐属 Euphorbiaceae [MD-217] 特征纪要:习性:木本。花程式:K1(1000),C0,A6,=G2-3。其他特征参考科。全球1个大洲分布及种数(8-10)◆非洲。

Grossheimia Sosn. & Takht. = **Centaurea**

Grossularia Tourn. ex Adans. 醋栗属 Grossulariaceae [MD-212] 特征纪要:习性:-。花程式:-。其他特征参考科。全球6个大洲分布及种数(6)非洲:34;亚洲:34;大洋洲:34;欧洲:1-35;北美洲:5-39;南美洲:34。

Grossulariaceae DC. [MD-212] 茶藨子科 特征纪要:习性:木本;落叶。花程式:K4-5,C1-∞,A,↓(G)-。物候:-。花期:4-5月。果期:4-9月。果实:浆果。种子:-。海拔:1000-1300米。生境:滨海荒山林下,针叶林或混交林。资源:园林。栽培:中国有栽培。全球6个大洲分布及属种数(3-4/8-9 hort. 1) 非洲:1/1; 亚洲:2/2; 大洋洲:1/1; 欧洲:2/3; 北美洲:2/7; 南美洲:1/1。【中国属种数:1/83】。

Grosvenoria R. M. King & H. Rob. 肋苞亮泽兰属 Asteraceae [MD-586] 特征纪要:习性:草本。花程式:(K)3-5,C3-5,A3-5,=↓(G)2。其他特征参考科。全球1个大洲分布及种数(6-7)◆南美洲。

Grotefendia Seem. = **Polyscias**

Groutiella Steere 小蓑藓属 Orthotrichaceae [B-151] 特征纪要:习性:-。【Rep】:雌雄同株或异株,稀叶生雌雄异株(即雄株细小,着生于大形雌株的叶上),雌苞叶多略分化,稀呈高鞘状。物候:-。海拔:-。生境:常见于树干或树枝,岩面土生。资源:-。全球6个大洲分布及种数(15)非洲:5;亚洲:2;大洋洲:1;欧洲:6;北美洲:11;

南美洲:11。【中国种数:1】。

Grubbia P. J. Bergius 愚人莓属 Grubbiaceae [MD-410] 特征纪要(同科)。全球 2 个大洲分布及种数(6-18)非洲:14; 南美洲:4。

Grubbiaceae Endl. ex Meisn. [MD-410] 愚人莓科 特征纪要:习性:木本;落叶。花程式:K4-5,C0,A2,↓(G)-。种子:种皮作不规则的矩圆形。全球 1 个大洲分布及属种数(2/5 hort. 1)◆非洲:1/ 3-4。

Grubovia Freitag & G. Kadereit 苋科属 Amaranthaceae [MD-116] 特征纪要:习性:木本。花程式:-。物候:-。海拔:-。生境:微碱化土壤。栽培:来自广西龙州。资源:具栽培园艺种类。全球 4 个大洲分布及种数(6-8)非洲:1; 亚洲:6; 欧洲:1; 北美洲:1。

Grusonia K. Schum. 青珊掌属 Cactaceae [MD-100] 特征纪要:习性:木本。花程式:K1-∞,C1-∞,A3-100,=↓G3-100-。其他特征参考科。全球 2 个大洲分布及种数(19-28)北美洲:22; 南美洲:8。

Grussia M. Wolff = **Phalaenopsis**

Grymania C. Presl = **Couepia**

Guacamaya Maguire 辐蔺花属 Rapateaceae [MM-713] 特征纪要:习性:草本。花程式:(K)3,C0 参考科,A6,(G)3。其他特征参考科。全球 2 个大洲分布及种数(1-2)非洲:1; 南美洲:2。

Guaco Liebm. = **Aristolochia**

Guadua Kunth 瓜多竹属 Poaceae [MM-748] 特征纪要:习性:草本。花程式:(K)3,C0 参考科,A1-2,=(G)2-3。物候:-。海拔:-。生境:-。资源:具园艺种类。全球 5 个大洲分布及种数(34-64)非洲:5; 亚洲:9; 欧洲:19; 北美洲:19; 南美洲:57。【中国种数:3】。

Guaduella Franch. 豆蔻竺属 Poaceae [MM-748] 特征纪要:习性:草本。花程式:(K)3,C0 参考科,A1-2,=G2-3。其他特征参考科。全球 2 个大洲分布及种数(6-17)非洲:14; 南美洲:2。

Guaiabara Mill. = **Coccoloba**

Guaiacum Plum. ex L. 愈疮木属 Zygophyllaceae [MD-288] 特征纪要:习性:木本。花程式:K4-5,C4-5,A3-6,=G2-5。其他特征参考科。全球 6 个大洲分布及种数(5-21)非洲:3; 亚洲:2; 大洋洲:4; 欧洲:16; 北美洲:16; 南美洲:8。【中国种数:1】。

Guaiava Tourn. ex Adans. = **Psidium**

Guaicaia Maguire 菊科属 Asteraceae [MD-586] 特征纪要:习性:-。花程式:-。其他特征参考科。全球 1 个大洲分布及种数(2)◆南美洲:2。

Guajacum L. = **Guaiacum**

Gualteria Scop. = **Gaultheria**

Gualtheria J. F. Gmel. = **Gaultheria**

Guamatela Donn. Sm. 马拉花属 Guamatelaceae [MD-263] 特征纪要(同科)。全球 2 个大洲分布及种数(1-3)北美洲:3; 南美洲:2。

Guamatelaceae S. H. Oh & D. Potter [MD-263] 马拉花科 特征纪要:习性:木本;落叶。花程式:K4-5,Cn,A2,↓(G)-。果实:囊泡状。全球 1 个大洲分布及属种数(2/3 hort. 1)◆非洲:1/ 1。

Guamia Merr. 暗罗属 Annonaceae [MD-7] 特征纪要:习性:-。花程式:-。其他特征参考科。全球 1 个大洲分布及种数(1)◆大洋洲。

Guanabanus Mill. = **Annona**

Guanchezia G. A. Romero & Carnevali 关丽兰属 Orchidaceae [MM-723] 特征纪要:习性:草本。花程式:(K)3,C3,A3,=↓(G)3。其他特征参考科。全球 1 个大洲分布及种数(1)◆南美洲。

Guania Tul. = **Gouania**

Guapira Aubl. 鹑胸木属 Nyctaginaceae [MD-107] 特征纪要:习性:木本。花程式:K1-5,C0,A5,=G1。全球 4 个大洲分布及种数(81)非洲:3-4;欧洲:2-3;北美洲:29-36;南美洲:58-59。【中国种数:1】。

Guapurium Juss. = **Plinia**

Guardiola Cerv. ex Bonpl. 毛丝菊属 Asteraceae [MD-586] 特征纪要:习性:草本。花程式:(K)3-5,(C)3-5,A3-5,=↓G2。其他特征参考科。全球 2 个大洲分布及种数(13-22)北美洲:14; 南美洲:2。

Guarea F. Allam. ex L. 驼峰楝属 Meliaceae [MD-414] 特征纪要:习性:木本。花程式:-。物候:-。海拔:100-2900 米。生境:蔽荫岩边和石缝中,中海拔以下山地密林或疏林中。资源:具园艺种类。全球 6 个大洲分布及种数(89-109;hort. 1;cult. 1)非洲:7-10;亚洲:3-6;大洋洲:3;欧洲:1-4;北美洲:38-44;南美洲:65-73。【中国种数:2】。

Guarianthe Dressler & W. E. Higgins 哥丽兰属 Orchidaceae [MM-723] 特征纪要:习性:草本。花程式:(K)3,C3,A3,=↓G3。其他特征参考科。全球 3 个大洲分布及种数(7-8)亚洲:cf. 1;北美洲:6;南美洲:6。

Guatteria Ruiz & Pav. 索木属 Annonaceae [MD-7] 特征纪要:习性:木本。花程式:K3-∞,C3,A2,=G10-100。资源:具栽培园艺种类。全球 6 个大洲分布及种数(188-606)非洲:21; 亚洲:108; 大洋洲:19; 欧洲:83; 北美洲:83; 南美洲:491。【中国种数:3】。

Guatteriella R. E. Fr. = **Guatteria**

Guatteriopsis R. E. Fr. = **Guatteria**

Guayania R. M. King & H. Rob. 光托泽兰属 Asteraceae [MD-586] 特征纪要:习性:草本。花程式:(K)3-5,C3-5,A3-5,=↓(G)2。其他特征参考科。全球 1 个大洲分布及种数(5)◆南美洲。

Guazuma Mill. 瘤果麻属 Sterculiaceae [MD-189] 特征纪要:习性:木本。花程式:K3-5-∞,C3-5-∞,A10-

8, = G1 – 5。其他特征参考科。全球 6 个大洲分布及种数(3 – 30)非洲:2; 亚洲:6; 大洋洲:3; 欧洲:11; 北美洲:11; 南美洲:22。【中国种数:1】。

Gueldenstaedtia Kitag. 米口袋属 Fabaceae3 [MD – 240] 特征纪要和分布(–)。全球 1 个大洲分布及种数(6 – 16)◆亚洲。【中国种数:3】。

Guembelia Hampe 紫萼藓科属 Grimmiaceae [B – 115] 特征纪要: – 。全球 2 个大洲分布及种数(44)北美洲:1; 南美洲:1。

Guerinia J. Sm. = **Lindsaea**

Guerramontesia M. J. Cano 丛藓科属 Pottiaceae [B – 133] 特征纪要:习性: – 。【Rep】:孢腔轮廓清晰,蒴齿缺如,或具蒴齿而无基膜,下部呈黄绿或黄棕色。其他特征参考科。全球 1 个大洲分布及种数(1)◆南美洲。

Guersentia Raf. = **Chrysophyllum**

Guettarda L. 海岸桐属 Rubiaceae [MD – 523] 特征纪要:习性:木本。花程式: – 。物候: – 。花期:4 – 7 月。果期:参考晚于花期。海拔:5 – 4800 米。生境:灌木丛和石灰岩海岸。资源:具栽培园艺种类。全球 6 个大洲分布及种数(88 – 182;hort. 1;cult. 6)非洲:5 – 13;亚洲:12 – 22;大洋洲:8 – 31;欧洲:1 – 10;北美洲:46 – 117;南美洲:53 – 78。【中国种数:3】。

Guettardella Benth. = **Antirhea**

Guevaria R. M. King & H. Rob. 微片菊属 Asteraceae [MD – 586] 特征纪要:习性:草本。花程式:(K)3 – 5, C3 – 5, A3 – 5, = ↓(G)2。其他特征参考科。全球 1 个大洲分布及种数(5)◆南美洲。

Guianodendron Sch. Rodr. & A. M. G. Azevedo 圭豆属 Fabaceae3 [MD – 240] 特征纪要:习性:木本。花程式:Kn, C1 – ∞ 参考科, A3 参考科, = ↓G(–)。其他特征参考科。全球 1 个大洲分布及种数(1)◆南美洲。

Guibourtia Benn. 鼓琴木属 Fabaceae1 [MD – 240] 特征纪要:习性:木本。花程式: – 。其他特征参考科。全球 4 个大洲分布及种数(13 – 17)非洲:10 – 13;欧洲:1;北美洲:1;南美洲:4。

Guichenotia J. Gay 滨毡麻属 Malvaceae [MD – 203] 特征纪要:习性:木本。花程式:K3 – 5 – ∞, C3 – 5 – ∞, A10 – 8, = G1 – 5。其他特征参考科。全球 2 个大洲分布及种数(17 – 25)亚洲:3; 大洋洲:21。

Guiera Adans. ex Juss. 回元茶属 Combretaceae [MD – 354] 特征纪要:习性:木本。花程式:K5 – 10, C5 – 10, A5 – 10, = ↓G2 – 5。其他特征参考科。全球 2 个大洲分布及种数(1 – 4)非洲:3; 南美洲:2。

Guignardia <unassigned> 回囊藓属 Sorapillaceae [B – 212] 特征纪要: – 。全球 5 个大洲分布及种数(24)非洲:1; 亚洲:6; 欧洲:2; 北美洲:1; 南美洲:5。

Guihaia J. Dransf., S. K. Lee & F. N. Wei 石山棕属 Arecaceae [MM – 717] 特征纪要:习性:木本。花程式: – 。物候: – 。花期:5 – 6 月。果期:参考晚于花期。海拔:500 – 1100 米。生境:季节性森林。资源:观赏,具栽培园艺种类。全球 2 个大洲分布及种数(4 – 7)亚洲:7; 北美洲:4。【中国种数:1】。

Guihaiothamnus H. S. Lo 桂海木属 Rubiaceae [MD – 523] 特征纪要:习性:木本。花程式: – 。物候: – 。花期:4 月。果期:参考晚于花期。海拔:100 – 600 米。生境:岩石,荫蔽岩石上。资源: – 。全球 1 个大洲分布及种数(cf. 1)◆亚洲(◆中国)。【中国种数:1】。

Guilandia P. Br. = **Guilandina**

Guilandina L. 鹰叶刺属 Fabaceae2 [MD – 240] 特征纪要:习性:木本。花程式:K3 – 5 – ∞, C3 – 5 – ∞, A1 – 10 – 50, = ↓G1。物候: – 。海拔: – 。生境: – 。资源:具栽培园艺种类。全球 6 个大洲分布及种数(18 – 34)非洲:6; 亚洲:14; 大洋洲:5; 欧洲:19; 北美洲:19; 南美洲:5。【中国种数:1】。

Guilfoylia F. Müll. 吉福树属 Surianaceae [MD – 257] 特征纪要:习性:木本。花程式:K5, C0, A8 – 10, G5。其他特征参考科。全球 1 个大洲分布及种数(1)◆大洋洲(◆澳大利亚)。

Guilleminea Kunth 席苋属 Amaranthaceae [MD – 116] 特征纪要:习性:草本。花程式:K1 – 2, C0, A1 – 2, = G2 – 3。其他特征参考科。全球 6 个大洲分布及种数(8 – 22)非洲:2; 亚洲:3; 大洋洲:2; 欧洲:11; 北美洲:11; 南美洲:12。【中国种数:1】。

Guillenia Greene 野卷心菜属 Brassicaceae [MD – 213] 特征纪要:习性: – 。花程式: – 。其他特征参考科。全球 2 个大洲分布及种数(8)亚洲:3; 北美洲:5。

Guindilia Gillies ex Hook. & Arn. 桂登木属 Sapindaceae [MD – 428] 特征纪要:习性:木本。花程式:K4 – 8, C4 – 8, A10, = (G)2 – 3。其他特征参考科。全球 1 个大洲分布及种数(3)◆南美洲。

Guinetia L. Rico & M. Sousa 墨蝶豆属 Fabaceae3 [MD – 240] 特征纪要:习性: – 。花程式: – 。其他特征参考科。全球 2 个大洲分布及种数(3)北美洲:2; 南美洲:2。

Guioa Cav. 三蝶果属 Sapindaceae [MD – 428] 特征纪要:习性:木本。花程式:K4 – 8, C4 – 8, A10, = (G)2 – 3。其他特征参考科。全球 4 个大洲分布及种数(70 – 118)非洲:36; 亚洲:59; 大洋洲:108; 南美洲:3。【中国种数:2】。

Guiraoa Coss. 西班牙芥属 Brassicaceae [MD – 213] 特征纪要:习性:草本。花程式:K2 – 4, C2 – 4, A2 – 4, = (G)2。其他特征参考科。全球 1 个大洲分布及种数(1)◆欧洲(◆西班牙)。

Guizotia Cass. 小葵子属 Asteraceae [MD – 586] 特征纪要:习性:草本。花程式:(K)3 – 5, C3 – 5, A3 – 5, = ↓G2。物候: – 。花期:7 – 10 月。果期:参考晚于花期。海拔:6000 米。生境: – 。栽培: – 。资源:具栽培园艺种类。全球 6 个大洲分布及种数(7 – 32)非洲:16; 亚洲:9; 大洋洲:2; 欧洲:2; 北美洲:2; 南美洲:5。【中国种数:2】。

Gularia Garay = **Schiedeella**

Gundelia L. 风滚菊属 Asteraceae [MD – 586] 特征纪要:习性:草本。花程式:(K)3 – 5, (C)3 – 5, A3 – 5, = ↓G2。其他特征参考科。全球 4 个大洲分布及种数(18 – 25)非洲:2; 亚洲:18; 欧洲:2; 北美洲:2。

Gundlachia A. Gray 金黄花属 Asteraceae［MD－586］特征纪要:习性:草本。花程式:(K)3－5,C3－5,A3－5,＝↓(G)2。其他特征参考科。全球4个大洲分布及种数(10－20)亚洲:2; 欧洲:13; 北美洲:13; 南美洲:4。

Gunillaea Thulin 多子风铃属 Campanulaceae［MD－561］特征纪要:习性:草本。花程式:－。其他特征参考科。全球1个大洲分布及种数(2)◆非洲。

Gunnarella Senghas 纱药兰属 Orchidaceae［MM－723］特征纪要:习性:草本。花程式:(K－),C2－3参考科,A3参考科,↓G－。其他特征参考科。全球2个大洲分布及种数(4－5)亚洲;大洋洲。

Gunnaria S. C. Chen ex Z. J. Liu & L. J. Chen ＝ **Vanda**

Gunnera L. 大叶草属 Gunneraceae［MD－280］特征纪要(同科)。全球6个大洲分布及种数(67－136)非洲:7; 亚洲:97; 大洋洲:25; 欧洲:24; 北美洲:24; 南美洲:84。【中国种数:2】。

Gunneraceae Meisn.［MD－280］大叶草科 特征纪要:习性:草本;落叶。花程式:K1,C1,A1－,↓(G)2。果实:核果。全球2个大洲分布及属种数(2/28－77 <IFR 1/3> hort. 1;cult. 1) 亚洲:2/28－29; 南美洲:IFR 1/3。【中国属种数:1/2】。

Gunneroideaea Schindl. 大二仙草属 Haloragaceae［MD－271］特征纪要和分布(－)。全球1个大洲分布及种数(1)◆非洲。

Gunneropsis Oerst. ＝ **Gunnera**

Gunniopsis Pax 蓬番杏属 Aizoaceae［MD－94］特征纪要:习性:草本。花程式:K3－4,C3－4,A5参考科,＝↓G1－2。其他特征参考科。全球2个大洲分布及种数(14－20)大洋洲:16; 南美洲:2。

Gunthera Steud. ＝ **Anthocephalus**

Gurania (Schltdl.) Cogn. 蝶瓜属 Cucurbitaceae［MD－205］特征纪要:习性:木本。花程式:K3－5,C3－5,A3－5,＝↓G1－2。其他特征参考科。全球4个大洲分布及种数(43－140)非洲:2; 亚洲:6; 北美洲:23; 南美洲:128。【中国种数:1】。

Guraniopsis Cogn. 知母葫芦属 Cucurbitaceae［MD－205］特征纪要:习性:－。花程式:－。其他特征参考科。全球1个大洲分布及种数(cf. 1)◆南美洲。

Gusmannia Juss. ＝ **Guzmania**

Gustavia L. 莲玉蕊属 Lecythidaceae［MD－267］特征纪要:习性:木本。花程式:－。物候:－。海拔:－。生境:－。资源:具园艺种类。全球5个大洲分布及种数(49－103)非洲:5; 亚洲:14; 大洋洲:2; 北美洲:23; 南美洲:97。【中国种数:3】。

Gutenbergia Sch. Bip. 毛瓣瘦片菊属 Asteraceae［MD－586］特征纪要:习性:草本。花程式:(K)3－5,(C)3－5,A3－5,＝↓G2。其他特征参考科。全球3个大洲分布及种数(32－50)非洲:49; 北美洲:3; 南美洲:3。

Guthriea Bolus 青钟堇属 Achariaceae［MD－159］特征纪要:习性:木本。花程式:－。其他特征参考科。全球1个大洲分布及种数(1)◆非洲。

Gutierrezia Lag. 蛇黄花属 Asteraceae［MD－586］特征纪要:习性:草本。花程式:(K)3－5,C3－5,A3－5,＝↓(G)2。其他特征参考科。全球6个大洲分布及种数(34－61;hort. 1)非洲:22;亚洲:22;大洋洲:22;欧洲:1－23;北美洲:23－45;南美洲:12－37。【中国种数:3】。

Guttenbergia Zoll. & Mor. ＝ **Gynochthodes**

Guttiferae Juss. ＝ Clusiaceae

Guya Frapp. ex Cordem. ＝ **Drypetes**

Guynesomia Bonif. & G. Sancho 苏头菊属 Asteraceae［MD－586］特征纪要:习性:草本。花程式:(K)3－5,(C)3－5,A3－5,↓G。其他特征参考科。全球1个大洲分布及种数(1)◆南美洲。

Guyonia Naudin 居永野牡丹属 Melastomataceae［MD－364］特征纪要:习性:木本。花程式:K4－5,C4－5,A4－5,＝↓G3－4。其他特征参考科。全球2个大洲分布及种数(14－19)非洲:16; 南美洲:2。

Guzlandsia <unassigned> 星花铁兰属 Bromeliaceae［MM－715］特征纪要:习性:－。花程式:－。其他特征参考科。全球1个大洲分布及种数(－)。

Guzmania Ruiz & Pav. 星花凤梨属 Bromeliaceae［MM－715］特征纪要:习性:草本。花程式:(K)3,C3,A6,＝↓G3。其他特征参考科。全球4个大洲分布及种数(222－361)亚洲:16; 欧洲:119; 北美洲:119; 南美洲:301。【中国种数:1】。

Gwillimia Rottler ex DC. ＝ **Magnolia**

Gyalectidium <unassigned> 尾瓣桂科属 Goupiaceae［MD－384］特征纪要:－。全球4个大洲分布及种数(9)亚洲:2; 欧洲:3; 北美洲:3; 南美洲:9。

Gyalidea <unassigned> 露芽藓属 Sorapillaceae［B－212］特征纪要:－。全球1个大洲分布及种数(－)。

Gyalideopsis <unassigned> 尾瓣桂科属 Goupiaceae［MD－384］特征纪要:－。全球5个大洲分布及种数(27)亚洲:2; 大洋洲:2; 欧洲:1; 北美洲:1; 南美洲:18。

Gybianthus Pritz. ＝ **Cybianthus**

Gyminda (Griseb.) Sarg. 巫婆樱属 Celastraceae［MD－339］特征纪要:习性:木本。花程式:K4,C4,A10,＝(G)2－5。其他特征参考科。全球1个大洲分布及种数(2－4)◆北美洲。

Gymnacamptis hort. ex Pasq. 欧洲玉冠兰属 Orchidaceae［MM－723］特征纪要:－。全球1个大洲分布及种数(3)◆欧洲:2。

Gymnachne Parodi ＝ **Chascolytrum**

Gymnaconitum (Stapf) Wei Wang & Z. D. Chen 露蕊乌头属 Ranunculaceae［MD－38］特征纪要:习性:草本。花

程式:Kn,C2－3 参考科,A8,↓G－参考科。物候:－。花期:7－10 月。果期:参考晚于花期。海拔:50－6000 米。生境:竹林中。资源:－。全球 1 个大洲分布及种数(1)◆亚洲:1。

Gymnacranthera (A. DC.) Warb. 露药楠属 Myristicaceae [MD－15] 特征纪要:习性:木本。花程式:K2－3,C0,A5,＝G1。其他特征参考科。全球 3 个大洲分布及种数(11－23)非洲:1; 亚洲:22; 大洋洲:4。

Gymnactis Pfeiff. ＝ **Glossocardia**

Gymnadenia R. Br. 手参属 Orchidaceae [MM－723] 特征纪要:习性:草本(多肉)。花程式:Kn,C2－3 参考科,A3 参考科,↓G－。物候:－。花期:7－8 月。果期:参考晚于花期。海拔:2000－3800 米。生境:草地山坡路旁。资源:药用,具栽培园艺种类。全球 6 个大洲分布及种数(38－60;hort. 1;cult. 15)非洲:6－19;亚洲:20－36;大洋洲:4－16;欧洲:30－43;北美洲:6－19;南美洲:12。【中国种数:7】。

Gymnaglossum Rolfe 柃属 Orchidaceae [MM－723] 特征纪要:习性:草本。花程式:Kn,C0 参考科,A－参考科,↓G－。其他特征参考科。全球 1 个大洲分布及种数(－)◆欧洲。

Gymnalypha Griseb. ＝ **Acalypha**

Gymnanacamptis Asch. & Graebn. 手参属 Orchidaceae [MM－723] 特征纪要:习性:草本。花程式:(K)3,C3,A3,↓G－。其他特征参考科。全球 0 个大洲分布及种数(3－10)。

Gymnandra Pall. ＝ **Lagotis**

Gymnandropogon (Munro) Duthie ＝ **Bothriochloa**

Gymnanthe (Taylor) Taylor ex Lehm. 顶苞苔科属 Acrobolbaceae [B－43] 特征纪要:习性:－。【Rep】:雌雄异株,雌苞顶生,卵细胞受精后形成假蒴苞,向腹面生长,孢蒴壁具 4－5 层细胞,黄色、淡绿色或暗绿色。其他特征参考科。全球 4 个大洲分布及种数(6)非洲:2; 亚洲:2; 大洋洲:5; 北美洲:1。

Gymnanthemum Cass. 斑鸠菊属 Asteraceae [MD－586] 特征纪要:习性:草本。花程式:(K)3－5,(C)3－5,A3 参考科,↓G。其他特征参考科。全球 3 个大洲分布及种数(32－37)非洲:29;亚洲:cf. 1;南美洲:2。【中国种数:1】。

Gymnanthera R. Br. 海岛藤属 Apocynaceae [MD－492] 特征纪要:习性:木本。花程式:－。物候:－。花期:6－9 月。果期:参考晚于花期。海拔:5000 米。生境:海边沙地或水旁岩石上。栽培:来自广西龙州。资源:具栽培园艺种类。全球 3 个大洲分布及种数(2－9)非洲:1; 亚洲:7; 大洋洲:4。【中国种数:1】。

Gymnanthes Sw. 裸花树属 Euphorbiaceae [MD－217] 特征纪要:习性:木本。花程式:K1(1000),C1－1000,A6,＝G2－3。物候:－。花期:3－10 月。果期:参考晚于花期。海拔:1600－2000 米。生境:群落中。资源:具园艺种类。全球 4 个大洲分布及种数(26－90)非洲:3; 亚洲:13; 北美洲:20; 南美洲:59。【中国种数:4】。

Gymnanthocereus Backeb. 花冠柱属 Cactaceae [MD－100] 特征纪要:－。全球 1 个大洲分布及种数(cf. 1)◆南美洲。

Gymnarrhena Desf. 异头菊属 Asteraceae [MD－586] 特征纪要:习性:灌木。花程式:(K－),(C)3－5,A3 参考科,↓G。其他特征参考科。全球 3 个大洲分布及种数(1－7)非洲:3; 亚洲:4; 南美洲:4。

Gymnaster Kitam. ＝ **Miyamayomena**

Gymneia (Benth.) Harley & J. F. B. Pastore 匙苓属 Lamiaceae [MD－575] 特征纪要:习性:草本。花程式:K2,C0,A2,＝↓G2。其他特征参考科。全球 1 个大洲分布及种数(7－8)◆南美洲:8。

Gymnema R. Br. 匙羹藤属 Asclepiadaceae [MD－494] 特征纪要:习性:木质攀援。花程式:－。物候:－。花期:3－4 月。果期:参考晚于花期。海拔:100－1000 米。生境:混合树林。栽培:来自广西龙州。资源:具栽培园艺种类。全球 6 个大洲分布及种数(52－143)非洲:18; 亚洲:100; 大洋洲:34; 欧洲:7; 北美洲:7; 南美洲:11。【中国种数:8】。

Gymnigritella E. G. Camus 手参属 Orchidaceae [MM－723] 特征纪要:习性:草本。花程式:Kn,C0 参考科,A－参考科,↓G－。其他特征参考科。全球 0 个大洲分布及种数(4－16)。

Gymnobarbula Jan Kučera 丛匙藓属 Pottiaceae [B－133] 特征纪要:习性:－。【Rep】:孢腔轮廓清晰,蒴齿缺如,或具蒴齿而无基膜,下部呈黄绿或黄棕色。其他特征参考科。全球 0 个大洲分布及种数(2)。

Gymnocalycium Pfeiff. ex Mittler 新天玉属 Cactaceae [MD－100] 特征纪要:习性:木本。花程式:K1－∞,C1－∞,A3－100,＝↓G3－100－。其他特征参考科。全球 3 个大洲分布及种数(83－249)大洋洲:2; 北美洲:3; 南美洲:94。

Gymnocarpium Newman 羽节蕨属 Thelypteridaceae [F－42] 特征纪要:习性:－。【Rep】:孢子囊群长圆形或圆形,无盖,生于小脉背上,在主脉或羽轴两侧各排成一行。物候:－。海拔:20－2500 米。生境:岩石缝,针叶林下阴深山沟。资源:具园艺种类。全球 6 个大洲分布及种数(13－16;hort. 1;cult. 4)非洲:2－3;亚洲:7－9;大洋洲:2－3;欧洲:4－5;北美洲:10－11;南美洲:1－2。【中国种数:5】。

Gymnocarpos Forssk. 裸果木属 Caryophyllaceae [MD－77] 特征纪要:习性:草本,少灌木。花期:5－6 月。果期:参考晚于花期。海拔:800－2500 米。生境:干河床,戈壁滩,砾石山坡,性耐干旱。资源:动物食物,环境用途(固沙),具栽培园艺种类。全球 2 个大洲分布及种数(6－12)非洲:3－4;亚洲:5－9。【中国种数:1】。

Gymnocephalus Schwägr. 沼泽皱蒴藓属 Aulacomniaceae [B－153] 特征纪要:－。全球 1 个大洲分布及种数(4)◆南美洲:1。

Gymnochilus Blume ＝ **Cheirostylis**

Gymnocladus Lam. 肥皂荚属 Fabaceae1 [MD－240] 特征纪要:习性:木本。花程式:－。物候:－。花期:4－5 月。果期:参考晚于花期。海拔:100－1500 米。生境:山坡,山腰,杂木林中,竹林中以及岩边,村旁,宅旁和路边等。资源:药用,具栽培园艺种类。全球 4 个大洲分布及种数(5－11)亚洲:10; 大洋洲:1; 欧洲:5; 北美洲:5。【中国种数:4】。

Gymnocline Cass. = **Tanacetum**

Gymnococca C. A. Mey. = **Pimelea**

Gymnocolea (Dum.) Dum. 花旗叶苔属 Anastrophyllaceae [B-60] 特征纪要:-。全球4个大洲分布及种数(7)非洲:2; 亚洲:3; 欧洲:4; 北美洲:4。

Gymnocoleopsis (R. M. Schust.) R. M. Schust. 玻叶苔属 Cephaloziellaceae [B-53] 特征纪要:-。全球1个大洲分布及种数(1)◆南美洲

Gymnocondylus R. M. King & H. Rob. 泽兰属 Asteraceae [MD-586] 特征纪要:习性:草本。花程式:(K)3-5,(C)3-5,A3-5,↓G。其他特征参考科。全球2个大洲分布及种数(1-2)北美洲:1; 南美洲:2。

Gymnocoronis DC. 裸冠菊属 Asteraceae [MD-586] 特征纪要:习性:草本。花程式:(K)3-5,C3-5,A3-5,=↓(G)2。物候:-。海拔:6000米。生境:栽培归化。资源:具栽培园艺种类。全球5个大洲分布及种数(5-8)亚洲:3; 大洋洲:2; 欧洲:6; 北美洲:6; 南美洲:8。【中国种数:1】。

Gymnocybe Fr. = **Aulacomnium**

Gymnoderma <unassigned> 合椿梅科属 Cunoniaceae [MD-255] 特征纪要:习性:-。花程式:-。其他特征参考科。全球3个大洲分布及种数(68)非洲:9; 亚洲:67; 南美洲:62。

Gymnodes Fourr. = **Luzula**

Gymnodiscus Less. 裸盘菊属 Asteraceae [MD-586] 特征纪要:习性:草本。花程式:(K)3-5,C3-5,A3-5,=↓(G)2。其他特征参考科。全球3个大洲分布及种数(2-7)非洲:5; 亚洲:2; 南美洲:2。

Gymnogonia (L.) R. Br. ex Steud. = **Cleome**

Gymnogramma Desv. = **Hemionitis**

Gymnogrammitidaceae Ching [F-57] 雨蕨科 特征纪要:形大,深绿色,呈片状生长。【Rep】:孢蒴细长角状,基部由筒状苞膜包被,孢子黄褐色,表面具细疣,假弹丝细长,多为单个细胞,稀为2个细胞。全球1个大洲分布和属种数(1/1-3)◆亚洲:1/3-4。【中国属种数:1/1】。

Gymnogrammitis Griff. 雨蕨属 Gymnogrammitidaceae [F-57] 特征纪要:习性:-。【Rep】:孢子囊群小,无盖,圆形,由少数孢子囊组成,不具隔丝,每末回裂片有1枚,生于小脉的背部,成熟时稍扩大且较裂片为阔。物候:-。海拔:1300-2700米。生境:生于树干上或岩石上,针阔混交林树干上。资源:-。全球1个大洲分布及种数(cf. 1)◆亚洲。

Gymnolaena Rydb. 裸被菊属 Asteraceae [MD-586] 特征纪要:习性:草本。花程式:(K)3-5,C3-5,A3-5,=↓(G)2。其他特征参考科。全球1个大洲分布及种数(3)◆北美洲(◆墨西哥)。

Gymnolomia Kunth 锥花菊属 Asteraceae [MD-586] 特征纪要:草本,落叶; 花程式:(K)3-5,(C)3-5,A3-5,=↓G:2。果实:瘦果。全球1个大洲分布及种数(2-13)◆南美洲。

G

Gymnoluma Baill. = **Elaeoluma**

Gymnomitriaceae H. Klinggr. [B-41] 全萼苔科 特征纪要:叶具中肋叶柔弱。【Rep】:孢蒴弯曲。全球6个大洲分布和属种数(6-8/39-95)非洲:2-4/2-46;亚洲:4-5/28-75;大洋洲:4-5/8-52;欧洲:3/14-59;北美洲:3/17-62;南美洲:3-5/7-51。【中国属种数:3/21(2)】。

Gymnomitriella M. Fleisch. ex Sakurai = **Gymnostomiella**

Gymnomitrion Corda 片叶苔属 Gymnomitriaceae [B-41] 特征纪要:习性:-。物候:-。海拔:-。生境:水石生。资源:-。全球6个大洲分布及种数(12)非洲:18;亚洲:6-24;大洋洲:3-21;欧洲:2-20;北美洲:3-21;南美洲:4-22。【中国种数:3】。

Gymnomitrium W. E. Nicholson = **Gymnomitrion**

Gymnopentzia Benth. 对叶杯子菊属 Asteraceae [MD-586] 特征纪要:习性:草本。花程式:(K)3-5,(C)3-5,A3-5,↓G。其他特征参考科。全球2个大洲分布及种数(1-3)非洲:3; 南美洲:3。

Gymnopetalum Arn. 金瓜属 Cucurbitaceae [MD-205] 特征纪要:习性:-。花程式:-。物候:-。花期:7-9月。果期:参考晚于花期。海拔:400-800米。生境:山坡上的森林和灌丛。资源:-。全球6个大洲分布及种数(4-5)非洲:1-2;亚洲:3-5;大洋洲:1-2;欧洲:1;北美洲:1;南美洲:2-3。

Gymnophragma Lindau 巴布亚裸爵床属 Acanthaceae [MD-572] 特征纪要:习性:草本。花程式:Kn,C0,A2-4,=(G)2。其他特征参考科。全球2个大洲分布及种数(2)非洲:2; 大洋洲:2。

Gymnophyton Clos 裸芹属 Apiaceae [MD-480] 特征纪要:习性:草本。花程式:K5,C5,A5,=↓(G)2。其他特征参考科。全球2个大洲分布及种数(6-9)北美洲:2; 南美洲:9。

Gymnopodium Rolfe 木酸模属 Polygonaceae [MD-120] 特征纪要:习性:草本。花程式:K2-3,C0,A2,=G2-3。其他特征参考科。全球1个大洲分布及种数(2)◆北美洲。

Gymnopogon P. Beauv. 骨架草属 Poaceae [MM-748] 特征纪要:习性:草本。花程式:(K)3,C0参考科,A1-2,=G2-3。其他特征参考科。全球6个大洲分布及种数(15-16;hort. 1;cult. 1)非洲:9;亚洲:5-14;大洋洲:9;欧洲:9;北美洲:7-16;南美洲:11-20。【中国种数:1】。

Gymnopteris Bernh. 红毛裸蕨属 Hemionitidaceae [F-37] 特征纪要:习性:-。【Rep】:孢子囊群线形,沿小脉全部或上部着生,无盖,但隐没在绢毛或鳞片下面,仅成熟时略露出。物候:-。海拔:-。生境:生态替代种,尚待今后进一步观察研究。资源:-。全球6个大洲分布及种数(1-62)非洲:2; 亚洲:25; 大洋洲:4; 欧洲:25; 北美洲:25; 南美洲:10。

Gymnoschoenus Nees 短毛莎属 Cyperaceae [MM-747] 特征纪要:习性:草本。花程式:(K)3,C3,A3,=↓(G)2-3。其他特征参考科。全球4个大洲分布及种数(2-14)非洲:5; 亚洲:3; 大洋洲:13; 北美洲:3。【中国种数:1】。

Gymnosiphon Bl. 腐草属 Burmanniaceae［MM－696］特征纪要:习性:草本(基生,腐生)。花程式:－。物候:－。花期:参考早于果期。果期:7－12 月。海拔:100 米。生境:热带雨林。资源:－。全球 5 个大洲分布及种数(35－91)非洲:24; 亚洲:22; 大洋洲:11; 北美洲:34; 南美洲:43。【中国种数:2】。

Gymnosperma Less. 胶头菊属 Asteraceae［MD－586］特征纪要:习性:草本。花程式:(K)3－5,C3－5,A3－5,＝↓(G)2。其他特征参考科。全球 5 个大洲分布及种数(1－10)非洲:2; 亚洲:2; 欧洲:3; 北美洲:3; 南美洲:2。【中国种数:1】。

Gymnospermium Spach 牡丹草属 Berberidaceae［MD－45］特征纪要:习性:草本(根状茎,基生,多肉)。花程式:－。物候:－。花期:3－4 月。果期:参考晚于花期。海拔:1200 米。生境:林缘。资源:药用,具栽培园艺种类。全球 5 个大洲分布及种数(12－21)亚洲:13; 大洋洲:2; 欧洲:3; 北美洲:3; 南美洲:2。【中国种数:2】。

Gymnosphaera Blume ＝ **Cyathea**

Gymnospora (Chodat) J. F. B. Pastore 卫矛科属 Polygalaceae［MD－291］特征纪要:习性:木本。花程式:－。其他特征参考科。全球 1 个大洲分布及种数(－)。

Gymnosporia (Wight & Arn.) Hook. f. 美登木属 Celastraceae［MD－339］特征纪要:习性:木本。花程式:K2－3,C2－3,A10,＝G2－5。物候:－。花期:4－10 月。果期:参考晚于花期。海拔:100－800 米。生境:暗礁上,植物园内栽。资源:具园艺种类。全球 6 个大洲分布及种数(77－140;hort. 1;cult. 4)非洲:48－83;亚洲:34－67;大洋洲:5－20;欧洲:3－15;北美洲:4－17;南美洲:6－17。【中国种数:17】。

Gymnostachys R. Br. 石柑属 Araceae［MM－639］特征纪要:习性:草本。花程式:K0,C0,A3 参考科,G3－ 参考科。其他特征参考科。全球 2 个大洲分布及种数(1－3)大洋洲:1; 北美洲:2。

Gymnostachyum Nees 裸柱草属 Acanthaceae［MD－572］特征纪要:习性:草本(基生)。花程式:－。物候:－。花期:4－5 月。果期:参考晚于花期。海拔:200－600 米。生境:石灰石小山。资源:具园艺种类。全球 5 个大洲分布及种数(51－77)非洲:3; 亚洲:73; 大洋洲:6; 北美洲:1; 南美洲:3。【中国种数:5】。

Gymnostemon Aubrév. & Pellegr. 疣冠木属 Simaroubaceae［MD－424］特征纪要:习性:－。花程式:K3,C4,A10,G－参考科。物候:－。海拔:－。生境:山坡向阳,岩面土生。资源:－。全球 1 个大洲分布及种数(1)◆非洲。

Gymnostephium Less. 突果菀属 Asteraceae［MD－586］特征纪要:习性:－。花程式:－。其他特征参考科。全球 1 个大洲分布及种数(8)◆非洲。

Gymnosteris Greene 地花簪属 Polemoniaceae［MD－481］特征纪要:习性:草本。花程式:K5,C0,A5,＝↓(G)2－3。其他特征参考科。全球 2 个大洲分布及种数(2－6)北美洲:4; 南美洲:2。

Gymnostichum Schreb. ＝ **Hystrix**

Gymnostillingia Müll. Arg. ＝ **Stillingia**

Gymnostoma L. A. S. Johnson 方木麻黄属 Casuarinaceae［MD－73］特征纪要:习性:木本。花程式:－。其他特征参考科。全球 6 个大洲分布及种数(14－19)非洲:3; 亚洲:18; 大洋洲:17; 欧洲:2; 北美洲:2; 南美洲:2。【中国种数:2】。

Gymnostomiella M. Fleisch. 疣壶藓属 Pottiaceae［B－133］特征纪要:习性:－。【Rep】:孢腔轮廓清晰,蒴齿缺如,或具蒴齿而无基膜,下部呈黄绿或黄棕色。生境:高山岩石。栽培:来自广西龙州。资源:具栽培园艺种类。全球 5 个大洲分布及种数(8)非洲:6;亚洲:6;大洋洲:1;北美洲:1;南美洲:1。【中国种数:3】。

Gymnostomum Nees & Hornsch. 净口藓属 Pottiaceae［B－133］特征纪要:习性:－。【Rep】:孢腔轮廓清晰,蒴齿缺如,或具蒴齿而无基膜,下部呈黄绿或黄棕色。物候:－。海拔:－。生境:常见于高山岩石上。栽培:来自广西龙州。资源:具栽培园艺种类。全球 6 个大洲分布及种数(48)非洲:15;亚洲:14;大洋洲:4;欧洲:14;北美洲:11;南美洲:11。【中国种数:10】。

Gymnostylis Raf. ＝ **Cotula**

Gymnotheca Decne. 裸蒴属 Saururaceae［MD－35］特征纪要和分布(－)。全球 1 个大洲分布及种数(cf. 1)◆亚洲。【中国种数:2】。

Gymnothrix Spreng. ＝ **Pennisetum**

Gymnotraunsteinera Cif. & Giacom. 红门兰属 Orchidaceae［MM－723］特征纪要:习性:草本。花程式:(K)3,C3,A3,↓G－。其他特征参考科。全球 0 个大洲分布及种数(1－3)。

Gymnotrix P. Beauv. ＝ **Pennisetum**

Gymnstomum Nees & Hornsch. 净口藓属 Pottiaceae［B－133］特征纪要:习性:－。物候:－。海拔:－。生境:常见于高山岩石上。栽培:来自广西龙州。资源:具栽培园艺种类。全球 1 个大洲分布及种数(1)◆亚洲(◆中国)。

Gymplatanthera L. C. Lamb. 万鸟兰属 Orchidaceae［MM－723］特征纪要:习性:草本。花程式:(K)3,C3,A3,↓G－。其他特征参考科。全球 0 个大洲分布及种数(2－6)。

Gynamblosis Torr. ＝ **Croton**

Gynandropsis DC. 羊角菜属 Cleomaceae［MD－210］特征纪要:习性:－。花程式:－。物候:－。花期:参考早于果期。果期:6－12 月。海拔:300－800 米。生境:路边,荒地,田野,通常是干旱地区。资源:－。全球 6 个大洲分布及种数(8－15)非洲:2－4;亚洲:1－3;大洋洲:2－5;欧洲:2;北美洲:3－7;南美洲:5－9。

Gynaphanes Steetz ＝ **Epaltes**

Gynapteina Spach ＝ **Schefflera**

Gynatrix Alef. 香麻树属 Malvaceae［MD－203］特征纪要:习性:－。花程式:－。其他特征参考科。全球 6 个大洲分布及种数(2－137)非洲:44; 亚洲:66; 大洋洲:47; 欧洲:40; 北美洲:40; 南美洲:46。

Gynema Raf. ＝ **Pluchea**

Gynerium Willd. ex P. Beauv. 野苇属 Poaceae [MM－748] 特征纪要:习性:草本。花程式:(K)3,C0 参考科,A1－2,=(G)2－3。物候:－。海拔:－。生境:－。资源:具栽培园艺种类。全球 6 个大洲分布及种数(4;hort. 1)非洲:1;亚洲:1－2;大洋洲:1;欧洲:1;北美洲:1－2;南美洲:3－4。【中国种数:1】。

Gynestum Poit. = **Geonoma**

Gynetera Raf. = **Tetracera**

Gyneteria Spreng. = **Tessaria**

Gynheteria Willd. = **Tessaria**

Gynocampus Lesch. ex DC. = **Levenhookia**

Gynocardia R. Br. 马蛋果属 Achariaceae [MD－159] 特征纪要:习性:木本。花程式:Kn,C2－3 参考科,A3 参考科,=↓G－。物候:－。花期:1－2 月。果期:参考晚于花期。海拔:800－1000 米。生境:潮湿山谷疏林中。资源:果树,木材,油脂,观赏,具栽培园艺种类。全球 1 个大洲分布及种数(cf. 1)◆亚洲。【中国种数:1】。

Gynochthodes Bl. 羊角藤属 Rubiaceae [MD－523] 特征纪要:习性:木本。花程式:(K)4－5,(C)4－5,A4－5,=↓G2－9。物候:－。花期:参考早于果期。果期:10 月。海拔:5－4800 米。生境:林中。栽培:来自广西龙州。资源:具栽培园艺种类。全球 6 个大洲分布及种数(97－113)非洲:20; 亚洲:79; 大洋洲:48; 欧洲:12; 北美洲:12; 南美洲:8。【中国种数:4】。

Gynochtodes Blume = **Gynochthodes**

Gynocraterium Bremek. 杯蕊爵床属 Acanthaceae [MD－572] 特征纪要:习性:－。花程式:－。其他特征参考科。全球 1 个大洲分布及种数(1)◆南美洲。

Gynoglottis J. J. Sm. 虾脊兰属 Orchidaceae [MM－723] 特征纪要:木本,叶对生,落叶,复叶; 花程式: 单性或杂性,基数:3,双被花; A:3,♀G↓:3。全球 1 个大洲分布及种数(1)◆亚洲。

Gynopachis Bl. 茜草科属 Rubiaceae [MD－523] 特征纪要:习性:－。花程式:－。其他特征参考科。全球 1 个大洲分布及种数(－)。

Gynopachys Blume = **Gynopachis**

Gynophoraria Rydb. = **Astragalus**

Gynophorea Gilli 香花芥属 Brassicaceae [MD－213] 特征纪要:习性:草本。花程式:K4,C4,A3 参考科,↓G－参考科。其他特征参考科。全球 1 个大洲分布及种数(1) ◆亚洲:1。

Gynopogon Forst. = **Alyxia**

Gynostemma Bl. 绞股蓝属 Cucurbitaceae [MD－205] 特征纪要:习性:木质攀援。花程式:－。物候:－。花期:7－8 月。果期:参考晚于花期。海拔:2300－2700 米。生境:松林中或混交林中。资源:药用。全球 6 个大洲分布及种数(15－70)非洲:5; 亚洲:49; 大洋洲:2; 欧洲:2; 北美洲:2; 南美洲:9。【中国种数:13】。

Gynotroches Bl. 谷红树属 Rhizophoraceae [MD－329] 特征纪要:习性:木本。花程式:－。其他特征参考科。全球 5 个大洲分布及种数(1－10)非洲:1; 亚洲:10; 大洋洲:2; 欧洲:2; 北美洲:2。【中国种数:1】。

Gynoxys Cass. 绒安菊属 Asteraceae [MD－586] 特征纪要:习性:草本。花程式:(K)3－5,(C)3－5,A3－5,=↓G2。其他特征参考科。全球 4 个大洲分布及种数(116－180)非洲:2; 大洋洲:1; 北美洲:11; 南美洲:167。

Gynura Cass. 菊三七属 Asteraceae [MD－586] 特征纪要:习性:草本,亚灌木。花程式:(K)3－5,C3－5,A3 参考科,=↓G2。物候:－。海拔:200－2100 米。生境:海岸边或溪谷,杂木灌丛石缝中阴处。资源:药用,具栽培园艺种类。全球 6 个大洲分布及种数(54－77;hort. 1)非洲:19－24;亚洲:41－51;大洋洲:6－12;欧洲:5;北美洲:9－14;南美洲:1－6。【中国种数:14】。

Gypothamnium Phil. 脂菊木属 Asteraceae [MD－586] 特征纪要:习性:草本。花程式:(K)3－5,(C)3－5,A3－5,↓G。其他特征参考科。全球 1 个大洲分布及种数(1)◆南美洲。

Gypsacanthus E. J. Lott, V. Jaram. & Rzed. 刺石爵床属 Acanthaceae [MD－572] 特征纪要:习性:草本。花程式:K2－4,C0,A2－4,=(G)2。其他特征参考科。全球 1 个大洲分布及种数(1)◆北美洲(◆墨西哥)。

Gypsophila L. 石头花属 Caryophyllaceae [MD－77] 特征纪要:习性:草质攀援(基生,多肉)。花程式:Kn,C2－3 参考科,A10,G－。物候:－。花期:6－7 月。果期:参考晚于花期。海拔:1300－2400 米。生境:草原,丘陵,固定沙丘及石砾质干山坡。资源:具栽培园艺种类。全球 6 个大洲分布及种数(163－374)非洲:40; 亚洲:272; 大洋洲:13; 欧洲:42; 北美洲:42; 南美洲:14。【中国种数:22】。

Gyptidium R. M. King & H. Rob. 泽兰属 Asteraceae [MD－586] 特征纪要:习性:草本。花程式:(K－),(C)3－5,A3 参考科,↓G。其他特征参考科。全球 2 个大洲分布及种数(2－3)大洋洲:1; 南美洲:3。

Gyptis (Cass.) Cass. 柄泽兰属 Asteraceae [MD－586] 特征纪要:习性:草本。花程式:(K)3－5,C3－5,A3－5,=↓(G)2。其他特征参考科。全球 2 个大洲分布及种数(7－14)北美洲:2; 南美洲:13。

Gyrandra Griseb. 桂虎皮楠属 Gentianaceae [MD－496] 特征纪要:习性:－。花程式:－。其他特征参考科。全球 2 个大洲分布及种数(6－7)北美洲:6; 南美洲:3。

Gyranthera Pittier 圆药木棉属 Malvaceae [MD－203] 特征纪要:习性:木本。花程式:K5,C5,A10－8,=(G)2－5。其他特征参考科。全球 2 个大洲分布及种数(3－4)北美洲:1;南美洲:2－3。

Gyrinops Gaertn. 续断香属 Thymelaeaceae [MD－310] 特征纪要:习性:木本。花程式:K2－4,C0,A2,=G2－5。其他特征参考科。全球 4 个大洲分布及种数(9－36)非洲:8; 亚洲:36; 大洋洲:8; 南美洲:18。

Gyrinopsis Decne. = **Aquilaria**

Gyrocarpaceae Dum. [MD－30] 圆果树科 特征纪要:习性:木本;落叶。花程式:K4,C4,A3,=↓(G)1。果实:核果。种子:种皮厚而硬,分裂或嚼烂状。全球 4 个大洲分布及属种数(1/1 < IFR 1/1 > hort. 1;cult. 1) 非洲:1/

6；亚洲:1/5IFR 1/1；大洋洲:1/4；北美洲:1/5。

Gyrocarpus Jacq. 旋翼果属 Gyrocarpaceae [MD－30] 特征纪要(同科)。全球5个大洲分布及种数(9;hort. 1;cult. 1)非洲:4;亚洲:3;大洋洲:2;北美洲:3;南美洲:1。

Gyrocaryum Valdés 西班牙紫草属 Boraginaceae [MD－517] 特征纪要:习性:草本。花程式:Kn,C0,A3参考科,↓G。其他特征参考科。全球0个大洲分布及种数(1)。

Gyrocheilos W. T. Wang 圆唇苣苔属 Gesneriaceae [MD－549] 特征纪要:习性:草本(根状茎,基生)。花程式:(K－),(C)5参考科,A5,↓G－。物候:－。花期:4－5月。果期:参考晚于花期。海拔:400－1000米。生境:多岩石的溪边,多岩石的山丘,山谷中阴暗的悬崖。栽培:来自广西龙州。资源:具栽培园艺种类。全球2个大洲分布及种数(8－17)非洲:2；亚洲:15。【中国种数:4】。

Gyrodoma Wild 雏菊属 Asteraceae [MD－586] 特征纪要:习性:草本。花程式:(K)3－5,(C)3－5,A3－5,↓G。其他特征参考科。全球2个大洲分布及种数(1－2)非洲:1；南美洲:1。

Gyrogyne W. T. Wang 圆果苣苔属 Gesneriaceae [MD－549] 特征纪要:习性:草本(具根状茎)。花程式:－。物候:－。花期:6月。果期:参考晚于花期。海拔:80－4600米。生境:低山路边阴处,路旁。资源:－。全球1个大洲分布及种数(cf. 1)◆亚洲(◆中国)。【中国种数:1】。

Gyrophyllum Dozy & Molk. = **Symblepharis**

Gyroptera Botsch. 圆藜属 Amaranthaceae [MD－116] 特征纪要:习性:－。花程式:－。其他特征参考科。全球2个大洲分布及种数(4)非洲:3；亚洲:2。

Gyrosorium C. Presl = **Pyrrosia**

Gyrosphragma <unassigned> 千屈菜属 Lythraceae [MD－333] 特征纪要:习性:－。花程式:－。其他特征参考科。全球1个大洲分布及种数(－)。

Gyrostachys Pers. 圆兰属 Orchidaceae [MM－723] 特征纪要:习性:－。花程式:－。物候:－。花期:参考早于果期。果期:10－11月。海拔:80－5200米。生境:柏树林下或草坡路旁,竹坡中。资源:－。全球6个大洲分布及种数(1－2)非洲:17;亚洲:17;大洋洲:17;欧洲:17;北美洲:17;南美洲:17。

Gyrostelma E. Fourn. 圆萝藦属 Apocynaceae [MD－492] 特征纪要:习性:木本。花程式:(K)n,(C)0,A15,↓(G)。其他特征参考科。全球1个大洲分布及种数(1－3)◆南美洲。

Gyrostemon Desf. 环蕊木属 Gyrostemonaceae [MD－198] 特征纪要:习性:草本。花程式:－。其他特征参考科。全球3个大洲分布及种数(13－40)亚洲:1；大洋洲:31；南美洲:4。

Gyrostemonaceae A. Juss. [MD－198] 环蕊木科 特征纪要:习性:木本;落叶。花程式:K4,C0,A9,↑G2－5。果实:瘦果。全球1个大洲分布及属种数(5－6/13－33 hort. 1)◆大洋洲:3－5/8－28。

Gyrostipula J. －F. Leroy 红芽团花属 Rubiaceae [MD－523] 特征纪要:习性:木本。花程式:(K)4－5,(C)4－5,A4－5,=↓(G)2－9。其他特征参考科。全球1个大洲分布及种数(2－3)◆非洲。

Gyrostomum Fr. 丛藓科属 Pottiaceae [B－133] 特征纪要和分布(－)。

Gyrotaenia Griseb. 唇被麻属 Urticaceae [MD－91] 特征纪要:习性:木本。花程式:－。其他特征参考科。全球2个大洲分布及种数(5－8)北美洲:7；南美洲:3。

Gyrothyra M. Howe 圆萼苔属 Gyrothyraceae [B－48] 特征纪要(同科)。全球2个大洲分布及种数(2)亚洲:2；北美洲:2。

Gyrothyraceae R. M. Schust. [B－48] 圆萼苔科 特征纪要:细弱,鲜绿色或亮绿色,稀暗绿色,具光泽,平铺交织生长。【Rep】:雌雄同株,内雌苞叶鞘状,具细长尖,边缘具齿或毛,无中肋,蒴柄短或稍细长,黄色,平滑,孢蒴直立。全球2个大洲分布及属种数(1/1)亚洲:1；北美洲:1。

Gyroweisia Schimp. 圆口藓属 Pottiaceae [B－133] 特征纪要:习性:－。【Rep】:孢腔轮廓清晰,蒴齿缺如,或具蒴齿而无基膜,下部呈黄绿或黄棕色。物候:－。海拔:－。生境:常见于高山岩石上。栽培:来自广西龙州。资源:具栽培园艺种类。全球6个大洲分布及种数(11)非洲:4;亚洲:2;大洋洲:2;欧洲:3;北美洲:5;南美洲:2。【中国种数:3】。

G

H

Haageocereus Backeb. 毛花柱属 Cactaceae［MD－100］特征纪要:习性:木本。花程式:K1－∞,C1－∞,A3－100,＝↓G－。其他特征参考科。全球2个大洲分布及种数(18－124)北美洲:1; 南美洲:30。

Haagespostoa G. D. Rowley 南美银仙人掌属 Cactaceae［MD－100］特征纪要:习性:木本。花程式:－。其他特征参考科。全球1个大洲分布及种数(3)◆南美洲。

Haastia Hook. f. 密垫菊属 Asteraceae［MD－586］特征纪要:习性:草本。花程式:(K)3－5,(C)3－5,A3－5,↓G。其他特征参考科。全球1个大洲分布及种数(6)◆大洋洲。

Habenaria Willd. 玉凤花属 Orchidaceae［MM－723］特征纪要:习性:草本。花程式:－。物候:－。花期:7月。果期:参考晚于花期。海拔:1000－1500米。生境:土地。栽培:来自广西龙州。资源:药用,具栽培园艺种类。全球6个大洲分布及种数(871－2068)非洲:733; 亚洲:710; 大洋洲:150; 欧洲:308; 北美洲:308; 南美洲:523。【中国种数:104】。

Habenella Small 兰科属 Orchidaceae［MM－723］特征纪要:习性:－。花程式:－。其他特征参考科。全球4个大洲分布及种数(38)非洲:6; 亚洲:8; 北美洲:7; 南美洲:1－21。

Hablitzia M. Bieb. 菠菜藤属 Amaranthaceae［MD－116］特征纪要:习性:草本。花程式:－。其他特征参考科。全球4个大洲分布及种数(1－2)非洲:2; 亚洲:2; 欧洲:1; 北美洲:1。

Hablizia Spreng. ＝ **Hablitzia**

Habracanthus Nees 小刺爵床属 Acanthaceae［MD－572］特征纪要:习性:－。花程式:－。其他特征参考科。全球2个大洲分布及种数(22－56)北美洲:5－6;南美洲:18－48。

Habranthus Herb. 美花莲属 Amaryllidaceae［MM－694］特征纪要:习性:－。花程式:－。其他特征参考科。全球6个大洲分布及种数(1－160)非洲:6; 亚洲:8; 大洋洲:5; 欧洲:28; 北美洲:28; 南美洲:155。

Habrochloa C. E. Hubb. 美草属 Poaceae［MM－748］特征纪要:习性:草本。花程式:(K)3,C0参考科,A1－2,＝(G)2－3。其他特征参考科。全球1个大洲分布及种数(1)◆非洲。

Habrodictyon Bosch ＝ **Abrodictyum**

Habrodon Schimp. 柔齿藓属 Habrodontaceae［B－176］特征纪要(同科)。全球4个大洲分布及种数(9)非洲:2; 亚洲:5; 欧洲:2; 北美洲:2。【中国种数:3】。

Habrodontaceae Schimp.［B－176］柔齿藓科 特征纪要:叶状体小至中形,带形,质厚,灰绿色、亮绿色或深绿色,干燥时边缘常背卷。【Rep】:灰绿色至深绿色,叉状分枝。全球6个大洲分布和属种数(1/1－4)非洲:1/3;亚洲:1/1－4;大洋洲:1/3;欧洲:1/3;北美洲:1/3;南美洲:1/3。【中国属种数:1/3】。

Habroneuron Standl. 雅脉茜属 Rubiaceae［MD－523］特征纪要:习性:木本。花程式:(K)4－5,(C)4－5,A4－5,＝↓(G)2－9。其他特征参考科。全球1个大洲分布及种数(1)◆北美洲(◆墨西哥)。

Habropetalum Airy－Shaw 沙钩叶属 Dioncophyllaceae［MD－139］特征纪要:习性:木本。花程式:－。其他特征参考科。全球1个大洲分布及种数(1)◆非洲(◆塞拉利昂)。

Habrosia Fenzl 刺萼漆姑属 Caryophyllaceae［MD－77］特征纪要:习性:草本。花程式:K5,C5－4,A10,G－。其他特征参考科。全球1个大洲分布及种数(1)◆亚洲。

Habrothamnus Endl. ＝ **Cestrum**

Hachettea Baill. 膜苞菰属 Balanophoraceae［MD－307］特征纪要:习性:木本。花程式:Kn,C0,A1－2,＝↓(G)1－2。其他特征参考科。全球1个大洲分布及种数(1)◆大洋洲。

Hackelia Opiz 假鹤虱属 Boraginaceae［MD－517］特征纪要和分布(－)。全球6个大洲分布及种数(56－66;hort. 1;cult. 1)非洲:2;亚洲:13－18;大洋洲:1－3;欧洲:3－5;北美洲:45－50;南美洲:4－7。【中国种数:4】。

Hackelochloa Kuntze 球穗草属 Poaceae［MM－748］特征纪要:习性:草本(基生)。花程式:－。物候:－。海拔:100－1000米。生境:耕地,开阔草地。资源:药用,蛋白质。全球4个大洲分布及种数(1－5)非洲:2; 亚洲:5; 北美洲:3; 南美洲:2。【中国种数:1】。

Hacquetia Neck. ex DC. 瓣苞芹属 Apiaceae［MD－480］特征纪要:习性:－。花程式:－。其他特征参考科。全球1个大洲分布及种数(1)◆欧洲。

Hadrodemas H. E. Moore ＝ **Callisia**

Hadrolaelia (Schltr.) Chiron & V. P. Castro 异胚兰属 Orchidaceae［MM－723］特征纪要和分布(－)。全球1个大洲分布及种数(19)◆南美洲。

Haeckeria F. Müll. 无冠鼠麴木属 Asteraceae［MD－586］特征纪要:习性:草本。花程式:(K)3－5,C3－5,A3－5,＝↓(G)2。其他特征参考科。全球2个大洲分布及种数(3－12)大洋洲:11; 南美洲:6。

Haegiela P. S. Short & Paul G. Wilson 球菊属 Asteraceae［MD－586］特征纪要:习性:草本。花程式:(K)3－5,(C)3－5,A3－5,↓G。其他特征参考科。全球 1 个大洲分布及种数(1)◆大洋洲。

Haemadictyon Lindl. ＝ **Laubertia**

Haemanthus L. 虎耳兰属 Amaryllidaceae［MM－694］特征纪要:习性:草本(水生)。花程式:(K－),C2－3 参考科,A3 参考科,↓G－。物候:－。花期:参考早于果期。果期:8 月。海拔:100－4800 米。生境:草地,山坡,灌丛中或松林下。资源:药用,具栽培园艺种类。全球 6 个大洲分布及种数(28－169)非洲:122; 亚洲:33; 大洋洲:3; 欧洲:9; 北美洲:9; 南美洲:22。

Haematocarpus Miers 血果藤属 Menispermaceae［MD－42］特征纪要:习性:草本。花程式:－。其他特征参考科。全球 1 个大洲分布及种数(2)◆亚洲。【中国种数:1】。

Haematodendron Capuron 异株寒楠属 Myristicaceae［MD－15］特征纪要:习性:木本。花程式:K2－3,C0,A5,＝G1。其他特征参考科。全球 1 个大洲分布及种数(1)◆非洲(◆马达加斯加)。

Haematostaphis Hook. f. 樱枣属 Anacardiaceae［MD－432］特征纪要:习性:木本。花程式:－。其他特征参考科。全球 1 个大洲分布及种数(1)◆非洲。

Haematostemon Pax & K. Hoffm. 血蕊桐属 Euphorbiaceae［MD－217］特征纪要:习性:木本。花程式:K1(1000),C0,A6,＝G2－3。其他特征参考科。全球 1 个大洲分布及种数(2)◆南美洲。

Haematoxylon L. ＝ **Haematoxylum**

Haematoxylum L. 采木属 Fabaceae1［MD－240］特征纪要:习性:木本。花程式:－。物候:－。花期:4－5 月。果期:参考晚于花期。海拔:100－1500 米。生境:－。栽培:－。资源:具栽培园艺种类。全球 6 个大洲分布及种数(5－7)非洲:1－3;亚洲:1;大洋洲:1;欧洲:1;北美洲:4;南美洲:2。【中国种数:1】。

Haemodoraceae R. Br.［MM－718］血草科 特征纪要:习性:木本;落叶。花程式:(K)6－,C3,A3－1－,↓(G)3。物候:－。花期:－。果期:－。果实:蒴果。种子:大 棕色或带黑色. 海拔:－米。生境:－。资源:－。栽培:－。全球 6 个大洲分布及属种数(14/53－84 <IFR 3/6> hort. 1) 非洲:4/14; 大洋洲:7/32－60(IFR 2/5); 欧洲:1/2; 北美洲:3/8; 南美洲:3/6(IFR 1/1)。【中国属种数:3/3】。

Haemodorum Sm. 血草属 Haemodoraceae［MM－718］特征纪要:习性:草本。花程式:(K)3,C0 参考科,A3－6,↓(G)3。其他特征参考科。全球 4 个大洲分布及种数(27－37)非洲:1; 亚洲:2; 大洋洲:35; 南美洲:2。

Haenianthus Griseb. 鳞瓣榄属 Oleaceae［MD－498］特征纪要:习性:木本。花程式:K2－4,C0,A2－4,＝↓(G)2。其他特征参考科。全球 3 个大洲分布及种数(3－9)亚洲:2; 北美洲:6; 南美洲:3。

Haesselia Grolle & Gradst. 南美大萼苔属 Cephaloziaceae［B－52］特征纪要:习性:－。【Rep】:雌苞生于茎腹面短枝上,蒴萼长筒形,口部有长刺,雄苞生于茎腹面,雄苞叶多对,呈穗状,老时呈黄褐色。其他特征参考科。全球 1 个大洲分布及种数(cf. 1)◆南美洲。

Hafellia <unassigned> 唐松木科属 Physenaceae［MD－169］特征纪要:习性:－。花程式:－。其他特征参考科。全球 1 个大洲分布及种数(－)。

Hafellnera <unassigned> 小芽藓属 Sorapillaceae［B－212］特征纪要:－。全球 2 个大洲分布及种数(2)欧洲:2; 北美洲:2。

Hafotra Dorr 梧桐科属 Sterculiaceae［MD－189］特征纪要(同科)。全球 1 个大洲分布及种数(1)◆非洲:1。

Hagenbachia Nees & Mart. 小果吊兰属 Asparagaceae［MM－669］特征纪要:习性:草本。花程式:(K)3,C3,A3－6,G3。其他特征参考科。全球 4 个大洲分布及种数(6－10)亚洲:2; 大洋洲:2; 北美洲:2; 南美洲:10。

Hageniella Broth. 拟小锦藓属 Sematophyllaceae［B－192］特征纪要:习性:－。【Rep】:蒴柄直立,长而细,蒴齿两层,内齿层具高基膜和透明并与外齿层等高的齿条,环带不分化,蒴盖具短喙。物候:－。海拔:－。生境:常见于竹上,岩石上。资源:－。全球 4 个大洲分布及种数(3)亚洲:3;欧洲:1;北美洲:1;南美洲:1。【中国种数:4】。

Hagioseris Boiss. ＝ **Picris**

Hagsatera R. González 短柱兰属 Orchidaceae［MM－723］特征纪要:习性:草本。花程式:(K)3,C3,A3,＝↓(G)3。其他特征参考科。全球 2 个大洲分布及种数(2－4)北美洲:3; 南美洲:2。

Hainanecio Ying Liu & Q. E. Yang 海南菊属 Asteraceae［MD－586］特征纪要:习性:草本(具根状茎)。花程式:(K－),C3－5,A3 参考科,↓G。物候:－。花期:7－10 月。果期:参考晚于花期。海拔:900－1200 米。生境:地方。资源:－。全球 1 个大洲分布及种数(cf. 1)◆亚洲(◆中国)。

Hainardia Greuter 针穗草属 Poaceae［MM－748］特征纪要:习性:－。花程式:－。其他特征参考科。全球 6 个大洲分布及种数(2)非洲:1;亚洲:1;大洋洲:1;欧洲:1;北美洲:1;南美洲:1。

Hainardiopholis Castrov. 针穗草属 Poaceae［MM－748］特征纪要:习性:草本。花程式:(K)3,C0 参考科,A1－2,↓G－参考科。其他特征参考科。全球 0 个大洲分布及种数(4)。

Haitiella L. H. Bailey ＝ **Coccothrinax**

Hakea Schröd. 荣桦属 Proteaceae［MD－219］特征纪要:习性:木本。花程式:K3－4－∞,C0,A2,＝G1。其他特征参考科。全球 6 个大洲分布及种数(170－325)非洲:11; 亚洲:20; 大洋洲:272; 欧洲:14; 北美洲:14; 南美洲:6。

Hakonechloa Makino ex Honda 箱根草属 Poaceae［MM－748］特征纪要:习性:草本。花程式:(K)3,C0 参考科,A1－2,↓G－参考科。其他特征参考科。全球 3 个大洲分布及种数(1－3)亚洲:2; 北美洲:3; 南美洲:1。

Halacsya Dörfl. 哈拉草属 Boraginaceae［MD－517］特征纪要:习性:草本。花程式:Kn,C0,A5,G2－4。其他特征参考科。全球 0 个大洲分布及种数(2－4)。

Halanthium K. Koch 盐花蓬属 Amaranthaceae［MD－116］特征纪要:习性:草本。花程式:－。其他特征参考科。全球 3 个大洲分布及种数(5－11)亚洲:9; 欧洲:1; 北美洲:1。

Halarchon Bunge 合苞蓬属 Amaranthaceae［MD－116］特征纪要:习性:草本。花程式:Kn,C0,A1－2,↓(G)2－5。其他特征参考科。全球 1 个大洲分布及种数(1)◆亚洲:1。

Haldina Ridsdale 心叶木属 Rubiaceae［MD－523］特征纪要:习性:－。花程式:－。物候:－。花期:春夏。果期:参考晚于花期。海拔:300－1000 米。生境:热带季雨落叶林中。资源:－。全球 3 个大洲分布及种数(6)亚洲:5; 大洋洲:2; 北美洲:2。

Halecania <unassigned> 龙胆科属 Gentianaceae［MD－496］特征纪要:习性:－。花程式:－。其他特征参考科。全球 0 个大洲分布及种数(4)。

Halecus Rumph. ex Raf. = **Croton**

Halenia Borkh. 花锚属 Gentianaceae［MD－496］特征纪要:习性:草本(基生)。花程式:(K)4,C4,A10,↓G－。物候:－。海拔:200－1800 米。生境:草原,林缘和森林。资源:药用,具栽培园艺种类。全球 6 个大洲分布及种数(68－167)非洲:7; 亚洲:21; 大洋洲:2; 欧洲:28; 北美洲:28; 南美洲:80。【中国种数:5】。

Halerpestes Greene 碱毛茛属 Ranunculaceae［MD－38］特征纪要:习性:草本(基生)。花程式:－。物候:－。海拔:1700－4800 米。生境:河流或湖泊,沼泽,高山草甸。资源:药用,具栽培园艺种类。全球 4 个大洲分布及种数(10;hort. 1)亚洲:7;大洋洲:2;北美洲:1;南美洲:4。【中国种数:5】。

Halesia J. Ellis ex L. 银钟花属 Styracaceae［MD－327］特征纪要和分布(－)。全球 6 个大洲分布及种数(6)非洲:3;亚洲:4－7;大洋洲:3;欧洲:3;北美洲:5－8;南美洲:3。【中国种数:2】。

Halfordia F. Müll. 柑南香属 Rutaceae［MD－399］特征纪要:习性:木本。花程式:K5,C5,A4,=G1－3。其他特征参考科。全球 3 个大洲分布及种数(1－6)非洲:2; 亚洲:4; 大洋洲:5。

Halgania Gaud. 蓝茄木属 Boraginaceae［MD－517］特征纪要:习性:灌木。花程式:K5,C0,A5,=(G)2－4。其他特征参考科。全球 1 个大洲分布及种数(－)。

Halimiphyllum (Engl.) Boriss. = **Zygophyllum**

Halimium (Dunal) Spach 海蔷薇属 Cistaceae［MD－175］特征纪要:习性:－。花程式:－。其他特征参考科。全球 5 个大洲分布及种数(71)非洲:16; 亚洲:3; 欧洲:16; 北美洲:16; 南美洲:18。

Halimocnemis C. A. Mey. 盐蓬属 Amaranthaceae［MD－116］特征纪要:习性:草本(多肉)。花程式:－。物候:－。海拔:600－5000 米。生境:戈壁,沙丘,湖边沙地。资源:具栽培园艺种类。全球 3 个大洲分布及种数(17－72)非洲:2; 亚洲:53; 南美洲:8。【中国种数:3】。

Halimodendron Fisch. ex DC. 铃铛刺属 Fabaceae3［MD－240］特征纪要:习性:－。花程式:－。物候:－。花期:7 月。果期:参考晚于花期。海拔:7500 米。生境:功能,盐质土上,也常见于胡杨林下。资源:－。全球 1 个大洲分布及种数(cf. 1)◆亚洲。

Halimolobos Tausch 瘦鼠耳芥属 Brassicaceae［MD－213］特征纪要:习性:草本。花程式:K2－4,C2－4,A2－4,=G2。其他特征参考科。全球 3 个大洲分布及种数(8－47)欧洲:24; 北美洲:24; 南美洲:11。

Halimolobus O. E. Schulz = **Halimolobos**

Halleorchis Szlach. & Olszewski 玫菱兰属 Orchidaceae［MM－723］特征纪要:习性:草本。花程式:(K)3,C3,A3,=↓(G)3。其他特征参考科。全球 1 个大洲分布及种数(1)◆非洲。

Hallera St.－Lag. = **Halleria**

Halleria L. 挂钟木属 Stilbaceae［MD－532］特征纪要:习性:草本。花程式:K2－4,C0,A2－4,↓G2。其他特征参考科。全球 5 个大洲分布及种数(5－14)非洲:14; 亚洲:5; 大洋洲:2; 欧洲:2; 北美洲:2。【中国种数:1】。

Halleriopsis <unassigned> 马达卫矛属 Celastraceae［MD－339］特征纪要:－。全球 1 个大洲分布及种数(1)◆非洲:1。

Hallianthus H. E. K. Hartmann 旭峰花属 Aizoaceae［MD－94］特征纪要:习性:草本。花程式:Kn,C2－3 参考科,A5 参考科,=↓G－。其他特征参考科。全球 1 个大洲分布及种数(1)◆非洲。

Halloschulzia Kuntze = **Stenomeris**

Halmoorea J. Dransf. & N. W. Uhl = **Orania**

Halocarpaceae Melikyan & A. V. Bobrov = Podocarpaceae

Halocarpus C. J. Quinn 白袍杉属 Podocarpaceae［G－13］特征纪要:习性:－。【Rep】:复轴,短穗状,上部苞片杯套状,内有种子发生,寡种子,雌雄异株。其他特征参考科。全球 4 个大洲分布及种数(3－10)亚洲:2; 大洋洲:4; 北美洲:2; 南美洲:6。

Halocharis Moq. 疆矢车菊属 Amaranthaceae［MD－116］特征纪要:习性:草本。花程式:Kn,C0,A3 参考科,G－。其他特征参考科。全球 2 个大洲分布及种数(8－17)亚洲:8; 南美洲:1。

Halocnemon Spreng. = **Halocnemum**

Halocnemum M. Bieb. 盐节木属 Amaranthaceae［MD－116］特征纪要:习性:草本,少灌木。花程式:－。物候:－。海拔:600－5000 米。生境:湖岸,盐碱地。资源:具栽培园艺种类。全球 6 个大洲分布及种数(2－24)非洲:3; 亚洲:9; 大洋洲:7; 欧洲:3; 北美洲:3; 南美洲:5。【中国种数:1】。

Halodula Benth. & Hook. f. = **Halodule**

Halodule Endl. 二药藻属 Cymodoceaceae［MM－615］特征纪要:习性:草本(根状茎,基生)。花程式:－。物候:－。海拔:2348 米。生境:砂质或泥质海滩,尤喜略凹地形。资源:具园艺种类。全球 6 个大洲分布及种数(9－11)非洲:4－5;亚洲:4－5;大洋洲:3－4;欧洲:1－2;北美洲:5－6;南美洲:3－4。【中国种数:2】。

Halogeton C. A. Mey. ex Ledeb. 蛛丝蓬属 Amaranthaceae［MD－116］特征纪要:习性:草本(基生,多肉)。花程式:－。物候:－。海拔:600－5000 米。生境:河岸,山坡上。资源:具栽培园艺种类。全球 6 个大洲分布及种数(6－10)非洲:2－4;亚洲:5－7;大洋洲:2;欧洲:1－3;北美洲:3－5;南美洲:2。【中国种数:3】。

Halopegia K. Schum. 异萼竹芋属 Marantaceae［MM－740］特征纪要:习性:草本。花程式:－。其他特征参考科。全球6个大洲分布及种数(3－4)非洲:2－4;亚洲:1－2;大洋洲:1;欧洲:1;北美洲:1－2;南美洲:1－2。【中国种数:1】。

Halopeplis Bunge ex Ung. －Sternb. 盐千屈菜属 Amaranthaceae［MD－116］特征纪要:习性:草本(多肉)。花程式:Kn,C2－3参考科,A10,G－。物候:－。海拔:600－5000米。生境:盐湖海岸。资源:－。全球6个大洲分布及种数(4)非洲:2－3;亚洲:3－4;大洋洲:1;欧洲:1－2;北美洲:1;南美洲:1。【中国种数:1】。

Halophila Thou. 喜盐草属 Halophilaceae［MM－601］特征纪要(同科)。全球6个大洲分布及种数(14－22;hort. 1;cult. 1)非洲:6－13;亚洲:9－21;大洋洲:8－16;欧洲:3－10;北美洲:7－15;南美洲:4－11。【中国种数:5】。

Halophilaceae J. Agardh［MM－601］喜盐草科 特征纪要:习性:木本;落叶。花程式:K5,C5,A3,G1。物候:－。果实:－。种子:－。海拔:－。生境:－。资源:－。栽培:－。全球6个大洲分布及属种数(1/1 <IFR 1/2> hort. 1;cult. 1) 非洲:1/8－9; 亚洲:1/11－17(IFR 1/1); 大洋洲:1/10－12(IFR 1/1); 欧洲:1/5－6; 北美洲:1/9－11; 南美洲:1/6－7。

Halophiloideae <unassigned> 水鳖科属 Hydrocharitaceae［MM－599］特征纪要和分布(－)。

Halophytaceae S. Soriano［MD－118］南荒蓬科 特征纪要:习性:草本;落叶。花程式:K4,C0,A4,↑(G)3。物候:－。花期:－。果期:－。果实:不裂。种子:－。海拔:－米。生境:－。资源:－。栽培:－。全球1个大洲分布及属种数(2/3 hort. 1)◆南美洲:1/ 1－1。

Halophytum Speg. 南荒蓬属 Halophytaceae［MD－118］特征纪要(同科)。全球1个大洲分布及种数(1)◆南美洲(◆阿根廷)。

Halopyrum Stapf 盐麦草属 Poaceae［MM－748］特征纪要:习性:草本。花程式:(K)3,C0参考科,A1－2,＝G2－3。其他特征参考科。全球5个大洲分布及种数(1－3)非洲:2; 亚洲:3; 大洋洲:2; 欧洲:3; 北美洲:3。【中国种数:1】。

Haloragaceae R. Br.［MD－271］小二仙草科 特征纪要:习性:草本;落叶。花程式:K4－5(－),C5,A,↓(G)－。物候:－。花期:3－10月。果期:5－11月。果实:核果,坚果。种子:棕色,种皮膜质,纵折。海拔:100－1500米。生境:开阔或长满草的中山路旁草丛中。资源:药用。栽培:中国有栽培。全球6个大洲分布及属种数(13－14/159－280 <IFR 6/17> hort. 1;cult. 5) 非洲:3/21－23; 亚洲:4/48－55(IFR 1/1); 大洋洲:7－9/90－127(IFR 5/9); 欧洲:2/10－11; 北美洲:4/51－52(IFR 1/5); 南美洲:4/16－18(IFR 2/4)。【中国属种数:4/33】。

Haloragis J. R. Forst. & G. Forst. 南二仙草属 Haloragaceae［MD－271］特征纪要:习性:草本(基生,水生,多肉)。花程式:－。物候:－。花期:4－8月。果期:参考晚于花期。海拔:27－5200米。生境:荒山草丛中。资源:药用。全球6个大洲分布及种数(3－40;hort. 1;cult. 4)非洲:2;亚洲:1－5;大洋洲:1－9;欧洲:2;北美洲:1－3;南美洲:1－3。【中国种数:1】。

Haloragoideae Beilschm. 银钟二仙草属 Haloragaceae［MD－271］特征纪要:－。全球1个大洲分布及种数(1)◆北美洲:1。

Halorrhagis Maiden & Betche ＝ **Haloragis**

Halosarcia Paul G. Wilson 肉苞海蓬属 Amaranthaceae［MD－116］特征纪要:习性:－。花程式:－。其他特征参考科。全球6个大洲分布及种数(28)非洲:2; 亚洲:3; 大洋洲:25; 欧洲:2; 北美洲:2; 南美洲:3。

Haloschoenus Nees ＝ **Rhynchospora**

Halosciastrum Koidz. 春欧芹属 Apiaceae［MD－480］特征纪要:习性:－。花程式:－。其他特征参考科。全球1个大洲分布及种数(2)◆亚洲。

Haloselinum Pimenov 盐葫伞属 Apiaceae［MD－480］特征纪要:习性:草本。花程式:K5,C5,A5,＝↓G(－)。其他特征参考科。全球1个大洲分布及种数(1) 亚洲:1。

Halosicyos Mart. Crov. 盐葫芦属 Cucurbitaceae［MD－205］特征纪要:习性:木本。花程式:K3－5,C3－5,A3,＝↓(G)1－2。其他特征参考科。全球1个大洲分布及种数(1)◆南美洲(◆阿根廷)。

Halostachys C. A. Mey. 盐穗木属 Amaranthaceae［MD－116］特征纪要:习性:草本,少灌木。花程式:－。物候:－。海拔:600－5000米。生境:盐碱滩,河谷,盐湖边。资源:具栽培园艺种类。全球3个大洲分布及种数(1－8)亚洲:3; 北美洲:2; 南美洲:1。【中国种数:1】。

Halothamnus Jaub. & Spach 新疆藜属 Amaranthaceae［MD－116］特征纪要:－。全球6个大洲分布及种数(22－26;hort. 1)非洲:2－3;亚洲:19－23;大洋洲:1;欧洲:1;北美洲:1;南美洲:1。【中国种数:1】。

Halotis Bunge 盐蓬属 Amaranthaceae［MD－116］特征纪要:习性:－。花程式:－。其他特征参考科。全球1个大洲分布及种数(4)◆南美洲:1。

Haloxylon Bunge ex Fenzl 梭梭属 Amaranthaceae［MD－116］特征纪要:习性:草本,少木本。花程式:Kn,C2－3参考科,A5,G－。物候:－。花期:5－7月。果期:参考晚于花期。海拔:600－5000米。生境:沙丘,盐碱沙漠,河边的沙地,有固沙作用。资源:具栽培园艺种类。全球3个大洲分布及种数(14－18;hort. 1;cult. 1)非洲:7;亚洲:cf. 1;欧洲:3。【中国种数:6】。

Halydictyon <unassigned> 番杏科属 Aizoaceae［MD－94］特征纪要:－。全球3个大洲分布及种数(2)非洲:1; 大洋洲:2; 北美洲:1。

Hamadryas Comm. ex Juss. 单性毛茛属 Ranunculaceae［MD－38］特征纪要:习性:草本。花程式:K1－∞,C1－∞,A8,＝G1－3。其他特征参考科。全球2个大洲分布及种数(6－29)非洲:2; 南美洲:24。

Hamalium Hemsl. ＝ **Verbesina**

Hamamelidaceae R. Br. [MD－63] 金缕梅科 特征纪要:习性:木本;常绿,落叶。花程式:♀/♂(K)6－,C5,A8,↓(G)－。物候:－。花期:3－6月。果期:7－9月。果实:蒴果。种子:－。海拔:1000－1200米。生境:常绿阔叶林,松栎林。资源:油脂。栽培:中国有栽培。全球6个大洲分布及属种数(27－29/142－173 <IFR 6/7> hort. 1;cult.):非洲:2/19－21; 亚洲:19/96－108(IFR 5/5); 大洋洲:2/2－4; 欧洲:1/3; 北美洲:5/19－23(IFR 2/2)。【中国属种数:15/64】。

Hamamelis Gronov. ex L. 金缕梅属 Hamamelidaceae [MD－63] 特征纪要:习性:木本。花程式:－。物候:－。花期:4－5月。果期:参考晚于花期。海拔:300－800米。生境:灌丛。资源:具栽培园艺种类。全球6个大洲分布及种数(10－15;hort. 1;cult. 6)非洲:4;亚洲:6－11;大洋洲:4;欧洲:2－6;北美洲:5－12;南美洲:4。【中国种数:4】。

Hamatocactus Britton & Rose 长钩玉属 Cactaceae [MD－100] 特征纪要:习性:－。花程式:－。其他特征参考科。全球2个大洲分布及种数(10)北美洲:4; 南美洲:2。

Hamatocaulis Hedenäs 钩茎藓属 Amblystegiaceae [B－178] 特征纪要:习性:－。【Rep】:雌雄同株,雌苞叶长披针。物候:－。海拔:－。生境:常见于腐木生,沼泽土生。资源:－。全球5个大洲分布及种数(2)非洲:1;亚洲:2;欧洲:2;北美洲:2;南美洲:1。【中国种数:2】。

Hamatostrepta Váňa & D. G. Long 拟卷叶苔属 Anastrophyllaceae [B－60] 特征纪要:习性:－。【Rep】:雌雄同株或异株或有序同苞,雄苞顶生或间生,雄苞叶2－3对。物候:－。海拔:－。生境:土生。资源:－。全球1个大洲分布及种数(1)◆亚洲。

Hamelia Jacq. 长隔木属 Rubiaceae [MD－523] 特征纪要:习性:木本。花程式:－。物候:－。花期:5－12月。果期:参考晚于花期。海拔:5－4800米。生境:－。栽培:－。资源:具栽培园艺种类。全球6个大洲分布及种数(16－20)非洲:1;亚洲:2－3;大洋洲:1－2;欧洲:2－3;北美洲:15－18;南美洲:10－12。【中国种数:1】。

Hamiandrina Hook. f. ＝ **Agelaea**

Hamilcoa Prain 聚蕊藤属 Euphorbiaceae [MD－217] 特征纪要:习性:木本。花程式:K1(1000),C0,A6,＝(G)2－3。其他特征参考科。全球1个大洲分布及种数(1)◆非洲。

Hammada Iljin 矮梭梭属 Amaranthaceae [MD－116] 特征纪要:习性:草本。花程式:Kn,C0,A3－5,↓(G)2－5。物候:－。海拔:600－5000米。生境:半固定沙丘或河边沙滩,棕钙土。资源:－。全球1个大洲分布及种数(3－5)◆亚洲。

Hammarbya Kuntze 兰科属 Orchidaceae [MM－723] 特征纪要:习性:－。花程式:－。其他特征参考科。全球3个大洲分布及种数(1)亚洲:1; 欧洲:1; 北美洲:1。【中国种数:1】。

Hammatolobium Fenzl 哈马豆属 Fabaceae3 [MD－240] 特征纪要:习性:木本。花程式:K1－∞,C1－∞,A5－9,＝↓G1。其他特征参考科。全球2个大洲分布及种数(2－6)非洲:4; 亚洲:2。

Hammeria Burgoyne 红舫花属 Aizoaceae [MD－94] 特征纪要:习性:灌木。花程式:K3－4,C3－4,A5参考科,＝↓(G)1－2。其他特征参考科。全球1个大洲分布及种数(1－3)◆非洲。

Hampea Schltdl. 鼠棉属 Malvaceae [MD－203] 特征纪要:习性:木本。花程式:K5－∞,C5－∞,A10－8,＝(G)1－5。其他特征参考科。全球6个大洲分布及种数(24－25)非洲:5;亚洲:5;大洋洲:5;欧洲:5;北美洲:22－27;南美洲:4－10。

Hampeella Müll. Hal. 汉氏藓属 Ptychomniaceae [B－159] 特征纪要:习性:－。【Rep】:假雌雄异苞同株,内雌苞叶基部高鞘状,有狭长叶尖,孢蒴完全隐生于雌苞叶内,卵形或长卵形,棕色,平滑。其他特征参考科。全球2个大洲分布及种数(3)亚洲:1;大洋洲:3。

Hampeohypnum W. R. Buck 拟青藓属 Hookeriaceae [B－164] 特征纪要:－。全球1个大洲分布及种数(－)。

Hamulia Raf. ＝ **Utricularia**

Hanabusaya Nakai 金刚风铃属 Campanulaceae [MD－561] 特征纪要:习性:草本。花程式:－。其他特征参考科。全球1个大洲分布及种数(1)◆亚洲。

Hanburia Seem. 汉布瓜属 Cucurbitaceae [MD－205] 特征纪要:习性:木本。花程式:K3－5,C3－5,A3－5,＝↓G1－2。其他特征参考科。全球4个大洲分布及种数(7－8)亚洲:1; 大洋洲:2; 北美洲:5; 南美洲:6。

Hanburyophyton Bureau ex Warm. ＝ **Mansoa**

Hancea Seem. 粗毛野桐属 Euphorbiaceae [MD－217] 特征纪要和分布(－)。全球3个大洲分布及种数(17－19)非洲:6－7;亚洲:16－18;大洋洲:1。【中国种数:4】。

Hanceola Kudô 四轮香属 Lamiaceae [MD－575] 特征纪要:习性:草质攀援(具根状茎)。花程式:Kn,C2－3参考科,A3参考科,↓G。物候:－。花期:9月。果期:参考晚于花期。海拔:1240－2200米。生境:山坡荒地疏林下。资源:－。全球2个大洲分布及种数(10－13)亚洲:13; 南美洲:2。【中国种数:7】。

Hancockia Rolfe 滇兰属 Orchidaceae [MM－723] 特征纪要:习性:草本。花程式:Kn,C2－3参考科,A3参考科,↓G－。物候:－。花期:7月。果期:参考晚于花期。海拔:1300－1600米。生境:山坡或沟谷林下阴湿处。资源:－。全球2个大洲分布及种数(1－4)亚洲:3; 南美洲:2。【中国种数:1】。

Hancornia Gomes 萌甲果属 Apocynaceae [MD－492] 特征纪要:习性:木本。花程式:－。其他特征参考科。全球1个大洲分布及种数(1－2)◆南美洲。

Handelia Heimerl 天山蓍属 Asteraceae [MD－586] 特征纪要:习性:草本(基生)。花程式:(K)3－5,C3－5,A3参考科,↓G。物候:－。花期:7－10月。果期:参考晚于花期。海拔:6000米。生境:石质阳山坡。资源:具园艺种类。全球1个大洲分布及种数(cf. 1)◆亚洲。【中国种数:1】。

Handeliobryum Broth. 拟厚边藓属 Neckeraceae [B－204] 特征纪要:习性:－。【Rep】:雌雄多异株或同株,孢蒴

H

侧生于茎或枝上,隐生于雌苞叶内或高出于雌苞叶,蒴齿两层,外齿层齿片狭披针形。物候:-。海拔:-。生境:常见于岩石或树干。资源:-。全球1个大洲分布及种数(2)◆亚洲:2。【中国种数:2】。

Handeliodendron Rehder 平舟木属 Sapindaceae [MD-428] 特征纪要:习性:木本。花程式:-。物候:-。花期:3-5月。果期:参考晚于花期。海拔:500-1200米。生境:喀斯特石灰岩山区的森林,林缘,林间空地,岩石沟壑。资源:油脂,具栽培园艺种类。全球1个大洲分布及种数(cf.1)◆亚洲(◆中国)。【中国种数:1】。

Handroanthus Mattos 风铃木属 Bignoniaceae [MD-541] 特征纪要:习性:木本。花程式:K5,C0,A5,=(G)2。物候:-。海拔:100-5840米。生境:常绿阔叶林,路旁,斜坡,竹木林中。资源:-。全球4个大洲分布及种数(39-41;hort.1)亚洲:3;大洋洲:2;北美洲:7;南美洲:37。【中国种数:3】。

Hanguana Bl. 钵子草属 Hanguanaceae [MM-697] 特征纪要(同科)。全球5个大洲分布及种数(21-30)非洲:1; 亚洲:28; 大洋洲:4; 欧洲:2; 北美洲:2。【中国种数:1】。

Hanguanaceae Airy-Shaw [MM-697] 钵子草科 特征纪要:习性:木本;落叶。花程式:K8-30,C0,A2,=↑(G)2-5。物候:-。果实:-。种子:-。海拔:-。生境:-。资源:-。栽培:-。全球1个大洲分布及属种数(2/12-21 hort.1)◆亚洲:1/ 10-19。【中国属种数:1/1】。

Haniffia Holttum 马来姜属 Zingiberaceae [MM-737] 特征纪要:习性:草本。花程式:(K)3,C3,A5,=↓(G)3。物候:-。海拔:80-3800米。生境:竹木林中。资源:-。全球1个大洲分布及种数(1-3)◆亚洲。

Hannafordia F. Müll. 灰毡麻属 Malvaceae [MD-203] 特征纪要:习性:木本。花程式:K3-5-∞,C3-5-∞,A10-8,=G1-5。其他特征参考科。全球3个大洲分布及种数(5-9)亚洲:2; 大洋洲:8; 南美洲:2。

Hannonia Braun-Blanq. & Maire 夕对莲属 Amaryllidaceae [MM-694] 特征纪要:习性:草本。花程式:-。其他特征参考科。全球4个大洲分布及种数(1-6)非洲:2; 大洋洲:3; 北美洲:1; 南美洲:2。

Hansalia Schott = **Amorphophallus**

Hansenia Turcz. 藁本属 Apiaceae [MD-480] 特征纪要:习性:草本。花程式:K5,C5,A5,=↓G(-)。物候:-。花期:8-9月。果期:参考晚于花期。海拔:50-5600米。生境:臭松岳桦林下。资源:-。全球1个大洲分布及种数(1-5)◆亚洲。【中国种数:4】。

Hanseniella C. Cusset 鳞瀑草属 Podostemaceae [MD-322] 特征纪要:习性:草本。花程式:Kn,C0,A10,G-。其他特征参考科。全球2个大洲分布及种数(2-5)亚洲:5; 南美洲:2。

Hanslia Schindl. 凹叶山蚂蝗属 Fabaceae3 [MD-240] 特征纪要:木本,落叶,复叶。花程式:K1-∞,C1-∞,A5-9,G(-),子房下位,周位。果实:无果颈。种子:棕色。全球3个大洲分布及种数(1)非洲:1,亚洲:1,大洋洲:1。

Hansteinia örst. 巴拿马爵床属 Acanthaceae [MD-572] 特征纪要:习性:-。花程式:-。其他特征参考科。全球2个大洲分布及种数(21)北美洲:17; 南美洲:17。

Hapale Schott = **Hapaline**

Hapaline Schott 细柄芋属 Araceae [MM-639] 特征纪要:习性:草本(基生,多肉)。花程式:-。物候:-。花期:4月。果期:参考晚于花期。海拔:300米。生境:热带森林。资源:具园艺种类。全球2个大洲分布及种数(9-12)亚洲:11; 北美洲:2。【中国种数:3】。

Hapalochilus (Schltr.) Senghas 石豆兰属 Orchidaceae [MM-723] 特征纪要:习性:-。花程式:-。物候:-。花期:参考早于果期。果期:10-11月。海拔:80-5200米。生境:柏树林下或草坡路旁,竹坡中。资源:-。全球1个大洲分布及种数(cf.1)◆大洋洲(◆美拉尼西亚)。

Hapalorchis Schltr. 纹箫兰属 Orchidaceae [MM-723] 特征纪要:习性:草本。花程式:(K)3,C3,A3,=↓(G)3。其他特征参考科。全球2个大洲分布及种数(13-28)北美洲:13; 南美洲:27。

Haplachne J. Presl = **Dimeria**

Haplanthodes Kuntze 宽丝爵床属 Acanthaceae [MD-572] 特征纪要:习性:草本。花程式:Kn,C0,A2-4,=(G)2。其他特征参考科。全球1个大洲分布及种数(-)◆亚洲:2。

Haplanthoides H. W. Li = **Andrographis**

Haplocarpha Less. 单托菊属 Asteraceae [MD-586] 特征纪要:习性:草本。花程式:(K)3-5,(C)3-5,A3-5,=↓G2。其他特征参考科。全球5个大洲分布及种数(9-24)非洲:21; 亚洲:2; 欧洲:4; 北美洲:4; 南美洲:2。

Haplocarya Phil. = **Nolana**

Haplochorema K. Schum. 凹唇姜属 Zingiberaceae [MM-737] 特征纪要:萼花区,落叶。花程式:(K),C,A(-),G(-),子房下位。果实:蒴果。种子:大,棕色或带黑色。全球1个大洲分布及种数(6)◆亚洲。

Haplocladium (Müll. Hal.) Müll. Hal. 微羽藓属 Thuidiaceae [B-184] 特征纪要:习性:-。【Rep】:雌雄同株异苞,蒴柄细长,平滑,孢蒴圆形至长圆柱形,多平展,蒴壁具气孔,环带发育,蒴齿两层。物候:-。海拔:960米。生境:岩面土生。资源:药用。全球5个大洲分布及种数(22)非洲:2;亚洲:18;欧洲:3;北美洲:4;南美洲:4。【中国种数:25】。

Haploclathra Benth. 单格藤黄属 Calophyllaceae [MD-140] 特征纪要:习性:木本。花程式:K1-3,C1-3,A1-3,G1-3。其他特征参考科。全球1个大洲分布及种数(4)◆南美洲。

Haplocoelopsis F. G. Davies 独患子属 Sapindaceae [MD-428] 特征纪要:习性:木本。花程式:K4-8,C4-8,A10,=(G)2-3。其他特征参考科。全球1个大洲分布及种数(1)◆非洲。

Haplocoelum Radlk. 单腔无患子属 Sapindaceae [MD-428] 特征纪要:习性:木本。花程式:K4-8,C4-8,A10,=G2-3。其他特征参考科。全球1个大洲分布及种数(3-10)◆非洲。

Haplodictyum C. Presl 一星蕨属 Hymenophyllaceae [F-21] 特征纪要:习性:-。【Rep】:孢子同形,囊群生叶背有盖-无盖。其他特征参考科。全球1个大洲分布及种数(cf.1)◆东南亚。

H

Haplodon R. Br. ex I. Hagen 书带藓属 Splachnaceae [B－143] 特征纪要:－。分布:－。

Haplodontium Hampe 带灯藓属 Bryaceae [B－146] 特征纪要:习性:－。【Rep】:孢子体不发达,雌雄异株或雌雄同株,蒴柄长,直立或稍弯曲,孢蒴多直立或倾立,稀横列或下垂,梨形、卵形或棒槌形。物候:－。海拔:－。生境:林下岩面生。栽培:来自广西龙州。资源:具栽培园艺种类。全球4个大洲分布及种数(17)非洲:4;亚洲:1;北美洲:3;南美洲:9。

Haplodypsis Baill. ＝ **Dypsis**

Haploesthes A. Gray 黄帚菊属 Asteraceae [MD－586] 特征纪要:习性:草本。花程式:(K)3－5,(C)3－5,A3－5,＝↓G2。其他特征参考科。全球2个大洲分布及种数(5－8)北美洲:6; 南美洲:1。

Haplohymenium Dozy & Molk. 多枝藓属 Anomodontaceae [B－209] 特征纪要:习性:－。【Rep】:雌雄同株,蒴柄长1.5－5毫米,孢蒴卵形,蒴齿内齿层较短,平滑,仅具低基膜,蒴帽兜形,基部开裂。物候:－。海拔:800米。生境:常见于树干,土生。资源:－。全球6个大洲分布及种数(8)非洲:2;亚洲:7;大洋洲:2;欧洲:2;北美洲:2;南美洲:1。【中国种数:18】。

Haplolejeunea Grolle 独鳞苔属 Lejeuneaceae [B－84] 特征纪要:习性:－。【Rep】:老时呈红褐色。其他特征参考科。全球2个大洲分布及种数(3)非洲:2;南美洲:1。

Haplolobus H. J. Lam 宿萼榄属 Burseraceae [MD－408] 特征纪要:木本。花程式:K3,C3,A2,＝(G)2－3。其他特征参考科。全球4个大洲分布及种数(34－49)非洲:21; 亚洲:40; 大洋洲:25; 南美洲:4。【中国种数:1】。

Haplolophium Cham. ＝ **Amphilophium**

Haplomitriaceae Dèdeek [B－2] 裸蒴苔科 特征纪要(参考 Archidiaceae):矮小,纤细,柔弱,土生藓类。【Rep】:雌雄同株或异株,雌苞叶较大,基部鞘状,渐向上呈披针形尖,蒴柄极短,孢蒴包于雌苞叶中,球形。全球6个大洲分布和属种数(1/7－11)非洲:1/2;亚洲:1/4－6;大洋洲:1/3－6;欧洲:1/2;北美洲:1/1－3;南美洲:1/2－4。【中国属种数:2/4】。

Haplomitrium Nees 裸蒴苔属 Haplomitriaceae [B－2] 特征纪要:习性:－。【Rep】:精子器黄色或橙黄色,着生于茎顶端,颈卵器2至多个,受精后颈卵器基部发育形成短筒状蒴帽。其他特征参考科。全球6个大洲分布及种数(8－9)非洲:2;亚洲:4－6;大洋洲:3－6;欧洲:2;北美洲:1－3;南美洲:2－4。【中国种数:3】。

Haplopappus Cass. 单冠菊属 Asteraceae [MD－586] 特征纪要:习性:草本。花程式:(K)3－5,C3－5,A3－5,＝↓(G)2。物候:－。海拔:－。生境:－。资源:具园艺种类。全球6个大洲分布及种数(67－497)非洲:3; 亚洲:15; 大洋洲:5; 欧洲:109; 北美洲:109; 南美洲:213。【中国种数:3】。

Haplophandra Pichon ＝ **Odontadenia**

Haplophlebia (Mart.) Lindl. 独桫椤属 Cyatheaceae [F－23] 特征纪要:－。全球1个大洲分布及种数(－)。

Haplophloga Baill. ＝ **Dypsis**

Haplophragma Dop ＝ **Fernandoa**

Haplophyllum A. Juss. 拟芸香属 Rutaceae [MD－399] 特征纪要:习性:木本。花程式:－。物候:－。花期:5月。果期:参考晚于花期。海拔:700米。生境:草地,河岸。栽培:来自广西龙州。资源:药用,具栽培园艺种类。全球6个大洲分布及种数(71－104;hort. 1;cult. 1)非洲:8－10;亚洲:62－87;大洋洲:1;欧洲:13－17;北美洲:1;南美洲:1。【中国种数:4】。

Haplophyton A. DC. 除蟑草属 Apocynaceae [MD－492] 特征纪要:习性:木本。花程式:K5－∞,C0,A15,↓G。其他特征参考科。全球1个大洲分布及种数(2)◆北美洲。

Haplopteris C. Presl 书带蕨属 Pteridaceae [F－31] 特征纪要:习性:－。【Rep】:孢子同形,囊群生叶背。物候:－。海拔:50－4200米。生境:常绿阔叶林,自然山坡地。资源:－。全球6个大洲分布及种数(33－38)非洲:9－10;亚洲:28－31;大洋洲:4－5;欧洲:1;北美洲:1－2;南美洲:1。【中国种数:11】。

Haplorhus Engl. 大角漆属 Anacardiaceae [MD－432] 特征纪要:习性:木本。花程式:K5,C5,A5－10,＝(G)1－3。其他特征参考科。全球1个大洲分布及种数(1)◆南美洲。

Haplormosia Harms 单叶红豆属 Fabaceae3 [MD－240] 特征纪要:习性:木本。花程式:K1－∞,C3－5－∞,A5－9,＝↓G1。其他特征参考科。全球1个大洲分布及种数(1)◆非洲。

Haplosciadium Hochst. 瘤果芹属 Apiaceae [MD－480] 特征纪要:习性:草本。花程式:Kn,C5,A5,＝↓G(－)。其他特征参考科。全球1个大洲分布及种数(1)◆非洲:1。

Haploseseli H. Wolff & Hand. －Mazz. 滇芎属 Apiaceae [MD－480] 特征纪要:习性:－。花程式:－。其他特征参考科。全球1个大洲分布及种数(cf. 1)◆亚洲。

Haplosphaera Hand. －Mazz. 单球芹属 Apiaceae [MD－480] 特征纪要:习性:－。花程式:－。物候:－。海拔:3000－3800米。生境:山坡林地。资源:－。全球4个大洲分布及种数(7)亚洲:4; 欧洲:1; 北美洲:1; 南美洲:2。

Haplospondias Kosterm. 单叶槟榔青属 Anacardiaceae [MD－432] 特征纪要:木本,落叶,单叶。花程式:K5－10,C5－10,A5－10,G(－),房位(－)。果实:－。种子:种皮膜质,纵折。全球1个大洲分布及种数(2)◆亚洲。

Haplostachys (A. Gray) Hillebr. 绉唇苏属 Lamiaceae [MD－575] 特征纪要:习性:草本。花程式:K2,C0,A2,↓G。其他特征参考科。全球2个大洲分布及种数(5－10)亚洲:7; 北美洲:9。

Haplostellis Endl. ＝ **Nervilia**

Haplostylis Nees ＝ **Rhynchospora**

Haplothismia Airy－Shaw 簇玉杯属 Burmanniaceae [MM－696] 特征纪要:习性:草本。花程式:(K)3,C3,A3,＝

↓(G)3。其他特征参考科。全球 1 个大洲分布及种数(1 -2)◆亚洲。

Haplozia Mitt. = **Aplozia**

Haptanthaceae C. Nelson [MD -130] 无知果科 特征纪要:习性:木本;落叶。花程式:K4 -5(-),C0,A,G -。物候:-。果实:-。种子:-。海拔:-。生境:-。资源:-。栽培:-。全球 1 个大洲分布及属种数(2/3 hort. 1)◆中美洲:1/ 1。

Haptanthus Goldberg & C. Nelson 无知果属 Haptanthaceae [MD -130] 特征纪要:习性:木本。花程式:Kn,C0,A3 参考科,↓G -参考科。其他特征参考科。全球 1 个大洲分布及种数(1)◆中美洲(◆洪都拉斯)。

Haptocarpum Ule 系果属 Cleomaceae [MD -210] 特征纪要:习性:-。花程式:-。其他特征参考科。全球 1 个大洲分布及种数(1)◆南美洲(◆巴西)。

Haptotrichion Paul G. Wilson 尖柱鼠麹草属 Asteraceae [MD -586] 特征纪要:习性:草本。花程式:(K)3 -5,(C) 3 -5,A3 -5,↓G。其他特征参考科。全球 1 个大洲分布及种数(1 -2)◆大洋洲(◆澳大利亚)。

Haptymenium Arn. ex Fürnr. 腋苞藓属 Pterigynandraceae [B -175] 特征纪要:-。全球 1 个大洲分布及种数(-)。

Haraella Kudô 香兰属 Orchidaceae [MM -723] 特征纪要:习性:-。花程式:-。物候:-。花期:7 -11 月。果期:参考晚于花期。海拔:500 -1500 米。生境:阔叶林。资源:-。全球 2 个大洲分布及种数(10)亚洲:5; 南美洲:6。

Harashuteria K. Ohashi & H. Ohashi 亚香兰属 Orchidaceae [MM -723] 特征纪要:习性:草本。花程式:(K -),C2 -3 参考科,A3 参考科,↓G -。物候:-。花期:参考早于果期。果期:10 -11 月。海拔:80 -5200 米。生境:柏树林下或草坡路旁,竹坡中。资源:-。全球 1 个大洲分布及种数(1) ◆亚洲:1。

Harbouria J. M. Coult. & Rose 小帚芹属 Apiaceae [MD -480] 特征纪要:习性:草本。花程式:K5,C5,A5,=↓G (-)。其他特征参考科。全球 1 个大洲分布及种数(1)◆北美洲(◆美国)。

Hardenbergia Benth. 一叶豆属 Fabaceae3 [MD -240] 特征纪要:习性:木本。花程式:K1 -∞,C1 -∞,A5 -9,=↓G1。物候:-。海拔:-。生境:-。资源:具栽培园艺种类。全球 5 个大洲分布及种数(3 -16)亚洲:4; 大洋洲:11; 欧洲:2; 北美洲:2; 南美洲:4。【中国种数:2】。

Hardingia Docha Neto & Baptista = **Gomesa**

Harfordia Greene & Parry 大荠蓼属 Polygonaceae [MD -120] 特征纪要:习性:草本。花程式:K2 -3,C0,A2,=G2 -3。其他特征参考科。全球 1 个大洲分布及种数(1)◆北美洲。

Hargasseria Schiede & Deppe ex C. A. Mey. = **Daphnopsis**

Hariota DC. 猿恋苇属 Cactaceae [MD -100] 特征纪要:习性:-。花程式:-。其他特征参考科。全球 1 个大洲分布及种数(1 -2)◆南美洲。

Harleya S. F. Blake 无冠斑鸠菊属 Asteraceae [MD -586] 特征纪要:习性:草本。花程式:(K -),(C)3 -5,A3 参考科,↓G。其他特征参考科。全球 1 个大洲分布及种数(1)◆北美洲(◆墨西哥)。

Harleyodendron R. S. Cowan 巴西单叶豆属 Fabaceae3 [MD -240] 特征纪要:习性:木本。花程式:K1 -∞,C1 -∞,A5 -9,=↓G1。其他特征参考科。全球 1 个大洲分布及种数(1)◆南美洲。

Harmandia Pierre ex Baill. 毡帽果属 Olacaceae [MD -362] 特征纪要:习性:木本。花程式:-。其他特征参考科。全球 2 个大洲分布及种数(1 -10)亚洲:10; 南美洲:5。【中国种数:1】。

Harmandiella Costantin 南美银竹桃属 Apocynaceae [MD -492] 特征纪要:习性:木本。花程式:-。其他特征参考科。全球 2 个大洲分布及种数(1 -3)亚洲:2; 南美洲:2。

Harmogia S. Schaür 密叶岗松属 Myrtaceae [MD -347] 特征纪要:习性:木本。花程式:K4 -5,C4 -5,A8 -10,=↓(G)2 -5。其他特征参考科。全球 2 个大洲分布及种数(1 -20)亚洲:3; 大洋洲:11。

Harmonia B. G. Baldwin 星黄菊属 Asteraceae [MD -586] 特征纪要:习性:草本。花程式:(K)3 -5,(C)3 -5,A3 -5,↓G。其他特征参考科。全球 3 个大洲分布及种数(5 -8)亚洲:2; 北美洲:8; 南美洲:2。

Harmsia K. Schum. 哈姆斯梧桐属 Malvaceae [MD -203] 特征纪要:习性:木本。花程式:K3 -5 -∞,C5,A5 -10,=G1 -5。其他特征参考科。全球 1 个大洲分布及种数(1 -2)◆非洲。

Harmsiodoxa O. E. Schulz 澳旱芥属 Brassicaceae [MD -213] 特征纪要:习性:草本。花程式:K2 -4,C2 -4,A2 -4,=(G)2。其他特征参考科。全球 2 个大洲分布及种数(3 -5)大洋洲:3; 南美洲:1。

Harmsiopanax Warb. 哈姆参属 Araliaceae [MD -471] 特征纪要:习性:木本。花程式:K1 -∞,C1 -∞,A2,=↓(G)2 -5。物候:-。海拔:1 -4200 米。生境:森林,竹林中。资源:-。全球 4 个大洲分布及种数(4 -8)非洲:5; 亚洲:6; 大洋洲:4; 南美洲:2。

Harnackia Urb. 三裂藤菊属 Asteraceae [MD -586] 特征纪要:习性:草本。花程式:(K)3 -5,C3 -5,A3 -5,=↓(G)2。其他特征参考科。全球 1 个大洲分布及种数(1)◆北美洲(◆古巴)。

Harpachne Hochst. ex A. Rich. 镰稃草属 Poaceae [MM -748] 特征纪要:习性:草本(基生)。花程式:(K -),C0 参考科,A3 参考科,=(G)2 -3。物候:-。海拔:10 -5600 米。生境:平地。资源:-。全球 2 个大洲分布及种数(4)非洲:2;亚洲:cf. 1。【中国种数:1】。

Harpagocarpus Hutch. & Dandy 钩荞麦属 Polygonaceae [MD -120] 特征纪要:习性:草本。花程式:Kn,C0,A2,↓G -参考科。其他特征参考科。全球 1 个大洲分布及种数(1)◆非洲。

Harpagonella A. Gray 钩弋草属 Boraginaceae [MD -517] 特征纪要:习性:草本。花程式:K5,C0,A5,↓G。其他特征参考科。全球 1 个大洲分布及种数(2)◆北美洲。

Harpagophytum DC. ex Meisn. 爪钩草属 Pedaliaceae [MD -539] 特征纪要:习性:木本。花程式:K5,C0,A10,↓G

H

-。物候:-。海拔:-。生境:-。资源:具园艺种类。全球 2 个大洲分布及种数(5-14)非洲:12; 北美洲:2。

Harpalejeunea (Spruce) Schiffn. 镰叶苔属 Lejeuneaceae [B-84] 特征纪要:习性:-。【Rep】:老时呈红褐色。物候:-。海拔:-。生境:山坡,针阔混交林中。资源:-。全球 6 个大洲分布及种数(28)非洲:1;亚洲:2;大洋洲:3;欧洲:1;北美洲:3;南美洲:20。

Harpalyce Sessé & Moç. ex DC. 猎豆属 Fabaceae3 [MD-240] 特征纪要:习性:-。花程式:-。其他特征参考科。全球 2 个大洲分布及种数(36)北美洲:27;南美洲:11。

Harpanema Decne. = **Nonea**

Harpanthus Nees 无知果科属 Geocalycaceae [B-49] 特征纪要:习性:-。花程式:-。物候:-。海拔:-。生境:岩面土生。资源:-。全球 2 个大洲分布及种数(4)亚洲:cf. 1;北美洲:3。

Harpephyllum Bernh. 镰枣属 Anacardiaceae [MD-432] 特征纪要:习性:木本。花程式:-。其他特征参考科。全球 5 个大洲分布及种数(1-2)非洲:2; 大洋洲:2; 欧洲:2; 北美洲:2; 南美洲:2。

Harperella Rose 丝裂芹属 Apiaceae [MD-480] 特征纪要:习性:-。花程式:-。其他特征参考科。全球 2 个大洲分布及种数(1-4)亚洲:1; 北美洲:3。

Harperia W. Fitzg. 宿鞘灯草属 Apiaceae [MD-480] 特征纪要:习性:-。花程式:-。其他特征参考科。全球 4 个大洲分布及种数(12)亚洲:2; 大洋洲:10; 北美洲:2; 南美洲:4。

Harperocallis McDaniel 金菱花属 Tofieldiaceae [MM-617] 特征纪要:习性:草本。花程式:(K)3-∞,C3-∞ 参考科,A6-9,G3- 参考科。其他特征参考科。全球 2 个大洲分布及种数(11-12)北美洲:1;南美洲:9-10。

Harpidium (Sull.) Spruce 镰刀藓属 Amblystegiaceae [B-178] 特征纪要:习性:-。【Rep】:-。物候:-。海拔:-。生境:常见于腐木生,沼泽土生。资源:-。分布:-。

Harpochilus Nees 镰唇爵床属 Acanthaceae [MD-572] 特征纪要:习性:草本。花程式:K2-4,C0,A2-4,=(G)2。其他特征参考科。全球 2 个大洲分布及种数(3-10)亚洲:5; 南美洲:10。【中国种数:1】。

Harpochloa Kunth 毛虫草属 Poaceae [MM-748] 特征纪要:习性:草本。花程式:(K)3,C0 参考科,A1-2,=G2-3。其他特征参考科。全球 4 个大洲分布及种数(2-6)非洲:5; 亚洲:2; 北美洲:2; 南美洲:2。

Harpophyllum P. & K. 枣藓属 Hookeriaceae [B-164] 特征纪要:习性:-。【Rep】:雌雄异苞同株,蒴柄红色或橙红色,平滑,孢蒴平列或下垂,长卵形,环带发达,易脱落,蒴齿两层。其他特征参考科。全球 1 个大洲分布及种数(1)◆北美洲。

Harpullia Roxb. 假山罗属 Sapindaceae [MD-428] 特征纪要:习性:木本。花程式:K5,C5,A5,G-。物候:-。花期:春季-夏天。果期:参考晚于花期。海拔:700 米。生境:平地路上阳处,杂林。资源:材用,具栽培园艺种类。全球 6 个大洲分布及种数(41-47)非洲:20-23;亚洲:14-17;大洋洲:32-37;欧洲:2;北美洲:4-7;南美洲:3-6。【中国种数:2】。

Harrimanella Coville 鲜石南属 Ericaceae [MD-380] 特征纪要:习性:-。花程式:-。其他特征参考科。全球 3 个大洲分布及种数(4)亚洲:2; 北美洲:3; 南美洲:1。

Harrisella Fawc. & Rendle 铃实兰属 Orchidaceae [MM-723] 特征纪要:习性:-。花程式:-。其他特征参考科。全球 3 个大洲分布及种数(4)大洋洲:2; 北美洲:3; 南美洲:2。

Harrisia Britton 苹果柱属 Cactaceae [MD-100] 特征纪要:习性:木本。花程式:K1-∞,C1-∞,A3-100,=↓G3-100-。其他特征参考科。全球 6 个大洲分布及种数(18-36)非洲:4; 亚洲:5; 大洋洲:6; 欧洲:21; 北美洲:21; 南美洲:31。

Harrisonia R. Br. ex A. Juss. 牛筋果属 Simaroubaceae [MD-424] 特征纪要:习性:-。花程式:-。物候:-。花期:4-5 月。果期:参考晚于花期。海拔:100 米。生境:疏林,灌木丛。资源:药用。全球 6 个大洲分布及种数(5-7)非洲:1-2;亚洲:4-6;大洋洲:1;欧洲:1;北美洲:1;南美洲:1-2。【中国种数:1】。

Harrysmithia H. Wolff 细裂芹属 Apiaceae [MD-480] 特征纪要:习性:草本(基生)。花程式:Kn,C5,A3 参考科,=↓G(-)。物候:-。海拔:3300 米。生境:高山草地,山坡。资源:具栽培园艺种类。全球 1 个大洲分布及种数(2-3)◆亚洲(◆中国)。【中国种数:2】。

Hartia Dunn 折柄茶属 Theaceae [MD-168] 特征纪要:习性:-。花程式:-。物候:-。花期:6-7 月。果期:参考晚于花期。海拔:100-3500 米。生境:土地。资源:-。全球 2 个大洲分布及种数(56)亚洲:29; 南美洲:23。

Hartigia Miq. = **Miconia**

Hartigsea Steud. = **Aglaia**

Hartleya Sleumer 帽丝木属 Stemonuraceae [MD-440] 特征纪要:习性:木本。花程式:K4,C4,A2,=(G)2-3。其他特征参考科。全球 3 个大洲分布及种数(1-2)非洲:2; 亚洲:2; 大洋洲:2。

Hartliella Eb. Fisch. 陌上菜属 Linderniaceae [MD-534] 特征纪要:习性:草本。花程式:Kn,C0,A4,↓G。其他特征参考科。全球 3 个大洲分布及种数(4-7)非洲:4; 北美洲:1; 南美洲:1。

Hartmaniella M. L. Zhang & Rabeler 石竹科属 Caryophyllaceae [MD-77] 特征纪要:习性:草本。花程式:K5,C5-4,A10,G-。其他特征参考科。全球 1 个大洲分布及种数(2)◆北美洲。

Hartmannia (Bl.) DC. 槌果草属 Asteraceae [MD-586] 特征纪要:习性:-。花程式:-。其他特征参考科。全球 3 个大洲分布及种数(17)亚洲:2; 北美洲:4; 南美洲:4。

Hartmanthus S. A. Hammer 露子花属 Aizoaceae [MD-94] 特征纪要:习性:灌木。花程式:Kn,C2-3 参考科,A5 参考科,=↓G-。其他特征参考科。全球 1 个大洲分布及种数(1-2)◆非洲:1-2。

Hartogiopsis H. Perrier 马达弯卫矛属 Celastraceae [MD-339] 特征纪要:习性:木本。花程式:Kn,C2-3 参考科,A10,G-。其他特征参考科。全球 1 个大洲分布及种数(1)◆非洲。

Hartwrightia A. Gray 五肋菊属 Asteraceae［MD－586］特征纪要:习性:草本。花程式:(K)3－5,(C)3－5,A3－5,↓G。其他特征参考科。全球2个大洲分布及种数(1－2)亚洲:1; 北美洲:2。

Harungana Lam. 合掌树属 Hypericaceae［MD－119］特征纪要:习性:木本。花程式:K1－3,C1－3,A1－3,G1－3。其他特征参考科。全球4个大洲分布及种数(3－112)非洲:111; 亚洲:4; 大洋洲:2; 南美洲:3。【中国种数:1】。

Harveya Hook. 油藓属 Orobanchaceae［MD－552］特征纪要:习性:草本。【Rep】:－。其他特征参考科。全球6个大洲分布及种数(30－71)非洲:55; 亚洲:5; 大洋洲:2; 欧洲:3; 北美洲:3; 南美洲:8。

Haselhoffia Lindau. 非洲阔爵床属 Acanthaceae［MD－572］特征纪要:习性:－。花程式:－。其他特征参考科。全球1个大洲分布及种数(cf. 1)◆非洲。

Hassea <unassigned> 凯囊藓属 Symplocaceae［MD－373］特征纪要和分布(－)。分布:－。

Hasseltia Kunth 骨柞属 Salicaceae［MD－123］特征纪要:习性:－。花程式:－。其他特征参考科。全球2个大洲分布及种数(5－8)北美洲:3;南美洲:3－6。

Hasseltiopsis Sleumer 多蕊骨柞属 Salicaceae［MD－123］特征纪要:习性:木本。花程式:－。其他特征参考科。全球2个大洲分布及种数(2)北美洲:1;南美洲:cf. 1。

Hasteola Raf. 戟叶菊属 Asteraceae［MD－586］特征纪要:习性:草本。花程式:(K)3－5,C3－5,A3－5,＝↓(G)2。物候:－。花期:7－10月。果期:参考晚于花期。海拔:6000米。生境:阿尔泰山地针叶林带山沟,柞林下路旁。资源:－。全球4个大洲分布及种数(3－16)亚洲:7; 欧洲:3; 北美洲:3; 南美洲:11。【中国种数:1】。

Hastingia K. D. König ex Sm. 唇形科属 Verbenaceae［MD－556］特征纪要:习性:－。花程式:－。其他特征参考科。全球2个大洲分布及种数(5)北美洲:1; 南美洲:1。

Hastingsia S. Watson 灯草百合属 Asparagaceae［MM－669］特征纪要:习性:草本。花程式:(K)3,C0参考科,A3参考科,G3－参考科。其他特征参考科。全球1个大洲分布及种数(5－6)◆北美洲(◆美国)。

Hatiora Britton & Rose 猿恋苇属 Cactaceae［MD－100］特征纪要:习性:木本。花程式:K1－∞,C1－∞,A3－100,＝↓G3－100－。物候:－。海拔:－。生境:－。资源:具园艺种类。全球3个大洲分布及种数(3－17)亚洲:5; 北美洲:4; 南美洲:14。

Hatschbachiella R. M. King & H. Rob. 泽兰属 Asteraceae［MD－586］特征纪要:习性:草本。花程式:(K)3－5,(C)3－5,A3－5,↓G。其他特征参考科。全球2个大洲分布及种数(2－3)北美洲:2; 南美洲:3。

Hattoria R. M. Schust. 服部苔属 Anastrophyllaceae［B－60］特征纪要:习性:－。【Rep】:雌苞叶和雌苞腹叶无纤毛和齿,具蒴囊,蒴萼近圆形,口部具细圆齿或突起,蒴壁2层细胞。物候:－。海拔:－。生境:常见于腐木上。栽培:来自广西龙州。资源:具栽培园艺种类。全球1个大洲分布及种数(3)◆亚洲:3。

Hattorianthus R. M. Schust. & Inoue 拟带叶苔属 Moerckiaceae［B－29］特征纪要:习性:－。【Rep】:雌雄苞无特化生殖枝,雄苞2列至多列着生中肋背面,颈卵器群生,孢蒴通常圆柱形,成熟时不完全2－4瓣裂。物候:－。海拔:－。生境:山谷林下。资源:－。全球1个大洲分布及种数(－)。【中国种数:2】。

Hattoriella Stephani 裂叶苔属 Jungermanniaceae［B－38］特征纪要:－。全球1个大洲分布及种数(－)。

Hattorioceros (J. Haseg.) J. Haseg. 服角苔属 Notothyladaceae［B－93］特征纪要:习性:－。【Rep】:雌雄多同株,精子器着生封闭的腔内,孢蒴长角状,基部由筒状苞膜所包围,胞壁常具气孔,孢子多黑褐色。其他特征参考科。全球1个大洲分布及种数(cf. 1)◆亚洲。

Hattoriolejeunea Mizut. 细角苔属 Lejeuneaceae［B－84］特征纪要:习性:－。【Rep】:老时呈红褐色。其他特征参考科。全球1个大洲分布及种数(1)◆非洲。

Haumania J. Léonard 宿苞竹芋属 Marantaceae［MM－740］特征纪要:习性:草本。花程式:(K)3,C3,A3－4,＝↓G3。其他特征参考科。全球3个大洲分布及种数(4－6)非洲:5; 亚洲:2; 大洋洲:2。

Haumaniastrum P. A. Duvign. & Plancke 豪曼草属 Lamiaceae［MD－575］特征纪要:习性:草本。花程式:K2,C0,A2,＝↓G2。其他特征参考科。全球3个大洲分布及种数(40－75)非洲:72; 亚洲:4; 南美洲:2。【中国种数:2】。

Haussknechtia Boiss. 氨胶芹属 Apiaceae［MD－480］特征纪要:习性:草本。花程式:Kn,C5参考科,A5参考科,＝↓G(－)。其他特征参考科。全球1个大洲分布及种数(1)◆亚洲(◆伊朗)。

Hauya DC. 待宵木属 Onagraceae［MD－396］特征纪要:习性:草本。花程式:K4,C4,A1－2,＝↓G4－7。其他特征参考科。全球4个大洲分布及种数(3－32)亚洲:2; 大洋洲:2; 北美洲:5; 南美洲:2。

Havardia Small 哈瓦豆属 Fabaceae2［MD－240］特征纪要:习性:木本。花程式:K3－5－∞,C3－5－∞,A1－10－50,＝↓G1。其他特征参考科。全球3个大洲分布及种数(9－10)大洋洲:1;北美洲:8;南美洲:7。

Havetia Kunth 阿韦猪胶树属 Clusiaceae［MD－141］特征纪要:习性:－。花程式:－。其他特征参考科。全球1个大洲分布及种数(2－3)◆南美洲。

Havetiopsis Planch. & Triana 猪胶树属 Clusiaceae［MD－141］特征纪要:习性:木本。花程式:－。其他特征参考科。全球2个大洲分布及种数(8)北美洲:2; 南美洲:8。

Hawkesiophyton Hunz. 霍克斯茄属 Solanaceae［MD－503］特征纪要:习性:灌木。花程式:K3－4,C0,A3－4,＝G2。其他特征参考科。全球2个大洲分布及种数(4－5)北美洲:1;南美洲:3。

Hawksworthiana <unassigned> 孢芽藓科属 Sorapillaceae［B－212］特征纪要:－。全球1个大洲分布及种数(－)。

Haworthia Duval 珠纹卷属 Asphodelaceae［MM－649］特征纪要:习性:草本。花程式:Kn,C0参考科,A3参考科,G3参考科。物候:－。海拔:－。生境:－。资源:具栽培园艺种类。全球6个大洲分布及种数(153－562)非洲:348; 亚洲:9; 大洋洲:3; 欧洲:12; 北美洲:12; 南美洲:4。

H

Haworthiopsis G. D. Rowley 阿福花科属 Asphodelaceae [MM－649] 特征纪要:习性:草本。花程式:－。其他特征参考科。全球 2 个大洲分布及种数(45－84)非洲:47; 北美洲:5。

Haya Balf. f. 石轮草属 Caryophyllaceae [MD－77] 特征纪要:－。全球 1 个大洲分布及种数(1)◆亚洲(◆也门)。

Hayataella Masam. = **Ophiorrhiza**

Haydenia M. P. Simmons 美洲裸实属 Celastraceae [MD－339] 特征纪要:习性:－。花程式:－。其他特征参考科。全球 3 个大洲分布及种数(cf. 1):亚洲;北美洲;南美洲。

Haydenoxylon M. P. Simmons 美洲裸实属 Celastraceae [MD－339] 特征纪要:习性:木本。花程式:K2－3,C2－3,A10,G－。其他特征参考科。全球 2 个大洲分布及种数(5－6)北美洲:1;南美洲:3。

Haydonia R. Wilczek = **Vigna**

Haymondia A. N. Egan & B. Pan 须弥葛属 Fabaceae3 [MD－240] 特征纪要:习性:－。花程式:－。其他特征参考科。全球 1 个大洲分布及种数(－)。

Haynaldoticum Cif. & Giacom. 须根草属 Poaceae [MM－748] 特征纪要:习性:草本。花程式:(K－),C0 参考科,A3 参考科,↓G－参考科。其他特征参考科。全球 0 个大洲分布及种数(1－5)。

Hazardia Greene 毛菀木属 Asteraceae [MD－586] 特征纪要:习性:草本。花程式:(K)3－5,C3－5,A3－5,=↓(G)2。其他特征参考科。全球 3 个大洲分布及种数(16－23)非洲:2; 北美洲:20; 南美洲:1。

Hazomalania Capuron 莲叶桐属 Hernandiaceae [MD－24] 特征纪要:习性:木本。花程式:－。其他特征参考科。全球 1 个大洲分布及种数(cf. 1)◆非洲。

Hazunta Pichon = **Tabernaemontana**

Hebanthe Mart. 藤棉苋属 Amaranthaceae [MD－116] 特征纪要:习性:草本。花程式:K1－2,C0,A1－2,=G2－3。其他特征参考科。全球 6 个大洲分布及种数(12－16;hort. 1;cult. 2)非洲:1;亚洲:1;大洋洲:1;欧洲:1;北美洲:4－6;南美洲:10－11。

Hebanthodes Pedersen 秘鲁苋属 Amaranthaceae [MD－116] 特征纪要:习性:草本。花程式:Kn,C0,A1－2,=(G)2－3。其他特征参考科。全球 1 个大洲分布及种数(1)◆南美洲(◆秘鲁)。

Hebantia G. L. Merr. 智利金发藓属 Polytrichaceae [B－101] 特征纪要:习性:－。【Rep】:孢子同形,雌雄异株,稀雌雄同株,蒴柄细长,孢蒴长圆柱形,单生或多个簇生,蒴齿单层,齿片 32,棕红色,蒴盖圆锥形。其他特征参考科。全球 1 个大洲分布及种数(1)◆南美洲。

Hebe Comm. ex Juss. 长阶花属 Plantaginaceae [MD－527] 特征纪要:习性:－。花程式:－。其他特征参考科。全球 6 个大洲分布及种数(150)非洲:10; 亚洲:12; 大洋洲:77; 欧洲:25; 北美洲:25; 南美洲:12。

Hebea (Pers.) R. Hedw. 非洲鸢尾属 Iridaceae [MM－700] 特征纪要和分布(－)。全球 1 个大洲分布及种数(3)◆非洲。

Hebeandra Bonpl. = **Monnina**

Hebecarpa (Chodat) J. R. Abbott 玻利远志属 Polygalaceae [MD－291] 特征纪要:习性:木本。花程式:－。其他特征参考科。全球 3 个大洲分布及种数(19－22)亚洲:3; 北美洲:19; 南美洲:13。

Hebecladus Miers 岩茄属 Solanaceae [MD－503] 特征纪要:－。全球 3 个大洲分布及种数(17)大洋洲:2; 北美洲:2; 南美洲:16。

Hebeclinium DC. 毛泽兰属 Asteraceae [MD－586] 特征纪要:习性:草本。花程式:(K)3－5,(C)3－5,A3－5,=↓G2。其他特征参考科。全球 6 个大洲分布及种数(28－38)非洲:2; 亚洲:2; 大洋洲:2; 欧洲:10; 北美洲:10; 南美洲:27。

Hebecocca Beurl. = **Omphalea**

Hebenstreitia L. = **Hebenstretia**

Hebenstretia L. 翘掌花属 Scrophulariaceae [MD－536] 特征纪要:习性:灌木。花程式:－。其他特征参考科。全球 6 个大洲分布及种数(26－66)非洲:53; 亚洲:5; 大洋洲:8; 欧洲:3; 北美洲:3; 南美洲:7。

Hebepetalum Benth. 沙麻木属 Linaceae [MD－315] 特征纪要:习性:木本。花程式:K5,C5,A1,=G2－3。其他特征参考科。全球 1 个大洲分布及种数(6)◆南美洲。

Heberdenia Banks ex A. DC. 铁仔属 Primulaceae [MD－401] 特征纪要:习性:草本。花程式:－。其他特征参考科。全球 2 个大洲分布及种数(1－2) 北美洲;南美洲。

Hebestigma Urb. 假刺槐属 Fabaceae3 [MD－240] 特征纪要:木本,落叶,复叶。花程式:K1－∞,C1－∞,A5－9,G(－),周位。果实:无果颈。种子:棕色。全球 1 个大洲分布及种数(1)◆北美洲。【中国种数:1】。

Hebokia Raf. = **Euscaphis**

Hecastocleis A. Gray 银刺头属 Asteraceae [MD－586] 特征纪要:习性:灌木。花程式:(K)3－5,(C)3－5,A3－5,↓G。其他特征参考科。全球 1 个大洲分布及种数(1)◆北美洲(◆美国)。

Hecatea Thou. = **Omphalea**

Hecatostemon S. F. Blake 百蕊木属 Salicaceae [MD－123] 特征纪要:习性:－。花程式:－。其他特征参考科。全球 1 个大洲分布及种数(1)◆南美洲。

Hechtia Klotzsch 刺齿凤梨属 Bromeliaceae [MM－715] 特征纪要:习性:草本。花程式:(K)3,C3,A6,=↓G3。其他特征参考科。全球 4 个大洲分布及种数(91－124)亚洲:2; 大洋洲:2; 北美洲:97; 南美洲:17。【中国种数:1】。

Hecistopteris J. Sm. 微带蕨属 Pteridaceae [F－31] 特征纪要:习性:－。【Rep】:孢子同形,囊群生叶背无盖。其他特征参考科。全球 3 个大洲分布及种数(3－8)亚洲:2; 北美洲:3; 南美洲:5。【中国种数:1】。

Heckeldora Pierre 围盘楝属 Meliaceae [MD－414] 特征纪要:习性:木本。花程式:K3－5,C3－5,A6,=(G)1－2。

其他特征参考科。全球 2 个大洲分布及种数(7－12)非洲:7; 南美洲:1。

Hectorella Hook. f. 寒寿蓬属 Hectorellaceae [MD－86] 特征纪要(同科)。全球 1 个大洲分布及种数(1)◆大洋洲。

Hectorellaceae Phil. & Skipw. [MD－86] 异石竹科 特征纪要:习性:草本;落叶。花程式:K3,C3,A3,↑G2. 物候:－。果实:－。种子:－。海拔:－。生境:－。资源:－。栽培:－。全球 1 个大洲分布及属种数(3/3－6 hort. 1)◆大洋洲:3/3－5。

Hedbergia Molau 绯铃草属 Orobanchaceae [MD－552] 特征纪要:习性:草本。花程式:－。其他特征参考科。全球 2 个大洲分布及种数(4－5)非洲:4; 亚洲:1。

Hedenaesia Huttunen & Ignatov 纽青藓属 Brachytheciaceae [B－187] 特征纪要:习性:－。【Rep】:绿色或棕绿色。其他特征参考科。全球 1 个大洲分布及种数(2)◆大洋洲。

Hedenasiastrum Ignatov & Vanderp. 青藓科属 Brachytheciaceae [B－187] 特征纪要:－。全球 1 个大洲分布及种数(－)。

Hedeoma Pers. 甘薄荷属 Lamiaceae [MD－575] 特征纪要:习性:草本。花程式:K2,C0,A2,＝↓G2。其他特征参考科。全球 6 个大洲分布及种数(38－50;hort. 1;cult. 1)非洲:30;亚洲:2－32;大洋洲:30;欧洲:30;北美洲:32－73;南美洲:10－41。

Hedeomoides (A. Gray) Briq. 唇形科属 Lamiaceae [MD－575] 特征纪要:习性:－。花程式:－。其他特征参考科。分布:－。

Hedera L. 常春藤属 Araliaceae [MD－471] 特征纪要:习性:木质攀援。花程式:Kn,(C)5 齿裂,A5,↓G－5。物候:－。花期:9－11 月。果期:参考晚于花期。海拔:3500 米。生境:附生于山地杂木林中大树上。资源:药用,具栽培园艺种类。全球 6 个大洲分布及种数(15－27;hort. 1;cult. 5)非洲:5－12;亚洲:9－16;大洋洲:2－7;欧洲:8－16;北美洲:8－14;南美洲:2－8。【中国种数:5】。

Hederaceae Giseke ＝ Araliaceae

Hederopsis C. B. Clarke ＝ **Macropanax**

Hederorkis Thou. 洋萝兰属 Orchidaceae [MM－723] 特征纪要:习性:草本。花程式:(K)3,C3,A3,＝↓G3。其他特征参考科。全球 2 个大洲分布及种数(2－4)非洲:4; 亚洲:3。

Hedinia Ostenf. 藏荠属 Brassicaceae [MD－213] 特征纪要:习性:草本(基生)。花程式:Kn,C2－3 参考科,A3 参考科,G－。物候:－。花期:6－8 月。果期:参考晚于花期。海拔:3900－5200 米。生境:高山草甸,草原,碎石,沙质斜坡。资源:－。全球 2 个大洲分布及种数(1－8)亚洲:4; 南美洲:2。【中国种数:1】。

Hediniopsis Botsch. & V. V. Petrovsky ＝ **Hedinia**

Hedlundia Sennikov & Kurtto 苦莓草属 Rosaceae [MD－246] 特征纪要:习性:木本。花程式:Kn,C2－3 参考科,A3 参考科,＝↓G(－)。物候:－。海拔:50－5400 米。生境:沼泽地,自然山坡地。资源:－。全球 3 个大洲分布及种数(34)亚洲:6;欧洲:33;北美洲:2。

Hedosyne Strother 愉悦菊属 Asteraceae [MD－586] 特征纪要:习性:草本。花程式:(K)3－5,(C)3－5,A3－5,↓G)。其他特征参考科。全球 3 个大洲分布及种数(2－9)欧洲:3; 北美洲:3; 南美洲:1。

Hedraianthera F. Müll. 小南瓜属 Celastraceae [MD－339] 特征纪要:习性:木本。花程式:Kn,C2－3 参考科,A3－5,＝↓G(－)。其他特征参考科。全球 1 个大洲分布及种数(1)◆大洋洲(◆澳大利亚)。

Hedraiostylus Hassk. ＝ **Plukenetia**

Hedstromia A. C. Sm. 斐济茜属 Rubiaceae [MD－523] 特征纪要:习性:木本。花程式:(K)4－5,(C)4－5,A4－5,＝↓(G)2－9。其他特征参考科。全球 1 个大洲分布及种数(1)◆大洋洲。

Hedusa Raf. ＝ **Dissotis**

Hedwigia P. Beauv. 虎尾藓属 Hedwigiaceae [B－138] 特征纪要:习性:－。【Rep】:呈深绿色、棕黄色至黑褐色。物候:－。海拔:900 米。生境:岩面土生。资源:－。全球 6 个大洲分布及种数(15)非洲:5;亚洲:5;大洋洲:3;欧洲:6;北美洲:7;南美洲:4。【中国种数:4】。

Hedwigiaceae Schimp. [B－138] 虎尾藓科 特征纪要:一般纤细,黄绿色、绿色、暗绿色至褐色,紧贴树上。【Rep】:雌雄同株,雄苞叶少数,卵形,隔丝少数或无,雌苞叶稍长,直立,蒴柄略长,孢蒴卵形,稍伸出苞叶,蒴齿多退,雌雄同株,雄苞于茎上侧生,雌苞于分枝顶端,雌苞叶较大,卵状披针形,内凹,有时细长毛尖,蒴柄短。全球 6 个大洲分布和属种数(6/66)亚洲:4/14;大洋洲:4/11;欧洲:4/9;北美洲:5/17;南美洲:5/34。【中国属种数:2/9】。

Hedwigidium Bruch & Schimp. 棕尾藓属 Hedwigiaceae [B－138] 特征纪要:习性:－。【Rep】:或带紫红色。物候:－。海拔:－。生境:常见于岩石或树干。资源:－。全球 6 个大洲分布及种数(6)非洲:1;亚洲:1;大洋洲:3;欧洲:1;北美洲:2;南美洲:3。

Hedycarya J. R. Forst. & G. Forst. 蜜盘桂属 Monimiaceae [MD－20] 特征纪要:习性:木本。花程式:K1－∞,C0,A10－150,G1－3。其他特征参考科。全球 3 个大洲分布及种数(1－26)亚洲:1;大洋洲:24;北美洲:2。【中国种数:1】。

Hedycaryopsis Danguy ＝ **Ephippiandra**

Hedychium J. König 姜花属 Zingiberaceae [MM－737] 特征纪要:习性:草本(具根状茎)。花程式:－。物候:－。花期:9 月。果期:参考晚于花期。海拔:100－3400 米。生境:常绿阔叶林,疏林下。资源:药用,具栽培园艺种类。全球 6 个大洲分布及种数(54－112;hort. 1;cult. 2)非洲:9－10;亚洲:52－96;大洋洲:6;欧洲:6－7;北美洲:10;南美洲:6。【中国种数:34】。

Hedychloe Raf. ＝ **Kyllinga**

Hedycrea Schreb. ＝ **Licania**

Hedyosma P. & K. = **Cunila**

Hedyosmon Spreng. = **Hedyosmum**

Hedyosmos Mitch. = **Cunila**

Hedyosmum Sw. 雪香兰属 Chloranthaceae［MD－31］特征纪要:习性:草本(多肉)。花程式:－。物候:－。花期:12月至次年3月。果期:参考晚于花期。海拔:540米。生境:草甸。栽培:来自广西龙州。资源:具栽培园艺种类。全球6个大洲分布及种数(50－51;hort. 1;cult. 1)非洲:1;亚洲:3－4;大洋洲:1;欧洲:1;北美洲:18－19;南美洲:40－41。【中国种数:1】。

Hedyotis L. 耳草属 Rubiaceae［MD－523］特征纪要:习性:木质攀援。花程式:－。物候:－。花期:5－12月。果期:参考晚于花期。海拔:100－1100米。生境:草丛或路旁和疏林下,竹林内或溪旁岩石上。资源:药用,具栽培园艺种类。全球6个大洲分布及种数(214－376;hort. 1;cult. 13)非洲:16－69;亚洲:160－301;大洋洲:21－84;欧洲:3－44;北美洲:59－107;南美洲:4－54。【中国种数:31】。

Hedypnois Mill. 蒲公英属 Asteraceae［MD－586］特征纪要:习性:草本。花程式:(K)3－5,(C)3－5,A3－5,↓G。其他特征参考科。全球3个大洲分布及种数(3－9) 非洲;亚洲;欧洲。

Hedysarum L. 岩黄芪属 Fabaceae3［MD－240］特征纪要:习性:木本。花程式:Kn,C2－3 参考科,A3 参考科,=↓G1。物候:－。花期:7－8月。果期:参考晚于花期。海拔:1100－1600米。生境:针、阔叶林。资源:具栽培园艺种类。全球6个大洲分布及种数(123－287;hort. 1;cult. 11)非洲:3－49;亚洲:111－260;大洋洲:2－45;欧洲:11－63;北美洲:20－70;南美洲:4－44。【中国种数:49】。

Hedyscepe H. Wendl. & Drude 翅蝶豆属 Arecaceae［MM－717］特征纪要:习性:木本。花程式:Kn,C2－3 参考科,A3 参考科,G3－ 参考科。其他特征参考科。全球1个大洲分布及种数(1)◆大洋洲(◆澳大利亚)。

Hedythyrsus Bremek. 香花茜属 Rubiaceae［MD－523］特征纪要:习性:木本。花程式:(K)4－5,(C)4－5,A4－5,=↓(G)2－9。其他特征参考科。全球1个大洲分布及种数(2－3)◆非洲。

Heeria Schltdl. 银背漆属 Anacardiaceae［MD－432］特征纪要和分布(－)。全球6个大洲分布及种数(7)非洲:1－4;亚洲:1;大洋洲:1;欧洲:1;北美洲:1－2;南美洲:1。

Hegemone Bunge ex Ledeb. = **Trollius**

Hegnera Schindl. 亚洲奇花豆属 Fabaceae3［MD－240］特征纪要:习性:木本。花程式:K1－∞,C1－∞,A5－9,=↓G1。物候:－。海拔:7500米。生境:矮灌木丛或芦苇丛中,稀见于沿河岸疏林下,作为作物栽培。资源:具栽培园艺种类。全球2个大洲分布及种数(1－2)亚洲:2; 大洋洲:2。【中国种数:1】。

Heimia Link 黄薇属 Lythraceae［MD－333］特征纪要:习性:木本。花程式:－。物候:－。海拔:100－2000米。生境:草原,河岸,竹坡中。资源:园林,具栽培园艺种类。全球6个大洲分布及种数(3－9)非洲:5; 亚洲:5; 大洋洲:3; 欧洲:4; 北美洲:4; 南美洲:6。【中国种数:1】。

Heinsenia K. Schum. 锦带栀属 Rubiaceae［MD－523］特征纪要:习性:木本。花程式:Kn,C4－5－ 参考科,A4－5－,=↓(G)2－9。其他特征参考科。全球1个大洲分布及种数(1)◆非洲。

Heinsia DC. 素馨栀属 Rubiaceae［MD－523］特征纪要:习性:木本。花程式:(K)4－5,(C)4－5,A4－5,=↓G2－9。其他特征参考科。全球4个大洲分布及种数(6－28)非洲:25; 亚洲:3; 北美洲:2; 南美洲:1。

Heintzia Steud. = **Alloplectus**

Heisteria Jacq. 折帽果属 Olacaceae［MD－362］特征纪要:习性:－。花程式:－。其他特征参考科。全球4个大洲分布及种数(38－43;hort. 1;cult. 1)非洲:3;大洋洲:1;北美洲:10;南美洲:31－33。【中国种数:1】。

Hekaterosachne Steud. = **Oplismenus**

Hekistocarpa Hook. f. 非洲茜属 Rubiaceae［MD－523］特征纪要:习性:木本。花程式:(K)4－5,(C)4－5,A4－5,=↓G2－9)。其他特征参考科。全球2个大洲分布及种数(1－2)非洲:2; 南美洲:2。

Heladena A. Juss. 爪腺金虎尾属 Malpighiaceae［MD－343］特征纪要:习性:木本。花程式:K5,C5,A10,=G2－3。其他特征参考科。全球1个大洲分布及种数(2－7)◆南美洲。

Helcia Lindl. 伽兰属 Orchidaceae［MM－723］特征纪要:习性:－。花程式:－。其他特征参考科。全球1个大洲分布及种数(3)◆南美洲。

Heldreichia Boiss. 赫尔芥属 Brassicaceae［MD－213］特征纪要:习性:草本。花程式:K2－4,C2－4,A2－4,=G2。其他特征参考科。全球2个大洲分布及种数(6－15)非洲:3; 亚洲:10。

Helenia (Tourn.) L. 堆心菊属 Heleniaceae［MD－581］特征纪要(同科)。全球1个大洲分布及种数(－)。

Heleniaceae Raf.［MD－581］堆心菊科 特征纪要:习性:草本;落叶。花程式:(K)6－,C4－5,A3,↓(G)－。物候:－。果实:－。种子:－。海拔:－。生境:－。资源:－。栽培:－。全球6个大洲分布及属种数(2/3)◆北美洲:2/3。

Helenium L. 堆心菊属 Asteraceae［MD－586］特征纪要:习性:草本。花程式:(K－),(C)3－5,A3 参考科,↓G。物候:－。海拔:－。生境:－。资源:具栽培园艺种类。全球6个大洲分布及种数(47－67;hort. 1;cult. 2)非洲:24;亚洲:12－36;大洋洲:4－28;欧洲:7－31;北美洲:34－61;南美洲:15－40。【中国种数:4】。

Heleocharis R. Br. 密毛莎属 Cyperaceae［MM－747］特征纪要:习性:－。花程式:－。物候:－。花期:参考早于果期。果期:5－6月。海拔:1300－1400米。生境:潮湿处,水中。资源:－。全球6个大洲分布及种数(4)非洲:28;亚洲:3－31;大洋洲:28;欧洲:28;北美洲:28;南美洲:28。

Helepta Raf. = **Acmella**

Helia Mart. 美龙胆属 Gentianaceae［MD－496］特征纪要:习性:草本。花程式:K4－5,C0,A10,↓G－。其他特征参考科。全球2个大洲分布及种数(6－26)北美洲:4; 南美洲:10。

Heliamphora Benth. 卷瓶子草属 Sarraceniaceae［MD－208］特征纪要:习性:草本。花程式:－。其他特征参考科。全球2个大洲分布及种数(24－38)北美洲:5; 南美洲:29。

Helianthaceae Bercht. & J. Presl［MD－579］向日葵科 特征纪要:习性:草本;落叶。花程式:(K)6－,C3,A,↓(G)2。物候:－。花期:7－9月。果期:8－10月。果实:瘦果。种子:－。海拔:1300米。生境:－。资源:纤维,油脂,色素,果胶,药用,饲料。栽培:中国有栽培。全球1个大洲分布及属种数(1/1 <IFR 1/10> hort. 1,cult. 1)◆北美洲:2/ 126－287。

Helianthella Torr. & A. Gray 小向日葵属 Asteraceae［MD－586］特征纪要:习性:草本。花程式:(K－),(C)3－5,A3参考科,↓G。其他特征参考科。全球3个大洲分布及种数(14－49)亚洲:3; 北美洲:21; 南美洲:1。【中国种数:1】。

Helianthemoides Medik. ＝ **Talinum**

Helianthemum Mill. 半日花属 Cistaceae［MD－175］特征纪要:习性:木本。花程式:－。物候:－。海拔:1000－1400米。生境:草原沙漠地区的岩石丘陵和斜坡。栽培:来自广西龙州。资源:具栽培园艺种类。全球6个大洲分布及种数(156－270;hort. 1;cult. 56)非洲:70－106;亚洲:44－66;大洋洲:9－25;欧洲:96－124;北美洲:35－49;南美洲:6－19。【中国种数:8】。

Helianthopsis H. Rob. ＝ **Pappobolus**

Helianthostylis Baill. 辐柱桑属 Moraceae［MD－87］特征纪要:习性:－。花程式:－。其他特征参考科。全球1个大洲分布及种数(2)◆南美洲。

Helianthus L. 向日葵属 Helianthaceae［MD－579］特征纪要(同科)。全球6个大洲分布及种数(80－506)非洲:12; 亚洲:69; 大洋洲:10; 欧洲:257; 北美洲:257; 南美洲:99。【中国种数:19】。

Helicanthera Roem. & Schult. ＝ **Helixanthera**

Helicanthes Danser 桑寄生属 Loranthaceae［MD－415］特征纪要:习性:木本。花程式:K5,C0,A4,↓G。其他特征参考科。全球1个大洲分布及种数(1)◆亚洲。

Helichrysopsis Kirp. 白苞金绒草属 Asteraceae［MD－586］特征纪要:习性:草本。花程式:(K)3－5,(C)3－5,A3－5,↓G。其他特征参考科。全球1个大洲分布及种数(1)◆非洲。

Helichrysum Mill. 拟蜡菊属 Asteraceae［MD－586］特征纪要:习性:草本,少木本。花程式:(K)3－5,C3－5,A3参考科,＝↓(G)2。物候:－。花期:7－9月。果期:参考晚于花期。海拔:400－2400米。生境:草山坡。栽培:来自广西龙州。资源:药用,园林,具栽培园艺种类。全球6个大洲分布及种数(636－1525)非洲:901; 亚洲:192; 大洋洲:246; 欧洲:54; 北美洲:54; 南美洲:64。【中国种数:11】。

Helicia Lour. 山龙眼属 Proteaceae［MD－219］特征纪要和分布(－)。全球6个大洲分布及种数(129－161)非洲:1－2;亚洲:75－91;大洋洲:71－79;欧洲:1;北美洲:1;南美洲:2－5。【中国种数:22】。

Heliciopsis Sleumer 假山龙眼属 Proteaceae［MD－219］特征纪要:习性:木质攀援。花程式:－。物候:－。花期:5－6月。果期:参考晚于花期。海拔:900－1500米。生境:山地,山谷,溪畔热带湿润阔叶林中,中山坡次生林。资源:药用,种子食用,具栽培园艺种类。全球3个大洲分布及种数(14－20)亚洲:16; 大洋洲:1; 南美洲:4。【中国种数:2】。

Helicoblepharum (Spruce ex Mitt.) Broth. 南美奇帽藓属 Pilotrichaceae［B－166］特征纪要:习性:－。【Rep】:雌苞叶小,基部阔卵形,上部呈狭长尖,蒴柄细长,红色,平滑,孢蒴倾列或平列,长卵形,棕色,蒴齿两层,外,蒴柄侧生,细长,平滑或具弱疣,孢蒴平展或下倾,卵状圆柱形,两侧不对称,台部长而粗,口部强烈收缩。其他特征参考科。全球1个大洲分布及种数(4)◆南美洲。

Helicodea Lem. ＝ **Billbergia**

Helicodiceros Schott 腐蝇芋属 Araceae［MM－639］特征纪要:习性:草本。花程式:K0,C0,A1－4,＝G1－3。其他特征参考科。全球2个大洲分布及种数(1－4)非洲:2; 亚洲:2。

Helicodontium (Mitt.) A. Jaeger 旋齿藓属 Fabroniaceae［B－173］特征纪要:习性:－。【Rep】:雌苞侧生,雌苞叶分化,蒴柄长,平滑或粗糙,孢蒴卵球形或长椭圆状圆柱形,下弯至横生,甚少直立,颈部短而,绿色或棕绿色。其他特征参考科。全球5个大洲分布及种数(29)非洲:4;亚洲:6;欧洲:3;北美洲:3;南美洲:16。

Heliconema (Mitt.) L. T. Ellis & A. Eddy 网藓属 Calymperaceae［B－130］特征纪要:－。全球1个大洲分布及种数(1)◆亚洲。

Heliconia L. 蝎尾蕉属 Heliconiaceae［MM－730］特征纪要(同科)。全球6个大洲分布及种数(178－227;hort. 1;cult. 10)非洲:11－25;亚洲:29－42;大洋洲:9－25;欧洲:12;北美洲:101－115;南美洲:136－188。【中国种数:10】。

Heliconiaceae Vines［MM－730］蝎尾蕉科 特征纪要:习性:草本;落叶。花程式:K3－5,C3－5,A3－5,＝↑G2。物候:－。花期:－。果期:－。果实:蒴果。种子:种皮作不规则的矩圆形。海拔:0米。生境:－。资源:－。栽培:－。全球6个大洲分布及属种数(2/179－228 <IFR 1/18> hort. 1;cult. 1) 非洲:2/13－15(IFR 1/1); 亚洲:2/30－31; 大洋洲:2/11－15; 北美洲:2/103－105(IFR 1/7); 南美洲:2/138－178(IFR 1/13)。【中国属种数:1/10】。

Heliconiopsis Miq. ＝ **Heliconia**

Helicophyllaceae Broth.［B－141］螺叶藓科 特征纪要(参考 Lepidolaenaceae):中形,黄褐色或带红色。【Rep】:黄褐色或带红色。全球2个大洲分布和属种数(1/5)北美洲:1/4;南美洲:1/2。

Helicophyllum Brid. 螺叶藓属 Helicophyllaceae［B－141］特征纪要(同科)。全球2个大洲分布及种数(5)北美洲:4;南美洲:2。

Helicostylis Trécul 金球桑属 Moraceae [MD－87] 特征纪要:习性:木本。花程式:K1－4,C0,A6,＝G1－2。其他特征参考科。全球4个大洲分布及种数(8－22)非洲:3; 亚洲:1; 北美洲:8; 南美洲:22。

Helicotropis A. Delgado 向日豆属 Fabaceae3 [MD－240] 特征纪要:习性:木本。花程式:Kn,C1－∞参考科,A3参考科,＝↓G(－)。其他特征参考科。全球2个大洲分布及种数(4)北美洲:2;南美洲:2。

Helicteraceae J. Agardh [MD－188] 山芝麻科 特征纪要:习性:木本;落叶。花程式:(K)5,C5,A10,G5。物候:－。花期:4－10月。果期:－。果实:－。种子:－。海拔:100－1600米。生境:草坡上,路边半阴凉处。资源:药用。栽培:－。全球3个大洲分布及属种数(1/1 <IFR 1/2> hort. 1;cult. 1) 亚洲:1/22(IFR 1/1); 大洋洲:1/19; 南美洲:1/42－43(IFR 1/1)。

Helicteres Pluk. ex L. 山芝麻属 Helicteraceae [MD－188] 特征纪要(同科)。全球6个大洲分布及种数(75－81;hort. 1;cult. 1)非洲:3;亚洲:21－25;大洋洲:17－20;欧洲:3－6;北美洲:16－19;南美洲:40－44。【中国种数:10】。

Helicteropsis Hochr. 木槿属 Malvaceae [MD－203] 特征纪要:习性:木本。花程式:K5－6,C5－6,A10－8,G－。其他特征参考科。全球1个大洲分布及种数(1)◆非洲(◆马达加斯加)。

Helictochloa Romero Zarco 向日草属 Poaceae [MM－748] 特征纪要:习性:草本。花程式:(K)3,C0参考科,A1－2,＝(G)2－3。物候:－。海拔:10－5600米。生境:水旁草本。资源:－。全球4个大洲分布及种数(26－27;hort. 1;cult. 1)非洲:17;亚洲:cf. 1;欧洲:21;北美洲:4。【中国种数:2】。

Helictonema Pierre 旋丝卫矛属 Celastraceae [MD－339] 特征纪要:习性:－。花程式:－。其他特征参考科。全球1个大洲分布及种数(－)。

Helictosperma De Block 蝇子草属 Rubiaceae [MD－523] 特征纪要:习性:木本。花程式:(K－),(C)4,A3参考科,↓G。其他特征参考科。全球1个大洲分布及种数(2)◆非洲。

Helictotrichon Besser 异燕麦属 Poaceae [MM－748] 特征纪要:习性:草本(根状茎,基生)。花程式:(K－),C0参考科,A3,G－。物候:－。海拔:100－3500米。生境:草地,高山林下。资源:具栽培园艺种类。全球6个大洲分布及种数(72－85;hort. 1;cult. 8)非洲:36－41;亚洲:42－51;大洋洲:12－16;欧洲:31－38;北美洲:20－24;南美洲:8－12。【中国种数:13】。

Helietta Tul. 赫利芸香属 Rutaceae [MD－399] 特征纪要:习性:木本。花程式:K4－5,C4－5,A4,＝G1－3。其他特征参考科。全球3个大洲分布及种数(10－14)欧洲:1;北美洲:6－9;南美洲:5。

Helinus E. Mey. ex Endl. 皂藤属 Rhamnaceae [MD－331] 特征纪要:习性:木本。花程式:K4－5,C4－5,A2,＝G2－5。物候:－。海拔:－。生境:－。资源:具园艺种类。全球6个大洲分布及种数(6－7;hort. 1;cult. 1)非洲:4－18;亚洲:2－16;大洋洲:14;欧洲:14;北美洲:14;南美洲:14。

Heliocarpus L. 光芒果属 Malvaceae [MD－203] 特征纪要:习性:木本。花程式:K1－∞,C1－∞,A10－8,＝(G)2－100。其他特征参考科。全球3个大洲分布及种数(18－19)欧洲:1;北美洲:16－17;南美洲:3。【中国种数:1】。

Heliocarya Bunge 卡克草属 Boraginaceae [MD－517] 特征纪要:习性:－。花程式:－。其他特征参考科。全球1个大洲分布及种数(－)。

Heliocauta Humphries 白纽扣属 Asteraceae [MD－586] 特征纪要:习性:草本。花程式:(K)3－5,(C)3－5,A3－5,↓G。其他特征参考科。全球1个大洲分布及种数(1)◆非洲。

Heliocereus (A. Berger) Britton & Rose 牡丹柱属 Cactaceae [MD－100] 特征纪要:习性:－。花程式:－。其他特征参考科。全球6个大洲分布及种数(5－9)非洲:2;亚洲:2;大洋洲:2;欧洲:2;北美洲:4－6;南美洲:3－5。

Heliohebe Garn.－Jones 长阶花属 Plantaginaceae [MD－527] 特征纪要:习性:－。花程式:－。其他特征参考科。全球1个大洲分布及种数(1)◆大洋洲。

Heliomeris Nutt. 假金目菊属 Asteraceae [MD－586] 特征纪要:习性:草本。花程式:(K)3－5,C3－5,A3－5,＝↓(G)2。其他特征参考科。全球2个大洲分布及种数(9－24)北美洲:13; 南美洲:7。

Heliomyces <unassigned> 波多合囊蕨属 Marattiaceae [F－13] 特征纪要:－。全球2个大洲分布及种数(3)北美洲:2; 南美洲:2。

Heliophila Burm. f. ex L. 喜光芥属 Brassicaceae [MD－213] 特征纪要:习性:草本。花程式:K2－4,C2－4,A2－4,＝(G)2。物候:－。海拔:－。生境:－。资源:具栽培园艺种类。全球6个大洲分布及种数(112－311)非洲:229; 亚洲:28; 大洋洲:9; 欧洲:12; 北美洲:12; 南美洲:39。

Heliophytum (Cham.) A. DC. 向日紫草属 Boraginaceae [MD－517] 特征纪要:习性:草本。花程式:Kn,C0,A5,G2－4。其他特征参考科。全球2个大洲分布及种数(28)北美洲:1; 南美洲:1。

Heliopsis Pers. 赛菊芋属 Asteraceae [MD－586] 特征纪要:习性:草本。花程式:(K)3－5,(C)3－5,A3－5,＝↓G2。物候:－。海拔:－。生境:－。资源:具栽培园艺种类。全球6个大洲分布及种数(17－23;hort. 1;cult. 1)非洲:2;亚洲:3－5;大洋洲:2;欧洲:2;北美洲:14－17;南美洲:3－5。

Heliosperma Rchb. = **Silene**

Heliotropiaceae Schröd. [MD－519] 天芥菜科 特征纪要:习性:草本;落叶。花程式:K4－5(－),C0,A5,↓(G)－。物候:－。花期和果期:4－6月。果实:－。种子:－。海拔:100－800米。生境:低海拔沙漠,砾石河流沼泽和草地,中型起伏沟边沙丘草地阳处。资源:药用。栽培:中国有栽培。全球5个大洲分布及属种数(1－3/1－3 <IFR 1/12> hort. 1;cult. 1) 非洲:IFR 1/4; 亚洲:1/157－205(IFR 1/4); 欧洲:1/27－32(IFR 1/1); 北美洲:IFR 1/1; 南美洲:1/130－155(IFR 1/4)。

Heliotropium Tourn. ex L. 天芥菜属 Heliotropiaceae [MD－519] 特征纪要(同科)。全球6个大洲分布及种数(405－530;hort. 1;cult. 8)非洲:78－132;亚洲:156－244;大洋洲:128－174;欧洲:27－71;北美洲:71－128;南美洲:128－192。【中国种数:18】。

Helixanthera Lour. 离瓣寄生属 Loranthaceae［MD－415］特征纪要:习性:木本。花程式:－。物候:－。海拔:100－1800 米。生境:常绿森林,山谷。资源:具园艺种类。全球 6 个大洲分布及种数(36－52)非洲:10－18;亚洲:26－37;大洋洲:3－9;欧洲:2－7;北美洲:5;南美洲:5。【中国种数:8】。

Helleboraceae Vest［MD－37］铁筷子科 特征纪要:习性:草本;落叶。花程式:K5,C5,A1－,G－。物候:－。花期:4 月。果期:5 月。果实:蓇葖果。种子:椭圆球形,棕黄色。海拔:1100－3700 米。生境:灌木丛中的森林。资源:药用。栽培:－。全球 4 个大洲分布及属种数(1/1 < IFR 1/3 > hort. 1;cult. 1) 亚洲:1/9－13; 大洋洲:1/2－3; 欧洲:1/14－18(IFR 1/3); 北美洲:1/7－10。

Helleborine Tourn. ex Haller 铁筷兰属 Orchidaceae［MM－723］特征纪要:习性:－。花程式:－。物候:－。花期:参考早于果期。果期:10－11 月。海拔:80－5200 米。生境:柏树林下或草坡路旁,竹坡中。资源:－。全球 6 个大洲分布及种数(3)非洲:10;亚洲:2－12;大洋洲:10;欧洲:1－11;北美洲:10;南美洲:10。

Helleborus L. 铁筷子属 Helleboraceae［MD－37］特征纪要(同科)。全球 6 个大洲分布及种数(13－42;hort. 1;cult. 17)非洲:3;亚洲:7－15;大洋洲:3;欧洲:12－18;北美洲:5－10;南美洲:2。【中国种数:6】。

Hellenocarum H. Wolff 葛缕子属 Apiaceae［MD－480］特征纪要:习性:草本。花程式:Kn,C5,A3 参考科,＝↓G(－)。其他特征参考科。全球 1 个大洲分布及种数(1－3)◆欧洲。

Helleranthus Small ＝ **Verbena**

Helleriella A. D. Hawkes 黑勒兰属 Orchidaceae［MM－723］特征纪要:习性:草本。花程式:(K)3,C3,A3,＝↓G3。其他特征参考科。全球 2 个大洲分布及种数(2－4)北美洲:4; 南美洲:2。

Hellerochloa Rauschert ＝ **Festuca**

Hellmuthia Steud. 头穗芒属 Cyperaceae［MM－747］特征纪要:习性:草本。花程式:(K)3,C3,A3,G－。其他特征参考科。全球 1 个大洲分布及种数(1)◆非洲。

Helmholtzia F. Muell. ＝ **Philydrum**

Helminthostachyaceae Ching［F－11］七指蕨科 特征纪要:叶状体扁平贴生基质,黄绿色或暗绿色,近于呈圆形,背面具隆起褶皱,中央厚数层细胞,无明显中肋,具空腔。【Rep】:雌雄多同株,精子器着生封闭的腔内,孢蒴长角状,基部由筒状苞膜所包围,胞壁常具气孔,孢子多黑褐色。全球 6 个大洲分布和属种数(1;hort. & cult. 1)(11;hort. & cult. 1)非洲:1/3;亚洲:1/5;大洋洲:1/4;欧洲:1/3;北美洲:1/3;南美洲:1/3。

Helminthostachys Kaulf. 七指蕨属 Helminthostachyaceae［F－11］特征纪要(同科)。全球 2 个大洲分布及种数(3)亚洲(1);北美洲。【中国种数:1】。

Helminthotheca Zinn 牛舌苣属 Asteraceae［MD－586］特征纪要:习性:草本。花程式:(K)3－5,C3－5,A3－5,＝↓(G)2。其他特征参考科。全球 5 个大洲分布及种数(6－14)非洲:8; 亚洲:1; 欧洲:1; 北美洲:1; 南美洲:1。

Helmiopsiella Arènes 鲁伊斯梧桐属 Malvaceae［MD－203］特征纪要:习性:－。花程式:－。其他特征参考科。全球 4 个大洲分布及种数(13)非洲:10; 欧洲:2; 北美洲:2; 南美洲:8。

Helmiopsis H. Perrier 非洲向梧桐属 Malvaceae［MD－203］特征纪要:习性:－。花程式:－。其他特征参考科。全球 1 个大洲分布及种数(10－12)◆非洲。

Helmontia Cogn. 黑尔葫芦属 Cucurbitaceae［MD－205］特征纪要:习性:木本。花程式:K3－5,C3－5,A2,＝↓(G)1－2。其他特征参考科。全球 2 个大洲分布及种数(4－7)北美洲:2; 南美洲:7。

Helmsia Bosw. ＝ **Leptostomum**

Helocarpon <unassigned> 孢芽藓科属 Sorapillaceae［B－212］特征纪要:－。全球 1 个大洲分布及种数(－)。

Helodeaster <unassigned> 菊属 Asteraceae［MD－586］特征纪要:习性:－。花程式:－。其他特征参考科。全球 1 个大洲分布及种数(－)。

Helodium Warnst. 沼羽藓属 Thuidiaceae［B－184］特征纪要:习性:－。【Rep】:雌苞叶具细长尖,有时叶边具纤毛,蒴柄细长,平滑,稀具密疣,孢蒴卵状圆柱形,倾立至平列,蒴齿两层,黄棕,内雌苞叶椭圆状披针形,上部具长纤毛,蒴柄平滑,孢蒴圆柱形,平列,内齿层基膜高达 1/2,齿毛 2－3。物候:－。海拔:600 米。生境:土生。资源:－。全球 5 个大洲分布及种数(71)非洲:21; 亚洲:8; 欧洲:5; 北美洲:5; 南美洲:23。【中国种数:7】。

Helogyne Nutt. ＝ **Hofmeisteria**

Heloniadaceae J. Agardh［MM－625］胡麻花科 特征纪要:习性:草本;落叶。花程式:(K)6－,C5,A6,G3。物候:－。果实:－。种子:－。海拔:－。生境:－。资源:－。栽培:－。全球 1 个大洲分布及属种数(2/12－13 hort. 1)◆北美洲:1/ 10－16。

Helonias L. 沼红花属 Heloniadaceae［MM－625］特征纪要和分布(－)。全球 1 个大洲分布及种数(10－16)◆北美洲(◆美国)。【中国种数:6】。

Heloniopsis A. Gray 胡麻花属 Melanthiaceae［MM－621］特征纪要:习性:－。花程式:－。物候:－。花期:1－4 月。果期:参考晚于花期。海拔:700－2500 米。生境:岩石。资源:－。全球 3 个大洲分布及种数(22)亚洲:19; 欧洲:8; 北美洲:8。

Helonoma Garay 箭爪兰属 Orchidaceae［MM－723］特征纪要:习性:草本。花程式:(K)3,C3,A3,＝↓G3。其他特征参考科。全球 3 个大洲分布及种数(4－15)非洲:3; 北美洲:2; 南美洲:5。

Helopus Trin. ＝ **Eriochloa**

Helorchis Schltr. ＝ **Cynorkis**

Helosaceae (Lindl.) Endl.［MD－305］盾苞菰科 特征纪要:习性:木本;落叶。花程式:K0,C0,A2,G－。物候:－。花期:－。果期:－。果实:－。种子:－。海拔:0 米。生境:－。资源:－。栽培:－。全球 1 个大洲分布及属种数(1/1(IFR 1/2)◆南美洲:1/ 4－5。

Helosis Rich. 双柱蛇菰属 Helosaceae［MD－305］特征纪要：习性：木本。花程式：－。其他特征参考科。全球 3 个大洲分布及种数(4－15)亚洲：3；北美洲：7；南美洲：12。

Helothrix Nees = **Schoenus**

Helwingia Willd. 青荚叶属 Helwingiaceae［MD－469］特征纪要(同科)。全球 6 个大洲分布及种数(8－59)非洲：3；亚洲：33；大洋洲：3；欧洲：3；北美洲：3；南美洲：2。【中国种数：4】。

Helwingiaceae Decne.［MD－469］青荚叶科 特征纪要：习性：木本；常绿，落叶。花程式：K4－5(－)，C5，A2－3，↓(G)－。物候：－。花期：3－4 月。果期：8－9 月。果实：核果，浆果。种子：－。海拔：1000－2600 米。生境：常绿阔叶林下偶灌木。资源：药用。栽培：－。全球 1 个大洲分布及属种数(2/6 < IFR 1/4 > hort. 1，cult. 1)◆亚洲。【中国属种数：1/4】。

Hemandradenia Stapf 血腺蕊属 Connaraceae［MD－284］特征纪要：习性：木本。花程式：－。其他特征参考科。全球 1 个大洲分布及种数(1－2)◆非洲。

Hemarthria R. Br. 牛鞭草属 Poaceae［MM－748］特征纪要：习性：草本(根状茎，基生)。花程式：(K－)，C0 参考科，A3，＝G2－3。物候：－。花期：7－10 月。果期：参考晚于花期。海拔：700－1900 米。生境：沼泽或湿地。资源：蛋白质，具栽培园艺种类。全球 6 个大洲分布及种数(15)非洲：7；亚洲：13；大洋洲：5；欧洲：3；北美洲：3；南美洲：1。【中国种数：6】。

Hemerocallidaceae R. Br.［MM－656］萱草科 特征纪要：习性：草本；落叶。花程式：K4－5(－)，C6，A6，G3。物候：－。花期：7－10 月。果期：4－6 月。果实：－。种子：－。海拔：2000 米。生境：森林，林缘，草地，湿地。资源：－。栽培：－。全球 4 个大洲分布及属种数(1/1 < IFR 1/6 > hort. 1；cult. 1)亚洲：1/23－25(IFR 1/6)；大洋洲：1/3；欧洲：IFR 1/1；北美洲：1/14－15(IFR 1/1)。

Hemerocallis L. 萱草属 Hemerocallidaceae［MM－656］特征纪要(同科)。全球 6 个大洲分布及种数(22－34；hort. 1；cult. 12)非洲：3；亚洲：21－28；大洋洲：1－4；欧洲：5－8；北美洲：12－16；南美洲：3。【中国种数：12】。

Hemesteum H. Lév. = **Polystichum**

Hemiadelphis Nees 小狮子草属 Acanthaceae［MD－572］特征纪要：习性：－。花程式：－。其他特征参考科。全球 2 个大洲分布及种数(6)北美洲：1；南美洲：1。

Hemiandra R. Br. 蛇南苏属 Lamiaceae［MD－575］特征纪要：习性：草本。花程式：－。其他特征参考科。全球 1 个大洲分布及种数(3－9)◆大洋洲(◆澳大利亚)。

Hemianemia (Prantl) C. F. Reed 绿片苔科属 Saururaceae［MD－35］特征纪要：习性：－。【Rep】：孢子同形，囊群生叶背。其他特征参考科。全球 3 个大洲分布及种数(16)非洲：3；北美洲：3；南美洲：13。

Hemiangium A. C. Sm. 半腋生卫矛属 Celastraceae［MD－339］特征纪要：习性：－。花程式：－。其他特征参考科。全球 2 个大洲分布及种数(cf. 1)北美洲；南美洲。

Hemianthus Nutt. 卵萼毛麝香属 Plantaginaceae［MD－527］特征纪要：习性：－。花程式：－。其他特征参考科。全球 2 个大洲分布及种数(cf. 1)大洋洲；北美洲。

Hemiarrhena Benth. 长蒴母草属 Linderniaceae［MD－534］特征纪要：习性：草本。花程式：Kn，C0，A2，↓G2。其他特征参考科。全球 1 个大洲分布及种数(1)◆大洋洲(◆澳大利亚)。

Hemiarthron (Eichler) Van Tiegh. 桑寄生科属 Loranthaceae［MD－415］特征纪要：习性：－。花程式：－。其他特征参考科。全球 1 个大洲分布及种数(－)。

Hemibaccharis S. F. Blake = **Archibaccharis**

Hemiboea C. B. Clarke 单座苣苔属 Gesneriaceae［MD－549］特征纪要：习性：草本(多肉)。花程式：－。物候：－。花期：9－10 月。果期：参考晚于花期。海拔：100－2100 米。生境：土地。栽培：来自广西龙州。资源：药用，具栽培园艺种类。全球 3 个大洲分布及种数(47－78)亚洲：64；北美洲：2；南美洲：5。【中国种数：27】。

Hemibromus Steud. = **Glyceria**

Hemicardion Fée = **Cyclopeltis**

Hemicarpus F. Muell. = **Trachymene**

Hemichaena Benth. 金猴木属 Phrymaceae［MD－559］特征纪要和分布(－)。全球 1 个大洲分布及种数(5)◆北美洲。

Hemichroa R. Br. 多节蓬属 Amaranthaceae［MD－116］特征纪要：习性：草本。花程式：K3－5，C0，A3－5，＝↓(G)2－5。其他特征参考科。全球 2 个大洲分布及种数(1－6)亚洲：3；大洋洲：6。

Hemicicca Baill. = **Phyllanthus**

Hemicrambe Webb 半两节芥属 Brassicaceae［MD－213］特征纪要：习性：草本。花程式：K2－4，C2－4，A2－4，＝G2。其他特征参考科。全球 2 个大洲分布及种数(3－6)非洲：2；亚洲：5。

Hemicyatheon (Domin) Copel. = **Hymenophyllum**

Hemicyclia Wight & Arn. = **Drypetes**

Hemidesmus R. Br. 代菝葜属 Asclepiadaceae［MD－494］特征纪要：习性：木本。花程式：K5，C0，A15，＝G2。物候：－。花期：几乎全年。果期：参考晚于花期。海拔：5000 米。生境：草间路旁。资源：－。全球 2 个大洲分布及种数(1－6)亚洲：1；南美洲：3。【中国种数：1】。

Hemidictyaceae Christenh. & H. Schneid. = Aspleniaceae

Hemidictyum C. Presl 半网蕨属 Aspleniaceae［F－43］特征纪要：习性：－。【Rep】：孢子囊单生叶背。物候：－。海拔：100－4100 米。生境：常绿阔叶林，竹林中石壁下。资源：－。全球 4 个大洲分布及种数(1－5)亚洲：2；欧洲：2；北美洲：2；南美洲：2。【中国种数：1】。

Hemieva Raf. 堇蓬草属 Saxifragaceae［MD－231］特征纪要:习性:－。花程式:－。其他特征参考科。全球1个大洲分布及种数(1)◆北美洲。

Hemifuchsia Herrera 柳叶菜科属 Onagraceae［MD－396］特征纪要:习性:－。花程式:－。其他特征参考科。全球1个大洲分布及种数(－)。

Hemigenia R. Br. 柳南苏属 Lamiaceae［MD－575］特征纪要:习性:草本。花程式:K5－裂片,C0,A4,=↓G2。其他特征参考科。全球2个大洲分布及种数(54－73)大洋洲:71; 南美洲:4。

Hemigramma Christ 沙皮蕨属 Adiantaceae［F－35］特征纪要:习性:－。【Rep】:孢子囊群沿叶脉着生而不中断,成熟时满布能育叶下面,环带约有14个增厚细胞。物候:－。海拔:150－1400米。生境:－。资源:－。全球6个大洲分布及种数(3－4)非洲:1;亚洲:2－3;大洋洲:1;欧洲:1;北美洲:1;南美洲:1。

Hemigraphis Nees 半插花属 Acanthaceae［MD－572］特征纪要:习性:草本。花程式:－。物候:－。花期:几乎全年。果期:参考晚于花期。海拔:50－300米。生境:生于林下。海拔:50－300米。资源:具栽培园艺种类。全球6个大洲分布及种数(50－73)非洲:16－28;亚洲:36－60;大洋洲:12－22;欧洲:2－10;北美洲:4－13;南美洲:8－16。

Hemigyrosa Blume = **Lepisanthes**

Hemiheisteria Tiegh. = **Heisteria**

Hemilophia Franch. 半脊荠属 Brassicaceae［MD－213］特征纪要:习性:草本(具根状茎)。花程式:Kn,C2－3参考科,A4,G－。物候:－。花期:4－8月。果期:参考晚于花期。海拔:3200－4500米。生境:山坡灌丛草地岩石缝,松散石灰岩砾石。资源:具园艺种类。全球3个大洲分布及种数(6－10)非洲:3; 亚洲:9; 南美洲:3。【中国种数:5】。

Hemimeris L. f. 金面花属 Scrophulariaceae［MD－536］特征纪要:习性:－。花程式:－。其他特征参考科。全球2个大洲分布及种数(4－75)非洲:71; 南美洲:59。

Hemimunroa (Parodi) Parodi = **Munroa**

Hemionanthes Mickel 旱米蕨属 Pteridaceae［F－31］特征纪要:－。全球1个大洲分布及种数(－)。

Hemionitidaceae Pic. Serm.［F－37］裸子蕨科 特征纪要:纤细或粗壮,疏松或丛集的树生或石生藓类。【Rep】:雌雄异苞同株,雌苞着生短枝顶端,基部雌苞叶形小,渐上较大而成长披针形,中肋消失于叶尖,孢蒴完全隐生于,雌雄异苞同株,雄苞芽苞形,侧生,雌苞生短枝顶端,雌苞叶直立,内雌苞叶多具高鞘部,蒴柄短,孢蒴直立。全球6个大洲分布和属种数(3;hort. & cult. 2－3)(156－547;hort. & cult. 3－10)非洲:1－3/2－9;亚洲:1－3/3－13;大洋洲:1－3/1－7;欧洲:1－3/1－7;北美洲:3/19－95;南美洲:2－3/147－155。

Hemionitis L. 泽泻蕨属 Hemionitidaceae［F－37］特征纪要(同科)。全球6个大洲分布及种数(430－636)非洲:103; 亚洲:139; 大洋洲:41; 欧洲:204; 北美洲:204; 南美洲:274。【中国种数:5】。

Hemiorchis Kurz 兰花姜属 Zingiberaceae［MM－737］特征纪要:习性:－。花程式:－。其他特征参考科。全球1个大洲分布及种数(－)。

Hemipapaya A. DC. = **Vasconcellea**

Hemiphlebium C. Presl = **Trichomanes**

Hemiphora (F. Müll.) F. Müll. 蓬南苏属 Lamiaceae［MD－575］特征纪要:习性:草本。花程式:K2－4,C0,A2－4,(G)2－4。其他特征参考科。全球2个大洲分布及种数(5－7)大洋洲:7; 南美洲:2。

Hemiphragma Wall. 鞭打绣球属 Plantaginaceae［MD－527］特征纪要:习性:草质攀援(基生,多肉)。花程式:－。物候:－。花期:4－6月。果期:参考晚于花期。海拔:2000－4000米。生境:高山草地或石缝中。资源:具园艺种类。全球2个大洲分布及种数(3－6)亚洲:5; 北美洲:2。【中国种数:1】。

Hemiphylacus S. Watson 沙箭草属 Asparagaceae［MM－669］特征纪要:习性:草本。花程式:(K)3,C3,A3,(G)3。其他特征参考科。全球2个大洲分布及种数(5－6)北美洲:5; 南美洲:2。

Hemipilia Lindl. 舌喙兰属 Orchidaceae［MM－723］特征纪要:习性:草本(基生,多肉)。花程式:Kn,C2－3参考科,A3参考科,↓G－。物候:－。花期:10月。果期:参考晚于花期。海拔:3000－4300米。生境:柏树林下或草坡路旁。栽培:来自广西龙州。资源:药用,具栽培园艺种类。全球1个大洲分布及种数(9－16)◆亚洲。【中国种数:8】。

Hemipiliopsis Y. B. Luo & S. C. Chen 紫斑兰属 Orchidaceae［MM－723］特征纪要:习性:－。花程式:－。物候:－。花期:6－7月。果期:参考晚于花期。海拔:2100－3400米。生境:常绿阔叶林,草原,沿河沙土。资源:花卉。全球1个大洲分布及种数(cf. 1)◆亚洲。

Hemipogon Decne. 半毛萝藦属 Apocynaceae［MD－492］特征纪要:习性:木本。花程式:K5,C0,A15,=G2。其他特征参考科。全球2个大洲分布及种数(9－22)非洲:4; 南美洲:21。

Hemiptelea Planch. 刺榆属 Ulmaceae［MD－83］特征纪要:习性:木本。花程式:(K－),C2－3参考科,A4,G－。物候:－。花期:4－5月。果期:参考晚于花期。海拔:2000米。生境:坡地次生林中,石栎河滩,萌发力强,山坡,小径边,房屋周围种植。资源:药用,具栽培园艺种类。全球3个大洲分布及种数(1－3)亚洲:2; 北美洲:2; 南美洲:2。【中国种数:1】。

Hemipteris Rosenst. = **Pteris**

Hemiragis (Brid.) Besch. 垂蔓藓属 Pilotrichaceae［B－166］特征纪要:习性:－。【Rep】:雌苞叶小,基部阔卵形,上部呈狭长尖,蒴柄细长,红色,平滑,孢蒴倾列或平列,长卵形,棕色,蒴齿两层,外,蒴柄侧生,细长,平滑或具弱疣,孢蒴平展或下倾,卵状圆柱形,两侧不对称,台部长而粗,口部强烈收缩。其他特征参考科。全球4个大洲分布及种数(4)亚洲:2; 大洋洲:3; 北美洲:2; 南美洲:3。

H

Hemisacris Steud. = **Schismus**

Hemiscola Raf. 山柑科属 Capparaceae [MD-178] 特征纪要:习性:-。花程式:-。其他特征参考科。全球2个大洲分布及种数(10)北美洲:1; 南美洲:3。

Hemiscolopia Slooten 异箣柊属 Salicaceae [MD-123] 特征纪要:习性:木本。花程式:-。物候:-。花期:4-5月。果期:参考晚于花期。海拔:50-3000米。生境:常绿阔叶林,林缘,种阔叶林,针叶林和阔叶混交林。资源:-。全球1个大洲分布及种数(-)。【中国种数:1】。

Hemiseuma (Bisch.) H. Klinggr. 垂钱苔属 Ricciaceae [B-22] 特征纪要:-。全球3个大洲分布及种数(6)亚洲:2; 大洋洲:3; 南美洲:3。

Hemisorghum C. E. Hubb. 半蜀黍属 Poaceae [MM-748] 特征纪要:习性:草本。花程式:(K)3,C0参考科,A1-2,=(G)2-3。物候:-。海拔:10-5600米。生境:草地,作为饲料植物或大麦田杂草种植。资源:-。全球6个大洲分布及种数(2-4)非洲:3; 亚洲:4; 大洋洲:3; 欧洲:2; 北美洲:2; 南美洲:4。【中国种数:2】。

Hemistachyum (Copel.) Ching 半槲蕨属 Polypodiaceae [F-60] 特征纪要:-。全球1个大洲分布及种数(-)。

Hemistegia C. Presl 桫椤科属属 Cyatheaceae [F-23] 特征纪要:习性:-。【Rep】:孢子囊单生叶背。其他特征参考科。全球3个大洲分布及种数(cf.)欧洲;北美洲;南美洲。

Hemistylis Walp. = **Hemistylus**

Hemistylus Benth. 李果麻属 Urticaceae [MD-91] 特征纪要:习性:木本。花程式:-。其他特征参考科。全球2个大洲分布及种数(4-7)北美洲:3; 南美洲:7。

Hemisynapsium Brid. 极地真藓属 Bryaceae [B-146] 特征纪要:-。全球1个大洲分布及种数(-)。

Hemitelia R. Br. 小桫椤属 Cyatheaceae [F-23] 特征纪要:习性:-。【Rep】:孢子同形,囊群生叶背有盖。其他特征参考科。全球6个大洲分布及种数(11-72)非洲:1;亚洲:6-7;大洋洲:1-2;欧洲:1;北美洲:3-4;南美洲:8-9。

Hemithrinax Hook. f. = **Thrinax**

Hemitomes A. Gray 松球兰属 Ericaceae [MD-380] 特征纪要:习性:木本。花程式:-。其他特征参考科。全球3个大洲分布及种数(1-33)亚洲:3; 北美洲:3; 南美洲:28。【中国种数:1】。

Hemizonella A. Gray 星对菊属 Asteraceae [MD-586] 特征纪要:习性:草本。花程式:(K)3-5,(C)3-5,A3-5,↓G。其他特征参考科。全球3个大洲分布及种数(1-4)亚洲:2; 北美洲:2; 南美洲:2。【中国种数:1】。

Hemizonia DC. 星带菊属 Asteraceae [MD-586] 特征纪要:习性:草本。花程式:(K)3-5,(C)3-5,A3-5,=↓G2。其他特征参考科。全球5个大洲分布及种数(6-138)亚洲:7; 大洋洲:2; 欧洲:49; 北美洲:49; 南美洲:3。【中国种数:1】。

Hemizygia (Benth.) Briq. 半轭草属 Lamiaceae [MD-575] 特征纪要:习性:-。花程式:-。其他特征参考科。全球4个大洲分布及种数(2-58)非洲:55; 亚洲:7; 大洋洲:2; 南美洲:2。

Hemmantia Whiffin 黑尔葫芦属 Asteraceae [MD-586] 特征纪要:习性:-。花程式:-。其他特征参考科。全球1个大洲分布及种数(-)。

H

Hemsleya Cogn. ex F. B. Forbes & Hemsl. 雪胆属 Cucurbitaceae [MD-205] 特征纪要:习性:木质攀援。花程式:Kn,(C)5参考科,A5,=↓G-。物候:-。花期:6-10月。果期:参考晚于花期。海拔:100-2300米。生境:常绿阔叶林,林缘,杂木林中。资源:具栽培园艺种类。全球3个大洲分布及种数(40-84)非洲:1; 亚洲:75; 大洋洲:1。【中国种数:23】。

Henckelia Spreng. 南洋苣苔属 Gesneriaceae [MD-549] 特征纪要:习性:草本。花程式:K5,C0,A2,=(G)2。物候:-。花期:4月。果期:参考晚于花期。海拔:80-4600米。生境:茂密森林下。资源:-。全球6个大洲分布及种数(99-132)非洲:2-4;亚洲:98-127;大洋洲:4-6;欧洲:1-3;北美洲:1-3;南美洲:2。【中国种数:6】。

Hendecandra Eschsch. = **Croton**

Henicodium (Müll. Hal.) Kindb. 野蕨藓属 Pterobryaceae [B-201] 特征纪要:习性:-。【Rep】:雌雄异株,稀雌雄同株,蒴柄短或较长,平滑或粗糙,孢蒴长卵形,直立,蒴齿两层,环带不分化,蒴盖圆锥形,亮绿色至红棕色。其他特征参考科。全球5个大洲分布及种数(1)非洲:1;亚洲:1;欧洲:1;北美洲:1;南美洲:1。

Henicosanthum Dalla Torre & Harms = **Enicosanthum**

Henicostemma Endl. = **Enicostema**

Henleophytum H. Karst. 亨勒木属 Malpighiaceae [MD-343] 特征纪要:习性:木本。花程式:K5,C5,A10,=G2-3。其他特征参考科。全球1个大洲分布及种数(1)◆北美洲(◆古巴)。

Hennecartia J. Poiss. 大青桂属 Monimiaceae [MD-20] 特征纪要:习性:木本。花程式:K1-∞,C0,A10-150,G1-3。其他特征参考科。全球1个大洲分布及种数(1)◆南美洲。

Hennedia R. Br. bis = **Hennediella**

Hennediella Paris 细齿藓属 Pottiaceae [B-133] 特征纪要:习性:-。【Rep】:孢腔轮廓清晰,蒴齿缺如,或具蒴齿而无基膜,下部呈黄绿或黄棕色。物候:-。海拔:-。生境:常见于高山岩石上。栽培:来自广西龙州。资源:具栽培园艺种类。全球6个大洲分布及种数(22)非洲:6;亚洲:1;大洋洲:8;欧洲:4;北美洲:7;南美洲:16。【中国种数:1】。

Henningia Kar. & Kir. = **Eremurus**

Henningsocarpum Kuntze = **Neopringlea**

Henonia Moq. 帚青葙属 Amaranthaceae [MD-116] 特征纪要:习性:-。花程式:-。其他特征参考科。全球1个大洲分布及种数(1)◆非洲(◆马达加斯加)。

Henoniella Duby = **Ptychomitrium**

Henoonia Griseb. 海努印茄树属 Solanaceae［MD－503］特征纪要:习性:草本。花程式:－。其他特征参考科。全球 1 个大洲分布及种数(1)◆北美洲。

Henophyton Coss. & Durieu 帚青葙属 Brassicaceae［MD－213］特征纪要:习性:草本。花程式:Kn,C0,A1－2,G－。其他特征参考科。全球 1 个大洲分布及种数(2)◆非洲。

Henrardia C. E. Hubb. 鞭麦草属 Poaceae［MM－748］特征纪要:习性:草本。花程式:(K)3,C0 参考科,A1－2,＝G2－3。其他特征参考科。全球 1 个大洲分布及种数(cf. 1)◆亚洲。

Henribaillonia Kuntze = **Drypetes**

Henricea Lem. －Lis. = **Swertia**

Henricksonia B. L. Turner 纹果菊属 Asteraceae［MD－586］特征纪要:习性:草本。花程式:(K)3－5,C3－5,A3－5,＝↓(G)2。其他特征参考科。全球 1 个大洲分布及种数(1)◆北美洲(◆墨西哥)。

Henriettea DC. 亨里特野牡丹属 Melastomataceae［MD－364］特征纪要:习性:木本。花程式:K4－5,C4－5,A4－5,＝↓G3－4。其他特征参考科。全球 5 个大洲分布及种数(67－117)非洲:6; 亚洲:12; 大洋洲:3; 北美洲:43; 南美洲:100。

Henriettella Naudin 苞牡丹属 Melastomataceae［MD－364］特征纪要:习性:－。花程式:－。其他特征参考科。全球 3 个大洲分布及种数(21－34)亚洲:cf. 1;北美洲:12;南美洲:17。

Henriquezia Spruce ex Benth. 腺柄茜属 Henriqueziaceae［MD－525］特征纪要(同科)。全球 1 个大洲分布及种数(3)◆南美洲。

Henriqueziaceae Bremek.［MD－525］巴西木科 特征纪要:习性:木本;落叶。花程式:(K)6－,C4－5,A5,↓(G)2。物候:－。果实:浆果。种子:种脐远离,棕红色。海拔:－。生境:－。资源:－。栽培:－。全球 1 个大洲分布及属种数(1/1):◆南美洲:1/ 3－3。

Henrya Nees 高蛛檀属 Acanthaceae［MD－572］特征纪要:习性:－。花程式:－。其他特征参考科。全球 1 个大洲分布及种数(1－4)◆亚洲。

Henryacanthus <unassigned> 华爵床属 Acanthaceae［MD－572］特征纪要:－。全球 1 个大洲分布及种数(1)◆亚洲:1。

Hensmania W. Fitzg. 尖苞草属 Anthericaceae［MM－643］特征纪要:习性:草本。花程式:(K)3,C3,A3－6,G3。其他特征参考科。全球 2 个大洲分布及种数(3－5)亚洲:2; 大洋洲:5。

Hepatica Mill. 獐耳细辛属 Ranunculaceae［MD－38］特征纪要和分布(－)。全球 6 个大洲分布及种数(8－11; hort. 1;cult. 7)非洲:3;亚洲:7－11;大洋洲:3;欧洲:1－4;北美洲:3－6;南美洲:3。【中国种数:3】。

Hepatostolonophora J. J. Engel & R. M. Schust. 耳萼苔属 Lophocoleaceae［B－74］特征纪要:习性:－。【Rep】:雌苞生于短枝上,雄苞生于短侧枝上,短枝上无正常叶发育,仅为雌雄苞叶,雌雄同株,稀异株,雌雄苞一般生于主茎或长分枝顶端,雌苞叶大于茎叶,先端具裂瓣和不规则齿突,蒴萼大。其他特征参考科。全球 3 个大洲分布及种数(5)亚洲:1;大洋洲:2;南美洲:2。

Hepetis Sw. = **Pitcairnia**

Heppia <unassigned> 离蕊菊属 Asteraceae［MD－586］特征纪要和分布(－)。分布:－。

Heppiantha H. E. Moore 岛岩桐属 Gesneriaceae［MD－549］特征纪要:习性:草本。花程式:参考科,C5,A8 参考科,↓(G) 参考科。其他特征参考科。全球 1 个大洲分布及种数(1－2)◆非洲。

Heppiella Regel 离蕊岩桐属 Gesneriaceae［MD－549］特征纪要:习性:草本。花程式:K5,C0,A4,＝G2。其他特征参考科。全球 1 个大洲分布及种数(4－5)◆南美洲。

Heppsora <unassigned> 肉穗果科属 Bataceae［MD－223］特征纪要:－。全球 1 个大洲分布及种数(1)◆亚洲:1。

Heptacodium Rehder 七子花属 Caprifoliaceae［MD－510］特征纪要:习性:木质攀援。花程式:－。物候:－。花期:7－9 月。果期:参考晚于花期。海拔:600－1000 米。生境:悬崖峭壁,山坡灌丛和林下。资源:具园艺种类。全球 2 个大洲分布及种数(1－4)亚洲:4; 北美洲:3。【中国种数:1】。

Heptallon Raf. = **Croton**

Heptanis Raf. = **Croton**

Heptanthus Griseb. 七菊花属 Asteraceae［MD－586］特征纪要:习性:草本。花程式:(K)3－5,C3－5,A3－5,＝↓(G)2。其他特征参考科。全球 1 个大洲分布及种数(7)◆北美洲(◆古巴)。

Heptapleurum Gaertn. 南鹅掌柴属 Araliaceae［MD－471］特征纪要:习性:木本。花程式:Kn,C2－3 参考科,A2,＝↓G－。物候:－。海拔:1－4200 米。生境:森林,竹林中。资源:具栽培园艺种类。全球 2 个大洲分布及种数(10)亚洲:10;北美洲:1。

Heptaptera Margot & Reut. 七翅芹属 Apiaceae［MD－480］特征纪要:习性:草本。花程式:K5,C5,A5,＝↓G2。其他特征参考科。全球 6 个大洲分布及种数(2－9)非洲:2;亚洲:1－7;大洋洲:2;欧洲:6;北美洲:2;南美洲:2。

Heptoneurum Hassk. = **Schefflera**

Hera <unassigned> 天南星属 Araceae［MM－639］特征纪要:习性:－。花程式:－。其他特征参考科。全球 1 个大洲分布及种数(－)。

Heracleum L. 独活属 Apiaceae［MD－480］特征纪要:习性:草本(基生,多肉)。花程式:Kn,C5,A3 参考科,＝↓(G)2。物候:－。花期:7－9 月。果期:参考晚于花期。海拔:1000－3000 米。生境:草山坡,中山阳坡,溪边。资源:药用,具栽培园艺种类。全球 6 个大洲分布及种数(103－327)非洲:24; 亚洲:223; 大洋洲:6; 欧洲:28; 北美洲:28; 南美洲:4。【中国种数:27】。

Herbertaceae Müll. Frib. ex Fulford [B－69] 剪叶苔科 特征纪要(参考 Ditrichaceae):草本,小形土生藓类,黄绿色,疏松丛生。【Rep】:雌雄同株或异株,雌苞叶与茎叶同形,略大,蒴柄细长,直立,孢蒴长卵形或长圆柱形,直立,对称或弓形弯曲。全球 6 个大洲分布和属种数(2/57－96)非洲:1/3－26;亚洲:2/42－70;大洋洲:2/11－35;欧洲:2/6－29;北美洲:2/14－37;南美洲:2/13－37。【中国属种数:2/48(2)】。

Herbertia Sweet 瓶鸢花属 Iridaceae [MM－700] 特征纪要:习性:草本。花程式:(K)3,C3,A10,=↓G3。其他特征参考科。全球 6 个大洲分布及种数(11－13)非洲:3;亚洲:3;大洋洲:1－4;欧洲:3;北美洲:3－6;南美洲:10－15。【中国种数:1】。

Herbertus Gray 剪叶苔属 Herbertaceae [B－69] 特征纪要:习性:－。【Rep】:雌雄异株,雄苞叶常 4－8 对,雌苞叶常大于枝叶,与枝叶近似,开裂深,内雌苞叶包被蒴萼,边缘常具齿。物候:－。海拔:2450 米。生境:树生,土生。资源:－。全球 6 个大洲分布及种数(54－58)非洲:3－26;亚洲:41－65;大洋洲:10－34;欧洲:5－28;北美洲:13－36;南美洲:9－33。【中国种数:1】。

Herbstia Sohmer 鸽苋属 Amaranthaceae [MD－116] 特征纪要:习性:草本。花程式:Kn,C0,A3 参考科,G－。其他特征参考科。全球 2 个大洲分布及种数(1－5)北美洲:1; 南美洲:2。

Herderia Cass. 匍茎瘦片菊属 Asteraceae [MD－586] 特征纪要:习性:草本。花程式:(K)3－5,C3－5,A3－5,=↓(G)2。其他特征参考科。全球 1 个大洲分布及种数(1)◆非洲。

Hereroa (Schwantes) Dinter & Schwantes 龙骨角属 Aizoaceae [MD－94] 特征纪要:习性:草本。花程式:K3－4,C3－4,A5 参考科,=↓(G)1－2。其他特征参考科。全球 4 个大洲分布及种数(28－35)非洲:32; 欧洲:2; 北美洲:2; 南美洲:2。

Hererolandia Gagnon & G. P. Lewis 银羞草属 Fabaceae1 [MD－238] 特征纪要:习性:木本。花程式:K3－5－∞,C3－5－∞,A1－10－50,=↓G(－)。其他特征参考科。全球 1 个大洲分布及种数(1)◆非洲。

Heretiera G. Don = **Heritiera**

Herissantia Medik. 脬果苘属 Malvaceae [MD－203] 特征纪要:习性:木本。花程式:K5－∞,C5－∞,A10－8,=G1－5。物候:－。花期:全年。果期:参考晚于花期。海拔:300－3000 米。生境:草甸,沿海地区,岩石上,山谷,山坡,阴处,疏林中。资源:具栽培园艺种类。全球 4 个大洲分布及种数(5－10)亚洲:2; 大洋洲:2; 北美洲:5; 南美洲:8。【中国种数:1】。

Heritera Stokes = **Heritiera**

Heritiera Stokes 银叶树属 Sterculiaceae [MD－189] 特征纪要和分布(－)。全球 4 个大洲分布及种数(35－46)非洲:7－8;亚洲:28－33;大洋洲:8－9;北美洲:3。【中国种数:6】。

Hermanna Cothen. = **Hermannia**

Hermannia L. 密钟木属 Sterculiaceae [MD－189] 特征纪要:习性:木本。花程式:K3－5－∞,C3－5－∞,A10－8,=G1－5。物候:－。海拔:－。生境:－。资源:具栽培园艺种类。全球 6 个大洲分布及种数(193－256)非洲:186－205;亚洲:3－8;大洋洲:1－5;欧洲:21－25;北美洲:8－12;南美洲:3－7。

Hermas L. 火绒芹属 Apiaceae [MD－480] 特征纪要:习性:草本。花程式:K5,C5,A5,=↓(G)2。其他特征参考科。全球 4 个大洲分布及种数(9－26)非洲:25; 亚洲:3; 北美洲:2; 南美洲:12。

Hermbstaedtia Rchb. 南非青葙属 Amaranthaceae [MD－116] 特征纪要:习性:草本。花程式:K1－2,C0,A1－2,=G2－3。其他特征参考科。全球 6 个大洲分布及种数(15－36)非洲:26; 亚洲:2; 大洋洲:2; 欧洲:5; 北美洲:5; 南美洲:2。

Hermesia Humb. & Bonpl. = **Alchornea**

Herminiera Guill. & Perr. = **Aeschynomene**

Herminium L. 角盘兰属 Orchidaceae [MM－723] 特征纪要:习性:草本。花程式:Kn,C2－3 参考科,A3 参考科,=↓G3。物候:－。花期:6－9 月。果期:参考晚于花期。海拔:1800－4500 米。生境:常绿阔叶林下。资源:药用,具栽培园艺种类。全球 6 个大洲分布及种数(52－125)非洲:12; 亚洲:97; 大洋洲:3; 欧洲:7; 北美洲:7; 南美洲:3。【中国种数:27】。

Herminorchis E. Fourn. 兰科属 Orchidaceae [MM－723] 特征纪要:习性:－。花程式:－。其他特征参考科。分布:－。

Hernandezia Hoffmanns. = **Hernandia**

Hernandia Plum. ex L. 莲叶桐属 Hernandiaceae [MD－24] 特征纪要:习性:木本。花程式:－。物候:－。海拔:100－3200 米。生境:森林。资源:药用。全球 6 个大洲分布及种数(18－33;hort. 1;cult. 1)非洲:7－10;亚洲:5－7;大洋洲:7－16;欧洲:1－3;北美洲:7－13;南美洲:5－6。【中国种数:4】。

Hernandiaceae Bl. [MD－24] 莲叶桐科 特征纪要:习性:木本,藤本;落叶。花程式:(K)6－,C5,A6,=↓(G)－。物候:－。花期和果期:全年。果实:核果。种子:种皮革质,子叶卵形。海拔:100－1000 米。生境:疏林或密林中。资源:药用。栽培:－。全球 6 个大洲分布及属种数(6/69－96 <IFR 2/3> hort. 1;cult. 2) 非洲:3/13－17; 亚洲:3/27－35; 大洋洲:3/12－22(IFR 1/2); 欧洲:1/2－3; 北美洲:2/8－13; 南美洲:4/23－24(IFR 1/1)。【中国属种数:3/24】。

Hernandiopsis Meisn. = **Hernandia**

Herniaria Tourn. ex L. 治疝草属 Caryophyllaceae [MD－77] 特征纪要:习性:草本(基生)。花程式:K5,C5,A5,G－。物候:－。花期:7－8 月。果期:参考晚于花期。海拔:1400－2000 米。生境:草甸,山坡阳处及沼泽地带,山坡,草地。资源:具栽培园艺种类。全球 6 个大洲分布及种数(39－81;hort. 1;cult. 3)非洲:15－34;亚洲:16－24;大洋洲:2;欧洲:13－34;北美洲:6－8;南美洲:4。【中国种数:8】。

Herodotia Urb. & Ekman 盘花藤菊属 Asteraceae［MD－586］特征纪要:习性:草本。花程式:(K)3－5,(C)3－5,A3－5,＝↓G2。其他特征参考科。全球4个大洲分布及种数(1－5)非洲:2; 欧洲:4; 北美洲:4; 南美洲:2。

Herpestes Kunth ＝ **Herpestis**

Herpestis C. F. Gaertn. 卵萼毛麝香属 Scrophulariaceae［MD－536］特征纪要和分布(－)。分布:－。

Herpetacanthus Nees 虫刺爵床属 Acanthaceae［MD－572］特征纪要:习性:草本。花程式:K2－4,C0,A2－4,＝G2。其他特征参考科。全球2个大洲分布及种数(15－24)北美洲:2;南美洲:12－21。

Herpetica Raf. 腊肠树属 Fabaceae3［MD－240］特征纪要:习性:－。花程式:－。其他特征参考科。全球2个大洲分布及种数(3)北美洲:1; 南美洲:1。

Herpetineuron (Müll. Hal.) Cardot 羊角藓属 Thuidiaceae［B－184］特征纪要:习性:－。【Rep】:雌雄异株,蒴柄红棕色,孢蒴卵状圆柱形,蒴齿外齿层齿片披针形,中缝具穿孔,被密疣,内齿层灰白色。物候:－。海拔:500米。生境:土生。资源:－。全球5个大洲分布及种数(3)非洲:1;亚洲:2;大洋洲:1;北美洲:2;南美洲:1。【中国种数:3】。

Herpetium L. 指叶苔科属 Lepidoziaceae［B－63］特征纪要:－。全球1个大洲分布及种数(－)。

Herpetophytum (Schltr.) Brieger 蛇鞭石斛属 Orchidaceae［MM－723］特征纪要:习性:－。花程式:－。物候:－。花期:参考早于果期。果期:10－11月。海拔:80－5200米。生境:柏树林下或草坡路旁,竹坡中。资源:－。全球4个大洲分布及种数(15)非洲:12; 亚洲:13; 大洋洲:14; 南美洲:2。

Herpetospermum Wall. ex Benth. & Hook. f. 波棱瓜属 Cucurbitaceae［MD－205］特征纪要:习性:木质攀援。花程式:－。物候:－。海拔:2300－2500米。生境:山坡灌丛及林缘,路旁。资源:药用。全球1个大洲分布及种数(cf. 1)◆亚洲。【中国种数:2】。

Herpocladium Mitt. 剪叶苔科属 Herbertaceae［B－69］特征纪要:－。全球3个大洲分布及种数(4)亚洲:2; 欧洲:2; 北美洲:2。

Herpodium Brid. ex Wittst. ＝ **Erpodium**

Herpolirion Hook. f. 昊百合属 Asphodelaceae［MM－649］特征纪要:习性:草本。花程式:(K)3,C3,A3－6,(G)3。其他特征参考科。全球1个大洲分布及种数(1)◆大洋洲。

Herposiphonia <unassigned> 红花菱属 Rhodoleiaceae［MD－64］特征纪要:－。全球6个大洲分布及种数(50)非洲:10; 亚洲:12; 大洋洲:16; 欧洲:9; 北美洲:17; 南美洲:9。

Herpothallon <unassigned> 哥斯疣冠苔属 Aytoniaceae［B－9］特征纪要:－。全球2个大洲分布及种数(4)北美洲:2; 南美洲:2。

Herpysma Lindl. 爬兰属 Orchidaceae［MM－723］特征纪要:习性:草本(根状茎,基生)。花程式:Kn,C2－3参考科,A3参考科,↓G－。物候:－。花期:8－9月。果期:参考晚于花期。海拔:1200米。生境:森林,山坡密林下。资源:花卉,具栽培园艺种类。全球1个大洲分布及种数(cf. 1)◆亚洲。【中国种数:1】。

Herpyza Sauvalle 软荚豆属 Fabaceae3［MD－240］特征纪要:习性:木本。花程式:K1－∞,C1－∞,A5－9,＝↓G(－)。其他特征参考科。全球1个大洲分布及种数(1)◆北美洲。

Herrania Goudot 猴可可属 Sterculiaceae［MD－189］特征纪要:习性:木本。花程式:K3－5－∞,C3－5－∞,A10－8,＝G1－5。其他特征参考科。全球5个大洲分布及种数(20－36)非洲:5; 亚洲:2; 大洋洲:1; 北美洲:9; 南美洲:30。

Herrea Schwantes 指苏花属 Aizoaceae［MD－94］特征纪要:习性:－。花程式:－。其他特征参考科。全球1个大洲分布及种数(16)◆非洲。

Herreanthus Schwantes 美翼玉属 Aizoaceae［MD－94］特征纪要:习性:－。花程式:－。其他特征参考科。全球1个大洲分布及种数(1)◆非洲。

Herreranthus B. Nord. 千里光属 Asteraceae［MD－586］特征纪要:习性:草本。花程式:(K－),(C)5参考科,A3参考科,↓G。其他特征参考科。全球1个大洲分布及种数(1) ◆北美洲:1。

Herreria Ruiz & Pav. 假薯蓣属 Herreriaceae［MM－670］特征纪要(同科)。全球4个大洲分布及种数(8－69)亚洲:2; 欧洲:3; 北美洲:3; 南美洲:22。【中国种数:1】。

Herreriaceae (Kunth) Kunth［MM－670］异菝葜科 特征纪要:习性:草本;落叶。花程式:(K)6－,C3,A6,↑(G)3。物候:－。果实:－。种子:－。海拔:－。生境:－。资源:－。栽培:－。全球2个大洲分布及属种数(4/18－19 hort. 1) 非洲:1/2; 南美洲:3/16－17。

Herreriopsis H. Perrier 囊被假薯蓣属 Asparagaceae［MM－669］特征纪要:习性:草本。花程式:(K)3,C3,A6,(G)3。其他特征参考科。全球1个大洲分布及种数(1)◆非洲(◆马达加斯加)。

Herschelia Lindl. 非洲兰属 Orchidaceae［MM－723］特征纪要和分布(－)。分布:－。

Herschellia Bartl. ＝ **Herschelia**

Hertia Less. 黄肉菊属 Asteraceae［MD－586］特征纪要:习性:草本。花程式:(K)3－5,(C)3－5,A3－5,＝↓G2。其他特征参考科。全球2个大洲分布及种数(9－15)非洲:7; 亚洲:2。

Herzogianthus R. M. Schust. 毛苔属 Chaetophyllopsaceae［B－55］特征纪要(同科)。全球2个大洲分布及种数(2)亚洲:2; 大洋洲:2。

Herzogiaria Fulford ex Hässel 南美叉苔属 Pseudolepicoleaceae［B－71］特征纪要:习性:－。【Rep】:雌雄同株或异株,雄苞着生茎、枝先端,雌苞顶生,雌苞叶与茎叶同形,4－5裂,蒴柄横切面中央4个细胞。其他特征参考科。全球1个大洲分布及种数(1)◆南美洲。

Herzogiella Broth. 长灰藓属 Hypnaceae［B－189］特征纪要:习性:－。【Rep】:雌雄异苞同株,内雌苞叶基部鞘

H

状,上部边缘背卷,急狭成细长有齿叶尖,蒴柄细长,平滑,孢蒴下垂或平列。物候:-。海拔:-。生境:常见于林下土或岩面薄土,沼泽水生。资源:-。全球6个大洲分布及种数(9)非洲:3;亚洲:6;大洋洲:1;欧洲:3;北美洲:6;南美洲:3。【中国种数:6】。

Herzogobryum Grolle 密萼苔属 Cephaloziellaceae [B-53] 特征纪要:习性:-。【Rep】:雌苞顶生,雌苞叶数对,内雌叶常相连,蒴萼常存,蒴壁2-3层细胞,弹丝2-4列螺纹加厚,灰色、褐色或紫色。其他特征参考科。全球6个大洲分布及种数(10)非洲:3; 亚洲:2; 大洋洲:6; 欧洲:2; 北美洲:2; 南美洲:4。

Hesioda Vell. = **Heisteria**

Hesperaloe Engelm. 草丝兰属 Asparagaceae [MM-669] 特征纪要:习性:草本。花程式:(K)3,C0 参考科,A3 参考科,G-。其他特征参考科。全球4个大洲分布及种数(9-15)非洲:2; 亚洲:2; 北美洲:13; 南美洲:2。【中国种数:1】。

Hesperantha Ker Gawl. 夜鸢尾属 Iridaceae [MM-700] 特征纪要:习性:草本(水生)。花程式:(K)3,C3,A10,=↓G3。其他特征参考科。全球6个大洲分布及种数(95-170)非洲:152; 亚洲:2; 大洋洲:3; 欧洲:6; 北美洲:6; 南美洲:9。【中国种数:1】。

Hesperelaea A. Gray 爪瓣榄属 Oleaceae [MD-498] 特征纪要:习性:木本。花程式:K2-4,C0,A2-4,=(G)2。其他特征参考科。全球1个大洲分布及种数(1)◆北美洲。

Hesperethusa M. Röm. 芸柑果属 Rutaceae [MD-399] 特征纪要:习性:-。花程式:-。物候:-。海拔:100-3200米。生境:办公室作观赏。资源:-。全球2个大洲分布及种数(3)非洲:2; 亚洲:2。

Hesperevax A. Gray 棉子菊属 Asteraceae [MD-586] 特征纪要:习性:草本。花程式:(K)3-5,(C)3-5,A3-5,↓G。其他特征参考科。全球1个大洲分布及种数(3)◆北美洲。

Hesperhodos Cockerell = **Rosa**

Hesperidanthus Rydb. 微花菜属 Brassicaceae [MD-213] 特征纪要:习性:草本。花程式:K4,C4,A3 参考科,↓G-参考科。其他特征参考科。全球1个大洲分布及种数(5)◆北美洲。

Hesperidopsis (DC.) Kuntze = **Dontostemon**

Hesperis L. 香花芥属 Brassicaceae [MD-213] 特征纪要:习性:草本(基生)。花程式:Kn,C2-3 参考科,A3-5,G-。物候:-。花期:5-9月。果期:参考晚于花期。海拔:900-2900米。生境:高原草原化草甸。资源:具栽培园艺种类。全球6个大洲分布及种数(56-94;hort. 1;cult. 7)非洲:4-11;亚洲:52-61;大洋洲:1-8;欧洲:19-27;北美洲:1-8;南美洲:1-8。【中国种数:3】。

Hesperocallidaceae Traub [MM-664] 夷百合科 特征纪要:习性:草本;落叶。花程式:(K)6-,C2-3,A10,↓G-。物候:-。果实:-。种子:-。海拔:-。生境:-。资源:-。栽培:-。全球1个大洲分布及属种数(2/3 hort. 1)◆北美洲:1/1。

Hesperocallis A. Gray 夕丽花属 Hesperocallidaceae [MM-664] 特征纪要(同科)。全球1个大洲分布及种数(1)◆北美洲。

Hesperochiron S. Watson 素玄花属 Boraginaceae [MD-517] 特征纪要:习性:草本。花程式:-。其他特征参考科。全球3个大洲分布及种数(2-21)亚洲:2; 北美洲:3; 南美洲:2。【中国种数:1】。

H

Hesperocnide Torr. 西海麻属 Urticaceae [MD-91] 特征纪要:习性:木本。花程式:K2-4,C0,A2-4,↓G-参考科。其他特征参考科。全球2个大洲分布及种数(2-3)亚洲:2; 北美洲:3。

Hesperocyparis Bartel & R. A. Price 美洲柏木属 Cupressaceae [G-17] 特征纪要:习性:-。【Rep】:复轴,浆果状,苞鳞融合成果皮状,种鳞多退化,雌雄异株。物候:-。花期:3-4月。果期:参考晚于花期。海拔:100-5100米。生境:种植用于木材和植树造林。资源:-。全球6个大洲分布及种数(16-35)非洲:7; 亚洲:7; 大洋洲:9; 欧洲:21; 北美洲:21; 南美洲:22。【中国种数:4】。

Hesperodoria Greene 无舌兔黄花属 Asteraceae [MD-586] 特征纪要:习性:-。花程式:-。其他特征参考科。全球1个大洲分布及种数(-)。

Hesperogreigia Skottsb. = **Greigia**

Hesperolaburnum Maire 宽荚豆属 Fabaceae3 [MD-240] 特征纪要:习性:木本。花程式:K1-∞,C1-∞,A5-9,=↓G1。其他特征参考科。全球1个大洲分布及种数(1)◆非洲。

Hesperolinon (A. Gray) Small 加州麻属 Linaceae [MD-315] 特征纪要:习性:-。花程式:-。其他特征参考科。全球3个大洲分布及种数(4-16)亚洲:2; 欧洲:14; 北美洲:14。

Hesperomannia A. Gray 单殖菊属 Asteraceae [MD-586] 特征纪要:习性:草本。花程式:(K)3-5,C3-5,A3-5,=↓(G)2。其他特征参考科。全球2个大洲分布及种数(2-7)亚洲:5; 北美洲:6。【中国种数:2】。

Hesperomecon Greene 金银罂粟属 Papaveraceae [MD-54] 特征纪要:习性:-。花程式:-。其他特征参考科。全球1个大洲分布及种数(13)◆北美洲:2。

Hesperomeles Lindl. 夜棠属 Rosaceae [MD-246] 特征纪要:习性:木本。花程式:-。其他特征参考科。全球5个大洲分布及种数(12-28)亚洲:4; 大洋洲:1; 欧洲:9; 北美洲:9; 南美洲:25。【中国种数:2】。

Hesperonia Standl. 紫茉莉属 Nyctaginaceae [MD-107] 特征纪要:习性:-。花程式:-。其他特征参考科。全球2个大洲分布及种数(10)北美洲:1; 南美洲:1。

Hesperonix Rydb. = **Astragalus**

Hesperostipa (Elias) Barkworth 西针茅属 Poaceae [MM-748] 特征纪要:习性:草本。花程式:(K)3,C0 参考科,A1-2,=G2-3。其他特征参考科。全球6个大洲分布及种数(6-12)非洲:2; 亚洲:2; 大洋洲:2; 欧洲:9; 北美洲:9; 南美洲:3。

Hesperothamnus Brandegee 骨豆花属 Fabaceae3［MD－240］特征纪要：习性：木本。花程式：K1－∞，C1－∞，A5－9，＝↓G1。其他特征参考科。全球 2 个大洲分布及种数（5－7）亚洲：2；北美洲：6。【中国种数：1】。

Hesperotropsis Garland & Gerry Moore 北美花柏属 Cupressaceae［G－17］特征纪要：习性：－。【Rep】：球花小，单性同株或异株，顶生或腋生，雄球花有 3－8 对交互对生的雄蕊，每雄蕊有 2－6 花药，花粉无气囊，雌球花有 3－16 枚交叉对生或 3－4 枚轮生的珠鳞，每珠鳞有数枚胚珠，苞鳞与珠鳞合生，球果圆球形，卵圆形或长圆形，成熟时开裂，或有时浆果状，不开裂，种子 1 至多颗，种子或有翅。物候：－。花期：3－4 月。果期：参考晚于花期。海拔：100－5100 米。生境：种植用于木材和植树造林。资源：－。全球 2 个大洲分布及种数（3－7）欧洲：2；北美洲：2。

Hesperoxiphion Baker 夕刀鸢尾属 Iridaceae［MM－700］特征纪要：习性：草本。花程式：（K）3，C3，A10，＝↓（G）3。其他特征参考科。全球 2 个大洲分布及种数（5－8）非洲：2；南美洲：8。

Hesperoyucca（Engelm.）Trel. 西丝兰属 Asparagaceae［MM－669］特征纪要：习性：草本。花程式：（K）3，C0 参考科，A6，G－。其他特征参考科。全球 1 个大洲分布及种数（2－4）◆北美洲。

Hesperozygis Epling 西芩属 Lamiaceae［MD－575］特征纪要：习性：草本。花程式：K2，C0，A2，＝G2。其他特征参考科。全球 2 个大洲分布及种数（7－14）北美洲：7；南美洲：14。

Hessea Herb. 娇石蒜属 Amaryllidaceae［MM－694］特征纪要和分布（－）。全球 1 个大洲分布及种数（3－4）◆非洲。

Hestia S. Y. Wong & P. C. Boyce 獐南星属 Araceae［MM－639］特征纪要：习性：－。花程式：－。其他特征参考科。全球 1 个大洲分布及种数（8）◆亚洲：8。

Hetaeria Endl. 翻唇兰属 Orchidaceae［MM－723］特征纪要和分布（－）。全球 6 个大洲分布及种数（16－38）非洲：6－17；亚洲：11－32；大洋洲：4－17；欧洲：1－6；北美洲：5；南美洲：5。【中国种数：7】。

Heterachne Benth. 异草属 Poaceae［MM－748］特征纪要：习性：－。花程式：－。其他特征参考科。全球 1 个大洲分布及种数（2－3）◆大洋洲（◆澳大利亚）。

Heteracia Fisch. & C. A. Mey. 异喙菊属 Asteraceae［MD－586］特征纪要：习性：草本（基生）。花程式：（K）3－5，C3－5，A3 参考科，↓G。物候：－。海拔：800－1000 米。生境：沙漠或半沙漠。资源：具栽培园艺种类。全球 1 个大洲分布及种数（cf. 1）◆亚洲。【中国种数：1】。

Heteradelphia Lindau 异爵床属 Acanthaceae［MD－572］特征纪要：习性：草本。花程式：K2－4，C0，A2－4，＝（G）2。其他特征参考科。全球 1 个大洲分布及种数（1－2）◆非洲。

Heteranthelium Hochst. ex Jaub. & Spach 冰草属 Poaceae［MM－748］特征纪要：习性：草本。花程式：（K）3，C0 参考科，A1－2，↓G－参考科。其他特征参考科。全球 1 个大洲分布及种数（2）◆亚洲。

Heteranthemis Schott 黏黄菊属 Asteraceae［MD－586］特征纪要：习性：草本。花程式：（K）3－5，（C）3－5，A3－5，↓G。其他特征参考科。全球 4 个大洲分布及种数（3）非洲：2；亚洲：cf. 1；欧洲：2；北美洲：2。

Heteranthera Ruiz & Pav. 沼车前属 Pontederiaceae［MM－711］特征纪要：习性：草本。花程式：（K）3，C3，A3－6，＝G3。物候：－。海拔：－。生境：－。资源：具园艺种类。全球 6 个大洲分布及种数（16－17）非洲：2－5；亚洲：3－7；大洋洲：3－6；欧洲：2－5；北美洲：11－15；南美洲：13－16。【中国种数：3】。

Heteranthia Nees & Mart. 沼玄参属 Solanaceae［MD－503］特征纪要：习性：草本。花程式：K2－4，C0，A2－4，G2。其他特征参考科。全球 1 个大洲分布及种数（1）◆南美洲（◆巴西）。

Heteranthoecia Stapf 异穗垫箬属 Poaceae［MM－748］特征纪要：习性：草本。花程式：（K）3，C0 参考科，A1－2，＝（G）2－3。其他特征参考科。全球 2 个大洲分布及种数（1－3）非洲：3；亚洲：2。

Heterelytron Jungh. ＝ **Themeda**

Heterisia Raf. ex Small 虎耳草科属 Saxifragaceae［MD－231］特征纪要：习性：－。花程式：－。其他特征参考科。全球 2 个大洲分布及种数（20）北美洲：1；南美洲：19。

Heteroaridarum M. Hotta 类疆南星属 Araceae［MM－639］特征纪要：习性：草本。花程式：K0，C0，A3 参考科，G3－参考科。其他特征参考科。全球 1 个大洲分布及种数（1）◆亚洲。

Heteroarisaema Nakai 天南星属 Araceae［MM－639］特征纪要：习性：－。花程式：－。其他特征参考科。全球 1 个大洲分布及种数（1）◆大洋洲。

Heterocanscora C. B. Clarke ＝ **Canscora**

Heterocarpha Stapf & C. E. Hubb. ＝ **Dinebra**

Heterocarpon <unassigned> 紫草科属 Boraginaceae［MD－517］特征纪要：习性：－。花程式：－。其他特征参考科。全球 1 个大洲分布及种数（－）。

Heterocaryum A. DC. 异果鹤虱属 Boraginaceae［MD－517］特征纪要：习性：草本。花程式：（K－），C5，A5，↓G－4。物候：－。海拔：5700 米。生境：沙漠。资源：具园艺种类。全球 2 个大洲分布及种数（3－18）非洲：3；亚洲：15。

Heterocentron Hook. & Arn. 四瓣果属 Melastomataceae［MD－364］特征纪要：习性：木本。花程式：K4－5，C4－5，A4－5，＝↓G3－4。其他特征参考科。全球 5 个大洲分布及种数（14－41）非洲：3；亚洲：5；大洋洲：3；北美洲：17；南美洲：4。【中国种数：1】。

Heterochaenia A. DC. 木风铃属 Campanulaceae［MD－561］特征纪要：习性：灌木。花程式：（K）5，（C）5，A5，↓G－。其他特征参考科。全球 2 个大洲分布及种数（4－5）非洲：4；南美洲：1。

Heterochiton Graebn. & Mattf. ＝ **Herniaria**

Heterochlamys Turcz. ＝ **Croton**

Heterochloa Desv. ＝ **Andropogon**

Heterochroa Bunge = **Gypsophila**。【中国种数:1】。

Heterocladiaceae Ignatov & Ignatova [B-185] 异枝藓科 特征纪要(参考 Antheliaceae):密集丛生,倾立,褐绿色,有光泽。【Rep】:颈卵器顶生,蒴萼卵圆形,有多条纵褶,口部具多个裂瓣,蒴柄短。全球 5 个大洲分布及属种数(1/1)非洲:1; 亚洲:1; 大洋洲:1; 北美洲:1; 南美洲:1。【中国属种数:3/7】。

Heterocladiella Ignatov & Fedosov 锦藓科属 Sematophyllaceae [B-192] 特征纪要:-。全球 1 个大洲分布及种数(-)。

Heterocladium Bruch & Schimp. 异枝藓属 Heterocladiaceae [B-185] 特征纪要(同科)。全球 6 个大洲分布及种数(33)非洲:2; 亚洲:12; 大洋洲:2; 欧洲:7; 北美洲:7; 南美洲:3。【中国种数:3】。

Heterocladus Turcz. = **Coriaria**

Heterocodon Nutt. 异钟花属 Campanulaceae [MD-561] 特征纪要:习性:草本。花程式:(K)5,(C)5,A5,↓G-。其他特征参考科。全球 3 个大洲分布及种数(1-5)亚洲:3; 北美洲:4; 南美洲:2。【中国种数:1】。

Heterocoma DC. 刺瓣叉毛菊属 Asteraceae [MD-586] 特征纪要:习性:草本。花程式:(K)3-5,(C)3-5,A3-5,=↓G2。其他特征参考科。全球 2 个大洲分布及种数(6-10)亚洲:2; 南美洲:10。

Heterocondylus R. M. King & H. Rob. 藤本尖泽兰属 Asteraceae [MD-586] 特征纪要:习性:草本。花程式:(K)3-5,C3-5,A3-5,=↓(G)2。其他特征参考科。全球 6 个大洲分布及种数(15-26)非洲:2; 亚洲:4; 大洋洲:3; 欧洲:7; 北美洲:7; 南美洲:26。【中国种数:2】。

Heterocroton S. Moore = **Croton**

Heterocyphelium <unassigned> 异芽藓属 Sorapillaceae [B-212] 特征纪要:-。全球 3 个大洲分布及种数(2)大洋洲:2; 北美洲:2; 南美洲:2。

Heterocypsela H. Rob. 异果斑鸠菊属 Asteraceae [MD-586] 特征纪要:习性:草本。花程式:Kn,C3 参考科,A3-5,=↓(G)2。其他特征参考科。全球 1 个大洲分布及种数(1)◆南美洲(◆巴西)。

Heterodanaea C. Presl = **Danaea**

Heteroderis Boiss. 异果苣属 Asteraceae [MD-586] 特征纪要:习性:草本。花程式:(K)3-5,C3-5,A3-5,=↓(G)2。其他特征参考科。全球 3 个大洲分布及种数(1-6)非洲:1; 亚洲:2; 南美洲:1。

Heterodon (Wight & Arn.) Meisn. 凤尾藓科属 Fissidentaceae [B-131] 特征纪要:-。全球 1 个大洲分布及种数(6)◆南美洲:1。

Heteroflorum M. Sousa 墨西哥云实属 Fabaceae2 [MD-240] 特征纪要:习性:木本。花程式:K3-5-∞,C3-5-∞,A1-10-50,=↓G1。其他特征参考科。全球 1 个大洲分布及种数(1)◆北美洲(◆墨西哥)。

Heterogemma (Jørg.) Konstant. & Vilnet 北美叶苔属 Lophoziaceae [B-56] 特征纪要:习性:-。其他特征参考科。全球 6 个大洲分布及种数(cf. 1)非洲;亚洲;大洋洲;欧洲;北美洲;南美洲。

Heterogonium C. Presl 亚异蕨属 Dryopteridaceae [F-49] 特征纪要:习性:-。【Rep】:孢子同形,囊群生叶背有盖。物候:-。海拔:150-1400 米。生境:竹林下。资源:-。全球 6 个大洲分布及种数(41)非洲:3; 亚洲:33; 大洋洲:5; 欧洲:3; 北美洲:3; 南美洲:8。

Heterolamium C. Y. Wu 异野芝麻属 Lamiaceae [MD-575] 特征纪要:习性:草本。花程式:(K-),C2-3 参考科,A3 参考科,=↓G2。物候:-。花期:6 月。果期:参考晚于花期。海拔:1500-2700 米。生境:林下,竹丛中,水沟旁,草坡及林缘。资源:药用。全球 2 个大洲分布及种数(4-6)非洲:2; 亚洲:6。【中国种数:1】。

Heterolepis Cass. 异鳞菊属 Asteraceae [MD-586] 特征纪要:习性:-。花程式:-。其他特征参考科。全球 3 个大洲分布及种数(4-9)非洲:4; 北美洲:1; 南美洲:1。

Heterolophus Cass. = **Psephellus**

Heteromeles M. Röm. 柳石楠属 Rosaceae [MD-246] 特征纪要:习性:-。花程式:-。其他特征参考科。全球 4 个大洲分布及种数(8)亚洲:3; 欧洲:8; 北美洲:8; 南美洲:3。

Heteromeris Spach = **Helianthemum**

Heteromma Benth. 柔冠田基黄属 Asteraceae [MD-586] 特征纪要:习性:草本。花程式:(K)3-5,(C)3-5,A3-5,↓G。其他特征参考科。全球 2 个大洲分布及种数(2-6)非洲:6; 南美洲:2。

Heteromorpha Cham. & Schltdl. 异形芹属 Apiaceae [MD-480] 特征纪要和分布(-)。全球 1 个大洲分布及种数(9-16)◆非洲。

Heteromyrtus Blume = **Blepharocalyx**

Heteroncidium (Poepp. & Endl.) Szlach. Mytnik & Romowicz = **Oncidium**

Heteronoma (Bl.) DC. 獐牡丹属 Melastomataceae [MD-364] 特征纪要:习性:-。花程式:-。其他特征参考科。全球 5 个大洲分布及种数(34)非洲:2; 亚洲:13; 欧洲:2; 北美洲:2; 南美洲:18。

Heteropanax Seem. 幌伞枫属 Araliaceae [MD-471] 特征纪要:习性:木本。花程式:-。物候:-。花期:10-12 月。果期:参考晚于花期。海拔:100-800 米。生境:林缘路旁,荫蔽处。资源:药用,观赏,具栽培园艺种类。全球 3 个大洲分布及种数(9-22)亚洲:18; 大洋洲:2; 南美洲:2。【中国种数:5】。

Heteropappus Less. 狗娃花属 Asteraceae [MD-586] 特征纪要:习性:-。花程式:-。物候:-。花期:6-9 月。果期:参考晚于花期。海拔:1900-3900 米。生境:低山坡。栽培:来自广西龙州。资源:具栽培园艺种类。全球 6 个大洲分布及种数(8-11;hort. 1;cult. 1)非洲:1-10;亚洲:7-18;大洋洲:9;欧洲:9;北美洲:2-11;南美洲:9。

Heteropetalum Benth. = **Guatteria**

Heterophlebium Fée = **Pteris**

H

Heteropholis C. E. Hubb. 异蛇尾草属 Poaceae［MM－748］特征纪要:习性:草本。花程式:－。物候:－。海拔:10－5600 米。生境:路旁草丛中。资源:－。全球 6 个大洲分布及种数(4－6;hort. 1)非洲:2－4;亚洲:1－3;大洋洲:2;欧洲:2;北美洲:2;南美洲:2。

Heterophragma DC. 异膜楸属 Bignoniaceae［MD－541］特征纪要:习性:木本。花程式:K5,C0,A5,＝(G)2。其他特征参考科。全球 4 个大洲分布及种数(2－14)非洲:2; 亚洲:13; 大洋洲:2; 北美洲:2。【中国种数:1】。

Heterophyllaea Hook. f. 互叶茜属 Rubiaceae［MD－523］特征纪要:习性:木本。花程式:(K)4－5,(C)4－5,A4－5,＝↓G2－9。其他特征参考科。全球 1 个大洲分布及种数(2)◆南美洲。

Heterophyllium (Schimp.) Kindb. 腐木藓属 Pylaisiadelphaceae［B－191］特征纪要:习性:－。【Rep】:孢子囊,单生叶表,雌雄异苞同株或雌雄异株,孢蒴直立或倾立,对称或稍弯曲,环带稍明显分化,蒴齿两层,外齿层齿片狭长披针形。物候:－。海拔:－。生境:岩石上。资源:－。全球 5 个大洲分布及种数(25)非洲:11;亚洲:11;欧洲:2;北美洲:8;南美洲:2。【中国种数:6】。

Heterophyllon Kindb. ＝ **Heterophyllium**

Heteroplexis C. C. Chang 异裂菊属 Asteraceae［MD－586］特征纪要:习性:草本(基生)。花程式:(K)3－5,C3－5,A5,＝↓(G)2。物候:－。花期:7－12 月。果期:参考晚于花期。海拔:300 米。生境:丘陵疏林,石灰岩石山山顶灌丛。资源:具园艺种类。全球 1 个大洲分布及种数(6)亚洲:5－6。【中国种数:3】。

Heteropogon Pers. 黄茅属 Poaceae［MM－748］特征纪要:习性:草本(基生,多肉)。花程式:(K－),C0 参考科,A3 参考科,＝(G)2－3。物候:－。海拔:400－4500 米。生境:山坡草地。资源:药用,具栽培园艺种类。全球 6 个大洲分布及种数(7)非洲:3－5;亚洲:6－8;大洋洲:3－5;欧洲:1－3;北美洲:2－4;南美洲:2－4。【中国种数:3】。

Heteropolygonatum M. N. Tamura & Ogisu 异黄精属 Asparagaceae［MM－669］特征纪要:习性:草本(具根状茎)。花程式:－。物候:－。花期:5－6 月。果期:参考晚于花期。海拔:1200－1300 米。生境:阔叶林下阴湿岩石上,森林。资源:具园艺种类。全球 1 个大洲分布及种数(cf. 1)◆亚洲(◆中国)。【中国种数:5】。

Heteropsis Kunth 贴柄芋属 Araceae［MM－639］特征纪要:习性:草本。花程式:K0,C0,A1－4,＝(G)1－3。其他特征参考科。全球 4 个大洲分布及种数(21－35)非洲:2; 亚洲:1; 北美洲:10; 南美洲:34。

Heteropterys Kunth 异翅藤属 Malpighiaceae［MD－343］特征纪要:习性:木本。花程式:K5,C5,A10,＝G2－3。其他特征参考科。全球 6 个大洲分布及种数(182－210;hort. 1;cult. 37)非洲:9－11;亚洲:10－14;大洋洲:2;欧洲:2－5;北美洲:37－40;南美洲:172－191。【中国种数:3】。

Heteroptilis E. Mey. ex Meisn. 前胡属 Apiaceae［MD－480］特征纪要:习性:－。花程式:－。其他特征参考科。全球 1 个大洲分布及种数(cf. 1)◆非洲。

Heteropyxidaceae Engl. & Gilg［MD－367］异裂果科 特征纪要:习性:木本;落叶。花程式:K5,C5,A5,↓(G)2－5。物候:－。果实:－。种子:－。海拔:－。生境:－。资源:－。栽培:－。全球 1 个大洲分布及属种数(2/5 hort. 1)◆南美洲:2/ 4－4。

Heteropyxis Harv. 薰衣树属 Heteropyxidaceae［MD－367］特征纪要(同科)。全球 3 个大洲分布及种数(3－6)非洲:5; 亚洲:2; 南美洲:2。

Heterorhachis Sch. Bip. ex Walp. 隐果联苞菊属 Asteraceae［MD－586］特征纪要:习性:草本。花程式:(K)3－5,C3－5,A3－5,＝↓(G)2。其他特征参考科。全球 1 个大洲分布及种数(1－2)◆非洲。

Heterosamara Kuntze 异翅果属 Polygalaceae［MD－291］特征纪要:习性:木本。花程式:－。物候:－。海拔:100－3900 米。生境:灌丛下。资源:－。全球 2 个大洲分布及种数(8－9)非洲:4－5;亚洲:cf. 1。

Heterosavia (Urb.) Petra Hoffm. 北美铁大戟属 Phyllanthaceae［MD－222］特征纪要:习性:木本。花程式:K1(1000),C0,A6,＝(G)2－3。其他特征参考科。全球 3 个大洲分布及种数(6－9)亚洲:3; 北美洲:9; 南美洲:2。

Heteroscyphus Schiffn. 异萼苔属 Lophocoleaceae［B－74］特征纪要:习性:－。【Rep】:雌苞生于短枝上,雄苞生于短侧枝上,短枝上无正常叶发育,仅为雌雄苞叶。物候:－。海拔:－。生境:常见于树干或腐木,岩面土生。资源:－。全球 6 个大洲分布及种数(62－63)非洲:2－7;亚洲:23－28;大洋洲:32－37;欧洲:5;北美洲:2－7;南美洲:11－16。【中国种数:14】。

Heterosiphonia <unassigned> 番杏科属 Aizoaceae［MD－94］特征纪要:－。全球 6 个大洲分布及种数(37)非洲:9; 亚洲:7; 大洋洲:14; 欧洲:4; 北美洲:7; 南美洲:12。

Heterosmilax Kunth 线菝葜属 Liliaceae［MM－633］特征纪要:习性:－。花程式:－。物候:－。花期:5－6 月。果期:参考晚于花期。海拔:100－1800 米。生境:灌木丛,杂木林中。资源:蛋白质。全球 2 个大洲分布及种数(28)亚洲:26; 北美洲:2。

Heterospathe Scheff. 异苞椰属 Arecaceae［MM－717］特征纪要:习性:木本。花程式:K3－10,C3－10,A3－10,＝G3－10。其他特征参考科。全球 6 个大洲分布及种数(21－45;hort. 1)非洲:11－17;亚洲:8－19;大洋洲:11－28;欧洲:1－2;北美洲:3－4;南美洲:1－2。

Heterosperma Cav. 异子菊属 Asteraceae［MD－586］特征纪要:习性:草本。花程式:(K)3－5,(C)3－5,A3－5,＝↓G2。其他特征参考科。全球 6 个大洲分布及种数(16)非洲:10;亚洲:10;大洋洲:10;欧洲:10;北美洲:9－19;南美洲:10－21。

Heterosphaeria <unassigned> 异苞菰属 Helosaceae［MD－305］特征纪要:－。全球 1 个大洲分布及种数(1)◆欧洲:1。

Heterostachys Ung.－Sternb. 鼠穗木属 Chenopodiaceae［MD－115］特征纪要:习性:草本。花程式:K3－5,C0,A3－5,＝↓(G)2－5。其他特征参考科。全球 3 个大洲分布及种数(2－3)欧洲:1; 北美洲:1; 南美洲:3。

Heterostalis Schott 天南星科属 Araceae［MM－639］特征纪要:习性:－。花程式:－。其他特征参考科。全球1个大洲分布及种数(－)。

Heterosteca Desv. ＝ **Bouteloua**

Heterostemma Wight & Arn. 醉魂藤属 Apocynaceae［MD－492］特征纪要:习性:木质攀援。花程式:(K－),C2－3参考科,A5,↓G－。物候:－。花期:4－9月。果期:参考晚于花期。海拔:100－200米。生境:开阔的树林,潮湿的森林,稀有的;密林的;干燥的;沙土的;缓坡的;木质的。资源:药用,具栽培园艺种类。全球5个大洲分布及种数(47－76)非洲:6; 亚洲:61; 大洋洲:10; 北美洲:2; 南美洲:3。【中国种数:11】。

Heterostemon Desf. 红花异蕊豆属 Fabaceae3［MD－240］特征纪要:习性:木本。花程式:K3－5－∞,C3－5－∞,A3－5,＝↓G1－2。其他特征参考科。全球2个大洲分布及种数(11－19)非洲:1; 南美洲:19。

Heterostigma Gaudich. ＝ **Pandanus**

Heterotaxis Lindl. 羞花兰属 Orchidaceae［MM－723］特征纪要:习性:－。花程式:－。其他特征参考科。全球2个大洲分布及种数(10－14)亚洲:cf. 1;南美洲:9。

Heterothalamus Less. 单性紫菀属 Asteraceae［MD－586］特征纪要:习性:－。花程式:－。其他特征参考科。全球3个大洲分布及种数(19)大洋洲:2; 北美洲:2; 南美洲:16。

Heterotheca Cass. 假金菀属 Asteraceae［MD－586］特征纪要:习性:草本。花程式:(K)3－5,(C)3－5,A3－5,＝↓G2。其他特征参考科。全球6个大洲分布及种数(72－165)非洲:2; 亚洲:5; 大洋洲:2; 欧洲:115; 北美洲:115; 南美洲:14。【中国种数:2】。

Heterothrix Müll.－Arg. 十字花科属 Apocynaceae［MD－492］特征纪要:习性:－。花程式:－。其他特征参考科。全球2个大洲分布及种数(9)北美洲:1; 南美洲:1。

Heterotis Benth. 湿地棯属 Melastomataceae［MD－364］特征纪要:习性:木本。花程式:－。其他特征参考科。全球6个大洲分布及种数(11－18)非洲:10－11;亚洲:1－2;大洋洲:1－2;欧洲:1;北美洲:2－3;南美洲:1－2。【中国种数:1】。

Heterotoma Zucc. 蟋尾花属 Campanulaceae［MD－561］特征纪要:习性:草本。花程式:(K)5,(C)5,A5,＝↓G2－3。其他特征参考科。全球5个大洲分布及种数(2－24)非洲:2; 亚洲:2; 大洋洲:3; 北美洲:6; 南美洲:5。

Heterotrichum DC. 异毛野牡丹属 Asteraceae［MD－586］特征纪要:习性:－。花程式:－。其他特征参考科。全球4个大洲分布及种数(52)非洲:2; 亚洲:5; 北美洲:11; 南美洲:41。

Heterotristicha Tobl. 鹧鸪川苔草属 Podostemaceae［MD－322］特征纪要:草本,落叶,单叶。花程式:K1－2,C0,A10,G,房位(－)。果实:蒴果。种子:种皮上有颗粒。全球1个大洲分布及种数(1)◆南美洲(◆乌拉圭)。

Heterotropa C. Morren & Decne. 马兜铃属 Aristolochiaceae［MD－56］特征纪要:习性:－。花程式:－。物候:－。花期:4－6月。果期:参考晚于花期。海拔:200－3100米。生境:背阴地区,竹丛,黄色砂土。资源:－。全球3个大洲分布及种数(78)亚洲:60; 北美洲:1; 南美洲:1。

Heterozostera (Setch.) Hartog 木带藻属 Zosteraceae［MM－612］特征纪要:习性:草本。花程式:－。其他特征参考科。全球2个大洲分布及种数(6)大洋洲:5; 南美洲:6。

H

Heteryta Raf. ＝ **Phacelia**

Heuchera L. 矾根属 Saxifragaceae［MD－231］特征纪要:习性:草本。花程式:K5,C5,A5－10,＝↓G2－5。其他特征参考科。全球6个大洲分布及种数(56－199)非洲:2; 亚洲:13; 大洋洲:2; 欧洲:126; 北美洲:126; 南美洲:7。【中国种数:8】。

Heudelotia A. Rich. ＝ **commiphora**

Heurckia Müll. Arg. ＝ **Rauvolfia**

Hevea Aubl. 橡胶树属 Euphorbiaceae［MD－217］特征纪要:习性:木本。花程式:－。物候:－。花期:5－6月。果期:参考晚于花期。海拔:20－5000米。生境:－。栽培:－。资源:具栽培园艺种类。全球6个大洲分布及种数(17－21;hort. 1;cult. 6)非洲:3－5;亚洲:7－9;大洋洲:6－8;欧洲:1－3;北美洲:5－7;南美洲:16－20。【中国种数:3】。

Hewittia Wight & Arn. 猪菜藤属 Convolvulaceae［MD－499］特征纪要:习性:草本。花程式:K5,C5,A10,↓G－。物候:－。海拔:600－1200米。生境:－。栽培:来自广西龙州。资源:具栽培园艺种类。全球6个大洲分布及种数3个非洲:2－12;亚洲:2－12;大洋洲:10;欧洲:10;北美洲:1－11;南美洲:10。【中国种数:1】。

Hexachlamys O. Berg 五萼番樱属 Myrtaceae［MD－347］特征纪要:木本,叶对生。花程式:K4－5,C4－5,A8－10,＝↓G:2－5。果实:具分核。种子:种皮与果皮的内壁粘合。全球1个大洲分布及种数(16)◆南美洲。

Hexacyrtis Dinter 距百合属 Colchicaceae［MM－623］特征纪要:习性:草本。花程式:(K)6,C0参考科,A6,G3－参考科。其他特征参考科。全球1个大洲分布及种数(1)◆非洲。

Hexadena Raf. ＝ **Phyllanthus**

Hexadenia Klotzsch & Garcke ＝ **Pedilanthus**

Hexadesmia Brongn. ＝ **Scaphyglottis**

Hexalectris Raf. 冠珊兰属 Orchidaceae［MM－723］特征纪要:习性:－。花程式:－。其他特征参考科。全球3个大洲分布及种数(15)亚洲:1; 欧洲:14; 北美洲:14。

Hexalepis Raf. ＝ **Vriesea**

Hexalobus A. DC. 刚李木属 Annonaceae［MD－7］特征纪要:习性:木本。花程式:K3－∞,C3,A2,＝G10－100。其他特征参考科。全球2个大洲分布及种数(5－20)非洲:17; 南美洲:4。

Hexanthus Lour. 樟科属 Lauraceae［MD－21］特征纪要:习性:－。花程式:－。其他特征参考科。全球1个大洲分布及种数(-)。

Hexaphylla (Klokov) P. Caputo & Del Guacchio 茜草科属 Rubiaceae [MD-523] 特征纪要:习性:-。花程式:-。其他特征参考科。全球2个大洲分布及种数(12):非洲:2; 欧洲:8。

Hexaplectris Raf. = **Aristolochia**

Hexapora Hook. f. 肉药樟属 Lauraceae [MD-21] 特征纪要:习性:木本。花程式:K3-9,C0,A3-9,=G1-3。其他特征参考科。全球2个大洲分布及种数(1-7)亚洲:2; 南美洲:6。

Hexapterella Urb. 水玉盘属 Burmanniaceae [MM-696] 特征纪要:习性:草本。花程式:(K)3,C3,A3,=↓(G)3。其他特征参考科。全球2个大洲分布及种数(2-3)北美洲:2; 南美洲:3。

Hexarrhena J. Presl = **Hilaria**

Hexaspermum Domin = **Phyllanthus**

Hexaspora C. T. White 六子卫矛属 Celastraceae [MD-339] 特征纪要:习性:木本。花程式:K2-3,C2-3,A10,=(G)2-5。其他特征参考科。全球2个大洲分布及种数(1-5)亚洲:4; 大洋洲:5。

Hexastylis Raf. 马兜铃科属 Aristolochiaceae [MD-56] 特征纪要:习性:-。花程式:-。其他特征参考科。全球1个大洲分布及种数(6)◆北美洲:6。

Hexepta Raf. = **Coffea**

Hexinia H. L. Yang 河西菊属 Asteraceae [MD-586] 特征纪要:草本,落叶; 花程式:Kn,(C),A3-5,G(-),果实:瘦果。全球1个大洲分布及种数(cf. 1)◆亚洲。

Hexisea Lindl. = **Scaphyglottis**

Hexocenia Calest. = **Astrotricha**

Hexonix Raf. = **Heloniopsis**

Hexopetion Burret = **Astrocaryum**

Hexuris Miers = **Peltophyllum**

Heydia Dennst. = **Scleropyrum**

Heynea Roxb. 鹧鸪花属 Meliaceae [MD-414] 特征纪要:习性:木本。花程式:K3-5,C3-5,A6,=G1-2。物候:-。花期:4-6月。果期:参考晚于花期。海拔:200-1300米。生境:丘陵地区的森林和灌丛。资源:具栽培园艺种类。全球6个大洲分布及种数(2-61)非洲:24; 亚洲:32; 大洋洲:20; 欧洲:19; 北美洲:19; 南美洲:19。【中国种数:2】。

Heynella Backer 爪哇萝藦属 Apocynaceae [MD-492] 特征纪要:习性:木本。花程式:Kn,C0,A3参考科,↓G。其他特征参考科。全球3个大洲分布及种数(1-18)非洲:18; 亚洲:14; 南美洲:3。

Heywoodia Sim 显瓣木属 Phyllanthaceae [MD-222] 特征纪要:习性:木本。花程式:K1(1000),C0,A6,↓G-参考科。其他特征参考科。全球1个大洲分布及种数(1)◆非洲。

Hgrobiella Spruce 长胞苔属 Cephaloziaceae [B-52] 特征纪要:-。全球1个大洲分布及种数(1)◆亚洲(◆中国)。

Hibbertia Andrews 束蕊花属 Dilleniaceae [MD-66] 特征纪要:习性:木本。花程式:K∞,C∞,A5,=G1-2。全球6个大洲分布及种数(371-519)非洲:9; 亚洲:6; 大洋洲:468; 欧洲:6; 北美洲:6; 南美洲:7。

Hibiscadelphus Rock 岳槿属 Malvaceae [MD-203] 特征纪要:习性:木本。花程式:K5-∞,C5-∞,A10-8,G-。其他特征参考科。全球2个大洲分布及种数(9-13)亚洲:5; 北美洲:12。

Hibiscus L. 木槿属 Malvaceae [MD-203] 特征纪要:习性:木本。花程式:-。物候:-。花期:10-11月。果期:参考晚于花期。海拔:1300-2100米。生境:常绿阔叶林中,傣族村寨栽培。资源:药用,具栽培园艺种类。全球6个大洲分布及种数(461-670;hort. 1;cult. 23)非洲:196-310;亚洲:142-194;大洋洲:128-175;欧洲:27-65;北美洲:101-149;南美洲:96-146。【中国种数:41】。

Hickelia A. Camus 异颖竹属 Poaceae [MM-748] 特征纪要:习性:草本。花程式:(K)3,C0参考科,A1-2,=G2-3。其他特征参考科。全球3个大洲分布及种数(4-8)非洲:5; 亚洲:3; 南美洲:3。

Hicksbeachia F. Müll. 红玫李属 Proteaceae [MD-219] 特征纪要:习性:木本。花程式:K3-4-∞,C0,A2,=G1。其他特征参考科。全球1个大洲分布及种数(2)◆大洋洲(◆澳大利亚)。

Hicoria Raf. 花旗胡桃属 Juglandaceae [MD-136] 特征纪要和分布(-)。全球1个大洲分布及种数(4-12)◆北美洲(◆美国)。

Hicriopteris C. Presl 赤芒萁属 Gleicheniaceae [F-18] 特征纪要:习性:-。【Rep】:孢子囊群小,圆形,无盖,由2-4个(通常3个)无柄的孢子囊组成,以一行位于中脉和叶边中间,生于每组脉的上侧小脉背上。物候:-。全球6个大洲分布及种数(3)非洲:20;亚洲:2-22;大洋洲:20;欧洲:20;北美洲:20;南美洲:20。

Hidrocotile Neck. = **Hydrocotyle**

Hiepia V. T. Pham & Aver. 鱼眼草属 Apocynaceae [MD-492] 特征纪要:习性:-。花程式:-。其他特征参考科。全球1个大洲分布及种数(5)◆南美洲:1。

Hieracium L. 山柳菊属 Asteraceae [MD-586] 特征纪要:习性:草本(根状茎,基生)。花程式:(K)3-5,C3-5,A3参考科,=↓(G)2。物候:-。海拔:200-3300米。生境:阿尔泰山地针叶林带山沟。栽培:来自广西龙州。资源:药用,具栽培园艺种类。全球6个大洲分布及种数(3921-8565;hort. 1;cult. 272)非洲:49-108;亚洲:282-524;大洋洲:189-249;欧洲:3708-3954;北美洲:117-176;南美洲:118-174。【中国种数:36】。

Hieris Steenis 粉花凌霄属 Bignoniaceae [MD-541] 特征纪要:习性:木本。花程式:K5,C0,A4,↓G。其他特征参考科。全球1个大洲分布及种数(2)◆东南亚。【中国种数:1】。

Hiernia S. Moore 希尔列当属 Orobanchaceae [MD-552] 特征纪要:习性:灌木。花程式:K5,C0,A3参考科,↓G2。

其他特征参考科。全球 1 个大洲分布及种数(1)◆非洲。

Hierobotana Briq. 神圣草属 Verbenaceae [MD－556] 特征纪要:习性:木本。花程式:K2－4,C0,A2－4,＝(G)2－4。其他特征参考科。全球 1 个大洲分布及种数(1)◆南美洲。

Hierochloe R. Br. ＝ **Hierochloe**

Hierochloa P. Beauv. ＝ **Hierochloe**

Hierochloe R. Br. 茅香属 Poaceae [MM－748] 特征纪要:习性:－。花程式:－。物候:－。花期:7－8 月。果期:参考晚于花期。海拔:2300 米。生境:冰碛杂类草草甸。资源:具栽培园艺种类。全球 6 个大洲分布及种数(25－26;hort. 3;cult. 3)非洲:2－9;亚洲:11－18;大洋洲:9－16;欧洲:3－10;北美洲:6－14;南美洲:8－15。

Hieronyma Allemão 铁塔木属 Phyllanthaceae [MD－222] 特征纪要:习性:木本。花程式:K1(1000),C0,A1－1000,G2－3。其他特征参考科。全球 5 个大洲分布及种数(16－28;hort. 2;cult. 2)非洲:1;亚洲:cf. 1;欧洲:1;北美洲:7－16;南美洲:14。

Hieronymia Tul. ＝ **Hieronyma**

Hieronymiella Pax 长管水仙属 Amaryllidaceae [MM－694] 特征纪要:习性:草本。花程式:(K)3,C3,A1,＝↓G3。其他特征参考科。全球 2 个大洲分布及种数(9－19)北美洲:3; 南美洲:18。

Hieronymusia Engl. 虎耳草属 Saxifragaceae [MD－231] 特征纪要:习性:－。花程式:－。其他特征参考科。全球 2 个大洲分布及种数(2)北美洲:1; 南美洲:1。

Hilairella Van Tiegh. 管莲木属 Ochnaceae [MD－104] 特征纪要:习性:－。花程式:－。其他特征参考科。全球 1 个大洲分布及种数(cf. 1)◆南美洲(◆巴西)。

Hilairia DC. ＝ **Onoseris**

Hilaria Kunth 蛇矛草属 Poaceae [MM－748] 特征纪要:习性:草本。花程式:(K)3,C0 参考科,A1－2,＝G2－3。其他特征参考科。全球 3 个大洲分布及种数(11－36)亚洲:2; 北美洲:29; 南美洲:20。【中国种数:1】。

Hilariophyton Pichon ＝ **Sanhilaria**

Hildebrandtia Vatke 希尔德木属 Convolvulaceae [MD－499] 特征纪要:习性:灌木。花程式:K5,C0,A5,＝G2－5。全球 6 个大洲分布及种数(13－35)非洲:25; 亚洲:6; 大洋洲:2; 欧洲:8; 北美洲:8; 南美洲:10。

Hildebrandtiella Müll. Hal. 须蕨藓属 Pterobryaceae [B－201] 特征纪要:习性:－。【Rep】:雌雄异株,稀雌雄同株,蒴柄短或较长,平滑或粗糙,孢蒴长卵形,直立,蒴齿两层,环带不分化,蒴盖圆锥形,亮绿色至红棕色。其他特征参考科。全球 4 个大洲分布及种数(7)非洲:6;欧洲:1;北美洲:1;南美洲:1。

Hildegardia Schott & Endl. 闭果桐属 Malvaceae [MD－203] 特征纪要:习性:木本。花程式:K3－5－∞,C3－5－∞,A10－8,＝G1－5。其他特征参考科。全球 4 个大洲分布及种数(11－13)非洲:7－8;亚洲:5;大洋洲:1;北美洲:2。【中国种数:2】。

Hilgeria Förther 北美波紫草属 Boraginaceae [MD－517] 特征纪要:习性:－。花程式:－。其他特征参考科。全球 1 个大洲分布及种数(1)◆北美洲。

Hillebrandia Oliv. 夏海棠属 Begoniaceae [MD－195] 特征纪要:习性:木本。花程式:－。其他特征参考科。全球 2 个大洲分布及种数(1－2)亚洲:2; 北美洲:2。【中国种数:1】。

Hilleria Vell. 合被珊瑚属 Phytolaccaceae [MD－125] 特征纪要:习性:草本。花程式:K4－5,C0,A6,＝G1－4。其他特征参考科。全球 4 个大洲分布及种数(4－9)非洲:2; 亚洲:1; 北美洲:2; 南美洲:8。

Hilliardia B. Nord. 藤芫荽属 Asteraceae [MD－586] 特征纪要:习性:草本。花程式:(K)3－5,(C)3－5,A3－5,↓G。其他特征参考科。全球 1 个大洲分布及种数(1)◆非洲。

Hilliardiella H. Rob. 铁鸠菊属 Asteraceae [MD－586] 特征纪要:习性:草本。花程式:(K)3－5,(C)3－5,A3－5,↓G。其他特征参考科。全球 1 个大洲分布及种数(8－12)◆非洲。

Hilliella (O. E. Schulz) Y. H. Zhang & H. W. Li 弯蕊芥属 Brassicaceae [MD－213] 特征纪要:习性:－。花程式:－。物候:－。花期:5－6 月。果期:参考晚于花期。海拔:30－6200 米。生境:沟中阴处。资源:具栽培园艺种类。全球 1 个大洲分布及种数(2)◆亚洲。

Hilpertia R. H. Zander 卵叶藓属 Pottiaceae [B－133] 特征纪要:习性:－。【Rep】:雌雄同株,蒴柄粗长,孢蒴直立,卵状圆柱形,蒴齿长线形,32 条,扭曲,蒴盖长圆锥形,蒴帽兜形,平滑。物候:－。海拔:－。生境:常见于高山岩石上。栽培:来自广西龙州。资源:具栽培园艺种类。全球 4 个大洲分布及种数(1)非洲:1;亚洲:1;欧洲:1;北美洲:1。【中国种数:1】。

Hilsenbergia Bojer ex Hook. 虎躯木属 Boraginaceae [MD－517] 特征纪要:习性:－。花程式:－。其他特征参考科。全球 1 个大洲分布及种数(3)◆非洲。

Himalacodon D. Y. Hong & Qiang Wang 须弥参属 Campanulaceae [MD－561] 特征纪要:习性:草本。花程式:(K－),(C)5 参考科,A3 参考科,↓G－。物候:－。花期:4－10 月。果期:参考晚于花期。海拔:100－5000 米。生境:半阳处林丛下,竹林下。资源:－。全球 1 个大洲分布及种数(1)◆亚洲:1。

Himalaiella Raab－Straube 须弥菊属 Asteraceae [MD－586] 特征纪要:习性:－。花程式:－。物候:－。海拔:1200－1600 米。生境:高山碎石坡,在山间溪流附近。资源:－。全球 5 个大洲分布及种数(2－18)非洲:3; 亚洲:18; 欧洲:2; 北美洲:2; 南美洲:2。

Himalayacalamus Keng f. 须弥筱竹属 Poaceae [MM－748] 特征纪要:习性:草本(具根状茎)。花程式:(K)3,C0 参考科,A1－2,＝(G)2－3。物候:－。海拔:2200－3000 米。生境:温带森林。资源:具园艺种类。全球 6 个大洲分布及种数(7－10)非洲:1;亚洲:6－10;大洋洲:1－2;欧洲:1;北美洲:2－3;南美洲:1。【中国种数:2】。

Himalayopteris W. Shao & S. G. Lu 锡金假瘤蕨属 Polypodiaceae [F－60] 特征纪要:习性:－。【Rep】:孢子同形,

囊群生叶背有盖-无盖。物候:-。海拔:50-3600 米。生境:常绿阔叶林,棕竹林下。资源:-。全球1个大洲分布及种数(cf.1)◆亚洲。

Himalrandia T. Yamaz. 须弥茜树属 Rubiaceae [MD-523] 特征纪要:习性:木本。花程式:(K-),C2-3 参考科,A5,↓G-。物候:-。花期:5月。果期:参考晚于花期。海拔:1400-2400 米。生境:山谷或山上溪边的森林或灌丛。资源:-。全球1个大洲分布及种数(cf.1)◆亚洲。【中国种数:2】。

Himantandraceae Diels [MD-4] 瓣蕊花科 特征纪要:习性:木本;落叶。花程式:K4-5(-),C5,A,G-。物候:-。果实:-。种子:-。海拔:-。生境:-。资源:-。栽培:-。全球1个大洲分布及属种数(-)◆亚洲:1/2。

Himantocladium (Mitt.) M. Fleisch. 波叶藓属 Neckeraceae [B-204] 特征纪要:习性:-。【Rep】:孢子体不详,黄绿色或黄褐色。物候:-。海拔:-。生境:常见于岩石或树干。资源:-。全球3个大洲分布及种数(17)非洲:3;亚洲:9;大洋洲:11。【中国种数:3】。

Himantoglossum Spreng. 蜥蜴兰属 Orchidaceae [MM-723] 特征纪要:习性:草本。花程式:(K)3,C3,A3,=↓G3。其他特征参考科。全球6个大洲分布及种数(13-80)非洲:13;亚洲:31;大洋洲:3;欧洲:4;北美洲:4;南美洲:9。【中国种数:2】。

Himatanthus Willd. ex Schult. 斗花属 Apocynaceae [MD-492] 特征纪要:习性:木本。花程式:K5-∞,C0,A15,=↓G2-5。全球5个大洲分布及种数(9-31)非洲:4;亚洲:3;大洋洲:3;北美洲:14;南美洲:27。

Hindsia Benth. ex Lindl. 海因兹茜属 Rubiaceae [MD-523] 特征纪要:习性:木本。花程式:(K)4-5,(C)4-5,A4-5,=↓G2-9。其他特征参考科。全球4个大洲分布及种数(12-31)亚洲:3;大洋洲:2;北美洲:2;南美洲:30。【中国种数:1】。

Hinterhubera Sch. Bip. = **Chrysanthellum**

Hintonella Ames 欣氏兰属 Orchidaceae [MM-723] 特征纪要:习性:草本。花程式:(K)3,C3,A3,=↓(G)3。其他特征参考科。全球2个大洲分布及种数(1-3)亚洲:2;北美洲:3。

Hintonia Bullock 欣氏茜属 Rubiaceae [MD-523] 特征纪要:习性:木本。花程式:(K)4-5,(C)4-5,A4-5,=↓G2-9。其他特征参考科。全球2个大洲分布及种数(3-9)北美洲:6;南美洲:6。

Hippagrostis Kuntze = **Oplismenus**

Hippeastrum Herb. 朱顶红属 Amaryllidaceae [MM-694] 特征纪要:习性:草本(基生)。花程式:-。物候:-。花期:夏季。果期:参考晚于花期。海拔:100-4800 米。生境:草地,山坡,灌丛中或松林下。资源:具栽培园艺种类。全球6个大洲分布及种数(99-361)非洲:43;亚洲:38;大洋洲:32;欧洲:42;北美洲:42;南美洲:321。【中国种数:5】。

Hippeophyllum Schltr. 套叶兰属 Orchidaceae [MM-723] 特征纪要:习性:草本(根状茎,基生,多肉)。花程式:Kn,C2-3 参考科,A3 参考科,=↓G3。物候:-。花期:参考早于果期。果期:10-11月。海拔:1600 米。生境:生于林间悬岩上,林下。资源:-。全球4个大洲分布及种数(10-22)非洲:7;亚洲:18;大洋洲:6;北美洲:3。

Hippia L. 平果菊属 Asteraceae [MD-586] 特征纪要:习性:草本。花程式:(K)3-5,(C)3-5,A3-5,↓G。其他特征参考科。全球3个大洲分布及种数(8-26)非洲:19;亚洲:2;南美洲:8。

Hippionum Kuntze = **Canscora**

Hippobroma G. Don 马醉草属 Campanulaceae [MD-561] 特征纪要:习性:草本。花程式:(K)5,C5,A3 参考科,↓G-。物候:-。花期:4-10月。果期:参考晚于花期。海拔:100-5000 米。生境:半阳处林丛下,竹林下。资源:具园艺种类。全球6个大洲分布及种数(1-3)非洲:2;亚洲:2;大洋洲:3;欧洲:3;北美洲:3;南美洲:2。【中国种数:1】。

Hippobromus Eckl. & Zeyh. 马木患属 Sapindaceae [MD-428] 特征纪要:习性:木本。花程式:K5,C5,A10,↓G-参考科。物候:-。海拔:-。生境:-。资源:具园艺种类。全球1个大洲分布及种数(1)◆非洲。

Hippocastanaceae A. Rich. ex DC. [MD-430] 七叶树科 特征纪要:习性:木本;常绿,落叶。花程式:K4,C4,A11-14-3,↑G-。物候:-。花期:1-5月。果期:6-11月。果实:蒴果。种子:种阜大形,无胚乳。海拔:100-2000 米。生境:亚热带丘陵森林,山地森林。资源:园林。栽培:中国有栽培。全球1个大洲分布及属种数(2-4/25-40(IFR 1/1)◆亚洲:1/1。

Hippocastanum Herm. ex Mill. 欧洲七叶树属 Hippocastanaceae [MD-430] 特征纪要及分布(-)。

Hippochaete Milde 木贼属 Equisetaceae [F-8] 特征纪要:-。全球1个大洲分布及种数(1)◆亚洲(◆中国)。

Hippocratea L. 化风藤属 Hippocrateaceae [MD-350] 特征纪要(同科)。全球6个大洲分布及种数(44-69)非洲:19-30;亚洲:24-26;大洋洲:5-7;欧洲:2;北美洲:3-6;南美洲:3-8。

Hippocrateaceae Juss. [MD-350] 翅子藤科 特征纪要:习性:木本,藤本;落叶。花程式:K5,C5,A6,↑G-。物候:-。花期:-。果期:-。果实:浆果,蒴果。种子:-。海拔:0 米。生境:-。资源:-。栽培:-。全球6个大洲分布及属种数(2/3 hort.1;cult. 1):非洲:2/23-32。

Hippocratesa Cothen. = **Hippocratea**

Hippocrepidea <unassigned> 尾瓣桂科属 Goupiaceae [MD-384] 特征纪要:-。全球1个大洲分布及种数(1)◆亚洲:1。

Hippocrepis L. 马蹄豆属 Fabaceae3 [MD-240] 特征纪要:习性:木本。花程式:K1-∞,C1-∞,A5-9,=↓G1。其他特征参考科。全球5个大洲分布及种数(38-73)非洲:32;亚洲:20;大洋洲:3;欧洲:15;北美洲:15。【中国种数:1】。

Hippodamia Decne. 长筒岩桐属 Gesneriaceae [MD-549] 特征纪要:习性:-。花程式:-。其他特征参考科。全

H

球 2 个大洲分布及种数(4)北美洲:1; 南美洲:1。

Hippolytia Poljakov 女蒿属 Asteraceae [MD－586] 特征纪要:习性:草质攀援。花程式:(K)3－5,C3－5,A3 参考科,＝↓G2。物候:－。海拔:1900－2300 米。生境:高山草甸,石缝。资源:具栽培园艺种类。全球 4 个大洲分布及种数(16－27)亚洲:21; 欧洲:3; 北美洲:3; 南美洲:4。【中国种数:5】。

Hippomane L. 毒疮树属 Euphorbiaceae [MD－217] 特征纪要:习性:－。花程式:K－,C0,A6,G2。物候:－。海拔:－。生境:－。资源:具园艺种类。全球 2 个大洲分布及种数(－)北美洲;南美洲。

Hippomanica Molina ＝ **Pernettya**

Hippophae L. ＝ **Hippophae**

Hippophae L. 沙棘属 Elaeagnaceae [MD－356] 特征纪要:习性:木本。花程式:－。物候:－。花期:4－5 月。果期:参考晚于花期。海拔:1600－2000 米。生境:高山狭谷山坡疏林中或林缘。资源:药用,经济植物,具栽培园艺种类。全球 6 个大洲分布及种数(16－53)非洲:2; 亚洲:30; 大洋洲:3; 欧洲:4; 北美洲:4; 南美洲:16。【中国种数:5】。

Hippophaes Asch. ＝ **Hippophae**

Hipposeris Cass. ＝ **Onoseris**

Hippotis Ruiz & Pav. 胆瓶果属 Rubiaceae [MD－523] 特征纪要:习性:木本。花程式:(K)4－5,(C)4－5,A4－5,＝↓G2－9。其他特征参考科。全球 3 个大洲分布及种数(17－42)亚洲:9; 北美洲:5; 南美洲:35。

Hippuridaceae Vest [MD－461] 杉叶藻科 特征纪要:习性:草本;落叶。花程式:(K)6－,C5,A4,↓(G)－。物候:－。花期和果期:8 月。果实:小坚果。种子:具胚乳,紫褐色。海拔:5000 米。生境:池沼,湖泊边缘,溪流及江河两岸等浅水水域及稻田,沼泽,盐沼。资源:药用。栽培:－。全球 6 个大洲分布及属种数(2/6－8 hort. 1; cult. 1) 亚洲:2/5; 欧洲:2/4; 北美洲:2/6; 南美洲:1/1。

Hippuris L. 杉叶藻属 Hippuridaceae [MD－461] 特征纪要(同科)。全球 6 个大洲分布及种数(5－7)非洲:2;亚洲:3－6;大洋洲:2;欧洲:2－4;北美洲:4－6;南美洲:1－3。【中国种数:3】。

Hiptage Gaertn. 风筝果属 Malpighiaceae [MD－343] 特征纪要:习性:木质攀援。花程式:－。物候:－。花期:3－4 月。果期:参考晚于花期。海拔:100－1900 米。生境:沟谷密林,疏林中或沟边路旁,也栽培于园庭观赏,竹林中。资源:具栽培园艺种类。全球 6 个大洲分布及种数(39－58;hort. 1)非洲:1－2;亚洲:38－40;大洋洲:1－3;欧洲:1;北美洲:1－2;南美洲:1。【中国种数:12】。

Hiraea Jacq. 藤翅果属 Malpighiaceae [MD－343] 特征纪要:习性:木本。花程式:K5,C5,A10,＝G2－3。其他特征参考科。全球 6 个大洲分布及种数(77－223)非洲:4; 亚洲:18; 大洋洲:4; 欧洲:50; 北美洲:50; 南美洲:190。

Hirania Thulin 无患果属 Sapindaceae [MD－428] 特征纪要:习性:木本。花程式:K5,C5,A10,G－。其他特征参考科。全球 1 个大洲分布及种数(1)◆非洲。

Hirculus Haw. 虎耳草科属 Saxifragaceae [MD－231] 特征纪要:习性:－。花程式:－。其他特征参考科。全球 2 个大洲分布及种数(8)北美洲:1; 南美洲:1。

Hirschfeldia Mönch 地中海芥属 Brassicaceae [MD－213] 特征纪要:习性:草本。花程式:K2－4,C2－4,A2－4,↓G－参考科。其他特征参考科。全球 6 个大洲分布及种数(4－13)非洲:11; 亚洲:4; 大洋洲:2; 欧洲:2; 北美洲:2; 南美洲:3。【中国种数:1】。

Hirtella L. 猫须李属 Chrysobalanaceae [MD－243] 特征纪要:习性:木本。花程式:－。其他特征参考科。全球 6 个大洲分布及种数(111－125;hort. 1)非洲:4－8;亚洲:8－12;大洋洲:4;欧洲:4;北美洲:16－21;南美洲:102－117。【中国种数:5】。

Hirtellia Dumort. ＝ **Hirtella**

Hirtellina Cass. 迷迭菊属 Asteraceae [MD－586] 特征纪要:习性:草本。花程式:(K)3－5,(C)3－5,A3－5,↓G。其他特征参考科。全球 2 个大洲分布及种数(3－4)亚洲:2; 南美洲:1。

Hirtzia Dodson 希施兰属 Orchidaceae [MM－723] 特征纪要和分布(－)。全球 1 个大洲分布及种数(2－3)◆南美洲。

Hispaniella Braem ＝ **Tolumnia**

Hispaniolanthus Cornejo & Iltis 小山柑属 Capparaceae [MD－178] 特征纪要:习性:－。花程式:－。其他特征参考科。全球 1 个大洲分布及种数(1)◆非洲。

Hispidella Barnadez ex Lam. 无冠山柳菊属 Asteraceae [MD－586] 特征纪要:习性:草本。花程式:(K)3－5,(C)3－5,A3－5,＝↓G2。其他特征参考科。全球 0 个大洲分布及种数(1－3)。

Histiopteris (J. Agardh) J. Sm. 栗蕨属 Dennstaedtiaceae [F－26] 特征纪要:习性:－。【Rep】:孢子囊群沿叶边成线形分布,生于叶缘内的一条连接脉上,有由反折变质的干膜质叶边变成的狭线形的外盖(假盖),不具内盖,有隔丝。物候:－。海拔:50－4200 米。生境:－。资源:具园艺种类。全球 6 个大洲分布及种数(15－16)非洲:4－5;亚洲:14－16;大洋洲:4－5;欧洲:1－2;北美洲:1－2;南美洲:1－2。【中国种数:1】。

Histriomitrium (Hedw.) Sendtn. 水栗藓属 Fontinalaceae [B－169] 特征纪要:－。全球 3 个大洲分布及种数(1)亚洲:1; 欧洲:1; 北美洲:1。

Hitchcockella A. Camus 脊颖竹属 Poaceae [MM－748] 特征纪要:习性:草本。花程式:(K)3,C0 参考科,A1－2,＝(G)2－3。其他特征参考科。全球 1 个大洲分布及种数(1)◆非洲(◆马达加斯加)。

Hitchenia Wall. 姜黄花属 Zingiberaceae [MM－737] 特征纪要:习性:－。花程式:－。其他特征参考科。全球 3 个大洲分布及种数(14)亚洲:6; 北美洲:2; 南美洲:8。

Hitcheniopsis (Baker) Ridl. 姜黄属 Zingiberaceae [MM－737] 特征纪要:习性:－。花程式:－。物候:－。海拔:

H

80－3800 米。生境:竹木林中。资源:－。全球 2 个大洲分布及种数(7)北美洲:1; 南美洲:1。

Hladnikia Rchb. ex Rchb. 葛缕子属 Apiaceae［MD－480］特征纪要:习性:－。花程式:－。其他特征参考科。全球 0 个大洲分布及种数(1－4)。

Hobsonia <unassigned> 欧洲地钱属 Marchantiaceae［B－12］特征纪要和分布(－)。

Hochreutinera Krapov. 茼麻属 Malvaceae［MD－203］特征纪要:习性:木本。花程式:K5－∞,C5－∞,A10－8,G－。其他特征参考科。全球 2 个大洲分布及种数(3)北美洲:1;南美洲:1。

Hockinia Gardner 霍钦龙胆属 Gentianaceae［MD－496］特征纪要:习性:草本。花程式:K4－5,C0,A10,＝G2。其他特征参考科。全球 2 个大洲分布及种数(1－5)亚洲:2; 南美洲:4。

Hocquartia Dum. ＝ **Aristolochia**

Hodgkinsonia F. Müll. 霍奇茜属 Rubiaceae［MD－523］特征纪要:习性:木本。花程式:(K)4－5,(C)4－5,A4－5,＝↓(G)2－9。其他特征参考科。全球 1 个大洲分布及种数(2)◆大洋洲(◆澳大利亚)。

Hodgsonia Hook. f. & Thoms. 油渣果属 Cucurbitaceae［MD－205］特征纪要:习性:－。花程式:－。物候:－。海拔:300－1500 米。生境:灌丛,山坡,云植园栽培。资源:具栽培园艺种类。全球 3 个大洲分布及种数(3)亚洲:cf. 1;大洋洲:cf. 1;北美洲:1。【中国种数:2】。

Hodgsoniola F. Müll. 蛇鞭百合属 Xanthorrhoeaceae［MM－701］特征纪要:习性:草本。花程式:－。其他特征参考科。全球 1 个大洲分布及种数(1)◆大洋洲(◆澳大利亚)。

Hoeffnagelia Neck. ＝ **Trigonia**

Hoehnea Epling 赫内草属 Lamiaceae［MD－575］特征纪要:习性:草本。花程式:K2,C0,A2,＝(G)2。其他特征参考科。全球 2 个大洲分布及种数(4－6)大洋洲:1; 南美洲:6。

Hoehneella Ruschi 梳碟兰属 Orchidaceae［MM－723］特征纪要:习性:草本。花程式:(K)3,C3,A3,＝↓(G)3。其他特征参考科。全球 1 个大洲分布及种数(2)◆南美洲(◆巴西)。

Hoehnephytum Cabrera 蓖叶蟹甲草属 Asteraceae［MD－586］特征纪要:习性:草本。花程式:(K)3－5,C3－5,A3－5,＝↓(G)2。其他特征参考科。全球 1 个大洲分布及种数(3)◆南美洲(◆巴西)。

Hoelzelia Juss. ＝ **Swartzia**

Hoffmannanthus H. Rob., S. C. Keeley & Skvarla 星罗菊属 Asteraceae［MD－586］特征纪要:习性:草本。花程式:(K)3－5,(C)3－5,A3－5,↓G。其他特征参考科。全球 1 个大洲分布及种数(1)◆非洲。

Hoffmanniella Schltr. ex Lawalrée 黄林菊属 Asteraceae［MD－586］特征纪要:习性:草本。花程式:(K)3－5,C3－5,A3－5,＝↓(G)2。其他特征参考科。全球 1 个大洲分布及种数(1)◆非洲。

Hoffmannseggella H. G. Jones 巴西灯芯兰属 Orchidaceae［MM－723］特征纪要:习性:－。花程式:－。其他特征参考科。全球 1 个大洲分布及种数(47－48)◆南美洲(◆巴西)。

Hoffmannseggia Cav. 灯芯豆属 Fabaceae2［MD－240］特征纪要:习性:木本。花程式:K3－5－∞,C3－5－∞,A1－10－50,＝↓G1。其他特征参考科。全球 6 个大洲分布及种数(30－33;hort. 1;cult. 1)非洲:5;亚洲:5;大洋洲:5;欧洲:2－7;北美洲:17－22;南美洲:22－28。【中国种数:1】。

Hofmeisterella Rchb. f. 毛顶兰属 Orchidaceae［MM－723］特征纪要:习性:草本。花程式:(K)3,C3,A3,↓G－。其他特征参考科。全球 1 个大洲分布及种数(2)◆南美洲。

Hofmeisteria Walp. 孤泽兰属 Asteraceae［MD－586］特征纪要:习性:草本。花程式:(K)3－5,(C)3－5,A3－5,＝↓G2。其他特征参考科。全球 4 个大洲分布及种数(12－47)非洲:2; 亚洲:2; 北美洲:15; 南美洲:20。

Hohenackeria Fisch. & C. A. Mey. 霍赫草属 Apiaceae［MD－480］特征纪要:习性:草本。花程式:K5,C5,A5,＝↓(G)2。其他特征参考科。全球 4 个大洲分布及种数(2－5)非洲:5; 亚洲:3; 欧洲:3; 北美洲:3。

Hohenbergia Schult. & Schult. f. 松塔凤梨属 Bromeliaceae［MM－715］特征纪要:习性:草本。花程式:(K)3,C3,A3 参考科,＝↓G3。其他特征参考科。全球 6 个大洲分布及种数(73;hort. 1)非洲:1;亚洲:7－8;大洋洲:1－2;欧洲:1;北美洲:22－23;南美洲:54－55。

Hohenbergiopsis L. B. Sm. & Read 密头凤梨属 Bromeliaceae［MM－715］特征纪要:习性:草本。花程式:K3,C3,A6,＝↓(G)3。其他特征参考科。全球 1 个大洲分布及种数(1)◆北美洲。

Hohenmea B. R. Silva & L. F. Sousa 松塔光萼荷属 Bromeliaceae［MM－715］特征纪要:习性:草本。花程式:－。其他特征参考科。全球 1 个大洲分布及种数(1－2)◆非洲。

Hoheria A. Cunn. 绶带木属 Malvaceae［MD－203］特征纪要:习性:木本。花程式:K5－∞,C5－∞,A10－8,＝(G)1－5。其他特征参考科。全球 3 个大洲分布及种数(8－17)大洋洲:14; 欧洲:2; 北美洲:2。

Hoiriri Adans. ＝ **Aechmea**

Holacantha A. Gray 麻苦木属 Simaroubaceae［MD－424］特征纪要:习性:－。花程式:－。其他特征参考科。全球 2 个大洲分布及种数(3)北美洲:3; 南美洲:1。

Holalafia Stapf ＝ **Alafia**

Holargidium Turcz. ＝ **Draba**

Holarrhena R. Br. 止泻木属 Apocynaceae［MD－492］特征纪要:习性:木本。花程式:(K－),C2－3 参考科,A5,↓G－。物候:－。花期:4－7 月。果期:参考晚于花期。海拔:500－1000 米。生境:山地森林,山坡路旁或密林山谷水沟边,也散生在山脚平地杂木林中。资源:药用,材用,具栽培园艺种类。全球 6 个大洲分布及种数(4－10)非洲:3－9;亚洲:3－6;大洋洲:1－3;欧洲:2;北美洲:1－4;南美洲:2。【中国种数:2】。

Holboellia Wall. 八月瓜属 Lardizabalaceae［MD－33］特征纪要:习性:－。花程式:－。物候:－。花期:4－6 月。果期:参考晚于花期。海拔:1000－1900 米。生境:道丛林丛中较阴湿,竹林中。资源:－。全球 2 个大洲分布及种数(37)亚洲:33; 北美洲:5。

Holcoglossum Schltr. 假囊距兰属 Orchidaceae [MM – 723] 特征纪要:习性:草本。花程式:Kn,C2 – 3 参考科,A3 参考科,↓G –。物候:–。花期:12 月至次年 3 月。果期:参考晚于花期。海拔:1200 – 2000 米。生境:常绿阔叶林树干附生植物,山地疏林中树干上。资源:药用,具栽培园艺种类。全球 2 个大洲分布及种数(22 – 34)亚洲:34; 大洋洲:2。【中国种数:12】。

Holcolemma Stapf & C. E. Hubb. 鞘狗尾草属 Poaceae [MM – 748] 特征纪要:习性:草本。花程式:(K)3,C0 参考科,A1 – 2, = (G)2 – 3。其他特征参考科。全球 3 个大洲分布及种数 5 个非洲:4;亚洲:1;大洋洲:2。

Holcosia P. J. Cribb 蜡锦树属 Orchidaceae [MM – 723] 特征纪要:习性:–。花程式:–。其他特征参考科。全球 1 个大洲分布及种数(–)。

Holcus L. 绒毛草属 Poaceae [MM – 748] 特征纪要:习性:草本(基生)。花程式:(K –),C0 参考科,A3, = G2 – 3。物候:–。海拔:10 – 5600 米。生境:草地或潮湿处。资源:具栽培园艺种类。全球 6 个大洲分布及种数(12 – 20;hort. 1;cult. 2)非洲:5 – 12;亚洲:3 – 9;大洋洲:5 – 12;欧洲:6 – 14;北美洲:7 – 12;南美洲:1 – 5。【中国种数:3】。

Holigarna Buch. – Ham. ex Roxb. 墨胶漆属 Anacardiaceae [MD – 432] 特征纪要:习性:木本。花程式:–。物候:–。海拔:–。生境:–。资源:具栽培园艺种类。全球 2 个大洲分布及种数(9 – 16)亚洲:16; 大洋洲:2。【中国种数:1】。

Hollandaea F. Müll. 垂山龙眼属 Proteaceae [MD – 219] 特征纪要:习性:木本。花程式:K3 – 4 – ∞,C0,A2, = G1。其他特征参考科。全球 3 个大洲分布及种数(4 – 8)亚洲:1; 大洋洲:7; 南美洲:2。

Hollermayera O. E. Schulz 森林芥属 Brassicaceae [MD – 213] 特征纪要:习性:草本。花程式:K2 – 4,C2 – 4,A2 – 4, = (G)2。其他特征参考科。全球 1 个大洲分布及种数(1)◆南美洲(◆智利)。

Hollisteria S. Watson 绵刺蓼属 Polygonaceae [MD – 120] 特征纪要:习性:草本。花程式:K2 – 3,C0,A2,↓G – 参考科。其他特征参考科。全球 1 个大洲分布及种数(1)◆北美洲(◆美国)。

Holmbergia Hicken 藤藜属 Amaranthaceae [MD – 116] 特征纪要:习性:草本。花程式:K3 – 5,C0,A3 – 5, = ↓(G)2 – 5。其他特征参考科。全球 2 个大洲分布及种数(1 – 6)北美洲:2; 南美洲:6。

Holmgrenanthe Elisens 岩丽花属 Plantaginaceae [MD – 527] 特征纪要:习性:草本。花程式:K2 – 4,C0,A2 – 4,↓G2。其他特征参考科。全球 1 个大洲分布及种数(1)◆北美洲(◆美国)。

Holmgrenia W. L. Wagner & Hoch 灰石藓属 Entodontaceae [B – 195] 特征纪要:习性:–。【Rep】:参考科特征:雌雄同株,少数异枝,雄苞小,呈芽状,雄苞叶阔卵形,内凹,全缘或具微齿,上部边缘内卷,无中肋,雌苞叶披,蒴柄红褐色,长 1.4 – 2.5,厘米,孢蒴通常呈卵形或长椭圆形,红褐色,蒴齿两层。其他特征参考科。全球 1 个大洲分布及种数(1)◆北美洲。

Holmia Börner = **Kobresia**

Holmskidia Dumort. = **Holmskioldia**

Holmskioldia Retz. 冬红属 Verbenaceae [MD – 556] 特征纪要:习性:木本。花程式:Kn,C2 – 3 参考科,A4,↓G –。物候:–。花期:冬末春初。果期:参考晚于花期。海拔:20 – 3950 米。生境:自然山坡地。资源:药用,具栽培园艺种类。全球 6 个大洲分布及种数(2 – 5)非洲:1 – 2;亚洲:1 – 2;大洋洲:1 – 2;欧洲:1;北美洲:1 – 2;南美洲:1 – 2。【中国种数:1】。

Holoblepharum Dozy & Molk. 油藓科属 Hookeriaceae [B – 164] 特征纪要:–。全球 1 个大洲分布及种数(–)。

Holocalyx Micheli 全萼豆属 Fabaceae3 [MD – 240] 特征纪要:习性:木本。花程式:K1 – ∞,C1 – ∞,A5 – 9, = ↓G1。其他特征参考科。全球 1 个大洲分布及种数(1 – 2)◆南美洲。

Holocarpa Baker = **Pentanisia**

Holocarpha Greene 星全菊属 Asteraceae [MD – 586] 特征纪要:习性:草本。花程式:(K)3 – 5,(C)3 – 5,A3 – 5,↓G。其他特征参考科。全球 2 个大洲分布及种数(5 – 13)亚洲:3; 北美洲:9。【中国种数:2】。

Holocheila (Kudô) S. Chow 全唇花属 Lamiaceae [MD – 575] 特征纪要:习性:草本。花程式:Kn,C2 – 3 参考科,A3 参考科,↓G –。物候:–。花期:3 – 5 月。果期:参考晚于花期。海拔:1600 – 2200 米。生境:混交林和竹林,荫蔽灌木丛,草原。资源:药用。全球 1 个大洲分布及种数(cf. 1)◆亚洲(◆中国)。【中国种数:1】。

Holocheilus Cass. 双冠钝柱菊属 Asteraceae [MD – 586] 特征纪要:习性:草本。花程式:(K)3 – 5,(C)3 – 5,A3 – 5, = ↓G2。其他特征参考科。全球 4 个大洲分布及种数(7 – 14)亚洲:2; 大洋洲:1; 北美洲:4; 南美洲:14。

Holochlamys Engl. 枯苞芋属 Araceae [MM – 639] 特征纪要:习性:草本。花程式:K0,C0,A1 – 4, = (G)1 – 3。其他特征参考科。全球 3 个大洲分布及种数(1 – 6)非洲:6; 亚洲:2; 大洋洲:6。

Holodictyum Maxon 铁硬蕨属 Aspleniaceae [F – 43] 特征纪要:习性:–。【Rep】:孢子囊单生叶背。其他特征参考科。全球 2 个大洲分布及种数(2)北美洲:1; 南美洲:1。

Holodiscus (K. Koch) Maxim. 绣珠梅属 Rosaceae [MD – 246] 特征纪要:习性:木本。花程式:–。其他特征参考科。全球 6 个大洲分布及种数(10 – 41)非洲:3; 亚洲:4; 大洋洲:2; 欧洲:22; 北美洲:22; 南美洲:8。【中国种数:1】。

Holodontium (Mitt.) Broth. 全藓属 Dicranaceae [B – 128] 特征纪要:习性:–。【Rep】:雌雄同株,稀异株,雌苞叶高鞘状,蒴柄直立,常 3 – 4 个丛生,孢蒴短圆柱形,对称,平滑,干燥时无褶,蒴齿,蒴柄黄色或油绿色,孢蒴卵圆形,干燥时具纵长条纹,蒴齿齿片有纵条纹,有穿孔或不规则开裂,孢子黑褐色。其他特征参考科。全球 1 个大洲分布及种数(8)◆南美洲:2。

Hologamium Nees = **Sehima**

Holographis Nees 全饰爵床属 Acanthaceae［MD－572］特征纪要：习性：草本。花程式：K2－4，C0，A2－4，＝↓G2。其他特征参考科。全球2个大洲分布及种数(20－23)北美洲：20；南美洲：1。

Hologymne Bartl. ＝ **Lasthenia**

Hololachna Ehrenb. 琵琶柴属 Reaumuriaceae［MD－161］特征纪要：木本，叶互生，落叶，单叶；花程式：Kn，和花瓣5，C(－)，A2，G，房位(－)。果实：蒴果。种子：种皮薄，棕色。全球1个大洲分布及种数(2)◆亚洲。

Hololeion Kitam. 全光菊属 Asteraceae［MD－586］特征纪要：习性：草本。花程式：(K)3－5，C3－5，A3－5，＝↓(G)2。物候：－。海拔：700－2200米。生境：草甸，沼泽地，小溪流附近的潮湿地方。栽培：来自广西龙州。资源：具栽培园艺种类。全球1个大洲分布及种数(3－6)◆亚洲。【中国种数：2】。

Hololepis DC. 铁鸠菊属 Asteraceae［MD－586］特征纪要：习性：草本。花程式：(K)3－5，(C)3－5，A3参考科，↓G。其他特征参考科。全球2个大洲分布及种数(2－6)北美洲：1；南美洲：3。

Holomitriopsis H. Rob. 南美全尾藓属 Dicranaceae［B－128］特征纪要：习性：－。【Rep】：孢蒴无气孔，雌雄异株或假雌雄同株，雌苞叶鞘状，具长尖，孢子体顶生或侧生，有时丛生，蒴柄直立。其他特征参考科。全球2个大洲分布及种数(2)亚洲：2；南美洲：2。

Holomitrium Brid. 苞领藓属 Dicranaceae［B－128］特征纪要：习性：－。【Rep】：雌雄异株，雄株矮小，附于假根上成假雌雄同株，雌苞叶形大，高鞘状，上部具细毛尖，与孢蒴等长或长于孢蒴。物候：－。全球6个大洲分布及种数(57)非洲：13；亚洲：13；大洋洲：14；欧洲：6；北美洲：18；南美洲：24。【中国种数：7】。

Holopeira Miers ＝ **Cocculus**

Holoptelea Planch. 全叶榆属 Ulmaceae［MD－83］特征纪要：习性：木本。花程式：－。其他特征参考科。全球3个大洲分布及种数(2－4)非洲：3；亚洲：3；北美洲：2。【中国种数：1】。

Holopyxidium Ducke ＝ **Lecythis**

Holoregmia Nees 角胡麻属 Martyniaceae［MD－557］特征纪要：习性：木本。花程式：－。其他特征参考科。全球2个大洲分布及种数(1－2)北美洲：1；南美洲：2。

Holoschkuhria H. Rob. 棕药菊属 Asteraceae［MD－586］特征纪要：习性：草本。花程式：(K)3－5，C3－5，A3－5，＝↓(G)2。其他特征参考科。全球3个大洲分布及种数(1－12)欧洲：1；北美洲：1；南美洲：7。

Holosetum Steud. ＝ **Alloteropsis**

Holostachyum (Copel.) Ching 连珠蕨属 Polypodiaceae［F－60］特征纪要：－。全球1个大洲分布及种数(－)。

Holostemma R. Br. 夹竹桃科属 Apocynaceae［MD－492］特征纪要：习性：－。花程式：－。物候：－。花期：4－9月。果期：参考晚于花期。海拔：5000米。生境：原始林区。资源：药用。全球1个大洲分布及种数2个。

Holosteum Dill. ex L. 硬骨草属 Caryophyllaceae［MD－77］特征纪要：习性：草本(基生)。花程式：－。物候：－。花期：5－7月。果期：参考晚于花期。海拔：2300米。生境：灰钙土上，山地草地斜坡。资源：具园艺种类。全球6个大洲分布及种数(9－29)非洲：6；亚洲：15；大洋洲：2；欧洲：5；北美洲：5；南美洲：3。【中国种数：1】。

Holothrix Rich. ex Lindl. 绒凤兰属 Orchidaceae［MM－723］特征纪要：习性：草本。花程式：(K)3，C3，A3，＝↓(G)3。其他特征参考科。全球6个大洲分布及种数(30－51)非洲：29－58；亚洲：4－17；大洋洲：12；欧洲：12；北美洲：12；南美洲：2－15。

Holozonia Greene 星白菊属 Asteraceae［MD－586］特征纪要：习性：草本。花程式：(K)3－5，(C)3－5，A3－5，↓G。其他特征参考科。全球1个大洲分布及种数(1－2)◆北美洲(◆美国)。

Holstianthus Steyerm. 玉仙茜草属 Rubiaceae［MD－523］特征纪要：习性：木本。花程式：(K)4－5，(C)4－5，A4－5，＝↓(G)2－9。其他特征参考科。全球1个大洲分布及种数(1)◆南美洲。

Holtonia Standl. ＝ **Elaeagia**

Holttumia Copel. 玉尾蕨属 Orchidaceae［MM－723］特征纪要：－。全球1个大洲分布及种数(－)◆亚洲。

Holttumiella Copel. ＝ **Taenitis**

Holttumochloa K. M. Wong 孝顺竹属 Poaceae［MM－748］特征纪要：习性：草本。花程式：(K－)，C0参考科，A3参考科，↓G－参考科。其他特征参考科。全球1个大洲分布及种数(3－4)◆亚洲。

Holubia Oliv. 风车麻属 Pedaliaceae［MD－539］特征纪要：习性：－。花程式：－。其他特征参考科。全球1个大洲分布及种数(1)◆非洲。

Holzneria Speta 毛彩雀属 Plantaginaceae［MD－527］特征纪要：习性：草本。花程式：－。其他特征参考科。全球1个大洲分布及种数(1－2) ◆亚洲：1－2。

Homaid Adans. ＝ **Biarum**

Homalachne (Benth. & Hook.) Kuntze 竹节草属 Poaceae［MM－748］特征纪要：习性：－。花程式：－。其他特征参考科。全球2个大洲分布及种数(2)亚洲：cf. 1；欧洲：1。

Homaladenia Miers ＝ **Mandevilla**

Homalanthus A. Juss. 澳杨属 Euphorbiaceae［MD－217］特征纪要：习性：木本。花程式：－。物候：－。花期：参考早于果期。果期：4－5月。海拔：20－5000米。生境：低地森林。栽培：来自广西龙州。资源：具栽培园艺种类。全球6个大洲分布及种数(23－68)非洲：24；亚洲：37；大洋洲：31；欧洲：5；北美洲：5；南美洲：4。【中国种数：4】。

Homalia Brid. 扁枝藓属 Neckeraceae［B－204］特征纪要：习性：－。【Rep】：雌雄同株或异株，蒴柄细长，平滑，孢蒴长卵形，环带分化，蒴齿两层，外齿层齿片披针形，淡黄色，尖部透明。物候：－。海拔：600米。生境：土生。资源：－。全球6个大洲分布及种数(24)非洲：5；亚洲：15；大洋洲：5；欧洲：5；北美洲：6；南美洲：2。【中国种数：6】。

Homaliaceae Schimp. 天料木科 ＝ Flacourtiaceae

Homaliadelphus Dixon & P. de la Varde 拟扁枝藓属 Neckeraceae［B－204］特征纪要:习性:－。【Rep】:雌雄异株,内雌苞叶椭圆状狭舌形,蒴柄平滑,孢蒴椭圆形或圆柱形,蒴齿两层,外齿层齿片披针形,淡黄色。物候:－。海拔:－。生境:常见于岩石或树干。资源:－。全球2个大洲分布及种数(3)亚洲:3;北美洲:1。【中国种数:7】。

Homaliodendron M. Fleisch. 树平藓属 Neckeraceae［B－204］特征纪要:习性:－。【Rep】:雌雄异株,内雌苞叶卵状披针形,蒴柄细长,孢蒴卵形,蒴齿外齿层齿片狭披针形,具疣和横纹。物候:－。海拔:－。生境:沙地。资源:－。全球6个大洲分布及种数(28)非洲:2;亚洲:24;大洋洲:6;欧洲:1;北美洲:5;南美洲:3。【中国种数:26】。

Homaliopsis Dixon & P. de la Varde 扁盘藓属 Myrtaceae［MD－347］特征纪要和分布(－)。

Homalium Jacq. 天料木属 Flacourtiaceae［MD－142］特征纪要:习性:木本。花程式:－。物候:－。花期:参考早于果期。果期:2－11月。海拔:100米。生境:低海拔密林中。栽培:来自广西龙州。资源:具栽培园艺种类。全球6个大洲分布及种数(168－227;hort. 1;cult. 1)非洲:70－109;亚洲:68－85;大洋洲:42－71;欧洲:2－11;北美洲:4－13;南美洲:6－16。【中国种数:13】。

Homalobus (DC.) Nutt. 天料豆属 Fabaceae3［MD－240］特征纪要:习性:－。花程式:－。其他特征参考科。全球4个大洲分布及种数(29)亚洲:2; 欧洲:1; 北美洲:1; 南美洲:2。

Homalocalyx F. Müll. 苞蜡花属 Myrtaceae［MD－347］特征纪要:习性:木本。花程式:K4－5,C4－5,A8－10,＝↓G2－5。其他特征参考科。全球1个大洲分布及种数(8－11)◆大洋洲(◆澳大利亚)。

Homalocladium (F. J. Müll.) L. H. Bailey 竹节蓼属 Polygonaceae［MD－120］特征纪要:习性:－。花程式:－。物候:－。海拔:20－5400米。生境:－。栽培:－。资源:观赏,具栽培园艺种类。全球1个大洲分布及种数(1)◆北美洲。

Homaloclados Hook. f. ＝ **Faramea**

Homalodiscus Bunge ex Boiss. 木樨草科属 Resedaceae［MD－196］特征纪要:习性:－。花程式:－。其他特征参考科。全球1个大洲分布及种数(8)◆南美洲:3。

Homalolejeunea (Spruce) Lacout. 巴布亚细鳞苔属 Lejeuneaceae［B－84］特征纪要:－。全球2个大洲分布及种数(3)大洋洲:1; 南美洲:2。

Homalolepis Turcz. 苦香木属 Simaroubaceae［MD－424］特征纪要:习性:－。花程式:－。其他特征参考科。全球4个大洲分布及种数(28－29)非洲:1; 亚洲:1; 北美洲:1; 南美洲:28。

Homalomena Schott 千年健属 Araceae［MM－639］特征纪要:习性:草本。花程式:K0,C0,A10,＝G1－3。物候:－。花期:10月。果期:参考晚于花期。海拔:200－1000米。生境:次生林下近沟边。资源:药用,具栽培园艺种类。全球6个大洲分布及种数(63－173)非洲:14－27;亚洲:45－105;大洋洲:11－19;欧洲:1;北美洲:11－12;南美洲:14－19。【中国种数:9】。

Homalopetalum Rolfe 平瓣兰属 Orchidaceae［MM－723］特征纪要:习性:草本。花程式:(K)3,C3,A3,＝↓G3。其他特征参考科。全球4个大洲分布及种数(9－17)亚洲:3; 大洋洲:1; 北美洲:12; 南美洲:9。

Homalosciadium Domin 天胡荽属 Apiaceae［MD－480］特征纪要:习性:草本。花程式:K5,C5,A5,＝↓G(－)。其他特征参考科。全球1个大洲分布及种数(1)◆大洋洲。

Homalosorus Pic. Serm. 林甸蕨属 Woodsiaceae［F－47］特征纪要:－。全球2个大洲分布及种数(1)亚洲:1; 北美洲:1。

Homalospermum S. Schaür 坚柳梅属 Myrtaceae［MD－347］特征纪要:习性:－。花程式:－。其他特征参考科。全球1个大洲分布及种数(－)。

Homalotheciella (Cardot) Broth. 拟同蒴藓属 Brachytheciaceae［B－187］特征纪要:习性:－。【Rep】:绿色或棕绿色。物候:－。海拔:－。生境:常见于林下土生,岩面土生。资源:－。全球2个大洲分布及种数(2)亚洲:1;北美洲:1。【中国种数:2】。

Homalothecium Schimp. 同蒴藓属 Brachytheciaceae［B－187］特征纪要:习性:－。【Rep】:雌苞侧生,雌苞叶分化,蒴柄长,平滑或粗糙,孢蒴卵球形或长椭圆状圆柱形,下弯至横生,甚少直立,颈部短而,绿色或棕绿色。物候:－。海拔:960米。生境:树生。资源:－。全球6个大洲分布及种数(23)非洲:6;亚洲:13;大洋洲:2;欧洲:7;北美洲:13;南美洲:2。【中国种数:17】。

Homalotrichon Banfi, Galasso & Bracchi 欧禾草属 Poaceae［MM－748］特征纪要:习性:－。花程式:－。其他特征参考科。全球0个大洲分布及种数(3)。

Homanthis Kunth ＝ **Perezia**

Homeria Vent. 金香鸢尾属 Iridaceae［MM－700］特征纪要:习性:－。花程式:－。其他特征参考科。全球6个大洲分布及种数(24－28)非洲:23;亚洲:cf. 1;大洋洲:cf. 1;欧洲:cf. 1;北美洲:cf. 1;南美洲:cf. 1。

Homocodon D. Y. Hong 同钟花属 Campanulaceae［MD－561］特征纪要:习性:草本(根状茎,基生)。花程式:－。物候:－。海拔:1000－2900米。生境:草丛,峡谷。资源:－。全球3个大洲分布及种数(2－6)亚洲:6; 北美洲:2; 南美洲:2。【中国种数:1】。

Homoeotes C. Presl ＝ **Trichomanes**

Homognaphalium Kirp. 菊科属 Asteraceae［MD－586］特征纪要:习性:－。花程式:－。其他特征参考科。分布:－。

Homogyne Cass. 山雏菊属 Asteraceae［MD－586］特征纪要:习性:草本。花程式:(K)3－5,C3－5,A3－5,＝↓(G)2。其他特征参考科。全球2个大洲分布及种数(4－8)亚洲:5; 大洋洲:4。【中国种数:2】。

Homoiachne Pilg. ＝ **Homalachne**

Homolepis Chase 多变黍属 Poaceae［MM－748］特征纪要:习性:草本。花程式:(K)3,C0参考科,A1－2,＝(G)2

H

-3。其他特征参考科。全球5个大洲分布及种数(5-7)非洲:2; 亚洲:2; 欧洲:5; 北美洲:5; 南美洲:7。【中国种数:1】。

Homollea Arènes 奥莫勒茜属 Rubiaceae［MD-523］特征纪要:习性:木本。花程式:(K)4-5,(C)4-5,A4-5,=↓(G)2-9。其他特征参考科。全球3个大洲分布及种数(5-9)非洲:6; 亚洲:2; 南美洲:3。

Homolliella Arènes = **Paracephaelis**

Homomallium (Schimp.) Löske 毛灰藓属 Hypnaceae［B-189］特征纪要:习性:-。【Rep】:雌雄同株,内雌苞叶直立,无纵褶,蒴柄细长,红色,孢蒴倾立或平列,长卵形,弯曲,蒴口下方缢缩,环带分化。物候:-。海拔:600米。生境:土生。资源:-。全球4个大洲分布及种数(15)非洲:1;亚洲:11;欧洲:2;北美洲:6。【中国种数:13】。

Homonoia Lour. 水柳属 Euphorbiaceae［MD-217］特征纪要:习性:木本。花程式:-。物候:-。花期:3-5月。果期:参考晚于花期。海拔:1000米。生境:河流两岸冲积地或沙砾滩或河岸灌木林中或溪流两岸石隙,岩石和砾石河床。资源:药用,具栽培园艺种类。全球4个大洲分布及种数(3-28)非洲:4; 亚洲:12; 大洋洲:3; 南美洲:14。【中国种数:2】。

Homopholis C. E. Hubb. 匍匐光节草属 Poaceae［MM-748］特征纪要:习性:草本。花程式:(K)3,C0参考科,A1-2,=(G)2-3。其他特征参考科。全球4个大洲分布及种数(1-5)大洋洲:5; 欧洲:2; 北美洲:2; 南美洲:3。

Homophyllum Merino = **Blechnum**

Homopogon Stapf = **Trachypogon**

Homopsella <unassigned> 缨李属 Chrysobalanaceae［MD-243］特征纪要:-。全球1个大洲分布及种数(1)◆欧洲:1。

Homoranthus A. Cunn. ex S. Schauer 缨蜡花属 Myrtaceae［MD-347］特征纪要:习性:木本。花程式:K4-5,C4-5,A8-10,=↓G2-5。物候:-。海拔:-。生境:-。资源:具园艺种类。全球2个大洲分布及种数(31-35)大洋洲:35; 南美洲:2。

Homostegia <unassigned> 北美桫椤属 Cyatheaceae［F-23］特征纪要和分布(-)。

Homozeugos Stapf 霍草属 Poaceae［MM-748］特征纪要:习性:草本。花程式:(K)3,C0参考科,A1-2,=(G)2-3。其他特征参考科。全球1个大洲分布及种数(4-6)◆非洲。

Honckeneja Maxim. = **Honckenya**

Honckeneya Steud. = **Honckenya**

Honckenya Ehrh. 冰漆姑属 Caryophyllaceae［MD-77］特征纪要:习性:草本。花程式:K1-5,C1-5,A1-5,=G2-5。其他特征参考科。全球6个大洲分布及种数(4;hort. 1)非洲:1;亚洲:2-3;大洋洲:1;欧洲:1-2;北美洲:3-4;南美洲:1-2。【中国种数:1】。

Hondaella Dixon & Sakurai 拟灰藓属 Hypnaceae［B-189］特征纪要:习性:-。【Rep】:雌雄异株或雌雄异苞同株,生殖苞侧生,雌苞叶分化,蒴柄长。物候:-。海拔:-。生境:常见于林下土或岩面薄土,沼泽水生。资源:-。全球1个大洲分布及种数(5)◆亚洲:5。【中国种数:4】。

Hondbesseion Kuntze = **Paederia**

Hondurodendron C. Ulloa, Nickrent, Whitef. & D. L. Kelly 匪帽果属 Olacaceae［MD-362］特征纪要:习性:木本。花程式:K3,C3,A5-6,=(G)2-3。其他特征参考科。全球1个大洲分布及种数(1)◆北美洲。

Honorius Gray = **Ornithogalum**

Hoodia Sweet ex Decne. 丽杯角属 Apocynaceae［MD-492］特征纪要:习性:木本。花程式:K5,C0,A15,=↓G2。其他特征参考科。全球5个大洲分布及种数(17-45)非洲:33; 大洋洲:2; 欧洲:3; 北美洲:3; 南美洲:2。

Hoodiorbea G. D. Rowley 萝藦科属 Asclepiadaceae［MD-494］特征纪要:习性:木本。花程式:-。其他特征参考科。全球1个大洲分布及种数(-)。

Hooglandia McPherson & Lowry 扁椿李属 Cunoniaceae［MD-255］特征纪要:习性:木本。花程式:Kn,C4-5,A4-5,=↓G2-3。其他特征参考科。全球1个大洲分布及种数(1)◆大洋洲

Hookeria Sm. 油藓属 Hookeriaceae［B-164］特征纪要:习性:-。【Rep】:雌雄异苞同株,蒴柄红色或橙红色,平滑,孢蒴平列或下垂,长卵形,环带发达,易脱落,蒴齿两层。物候:-。海拔:2000米。生境:土生。资源:具园艺种类。全球6个大洲分布及种数(91)非洲:11;亚洲:9;大洋洲:9;欧洲:2;北美洲:19;南美洲:51。【中国种数:1】。

Hookeriaceae Schimp.［B-164］油藓科 特征纪要(参考 Rhizogoniaceae),常粗硬,绿色,稍带红棕色,基部密生假根,成密集群生的山地砂土藓类。【Rep】:雌雄异株,稀同株,生殖苞芽胞形,基生或侧生,有线形配丝,外雌苞叶小,内雌苞叶较大,蒴柄长,直立。全球6个大洲分布和属种数(47/834)亚洲:27/190;大洋洲:28/194;欧洲:18/34;北美洲:27/187;南美洲:29/355。【中国属种数:5/14(2)】。

Hookeriopsis (Besch.) A. Jaeger 拟油藓属 Pilotrichaceae［B-166］特征纪要:习性:-。【Rep】:雌苞叶小,基部阔卵形,上部呈狭长尖,蒴柄细长,红色,平滑,孢蒴倾列或平列,长卵形,棕色,蒴齿两层。物候:-。海拔:1078米。生境:石生。资源:-。全球6个大洲分布及种数(91)非洲:12;亚洲:8;大洋洲:1;欧洲:1;北美洲:27;南美洲:58。【中国种数:5】。

Hookerochloa E. B. Alexeev 南羊茅属 Poaceae［MM-748］特征纪要:习性:草本。花程式:(K-),C0参考科,A3参考科,↓G-参考科。其他特征参考科。全球1个大洲分布及种数(2)◆大洋洲。

Hooveria D. W. Taylor & D. J. Keil 天门冬属 Asparagaceae［MM-669］特征纪要:习性:-。花程式:-。其他特征参考科。全球1个大洲分布及种数(-)。

H

Hopea Roxb. 坡垒属 Dipterocarpaceae [MD－173] 特征纪要和分布(－)。全球 1 个大洲分布及种数(95－115)◆亚洲。【中国种数:9】。

Hopia Zuloaga & Morrone 求米草属 Poaceae [MM－748] 特征纪要:习性:草本。花程式:(K)3,C0 参考科,A1－2,↓G－参考科。其他特征参考科。全球 3 个大洲分布及种数(1－8)欧洲:2; 北美洲:2; 南美洲:2。

Hopkinsia W. Fitzg. 髯柱草属 Hopkinsiaceae [MM－742] 特征纪要(同科)。全球 2 个大洲分布及种数(2－6)大洋洲:6; 南美洲:2。

Hopkinsiaceae B. G. Briggs & L. A. S. Johnson [MM－742] 澳帚草科 特征纪要:习性:草本;落叶。花程式:(K)6－,C3,A,↑G－。物候:－。果实:－。种子:－。海拔:－。生境:－。资源:－。栽培:－。全球 1 个大洲分布及属种数(2/4－5 hort. 1)◆大洋洲:1/ 2－3。

Hopkirkia Spreng. = **Bahia**

Hoplestigma Pierre 干戈花属 Hoplestigmataceae [MD－468] 特征纪要(同科)。全球 1 个大洲分布及种数(－)。

Hoplestigmataceae (Griseb.) Gilg [MD－468] 单柱花科 特征纪要:习性:木本;落叶。花程式:K2,C0,A2,↑(G)2。物候:－。果实:－。种子:－。海拔:－。生境:－。资源:－。栽培:－。全球 1 个大洲分布及属种数(2/2－4)◆非洲:1/ 2。

Hoplismenus Hassk. = **Oplismenus**

Hoplocryptanthus (Mez) Leme, S. Heller & Zizka 含羞蕾属 Fabaceae1 [MD－238] 特征纪要:习性:木本。花程式:K3－5－∞,C3－5－∞,A1－10－50,=↓G(－)。其他特征参考科。全球 1 个大洲分布及种数(8)◆南美洲:8。

Hoplophyllum DC. 武叶菊属 Asteraceae [MD－586] 特征纪要:习性:草本。花程式:(K)3－5,(C)3－5,A3－5,↓G。其他特征参考科。全球 1 个大洲分布及种数(2)◆非洲。

Hoplophytum Beer = **Platyaechmea**

Hoppea Rchb. 霍珀龙胆属 Gentianaceae [MD－496] 特征纪要:习性:－。花程式:－。其他特征参考科。全球 6 个大洲分布及种数(2－4)非洲:1－2;亚洲:1－3;大洋洲:1;欧洲:1;北美洲:1;南美洲:1。

Horaninovia Fisch. & C. A. Mey. 对节刺属 Amaranthaceae [MD－116] 特征纪要:习性:草本。花程式:－。物候:－。海拔:600－5000 米。生境:沙丘,盐化草甸。资源:－。全球 1 个大洲分布及种数(6－8)◆亚洲。【中国种数:2】。

Horanthes Raf. 半日花科属 Cistaceae [MD－175] 特征纪要:习性:－。花程式:－。其他特征参考科。全球 1 个大洲分布及种数(－)。

Hordelymus (Jess.) Harz 三柄麦属 Poaceae [MM－748] 特征纪要:习性:草本。花程式:(K)3,C0 参考科,A1－2,↓G－参考科。其他特征参考科。全球 6 个大洲分布及种数(1－7)非洲:5; 亚洲:4; 大洋洲:2; 欧洲:2; 北美洲:2; 南美洲:3。【中国种数:1】。

Hordeum L. 芒麦草属 Poaceae [MM－748] 特征纪要:习性:草本(根状茎,基生)。花程式:(K－),C0 参考科,A3 参考科,=G2－3。物候:－。花期:6－9 月。果期:参考晚于花期。海拔:1000－3800 米。生境:草地,作为饲料植物或大麦田杂草种植。资源:具栽培园艺种类。全球 6 个大洲分布及种数(49－60;hort. 1;cult. 12)非洲:22－45;亚洲:26－62;大洋洲:8－32;欧洲:27－50;北美洲:29－53;南美洲:30－55。【中国种数:13】。

Horichia Jenny 牛头兰属 Orchidaceae [MM－723] 特征纪要:习性:草本。花程式:(K)3,C3,A3,=↓(G)3。其他特征参考科。全球 1 个大洲分布及种数(1)◆中美洲(◆巴拿马)。

Horikawaea Nog. 兜叶藓属 Pterobryaceae [B－201] 特征纪要:习性:－。【Rep】:雌雄异株,稀雌雄同株,蒴柄短或较长,平滑或粗糙,孢蒴长卵形,直立,蒴齿两层,环带不分化,蒴盖圆锥形,亮绿色至红棕色。物候:－。海拔:－。生境:常见于林下树干,土生。资源:－。全球 1 个大洲分布及种数(5)◆亚洲:5。【中国种数:3】。

Horikawaella S. Hatt. & Amakawa 疣叶苔属 Jungermanniaceae [B－38] 特征纪要:习性:－。【Rep】:常具蒴囊,绿色、黄绿色、暗绿色或红褐色。物候:－。海拔:－。生境:常见于腐木上。栽培:来自广西龙州。资源:具栽培园艺种类。全球 1 个大洲分布及种数(4)◆亚洲:4。

Horkelia Cham. & Schltdl. 蔷薇科属 Rosaceae [MD－246] 特征纪要:习性:－。花程式:－。其他特征参考科。全球 4 个大洲分布及种数(124)非洲:2; 亚洲:2; 欧洲:48; 北美洲:48。

Horkeliella (Rydb.) Rydb. 木瓜玫属 Rosaceae [MD－246] 特征纪要:习性:－。花程式:－。其他特征参考科。全球 1 个大洲分布及种数(2)◆北美洲(◆美国)。

Hormathophylla Cullen & T. R. Dudley = **Galitzkya**

Horminum L. 囊萼苏属 Lamiaceae [MD－575] 特征纪要:习性:－。花程式:－。其他特征参考科。全球 3 个大洲分布及种数(1－14)欧洲:1; 北美洲:1; 南美洲:1。

Hormocalyx Gleason = **Tococa**

Hormopetalum Lauterb. = **Sericolea**

Hormuzakia Guşul. 牛舌草属 Boraginaceae [MD－517] 特征纪要:习性:－。花程式:－。其他特征参考科。全球 2 个大洲分布及种数(3－4)非洲:1; 亚洲:2。

Hornea Baker 油木患属 Sapindaceae [MD－428] 特征纪要:习性:－。花程式:－。其他特征参考科。全球 3 个大洲分布及种数(1－17)非洲:1; 北美洲:1; 南美洲:1。

Hornschuchia Nees 玉仙木属 Annonaceae [MD－7] 特征纪要和分布(－)。全球 2 个大洲分布及种数(13－14)亚洲:cf. 1;南美洲:11－12。

Hornstedtia Retz. 大豆蔻属 Zingiberaceae [MM – 737] 特征纪要:习性:草本。花程式:–。物候:–。海拔:810 – 1000 米。生境:密林中,生于山坡阔叶林下。海拔:810 – 1000 米。资源:具园艺种类。全球 4 个大洲分布及种数(45 – 124)非洲:6; 亚洲:114; 大洋洲:8; 北美洲:6。

Hornungia Rchb. 薄果荠属 Brassicaceae [MD – 213] 特征纪要和分布(–)。全球 6 个大洲分布及种数(6 – 9; hort. 1)非洲:2 – 6;亚洲:3 – 7;大洋洲:1 – 5;欧洲:5 – 9;北美洲:2 – 6;南美洲:4。【中国种数:4】。

Horridohypnum W. R. Buck 锦藓科属 Sematophyllaceae [B – 192] 特征纪要:–。全球 1 个大洲分布及种数(–)。

Horsfieldia Willd. 风吹楠属 Myristicaceae [MD – 15] 特征纪要和分布(–)。全球 6 个大洲分布及种数(105 – 135;hort. 1)非洲:19 – 28;亚洲:103 – 134;大洋洲:28 – 38;欧洲:1 – 9;北美洲:4 – 13;南美洲:1 – 12。【中国种数:3】。

Horsfordia A. Gray 绒叶苘属 Malvaceae [MD – 203] 特征纪要:习性:木本。花程式:K5 – ∞,C5 – ∞,A10 – 8,=(G)1 – 5。其他特征参考科。全球 2 个大洲分布及种数(4 – 8)北美洲:5; 南美洲:1。

Horstrissea Greuter, Gerstb. & Egli 克里特草属 Apiaceae [MD – 480] 特征纪要:习性:草本。花程式:参考科,C5, A15 参考科,= ↓(G)2 参考科。其他特征参考科。全球 0 个大洲分布及种数(1 – 2)。

Horta Vell. = **Clavija**

Hortensia Comm. ex Juss. = **Hydrangea**

Hortia Vand. 锦霞木属 Rutaceae [MD – 399] 特征纪要:习性:木本。花程式:K5,C5,A4,= G1 – 3。其他特征参考科。全球 3 个大洲分布及种数(10 – 18)亚洲:3; 北美洲:3; 南美洲:18。【中国种数:1】。

Hortonia Wight ex Arn. 八角桂属 Monimiaceae [MD – 20] 特征纪要:习性:木本。花程式:K1 – ∞,C0,A10 – 150, G1 – 3。其他特征参考科。全球 3 个大洲分布及种数(3 – 5)非洲:2; 亚洲:5; 大洋洲:2。

Hortsmania Miq. = **Condylocarpon**

Horvatia Garay 安山兰属 Orchidaceae [MM – 723] 特征纪要:习性:草本。花程式:(K)3,C3,A3,= ↓(G)3。其他特征参考科。全球 2 个大洲分布及种数(1 – 12)非洲:2; 南美洲:12。

Horwoodia Turrill 霍伍德芥属 Brassicaceae [MD – 213] 特征纪要:习性:草本。花程式:K2 – 4,C2 – 4,A2 – 4,=(G)2。其他特征参考科。全球 1 个大洲分布及种数(cf. 1)◆亚洲。

Hosackia Douglas ex Benth. 千兰豆属 Fabaceae3 [MD – 240] 特征纪要:习性:木本。花程式:K1 – ∞,C1 – ∞,A5 – 9,= ↓ G1。其他特征参考科。全球 6 个大洲分布及种数(12 – 114)非洲:3; 亚洲:16; 大洋洲:2; 欧洲:39; 北美洲:39; 南美洲:11。【中国种数:1】。

Hosea Ridl. 橙苞藤属 Lamiaceae [MD – 575] 特征纪要:习性:–。花程式:–。其他特征参考科。全球 1 个大洲分布及种数(5)◆亚洲。

Hosiea Hemsl. & E. H. Wilson 无须藤属 Icacinaceae [MD – 450] 特征纪要:习性:木本。花程式:K5,C5,A5,G –。物候:–。花期:4 – 5 月。果期:参考晚于花期。海拔:1200 – 2100 米。生境:森林。资源:–。全球 1 个大洲分布及种数(cf. 1)◆亚洲(◆中国)。【中国种数:2】。

Hoslundia Vahl 苦莓草属 Lamiaceae [MD – 575] 特征纪要:习性:草本。花程式:K2,C0,A2,↓ G。其他特征参考科。全球 4 个大洲分布及种数(1 – 8)非洲:6; 亚洲:2; 北美洲:2; 南美洲:2。

Hosta Tratt. 玉簪属 Hostaceae [MM – 658] 特征纪要和分布(–)。全球 1 个大洲分布及种数(20 – 40)◆亚洲。【中国种数:15】。

Hostaceae B. Mathew [MM – 658] 玉簪科 特征纪要:习性:草本;落叶。花程式:(K)6 –,C5,A6,↑ G3。物候:–。花期:–。果期:–。果实:蒴果。种子:多数作为亚科来处理。海拔:–米。生境:–。资源:–。栽培:–。全球 1 个大洲分布及属种数(1/1 <IFR 1/13> hort. 1;cult. 1)◆亚洲:1/22 – 37(IFR 1/13)。【中国属种数:1/15】。

Hostmannia Planch. = **Elvasia**

Hotnima A. Chev. = **Manihot**

Hottarum Bogner & Nicolson 落檐属 Araceae [MM – 639] 特征纪要:习性:木本。花程式:K0,C0,A3 参考科,G3 – 参考科。其他特征参考科。全球 1 个大洲分布及种数(1)◆亚洲。

Hottea Urb. 异瓣番樱属 Myrtaceae [MD – 347] 特征纪要:习性:–。花程式:–。其他特征参考科。全球 1 个大洲分布及种数(6 – 9)◆北美洲。

Hottonia Börh. ex L. 水堇属 Primulaceae [MD – 401] 特征纪要:习性:草本(水生)。花程式:–。其他特征参考科。全球 6 个大洲分布及种数(2 – 6)非洲:4; 亚洲:4; 大洋洲:4; 欧洲:4; 北美洲:4; 南美洲:2。【中国种数:2】。

Houlletia Brongn. 花豹兰属 Orchidaceae [MM – 723] 特征纪要:习性:草本。花程式:(K)3,C3,A3,= ↓ G3。其他特征参考科。全球 3 个大洲分布及种数(10 – 30)亚洲:2; 北美洲:5; 南美洲:29。

Houmiri Aubl. = **Humiria**

Houmiria Juss. = **Humiria**

Hounea Baill. = **Paropsia**

Houpoea N. H. Xia & C. Y. Wu 厚朴属 Magnoliaceae [MD – 1] 特征纪要:习性:–。花程式:–。物候:–。花期:6 – 7 月。果期:参考晚于花期。海拔:2100 – 3000 米。生境:阔叶森林。资源:油脂,芳香油,具栽培园艺种类。全球 1 个大洲分布及种数(4)◆亚洲。

Houssayanthus Hunz. 奥赛花属 Sapindaceae [MD – 428] 特征纪要:习性:–。花程式:–。其他特征参考科。全球 2 个大洲分布及种数(6 – 7)北美洲:2;南美洲:3。

H

Houstonia Gronov. 美耳草属 Rubiaceae［MD－523］特征纪要:习性:木本。花程式:(K)4－5,(C)4－5,A4－5,=↓G2－9。其他特征参考科。全球 6 个大洲分布及种数(36－43;hort. 1;cult. 6)非洲:20;亚洲:7－27;大洋洲:20;欧洲:20;北美洲:34－56;南美洲:4－24。【中国种数:6】。

Houttea Heynh. 红岩桐属 Gesneriaceae［MD－549］特征纪要:草本,叶对生,落叶,复叶。花程式:K5,C0,A2－5,G(－)。果实:－。种子:具种脐。全球 1 个大洲分布及种数(1)◆南美洲。

Houttuynia Thunb. 蕺菜属 Saururaceae［MD－35］特征纪要:习性:－。花程式:－。物候:－。花期:4－9 月。果期:参考晚于花期。海拔:2500 米。生境:沟边,溪边或林下湿地上,棕红土质上。资源:药用,食用。全球 5 个大洲分布及种数(1－6)非洲:2; 亚洲:4; 欧洲:2; 北美洲:2; 南美洲:2。【中国种数:1】。

Houzeaubambus (Mattei) Mattei = **Oxytenanthera**

Hovanella A. Weber & B. L. Burtt 长蒴苣苔属 Gesneriaceae［MD－549］特征纪要:习性:－。花程式:－。其他特征参考科。全球 2 个大洲分布及种数(cf. 1)非洲;亚洲。

Hovea R. Br. 紫彗豆属 Fabaceae3［MD－240］特征纪要:习性:木本。花程式:K1－∞,C1－∞,A5－9,=↓G1。其他特征参考科。全球 5 个大洲分布及种数(38－75)非洲:2; 亚洲:7; 大洋洲:56; 欧洲:3; 北美洲:3。【中国种数:2】。

Hovenia Thunb. 枳椇属 Rhamnaceae［MD－331］特征纪要:习性:木质攀援。花程式:Kn,C2－3 参考科,A10,G－。物候:－。花期:5－7 月。果期:参考晚于花期。海拔:600－1300 米。生境:次生林中或庭院栽培,疏林,林缘,山坡,开阔地,也常栽培。资源:具栽培园艺种类。全球 6 个大洲分布及种数(7－28)非洲:3; 亚洲:22; 大洋洲:2; 欧洲:2; 北美洲:2; 南美洲:3。【中国种数:4】。

Hoverdenia Nees 墨西哥爵床属 Acanthaceae［MD－572］特征纪要:习性:草本。花程式:K2－4,C0,A2－4,=(G)2。其他特征参考科。全球 2 个大洲分布及种数(1－2)北美洲:1; 南美洲:1。

Howea Becc. 豪爵椰属 Arecaceae［MM－717］特征纪要:习性:木本。花程式:K3－10,C3－10,A3－10,=G3－10。其他特征参考科。全球 5 个大洲分布及种数(2－5)非洲:1; 亚洲:3; 大洋洲:3; 北美洲:3; 南美洲:3。

Howellanthus (Constance) Walden & R. Patt. 岳铃花属 Boraginaceae［MD－517］特征纪要:习性:－。花程式:－。其他特征参考科。全球 1 个大洲分布及种数(1－2)◆北美洲(◆美国)。

Howellia A. Gray 浮枝莲属 Campanulaceae［MD－561］特征纪要:习性:草本(水生)。花程式:(K)5,(C)5,A5,↓G－。其他特征参考科。全球 2 个大洲分布及种数(1－6)北美洲:5; 南美洲:4。

Howittia F. Müll. 蓝桉葵属 Malvaceae［MD－203］特征纪要:习性:木本。花程式:K5－∞,C5－∞,A10－8,=(G)1－5。其他特征参考科。全球 3 个大洲分布及种数(1－2)大洋洲:2; 欧洲:2; 北美洲:2。

Hoya R. Br. 球兰属 Asclepiadaceae［MD－494］特征纪要:习性:木本。花程式:－。物候:－。花期:4 月。果期:参考晚于花期。海拔:900－1000 米。生境:常绿阔叶林。资源:药用,具栽培园艺种类。全球 6 个大洲分布及种数(628－879)非洲:99; 亚洲:693; 大洋洲:211; 欧洲:27; 北美洲:27; 南美洲:24。【中国种数:45】。

Hoyopsis H. Lév. = **Tylophora**

Hsenhsua X. H. Jin 先骕兰属 Orchidaceae［MM－723］特征纪要:习性:－。花程式:－。物候:－。花期:参考早于果期。果期:10－11 月。海拔:80－5200 米。生境:柏树林下或草坡路旁,竹坡中。资源:－。全球 1 个大洲分布及种数(－)。

Hsuehochloa D. Z. Li & Y. X. Zhang 球兰草属 Poaceae［MM－748］特征纪要:习性:草本。花程式:(K－),C0 参考科,A3 参考科,↓G－参考科。物候:－。海拔:10－5600 米。生境:草地,作为饲料植物或大麦田杂草种植。资源:－。全球 1 个大洲分布及种数(1) ◆亚洲:1。

Hua Pierre ex De Wild. 蒜树属 Huaceae［MD－150］特征纪要:习性:木本。花程式:K8－10,C8－10,A8－10,(G)5。其他特征参考科。全球 1 个大洲分布及种数(1－2)◆非洲。

Huaceae A. Chev.［MD－150］蒜树科 特征纪要:习性:木本;落叶。花程式:K8,C8－10,A8－1,↑(G)5。物候:－。果实:蒴果。种子:－。海拔:－。生境:－。资源:－。栽培:－。全球 1 个大洲分布及属种数(3/4－8 hort. 1)◆非洲:1－2/ 1－5。

Hualania Phil. 小远志属 Polygalaceae［MD－291］特征纪要:习性:－。花程式:－。其他特征参考科。全球 1 个大洲分布及种数(－)。

Huanaca Raf. 花娜芹属 Apiaceae［MD－480］特征纪要:习性:－。花程式:－。其他特征参考科。全球 3 个大洲分布及种数(6－11)大洋洲:2;北美洲:1;南美洲:5－8。

Huangtcia H. Ohashi & K. Ohashi 花娜兰属 Orchidaceae［MM－723］特征纪要:习性:草本。花程式:(K－),C2－3 参考科,A3 参考科,↓G－。物候:－。花期:9－11 月。果期:参考晚于花期。海拔:80－5200 米。生境:灌丛中。资源:－。全球 1 个大洲分布及种数(2) ◆亚洲:2。

Huarpea Cabrera 菊科属 Asteraceae［MD－586］特征纪要:习性:－。花程式:－。其他特征参考科。全球 1 个大洲分布及种数(－)。

Hubbardia Bor 伊乐藻状禾属 Poaceae［MM－748］特征纪要:习性:草本。花程式:(K－),C0 参考科,A3 参考科,↓G－参考科。其他特征参考科。全球 1 个大洲分布及种数(cf. 1)◆南亚(◆印度)。

Hubbardochloa Auquier 细乱子草属 Poaceae［MM－748］特征纪要:习性:草本。花程式:(K)3,C0 参考科,A1－2,=(G)2－3。其他特征参考科。全球 1 个大洲分布及种数(1)◆非洲。

Huberantha Chaowasku 细基丸属 Annonaceae［MD－7］特征纪要:习性:木本。花程式:K3,C3,A2,G10－100 参

考科。物候:-。花期:4月。果期:参考晚于花期。海拔:100-2400米。生境:半常绿阔叶林,山地灌木丛。资源:-。全球3个大洲分布及种数(2-34) 非洲:1-16,亚洲:1-8,大洋洲:6。

Huberia DC. 休伯野牡丹属 Melastomataceae [MD-364] 特征纪要:习性:木本。花程式:K4-5,C4-5,A4-5,=↓(G)3-4。其他特征参考科。全球3个大洲分布及种数(37-50)亚洲:2;北美洲:3;南美洲:48。

Huberodendron Ducke 休伯木棉属 Malvaceae [MD-203] 特征纪要:习性:木本。花程式:K5,C5,A10,=G2-5。其他特征参考科。全球2个大洲分布及种数(5)北美洲:1;南美洲:3。

Huberopappus Pruski 领冠落苞菊属 Asteraceae [MD-586] 特征纪要:习性:草本。花程式:(K)3-5,C3-5,A3-5,=↓(G)2。其他特征参考科。全球1个大洲分布及种数(1)◆南美洲。

Hubertia Bory 千里光属 Asteraceae [MD-586] 特征纪要:习性:草本。花程式:(K)3-5,(C)3-5,A3-5,↓G。其他特征参考科。全球3个大洲分布及种数(26-30)非洲:26;北美洲:1;南美洲:1。

Hudsonia L. 金石玫属 Cistaceae [MD-175] 特征纪要:习性:-。花程式:-。其他特征参考科。全球3个大洲分布及种数(3-20)亚洲:4;北美洲:7;南美洲:2。【中国种数:2】。

Hueblia F. Speta 亚洲箭玄参属 Plantaginaceae [MD-527] 特征纪要:习性:-。花程式:-。其他特征参考科。全球3个大洲分布及种数(2)非洲:1;亚洲:cf. 1;欧洲:1。

Huernia R. Br. 剑龙角属 Asclepiadaceae [MD-494] 特征纪要:习性:木本。花程式:K5,C0,A15,=↓G2。其他特征参考科。全球6个大洲分布及种数(54-102;hort. 1;cult. 1)非洲:45-82;亚洲:9-21;大洋洲:1;欧洲:1;北美洲:3-5;南美洲:1-2。

Huerniopsis N. E. Br. 剑笋角属 Apocynaceae [MD-492] 特征纪要:习性:-。花程式:-。其他特征参考科。全球1个大洲分布及种数(1)◆非洲。

Huerta J. St. -Hil. = **Huertea**

Huertea Ruiz & Pav. 腺椒树属 Tapisciaceae [MD-426] 特征纪要:习性:木本。花程式:-。其他特征参考科。全球3个大洲分布及种数(4-7)亚洲:3;北美洲:3;南美洲:6。【中国种数:1】。

Hugelia Benth. 北美香花荵属 Polemoniaceae [MD-481] 特征纪要:习性:-。花程式:-。其他特征参考科。全球3个大洲分布及种数(13)亚洲:2;北美洲:3;南美洲:2。

Hugeria Small 越橘属 Ericaceae [MD-380] 特征纪要:习性:-。花程式:-。其他特征参考科。全球1个大洲分布及种数(1)◆亚洲。

Hughesia R. M. King & H. Rob. 落苞亮泽兰属 Asteraceae [MD-586] 特征纪要:习性:草本。花程式:(K)3-5,C3-5,A3-5,=↓(G)2。其他特征参考科。全球1个大洲分布及种数(1)◆南美洲(◆秘鲁)。

Hugonia L. 亚麻藤属 Hugoniaceae [MD-311] 特征纪要(同科)。全球3个大洲分布及种数(26-54)非洲:19-33;亚洲:2-7;大洋洲:4-10。

Hugoniaceae Arn. [MD-311] 亚麻藤科 特征纪要:习性:木本;落叶。花程式:K4-5(-),C5,A10,G-。物候:-。花期:-。果期:-。果实:-。种子:-。海拔:-米。生境:-。资源:-。栽培:-。全球3个大洲分布及属种数(1/1 hort. 1;cult. 1) 非洲:1/21-35;亚洲:1/4-9;大洋洲:1/6-12。

Hugueninia (Endl.) Rchb. 菊蒿叶芥属 Brassicaceae [MD-213] 特征纪要:习性:-。花程式:-。其他特征参考科。全球2个大洲分布及种数(5)亚洲:2;南美洲:2。

Huidobria Gay 刺莲花属 Loasaceae [MD-435] 特征纪要:习性:木本。花程式:Kn,C2-3参考科,A3参考科,=↓G(-)。其他特征参考科。全球1个大洲分布及种数(2)◆南美洲。

Huilaea Wurdack 坛碟花属 Melastomataceae [MD-364] 特征纪要:习性:-。花程式:-。其他特征参考科。全球1个大洲分布及种数(4-9)◆南美洲。

Hulemacanthus S. Moore 南爵床属 Acanthaceae [MD-572] 特征纪要:习性:草本。花程式:Kn,C0,A2-4,=(G)2。其他特征参考科。全球3个大洲分布及种数(2-8)非洲:6;亚洲:5;大洋洲:7。

Hullettia King ex Hook. f. 光球桑属 Moraceae [MD-87] 特征纪要:习性:木本。花程式:K1-4,C0,A6,=G1-2。其他特征参考科。全球3个大洲分布及种数(2-4)亚洲:3;北美洲:1;南美洲:1。

Hullsia P. S. Short 黏生菀属 Asteraceae [MD-586] 特征纪要:习性:草本。花程式:(K)3-5,(C)3-5,A3-5,↓G。其他特征参考科。全球1个大洲分布及种数(1)◆大洋洲。

Hulsea Torr. & A. Gray 寒金菊属 Asteraceae [MD-586] 特征纪要:习性:草本。花程式:(K)3-5,C3-5,A3-5,=↓(G)2。其他特征参考科。全球2个大洲分布及种数(12-32)亚洲:2;北美洲:17。【中国种数:1】。

Hulteniella Tzvelev 全叶菊属 Asteraceae [MD-586] 特征纪要:习性:-。花程式:-。其他特征参考科。全球4个大洲分布及种数(2)亚洲:2;欧洲:2;北美洲:2;南美洲:2。

Hulthemia Dum. = **Rosa**

Hulthemosa Juz. 寒蔷薇属 Rosaceae [MD-246] 特征纪要和分布(-)。全球1个大洲分布及种数(1-2)◆非洲。

Hultholia Gagnon & G. P. Lewis 蔷薇属 Rosaceae [MD-246] 特征纪要:习性:木本。花程式:Kn,C2-3参考科,A3参考科,=↓G(-)。物候:-。海拔:50-5400米。生境:沼泽地,自然山坡地。资源:-。全球1个大洲分布及种数(1)◆亚洲。

Humata Cav. 阴石蕨属 Davalliaceae [F-56] 特征纪要:习性:-。【Rep】:孢子囊群中形,通常位于近叶缘,生小脉顶端。物候:-。海拔:300-1760米。生境:生于林中树干上或石上,针阔混交林路边。资源:-。全球6个大洲分布及种数(46-58)非洲:1-9;亚洲:30-41;大洋洲:24-33;欧洲:8;北美洲:8;南美洲:3-11。

Humbertacalia C. Jeffrey 耳藤菊属 Asteraceae［MD－586］特征纪要:习性:草本。花程式:(K)3－5,C3－5,A3－5,=↓(G)2。其他特征参考科。全球3个大洲分布及种数(9－13)非洲:13; 北美洲:2; 南美洲:2。

Humbertia Lam. 茶鹃木属 Humbertiaceae［MD－500］特征纪要(同科)。全球2个大洲分布及种数(1－2)非洲:2; 南美洲:2。

Humbertiaceae Pichon［MD－500］马旋花科 特征纪要:习性:藤本;落叶。花程式:K5,C0,A5,G－。物候:－。果实:－。种子:－。海拔:－。生境:－。资源:－。栽培:－。全球1个大洲分布及属种数(2/3)◆非洲:1/ 1。

Humbertianthus Hochr. = **Macrostelia**

Humbertiella Hochr. 小亨伯特锦葵属 Malvaceae［MD－203］特征纪要:习性:木本。花程式:K5－∞,C5－∞,A10－8,=G1－5。其他特征参考科。全球1个大洲分布及种数(4)◆非洲(◆马达加斯加)。

Humbertina Buchet = **Arophyton**

Humbertiodendron Leandri 三翼果属 Trigoniaceae［MD－316］特征纪要:习性:木本。花程式:－。其他特征参考科。全球1个大洲分布及种数(1)◆非洲(◆马达加斯加)。

Humbertioturraea J.－F. Leroy 灯笼楝属 Meliaceae［MD－414］特征纪要:习性:木本。花程式:K3－5,C3－5,A6,=(G)1－2。其他特征参考科。全球2个大洲分布及种数(7－10)非洲:10; 大洋洲:2。

Humbertochloa A. Camus & Stapf 苞轴草属 Poaceae［MM－748］特征纪要:习性:草本。花程式:(K)3,C0 参考科,A1－2,=(G)2－3。其他特征参考科。全球1个大洲分布及种数(1－2)◆非洲。

Humbertodendron Leandri = **Humbertiodendron**

Humblotia Baill. = **Drypetes**

Humblotiella Tardieu = **Lindsaea**

Humblotiodendron Engl. = **Vepris**

Humboldtia Vahl 蚁穴豆属 Fabaceae2［MD－239］特征纪要:习性:木本。花程式:－。其他特征参考科。全球6个大洲分布及种数(10－285)非洲:2; 亚洲:262; 大洋洲:2; 欧洲:84; 北美洲:84; 南美洲:250。【中国种数:1】。

Humboldtiella Harms = **Coursetia**

Humeocline Anderb. 苋菊属 Asteraceae［MD－586］特征纪要:习性:草本。花程式:(K)3－5,(C)3－5,A3－5,↓G。其他特征参考科。全球1个大洲分布及种数(1)◆非洲。

Humiria J. St.－Hil. 香膏木属 Humiriaceae［MD－348］特征纪要:习性:木本。花程式:K10－30,C10－30,A20,G4－5。其他特征参考科。全球3个大洲分布及种数(14－59)非洲:1; 亚洲:1; 南美洲:50。

Humiriaceae A. Juss.［MD－348］香膏木科 特征纪要:习性:木本;落叶。花程式:K1,C1,A5,↑G4－5。物候:－。果实:－。种子:－。海拔:－。生境:－。资源:－。栽培:－。全球4个大洲分布及属种数(10/85－92 < IFR 4/9 > hort. 1;cult. 2) 非洲:1/2; 大洋洲:1/1; 北美洲:2/10; 南美洲:9/79－84(IFR 4/9)。【中国属种数:1/1】。

Humirianthera Huber = **Casimirella**

Humiriastrum (Urb.) Cuatrec. 香榄木属 Humiriaceae［MD－348］特征纪要:习性:木本。花程式:－。其他特征参考科。全球3个大洲分布及种数(17－33)亚洲:2; 北美洲:3; 南美洲:30。【中国种数:1】。

Humularia P. A. Duvign. 大地豆属 Fabaceae3［MD－240］特征纪要:习性:木本。花程式:K1－∞,C1－∞,A5－9,=↓G1。其他特征参考科。全球1个大洲分布及种数(23－37)◆非洲。

Humulopsis Grudz. = **Humulus**

Humulus L. 葎草属 Cannabaceae［MD－89］特征纪要:习性:木本。花程式:－。物候:－。花期:秋天。果期:参考晚于花期。海拔:1200－2800米。生境:沟边,荒地,废墟,林缘边,自然山坡地。资源:药用,酿酒,具栽培园艺种类。全球6个大洲分布及种数(9)非洲:1－3;亚洲:6－8;大洋洲:2－4;欧洲:3－5;北美洲:6－9;南美洲:1－3。【中国种数:4】。

Hunga Prance 大洋李属 Chrysobalanaceae［MD－243］特征纪要:习性:木本。花程式:－。其他特征参考科。全球3个大洲分布及种数(11－15)非洲:5; 大洋洲:15; 南美洲:2。

Hunnemania G. Don = **Hunnemannia**

Hunnemannia Sweet 金杯罂粟属 Papaveraceae［MD－54］特征纪要:习性:草本。花程式:K1－∞,C4,A4－6,=G2－100。其他特征参考科。全球3个大洲分布及种数(2－7)欧洲:6; 北美洲:6; 南美洲:4。

Hunteria Roxb. 仔榄树属 Apocynaceae［MD－492］特征纪要:习性:木本。花程式:(K－),C2－3 参考科,A5,↓G－。物候:－。花期:4－9月。果期:参考晚于花期。海拔:500米。生境:低海拔至中海拔山地密林中或疏林中,常散生于山谷,水沟旁土壤肥沃湿润山地森林茂密。资源:药用,具栽培园艺种类。全球6个大洲分布及种数(9－15)非洲:8－15;亚洲:1－3;大洋洲:1－2;欧洲:1－2;北美洲:1;南美洲:1。【中国种数:1】。

Huntleya Bateman ex Lindl. 丝刺兰属 Orchidaceae［MM－723］特征纪要:习性:草本。花程式:(K)3,C3,A3,=↓G3。其他特征参考科。全球2个大洲分布及种数(13－16)北美洲:4;南美洲:12－15。

Hunzikeria D'Arcy 杯茄属 Solanaceae［MD－503］特征纪要:习性:草本。花程式:K3－4,C0,A2,=↓G2。其他特征参考科。全球2个大洲分布及种数(4)北美洲:2;南美洲:1。

Huodendron Rehder 山茉莉属 Styracaceae［MD－327］特征纪要:习性:木质攀援。花程式:－。物候:－。花期:4－5月。果期:参考晚于花期。海拔:200－500米。生境:高山密林中,山坡和沟壑中的森林灌丛。资源:具园艺种类。全球4个大洲分布及种数(5－25)亚洲:18; 大洋洲:2; 北美洲:3; 南美洲:2。【中国种数:3】。

Huolirion Wang & Tang ex P. C. Kuo = **Lloydia**

Huperzia Bernh. 石杉属 Huperziaceae [F-3] 特征纪要(同科)。全球6个大洲分布及种数(332-394;hort. 1;cult. 11)非洲:56-75;亚洲:87-108;大洋洲:34-52;欧洲:3-20;北美洲:76-101;南美洲:155-174。【中国种数:47】。

Huperziaceae Rothm. [F-3] 石杉科 特征纪要:纤细,淡绿色,略透明。【Rep】:雌雄异株,雌苞生于茎顶端,雌苞叶深裂呈毛状,蒴萼圆筒形,口部开阔,有多数纤毛。全球6个大洲分布和属种数(1;hort. & cult. 1)(331-434;hort. & cult. 2)非洲:1/56-75;亚洲:1/87-108;大洋洲:1/34-52;欧洲:1/3-20;北美洲:1/76-101;南美洲:1/155-174。

Hura L. 响盒子属 Euphorbiaceae [MD-217] 特征纪要:习性:-。花程式:-。物候:-。海拔:20-5000米。生境:-。栽培:-。资源:具栽培园艺种类。全球4个大洲分布及种数(2-19)非洲:5;亚洲:6;北美洲:6;南美洲:7。【中国种数:1】。

Husnotiella Cardot 对齿藓属 Pottiaceae [B-133] 特征纪要:习性:-。【Rep】:参考科特征:孢腔轮廓清晰,蒴齿缺如,或具蒴齿而无基膜,下部呈黄绿或黄棕色。其他特征参考科。全球2个大洲分布及种数(4)非洲:2;南美洲:2。

Hutchinia Wight & Arn. = **Boucerosia**

Hutchinsia W. T. Aiton 欧洲芥菜属 Brassicaceae [MD-213] 特征纪要:习性:-。花程式:-。其他特征参考科。全球6个大洲分布及种数(60)非洲:6;亚洲:12;大洋洲:5;欧洲:3;北美洲:3;南美洲:6。

Hutchinsiella O. E. Schulz = **Hornungia**

Huthamnus Tsiang = **Jasminanthes**

Huthia Brand 魔力花属 Polemoniaceae [MD-481] 特征纪要:习性:-。花程式:-。其他特征参考科。全球1个大洲分布及种数(cf. 1)◆南美洲。

Huttonaea Harv. 喙柱兰属 Orchidaceae [MM-723] 特征纪要:习性:草本。花程式:(K)3,C3,A3,↓G-。其他特征参考科。全球1个大洲分布及种数(5)◆非洲。

Huxleya Ewart = **Clerodendrum**

Hyacinthaceae Batsch ex Borkh. [MM-679] 风信子科 特征纪要:习性:草本;落叶。花程式:(K)6-,C3,A3-8,↓(G)2-3。物候:-。花期:7-8月,室内栽培冬季也可开花。果期:6-11月。果实:蒴果。种子:种皮作不规则的矩圆形。海拔:0米。生境:林缘,山坡,开阔坡地,草地,农地旁石缝。资源:园林花卉。栽培:中国有栽培。全球6个大洲分布及属种数(17-22/341-560 <IFR 4/25> hort. 1;cult. 5) 非洲:11-13/205-280(IFR 2/6);亚洲:7-8/128-177(IFR 4/17);大洋洲:2/24;欧洲:3/83-106(IFR 4/17);北美洲:2/27(IFR 2/2);南美洲:3/16-18。【中国属种数:2/9】。

Hyacinthella Schur 小风信子属 Hyacinthaceae [MM-679] 特征纪要:习性:草本。花程式:(K)3,C0参考科,A3-6,(G)3。其他特征参考科。全球5个大洲分布及种数(18-37)非洲:4;亚洲:32;大洋洲:2;欧洲:4;北美洲:4。

Hyacinthoides Heist. ex Fabr. 玉慵花属 Asparagaceae [MM-669] 特征纪要:习性:草本。花程式:(K)3,C0参考科,A3-6,G3-参考科。物候:-。海拔:-。生境:-。资源:具园艺种类。全球6个大洲分布及种数(13-32)非洲:7;亚洲:1;大洋洲:2;欧洲:4;北美洲:4;南美洲:1。【中国种数:1】。

Hyacinthus Tourn. ex L. 风信子属 Hyacinthaceae [MM-679] 特征纪要:习性:草本。花程式:-。物候:-。海拔:-。生境:-。资源:具栽培园艺种类。全球6个大洲分布及种数(5-279)非洲:107;亚洲:197;大洋洲:15;欧洲:53;北美洲:53;南美洲:13。【中国种数:1】。

Hyaenanche Lamb. 海角桐属 Picrodendraceae [MD-317] 特征纪要:习性:木本。花程式:K1(1000),C0,A6,↓G-参考科。其他特征参考科。全球2个大洲分布及种数(1-3)非洲:3;亚洲:2。

Hyalea Jaub. & Spach 琉苞菊属 Asteraceae [MD-586] 特征纪要:草本(基生),叶互生,落叶。花程式:(K)3-5,C3-5,A(-),G(-),子房下位。果实:瘦果。全球2个大洲分布及种数(1)亚洲:1;大洋洲:1。

Hyalocalyx Rolfe 琉萼花属 Passifloraceae [MD-151] 特征纪要:习性:木本。花程式:-。其他特征参考科。全球1个大洲分布及种数(1)◆非洲。

Hyalochlamys A. Gray 卵果鼠麴草属 Asteraceae [MD-586] 特征纪要:习性:草本。花程式:(K)3-5,(C)3-5,A3-5,=↓G2。其他特征参考科。全球1个大洲分布及种数(1)◆大洋洲(◆澳大利亚)。

Hyalocystis Hallier f. 埃塞旋花草属 Convolvulaceae [MD-499] 特征纪要:习性:草本。花程式:K5,C0,A5,=↓(G)2-5。其他特征参考科。全球4个大洲分布及种数(2-5)非洲:5;欧洲:3;北美洲:3;南美洲:3。

Hyalolaena Bunge 斑膜芹属 Apiaceae [MD-480] 特征纪要:习性:草本。花程式:-。物候:-。花期:5-6月。果期:参考晚于花期。海拔:50-5600米。生境:干旱半沙漠,草原,田野边缘,石质斜坡。资源:-。全球2个大洲分布及种数(11-83)亚洲:22;南美洲:63。【中国种数:2】。

Hyalolepidozia S. W. Arnell ex Grolle 智利指叶苔属 Lepidoziaceae [B-63] 特征纪要:习性:-。【Rep】:裂瓣披针形或指形。其他特征参考科。全球1个大洲分布及种数(1)◆南美洲(◆智利)。

Hyalophyllum Warnst. 石芽藓属 Pottiaceae [B-133] 特征纪要:-。分布:-。

Hyalopoa (Tzvelev) Tzvelev 拟沿沟草属 Poaceae [MM-748] 特征纪要:习性:草本。花程式:(K-),C0参考科,A3参考科,↓G-参考科。其他特征参考科。全球2个大洲分布及种数(6-10)亚洲:3;北美洲:1。

Hyalopodium Röser & Tkach 禾本科属 Poaceae [MM-748] 特征纪要:习性:-。花程式:K5,C3,A3-6,G1。其他特征参考科。全球1个大洲分布及种数(1)◆亚洲:1。

Hyaloseris Griseb. 琉菊木属 Asteraceae [MD -586] 特征纪要:习性:草本。花程式:(K)3 -5,(C)3 -5,A3 -5,↓ G2。其他特征参考科。全球5个大洲分布及种数(8 -23)非洲:4;亚洲:3;大洋洲:4;北美洲:1;南美洲:14。

Hyalosperma Steetz 丝叶蜡菊属 Asteraceae [MD -586] 特征纪要:习性:草本。花程式:(K)3 -5,(C)3 -5,A3 -5,=↓G2。其他特征参考科。全球2个大洲分布及种数(10 -21)大洋洲:15;南美洲:3。

Hybanthopsis Paula -Souza 藤鼠鞭堇属 Violaceae [MD -126] 特征纪要:习性:木本。花程式:K5,C5,A10,=(G)2 -3)。其他特征参考科。全球1个大洲分布及种数(1)◆南美洲(◆巴西)。

Hybanthus Jacq. 鼠鞭堇属 Violaceae [MD -126] 特征纪要:习性:木本。花程式:Kn,C2 -3 参考科,A10,G -。物候:-。花期:6 -7月。果期:参考晚于花期。海拔:500米。生境:河岸灌丛及海边沙地,自然山坡地。资源:具园艺种类。全球6个大洲分布及种数(93 -115;hort. 1;cult. 11)非洲:12 -20;亚洲:10 -17;大洋洲:17 -24;欧洲:6 -11;北美洲:34 -43;南美洲:50 -56。【中国种数:1】。

Hybochilus Schltr. 驼背兰属 Orchidaceae [MM -723] 特征纪要:习性:-。花程式:-。其他特征参考科。全球3个大洲分布及种数(6)亚洲:2;北美洲:1;南美洲:3。

Hybosema Harms 北美蝶花豆属 Fabaceae3 [MD -240] 特征纪要:习性:-。花程式:-。其他特征参考科。全球2个大洲分布及种数(6)北美洲:1;南美洲:4。

Hybridella Cass. 菊科属 Asteraceae [MD -586] 特征纪要:习性:-。花程式:-。其他特征参考科。全球2个大洲分布及种数(3)北美洲:3;南美洲:1。

Hydastilus R. A. Salisbury ex E. Bickn. = **Hydastylus**

Hydastylus Salisb. ex E. P. Bicknell 庭菖蒲属 Iridaceae [MM -700] 特征纪要:习性:-。花程式:-。其他特征参考科。全球1个大洲分布及种数(5)◆北美洲。

Hydatellaceae U. Hamann [MM -707] 独蕊草科 特征纪要:习性:草本;落叶。花程式:(K)6 -,C1,A,(G)1。物候:-。果实:瘦果。种子:-。海拔:-。生境:-。资源:-。栽培:-。全球1个大洲分布及属种数(3/7 -15 hort. 1)◆大洋洲:1 -2/ 4 -14。

Hydatica Necker ex S. F. Gray 虎耳草科属 Saxifragaceae [MD -231] 特征纪要:习性:-。花程式:-。其他特征参考科。全球2个大洲分布及种数(15)北美洲:1;南美洲:1。

Hydnocarpus Gaertn. 龙角属 Achariaceae [MD -159] 特征纪要:习性:木本。花程式:-。物候:-。花期:4 -5月。果期:参考晚于花期。海拔:200 -600米。生境:常绿阔叶林中。栽培:来自广西龙州。资源:具栽培园艺种类。全球6个大洲分布及种数(48 -127)非洲:6;亚洲:106;大洋洲:9;欧洲:10;北美洲:10;南美洲:8。【中国种数:8】。

Hydnophytum Jack 蚁茜属 Rubiaceae [MD -523] 特征纪要:习性:木本。花程式:(K)4 -5,(C)4 -5,A4 -5,=↓G2 -9。物候:-。花期:参考早于果期。果期:10月。海拔:5 -4800米。生境:矮林内。资源:-。全球4个大洲分布及种数(64 -141)非洲:60;亚洲:71;大洋洲:92;北美洲:3。【中国种数:1】。

Hydnora Thunb. 鞭寄生属 Hydnoraceae [MD -72] 特征纪要(同科)。全球3个大洲分布及种数(7 -37)非洲:26;亚洲:11;南美洲:3。

Hydnoraceae C. Agardh [MD -72] 菌花科 特征纪要:习性:草本;落叶。花程式:K3,C0,A3,=↓(G)3 -4。物候:-。果实:浆果。种子:-。海拔:-。生境:-。资源:-。栽培:-。全球3个大洲分布及属种数(3/13 -17 hort. 1;cult. 1) 非洲:2/6 -10;北美洲:1/3;南美洲:1/5。

Hydnostachyon Liebm. = **Spathiphyllum**

Hydrangea Gronov. ex L. 绣球属 Hydrangeaceae [MD -429] 特征纪要:习性:草质攀援。花程式:-。物候:-。花期:5 -6月。果期:参考晚于花期。海拔:1300 -2800米。生境:高山木中,栽培田地。资源:具栽培园艺种类。全球6个大洲分布及种数(84 -101;hort. 1;cult. 11)非洲:2 -17;亚洲:74 -94;大洋洲:2 -17;欧洲:6 -21;北美洲:30 -46;南美洲:16 -31。【中国种数:37】。

Hydrangeaceae Dum. [MD -429] 绣球科 特征纪要:习性:木本;落叶。花程式:K4 -5(-),C7 -10,A2,=↓(G) -。物候:-。花期:2 -4月。果期:4 -6月。果实:蒴果。种子:棕。海拔:0米。生境:常绿落叶阔叶混交林内林下沟边,中海拔山地林下阴湿处。资源:药用。栽培:中国有栽培。全球5个大洲分布及属种数(15 -17/128 -157 <IFR 2/3> hort. 1;cult. 7) 亚洲:8/100 -114(IFR 1/2);大洋洲:1/3;欧洲:1/6 -7;北美洲:9/47 -51(IFR 1/1);南美洲:1/2。【中国属种数:5/121】。

Hydrangia L. = **Hydrangea**

Hydrastidaceae Martinov [MD -41] 黄毛茛科 特征纪要:习性:草本;落叶。花程式:K∞,C∞,A3,G -。物候:-。果实:浆果。种子:-。海拔:-。生境:-。资源:-。栽培:-。全球1个大洲分布及属种数(2/3 hort. 1)◆北美洲:1/ 1 -3。

Hydrastis J. Ellis ex L. 黄根葵属 Hydrastidaceae [MD -41] 特征纪要(同科)。全球4个大洲分布及种数(1 -6)亚洲:3;欧洲:5;北美洲:5;南美洲:3。

Hydriastele H. Wendl. & Drude 水柱椰属 Arecaceae [MM -717] 特征纪要:习性:木本。花程式:K3 -10,C3 -10,A3 -10,=G3 -10。其他特征参考科。全球6个大洲分布及种数(50 -56)非洲:20 -23;亚洲:24 -27;大洋洲:28 -34;欧洲:1 -2;北美洲:8 -10;南美洲:4 -5。

Hydrilla Rich. 黑藻属 Hydrocharitaceae [MM -599] 特征纪要:习性:草本。花程式:-。物候:-。海拔:-。生境:池塘,自来水,淡水中。资源:药用。全球6个大洲分布及种数(3)非洲:1 -7;亚洲:1 -7;大洋洲:2 -8;欧洲:1－7;北美洲:1－7;南美洲:1－7。【中国种数:1】。

Hydrobryum Endl. 水石衣属 Podostemaceae［MD－322］特征纪要:习性:草本。花程式:－。物候:－。花期:8－10月。果期:参考晚于花期。海拔:900－1900米。生境:山脚溪流中石上。资源:具园艺种类。全球1个大洲分布及种数(24－25)◆亚洲。【中国种数:3】。

Hydrocera Bl. ex Wight & Arn. 水角属 Balsaminaceae［MD－434］特征纪要:习性:草本(水生,多肉)。花程式:－。物候:－。海拔:100米。生境:湖边,沼泽湿地或水稻田中。资源:具园艺种类。全球4个大洲分布及种数(1－8)非洲:2; 亚洲:3; 北美洲:2; 南美洲:5。【中国种数:1】。

Hydroceras Hook. f. & Thomson ＝ **Hydrocera**

Hydrocharis L. 水鳖属 Hydrocharitaceae［MM－599］特征纪要:习性:草本(基生,多肉)。花程式:－。物候:－。海拔:300－2400米。生境:静水池沼中。资源:药用,具栽培园艺种类。全球6个大洲分布及种数(6)非洲:3－4;亚洲:3－5;大洋洲:2－3;欧洲:2－3;北美洲:4－5;南美洲:1－2。【中国种数:2】。

Hydrocharitaceae Juss.［MM－599］水鳖科 特征纪要:习性:草本;落叶。花程式:↙K4－5(－),C5,A3,↓(G)－。物候:－。花期和果期: 5－9月。果实:果实肉质。种子:种皮纵条纹,着生于侧膜胎座上。海拔:0米。生境:池塘,河流及湖泊中,水深1.5米沉水。资源:药用。栽培:中国有栽培。全球6个大洲分布及属种数(19－21/115－144 <IFR 4/7> hort. 1;cult. 4) 非洲:11/51－54(IFR 3/4); 亚洲:11－12/41－46(IFR 4/5); 大洋洲:9/27(IFR 1/1); 欧洲:9/26－27(IFR 2/3); 北美洲:7/25; 南美洲:9/19。【中国属种数:10/40】。

Hydrochorea Barneby & J. W. Grimes 巴西蝶花豆属 Fabaceae3［MD－240］特征纪要:习性:木本。花程式:K1－∞,C1－∞,A5－9,＝↓G1。其他特征参考科。全球4个大洲分布及种数(6－14)非洲:3; 亚洲:2; 北美洲:3; 南美洲:12。

Hydrocleis Rchb. ＝ **Hydrocleys**

Hydrocleys Rich. 水金英属 Alismataceae［MM－597］特征纪要:习性:草本。花程式:－。物候:－。海拔:－。生境:－。资源:具栽培园艺种类。全球6个大洲分布及种数(5－15)非洲:2; 亚洲:3; 大洋洲:5; 欧洲:9; 北美洲:9; 南美洲:15。【中国种数:1】。

Hydrocotile Crantz ＝ **Hydrocotyle**

Hydrocotylaceae Bercht. & J. Presl［MD－479］天胡荽科 特征纪要:习性:草本;落叶。花程式:K5,C5,A5,↓(G)－。物候:－。花期:10月至次年1月。果期12月至次年2月。果实:－。种子:－。海拔:1000－2000米。生境:草原,森林。栽培:来自广西龙州。资源:药用。栽培:－。全球6个大洲分布及属种数(1－2/1－2 <IFR 1/7> hort. 1;cult. 1) 非洲:IFR 1/1; 亚洲:IFR 1/4; 北美:IFR 1/2。

Hydrocotyle Tourn. ex L. 天胡荽属 Hydrocotylaceae［MD－479］特征纪要(同科)。全球6个大洲分布及种数(185－231;hort. 1;cult. 6)非洲:29－49;亚洲:41－66;大洋洲:66－99;欧洲:10－27;北美洲:20－41;南美洲:94－122。【中国种数:26】。

Hydrocryphaea Dixon 湿隐藓属 Neckeraceae［B－204］特征纪要:习性:－。【Rep】:孢子体不详,黄绿色或黄褐色。物候:－。海拔:－。生境:常见于岩石或树干。资源:－。全球1个大洲分布及种数(1)◆亚洲:1。【中国种数:1】。

Hydrodyssodia B. L. Turner ＝ **Hydropectis**

Hydrogaster Kuhlm. 胃液椴属 Malvaceae［MD－203］特征纪要:习性:木本。花程式:K1－∞,C1－∞,A5,＝(G)2－100。其他特征参考科。全球1个大洲分布及种数(1)◆南美洲。

Hydroglossum Willd. ＝ **Lygodium**

Hydrogonium (Müll. Hal.) A. Jaeger 钝叶石灰藓属 Pottiaceae［B－133］特征纪要:习性:－。【Rep】:雌雄异株,雌苞叶与叶几同形,蒴齿左旋或直立,蒴盖具长尖直喙,常具多样的无性芽胞。物候:－。海拔:－。生境:常见于高山岩石上。栽培:来自广西龙州。资源:具栽培园艺种类。全球6个大洲分布及种数(291)非洲:47;亚洲:76;大洋洲:43;欧洲:36;北美洲:72;南美洲:106。【中国种数:19】。

Hydroidea P. O. Karis 疏毛鼠麹木属 Asteraceae［MD－586］特征纪要:习性:草本。花程式:(K)3－5,(C)3－5,A3－5,↓G。其他特征参考科。全球1个大洲分布及种数(1)◆非洲。

Hydrolaea Dumort. ＝ **Hydrolea**

Hydrolea L. 田基麻属 Hydroleaceae［MD－514］特征纪要:习性:草本,亚灌木。花程式:－。物候:－。海拔:900－1000米。生境:沼泽或被淹土壤,田野润湿处,池沼边,稻田内或水沟边疏林下。资源:具园艺种类。全球6个大洲分布及种数(14－24;hort. 1;cult. 2)非洲:6－12;亚洲:3－6;大洋洲:2－5;欧洲:3;北美洲:9－15;南美洲:7－10。【中国种数:2】。

Hydroleaceae R. Br.［MD－514］田基麻科 特征纪要:习性:木本;落叶。花程式:K4－5(－),C0,A,↓(G)2。物候:－。花期:－。果期:－。果实:蒴果。种子:－。海拔:1000米。生境:沼泽或被淹土壤,田野润湿处,池沼边,稻田内或水沟边疏林下。资源:药用。栽培:－。全球6个大洲分布及属种数(2/15－25 <IFR 1/2> hort. 1;cult. 1) 非洲:2/8－11; 亚洲:2/4; 大洋洲:2/4; 北美洲:2/11－14(IFR 1/1); 南美洲:2/9(IFR 1/1)。【中国属种数:1/2】。

Hydrolia Thou. ＝ **Hydrolea**

Hydropectis Rydb. 水梳齿菊属 Asteraceae［MD－586］特征纪要:习性:草本。花程式:(K)3－5,(C)3－5,A3－5,＝↓G2。其他特征参考科。全球1个大洲分布及种数(3)◆北美洲(◆墨西哥)。

Hydropeltidaceae (Bl.) DC. [MD – 25] 盾叶莲科 特征纪要:习性:草本;落叶。花程式:K4 – 5(–),C5,A12,G – 。物候: – 。果实:坚果。种子:卵形. 海拔: – 。生境: – 。资源: – 。栽培: – 。全球 1 个大洲分布及属种数(–)。

Hydropeltis Michx. 北美莼菜属 Hydropeltidaceae [MD – 25] 特征纪要及分布(–)。

Hydrophilus H. P. Linder 溪灯草属 Restionaceae [MM – 744] 特征纪要:习性:草本。花程式:(K)3,C3,A1 – 2,↓G – 参考科。物候: – 。海拔: – 。生境: – 。资源:具园艺种类。全球 4 个大洲分布及种数(1 – 26)非洲:2; 亚洲:5; 大洋洲:2; 南美洲:21。

Hydrophylax L. f. 水茜属 Rubiaceae [MD – 523] 特征纪要:习性:木本。花程式:(K –),(C)4,A3 参考科,↓G。其他特征参考科。全球 4 个大洲分布及种数(1 – 13)非洲:12; 亚洲:4; 北美洲:2; 南美洲:8。

Hydrophyllaceae R. Br. [MD – 513] 水叶草科 特征纪要:习性:木本,草本;落叶。花程式:K4 – 5(–),C4 – 5 – ,A5,↑G – 。物候: – 。果实: – 。种子:与胚珠同数或较少,胚小。海拔:900 – 1000 米。生境:稻田,塘缘,溪边,明林,沼泽或被淹土壤。资源: – 。栽培: – 。全球 6 个大洲分布及属种数(7 – 8/228 – 296 <IFR 1/34> hort. 1;cult. 3) 非洲:1/1; 亚洲:1/9; 大洋洲:1/5; 欧洲:1/15; 北美洲:6/231 – 288(IFR 1/31); 南美洲:1/21 – 23(IFR 1/3)。

Hydrophyllum L. 水叶草属 Hydrophyllaceae [MD – 513] 特征纪要(同科)。全球 4 个大洲分布及种数(13 – 36)亚洲:7; 欧洲:21; 北美洲:21; 南美洲:3。【中国种数:4】。

Hydrophytum not_stated = **Artemisia**

Hydropiper (Endl.) Fourr. 沟繁缕属 Elatinaceae [MD – 129] 特征纪要:习性: – 。花程式: – 。其他特征参考科。全球 1 个大洲分布及种数(1)◆非洲。

Hydropityon C. F. Gaertn. = **Limnophila**

Hydropityum Steud. = **Mimulus**

Hydropoa (Dumort.) Dumort. = **Glyceria**

Hydropogon Brid. 淋锦藓属 Sematophyllaceae [B – 192] 特征纪要:习性: – 。【Rep】:雌雄同株或雌雄异株,稀雌雄杂株,蒴柄细长,下部平滑,上部具乳头突起,孢蒴小,垂倾或悬垂,长卵形或长圆,多暗色、绿色至金黄色。其他特征参考科。全球 2 个大洲分布及种数(3)北美洲:2; 南美洲:2。

Hydropogonella Cardot ex Le Jolis 水锦藓属 Sematophyllaceae [B – 192] 特征纪要:习性: – 。【Rep】:雌雄同株或雌雄异株,稀雌雄杂株,蒴柄细长,下部平滑,上部具乳头突起,孢蒴小,垂倾或悬垂,长卵形或长圆,多暗色、绿色至金黄色。其他特征参考科。全球 1 个大洲分布及种数(1)◆南美洲。

Hydropunctaria <unassigned> 欧洲叶紫草属 Boraginaceae [MD – 517] 特征纪要: – 。全球 1 个大洲分布及种数(1)◆欧洲:1。

Hydropyrum Link = **Zizania**

Hydroschoenus Zoll. & Mor. = **Cyperus**

Hydrosme Schott = **Amorphophallus**

Hydrostachyaceae Engl. [MD – 474] 水穗草科 特征纪要:习性:草本;落叶。花程式:K1,C0,A12,↑(G)2。物候: – 。果实:蒴果。种子: – 。海拔: – 。生境: – 。资源: – 。栽培: – 。全球 1 个大洲分布及属种数(2/21 – 27 <IFR 1/3> hort. 1,cult. 1) ◆非洲:1/ 1。

Hydrostachys Thou. 水穗草属 Hydrostachyaceae [MD – 474] 特征纪要(同科)。全球 1 个大洲分布及种数(–)。

Hydrotaenia Lindl. = **Tigridia**

Hydrothauma C. E. Hubb. 水奇草属 Poaceae [MM – 748] 特征纪要:习性:草本。花程式:(K)3,C0 参考科,A1 – 2,=(G)2 – 3。其他特征参考科。全球 1 个大洲分布及种数(1)◆非洲。

Hydrothrix Hook. f. 花问荆属 Pontederiaceae [MM – 711] 特征纪要:习性: – 。花程式: – 。其他特征参考科。全球 1 个大洲分布及种数(1)◆南美洲。

Hydrotriche Zucc. 水玄参属 Plantaginaceae [MD – 527] 特征纪要:习性:草本(水生)。花程式:K2 – 4,C0,A2 – 4,=G2 – 3。其他特征参考科。全球 2 个大洲分布及种数(4 – 7)非洲:6; 南美洲:1。

Hydrotrophus C. B. Clarke = **Blyxa**

Hygroamblystegium Löske 湿柳藓属 Amblystegiaceae [B – 178] 特征纪要:习性: – 。【Rep】:雌雄同株。物候: – 。海拔: – 。生境:常见于腐木生,沼泽土生。资源: – 。全球 6 个大洲分布及种数(19)非洲:8;亚洲:7;大洋洲:3;欧洲:5;北美洲:7;南美洲:12。【中国种数:7】。

Hygrobiella Spruce 长胞苔属 Cephaloziaceae [B – 52] 特征纪要:习性: – 。【Rep】:雌苞生于茎腹面短枝上,蒴萼长筒形,口部有长刺,雄苞生于茎腹面,雄苞叶多对,呈穗状,老时呈黄褐色。物候: – 。海拔: – 。生境:常见于湿地,江边山坡。资源: – 。全球 4 个大洲分布及种数(cf. 1)亚洲;欧洲;北美洲;南美洲。

Hygrobiellaceae Konstant. & Vilnet 长胞苔科 Cephaloziaceae [B – 52]。

Hygrochilus Pfitzer 湿唇兰属 Orchidaceae [MM – 723] 特征纪要:习性: – 。花程式: – 。物候: – 。花期:6 – 7 月。果期:参考晚于花期。海拔:700 – 1300 米。生境:蕊柱基部,蕊柱粗短,粘盘大,马鞍形,山地疏林中大树干上。资源: – 。全球 2 个大洲分布及种数(5)亚洲:5; 南美洲:2。

Hygrochloa Lazarides 北澳水禾属 Poaceae [MM – 748] 特征纪要:习性:草本。花程式:(K)3,C0 参考科,A1 – 2,=(G)2 – 3。其他特征参考科。全球 2 个大洲分布及种数(2 – 5)大洋洲:5; 南美洲:3。

Hygrodicranum Cardot 水曲尾藓属 Dicranaceae［B－128］特征纪要:习性:－。【Rep】:雌苞叶分化,基部鞘状,有毛尖,蒴柄长,均高出于雌苞叶,孢蒴直立或背曲,长圆柱形或长椭圆形,辐射对称,雌雄异株,雄株矮小,附于假根上成假雌雄同株,雌苞叶形大,高鞘状,上部具细毛尖,与孢蒴等长或长于孢蒴。其他特征参考科。全球 2 个大洲分布及种数(5)亚洲:2; 南美洲:5。

Hygrohypnella Ignatov & Ignatova 水蝎尾藓属 Scorpidiaceae［B－180］特征纪要:习性:－。【Rep】:雌雄同株,雌苞叶长披针。其他特征参考科。全球 3 个大洲分布及种数(3)亚洲:1;欧洲:2;北美洲:2。【中国种数:1】。

Hygrohypnum Lindb. 水灰藓属 Amblystegiaceae［B－178］特征纪要:习性:－。【Rep】:雌雄同株。物候:－。海拔:900 米。生境:土生。资源:－。全球 6 个大洲分布及种数(33)非洲:2;亚洲:17;大洋洲:1;欧洲:15;北美洲:20;南美洲:8。【中国种数:18】。

Hygrolejeunea (Spruce) Schiffn. 细鳞苔属 Lejeuneaceae［B－84］特征纪要:习性:－。【Rep】:雌苞顶生于主枝,蒴萼具 3 个脊,并常附 1－7 个小脊,脊部具冠状突起,一般稀疏生长。物候:－。海拔:－。生境:山坡,针阔混交林中。资源:－。全球 6 个大洲分布及种数(53)非洲:13; 亚洲:13; 大洋洲:10; 欧洲:2; 北美洲:2; 南美洲:13。【中国种数:2】。

Hygrolembidium R. M. Schust. 水指叶苔属 Lepidoziaceae［B－63］特征纪要:习性:－。【Rep】:裂瓣披针形或指形。物候:－。海拔:－。生境:常见于高山林下腐殖质,土生。资源:－。全球 3 个大洲分布及种数(9)非洲:3;亚洲:3;大洋洲:4。

Hygrophila R. Br. 水蓑衣属 Acanthaceae［MD－572］特征纪要和分布(－)。全球 1 个大洲分布及种数(18－31)◆亚洲。【中国种数:11】。

Hygroryza Nees 水禾属 Poaceae［MM－748］特征纪要:习性:草本(生)。花程式:(K－),C0 参考科,A4,↓G－参考科。物候:－。海拔:10－5600 米。生境:池塘湖沼和小溪流中,通常在树荫下。资源:具园艺种类。全球 3 个大洲分布及种数(1－3)非洲:2; 亚洲:2; 北美洲:3。【中国种数:1】。

Hylaea J. F. Morales 桐竹桃属 Apocynaceae［MD－492］特征纪要:习性:木本。花程式:K5－∞,C0,A15,=↓(G)2－5。其他特征参考科。全球 3 个大洲分布及种数(2－57)亚洲:5; 北美洲:2; 南美洲:53。

Hylaeaicum <unassigned> 凤梨科属 Bromeliaceae［MM－715］特征纪要:习性:－。花程式:－。其他特征参考科。全球 1 个大洲分布及种数(－)◆南美洲。

Hylaeanthe A. M. E. Jonker & Jonker 干鞘竹芋属 Marantaceae［MM－740］特征纪要:习性:草本。花程式:(K)3,C3,A3－4,=↓(G)3。其他特征参考科。全球 3 个大洲分布及种数(4－6)非洲:2; 北美洲:4; 南美洲:6。

Hylaeorchis Carnevali & G. A. Romero－Gonzalez 非兰属 Orchidaceae［MM－723］特征纪要:习性:－。花程式:－。其他特征参考科。全球 2 个大洲分布及种数(2)北美洲:1;南美洲:1。

Hylandia Airy－Shaw 绒瓣桐属 Euphorbiaceae［MD－217］特征纪要:习性:木本。花程式:K1(1000),C0,A6,=(G)2－3。其他特征参考科。全球 1 个大洲分布及种数(1)◆大洋洲。

Hylandra á. Löve = **Arabidopsis**

Hylebates Chippind. 林倾草属 Poaceae［MM－748］特征纪要:习性:草本。花程式:(K)3,C0 参考科,A1－2,=(G)2－3。其他特征参考科。全球 3 个大洲分布及种数(2－7)非洲:3; 亚洲:4; 南美洲:2。

Hylenaea Miers 翅籽卫矛属 Celastraceae［MD－339］特征纪要:习性:木本。花程式:K2－3,C2－3,A10,=(G)2－5。其他特征参考科。全球 4 个大洲分布及种数(3－16)非洲:2; 亚洲:4; 北美洲:4; 南美洲:13。

Hylocarpa Cuatrec. 香梭木属 Humiriaceae［MD－348］特征纪要:习性:木本。花程式:－。其他特征参考科。全球 1 个大洲分布及种数(1)◆南美洲(◆巴西)。

Hylocereus (A. Berger) Britton & Rose 量天尺属 Cactaceae［MD－100］特征纪要:习性:－。花程式:－。物候:－。海拔:300 米。生境:野生疏林中。资源:食用,观赏,具栽培园艺种类。全球 5 个大洲分布及种数(43)亚洲:9; 大洋洲:4; 欧洲:32; 北美洲:32; 南美洲:29。

Hylocomiaceae M. Fleisch.［B－193］塔藓科 特征纪要(参考 Delavayellaceae):柔弱,黄绿色至褐绿色,略具光泽,稀疏丛集生长。全球 5 个大洲分布和属种数(14/49)亚洲:13/37;大洋洲:5/8;欧洲:7/13;北美洲:10/18;南美洲:6/10。【中国属种数:12/67(1)】。

Hylocomiadelphus Ochyra & Stebel 欧洲塔藓属 Hylocomiaceae［B－193］特征纪要:习性:－。【Rep】:雌雄异株,内雌苞叶基部呈鞘状,向上渐尖,蒴柄细长,直立,长而细,蒴齿两层,内齿层具高基膜和透明并与外齿层等高的齿条,环带不分化,蒴盖具短喙。其他特征参考科。全球 3 个大洲分布及种数(2)亚洲:2; 欧洲:2; 北美洲:2。

Hylocomiastrum M. Fleisch. ex Broth. 星塔藓属 Hylocomiaceae［B－193］特征纪要:习性:－。【Rep】:雌雄异株,内雌苞叶基部呈鞘状,向上渐尖,蒴柄细长,蒴柄直立,长而细,蒴齿两层,内齿层具高基膜和透明并与外齿层等高的齿条,环带不分化,蒴盖具短喙。物候:－。海拔:－。生境:土生,岩面土生。资源:－。全球 3 个大洲分布及种数(3)亚洲:3;欧洲:2;北美洲:2。【中国种数:4】。

Hylocomiopsis Cardot 拟塔藓属 Thuidiaceae［B－184］特征纪要:习性:－。【Rep】:雌苞叶具细长尖,有时叶边具纤毛,蒴柄细长,平滑,稀具密疣,孢蒴卵状圆柱形,倾立至平列,蒴齿两层,黄棕,内雌苞叶椭圆状披针形,上部具长纤毛,蒴柄平滑,孢蒴圆柱形,平列,内齿层基膜高达 1/2,齿毛 2－3。物候:－。海拔:－。生境:常见于湿润林地或阴湿岩石。资源:－。全球 2 个大洲分布及种数(3)非洲:2;亚洲:1。【中国种数:1】。

Hylocomium Schimp. 塔藓属 Hylocomiaceae［B－193］特征纪要:习性:－。【Rep】:雌雄异株,内雌苞叶基部呈鞘状,向上渐尖,蒴柄细长,蒴柄直立,长而细,蒴齿两层,内齿层具高基膜和透明并与外齿层等高的齿条,环带不

H

分化，蒴盖具短喙。物候：-。海拔：900 米。生境：岩面土生。资源：-。全球 6 个大洲分布及种数(10)非洲：1；亚洲：8；大洋洲：1；欧洲：3；北美洲：2；南美洲：2。【中国种数：12】。

Hylodendron Taub. 刺芸豆属 Fabaceae1［MD-240］特征纪要：习性：木本。花程式：K3-5-∞，C3-5-∞，A3-5，=↓G1-2。其他特征参考科。全球 1 个大洲分布及种数(1)◆非洲。

Hylodesmum H. Ohashi & R. R. Mill. 长柄山蚂蝗属 Fabaceae3［MD-240］特征纪要：习性：木本。花程式：K1-∞，C1-∞，A5-9，=↓G(-)。物候：-。海拔：100-1700 米。生境：阔叶林园。栽培：来自广西龙州。资源：具栽培园艺种类。全球 6 个大洲分布及种数(15-16；hort. 1；cult. 2)非洲：3-5；亚洲：14-17；大洋洲：3-5；欧洲：2；北美洲：4-6；南美洲：2。【中国种数：10】。

Hylogyne Knight = **Telopea**

Hylomecon Maxim. 荷青花属 Papaveraceae［MD-54］特征纪要：习性：草本(基生，多肉)。花程式：-。物候：-。花期：4-7 月。果期：参考晚于花期。海拔：300-2400 米。生境：林下，林缘或沟边，竹林下湿处。资源：药用，具栽培园艺种类。全球 3 个大洲分布及种数(2-17)亚洲：13；欧洲：2；北美洲：2。【中国种数：2】。

Hylomyza Danser 寄生藤属 Santalaceae［MD-412］特征纪要：习性：-。花程式：-。其他特征参考科。全球 1 个大洲分布及种数(-)。

Hylophila Lindl. 袋唇兰属 Orchidaceae［MM-723］特征纪要：习性：草本。花程式：Kn，C2-3 参考科，A3 参考科，=↓G3。物候：-。花期：7 月。果期：参考晚于花期。海拔：100-400 米。生境：林下阴湿处。资源：-。全球 3 个大洲分布及种数(3-8)非洲：1；亚洲：2-6；大洋洲：2。【中国种数：1】。

Hylotelephium H. Ohba 八宝属 Crassulaceae［MD-229］特征纪要：习性：草质攀援。花程式：-。物候：-。花期：8 月。果期：参考晚于花期。海拔：1000-3000 米。生境：处山地石缝中。栽培：来自广西龙州。资源：药用，具栽培园艺种类。全球 6 个大洲分布及种数(32-37；hort. 1；cult. 3)非洲：2；亚洲：30-32；大洋洲：2；欧洲：8-10；北美洲：8-10；南美洲：2。【中国种数：15】。

Hymenachne P. Beauv. 膜稃草属 Poaceae［MM-748］特征纪要：习性：草本(基生，水生)。花程式：-。物候：-。花期：夏天-秋天。果期：参考晚于花期。海拔：1000 米。生境：池塘中近岸，茎在水中。资源：药用。全球 6 个大洲分布及种数(11-14)非洲：3-9；亚洲：7-13；大洋洲：2-7；欧洲：1-6；北美洲：3-8；南美洲：5-11。【中国种数：5】。

Hymenaea L. 孪叶豆属 Fabaceae1［MD-238］特征纪要：习性：木本。花程式：-。物候：-。花期：8-10 月。果期：参考晚于花期。海拔：100-1500 米。生境：-。栽培：-。资源：具栽培园艺种类。全球 6 个大洲分布及种数(20-29；hort. 1)非洲：1-4；亚洲：4-7；大洋洲：3；欧洲：1-4；北美洲：2-6；南美洲：17-28。【中国种数：3】。

Hymenandra A. DC. ex Spach 管药金牛属 Primulaceae［MD-401］特征纪要：习性：草本。花程式：(K)3-4，(C)3-4，A4，=(G)3-5。其他特征参考科。全球 4 个大洲分布及种数(17-24)亚洲：23；大洋洲：2；北美洲：8；南美洲：7。【中国种数：1】。

Hymenanthes Bl. 常绿杜鹃属 Ericaceae［MD-380］特征纪要：习性：-。花程式：-。其他特征参考科。全球 1 个大洲分布及种数(-)。

H

Hymenasplenium Hayata = **Asplenium**。【中国种数：5】。

Hymenelia <unassigned> 菊科属 Asteraceae［MD-586］特征纪要和分布(-)。

Hymeneria (Lindl.) M. A. Clem. & D. L. Jones 毛兰属 Orchidaceae［MM-723］特征纪要：习性：-。花程式：-。其他特征参考科。全球 1 个大洲分布及种数(1) 亚洲；大洋洲。

Hymenesthes Miers = **Cordia**

Hymenia Griff. = **Hymenaea**

Hymenidium Lindl. 棱子芹属 Apiaceae［MD-480］特征纪要：习性：草本。花程式：-。物候：-。海拔：3700-4700 米。生境：乱石堆中。资源：-。全球 1 个大洲分布及种数(30-40)◆亚洲。【中国种数：15】。

Hymenocallis Salisb. 水鬼蕉属 Amaryllidaceae［MM-694］特征纪要：习性：草本(多肉)。花程式：(K-)，C2-3 参考科，A4，↓G-。物候：-。花期：夏末秋初。果期：参考晚于花期。海拔：100-4800 米。生境：草地，山坡，灌丛中或松林下。资源：具栽培园艺种类。全球 6 个大洲分布及种数(63-202)非洲：27；亚洲：53；大洋洲：22；欧洲：140；北美洲：140；南美洲：163。【中国种数：3】。

Hymenocardia Wall. ex Lindl. 心翼茶属 Phyllanthaceae［MD-222］特征纪要：习性：木本。花程式：-。其他特征参考科。全球 4 个大洲分布及种数(7-43)非洲：23；亚洲：8；大洋洲：13；北美洲：2。【中国种数：1】。

Hymenocarpos G. Savi 膜心豆属 Fabaceae3［MD-240］特征纪要：习性：-。花程式：-。其他特征参考科。全球 5 个大洲分布及种数(24)非洲：6；亚洲：7；欧洲：4；北美洲：4；南美洲：14。

Hymenocephalus Jaub. & Spach 矮小矢车菊属 Asteraceae［MD-586］特征纪要：习性：-。花程式：-。其他特征参考科。全球 2 个大洲分布及种数(1-7)亚洲：1；南美洲：1。

Hymenochlaena Bremek. 爵床科属 Acanthaceae［MD-572］特征纪要：习性：-。花程式：-。物候：-。花期：几乎全年。果期：参考晚于花期。海拔：50-3600 米。生境：滨海地带，为红树林重要组成之一，竹林中。资源：-。全球 1 个大洲分布及种数(-)。

Hymenocnemis Hook. f. = **Gaertnera**

Hymenocoleus Robbr. 膜鞘茜属 Rubiaceae［MD-523］特征纪要：习性：木本。花程式：(K)4-5，(C)4-5，A4-5，=↓(G)2-9。其他特征参考科。全球 2 个大洲分布及种数(15-23)非洲：23；南美洲：2。

Hymenocrater Fisch. & C. A. Mey. 膜杯草属 Lamiaceae［MD－575］特征纪要:习性:草本。花程式:K2,C0,A2,＝(G)2。其他特征参考科。全球1个大洲分布及种数(3－12)◆亚洲。

Hymenocystis C. A. Mey. ＝ **Woodsia**

Hymenodictyon Wall. 土连翘属 Rubiaceae［MD－523］特征纪要:习性:木本。花程式:(K－),(C)5参考科,A5,↓G2。物候:－。花期:5－7月。果期:参考晚于花期。海拔:300－3000米。生境:林中或灌丛中,杂林中。资源:药用。全球6个大洲分布及种数(16－26;hort. 1)非洲:12－21;亚洲:4－7;大洋洲:1－2;欧洲:1;北美洲:1;南美洲:1－2。【中国种数:3】。

Hymenodon Hook. f. & Wilson 皮桧藓属 Orthodontiaceae［B－152］特征纪要:习性:－。【Rep】:(－)。其他特征参考科。全球4个大洲分布及种数(8)亚洲:3;大洋洲:6;北美洲:2;南美洲:1。

Hymenodontopsis Herzog 膜桧藓属 Rhizogoniaceae［B－154］特征纪要:习性:－。【Rep】:雌雄异株,稀同株,雄苞芽胞形,有线形配丝,或盘形而有棒槌形配丝,雌苞叶异形,蒴柄高出,孢蒴下垂。其他特征参考科。全球5个大洲分布及种数(4)非洲:1;亚洲:1;大洋洲:3;北美洲:1;南美洲:1。

Hymenoglossum C. Presl ＝ **Hymenophyllum**

Hymenogyne Haw. 风唱花属 Aizoaceae［MD－94］特征纪要:习性:草本。花程式:K3－4,C3－4,A5参考科,＝↓G－。其他特征参考科。全球1个大洲分布及种数(2)◆非洲。

Hymenolepis Cass. 永菊属 Asteraceae［MD－586］特征纪要:习性:－。花程式:－。其他特征参考科。全球4个大洲分布及种数(3)非洲:2;亚洲:2;大洋洲:1;欧洲:3。

Hymenolobium Benth. 膜荚豆属 Fabaceae3［MD－240］特征纪要:习性:木本。花程式:K1－∞,C1－∞,A5－9,＝↓G1。其他特征参考科。全球4个大洲分布及种数(15－30)非洲:1; 欧洲:2; 北美洲:2; 南美洲:29。

Hymenoloma Dusén 微叶藓属 Drummondiaceae［B－111］特征纪要:习性:－。【Rep】:雌雄同株,稀异株,雌苞叶高鞘状,蒴柄直立,常3－4个丛生,孢蒴短圆柱形,对称,平滑,干燥时无褶,蒴齿,蒴柄黄色或油绿色,孢蒴卵圆形,干燥时具纵长条纹,蒴齿齿片有纵条纹,有穿孔或不规则开裂,孢子黑褐色。其他特征参考科。全球6个大洲分布及种数(14)非洲:7;亚洲:5;大洋洲:1;欧洲:3;北美洲:4;南美洲:7。【中国种数:1】。

Hymenolomopsis Thér. 古巴细叶藓属 Seligeriaceae［B－113］特征纪要:习性:－。【Rep】:雌雄多异株,蒴柄高出于雌苞叶,直立或弯曲,孢蒴多平滑,干燥时不收缩,短柱形或梨形,有时基部呈短台状。其他特征参考科。全球3个大洲分布及种数(6)亚洲:2; 北美洲:4; 南美洲:4。

Hymenolopsis Thér. ex E. B. Bartram ＝ **Hymenolomopsis**

Hymenolyma Korovin 膜片芹属 Apiaceae［MD－480］特征纪要:习性:－。花程式:－。物候:－。花期:5月。果期:参考晚于花期。海拔:50－5600米。生境:半荒漠中和砾石质山坡上,低山山坡上。资源:－。全球2个大洲分布及种数(2)亚洲:2;大洋洲:2。

Hymenolytrum Schröd. ex Nees ＝ **Scleria**

Hymenonema Cass. 缘膜苣属 Asteraceae［MD－586］特征纪要:习性:草本。花程式:(K)3－5,(C)3－5,A3－5,＝↓G2。其他特征参考科。全球4个大洲分布及种数(2－16)亚洲:2; 大洋洲:8; 欧洲:2; 北美洲:2。

Hymenopappus L'Hér. 膜冠菊属 Asteraceae［MD－586］特征纪要:习性:草本。花程式:(K)3－5,(C)3－5,A3－5,＝↓G2。其他特征参考科。全球5个大洲分布及种数(28－99)亚洲:4; 大洋洲:1; 欧洲:44; 北美洲:44; 南美洲:6。【中国种数:1】。

Hymenophyllaceae Mart.［F－21］膜蕨科 特征纪要:叶状体多暗绿色,有时呈黄绿色,常呈大片状生长,阔度可达5毫米以上。【Rep】:雌雄苞着生短侧枝上,假蒴萼缺失,蒴被(Calyptra)形大,圆柱形或棒状形,肉质,尖部多具疣。全球6个大洲分布和属种数(13－15;hort. & cult. 3)(652－1230;hort. & cult. 16－25)非洲:7－13/102－217;亚洲:8－13/388－532;大洋洲:8－14/138－266;欧洲:2－13/8－116;北美洲:8－13/119－246;南美洲:8－13/183－298。【中国属种数:2/133】。

Hymenophyllopsis K. I. Göbel 膜叶桫椤属 Hymenophyllaceae［F－21］特征纪要:习性:－。【Rep】:孢子同形,囊群生叶缘之外(有托)。其他特征参考科。全球2个大洲分布及种数(10)亚洲:3; 南美洲:10。

Hymenophyllum Sm. 膜蕨属 Hymenophyllaceae［F－21］特征纪要:习性:－。【Rep】:孢子囊大,无柄。物候:－。海拔:1800米。生境:生于冷杉树干上,针阔混交林,附生石壁上。资源:药用。全球6个大洲分布及种数(330－414;hort. 1;cult. 16)非洲:72－93;亚洲:143－180;大洋洲:90－126;欧洲:7－23;北美洲:80－100;南美洲:135－157。【中国种数:59】。

Hymenophytaceae R. M. Schust.［B－31］膜片苔科 特征纪要:常密集丛生,形成纯群落。【Rep】:雌雄同株或异株,雌苞顶生,有小形苞叶及线形配丝,孢蒴多倾立,凸背而斜口,近于球形,台部不发达。全球2个大洲分布及属种数(1/1)亚洲:1; 大洋洲:1。

Hymenophyton Dum. 膜片苔属 Hymenophytaceae［B－31］特征纪要(同科)。全球2个大洲分布及种数(4)亚洲:2; 大洋洲:3。

Hymenopogon Wall. ＝ **Diphyscium**

Hymenopogum P. Beauv. ＝ **Diphyscium**

Hymenopus (Benth.) Sothers & Prance ＝ **Hymenoxys**

Hymenopyramis Wall. ex Griff. 膜萼藤属 Lamiaceae［MD－575］特征纪要:习性:木本。花程式:－。物候:－。海拔:100－500米。生境:山坡。资源:－。全球1个大洲分布及种数(1－7)◆亚洲。【中国种数:4】。

H

Hymenorchis Schltr. 僧兰属 Orchidaceae［MM－723］特征纪要:习性:草本。花程式:(K－),C2－3 参考科,A3 参考科,↓G－。其他特征参考科。全球 3 个大洲分布及种数(14－15)非洲:8; 亚洲:4; 大洋洲:9。

Hymenorebutia Frič ＝ **Echinopsis**

Hymenosporum R. Br. ex F. Müll 香荫树属 Pittosporaceae［MD－448］特征纪要:习性:木本。花程式:K5,C5,A2,G－。其他特征参考科。全球 5 个大洲分布及种数(1－3)非洲:2; 亚洲:2; 大洋洲:3; 北美洲:2; 南美洲:2。【中国种数:1】。

Hymenostachys Bory ＝ **Trichomanes**

Hymenostegia Harms 膜苞豆属 Fabaceae1［MD－240］特征纪要:习性:木本。花程式:K3－5－∞,C3－5－∞,A3－5,＝↓G1－2。其他特征参考科。全球 4 个大洲分布及种数(14－41)非洲:40; 大洋洲:2; 北美洲:2; 南美洲:2。

Hymenostemma Kunze ex Willk. 长莛菊属 Asteraceae［MD－586］特征纪要:习性:草本。花程式:(K)3－5,(C)3－5,A3－5,↓G。其他特征参考科。全球 1 个大洲分布及种数(1)◆欧洲。

Hymenostephium Benth. 冠膜菊属 Asteraceae［MD－586］特征纪要:习性:草本。花程式:(K)3－5,(C)3－5,A3－5,＝↓G2。其他特征参考科。全球 2 个大洲分布及种数(21－25)北美洲:15－17;南美洲:10－12。

Hymenostoma Griff. ＝ **Hymenoloma**

Hymenostomum R. Br. 丛藓科属 Pottiaceae［B－133］特征纪要:习性:－。【Rep】:孢腔轮廓清晰,蒴齿缺如,或具蒴齿而无基膜,下部呈黄绿或黄棕色。物候:－。海拔:－。生境:常见于高山岩石上。栽培:来自广西龙州。资源:具栽培园艺种类。全球 6 个大洲分布及种数(103)非洲:10; 亚洲:7; 大洋洲:4; 欧洲:6; 北美洲:6; 南美洲:18。

Hymenostyliella E. B. Bartram 膜丛藓属 Pottiaceae［B－133］特征纪要:－。【Rep】:孢腔轮廓清晰,蒴齿缺如,或具蒴齿而无基膜,下部呈黄绿或黄棕色。其他特征参考科。全球 2 个大洲分布及种数(3)亚洲:2;南美洲:1。

Hymenostylium Brid. 立膜藓属 Pottiaceae［B－133］特征纪要:习性:－。【Rep】:雌雄异株,蒴柄细长,黄褐带红色,孢蒴卵状圆球形,蒴盖圆锥形,先端具细长喙尖,蒴帽兜形,孢子褐色被细疣。物候:－。海拔:2140 米。生境:石生。资源:－。全球 6 个大洲分布及种数(34)非洲:14;亚洲:18;大洋洲:2;欧洲:4;北美洲:9;南美洲:7。【中国种数:8】。

Hymenothrix A. Gray 环头菊属 Asteraceae［MD－586］特征纪要:习性:草本。花程式:(K)3－5,(C)3－5,A3－5,＝↓G2。其他特征参考科。全球 3 个大洲分布及种数(11－19)亚洲:2; 北美洲:12; 南美洲:1。【中国种数:1】。

Hymenoxis Endl. 菊科属 Asteraceae［MD－586］特征纪要:习性:－。花程式:－。其他特征参考科。全球 1 个大洲分布及种数(－)。

Hymenoxys Cass. 尖膜菊属 Asteraceae［MD－586］特征纪要:习性:草本。花程式:(K)3－5,(C)3－5,A3－5,＝↓G2。其他特征参考科。全球 4 个大洲分布及种数(29－117)亚洲:3; 欧洲:51; 北美洲:51; 南美洲:22。【中国种数:1】。

H

Hyobanche L. 赤列当属 Scrophulariaceae［MD－536］特征纪要:习性:草本。花程式:K2－4,C0,A2－4,↓G。其他特征参考科。全球 2 个大洲分布及种数(8－12)非洲:11; 南美洲:2。

Hyocomiella (Müll. Hal.) Kindb. 灰藓科属 Hypnaceae［B－189］特征纪要和分布(－)。

Hyocomium Bruch & Schimp. 水梳藓属 Hypnaceae［B－189］特征纪要:习性:－。【Rep】:雌雄异株或雌雄异苞同株,生殖苞侧生,雌苞叶分化,蒴柄长。物候:－。海拔:－。生境:林下或岩面薄土,沼泽水生。资源:－。全球 6 个大洲分布及种数(8)非洲:1;亚洲:4;大洋洲:1;欧洲:1;北美洲:1;南美洲:3。【中国种数:2】。

Hyogeton Steud. ＝ **Vandellia**

Hyopeltis Michx. ex Hitchc. ＝ **Polystichum**

Hyophila Brid. 湿地藓属 Pottiaceae［B－133］特征纪要:习性:－。【Rep】:雌雄异株,雌苞叶较小,或与叶同形,蒴柄细长,直立,孢蒴直立,长圆柱形,环带分化,自行卷落,无蒴齿。物候:－。海拔:95 米。生境:石上土生。资源:－。全球 6 个大洲分布及种数(90)非洲:28;亚洲:27;大洋洲:9;欧洲:4;北美洲:17;南美洲:22。【中国种数:10】。

Hyophiladelphus Hal.) R. H. Zander 古巴丛藓属 Pottiaceae［B－133］特征纪要:习性:－。【Rep】:孢腔轮廓清晰,蒴齿缺如,或具蒴齿而无基膜,下部呈黄绿或黄棕色。其他特征参考科。全球 2 个大洲分布及种数(2)北美洲:2; 南美洲:2。

Hyophilopsis Cardot & Dixon 丛藓科属 Pottiaceae［B－133］特征纪要:习性:－。【Rep】:孢腔轮廓清晰,蒴齿缺如,或具蒴齿而无基膜,下部呈黄绿或黄棕色。其他特征参考科。全球 1 个大洲分布及种数(1)◆亚洲。

Hyophorbe Gaertn. 酒瓶椰属 Arecaceae［MM－717］特征纪要:习性:木本。花程式:K3－10,C3－10,A3－10,＝G3－10。其他特征参考科。全球 4 个大洲分布及种数(4－6)非洲:2－4;亚洲:cf. 1;北美洲:2;南美洲:2。【中国种数:2】。

Hyoscyamus Tourn. ex L. 天仙子属 Solanaceae［MD－503］特征纪要:习性:草本(多肉)。花程式:(K－),C2－3 参考科,A3 参考科,＝↓(G)2。物候:－。花期:5－8 月。果期:参考晚于花期。海拔:700－3600 米。生境:肥沃腐殖质土壤,偶尔耕种,粘土上以及河湖沿岸。资源:具栽培园艺种类。全球 6 个大洲分布及种数(34－94)非洲:23; 亚洲:61; 大洋洲:6; 欧洲:8; 北美洲:8; 南美洲:14。【中国种数:6】。

Hyoseris L. 翼果苣属 Asteraceae［MD－586］特征纪要:习性:草本。花程式:(K)3－5,(C)3－5,A3－5,＝↓G2。

物候:-。花期:7-10 月。果期:参考晚于花期。海拔:6000 米。生境:阿尔泰山地针叶林带山沟,柞林下路旁。资源:具园艺种类。全球 6 个大洲分布及种数(5-40)非洲:10; 亚洲:4; 大洋洲:2; 欧洲:9; 北美洲:9; 南美洲:6。【中国种数:1】。

Hyospathe Mart. 薄鞘椰属 Arecaceae [MM-717] 特征纪要:习性:木本。花程式:K3,C3,A3-10, =G3-10。其他特征参考科。全球 4 个大洲分布及种数(11-33)非洲:2; 亚洲:4; 北美洲:26; 南美洲:28。【中国种数:1】。

Hypacanthium Juz. 灰背虎头蓟属 Asteraceae [MD-586] 特征纪要:习性:-。花程式:-。其他特征参考科。全球 1 个大洲分布及种数(cf. 1)◆中亚(◆乌兹别克斯坦)。

Hypaelytum Vahl = **Hypolytrum**

Hypagophytum A. Berger 三合龙属 Crassulaceae [MD-229] 特征纪要:习性:灌木。花程式:-。其他特征参考科。全球 1 个大洲分布及种数(1)◆非洲(◆埃塞俄比亚)。

Hypanthera Silva Manso = **Fevillea**

Hypaphorus Hassk. = **Erythrina**

Hyparrhenia Andersson ex E. Fourn. 苞茅属 Poaceae [MM-748] 特征纪要:习性:草本(基生)。花程式:(K-), C0 参考科,A3 参考科, =G2-3。物候:-。海拔:100-200 米。生境:山坡,草地,灌丛中,山斜坡。资源:具栽培园艺种类。全球 6 个大洲分布及种数(57-60;hort. 1;cult. 2)非洲:56-58;亚洲:21-22;大洋洲:12;欧洲:4;北美洲:13;南美洲:7。【中国种数:10】。

Hypechusa Alef. = **Vicia**

Hypecoaceae Willk. & Lange [MD-55] 角茴香科 特征纪要:习性:草本;落叶。花程式:K2,C4,A4,G2。物候:-。花期和果期:4-6 月。果实:-。种子:-。海拔:1700-5000 米。生境:平原荒漠或石坡,斜坡,草原,河岸,砾石砂。资源:药用。栽培:-。全球 5 个大洲分布及属种数(1/1 <IFR 1/1 > hort. 1;cult. 1) 非洲:1/12-16; 亚洲:1/16-21; 大洋洲:1/3; 欧洲:1/9-12(IFR 1/1); 北美洲:1/5。

Hypecoum Tourn. ex L. 角茴香属 Hypecoaceae [MD-55] 特征纪要(同科)。全球 5 个大洲分布及种数(18-24; hort. 1;cult. 2)非洲:10-14;亚洲:14-19;大洋洲:1;欧洲:7-10;北美洲:3。【中国种数:4】。

Hypelate P. Br. 白木患属 Sapindaceae [MD-428] 特征纪要:习性:木本。花程式:Kn,C5 参考科,A10,↓G-参考科。其他特征参考科。全球 3 个大洲分布及种数(1-4)亚洲:4; 北美洲:4; 南美洲:2。

Hypenia (Mart. ex Benth.) Harley 角唇草属 Lamiaceae [MD-575] 特征纪要:习性:草本。花程式:K2,C0,A2, =↓(G)2。其他特征参考科。全球 6 个大洲分布及种数(26)非洲:33;亚洲:33;大洋洲:33;欧洲:33;北美洲:2-35;南美洲:24-57。

Hyperacanthus E. Mey. ex Bridson 刺栀子属 Rubiaceae [MD-523] 特征纪要:习性:木本。花程式:(K)4-5,(C) 4-5,A4-5, =↓G2-9。其他特征参考科。全球 6 个大洲分布及种数(11-85)非洲:59; 亚洲:35; 大洋洲:5; 欧洲:6; 北美洲:6; 南美洲:6。【中国种数:1】。

Hyperanthera Forssk. = **Moringa**

Hyperbaena Miers ex Benth. 越被藤属 Menispermaceae [MD-42] 特征纪要:习性:草本。花程式:K1(6-40),C3, A1-6-40, =G1-3。其他特征参考科。全球 6 个大洲分布及种数(37)非洲:2;亚洲:2-5;大洋洲:2;欧洲:2;北美洲:18-31;南美洲:7-10。

Hypericaceae Juss. [MD-119] 金丝桃科 特征纪要:习性:木本;落叶。花程式:K4-5(-),C5,A1-,G-。物候:-。花期:-。果期:-。果实:蒴果。种子:-。海拔:400-1200 米。生境:-。资源:-。栽培:-。全球 6 个大洲分布及属种数(7-8/133-147 <IFR 3/4 > hort. 1;cult. 1) 非洲:4/69-76(IFR 2/3); 亚洲:1/5; 大洋洲:1/1; 北美洲:3/24-25; 南美洲:1/58-59(IFR 1/1)。【中国属种数:4/137】。

Hypericophyllum Steetz 钩毛菊属 Asteraceae [MD-586] 特征纪要:习性:草本。花程式:(K)3-5,C3-5,A3-5, =↓(G)2。其他特征参考科。全球 1 个大洲分布及种数(12)◆非洲。

Hypericum Tourn. ex L. 金丝桃属 Hypericaceae [MD-119] 特征纪要:习性:木本。花程式:-。物候:-。花期:5-7 月。果期:参考晚于花期。海拔:100-2000 米。生境:溪边,竹林中路旁草丛。资源:药用,具栽培园艺种类。全球 6 个大洲分布及种数(579-717;hort. 1;cult. 37)非洲:77-145;亚洲:358-474;大洋洲:44-103;欧洲:111-182;北美洲:155-224;南美洲:147-205。【中国种数:128】。

Hyperocarpa (Uline) G. M. Barroso, E. F. Guim. & Sucre 薯蓣属 Dioscoreaceae [MM-691] 特征纪要:习性:-。花程式:-。其他特征参考科。全球 1 个大洲分布及种数(-)。

Hyperphyscia <unassigned> 唐松木科属 Physenaceae [MD-169] 特征纪要:-。全球 4 个大洲分布及种数(15) 亚洲:6; 欧洲:2; 北美洲:2; 南美洲:15。

Hypertelis E. Mey. ex Fenzl 漆姑粟草属 Molluginaceae [MD-99] 特征纪要:习性:草本。花程式:K2-5,C2-5, A5, =↓G-。其他特征参考科。全球 2 个大洲分布及种数(7-17)非洲:15; 亚洲:2。

Hyperthelia Clayton 三生草属 Poaceae [MM-748] 特征纪要:习性:草本。花程式:(K)3,C0 参考科,A1-2, =(G)2-3。其他特征参考科。全球 3 个大洲分布及种数(5-8)非洲:4-7;北美洲:1;南美洲:1。【中国种数:1】。

Hyphaene Gaertn. 叉茎棕属 Arecaceae [MM-717] 特征纪要:习性:木本。花程式:K3-10,C3-10,A3-10, = G3-10。其他特征参考科。全球 6 个大洲分布及种数(10-14)非洲:8-14;亚洲:3-9;大洋洲:5;欧洲:5;北美洲:2-7;南美洲:5。

Hyphear Danser = **Bakerella**

Hyphodontia <unassigned> 香茶藨属 Grossulariaceae［MD－212］特征纪要：－。全球 3 个大洲分布及种数(38)非洲：3；欧洲：9；南美洲：26。

Hypnaceae Schimp.［B－189］灰藓科 特征纪要：体形中形，绿色或淡绿色，有时黄绿色或带粉红色，丛集生长。全球 6 个大洲分布和属种数(66/1401)亚洲：49/563；大洋洲：29/253；欧洲：26/146；北美洲：39/305；南美洲：28/265。【中国属种数：35/257(12)】。

Hypnella（Müll. Hal.）A. Jaeger 毛帽藓属 Pilotrichaceae［B－166］特征纪要：习性：－。【Rep】：雌苞叶小，基部阔卵形，上部呈狭长尖，蒴柄细长，红色，平滑，孢蒴倾列或平列，长卵形，棕色，蒴齿两层，蒴柄侧生，细长，平滑或具弱疣，孢蒴平展或下倾，卵状圆柱形，两侧不对称，台部长而粗，口部强烈收缩。其他特征参考科。全球 6 个大洲分布及种数(45)非洲：5；亚洲：8；大洋洲：10；欧洲：10；北美洲：10；南美洲：18。

Hypnites Ettingsh. 芦莉藓属 Amblystegiaceae［B－178］特征纪要：－。全球 2 个大洲分布及种数(16)北美洲：2；南美洲：3。

Hypnobartlettia Ochyra 柳叶藓科属 Amblystegiaceae［B－178］特征纪要：－。全球 1 个大洲分布及种数(－)。

Hypnobartlettiaceae Ochyra ＝ Amblystegiaceae

Hypnodendraceae Broth.［B－158］树灰藓科 特征纪要：形小，黄绿色或褐绿色，有时灰绿色，常与其他苔藓混生。【Rep】：淡绿色或褐绿色。全球 5 个大洲分布和属种数(4/49)亚洲：4/19；大洋洲：4/40；欧洲：2/4；北美洲：1/5；南美洲：1/3。【中国属种数：2/3】。

Hypnodendron（Müll. Hal.）Lindb. ex Mitt. 树灰藓属 Hypnodendraceae［B－158］特征纪要：习性：－。【Rep】：雌雄同株。其他特征参考科。全球 6 个大洲分布及种数(56)非洲：2；亚洲：22；大洋洲：19；欧洲：6；北美洲：6；南美洲：3。【中国种数：2】。

Hypnodon Müll. Hal. 刺藓属 Rhachitheciaceae［B－125］特征纪要：－。全球 1 个大洲分布及种数(7)◆南美洲：1。

Hypnodontopsis Z. Iwats. & Nog. 刺藓属 Rhachitheciaceae［B－125］特征纪要：习性：－。【Rep】：雌雄同株，雌苞叶较长大，有高鞘部，上部短披针形，钝端，有短尖，中肋不及叶尖，蒴柄稍高出于雌苞叶。其他特征参考科。全球 2 个大洲分布及种数(4)亚洲：2；北美洲：1。

Hypnofabronia Dixon 刺米藓属 Fabroniaceae［B－173］特征纪要：习性：－。【Rep】：雌雄同株，内雌苞叶鞘状，具细长尖，边缘具齿或毛，无中肋，蒴柄短或稍细长，黄色，平滑，孢蒴直立，倒卵形，雌雄异株或雌雄同株，孢蒴高出，直立，卵形或圆柱形，台部粗短，薄壁，气孔生于台部，环带常存。其他特征参考科。全球 1 个大洲分布及种数(1)◆非洲。

Hypnopsis（Kindb.）Podp. ＝ **Pleurozium**

Hypnum Hedw. 灰藓属 Hypnaceae［B－189］特征纪要：习性：－。【Rep】：雌雄异苞同株，内雌苞叶直立，卵状披针形，上部渐狭成长毛状，近于全缘，无中肋，黄绿色。物候：－。海拔：600 米。生境：常见于林下岩面薄土。资源：具园艺种类。全球 6 个大洲分布及种数(364)非洲：52；亚洲：133；大洋洲：45；欧洲：85；北美洲：99；南美洲：78。【中国种数：64】。

Hypobathrum Bl. 林巴戟属 Rubiaceae［MD－523］特征纪要：习性：木本。花程式：(K)4－5，(C)4－5，A4－5，＝↓(G)2－9。物候：－。花期：参考早于果期。果期：10 月。海拔：5－4800 米。生境：矮林内。资源：－。全球 4 个大洲分布及种数(27－85)非洲：15；亚洲：61；北美洲：2；南美洲：9。【中国种数：2】。

Hypocalymma（Endl.）Endl. 桃花岗松属 Myrtaceae［MD－347］特征纪要：习性：木本。花程式：K4－5，C4－5，A8－10，＝↓(G)2－5。其他特征参考科。全球 1 个大洲分布及种数(9－36)◆大洋洲(◆澳大利亚)。

Hypocalyptus Thunb. 青葙豆属 Fabaceae3［MD－240］特征纪要：习性：木本。花程式：K1－∞，C1－∞，A5－9，＝↓G(－)。其他特征参考科。全球 1 个大洲分布及种数(2－3)◆非洲。

Hypocarpus A. DC. ＝ **Dulacia**

Hypochaeris L. 猫耳菊属 Asteraceae［MD－586］特征纪要：习性：草本(基生)。花程式：(K)3－5，C3－5，A3 参考科，＝↓G2。物候：－。花期：6－8 月。果期：参考晚于花期。海拔：1700－3300 米。生境：草地，路旁，针叶林缘。资源：具栽培园艺种类。全球 6 个大洲分布及种数(96－135；hort. 1；cult. 9)非洲：19－29；亚洲：16－25；大洋洲：6－14；欧洲：18－28；北美洲：13－23；南美洲：80－97。【中国种数：11】。

Hypochlamys Fée ＝ **Athyrium**

Hypochoeris L. 孔雀菊属 Asteraceae［MD－586］特征纪要：习性：草本。花程式：(K)3－5，(C)3－5，A3－5，＝↓G2。其他特征参考科。全球 6 个大洲分布及种数(3－11)非洲：6；亚洲：1－8；大洋洲：7；欧洲：8；北美洲：6；南美洲：1－14。

Hypocyrta Mart. 鱼篮苣苔属 Gesneriaceae［MD－549］特征纪要：习性：－。花程式：－。其他特征参考科。全球 5 个大洲分布及种数(117)非洲：6；亚洲：8；欧洲：6；北美洲：6；南美洲：116。

Hypodaphnis Stapf 棠桂属 Lauraceae［MD－21］特征纪要：习性：木本。花程式：K3－9，C0，A9，＝G1－3。其他特征参考科。全球 1 个大洲分布及种数(1)◆非洲。

Hypodematiaceae Ching［F－29］肿足蕨科 特征纪要：多丛生。【Rep】：雌雄异株，稀同株，雄苞芽胞形，有线形配丝，或盘形而有棒槌形配丝，雌苞叶异形，蒴柄高出，孢蒴下垂。全球 6 个大洲分布和属种数(1/12－26)非洲：1/2－6；亚洲：1/11－20；大洋洲：1/3；欧洲：1/1－4；北美洲：1/1－4；南美洲：1/1－4。【中国属种数：1/1】。

Hypoderris R. Br. 莩盖蕨属 Dryopteridaceae［F－49］特征纪要：习性：－。【Rep】：孢子囊单生叶背。其他特征参考科。全球 3 个大洲分布及种数(3－9)亚洲：2；北美洲：4；南美洲：5。【中国种数：1】。

Hypodiscus Nees 肉梗灯草属 Restionaceae［MM－744］特征纪要:习性:草本。花程式:(K)3,C3,A1－2,＝G1－3。其他特征参考科。全球5个大洲分布及种数(15－45)非洲:36; 亚洲:2; 大洋洲:3; 北美洲:3; 南美洲:4。

Hypodontiaceae Stech & W. Frey［B－134］烂齿藓科 特征纪要:形小,黄绿色或褐绿色,有时灰绿色,常与其他苔藓混生。【Rep】:淡绿色或褐绿色。全球4个大洲分布及属种数(1/1)非洲:1; 亚洲:1; 北美洲:1; 南美洲:1。

Hypodontium Müll. Hal. 非洲丛藓属 Hypodontiaceae［B－134］特征纪要(同科)。全球4个大洲分布及种数(2)非洲:2;亚洲:1;欧洲:1;南美洲:1。

Hypoestes Sol. ex R. Br. 枪刀药属 Acanthaceae［MD－572］特征纪要:习性:草本(多肉)。花程式:－。物候:－。花期:11月至次年3月。果期:参考晚于花期。海拔:100－500米。生境:灌丛。资源:具栽培园艺种类。全球6个大洲分布及种数(149－284)非洲:165; 亚洲:105; 大洋洲:17; 欧洲:13; 北美洲:13; 南美洲:22。【中国种数:4】。

Hypogomphia Bunge 拟金莲草属 Lamiaceae［MD－575］特征纪要:习性:草本。花程式:K2,C0,A2,＝(G)2。其他特征参考科。全球1个大洲分布及种数(1－3)◆亚洲。

Hypogymnia (Nyl.) Nyl. 下水蕨属 Parkeriaceae［F－36］特征纪要:－。全球6个大洲分布及种数(58)非洲:2; 亚洲:27; 大洋洲:5; 欧洲:7; 北美洲:7; 南美洲:14。

Hypoisotachis M. Schust.)J. J. Engel & G. L. Merr. 孔雀蒴苔属 Balantiopsaceae［B－37］特征纪要:习性:－。【Rep】:先端2－4裂。其他特征参考科。全球1个大洲分布及种数(1)◆南美洲(◆巴西)。

Hypolaena R. Br. 厚果草属 Restionaceae［MM－744］特征纪要:习性:草本。花程式:－。其他特征参考科。全球4个大洲分布及种数(7－55)非洲:33; 亚洲:3; 大洋洲:19; 南美洲:2。【中国种数:1】。

Hypolepidaceae Pic. Serm.［F－41］蹄覆蕨科 特征纪要:较大,略硬挺,交织蔓生,常垂倾茎2－3回密羽状分枝,干时先端略向腹面卷曲叶湿时倾立或向一侧偏斜。【Rep】:雌雄异株,雌苞顶生,雌苞叶长披针形,中肋较长,近叶尖部消失,叶细胞具疏疣或平滑,孢蒴有时双生。全球2个大洲分布和属种数(14)亚洲;南美洲。

Hypolepis Bernh. 姬蕨属 Hypolepidaceae［F－41］特征纪要:习性:－。【Rep】:孢子囊群圆形,近叶边着生于一条小脉顶端,一般位于裂片缺刻处,为反折的多少变盾的锯齿或小裂片所复盖。孢子为两面形,长圆形,有小刺头及疣状突起,少有平滑的。物候:－。海拔:500－2300米。生境:－。资源:－。全球6个大洲分布及种数(94－199)非洲:26; 亚洲:42; 大洋洲:36; 欧洲:51; 北美洲:51; 南美洲:141。【中国种数:15】。

Hypolobus E. Fourn. 耳萝藦属 Apocynaceae［MD－492］特征纪要:习性:木本。花程式:K5,C0,A5,＝(G)2。其他特征参考科。全球1个大洲分布及种数(1)◆南美洲。

Hypolyssus <unassigned> 南美茜属 Rubiaceae［MD－523］特征纪要:－。全球2个大洲分布及种数(3)非洲:1; 南美洲:2。

Hypolytrum Pers. 割鸡芒属 Cyperaceae［MM－747］特征纪要:习性:草本。花程式:－。物候:－。海拔:100－1200米。生境:次生林边,山坡上干燥的地方。资源:具栽培园艺种类。全球6个大洲分布及种数(65－222)非洲:81; 亚洲:99; 大洋洲:42; 欧洲:34; 北美洲:34; 南美洲:78。【中国种数:5】。

Hyponema Raf. ＝ **Cleomella**

Hypopithis Raf. ＝ **Hypopitys**

Hypopitys Hill 松下兰属 Monotropaceae［MD－390］特征纪要:习性:－。花程式:－。物候:－。海拔:100－5000米。生境:杂木林下。资源:－。全球3个大洲分布及种数(3)亚洲:3;欧洲:2;北美洲:2。

Hypoporum Nees ＝ **Scleria**

Hypopterygiaceae Mitt.［B－160］孔雀藓科 特征纪要:小,黄色或黄褐色。【Rep】:黄色或黄褐色。全球3个大洲分布和属种数(2/3)亚洲:1/1;大洋洲:1/1;南美洲:2/2。【中国属种数:4/17】。

Hypopterygium Brid. 孔雀藓属 Hookeriaceae［B－164］特征纪要:习性:－。【Rep】:雌雄异苞同株或雌雄异株,内雌苞叶基部略长或呈鞘状,上部具长尖,叶边全缘。物候:－。海拔:1040米。生境:土生。资源:－。全球6个大洲分布及种数(26)非洲:7;亚洲:11;大洋洲:16;欧洲:3;北美洲:5;南美洲:10。【中国种数:10】。

Hypopythis Raf. ＝ **Hypopitys**

Hypothronia Schrank ＝ **Hyptis**

Hypotrachyna <unassigned> 水蕨科属 Parkeriaceae［F－36］特征纪要:－。全球5个大洲分布及种数(160)非洲:7; 亚洲:15; 欧洲:12; 北美洲:12; 南美洲:141。

Hypoxidaceae R. Br.［MM－695］仙茅科 特征纪要:习性:草本;落叶。花程式:(K)6－,C3,A3,↓(G)－。物候:－。果实:蒴果。种子:黑色,棕色。海拔:1000米。生境:国权。资源:药用。栽培:中国有栽培。全球6个大洲分布及属种数(10－11/191－272<IFR 4/20>hort. 1;cult. 2) 非洲:9/162－202(IFR 3/14); 亚洲:3－4/31－36(IFR 1/1); 大洋洲:3/16－24(IFR 3/5); 欧洲:3/9－10; 北美洲:3/27－30; 南美洲:3/23－25。【中国属种数:2/13】。

Hypoxidia F. Friedmann 仙茅属 Hypoxidaceae［MM－695］特征纪要:习性:－。花程式:－。其他特征参考科。全球1个大洲分布及种数(1)◆亚洲。

Hypoxis L. 小金梅草属 Hypoxidaceae［MM－695］特征纪要:习性:草本(根状茎,基生,多肉)。花程式:－。物候:－。花期:4－5月。果期:参考晚于花期。海拔:2600米。生境:山野荒地。资源:药用,具栽培园艺种类。全球6个大洲分布及种数(88－150;hort. 1;cult. 2)非洲:72－117;亚洲:10－20;大洋洲:8－24;欧洲:5－15;北美洲:17－29;南美洲:16－27。【中国种数:3】。

Hypsela C. Presl = **Lobelia**

Hypselandra Pax & K. Hoffm. 牧羊柑属 Capparaceae［MD – 178］特征纪要:习性:木本。花程式:Kn,C2 – 3 参考科,A8,↓G – 参考科。其他特征参考科。全球 1 个大洲分布及种数(1) ◆亚洲:1。

Hypselodelphys（K. Schum.）Milne – Redh. 攀柊叶属 Marantaceae［MM – 740］特征纪要:习性:草本。花程式:(K)3,C3,A3 – 4,= ↓G3。其他特征参考科。全球 3 个大洲分布及种数(8 – 9)非洲:9; 亚洲:2; 南美洲:2。

Hypseocharis J. Rémy 安山草属 Hypseocharitaceae［MD – 338］特征纪要(同科)。全球 1 个大洲分布及种数(8)◆南美洲。

Hypseocharitaceae Wedd.［MD – 338］高柱花科 特征纪要:习性:草本;落叶。花程式:K5,C5,A5,↑(G)5。全球 1 个大洲分布及属种数(2/10 hort. 1) ◆南美洲:1/ 8 – 8。

Hypseochloa C. E. Hubb. 岳剪草属 Poaceae［MM – 748］特征纪要:习性:草本。花程式:(K)3,C0 参考科,A1 – 2,=(G)2 – 3。其他特征参考科。全球 1 个大洲分布及种数(1 – 2)◆非洲。

Hypserpa Miers 夜花藤属 Menispermaceae［MD – 42］特征纪要:习性:草质攀援(基生,多肉)。花程式: – 。物候: – 。海拔:200 – 2500 米。生境:森林,林缘。资源:具栽培园艺种类。全球 5 个大洲分布及种数(10 – 34)非洲:7; 亚洲:15; 大洋洲:21; 欧洲:2; 北美洲:2。【中国种数:1】。

Hypsophila F. Müll. 高地卫矛属 Celastraceae［MD – 339］特征纪要:习性:木本。花程式:K2 – 3,C2 – 3,A10,=(G)2 – 5。其他特征参考科。全球 4 个大洲分布及种数(2 – 10)亚洲:2; 大洋洲:9; 北美洲:1; 南美洲:4。

Hyptianthera Wight & Arn. 藏药木属 Rubiaceae［MD – 523］特征纪要:习性:木本。花程式: – 。物候: – 。花期:4 – 8 月。果期:参考晚于花期。海拔:100 – 1500 米。生境:溪边或山上的森林或灌丛。资源:具园艺种类。全球 2 个大洲分布及种数(1 – 6)亚洲:6; 北美洲:2。【中国种数:1】。

Hyptidendron Harley 疏伞柱基木属 Lamiaceae［MD – 575］特征纪要:习性:草本。花程式:K2,C0,A2,= G2。其他特征参考科。全球 3 个大洲分布及种数(21 – 24)亚洲:2; 北美洲:3; 南美洲:24。

Hyptiodaphne Urb. = **Daphnopsis**

Hyptis Jacq. 吊球草属 Lamiaceae［MD – 575］特征纪要:习性:草本,少木本。花程式: – 。物候: – 。花期:全年。果期:参考晚于花期。海拔:5400 米。生境:低海拔开阔荒地。资源:具栽培园艺种类。全球 6 个大洲分布及种数(166 – 963)非洲:63; 亚洲:54; 大洋洲:19; 欧洲:183; 北美洲:183; 南美洲:804。【中国种数:5】。

Hyssopus L. 神香草属 Lamiaceae［MD – 575］特征纪要:习性:草质攀援。花程式:(K –),C2 – 3 参考科,A3 参考科,= ↓G2。物候: – 。花期:6 月。果期:参考晚于花期。海拔:1100 – 1800 米。生境:草原上,生于砾石及石质山坡干旱草地上。资源:具栽培园艺种类。全球 6 个大洲分布及种数(11 – 120)非洲:7; 亚洲:39; 大洋洲:2; 欧洲:4; 北美洲:4; 南美洲:66。【中国种数:5】。

Hystericina Steud. = **Ancistragrostis**

Hysterionica Willd. 黄酒草属 Asteraceae［MD – 586］特征纪要:习性:草本。花程式:(K)3 – 5,(C)3 – 5,A3 – 5,= ↓G2。其他特征参考科。全球 3 个大洲分布及种数(13 – 37)大洋洲:2; 北美洲:6; 南美洲:34。

Hysterobaeckea（Nied.）Rye 莲金娘属 Myrtaceae［MD – 347］特征纪要:习性:木本。花程式: – 。其他特征参考科。全球 1 个大洲分布及种数(–)。◆大洋洲。

Hysterographium <unassigned> 铁青树科属 Olacaceae［MD – 362］特征纪要: – 。全球 3 个大洲分布及种数(17)非洲:7; 欧洲:1; 南美洲:9。

Hysterostoma <unassigned> 委内芳香草属 Asteliaceae［MM – 635］特征纪要: – 。全球 1 个大洲分布及种数(3)◆南美洲:3。

Hystrichophora Mattf. 莲座瘦片菊属 Asteraceae［MD – 586］特征纪要:习性:草本。花程式:(K)3 – 5,(C)3 – 5,A3 – 5,↓G。其他特征参考科。全球 1 个大洲分布及种数(1)◆亚洲。

Hystrix Mönch 猬草属 Poaceae［MM – 748］特征纪要:习性: – 。花程式: – 。物候: – 。海拔:1000 – 2000 米。生境:落叶林下沿溪流路边阴凉陡坡上,河岸沙地,山谷林缘和灌丛中。资源: – 。全球 6 个大洲分布及种数(9; hort. 1;cult. 1)非洲:5;亚洲:7 – 12;大洋洲:2 – 7;欧洲:2 – 7;北美洲:2 – 7;南美洲:5。

I

Iacaranda Nees = **Jacaranda**

Ianhedgea Al - Shehbaz & O'Kane 葶芥属 Brassicaceae [MD - 213] 特征纪要:习性:草本。花程式:K2 - 4,C2 - 4,A2 - 4,↓G - 参考科。物候:-。花期:5 - 8 月。果期:参考晚于花期。海拔:2600 - 4200 米。生境:石灰岩,碎石斜坡。资源:-。全球 4 个大洲分布及种数(2 - 3)亚洲:3; 欧洲:2; 北美洲:2; 南美洲:2。【中国种数:1】。

Ianthopappus Roqü & D. J. N. Hind 驴菊木属 Asteraceae [MD - 586] 特征纪要:习性:草本。花程式:(K)3 - 5,(C)3 - 5,A3 - 5,↓G。其他特征参考科。全球 1 个大洲分布及种数(-)。

Ibarraea Lundell = **Ardisia**

Ibatia Decne. 毛口萝藦属 Apocynaceae [MD - 492] 特征纪要:习性:木本。花程式:Kn,C0,A15,↓G。其他特征参考科。全球 3 个大洲分布及种数(35 - 42)亚洲:1; 北美洲:5; 南美洲:35。

Ibatiria W. E. Cooper 夹竹桃科属 Fabaceae3 [MD - 240] 特征纪要:习性:木本。花程式:-。其他特征参考科。全球 1 个大洲分布及种数(-)。

Iberidella Boiss. = **Aethionema**

Iberis L. 屈曲花属 Brassicaceae [MD - 213] 特征纪要和分布(-)。全球 1 个大洲分布及种数(29 - 32)◆欧洲。【中国种数:10】。

Iberodes M. Serrano, R. Carbajal & S. Ortiz 屈紫草属 Boraginaceae [MD - 517] 特征纪要:习性:草本。花程式:Kn,C0,A5,↓G。其他特征参考科。全球 3 个大洲分布及种数(-) 非洲:1;欧洲:5(IFR 1);南美洲:1。

Ibervillea Greene 笑布袋属 Cucurbitaceae [MD - 205] 特征纪要:习性:木本。花程式:K3 - 5,C3 - 5,A3, = ↓G1 - 2。其他特征参考科。全球 2 个大洲分布及种数(8 - 14)北美洲:9; 南美洲:3。

Ibicella (Stapf) Van Eselt. 羊角麻属 Martyniaceae [MD - 557] 特征纪要:习性:木本。花程式:-。其他特征参考科。全球 6 个大洲分布及种数(2 - 6)非洲:2; 亚洲:3; 大洋洲:2; 欧洲:2; 北美洲:2; 南美洲:6。

Icacina A. Juss. 茶茱萸属 Icacinaceae [MD - 450] 特征纪要:习性:木本。花程式:-。其他特征参考科。全球 2 个大洲分布及种数(7 - 15)非洲:15; 北美洲:2。

Icacinaceae Miers [MD - 450] 茶茱萸科 特征纪要:习性:木本,藤本;落叶。花程式:♀/♂(K)6 - ,C5,A2 - 5,↑G -。物候:-。花期和果期:全年。果实:-。种子:-。海拔:0 米。生境:常绿阔叶林。资源:药用。栽培:-。全球 6 个大洲分布及属种数(41 - 43/238 - 341 <IFR 4/5 > hort. 1;cult. 4) 非洲:14/88 - 145(IFR 4/5); 亚洲:17 - 18/83 - 110; 大洋洲:9/21 - 32; 欧洲:2/3 - 4; 北美洲:6/29 - 30; 南美洲:7/42 - 46。【中国属种数:14/23】。

Icaco Adans. = **Chrysobalanus**

Icaranda Pers. = **Jacaranda**

Icaria J. F. Macbr. 秘鲁野牡丹属 Melastomataceae [MD - 364] 特征纪要:习性:-。花程式:-。其他特征参考科。全球 1 个大洲分布及种数(1)◆南美洲。

Icarus J. F. Macbr. = **Blechnum**

Ichnanthus P. Beauv. 距花黍属 Poaceae [MM - 748] 特征纪要:习性:草本。花程式:(K -),C0 参考科,A3 参考科, = G2 - 3。物候:-。海拔:10 - 5600 米。生境:山谷林下,阴湿处。资源:-。全球 6 个大洲分布及种数(39 - 41;hort. 1;cult. 2)非洲:4 - 5;亚洲:6 - 7;大洋洲:2 - 3;欧洲:1;北美洲:13 - 14;南美洲:37 - 38。【中国种数:3】。

Ichnocarpus R. Br. 腰骨藤属 Apocynaceae [MD - 492] 特征纪要:习性:木质攀援。花程式:-。物候:-。花期:5 - 8 月。果期:参考晚于花期。海拔:1000 - 1200 米。生境:疏林,灌木。资源:药用,具栽培园艺种类。全球 6 个大洲分布及种数(3 - 52)非洲:5; 亚洲:38; 大洋洲:18; 欧洲:4; 北美洲:4; 南美洲:3。【中国种数:1】。

Ichthyophora Baehni = **Pouteria**

Ichthyostoma Hedrén & Vollesen 非洲黄爵床属 Acanthaceae [MD - 572] 特征纪要:习性:草本。花程式:Kn,C0,A2 - 4, = (G)2。其他特征参考科。全球 1 个大洲分布及种数(1)◆非洲。

Ichthyothere Mart. 白苞菊属 Asteraceae [MD - 586] 特征纪要:习性:草本。花程式:(K)3 - 5,(C)3 - 5,A3 - 5, = ↓G2。其他特征参考科。全球 5 个大洲分布及种数(27 - 54)非洲:1; 亚洲:3; 大洋洲:3; 北美洲:4; 南美洲:49。

Ichtyoselmis Lidén & Fukuhara 黄药属 Papaveraceae [MD - 54] 特征纪要:习性:草本(具根状茎)。花程式:K1 - ∞,C4,A4 - 6,↓G - 参考科。物候:-。海拔:1500 - 2700 米。生境:土壤,沼泽地。资源:具园艺种类。全球 1

个大洲分布及种数(cf. 1)◆亚洲。【中国种数:1】。

Icianthus Greene = **Streptanthus**

Icica Aubl. = **Protium**

Icosinia Raf. 南美梧桐属 Helicteraceae [MD-188] 特征纪要和分布(-)。

Icuria Wieringa 山靛豆属 Fabaceae3 [MD-240] 特征纪要:习性:木本。花程式:K1-∞,C1-∞,A5-9,=↓G1。其他特征参考科。全球1个大洲分布及种数(1)◆非洲(◆莫桑比克)。

Idahoa A. Nelson & J. F. Macbr. 爱达荷荠属 Brassicaceae [MD-213] 特征纪要:习性:草本。花程式:K2-4,C2-4,A2-4,↓G-参考科。其他特征参考科。全球3个大洲分布及种数(1-29)亚洲:6;北美洲:29;南美洲:23。

Idertia Farron 光莲木属 Ochnaceae [MD-104] 特征纪要:习性:木本。花程式:Kn,C2-3参考科,A10,G-。其他特征参考科。全球1个大洲分布及种数(1)◆非洲。

Idesia G. A. Scop. 山桐子属 Salicaceae [MD-123] 特征纪要:习性:-。花程式:-。物候:-。花期:4-5月。果期:参考晚于花期。海拔:400-2500米。生境:落叶阔叶林中,针叶林和阔叶混交林。资源:-。全球4个大洲分布及种数(1-9)亚洲:6;大洋洲:2;北美洲:2;南美洲:4。【中国种数:1】。

Idimanthus E. G. Gonç. 扭花芥属 Araceae [MM-639] 特征纪要:习性:木本。花程式:K0,C0,A3参考科,G3-参考科。其他特征参考科。全球1个大洲分布及种数(1)◆南美洲。

Idiopappus H. Rob. & Panero 奇冠菊属 Asteraceae [MD-586] 特征纪要:习性:草本。花程式:(K)3-5,C3-5,A3-5,=↓(G)2。其他特征参考科。全球1个大洲分布及种数(1)◆南美洲(◆厄瓜多尔)。

Idiopteris T. G. Walker 凤尾蕨属 Pteridaceae [F-31] 特征纪要:习性:-。【Rep】:孢子同形,囊群生叶背。其他特征参考科。全球1个大洲分布及种数(-).◆大洋洲。

Idiospermaceae S. T. Blake [MD-11] 澳樟科 特征纪要:习性:木本;落叶。花程式:K1,C1,A,↑G-。物候:-。果实:-。种子:-。海拔:-。生境:-。资源:-。栽培:-。全球1个大洲分布及属种数(2/3 hort. 1) ◆大洋洲:1/ 1。

Idiospermum S. T. Blake 奇子树属 Idiospermaceae [MD-11] 特征纪要(同科)。全球2个大洲分布及种数(1-2)大洋洲:2;北美洲:2。

Idiothamnus R. M. King & H. Rob. 奇菊木属 Asteraceae [MD-586] 特征纪要:习性:草本。花程式:(K)3-5,C3-5,A3-5,=↓(G)2。其他特征参考科。全球2个大洲分布及种数(4-6)北美洲:2;南美洲:6。

Idria Kellogg 观峰玉属 Fouquieriaceae [MD-308] 特征纪要:习性:-。花程式:-。其他特征参考科。全球2个大洲分布及种数(5)亚洲:4;北美洲:2。

Ifloga Cass. 散绒菊属 Asteraceae [MD-586] 特征纪要:习性:草本。花程式:(K)3-5,(C)3-5,A3-5,=↓G2。其他特征参考科。全球5个大洲分布及种数(18-31)非洲:26;亚洲:10;欧洲:3;北美洲:3;南美洲:3。【中国种数:1】。

Ighermia Wikl. 金币花属 Asteraceae [MD-586] 特征纪要:习性:-。花程式:-。其他特征参考科。全球1个大洲分布及种数(cf. 1)◆非洲。

Ignurbia B. Nord. 千里光属 Asteraceae [MD-586] 特征纪要:习性:草本。花程式:(K-),(C)5参考科,A3参考科,↓G。其他特征参考科。全球2个大洲分布及种数(1-2)北美洲:2;南美洲:1。

Iguanura Bl. 彩果椰属 Arecaceae [MM-717] 特征纪要:习性:木本。花程式:K3-10,C3-10,A3-10,=G3-10。物候:-。花期:10月。果期:参考晚于花期。海拔:100-2800米。生境:半常绿雨林常见乔木,竹林下。资源:-。全球3个大洲分布及种数(38-62)亚洲:54;北美洲:2;南美洲:5。【中国种数:2】。

Ikonnikovia Lincz. 伊犁花属 Plumbaginaceae [MD-227] 特征纪要:习性:草本,少灌木。花程式:(K-),C2-3参考科,A3参考科,↓G。物候:-。花期:6-8月。果期:参考晚于花期。海拔:100-4800米。生境:山坡和山脚,土地上。资源:-。全球1个大洲分布及种数(cf. 1)◆亚洲。【中国种数:1】。

Ildefonsia Gardner 荨麻属 Plantaginaceae [MD-527] 特征纪要:习性:草本。花程式:K2-4,C0,A2-4,↓G2。其他特征参考科。全球1个大洲分布及种数(1)◆南美洲。

Ileostylus Van Tiegh. 离瓣寄生属 Loranthaceae [MD-415] 特征纪要:习性:木本。花程式:K4,C0,A4,↓G。其他特征参考科。全球1个大洲分布及种数(1) ◆大洋洲:1。

Ilex Mill. 冬青属 Aquifoliaceae [MD-438] 特征纪要和分布(-)。全球6个大洲分布及种数(632-786;hort. 1;cult. 83)非洲:32-84;亚洲:387-485;大洋洲:34-90;欧洲:23-73;北美洲:155-227;南美洲:277-364。【中国种数:201】。

Iliamna Greene 野蜀葵属 Malvaceae [MD-203] 特征纪要:习性:木本。花程式:K5-∞,C5-∞,A10-8,G-。其他特征参考科。全球3个大洲分布及种数(8-14)亚洲:1;北美洲:13;南美洲:2。

Iljinia Korovin ex Iljin 戈壁藜属 Amaranthaceae [MD-116] 特征纪要:习性:草本(多肉)。花程式:Kn,C2-3参考科,A3-5,G-。物候:-。海拔:600-5000米。生境:戈壁沙漠,冲积扇,沙丘和干旱斜坡。资源:具园艺种类。全球2个大洲分布及种数(1-13)亚洲:13;南美洲:10。【中国种数:1】。

Iljinskaea <unassigned> 十字花属 Brassicaceae [MD-213] 特征纪要:习性:-。花程式:-。其他特征参考科。全球3个大洲分布及种数(1)亚洲:1;欧洲:1;北美洲:1。

Illecebraceae R. Br. [MD-113] 醉人花科 特征纪要:习性:草本;落叶。花程式:K4-5(-),C0,A2,G-。物候:-。花期:5-7月。果期:8月。果实:-。种子:-。海拔:1000-2500米。生境:草甸,山坡阳处及沼泽地带。

I

资源:动物食物,环境用途(固沙)。栽培:-。全球6个大洲分布及属种数(7-8/12-16 hort.1;cult. 1)非洲:1/6-11;亚洲:2-3/5-7;欧洲:2/6-7;北美洲:2/6;南美洲:1/2。

Illecebraria Hampe = **Aongstroemia**

Illecebrum L. 苏甲草属 Illecebraceae [MD-113] 特征纪要(同科)。全球6个大洲分布及种数(1-57)非洲:23;亚洲:13;大洋洲:5;欧洲:6;北美洲:6;南美洲:20。【中国种数:1】。

Illiciaceae A. C. Sm. [MD-6] 八角科 特征纪要:习性:木本;落叶。花程式:K4-5(-),C∞,A6,G5-7。物候:-。花期:2-4月。果期:9-10月。果实:蓇葖果。种子:棕。海拔:0米。生境:沟谷两侧和溪边林缘,竹林中。资源:油脂,药用。栽培:中国有栽培。全球3个大洲分布及属种数(2/32-43 <IFR 1/5> hort.1;cult. 1)亚洲:2/31-39(IFR 1/3);大洋洲:2/2-3;北美洲:2/8-12(IFR 1/2)。【中国属种数:1/29】。

Illicium L. 八角属 Illiciaceae [MD-6] 特征纪要(同科)。全球6个大洲分布及种数(31-42;hort.1;cult. 3)非洲:3;亚洲:29-40;大洋洲:4;欧洲:3;北美洲:6-13;南美洲:3。【中国种数:29】。

Illigera Bl. 青藤属 Hernandiaceae [MD-24] 特征纪要:习性:木本。花程式:Kn,(C)5 参考科,A10,=↓G-。物候:-。花期:10-11月。果期:参考晚于花期。海拔:100-2100米。生境:灌丛,疏林或密林中。资源:药用,具栽培园艺种类。全球5个大洲分布及种数(31-71)非洲:8;亚洲:54;大洋洲:9;北美洲:2;南美洲:2。【中国种数:19】。

Illosporium <unassigned> 花芽藓属 Sorapillaceae [B-212] 特征纪要:-。全球3个大洲分布及种数(6)非洲:2;北美洲:1;南美洲:4。

Ilmu Adans. = **Romulea**

Ilocania Merr. = **Diplocyclos**

Iltisia S. F. Blake 矮匍菊属 Asteraceae [MD-586] 特征纪要:习性:草本。花程式:(K)3-5,C3-5,A3-5,=↓(G)2。其他特征参考科。全球2个大洲分布及种数(2-3)北美洲:3;南美洲:2。

Ilyphilos Lunell = **Elatine**

Ilysanthes Raf. 线母草属 Linderniaceae [MD-534] 特征纪要:习性:-。花程式:-。其他特征参考科。全球6个大洲分布及种数(81)非洲:36;亚洲:29;大洋洲:8;欧洲:11;北美洲:11;南美洲:4。

Imantina Hook. f. = **Gynochthodes**

Imbralyx R. Geesink 白干花豆属 Fabaceae3 [MD-240] 特征纪要:习性:-。花程式:-。其他特征参考科。全球1个大洲分布及种数(-)。

Imbribryum N. Pedersen 白真藓属 Bryaceae [B-146] 特征纪要:习性:-。【Rep】:孢子体不发达,雌雄异株或雌雄同株,朔柄长,直立或稍弯曲,孢蒴多直立或倾立,稀横列或下垂,梨形、卵形或棒槌形。其他特征参考科。全球4个大洲分布及种数(5)非洲:1;亚洲:1;大洋洲:5;南美洲:2。

Imeria R. M. King & H. Rob. 宽柱亮泽兰属 Asteraceae [MD-586] 特征纪要:习性:草本。花程式:(K)3-5,C3-5,A3-5,=↓(G)2。其他特征参考科。全球1个大洲分布及种数(1)◆南美洲。

Imerinaea Schltr. 小马岛兰属 Orchidaceae [MM-723] 特征纪要:习性:草本。花程式:Kn,C0 参考科,A-参考科,=↓(G)3。其他特征参考科。全球2个大洲分布及种数(1-2)非洲:2;亚洲:1。

Immersaria <unassigned> 翠芽藓属 Sorapillaceae [B-212] 特征纪要:-。全球2个大洲分布及种数(3)亚洲:2;北美洲:2。

Impatiens Riv. ex L. 凤仙花属 Balsaminaceae [MD-434] 特征纪要:习性:草质攀援。花程式:-。物候:-。花期:8-9月。果期:参考晚于花期。海拔:100-170米。生境:草地,作物地中。资源:药用,园林,具栽培园艺种类。全球6个大洲分布及种数(904-1277;hort.1;cult. 21)非洲:236-397;亚洲:699-832;大洋洲:27-52;欧洲:18-42;北美洲:35-61;南美洲:6-29。【中国种数:271】。

Impatientella H. Perrier = **Impatiens**

Imperata Cirillo 白茅属 Poaceae [MM-748] 特征纪要:习性:草本。花程式:-。物候:-。海拔:800米。生境:潮湿草地,中山坡上。资源:纤维,具栽培园艺种类。全球6个大洲分布及种数(14)非洲:2-8;亚洲:11-18;大洋洲:8-14;欧洲:5-11;北美洲:8-14;南美洲:8-14。【中国种数:5】。

Impia Bluff & Fingerh. = **Filago**

Imshaugia <unassigned> 水蕨科属 Parkeriaceae [F-36] 特征纪要:-。全球2个大洲分布及种数(6)亚洲:2;南美洲:4。

Incadendron K. Wurdack & Farfán 芋大戟属 Euphorbiaceae [MD-217] 特征纪要:习性:木本。花程式:Kn,C0,A6,↓G-参考科。其他特征参考科。全球1个大洲分布及种数(1) ◆南美洲:1。

Incaea Lür 夷萼兰属 Orchidaceae [MM-723] 特征纪要:习性:-。花程式:-。其他特征参考科。全球1个大洲分布及种数(cf.1)◆南美洲(◆玻利维亚)。

Incarum E. G. Gonç. 星柱芋属 Araceae [MM-639] 特征纪要:习性:草本。花程式:K0,C0,A1-4,G3- 参考科。其他特征参考科。全球1个大洲分布及种数(1)◆南美洲。

Incarvillea Juss. 角蒿属 Bignoniaceae [MD-541] 特征纪要:习性:木质攀援。花程式:(K-),C2-3 参考科,A5,↓G-。物候:-。花期:6-8月。果期:参考晚于花期。海拔:1400-3400米。生境:干热河谷,山坡灌丛中。栽培:来自广西龙州。资源:具栽培园艺种类。全球5个大洲分布及种数(18-71)非洲:2;亚洲:54;欧洲:8;北美洲:8;南美洲:5。【中国种数:15】。

Indagator Halford 澳椴树属 Malvaceae［MD－203］特征纪要:习性:木本。花程式:－。其他特征参考科。全球1个大洲分布及种数(1)◆大洋洲(◆澳大利亚)。

India A. N. Rao 兰科属 Orchidaceae［MM－723］特征纪要:习性:－。花程式:－。其他特征参考科。全球5个大洲分布及种数(6)非洲:2; 亚洲:4; 大洋洲:2; 北美洲:2; 南美洲:2。

Indigastrum Jaub. & Spach 木蓝属 Fabaceae3［MD－240］特征纪要:习性:木本。花程式:Kn,C2－3 参考科,A3 参考科,＝↓G(－)。其他特征参考科。全球1个大洲分布及种数(8)◆非洲。

Indigo Adans. ＝ **Indigofera**

Indigofera L. 木蓝属 Fabaceae3［MD－240］特征纪要:习性:木本。花程式:Kn,C2－3 参考科,A3 参考科,＝↓G1。物候:－。花期:7月。果期:参考晚于花期。海拔:100－400米。生境:滨海沙地上或旷野草丛中。资源:具栽培园艺种类。全球6个大洲分布及种数(361－887;hort. 1;cult. 11)非洲:222－650;亚洲:135－260;大洋洲:53－123;欧洲:9－51;北美洲:84－135;南美洲:36－88。【中国种数:105】。

Indobanalia Moq. 巴豆属 Amaranthaceae［MD－116］特征纪要:习性:草本。花程式:Kn,C0,A5 参考科,G－。其他特征参考科。全球1个大洲分布及种数(1) ◆亚洲:1。

Indocalamus Nakai 箬竹属 Poaceae［MM－748］特征纪要:习性:竹类。花程式:(K－),C0 参考科,A3 参考科,＝G2－3。物候:－。花期:5－8月。果期:参考晚于花期。海拔:1400－2400米。生境:常绿阔叶河谷森林,杉木林下为蕨木层。资源:具栽培园艺种类。全球2个大洲分布及种数(32－83)亚洲:76; 北美洲:4。【中国种数:29】。

Indochloa Bor ＝ **Euclasta**

Indocourtoisia Bennet & Raizada ＝ **Courtoisina**

Indocypraea Orchard 箬菊属 Asteraceae［MD－586］特征纪要:习性:草本。花程式:(K)3－5,(C)3－5,A3－5,↓G。物候:－。花期:7－10月。果期:参考晚于花期。海拔:6000米。生境:阿尔泰山地针叶林带山沟,柞林下路旁。资源:－。全球1个大洲分布及种数(1) ◆亚洲:1。

Indodalzellia Koi & M. Kato 川薹草科属 Podostemaceae［MD－322］特征纪要:习性:草本。花程式:－。其他特征参考科。全球1个大洲分布及种数(－)。

Indofevillea Chatterjee 藏瓜属 Cucurbitaceae［MD－205］特征纪要:习性:木质攀援。花程式:－。物候:－。海拔:900米。生境:开阔森林,山坡杂木林中。资源:－。全球1个大洲分布及种数(cf. 1)◆亚洲。

Indokingia Hemsl. ＝ **Polyscias**

Indomelothria W. J. de Wilde & Duyfjes 亚洲葫芦属 Cucurbitaceae［MD－205］特征纪要:习性:木本。花程式:K3－5,C3－5,A3－5,＝↓(G)1－2。物候:－。花期:7－9月。果期:参考晚于花期。海拔:60－3500米。生境:草地,竹杉林中近水边阴湿地。资源:－。全球1个大洲分布及种数(1－3)◆亚洲。【中国种数:1】。

Indopiptadenia Brenan 印度落腺豆属 Fabaceae2［MD－240］特征纪要:习性:木本。花程式:K3－5－∞,C3－5－∞,A1－10－50,＝↓G1。其他特征参考科。全球1个大洲分布及种数(cf. 1)◆亚洲。

Indopoa Bor 印度早熟禾属 Poaceae［MM－748］特征纪要:习性:草本。花程式:(K－),C0 参考科,A3 参考科,↓G－参考科。其他特征参考科。全球1个大洲分布及种数(2)◆亚洲。

Indopolysolenia Bennet ＝ **Leptomischus**

Indopottia A. E. D. Daniels, Raja & P. Daniel 蔟藓属 Pottiaceae［B－133］特征纪要:－。【Rep】:孢腔轮廓清晰,缺蒴齿,或具蒴齿而无基膜,下部呈黄绿或黄棕色。其他特征参考科。全球1个大洲分布及种数(2)◆亚洲:2。

Indorouchera Hallier f. 脂麻藤属 Linaceae［MD－315］特征纪要:习性:木本。花程式:－。其他特征参考科。全球2个大洲分布及种数(1－4)亚洲:1; 南美洲:1。

Indosasa McClure 大节竹属 Poaceae［MM－748］特征纪要:习性:竹类。花程式:(K－),C0 参考科,A3 参考科,＝(G)2－3。物候:－。花期:10－12月。果期:参考晚于花期。海拔:300－1200米。生境:常绿阔叶林内,下层林木,耐阴性强,阳光下生长不良。资源:具栽培园艺种类。全球3个大洲分布及种数(19－41)亚洲:35; 欧洲:2; 北美洲:2。【中国种数:13】。

Indosinia J. E. Vidal 南越莲木属 Ochnaceae［MD－104］特征纪要:习性:木本。花程式:K1－∞,C1－∞,A10,＝G2－15。物候:－。花期:4月。果期:参考晚于花期。海拔:60－1400米。生境:林中,岩石山谷两侧,溪流湿地。资源:－。全球1个大洲分布及种数(cf. 1)◆亚洲。

Indothuidium Touw 南羽藓属 Thuidiaceae［B－184］特征纪要:习性:－。【Rep】:雌苞叶具细长尖,有时叶边具纤毛,蒴柄细长,平滑,稀具密疣,孢蒴卵状圆柱形,倾立至平列,蒴齿两层,黄棕,内雌苞叶椭圆状披针形,上部具长纤毛,蒴柄平滑,孢蒴圆柱形,平列,内齿层基膜高达1/2,齿毛2－3。物候:－。海拔:－。生境:常见于湿润林地或阴湿岩石。资源:－。全球1个大洲分布及种数(1)◆亚洲:1。【中国种数:1】。

Indotristicha P. Royen 杯川藻属 Podostemaceae［MD－322］特征纪要:习性:草本。花程式:K1－2,C0,A10,＝(G)1－2。其他特征参考科。全球3个大洲分布及种数(2－12)亚洲:9; 大洋洲:2; 南美洲:2。

Indusiella Broth. & Müll. Hal. 旱藓属 Grimmiaceae［B－115］特征纪要:习性:－。【Rep】:雌苞叶少,大形,鞘状,环抱蒴柄,有时高出蒴柄。物候:－。海拔:－。生境:草甸岩面土生,岩面土生。资源:－。全球4个大洲分布及种数(2)非洲:1;亚洲:1;北美洲:1;南美洲:2。【中国种数:2】。

Inezia E. Phillips 角芫荽属 Asteraceae［MD－586］特征纪要:习性:草本。花程式:(K)3－5,(C)3－5,A3－5,↓G。其他特征参考科。全球2个大洲分布及种数(2－12)非洲:10; 南美洲:8。

Inflatolejeunea (S. W. Arnell) R. M. Schust. 细鳞苔属 Lejeuneaceae［B－84］特征纪要:－。全球1个大洲分布及

I

种数(-)。

Inga Mill. 印加树属 Fabaceae3 [MD-240] 特征纪要:习性:木本。花程式:K3-5-∞,C3-5-∞,A1-10-50,=↓G1。物候:-。海拔:-。生境:-。资源:具栽培园艺种类。全球 6 个大洲分布及种数(283-809)非洲:22; 亚洲:70; 大洋洲:9; 欧洲:628; 北美洲:628; 南美洲:594。【中国种数:8】。

Ingenhouszia Meisn. = **Wendtia**

Inhambanella Dubard 全果山榄属 Sapotaceae [MD-357] 特征纪要:习性:木本。花程式:-。其他特征参考科。全球 1 个大洲分布及种数(2)◆非洲。

Inkaliabum D. G. Gut. 全果菊属 Asteraceae [MD-586] 特征纪要:习性:草本。花程式:(K)3-5,(C)3-5,A3-5,↓G。其他特征参考科。全球 1 个大洲分布及种数(1) ◆南美洲:1。

Inocarpus J. R. Forst. & G. Forst. 栗檀属 Fabaceae3 [MD-240] 特征纪要:习性:木本。花程式:K1-∞,C1-∞,A5-9,=↓G1。其他特征参考科。全球 6 个大洲分布及种数(3-26)非洲:6; 亚洲:6; 大洋洲:8; 欧洲:5; 北美洲:5; 南美洲:18。【中国种数:1】。

Inoderma <unassigned> 水蕨科属 Parkeriaceae [F-36] 特征纪要:-。全球 1 个大洲分布及种数(3)◆欧洲:3。

Inophloeum Pittier = **Poulsenia**

Inouethuidium R. Watan. 全叶藓属 Thuidiaceae [B-184] 特征纪要:习性:-。【Rep】:雌苞叶具细长尖,有时叶边具纤毛,蒴柄细长,平滑,稀具密疣,孢蒴卵状圆柱形,倾立至平列,蒴齿两层,黄棕,内雌苞叶椭圆状披针形,上部具长纤毛,蒴柄平滑,孢蒴圆柱形,平列,内齿层基膜高达 1/2,齿毛 2-3。其他特征参考科。全球 1 个大洲分布及种数(1)◆大洋洲。

Inti M. A. Blanco 北美连兰属 Orchidaceae [MM-723] 特征纪要:习性:-。花程式:-。其他特征参考科。全球 2 个大洲分布及种数(5)北美洲:3; 南美洲:5。

Intrusaria Raf. = **Asystasia**

Intsia Thou. 印茄属 Fabaceae1 [MD-240] 特征纪要:习性:木质攀援。花程式:-。物候:-。花期:4-5 月。果期:参考晚于花期。海拔:100-1500 米。生境:高山密林或疏林中,山谷或溪边,栽培。资源:具栽培园艺种类。全球 6 个大洲分布及种数(3-47)非洲:11; 亚洲:34; 大洋洲:9; 欧洲:4; 北美洲:4; 南美洲:5。【中国种数:2】。

Intutis Raf. = **Capparis**

Inula L. 旋覆花属 Inulaceae [MD-585] 特征纪要(同科)。全球 6 个大洲分布及种数(126-221;hort. 1;cult. 26)非洲:42-75;亚洲:69-112;大洋洲:14-39;欧洲:56-90;北美洲:22-51;南美洲:13-42。【中国种数:15】。

Inulaceae Bercht. & J. Presl [MD-585] 旋覆花科 特征纪要:习性:草本;落叶。花程式:(K)6-,C4-5,A,↓(G)-。物候:-。花期:5-8 月。果期:8-10 月。果实:-。种子:-。海拔:1000-2000 米。生境:风沙地和丘陵顶部,海拔 500-2000 米。资源:药用。栽培:中国有栽培。全球 6 个大洲分布及属种数(1-2/1-2 <IFR 1/8> hort. 1;cult. 1) 非洲:IFR 1/2; 亚洲:1/71-86(IFR 1/7); 欧洲:IFR 1/4。【中国属种数:1/15】。

Inulanthera Källersjö 旋覆菊属 Asteraceae [MD-586] 特征纪要:习性:草本。花程式:(K)3-5,C3-5,A3-5,=↓(G)2。其他特征参考科。全球 3 个大洲分布及种数(9-12)非洲:12; 北美洲:2; 南美洲:4。

Inuleae Cass. 菊科属 Asteraceae [MD-586] 特征纪要:习性:-。花程式:-。物候:-。花期:8-9 月。果期:参考晚于花期。海拔:100-4500 米。生境:风沙地和丘陵顶部。资源:-。全球 1 个大洲分布及种数(-)。

Inuloides B. Nord. 金盏花属 Asteraceae [MD-586] 特征纪要:习性:-。花程式:-。其他特征参考科。全球 1 个大洲分布及种数(cf. 1)◆非洲。

Inulopsis O. Hoffm. 旋覆菀属 Asteraceae [MD-586] 特征纪要:习性:草本。花程式:(K)3-5,(C)3-5,A3-5,=↓G2。其他特征参考科。全球 5 个大洲分布及种数(4-17)非洲:2; 亚洲:2; 欧洲:2; 北美洲:2; 南美洲:17。【中国种数:1】。

Inversodicraea Engl. ex R. E. Fr. 非洲川苔草属 Podostemaceae [MD-322] 特征纪要:习性:草本。花程式:K1-2,C0,A10,=G1-2。其他特征参考科。全球 3 个大洲分布及种数(35-58)非洲:54; 亚洲:3; 南美洲:4。

Invisocaulis R. M. Schust. 叶茎苔属 Jungermanniaceae [B-38] 特征纪要:-。全球 1 个大洲分布及种数(1)◆非洲。

Involucraria ser. = **Trichosanthes**

Involucrella (Benth. & Hook. f.) Neupane & N. Wikstr. 叶茎茜属 Rubiaceae [MD-523] 特征纪要:习性:木本。花程式:(K-),(C)4,A3 参考科,↓G。物候:-。花期:参考早于果期。果期:10 月。海拔:5-4800 米。生境:矮林内。资源:-。全球 1 个大洲分布及种数(2) ◆亚洲:2。

Involucrothele <unassigned> 莲紫草属 Boraginaceae [MD-517] 特征纪要:-。全球 1 个大洲分布及种数(7)◆欧洲:7。

Io B. Nord. 千里光属 Asteraceae [MD-586] 特征纪要:习性:草本。花程式:(K)3-5,(C)3-5,A3 参考科,↓G。其他特征参考科。全球 2 个大洲分布及种数(1-4)非洲:1; 南美洲:1。

Iocaulon Raf. = **Crotalaria**

Iocenes B. Nord. 菊科属 Asteraceae [MD-586] 特征纪要:习性:草本。花程式:-。其他特征参考科。全球 1 个大洲分布及种数(-)。

Iochroma Benth. 紫铃花属 Solanaceae [MD-503] 特征纪要:习性:木本。花程式:K3-4,C0,A3 参考科,=↓G2。其他特征参考科。全球 5 个大洲分布及种数(39-81)非洲:3; 亚洲:5; 欧洲:8; 北美洲:8; 南美洲:73。

Iodanthus Torr. & A. Gray 微花菜属 Brassicaceae [MD-213] 特征纪要:习性:草本。花程式:K2-4,C2-4,A2-

I

4, = (G)2。其他特征参考科。全球 2 个大洲分布及种数(1 - 13)亚洲:4; 北美洲:5。

Iodes Bl. 微花藤属 Icacinaceae [MD - 450] 特征纪要:习性:木质攀援。花程式:K3 - 5, C3 - 5, A3 - 5, G - 。物候: - 。花期:4 - 7 月。果期:参考晚于花期。海拔:100 - 1300 米。生境:沟谷疏林中。资源:药用,具栽培园艺种类。全球 4 个大洲分布及种数(24 - 56)非洲:20; 亚洲:29; 大洋洲:5; 南美洲:8。【中国种数:5】。

Iodocephalopsis Bunwong & H. Rob. 齿叶菊属 Asteraceae [MD - 586] 特征纪要:习性:草本。花程式:(K)3 - 5, (C)3 - 5, A3 - 5, ↓G。物候: - 。花期:7 - 10 月。果期:参考晚于花期。海拔:6000 米。生境:阿尔泰山地针叶林带山沟,柞林下路旁。资源: - 。全球 1 个大洲分布及种数(2) ◆亚洲:1。

Iodocephalus Thorel ex Gagnep. 泰国菊属 Asteraceae [MD - 586] 特征纪要:习性: - 。花程式: - 。物候: - 。花期:7 - 10 月。果期:参考晚于花期。海拔:6000 米。生境:阿尔泰山地针叶林带山沟,柞林下路旁。资源: - 。全球 1 个大洲分布及种数(cf. 1)◆东南亚(◆泰国)。

Iogeton Strother 毛花菊属 Asteraceae [MD - 586] 特征纪要:习性:草本。花程式:(K)3 - 5, (C)3 - 5, A3 - 5, ↓G。其他特征参考科。全球 1 个大洲分布及种数(1)◆北美洲。

Ionacanthus Benoist 堇刺爵床属 Acanthaceae [MD - 572] 特征纪要:习性: - 。花程式: - 。其他特征参考科。全球 3 个大洲分布及种数(8)非洲:2; 亚洲:3; 南美洲:6。

Ionactis Greene 踝菀属 Asteraceae [MD - 586] 特征纪要:习性:草本。花程式:(K)3 - 5, (C)3 - 5, A3 - 5, ↓G。其他特征参考科。全球 6 个大洲分布及种数(6 - 8)非洲:1;亚洲:1 - 2;大洋洲:1;欧洲:2 - 3;北美洲:5 - 7;南美洲:1。【中国种数:1】。

Ionaspis Th. Fr. 兰科属 Orchidaceae [MM - 723] 特征纪要和分布(-)。

Ionidium Vent. = **Hybanthus**

Ionopsidium Walp. 钻石花属 Brassicaceae [MD - 213] 特征纪要:习性:草本。花程式:K2 - 4, C2 - 4, A2 - 4, = G2。其他特征参考科。全球 4 个大洲分布及种数(9 - 11)非洲:7; 亚洲:2; 欧洲:2; 北美洲:2。

Ionopsis Kunth 新堇兰属 Orchidaceae [MM - 723] 特征纪要:习性:草本。花程式:(K)3, C3, A3, = ↓G3。其他特征参考科。全球 5 个大洲分布及种数(7 - 79)非洲:2; 亚洲:10; 大洋洲:2; 北美洲:28; 南美洲:75。

Iostephane Benth. 彩日葵属 Asteraceae [MD - 586] 特征纪要:习性:草本。花程式:(K)3 - 5, (C)3 - 5, A3 - 5, = ↓G2。其他特征参考科。全球 4 个大洲分布及种数(4 - 6)亚洲:2; 欧洲:5; 北美洲:5; 南美洲:4。【中国种数:1】。

Iotasperma G. L. Nesom 小蓬草属 Asteraceae [MD - 586] 特征纪要:习性:草本。花程式:(K)3 - 5, (C)3 - 5, A3 - 5, ↓G。其他特征参考科。全球 1 个大洲分布及种数(1 - 2)◆大洋洲(◆澳大利亚)。

Iozoste Nees = **Litsea**

Ipheion Raf. 春星韭属 Amaryllidaceae [MM - 694] 特征纪要:习性:草本。花程式: - 。其他特征参考科。全球 5 个大洲分布及种数(3 - 35)亚洲:5; 大洋洲:3; 欧洲:7; 北美洲:7; 南美洲:35。

Iphigenia Kunth 山慈姑属 Colchicaceae [MM - 623] 特征纪要:习性:木本。花程式:(K)2 - ∞, C2 - ∞, A6, ↓G3。物候: - 。海拔:2100 米。生境:松林下,草地或田野。资源:具园艺种类。全球 6 个大洲分布及种数(8 - 19)非洲:6 - 16;亚洲:2 - 15;大洋洲:2 - 8;欧洲:6;北美洲:1 - 7;南美洲:1 - 7。【中国种数:1】。

Iphiona Cass. 短尾菊属 Asteraceae [MD - 586] 特征纪要:习性:草本。花程式:(K)3 - 5, (C)3 - 5, A3 - 5, = ↓G2。其他特征参考科。全球 2 个大洲分布及种数(12 - 21)非洲:6 - 9;亚洲:7 - 12。

I

Iphionopsis Anderb. 短尾菊属 Asteraceae [MD - 586] 特征纪要:习性:草本。花程式:(K)3 - 5, (C)3 - 5, A3 - 5, ↓G。其他特征参考科。全球 1 个大洲分布及种数(2 - 3)◆非洲。

Ipnum Phil. = **Disakisperma**

Ipo Pers. = **Antiaris**

Ipomea All. = **Ipomoea**

Ipomoea L. 虎掌藤属 Convolvulaceae [MD - 499] 特征纪要:习性:草质攀援。花程式: - 。物候: - 。花期:9 - 10 月。果期:参考晚于花期。海拔:100 - 800 米。生境:滨海沙滩草地。资源:药用,具栽培园艺种类。全球 6 个大洲分布及种数(759 - 901;hort. 1;cult. 52)非洲:195 - 312;亚洲:167 - 241;大洋洲:80 - 152;欧洲:40 - 103;北美洲:306 - 377;南美洲:395 - 475。【中国种数:65】。

Ipomopsis Michx. 红杉花属 Polemoniaceae [MD - 481] 特征纪要:习性:草本。花程式:K5, C0, A5, = ↓G2 - 3。其他特征参考科。全球 6 个大洲分布及种数(56 - 182)非洲:9; 亚洲:19; 大洋洲:5; 欧洲:114; 北美洲:114; 南美洲:38。

Ipsea Lindl. 水仙兰属 Orchidaceae [MM - 723] 特征纪要:习性:草本。花程式:参考科, C2 - 3 参考科, A2 - 3 参考科, = ↓G3 参考科。其他特征参考科。全球 1 个大洲分布及种数(3)◆亚洲。

Iranecio B. Nord. 葵叶菊属 Asteraceae [MD - 586] 特征纪要:习性:草本。花程式:(K)3 - 5, (C)3 - 5, A3 - 5, ↓G。其他特征参考科。全球 1 个大洲分布及种数(4) ◆亚洲:4。【中国种数:1】。

Irania E. Hadač & J. Chrtek 单盾荠属 Brassicaceae [MD - 213] 特征纪要:习性:草本。花程式:参考科, C5 参考科, A4 参考科, ↓(G) - 参考科。物候: - 。花期:3 - 7 月。果期:6 - 8 月。海拔:30 - 6200 米。生境:半固定沙地前平地,作为蔬菜栽培。资源:具栽培园艺种类。全球 1 个大洲分布及种数(5) ◆亚洲:5。

Iranoaster Kaz. Osaloo, Farhani & Mozaff. 菊科属 Asteraceae [MD - 586] 特征纪要:习性: - 。花程式: - 。物候: - 。花期:7 - 10 月。果期:参考晚于花期。海拔:6000 米。生境:阿尔泰山地针叶林带山沟,柞林下路旁。资

源：-。全球 1 个大洲分布及种数(-)。

Irelandia W. R. Buck 灰藓科属 Hypnaceae［B-189］特征纪要：-。全球 1 个大洲分布及种数(-)。

Ireneis Moq. = **Iresine**

Irenella Süss. 金血苋属 Amaranthaceae［MD-116］特征纪要：习性：-。花程式：-。其他特征参考科。全球 1 个大洲分布及种数(1)◆南美洲。

Irenepharsus Hewson 和平芥属 Brassicaceae［MD-213］特征纪要：习性：草本。花程式：K2-4，C2-4，A2-4，=(G)2。其他特征参考科。全球 1 个大洲分布及种数(3)◆大洋洲(◆澳大利亚)。

Irenodendron M. H. Alford & Dement 天料树属 Samydaceae［MD-148］特征纪要：习性：木本。花程式：-。其他特征参考科。全球 1 个大洲分布及种数(-)。

Iresine P. Br. 血苋属 Amaranthaceae［MD-116］特征纪要：习性：草质攀援。花程式：-。物候：-。海拔：2300 米。生境：广泛种植。资源：药用，观赏，具栽培园艺种类。全球 6 个大洲分布及种数(36-190)非洲：9；亚洲：27；大洋洲：9；欧洲：66；北美洲：66；南美洲：89。【中国种数：2】。

Iriartea Ruiz & Pav. 南美椰属 Arecaceae［MM-717］特征纪要：习性：木本。花程式：K3-10，C3-10，A3-10，=G3-10。其他特征参考科。全球 4 个大洲分布及种数(1-39)非洲：2；亚洲：3；北美洲：16；南美洲：35。

Iriartella H. Wendl. 毛鞘椰属 Arecaceae［MM-717］特征纪要：习性：木本。花程式：K3-10，C3-10，A3-10，=G3-10。其他特征参考科。全球 2 个大洲分布及种数(2-6)非洲：1；南美洲：6。

Iridaceae Juss.［MM-700］鸢尾科 特征纪要：习性：草本；落叶。花程式：↙(K)6-，C3，A10，↓(G)2。物候：-。花期：6-8 月。果期：7-9 月。果实：蒴果。种子：多数作为亚科来处理，棕。海拔：0 米。生境：草丛中，沼泽地或水边湿地。资源：园林。栽培：中国有栽培。全球 6 个大洲分布及属种数(98-111/2293-3437 < IFR 34/174 > hort. 1；cult. 16) 非洲：45-46/1303-1632(IFR 17/50)；亚洲：27-28/317-365(IFR 9/78)；大洋洲：17/111-117(IFR 5/12)；欧洲：11/136-147(IFR 9/57)；北美洲：25/487-500(IFR 12/41)；南美洲：33-34/397-445(IFR 12/33)。【中国属种数：21/153】。

Iridosma Aubrév. & Pellegr. 疣冠材属 Simaroubaceae［MD-424］特征纪要：习性：-。花程式：K3，C4，A10，G-参考科。其他特征参考科。全球 1 个大洲分布及种数(-)◆亚洲。

Iris Tourn. ex L. 鸢尾属 Iridaceae［MM-700］特征纪要：习性：草本。花程式：-。物候：-。花期：3-4 月。果期：参考晚于花期。海拔：1300-3700 米。生境：草丛中，沼泽地或水边湿地。资源：具栽培园艺种类。全球 6 个大洲分布及种数(334-458；hort. 1；cult. 54)非洲：46-115；亚洲：223-339；大洋洲：19-86；欧洲：73-145；北美洲：154-226；南美洲：18-85。【中国种数：90】。

Irlbachia Mart. 美龙胆属 Gentianaceae［MD-496］特征纪要：习性：草本。花程式：K5，C0，A10，=↓(G)2。其他特征参考科。全球 6 个大洲分布及种数(7-60)非洲：2；亚洲：7；大洋洲：2；欧洲：10；北美洲：10；南美洲：52。

Irmischia Schltdl. = **Metastelma**

Irvingbaileya R. A. Howard 蛇丝木属 Stemonuraceae［MD-440］特征纪要：习性：木本。花程式：Kn，C2-3 参考科，A2，↓G-参考科。其他特征参考科。全球 1 个大洲分布及种数(1)◆大洋洲(◆澳大利亚)。

Irvingia Van Tiegh. 假杧果属 Irvingiaceae［MD-313］特征纪要：习性：-。花程式：-。其他特征参考科。全球 6 个大洲分布及种数(5-10)非洲：4-10；亚洲：4-11；大洋洲：3；欧洲：1-4；北美洲：3；南美洲：2-5。【中国种数：1】。

Irvingiaceae Exell & Mendonça［MD-313］假杧果科 特征纪要：习性：木本；落叶。花程式：K5，C5，A9，↑G2-，↑G4-5-。物候：-。花期：-。果期：-。果实：核果。种子：-。海拔：-。生境：-。资源：-。栽培：-。全球 4 个大洲分布及属种数(4/10-17 hort. 1) 非洲：4/10-15；亚洲：1/5-9；欧洲：1/2；南美洲：1/3。【中国属种数：1/1】。

Irwinia G. M. Barroso 微毛落苞菊属 Asteraceae［MD-586］特征纪要：习性：-。花程式：-。其他特征参考科。全球 1 个大洲分布及种数(1)◆南美洲(◆巴西)。

Iryanthera (A. DC.) Warb. 臀果楠属 Myristicaceae［MD-15］特征纪要：习性：木本。花程式：K2-3，C0，A5，=G1。其他特征参考科。全球 5 个大洲分布及种数(22-43)非洲：1；亚洲：3；大洋洲：2；北美洲：6；南美洲：43。

Isabelcristinia <unassigned> 贞母草属 Linderniaceae［MD-534］特征纪要：习性：草本。花程式：-。其他特征参考科。全球 1 个大洲分布及种数(-)。

Isabelia Barb. Rodr. 树贞兰属 Orchidaceae［MM-723］特征纪要：习性：草本。花程式：(K)3，C3，A3，=↓G3。其他特征参考科。全球 3 个大洲分布及种数(4-6)亚洲：3；北美洲：2；南美洲：6。【中国种数：1】。

Isachne R. Br. 柳叶箬属 Poaceae［MM-748］特征纪要：习性：竹类。花程式：(K-)，C0 参考科，A3，=G2-3。物候：-。海拔：1500 米。生境：谷地，溪旁或沟边草丛中，针阔林下草丛中。资源：药用，具栽培园艺种类。全球 6 个大洲分布及种数(106-116；hort. 1)非洲：29-42；亚洲：83-93；大洋洲：17-26；欧洲：4-13；北美洲：19-27；南美洲：12-20。【中国种数：25】。

Isaloa Humbert = **Barleria**

Isalus Phipps = **Tristachya**

Isandrina Raf. 腊肠树属 Fabaceae3［MD-240］特征纪要：习性：-。花程式：-。其他特征参考科。全球 1 个大洲分布及种数(cf. 1)◆北美洲。

Isanitella Leinig 菘兰属 Orchidaceae［MM-723］特征纪要：习性：草本。花程式：Kn，C0 参考科，A-参考科，↓G

-。其他特征参考科。全球 1 个大洲分布及种数(1)◆南美洲(◆巴西)。

Isatis Tourn. ex L. 菘蓝属 Brassicaceae [MD-213] 特征纪要:习性:草本(基生)。花程式:Kn,C2-3 参考科,A3 参考科,G1。物候:-。海拔:300-700 米。生境:沙山缓坡。资源:具栽培园艺种类。全球 6 个大洲分布及种数(102-213)非洲:15; 亚洲:150; 大洋洲:2; 欧洲:16; 北美洲:16; 南美洲:5。【中国种数:8】。

Isaura Comm. ex Poir. = **Stephanotis**

Ischaemopogon Griseb. = **Ischaemum**

Ischaemum L. 鸭嘴草属 Poaceae [MM-748] 特征纪要:习性:草本(根状茎,基生)。花程式:-。物候:-。海拔:100-1000 米。生境:海岸地区。资源:具栽培园艺种类。全球 6 个大洲分布及种数(78-108)非洲:20-38;亚洲:65-103;大洋洲:26-44;欧洲:5-19;北美洲:12-27;南美洲:12-27。【中国种数:15】。

Ischina Walp. = **Ischnia**

Ischnanthus Roem. & Schult. = **Ichnanthus**

Ischnea F. Müll. 细叶垫菊属 Asteraceae [MD-586] 特征纪要:习性:草本。花程式:(K)3-5,(C)3-5,A3-5,=↓G2。其他特征参考科。全球 3 个大洲分布及种数(4-12)非洲:11; 亚洲:6; 大洋洲:10。【中国种数:1】。

Ischnia A. DC. ex Meisn. 鸦帚草属 Verbenaceae [MD-556] 特征纪要:习性:-。花程式:-。其他特征参考科。全球 1 个大洲分布及种数(-).◆欧洲。

Ischnochloa Hook. f. = **Microstegium**

Ischnogyne Schltr. 瘦房兰属 Orchidaceae [MM-723] 特征纪要:习性:-。花程式:-。物候:-。花期:5-6 月。果期:参考晚于花期。海拔:700-1500 米。生境:岩石上。资源:花卉,药用。全球 1 个大洲分布及种数(1-2)◆亚洲(◆中国)。

Ischnolepis Jum. & H. Perrier 隐节萝藦属 Apocynaceae [MD-492] 特征纪要:习性:木本。花程式:K5,C0,A5,↓G。其他特征参考科。全球 1 个大洲分布及种数(2)◆非洲。

Ischnosiphon Körn. 细穗竹芋属 Marantaceae [MM-740] 特征纪要:习性:草本。花程式:(K)3,C3,A3-4,=↓G3。其他特征参考科。全球 6 个大洲分布及种数(40-48;hort. 1)非洲:1;亚洲:1;大洋洲:1-2;欧洲:1;北美洲:8-9;南美洲:39-45。【中国种数:3】。

Ischnostemma King & Gamble 鹅绒藤属 Apocynaceae [MD-492] 特征纪要:习性:-。花程式:-。物候:-。花期:几乎全年。果期:参考晚于花期。海拔:5000 米。生境:草间路旁。资源:-。全球 1 个大洲分布及种数(cf. 1)◆亚洲。

Ischurochloa Buse = **Bambusa**

Ischyrodon Müll. Hal. 非洲碎米藓属 Fabroniaceae [B-173] 特征纪要:习性:-。【Rep】:雌雄同株,内雌苞叶鞘状,具细长尖,边缘具齿或毛,无中肋,蒴柄短或稍细长,黄色,平滑,孢蒴直立,倒卵形,雌雄异株或雌雄同株,孢蒴高出,直立,卵形或圆柱形,台部粗短,薄壁,气孔生于台部,环带常存。其他特征参考科。全球 3 个大洲分布及种数(2)非洲:2;大洋洲:2;南美洲:1。

Iseia O'Donell 伊赛旋花属 Convolvulaceae [MD-499] 特征纪要:习性:-。花程式:-。其他特征参考科。全球 3 个大洲分布及种数(11)非洲:3; 北美洲:2; 南美洲:8。

Iseilema Andersson 香枝草属 Poaceae [MM-748] 特征纪要:习性:草本。花程式:(K)3,C0 参考科,A1-2,=G2-3。其他特征参考科。全球 5 个大洲分布及种数(26-37)非洲:4; 亚洲:19; 大洋洲:19; 欧洲:2; 北美洲:2。【中国种数:4】。

Isertia Schreb. 皂金花属 Rubiaceae [MD-523] 特征纪要:习性:木本。花程式:(K)4-5,(C)4-5,A4-5,=↓G2-9。其他特征参考科。全球 4 个大洲分布及种数(16-49)非洲:1; 亚洲:5; 北美洲:23; 南美洲:46。

Ishibaea Broth. & S. Okamura = **Lescuraea**

Isidodendron Fern. Alonso, Pérez-Zab. & Idarraga 三翅果属 Trigoniaceae [MD-316] 特征纪要:习性:木本。花程式:-。其他特征参考科。全球 1 个大洲分布及种数(1)◆南美洲(◆哥伦比亚)。

Isidorea A. Rich. ex DC. 伊西茜属 Rubiaceae [MD-523] 特征纪要:习性:木本。花程式:(K)4-5,(C)4-5,A4-5,=↓G2-9。其他特征参考科。全球 3 个大洲分布及种数(17-21)亚洲:3; 北美洲:19; 南美洲:2。

Isiphia Raf. = **Aristolochia**

Iskandera N. Busch 紫罗兰属 Brassicaceae [MD-213] 特征纪要:习性:草本。花程式:K4,C4,A3 参考科,↓G-参考科。其他特征参考科。全球 1 个大洲分布及种数(2)◆亚洲。

Islaya Backeb. 暗光球属 Cactaceae [MD-100] 特征纪要:习性:-。花程式:-。其他特征参考科。全球 2 个大洲分布及种数(1-24)北美洲:1; 南美洲:2。

Ismaria Raf. = **Ipomopsis**

Ismelia Cass. 木茼蒿属 Asteraceae [MD-586] 特征纪要:习性:草本。花程式:(K)3-5,(C)3-5,A3-5,↓G。物候:-。花期:7-10 月。果期:参考晚于花期。海拔:6000 米。生境:阿尔泰山地针叶林带山沟,柞林下路旁。资源:-。全球 4 个大洲分布及种数(1-4)非洲:1; 亚洲:1; 欧洲:1; 北美洲:1。【中国种数:1】。

Ismene Salisb. ex Şerb. 绿鬼蕉属 Amaryllidaceae [MM-694] 特征纪要:习性:草本。花程式:(K)3,C3,A1,=↓G3。其他特征参考科。全球 3 个大洲分布及种数(12)非洲:1;亚洲:cf. 1;南美洲:11。

Isnardia (Tourn.) L. 丁香蓼属 Lythraceae [MD-333] 特征纪要:习性:-。花程式:-。其他特征参考科。全球 6 个大洲分布及种数(1)非洲:1;亚洲:1;大洋洲:1;欧洲:1;北美洲:1;南美洲:1。

Isoberlinia Craib & Stapf 准鞋木属 Fabaceae1［MD－240］特征纪要：习性：木本。花程式：K3－5－∞，C3－5－∞，A3－5，＝↓G1－2。其他特征参考科。全球2个大洲分布及种数（5－9）非洲：9；亚洲：3。

Isocarpha R. Br. 藿香蓟属 Asteraceae［MD－586］特征纪要：草本，落叶；花程式：（K）3－5，（C）3－5，A3－5，G（－），＝。果实：瘦果。全球1个大洲分布及种数（6－7）◆南美洲（◆巴西）。【中国种数：1】。

Isocaulon（Eichler）Van Tiegh. 桑寄生属 Loranthaceae［MD－415］特征纪要：习性：－。花程式：－。其他特征参考科。全球1个大洲分布及种数（－）。

Isochilos Spreng. ＝ **Isochilus**

Isochilus R. Br. 等唇兰属 Orchidaceae［MM－723］特征纪要：习性：草本。花程式：（K）3，C3，A3，＝↓G3。其他特征参考科。全球6个大洲分布及种数（12－15）非洲：2；亚洲：2－5；大洋洲：2；欧洲：2；北美洲：11－14；南美洲：4－7。【中国种数：1】。

Isocladiella Dixon 鞭枝藓属 Plagiotheciaceae［B－170］特征纪要：习性：－。【Rep】：蒴柄长而细，平滑，孢蒴椭圆形，稍微弓形，外壁细胞角隅加厚，方形至长方形，薄壁，蒴盖具长喙。物候：－。海拔：－。生境：枯枝落叶生，岩面土生。资源：－。全球2个大洲分布及种数（3）亚洲：2；大洋洲：1。【中国种数：1】。

Isocladiellopsis B. Tan，T. J. Kop. & D. H. Norris 锦鞭藓属 Sematophyllaceae［B－192］特征纪要：习性：－。【Rep】：雌雄同株或雌雄异株，稀雌雄杂株，蒴柄细长，下部平滑，上部具乳头突起，孢蒴小，垂倾或悬垂，长卵形或长圆，多暗色、绿色至金黄色。其他特征参考科。全球1个大洲分布及种数（1）◆亚洲：1。

Isocladus Lindb. ＝ **Sphagnum**

Isocoma Nutt. 无舌黄菀属 Asteraceae［MD－586］特征纪要：习性：草本。花程式：（K）3－5，C3－5，A3－5，＝↓（G）2。其他特征参考科。全球6个大洲分布及种数（23－52）非洲：2；亚洲：3；大洋洲：2；欧洲：28；北美洲：28；南美洲：5。【中国种数：2】。

Isodendrion A. Gray 茎花堇属 Violaceae［MD－126］特征纪要：习性：木本。花程式：K5，C5，A10，＝（G）2－3。其他特征参考科。全球2个大洲分布及种数（4－16）亚洲：15；北美洲：16。

Isodon（Schröd. ex Benth.）Spach 香茶菜属 Lamiaceae［MD－575］特征纪要：习性：草本（根状茎，基生）。花程式：－。物候：－。花期：7－8月。果期：参考晚于花期。海拔：600－1800米。生境：草坡，草地，灌木丛。资源：具栽培园艺种类。全球6个大洲分布及种数（119－124；hort. 1；cult. 12）非洲：20－34；亚洲：115－131；大洋洲：5－19；欧洲：14；北美洲：14；南美洲：14。【中国种数：82】。

Isodrepanium（Mitt.）E. Britton 独平藓属 Neckeraceae［B－204］特征纪要：习性：－。【Rep】：孢子体不详，黄绿色或黄褐色。其他特征参考科。全球4个大洲分布及种数（1）非洲：1；欧洲：1；北美洲：1；南美洲：1。

Isoetaceae Dum.［F－7］水韭科 特征纪要：高寒地区植物，悬垂，石生。全球1个大洲分布及种数（1/4）◆亚洲。【中国属种数：1/15】。

Isoetella（Bory）Gennari ＝ **Isoetes**

Isoetes L. 水韭属 Isoetaceae［F－7］特征纪要：习性：－。【Rep】：孢子囊单生在叶基部腹面的穴内，椭圆形，外有盖膜覆盖，二型，大孢子囊生在外部的叶基，小孢子囊生在内部的叶基。孢子二型，大孢子球状四面形，小孢子肾状二面形。配子体有雌雄之分，退化；精子有多数鞭毛。物候：－。海拔：1800－1900米。生境：高山草甸水浸处，沼泽地。资源：具栽培园艺种类。全球6个大洲分布及种数（229－438）非洲：54；亚洲：82；大洋洲：37；欧洲：118；北美洲：118；南美洲：94。【中国种数：15】。

Isoetopsis Turcz. 水韭菊属 Asteraceae［MD－586］特征纪要：习性：草本。花程式：（K）3－5，C3－5，A3－5，＝↓（G）2。其他特征参考科。全球1个大洲分布及种数（1）◆大洋洲（◆澳大利亚）。

Isoglossa örst. 叉序草属 Acanthaceae［MD－572］特征纪要：习性：草质攀援。花程式：－。物候：－。花期：8－11月。果期：参考晚于花期。海拔：300－2200米。生境：常绿阔叶林，溪边湿地，山谷林下。资源：具园艺种类。全球6个大洲分布及种数（77－123）非洲：94；亚洲：22；大洋洲：4；欧洲：2；北美洲：2；南美洲：9。【中国种数：3】。

Isolatocereus Backeb. 仙人柱属 Cactaceae［MD－100］特征纪要：习性：木本。花程式：K－，C2参考科，An参考科，↓（G）。其他特征参考科。全球2个大洲分布及种数（1－2）北美洲：2；南美洲：2。

Isolembidium R. M. Schust. 澳独叶苔属 Lepidoziaceae［B－63］特征纪要：习性：－。【Rep】：裂瓣披针形或指形。其他特征参考科。全球2个大洲分布及种数（4）亚洲：2；大洋洲：3。

Isolepis R. Br. 细莞属 Cyperaceae［MM－747］特征纪要：习性：草本（具根状茎）。花程式：（K）3，C3，A1－3，＝↓G2－3。物候：－。海拔：1800－4600米。生境：草坡，平原，溪流边缘，池塘边缘。资源：药用，具栽培园艺种类。全球6个大洲分布及种数（84－101；hort. 1；cult. 1）非洲：55－76；亚洲：27－47；大洋洲：49－68；欧洲：14－33；北美洲：22－41；南美洲：16－37。【中国种数：11】。

Isoleucas O. Schwartz 肖绣球防风属 Lamiaceae［MD－575］特征纪要：习性：草本。花程式：K2，C0，A2，＝（G）2。其他特征参考科。全球4个大洲分布及种数（2－3）非洲：2；亚洲：3；北美洲：2；南美洲：2。

Isoloba Raf. 北美狸藻属 Lentibulariaceae［MD－570］特征纪要：习性：－。花程式：－。其他特征参考科。全球6个大洲分布及种数（2－3）非洲：2；亚洲：2；大洋洲：2；欧洲：2；北美洲：1－3；南美洲：2。

Isoloma J. Sm. 菲鳞始蕨属 Lindsaeaceae［F－27］特征纪要：习性：－。【Rep】：囊群至叶缘无盖。其他特征参考科。全球6个大洲分布及种数（10）非洲：1；亚洲：5；大洋洲：2；欧洲：1；北美洲：3；南美洲：4。

Isolona Engl. 同瓣香属 Annonaceae［MD－7］特征纪要：习性：木本。花程式：K3－∞，C3，A2，＝G10－100。其他

I

特征参考科。全球 2 个大洲分布及种数(20 - 36)非洲:34; 南美洲:2。

Isometrum Craib 金盏苣苔属 Gesneriaceae［MD - 549］特征纪要:习性: - 。花程式: - 。物候: - 。花期:6 月。果期:参考晚于花期。海拔:1100 - 1300 米。生境:山地,湿岩石壁上。资源: - 。全球 2 个大洲分布及种数(24)亚洲:24; 南美洲:4。

Isonandra Wight 无梗山榄属 Sapotaceae［MD - 357］特征纪要:习性:木本。花程式:K4 - 15,C0,A5, = ↓ (G)2 - 4。其他特征参考科。全球 5 个大洲分布及种数(11 - 70)非洲:2; 亚洲:63; 大洋洲:7; 北美洲:3; 南美洲:2。

Isonema R. Br. 等丝夹竹桃属 Apocynaceae［MD - 492］特征纪要:习性: - 。花程式: - 。其他特征参考科。全球 2 个大洲分布及种数(3 - 8)非洲:8; 南美洲:2。

Isopaches H. Buch 挺叶苔科属 Anastrophyllaceae［B - 60］特征纪要:习性: - 。【Rep】:雌雄同株或异株或有序同苞,雄苞顶生或间生,雄苞叶,雌雄同株或异株或有序同苞,雄苞顶生或间生,雄苞叶 2 - 3 对。其他特征参考科。全球 3 个大洲分布及种数(2)亚洲:1;欧洲:2;北美洲:2。

Isophyllaria E. A. Hodgs. & Allison 南美复叉苔属 Pseudolepicoleaceae［B - 71］特征纪要:习性: - 。【Rep】:雌雄同株或异株,雄苞着生茎、枝先端,雌苞顶生,雌苞叶与茎叶同形,4 - 5 裂,蒴柄横切面中央 4 个细胞。其他特征参考科。全球 2 个大洲分布及种数(2)大洋洲:1;南美洲:1。

Isophysidaceae F. A. Barkley［MM - 641］剑叶兰科 特征纪要:习性:草本;落叶。花程式:K6,C6,A3,↓ G3。物候: - 。果实: - 。种子: - 。海拔: - 。生境: - 。资源: - 。栽培: - 。全球 1 个大洲分布及属种数(2/3 hort. 1)◆大洋洲:1/ 1。

Isophysis T. Moore 沙鸢尾属 Isophysidaceae［MM - 641］特征纪要(同科)。全球 1 个大洲分布及种数(-)。

Isoplexis (Lindl.) Benth. 木地黄属 Plantaginaceae［MD - 527］特征纪要:习性: - 。花程式: - 。其他特征参考科。全球 4 个大洲分布及种数(16)亚洲:5; 欧洲:2; 北美洲:2; 南美洲:10。

Isopogon R. Br. ex Knight 鼓槌木属 Proteaceae［MD - 219］特征纪要:习性:木本。花程式:K3 - 4 - ∞ ,C0,A2, = G1。其他特征参考科。全球 5 个大洲分布及种数(47 - 79)非洲:4; 亚洲:1; 大洋洲:69; 欧洲:5; 北美洲:5。

Isopterygiopsis Z. Iwats. 拟同叶藓属 Plagiotheciaceae［B - 170］特征纪要:习性: - 。【Rep】:雌雄异苞同株或雌雄异株,雄苞呈花蕾状,较小,雌苞着生于短的生殖枝。物候: - 。海拔: - 。生境:枯枝落叶生,岩面土生。资源: - 。全球 6 个大洲分布及种数(3)非洲:2;亚洲:2;大洋洲:1;欧洲:3;北美洲:3;南美洲:1。【中国种数:2】。

Isopterygium Mitt. 同叶藓属 Hypnaceae［B - 189］特征纪要:习性: - 。【Rep】:雌雄异苞同株或雌雄异株,内雌苞叶长椭圆状阔披针形,蒴柄直立,平滑,孢蒴倾立或平列,长卵圆形。物候: - 。海拔: - 。生境:常见于林下土或岩面薄土,沼泽水生。资源: - 。全球 6 个大洲分布及种数(182)非洲:67;亚洲:53;大洋洲:31;欧洲:7;北美洲:33;南美洲:28。【中国种数:35】。

Isopyrum L. 扁果草属 Ranunculaceae［MD - 38］特征纪要和分布(-)。全球 6 个大洲分布及种数(8 - 16;hort. 1;cult. 2)非洲:1 - 7;亚洲:6 - 13;大洋洲:6;欧洲:2 - 8;北美洲:1 - 7;南美洲:6。【中国种数:3】。

Isora Mill. = **Helicteres**

Isostigma Less. 等柱菊属 Asteraceae［MD - 586］特征纪要:习性:草本。花程式:(K)3 - 5,(C)3 - 5,A3 - 5, = ↓ G2。其他特征参考科。全球 3 个大洲分布及种数(17 - 39)大洋洲:3; 北美洲:3; 南美洲:34。

Isotachis Mitt. 直蒴苔属 Balantiopsaceae［B - 37］特征纪要:习性: - 。【Rep】:先端2 - 4 裂。物候: - 。海拔: - 。生境:常见于岩面薄土。资源: - 。全球 6 个大洲分布及种数(14 - 21)非洲:1 - 6;亚洲:5 - 9;大洋洲:3 - 7;欧洲:3;北美洲:1 - 4;南美洲:7 - 14。【中国种数:1】。

I

Isotheca Turrill 绣球防风属 Acanthaceae［MD - 572］特征纪要:习性: - 。花程式: - 。其他特征参考科。全球 2 个大洲分布及种数(1 - 2)北美洲:1; 南美洲:1。

Isotheciadelphus Dixon & Thér. 拟船叶藓属 Lembophyllaceae［B - 205］特征纪要: - 。全球 1 个大洲分布及种数(-)。

Isotheciopsis Broth. 灰藓科属 Hypnaceae［B - 189］特征纪要:习性: - 。【Rep】: - 。物候: - 。海拔: - 。生境:常见于林下土或岩面薄土,沼泽水生。资源: - 。全球 1 个大洲分布及种数(-)。

Isothecium Brid. 猫尾藓属 Lembophyllaceae［B - 205］特征纪要:习性: - 。【Rep】:雌雄多异株,内雌苞叶基部呈鞘状,具长尖,孢蒴直立或平列,卵形或长椭圆形,环带分化,蒴齿两层。物候: - 。海拔: - 。生境:常见于林下土生,岩面土生。资源: - 。全球 6 个大洲分布及种数(48)非洲:8;亚洲:13;大洋洲:7;欧洲:17;北美洲:19;南美洲:10。【中国种数:8】。

Isotoma (R. Br.) Lindl. 长星花属 Campanulaceae［MD - 561］特征纪要:习性:草本。花程式: - 。物候: - 。海拔: - 。生境: - 。资源:具栽培园艺种类。全球 6 个大洲分布及种数(12 - 33)非洲:4; 亚洲:4; 大洋洲:26; 欧洲:7; 北美洲:7; 南美洲:5。

Isotria Raf. 神须兰属 Orchidaceae［MM - 723］特征纪要:习性:草本。花程式:(K)3,C3,A3,↓ G - 。其他特征参考科。全球 3 个大洲分布及种数(2 - 15)亚洲:8; 北美洲:14; 南美洲:7。

Isotropis Benth. 澳龙骨豆属 Fabaceae3［MD - 240］特征纪要:习性:木本。花程式:K1 - ∞ ,C1 - ∞ ,A5 - 9, = ↓ G1。其他特征参考科。全球 2 个大洲分布及种数(17 - 29)大洋洲:25; 南美洲:2。

Isotypus Kunth = **Onoseris**

Isquierdia Poir. = **Izquierdia**

Isthmoplea <unassigned> 欧洲孤马桑属 Coriariaceae［MD - 277］特征纪要: - 。全球 1 个大洲分布及种数(1)◆

欧洲:1。

Itasina Raf. 伊塔草属 Apiaceae [MD-480] 特征纪要:习性:草本。花程式:K5,C5,A5,=↓G(-)。其他特征参考科。全球1个大洲分布及种数(1-2)◆非洲。

Itatiaia Ule 巴西金牡丹属 Melastomataceae [MD-364] 特征纪要:习性:-。花程式:-。其他特征参考科。全球1个大洲分布及种数(1)◆南美洲(◆巴西)。

Itatiella G. L. Sm. 巴西金发藓属 Polytrichaceae [B-101] 特征纪要:习性:-。【Rep】:孢子同形,雌雄异株,稀雌雄同株,蒴柄细长,孢蒴长圆柱形,单生或多个簇生,蒴齿单层,齿片32,棕红色,蒴盖圆锥形。其他特征参考科。全球1个大洲分布及种数(-)◆南美洲。

Itaya H. E. Moore 秘鲁棕属 Arecaceae [MM-717] 特征纪要:习性:木本。花程式:K3-10,C3-10,A3-10,=G3-10。其他特征参考科。全球1个大洲分布及种数(1)◆南美洲。

Itea Gronov. ex L. 鼠刺属 Iteaceae [MD-211] 特征纪要:习性:草本,少灌木。花程式:-。物候:-。海拔:100-2400米。生境:次阔叶林,竹林山地。资源:具栽培园艺种类。全球6个大洲分布及种数(22-67)非洲:3;亚洲:50;大洋洲:3;欧洲:4;北美洲:4;南美洲:4。【中国种数:15】。

Iteaceae J. Agardh [MD-211] 鼠刺科 特征纪要:习性:木本;落叶。花程式:K5,C5,A5,↓(G)-。物候:-。花期:3-5月。果期:5-12月。果实:蒴果。种子:-。海拔:1000-1100米。生境:次阔叶林,竹林山地。资源:药用。栽培:中国有栽培。全球4个大洲分布及属种数(4/6-8 <IFR 1/2> hort. 1;cult. 1)非洲:1/2;亚洲:IFR 1/2;大洋洲:2/2-3;南美洲:1/2-3。【中国属种数:1/15】。

Iteadaphne P. & K. 香面叶属 Lauraceae [MD-21] 特征纪要:习性:-。花程式:-。物候:-。花期:参考早于果期。果期:3-10月。海拔:700-2300米。生境:次森林,苔藓常绿阔叶林。资源:芳香油。全球1个大洲分布及种数(-)。

Ithycaulon Copel. 袋囊蕨属 Dennstaedtiaceae [F-26] 特征纪要:-。全球1个大洲分布及种数(-)。

Itoa Hemsl. 栀子皮属 Salicaceae [MD-123] 特征纪要:习性:木本。花程式:-。物候:-。花期:5-6月。果期:参考晚于花期。海拔:500-1400米。生境:常绿阔叶林,山地林中。资源:具栽培园艺种类。全球3个大洲分布及种数(2-8)非洲:2;亚洲:7;大洋洲:1。【中国种数:1】。

Itoasia Kuntze = **Corynaea**

Ittnera C. C. Gmel. = **Najas**

Ituterion Raf. = **Ampelopsis**

Itzaea Standl. & Steyerm. 中美旋花属 Convolvulaceae [MD-499] 特征纪要:习性:草本。花程式:-。其他特征参考科。全球2个大洲分布及种数2个北美洲:1;南美洲:1。

Iva L. 假豚草属 Asteraceae [MD-586] 特征纪要:习性:-。花程式:-。其他特征参考科。全球4个大洲分布及种数(23)亚洲:5;大洋洲:1;欧洲:2;北美洲:23。【中国种数:1】。

Ivania O. E. Schulz 弯蕊芥属 Brassicaceae [MD-213] 特征纪要:习性:草本。花程式:K4,C4,A3参考科,↓G-参考科。其他特征参考科。全球1个大洲分布及种数(1-2)◆南美洲(◆智利)。

Ivanjohnstonia Kazmi 印度紫草属 Boraginaceae [MD-517] 特征纪要:习性:草本。花程式:Kn,C0,A5,=(G)2-4。其他特征参考科。全球1个大洲分布及种数(1)◆南亚(◆印度)。

Ivesia Torr. & A. Gray 爱夫花属 Rosaceae [MD-246] 特征纪要:习性:-。花程式:-。其他特征参考科。全球4个大洲分布及种数(85)亚洲:7;欧洲:50;北美洲:50;南美洲:13。

Ivodea Capuron 马岛芸香属 Rutaceae [MD-399] 特征纪要:习性:木本。花程式:-。其他特征参考科。全球2个大洲分布及种数(29-33)非洲:31;亚洲:2。

Ivonia Vell. 芸香兰属 Orchidaceae [MM-723] 特征纪要:-。全球1个大洲分布及种数(1) ◆南美洲:1。

Iwatsukia N. Kitag. 绮萼苔属 Cephaloziaceae [B-52] 特征纪要:习性:-。【Rep】:雌苞生于茎腹面短枝上,蒴萼长筒形,口部有长刺,雄苞生于茎腹面,雄苞叶多对,呈穗状,老时呈黄褐色。其他特征参考科。全球2个大洲分布及种数(3)亚洲:2;南美洲:2。

Iwatsukiella W. R. Buck & H. A. Crum 小柔齿藓属 Leskeaceae [B-181] 特征纪要:习性:-。【Rep】:蒴柄细长,孢蒴小,卵形,老时常平列,红褐色,环带分化,蒴齿两层,等长,外齿层齿片长披针形,黄色。物候:-。海拔:-。生境:树茎生,岩面土生。资源:-。全球2个大洲分布及种数(1)亚洲:1;北美洲:1。【中国种数:1】。

Ixanthus Griseb. 绮丹花属 Gentianaceae [MD-496] 特征纪要:习性:草本。花程式:K5,C0,A10,=G2。其他特征参考科。全球0个大洲分布及种数(1-2)。

Ixchelia H. E. Ballard & Wahlert 花旗堇属 Violaceae [MD-126] 特征纪要:习性:木本。花程式:K5,C5,A10,G-。其他特征参考科。全球2个大洲分布及种数(3-4)北美洲:3;南美洲:1。

Ixerba A. Cunn. 龙柱花属 Ixerbaceae [MD-289] 特征纪要(同科)。全球1个大洲分布及种数(1)◆大洋洲(◆新西兰)。

Ixerbaceae Griseb. ex Doweld & Reveal [MD-289] 西兰木科 特征纪要:习性:木本;落叶。花程式:K5,C5,A,↓(G)-。物候:-。果实:-。种子:-。海拔:-。生境:-。资源:-。栽培:-。全球1个大洲分布及属种数(2/2-3 hort. 1) ◆大洋洲:1/1。

Ixeridium (A. Gray) Tzvelev 小苦荬属 Asteraceae [MD-586] 特征纪要:习性:草本(根状茎,基生)。花程式:(K)3-5,C3-5,A3参考科,=↓(G)2。物候:-。海拔:1900-2000米。生境:草地。栽培:来自广西龙州。资

I

源:药用,具栽培园艺种类。全球 3 个大洲分布及种数(25 - 52)非洲:6; 亚洲:46; 大洋洲:6。【中国种数:7】。

Ixeris (Cass.) Cass. 苦荬菜属 Asteraceae [MD - 586] 特征纪要:习性:草本(基生)。花程式:(K)3 - 5,C3 - 5,A3 参考科, = ↓ G2。物候: - 。海拔:100 - 4000 米。生境:草地,山中向阳山坡。资源:具栽培园艺种类。全球 6 个大洲分布及种数(20 - 111)非洲:3; 亚洲:84; 大洋洲:2; 欧洲:3; 北美洲:3; 南美洲:2。【中国种数:6】。

Ixia L. 谷鸢尾属 Iridaceae [MM - 700] 特征纪要和分布(-)。全球 6 个大洲分布及种数(71 - 139;hort. 1)非洲:69 - 92;亚洲:5 - 12;大洋洲:13 - 20;欧洲:9 - 16;北美洲:7 - 14;南美洲:7。

Ixianthes Benth. 溪袋木属 Stilbaceae [MD - 532] 特征纪要:习性:草本。花程式:K2 - 4,C0,A2 - 4, ↓ G2。其他特征参考科。全球 1 个大洲分布及种数(1)◆非洲。

Ixidium Eichl. 番樱寄生属 Santalaceae [MD - 412] 特征纪要:习性: - 。花程式: - 。其他特征参考科。全球 1 个大洲分布及种数(1)◆南美洲。

Ixina Raf. = **Krameria**

Ixiochlamys F. Müll. & Sond. 喙果层菀属 Asteraceae [MD - 586] 特征纪要:习性:草本。花程式:(K)3 - 5,C3 - 5,A3 - 5, = ↓ (G)2。其他特征参考科。全球 1 个大洲分布及种数(4)◆大洋洲(◆澳大利亚)。

Ixiolaena Benth. 单头金绒草属 Asteraceae [MD - 586] 特征纪要:习性:草本。花程式:(K)3 - 5,C3 - 5,A3 - 5, = ↓ (G)2。其他特征参考科。全球 2 个大洲分布及种数(2 - 12)非洲:2; 大洋洲:9。

Ixiolirion Fisch. ex Şerb. 鸢尾蒜属 Ixiolirionaceae [MM - 683] 特征纪要:习性:草本(基生)。花程式:(K -),C2 - 3 参考科,A6, ↓ G - 。物候: - 。花期:4 - 5 月。果期:参考晚于花期。海拔:400 - 1600 米。生境:草原,斜坡上。资源:具栽培园艺种类。全球 3 个大洲分布及种数(5 - 16)非洲:2; 亚洲:14; 南美洲:2。【中国种数:2】。

Ixiolirionaceae Nakai [MM - 683] 鸢尾韭科 特征纪要:习性:草本;落叶。花程式:(K)6 - ,C5,A6, ↓ (G) - 。物候: - 。花期:4 - 5 月。果期:5 - 6 月。果实:蒴果。种子:小。海拔:400 - 1600 米。生境:草原,斜坡上。资源:药用。栽培: - 。全球 1 个大洲分布及属种数(2/5 - 6 <IFR 1/1 > hort. 1) ◆亚洲:1/ 1。【中国属种数:1/2】。

Ixocactus Rizzini 粘掌寄生属 Loranthaceae [MD - 415] 特征纪要:习性: - 。花程式: - 。其他特征参考科。全球 2 个大洲分布及种数(9)北美洲:4; 南美洲:9。

Ixodia R. Br. 山地菊属 Asteraceae [MD - 586] 特征纪要:习性: - 。花程式: - 。其他特征参考科。全球 1 个大洲分布及种数(1 - 3)◆大洋洲(◆澳大利亚)。

Ixodonerium Pit. 胶夹竹桃属 Apocynaceae [MD - 492] 特征纪要:习性:木本。花程式:K5 - ∞ ,C0,A15, = ↓ (G) 2 - 5。物候: - 。花期:全年。果期:参考晚于花期。海拔:80 - 3000 米。生境:矮林或灌木丛中,住宅旁。资源: - 。全球 1 个大洲分布及种数(cf. 1)◆亚洲。

Ixonanthaceae Planch. ex Miq. [MD - 294] 黏木科 特征纪要:习性:木本;落叶。花程式:K4 - 5(-),C5,A5, ↑ G5。物候: - 。花期:4 - 5 月。果期:8 - 9 月。果实:核果,蒴果。种子: - 。海拔:1000 米。生境:仅生长在陡峭山坡的灌木中,山坡阳处,密林或疏林。资源: - 。栽培: - 。全球 3 个大洲分布及属种数(6/33 - 37 <IFR 2/3 > hort. 1) 非洲:2/6 - 8; 亚洲:2/14 - 15(IFR 1/1); 南美洲:4/17 - 19(IFR 1/2)。【中国属种数:1/2】。

Ixonanthes Jack 黏木属 Ixonanthaceae [MD - 294] 特征纪要:习性:木本。花程式: - 。物候: - 。花期:6 - 8 月。果期:参考晚于花期。海拔:1000 米。生境:灌木中,山坡阳处,密林或疏林。资源:具园艺种类。全球 5 个大洲分布及种数(3 - 26)非洲:3; 亚洲:19; 大洋洲:3; 北美洲:2; 南美洲:3。【中国种数:2】。

Ixophorus Schltdl. 空轴实心草属 Poaceae [MM - 748] 特征纪要:习性:草本。花程式:(K)3,C0 参考科,A1 - 2, ↓ G - 参考科。其他特征参考科。全球 5 个大洲分布及种数(1 - 12)非洲:6; 亚洲:5; 大洋洲:4; 北美洲:6; 南美洲:3。

Ixora L. 龙船花属 Rubiaceae [MD - 523] 特征纪要:习性:木本。花程式:(K -),C2 - 3 参考科,A5 参考科, ↓ G2。物候: - 。花期:5 - 6 月。果期:参考晚于花期。海拔:100 - 1100 米。生境:中海拔山地丛林内。资源:药用,具栽培园艺种类。全球 6 个大洲分布及种数(228 - 656;hort. 1;cult. 4)非洲:66 - 170;亚洲:115 - 378;大洋洲:55 - 157;欧洲:9 - 22;北美洲:43 - 63;南美洲:77 - 108。【中国种数:48】。

Ixorhea Fenzl 南美紫草属 Boraginaceae [MD - 517] 特征纪要:习性:灌木。花程式:Kn,C0,A5,G2 - 4。其他特征参考科。全球 1 个大洲分布及种数(1)◆南美洲。

Ixyophora Dressler 鸟喙兰属 Orchidaceae [MM - 723] 特征纪要:习性:草本。花程式:(K -),C2 - 3 参考科,A3 参考科, ↓ G - 。其他特征参考科。全球 1 个大洲分布及种数(5 - 6) ◆南美洲:5。

Izozogia G. Navarro 玻利蒺藜属 Zygophyllaceae [MD - 288] 特征纪要:习性: - 。花程式: - 。其他特征参考科。全球 1 个大洲分布及种数(1)◆南美洲(◆玻利维亚)。

Izquierdia Ruiz & Pav. 栒冬青属 Aquifoliaceae [MD - 438] 特征纪要:习性: - 。花程式: - 。其他特征参考科。全球 2 个大洲分布及种数(cf. 1)大洋洲;南美洲。

J

Jablonskia G. L. Webster 密头茶属 Phyllanthaceae［MD－222］特征纪要：习性：木本。花程式：K1（1000），C0，A6，＝（G）2－3。其他特征参考科。全球1个大洲分布及种数（1）◆南美洲。

Jaborosa Juss. 春茄属 Solanaceae［MD－503］特征纪要：草本。花程式：K3－4，C0，A3 参考科，＝↓G2。其他特征参考科。全球4个大洲分布及种数（27－31；hort. 1）亚洲：cf. 1；欧洲：3；北美洲：2；南美洲：26。【中国种数：1】。

Jacaranda Juss. 蓝花楹属 Bignoniaceae［MD－541］特征纪要：习性：木本。花程式：－。物候：－。花期：5－6月。果期：参考晚于花期。海拔：100－5840米。生境：常绿阔叶林，路旁，斜坡，竹木林中。资源：具栽培园艺种类。全球6个大洲分布及种数（58－69；hort. 1；cult. 1）非洲：3－5；亚洲：13－15；大洋洲：4－7；欧洲：1－4；北美洲：15－18；南美洲：52－60。【中国种数：10】。

Jacaratia A. DC. 异木瓜属 Caricaceae［MD－236］特征纪要：习性：木本。花程式：（K）5，（C）5，A5，＝↓G5。其他特征参考科。全球2个大洲分布及种数（9）北美洲：6；南美洲：7。

Jackiella Schiffn. 甲克苔属 Jackiellaceae［B－54］特征纪要（同科）。全球6个大洲分布及种数（2）非洲：3；亚洲：1－4；大洋洲：1－4；欧洲：3；北美洲：3；南美洲：3。【中国种数：2】。

Jackiellaceae R. M. Schust.［B－54］甲克苔科 特征纪要：密集丛生，倾立，褐绿色，有光泽。【Rep】：颈卵器顶生，蒴萼卵圆形，有多条纵褶，口部具多个裂瓣，蒴柄短。全球6个大洲分布和属种数（1/1－5）非洲：1/3；亚洲：1/1－4；大洋洲：1/1－4；欧洲：1/3；北美洲：1/3；南美洲：1/3。【中国属种数：1/2】。

Jackiopsis Ridsdale 杨属 Rubiaceae［MD－523］特征纪要：习性：木本。花程式：（K－），（C）4，A3 参考科，↓G。其他特征参考科。全球1个大洲分布及种数（1）◆亚洲。

Jacmaia B. Nord. 灰毛尾药菊属 Asteraceae［MD－586］特征纪要：习性：草本。花程式：（K）3－5，（C）3－5，A3－5，↓G。其他特征参考科。全球1个大洲分布及种数（1）◆北美洲。

Jacobaea Mill. 千里光属 Asteraceae［MD－586］特征纪要：习性：草本。花程式：（K）3－5，（C）3－5，A3－5，↓G。物候：－。花期：8－10月。果期：参考晚于花期。海拔：5360米。生境：草地，森林，竹林边。资源：－。全球5个大洲分布及种数（52－78；hort. 1；cult. 8）非洲：8；亚洲：32－34；欧洲：29－32；北美洲：2－3；南美洲：1。【中国种数：3】。

Jacobaeoides Vaill. ＝ **Ligularia**

Jacobinia Moric. 花旗爵床属 Acanthaceae［MD－572］特征纪要：习性：－。花程式：－。其他特征参考科。全球6个大洲分布及种数（20－31）非洲：3；亚洲：1－4；大洋洲：3；欧洲：3；北美洲：13－18；南美洲：11－17。

Jacobsenia L. Bolus & Schwantes 白鸽玉属 Aizoaceae［MD－94］特征纪要：习性：灌木。花程式：K3－4，C3－4，A5 参考科，＝↓G－。其他特征参考科。全球2个大洲分布及种数（2－6）非洲：6；亚洲：2。

Jacquemontia Choisy 小牵牛属 Convolvulaceae［MD－499］特征纪要和分布（－）。全球6个大洲分布及种数（112－131；hort. 1；cult. 8）非洲：7－11；亚洲：90－102；大洋洲：3－7；欧洲：1－5；北美洲：37－47；南美洲：93－110。【中国种数：9】。

Jacquesfelixia Phipps ＝ **Danthoniopsis**

Jacqueshuberia Ducke 黑水豆属 Fabaceae2［MD－240］特征纪要：习性：木本。花程式：K3－5－∞，C3－5－∞，A1－10－50，＝↓G1。其他特征参考科。全球1个大洲分布及种数（7）◆南美洲。

Jacquina St.－Lag. ＝ **Jacquinia**

Jacquinia L. 钟萝桐属 Primulaceae［MD－401］特征纪要：习性：草本。花程式：－。其他特征参考科。全球5个大洲分布及种数（20－104）亚洲：20；大洋洲：2；欧洲：55；北美洲：55；南美洲：24。

Jacquiniella Schltr. 束刀兰属 Orchidaceae［MM－723］特征纪要：习性：草本。花程式：（K）3，C3，A3，＝↓G3。其他特征参考科。全球6个大洲分布及种数（12－18）非洲：2；亚洲：5；大洋洲：2；欧洲：14；北美洲：14；南美洲：13。【中国种数：1】。

Jacquinotia homb. & Jacquinot ex Decne. ＝ **Lebetanthus**

Jacuanga T. Lestib. ＝ **Costus**

Jadunia Lindau 雅顿爵床属 Acanthaceae［MD－572］特征纪要：习性：草本。花程式：K2－4，C0，A2－4，＝（G）2。其他特征参考科。全球5个大洲分布及种数（2－6）非洲：3；亚洲：2；大洋洲：6；北美洲：2；南美洲：4。

Jaegeria Kunth 膜苞菊属 Asteraceae［MD－586］特征纪要：习性：草本。花程式：（K）3－5，（C）3－5，A3－5，＝↓G2。其他特征参考科。全球3个大洲分布及种数（11－12）亚洲：cf. 1；北美洲：9；南美洲：3－4。【中国种数：1】。

Jaegerina Müll. Hal. 蕨紫藓属 Pterobryaceae［B－201］特征纪要：习性：－。【Rep】：雌雄异株，稀雌雄同株，蒴柄短或较长，平滑或粗糙，孢蒴长卵形，直立，蒴齿两层，环带不分化，蒴盖圆锥形，亮绿色至红棕色。其他特征参考科。全球 6 个大洲分布及种数(10)非洲:8;亚洲:2;大洋洲:1;欧洲:1;北美洲:6;南美洲:2。

Jaegerinopsis Broth. 蕨藓科属 Pterobryaceae [B－201] 特征纪要:习性:－。【Rep】:参考科特征:雌雄异株,稀雌雄同株,蒴柄短或较长,平滑或粗糙,孢蒴长卵形,直立,蒴齿两层,环带不分化,蒴盖圆锥形,亮绿色至红棕色。其他特征参考科。全球 2 个大洲分布及种数(4)北美洲:2; 南美洲:2。

Jaeschkea Kurz 口药花属 Gentianaceae [MD－496] 特征纪要:习性:草本(基生)。花程式:－。物候:－。花期:7 月。果期:参考晚于花期。海拔:4300－4600 米。生境:梅多森河岸,生于河滩草丛中。资源:－。全球 1 个大洲分布及种数(3－4)◆亚洲。

Jaffrea H. C. Hopkins & Pillon 缨鼠李属 Rhamnaceae [MD－331] 特征纪要:习性:木本。花程式:Kn,C2－3 参考科,A2,↓G－参考科。其他特征参考科。全球 1 个大洲分布及种数(2) ◆大洋洲:2。

Jaffueliobryum Thér. 缨齿藓属 Grimmiaceae [B－115] 特征纪要:习性:－。【Rep】:雌雄异株或同株,孢蒴多呈卵形、长卵状圆柱形,稀球形,多直立,稀倾斜或下垂,蒴壁平滑。物候:－。海拔:－。生境:草甸岩面土生,岩面土生。资源:－。全球 3 个大洲分布及种数(5)亚洲:2;北美洲:3;南美洲:3。【中国种数:3】。

Jagera Bl. 雨沫树属 Sapindaceae [MD－428] 特征纪要:习性:木本。花程式:K4－8,C4－8,A10,=(G)2－3。其他特征参考科。全球 3 个大洲分布及种数(4－15)非洲:4; 亚洲:6; 大洋洲:12。

Jagrantia Barfuss & W. Till 雨含羞属 Fabaceae1 [MD－238] 特征纪要:习性:木本。花程式:K3－5－∞,C3－5－∞,A1－10－50,=↓G(－)。其他特征参考科。全球 2 个大洲分布及种数(1) 北美洲:1,南美洲:1。

Jahipha Loefl. = **Manihot**

Jailoloa Heatubun & W. J. Baker 棕榈科属 Arecaceae [MM－717] 特征纪要:习性:－。花程式:－。其他特征参考科。全球 1 个大洲分布及种数(－)。

Jaimehintonia B. L. Turner 白虎韭属 Asparagaceae [MM－669] 特征纪要:习性:草本。花程式:－。其他特征参考科。全球 1 个大洲分布及种数(1)◆北美洲(◆墨西哥)。

Jalcophila M. O. Dillon & Sagást. 紫鲜菊属 Asteraceae [MD－586] 特征纪要:习性:草本。花程式:(K)3－5,C3－5,A3－5,=↓(G)2。其他特征参考科。全球 1 个大洲分布及种数(2－3)◆南美洲。

Jaliscoa S. Watson 托泽兰属 Asteraceae [MD－586] 特征纪要:习性:草本。花程式:(K)3－5,C3－5,A3－5,=↓(G)2。其他特征参考科。全球 1 个大洲分布及种数(4)◆北美洲(◆墨西哥)。

Jaltomata Schltdl. 轮钟茄属 Solanaceae [MD－503] 特征纪要:习性:草本。花程式:K3－4,C0,A3 参考科,=↓G2。其他特征参考科。全球 4 个大洲分布及种数(52－78)亚洲:4;大洋洲:3;北美洲:12－13;南美洲:46－65。【中国种数:3】。

Jamaicanthus Borhidi 茜草属 Rubiaceae [MD－523] 特征纪要:习性:－。花程式:－。其他特征参考科。全球 1 个大洲分布及种数(－)。

Jamesbrittenia Kuntze 雨地花属 Scrophulariaceae [MD－536] 特征纪要:习性:灌木。花程式:K2－4,C0,A2－4,↓G2。物候:－。海拔:45－6000 米。生境:沼泽草地。资源:－。全球 4 个大洲分布及种数(87－96)非洲:91; 亚洲:3; 欧洲:5; 北美洲:5。

Jamesia Torr. & A. Gray 岩绣梅属 Hydrangeaceae [MD－429] 特征纪要和分布(－)。全球 1 个大洲分布及种数(3－4)◆北美洲。

Jamesianthus S. F. Blake & Sherff 战帽菊属 Asteraceae [MD－586] 特征纪要:习性:草本。花程式:(K)3－5,(C)3－5,A3－5,↓G。其他特征参考科。全球 1 个大洲分布及种数(1)◆北美洲(◆美国)。

Jamesonia Hook. & Grev. 天梯蕨属 Pteridaceae [F－31] 特征纪要:习性:－。【Rep】:孢子同形,囊群生叶缘。其他特征参考科。全球 5 个大洲分布及种数(65－94)亚洲:11; 大洋洲:3; 欧洲:24; 北美洲:24; 南美洲:84。【中国种数:5】。

Jamesoniella (Spruce) Carrington 圆叶苔属 Jamesoniellaceae [B－51] 特征纪要(同科)。全球6 个大洲分布及种数(10)非洲:4－12;亚洲:4－12;大洋洲:2－10;欧洲:8;北美洲:8;南美洲:4－12。【中国种数:5】。

J

Jamesoniellaceae He－Nygren, Juslén, Ahonen, Glenny & Piippo [B－51] 圆叶苔科 特征纪要:多粗大,稀形小,黄绿色,老时呈暗绿色,疏松或密集成片生长。【Rep】:雌雄异株,雌苞叶基部呈鞘状,蒴柄细长,孢蒴卵形至圆柱形,蒴齿外齿层淡黄色或黄褐色,具密疣,内齿层灰白。全球 6 个大洲分布和属种数(8/47－60)非洲:2－4/7－19;亚洲:5/24－36;大洋洲:4－6/9－21;欧洲:1－4/1－13;北美洲:1－4/11－23;南美洲:5－7/26－38。【中国属种数:1/5】。

Janczewskia <unassigned> 美国红花荷属 Rhodoleiaceae [MD－64] 特征纪要:－。全球 4 个大洲分布及种数(7)非洲:1; 欧洲:2; 北美洲:3; 南美洲:1。

Jankaea Boiss. 希腊苦苣苔属 Lygodiaceae [F－20] 特征纪要:习性:－。花程式:－。其他特征参考科。分布:－。

Janotia J.－F. Leroy 大托团花属 Rubiaceae [MD－523] 特征纪要:习性:木本。花程式:(K)4－5,(C)4－5,A4－5,=↓(G)2－9。其他特征参考科。全球 2 个大洲分布及种数(1－4)非洲:4; 南美洲:3。

Jansenella Bor 紫穗草属 Poaceae [MM－748] 特征纪要:习性:草本。花程式:(K)3,C0 参考科,A1－2,=(G)2－3。物候:－。海拔:10－5600 米。生境:草地,作为饲料植物或大麦田杂草种植。资源:－。全球 3 个大洲分布及种数(2－3)亚洲:3; 大洋洲:2; 北美洲:1。【中国种数:1】。

Janthe Griseb. = **Pauridia**

Janusia A. Juss. ex Endl. 朱那木属 Malpighiaceae [MD－343] 特征纪要:习性:木本。花程式:K5,C5,A10,=G2－3。物候:－。花期:8 月。果期:参考晚于花期。海拔:100－2000 米。生境:山坡,竹林中。资源:－。全球 6 个大洲分布及种数(18－73)非洲:8; 亚洲:13; 大洋洲:6; 欧洲:7; 北美洲:7; 南美洲:36。

Japanobotrychium (L.) M. Nishida = **Botrychium**

Japonasarum Nakai = **Asarum**

Japonicalia C. Ren & Q. E. Yang 短含羞属 Fabaceae1 [MD - 238] 特征纪要:习性:木本。花程式:K - ,C3,A4 - 5, ↓(G)2。物候:-。花期:4 - 5 月。果期:参考晚于花期。海拔:100 - 1500 米。生境:高山密林或疏林中,山谷或溪边,栽培。资源:具栽培园艺种类。全球 1 个大洲分布及种数(3) ◆亚洲:3。

Japonoliriaceae Takht. [MM - 610] 短柱草科 特征纪要:习性:草本;落叶。花程式:(K)6 - ,C5,A,↑G -。物候:-。果实:-。种子:-。海拔:-。生境:-。资源:-。栽培:-。全球 1 个大洲分布及属种数(2/2 - 3 hort. 1) ◆大洋洲:1/ 1 - 10。

Japonolirion Nakai 尾濑草属 Japonoliriaceae [MM - 610] 特征纪要(同科)。全球 1 个大洲分布及种数(1 - 2)◆亚洲。【中国种数:1】。

Jaquinia L. = **Jacquinia**

Jaramilloa R. M. King & H. Rob. 黄粒菊属 Asteraceae [MD - 586] 特征纪要:习性:草本。花程式:(K)3 - 5,C3 - 5,A3 - 5, = ↓(G)2。其他特征参考科。全球 1 个大洲分布及种数(1 - 2)◆南美洲(◆哥伦比亚)。

Jarandersonia Kosterm. 毛刺椴属 Malvaceae [MD - 203] 特征纪要:习性:-。花程式:-。其他特征参考科。全球 1 个大洲分布及种数(-)。

Jarava Ruiz & Pav. 稻针茅属 Poaceae [MM - 748] 特征纪要:习性:-。花程式:-。其他特征参考科。全球 6 个大洲分布及种数(44 - 51)非洲:1;亚洲:1;大洋洲:1 - 2;欧洲:1;北美洲:6 - 7;南美洲:41 - 42。

Jardinea Steud. 稻针颖属 Poaceae [MM - 748] 特征纪要:习性:-。花程式:-。其他特征参考科。全球 2 个大洲分布及种数(1 - 3) ◆大洋洲

Jarilla Rusby 番粟瓜属 Caricaceae [MD - 236] 特征纪要:习性:木本。花程式:(K)5,(C)5,A5,↓G -。其他特征参考科。全球 2 个大洲分布及种数(3 - 7)北美洲:4; 南美洲:2。

Jarixa <unassigned> 美国黑禾草属 Poaceae [MM - 748] 特征纪要和分布(-)。

Jarrilla I. M. Johnst. = **Jarilla**

Jasarum G. S. Bunting 黑水芋属 Araceae [MM - 639] 特征纪要:习性:草本。花程式:-。其他特征参考科。全球 1 个大洲分布及种数(1)◆南美洲。

Jasione L. 伤愈草属 Campanulaceae [MD - 561] 特征纪要:习性:草本。花程式:-。其他特征参考科。全球 6 个大洲分布及种数(29 - 191)非洲:50; 亚洲:18; 大洋洲:2; 欧洲:5; 北美洲:5; 南美洲:6。【中国种数:5】。

Jasminanthes Bl. 黑鳗藤属 Apocynaceae [MD - 492] 特征纪要:习性:木本。花程式:K5,C5,A5,↓G。物候:-。花期:5 - 6 月。果期:参考晚于花期。海拔:100 - 600 米。生境:热带森林,原始林区。资源:药用,具栽培园艺种类。全球 1 个大洲分布及种数(-)。【中国种数:4】。

Jasminium Dumort. = **Jasminum**

Jasminocereus Britton & Rose 麝香柱属 Cactaceae [MD - 100] 特征纪要:习性:木本。花程式:K1 - ∞,C1 - ∞,A3 - 100, = ↓(G)3 - 100。其他特征参考科。全球 1 个大洲分布及种数(2)◆南美洲。

Jasminonerium Wolf = **Carissa**

Jasminum L. 素馨属 Oleaceae [MD - 498] 特征纪要:习性:木质攀援。花程式:(K -),C2 - 3 参考科,A5, = ↓ G2。物候:-。花期:10 - 11 月。果期:参考晚于花期。海拔:2200 米。生境:中山湿性常绿阔叶林,灌丛,林缘。资源:药用,具栽培园艺种类。全球 6 个大洲分布及种数(129 - 249;hort. 1;cult. 14)非洲:60 - 106;亚洲:88 - 182;大洋洲:30 - 73;欧洲:15 - 36;北美洲:22 - 48;南美洲:18 - 39。【中国种数:53】。

Jasonia Cass. 块茎菊属 Asteraceae [MD - 586] 特征纪要:习性:草本。花程式:(K)3 - 5,C3 - 5,A3 - 5, = ↓(G)2。其他特征参考科。全球 1 个大洲分布及种数(1)◆欧洲。

Jateorhiza Miers 药根藤属 Menispermaceae [MD - 42] 特征纪要:习性:草本。花程式:K1(6 - 40),C3,A1 - 6 - 40, = G1 - 3。其他特征参考科。全球 3 个大洲分布及种数(2 - 6)非洲:4; 亚洲:3; 北美洲:2。【中国种数:1】。

Jatropha L. 麻风树属 Euphorbiaceae [MD - 217] 特征纪要:习性:木本。花程式:-。物候:-。花期:9 - 10 月。果期:参考晚于花期。海拔:20 - 5000 米。生境:海边潮汐平原。栽培:来自广西龙州。资源:油脂,药用,具栽培园艺种类。全球 6 个大洲分布及种数(177 - 216;hort. 1;cult. 3)非洲:82 - 99;亚洲:25 - 43;大洋洲:11 - 20;欧洲:7 - 17;北美洲:77 - 88;南美洲:57 - 72。【中国种数:7】。

Jaumea Pers. 碱菊属 Asteraceae [MD - 586] 特征纪要:习性:草本。花程式:(K)3 - 5,C3 - 5,A3 - 5, = ↓(G)2。其他特征参考科。全球 6 个大洲分布及种数(6 - 12)非洲:2 - 6;亚洲:1 - 5;大洋洲:4;欧洲:4;北美洲:2 - 6;南美洲:1 - 5。【中国种数:1】。

Jaundea Gilg 红叶藤属 Connaraceae [MD - 284] 特征纪要:木质攀援,落叶,复叶。花程式(参考科):S:(K)(-),P:C5,A:A5,O: = ↓(G):1 - 3/Ou:在每一心皮内 2 并列,F:蓇果,S:种皮作不规则的矩圆形。全球 1 个大洲分布及种数(-)◆亚洲。

Javieria Archila = **Brassavola**

Javorkaea Borhidi & Jarai - Koml. = **Arachnothryx**

Jedda J. R. Clarkson 帚薇香属 Thymelaeaceae [MD - 310] 特征纪要:习性:木本。花程式:K2 - 4,C0,A2, = (G)2 - 5。其他特征参考科。全球 1 个大洲分布及种数(1)◆大洋洲(◆澳大利亚)。

Jefea Strother 小叶苞菊属 Asteraceae [MD - 586] 特征纪要:习性:草本。花程式:(K)3 - 5,C3 - 5,A3 - 5, = ↓(G)2。其他特征参考科。全球 2 个大洲分布及种数(5 - 6)北美洲:6; 南美洲:3。

Jeffersonia Bart. 二叶鲜黄连属 Berberidaceae [MD - 45] 特征纪要:习性:-。花程式:-。其他特征参考科。全

球 4 个大洲分布及种数(1 -5)亚洲:3; 大洋洲:2; 欧洲:3; 北美洲:3。

Jeffreya Wild 鹅河菊属 Asteraceae［MD -586］特征纪要:习性:草本。花程式:(K)3 -5,(C)3 -5,A3 -5,↓G。其他特征参考科。全球 1 个大洲分布及种数(2)◆非洲。

Jeffreycia H. Rob., S. C. Keeley & Skvarla 菊科属 Asteraceae［MD -586］特征纪要:习性:-。花程式:-。其他特征参考科。全球 2 个大洲分布及种数(5 -6)非洲:4; 亚洲:1。

Jehlia Rose 舞凤花属 Onagraceae［MD -396］特征纪要:习性:-。花程式:-。其他特征参考科。全球 2 个大洲分布及种数(cf. 1)北美洲;南美洲。

Jejewoodia Szlach. 角唇兰属 Orchidaceae［MM -723］特征纪要:习性:草本。花程式:参考科,C2 -3 参考科,A2 -3 参考科,=↓G3 参考科。其他特征参考科。全球 1 个大洲分布及种数(6)◆亚洲。

Jejosephia A. N. Rao & Mani = **Bulbophyllum**

Jenmaniella Engl. 川薹草科属 Podostemaceae［MD -322］特征纪要:习性:-。花程式:-。其他特征参考科。全球 1 个大洲分布及种数(7)◆南美洲。

Jennyella Lückel & Fessel 素珠兰属 Orchidaceae［MM -723］特征纪要:习性:-。花程式:-。其他特征参考科。全球 2 个大洲分布及种数(8)亚洲:2; 南美洲:7。

Jensenia Lindb. 小带叶苔属 Pallaviciniaceae［B -30］特征纪要:习性:-。【Rep】:蒴柄白色,纤长,孢蒴短圆柱形,2 -4 瓣开裂,弹丝 2 列螺纹加厚,孢子棕色,直径约 25 微米,与叶状体间具清晰界限,横切面中央有厚壁细胞组成的中轴。物候:-。海拔:-。生境:山谷林下。资源:-。全球 6 个大洲分布及种数(10)非洲:2 -3;亚洲:3 -4;大洋洲:1 -2;欧洲:1;北美洲:1 -2;南美洲:3 -4。

Jensenobotrya A. G. J. Herre 琅华木属 Aizoaceae［MD -94］特征纪要:习性:灌木。花程式:K3 -4,C3 -4,A5 参考科,=↓(G)1 -2。其他特征参考科。全球 1 个大洲分布及种数(1 -2)◆非洲。

Jensia B. G. Baldwin 星紫菊属 Asteraceae［MD -586］特征纪要:习性:草本。花程式:(K)3 -5,(C)3 -5,A3 -5,↓G。其他特征参考科。全球 2 个大洲分布及种数(2 -3)亚洲:2; 北美洲:3。【中国种数:1】。

Jepsonia Small 秋方草属 Saxifragaceae［MD -231］特征纪要:习性:草本。花程式:-。其他特征参考科。全球 1 个大洲分布及种数(4 -6)◆北美洲。

Jerdonia Wight 天竺苣苔属 Gesneriaceae［MD -549］特征纪要:习性:草本。花程式:Kn,C0,A4,↓G。其他特征参考科。全球 1 个大洲分布及种数(1) ◆亚洲:1。

Jessea H. Rob. & Cuatrec. 髓菊木属 Asteraceae［MD -586］特征纪要:习性:草本。花程式:(K)3 -5,C3 -5,A3 -5,=↓(G)2。其他特征参考科。全球 2 个大洲分布及种数(3 -10)北美洲:5; 南美洲:6。

Joachima Ten. = **Beckmannia**

Joannea Spreng. = **Chuquiraga**

Joannegria Chiov. = **Chloris**

Joannesia Vell. 鹦鹉桐属 Euphorbiaceae［MD -217］特征纪要和分布(-)。全球 1 个大洲分布及种数(2)◆南美洲。【中国种数:1】。

Jobinia E. Fourn. 乔宾萝藦属 Apocynaceae［MD -492］特征纪要:习性:木本。花程式:K5,C0,A5,=G2。其他特征参考科。全球 2 个大洲分布及种数(25 -33)北美洲:2; 南美洲:33。

Jodina Hook. & Arn. ex Meisn. 菱叶寄生属 Santalaceae［MD -412］特征纪要:习性:木本。花程式:-。其他特征参考科。全球 3 个大洲分布及种数(2 -8)亚洲:2; 北美洲:3; 南美洲:8。

Joedes <unassigned> 印尼防已属 Menispermaceae［MD -42］特征纪要:-。全球 1 个大洲分布及种数(1)◆亚洲:1。

Johanneshowellia Reveal 石蓉蓼属 Polygonaceae［MD -120］特征纪要:习性:草本。花程式:K2 -3,C0,A2,↓G -参考科。其他特征参考科。全球 1 个大洲分布及种数(2)◆北美洲(◆美国)。

Johannesteijsmannia H. E. Moore 菱叶棕属 Arecaceae［MM -717］特征纪要:习性:木本。花程式:K3 -10,C3 -10,A3 -10,=G3 -10。其他特征参考科。全球 1 个大洲分布及种数(1 -5)◆亚洲。

Johnsonia R. Br. 苞花草属 Johnsoniaceae［MM -642］特征纪要(同科)。全球 4 个大洲分布及种数(6 -15)亚洲:3; 大洋洲:13; 北美洲:1; 南美洲:4。

Johnsoniaceae Lotsy［MM -642］红箭花科 特征纪要:习性:草本;落叶。花程式:(K)6 -,C3,A3,↑(G)3。物候:-。果实:蒴果。种子:-。海拔:-。生境:-。资源:-。栽培:-。全球 1 个大洲分布及属种数(2/7 -9 <IFR 1/2> hort. 1,cult. 1) ◆大洋洲:1/ 5 -6。

Johnstonalia Tortosa 咀签属 Rhamnaceae［MD -331］特征纪要:习性:木本。花程式:Kn,C2 -3 参考科,A2,↓G -参考科。其他特征参考科。全球 1 个大洲分布及种数(1) ◆南美洲:1。

Johnstonella Brand 隐花紫草属 Boraginaceae［MD -517］特征纪要:习性:草本。花程式:Kn,C0,A5,↓G。物候:-。花期:8 -9 月。果期:参考晚于花期。海拔:5700 米。生境:斜坡。资源:-。全球 2 个大洲分布及种数(10) 北美洲:10 -11(IFR 1);南美洲:2。

Johoralia C. K. Lim 舌含羞属 Fabaceae1［MD -238］特征纪要:习性:木本。花程式:K3 -5 -∞,C3 -5 -∞,A1 -10 -50,=↓G(-)。其他特征参考科。全球 1 个大洲分布及种数(1)◆亚洲:1。

Johrenia DC. 苞花芹属 Apiaceae［MD -480］特征纪要:习性:草本。花程式:K5,C5,A5,=↓G2。其他特征参考科。全球 2 个大洲分布及种数(2 -16)亚洲:1 -13;欧洲:3。

Joinvillea Gaudich. ex Brongn. & Gris 拟苇属 Joinvilleaceae［MM -728］特征纪要(同科)。全球 4 个大洲分布及种数(4 -14)亚洲:8; 大洋洲:6; 欧洲:3; 北美洲:3。【中国种数:2】。

Joinvilleaceae Tolm. & A. C. Sm. [MM－728] 拟苇科 特征纪要:习性:草本;落叶。花程式:K3,C3,A6,↑(G)3。物候:－。花期:－。果期:－。果实:核果。种子:－。海拔:－米。生境:－。资源:－。栽培:－。全球1个大洲分布及属种数(2/5－6 hort. 1)◆亚洲:2/5。【中国属种数:1/2】。

Joliffia Bojer ex Delile ＝ **Telfairia**

Jollydora Pierre ex Gilg 光瓣牛栓藤属 Connaraceae [MD－284] 特征纪要:习性:木本。花程式:K5－10,C5－10,A5,＝↓G1－3。其他特征参考科。全球1个大洲分布及种数(4－5)◆非洲。

Jonesia Bizot 非洲藓属 Funariaceae [B－106] 特征纪要:习性:－。【Rep】:雌雄同株,蒴柄细长,顶生,孢蒴直立,对称,近于圆球形或短梨形,台部极短而粗,环带由小形细胞组成而常存,雌雄同株异苞,蒴柄细长,黄色,孢蒴直立,对称,呈倒梨形,多具明显的长台部,环带缺如,蒴齿缺如。其他特征参考科。全球1个大洲分布及种数(1)◆非洲。

Jonesiella Rydb. ＝ **Astragalus**

Jonesiobryum B. H. Allen & Pursell 巴西光刺藓属 Rhachitheciaceae [B－125] 特征纪要:习性:－。【Rep】:雌雄同株,雌苞叶较长大,有高鞘部,上部短披针形,钝端,有短尖,中肋不及叶尖,蒴柄稍高出于雌苞叶。其他特征参考科。全球1个大洲分布及种数(2)◆南美洲。

Jonghea Lem. ＝ **Billbergia**

Jongkindia <unassigned> 西番莲属 Passifloraceae [MD－151] 特征纪要:习性:－。花程式:－。其他特征参考科。全球1个大洲分布及种数(－)。

Jonidium Kunth ＝ **Hybanthus**

Jonopsidium Rchb. 十字花科属 Brassicaceae [MD－213] 特征纪要:习性:－。花程式:－。其他特征参考科。全球0个大洲分布及种数(2)。

Jonopsis Schltr. ＝ **Ionopsis**

Joosia H. Karst. 光鸡纳属 Rubiaceae [MD－523] 特征纪要:习性:木本。花程式:(K)4－5,(C)4－5,A4－5,＝↓(G)2－9。其他特征参考科。全球2个大洲分布及种数(15－27)北美洲:4; 南美洲:24。

Jordaaniella H. E. K. Hartmann 金绳玉属 Aizoaceae [MD－94] 特征纪要:习性:草本。花程式:K3－4,C3－4,A5参考科,＝↓G－。其他特征参考科。全球2个大洲分布及种数(7－8)非洲:8; 南美洲:2。

Joseanthus H. Rob. 全裂落苞菊属 Asteraceae [MD－586] 特征纪要:习性:草本。花程式:(K)3－5,C3－5,A3－5,＝↓(G)2。其他特征参考科。全球1个大洲分布及种数(5)◆南美洲。

Josephina Pers. ＝ **Josephinia**

Josephinia Vent. 刺球麻属 Pedaliaceae [MD－539] 特征纪要:习性:－。花程式:－。其他特征参考科。全球3个大洲分布及种数(2－5)非洲:1;亚洲:1;大洋洲:3。

Jouvea E. Fourn. 尾盾草属 Poaceae [MM－748] 特征纪要:习性:草本。花程式:(K－),C0参考科,A3参考科,↓G－参考科。其他特征参考科。全球2个大洲分布及种数(2－3)北美洲:3; 南美洲:2。

Jovellana Ruiz & Pav. 茶杯花属 Calceolariaceae [MD－531] 特征纪要:习性:草本。花程式:K2－4,C0,A2－4,＝G2－3。其他特征参考科。全球4个大洲分布及种数(4－7)大洋洲:cf. 1;欧洲:1;北美洲:1;南美洲:3。

Jovetastella Tixier 新喀澳鳞苔属 Lejeuneaceae [B－84] 特征纪要:习性:－。【Rep】:老时呈红褐色。其他特征参考科。全球1个大洲分布及种数(cf. 1)◆大洋洲。

Jovetia Guédès 霍韦茜属 Rubiaceae [MD－523] 特征纪要:习性:木本。花程式:(K)4－5,(C)4－5,A4－5,＝↓(G)2－9。其他特征参考科。全球1个大洲分布及种数(1)◆非洲(◆马达加斯加)。

Jovibarba (DC.) Opiz 神须草属 Crassulaceae [MD－229] 特征纪要:习性:－。花程式:－。其他特征参考科。全球5个大洲分布及种数(23)非洲:3; 亚洲:3; 大洋洲:4; 欧洲:4; 北美洲:4。

Joxylon Steud. ＝ **Maclura**

Joycea H. P. Linder 澳光禾属 Poaceae [MM－748] 特征纪要:习性:－。花程式:－。其他特征参考科。全球1个大洲分布及种数(2)◆大洋洲(◆澳大利亚)。

Juania Drude 胡安椰属 Arecaceae [MM－717] 特征纪要:习性:木本。花程式:K3－10,C3－10,A3－10,＝G3－10。其他特征参考科。全球1个大洲分布及种数(1)◆南美洲(◆智利)。

Juanulloa Ruiz & Pav. 棱瓶花属 Solanaceae [MD－503] 特征纪要:木本。花程式:K3－4,C0,A3－4,＝G2。物候:－。海拔:－。生境:－。资源:具园艺种类。全球3个大洲分布及种数(8－45)亚洲:5; 北美洲:24; 南美洲:36。

Jubaea Kunth 智利椰子属 Arecaceae [MM－717] 特征纪要:习性:木本。花程式:K3－10,C3－10,A3－10,G3－参考科。其他特征参考科。全球3个大洲分布及种数(1－5)大洋洲:3; 北美洲:2; 南美洲:5。

Jubaeopsis Becc. 南非椰子属 Arecaceae [MM－717] 特征纪要:习性:木本。花程式:K3－10,C3－10,A3－10,G3－参考科。其他特征参考科。全球2个大洲分布及种数(1－2)非洲:2; 北美洲:2。

Jubelina A. Juss. 朱布金虎尾属 Malpighiaceae [MD－343] 特征纪要:习性:木本。花程式:K5,C5,A10,＝G2－3。其他特征参考科。全球2个大洲分布及种数(6－10)北美洲:4; 南美洲:10。

Jubula Dum. 毛耳苔属 Jubulaceae [B－83] 特征纪要:习性:－。【Rep】:雌苞着生主枝,雌苞叶1－3对,叶边全缘,蒴萼具3脊,脊部狭,弹丝具螺纹加厚,孢子直径约50微米。物候:－。海拔:1300米。生境:石生。全球6个大洲分布及种数(5)非洲:4;亚洲:4－8;大洋洲:4;欧洲:1－5;北美洲:2－6;南美洲:1－5。【中国种数:6】。

Jubulaceae H. Klinggr. [B－83] 毛耳苔科 特征纪要:叶状体多暗绿色,有时呈黄绿色,常呈大片状生长,阔度可达5毫米以上。【Rep】:雌雄苞着生短侧枝上,假蒴萼缺失,蒴被(Calyptra)形大,圆柱形或棒状形,肉质,尖部多具疣。全球6个大洲分布和属种数(2/6－11)非洲:1/4;亚洲:2/6－11;大洋洲:1/4;欧洲:1/1－5;北美洲:1/2－

6;南美洲:1/1 - 5。【中国属种数:1/6(2)】。

Jubulopsaceae (Hamlin) R. M. Schust. [B - 78] 绒耳苔科 特征纪要:小形至中形,多红褐色、紫黑色或黑色,稀棕黄色、褐绿色,无光泽或略具光泽。【Rep】:雌雄同株或异株,雌苞叶多长大,鞘状,孢蒴常为椭圆形,直立,成熟时中部4或5瓣不完全纵裂。全球1个大洲分布和属种数(1)◆非洲。

Jubulopsis R. M. Schust. 绒耳苔属 Jubulopsaceae [B - 78] 特征纪要(同科)。全球1个大洲分布及种数(-)。

Jucunda Cham. = **Miconia**

Juelia Aspl. = **Ombrophytum**

Jugastrum Miers = **Eschweilera**

Juglandaceae DC. ex Perleb [MD - 136] 胡桃科 特征纪要:习性:木本;常绿,落叶。花程式:♀|♂K4 - 5(-),C0,A6, = ↓(G)2 - 3。物候:-。花期:4 - 5月 果期:8 - 11月。果实:坚果。种子:种皮作不规则的矩圆形。海拔:1000 - 1400米。生境:常绿阔叶林沟边道旁。资源:园林,药用。栽培:中国有栽培。全球6个大洲分布及属种数(12 - 13/113 - 169 <IFR 8/14 > hort. 1;cult. 5) 非洲:1/1; 亚洲:9/71 - 77(IFR 5/8); 大洋洲:1/4; 欧洲:2/11 - 12; 北美洲:5/52 - 57(IFR 6/12); 南美洲:3/17 - 18。【中国属种数:7/30】。

Juglans L. 胡桃属 Juglandaceae [MD - 136] 特征纪要:习性:木本。花程式:-。物候:-。花期:4 - 5月。果期:参考晚于花期。海拔:500 - 2800米。生境:栽培。资源:具栽培园艺种类。全球6个大洲分布及种数(43 - 63;hort. 1;cult. 8)非洲:1 - 16;亚洲:19 - 41;大洋洲:3 - 18;欧洲:6 - 21;北美洲:27 - 45;南美洲:10 - 26。【中国种数:6】。

Julbernardia Pellegr. 热非豆属 Fabaceae1 [MD - 240] 特征纪要:习性:木本。花程式:K3 - 5 - ∞,C3 - 5 - ∞,A3 - 5, = ↓G1 - 2。其他特征参考科。全球1个大洲分布及种数(10 - 11)◆非洲。

Julella <unassigned> 独蕊草科属 Hydatellaceae [MM - 707] 特征纪要和分布(-)。

Juliania La Llave & Lex. 三柱草属 Julianiaceae [MD - 421] 特征纪要(同科)。全球3个大洲分布及种数(10)亚洲:2; 北美洲:6; 南美洲:5。

Julianiaceae Hemsl. [MD - 421] 三柱草科 特征纪要:习性:木本;落叶。花程式:K3,C3,A,G -。物候:-。果实:-。种子:-。海拔:-。生境:-。资源:-。栽培:-。全球1个大洲分布及属种数(2/3)◆南美洲:2/2。

Julostyles Benth. & Hook. f. = **Julostylis**

Julostylis Thwaites 斯里兰卡锦葵属 Malvaceae [MD - 203] 特征纪要:习性:木本。花程式:K5 - ∞,C5 - ∞,A10 - 8, = G1 - 5。其他特征参考科。全球1个大洲分布及种数(1 - 4)◆南亚。

Jumellea Schltr. 矛唇兰属 Orchidaceae [MM - 723] 特征纪要:习性:草本。花程式:(K)3,C3,A3, = ↓(G)3。其他特征参考科。全球6个大洲分布及种数(45 - 66;hort. 1)非洲:44 - 65;亚洲:1;大洋洲:1;欧洲:4;北美洲:1;南美洲:cf. 1。

Jumelleanthus Hochr. 琼氏锦葵属 Malvaceae [MD - 203] 特征纪要:习性:木本。花程式:Kn,C6参考科,A - 参考科, = (G)1 - 5。其他特征参考科。全球1个大洲分布及种数(1)◆非洲。

Juncaceae Juss. [MM - 733] 灯芯草科 特征纪要:习性:木本,草本;落叶。花程式:K4 - 5(-),C5,A9,↓(G)3。物候:-。花期:4 - 7月。果期:5 - 10月。果实:蒴果。种子:种皮常具纵沟或网纹,棕黄色。海拔:100 - 2300米。生境:壁架,着生潮湿田地里。资源:药用。栽培:-。全球6个大洲分布及属种数(10/471 - 657 <IFR 3/118 > hort. 1;cult. 3) 非洲:4/118 - 129(IFR 2/30); 亚洲:3/261 - 304(IFR 3/70); 大洋洲:2/139 - 182(IFR 2/9); 欧洲:3/168 - 185(IFR 2/49); 北美洲:3/227 - 241(IFR 3/42); 南美洲:6/128 - 147(IFR 2/15)。【中国属种数:2/183】。

Juncaginaceae Rich. [MM - 604] 水麦冬科 特征纪要:习性:草本;落叶。花程式:K3,C3,A6,↑G -。物候:-。花期和果期:6 - 10月。果实:蒴果。种子:棕色。海拔:4500米。生境:沟谷湿地草甸溪旁,咸湿地或浅水处。资源:药用。栽培:-。全球6个大洲分布及属种数(5 - 6/32 - 76 hort. 1;cult. 1) 非洲:2 - 3/9 - 12; 亚洲:2/5 - 7; 大洋洲:3/17 - 47; 欧洲:2/7 - 8; 北美洲:2/8 - 10; 南美洲:4/8 - 13。【中国属种数:1/4】。

Juncago Ség. = **Triglochin**

Juncastrum Heist. = **Juncus**

Juncodes Kuntze = **Luzula**

Juncoides Ség. 地杨梅属 Juncaceae [MM - 733] 特征纪要:习性:草本。花程式:K3,C3,A2 - 3,G3 - 参考科。其他特征参考科。全球6个大洲分布及种数(7)非洲:2;亚洲:5;大洋洲:2;欧洲:3;北美洲:7;南美洲:4。

Juncus L. 灯芯草属 Juncaceae [MM - 733] 特征纪要:习性:草本。花程式:-。物候:-。花期:4 - 7月。果期:参考晚于花期。海拔:100 - 2300米。生境:壁架,着生潮湿田地里。资源:具栽培园艺种类。全球6个大洲分布及种数(406 - 1901)非洲:380; 亚洲:610; 大洋洲:324; 欧洲:571; 北美洲:571; 南美洲:289。【中国种数:148】。

Junellia Moldenke 居内马鞭草属 Verbenaceae [MD - 556] 特征纪要:习性:木本。花程式:K2 - 4,C0,A2 - 4, = G2 - 4。其他特征参考科。全球6个大洲分布及种数(46 - 113)非洲:2; 亚洲:2; 大洋洲:18; 欧洲:7; 北美洲:7; 南美洲:103。

Jungermannia L. 叶苔属 Jungermanniaceae [B - 38] 特征纪要:习性:-。【Rep】:雌雄同株或异株或有序同苞,雄苞顶生或间生,雄苞叶2 - 3对。物候:-。海拔:-。生境:山坡,针阔混交林中。资源:-。全球6个大洲分布及种数(79 - 100)非洲:12 - 77;亚洲:43 - 107;大洋洲:22 - 90;欧洲:16 - 77;北美洲:20 - 81;南美洲:11 - 77。【中国种数:40】。

Jungermanniaceae Rchb. [B - 38] 叶苔科 特征纪要:细小至中形,绿色、黄绿色、暗绿色或红褐色。【Rep】:雌雄同株或异株或有序同苞,雄苞顶生或间生,雄苞叶 2 - 3 对。全球 6 个大洲分布和属种数(9 - 11/159 - 335)非洲:5 - 8/21 - 149;亚洲:8 - 9/111 - 238;大洋洲:4 - 8/26 - 155;欧洲:2 - 7/20 - 142;北美洲:5 - 7/33 - 155;南美洲:2 - 7/14 - 141。【中国属种数:9/59(3)】。

Jungermannites Göpp. 心叶苔属 Jungermanniaceae [B - 38] 特征纪要:-。全球 1 个大洲分布及种数(-)。

Juniperaceae Bercht. & J. Presl = Cupressaceae

Juniperus L. 刺柏属 Cupressaceae [G - 17] 特征纪要:习性:-。【Rep】:复轴,浆果状,苞鳞融合成果皮状,种鳞多退化,球果浆果状,近球形,二年或三年成熟,种鳞 3 枚,合生,肉质,苞鳞与种鳞结合而生,仅顶端尖头分离,成熟时不张开或仅球果顶端微张开,种子通常 3 粒,卵圆形,具棱脊,有树脂槽,无翅。物候:-。花期:3 - 4 月。果期:参考晚于花期。海拔:1000 - 3300 米。生境:高山,针阔混交林中。资源:药用,具栽培园艺种类。全球 6 个大洲分布及种数(97 - 559)非洲:116; 亚洲:332; 大洋洲:13; 欧洲:171; 北美洲:171; 南美洲:48。【中国种数:41】。

Juno Tratt. 飞鸢尾属 Iridaceae [MM - 700] 特征纪要:习性:-。花程式:-。物候:-。花期:4 - 5 月。果期:参考晚于花期。海拔:100 - 4400 米。生境:草丛中,自然山坡地。资源:-。全球 6 个大洲分布及种数(14 - 37)非洲:3;亚洲:13 - 16;大洋洲:3;欧洲:3;北美洲:3;南美洲:3。

Jupunba Britton & Rose = **Abarema**

Juratzkaea Lorentz 无毛藓属 Stereophyllaceae [B - 172] 特征纪要:习性:-。物候:-。海拔:-。生境:常见于石灰岩或腐木。资源:-。全球 4 个大洲分布及种数(6)非洲:1;亚洲:2;大洋洲:1;南美洲:2。【中国种数:1】。

Juratzkaeella W. R. Buck 拟无毛藓属 Brachytheciaceae [B - 187] 特征纪要:习性:-。【Rep】:绿色或棕绿色。其他特征参考科。全球 1 个大洲分布及种数(cf. 1)◆亚洲(◆中国)。

Jurgensenia Turcz. = **Bejaria**

Jurgensia Raf. = **Spermacoce**

Jurinea Cass. 苓菊属 Asteraceae [MD - 586] 特征纪要:习性:草本,少木本。花程式:(K)3 - 5,C3 - 5,A3 参考科,= ↓ G2。物候:-。花期:5 - 8 月。果期:参考晚于花期。海拔:1000 - 1500 米。生境:砾石戈壁。资源:具栽培园艺种类。全球 6 个大洲分布及种数(251 - 409)非洲:4; 亚洲:336; 大洋洲:2; 欧洲:19; 北美洲:19; 南美洲:5。【中国种数:16】。

Juruasia Lindau 巴西爵床属 Acanthaceae [MD - 572] 特征纪要:习性:-。花程式:-。其他特征参考科。全球 1 个大洲分布及种数(cf. 1)◆南美洲。

Jussiaea L. 水龙属 Onagraceae [MD - 396] 特征纪要:习性:-。花程式:-。其他特征参考科。全球 6 个大洲分布及种数(4 - 36;hort. 5;cult. 5)非洲:2 - 15;亚洲:1 - 14;大洋洲:13;欧洲:1 - 14;北美洲:2 - 15;南美洲:1 - 14。

Justago (DC.) Kuntze 羊角菜属 Cleomaceae [MD - 210] 特征纪要:习性:-。花程式:-。其他特征参考科。全球 1 个大洲分布及种数(cf. 1)◆大洋洲。

Justenia Hiern = **Bertiera**

Justicia L. 爵床属 Acanthaceae [MD - 572] 特征纪要:习性:草本。花程式:-。物候:-。花期:参考早于果期。果期:4 - 5 月。海拔:1000 - 2400 米。生境:村旁或路边灌丛,有时栽培,在岩石上。资源:园林与花卉,具栽培园艺种类。全球 6 个大洲分布及种数(1049 - 1336;hort. 1;cult. 11)非洲:366 - 459;亚洲:297 - 355;大洋洲:39 - 75;欧洲:13 - 49;北美洲:240 - 310;南美洲:418 - 512。【中国种数:50】。

Juttadinteria Schwantes 飞凤玉属 Aizoaceae [MD - 94] 特征纪要:习性:灌木。花程式:-。其他特征参考科。全球 1 个大洲分布及种数(8)◆非洲。

K

Kabulia Bor & C. E. C. Fisch. 丝茎蓼属 Caryophyllaceae [MD－77] 特征纪要:－。全球1个大洲分布及种数(1)◆亚洲:1。

Kabuyea Brummitt 白星莲属 Tecophilaeaceae [MM－686] 特征纪要:习性:草本。花程式:－。其他特征参考科。全球1个大洲分布及种数(1)◆非洲。

Kadenia Lavrova & V. N. Tikhom. 毒欧芹属 Apiaceae [MD－480] 特征纪要:习性:草本。花程式:K5,C5,A5,＝↓G(－)。其他特征参考科。全球1个大洲分布及种数(1)◆欧洲。【中国种数:1】。

Kadenicarpus Doweld 仙人掌科属 Cactaceae [MD－100] 特征纪要:习性:木本。花程式:－。其他特征参考科。全球2个大洲分布及种数(5－6)北美洲:5; 南美洲:1。

Kadsura Kaempf. ex Juss. 冷饭藤属 Schisandraceae [MD－8] 特征纪要:习性:木质攀援。花程式:－。物候:－。花期:6月。果期:参考晚于花期。海拔:900－1800米。生境:丛林间。栽培:来自广西龙州。资源:药用,油脂。全球5个大洲分布及种数(17－57)非洲:2; 亚洲:52; 欧洲:4; 北美洲:4; 南美洲:2。【中国种数:10】。

Kadua Cham. & Schltdl. 冷茜属 Rubiaceae [MD－523] 特征纪要:习性:木本。花程式:(K)4－5,(C)4－5,A4－5,＝↓G2－9。其他特征参考科。全球6个大洲分布及种数(16－32;hort. 5;cult. 5)非洲:7;亚洲:8－17;大洋洲:3－10;欧洲:7;北美洲:12－30;南美洲:7。【中国种数:1】。

Kadurias Raf. ＝ **Cuscuta**

Kaempferia L. 山柰属 Zingiberaceae [MM－737] 特征纪要:习性:草本(根状茎,基生)。花程式:－。物候:－。花期:5月。果期:参考晚于花期。海拔:1100米。生境:草地阳处或栽培在院子里。资源:药用,具栽培园艺种类。全球6个大洲分布及种数(32－52)非洲:3;亚洲:31－53;大洋洲:3;欧洲:3;北美洲:3－7;南美洲:3。【中国种数:9】。

Kaernbachia Kuntze ＝ **Lethedon**

Kafirnigania Kamelin & Kinzik. 西班牙伞芹属 Apiaceae [MD－480] 特征纪要:习性:草本。花程式:Kn,C5,A3 参考科,＝↓G(－)。其他特征参考科。全球2个大洲分布及种数(2)非洲:1;欧洲:1。

Kageneckia Ruiz & Pav. 桐梅属 Rosaceae [MD－246] 特征纪要:习性:木本。花程式:K1(10－100),C1－10－100,A1－10－100,＝↓G1－50。物候:－。海拔:－。生境:－。资源:具园艺种类。全球2个大洲分布及种数(3－9)亚洲:2; 南美洲:9。

Kaieteurea Dwyer ＝ **Ouratea**

Kailarsenia Tirveng. 缅泰茜树属 Rubiaceae [MD－523] 特征纪要:习性:木本。花程式:(K)4－5,(C)4－5,A4－5,＝↓(G)2－9)。物候:－。花期:参考早于果期。果期:10月。海拔:5－4800米。生境:矮林内。资源:－。全球1个大洲分布及种数(cf. 1)◆亚洲。【中国种数:2】。

Kailashia Pimenov & Kljuykov 伞形科属 Apiaceae [MD－480] 特征纪要:习性:草本。花程式:－。物候:－。海拔:50－5600米。生境:半荒漠中和砾石质山坡上,柞林内。资源:－。全球1个大洲分布及种数(－)。

Kairoa Phil. 葛缕子属 Monimiaceae [MD－20] 特征纪要:习性:木本。花程式:－。其他特征参考科。全球4个大洲分布及种数(4－9)非洲:4; 亚洲:1; 大洋洲:5; 南美洲:5。

Kairothamnus Airy－Shaw 黄杨桐属 Picrodendraceae [MD－317] 特征纪要:习性:木本。花程式:－。其他特征参考科。全球2个大洲分布及种数(1－2)非洲:1; 大洋洲:1。

Kaisupeea B. L. Burtt 悬蒴苣苔属 Gesneriaceae [MD－549] 特征纪要:习性:草本。花程式:K5,C0,A2－5,＝(G)2。其他特征参考科。全球1个大洲分布及种数(1－3)◆亚洲。【中国种数:1】。

Kajewskiella Merr. & L. M. Perry 悬茜草属 Rubiaceae [MD－523] 特征纪要:习性:木本。花程式:(K)4－5,(C)4－5,A4－5,＝↓(G)2－9。其他特征参考科。全球1个大洲分布及种数(2)◆大洋洲。

Kajuputi Adans. ＝ **Melaleuca**

Kalaharia Baill. 非洲马鞭草属 Lamiaceae [MD－575] 特征纪要:习性:草本。花程式:K2,C0,A2,＝(G)2。其他特征参考科。全球1个大洲分布及种数(1－2)◆非洲。

Kalakia Alava 伊朗芹属 Apiaceae [MD－480] 特征纪要:习性:草本。花程式:K5,C5,A5,＝↓G(－)。其他特征参考科。全球1个大洲分布及种数(1－3)◆亚洲。

Kalanchoe Adans. 伽蓝菜属 Crassulaceae [MD－229] 特征纪要:习性:草本,少灌木。花程式:－。物候:－。花期:3月。果期:参考晚于花期。海拔:200－5700米。生境:水边,山坡。资源:药用,具栽培园艺种类。全球6个大洲分布及种数(168－205;hort. 1;cult. 8)非洲:149－169;亚洲:44－54;大洋洲:12－15;欧洲:7－10;北美洲:28－31;南美洲:17－20。【中国种数:12】。

Kalappia Kosterm. 苏拉威西盘豆属 Fabaceae1［MD－240］特征纪要：习性：木本。花程式：参考科，C1－∞ 参考科，A1－∞ 参考科，=（↓G）2 参考科。其他特征参考科。全球 1 个大洲分布及种数（1）◆亚洲。

Kalawael Adans. = **Santaloides**

Kalbreyera Burret = **Geonoma**

Kalbreyeriella Lindau 冷爵床属 Acanthaceae［MD－572］特征纪要：习性：草本。花程式：K2－4，C0，A2－4，=（G）2。其他特征参考科。全球 2 个大洲分布及种数（3－6）北美洲：3；南美洲：6。

Kalenchoe Haw. = **Kalanchoe**

Kalidium Moq. 盐爪爪属 Amaranthaceae［MD－116］特征纪要：习性：草本，少灌木。花程式：－。物候：－。海拔：600－5000 米。生境：冲积平原沙型土较沙土草地平原潮湿地。栽培：来自广西龙州。资源：具栽培园艺种类。全球 3 个大洲分布及种数（8－11）非洲：1；亚洲：cf. 1；欧洲：2。【中国种数：6】。

Kalimeris（Cass.）Cass. 马兰属 Asteraceae［MD－586］特征纪要：习性：－。花程式：－。物候：－。花期：8－10 月。果期：参考晚于花期。海拔：2500 米。生境：林缘，草坡，溪岸。资源：－。全球 6 个大洲分布及种数（9－11）非洲：2－3；亚洲：8－9；大洋洲：1－2；欧洲：1；北美洲：4－5；南美洲：1－2。

Kalinia H. L. Bell & Columbus 马兰草属 Poaceae［MM－748］特征纪要：习性：草本。花程式：（K－），C0 参考科，A3 参考科，↓G－参考科。其他特征参考科。全球 6 个大洲分布及种数 2 个非洲：3；亚洲：3；大洋洲：3；欧洲：3；北美洲：1－4；南美洲：3。

Kaliphora Hook. f. 荷包果属 Kaliphoraceae［MD－61］特征纪要（同科）。全球 3 个大洲分布及种数（1－8）非洲：8；亚洲：2；南美洲：7。【中国种数：1】。

Kaliphoraceae Takht.［MD－61］扁果树科 特征纪要：习性：木本；落叶。花程式：K4－5（－），C6－10，A，G－。物候：－。果实：－。种子：－。海拔：－。生境：－。资源：－。栽培：－。全球 1 个大洲分布及属种数（2/3 hort. 1）◆非洲：1/ 1。

Kallstroemia G. A. Scop. 番蒺藜属 Zygophyllaceae［MD－288］特征纪要：习性：木本。花程式：K4－5，C4－5，A3－6，=G2－5。物候：－。海拔：－。生境：－。资源：具园艺种类。全球 6 个大洲分布及种数（19－53）非洲：5；亚洲：8；大洋洲：16；欧洲：24；北美洲：24；南美洲：24。【中国种数：2】。

Kalmia L. 山月桂属 Ericaceae［MD－380］特征纪要：习性：木本。花程式：（K）5－8，（C）5－8，A10，=G2－4。物候：－。海拔：－。生境：－。资源：具栽培园艺种类。全球 6 个大洲分布及种数（10－70）非洲：13；亚洲：12；大洋洲：4；欧洲：25；北美洲：25；南美洲：2。【中国种数：3】。

Kalmiella（Maxim.）Small 山月桂属 Ericaceae［MD－380］特征纪要：习性：－。花程式：－。其他特征参考科。全球 4 个大洲分布及种数（cf. 1）非洲；亚洲；欧洲；北美洲。

Kalmiopsis Rehder 桃花杜鹃属 Ericaceae［MD－380］特征纪要：习性：木本。花程式：（K－），（C）5 参考科，A10，G3－ 参考科。其他特征参考科。全球 1 个大洲分布及种数（1－2）◆北美洲（◆美国）。

Kalomikta Regel = **Actinidia**

Kalonymus（Beck）Prokh. = **Euonymus**

Kalopanax Miq. 刺楸属 Araliaceae［MD－471］特征纪要：习性：木本。花程式：－。物候：－。花期：7－8 月。果期：参考晚于花期。海拔：2500 米。生境：密林，向阳山坡。资源：药用，具栽培园艺种类。全球 4 个大洲分布及种数（2－30）非洲：2；亚洲：17；欧洲：4；北美洲：4。【中国种数：1】。

Kamelinia F. O. Khass. & I. I. Malzev 冷芹属 Apiaceae［MD－480］特征纪要：习性：草本。花程式：K5，C5，A5，=↓（G）2。其他特征参考科。全球 1 个大洲分布及种数（1－2）◆亚洲。

Kamettia Kostel. 单竹桃属 Apocynaceae［MD－492］特征纪要：习性：木本。花程式：K5－∞，C0，A15，↓G。其他特征参考科。全球 1 个大洲分布及种数（1－2）◆亚洲。

Kamiesbergia D. A. Snijman = **Hessea**

Kampochloa Clayton 短叶草属 Poaceae［MM－748］特征纪要：习性：草本。花程式：（K）3，C0 参考科，A1－2，=（G）2－3。其他特征参考科。全球 1 个大洲分布及种数（1）◆非洲。

Kanahia R. Br. 非洲萝藦属 Apocynaceae［MD－492］特征纪要：习性：木本。花程式：K5，C0，A15，=↓G2。其他特征参考科。全球 3 个大洲分布及种数（2－7）非洲：7；亚洲：2；北美洲：2。

Kanakomyrtus N. Snow 番樱桃属 Myrtaceae［MD－347］特征纪要：习性：木本。花程式：K4，C4，A8－10，=↓G－。其他特征参考科。全球 1 个大洲分布及种数（1－6）◆大洋洲：1－6。

Kanburia <unassigned> 蝶形花属 Fabaceae3［MD－240］特征纪要：习性：－。花程式：－。其他特征参考科。全球 1 个大洲分布及种数（－）。

Kandaharia Alava 康达草属 Apiaceae［MD－480］特征纪要：习性：草本。花程式：Kn，C5，A5，=↓（G）2。其他特征参考科。全球 1 个大洲分布及种数（1）◆亚洲（◆阿富汗）。

Kandelia Wight & Arn. 秋茄树属 Rhizophoraceae［MD－329］特征纪要：习性：木本。花程式：－。物候：－。海拔：0 米。生境：边缘，盐滩。资源：具栽培园艺种类。全球 1 个大洲分布及种数（cf. 1）◆亚洲。【中国种数：2】。

Kania Schltr. 长隔水桉属 Myrtaceae［MD－347］特征纪要：习性：木本。花程式：K5，C5，A8－10，=↓G2－5。其他特征参考科。全球 6 个大洲分布及种数（4－7）非洲：2－7；亚洲：3－9；大洋洲：2－5；欧洲：3；北美洲：3；南美洲：3。

Kanimia Gardner = **Mikania**

Kanopikon Raf. = **Euphorbia**

Kantius Spruce 护蒴苔科属 Calypogeiaceae［B－44］特征纪要：习性：－。【Rep】：雌雄异株，雄苞小，由腹叶叶腋伸出，具 4－8 对雄苞叶，精子器单生，蒴囊黄褐色，长椭圆形。其他特征参考科。全球 5 个大洲分布及种数（20）

非洲:2; 亚洲:3; 欧洲:2; 北美洲:2; 南美洲:15。

Kaokochloa De Winter 非洲草属 Poaceae [MM-748] 特征纪要:习性:草本。花程式:(K-),C0 参考科,A3 参考科,↓G-参考科。其他特征参考科。全球1个大洲分布及种数(1)◆非洲。

Kaolakia J. Heinrichs, Reiner-Drehwald, K. Feldberg, von Konrat & A. R. Schmidt 耳叶苔科属 Primulaceae [MD-401] 特征纪要:-。分布:-。

Karatavia Pimenov & Lavrova 卡拉塔草属 Apiaceae [MD-480] 特征纪要:习性:草本。花程式:K5,C5,A5,=↓G(-)。其他特征参考科。全球1个大洲分布及种数(1) ◆亚洲:1。

Karawata J. R. Maciel & G. M. Sousa 凤梨科属 Bromeliaceae [MM-715] 特征纪要:习性:-。花程式:-。其他特征参考科。全球1个大洲分布及种数(7)◆南美洲:7。

Kardanoglyphos Schltdl. = **Rorippa**

Kardomia Peter G. Wilson 岗松属 Myrtaceae [MD-347] 特征纪要:习性:木本。花程式:-。其他特征参考科。全球1个大洲分布及种数(1-7)◆大洋洲。

Karelinia Less. 花花柴属 Asteraceae [MD-586] 特征纪要:习性:草本(多肉)。花程式:(K)3-5,C3-5,A3 参考科,↓G。物候:-。花期:7-9月。果期:参考晚于花期。海拔:900-1300米。生境:戈壁沙漠,草甸盐碱地和苇地水田旁。资源:具园艺种类。全球1个大洲分布及种数(cf. 1)◆亚洲。【中国种数:1】。

Karima Cheek & Riina 鸭嘴花属 Acanthaceae [MD-572] 特征纪要:习性:木本。花程式:Kn,C0,A6,↓G-参考科。其他特征参考科。全球1个大洲分布及种数(1)◆非洲。

Karimbolea Desc. = **Cynanchum**

Karina Boutiqü 扎伊尔龙胆属 Gentianaceae [MD-496] 特征纪要:习性:草本。花程式:K4,C0,A10,=(G)2。其他特征参考科。全球1个大洲分布及种数(-)。

Karinia Reznicek & McVaugh 复莎属 Cyperaceae [MM-747] 特征纪要:习性:-。花程式:-。其他特征参考科。全球4个大洲分布及种数(12)非洲:2; 欧洲:1; 北美洲:1; 南美洲:9。

Karivia Arn. = **Zehneria**

Karkinetron Raf. = **Muehlenbeckia**

Karnataka P. K. Mukh. & Constance 花花芹属 Apiaceae [MD-480] 特征纪要:习性:草本。花程式:Kn,C5,A3 参考科,=↓G(-)。其他特征参考科。全球1个大洲分布及种数(cf. 1)◆南亚(◆印度)。

Karomia Dop 笠桐属 Lamiaceae [MD-575] 特征纪要:习性:草本。花程式:K2-4,C0,A2-4,=↓(G)2-4。其他特征参考科。全球5个大洲分布及种数(9-24)非洲:14; 亚洲:19; 大洋洲:1; 北美洲:2; 南美洲:4。

Karpatiosorbus Sennikov & Kurtto 复蔷薇属 Rosaceae [MD-246] 特征纪要:习性:木本。花程式:Kn,C2-3 参考科,A3 参考科,=↓G(-)。其他特征参考科。全球3个大洲分布及种数(85) 非洲:1,亚洲:1,欧洲:77。

Karrabina Rozefelds & H. C. Hopkins 澳荆梅属 Cunoniaceae [MD-255] 特征纪要:习性:木本。花程式:-。其他特征参考科。全球1个大洲分布及种数(-)。

Kartalinia Brullo, C. Brullo, Cambria, Acar, Salmeri & Giusso 菊属 Fabaceae3 [MD-240] 特征纪要:习性:-。花程式:-。其他特征参考科。全球3个大洲分布及种数(1)非洲:1; 亚洲:1; 北美洲:1。

Karvandarina Rech. f. 无叶菊属 Asteraceae [MD-586] 特征纪要:习性:草本。花程式:(K)3-5,C3-5,A3-5,=↓(G)2。其他特征参考科。全球1个大洲分布及种数(1-2)◆亚洲。

Karwinskia Zucc. 腺勾儿茶属 Rhamnaceae [MD-331] 特征纪要:习性:木本。花程式:K4-5,C4-5,A2,=G2-5。其他特征参考科。全球6个大洲分布及种数(16-23)非洲:1;亚洲:1;大洋洲:1;欧洲:1;北美洲:15-22;南美洲:2-4。【中国种数:2】。

Kaschgaria Poljakov 喀什菊属 Asteraceae [MD-586] 特征纪要:习性:草本,少灌木。花程式:(K)3-5,C3-5,A3 参考科,↓G。物候:-。花期:7-10月。果期:参考晚于花期。海拔:1000-1500米。生境:干燥山谷,荒漠山坡。资源:-。全球1个大洲分布及种数(cf. 1)◆亚洲。【中国种数:2】。

Kashmiria D. Y. Hong 喀什参属 Plantaginaceae [MD-527] 特征纪要:习性:草本。花程式:Kn,C0,A2,↓G。其他特征参考科。全球1个大洲分布及种数(1)◆亚洲。

Katafa Costantin & Poiss. = **Cedrelopsis**

Katinasia Bonif. 马兰菊属 Asteraceae [MD-586] 特征纪要:习性:草本。花程式:(K)3-5,C3-5,A3-5,=↓(G)2。其他特征参考科。全球1个大洲分布及种数(1) ◆南美洲。

Katoella Vassilcz. = **Davallodes**

Katoutheka Adans. 天冬石南属 Primulaceae [MD-401] 特征纪要:习性:-。花程式:-。其他特征参考科。全球1个大洲分布及种数(1)◆非洲。

Katouthexa Steud. = **Katoutheka**

Katubala Adans. = **Canna**

Kaufmannia Regel 假报春属 Primulaceae [MD-401] 特征纪要:习性:草本。花程式:(K-),(C)5 参考科,A4,G-。其他特征参考科。全球1个大洲分布及种数(1)◆亚洲。【中国种数:1】。

Kaulinia B. K. Nayar = **Microsorum**

Kaunia R. M. King & H. Rob. 密泽兰属 Asteraceae [MD-586] 特征纪要:习性:草本。花程式:(K)3-5,C3-5,A3-5,=↓(G)2。其他特征参考科。全球2个大洲分布及种数(16-17)大洋洲:1;南美洲:15。

Kaviria Akhani & Roalson 紫罗兰属 Amaranthaceae [MD-116] 特征纪要:习性:草本。花程式:-。其他特征参考科。全球2个大洲分布及种数(8) 非洲:2,亚洲:8(IFR 1)。

Kayea Wall. 凯木属 Clusiaceae［MD－141］特征纪要:习性:木本。花程式:K1－3,C1－3,A1－3,G1－3。物候:－。花期:参考早于果期。果期:9 月。海拔:4800 米。生境:草山坡,竹林中路旁草丛。资源:－。全球 3 个大洲分布及种数(3－18)非洲:1;亚洲:2－15;大洋洲:1。

Kearnemalvastrum D. M. Bates 草绳葵属 Malvaceae［MD－203］特征纪要:木本。花程式:K5－∞,C5－∞,A10－8,＝(G)1－5。其他特征参考科。全球 4 个大洲分布及种数(2－3)亚洲:2; 欧洲:3; 北美洲:3; 南美洲:3。

Keayodendron Leandri 土盘树属 Phyllanthaceae［MD－222］特征纪要:习性:木本。花程式:－。其他特征参考科。全球 1 个大洲分布及种数(1)◆非洲。

Kebirita Kramina & D. D. Sokoloff 绒豆属 Fabaceae3［MD－240］特征纪要:习性:木本。花程式:K1－∞,C1－∞,A5－9,＝↓G(－)。其他特征参考科。全球 1 个大洲分布及种数(1)◆非洲。

Keckiella Straw 凯克婆婆纳属 Plantaginaceae［MD－527］特征纪要:习性:灌木。花程式:K2－4,C0,A2－4,↓G。物候:－。海拔:－。生境:－。资源:具园艺种类。全球 2 个大洲分布及种数(11－28)亚洲:2; 北美洲:20。【中国种数:1】。

Kedarnatha P. K. Mukh. & Constance 喜峰芹属 Apiaceae［MD－480］特征纪要:习性:草本。花程式:K5,C5,A5,＝↓G(－)。其他特征参考科。全球 1 个大洲分布及种数(1－6)◆亚洲。

Kedhalia C. K. Lim 非洲桧属 Melastomataceae［MD－364］特征纪要:习性:木本。花程式:Kn,C2－3 参考科,A3 参考科,＝↓G－。其他特征参考科。全球 1 个大洲分布及种数(1)◆亚洲。

Kedrostis Medik. 狒狒瓜属 Cucurbitaceae［MD－205］特征纪要:习性:木本。花程式:K3－5,C3－5,A5,＝↓G1－2。其他特征参考科。全球 6 个大洲分布及种数(23－108)非洲:71; 亚洲:22; 大洋洲:4; 欧洲:3; 北美洲:3; 南美洲:9。

Keenania Hook. f. 溪楠属 Rubiaceae［MD－523］特征纪要:习性:－。花程式:－。物候:－。花期:4 月。果期:参考晚于花期。海拔:5－4800 米。生境:山谷。资源:－。全球 1 个大洲分布及种数(2－5)◆亚洲。

Keerlia DC. ＝ **Aphanostephus**

Keetia E. Phillips 基特茜属 Rubiaceae［MD－523］特征纪要:习性:木本。花程式:(K)4－5,(C)4－5,A4－5,＝↓(G)2－9。其他特征参考科。全球 6 个大洲分布及种数(42－51)非洲:49; 亚洲:8; 大洋洲:2; 欧洲:2; 北美洲:2; 南美洲:3。

Kefersteinia Rchb. f. 钩盘兰属 Orchidaceae［MM－723］特征纪要:习性:草本。花程式:(K)3,C3,A3,＝↓G3。其他特征参考科。全球 3 个大洲分布及种数(61－80)亚洲:3; 北美洲:24; 南美洲:79。

Kegeliella Mansf. 克格兰属 Orchidaceae［MM－723］特征纪要:习性:草本。花程式:(K)3,C3,A3,＝↓(G)3。其他特征参考科。全球 2 个大洲分布及种数(5)北美洲:3;南美洲:3。

Kelissa Ravenna 丝鸢花属 Iridaceae［MM－700］特征纪要:习性:－。花程式:－。其他特征参考科。全球 3 个大洲分布及种数(8)大洋洲:2; 北美洲:2; 南美洲:7。

Kelleria Endl. 稻薇香属 Thymelaeaceae［MD－310］特征纪要:习性:木本。花程式:K2－4,C0,A2,＝G2－5。其他特征参考科。全球 4 个大洲分布及种数(12－17)非洲:5; 亚洲:6; 大洋洲:13; 南美洲:2。【中国种数:1】。

Kelleronia Schinz 木蒺藜属 Zygophyllaceae［MD－288］特征纪要:习性:木本。花程式:K4－5,C4－5,A3－6,＝(G)2－5。其他特征参考科。全球 2 个大洲分布及种数(3－11)非洲:11; 亚洲:5。

Kellochloa Melderis 拟沿沟草属 Poaceae［MM－748］特征纪要:颖花区,落叶,单叶。花程式:(K),C(－)3,A(－),G(－),房位(－)。果实:蒴果。种子:稃体分离易于脱落,与无柄者相似。全球 2 个大洲分布及种数(2)亚洲:1;北美洲:2。

Kelloggia Torr. ex Benth. & Hook. f. 钩毛果属 Rubiaceae［MD－523］特征纪要:习性:木本。花程式:－。物候:－。花期:7 月。果期:参考晚于花期。海拔:3000－3700 米。生境:山腰草坡,湿润草坡。资源:药用。全球 2 个大洲分布及种数(3)亚洲:cf. 1;北美洲:1。【中国种数:2】。

Kelseya (S. Watson) Rydb. 莲座梅属 Rosaceae［MD－246］特征纪要:习性:木本。花程式:K1(10－100),C1－10－100,A1－10－100,＝↓G(－)。其他特征参考科。全球 1 个大洲分布及种数(1)◆北美洲(◆美国)。

Kemoxis Raf. ＝ **Cissus**

Kemulariella Tamamsch. 粉菀属 Asteraceae［MD－586］特征纪要:习性:草本。花程式:(K)3－5,C3－5,A3－5,＝↓(G)2。物候:－。花期:7－10 月。果期:参考晚于花期。海拔:6000 米。生境:阿尔泰山地针叶林带山沟,桦林下路旁。资源:－。全球 2 个大洲分布及种数(6－9)亚洲:6; 北美洲:4。

Kendrickia Hook. f. 肯德野牡丹属 Melastomataceae［MD－364］特征纪要:习性:木本。花程式:K4－5,C4－5,A4－5,＝↓(G)3－4。其他特征参考科。全球 2 个大洲分布及种数(1－2)亚洲:2; 大洋洲:2。【中国种数:1】。

Kengia Packer ＝ **Cleistogenes**

Kengyilia C. Yen & J. L. Yang 以礼草属 Poaceae［MM－748］特征纪要:习性:草本(根状茎,基生)。花程式:(K)3,C0 参考科,A1－2,↓G－参考科。物候:－。海拔:1500－3000 米。生境:山坡上的草地,干燥的草原。资源:－。全球 3 个大洲分布及种数(27－46)亚洲:43; 欧洲:2; 北美洲:2。【中国种数:19】。

Keniochloa Melderis ＝ **Colpodium**

Kennedia Vent. 藤珊豆属 Fabaceae3［MD－240］特征纪要:习性:木本。花程式:K1－∞,C1－∞,A5－9,＝↓G1。物候:－。海拔:－。生境:－。资源:具园艺种类。全球 6 个大洲分布及种数(16－54)非洲:3; 亚洲:5; 大洋洲:43; 欧洲:5; 北美洲:5; 南美洲:4。【中国种数:1】。

Kentiopsis Brongn. 茶梅椰属 Arecaceae［MM－717］特征纪要:习性:－。花程式:－。其他特征参考科。全球 1 个大洲分布及种数(2－4)◆大洋洲。

K

Kentranthus Raf. 忍冬科属 Caprifoliaceae [MD－510] 特征纪要:习性:－。花程式:－。其他特征参考科。全球 2 个大洲分布及种数(11)北美洲:1; 南美洲:1。

Kentrophyllum Neck. ex DC. = **Carthamus**

Kentrothamnus Süss. & Overkott 落被棘属 Rhamnaceae [MD－331] 特征纪要:习性:木本。花程式:K4－5,C4－5,A2, =(G)2－5。其他特征参考科。全球 1 个大洲分布及种数(1)◆南美洲。

Kenyacanthus I. Darbysh. & Kiel 爵床科属 Acanthaceae [MD－572] 特征纪要:习性:－。花程式:－。其他特征参考科。全球 1 个大洲分布及种数(1)◆非洲:1。

Keracia (Coss.) Calest. 莲座伞属 Apiaceae [MD－480] 特征纪要:习性:－。花程式:－。其他特征参考科。全球 1 个大洲分布及种数(1)◆非洲。

Kerandrenia Steud. = **Keraudrenia**

Keratochlaena Morrone & Zuloaga 莲座草属 Poaceae [MM－748] 特征纪要:习性:草本。花程式:(K－),C0 参考科,A3 参考科,↓G－参考科。其他特征参考科。全球 1 个大洲分布及种数(1)◆南美洲(◆巴西)。

Keraudrenia J. Gay 火树麻属 Malvaceae [MD－203] 特征纪要:习性:－。花程式:－。其他特征参考科。全球 1 个大洲分布及种数(1－4)◆非洲(◆马达加斯加)。

Keraunea R. M. King & H. Rob. 密泽兰属 Asteraceae [MD－586] 特征纪要:木本,落叶,单叶。花程式:Kn,C0,A(－),G(－)。果实:－。种子:具种脐,上散生丛卷毛,周裂或不规则破裂。全球 1 个大洲分布及种数(2)◆南美洲。

Keraymonia Farille 尼泊尔草属 Apiaceae [MD－480] 特征纪要:习性:草本。花程式:K5,C5,A5, =↓(G)2。其他特征参考科。全球 1 个大洲分布及种数(cf. 1)◆亚洲。【中国种数:1】。

Kerbera E. Fourn. 苹果萝藦属 Apocynaceae [MD－492] 特征纪要:习性:木本。花程式:Kn,C0,A3 参考科,↓G。其他特征参考科。全球 1 个大洲分布及种数(1)◆南美洲。

Keria Spreng. 蔷薇科属 Rosaceae [MD－246] 特征纪要:习性:－。花程式:－。其他特征参考科。全球 1 个大洲分布及种数(－)。

Kerianthera J. H. Kirkbr. 巢药扇花属 Rubiaceae [MD－523] 特征纪要:习性:木本。花程式:(K)4－5,(C)4－5,A4－5, =↓(G)2－9。其他特征参考科。全球 1 个大洲分布及种数(1－2)◆南美洲(◆巴西)。

Kericodon Cupido 白发藓属 Leucobryaceae [B－129] 特征纪要:－。全球 1 个大洲分布及种数(－)。

Kerinozoma Steud. ex Zoll. = **Xerochloa**

Kermadecia Brongn. & Gris 红锈李属 Proteaceae [MD－219] 特征纪要:习性:木本。花程式:K3－4－∞,C0,A2, =G1。其他特征参考科。全球 1 个大洲分布及种数(1－8)◆大洋洲。

Kernera Medik. = **Posidonia**。【中国种数:1】。

Kerneria Moench = **Bidens**

Kerria DC. 棣棠属 Rosaceae [MD－246] 特征纪要:习性:木本。花程式:－。物候:－。花期:4－6 月。果期:参考晚于花期。海拔:200－3000 米。生境:灌丛。资源:药用,观赏,具栽培园艺种类。全球 6 个大洲分布及种数(1－18)非洲:2; 亚洲:4; 大洋洲:2; 欧洲:3; 北美洲:3; 南美洲:7。【中国种数:1】。

Kerriochloa C. E. Hubb. 鸭嘴草属 Poaceae [MM－748] 特征纪要:习性:草本。花程式:(K)3,C0 参考科,A1－2,↓G－参考科。物候:－。海拔:10－5600 米。生境:草地,作为饲料植物或大麦田杂草种植。资源:－。全球 1 个大洲分布及种数(2)◆亚洲。【中国种数:1】。

Kerriodoxa J. Dransf. 泰棕属 Arecaceae [MM－717] 特征纪要:习性:木本。花程式:K3－10,C3－10,A3－10, =G3－10。其他特征参考科。全球 2 个大洲分布及种数(1－2)亚洲:2; 北美洲:2。

Kerriothyrsus C. Hansen 四蕊野牡丹属 Melastomataceae [MD－364] 特征纪要:习性:木本。花程式:Kn,C2－3 参考科,A4－5, =↓(G)3－4。其他特征参考科。全球 1 个大洲分布及种数(1)◆东南亚(◆老挝)。

Keteleeria Carrière 油杉属 Pinaceae [G－15] 特征纪要:习性:－。【Rep】:复轴,球果状,苞鳞种鳞分离,球果当年成熟,直立,圆柱形,幼时紫褐色,成熟前淡绿色或绿色,成熟时种鳞张开,种鳞木质,宿存,上部边缘内曲或向外反曲,苞鳞不外露,先端通常三裂,种子上端具宽大的厚膜质种翅。物候:－。海拔:1000－1400 米。生境:云南松林中或组成小片纯林,亦有人工林。资源:药用,具栽培园艺种类。全球 5 个大洲分布及种数(4－31)亚洲:21; 大洋洲:2; 欧洲:4; 北美洲:4; 南美洲:3。【中国种数:3】。

K

Keura Forssk. = **Pandanus**

Kewa Christenh. 蓬粟草属 Molluginaceae [MD－99] 特征纪要:习性:草本。花程式:K2－5,C2－5,A5, =↓G－。其他特征参考科。全球 1 个大洲分布及种数(5)◆非洲。

Kewaceae Christenh. = Molluginaceae

Keyserlingia Bunge ex Boiss. 越南槐属 Fabaceae3 [MD－240] 特征纪要:习性:－。花程式:－。其他特征参考科。全球 1 个大洲分布及种数(cf. 1)◆亚洲。

Keysseria Lauterb. 莲座菀属 Asteraceae [MD－586] 特征纪要:习性:草本。花程式:(K)3－5,(C)3－5,A3－5, =↓G2。其他特征参考科。全球 4 个大洲分布及种数(11－22)非洲:14; 亚洲:11; 大洋洲:16; 北美洲:6。【中国种数:2】。

Khadia N. E. Br. 尖刀玉属 Aizoaceae [MD－94] 特征纪要:习性:草本。花程式:K3－4,C3－4,A5 参考科, =↓G1－2。其他特征参考科。全球 1 个大洲分布及种数(5－7)◆非洲。

Khaosokia D. A. Simpson, Chayam. & J. Parn. 蔓莎属 Cyperaceae [MM－747] 特征纪要:习性:草本。花程式:－。其他特征参考科。全球 1 个大洲分布及种数(cf. 1)◆东南亚(◆泰国)。

Khasiaclunea Ridsdale 印缅团花属 Rubiaceae［MD－523］特征纪要：习性：木本。花程式：(K)4－5，(C)4－5，A4－5，＝↓(G)2－9。其他特征参考科。全球 1 个大洲分布及种数(cf. 1)◆亚洲。

Khasianthus H. Rob. & Skvarla ＝ **Vernonia**

Khaya A. Juss. 非洲楝属 Meliaceae［MD－414］特征纪要：习性：木本。花程式：－。物候：－。海拔：100－2900 米。生境：－。栽培：－。资源：观赏，材用，饲用，药用，具栽培园艺种类。全球 5 个大洲分布及种数(8－20)非洲：19；亚洲：7；大洋洲：3；北美洲：5；南美洲：3。【中国种数：2】。

Khmeriosicyos W. J. de Wilde & Duyfjes 团葫芦属 Cucurbitaceae［MD－205］特征纪要：习性：木本。花程式：Kn，C2－3 参考科，A3 参考科，＝↓G(－)。其他特征参考科。全球 1 个大洲分布及种数(1) ◆亚洲：1。

Khoonmengia <unassigned> 刺藓属 Rhachitheciaceae［B－125］特征纪要：－。全球 1 个大洲分布及种数(－)。

Kiaeria I. Hagen 凯氏藓属 Dicranaceae［B－128］特征纪要：习性：－。【Rep】：雌雄异株，雌苞叶基部呈鞘状，较茎叶大，蒴柄直立，多红褐色，孢蒴卵形或短柱形，倾立，多背曲。全球 6 个大洲分布及种数(6)非洲：1；亚洲：5；大洋洲：1；欧洲：5；北美洲：5；南美洲：3。【中国种数：3】。

Kiairia I. Hagen ex Culm. ＝ **Kiaeria**

Kibara Endl. 榄桂属 Monimiaceae［MD－20］特征纪要：习性：木本。花程式：K1－∞，C0，A10－150，G1－3。其他特征参考科。全球 6 个大洲分布及种数(47－82)非洲：49；亚洲：41；大洋洲：45；欧洲：2；北美洲：2；南美洲：3。【中国种数：1】。

Kibaropsis Vieillard ex Guillaumin 轮盘桂属 Monimiaceae［MD－20］特征纪要：习性：－。花程式：－。其他特征参考科。全球 1 个大洲分布及种数(－)。

Kibatalia G. Don 倒缨木属 Apocynaceae［MD－492］特征纪要：习性：木本。花程式：－。物候：－。花期：4－9 月。果期：参考晚于花期。海拔：200－700 米。生境：山地森林，河岸，山谷和路旁。资源：具栽培园艺种类。全球 2 个大洲分布及种数(13－19)非洲：1；亚洲：12－17。【中国种数：3】。

Kibunemuscus Toyama ＝ **Rhachithecium**

Kickxia Dum. 银鱼草属 Scrophulariaceae［MD－536］特征纪要：习性：灌木。花程式：K2－4，C0，A2－4，＝↓G2－3。物候：－。海拔：45－6000 米。生境：沼泽草地。资源：具园艺种类。全球 6 个大洲分布及种数(33－47；hort. 1；cult. 2)非洲：15－18；亚洲：29－37；大洋洲：3－5；欧洲：6－10；北美洲：3－4；南美洲：1。【中国种数：2】。

Kielboul Adans. ＝ **Aristida**

Kielmeyera Mart. 基尔木属 Clusiaceae［MD－141］特征纪要：习性：木本。花程式：K1－3，C1－3，A1－3，G1－3。其他特征参考科。全球 1 个大洲分布及种数(55－63)◆南美洲。

Kierschlegeria Spach ＝ **Fuchsia**

Kieslingia Faúndez 菊科属 Asteraceae［MD－586］特征纪要：习性：草本。花程式：－。其他特征参考科。全球 1 个大洲分布及种数(1)南美洲：1。

Kiewia S. Y. Wong & P. C. Boyce 百合属 Liliaceae［MM－633］特征纪要：习性：草本。花程式：－。其他特征参考科。全球 1 个大洲分布及种数(－)。

Kigelia DC. 吊灯树属 Bignoniaceae［MD－541］特征纪要：习性：木本。花程式：－。物候：－。海拔：100－5840 米。生境：常绿阔叶林，路旁，斜坡，竹木林中。资源：具栽培园艺种类。全球 6 个大洲分布及种数(2－44)非洲：27；亚洲：5；大洋洲：3；欧洲：4；北美洲：4；南美洲：14。【中国种数：1】。

Kigelianthe Baill. ＝ **Fernandoa**

Kigellaria Endl. ＝ **Kiggelaria**

Kiggelaria L. 蒴桃木属 Kiggelariaceae［MD－190］特征纪要(同科)。全球 1 个大洲分布及种数(1)◆非洲。

Kiggelariaceae Warb.［MD－190］野桃科 特征纪要：习性：木本；落叶。花程式：K5，C5，A2，G－。物候：－。果实：－。种子：－。海拔：－。生境：－。资源：－。栽培：－。全球 1 个大洲分布及属种数(1/1 hort. 1) ◆亚洲：1/ 2。

Kiggellaria Scop. ＝ **Kiggelaria**

Kihansia Cheek 秃穗霉草属 Triuridaceae［MM－616］特征纪要：习性：草本。花程式：K0－n，C2－3 参考科，A2－3，G3－ 参考科。其他特征参考科。全球 1 个大洲分布及种数(1－2)◆非洲。

Kiharapyrum á. Löve ＝ **Aegilops**

Kikuyuochloa H. Scholz 非洲颖属 Poaceae［MM－748］特征纪要：习性：－。花程式：－。其他特征参考科。全球 3 个大洲分布及种数(2)非洲：2；亚洲：2；北美洲：2。

Killickia Bräuchler, Heubl & Doroszenko 姜味草属 Lamiaceae［MD－575］特征纪要：习性：草本。花程式：参考科，C5 参考科，A5 参考科，(G)2。其他特征参考科。全球 1 个大洲分布及种数(－)。

Killipia Gleason 基利普野牡丹属 Melastomataceae［MD－364］特征纪要：习性：－。花程式：－。其他特征参考科。全球 2 个大洲分布及种数(8)亚洲：2；南美洲：8。

Killipiella A. C. Sm. 拟越橘属 Ericaceae［MD－380］特征纪要：习性：－。花程式：－。其他特征参考科。全球 1 个大洲分布及种数(cf. 1)◆南美洲。

Kinabaluchloa K. M. Wong 孝顺竹属 Poaceae［MM－748］特征纪要：习性：草本。花程式：(K－)，C0 参考科，A3 参考科，↓G－参考科。物候：－。海拔：10－5600 米。生境：草地，作为饲料植物或大麦田杂草种植。资源：－。全球 1 个大洲分布及种数(1－2)◆亚洲。【中国种数：1】。

Kindbergia Ochyra 异叶藓属 Brachytheciaceae［B－187］特征纪要：习性：－。【Rep】：绿色或棕绿色。物候：－。海拔：－。生境：常见于林下土生，岩面土生。资源：－。全球 6 个大洲分布及种数(6)非洲：1；亚洲：3；大洋洲：1；欧洲：1；北美洲：3；南美洲：2。【中国种数：4】。

Kindia Cheek 亚洲印度兰属 Rubiaceae［MD－523］特征纪要：习性：木本。花程式：(K－)，(C)4，A3 参考科，↓G。其他特征参考科。全球 1 个大洲分布及种数(1)◆非洲。

Kinetostigma Damm. ＝ **Chamaedorea**

Kingdonia Balf. f. & W. W. Sm. 独叶草属 Kingdoniaceae［MD－36］特征纪要(同科)。全球 1 个大洲分布及种数(cf. 1)◆亚洲(◆中国)。【中国种数：1】。

Kingdoniaceae H. K. Airy－Shaw［MD－36］独叶草科 特征纪要：习性：草本；落叶。花程式：K4－5(－)，C4，A3－5－8，G－。物候：－。花期：5－6 月。果期：－。果实：瘦果。种子：－。海拔：2700－3900 米。生境：森林。资源：药用。栽培：－。全球 1 个大洲分布及属种数(2/3 hort. 1)◆亚洲：1/ 1。

Kingdon－wardia C. Marquand ＝ **Swertia**

Kingella Van Tiegh. 桑寄生科属 Loranthaceae［MD－415］特征纪要：习性：－。其他特征参考科。分布：－。

Kinghamia C. Jeffrey 折瓣瘦片菊属 Asteraceae［MD－586］特征纪要：习性：草本。花程式：(K)3－5，C3－5，A3－5，＝↓(G)2。其他特征参考科。全球 1 个大洲分布及种数(5)◆非洲。

Kingia R. Br. 蓬草树属 Dasypogonaceae［MM－710］特征纪要：习性：草本。花程式：－。其他特征参考科。全球 3 个大洲分布及种数(1－5)亚洲：2；大洋洲：4；北美洲：2。

Kingianthus H. Rob. 方果菊属 Asteraceae［MD－586］特征纪要：习性：草本。花程式：(K)3－5，C3－5，A3－5，＝↓(G)2。其他特征参考科。全球 2 个大洲分布及种数(2－4)北美洲：2；南美洲：4。

Kingidium Rolfe 兰科属 Orchidaceae［MM－723］特征纪要：习性：－。花程式：－。物候：－。花期：5 月。果期：参考晚于花期。海拔：1150－1700 米。生境：寄生茶树上，山坡林中树干上。资源：－。全球 1 个大洲分布及种数(3)。

Kinginda Kuntze ＝ **Mitrephora**

Kingiobryum H. Rob. 曲尾藓科属 Dicranaceae［B－128］特征纪要：－。全球 1 个大洲分布及种数(－)。

Kingiolejeunea H. Rob. 活鳞苔属 Lejeuneaceae［B－84］特征纪要：－。全球 1 个大洲分布及种数(－)。

Kingsboroughia Liebm. ＝ **Meliosma**

Kinia Raf. 百合科属 Liliaceae［MM－633］特征纪要：－。全球 1 个大洲分布及种数(1)◆非洲。

Kinkina Adans. ＝ **Cinchona**

Kinugasa Tatew. & Sutô ＝ **Paris**

Kionophyton Garay 砥柱兰属 Orchidaceae［MM－723］特征纪要：习性：草本。花程式：(K)3，C3，A3，＝↓G3。其他特征参考科。全球 2 个大洲分布及种数(2－10)北美洲：5；南美洲：4。

Kiosmina Raf. ＝ **Salvia**

Kipandiorchis P. O'Byrne & Gokusing 迷兰属 Orchidaceae［MM－723］特征纪要：习性：草本。花程式：－。其他特征参考科。全球 1 个大洲分布及种数(－)。

Kirengeshoma Yatabe 黄山梅属 Hydrangeaceae［MD－429］特征纪要：习性：木本。花程式：－。物候：－。花期：参考早于果期。果期：5－8 月。海拔：700－1800 米。生境：森林，山谷林中阴湿处。资源：药用，观赏，具栽培园艺种类。全球 2 个大洲分布及种数(1－4)亚洲：4；北美洲：3。【中国种数：1】。

Kirkbridea Wurdack 柯克野牡丹属 Melastomataceae［MD－364］特征纪要：习性：木本。花程式：K4－5，C4－5，A4－5，＝↓(G)3－4。其他特征参考科。全球 3 个大洲分布及种数(2－3)大洋洲：2；北美洲：2；南美洲：3。

Kirkia Oliv. 四合椿属 Kirkiaceae［MD－411］特征纪要(同科)。全球 4 个大洲分布及种数(6－16)非洲：11；亚洲：4；欧洲：2；北美洲：2。

Kirkiaceae Takht.［MD－411］四合椿科 特征纪要：习性：木本；落叶。花程式：K4，C4，A4，↑G4。物候：－。果实：翅果。种子：－。海拔：－。生境：－。资源：－。栽培：－。全球 1 个大洲分布及属种数(2/8－9 hort. 1)◆亚洲：1/ 1。

Kirkianella Allan ＝ **Sonchus**

Kirkophytum (Harms) Allan 亮果参属 Araliaceae［MD－471］特征纪要：习性：－。花程式：－。其他特征参考科。全球 1 个大洲分布及种数(－)。

Kirpicznikovia á. Löve & D. Löve ＝ **Rhodiola**

Kisophyllum Bach. Pyl. ＝ **Fissidens**

Kissenia R. Br. ex Endl. 细舫花属 Loasaceae［MD－435］特征纪要：习性：木本。花程式：K5－10，C5－10，A5－10，＝↓G1－3。其他特征参考科。全球 2 个大洲分布及种数(2－5)非洲：4；亚洲：5。

Kissodendron Seem. ＝ **Phyllarthron**

Kitagawia Pimenov 前胡属 Apiaceae［MD－480］特征纪要：习性：草本。花程式：Kn，C5，A5，＝↓G(－)。物候：－。海拔：50－5600 米。生境：山坡。资源：具园艺种类。全球 1 个大洲分布及种数(3－9 hort. 1)◆亚洲。【中国种数：2】。

Kitaibela Willd. 玉杯葵属 Malvaceae［MD－203］特征纪要：习性：木本。花程式：－。其他特征参考科。全球 3 个大洲分布及种数(4)亚洲：3；欧洲：2；北美洲：2。

Kitaibelia Willd. 玉杯葵属 Malvaceae［MD－203］特征纪要：习性：木本。花程式：K5－∞，C5－∞，A10－8，G－。其他特征参考科。全球 1 个大洲分布及种数(2－3)◆亚洲：2。

Kitamuraea Rauschert ＝ **Miyamayomena**

Kitamuraster Soják ＝ **Miyamayomena**

Kitchingia Baker ＝ **Kalanchoe**

Kjellbergiodendron Burret 金桃柳属 Myrtaceae [MD-347] 特征纪要:习性:木本。花程式:Kn,C2-3 参考科,A8-10,=↓G-。其他特征参考科。全球1个大洲分布及种数(1)◆东南亚(◆印度尼西亚)。

Kjellmania <unassigned> 德国马桑属 Coriariaceae [MD-277] 特征纪要:-。全球1个大洲分布及种数(1)◆欧洲:1。

Klackenbergia Kissling 小黄管属 Gentianaceae [MD-496] 特征纪要:习性:草本。花程式:Kn,C0,A10,↓G-。其他特征参考科。全球1个大洲分布及种数(1-2)◆非洲。

Klaineanthus Pierre ex Prain 非洲桐属 Euphorbiaceae [MD-217] 特征纪要:习性:木本。花程式:K1(1000),C0,A6,=(G)2-3。其他特征参考科。全球1个大洲分布及种数(1-2)◆非洲。

Klainedoxa Pierre ex Engl. 野象果属 Irvingiaceae [MD-313] 特征纪要:习性:木本。花程式:-。其他特征参考科。全球2个大洲分布及种数(2-33)非洲:27; 亚洲:2。

Klaprothia Kunth 萼镖花属 Loasaceae [MD-435] 特征纪要:习性:木本。花程式:-。其他特征参考科。全球4个大洲分布及种数(2-5)亚洲:1; 欧洲:3; 北美洲:3; 南美洲:5。

Klarobelia Chatrou 石蚕木属 Annonaceae [MD-7] 特征纪要:习性:木本。花程式:K3-∞,C3,A2,=G10-100。其他特征参考科。全球2个大洲分布及种数(13)北美洲:3;南美洲:11。

Klasea Cass. 麻花头属 Asteraceae [MD-586] 特征纪要:习性:草本(具根状茎)。花程式:(K)3-5,C3-5,A3-5,=↓G2。物候:-。海拔:1000-1500米。生境:草地,山坡。资源:具园艺种类。全球6个大洲分布及种数(74-92)非洲:9; 亚洲:63; 大洋洲:2; 欧洲:8; 北美洲:8; 南美洲:2。【中国种数:7】。

Klaseopsis L. Martiñz 华漏芦属 Asteraceae [MD-586] 特征纪要:习性:-。花程式:-。其他特征参考科。全球1个大洲分布及种数(-)。

Klattia Baker 彩木鸢尾属 Iridaceae [MM-700] 特征纪要:习性:草本。花程式:(K)3,C3,A10,↓G。其他特征参考科。全球2个大洲分布及种数(3-5)非洲:5; 大洋洲:2。

Kleinhofia Gisek. = **Kleinhovia**

Kleinhovea Roxb. = **Kleinhovia**

Kleinhovia L. 鹧鸪麻属 Sterculiaceae [MD-189] 特征纪要:习性:木本。花程式:-。物候:-。花期:3-7月。果期:参考晚于花期。海拔:100-3000米。生境:丘陵或山地森林。资源:纤维,木材,具栽培园艺种类。全球6个大洲分布及种数(1-2)非洲:2; 亚洲:2; 大洋洲:2; 欧洲:2; 北美洲:2; 南美洲:2。【中国种数:1】。

Kleinhowia Brongn. = **Kleinhovia**

Kleinodendron L. B. Sm. & Downs = **Savia**

Kleioweisiopsis Dixon 非洲牛毛藓属 Orthotrichaceae [B-151] 特征纪要:习性:-。【Rep】:孢蒴台部发达,蒴齿具疣或纵斜条纹,绿色或黄绿色。其他特征参考科。全球2个大洲分布及种数(3)非洲:2; 亚洲:2。

Klemachloa R. Parker = **Dendrocalamus**

Klonion (Raf.) Raf. = **Eryngium**

Klopstockia H. Karst. = **Ceroxylon**

Klossia Ridl. 云茜草属 Rubiaceae [MD-523] 特征纪要:习性:木本。花程式:(K)4-5,(C)4-5,A4-5,=↓(G)2-9。其他特征参考科。全球1个大洲分布及种数(cf.1)◆东南亚(◆马来西亚)。

Klotzschia Cham. 克洛草属 Apiaceae [MD-480] 特征纪要:习性:草本。花程式:K5,C5,A5,=↓G2。其他特征参考科。全球2个大洲分布及种数(3-5)亚洲:2; 南美洲:5。【中国种数:1】。

Klotzschiphytum Baill. = **Croton**

Klugia Schlecht. = **Rhynchoglossum**

Kmeria Dandy 单性木兰属 Magnoliaceae [MD-1] 特征纪要:-。全球1个大洲分布及种数(4)◆亚洲:4。

Knauta Cothen. = **Knautia**

Knautia L. 孀草属 Caprifoliaceae [MD-510] 特征纪要:习性:木本。花程式:(K)2-3,(C)2-3,A2-3,=↓G2。其他特征参考科。全球6个大洲分布及种数(80-224)非洲:10; 亚洲:29; 大洋洲:9; 欧洲:6; 北美洲:6; 南美洲:5。【中国种数:6】。

Kneiffia (Dunal) Spach 月见草属 Onagraceae [MD-396] 特征纪要:习性:-。花程式:-。其他特征参考科。全球1个大洲分布及种数(20)◆北美洲。

Knema Lour. 红光树属 Myristicaceae [MD-15] 特征纪要:习性:木本。花程式:-。物候:-。花期:8-9月。果期:参考晚于花期。海拔:1100-1200米。生境:低沟谷,竹林中。资源:具栽培园艺种类。全球2个大洲分布及种数(130-174)亚洲:157; 南美洲:2。【中国种数:11】。

Knesebeckia Klotzsch = **Begonia**

Knifa Adans. = **Hypericum**

Knightia R. Br. 蜜汁树属 Proteaceae [MD-219] 特征纪要:习性:木本。花程式:K3-4-∞,C0,A2,G1。其他特征参考科。全球2个大洲分布及种数(3-6)大洋洲:5; 北美洲:2。

Kniphofia Mönch 火把莲属 Xanthorrhoeaceae [MM-701] 特征纪要和分布(-)。全球6个大洲分布及种数(66-87;hort.1;cult.7)非洲:65-76;亚洲:2-4;大洋洲:1;欧洲:1;北美洲:1;南美洲:1。【中国种数:1】。

Knorringia (Czukav.) Tzvelev 西伯利亚蓼属 Polygonaceae [MD-120] 特征纪要:习性:草本。花程式:Kn,C0,A2,↓G-参考科。物候:-。海拔:20-5400米。生境:湿草地。资源:-。全球1个大洲分布及种数(2-3;hort.1)◆亚洲:cf.1。【中国种数:1】。

Knowltonia Salisb. 火叶莲属 Ranunculaceae [MD-38] 特征纪要:习性:草本。花程式:K1-∞,C1-∞,A8,=G1

K

-3。其他特征参考科。全球 4 个大洲分布及种数(30-45)非洲:18; 大洋洲:1; 北美洲:1; 南美洲:13。

Knoxia L. 红芽大戟属 Rubiaceae [MD-523] 特征纪要:习性:木本。花程式:(K-),(C)5 参考科,A5,↓G2。物候:-。花期:7-8 月。果期:参考晚于花期。海拔:5-4800 米。生境:草地。栽培:来自广西龙州。资源:药用,具栽培园艺种类。全球 6 个大洲分布及种数(14-20;hort. 1)非洲:6-9;亚洲:11-17;大洋洲:4-7;欧洲:3;北美洲:3;南美洲:2-5。【中国种数:3】。

Koanophyllon Arruda 光柱泽兰属 Asteraceae [MD-586] 特征纪要:习性:草本。花程式:(K)3-5,(C)3-5,A3-5,=↓G2。其他特征参考科。全球 6 个大洲分布及种数(131-157)非洲:2; 亚洲:14; 大洋洲:1; 欧洲:116; 北美洲:116; 南美洲:45。

Kobiosis Raf. = **Euphorbia**

Kobresia Willd. 嵩草属 Cyperaceae [MM-747] 特征纪要:习性:-。花程式:-。物候:-。花期:7 月。果期:参考晚于花期。海拔:3100-5000 米。生境:草山坡,沼泽地,林间草地或山坡阴湿处。资源:-。全球 6 个大洲分布及种数(49-62)非洲:2-31;亚洲:47-96;大洋洲:5-34;欧洲:6-35;北美洲:11-40;南美洲:3-32。

Kobus Kaempf. ex Salisb. = **Magnolia**

Kochia Roth 地肤属 Chenopodiaceae [MD-115] 特征纪要:习性:-。花程式:-。物候:-。花期:8 月。果期:参考晚于花期。海拔:600-5000 米。生境:戈壁,沙地,干山坡,住宅。资源:-。全球 6 个大洲分布及种数(19-32)非洲:5-9;亚洲:10-15;大洋洲:7-11;欧洲:3-7;北美洲:4-8;南美洲:1-5。

Kochummenia K. M. Wong 亚洲马来茜属 Rubiaceae [MD-523] 特征纪要:习性:木本。花程式:(K)4-5,(C)4-5,A4-5,=↓(G)2-9。其他特征参考科。全球 2 个大洲分布及种数(3-4)亚洲:4; 南美洲:2。

Koeberlinia Zucc. 刺枝木属 Koeberliniaceae [MD-183] 特征纪要(同科)。全球 2 个大洲分布及种数(4-11)北美洲:9; 南美洲:5。

Koeberliniaceae Engl. [MD-183] 刺枝木科 特征纪要:习性:木本;落叶。花程式:K8,C4,A8,↑(G)2-5。物候:-。果实:浆果。种子:棕色。海拔:-。生境:-。资源:-。栽培:-。全球 1 个大洲分布及属种数(2/5 < IFR 1/1 > hort. 1)◆北美洲:1/ 3-4。

Koehlreutera Grindel 葫芦藓科属 Funariaceae [B-106] 特征纪要:-。全球 1 个大洲分布及种数(-)。

Koehneola Urb. 辐花佳乐菊属 Asteraceae [MD-586] 特征纪要:习性:草本。花程式:(K)3-5,(C)3-5,A3-5,↓G。其他特征参考科。全球 3 个大洲分布及种数(1-9)亚洲:4; 北美洲:8; 南美洲:4。

Koehneria S. A. Graham, Tobe & Baas 猫虾花属 Lythraceae [MD-333] 特征纪要:习性:木本。花程式:K2-4,C2-4,A10,=↓(G)2-4。其他特征参考科。全球 2 个大洲分布及种数(1-2)非洲:2; 南美洲:2。

Koeleria Pers. 菭草属 Poaceae [MM-748] 特征纪要:习性:草本(基生)。花程式:(K-),C0 参考科,A3,G-。物候:-。花期:6-7 月。果期:参考晚于花期。海拔:2900-4600 米。生境:草地,真茅草原。资源:具栽培园艺种类。全球 6 个大洲分布及种数(61-83;hort. 1;cult. 6)非洲:19-37;亚洲:29-55;大洋洲:19-35;欧洲:32-53;北美洲:14-29;南美洲:16-31。【中国种数:12】。

Koellensteinia Rchb. f. 绣唇兰属 Orchidaceae [MM-723] 特征纪要:习性:草本。花程式:(K)3,C3,A3,=↓G3。其他特征参考科。全球 2 个大洲分布及种数(11-26)北美洲:6; 南美洲:25。

Koellia Mönch 山薄荷属 Lamiaceae [MD-575] 特征纪要:习性:-。花程式:-。其他特征参考科。全球 2 个大洲分布及种数(37)北美洲:3; 南美洲:1。

Koellikeria Regel 长序岩桐属 Gesneriaceae [MD-549] 特征纪要:习性:-。花程式:-。其他特征参考科。全球 2 个大洲分布及种数(7)北美洲:5; 南美洲:5。

Koelpinia Pall. 蝎尾菊属 Asteraceae [MD-586] 特征纪要:习性:-。花程式:-。物候:-。海拔:400-1000 米。生境:沙漠,荒漠砾石地。资源:-。全球 4 个大洲分布及种数(4-13)非洲:1; 亚洲:5; 欧洲:1; 北美洲:1。【中国种数:1】。

Koelreuteria Schreb. 栾属 Sapindaceae [MD-428] 特征纪要:习性:-。花程式:-。物候:-。花期:6-9 月。果期:参考晚于花期。海拔:400-2500 米。生境:森林,山坡。资源:园林,药用。全球 6 个大洲分布及种数(4-19)非洲:2; 亚洲:15; 大洋洲:3; 欧洲:8; 北美洲:8; 南美洲:6。【中国种数:3】。

Koelzella M. Hiroe = **Prangos**

Koelzia Rech. f. = **Christolea**

Koenigia L. 冰岛蓼属 Polygonaceae [MD-120] 特征纪要:习性:草本(基生)。花程式:Kn,C2-3 参考科,A6,↓G-参考科。物候:-。花期:7-8 月。果期:参考晚于花期。海拔:2000-4900 米。生境:高山草甸,湿草地,山谷。栽培:来自广西龙州。资源:具栽培园艺种类。全球 4 个大洲分布及种数(33-36;hort. 1)亚洲:30-31;欧洲:4;北美洲:5;南美洲:2。【中国种数:7】。

Koerberia <unassigned> 冰可李属 Chrysobalanaceae [MD-243] 特征纪要和分布(-)。

Koerberiella <unassigned> 兰科属 Orchidaceae [MM-723] 特征纪要和分布(-)。

Koernickanthe L. Andersson 橙苞竹芋属 Marantaceae [MM-740] 特征纪要:习性:草本。花程式:-。其他特征参考科。全球 2 个大洲分布及种数(1-2)亚洲:2; 南美洲:2。【中国种数:1】。

Koevia Moench = **Stachys**

Kogelbergia Rourke 绒仙木属 Stilbaceae [MD-532] 特征纪要:习性:木本。花程式:K4-5,C0,A4-5,↓G。其他特征参考科。全球 1 个大洲分布及种数(2)◆非洲。

Kohautia Cham. & Schltdl. 颤顶草属 Rubiaceae [MD-523] 特征纪要:习性:木本。花程式:(K)4-5,(C)4-5,A4-5,=↓G2-9。其他特征参考科。全球 6 个大洲分布及种数(33)非洲:24-30;亚洲:11;大洋洲:8-9;欧

K

洲:4;北美洲:5;南美洲:2。【中国种数:3】。

Kohleria Regel 艳斑岩桐属 Gesneriaceae［MD－549］特征纪要:习性:灌木。花程式:K5,C0,A4,=↓G2。物候:－。海拔:－。生境:－。资源:具栽培园艺种类。全球6个大洲分布及种数(29－122)非洲:3; 亚洲:6; 大洋洲:5; 欧洲:48; 北美洲:48; 南美洲:94。【中国种数:1】。

Kohlmeyera <unassigned> 艳芽藓属 Sorapillaceae［B－212］特征纪要和分布(－)。

Koilodepas Hassk. 白茶树属 Euphorbiaceae［MD－217］特征纪要:习性:木本。花程式:－。物候:－。花期:3－4月。果期:参考晚于花期。海拔:100－400米。生境:山地或山谷常绿林或疏林中,山坡或山谷,森林,灌木丛,有时是石灰岩丘陵。资源:具园艺种类。全球4个大洲分布及种数(13－25)非洲:1; 亚洲:21; 大洋洲:1; 北美洲:2。【中国种数:1】。

Kokia Lewton 木果棉属 Malvaceae［MD－203］特征纪要:习性:木本。花程式:K5－∞,C5－∞,A10－8,G－。其他特征参考科。全球3个大洲分布及种数(4－9)亚洲:7; 北美洲:8; 南美洲:4。

Kokoona Thwaites 亮金木属 Celastraceae［MD－339］特征纪要:习性:木本。花程式:K2－3,C2－3,A10,=(G)2－5。其他特征参考科。全球3个大洲分布及种数(12－18)亚洲:17; 大洋洲:2; 南美洲:2。

Kokoschkinia Turcz. = **Tecoma**

Kolkwitzia Graebn. 猬实属 Caprifoliaceae［MD－510］特征纪要:习性:－。花程式:－。物候:－。花期:5－6月。果期:参考晚于花期。海拔:300－1300米。生境:山坡,路边,灌木丛。栽培:来自广西龙州。资源:观赏,具栽培园艺种类。全球4个大洲分布及种数(1－2)亚洲:2; 大洋洲:2; 欧洲:2; 北美洲:2。

Kolobopetalum Engl. 损瓣藤属 Menispermaceae［MD－42］特征纪要:习性:草本。花程式:K1(6－40),C3,A1－6－40,=G1－3。其他特征参考科。全球1个大洲分布及种数(4－5)◆非洲。

Kolpakowskia Regel = **Ixiolirion**

Komaroviopsis Doweld 伞形科属 Apiaceae［MD－480］特征纪要:习性:－。花程式:－。其他特征参考科。全球1个大洲分布及种数(1)◆亚洲:1。

Kompitsia Costantin & Gallaud = **Pentopetia**

Konantzia Dodson & N. H. Williams 新堇兰属 Orchidaceae［MM－723］特征纪要:习性:－。花程式:－。其他特征参考科。全球1个大洲分布及种数(cf. 1)◆南美洲。

Konig Adans. = **Lobularia**

Kontumia S. K. Wu & K. L. Phan 昆嵩蕨属 Polypodiaceae［F－60］特征纪要:习性:－。【Rep】:孢子同形,囊群生叶背有盖。其他特征参考科。全球1个大洲分布及种数(1)◆亚洲。

Koockia Moq. = **Kochia**

Koompassia Maingay ex Benth. 凤眼木属 Fabaceae3［MD－240］特征纪要:习性:木本。花程式:K3－5－∞,C3－5－∞,A3－5,=↓G1－2。物候:－。花期:4－5月。果期:参考晚于花期。海拔:100－1500米。生境:高山密林或疏林中,山谷或溪边,栽培。资源:具栽培园艺种类。全球3个大洲分布及种数(3－9)非洲:1; 亚洲:3; 大洋洲:1。【中国种数:1】。

Koordersiochloa Merr. 黄鸽枣属 Anacardiaceae［MD－432］特征纪要:习性:草本。花程式:(K－),C0参考科,A3参考科,↓G－参考科。其他特征参考科。全球2个大洲分布及种数(3)非洲:1;亚洲:cf. 1。

Koordersiodendron Engl. ex Koord. 漆树柴属 Anacardiaceae［MD－432］特征纪要:习性:木本。花程式:K5,C5,A10,=G1－3。其他特征参考科。全球3个大洲分布及种数(1) 亚洲;大洋洲;北美洲。【中国种数:1】。

Koponenia Ochyra 南美柳叶藓属 Amblystegiaceae［B－178］特征纪要:－。全球1个大洲分布及种数(1)◆南美洲。

Koponeniella Huttunen & Ignatov 柳蔓藓属 Brachytheciaceae［B－187］特征纪要:习性:－。【Rep】:绿色或棕绿色。物候:－。海拔:－。生境:常见于林下土生,岩面土生。资源:－。全球1个大洲分布及种数(1)◆非洲。

Koponobryum Arts 柳丛藓属 Pottiaceae［B－133］特征纪要:－。全球1个大洲分布及种数(1)◆非洲。

Kopononobryum Arts 蔓丛藓属 Pottiaceae［B－133］特征纪要:－。分布:－。

Kopsia Bl. 蕊木属 Apocynaceae［MD－492］特征纪要:习性:－。花程式:－。物候:－。花期:4－9月。果期:参考晚于花期。海拔:400－1000米。生境:丘陵和山地林谷中或溪畔处,峡谷。资源:药用,具栽培园艺种类。全球6个大洲分布及种数(26－73)非洲:4; 亚洲:64; 大洋洲:18; 欧洲:8; 北美洲:8; 南美洲:4。【中国种数:4】。

Kopsiopsis (Beck) Beck 拟蕊木属 Orobanchaceae［MD－552］特征纪要:习性:草本。花程式:K2－4,C0,A2－4,G2。物候:－。海拔:45－6000米。生境:沼泽草地。资源:－。全球2个大洲分布及种数(2－4)亚洲:2; 北美洲:3。【中国种数:1】。

Korosvel Adans. = **Tetracera**

Korovinia Nevski & Vved. 毒欧芹属 Apiaceae［MD－480］特征纪要:习性:－。花程式:－。其他特征参考科。全球1个大洲分布及种数(1)◆亚洲。

Korshinskia Lipsky 黑孜然芹属 Apiaceae［MD－480］特征纪要:习性:草本。花程式:Kn,C5,A3参考科,=↓G(－)。其他特征参考科。全球1个大洲分布及种数(1－5)◆亚洲。

Korthalsella Van Tiegh. 栗寄生属 Santalaceae［MD－412］特征纪要:习性:木本。花程式:－。物候:－。海拔:100－2500米。生境:橿子山栎,鹅耳枥或黄杨属植物上,森林,灌木丛,山坡,山谷和岛屿。资源:药用。全球6个大洲分布及种数(31－35;hort. 1;cult. 2)非洲:6－15;亚洲:12－21;大洋洲:19－30;欧洲:9;北美洲:5－14;南美洲:11。【中国种数:1】。

Korthalsia Bl. 蚁藤属 Arecaceae［MM－717］特征纪要:习性:木本。花程式:K3－10,C3－10,A3－10,=G3－10。其他特征参考科。全球3个大洲分布及种数(27－52)非洲:4; 亚洲:52; 大洋洲:3。【中国种数:1】。

Korupodendron Litt & Cheek 异宿囊花属 Vochysiaceae［MD－314］特征纪要：习性：木本。花程式：K1－5，C1－5，A1－5，(G)1－3。其他特征参考科。全球 1 个大洲分布及种数(1)◆非洲。

Kosmosiphon Lindau 管饰爵床属 Acanthaceae［MD－572］特征纪要：习性：草本。花程式：K2－4，C0，A2－4，＝(G)2。其他特征参考科。全球 1 个大洲分布及种数(1)◆非洲。

Kosteletzkya C. Presl 盐沼槿属 Malvaceae［MD－203］特征纪要：习性：木本。花程式：K5－∞，C5－∞，A10－8，＝G1－5。其他特征参考科。全球 6 个大洲分布及种数(28－36)非洲：14－22；亚洲：8－10；大洋洲：2；欧洲：2－4；北美洲：13－15；南美洲：4－6。【中国种数：1】。

Kostermansia Sögeng 短瓣榴梿属 Malvaceae［MD－203］特征纪要：习性：木本。花程式：Kn，C5，A10，＝(G)2－5。其他特征参考科。全球 2 个大洲分布及种数(1－3)亚洲：3； 南美洲：2。

Kostermanthus Prance 爪萼李属 Chrysobalanaceae［MD－243］特征纪要：习性：木本。花程式：－。其他特征参考科。全球 2 个大洲分布及种数(3－4)亚洲：4； 南美洲：2。【中国种数：1】。

Kotschya Endl. 螺序豆属 Fabaceae3［MD－240］特征纪要：习性：木本。花程式：K1－∞，C1－∞，A5－9，＝↓G1。其他特征参考科。全球 3 个大洲分布及种数(40－52)非洲：52； 亚洲：3； 北美洲：1。【中国种数：2】。

Kovalevskiella Kamelin ＝ **Lactuca**

Kowalewskia Turcz. ＝ **Clethra**

Koyamaea W. W. Thomas & G. Davidse 绒穗茅属 Cyperaceae［MM－747］特征纪要：习性：草本。花程式：(K)3，C3，A1－3，＝↓(G)2－3。其他特征参考科。全球 1 个大洲分布及种数(1－2)◆南美洲。

Koyamasia H. Rob. 凋缨菊属 Asteraceae［MD－586］特征纪要：习性：草本。花程式：(K)3－5，(C)3－5，A3－5，↓G。其他特征参考科。全球 2 个大洲分布及种数(3－4)亚洲：3； 南美洲：1。

Kozlovia Lipsky 鳞苞芹属 Apiaceae［MD－480］特征纪要：习性：草本。花程式：K5，C5，A5，＝↓G(－)。物候：－。海拔：－。生境：－。资源：具栽培园艺种类。全球 1 个大洲分布及种数(4)◆亚洲。

Kozola Raf. ＝ **Heloniopsis**

Kraenzlinella Kuntze 刺兰属 Orchidaceae［MM－723］特征纪要：习性：－。花程式：－。其他特征参考科。全球 3 个大洲分布及种数(16)亚洲：2； 北美洲：8； 南美洲：14。

Krainzia Backeb. 仙人掌科属 Cactaceae［MD－100］特征纪要：习性：－。花程式：－。其他特征参考科。全球 1 个大洲分布及种数(－)。

Kralikia Sch. Bip. ＝ **Chiliocephalum**

Kralikiella Batt. & Trab. ＝ **Chiliocephalum**

Kramera P. & K. ＝ **Krameria**

Krameria Löfl. 刺球果属 Krameriaceae［MD－293］特征纪要(同科)。全球 6 个大洲分布及种数(22－23)非洲：4；亚洲：1－5；大洋洲：4；欧洲：4；北美洲：14－18；南美洲：10－14。【中国种数：1】。

Krameriaceae Dum. ［MD－293］刺球果科 特征纪要：习性：木本；落叶。花程式：K5，C4，A3－5－8，G－。物候：－。果实：－。种子：－。海拔：－。生境：－。资源：－。栽培：－。全球 3 个大洲分布及属种数(2/23－24 hort. 1) 亚洲：2/3； 北美洲：2/16； 南美洲：2/12。【中国属种数：1/1】。

Kranikovia Raf. ＝ **Krascheninnikovia**

Krapfia DC. ＝ **Ranunculus**

Krapovickasia Fryxell 克拉锦葵属 Malvaceae［MD－203］特征纪要：习性：木本。花程式：K5－∞，C5－∞，A10－8，＝(G)1－5。其他特征参考科。全球 3 个大洲分布及种数(5－6)亚洲：2； 北美洲：4； 南美洲：6。【中国种数：1】。

Krascheninikova Cothen. ＝ **Krascheninnikovia**

Krascheninikovia Turcz. ex Fenzl ＝ **Pseudostellaria**

Krascheninnikovia Güldenst. 驼绒藜属 Amaranthaceae［MD－116］特征纪要：习性：草本。花程式：－。物候：－。海拔：3500－5000 米。生境：大型洪积扇，荒漠，针叶林。资源：具园艺种类。全球 6 个大洲分布及种数(7－8；hort. 1；cult. 1)非洲：1－2；亚洲：6－8；大洋洲：1；欧洲：1－2；北美洲：3－4；南美洲：1。【中国种数：1】。

Krascheninnikowia (Fr.) Maxim. ＝ **Pseudostellaria**

Krasnovia Popov ex Schischk. 块茎芹属 Apiaceae［MD－480］特征纪要：习性：草本(基生)。花程式：Kn，C5，A3 参考科，＝↓G(－)。物候：－。花期：4－5 月。果期：参考晚于花期。海拔：2000 米。生境：灌木丛，草坡或砾石坡，山坡草地或路旁较多。资源：－。全球 1 个大洲分布及种数(2)◆亚洲：cf. 1。【中国种数：1】。

Kraunhia Raf. 紫藤属 Fabaceae3［MD－240］特征纪要：习性：－。花程式：－。其他特征参考科。全球 1 个大洲分布及种数(1)◆北美洲。

Krauseella Müll. Hal. ＝ **Tetraplodon**

Krauseola Pax & K. Hoffm. 莲被草属 Caryophyllaceae［MD－77］特征纪要：习性：草本。花程式：K1－5，C1－5，A1－5，G－。其他特征参考科。全球 2 个大洲分布及种数(2－4)非洲：3； 亚洲：2。

Kraussia Harv. 灵犀木属 Rubiaceae［MD－523］特征纪要：习性：－。花程式：－。其他特征参考科。全球 6 个大洲分布及种数(5－6)非洲：4－5；亚洲：1－2；大洋洲：1；欧洲：1；北美洲：1；南美洲：1。【中国种数：1】。

Krebsia Eckl. & Zeyh. 夹竹桃科属 Fabaceae3［MD－240］特征纪要：习性：－。花程式：－。其他特征参考科。全球 1 个大洲分布及种数(－)。

Kremeriella Maire 小克雷芥属 Brassicaceae［MD－213］特征纪要：习性：草本。花程式：K2－4，C2－4，A2－4，＝(G)2。其他特征参考科。全球 1 个大洲分布及种数(1)◆非洲。

Krenakia S. M. Costa 莎草科属 Cyperaceae［MM－747］特征纪要：习性：－。花程式：K－，C2 参考科，A4，↓G4 参

K

考科。其他特征参考科。全球 2 个大洲分布及种数(10)北美洲:1; 南美洲:9。

Kreodanthus Garay 克莱兰属 Orchidaceae [MM – 723] 特征纪要:习性:草本。花程式:(K)3,C3,A3, = ↓(G)3。其他特征参考科。全球 2 个大洲分布及种数(13 – 15)北美洲:7;南美洲:5 – 7。

Krigia Schreb. 双冠苣属 Asteraceae [MD – 586] 特征纪要:习性:草本。花程式:(K)3 – 5,C3 – 5,A3 – 5, = ↓(G)2。物候:-。海拔:-。生境:-。资源:具园艺种类。全球 5 个大洲分布及种数(8 – 105)非洲:2; 亚洲:32; 欧洲:26; 北美洲:26; 南美洲:43。【中国种数:2】。

Kroenleinia Lodé 双人掌属 Cactaceae [MD – 100] 特征纪要:习性:木本。花程式:Kn,C2 – 3 参考科,A3 参考科, = ↓G –。其他特征参考科。全球 1 个大洲分布及种数(1) ◆北美洲:1。

Krokia Urb. = **Pimenta**

Krombholzia Rupr. ex Gal. = **Zeugites**

Krubera Hoffm. 伞形科属 Apiaceae [MD – 480] 特征纪要:习性:-。花程式:-。其他特征参考科。全球 3 个大洲分布及种数(1)非洲:1; 亚洲:1; 欧洲:1。

Krugella Pierre = **Pouteria**

Krugia Urb. = **Marlierea**

Krugiodendron Urb. 铁勾儿茶属 Rhamnaceae [MD – 331] 特征纪要:习性:木本。花程式:K4 – 5,C4 – 5,A2, = (G)2 – 5。其他特征参考科。全球 4 个大洲分布及种数(1 – 3)非洲:2; 亚洲:2; 北美洲:2; 南美洲:1。

Krukoviella A. C. Sm. 蔓莲木属 Ochnaceae [MD – 104] 特征纪要:习性:木本。花程式:-。其他特征参考科。全球 1 个大洲分布及种数(1)◆南美洲。

Krunodiplophyllum (Stephani) Grolle 合叶苔科属 Scapaniaceae [B – 57] 特征纪要:-。全球 1 个大洲分布及种数(2)◆南美洲:2。

Kryptostoma (Summerh.) D. Geerinck 玉凤花属 Orchidaceae [MM – 723] 特征纪要:草本; 花程式(参考科): S:(K)(-),P:C(-),A:A6,O:↓(G)/Ou:侧膜胎座,/Ou:不结实,F:蒴果,S:周围有狭翅;周围有宽翅。全球 1 个大洲分布及种数(-)◆欧洲。

Ktenosachne Steud. = **Rostraria**

Kubitzkia van der Werff 管蕊桂属 Lauraceae [MD – 21] 特征纪要:习性:木本。花程式:K3 – 9,C0,A3 – 9, = G1 – 3。其他特征参考科。全球 1 个大洲分布及种数(-)。

Kudoa Masam. = **Gentiana**

Kudoacanthus Hosok. 银脉爵床属 Acanthaceae [MD – 572] 特征纪要:习性:草本。花程式:(K –),C5,A5,↓G2。物候:-。花期:参考早于果期。果期:春夏。海拔:600 – 700 米。生境:常绿阔叶林。资源:-。全球 1 个大洲分布及种数(cf. 1)◆亚洲(◆中国)。【中国种数:1】。

Kudrjaschevia Pojark. = **Nepeta**

Kuerschneria Ochyra & Bednarek – Ochyra 锦藓科属 Sematophyllaceae [B – 192] 特征纪要:-。全球 1 个大洲分布及种数(-)。

Kuetzingia <unassigned> 银花荷属 Rhodoleiaceae [MD – 64] 特征纪要:-。全球 2 个大洲分布及种数(4)非洲:1; 大洋洲:4。

Kuetzingiella <unassigned> 英国马桑属 Coriariaceae [MD – 277] 特征纪要:-。全球 1 个大洲分布及种数(3)◆欧洲:3。

Kuhitangia Ovcz. = **Acanthophyllum**

Kuhlhasseltia J. J. Sm. 旗唇兰属 Orchidaceae [MM – 723] 特征纪要:习性:-。花程式:-。物候:-。花期:8 – 9 月。果期:参考晚于花期。海拔:400 – 1600 米。生境:森林,岩石裂缝,溪流。资源:-。全球 3 个大洲分布及种数(26)非洲:2; 亚洲:24; 大洋洲:2。

Kuhlmannia J. C. Gomes = **Pleonotoma**

Kuhlmanniella Barroso = **Dicranostyles**

Kuhlmanniodendron Fiaschi & Groppo 烟斗树属 Achariaceae [MD – 159] 特征纪要:习性:木本。花程式:-。其他特征参考科。全球 1 个大洲分布及种数(1 – 2)◆南美洲。

Kuhnistera Lam. 银蝶豆属 Fabaceae3 [MD – 240] 特征纪要:习性:-。花程式:-。其他特征参考科。全球 6 个大洲分布及种数(5)非洲:5;亚洲:5;大洋洲:5;欧洲:5;北美洲:5;南美洲:5。

Kulinia B. G. Briggs & L. A. S. Johnson 绒灯草属 Restionaceae [MM – 744] 特征纪要:习性:-。花程式:-。其他特征参考科。全球 3 个大洲分布及种数(12)大洋洲:11; 北美洲:1; 南美洲:10。

Kuloa <unassigned> 樟属 Lauraceae [MD – 21] 特征纪要:习性:-。花程式:-。其他特征参考科。全球 1 个大洲分布及种数(-)。

Kumara Medik. 芦荟属 Xanthorrhoeaceae [MM – 701] 特征纪要:习性:草本。花程式:-。其他特征参考科。全球 1 个大洲分布及种数(-)。

Kummeria Mart. = **Discophora**

Kummerowia Schindl. 鸡眼草属 Fabaceae3 [MD – 240] 特征纪要:习性:木本。花程式:Kn,C2 – 3 参考科,A9 + 1, = ↓G –。物候:-。花期:7 – 8 月。果期:参考晚于花期。海拔:100 – 1200 米。生境:路边,草地,山坡,稳定或半稳定沙丘。资源:蛋白质,具栽培园艺种类。全球 3 个大洲分布及种数(2 – 4)亚洲:3; 北美洲:3; 南美洲:1。【中国种数:2】。

Kunda Raf. = **Amorphophallus**

Kundmannia G. A. Scop. 昆得曼芹属 Apiaceae [MD－480] 特征纪要:习性:草本。花程式:K5,C5,A5, = ↓ G2。其他特征参考科。全球 6 个大洲分布及种数(3－34)非洲:20; 亚洲:15; 大洋洲:8; 欧洲:6; 北美洲:6; 南美洲:11。

Kungia K. T. Fu 孔岩草属 Crassulaceae [MD－229] 特征纪要:习性:草本。花程式:－。物候:－。花期:6－8 月。果期:参考晚于花期。海拔:1300－1700 米。生境:山路旁,岩石,石墙。资源:－。全球 3 个大洲分布及种数(4－15)亚洲:14; 大洋洲:2; 南美洲:7。【中国种数:2】。

Kunhardtia Maguire 塔蔺花属 Rapateaceae [MM－713] 特征纪要:习性:草本。花程式:(K)3,C0 参考科,A3 参考科,G3－ 参考科。其他特征参考科。全球 1 个大洲分布及种数(2)◆南美洲。

Kuniwatsukia Pic. Serm. 蹄盖蕨科属 Athyriaceae [F－40] 特征纪要:陆生中形草本植物。木质,叶簇生。叶片长圆形,一回羽状复叶,顶部近奇数羽状,或奇数羽状(顶生羽片与侧生羽片同形)具柄,侧生羽片约 20 对,互生,斜展,线状披针形叶干后纸质,两面光滑,羽轴上面具纵沟 1 条,下面隆起,偶有数个褐色小鳞片。【Rep】:孢子囊群小,圆形,背生于小脉基部或下部;囊群盖小,圆肾形,薄膜质,边缘撕裂呈流苏状,易脱落。孢子两面型,具周壁,表面有脊状纹饰。全球 1 个大洲分布及种数(1)◆亚洲。

Kunstleria Prain 孔斯豆属 Fabaceae3 [MD－240] 特征纪要:习性:木本。花程式:K1－∞,C1－∞,A5－9, = ↓ G1。物候:－。海拔:7500 米。生境:矮灌木丛或芦苇丛中,稀见于沿河岸疏林下,作为作物栽培。资源:具栽培园艺种类。全球 2 个大洲分布及种数(8－18)亚洲:15; 大洋洲:3。【中国种数:1】。

Kuntheria Conran & Clifford 宝蒴草属 Colchicaceae [MM－623] 特征纪要:习性:草本。花程式:－。其他特征参考科。全球 2 个大洲分布及种数(1－6)亚洲:2; 大洋洲:5。

Kunzea Rchb. 雪茶木属 Myrtaceae [MD－347] 特征纪要:习性:木本。花程式:K4－5,C4－5,A8－10, = ↓ G2－5。物候:－。海拔:－。生境:－。资源:具园艺种类。全球 5 个大洲分布及种数(70－101)非洲:5; 亚洲:5; 大洋洲:95; 北美洲:9; 南美洲:2。【中国种数:2】。

Kupea Cheek & S. A. Williams 穗霉草属 Triuridaceae [MM－616] 特征纪要:习性:草本。花程式:－。其他特征参考科。全球 1 个大洲分布及种数(1－2)◆非洲(◆喀麦隆)。

Kupeantha Cheek 霉茜属 Rubiaceae [MD－523] 特征纪要:习性:木本。花程式:(K－),(C)4,A3 参考科, ↓ G。其他特征参考科。全球 1 个大洲分布及种数(5)◆非洲。

Kuramosciadium Pimenov, Kljuykov & Tojibaev 霉伞属 Apiaceae [MD－480] 特征纪要:习性:草本。花程式:K5,C5,A5, = ↓ G(－)。其他特征参考科。全球 1 个大洲分布及种数(1) ◆亚洲:1。

Kurkas Raf. = **Croton**

Kurohimehypnum Sakurai 青藓科属 Brachytheciaceae [B－187] 特征纪要:－。全球 1 个大洲分布及种数(－)。

Kurria Hochst. & Steud. = **Hymenodictyon**

Kuruna Attigala, Kathriar. & L. G. Clark 指叶苔科属 Lepidoziaceae [B－63] 特征纪要:习性:－。花程式:－。物候:－。海拔:－。生境:常见于高山林下腐殖质,土生。资源:－。全球 1 个大洲分布及种数(－)。

Kurzamra Kuntze 铺地草属 Lamiaceae [MD－575] 特征纪要:习性:草本。花程式:K2,C0,A2, = (G)2。其他特征参考科。全球 3 个大洲分布及种数(1－3)非洲:2; 大洋洲:3; 南美洲:2。

Kurzia G. Martens 细指苔属 Lepidoziaceae [B－63] 特征纪要:习性:－。【Rep】:裂瓣披针形或指形。物候:－。海拔:－。生境:常见于林下潮湿岩土或湿土上。资源:－。全球 6 个大洲分布及种数(65)非洲:4; 亚洲:18; 大洋洲:25; 欧洲:7; 北美洲:7; 南美洲:12。【中国种数:5】。

Kurziella H. Rob. & Bunwong 细指菊属 Asteraceae [MD－586] 特征纪要:习性:草本。花程式:(K)3－5,(C)3－5,A3－5, ↓ G。其他特征参考科。全球 2 个大洲分布及种数(1－9)亚洲:1; 南美洲:8。

Kutchubaea Fisch. ex DC. 屈奇茜属 Rubiaceae [MD－523] 特征纪要:习性:木本。花程式:(K)4－5,(C)4－5,A4－5, = ↓ G2－9。其他特征参考科。全球 2 个大洲分布及种数(15)北美洲:1;南美洲:14。

Kydia Roxb. 翅果麻属 Malvaceae [MD－203] 特征纪要:习性:木本。花程式:－。物候:－。花期:9－11 月。果期:参考晚于花期。海拔:500－1600 米。生境:混交林,山坡疏林中。资源:具栽培园艺种类。全球 5 个大洲分布及种数(2－14)非洲:2; 亚洲:12; 大洋洲:2; 北美洲:2; 南美洲:3。【中国种数:2】。

Kyhosia B. G. Baldwin 星腺菊属 Asteraceae [MD－586] 特征纪要:习性:草本。花程式:(K)3－5,(C)3－5,A3－5, ↓ G。其他特征参考科。全球 2 个大洲分布及种数(1－2)亚洲:2; 北美洲:2。【中国种数:1】。

Kylicanthe Descourv., Stévart & Droissart 蜈蚣兰属 Orchidaceae [MM－723] 特征纪要:习性:草本。花程式:(K－),C2－3 参考科,A3 参考科, ↓ G－。其他特征参考科。全球 1 个大洲分布及种数(7)◆非洲。

Kyllinga Rottb. 水蜈蚣属 Cyperaceae [MM－747] 特征纪要:习性:－。花程式:－。物候:－。海拔:100－1400 米。生境:潮湿地方。栽培:来自广西龙州。资源:具栽培园艺种类。全球 6 个大洲分布及种数(51－65;hort. 4; cult. 4)非洲:42－53;亚洲:20－29;大洋洲:12－19;欧洲:7;北美洲:19－26;南美洲:18－25。

Kyllingiella R. W. Haines & Lye 小水蜈蚣属 Cyperaceae [MM－747] 特征纪要:习性:－。花程式:－。其他特征参考科。全球 5 个大洲分布及种数(6)非洲:5; 亚洲:2; 欧洲:2; 北美洲:2; 南美洲:2。

Kymatocalyx Herzog 突萼苔属 Cephaloziellaceae [B－53] 特征纪要:习性:－。【Rep】:雌苞叶全缘,老时呈红褐色。其他特征参考科。全球 4 个大洲分布及种数(6－7)非洲:2;亚洲:cf. 1;北美洲:2;南美洲:2－3。

Kymatolejeunea Grolle 纽细鳞苔属 Lejeuneaceae [B－84] 特征纪要:习性:－。【Rep】:老时呈红褐色。其他特征参考科。全球 1 个大洲分布及种数(cf. 1)◆大洋洲。

Kyrsteniopsis R. M. King & H. Rob. 展毛修泽兰属 Asteraceae [MD－586] 特征纪要:习性:草本。花程式:(K)3－5,(C)3－5,A3－5, = ↓ G2。其他特征参考科。全球 2 个大洲分布及种数(6－13)北美洲:6; 南美洲:3。

L

Labiatae Juss. = Lamiaceae

Labichea Gaud. ex DC. 澳豆属 Fabaceae3 [MD-240] 特征纪要:习性:木本。花程式:K3-5-∞,C3-5-∞,A1-10-50,=↓G1。其他特征参考科。全球1个大洲分布及种数(17)◆大洋洲(◆澳大利亚)。

Labidostelma Schltr. = **Polystemma**

Labisia Lindl. 草金牛属 Primulaceae [MD-401] 特征纪要:习性:草本。花程式:(K)3-4,(C)3-4,A4,=G3-5。其他特征参考科。全球3个大洲分布及种数(14-26)非洲:2; 亚洲:15; 大洋洲:1。【中国种数:1】。

Lablab Adans. 扁豆属 Fabaceae3 [MD-240] 特征纪要:习性:木质攀援。花程式:-。物候:-。花期:4-12月。果期:参考晚于花期。海拔:7500米。生境:广泛栽培。栽培:来自广西龙州。资源:药用,具栽培园艺种类。全球6个大洲分布及种数(3)非洲:3;亚洲:2;大洋洲:1;欧洲:2;北美洲:1;南美洲:1。【中国种数:1】。

Labordia Gaud. 顶髯管花属 Loganiaceae [MD-486] 特征纪要和分布(-)。

Labourdonnaisia Bojer 洋香榄属 Sapotaceae [MD-357] 特征纪要:习性:木本。花程式:K4-15,C0,A5,=G2-4。其他特征参考科。全球4个大洲分布及种数(7-16)非洲:13; 亚洲:2; 北美洲:2; 南美洲:2。

Labramia A. DC. 拉夫山榄属 Sapotaceae [MD-357] 特征纪要:习性:木本。花程式:-。其他特征参考科。全球4个大洲分布及种数(10-16)非洲:12; 亚洲:4; 大洋洲:2; 南美洲:2。

Laburnum Fabr. 毒豆属 Fabaceae3 [MD-240] 特征纪要:习性:木本。花程式:Kn,C2-3参考科,A2,=↓G-。物候:-。花期:4-6月。果期:参考晚于花期。海拔:7500米。生境:栽培(来自广西龙州)。资源:园林,具栽培园艺种类。全球6个大洲分布及种数(3-18)非洲:4; 亚洲:7; 大洋洲:3; 欧洲:7; 北美洲:7; 南美洲:2。【中国种数:2】。

Lacaena Lindl. 拉西纳兰属 Orchidaceae [MM-723] 特征纪要:习性:草本。花程式:(K)3,C3,A3,=↓G3。其他特征参考科。全球6个大洲分布及种数(2-39)非洲:2; 亚洲:14; 大洋洲:1; 欧洲:3; 北美洲:3; 南美洲:19。

Lacaitaea Brand = **Trichodesma**

Lacandonia E. Martřínez & Ramos 两性霉草属 Triuridaceae [MM-616] 特征纪要:习性:草本。花程式:K2-3,C2-3,A2-3,=G6-50。其他特征参考科。全球2个大洲分布及种数(2-3)北美洲:3; 南美洲:2。

Lacandoniaceae E. Martínez & Ramos = Cymodoceaceae

Lacanthis Raf. = **Euphorbia**

Laccodiscus Radlk. 亮盘无患子属 Sapindaceae [MD-428] 特征纪要:习性:木本。花程式:K4-8,C4-8,A10,=G2-3。其他特征参考科。全球2个大洲分布及种数(4-7)非洲:7; 北美洲:2。

Laccopetalum Ulbr. 巨灯毛茛属 Ranunculaceae [MD-38] 特征纪要:习性:-。花程式:-。其他特征参考科。全球1个大洲分布及种数(1)◆南美洲(◆秘鲁)。

Laccospadix H. Wendl. & Drude 白轴椰属 Arecaceae [MM-717] 特征纪要:习性:木本。花程式:K3-10,C3-10,A3-10,=G3-10。其他特征参考科。全球1个大洲分布及种数(2)◆大洋洲(◆澳大利亚)。

Laccosperma (G. Mann & H. Wendl.) Drude 漆子藤属 Arecaceae [MM-717] 特征纪要:习性:木本。花程式:K3-10,C3-10,A3-10,G3-10。其他特征参考科。全球2个大洲分布及种数(7-12)非洲:11; 亚洲:6。

Lacepedea Kunth = **Turpinia**

Lacerdaea O. Berg = **Campomanesia**

Lachanodes DC. 菜树菊属 Asteraceae [MD-586] 特征纪要:习性:-。花程式:-。其他特征参考科。全球0个大洲分布及种数(1-3)。

Lachanostachys Endl. = **Lachnostachys**

Lachemilla (Focke) Rydb. 云衣草属 Rosaceae [MD-246] 特征纪要:习性:-。花程式:-。其他特征参考科。全球4个大洲分布及种数(62-64)亚洲:cf. 1;欧洲:2;北美洲:20;南美洲:54-55。

Lachenalia J. Jacq. ex Murray 纳金花属 Hyacinthaceae [MM-679] 特征纪要:习性:草本。花程式:(K)3,C0参考科,A3参考科,=G3。其他特征参考科。全球6个大洲分布及种数(146-273)非洲:209; 亚洲:16; 大洋洲:9; 欧洲:8; 北美洲:8; 南美洲:13。【中国种数:1】。

Lachesiodendron P. G. Ribeiro, L. P. Qüiroz & Luckow 绵薇兰属 Orchidaceae [MM-723] 特征纪要:草本。花程式:(K-),C2-3参考科,A3参考科,↓G-。其他特征参考科。全球2个大洲分布及种数(1) 北美洲:1,南美洲:1。

Lachnaea L. 绵薇香属 Thymelaeaceae [MD-310] 特征纪要:习性:木本。花程式:K2-4,C0,A2,=G2-5。其他特征参考科。全球5个大洲分布及种数(41-73)非洲:59; 亚洲:6; 欧洲:2; 北美洲:2; 南美洲:12。

Lachnagrostis Trin. 沙剪草属 Poaceae [MM-748] 特征纪要:习性:草本。花程式:(K)3,C0参考科,A1-2,=

L

(G)2 - 3。其他特征参考科。全球 6 个大洲分布及种数(49 - 75)非洲:13; 亚洲:8; 大洋洲:63; 欧洲:13; 北美洲:13; 南美洲:9。【中国种数:1】。

Lachnanthes Elliott 绒血草属 Haemodoraceae [MM - 718] 特征纪要:习性:草本。花程式:(K)3,C0 参考科,A3 - 6, = ↓ G3。其他特征参考科。全球 6 个大洲分布及种数(1 - 101)非洲:10; 亚洲:28; 大洋洲:2; 欧洲:96; 北美洲:96; 南美洲:97。【中国种数:1】。

Lachnocapsa Balf. f. 髭绵荠属 Brassicaceae [MD - 213] 特征纪要:习性:草本。花程式:K2 - 4,C2 - 4,A2 - 4, = (G)2。其他特征参考科。全球 1 个大洲分布及种数(cf. 1)◆亚洲(◆也门)。

Lachnocaulon Kunth 裸谷精属 Eriocaulaceae [MM - 726] 特征纪要:习性: - 。花程式: - 。其他特征参考科。全球 2 个大洲分布及种数(19)北美洲:11; 南美洲:2。

Lachnochloa Nees ex Steud. 裸谷草属 Poaceae [MM - 748] 特征纪要和分布(-)。全球 1 个大洲分布及种数(1)◆非洲。

Lachnolepis Miq. = **Gyrinops**

Lachnoloma Bunge 绵果荠属 Brassicaceae [MD - 213] 特征纪要:习性:草本。花程式:Kn,C2 - 3 参考科,A3 参考科,G - 。物候: - 。海拔:300 - 1200 米。生境:沙质荒漠,砾石戈壁,石膏地面,砂土或岩石土。资源: - 。全球 1 个大洲分布及种数(cf. 1)◆亚洲。【中国种数:1】。

Lachnophyllum Bunge 绵菀属 Asteraceae [MD - 586] 特征纪要:习性:草本。花程式:(K)3 - 5,C3 - 5,A3 - 5, = ↓(G)2。其他特征参考科。全球 4 个大洲分布及种数(2 - 8)亚洲:5; 欧洲:2; 北美洲:2; 南美洲:2。【中国种数:1】。

Lachnopylis Hochst. = **Nuxia**

Lachnorhiza A. Rich. 莲座糙毛菊属 Asteraceae [MD - 586] 特征纪要:习性:草本。花程式:(K)3 - 5,C3 - 5,A3 - 5, = ↓(G)2。其他特征参考科。全球 3 个大洲分布及种数(5 - 9)亚洲:4; 北美洲:7; 南美洲:2。

Lachnosiphonium Hochst. = **Catunaregam**

Lachnospermum Willd. 骨苞帚鼠麹属 Asteraceae [MD - 586] 特征纪要:习性:草本。花程式:(K)3 - 5,(C)3 - 5,A3 - 5, ↓ G。其他特征参考科。全球 2 个大洲分布及种数(5 - 7)非洲:7; 亚洲:2。

Lachnostachys Hook. 绒南苏属 Lamiaceae [MD - 575] 特征纪要:习性:草本。花程式:K2 - 4,C0,A2 - 4,G2 - 4。其他特征参考科。全球 1 个大洲分布及种数(1 - 6)◆大洋洲(◆澳大利亚)。

Lachnostoma Kunth 毛口萝藦属 Apocynaceae [MD - 492] 特征纪要:习性:木本。花程式:Kn,C0,A15, = ↓ G2。其他特征参考科。全球 3 个大洲分布及种数(16 - 63)亚洲:4; 北美洲:12; 南美洲:61。

Lachnostylis Turcz. 石炭木属 Phyllanthaceae [MD - 222] 特征纪要:习性:木本。花程式:K1(1000),C0,A1 - 1000, ↓ G - 参考科。其他特征参考科。全球 2 个大洲分布及种数(3 - 8)非洲:5; 南美洲:2。

Lachryma - jobi Ort. = **Coix**

Lachrymaria Heisl. = **Coix**

Lacistema Sw. 荷包柳属 Lacistemataceae [MD - 138] 特征纪要:习性:木本。花程式:K1,C0,A1, = G2 - 3。其他特征参考科。全球 4 个大洲分布及种数(12 - 50)非洲:1; 亚洲:2; 北美洲:6; 南美洲:45。【中国种数:1】。

Lacistemataceae Mart. [MD - 138] 荷包柳科 特征纪要:习性:木本;落叶。花程式:K1,C0,A, ↑ G2 - 3. 物候: - 。果实:蒴果。种子: - 。海拔: - 。生境: - 。资源: - 。栽培: - 。全球 3 个大洲分布及属种数(3 - 4/20 - 28 hort. 1) 亚洲:1/2; 北美洲:1/3 - 4; 南美洲:3/20 - 27。【中国属种数:1/1】。

Lackeya Fortunato, L. P. Queiroz & G. P. Lewis 迪奥豆属 Fabaceae3 [MD - 240] 特征纪要:习性:木本。花程式:K1 - ∞ ,C1 - ∞ ,A5 - 9, = ↓ G(-)。其他特征参考科。全球 2 个大洲分布及种数(1) 亚洲:1;北美洲:1。

Lacmellea H. Karst. 拉克夹竹桃属 Apocynaceae [MD - 492] 特征纪要:习性:木本。花程式:K5 - ∞ ,C0,A15, = ↓ G2 - 5。其他特征参考科。全球 3 个大洲分布及种数(23 - 43)非洲:2; 北美洲:10; 南美洲:41。

Lacomucinaea Nickrent & M. A. García 夹竹兰属 Orchidaceae [MM - 723] 特征纪要:习性:草本。花程式:(K -), C2 - 3 参考科,A3 参考科, ↓ G - 。其他特征参考科。全球 1 个大洲分布及种数(1)◆非洲。

Lacostea Bosch 短膜蕨属 Hymenophyllaceae [F - 21] 特征纪要: - 。全球 1 个大洲分布及种数(-)◆亚洲。

Lacosteopsis (Prantl) Nakaike = **Crepidomanes**

Lacryma Medik. = **Coix**

Lactoridaceae Engl. [MD - 18] 短蕊花科 特征纪要:习性:木本;落叶。花程式:K6,C0,A2 - 6, ↑ (G)3。物候: - 。果实:蓇葖果。种子: - 。海拔: - 。生境: - 。资源: - 。栽培: - 。全球 1 个大洲分布及属种数(2/3 hort. 1) ◆南美洲:2/3。

Lactoris Phil. 囊粉花属 Lactoridaceae [MD - 18] 特征纪要(同科)。全球 3 个大洲分布及种数(1 - 8)亚洲:5; 北美洲:1; 南美洲:4。

Lactuca L. 莴苣属 Lactucaceae [MD - 593] 特征纪要(同科)。全球 6 个大洲分布及种数(137 - 211;hort. 1;cult. 19)非洲:51 - 82;亚洲:92 - 140;大洋洲:15 - 46;欧洲:34 - 68;北美洲:30 - 65;南美洲:8 - 39。【中国种数:26】。

Lactucaceae Drude [MD - 593] 莴苣科 特征纪要:习性:草本;落叶。花程式:(K)6 - ,C3,A3, ↓(G) - 。物候: - 。花期和果期:4 - 11 月。果实:瘦果。种子: - 。海拔:100 - 2000 米。生境:草地,岩石下,小路旁。栽培:来自广西龙州。资源:药用。栽培:中国有栽培。全球 4 个大洲分布及属种数(4 - 7/10 - 19 < IFR 1/11 > hort. 1;cult. 2) 非洲:1/54(IFR 1/6); 亚洲:3/102 - 117(IFR 1/7); 欧洲:1/37 - 40(IFR 1/4); 北美洲:1/33 - 37。

Lactucopsis Sch. Bip. ex Vis. = **Lactuca**

Lactucosonchus (Sch. Bip.) E. R. Sventenius 苦苣菜属 Asteraceae [MD - 586] 特征纪要:习性: - 。花程式: - 。

L

其他特征参考科。全球 1 个大洲分布及种数(1)◆非洲。

Lacunaria Ducke 雉斑木属 Ochnaceae［MD－104］特征纪要:习性:木本。花程式:－。其他特征参考科。全球 5 个大洲分布及种数(9－22)亚洲:2; 大洋洲:2; 欧洲:4; 北美洲:4; 南美洲:22。【中国种数:1】。

Ladakiella D. A. Germann & Al－Shehbaz 十字花科属 Brassicaceae［MD－213］特征纪要:习性:草本。花程式:－。其他特征参考科。全球 1 个大洲分布及种数(1)◆亚洲:1。

Ladeania A. N. Egan & Reveal 张萼豆属 Fabaceae3［MD－240］特征纪要:习性:木本。花程式:K1－∞,C1－∞,A5－9,＝↓G(－)。其他特征参考科。全球 1 个大洲分布及种数(2)◆北美洲(◆美国)。

Ladenbergia Klotzsch 大籽鸡纳属 Rubiaceae［MD－523］特征纪要:习性:木本。花程式:(K)4－5,(C)4－5,A4－5,＝↓G2－9。其他特征参考科。全球 2 个大洲分布及种数(42－43)北美洲:9;南美洲:39－40。【中国种数:1】。

Ladyginia Lipsky ＝ **Ferula**

Laechhardtia Archer ex Gordon ＝ **Callitris**

Laegaardia <unassigned> 刺藓科属 Rhachitheciaceae［B－125］特征纪要:－。全球 1 个大洲分布及种数(－)。

Laelia Lindl. 蕾丽兰属 Orchidaceae［MM－723］特征纪要和分布(－)。全球 6 个大洲分布及种数(36－74;hort. 1;cult. 29)非洲:2;亚洲:2;大洋洲:2;欧洲:2;北美洲:14－16;南美洲:28－37。【中国种数:2】。

Laelichilis Sauleda 兰科属 Orchidaceae［MM－723］特征纪要:习性:－。花程式:－。其他特征参考科。全球 3 个大洲分布及种数(2)非洲:2; 欧洲:2; 北美洲:2。

Laeliocattleya Rolfe 蕾嘉兰属 Orchidaceae［MM－723］特征纪要:习性:草本。花程式:(K)3,C3,A3,＝↓G3。其他特征参考科。全球 4 个大洲分布及种数(73)亚洲:2; 大洋洲:3; 北美洲:1; 南美洲:21。

Laelio－cattleya (hort.) Sander ＝ **Laeliocattleya**

Laennecia Cass. 腺果层菀属 Asteraceae［MD－586］特征纪要:习性:草本。花程式:(K)3－5,(C)3－5,A3－5,＝↓G2。其他特征参考科。全球 6 个大洲分布及种数(19－25)非洲:4; 亚洲:5; 大洋洲:2; 欧洲:15; 北美洲:15; 南美洲:19。【中国种数:1】。

Laestadia Kunth ex Less. 紫垫菀属 Asteraceae［MD－586］特征纪要:习性:草本。花程式:(K)3－5,(C)3－5,A3－5,＝↓G2。其他特征参考科。全球 6 个大洲分布及种数(6－7)非洲:8;亚洲:8;大洋洲:8;欧洲:8;北美洲:3－12;南美洲:4－13。

Laetia Löfl. ex L. 利蒂木属 Flacourtiaceae［MD－142］特征纪要:习性:－。花程式:－。其他特征参考科。全球 2 个大洲分布及种数(10－14)北美洲:4－5;南美洲:8－10。

Laetiporus <unassigned> 刚果革龙骨属 Polypodiaceae［F－60］特征纪要:－。全球 3 个大洲分布及种数(3)非洲:3; 亚洲:1; 南美洲:3。

Laevicarpa (Kök.) Kök. 光果菊属 Asteraceae［MD－586］特征纪要:习性:－。花程式:－。其他特征参考科。全球 1 个大洲分布及种数(－)。

laevigata <unassigned> 非洲革菊属 Asteraceae［MD－586］特征纪要:－。全球 1 个大洲分布及种数(1)◆亚洲:1。

Laeviomyces <unassigned> 利芽藓属 Sorapillaceae［B－212］特征纪要:－。全球 1 个大洲分布及种数(－)。

Lafoensia Vand. 丽薇属 Lythraceae［MD－333］特征纪要:习性:木本。花程式:Kn,C2－3 参考科,A5,＝↓G－。物候:－。海拔:100－2000 米。生境:草原,河岸,竹坡中。资源:具栽培园艺种类。全球 4 个大洲分布及种数(7－27)非洲:2; 亚洲:3; 北美洲:5; 南美洲:19。【中国种数:1】。

Lafuentea Lag. 拉富婆婆纳属 Plantaginaceae［MD－527］特征纪要:习性:灌木。花程式:K2－4,C0,A2－4,G2。其他特征参考科。全球 1 个大洲分布及种数(2－4)◆非洲:3。

Lagansa Rumph. ex Raf. ＝ **Cleome**

Lagarinthus E. Mey. 南非夹竹桃属 Apocynaceae［MD－492］特征纪要:习性:－。花程式:－。其他特征参考科。全球 3 个大洲分布及种数(37)非洲:25; 亚洲:13; 大洋洲:2。

Lagarosiphon Harv. 卷蕴藻属 Hydrocharitaceae［MM－599］特征纪要:习性:草本。花程式:－。物候:－。海拔:－。生境:－。资源:药用。全球 4 个大洲分布及种数(7－10)非洲:6－9;亚洲:1;大洋洲:2;欧洲:2。

Lagarosolen W. T. Wang 细筒苣苔属 Gesneriaceae［MD－549］特征纪要:习性:－。花程式:－。物候:－。花期:6 月。果期:参考晚于花期。海拔:1500 米。生境:生于山坡常绿阔叶林下,石灰石小山。资源:－。全球 1 个大洲分布及种数(2)◆亚洲:1－6。

Lagarostrobos Quinn 泣松属 Podocarpaceae［G－13］特征纪要:习性:－。【Rep】:复轴,短穗状,上部苞片杯套状,内有种子发生,寡种子,雌雄异株。其他特征参考科。全球 2 个大洲分布及种数(1－3)大洋洲:3; 北美洲:2。

Lagasca Cav. ＝ **Lagascea**

Lagascea Cav. 绸叶菊属 Asteraceae［MD－586］特征纪要:习性:草本。花程式:(K)3－5,C3－5,A3－5,＝↓G2。物候:－。花期:7－10 月。果期:参考晚于花期。海拔:6000 米。生境:阿尔泰山地针叶林带山沟,柞林下路旁。资源:－。全球 6 个大洲分布及种数(12－30)非洲:2; 亚洲:4; 大洋洲:1; 欧洲:16; 北美洲:16; 南美洲:11。【中国种数:2】。

Lagedium Soják ＝ **Lactuca**

Lagenandra Dalzell 瓶苞芋属 Araceae［MM－639］特征纪要:习性:草本。花程式:K0,C0,A1－4,＝(G)1－3。其他特征参考科。全球 2 个大洲分布及种数(22－27)亚洲:22; 南美洲:1。【中国种数:1】。

Lagenantha Chiov. 浆果猪毛菜属 Amaranthaceae［MD－116］特征纪要:习性:草本。花程式:Kn,C0,A1－2,G－。其他特征参考科。全球 1 个大洲分布及种数(2)◆亚洲。

Lagenanthus Gilg 长药茜属 Gentianaceae［MD－496］特征纪要:习性:木本。花程式:(K)4－5,(C)4－5,A4－5,

= ↓ G2 - 9。其他特征参考科。全球 2 个大洲分布及种数(1 - 3)北美洲:1; 南美洲:2。

Lagenaria Ser. 葫芦属 Cucurbitaceae [MD - 205] 特征纪要:习性:木质攀援。花程式: - 。物候: - 。花期:夏天。果期:参考晚于花期。海拔:60 - 3500 米。生境:广泛栽培。资源:药用,具栽培园艺种类。全球 6 个大洲分布及种数(10 - 12)非洲:8 - 9;亚洲:1 - 2;大洋洲:1 - 2;欧洲:1 - 2;北美洲:1 - 2;南美洲:3 - 4。【中国种数:1】。

Lagenias E. Mey. 小黄莞属 Gentianaceae [MD - 496] 特征纪要:习性: - 。花程式: - 。其他特征参考科。全球 1 个大洲分布及种数(-)。

Lagenocarpus Nees 三棱茅属 Cyperaceae [MM - 747] 特征纪要和分布(-)。全球 4 个大洲分布及种数(41 - 49;hort. 4;cult. 4)非洲:2;大洋洲:2;北美洲:3 - 4;南美洲:40 - 44。

Lagenocypsela Swenson & K. Bremer 瓶果菊属 Asteraceae [MD - 586] 特征纪要:习性:草本。花程式:(K)3 - 5,(C)3 - 5,A3 - 5, = ↓ G2。其他特征参考科。全球 3 个大洲分布及种数(2 - 3)非洲:2; 亚洲:2; 大洋洲:2。

Lagenophora Cass. 瓶头草属 Asteraceae [MD - 586] 特征纪要:习性:草本(基生)。花程式:(K)3 - 5,C3 - 5,A3 参考科, = ↓ (G)2。物候: - 。海拔:1700 - 1800 米。生境:草地。资源:具园艺种类。全球 6 个大洲分布及种数(18 - 46)非洲:3;亚洲:5 - 8;大洋洲:14 - 22;欧洲:3;北美洲:3;南美洲:3 - 6。【中国种数:2】。

Lagerstroemia L. 紫薇属 Lythraceae [MD - 333] 特征纪要:习性:木本。花程式: - 。物候: - 。花期:7 - 9 月。果期:参考晚于花期。海拔:1800 米。生境:低山山地疏林中,山坡。资源:园林,具栽培园艺种类。全球 6 个大洲分布及种数(74 - 83;hort. 1;cult. 1)非洲:9 - 12;亚洲:69 - 77;大洋洲:10 - 13;欧洲:2 - 5;北美洲:14 - 17;南美洲:6 - 9。【中国种数:24】。

Lagetta Juss. 岛薇香属 Thymelaeaceae [MD - 310] 特征纪要:习性:木本。花程式:K4,C0,A2, = (G)2 - 5。其他特征参考科。全球 3 个大洲分布及种数(4 - 12)亚洲:4; 北美洲:8; 南美洲:3。

Laggera Sch. Bip. ex Benth. 六棱菊属 Asteraceae [MD - 586] 特征纪要:习性:草本。花程式:(K)3 - 5,C3 - 5,A3 参考科, = ↓ (G)2。物候: - 。花期:3 - 10 月。果期:参考晚于花期。海拔:2000 米。生境:草地,旷野,路旁以及山坡阳处地。资源:药用。全球 6 个大洲分布及种数(14 - 18)非洲:11 - 13;亚洲:6 - 8;大洋洲:1;欧洲:1;北美洲:1;南美洲:1。【中国种数:2】。

Lagochilopsis Knorring = **Lagochilus**

Lagochilus Bunge ex Benth. 兔唇花属 Lamiaceae [MD - 575] 特征纪要:习性:草质攀援。花程式:(K -),(C)5 参考科,A3 参考科, = ↓ G2。物候: - 。花期:7 月。果期:参考晚于花期。海拔:1100 - 2000 米。生境:干旱碎石坡灌丛中。资源:具栽培园艺种类。全球 2 个大洲分布及种数(52 - 98)亚洲:80; 南美洲:11。【中国种数:15】。

Lagoecia L. 拉高草属 Apiaceae [MD - 480] 特征纪要:习性:草本。花程式:K5,C5,A5, = ↓ G(-)。其他特征参考科。全球 1 个大洲分布及种数(1 - 2)◆南美洲。

Lagophylla Nutt. 兔菊属 Asteraceae [MD - 586] 特征纪要:习性:草本。花程式:(K)3 - 5,(C)3 - 5,A3 - 5, ↓ G。其他特征参考科。全球 2 个大洲分布及种数(5 - 21)亚洲:2; 北美洲:9。【中国种数:1】。

Lagopsis (Bunge ex Benth.) Bunge 夏至草属 Lamiaceae [MD - 575] 特征纪要:习性:草本(基生)。花程式: - 。物候: - 。花期:8 月。果期:参考晚于花期。海拔:2100 - 2400 米。生境:山坡碎石上。资源:药用,具栽培园艺种类。全球 4 个大洲分布及种数(5 - 9)非洲:2; 亚洲:8; 欧洲:1; 北美洲:1。【中国种数:4】。

Lagoseriopsis Kirp. 类兔苣属 Asteraceae [MD - 586] 特征纪要:习性:草本。花程式:(K)3 - 5,(C)3 - 5,A3 - 5, ↓ G。其他特征参考科。全球 1 个大洲分布及种数(1) ◆亚洲:1。

Lagotis Gaertn. 兔耳草属 Scrophulariaceae [MD - 536] 特征纪要:习性: - 。花程式: - 。物候: - 。花期:5 - 9 月。果期:参考晚于花期。海拔:3000 - 4500 米。生境:高寒草地,沙质,石质斜坡。栽培:来自广西龙州。资源:药用,具栽培园艺种类。全球 6 个大洲分布及种数(27 - 37;hort. 1;cult. 1)非洲:2;亚洲:26 - 38;大洋洲:2;欧洲:1 - 5;北美洲:2 - 4;南美洲:2。【中国种数:16】。

Lagrezia Moq. 青葙苋属 Amaranthaceae [MD - 116] 特征纪要:习性:草本。花程式:K1 - 2,C0,A1 - 2, = (G)2 - 3。其他特征参考科。全球 5 个大洲分布及种数(14 - 22)非洲:16; 亚洲:3; 大洋洲:2; 北美洲:2; 南美洲:2。

Lagunaria (A. DC.) Rchb. 蜜源葵属 Malvaceae [MD - 203] 特征纪要:习性:木本。花程式:K5 - ∞ ,C5 - ∞ ,A10 - 8, = (G)1 - 5。物候: - 。海拔: - 。生境: - 。资源:具栽培园艺种类。全球 6 个大洲分布及种数(2 - 9)非洲:4; 亚洲:4; 大洋洲:4; 欧洲:3; 北美洲:3; 南美洲:2。【中国种数:1】。

Laguncularia C. F. Gaertn. 对叶榄李属 Combretaceae [MD - 354] 特征纪要:习性:木本。花程式:K5 - 10,C5 - 10,A5 - 10, = ↓ G2 - 5。物候: - 。海拔: - 。生境: - 。资源:具园艺种类。全球 6 个大洲分布及种数(1 - 10)非洲:2; 亚洲:3; 大洋洲:3; 欧洲:2; 北美洲:2; 南美洲:4。【中国种数:1】。

Lagurostemon Cass. = **Saussurea**

L

Lagurus L. 兔尾草属 Poaceae [MM - 748] 特征纪要:习性:草本。花程式:(K)3,C0 参考科,A1 - 2, ↓ G - 参考科。物候: - 。海拔: - 。生境: - 。资源:具栽培园艺种类。全球 6 个大洲分布及种数(1 - 64)非洲:12; 亚洲:15; 大洋洲:4; 欧洲:3; 北美洲:3; 南美洲:39。【中国种数:1】。

Lagynias E. Mey. = **Vangueria**

Lalexia Luer = **Pleurothallis**

Lalldhwojia Farille 拉尔德草属 Apiaceae [MD - 480] 特征纪要:习性:草本。花程式:Kn,C5,A5, = ↓ (G)2。其他特征参考科。全球 1 个大洲分布及种数(4)◆南亚(◆尼泊尔)。

Lallemantia Fisch. & C. A. Mey. 扁柄草属 Lamiaceae [MD - 575] 特征纪要:习性:草本。花程式:(K -),C2 - 3 参考科,A3 参考科, = ↓ G2。物候: - 。花期:5 - 6 月。果期:参考晚于花期。海拔:5400 米。生境:潮湿地区,较湿润处。资源:具栽培园艺种类。全球 4 个大洲分布及种数(3 - 6)非洲:2;亚洲:2 - 5;欧洲:3;北美洲:1。

【中国种数:1】。

Lamanonia Vell. 番荆梅属 Cunoniaceae［MD－255］特征纪要:习性:木本。花程式:－。其他特征参考科。全球4个大洲分布及种数(5－20)亚洲:3; 大洋洲:1; 北美洲:2; 南美洲:20。【中国种数:2】。

Lamarckea Steud. ＝ **Lamarckia**

Lamarckia Mönch 金顶草属 Poaceae［MM－748］特征纪要和分布(－)。全球1个大洲分布及种数(1－3)◆欧洲。【中国种数:1】。

Lambertia Sm. 灿忍冬属 Proteaceae［MD－219］特征纪要:习性:木本。花程式:K3－4－∞,C0,A2,＝G1。其他特征参考科。全球2个大洲分布及种数(15－27)亚洲:2; 大洋洲:21。

Lamechites Markgr. ＝ **Ichnocarpus**

Lamellocolea J. J. Engel 纽片萼苔属 Lophocoleaceae［B－74］特征纪要:习性:－。【Rep】:雌苞生于短枝上,雄苞生于短侧枝上,短枝上无正常叶发育,仅为雌雄苞叶,雌雄同株,稀异株,雌雄苞一般生于主茎或长分枝顶端,雌苞叶大于茎叶,先端具裂瓣和不规则齿突,蒴萼大。其他特征参考科。全球2个大洲分布及种数(3)亚洲:2; 大洋洲:2。

Lamiaceae Martinov［MD－575］唇形科 特征纪要:习性:木本;落叶。花程式:K5,C5,A:4,↑G2。物候:－。花期:11月。果期:12月。果实:坚果。种子:子叶缘倚胚根。海拔:0－2100米。生境:－。资源:作凉粉食用。栽培:中国有栽培。全球6个大洲分布及属种数(262－294/5578－9670 <IFR 100/797> hort. 1;cult. 80) 非洲:74－75/1308－1686(IFR 40/198); 亚洲:143－148/2437－3458(IFR 63/428); 大洋洲:58/501－837(IFR 11/20); 欧洲:53－54/1012－1232(IFR 30/279); 北美洲:84－86/1340－1731(IFR 32/104); 南美洲:69－73/1270－1389(IFR 14/37)。【中国属种数:124/1340】。

Lamiodendron Steenis 芝麻树属 Bignoniaceae［MD－541］特征纪要:习性:木本。花程式:K5－裂片,C0,A5,＝(G)2。其他特征参考科。全球2个大洲分布及种数(1－3)非洲:2; 大洋洲:3。

Lamiophlomis Kudo 独一味属 Lamiaceae［MD－575］特征纪要:草本(具根状茎),落叶,复叶。花程式:(K),C,A1束,G(－)。果实:－。种子:子叶缘倚胚根。全球1个大洲分布及种数(1)◆亚洲。

Lamium L. 野芝麻属 Lamiaceae［MD－575］特征纪要:习性:草本。花程式:(K－),(C)5参考科,A3参考科,＝↓G2。物候:－。花期:7－9月。果期:参考晚于花期。海拔:1400－2400米。生境:森林,山坡,湿润地及谷底半阴坡草丛中。资源:药用,具栽培园艺种类。全球6个大洲分布及种数(21－51;hort. 1;cult. 9)非洲:11－23;亚洲:18－41;大洋洲:3－12;欧洲:11－25;北美洲:7－18;南美洲:2－12。【中国种数:8】。

Lamourouxia Kunth 拉穆列当属 Orobanchaceae［MD－552］特征纪要:习性:灌木。花程式:－。其他特征参考科。全球2个大洲分布及种数(26－29;hort. 1)北美洲:23－24;南美洲:3。

Lampadaria Feuillet & L. E. Skog 双腺岩桐属 Gesneriaceae［MD－549］特征纪要:习性:草本。花程式:K5,C0,A4,＝(G)2。其他特征参考科。全球1个大洲分布及种数(1)◆南美洲(◆圭亚那)。

Lampas Danser 桑寄生属 Loranthaceae［MD－415］特征纪要:习性:木本。花程式:K6,C0,A4,↓G。其他特征参考科。全球2个大洲分布及种数(1－3)亚洲:1; 南美洲:1。

Lampaya Phil. ex Murillo ＝ **Lampayo**

Lampayo F. Phil. ex Murillo 亮马鞭属 Verbenaceae［MD－556］特征纪要:习性:木本。花程式:K2－4,C0,A2－4,＝(G)2－4。其他特征参考科。全球2个大洲分布及种数(3－6)大洋洲:2; 南美洲:6。

Lampocarya R. Br. ＝ **Gahnia**

Lampranthus N. E. Br. 松叶菊属 Aizoaceae［MD－94］特征纪要:习性:灌木。花程式:K3－4,C3－4,A5参考科,＝↓G1－2。物候:－。花期:4－7月。果期:参考晚于花期。海拔:－。生境:海岸,空旷干沙地。资源:－。全球6个大洲分布及种数(228－238)非洲:227－229;亚洲:10;大洋洲:11;欧洲:9;北美洲:10;南美洲:8。【中国种数:2】。

Lamprocapnos Endl. 荷包牡丹属 Papaveraceae［MD－54］特征纪要:习性:草本。花程式:－。物候:－。海拔:800－2800米。生境:落叶林。资源:具栽培园艺种类。全球4个大洲分布及种数(1－2)亚洲:2; 大洋洲:2; 欧洲:2; 北美洲:2。【中国种数:1】。

Lamprocephalus B. Nord. 亮头菊属 Asteraceae［MD－586］特征纪要:习性:草本。花程式:(K)3－5,(C)3－5,A3－5,↓G。其他特征参考科。全球1个大洲分布及种数(1)◆非洲。

Lamprococcus Beer ＝ **Aechmea**

Lamproconus Lem. ＝ **Pitcairnia**

Lamprolobium Benth. 澳光明豆属 Fabaceae3［MD－240］特征纪要:习性:木本。花程式:K1－∞,C1－∞,A5－9,＝↓G1。其他特征参考科。全球2个大洲分布及种数(2－4)亚洲:1; 大洋洲:4。

Lampropappus (O. Hoffm.) H. Rob. 铁鸠菊属 Asteraceae［MD－586］特征纪要:习性:草本。花程式:(K)3－5,(C)3－5,A3－5,↓G。其他特征参考科。全球1个大洲分布及种数(3)◆非洲。

Lamprophragma O. E. Schulz ＝ **Pennellia**

Lamprophyllum Lindb. 真藓科属 Clusiaceae［MD－141］特征纪要:－。分布:－。

Lamprothamnus Hiern 亮灌茜属 Rubiaceae［MD－523］特征纪要:习性:木本。花程式:Kn,C4－5－参考科,A4－5－,↓G。其他特征参考科。全球4个大洲分布及种数(1－9)非洲:5; 亚洲:2; 大洋洲:4; 南美洲:3。

Lamprothyrsus Pilg. 银丽草属 Poaceae［MM－748］特征纪要:习性:－。花程式:－。其他特征参考科。全球1个大洲分布及种数(2)◆南美洲。

Lamyra Cass. ＝ **Ptilostemon**

L

Lamyropappus Knorring & Tamamsch. 蓟属 Asteraceae［MD－586］特征纪要:习性:草本。花程式:(K)3－5,(C)3－5,A3－5,↓G。其他特征参考科。全球1个大洲分布及种数(1)◆亚洲。

Lamyropsis (Kharadze) Dittrich 银背蓟属 Asteraceae［MD－586］特征纪要:习性:草本。花程式:(K)3－5,C3－5,A3－5,=↓(G)2。其他特征参考科。全球3个大洲分布及种数(6－7)亚洲:5; 欧洲:1; 北美洲:1。

Lanaria Aiton 雪绒兰属 Lanariaceae［MM－681］特征纪要:习性:－。花程式:－。其他特征参考科。全球5个大洲分布及种数(1－5)非洲:2; 亚洲:4; 欧洲:2; 北美洲:2; 南美洲:3。

Lanariaceae H. Huber ex R. Dahlgren［MM－681］雪绒兰科 特征纪要:习性:草本;落叶。花程式:(K)6－,C1,A1－,↓(G)－。物候:－。果实:蒴果。种子:大,棕色或带黑色。海拔:－。生境:－。资源:－。栽培:－。全球3个大洲分布及属种数(3/5 hort. 1) 非洲:2/1; 亚洲:2/2; 南美洲:2/3。

Lancea Hook. f. & Thoms. 肉果草属 Malvaceae［MD－203］特征纪要:习性:草本(根状茎,基生,多肉)。花程式:(K－),C2－3参考科,A4,↓G－。物候:－。花期:7月。果期:参考晚于花期。海拔:3700－4100米。生境:草地,疏林中或沟谷旁。资源:具园艺种类。全球3个大洲分布及种数(2－6)非洲:2; 亚洲:3; 南美洲:3。【中国种数:2】。

Landerolaria G. L. Nesom 菊科属 Asteraceae［MD－586］特征纪要:习性:－。花程式:－。其他特征参考科。全球1个大洲分布及种数(10)◆大洋洲:10。

Landersia Macfad. = **Zehneria**

Landiopsis Capuron ex Bosser 马达陆茜属 Rubiaceae［MD－523］特征纪要:习性:木本。花程式:(K)4－5,(C)4－5,A4－5,=↓(G)2－9。其他特征参考科。全球1个大洲分布及种数(1)◆非洲(◆马达加斯加)。

Landolphia P. Beauv. 卷枝藤属 Apocynaceae［MD－492］特征纪要:习性:木本。花程式:－。物候:－。花期:全年。果期:参考晚于花期。海拔:80－3000米。生境:矮林或灌木丛中,住宅旁。资源:－。全球6个大洲分布及种数(65－281)非洲:236; 亚洲:16; 大洋洲:4; 欧洲:7; 北美洲:7; 南美洲:9。【中国种数:2】。

Laneasagum Bedd. = **Drypetes**

Langebergia Anderb. 紫花鼠麹木属 Asteraceae［MD－586］特征纪要:习性:草本。花程式:(K)3－5,(C)3－5,A3－5,↓G。其他特征参考科。全球1个大洲分布及种数(1)◆非洲。

Langlassea H. Wolff = **Prionosciadium**

Langloisia Greene 针罗花属 Polemoniaceae［MD－481］特征纪要:习性:草本。花程式:K5,C0,A5,↓G－。其他特征参考科。全球2个大洲分布及种数(2－12)亚洲:2; 北美洲:8。

Langsdorffia Mart. 管花菰属 Langsdorffiaceae［MD－306］特征纪要(同科)。全球5个大洲分布及种数(4－6)非洲:2;亚洲:cf. 1;大洋洲:1;北美洲:1;南美洲:1－2。

Langsdorffiaceae Van Tiegh. ex Pilg.［MD－306］管花菰科 特征纪要:习性:木本;落叶。花程式:K3－4,C3－4,A3－4,=↑G2。物候:－。花期:－。果期:－。果实:－。种子:－。海拔:－米。生境:－。资源:－。栽培:－。全球4个大洲分布及属种数(1/1) 亚洲:1/2; 南美洲:1/3－4。

Lanipila Burch. = **Mataxa**

Lanium (Lindl.) Lindl. ex Benth. 绒花兰属 Orchidaceae［MM－723］特征纪要:习性:－。花程式:－。其他特征参考科。全球3个大洲分布及种数(25)亚洲:16; 北美洲:1; 南美洲:1。

Lankesterella Ames 斯特兰属 Orchidaceae［MM－723］特征纪要:习性:草本。花程式:(K)3,C3,A3,=↓(G)3。其他特征参考科。全球2个大洲分布及种数(11－28)北美洲:7; 南美洲:27。

Lankesteria Lindl. 兰克爵床属 Acanthaceae［MD－572］特征纪要:习性:草本。花程式:K2－4,C0,A2－4,=G2。其他特征参考科。全球4个大洲分布及种数(7－11)非洲:11; 亚洲:2; 北美洲:3; 南美洲:2。

Lannea A. Rich. 厚皮树属 Anacardiaceae［MD－432］特征纪要:习性:木本。花程式:－。物候:－。花期:3月。果期:参考晚于花期。海拔:100－1800米。生境:低地和丘陵森林,山坡,溪边或旷野林中。资源:丹宁,纤维,木材,油脂,具栽培园艺种类。全球3个大洲分布及种数(42－54;hort. 1)非洲:38－44;亚洲:cf. 1;大洋洲:cf. 1。【中国种数:1】。

Lansium Corrêa 龙宫果属 Meliaceae［MD－414］特征纪要:习性:木本。花程式:K3－5,C3－5,A6,=G1－2。物候:－。海拔:100－2900米。生境:蔽荫岩边和石缝中,中海拔以下山地密林或疏林中。资源:具栽培园艺种类。全球4个大洲分布及种数(3－22)非洲:1; 亚洲:21; 北美洲:2; 南美洲:4。【中国种数:1】。

Lantana L. 马缨丹属 Verbenaceae［MD－556］特征纪要:习性:木质攀援。花程式:－。物候:－。海拔:100－1500米。生境:路旁。栽培:来自广西龙州。资源:药用,观赏,具栽培园艺种类。全球6个大洲分布及种数(103－184;hort. 1;cult. 43)非洲:27－53;亚洲:30－53;大洋洲:15－32;欧洲:6－26;北美洲:49－85;南美洲:75－114。【中国种数:8】。

Lantanopsis C. Wright ex Griseb. 马缨菊属 Asteraceae［MD－586］特征纪要:习性:草本。花程式:(K)3－5,C3－5,A3－5,=↓(G)2。其他特征参考科。全球3个大洲分布及种数(3－7)亚洲:2; 北美洲:5; 南美洲:2。

Lanugia N. E. Br. = **Mascarenhasia**

Lanugothamnus Nutt. = **Baccharis**

Lanxangia M. F. Newman & Škorničk. 马缨姜属 Zingiberaceae［MM－737］特征纪要:习性:草本。花程式:(K－),C2－3参考科,A3参考科,↓G。物候:－。海拔:80－3800米。生境:竹木林中。资源:－。全球1个大洲分布及种数(8)◆亚洲:8。

Laobambos <unassigned> 刺藓属 Rhachitheciaceae［B－125］特征纪要:－。全球1个大洲分布及种数(－)。

Laosia <unassigned> 川薹草属 Podostemaceae［MD－322］特征纪要:习性:－。花程式:－。其他特征参考科。全球1个大洲分布及种数(－)。

Lapaea Scatigna & V. C. Souza 车前科属 Plantaginaceae［MD－527］特征纪要:习性:－。花程式:－。其他特征参考科。全球1个大洲分布及种数(5)◆南美洲:5。

Lapageria Ruiz & Pav. 智利钟花属 Philesiaceae［MM－645］特征纪要:习性:木本。花程式:(K)3,C0参考科,A6,＝G3。其他特征参考科。全球2个大洲分布及种数(1－4)北美洲:2;南美洲:4。

Lapanthus Louzada & Versieux 荆芥属 Bromeliaceae［MM－715］特征纪要:习性:草本。花程式:Kn,C0,A3参考科,↓G。其他特征参考科。全球1个大洲分布及种数(2)◆南美洲。

Lapathum Mill. ＝ **Rumex**

Lapeirousia Pourr. 长管鸢尾属 Iridaceae［MM－700］特征纪要:习性:－。花程式:－。其他特征参考科。全球6个大洲分布及种数(41－48;hort. 1;cult. 1)非洲:40－61;亚洲:21;大洋洲:21;欧洲:21;北美洲:21;南美洲:21。

Laphamia A. Gray. 岩雏菊属 Asteraceae［MD－586］特征纪要:习性:草本。花程式:(K)3－5,(C)3－5,A3－5,↓G。其他特征参考科。全球1个大洲分布及种数(20)◆北美洲。

Laphangium (Hilliard & B. L. Burtt) Tzvelev 湿鼠曲草属 Asteraceae［MD－586］特征纪要:习性:－。花程式:－。其他特征参考科。全球1个大洲分布及种数(5)◆南美洲:1。

Lapidaria Dinter & Schwantes 魔玉属 Aizoaceae［MD－94］特征纪要:习性:草本。花程式:K3－4,C3－4,A5参考科,＝↓G－。其他特征参考科。全球1个大洲分布及种数(1)◆非洲。

Lapiedra Lag. 箭药莲属 Amaryllidaceae［MM－694］特征纪要:习性:草本。花程式:(K－),C2－3参考科,A1,＝↓(G)3。其他特征参考科。全球2个大洲分布及种数(1－5)非洲:1;南美洲:1。

Lapithea Griseb. 稻槎胆属 Gentianaceae［MD－496］特征纪要:习性:－。花程式:－。其他特征参考科。全球1个大洲分布及种数(2)◆北美洲(◆美国)。

Laplacea Kunth 柃茶属 Theaceae［MD－168］特征纪要:习性:－。花程式:－。物候:－。花期:4月。果期:参考晚于花期。海拔:100－3500米。生境:滨海山地及山坡路旁或溪谷边灌丛中,竹林中。资源:－。全球6个大洲分布及种数(3－62)非洲:2;亚洲:11;大洋洲:2;欧洲:8;北美洲:8;南美洲:25。

Laportea Gaud. 笏草属 Urticaceae［MD－91］特征纪要:习性:木本。花程式:Kn,C2－3参考科,A3,G－。物候:－。花期:8－9月。果期:参考晚于花期。海拔:200－500米。生境:林下草丛中或山谷沟边阴湿处,竹林阴下。资源:具园艺种类。全球6个大洲分布及种数(34－162)非洲:42;亚洲:91;大洋洲:32;欧洲:15;北美洲:15;南美洲:2。【中国种数:8】。

Lappago Schreb. ＝ **Tragus**

Lappagopsis Steud. ＝ **Axonopus**

Lappula Mönch 鹤虱属 Boraginaceae［MD－517］特征纪要:习性:草本(根状茎,基生)。花程式:－。物候:－。海拔:1800－2500米。生境:冲积扇,砾石斜坡,沙丘,沙漠,针叶林阳坡。资源:药用,具栽培园艺种类。全球6个大洲分布及种数(77－112;hort. 1;cult. 5)非洲:10－52;亚洲:66－129;大洋洲:3－45;欧洲:9－51;北美洲:17－60;南美洲:3－46。【中国种数:30】。

Lapsana L. 多肋稻槎菜属 Asteraceae［MD－586］特征纪要:习性:草本(基生)。花程式:(K)3－5,C3－5,A3参考科,＝↓G2。物候:－。花期:7－10月。果期:参考晚于花期。海拔:6000米。生境:田野,荒地及沟溪边。资源:药用。全球6个大洲分布及种数(4－6;hort. 1;cult. 2)非洲:5;亚洲:3－8;大洋洲:1－6;欧洲:1－6;北美洲:1－6;南美洲:5。【中国种数:1】。

Lapsanastrum Pak & K. Bremer 稻槎菜属 Asteraceae［MD－586］特征纪要:习性:草本。花程式:(K)3－5,C3－5,A3－5,↓G。物候:－。海拔:1800－2800米。生境:河岸,田野,荒地,路边。资源:－。全球2个大洲分布及种数(4－6)亚洲:5;北美洲:2。【中国种数:4】。

Lardizabala Ruiz & Pav. 南美木通属 Lardizabalaceae［MD－33］特征纪要:习性:草本。花程式:－。其他特征参考科。全球2个大洲分布及种数(1－11)北美洲:1;南美洲:2。

Lardizabalaceae R. Br.［MD－33］木通科 特征纪要:习性:木本;常绿,落叶。花程式:♀|♂K4－5(－),C3,A6,↑G－。物候:－。花期:4－5月。果实:浆果。种子:种皮脆壳质,棕色。海拔:1000－1250米。生境:灌丛,山坡上的开阔森林。资源:药用。栽培:－。全球2个大洲分布及属种数(8/61－65 hort. 1;cult. 2):亚洲:7/57－58;南美洲:1/1。【中国属种数:5/25】。

Larentia Klatt 开鸢尾属 Iridaceae［MM－700］特征纪要:习性:草本。花程式:(K)3,C3,A10,＝↓(G)3。其他特征参考科。全球2个大洲分布及种数(4)北美洲:2;南美洲:1。

Laretia Gillies & Hook. 拉雷草属 Apiaceae［MD－480］特征纪要:习性:－。花程式:－。其他特征参考科。全球4个大洲分布及种数(4)亚洲:2;欧洲:2;北美洲:2;南美洲:4。

Lariadenia Schlecht. ＝ **Lasiadenia**

Laricorchis Szlach. ＝ **Ornithidium**

Larix Mill. 落叶松属 Pinaceae［G－15］特征纪要:习性:－。【Rep】:复轴,球果状,苞鳞种鳞分离,球果当年成熟,直立,具短梗,种鳞张开,革质,宿存,苞鳞短小,不露出或微露出,或苞鳞较种鳞为长,显著露出,露出部分直伸或向后弯曲或反折,背部常有明显的中肋,中肋常延长成尖头,两粒种子,种子上部有膜质长翅。物候:－。花期:4－5月。果期:参考晚于花期。海拔:2700－4600米。生境:缓坡及丘陵地带,高山地带。资源:具栽培园艺种类。全球6个大洲分布及种数(18－25;hort. 1;cult. 9)非洲:6－8;亚洲:15－19;大洋洲:2;欧洲:8－10;北美洲:12－14;南美洲:2。【中国种数:8】。

Larnax Miers 轮安茄属 Solanaceae［MD－503］特征纪要:习性:－。花程式:－。其他特征参考科。全球6个大洲分布及种数(1－43)非洲:2;亚洲:2;大洋洲:2;欧洲:5;北美洲:5;南美洲:42。

Larrainia W. R. Buck = **Trichocaulon**

Larrea Cav. 灯芯豆属 Fabaceae2［MD－240］特征纪要:木本,叶对生,落叶,复叶；花程式:K3－5－∞,C3－5－∞,A10,G(－)。果实:荚果。种子:种皮棕色。全球 1 个大洲分布及种数(10)◆南美洲。【中国种数:1】。

Larryleachia Plowes 佛头玉属 Apocynaceae［MD－492］特征纪要:习性:木本。花程式:Kn,C0,A15,↓G。其他特征参考科。全球 1 个大洲分布及种数(10)◆非洲。

Larsenaikia Tirveng. 栀子属 Rubiaceae［MD－523］特征纪要:习性:木本。花程式:(K－),(C)4,A4－5,↓G。其他特征参考科。全球 1 个大洲分布及种数(3)◆大洋洲。

Larsenianthus W. J. Kress & Mood 窄唇姜属 Zingiberaceae［MM－737］特征纪要:习性:草本。花程式:－。其他特征参考科。全球 1 个大洲分布及种数(4) ◆亚洲。

Lascadium Raf. = **Croton**

Laseguea A. DC. = **Mandevilla**

Laser Borkh. 拉色芹属 Apiaceae［MD－480］特征纪要:习性:草本。花程式:Kn,C5,A3 参考科,=↓G(－)。其他特征参考科。全球 6 个大洲分布及种数(3－8)非洲:2;亚洲:2－5;大洋洲:2;欧洲:3;北美洲:2;南美洲:2。【中国种数:1】。

Laserocarpum Spalik & Wojew. 伞形科属 Apiaceae［MD－480］特征纪要:习性:－。花程式:－。其他特征参考科。全球 1 个大洲分布及种数(1)◆欧洲:1。

Laserpitium L. 脂胶芹属 Apiaceae［MD－480］特征纪要:习性:草本。花程式:K5,C5,A5,=↓(G)2。其他特征参考科。全球 6 个大洲分布及种数(18－125)非洲:8; 亚洲:25; 大洋洲:8; 欧洲:5; 北美洲:5; 南美洲:4。【中国种数:2】。

Lasia Lour. 平藓科属 Araceae［MM－639］特征纪要:习性:草本。【Rep】:－。物候:－。海拔:1500 米。生境:田边,沟旁,阴湿草丛,竹丛中。资源:药用,具栽培园艺种类。全球 6 个大洲分布及种数(2－49)非洲:3; 亚洲:19; 大洋洲:3; 欧洲:1; 北美洲:1; 南美洲:16。【中国种数:1】。

Lasiacis (Griseb.) Hitchc. 小芦苇属 Poaceae［MM－748］特征纪要:习性:草本。花程式:(K)3,C0 参考科,A1－2,=(G)2－3。其他特征参考科。全球 6 个大洲分布及种数(20－56)非洲:4; 亚洲:8; 大洋洲:3; 欧洲:49; 北美洲:49; 南美洲:47。

Lasiadenia Benth. 肋花瑞香属 Thymelaeaceae［MD－310］特征纪要:习性:木本。花程式:－。其他特征参考科。全球 1 个大洲分布及种数(3)◆南美洲。

Lasianthaea DC. 毛花菊属 Asteraceae［MD－586］特征纪要:习性:草本。花程式:(K)3－5,C3－5,A3－5,=↓(G)2。其他特征参考科。全球 4 个大洲分布及种数(25－40)亚洲:3; 欧洲:30; 北美洲:30; 南美洲:8。

Lasianthera P. Beauv. 驱疡木属 Stemonuraceae［MD－440］特征纪要:习性:木本。花程式:K3－4,C4 参考科,A3－4,G2－3。其他特征参考科。全球 5 个大洲分布及种数(2－26)非洲:24; 亚洲:16; 大洋洲:9; 北美洲:1; 南美洲:2。

Lasianthus Jack 粗叶木属 Rubiaceae［MD－523］特征纪要和分布(－)。全球 6 个大洲分布及种数(64)非洲:24;亚洲:60;大洋洲:56;欧洲:35;北美洲:26;南美洲:4。【中国种数:41】。

Lasierpa Torr. = **Gaultheria**

Lasimorpha Schott 巨刺芋属 Araceae［MM－639］特征纪要:习性:草本。花程式:K0,C0,A4－6,=G1－3。其他特征参考科。全球 2 个大洲分布及种数(1－3)非洲:3; 亚洲:2。

Lasiobema (Korth.) Miq. 龙须藤属 Fabaceae3［MD－240］特征纪要:习性:－。花程式:－。物候:－。花期:4－5 月。果期:参考晚于花期。海拔:100－1500 米。生境:高山密林或疏林中,山谷或溪边。资源:具栽培园艺种类。全球 1 个大洲分布及种数(3－11)◆亚洲。

Lasiocarpus Liebm. 毛果金虎尾属 Malpighiaceae［MD－343］特征纪要:习性:－。花程式:－。其他特征参考科。全球 2 个大洲分布及种数(4－8)亚洲:2; 北美洲:6。

Lasiocaryum I. M. Johnst. 毛果草属 Boraginaceae［MD－517］特征纪要:习性:草本(基生)。花程式:(K－),C5,A5,↓G－4。物候:－。花期:8 月。果期:参考晚于花期。海拔:3400－4000 米。生境:山坡石灰岩灌丛下。资源:－。全球 3 个大洲分布及种数(3－11)亚洲:11; 欧洲:2; 北美洲:2。【中国种数:3】。

Lasiocephalus Willd. ex D. F. K. Schltdl. 绵头菊属 Asteraceae［MD－586］特征纪要:习性:草本。花程式:(K)3－5,C3－5,A3－5,=↓(G)2。其他特征参考科。全球 4 个大洲分布及种数(3－40)非洲:2; 亚洲:10; 大洋洲:1; 南美洲:35。

Lasiocereus F. Ritter 光芒柱属 Cactaceae［MD－100］特征纪要:习性:木本。花程式:=↓(K1－∞),C1－∞,A3－100,=↓G－。其他特征参考科。全球 1 个大洲分布及种数(2)◆南美洲。

Lasiochlamys Pax & K. Hoffm. 毛被大风子属 Salicaceae［MD－123］特征纪要:习性:木本。花程式:K2－10,C0,A2－10,=(G)2－10。其他特征参考科。全球 1 个大洲分布及种数(4－15)◆大洋洲。

Lasiocladus Bojer ex Nees 毛枝爵床属 Acanthaceae［MD－572］特征纪要:习性:草本。花程式:K2－4,C0,A2－4,=G2。其他特征参考科。全球 1 个大洲分布及种数(7)◆非洲(◆马达加斯加)。

Lasiococca Hook. f. 轮叶戟属 Euphorbiaceae［MD－217］特征纪要:习性:木本。花程式:－。物候:－。花期:3－6 月。果期:参考晚于花期。海拔:300－1000 米。生境:沟谷热带雨林或山地湿润常绿林或石灰岩山季雨林中,森林覆盖的斜坡或山谷。资源:具园艺种类。全球 3 个大洲分布及种数(5－9)非洲:2; 亚洲:8; 大洋洲:2。【中国种数:1】。

Lasiocroton Griseb. 绵柑桐属 Euphorbiaceae［MD－217］特征纪要:习性:木本。花程式:K1(1000),C0,A6,=G2

-3。其他特征参考科。全球5个大洲分布及种数(7-13)非洲:3; 亚洲:4; 大洋洲:3; 欧洲:10; 北美洲:10。

Lasiodiscus Hook. f. 红毛茶属 Rhamnaceae [MD-331] 特征纪要:习性:木本。花程式:K4-5,C4-5,A2,=(G)2-5。其他特征参考科。全球1个大洲分布及种数(13-15)◆非洲。

Lasiogyne Klotzsch = **Croton**

Lasiolaena R. M. King & H. Rob. 绵被菊属 Asteraceae [MD-586] 特征纪要:习性:草本。花程式:(K)3-5,C3-5,A3-5,=↓(G)2。其他特征参考科。全球1个大洲分布及种数(7)◆南美洲(◆巴西)。

Lasiolytrum Steud. = **Arthraxon**

Lasionema D. Don = **Macrocnemum**

Lasiopetalum Sm. 毡麻属 Sterculiaceae [MD-189] 特征纪要:习性:木本。花程式:K3-5-∞,C3-5-∞,A10-8,=G1-5。其他特征参考科。全球4个大洲分布及种数(54-95)亚洲:4; 大洋洲:83; 欧洲:2; 北美洲:2。

Lasiopogon Cass. 密毛紫绒草属 Asteraceae [MD-586] 特征纪要:习性:草本。花程式:(K)3-5,C3-5,A3-5,=↓(G)2。其他特征参考科。全球3个大洲分布及种数(10)非洲:9;亚洲:cf. 1;欧洲:1。

Lasiorhachis L. = **Saccharum**

Lasiosiphon Fresen. 小瑞香属 Thymelaeaceae [MD-310] 特征纪要:习性:木本。花程式:K2-4,C0,A2,↓G-参考科。其他特征参考科。全球2个大洲分布及种数(49-94)非洲:80; 亚洲:9。

Lasiospermum Lag. 绵子菊属 Asteraceae [MD-586] 特征纪要:习性:草本。花程式:(K)3-5,(C)3-5,A3-5,↓G。其他特征参考科。全球6个大洲分布及种数(4-25)非洲:15; 亚洲:3; 大洋洲:2; 欧洲:3; 北美洲:3; 南美洲:5。

Lasiospora Cass. 鸦葱属 Asteraceae [MD-586] 特征纪要:习性:-。花程式:-。其他特征参考科。全球1个大洲分布及种数(1-2)◆亚洲。

Lasiostyles C. Presl = **Cleidion**

Lasiurus Boiss. 髯毛茅属 Poaceae [MM-748] 特征纪要:习性:草本。花程式:(K)3,C0参考科,A1-2,↓G-参考科。其他特征参考科。全球6个大洲分布及种数(3)非洲:2-6;亚洲:1-5;大洋洲:4;欧洲:4;北美洲:1-5;南美洲:4。【中国种数:1】。

Lasjia P. H. Weston & A. R. Mast 腺萼木属 Proteaceae [MD-219] 特征纪要:习性:-。花程式:-。其他特征参考科。全球2个大洲分布及种数(5-6)亚洲:1; 大洋洲:4。

Lass Adans. 锦葵科属 Malvaceae [MD-203] 特征纪要:习性:-。花程式:-。其他特征参考科。全球1个大洲分布及种数(24)◆南美洲:24。

Lassia Baill. = **Tragia**

Lastarriaea Remy 灯台蓼属 Polygonaceae [MD-120] 特征纪要:习性:草本。花程式:K2-3,C0,A2,=G2-3。其他特征参考科。全球2个大洲分布及种数(5-6)北美洲:3-4;南美洲:3。

Lasthenia Cass. 金原菊属 Asteraceae [MD-586] 特征纪要:习性:草本。花程式:(K)3-5,(C)3-5,A3-5,=↓G2。其他特征参考科。全球6个大洲分布及种数(24-28;hort. 1)非洲:12;亚洲:5-17;大洋洲:12;欧洲:12;北美洲:21-33;南美洲:2-14。【中国种数:3】。

Lastrea Bory 节蕨属 Thelypteridaceae [F-42] 特征纪要:习性:-。【Rep】:孢子囊群圆形,生于侧脉中部以上,远离主脉。物候:-。海拔:20-2500米。生境:针阔混交林路边林下。资源:-。全球6个大洲分布及种数(9-57)非洲:17;亚洲:4-21;大洋洲:17;欧洲:17;北美洲:2-19;南美洲:2-19。

Lastrella (H. Ito) Nakai = **Thelypteris**

Lastreopsis Ching 节毛蕨属 Dryopteridaceae [F-49] 特征纪要:习性:-。【Rep】:孢子囊群圆形,着生于小脉顶端或中部。物候:-。海拔:150-1400米。生境:河边。资源:具园艺种类。全球6个大洲分布及种数(43-64)非洲:16-22;亚洲:15-16;大洋洲:18-30;欧洲:2-3;北美洲:7-8;南美洲:11-12。【中国种数:6】。

Latace Phil. 岳假葱属 Amaryllidaceae [MM-694] 特征纪要:习性:-。花程式:-。其他特征参考科。全球1个大洲分布及种数(-)。

Latana Robin = **Lantana**

Latania Comm. ex Juss. 红脉葵属 Arecaceae [MM-717] 特征纪要:习性:木本。花程式:K3-10,C3-10,A3-10,=G3-10。其他特征参考科。全球6个大洲分布及种数(3-15)非洲:13; 亚洲:6; 大洋洲:4; 欧洲:7; 北美洲:7; 南美洲:3。

Lateristachys Holub = **Lycopodiella**

Lateropora A. C. Sm. 侧孔莓属 Ericaceae [MD-380] 特征纪要:习性:木本。花程式:(K)5-8,(C)5-8,A10,=(G)2-4。其他特征参考科。全球1个大洲分布及种数(3)◆北美洲。

Lathraea L. 齿鳞草属 Scrophulariaceae [MD-536] 特征纪要:习性:草本(寄生,多肉)。花程式:-。物候:-。花期:3-5月。果期:参考晚于花期。海拔:1500-2200米。生境:生于路旁及林下阴湿处,杂木林中。资源:具园艺种类。全球6个大洲分布及种数(4-7)非洲:1;亚洲:2-3;大洋洲:1;欧洲:3-5;北美洲:1;南美洲:1。【中国种数:2】。

Lathraeocarpa Bremek. 三尖鳞茜草属 Rubiaceae [MD-523] 特征纪要:习性:木本。花程式:(K)4-5,(C)4-5,A4-5,↓G。其他特征参考科。全球1个大洲分布及种数(2)◆非洲。

Lathrocasis L. A. Johnson 藏娇草属 Polemoniaceae [MD-481] 特征纪要:习性:草本。花程式:K5,C0,A5,↓G-。其他特征参考科。全球1个大洲分布及种数(1)◆北美洲。

Lathrophytum Eichler 盾苞菰属 Balanophoraceae [MD-307] 特征纪要:习性:木本。花程式:-。其他特征参考

L

科。全球 1 个大洲分布及种数(1)◆南美洲(◆巴西)。

Lathyris Trew = **Euphorbia**

Lathyropteris Christ = **Pteris**

Lathyrus L. 山黧豆属 Fabaceae3 [MD－240] 特征纪要:习性:木质攀援。花程式:－。物候:－。花期:5－7 月。果期:参考晚于花期。海拔:3500 米。生境:草坡,沟边,林缘。资源:蛋白质,具栽培园艺种类。全球 6 个大洲分布及种数(212－1192)非洲:100; 亚洲:455; 大洋洲:61; 欧洲:350; 北美洲:350; 南美洲:654。【中国种数:55】。

Latipes Kunth = **Leptothrium**

Latouchea Franch. 匙叶草属 Gentianaceae [MD－496] 特征纪要:习性:草本(根状茎,基生)。花程式:－。物候:－。海拔:1000－2100 米。生境:山坡路边,林下。资源:药用。全球 1 个大洲分布及种数(1－2)◆亚洲(◆中国)。【中国种数:1】。

Latraeophila Leandro ex A. St.－Hil. 异蛇菰属 Latraeophilaceae [MD－304] 特征纪要及分布(－)。

Latraeophilaceae Leandro ex A. St－Hil. [MD－304] 异蛇菰科 特征纪要:木本;落叶。花程式:K4－5(－),C0,A,↓(G)－。物候:－。果实:－。种子:－。海拔:－。生境:－。资源:－。栽培:－。全球 0 个大洲分布和属种数－。

Latrobea Meisn. 澳棒枝豆属 Fabaceae3 [MD－240] 特征纪要:习性:木本。花程式:－。其他特征参考科。全球 2 个大洲分布及种数(8－20)大洋洲:15; 南美洲:3。

Latua Phil. 智利茄属 Solanaceae [MD－503] 特征纪要:习性:木本。花程式:K3－4,C0,A3－4,＝(G)2。其他特征参考科。全球 2 个大洲分布及种数(1－5)亚洲:3; 南美洲:5。

Laubenfelsia A. V. Bobrov & Melikyan = **Dacrycarpus**

Laubertia A. DC. 劳氏夹竹桃属 Apocynaceae [MD－492] 特征纪要:习性:木本。花程式:K5－∞,C0,A15,＝↓G2－5。其他特征参考科。全球 5 个大洲分布及种数(4－52)非洲:2; 亚洲:4; 大洋洲:3; 北美洲:22; 南美洲:47。【中国种数:1】。

Lauderlindsaya <unassigned> 紫草科属 Boraginaceae [MD－517] 特征纪要:－。全球 1 个大洲分布及种数(2)◆南美洲:2。

Laugieria Jacq. = **Guettarda**

Launaea Cass. 栓果菊属 Asteraceae [MD－586] 特征纪要:习性:草质攀援。花程式:(K)3－5,C3－5,A3 参考科,＝↓G2。物候:－。海拔:1500－2000 米。生境:海滨沙地。资源:药用。全球 6 个大洲分布及种数(57－72;hort. 1;cult. 1)非洲:37－39;亚洲:38－42;大洋洲:1－2;欧洲:9－11;北美洲:4－6;南美洲:4－6。【中国种数:7】。

Lauraceae Juss. [MD－21] 樟科 特征纪要:习性:木本,藤本;常绿,落叶。花程式:♀|♂K4－5(－),C3,A9,G－。物候:－。花期:2－3 月。果实:浆果。种子:种皮坚硬,直立。海拔:1700－3000 米。生境:次生阔叶林中。资源:园林。栽培:中国有栽培。全球 6 个大洲分布及属种数(88－102/2632－4659 < IFR 20/53 > hort. 1;cult. 18) 非洲:14－15/353－610(IFR 1/1); 亚洲:38－40/1006－1795(IFR 14/39); 大洋洲:13/145－552(IFR 2/4); 欧洲:5/16－25; 北美洲:22－23/398－475(IFR 2/2); 南美洲:35－37/1202－1422(IFR 3/7)。【中国属种数:32/516】。

Laurea Gaudich. = **Bagassa**

Laurelia Juss. 月桂檫属 Monimiaceae [MD－20] 特征纪要:习性:木本。花程式:K1－∞,C0,A10－150,G1－3。其他特征参考科。全球 3 个大洲分布及种数(2－5)亚洲:1;大洋洲:1－2;南美洲:1。【中国种数:1】。

Laureliopsis Schodde 月桂檫属 Atherospermataceae [MD－19] 特征纪要:习性:木本。花程式:K1－∞,C0,A10－150,↓G－参考科。其他特征参考科。全球 1 个大洲分布及种数(1)◆南美洲。

Laurembergia P. J. Bergius 单室仙草属 Haloragaceae [MD－271] 特征纪要:习性:草本。花程式:－。其他特征参考科。全球 6 个大洲分布及种数(7－35)非洲:14; 亚洲:13; 大洋洲:4; 欧洲:2; 北美洲:2; 南美洲:3。

Laurentia Adans. 紫桔梗属 Campanulaceae [MD－561] 特征纪要和分布(－)。全球 1 个大洲分布及种数(11－19)◆大洋洲(◆澳大利亚)。

Laureria Schlecht. = **Echinophora**

Lauridia Eckl. & Zeyh. 福榄属 Celastraceae [MD－339] 特征纪要:习性:木本。花程式:－。其他特征参考科。全球 2 个大洲分布及种数(2－3)非洲:2; 南美洲:1。

Laurocerasus Tourn. ex Duhamel 桂樱属 Rosaceae [MD－246] 特征纪要:－。全球 1 个大洲分布及种数(44)◆亚洲:5。

Lauromerrillia C. K. Allen = **Beilschmiedia**

Laurophyllus Thunb. 傲骨漆属 Anacardiaceae [MD－432] 特征纪要:习性:木本。花程式:－。其他特征参考科。全球 4 个大洲分布及种数(1－7)非洲:6; 亚洲:2; 大洋洲:3; 北美洲:3。

Laurus L. 月桂属 Lauraceae [MD－21] 特征纪要:习性:木本。花程式:－。物候:－。花期:3－5 月。果期:参考晚于花期。海拔:20－3800 米。生境:－。栽培:－。资源:具栽培园艺种类。全球 6 个大洲分布及种数(3－238)非洲:14; 亚洲:86; 大洋洲:8; 欧洲:26; 北美洲:26; 南美洲:95。【中国种数:1】。

Lautembergia Baill. = **Orfilea**

Lauterbachia Perkins 幕榕桂属 Monimiaceae [MD－20] 特征纪要:习性:木本。花程式:K1－∞,C0,A10－150,＝G1－3。其他特征参考科。全球 2 个大洲分布及种数(1－3)非洲:2; 大洋洲:3。

Lavandula L. 薰衣草属 Lamiaceae [MD－575] 特征纪要:习性:草本,少木本。花程式:－。物候:－。花期:6 月。

果期:参考晚于花期。海拔:5400 米。生境:广泛栽培。资源:药用,具栽培园艺种类。全球 6 个大洲分布及种数(43 -68;hort. 1;cult. 23)非洲:21 -29;亚洲:24 -43;大洋洲:6 -7;欧洲:28 -33;北美洲:8 -10;南美洲:4 -5。【中国种数:5】。

Lavatera L. 花葵属 Malvaceae [MD -203] 特征纪要:习性:-。花程式:-。物候:-。花期:6 -8 月。果期:参考晚于花期。海拔:500 -2200 米。生境:荒地及湿地。资源:观赏,具栽培园艺种类。全球 6 个大洲分布及种数(32 -47)非洲:13 -26;亚洲:11 -19;大洋洲:3 -11;欧洲:16 -29;北美洲:9 -18;南美洲:6。

Lavauxia (Dunal) Spach 月见草属 Onagraceae [MD -396] 特征纪要:习性:-。花程式:-。其他特征参考科。全球 2 个大洲分布及种数(1) 大洋洲;北美洲。

Lavenia Sw. = **Adenostemma**

Lavigeria Pierre 非洲茱萸属 Icacinaceae [MD -450] 特征纪要:习性:木本。花程式:K5,C5,A2,=(G)2 -3。其他特征参考科。全球 1 个大洲分布及种数(1)◆非洲。

Lavoisiera DC. 杉龙丹属 Melastomataceae [MD -364] 特征纪要:习性:-。花程式:-。其他特征参考科。全球 4 个大洲分布及种数(139)非洲:2; 亚洲:4; 北美洲:3; 南美洲:104。

Lavrania Plowes 亚罗汉属 Apocynaceae [MD -492] 特征纪要:习性:木本。花程式:K5,C0,A15,↓G。其他特征参考科。全球 2 个大洲分布及种数(1 -7)非洲:1; 南美洲:1。

Lawiella Koidz. = **Cladopus**

Lawrencella Lindl. 对叶蜡菊属 Asteraceae [MD -586] 特征纪要:习性:草本。花程式:(K)3 -5,C3 -5,A3 -5,=↓(G)2。其他特征参考科。全球 5 个大洲分布及种数(2 -4)非洲:2; 亚洲:2; 大洋洲:4; 欧洲:2; 北美洲:2。

Lawrencia Hook. 蛇鞭葵属 Malvaceae [MD -203] 特征纪要:习性:-。花程式:-。其他特征参考科。全球 4 个大洲分布及种数(12 -176)大洋洲:12; 欧洲:1; 北美洲:1; 南美洲:1。

Lawsonia L. 散沫花属 Lythraceae [MD -333] 特征纪要:习性:木本。花程式:-。物候:-。花期:6 -10 月。果期:参考晚于花期。海拔:100 -2000 米。生境:草原,河岸,竹坡中。资源:药用,园林,具栽培园艺种类。全球 6 个大洲分布及种数(4)非洲:1 -4;亚洲:2 -8;大洋洲:3;欧洲:1 -4;北美洲:2 -5;南美洲:3。【中国种数:1】。

Laxmannia R. Br. 灯丝兰属 Laxmanniaceae [MM -661] 特征纪要(同科)。全球 4 个大洲分布及种数(18 -35)非洲:3; 亚洲:6; 大洋洲:26; 南美洲:2。

Laxmanniaceae Bubani [MM -661] 澳铁科 特征纪要:习性:草本;落叶。花程式:(K)6 -,C3,A6,↓(G)3。物候:-。果实:蒴果。种子:种皮作不规则的矩圆形。海拔:-。生境:-。资源:-。栽培:-。全球 1 个大洲分布及属种数(1/1 <IFR 1/3>)◆大洋洲:1/ 8 -16。

Laxoplumeria Markgr. 母乳树属 Apocynaceae [MD -492] 特征纪要:习性:木本。花程式:K5 -∞,C0,A15,=↓G2 -5。其他特征参考科。全球 2 个大洲分布及种数(5 -7)北美洲:3; 南美洲:7。

Layia Hook. & Arn. ex DC. 雪顶菊属 Asteraceae [MD -586] 特征纪要:习性:-。花程式:-。其他特征参考科。全球 6 个大洲分布及种数(18 -22;hort. 1)非洲:11;亚洲:10;大洋洲:10;欧洲:1 -12;北美洲:17 -28;南美洲:10。【中国种数:2】。

Lazarenkia M. F. Boiko 锦藓科属 Sematophyllaceae [B -192] 特征纪要:-。分布:-。

Lazarum A. Hay = **Typhonium**

Leachiella D. C. H. Plowes 丽杯角属 Apocynaceae [MD -492] 特征纪要:习性:-。花程式:-。其他特征参考科。全球 1 个大洲分布及种数(-)。

Leandra Raddi 星绢木属 Melastomataceae [MD -364] 特征纪要:习性:-。花程式:-。其他特征参考科。全球 6 个大洲分布及种数(447)非洲:4; 亚洲:10; 大洋洲:19; 欧洲:331; 北美洲:331; 南美洲:376。

Leandriella Benoist 里恩爵床属 Acanthaceae [MD -572] 特征纪要:习性:草本。花程式:K2 -4,C0,A2 -4,=(G)2。其他特征参考科。全球 1 个大洲分布及种数(2)◆非洲(◆马达加斯加)。

Leaoa Schlechter & C. Porto = **Scaphyglottis**

Leathesia <unassigned> 金马桑属 Coriariaceae [MD -277] 特征纪要:-。全球 4 个大洲分布及种数(3)亚洲:1; 大洋洲:2; 欧洲:1; 南美洲:1。

Leavenworthia Torr. 莱温芥属 Brassicaceae [MD -213] 特征纪要:习性:草本。花程式:K2 -4,C2 -4,A2 -4,↓G -参考科。其他特征参考科。全球 4 个大洲分布及种数(8 -19)亚洲:3; 大洋洲:2; 欧洲:18; 北美洲:18。【中国种数:1】。

Lebbiea Cheek 兰科属 Orchidaceae [MM -723] 特征纪要:习性:草本。花程式:(K -),C2 -3 参考科,A3 参考科,↓G -。其他特征参考科。全球 1 个大洲分布及种数(1)◆非洲。

Lebeckia Thunb. 金松豆属 Fabaceae3 [MD -240] 特征纪要:习性:木本。花程式:=↓(K1 -∞),C1 -∞,A5 -9,=↓G1。其他特征参考科。全球 3 个大洲分布及种数(12 -68)非洲:62; 亚洲:2; 南美洲:3。

Lebetanthus Endl. 青姬木属 Ericaceae [MD -380] 特征纪要:习性:木本。花程式:(K -),(C)5 参考科,A10,G3 -参考科。其他特征参考科。全球 2 个大洲分布及种数(1 -3)北美洲:1; 南美洲:2。

Lebetina Cass. = **Adenophyllum**

Lebidiera Baill. = **Cleistanthus**

Lebronnecia Fosberg & Sachet 南木果棉属 Malvaceae [MD -203] 特征纪要:习性:木本。花程式:K5 -∞,C5 -∞,A10 -8,=(G)1 -5。其他特征参考科。全球 3 个大洲分布及种数(1 -2)非洲:1;大洋洲:1;北美洲:1。

Lebrunia Staner 热非藤黄属 Calophyllaceae [MD -140] 特征纪要:习性:木本。花程式:-。其他特征参考科。全球 2 个大洲分布及种数(1 -5)非洲:5; 南美洲:2。

Lebruniodendron J. Léonard 喃喃果属 Fabaceae1 [MD－240] 特征纪要:习性:木本。花程式:＝↓(K3－5－∞), C3－5－∞, A3－5, ＝↓G(－)。其他特征参考科。全球 1 个大洲分布及种数(1) ◆非洲:1。

Lecananthus Jack 皿花茜属 Rubiaceae [MD－523] 特征纪要:习性:木本。花程式:(K)4－5, (C)4－5, A4－5, ＝↓(G)2－9。其他特征参考科。全球 1 个大洲分布及种数(1－3)◆亚洲。

Lecania (Baker f.) Prance 金套果属 Chrysobalanaceae [MD－243] 特征纪要:习性:木本。花程式:＝↓(K1－3), C1－3, A1－3, ＝↓G(－)。其他特征参考科。全球 6 个大洲分布及种数(cf. 1)非洲;亚洲;大洋洲;欧洲;北美洲;南美洲。

Lecaniodiscus Planch. ex Benth. 河荔枝属 Sapindaceae [MD－428] 特征纪要:习性:木本。花程式:K4－8, C4－8, A10, ＝(G)2－3。其他特征参考科。全球 3 个大洲分布及种数(5－7)非洲:7; 北美洲:1; 南美洲:2。

Lecanographa <unassigned> 河芽藓属 Sorapillaceae [B－212] 特征纪要:－。全球 6 个大洲分布及种数(18)非洲:2; 亚洲:2; 大洋洲:2; 欧洲:3; 北美洲:3; 南美洲:10。

Lecanolepis Pic. Serm. ＝ **Trichomanes**

Lecanophora Speg. 夷葵属 Malvaceae [MD－203] 特征纪要:习性:木本。花程式:K5－∞, C5－∞, A10－8, G－。其他特征参考科。全球 1 个大洲分布及种数(5－7)◆南美洲。

Lecanopteris Reinw. 蚁蕨属 Polypodiaceae [F－60] 特征纪要:习性:－。【Rep】:孢子同形,囊群生叶背有盖－无盖。其他特征参考科。全球 6 个大洲分布及种数(11－22)非洲:3－5;亚洲:9－29;大洋洲:2－4;欧洲:2;北美洲:1－3;南美洲:2。【中国种数:1】。

Lecanorchis Bl. 盂兰属 Orchidaceae [MM－723] 特征纪要:习性:草本。花程式:Kn, C2－3 参考科, A3 参考科, ↓G－。物候:－。花期:5－7 月。果期:参考晚于花期。海拔:400－500 米。生境:生于石灰山林下。资源:－。全球 3 个大洲分布及种数(25－51)非洲:7; 亚洲:42; 大洋洲:7。【中国种数:11】。

Lecanorella <unassigned> 欧牡丹属 Melastomataceae [MD－364] 特征纪要:－。全球 1 个大洲分布及种数(2)◆欧洲:2。

Lecanthus Wedd. 假楼梯草属 Urticaceae [MD－91] 特征纪要:习性:木质攀援。花程式:－。物候:－。花期:7－10 月。果期:参考晚于花期。海拔:1300－2700 米。生境:林下石上阴湿处或苔藓上,杂木林下。资源:药用。全球 3 个大洲分布及种数(5;hort. 1)非洲:1;亚洲:3－4;大洋洲:2。【中国种数:3】。

Lecariocalyx Bremek. 针垫茜属 Rubiaceae [MD－523] 特征纪要:习性:木本。花程式:(K)4－5, (C)4－5, A4－5, ＝↓(G)2－9。其他特征参考科。全球 1 个大洲分布及种数(cf. 1)◆亚洲。

Lechenaultia R. Br. 彩鸾花属 Goodeniaceae [MD－578] 特征纪要:习性:草本。花程式:(K)5, (C)5, A5, ＝↓G2。其他特征参考科。全球 3 个大洲分布及种数(1－55)非洲:2; 亚洲:3; 大洋洲:39。

Lecidoma <unassigned> 四心木科属 Tetracarpaeaceae [MD－245] 特征纪要:－。全球 1 个大洲分布及种数(2)◆亚洲:2。

Lecocarpus Decne. 领果菊属 Asteraceae [MD－586] 特征纪要:习性:草本。花程式:(K)3－5, C3－5, A3－5, ＝↓(G)2。其他特征参考科。全球 1 个大洲分布及种数(4)◆南美洲(◆厄瓜多尔)。

Lecointea Ducke 南美单叶豆属 Fabaceae2 [MD－240] 特征纪要:习性:木本。花程式:＝↓(K3－5－∞), C3－5－∞, A1－10－50, ＝↓G1。其他特征参考科。全球 2 个大洲分布及种数(7－11)北美洲:3; 南美洲:10。

Lecokia DC. 里克草属 Apiaceae [MD－480] 特征纪要:习性:草本。花程式:＝↓(Kn), C5, A3 参考科, ＝↓G(－)。其他特征参考科。全球 1 个大洲分布及种数(1)◆欧洲(◆希腊)。

Lecomtedoxa Dubard 互蕊山榄属 Sapotaceae [MD－357] 特征纪要:习性:木本。花程式:－。其他特征参考科。全球 1 个大洲分布及种数(4－6)◆非洲。

Lecomtella A. Camus 竹状草属 Poaceae [MM－748] 特征纪要:习性:草本。花程式:(K)3, C0 参考科, A1－2, ＝(G)2－3。其他特征参考科。全球 1 个大洲分布及种数(1)◆非洲(◆马达加斯加)。

Lecosia Pedersen 巴拉圭苋属 Amaranthaceae [MD－116] 特征纪要:习性:草本。花程式:K1－2, C0, A1－2, ＝(G)2－3。其他特征参考科。全球 3 个大洲分布及种数(2－78)亚洲:8; 北美洲:9; 南美洲:73。

Lecostemon (Moç. & Sessé) ex DC. ＝ **Sloanea**

Lecostomum Steud. ＝ **Sloanea**

Lecythidaceae A. Rich. [MD－267] 玉蕊科 特征纪要:习性:木本;常绿。花程式:↙(K)6－, C2, A6, ↓(G))2－6↓(G)－。物候:－。花期和果期:几乎全年。果实:蒴果。种子:－。海拔:2348 米。生境:砂质海岸。资源:纤维,药用。栽培:－。全球 6 个大洲分布及属种数(23－24/371－447 <IFR 4/7> hort. 1) 非洲:7/13－23; 亚洲:7/12－23(IFR 1/1); 大洋洲:2/2－4; 欧洲:1; 北美洲:3/5(IFR 1/1); 南美洲:13/270－282(IFR 4/7)。【中国属种数:8/11】。

L

Lecythis Löfl. 猴钵树属 Lecythidaceae [MD－267] 特征纪要:习性:木本。花程式:－。物候:－。海拔:－。生境:－。资源:具栽培园艺种类。全球 5 个大洲分布及种数(32－198)非洲:2; 亚洲:9; 大洋洲:3; 北美洲:43; 南美洲:183。【中国种数:2】。

Lecythopsis Schrank ＝ **Couratari**

Ledebouria Roth 油点百合属 Asparagaceae [MM－669] 特征纪要:习性:草本。花程式:－。物候:－。海拔:－。生境:－。资源:具园艺种类。全球 6 个大洲分布及种数(65－100)非洲:92; 亚洲:22; 大洋洲:7; 欧洲:6; 北美洲:6; 南美洲:4。【中国种数:1】。

Ledebouriella H. Wolff 防风属 Apiaceae [MD－480] 特征纪要:习性:草本。花程式:＝↓(K5), C5, A5, ＝↓G(－)。物候:－。海拔:－。生境:－。资源:具园艺种类。全球 1 个大洲分布及种数(1) ◆亚洲:1。

Ledenbergia Klotzsch ex Moq. 清辉木属 Petiveriaceae［MD－128］特征纪要:习性:木本。花程式:K4－5,C0,A6,＝G1－4。其他特征参考科。全球3个大洲分布及种数(3－6)亚洲:1; 北美洲:3; 南美洲:4。

Ledermanniella Engl. 河杉草属 Podostemaceae［MD－322］特征纪要:习性:草本。花程式:K1－2,C0,A10,＝G1－2。其他特征参考科。全球2个大洲分布及种数(29－49)非洲:48; 南美洲:2。

Ledocarpaceae Meyen［MD－287］杜香果科 特征纪要:木本;落叶。花程式:K4－5(－),C5,A,G－。物候:－。果实:－。种子:－。海拔:－。生境:－。资源:－。栽培:－。全球1个大洲分布及属种数(2/2－3 hort. 1)◆南美洲:1/1。

Ledocarpon Desf. 寒露梅属 Vivianiaceae［MD－283］特征纪要:习性:－。花程式:－。其他特征参考科。全球1个大洲分布及种数(1)◆南美洲。

Ledocarpum DC. 杜香果属 Ledocarpaceae［MD－287］特征纪要及分布(－)。

Ledothamnus Meisn. 千屈石南属 Ericaceae［MD－380］特征纪要:习性:木本。花程式:－。其他特征参考科。全球1个大洲分布及种数(7)◆南美洲。

Ledum L. 杜香属 Ericaceae［MD－380］特征纪要:习性:－。花程式:－。物候:－。花期:6－7月。果期:参考晚于花期。海拔:400－1400米。生境:针叶林下,水藓沼泽或林边,湿草地。资源:香料,药用。全球6个大洲分布及种数(7－9)非洲:1－5;亚洲:5－9;大洋洲:1－5;欧洲:2－6;北美洲:4－8;南美洲:4。

Leea D. Royen ex L. 火筒树属 Leeaceae［MD－404］特征纪要(同科)。全球6个大洲分布及种数(45－63)非洲:15－18;亚洲:36－40;大洋洲:16－19;欧洲:4－6;北美洲:5－7;南美洲:10－12。【中国种数:13】。

Leeaceae Dum.［MD－404］火筒树科 特征纪要:习性:木本;落叶。花程式:K1－2,C0,A1－2,＝↓G1－2。物候:－。花期:4－5月。果期:7－9月。果实:浆果。种子:－。海拔:100－2200米。生境:江边沟谷中时见,森林,灌丛带。资源:药用。栽培:－。全球6个大洲分布及属种数(2/46－64 hort. 1;cult. 1)非洲:2/17－18; 亚洲:2/38; 大洋洲:2/18－19; 欧洲:2/6; 北美洲:2/7; 南美洲:2/12。

Leersia Sol. ex Sw. 大帽藓属 Poaceae［MM－748］特征纪要:习性:草本(水生)。物候:－。海拔:400－1100米。生境:池塘,水田,溪沟湖旁水湿地。资源:药用,具栽培园艺种类。全球6个大洲分布及种数(21－99)非洲:44; 亚洲:23; 大洋洲:4; 欧洲:46; 北美洲:46; 南美洲:22。【中国种数:5】。

Leeuwenbergia Letouzey & N. Hallé 合萼桐属 Euphorbiaceae［MD－217］特征纪要:习性:木本。花程式:K1(1000),C0,A6,＝(G)2－3。其他特征参考科。全球1个大洲分布及种数(2)◆非洲。

Leeuwenhockia Steud. ＝ **Levenhookia**

Leeuwenhoekia Spreng. ＝ **Levenhookia**

Lefebvrea A. Rich. 勒菲草属 Apiaceae［MD－480］特征纪要:习性:草本。花程式:＝↓(K5),C5,A5,＝↓G2。其他特征参考科。全球1个大洲分布及种数(5－7)◆非洲。

Legazpia Blanco 三翅萼属 Linderniaceae［MD－534］特征纪要:习性:－。花程式:－。物候:－。海拔:45－6000米。生境:路旁,山谷阴湿处,阴坡灌丛。资源:－。全球3个大洲分布及种数(4)非洲:2; 亚洲:4; 大洋洲:2。

Legendrea Webb & Berthel. ＝ **Turbina**

Legenere McVaugh 挺枝莲属 Campanulaceae［MD－561］特征纪要:习性:草本(水生)。花程式:(K)5,(C)5,A5,↓G－。其他特征参考科。全球3个大洲分布及种数(1－8)非洲:6; 北美洲:3; 南美洲:2。

Legnephora Miers 木防己属 Menispermaceae［MD－42］特征纪要:习性:草本。花程式:－。其他特征参考科。全球3个大洲分布及种数(5－11)非洲:1; 亚洲:1; 大洋洲:4。

Legousia Durande 神鉴花属 Campanulaceae［MD－561］特征纪要:习性:草本。花程式:(K)5,(C)5,A5,＝↓G2－3。物候:－。花期:4－10月。果期:参考晚于花期。海拔:100－5000米。生境:半阳处林丛下,竹林下。资源:具园艺种类。全球6个大洲分布及种数(8－11)非洲:6－11;亚洲:6－11;大洋洲:4;欧洲:7－11;北美洲:2－6;南美洲:4。【中国种数:1】。

Legrandia Kausel 番樱桃属 Myrtaceae［MD－347］特征纪要:习性:木本。花程式:＝↓(K4),C4,A8－10,＝↓G－。其他特征参考科。全球2个大洲分布及种数(1－2)北美洲:1; 南美洲:2。

Leguminosae Juss. ＝ Fabaceae3

Lehmanniella Gilg 黄精胆属 Gentianaceae［MD－496］特征纪要:习性:灌木。花程式:K5,C0,A10,↓G－。其他特征参考科。全球1个大洲分布及种数(2)◆南美洲。

Leianthostemon Miq. ＝ **Voyria**

Leibnitzia Cass. 大丁草属 Asteraceae［MD－586］特征纪要:习性:草本(根状茎,基生)。花程式:(K)3－5,C3－5,A3－5,＝↓G2。物候:－。花期:3－7月。果期:参考晚于花期。海拔:2200－2500米。生境:山坡,山顶或山谷。栽培:来自广西龙州。资源:药用,具栽培园艺种类。全球3个大洲分布及种数(10－12)亚洲:6－7;欧洲:1;北美洲:3。【中国种数:3】。

Leiboldia Schltdl. 单毛菊属 Asteraceae［MD－586］特征纪要:习性:－。花程式:－。其他特征参考科。全球2个大洲分布及种数(2－3)北美洲:2; 南美洲:1。

Leichardtia R. Br. 大洋洲萝藦属 Apocynaceae［MD－492］特征纪要:习性:－。花程式:－。其他特征参考科。全球4个大洲分布及种数(6)亚洲:6; 大洋洲:6; 北美洲:2; 南美洲:2。

Leidesia Müll. Arg. 刺毛靛属 Euphorbiaceae［MD－217］特征纪要:习性:木本。花程式:K1(1000),C0,A6,↓G－参考科。其他特征参考科。全球2个大洲分布及种数(1－9)非洲:7; 北美洲:2。

Leiocarpa Paul G. Wilson 平果鼠麹草属 Asteraceae［MD－586］特征纪要:习性:草本。花程式:(K)3－5,(C)3－5,A3－5,＝↓G2。其他特征参考科。全球3个大洲分布及种数(10)非洲:2;亚洲:cf. 1;大洋洲:10。

Leiocarpaea (C. A. Mey.) D. A. German & Al – Shehbaz 川苔菜属 Brassicaceae [MD – 213] 特征纪要:习性: – 。花程式: – 。其他特征参考科。全球 1 个大洲分布及种数(1)◆非洲。

Leioclusia Baill. = **Carissa**

Leiocolea (Müll. Frib.) H. Buch 无褶苔属 Jungermanniaceae [B – 38] 特征纪要:习性: – 。【Rep】: – 。物候: – 。海拔: – 。生境:常见于腐木上。栽培:来自广西龙州。资源:具栽培园艺种类。全球 6 个大洲分布及种数(9)非洲:3 – 8;亚洲:4 – 9;大洋洲:5;欧洲:6 – 11;北美洲:6 – 11;南美洲:5。

Leiodontium Broth. 平齿藓属 Hypnaceae [B – 189] 特征纪要:习性: – 。【Rep】:雌雄异株或雌雄异苞同株,生殖苞侧生,雌苞叶分化,蒴柄长。物候: – 。海拔: – 。生境:常见于林下土或岩面薄土,沼泽水生。资源: – 。全球 1 个大洲分布及种数(3)◆亚洲:3。【中国种数:2】。

Leiolejeunea A. Evans 绒鳞苔属 Lejeuneaceae [B – 84] 特征纪要:习性: – 。【Rep】:老时呈红褐色。其他特征参考科。全球 1 个大洲分布及种数(1)◆非洲。

Leioligo Raf. = **Solidago**

Leioluma Baill. = **Pouteria**

Leiomela (Mitt.) Broth. 细珠藓属 Bartramiaceae [B – 142] 特征纪要:习性: – 。【Rep】:雌雄同株或异株,生殖苞顶生,稀因苗生新芽而成为假侧生,雄苞芽胞形或盘形,配丝多数线形或棒槌形,雌苞叶,雌雄异株,雄苞盘形,雄苞叶较宽大,直立,往往集成莲座状,雌苞叶较小,直立,细胞无疣,蒴柄粗短或较长。物候: – 。海拔: – 。生境:石生,岩面土生。资源: – 。全球 6 个大洲分布及种数(16)非洲:3;亚洲:2;大洋洲:2;欧洲:2;北美洲:4;南美洲:14。

Leiomitra Lindb. 绒柔苔属 Trichocoleaceae [B – 62] 特征纪要:习性: – 。【Rep】:雌雄异株,雌苞生于茎或分枝顶端,颈卵器受精后由茎端膨大形成短柱形的茎鞘,孢蒴长卵圆形,蒴壁由 6 – 8 层。物候: – 。海拔: – 。生境:石生。资源: – 。全球 3 个大洲分布及种数(4)亚洲:cf. 1;大洋洲:2;南美洲:2。【中国种数:1】。

Leiomitrium Mitt. 危地木灵藓属 Orthotrichaceae [B – 151] 特征纪要:习性: – 。【Rep】:常暗绿色或棕褐色,雌雄异株或同株,稀杂株,雌苞叶不分化,无明显鞘部,蒴柄长,黄色,孢蒴狭长卵形,口蒴,具明显纵褶及纵沟。其他特征参考科。全球 2 个大洲分布及种数(5)非洲:4;北美洲:1。

Leiomylia J. J. Engel & Braggins 北美小萼苔属 Myliaceae [B – 39] 特征纪要(同科)。全球 4 个大洲分布及种数(2)非洲:2; 亚洲:2; 欧洲:2; 北美洲:2。

Leionema (F. Müll.) Paul G. Wilson 须南香属 Rutaceae [MD – 399] 特征纪要:习性:木本。花程式:K5,C5,A4, = G1 – 3。其他特征参考科。全球 3 个大洲分布及种数(34 – 42)亚洲:2; 大洋洲:35; 南美洲:7。

Leiophyllum (Pers.) R. Hedw. 黄杨杜鹃属 Ericaceae [MD – 380] 特征纪要:习性: – 。花程式: – 。其他特征参考科。全球 5 个大洲分布及种数(24)非洲:12; 亚洲:3; 欧洲:2; 北美洲:2; 南美洲:5。

Leioscyphus Stephani 地萼苔科属 Geocalycaceae [B – 49] 特征纪要:习性: – 。【Rep】:雌雄同株异苞,雌雄苞均生于短侧枝上,蒴囊棒状,雌雄异株,雌枝和雄枝着生腹叶叶腋,雄苞叶小,囊状,淡红色,蒴囊短柱形,雌苞叶数对,无蒴萼,孢蒴卵形。其他特征参考科。全球 6 个大洲分布及种数(33)非洲:3; 亚洲:5; 大洋洲:5; 欧洲:2; 北美洲:2; 南美洲:19。

Leiospermum D. Don 合椿梅科属 Cunoniaceae [MD – 255] 特征纪要:习性: – 。花程式: – 。其他特征参考科。全球 1 个大洲分布及种数(–)。

Leiospora A. N. Vassiljeva 光籽芥属 Brassicaceae [MD – 213] 特征纪要:习性:草本。花程式:K2 – 4,C2 – 4,A2 – 4, = (G)2。物候: – 。海拔:3200 – 3300 米。生境:砾石山坡,斜坡。资源:具园艺种类。全球 1 个大洲分布及种数(7 – 8)◆亚洲。【中国种数:3】。

Leiosporoceros Hässel 平苞角苔属 Leiosporocerotaceae [B – 90] 特征纪要(同科)。全球 2 个大洲分布及种数(2)北美洲:2; 南美洲:2。

Leiosporocerotaceae Hässel [B – 90] 平苞角苔科 特征纪要:密集丛生垫状,深绿色或黄绿色。【Rep】:深绿色或黄绿色。全球 2 个大洲分布及属种数(1/1)北美洲:1; 南美洲:1。

Leiostoma (Mitt.) Paris = **Macromitrium**

Leiotheca Brid. 木衣藓属 Orthotrichaceae [B – 151] 特征纪要: – 。全球 1 个大洲分布及种数(1)◆大洋洲。

Leiothrix Ruhland 长柱谷精属 Eriocaulaceae [MM – 726] 特征纪要:习性:草本。花程式: – 。其他特征参考科。全球 2 个大洲分布及种数(46 – 130)亚洲:3; 南美洲:117。

Leiothylax Warm. 柄河杉属 Podostemaceae [MD – 322] 特征纪要:习性:草本。花程式:K1 – 2,C0,A10, = (G)1 – 2。其他特征参考科。全球 2 个大洲分布及种数(3 – 11)非洲:11; 亚洲:3。

Leiotulus Ehrenb. 伞形科属 Apiaceae [MD – 480] 特征纪要:习性: – 。花程式: – 。物候: – 。海拔:50 – 5600 米。生境:半荒漠中和砾石质山坡上,柞林内。资源: – 。全球 3 个大洲分布及种数(11)非洲:1; 亚洲:10; 欧洲:2。

Leipoldtia L. Bolus 紫霄木属 Aizoaceae [MD – 94] 特征纪要:习性:灌木。花程式: = ↓(K3 – 4),C3 – 4,A5 参考科, = ↓G1 – 2。其他特征参考科。全球 1 个大洲分布及种数(19 – 22)◆非洲。

Leitneria Chapm. 塞子木属 Leitneriaceae [MD – 225] 特征纪要(同科)。全球 3 个大洲分布及种数(3 – 9)亚洲:2; 北美洲:7; 南美洲:3。【中国种数:1】。

Leitneriaceae Benth. & Hook. f. [MD – 225] 塞子木科 特征纪要:习性:木本;落叶。花程式:K1,C1,A2,G – 。物候: – 。果实:核果。种子:种仁黄白色,有少量胚乳。海拔: – 。生境: – 。资源: – 。栽培: – 。全球 1 个大洲分布及属种数(1/1 < IFR 1/1 >) ◆北美洲:1/ 1 – 2。

Lejeunea Lib. 细鳞苔属 Lejeuneaceae［B－84］特征纪要:习性:－。【Rep】:雌雄多同株,稀异株,蒴萼倒梨形,一般具5个脊,雄苞多呈穗状。物候:－。海拔:2140米。生境:石生,树生。资源:－。全球6个大洲分布及种数(184－210)非洲:33－118;亚洲:60－154;大洋洲:27－116;欧洲:8－91;北美洲:41－124;南美洲:77－167。【中国种数:23】。

Lejeuneaceae Cavers［B－84］细鳞苔科 特征纪要:多年生,水生,中形,多绿色或黄绿色,有时带红色或金黄色,多具光泽,匍匐成片生长。【Rep】:雌雄同株,绿色、黄色或棕色。全球6个大洲分布和属种数(70－78/1107－1538)非洲:29－35/216－503;亚洲:42－46/465－765;大洋洲:34－40/250－548;欧洲:5－29/16－277;北美洲:38－43/182－444;南美洲:56－60/379－664。【中国属种数:37/180(9)】。

Lejica DC. ＝ **Zinnia**

Leleba Rumph. ex Schult. ＝ **Bambusa**

Lellingeria A. R. Sm. & R. C. Moran 莱利蕨属 Polypodiaceae［F－60］特征纪要:习性:－。【Rep】:孢子同形,囊群生叶背有盖。其他特征参考科。全球6个大洲分布及种数(49－58)非洲:3;亚洲:7－10;大洋洲:3;欧洲:3;北美洲:20－26;南美洲:39－48。

Lelya Bremek. 莱利茜属 Rubiaceae［MD－523］特征纪要:习性:木本。花程式:(K)4－5,(C)4－5,A4－5,＝↓(G)2－9。其他特征参考科。全球5个大洲分布及种数(1－7)非洲:3; 亚洲:3; 大洋洲:2; 北美洲:2; 南美洲:2。【中国种数:1】。

Lemaireocereus Britton & Rose 群戟柱属 Cactaceae［MD－100］特征纪要:习性:木本。花程式:＝↓(K1－∞),C1－∞,A3－100,＝↓G3－100－。其他特征参考科。全球2个大洲分布及种数(2－34)北美洲:3; 南美洲:1。

Lemapteris Raf. ＝ **Pteris**

Lembidium Mitt. 细叶苔属 Lepidoziaceae［B－63］特征纪要:习性:－。【Rep】:裂瓣披针形或指形。其他特征参考科。全球3个大洲分布及种数(5－8)亚洲:1;大洋洲:4;南美洲:1－4。

Lembocarpus Leeuwenb. 舟果岩桐属 Gesneriaceae［MD－549］特征纪要:习性:草本。花程式:K5,C0,A4,＝(G)2。其他特征参考科。全球2个大洲分布及种数(1－3)亚洲:2; 南美洲:3。

Lemboglossum F. Halbinger ＝ **Amparoa**

Lembophyllaceae Broth.［B－205］船叶藓科 特征纪要:体形较粗壮,中形或形大,绿色、黄绿色或棕红色,略具光泽,稀疏成片生长。【Rep】:雌雄同株或异株,内雌苞叶具单中肋,蒴柄细长,干燥时扭转,红色或紫色。全球6个大洲分布和属种数(13/99)亚洲:8/27;大洋洲:5/26;欧洲:4/22;北美洲:5/27;南美洲:6/27。【中国属种数:5/18(5)】。

Lembophyllum Lindb. 倒叶藓属 Lembophyllaceae［B－205］特征纪要:习性:－。【Rep】:雌雄多异株,内雌苞叶基部呈鞘状,具长尖,孢蒴直立或平列,卵形或长椭圆形,环带分化,蒴齿两层,外齿层黄,雌雄异株或雌雄异苞同株,内雌苞叶基部呈鞘状,上部呈披针形,孢蒴卵形或椭圆形,蒴齿两层,外齿层透明。其他特征参考科。全球6个大洲分布及种数(8)非洲:2; 亚洲:4; 大洋洲:3; 欧洲:2; 北美洲:2; 南美洲:2。

Lembotropis Griseb. 金雀儿属 Fabaceae3［MD－240］特征纪要:习性:－。花程式:－。物候:－。海拔:7500米。生境:矮灌木丛或芦苇丛中,稀见于沿河岸疏林下,作为作物栽培。资源:具栽培园艺种类。全球2个大洲分布及种数(5)北美洲:1; 南美洲:1。

Lemeea P. V. Heath ＝ **Aloe**

Lemeltonia Barfuss & W. Till 伏凤梨属 Bromeliaceae［MM－715］特征纪要:习性:草本。花程式:(K)3,C3,A3参考科,↓G。其他特征参考科。全球2个大洲分布及种数(7) 北美洲:1;南美洲:7。

Lemia Vand. ＝ **Portulaca**

Lemma (Tourn.) Adans. 蘋属 Marsileaceae［F－65］特征纪要:－。全球1个大洲分布及种数(5)◆南美洲:1。

Lemmaphyllum C. Presl 伏石蕨属 Polypodiaceae［F－60］特征纪要:习性:－。【Rep】:孢子囊群线形,与主脉平行,连续,但叶片顶端通常不育。物候:－。海拔:50－3600米。生境:－。资源:－。全球6个大洲分布及种数(37)非洲:3; 亚洲:31; 大洋洲:3; 欧洲:2; 北美洲:2; 南美洲:3。

Lemmatium DC. ＝ **Calea**

Lemna L. 浮萍属 Lemnaceae［MM－647］特征纪要和分布(－)。全球6个大洲分布及种数(18－20)非洲:4－15;亚洲:12－24;大洋洲:10－21;欧洲:6－17;北美洲:12－23;南美洲:11－22。【中国种数:11】。

Lemnaceae Martinov［MM－647］浮萍科 特征纪要:习性:草本;落叶。花程式:K0,C0,A10－5,↑G1。物候:－。花期: 6－9月。果实:圆球形。种子:－。海拔:1300米。生境:水中。资源:药用。栽培:－。全球6个大洲分布及属种数(6－7/44－49 hort. 1;cult. 1) 非洲:5/20; 亚洲:5/27－29; 大洋洲:4/19; 欧洲:2/9; 北美洲:5/29－30; 南美洲:5/26－27。

Lemnescia Willd. ＝ **Licania**

Lemniscia Schreb. ＝ **Vantanea**

Lemonanthemum Klak 番杏属 Aizoaceae［MD－94］特征纪要:习性:－。花程式:－。其他特征参考科。全球1个大洲分布及种数(－)。

Lemooria P. S. Short 盐鼠麹属 Asteraceae［MD－586］特征纪要:习性:草本。花程式:(K)3－5,(C)3－5,A3－5,↓G。其他特征参考科。全球1个大洲分布及种数(1)◆大洋洲。

Lempholemma <unassigned> 可可李科属 Chrysobalanaceae［MD－243］特征纪要:－。全球2个大洲分布及种数(10)欧洲:2; 北美洲:2。

Lemphoria O. E. Schulz 澳小南芥属 Brassicaceae［MD－213］特征纪要:习性:－。花程式:－。其他特征参考科。

L

全球 1 个大洲分布及种数(-)。
Lemurangis (Garay) Szlach. Mytnik & Grochocka = **Angraecum**
Lemuranthe Schltr. = **Cynorkis**
Lemurella Schltr. 小鬼兰属 Orchidaceae [MM-723] 特征纪要:习性:草本。花程式:(K)3,C3,A3, =↓(G)3。其他特征参考科。全球 2 个大洲分布及种数(4-8)非洲:4; 亚洲:1。
Lemurodendron Villiers & P. Guinet 勒米豆属 Fabaceae3 [MD-240] 特征纪要:习性:木本。花程式:=↓(K3-5-∞),C3-5-∞,A1-10-50, =↓G1。其他特征参考科。全球 1 个大洲分布及种数(1)◆非洲(◆马达加斯加)。
Lemurophoenix J. Dransf. 狐猴椰属 Arecaceae [MM-717] 特征纪要:习性:木本。花程式:K3-10,C3-10,A3-10, =G3-10。其他特征参考科。全球 1 个大洲分布及种数(2)◆非洲(◆马达加斯加)。
Lemurorchis Kraenzl. 鬼兰属 Orchidaceae [MM-723] 特征纪要:习性:草本。花程式:(K)3,C3,A3, =↓(G)3。其他特征参考科。全球 1 个大洲分布及种数(1)◆非洲(◆马达加斯加)。
Lemurosicyos Keraudren 丝瓜属 Cucurbitaceae [MD-205] 特征纪要:习性:木本。花程式:=↓(Kn),C2-3 参考科,A3 参考科, =↓G(-)。其他特征参考科。全球 1 个大洲分布及种数(1)◆非洲:1。
Lemyrea (A. Chev.) A. Chev. & Beille 勒米尔茜属 Rubiaceae [MD-523] 特征纪要:习性:木本。花程式:(K)4-5,(C)4-5,A4-5, =↓(G)2-9)。其他特征参考科。全球 2 个大洲分布及种数(4-6)非洲:5; 亚洲:3。
Lenbrassia G. W. Gillett 硬木岩桐属 Gesneriaceae [MD-549] 特征纪要:习性: - 。花程式: - 。其他特征参考科。全球 1 个大洲分布及种数(-)。
Lencymmoea (C. Presl) C. Presl 沙金娘属 Myrtaceae [MD-347] 特征纪要: - 。全球 1 个大洲分布及种数(1)◆亚洲:1。
Lenda Koidz. 沙叉蕨属 Aspidiaceae [F-50] 特征纪要: - 。全球 1 个大洲分布及种数(-)。
Lendneria Minod 离药草属 Plantaginaceae [MD-527] 特征纪要:习性: - 。花程式: - 。其他特征参考科。全球 1 个大洲分布及种数(-)◆非洲。
Lenidia Thou. = **Dillenia**
Lennea Klotzsch 伦内豆属 Fabaceae3 [MD-240] 特征纪要:习性:木本。花程式:=↓(K1-∞),C1-∞,A5-9, =↓G1。其他特征参考科。全球 2 个大洲分布及种数(3-8)北美洲:4; 南美洲:2。
Lennoa Lex. 沙菰属 Lennoaceae [MD-477] 特征纪要(同科)。全球 2 个大洲分布及种数(1-11)北美洲:6; 南美洲:6。
Lennoaceae Solms [MD-477] 盖裂寄生科 特征纪要:习性:木本;落叶。花程式:K4,C4-5,A1-, ↑G6-14。物候: - 。果实: - 。种子: - 。海拔: - 。生境: - 。资源: - 。栽培: - 。全球 1 个大洲分布及属种数(2/6 hort. 1,cult. 1) ◆北美洲:2/ 5-8。
Lenophyllum Rose 玻璃景天属 Crassulaceae [MD-229] 特征纪要:习性:草本。花程式:=↓(K3-5-∞),C3-5-∞,A4, =↓G3-5。其他特征参考科。全球 1 个大洲分布及种数(7-8)◆北美洲。
Lenormandiopsis <unassigned> 兵花荷属 Rhodoleiaceae [MD-64] 特征纪要: - 。全球 3 个大洲分布及种数(2)非洲:2; 亚洲:1; 大洋洲:1。
lens Mill. 兵豆属 Fabaceae3 [MD-240] 特征纪要:习性: - 。花程式: - 。物候: - 。花期:4-9 月。果期:参考晚于花期。海拔:800-3600 米。生境: - 。资源:具栽培园艺种类。全球 6 个大洲分布及种数(1-30)非洲:9; 亚洲:20; 大洋洲:2; 欧洲:5; 北美洲:5; 南美洲:7。
Lentibulariaceae Rich. [MD-570] 狸藻科 特征纪要:习性:草本;落叶。花程式:↙(K)6-,C0,A2-4, ↑G3-5。物候: - 。花期: 5-7 月。果期: 7-9 月。果实:蒴果。种子: - 。海拔:100-135 米。生境:草地,稻田,沼泽中。资源:药用。栽培: - 。全球 6 个大洲分布及属种数(7/377-436 <IFR 2/5> hort. 1;cult. 2) 非洲:3/68-77; 亚洲:3/107-113; 大洋洲:1/87; 欧洲:3/42-53(IFR 1/2); 北美洲:4/137-152(IFR 1/2); 南美洲:4/148-160(IFR 1/1)。【中国属种数:2/51】。
Lenwebbia N. Snow & Guymer 斑桃木属 Myrtaceae [MD-347] 特征纪要:习性:木本。花程式:=↓(K4),C4,A8-10, =↓G-。其他特征参考科。全球 1 个大洲分布及种数(2)◆大洋洲。
Lenzia Phil. 黄松草属 Montiaceae [MD-81] 特征纪要:习性:草本。花程式:K4-5,C4-5,A4-5, =↓G2-3。其他特征参考科。全球 2 个大洲分布及种数(1-10)亚洲:3; 南美洲:10。
Lenzites <unassigned> 摩洛哥水龙骨属 Polypodiaceae [F-60] 特征纪要: - 。全球 3 个大洲分布及种数(31)非洲:31; 亚洲:3; 南美洲:26。
Leobordea Delile 罗顿豆属 Fabaceae3 [MD-240] 特征纪要:习性:木本。花程式:=↓(Kn),C2-3 参考科,A3 参考科, =↓G(-)。其他特征参考科。全球 3 个大洲分布及种数(43)非洲:43;亚洲:1;欧洲:1。
Leocereus Britton & Rose 刺蔓柱属 Cactaceae [MD-100] 特征纪要:习性:木本。花程式:=↓(K1-∞),C1-∞,A3-100, =↓(G)3-100)。其他特征参考科。全球 1 个大洲分布及种数(4)◆南美洲。
Leochilus Knowles & Westc. 光唇兰属 Orchidaceae [MM-723] 特征纪要:习性:草本。花程式:(K)3,C3,A3, =↓G3。其他特征参考科。全球 5 个大洲分布及种数(12-60)非洲:2; 亚洲:10; 大洋洲:4; 北美洲:29; 南美洲:46。【中国种数:1】。
Leoheo Chaowasku 单果苔属 Monocarpaceae [B-19] 特征纪要: - 。全球 1 个大洲分布及种数(-)。
Leonardoxa Aubrév. 狮威豆属 Fabaceae1 [MD-240] 特征纪要:习性:木本。花程式:=↓(K3-5-∞),C3-5-∞,A3-5, =↓G1-2。其他特征参考科。全球 2 个大洲分布及种数(5-8)非洲:8; 亚洲:2。

Leonia Ruiz & Pav. 坚果堇属 Violaceae［MD－126］特征纪要：木本，落叶；花程式：K5，C5，A10，＝↑G：2－3，房位（－）。果实：－。种子：种皮坚硬，棕红色。全球 1 个大洲分布及种数（24－26）◆南美洲。

Leonis B. Nord. 千里光属 Asteraceae［MD－586］特征纪要：习性：草本。花程式：（K－），（C）5 参考科，A3 参考科，↓G。其他特征参考科。全球 1 个大洲分布及种数（1）◆北美洲：1。

Leonotis（Pers.）R. Br. 狮耳花属 Lamiaceae［MD－575］特征纪要：习性：草本。花程式：K2，C0，A2，＝↓G2。物候：－。海拔：5400 米。生境：石林内荫处。资源：具栽培园艺种类。全球 6 个大洲分布及种数（18－20；hort. 1）非洲：13－14；亚洲：17－18；大洋洲：3－4；欧洲：1－2；北美洲：2－3；南美洲：3－4。【中国种数：4】。

Leonticaceae Airy－Shaw［MD－44］狮足草科 特征纪要：习性：草本；落叶。花程式：K4－5（－），C5，A6，G－。物候：－。花期：4 月。果期：4－5 月。果实：－。种子：－。海拔：600 米。生境：荒漠低山山坡，固定沙地和梭梭林下。资源：药用。栽培：－。全球 2 个大洲分布及属种数（1/1 hort. 1；cult. 1）亚洲：1/9；欧洲：1/5。

Leontice L. 囊果草属 Leonticaceae［MD－44］特征纪要（同科）。全球 6 个大洲分布及种数（9－11）非洲：1－5；亚洲：7－11；大洋洲：4；欧洲：3－7；北美洲：4；南美洲：4。【中国种数：2】。

Leontochir Phil. ＝ **Bomarea**

Leontodon L. 狮牙苣属 Asteraceae［MD－586］特征纪要：习性：草本。花程式：（K）3－5，（C）3－5，A3－5，＝↓G2。物候：－。海拔：－。生境：－。资源：具栽培园艺种类。全球 6 个大洲分布及种数（49－361）非洲：56；亚洲：77；大洋洲：15；欧洲：29；北美洲：29；南美洲：16。【中国种数：4】。

Leontoglossum Hance ＝ **Tetracera**

Leontopetaloides Böhm. ＝ **Tacca**

Leontopetalon Mill. ＝ **Leontice**

Leontophthalmum Willd. ＝ **Calea**

Leontopodium R. Br. ex Cass. 火绒草属 Asteraceae［MD－586］特征纪要：习性：草质攀援。花程式：（K）3－5，C3－5，A3 参考科，＝↓G2。物候：－。花期：8－9 月。果期：参考晚于花期。海拔：1000－1800 米。生境：－。资源：药用，具栽培园艺种类。全球 6 个大洲分布及种数（65－197）非洲：3；亚洲：122；大洋洲：7；欧洲：9；北美洲：9；南美洲：6。【中国种数：42】。

Leonurus L. 益母草属 Lamiaceae［MD－575］特征纪要：习性：－。花程式：－。物候：－。花期：9 月。果期：参考晚于花期。海拔：1500－3400 米。生境：浪费。资源：具栽培园艺种类。全球 6 个大洲分布及种数（26－32；hort. 1；cult. 3）非洲：7－13；亚洲：25－31；大洋洲：7－13；欧洲：5－11；北美洲：8－15；南美洲：1－7。【中国种数：14】。

Leopoldia Parl. 恋壶花属 Hyacinthaceae［MM－679］特征纪要：习性：－。花程式：－。其他特征参考科。全球 6 个大洲分布及种数（14－17；hort. 1）非洲：7－8；亚洲：10－13；大洋洲：2－3；欧洲：10－11；北美洲：3－4；南美洲：1。

Leopoldinia Mart. 膜苞椰属 Arecaceae［MM－717］特征纪要：习性：木本。花程式：K3－10，C3－10，A3－10，＝G3－10。其他特征参考科。全球 3 个大洲分布及种数（3－5）非洲：2；北美洲：2；南美洲：5。

Lepantes Sw. ＝ **Lepanthes**

Lepanthes Sw. 婴靴兰属 Orchidaceae［MM－723］特征纪要：习性：草本。花程式：（K）3，C3，A3，＝↓G3。其他特征参考科。全球 6 个大洲分布及种数（887－1217；hort. 1；cult. 5）非洲：1；亚洲：22－34；大洋洲：7－40；欧洲：1；北美洲：294－435；南美洲：628－815。【中国种数：1】。

Lepanthopsis（Cogn.）Ames 微靴兰属 Orchidaceae［MM－723］特征纪要：习性：草本。花程式：（K）3，C3，A3，＝↓G3。其他特征参考科。全球 6 个大洲分布及种数（50－59）非洲：6；亚洲：6；大洋洲：1；欧洲：31；北美洲：31；南美洲：36。【中国种数：2】。

Lepargochloa Launert ＝ **Loxodera**

Lepechinia Willd. 囊萼苏属 Lamiaceae［MD－575］特征纪要：习性：草本。花程式：K2，C0，A2，＝↓G2。物候：－。海拔：－。生境：－。资源：具园艺种类。全球 6 个大洲分布及种数（48－138）非洲：12；亚洲：22；大洋洲：6；欧洲：36；北美洲：36；南美洲：107。【中国种数：1】。

Lepechiniella Popov 齿缘草属 Boraginaceae［MD－517］特征纪要：习性：草本。花程式：（K－），C5，A5，↓G－4。物候：－。花期：7－8 月。果期：参考晚于花期。海拔：5700 米。生境：沙漠边缘及半固定沙丘上。资源：－。全球 3 个大洲分布及种数（16－24）非洲：1；亚洲：14；南美洲：1。【中国种数：1】。

Lepeocercis Trin. ＝ **Dichanthium**

Lepeostegeres Bl. 鳞盖寄生属 Loranthaceae［MD－415］特征纪要：习性：木本。花程式：K6，C0，A4，＝↓G3－4。其他特征参考科。全球 3 个大洲分布及种数（10－27）非洲：2；亚洲：27；大洋洲：2。

Leperoma（Hook.）Bastow 纽复叉苔属 Lepicoleaceae［B－67］特征纪要：习性：－。【Rep】：黄褐色或带红色。其他特征参考科。全球 2 个大洲分布及种数（2）亚洲：2；大洋洲：2。

Lepicolea Dum. 复叉苔属 Lepicoleaceae［B－67］特征纪要：习性：－。【Rep】：黄褐色或带红色。其他特征参考科。全球 6 个大洲分布及种数（12－15）非洲：1－2；亚洲：11－15；大洋洲：4－6；欧洲：1；北美洲：1－2；南美洲：8－11。【中国种数：2】。

Lepicoleaceae J. Shaw［B－67］复叉苔科 特征纪要：绿色、黄绿色或淡绿色，常具光泽，交织成片生长。【Rep】：雌雄同株或异株，内雌苞叶较长，具细长尖，蒴柄平滑或有疣，孢蒴倾立或平横。全球 6 个大洲分布和属种数（1/11－15）非洲：1/1－2；亚洲：1/11－15；大洋洲：1/4－6；欧洲：1/1；北美洲：1/1－2；南美洲：1/8－11。【中国属种数：1/2】。

L

Lepicystis (Sm.) Sm. = **Polypodium**

Lepidacanthus (C. Presl) C. Presl 南美簪爵床属 Acanthaceae [MD－572] 特征纪要:－。全球1个大洲分布及种数(2)◆南美洲:2。

Lepidadenia Nees 樟科属 Lauraceae [MD－21] 特征纪要:习性:－。花程式:－。其他特征参考科。全球1个大洲分布及种数(－)。

Lepidagathis Willd. 鳞花草属 Acanthaceae [MD－572] 特征纪要:习性:草本(基生)。花程式:(K－),(C)5 参考科,A5,↓G－。物候:－。花期:11月至次年3月。果期:参考晚于花期。海拔:100－2300米。生境:草地或旷野,灌丛,干旱草地或河边沙地,森林边缘。资源:具栽培园艺种类。全球6个大洲分布及种数(142－176;hort. 1;cult. 2)非洲:55－73;亚洲:70－86;大洋洲:6－12;欧洲:5;北美洲:7－12;南美洲:26－33。【中国种数:6】。

Lepidaploa (Cass.) Cass. 无梗斑鸠菊属 Asteraceae [MD－586] 特征纪要:习性:草本。花程式:(K)3－5,(C)3－5,A3－5,=↓G2。其他特征参考科。全球6个大洲分布及种数(159)非洲:19;亚洲:20;大洋洲:16;欧洲:9;北美洲:58;南美洲:125－127。【中国种数:5】。

Lepidaria Van Tiegh. 鳞寄生属 Loranthaceae [MD－415] 特征纪要:习性:木本。花程式:－。物候:－。海拔:100－3100米。生境:常绿森林,山谷。资源:－。全球4个大洲分布及种数(9－39)非洲:2; 亚洲:14; 大洋洲:2; 南美洲:22。

Lepideilema Trin. = **Streptochaeta**

Lepidella Van Tiegh. 桑寄生科属 Loranthaceae [MD－415] 特征纪要:习性:－。花程式:－。其他特征参考科。全球1个大洲分布及种数(26)◆南美洲:1。

Lepiderema Radlk. 鳞皮无患子属 Sapindaceae [MD－428] 特征纪要:习性:木本。花程式:K4－8,C4－8,A10,=(G)2－3。其他特征参考科。全球3个大洲分布及种数(8－9)非洲:3; 亚洲:2; 大洋洲:9。

Lepidesmia Klatt 糙泽兰属 Asteraceae [MD－586] 特征纪要:习性:－。花程式:－。其他特征参考科。全球2个大洲分布及种数(1－2)北美洲:2; 南美洲:2。

Lepidium L. 独行菜属 Brassicaceae [MD－213] 特征纪要:习性:草本,少木本。花程式:－。物候:－。海拔:100－4300米。生境:槽底部。资源:具栽培园艺种类。全球6个大洲分布及种数(258－330;hort. 1;cult. 14)非洲:57－95;亚洲:98－137;大洋洲:80－118;欧洲:45－84;北美洲:79－117;南美洲:81－122。【中国种数:36】。

Lepidobolus Nees 刺苞灯草属 Restionaceae [MM－744] 特征纪要:习性:草本(基生)。花程式:(K)3,C3,A1－2,=(G)1－3。其他特征参考科。全球3个大洲分布及种数(10－25)亚洲:4; 大洋洲:25; 南美洲:10。

Lepidobotryaceae J. Léonard [MD－297] 鳞球穗科 特征纪要:习性:木本;落叶。花程式:K5,C5,A10－2,↑(G)3。物候:－。果实:核果。种子:－。海拔:－。生境:－。资源:－。栽培:－。全球2个大洲分布及属种数(3/5 hort. 1) 非洲:1/2; 南美洲:2/3。

Lepidobotrys Engl. 鳞球穗属 Lepidobotryaceae [MD－297] 特征纪要:习性:木本。花程式:K5,C5 参考科,A10,(G)3。其他特征参考科。全球1个大洲分布及种数(1)◆非洲。

Lepidocarpa Korth. = **Parinari**

Lepidocarya Korth. ex Miq. = **Parinari**

Lepidocaryum Mart. 鳞果棕属 Arecaceae [MM－717] 特征纪要:习性:木本。花程式:K3－10,C3－10,A3－10,=G3－10。其他特征参考科。全球1个大洲分布及种数(2)◆南美洲。

Lepidocaulon Copel. = **Histiopteris**

Lepidoceras Hook. f. 对穗寄生属 Santalaceae [MD－412] 特征纪要:习性:木本。花程式:－。其他特征参考科。全球1个大洲分布及种数(3)◆南美洲。

Lepidochyris <unassigned> 南美菊属 Asteraceae [MD－586] 特征纪要:－。全球1个大洲分布及种数(2)◆南美洲:2。

Lepidocordia Ducke 鳞心紫草属 Boraginaceae [MD－517] 特征纪要:习性:草本。花程式:K5,C0,A3 参考科,=↓G2－4。其他特征参考科。全球3个大洲分布及种数(2－6)亚洲:4; 北美洲:2; 南美洲:4。

Lepidocoryphantha Backeb. = **Coryphantha**

Lepidocupania <unassigned> 无患子属 Sapindaceae [MD－428] 特征纪要:习性:－。花程式:－。其他特征参考科。全球1个大洲分布及种数(－)。

Lepidogrammitis Ching 骨牌蕨属 Polypodiaceae [F－60] 特征纪要:习性:－。【Rep】:孢子囊群圆形,分离,在主脉两侧各排成一行,幼时被盾状隔丝覆盖。物候:－。海拔:50－3600米。生境:生岩壁上,针阔混交林溪沟小瀑布旁阴湿崖壁上。资源:－。全球1个大洲分布及种数(cf. 1)◆亚洲。

Lepidogyna R. M. Schust. 南美多囊苔属 Lepidolaenaceae [B－77] 特征纪要:习性:－。【Rep】:雌雄同株,雌苞生于茎或分枝先端,蒴被发达,短柱形,被长纤毛,孢蒴卵圆形,蒴壁厚4－6层细胞。其他特征参考科。全球6个大洲分布及种数(2)非洲:2;亚洲:2;大洋洲:2;欧洲:2;北美洲:2;南美洲:1－3。

Lepidogyne Bl. 鸟巢兰属 Orchidaceae [MM－723] 特征纪要:习性:草本。花程式:(K－),C2－3 参考科,A3 参考科,↓G－。其他特征参考科。全球3个大洲分布及种数(1－4)非洲:1; 亚洲:1; 大洋洲:1。

Lepidolaena Dum. 多囊苔属 Lepidolaenaceae [B－77] 特征纪要:习性:－。【Rep】:雌雄同株,雌苞生于茎或分枝先端,蒴被发达,短柱形,披长纤毛,孢蒴卵圆形,蒴壁厚4－6层细胞。其他特征参考科。全球3个大洲分布及种数(20)亚洲:7; 大洋洲:11; 南美洲:10。

Lepidolaenaceae Nakai [B－77] 多囊苔科 特征纪要:多树生或石生藓类,常成大片群落。【Rep】:雌雄异株,蒴柄平滑,孢蒴直立,卵形、长卵形或长圆柱形,常无气孔和气室,环带分化,蒴齿两层。全球6个大洲分布和属种数

(4/14－20)非洲:2/6;亚洲:2－3/2－8;大洋洲:2－4/8－14;欧洲:2/6;北美洲:2/6;南美洲:2－3/5－11。【中国属种数:1/1】。

Lepidolejeunea R. M. Schust. 指鳞苔属 Lejeuneaceae［B－84］特征纪要:习性:－。【Rep】:雌雄同株或异株,雌苞顶生短枝顶,雌苞叶略大于营养叶,雌苞腹叶阔舌形,宽度约为营养叶的 2 倍,蒴萼具 5 个。物候:－。海拔:－。生境:山坡,针阔混交林中。资源:－。全球 5 个大洲分布及种数(18－19)非洲:1;亚洲:4;大洋洲:5;北美洲:3;南美洲:9。【中国种数:1】。

Lepidolopha C. Winkl. 菊蒿属 Asteraceae［MD－586］特征纪要:习性:草本。花程式:(K)3－5,(C)3－5,A3－5,↓G。其他特征参考科。全球 1 个大洲分布及种数(3－8)◆亚洲。

Lepidolopsis Poljakov 菊属 Asteraceae［MD－586］特征纪要:习性:草本。花程式:(K)3－5,(C)3－5,A3－5,↓G。其他特征参考科。全球 1 个大洲分布及种数(1－3)◆亚洲。

Lepidomicrosorium Ching & K. H. Shing 鳞果星蕨属 Polypodiaceae［F－60］特征纪要:习性:－。【Rep】:孢子同形,囊群生叶背有盖－无盖。物候:－。海拔:50－3600 米。生境:杂木竹林下林下阴湿溪边石上。资源:－。全球 1 个大洲分布及种数(8－10)◆亚洲。

Lepidoneuron (Willd.) Fée ＝ **Nephrolepis**

Lepidonia S. F. Blake 层冠单毛菊属 Asteraceae［MD－586］特征纪要:习性:草本。花程式:(K)3－5,(C)3－5,A3－5,＝↓G2。其他特征参考科。全球 4 个大洲分布及种数(8－10)亚洲:2; 大洋洲:2; 北美洲:10; 南美洲:3。【中国种数:1】。

Lepidopetalum Bl. 鳞瓣无患子属 Sapindaceae［MD－428］特征纪要:习性:木本。花程式:K4－8,C4－8,A10,＝(G)2－3。其他特征参考科。全球 3 个大洲分布及种数(6－14)非洲:5; 亚洲:12; 大洋洲:9。【中国种数:1】。

Lepidophorum Neck. ex DC. 春黄菊属 Asteraceae［MD－586］特征纪要:习性:草本。花程式:(K)3－5,(C)3－5,A3－5,↓G。其他特征参考科。全球 0 个大洲分布及种数(1－3)。

Lepidopilidium (Müll. Hal.) Broth. 细帽藓属 Pilotrichaceae［B－166］特征纪要:习性:－。【Rep】:雌苞叶小,基部阔卵形,上部呈狭长尖,蒴柄细长,红色,平滑,孢蒴倾列或平列,长卵形,棕色,蒴齿两层,外蒴柄侧生,细长,平滑或具弱疣,孢蒴平展或下倾,卵状圆柱形,两侧不对称,台部长而粗,口部强烈收缩。其他特征参考科。全球 5 个大洲分布及种数(30)非洲:15;亚洲:1;欧洲:3;北美洲:4;南美洲:15。

Lepidopilum (Brid.) Brid. 细白藓属 Pilotrichaceae［B－166］特征纪要:习性:－。【Rep】:雌苞叶小,基部阔卵形,上部呈狭长尖,蒴柄细长,红色,平滑,孢蒴倾列或平列,长卵形,棕色,蒴齿两层,外蒴柄侧生,细长,平滑或具弱疣,孢蒴平展或下倾,卵状圆柱形,两侧不对称,台部长而粗,口部强烈收缩。物候:－。海拔:－。生境:水石生,无。资源:－。全球 6 个大洲分布及种数(96)非洲:14;亚洲:4;大洋洲:4;欧洲:6;北美洲:34;南美洲:66。

Lepidopironia A. Rich. ＝ **Tetrapogon**

Lepidorrhachis (H. Wendl. & Drude) O. F. Cook 斜柱椰属 Arecaceae［MM－717］特征纪要:习性:木本。花程式:Kn,C2－3 参考科,A3 参考科,G3－ 参考科。其他特征参考科。全球 1 个大洲分布及种数(1)◆大洋洲(◆澳大利亚)。

Lepidospartum A. Gray 帚蟹甲属 Asteraceae［MD－586］特征纪要:习性:草本。花程式:(K)3－5,(C)3－5,A3－5,＝↓G2。其他特征参考科。全球 2 个大洲分布及种数(3－8)亚洲:3; 北美洲:4。【中国种数:2】。

Lepidosperma Labill. 鳞籽莎属 Cyperaceae［MM－747］特征纪要:习性:草本(根状茎,基生)。花程式:－。物候:－。海拔:800－1500 米。生境:稀疏森林。资源:具园艺种类。全球 4 个大洲分布及种数(28－89;hort. 1;cult. 1)非洲:1;亚洲:1;大洋洲:26－84;南美洲:1。【中国种数:1】。

Lepidospora F. Müll. 帚蟹莎草属 Cyperaceae［MM－747］特征纪要－。全球 1 个大洲分布及种数(－)◆大洋洲。

Lepidostemon Hook. f. & Thoms. 鳞蕊芥属 Brassicaceae［MD－213］特征纪要和分布(－)。全球 1 个大洲分布及种数(cf. 1)◆亚洲。

Lepidostephium Oliv. 齿缘紫绒草属 Asteraceae［MD－586］特征纪要:习性:草本。花程式:(K)3－5,(C)3－5,A3－5,↓G。其他特征参考科。全球 1 个大洲分布及种数(2)◆非洲。

Lepidostoma Bremek. 鳞孔草属 Rubiaceae［MD－523］特征纪要:习性:木本。花程式:(K)4－5,(C)4－5,A4－5,＝↓(G)2－9。其他特征参考科。全球 3 个大洲分布及种数(1－5)非洲:2; 亚洲:3; 南美洲:2。

Lepidothamnaceae Melikyan & A. V. Bobrov ＝ Podocarpaceae

Lepidothamnus Phil. 沼银松属 Podocarpaceae［G－13］特征纪要:习性:－。【Rep】:复轴,短穗状,上部苞片杯套状,内有种子发生,寡种子,雌雄同株。其他特征参考科。全球 2 个大洲分布及种数(4)大洋洲:2;南美洲:1。【中国种数:1】。

Lepidotrichilia (Harms) T. D. Penn. & Styles 鳞帚木属 Meliaceae［MD－414］特征纪要:习性:木本。花程式:K3－5,C3－5,A6,＝(G)1－2。其他特征参考科。全球 1 个大洲分布及种数(4)◆非洲。

Lepidotrichum Velen. & Bornm. 鳞毛芥属 Brassicaceae［MD－213］特征纪要:习性:－。花程式:－。其他特征参考科。全球 1 个大洲分布及种数(－)。

Lepidoturus Boj. ＝ **Alchornea**

Lepidozamia Regel 鳞木铁属 Zamiaceae［G－2］特征纪要:习性:－。【Rep】:雌雄同株,单轴球果。其他特征参考科。全球 3 个大洲分布及种数(2－5)亚洲:2; 大洋洲:4; 北美洲:2。

Lepidozia (Dum.) Dum. 指叶苔属 Lepidoziaceae［B－63］特征纪要:习性:－。【Rep】:雌雄同株或异株,雄苞生于短侧枝上,雄苞叶一般 3－6 对,雌苞生于腹面短枝上,内雌苞叶先端具齿或纤毛。物候:－。海拔:－。生境:山谷林下,土生。资源:－。全球 6 个大洲分布及种数(58－92)非洲:5－41;亚洲:31－65;大洋洲:32－78;

欧洲:2 – 35;北美洲:8 – 41;南美洲:15 – 65。【中国种数:22】。

Lepidoziaceae Limpr. [B – 63] 指叶苔科 特征纪要(参考 Ricciaceae):叶状体多为灰绿色、鲜绿色至暗绿色,无光泽,三角状心形或长条形,多回叉状分枝,多呈圆盘状或扇形群落。【Rep】:多数雌雄同株,精子器和颈卵器散生,埋于叶状体组织中,孢蒴成熟时不规则开裂,蒴壁自行腐失,孢子较大。全球 6 个大洲分布和属种数(20 – 24;hort. & cult. 1)(387 – 526;hort. & cult. 1)非洲:4 – 10/28 – 99;亚洲:11 – 16/179 – 250;大洋洲:14 – 18/179 – 262;欧洲:3 – 9/12 – 78;北美洲:7 – 13/37 – 103;南美洲:12 – 16/84 – 176。【中国属种数:5/66(5)】。

Lepigonum (Fr.) Wahlb. = **Spergularia**

Lepilaena J. Drumm. ex Harv. 水垫藻属 Zannichelliaceae [MM – 613] 特征纪要:习性: – 。花程式: – 。其他特征参考科。全球 2 个大洲分布及种数(14)亚洲:4; 大洋洲:10。

Lepinema Raf. = **Enicostema**

Lepinia Decne. 鳞桃木属 Apocynaceae [MD – 492] 特征纪要:习性:木本。花程式:K5 – ∞ ,C0,A15, = ↓ (G)2 – 5。物候: – 。花期:全年。果期:参考晚于花期。海拔:80 – 3000 米。生境:矮林或灌木丛中,住宅旁。资源: – 。全球 6 个大洲分布及种数(4 – 7)非洲:1; 亚洲:6; 大洋洲:6; 欧洲:2; 北美洲:2; 南美洲:2。

Lepiniopsis Valeton 拟鳞桃木属 Apocynaceae [MD – 492] 特征纪要:习性:木本。花程式:K5 – ∞ ,C0,A15, = ↓ G2 – 5。其他特征参考科。全球 3 个大洲分布及种数(2 – 5)非洲:1; 亚洲:4; 大洋洲:3。【中国种数:2】。

Lepionurus Bl. 鳞尾木属 Opiliaceae [MD – 369] 特征纪要:习性:木本。花程式:Kn,C2 – 3 参考科,A10,G – 。物候: – 。海拔:300 – 1000 米。生境:灌丛,山谷,山地密林中。资源:具园艺种类。全球 3 个大洲分布及种数(1 – 10)非洲:2; 亚洲:7; 大洋洲:6。【中国种数:1】。

Lepiota (Pers.) A. Gray 豆科属 Fabaceae3 [MD – 240] 特征纪要:习性: – 。花程式: – 。其他特征参考科。全球 5 个大洲分布及种数(182)非洲:44; 亚洲:2; 欧洲:7; 北美洲:38; 南美洲:127。

Lepironia Pers. 石龙刍属 Cyperaceae [MM – 747] 特征纪要:习性:草本。花程式: – 。物候: – 。花期:2 – 6 月。果期:参考晚于花期。海拔:100 – 200 米。生境:通常在沿海的池塘,沼泽和溪流。资源:具栽培园艺种类。全球 6 个大洲分布及种数(1 – 26)非洲:6; 亚洲:19; 大洋洲:12; 欧洲:2; 北美洲:2; 南美洲:2。【中国种数:1】。

Lepisanthes Bl. 鳞花木属 Sapindaceae [MD – 428] 特征纪要:习性:木本。花程式:K5,C5,A8,G – 。物候: – 。花期:秋天。果期:参考晚于花期。海拔:240 米。生境:森林。资源:具栽培园艺种类。全球 5 个大洲分布及种数(32 – 140)非洲:13; 亚洲:118; 大洋洲:11; 北美洲:6; 南美洲:5。【中国种数:5】。

Lepismium Pfeiff. 蚯蚓苇属 Cactaceae [MD – 100] 特征纪要:习性:木本。花程式: = ↓ (K1 – ∞),C1 – ∞ ,A3 – 100, = ↓ G3 – 100 – 。其他特征参考科。全球 6 个大洲分布及种数(13 – 17)非洲:1;亚洲:1;大洋洲:1;欧洲:1;北美洲:3 – 4;南美洲:12 – 13。

Lepisorus (J. Sm.) Ching 瓦韦属 Polypodiaceae [F – 60] 特征纪要:习性: – 。【Rep】:孢子囊群大,圆形或椭圆形,通常彼此远离,少为密接,汇生或线形,多生于叶片下表面,少有陷入叶肉内的,在主脉和叶缘之间排成一行,幼时被隔丝覆盖。物候: – 。海拔:1000 – 3000 米。生境:常绿阔叶林下树干上,着生于老树干基部。资源:药用。全球 6 个大洲分布及种数(115 – 132;hort. 1;cult. 4)非洲:16 – 32;亚洲:104 – 133;大洋洲:8 – 21;欧洲:3 – 17;北美洲:9 – 22;南美洲:7 – 21。【中国种数:35】。

Lepistemon Bl. 鳞蕊藤属 Convolvulaceae [MD – 499] 特征纪要:习性:草质攀援。花程式: – 。物候: – 。花期:12 月至次年 1 月。果期:参考晚于花期。海拔:4500 米。生境:森林,针叶林路旁山地红壤。资源: – 。全球 3 个大洲分布及种数(12 – 41)非洲:10; 亚洲:26; 大洋洲:8。【中国种数:1】。

Lepistemonopsis Dammer 类鳞蕊藤属 Convolvulaceae [MD – 499] 特征纪要:习性:草本。花程式:K5,C0,A5, = (G)2 – 5。其他特征参考科。全球 1 个大洲分布及种数(1)◆非洲。

Lepiurus Dumort. = **Lepturus**

Leplaea Vermösen 楝科属 Meliaceae [MD – 414] 特征纪要:习性: – 。花程式: – 。其他特征参考科。全球 1 个大洲分布及种数(7 – 10)◆非洲:7。

Leporella A. S. George 莱波兰属 Orchidaceae [MM – 723] 特征纪要:习性:草本。花程式:(K)3,C3,A3, = ↓ (G) 3。其他特征参考科。全球 2 个大洲分布及种数(1 – 5)大洋洲:5; 南美洲:4。

Leposma Blume = **Dontostemon**

Leprocaulon <unassigned> 智利苋属 Amaranthaceae [MD – 116] 特征纪要和分布(–)。

Leprocollema <unassigned> 薄属 Chrysobalanaceae [MD – 243] 特征纪要: – 。全球 2 个大洲分布及种数(2)北美洲:1; 南美洲:1。

Leptactina Hook. f. 沙星花属 Rubiaceae [MD – 523] 特征纪要:习性:木本。花程式:(K)4 – 5,(C)4 – 5,A4 – 5, = ↓ G2 – 9。其他特征参考科。全球 3 个大洲分布及种数(31 – 59)非洲:53; 亚洲:6; 北美洲:1。【中国种数:3】。

Leptadenia R. Br. 火鞭麻属 Apocynaceae [MD – 492] 特征纪要:习性:木本。花程式:K5,C0,A15, = G2。其他特征参考科。全球 6 个大洲分布及种数(7 – 28)非洲:19; 亚洲:14; 大洋洲:2; 欧洲:3; 北美洲:3; 南美洲:5。【中国种数:2】。

Leptagrostis C. E. Hubb. 刺毛叶草属 Poaceae [MM – 748] 特征纪要:习性:草本。花程式:(K)3,C0 参考科,A1 – 2, = (G)2 – 3。其他特征参考科。全球 1 个大洲分布及种数(1)◆非洲(◆埃塞俄比亚)。

Leptaleum DC. 丝叶芥属 Brassicaceae [MD – 213] 特征纪要:习性:草本。花程式:Kn,C2 – 3 参考科,A6,G – 。物候: – 。花期:3 – 5 月。果期:参考晚于花期。海拔:100 – 4000 米。生境:沙漠,草原,石质或砾石平原或山坡,砂质,粉质或钙质土壤。资源: – 。全球 2 个大洲分布及种数(1 – 8)非洲:1; 亚洲:7。【中国种数:1】。

Leptandra (DC.) Nutt. 婆婆纳属 Plantaginaceae [MD – 527] 特征纪要:习性: – 。花程式: – 。其他特征参考科。

全球 2 个大洲分布及种数(6)亚洲:2; 北美洲:2。

Leptangium Mont. 树生藓科属 Erpodiaceae [B-126] 特征纪要:-。全球 1 个大洲分布及种数(-)。

Leptanthus Michx. = **Heteranthera**

Leptarrhena R. Br. 檀郎草属 Saxifragaceae [MD-231] 特征纪要:习性:草本。花程式:=↓(K5),C5,A5-10,=↓G2-5。其他特征参考科。全球 2 个大洲分布及种数(1-4)北美洲:2; 南美洲:1。

Leptasea Haw. 虎耳草科属 Saxifragaceae [MD-231] 特征纪要:习性:-。花程式:-。其他特征参考科。全球 2 个大洲分布及种数(14)北美洲:1; 南美洲:1。

Leptaspis R. Br. 囊稃竺属 Poaceae [MM-748] 特征纪要:习性:竹类。花程式:(K-),C0 参考科,A6,=G2-3。物候:-。海拔:10-5600 米。生境:热带雨林下,荫湿草地。资源:-。全球 6 个大洲分布及种数(4)非洲:3-5;亚洲:2-4;大洋洲:3-5;欧洲:2;北美洲:2;南美洲:2。【中国种数:1】。

Leptaulaceae Van Tiegh. [MD-453] 瘦茱萸科 特征纪要:木本,单叶。花程式:K3-4,C3-4,A3-4,=G2-3。果实:核果。全球 1 个大洲分布及属种数(2/8-10 hort. 1;cult. 1)◆非洲:1/7-8。

Leptaulus Benth. 瘦弱茱萸属 Leptaulaceae [MD-453] 特征纪要(同科)。全球 3 个大洲分布及种数(6-30)非洲:25; 亚洲:3; 南美洲:2。【中国种数:1】。

Leptaxis Raf. = **Tolmiea**

Leptecophylla C. M. Weiller 杜松石南属 Ericaceae [MD-380] 特征纪要:木本。花程式:(K)2-4,(C)2-4,A10,=(G)2-5。其他特征参考科。全球 4 个大洲分布及种数(15-19)非洲:2; 亚洲:2; 大洋洲:16; 北美洲:3。

Leptidium (C. Presl) C. Presl 蝶形花科属 Fabaceae3 [MD-240] 特征纪要:习性:-。花程式:-。其他特征参考科。全球 1 个大洲分布及种数(7)◆南美洲:1。

Leptinella Cass. 异柱菊属 Asteraceae [MD-586] 特征纪要:习性:草本。花程式:(K)3-5,C3-5,A3-5,=↓(G)2。其他特征参考科。全球 6 个大洲分布及种数(32-38;hort. 1)非洲:7-8;亚洲:3-4;大洋洲:27-30;欧洲:4-5;北美洲:3-4;南美洲:5-6。【中国种数:1】。

Leptobalanus (Benth.) Sothers & Prance 疏蒴李属 Chrysobalanaceae [MD-243] 特征纪要:习性:木本。花程式:=↓(K1-3),C1-3,A1-3,=↓G(-)。其他特征参考科。全球 1 个大洲分布及种数(1)◆非洲。

Leptobarbula Schimp. 疏丛藓属 Pottiaceae [B-133] 特征纪要:习性:-。【Rep】:孢腔轮廓清晰,蒴齿缺如,或具蒴齿而无基膜,下部呈黄绿或黄棕色。其他特征参考科。全球 4 个大洲分布及种数(1)非洲:1;亚洲:1;欧洲:1;北美洲:1。

Leptoboea Benth. 细蒴苣苔属 Gesneriaceae [MD-549] 特征纪要:习性:草本,亚灌木。花程式:-。物候:-。花期:7 月。果期:参考晚于花期。海拔:1250 米。生境:生于陡坡密林中。资源:具园艺种类。全球 5 个大洲分布及种数(3-22)非洲:2; 亚洲:15; 大洋洲:2; 北美洲:2; 南美洲:7。【中国种数:1】。

Leptobotrys Baill. = **Tragia**

Leptobryum (Schimp.) Wilson 薄囊藓属 Bryaceae [B-146] 特征纪要:习性:-。【Rep】:雌雄同株或异株,蒴柄细长,孢蒴梨形,下垂,具光泽,蒴齿为真藓类型。物候:-。海拔:800 米。生境:岩面土生。资源:-。全球 6 个大洲分布及种数(4)非洲:2;亚洲:1;大洋洲:2;欧洲:1;北美洲:2;南美洲:3。【中国种数:1】。

Leptocallis G. Don = **Ipomoea**

Leptocallisia (Benth. & Hook. f.) Pichon 锦竹草属 Commelinaceae [MM-708] 特征纪要:习性:-。花程式:-。其他特征参考科。全球 2 个大洲分布及种数(1)北美洲:1; 南美洲:1。

Leptocanna L. C. Chia & H. L. Fung = **Schizostachyum**

Leptocarpha DC. 薄托菊属 Asteraceae [MD-586] 特征纪要:习性:-。花程式:-。其他特征参考科。全球 1 个大洲分布及种数(-)。

Leptocarpus R. Br. 穗薄果草属 Restionaceae [MM-744] 特征纪要和分布(-)。全球 1 个大洲分布及种数(18-23)◆大洋洲(◆澳大利亚)。

Leptocarydion Hochst. ex Stapf 小颖果草属 Poaceae [MM-748] 特征纪要:习性:草本。花程式:(K)3,C0 参考科,A1-2,↓G-参考科。其他特征参考科。全球 3 个大洲分布及种数(1-3)非洲:3; 亚洲:2; 大洋洲:2。

Leptocentrum Schltr. = **Aerangis**

Leptoceras (R. Br.) Lindl. 野兔兰属 Orchidaceae [MM-723] 特征纪要:习性:草本。花程式:(K-),C0 参考科,A3,↓(G)3。其他特征参考科。全球 2 个大洲分布及种数(1-16)大洋洲:5; 南美洲:11。

Leptocercus Raf. = **Lepturus**

Leptocereus (A. Berger) Britton & Rose 细角柱属 Cactaceae [MD-100] 特征纪要:习性:木本。花程式:=↓(K1-∞),C1-∞,A3-100,=↓G3-100-。其他特征参考科。全球 3 个大洲分布及种数(17-26)亚洲:5; 北美洲:22; 南美洲:5。

Leptochilus Kaulf. 薄唇蕨属 Polypodiaceae [F-60] 特征纪要:习性:-。【Rep】:孢子囊满布能育叶下面,靠近主脉两侧,形成汇生囊群,有时间断而偏斜。物候:-。海拔:50-3600 米。生境:林下树干上,樟茶林攀附树干下部。资源:药用。全球 6 个大洲分布及种数(42-99;hort. 1;cult. 3)非洲:8-18;亚洲:33-50;大洋洲:7-17;欧洲:10;北美洲:8-18;南美洲:2-13。【中国种数:10】。

Leptochiton Sealy 纹鬼蕉属 Amaryllidaceae [MM-694] 特征纪要:习性:草本。花程式:(K)3,C3,A1,=↓G3。其他特征参考科。全球 2 个大洲分布及种数(2-14)亚洲:2; 南美洲:13。

Leptochlaena Mont. 真藓科属 Bryaceae [B-146] 特征纪要:-。全球 1 个大洲分布及种数(6)◆南美洲:1。

L

Leptochloa P. Beauv. 千金子属 Poaceae [MM - 748] 特征纪要:习性:草本(基生)。花程式:(K -),C0 参考科,A3 参考科,= G2 - 3。物候:-。花期:8 - 10 月。果期:参考晚于花期。海拔:200 - 1000 米。生境:潮湿地。栽培:来自广西龙州。资源:药用,蛋白质,具栽培园艺种类。全球 6 个大洲分布及种数(42 - 46;hort. 1;cult. 3)非洲:17 - 39;亚洲:16 - 38;大洋洲:14 - 36;欧洲:2 - 24;北美洲:24 - 46;南美洲:16 - 38。【中国种数:5】。

Leptochloopsis H. O. Yates 小盼草属 Poaceae [MM - 748] 特征纪要:习性:-。花程式:-。其他特征参考科。全球 2 个大洲分布及种数(3)北美洲:2; 南美洲:1。

Leptocionium C. Presl 华东膜蕨属 Hymenophyllaceae [F - 21] 特征纪要:习性:-。【Rep】:孢子囊单生叶背。其他特征参考科。全球 1 个大洲分布及种数(1)◆亚洲。

Leptocladia Buxb. 栗属 Cactaceae [MD - 100] 特征纪要:习性:-。花程式:-。其他特征参考科。全球 2 个大洲分布及种数(7)北美洲:1; 南美洲:2。

Leptocladiella M. Fleisch. 薄壁藓属 Hylocomiaceae [B - 193] 特征纪要:习性:-。【Rep】:雌雄异株,内雌苞叶基部呈鞘状,向上渐尖,蒴柄细长,蒴柄直立,长而细,蒴齿两层,内齿层具高基膜和透明并与外齿层等高的齿条,环带不分化,蒴盖具短喙。物候:-。海拔:-。生境:岩面土生。资源:-。全球 2 个大洲分布及种数(3)亚洲(2);大洋洲:1。【中国种数:2】。

Leptocladium Broth. 薄羽藓属 Thuidiaceae [B - 184] 特征纪要:习性:-。【Rep】:雌雄同株,雌苞生于茎上,雄苞常着生于枝端,蒴柄长,直立,平滑或粗糙具疣,孢蒴多数直立,有时倾立两侧,雌雄异株蒴柄纤细,长约 1 厘米,孢蒴长卵形,蒴齿两层,内齿层齿毛缺失,蒴盖圆锥形。物候:-。海拔:-。生境:常见于湿润林地或阴湿岩石。资源:-。全球 1 个大洲分布及种数(1)◆亚洲。【中国种数:1】。

Leptocladus Oliv. = **Mostuea**

Leptoclinium (Nutt.) A. Gray 粉香菊属 Asteraceae [MD - 586] 特征纪要:草本,落叶; 花程式:(K)3 - 5,(C)3 - 5,A3 - 5,G(-)。果实:瘦果。全球 1 个大洲分布及种数(1)◆南美洲。

Leptocolea (Spruce) A. Evans 残叶苔属 Lejeuneaceae [B - 84] 特征纪要:习性:-。【Rep】:雌苞顶生于主枝,蒴萼具 3 个脊,并常附 1 - 7 个小脊,脊部具冠状突起,一般稀疏生长。物候:-。海拔:-。生境:山坡,针阔混交林中。资源:-。全球 4 个大洲分布及种数(1) 非洲;亚洲;大洋洲;北美洲;南美洲。【中国种数:14】。

Leptocoryphium Nees ex Steud. 绢鳞草属 Poaceae [MM - 748] 特征纪要:习性:-。花程式:-。其他特征参考科。全球 2 个大洲分布及种数(9)北美洲:3; 南美洲:1。

Leptodactylon Hook. & Arn. 刺叶麻属 Polemoniaceae [MD - 481] 特征纪要:习性:-。花程式:-。其他特征参考科。全球 3 个大洲分布及种数(124)亚洲:6; 北美洲:94; 南美洲:91。

Leptodermis Wall. 野丁香属 Rubiaceae [MD - 523] 特征纪要:习性:木质攀援。花程式:-。物候:-。海拔:1000 - 1500 米。栽培:来自广西龙州。资源:药用,具栽培园艺种类。全球 6 个大洲分布及种数(55 - 122)非洲:3; 亚洲:101; 大洋洲:3; 欧洲:2; 北美洲:2; 南美洲:13。【中国种数:32】。

Leptoderris Dunn 小花豆属 Fabaceae3 [MD - 240] 特征纪要:习性:木本。花程式:= ↓(K1 - ∞),C1 - ∞,A5 - 9,= ↓ G1。其他特征参考科。全球 2 个大洲分布及种数(22 - 49)非洲:49; 南美洲:2。

Leptodesmia (Benth.) Benth. & Hook. f. 小束豆属 Fabaceae3 [MD - 240] 特征纪要:习性:木本。花程式:= ↓(K1 - ∞),C1 - ∞,A5 - 9,= ↓ G1。其他特征参考科。全球 4 个大洲分布及种数(5 - 10)非洲:8; 亚洲:5; 大洋洲:1; 南美洲:3。

Leptodictyum (Schimp.) Warnst. 薄网藓属 Amblystegiaceae [B - 178] 特征纪要:习性:-。【Rep】:雌雄同株或雌雄异株,内雌苞叶中肋单一,粗壮,达于叶尖,蒴柄细长,干燥时扭转,带红色或紫色,孢蒴长圆柱。物候:-。海拔:600 米。生境:土生。资源:药用。全球 6 个大洲分布及种数(14)非洲:1;亚洲:6;大洋洲:1;欧洲:3;北美洲:7;南美洲:5。【中国种数:5】。

Leptodon D. Mohr 瘦齿藓属 Neckeraceae [B - 204] 特征纪要:习性:-。【Rep】:孢子体不详,黄绿色或黄褐色。物候:-。海拔:-。生境:常见于岩石或树干。资源:-。全球 6 个大洲分布及种数(6)非洲:3;亚洲:2;大洋洲:2;欧洲:4;北美洲:1;南美洲:1。

Leptodontaceae Schimp. = Neckeraceae

Leptodontiella R. H. Zander & E. H. Hegew. 墨丛藓属 Pottiaceae [B - 133] 特征纪要:习性:-。【Rep】:孢腔轮廓清晰,蒴齿缺如,或具蒴齿而无基膜,下部呈黄绿或黄棕色。其他特征参考科。全球 2 个大洲分布及种数(1)北美洲:1;南美洲:1。

Leptodontiopsis Broth. 非洲木灵藓属 Orthotrichaceae [B - 151] 特征纪要:习性:-。【Rep】:常暗绿色或棕褐色,雌雄异株或同株,稀杂株,雌苞叶不分化,无明显鞘部,蒴柄长,黄色,孢蒴狭长卵形,口蒴,具明显纵褶及纵沟。其他特征参考科。全球 2 个大洲分布及种数(4)非洲:3;亚洲:1。

Leptodontium (Müll. Hal.) Hampe ex Lindb. 薄齿藓属 Pottiaceae [B - 133] 特征纪要:习性:-。【Rep】:雌雄异株,雌苞叶较长大,基部呈鞘状,蒴柄细长,有时多数丛生,孢蒴长圆柱形,直立或稍弯曲,环带具多列细胞。物候:-。海拔:-。生境:岩石面石缝土生。资源:-。全球 6 个大洲分布及种数(65)非洲:22;亚洲:16;大洋洲:8;欧洲:7;北美洲:21;南美洲:43。【中国种数:15】。

Leptogium (Ach.) A. Gray 细桔梗属 Campanulaceae [MD - 561] 特征纪要:习性:-。花程式:-。其他特征参考科。全球 6 个大洲分布及种数(1)非洲:24;亚洲:24;大洋洲:24;欧洲:24;北美洲:24;南美洲:24。

Leptoglossis Benth. 细舌茄属 Solanaceae [MD - 503] 特征纪要:习性:草本。花程式:K3 - 4,C0,A2,= ↓ G2。其他特征参考科。全球 2 个大洲分布及种数(6 - 61)北美洲:2; 南美洲:51。

Leptoglottis (Bl.) DC. 无刺含羞草属 Fabaceae3 [MD - 240] 特征纪要:习性:-。花程式:-。其他特征参考科。

L

全球2个大洲分布及种数(19)北美洲:3; 南美洲:1。

Leptogonum Benth. 海地蓼属 Polygonaceae [MD-120] 特征纪要:习性:草本。花程式:K2-3,C0,A2,=(G)2-3。其他特征参考科。全球2个大洲分布及种数(2-6)北美洲:4; 南美洲:3。

Leptogramma J. Sm. 茯蕨属 Thelypteridaceae [F-42] 特征纪要:习性:-。【Rep】:孢子囊群细长形,沿侧脉着生,长略短于侧脉,无盖。物候:-。海拔:20-2500米。生境:中山山坡常绿阔叶林下。资源:-。全球6个大洲分布及种数(11-12)非洲:4;亚洲:10-15;大洋洲:4;欧洲:1-5;北美洲:1-5;南美洲:4。

Leptohymenium Schwägr. 薄膜藓属 Hylocomiaceae [B-193] 特征纪要:习性:-。【Rep】:雌雄异株,内雌苞叶基部呈鞘状,向上渐尖,蒴柄细长。物候:-。海拔:-。生境:岩面土生。资源:-。全球4个大洲分布及种数(10)非洲:2;亚洲:5;欧洲:1;北美洲:3。【中国种数:4】。

Leptohyptis Harley & J. F. B. Pastore 簪芩属 Lamiaceae [MD-575] 特征纪要:习性:草本。花程式:K2,C0,A2,=↓G2。其他特征参考科。全球1个大洲分布及种数(5)◆南美洲。

Leptoischyrodon Dixon 非洲锦藓属 Fabroniaceae [B-173] 特征纪要:习性:-。【Rep】:雌雄同株,内雌苞叶鞘状,具细长尖,边缘具齿或毛,无中肋,蒴柄短或稍细长,黄色,平滑,孢蒴直立,倒卵形,雌雄异株或雌雄同株,孢蒴高出,直立,卵形或圆柱形,台部粗短,薄壁,气孔生于台部,环带常存。其他特征参考科。全球1个大洲分布及种数(1)◆非洲。

Leptolaena Thou. 薄杯花属 Sarcolaenaceae [MD-153] 特征纪要:木本。花程式:K5-10,C5-10,A5-10,G1-3。物候:-。海拔:-。生境:茂密森林。全球3个大洲分布及种数(9-37)非洲:30; 亚洲:1; 南美洲:3。

Leptolejeunea (Spruce) Steph. 薄鳞苔属 Lejeuneaceae [B-84] 特征纪要:习性:-。【Rep】:黄绿色至褐绿色,羽状分枝或不规则疏分枝。物候:-。海拔:-。生境:山坡,针阔混交林中。资源:-。全球6个大洲分布及种数(22-25)非洲:2-17;亚洲:11-25;大洋洲:4-17;欧洲:13;北美洲:3-16;南美洲:10-23。【中国种数:8】。

Leptolepia Prantl 鳞足蕨属 Dennstaedtiaceae [F-26] 特征纪要:习性:-。【Rep】:孢子同形,囊群至叶缘。其他特征参考科。全球4个大洲分布及种数(1-17)大洋洲:13; 欧洲:2; 北美洲:2; 南美洲:9。

Leptolepidium K. H. Shing & S. K. Wu 薄鳞蕨属 Pteridaceae [F-31] 特征纪要:习性:-。【Rep】:孢子囊群圆形,沿叶缘疏生,囊群盖干膜质,淡绿色,边缘全缘,或少有断裂。物候:-。海拔:50-4200米。生境:山坡林下岩石,圆柏林,山体下部,斜坡。资源:-。全球1个大洲分布及种数(3-4)◆亚洲。

Leptolobium Vogel 斯威豆属 Fabaceae3 [MD-240] 特征纪要:习性:-。花程式:-。其他特征参考科。全球2个大洲分布及种数(13)北美洲:1;南美洲:12。

Leptomeria R. Br. 蕉果寄生属 Santalaceae [MD-412] 特征纪要:习性:木本。花程式:K3-4,C0,A3-4,=↓G2-3。其他特征参考科。全球3个大洲分布及种数(17-45)亚洲:3; 大洋洲:42; 南美洲:5。

Leptomischus Drake 多管花属 Rubiaceae [MD-523] 特征纪要:习性:木本。花程式:-。物候:-。花期:5月。果期:参考晚于花期。海拔:200-1000米。生境:潮湿山谷,水边阴处草地上。资源:药用。全球1个大洲分布及种数(cf. 1)◆亚洲。【中国种数:5】。

Leptonema A. Juss. 萩叶茶属 Phyllanthaceae [MD-222] 特征纪要:习性:-。花程式:-。其他特征参考科。全球6个大洲分布及种数(3)非洲:2-3;亚洲:1;大洋洲:1;欧洲:1;北美洲:1-2;南美洲:1。

Leptonychia Turcz. 细爪梧桐属 Malvaceae [MD-203] 特征纪要:习性:木本。花程式:K3-5-∞,C3-5-∞,A10-8,=G1-5。物候:-。花期:4月。果期:参考晚于花期。海拔:100-3000米。生境:板状干基,中山坡路边灌丛。资源:-。全球2个大洲分布及种数(40)非洲:24-36;亚洲:cf. 1。【中国种数:1】。

Leptopetalum Hook. & Arn. 蛇舌草属 Rubiaceae [MD-523] 特征纪要:习性:木本。花程式:(K-),(C)4,A3参考科,↓G。物候:-。花期:参考早于果期。果期:10月。海拔:5-4800米。生境:矮林内。资源:-。全球3个大洲分布及种数(5)非洲:1;亚洲:3;大洋洲:3。

Leptopharyngia Boiteau = **Tabernaemontana**

Leptophascum (Müll. Hal.) J. Gürra & M. J. Cano 纤丛藓属 Pottiaceae [B-133] 特征纪要:习性:-。【Rep】:孢腔轮廓清晰,蒴齿缺如,或具蒴齿而无基膜,下部呈黄绿或黄棕色。其他特征参考科。全球2个大洲分布及种数(-)非洲;亚洲。

Leptophyllochloa C. E. Calderón 纤细草属 Poaceae [MM-748] 特征纪要:习性:-。花程式:-。其他特征参考科。全球2个大洲分布及种数(2)亚洲:2; 南美洲:2。

Leptophyllopsis R. M. Schust. 南美地萼苔属 Lophocoleaceae [B-74] 特征纪要:习性:-。【Rep】:雌苞生于短枝上,雄苞生于短侧枝上,短枝上无正常叶发育,仅为雌雄苞叶,雌雄同株,稀异株,雌雄苞一般生于主茎或长分枝顶端,雌苞叶大于茎叶,先端具裂瓣和不规则齿突,蒴萼大。其他特征参考科。全球2个大洲分布及种数(2)大洋洲:cf. 1;南美洲:1。

Leptophytus Cass. = **Leysera**

Leptopleuria C. Presl = **Nephrolepis**

Leptopterigynandrum Müll. Hal. 叉羽藓属 Thuidiaceae [B-184] 特征纪要:习性:-。【Rep】:雌雄异株-蒴柄纤细,长约1厘米,孢蒴长卵形,蒴齿两层,内齿层齿毛缺失,蒴盖圆锥形。物候:-。海拔:-。生境:常见于湿润林地或阴湿岩石。资源:-。全球4个大洲分布及种数(12)非洲:1;亚洲:9;北美洲:3;南美洲:5。【中国种数:9】。

Leptopteris C. Presl 膜紫萁属 Osmundaceae [F-16] 特征纪要:习性:-。物候:-。海拔:-。生境:林下或溪边酸性土上,竹林下。资源:-。全球2个大洲分布及种数(7)非洲:2;大洋洲:7。

Leptopterygynandrum Müll. Hal. ex Broth. = **Leptopterigynandrum**

Leptopus Decne. 雀舌木属 Phyllanthaceae [MD-222] 特征纪要和分布(-)。分布:-。【中国种数:6】。

Leptopyrum Rchb. 蓝堇草属 Ranunculaceae［MD－38］特征纪要:习性:草本(基生)。花程式:K5,C5,A3 参考科,↓G－参考科。物候:－。花期:5－7 月。果期:参考晚于花期。海拔:100－1400 米。生境:英寸岩石兔,杂草。资源:－。全球 3 个大洲分布及种数(1－3)亚洲:2; 北美洲:1; 南美洲:1。【中国种数:1】。

Leptorchis Thou. 簪子兰属 Orchidaceae［MM－723］特征纪要:习性:－。花程式:－。物候:－。花期:参考早于果期。果期:10－11 月。海拔:80－5200 米。生境:柏树林下或草坡路旁,竹坡中。资源:－。全球 6 个大洲分布及种数(6－7)非洲:1;亚洲:1;大洋洲:5－6;欧洲:1;北美洲:1;南美洲:1。

Leptorhabdos Schrenk ex Fisch. & C. A. Mey. 方茎草属 Orobanchaceae［MD－552］特征纪要:习性:草本。花程式:－。物候:－。花期:7－8 月。果期:参考晚于花期。海拔:800－1500 米。生境:河岸,湖泊,洼地,草原。资源:－。全球 3 个大洲分布及种数(1－8)亚洲:7; 欧洲:1; 北美洲:1。【中国种数:1】。

Leptorhachis Klotzsch ＝ **Tragia**

Leptorhaphis <unassigned> 簪大戟属 Euphorbiaceae［MD－217］特征纪要和分布(－)。

Leptorhoeo N. E. Rose ＝ **Callisia**

Leptorhynchos Less. 薄喙金绒草属 Asteraceae［MD－586］特征纪要:习性:草本。花程式:(K)3－5,(C)3－5,A3－5,＝↓G2。其他特征参考科。全球 2 个大洲分布及种数(12－44)大洋洲:25; 南美洲:5。

Leptormus Eckl. & Zeyh. 喜光芥属 Brassicaceae［MD－213］特征纪要:习性:－。花程式:－。其他特征参考科。全球 1 个大洲分布及种数(cf. 1)◆非洲。

Leptorumohra (H. Itô) H. Itô 毛枝蕨属 Dryopteridaceae［F－49］特征纪要:习性:－。【Rep】:孢子囊群圆形,背生小脉上。物候:－。海拔:400－2900 米。生境:常绿阔叶林,石灰岩,自然山坡地。资源:－。全球 1 个大洲分布及种数(13)◆亚洲:13。

Leptosaccharum A. Camus ＝ **Eriochrysis**

Leptoscela Hook. f. 细脉茜属 Rubiaceae［MD－523］特征纪要:习性:木本。花程式:(K)4－5,(C)4－5,A4－5,＝↓G2－9。其他特征参考科。全球 1 个大洲分布及种数(1)◆南美洲。

Leptoschoenus Nees ＝ **Rhynchospora**

Leptoscyphopsis R. M. Schust. 齿萼苔属 Geocalycaceae［B－49］特征纪要:－。分布:－。

Leptoscyphus Mitt. 薄萼苔属 Lophocoleaceae［B－74］特征纪要:习性:－。【Rep】:雌苞生于短枝上,雄苞生于短侧枝上,短枝上无正常叶发育,仅为雌雄苞叶,雌雄同株,稀异株,雌雄苞一般生于主茎或长分枝顶端,雌苞叶大于茎叶,先端具裂瓣和不规则齿突,蒴萼大。物候:－。海拔:－。生境:岩面土生。资源:－。全球 6 个大洲分布及种数(24)非洲:4－6;亚洲:3－5;大洋洲:6－8;欧洲:1－3;北美洲:2－4;南美洲:14－16。【中国种数:1】。

Leptosema Benth. 缎带豆属 Fabaceae3［MD－240］特征纪要:习性:木本。花程式:＝↓(K1－∞),C1－∞,A5－9,＝↓G1。其他特征参考科。全球 3 个大洲分布及种数(13－18)亚洲:2; 大洋洲:17; 北美洲:2。

Leptosiphon Benth. 福禄麻属 Polemoniaceae［MD－481］特征纪要:习性:草本。花程式:K5,C0,A5,＝↓G2－3。其他特征参考科。全球 6 个大洲分布及种数(32－39)非洲:1;亚洲:1;大洋洲:1;欧洲:1;北美洲:31－37;南美洲:1－2。【中国种数:1】。

Leptosiphonium F. Müll. 拟地皮消属 Acanthaceae［MD－572］特征纪要:习性:草本。花程式:－。物候:－。花期:几乎全年。果期:参考晚于花期。海拔:50－3600 米。生境:滨海地带,为红树林重要组成之一,竹林中。资源:－。全球 3 个大洲分布及种数(10－14)非洲:9; 亚洲:8; 大洋洲:9。

Leptosolena C. Presl 细管姜属 Zingiberaceae［MM－737］特征纪要:习性:草本。花程式:－。其他特征参考科。全球 1 个大洲分布及种数(1) ◆亚洲:1。

Leptospermum J. R. Forst. & G. Forst. 鱼柳梅属 Myrtaceae［MD－347］特征纪要:习性:木本。花程式:－。物候:－。海拔:－。生境:－。资源:具栽培园艺种类。全球 6 个大洲分布及种数(95－240)非洲:9; 亚洲:39; 大洋洲:180; 欧洲:43; 北美洲:43; 南美洲:4。【中国种数:6】。

Leptospron (Benth. & Hook. f.) A. Delgado 纤细豆属 Fabaceae3［MD－240］特征纪要:习性:木本。花程式:＝↓(Kn),C1－∞参考科,A3 参考科,＝↓G(－)。其他特征参考科。全球 1 个大洲分布及种数(2)◆北美洲。【中国种数:1】。

Leptostachia Mitch. ＝ **Phryma**

Leptostachya Nees 纤穗爵床属 Acanthaceae［MD－572］特征纪要:习性:－。花程式:－。物候:－。花期:6－9 月。果期:参考晚于花期。海拔:900－1600 米。生境:热带雨林或山地森林中。资源:－。全球 6 个大洲分布及种数(5－8)非洲:2;亚洲:4－6;大洋洲:2;欧洲:2;北美洲:2;南美洲:2。

Leptostegia D. Don ＝ **Onychium**

Leptostelma D. Don ex G. Don 小蓬草属 Asteraceae［MD－586］特征纪要:习性:草本。花程式:(K)3－5,(C)3－5,A3－5,↓G。其他特征参考科。全球 3 个大洲分布及种数(6－16)大洋洲:1; 北美洲:1; 南美洲:10。

Leptostigma Arn. 细柱茜属 Rubiaceae［MD－523］特征纪要:习性:木本。花程式:(K)4－5,(C)4－5,A4－5,＝↓G2－9。其他特征参考科。全球 6 个大洲分布及种数(7－8)非洲:1;亚洲:1－2;大洋洲:3－5;欧洲:1;北美洲:1;南美洲:4－5。【中国种数:1】。

Leptostomataceae Schwägr［B－150］圈藓科 特征纪要:体形中形,绿色或淡绿色,疏生或生于其他藓丛中。全球 3 个大洲分布和属种数(1/7－10)亚洲:1/2－3; 大洋洲:1/6; 南美洲:1/2－3。

Leptostomopsis (Müll. Hal. ex Broth.) J. R. Spence & H. P. Ramsay 墨西哥真藓属 Bryaceae［B－146］特征纪要:习性:－。【Rep】:孢子体不发达,雌雄异株或雌雄同株,朔柄长,直立或稍弯曲,孢蒴多直立或倾立,稀横列或下垂,梨形、卵形或棒槌形。其他特征参考科。全球 2 个大洲分布及种数(2)北美洲:cf. 1;南美洲:1。

Leptostomum R. Br. 圈藓属 Leptostomataceae [B－150] 特征纪要(同科)。全球4个大洲分布及种数(15)亚洲:6;大洋洲:9;欧洲:2;南美洲:3。

Leptostylis Benth. 龙须榄属 Sapotaceae [MD－357] 特征纪要:习性:－。花程式:－。其他特征参考科。全球5个大洲分布及种数(25)非洲:4; 亚洲:4; 大洋洲:14; 北美洲:2; 南美洲:9。

Leptosyne DC. ＝ **Coreopsis**

Leptoterantha Louis ex Troupin 柔花藤属 Menispermaceae [MD－42] 特征纪要:习性:草本。花程式:K1(6－40),C3,A1－6－40,＝G1－3。其他特征参考科。全球1个大洲分布及种数(1)◆非洲。

Leptotes Lindl. 筒叶兰属 Orchidaceae [MM－723] 特征纪要:习性:草本。花程式:(K)3,C3,A3,＝↓G3。其他特征参考科。全球4个大洲分布及种数(9－23)亚洲:3; 大洋洲:5; 北美洲:2; 南美洲:23。【中国种数:1】。

Leptotheca Schwägr 大洋洲细桧藓属 Orthodontiaceae [B－152] 特征纪要:习性:－。其他特征参考科。全球5个大洲分布及种数(3)非洲:1;大洋洲:1;欧洲:1;北美洲:2;南美洲:2。

Leptothrium Kunth 薄草属 Poaceae [MM－748] 特征纪要:习性:草本。花程式:(K)3,C0参考科,A1－2,＝G2－3。其他特征参考科。全球6个大洲分布及种数(4)非洲:2－6;亚洲:1－5;大洋洲:4;欧洲:4;北美洲:1－5;南美洲:1－5。【中国种数:1】。

Leptothyrsa Hook. f. 银簪木属 Rutaceae [MD－399] 特征纪要:习性:木本。花程式:K4,C4,A4,＝G1－3。其他特征参考科。全球1个大洲分布及种数(1)◆南美洲。

Leptotrichella (Müll. Hal.) Lindb. 纤毛藓属 Dicranellaceae [B－122] 特征纪要:习性:－。【Rep】:蒴帽边缘有缨络,蒴帽边缘有缨络。物候:－。全球6个大洲分布及种数(64)非洲:6; 亚洲:13; 大洋洲:8; 欧洲:5; 北美洲:5; 南美洲:12。【中国种数:1】。

Leptotrichum Hampe ex Müll. Hal. 秋藓属 Ditrichaceae [B－119] 特征纪要:习性:－。【Rep】:参考科特征:孢蒴台部发达,蒴齿具疣或纵斜条纹,绿色或黄绿色。其他特征参考科。全球6个大洲分布及种数(18)非洲:2;亚洲:2;大洋洲:4;欧洲:2;北美洲:4;南美洲:5。

Leptrinia Schult. ＝ **Montia**

Leptunis Steven 乐土草属 Rubiaceae [MD－523] 特征纪要:木本,落叶,复叶。花程式:(K),C4,A(－),G(－)。果实:浆果。种子:具种脐,棕红色。全球1个大洲分布及种数(2)◆亚洲:cf. 1。

Lepturella Stapf ＝ **Oropetium**

Lepturidium Hitchc. & Ekman 古巴柔毛草属 Poaceae [MM－748] 特征纪要:习性:草本。花程式:(K)3,C0参考科,A1－2,＝(G)2－3。其他特征参考科。全球1个大洲分布及种数(1)◆北美洲(◆古巴)。

Lepturopetium Morat 库尼耶岛草属 Poaceae [MM－748] 特征纪要:习性:草本。花程式:(K)3,C0参考科,A1－2,＝(G)2－3。其他特征参考科。全球1个大洲分布及种数(2)◆大洋洲。

Lepturopsis Steud. ＝ **Rhytachne**

Lepturus R. Br. 细穗草属 Poaceae [MM－748] 特征纪要:习性:草本(基生)。花程式:－。物候:－。海拔:10－5600米。生境:海边珊瑚礁上,岩石和沙质海岸,尤其是珊瑚沙。资源:具栽培园艺种类。全球6个大洲分布及种数(14－22;hort. 1)非洲:8－14;亚洲:5－13;大洋洲:3－15;欧洲:2－8;北美洲:1－7;南美洲:6。【中国种数:1】。

Lepuropetalaceae (Endl.) Nakai [MD－264] 微形草科 特征纪要:习性:草本;落叶。花程式:K5,C5,A10,G－。物候:－。果实:－。种子:种皮紫褐色,棕色或浅棕色。海拔:－。生境:－。资源:－。栽培:－。全球1个大洲分布及属种数(1/1) ◆南美洲:1/ 1－1。

Lepuropetalon Elliott 地精草属 Lepuropetalaceae [MD－264] 特征纪要(同科)。全球3个大洲分布及种数(1－3)亚洲:1; 北美洲:2; 南美洲:3。

Lepyrodia R. Br. 纹鞘灯草属 Restionaceae [MM－744] 特征纪要:习性:草本。花程式:(K)3,C3,A1－2,＝G1－3。其他特征参考科。全球2个大洲分布及种数(22－38)非洲:2; 大洋洲:34。

Lepyrodiclis Fenzl 薄蒴草属 Caryophyllaceae [MD－77] 特征纪要:习性:草本。花程式:－。物候:－。花期:5－7月。果期:参考晚于花期。海拔:1200－4100米。生境:山坡草地,荒芜农地或林缘,山坡杂草灌丛中。资源:具栽培园艺种类。全球3个大洲分布及种数(3－9)亚洲:9; 欧洲:2; 北美洲:2。【中国种数:2】。

Lepyrodon Hampe 北美绢藓属 Lepyrodontaceae [B－206] 特征纪要(同科)。全球6个大洲分布及种数(21)非洲:4; 亚洲:4; 大洋洲:3; 欧洲:2; 北美洲:2; 南美洲:10。

Lepyrodontaceae Broth. [B－206] 鳞片藓科 特征纪要:矮小,纤细,柔弱,土生藓类。【Rep】:雌雄同株或异株,雌苞叶较大,基部鞘状,渐向上呈披针形尖,蒴柄极短,孢蒴包于雌苞叶中,球形。全球5个大洲分布和属种数(1/10)亚洲:1/1;大洋洲:1/3;北美洲:1/2;南美洲:1/8。

Lepyrodontopsis Broth. 细蔓藓属 Brachytheciaceae [B－187] 特征纪要:习性:－。【Rep】:绿色或棕绿色。其他特征参考科。全球2个大洲分布及种数(1)北美洲:1;南美洲:1。

Leratia Broth. & Paris 疣毛藓属 Orthotrichaceae [B－151] 特征纪要:习性:－。【Rep】:常暗绿色或棕褐色,雌雄异株或同株,稀杂株,雌苞叶不分化,无明显鞘部,蒴柄长,黄色,孢蒴狭长卵形,口蒴,具明显纵褶及纵沟。物候:－。海拔:－。生境:常见于树干或树枝,岩面土生。资源:－。全球3个大洲分布及种数(11)非洲:4; 亚洲:6; 南美洲:4。

Leratiella Broth. & P. Syd. ex P. Syd. 疣毛藓属 Orthotrichaceae [B－151] 特征纪要:－。全球1个大洲分布及种数(5)◆南美洲:1。

Lerchea L. 多轮草属 Rubiaceae [MD－523] 特征纪要:习性:木本。花程式:－。物候:－。花期:8月。果期:参

L

考晚于花期。海拔:5－4800 米。生境:森林中阴凉潮湿的溪边。资源:－。全球 3 个大洲分布及种数(10－28)亚洲:3; 北美洲:1; 南美洲:1。【中国种数:2】。

Lereschia Boiss. 伞形科属 Apiaceae［MD－480］特征纪要:习性:－。花程式:－。其他特征参考科。全球 1 个大洲分布及种数(1)◆欧洲:1。

Leretia Vell. 小茶茱萸属 Icacinaceae［MD－450］特征纪要:木本。花程式:K3－4,C3－4,A2,＝(G)2－3。其他特征参考科。全球 6 个大洲分布及种数 2 个非洲:6;亚洲:1－7;大洋洲:6;欧洲:6;北美洲:1－7;南美洲:1－7。

Leroya Cavaco ＝ **Pyrostria**

Lescaillea Griseb. 木贼菊属 Asteraceae［MD－586］特征纪要:习性:草本。花程式:(K)3－5,C3－5,A3－5,＝↓(G)2。其他特征参考科。全球 1 个大洲分布及种数(1)◆北美洲(◆古巴)。

Leschenaultia R. Br. 豪猪花属 Goodeniaceae［MD－578］特征纪要:习性:草本。花程式:(K)5,(C)5,A5,＝↓G2。其他特征参考科。全球 2 个大洲分布及种数(31－37)亚洲:3; 大洋洲:31。

Lescuraea Schimp. 多毛藓属 Leskeaceae［B－181］特征纪要:习性:－。【Rep】:雌雄同株,雌苞生于茎上,雄苞常着生于枝端,蒴柄长,直立,平滑或粗糙具疣,孢蒴多数直立,有时倾立。物候:－。海拔:－。生境:树茎生,岩面土生。资源:－。全球 6 个大洲分布及种数(20)非洲:1;亚洲:9;大洋洲:2;欧洲:7;北美洲:11;南美洲:2。【中国种数:7】。

Lesia J. L. Clark & J. F. Sm. 银珠岩桐属 Gesneriaceae［MD－549］特征纪要:习性:灌木。花程式:K5,C0,A4,↓G。其他特征参考科。全球 1 个大洲分布及种数(1－2)◆南美洲。

Leskea Hedw. 薄罗藓属 Pseudoleskeaceae［B－182］特征纪要(同科)。全球 6 个大洲分布及种数(59)非洲:8;亚洲:22;大洋洲:6;欧洲:7;北美洲:16;南美洲:10。【中国种数:9】。

Leskeaceae Schimp.［B－181］薄罗藓科 特征纪要(参考 Corsiniaceae):叶状体两岐分叉,黄绿色,弱光下呈萤光。【Rep】:雌雄异株孢蒴球形,成熟后顶端 6－8 瓣裂。全球 6 个大洲分布和属种数(19/205)亚洲:14/96;大洋洲:6/15;欧洲:7/29;北美洲:12/63;南美洲:10/25。【中国属种数:13/98】。

Leskeadelphus Herzog 南美薄罗藓属 Leskeaceae［B－181］特征纪要:习性:－。【Rep】:雌雄同株,雌苞生于茎上,雄苞常着生于枝端,蒴柄长,直立,平滑或粗糙具疣,孢蒴多数直立,有时倾立,两侧,雌雄异株－蒴柄纤细,长约 1 厘米,孢蒴长卵形,蒴齿两层,内齿层齿毛缺失,蒴盖圆锥形。其他特征参考科。全球 1 个大洲分布及种数(1)◆南美洲。

Leskeella (Limpr.) Löske 细罗藓属 Leskeaceae［B－181］特征纪要:习性:－。【Rep】:雌雄异株,内雌苞叶直立,孢蒴直立,少数略弯曲,圆柱形或长柱形,环带常存,自行脱落,蒴齿两层。物候:－。海拔:1300 米。生境:树生。资源:－。全球 3 个大洲分布及种数(5)亚洲:4;欧洲:1;北美洲:2。【中国种数:2】。

Leskeodon Broth. 细黄藓属 Daltoniaceae［B－162］特征纪要:习性:－。【Rep】:雌苞叶小,蒴柄侧生,密被刺状毛,孢蒴小,平展或下垂,卵形,具长台部,蒴齿两层,外齿层齿片,雌雄异株,内雌苞叶下部鞘状,孢蒴卵圆形,蒴齿两层,外齿层齿片披针形,具不明显的回折中脊,透明。其他特征参考科。全球 5 个大洲分布及种数(23)非洲:1;亚洲:5;大洋洲:6;北美洲:10;南美洲:15。【中国种数:1】。

Leskeodontopsis Zanten 印尼小黄藓属 Daltoniaceae［B－162］特征纪要:习性:－。【Rep】:雌苞叶小,蒴柄侧生,密被刺状毛,孢蒴小,平展或下垂,卵形,具长台部,蒴齿两层,外齿层齿片,雌雄异株,内雌苞叶下部鞘状,孢蒴卵圆形,蒴齿两层,外齿层齿片披针形,具不明显的回折中脊,透明。其他特征参考科。全球 1 个大洲分布及种数(2)◆亚洲:2。

Leskeopsis Broth. ＝ **Leptopterigynandrum**

Lesourdia E. Fourn. ＝ **Scleropogon**

Lespedeza Michx. 胡枝子属 Fabaceae3［MD－240］特征纪要:习性:木本。花程式:－。物候:－。花期:7－9 月。果期:参考晚于花期。海拔:200－3000 米。生境:干旱山坡,路旁或灌丛中,针叶林下或山坡路旁。资源:具栽培园艺种类。全球 6 个大洲分布及种数(60－82;hort. 1;cult. 22)非洲:1－26;亚洲:49－92;大洋洲:4－29;欧洲:7－34;北美洲:36－64;南美洲:8－33。【中国种数:29】。

Lesquerella S. Watson 斑鸠菜属 Brassicaceae［MD－213］特征纪要:习性:－。花程式:－。其他特征参考科。全球 4 个大洲分布及种数(188)亚洲:4; 欧洲:107; 北美洲:107; 南美洲:2。

Lesquereuxia Bruch & Schimp. ex Lindb. 薄罗藓科属 Orobanchaceae［MD－552］特征纪要:－。

Lessertia DC. 气球豆属 Fabaceae3［MD－240］特征纪要:习性:木本。花程式:＝↓(K1－∞),C1－∞,A5－9,＝↓G1。物候:－。海拔:－。生境:－。资源:具栽培园艺种类。全球 6 个大洲分布及种数(65－109)非洲:102;亚洲:3; 大洋洲:4; 欧洲:3; 北美洲:3; 南美洲:5。【中国种数:1】。

Lessingia Cham. 无舌沙紫菀属 Asteraceae［MD－586］特征纪要:习性:草本。花程式:(K)3－5,C3－5,A3－5,＝↓(G)2。其他特征参考科。全球 4 个大洲分布及种数(16－74)非洲:2; 亚洲:7; 北美洲:36; 南美洲:2。【中国种数:4】。

Lessingianthus H. Rob. 大头斑鸠菊属 Asteraceae［MD－586］特征纪要:习性:草本。花程式:(K)3－5,(C)3－5,A3－5,＝↓G2。其他特征参考科。全球 6 个大洲分布及种数(146－184)非洲:12; 亚洲:17; 大洋洲:7; 欧洲:17; 北美洲:17; 南美洲:181。【中国种数:4】。

Lestadia Spach ＝ **Laestadia**

Letestua Lecomte 石山榄属 Sapotaceae［MD－357］特征纪要:习性:木本。花程式:K4－15,C0,A5,＝G2－4。其他特征参考科。全球 1 个大洲分布及种数(1)◆非洲。

Letestudoxa Pellegr. 帽萼藤属 Annonaceae［MD－7］特征纪要:习性:木本。花程式:K3－∞,C3,A2,＝G10－

100。其他特征参考科。全球 1 个大洲分布及种数(3)◆非洲。

Letestuella G. Taylor 光河杉属 Podostemaceae［MD－322］特征纪要:习性:草本。花程式:K1－2,C0,A10,＝(G)1－2。其他特征参考科。全球 1 个大洲分布及种数(2)◆非洲。

Letharia (Th. Fr.) Zahlbr. 水蕨科属 Scrophulariaceae［MD－536］特征纪要:－。全球 2 个大洲分布及种数(9)北美洲:1; 南美洲:1。

Lethariicola <unassigned> 孢芽藓科属 Sorapillaceae［B－212］特征纪要:－。全球 1 个大洲分布及种数(－)。

Lethedon Biehler 裂薇木属 Thymelaeaceae［MD－310］特征纪要:习性:木本。花程式:K2－4,C0,A2,＝G2－5。其他特征参考科。全球 3 个大洲分布及种数(15－23)非洲:4; 亚洲:2; 大洋洲:23。

Lethia Ravenna 莱斯鸢尾属 Iridaceae［MM－700］特征纪要:习性:草本。花程式:(K)3,C3,A10,＝↓(G)3。其他特征参考科。全球 1 个大洲分布及种数(－)。

Lethocolea Mitt. 智利顶苞苔属 Acrobolbaceae［B－43］特征纪要:习性:－。【Rep】:黄色、淡绿色或暗绿色。其他特征参考科。全球 2 个大洲分布及种数(3)大洋洲:cf. 1;南美洲:2。

Leto Phil. 孤泽兰属 Asteraceae［MD－586］特征纪要:草本,落叶; 花程式:Kn,(C)(－),A3－5,G(－)。果实:瘦果。全球 1 个大洲分布及种数(cf. 1)◆南美洲。

Letterstedtia <unassigned> 簕榆属 Ulmaceae［MD－83］特征纪要:－。全球 3 个大洲分布及种数(3)非洲:1; 亚洲:1; 大洋洲:1。

Lettowianthus Diels 星依兰属 Annonaceae［MD－7］特征纪要:习性:木本。花程式:K3－∞,C3,A2,＝G10－100。其他特征参考科。全球 1 个大洲分布及种数(1)◆非洲。

Lettsomia Roxb. 簕桑藤属 Convolvulaceae［MD－499］特征纪要:习性:－。花程式:－。其他特征参考科。全球 6 个大洲分布及种数(76)非洲:2; 亚洲:57; 大洋洲:3; 欧洲:2; 北美洲:2; 南美洲:8。

Leucactinia Rydb. 白线菊属 Asteraceae［MD－586］特征纪要:习性:草本。花程式:(K)3－5,C3－5,A3－5,＝↓(G)2。其他特征参考科。全球 2 个大洲分布及种数(1－2)北美洲:1; 南美洲:1。

Leucadendron L. 木百合属 Proteaceae［MD－219］特征纪要:习性:－。花程式:－。其他特征参考科。全球 6 个大洲分布及种数(90－135)非洲:89－103;亚洲:2－3;大洋洲:1－2;欧洲:4－5;北美洲:4－5;南美洲:1。

Leucaena Benth. 银合欢属 Fabaceae2［MD－240］特征纪要:习性:木本。花程式:－。物候:－。花期:4－7 月。果期:参考晚于花期。海拔:100－2500 米。生境:荒地或疏林中。资源:蛋白质,果胶,具栽培园艺种类。全球 6 个大洲分布及种数(29－30;hort. 1)非洲:6－9;亚洲:8－11;大洋洲:1－4;欧洲:3;北美洲:26－29;南美洲:9－12。【中国种数:2】。

Leucandra Klotzsch ＝ **Tragia**

Leucanthemella Tzvelev 小滨菊属 Asteraceae［MD－586］特征纪要:习性:草本(根状茎,基生)。花程式:(K)3－5,C3－5,A3 参考科,↓G。物候:－。花期:8－9 月。果期:参考晚于花期。海拔:6000 米。生境:草原,山坡下森林铁道边等地。资源:药用。全球 3 个大洲分布及种数(2－6)亚洲:5; 欧洲:2; 北美洲:2。【中国种数:1】。

Leucanthemopsis (Giroux) Heywood 类滨菊属 Asteraceae［MD－586］特征纪要:习性:草本。花程式:(K)3－5,C3－5,A3－5,＝↓(G)2。其他特征参考科。全球 4 个大洲分布及种数(9;hort. 1)非洲:3;亚洲:cf. 1;欧洲:7;北美洲:1。【中国种数:1】。

Leucanthemum Mill. 滨菊属 Asteraceae［MD－586］特征纪要:习性:草本(根状茎,基生)。花程式:(K)3－5,C3－5,A3 参考科,＝↓G2。物候:－。海拔:6000 米。生境:－。资源:园林,具栽培园艺种类。全球 6 个大洲分布及种数(31－78;hort. 1;cult. 4)非洲:1－4;亚洲:9－15;大洋洲:1－5;欧洲:29－48;北美洲:3－7;南美洲:3。【中国种数:5】。

Leucas R. Br. 绣球防风属 Lamiaceae［MD－575］特征纪要:习性:草本。花程式:(K－),C2－3 参考科,A3 参考科,＝↓(G)2。物候:－。花期:全年。果期:参考晚于花期。海拔:800－2000 米。生境:滨海地,田地,路旁以及缓坡地等向阳旷处。资源:药用,具栽培园艺种类。全球 6 个大洲分布及种数(80－130;hort. 1;cult. 2)非洲:53－87;亚洲:40－94;大洋洲:16－36;欧洲:5－25;北美洲:4－24;南美洲:5－25。【中国种数:18】。

Leucaster Choisy 白星藤属 Nyctaginaceae［MD－107］特征纪要:习性:木本。花程式:K1－5,C0,A5,＝G1。其他特征参考科。全球 2 个大洲分布及种数(1－3)北美洲:2; 南美洲:3。

Leucerminium Mansf. 兰科属 Orchidaceae［MM－723］特征纪要和分布(－)。

Leucheria Lag. 单冠钝柱菊属 Asteraceae［MD－586］特征纪要:习性:草本。花程式:(K)3－5,C3－5,A3－5,＝↓(G)2。其他特征参考科。全球 6 个大洲分布及种数(50－144)非洲:2; 亚洲:12; 大洋洲:3; 欧洲:2; 北美洲:2; 南美洲:126。【中国种数:1】。

Leuchtenbergia Hook. 光山玉属 Cactaceae［MD－100］特征纪要:习性:木本。花程式:＝↓(K1－∞),C1－∞,A3－100,＝↓(G)3－100。其他特征参考科。全球 2 个大洲分布及种数(1－2)北美洲:2; 南美洲:2。

Leuciva (Baill.) Rydb. 白伊瓦菊属 Asteraceae［MD－586］特征纪要和分布(－)。全球 1 个大洲分布及种数(1)◆北美洲。

Leucoblepharis Arn. 白睑菊属 Asteraceae［MD－586］特征纪要:习性:－。花程式:－。其他特征参考科。全球 1 个大洲分布及种数(－)。

Leucobryaceae Schimp.［B－129］白发藓科 特征纪要:体形矮小,稀中形,灰绿色至暗绿色。全球 5 个大洲分布和属种数(5/419)亚洲:3/114;大洋洲:3/98;欧洲:3/64;北美洲:4/124;南美洲:3/191。【中国属种数:8/109(3)】。

Leucobryum Hampe 白发藓属 Leucobryaceae［B－129］特征纪要:习性:－。【Rep】:雌雄异株或假雌雄同株,雌苞叶鞘状,具长尖,孢子体顶生或侧生,有时丛生,蒴柄直立。物候:－。海拔:－。生境:山谷林下,山谷林下石上。资源:具园艺种类。全球 6 个大洲分布及种数(95)非洲:40;亚洲:24;大洋洲:25;欧洲:13;北美洲:24;南美洲:32。【中国种数:30】。

Leucocalantha Barb. Rodr. = **Pachyptera**

Leucocarpopsis <unassigned> 淡紫草属 Boraginaceae [MD-517] 特征纪要:-。全球 1 个大洲分布及种数(1)◆欧洲:1。

Leucocarpus D. Don 白珠果属 Phrymaceae [MD-559] 特征纪要:习性:木本。花程式:K2-4,C0,A4,=(G)2-3。其他特征参考科。全球 2 个大洲分布及种数(1-3)北美洲:3; 南美洲:3。

Leucocasia Schott = **Colocasia**

Leucocera Turcz. 萼头花属 Calyceraceae [MD-594] 特征纪要:习性:-。花程式:-。其他特征参考科。全球 2 个大洲分布及种数(7-8)北美洲:1; 南美洲:7。

Leucochloron Barneby & J. W. Grimes 白豆属 Fabaceae3 [MD-240] 特征纪要:习性:木本。花程式:=↓(K1-∞),C1-∞,A5-9,=↓G1。其他特征参考科。全球 1 个大洲分布及种数(5)◆南美洲。

Leucochrysum (DC.) Paul G. Wilson 爪苞彩鼠麹属 Asteraceae [MD-586] 特征纪要:习性:草本。花程式:(K)3-5,C3-5,A3-5,=↓(G)2。其他特征参考科。全球 2 个大洲分布及种数(6-12)大洋洲:9; 北美洲:2。

Leucocnides Miq. = **Debregeasia**

Leucococcus Liebm. = **Pouzolzia**

Leucocodon Gardner 白钟草属 Rubiaceae [MD-523] 特征纪要:习性:木本。花程式:(K)4-5,(C)4-5,A4-5,=↓(G)2-9。其他特征参考科。全球 2 个大洲分布及种数(1-3)亚洲:3; 大洋洲:3。

Leucocoma Ehrh. ex Rydb. 白莎草属 Cyperaceae [MM-747] 特征纪要:习性:-。花程式:-。其他特征参考科。全球 6 个大洲分布及种数(3)非洲:1;亚洲:1;大洋洲:1;欧洲:1;北美洲:2-3;南美洲:1。

Leucocoryne Lindl. 辉熠花属 Alliaceae [MM-667] 特征纪要:习性:草本。花程式:(K)3,C3,A1,=↓G3。其他特征参考科。全球 4 个大洲分布及种数(44-65)亚洲:3; 大洋洲:9; 北美洲:4; 南美洲:63。

Leucocrinum Nutt. ex A. Gray 沙百合属 Asparagaceae [MM-669] 特征纪要:习性:草本。花程式:(K)3,C0 参考科,A3-6,G3- 参考科。其他特征参考科。全球 1 个大洲分布及种数(1)◆北美洲(◆美国)。

Leucocroton Griseb. 白柑桐属 Euphorbiaceae [MD-217] 特征纪要:习性:木本。花程式:K1(1000),C0,A6,=(G)2-3。其他特征参考科。全球 3 个大洲分布及种数(27-35)亚洲:2; 大洋洲:3; 北美洲:31。

Leucodon Schwägr. 白齿藓属 Leucodontaceae [B-198] 特征纪要:习性:-。【Rep】:雌雄异苞同株,雌苞叶卵形,有短尖,上部边缘有齿突,无中肋,蒴柄细长,下部呈棕褐色。物候:-。海拔:940 米。生境:石生,土生。资源:药用。全球 6 个大洲分布及种数(52)非洲:9;亚洲:30;大洋洲:3;欧洲:5;北美洲:8;南美洲:9。【中国种数:29】。

Leucodontaceae Schimp. [B-198] 白齿藓科 特征纪要:多年生。【Rep】:蒴帽边缘有缨络。全球 6 个大洲分布和属种数(18/124)亚洲:12/64;大洋洲:5/8;欧洲:7/15;北美洲:11/40;南美洲:6/22。【中国属种数:7/38(4)】。

Leucodontella Nog. 白齿藓科属 Leucodontaceae [B-198] 特征纪要:习性:-。物候:-。海拔:-。生境:常见于树干,林地腐殖质,土生。资源:-。全球 1 个大洲分布及种数(-)。

Leucodontopsis Renauld & Cardot 蕨藓科属 Neckeraceae [B-204] 特征纪要:习性:-。【Rep】:孢子体不详,黄绿色或黄褐色。其他特征参考科。全球 3 个大洲分布及种数(6)非洲:2; 北美洲:2; 南美洲:2。

Leucogenes Beauverd 多头金绒草属 Asteraceae [MD-586] 特征纪要:习性:草本。花程式:(K)3-5,(C)3-5,A3-5,↓G。其他特征参考科。全球 1 个大洲分布及种数(4)◆大洋洲。

Leucoglochin (Dumort.) Heuff. 宝兴薹草属 Cyperaceae [MM-747] 特征纪要:习性:-。花程式:-。其他特征参考科。全球 1 个大洲分布及种数(-)。

Leucohyle Klotzsch 白珠兰属 Orchidaceae [MM-723] 特征纪要:习性:-。花程式:-。其他特征参考科。全球 3 个大洲分布及种数(8)亚洲:2; 北美洲:7; 南美洲:8。

Leucojum L. 雪片莲属 Amaryllidaceae [MM-694] 特征纪要:习性:草本(基生)。花程式:(K-),C2-3 参考科,A4,↓G-。物候:-。花期:春季。果期:参考晚于花期。海拔:100-4800 米。生境:草地,山坡,灌丛中或松林下,在坡上。资源:具栽培园艺种类。全球 6 个大洲分布及种数(3-6;hort. 1;cult. 1)非洲:1;亚洲:2-3;大洋洲:2-3;欧洲:2-3;北美洲:2-3;南美洲:1-3。【中国种数:2】。

Leucolejeunea A. Evans 弯叶白鳞苔属 Lejeuneaceae [B-84] 特征纪要:习性:-。【Rep】:雌苞叶及雌苞腹叶全缘,蒴萼具 4-5 个脊,脊部平滑,雄苞顶生于短枝。物候:-。海拔:-。生境:山坡,针阔混交林中。资源:-。全球 6 个大洲分布及种数(5-8)非洲:2;亚洲:2-5;大洋洲:1-3;欧洲:2;北美洲:2-4;南美洲:3-7。【中国种数:2】。

Leucolepis Lindb. 花旗提灯藓属 Mniaceae [B-149] 特征纪要:习性:-。【Rep】:呈黄绿带红棕色。其他特征参考科。全球 3 个大洲分布及种数(21)亚洲:8; 北美洲:4; 南美洲:15。

Leucoloma Brid. 白锦藓属 Dicranaceae [B-128] 特征纪要:习性:-。【Rep】:雌雄异株,内雌苞叶分化,孢蒴直立,短柱形,对称,环带 2 列细胞,蒴盖具长喙,蒴齿单层,齿片披针形。物候:-。全球 6 个大洲分布及种数(134)非洲:83;亚洲:20;大洋洲:15;欧洲:6;北美洲:17;南美洲:20。【中国种数:3】。

Leucolophus Bremek. 尖叶木属 Rubiaceae [MD-523] 特征纪要:习性:木本。花程式:(K)4-5,(C)4-5,A4-5,↓G)。其他特征参考科。全球 1 个大洲分布及种数(2-4)◆亚洲。

Leucomeris D. Don 白菊木属 Asteraceae [MD-586] 特征纪要:习性:草本,少木本。花程式:(K-),C3-5,A3 参考科,↓G。物候:-。花期:3-4 月。果期:参考晚于花期。海拔:1000-1900 米。生境:森林,灌木。资源:-。全球 2 个大洲分布及种数(2-7)亚洲:4; 南美洲:4。【中国种数:1】。

Leucomiaceae Broth. [B－165] 白藓科 特征纪要:体形粗壮,坚挺,绿色,有光泽,丛生。【Rep】:雌苞叶分化,基部鞘状,有毛尖,蒴柄长,均高出于雌苞叶,孢蒴直立或背曲,长圆柱形或长椭圆形,辐射对称,雌雄异株,雄株矮小,附于假根上成假雌雄同株,雌苞叶形大,高鞘状,上部具细毛尖,与孢蒴等长或长于孢蒴。全球 6 个大洲分布和属种数(1/8)亚洲:1/2;大洋洲:1/3;欧洲:1/1;北美洲:1/1;南美洲:1/2。【中国属种数:1/2】。

Leucomium Mitt. 白藓属 Leucomiaceae [B－165] 特征纪要:习性:－。【Rep】:雌苞着生短侧枝,孢蒴圆柱形,多平列,蒴齿两层,齿片与齿条均呈披针形,基膜高出,孢子棕色,透明。物候:－。海拔:－。生境:平地栽培。资源:具栽培园艺种类。全球 6 个大洲分布及种数(8)非洲:7;亚洲:2;大洋洲:3;欧洲:1;北美洲:1;南美洲:2。【中国种数:3】。

Leucomnium Mitt. ex Müll. Hal. ＝ **Leucomium**

Leucomphalos Benth. 白藤豆属 Fabaceae3 [MD－240] 特征纪要:习性:木本。花程式:＝↓(K1－∞),C1－∞,A5－9,＝↓G1。其他特征参考科。全球 2 个大洲分布及种数(1－8)非洲:7; 亚洲:3。

Leuconotis Jack 白耳夹竹桃属 Apocynaceae [MD－492] 特征纪要:习性:木本。花程式:K5－∞,C0,A15,＝↓G2－5。其他特征参考科。全球 3 个大洲分布及种数(4－17)非洲:1; 亚洲:14; 南美洲:2。

Leuconymphaea Kuntze ＝ **Nymphaea**

Leucoperichaetium Magill 白萼藓属 Grimmiaceae [B－115] 特征纪要:－。全球 1 个大洲分布及种数(1)◆非洲。

Leucophanella (Besch.) M. Fleisch. ex Cardot 花叶藓科属 Calymperaceae [B－130] 特征纪要:习性:－。【Rep】:参考科特征:雌雄同株或雌雄异株,蒴柄顶生或侧生,孢蒴直立,卵圆形或圆柱形,对称,蒴齿 8 或 16,阔披针形,中缝开裂,蒴柄不甚长,孢蒴顶生,直立,圆柱形,蒴齿发育或退失,齿片 16,披针形,具细疣,蒴盖具长喙,蒴帽多兜。其他特征参考科。全球 1 个大洲分布及种数(1)◆亚洲(◆中国)。【中国种数:1】。

Leucophanes Brid. 白睫藓属 Leucobryaceae [B－129] 特征纪要:习性:－。【Rep】:雌雄同株或雌雄异株,蒴柄顶生或侧生,孢蒴直立,卵圆形或圆柱形,对称,蒴齿 8 或 16,阔披针形,中缝开裂,蒴柄不甚长,孢蒴顶生,直立,圆柱形,蒴齿发育或退失,齿片 16,披针形,具细疣,蒴盖具长喙,蒴帽多兜。物候:－。海拔:－。生境:常见于林下树干和树基,石生。资源:－。全球 6 个大洲分布及种数(20)非洲:9;亚洲:10;大洋洲:13;欧洲:2;北美洲:5;南美洲:2。【中国种数:4】。

Leucopholis Gardn. ＝ **Chionolaena**

Leucophrys Rendle ＝ **Brachiaria**

Leucophyllum Bonpl. 玉芙蓉属 Scrophulariaceae [MD－536] 特征纪要:习性:灌木。花程式:K2－4,C0,A4,↓G2。其他特征参考科。全球 3 个大洲分布及种数(18－61)亚洲:6; 北美洲:26; 南美洲:34。

Leucophylon Lowe ＝ **Heberdenia**

Leucophysalis Rydb. 地酸浆属 Solanaceae [MD－503] 特征纪要:习性:草本。花程式:K3－4,C0,A3－4,＝↓(G)2。物候:－。海拔:100－5000 米。生境:草丛中,庄稼地边。资源:－。全球 2 个大洲分布及种数(2－9)亚洲:6; 北美洲:8。

Leucophyta R. Br. 美头菊属 Asteraceae [MD－586] 特征纪要:习性:草本。花程式:(K)3－5,(C)3－5,A3－5,↓G。其他特征参考科。全球 1 个大洲分布及种数(3－4)◆大洋洲(◆澳大利亚)。

Leucopitys Nieuwl. ＝ **Pinus**

Leucopoa Griseb. 银穗草属 Poaceae [MM－748] 特征纪要和分布(－)。全球 1 个大洲分布及种数(9)◆欧洲。

Leucopogon R. Br. 须石南属 Ericaceae [MD－380] 特征纪要:习性:木本。花程式:－。其他特征参考科。全球 6 个大洲分布及种数(113－446)非洲:3; 亚洲:18; 大洋洲:307; 欧洲:3; 北美洲:3; 南美洲:84。

Leucopremna Standl. ＝ **Jacaratia**

Leucoptera B. Nord. 白翅菊属 Asteraceae [MD－586] 特征纪要:习性:草本。花程式:(K)3－5,(C)3－5,A3－5,↓G。其他特征参考科。全球 3 个大洲分布及种数(3－6)非洲:5; 亚洲:2; 南美洲:2。

Leucorchis (Bl.) Bl. 兰科属 Orchidaceae [MM－723] 特征纪要:习性:－。花程式:－。其他特征参考科。全球 1 个大洲分布及种数(－)。

Leucosalpa Scott Elliot 白鱼列当属 Orobanchaceae [MD－552] 特征纪要:习性:灌木。花程式:K2－4,C0,A2－4,G2。其他特征参考科。全球 1 个大洲分布及种数(3)◆非洲(◆马达加斯加)。

Leucosceptrum Sm. 米团花属 Lamiaceae [MD－575] 特征纪要:习性:草质攀援。花程式:(K－),C2－3 参考科,A3 参考科,↓G。物候:－。花期:11 月至次年 3 月。果期:参考晚于花期。海拔:1000－2600 米。生境:开阔荒地,路边及谷地溪边,林缘,小乔木灌丛中及石灰岩上,撂荒地,路旁。资源:药用。全球 1 个大洲分布及种数(2－3)◆亚洲。【中国种数:1】。

Leucoscypha <unassigned> 球盖蕨科属 Peranemataceae [F－48] 特征纪要:－。全球 1 个大洲分布及种数(1)◆南美洲:1。

L

Leucoseris (DC.) Nutt. 针刺千里光属 Asteraceae [MD－586] 特征纪要和分布(－)。

Leucosia Thou. ＝ **Dichapetalum**

Leucosidea Eckl. & Zeyh. 龙牙木属 Rosaceae [MD－246] 特征纪要:习性:木本。花程式:－。其他特征参考科。全球 3 个大洲分布及种数(1－3)非洲:3; 北美洲:2; 南美洲:2。

Leucosmia Benth. ＝ **Phaleria**

Leucospermum R. Br. 针垫花属 Proteaceae [MD－219] 特征纪要:习性:木本。花程式:K3－4－∞,C0,A2,＝G1。其他特征参考科。全球 4 个大洲分布及种数(51－95)非洲:85; 欧洲:4; 北美洲:4; 南美洲:3。

Leucosphaera Gilg 北绢苋属 Amaranthaceae [MD－116] 特征纪要:习性:草本。花程式:K1－2,C0,A1－2,G－。

其他特征参考科。全球 1 个大洲分布及种数(1)◆非洲。

Leucospora Nutt. 白籽婆婆纳属 Plantaginaceae［MD－527］特征纪要:习性:草本。花程式:K2－4,C0,A2－4,↓G。其他特征参考科。全球 2 个大洲分布及种数(1－4)亚洲:2; 北美洲:2。【中国种数:1】。

Leucostegane Prain 无忧花属 Fabaceae1［MD－240］特征纪要:习性:木本。花程式:=↓(Kn),C3－5－∞,A3 参考科,=↓G(－)。其他特征参考科。全球 1 个大洲分布及种数(2)◆亚洲。

Leucostegia C. Presl 大膜盖蕨属 Hypodematiaceae［F－29］特征纪要:习性:－。【Rep】:孢子囊群大,缘内生,位于小脉顶端。物候:－。海拔:300－4500 米。生境:杂木林树干上及石壁上。资源:药用。全球 6 个大洲分布及种数(2－31)非洲:2; 亚洲:17; 大洋洲:4; 欧洲:2; 北美洲:2; 南美洲:3。【中国种数:1】。

Leucostele Backeb. 黄鹰柱属 Cactaceae［MD－100］特征纪要:习性:－。花程式:－。其他特征参考科。全球 1 个大洲分布及种数(－)。

Leucosyke Zoll. & Mor. 四脉麻属 Urticaceae［MD－91］特征纪要:习性:木本。花程式:Kn,C2－3 参考科,A4－5,G－。物候:－。花期:3－5 月。果期:参考晚于花期。海拔:200 米。生境:河谷林中,混合雨林。资源:具园艺种类。全球 4 个大洲分布及种数(33－52)非洲:4; 亚洲:39; 大洋洲:11; 南美洲:3。【中国种数:2】。

Leucosyris Greene 菊科属 Asteraceae［MD－586］特征纪要:习性:－。花程式:－。其他特征参考科。全球 1 个大洲分布及种数(9)◆北美洲:9。

Leucothoe D. Don = **Leucothoe**

Leucothoe D. Don 木藜芦属 Ericaceae［MD－380］特征纪要:习性:木本。花程式:－。物候:－。花期:4－5 月。果期:参考晚于花期。海拔:1000－3400 米。生境:散落在森林,山坡针阔叶混交林中。资源:具栽培园艺种类。全球 6 个大洲分布及种数(12－22;hort. 1)非洲:13;亚洲:9－24;大洋洲:2－15;欧洲:3－16;北美洲:8－22;南美洲:4－18。【中国种数:4】。

Leucothrinax C. Lewis & Zona 白豆棕属 Arecaceae［MM－717］特征纪要:习性:木本。花程式:K3－10,C3－10,A3－10,G3－ 参考科。其他特征参考科。全球 3 个大洲分布及种数(1－2)亚洲:2; 大洋洲:1; 北美洲:2。

Leucotrichum Labiak 白须蕨属 Polypodiaceae［F－60］特征纪要:习性:－。【Rep】:孢子同形,囊群生叶背。其他特征参考科。全球 2 个大洲分布及种数(8)北美洲:1; 南美洲:1。

Leuenbergeria Lodé 北美巨人掌属 Cactaceae［MD－100］特征纪要:习性:木本。花程式:=↓(Kn),C2－3 参考科,A3 参考科,=↓G－。其他特征参考科。全球 2 个大洲分布及种数(9)北美洲:7;南美洲:3。

Leunisia Phil. 大苞钝柱菊属 Asteraceae［MD－586］特征纪要:习性:草本。花程式:(K)3－5,C3－5,A3－5,=↓(G)2。其他特征参考科。全球 1 个大洲分布及种数(1)◆南美洲(◆智利)。

Leutea Pimenov 莱乌草属 Apiaceae［MD－480］特征纪要:习性:草本。花程式:=↓(K5),C5,A5,=↓(G)2。其他特征参考科。全球 2 个大洲分布及种数(9－12)非洲:2; 亚洲:12。

Leuzea DC. 菊科属 Asteraceae［MD－586］特征纪要:习性:草本。花程式:－。物候:－。花期:7－10 月。果期:参考晚于花期。海拔:6000 米。生境:阿尔泰山地针叶林带山沟,柞林下路旁。资源:－。全球 5 个大洲分布及种数(28－42)非洲:6; 亚洲:14; 大洋洲:1; 欧洲:1; 北美洲:1。【中国种数:3】。

Levenhookia R. Br. 唇柱草属 Stylidiaceae［MD－568］特征纪要:习性:草本。花程式:－。其他特征参考科。全球 2 个大洲分布及种数(12－18)非洲:2; 大洋洲:14。

Levierella Müll. Hal. 白翼藓属 Fabroniaceae［B－173］特征纪要:习性:－。【Rep】:雌雄同株,内雌苞叶鞘状,具细长尖,边缘具齿或毛,无中肋,蒴柄短或稍细长,黄色,平滑,孢蒴直立,倒卵形,雌雄异株或雌雄同株,孢蒴高出,直立,卵形或圆柱形,台部粗短,薄壁,气孔生于台部,环带常存。物候:－。海拔:－。生境:常见于高寒山区,岩面或土上。资源:－。全球 3 个大洲分布及种数(5)非洲:4;亚洲:3;北美洲:1。【中国种数:2】。

Levieria Becc. 折盘桂属 Monimiaceae［MD－20］特征纪要:习性:木本。花程式:K1－∞,C0,A10－150,G1－3。其他特征参考科。全球 3 个大洲分布及种数(7－13)非洲:11; 亚洲:5; 大洋洲:13。

Levisticum Hill 欧当归属 Apiaceae［MD－480］特征纪要:习性:草本(根状茎,基生)。花程式:Kn,C5,A3 参考科,=↓G(－)。物候:－。花期:6－8 月。果期:参考晚于花期。海拔:100－600 米。生境:广泛种植。资源:药用,具栽培园艺种类。全球 4 个大洲分布及种数(2－8)亚洲:cf. 1;欧洲:1;北美洲:1;南美洲:1。【中国种数:1】。

Levya Bureau ex Baill. = **Bignonia**

Lewinskya <unassigned> 木灵藓科属 Orthotrichaceae［B－151］特征纪要:－。全球 1 个大洲分布及种数(－)。

Lewisia Pursh 露薇花属 Montiaceae［MD－81］特征纪要:习性:草本。花程式:K4－5,C4－5,A4－5,=↓G2－3。其他特征参考科。全球 4 个大洲分布及种数(21－61)亚洲:2; 欧洲:38; 北美洲:38; 南美洲:9。【中国种数:1】。

Lewisiopsis Govaerts 露薇花属 Montiaceae［MD－81］特征纪要:习性:草本。花程式:－。其他特征参考科。全球 1 个大洲分布及种数(1) ◆北美洲:1。

Lexarzanthe Diego & Calderón = **Romanschulzia**

Leycesteria Wall. 鬼吹箫属 Caprifoliaceae［MD－510］特征纪要:习性:木本。花程式:－。物候:－。花期:参考早于果期。果期:8－10 月。海拔:1100－3500 米。生境:常绿阔叶林内路边常见,生于溪边或山坡林内或林缘。资源:具栽培园艺种类。全球 5 个大洲分布及种数(6－17)亚洲:14; 大洋洲:2; 欧洲:2; 北美洲:2; 南美洲:2。【中国种数:4】。

Leydeum Barkworth 杜香属 Poaceae［MM－748］特征纪要:习性:草本。花程式:(K－),C0 参考科,A3 参考科,↓G－参考科。其他特征参考科。全球 1 个大洲分布及种数(1)◆北美洲。

Leymostachys Tzvelev 小赖禾草属 Poaceae［MM－748］特征纪要:习性:草本。花程式:(K－),C0 参考科,A3 参考科,↓G－参考科。其他特征参考科。全球 1 个大洲分布及种数(1－3)◆亚洲:2。

Leymotrigia N. N. Tzvelev 偃麦草属 Poaceae［MM－748］特征纪要:习性:草本。花程式:(K)3,C0 参考科,A1－2,↓G－参考科。其他特征参考科。全球 3 个大洲分布及种数(－)亚洲;欧洲;北美洲。

Leymus Hochst. 赖草属 Poaceae［MM－748］特征纪要:习性:草本(根状茎,基生)。花程式:(K－),C0 参考科,A3 参考科,G－。物候:－。海拔:1300－3700 米。生境:草地,河岸。栽培:来自广西龙州。资源:蛋白质,具栽培园艺种类。全球 6 个大洲分布及种数(69－76;hort. 1;cult. 4)非洲:2;亚洲:57－60;大洋洲:5－7;欧洲:11－13;北美洲:29－32;南美洲:10－12。【中国种数:27】。

Leysera L. 羽冠鼠麹木属 Asteraceae［MD－586］特征纪要:习性:草本。花程式:(K)3－5,(C)3－5,A3－5,＝↓G2。其他特征参考科。全球 2 个大洲分布及种数(9－12)非洲:8－9;欧洲:2。

Lhotzkyella Rauschert 番萝藦属 Apocynaceae［MD－492］特征纪要:习性:－。花程式:－。其他特征参考科。全球 1 个大洲分布及种数(cf. 1)◆欧洲。

Liabum Adans. 黄安菊属 Asteraceae［MD－586］特征纪要:习性:草本。花程式:(K)3－5,(C)3－5,A3－5,＝↓G2。其他特征参考科。全球 5 个大洲分布及种数(37－230)非洲:8; 亚洲:6; 欧洲:26; 北美洲:26; 南美洲:179。

Lianthus N. Robson 惠林花属 Hypericaceae［MD－119］特征纪要:习性:－。花程式:－。物候:－。花期:8－9 月。果期:参考晚于花期。海拔:1800－2200 米。生境:草山坡。资源:－。全球 2 个大洲分布及种数(3)亚洲:3; 北美洲:1。

Liatris Gaertn. ex Schreb. 蛇鞭菊属 Asteraceae［MD－586］特征纪要:习性:草本。花程式:(K)3－5,C3－5,A3－5,＝↓(G)2。物候:－。海拔:－。生境:－。资源:具栽培园艺种类。全球 6 个大洲分布及种数(63－239)非洲:7; 亚洲:36; 大洋洲:3; 欧洲:119; 北美洲:119; 南美洲:15。【中国种数:9】。

Libanothamnus Ernst 骡耳菊属 Asteraceae［MD－586］特征纪要:习性:－。花程式:－。其他特征参考科。全球 3 个大洲分布及种数(33)大洋洲:1; 北美洲:1; 南美洲:25。

Libanotis Haller ex Zinn 岩风属 Apiaceae［MD－480］特征纪要:习性:－。花程式:－。物候:－。花期:7－9 月。果期:参考晚于花期。海拔:1000－2100 米。生境:干旱草地,草甸,灌丛,河边,林缘及路边等地。资源:－。全球 1 个大洲分布及种数(3－63)◆亚洲:24。【中国种数:1】。

Liberatia Rizzini 冠穗爵床属 Acanthaceae［MD－572］特征纪要:习性:草本。花程式:参考科,C4 参考科,A4 参考科,↓(G)参考科。其他特征参考科。全球 1 个大洲分布及种数(1－5)◆南美洲。

Libertia Spreng. 丽白花属 Iridaceae［MM－700］特征纪要和分布(－)。全球 6 个大洲分布及种数(14－20)非洲:2;亚洲:2－4;大洋洲:8－15;欧洲:2;北美洲:5－8;南美洲:8－10。【中国种数:2】。

Libidibia Schltdl. 豹云实属 Fabaceae2［MD－240］特征纪要:习性:木本。花程式:＝↓(Kn),C3－5－∞,A3 参考科,＝↓G(－)。其他特征参考科。全球 1 个大洲分布及种数(7)◆南美洲(◆巴西)。【中国种数:1】。

Libinhania N. Kilian, Galbany, Oberpr. & A. G. Mill. 豹云菊属 Asteraceae［MD－586］特征纪要:习性:草本。花程式:(K)3－5,(C)3－5,A3－5,↓G。其他特征参考科。全球 1 个大洲分布及种数(13)◆非洲。

Libocedraceae Doweld ＝ Cupressaceae

Libocedrus Endl. 甜柏属 Cupressaceae［G－17］特征纪要:习性:－。【Rep】:复轴,浆果状,苞鳞融合成果皮状,种鳞多退化,雌雄同株。物候:－。海拔:－。生境:－。资源:具栽培园艺种类。全球 6 个大洲分布及种数(5－26)非洲:4; 亚洲:9; 大洋洲:22; 欧洲:3; 北美洲:3; 南美洲:8。

Librevillea Hoyle 加蓬豆属 Fabaceae1［MD－240］特征纪要:习性:木本。花程式:＝↓(Kn),C3－5－∞,A3 参考科,＝↓G(－)。其他特征参考科。全球 1 个大洲分布及种数(1)◆非洲。

Libyella Pamp. 矮沙禾属 Poaceae［MM－748］特征纪要:习性:－。花程式:－。其他特征参考科。全球 1 个大洲分布及种数(1)◆非洲(◆利比亚)。

Licania Aubl. 桂樱李属 Chrysobalanaceae［MD－243］特征纪要:习性:木本。花程式:－。其他特征参考科。全球 6 个大洲分布及种数(219－238;hort. 1;cult. 2)非洲:5;亚洲:16－23;大洋洲:1－6;欧洲:5;北美洲:50－57;南美洲:200－217。【中国种数:3】。

Licaria Aubl. 土壳楠属 Lauraceae［MD－21］特征纪要:习性:木本。花程式:K3－9,C0,A3 参考科,＝G1－3。物候:－。花期:6－10 月。果期:参考晚于花期。海拔:20－3800 米。生境:边缘或次生阔叶林中。资源:－。全球 6 个大洲分布及种数(83－148)非洲:5; 亚洲:21; 大洋洲:4; 欧洲:60; 北美洲:60; 南美洲:139。【中国种数:3】。

Lichenastrum Dill. ex C. Stewart 叶苔科属 Jungermanniaceae［B－38］特征纪要:－。全球 1 个大洲分布及种数(－)。

Lichenochora <unassigned> 蛇芽藓属 Sorapillaceae［B－212］特征纪要:－。全球 1 个大洲分布及种数(－)。

Lichenoconium <unassigned> 红芽藓属 Sorapillaceae［B－212］特征纪要:－。全球 4 个大洲分布及种数(12)非洲:3; 亚洲:3; 大洋洲:2; 南美洲:2。

Lichenodiplis <unassigned> 轴芽藓属 Sorapillaceae［B－212］特征纪要:－。全球 2 个大洲分布及种数(2)亚洲:2; 南美洲:2。

Lichenora Wight ＝ **Porpax**

Lichenosticta <unassigned> 孢芽藓科属 Sorapillaceae［B－212］特征纪要:－。全球 1 个大洲分布及种数(－)。

Lichenothelia <unassigned> 唐松木科属 Physenaceae［MD－169］特征纪要:－。全球 1 个大洲分布及种数(9)◆南美洲:3。

Lichina <unassigned> 可可李科属 Chrysobalanaceae［MD－243］特征纪要:习性:－。花程式:－。其他特征参考科。全球 4 个大洲分布及种数(12)非洲:3; 亚洲:4; 北美洲:8; 南美洲:7。

Lichinella Nyl. 鬼李属 Chrysobalanaceae［MD－243］特征纪要：－。全球 3 个大洲分布及种数(9)亚洲：2；欧洲：2；南美洲：1。

Lichinodium <unassigned> 可可李科属 Chrysobalanaceae［MD－243］特征纪要：－。全球 2 个大洲分布及种数(4)欧洲：2；北美洲：2。

Lichtensteinia J. C. Wendl. 李氏芹属 Apiaceae［MD－480］特征纪要：习性：－。花程式：－。其他特征参考科。全球 1 个大洲分布及种数(8－12)◆非洲。

Lichterveldia Lem. ＝ **Cuitlauzina**

Licuala Wurmb 轴榈属 Arecaceae［MM－717］特征纪要：习性：木本。花程式：(K－)，C2－3 参考科，A3 参考科，↓G－。物候：－。花期：4－5 月。果期：参考晚于花期。海拔：100－1000 米。生境：低地雨林，密林下。资源：具栽培园艺种类。全球 5 个大洲分布及种数(157－248)非洲：47；亚洲：206；大洋洲：58；北美洲：6；南美洲：7。【中国种数：4】。

Lidbeckia P. J. Bergius 木芫荽属 Asteraceae［MD－586］特征纪要：习性：草本。花程式：(K)3－5，(C)3－5，A3－5，↓G。其他特征参考科。全球 3 个大洲分布及种数(3－10)非洲：10；北美洲：2；南美洲：3。

Lieberkuhnia Less. ＝ **Chaptalia**

Liebigia Endl. 李苞苣苔属 Gesneriaceae［MD－549］特征纪要：习性：－。花程式：－。其他特征参考科。全球 1 个大洲分布及种数(－)。

Liedea W. D. Stevens 异被藤属 Apocynaceae［MD－492］特征纪要：习性：－。花程式：－。其他特征参考科。全球 2 个大洲分布及种数(cf. 1)北美洲；南美洲。

Liesneria Fern. Casas 厄瓜度量草属 Loganiaceae［MD－486］特征纪要：习性：－。花程式：－。其他特征参考科。全球 1 个大洲分布及种数(1)◆南美洲(◆厄瓜多尔)。

Lievena Regel ＝ **Quesnelia**

Lifago Schweinf. & Muschl. 绵绒菊属 Asteraceae［MD－586］特征纪要：习性：草本。花程式：(K)3－5，(C)3－5，A3－5，↓G。其他特征参考科。全球 1 个大洲分布及种数(1)◆非洲。

Ligaria Van Tiegh. 红钗寄生属 Loranthaceae［MD－415］特征纪要：习性：木本。花程式：K3－5，C0，A4，＝↓(G)3－4。其他特征参考科。全球 3 个大洲分布及种数(2－8)非洲：3；北美洲：2；南美洲：8。

Ligeophila Garay 水兰属 Orchidaceae［MM－723］特征纪要：习性：－。花程式：－。其他特征参考科。全球 3 个大洲分布及种数(22)亚洲：2；北美洲：3；南美洲：21。

Ligeria Decne. 苦苣苔科属 Gesneriaceae［MD－549］特征纪要：习性：－。花程式：－。其他特征参考科。全球 1 个大洲分布及种数(12)◆南美洲：1。

Lightfootia L'Hér. 非洲桔梗属 Aphloiaceae［MD－124］特征纪要：习性：－。花程式：－。其他特征参考科。全球 6 个大洲分布及种数(120)非洲：100；亚洲：4；大洋洲：4；欧洲：1；北美洲：1；南美洲：2。

Ligia Fasano ex Pritz. ＝ **Thymelaea**

Lignariella Baehni 弯梗芥属 Brassicaceae［MD－213］特征纪要：草本(基生)，落叶；花程式：Kn，C，A(－)，G，房位(－)。果实：长角果。全球 1 个大洲分布及种数(2)◆亚洲：1－3。

Lignocarpa J. W. Dawson 木果芹属 Apiaceae［MD－480］特征纪要：习性：草本。花程式：＝↓(K5)，C5，A5，＝↓G(－)。其他特征参考科。全球 1 个大洲分布及种数(2)◆大洋洲。

Ligtfoota Cothen. ＝ **Lightfootia**

Ligularia Cass. 橐吾属 Asteraceae［MD－586］特征纪要和分布(－)。全球 6 个大洲分布及种数(158－180；hort. 1；cult. 9)非洲：5；亚洲：157－180；大洋洲：5；欧洲：6－12；北美洲：2－7；南美洲：5。【中国种数：111】。

Ligulariopsis Y. L. Chen 假橐吾属 Asteraceae［MD－586］特征纪要：习性：草本(根状茎，基生)。花程式：(K)3－5，C3－5，A3 参考科，↓G。物候：－。海拔：1500－2100 米。生境：山坡林下或草地，杂木林边。资源：－。全球 1 个大洲分布及种数(cf. 1)◆亚洲(◆中国)。【中国种数：1】。

Ligusticopsis Leute 裂苞藁本属 Apiaceae［MD－480］特征纪要：习性：草本。花程式：－。物候：－。海拔：50－5600 米。生境：高山草甸。栽培：来自广西龙州。资源：具栽培园艺种类。全球 1 个大洲分布及种数(12－19)◆亚洲。【中国种数：7】。

Ligusticum L. 藁本属 Apiaceae［MD－480］特征纪要：习性：草本(基生)。花程式：Kn，C5，A3 参考科，＝↓(G)2。物候：－。花期：7－8 月。果期：参考晚于花期。海拔：1000－2000 米。生境：草地及疏林中，竹林草地。资源：具栽培园艺种类。全球 6 个大洲分布及种数(26－390)非洲：6；亚洲：211；大洋洲：33；欧洲：37；北美洲：37；南美洲：41。【中国种数：8】。

Ligustrina Rupr. ＝ **Syringa**

Ligustrum L. 女贞属 Oleaceae［MD－498］特征纪要：习性：木本。花程式：－。物候：－。花期：5 月。果期：参考晚于花期。海拔：100－2500 米。生境：灌丛，山谷树林。资源：具栽培园艺种类。全球 6 个大洲分布及种数(58－298)非洲：39；亚洲：223；大洋洲：19；欧洲：49；北美洲：49；南美洲：17。【中国种数：31】。

Lihengia Y. S. Chen & R. Ke 菊科属 Asteraceae［MD－586］特征纪要：习性：－。花程式：K－，C3，A4－5，↓(G)2。其他特征参考科。全球 1 个大洲分布及种数(－)◆亚洲(中国)。

Lijndenia Zoll. & Mor. 谷木属 Melastomataceae［MD－364］特征纪要：习性：木本。花程式：－。其他特征参考科。全球 2 个大洲分布及种数(16－23)非洲：13；亚洲：3。

Lilaea Bonpl. 花水韭属 Lilaeaceae [MM－605] 特征纪要(同科)。全球6个大洲分布及种数(2)非洲:2;亚洲:2;大洋洲:1－3;欧洲:1－3;北美洲:1－3;南美洲:1－3。

Lilaeaceae Dum. [MM－605] 异柱草科 特征纪要:习性:草本;落叶。花程式:K3－4,C3－4,A3－4,＝↑G2－3。物候:－。果实:－。种子:－。海拔:－。生境:－。资源:－。栽培:－。全球6个大洲分布及属种数(1/1) 非洲:1/2; 亚洲:1/2; 大洋洲:1/3; 欧洲:1/3; 北美洲:1/3; 南美洲:1/3。

Lilaeopsis Greene 水毯草属 Apiaceae [MD－480] 特征纪要:习性:草本。花程式:＝↓(K5),C5,A5,＝↓(G)2)。其他特征参考科。全球6个大洲分布及种数(19－22;hort. 1)非洲:2;亚洲:2－4;大洋洲:9－12;欧洲:1－2;北美洲:7－8;南美洲:8－9。【中国种数:2】。

Liliaceae Juss. [MM－633] 百合科 特征纪要:习性:木本,草本;落叶。花程式:(K)6－,C4,A4,↑G3－4。物候:－。花期: 4－7月。果期: 8－9月。果实:蒴果。种子:棕。海拔:0米。生境:－。资源:园林,药用。栽培:中国有栽培。全球6个大洲分布及属种数(59－69/2505－4088 <IFR 21/129> hort. 1;cult. 22): 非洲:20－23/269－376(IFR 6/29); 亚洲:46/852－1130(IFR 15/79); 大洋洲:15/81－114(IFR 3/5); 欧洲:20/157－200(IFR 5/26); 北美洲:30/256－275(IFR 8/23); 南美洲:16/52－57(IFR 1/2)。【中国属种数:16/232】。

Lilium Tourn. ex L. 百合属 Liliaceae [MM－633] 特征纪要:习性:木本。花程式:－。物候:－。花期:7月。果期:参考晚于花期。海拔:2100－2900米。生境:高山草原。栽培:来自广西龙州。资源:具栽培园艺种类。全球6个大洲分布及种数(118－155;hort. 1;cult. 27)非洲:17－37;亚洲:101－134;大洋洲:10－30;欧洲:29－51;北美洲:54－79;南美洲:17－37。【中国种数:62】。

Limacia Lour. 丽麻藤属 Menispermaceae [MD－42] 特征纪要:习性:－。花程式:－。物候:－。海拔:200－2500米。生境:板页岩岩石上,竹林中。资源:－。全球6个大洲分布及种数(2－5)非洲:1;亚洲:1－5;大洋洲:1;欧洲:1;北美洲:1;南美洲:1。【中国种数:1】。

Limaciopsis Engl. 粉绿藤属 Menispermaceae [MD－42] 特征纪要:习性:草本。花程式:－。物候:－。海拔:－。生境:－。资源:具园艺种类。全球1个大洲分布及种数(1)◆亚洲。

Limadendron Meireles & A. M. G. Azevedo 弓子豆属 Fabaceae3 [MD－240] 特征纪要:习性:木本。花程式:＝↓(Kn),C2－3参考科,A3参考科,＝↓G(－)。其他特征参考科。全球1个大洲分布及种数(2) ◆南美洲:2。

Limahlania K. M. Wong & Sugumaran 刺灰莉属 Gentianaceae [MD－496] 特征纪要:习性:草本。花程式:Kn,C0,A10,↓G－。物候:－。海拔:2－6000米。生境:草地。资源:－。全球1个大洲分布及种数(1)◆亚洲:1。

Limbarda Adans. 海崖菊属 Asteraceae [MD－586] 特征纪要:习性:草本。花程式:(K)3－5,C3－5,A3－5,＝↓(G)2。物候:－。花期:7－10月。果期:参考晚于花期。海拔:6000米。生境:阿尔泰山地针叶林带山沟,柞林下路旁。资源:－。全球5个大洲分布及种数(1－5)非洲:3; 亚洲:4; 大洋洲:2; 欧洲:2; 北美洲:2。【中国种数:1】。

Limbella (Müll. Hal.) Müll. Hal. 花旗柳叶藓属 Neckeraceae [B－204] 特征纪要:－。全球6个大洲分布及种数(25)非洲:3; 亚洲:3; 大洋洲:2; 欧洲:2; 北美洲:2; 南美洲:8。

Limeaceae Shipunov ex Reveal [MD－109] 麻粟草科 特征纪要:习性:木本;落叶。花程式:K4－5(－),C0,A2,↑(G)1－2。物候:－。果实:蒴果。种子:－。海拔:－。生境:－。资源:－。栽培:－。全球3个大洲分布及属种数(2－3/33－48 hort. 1) 非洲:1/30－32; 亚洲:1/3; 大洋洲:1/9。

Limeum L. 麻粟草属 Limeaceae [MD－109] 特征纪要:木本。花程式:Kn,C0,A3参考科,G－参考科。其他特征参考科。全球6个大洲分布及种数(32－38)非洲:29－32;亚洲:2－3;大洋洲:1;欧洲:1;北美洲:1;南美洲:1。

Limlia Masam. & Tomiya ＝ **Castanopsis**

Limnanthaceae R. Br. [MD－433] 沼沫花科 特征纪要:习性:草本;落叶。花程式:K4,C0,A2－3,↓(G)－。物候:－。花期:－。果期:－。果实:果三裂,多刺。种子:－。海拔:－米。生境:－。资源:－。栽培:－。全球1个大洲分布及属种数(3/13－17 <IFR 1/5> hort. 1) ◆北美洲:2/ 10－19。【中国属种数:2/2】。

Limnanthemum S. G. Gmel. 土睡菜属 Menyanthaceae [MD－526] 特征纪要:习性:－。花程式:－。物候:－。海拔:60－3600米。生境:池塘中,沼泽中。资源:－。全球6个大洲分布及种数(4－14)非洲:1－4;亚洲:3－8;大洋洲:1;欧洲:1;北美洲:1－2;南美洲:1。

Limnanthes R. Br. 沼沫花属 Limnanthaceae [MD－433] 特征纪要:习性:草本。花程式:－。其他特征参考科。全球4个大洲分布及种数(19－54)亚洲:2; 大洋洲:2; 欧洲:33; 北美洲:33。【中国种数:1】。

Limnanthus Neck. ＝ **Limnanthes**

Limnas Trin. 林麦娘属 Poaceae [MM－748] 特征纪要:习性:－。花程式:－。物候:－。海拔:10－5600米。生境:草地,作为饲料植物或大麦田杂草种植。资源:－。全球1个大洲分布及种数(cf. 1)◆亚洲。【中国种数:1】。

Limneria Stirt. ＝ **Didymodon**

Limnetis Rich. ＝ **Spartina**

Limnia Haw. 小春美草属 Montiaceae [MD－81] 特征纪要和分布(－)。全球1个大洲分布及种数(2－14)◆北美洲。

Limniris (Tausch) Fuss ＝ **Iris**

Limnobiella (Müll. Hal.) Müll. Hal. ＝ **Taxithelium**

Limnobium Rich. 水蛛花属 Amblystegiaceae [B－178] 特征纪要:习性:－。花程式:－。其他特征参考科。全球6个大洲分布及种数(44)非洲:2; 亚洲:15; 大洋洲:3; 欧洲:16; 北美洲:16; 南美洲:24。

Limnobryum Rabenh. = **Aulacomnium**

Limnocharis Kunth 黄花蔺属 Limnocharitaceae［MM－596］特征纪要(同科)。全球 6 个大洲分布及种数(4)非洲：1;亚洲:3－4;大洋洲:1;欧洲:1;北美洲:2－3;南美洲:3－4。【中国种数:1】。

Limnocharitaceae Takht. ex Cronquist［MM－596］沼鳖科 特征纪要:习性:草本;落叶。花程式:K4－5(－),C5,A4,↓(G)－。物候:－。花期和果期:5－9 月。果实:抱果。种子:种皮脆壳质,棕色。海拔:560－860 米。生境:沼泽。资源:－。栽培:－。全球 2 个大洲分布及属种数(5/11－12 hort. 1) 大洋洲:1/2; 南美洲:2/11－12。

Limnochloa Beauv. ex Lestib. Ess. = **Eleocharis**

Limnocrepis Fourr. = **Crepis**

Limnodea L. H. Dewey 南风茅属 Poaceae［MM－748］特征纪要:习性:草本。花程式:(K)3,C0 参考科,A1－2,↓G－参考科。其他特征参考科。全球 1 个大洲分布及种数(1)◆北美洲。

Limnophila R. Br. 石龙尾属 Scrophulariaceae［MD－536］特征纪要:习性:草本(生)。花程式:－。物候:－。海拔:1400 米。生境:旷野,塘边水湿处。资源:药用,具栽培园艺种类。全球 6 个大洲分布及种数(61－72;hort. 1;cult. 2)非洲:11－23;亚洲:50－67;大洋洲:16－29;欧洲:1－12;北美洲:12－25;南美洲:4－15。【中国种数:14】。

Limnophylla Griff. = **Limnophila**

Limnophyton Miq. 圆果慈姑属 Alismataceae［MM－597］特征纪要:习性:草本。花程式:K3－∞,C3－∞,A6,＝G3－6。其他特征参考科。全球 2 个大洲分布及种数(4)非洲:3;亚洲:cf. 1。【中国种数:1】。

Limnopityaceae Hayata = Cupressaceae

Limnopoa C. E. Hubb. 泻湖禾属 Poaceae［MM－748］特征纪要:习性:草本。花程式:(K－),C0 参考科,A3 参考科,↓G－参考科。其他特征参考科。全球 1 个大洲分布及种数(cf. 1)◆南亚(◆印度)。

Limnosciadium Mathias & Constance 沼泽芹属 Apiaceae［MD－480］特征纪要:习性:草本。花程式:＝↓(K5),C5,A5,＝↓G(－)。其他特征参考科。全球 1 个大洲分布及种数(2)◆北美洲(◆美国)。

Limnoseris Peterm. = **Crepis**

Limnosipanea Hook. f. 沼茜属 Rubiaceae［MD－523］特征纪要:习性:木本。花程式:(K)4－5,(C)4－5,A4－5,＝↓G2－9。其他特征参考科。全球 2 个大洲分布及种数(4－10)北美洲:3; 南美洲:10。

Limodorum Böhm. 丛宝兰属 Orchidaceae［MM－723］特征纪要:习性:－。花程式:－。其他特征参考科。全球 6 个大洲分布及种数(9－18;hort. 1;cult. 2)非洲:2－12;亚洲:2－14;大洋洲:10;欧洲:2－12;北美洲:2－12;南美洲:4－15。【中国种数:1】。

Limonia L. 象橘属 Limoniaceae［MD－226］特征纪要和分布(－)。全球 6 个大洲分布及种数(9－20)非洲:3－11;亚洲:5－15;大洋洲:2－10;欧洲:8;北美洲:8;南美洲:8。

Limoniaceae Ser.［MD－226］补血草科 特征纪要:习性:草本;落叶。花程式:K∞,C∞,A4,G－。物候:－。果实:－。种子:种脐子叶深绿色。海拔:－。生境:－。资源:－。栽培:－。全球 4 个大洲分布及属种数(1/1 hort. 1) 非洲:1/5; 亚洲:1/7; 大洋洲:1/4; 南美洲:1/2。

Limoniastrum Heist. ex Fabr. 屈霜花属 Plumbaginaceae［MD－227］特征纪要:习性:草本。花程式:－。其他特征参考科。全球 6 个大洲分布及种数(2－7)非洲:1－3;亚洲:1;大洋洲:1;欧洲:1－2;北美洲:1;南美洲:1。

Limoniopsis Lincz. 繁霜花属 Plumbaginaceae［MD－227］特征纪要:习性:灌木。花程式:－。其他特征参考科。全球 3 个大洲分布及种数(2－5)亚洲:5; 欧洲:2; 北美洲:2。

Limonium Mill. 补血草属 Plumbaginaceae［MD－227］特征纪要:习性:草质攀援。花程式:－。物候:－。花期:6－8 月。果期:参考晚于花期。海拔:1300－4000 米。生境:草原上。资源:药用,具栽培园艺种类。全球 6 个大洲分布及种数(349－732;hort. 1;cult. 26)非洲:96－149;亚洲:81－117;大洋洲:14－24;欧洲:203－315;北美洲:33－41;南美洲:8－13。【中国种数:22】。

Limonoseris Peterm. = **Crepis**

Limosella L. 水茫草属 Scrophulariaceae［MD－536］特征纪要:习性:草本(基生,水生,多肉)。花程式:(K－),C2－3 参考科,A4,↓G－。物候:－。海拔:1700－4000 米。生境:河岸,溪旁及林缘湿草地。资源:具园艺种类。全球 6 个大洲分布及种数(21－23)非洲:14－18;亚洲:6－10;大洋洲:6－10;欧洲:4－8;北美洲:5－9;南美洲:3－7。【中国种数:3】。

Limprichtia (I. Hagen) Löske 柳叶藓科属 Amblystegiaceae［B－178］特征纪要:－。全球 5 个大洲分布及种数(6)非洲:2; 亚洲:5; 欧洲:4; 北美洲:4; 南美洲:3。【中国种数:1】。

L

Linaceae DC. ex Perleb［MD－315］亚麻科 特征纪要:习性:木本;落叶。花程式:K4－5(－),C5,A1－5,↑G－。物候:－。花期: 6－9 月。果实:核果,蒴果。种子:－。海拔:1200－3200 米。生境:草原,山地干山坡,干河床沙砾地等。栽培:来自广西龙州。资源:园林。栽培:中国有栽培。全球 6 个大洲分布及属种数(16/286－429 <IFR 2/31> hort. 1;cult. 1) 非洲:2/48－60(IFR 1/1); 亚洲:7/101－135(IFR 1/9); 大洋洲:3/21－42; 欧洲:2/47－78(IFR 1/9); 北美洲:4/93－99(IFR 2/11); 南美洲:3/48－56(IFR 1/4)。【中国属种数:5/35】。

Linanthus Benth. 车叶麻属 Polemoniaceae［MD－481］特征纪要:习性:草本。花程式:K5,C0,A5,＝↓G2－3。其他特征参考科。全球 6 个大洲分布及种数(37－125)非洲:3; 亚洲:7; 大洋洲:2; 欧洲:74; 北美洲:74; 南美洲:6。【中国种数:2】。

Linaria Mill. 柳穿鱼属 Scrophulariaceae［MD－536］特征纪要:习性:草本(基生)。花程式:－。物候:－。花期:

5－8 月。果期:参考晚于花期。海拔:100－200 米。生境:草地,多石山坡,云杉林及路边草坡。资源:药用,具栽培园艺种类。全球 6 个大洲分布及种数(201－341;hort. 1;cult. 24)非洲:48－84;亚洲:83－138;大洋洲:15－32;欧洲:119－176;北美洲:26－45;南美洲:11－23。【中国种数:27】。

Linariantha B. L. Burtt & R. M. Sm. 线花爵床属 Acanthaceae [MD－572] 特征纪要:习性:草本。花程式:K2－4,C0,A2－4,＝(G)2。其他特征参考科。全球 1 个大洲分布及种数(1－2)◆东南亚。

Linariopsis Welw. 癞果麻属 Pedaliaceae [MD－539] 特征纪要:习性:木本。花程式:K5,C0,A10,＝↓(G)2。其他特征参考科。全球 1 个大洲分布及种数(1－4)◆非洲。

Lincania G. Don ＝ **Licania**

Linconia L. 麦娘花属 Bruniaceae [MD－336] 特征纪要:习性:木本。花程式:－。其他特征参考科。全球 2 个大洲分布及种数(3－10)非洲:8; 南美洲:2。

Lindackeria C. Presl 雀杨属 Achariaceae [MD－159] 特征纪要:习性:木本。花程式:－。其他特征参考科。全球 4 个大洲分布及种数(17－23)非洲:10－14;亚洲:cf. 1;北美洲:1;南美洲:7－8。

Lindbergella Bor 画眉禾属 Poaceae [MM－748] 特征纪要:习性:－。花程式:－。其他特征参考科。全球 2 个大洲分布及种数(2)非洲:2; 亚洲:2。

Lindbergia Kindb. 细枝藓属 Leskeaceae [B－181] 特征纪要:习性:－。【Rep】:雌雄同株,雌苞生于茎上,雄苞常着生于枝端,蒴柄长,直立,平滑或粗糙具疣,孢蒴多数直立,有时倾立。物候:－。海拔:680 米。生境:土生。资源:－。全球 5 个大洲分布及种数(19)非洲:4;亚洲:10;大洋洲:2;北美洲:3;南美洲:2。【中国种数:11】。

Lindelofia Lehm. 长柱琉璃草属 Boraginaceae [MD－517] 特征纪要:习性:草本(基生)。花程式:－。物候:－。花期:7－8 月。果期:参考晚于花期。海拔:1200－2800 米。生境:山坡冲沟间细土层,针叶林缘。资源:具栽培园艺种类。全球 2 个大洲分布及种数(10－12;hort. 1)亚洲:9－11;北美洲:2。【中国种数:2】。

Lindenbergia Lehm. 钟萼草属 Scrophulariaceae [MD－536] 特征纪要:习性:草质攀援。花程式:(K－),C2－3 参考科,A4,↓G－。物候:－。花期:7－9 月。果期:参考晚于花期。海拔:800－2500 米。生境:干山坡,岩缝及墙缝中,中山草坡。资源:具园艺种类。全球 6 个大洲分布及种数(24－29)非洲:7－10;亚洲:19－28;大洋洲:1;欧洲:1;北美洲:1;南美洲:1。【中国种数:5】。

Lindera Thunb. 山胡椒属 Lauraceae [MD－21] 特征纪要和分布(－)。全球 1 个大洲分布及种数(65－114)◆亚洲。【中国种数:44】。

Lindernia All. 陌上菜属 Linderniaceae [MD－534] 特征纪要:习性:草本(水生)。花程式:－。物候:－。花期:4－9 月。果期:参考晚于花期。海拔:900－1400 米。生境:草地,平原,山谷及林下,湿地。资源:药用,具栽培园艺种类。全球 6 个大洲分布及种数(159－187;hort. 1;cult. 1)非洲:62－82;亚洲:92－110;大洋洲:32－46;欧洲:7－19;北美洲:30－42;南美洲:18－30。【中国种数:7】。

Linderniaceae Borsch [MD－534] 母草科 特征纪要:习性:木本;落叶。花程式:K4－5(－),C0,A4,↓(G)－。物候:－。花期:4－9 月。果期:6－11 月。果实:蒴果。海拔:100－1550 米。生境:草地,平原,山谷及林下,湿地。资源:药用。栽培:－。全球 6 个大洲分布及属种数(12－13/105－180 <IFR 1/1> hort. 1;cult. 1) 非洲:6/117－164; 亚洲:3/140－152; 大洋洲:1/45－50; 北美洲:3/43－52(IFR 1/1); 南美洲:1/23－24。【中国属种数:8/42】。

Linderniella Eb. Fisch. , Schäferh. & Kai Müll. 细母草属 Linderniaceae [MD－534] 特征纪要:习性:草本。花程式:－。其他特征参考科。全球 1 个大洲分布及种数(8－16)◆非洲。

Lindheimera A. Gray & Engelm. 星菊属 Asteraceae [MD－586] 特征纪要:习性:草本。花程式:(K)3－5,C3－5,A3－5,＝↓(G)2。其他特征参考科。全球 1 个大洲分布及种数(2)◆北美洲。

Lindigia Hampe 青藓科属 Meteoriaceae [B－188] 特征纪要:习性:－。【Rep】:雌苞侧生,雌苞叶分化,蒴柄长,平滑或粗糙,孢蒴卵球形或长椭圆状圆柱形,下弯至横生,甚少直立,颈部短而,绿色或棕绿色。其他特征参考科。全球 2 个大洲分布及种数(1)北美洲:1;南美洲:1。

Lindigianthus Kruijt & Gradst. 彩鳞苔属 Lejeuneaceae [B－84] 特征纪要:习性:－。【Rep】:老时呈红褐色。其他特征参考科。全球 1 个大洲分布及种数(1)◆南美洲(◆厄瓜多尔)。

Lindleya Kunth 脚骨脆属 Rosaceae [MD－246] 特征纪要:习性:－。花程式:－。其他特征参考科。全球 2 个大洲分布及种数(1－3)北美洲:1; 南美洲:1。

Lindleyalis Lür 委内瑞拉兰属 Orchidaceae [MM－723] 特征纪要:习性:－。花程式:－。其他特征参考科。全球 2 个大洲分布及种数(7)亚洲:4; 南美洲:7。

Lindleyara Garay & H. R. Sweet ＝ **Laplacea**

Lindmania Mez 光彩凤梨属 Bromeliaceae [MM－715] 特征纪要:习性:草本。花程式:(K)3,C3,A6,＝↓(G)3。其他特征参考科。全球 3 个大洲分布及种数(38－69)亚洲:2; 北美洲:4; 南美洲:68。

Lindsaea Dryand. ex Sm. 鳞始蕨属 Lindsaeaceae [F－27] 特征纪要:习性:－。【Rep】:孢子囊群沿上缘及外缘着生,联结二至多条细脉顶端而为线形,或少有顶生 1 条细脉上而为圆形,囊群盖为线形,横长圆形,或圆形,向叶边开口。物候:－。海拔:500－600 米。生境:山谷常绿阔叶林下,竹林及杂木林下。资源:药用。全球 6 个大洲分布及种数(165－253;hort. 1;cult. 10)非洲:36－65;亚洲:71－109;大洋洲:42－68;欧洲:12－29;北美洲:25－44;南美洲:75－94。【中国种数:41】。

Lindsaeaceae C. Presl ex M. R. Schomb. [F－27] 鳞始蕨科 特征纪要:叶状体不规则,二歧分枝或近羽状分枝,暗绿色,单层细胞。【Rep】:雌雄异株,孢蒴细长角状,无气孔,假弹丝具单列螺纹加厚,孢子单细胞,被细疣。全球6个大洲分布和属种数(7;hort. & cult. 3)(233-422;hort. & cult. 6-8)非洲:5-7/ 51-111;亚洲:6/ 103-177;大洋洲:4-6/ 71-125;欧洲:3-5/ 18-59;北美洲:3-5/ 39-85;南美洲:4-5/ 92-135。【中国属种数:5/52】。

Lindsaenium Fée = **Lindsaea**

Lindsaeosoria W. H. Wagner 美国碗蕨属 Dennstaedtiaceae [F-26] 特征纪要:-。全球1个大洲分布及种数(1)◆北美洲(◆美国)。

Lindsaynium Fée = **Acrophorus**

Lindsayomyrtus B. Hyland & Steenis 番樱桃属 Myrtaceae [MD-347] 特征纪要:习性:木本。花程式:=↓(Kn), C2-3参考科, A8-10, =↓G-。其他特征参考科。全球3个大洲分布及种数(1-3)非洲:1; 亚洲:1; 大洋洲:1。

Lindsea J. St. -Hil. = **Lindsaea**

Linealia G. L. Nesom 菊科属 Asteraceae [MD-586] 特征纪要:习性:-。花程式:-。其他特征参考科。全球1个大洲分布及种数(1)◆大洋洲:1。

Lingelsheimia Pax 裂珠木属 Phyllanthaceae [MD-222] 特征纪要:习性:木本。花程式:-。其他特征参考科。全球1个大洲分布及种数(6)◆非洲。

Lingnania McClure = **Bambusa**

Lingoum Adans. = **Pterocarpus**

Linharia Arruda ex H. Kost. = **Ocotea**

Linkagrostis Romero Garcia & C. Morales 剪股颖属 Poaceae [MM-748] 特征纪要:习性:-。花程式:-。其他特征参考科。全球1个大洲分布及种数(cf. 1)◆欧洲。

Linnaea Gronov. ex L. 北极花属 Linnaeaceae [MD-512] 特征纪要(同科)。全球6个大洲分布及种数(39-41; hort. 1; cult. 1)非洲:8;亚洲:17-25;大洋洲:8;欧洲:19-27;北美洲:8-17;南美洲:1-9。【中国种数:1】。

Linnaeaceae Backlund [MD-512] 北极花科 特征纪要:习性:木本;落叶。花程式:(K)6-, C5, A4, ↓(G)3。物候:-。花期:7-8月。果期:8-9月。果实:核果。种子:棕色。海拔:700-2300米。生境:岩石上成片生长,针叶林下,云杉林下。资源:药用。栽培:中国有栽培。全球6个大洲分布及属种数(1/1 < IFR 1/1 > hort. 1; cult. 1) 亚洲:1/19(IFR 1/1) 欧洲:1/21; 北美洲:1/10-11(IFR 1/1); 南美洲:1/3。

Linnaeosicyos H. Schaef. & Kocyan 栝楼属 Cucurbitaceae [MD-205] 特征纪要:习性:木本。花程式:-。其他特征参考科。全球1个大洲分布及种数(1) ◆北美洲:1。

Linneusia Raf. = **Linnaea**

Linochilus Benth. 长冠菀属 Asteraceae [MD-586] 特征纪要:习性:-。花程式:-。其他特征参考科。全球2个大洲分布及种数(60-61)北美洲:2; 南美洲:61。

Linociria Neck. = **Gonocarpus**

Linodendron Griseb. 古巴瑞香属 Thymelaeaceae [MD-310] 特征纪要:习性:木本。花程式:K2-4, C0, A2, =G2-5。其他特征参考科。全球3个大洲分布及种数(3-15)亚洲:4; 欧洲:8; 北美洲:8。

Linopsis Rchb. = **Linum**

Linospadix H. Wendl. 手杖椰属 Arecaceae [MM-717] 特征纪要和分布(-)。全球3个大洲分布及种数(2-8)非洲;亚洲;大洋洲;北美洲。

Linostachys Klotzsch ex Schltdl. = **Acalypha**

Linostoma Wall. ex Endl. 翅薇香属 Thymelaeaceae [MD-310] 特征纪要:习性:木本。花程式:K2-4, C0, A2, =G2-5。其他特征参考科。全球2个大洲分布及种数(4-17)亚洲:15; 南美洲:6。【中国种数:1】。

Linostylis Fenzl ex Sond. = **Dyschoriste**

Lintersemina <unassigned> 茜草科属 Rubiaceae [MD-523] 特征纪要:习性:-。花程式:-。其他特征参考科。全球1个大洲分布及种数(-)。

Lintonia Stapf 林托草属 Poaceae [MM-748] 特征纪要:习性:-。花程式:-。其他特征参考科。全球3个大洲分布及种数(1-28)非洲:6; 大洋洲:2; 南美洲:19。

Linum L. 亚麻属 Linaceae [MD-315] 特征纪要:习性:木本。花程式:-。物候:-。花期:6-7月。果期:参考晚于花期。海拔:500-1200米。生境:草原,山地干山坡,干河床沙砾地等。栽培:来自广西龙州。资源:园林,具栽培园艺种类。全球6个大洲分布及种数(208-301; hort. 1; cult. 17)非洲:47-69;亚洲:84-126;大洋洲:18-38;欧洲:44-85;北美洲:75-90;南美洲:34-48。【中国种数:29】。

Linzia Sch. Bip. ex Walp. 铁鸠菊属 Asteraceae [MD-586] 特征纪要:习性:草本。花程式:(K)3-5, (C)3-5, A3参考科, ↓G。其他特征参考科。全球1个大洲分布及种数(-)◆非洲:7(IFR 3)。

Liochlaena Nees 狭叶苔属 Jungermanniaceae [B-38] 特征纪要:习性:-。【Rep】:常具蒴囊,绿色、黄绿色、暗绿色或红褐色。物候:-。海拔:-。生境:常见于腐木上。栽培:来自广西龙州。资源:具栽培园艺种类。全球3个大洲分布及种数(3)亚洲:3; 欧洲:2; 北美洲:2。

Liopilus D. Mohr ex F. Weber 显芽藓属 Sorapillaceae [B-212] 特征纪要:-。全球1个大洲分布及种数(2)◆亚洲:2。

Lipandra Moq. 苋科属 Chenopodiaceae [MD-115] 特征纪要:习性:-。花程式:-。其他特征参考科。全球1个

L

大洲分布及种数(1-2)◆亚洲:1。

Liparena Poit. ex Léman = **Drypetes**

Liparia L. 大丽槐属 Fabaceae3 [MD-240] 特征纪要:习性:木本。花程式:=↓(Kn),C1-∞参考科,A3参考科,=↓G(-)。物候:-。海拔:-。生境:-。资源:具园艺种类。全球1个大洲分布及种数(20-21)◆非洲。

Liparis Rich. 羊耳蒜属 Orchidaceae [MM-723] 特征纪要:习性:草本(根状茎,基生,多肉)。花程式:(K-),C2-3参考科,A3参考科,↓G-。物候:-。花期:4月。果期:参考晚于花期。海拔:1000-1500米。生境:常绿阔叶林,阴湿处,覆土岩石。栽培:来自广西龙州。资源:药用,具栽培园艺种类。全球6个大洲分布及种数(313-511;hort. 1;cult. 6)非洲:107-180;亚洲:156-262;大洋洲:64-118;欧洲:5-33;北美洲:34-60;南美洲:40-69。【中国种数:88】。

Liparophyllum Hook. f. 滑子荇菜属 Menyanthaceae [MD-526] 特征纪要:习性:草本。花程式:-。其他特征参考科。全球2个大洲分布及种数(8-9)亚洲:2; 大洋洲:9。

Lipastrum Mosyakin 乐园百合属 Liliaceae [MM-633] 特征纪要:习性:-。花程式:-。其他特征参考科。全球0个大洲分布及种数(2)。

Lipoblepharis Orchard 睡菊属 Asteraceae [MD-586] 特征纪要:习性:草本。花程式:(K)3-5,(C)3-5,A3-5,↓G。物候:-。花期:7-10月。果期:参考晚于花期。海拔:6000米。生境:阿尔泰山地针叶林带山沟,柞林下路旁。资源:-。全球2个大洲分布及种数(3) 亚洲:3(IFR 1);大洋洲:2。

Lipocarpha R. Br. 湖瓜草属 Cyperaceae [MM-747] 特征纪要:习性:-。花程式:-。物候:-。海拔:100-2100米。生境:水旁阳处。资源:-。全球6个大洲分布及种数(36-37)非洲:25-37;亚洲:14-26;大洋洲:5-17;欧洲:1-13;北美洲:14-26;南美洲:11-23。

Lipochaeta DC. 缺毛菊属 Asteraceae [MD-586] 特征纪要:习性:草本。花程式:(K)3-5,(C)3-5,A3-5,=↓G2。其他特征参考科。全球4个大洲分布及种数(24-111)亚洲:41; 大洋洲:2; 北美洲:62; 南美洲:11。

Lipotactes (Bl.) Rchb. 桑寄生属 Loranthaceae [MD-415] 特征纪要:习性:-。花程式:-。其他特征参考科。全球1个大洲分布及种数(-)。

Lipotriche R. Br. 卤地菊属 Asteraceae [MD-586] 特征纪要:习性:草本。花程式:K-,C3,A4-5,↓(G)2。其他特征参考科。全球2个大洲分布及种数(16-20)非洲:18; 亚洲:1。

Lippa Cothen. = **Lippia**

Lippia L. 牛至木属 Verbenaceae [MD-556] 特征纪要:习性:木本。花程式:K2-4,C0,A3参考科,=↓G2-4。物候:-。海拔:-。生境:-。资源:具栽培园艺种类。全球6个大洲分布及种数(169-610)非洲:75; 亚洲:59; 大洋洲:33; 欧洲:140; 北美洲:140; 南美洲:360。【中国种数:10】。

Lipschitzia <unassigned> 菊属 Asteraceae [MD-586] 特征纪要:习性:-。花程式:-。其他特征参考科。全球1个大洲分布及种数(-)。

Lipskya Nevski 里普斯基草属 Apiaceae [MD-480] 特征纪要:习性:-。花程式:-。其他特征参考科。全球1个大洲分布及种数(-)。

Liquidambar L. 枫香树属 Altingiaceae [MD-65] 特征纪要:习性:木本。花程式:Kn,C2-3参考科,A1,=↓G-。物候:-。花期:3-6月。果期:参考晚于花期。海拔:500-800米。生境:次生林。资源:具栽培园艺种类。全球6个大洲分布及种数(15-37)非洲:2; 亚洲:27; 大洋洲:3; 欧洲:5; 北美洲:5; 南美洲:3。【中国种数:6】。

Liriaceae Batsch [MM-659] 百合花科 特征纪要:习性:草本;落叶。花程式:K4-5(-),C5,A,G-。物候:-。果实:-。种子:-。海拔:-。生境:-。资源:-。栽培:-。全球(-)大洲分布和属种数(-)。

Lirianthe Spach 夜香木兰属 Magnoliaceae [MD-1] 特征纪要:木本,落叶,复叶; 花程式:K1-∞,C1-∞,A8,=↑G:2(20-200),房位(-)。果实:果干燥或肉质。种子:红色。全球1个大洲分布及种数(cf. 1)◆亚洲(◆中国)。

Liriodendron L. 鹅掌楸属 Magnoliaceae [MD-1] 特征纪要:习性:木本。花程式:Kn,C2-3参考科,A8,G-。物候:-。花期:5月。果期:参考晚于花期。海拔:900-1000米。生境:落叶林,山地林中。资源:药用,具栽培园艺种类。全球6个大洲分布及种数(3-4)非洲:3;亚洲:2-6;大洋洲:3;欧洲:1-4;北美洲:2-5;南美洲:3。【中国种数:2】。

Liriope Lour. 山麦冬属 Asparagaceae [MM-669] 特征纪要:习性:-。花程式:-。物候:-。花期:6-8月。果期:参考晚于花期。海拔:100-2000米。生境:观赏植物,阴凉地带,草地和岩石地带。资源:-。全球5个大洲分布及种数(8-40)非洲:3; 亚洲:29; 欧洲:5; 北美洲:5; 南美洲:4。【中国种数:6】。

Liriosma Poepp. & Endl. = **Dulacia**

Lirium G. A. Scop. 百合花属 Liriaceae [MM-659] 特征纪要及分布(-)。

Lisaea Boiss. 里萨草属 Apiaceae [MD-480] 特征纪要:习性:草本。花程式:=↓(Kn),C5,A3参考科,=↓G(-)。其他特征参考科。全球1个大洲分布及种数(cf. 1)◆亚洲。

Lisianthius P. Br. 黄精胆属 Gentianaceae [MD-496] 特征纪要:习性:木本。花程式:K5,C0,A10,=↓(G)2。物候:-。海拔:-。生境:-。资源:具园艺种类。全球5个大洲分布及种数(43-80)非洲:4;亚洲:4;大洋洲:1-2;北美洲:33-38;南美洲:10-14。

Lisimachia Neck. = **Lysimachia**

Lissanthe R. Br. 黄精石南属 Epacridaceae [MD－391] 特征纪要:习性:木本。花程式:(K)2－4,(C)2－4,A10,＝G2－5。其他特征参考科。全球1个大洲分布及种数(5－16)◆大洋洲(◆澳大利亚)。

Lissocarpa Benth. 棠柿属 Lissocarpaceae [MD－323] 特征纪要(同科)。全球1个大洲分布及种数(8)◆南美洲。

Lissocarpaceae (Griseb.) Gilg [MD－323] 尖药科 特征纪要:习性:木本;落叶。花程式:K4,C0,A8,↓(G)↓4。物候:－。果实:－。种子:－。海拔:－。生境:－。资源:－。栽培:－。全球1个大洲分布及属种数(2/10 hort. 1) ◆南美洲:1/ 8－8。

Lissocarpus P. & K. ＝ **Lissocarpa**

Lissochilus R. Br. ＝ **Eulophia**

Lissospermum Bremek. 延苞蓝属 Acanthaceae [MD－572] 特征纪要:习性:－。花程式:－。其他特征参考科。全球1个大洲分布及种数(－)◆大洋洲。

Listera R. Br. 对叶兰属 Orchidaceae [MM－723] 特征纪要:习性:－。花程式:－。物候:－。花期:参考早于果期。果期:8－10月。海拔:1000－1500米。生境:湖畔,竹林下。资源:－。全球6个大洲分布及种数(15－19)非洲:2－31;亚洲:14－48;大洋洲:2－31;欧洲:1－30;北美洲:9－38;南美洲:1－30。

Listia E. Mey. 罗顿豆属 Fabaceae3 [MD－240] 特征纪要:习性:木本。花程式:＝↓(Kn),C2－3参考科,A3参考科,＝↓G(－)。其他特征参考科。全球3个大洲分布及种数(1－7)非洲:1－4,亚洲:1,大洋洲:1。【中国种数:1】。

Listrostachys Rchb. f. 铲穗兰属 Orchidaceae [MM－723] 特征纪要:习性:草本。花程式:(K)3,C3,A3,＝↓G3。其他特征参考科。全球1个大洲分布及种数(1)◆非洲。

Lita Schreb. ＝ **Voyria**

Litanthus Harv. 银桦百合属 Asparagaceae [MM－669] 特征纪要:习性:－。花程式:－。其他特征参考科。全球1个大洲分布及种数(－)◆亚洲。

Litanum Nieuwl. ＝ **Talinum**

Litchi Sonn. 荔枝属 Sapindaceae [MD－428] 特征纪要:习性:木本。花程式:－。物候:－。花期:春季。果期:参考晚于花期。海拔:100－2600米。生境:路旁石灰性冲积土。资源:药用,具栽培园艺种类。全球6个大洲分布及种数(3－50)非洲:4; 亚洲:32; 大洋洲:4; 欧洲:8; 北美洲:8; 南美洲:8。【中国种数:1】。

Lithachne P. Beauv. 石稃竺属 Poaceae [MM－748] 特征纪要:习性:草本。花程式:(K)3,C0参考科,A1－2,＝G2－3。其他特征参考科。全球2个大洲分布及种数(5)北美洲:3;南美洲:2。

Lithacne Poir. ＝ **Lithachne**

Lithagrostis Gaertn. ＝ **Coix**

Lithobium Bong. 岩龙丹属 Melastomataceae [MD－364] 特征纪要:习性:木本。花程式:－。其他特征参考科。全球1个大洲分布及种数(1－6)◆南美洲。

Lithocardium (DC.) Kuntze 紫草科属 Boraginaceae [MD－517] 特征纪要:习性:－。花程式:－。其他特征参考科。全球2个大洲分布及种数(26)北美洲:1; 南美洲:1。

Lithocarpus Bl. 烟斗柯属 Fagaceae [MD－69] 特征纪要:习性:木质攀援。花程式:－。物候:－。花期:5－6月。果期:参考晚于花期。海拔:1500－2700米。生境:常绿阔叶林,常见于山谷两侧。资源:药用,具栽培园艺种类。全球6个大洲分布及种数(357－969)非洲:40; 亚洲:917; 大洋洲:44; 欧洲:51; 北美洲:51; 南美洲:17。【中国种数:144】。

Lithodora Griseb. 木紫草属 Boraginaceae [MD－517] 特征纪要:习性:灌木。花程式:K5,C0,A5,＝G2－4。其他特征参考科。全球5个大洲分布及种数(5－21)非洲:8; 亚洲:15; 欧洲:4; 北美洲:4; 南美洲:7。【中国种数:1】。

Lithodraba Bölcke 干葶苈属 Brassicaceae [MD－213] 特征纪要:习性:－。花程式:－。其他特征参考科。全球1个大洲分布及种数(1)◆南美洲。

Lithographa <unassigned> 衣芽藓属 Sorapillaceae [B－212] 特征纪要:－。全球2个大洲分布及种数(10)大洋洲:3; 南美洲:4。

Lithoicea <unassigned> 衣紫草属 Boraginaceae [MD－517] 特征纪要:－。全球1个大洲分布及种数(1)◆欧洲:1。

Lithomyrtus F. Müll. 石桃木属 Myrtaceae [MD－347] 特征纪要:习性:木本。花程式:K5,C5,A8－10,＝↓(G)2－5。其他特征参考科。全球4个大洲分布及种数(11－21)亚洲:3; 大洋洲:13; 欧洲:2; 北美洲:2。

Lithoon Nevski ＝ **Astragalus**

Lithophila Sw. 安石苋属 Amaranthaceae [MD－116] 特征纪要:习性:－。花程式:－。其他特征参考科。全球2个大洲分布及种数(6)北美洲:2; 南美洲:2。

Lithophragma (Nutt.) Torr. & A. Gray 林星花属 Saxifragaceae [MD－231] 特征纪要:习性:草本。花程式:＝↓(K5),C5,A5－10,＝↓G－。其他特征参考科。全球3个大洲分布及种数(10－63)亚洲:4; 北美洲:36; 南美洲:13。【中国种数:1】。

Lithops N. E. Br. 生石花属 Aizoaceae [MD－94] 特征纪要:习性:草本。花程式:＝↓(K3－4),C3－4,A5参考科,＝↓G1－2。其他特征参考科。全球2个大洲分布及种数(45－135)非洲:98; 南美洲:12。

Lithosciadium Turcz. 石蛇床属 Apiaceae [MD－480] 特征纪要:习性:草本。花程式:＝↓(K5),C5,A5,＝↓G(－)。物候:－。花期:7－8月。果期:参考晚于花期。海拔:2600－2900米。生境:石山,坡地。资源:－。全球1个大洲分布及种数(cf. 1)◆亚洲(◆中国)。【中国种数:1】。

Lithospermum L. 紫草属 Boraginaceae [MD－517] 特征纪要:习性:草本。花程式:－。物候:－。花期:4－8 月。果期:参考晚于花期。海拔:5700 米。生境:丘陵,牧场,山坡。资源:药用,具栽培园艺种类。全球 6 个大洲分布及种数(119－155;hort. 1;cult. 4)非洲:21－51;亚洲:22－54;大洋洲:4－33;欧洲:21－50;北美洲:73－106;南美洲:13－50。【中国种数:5】。

Lithosphaeria <unassigned> 土紫草属 Boraginaceae [MD－517] 特征纪要:－。全球 1 个大洲分布及种数(1)◆欧洲:1。

Lithostegia Ching 石盖蕨属 Dryopteridaceae [F－49] 特征纪要:习性:－。【Rep】:孢子囊群的裂片急狭缩呈角状,每裂片小脉顶部生 1 枚小圆形的孢子囊群。物候:－。海拔:400－2900 米。生境:常绿阔叶林,石灰岩,自然山坡地。资源:－。全球 1 个大洲分布及种数(cf. 1)◆亚洲。

Lithraea Miers ex Hook. & Arn. 白饼木属 Anacardiaceae [MD－432] 特征纪要:习性:木本。花程式:K5－10,C5－10,A5－10,＝G1－3。其他特征参考科。全球 4 个大洲分布及种数(7;hort. 1)非洲:1;亚洲:cf. 1;北美洲:1;南美洲:6。【中国种数:1】。

Lithrea Miers ex Hook. & Arn. 白饼木属 Anacardiaceae [MD－432] 特征纪要:习性:－。花程式:－。其他特征参考科。全球 2 个大洲分布及种数(7)北美洲:2; 南美洲:3。

Litobrochia (C. Presl) C. Presl 栗蕨属 Pteridaceae [F－31] 特征纪要:－。全球 2 个大洲分布及种数(44)北美洲:1; 南美洲:1。

Litogyne Harv. 凹托菊属 Asteraceae [MD－586] 特征纪要:习性:－。花程式:－。其他特征参考科。全球 1 个大洲分布及种数(－)。

Litolobium Newman ＝ **Dennstaedtia**

Litosanthes Blume ＝ **Lasianthus**

Litostigma Y. G. Wei, F. Wen & Mich. Möller 凹柱苣苔属 Gesneriaceae [MD－549] 特征纪要:习性:草本。花程式:Kn,C0,A2,↓(G)2。物候:－。海拔:80－4600 米。生境:北界,在山地。资源:－。全球 1 个大洲分布及种数(1－3)◆亚洲:cf. 1。【中国种数:2】。

Litothamnus R. M. King & H. Rob. 滨菊木属 Asteraceae [MD－586] 特征纪要:习性:草本。花程式:(K)3－5,C3－5,A3－5,＝↓(G)2。其他特征参考科。全球 1 个大洲分布及种数(2－3)◆南美洲(◆巴西)。

Litrisa Small ＝ **Carphephorus**

Litsea Lam. 木姜子属 Lauraceae [MD－21] 特征纪要:习性:木本。花程式:Kn,C3,A6,G－。物候:－。花期:7－8 月。果期:参考晚于花期。海拔:100－600 米。生境:中海拔阔叶林。资源:具栽培园艺种类。全球 6 个大洲分布及种数(175－516;hort. 1;cult. 13)非洲:18－79;亚洲:157－325;大洋洲:32－143;欧洲:17;北美洲:18－44;南美洲:11－31。【中国种数:71】。

Littaea Tagl. ＝ **Agave**

Littledalea Hemsl. 扇穗茅属 Poaceae [MM－748] 特征纪要:习性:草本。花程式:(K－),C0 参考科,A3 参考科,↓G－参考科。物候:－。海拔:2900－4000 米。生境:山谷砾石地,石质山坡。资源:具园艺种类。全球 1 个大洲分布及种数(4－6)◆亚洲(◆中国)。【中国种数:4】。

Littonia Hook. 黄嘉兰属 Colchicaceae [MM－623] 特征纪要:习性:－。花程式:－。其他特征参考科。全球 4 个大洲分布及种数(50)非洲:16; 亚洲:10; 北美洲:2; 南美洲:32。

Littorella P. J. Bergius 海车前属 Plantaginaceae [MD－527] 特征纪要:习性:草本(水生)。花程式:－。其他特征参考科。全球 6 个大洲分布及种数(3－11)非洲:2; 亚洲:3; 大洋洲:3; 欧洲:4; 北美洲:4; 南美洲:7。

Litwinowia Woronow 脱喙荠属 Brassicaceae [MD－213] 特征纪要:习性:草本(基生)。花程式:Kn,C2－3 参考科,A3 参考科,G－。物候:－。海拔:300－3500 米。生境:河岸旁,沙漠荒草地,路边,牧场,田野。资源:－。全球 1 个大洲分布及种数(2)◆亚洲:cf. 1。【中国种数:1】。

Livistona R. Br. 蒲葵属 Arecaceae [MM－717] 特征纪要:习性:木本。花程式:－。物候:－。花期:10 月。果期:参考晚于花期。海拔:100－2500 米。生境:海岸森林,通常在沙土上。资源:药用,具栽培园艺种类。全球 6 个大洲分布及种数(15－46)非洲:3－14;亚洲:10－29;大洋洲:8－38;欧洲:3－11;北美洲:5－15;南美洲:4－13。【中国种数:4】。

Llagunoa Ruiz & Pav. 利亚无患子属 Sapindaceae [MD－428] 特征纪要:习性:木本。花程式:K4－8,C4－8,A10,＝G2－3。其他特征参考科。全球 2 个大洲分布及种数(3－10)大洋洲:2; 南美洲:9。

Llavea Lag. 金萁属 Meliosmaceae [MD－260] 特征纪要:草本,叶脉分离或罕为网状,网眼内不具内藏小脉。全球 1 个大洲分布及种数(1)◆北美洲。

Llerasia Triana 点腺菀属 Asteraceae [MD－586] 特征纪要:习性:草本。花程式:(K)3－5,C3－5,A3－5,＝↓(G)2。其他特征参考科。全球 3 个大洲分布及种数(14－20)非洲:2; 亚洲:2; 南美洲:18。

Llewelynia Pittier ＝ **Henriettea**

Llimoniella <unassigned> 兰花蕉科属 Lowiaceae [MM－729] 特征纪要和分布(－)。

Lloydia Salisb. ex Rchb. 洼瓣花属 Liliaceae [MM－633] 特征纪要:习性:－。花程式:－。物候:－。花期:7－8 月。果期:参考晚于花期。海拔:2300－4100 米。生境:草坡或石坡上。资源:－。全球 6 个大洲分布及种数(9－12)非洲:2－7;亚洲:8－16;大洋洲:1－6;欧洲:2－7;北美洲:1－6;南美洲:5。【中国种数:6】。

Loasa Adans. 刺莲花属 Loasaceae [MD－435] 特征纪要:习性:木本。花程式:＝↓(K5－10),C5－10,A5－10,＝

L

↓(G)1－3。其他特征参考科。全球 4 个大洲分布及种数(29－232)亚洲:3; 欧洲:14; 北美洲:14; 南美洲:208。【中国种数:1】。

Loasaceae Juss. [MD－435] 刺莲花科 特征纪要:习性:木本;落叶。花程式:K4－5(－),C5,A5,＝↓(G)1－3。物候:－。花期:－。果期:－。果实:蒴果。种子:－。海拔:1640 米。生境:微碱化土壤。栽培:来自广西龙州。资源:－。栽培:－。全球 5 个大洲分布及属种数(27－28/458－508 <IFR 7/21> hort. 1;cult. 3) 非洲:2/3－4; 亚洲:2/5－8; 欧洲:1－2/3－4; 北美洲:11/142－164(IFR 5/10); 南美洲:12/305－314(IFR 4/12)。【中国属种数:6/11】。

Lobadium Raf. ＝ **Rhus**

Lobanilia Radcl.－Sm. 白桐树属 Euphorbiaceae [MD－217] 特征纪要:习性:木本。花程式:Kn,C0,A6,↓G－参考科。其他特征参考科。全球 1 个大洲分布及种数(7)◆非洲。

Lobaria Haw. 虎耳草科属 Lanariaceae [MM－681] 特征纪要:习性:－。花程式:－。其他特征参考科。全球 3 个大洲分布及种数(88)亚洲:2; 北美洲:1; 南美洲:1。

Lobatiricardia (Mizut. & S. Hatt.) Furuki 宽片苔属 Aneuraceae [B－86] 特征纪要:习性:－。物候:－。海拔:－。生境:腐生,土生。资源:－。全球 1 个大洲分布及种数(1)◆亚洲(◆中国)。

Lobatiriccardia (Mizut. & S. Hatt.) Furuki 宽片苔属 Aneuraceae [B－86] 特征纪要:习性:－。【Rep】:雌雄苞均着生短侧枝上,雌苞无假蒴萼,蒴被形大,肉质,圆柱形或棒形,尖端具疣状突起,孢蒴椭圆形,成熟时,雌雄异株,蒴被筒状,蒴柄细长,柔弱,芽胞常着生叶状体尖部,1－2 个细胞。物候:－。海拔:－。生境:腐生,土生。资源:－。全球 2 个大洲分布及种数(10)亚洲:5; 大洋洲:3。

Lobelia L. 半边莲属 Lobeliaceae [MD－567] 特征纪要和分布(－)。分布:－。【中国种数:48】。

Lobeliaceae Juss. ex Bonpl. [MD－567] 山梗菜科 特征纪要:习性:草本;落叶。花程式:(K)5,C5,A5,G2. 物候:－。花期:7 月。果实:－。种子－。海拔:1000－3000 米。生境:－。资源:药用。栽培:－。全球 6 个大洲分布及属种数(1/1 <IFR 1/41> hort. 1;cult. 1) 非洲:IFR 1/8; 亚洲:1/106－124(IFR 1/9); 大洋洲:1/84－112(IFR 1/2); 北美洲:1/171－205(IFR 1/18); 南美洲:1/71－82(IFR 1/8)。

Lobivia Britton & Rose 丽花球属 Cactaceae [MD－100] 特征纪要:木本。花程式:＝↓(K1－∞),C1－∞,A3－100,＝↓G3－100－。其他特征参考科。全球 5 个大洲分布及种数(67－121;hort. 11;cult. 11)非洲:2;亚洲:cf. 1;欧洲:3;北美洲:7;南美洲:65－67。

Lobocolax <unassigned> 柏树属 Cupressaceae [G－17] 特征纪要:－。全球 1 个大洲分布及种数(2)◆南美洲:1。

Lobophyllum F. Muell. ＝ **Coldenia**

Lobostemon Lehm. 睡裤木属 Boraginaceae [MD－517] 特征纪要:灌木。花程式:K5,C0,A3 参考科,＝↓G2－4。其他特征参考科。全球 5 个大洲分布及种数(30－78)非洲:68; 亚洲:3; 欧洲:5; 北美洲:5; 南美洲:9。

Lobularia Desv. 香雪球属 Brassicaceae [MD－213] 特征纪要:习性:草本(基生)。花程式:Kn,C2－3 参考科,A5 参考科,G－。物候:－。海拔:2000 米。生境:林下土生。资源:观赏,具栽培园艺种类。全球 6 个大洲分布及种数(13－50)非洲:14; 亚洲:19; 大洋洲:2; 欧洲:3; 北美洲:3; 南美洲:2。【中国种数:1】。

Lochemia Arn. ＝ **Melochia**

Locheria Regel. 苦苣苔科属 Gesneriaceae [MD－549] 特征纪要:习性:－。花程式:－。其他特征参考科。全球 2 个大洲分布及种数(6)北美洲:1; 南美洲:1。

Lochneria Scop. ＝ **Elaeocarpus**

Lockhartia Hook. 杉叶兰属 Orchidaceae [MM－723] 特征纪要:习性:草本。花程式:(K)3,C3,A3,＝↓G3。其他特征参考科。全球 3 个大洲分布及种数(32－60)亚洲:3; 北美洲:39; 南美洲:58。

Lockia Bronner ＝ **Luisia**

Lodicularia Beauv. ＝ **Hemarthria**

Lodoicea Comm. ex DC. 巨子棕属 Arecaceae [MM－717] 特征纪要:习性:木本。花程式:K3－10,C3－10,A3－10,＝G3－10。其他特征参考科。全球 4 个大洲分布及种数(1－6)非洲:2; 亚洲:3; 北美洲:3; 南美洲:2。

Loefgrenianthus Höhne 勒夫兰属 Orchidaceae [MM－723] 特征纪要:习性:草本。花程式:(K)3,C3,A3,＝↓G3。其他特征参考科。全球 1 个大洲分布及种数(2)◆南美洲(◆巴西)。

Loeflingia L. 沙鼓钉属 Caryophyllaceae [MD－77] 特征纪要:习性:草本。花程式:K1－5,C1－5,A1－5,＝G2－5。其他特征参考科。全球 4 个大洲分布及种数(4－22)非洲:8; 亚洲:5; 欧洲:14; 北美洲:14。【中国种数:2】。

Loeselia L. 堇罗花属 Polemoniaceae [MD－481] 特征纪要:习性:草本。花程式:K5,C0,A5,＝↓G2－3。其他特征参考科。全球 4 个大洲分布及种数(16－42)亚洲:3; 欧洲:20; 北美洲:20; 南美洲:8。【中国种数:1】。

L

Loeseliastrum (Brand) Timbrook 罗纹花属 Polemoniaceae [MD－481] 特征纪要:习性:草本。花程式:K5,C0,A5,↓G－。其他特征参考科。全球 1 个大洲分布及种数(3)◆北美洲。

Loesenera Harms 非洲豆属 Fabaceae1 [MD－240] 特征纪要:习性:木本。花程式:＝↓(K3－5－∞),C3－5－∞,A3－5,＝↓G1－2。其他特征参考科。全球 1 个大洲分布及种数(4)◆非洲。

Loeseneriella A. C. Sm. 翅子藤属 Celastraceae [MD－339] 特征纪要:习性:木质攀援。花程式:K5,C5,A3 参考科,G－。物候:－。花期:5－6 月。果期:参考晚于花期。海拔:300－670 米。生境:山谷林中。栽培:来自广西龙州。资源:具栽培园艺种类。全球 4 个大洲分布及种数(40－56)非洲:27; 亚洲:24; 大洋洲:7; 南美洲:2。【中国种数:7】。

Loeskeobryum M. Fleisch. ex Broth. 假蔓藓属 Hylocomiaceae [B－193] 特征纪要:习性:－。【Rep】:雌雄异株,内雌苞叶基部呈鞘状,向上渐尖,蒴柄细长,蒴柄直立,长而细,蒴齿两层,内齿层具高基膜和透明并与外齿层等高的齿条,环带不分化,蒴盖具短喙。物候:－。海拔:－。生境:岩面土生。资源:－。全球 5 个大洲分布及种数(3)非洲:1;亚洲:2;欧洲:1;北美洲:1;南美洲:1。【中国种数:2】。

Loeskypnum H. K. G. Paul 偏头藓属 Amblystegiaceae [B－178] 特征纪要:习性:－。【Rep】:雌雄同株或异株,内雌苞叶具单中肋,蒴柄细长,干燥时扭转,红色或紫色,雌雄同株或异株,内雌苞叶卵状披针形,无褶,中肋单一,蒴柄棕红。其他特征参考科。全球 3 个大洲分布及种数(3)欧洲:1;北美洲:3;南美洲:1。

Loewia Urb. 石棒花属 Passifloraceae [MD－151] 特征纪要:习性:木本。花程式:K5,C5,A5,=↓(G)3。其他特征参考科。全球 3 个大洲分布及种数(2－6)非洲:3; 亚洲:3; 南美洲:2。

Loflammia <unassigned> 哥斯糖蜜花属 Melianthaceae [MD－398] 特征纪要:－。全球 2 个大洲分布及种数(3)北美洲:3; 南美洲:3。

Logania R. Br. 蜂窝子属 Loganiaceae [MD－486] 特征纪要:习性:木本。花程式:K5,C0,A4－5,=G2。物候:－。海拔:－。生境:－。资源:具栽培园艺种类。全球 4 个大洲分布及种数(23－77)非洲:3; 亚洲:1; 大洋洲:68; 南美洲:11。

Loganiaceae R. Br. ex Mart. [MD－486] 马钱科 特征纪要:习性:木本,藤本;落叶。花程式:(K)6－,C4－5,A5,↓(G)2。物候:－。花期: 4－8 月。果实:蒴果。种子:－。海拔:1000－3000 米。生境:－。资源:园林。栽培:中国有栽培。全球 6 个大洲分布及属种数(20－26/546－855 < IFR 3/6 > hort. 1;cult. 4) 非洲:7－11/108－146; 亚洲:11－12/144－220(IFR 3/4); 大洋洲:12－15/73－195(IFR 1/1); 欧洲:2/2; 北美洲:9/72－76; 南美洲:7/110－118(IFR 1/1)。【中国属种数:7/47】。

Logfia Cass. 绒菊属 Asteraceae [MD－586] 特征纪要:习性:草本。花程式:(K)3－5,C3－5,A3－5,=↓(G)2。其他特征参考科。全球 6 个大洲分布及种数(4－17)非洲:7; 亚洲:7; 大洋洲:4; 欧洲:16; 北美洲:16; 南美洲:6。【中国种数:2】。

Loghania Scop. = **Souroubea**

Loheria Merr. 苞金牛属 Primulaceae [MD－401] 特征纪要:习性:草本。花程式:(K)3－4,(C)3－4,A4,=(G)3－5。其他特征参考科。全球 3 个大洲分布及种数(6－13)非洲:5; 亚洲:13; 大洋洲:4。

Loiseaubryum Bizot 非洲葫芦藓属 Funariaceae [B－106] 特征纪要:习性:－。【Rep】:雌雄同株,蒴柄细长,顶生,孢蒴直立,对称,近于圆球形或短梨形,台部极短而粗,环带由小形细胞组成而常存,雌雄同株异苞,蒴柄细长,黄色,孢蒴直立,对称,呈倒梨形,多具明显的长台部,环带缺如,蒴齿缺如。其他特征参考科。全球 1 个大洲分布及种数(2)◆非洲:2。

Loiseleuria Desv. 蔓山鹃属 Ericaceae [MD－380] 特征纪要:习性:－。花程式:－。其他特征参考科。全球 2 个大洲分布及种数(2)亚洲:2; 北美洲:2。

Loliolum V. I. Krecz. & Bobrov 燕鼠茅属 Poaceae [MM－748] 特征纪要:习性:－。花程式:－。其他特征参考科。全球 6 个大洲分布及种数(10)非洲:4; 亚洲:8; 大洋洲:2; 欧洲:10; 北美洲:10; 南美洲:2。

lolium L. 黑麦草属 Poaceae [MM－748] 特征纪要:习性:草本(根状茎,基生,寄生)。花程式:(K－),C0 参考科,A3,=G2－3。物候:－。海拔:1400－2300 米。生境:草甸草场,路旁湿地常见,亚麻田间或路旁。资源:蛋白质,具栽培园艺种类。全球 6 个大洲分布及种数(28－46;hort. 1;cult. 6)非洲:16－26;亚洲:19－30;大洋洲:8－15;欧洲:17－27;北美洲:10－18;南美洲:4－11。【中国种数:8】。

Lomagramma J. Sm. 网藤蕨属 Dryopteridaceae [F－49] 特征纪要:习性:－。【Rep】:孢子囊群无盖,满布于能育羽片的下面,有时于羽轴两侧不育。物候:－。海拔:300 米。生境:石壁上,长出不育基生叶,幼株根状茎遇到树干便攀援而上,根状茎逐渐粗壮而成为成长植株。资源:具园艺种类。全球 6 个大洲分布及种数(18－38)非洲:6; 亚洲:25; 大洋洲:14; 欧洲:4; 北美洲:4; 南美洲:4。【中国种数:4】。

Lomandra Labill. 多须草属 Lomandraceae [MM－680] 特征纪要(同科)。全球 6 个大洲分布及种数(69－117)非洲:4; 亚洲:9; 大洋洲:90; 欧洲:5; 北美洲:5; 南美洲:5。【中国种数:1】。

Lomandraceae Lotsy [MM－680] 点柱花科 特征纪要:习性:草本;落叶。花程式:(K)6－,C5,A,↑G－。物候:－。果实:－。种子:－。海拔:－。生境:－。资源:－。栽培:－。全球 3 个大洲分布及属种数(3/4－11 < IFR 2/5 > hort. 1) 非洲:1/1; 亚洲:1/2; 大洋洲:3/26－69(IFR 2/5)。

Lomanthus B. Nord. & Pelser 南美根菊属 Asteraceae [MD－586] 特征纪要:习性:草本。花程式:(K－),(C)3－5,A3 参考科,↓G。其他特征参考科。全球 1 个大洲分布及种数(20－21)◆南美洲:21。

Lomaphlebia J. Sm. 鱼鳍蕨属 Polypodiaceae [F－60] 特征纪要:－。全球 2 个大洲分布及种数(2)北美洲:1; 南美洲:1。

Lomaria Willd. 鱼骨蕨属 Blechnaceae [F－46] 特征纪要:－。全球 6 个大洲分布及种数(202)非洲:22; 亚洲:22; 大洋洲:29; 欧洲:13; 北美洲:13; 南美洲:63。

Lomaridium C. Presl = **Blechnum**

Lomariobotrys Fée = **Stenochlaena**

Lomariocycas (J. Sm.) Gasper & V. A. O. Dittrich = **Blechnum**

Lomariopsidaceae Alston [F－52] 藤蕨科 特征纪要:柔弱,黄绿色至褐绿色,略具光泽,稀疏丛集生长。全球 6 个大洲分布和属种数(5－6;hort. & cult. 1)(24－88;hort. & cult. 1)非洲:1－4/1－7;亚洲:3－5/18－24;大洋洲:1

-3/1 -7;欧洲:3/6;北美洲:1 -3/1 -10;南美洲:2 -3/6 -12。【中国属种数:2/10】。

Lomariopsis Fée 藤蕨属 Lomariopsidaceae [F -52] 特征纪要:习性:-。【Rep】:孢子囊群满布于能育羽片的下面。物候:-。海拔:300 米。生境:生于山谷路旁林下阴处,攀援于树干上,杂木林阴湿山谷林下攀附树干。资源:具园艺种类。全球 6 个大洲分布及种数(52 -115)非洲:32; 亚洲:33; 大洋洲:21; 欧洲:21; 北美洲:21; 南美洲:32。【中国种数:7】。

Lomastelma Raf. = **Eugenia**

Lomatia R. Br. 扭瓣花属 Proteaceae [MD -219] 特征纪要:习性:木本。花程式:K3 -4 -∞,C0,A2,=G1。其他特征参考科。全球 4 个大洲分布及种数(16 -25;hort. 1;cult. 1)大洋洲:14 -19;欧洲:1;北美洲:2 -3;南美洲:3。【中国种数:1】。

Lomatium Raf. 饼根芹属 Apiaceae [MD -480] 特征纪要:习性:草本。花程式:=↓(K5),C5,A5,=↓(G)2。物候:-。海拔:50 -5600 米。生境:半荒漠中和砾石质山坡上,柞林内。资源:-。全球 6 个大洲分布及种数(117 -240)非洲:5; 亚洲:14; 大洋洲:2; 欧洲:160; 北美洲:160; 南美洲:5。【中国种数:4】。

Lomatocarpa Pimenov 藁本属 Apiaceae [MD -480] 特征纪要:习性:草本。花程式:K5,C5,A5,↓(G)2。物候:-。海拔:50 -5600 米。生境:半荒漠中和砾石质山坡上,柞林内。资源:-。全球 1 个大洲分布及种数(-)。【中国种数:1】。

Lomatocarum Fisch. & C. A. Mey. 葛缕子属 Apiaceae [MD -480] 特征纪要:习性:-。花程式:-。物候:-。海拔:50 -5600 米。生境:半荒漠中和砾石质山坡上,柞林内。资源:-。全球 2 个大洲分布及种数(1 -2)亚洲:1; 北美洲:1。

Lomatogoniopsis T. N. Ho & S. W. Liu 辐花属 Gentianaceae [MD -496] 特征纪要:习性:草本(基生)。花程式:-。物候:-。海拔:3900 -4300 米。生境:沼泽草甸,河滩。资源:-。全球 1 个大洲分布及种数(cf. 1)◆亚洲(◆中国)。【中国种数:1】。

Lomatogonium A. Braun 肋柱花属 Gentianaceae [MD -496] 特征纪要:习性:草本(根状茎,基生)。花程式:(K)4 -5,C4 -5,A10,↓G -。物候:-。海拔:1300 -3200 米。生境:森林,溪流,山坡,草地和灌木丛旁。资源:具栽培园艺种类。全球 6 个大洲分布及种数(30 -86)非洲:6; 亚洲:69; 大洋洲:2; 欧洲:6; 北美洲:6; 南美洲:3。【中国种数:19】。

Lomatolepis Cass. = **Launaea**

Lomatozona Baker 缘泽兰属 Asteraceae [MD -586] 特征纪要:习性:草本。花程式:(K)3 -5,C3 -5,A3 -5,=↓(G)2。其他特征参考科。全球 1 个大洲分布及种数(5)◆南美洲(◆巴西)。

Lomax Lür 银光兰属 Orchidaceae [MM -723] 特征纪要:习性:-。花程式:-。其他特征参考科。全球 1 个大洲分布及种数(cf. 1)◆北美洲。

Lombardochloa B. Rosengurtt & B. R. Arrill. = **Chascolytrum**

Lomelosia Raf. 蓝盆花属 Caprifoliaceae [MD -510] 特征纪要:习性:草本。花程式:-。物候:-。海拔:300 -4800 米。生境:草坡,竹林。资源:-。全球 4 个大洲分布及种数(20 -64;hort. 1;cult. 1)非洲:4 -13;亚洲:16 -45;欧洲:9 -16;北美洲:1。【中国种数:2】。

Lomeria Raf. = **Cestrum**

Lomoporotrichum Müll. Hal. = **Neckeropsis**

Lonas Adans. 黄藿香属 Asteraceae [MD -586] 特征纪要:习性:草本。花程式:(K)3 -5,C3 -5,A3 -5,=↓(G)2。其他特征参考科。全球 2 个大洲分布及种数(1 -5)非洲:1; 亚洲:3。

Lonchitidaceae C. Presl ex M. R. Schomb. 番茄蕨科 = Hypolepidaceae

Lonchitis -aspera Hill ex Farw. = **Blechnum**

Lonchocarpus Kunth 醉鱼豆属 Fabaceae3 [MD -240] 特征纪要:习性:木本。花程式:=↓(K1 -∞),C1 -∞,A5 -9,=↓G1。其他特征参考科。全球 6 个大洲分布及种数(181 -221;hort. 1)非洲:9 -22;亚洲:11 -17;大洋洲:4 -8;欧洲:1 -6;北美洲:136 -155;南美洲:63 -76。【中国种数:1】。

Lonchophora Durieu = **Matthiola**

Lonchostephus Tul. 河裙草属 Podostemaceae [MD -322] 特征纪要:习性:-。花程式:-。其他特征参考科。全球 1 个大洲分布及种数(cf. 1)◆南美洲。

Lonchostoma Wikstr. 管球花属 Bruniaceae [MD -336] 特征纪要:习性:-。花程式:-。其他特征参考科。全球 1 个大洲分布及种数(5 -6)◆非洲。

Longetia Baill. 秋茄桐属 Picrodendraceae [MD -317] 特征纪要:习性:-。花程式:-。其他特征参考科。全球 3 个大洲分布及种数(1 -13)亚洲:4; 大洋洲:11; 北美洲:2。

Lonicera L. 忍冬属 Caprifoliaceae [MD -510] 特征纪要和分布(-)。全球 1 个大洲分布及种数(90 -165)◆北美洲。【中国种数:82】。

Looseria (Thér.) D. Quandt, Huttunen, Tangney & M. Stech 偏蔓藓属 Meteoriaceae [B -188] 特征纪要:习性:-。【Rep】:雌苞着生茎或枝上,蒴柄平滑或粗糙,孢蒴椭圆形或椭圆状圆柱形,蒴齿内外齿层等长,或内齿层稍短,基膜高出,蒴柄细长,孢蒴卵圆形。其他特征参考科。全球 5 个大洲分布及种数(2)非洲:2; 亚洲:2; 欧洲:2; 北美洲:2; 南美洲:2。

Lopadium Körb. 蝶形花科属 Fabaceae3 [MD -240] 特征纪要和分布(-)。

L

Lopanthus Vitman = **Lophanthus**

Lopezaria <unassigned> 舞芽藓属 Sorapillaceae［B－212］特征纪要和分布（－）。

Lopezia Cav. 舞凤花属 Onagraceae［MD－396］特征纪要：习性：草本。花程式：－。其他特征参考科。全球 6 个大洲分布及种数(29－92)非洲：3；亚洲：7；大洋洲：3；欧洲：38；北美洲：38；南美洲：21。【中国种数：1】。

Lophacme Stapf 糙脊草属 Poaceae［MM－748］特征纪要：习性：草本。花程式：(K)3，C0 参考科，A1－2，=G2－3。其他特征参考科。全球 3 个大洲分布及种数(2－4)非洲：3；亚洲：2；大洋洲：2。

Lophanthera A. Juss. 乳金英属 Malpighiaceae［MD－343］特征纪要：习性：－。花程式：－。其他特征参考科。全球 2 个大洲分布及种数(5－7)北美洲：2；南美洲：3－5。

Lophanthus Adans. 扭藿香属 Lamiaceae［MD－575］特征纪要：习性：－。花程式：－。物候：－。花期：10 月。果期：参考晚于花期。海拔：2000－2500 米。生境：斜坡。资源：－。全球 6 个大洲分布及种数(6－62)非洲：2；亚洲：40；大洋洲：2；欧洲：5；北美洲：5；南美洲：17。【中国种数：2】。

Lophatherum Brongn. 淡竹叶属 Poaceae［MM－748］特征纪要：习性：竹类。花程式：－。物候：－。海拔：10－5600 米。生境：路边，山坡林下溪旁荫处。资源：药用，具栽培园艺种类。全球 4 个大洲分布及种数(2－18)非洲：3；亚洲：11；大洋洲：12；北美洲：2。【中国种数：2】。

Lophia Desv. ex Ham. = **Crantzia**

Lophiaris Raf. 兰科属 Orchidaceae［MM－723］特征纪要：习性：－。花程式：－。其他特征参考科。全球 1 个大洲分布及种数(1)◆北美洲：1。

Lophidium Rich. 马通蕨属 Schizaeaceae［F－19］特征纪要：－。全球 2 个大洲分布及种数(5)北美洲：1；南美洲：1。

Lophiocarpaceae Doweld & Reveal［MD－110］黄尾蓬科 特征纪要：习性：木本；落叶。花程式：K4－5(－)，C0，A4，G－。物候：－。果实：蒴果。种子：－。海拔：－。生境：－。资源：－。栽培：－。全球 1 个大洲分布及属种数(3/12－13 <IFR 1/1> hort. 1，cult. 1) ◆非洲：1/ 6。

Lophiocarpus Turcz. 黄尾蓬属 Lophiocarpaceae［MD－110］特征纪要：习性：－。花程式：－。其他特征参考科。全球 5 个大洲分布及种数(4－17)非洲：13；亚洲：5；欧洲：3；北美洲：3；南美洲：4。

Lophiodon Hook. f. & Wilson 牛毛藓属 Ditrichaceae［B－119］特征纪要：－。全球 1 个大洲分布及种数(1)◆大洋洲。

Lophiola Ker Gawl. 绒金花属 Nartheciaceae［MM－618］特征纪要：习性：草本。花程式：－。其他特征参考科。全球 5 个大洲分布及种数(1－8)非洲：2；亚洲：4；大洋洲：4；欧洲：6；北美洲：6。【中国种数：1】。

Lophiolepis Cass. = **Cirsium**

Lophion (Dunal) Spach 堇菜科属 Violaceae［MD－126］特征纪要：习性：－。花程式：－。其他特征参考科。全球 2 个大洲分布及种数(10)北美洲：1；南美洲：1。

Lophira Banks ex C. F. Gaertn. 铁莲木属 Lophiraceae［MD－135］特征纪要(同科)。全球 3 个大洲分布及种数(2－12)非洲：12；亚洲：8；南美洲：2。

Lophiraceae Loudon［MD－135］异金莲木科 特征纪要：习性：木本；落叶。花程式：K4－5(－)，C5，A，G－。物候：－。果实：－。种子：－。海拔：－。生境：－。资源：－。栽培：－。全球 1 个大洲分布及属种数(2/5 hort. 1) ◆非洲：2/5。

Lophobios Raf. = **Euphorbia**

Lophocarpinia Burkart 冠果豆属 Fabaceae2［MD－240］特征纪要：习性：木本。花程式：=↓(K3－5－∞)，C3－5－∞，A1－10－50，=↓G1。其他特征参考科。全球 1 个大洲分布及种数(1)◆南美洲。

Lophocereus Britton & Rose 云阁柱属 Cactaceae［MD－100］特征纪要：习性：木本。花程式：=↓(K1－∞)，C1－∞，A3－100，=↓G－。其他特征参考科。全球 3 个大洲分布及种数(3－11)亚洲：1；北美洲：3；南美洲：1。

Lophochaete R. M. Schust. 冠叉苔属 Pseudolepicoleaceae［B－71］特征纪要：习性：－。【Rep】：雌雄同株或异株，雄苞着生茎、枝先端，雌苞顶生，雌苞叶与茎叶同形，4－5 裂，蒴柄横切面中央 4 个细胞。其他特征参考科。全球 1 个大洲分布及种数(－)。

Lophocolea (Dum.) Dum. 刺毛裂萼苔属 Lophocoleaceae［B－74］特征纪要：习性：－。【Rep】：雌苞生于短枝上，雄苞生于短侧枝上，短枝上无正常叶发育，仅为雌雄苞叶，雌雄同株，稀异株，雌雄苞一般生于主茎或长分枝顶端，雌苞叶大于茎叶，先端具裂瓣和不规则齿突，蒴萼大。物候：－。海拔：800 米。生境：岩面土生。资源：－。全球 6 个大洲分布及种数(31－54)非洲：10－34；亚洲：7－28；大洋洲：8－41；欧洲：2－22；北美洲：2－22；南美洲：16－37。【中国种数：6】。

Lophocoleaceae De Not.［B－74］齿萼苔科 特征纪要：体形纤弱，小形至中形，绿色至黄褐色，多具光泽，密集丛生。【Rep】：雌雄混生同株，或异苞同株，雌苞叶小，中肋不明显或缺失，蒴柄细长，干时扭曲，红色，孢蒴卵形或长卵形。全球 6 个大洲分布和属种数(12/332－434)非洲：5/36－95；亚洲：6/78－135；大洋洲：9/148－224；欧洲：3－5/14－67；北美洲：5/39－92；南美洲：9/111－166。【中国属种数：5/43(3)】。

Lophodium Newman 耳蕨属 Pteridaceae［F－31］特征纪要：－。全球 1 个大洲分布及种数(3)◆南美洲：1。

Lophogyne Tul. 川薹草科属 Podostemaceae［MD－322］特征纪要：习性：草本。花程式：K1－2，C0，A10，G－。其他特征参考科。全球 1 个大洲分布及种数(1)◆南美洲。

Lopholaena DC. 柔冠菊属 Asteraceae［MD－586］特征纪要：习性：草本。花程式：(K)3－5，C3－5，A3－5，=↓(G)2。其他特征参考科。全球 1 个大洲分布及种数(16－20)◆非洲。

L

Lopholejeunea (Spruce) Steph. 冠鳞苔属 Lejeuneaceae [B-84] 特征纪要:习性:-。【Rep】:雌苞着生侧枝,雌苞叶多锐尖,具齿,雌苞腹叶全缘或具齿,蒴萼具3-4脊,脊部具冠状突起10余种。物候:-。海拔:-。生境:山坡,针阔混交林中。资源:-。全球6个大洲分布及种数(30-36)非洲:6-18;亚洲:13-25;大洋洲:14-29;欧洲:11;北美洲:5-16;南美洲:4-15。【中国种数:4】。

Lopholepis (J. Sm.) J. Sm. 喙颖草属 Poaceae [MM-748] 特征纪要:习性:-。花程式:-。其他特征参考科。全球1个大洲分布及种数(cf. 1)◆亚洲。

Lophomyrtus Burret 彩桃木属 Myrtaceae [MD-347] 特征纪要:习性:木本。花程式:=↓(K4),C4,A8-10,=↓(G)2-5。其他特征参考科。全球4个大洲分布及种数(3-7)非洲:2;大洋洲:7;北美洲:2;南美洲:2。

Lophonardia R. M. Schust. 彩叶苔属 Cephaloziellaceae [B-53] 特征纪要:习性:-。【Rep】:雌苞顶生,雌苞叶数对,内雌叶常相连,蒴萼常存,蒴壁2-3层细胞,弹丝2-4列螺纹加厚,灰色、褐色或紫色。其他特征参考科。全球2个大洲分布及种数(cf. 1)欧洲;南美洲。

Lophopappus Rusby 羽冠钝柱菊属 Asteraceae [MD-586] 特征纪要:习性:草本。花程式:(K)3-5,C3-5,A3-5,=↓(G)2。其他特征参考科。全球1个大洲分布及种数(6)◆南美洲。

Lophopetalum Wight ex Arn. 天香木属 Celastraceae [MD-339] 特征纪要:习性:木本。花程式:K2-3,C2-3,A10,=(G)2-5。物候:-。花期:6-7月。果期:参考晚于花期。海拔:40-4300米。生境:暗礁上,中心灌丛林缘。资源:-。全球4个大洲分布及种数(20-48)非洲:6;亚洲:46;大洋洲:7;北美洲:2。【中国种数:1】。

Lophophora J. M. Coult. 乌羽玉属 Cactaceae [MD-100] 特征纪要:习性:木本。花程式:=↓(K1-∞),C1-∞,A3-100,=↓G3-100-。其他特征参考科。全球4个大洲分布及种数(3-16)亚洲:6;大洋洲:2;北美洲:9;南美洲:5。【中国种数:1】。

Lophophytaceae Schott & Endl. [MD-302] 裸花菰科 特征纪要:习性:木本;落叶。花程式:K4-5(-),C0,A1-,↓(G)-。物候:-。果实:-。种子:种皮作不规则的矩圆形。海拔:-。生境:-。资源:-。栽培:-。全球1个大洲分布及属种数(1/1 <IFR 1/1>)◆南美洲:1/6-13。

Lophophytum Schott & Endl. 裸花菰属 Lophophytaceae [MD-302] 特征纪要(同科)。全球2个大洲分布及种数(5-13)大洋洲:1;南美洲:13。

Lophopogon Hack. 印马冠草属 Poaceae [MM-748] 特征纪要:习性:草本。花程式:(K)3,C0参考科,A1-2,=(G)2-3。其他特征参考科。全球3个大洲分布及种数(3-10)非洲:2;亚洲:8;大洋洲:2。

Lophopteris Griseb. = **Lophopterys**

Lophopterys A. Juss. 蛉翅果属 Malpighiaceae [MD-343] 特征纪要:习性:木本。花程式:K5,C5,A10,=G2-3。其他特征参考科。全球2个大洲分布及种数(7-15)亚洲:4;南美洲:13。

Lophopyxidaceae H. Pfeiff. [MD-286] 五翼果科 特征纪要:习性:木本;落叶。花程式:K5,C0,A10,↑G4-5。物候:-。果实:-。种子:-。海拔:-。生境:-。资源:-。栽培:-。全球1个大洲分布及属种数(2/2-6 hort. 1)◆亚洲:1/4。

Lophopyxis Hook. f. 五翼果属 Lophopyxidaceae [MD-286] 特征纪要及分布(-)。

Lophosiphonia <unassigned> 红花冠属 Rhodoleiaceae [MD-64] 特征纪要:-。全球6个大洲分布及种数(15)非洲:3;亚洲:6;大洋洲:3;欧洲:3;北美洲:5;南美洲:2。

Lophosoria C. Presl 毛囊蕨属 Dicksoniaceae [F-22] 特征纪要:习性:-。【Rep】:孢子同形,囊群生叶背有盖。其他特征参考科。全球6个大洲分布及种数(3-18)非洲:2;亚洲:5;大洋洲:2;欧洲:6;北美洲:6;南美洲:16。【中国种数:1】。

Lophosoriaceae Pic. Serm. = Dicksoniaceae

Lophospermum D. Don 冠子藤属 Plantaginaceae [MD-527] 特征纪要:习性:草本。花程式:K2-4,C0,A2-4,=↓G2-3。其他特征参考科。全球6个大洲分布及种数(7-37)非洲:5;亚洲:2;大洋洲:3;欧洲:11;北美洲:11;南美洲:3。

Lophostachys Pohl 冠穗爵床属 Acanthaceae [MD-572] 特征纪要:习性:-。花程式:-。其他特征参考科。全球4个大洲分布及种数(1-29)非洲:2;亚洲:2;北美洲:6;南美洲:24。

Lophostemon Schott 红胶木属 Myrtaceae [MD-347] 特征纪要:习性:木本。花程式:-。物候:-。花期:5-7月。果期:参考晚于花期。海拔:100-2900米。生境:-。栽培:-。资源:木材,行道树,具栽培园艺种类。全球6个大洲分布及种数(5-12)非洲:5;亚洲:6;大洋洲:11;欧洲:3;北美洲:3;南美洲:3。【中国种数:1】。

Lophostigma Radlk. 冠柱无患子属 Sapindaceae [MD-428] 特征纪要:习性:木本。花程式:K4-8,C4-8,A10,=(G)2-3。其他特征参考科。全球1个大洲分布及种数(2)◆南美洲。

Lophostoma Meisn. 毛薇香属 Thymelaeaceae [MD-310] 特征纪要:习性:木本。花程式:K2-4,C0,A2,=(G)2-5。其他特征参考科。全球5个大洲分布及种数(4-53)非洲:9;亚洲:8;欧洲:12;北美洲:12;南美洲:47。

Lophothalia <unassigned> 舞花荷属 Rhodoleiaceae [MD-64] 特征纪要:-。全球2个大洲分布及种数(4)大洋洲:4;北美洲:1。

Lophozia (Dum.) Dum. 裂叶苔属 Lophoziaceae [B-56] 特征纪要:习性:-。物候:-。海拔:900米。生境:土生。资源:-。全球6个大洲分布及种数(35-36)非洲:38;亚洲:28-66;大洋洲:38;欧洲:16-54;北美洲:17-55;南美洲:5-43。

Lophoziaceae Schleich. [B-56] 裂叶苔科 特征纪要:体形纤细,直立丛生,呈淡绿或深绿带红色,常成小片纯群落。【Rep】:雌雄异株,稀同株,孢子体单生,稀丛生,蒴柄高出,粗壮,橙色,孢蒴倾立或下垂。全球6个大洲分布和属种数(8/64-118)非洲:2-7/7-59;亚洲:6-7/42-94;大洋洲:2-7/7-59;欧洲:4-6/27-79;北美洲:4-6/30-82;南美洲:3-8/7-59。

Lophoziopsis Konstant. & Vilnet 冠叶苔属 Lophoziaceae [B-56] 特征纪要:习性:-。【Rep】:常具蒴囊,绿色、黄绿色、暗绿色或红褐色。其他特征参考科。全球6个大洲分布及种数3个非洲:3;亚洲:1-4;大洋洲:3;欧洲:3;北美洲:2-5;南美洲:3。

Lopidiaceae Rodway = Lophoziaceae

Lopidium Hook. f. & Wilson 雀尾藓属 Hookeriaceae [B-164] 特征纪要:习性:-。【Rep】:雌雄同株或雌雄异苞同株,内雌苞叶基部椭圆形,渐上成狭长尖,叶边近于全缘,中肋强劲,达叶尖或稍突出于叶。物候:-。海拔:-。生境:常见于河边石坝上。资源:-。全球4个大洲分布及种数(9)非洲:4;亚洲:3;大洋洲:4;南美洲:1。【中国种数:3】。

Lopimia Mart. 孔雀葵属 Malvaceae [MD-203] 特征纪要:习性:-。花程式:-。其他特征参考科。全球2个大洲分布及种数(cf. 1)亚洲;南美洲。

Lopriorea Schinz 耳叶苋属 Amaranthaceae [MD-116] 特征纪要:习性:草本。花程式:Kn,C0,A5参考科,G-。其他特征参考科。全球1个大洲分布及种数(1) ◆非洲:1。

Lorandersonia Urbatsch, R. P. Roberts & Neubig 兔菊木属 Asteraceae [MD-586] 特征纪要:习性:草本。花程式:(K)3-5,C3-5,A3-5,=↓(G)2。其他特征参考科。全球2个大洲分布及种数(6-8)北美洲:7; 南美洲:1。

Loranthaceae Juss. [MD-415] 桑寄生科 特征纪要:习性:木本;落叶。花程式:♀/♂K4-5(-),C0,A4,↓(G)-。物候:-。花期:7-11月。果期:隔年。果实:浆果。种子:种皮作不规则的矩圆形。海拔:0米。生境:常绿森林,山谷,锥属等植物上。资源:药用。栽培:-。全球6个大洲分布及属种数(91-101/1292-1918 <IFR 13/44> hort. 1;cult. 11)非洲:35-36/320-390(IFR 11/16); 亚洲:29-32/316-440(IFR 3/12); 大洋洲:23-25/148-288(IFR 3/7); 欧洲:5/12-15(IFR 1/1); 北美洲:11/85-134(IFR 3/9); 南美洲:25/452-531(IFR 1/1)。【中国属种数:17/69】。

Loranthella S. Blanco & C. E. Wetzel 小千里蓟属 Asteraceae [MD-586] 特征纪要:习性:-。花程式:-。其他特征参考科。全球2个大洲分布及种数(1)非洲:1; 亚洲:1。

Loranthus Jacq. 桑寄生属 Loranthaceae [MD-415] 特征纪要和分布(-)。分布:-。【中国种数:5】。

Lordhowea B. Nord. 千里光属 Asteraceae [MD-586] 特征纪要:习性:草本。花程式:(K-),(C)5参考科,A3-5,↓G。其他特征参考科。全球1个大洲分布及种数(1)◆大洋洲(◆澳大利亚)。

Lorencea Borhidi = **Coutaportla**

Lorentzia Griseb. 羽藓科属 Asteraceae [MD-586] 特征纪要:-。全球2个大洲分布及种数(9)北美洲:1; 南美洲:1。

Lorentzianthus R. M. King & H. Rob. 泽兰属 Asteraceae [MD-586] 特征纪要:习性:草本。花程式:(K)3-5,(C)3-5,A3-5,↓G。其他特征参考科。全球1个大洲分布及种数(1)◆南美洲。

Lorentziella Müll. Hal. 北美大孢藓属 Gigaspermaceae [B-108] 特征纪要:-。全球2个大洲分布及种数(5)北美洲:1;南美洲:5。

Lorenzanea Liebm. = **Meliosma**

Lorenzia E. G. Gonç. 亮南星属 Araceae [MM-639] 特征纪要:习性:木本。花程式:K0,C0,A3参考科,G3-参考科。其他特征参考科。全球1个大洲分布及种数(1) ◆南美洲:1。

Lorenzochloa Reeder & C. Reeder = **Ortachne**

Loretia Duval-Jouve = **Vulpia**

Loreya DC. 洛里野牡丹属 Melastomataceae [MD-364] 特征纪要:习性:-。花程式:-。其他特征参考科。全球2个大洲分布及种数(5-6)北美洲:1;南美洲:4。

Loricalepis Brade 鳞甲野牡丹属 Melastomataceae [MD-364] 特征纪要:习性:木本。花程式:=↓(K4-5),C4-5,A4-5,=↓G3-4。其他特征参考科。全球1个大洲分布及种数(1)◆南美洲。

Loricaria Wedd. 内卷鼠麹木属 Asteraceae [MD-586] 特征纪要和分布(-)。全球1个大洲分布及种数(23-24)◆南美洲。

Loroglossum Rich. 倒距兰属 Orchidaceae [MM-723] 特征纪要:习性:-。花程式:-。其他特征参考科。全球3个大洲分布及种数(1)非洲:1;亚洲:1;欧洲:1。

Loropetalum R. Br. ex Rchb. 四药门花属 Hamamelidaceae [MD-63] 特征纪要:习性:木质攀援。花程式:-。物候:-。花期:3-4月。果期:参考晚于花期。海拔:100-200米。生境:灌木丛。资源:药用,具栽培园艺种类。全球4个大洲分布及种数(6-14)亚洲:12; 大洋洲:2; 欧洲:2; 北美洲:2。【中国种数:1】。

Lorostemon Ducke 带蕊藤黄属 Clusiaceae [MD-141] 特征纪要:习性:木本。花程式:K1-3,C1-3,A1-3,(G)1-3。其他特征参考科。全球1个大洲分布及种数(7)◆南美洲。

Lothiania Kraenzl. = **Porroglossum**

Lotodes (DC.) Kuntze 罗豆属 Fabaceae3 [MD-240] 特征纪要:习性:-。花程式:-。其他特征参考科。全球6个大洲分布及种数(16)非洲:2-17;亚洲:15;大洋洲:14-29;欧洲:1-16;北美洲:15;南美洲:15。

Lotononis (DC.) Eckl. & Zeyh. 罗顿豆属 Fabaceae3 [MD-240] 特征纪要:习性:木本。花程式:-。物候:-。

海拔:7500 米。生境:-。栽培:-。资源:具栽培园艺种类。全球 6 个大洲分布及种数(104-448)非洲:280;亚洲:162;大洋洲:10;欧洲:14;北美洲:14;南美洲:41。【中国种数:1】。

Lotoxalis Small = **Oxalis**

Lotus L. 百脉根属 Fabaceae3[MD-240]特征纪要:习性:木本。花程式:-。物候:-。花期:6-10 月。果期:参考晚于花期。海拔:400-3400 米。生境:潮湿草原,沙土,碱性土壤。资源:具栽培园艺种类。全球 6 个大洲分布及种数(127-211;hort. 1;cult. 7)非洲:55-141;亚洲:53-130;大洋洲:14-70;欧洲:45-114;北美洲:63-122;南美洲:16-71。【中国种数:17】。

Lotzea Klotzsch & H. Karst. = **Diplazium**

Loudetia Hochst. ex Steud. 劳德草属 Poaceae[MM-748]特征纪要:习性:-。花程式:-。其他特征参考科。全球 3 个大洲分布及种数(32-33)非洲:31;亚洲:cf. 1;南美洲:3。【中国种数:2】。

Loudetiopsis Conert 拟劳德草属 Poaceae[MM-748]特征纪要:习性:草本。花程式:(K)3,C0 参考科,A1-2,=G2-3。其他特征参考科。全球 2 个大洲分布及种数(15-18)非洲:14;南美洲:3。

Louichea L'Hér. = **Pteranthus**

Louisiella C. E. Hubb. & J. Léonard 海绵杆属 Poaceae[MM-748]特征纪要:习性:草本。花程式:(K)3,C0 参考科,A1-2,=(G)2-3。其他特征参考科。全球 4 个大洲分布及种数(3-5)非洲:3;亚洲:1;北美洲:1;南美洲:1。

Lourteigia R. M. King & H. Rob. 毛背柄泽兰属 Asteraceae[MD-586]特征纪要:习性:草本。花程式:(K)3-5,C3-5,A3-5,=↓(G)2。其他特征参考科。全球 3 个大洲分布及种数(12-15)大洋洲:1;北美洲:3;南美洲:15。

Lourtella S. A. Graham, Baas & Tobe 胶虾花属 Lythraceae[MD-333]特征纪要:习性:木本。花程式:=↓(K2-4),C2-4,A10,=↓(G)2-4。其他特征参考科。全球 2 个大洲分布及种数(1-9)亚洲:8;南美洲:9。

Lourya Baill. = **Peliosanthes**

Louteridium S. Watson 卢太爵床属 Acanthaceae[MD-572]特征纪要:习性:草本。花程式:K2-4,C0,A2-4,=G2。其他特征参考科。全球 1 个大洲分布及种数(11-15)◆北美洲。

Louvelia Jum. & H. Perrier = **Ravenea**

Lovanafia M. Peltier = **Dicraeopetalum**

Lovoa Harms 虎斑楝属 Meliaceae[MD-414]特征纪要:习性:木本。花程式:K3-5,C3-5,A6,=G1-2。其他特征参考科。全球 1 个大洲分布及种数(2)◆非洲。

Loweporus <unassigned> 花龙骨属 Polypodiaceae[F-60]特征纪要:-。全球 2 个大洲分布及种数(4)非洲:1;南美洲:2。

Lowiaceae Ridl. [MM-729]兰花蕉科 特征纪要:习性:草本;落叶。花程式:K4-5(-),C3,A4-5,↓(G)-。物候:-。花期:3-6 月。果期:7-10 月。果实:蒴果。种子:种皮作不规则的矩圆形。海拔:100-400 米。生境:林下,山谷中。资源:药用。栽培:-。全球 1 个大洲分布及属种数(3/9-26 <IFR 1/1> hort. 1)◆北美洲:1/ 1。【中国属种数:1/3】。

Loxanthera (Bl.) Bl. 斜药桑寄生属 Loranthaceae[MD-415]特征纪要:习性:木本。花程式:K6,C0,A4,=↓(G)3-4。其他特征参考科。全球 1 个大洲分布及种数(-)。

Loxanthocereus Backeb. 花簪柱属 Cactaceae[MD-100]特征纪要:习性:-。花程式:-。其他特征参考科。全球 1 个大洲分布及种数(16)◆南美洲(◆秘鲁)。

Loxocalyx Hemsl. 斜萼草属 Lamiaceae[MD-575]特征纪要:习性:草本(基生)。花程式:-。物候:-。花期:8 月。果期:参考晚于花期。海拔:1200-1400 米。生境:潮湿地区,杂木林。资源:药用。全球 1 个大洲分布及种数(2-3)◆亚洲(◆中国)。【中国种数:3】。

Loxocarpus R. Br. 长蒴苣苔属 Gesneriaceae[MD-549]特征纪要:习性:草本。花程式:Kn,C0,A3 参考科,↓G。物候:-。海拔:80-4600 米。生境:山地。资源:-。全球 1 个大洲分布及种数(10)◆亚洲。

Loxocarya R. Br. 斜果灯草属 Restionaceae[MM-744]特征纪要:习性:草本。花程式:(K)3,C3,A1-2,=G1-3)。其他特征参考科。全球 2 个大洲分布及种数(6-21)亚洲:3;大洋洲:19。

Loxococcus H. Wendl. & Drude 射叶椰属 Arecaceae[MM-717]特征纪要:习性:木本。花程式:K3-10,C3-10,A3-10,G3- 参考科。其他特征参考科。全球 1 个大洲分布及种数(2)◆亚洲:1。

Loxodera Launert 曲芒草属 Poaceae[MM-748]特征纪要:习性:草本。花程式:(K)3,C0 参考科,A1-2,=G2-3。其他特征参考科。全球 2 个大洲分布及种数(5-12)非洲:9;亚洲:5。【中国种数:1】。

Loxodiscus Hook. f. 斜盘无患子属 Sapindaceae[MD-428]特征纪要:习性:木本。花程式:K4-8,C4-8,A10,=(G)2-3。其他特征参考科。全球 2 个大洲分布及种数(1-3)大洋洲:3;南美洲:2。

Loxogramma (Sm.) Sm. 剑蕨科属 Loxogrammaceae[F-64]特征纪要及分布(-)。

Loxogrammaceae Ching ex Pic. Serm. [F-64]剑蕨科 特征纪要(参考 Aneuraceae):叶状体多暗绿色,有时呈黄绿色,常呈大片状生长,阔度可达 5 毫米以上。【Rep】:雌雄苞着生短侧枝上,假蒴萼缺失,蒴被(Calyptra)形大,圆柱形或棒状形,肉质,尖部多具疣。全球 6 个大洲分布和属种数(1;hort. & cult. 1)(33-56;hort. & cult. 2)非洲:1/6-13;亚洲:1/28-43;大洋洲:1/3-8;欧洲:1/1-5;北美洲:1/2-9;南美洲:1/4。

Loxogramme (Bl.) C. Presl 剑蕨属 Polypodiaceae[F-60]特征纪要:习性:-。【Rep】:孢子囊群粗线形,略下陷

于叶肉中,斜出,彼此并行,位于主脉两侧,与主脉斜交,或有时与主脉近平行,横过多个小脉的网眼,几达叶边,无囊群盖,隔丝线形,或多无隔丝。物候:-。海拔:1200-1750米。生境:常绿阔叶林下岩石上或树干上,杂木林中附生树上。资源:具园艺种类。全球6个大洲分布及种数(37-92)非洲:14;亚洲:71;大洋洲:11;欧洲:8;北美洲:8;南美洲:6。【中国种数:15】。

Loxonia Jack 钩毛苣苔属 Gesneriaceae [MD-549] 特征纪要:习性:草本。花程式:K5,C0,A4,=G2。其他特征参考科。全球1个大洲分布及种数(3)◆东南亚(◆印度尼西亚)。

Loxopterygium Hook. f. 偏翅漆属 Anacardiaceae [MD-432] 特征纪要:习性:木本。花程式:K5-10,C5-10,A5-10,=G1-3。其他特征参考科。全球2个大洲分布及种数(4-16)北美洲:3;南美洲:14。

Loxoscaphe T. Moore 斜舟蕨属 Aspleniaceae [F-43] 特征纪要:习性:-。【Rep】:孢子囊单生叶背。其他特征参考科。全球4个大洲分布及种数(1)非洲:1;亚洲:1;北美洲:1;南美洲:1。

Loxospermum Hochst. = **trifolium**

Loxospora L. 南芥属 Brassicaceae [MD-213] 特征纪要和分布(-)。

Loxosporopsis <unassigned> 孢芽藓科属 Sorapillaceae [B-212] 特征纪要:-。全球1个大洲分布及种数(-)。

Loxostachys Peter = **Pseudechinolaena**

Loxostemon Hook. f. & Thoms. = **Cardamine**

Loxostigma C. B. Clarke 紫花苣苔属 Gesneriaceae [MD-549] 特征纪要:习性:草质攀援(具根状茎)。花程式:-。物候:-。花期:11月。果期:参考晚于花期。海拔:1200-1500米。生境:混交林。资源:药用。全球1个大洲分布及种数(cf. 1)◆亚洲。【中国种数:8】。

Loxostylis Spreng. ex Rchb. 焦油漆属 Anacardiaceae [MD-432] 特征纪要:习性:木本。花程式:-。其他特征参考科。全球1个大洲分布及种数(1-2)◆非洲。

Loxothysanus B. L. Rob. 斜苏菊属 Asteraceae [MD-586] 特征纪要:习性:草本。花程式:(K)3-5,C3-5,A3-5,=↓(G)2。其他特征参考科。全球3个大洲分布及种数(2-5)亚洲:2;北美洲:3;南美洲:2。

Loxotis R. Br. ex Benth. 尖舌苣苔属 Meteoriaceae [B-188] 特征纪要:习性:-。物候:-。海拔:-。生境:山谷林下。资源:-。全球1个大洲分布及种数(6)◆南美洲:1。

Loxotrema Raf. 莎草科属 Cyperaceae [MM-747] 特征纪要:习性:-。花程式:-。其他特征参考科。全球4个大洲分布及种数(14)非洲:5;亚洲:9;欧洲:3;北美洲:3。

Loxsoma R. Br. ex A. Cunn. 杜囊蕨属 Hymenophyllaceae [F-21] 特征纪要:习性:-。【Rep】:孢子同形,囊群生叶缘之外(有托)。其他特征参考科。全球3个大洲分布及种数(1-8)亚洲:3;大洋洲:4;南美洲:4。

Loxsomopsis Christ 毛柱楝属 Dennstaedtiaceae [F-26] 特征纪要:习性:-。花程式:-。其他特征参考科。全球2个大洲分布及种数(2)北美洲:1;南美洲:2。

Lozanella Greenm. 山赤麻属 Cannabaceae [MD-89] 特征纪要:习性:木本。花程式:-。其他特征参考科。全球6个大洲分布及种数(3)非洲:1;亚洲:1;大洋洲:1;欧洲:1;北美洲:1-2;南美洲:2-3。

Lozania Mutis ex Caldas 禾串柳属 Lacistemataceae [MD-138] 特征纪要:习性:木本。花程式:K1,C0,A1,=G2-3。全球6个大洲分布及种数(4-6)非洲:1;亚洲:1-2;大洋洲:1;欧洲:1;北美洲:2-4;南美洲:3-6。

Lubaria Pittier 鸾钗木属 Rutaceae [MD-399] 特征纪要:习性:木本。花程式:K5,C5,A4,=G1-3。其他特征参考科。全球4个大洲分布及种数(2-17)非洲:3;亚洲:6;北美洲:2;南美洲:17。

Lubinia Comm. ex Vent. = **Lysimachia**

Lucaea Kunth = **Arthraxon**

Luchea Auct. = **Luehea**

Lucilia Cass. 长毛紫绒草属 Asteraceae [MD-586] 特征纪要:习性:草本。花程式:(K)3-5,(C)3-5,A3-5,=↓G2。其他特征参考科。全球4个大洲分布及种数(9-61)非洲:2;亚洲:4;北美洲:4;南美洲:53。【中国种数:1】。

Luciliocline Anderb. & S. E. Freire 尾药紫绒草属 Asteraceae [MD-586] 特征纪要:习性:-。花程式:-。其他特征参考科。全球2个大洲分布及种数(9)北美洲:2;南美洲:8。

Luciola Sm. = **Luzula**

Luculia Sweet 滇丁香属 Rubiaceae [MD-523] 特征纪要:习性:木本。花程式:-。物候:-。海拔:600-1800米。生境:林中或灌丛中。资源:药用。全球2个大洲分布及种数(4-12)亚洲:10;北美洲:3。【中国种数:3】。

Lucuma Molina 蛋黄果属 Sapotaceae [MD-357] 特征纪要:习性:-。花程式:-。物候:-。花期:春季。果期:参考晚于花期。海拔:100-3000米。生境:常绿阔叶林,混交林,沟谷林中及路旁偶见,中海拔疏或密林中,村边路旁偶见。资源:-。全球6个大洲分布及种数(11-19;hort. 1)非洲:3;亚洲:3;大洋洲:3;欧洲:3;北美洲:1-4;南美洲:9-12。

Lucya DC. 露西茜属 Rubiaceae [MD-523] 特征纪要:习性:草本。花程式:K4-5,C0,A4-5,↓G。其他特征参考科。全球1个大洲分布及种数(1)◆北美洲。

Ludekia Ridsdale 新乌檀属 Rubiaceae [MD-523] 特征纪要:习性:木本。花程式:(K)4-5,(C)4-5,A4-5,↓G。其他特征参考科。全球1个大洲分布及种数(2-3)◆亚洲。

Ludia Comm. ex Juss. 卢迪木属 Salicaceae [MD-123] 特征纪要:习性:木本。花程式:-。物候:-。花期:4-5月。果期:参考晚于花期。海拔:100-4400米。生境:常绿阔叶林,针叶林和阔叶混交林。资源:-。全球6个大

L

洲分布及种数(24－28)非洲:23－30;亚洲:1－7;大洋洲:6;欧洲:1－7;北美洲:6;南美洲:6。【中国种数:1】。

Ludisia A. Rich. 血叶兰属 Orchidaceae［MM－723］特征纪要:习性:草本。花程式:Kn,C2－3 参考科,A3 参考科,↓G－。物候:－。花期:2－4 月。果期:参考晚于花期。海拔:900－1300 米。生境:潮湿地区,山坡或沟谷常绿阔叶林下阴湿处。资源:药用,花卉,具栽培园艺种类。全球 5 个大洲分布及种数(2－14)非洲:2; 亚洲:12; 大洋洲:2; 北美洲:2; 南美洲:3。【中国种数:1】。

Ludolphia (Nees) A. Dietr. ＝ **Arundinaria**

Ludorugbya Hedd. & R. H. Zander 露生藓属 Pottiaceae［B－133］特征纪要:习性:－。【Rep】:孢腔轮廓清晰,蒴齿缺如,或具蒴齿而无基膜,下部呈黄绿或黄棕色。其他特征参考科。全球 1 个大洲分布及种数(1)◆非洲。

Ludovia Brongn. 单肋草属 Cyclanthaceae［MM－706］特征纪要:习性:－。花程式:－。其他特征参考科。全球 2 个大洲分布及种数(3－14)北美洲:8; 南美洲:14。

Ludwigia L. 丁香蓼属 Onagraceae［MD－396］特征纪要:习性:草质攀援(基生,水生)。花程式:－。物候:－。花期:4 月。果期:参考晚于花期。海拔:1600 米。生境:低海拔水塘,江河,水田,水沟湿地,沼泽。资源:药用,具栽培园艺种类。全球 6 个大洲分布及种数(95－114;hort. 1;cult. 13)非洲:37－54;亚洲:45－68;大洋洲:18－35;欧洲:16－32;北美洲:62－82;南美洲:62－79。【中国种数:28】。

Ludwigiantha (Torr. & A. Gray) Small 丁香蓼属 Onagraceae［MD－396］特征纪要:习性:－。花程式:－。其他特征参考科。全球 1 个大洲分布及种数(2)◆北美洲。

Lueckelia Jenny 卢克兰属 Orchidaceae［MM－723］特征纪要:习性:草本。花程式:(K)3,C3,A3,＝↓G3。其他特征参考科。全球 1 个大洲分布及种数(1)◆南美洲。

Lueddemannia Linden & Rchb. f. 卢氏兰属 Orchidaceae［MM－723］特征纪要:草本。花程式:(K)3,C3,A3,＝↓G3。其他特征参考科。全球 5 个大洲分布及种数(3－15)非洲:2; 亚洲:1; 大洋洲:2; 北美洲:5; 南美洲:14。

Luederitzia K. Schum. ＝ **Pavonia**

Luehea Willd. 马鞭麻属 Tiliaceae［MD－185］特征纪要:习性:－。花程式:－。其他特征参考科。全球 6 个大洲分布及种数(21－27)非洲:1;亚洲:1－2;大洋洲:1;欧洲:1;北美洲:6－7;南美洲:20－26。【中国种数:2】。

Lueheopsis Burret 桃花麻属 Malvaceae［MD－203］特征纪要:习性:木本。花程式:K1－∞,C1－∞,A5,＝G2－100。其他特征参考科。全球 1 个大洲分布及种数(7－8)◆南美洲。

Lueranthos Szlach. & Marg. 甘蓝兰属 Orchidaceae［MM－723］特征纪要:习性:－。花程式:－。其他特征参考科。全球 1 个大洲分布及种数(cf. 1)◆南美洲。

Luerella Braas 夷萼兰属 Orchidaceae［MM－723］特征纪要:习性:－。花程式:－。其他特征参考科。全球 2 个大洲分布及种数(17)北美洲:1; 南美洲:1。

Luetkea Bong. 鸡爪梅属 Rosaceae［MD－246］特征纪要:习性:木本。花程式:＝↓(K1(10－100),C1－10－100,A1－10－100,＝↓G(－)。其他特征参考科。全球 1 个大洲分布及种数(2－3)◆北美洲。

Luetzelburgia Harms 破斧檀属 Fabaceae3［MD－240］特征纪要:习性:木本。花程式:＝↓(K1－∞),C1－∞,A5－9,＝↓G1。其他特征参考科。全球 2 个大洲分布及种数(14－22)大洋洲:2; 南美洲:22。

Luffa Mill. 丝瓜属 Cucurbitaceae［MD－205］特征纪要:习性:木质攀援。花程式:(K－),C2－3 参考科,A5,＝↓G－。物候:－。海拔:60－3500 米。生境:广泛栽培。资源:食用,药用,具栽培园艺种类。全球 6 个大洲分布及种数(17－18)非洲:7;亚洲:10;大洋洲:6;欧洲:5;北美洲:7;南美洲:6－7。【中国种数:3】。

Luhea A. DC. ＝ **Luehea**

Luida <unassigned> 红丝兰属 Orchidaceae［MM－723］特征纪要:习性:－。花程式:Kn,C0 参考科,A－参考科,↓G－。其他特征参考科。全球 1 个大洲分布及种数(－)。

Luina Benth. 覆旋花属 Asteraceae［MD－586］特征纪要:习性:草本。花程式:(K)3－5,(C)3－5,A3－5,＝↓G2。其他特征参考科。全球 2 个大洲分布及种数(2－8)亚洲:2; 北美洲:4。【中国种数:1】。

Luisia Gaud. 钗子股属 Orchidaceae［MM－723］特征纪要和分布(－)。分布:－。【中国种数:21】。

Luisierella Thér. & P. de la Varde 芦氏藓属 Pottiaceae［B－133］特征纪要:习性:－。【Rep】:孢腔轮廓清晰,蒴齿缺如,或具蒴齿而无基膜,下部呈黄绿或黄棕色。物候:－。海拔:－。生境:常见于高山岩石上。栽培:来自广西龙州。资源:具栽培园艺种类。全球 5 个大洲分布及种数(2)非洲:1;亚洲:1;大洋洲:1;北美洲:2;南美洲:1。

Luisma M. T. Murillo & A. R. Sm. 锁囊蕨属 Polypodiaceae［F－60］特征纪要:习性:－。【Rep】:孢子同形,囊群生叶背有盖。其他特征参考科。全球 1 个大洲分布及种数(1)◆南美洲(◆哥伦比亚)。

Lulia Zardini 毛丁草属 Asteraceae［MD－586］特征纪要:习性:草本。花程式:(K)3－5,(C)3－5,A3－5,↓G。其他特征参考科。全球 2 个大洲分布及种数(1－2)大洋洲:1; 南美洲:2。

Luma A. Gray 龙袍木属 Myrtaceae［MD－347］特征纪要:习性:木本。花程式:－。其他特征参考科。全球 6 个大洲分布及种数(2－139)非洲:5; 亚洲:4; 大洋洲:2; 欧洲:11; 北美洲:11; 南美洲:136。

Lumnitzera Willd. 榄李属 Combretaceae［MD－354］特征纪要和分布(－)。全球 6 个大洲分布及种数(10－13)非洲:2－3;亚洲:3－4;大洋洲:8－9;欧洲:1－2;北美洲:2－3;南美洲:1－2。【中国种数:2】。

Lunania Raf. 卢南木属 Salicaceae［MD－123］特征纪要和分布(－)。全球 6 个大洲分布及种数(4－17)非洲:1;亚洲:1－4;大洋洲:1;欧洲:1;北美洲:3－17;南美洲:1－3。

Lunaria L. 银扇草属 Brassicaceae［MD－213］特征纪要:习性:－。花程式:－。其他特征参考科。全球 5 个大洲分布及种数(5－10)亚洲:2;大洋洲:1;欧洲:3;北美洲:2;南美洲:3。【中国种数:2】。

Lunasia Blanco 大洋洲月芸香属 Rutaceae [MD－399] 特征纪要:习性:木本。花程式:－。其他特征参考科。全球 3 个大洲分布及种数(1－20)非洲:5; 亚洲:20; 大洋洲:5。【中国种数:1】。

Lunathyrium Koidz. 蛾眉蕨属 Athyriaceae [F－40] 特征纪要:习性:－。【Rep】:孢子囊群短线形至椭圆形,长 0.5－2 毫米,通直,沿侧脉中部上侧着生。物候:－。海拔:1550－3400 米。生境:河旁杂林下,针阔混交林缘。资源:－。全球 6 个大洲分布及种数(116)非洲:4; 亚洲:92; 大洋洲:3; 欧洲:3; 北美洲:3; 南美洲:2。

Lundellia Leonard ＝ **Holographis**

Lundellianthus H. Rob. 联托菊属 Asteraceae [MD－586] 特征纪要:习性:草本。花程式:(K)3－5,C3－5,A3－5,＝↓(G)2。其他特征参考科。全球 2 个大洲分布及种数(8－12)北美洲:9; 南美洲:3。

Lundia DC. 伦紫葳属 Bignoniaceae [MD－541] 特征纪要:习性:－。花程式:－。其他特征参考科。全球 2 个大洲分布及种数(16－19)北美洲:3;南美洲:15－17。

Lundinia B. Nord. 千里光属 Asteraceae [MD－586] 特征纪要:习性:草本。花程式:(K－),(C)5 参考科,A3 参考科,↓G。其他特征参考科。全球 1 个大洲分布及种数(1) ◆北美洲:1。

Lunellia Nieuwl. ＝ **Veronica**

Lunularia Adans. 半月苔属 Lunulariaceae [B－8] 特征纪要:习性:－。其他特征参考科。全球 1 个大洲分布及种数(1)◆南美洲。

Lunulariaceae H. Klinggr. [B－8] 半月苔科 特征纪要(参考 Archidiaceae):矮小,纤细,柔弱,土生藓类。【Rep】:雌雄同株或异株,雌苞叶较大,基部鞘状,渐向上呈披针形尖,蒴柄极短,孢蒴包于雌苞叶中,球形。全球 5 个大洲分布及属种数(1/1)非洲:1; 亚洲:1; 大洋洲:1; 北美洲:1; 南美洲:1。

Lupinus L. 羽扇豆属 Fabaceae3 [MD－240] 特征纪要:习性:木本。花程式:Kn,C2－3 参考科,A2,＝↓G－。物候:－。花期:2－4 月。果期:参考晚于花期。海拔:7500 米。生境:非钙性土壤,喜湿润。资源:园林,具栽培园艺种类。全球 6 个大洲分布及种数(671－828;hort. 1;cult. 20)非洲:25－312;亚洲:47－333;大洋洲:14－292;欧洲:39－322;北美洲:293－677;南美洲:412－725。【中国种数:36】。

Luronium Raf. 欧泽泻属 Alismataceae [MM－597] 特征纪要:习性:草本。花程式:K3－∞,C3－∞,A6,＝G3－6。其他特征参考科。全球 6 个大洲分布及种数(1－3)非洲:2; 亚洲:3; 大洋洲:2; 欧洲:2; 北美洲:2; 南美洲:2。【中国种数:1】。

Luteolejeunea Piippo 北美鳞苔属 Lejeuneaceae [B－84] 特征纪要:习性:－。【Rep】:老时呈红褐色。其他特征参考科。全球 2 个大洲分布及种数(2)北美洲:2; 南美洲:2。

Lutheria Barfuss & W. Till 云楝属 Meliaceae [MD－414] 特征纪要:习性:草本。花程式:(K)3,C3,A3 参考科,↓G。其他特征参考科。全球 4 个大洲分布及种数(4)非洲:1; 亚洲:1; 北美洲:2; 南美洲:4。

Lutzia Gand. 木庭荠属 Brassicaceae [MD－213] 特征纪要:习性:－。花程式:－。其他特征参考科。全球 1 个大洲分布及种数(－)。

Luvunga Wight & Arn. 三叶藤橘属 Rutaceae [MD－399] 特征纪要:习性:木质攀援。花程式:－。物候:－。花期:3－4 月。果期:参考晚于花期。海拔:600 米。生境:河岸,山谷常绿阔叶林,树上。资源:药用,具栽培园艺种类。全球 5 个大洲分布及种数(11－22)非洲:2; 亚洲:20; 大洋洲:3; 欧洲:2; 北美洲:2。【中国种数:1】。

Luxemburgia A. St.－Hil. 管莲木属 Ochnaceae [MD－104] 特征纪要:习性:木本。花程式:K1－∞,C1－∞,A10,＝(G)2－15。其他特征参考科。全球 1 个大洲分布及种数(24－31)◆南美洲。

Luzama Lür 尾萼兰属 Orchidaceae [MM－723] 特征纪要:习性:－。花程式:－。其他特征参考科。全球 1 个大洲分布及种数(cf. 1)◆南美洲。

Luziola Juss. 漂筏菰属 Poaceae [MM－748] 特征纪要:习性:草本。花程式:(K)3,C0 参考科,A1－2,＝G2－3。物候:－。海拔:10－5600 米。生境:草地,作为饲料植物或大麦田杂草种植。资源:－。全球 6 个大洲分布及种数(14)非洲:1;亚洲:1－2;大洋洲:1;欧洲:1;北美洲:7－8;南美洲:12－13。

Luzula DC. 地杨梅属 Juncaceae [MM－733] 特征纪要:习性:草本。花程式:－。物候:－。海拔:1100－3600 米。生境:高山草地,山谷坡地上,竹林下,河边,路旁阴湿处。资源:具栽培园艺种类。全球 6 个大洲分布及种数(123－174;hort. 1;cult. 18)非洲:21－37;亚洲:60－82;大洋洲:30－56;欧洲:58－77;北美洲:53－69;南美洲:34－51。【中国种数:35】。

Luzuriaga Ruiz & Pav. 宝珠木属 Luzuriagaceae [MM－627] 特征纪要和分布(－)。分布:－。【中国种数:1】。

Luzuriagaceae Lotsy [MM－627] 菝葜木科 特征纪要:习性:草本;落叶。花程式:(K)6－,C4,A6,↑G3。物候:－。果实:－。种子:大,棕色或带黑色。海拔:－。生境:－。资源:－。栽培:－。全球 6 个大洲分布及属种数(1/1 hort. 1) 非洲:1/2－3; 亚洲:1/3; 南美洲:1/5。

Lyallia Hook. f. 寒球蓬属 Montiaceae [MD－81] 特征纪要:习性:灌木。花程式:K3－5,C3－5,A3－5,＝G2。其他特征参考科。全球 3 个大洲分布及种数(1－4)非洲:2; 大洋洲:2; 南美洲:2。

Lycamerlycaste J. M. H. Shaw 兰科属 Orchidaceae [MM－723] 特征纪要:习性:草本。花程式:－。其他特征参考科。全球 1 个大洲分布及种数(－)。

Lycapsus Phil. 细裂菊属 Asteraceae [MD－586] 特征纪要:习性:草本。花程式:(K)3－5,C3－5,A3－5,＝↓(G)2。其他特征参考科。全球 3 个大洲分布及种数(1－12)亚洲:7; 北美洲:2; 南美洲:6。

Lycaste Lindl. 捧心兰属 Orchidaceae [MM－723] 特征纪要:习性:草本。花程式:(K)3,C3,A3,＝↓(G)3。物候:－。花期:参考早于果期。果期:10－11 月。海拔:80－5200 米。生境:柏树林下或草坡路旁,竹坡中。资

L

源:-。全球2个大洲分布及种数(55-82;hort.1;cult. 8)北美洲:40-47;南美洲:31-36。

Lychniothyrsus Lindau 猩红爵床属 Acanthaceae [MD-572] 特征纪要:习性:-。花程式:-。其他特征参考科。全球1个大洲分布及种数(1)◆南美洲(◆巴西)。

Lychnis L. 剪秋罗属 Caryophyllaceae [MD-77] 特征纪要:习性:-。花程式:-。物候:-。花期:夏天-秋天。果期:参考晚于花期。海拔:150-2000米。生境:低山疏林下,灌丛草甸阴湿地,栽植。资源:-。全球6个大洲分布及种数(15-39;hort.1;cult. 6)非洲:2-14;亚洲:10-27;大洋洲:1-13;欧洲:5-18;北美洲:5-22;南美洲:2-16。

Lychnitis (Benth.) Fourr. 玄参科属 Scrophulariaceae [MD-536] 特征纪要和分布(-)。

Lychnocephalus Mart. ex DC. 灯头菊属 Asteraceae [MD-586] 特征纪要:习性:-。花程式:-。其他特征参考科。全球1个大洲分布及种数(-)。

Lychnodiscus Radlk. 灯盘无患子属 Sapindaceae [MD-428] 特征纪要:习性:木本。花程式:K4-8,C4-8,A10,=(G)2-3。其他特征参考科。全球1个大洲分布及种数(7)◆非洲。

Lychnophora Mart. 灯头菊属 Asteraceae [MD-586] 特征纪要:习性:草本。花程式:(K)3-5,(C)3-5,A3-5,=↓G2。其他特征参考科。全球4个大洲分布及种数(33-85)非洲:2; 亚洲:3; 北美洲:2; 南美洲:77。【中国种数:1】。

Lychnophorella <unassigned> 菊科属 Asteraceae [MD-586] 特征纪要:习性:草本。花程式:-。其他特征参考科。全球1个大洲分布及种数(11)◆南美洲:11。

Lychnophoriopsis Sch. Bip. 穗序灯头菊属 Asteraceae [MD-586] 特征纪要:习性:-。花程式:-。其他特征参考科。全球1个大洲分布及种数(4)◆南美洲(◆巴西)。

Lycianthes (Dunal) Hassl. 红丝线属 Solanaceae [MD-503] 特征纪要:习性:草质攀援。花程式:(K-),C2-3参考科,A3参考科,=↓G2。物候:-。花期:6-9月。果期:参考晚于花期。海拔:100-2300米。生境:常绿森林沟渠附近。栽培:来自广西龙州。资源:药用,具栽培园艺种类。全球6个大洲分布及种数(157-187;hort.1;cult. 1)非洲:24-27;亚洲:35-39;大洋洲:24-27;欧洲:9-12;北美洲:77-88;南美洲:71-89。【中国种数:12】。

Lycida Oakeley 鸫茄属 Orchidaceae [MM-723] 特征纪要:习性:草本。花程式:Kn,C0参考科,A-参考科,↓G-。其他特征参考科。全球1个大洲分布及种数(1)◆非洲。

Lycioserissa Roem. & Schult. = **Canthium**

Lycium L. 枸杞属 Solanaceae [MD-503] 特征纪要:习性:草本,少灌木。花程式:-。物候:-。花期:6-8月。果期:参考晚于花期。海拔:400-3000米。生境:灌丛。资源:具栽培园艺种类。全球6个大洲分布及种数(137-196;hort.1;cult. 10)非洲:41-56;亚洲:32-50;大洋洲:11-25;欧洲:20-34;北美洲:39-59;南美洲:65-86。【中国种数:14】。

Lycocarpus O. E. Schulz 松芥属 Brassicaceae [MD-213] 特征纪要:习性:草本。花程式:K2-4,C2-4,A2-4,=(G)2。其他特征参考科。全球1个大洲分布及种数(1-6)◆欧洲。

Lycochloa Sam. 狼川草属 Poaceae [MM-748] 特征纪要:习性:草本。花程式:(K-),C0参考科,A3参考科,↓G-参考科。其他特征参考科。全球2个大洲分布及种数(1-2)非洲:2; 亚洲:2。

Lycoctonum Fourr. = **Aconitum**

Lycomormium Rchb. f. 狼花兰属 Orchidaceae [MM-723] 特征纪要:习性:草本。花程式:(K)3,C3,A3,=↓(G)3。其他特征参考科。全球2个大洲分布及种数(5-10)北美洲:2; 南美洲:10。

Lycopersicon Mill. 番茄属 Solanaceae [MD-503] 特征纪要:习性:-。花程式:-。物候:-。花期:5-9月。果期:参考晚于花期。海拔:100-5000米。生境:广泛栽培。资源:食用,具栽培园艺种类。全球6个大洲分布及种数(10-11)非洲:1;亚洲:7;大洋洲:1;欧洲:4;北美洲:5;南美洲:7。

Lycopodiaceae P. Beauv. ex Mirb. [F-4] 石松科 特征纪要:体形甚纤细,深绿色或暗绿色,无光泽。【Rep】:雌雄同株异苞,内雌苞叶基部呈鞘状,叶尖长短不一,蒴柄细长,孢蒴直立,长圆柱形。全球6个大洲分布和属种数(7-9;hort. & cult.2)(322-655;hort. & cult.11-21)非洲:4-7/14-81;亚洲:6-7/242-321;大洋洲:5-6/28-96;欧洲:2-6/7-74;北美洲:6-7/96-171;南美洲:7-8/170-237。【中国属种数:3/83】。

Lycopodiastrum Holub ex R. D. Dixit 藤石松属 Lycopodiaceae [F-4] 特征纪要:习性:-。【Rep】:孢子囊穗每6-26个一组生于多回二叉分枝的孢子枝顶端,排列成圆锥形,具直立的总柄和小柄,弯曲,长1-4厘米,直径2-3毫米,红棕色;孢子叶阔卵形,覆瓦状排列,长2-3毫米,宽约1.5毫米,先端急尖,具膜质长芒,边缘具不规则钝齿,厚膜质;孢子囊生于孢子叶腋,内藏,圆肾形,黄色。物候:-。海拔:100-3100米。生境:林下,林缘,灌丛下或沟边。资源:-。全球1个大洲分布及种数(1)◆亚洲。

Lycopodiella Holub 小石松属 Lycopodiaceae [F-4] 特征纪要:习性:-。【Rep】:孢子枝单生,直立。物候:-。海拔:100-3900米。生境:云杉林下,杂木林。资源:具园艺种类。全球6个大洲分布及种数(46-47;hort.1;cult. 6)非洲:8-10;亚洲:14-16;大洋洲:9-11;欧洲:3-5;北美洲:24-27;南美洲:30-32。【中国种数:7】。

Lycopodiodes (DC.) Kuntze 卷柏属 Selaginellaceae [F-6] 特征纪要:-。分布:-。

Lycopodioides Böhm. 卷柏蕨属 Selaginaceae [MD-553] 特征纪要及分布(-)。

Lycopodium L. 石松属 Lycopodiaceae [F-4] 特征纪要:习性:-。【Rep】:孢子囊穗单生或聚生于孢子枝顶端,圆柱形。物候:-。海拔:1000-3000米。生境:竹林丛中。资源:药用,具栽培园艺种类。全球6个大洲分布

L

及种数(54－1033)非洲:79; 亚洲:322; 大洋洲:99; 欧洲:133; 北美洲:133; 南美洲:263。【中国种数:29】。

Lycopus L. 地笋属 Lamiaceae [MD－575] 特征纪要:习性:草本(具根状茎)。花程式:－。物候:－。花期:7－8月。果期:参考晚于花期。海拔:300－2600米。生境:潮湿草地,沼泽地区,溪边。资源:具栽培园艺种类。全球6个大洲分布及种数(20－29;hort. 1;cult. 7)非洲:1－13;亚洲:14－31;大洋洲:2－14;欧洲:5－17;北美洲:16－29;南美洲:2－15。【中国种数:8】。

Lycoris Herb. 石蒜属 Amaryllidaceae [MM－694] 特征纪要:习性:草本。花程式:－。物候:－。花期:8－9月。果期:参考晚于花期。海拔:100－2300米。生境:山坡,阴湿山坡或石缝中。资源:药用,具栽培园艺种类。全球5个大洲分布及种数(29－81)非洲:3; 亚洲:66; 欧洲:8; 北美洲:8; 南美洲:10。【中国种数:16】。

Lycoseris Cass. 狼菊木属 Asteraceae [MD－586] 特征纪要:习性:草本。花程式:(K)3－5,(C)3－5,A3－5,＝↓G2。其他特征参考科。全球6个大洲分布及种数(11－15)非洲:1;亚洲:1－2;大洋洲:1－2;欧洲:1－2;北美洲:5－6;南美洲:9－12。【中国种数:1】。

Lycurus Kunth 狼尾禾属 Poaceae [MM－748] 特征纪要:习性:－。花程式:－。其他特征参考科。全球6个大洲分布及种数(4)非洲:1;亚洲:1;大洋洲:1;欧洲:1;北美洲:3－4;南美洲:3－4。

Lydenburgia N. Robson 南巧茶属 Celastraceae [MD－339] 特征纪要:习性:木本。花程式:K2－3,C2－3,A10,G－。其他特征参考科。全球1个大洲分布及种数(1－2)◆非洲。

Lydiaea Laz. ＝ **Microbryum**

Lyellia R. Br. 异蒴藓属 Polytrichaceae [B－101] 特征纪要:习性:－。【Rep】:雌雄异株,蒴柄粗挺,孢蒴扁卵形或扁圆形,具脊,呈背腹面或左右对称,蒴口收缩,蒴齿缺失,气孔生孢蒴基部。物候:－。海拔:－。生境:常见于林边阴湿土壁,杂木林下。资源:－。全球2个大洲分布及种数(3)亚洲:2;北美洲:1。【中国种数:2】。

Lygeum Löfl. ex L. 小纫草属 Poaceae [MM－748] 特征纪要:习性:草本。花程式:(K)3,C0参考科,A1－2,↓G－参考科。其他特征参考科。全球5个大洲分布及种数(1－10)非洲:8; 亚洲:2; 欧洲:2; 北美洲:2; 南美洲:2。【中国种数:1】。

Lyginia R. Br. 管丝草属 Lyginiaceae [MM－743] 特征纪要(同科)。全球2个大洲分布及种数(3－11)大洋洲:7;南美洲:4。

Lyginiaceae B. G. Briggs & L. A. S. Johnson [MM－743] 澳灯草科 特征纪要:习性:草本;落叶。花程式:K4－5(－),C5,A,G－。物候:－。果实:－。种子:－。海拔:－。生境:－。资源:－。栽培:－。全球1个大洲分布及属种数(1/1 hort. 1) ◆大洋洲:1/ 3－5。

Lygisma Hook. f. 折冠藤属 Fabaceae2 [MD－239] 特征纪要:习性:木本。花程式:－。物候:－。花期:7－10月。果期:参考晚于花期。海拔:100－300米。生境:森林。资源:－。全球4个大洲分布及种数(5－18)非洲:4; 亚洲:8; 大洋洲:2; 南美洲:4。【中国种数:1】。

Lygodesmia D. Don 紫莴苣属 Asteraceae [MD－586] 特征纪要:习性:草本。花程式:(K)3－5,(C)3－5,A3－5,↓G。其他特征参考科。全球3个大洲分布及种数(10－28)亚洲:4; 北美洲:18; 南美洲:1。

Lygodiaceae M. Röm. [F－20] 海金沙科 特征纪要(参考 Neckeraceae),黄绿色,或呈褐绿色,无光泽。【Rep】:孢子体不详,黄绿色或黄褐色。全球6个大洲分布和属种数(1;hort. & cult. 1)(39－73;hort. & cult. 7－8)非洲:1/11－22;亚洲:1/24－42;大洋洲:1/10－25;欧洲:1/6－16;北美洲:1/14－23;南美洲:1/13－23。【中国属种数:1/19】。

Lygodictyon J. Sm. in Hook. ＝ **Lygodium**

Lygodium Sw. 海金沙属 Lygodiaceae [F－20] 特征纪要:习性:－。【Rep】:孢子囊穗,由两行并生的孢子囊组成,孢子囊生于小脉顶端,并被由叶边外长出来,的一个反折小瓣包裹,形如囊群盖。物候:－。海拔:720米。生境:无,竹林下灌丛。资源:药用,具栽培园艺种类。全球6个大洲分布及种数(40－57)非洲:11－22;亚洲:24－42;大洋洲:10－25;欧洲:6－16;北美洲:14－23;南美洲:13－23。【中国种数:19】。

Lygos (Tourn.) Adans. 欧洲豆属 Fabaceae3 [MD－240] 特征纪要:习性:－。花程式:－。其他特征参考科。全球6个大洲分布及种数(4)非洲:4; 亚洲:4; 大洋洲:2; 欧洲:3; 北美洲:3; 南美洲:3。

Lymanbensonia Kimnach 露舞蔓属 Cactaceae [MD－100] 特征纪要:习性:木本。花程式:＝↓(Kn),C1－∞参考科,A3参考科,＝↓(G)3－100。其他特征参考科。全球1个大洲分布及种数(4)◆南美洲。

Lymania Read 棱萼凤梨属 Bromeliaceae [MM－715] 特征纪要:习性:草本。花程式:(K)3,C3,A6,＝↓(G)3。其他特征参考科。全球2个大洲分布及种数(10－12)亚洲:2; 南美洲:12。

Lymnophila Blume ＝ **Limnophila**

Lyonia Nutt. 珍珠花属 Ericaceae [MD－380] 特征纪要和分布(－)。全球6个大洲分布及种数(46－49;hort. 1;cult. 4)非洲:12;亚洲:18－33;大洋洲:7－19;欧洲:2－14;北美洲:39－51;南美洲:17－29。【中国种数:10】。

Lyonothamnus A. Gray 散叶梅属 Rosaceae [MD－246] 特征纪要:习性:木本。花程式:＝↓(K1(10－100),C1－10－100,A1－10－100,＝↓G(－)。其他特征参考科。全球1个大洲分布及种数(1－3)◆北美洲(◆美国)。

Lyperanthus R. Br. 喙兰属 Orchidaceae [MM－723] 特征纪要:习性:草本。花程式:(K)3,C3,A3,＝↓G3。其他特征参考科。全球2个大洲分布及种数(2－26)大洋洲:2; 南美洲:1。

Lyperia Salisb. 伞烛花属 Scrophulariaceae [MD－536] 特征纪要:习性:－。花程式:－。其他特征参考科。全球3个大洲分布及种数(6－10)非洲:5－7;亚洲:cf. 1;欧洲:cf. 1。

Lyprolepis Steud. ＝ **Kyllinga**

Lyrocarpa Hook. & Harv. 琴果芥属 Brassicaceae [MD – 213] 特征纪要：习性：草本。花程式：K2 – 4，C2 – 4，A2 – 4，= G2。其他特征参考科。全球 1 个大洲分布及种数(3 – 6)◆北美洲。

Lyroglossa Schltr. 美琴兰属 Orchidaceae [MM – 723] 特征纪要：习性：草本。花程式：(K)3，C3，A3，= ↓(G)3。其他特征参考科。全球 3 个大洲分布及种数(2 – 9)亚洲：1；北美洲：7；南美洲：8。

Lysakia Esmailbegi & Al – Shehbaz 新乌檀属 Brassicaceae [MD – 213] 特征纪要：习性：草本。花程式：K4，C4，A3 参考科，↓G – 参考科。其他特征参考科。全球 1 个大洲分布及种数(1)◆亚洲。

Lysiana Van Tiegh. 驳骨鞘花属 Loranthaceae [MD – 415] 特征纪要：习性：木本。花程式：K6，C0，A4，= ↓(G)3 – 4。其他特征参考科。全球 3 个大洲分布及种数(10 – 26)亚洲：3；大洋洲：25；南美洲：13。

Lysianthius Adans. = **Lisianthius**

Lysicarpus F. Müll. 铁心木属 Myrtaceae [MD – 347] 特征纪要：习性：木本。花程式：–。其他特征参考科。全球 1 个大洲分布及种数(1 – 2) 亚洲；大洋洲。

Lysichiton Schott 沼芋属 Araceae [MM – 639] 特征纪要：习性：草本。花程式：K0，C0，A1 – 4，= G1 – 3。其他特征参考科。全球 4 个大洲分布及种数(2 – 13)亚洲：8；欧洲：5；北美洲：5；南美洲：2。【中国种数：1】。

Lysiclesia A. C. Sm. = **Orthaea**

Lysidice Hance 仪花属 Fabaceae1 [MD – 240] 特征纪要：习性：木质攀援。花程式：–。物候：–。花期：4 – 5 月。果期：参考晚于花期。海拔：500 – 1000 米。生境：疏林或密林中，常见于山谷，溪边。资源：园林，药用。全球 5 个大洲分布及种数(2 – 7)非洲：1；亚洲：5；大洋洲：1；北美洲：3；南美洲：4。【中国种数：2】。

Lysiloma Benth. 假酸豆属 Fabaceae2 [MD – 240] 特征纪要：习性：木本。花程式：= ↓(K3 – 5 – ∞)，C3 – 5 – ∞，A1 – 10 – 50，= ↓G1。其他特征参考科。全球 6 个大洲分布及种数(8 – 77)非洲：3；亚洲：2；大洋洲：3；欧洲：21；北美洲：21；南美洲：11。

Lysimachia Tourn. ex L. 珍珠菜属 Primulaceae [MD – 401] 特征纪要：习性：草质攀援。花程式：–。物候：–。花期：7 月。果期：参考晚于花期。海拔：900 – 1500 米。生境：草质山坡，林地边缘，灌木丛。资源：具栽培园艺种类。全球 6 个大洲分布及种数(298 – 343；hort. 1；cult. 18)非洲：50 – 80；亚洲：240 – 288；大洋洲：28 – 58；欧洲：34 – 64；北美洲：64 – 101；南美洲：22 – 52。【中国种数：160】。

Lysinema R. Br. 蕊木石南属 Ericaceae [MD – 380] 特征纪要：习性：木本。花程式：(K)2 – 4，(C)2 – 4，A10，= G2 – 5。其他特征参考科。全球 2 个大洲分布及种数(6 – 19)大洋洲：11；北美洲：2。

Lysionotus D. Don 吊石苣苔属 Gesneriaceae [MD – 549] 特征纪要：习性：草质攀援。花程式：–。物候：–。花期：6 – 7 月。果期：参考晚于花期。海拔：1100 – 1700 米。生境：开阔山地，在森林山谷的树木上。资源：具栽培园艺种类。全球 4 个大洲分布及种数(41 – 88)非洲：2；亚洲：78；北美洲：3；南美洲：5。【中国种数：22】。

Lysiopetalum K. Schum. = **Lysiosepalum**

Lysiosepalum F. Müll. 翘毡麻属 Malvaceae [MD – 203] 特征纪要：习性：木本。花程式：K3 – 5 – ∞，C5，A5 – 10，= G1 – 5。其他特征参考科。全球 1 个大洲分布及种数(4)◆大洋洲。

Lysiostyles Benth. 巴西旋花属 Convolvulaceae [MD – 499] 特征纪要：习性：草本。花程式：K5，C0，A5，= G2 – 5。其他特征参考科。全球 2 个大洲分布及种数(1 – 5)北美洲：2；南美洲：5。

Lysiphyllum (Benth.) de Wit 蝶叶豆属 Fabaceae2 [MD – 240] 特征纪要：习性：木本。花程式：= ↓(K3 – 5 – ∞)，C3 – 5 – ∞，A1 – 10 – 50，= ↓G1。其他特征参考科。全球 3 个大洲分布及种数(8 – 9)非洲：1；亚洲：4；大洋洲：4。【中国种数：1】。

Lysipomia Kunth 卧盖莲属 Campanulaceae [MD – 561] 特征纪要：习性：草本。花程式：–。其他特征参考科。全球 4 个大洲分布及种数(43 – 74)非洲：2；大洋洲：2；北美洲：3；南美洲：71。

Lysisepalum P. & K. = **Lysiosepalum**

Lythraceae J. St. – Hil. [MD – 333] 千屈菜科 特征纪要：习性：木本；落叶。花程式：↙(K)6 –，C5，A10 – 8，= ↓(G) –。物候：–。花期：8 – 12 月。果期：8 – 12 月。果实：蒴果。种子：多数作为亚科来处理。海拔：0 米。生境：边远湖沼中。栽培：来自广西龙州。资源：园林。栽培：中国有栽培。全球 6 个大洲分布及属种数(38 – 40/1065 – 1311 <IFR 8/45> hort. 1；cult. 15) 非洲：19/204 – 242(IFR 2/10)；亚洲：14/319 – 376(IFR 4/6)；大洋洲：10/321 – 338(IFR 1/1)；欧洲：13/72 – 85(IFR 1/1)；北美洲：16/198 – 224(IFR 3/9)；南美洲：16/360 – 409(IFR 3/18)。【中国属种数：19/114】。

Lythrum L. 千屈菜属 Lythraceae [MD – 333] 特征纪要：习性：木本。花程式：–。物候：–。花期：7 – 9 月。果期：参考晚于花期。海拔：100 – 2000 米。生境：草原，河岸，湿地或栽培供观赏。资源：药用，观赏，具栽培园艺种类。全球 6 个大洲分布及种数(58 – 83；hort. 1；cult. 5)非洲：20 – 34；亚洲：23 – 41；大洋洲：14 – 25；欧洲：22 – 37；北美洲：29 – 41；南美洲：9 – 21。【中国种数：10】。

Lytocaryum Toledo 小穴椰子属 Arecaceae [MM – 717] 特征纪要：习性：–。花程式：–。其他特征参考科。全球 3 个大洲分布及种数(29)欧洲：5；北美洲：5；南美洲：6。

M

Maackia Rupr. 马鞍树属 Fabaceae3［MD－240］特征纪要:习性:木质攀援。花程式:(K－),C2－3 参考科,A10,＝↓G－。物候:－。花期:6－7 月。果期:参考晚于花期。海拔:300－900 米。生境:灌木丛中,竹林中。资源:具栽培园艺种类。全球 5 个大洲分布及种数(9－24)亚洲:20; 大洋洲:2; 欧洲:6; 北美洲:6; 南美洲:2。【中国种数:8】。

Maasa Roem. & Schult. ＝ **Maesa**

Maasia Mols, Kessler & Rogstad 暗罗属 Annonaceae［MD－7］特征纪要:习性:木本。花程式:K3－∞,C3,A2,↓G－参考科。其他特征参考科。全球 4 个大洲分布及种数(6－8)非洲:3; 亚洲:5; 大洋洲:2; 南美洲:1。

Mabea Aubl. 绒果柏属 Euphorbiaceae［MD－217］特征纪要:习性:木本。花程式:－。其他特征参考科。全球 6 个大洲分布及种数(43－48;hort. 1;cult. 1)非洲:1;亚洲:1;大洋洲:1;欧洲:1;北美洲:12－13;南美洲:39－45。

Mabrya Elisens 马布里玄参属 Plantaginaceae［MD－527］特征纪要:习性:草本。花程式:K2－4,C0,A2－4,＝↓(G)2－3。其他特征参考科。全球 3 个大洲分布及种数(7－33)亚洲:2; 北美洲:33; 南美洲:25。

Maburea Maas 南美铁青树属 Olacaceae［MD－362］特征纪要:习性:木本。花程式:K3,C3,A5－6,＝(G)2－3。其他特征参考科。全球 1 个大洲分布及种数(1)◆南美洲。

Macadamia F. Müll. 大洋洲坚果属 Proteaceae［MD－219］特征纪要:习性:木本。花程式:－。物候:－。花期:4－5 月。果期:参考晚于花期。海拔:20－2800 米。生境:－。栽培:－。资源:种子食用,具特殊风味,具栽培园艺种类。全球 6 个大洲分布及种数(13－18)非洲:2－3;亚洲:4－5;大洋洲:11－17;欧洲:1;北美洲:3－4;南美洲:4－5。【中国种数:1】。

Macaglia Rich. ex Vahl ＝ **Aspidosperma**

Macahanea Aubl. & Hallier. f. 卫矛科属 Celastraceae［MD－339］特征纪要:－。全球 1 个大洲分布及种数(2)◆南美洲:1。

Macairea DC. 马卡野牡丹属 Melastomataceae［MD－364］特征纪要:习性:木本。花程式:＝↓(K4－5),C4－5,A4－5,＝↓G3－4。其他特征参考科。全球 4 个大洲分布及种数(23－53)非洲:1; 亚洲:2; 北美洲:2; 南美洲:49。【中国种数:1】。

Macaranga Thou. 血桐属 Euphorbiaceae［MD－217］特征纪要:习性:木本。花程式:－。物候:－。海拔:100－400 米。生境:低山次生林或山地常绿阔叶林中。资源:油脂,具栽培园艺种类。全球 6 个大洲分布及种数(122－324;hort. 1;cult. 4)非洲:68－158;亚洲:50－119;大洋洲:25－61;欧洲:11;北美洲:3－12;南美洲:10。【中国种数:36】。

Macarenia P. Royen 川薹草科属 Podostemaceae［MD－322］特征纪要:习性:－。花程式:－。其他特征参考科。全球 1 个大洲分布及种数(1)◆南美洲。

Macarisia Thou. 岛红树属 Rhizophoraceae［MD－329］特征纪要:习性:木本。花程式:－。其他特征参考科。全球 1 个大洲分布及种数(4)◆非洲。

Macarthuria Hügel ex Endl. 灯粟草属 Limeaceae［MD－109］特征纪要:习性:木本。花程式:－。其他特征参考科。全球 1 个大洲分布及种数(9)◆大洋洲(◆澳大利亚)。

Macarthuriaceae Christenh. ＝ Limeaceae

Macbridea Raf. 麦克草属 Lamiaceae［MD－575］特征纪要:习性:－。花程式:－。其他特征参考科。全球 3 个大洲分布及种数(2－11)亚洲:1; 北美洲:10; 南美洲:7。

Macbrideina Standl. 栀锦树属 Rubiaceae［MD－523］特征纪要:习性:木本。花程式:(K)4－5,(C)4－5,A4－5,＝↓(G)2－9。其他特征参考科。全球 1 个大洲分布及种数(1)◆南美洲。

Macentina <unassigned> 锦紫草属 Boraginaceae［MD－517］特征纪要:－。全球 1 个大洲分布及种数(2)◆欧洲:2。

Macgregorella E. B. Bartram 亚洲碎米藓属 Fabroniaceae［B－173］特征纪要:－。全球 2 个大洲分布及种数(1)亚洲:1;大洋洲:1。

Macgregoria F. Müll. 雪烛花属 Celastraceae［MD－339］特征纪要:习性:木本。花程式:－。其他特征参考科。全球 1 个大洲分布及种数(1)◆大洋洲(◆澳大利亚)。

Macgregorianthus Merr. ＝ **Enkleia**

Machaeranthera Nees 蒿菀属 Asteraceae［MD－586］特征纪要:习性:草本。花程式:(K)3－5,(C)3－5,A3－5,＝↓G2。物候:－。海拔:－。生境:－。资源:具栽培园艺种类。全球 5 个大洲分布及种数(2－210)非洲:2; 亚洲:9; 欧洲:66; 北美洲:66; 南美洲:6。【中国种数:1】。

Machaerina Vahl 剑叶莎属 Cyperaceae [MM－747] 特征纪要和分布(－)。全球6个大洲分布及种数(57－64;hort. 1)非洲:17－44;亚洲:24－51;大洋洲:41－69;欧洲:2－29;北美洲:15－43;南美洲:15－42。【中国种数:8】。

Machaerium Pers. 军刀豆属 Fabaceae3 [MD－240] 特征纪要:习性:木本。花程式:＝↓(K1－∞),C1－∞,A5－9,＝↓G1。物候:－。海拔:7500米。生境:矮灌木丛或芦苇丛中,稀见于沿河岸疏林下,作为作物栽培。资源:具栽培园艺种类。全球5个大洲分布及种数(134－321)非洲:8; 亚洲:19; 大洋洲:3; 北美洲:50; 南美洲:250。【中国种数:2】。

Machairophyllum Schwantes 剑叶玉属 Aizoaceae [MD－94] 特征纪要:习性:草本。花程式:＝↓(K3－4),C3－4,A5 参考科,＝↓(G)1－2。其他特征参考科。全球1个大洲分布及种数(10)◆非洲。

Machaonia Bonpl. 马雄草属 Rubiaceae [MD－523] 特征纪要:习性:木本。花程式:(K)4－5,(C)4－5,A4－5,＝↓G2－9。其他特征参考科。全球3个大洲分布及种数(21－37;hort. 2;cult. 2)亚洲:5－6;北美洲:15－31;南美洲:12。【中国种数:1】。

Machilus Rumph. ex Nees 润楠属 Lauraceae [MD－21] 特征纪要:习性:木本。花程式:－。物候:－。海拔:100－1400米。生境:常绿阔叶混交林中,阴坡谷地混交林中。资源:药用,具栽培园艺种类。全球6个大洲分布及种数(125－331)非洲:7; 亚洲:313; 大洋洲:2; 欧洲:22; 北美洲:22; 南美洲:19。【中国种数:52】。

Machlis DC. ＝ **Cotula**

Mackaya Harv. 号角花属 Acanthaceae [MD－572] 特征纪要:习性:－。花程式:－。物候:－。花期:10月至次年1月。果期:参考晚于花期。海拔:600－1800米。生境:森林。资源:－。全球4个大洲分布及种数(5)非洲:1;亚洲:4;大洋洲:1;南美洲:1。

Mackinlaya F. Müll. 蓝伞木属 Mackinlayaceae [MD－473] 特征纪要(同科)。全球3个大洲分布及种数(4－6)非洲:2－3;亚洲:2－3;大洋洲:3－5。

Mackinlayaceae Doweld [MD－473] 参棕科 特征纪要:习性:木本;落叶。花程式:(K)6－,C5,A,↓(G)－。物候:－。果实:－。种子:－。海拔:－。生境:－。资源:－。栽培:－。全球3个大洲分布及属种数(2/5－7 hort. 1) 非洲:1/2－3; 亚洲:2/4－5; 大洋洲:1/4－6。

Maclaudia Venter & R. L. Verh. 蜂夹竹属 Apocynaceae [MD－492] 特征纪要:习性:木本。花程式:Kn,C0,A15,↓G。其他特征参考科。全球1个大洲分布及种数(1)◆非洲。

Macleania Hook. 蜂鸟花属 Ericaceae [MD－380] 特征纪要:习性:木本。花程式:(K)5－8,(C)5－8,A10,＝G2－4。其他特征参考科。全球4个大洲分布及种数(33－80)亚洲:3; 大洋洲:2; 北美洲:23; 南美洲:75。

Macleaya R. Br. 博落回属 Papaveraceae [MD－54] 特征纪要:习性:草本(多肉)。花程式:－。物候:－。海拔:100－800米。生境:丘陵或低山林中,灌丛中或草丛间,山坡路边草地或灌丛中。资源:药用,具栽培园艺种类。全球6个大洲分布及种数(3－7)非洲:2; 亚洲:4; 大洋洲:2; 欧洲:3; 北美洲:3; 南美洲:2。【中国种数:2】。

Macledium Cass. 帝王菊属 Asteraceae [MD－586] 特征纪要:习性:草本。花程式:(K)3－5,C3－5,A3－5,＝↓(G)2。其他特征参考科。全球3个大洲分布及种数(22－29)非洲:26; 亚洲:4; 北美洲:3。

Maclura Nutt. 橙桑属 Moraceae [MD－87] 特征纪要:习性:木本。花程式:Kn,C2－3 参考科,A3－5,G－。物候:－。花期:4－5月。果期:参考晚于花期。海拔:1000－1700米。生境:森林。资源:具栽培园艺种类。全球6个大洲分布及种数(10－108)非洲:10; 亚洲:53; 大洋洲:6; 欧洲:10; 北美洲:10; 南美洲:47。【中国种数:7】。

Maclurochloa K. M. Wong 孝顺竹属 Poaceae [MM－748] 特征纪要:习性:草本。花程式:(K－),C0 参考科,A3 参考科,↓G－参考科。其他特征参考科。全球1个大洲分布及种数(1－3)◆亚洲。

Maclurodendron T. G. Hartley 贡甲属 Rutaceae [MD－399] 特征纪要:习性:木本。花程式:K∞,C∞,A4,＝G1－3。物候:－。花期:4－8月。果期:参考晚于花期。海拔:200－1400米。生境:原生林和次生林。栽培:来自广西龙州。资源:具栽培园艺种类。全球3个大洲分布及种数(6－9)亚洲:8; 大洋洲:2; 北美洲:2。【中国种数:1】。

Maclurolyra C. E. Calderón & Soderstr. 卷柱竺属 Poaceae [MM－748] 特征纪要:习性:草本。花程式:(K)3,C0 参考科,A1－2,＝(G)2－3。其他特征参考科。全球2个大洲分布及种数(1－2)北美洲:2; 南美洲:2。

Macodes Lindl. 长唇兰属 Orchidaceae [MM－723] 特征纪要:习性:木本。花程式:－。物候:－。海拔:－。生境:－。资源:具园艺种类。全球4个大洲分布及种数(11－35)非洲:6; 亚洲:33; 大洋洲:6; 南美洲:4。

Macoubea Aubl. 鹦鹉果属 Apocynaceae [MD－492] 特征纪要:习性:木本。花程式:K5－∞,C0,A15,＝↓G2－5。其他特征参考科。全球3个大洲分布及种数(3－13)非洲:1; 北美洲:4; 南美洲:10。

Macouniella Kindb. 逆毛藓属 Leucodontaceae [B－198] 特征纪要:－。全球1个大洲分布及种数(－)。

Macowania Oliv. 单头鼠麹木属 Asteraceae [MD－586] 特征纪要:习性:－。花程式:－。其他特征参考科。全球1个大洲分布及种数(12)◆非洲。

Macphersonia Bl. 麦克无患子属 Sapindaceae [MD－428] 特征纪要:习性:木本。花程式:K4－8,C4－8,A10,＝G2－3。其他特征参考科。全球2个大洲分布及种数(9－25)非洲:17; 亚洲:2。【中国种数:1】。

Macrachaenium Hook. f. 鞘叶钝柱菊属 Asteraceae [MD－586] 特征纪要:习性:草本。花程式:(K)3－5,C3－5,A3－5,＝↓(G)2。其他特征参考科。全球1个大洲分布及种数(1)◆南美洲(◆智利)。

Macradenia R. Br. 长盘兰属 Orchidaceae [MM－723] 特征纪要:习性:草本。花程式:(K)3,C3,A3,＝↓G3。其他特征参考科。全球2个大洲分布及种数(15)北美洲:2;南美洲:14。

Macranthera Nutt. ex Benth. 大药玄参属 Scrophulariaceae [MD－536] 特征纪要:习性:草本。花程式:－。其他特征参考科。全球3个大洲分布及种数(1－6)亚洲:3; 北美洲:2; 南美洲:2。

Macranthisiphon Bureau ex K. Schum. ＝ **Bignonia**

Macrauchenium Brid. 真藓科属 Bryaceae [B－146] 特征纪要:－。全球1个大洲分布及种数(－)。

Macreightia A. DC. = **Diospyros**
Macrobalanus (Oerst.) O. Schwarz = **Quercus**
Macrobia (Webb & Berthel.) Kunkel 金阳木属 Crassulaceae [MD－229] 特征纪要和分布(－)。全球1个大洲分布及种数(cf. 1)◆亚洲。
Macroblepharus Phil. = **Eragrostis**
Macrobriza (Tzvelev) Tzvelev = **Briza**
Macrocarpaea (Griseb.) Gilg 大果龙胆属 Gentianaceae [MD－496] 特征纪要:习性:木本。花程式:K5,C0,A10,=G2。其他特征参考科。全球3个大洲分布及种数(127)大洋洲:1;北美洲:12－14;南美洲:109－120。
Macrocarpium (Spach) Nakai = **Cornus**
Macrocatalpa Britton = **Catalpa**
Macrocentrum Hook. f. 大距野牡丹属 Melastomataceae [MD－364] 特征纪要:习性:－。花程式:－。其他特征参考科。全球1个大洲分布及种数(28)◆南美洲。
Macrochlamys Decne. = **Alloplectus**
Macrochloa Kunth 大纫草属 Poaceae [MM－748] 特征纪要:习性:草本。花程式:(K)3,C0 参考科,A1－2,=(G)2－3。其他特征参考科。全球2个大洲分布及种数(2)非洲:2;欧洲:1。
Macrochordion de Vriese = **Aechmea**
Macrochordium Beer = **Aechmea**
Macroclinidium Maxim. 帚菊属 Asteraceae [MD－586] 特征纪要:习性:－。花程式:－。其他特征参考科。全球1个大洲分布及种数(1－4)◆亚洲。
Macroclinium Barb. Rodr. 茧柱兰属 Orchidaceae [MM－723] 特征纪要:习性:草本。花程式:(K)3,C3,A3,↓G－。其他特征参考科。全球6个大洲分布及种数(44－49)非洲:1;亚洲:1;大洋洲:1;欧洲:1;北美洲:17－18;南美洲:27－30。
Macrocnemum P. Br. 褐鸡纳属 Rubiaceae [MD－523] 特征纪要:习性:木本。花程式:(K)4－5,(C)4－5,A4－5,=↓G2－9。其他特征参考科。全球4个大洲分布及种数(8－49)非洲:2; 亚洲:4; 北美洲:16; 南美洲:42。
Macrococculus Becc. 直防己属 Menispermaceae [MD－42] 特征纪要:习性:草本。花程式:－。其他特征参考科。全球3个大洲分布及种数(1－5)非洲:4; 亚洲:3; 大洋洲:5。
Macrocolura R. M. Schust. 大鳞苔属 Lejeuneaceae [B－84] 特征纪要:习性:－。【Rep】:老时呈红褐色。其他特征参考科。全球1个大洲分布及种数(2)◆北美洲。
Macrocoma (Müll. Hal.) Grout 直叶藓属 Orthotrichaceae [B－151] 特征纪要:习性:－。【Rep】:雌雄同株,蒴柄长约5毫米,孢蒴直立,球形或短圆柱形,蒴口较小,蒴齿两层,蒴盖圆锥形,蒴帽钟形,具毛。物候:－。海拔:－。生境:常见于树干或树枝,岩面土生。资源:－。全球6个大洲分布及种数(57)非洲:15; 亚洲:7; 大洋洲:3; 欧洲:17; 北美洲:17; 南美洲:29。【中国种数:5】。
Macrocroton Klotzsch = **Croton**
Macrocymbium Walp. = **Erythrina**
Macrocystis <unassigned> 巨婆婆纳属 Veronicaceae [MD－535] 特征纪要:－。全球3个大洲分布及种数(10)非洲:1; 欧洲:1; 南美洲:6。
Macrodictyum (Broth.) E. H. Hegew. 巨尾藓属 Dicranaceae [B－128] 特征纪要:习性:－。【Rep】:雌苞叶分化,基部鞘状,有毛尖,蒴柄长,均高出于雌苞叶,孢蒴直立或背曲,长圆柱形或长椭圆形,辐射对称,雌雄异株,雄株矮小,附于假根上成假雌雄同株,雌苞叶形大,高鞘状,上部具细毛尖,与孢蒴等长或长于孢蒴。其他特征参考科。全球2个大洲分布及种数(2)北美洲:2;南美洲:1。
Macrodiplophyllum (H. Buch) Perss. 合叶苔科属 Scapaniaceae [B－57] 特征纪要:习性:－。【Rep】:呈紫红色。物候:－。海拔:－。生境:山地,沼泽生。资源:－。全球1个大洲分布及种数(1)◆亚洲(◆中国)。【中国种数:1】。
Macrodiscus Bur. = **Amphilophium**
Macroditassa Malme 大萝藦属 Apocynaceae [MD－492] 特征纪要:习性:－。花程式:－。其他特征参考科。全球1个大洲分布及种数(14)◆南美洲。
Macrodon Arn. = **Leucoloma**
Macroglena C. Presl = **Abrodictyum**
Macrogyne Link & Otto = **Aspidistra**
Macrohasseltia L. O. Williams 羊角骨柞属 Salicaceae [MD－123] 特征纪要:习性:木本。花程式:K1－∞,C1－∞,A5,=(G)2－100。其他特征参考科。全球2个大洲分布及种数(1－2)北美洲:1; 南美洲:1。
Macrohymenium Müll. Hal. 巨薄罗藓属 Sematophyllaceae [B－192] 特征纪要:习性:－。【Rep】:雌雄同株或雌雄异株,稀雌雄杂株,蒴柄细长,下部平滑,上部具乳头突起,孢蒴小,垂倾或悬垂,长卵形或长圆,多暗色、绿色至金黄色。物候:－。海拔:－。生境:竹上,岩石上。资源:－。全球3个大洲分布及种数(6)非洲:5;亚洲:5;大洋洲:4。
Macrohystrix (Tzvelev) Tzvelev & Prob. 禾本科属 Poaceae [MM－748] 特征纪要:习性:－。花程式:－。其他特征参考科。全球1个大洲分布及种数(－)。
Macrolejeunea (Spruce) Schiffn. 巨鳞苔属 Lejeuneaceae [B－84] 特征纪要:习性:－。【Rep】:老时呈红褐色。其他特征参考科。全球2个大洲分布及种数(6)北美洲:1; 南美洲:5。

Macrolenes Naudin 大毛野牡丹属 Melastomataceae［MD－364］特征纪要：习性：木本。花程式：－。其他特征参考科。全球 1 个大洲分布及种数(1－14)◆亚洲。

Macrolobium Schreb. 巨瓣苏木属 Fabaceae1［MD－238］特征纪要：习性：木本。花程式：＝↓(K3－5－∞)，C3－5－∞，A1－10－50，＝↓G1。其他特征参考科。全球 3 个大洲分布及种数(78－88；hort. 1；cult. 1)非洲：3－4；北美洲：13－14；南美洲：73－78。

Macromeles Koidz. 大海棠属 Rosaceae［MD－246］特征纪要：习性：－。花程式：－。物候：－。海拔：50－5400 米。生境：塭头沼泽地，自然山坡地。资源：－。全球 1 个大洲分布及种数(－)。【中国种数：1】。

Macromeria D. Don 硕铃草属 Boraginaceae［MD－517］特征纪要：习性：－。花程式：－。其他特征参考科。全球 2 个大洲分布及种数(32)北美洲：16；南美洲：14。

Macromitriaceae S. P. Churchill ＝ Orthotrichaceae

Macromitrium Brid. 蓑藓属 Orthotrichaceae［B－151］特征纪要：习性：－。【Rep】：常暗绿色或棕褐色。物候：－。海拔：－。生境：常见于树干或树枝，岩面土生。资源：－。全球 6 个大洲分布及种数(667)非洲：79；亚洲：175；大洋洲：114；欧洲：69；北美洲：69；南美洲：185。【中国种数：54】。

Macronax Raf. ＝ **Arundinaria**

Macropanax Miq. 大参属 Araliaceae［MD－471］特征纪要：习性：木本。花程式：－。物候：－。花期：9－11 月。果期：参考晚于花期。海拔：300－2300 米。生境：灌木，树林中。资源：具栽培园艺种类。全球 2 个大洲分布及种数(17－38)亚洲：37；大洋洲：2。【中国种数：6】。

Macropeplus Perkins 巴西榕桂属 Monimiaceae［MD－20］特征纪要：习性：木本。花程式：K1－∞，C0，A10－150，G1－3。其他特征参考科。全球 1 个大洲分布及种数(4－5)◆南美洲。

Macropharynx Rusby 大喉夹竹桃属 Apocynaceae［MD－492］特征纪要：习性：木本。花程式：K5－∞，C0，A15，＝↓(G)2－5。其他特征参考科。全球 3 个大洲分布及种数(14－18)亚洲：1；北美洲：3；南美洲：18。

Macrophloga Becc. ＝ **Dypsis**

Macrophora Raf. ＝ **Passiflora**

Macropidia J. Drumm. ex Harv. 黑袋鼠爪属 Haemodoraceae［MM－718］特征纪要：习性：草本。花程式：(K)3，C0 参考科，A3－6，↓G3。其他特征参考科。全球 3 个大洲分布及种数(1－9)亚洲：4；大洋洲：7；南美洲：2。

Macropiper Miq. 洋椒木属 Piperaceae［MD－39］特征纪要：习性：－。花程式：－。其他特征参考科。全球 4 个大洲分布及种数(12)亚洲：2；大洋洲：9；北美洲：4；南美洲：2。

Macroplectrum Pfitzer ＝ **Angraecum**

Macropodandra Gilg ＝ **Buxus**

Macropodanthus L. O. Williams 长梗花兰属 Orchidaceae［MM－723］特征纪要：习性：草本。花程式：(K)3，C3，A3，＝↓(G)3。其他特征参考科。全球 1 个大洲分布及种数(cf. 1)◆亚洲。【中国种数：1】。

Macropodiella Engl. 河鹿草属 Podostemaceae［MD－322］特征纪要：习性：草本。花程式：Kn，C0，A10，＝(G)1－2。其他特征参考科。全球 1 个大洲分布及种数(2－7)◆非洲(◆几内亚)。

Macropodina R. M. King & H. Rob. 宽柄泽兰属 Asteraceae［MD－586］特征纪要：习性：草本。花程式：(K)3－5，C3－5，A3－5，＝↓(G)2。其他特征参考科。全球 2 个大洲分布及种数(3－5)大洋洲：1；南美洲：5。

Macropodium W. T. Aiton 长柄芥属 Brassicaceae［MD－213］特征纪要：习性：草本(根状茎，基生)。花程式：Kn，C2－3 参考科，A5 参考科，G－。物候：－。花期：7－8 月。果期：参考晚于花期。海拔：2000－2200 米。生境：高山草甸，河岸，小沟，湿草地。资源：具栽培园艺种类。全球 5 个大洲分布及种数(2－21)非洲：3；亚洲：4；欧洲：3；北美洲：3；南美洲：3。【中国种数：1】。

Macropsychanthus Harms 大蝶花豆属 Fabaceae3［MD－240］特征纪要：习性：木本。花程式：＝↓(K1－∞)，C1－∞，A5－9，＝↓G1。其他特征参考科。全球 6 个大洲分布及种数(2)非洲：2；亚洲：2；大洋洲：2；欧洲：1；北美洲：1；南美洲：1。

Macropteranthes F. Müll. ex Benth. 翅苞木属 Combretaceae［MD－354］特征纪要：习性：木本。花程式：－。其他特征参考科。全球 1 个大洲分布及种数(5)◆大洋洲(◆澳大利亚)。

Macroptilium (Benth.) Urb. 大翼豆属 Fabaceae3［MD－240］特征纪要：习性：木质攀援。花程式：(K－)，C2－3 参考科，A10，＝↓G1。物候：－。花期：7。果期：参考晚于花期。海拔：7500 米。生境：栽培(来自广西龙州)。资源：具栽培园艺种类。全球 6 个大洲分布及种数(22－24)非洲：3－5；亚洲：4－6；大洋洲：4－6；欧洲：2－4；北美洲：12－15；南美洲：19－21。【中国种数：3】。

Macrosamanea Britton & Rose 大雨豆属 Fabaceae3［MD－240］特征纪要：习性：木本。花程式：＝↓(K1－∞)，C3－5－∞，A5－9，＝↓G1。其他特征参考科。全球 5 个大洲分布及种数(13－41)非洲：2；亚洲：3；大洋洲：2；北美洲：6；南美洲：36。

Macroscepis Kunth 大苞萝藦属 Apocynaceae［MD－492］特征纪要：习性：木本。花程式：K5，C0，A15，＝(G)2。其他特征参考科。全球 4 个大洲分布及种数(19－33)亚洲：4；欧洲：13；北美洲：13；南美洲：30。【中国种数：1】。

Macrosiphonia Müll. Arg. 夹竹桃科属 Apocynaceae［MD－492］特征纪要：习性：－。花程式：－。其他特征参考科。全球 2 个大洲分布及种数(30)北美洲：1；南美洲：1。

Macrosolen (Bl.) Rchb. 鞘花属 Loranthaceae［MD－415］特征纪要：习性：木本。花程式：K6，C6，A6，↓G－。物候：－。花期：2－6 月。果期：参考晚于花期。海拔：100－1600 米。生境：生壳斗科，山茶科，桑科植物或枫香，油桐，杉树等多种植物上。资源：具栽培园艺种类。全球 6 个大洲分布及种数(42－90)非洲：6；亚洲：65；大洋洲：4；欧洲：4；北美洲：4；南美洲：19。【中国种数：9】。

Macrosphyra Hook. f. 大槌茜属 Rubiaceae［MD – 523］特征纪要：习性：木本。花程式：(K)4 – 5，(C)4 – 5，A4 – 5，= ↓ G2 – 9。其他特征参考科。全球 2 个大洲分布及种数(3 – 14)非洲：9；亚洲：7。

Macrosporiella Dixon & Thér. 白齿藓科属 Leucodontaceae［B – 198］特征纪要：习性：–。物候：–。海拔：–。生境：常见于树干，林地腐殖质，土生。资源：–。全球 1 个大洲分布及种数(–)。

Macrosporum DC. = **Sobolewskia**

Macrostelia Hochr. 大柱锦葵属 Malvaceae［MD – 203］特征纪要：习性：–。花程式：–。其他特征参考科。全球 4 个大洲分布及种数(9)非洲：9；亚洲：2；大洋洲：2；南美洲：4。

Macrostomium Blume = **Dendrobium**

Macrostylis Bartl. & H. L. Wendl. 大柱芸木属 Rutaceae［MD – 399］特征纪要：习性：–。花程式：–。其他特征参考科。全球 6 个大洲分布及种数(12 – 28)非洲：19；亚洲：3；大洋洲：2；欧洲：3；北美洲：3；南美洲：6。

Macrothamniella M. Fleisch. 大灰藓属 Hypnaceae［B – 189］特征纪要：习性：–。【Rep】：雌雄异苞同株，内雌苞叶直立，卵状披针形，上部渐狭成长毛状，近于全缘，无中肋，黄绿色。其他特征参考科。全球 1 个大洲分布及种数(3)◆亚洲。

Macrothamnium M. Fleisch. 南木藓属 Hylocomiaceae［B – 193］特征纪要：习性：–。【Rep】：雌雄异株，内雌苞叶基部呈鞘状，向上渐尖，蒴柄细长，蒴柄直立，长而细，蒴齿两层，内齿层具高基膜和透明并与外齿层等高的齿条，环带不分化，蒴盖具短喙。物候：–。海拔：2180 米。生境：土生。资源：–。全球 4 个大洲分布及种数(6)亚洲：6；大洋洲：3；北美洲：1；南美洲：1。【中国种数：8】。

Macrothecium Brid. = **Acidodontium**

Macrothelypteris (H. Itô) Ching 针毛蕨属 Thelypteridaceae［F – 42］特征纪要：习性：–。【Rep】：孢子囊群小，生于侧脉的近顶部，无盖或具有小而往往早落的盖。物候：–。海拔：20 – 2500 米。生境：常绿阔叶林林下阳处，竹林下。资源：具园艺种类。全球 6 个大洲分布及种数(15 – 20)非洲：3；亚洲：13 – 14；大洋洲：6；欧洲：1；北美洲：4；南美洲：5。【中国种数：5】。

Macrothumia M. H. Alford 牧羊柞属 Salicaceae［MD – 123］特征纪要：习性：木本。花程式：–。其他特征参考科。全球 1 个大洲分布及种数(1)◆南美洲。

Macrotomia DC. ex Meisn. 黄花软紫草属 Boraginaceae［MD – 517］特征纪要：习性：–。花程式：–。其他特征参考科。全球 6 个大洲分布及种数(1)非洲：2；亚洲：2；大洋洲：2；欧洲：2；北美洲：2；南美洲：2。

Macrotorus Perkins 囊榕桂属 Ranunculaceae［MD – 38］特征纪要：习性：木本。花程式：–。其他特征参考科。全球 2 个大洲分布及种数(2 – 15)亚洲：6；南美洲：13。

Macrotyloma (Wight & Arn.) Verdc. 硬皮豆属 Fabaceae3［MD – 240］特征纪要：习性：木质攀援。花程式：–。物候：–。海拔：7500 米。生境：灌丛中。资源：具栽培园艺种类。全球 6 个大洲分布及种数(29 – 41)非洲：40；亚洲：13；大洋洲：4；欧洲：7；北美洲：7；南美洲：2。【中国种数：2】。

Macrozamia Miq. 大洋洲铁属 Zamiaceae［G – 2］特征纪要：习性：–。【Rep】：雌雄异株，单轴球果。其他特征参考科。全球 5 个大洲分布及种数(39 – 65)非洲：4；亚洲：6；大洋洲：53；欧洲：11；北美洲：11。

Macrymenium Dozy & Molk. ex I. Hagen 孢芽藓科属 Sorapillaceae［B – 212］特征纪要：–。全球 1 个大洲分布及种数(–)。

Macrymenum Müll. Hal. ex I. Hagen = **Macrohymenium**

Maculia (Herzog) E. A. Hodgs. 指叶苔科属 Lepidoziaceae［B – 63］特征纪要：习性：–。【Rep】：雌雄同株或异株，雄苞生于短侧枝上，雄苞叶一般 3 – 6 对，雌苞生于腹面短枝上，内雌苞叶先端具齿或纤毛，蒴，裂瓣披针形或指形。其他特征参考科。全球 3 个大洲分布及种数(6)亚洲：4；大洋洲：2；南美洲：2。

Maculigilia V. E. Grant 花葱科属 Polemoniaceae［MD – 481］特征纪要：习性：草本。花程式：–。其他特征参考科。全球 1 个大洲分布及种数(–)。

Macvaughiella R. M. King & H. Rob. 对角菊属 Asteraceae［MD – 586］特征纪要：习性：草本。花程式：(K)3 – 5，C3 – 5，A3 – 5，= ↓ (G)2。其他特征参考科。全球 1 个大洲分布及种数(4)◆北美洲。

Macvicaria W. E. Nicholson 多瓣苔属 Porellaceae［B – 80］特征纪要：习性：–。【Rep】：雌雄异株，雌苞生于短枝两侧，蒴萼梨形，口部收缩，口部边缘具不规则细齿。物候：–。海拔：–。生境：常见于林下沙地，岩生。资源：–。全球 6 个大洲分布及种数(2)非洲：1；亚洲：1 – 2；大洋洲：1；欧洲：1；北美洲：1；南美洲：1。【中国种数：1】。

Madagasikaria C. Davis 马达金虎尾属 Malpighiaceae［MD – 343］特征纪要：习性：木本。花程式：K5，C5，A10，G –。其他特征参考科。全球 1 个大洲分布及种数(1)◆非洲(◆马达加斯加)。

Madagaster G. L. Nesom 马岛菀属 Asteraceae［MD – 586］特征纪要：习性：草本。花程式：(K)3 – 5，C3 – 5，A3 – 5，= ↓ (G)2。其他特征参考科。全球 3 个大洲分布及种数(5 – 6)非洲：6；北美洲：2；南美洲：2。

Madaractis DC. = **Senecio**

Madaroglossa DC. = **Layia**

Maddenia Hook. f. & Thoms. 臭樱属 Rosaceae［MD – 246］特征纪要：习性：–。花程式：–。物候：–。花期：4 月。果期：参考晚于花期。海拔：1500 – 3600 米。生境：森林。资源：–。全球 2 个大洲分布及种数(12)亚洲：9；北美洲：3。

Madhuca J. F. Gmel. 紫荆木属 Sapotaceae［MD – 357］特征纪要：习性：木本。花程式：–。物候：–。花期：6 – 9 月。果期：参考晚于花期。海拔：1100 米。生境：混交林中或山地林缘。资源：药用，材用，油脂，栲胶，具栽培园艺种类。全球 6 个大洲分布及种数(119 – 228)非洲：13；亚洲：200；大洋洲：21；欧洲：5；北美洲：5；南美洲：25。【中国种数：11】。

Madia Molina 黏菊属 Asteraceae [MD - 586] 特征纪要:习性:草本。花程式:(K)3 - 5,C3 - 5,A3 - 5, = ↓(G)2。物候: - 。海拔: - 。生境: - 。资源:具栽培园艺种类。全球 5 个大洲分布及种数(11 - 68)亚洲:11; 大洋洲:2; 欧洲:33; 北美洲:33; 南美洲:7。【中国种数:4】。

Madiinae Benth. & Hook. f. 紫荆菊属 Asteraceae [MD - 586] 特征纪要和分布(-)。全球 1 个大洲分布及种数(1)◆非洲。

Madisonia Lür 星兰属 Orchidaceae [MM - 723] 特征纪要:习性:草本。花程式:(K -),C0 参考科,A3, ↓(G)3。其他特征参考科。全球 3 个大洲分布及种数(9 - 18)亚洲:2; 北美洲:2; 南美洲:13。

Madotheca W. E. Nicholson 耳坠苔属 Porellaceae [B - 80] 特征纪要:习性: - 。【Rep】: - 。物候: - 。海拔: - 。生境:常见于林下沙地,岩生。资源: - 。全球 6 个大洲分布及种数(115)非洲:14; 亚洲:35; 大洋洲:12; 欧洲:5; 北美洲:5; 南美洲:34。

Madvigia Liebm. = **Cryptanthus**

Maekawaea H. Ohashi & K. Ohashi 蝶形花科属 Fabaceae3 [MD - 240] 特征纪要:习性: - 。花程式: - 。其他特征参考科。全球 1 个大洲分布及种数(3)大洋洲:3。

Maerua Forssk. 忧花属 Capparaceae [MD - 178] 特征纪要:习性:木本。花程式: - 。物候: - 。花期:4 - 12 月。果期:参考晚于花期。海拔:100 - 2400 米。生境: - 。资源: - 。全球 6 个大洲分布及种数(75 - 175)非洲:151; 亚洲:28; 大洋洲:2; 欧洲:7; 北美洲:7; 南美洲:9。【中国种数:2】。

Maesa Forssk. 杜茎山属 Maesaceae [MD - 386] 特征纪要(同科)。全球 6 个大洲分布及种数(56 - 221;hort. 1;cult. 5)非洲:15 - 61;亚洲:44 - 128;大洋洲:7 - 70;欧洲:2 - 11;北美洲:7 - 15;南美洲:5 - 12。【中国种数:35】。

Maesaceae A. A. Anderberg [MD - 386] 杜茎山科 特征纪要:习性:木本;落叶。花程式:(K)4 - 5,C4 - 5,A, - G - 。物候: - 。花期:1 - 2 月。果期:8 - 11 月。果实: - 。种子: - 。海拔:100 - 2900 米。生境: - 。资源:药用。栽培: - 。全球 3 个大洲分布及属种数(1/1 <IFR 1/2> hort. 1;cult. 1) 非洲:1/17 - 57(IFR 1/1); 亚洲:1/45 - 122(IFR 1/1); 大洋洲:1/9 - 66。

Maesobotrya Benth. 杜茎茶属 Phyllanthaceae [MD - 222] 特征纪要:习性:木本。花程式:K1(1000),C0,A1 - 1000,G2 - 3。其他特征参考科。全球 3 个大洲分布及种数(20 - 47)非洲:39; 亚洲:7; 大洋洲:3。【中国种数:2】。

Maesopsis Engl. 杜茎李属 Rhamnaceae [MD - 331] 特征纪要:习性:木本。花程式:K4 - 5,C4 - 5,A2, ↓G - 参考科。其他特征参考科。全球 3 个大洲分布及种数(1 - 4)非洲:2; 亚洲:2; 北美洲:2。【中国种数:1】。

Maeviella Rossow 卵萼毛麝香属 Plantaginaceae [MD - 527] 特征纪要:习性: - 。花程式: - 。其他特征参考科。全球 1 个大洲分布及种数(cf. 1)◆南美洲。

Mafureira Bertol. = **Trichilia**

Magadania Pimenov & Lavrova 蛇床属 Apiaceae [MD - 480] 特征纪要:习性:草本。花程式: = ↓(Kn),C5,A5, = ↓G(-)。其他特征参考科。全球 1 个大洲分布及种数(2) ◆亚洲:1。

Magdalenaea Brade 马格寄生属 Orobanchaceae [MD - 552] 特征纪要:习性:灌木。花程式: - 。其他特征参考科。全球 1 个大洲分布及种数(1)◆南美洲(◆巴西)。

Magnistipula Engl. 大托李属 Chrysobalanaceae [MD - 243] 特征纪要:习性:木本。花程式: - 。其他特征参考科。全球 3 个大洲分布及种数(17;hort. 1)非洲:16;北美洲:1;南美洲:3。

Magnolia Plum. ex L. 北美木兰属 Magnoliaceae [MD - 1] 特征纪要:习性:木本。花程式: - 。物候: - 。花期:4 月。果期:参考晚于花期。海拔:800 - 1200 米。生境:常绿阔叶林,河流沿岸,竹木林中。资源:药用,具栽培园艺种类。全球 6 个大洲分布及种数(297 - 376;hort. 1;cult. 13)非洲:8 - 39;亚洲:172 - 238;大洋洲:13 - 44;欧洲:15 - 49;北美洲:106 - 148;南美洲:66 - 114。【中国种数:117】。

Magnoliaceae Juss. [MD - 1] 木兰科 特征纪要:习性:木本;落叶。花程式:K4 - 5(-),C5,A8, ↑G - 。物候: - 。花期: 5 月。果期: 8 - 9 月。果实:瘦果。种子:种皮硬骨质,子叶小。海拔:1000 - 1500 米。生境:草地上,中山坡。资源:油脂。栽培:中国有栽培。全球 6 个大洲分布及属种数(18 - 22/550 - 707 <IFR 7/44> hort. 1; cult. 5) 非洲:2/96 - 100(IFR 3/5); 亚洲:16/383 - 419(IFR 6/36); 大洋洲:2/39; 欧洲:3/19 - 22; 北美洲:4/120 - 131(IFR 2/13); 南美洲:3/75 - 92。【中国属种数:2/119】。

Magnusia Klotzsch = **Begonia**

Magodendron Vink 新几内亚山榄属 Sapotaceae [MD - 357] 特征纪要:习性:木本。花程式:K4 - 15,C0,A5, = G2 - 4。其他特征参考科。全球 3 个大洲分布及种数(2 - 17)非洲:4; 亚洲:2; 大洋洲:11。

Magoniella Adr. Sanchez 南美蓼属 Polygonaceae [MD - 120] 特征纪要:习性:草本。花程式:Kn,C0,A2, ↓G - 参考科。其他特征参考科。全球 2 个大洲分布及种数(1 - 5)北美洲:2; 南美洲:5。

Maguirea A. D. Hawkes = **Dieffenbachia**

Maguireanthus Wurdack 马圭尔野牡丹属 Melastomataceae [MD - 364] 特征纪要:习性:木本。花程式: = ↓(K4 - 5),C4 - 5,A4 - 5, = ↓(G)3 - 4。其他特征参考科。全球 1 个大洲分布及种数(1)◆南美洲。

Maguireocharis Steyerm. 雾鸡纳属 Rubiaceae [MD - 523] 特征纪要:习性:木本。花程式:(K)4 - 5,(C)4 - 5,A4 - 5, = ↓(G)2 - 9。其他特征参考科。全球 1 个大洲分布及种数(1)◆南美洲。

Maguireothamnus Steyerm. 鸡纳茜属 Rubiaceae [MD - 523] 特征纪要:习性:木本。花程式:(K)4 - 5,(C)4 - 5,A4 - 5, = ↓G2 - 9。其他特征参考科。全球 1 个大洲分布及种数(2)◆南美洲。

Magydaris W. D. J. Koch ex DC. 马吉草属 Apiaceae [MD - 480] 特征纪要:习性:草本。花程式: = ↓(K5),C5,A5, = ↓G2。其他特征参考科。全球 2 个大洲分布及种数(2 - 8)非洲:6; 亚洲:2。

Mahafalia Jum. & H. Perrier = **Cynanchum**

Mahagoni Adans. = **Swietenia**

Maharanga DC. 胀萼紫草属 Boraginaceae [MD－517] 特征纪要:习性:草本。花程式:－。物候:－。海拔:1600－3000 米。生境:山坡草地,山谷,森林边缘。资源:－。全球 1 个大洲分布及种数(8－10)◆亚洲。【中国种数:5】。

Mahawoa Schltr. 亚洲竹桃属 Apocynaceae [MD－492] 特征纪要:习性:木本。花程式:参考科,C4－5 参考科,A2－3 参考科,↓(G) 参考科。其他特征参考科。全球 1 个大洲分布及种数(1)◆亚洲。

Mahechadendron <unassigned> 萼囊花属 Vochysiaceae [MD－314] 特征纪要:习性:－。花程式:－。其他特征参考科。全球 1 个大洲分布及种数(－)。

Mahonia Nutt. 十大功劳属 Berberidaceae [MD－45] 特征纪要:习性:－。花程式:－。物候:－。花期:参考早于果期。果期:3－5 月。海拔:1300－3100 米。生境:常阔叶林或雨林下,竹林中。资源:－。全球 6 个大洲分布及种数(56－75;hort. 1;cult. 2)非洲:10;亚洲:42－66;大洋洲:5－15;欧洲:1－11;北美洲:18－35;南美洲:1－11。【中国种数:6】。

Mahua W. R. Buck 王公藓属 Sematophyllaceae [B－192] 特征纪要:习性:－。【Rep】:雌雄同株或雌雄异株,稀雌雄杂株,蒴柄细长,下部平滑,上部具乳头突起,孢蒴小,垂倾或悬垂,长卵形或长圆,多暗色、绿色至金黄色。其他特征参考科。全球 1 个大洲分布及种数(1)◆南美洲:1。

Mahurea Aubl. 马胡藤黄属 Calophyllaceae [MD－140] 特征纪要:习性:木本。花程式:K1－3,C1－3,A1－3,(G)1－3。其他特征参考科。全球 3 个大洲分布及种数(3－11)非洲:1; 亚洲:2; 南美洲:11。【中国种数:1】。

Mahya Cordem. = **Lepechinia**

Maianthemum F. H. Wigg. 舞鹤草属 Convallariaceae [MM－638] 特征纪要:习性:草本(根状茎,基生)。花程式:－。物候:－。花期:5－6 月。果期:参考晚于花期。海拔:1300－4000 米。生境:常绿阔叶林,灌丛,草地,针叶林。资源:具栽培园艺种类。全球 6 个大洲分布及种数(42－44;hort. 1;cult. 4)非洲:9;亚洲:30－40;大洋洲:9;欧洲:2－11;北美洲:27－36;南美洲:9。【中国种数:26】。

Maieta Aubl. 五月花属 Melastomataceae [MD－364] 特征纪要:习性:－。花程式:－。其他特征参考科。全球 3 个大洲分布及种数(26)大洋洲:1; 北美洲:11; 南美洲:22。

Maihuenia Phil. 卧麒麟属 Cactaceae [MD－100] 特征纪要:习性:木本。花程式:=↓(K1－∞),C1－∞,A3－100,=↓(G)3－100。其他特征参考科。全球 3 个大洲分布及种数(2－13)欧洲:3; 北美洲:3; 南美洲:13。

Maihueniopsis Speg. 卧云掌属 Cactaceae [MD－100] 特征纪要:习性:木本。花程式:=↓(K1－∞),C1－∞,A3－100,=↓G3－100－。其他特征参考科。全球 2 个大洲分布及种数(30)北美洲:3;南美洲:29。

Maillardia Frapp. & Duch. = **Trophis**

Maillea Parl. 番萝藦属 Poaceae [MM－748] 特征纪要:习性:－。花程式:－。其他特征参考科。全球 1 个大洲分布及种数(cf. 1)◆欧洲。

Mainea Vell. = **Trigonia**

Maingaya Oliv. 马来檵木属 Hamamelidaceae [MD－63] 特征纪要:习性:木本。花程式:=↓(K4－5),C4－5,A4－5,=↓(G)2－3。其他特征参考科。全球 1 个大洲分布及种数(cf. 1)◆亚洲。

Maingerae <unassigned> 菲律宾大风子属 Flacourtiaceae [MD－142] 特征纪要:－。全球 1 个大洲分布及种数(1)◆亚洲:1。

Maireana Moq. 澳地肤属 Amaranthaceae [MD－116] 特征纪要:习性:灌木。花程式:－。其他特征参考科。全球 6 个大洲分布及种数(59－61;hort. 1)非洲:3－5;亚洲:4－6;大洋洲:58－61;欧洲:2;北美洲:10－12;南美洲:1－3。

Mairella H. Lév. = **Mandragora**

Maireola Thér. & Trab. = **Ditrichum**

Maireria Scop. = **Mouroucoa**

Mairetis I. M. Johnst. 蝎尾花属 Boraginaceae [MD－517] 特征纪要:习性:草本。花程式:Kn,C0,A3 参考科,↓G。其他特征参考科。全球 1 个大洲分布及种数(1) ◆非洲:1。

Mairia Nees 曲毛菀属 Asteraceae [MD－586] 特征纪要:习性:草本。花程式:(K)3－5,(C)3－5,A3－5,=↓G2。其他特征参考科。全球 5 个大洲分布及种数(5－35)非洲:33; 亚洲:2; 大洋洲:2; 北美洲:2; 南美洲:4。

Mairrania Neck. = **Arctostaphylos**

Maizilla Schlecht. = **Paspalum**

Majanthemum Kuntze = **Maianthemum**

Majidea Kirk ex Oliv. 凤目栾属 Sapindaceae [MD－428] 特征纪要:习性:木本。花程式:K4－8,C4－8,A10,=G2－3。其他特征参考科。全球 4 个大洲分布及种数(3－8)非洲:8; 亚洲:2; 大洋洲:2; 北美洲:2。

Majovskya Sennikov & Kurtto 欧洲玫属 Rosaceae [MD－246] 特征纪要:习性:木本。花程式:=↓(Kn),C2－3 参考科,A3 参考科,=↓G(－)。其他特征参考科。全球 1 个大洲分布及种数(5) ◆欧洲:5。

Makednothallus Verd. 带叶苔属 Pallaviciniaceae [B－30] 特征纪要:习性:－。物候:－。海拔:－。生境:山谷林下。资源:－。全球 1 个大洲分布及种数(－)。

Makinoa Miyake 南溪苔属 Makinoaceae [B－26] 特征纪要(同科)。全球 6 个大洲分布及种数(2)非洲:3;亚洲:1－4;大洋洲:3;欧洲:3;北美洲:3;南美洲:3。【中国种数:1】。

Makinoaceae Giacom. [B－26] 南溪苔科 特征纪要:叶状体两岐分叉,黄绿色,弱光下呈萤光。【Rep】:雌雄异株孢蒴球形,成熟后顶端 6－8 瓣裂。全球 6 个大洲分布和属种数(1/1－4)非洲:1/3;亚洲:1/1－4;大洋洲:1/3;欧洲:1/3;北美洲:1/3;南美洲:1/3。【中国属种数:1/1】。

Makokoa Baill. = **Octolepis**

Malabaila Hoffm. 马拉巴草属 Apiaceae [MD－480] 特征纪要:习性:－。花程式:－。其他特征参考科。全球6个大洲分布及种数(2－11)非洲:4;亚洲:1－6;大洋洲:1;欧洲:1－3;北美洲:1;南美洲:1。

Malacantha Pierre 红山榄属 Sapotaceae [MD－357] 特征纪要:习性:木本。花程式:K4－15,C0,A5,=↓G2－4。其他特征参考科。全球6个大洲分布及种数(1－2)非洲:1;亚洲:1;大洋洲:1;欧洲:1;北美洲:1;南美洲:1。

Malaceae (Maxim.) Small [MD－249] 苹果科 特征纪要:习性:木本;落叶。花程式:(K)6－,C5,A15,=↓(G)－。物候:－。花期:3－4月。果期:8－10月。果实:瘦果。种子:棕。海拔:1000－2000米。生境:灌丛,住宅边。资源:园林,药用。栽培:中国有栽培。全球4个大洲分布及属种数(1/1 <IFR 1/5> hort.1;cult. 1) 非洲:1/9－10; 亚洲:1/51－56(IFR 1/5); 大洋洲:1/4; 欧洲:1/26－27; 北美洲:1/42－45。

Malache B. Vog. 锦葵科属 Malvaceae [MD－203] 特征纪要:习性:－。花程式:－。其他特征参考科。全球2个大洲分布及种数(17)北美洲:2; 南美洲:1。

Malachra L. 马葵属 Malvaceae [MD－203] 特征纪要:习性:木本。花程式:K5－∞,C5－∞,A10－8,=G1－5。其他特征参考科。全球6个大洲分布及种数(8－39)非洲:4; 亚洲:12; 大洋洲:3; 欧洲:21; 北美洲:21; 南美洲:15。【中国种数:3】。

Malacocarpus Salm－Dyck 红茄蓬属 Cactaceae [MD－100] 特征纪要:习性:－。花程式:－。其他特征参考科。全球3个大洲分布及种数(1－30)亚洲:1; 北美洲:2; 南美洲:1。【中国种数:1】。

Malacocera R. H. Anderson 角果澳藜属 Amaranthaceae [MD－116] 特征纪要:习性:草本。花程式:K3－5,C0,A3－5,=↓(G)2－5。其他特征参考科。全球2个大洲分布及种数(4－10)大洋洲:6; 南美洲:5。

Malacochaete Nees = **Pterolepis**

Malacomeles (Decne.) Engl. 假唐棣属 Rosaceae [MD－246] 特征纪要:木本,叶互生,落叶。花程式:Kn,C,A20,G(－)。果实:苹果、梨、枇杷等。种子:瘦果,棕黄色。全球1个大洲分布及种数(5)◆北美洲。

Malacothamnus Greene 木蜀葵属 Malvaceae [MD－203] 特征纪要:习性:木本。花程式:K5－∞,C5－∞,A10－8,=G1－5。其他特征参考科。全球3个大洲分布及种数(14－37)亚洲:2; 北美洲:22; 南美洲:12。

Malacothrix DC. 沙蒲公英属 Asteraceae [MD－586] 特征纪要:习性:草本。花程式:(K)3－5,(C)3－5,A3－5,=↓G2。其他特征参考科。全球4个大洲分布及种数(26－63)亚洲:5; 大洋洲:3; 北美洲:36; 南美洲:12。【中国种数:3】。

Malacurus Nevski = **Leymus**

Malagasia L. A. S. Johnson & B. G. Briggs 桐山龙眼属 Proteaceae [MD－219] 特征纪要:习性:木本。花程式:K3－4－∞,C0,A2,=G1。其他特征参考科。全球2个大洲分布及种数(1－3)非洲:2; 大洋洲:2。

Malaifilix Li Bing Zhang & Schuettp. = **Draconopteris**

Malanea Aubl. 马拉茜属 Rubiaceae [MD－523] 特征纪要:习性:木本。花程式:(K)4－5,(C)4－5,A4－5,=↓G2－9。其他特征参考科。全球2个大洲分布及种数(41－44)北美洲:5;南美洲:40－42。

Malania Chun & S. K. Lee 蒜头果属 Olacaceae [MD－362] 特征纪要:习性:木本。花程式:(K－),C2－3 参考科,A5,G－。物候:－。花期:4－9月。果期:参考晚于花期。海拔:300－1700米。生境:低山地区,云南生于海拔500－1640米山地;森林,山坡,石灰岩丘陵。资源:木材,油脂,食用,具栽培园艺种类。全球3个大洲分布及种数(1－3)亚洲:3; 北美洲:2; 南美洲:2。【中国种数:1】。

Malapoenna Raf. 山鸡椒属 Lauraceae [MD－21] 特征纪要:习性:－。花程式:－。其他特征参考科。全球6个大洲分布及种数(3)非洲:4;亚洲:4;大洋洲:4;欧洲:4;北美洲:2－6;南美洲:4。

Malasma Scop. = **Melasma**

Malaxis Sol. ex Sw. 原沼兰属 Orchidaceae [MM－723] 特征纪要:习性:草本。花程式:Kn,C2－3 参考科,A3 参考科,↓G－。物候:－。花期:7－8月。果期:参考晚于花期。海拔:300－400米。生境:灌丛中。资源:具栽培园艺种类。全球6个大洲分布及种数(207－250;hort.1;cult. 7)非洲:19－53;亚洲:47－87;大洋洲:32－68;欧洲:3－37;北美洲:101－149;南美洲:57－93。【中国种数:5】。

Malcolmia W. T. Aiton 希腊芥属 Brassicaceae [MD－213] 特征纪要:习性:草本(基生)。花程式:Kn,C2－3 参考科,A8,G－。物候:－。花期:4－8月。果期:参考晚于花期。海拔:1900－2000米。生境:沟边水中,针叶林。资源:具栽培园艺种类。全球6个大洲分布及种数(32－34;hort.1;cult. 4)非洲:4－5;亚洲:26－28;大洋洲:3－4;欧洲:7－8;北美洲:2－3;南美洲:1－2。【中国种数:2】。

Malcomia R. Br. 直雪芥属 Brassicaceae [MD－213] 特征纪要:习性:草本。花程式:K2－4,C2－4,A2－4,↓G－参考科。其他特征参考科。全球6个大洲分布及种数(1)非洲:1;亚洲:1;大洋洲:1;欧洲:1;北美洲:1;南美洲:1。

Malephora N. E. Br. 蔓舌花属 Aizoaceae [MD－94] 特征纪要:习性:草本。花程式:=↓(K3－4),C3－4,A5 参考科,=↓G－。其他特征参考科。全球4个大洲分布及种数(17－28)非洲:27; 大洋洲:2; 欧洲:5; 北美洲:5。

Malesherbia Ruiz & Pav. 王冠花属 Malesherbiaceae [MD－154] 特征纪要(同科)。全球2个大洲分布及种数(35－77)北美洲:2; 南美洲:74。

M

Malesherbiaceae D. Don [MD－154] 玉冠草科 特征纪要:习性:木本;落叶。花程式:(K)6－,C5,A5,=↓(G)3－4。物候:－。果实:不开裂或室背开裂。种子:种皮具网状小窝点,棕黄色。海拔:－。生境:－。资源:－。栽培:－。全球1个大洲分布及属种数(1/1 <IFR 1/5>hort.1) ◆南美洲:1/ 35－38。

Malidra Raf. = **Eugenia**

Malleastrum (Baill.) J.－F. Leroy 小浆果楝属 Meliaceae [MD－414] 特征纪要:习性:木本。花程式:K3－5,C3－5,A6,=(G)1－2。其他特征参考科。全球3个大洲分布及种数(25－29)非洲:29; 北美洲:2; 南美洲:2。

Malleola J. J. Sm. & Schltr. ex Schltr. 槌柱兰属 Orchidaceae [MM - 723] 特征纪要:习性:-。花程式:-。物候:-。花期:7 月。果期:参考晚于花期。海拔:600 - 700 米。生境:森林中树干附生植物,山地林中树干上。资源:-。全球 3 个大洲分布及种数(45)非洲:7; 亚洲:37; 大洋洲:10。

Malleostemon J. W. Green 槌蕊蜡花属 Myrtaceae [MD - 347] 特征纪要:习性:木本。花程式:= ↓(K4 - 5),C4 - 5,A8 - 10,= ↓(G)2 - 5。其他特征参考科。全球 1 个大洲分布及种数(12 - 14)◆大洋洲(◆澳大利亚)。

Mallophyton Wurdack 委内野牡丹属 Melastomataceae [MD - 364] 特征纪要:习性:木本。花程式:= ↓(K4 - 5),C4 - 5,A4 - 5,= ↓(G)3 - 4。其他特征参考科。全球 1 个大洲分布及种数(1)◆南美洲。

Mallostoma H. Karst. 马达茜属 Rubiaceae [MD - 523] 特征纪要:习性:-。花程式:-。其他特征参考科。全球 3 个大洲分布及种数(21)亚洲:4; 北美洲:1; 南美洲:17。

Mallotus Lour. 野桐属 Euphorbiaceae [MD - 217] 特征纪要:习性:木本。花程式:-。物候:-。海拔:100 - 700 米。生境:沟谷林中湿地。栽培:来自广西龙州。资源:具栽培园艺种类。全球 6 个大洲分布及种数(84 - 136; hort. 1;cult. 4)非洲:18 - 36;亚洲:75 - 133;大洋洲:21 - 43;欧洲:12;北美洲:9 - 21;南美洲:9 - 21。【中国种数:45】。

Malmea R. E. Fr. 石镰木属 Annonaceae [MD - 7] 特征纪要:习性:木本。花程式:K3 - ∞,C3,A2,= G10 - 100。其他特征参考科。全球 2 个大洲分布及种数(12 - 13)北美洲:3;南美洲:11。

Malmeanthus R. M. King & H. Rob. 羽脉亮泽兰属 Asteraceae [MD - 586] 特征纪要:习性:草本。花程式:(K)3 - 5,C3 - 5,A3 - 5,= ↓(G)2。其他特征参考科。全球 2 个大洲分布及种数(3 - 4)大洋洲:1; 南美洲:4。

Malmgrenia <unassigned> 蔷薇李属 Chrysobalanaceae [MD - 243] 特征纪要:-。全球 1 个大洲分布及种数(1)◆欧洲:1。

Malope L. 心萼葵属 Malvaceae [MD - 203] 特征纪要:习性:木本。花程式:K5 - ∞,C5 - ∞,A10 - 8,= G1 - 5。其他特征参考科。全球 6 个大洲分布及种数(9 - 27)非洲:16; 亚洲:10; 大洋洲:2; 欧洲:2; 北美洲:2; 南美洲:5。

Malortiea H. Wendl. = **Reinhardtia**

Malosma (Nutt.) Abrams 盐麸木属 Anacardiaceae [MD - 432] 特征纪要:习性:木本。花程式:K5,C5,A5 - 10,↓G - 参考科。其他特征参考科。全球 1 个大洲分布及种数(1)◆北美洲。

Malotigena Niederle 桂番杏属 Aizoaceae [MD - 94] 特征纪要:习性:草本。花程式:= ↓(Kn),C2 - 3 参考科,A5 参考科,= ↓G -。其他特征参考科。全球 1 个大洲分布及种数◆非洲:1。

Malouetia A. DC. 鱼鳃木属 Apocynaceae [MD - 492] 特征纪要:习性:木本。花程式:K5 - ∞,C0,A15,= ↓G2 - 5。其他特征参考科。全球 6 个大洲分布及种数(32 - 77)非洲:15; 亚洲:4; 大洋洲:3; 欧洲:12; 北美洲:12; 南美洲:56。

Maloutchia Warb. = **Mauloutchia**

Malperia S. Watson 棕巾菊属 Asteraceae [MD - 586] 特征纪要:习性:草本。花程式:(K)3 - 5,(C)3 - 5,A3 - 5,↓G。其他特征参考科。全球 1 个大洲分布及种数(1)◆北美洲。

Malpigha Cothen. = **Malpighia**

Malpighia Plum. ex L. 老虎尾属 Malpighiaceae [MD - 343] 特征纪要:习性:木本。花程式:-。物候:-。花期:参考早于果期。果期:4 - 5 月。海拔:100 - 2000 米。生境:山坡,竹林中。资源:具栽培园艺种类。全球 6 个大洲分布及种数(139 - 147;hort. 1;cult. 4)非洲:1 - 5;亚洲:13 - 17;大洋洲:4;欧洲:5 - 9;北美洲:132 - 139;南美洲:13 - 18。【中国种数:2】。

Malpighiaceae Juss. [MD - 343] 金虎尾科 特征纪要:习性:木本,藤本;落叶。花程式:(K)6 -,C5,A10 - 5,↑G2 - 3。物候:-。花期: 2 - 4 月。果期: 4 - 5 月。果实:蒴果。种子:-。海拔:100 - 1900 米。生境:山坡,竹林中。资源:药用。栽培:中国有栽培。全球 6 个大洲分布及属种数(89 - 91/1633 - 1935 <IFR 17/38> hort. 1; cult. 28): 非洲:24/142 - 190(IFR 4/5); 亚洲:19/152 - 168(IFR 2/3); 大洋洲:8/31 - 34; 欧洲:8/28 - 29(IFR 2/3); 北美洲:28/439 - 499(IFR 7/18); 南美洲:57 - 58/1148 - 1249(IFR 8/14)。【中国属种数:14/47】。

Malpighiodes Nied. 巴西芹属 Malpighiaceae [MD - 343] 特征纪要:习性:木本。花程式:-。其他特征参考科。全球 1 个大洲分布及种数(5)◆南美洲(◆巴西)。

Malpigia P. Br. = **Malpighia**

Maltebrunia Kunth 林菰属 Poaceae [MM - 748] 特征纪要:习性:草本。花程式:(K)3,C0 参考科,A1 - 2,= G2 - 3。其他特征参考科。全球 1 个大洲分布及种数(7)◆非洲。

Malus Mill. 苹果属 Malaceae [MD - 249] 特征纪要(同科)。全球 6 个大洲分布及种数(59 - 75;hort. 1;cult. 17)非洲:7 - 30;亚洲:51 - 91;大洋洲:2 - 24;欧洲:24 - 47;北美洲:40 - 66;南美洲:7 - 29。【中国种数:25】。

Malva Tourn. ex L. 锦葵属 Malvaceae [MD - 203] 特征纪要:习性:木本。花程式:-。物候:-。花期:5 - 10 月。果期:参考晚于花期。海拔:300 - 3000 米。生境:草地,栽培。资源:具栽培园艺种类。全球 6 个大洲分布及种数(84 - 124;hort. 1;cult. 7)非洲:38 - 68;亚洲:37 - 71;大洋洲:17 - 46;欧洲:50 - 82;北美洲:27 - 58;南美洲:16 - 45。【中国种数:11】。

Malvaceae Juss. [MD - 203] 锦葵科 特征纪要:习性:木本;落叶。花程式:(K)6 -,C6,A10 - 4,G2 - 52。物候:-。果实:蒴果。种子:-。海拔:0 米。生境:中山坡路边灌丛。资源:园林。栽培:中国有栽培。全球 6 个大洲分布及属种数(216 - 238/4719 - 6754 <IFR 45/132> hort. 1;cult. 45): 非洲:58 - 63/1007 - 1352(IFR 13/28); 亚洲:74 - 79/846 - 1073(IFR 12/24); 大洋洲:53 - 55/515 - 824(IFR 12/20); 欧洲:31 - 32/237 - 259(IFR 1/3); 北美洲:85 - 87/1053 - 1131(IFR 19/41); 南美洲:90 - 91/1849 - 2052(IFR 11/25)。【中国属种

数:95/470】。

Malvalthaea Iljin 药葵属 Malvaceae［MD－203］特征纪要:习性:木本。花程式:－。其他特征参考科。全球2个大洲分布及种数(3－7)亚洲:5; 北美洲:1。

Malvastrum A. Gray 赛葵属 Malvaceae［MD－203］特征纪要:习性:木本。花程式:－。物候:－。花期:4－5月。果期:参考晚于花期。海拔:500米。生境:半干旱地区,热带和亚热带地区。资源:药用,具栽培园艺种类。全球6个大洲分布及种数(29－262)非洲:28; 亚洲:17; 大洋洲:6; 欧洲:82; 北美洲:82; 南美洲:239。【中国种数:3】。

Malvaviscus Fabr. 悬铃花属 Malvaceae［MD－203］特征纪要:习性:木本。花程式:(K－),C2－3参考科,A10,G5。物候:－。花期:4－5月。果期:参考晚于花期。海拔:300－3000米。生境:－。栽培:－。资源:园林,具栽培园艺种类。全球6个大洲分布及种数(12－82)非洲:7; 亚洲:9; 大洋洲:6; 欧洲:41; 北美洲:41; 南美洲:29。【中国种数:2】。

Malvella Jaub. & Spach 碱棯属 Malvaceae［MD－203］特征纪要:习性:木本。花程式:K5－∞,C5－∞,A10－8,＝(G)1－5。其他特征参考科。全球6个大洲分布及种数(4－7)非洲:2; 亚洲:4; 大洋洲:2; 欧洲:7; 北美洲:7; 南美洲:5。【中国种数:1】。

Mamillaria Rchb. ＝ **Mammillaria**

Mamillariella Laz. 亚洲薄罗藓属 Leskeaceae［B－181］特征纪要:习性:－。【Rep】:雌雄同株,雌苞生于茎上,雄苞常着生于枝端,蒴柄长,直立,平滑或粗糙具疣,孢蒴多数直立,有时倾立,两侧,雌雄异株－蒴柄纤细,长约1厘米,孢蒴长卵形,蒴齿两层,内齿层齿毛缺失,蒴盖圆锥形。其他特征参考科。全球1个大洲分布及种数(2)◆亚洲:2。

Mamillopsis (E. Morren) F. A. C. Weber ex Britton & Rose 云峰球属 Cactaceae［MD－100］特征纪要:木本,落叶;花程式:Kn,C(－),A3(100),G,子房下位,周位。种子:具种脐,略凹陷,稀直伸;胚乳存在或缺失。全球1个大洲分布及种数(cf. 1)◆北美洲。

Mammea L. 南美杏属 Calophyllaceae［MD－140］特征纪要:习性:木本。花程式:－。物候:－。花期:3－4月。果期:参考晚于花期。海拔:600米。生境:森林。资源:具栽培园艺种类。全球6个大洲分布及种数(39－60;hort. 1)非洲:20－37;亚洲:22－25;大洋洲:7－14;欧洲:1－3;北美洲:5－7;南美洲:2－4。【中国种数:2】。

Mammilaria Torr. & Grav ＝ **Mammillaria**

Mammillaria Haw. 云峰球属 Cactaceae［MD－100］特征纪要:习性:木本。花程式:＝↓(K1－∞),C1－∞,A3－100,＝↓(G)3－100。物候:－。海拔:－。生境:－。资源:药用,具栽培园艺种类。全球6个大洲分布及种数(168－1169)非洲:1; 亚洲:25; 大洋洲:2; 欧洲:298; 北美洲:298; 南美洲:139。【中国种数:2】。

Mammilloydia Buxb. 云峰球属 Cactaceae［MD－100］特征纪要:习性:－。花程式:－。其他特征参考科。全球1个大洲分布及种数(1)◆北美洲。

Mamorea de la Sota ＝ **Thismia**

Manabaea R. Hedw. ＝ **Aegiphila**

Managa Aubl. & Hallier. f. 五层龙属 Celastraceae［MD－339］特征纪要:习性:－。花程式:－。其他特征参考科。全球1个大洲分布及种数(1－2)◆南美洲。

Mananthes Bremek. 爵床属 Acanthaceae［MD－572］特征纪要:习性:－。花程式:－。物候:－。花期:几乎全年。果期:参考晚于花期。海拔:1350－1700米。生境:林内或沟谷溪旁,石山林中。资源:园林,具栽培园艺种类。全球6个大洲分布及种数(3)非洲:2－19;亚洲:2－19;大洋洲:17;欧洲:17;北美洲:17;南美洲:17。

Manaosella J. C. Gomes 宽松紫葳属 Bignoniaceae［MD－541］特征纪要:习性:木本。花程式:－。其他特征参考科。全球3个大洲分布及种数(1－3)欧洲:2; 北美洲:2; 南美洲:3。

Mancoa Wedd. 矮人芥属 Brassicaceae［MD－213］特征纪要:习性:－。花程式:－。其他特征参考科。全球6个大洲分布及种数(11)非洲:1;亚洲:1;大洋洲:1;欧洲:1;北美洲:6－7;南美洲:4－5。

Mandelorna Steud. ＝ **Chrysopogon**

Mandevilla Lindl. 飘香藤属 Apocynaceae［MD－492］特征纪要:习性:木本。花程式:K5－∞,C5－∞,A15,＝↓G2－5。物候:－。花期:全年。果期:参考晚于花期。海拔:80－3000米。生境:矮林或灌木丛中,住宅旁。资源:药用,具栽培园艺种类。全球6个大洲分布及种数(189－216)非洲:8;亚洲:14;大洋洲:7－8;欧洲:5;北美洲:60－63;南美洲:167－189。【中国种数:8】。

Mandioca Link ＝ **Manihot**

Mandirola Decne. 长筒花属 Gesneriaceae［MD－549］特征纪要:习性:草本。花程式:K5,C0,A4,↓G。其他特征参考科。全球2个大洲分布及种数(3－9)北美洲:1; 南美洲:6。

Mandoniella Herzog 南美青藓属 Brachytheciaceae［B－187］特征纪要:习性:－。【Rep】:绿色或棕绿色。其他特征参考科。全球1个大洲分布及种数(1)◆南美洲。

Mandragora L. 茄参属 Solanaceae［MD－503］特征纪要:习性:草本(根状茎,基生,多肉)。花程式:－。物候:－。花期:5－7月。果期:参考晚于花期。海拔:2200－4200米。生境:山坡草地。资源:药用,具栽培园艺种类。全球6个大洲分布及种数(7－9)非洲:1－3;亚洲:3－6;大洋洲:1;欧洲:5－7;北美洲:1;南美洲:1。【中国种数:1】。

Manekia Trel. 鞭胡椒属 Piperaceae［MD－39］特征纪要:习性:草本。花程式:－。其他特征参考科。全球4个大洲分布及种数(5－10)亚洲:2; 欧洲:6; 北美洲:6; 南美洲:8。

Manettia Mutis ex L. 蔓炎花属 Rubiaceae［MD－523］特征纪要和分布(－)。全球6个大洲分布及种数(121－

140;hort. 1;cult. 2)非洲:7 - 13;亚洲:107 - 129;大洋洲:4 - 10;欧洲:2 - 8;北美洲:20 - 30;南美洲:113 - 130。【中国种数:2】。

Manfreda Salisb. 龙香玉属 Asparagaceae [MM - 669] 特征纪要:习性: - 。花程式: - 。其他特征参考科。全球 6 个大洲分布及种数(1 - 48)非洲:4; 亚洲:4; 大洋洲:4; 欧洲:9; 北美洲:9; 南美洲:3。

Mangenotiella M. Schmid 杧春花属 Primulaceae [MD - 401] 特征纪要:习性:草本。花程式:(K -),(C)5 参考科,A4,G - 。其他特征参考科。全球 1 个大洲分布及种数(1) ◆大洋洲:1。

Mangifera L. 杧果属 Anacardiaceae [MD - 432] 特征纪要:习性:木本。花程式: - 。物候: - 。花期:3 - 4 月。果期:参考晚于花期。海拔:200 - 1400 米。生境:低地森林,山坡或沟谷林中。资源:具栽培园艺种类。全球 6 个大洲分布及种数(63 - 133)非洲:8; 亚洲:119; 大洋洲:13; 欧洲:7; 北美洲:7; 南美洲:6。【中国种数:15】。

Mangleticornia P. W. Ball, G. Kadereit & Cornejo 木莲苋属 Amaranthaceae [MD - 116] 特征纪要:习性:草本。花程式:Kn,C0,A5 参考科,G - 。其他特征参考科。全球 1 个大洲分布及种数(1) ◆南美洲:1。

Manglietia Bl. 香木莲属 Magnoliaceae [MD - 1] 特征纪要:木本(多肉),叶互生,复叶; 花程式:Kn,C,A5, = ↑G:2(20 - 200),房位(-)。果实:蓇葖果。全球 1 个大洲分布及种数(27 - 46)◆亚洲(◆中国)。

Manglilla Juss. = **Myrsine**

Mangonia Schott 小苞芋属 Araceae [MM - 639] 特征纪要:习性:草本。花程式:K0,C0,A1 - 4, = G1 - 3。其他特征参考科。全球 2 个大洲分布及种数(2 - 53)亚洲:3; 南美洲:53。

Manicaria Gaertn. 袖苞椰属 Arecaceae [MM - 717] 特征纪要:习性:木本。花程式:K3 - 10,C3 - 10,A3 - 10, = G3 - 10。其他特征参考科。全球 6 个大洲分布及种数(3)非洲:4;亚洲:4;大洋洲:4;欧洲:4;北美洲:1 - 5;南美洲:2 - 6。

Manihot Mill. 木薯属 Euphorbiaceae [MD - 217] 特征纪要:木本。花程式: - 。物候: - 。花期:9 - 11 月。果期:参考晚于花期。海拔:20 - 5000 米。生境:广泛种植。资源:淀粉,蛋白质,油脂,具栽培园艺种类。全球 6 个大洲分布及种数(180 - 475)非洲:37; 亚洲:40; 大洋洲:30; 欧洲:87; 北美洲:87; 南美洲:406。【中国种数:5】。

Manihotoides D. J. Rogers & Appan = **Manihot**

Manilkara Adans. 铁线子属 Sapotaceae [MD - 357] 特征纪要:习性:木本。花程式: - 。物候: - 。花期:8 - 12 月。果期:参考晚于花期。海拔:100 米。生境:低海拔旷野丛林中。资源:药用,油脂。全球 6 个大洲分布及种数(82 - 236)非洲:99; 亚洲:42; 大洋洲:28; 欧洲:59; 北美洲:59; 南美洲:76。【中国种数:7】。

Manilkariopsis (Gilly) Lundell = **Manilkara**

Maniltoa Scheff. 纶巾豆属 Fabaceae2 [MD - 239] 特征纪要:习性: - 。花程式: - 。其他特征参考科。全球 5 个大洲分布及种数(59)非洲:19; 亚洲:16; 大洋洲:23; 欧洲:2; 北美洲:2。

Manisuris L. 高臭草属 Poaceae [MM - 748] 特征纪要:习性:草本。花程式:(K)3,C0 参考科,A1 - 2, = G2 - 3。物候: - 。海拔:10 - 5600 米。生境:草地,作为饲料植物或大麦田杂草种植。资源: - 。全球 6 个大洲分布及种数(1 - 121)非洲:53; 亚洲:36; 大洋洲:2; 欧洲:17; 北美洲:17; 南美洲:52。

Manjekia W. J. Baker & Heatubun 高棕属 Arecaceae [MM - 717] 特征纪要:习性:木本。花程式:K3 - 10,C3 - 10,A3 - 10,G3 - 参考科。其他特征参考科。全球 3 个大洲分布及种数(1 - 2)非洲:1; 亚洲:1; 大洋洲:1。

Mankyua B. Y. Sun, M. H. Kim & C. H. Kim 仙指蕨属 Ophioglossaceae [F - 9] 特征纪要:习性: - 。【Rep】:囊群生叶背。其他特征参考科。全球 1 个大洲分布及种数(1 - 2)◆亚洲。

Mannagettaea Harry Sm. 豆列当属 Orobanchaceae [MD - 552] 特征纪要:习性:草本(基生,寄生)。花程式: - 。物候: - 。花期:6 - 7 月。果期:参考晚于花期。海拔:3200 - 3700 米。生境:灌木丛或森林。资源:具栽培园艺种类。全球 1 个大洲分布及种数(3)◆亚洲:cf. 1。【中国种数:2】。

Mannaphorus Raf. = **Fraxinus**

Mannia Opiz 疣冠苔属 Aytoniaceae [B - 9] 特征纪要:习性: - 。【Rep】:雌雄同株或异株,雄托无柄,生于叶状体背面前端,雌托近球形或半球形,基部通常浅裂或近于不开裂,下方具苞。物候: - 。海拔:900 米。生境:土生。资源: - 。全球 6 个大洲分布及种数(12 - 13)非洲:5 - 29;亚洲:11 - 35;大洋洲:23;欧洲:6 - 29;北美洲:7 - 30;南美洲:1 - 24。【中国种数:2】。

Manniella Rchb. f. 曼尼兰属 Orchidaceae [MM - 723] 特征纪要:习性:草本。花程式:(K)3,C3,A3, = ↓G3。其他特征参考科。全球 3 个大洲分布及种数(2 - 7)非洲:2; 北美洲:1; 南美洲:1。

Manniophyton Müll. Arg. 索皮藤属 Euphorbiaceae [MD - 217] 特征纪要:习性:木本。花程式:K1(1000),C0,A6, = (G)2 - 3。其他特征参考科。全球 1 个大洲分布及种数(1)◆非洲。

Manoao Molloy 白银松属 Podocarpaceae [G - 13] 特征纪要:习性: - 。【Rep】:复轴,短穗状,上部苞片杯套状,内有种子发生,寡种子,雌雄异株。其他特征参考科。全球 1 个大洲分布及种数(1)◆大洋洲(◆新西兰)。

Manochlaenia Börner = **Sinocalamus**

Manochlamys Aellen 非洲雪藜属 Amaranthaceae [MD - 116] 特征纪要:习性:草本。花程式:Kn,C0,A3 参考科,G - 。其他特征参考科。全球 1 个大洲分布及种数(1)◆非洲。

Manongarivea Choux = **Lepisanthes**

Manostachya Bremek. 松穗茜属 Rubiaceae [MD - 523] 特征纪要:习性:木本。花程式:(K)4 - 5,(C)4 - 5,A4 - 5, = ↓(G)2 - 9。其他特征参考科。全球 1 个大洲分布及种数(3)◆非洲。

Manotes Sol. ex Planch. 宽耳藤属 Connaraceae [MD - 284] 特征纪要:习性:木本。花程式: = ↓(K5 - 10),C5 - 10,A5, = ↓G1 - 3。其他特征参考科。全球 3 个大洲分布及种数(5 - 28)非洲:23; 亚洲:3; 南美洲:2。

Manothrix Miers 巴西雪竹桃属 Apocynaceae [MD - 492] 特征纪要:习性:木本。花程式:K5 - ∞,C0,A15, = ↓

(G)2－5。其他特征参考科。全球 1 个大洲分布及种数(2)◆南美洲。

Mansoa DC. 蒜香藤属 Bignoniaceae［MD－541］特征纪要:习性:木本。花程式:K5,C0,A5,＝↓G2。其他特征参考科。全球 5 个大洲分布及种数(18－48)非洲:4; 亚洲:8; 大洋洲:3; 北美洲:19; 南美洲:44。【中国种数:3】。

Mansonia J. R. Drumm. 香白桐属 Malvaceae［MD－203］特征纪要:习性:木本。花程式:K3－5－∞,C3－5－∞,A10－8,＝G1－5。物候:－。海拔:－。生境:－。资源:具园艺种类。全球 2 个大洲分布及种数(3－6)非洲:2－3;亚洲:cf. 1。【中国种数:1】。

Mantagnaea DC. 白银菊属 Asteraceae［MD－586］特征纪要:习性:草本。花程式:Kn,C3 参考科,A3－5,↓G。其他特征参考科。全球 1 个大洲分布及种数(cf. 1)◆北美洲。

Mantalania Capuron ex J. －F. Leroy 曼塔茜属 Rubiaceae［MD－523］特征纪要:习性:木本。花程式:(K)4－5,(C)4－5,A4－5,＝↓G2－9。其他特征参考科。全球 2 个大洲分布及种数(3－9)非洲:5; 南美洲:5。

Mantiqueira L. P. Queiroz 蝶形花科属 Fabaceae3［MD－240］特征纪要:习性:－。花程式:－。其他特征参考科。全球 1 个大洲分布及种数(1)◆南美洲:1。

Mantisalca Cass. 落刺菊属 Asteraceae［MD－586］特征纪要:习性:草本。花程式:(K)3－5,C3－5,A3－5,＝↓(G)2。其他特征参考科。全球 5 个大洲分布及种数(7－12)非洲:6; 亚洲:2; 大洋洲:2; 欧洲:2; 北美洲:2。

Manulea L. 剪烛花属 Scrophulariaceae［MD－536］特征纪要:习性:灌木。花程式:K2－4,C0,A2－4,↓G2。物候:－。海拔:－。生境:－。资源:具园艺种类。全球 3 个大洲分布及种数(76－150)非洲:123; 亚洲:6; 南美洲:16。

Manuleopsis Thell. 雪烛木属 Scrophulariaceae［MD－536］特征纪要:习性:灌木。花程式:Kn,C0,A3 参考科,↓G2。其他特征参考科。全球 1 个大洲分布及种数(1)◆非洲。

Manyonia H. Rob. 菊科属 Asteraceae［MD－586］特征纪要:习性:草本。花程式:－。其他特征参考科。全球 1 个大洲分布及种数(－)。

Maoutia Wedd. 水丝麻属 Urticaceae［MD－91］特征纪要和分布(－)。全球 4 个大洲分布及种数(11－15)非洲:3;亚洲:7－9;大洋洲:4－5;北美洲:1。【中国种数:1】。

Mapania Aubl. 擂鼓艻属 Cyperaceae［MM－747］特征纪要:习性:草本。花程式:－。物候:－。海拔:600－700 米。生境:稀疏的森林或灌木丛中潮湿的地方。资源:具园艺种类。全球 6 个大洲分布及种数(96－118;hort. 1;cult. 1)非洲:42－46;亚洲:41－48;大洋洲:14－18;欧洲:2－6;北美洲:9－13;南美洲:24－28。【中国种数:6】。

Mapaniopsis C. B. Clarke ＝ **Mapania**

Mapinguari Carnevali & R. B. Singer 地懒兰属 Orchidaceae［MM－723］特征纪要:习性:－。花程式:－。其他特征参考科。全球 2 个大洲分布及种数(5)北美洲:2;南美洲:4。

Mapira Adans. ＝ **Olyra**

Mapouria Aubl. 鸽九节属 Rubiaceae［MD－523］特征纪要:习性:－。花程式:－。其他特征参考科。全球 5 个大洲分布及种数(214)非洲:75; 亚洲:7; 大洋洲:11; 北美洲:47; 南美洲:188。

Mappia Jacq. 马普木属 Icacinaceae［MD－450］特征纪要和分布(－)。全球 1 个大洲分布及种数(13－16)◆北美洲。【中国种数:2】。

Mappianthus Hand. －Mazz. 定心藤属 Icacinaceae［MD－450］特征纪要:习性:木质攀援。花程式:－。物候:－。花期:4－8 月。果期:参考晚于花期。海拔:700－1900 米。生境:疏林,灌丛及沟谷林内。资源:药用,食用,具栽培园艺种类。全球 1 个大洲分布及种数(cf. 1)◆亚洲。【中国种数:1】。

Maprounea Aubl. 头序柏属 Euphorbiaceae［MD－217］特征纪要:习性:木本。花程式:K1(1000),C0,A6,＝G2－3。其他特征参考科。全球 3 个大洲分布及种数(7;hort. 1;cult. 1)非洲:3;北美洲:2;南美洲:4。

Maprounia Ham. ＝ **Maprounea**

Maquira Aubl. 轻箭毒木属 Moraceae［MD－87］特征纪要:习性:木本。花程式:K1－4,C0,A6,＝G1－2。其他特征参考科。全球 6 个大洲分布及种数 5 个非洲:2;亚洲:2;大洋洲:2;欧洲:2;北美洲:1－3;南美洲:5－7。

Maracanthus Kuijt 青葙属 Loranthaceae［MD－415］特征纪要:习性:木本。花程式:Kn,C0,A4,↓G。其他特征参考科。全球 2 个大洲分布及种数(3) 北美洲:1,南美洲:2。

Marah Kellogg 壮臂瓜属 Cucurbitaceae［MD－205］特征纪要:习性:木本。花程式:－。其他特征参考科。全球 3 个大洲分布及种数(8－25)亚洲:4; 北美洲:19; 南美洲:2。【中国种数:2】。

Marahuacaea Maguire 耳蔺花属 Rapateaceae［MM－713］特征纪要:习性:草本。花程式:(K)3,C0 参考科,A6,G3。其他特征参考科。全球 1 个大洲分布及种数(1)◆南美洲。

Maraniona C. E. Hughes, G. P. Lewis, Daza & Reynel 海豆属 Fabaceae3［MD－240］特征纪要:习性:木本。花程式:＝↓(K1－∞),C1－∞,A5－9,＝↓G1。其他特征参考科。全球 2 个大洲分布及种数(1－4)大洋洲:2; 南美洲:4。

Maranta Plum. ex L. 竹芋属 Marantaceae［MM－740］特征纪要:习性:草本。花程式:－。物候:－。花期:6－8 月。果期:参考晚于花期。海拔:100－1400 米。生境:林下。资源:药用,具栽培园艺种类。全球 6 个大洲分布及种数(50－73)非洲:1－4;亚洲:9－15;大洋洲:4－7;欧洲:3;北美洲:8－12;南美洲:48－63。【中国种数:5】。

Marantaceae R. Br.［MM－740］竹芋科 特征纪要:习性:草本;落叶。花程式:K3,C5,A5,↓(G)↓(G)3。物候:－。花期: 6 月。果实:浆果,蒴果。种子:种皮作不规则的矩圆形。海拔:100－1400 米。生境:次生林中或灌丛等潮湿处。资源:药用。栽培:中国有栽培。全球 6 个大洲分布及属种数(31/410－571 <IFR 5/7> hort. 1;cult. 4); 非洲:14/72－87(IFR 3/3); 亚洲:11/74－93; 大洋洲:6/22－27; 欧洲:1/3; 北美洲:14/109－120(IFR 1/1); 南美洲:16/296－350(IFR 2/4)。【中国属种数:16/33】。

Maranthes Bl. 海豆李属 Chrysobalanaceae［MD－243］特征纪要:习性:木本。花程式:－。其他特征参考科。全球6个大洲分布及种数(13－22)非洲:17; 亚洲:11; 大洋洲:3; 欧洲:6; 北美洲:6; 南美洲:5。【中国种数:3】。

Maranthus Rchb. ＝ **Maranthes**

Marantochloa Brongn. ex Gris 芦竹芋属 Marantaceae［MM－740］特征纪要:习性:草本。花程式:(K)3,C3,A3－4,＝↓(G)3。其他特征参考科。全球4个大洲分布及种数(18－23;hort.1)非洲:17－21;亚洲:cf.1;北美洲:6;南美洲:5。【中国种数:1】。

Marantodes (A. DC.) P. & K. 报春花科属 Primulaceae［MD－401］特征纪要:习性:－。花程式:－。物候:－。海拔:3600米。生境:薄森林,上山坡,山脊,竹林下。资源:－。全球1个大洲分布及种数(－)。

Marara H. Karst. ＝ **Aiphanes**

Marasmiellus <unassigned> 同囊蕨属 Marattiaceae［F－13］特征纪要:－。全球3个大洲分布及种数(114)亚洲:2; 北美洲:2; 南美洲:95。

Marasmodes DC. 黏肋菊属 Asteraceae［MD－586］特征纪要:习性:草本。花程式:(K)3－5,(C)3－5,A3－5,＝↓G2。其他特征参考科。全球2个大洲分布及种数(13－26)非洲:24; 南美洲:2。

Marathrum Bonpl. 齿河苔属 Podostemaceae［MD－322］特征纪要和分布(－)。全球2个大洲分布及种数(24)北美洲:15;南美洲:17。

Marattia Sw. 合囊蕨属 Marattiaceae［F－13］特征纪要:习性:－。【Rep】:孢子囊群长约2毫米,略靠近叶缘。物候:－。海拔:2348米。生境:半荫蔽林窗。资源:药用。全球6个大洲分布及种数(36－50)非洲:6－11;亚洲:19－26;大洋洲:8－13;欧洲:2－6;北美洲:9－13;南美洲:8－12。【中国种数:2】。

Marattiaceae Kaulf.［F－13］合囊蕨科 特征纪要(参考 Mniaceae):体形纤细,直立丛生,呈淡绿或深绿带红色,常成小片纯群落。【Rep】:雌雄异株,稀同株,孢子体单生,稀丛生,蒴柄高出,粗壮,橙色,孢蒴倾立或下垂。全球6个大洲分布和属种数(4;hort. & cult.1)(72－110;hort. & cult.2－7)非洲:2－3/24－33;亚洲:3/32－44;大洋洲:2－3/16－26;欧洲:1－2/2－10;北美洲:2－3/12－20;南美洲:1－2/8－16。【中国属种数:6/34】。

Marcania J. B. Imlay 亚洲同爵床属 Acanthaceae［MD－572］特征纪要:习性:草本。花程式:－。其他特征参考科。全球2个大洲分布及种数(1－12)亚洲:12; 南美洲:2。

Marcanodendron Doweld 锦葵科属 Malvaceae［MD－203］特征纪要:习性:－。花程式:(K)n,C6,A10,G2－52。其他特征参考科。全球1个大洲分布及种数(－)◆南美洲。

Marcelliopsis Schinz 绢尾苋属 Amaranthaceae［MD－116］特征纪要:习性:草本。花程式:K1－2,C0,A1－2,G－。其他特征参考科。全球2个大洲分布及种数(3－8)非洲:6; 南美洲:3。

Marcetella Svent. 地榆属 Rosaceae［MD－246］特征纪要:习性:－。花程式:－。其他特征参考科。全球0个大洲分布及种数(2－3)。

Marcetia DC. 马尔塞野牡丹属 Melastomataceae［MD－364］特征纪要:习性:木本。花程式:＝↓(K4－5),C4－5,A4－5,＝↓G3－4。其他特征参考科。全球3个大洲分布及种数(34－71)亚洲:4; 北美洲:8; 南美洲:62。【中国种数:2】。

Marcgraavia Griseb. ＝ **Marcgravia**

Marcgravia L. 附生藤属 Marcgraviaceae［MD－170］特征纪要:习性:木本。花程式:－。其他特征参考科。全球6个大洲分布及种数(64－77;hort.1)非洲:1;亚洲:7－8;大洋洲:1;欧洲:1;北美洲:27－34;南美洲:53－59。【中国种数:3】。

Marcgraviaceae Bercht. & J. Presl［MD－170］蜜囊花科 特征纪要:习性:木本;落叶。花程式:K3,C3,A6,↑G2－8。物候:－。果实:蒴果。种子:－。海拔:－。生境:－。资源:－。栽培:－。全球6个大洲分布及属种数(9－11/156－183 <IFR 4/5> hort.1;cult. 2) 非洲:2/3－5; 亚洲:2/9－10; 大洋洲:2/2; 欧洲:1/1－2; 北美洲:6/56－63(IFR 1/1); 南美洲:9－10/137－155(IFR 4/4)。【中国属种数:3/5】。

Marcgraviastrum (Wittm. ex Szyszył.) de Roon & S. Dressler 垂囊花属 Marcgraviaceae［MD－170］特征纪要:习性:木本。花程式:－。其他特征参考科。全球2个大洲分布及种数(13－16)北美洲:3;南美洲:12－15。

Marchandiomyces <unassigned> 垂囊藓属 Sorapillaceae［B－212］特征纪要:－。全球1个大洲分布及种数(－)。

Marchantia L. 同地钱属 Marchantiaceae［B－12］特征纪要:习性:－。【Rep】:雌雄异株或同株。物候:－。海拔:－。生境:－。资源:具园艺种类。全球6个大洲分布及种数(23－25)非洲:6－44;亚洲:15－54;大洋洲:5－43;欧洲:3－41;北美洲:8－46;南美洲:7－45。【中国种数:15】。

Marchantiaceae Lindl.［B－12］地钱科 特征纪要(参考 Ricciaceae):叶状体淡绿色,两歧分枝。【Rep】:蒴柄白色,纤长,孢蒴短圆柱形,2－4瓣开裂,弹丝2列螺纹加厚,孢子棕色,直径约25微米。全球6个大洲分布和属种数(2－3;hort. & cult.1－2)(23－70;hort. & cult.2－5)非洲:1－2/6－47;亚洲:1－2/15－57;大洋洲:1－2/5－46;欧洲:2－3/4－45;北美洲:2－3/9－50;南美洲:1－2/7－48。【中国属种数:2/17(6)】。

Marchantiopsis Douin & R. C. V. Douin 地钱科属 Marchantiaceae［B－12］特征纪要:－。全球1个大洲分布及种数(－)。

Marchesinia Gray 同鳞苔属 Lejeuneaceae［B－84］特征纪要:习性:－。【Rep】:老时呈红褐色。其他特征参考科。全球6个大洲分布及种数(6－7)非洲:3－4;亚洲:2－5;大洋洲:1;欧洲:1;北美洲:1－2;南美洲:2－4。

Marconia Mattei ＝ **Pavonia**

Marcus－kochia Al－Shehbaz 同鳞菜属 Brassicaceae［MD－213］特征纪要:习性:草本。花程式:K4,C4,A3参考科,↓G－参考科。物候:－。花期:5－7月。果期:6－8月。海拔:30－6200米。生境:半固定沙地前平地,作

为蔬菜栽培。资源:具栽培园艺种类。全球 2 个大洲分布及种数(3) 非洲:3,欧洲:3。

Marenopuntia Backeb. = **Corynopuntia**

Maresia Pomel 梅尔芥属 Brassicaceae［MD－213］特征纪要:习性:草本。花程式:K2－4,C2－4,A2－4,＝(G)2。其他特征参考科。全球 3 个大洲分布及种数(4－6)非洲:2;亚洲:cf. 1;欧洲:2。

Mareya Baill. 山柳桐属 Euphorbiaceae［MD－217］特征纪要:木本。花程式:K1(1000),C0,A6,＝G2－3。其他特征参考科。全球 6 个大洲分布及种数(3－17)非洲:12; 亚洲:3; 大洋洲:2; 欧洲:2; 北美洲:2; 南美洲:5。

Mareyopsis Pax & K. Hoffm. 山槲桐属 Euphorbiaceae［MD－217］特征纪要:习性:木本。花程式:K1(1000),C0,A6,＝(G)2－3。其他特征参考科。全球 1 个大洲分布及种数(2)◆非洲。

Margaranthus Schltdl. 网球茄属 Solanaceae［MD－503］特征纪要和分布(－)。全球 6 个大洲分布及种数(4－5)非洲:1;亚洲:1;大洋洲:1;欧洲:1;北美洲:3－5;南美洲:1。

Margaretta Oliv. 铃瑰花属 Apocynaceae［MD－492］特征纪要:习性:木本。花程式:K5,C0,A15,＝↓(G)2。其他特征参考科。全球 2 个大洲分布及种数(8－27)非洲:19; 南美洲:9。

Margaripes DC. ex Steud. = **Anaphalis**

Margaritaria L. f. 蓝子木属 Phyllanthaceae［MD－222］特征纪要和分布(－)。全球 6 个大洲分布及种数(13－17;hort. 1;cult. 2)非洲:7－11;亚洲:6－10;大洋洲:3－8;欧洲:1－5;北美洲:6－10;南美洲:3－7。【中国种数:4】。

Margaritopsis C. Wright 珍珠茜属 Rubiaceae［MD－523］特征纪要:习性:－。花程式:－。物候:－。花期:参考早于果期。果期:10 月。海拔:5－4800 米。生境:矮林内。资源:－。全球 5 个大洲分布及种数(36)非洲:4; 亚洲:2; 大洋洲:4; 北美洲:28; 南美洲:25。

Margarocarpus Wedd. = **Pouzolzia**

Margbensonia A. E. Bobrov & Melikyan 竹柏属 Podocarpaceae［G－13］特征纪要:习性:－。【Rep】:复轴,短穗状,上部苞片杯套状,内有种子发生,寡种子,雌雄异株。其他特征参考科。全球 4 个大洲分布及种数(cf. 1)非洲;亚洲;大洋洲;欧洲;北美洲。

Marginaria Bory 边龙蕨属 Polypodiaceae［F－60］特征纪要:习性:－。【Rep】:孢子囊单生叶背。其他特征参考科。全球 3 个大洲分布及种数(15) 非洲;北美洲;南美洲。

Marginariopsis T. Moore = **Pleopeltis**

Marginatocereus Backeb. 云阁柱属 Cactaceae［MD－100］特征纪要:习性:－。花程式:－。其他特征参考科。全球 1 个大洲分布及种数(－)。

Margotia Boiss. 伞形科属 Apiaceae［MD－480］特征纪要:习性:－。花程式:－。其他特征参考科。全球 1 个大洲分布及种数(－)。

Margyracaena Bitter 同花蔷薇属 Rosaceae［MD－246］特征纪要:习性:木本。花程式:－。其他特征参考科。全球 1 个大洲分布及种数(1) ◆南美洲(◆智利)。

Margyricarpus Ruiz & Pav. 银珠果属 Rosaceae［MD－246］特征纪要:习性:木本。花程式:K1(10－100),C1－10－100,A1－10－100,＝↓G1－50。其他特征参考科。全球 3 个大洲分布及种数(4－23)欧洲:2; 北美洲:2; 南美洲:21。

Maria－antonia Parl. = **Crotalaria**

Marialvaea Mart. = **Tovomita**

Marialvea Spreng. = **Tovomita**

Marianthus Hügel ex Endl. 炽酪藤属 Pittosporaceae［MD－448］特征纪要:习性:木本。花程式:K5,C5,A2,＝G2－5。其他特征参考科。全球 2 个大洲分布及种数(15－48)大洋洲:41; 南美洲:4。

Marica Schreb. 同鸢尾属 Iridaceae［MM－700］特征纪要:习性:－。花程式:－。其他特征参考科。全球 6 个大洲分布及种数(51)非洲:9; 亚洲:12; 大洋洲:4; 欧洲:26; 北美洲:26; 南美洲:40。

Marila Sw. 同花木属 Calophyllaceae［MD－140］特征纪要:木本。花程式:K1－3,C1－3,A1－3,G1－3。其他特征参考科。全球 6 个大洲分布及种数(16－31)非洲:1;亚洲:1;大洋洲:1;欧洲:1;北美洲:7－12;南美洲:14－27。

Marina Liebm. 沙苜蓿属 Fabaceae3［MD－240］特征纪要:木本。花程式:＝↓(K1－∞),C1－∞,A5－9,＝↓G1。其他特征参考科。全球 5 个大洲分布及种数(42－66)非洲:2; 亚洲:14; 大洋洲:2; 北美洲:56; 南美洲:11。

Mariosousa Seigler & Ebinger 儿茶属 Fabaceae1［MD－240］特征纪要:习性:木本。花程式:＝↓(Kn),C3－5－∞,A3 参考科,＝↓G(－)。其他特征参考科。全球 1 个大洲分布及种数(12)◆北美洲。

Mariottia Raf. = **Coleocephalocereus**

Maripa Aubl. 马利旋花属 Convolvulaceae［MD－499］特征纪要:习性:草本。花程式:K5,C0,A5,＝G2－5。其他特征参考科。全球 3 个大洲分布及种数(21－44)亚洲:3; 北美洲:9; 南美洲:43。【中国种数:1】。

Mariposa (Alph. Wood) Hoover 仙灯属 Liliaceae［MM－633］特征纪要:习性:－。花程式:－。其他特征参考科。全球 2 个大洲分布及种数(16)北美洲:1; 南美洲:10。

Mariscopsis Cherm. = **Queenslandiella**

Mariscus Goetgh. = **Alinula**

Mariscus Gaertn. 砖子苗属 Cyperaceae［MM－747］特征纪要:习性:－。花程式:－。物候:－。花期:参考早于果期。果期:5－6 月。海拔:5700 米。生境:草地,中山坡,湿处。资源:－。全球 6 个大洲分布及种数(65－88;hort. 1;cult. 1)非洲:33－91;亚洲:17－76;大洋洲:21－78;欧洲:2－59;北美洲:16－73;南美洲:9－66。

Markea Rich. 马尔茄属 Solanaceae［MD－503］特征纪要:习性:草本。花程式:K3－4,C0,A3－4,＝G2。其他特

征参考科。全球3个大洲分布及种数(21－56)亚洲:3；北美洲:20；南美洲:55。

Markhamia Seem. ex Baill. 猫尾木属 Bignoniaceae［MD－541］特征纪要:习性:木本。花程式:－。物候:－。花期:9－12月。果期:参考晚于花期。海拔:300－1700米。生境:平坡地路旁阳处灌木丛中。资源:具栽培园艺种类。全球6个大洲分布及种数(10－11)非洲:8－10;亚洲:9－11;大洋洲:1－3;欧洲:2;北美洲:4－6;南美洲:3－5。【中国种数:2】。

Marlea Roxb. ＝ **Alangium**

Marlierea Cambess. 裂萼矾木属 Myrtaceae［MD－347］特征纪要:习性:－。花程式:－。其他特征参考科。全球6个大洲分布及种数(4－151)非洲:7；亚洲:13；大洋洲:3；欧洲:23；北美洲:23；南美洲:140。

Marlieriopsis Kiaersk. ＝ **Blepharocalyx**

Marlothiella H. Wolff 马劳斯草属 Apiaceae［MD－480］特征纪要:习性:草本。花程式:＝↓(Kn),C5,A3参考科,＝↓G(－)。其他特征参考科。全球1个大洲分布及种数(1)◆非洲。

Marlothistella Schwantes 蛇矛玉属 Aizoaceae［MD－94］特征纪要:习性:草本。花程式:＝↓(Kn),C∞参考科,A5参考科,＝↓G－。其他特征参考科。全球1个大洲分布及种数(1)◆非洲。

Marmaroxylon Killip 蟹豆属 Fabaceae2［MD－240］特征纪要:习性:－。花程式:－。其他特征参考科。全球2个大洲分布及种数(10)北美洲:1；南美洲:2。

Marmoritis Benth. 扭连钱属 Lamiaceae［MD－575］特征纪要:习性:－。花程式:－。物候:－。花期:6－7月。果期:参考晚于花期。海拔:4300－5000米。生境:－。资源:－。全球1个大洲分布及种数(7－9)◆亚洲。

Marojejya Humbert 玛瑙椰属 Arecaceae［MM－717］特征纪要:习性:木本。花程式:K3－10,C3－10,A3－10,＝G3－10。其他特征参考科。全球1个大洲分布及种数(2)◆非洲(◆马达加斯加)。

Maronea J. M. H. Shaw 银珠兰花属 Orchidaceae［MM－723］特征纪要和分布(－)。分布:－。

Marquesia Gilg 柄蕊香属 Dipterocarpaceae［MD－173］特征纪要:习性:木本。花程式:K5,C5,A5－15,＝G2－3。其他特征参考科。全球1个大洲分布及种数(4)◆非洲。

Marquisia A. Rich. ex DC. ＝ **Coprosma**

Marrubium L. 欧夏至草属 Lamiaceae［MD－575］特征纪要:习性:草本。花程式:(K－),C2－3参考科,A3参考科,＝↓(G)2。物候:－。花期:6－8月。果期:参考晚于花期。海拔:5400米。生境:干草黄土,山坡,路旁,沟边,干燥灰壤上。资源:药用,具栽培园艺种类。全球6个大洲分布及种数(23－61;hort. 1;cult. 3)非洲:9－21;亚洲:20－54;大洋洲:4－6;欧洲:14－22;北美洲:3－6;南美洲:1－2。【中国种数:3】。

Marsdenia R. Br. 牛奶菜属 Asclepiadaceae［MD－494］特征纪要:习性:木质攀援。花程式:－。物候:－。花期:2－5月。果期:参考晚于花期。海拔:700－2000米。生境:常绿阔叶林内路旁。栽培:来自广西龙州。资源:藤具,具栽培园艺种类。全球6个大洲分布及种数(130－502)非洲:112；亚洲:457；大洋洲:142；欧洲:108；北美洲:108；南美洲:119。【中国种数:105】。

Marshallia Schreb. 芭拉扣属 Flacourtiaceae［MD－142］特征纪要:草本,落叶；花程式:(K)3－5,(C)3－5,A3－5,＝↓G:2。果实:瘦果。全球1个大洲分布及种数(16－22)◆北美洲。

Marshalljohnstonia Henrickson 肉叶苣属 Asteraceae［MD－586］特征纪要:习性:草本。花程式:(K)3－5,C3－5,A3－5,＝↓(G)2。其他特征参考科。全球1个大洲分布及种数(1)◆北美洲(◆墨西哥)。

Marshallocereus Backeb. 拔萃柱属 Cactaceae［MD－100］特征纪要:习性:－。花程式:－。其他特征参考科。全球1个大洲分布及种数(－)。

Marsiglia Raf. ＝ **Marsilea**

Marsilea L. 蘋属 Marsileaceae［F－65］特征纪要和分布(－)。全球6个大洲分布及种数(58－86;hort. 1;cult. 3)非洲:31－50;亚洲:13－28;大洋洲:19－37;欧洲:3－18;北美洲:15－30;南美洲:9－22。【中国种数:8】。

Marsileaceae Mirb.［F－65］蘋科 特征纪要(参考 Disceliaceae):一年至二年生,矮小丛集土生藓类。【Rep】:雌雄同株,雄苞呈花苞形,顶生,雌苞生于雄苞下的短侧枝上,当雄枝萎缩后即成为主枝,孢蒴长梨形,对称或不。全球6个大洲分布和属种数(3;hort. & cult. 3)(61－109;hort. & cult. 4－14)非洲:2/32－52;亚洲:2/15－31;大洋洲:2/20－38;欧洲:2/4－20;北美洲:3/17－32;南美洲:3/11－24。【中国属种数:2/9】。

Marsilla Raf. ＝ **Marsilea**

Marsippospermum Desv. 筐蔺属 Juncaceae［MM－733］特征纪要:习性:草本。花程式:K3,C3,A2－3,＝G3。物候:－。海拔:－。生境:－。资源:具园艺种类。全球6个大洲分布及种数(4－11)非洲:6；亚洲:4；大洋洲:3；欧洲:1；北美洲:1；南美洲:7。

Marsupella Dum. 钱袋苔属 Gymnomitriaceae［B－41］特征纪要:习性:－。【Rep】:雌苞顶生,雌苞叶数对,内雌叶常相连,蒴萼常存,蒴壁2－3层细胞,弹丝2－4列螺纹加厚。物候:－。海拔:2140米。生境:水石生。资源:－。全球6个大洲分布及种数(19－20)非洲:1－26;亚洲:16－43;大洋洲:2－27;欧洲:11－37;北美洲:13－39;南美洲:25。【中国种数:15】。

Marsupellopsis (Schiffn.) Berggr. 顶苞苔科属 Acrobolbaceae［B－43］特征纪要:－。全球1个大洲分布及种数(－)。

Marsupiaria Hoehne ＝ **Heterotaxis**

Marsupidium Mitt. 囊蒴苔属 Acrobolbaceae［B－43］特征纪要:习性:－。【Rep】:雌雄异株,雌苞顶生,卵细胞受精后形成假蒴苞,向腹面生长,孢蒴壁具4－5层细胞,黄色、淡绿色或暗绿色。其他特征参考科。全球6个大洲分布及种数3个非洲:2;亚洲:1－3;大洋洲:1－3;欧洲:2;北美洲:2;南美洲:2－4月。

Marsypianthes Mart. ex Benth. 同芩属 Lamiaceae［MD－575］特征纪要:习性:草本。花程式:K2,C0,A2,＝↓G2。

其他特征参考科。全球 3 个大洲分布及种数(6－17)亚洲:3; 北美洲:7; 南美洲:15。【中国种数:1】。

Marsypocarpus Pers. = **Capsella**

Marsypopetalum Scheff. 弯瓣木属 Annonaceae [MD－7] 特征纪要:习性:木本。花程式:K3－∞,C3,A2,=G10－100。物候:－。花期:4。果期:参考晚于花期。海拔:100－2400 米。生境:半常绿阔叶林中,在山地灌木丛中。资源:－。全球 2 个大洲分布及种数(5－7)亚洲:6; 南美洲:1。【中国种数:1】。

Martellidendron (Pic. Serm.) Callm. & Chassot 对柱露兜属 Pandanaceae [MM－703] 特征纪要:习性:木本。花程式:K0,C0,A10－100,=G1－80。其他特征参考科。全球 3 个大洲分布及种数(6－8)非洲:8; 亚洲:2; 南美洲:2。

Martensianthus Borhidi & Lozada－Pérez 对茜属 Rubiaceae [MD－523] 特征纪要:习性:木本。花程式:(K)4－5,(C)4－5,A4－5,↓G。其他特征参考科。全球 1 个大洲分布及种数(cf. 5)◆北美洲:5。

Marthella Urb. 黄玉簪属 Burmanniaceae [MM－696] 特征纪要:习性:草本。花程式:(K)3,C3,A3,=↓(G)3。其他特征参考科。全球 3 个大洲分布及种数(1－15)欧洲:2; 北美洲:2; 南美洲:13。

Martianthus Harley & J. F. B. Pastore 同花芩属 Lamiaceae [MD－575] 特征纪要:习性:草本。花程式:K2,C0,A2,=↓G2。其他特征参考科。全球 1 个大洲分布及种数(4)◆南美洲。

Marticorenia Crisci 雪片菊属 Asteraceae [MD－586] 特征纪要:习性:草本。花程式:(K)3－5,(C)3－5,A3－5,↓G。其他特征参考科。全球 1 个大洲分布及种数(1) ◆南美洲:1。

Martinella Baill. = **Anemopaegma**。【中国种数:1】。

Martinellius Mitt. 同萼苔属 Radulaceae [B－81] 特征纪要:－。全球 4 个大洲分布及种数(6)亚洲:2; 欧洲:1; 北美洲:1; 南美洲:2。

Martinezia Ruiz & Pav. 巨槟榔属 Arecaceae [MM－717] 特征纪要:习性:－。花程式:－。其他特征参考科。全球 4 个大洲分布及种数(32)非洲:2; 亚洲:2; 北美洲:18; 南美洲:18。

Martiodendron Gleason 南美马蹄豆属 Fabaceae3 [MD－240] 特征纪要:习性:木本。花程式:=↓(K3－5－∞),C3－5－∞,A1－10－50,=↓G1。其他特征参考科。全球 2 个大洲分布及种数(7－16)北美洲:1; 南美洲:15。

Martiusella Pierre = **Chrysophyllum**

Martrasia Lag. = **Ayenia**

Martretia Beille 蝶须果属 Phyllanthaceae [MD－222] 特征纪要:习性:木本。花程式:K1(1000),C0,A6,=(G)2－3。其他特征参考科。全球 2 个大洲分布及种数(1－3)非洲:2; 南美洲:2。

Martynia L. 角胡麻属 Martyniaceae [MD－557] 特征纪要:习性:木本。花程式:－。物候:－。花期:全年。果期:参考晚于花期。海拔:500－1500 米。生境:森林,路旁,生于荒坡丛林边,路旁地角。资源:具栽培园艺种类。全球 6 个大洲分布及种数(8－11)非洲:2－7;亚洲:3－8;大洋洲:1－6;欧洲:5;北美洲:4－9;南美洲:3－10。【中国种数:1】。

Martyniaceae Horan. [MD－557] 角胡麻科 特征纪要:习性:草本;落叶。花程式:↙(K)6－,C0,A2－4,↓(G)－。物候:－。花期:全年。果实:蒴果。种子:黑色,棕色。海拔:500－1500 米。生境:生于荒坡丛林边,路旁地角。资源:－。栽培:－。全球 5 个大洲分布及属种数(6/31－35 <IFR 1/2> hort. 1;cult. 1) 非洲:1/3; 亚洲:1/4; 大洋洲:1/2; 北美洲:2/17(IFR 1/2); 南美洲:5/14－16。【中国属种数:2/2】。

Marywildea A. V. Bobrov & Melikyan = **Araucaria**

Masakia (Nakai) Nakai = **Euonymus**

Mascagnia (Bertero ex DC.) Bertero 蝶翅藤属 Malpighiaceae [MD－343] 特征纪要:习性:木本。花程式:K5,C5,A10,=G2－3。其他特征参考科。全球 5 个大洲分布及种数(48－174)非洲:2; 亚洲:6; 大洋洲:2; 北美洲:49; 南美洲:135。

Mascalomthus Schultz ex Léman = **Maschalanthus**

Mascarenhasia A. DC. 马氏夹竹桃属 Apocynaceae [MD－492] 特征纪要:习性:木本。花程式:K5－∞,C0,A15,=↓G2－5。其他特征参考科。全球 5 个大洲分布及种数(8－69)非洲:45; 亚洲:2; 欧洲:4; 北美洲:4; 南美洲:2。

Maschalanthus (DC.) Nutt. 腋苞藓科属 Pterigynandraceae [B－175] 特征纪要:－。分布:－。

Maschalocarpus Spreng. ex Juss. 腋苞藓属 Pterigynandraceae [B－175] 特征纪要:－。全球 1 个大洲分布及种数(－)。

Maschalocephalus Gilg & K. Schum. 禾蔺花属 Rapateaceae [MM－713] 特征纪要:习性:草本。花程式:(K)3,C0 参考科,A6,(G)3。其他特征参考科。全球 1 个大洲分布及种数(1)◆非洲。

Maschalodesme K. Schum. & Lauterb. 豺咖啡属 Rubiaceae [MD－523] 特征纪要:习性:木本。花程式:参考科,C3 参考科,A3 参考科,↓(G)2－9 参考科。其他特征参考科。全球 3 个大洲分布及种数(2－4)非洲:2; 亚洲:2; 大洋洲:1。

Maschalosorus Bosch = **Trichomanes**

Maschalostachys Löuille & Roqü 空链菊属 Asteraceae [MD－586] 特征纪要:习性:草本。花程式:(K)3－5,(C)3－5,A3－5,↓G。其他特征参考科。全球 1 个大洲分布及种数(2)◆南美洲:2。

Masdevallia Ruiz & Pav. 尾萼兰属 Orchidaceae [MM－723] 特征纪要:习性:草本。花程式:(K)3,C3,A3,=↓G3。其他特征参考科。全球 6 个大洲分布及种数(597－724;hort. 1;cult. 17)非洲:1;亚洲:1－2;大洋洲:8－19;欧洲:3－4;北美洲:61－68;南美洲:559－646。

Masdevalliantha (Lür) Szlach. & Marg. 尾瓣兰萼属 Orchidaceae [MM－723] 特征纪要:习性:－。花程式:－。其

他特征参考科。全球 1 个大洲分布及种数(1)◆南美洲(◆厄瓜多尔)。

Masoala Jum. 多梗苞椰属 Arecaceae [MM - 717] 特征纪要:习性:木本。花程式:K3 - 10,C3 - 10,A3 - 10, = G3 - 10。其他特征参考科。全球 1 个大洲分布及种数(2)◆非洲(◆马达加斯加)。

Masonhalea <unassigned> 水蕨科属 Parkeriaceae [F - 36] 特征纪要: - 。全球 1 个大洲分布及种数(-)。

Massalongoa Steph. 薄地钱属 Aytoniaceae [B - 9] 特征纪要: - 。全球 1 个大洲分布及种数(cf. 1)◆亚洲。

Massangea E. Morr. = **Guzmania**

Massia Balansa 密鞭草属 Poaceae [MM - 748] 特征纪要:习性: - 。花程式: - 。其他特征参考科。全球 4 个大洲分布及种数(cf. 1)非洲;欧洲;北美洲;南美洲。

Massonia Thunb. ex Houtt. 白玉凤属 Asparagaceae [MM - 669] 特征纪要:习性:草本。花程式:(K)3,C0 参考科,A3 参考科, = G3。其他特征参考科。全球 6 个大洲分布及种数(27 - 81)非洲:71; 亚洲:8; 大洋洲:3; 欧洲:3; 北美洲:3; 南美洲:3。

Massovia Benth. & Hook. f. = **Spathiphyllum**

Massowia K. Koch = **Spathiphyllum**

Massula Dulac 叶苔科属 Typhaceae [MM - 736] 特征纪要: - 。全球 2 个大洲分布及种数(3)北美洲:1; 南美洲:1。

Massularia Schljakov 叶苔科属 Rubiaceae [MD - 523] 特征纪要: - 。全球 3 个大洲分布及种数(2 - 4)非洲:2; 北美洲:1; 南美洲:1。

Mastersia Benth. 闭荚藤属 Fabaceae3 [MD - 240] 特征纪要:习性:木本。花程式: - 。物候: - 。海拔:900 米。生境:雨林砂岩。资源: - 。全球 2 个大洲分布及种数(2 - 6)亚洲:3; 南美洲:1。【中国种数:1】。

Mastersiella Gilg - Ben. 锥序灯草属 Restionaceae [MM - 744] 特征纪要:习性:草本。花程式: - 。其他特征参考科。全球 1 个大洲分布及种数(3)◆非洲。

Mastigobryum (Nees) Nees 鞭苔属 Lepidoziaceae [B - 63] 特征纪要:习性: - 。【Rep】:裂瓣披针形或指形。物候: - 。海拔: - 。生境:常见于高山林下腐殖质,土生。资源: - 。全球 6 个大洲分布及种数(280)非洲:17; 亚洲:84; 大洋洲:82; 欧洲:3; 北美洲:3; 南美洲:45。

Mastigolejeunea (Spruce) Schiffn. 鞭鳞苔属 Lejeuneaceae [B - 84] 特征纪要:习性: - 。【Rep】:褐绿色,稀疏分枝或不规则羽状分枝。物候: - 。海拔: - 。生境:山坡,针阔混交林中。资源: - 。全球 6 个大洲分布及种数(67)非洲:15; 亚洲:25; 大洋洲:21; 欧洲:5; 北美洲:5; 南美洲:8。【中国种数:4】。

Mastigopelma Mitt. 印度指叶苔属 Lepidoziaceae [B - 63] 特征纪要:习性: - 。【Rep】:裂瓣披针形或指形。其他特征参考科。全球 6 个大洲分布及种数(2)非洲:3;亚洲:1 - 4;大洋洲:3;欧洲:3;北美洲:3;南美洲:3。

Mastigophora Nees 须苔属 Mastigophoraceae [B - 68] 特征纪要:习性: - 。【Rep】:雌雄异株,蒴萼生于短侧枝先端,上部有褶,口部有齿,雄苞着生短侧枝上,雄苞叶先端 2 - 3 裂,孢蒴球形。其他特征参考科。全球 6 个大洲分布及种数(6)非洲:2 - 9;亚洲:4 - 11;大洋洲:4 - 11;欧洲:1 - 8;北美洲:2 - 9;南美洲:2 - 9。【中国种数:4】。

Mastigophoraceae R. M. Schust. [B - 68] 须苔科 特征纪要:细小或中形,有时透明,浅黄绿色或鲜绿色,老时呈黄褐色。【Rep】:老时呈黄褐色。全球 2 个大洲分布和属种数(2/6 - 14)亚洲(1/4);大洋洲(2/5 - 12)。【中国属种数:1/4】。

Mastigopsis (Sande Lac. ex Stephani) Lacout. 指叶苔科属 Lepidoziaceae [B - 63] 特征纪要: - 。全球 2 个大洲分布及种数(4)亚洲:2; 南美洲:3。

Mastigosciadium Rech. f. & Kuber 阿富汗伞芹属 Apiaceae [MD - 480] 特征纪要:习性:草本。花程式: = ↓(Kn),C5,A5, = ↓(G)2。其他特征参考科。全球 1 个大洲分布及种数(1)◆亚洲(◆阿富汗)。

Mastigostyla I. M. Johnst. 鞭柱鸢尾属 Iridaceae [MM - 700] 特征纪要:习性:草本。花程式:(K)3,C3,A10, = ↓G3。其他特征参考科。全球 3 个大洲分布及种数(27 - 40)大洋洲:3; 北美洲:5; 南美洲:38。

Mastixia Bl. 单室茱萸属 Mastixiaceae [MD - 458] 特征纪要(同科)。全球 3 个大洲分布及种数(35 - 86)非洲:5; 亚洲:74; 大洋洲:6。【中国种数:7】。

Mastixiaceae Calest. [MD - 458] 单室茱萸科 特征纪要:习性:木本;落叶。花程式:(K)6 - ,C5,A3,↓(G)1。物候: - 。花期:5 - 6 月。果期:10 月。果实:核果。种子:种皮膜质,纵折。海拔:1300 - 1400 米。生境:林中,杂木林或密林中。资源: - 。栽培: - 。全球 2 个大洲分布及属种数(1/1 < IFR 2/8 > hort. 1) 非洲:IFR 1/1; 亚洲:1/11 - 22(IFR 2/7)。

Mastixiodendron Melch. 茱萸茜属 Rubiaceae [MD - 523] 特征纪要:习性:木本。花程式:(K)4 - 5,(C)4 - 5,A4 - 5, = ↓G2 - 9。其他特征参考科。全球 3 个大洲分布及种数(7 - 34)非洲:5; 亚洲:6; 大洋洲:11。

Mastopoma Cardot 雪锦藓属 Sematophyllaceae [B - 192] 特征纪要:习性: - 。【Rep】:雌雄异苞同株或雌雄异株,稀雌雄混生同苞,雌雄杂株或叶生(雄苞)异株,雄苞芽状。物候: - 。海拔: - 。生境:常见于竹上,岩石上。资源: - 。全球 3 个大洲分布及种数(16)亚洲:15;大洋洲:4;南美洲:1。【中国种数:1】。

Mastranzo Loefl. = **Marrubium**

Matamoria La Llave = **Pseudelephantopus**

Mataxa Spreng. 菊科属 Asteraceae [MD - 586] 特征纪要:习性: - 。花程式: - 。其他特征参考科。全球 1 个大洲分布及种数(-)。

Matayba Aubl. 红鹦果属 Sapindaceae [MD - 428] 特征纪要:习性:木本。花程式:K4 - 8,C4 - 8,A10, = G2 - 3。其他特征参考科。全球 6 个大洲分布及种数(52 - 59;hort. 4;cult. 4)非洲:4;亚洲:3 - 7;大洋洲:3 - 7;欧洲:4;北美洲:15 - 20;南美洲:44 - 51。【中国种数:3】。

Mateatia Vell. = **Sterculia**

Matelea Aubl. 番萝藦属 Apocynaceae［MD－492］特征纪要：习性：木本。花程式：K5，C0，A15，=↓G2。物候：－。海拔：－。生境：－。资源：具园艺种类。全球 6 个大洲分布及种数(264－455)非洲：12；亚洲：28；大洋洲：10；欧洲：225；北美洲：225；南美洲：405。【中国种数：3】。

Mathewsia Hook. & Arn. 马修芥属 Brassicaceae［MD－213］特征纪要：习性：草本。花程式：K2－4，C2－4，A2－4，=G2。其他特征参考科。全球 1 个大洲分布及种数(10)◆南美洲。

Mathiasella Constance & C. L. Hitchc. 马赛厄斯草属 Apiaceae［MD－480］特征纪要：习性：草本。花程式：=↓(K5)，C5，A5，=↓(G)2。其他特征参考科。全球 1 个大洲分布及种数(1)◆北美洲(◆墨西哥)。

Mathieua Klotzsch 偏钟石蒜属 Amaryllidaceae［MM－694］特征纪要：习性：草本。花程式：－。其他特征参考科。全球 1 个大洲分布及种数(1)◆南美洲。

Mathurina Balf. f. 蛛花桐属 Passifloraceae［MD－151］特征纪要：习性：木本。花程式：Kn，C5 参考科，A5，=↓(G)3。其他特征参考科。全球 2 个大洲分布及种数(1－2)非洲：2；北美洲：2。

Matisia Bonpl. 无隔囊木棉属 Malvaceae［MD－203］特征纪要：习性：木本。花程式：K5，C5，A10－8，=G2－5。其他特征参考科。全球 5 个大洲分布及种数(61－81)非洲：2；亚洲：2；欧洲：15；北美洲：15；南美洲：81。

Matoniaceae C. Presl ＝ Gymnogrammitidaceae

Matrella Pers. ＝ **Zoysia**

Matricaria L. 母菊属 Asteraceae［MD－586］特征纪要：习性：草本。花程式：(K)3－5，C3－5，A3 参考科，=↓G2。物候：－。海拔：1800－3300 米。生境：河谷旷野，田边，路边，宅旁。资源：药用，具栽培园艺种类。全球 6 个大洲分布及种数(21－54；hort. 1；cult. 4)非洲：6－11；亚洲：15－23；大洋洲：4－9；欧洲：9－14；北美洲：6－12；南美洲：1－7。【中国种数：3】。

Matsumuraea S. Okamura ＝ **Duthiella**

Matsumurella Makino 小野芝麻属 Lamiaceae［MD－575］特征纪要：习性：草本。花程式：K2，C0，A2，=↓G2。物候：－。花期：4 月。果期：参考晚于花期。海拔：5400 米。生境：森林，山坡。资源：－。全球 1 个大洲分布及种数(cf. 1)◆亚洲(◆中国)。【中国种数：1】。

Matsumuria Hemsl. ＝ **Titanotrichum**

Matteria Goffinet 南美木灵藓属 Orthotrichaceae［B－151］特征纪要：习性：－。【Rep】：常暗绿色或棕褐色，雌雄异株或同株，稀杂株，雌苞叶不分化，无明显鞘部，蒴柄长，黄色，孢蒴狭长卵形，口蒴，具明显纵褶及纵沟。其他特征参考科。全球 3 个大洲分布及种数(8)亚洲：2；北美洲：2；南美洲：7。

Matteuccia Willd. 荚果蕨属 Onocleaceae［F－45］特征纪要：习性：－。【Rep】：孢子囊群 球圆形，着生于由小脉顶端形成的囊托上，无隔丝。囊群盖或有或无。物候：－。海拔：1500－3300 米。生境：林下，针阔混交林水渠边。资源：－。全球 6 个大洲分布及种数(4)非洲：1；亚洲：3－5；大洋洲：1；欧洲：1－2；北美洲：1－2；南美洲：1。

Mattfeldanthus H. Rob. & R. M. King 尾药斑鸠菊属 Asteraceae［MD－586］特征纪要：习性：草本。花程式：(K)3－5，C3－5，A3－5，=↓(G)2)。其他特征参考科。全球 1 个大洲分布及种数(3)◆南美洲(◆巴西)。

Mattfeldia Urb. 三脉藤菊属 Asteraceae［MD－586］特征纪要：习性：草本。花程式：(K)3－5，C3－5，A3－5，=↓(G)2。其他特征参考科。全球 1 个大洲分布及种数(1)◆北美洲(◆海地)。

Matthaea Bl. 北榕桂属 Monimiaceae［MD－20］特征纪要：习性：木本。花程式：K1－∞，C0，A10－150，G1－3。其他特征参考科。全球 2 个大洲分布及种数(7－14)非洲：2；亚洲：14。

Matthiola W. T. Aiton 紫罗兰属 Brassicaceae［MD－213］特征纪要和分布(－)。全球 6 个大洲分布及种数(66－72；hort. 1；cult. 6)非洲：23－31；亚洲：47－57；大洋洲：6－14；欧洲：16－24；北美洲：5－13；南美洲：1－9。【中国种数：12】。

Mattiastrum (Boiss.) Brand 盘果草属 Boraginaceae［MD－517］特征纪要：习性：草本(基生)。花程式：(K－)，C5，A5，↓G－4。物候：－。花期：7－8 月。果期：参考晚于花期。海拔：5700 米。生境：砾石山坡。资源：－。全球 5 个大洲分布及种数(37－62)非洲：3；亚洲：60；欧洲：3；北美洲：3；南美洲：3。

Matucana Britton & Rose 山仙玉属 Cactaceae［MD－100］特征纪要：习性：木本。花程式：=↓(K1－∞)，C1－∞，A3－100，=↓G3－100－。其他特征参考科。全球 2 个大洲分布及种数(28－77)北美洲：4；南美洲：63。

Matudacalamus Maekawa ＝ **Aulonemia**

Matudaea Lundell 蚊母桂属 Hamamelidaceae［MD－63］特征纪要：习性：木本。花程式：－。其他特征参考科。全球 3 个大洲分布及种数(3－6)欧洲：5；北美洲：5；南美洲：3。

Matudanthus D. R. Hunt 紫竹梅属 Commelinaceae［MM－708］特征纪要：习性：草本。花程式：(K)3，C3，A2－3，G3－ 参考科)。其他特征参考科。全球 2 个大洲分布及种数(1)大洋洲；北美洲。

Matudina R. M. King & H. Rob. ＝ **Eupatoriastrum**

Maughaniella L. Bolus 妖奇玉属 Aizoaceae［MD－94］特征纪要：习性：－。花程式：－。其他特征参考科。全球 2 个大洲分布及种数(11)非洲：2；亚洲：4。

Mauloutchia Warb. 饰果楠属 Myristicaceae［MD－15］特征纪要：习性：木本。花程式：K2－3，C0，A5，=G1。其他特征参考科。全球 1 个大洲分布及种数(6－9)◆非洲(◆马达加斯加)。

Maundia F. Müll. 花香蒲属 Maundiaceae［MM－608］特征纪要(同科)。全球 1 个大洲分布及种数(1)◆大洋洲。

Maundiaceae Nakai［MM－608］花香蒲科 特征纪要：习性：草本；落叶。花程式：K2，C2，A，↑G－。物候：－。果实：蒴果。种子：棕色。海拔：－。生境：－。资源：－。栽培：－。全球 1 个大洲分布和属种数. －◆大洋洲。

Maurandella (A. Gray) Rothm. 小蔓桐花属 Plantaginaceae［MD－527］特征纪要：习性：草本。花程式：Kn，C0，A3 参考科，↓G2。其他特征参考科。全球 2 个大洲分布及种数(1－4)北美洲：2；南美洲：1。

Maurandya Ortega 蔓桐花属 Scrophulariaceae［MD－536］特征纪要：习性：草本。花程式：K2－4，C0，A2－4，＝↓G2－3。其他特征参考科。全球6个大洲分布及种数(11)非洲：1；亚洲：1；大洋洲：3－4；欧洲：1－2；北美洲：10－11；南美洲：5－6。

Mauranthemum Vogt & Oberpr. 白晶菊属 Asteraceae［MD－586］特征纪要：习性：草本。花程式：(K)3－5，(C)3－5，A3－5，＝↓G2。其他特征参考科。全球6个大洲分布及种数(5－9)非洲：7；亚洲：4；大洋洲：3；欧洲：3；北美洲：3；南美洲：3。【中国种数：1】。

Mauria Kunth 黑心漆属 Anacardiaceae［MD－432］特征纪要：习性：木本。花程式：K5，C5，A10，＝G1－3。其他特征参考科。全球4个大洲分布及种数(15－40)非洲：4；亚洲：3；北美洲：8；南美洲：37。

Mauritia L. f. 湿地棕属 Arecaceae［MM－717］特征纪要：木本。花程式：K3－10，C3－10，A3－10，＝G3－10。其他特征参考科。全球6个大洲分布及种数(4－5)非洲：3；亚洲：3；大洋洲：3；欧洲：1－4；北美洲：1－4；南美洲：3－7。

Mauritiella Burret 南美棕属 Arecaceae［MM－717］特征纪要：习性：木本。花程式：K3－10，C3－10，A3－10，＝G3－10。其他特征参考科。全球3个大洲分布及种数(5－23)非洲：2；亚洲：3；南美洲：23。【中国种数：1】。

Maxburretia Furtado 隐药棕属 Arecaceae［MM－717］特征纪要：习性：木本。花程式：K3－10，C3－10，A3－10，＝G3－10。其他特征参考科。全球1个大洲分布及种数(2－3)◆亚洲。

Maxillaria Ruiz & Pav. 腭唇兰属 Orchidaceae［MM－723］特征纪要：习性：草本。花程式：(K)3，C3，A3，＝↓G3。物候：－。花期：参考早于果期。果期：10－11月。海拔：80－5200米。生境：栽培(来自广西龙州)。资源：具栽培园艺种类。全球6个大洲分布及种数(656－760；hort. 1；cult. 3)非洲：16－25；亚洲：14－18；大洋洲：5－10；欧洲：3；北美洲：227－239；南美洲：555－633。【中国种数：6】。

Maxillariella M. A. Blanco & Carnevali 小腭唇兰属 Orchidaceae［MM－723］特征纪要：习性：－。花程式：－。其他特征参考科。全球4个大洲分布及种数(44)非洲：5；亚洲：cf. 1；北美洲：23；南美洲：37。

Maxonia C. Chr. 宿盖汝蕨属 Dryopteridaceae［F－49］特征纪要：习性：－。【Rep】：孢子囊单生叶背。其他特征参考科。全球6个大洲分布及种数(2－3；hort. 1)非洲：4；亚洲：4；大洋洲：4；欧洲：4；北美洲：1－5；南美洲：1－5。【中国种数：1】。

Maxwellia Baill. 马梧桐属 Malvaceae［MD－203］特征纪要：习性：木本。花程式：－。其他特征参考科。全球1个大洲分布及种数(1)◆大洋洲。

Mayaca Aubl. 花水藓属 Mayacaceae［MM－714］特征纪要(同科)。全球6个大洲分布及种数(6－9)非洲：4；亚洲：2－5；大洋洲：1－4；欧洲：3；北美洲：3－6；南美洲：5－8。

Mayacaceae Kunth［MM－714］花水藓科 特征纪要：习性：草本；落叶。花程式：(K)6－，C3，A3，↑G3。物候：－。果实：蒴果。种子：－。海拔：－。生境：－。资源：－。栽培：－。全球5个大洲分布及属种数(2/7－10 hort. 1；cult. 1) 非洲：2/2－3；亚洲：2/4；大洋洲：2/3；北美洲：2/5；南美洲：2/7。

Mayanaea Lundell 瘤果堇属 Violaceae［MD－126］特征纪要：习性：－。花程式：－。其他特征参考科。全球1个大洲分布及种数(cf. 1)◆北美洲。

Mayariochloa Salariato, Morrone & Zuloaga 北美堇草属 Poaceae［MM－748］特征纪要：习性：草本。花程式：(K－)，C0参考科，A3参考科，↓G－参考科。其他特征参考科。全球1个大洲分布及种数(1)◆北美洲(◆古巴)。

Maycockia A. DC. ＝ **Condylocarpon**

Mayna Aubl. 美猴木属 Achariaceae［MD－159］特征纪要：习性：木本。花程式：－。其他特征参考科。全球6个大洲分布及种数(6－40)非洲：3；亚洲：7；大洋洲：2；欧洲：5；北美洲：5；南美洲：34。【中国种数：2】。

Mayodendron Kurz 火烧花属 Bignoniaceae［MD－541］特征纪要：习性：木本。花程式：(K－)，(C)5参考科，A3参考科，↓G2。物候：－。花期：2－5月。果期：参考晚于花期。海拔：100－1900米。生境：山坡与森林，生于干热河谷，低山丛林。资源：具园艺种类。全球1个大洲分布及种数(cf. 1)◆亚洲。【中国种数：1】。

Mays Mill. ＝ **zea**

Maytenus Molina 牛杞木属 Celastraceae［MD－339］特征纪要：习性：木质攀援。花程式：－。物候：－。花期：5－9月。果期：参考晚于花期。海拔：500－1100米。生境：森林。资源：药用，具栽培园艺种类。全球6个大洲分布及种数(221－278；hort. 1；cult. 5)非洲：46－71；亚洲：42－67；大洋洲：17－39；欧洲：7－29；北美洲：53－105；南美洲：139－176。【中国种数：5】。

Mayzea Raf. ＝ **zea**

Mazaea Krug & Urb. 马萨茜属 Rubiaceae［MD－523］特征纪要：习性：木本。花程式：(K)4－5，(C)4－5，A4－5，＝↓G2－9。其他特征参考科。全球6个大洲分布及种数3个非洲：2；亚洲：1－3；大洋洲：2；欧洲：2；北美洲：2－4；南美洲：2。

Mazosia <unassigned> 扭叶苔科属 Riellaceae［B－5］特征纪要：－。全球3个大洲分布及种数(20)亚洲：4；北美洲：17；南美洲：15。

Mazus Lour. 通泉草属 Scrophulariaceae［MD－536］特征纪要：习性：草本(根状茎，基生，多肉)。花程式：Kn，C2－3参考科，A4，↓G－。物候：－。海拔：100－800米。生境：草地。资源：具栽培园艺种类。全球6个大洲分布及种数(37－49；hort. 1；cult. 5)非洲：1－7；亚洲：36－45；大洋洲：2－12；欧洲：2－7；北美洲：5－10；南美洲：5。【中国种数：25】。

Mcdadea E. A. Tripp & I. Darbysh. 菊属 Asteraceae［MD－586］特征纪要：习性：－。花程式：－。其他特征参考科。全球1个大洲分布及种数(1)◆非洲：1。

Mcneillia Dillenb. & Kadereit 禾叶漆姑属 Caryophyllaceae［MD－77］特征纪要：习性：草本。花程式：K5－多脉，

C2 - 3 参考科,A10,G - 。其他特征参考科。全球 1 个大洲分布及种数(5)◆欧洲:5。

Mcvaughia W. R. Anderson 麦克木属 Malpighiaceae [MD - 343] 特征纪要:习性:木本。花程式:K5,C5,A10, = G2 -3。其他特征参考科。全球 1 个大洲分布及种数(2)◆南美洲(◆巴西)。

Meborea Aubl. = **Phyllanthus**

Mecardonia Ruiz & Pav. 伏胁花属 Scrophulariaceae [MD - 536] 特征纪要:习性:草本。花程式:K2 - 4,C0,A2 - 4, = ↓G2 - 3。物候:-。海拔:-。生境:-。资源:具园艺种类。全球 6 个大洲分布及种数(14;hort. 1)非洲:8;亚洲:2 - 10;大洋洲:1 - 9;欧洲:2 - 10;北美洲:5 - 13;南美洲:10 - 18。【中国种数:1】。

Mechowia Schinz 八宝苋属 Amaranthaceae [MD - 116] 特征纪要:习性:草本。花程式:K1 - 2,C0,A1 - 2, = (G)2 -3。其他特征参考科。全球 1 个大洲分布及种数(1 - 2)◆非洲。

Meckelia (A. Juss.) Griseb. 金虎尾科属 Malpighiaceae [MD - 343] 特征纪要:习性:-。花程式:-。其他特征参考科。全球 1 个大洲分布及种数(-)。

Mecodium (Copel.) C. Presl ex Copel. 蕗蕨属 Hymenophyllaceae [F - 21] 特征纪要:习性:-。【Rep】:孢子囊群生于可从各小脉伸出的囊群托的顶端。物候:-。海拔:1200 - 2700 米。生境:中山湿性常绿阔叶林。资源:-。全球 6 个大洲分布及种数(20 - 44)非洲:29;亚洲:14 - 44;大洋洲:4 - 33;欧洲:29;北美洲:1 - 30;南美洲:29。

Mecomischus Coss. ex Benth. & Hook. f. 星毛菊属 Asteraceae [MD - 586] 特征纪要:习性:草本。花程式:(K)3 - 5,(C)3 - 5,A3 - 5, = ↓G2。其他特征参考科。全球 1 个大洲分布及种数(2)◆非洲。

Meconella Nutt. 仙罂粟属 Papaveraceae [MD - 54] 特征纪要:习性:草本。花程式:K1 - ∞,C4,A4 - 6, = G2 - 100。其他特征参考科。全球 4 个大洲分布及种数(3 - 41)非洲:3; 亚洲:9; 北美洲:35; 南美洲:22。【中国种数:1】。

Meconopsis Vig. 绿绒蒿属 Papaveraceae [MD - 54] 特征纪要:习性:草本(基生,多肉)。花程式:-。物候:-。花期:6 - 8 月。果期:参考晚于花期。海拔:1400 - 2700 米。生境:草地,开放灌木丛。资源:具栽培园艺种类。全球 6 个大洲分布及种数(61 - 79;hort. 1;cult. 9)非洲:8;亚洲:60 - 82;大洋洲:8;欧洲:8;北美洲:12 - 20;南美洲:8。【中国种数:2】。

Mecopus Benn. 长柄荚属 Fabaceae3 [MD - 240] 特征纪要:习性:木本。花程式:(K -),C2 - 3 参考科,A9 + 1 二体, = ↓G -。物候:-。花期:9 月。果期:参考晚于花期。海拔:100 - 1000 米。生境:灌木丛,生于向阳山坡草地或灌丛中。资源:具园艺种类。全球 1 个大洲分布及种数(cf. 1)◆亚洲。【中国种数:1】。

Mecosorus Klotzsch = **Microgramma**

Mecranium Hook. f. 麦克野牡丹属 Melastomataceae [MD - 364] 特征纪要:习性:-。花程式:-。其他特征参考科。全球 4 个大洲分布及种数(36)亚洲:4; 大洋洲:2; 北美洲:31; 南美洲:5。

Medea Klotzsch = **Croton**

Medemia Würt. ex H. Wendl. 阔叶棕属 Arecaceae [MM - 717] 特征纪要:习性:木本。花程式:K3 - 10,C3 - 10,A3 - 10, = G3 - 10。其他特征参考科。全球 3 个大洲分布及种数(1 - 5)非洲:4; 亚洲:2; 南美洲:2。

Medeola Gronov. ex L. 巫女花属 Medeolaceae [MM - 634] 特征纪要(同科)。全球 6 个大洲分布及种数(1 - 9)非洲:5; 亚洲:3; 大洋洲:4; 欧洲:7; 北美洲:7; 南美洲:5。【中国种数:1】。

Medeolaceae Takht. [MM - 634] 美地科 特征纪要:习性:草本;落叶。花程式:(K)6 -,C2,A4,↑G -。物候:-。果实:浆果。种子:棕. 海拔:-。生境:-。资源:-。栽培:-。全球 1 个大洲分布及属种数(1/1 hort. 1)◆北美洲:1/ 1 - 3。

Mediasia Pimenov 西风芹属 Apiaceae [MD - 480] 特征纪要:习性:草本。花程式: = ↓(Kn),C5,A3 参考科, = ↓G(-)。其他特征参考科。全球 1 个大洲分布及种数(2) ◆亚洲:1。

Medicago L. 青海苜蓿属 Fabaceae3 [MD - 240] 特征纪要:习性:木本。花程式:-。物候:-。花期:3 - 5 月。果期:参考晚于花期。海拔:2500 - 4000 米。生境:沟谷路边灌丛下。资源:具栽培园艺种类。全球 6 个大洲分布及种数(72 - 149;hort. 1;cult. 18)非洲:31 - 83;亚洲:64 - 124;大洋洲:22 - 58;欧洲:42 - 95;北美洲:27 - 71;南美洲:10 - 43。【中国种数:31】。

Medicosma Hook. f. 橘香木属 Rutaceae [MD - 399] 特征纪要:习性:木本。花程式:K4,C4,A4, = G1 - 3。其他特征参考科。全球 4 个大洲分布及种数(25 - 29)非洲:1; 亚洲:2; 大洋洲:29; 北美洲:2。

Medinilla Gaud. ex DC. 酸脚杆属 Melastomataceae [MD - 364] 特征纪要:习性:木质攀援。花程式:-。物候:-。花期:6 - 7 月。果期:参考晚于花期。海拔:400 - 500 米。生境:岩上,林下,沟谷。资源:具栽培园艺种类。全球 6 个大洲分布及种数(388 - 655)非洲:208; 亚洲:437; 大洋洲:144; 欧洲:13; 北美洲:13; 南美洲:28。【中国种数:16】。

Mediocalcar J. J. Sm. 金铃兰属 Orchidaceae [MM - 723] 特征纪要:习性:草本。花程式:(K)3,C3,A3, = ↓G3。物候:-。海拔:-。生境:-。资源:具园艺种类。全球6 个大洲分布及种数(21 - 65)非洲:51; 亚洲:22; 大洋洲:60; 欧洲:3; 北美洲:3; 南美洲:1。【中国种数:2】。

Mediusella (Cavaco) Hutch. 玉杯花属 Sarcolaenaceae [MD - 153] 特征纪要:习性:木本。花程式:-。其他特征参考科。全球 1 个大洲分布及种数(2)◆非洲(◆马达加斯加)。

Medranoa Urbatsch & R. P. Roberts 多枝木黄花属 Asteraceae [MD - 586] 特征纪要:习性:草本。花程式:(K)3 - 5,(C)3 - 5,A3 - 5,↓G。其他特征参考科。全球 2 个大洲分布及种数(5 - 6)北美洲:5; 南美洲:2。

Medusagynaceae Engl. & Gilg [MD - 103] 水母柱科 特征纪要:习性:木本;落叶。花程式:K5,C5,A5,↑G17 - 25。物候:-。果实:蒴果。种子:-。海拔:-。生境:-。资源:-。栽培:-。全球 1 个大洲分布及属种数(1/1 -2) ◆欧洲:1/ 1。

Medusagyne Baker 水母树属 Medusagynaceae [MD – 103] 特征纪要(同科)。全球 2 个大洲分布及种数(1 – 2)非洲:2; 亚洲:1。

Medusandra Brenan 茴芹属 Medusandraceae [MD – 361] 特征纪要(同科)。全球 1 个大洲分布及种数(2)◆非洲(◆喀麦隆)。

Medusandraceae Brenan [MD – 361] 毛丝花科 特征纪要:习性:木本;落叶。花程式:(K)6 – ,C5,A10,↓(G) – 。物候: – 。果实: – 。种子: – 。海拔: – 。生境: – 。资源: – 。栽培: – 。全球 1 个大洲分布及属种数(3/10 – 11 hort. 1) ◆非洲:2/ 8 – 9。

Medusantha Harley & J. F. B. Pastore 蛇丝芩属 Lamiaceae [MD – 575] 特征纪要:习性:草本。花程式:K2,C0,A2, = ↓ G2。其他特征参考科。全球 2 个大洲分布及种数(8)亚洲:cf. 1;南美洲:8。

Medusanthera Seem. 蛇丝木属 Stemonuraceae [MD – 440] 特征纪要:习性:木本。花程式:K3 – 4,C3 – 4,A2, = (G)2 – 3。其他特征参考科。全球 6 个大洲分布及种数(8 – 18)非洲:6; 亚洲:11; 大洋洲:13; 欧洲:2; 北美洲:2; 南美洲:1。【中国种数:1】。

Medusather (Griseb.) Candargy = **Hordelymus**

Medusea Haw. = **Euphorbia**

Medusogyna P. & K. = **Medusagyne**

Meeboldia H. Wolff 蓍叶滇芹属 Apiaceae [MD – 480] 特征纪要和分布(–)。全球 1 个大洲分布及种数(2 – 3)◆亚洲。【中国种数:1】。

Meeboldina Süss. 毛薄果草属 Restionaceae [MM – 744] 特征纪要:习性: – 。花程式: – 。其他特征参考科。全球 2 个大洲分布及种数(13)非洲:2; 大洋洲:12。

Meehania Britton 龙头草属 Lamiaceae [MD – 575] 特征纪要:习性:草质攀援(基生,多肉)。花程式:(K –),C2 – 3 参考科,A3 参考科,↓G。物候: – 。花期:7 – 9 月。果期:参考晚于花期。海拔:1900 – 3500 米。生境:常绿阔叶林和混交林,阴区。资源:药用,具栽培园艺种类。全球 4 个大洲分布及种数(14 – 25)非洲:2; 亚洲:21; 欧洲:4; 北美洲:4。【中国种数:7】。

Meesia Hedw. 赛金莲木属 Meesiaceae [B – 144] 特征纪要:习性: – 。花程式: – 。物候: – 。海拔:900 米。生境:土生。全球 6 个大洲分布及种数(13)非洲:1;亚洲:3;大洋洲:8;欧洲:5;北美洲:4;南美洲:5。【中国种数:2】。

Meesiaceae Schimp. [B – 144] 寒藓科 特征纪要:形粗大,硬挺,绿色或暗绿色,常成片生长。【Rep】:雌雄异株,内雌苞叶具高鞘部,上部突狭窄成细长尖。全球 6 个大洲分布和属种数(6/18)亚洲:3/5;大洋洲:1/8;欧洲:5/9;北美洲:3/6;南美洲:3/7。【中国属种数:5/9】。

Megacarpaea DC. 高河菜属 Brassicaceae [MD – 213] 特征纪要:习性:草本(基生,多肉)。花程式:Kn,C2 – 3 参考科,A4,G – 。物候: – 。花期:5 – 8 月。果期:参考晚于花期。海拔:3000 – 4600 米。生境:杜鹃花灌丛中。资源:药用,具栽培园艺种类。全球 4 个大洲分布及种数(9 – 20)非洲:2; 亚洲:12; 欧洲:2; 北美洲:2。【中国种数:4】。

Megaceros Campb. 大角苔属 Dendrocerotaceae [B – 95] 特征纪要:习性: – 。【Rep】:雌雄异株,孢蒴细长角状,无气孔,假弹丝具单列螺纹加厚,孢子单细胞,被细疣。其他特征参考科。全球 6 个大洲分布及种数(5 – 7)非洲:7;亚洲:1 – 8;大洋洲:3 – 11;欧洲:7;北美洲:7;南美洲:1 – 9。【中国种数:2】。

Megacodon (Hemsl.) Harry Sm. 大钟花属 Gentianaceae [MD – 496] 特征纪要:习性:草本。花程式: – 。物候: – 。海拔:3000 – 4400 米。生境:靠近溪流,草地,灌木丛和森林边缘。资源:药用,具栽培园艺种类。全球 2 个大洲分布及种数(3 – 6)亚洲:6; 北美洲:2。【中国种数:2】。

Megacorax S. González & W. L. Wagner 倚凤花属 Onagraceae [MD – 396] 特征纪要:习性:草本。花程式: – 。其他特征参考科。全球 1 个大洲分布及种数(1)◆北美洲(◆墨西哥)。

Megadenia Maxim. 双果荠属 Brassicaceae [MD – 213] 特征纪要:习性:草本(基生)。花程式:Kn,C2 – 3 参考科,A5,G – 。物候: – 。海拔:1000 – 4200 米。生境:岩下空隙处,针叶林下。资源: – 。全球 4 个大洲分布及种数(1 – 14)亚洲:4; 欧洲:2; 北美洲:2; 南美洲:11。【中国种数:1】。

Megahertzia A. S. George & B. Hyland 耳叶银桦属 Proteaceae [MD – 219] 特征纪要:习性:木本。花程式: – 。其他特征参考科。全球 1 个大洲分布及种数(1) ◆大洋洲。

Megalachne Steud. 岛羊茅属 Poaceae [MM – 748] 特征纪要:习性:草本。花程式:(K)3,C0 参考科,A1 – 2, = G2 – 3。其他特征参考科。全球 2 个大洲分布及种数(8)亚洲:2; 南美洲:7。

Megalangium Brid. = **Acidodontium**

Megalastrum Holttum 根茎肋毛蕨属 Dryopteridaceae [F – 49] 特征纪要:习性: – 。【Rep】:孢子同形,囊群生叶背有盖。物候: – 。海拔:400 – 2900 米。生境:常绿阔叶林,自然山坡地。资源: – 。全球 6 个大洲分布及种数(105 – 135)非洲:10; 亚洲:7; 大洋洲:4; 欧洲:47; 北美洲:47; 南美洲:100。【中国种数:2】。

Megalembidium R. M. Schust. 大叶苔属 Lepidoziaceae [B – 63] 特征纪要: – 。全球 2 个大洲分布及种数(2)亚洲:2; 大洋洲:2。

Megaleranthis Ohwi 大菟葵属 Ranunculaceae [MD – 38] 特征纪要:习性:草本。花程式: – 。其他特征参考科。全球 1 个大洲分布及种数(1)◆亚洲。

Megaliabum Rydb. = **Sinclairia**

Megalochlamys Lindau 大被爵床属 Acanthaceae [MD – 572] 特征纪要:习性:草本。花程式:K2 – 4,C0,A2 – 4, = ↓(G)2。其他特征参考科。全球 4 个大洲分布及种数(13 – 15)非洲:15; 亚洲:3; 北美洲:2; 南美洲:2。

Megalodonta Greene 鬼针草属 Asteraceae [MD – 586] 特征纪要:草本,落叶;花程式:(K)3 – 5,(C)3 – 5,A3 – 5,

G(-)。果实:瘦果。全球 6 个大洲分布及种数(1)非洲:3;亚洲:3;大洋洲:3;欧洲:3;北美洲:3;南美洲:3。

Megalonium (A. Berger) Kunkel 西班牙景天属 Crassulaceae [MD-229] 特征纪要:习性:-。花程式:-。其他特征参考科。全球 0 个大洲分布及种数(2)。

Megalopanax Ekman ex Harms = **Aralia**

Megaloprotachne C. E. Hubb. 红褐长毛草属 Poaceae [MM-748] 特征纪要:习性:-。花程式:-。其他特征参考科。全球 1 个大洲分布及种数(1)◆非洲。

Megalopus K. Schum. = **Psychotria**

Megalorchis H. Perrier 大兰属 Orchidaceae [MM-723] 特征纪要:习性:草本。花程式:(K)3,C3,A3,=↓(G)3。其他特征参考科。全球 3 个大洲分布及种数(1-5)非洲:5; 亚洲:1; 南美洲:4。

Megalospora G. Mey. 爵床科属 Acanthaceae [MD-572] 特征纪要和分布(-)。分布:-。

Megalostoma Leonard 爵床属 Acanthaceae [MD-572] 特征纪要:习性:-。花程式:-。其他特征参考科。全球 2 个大洲分布及种数(2)北美洲:1; 南美洲:1。

Megalostylis S. Moore = **Dalechampia**

Megalostylium Dozy & Molk. 锦叶藓属 Dicranaceae [B-128] 性状【Veg】;中形或形大,高 4-10 厘米,黄绿色或褐绿色,疏或密丛生。【Rep】:雌苞叶分化,基部鞘状,有毛尖。蒴柄长,均高出于雌苞叶。孢蒴直立或背曲,长圆柱形或长椭圆形,辐射对称。;雌雄异株。雄株矮小,附于假根上成假雌雄同株。雌苞叶形大,高鞘状,上部具细毛尖,与孢蒴等长或长于孢蒴。全球 1 个大洲分布及种数(-)◆亚洲。

Megalotus Garay 大耳兰属 Orchidaceae [MM-723] 特征纪要:习性:-。花程式:-。其他特征参考科。全球 2 个大洲分布及种数(9)亚洲:3; 南美洲:7。

Megaphrynium Milne-Redh. 巨柊叶属 Marantaceae [MM-740] 特征纪要:习性:草本。花程式:(K)3,C3,A3-4,=↓(G)3。物候:-。海拔:-。生境:-。资源:具园艺种类。全球 4 个大洲分布及种数(5-7)非洲:7; 亚洲:2; 北美洲:2; 南美洲:3。

Megapterium (Dunal) Spach 柳叶菜科属 Onagraceae [MD-396] 特征纪要:习性:-。花程式:-。其他特征参考科。全球 5 个大洲分布及种数(11)亚洲:2; 大洋洲:2; 欧洲:4; 北美洲:4; 南美洲:4。

Megasea Haw. = **Bergenia**

Megaskepasma Lindau 赤苞花属 Acanthaceae [MD-572] 特征纪要:习性:草本。花程式:K2-4,C0,A2-4,↓G。其他特征参考科。全球 4 个大洲分布及种数(1-2)非洲:1; 亚洲:2; 北美洲:2; 南美洲:2。

Megaspora <unassigned> 巨芽藓属 Sorapillaceae [B-212] 特征纪要和分布(-)。分布:-。

Megastachya P. Beauv. 巨穗芒属 Poaceae [MM-748] 特征纪要:习性:草本。花程式:(K)3,C0 参考科,A1-2,↓G-参考科。其他特征参考科。全球 6 个大洲分布及种数(3)非洲:2-13;亚洲:11;大洋洲:11;欧洲:11;北美洲:11;南美洲:11。

Megastigma Hook. f. 大柱头芸香属 Rutaceae [MD-399] 特征纪要:习性:木本。花程式:K4,C4,A4,=G1-3。其他特征参考科。全球 2 个大洲分布及种数(6-8)北美洲:8; 南美洲:2。

Megastylis (Schltr.) Schltr. 大柱兰属 Orchidaceae [MM-723] 特征纪要:习性:草本。花程式:(K)3,C3,A3,=↓G3。其他特征参考科。全球 1 个大洲分布及种数(7-8)◆大洋洲。

Megathyrsus (Pilg.) B. K. Simon & S. W. L. Jacobs 大序黍属 Poaceae [MM-748] 特征纪要:习性:草本。花程式:(K)3,C0 参考科,A1-2,=(G)2-3。其他特征参考科。全球 6 个大洲分布及种数(2-7)非洲:4; 亚洲:4; 大洋洲:3; 欧洲:3; 北美洲:3; 南美洲:2。【中国种数:1】。

Megatritheca Cristóbal 非洲梧桐木属 Malvaceae [MD-203] 特征纪要:习性:木本。花程式:-。其他特征参考科。全球 1 个大洲分布及种数(2)◆非洲。

Megema Lür 岩园兰属 Orchidaceae [MM-723] 特征纪要:习性:-。花程式:-。其他特征参考科。全球 2 个大洲分布及种数(6)北美洲:2; 南美洲:6。

Megista Fourr. = **Physalis**

Megistostegium Hochr. 大盖锦葵属 Malvaceae [MD-203] 特征纪要:习性:木本。花程式:K5-∞,C5-∞,A10-8,=(G)1-5。其他特征参考科。全球 2 个大洲分布及种数(3-8)非洲:6; 亚洲:3。

Megistostigma Hook. f. 大柱藤属 Euphorbiaceae [MD-217] 特征纪要:习性:木质攀援。花程式:-。物候:-。海拔:700-1000 米。生境:潮湿林中,山谷,灌丛。资源:-。全球 3 个大洲分布及种数(5-8)非洲:3; 亚洲:8; 南美洲:2。【中国种数:2】。

Megotigea Raf. = **Helicodiceros**

Megozipa (Le Conte) Rafinesque = **Utricularia**

Meiandra Markgr. = **Alloneuron**

Meibomia Heist. ex Fabr. 凹叶山蚂蝗属 Fabaceae3 [MD-240] 特征纪要:习性:-。花程式:-。物候:-。海拔:7500 米。生境:矮灌木丛或芦苇丛中,稀见于沿河岸疏林下,作为作物栽培。资源:具栽培园艺种类。全球 6 个大洲分布及种数(52-63)非洲:6-28;亚洲:12-35;大洋洲:10-32;欧洲:1-23;北美洲:18-42;南美洲:15-39。

Meineckia Baill. 丝梗木属 Phyllanthaceae [MD-222] 特征纪要:习性:木本。花程式:K1(1000),C0,A1-1000,G2-3。其他特征参考科。全球 5 个大洲分布及种数(39-55)非洲:40; 亚洲:10; 大洋洲:2; 北美洲:9; 南美洲:7。【中国种数:2】。

Meinungeria Fr. Müll. 茸叶苔属 Lepidoziaceae [B-63] 特征纪要:习性:-。【Rep】:裂瓣披针形或指形。其他特

征参考科。全球 1 个大洲分布及种数(1)◆非洲。

Meiocarpidium Engl. & Diels 毛桃木属 Annonaceae [MD-7] 特征纪要:习性:木本。花程式:K3-∞,C3,A2,=G10-100。其他特征参考科。全球 1 个大洲分布及种数(2)◆非洲。

Meiogyne Miq. 鹿茸木属 Annonaceae [MD-7] 特征纪要:习性:木本。花程式:-。物候:-。花期:7 月。果期:参考晚于花期。海拔:600 米。生境:山地林谷中。资源:-。全球 6 个大洲分布及种数(34-57)非洲:7; 亚洲:31; 大洋洲:21; 欧洲:3; 北美洲:3; 南美洲:6。【中国种数:1】。

Meioluma Baill. = **Micropholis**

Meionula Raf. = **Utricularia**

Meiostemon Exell & Stace 四蕊车木属 Combretaceae [MD-354] 特征纪要:习性:-。花程式:-。其他特征参考科。全球 1 个大洲分布及种数(2)◆非洲。

Meiotheciella B. C. Tan, W. B. Schofield & H. P. Ramsay 新喀锦藓属 Sematophyllaceae [B-192] 特征纪要:习性:-。【Rep】:雌雄同株或雌雄异株,稀雌雄杂株,蒴柄细长,下部平滑,上部具乳头突起,孢蒴小,垂倾或悬垂,长卵形或长圆,多暗色、绿色至金黄色。其他特征参考科。全球 1 个大洲分布及种数(1)◆大洋洲。

Meiotheciopsis Broth. 锦藓科属 Sematophyllaceae [B-192] 特征纪要:习性:-。【Rep】:雌雄同株或雌雄异株,稀雌雄杂株,蒴柄细长,下部平滑,上部具乳头突起,孢蒴小,垂倾或悬垂,长卵形或长圆,多暗色、绿色至金黄色。其他特征参考科。全球 2 个大洲分布及种数(2)非洲:1;亚洲:1。

Meiothecium Mitt. 野锦藓属 Sematophyllaceae [B-192] 特征纪要:习性:-。【Rep】:雌雄异苞同株或雌雄异株,稀雌雄混生同苞,雌雄杂株或叶生(雄苞)异株,雄苞芽状。物候:-。海拔:-。生境:常见于竹上,岩石上。资源:-。全球 6 个大洲分布及种数(37)非洲:9;亚洲:11;大洋洲:15;欧洲:2;北美洲:1;南美洲:6。【中国种数:3】。

Meiotrichum (G. L. Sm.) G. L. Merr. 北美金发藓属 Polytrichaceae [B-101] 特征纪要:习性:-。【Rep】:孢子同形,雌雄异株,稀雌雄同株,蒴柄细长,孢蒴长圆柱形,单生或多个簇生,蒴齿单层,齿片 32,棕红色,蒴盖圆锥形。其他特征参考科。全球 2 个大洲分布及种数(1)北美洲:1;南美洲:1。

Meiracyllium Rchb. f. 伏兰属 Orchidaceae [MM-723] 特征纪要:习性:草本。花程式:(K)3,C3,A3,=↓G3。其他特征参考科。全球 2 个大洲分布及种数(1-5)北美洲:3; 南美洲:2。

Meisneria (Bl.) DC. 野牡丹科属 Melastomataceae [MD-364] 特征纪要:习性:-。花程式:-。其他特征参考科。全球 1 个大洲分布及种数(-)。

Meistera Giseke 豆蔻属 Asteraceae [MD-586] 特征纪要:习性:-。花程式:-。物候:-。海拔:80-3800 米。生境:竹木林中。资源:-。全球 3 个大洲分布及种数(45-48)非洲:2; 亚洲:44; 大洋洲:2。

Melaleuca L. 白千层属 Myrtaceae [MD-347] 特征纪要:习性:木本。花程式:(K-),C2-3 参考科,A2-4,↓G-。物候:-。花期:参考早于果期。果期:4-6 月。海拔:100-2900 米。生境:来自广西龙州,平原路旁瘠土疏荫干燥。资源:药用,芳香油,行道树,防腐,具栽培园艺种类。全球 6 个大洲分布及种数(291-465;hort. 1;cult. 8)非洲:9-17;亚洲:20-31;大洋洲:285-445;欧洲:9-18;北美洲:24-51;南美洲:10-19。【中国种数:13】。

Melampodium L. 黑足菊属 Asteraceae [MD-586] 特征纪要:习性:草本。花程式:(K)3-5,(C)3-5,A3-5,=↓G2。物候:-。海拔:-。生境:-。资源:具园艺种类。全球 6 个大洲分布及种数(48-64)非洲:5;亚洲:6-11;大洋洲:5;欧洲:1-6;北美洲:46-61;南美洲:9-15。【中国种数:2】。

Melampyrum L. 山罗花属 Orobanchaceae [MD-552] 特征纪要:习性:草本(寄生)。花程式:-。物候:-。花期:6-8 月。果期:参考晚于花期。海拔:1200-3400 米。生境:半阴处路旁野生,山坡上。资源:药用。全球 5 个大洲分布及种数(51-146)非洲:9; 亚洲:64; 大洋洲:11; 欧洲:24; 北美洲:24。【中国种数:12】。

Melananthera Michx. = **Melanthera**

Melananthus Walp. 黑花茄属 Solanaceae [MD-503] 特征纪要:习性:草本。花程式:K3-4,C0,A3-4,=G2。其他特征参考科。全球 6 个大洲分布及种数(7-9)非洲:2;亚洲:2;大洋洲:2;欧洲:2;北美洲:2-5;南美洲:6-10。

Melanaspicilia <unassigned> 唐松叉属 Physenaceae [MD-169] 特征纪要:-。全球 1 个大洲分布及种数(1)◆南美洲:1。

Melancium Naudin 巴东南葫芦属 Cucurbitaceae [MD-205] 特征纪要:习性:-。花程式:-。其他特征参考科。全球 4 个大洲分布及种数(9)亚洲:2; 欧洲:5; 北美洲:5; 南美洲:9。

Melandrium Röhl. 女娄菜属 Caryophyllaceae [MD-77] 特征纪要:习性:-。花程式:-。物候:-。海拔:80-6000 米。生境:山坡上,中生。资源:-。全球 6 个大洲分布及种数(9-31;hort. 6;cult. 6)非洲:7;亚洲:8-18;大洋洲:7;欧洲:1-8;北美洲:2-9;南美洲:7。

Melandrum Blytt = **Melandrium**

Melandryum Rchb. = **Melandrium**

Melanium P. Br. = **Cuphea**

Melanocalyx <unassigned> 白发藓属 Leucobryaceae [B-129] 特征纪要:-。全球 2 个大洲分布及种数(1)欧洲:1; 北美洲:1。

Melanocarpum Hook. f. = **Pleuropetalum**

Melanocarya Turcz. = **Euonymus**

Melanocenchris Nees 黑黍草属 Poaceae [MM-748] 特征纪要:习性:草本。花程式:(K)3,C0 参考科,A1-2,=G2-3。其他特征参考科。全球 6 个大洲分布及种数(3-4)非洲:2-4;亚洲:2-5;大洋洲:2;欧洲:2;北美洲:2;南美洲:2。

Melanochyla Hook. f. 红毛漆属 Anacardiaceae［MD－432］特征纪要:习性:木本。花程式:K5,C5,A5－10,＝(G)1－3。其他特征参考科。全球2个大洲分布及种数(23－28)亚洲:28; 南美洲:2。

Melanodendron DC. 黑菀木属 Asteraceae［MD－586］特征纪要:习性:草本。花程式:Kn,C3参考科,A3－5,↓G。其他特征参考科。全球1个大洲分布及种数(1)◆非洲(◆圣赫勒拿)。

Melanolecia <unassigned> 黑大戟属 Euphorbiaceae［MD－217］特征纪要和分布(－)。分布:－。

Melanolepis Rchb. f. & Zoll. 墨鳞属 Euphorbiaceae［MD－217］特征纪要:习性:木质攀援。花程式:－。物候:－。海拔:100－400米。生境:山谷,河流和森林。资源:具园艺种类。全球6个大洲分布及种数(2－11)非洲:2; 亚洲:9; 大洋洲:2; 欧洲:2; 北美洲:2; 南美洲:2。【中国种数:1】。

Melanomma <unassigned> 菊科属 Asteraceae［MD－586］特征纪要和分布(－)。分布:－。

Melanophylla Baker 穗茱萸属 Melanophyllaceae［MD－464］特征纪要(同科)。全球2个大洲分布及种数(8－15)非洲:14; 南美洲:2。

Melanophyllaceae Takht. ex Airy－Shaw［MD－464］番茱萸科 特征纪要:习性:木本;落叶。花程式:K5,C5,A50－100,↑G17－25。物候:－。果实:－。种子:－。海拔:－。生境:－。资源:－。栽培:－。全球1个大洲分布及属种数(2/9)◆南美洲:1/4－5。

Melanopsidium Colla 巴西密茜属 Rubiaceae［MD－523］特征纪要:木本。花程式:(K)4－5,(C)4－5,A4－5,↓G。其他特征参考科。全球4个大洲分布及种数(1－5)非洲:3; 亚洲:3; 北美洲:3; 南美洲:5。【中国种数:1】。

Melanortocarya Selvi, Bigazzi, Hilger & Papini 天芥花属 Boraginaceae［MD－517］特征纪要:习性:草本。花程式:Kn,C0,A5,↓(G)2－4。其他特征参考科。全球2个大洲分布及种数(1) 亚洲:1,欧洲:1。

Melanosciadium H. Boiss. 紫伞芹属 Apiaceae［MD－480］特征纪要:习性:草本。花程式:Kn,C5,A3参考科,＝↓G(－)。物候:－。海拔:1400－1800米。生境:竹林中或林缘草地上。资源:药用。全球1个大洲分布及种数(3)亚洲:3。【中国种数:3】。

Melanoselinum Hoffm. 毒胡萝卜属 Apiaceae［MD－480］特征纪要:习性:－。花程式:－。其他特征参考科。全球1个大洲分布及种数(1)◆非洲。

Melanoseris Decne. 毛鳞菊属 Asteraceae［MD－586］特征纪要:习性:草本(具根状茎)。花程式:(K)3－5,C3－5,A3－5,↓G。物候:－。海拔:1500－3100米。生境:草地,岩石下,小路旁。栽培:来自广西龙州。资源:具栽培园艺种类。全球4个大洲分布及种数(30－51)亚洲:47; 欧洲:3; 北美洲:3; 南美洲:3。【中国种数:6】。

Melanospermum Hilliard 墨子玄参属 Scrophulariaceae［MD－536］特征纪要:习性:草本。花程式:K2－4,C0,A2－4,↓G2。其他特征参考科。全球1个大洲分布及种数(1－6)◆非洲。

Melanostachya B. G. Briggs & L. A. S. Johnson 帚灯草属 Restionaceae［MM－744］特征纪要:习性:草本(基生)。花程式:(K－),C2－3参考科,A3参考科,↓G－参考科。其他特征参考科。全球1个大洲分布及种数(1)◆大洋洲(◆澳大利亚)。

Melanoxerus Kainul. & B. Bremer 黑茜草属 Rubiaceae［MD－523］特征纪要:习性:木本。花程式:(K－),(C)4,A3参考科,↓G。其他特征参考科。全球1个大洲分布及种数(1)◆非洲。

Melanoxylon Schott 黑苏木属 Fabaceae2［MD－240］特征纪要:习性:木本。花程式:－。其他特征参考科。全球1个大洲分布及种数(1)◆南美洲(◆巴西)。

Melanoxylum Schott 南美蝶豆花属 Fabaceae3［MD－240］特征纪要:习性:木本。花程式:＝↓(Kn),C2－3参考科,A3参考科,＝↓G(－)。其他特征参考科。全球1个大洲分布及种数(1) ◆南美洲:1。

Melanthera Rohr 卤地菊属 Asteraceae［MD－586］特征纪要:习性:草本。花程式:(K)3－5,C3－5,A3－5,＝↓G2。物候:－。花期:7－10月。果期:参考晚于花期。海拔:6000米。生境:海岸沙丘,沙滩。资源:－。全球6个大洲分布及种数(42－45)非洲:17－27;亚洲:17－28;大洋洲:2－12;欧洲:1－11;北美洲:20－31;南美洲:9－20。

Melanthesa Blume ＝ **Breynia**

Melanthesopsis Müll. Arg. ＝ **Breynia**

Melanthiaceae Batsch ex Borkh.［MM－621］藜芦科 特征纪要:习性:草本;落叶。花程式:(K)6－,C3,A1－,↑G－。物候:－。花期:1－5月。果期:4－6月。果实:蒴果。种子:细小,棕色。海拔:1000－1400米。生境:丛林边缘,草地,生于林下,路旁湿地或沟边。资源:药用。栽培:－。全球6个大洲分布及属种数(14/102－111 <IFR 5/23> hort. 1;cult. 4) 非洲:2/6－7; 亚洲:6/20－22(IFR 3/16); 大洋洲:1/1; 欧洲:1/4; 北美洲:8/67－68(IFR 4/9); 南美洲:3/13－14。【中国属种数:7/55】。

Melanthium L. 爪藜芦属 Asparagaceae［MM－669］特征纪要:习性:－。花程式:－。其他特征参考科。全球6个大洲分布及种数(6－8)非洲:2－11;亚洲:4－12;大洋洲:8;欧洲:3－11;北美洲:5－13;南美洲:8。

Melarhiza Kellogg ＝ **Wyethia**

Melasanthus Pohl ＝ **Stachytarpheta**

Melasma P. J. Bergius 柄黑蒴属 Scrophulariaceae［MD－536］特征纪要:习性:草本。花程式:(K－),C2－3参考科,A4,↓G2。物候:－。海拔:700－2100米。生境:山坡草地或疏林中。资源:－。全球5个大洲分布及种数(8－60)非洲:22; 亚洲:18; 欧洲:4; 北美洲:4; 南美洲:18。【中国种数:1】。

Melasphaerula Ker Gawl. 尖瓣菖蒲属 Iridaceae［MM－700］特征纪要:习性:草本。花程式:(K)3,C3,A10,＝↓G3。其他特征参考科。全球6个大洲分布及种数(3)非洲:2－11;亚洲:9;大洋洲:9;欧洲:9;北美洲:9;南美洲:9。

Melaspilea <unassigned> 尖芽藓属 Sorapillaceae［B－212］特征纪要和分布(－)。分布:－。

Melastoma L. 野牡丹属 Melastomataceae［MD－364］特征纪要：习性：木本。花程式：－。物候：－。花期：5－7月。果期：参考晚于花期。海拔：100－2800 米。生境：草丛或矮灌丛中，植物。资源：维生素，蛋白质，药用，具栽培园艺种类。全球 6 个大洲分布及种数（119－287；hort. 1）非洲：17－27；亚洲：91－109；大洋洲：10－23；欧洲：1－11；北美洲：11－24；南美洲：24－43。【中国种数：10】。

Melastomastrum Naudin 非洲密牡丹属 Melastomataceae［MD－364］特征纪要：习性：木本。花程式：＝↓（K4－5），C4－5，A4－5，＝↓（G）3－4。其他特征参考科。全球 2 个大洲分布及种数（7－12）非洲：10；亚洲：2。

Melastomataceae Juss.［MD－364］野牡丹科 特征纪要：习性：木本；落叶。花程式：（K）6－，C4，A8，＝↓（G）－。物候：－。花期：6－8 月。果期：10－12 月。果实：蒴果。种子：棕色。海拔：0 米。生境：草丛或矮灌丛中。资源：药用。栽培：－。全球 6 个大洲分布及属种数（187－273/5833－8452 <IFR 51/126> hort. 1；cult. 29）非洲：39－46/661－836（IFR 11/22）；亚洲：51－59/1119－1401（IFR 12/22）；大洋洲：18－19/259－338（IFR 4/6）；欧洲：8/27－28；北美洲：47/1297－1570（IFR 10/30）；南美洲：103－107/3515－4097（IFR 23/60）。【中国属种数：51/235】。

Meleagrinex Arruda ex H. Kost. ＝ **Talisia**

Melfona Raf. ＝ **Cuphea**

Melhania Forssk. 梅蓝属 Sterculiaceae［MD－189］特征纪要：习性：木本。花程式：－。物候：－。花期：4 月。果期：参考晚于花期。海拔：400－500 米。生境：草山坡。资源：具栽培园艺种类。全球 6 个大洲分布及种数（69－81）非洲：59－71；亚洲：20－24；大洋洲：2－6；欧洲：2；北美洲：2；南美洲：2－4。【中国种数：2】。

Melia L. 楝属 Meliaceae［MD－414］特征纪要：习性：木本。花程式：－。物候：－。花期：3－5 月。果期：参考晚于花期。海拔：500－2100 米。生境：低海拔旷野，路旁或疏林中，目前已广泛引为宅边栽培。资源：园林，药用，具栽培园艺种类。全球 6 个大洲分布及种数（14）非洲：5－11；亚洲：9－16；大洋洲：3－9；欧洲：3－9；北美洲：4－10；南美洲：5－11。【中国种数：1】。

Meliaceae Juss.［MD－414］楝科 特征纪要：习性：木本；落叶。花程式：（K）6－，C4，A6，↑G－。物候：－。花期：11 月至次年 1 月。果期：11 月至次年 1 月。果实：蒴果。种子：种皮作不规则的矩圆形。海拔：0 米。生境：蔽荫岩边和石缝中，路旁灌丛中。资源：园林，药用。栽培：中国有栽培。全球 6 个大洲分布及属种数（57－64/645－1176 <IFR 9/30> hort. 1；cult. 10）非洲：30－32/243－276（IFR 2/3）；亚洲：22－23/209－292（IFR 3/5）；大洋洲：8/28－29（IFR 2/4）；欧洲：4/12；北美洲：8/66－71（IFR 2/4）；南美洲：14/150－187（IFR 3/18）。【中国属种数：25/90】。

Meliandra Ducke ＝ **Votomita**

Melianthaceae Horan.［MD－398］蜜花科 特征纪要：习性：木本；落叶。花程式：K5，C5，A，G45－。物候：－。果实：蒴果。种子：－。海拔：－。生境：－。资源：－。栽培：－。全球 4 个大洲分布及属种数（4/20－24 <IFR 1/1> hort. 1）非洲：4/20－23（IFR 1/1）；亚洲：1/2；大洋洲：1/2；欧洲：1/2。

Melianthus L. 蜜花属 Francoaceae［MD－269］特征纪要：习性：木本。花程式：K4－5，C4－5，A4－5，＝G4－5。其他特征参考科。全球 6 个大洲分布及种数（8－17）非洲：15；亚洲：3；大洋洲：5；欧洲：4；北美洲：4；南美洲：2。

Melica L. 臭草属 Poaceae［MM－748］特征纪要：习性：草本。花程式：（K－），C0 参考科，A3 参考科，＝G2－3。物候：－。花期：6－8 月。果期：参考晚于花期。海拔：4000－4500 米。生境：草地，向阳山坡，多石山坡和谷底湿处。资源：具栽培园艺种类。全球 6 个大洲分布及种数（95－116；hort. 1；cult. 22）非洲：18－47；亚洲：47－81；大洋洲：8－36；欧洲：17－49；北美洲：35－63；南美洲：46－76。【中国种数：37】。

Melichrus R. Br. 环腺石南属 Ericaceae［MD－380］特征纪要：习性：木本。花程式：（K）2－4，（C）2－4，A10，＝G2－5。其他特征参考科。全球 2 个大洲分布及种数（6－13）亚洲：4；大洋洲：13。

Melicoccus P. Br. 蜜莓属 Sapindaceae［MD－428］特征纪要：习性：木本。花程式：－。物候：－。花期：1－5 月。果期：参考晚于花期。海拔：100－2600 米。生境：潮湿，陡坡；砂土；灌木丛；种植，特别是在寺庙和房屋附近。资源：具栽培园艺种类。全球 6 个大洲分布及种数（11－25）非洲：6；亚洲：5；大洋洲：5；欧洲：6；北美洲：6；南美洲：15。【中国种数：1】。

Melicope J. R. Forst. & G. Forst. 蜜茱萸属 Rutaceae［MD－399］特征纪要：习性：木质攀援。花程式：－。物候：－。花期：4－6 月。果期：参考晚于花期。海拔：500－1300 米。生境：阔叶林步道侧。栽培：来自广西龙州。资源：油脂，具栽培园艺种类。全球 6 个大洲分布及种数（250－390）非洲：111；亚洲：166；大洋洲：191；欧洲：74；北美洲：74；南美洲：19。【中国种数：9】。

Melicytus J. R. Forst. & G. Forst. 蜜花堇属 Violaceae［MD－126］特征纪要：习性：木本。花程式：K5，C5，A10，＝G2－3。其他特征参考科。全球 4 个大洲分布及种数（23－44）非洲：2；大洋洲：39；北美洲：8；南美洲：1。

Melidiscus Raf. 白花菜科属 Cleomaceae［MD－210］特征纪要：习性：－。花程式：－。其他特征参考科。全球 2 个大洲分布及种数（3）北美洲：1；南美洲：1。

Melientha Pierre 南甜菜树属 Opiliaceae［MD－369］特征纪要：习性：木本。花程式：K4－5，C4－5，A4－5，＝（G）2－5。其他特征参考科。全球 1 个大洲分布及种数（cf. 1）◆亚洲。【中国种数：1】。

Melilotoides Heist. ex Fabr. 胡卢巴属 Fabaceae3［MD－240］特征纪要：习性：－。花程式：－。其他特征参考科。全球 3 个大洲分布及种数（1）亚洲：1；欧洲：1；北美洲：1。

Melilotus Mill. 草木樨属 Fabaceae3［MD－240］特征纪要：习性：木本。花程式：（K－），C2－3 参考科，A5 参考科，＝↓G1。物候：－。海拔：7500 米。生境：草地，林缘及盐碱草甸，竹林中。资源：具栽培园艺种类。全球 6 个大洲分布及种数（29－44；hort. 1；cult. 7）非洲：14－27；亚洲：23－34；大洋洲：7－14；欧洲：18－31；北美洲：7－15；南美洲：6－13。【中国种数：14】。

Melinia Decne. 苹果萝藦属 Asclepiadaceae [MD－494] 特征纪要:习性:－。花程式:－。其他特征参考科。全球4个大洲分布及种数(33)亚洲:7; 欧洲:10; 北美洲:10; 南美洲:26。

Melinis P. Beauv. 糖蜜草属 Poaceae [MM－748] 特征纪要:习性:草本(基生)。花程式:(K－),C0 参考科,A6,＝G2－3。物候:－。花期:7－10 月。果期:参考晚于花期。海拔:10－5600 米。生境:作为饲料草引入中国南部,在当地归化。资源:蛋白质,具栽培园艺种类。全球6个大洲分布及种数(27－150)非洲:126; 亚洲:24; 大洋洲:26; 欧洲:27; 北美洲:27; 南美洲:13。【中国种数:3】。

Meliosma Bl. 泡花树属 Meliosmaceae [MD－260] 特征纪要(同科)。全球6个大洲分布及种数(146－680)非洲:17; 亚洲:241; 大洋洲:8; 欧洲:146; 北美洲:146; 南美洲:394。【中国种数:35】。

Meliosmaceae (Wight & Arn.) Meisn. [MD－260] 泡花树科 特征纪要:习性:木本;落叶。花程式:K5,C5,A5,↑G2－3。物候:－。花期:1－2 月。果期:4－5 月。果实:－。种子:－。海拔:1000－1500 米。生境:常绿阔叶林,阴坡灰背栲林下。资源:油料。栽培:－。全球2个大洲分布及属种数(2/11 <IFR 1/10> hort. 1;cult. 1)亚洲:IFR 1/8; 南美洲:2/71－86(IFR 1/2)。

Melissa L. 蜜蜂花属 Lamiaceae [MD－575] 特征纪要:习性:草本。花程式:－。物候:－。海拔:600－2800 米。生境:广泛栽培,生于山坡林下。资源:药用,具栽培园艺种类。全球6个大洲分布及种数(9－14;hort. 1;cult. 3)非洲:5－6;亚洲:7－8;大洋洲:4－5;欧洲:5－6;北美洲:3－4;南美洲:1。【中国种数:4】。

Melissitus Medik. 扁蓿豆属 Fabaceae3 [MD－240] 特征纪要:习性:－。花程式:－。物候:－。海拔:7500 米。生境:矮灌木丛或芦苇丛中,稀见于沿河岸疏林下,作为作物栽培。资源:具栽培园艺种类。全球4个大洲分布及种数(42)亚洲:34; 欧洲:4; 北美洲:4; 南美洲:4。

Melittacanthus S. Moore 蜂刺爵床属 Acanthaceae [MD－572] 特征纪要:习性:草本。花程式:K2－4,C0,A2－4,＝(G)2。其他特征参考科。全球1个大洲分布及种数(1)◆非洲(◆马达加斯加)。

Melittis L. 异香草属 Lamiaceae [MD－575] 特征纪要:习性:草本。花程式:K2,C0,A2,＝↓G2。其他特征参考科。全球5个大洲分布及种数(3－22)亚洲:10; 大洋洲:2; 欧洲:2; 北美洲:2; 南美洲:4。

Mella Vand. ＝ **Bacopa**

Mellera S. Moore 梅莱爵床属 Acanthaceae [MD－572] 特征纪要:习性:草本。花程式:K2－4,C0,A2－4,＝↓G2。其他特征参考科。全球4个大洲分布及种数(8－25)非洲:12; 亚洲:5; 大洋洲:2; 南美洲:11。

Melliniella Harms 酸脚杆属 Fabaceae3 [MD－240] 特征纪要:习性:木本。花程式:－。其他特征参考科。全球2个大洲分布及种数(1－4)非洲:3; 南美洲:2。

Melliodendron Hand.－Mazz. 陀螺果属 Styracaceae [MD－327] 特征纪要:习性:木本。花程式:－。物候:－。花期:4－5 月。果期:参考晚于花期。海拔:600－1500 米。生境:森林峡谷,山谷,山坡湿润林中。资源:药用,油脂,具栽培园艺种类。全球2个大洲分布及种数(1－6)亚洲:6; 北美洲:3。【中国种数:1】。

Melloa Bur. ＝ **Dolichandra**

Mellonia Gasp. ＝ **Cucurbita**

Melo Mill. ＝ **Cucumis**

Melobesia <unassigned> 梨葫芦属 Cucurbitaceae [MD－205] 特征纪要:－。全球6个大洲分布及种数(28)非洲:4; 亚洲:5; 大洋洲:4; 欧洲:11; 北美洲:7; 南美洲:5。

Melocactus Böhm. 花座球属 Cactaceae [MD－100] 特征纪要:习性:－。花程式:－。其他特征参考科。全球4个大洲分布及种数(61－469)非洲:2; 大洋洲:1; 北美洲:19; 南美洲:61。

Melocalamus Benth. 梨藤竹属 Poaceae [MM－748] 特征纪要:习性:竹类。花程式:(K－),C0 参考科,A3 参考科,＝G2－3。物候:－。海拔:1000－1700 米。生境:常绿阔叶林中。资源:具园艺种类。全球1个大洲分布及种数(6－8)◆亚洲。【中国种数:3】。

Melocanna Trin. 梨竹属 Poaceae [MM－748] 特征纪要:习性:竹类。花程式:(K－),C0 参考科,A3 参考科,＝G2－3)。物候:－。海拔:10－5600 米。生境:－。栽培:－。资源:具栽培园艺种类。全球4个大洲分布及种数(2－26)非洲:3; 亚洲:14; 北美洲:2; 南美洲:7。【中国种数:1】。

Melocarpum (Engl.) Beier & Thulin 七翅芹属 Zygophyllaceae [MD－288] 特征纪要:习性:草本。花程式:－。其他特征参考科。全球2个大洲分布及种数(2)非洲:2,亚洲:1。

Melochia Vent. 马松子属 Sterculiaceae [MD－189] 特征纪要:习性:木本。花程式:－。物候:－。花期:夏天－秋天。果期:参考晚于花期。海拔:100－3000 米。生境:田野间或低丘陵地原野间。栽培:来自广西龙州。资源:具栽培园艺种类。全球6个大洲分布及种数(74－88;hort. 1;cult. 6)非洲:24－31;亚洲:11－17;大洋洲:18－27;欧洲:3－9;北美洲:29－37;南美洲:49－58。【中国种数:6】。

Melodinus J. R. Forst. & G. Forst. 山橙属 Apocynaceae [MD－492] 特征纪要:习性:木质攀援。花程式:(K－),C5,A5,↓G－。物候:－。花期:夏天－秋天。果期:参考晚于花期。海拔:100－1000 米。生境:湿润山谷森林中。资源:药用,具栽培园艺种类。全球6个大洲分布及种数(26－52)非洲:4－10;亚洲:23－29;大洋洲:9－33;欧洲:2;北美洲:2;南美洲:2。【中国种数:9】。

Melodorum Lour. 金帽花属 Annonaceae [MD－7] 特征纪要:习性:－。花程式:－。其他特征参考科。全球6个大洲分布及种数(2－8)非洲:1;亚洲:1－6;大洋洲:3;欧洲:1;北美洲:1;南美洲:1。

Meloneura Raf. ＝ **Utricularia**

Melongena Mill. ＝ **Solanum**

Melopepo Mill. ＝ **Cucurbita**

Melophyllum Herzog ＝ **Astomiopsis**

Melosmon Raf. = **Teucrium**

Melosperma Benth. 苹果婆婆纳属 Plantaginaceae［MD－527］特征纪要:习性:灌木。花程式:K2－4,C0,A2－4,＝(G)2－3。其他特征参考科。全球 1 个大洲分布及种数(1－3)◆南美洲。

Melothria L. 番马瓟属 Cucurbitaceae［MD－205］特征纪要:习性:木本。花程式:－。物候:－。海拔:100 米。生境:荒野旁,高台地山坡,粗野杂草,竹杉林中近水边阴湿地。资源:具栽培园艺种类。全球 6 个大洲分布及种数(42－58)非洲:13－32;亚洲:10－23;大洋洲:13－26;欧洲:9;北美洲:12－22;南美洲:16－26。【中国种数:3】。

Melothrianthus M. Crovetto 温美葫芦属 Cucurbitaceae［MD－205］特征纪要:习性:－。花程式:－。其他特征参考科。全球 1 个大洲分布及种数(cf. 1)◆南美洲。

Melpomene A. R. Sm. & R. C. Moran 留香蕨属 Polypodiaceae［F－60］特征纪要:习性:－。【Rep】:孢子同形,囊群生叶背有盖。其他特征参考科。全球 2 个大洲分布及种数(14－36;hort. 1)非洲:1;南美洲:13－14。

Melpomense (Poir.) A. R. Sm. & C. R. Moran 禾草蕨属 Grammitidaceae［F－63］特征纪要:－。全球 2 个大洲分布及种数(3)北美洲:3; 南美洲:3。

Meluchia Medik. = **Melochia**

Melvilla A. Anderson = **Cuphea**

Memaecylum Mitch. = **Memecylon**

Memecylaceae (Bl.) DC.［MD－363］谷木科 特征纪要:习性:木本;落叶。花程式:(K)6－,C5,A4,↓(G)－。物候:－。花期:3－8 月。果期:11 至次年 3 月。果实:－。种子:－。海拔:1000 米。生境:低中山沟谷密林,主要森林。资源:药用。栽培:－。全球 4 个大洲分布及属种数(2/2－3 <IFR 1/17> hort. 1) 非洲:2/148－211 (IFR 1/6); 亚洲:1/212－245(IFR 1/11); 大洋洲:1/43－47; 南美洲:1/5－6。

Memecylon L. 谷木属 Memecylaceae［MD－363］特征纪要(同科)。全球 6 个大洲分布及种数(347－470;hort. 1)非洲:145－213;亚洲:210－252;大洋洲:41－50;欧洲:5;北美洲:5;南美洲:3－9。【中国种数:28】。

Memoremea A. Otero, Jim. Mejías, Valcárcel & P. Vargas 珞紫草属 Boraginaceae［MD－517］特征纪要:习性:草本。花程式:Kn,C0,A5,↓G。其他特征参考科。全球 2 个大洲分布及种数(1) 亚洲:1,欧洲:1。

Memorialis Buch.－Ham. = **Pouzolzia**

Menabea Baill. = **Pervillaea**

Menadena Raf. = **Maxillaria**

Menarda Comm. ex A. Juss. = **Phyllanthus**

Mendocina Walp. = **Mendoncia**

Mendoncella A. D. Hawkes = **Galeottia**

Mendoncia Vell. ex Vand. 玄珠藤属 Mendonciaceae［MD－576］特征纪要(同科)。全球 4 个大洲分布及种数(89－134)非洲:23; 亚洲:3; 北美洲:13; 南美洲:100。

Mendonciaceae Bremek.［MD－576］对叶藤科 特征纪要:习性:草本;落叶。花程式:K5,C0,A4,↑G2。物候:－。果实:核果。种子:－。海拔:－。生境:－。资源:－。栽培:－。全球 1 个大洲分布及属种数(1/1 <IFR 1/2>)◆非洲:1/16(IFR 1/2)。

Mendoravia Capuron 门多豆属 Fabaceae1［MD－240］特征纪要:习性:木本。花程式:＝↓(K3－5－∞),C3－5－∞,A3－5,＝↓G1－2。其他特征参考科。全球 1 个大洲分布及种数(1)◆非洲(◆马达加斯加)。

Menegazzia <unassigned> 水蕨科属 Parkeriaceae［F－36］特征纪要:－。全球 3 个大洲分布及种数(27)亚洲:5; 北美洲:26; 南美洲:23。

Menepetalum Lös. 月瓣木属 Celastraceae［MD－339］特征纪要:习性:木本。花程式:K2－3,C2－3,A10,＝(G)2－5。其他特征参考科。全球 1 个大洲分布及种数(6)◆大洋洲(◆美拉尼西亚)。

Menestoria DC. = **Mussaenda**

Meniocus Desv. = **Alyssum**。【中国种数:1】。

Meniscium Schreb. 小月蕨属 Thelypteridaceae［F－42］特征纪要:习性:－。【Rep】:囊群生叶背有盖－无盖。物候:－。海拔:20－2500 米。生境:侧脉中上部,竹林下沟边。资源:－。全球 6 个大洲分布及种数(60)非洲:2; 亚洲:9; 大洋洲:3; 欧洲:9; 北美洲:9; 南美洲:33。

Meniscogyne Gagnep. = **Lecanthus**

Menisorus Alston = **Cyclosorus**

Menispermaceae Juss.［MD－42］防己科 特征纪要:习性:木本,藤本;落叶。花程式:♀/♂K4－5(－),C3,A8,G1－3。物候:－。花期: 初夏。果期:秋季。果实:核果。种子:种皮薄,棕色。海拔:1000－2500 米。生境:板页岩岩石上,竹林边。资源:药用。栽培:中国有栽培。全球 6 个大洲分布及属种数(71－80/614－829 <IFR 9/15> hort. 1;cult. 4) 非洲:34－36/173－215(IFR 4/4); 亚洲:25－26/219－268(IFR 4/6); 大洋洲:12－14/50－58(IFR 2/3); 欧洲:4/8; 北美洲:11/67－78(IFR 1/1); 南美洲:19/211－219(IFR 3/6)。【中国属种数:26/97】。

Menispermum Tourn. ex L. 蝙蝠葛属 Menispermaceae［MD－42］特征纪要:习性:草质攀援。花程式:－。物候:－。花期:6－7 月。果期:参考晚于花期。海拔:800 米。生境:路边灌丛或疏林中。资源:药用,具栽培园艺种类。全球 6 个大洲分布及种数(7－8)非洲:2;亚洲:5－9;大洋洲:2;欧洲:2;北美洲:2－4;南美洲:1－3。【中国种数:2】。

Menkea Lehm. 门克芥属 Brassicaceae［MD－213］特征纪要:习性:草本。花程式:K2－4,C2－4,A2－4,＝(G)2。其他特征参考科。全球 6 个大洲分布及种数(6－11)非洲:2; 亚洲:3; 大洋洲:10; 欧洲:2; 北美洲:2; 南美洲:2。【中国种数:1】。

Menodora Bonpl. 惜春花属 Oleaceae［MD－498］特征纪要:习性:木本。花程式:－。其他特征参考科。全球 6 个大洲分布及种数(24－29;hort. 1;cult. 2)非洲:4－9;亚洲:5;大洋洲:5;欧洲:5;北美洲:14－24;南美洲:10－15。

Menodoropsis（A. Gray）Small 惜春花属 Oleaceae［MD－498］特征纪要:习性:－。花程式:－。其他特征参考科。全球 1 个大洲分布及种数(－)。

Menonvillea DC. 梅农芥属 Brassicaceae［MD－213］特征纪要:习性:草本。花程式:K2－4,C2－4,A2－4,＝G2。物候:－。海拔:－。生境:－。资源:具栽培园艺种类。全球 5 个大洲分布及种数(24－66)非洲:3; 亚洲:8; 欧洲:2; 北美洲:2; 南美洲:55。【中国种数:1】。

Menstruocalamus T. P. Yi ＝ **Chimonobambusa**

Mentha L. 薄荷属 Lamiaceae［MD－575］特征纪要:习性:草本(具根状茎)。花程式:(K－),C2－3 参考科,A4,↓G－。物候:－。花期:7－8 月。果期:参考晚于花期。海拔:3100－3500 米。生境:河岸。资源:药用,芳香油,具栽培园艺种类。全球 6 个大洲分布及种数(80－323;hort. 1;cult. 41)非洲:18－148;亚洲:34－182;大洋洲:26－160;欧洲:61－199;北美洲:33－170;南美洲:7－138。【中国种数:12】。

Mentodendron Lundell ＝ **Pimenta**

Mentzelia Plum. ex L. 耀星花属 Loasaceae［MD－435］特征纪要:习性:木本。花程式:－。物候:－。海拔:－。生境:－。资源:具栽培园艺种类。全球 6 个大洲分布及种数(111－231)非洲:1; 亚洲:10; 大洋洲:2; 欧洲:166; 北美洲:166; 南美洲:55。【中国种数:6】。

Menyanthaceae Dum.［MD－526］睡菜科 特征纪要:习性:草本;落叶。花程式:＝↓(K)5,C5,A5,＝↓(↓G)2－3。物候:－。花期和果期: 5－7 月。果实:蒴果。种子:有光泽,胚乳粉质。海拔:100－1600 米。生境:池塘中,山峰路边东南山坡岩石上。资源:药用。栽培:－。全球 6 个大洲分布及属种数(9/100－122 <IFR 3/4> hort. 1;cult. 2) 非洲:4/22－25(IFR 1/1); 亚洲:5/36－43(IFR 2/3); 大洋洲:5/50－55; 欧洲:2/4; 北美洲:3/15(IFR 1/1); 南美洲:3/15－16。【中国属种数:2/8】。

Menyanthes L. 睡菜属 Menyanthaceae［MD－526］特征纪要:习性:草本(根状茎,基生)。花程式:(K－),C5 参考科,A10,↓G－。物候:－。海拔:400－3600 米。生境:湖岸和淤积区,沼泽中。资源:具栽培园艺种类。全球 6 个大洲分布及种数(3;hort. 1;cult. 1)非洲:1－3;亚洲:1－3;大洋洲:2;欧洲:1－3;北美洲:1－3;南美洲:1－3。【中国种数:1】。

Menziesia Sm. 璎珞杜鹃属 Ericaceae［MD－380］特征纪要:习性:－。花程式:－。其他特征参考科。全球 6 个大洲分布及种数(3－5)非洲:6;亚洲:2－9;大洋洲:6;欧洲:6;北美洲:2－8;南美洲:1－7。

Meoschium P. Beauv. ＝ **Ischaemum**

Merathrepta Raf. ＝ **Danthonia**

Merceya Bruch & Schimp. 丛藓科属 Pottiaceae［B－133］特征纪要:习性:－。【Rep】:孢腔轮廓清晰,蒴齿缺如,或具蒴齿而无基膜,下部呈黄绿或黄棕色。物候:－。海拔:0 米。生境:常见于高山岩石上。栽培:来自广西龙州。资源:具栽培园艺种类。全球 3 个大洲分布及种数(12)亚洲:9;北美洲:1;南美洲:2。【中国种数:3】。

Merceyopsis Broth. & Dixon 剑叶藓属 Pottiaceae［B－133］特征纪要:习性:－。【Rep】:孢腔轮廓清晰,蒴齿缺如,或具蒴齿而无基膜,下部呈黄绿或黄棕色。物候:－。海拔:－。生境:常见于高山岩石上。栽培:来自广西龙州。资源:具栽培园艺种类。全球 2 个大洲分布及种数(12)亚洲:8; 北美洲:2。

Merciera A. DC. 尾风铃属 Campanulaceae［MD－561］特征纪要:习性:灌木。花程式:－。其他特征参考科。全球 4 个大洲分布及种数(7－13)非洲:11; 亚洲:2; 北美洲:2; 南美洲:1。

Mercurialis L. 山靛属 Euphorbiaceae［MD－217］特征纪要:习性:木本。花程式:－。物候:－。花期:12 月至次年 4 月。果期:参考晚于花期。海拔:300－2800 米。生境:山地密林下或山谷水沟边。栽培:来自广西龙州。资源:具栽培园艺种类。全球 6 个大洲分布及种数(12－142)非洲:42; 亚洲:37; 大洋洲:15; 欧洲:18; 北美洲:18; 南美洲:39。【中国种数:5】。

Mercuriastrum Heist. ex Fabr. ＝ **Acalypha**

Merendera Ramond 长瓣秋水仙属 Colchicaceae［MM－623］特征纪要:习性:－。花程式:－。其他特征参考科。全球 6 个大洲分布及种数(3－6)非洲:1;亚洲:2－3;大洋洲:1;欧洲:1－2;北美洲:1;南美洲:1。

Meresaldia Bullock ＝ **Metastelma**

Meriandra Benth. 中雄草属 Lamiaceae［MD－575］特征纪要:习性:－。花程式:－。其他特征参考科。全球 4 个大洲分布及种数(6)非洲:4; 亚洲:6; 欧洲:4; 北美洲:4。

Meriania Sw. 号丹属 Melastomataceae［MD－364］特征纪要:习性:木本。花程式:＝↓(K5),C5,A4－5,＝↓G3－4。其他特征参考科。全球 6 个大洲分布及种数(99－136;hort. 1)非洲:5－6;亚洲:9－10;大洋洲:3－7;欧洲:1;北美洲:14－20;南美洲:92－115。【中国种数:6】。

Merianthera Kuhlm. 梅牡丹属 Melastomataceae［MD－364］特征纪要:习性:木本。花程式:＝↓(K4－5),C4－5,A4－5,＝↓(G)3－4。其他特征参考科。全球 1 个大洲分布及种数(4－8)◆南美洲(◆巴西)。

Mericarpaea Boiss. 双果茜属 Rubiaceae［MD－523］特征纪要:习性:木本。花程式:(K)4－5,(C)4－5,A4－5,＝↓(G)2－9。其他特征参考科。全球 1 个大洲分布及种数(1－2)◆非洲。

Mericocalyx Bamps ＝ **Otiophora**

Meringium C. Presl 厚壁蕨属 Hymenophyllaceae［F－21］特征纪要:习性:－。【Rep】:孢子囊大,无柄。物候:－。海拔:200－3700 米。生境:常绿阔叶林,砂岩基部生,竹林石隙中。资源:－。全球 6 个大洲分布及种数(1－5)非洲:5;亚洲:5;大洋洲:5;欧洲:5;北美洲:5;南美洲:5。

Merinthopodium Donn. Sm. 新茄属 Solanaceae［MD－503］特征纪要:习性:灌木。花程式:K3－4,C0,A3－4,＝

(G)2。其他特征参考科。全球 2 个大洲分布及种数(4 - 5)北美洲:1;南美洲:2。

Merisachne Steud. = **Triplasis**

Merismatium <unassigned> 紫草科属 Boraginaceae [MD - 517] 特征纪要和分布(-)。分布:-。

Merista Banks & Sol. ex A. Cunn. = **Myrsine**

Meristotropis Fischer & C. A. Meyer 甘草属 Fabaceae3 [MD - 240] 特征纪要:习性:-。花程式:-。其他特征参考科。全球 1 个大洲分布及种数(3) ◆亚洲:2。

Merizadenia Miers = **Tabernaemontana**

Merleta Raf. = **Croton**

Merope Wedd. 三角橘属 Rutaceae [MD - 399] 特征纪要:习性:-。花程式:-。其他特征参考科。全球 1 个大洲分布及种数(2)◆亚洲。

Merostachys Spreng. 偏穗竹属 Poaceae [MM - 748] 特征纪要:习性:草本。花程式:(K)3,C0 参考科,A1 - 2, = G2 - 3。其他特征参考科。全球 6 个大洲分布及种数(58 - 71)非洲:3; 亚洲:2; 大洋洲:5; 欧洲:9; 北美洲:9; 南美洲:65。【中国种数:1】。

Merremia Dennst. ex Endl. 鱼黄草属 Convolvulaceae [MD - 499] 特征纪要:习性:草质攀援(基生,多肉)。花程式:-。物候:-。花期:9 月。果期:参考晚于花期。海拔:100 - 1600 米。生境:草坡,山坡灌丛或松林下。栽培:来自广西龙州。资源:药用,具栽培园艺种类。全球 6 个大洲分布及种数(90 - 98;hort. 1;cult. 4)非洲:23 - 25;亚洲:60 - 63;大洋洲:14 - 15;欧洲:1;北美洲:13 - 14;南美洲:14 - 15。【中国种数:12】。

Merrillanthus Chun & Tsiang 驼峰藤属 Apocynaceae [MD - 492] 特征纪要:习性:-。花程式:-。物候:-。花期:3 - 4 月。果期:参考晚于花期。海拔:500 米。生境:山地。资源:园林。全球 1 个大洲分布及种数(cf. 1)◆亚洲(◆中国)。

Merrillia Swingle 九里香属 Rutaceae [MD - 399] 特征纪要:习性:-。花程式:-。其他特征参考科。全球 1 个大洲分布及种数(cf. 1)◆亚洲。

Merrilliobryum Broth. 菲律宾碎米藓属 Fabroniaceae [B - 173] 特征纪要:-。全球 1 个大洲分布及种数(1)◆亚洲:1。

Merrilliodendron Kaneh. 梅乐木属 Icacinaceae [MD - 450] 特征纪要:习性:木本。花程式:K3 - 4,C3 - 4,A2, = G2 - 3。其他特征参考科。全球 4 个大洲分布及种数(1 - 5)非洲:1; 亚洲:3; 大洋洲:4; 南美洲:1。

Merrilliopanax H. L. Li 常春木属 Araliaceae [MD - 471] 特征纪要:习性:木本。花程式:-。物候:-。花期:7 - 8 月。果期:参考晚于花期。海拔:1500 - 3100 米。生境:混交林,生于森林或灌木林中。资源:药用,具栽培园艺种类。全球 1 个大洲分布及种数(3 - 4)◆亚洲。【中国种数:3】。

Merrittia Merr. 盖裂木属 Asteraceae [MD - 586] 特征纪要:习性:草本。花程式:(K)3 - 5,(C)3 - 5,A3 - 5,↓G。其他特征参考科。全球 1 个大洲分布及种数(1) ◆亚洲:1。

Mertensia Roth 滨紫草属 Gleicheniaceae [F - 18] 特征纪要和分布(-)。全球 6 个大洲分布及种数(25)非洲:4; 亚洲:16;大洋洲:11;欧洲:4;北美洲:6;南美洲:12。【中国种数:10】。

Merumea Steyerm. 青茜属 Rubiaceae [MD - 523] 特征纪要:习性:木本。花程式:(K)4 - 5,(C)4 - 5,A4 - 5, = ↓(G)2 - 9。其他特征参考科。全球 1 个大洲分布及种数(2)◆南美洲。

Merwilla Speta 青玫花属 Asparagaceae [MM - 669] 特征纪要:习性:草本。花程式:(K)3,C3,A4 - 8 对, = (G)3。其他特征参考科。全球 2 个大洲分布及种数(2 - 30)非洲:6; 南美洲:25。

Merwiopsis L. K. Safina = **Pilopleura**

Merxmuellera Conert 青园草属 Poaceae [MM - 748] 特征纪要:习性:草本。花程式:(K)3,C0 参考科,A1 - 2, = (G)2 - 3。物候:-。海拔:-。生境:-。资源:具园艺种类。全球 2 个大洲分布及种数(7 - 24)非洲:21; 南美洲:3。

Meryta J. R. Forst. & G. Forst. 洋常春木属 Araliaceae [MD - 471] 特征纪要:习性:木本。花程式: = ↓(K1 - ∞),C1 - ∞,A2, = ↓G2 - 5。物候:-。海拔:-。生境:-。资源:具园艺种类。全球 6 个大洲分布及种数(9 - 32)非洲:2;亚洲:7 - 10;大洋洲:8 - 23;欧洲:1;北美洲:2 - 3;南美洲:1 - 2。【中国种数:1】。

Mesadenella Pabst & Garay 间兰属 Orchidaceae [MM - 723] 特征纪要:习性:草本。花程式:(K)3,C3,A3, = ↓G3。其他特征参考科。全球 3 个大洲分布及种数(11 - 23)亚洲:8; 北美洲:3; 南美洲:16。

Mesadenus Schltr. 铜绶草属 Orchidaceae [MM - 723] 特征纪要:习性:草本。花程式:(K)3,C3,A3, = ↓(G)3。其他特征参考科。全球 2 个大洲分布及种数(8)北美洲:5;南美洲:2。

Mesandrinia Raf. = **Jatropha**

Mesanthemum Körn. 合谷精属 Eriocaulaceae [MM - 726] 特征纪要:习性:草本。花程式:-。其他特征参考科。全球 3 个大洲分布及种数(11 - 18)非洲:10 - 17;欧洲:1;南美洲:2。【中国种数:1】。

Mesanthophora H. Rob. 间生瘦片菊属 Asteraceae [MD - 586] 特征纪要:习性:草本。花程式:(K)3 - 5,(C)3 - 5,A3 参考科,↓G。其他特征参考科。全球 3 个大洲分布及种数(2 - 3)大洋洲:1; 北美洲:2; 南美洲:3。

Mesechites Müll. Arg. 翠心藤属 Apocynaceae [MD - 492] 特征纪要:习性:木本。花程式:-。其他特征参考科。全球 2 个大洲分布及种数(12)北美洲:8;南美洲:7。【中国种数:1】。

Mesembryanthemum L. 日中花属 Aizoaceae [MD - 94] 特征纪要:习性:草质攀援(基生,多肉)。花程式:-。物候:-。花期:5 - 6 月。果期:参考晚于花期。海拔:-。生境:海岸,空旷干沙地。资源:具栽培园艺种类。全球 6 个大洲分布及种数(436 - 552;hort. 1;cult. 6)非洲:427 - 520;亚洲:8 - 24;大洋洲:13 - 31;欧洲:27 - 49;北美洲:7 - 24;南美洲:8 - 25。【中国种数:1】。

Mesoamerantha I. Ramírez & K. J. Romero 凤梨科属 Bromeliaceae［MM－715］特征纪要和分布(－)。分布:－。

Mesocapparis (Eichler) Cornejo & Iltis 巴西白花菜属 Capparaceae［MD－178］特征纪要:习性:－。花程式:－。其他特征参考科。全球 2 个大洲分布及种数(3)北美洲:1; 南美洲:2。

Mesoceros Piippo 树角苔科属 Notothyladaceae［B－93］特征纪要:习性:－。【Rep】:雌雄多同株,精子器着生封闭的腔内,孢蒴长角状,基部由筒状苞膜所包围,胞壁常具气孔,孢子多黑褐色。其他特征参考科。全球 5 个大洲分布及种数(1)非洲:1;亚洲:1;大洋洲:1;欧洲:1;北美洲:1。

Mesochaete Lindb. 大洋洲桧藓属 Rhizogoniaceae［B－154］特征纪要:习性:－。【Rep】:雌雄异株,稀同株,雄苞芽胞形,有线形配丝,或盘形而有棒槌形配丝,雌苞叶异形,蒴柄高出,孢蒴下垂。其他特征参考科。全球 2 个大洲分布及种数(2)大洋洲:2;欧洲:1。

Mesochlaena R. Br. = **Thelypteris**

Mesodactylis Wall. = **Apostasia**

Mesogloea <unassigned> 新西兰马桑属 Coriariaceae［MD－277］特征纪要:－。全球 1 个大洲分布及种数(1)◆大洋洲:1。

Mesogloia <unassigned> 堆马桑属 Coriariaceae［MD－277］特征纪要:－。全球 4 个大洲分布及种数(11)亚洲:1; 大洋洲:3; 欧洲:2; 南美洲:3。

Mesoglossum Halb. = **Amparoa**

Mesogramma DC. 千里光属 Asteraceae［MD－586］特征纪要:习性:草本。花程式:(K)3－5,(C)3－5,A3 参考科,↓G。其他特征参考科。全球 2 个大洲分布及种数(1－4)非洲:1; 南美洲:1。

Mesogyne Engl. 见血封喉属 Moraceae［MD－87］特征纪要:习性:木本。花程式:K1－4,C0,A6,↓G－参考科。其他特征参考科。全球 1 个大洲分布及种数(1)◆非洲。

Mesoligus Raf. = **Symphyotrichum**

Mesomelaena Nees 短毛莎属 Cyperaceae［MM－747］特征纪要:习性:草本。花程式:(K)3,C3,A3,G－。其他特征参考科。全球 1 个大洲分布及种数(5－7)◆大洋洲。

Mesoneuris A. Gray. 花旗岩园菊属 Asteraceae［MD－586］特征纪要和分布(－)。全球 1 个大洲分布及种数(cf. 1)◆北美洲。

Mesoneuron Ching = **Thelypteris**

Mesonodon Hampe 斜齿藓属 Entodontaceae［B－195］特征纪要:习性:－。【Rep】:蒴柄长,平滑,孢蒴直立,卵状圆柱形,外齿层齿片具条纹,内齿层退化。物候:－。海拔:－。生境:石生,岩面土生。资源:－。全球 4 个大洲分布及种数(12)非洲:2; 亚洲:3; 北美洲:3; 南美洲:10。【中国种数:1】。

Mesophlebion Holttum 中脉蕨属 Thelypteridaceae［F－42］特征纪要:习性:－。【Rep】:孢子同形,囊群生叶背有盖－无盖。其他特征参考科。全球 2 个大洲分布及种数(8－17)亚洲:6－9;大洋洲:1。

Mesoptera Hook. f. = **Liparis**

Mesopteris Ching 龙津蕨属 Thelypteridaceae［F－42］特征纪要:习性:－。【Rep】:孢子囊群圆形,无盖,在羽轴两侧至少排成一行,生于裂片基部一对叶脉的下部,靠近叶轴,或往往排成不规则的 2－5 行。物候:－。海拔:20－2500 米。生境:侧脉中上部,竹林下沟边。资源:－。全球 1 个大洲分布及种数(1－2)◆亚洲。

Mesoptychia (Lindb.) A. Evans 向心苔属 Mesoptychiaceae［B－40］特征纪要(同科)。全球 6 个大洲分布及种数(3)非洲:9;亚洲:1－10;大洋洲:9;欧洲:9;北美洲:2－11;南美洲:9。

Mesoptychiaceae Inoü & Steere［B－40］向心苔科 特征纪要:叶状体小至中形,带形,质厚,灰绿色、亮绿色或深绿色,干燥时边缘常背卷。【Rep】:灰绿色至深绿色,叉状分枝。全球 6 个大洲分布和属种数(1/2－11)非洲:1/9;亚洲:1/1－10;大洋洲:1/9;欧洲:1/9;北美洲:1/2－11;南美洲:1/9。

Mesoreanthus Greene = **Streptanthus**

Mesosetum Steud. 梅索草属 Poaceae［MM－748］特征纪要:习性:草本。花程式:－。其他特征参考科。全球 6 个大洲分布及种数(28)非洲:5;亚洲:5;大洋洲:5;欧洲:5;北美洲:7－12;南美洲:24－29。

Mesosorus Hasskarl = **Dicranopteris**

Mesosphaerum P. Br. 唇形科属 Lamiaceae［MD－575］特征纪要:习性:草本。花程式:K5,C5,A4,G2。物候:－。海拔:－。生境:－。资源:具园艺种类。全球 4 个大洲分布及种数(24－164)非洲:2; 亚洲:1; 北美洲:9; 南美洲:20。【中国种数:1】。

Mesospinidium Rchb. f. 间刺兰属 Orchidaceae［MM－723］特征纪要:习性:－。花程式:－。其他特征参考科。全球 2 个大洲分布及种数(4－7)北美洲:2;南美洲:2－3。

Mesostemma Vved. 白冠繁缕属 Caryophyllaceae［MD－77］特征纪要:习性:－。花程式:－。物候:－。海拔:80－6000 米。生境:流石滩。资源:－。全球 4 个大洲分布及种数(9－51)亚洲:12; 欧洲:1; 北美洲:1; 南美洲:32。

Mesothema C. Presl 矮树蕨属 Blechnaceae［F－46］特征纪要:习性:－。其他特征参考科。全球 1 个大洲分布及种数(1)◆南美洲。

M

Mesotus Mitt. 纽曲尾藓属 Dicranaceae［B－128］特征纪要:习性:－。【Rep】:雌苞叶分化,基部鞘状,有毛尖,蒴柄长,均高出于雌苞叶,孢蒴直立或背曲,长圆柱形或长椭圆形,辐射对称,雌雄异株,雄株矮小,附于假根上成假雌雄同株,雌苞叶形大,高鞘状,上部具细毛尖,与孢蒴等长或长于孢蒴。其他特征参考科。全球 2 个大洲分布及种数(1)大洋洲:1;欧洲:1。

Mespilodaphne Nees 岩樟属 Lauraceae［MD－21］特征纪要:习性:木本。花程式:K3－9,C0,A3－9,＝G1－3。其他特征参考科。全球 5 个大洲分布及种数(8－80)非洲:12; 亚洲:3; 欧洲:10; 北美洲:10; 南美洲:50。

Mespilus L. 欧楂属 Rosaceae [MD – 246] 特征纪要:习性: – 。花程式: – 。物候: – 。海拔:50 – 5400 米。生境:溢头沼泽地,自然山坡地。资源: – 。全球 6 个大洲分布及种数(6 – 19)非洲:13;亚洲:4 – 20;大洋洲:1 – 14;欧洲:5 – 19;北美洲:5 – 19;南美洲:1 – 15。

Messerschmidia L. ex Hebenstr. 颈籽草属 Boraginaceae [MD – 517] 特征纪要:习性: – 。花程式: – 。物候: – 。花期:5 月。果期:参考晚于花期。海拔:5700 米。生境:干旱坡地,沙质河岸。资源: – 。全球 1 个大洲分布及种数(2)◆南美洲(◆巴西)。

Messerschmidtia G. Don = **Messerschmidia**

Mestoklema N. E. Br. ex Glen 梅斯木属 Aizoaceae [MD – 94] 特征纪要:习性:灌木。花程式: = ↓(K3 – 4),C3 – 4,A5 参考科, = ↓G – 。其他特征参考科。全球 1 个大洲分布及种数(1 – 6)◆非洲。

Mesua L. 铁力木属 Clusiaceae [MD – 141] 特征纪要:习性:木本。花程式: – 。物候: – 。花期:3 – 5 月。果期:参考晚于花期。海拔:500 – 600 米。生境:密林中密荫中,通常栽培。资源:油脂,具栽培园艺种类。全球 6 个大洲分布及种数(12 – 108)非洲:7; 亚洲:91; 大洋洲:10; 欧洲:4; 北美洲:4; 南美洲:9。【中国种数:1】。

Mesyniopsis W. A. Weber 亚麻科属 Linaceae [MD – 315] 特征纪要:习性: – 。花程式: – 。其他特征参考科。全球 1 个大洲分布及种数(2)◆南美洲:1。

Mesynium Raf. 亚麻科属 Linaceae [MD – 315] 特征纪要:习性: – 。花程式: – 。其他特征参考科。分布: – 。

Metabasis DC. = **Hypochaeris**

Metabolos Blume = **Hedyotis**

Metabolus A. Rich. = **Hedyotis**

Metacalypogeia (S. Hatt.) Inoü 假护蒴苔属 Calypogeiaceae [B – 44] 特征纪要:习性: – 。【Rep】:雌雄异株,雄苞小,由腹叶叶腋伸出,具 4 – 8,对雄苞叶,精子器单生,蒴囊黄褐色,长椭圆形。其他特征参考科。全球 6 个大洲分布及种数(3)非洲:2;亚洲:2 – 4;大洋洲:2;欧洲:2;北美洲:2;南美洲:2。【中国种数:2】。

Metadina Bakh. f. 黄棉木属 Rubiaceae [MD – 523] 特征纪要:习性: – 。花程式: – 。物候: – 。海拔:300 – 1400 米。生境:林谷溪畔,山谷。资源: – 。全球 3 个大洲分布及种数(9)亚洲:7; 北美洲:2; 南美洲:4。

Metadistichophyllum Nog. & Z. Iwats. 锦黄藓属 Hookeriaceae [B – 164] 特征纪要:习性: – 。【Rep】:雌苞叶小,蒴柄侧生,密被刺状毛,孢蒴小,平展或下垂,卵形,具长台部,蒴齿两层,外齿层齿片,雌雄异株,内雌苞叶下部鞘状,孢蒴卵圆形,蒴齿两层,外齿层齿片披针形,具不明显的回折中脊,透明。其他特征参考科。全球 1 个大洲分布及种数(1)◆亚洲:1。

Metaeritrichium W. T. Wang 颈果草属 Boraginaceae [MD – 517] 特征纪要:习性: – 。花程式: – 。物候: – 。海拔:4300 – 5000 米。生境:冲积阶地,石质斜坡,路边。资源: – 。全球 1 个大洲分布及种数(2)◆亚洲:cf. 1。

Metagentiana T. N. Ho & S. W. Liu 狭蕊龙胆属 Gentianaceae [MD – 496] 特征纪要:习性:草本。花程式:Kn,C0,A10,↓G – 。物候: – 。花期:参考早于果期。果期:4 月。海拔:2 – 6000 米。生境:草地中阳处,常绿阔叶林林缘。资源: – 。全球 3 个大洲分布及种数(12 – 39)亚洲:15; 北美洲:2; 南美洲:2。【中国种数:10】。

Metagonia (DC.) Nutt. 越橘属 Ericaceae [MD – 380] 特征纪要:习性: – 。花程式: – 。其他特征参考科。全球 2 个大洲分布及种数(18)北美洲:1; 南美洲:1。

Metahygrobiella R. M. Schust. 巨萼苔属 Cephaloziaceae [B – 52] 特征纪要:习性: – 。【Rep】:雌苞生于茎腹面短枝上,蒴萼长筒形,口部有长刺,雄苞生于茎腹面,雄苞叶多对,呈穗状,老时呈黄褐色。其他特征参考科。全球 6 个大洲分布及种数(5)非洲:1;亚洲:2 – 3;大洋洲:1 – 2;欧洲:1;北美洲:1;南美洲:1 – 2。

Metalasia R. Br. 密头帚鼠麹属 Asteraceae [MD – 586] 特征纪要:习性:草本。花程式:(K)3 – 5,(C)3 – 5,A3 – 5, = ↓G2。其他特征参考科。全球 6 个大洲分布及种数(60 – 99)非洲:87; 亚洲:5; 大洋洲:4; 欧洲:3; 北美洲:3; 南美洲:6。

Metalejeunea Grolle 假细鳞苔属 Lejeuneaceae [B – 84] 特征纪要:习性: – 。【Rep】:老时呈红褐色。物候: – 。海拔: – 。生境:山坡,针阔混交林中。资源: – 。全球 3 个大洲分布及种数(2)亚洲:1;大洋洲:1;南美洲:1。【中国种数:1】。

Metalepis Griseb. 后鳞萝藦属 Apocynaceae [MD – 492] 特征纪要:习性: – 。花程式: – 。其他特征参考科。全球 6 个大洲分布及种数(6)非洲:2;亚洲:2 – 4;大洋洲:2;欧洲:2;北美洲:3 – 5;南美洲:4 – 6。

Metalonicera M. Wang & A. G. Gu 蓝靛果属 Caprifoliaceae [MD – 510] 特征纪要:习性: – 。花程式: – 。其他特征参考科。全球 1 个大洲分布及种数(–)。

Metamelaena <unassigned> 可可李科属 Chrysobalanaceae [MD – 243] 特征纪要:习性: – 。花程式: – 。其他特征参考科。全球 1 个大洲分布及种数(–)。

Metamorphe <unassigned> 幻花荷属 Rhodoleiaceae [MD – 64] 特征纪要: – 。全球 1 个大洲分布及种数(1)◆大洋洲:1。

Metanarthecium Maxim. 芒兰属 Nartheciaceae [MM – 618] 特征纪要:习性:草本。花程式: – 。物候: – 。海拔: – 。生境: – 。资源:具园艺种类。全球 1 个大洲分布及种数(2 – 3 hort. 1)◆亚洲。【中国种数:1】。

Metaneckera Steere 异平藓属 Neckeraceae [B – 204] 特征纪要:习性: – 。【Rep】:孢子体不详,黄绿色或黄褐色。物候: – 。海拔: – 。生境:常见于岩石或树干。资源: – 。全球 4 个大洲分布及种数(1)非洲:1;亚洲:1;欧洲:1;北美洲:1。【中国种数:1】。

Metanemone W. T. Wang 毛茛莲花属 Ranunculaceae [MD – 38] 特征纪要:习性:草本(根状茎,基生)。花程式: – 。物候: – 。花期:7 月。果期:参考晚于花期。海拔:3500 米。生境:山坡。资源: – 。全球 1 个大洲分布及种数(1 – 3)◆亚洲(◆中国)。【中国种数:1】。

Metapanax J. Wen & Frodin 梁王茶属 Araliaceae [MD－471] 特征纪要:习性:木本。花程式:－。物候:－。花期:6－8月。果期:参考晚于花期。海拔:1500－3000米。生境:常见于灌木丛,河岸,森林边缘和路边,山坡密林中。资源:药用。全球3个大洲分布及种数(2－7)亚洲:6; 大洋洲:3; 北美洲:2。【中国种数:2】。

Metapetrocosmea W. T. Wang 盾叶苣苔属 Gesneriaceae [MD－549] 特征纪要:习性:草本(根状茎,基生)。花程式:－。物候:－。花期:12月至次年2月。果期:参考晚于花期。海拔:300－700米。生境:丘陵地区森林溪边岩石。资源:－。全球1个大洲分布及种数(cf. 1)◆亚洲(◆中国)。

Metapilea W. T. Wang 荨麻属 Urticaceae [MD－91] 特征纪要:习性:－。花程式:－。其他特征参考科。全球1个大洲分布及种数(－)。

Metaplexis R. Br. 萝藦属 Apocynaceae [MD－492] 特征纪要:习性:－。花程式:－。物候:－。花期:7－9月。果期:参考晚于花期。海拔:5000米。生境:灌木丛,山谷。资源:药用,纤维,园林,具栽培园艺种类。全球5个大洲分布及种数(11)非洲:2; 亚洲:9; 欧洲:2; 北美洲:2; 南美洲:3。

Metapolypodium Ching 篦齿蕨属 Polypodiaceae [F－60] 特征纪要:习性:－。【Rep】:孢子囊群圆形,着生于分叉的上侧小脉顶端,在裂片中脉两侧各1行,无隔丝。物候:－。海拔:50－3600米。生境:杂木林树干上。资源:－。全球1个大洲分布及种数(cf. 1)◆亚洲。

Metaporana N. E. Br. 伴孔旋花属 Convolvulaceae [MD－499] 特征纪要:习性:灌木。花程式:K5,C0,A5,＝(G)2－5。物候:－。海拔:－。生境:－。资源:具园艺种类。全球2个大洲分布及种数(6)非洲:5;亚洲:cf. 1。

Metarhacocarpus Nog. ＝ **Dicnemon**

Metarungia Baden 金乌花属 Acanthaceae [MD－572] 特征纪要:习性:草本。花程式:K2－4,C0,A2－4,↓G。其他特征参考科。全球1个大洲分布及种数(2)◆非洲。

Metasasa W. T. Lin ＝ **Acidosasa**

Metasequoia Hu & W. C. Cheng 水杉属 Cupressaceae [G－17] 特征纪要:习性:－。【Rep】:球果下垂,当年成熟,近球形,微具四棱,稀成矩圆状球形,有长梗,种鳞木质,盾形,交叉对生,顶部横长斜方形,有凹槽,基部楔形,宿存,发育种鳞有5－9粒种子,种子扁平,周围有窄翅,先端有凹缺,子叶2,发芽时出土。物候:－。海拔:200－2800米。生境:溪旁。资源:药用,具栽培园艺种类。全球5个大洲分布及种数(1－6)非洲:2; 亚洲:6; 大洋洲:2; 欧洲:6; 北美洲:6。【中国种数:1】。

Metasequoiaceae H. H. Hu & W. C. Cheng ＝ Cupressaceae

Metashangrilaia Al－Shehbaz & D. A. German 水苏菜属 Brassicaceae [MD－213] 特征纪要:习性:草本。花程式:K4,C4,A3参考科,↓G－参考科。物候:－。花期:3－7月。果期:6－8月。海拔:30－6200米。生境:半固定沙地前平地,作为蔬菜栽培。资源:具栽培园艺种类。全球1个大洲分布及种数(1)◆亚洲:1。

Metasocratea Dugand ＝ **Socratea**

Metastachydium H. K. Airy－Shaw ex C. Y. Wu & H. W. Li 箭叶水苏属 Lamiaceae [MD－575] 特征纪要:习性:草本。花程式:(K－),C2－3参考科,A3参考科,↓G。物候:－。海拔:5400米。生境:草甸上,山坡草地。资源:－。全球1个大洲分布及种数(cf. 1)◆亚洲(◆中国)。【中国种数:1】。

Metastelma R. Br. 异被藤属 Asclepiadaceae [MD－494] 特征纪要:习性:木本。花程式:K5,C0,A15,＝↓(G)2。其他特征参考科。全球6个大洲分布及种数(108－123)非洲:5－8;亚洲:7－13;大洋洲:3;欧洲:3;北美洲:69－79;南美洲:44－54。【中国种数:1】。

Metastevia Grashoff ＝ **Stevia**

Metathelypteris (H. Itô) Ching 凸轴蕨属 Thelypteridaceae [F－42] 特征纪要:习性:－。【Rep】:孢子囊群小,圆形,生于侧脉中部以上。物候:－。海拔:600－2200米。生境:山地,丘陵,杂木罗藻竹林缘。资源:－。全球2个大洲分布及种数(20－21;hort. 1)非洲:3;亚洲:17－19。【中国种数:1】。

Metatrophis F. Br. 波利荨麻属 Urticaceae [MD－91] 特征纪要:习性:木本。花程式:Kn,C0,A2－4,(G)1)。其他特征参考科。全球1个大洲分布及种数(1) ◆大洋洲:1。

Metaxya C. Presl 丝囊蕨属 Metaxyaceae [F－24] 特征纪要(同科)。全球3个大洲分布及种数(5－12)大洋洲:2; 北美洲:3; 南美洲:11。

Metaxyaceae Pic. Serm. [F－24] 丝囊蕨科 特征纪要(参考 Antheliaceae),密集丛生,倾立,褐绿色,有光泽。【Rep】:颈卵器顶生,蒴萼卵圆形,有多条纵褶,口部具多个裂瓣,蒴柄短。全球3个大洲分布及属种数(1/1)大洋洲:1; 北美洲:1; 南美洲:1。

Metcalfia Conert 燕穗草属 Poaceae [MM－748] 特征纪要:习性:草本。花程式:(K)3,C0参考科,A1－2,＝G2－3。其他特征参考科。全球4个大洲分布及种数(1－3)非洲:2; 欧洲:2; 北美洲:2; 南美洲:1。

Meteoriaceae Kindb. [B－188] 蔓藓科 特征纪要(参考 Cephaloziellaceae),深绿色或褐绿色,匍匐,常与其他苔藓形成群丛茎单一或稀疏分枝叶疏生或覆瓦状蔽前式排列,三角状卵形,先端。【Rep】:雌雄异株,雄苞小,由腹叶叶腋伸出,具4－8对雄苞叶,精子器单生,蒴囊黄褐色,长椭圆形。全球5个大洲分布和属种数(29/443)亚洲:21/194;大洋洲:16/71;欧洲:9/21;北美洲:18/96;南美洲:20/159。【中国属种数:27/244(31)】。

Meteoridium Manül 蔓青藓属 Meteoriaceae [B－188] 特征纪要:习性:－。【Rep】:绿色或棕绿色。其他特征参考科。全球3个大洲分布及种数(2)欧洲:1;北美洲:2;南美洲:2。

Meteoriella S. Okamura 小蔓藓属 Pterobryaceae [B－201] 特征纪要:习性:－。【Rep】:雌雄异株,蒴柄弯曲,高出于雌苞叶,孢蒴近于圆球形,蒴口小,蒴齿单层。物候:－。海拔:－。生境:常见于林下树干,土生。资源:药用。全球1个大洲分布及种数(2)◆亚洲:2。【中国种数:2】。

Meteoriopsis M. Fleisch. ex Broth. 粗蔓藓属 Meteoriaceae [B－188] 特征纪要:习性:－。【Rep】:雌雄异株,蒴柄

短,平滑,孢蒴卵形或长卵形,环带分化,常存,蒴齿两层,蒴盖具直喙或斜喙,蒴帽兜形。物候:-。海拔:-。生境:山谷林下。资源:-。全球3个大洲分布及种数(12)亚洲:6;大洋洲:5;南美洲:5。【中国种数:11】。

Meteorium (Brid.) Dozy & Molk. 蔓藓属 Meteoriaceae [B-188] 特征纪要:习性:-。【Rep】:雌雄异株,蒴柄密被疣,孢蒴卵形至卵状椭圆形,蒴齿两层,内外齿层等长。物候:-。海拔:680米。生境:树根生。资源:-。全球6个大洲分布及种数(93)非洲:7;亚洲:43;大洋洲:14;欧洲:3;北美洲:21;南美洲:37。【中国种数:34】。

Meterostachys Nakai 瓦松属 Crassulaceae [MD-229] 特征纪要:习性:草本。花程式:=↓(K3-5-∞),C3-5-∞,A4,=↓G(-)。其他特征参考科。全球1个大洲分布及种数(2)◆亚洲。

Metharme Phil. ex Engl. 毛被蒺藜属 Zygophyllaceae [MD-288] 特征纪要:习性:木本。花程式:K4-5,C4-5,A3-6,=(G)2-5。其他特征参考科。全球1个大洲分布及种数(1)◆南美洲(◆智利)。

Metopium P. Br. 毒胶漆属 Anacardiaceae [MD-432] 特征纪要:习性:木本。花程式:K5,C5,A5-10,=(G)1-3。其他特征参考科。全球3个大洲分布及种数(4-11)亚洲:4; 北美洲:6; 南美洲:4。【中国种数:1】。

Metrocynia Thou. = **Cynometra**

Metrodorea A. St. -Hil. 囊髓香属 Rutaceae [MD-399] 特征纪要:习性:木本。花程式:K5,C5,A4,=G1-3。其他特征参考科。全球1个大洲分布及种数(5-6)◆南美洲。

Metrosideros Banks ex Gaertn. 铁心木属 Myrtaceae [MD-347] 特征纪要:习性:木本。花程式:=↓(K4-5),C4-5,A8-10,=↓G2-5。物候:-。海拔:-。生境:-。资源:具栽培园艺种类。全球6个大洲分布及种数(41-83;hort.1;cult. 4)非洲:9-20;亚洲:10-21;大洋洲:33-75;欧洲:7;北美洲:6-15;南美洲:2-9。【中国种数:3】。

Metroxylon Rottb. 西谷椰属 Arecaceae [MM-717] 特征纪要:习性:木本。花程式:K3-10,C3-10,A3-10,=G3-10。物候:-。海拔:-。生境:-。资源:具栽培园艺种类。全球6个大洲分布及种数(7-36)非洲:8; 亚洲:18; 大洋洲:14; 欧洲:7; 北美洲:7; 南美洲:11。

Metteniusa H. Karst. 水螅花属 Metteniusaceae [MD-454] 特征纪要:习性:木本。花程式:-。其他特征参考科。全球2个大洲分布及种数(5-8;hort.1)北美洲:1;南美洲:4-7。

Metteniusaceae H. Karst. ex Schnizl. [MD-454] 水螅花科 特征纪要:习性:木本;落叶。花程式:K4-5(-),C5,A3,↑G-。物候:-。花期:-。果期:-。果实:-。种子:-。海拔:500-1900米。全球2个大洲分布及属种数(3/10-13 <IFR 1/1> hort.1) 北美洲:1/2; 南美洲:3/10-13(IFR 1/1)。【中国属种数:2/2】。

Metternichia J. C. Mikan 舒尔花属 Solanaceae [MD-503] 特征纪要:习性:草本。花程式:K3-4,C0,A3-4,↓G。物候:-。海拔:-。生境:-。资源:具栽培园艺种类。全球2个大洲分布及种数(2-10)北美洲:1; 南美洲:6。

Metzgeria Raddi 叉苔属 Metzgeriaceae [B-89] 特征纪要:习性:-。【Rep】:与叶状体分界明显,叶状体边缘及中肋腹面通常着生单细胞的长纤毛。物候:-。海拔:2160米。生境:石壁,土生。资源:-。全球6个大洲分布及种数(69-99)非洲:9-27;亚洲:27-48;大洋洲:21-50;欧洲:8-24;北美洲:17-34;南美洲:38-66。【中国种数:19】。

Metzgeriaceae H. Klinggr. [B-89] 叉苔科 特征纪要:深绿色或褐绿色,匍匐,常与其他苔藓形成群丛茎单一或稀疏分枝叶疏生或覆瓦状蔽前式排列,三角状卵形,先端。【Rep】:雌雄异株,雄苞小,由腹叶叶腋伸出,具4-8对雄苞叶,精子器单生,蒴囊黄褐色,长椭圆形。全球6个大洲分布和属种数(3/71-120)非洲:1/9-27;亚洲:2/29-50;大洋洲:2/22-51;欧洲:1/8-24;北美洲:1/17-34;南美洲:1/38-66。【中国属种数:2/22(4)】。

Metzgeriopsis K. I. Göbel 花鳞苔属 Lejeuneaceae [B-84] 特征纪要:习性:-。物候:-。海拔:-。生境:山坡,针阔混交林中。资源:-。全球1个大洲分布及种数(1)◆非洲。

Metzgeriothallus R. M. Schust. 孢芽藓科属 Sorapillaceae [B-212] 特征纪要和分布(-)。分布:-。

Metzlera Milde ex I. Hagen = **Metzleria**

Metzlerella I. Hagen 中华长帽藓属 Dicranaceae [B-128] 特征纪要:习性:-。物候:-。全球1个大洲分布及种数(-)。

Metzleria Schimp. ex Milde 高山长帽藓属 Leucobryaceae [B-129] 特征纪要:习性:-。【Rep】:孢蒴无气孔,雌雄异株或假雌雄同株,雌苞叶鞘状,具长尖,孢子体顶生或侧生,有时丛生,蒴柄直立。物候:-。全球5个大洲分布及种数(28)非洲:7; 亚洲:2; 欧洲:2; 北美洲:2; 南美洲:5。

Meum Mill. 熊根芹属 Apiaceae [MD-480] 特征纪要:习性:草本。花程式:=↓(K5),C5,A5,=↓G(-)。物候:-。海拔:50-5600米。生境:半荒漠中和砾石质山坡上,柞林内。资源:-。全球1个大洲分布及种数(2-4)◆亚洲:cf.1。【中国种数:1】。

Mexacanthus T. F. Daniel 墨西哥刺爵床属 Acanthaceae [MD-572] 特征纪要:习性:草本。花程式:K2-4,C0,A2-4,=↓(G)2。其他特征参考科。全球3个大洲分布及种数(1-12)亚洲:2; 北美洲:12; 南美洲:10。

Mexerion G. L. Nesom 匍茎紫绒草属 Asteraceae [MD-586] 特征纪要:习性:草本。花程式:(K)3-5,C3-5,A3-5,=↓(G)2。其他特征参考科。全球1个大洲分布及种数(2)◆北美洲(◆墨西哥)。

Mexianthus B. L. Rob. 墨花菊属 Asteraceae [MD-586] 特征纪要:习性:草本。花程式:(K)3-5,C3-5,A3-5,=↓(G)2。其他特征参考科。全球1个大洲分布及种数(1)◆北美洲(◆墨西哥)。

Mexicoa Garay = **Oncidium**

Meximalva Fryxell 花旗彩锦葵属 Malvaceae [MD-203] 特征纪要:习性:木本。花程式:K5-∞,C5-∞,A10-8,=(G)1-5。其他特征参考科。全球2个大洲分布及种数(2-3)北美洲:3; 南美洲:3。

Mexipedium V. A. Albert & M. W. Chase = **Paphiopedilum**

Mexotis Terrell & H. Rob. 加勒比茜草属 Rubiaceae [MD-523] 特征纪要:习性:木本。花程式:(K)4-5,(C)4-

5,A4－5,＝↓(G)2－9。其他特征参考科。全球6个大洲分布及种数(4－7)非洲:2; 亚洲:2; 大洋洲:2; 欧洲:6; 北美洲:6; 南美洲:4。【中国种数:1】。

Meyenia Nees 迈恩爵床属 Acanthaceae [MD－572] 特征纪要和分布(－)。全球1个大洲分布及种数(1 cf.)◆北美洲。

Meyeria DC. ＝ **Calea**

Meyerophytum Schwantes 群鸟玉属 Aizoaceae [MD－94] 特征纪要:习性:灌木。花程式:＝↓(K3－4),C3－4,A5参考科,＝↓G－。其他特征参考科。全球2个大洲分布及种数(2－5)非洲:5; 南美洲:2。

Meyna Roxb. ex Link 琼梅属 Rubiaceae [MD－523] 特征纪要:习性:木本。花程式:－。物候:－。花期:4－8月。果期:参考晚于花期。海拔:5－4800米。生境:少见。资源:－。全球5个大洲分布及种数(10－16)非洲:8; 亚洲:11; 欧洲:2; 北美洲:2; 南美洲:2。【中国种数:4】。

Mezereum C. A. Mey. ＝ **Daphne**

Mezia Schwacke ex Nied. 梅茨木属 Malpighiaceae [MD－343] 特征纪要:习性:－。花程式:－。其他特征参考科。全球4个大洲分布及种数(15－29)非洲:2; 亚洲:5; 北美洲:1; 南美洲:24。

Meziella Schindl. 刺果仙草属 Haloragaceae [MD－271] 特征纪要:草本,叶互生,落叶; 花程式:＝↓(K),C(2－)4,A(－),G(－)。果实:核果。种子:种皮膜质,纵折。全球1个大洲分布及种数(cf. 1)◆大洋洲:1。

Mezierea Gaudich. ＝ **Begonia**

Mezilaurus Kuntze ex Taub. 桂土楠属 Lauraceae [MD－21] 特征纪要:习性:木本。花程式:K3－9,C0,A3－9,＝G1－3。其他特征参考科。全球2个大洲分布及种数(24－35)北美洲:2; 南美洲:34。

Meziothamnus Harms ＝ **Abromeitiella**

Mezobromelia L. B. Sm. 塔穗凤梨属 Bromeliaceae [MM－715] 特征纪要:习性:－。花程式:－。其他特征参考科。全球2个大洲分布及种数(10－11)北美洲:2;南美洲:9。

Mezochloa Butzin ＝ **Alloteropsis**

Mezoneuron Desf. 见血飞属 Fabaceae1 [MD－240] 特征纪要:习性:木本。花程式:＝↓(K3－5－∞),C3－5－∞,A3－5,＝↓G1－2。物候:－。花期:4－5月。果期:参考晚于花期。海拔:100－1500米。生境:高山密林或疏林中,山谷或溪边。资源:具栽培园艺种类。全球6个大洲分布及种数(14－24)非洲:5－7;亚洲:9－11;大洋洲:1－6;欧洲:1;北美洲:2;南美洲:1。【中国种数:7】。

Mezoneurum DC. 菲律宾云实属 Fabaceae3 [MD－240] 特征纪要:－。全球3个大洲分布及种数(19)非洲:3; 亚洲:15; 大洋洲:1。

Mezonevron Desf. 柔毛见血飞属 Fabaceae3 [MD－240] 特征纪要:习性:木本。花程式:＝↓(K3－5－∞),C3－5－∞,A1－10－50,＝↓G1。其他特征参考科。全球4个大洲分布及种数(2－3)非洲:cf. 1;亚洲:cf. 1;大洋洲:1;北美洲:1。

Mezzettia Becc. 单心依兰属 Annonaceae [MD－7] 特征纪要:习性:木本。花程式:K3－∞,C3,A2,＝G10－100。其他特征参考科。全球2个大洲分布及种数(4－10)亚洲:10; 大洋洲:2。

Mezzettiopsis Ridl. 蚁花属 Annonaceae [MD－7] 特征纪要:习性:－。花程式:－。物候:－。花期:参考早于果期。果期:6－12月。海拔:100－2400米。生境:山地林中。资源:－。全球2个大洲分布及种数(1)亚洲:1;大洋洲:1。

Mibora Adans. 早沙草属 Poaceae [MM－748] 特征纪要:习性:草本。花程式:(K)3,C0参考科,A1－2,＝G2－3。其他特征参考科。全球6个大洲分布及种数(2－26)非洲:12; 亚洲:10; 大洋洲:5; 欧洲:10; 北美洲:10; 南美洲:7。【中国种数:1】。

Micarea <unassigned> 笑牡丹属 Melastomataceae [MD－364] 特征纪要和分布(－)。分布:－。

Michaelmoelleria <unassigned> 苦苣苔属 Gesneriaceae [MD－549] 特征纪要:习性:－。花程式:－。其他特征参考科。全球1个大洲分布及种数(－)。

Michauxia L'Hér. 伞风铃属 Campanulaceae [MD－561] 特征纪要:习性:－。花程式:－。其他特征参考科。全球3个大洲分布及种数(6－8)亚洲:5－7;欧洲:cf. 1;北美洲:cf. 1。

Michelaria Dumort. ＝ **Bromus**

Michelia Spach 含笑属 Magnoliaceae [MD－1] 特征纪要和分布(－)。全球1个大洲分布及种数(45－71)◆亚洲。

Micheliopsis H. Keng ＝ **Magnolia**

Michelsonia Hauman 热非豆属 Fabaceae1 [MD－240] 特征纪要:习性:木本。花程式:＝↓(K3－5－∞),C3－5－∞,A1－10－50,＝↓G(－)。其他特征参考科。全球1个大洲分布及种数(1)◆非洲。

Michenera <unassigned> 花地钱科属 Corsiniaceae [B－18] 特征纪要:－。全球2个大洲分布及种数(1)北美洲:1; 南美洲:1。

Micholitzia N. E. Br. 扇叶藤属 Asclepiadaceae [MD－494] 特征纪要:习性:－。花程式:－。物候:－。花期:7月。果期:参考晚于花期。海拔:1000－1600米。生境:山地森林,通常依附于岩石或树木。资源:园林,具栽培园艺种类。全球1个大洲分布及种数(cf. 1)◆亚洲。

Mickelia R. C. Moran, Labiak & Sundü 西实蕨属 Dryopteridaceae [F－49] 特征纪要:习性:－。【Rep】:芽胞,孢子同形; 囊群生叶背。物候:－。海拔:50－3600米。生境:常绿阔叶林,棕竹林下。资源:－。全球3个大洲分布及种数(11－12)亚洲:cf. 1;北美洲:7;南美洲:10－11。【中国种数:1】。

Micklethwaitia G. P. Lewis & Schrire 非洲蝶形花属 Fabaceae3 [MD－240] 特征纪要:习性:木本。花程式:＝↓(Kn),C2－3参考科,A3参考科,＝↓G(－)。其他特征参考科。全球1个大洲分布及种数(1)◆非洲。

Miconia Ruiz & Pav. 绢木属 Melastomataceae［MD－364］特征纪要：习性：木本。花程式：－。其他特征参考科。全球 6 个大洲分布及种数(1252－1513；hort. 1；cult. 3)非洲：15－36；亚洲：57－83；大洋洲：32－62；欧洲：7－29；北美洲：407－523；南美洲：1053－1189。【中国种数：27】。

Micrachne P. M. Peterson, Romasch. & Y. Herrera 绢禾草属 Poaceae［MM－748］特征纪要：习性：草本。花程式：(K－)，C0 参考科，A3 参考科，↓G－参考科。其他特征参考科。全球 1 个大洲分布及种数(5)◆非洲：5。

Micractis DC. 白盘菊属 Asteraceae［MD－586］特征纪要：习性：草本。花程式：(K)3－5，(C)3－5，A3－5，=↓G2。其他特征参考科。全球 1 个大洲分布及种数(2－3)◆非洲。

Micradenia Miers = **Mandevilla**

Micraira F. Müll. 百生草属 Poaceae［MM－748］特征纪要：习性：草本。花程式：(K)3，C0 参考科，A1－2，=(G)2－3。其他特征参考科。全球 1 个大洲分布及种数(13－15)◆大洋洲(◆澳大利亚)。

Micralsopsis W. R. Buck 细树藓属 Pterobryaceae［B－201］特征纪要：习性：－。【Rep】：雌雄异株，稀雌雄同株，蒴柄短或较长，平滑或粗糙，孢蒴长卵形，直立，蒴齿两层，环带不分化，蒴盖圆锥形，亮绿色至红棕色。物候：－。海拔：－。生境：常见于林下树干，土生。资源：－。全球 1 个大洲分布及种数(cf. 1)◆亚洲(◆中国)。

Micrandra Benth. 巴桐属 Euphorbiaceae［MD－217］特征纪要和分布(－)。全球 1 个大洲分布及种数(13－14)◆南美洲。

Micrandropsis W. A. Rodrigüs 星巴桐属 Euphorbiaceae［MD－217］特征纪要：习性：木本。花程式：K1(1000)，C0，A6，=(G)2－3。其他特征参考科。全球 1 个大洲分布及种数(1)◆南美洲(◆巴西)。

Micranthemum Michx. 小泥花属 Linderniaceae［MD－534］特征纪要：习性：草本。花程式：－。其他特征参考科。全球 6 个大洲分布及种数(10－18)非洲：2；亚洲：1－4；大洋洲：2；欧洲：2；北美洲：8－18；南美洲：3－5。【中国种数：1】。

Micranthera Choisy = **Tovomita**

Micranthes Haw. 莛虎耳草属 Saxifragaceae［MD－231］特征纪要和分布(－)。全球 3 个大洲分布及种数(73－82 hort. 1；cult. 2) 亚洲；欧洲；北美洲。【中国种数：9】。

Micrantheum Desf. 石南桐属 Euphorbiaceae［MD－217］特征纪要：习性：－。花程式：－。其他特征参考科。全球 2 个大洲分布及种数(4－18)大洋洲：11；南美洲：2。

Micranthocereus Backeb. 小花柱属 Cactaceae［MD－100］特征纪要：习性：木本。花程式：=↓(K1－∞)，C1－∞，A3－100，=↓(G)3－100。其他特征参考科。全球 1 个大洲分布及种数(14)◆南美洲。

Micranthus (Pers.) Eckl. 穗花鸢尾属 Iridaceae［MM－700］特征纪要：习性：－。花程式：－。其他特征参考科。全球 6 个大洲分布及种数(8－12)非洲：6－7；亚洲：2－3；大洋洲：1；欧洲：1；北美洲：1；南美洲：1。

Micrargeria Benth. 润铃草属 Orobanchaceae［MD－552］特征纪要：习性：草本。花程式：K5，C0，A2－4，=G2－3。其他特征参考科。全球 3 个大洲分布及种数(3－6)非洲：2－3；亚洲：1－2；南美洲：cf. 1。

Micrargeriella R. E. Fr. 莎寄生属 Orobanchaceae［MD－552］特征纪要：习性：草本。花程式：K5，C0，A3 参考科，↓G。其他特征参考科。全球 1 个大洲分布及种数(1)◆非洲。

Micrasepalum Urb. 花旗茜属 Rubiaceae［MD－523］特征纪要：习性：木本。花程式：(K)4－5，(C)4－5，A4－5，=↓(G)2－9。其他特征参考科。全球 2 个大洲分布及种数(2－3)北美洲：3；南美洲：2。

Micrechites Miq. 小花藤属 Apocynaceae［MD－492］特征纪要：习性：木质攀援。花程式：(K－)，C2－3 参考科，A10，↓G－。物候：－。花期：4－6 月。果期：参考晚于花期。海拔：800－1400 米。生境：季节雨林，山谷密林潮湿地。资源：具园艺种类。全球 6 个大洲分布及种数(10－15)非洲：5－10；亚洲：5－11；大洋洲：5；欧洲：5；北美洲：5；南美洲：5。【中国种数：4】。

Micrisophylla King ex Hook. f. 刺毛细指苔属 Lepidoziaceae［B－63］特征纪要：－。全球 1 个大洲分布及种数(3)◆南美洲：1。

Microbambus K. Schum. = **Guaduella**

Microberlinia A. Chev. 斑马木属 Fabaceae1［MD－240］特征纪要：习性：木本。花程式：=↓(K3－5－∞)，C3－5－∞，A3－5，=↓G1－2。其他特征参考科。全球 1 个大洲分布及种数(2)◆非洲。

Microbignonia Kraenzl. = **Dolichandra**

Microbiota Kom. 胡柏属 Cupressaceae［G－17］特征纪要：习性：－。【Rep】：复轴，浆果状，苞鳞融合成果皮状，种鳞多退化，球果圆球形，卵圆形或圆柱形，种鳞薄或厚，扁平或盾形，木质或近革质，熟时张开，或肉质合生呈浆果状，熟时不裂或仅顶端微开裂，发育种鳞有 1 至多粒种子，种子周围具窄翅或。物候：－。花期：3－4 月。果期：参考晚于花期。海拔：100－5100 米。生境：纯林，种植用于装饰，木材和植树造林。资源：具栽培园艺种类。全球 1 个大洲分布及种数(1－2)◆亚洲。

Microbiotaceae Nakai = Cupressaceae

Microblepharis M. Roem. = **Adenia**

Microbriza Parodi ex E. G. Nicora & Z. E. Rúgolo = **Chascolytrum**

Microbrochis (C. Presl) C. Presl 三叉蕨属 Dryopteridaceae［F－49］特征纪要：习性：－。【Rep】：孢子囊单生叶背。其他特征参考科。全球 2 个大洲分布及种数(cf. 1)北美洲；南美洲。

Microbryum Schimp. 细丛藓属 Pottiaceae［B－133］特征纪要：习性：－。【Rep】：孢腔轮廓清晰，蒴齿缺如，或具蒴齿而无基膜，下部呈黄绿或黄棕色。物候：－。海拔：－。生境：常见于高山岩石上。栽培：来自广西龙州。资源：具栽培园艺种类。全球 6 个大洲分布及种数(14)非洲：7；亚洲：6；大洋洲：5；欧洲：10；北美洲：7；南美洲：2。【中国种数：1】。

Microcachrydaceae Doweld & Reveal = Podocarpaceae

Microcachrys Hook. f. 寒寿松属 Podocarpaceae [G-13] 特征纪要:习性:-。【Rep】:复轴,短穗状,上部苞片杯套状,内有种子发生,寡种子,雌雄同株。其他特征参考科。全球3个大洲分布及种数(1-2)大洋洲:1; 北美洲:1; 南美洲:1。

Microcalamus Gamble 小苇草属 Poaceae [MM-748] 特征纪要:习性:-。花程式:-。其他特征参考科。全球3个大洲分布及种数(1-10)非洲:6; 亚洲:2; 南美洲:2。

Microcampylopus (Müll. Hal.) M. Fleisch. 小曲柄藓属 Dicranaceae [B-128] 特征纪要:习性:-。【Rep】:蒴帽边缘有缨络。物候:-。全球6个大洲分布及种数(5)非洲:2;亚洲:3;大洋洲:1;欧洲:1;北美洲:2;南美洲:2。【中国种数:3】。

Microcardamum O. E. Schulz = **Hornungia**

Microcarpaea R. Br. 小果草属 Phrymaceae [MD-559] 特征纪要:习性:草本(水生)。花程式:-。物候:-。花期:7-10月。果期:参考晚于花期。海拔:500-1400米。生境:稻田,沼泽。资源:具园艺种类。全球2个大洲分布及种数(2-3)亚洲:1;大洋洲:1-2。【中国种数:1】。

Microcaryum I. M. Johnst. 微果草属 Boraginaceae [MD-517] 特征纪要:习性:草本(基生)。花程式:(K-),C5,A5,↓G-4。物候:-。花期:7-8月。果期:参考晚于花期。海拔:3900-4700米。生境:高山草甸。资源:-。全球2个大洲分布及种数(1-6)亚洲:3; 南美洲:1。【中国种数:1】。

Microcephala Pobed. 小头菊属 Asteraceae [MD-586] 特征纪要:习性:草本。花程式:(K)3-5,C3-5,A3-5,=↓(G)2。物候:-。花期:7-10月。果期:参考晚于花期。海拔:6000米。生境:阿尔泰山地针叶林带山沟,柞林下路旁。资源:-。全球2个大洲分布及种数(5-10)亚洲:8; 南美洲:3。【中国种数:1】。

Microcerasus M. Roem. = **Prunus**

Microchaeta Nutt. = **Lipochaeta**

Microcharis Benth. 木蓝豆属 Fabaceae3 [MD-240] 特征纪要:习性:木本。花程式:=↓(K1-∞),C1-∞,A5-9,=↓G1。其他特征参考科。全球3个大洲分布及种数(38-45)非洲:42; 亚洲:10; 北美洲:2。【中国种数:3】。

Microchilus C. Presl 小唇兰属 Orchidaceae [MM-723] 特征纪要:习性:草本。花程式:(K)3,C3,A3,=↓(G)3。其他特征参考科。全球6个大洲分布及种数(149-174;hort. 1)非洲:2;亚洲:1-3;大洋洲:4;欧洲:2;北美洲:28-30;南美洲:125-148。

Microchirita (C. B. Clarke) Yin Z. Wang 钩序苣苔属 Gesneriaceae [MD-549] 特征纪要:习性:草本。花程式:Kn,C0,A2,↓(G)2。物候:-。花期:7-10月。果期:参考晚于花期。海拔:80-4600米。生境:生于山地林下岩石上。资源:药用。全球4个大洲分布及种数(43-44)非洲:2; 亚洲:44; 欧洲:2; 北美洲:2。

Microchloa R. Br. 小草属 Poaceae [MM-748] 特征纪要:习性:草本(基生)。花程式:(K-),C0 参考科,A3 参考科,=G2-3。物候:-。海拔:2500米。生境:江畔岩隙或河滩草地,云南松林下。资源:具栽培园艺种类。全球6个大洲分布及种数(8)非洲:7-8;亚洲:3-4;大洋洲:1-2;欧洲:1;北美洲:2-3;南美洲:3-4。【中国种数:2】。

Microcnemum Ung.-Sternb. 珊瑚蓬属 Amaranthaceae [MD-116] 特征纪要:习性:草本。花程式:K3-5,C0,A3-5,=↓(G)2-5。其他特征参考科。全球1个大洲分布及种数(1)◆欧洲。

Micrococca Benth. 地构桐属 Euphorbiaceae [MD-217] 特征纪要:习性:木本。花程式:K1(1000),C0,A6,=(G)2-3。其他特征参考科。全球3个大洲分布及种数(13-15;hort. 1)非洲:9;亚洲:4-6;大洋洲:2。【中国种数:2】。

Micrococos Phil. = **Jubaea**

Microcodon A. DC. 小风铃属 Campanulaceae [MD-561] 特征纪要:习性:草本。花程式:-。其他特征参考科。全球2个大洲分布及种数(4-16)非洲:14; 亚洲:2。

Microcoelia Lindl. 球距兰属 Orchidaceae [MM-723] 特征纪要:习性:草本。花程式:(K)3,C3,A3,=↓G3。其他特征参考科。全球6个大洲分布及种数(39)非洲:36-40;亚洲:1-2;大洋洲:1;欧洲:1;北美洲:1;南美洲:1。

Microconomorpha (Mez) Lundell = **Cybianthus**

Microcorys R. Br. 盔南苏属 Lamiaceae [MD-575] 特征纪要:习性:草本。花程式:K2,C0,A2,G2。其他特征参考科。全球2个大洲分布及种数(21-34)大洋洲:33; 南美洲:4。

Microcos Burm. ex L. 破布叶属 Malvaceae [MD-203] 特征纪要:习性:木本。花程式:-。物候:-。花期:夏天-秋天。果期:参考晚于花期。海拔:100-3900米。生境:阴处山缓坡灌木丛中。栽培:来自广西龙州。资源:具栽培园艺种类。全球6个大洲分布及种数(81-112)非洲:34; 亚洲:83; 大洋洲:16; 欧洲:3; 北美洲:3; 南美洲:7。【中国种数:7】。

Microcrossidium J. Gürra & M. J. Cano 微丛藓属 Pottiaceae [B-133] 特征纪要:习性:-。【Rep】:孢腔轮廓清晰,蒴齿缺如,或具蒴齿而无基膜,下部呈黄绿或黄棕色。其他特征参考科。全球1个大洲分布及种数(1)◆非洲。

Microctenidium M. Fleisch. 小梳藓属 Hypnaceae [B-189] 特征纪要:习性:-。【Rep】:雌雄异株或雌雄异苞同株,生殖苞侧生,雌苞叶分化,蒴柄长。物候:-。海拔:-。生境:常见于林下土或岩面薄土,沼泽水生。资源:-。全球1个大洲分布及种数(3)◆亚洲。【中国种数:2】。

Microcybe Turcz. 爪南香属 Rutaceae [MD-399] 特征纪要:习性:木本。花程式:K5,C5,A4,=G1-3。其他特征参考科。全球2个大洲分布及种数(6-12)大洋洲:9; 南美洲:2。

Microcycadaceae Tarbaeva = Zamiaceae

Microcycas (Miq.) A. DC. 小苏铁属 Zamiaceae [G-2] 特征纪要:习性:-。【Rep】:雌雄异株,单轴球果。其他

特征参考科。全球 1 个大洲分布及种数(1)◆北美洲。

Microcystis <unassigned> 小金娘属 Myrtaceae [MD-347] 特征纪要:-。全球 5 个大洲分布及种数(32)非洲:4; 亚洲:5; 大洋洲:1; 欧洲:5; 南美洲:17。

Microdactylon Brandegee 花旗小萝藦属 Apocynaceae [MD-492] 特征纪要:习性:-。花程式:-。其他特征参考科。全球 6 个大洲分布及种数(19)非洲:7; 亚洲:8; 大洋洲:8; 欧洲:17; 北美洲:17; 南美洲:10。

Microdendron Broth. 金发藓科属 Polytrichaceae [B-101] 特征纪要:习性:-。【Rep】:参考科特征:孢子同形,雌雄异株,稀雌雄同株,蒴柄细长,孢蒴长圆柱形,单生或多个簇生,蒴齿单层,齿片 32,棕红色,蒴盖圆锥形。物候:-。海拔:0 米。生境:常见于林边阴湿土壁,杂木林下。资源:-。全球 1 个大洲分布及种数(1)◆亚洲(◆中国)。【中国种数:1】。

Microdesmia (Benth.) Sothers & Prance = **Microdesmis**

Microdesmis Planch. 小盘木属 Pandaceae [MD-234] 特征纪要:习性:木本。花程式:-。物候:-。花期:3-9 月。果期:参考晚于花期。海拔:200-800 米。生境:山谷,山坡密林下或灌木丛中。资源:具园艺种类。全球 3 个大洲分布及种数(12-13)非洲:9-10;亚洲:cf. 1;南美洲:2。【中国种数:3】。

Microdon Choisy 猫尾花属 Scrophulariaceae [MD-536] 特征纪要:习性:灌木。花程式:K2-4,C0,A2-4,↓G2。物候:-。海拔:-。生境:-。资源:具园艺种类。全球 4 个大洲分布及种数(7-38)非洲:37; 亚洲:4; 北美洲:3; 南美洲:18。

Microdracoides Hua 鳞莎木属 Cyperaceae [MM-747] 特征纪要:习性:草本。花程式:(K)3,C3,A1-3,=↓G2-3。其他特征参考科。全球 1 个大洲分布及种数(1)◆非洲。

Microdus Schimp. ex Besch. 小毛藓属 Dicranaceae [B-128] 特征纪要:习性:木本。【Rep】:雌苞叶分化,基部鞘状,有毛尖,蒴柄长,均高出于雌苞叶,孢蒴直立或背曲,长圆柱形或长椭圆形,辐射对称,雌雄异株,雄株矮小,附于假根上成假雌雄同株,雌苞叶形大,高鞘状,上部具细毛尖,与孢蒴等长或长于孢蒴。物候:-。全球 5 个大洲分布及种数(34)非洲:7;亚洲:7;大洋洲:7;北美洲:5;南美洲:12。【中国种数:2】。

Microepidendrum Brieger ex W. E. Higgins 围柱兰属 Orchidaceae [MM-723] 特征纪要:习性:草本。花程式:(K)3,C3,A3,↓G-。其他特征参考科。全球 1 个大洲分布及种数(1) ◆北美洲:1。

Microeurhynchium Ignatov & Vanderp. 青藓属 Brachytheciaceae [B-187] 特征纪要:习性:-。【Rep】:雌苞侧生,雌苞叶分化,蒴柄长,平滑或粗糙,孢蒴卵球形或长椭圆状圆柱形,下弯至横生,甚少直立,颈部短而,绿色或棕绿色。其他特征参考科。全球 2 个大洲分布及种数(-)亚洲;欧洲。

Microgenetes A. DC. = **Phacelia**

Microgilia J. M. Porter & L. A. Johnson 山号草属 Polemoniaceae [MD-481] 特征纪要:习性:草本。花程式:-。其他特征参考科。全球 2 个大洲分布及种数(1-2)北美洲:2; 南美洲:1。

Microglossa DC. 小舌菊属 Asteraceae [MD-586] 特征纪要:习性:草质攀援。花程式:(K)3-5,C3-5,A3 参考科,=↓G2。物候:-。海拔:1800 米。生境:河岸,荒地,竹林边缘,生于山坡灌丛或疏林中。资源:药用,具栽培园艺种类。全球 2 个大洲分布及种数(12-17)非洲:10-11;亚洲:3-4。【中国种数:1】。

Microgonium C. Presl 单叶假脉蕨属 Hymenophyllaceae [F-21] 特征纪要:习性:-。【Rep】:孢子囊群生于叶缘,着生于小脉顶端,通常不突出或有时稍突出叶缘之外。物候:-。海拔:200-3700 米。生境:树皮上或岩石上。资源:-。全球 6 个大洲分布及种数(3-5)非洲:2-6;亚洲:3;大洋洲:3;欧洲:3;北美洲:3;南美洲:3。

Microgramma C. Presl 小蛇蕨属 Polypodiaceae [F-60] 特征纪要:习性:-。【Rep】:孢子同形,囊群生叶背有盖-无盖。其他特征参考科。全球 6 个大洲分布及种数(33-65)非洲:8; 亚洲:17; 大洋洲:3; 欧洲:21; 北美洲:21; 南美洲:56。【中国种数:7】。

Microgyne Cass. = **Eriocephalus**

Microgynella Grau = **Eriocephalus**

Microgynoecium Hook. f. 小果滨藜属 Amaranthaceae [MD-116] 特征纪要:习性:草本(基生)。花程式:Kn,C2-3 参考科,A3,G-。物候:-。海拔:4000 米。生境:山谷砾石中,住房周围。资源:-。全球 1 个大洲分布及种数(1-2)◆亚洲。【中国种数:1】。

Microholmesia P. J. Cribb = **Angraecopsis**

Microhystrix (Tzvelev) Tzvelev & Prob. 小小果草属 Poaceae [MM-748] 特征纪要:习性:-。花程式:-。其他特征参考科。全球 1 个大洲分布及种数(1)◆非洲。

Microjambosa Blume = **Syzygium**

Microlaelia Chiron & V. P. Castro 微叶兰属 Orchidaceae [MM-723] 特征纪要:习性:-。花程式:-。其他特征参考科。全球 1 个大洲分布及种数(1)◆南美洲(◆巴西)。

Microlagenaria (C. Jeffrey) A. M. Lu & J. Q. Li 罗汉果属 Cucurbitaceae [MD-205] 特征纪要:习性:-。花程式:-。其他特征参考科。全球 1 个大洲分布及种数(cf. 1)◆非洲。

Microlejeunea (Spruce) Steph. 小叶细鳞苔属 Lejeuneaceae [B-84] 特征纪要:习性:-。【Rep】:雌苞顶生于主枝,蒴萼具 3 个脊,并常附 1-7 个小脊,脊部具冠状突起,一般稀疏生长。物候:-。海拔:-。生境:山坡,针阔混交林中。资源:-。全球 6 个大洲分布及种数(20-21)非洲:4-15;亚洲:6-17;大洋洲:5-16;欧洲:1-12;北美洲:2-13;南美洲:7-19。【中国种数:5】。

Microlepia C. Presl 鳞盖蕨属 Dennstaedtiaceae [F-26] 特征纪要:习性:-。【Rep】:孢子囊群圆形,边内(即离叶边稍远)着生于一条小脉的顶端,常接近裂片间的缺刻。物候:-。海拔:800-900 米。生境:河旁石缝中,竹林下。资源:药用。全球 6 个大洲分布及种数(127-151;hort. 1;cult. 6)非洲:6-14;亚洲:124-142;大洋洲:15

-21;欧洲:6-11;北美洲:10-15;南美洲:16-21。【中国种数:29】。

Microlepidium F. Müll. 小独行菜属 Brassicaceae [MD-213] 特征纪要:习性:草本。花程式:K2-4,C2-4,A2-4,=(G)2。其他特征参考科。全球1个大洲分布及种数(2)◆大洋洲(◆澳大利亚)。

Microlepidozia Grolle 刺毛细指苔属 Lepidoziaceae [B-63] 特征纪要:-。全球2个大洲分布及种数(6)北美洲:1;南美洲:1。

Microlepis Miq. 金锦香属 Melastomataceae [MD-364] 特征纪要:习性:-。花程式:-。其他特征参考科。全球2个大洲分布及种数(11)北美洲:1;南美洲:5。

Microlespedeza (Maxim.) Makino 山蚂蝗属 Fabaceae3 [MD-240] 特征纪要:习性:-。花程式:-。其他特征参考科。全球1个大洲分布及种数(1 cf.)◆亚洲。

Microliabum Cabrera 光托黄安菊属 Asteraceae [MD-586] 特征纪要:习性:草本。花程式:(K)3-5,(C)3-5,A3-5,=↓G2。其他特征参考科。全球2个大洲分布及种数(3-7)北美洲:1;南美洲:6。

Microlicia D. Don 龙丹属 Melastomataceae [MD-364] 特征纪要:习性:木本。花程式:=↓(K5),C5,A4-5,=↓G3-4。其他特征参考科。全球5个大洲分布及种数(285-456)亚洲:7;大洋洲:2;欧洲:20;北美洲:20;南美洲:391。【中国种数:3】。

Microlobius C. Presl 戈尔豆属 Fabaceae2 [MD-240] 特征纪要:习性:木本。花程式:=↓(K3-5-∞),C3-5-∞,A1-10-50,=↓G1。其他特征参考科。全球3个大洲分布及种数(1-11)非洲:2;北美洲:3;南美洲:11。

Microloma R. Br. 宫灯花属 Apocynaceae [MD-492] 特征纪要:习性:木本。花程式:K5,C0,A15,=↓G2。其他特征参考科。全球3个大洲分布及种数(12-40)非洲:32;亚洲:2;南美洲:6。

Microlophus Cass. = **Centaurea**

Microluma Baill. = **Pouteria**

Microlychnus <unassigned> 孢芽藓科属 Sorapillaceae [B-212] 特征纪要:-。全球1个大洲分布及种数(-)。

Micromeles Decne. 水榆属 Rosaceae [MD-246] 特征纪要:习性:木本。花程式:-。物候:-。海拔:50-5400米。生境:斜坡。资源:具园艺种类。全球1个大洲分布及种数(3-4)◆亚洲。【中国种数:4】。

Micromelum Bl. 小芸木属 Rutaceae [MD-399] 特征纪要:习性:木本。花程式:-。物候:-。花期:1-4月。果期:参考晚于花期。海拔:1200米。生境:沟谷密林中,生于平地至海拔500米。资源:药用,具栽培园艺种类。全球5个大洲分布及种数(12-32)亚洲:28;大洋洲:5;欧洲:2;北美洲:2;南美洲:2。【中国种数:3】。

Micromeria Benth. 姜味草属 Lamiaceae [MD-575] 特征纪要:习性:草本,少木本。花程式:-。物候:-。花期:7-8月。果期:参考晚于花期。海拔:2300-3800米。生境:生于谷地干旱多砾石草地及石灰岩岩隙上。栽培:来自广西龙州。资源:具栽培园艺种类。全球6个大洲分布及种数(69-111;hort. 1;cult. 17)非洲:31-47;亚洲:25-42;大洋洲:10-25;欧洲:36-53;北美洲:10-25;南美洲:11-26。【中国种数:5】。

Micromitriaceae Smyth ex Goffinet & Budke 细衰藓科 Ephemeraceae [B-135]。

Micromitrium Austin 细囊藓属 Pottiaceae [B-133] 特征纪要:习性:-。其他特征参考科。全球6个大洲分布及种数(11)非洲:6;亚洲:3;大洋洲:2;欧洲:2;北美洲:4;南美洲:5。

Micromonolepis Ulbr. 马齿藜属 Amaranthaceae [MD-116] 特征纪要:习性:草本。花程式:K3-5,C0,A3-5,=↓(G)2-5。其他特征参考科。全球1个大洲分布及种数(1)◆北美洲(◆美国)。

Micromyrtus Benth. 小蜡花属 Myrtaceae [MD-347] 特征纪要:习性:木本。花程式:=↓(K4-5),C4-5,A8-10,=↓G2-5。物候:-。海拔:-。生境:-。资源:具园艺种类。全球6个大洲分布及种数(51-64)非洲:2;亚洲:3;大洋洲:60;欧洲:2;北美洲:2;南美洲:3。【中国种数:1】。

Micronychia Oliv. 绯铃漆属 Anacardiaceae [MD-432] 特征纪要:习性:木本。花程式:K5-10,C5-10,A5-10,=(G)1-3。其他特征参考科。全球1个大洲分布及种数(6-10)◆非洲(◆马达加斯加)。

Micropaegma Pichon = **Bignonia**

Micropappus (Sch. Bip.) C. F. Baker = **Elephantopus**

Microparacaryum (Popov ex Riedl) Hilger & Podlech 琉璃草属 Boraginaceae [MD-517] 特征纪要:习性:草本。花程式:Kn,C0,A3 参考科,↓G。其他特征参考科。全球2个大洲分布及种数(1-3 hort. 2;cult. 2) 非洲,亚洲。

Micropera Lindl. 小囊兰属 Orchidaceae [MM-723] 特征纪要:习性:草本。花程式:(K)3,C3,A3,=↓G3。物候:-。花期:3月。果期:参考晚于花期。海拔:200-500米。生境:河边树干上,在混交林中,附生在树上或岩石上。资源:具园艺种类。全球6个大洲分布及种数(19-25)非洲:1-6;亚洲:18-27;大洋洲:12-19;欧洲:5;北美洲:1-6;南美洲:1-6。【中国种数:4】。

Microphilonotis Sakurai 丝瓜藓属 Bryaceae [B-146] 特征纪要:-。全球1个大洲分布及种数(-)。

Microphlebodium L. D. Gómez = **Polypodium**

Micropholis (Griseb.) Pierre 小鳞榄属 Sapotaceae [MD-357] 特征纪要:习性:木本。花程式:K4-15,C0,A5,=↓G2-4。其他特征参考科。全球6个大洲分布及种数(40)非洲:3;亚洲:6-9;大洋洲:1-4;欧洲:3;北美洲:11-14;南美洲:37-40。【中国种数:1】。

Microphyes Phil. 毛鼓钉属 Caryophyllaceae [MD-77] 特征纪要:习性:草本。花程式:K1-5,C1-5,A1-5,=G2-5。其他特征参考科。全球2个大洲分布及种数(4-9)北美洲:2;南美洲:9。

Microphysa Schrenk 脬果茜草属 Rubiaceae [MD-523] 特征纪要:习性:-。花程式:-。物候:-。海拔:5-4800米。生境:草甸,河湖两岸,山麓和低山。资源:-。全球2个大洲分布及种数(1-17)亚洲:11;南美洲:6。【中国种数:1】。

Micropleura Lag. 南美小芹属 Apiaceae [MD-480] 特征纪要:习性:草本。花程式:=↓(K5),C5,A5,=↓(G)

2。其他特征参考科。全球 2 个大洲分布及种数(2－3)北美洲:3; 南美洲:3。

Microplumeria Baill. 小夹竹桃属 Apocynaceae [MD－492] 特征纪要:习性:木本。花程式:－。其他特征参考科。全球 6 个大洲分布及种数(1－22)非洲:1; 亚洲:3; 大洋洲:3; 欧洲:2; 北美洲:2; 南美洲:4。

Micropodium Mett. 长叶巢蕨属 Brassicaceae [MD－213] 特征纪要:－。全球 1 个大洲分布及种数(－)。

Micropogon Pfeiff. = **Microchloa**

Micropolypodium Hayata 锯蕨属 Polypodiaceae [F－60] 特征纪要:习性:－。【Rep】:孢子囊群位于分叉小脉的上侧小脉上,长圆形,成熟后通常圆形,表面生,无隔丝。物候:－。海拔:1100－1900 米。生境:林中树干上。资源:－。全球 4 个大洲分布及种数(25－26)亚洲:9－12;大洋洲:2;北美洲:15;南美洲:16。

Micropoma Lindb. 直叶藓属 Funariaceae [B－106] 特征纪要:习性:－。【Rep】:雌雄同株,蒴柄细长,顶生,孢蒴直立,对称,近于圆球形或短梨形,台部极短而粗,环带由小形细胞组成而常存,雌雄同株异苞,蒴柄细长,黄色,孢蒴直立,对称,呈倒梨形,多具明显的长台部,环带缺如,蒴齿缺如。其他特征参考科。全球 2 个大洲分布及种数(10)北美洲:1; 南美洲:1。

Micropora Hook. f. = **Hexapora**

Microporellus <unassigned> 刚果龙骨蕨属 Polypodiaceae [F－60] 特征纪要:－。全球 2 个大洲分布及种数(7)非洲:7; 南美洲:5。

Micropsis DC. 束衫菊属 Asteraceae [MD－586] 特征纪要:习性:草本。花程式:(K)3－5,(C)3－5,A3－5,=↓G2。其他特征参考科。全球 3 个大洲分布及种数(7)亚洲:cf. 1;北美洲:1;南美洲:6。【中国种数:1】。

Micropterum Schwantes 霓花属 Aizoaceae [MD－94] 特征纪要:习性:－。花程式:－。其他特征参考科。全球 1 个大洲分布及种数(cf. 1)◆非洲。

Micropterygium Lindenb. , Nees & Gottsche 小指叶苔属 Lepidoziaceae [B－63] 特征纪要:习性:－。【Rep】:裂瓣披针形或指形。其他特征参考科。全球 3 个大洲分布及种数(25)亚洲:2; 北美洲:6; 南美洲:21。

Micropus L. 棉子菊属 Asteraceae [MD－586] 特征纪要:习性:草本。花程式:(K)3－5,C3－5,A3－5,=↓(G)2。物候:－。海拔:－。生境:－。资源:具园艺种类。全球 6 个大洲分布及种数(12)非洲:1－4;亚洲:1－4;大洋洲:3;欧洲:1－4;北美洲:4－13;南美洲:3。【中国种数:1】。

Micropyropsis Romero Zarco & Cabezudo 水麦茅属 Poaceae [MM－748] 特征纪要:习性:－。花程式:－。其他特征参考科。全球 2 个大洲分布及种数(3)非洲:2; 亚洲:2。

Micropyrum (Gaudin) Link 麦茅属 Poaceae [MM－748] 特征纪要:习性:－。花程式:－。其他特征参考科。全球 6 个大洲分布及种数(1－16)非洲:9; 亚洲:6; 大洋洲:2; 欧洲:3; 北美洲:3; 南美洲:3。

Microrphium C. B. Clarke 亚洲贝龙胆属 Gentianaceae [MD－496] 特征纪要:习性:草本。花程式:－。其他特征参考科。全球 1 个大洲分布及种数(2)◆亚洲。

Microrrhinum (Endl.) Fourr. 毛彩雀属 Plantaginaceae [MD－527] 特征纪要:习性:－。花程式:－。其他特征参考科。全球 1 个大洲分布及种数(cf. 1)◆欧洲。

Microsaccus Bl. 贝叶兰属 Orchidaceae [MM－723] 特征纪要:习性:草本。花程式:(K)3,C3,A3,=↓G3。物候:－。花期:参考早于果期。果期:10－11 月。海拔:80－5200 米。生境:柏树林下或草坡路旁,竹坡中。资源:－。全球 2 个大洲分布及种数(13－42)亚洲:33; 南美洲:5。【中国种数:1】。

Microsechium Naudin 小葫芦属 Cucurbitaceae [MD－205] 特征纪要:习性:木本。花程式:=↓(K3－5),C3－5,A3－5,=↓(G)1－2。其他特征参考科。全球 3 个大洲分布及种数(4－10)欧洲:6; 北美洲:6; 南美洲:1。

Microsemia Greene = **Streptanthus**

Microsemma Labill. = **Lethedon**

Microseris D. Don 橙粉苣属 Asteraceae [MD－586] 特征纪要:习性:草本。花程式:(K)3－5,(C)3－5,A3－5,=↓G2。物候:－。海拔:－。生境:－。资源:具园艺种类。全球 6 个大洲分布及种数(26－174)非洲:14; 亚洲:7; 大洋洲:13; 欧洲:31; 北美洲:31; 南美洲:34。【中国种数:1】。

Microsisymbrium O. E. Schulz = **Caulanthus**

Microsorium Link = **Microsorum**

Microsorum Link 星蕨属 Polypodiaceae [F－60] 特征纪要:习性:－。【Rep】:孢子囊群圆形,着生于网脉连接处,通常在中脉与叶边间不规则散生,少有在中脉两侧排成不规则的 1－2 行,不具盾状隔丝。物候:－。海拔:200－2000 米。生境:林下树干基部。资源:具栽培园艺种类。全球 6 个大洲分布及种数(75－94;hort. 1;cult. 2)非洲:14－19;亚洲:47－55;大洋洲:31－36;欧洲:3－6;北美洲:4－7;南美洲:8－11。【中国种数:4】。

Microspatha <unassigned> 尾瓣桂科属 Goupiaceae [MD－384] 特征纪要:－。全球 1 个大洲分布及种数(1)◆南美洲:1。

Microspermum Lag. 微子菊属 Asteraceae [MD－586] 特征纪要:习性:草本。花程式:(K)3－5,(C)3－5,A3－5,=↓G2。其他特征参考科。全球 1 个大洲分布及种数(9)◆北美洲。

Microsplenium Hook. f. = **Machaonia**

Microspongium <unassigned> 欧洲马桑属 Coriariaceae [MD－277] 特征纪要:－。全球 1 个大洲分布及种数(1)◆欧洲:1。

Microstachys A. Juss. 地杨桃属 Euphorbiaceae [MD－217] 特征纪要:习性:木本。花程式:K1(1000),C1－1000,A6,=G2－3。物候:－。海拔:300 米。生境:海滩,旱地,路旁,沿河。资源:－。全球 6 个大洲分布及种数(22－42)非洲:7; 亚洲:3; 大洋洲:2; 欧洲:12; 北美洲:12; 南美洲:37。【中国种数:1】。

Microstaphyla (C. Presl) C. Presl 舌蕨属 Lomariopsidaceae [F－52] 特征纪要:习性:－。【Rep】:孢子同形,囊群

生叶背。其他特征参考科。全球 1 个大洲分布及种数(1)◆非洲。

Microstegia C. Presl = **Diplazium**

Microstegium Nees 莠竹属 Poaceae [MM – 748] 特征纪要:习性:竹类。【Rep】:–。物候:–。海拔:1500 – 2500 米。生境:林下草地,中山区林地。资源:具栽培园艺种类。全球 6 个大洲分布及种数(29 – 35)非洲:14 – 23;亚洲:25 – 37;大洋洲:6 – 15;欧洲:9;北美洲:5 – 14;南美洲:9。【中国种数:14】。

Microstegnus C. Presl = **Cnemidaria**

Microsteira Baker 小金虎尾属 Malpighiaceae [MD – 343] 特征纪要:习性:木本。花程式:K5,C5,A10,= G2 – 3。其他特征参考科。全球 2 个大洲分布及种数(28 – 36)非洲:31; 亚洲:3。

Microsteris Greene 细福禄考属 Polemoniaceae [MD – 481] 特征纪要:习性:草本。花程式:K5,C0,A5,= ↓(G)2 – 3。其他特征参考科。全球 6 个大洲分布及种数(5)非洲:10;亚洲:10;大洋洲:10;欧洲:10;北美洲:1 – 13;南美洲:2 – 12。【中国种数:1】。

Microstigma Trautv. 小柱芥属 Brassicaceae [MD – 213] 特征纪要:习性:草本。花程式:–。物候:–。花期:5 – 7 月。果期:参考晚于花期。海拔:1900 米。生境:干燥山坡。资源:–。全球 2 个大洲分布及种数(3 – 10)亚洲:5; 南美洲:5。【中国种数:2】。

Microstrobaceae Doweld & Reveal = Podocarpaceae

Microstylis (Nutt.) Eaton 小柱兰属 Orchidaceae [MM – 723] 特征纪要:习性:–。花程式:–。物候:–。花期:参考早于果期。果期:10 – 11 月。海拔:80 – 5200 米。生境:柏树林下或草坡路旁,竹坡中。资源:–。全球 1 个大洲分布及种数(11)◆大洋洲。

Microtatorchis Schltr. 拟蜘蛛兰属 Orchidaceae [MM – 723] 特征纪要:习性:–。花程式:–。物候:–。花期:1 – 2 月。果期:参考晚于花期。海拔:1000 – 1600 米。生境:树木上,台湾杉和柳杉枝干上。资源:–。全球 6 个大洲分布及种数(3 – 4)非洲:1;亚洲:1 – 2;大洋洲:1 – 3;欧洲:1;北美洲:1;南美洲:1。

Microtea Sw. 鬼椒草属 Phytolaccaceae [MD – 125] 特征纪要:习性:草本。花程式:K4 – 5,C0,A6,= G1 – 4。物候:–。海拔:–。生境:–。资源:具栽培园艺种类。全球 2 个大洲分布及种数(15 – 16)北美洲:4;南美洲:12 – 13。

Microterus (C. Presl) C. Presl 隐子蕨属 Polypodiaceae [F – 60] 特征纪要:–。全球 1 个大洲分布及种数(–)。

Microthamnium Mitt. 微灰藓属 Hypnaceae [B – 189] 特征纪要:习性:–。【Rep】:参考科特征:雌雄异苞同株,内雌苞叶直立,卵状披针形,上部渐狭成长毛状,近于全缘,无中肋,黄绿色。物候:–。海拔:–。生境:常见于林下土或岩面薄土,沼泽水生。资源:–。全球 6 个大洲分布及种数(45)非洲:17;亚洲:2;大洋洲:1;欧洲:1;北美洲:7;南美洲:22。

Microthea Juss. = **Microtea**

Microtheca Schltr. = **Cynorkis**

Microtheciella Dixon 微藓属 Microtheciellaceae [B – 211] 特征纪要(同科)。全球 4 个大洲分布及种数(9)亚洲:2; 欧洲:1; 北美洲:1; 南美洲:6。

Microtheciellaceae H. A. Mill. & A. J. Harr. [B – 211] 微藓科 特征纪要:细小或中形,有时透明,浅黄绿色或鲜绿色,老时呈黄褐色。【Rep】:老时呈黄褐色。全球 3 个大洲分布及属种数(1/1)亚洲:1; 北美洲:1; 南美洲:1。

Microthelys Garay 青蛇兰属 Orchidaceae [MM – 723] 特征纪要:习性:草本。花程式:(K)3,C3,A3,= ↓ G3。其他特征参考科。全球 2 个大洲分布及种数(7 – 13)北美洲:7; 南美洲:5。

Microthlaspi F. K. Mey. 小菥蓂属 Brassicaceae [MD – 213] 特征纪要:习性:–。花程式:–。物候:–。花期:3 – 7 月。果期:6 – 8 月。海拔:30 – 6200 米。生境:半固定沙地前平地,作为蔬菜栽培。资源:具栽培园艺种类。全球 5 个大洲分布及种数(7)非洲:3;亚洲:5;大洋洲:2;欧洲:5;北美洲:2。

Microthuidium (Limpr.) Warnst. 鹤嘴藓属 Thuidiaceae [B – 184] 特征纪要:–。全球 1 个大洲分布及种数(–)。

Microtinus Oerst. = **Viburnum**

Microtis R. Br. 葱叶兰属 Orchidaceae [MM – 723] 特征纪要:习性:草本(多肉)。花程式:Kn,C2 – 3 参考科,A3 参考科,= ↓ G3。物候:–。花期:5 – 9 月。果期:参考晚于花期。海拔:100 – 800 米。生境:草地。资源:药用。全球 6 个大洲分布及种数(14 – 30;hort. 1)非洲:3;亚洲:2 – 6;大洋洲:13 – 30;欧洲:3;北美洲:3;南美洲:3。【中国种数:3】。

Microtoena Prain 冠唇花属 Lamiaceae [MD – 575] 特征纪要:习性:草本。花程式:(K –),C2 – 3 参考科,A3 参考科,= ↓ G2。物候:–。花期:11 月。果期:参考晚于花期。海拔:2200 – 2600 米。生境:常绿阔叶林,生于杂木林中,林下水边或水边草坡上。资源:药用,具栽培园艺种类。全球 2 个大洲分布及种数(18 – 44)非洲:2; 亚洲:43。【中国种数:16】。

Microtrichia DC. = **Grangea**

Microtrichomanes Mett. = **Crepidomanes**

Microtropis Wall. ex Meisn. 假卫矛属 Celastraceae [MD – 339] 特征纪要和分布(–)。分布:–。【中国种数:32】。

Microula Benth. 微孔草属 Boraginaceae [MD – 517] 特征纪要:习性:草本(基生)。花程式:–。物候:–。花期:7 – 9 月。果期:参考晚于花期。海拔:2200 – 4500 米。生境:生于砂地,河滩,多石砾山坡,林中或田边。资源:药用,具栽培园艺种类。全球 4 个大洲分布及种数(42 – 71)亚洲:67; 欧洲:2; 北美洲:2; 南美洲:4。【中国种数:26】。

Mida R. Cunn. ex A. Cunn. 山檀香属 Santalaceae [MD – 412] 特征纪要:习性:木本。花程式:Kn,C0,A3 – 4,↓ G。其他特征参考科。全球 3 个大洲分布及种数(1 – 8)大洋洲:1; 北美洲:1; 南美洲:1。

Middletonia C. Puglisi 千苣苔属 Gesneriaceae [MD – 549] 特征纪要:习性:草本。花程式:Kn,C0,A3 参考科,↓ G。

物候:-。海拔:80-4600米。生境:山地。资源:-。全球1个大洲分布及种数(5)◆亚洲:5。

Miehea Ochyra 亚洲塔藓属 Hylocomiaceae [B-193] 特征纪要:习性:-。【Rep】:雌雄异株,内雌苞叶基部呈鞘状,向上渐尖,蒴柄细长,蒴柄直立,长而细,蒴齿两层,内齿层具高基膜和透明并与外齿层等高的齿条,环带不分化,蒴盖具短喙。其他特征参考科。全球1个大洲分布及种数(1)◆亚洲:1。

Mielichhobryum J. P. Srivast. 真藓科属 Bryaceae [B-146] 特征纪要和分布(-)。

Mielichhoferia Nees & Hornsch. 缺齿藓属 Bryaceae [B-146] 特征纪要:习性:-。【Rep】:雌雄异株,雌苞生于茎基部,雌苞叶较大,内部叶较小,孢蒴倾斜至平列,长圆柱形至梨形,具大的台部。物候:-。海拔:-。生境:常见于林地边或岩面薄土。资源:-。全球6个大洲分布及种数(120)非洲:21;亚洲:15;大洋洲:8;欧洲:4;北美洲:18;南美洲:72。【中国种数:4】。

Miersia Lindl. 兰花韭属 Amaryllidaceae [MM-694] 特征纪要:习性:草本。花程式:-。其他特征参考科。全球1个大洲分布及种数(3-7)◆南美洲。

Miersiella Urb. 水玉伞属 Burmanniaceae [MM-696] 特征纪要:习性:草本。花程式:(K)3,C3,A3,=↓(G)3。其他特征参考科。全球1个大洲分布及种数(1)◆南美洲。

Miguelia Aver. = **Vanilla**

Mikania Willd. 黄乳桑属 Asteraceae [MD-586] 特征纪要:习性:木质攀援。花程式:-。物候:-。海拔:100-1700米。生境:灌丛,森林,杂草地。资源:具栽培园艺种类。全球6个大洲分布及种数(432-485;hort. 1;cult. 11)非洲:7-9;亚洲:368-370;大洋洲:10-14;欧洲:2;北美洲:52-78;南美洲:385-402。【中国种数:5】。

Mikaniopsis Milne-Redh. 白藤菊属 Asteraceae [MD-586] 特征纪要:习性:草本。花程式:(K)3-5,C3-5,A3-5,=↓(G)2。其他特征参考科。全球2个大洲分布及种数(15-16)非洲:14;南美洲:1。

Mila Britton & Rose 小槌球属 Cactaceae [MD-100] 特征纪要:习性:木本。花程式:=↓(K1-∞),C1-∞,A3-100,=↓(G)3-100。其他特征参考科。全球2个大洲分布及种数(2-24)北美洲:1; 南美洲:3。

Mildbraedia Pax 巴豆属 Euphorbiaceae [MD-217] 特征纪要:习性:木本。花程式:Kn,C0,A6,↓G-参考科。其他特征参考科。全球1个大洲分布及种数(3)◆非洲。

Mildbraediochloa Butzin = **Melinis**

Mildbraediodendron Harms 麦得木属 Fabaceae3 [MD-240] 特征纪要:习性:木本。花程式:=↓(K1-∞),C1-∞,A5-9,=↓G1。其他特征参考科。全球1个大洲分布及种数(1)◆非洲。

Mildea Griseb. 槌丛藓属 Sapindaceae [MD-428] 特征纪要:-。全球2个大洲分布及种数(4)北美洲:1; 南美洲:1。

Mildeella Limpr. 裂丛藓属 Pottiaceae [B-133] 特征纪要:-。全球1个大洲分布及种数(-)。

Mildella Trevis. 拟旱蕨属 Adiantaceae [F-35] 特征纪要:习性:-。【Rep】:孢子同形,囊群生叶背。其他特征参考科。全球2个大洲分布及种数(11)北美洲:1; 南美洲:1。

Milicia Sim 金柚木属 Moraceae [MD-87] 特征纪要:习性:木本。花程式:K1-4,C0,A6,=(G)1-2。其他特征参考科。全球4个大洲分布及种数(2-5)非洲:3; 亚洲:2; 北美洲:2; 南美洲:3。

Milium L. 粟草属 Poaceae [MM-748] 特征纪要:习性:草本(基生)。花程式:-。物候:-。海拔:700-3500米。生境:林下及荫湿草地。资源:具栽培园艺种类。全球6个大洲分布及种数(7-9)非洲:1-6;亚洲:6-12;大洋洲:5;欧洲:2-7;北美洲:2-7;南美洲:5。【中国种数:1】。

miliusa Lesch. ex A. DC. 野独活属 Annonaceae [MD-7] 特征纪要:习性:木本。花程式:-。物候:-。花期:4-7月。果期:参考晚于花期。海拔:300-1000米。生境:林中灌丛,峡谷崖,溪间岸。资源:药用,具栽培园艺种类。全球4个大洲分布及种数(66-76;hort. 1)非洲:3-5;亚洲:61-65;大洋洲:8-9;北美洲:1。【中国种数:9】。

Milla Cav. 高杯葱属 Alliaceae [MM-667] 特征纪要:习性:草本。花程式:(K)3,C0参考科,A3参考科,G-。其他特征参考科。全球6个大洲分布及种数(10-51)非洲:4; 亚洲:4; 大洋洲:6; 欧洲:14; 北美洲:14; 南美洲:40。【中国种数:2】。

Millania Zipp. ex Blume = **Pemphis**

Milleria Houst. ex L. 米勒菊属 Asteraceae [MD-586] 特征纪要:习性:草本。花程式:(K)3-5,(C)3-5,A3-5,=↓G2。其他特征参考科。全球6个大洲分布及种数(4-5)非洲:5;亚洲:5;大洋洲:5;欧洲:1-6;北美洲:2-7;南美洲:2-7。【中国种数:1】。

Millettia Wight & Arn. 崖豆藤属 Fabaceae3 [MD-240] 特征纪要:习性:木质攀援。花程式:-。物候:-。花期:4月。果期:参考晚于花期。海拔:100-800米。生境:常绿阔叶林,杂木林中。资源:具栽培园艺种类。全球6个大洲分布及种数(163-225;hort. 1;cult. 5)非洲:116-159;亚洲:57-127;大洋洲:5-28;欧洲:2-22;北美洲:13-37;南美洲:9-32。【中国种数:32】。

Milligania Hook. f. 丽星草属 Asteliaceae [MM-635] 特征纪要:习性:草本。花程式:-。其他特征参考科。全球1个大洲分布及种数(1-5)◆大洋洲(◆澳大利亚)。

Millina Cass. = **Scorzoneroides**

Millingtonia Roxb. 老鸦烟筒花属 Bignoniaceae [MD-541] 特征纪要:习性:-。花程式:-。物候:-。花期:9-12月。果期:参考晚于花期。海拔:500-1200米。生境:低丘密林。资源:-。全球3个大洲分布及种数(1-11)非洲:1; 亚洲:2; 北美洲:2。【中国种数:1】。

Millotia Cass. 单头鼠麹草属 Asteraceae [MD-586] 特征纪要:习性:草本。花程式:(K)3-5,(C)3-5,A3-5,=↓G2。其他特征参考科。全球1个大洲分布及种数(10-19)◆大洋洲(◆澳大利亚)。

Miltianthus Bunge 马齿霸王属 Zygophyllaceae [MD-288] 特征纪要:习性:木本。花程式:K5,C5,A3-6,G-。其他特征参考科。全球1个大洲分布及种数(1) ◆亚洲:1。

Miltonia Lindl. 丽堇兰属 Orchidaceae［MM－723］特征纪要:习性:草本。花程式:(K)3,C3,A3,=↓G3。物候:－。花期:参考早于果期。果期:10－11 月。海拔:80－5200 米。生境:柏树林下或草坡路旁,竹坡中。资源:－。全球 6 个大洲分布及种数(18－29;hort. 1;cult. 7)非洲:2;亚洲:2;大洋洲:1－3;欧洲:2;北美洲:7－9;南美洲:17－24。

Miltonidium Anon. 堇心兰属 Orchidaceae［MM－723］特征纪要:习性:草本。花程式:(K)3,C3,A3,=↓G3。其他特征参考科。全球 1 个大洲分布及种数(1)◆南美洲。

Miltonioides Brieger & Lückel = **Oncidium**

Miltoniopsis God.－Leb. 美堇兰属 Orchidaceae［MM－723］特征纪要:习性:草本。花程式:(K)3,C3,A3,=↓(G)3。其他特征参考科。全球 2 个大洲分布及种数(8－10)北美洲:4;南美洲:7。

Mimetanthe Greene 狗面花属 Phrymaceae［MD－559］特征纪要:习性:木本。花程式:－。其他特征参考科。全球 2 个大洲分布及种数(1－2)北美洲:2; 南美洲:1。

Mimetes Salisb. 丽塔木属 Proteaceae［MD－219］特征纪要:习性:木本。花程式:K3－4－∞,C0,A2,=G1。其他特征参考科。全球 3 个大洲分布及种数(13－67)非洲:56; 大洋洲:2; 南美洲:20。

Mimophytum Greenm. 墨紫草属 Boraginaceae［MD－517］特征纪要:习性:草本。花程式:K5,C0,A5,=(G)2－4。其他特征参考科。全球 2 个大洲分布及种数(11－13)北美洲:11; 南美洲:2。

Mimosa L. 含羞草属 Fabaceae3［MD－240］特征纪要:习性:木质攀援。花程式:－。物候:－。花期:参考早于果期。果期:6－9 月。海拔:1500 米。生境:旷野,荒地。资源:具栽培园艺种类。全球 6 个大洲分布及种数(807－1852)非洲:126; 亚洲:109; 大洋洲:54; 欧洲:340; 北美洲:340; 南美洲:1204。【中国种数:11】。

Mimosaceae R. Br. = Fabaceae1。

Mimosopsis Britton & Rose 含羞草属 Fabaceae3［MD－240］特征纪要:习性:－。花程式:－。其他特征参考科。全球 1 个大洲分布及种数(4)◆北美洲。

Mimozyganthus Burkart 龙突含羞木属 Fabaceae2［MD－240］特征纪要:习性:木本。花程式:=↓(K3－5－∞),C3－5－∞,A1－10－50,=↓G1。其他特征参考科。全球 1 个大洲分布及种数(1)◆南美洲。

Mimulicalyx P. C. Tsoong 虾子草属 Phrymaceae［MD－559］特征纪要:习性:草本(基生)。花程式:－。物候:－。花期:6－9 月。果期:参考晚于花期。海拔:1100－1600 米。生境:池塘,湖泊及缓流河水,沟渠中,沼泽,稻田,溪边。资源:－。全球 1 个大洲分布及种数(cf. 1)◆亚洲(◆中国)。【中国种数:1】。

Mimulopsis Schweinf. 并蒂马蓝属 Acanthaceae［MD－572］特征纪要:习性:草本。花程式:K2－4,C0,A2－4,=(G)2。其他特征参考科。全球 2 个大洲分布及种数(20－38)非洲:38; 亚洲:3。【中国种数:1】。

Mimulus L. 沟酸浆属 Scrophulariaceae［MD－536］特征纪要和分布(－)。全球 6 个大洲分布及种数(58－73;hort. 1;cult. 8)非洲:2－159;亚洲:34－197;大洋洲:5－162;欧洲:1－158;北美洲:42－208;南美洲:3－160。【中国种数:2】。

Mimusops L. 香榄属 Sapotaceae［MD－357］特征纪要:习性:木本。花程式:K4－15,C0,A5,=↓G2－4。物候:－。海拔:－。生境:－。资源:具栽培园艺种类。全球 6 个大洲分布及种数(51－61;hort. 1;cult. 1)非洲:45－66;亚洲:6－24;大洋洲:4－19;欧洲:1－16;北美洲:5－20;南美洲:5－21。【中国种数:1】。

Mina Cerv. = **Ipomoea**

Minaria T. U. P. Konno & Rapini 圣萝藦属 Apocynaceae［MD－492］特征纪要:习性:木本。花程式:K5,C0,A5,=(G)2。其他特征参考科。全球 2 个大洲分布及种数(22－26)北美洲:2; 南美洲:26。

Minasia H. Rob. 莲座巴西菊属 Asteraceae［MD－586］特征纪要:习性:草本。花程式:(K)3－5,C3－5,A3－5,=↓(G)2。其他特征参考科。全球 2 个大洲分布及种数(7－11)非洲:2; 南美洲:11。

Mindium Adans. = **Canarina**

Minquartia Aubl. 乳檀榛属 Olacaceae［MD－362］特征纪要:习性:木本。花程式:K3,C3,A5－6,=G2－3。其他特征参考科。全球 4 个大洲分布及种数(1－7)亚洲:2; 欧洲:2; 北美洲:2; 南美洲:7。

Minthostachys (Benth.) Spach 薄荷穗草属 Lamiaceae［MD－575］特征纪要:习性:草本。花程式:K2,C0,A2,=G2。其他特征参考科。全球 5 个大洲分布及种数(18－24)非洲:2; 亚洲:2; 欧洲:2; 北美洲:2; 南美洲:24。

Minuartia Löfl. 山漆姑属 Caryophyllaceae［MD－77］特征纪要:习性:草本(基生)。花程式:－。物候:－。海拔:2200－2400 米。生境:高山冰碛,沼泽草甸。资源:具栽培园艺种类。全球 6 个大洲分布及种数(147－186;hort. 1;cult. 10)非洲:30－52;亚洲:78－118;大洋洲:19－41;欧洲:69－96;北美洲:60－81;南美洲:20－38。【中国种数:5】。

Minuartiella Dillenb. & Kadereit 紫菀属 Caryophyllaceae［MD－77］特征纪要:习性:草本。花程式:K5－多脉,C2－3 参考科,A10,G－。其他特征参考科。全球 2 个大洲分布及种数(4)亚洲:4;欧洲:3。

Minuria DC. 五裂层菀属 Asteraceae［MD－586］特征纪要:习性:草本。花程式:(K)3－5,(C)3－5,A3－5,=↓G2)。其他特征参考科。全球 3 个大洲分布及种数(11－23)大洋洲:12; 北美洲:1; 南美洲:1。

Minutoexcipula <unassigned> 苍囊藓属 Sorapillaceae［B－212］特征纪要:－。全球 1 个大洲分布及种数(－)。

Mionandra Griseb. 寡蕊金虎尾属 Malpighiaceae［MD－343］特征纪要:习性:木本。花程式:K5,C5,A10,=G2－3。其他特征参考科。全球 1 个大洲分布及种数(2)◆南美洲。

Miquelia Meisn. 米克茱萸属 Icacinaceae［MD－450］特征纪要:习性:－。花程式:－。物候:－。海拔:2500 米。生境:常绿阔叶林,中山坡常绿阔叶林。资源:－。全球 2 个大洲分布及种数(10－22)亚洲:19; 大洋洲:2。【中国种数:3】。

Miqueliopuntia Frič ex F. Ritter 仙人掌属 Cactaceae［MD－100］特征纪要:习性:木本。花程式:=↓(Kn),C2－3

M

参考科,A3 参考科, = ↓G - 。其他特征参考科。全球 1 个大洲分布及种数(1) ◆南美洲:1。

Mirabella F. Ritter = **Cereus**

Mirabilis Riv. ex L. 紫茉莉属 Nyctaginaceae [MD - 107] 特征纪要:习性:木本。花程式:(K -),C2 - 3 参考科, A10,G - 。物候: - 。花期:6 - 10 月。果期:参考晚于花期。海拔:3400 米。生境:路旁荒地土坎上。资源:药用,具栽培园艺种类。全球 6 个大洲分布及种数(66 - 252)非洲:17; 亚洲:38; 大洋洲:16; 欧洲:138; 北美洲:138; 南美洲:153。【中国种数:7】。

Miraglossum Kupicha 奇舌萝藦属 Apocynaceae [MD - 492] 特征纪要:习性:木本。花程式:K5,C0,A5,↓G。其他特征参考科。全球 1 个大洲分布及种数(7) ◆非洲。

Mirandaceltis Sharp = **Aphananthe**

Mirandea Rzed. 安第斯爵床属 Acanthaceae [MD - 572] 特征纪要:习性:草本。花程式:K2 - 4,C0,A2 - 4, = (G) 2。其他特征参考科。全球 3 个大洲分布及种数(6 - 11)大洋洲:2; 北美洲:7; 南美洲:8。

Mirbelia Sm. 丽花米尔豆属 Fabaceae3 [MD - 240] 特征纪要:木本。花程式: = ↓(K1 - ∞),C1 - ∞,A5 - 9, = ↓G1。其他特征参考科。全球 5 个大洲分布及种数(29 - 59)亚洲:1; 大洋洲:57; 欧洲:3; 北美洲:3; 南美洲:2。

Miricacalia Kitam. 甲菊属 Asteraceae [MD - 586] 特征纪要:习性:草本。花程式:(K)3 - 5,(C)3 - 5,A3 - 5,↓G。其他特征参考科。全球 1 个大洲分布及种数(1 - 2) ◆亚洲。

Mironia R. H. Zander 石丛藓属 Pottiaceae [B - 133] 特征纪要:习性: - 。【Rep】:孢腔轮廓清晰,蒴齿缺如,或具蒴齿而无基膜,下部呈黄绿或黄棕色。其他特征参考科。全球 2 个大洲分布及种数(4)北美洲:4;南美洲:3。

Miroxilum Blanco = **Myroxylon**

Miroxylum Blanco = **Myroxylon**

Misandropsis Oerst. = **Gunnera**

Misanteca Schltdl. & Cham. 米樟属 Lauraceae [MD - 21] 特征纪要:习性: - 。花程式: - 。其他特征参考科。全球 6 个大洲分布及种数(26 - 28)非洲:2;亚洲:4 - 6;大洋洲:1 - 3;欧洲:2;北美洲:12 - 14;南美洲:19 - 21。

Misbrookea V. A. Funk 白垫菊属 Asteraceae [MD - 586] 特征纪要:习性:草本。花程式:(K)3 - 5,C3 - 5,A3 - 5, = ↓(G)2。其他特征参考科。全球 1 个大洲分布及种数(1) ◆南美洲。

Miscanthidium Stapf 双药芒属 Poaceae [MM - 748] 特征纪要:习性:竹类。花程式: - 。其他特征参考科。全球 1 个大洲分布及种数(-) ◆亚洲。

Miscanthus Andersson 双药芒属 Poaceae [MM - 748] 特征纪要:习性:竹类。花程式:(K -),C0 参考科,A3 参考科, = (G)2 - 3。物候: - 。花期:7 - 9 月。果期:参考晚于花期。海拔:1000 - 3600 米。生境:低海拔荒地与丘陵潮湿谷地和山坡或草地,竹林下。资源:药用,具栽培园艺种类。全球 6 个大洲分布及种数(14 - 162)非洲:39; 亚洲:83; 大洋洲:28; 欧洲:35; 北美洲:35; 南美洲:5。【中国种数:11】。

Miscaria Haw. = **Saxifraga**

Mischarytera (Radlk.) H. Turner 澳无患子属 Sapindaceae [MD - 428] 特征纪要:习性:木本。花程式:K4 - 8,C4 - 8,A10, = (G)2 - 3。其他特征参考科。全球 4 个大洲分布及种数(4 - 5)非洲:3; 亚洲:2; 大洋洲:5; 南美洲:2。

Mischocarpus Bl. 柄果木属 Sapindaceae [MD - 428] 特征纪要:习性:木本。花程式: - 。物候: - 。花期:10 - 11 月。果期:参考晚于花期。海拔:100 - 2600 米。生境:潮湿陡坡;砂土;灌木丛。资源:具栽培园艺种类。全球 6 个大洲分布及种数(21 - 47)非洲:9; 亚洲:33; 大洋洲:22; 欧洲:3; 北美洲:3; 南美洲:4。【中国种数:2】。

Mischodon Thwaites 楹桐属 Picrodendraceae [MD - 317] 特征纪要:习性:木本。花程式:K1(1000),C0,A6, = (G) 2 - 3。其他特征参考科。全球 2 个大洲分布及种数(1 - 2)亚洲:2; 大洋洲:2。

Mischogyne Exell 含笑玉盘属 Annonaceae [MD - 7] 特征纪要:习性:木本。花程式:K3 - ∞,C3,A2, = G10 - 100。其他特征参考科。全球 1 个大洲分布及种数(3) ◆非洲。

Mischopleura Wernham ex Ridl. = **Sericolea**

Mischospora Boeckeler = **Fimbristylis**

Misipus Raf. = **Elaeocarpus**

Misodendraceae J. Agardh [MD - 416] 羽毛果科 特征纪要:习性:木本;落叶。花程式:K2,C0,A2,↓(G)3。物候: - 。果实: - 。种子:种皮作不规则的矩圆形。海拔: - 。生境: - 。资源: - 。栽培: - 。全球 1 个大洲分布及属种数(2/13 - 14 hort. 1,cult. 1) ◆亚洲:2/ 3。

Misodendron G. Don = **Misodendrum**

Misodendrum Banks ex DC. 羽毛果属 Misodendraceae [MD - 416] 特征纪要(同科)。全球 3 个大洲分布及种数(8 - 26)欧洲:3; 北美洲:3; 南美洲:22。

Misopates Raf. 牛鼻草属 Plantaginaceae [MD - 527] 特征纪要:习性:草本。花程式:K2 - 4,C0,A2 - 4, = ↓G2 - 3。其他特征参考科。全球 6 个大洲分布及种数(10 - 20)非洲:10; 亚洲:3; 大洋洲:2; 欧洲:4; 北美洲:4; 南美洲:6。【中国种数:1】。

Mistralia Fourr. = **Daphne**

Mitchella L. 蔓虎刺属 Rubiaceae [MD - 523] 特征纪要:习性:木质攀援。花程式: - 。物候: - 。花期:秋天。果期:参考晚于花期。海拔:5 - 4800 米。生境:土地。资源:具栽培园艺种类。全球 2 个大洲分布及种数(3)亚洲:cf. 1;北美洲:2。【中国种数:2】。

Mitella Tourn. ex L. 唢呐草属 Saxifragaceae [MD - 231] 特征纪要:习性:草本(根状茎,基生)。花程式:K5,C5,A3,G - 。物候: - 。花期:4 - 8 月。果期:参考晚于花期。海拔:2900 - 3000 米。生境:沟谷林下。资源:具栽

培园艺种类。全球 6 个大洲分布及种数(26－31;hort. 1;cult. 7)非洲:31;亚洲:23－56;大洋洲:31;欧洲:2－33;北美洲:11－42;南美洲:31。【中国种数:1】。

Mitellastra (Nutt. ex Torr. & A. Gray) Howell 唢呐草属 Saxifragaceae [MD－231] 特征纪要:习性:－。花程式:－。其他特征参考科。全球 1 个大洲分布及种数(－)。

Mithridatea Comm. ex Schreb. = **Tambourissa**

Mitostemma Mast. 离柱莲属 Passifloraceae [MD－151] 特征纪要:习性:木本。花程式:=↓(K1－∞),C1－∞,A5－20,=↓G2－3。其他特征参考科。全球 1 个大洲分布及种数(3)◆南美洲。

Mitostigma Bl. 线柱头萝藦属 Apocynaceae [MD－492] 特征纪要:习性:－。花程式:－。其他特征参考科。全球 5 个大洲分布及种数(22)非洲:2; 亚洲:2; 欧洲:21; 北美洲:21; 南美洲:22。

Mitostylis Raf. 鸟足菜属 Cleomaceae [MD－210] 特征纪要:习性:－。花程式:－。其他特征参考科。全球 2 个大洲分布及种数(cf. 1)亚洲;北美洲。

Mitracarpus Zucc. 盖裂果属 Rubiaceae [MD－523] 特征纪要:习性:木本。花程式:(K－),C2－3 参考科,A8,↓G2。物候:－。海拔:800 米。生境:公路边荒地。资源:药用。全球 6 个大洲分布及种数(50－76)非洲:6－9;亚洲:7－11;大洋洲:5－7;欧洲:2;北美洲:20－40;南美洲:35－48。【中国种数:2】。

Mitragyna Korth. 帽蕊木属 Rubiaceae [MD－523] 特征纪要:习性:木本。花程式:(K－),C2－3 参考科,A5 参考科,↓G2。物候:－。花期:参考早于果期。果期:1－5 月。海拔:100－1500 米。生境:密林中。资源:具园艺种类。全球 6 个大洲分布及种数(11－13;hort. 1)非洲:6－7;亚洲:7－9;大洋洲:1;欧洲:1;北美洲:1;南美洲:3－4。【中国种数:3】。

Mitragyne R. Br. = **Mitrasacme**

Mitranthes O. Berg 少花矾木属 Myrtaceae [MD－347] 特征纪要:习性:－。花程式:－。其他特征参考科。全球 2 个大洲分布及种数(15－21)北美洲:4－8;南美洲:12－14。

Mitrantia Peter G. Wilson & B. Hyland 二室水桉属 Myrtaceae [MD－347] 特征纪要:习性:木本。花程式:=↓(K5),C5,A8－10,=↓(G)2－5。其他特征参考科。全球 2 个大洲分布及种数(1－4)大洋洲:3; 南美洲:2。

Mitrapoma Duby = **Calyptrochaeta**

Mitraria Cav. 蔓岩桐属 Gesneriaceae [MD－549] 特征纪要:习性:－。花程式:－。其他特征参考科。全球 4 个大洲分布及种数(1－6)非洲:2; 大洋洲:2; 北美洲:2; 南美洲:3。

Mitrasacme Labill. 尖帽草属 Loganiaceae [MD－486] 特征纪要:习性:木本。花程式:－。物候:－。花期:2－6 月。果期:参考晚于花期。海拔:500 米。生境:露天。资源:药用,具栽培园艺种类。全球 3 个大洲分布及种数(8－63;hort. 1;cult. 2)非洲:2;亚洲:4－12;大洋洲:5－55。【中国种数:6】。

Mitrasacmopsis Jovet 拟尖帽草属 Rubiaceae [MD－523] 特征纪要:习性:木本。花程式:(K)4－5,(C)4－5,A4－5,=↓G2－9。其他特征参考科。全球 1 个大洲分布及种数(1)◆非洲。

Mitrastemon Makino 帽蕊草属 Mitrastemonaceae [MD－237] 特征纪要:习性:草本(寄生,多肉)。花程式:Kn,C2－3 参考科,A10,G－。物候:－。花期:2－4 月。果期:参考晚于花期。海拔:1200 米。生境:寄生在栲和栎根上。全球 5 个大洲分布及种数(3－13)非洲:1; 亚洲:9; 大洋洲:1; 北美洲:2; 南美洲:2。【中国种数:1】。

Mitrastemonaceae Makino [MD－237] 帽蕊草科 特征纪要:习性:草本;落叶。花程式:K4－5(－),C0,A2,↑G－。物候:－。花期:2－3 月。果期: 8－10 月。果实:蒴果。种子:种皮坚硬,棕红色。海拔:0 米。生境:根部,寄生在栲和栎根上。资源:－。栽培:－。全球 1 个大洲分布及属种数(2/3－4 <IFR 1/2> hort. 1,cult. 1) ◆南美洲:1/ 14－15。【中国属种数:1/1】。

Mitrastigma Harv. = **Psydrax**

Mitrastylus Alm & T. C. E. Fr. = **Erica**

Mitrella Miq. 银帽花属 Annonaceae [MD－7] 特征纪要:习性:木本。花程式:K3－∞,C3,A2,=G10－100。其他特征参考科。全球 6 个大洲分布及种数(3－9)非洲:1－13;亚洲:2－11;大洋洲:1－14;欧洲:9;北美洲:9;南美洲:9。

Mitreola L. 度量草属 Loganiaceae [MD－486] 特征纪要:习性:－。花程式:－。物候:－。花期:3－5 月。果期:参考晚于花期。海拔:600－900 米。生境:山区开阔的林地,杂灌丛边草地。资源:－。全球 6 个大洲分布及种数(13－18)非洲:3－11;亚洲:6－18;大洋洲:3－11;欧洲:8;北美洲:6－14;南美洲:1－9。【中国种数:9】。

Mitrephora (Bl.) Hook. f. & Thoms. 银钩花属 Annonaceae [MD－7] 特征纪要:习性:木本。花程式:－。物候:－。花期:3－5 月。果期:参考晚于花期。海拔:100－1200 米。生境:沟谷林边。资源:材用,具栽培园艺种类。全球 4 个大洲分布及种数(54－115)非洲:8; 亚洲:102; 大洋洲:11; 北美洲:2。【中国种数:5】。

Mitriostigma Hochst. 枇杷栀属 Rubiaceae [MD－523] 特征纪要:习性:木本。花程式:(K)4－5,(C)4－5,A4－5,=↓(G)2－9。其他特征参考科。全球 3 个大洲分布及种数(7－11)非洲:9; 北美洲:3; 南美洲:2。

Mitrobryum H. Rob. 印度曲尾藓属 Dicranaceae [B－128] 特征纪要:习性:－。【Rep】:孢蒴无气孔,雌雄异株或假雌雄同株,雌苞叶鞘状,具长尖,孢子体顶生或侧生,有时丛生,蒴柄直立。其他特征参考科。全球 1 个大洲分布及种数(1)◆亚洲:1。

Mitrophyllum Schwantes 奇鸟玉属 Aizoaceae [MD－94] 特征纪要:习性:灌木。花程式:=↓(K3－4),C3－4,A5 参考科,=↓G1－2。其他特征参考科。全球 2 个大洲分布及种数(7－24)非洲:24; 亚洲:3。

Mitropoma Duby ex I. Hagen = **Calyptrochaeta**

Mitropsidium Burret = **Psidium**
Mitrosicyos Maxim. = **Actinostemma**
Mitrospora Nees = **Rhynchospora**
Mittenia Lindb. 连指藓属 Mitteniaceae [B－117] 特征纪要(同科)。全球3个大洲分布及种数(1)非洲:1;亚洲:1;大洋洲:1。
Mitteniaceae Broth. [B－117] 丝光畸齿藓科 特征纪要(参考 Gigaspermaceae),体形纤细、柔弱或稍粗大,褐绿色、深黑色或红褐色,多具光泽,习生于树干、树枝或岩面,稀叶面附生,或悬垂。全球3个大洲分布和属种数(1/1)亚洲:1/1;大洋洲:1/1。
Mittenothamnium Henn. 微灰藓属 Hypnaceae [B－189] 特征纪要:习性:－。【Rep】:雌雄异苞同株,内雌苞叶直立,卵状披针形,上部渐狭成长毛状,近于全缘,无中肋,黄绿色。物候:－。海拔:－。生境:常见于林下土或岩面薄土,沼泽水生。资源:－。全球6个大洲分布及种数(90)非洲:23;亚洲:2;大洋洲:2;欧洲:1;北美洲:21;南美洲:59。【中国种数:1】。
Mitthyridium H. Rob. 匍网藓属 Calymperaceae [B－130] 特征纪要:习性:－。【Rep】:雌雄异株,孢子体着生短枝的顶端,孢蒴长卵形或圆柱形,蒴齿单层,齿片16,蒴盖圆锥形,有斜长喙。物候:－。海拔:－。生境:石生。资源:－。全球6个大洲分布及种数(30)非洲:9;亚洲:22;大洋洲:22;欧洲:1;北美洲:1;南美洲:3。【中国种数:2】。
Mitwabachloa Phipps = **Zonotriche**
Mixtecalia <unassigned> 菊科属 Asteraceae [MD－586] 特征纪要:习性:－。花程式:－。其他特征参考科。全球1个大洲分布及种数(－)。
Miyabea Broth. 瓦叶藓属 Thuidiaceae [B－184] 特征纪要:习性:－。【Rep】:雌雄异株,蒴柄纤细,孢蒴卵形,蒴齿内齿层缺失,外齿层齿片16,平滑或具疣,蒴盖具长喙,蒴帽兜形。物候:－。海拔:－。生境:常见于湿润林地或阴湿岩石。资源:－。全球1个大洲分布及种数(4)◆亚洲:4。【中国种数:2】。
Miyakea Miyabe & Tatew. 白头翁属 Ranunculaceae [MD－38] 特征纪要:习性:－。花程式:－。其他特征参考科。全球1个大洲分布及种数(－)◆大洋洲。
Miyamayomena Kitam. 裸菀属 Asteraceae [MD－586] 特征纪要:习性:－。花程式:－。物候:－。花期:8－10月。果期:参考晚于花期。海拔:6000米。生境:路旁平原草地。资源:－。全球6个大洲分布及种数(5)非洲:2;亚洲:4－6;大洋洲:2;欧洲:2;北美洲:1－3;南美洲:2。
Miyoshia Makino = **Petrosavia**
Mizutania Furuki & Z. Iwats. 绿叶苔属 Mizutaniaceae [B－87] 特征纪要(同科)。全球1个大洲分布及种数(－)。
Mizutaniaceae Furuki & Z. Iwats. [B－87] 绿叶苔科 特征纪要(参考 Plagiotheciaceae),体形纤细或中形,一般扁平,绿色或黄绿色,具光泽,疏松或密集成片扁平状生长。【Rep】:雌苞叶中等大小。全球1个大洲分布和属种数(1)◆非洲。
Mkilua Verdc. 滨蕉木属 Annonaceae [MD－7] 特征纪要:习性:木本。花程式:K3－∞,C3,A2,=G10－100。其他特征参考科。全球2个大洲分布及种数(1－2)非洲:2; 亚洲:2。
Mnassea Vell. ex DC. 南美提患子属 Sapindaceae [MD－428] 特征纪要:－。全球1个大洲分布及种数(2)◆南美洲:1。
Mnemosilla Forssk. = **Hypecoum**
Mnesithea Kunth 毛俭草属 Poaceae [MM－748] 特征纪要:习性:草本(基生)。花程式:(K－),C0参考科,A3参考科,=G2－3。物候:－。海拔:100－1000米。生境:草地和灌丛,山坡。资源:－。全球6个大洲分布及种数(24－25;hort.1;cult. 1)非洲:1－4;亚洲:17－21;大洋洲:7－10;欧洲:3;北美洲:10－13;南美洲:6－9。【中国种数:1】。
Mniaceae Schwägr. [B－149] 提灯藓科 特征纪要:深绿色或褐绿色,匍匐,常与其他苔藓形成群丛茎单一或稀疏分枝叶疏生或覆瓦状蔽前式排列,三角状卵形,先端。【Rep】:雌雄异株,雄苞小,由腹叶叶腋伸出,具4－8对雄苞叶,精子器单生,蒴囊黄褐色,长椭圆形。全球5个大洲分布和属种数(10/116)亚洲:8/79;大洋洲:5/16;欧洲:6/40;北美洲:8/56;南美洲:3/13。【中国属种数:14/172(13)】。
Mniadelphus Müll. Hal. 黄藓属 Hookeriaceae [B－164] 特征纪要:－。全球1个大洲分布及种数(－)。
Mniarum J. R. Forst. & G. Forst. 石竹科属 Illecebraceae [MD－113] 特征纪要:习性:－。花程式:－。其他特征参考科。全球1个大洲分布及种数(－)。
Mniobryoides Hormann 花旗真藓属 Bryaceae [B－146] 特征纪要:习性:－。【Rep】:孢子体不发达,雌雄异株或雌雄同株,朔柄长,直立或稍弯曲,孢蒴多直立或倾立,稀横列或下垂,梨形、卵形或棒槌形。其他特征参考科。全球1个大洲分布及种数(cf. 1)◆北美洲。
Mniobryum Limpr. 真藓科属 Bryaceae [B－146] 特征纪要:习性:－。【Rep】:雌雄同株或异株。物候:－。海拔:－。生境:常见于林地边或岩面薄土。资源:－。全球6个大洲分布及种数(18)非洲:6;亚洲:4;大洋洲:2;欧洲:1;北美洲:3;南美洲:4。【中国种数:3】。
Mniochloa Chase 竺禾草属 Poaceae [MM－748] 特征纪要:习性:草本。花程式:(K)3,C0参考科,A1－2,=G2－3。其他特征参考科。全球1个大洲分布及种数(1)◆北美洲。
Mniodendron Lindb. ex Dozy & Molk. 垫灰藓属 Hypnodendraceae [B－158] 特征纪要:习性:－。【Rep】:雌雄异株,蒴柄短,孢蒴略倾斜,长卵形,不对称,稍弯曲,平滑,蒴盖高圆锥体形,有弯斜尖喙,蒴齿两层。其他特征参

M

考科。全球 5 个大洲分布及种数(31)亚洲:11;大洋洲:29;欧洲:3;北美洲:5;南美洲:3。

Mniodendrum Dozy & Molk. ex I. Hagen = **Mniodendron**

Mniodes (A. Gray) Benth. 垫鼠麴属 Asteraceae [MD－586] 特征纪要:习性:草本。花程式:(K)3－5,C3－5,A3－5,=↓(G)2。其他特征参考科。全球 1 个大洲分布及种数(20)◆南美洲。

Mnioloma Herzog 疣胞苔属 Calypogeiaceae [B－44] 特征纪要:习性:－。【Rep】:雌雄异株,雄苞小,由腹叶叶腋伸出,具 4－8 对雄苞叶,精子器单生,蒴囊黄褐色,长椭圆形。其他特征参考科。全球 5 个大洲分布及种数(6)非洲:1;亚洲:1;大洋洲:2;北美洲:3;南美洲:2。

Mniomalia Müll. Hal. 疣叶藓属 Phyllodrepaniaceae [B－147] 特征纪要:－。全球 5 个大洲分布及种数(2)亚洲:1;大洋洲:1;欧洲:1;北美洲:1;南美洲:1。

Mnium Hedw. 护蒴苔属 Mniaceae [B－149] 特征纪要:习性:－。【Rep】:－。物候:－。海拔:960 米。生境:林下岩面生,岩面薄土。资源:－。全球 6 个大洲分布及种数(49)非洲:4;亚洲:29;大洋洲:2;欧洲:17;北美洲:19;南美洲:6。【中国种数:70】。

Moacroton Croizat = **Croton**

Mobergia <unassigned> 唐松木科属 Physenaceae [MD－169] 特征纪要:习性:－。花程式:－。其他特征参考科。全球 1 个大洲分布及种数(－)。

Mobilabium Rupp 疏唇兰属 Orchidaceae [MM－723] 特征纪要:习性:草本。花程式:(K)3,C3,A3,=↓(G)3)。其他特征参考科。全球 1 个大洲分布及种数(1)◆大洋洲。

Mocquerysia Hua 莫克木属 Salicaceae [MD－123] 特征纪要:习性:木本。花程式:－。其他特征参考科。全球 1 个大洲分布及种数(1－2)◆非洲。

Modeca Raf. = **Modecca**

Modecca Lam. 西番莲科属 Passifloraceae [MD－151] 特征纪要:习性:－。花程式:－。物候:－。海拔:100－2500 米。生境:草坡。资源:具栽培园艺种类。全球 4 个大洲分布及种数(48)非洲:21; 亚洲:21; 大洋洲:1; 南美洲:2。

Modesciadium P. Vargas & Jim. Mejías 非洲绒芹属 Apiaceae [MD－480] 特征纪要:习性:草本。花程式:=↓(K5),C5,A5,=↓G(－)。其他特征参考科。全球 1 个大洲分布及种数(1) ◆非洲:1。

Modestia Kharadze & Tamamsch. = **Anacantha**

Modiola Mönch 蔓葵属 Malvaceae [MD－203] 特征纪要:习性:木本。花程式:K5－∞,C5－∞,A10－8,G－。其他特征参考科。全球 6 个大洲分布及种数(2－3)非洲:7;亚洲:1－8;大洋洲:1－8;欧洲:1－8;北美洲:1－8;南美洲:1－8。【中国种数:1】。

Modiolastrum K. Schum. 肖蜗轴草属 Malvaceae [MD－203] 特征纪要:习性:木本。花程式:K5－∞,C5－∞,A10－8,=(G)1－5。物候:－。海拔:－。生境:－。资源:具园艺种类。全球 3 个大洲分布及种数(5－11)大洋洲:2; 北美洲:2; 南美洲:11。

Moehringia L. 种阜草属 Caryophyllaceae [MD－77] 特征纪要:习性:草本(根状茎,基生)。花程式:－。物候:－。花期:6－7 月。果期:参考晚于花期。海拔:800－2300 米。生境:草地,森林边缘。资源:具园艺种类。全球 6 个大洲分布及种数(30－67)非洲:9; 亚洲:19; 大洋洲:6; 欧洲:6; 北美洲:6; 南美洲:4。【中国种数:7】。

Moenchia Ehrh. 灰卷耳属 Caryophyllaceae [MD－77] 特征纪要:习性:－。花程式:－。其他特征参考科。全球 6 个大洲分布及种数(6－9)非洲:2;亚洲:2;大洋洲:1;欧洲:2－3;北美洲:2;南美洲:2。【中国种数:1】。

Moenckemeyera Müll. Hal. ex Broth. = **Moenkemeyera**

Moenkemeyera Müll. Hal. 云尾藓属 Fissidentaceae [B－131] 特征纪要:习性:－。【Rep】:孢蒴弯曲。其他特征参考科。全球 2 个大洲分布及种数(7)非洲:4;南美洲:3。

Moerckia Gottsche 云带叶苔属 Moerckiaceae [B－29] 特征纪要:习性:－。【Rep】:雌雄苞无特化生殖枝,雄苞 2 列至多列着生中肋背面,颈卵器群生,孢蒴通常圆柱形,成熟时不完全 2－4 瓣裂。物候:－。海拔:－。生境:山谷林下。资源:－。全球 4 个大洲分布及种数(7)非洲:2; 亚洲:5; 欧洲:3; 北美洲:3。【中国种数:1】。

Moerckiaceae Stotler & Crand.－Stotl. [B－29] 莫氏苔科 特征纪要:群集丛生。【Rep】:雌雄异株,稀同株,蒴柄直立,孢蒴顶生,直立,长圆柱形,蒴齿退化,蒴盖圆锥形,具短喙,蒴帽钟形。全球 6 个大洲分布和属种数(2/3－6)非洲:1/3;亚洲:2/3－6;大洋洲:1/3;欧洲:1/1－4;北美洲:1/1－4;南美洲:1/3。【中国属种数:2/3】。

Moeroris Raf. = **Phyllanthus**

Mogoltavia Korovin 莫戈草属 Apiaceae [MD－480] 特征纪要:习性:草本。花程式:=↓(Kn),C5,A3 参考科,=↓G(－)。其他特征参考科。全球 1 个大洲分布及种数(2)◆亚洲。

Mohavea A. Gray 花旗婆婆纳属 Plantaginaceae [MD－527] 特征纪要:习性:草本。花程式:K2－4,C0,A2－4,↓G2。其他特征参考科。全球 2 个大洲分布及种数(2－5)北美洲:4; 南美洲:2。

Mohria Sw. 绿片苔科属 Adiantaceae [F－35] 特征纪要:习性:－。【Rep】:囊群生叶背。其他特征参考科。全球 2 个大洲分布及种数(16)北美洲:1; 南美洲:1。

Mojiangia <unassigned> 菊属 Asteraceae [MD－586] 特征纪要:习性:－。花程式:－。其他特征参考科。全球 1 个大洲分布及种数(－)。

Mokof Adans. = **Ternstroemia**

Moldenhauera Spreng. = **Pyrenacantha**

Moldenhawera Schröd. 紫檀属 Fabaceae3 [MD – 240] 特征纪要:习性:木本。花程式: = ↓ (K3 – 5 – ∞), C3 – 5 – ∞, A3 – 5, = ↓ G(–)。其他特征参考科。全球 1 个大洲分布及种数(11) ◆南美洲。【中国种数:1】。

Moldenkeanthus Morat = **Paepalanthus**

Molendoa Lindb. 大丛藓属 Pottiaceae [B – 133] 特征纪要:习性: – 。【Rep】:雌雄异株,蒴柄细长,孢蒴呈倒卵形,蒴盖具斜长喙,常与蒴轴相连,蒴帽兜形,孢子黄棕色,平滑或具密疣。物候: – 。海拔:900 米。生境:土生。资源: – 。全球 6 个大洲分布及种数(18)非洲:1;亚洲:10;大洋洲:1;欧洲:6;北美洲:5;南美洲:8。【中国种数:9】。

Molinadendron P. K. Endress 水丝楠属 Hamamelidaceae [MD – 63] 特征纪要:习性:木本。花程式: – 。其他特征参考科。全球 1 个大洲分布及种数(3) ◆北美洲。

Molinaea Comm. ex Juss. 莫利纳木属 Sapindaceae [MD – 428] 特征纪要:习性: – 。花程式: – 。其他特征参考科。全球 6 个大洲分布及种数(8 – 213)非洲:52; 亚洲:59; 大洋洲:17; 欧洲:51; 北美洲:51; 南美洲:210。

Molineria Colla 大叶仙茅属 Hypoxidaceae [MM – 695] 特征纪要:习性: – 。花程式: – 。物候: – 。花期:4 – 9 月。果期:参考晚于花期。海拔:550 – 2500 米。生境: – 。资源: – 。全球 6 个大洲分布及种数(4)非洲:2 – 4;亚洲:3 – 5;大洋洲:2 – 4;欧洲:1 – 3;北美洲:2 – 4;南美洲:2 – 4。

Molineriella Rouy 舞芒草属 Poaceae [MM – 748] 特征纪要:习性:草本。花程式:(K –), C0 参考科, A3 参考科, ↓ G – 参考科。其他特征参考科。全球 5 个大洲分布及种数(4)非洲:3;亚洲:2;大洋洲:1;欧洲:3;北美洲:1。

Molinia Schrank 蓝沼草属 Poaceae [MM – 748] 特征纪要:习性:草本。花程式: – 。物候: – 。花期:7 – 8 月。果期:参考晚于花期。海拔:1500 – 2100 米。生境:高地草原和沼泽地,露天或阴凉处,生于山地,灌木林下草地和山顶草甸中。资源:具栽培园艺种类。全球 6 个大洲分布及种数(4)非洲:1 – 4;亚洲:3 – 6;大洋洲:3;欧洲:2 – 5;北美洲:1 – 4;南美洲:3。【中国种数:1】。

Moliniopsis Hayata 蓝沼草属 Poaceae [MM – 748] 特征纪要:习性:竹类。花程式:参考科, C3 参考科, A3 参考科, G1 参考科。其他特征参考科。全球 2 个大洲分布及种数(1 – 8)亚洲:2; 南美洲:1。【中国种数:1】。

Mollera O. Hoffm. = **Calostephane**

Mollia Mart. 锦葵科属 Malvaceae [MD – 203] 特征纪要:习性: – 。花程式: – 。其他特征参考科。全球 5 个大洲分布及种数(18 – 130)非洲:12; 亚洲:9; 欧洲:3; 北美洲:3; 南美洲:52。

Mollinedia Ruiz & Pav. 榕桂属 Monimiaceae [MD – 20] 特征纪要:习性:木本。花程式: – 。其他特征参考科。全球 6 个大洲分布及种数(58 – 177)非洲:2; 亚洲:6; 大洋洲:18; 欧洲:20; 北美洲:20; 南美洲:133。

Molluginaceae Bartl. [MD – 99] 粟米草科 特征纪要:习性:草本;落叶。花程式:(K)5, C5, A5 – 8, ↑ G – 。物候: – 。花期: 夏季 – 秋季。果期: 冬季。果实: 蒴果。种子:种皮作不规则的矩圆形,具小瘤或平滑,有细网纹。海拔:100 – 1800 米。生境:草地瘠土或旱田中,作物地。资源:药用。栽培:中国有栽培。全球 6 个大洲分布及属种数(14 – 16/126 – 161 <IFR 2/2> hort. 1; cult. 1) 非洲:11/102 – 119(IFR 1/1); 亚洲:2 – 3/36 – 43(IFR 1/1); 大洋洲:3 – 4/16 – 20; 欧洲:2/8; 北美洲:2/10 – 15(IFR 1/1); 南美洲:3/15。【中国属种数:2/3】。

Mollugo L. 粟米草属 Molluginaceae [MD – 99] 特征纪要:习性:草本(基生)。花程式:K5, C5, A5, G – 。物候: – 。花期:6 – 7 月。果期:参考晚于花期。海拔:100 – 1800 米。生境:草地瘠土或旱田中,作物地。资源:具栽培园艺种类。全球 6 个大洲分布及种数(33 – 40; hort. 1; cult. 1)非洲:14 – 24;亚洲:30 – 42;大洋洲:11 – 19;欧洲:5 – 13;北美洲:5 – 18;南美洲:9 – 17。【中国种数:1】。

Mollugophytum M. E. Jones = **Drymaria**

Molongum Pichon 浮标木属 Apocynaceae [MD – 492] 特征纪要:习性:木本。花程式:K5 – ∞, C0, A15, = ↓ G2 – 5。其他特征参考科。全球 4 个大洲分布及种数(3 – 6)亚洲:2; 欧洲:2; 北美洲:2; 南美洲:6。

Molopanthera Turcz. 痕药茜属 Rubiaceae [MD – 523] 特征纪要:习性:木本。花程式:(K –), (C)4, A4 – 5, ↓ (G)2 – 9。其他特征参考科。全球 1 个大洲分布及种数(1) ◆南美洲。

Molopospermum W. D. J. Koch 痕籽芹属 Apiaceae [MD – 480] 特征纪要:习性:草本。花程式: = ↓ (K5), C5, A5, = ↓ G2。其他特征参考科。全球 2 个大洲分布及种数(1 – 6)欧洲:2; 北美洲:2。

Moltkia Lehm. 弯果紫草属 Boraginaceae [MD – 517] 特征纪要:习性:灌木。花程式:K5, C0, A5, = (G)2 – 4。物候: – 。海拔: – 。生境: – 。资源:具栽培园艺种类。全球 3 个大洲分布及种数(2 – 11; hort. 1; cult. 3)非洲:1;亚洲:cf. 1;欧洲:1 – 3。【中国种数:1】。

Moltkiopsis I. M. Johnst. 类弯果紫草属 Boraginaceae [MD – 517] 特征纪要:习性:草本。花程式:Kn, C0, A5, ↓ (G)2 – 4。其他特征参考科。全球 4 个大洲分布及种数(1 – 2)非洲:2; 亚洲:2; 欧洲:1; 北美洲:1。

Moluccella L. 贝壳花属 Lamiaceae [MD – 575] 特征纪要:习性:草本。花程式:K2, C0, A2, = ↓ (G)2。物候: – 。海拔: – 。生境: – 。资源:具栽培园艺种类。全球 6 个大洲分布及种数(5 – 9)非洲:2;亚洲:4;大洋洲:1;欧洲:2;北美洲:1;南美洲:1。

Molucella Juss. 贝壳花属 Lamiaceae [MD – 575] 特征纪要:习性: – 。花程式: – 。其他特征参考科。全球 4 个大洲分布及种数(cf. 1)亚洲;欧洲;北美洲;南美洲。

Moluchia Medik. = **Melochia**

Momordica L. 苦瓜属 Cucurbitaceae [MD – 205] 特征纪要:习性:木质攀援。花程式: – 。物候: – 。海拔:1400 – 2500 米。生境:山坡路旁,灌木丛中。资源:药用,具栽培园艺种类。全球 6 个大洲分布及种数(62 – 75; hort. 1; cult. 1)非洲:48 – 55;亚洲:19 – 26;大洋洲:4 – 8;欧洲:4 – 8;北美洲:8 – 12;南美洲:11 – 18。【中国种数:5】。

Mona ö. Nilsson 异茎卷耳属 Portulacaceae [MD – 85] 特征纪要:习性: – 。花程式: – 。其他特征参考科。全球 2

个大洲分布及种数(4)亚洲:2; 南美洲:4。

Monachather Steud. 异扁芒草属 Poaceae [MM-748] 特征纪要:习性:草本。花程式:(K)3,C0 参考科,A1-2,=G2-3。其他特征参考科。全球 1 个大洲分布及种数(2)◆大洋洲(◆澳大利亚)。

Monachne P. Beauv. = **Panicum**

Monachochlamys Baker = **Mendoncia**

Monachosoraceae Ching & Z. R. Wang [F-25] 稀子蕨科 特征纪要:林下腐木、林地或火烧迹地上着生成片,或单个散生。【Rep】:雌雄异株,雄株甚小,高度不超过 0.5 毫米,蚌壳状,多透明,着生于原丝体上,精子器多球形,雌株略大。全球 6 个大洲分布和属种数(1;hort. & cult. 1)(7-11;hort. & cult. 2)非洲:1/2;亚洲:1/7-10;大洋洲:1/2;欧洲:1/2;北美洲:1/2;南美洲:1/2。

Monachosorella Hayata = **Monachosorum**

Monachosorum Kunze 稀子蕨属 Monachosoraceae [F-25] 特征纪要(同科)。全球 5 个大洲分布及种数(6-22)非洲:1; 亚洲:17; 大洋洲:2; 北美洲:3; 南美洲:4。【中国种数:3】。

Monachyron Parl. = **Melinis**

Monactinocephalus Klatt 旋覆花属 Asteraceae [MD-586] 特征纪要:习性:草本。花程式:-。其他特征参考科。全球 1 个大洲分布及种数(1)◆非洲。

Monactis Kunth 寡舌菊属 Asteraceae [MD-586] 特征纪要:习性:草本。花程式:(K)3-5,(C)3-5,A3-5,=↓G2。其他特征参考科。全球 3 个大洲分布及种数(12-36)亚洲:3; 北美洲:9; 南美洲:35。

Monadelpha <unassigned> 大戟属 Euphorbiaceae [MD-217] 特征纪要:习性:-。花程式:-。其他特征参考科。全球 1 个大洲分布及种数(-)。

Monandraira é. Desv. = **Deschampsia**

Monanthes Haw. 魔莲花属 Crassulaceae [MD-229] 特征纪要:习性:草本。花程式:=↓(K3-5-∞),C3-5-∞,A4,=↓G3-5。物候:-。花期:4 月。果期:参考晚于花期。海拔:200-5700 米。生境:山坡阴地。资源:-。全球 4 个大洲分布及种数(11-33)非洲:1;亚洲:cf. 1;欧洲:8-11;北美洲:1。

Monanthochloe Engelm. 水卷草属 Poaceae [MM-748] 特征纪要:习性:-。花程式:-。其他特征参考科。全球 6 个大洲分布及种数(1)非洲:1;亚洲:1;大洋洲:1;欧洲:1;北美洲:1;南美洲:1。

Monanthocitrus Tanaka 斑籽橘属 Rutaceae [MD-399] 特征纪要:习性:木本。花程式:K∞,C∞,A4,=G1-3。其他特征参考科。全球 3 个大洲分布及种数(4-6)非洲:4; 亚洲:5; 大洋洲:5。

Monanthotaxis Baill. 香莓藤属 Annonaceae [MD-7] 特征纪要:习性:木本。花程式:K3-∞,C3,A2,=G10-100。其他特征参考科。全球 4 个大洲分布及种数(75-78;hort. 1;cult. 1)非洲:74;亚洲:cf. 1;北美洲:2;南美洲:1。

Monanthus (Schltr.) Brieger 斑花兰属 Orchidaceae [MM-723] 特征纪要:习性:草本。花程式:Kn,C0 参考科,A-参考科,↓(G)3。其他特征参考科。全球 3 个大洲分布及种数(4)非洲:2; 亚洲:2; 大洋洲:3。

Monarda L. 花旗薄荷属 Lamiaceae [MD-575] 特征纪要:习性:草本。花程式:(K-),C2-3 参考科,A5 参考科,=↓G2。物候:-。花期:7 月。果期:参考晚于花期。海拔:5400 米。生境:广泛栽培。资源:具栽培园艺种类。全球 6 个大洲分布及种数(29-33;hort. 1;cult. 3)非洲:13;亚洲:11-25;大洋洲:13;欧洲:6-19;北美洲:28-43;南美洲:4-17。【中国种数:7】。

Monardella Benth. 北美薄荷属 Lamiaceae [MD-575] 特征纪要:习性:草本。花程式:K2,C0,A2,=↓(G)2。其他特征参考科。全球 5 个大洲分布及种数(68-199)亚洲:6; 大洋洲:3; 欧洲:112; 北美洲:112; 南美洲:3。【中国种数:2】。

Monarrhenus Cass. 簇菊木属 Asteraceae [MD-586] 特征纪要:习性:草本。花程式:(K)3-5,(C)3-5,A3-5,=↓G2。其他特征参考科。全球 5 个大洲分布及种数(2-5)非洲:4; 亚洲:3; 欧洲:3; 北美洲:3; 南美洲:3。

Monarthrocarpus Merr. = **Desmodium**

Monathera Raf. = **Elaeocarpus**

Monavia Adans. = **Mimulus**

Mondia Skeels 利食藤属 Apocynaceae [MD-492] 特征纪要:习性:木本。花程式:K5,C0,A5,=↓(G)2。其他特征参考科。全球 2 个大洲分布及种数(2-6)非洲:5; 亚洲:3。

Mondo Adans. = **Ophiopogon**

Monechma Hochst. 独爵床属 Acanthaceae [MD-572] 特征纪要:习性:草本。花程式:K2-4,C0,A2-4,=↓G2。物候:-。海拔:-。生境:-。资源:具园艺种类。全球 3 个大洲分布及种数(37-44)非洲:36-43;欧洲:2-3;南美洲:4。

Monelytrum Hack. 单生錋茎草属 Poaceae [MM-748] 特征纪要:习性:草本。花程式:(K)3,C0 参考科,A1-2,↓G-参考科。其他特征参考科。全球 1 个大洲分布及种数(1)◆非洲。

Monenteles Labill. = **Pterocaulon**

Moneses Salisb. ex A. Gray 独丽花属 Ericaceae [MD-380] 特征纪要:习性:木质攀援。花程式:-。物候:-。花期:7 月。果期:参考晚于花期。海拔:1500 米。生境:暗针叶林下,性喜阴湿,桦树或松树林中。资源:具栽培园艺种类。全球 6 个大洲分布及种数(1-13)非洲:2; 亚洲:3; 大洋洲:2; 欧洲:4; 北美洲:4; 南美洲:7。【中国种数:1】。

Monesis Walp. = **Moneses**
Monetia L'Hér. = **Azima**
Mongezia Vell. = **Symplocos**
Monguia Chapel. ex Baill. = **Croton**
Monilaria Schwantes 碧光玉属 Aizoaceae [MD-94] 特征纪要:习性:灌木。花程式:=↓(K3-4),C3-4,A5 参考科,=↓G1-2。其他特征参考科。全球 3 个大洲分布及种数(6-30)非洲:27; 亚洲:4; 南美洲:4。
Monilicarpa Cornejo & Iltis 醉蕊菜属 Capparaceae [MD-178] 特征纪要:习性:-。花程式:-。其他特征参考科。全球 1 个大洲分布及种数(1)◆南美洲(◆巴西)。
Monimia Thou. 玉盘桂属 Monimiaceae [MD-20] 特征纪要:习性:木本。花程式:K1-∞,C0,A10-150,G1-3。其他特征参考科。全球 3 个大洲分布及种数(1-5)非洲:4;大洋洲:1;欧洲:3。
Monimiaceae Juss. [MD-20] 玉盘桂科 特征纪要:习性:木本;落叶。花程式:K4-5(-),C0,A10,G-。物候:-。果实:-。种子:-。海拔:-。生境:-。资源:-。栽培:-。全球 6 个大洲分布及属种数(24-30/186-396 <IFR 2/2> hort. 1;cult. 2) 非洲:8/67-100(IFR 2/2); 亚洲:5-6/10-42; 大洋洲:11/39-161; 欧洲:1/1-4; 北美洲:3/15-18; 南美洲:7-8/79-115。【中国属种数:2/2】。
Monimiastrum J. Guého & A. J. Scott = **Eugenia**
Monimopetalum Rehder 永瓣藤属 Celastraceae [MD-339] 特征纪要:习性:木质攀援。花程式:-。物候:-。花期:5-10 月。果期:参考晚于花期。海拔:400-700 米。生境:山谷,针叶和阔叶混交林。资源:-。全球 2 个大洲分布及种数(1-4)亚洲:4; 南美洲:2。【中国种数:1】。
Monina Pers. = **Monnina**
Monipsis Raf. = **Teucrium**
Monium Stapf & Jacq. -Fél. = **Anadelphia**
Monixus Finet = **Angraecum**
Monizia Lowe 莫尼草属 Apiaceae [MD-480] 特征纪要:习性:-。花程式:-。其他特征参考科。全球 1 个大洲分布及种数(cf. 1)◆南美洲。
Monnina Ruiz & Pav. 莫恩草属 Polygalaceae [MD-291] 特征纪要:习性:木本。花程式:K3-8,C3-8,A8,=G2-5。其他特征参考科。全球 6 个大洲分布及种数(184-223;hort. 1;cult. 1)非洲:16-25;亚洲:9-17;大洋洲:6;欧洲:6;北美洲:42-56;南美洲:171-204。【中国种数:2】。
Monobothrium Hochst. = **Swertia**
Monocarpa D. J. Carr 杜英属 Monocarpaceae [B-19] 特征纪要:习性:-。花程式:-。其他特征参考科。全球 1 个大洲分布及种数(1)。
Monocarpaceae D. J. Carr ex Schelpe [B-19] 单果苔科 特征纪要:纤细至中形,暗绿色或黄绿色,交织成小片状生长。【Rep】:蒴柄细长,孢蒴小,卵形,老时常平列,红褐色,环带分化,蒴齿两层,等长,外齿层齿片长披针形,黄色。全球 2 个大洲分布及属种数(1/1)非洲:1; 大洋洲:1。
Monocarpia Miq. 贝母玉盘属 Annonaceae [MD-7] 特征纪要:习性:木本。花程式:K3-∞,C3,A2,=G10-100。物候:-。花期:4 月。果期:参考晚于花期。海拔:100-2400 米。生境:半常绿阔叶林中,山地灌木丛中。资源:-。全球 3 个大洲分布及种数(4-10)亚洲:9; 欧洲:3; 北美洲:3。
Monocarpus D. J. Carr 单果苔属 Monocarpaceae [B-19] 特征纪要:-。全球 1 个大洲分布及种数(1) ◆大洋洲。
Monocelastrus F. T. Wang & T. Tang 南蛇藤属 Celastraceae [MD-339] 特征纪要和分布(-)。全球 1 个大洲分布及种数(1 cf.)◆亚洲。
Monocephalium S. Moore = **Pyrenacantha**
Monoceras Auct. ex Steud. = **Elaeocarpus**
Monochaete Döll = **Gymnopogon**
Monochaetum (DC.) Naudin 妃龙丹属 Melastomataceae [MD-364] 特征纪要:习性:木本。花程式:=↓(K4),C4,A4-5,=↓G3-4。其他特征参考科。全球 6 个大洲分布及种数(53-64;hort. 1;cult. 1)非洲:1-4;亚洲:3;大洋洲:3-13;欧洲:3;北美洲:24-31;南美洲:37-51。【中国种数:1】。
Monochasma Maxim. ex Franch. & Sav. 鹿茸草属 Orobanchaceae [MD-552] 特征纪要:习性:草质攀援。花程式:(K-),C2-3 参考科,A4,↓G2。物候:-。花期:3-4 月。果期:参考晚于花期。海拔:200-1100 米。生境:草原,松林,山坡向阳处杂草中;亦见于马尾松林下。资源:药用。全球 1 个大洲分布及种数(3-4)◆亚洲。【中国种数:2】。
Monochilus Fisch. & C. A. Mey. 单唇马鞭草属 Lamiaceae [MD-575] 特征纪要:习性:-。花程式:-。物候:-。海拔:20-3950 米。生境:自然山坡地。资源:-。全球 4 个大洲分布及种数(2-172)非洲:6; 亚洲:32; 大洋洲:4; 南美洲:135。
Monochoria C. Presl 雨久花属 Pontederiaceae [MM-711] 特征纪要:习性:-。花程式:-。物候:-。花期:8 月。果期:参考晚于花期。海拔:1500 米。生境:浅水处和稻田中,沼泽。资源:观赏,饲料。全球 6 个大洲分布及种数(8-9)非洲:3-5;亚洲:7-10;大洋洲:4-7;欧洲:1-3;北美洲:3-5;南美洲:2。
Monocladus L. C. Chia, H. L. Fung & Y. L. Yang = **Bonia**
Monoclea Hook. 单片苔属 MonoCleaceae [B-6] 特征纪要(同科)。全球 4 个大洲分布及种数(19)亚洲:2; 大洋

洲:3; 北美洲:3; 南美洲:18。

Monocleaceae Podp. [B-6] 单片苔科 特征纪要:毛绒状,疏松丛集生长。【Rep】:雌雄同株或异株,雄苞着生茎、枝先端,雌苞顶生,雌苞叶与茎叶同形,4-5 裂,蒴柄横切面中央 4 个细胞。全球 4 个大洲分布及属种数(1/1)亚洲:1; 大洋洲:1; 北美洲:1; 南美洲:1。

Monococcus F. Müll. 单性珊瑚属 Petiveriaceae [MD-128] 特征纪要:习性:灌木。花程式:K4-5,C0,A6, = G1-4。其他特征参考科。全球 3 个大洲分布及种数(1-7)亚洲:3; 大洋洲:7; 南美洲:6。

Monocosmia Fenzl = **Calandrinia**

Monocostus K. Schum. 单花姜属 Costaceae [MM-738] 特征纪要:习性:草本。花程式:(K)3,C3,A1-6,↓(G)3。其他特征参考科。全球 2 个大洲分布及种数(1-3)大洋洲:2; 南美洲:3。

Monocranum Müll. Hal. 银泽藓属 Dicranaceae [B-128] 特征纪要:-。全球 1 个大洲分布及种数(-)。

Monocryphaea P. C. Rao 隐蒴藓科属 Cryphaeaceae [B-197] 特征纪要:-。分布:-。

Monocyclanthus Keay 皿萼花属 Annonaceae [MD-7] 特征纪要:习性:木本。花程式:Kn,C3,A2,G10-100。其他特征参考科。全球 1 个大洲分布及种数(1)◆非洲(◆利比里亚)。

Monocymbium Stapf 单穗草属 Poaceae [MM-748] 特征纪要:习性:草本。花程式:(K)3,C0 参考科,A1-2, = (G)2-3。其他特征参考科。全球 2 个大洲分布及种数(3-8)非洲:6; 亚洲:2。

Monodactylopsis (R. M. Schust.) R. M. Schust. 针叶苔属 Lepidoziaceae [B-63] 特征纪要:习性:-。【Rep】:裂瓣披针形或指形。其他特征参考科。全球 1 个大洲分布及种数(1)◆非洲。

Monodia S. W. L. Jacobs 针茅状草属 Poaceae [MM-748] 特征纪要:习性:-。花程式:-。其他特征参考科。全球 3 个大洲分布及种数(10)亚洲:2; 大洋洲:10; 南美洲:8。

Monodora Dunal 独庐香属 Annonaceae [MD-7] 特征纪要:习性:木本。花程式:K3-∞,C3,A2, = G10-100。其他特征参考科。全球 6 个大洲分布及种数(18-21;hort. 1;cult. 1)非洲:16-24;亚洲:3-8;大洋洲:5;欧洲:2-7;北美洲:2-7;南美洲:3-8。【中国种数:2】。

Monogereion G. M. Barroso & R. M. King 三裂尖泽兰属 Asteraceae [MD-586] 特征纪要:习性:草本。花程式:(K)3-5,C3-5,A3-5, = ↓(G)2。其他特征参考科。全球 1 个大洲分布及种数(1)◆南美洲(◆巴西)。

Monogonia (C. Presl) C. Presl 沼泽蕨属 Thelypteridaceae [F-42] 特征纪要:-。全球 1 个大洲分布及种数(-)。

Monogramma Comm. ex Schkuhr 一条线蕨属 Pteridaceae [F-31] 特征纪要和分布(-)。全球 6 个大洲分布及种数(15-18)非洲:4-6;亚洲:9-11;大洋洲:6-7;欧洲:1;北美洲:1-2;南美洲:5-6。

Monogramme Spreng. = **Monogramma**

Monolena Triana ex Benth. & Hook. f. 振臂花属 Melastomataceae [MD-364] 特征纪要:习性:木本。花程式: = ↓(K4-5),C4-5,A4-5, = ↓(G)3-4。其他特征参考科。全球 6 个大洲分布及种数(11-17)非洲:9;亚洲:9;大洋洲:9;欧洲:9;北美洲:8-17;南美洲:3-18。

Monolepis Schröd. 单被藜属 Amaranthaceae [MD-116] 特征纪要:习性:-。花程式:-。其他特征参考科。全球 6 个大洲分布及种数(3)非洲:3;亚洲:1-4;大洋洲:1-4;欧洲:1-4;北美洲:2-5;南美洲:1-4。

Monolluma Plowes 水牛角属 Apocynaceae [MD-492] 特征纪要:习性:木本。花程式:Kn,C0,A15,↓G。其他特征参考科。全球 2 个大洲分布及种数(5) 非洲:2,亚洲:4。

Monolopia DC. 单苞菊属 Asteraceae [MD-586] 特征纪要:习性:草本。花程式:(K)3-5,(C)3-5,A3-5,↓G。其他特征参考科。全球 3 个大洲分布及种数(5-13)亚洲:3; 欧洲:7; 北美洲:7。【中国种数:2】。

Monomelangium Hayata 毛子蕨属 Athyriaceae [F-40] 特征纪要:习性:-。【Rep】:孢子囊群大多为铁角蕨型,长线形或短线形,通常略向后弯曲,有时通直,单生于小脉上侧,较少为不等长的双盖蕨型,或偶有一条孢子囊群生于分叉小脉的下侧,其下端达分叉处以下,较长的孢子囊群沿小脉上侧自中脉向上达小脉长度的 2/3 或与小脉等长,达羽片或裂片边缘。物候:-。海拔:1600 米。生境:山地常绿阔叶,石壁脚下或沟谷溪边潮湿岩石上。资源:-。全球 1 个大洲分布及种数(3)◆亚洲:cf. 1。

Monomeria Lindl. 短瓣兰属 Orchidaceae [MM-723] 特征纪要:习性:-。花程式:-。物候:-。花期:1 月。果期:参考晚于花期。海拔:1000-2000 米。生境:山地林中树干上或林下岩石上。资源:-。全球 1 个大洲分布及种数(2-4)◆亚洲。

Mononeuria Rchb. 山漆姑属 Caryophyllaceae [MD-77] 特征纪要:习性:草本。花程式:-。其他特征参考科。全球 3 个大洲分布及种数(10) 亚洲:5,北美洲:10,南美洲:1。

Monoon Miq. 暗罗属 Annonaceae [MD-7] 特征纪要:习性:木本。花程式:K3-∞,C3,A2,↓G-参考科。物候:-。花期:4 月。果期:参考晚于花期。海拔:100-2400 米。生境:半常绿阔叶林中,山地灌木丛中。资源:-。全球 4 个大洲分布及种数(4-71) 非洲:1-6,亚洲:4-36,大洋洲:2,北美洲:1。【中国种数:1】。

Monopanax Regel = **Oreopanax**

Monopera Barringer 单囊婆婆纳属 Plantaginaceae [MD-527] 特征纪要:习性:-。花程式:-。其他特征参考科。全球 2 个大洲分布及种数(4)北美洲:1; 南美洲:4。

Monophalacrus Cass. = **Tessaria**

Monophyllaea R. Br. 独叶苣苔属 Gesneriaceae [MD-549] 特征纪要:习性:草本。花程式:K5,C0,A4, = (G)2。其他特征参考科。全球 3 个大洲分布及种数(5-40;hort. 1)非洲:4;亚洲:4-20;大洋洲:3。

Monophyllanthe K. Schum. 单叶竹芋属 Marantaceae [MM-740] 特征纪要:习性:草本(水生)。花程式:(K)3,

C3,A3-4,=↓(G)3。其他特征参考科。全球1个大洲分布及种数(1-2)◆南美洲。

Monophyllorchis Schltr. 朱兰属 Orchidaceae [MM-723] 特征纪要:习性:草本。花程式:(K)3,C3,A3,↓G-。其他特征参考科。全球2个大洲分布及种数(5)北美洲:2;南美洲:3。

Monopogon J. Presl = **Tristachya**

Monoporus A. DC. 萝金牛属 Primulaceae [MD-401] 特征纪要:习性:木本。花程式:(K)3-4,(C)3-4,A3-4,=(G)3-5。其他特征参考科。全球4个大洲分布及种数(6-11)非洲:10; 亚洲:3; 大洋洲:2; 北美洲:1。【中国种数:1】。

Monopsis Salisb. 堇蝶莲属 Campanulaceae [MD-561] 特征纪要:习性:草本。花程式:(K)5,(C)5,A5,↓G-。物候:-。海拔:-。生境:-。资源:具园艺种类。全球6个大洲分布及种数(17-18;hort. 1;cult. 1)非洲:16-17;亚洲:1;大洋洲:3-4;欧洲:2-3;北美洲:2-3;南美洲:1。

Monopteryx Spruce ex Benth. 单翼豆属 Fabaceae3 [MD-240] 特征纪要:习性:木本。花程式:=↓(K1-∞),C1-∞,A5-9,=↓G1。其他特征参考科。全球1个大洲分布及种数(3-4)◆南美洲。

Monoptilon Torr. & A. Gray 沙星菊属 Asteraceae [MD-586] 特征纪要:习性:草本。花程式:(K)3-5,(C)3-5,A3-5,↓G。其他特征参考科。全球1个大洲分布及种数(2)◆北美洲。

Monopyle Moritz ex Benth. & Hook. f. 异叶岩桐属 Gesneriaceae [MD-549] 特征纪要:习性:草本。花程式:K5,C0,A4,=G2。其他特征参考科。全球2个大洲分布及种数(22)北美洲:8;南美洲:14-16。

Monosalpinx N. Hallé 单角茜属 Rubiaceae [MD-523] 特征纪要:习性:木本。花程式:(K-),(C)4,A4-5,↓(G)2-9。其他特征参考科。全球1个大洲分布及种数(1)◆非洲。

Monosis DC. 云菊属 Asteraceae [MD-586] 特征纪要:习性:草本。花程式:(K)3-5,C3-5,A3-5,=↓(G)2。物候:-。花期:7-10月。果期:参考晚于花期。海拔:6000米。生境:阿尔泰山地针叶林带山沟,柞林下路旁。资源:-。全球5个大洲分布及种数(9-17)非洲:2; 亚洲:9; 大洋洲:2; 北美洲:1; 南美洲:2。【中国种数:1】。

Monosolenia Griff. 单月苔属 Monosoleniaceae [B-14] 特征纪要:-。全球1个大洲分布及种数(1)◆非洲。

Monosoleniaceae E. H. Wilson [B-14] 单月苔科 特征纪要:叶具单中肋。【Rep】:雌苞侧生,雌苞叶分化,蒴柄长,平滑或粗糙,孢蒴卵球形或长椭圆状圆柱形,下弯至横生,甚少直立,颈部短而,雌雄异株,雌苞顶生于侧生短枝上,有线形隔丝,雌苞叶分化,蒴柄细长,平滑,孢蒴长卵形,直立,对称。全球(-)大洲分布和属种数(-)【中国属种数:1/1】。

Monosolenium Griff. 单月苔属 Monosoleniaceae [B-14] 特征纪要:习性:-。【Rep】:雌雄同株,雄托生于叶状体近尖部,无柄雌托托着生叶状体先端,具短柄,托柄长约2毫米,具2条假根沟。其他特征参考科。全球1个大洲分布及种数(cf. 1)◆亚洲。【中国种数:1】。

Monosoma Griff. = **Xylocarpus**

Monospatha W. T. Lin = **Sinarundinaria**

Monostachya Merr. = **Rytidosperma**

Monostiche Körn. = **Goeppertia**

Monostylis Tul. 河缎草属 Podostemaceae [MD-322] 特征纪要:习性:-。花程式:-。其他特征参考科。全球1个大洲分布及种数(cf. 1)◆南美洲。

Monotaceae Kosterm. [MD-171] 单列木科 特征纪要:习性:木本;落叶。花程式:K5,C5,A,G-。物候:-。果实:-。种子:-。海拔:-。生境:-。资源:-。栽培:-。全球1个大洲分布及属种数(1/1 <IFR 1/6>)◆南美洲:1/ 3-5。

Monotagma K. Schum. 单室竹芋属 Marantaceae [MM-740] 特征纪要:习性:草本。花程式:(K)3,C3,A3-4,=↓(G)3。其他特征参考科。全球3个大洲分布及种数(42-48;hort. 1)亚洲:cf. 1;北美洲:5;南美洲:40-46。

Monotaxis Brongn. 铁蒿蓄属 Euphorbiaceae [MD-217] 特征纪要:习性:木本。花程式:K1(1000),C0,A6,=G2-3。其他特征参考科。全球2个大洲分布及种数(8-23)大洋洲:17; 北美洲:2。

Monoteles Raf. = **Bauhinia**

Monotes A. DC. 毛柴香属 Monotaceae [MD-171] 特征纪要(同科)。全球2个大洲分布及种数(38-75)非洲:73; 南美洲:2。

Monotheca A. DC. 久榄属 Sapotaceae [MD-357] 特征纪要:习性:-。花程式:-。其他特征参考科。全球1个大洲分布及种数(5)◆南美洲:1。

Monothecium Hochst. 单爵床属 Acanthaceae [MD-572] 特征纪要:习性:草本。花程式:K2-4,C0,A2-4,=G2。其他特征参考科。全球2个大洲分布及种数(4)非洲:3;亚洲:cf. 1。

Monotoca R. Br. 地肤石南属 Ericaceae [MD-380] 特征纪要:习性:木本。花程式:-。其他特征参考科。全球1个大洲分布及种数(2-13)◆大洋洲(◆澳大利亚)。

Monotrema Körn. 萤蔺花属 Rapateaceae [MM-713] 特征纪要:习性:草本。花程式:(K)3,C0 参考科,A6,(G)3。其他特征参考科。全球4个大洲分布及种数(6-17)大洋洲:2; 欧洲:1; 北美洲:1; 南美洲:12。

Monotropa L. 水晶兰属 Monotropaceae [MD-390] 特征纪要(同科)。全球6个大洲分布及种数(6)非洲:1-9;亚洲:3-11;大洋洲:8;欧洲:2-10;北美洲:5-13;南美洲:1-9。【中国种数:2】。

Monotropaceae (DC.) Nutt. [MD-390] 水晶兰科 特征纪要:习性:草本;落叶。花程式:K4,C5,A8,G-。物候:

-。花期:7-8月。果期:8-10月。果实:蒴果。种子:有附属物,近圆柱形。海拔:100-2500米。生境:潮湿混交林和针叶林,山地林下。资源:药用。栽培:-。全球2个大洲分布及属种数(1/1 hort.1;cult. 1)亚洲:1/5;北美洲:1/7。

Monotropastrum Andres 沙晶兰属 Ericaceae [MD-380] 特征纪要:习性:木本。花程式:-。物候:-。花期:参考早于果期。果期:5-9月。海拔:100-2500米。生境:潮湿落叶林和混交林,山脊杂木林下。资源:-。全球1个大洲分布及种数(2-3)◆亚洲。【中国种数:1】。

Monotropion St.-Lag. = **Monotropa**

Monotropsis Schwein. ex Elliott 香晶兰属 Ericaceae [MD-380] 特征纪要:习性:木本。花程式:(K)5-8,(C)5-8,A10,=G2-4。其他特征参考科。全球3个大洲分布及种数(1-13)亚洲:1;北美洲:3;南美洲:6。

Monoxalis Small = **Oxalis**

Monrosia Grondona 南美远志属 Polygalaceae [MD-291] 特征纪要:习性:木本。花程式:-。其他特征参考科。全球1个大洲分布及种数(1)◆南美洲。

Monsonia L. 风嘴葵属 Geraniaceae [MD-318] 特征纪要:习性:草本。花程式:-。物候:-。花期:4-5月。果期:参考晚于花期。海拔:100-5000米。生境:山地草甸,林缘或杂草山坡。资源:具园艺种类。全球3个大洲分布及种数(38-40)非洲:35-36;亚洲:cf.1;欧洲:4-5。

Monstera Adans. 龟背竹属 Araceae [MM-639] 特征纪要:习性:木本。花程式:-。物候:-。花期:8-9月。果期:参考晚于花期。海拔:100-4400米。生境:-。栽培:-。资源:药用,观赏,具栽培园艺种类。全球6个大洲分布及种数(44-56;hort.1)非洲:4;亚洲:8-12;大洋洲:6-10;欧洲:1-5;北美洲:36-42;南美洲:28-40。【中国种数:2】。

Montagueia Baker f. = **Polyscias**

Montamans Dwyer = **Notopleura**

Montanoa Cerv. 阳菊木属 Asteraceae [MD-586] 特征纪要:习性:草本。花程式:(K)3-5,(C)3-5,A3-5,=↓G2。物候:-。海拔:-。生境:-。资源:具园艺种类。全球6个大洲分布及种数(38-58;hort.1)非洲:2;亚洲:5;大洋洲:3;欧洲:2-3;北美洲:32-40;南美洲:12-15。【中国种数:1】。

Montbretia DC. = **Crocosmia**

Monteiroa Krapov. 蒙泰罗锦葵属 Malvaceae [MD-203] 特征纪要:习性:木本。花程式:K5-∞,C5-∞,A10-8,=(G)1-5。其他特征参考科。全球2个大洲分布及种数(11-13)大洋洲:3;南美洲:12。【中国种数:1】。

Montejacquia Roberty = **Jacquemontia**

Montelia (Moq.) A. Gray 苋属 Amaranthaceae [MD-116] 特征纪要:习性:-。花程式:-。其他特征参考科。全球1个大洲分布及种数(1)◆非洲。

Montia L. 水卷耳属 Montiaceae [MD-81] 特征纪要和分布(-)。全球6个大洲分布及种数(26-37;hort.1;cult. 2)非洲:1-23;亚洲:4-27;大洋洲:8-31;欧洲:3-25;北美洲:14-42;南美洲:5-28。【中国种数:2】。

Montiaceae Raf. [MD-81] 水卷耳科 特征纪要:习性:草本;落叶。花程式:K4-5(-),C5,A4,G-。物候:-。果实:蒴果。种子:-。海拔:-。生境:-。资源:-。栽培:-。全球6个大洲分布及属种数(20/284-386 <IFR 3/9> hort.1;cult. 1)非洲:2/5;亚洲:4/15-16;大洋洲:3/17-18;欧洲:2/7(IFR 1/1);北美洲:12/164-184(IFR 2/7);南美洲:7/134-145(IFR 1/1)。【中国属种数:7/19】。

Monticapra Kök. 蟹甲菊属 Asteraceae [MD-586] 特征纪要:习性:-。花程式:-。其他特征参考科。全球1个大洲分布及种数(-)。

Montigena Heenan 蝶形花科属 Fabaceae3 [MD-240] 特征纪要:习性:-。花程式:-。其他特征参考科。全球1个大洲分布及种数(1)大洋洲:1。

Montinia Thunb. 瓶头梅属 Montiniaceae [MD-463] 特征纪要:习性:木本。花程式:=↓(K3-5),C3-5,A3-5,=↓G(-)。其他特征参考科。全球1个大洲分布及种数(1)◆非洲。

Montiniaceae Nakai [MD-463] 瓶头梅科 特征纪要:习性:木本;落叶。花程式:K3,C3,A3,=↓(G)2。物候:-。果实:蒴果。种子:-。海拔:-。生境:-。资源:-。栽培:-。全球1个大洲分布及属种数(3/5-7 <IFR 1/2> hort.1)◆非洲:1/3。【中国属种数:1/1】。

Montiopsis Kuntze 山红娘属 Montiaceae [MD-81] 特征纪要:习性:草本。花程式:K4-5,C4-5,A4-5,=↓G2-3。其他特征参考科。全球2个大洲分布及种数(19)北美洲:7;南美洲:18。【中国种数:1】。

Montira Aubl. = **Spigelia**

Montitega C. M. Weiller 蒙特婆婆纳属 Ericaceae [MD-380] 特征纪要:习性:草本。花程式:K5,C0,A3 参考科,↓G2。其他特征参考科。全球1个大洲分布及种数(1)◆大洋洲。

Montjolya Friesen = **Varronia**

Montrichardia Crüg. 溪边芋属 Araceae [MM-639] 特征纪要:习性:草本。花程式:K0,C0,A1-4,G3- 参考科。其他特征参考科。全球4个大洲分布及种数(2-7)非洲:1;亚洲:2;北美洲:7;南美洲:7。

Montrouziera Pancher ex Planch. & Triana 大洋洲藤黄属 Clusiaceae [MD-141] 特征纪要:习性:木本。花程式:-。其他特征参考科。全球1个大洲分布及种数(6)◆大洋洲。

Monttea Gay 蒙特婆婆纳属 Plantaginaceae [MD-527] 特征纪要:习性:灌木。花程式:-。其他特征参考科。全球2个大洲分布及种数(4-8)大洋洲:2;南美洲:6。

Monvillea Britton & Rose 残雪柱属 Cactaceae [MD－100] 特征纪要:习性:－。花程式:－。其他特征参考科。全球 6 个大洲分布及种数(9－15)非洲:1;亚洲:1;大洋洲:1;欧洲:1;北美洲:1－2;南美洲:8－9。

Moonia Arn. 凸果菊属 Asteraceae [MD－586] 特征纪要:习性:草本。花程式:(K)3－5,(C)3－5,A3－5,＝↓G2。其他特征参考科。全球 3 个大洲分布及种数(2－8)非洲:2; 亚洲:5; 大洋洲:3。

Moorcroftia Choisy ＝ **Argyreia**

Moorochloa Veldkamp 光果草属 Poaceae [MM－748] 特征纪要:习性:草本。花程式:(K－),C0 参考科,A3 参考科,↓G－参考科。其他特征参考科。全球 6 个大洲分布及种数(3－4)非洲:4; 亚洲:2; 大洋洲:2; 欧洲:2; 北美洲:2; 南美洲:2。【中国种数:1】。

Mopania Lundell ＝ **Manilkara**

Moquilea Aubl. ＝ **Licania**

Moquinia DC. 糙柱菊属 Asteraceae [MD－586] 特征纪要:习性:－。花程式:－。其他特征参考科。全球 1 个大洲分布及种数(2－6)◆南美洲。

Moquiniastrum (Cabrera) G. Sancho 灯菊木属 Asteraceae [MD－586] 特征纪要:习性:草本(水生)。花程式:－。其他特征参考科。全球 2 个大洲分布及种数(21)大洋洲:1;南美洲:21。

Moquiniella Balle 棱瓶寄生属 Loranthaceae [MD－415] 特征纪要:习性:草本。花程式:－。其他特征参考科。全球 2 个大洲分布及种数(1－2)非洲:2; 亚洲:1。

Mora R. H. Schomb. ex Benth. 鳕苏木属 Fabaceae1 [MD－240] 特征纪要:习性:木本。花程式:－。其他特征参考科。全球 6 个大洲分布及种数(7)非洲:21;亚洲:21;大洋洲:21;欧洲:21;北美洲:4－25;南美洲:6－27。

Moraceae Gaud. [MD－87] 桑科 特征纪要:习性:木本,藤本;落叶。花程式:♀|♂K4－5(－),C0,A6－9,↑G－。物候:－。花期: 3－4 月。果期: 5－6 月。果实:瘦果。种子:－。海拔:0 米。生境:林下。资源:药用。栽培:中国有栽培。全球 6 个大洲分布及属种数(47－55/1609－2294 <IFR 17/96> hort. 1;cult. 8) 非洲:21－22/378－526(IFR 6/42); 亚洲:22－23/1162－1639(IFR 3/23); 大洋洲:10/244－427(IFR 1/6); 欧洲:5/72－77; 北美洲:17/332－379(IFR 4/5); 南美洲:21/836－931(IFR 11/28)。【中国属种数:17/238】。

Moraea Mill. 肖鸢尾属 Iridaceae [MM－700] 特征纪要:习性:草本(根状茎,基生,多肉)。花程式:－。物候:－。花期:5 月。果期:参考晚于花期。海拔:100－4400 米。生境:草丛中,自然山坡地。资源:药用,具栽培园艺种类。全球 6 个大洲分布及种数(244－476)非洲:381; 亚洲:50; 大洋洲:24; 欧洲:59; 北美洲:59; 南美洲:75。【中国种数:5】。

Morangaya G. D. Rowley 悬蛇柱属 Cactaceae [MD－100] 特征纪要:习性:－。花程式:－。其他特征参考科。全球 2 个大洲分布及种数(1－5)北美洲:2; 南美洲:1。

Moranopteris R. Y. Hirai & J. Prado 悬骨蕨属 Polypodiaceae [F－60] 特征纪要:习性:－。【Rep】:孢子同形,囊群生叶背有盖－无盖。其他特征参考科。全球 2 个大洲分布及种数(8－10)北美洲:3;南美洲:7－8。

Morelia A. Rich. ex DC. 莫雷尔茜属 Rubiaceae [MD－523] 特征纪要:习性:木本。花程式:(K)4－5,(C)4－5,A4－5,＝↓G2－9。其他特征参考科。全球 3 个大洲分布及种数(1－9)非洲:4; 亚洲:9; 南美洲:2。

Morella Lour. 杨梅属 Myricaceae [MD－82] 特征纪要:习性:－。花程式:－。物候:－。花期:参考早于果期。果期:2 月至次年 5 月。海拔:100－3000 米。生境:园林。资源:－。全球 6 个大洲分布及种数(39－41)非洲:15－29;亚洲:8－22;大洋洲:13;欧洲:6－20;北美洲:20－34;南美洲:8－22。

Morelosia La Llave & Lex. 虎躯木属 Boraginaceae [MD－517] 特征纪要:习性:－。花程式:－。其他特征参考科。全球 2 个大洲分布及种数(12)北美洲:1; 南美洲:1。

Morelotia Gaud. 黑曜莎属 Cyperaceae [MM－747] 特征纪要:习性:草本。花程式:－。其他特征参考科。全球 3 个大洲分布及种数(2－4)亚洲:2; 大洋洲:3; 北美洲:3。

Morettia DC. 莫雷芥属 Brassicaceae [MD－213] 特征纪要:习性:草本。花程式:K2－4,C2－4,A2－4,＝G2。其他特征参考科。全球 2 个大洲分布及种数(4)非洲:3;亚洲:cf. 1。

Moricandia DC. 堇娘芥属 Brassicaceae [MD－213] 特征纪要:习性:草本。花程式:K2－4,C2－4,A2－4,＝G2。其他特征参考科。全球 6 个大洲分布及种数(11－12;hort. 1;cult. 1)非洲:7－8;亚洲:3－5;大洋洲:1;欧洲:5－6;北美洲:1－2;南美洲:2－3。【中国种数:1】。

Moriera Boiss. 芥菜属 Brassicaceae [MD－213] 特征纪要:习性:草本。花程式:K2－4,C2－4,A2－4,＝G2。其他特征参考科。全球 6 个大洲分布及种数 2 个非洲:2;亚洲:1－3;大洋洲:2;欧洲:2;北美洲:2;南美洲:2。

Morierina Vieill. 莫里尔茜属 Rubiaceae [MD－523] 特征纪要:木本,叶对生,落叶,复叶。花程式:Kn,长约 3 毫米,(C),A4－5,(G) 2－9。果实:浆果。种子:具种脐,棕红色。全球 1 个大洲分布及种数(2)◆大洋洲(◆美拉尼西亚)。

Morina L. 刺参属 Morinaceae [MD－546] 特征纪要(同科)。全球 2 个大洲分布及种数(15－16;hort. 1)亚洲:14－17;欧洲:2。【中国种数:9】。

Morinaceae Raf. [MD－546] 刺参科 特征纪要:习性:木本;落叶。花程式:(K)6－,C5,A2,↓(G)－。物候:－。花期:6－8 月。果期:8－10 月。果实:－。种子:种皮作不规则的矩圆形。海拔:2500－4100 米。生境:草坡,高山草甸,灌丛下路旁。资源:药用。栽培:－。全球 2 个大洲分布及属种数(1/1 <IFR 1/1> hort. 1) 亚洲:1/16－17(IFR 1/1); 欧洲:1/4。

Morinda L. 巴戟天属 Rubiaceae [MD－523] 特征纪要:习性:木质攀援。花程式:－。物候:－。花期:4－5 月。

果期:参考晚于花期。海拔:100 - 500 米。生境:村边山坡灌丛中。资源:药用,具栽培园艺种类。全球 6 个大洲分布及种数(38 - 289)非洲:46; 亚洲:148; 大洋洲:116; 欧洲:48; 北美洲:48; 南美洲:43。【中国种数:9】。

Morindopsis Hook. f. 亚洲花茜草属 Rubiaceae [MD - 523] 特征纪要:习性:木本。花程式:(K -),(C)4,A3 - 5,↓G。物候: - 。花期:参考早于果期。果期:10 月。海拔:5 - 4800 米。生境:矮林内。资源: - 。全球 1 个大洲分布及种数(1)◆亚洲。【中国种数:1】。

Morinea Cothen. = **Morina**

Moringa Adans. 辣木属 Moringaceae [MD - 207] 特征纪要(同科)。全球 6 个大洲分布及种数(17;hort. 1)非洲:12 - 16;亚洲:7 - 11;大洋洲:2 - 6;欧洲:1 - 5;北美洲:3 - 7;南美洲:4。【中国种数:1】。

Moringaceae Martinov [MD - 207] 辣木科 特征纪要:习性:木本;落叶。花程式:(K)6 - ,C5,A7 - 10,↑G3。物候: - 。花期:全年。果期: 6 - 12 月。果实:蒴果。种子:多数作为亚科来处理,近球形,棕黑色。海拔:600 米。生境:杂林中。资源:观赏,食用。栽培:中国有栽培。全球 6 个大洲分布及属种数(2 - 4/18 - 20 <IFR 1/1> hort. 1) 非洲:2/14(IFR 1/1); 亚洲:2/9; 大洋洲:2/4; 欧洲:2/3; 北美洲:2/5。【中国属种数:1/1】。

Morinia Cardot 丛藓科属 Pottiaceae [B - 133] 特征纪要:习性: - 。【Rep】:孢腔轮廓清晰,蒴齿缺如,或具蒴齿而无基膜,下部呈黄绿或黄棕色。物候: - 。海拔: - 。生境:常见于高山岩石上。栽培:来自广西龙州。资源:具栽培园艺种类。全球 3 个大洲分布及种数(4)亚洲:1;北美洲:3;南美洲:1。【中国种数:1】。

Morisia J. Gay 矮黄芥属 Brassicaceae [MD - 213] 特征纪要:习性: - 。花程式: - 。其他特征参考科。全球 3 个大洲分布及种数(1 - 8)亚洲:5; 欧洲:1; 北美洲:1。

Morisonia Plum. ex L. 鼠柑属 Capparaceae [MD - 178] 特征纪要:习性:木本。花程式: - 。其他特征参考科。全球 6 个大洲分布及种数(82 - 88)非洲:1;亚洲:1;大洋洲:1;欧洲:1 - 2;北美洲:41 - 45;南美洲:55 - 60。

Morithamnus R. M. King, H. Rob. & G. M. Barroso 桑菊木属 Asteraceae [MD - 586] 特征纪要:习性:草本。花程式:(K)3 - 5,C3 - 5,A3 - 5, = ↓(G)2。其他特征参考科。全球 1 个大洲分布及种数(2)◆南美洲(◆巴西)。

Moritzia DC. ex Meisn. 莫里茨草属 Boraginaceae [MD - 517] 特征纪要:习性:草本。花程式:K5,C0,A5, = (G)2 - 4。其他特征参考科。全球 2 个大洲分布及种数(6)北美洲:1;南美洲:5。

Morkillia Rose & J. H. Painter 麻槐木属 Zygophyllaceae [MD - 288] 特征纪要:习性:木本。花程式: - 。其他特征参考科。全球 2 个大洲分布及种数(2 - 6)北美洲:6; 南美洲:5。

Morleya Woodson = **Mortoniella**

Mormodes Lindl. 飞燕兰属 Orchidaceae [MM - 723] 特征纪要:习性:草本。花程式:(K)3,C3,A3, = ↓G3。其他特征参考科。全球 6 个大洲分布及种数(82 - 99;hort. 1)非洲:2;亚洲:2;大洋洲:2;欧洲:2;北美洲:41 - 43;南美洲:51 - 68。

Mormolyca Fenzl 怪花兰属 Orchidaceae [MM - 723] 特征纪要:习性: - 。花程式: - 。其他特征参考科。全球 4 个大洲分布及种数(34)非洲:2; 亚洲:2; 北美洲:7; 南美洲:26。

Mormoraphis Jack ex Wall. = **Phyllarthron**

Moronobea Aubl. 燃胶树属 Clusiaceae [MD - 141] 特征纪要:习性:木本。花程式: - 。其他特征参考科。全球 3 个大洲分布及种数(8 - 18)非洲:2; 北美洲:2; 南美洲:13。

Morrenia Lindl. 香萝莱属 Apocynaceae [MD - 492] 特征纪要:习性: - 。花程式: - 。其他特征参考科。全球 3 个大洲分布及种数(17)亚洲:4; 北美洲:2; 南美洲:15。

Morronea Zuloaga & Scataglini 香萝草属 Poaceae [MM - 748] 特征纪要:习性:草本。花程式:(K -),C0 参考科,A3 参考科,↓G - 参考科。其他特征参考科。全球 2 个大洲分布及种数(7)北美洲:6;南美洲:2。

Morsacanthus Rizzini 蛰刺爵床属 Acanthaceae [MD - 572] 特征纪要:习性:草本。花程式:Kn,C0,A2 - 4, = (G)2。其他特征参考科。全球 1 个大洲分布及种数(1)◆南美洲。

Mortonia A. Gray 砂纸木属 Celastraceae [MD - 339] 特征纪要:习性:木本。花程式:K2 - 3,C2 - 3,A10, = (G)2 - 5。其他特征参考科。全球 3 个大洲分布及种数(7 - 15)亚洲:2; 北美洲:10; 南美洲:6。

Mortoniella Woodson 小莫顿草属 Apocynaceae [MD - 492] 特征纪要:习性:木本。花程式:K5 - ∞ ,C0,A15, = ↓G2 - 5。其他特征参考科。全球 2 个大洲分布及种数(1 - 15)北美洲:2; 南美洲:14。

Mortoniodendron Standl. & Steyerm. 莫顿椴属 Malvaceae [MD - 203] 特征纪要:习性:木本。花程式:K1 - ∞ ,C1 - ∞ ,A5, = G2 - 100。其他特征参考科。全球 2 个大洲分布及种数(16 - 25)北美洲:18; 南美洲:6。

Mortoniopteris Pic. Serm. 砂纸蕨属 Hymenophyllaceae [F - 21] 特征纪要: - 。全球 1 个大洲分布及种数(-)。

Morus L. 桑属 Moraceae [MD - 87] 特征纪要:习性:木本。花程式: - 。物候: - 。花期:4 - 5 月。果期:参考晚于花期。海拔:900 - 1300 米。生境:常绿阔叶林中,住宅边。资源:纤维,药用,具栽培园艺种类。全球 6 个大洲分布及种数(43 - 47;hort. 1;cult. 3)非洲:6 - 28;亚洲:34 - 56;大洋洲:7 - 29;欧洲:4 - 26;北美洲:9 - 32;南美洲:7 - 29。【中国种数:12】。

Mosannona Chatrou 排石木属 Annonaceae [MD - 7] 特征纪要:习性:木本。花程式:K3 - ∞ ,C3,A2, = G10 - 100。其他特征参考科。全球 2 个大洲分布及种数(16)北美洲:7;南美洲:11。

Moscatella Adans. = **Adoxa**

Moschatellina Mill. = **Adoxa**

Moschopsis Phil. 萼莲花属 Calyceraceae [MD - 594] 特征纪要:习性:草本。花程式: - 。其他特征参考科。全球 2 个大洲分布及种数(10 - 15)大洋洲:1; 南美洲:15。

Moschoxylon Meisn. = **Trichilia**

Moschoxylum A. Juss. = **Trichilia**

Mosdenia Stent 茅根属 Poaceae [MM－748] 特征纪要:习性:草本。花程式:(K)3,C0 参考科,A1－2,↓G－参考科。其他特征参考科。全球 1 个大洲分布及种数(1)◆非洲。

Moseleya Hemsl. = **Ellisiophyllum**

Mosenia Lindm. = **Canistrum**

Moseniella Broth. 南美壶藓属 Splachnaceae [B－143] 特征纪要:习性:－。【Rep】:雌雄同株,或雌雄异株,蒴柄细长,左旋,孢蒴小,直立,卵状倒圆柱形,革质,红棕色,台部较壶部肥大,色泽,绿色或黄绿色。其他特征参考科。全球 2 个大洲分布及种数(10)北美洲:1; 南美洲:9。

Mosiera Small 海凤榴属 Myrtaceae [MD－347] 特征纪要:习性:木本。花程式:=↓(K4),C4,A8－10,=↓(G)2－5。其他特征参考科。全球 6 个大洲分布及种数(40)非洲:2－5;亚洲:3－5;大洋洲:3－5;欧洲:1－3;北美洲:32－40;南美洲:18－22。

Mosla (Benth.) Buch.－Ham. ex Maxim. 石荠苎属 Lamiaceae [MD－575] 特征纪要:习性:草本(基生)。花程式:(K－),C2－3 参考科,A3 参考科,=↓(G)2。物候:－。花期:9－11 月。果期:参考晚于花期。海拔:700－1600 米。生境:草坡或路旁,田边。资源:药用,具栽培园艺种类。全球 6 个大洲分布及种数(14－70)非洲:5; 亚洲:63; 大洋洲:3; 欧洲:4; 北美洲:4; 南美洲:8。【中国种数:11】。

Mosquitoxylum Krug & Urb. 蚊漆属 Anacardiaceae [MD－432] 特征纪要:习性:木本。花程式:K5,C5,A5－10,=(G)1－3。其他特征参考科。全球 2 个大洲分布及种数(1－3)北美洲:2; 南美洲:2。

Mossia N. E. Br. 跳石花属 Aizoaceae [MD－94] 特征纪要:习性:草本。花程式:=↓(K3－4),C3－4,A5 参考科,=↓G－。其他特征参考科。全球 1 个大洲分布及种数(1－2)◆非洲。

Mostacillastrum O. E. Schulz 南美大蒜芥属 Brassicaceae [MD－213] 特征纪要:习性:草本。花程式:K2－4,C2－4,A2－4,=G2。其他特征参考科。全球 2 个大洲分布及种数(31－33)北美洲:11;南美洲:19－20。【中国种数:1】。

Mostuea Didr. 银蔓藤属 Gelsemiaceae [MD－491] 特征纪要:习性:木本。花程式:K4－5,C0,A4－5,=G2。其他特征参考科。全球 2 个大洲分布及种数(11－12)非洲:8－9;南美洲:2。

Motandra A. DC. 变蕊木属 Apocynaceae [MD－492] 特征纪要:习性:木本。花程式:K5－∞,C0,A15,=↓(G)2－5。其他特征参考科。全球 2 个大洲分布及种数(3－18)非洲:15; 亚洲:2。

Motherwellia F. Müll. 马瑟五加属 Araliaceae [MD－471] 特征纪要:习性:木本。花程式:=↓(K1－∞),C1－∞,A2,=↓(G)2－5。其他特征参考科。全球 1 个大洲分布及种数(1)◆大洋洲(◆澳大利亚)。

Motleya J. T. Johanss. 变蕊茜属 Rubiaceae [MD－523] 特征纪要:习性:－。花程式:－。其他特征参考科。全球 1 个大洲分布及种数(cf. 1)◆亚洲。

Motleyia J. T. Johanss. = **Motleya**

Motleyothamnus Paudyal & Delprete 乱花茜属 Rubiaceae [MD－523] 特征纪要:习性:木本。花程式:(K－),(C)4,A3 参考科,↓G。其他特征参考科。全球 1 个大洲分布及种数(1) ◆南美洲:1。

Moulinsia (Bl.) Bl. 患子属 Poaceae [MM－748] 特征纪要:习性:－。花程式:－。其他特征参考科。全球 5 个大洲分布及种数(7)非洲:2; 亚洲:5; 欧洲:1; 北美洲:1; 南美洲:2。

Moullava Adans. 穗花云实属 Fabaceae1 [MD－240] 特征纪要:习性:木本。花程式:=↓(K3－5－∞),C3－5－∞,A3－5,=↓G1－2。物候:－。花期:4－5 月。果期:参考晚于花期。海拔:100－1500 米。生境:高山密林或疏林中,山谷或溪边。资源:具栽培园艺种类。全球 4 个大洲分布及种数(4－5)非洲:3; 亚洲:4; 大洋洲:2; 北美洲:2。【中国种数:1】。

Moultonianthus Merr. 心茜桐属 Euphorbiaceae [MD－217] 特征纪要:习性:木本。花程式:K1(1000),C0,A6,=G2－3。其他特征参考科。全球 1 个大洲分布及种数(cf. 1)◆亚洲。

Mourera Aubl. 河裙草属 Podostemaceae [MD－322] 特征纪要:习性:草本。花程式:K1－2,C0,A10,=G1－2。其他特征参考科。全球 2 个大洲分布及种数(8－15)非洲:2; 南美洲:13。

Mouretia Pit. 牡丽草属 Rubiaceae [MD－523] 特征纪要:习性:木本。花程式:(K－),C2－3 参考科,A5,↓G2。物候:－。花期:8 月。果期:参考晚于花期。海拔:5－4800 米。生境:林中阴处,岩石上。资源:具园艺种类。全球 1 个大洲分布及种数(3－5)◆亚洲。【中国种数:1】。

Mouriri Aubl. 番谷木属 Melastomataceae [MD－364] 特征纪要:习性:木本。花程式:－。其他特征参考科。全球 6 个大洲分布及种数(98－157)非洲:4; 亚洲:13; 大洋洲:3; 欧洲:41; 北美洲:41; 南美洲:109。【中国种数:1】。

Mouroucoa Aubl. 旋花科属 Convolvulaceae [MD－499] 特征纪要:习性:－。花程式:－。其他特征参考科。全球 1 个大洲分布及种数(－) ◆南美洲(◆巴西)。

Moussonia Regel 粗筒岩桐属 Gesneriaceae [MD－549] 特征纪要:习性:－。花程式:－。其他特征参考科。全球 2 个大洲分布及种数(16)北美洲:15;南美洲:3。

Moutabea Aubl. 舟瓣花属 Polygalaceae [MD－291] 特征纪要:习性:木本。花程式:K3－8,C3－8,A8,=G2－5。其他特征参考科。全球 4 个大洲分布及种数(11－17)非洲:1; 大洋洲:1; 北美洲:4; 南美洲:16。

Moutouchi Aubl. & Hallier. f. 紫檀属 Fabaceae3 [MD－240] 特征纪要:习性:－。花程式:－。其他特征参考科。全球 1 个大洲分布及种数(－)。

Mozaffariania Pimenov & Maassoumi = **Glaucosciadium**

Mseniella Broth. 狐尾藻属 Splachnaceae [B-143] 特征纪要:习性:-。花程式:-。其他特征参考科。全球1个大洲分布及种数(1)◆非洲。

Msuata O. Hoffm. 叉冠瘦片菊属 Asteraceae [MD-586] 特征纪要:习性:草本。花程式:(K)3-5,(C)3-5,A3-5,↓G。其他特征参考科。全球1个大洲分布及种数(1) ◆非洲:1。

Mtonia Beentje 腺基黄属 Asteraceae [MD-586] 特征纪要:习性:草本。花程式:(K)3-5,C3-5,A3-5,=↓(G)2。其他特征参考科。全球1个大洲分布及种数(1)◆非洲(◆坦桑尼亚)。

Muantijamvella Phipps = **Tristachya**

Mucoa Zarucchi 油麻木属 Apocynaceae [MD-492] 特征纪要:习性:木本。花程式:K5-∞,C0,A15,=↓(G)2-5。其他特征参考科。全球1个大洲分布及种数(2)◆南美洲。

Mucronea Benth. 穿心蓼属 Polygonaceae [MD-120] 特征纪要:习性:草本。花程式:K2-3,C0,A2,↓G-参考科。其他特征参考科。全球3个大洲分布及种数(2-7)亚洲:2; 北美洲:6; 南美洲:4。

Mucuna Adans. 油麻藤属 Fabaceae3 [MD-240] 特征纪要:木质攀援。花程式:-。物候:-。花期:4-6月。果期:参考晚于花期。海拔:1000-1500米。资源:药用,具栽培园艺种类。全球6个大洲分布及种数(69-140;hort. 1)非洲:23-49;亚洲:31-66;大洋洲:10-34;欧洲:10;北美洲:16-26;南美洲:22-38。【中国种数:25】。

Muehlbergella Feer 岩风铃属 Campanulaceae [MD-561] 特征纪要:习性:草本。花程式:(K-),(C)5参考科,A3参考科,↓G-。其他特征参考科。全球1个大洲分布及种数(1)◆欧洲。

Muehlenbeckia Meisn. 千叶兰属 Polygonaceae [MD-120] 特征纪要:习性:草本。花程式:K2-3,C0,A2,=G2-3。物候:-。海拔:-。生境:-。资源:药用,具栽培园艺种类。全球6个大洲分布及种数(33-47;hort. 1;cult. 4)非洲:3-4;亚洲:8-11;大洋洲:23-33;欧洲:3;北美洲:6-7;南美洲:12-13。【中国种数:6】。

Muellera L. f. 千蝶豆属 Fabaceae3 [MD-240] 特征纪要:习性:木本。花程式:=↓(K1-∞),C1-∞,A5-9,=↓G1。其他特征参考科。全球3个大洲分布及种数(34-35)大洋洲:2;北美洲:6;南美洲:32-33。

Muelleranthus Hutch. 异荚豆属 Fabaceae3 [MD-240] 特征纪要:习性:木本。花程式:=↓(Kn),C2-3参考科,A3参考科,=↓G(-)。其他特征参考科。全球1个大洲分布及种数(2-4)◆大洋洲(◆澳大利亚)。

Muellerargia Cogn. 米勒瓜属 Cucurbitaceae [MD-205] 特征纪要:习性:木本。花程式:=↓(K3-5),C3-5,A3-5,=↓(G)1-2。其他特征参考科。全球3个大洲分布及种数(2-3)非洲:3; 亚洲:2; 大洋洲:2。

Muellerella <unassigned> 紫草科属 Boraginaceae [MD-517] 特征纪要:习性:-。花程式:-。其他特征参考科。全球1个大洲分布及种数(-)。

Muelleriella Dusén 木灵藓科属 Orthotrichaceae [B-151] 特征纪要:-。全球4个大洲分布及种数(17)非洲:4;亚洲:2; 大洋洲:3; 南美洲:13。

Muellerina Van Tiegh. 米勒寄生属 Loranthaceae [MD-415] 特征纪要:习性:木本。花程式:K5,C0,A4,=↓(G)3-4。其他特征参考科。全球4个大洲分布及种数(5-8)非洲:2; 亚洲:2; 大洋洲:7; 南美洲:2。

Muellerobryum M. Fleisch. 澳蕨尾藓属 Pterobryaceae [B-201] 特征纪要:习性:-。【Rep】:雌雄异株,稀雌雄同株,蒴柄短或较长,平滑或粗糙,孢蒴长卵形,直立,蒴齿两层,环带不分化,蒴盖圆锥形,亮绿色至红棕色。其他特征参考科。全球1个大洲分布及种数(1)◆大洋洲。

Muellerolaria G. L. Nesom 菊科属 Asteraceae [MD-586] 特征纪要:习性:-。花程式:-。其他特征参考科。全球1个大洲分布及种数(2)大洋洲:2。

Muhlenbergia Schreb. 乱子草属 Poaceae [MM-748] 特征纪要:习性:草本(根状茎,基生)。花程式:(K-),C0参考科,A3参考科,=G2-3。物候:-。海拔:900-1400米。生境:草地,山坡路旁潮湿处。资源:具栽培园艺种类。全球6个大洲分布及种数(197-207)非洲:29-72;亚洲:40-82;大洋洲:22-64;欧洲:20-62;北美洲:172-216;南美洲:63-107。【中国种数:25】。

Muilla S. Watson ex Benth. & Hook. f. 银星韭属 Asparagaceae [MM-669] 特征纪要:习性:草本。花程式:(K)3,C0参考科,A6,G3- 参考科。其他特征参考科。全球1个大洲分布及种数(3-5)◆北美洲。

Muiria N. E. Br. 宝辉玉属 Aizoaceae [MD-94] 特征纪要:习性:-。花程式:-。其他特征参考科。全球1个大洲分布及种数(1)◆非洲。

Muiriantha C. A. Gardner 铃南香属 Rutaceae [MD-399] 特征纪要:习性:草本。花程式:-。其他特征参考科。全球1个大洲分布及种数(1)◆大洋洲(◆澳大利亚)。

Mukdenia Koidz. 槭叶草属 Saxifragaceae [MD-231] 特征纪要:习性:草本(根状茎,基生)。花程式:-。物候:-。海拔:70-5850米。生境:山谷石隙,山坡。资源:观赏,具栽培园艺种类。全球1个大洲分布及种数(2-5)◆亚洲。【中国种数:1】。

Mukia Arn. 帽儿瓜属 Cucurbitaceae [MD-205] 特征纪要:习性:-。花程式:-。物候:-。花期:4-7月。果期:参考晚于花期。海拔:500-1200米。生境:林下阴处及山坡草地,山坡岩石及灌丛中。资源:-。全球6个大洲分布及种数(3)非洲:1-13;亚洲:2-14;大洋洲:1-13;欧洲:1-13;北美洲:1-13;南美洲:12。

Mulfordia Rusby = **Dimerocostus**

Mulgedium D. Don 乳苣属 Asteraceae [MD-586] 特征纪要:习性:-。花程式:-。物候:-。花期:9月。果期:参考晚于花期。海拔:1200米。生境:林缘,沼泽。资源:-。全球1个大洲分布及种数(54)◆亚洲:2。

Mulguraea N. O'Leary & P. Peralta 多鞭草属 Verbenaceae [MD-556] 特征纪要:习性:木本。花程式:Kn,C0,A2-

4,↓(G)2-4。其他特征参考科。全球2个大洲分布及种数(13-16)北美洲:1; 南美洲:16。

Mulinum Pers. 杜松芹属 Apiaceae [MD-480] 特征纪要:习性:-。花程式:-。其他特征参考科。全球1个大洲分布及种数(19-21)◆南美洲。

Mullerochloa K. M. Wong 孝顺竹属 Poaceae [MM-748] 特征纪要:习性:草本。花程式:(K-),C0参考科,A3参考科,↓G-参考科。其他特征参考科。全球1个大洲分布及种数(1)◆大洋洲。

Multiclavula <unassigned> 雪绒兰科属 Lanariaceae [MM-681] 特征纪要:习性:-。花程式:-。其他特征参考科。全球1个大洲分布及种数(-)。

Multidentia Gilli 多齿茜属 Rubiaceae [MD-523] 特征纪要:习性:木本。花程式:(K)4-5,(C)4-5,A4-5,=↓(G)2-9。其他特征参考科。全球3个大洲分布及种数(12-18)非洲:17; 亚洲:2; 南美洲:2。

Mummenhoffia Esmailbegi & Al-Shehbaz 多含羞属 Fabaceae1 [MD-238] 特征纪要:习性:木本。花程式:-。其他特征参考科。全球4个大洲分布及种数(2)非洲:1,亚洲:1,欧洲:1,北美洲:1。

Mundtia (Goldblatt & J. C. Manning) W. Harvey 南非远志属 Polygalaceae [MD-291] 特征纪要:习性:-。花程式:-。其他特征参考科。全球2个大洲分布及种数(14)非洲:9; 南美洲:3。

Mundulea (DC.) Benth. 软木豆属 Fabaceae3 [MD-240] 特征纪要:习性:木本。花程式:=↓(K1-∞),C1-∞,A5-9,=↓G1。其他特征参考科。全球2个大洲分布及种数(11-15;hort. 1)非洲:10-13;亚洲:cf. 1。【中国种数:1】。

Mungos Adans. = **Ophiorrhiza**

Munnozia Ruiz & Pav. 黑药菊属 Asteraceae [MD-586] 特征纪要:习性:草本。花程式:(K)3-5,(C)3-5,A3-5,=↓G2。其他特征参考科。全球3个大洲分布及种数(48-52)欧洲:1;北美洲:5;南美洲:46-49。【中国种数:1】。

Munroa Torr. 芒罗草属 Poaceae [MM-748] 特征纪要:习性:草本。花程式:(K)3,C0参考科,A1-2,=G2-3。其他特征参考科。全球3个大洲分布及种数(7-8)亚洲:cf. 1;北美洲:2;南美洲:4。

Munronia Wight 地黄连属 Meliaceae [MD-414] 特征纪要:习性:木本。花程式:-。物候:-。花期:4月。果期:参考晚于花期。海拔:200-1800米。生境:蔽荫岩边和石缝中,路旁灌丛中。资源:具园艺种类。全球3个大洲分布及种数(8-26)非洲:2; 亚洲:25; 北美洲:2。【中国种数:2】。

Muntafara Pichon = **Tabernaemontana**

Muntinga Cothen. = **Muntingia**

Muntingia L. 文定果属 Muntingiaceae [MD-193] 特征纪要:习性:木本。花程式:-。物候:-。海拔:-。生境:-。资源:具栽培园艺种类。全球5个大洲分布及种数(1-7)亚洲:4; 大洋洲:2; 欧洲:2; 北美洲:2; 南美洲:4。【中国种数:1】。

Muntingiaceae C. Bayer, M. W. Chase & M. F. Fay [MD-193] 文定果科 特征纪要:习性:木本;落叶。花程式:K4-5(-),C4,A6,↑G-。物候:-。花期:-。果期:-。果实:-。种子:-。海拔:0米。生境:-。资源:-。栽培:-。全球1个大洲分布及属种数(2/4 hort. 1)◆南美洲:2/4。【中国属种数:1/1】。

Munzothamnus P. H. Raven 粉莴苣属 Asteraceae [MD-586] 特征纪要:习性:草本。花程式:(K)3-5,(C)3-5,A3-5,↓G。其他特征参考科。全球1个大洲分布及种数(1)◆北美洲(◆美国)。

Muraltia DC. 非洲远志属 Polygalaceae [MD-291] 特征纪要:习性:木本。花程式:-。其他特征参考科。全球6个大洲分布及种数(123-240)非洲:190; 亚洲:5; 大洋洲:4; 欧洲:5; 北美洲:5; 南美洲:32。【中国种数:1】。

Murbeckia Urb. & Ekman = **Forchhammeria**

Murbeckiella Rothm. 小穆尔芥属 Brassicaceae [MD-213] 特征纪要:习性:草本。花程式:K2-4,C2-4,A2-4,=(G)2。花期:3-7月。果期:6-8月。海拔:30-6200米。生境:半固定沙地,作为蔬菜栽培。资源:具栽培园艺种类。全球4个大洲分布及种数(6)非洲:2;亚洲:cf. 1;欧洲:4;北美洲:1。【中国种数:2】。

Murchisonia Brittan 沙瑰草属 Asparagaceae [MM-669] 特征纪要:草本,落叶; 花程式:(K)3,C(-),A3-6,↑(G),3。全球1个大洲分布及种数(cf. 1)◆大洋洲。

Murdannia Royle 细柄水竹叶属 Commelinaceae [MM-708] 特征纪要:习性:草本。花程式:-。物候:-。花期:参考早于果期。果期:4-5月。海拔:1000米。生境:草地,水田边,沼地。资源:具栽培园艺种类。全球6个大洲分布及种数(53-64;hort. 1)非洲:18-22;亚洲:40-49;大洋洲:15-18;欧洲:1-3;北美洲:13-15;南美洲:12-14。【中国种数:24】。

Murianthe (Baill.) Aubrév. = **Manilkara**

Muricaria Desv. 匙荠属 Brassicaceae [MD-213] 特征纪要:习性:草本。花程式:K4,C4,A3参考科,↓G-参考科。其他特征参考科。全球2个大洲分布及种数(1-4)非洲:1; 南美洲:1。

Muricia Lour. = **Momordica**

Muriea M. M. Hartog = **Manilkara**

murorum <unassigned> 九里菊属 Asteraceae [MD-586] 特征纪要:-。全球2个大洲分布及种数(22)亚洲:6; 欧洲:16。

Murraea Koen. ex L. = **Murraya**

Murraya J. König ex L. 九里香属 Rutaceae [MD-399] 特征纪要:习性:木本。花程式:-。物候:-。花期:5-7月。果期:参考晚于花期。海拔:200-800米。生境:丘陵,与其他阔叶树种混生,多见于林中较荫蔽处。资源:

具栽培园艺种类。全球 5 个大洲分布及种数(17 – 108)非洲:5; 亚洲:40; 大洋洲:7; 北美洲:4; 南美洲:16。【中国种数:7】。

Murrayella <unassigned> 冈比亚红花荷属 Rhodoleiaceae [MD – 64] 特征纪要: –。全球 5 个大洲分布及种数(2)非洲:2; 亚洲:2; 大洋洲:2; 北美洲:1; 南美洲:1。

Murtekias Raf. = **Euphorbia**

Murtonia Craib 山蚂蝗属 Fabaceae3 [MD – 240] 特征纪要:习性: –。花程式: –。其他特征参考科。全球 1 个大洲分布及种数(–)。

Murucoa J. F. Gmel. = **Maripa**

Murucuia Mill. = **Passiflora**

Murueva Raf. = **Maripa**

Musa L. 芭蕉属 Musaceae [MM – 727] 特征纪要:习性:草本。花程式:(K –),C2 – 3 参考科,A3 参考科, = ↓ G3。物候: –。花期:9 – 11 月。果期:参考晚于花期。海拔:1100 – 1200 米。生境:山区,棕黑砂壤土上。资源:药用,纤维,观赏,具栽培园艺种类。全球 6 个大洲分布及种数(138 – 475)非洲:103; 亚洲:278; 大洋洲:84; 欧洲:92; 北美洲:92; 南美洲:43。【中国种数:22】。

Musaceae Juss. [MM – 727] 芭蕉科 特征纪要:习性:木本,草本;落叶。花程式:K4 – 5(–),C5,A5,↓(G) –。物候: –。花期和果期:全年。果实:蒴果。种子: –。海拔:1000 – 1270 米。生境:山区,棕黑砂壤土上。资源:猪饲料。栽培:中国有栽培。全球 6 个大洲分布及属种数(4/47 – 117 <IFR 2/18> hort. 1;cult. 1) 非洲:1/7(IFR 1/1); 亚洲:4/43 – 79(IFR 2/16); 大洋洲:1/3(IFR 1/6); 欧洲:1/1(IFR 1/1); 北美洲:1/2(IFR 1/6); 南美洲:1/1(IFR 1/6)。【中国属种数:3/26】。

Musanga C. Sm. ex R. Br. 伞树属 Urticaceae [MD – 91] 特征纪要:习性:木本。花程式: –。物候: –。海拔: –。生境: –。资源:具园艺种类。全球 2 个大洲分布及种数(3)非洲:2;北美洲:1。

Muscadinia (Planch.) Small = **Vitis**

Muscari Mill. 蓝壶花属 Hyacinthaceae [MM – 679] 特征纪要:习性:草本。花程式:(K)3,C0 参考科,A3 – 6, = G3。物候: –。海拔: –。生境: –。资源:具栽培园艺种类。全球 6 个大洲分布及种数(35 – 68;hort. 1;cult. 5)非洲:13 – 22;亚洲:26 – 53;大洋洲:6 – 15;欧洲:17 – 31;北美洲:12 – 22;南美洲:8。【中国种数:4】。

Muscarimia Kostel. 蓝壶花属 Asparagaceae [MM – 669] 特征纪要:习性: –。花程式: –。其他特征参考科。全球 3 个大洲分布及种数(2 – 5)亚洲:1; 欧洲:1; 北美洲:1。

Muschleria S. Moore 杯冠瘦片菊属 Asteraceae [MD – 586] 特征纪要:习性:草本。花程式:(K)3 – 5,C3 – 5,A3 – 5, = ↓(G)2。其他特征参考科。全球 1 个大洲分布及种数(1)◆非洲。

Muscites Sphagnites Endl. 羽藓科属 Thuidiaceae [B – 184] 特征纪要: –。全球 1 个大洲分布及种数(5)◆南美洲:2。

Muscoflorschuetzia Crosby 智利短颈藓属 Buxbaumiaceae [B – 102] 特征纪要:习性: –。【Rep】:雌雄异株,雄株甚小,高度不超过 0.5 毫米,蚌壳状,多透明,着生于原丝体上,精子器多球形,雌株略大。其他特征参考科。全球 1 个大洲分布及种数(1)◆南美洲。

Muscoherzogia Ochyra 南美曲尾藓属 Dicranaceae [B – 128] 特征纪要:习性: –。【Rep】:雌苞叶分化,基部鞘状,有毛尖,蒴柄长,均高出于雌苞叶,孢蒴直立或背曲,长圆柱形或长椭圆形,辐射对称,雌雄异株,雄株矮小,附于假根上成假雌雄同株,雌苞叶形大,高鞘状,上部具细毛尖,与孢蒴等长或长于孢蒴。其他特征参考科。全球 1 个大洲分布及种数(1)◆南美洲。

Muscosomorphe J. C. Manning 菊科属 Asteraceae [MD – 586] 特征纪要:习性: –。花程式:K – ,C3,A4 – 5,↓(G)2。其他特征参考科。全球 1 个大洲分布及种数(–)◆欧洲(◆俄罗斯)。

Musella (Franch.) C. Y. Wu ex H. W. Li 地涌金莲属 Musaceae [MM – 727] 特征纪要:习性:草本(根状茎,基生)。花程式: –。物候: –。海拔:1100 – 1200 米。生境:生于山间坡地或栽于庭院内,植物园栽培。资源:药用,饲料,具栽培园艺种类。全球 3 个大洲分布及种数(1 – 13)非洲:2; 亚洲:13; 南美洲:8。【中国种数:1】。

Museniopsis J. M. Coult. & Rose 北美芹属 Apiaceae [MD – 480] 特征纪要:习性: –。花程式: –。其他特征参考科。全球 2 个大洲分布及种数(25)北美洲:1; 南美洲:3。

Musgravea F. Müll. 绒银桦属 Proteaceae [MD – 219] 特征纪要:习性:木本。花程式:K3 – 4 – ∞ ,C0,A2, = G1。其他特征参考科。全球 2 个大洲分布及种数(2 – 3)亚洲:2; 大洋洲:3。

Musineon Raf. 野欧芹属 Apiaceae [MD – 480] 特征纪要:习性:草本。花程式: –。其他特征参考科。全球 2 个大洲分布及种数(7 – 27)欧洲:9; 北美洲:9。

Mussaenda Burm. ex L. 玉叶金花属 Rubiaceae [MD – 523] 特征纪要:习性:木质攀援。花程式: –。物候: –。花期:5 – 12 月。果期:参考晚于花期。海拔:600 – 2000 米。生境:潮湿地点。资源:具栽培园艺种类。全球 6 个大洲分布及种数(190 – 403)非洲:164; 亚洲:257; 大洋洲:43; 欧洲:31; 北美洲:31; 南美洲:35。【中国种数:41】。

Mussaendopsis Baill. 莉扇花属 Rubiaceae [MD – 523] 特征纪要:习性:木本。花程式:(K)4 – 5,(C)4 – 5,A4 – 5, = ↓ G2 – 9。其他特征参考科。全球 1 个大洲分布及种数(1 – 3)◆亚洲。

Mussatia Bureau = **Bignonia**

Musschia Dum. 风盏花属 Campanulaceae [MD – 561] 特征纪要:习性:灌木。花程式:(K)5,(C)5,A5, = ↓ G2 – 3。其他特征参考科。全球 0 个大洲分布及种数(3 – 5)。

Musteron Raf. 飞蓬属 Asteraceae [MD – 586] 特征纪要和分布(–)。全球 2 个大洲分布及种数(cf. 1)北美洲;南

美洲。

Mutellina Wolf 藁本属 Apiaceae [MD - 480] 特征纪要:习性:草本。花程式:=↓(Kn),C5,A3 参考科,=↓G(-)。其他特征参考科。全球 1 个大洲分布及种数(1)◆欧洲。

Mutisia L. f. 须菊木属 Mutisiaceae [MD - 592] 特征纪要(同科)。全球 6 个大洲分布及种数(79 - 189)非洲:2; 亚洲:8; 大洋洲:1; 欧洲:6; 北美洲:6; 南美洲:151。

Mutisiaceae Burnett [MD - 592] 须叶菊科 特征纪要:习性:草本;落叶。花程式:(K)6 - ,C4 - 5,A,↓(G) - 。物候:-。果实:瘦果。种子:-。海拔:-。生境:-。资源:-。栽培:-。全球 4 个大洲分布及属种数(1 - 2/1 - 2 <IFR 1/11> hort. 1;cult. 1) 亚洲:1/3; 欧洲:1/3; 北美洲:1/5; 南美洲:1/78 - 83(IFR 1/11)。

Mutisiopersea Kosterm. = **Persea**

Muzonia N. Osorio = **Ladenbergia**

Mwasumbia Couvreur & D. M. Johnson 番荔枝科属 Annonaceae [MD - 7] 特征纪要:习性:木本。花程式:-。其他特征参考科。全球 1 个大洲分布及种数(-)。

Myagrum L. 鸟眼荠属 Brassicaceae [MD - 213] 特征纪要:习性:草本。花程式:K2 - 4,C2 - 4,A2 - 4,↓G - 参考科。物候:-。海拔:-。生境:-。资源:具园艺种类。全球 6 个大洲分布及种数 3 个非洲:1 - 2;亚洲:1 - 2;大洋洲:1 - 2;欧洲:1 - 2;北美洲:1 - 2;南美洲:1 - 2。【中国种数:1】。

Myanmaranthus <unassigned> 竹芋属 Marantaceae [MM - 740] 特征纪要:习性:-。花程式:-。其他特征参考科。全球 1 个大洲分布及种数(-)。

Myanmaria H. Rob. 大苞鸡菊花属 Asteraceae [MD - 586] 特征纪要:习性:草本。花程式:(K)3 - 5,(C)3 - 5,A3 - 5,↓G。其他特征参考科。全球 1 个大洲分布及种数(cf. 1)◆东南亚(◆缅甸)。

Mycaranthes Bl. 拟毛兰属 Orchidaceae [MM - 723] 特征纪要:习性:草本(具根状茎)。花程式:(K)3,C3,A3,=↓G3。物候:-。花期:4 - 6 月。果期:参考晚于花期。海拔:800 - 2200 米。生境:附生植物,岩生。资源:-。全球 5 个大洲分布及种数(37 - 47)非洲:6; 亚洲:44; 大洋洲:6; 北美洲:4; 南美洲:6。【中国种数:2】。

Mycelis Cass. = **Prenanthes**

Mycerinus A. C. Sm. 延隔莓属 Ericaceae [MD - 380] 特征纪要:习性:木本。花程式:K5 - 8,(C)5 - 8,A10,=(G)2 - 4。其他特征参考科。全球 1 个大洲分布及种数(3)◆南美洲。

Mycetia Reinw. 腺萼木属 Rubiaceae [MD - 523] 特征纪要:习性:木本。花程式:-。物候:-。花期:4 - 5 月。果期:参考晚于花期。海拔:1200 - 1700 米。生境:沟溪边或林中路旁,竹林中。资源:药用。全球 6 个大洲分布及种数(56 - 104)非洲:5; 亚洲:82; 大洋洲:5; 欧洲:2; 北美洲:2; 南美洲:9。【中国种数:16】。

Mycoblastus Norman 肉穗果科属 Bataceae [MD - 223] 特征纪要和分布(-)。

Mycocaliciaceae Takht. = Physenaceae

Mycocalicium <unassigned> 唐松木科属 Physenaceae [MD - 169] 特征纪要:-。全球 5 个大洲分布及种数(16)亚洲:2; 大洋洲:3; 欧洲:2; 北美洲:2; 南美洲:7。

Mycoglaena <unassigned> 香芽藓属 Sorapillaceae [B - 212] 特征纪要:-。全球 1 个大洲分布及种数(-)。

Myconella Sprague = **Coleostephus**

Mycoporellum <unassigned> 甜槛蓝属 Myoporaceae [MD - 566] 特征纪要:-。全球 2 个大洲分布及种数(4)亚洲:2; 南美洲:1。

Mycoporum <unassigned> 萼玄参属 Scrophulariaceae [MD - 536] 特征纪要和分布(-)。

Mycosphaerellaceae M. Fleisch. = Sorapillaceae

Mycostylis Raf. = **Sonneratia**

Myelochroa <unassigned> 水蕨科属 Parkeriaceae [F - 36] 特征纪要:-。全球 3 个大洲分布及种数(11)亚洲:8; 北美洲:10; 南美洲:4。

Mygalurus Link = **Vulpia**

Myginda Jacq. 香卫矛属 Celastraceae [MD - 339] 特征纪要:习性:-。花程式:-。其他特征参考科。全球 6 个大洲分布及种数(3 - 10)非洲:1;亚洲:1;大洋洲:1;欧洲:1;北美洲:2 - 3;南美洲:2。

Mylia Gray 小萼苔属 Myliaceae [B - 39] 特征纪要:-。全球 6 个大洲分布及种数(4)非洲:5;亚洲:2 - 7;大洋洲:5;欧洲:1 - 6;北美洲:1 - 6;南美洲:2 - 7。【中国种数:2】。

Myliaceae Schljakov [B - 39] 小萼苔科 特征纪要:体形纤小,稀疏群生的树生藓类。【Rep】:雌雄同株,雌苞叶较长大,有高鞘部,上部短披针形,钝端,有短尖,中肋不及叶尖,蒴柄稍高出于雌苞叶。全球 6 个大洲分布和属种数(2/4 - 11)非洲:1/5;亚洲:1/2 - 7;大洋洲:1/5;欧洲:1/1 - 6;北美洲:2/2 - 7;南美洲:1/2 - 7。【中国属种数:1/2】。

Mylocarium Nutt. = **Mylocaryum**

Mylocaryum Willd. 荞麦树属 Cyrillaceae [MD - 352] 特征纪要:习性:-。花程式:-。其他特征参考科。全球 1 个大洲分布及种数(cf. 1)◆北美洲。

Myobroma Stev. = **Astragalus**

Myodocarpaceae Doweld [MD - 472] 裂果枫科 特征纪要:习性:木本;落叶。花程式:K1,C1,A3,↓(G) - 。物候:-。果实:核果。种子:-。海拔:-。生境:-。资源:-。栽培:-。全球 1 个大洲分布及属种数(3/9 - 18 <IFR 1/2> hort. 1,cult. 1) ◆亚洲:2/ 14 - 15。

Myodocarpus Brongn. & Gris 裂果枫属 Myodocarpaceae [MD - 472] 特征纪要:习性:木本。花程式:-。其他特征

M

参考科。全球1个大洲分布及种数(1－8)◆大洋洲(◆美拉尼西亚)。

Myoporaceae R. Br. ［MD－566］苦槛蓝科 特征纪要:习性:木本;常绿,落叶。花程式:↙(K)6－,C4－5,A5,↑G2. 物候:－。花期:4－6月。果期:5－7月。果实:核果。种子:胚直或稍弯曲。海拔:2348米。生境:海滨潮汐带以上沙地或多石地灌丛中。栽培:来自广西龙州。资源:药用。栽培:－。全球6个大洲分布及属种数(7/57－75 <IFR 1/1> hort. 1;cult. 1) 非洲:1/10－11; 亚洲:2/11－13; 大洋洲:6/52－69(IFR 1/1); 欧洲:1/9; 北美洲:1/9－12; 南美洲:1/5－6。

Myopordon Boiss. 棕片菊属 Asteraceae［MD－586］特征纪要:习性:草本。花程式:(K)3－5,C3－5,A3－5,＝↓(G)2。其他特征参考科。全球1个大洲分布及种数(4－6)◆亚洲。

Myoporoideae (R. Br.) Arn. 苦槛蓝科属 Myoporaceae［MD－566］特征纪要和分布(－)。

Myoporum Banks & Sol. ex G. Forst. 海茵芋属 Myoporaceae［MD－566］特征纪要:习性:草本,少木本。花程式:－。物候:－。花期:4－6月。果期:参考晚于花期。海拔:2348米。生境:海滨潮汐带以上沙地或多石地灌丛中。资源:药用,具栽培园艺种类。全球6个大洲分布及种数(50－63;hort. 1;cult. 3)非洲:9－10;亚洲:8－10;大洋洲:47－59;欧洲:8;北美洲:8－11;南美洲:4－5。【中国种数:2】。

Myopsia C. Presl ＝ **Heterotoma**

Myoschilos Ruiz & Pav. 鼠唇檀香属 Santalaceae［MD－412］特征纪要:习性:木本。花程式:K5,C0,A3－4,＝↓(G)2－3。其他特征参考科。全球2个大洲分布及种数(1－4)亚洲:3; 南美洲:4。

Myosotidium Hook. 琉璃草属 Boraginaceae［MD－517］特征纪要:习性:草本。花程式:参考科,C5参考科,A5,G2－4。其他特征参考科。全球1个大洲分布及种数(1)◆非洲。

Myosotis L. 勿忘草属 Boraginaceae［MD－517］特征纪要:习性:－。花程式:－。物候:－。海拔:5700米。生境:石堆草甸,针叶林缘。资源:－。全球6个大洲分布及种数(199－271;hort. 1;cult. 13)非洲:35－62;亚洲:50－85;大洋洲:69－104;欧洲:94－134;北美洲:23－43;南美洲:14－35。【中国种数:20】。

Myosoton Mönch 鹅肠菜属 Caryophyllaceae［MD－77］特征纪要:习性:－。花程式:－。物候:－。花期:5－6月。果期:参考晚于花期。海拔:300－2700米。生境:低湿处或灌丛林缘和水沟旁,山坡,山谷,森林,洪泛地和田地边缘。资源:动物食物,药用。全球3个大洲分布及种数(2)亚洲:cf. 1;欧洲:1;北美洲:1。

Myostoma Miers ＝ **Thismia**

Myosurandra Baill. ＝ **Myrothamnus**

Myosurus L. 鼠尾毛茛属 Ranunculaceae［MD－38］特征纪要:习性:－。花程式:－。其他特征参考科。全球6个大洲分布及种数(14－15;hort. 1)非洲:3;亚洲:3;大洋洲:5－8;欧洲:5－8;北美洲:10－13;南美洲:2－5。

Myoxanthus Pöpp. & Endl. 鼠花兰属 Orchidaceae［MM－723］特征纪要:习性:草本。花程式:(K)3,C3,A3,＝↓G3。其他特征参考科。全球6个大洲分布及种数(52－59)非洲:1;亚洲:7－8;大洋洲:1－2;欧洲:1－2;北美洲:13－14;南美洲:49－52。

Myracrodruon Allemão 龙纹漆属 Anacardiaceae［MD－432］特征纪要:习性:木本。花程式:K5,C5,A3参考科,↓G－参考科。其他特征参考科。全球1个大洲分布及种数(3)◆南美洲(◆巴西)。

Myrceugenella Kausel ＝ **Luma**

Myrceugenia O. Berg 柳番樱属 Myrtaceae［MD－347］特征纪要:习性:木本。花程式:K4,C4,A8－10,＝↓G2－5。其他特征参考科。全球5个大洲分布及种数(55－59;hort. 1;cult. 2)非洲:5;亚洲:14;大洋洲:5;北美洲:11;南美洲:54。【中国种数:7】。

Myrcia DC. ex Guill. 矾木属 Myrtaceae［MD－347］特征纪要:习性:木本。花程式:－。物候:－。海拔:－。生境:－。资源:具园艺种类。全球6个大洲分布及种数(685－793;hort. 1;cult. 7)非洲:11－15;亚洲:41－45;大洋洲:22－26;欧洲:6－10;北美洲:153－178;南美洲:619－691。【中国种数:16】。

Myrcialeucus Rojas Acosta ＝ **Eugenia**

Myrcianthes O. Berg 忍冬番樱属 Myrtaceae［MD－347］特征纪要:习性:木本。花程式:＝↓(K4－5),C4－5,A8－10,＝↓G2－5。其他特征参考科。全球5个大洲分布及种数(48－52)非洲:2;亚洲:9;大洋洲:6;北美洲:14;南美洲:44－47。【中国种数:3】。

Myrciaria O. Berg 团番樱属 Myrtaceae［MD－347］特征纪要:木本。花程式:K4,C4,A8－10,＝↓G2－5。其他特征参考科。全球3个大洲分布及种数(45－55;hort. 1)亚洲:cf. 1;北美洲:20;南美洲:41－46。【中国种数:3】。

Myrciariopsis Kausel ＝ **Eugenia**

Myriachaeta Mor. ＝ **Thysanolaena**

Myriactis Less. 黏冠草属 Asteraceae［MD－586］特征纪要:习性:草本(根状茎,基生)。花程式:(K)3－5,C3－5,A3参考科,＝↓G2。物候:－。海拔:1700－3000米。生境:森林,杉木灌丛林。资源:具栽培园艺种类。全球6个大洲分布及种数(16－20;hort. 1;cult. 1)非洲:3－8;亚洲:11－16;大洋洲:4－9;欧洲:5;北美洲:2－7;南美洲:1－6。【中国种数:5】。

Myriactula <unassigned> 粘马桑属 Coriariaceae［MD－277］特征纪要:－。全球2个大洲分布及种数(2)欧洲:1; 南美洲:1。

Myrialepis Becc. 多果省藤属 Arecaceae［MM－717］特征纪要:习性:木本。花程式:Kn,C2－3参考科,A3参考科,G3－参考科。其他特征参考科。全球1个大洲分布及种数(1)◆亚洲。

Myriandra (Dunal) Spach 金丝桃属 Clusiaceae［MD－141］特征纪要:习性:－。花程式:－。其他特征参考科。

全球 1 个大洲分布及种数(6)◆亚洲:2。

Myriangina <unassigned> 圭亚那拟光藓属 Myriniaceae [B－174] 特征纪要:－。全球 1 个大洲分布及种数(2)◆南美洲:2。

Myrianthea Tul. = **Homalium**

Myriantheia Thou. = **Homalium**

Myrianthus P. Beauv. 巨葚树属 Urticaceae [MD－91] 特征纪要:习性:木本。花程式:K4,C0,A3－4,＝G1。其他特征参考科。全球 3 个大洲分布及种数(8)非洲:6－8;亚洲:cf. 1;南美洲:1。【中国种数:1】。

Myriaspora DC. 多子野牡丹属 Melastomataceae [MD－364] 特征纪要:习性:－。花程式:－。其他特征参考科。全球 1 个大洲分布及种数(1－2)◆南美洲。

Myrica L. 杨梅属 Myricaceae [MD－82] 特征纪要:木本,常绿或落叶。花程式:(K)0,(C)0,A2－4－∞,G2－。雌雄同株或异株,穗状花序。核果。全球 6 个大洲分布及种数(41－55)非洲:8－32;亚洲:11－36;澳洲:23;欧洲:3－26;北美洲:19－42;南美洲:9－32。【中国种数:8】。

Myricaceae Rich. ex Kunth [MD－82] 杨梅科 特征纪要:习性:木本;常绿,落叶。花程式:♀/♂K4－5(－),C0,A5,↑G－。物候:－。花期:10－11 月。果期:2－5 月。果实:核果。种子:种皮作不规则的矩圆形。海拔:100－1500 米。生境:山谷,在湖边裸露的小径上,在河床上、灌木林或山坡上的森林。资源:药用。栽培:中国有栽培。全球 6 个大洲分布及属种数(5/84－101 hort. 1;cult. 2) 非洲:2/24－26; 亚洲:2/20－23; 大洋洲:2/2－3; 欧洲:2/10－11; 北美洲:3/42; 南美洲:2/19－20。【中国属种数:2/9】。

Myricanthe Airy－Shaw 山竹桐属 Euphorbiaceae [MD－217] 特征纪要:习性:木本。花程式:K1(1000),C0,A6,＝(G)2－3。其他特征参考科。全球 1 个大洲分布及种数(1)◆大洋洲。

Myricaria Desv. 水柏枝属 Tamaricaceae [MD－162] 特征纪要:习性:木质攀援。花程式:－。物候:－。花期:6－7 月。果期:参考晚于花期。海拔:1100－3300 米。生境:河岸,湖畔沙地,针叶林。资源:具栽培园艺种类。全球 6 个大洲分布及种数(15－38)非洲:2; 亚洲:35; 大洋洲:2; 欧洲:4; 北美洲:4; 南美洲:2。【中国种数:10】。

Myrinia Schimp. 香拟光藓属 Fabroniaceae [B－173] 特征纪要:－。全球 3 个大洲分布及种数(2)欧洲:1;北美洲:1;南美洲:1。

Myriniaceae Schimp. [B－174] 拟光藓科 特征纪要:干时挺硬,绿色或黄绿色,无光泽或略具光泽,稀疏或密集成片生长。【Rep】:雌雄同株,内雌苞叶直立,细长,渐尖,蒴柄长,红棕色,平滑或有粗疣,内齿层基膜低。全球 4 个大洲分布及属种数(1/1)非洲:1; 亚洲:1; 北美洲:1; 南美洲:1。

Myriocarpa Benth. 万果麻属 Urticaceae [MD－91] 特征纪要:习性:木本。花程式:－。其他特征参考科。全球 3 个大洲分布及种数(16)亚洲:cf. 1;北美洲:9;南美洲:9。【中国种数:1】。

Myriocarpus P. & K. = **Myriocarpa**

Myriocephalus Benth. 万头菊属 Asteraceae [MD－586] 特征纪要:草本。花程式:(K)3－5,(C)3－5,A3－5,＝↓G2。其他特征参考科。全球 5 个大洲分布及种数(15－47)亚洲:4; 大洋洲:26; 欧洲:1; 北美洲:1; 南美洲:8。

Myriocladus Swallen 万枝竹属 Poaceae [MM－748] 特征纪要:草本。花程式:(K)3,C0 参考科,A1－2,＝(G)2－3。其他特征参考科。全球 5 个大洲分布及种数(13－33)非洲:2; 大洋洲:3; 欧洲:2; 北美洲:2; 南美洲:33。

Myriocolea Spruce 多鳞苔属 Lejeuneaceae [B－84] 特征纪要:习性:－。【Rep】:雌苞顶生于主枝,蒴萼具 3 个脊,并常附 1－7 个小脊,脊部具冠状突起,一般稀疏生长。其他特征参考科。全球 3 个大洲分布及种数(9)亚洲:3;大洋洲:3; 南美洲:9。

Myriocoleopsis Schiffn. 致密鳞苔属 Lejeuneaceae [B－84] 特征纪要:习性:－。【Rep】:老时呈红褐色。其他特征参考科。全球 2 个大洲分布及种数(5)亚洲:cf. 1;南美洲:3。

Myriodon (Copel.) Copel. = **Hymenophyllum**

Myriogloia <unassigned> 南美马桑属 Coriariaceae [MD－277] 特征纪要:－。全球 1 个大洲分布及种数(1)◆南美洲:1。

Myriogomphos Didr. = **Croton**

Myriogyne Less. = **Centipeda**

Myriolimon Lledó, Erben & M. B. Crespo 竹彩花属 Plumbaginaceae [MD－227] 特征纪要:习性:草本。花程式:(K)5－10,(C)5－10,A3 参考科,G3－ 参考科。其他特征参考科。全球 2 个大洲分布及种数(2)非洲:1,欧洲:2。

Myrioneuron R. Br. 密脉木属 Rubiaceae [MD－523] 特征纪要:习性:－。花程式:－。物候:－。花期:7－8 月。果期:参考晚于花期。海拔:500－1500 米。生境:林下,山谷水沟边石上。资源:－。全球 1 个大洲分布及种数(4－8)◆亚洲。

Myriophyllum Ponted. ex L. 狐尾藻属 Haloragaceae [MD－271] 特征纪要:习性:草本(生)。花程式:－。物候:－。海拔:100－400 米。生境:浅水中,在静水中,0.6－1.8 米深。资源:药用,具栽培园艺种类。全球 6 个大洲分布及种数(67－84;hort. 1;cult. 2)非洲:11－17;亚洲:25－35;大洋洲:44－61;欧洲:7－13;北美洲:19－25;南美洲:10－16。【中国种数:22】。

Myriopteris Fée 旱米蕨属 Adiantaceae [F－35] 特征纪要:习性:－。【Rep】:孢子同形,囊群生叶背。其他特征参考科。全球 2 个大洲分布及种数(7－57)北美洲:10; 南美洲:1。

Myriopteron Griff. 翅果藤属 Asclepiadaceae [MD－494] 特征纪要:习性:木质攀援。花程式:(K－),C5,A5,↓G－。物候:－。花期:5－8 月。果期:参考晚于花期。海拔:600－1600 米。生境:森林,山地疏林中或山坡路旁,溪边灌木丛中。资源:药用,具栽培园艺种类。全球 2 个大洲分布及种数(1 - 6)亚洲:3; 南美洲:3。【中国种数:1】。

Myriopus Small 紫丹属 Boraginaceae [MD - 517] 特征纪要:习性:灌木。花程式:Kn, C0, A3 参考科, ↓G。其他特征参考科。全球 4 个大洲分布及种数(—)非洲;欧洲;北美洲;南美洲。

Myriostachya (Benth.) Hook. f. 千穗草属 Poaceae [MM - 748] 特征纪要:习性:草本。花程式:(K)3, C0 参考科, A1 - 2, = (G)2 - 3。其他特征参考科。全球 1 个大洲分布及种数(cf. 1)◆亚洲。

Myriotheca Commerson = **Marattia**

Myriotrema Fée 铁角蕨科属 Aspleniaceae [F - 43] 特征纪要和分布(-)。

Myripnois Bunge 蚂蚱腿子属 Asteraceae [MD - 586] 特征纪要:习性:灌木。花程式: - 。物候: - 。花期:4 - 5 月。果期:参考晚于花期。海拔:100 - 600 米。生境:空地,山坡或林缘路旁。资源:具园艺种类。全球 1 个大洲分布及种数(cf. 1)◆亚洲。【中国种数:1】。

Myristica Gronov. 肉豆蔻属 Myristicaceae [MD - 15] 特征纪要:习性:木本。花程式:Kn, C2 - 3 参考科, A3, G - 。物候: - 。花期:参考早于果期。果期:3 - 8 月。海拔:540 - 600 米。生境:密林中。资源:具栽培园艺种类。全球 6 个大洲分布及种数(224 - 519)非洲:162; 亚洲:311; 大洋洲:167; 欧洲:18; 北美洲:18; 南美洲:74。【中国种数:9】。

Myristicaceae R. Br. [MD - 15] 肉豆蔻科 特征纪要:习性:木本;常绿,落叶。花程式:K4 - 5(-), C0, A5 - 6, ↑G - 。物候: - 。花期: 8 - 10 月。果期:3 - 5 月。果实:核果。种子: - 。海拔:0 米。生境:低沟谷,竹林中。资源:油脂,药用。栽培:中国有栽培。全球 6 个大洲分布及属种数(23/530 - 737 < IFR 8/40 > hort. 1; cult. 3) 非洲:11/48 - 59(IFR 6/27); 亚洲:6/385 - 477(IFR 5/14); 大洋洲:1/29 - 31; 欧洲:1/2; 北美洲:1/5 - 6; 南美洲:7/117 - 130(IFR 1/1)。【中国属种数:4/25】。

Myrmechis (Lindl.) Bl. 全唇兰属 Orchidaceae [MM - 723] 特征纪要:习性: - 。花程式: - 。物候: - 。花期:7 月。果期:参考晚于花期。海拔:2000 - 2200 米。生境:地方。栽培:来自广西龙州。资源:具栽培园艺种类。全球 2 个大洲分布及种数(23)非洲:1; 亚洲:9。

Myrmecodia Jack 刺蚁茜属 Rubiaceae [MD - 523] 特征纪要:习性:木本。花程式:(K)4 - 5, (C)4 - 5, A4 - 5, = ↓G2 - 9。其他特征参考科。全球 3 个大洲分布及种数(5 - 29; hort. 1)非洲:4 - 26; 亚洲:3 - 13; 大洋洲:2 - 23。【中国种数:1】。

Myrmecolaelia F. Hanb. ex Rolfe 香蕉兰属 Orchidaceae [MM - 723] 特征纪要:习性:草本。花程式:(K)n, C2 参考科, A6, ↓(G)。其他特征参考科。全球 1 个大洲分布及种数(1 - 2)◆北美洲。

Myrmeconauclea Merr. 蚁团花属 Rubiaceae [MD - 523] 特征纪要:习性:木本。花程式:(K)4 - 5, (C)4 - 5, A4 - 5, = ↓(G)2 - 9。其他特征参考科。全球 1 个大洲分布及种数(2 - 4)◆亚洲。

Myrmecophila Rolfe 蚁兰属 Orchidaceae [MM - 723] 特征纪要:习性: - 。花程式: - 。其他特征参考科。全球 5 个大洲分布及种数(14 - 29)亚洲:7; 大洋洲:2; 欧洲:19; 北美洲:19; 南美洲:6。

Myrmecopteris Pic. Serm. 蚁蕨属 Polypodiaceae [F - 60] 特征纪要: - 。全球 1 个大洲分布及种数(-)。

Myrmecostylum C. Presl = **Hymenophyllum**

Myrmephytum Becc. 茜草科属 Rubiaceae [MD - 523] 特征纪要:习性:木本。花程式:K - , C4 - 5 - 参考科, A9, ↓(G)2 - 9。其他特征参考科。全球 1 个大洲分布及种数(1 - 2)◆亚洲。

Myrmidone Mart. = **Tococa**

Myrobalanifera Houtt. = **Terminalia**

Myrobalanus Gaertn. 榄檀属 Combretaceae [MD - 354] 特征纪要:习性: - 。花程式: - 。其他特征参考科。全球 1 个大洲分布及种数(1)◆南美洲。

Myrobroma Salisb. = **Vanilla**

Myrocarpus Allemão 香荚豆属 Fabaceae3 [MD - 240] 特征纪要:习性:木本。花程式: = ↓(K1 - ∞), C1 - ∞, A5 - 9, = ↓G1。其他特征参考科。全球 2 个大洲分布及种数(5 - 9)亚洲:2; 南美洲:8。【中国种数:1】。

Myrodendron Schreb. = **Humiria**

Myrodendrum Spreng. = **Humiria**

Myrosma L. f. 香竹芋属 Marantaceae [MM - 740] 特征纪要:习性:草本。花程式:(K)3, C3, A3 - 4, = ↓G3。物候: - 。海拔: - 。生境: - 。资源:具园艺种类。全球 6 个大洲分布及种数(7 - 9)非洲:3; 亚洲:3; 大洋洲:3; 欧洲:3; 北美洲:3 - 6; 南美洲:6 - 10。

Myrosmodes Rchb. f. 多香花兰属 Orchidaceae [MM - 723] 特征纪要:习性:草本。花程式:(K)3, C3, A3, = ↓(G)3。其他特征参考科。全球 5 个大洲分布及种数(13 - 28)非洲:3; 亚洲:4; 欧洲:6; 北美洲:6; 南美洲:28。

Myrospermum Jacq. 香籽属 Fabaceae3 [MD - 240] 特征纪要:习性:木本。花程式: = ↓(K1 - ∞), C1 - ∞, A5 - 9, = ↓G1。其他特征参考科。全球 6 个大洲分布及种数(3 - 7)非洲:1; 亚洲:1; 大洋洲:1; 欧洲:1; 北美洲:2 - 3; 南美洲:1 - 6。

Myrothamnaceae Nied. [MD - 70] 折扇叶科 特征纪要:习性:木本;落叶。花程式:(K)6 - , C3, A3, = ↓(G)3 - 4。物候: - 。果实:蒴果。种子: - 。海拔: - 。生境: - 。资源: - 。栽培: - 。全球 1 个大洲分布及属种数(2/6 hort. 1) ◆北美洲:1/ 3。

Myrothamnus Welw. 折扇叶属 Myrothamnaceae [MD - 70] 特征纪要(同科)。全球 1 个大洲分布及种数(4)◆非洲。

Myrovernix Kök. 菊科属 Asteraceae［MD－586］特征纪要:习性:草本。花程式:－。其他特征参考科。全球1个大洲分布及种数(5)◆非洲:5。

Myroxylon J. R. Forst. & G. Forst. 香脂豆属 Fabaceae3［MD－240］特征纪要:习性:－。花程式:－。其他特征参考科。全球6个大洲分布及种数(4)非洲:5;亚洲:2－7;大洋洲:5;欧洲:1－6;北美洲:2－7;南美洲:3－8。【中国种数:2】。

Myroxylum Schreb. ＝ **Myroxylon**

Myrrhidendron J. M. Coult. & Rose 香伞木属 Apiaceae［MD－480］特征纪要:习性:草本。花程式:＝↓(K5),C5,A5,＝↓G2。其他特征参考科。全球6个大洲分布及种数(6)非洲:1;亚洲:1;大洋洲:1;欧洲:1;北美洲:4－5;南美洲:2－3。

Myrrhinium Schott 球瓣凤榴属 Myrtaceae［MD－347］特征纪要:习性:木本。花程式:K4,C4,A8－10,＝↓G2－5。其他特征参考科。全球1个大洲分布及种数(2)◆南美洲。

Myrrhis Mill. 茉莉芹属 Apiaceae［MD－480］特征纪要:习性:草本。花程式:＝↓(K5),C5,A5,＝↓(G)2。物候:－。海拔:50－5600米。生境:半荒漠中和砾石质山坡上,柞林内。资源:具栽培园艺种类。全球6个大洲分布及种数(4－5)非洲:13;亚洲:1－14;大洋洲:13;欧洲:1－14;北美洲:2－16;南美洲:2－15。【中国种数:1】。

Myrrhoides Heist. ex Fabr. 峨参属 Apiaceae［MD－480］特征纪要:习性:－。花程式:－。其他特征参考科。全球3个大洲分布及种数(cf. 1)亚洲;欧洲;南美洲。

Myrsinaceae R. Br.［MD－389］紫金牛科 特征纪要:习性:木本,藤本;落叶。花程式:♀/♂(K)6－,C5,A4,↓(G)－。物候:－。花期:12月至次年2月。果期:11－12月。果实:核果。种子:－。海拔:0－1100米。生境:背阴较湿地,中山,阴坡,山地草甸。资源:药用。栽培:中国有栽培。全球6个大洲分布及属种数(13－18/533－1277 <IFR 5/40> hort. 1;cult. 2)非洲:3－4/91－173(IFR 1/1);亚洲:6/326－589(IFR 4/20);大洋洲:2/44－66(IFR 1/9);欧洲:2/7－9;北美洲:2/177－191(IFR 2/8);南美洲:3/104－114(IFR 2/4)。

Myrsine L. 铁仔属 Myrsinaceae［MD－389］特征纪要(同科)。全球6个大洲分布及种数(306－523)非洲:48;亚洲:165;大洋洲:169;欧洲:75;北美洲:75;南美洲:162。【中国种数:21】。

Myrsiphyllum Willd. ＝ **Asparagus**

Myrstiphylla Raf. ＝ **Psychotria**

Myrtaceae Juss.［MD－347］桃金娘科 特征纪要:习性:木本;常绿,落叶。花程式:(K)6－,C5,A4－8,↓(G)－。物候:－。花期:夏季。果实:蒴果。种子:－。海拔:1000－1300米。生境:－。资源:园林。栽培:中国有栽培。全球6个大洲分布及属种数(157－177/5325－8331 <IFR 53/323> hort. 1;cult. 32)非洲:25/289－407(IFR 11/28);亚洲:30－32/1103－1299(IFR 8/29);大洋洲:100－105/1861－3405(IFR 35/206);欧洲:10/60－67(IFR 2/9);北美洲:26－27/953－1109(IFR 15/45);南美洲:48－50/2288－2512(IFR 16/77)。【中国属种数:40/411】。

Myrtama Ovcz. & Kinzik. ＝ **Myricaria**

Myrtastrum Burret 香桃木属 Myrtaceae［MD－347］特征纪要:习性:木本。花程式:K5,C5,A8－10,＝↓G－。其他特征参考科。全球1个大洲分布及种数(1)◆大洋洲。

Myrtekmania Urb. ＝ **Pimenta**

Myrtella F. Müll. 翼桃木属 Myrtaceae［MD－347］特征纪要:习性:木本。花程式:－。其他特征参考科。全球6个大洲分布及种数(4)非洲:2－5;亚洲:2－5;大洋洲:3－6;欧洲:3;北美洲:3;南美洲:3。【中国种数:1】。

Myrteola O. Berg 莓桃木属 Myrtaceae［MD－347］特征纪要:习性:木本。花程式:＝↓(K4－5),C4－5,A8－10,＝↓G2－5。其他特征参考科。全球6个大洲分布及种数(4－31)非洲:2;亚洲:3;大洋洲:2;欧洲:5;北美洲:5;南美洲:26。

Myrtillocactus Console 龙神柱属 Cactaceae［MD－100］特征纪要:习性:木本。花程式:＝↓(K1－∞),C1－∞,A3－100,＝↓G3－100－。其他特征参考科。全球2个大洲分布及种数(4－12)北美洲:4;南美洲:1。

Myrtiluma Baill. ＝ **Pouteria**

Myrtinae Burnett 龙金娘属 Myrtaceae［MD－347］特征纪要:习性:－。花程式:－。其他特征参考科。全球1个大洲分布及种数(1)◆非洲。

Myrtus Tourn. ex L. 香桃木属 Myrtaceae［MD－347］特征纪要:习性:木本。花程式:－。物候:－。花期:4月。果期:参考晚于花期。海拔:100－2900米。生境:矮林,山坡,低丘和草原。资源:具栽培园艺种类。全球6个大洲分布及种数(5－642)非洲:113;亚洲:134;大洋洲:121;欧洲:158;北美洲:158;南美洲:327。【中国种数:1】。

Mysanthus G. P. Lewis & A. Delgado 菜豆属 Fabaceae3［MD－240］特征纪要:习性:木本。花程式:＝↓(K1－∞),C1－∞,A5－9,＝↓G(－)。其他特征参考科。全球1个大洲分布及种数(1)◆南美洲。

Mystacidium Lindl. 齿须兰属 Orchidaceae［MM－723］特征纪要:草本。花程式:(K)3,C3,A3,＝↓(G)3。其他特征参考科。全球6个大洲分布及种数(10－156)非洲:146;亚洲:2;大洋洲:2;欧洲:4;北美洲:4;南美洲:7。

Mystacinus Raf. ＝ **Helinus**

Mystacorchis Szlach. & Marg. 银光兰属 Orchidaceae［MM－723］特征纪要:习性:－。花程式:－。其他特征参考科。全球1个大洲分布及种数(1)◆非洲。

Mystropetalaceae Hook. f.［MD－301］宿苞果科 特征纪要:习性:木本;落叶。花程式:K4－5(－),C0,A,↓(G)

-。物候:-。果实:-。种子:种皮作不规则的矩圆形。海拔:-。生境:-。资源:-。栽培:-。全球1个大洲分布及属种数(1/1)◆非洲:1/1。

Mystropetalon Harv. 宿苞菰属 Mystropetalaceae [MD-301] 特征纪要(同科)。全球1个大洲分布及种数(1)◆非洲。

Mystroxylon Eckl. & Zeyh. 金榄属 Celastraceae [MD-339] 特征纪要:习性:木本。花程式:Kn,C2-3参考科,A10,G-。其他特征参考科。全球3个大洲分布及种数(1-24)非洲:2;亚洲:1;南美洲:1。【中国种数:1】。

Mytilaria Lecomte 壳菜果属 Hamamelidaceae [MD-63] 特征纪要:习性:木本。花程式:(K-),C2-3参考科,A3参考科,↓G-。物候:-。花期:3-6月。果期:参考晚于花期。海拔:1000米。生境:森林。资源:油脂,具栽培园艺种类。全球1个大洲分布及种数(cf.1)◆亚洲。【中国种数:1】。

Mytilinidion <unassigned> 铁青树科属 Olacaceae [MD-362] 特征纪要:-。全球2个大洲分布及种数(5)北美洲:1;南美洲:1。

Mytilopsis Spruce 秘鲁指叶苔属 Lepidoziaceae [B-63] 特征纪要:习性:-。【Rep】:裂瓣披针形或指形。其他特征参考科。全球6个大洲分布及种数(1)非洲:2;亚洲:2;大洋洲:2;欧洲:2;北美洲:2;南美洲:2。

Myurella Schimp. 小鼠尾藓属 Theliaceae [B-210] 特征纪要:习性:-。【Rep】:雌雄异株,内雌苞叶红棕色,长披针形,渐尖,叶边平展,具齿,蒴柄长1-2厘米,孢蒴卵形或短圆柱形。物候:-。海拔:1000米。生境:土生。资源:-。全球4个大洲分布及种数(4)亚洲:3;欧洲:3;北美洲:3;南美洲:2。【中国种数:5】。

Myuriaceae M. Fleisch. [B-208] 金毛藓科 特征纪要:细小至中形,黄绿色、橄绿色或红褐色,扁平贴生基质。全球4个大洲分布和属种数(5/28)亚洲:5/23;大洋洲:3/7;欧洲:1/2;南美洲:1/1。【中国属种数:5/23(1)】。

Myuriopsis Nog. 金毛藓科属 Myuriaceae [B-208] 特征纪要:习性:-。【Rep】:参考科特征:雌苞侧生,雌苞叶分化,蒴柄长,平滑或粗糙,孢蒴卵球形或长椭圆状圆柱形,下弯至横生,甚少直立,颈部短而,雌雄异株,雄苞和雌苞通常生于横茎上,极少生于主茎,蒴柄长8-12毫米,平滑,孢蒴直立,对称,蒴齿两层。物候:-。海拔:-。生境:常见于林下树干,土生。资源:-。全球1个大洲分布及种数(1)◆亚洲(◆中国)。【中国种数:3】。

Myurium Schimp. 扭叶金毛藓属 Myuriaceae [B-208] 特征纪要:习性:-。【Rep】:雌苞侧生,雌苞叶分化,蒴柄长,平滑或粗糙,孢蒴卵球形或长椭圆状圆柱形,下弯至横生,甚少直立,颈部短而,雌雄异株,雌苞顶生于侧生短枝上,有线形隔丝,雌苞叶分化,蒴柄细长,平滑,孢蒴长卵形,直立,对称。其他特征参考科。全球4个大洲分布及种数(17)亚洲:13;大洋洲:4;欧洲:2;南美洲:1。【中国种数:10】。

Myuroclada Besch. 鼠尾藓属 Brachytheciaceae [B-187] 特征纪要:习性:-。【Rep】:雌苞侧生,雌苞叶分化,蒴柄长,平滑或粗糙,孢蒴卵球形或长椭圆状圆柱形,下弯至横生,甚少直立,颈部短而,绿色或棕绿色。物候:-。海拔:900米。生境:土生。资源:-。全球2个大洲分布及种数(3)亚洲:2;北美洲:1。【中国种数:4】。

Myuropteris C. Chr. = **Colysis**

Myxa Friesen = **Cordia**

Myxochlamys A. Takano & Nagam. 印尼姜属 Zingiberaceae [MM-737] 特征纪要:习性:草本。花程式:(K-),C0参考科,A3参考科,↓(G)3。其他特征参考科。全球2个大洲分布及种数(2-4)亚洲:3;南美洲:2。

Myxocladium <unassigned> 孢芽藓科属 Sorapillaceae [B-212] 特征纪要:-。全球1个大洲分布及种数(1)◆非洲:1。

Myxopappus Källersjö 黏背菊属 Asteraceae [MD-586] 特征纪要:习性:草本。花程式:(K)3-5,(C)3-5,A3-5,↓G。其他特征参考科。全球1个大洲分布及种数(2)◆非洲。

Myxopyrum Bl. 胶核木属 Oleaceae [MD-498] 特征纪要:习性:木质攀援。花程式:-。物候:-。花期:8-10月。果期:参考晚于花期。海拔:1300米。生境:树林阴凉处。资源:-。全球4个大洲分布及种数(6-27)非洲:6;亚洲:20;大洋洲:3;南美洲:2。【中国种数:3】。

Myxotrichum <unassigned> 胶发藓属 Polytrichaceae [B-101] 特征纪要和分布(-)。

Myzodendron Sol. ex Forst. = **Misodendrum**

N

Nabalu Cass. 菊科属 Asteraceae [MD－586] 特征纪要:习性:草本。花程式:－。其他特征参考科。全球1个大洲分布及种数(－)。

Nabalus Cass. 耳菊属 Asteraceae [MD－586] 特征纪要:习性:草本(根状茎,基生,多肉)。花程式:(K)3－5,C3－5,A3 参考科,=↓(G)2。物候:－。海拔:100－200 米。生境:潮湿溪边。资源:具园艺种类。全球6个大洲分布及种数(23－24;hort. 1)非洲:5;亚洲:15－20;大洋洲:5;欧洲:5;北美洲:17－22;南美洲:5。【中国种数:5】。

Nabelekia Roshev. = **Festuca**

Nacibea Aubl. = **Manettia**

Nadeaudia Besch. = **Calomnion**

Nadvornikia <unassigned> 耳芽藓属 Sorapillaceae [B－212] 特征纪要:－。全球1个大洲分布及种数(－)。

Nageia Gaertn. 竹柏属 Nageiaceae [G－6] 特征纪要(同科)。全球6个大洲分布及种数(18－19)非洲:1－5;亚洲:10－14;大洋洲:13－17;欧洲:1－5;北美洲:1－5;南美洲:1－5。【中国种数:3】。

Nageiaceae D. Z. Fu [G－6] 竹柏科 特征纪要:纤细至中形,绿色、暗绿色、黄绿色至褐色,腹面常密生红棕色假根,匍匐交织群生。全球2个大洲分布及属种数(1/19－20 hort. 1)亚洲:1/12; 大洋洲:1/14。【中国属种数:1/3】。

Nageliella L. O. Williams 樱草兰属 Orchidaceae [MM－723] 特征纪要:习性:－。花程式:－。其他特征参考科。全球5个大洲分布及种数(7)非洲:2; 亚洲:2; 大洋洲:2; 北美洲:2; 南美洲:3。

Nahuatlea V. A. Funk 菊科属 Asteraceae [MD－586] 特征纪要:习性:木本。花程式:－。其他特征参考科。全球2个大洲分布及种数(7)北美洲:7; 南美洲:2。

Naiadia <unassigned> 全萼苔属 Gymnomitriaceae [B－41] 特征纪要:－。全球1个大洲分布及种数(－)。

Naiadothrix Pennell = **Benjaminia**

Naias Juss. = **Najas**

Naiocrene (Torr. & A. Gray) Rydb. = **Claytonia**

Najadaceae Juss. [MM－607] 茨藻科 特征纪要:习性:草本;落叶。花程式:♀|♂K4－5(－),C5,A,G－。物候:－。果实:瘦果。种子:种皮细胞四方形,轴向明显大于横向。海拔:0 米。生境:池塘,稻田,通常注入慢流水,水中全株沉水。资源:－。栽培:－。全球6个大洲分布及属种数(3/30－49 <IFR 2/9> hort. 1;cult. 1) 非洲:1/14－21(IFR 2/2); 亚洲:2/24－34(IFR 2/6); 大洋洲:1/8(IFR 2/3); 欧洲:1/10－11(IFR 1/2); 北美洲:1/16(IFR 1/6); 南美洲:1/12－14(IFR 1/5)。

Najas L. 茨藻属 Najadaceae [MM－607] 特征纪要(同科)。全球6个大洲分布及种数(28－47;hort. 1;cult. 1)非洲:13－35;亚洲:20－46;大洋洲:7－22;欧洲:10－26;北美洲:15－30;南美洲:11－28。【中国种数:15】。

Naletonia Bremek. = **Psychotria**

Nama L. 琴钟花属 Boraginaceae [MD－517] 特征纪要:习性:草本。花程式:K4－5,C0,A3 参考科,=↓G2。物候:－。海拔:－。生境:－。资源:具园艺种类。全球6个大洲分布及种数(73－82;hort. 1;cult. 4)非洲:18;亚洲:6－24;大洋洲:18;欧洲:18;北美洲:70－97;南美洲:13－31。【中国种数:1】。

Namacodon Thulin 尖药风铃属 Campanulaceae [MD－561] 特征纪要:习性:灌木。花程式:(K)5,(C)5,A5,↓G－。其他特征参考科。全球1个大洲分布及种数(1)◆非洲。

Namaquanthus L. Bolus 琅玉树属 Aizoaceae [MD－94] 特征纪要:习性:灌木。花程式:=↓(K3－4),C3－4,A5 参考科,=↓G－。其他特征参考科。全球1个大洲分布及种数(2)◆非洲。

Namataea D. W. Thomas & D. J. Harris 喀麦隆无患子属 Sapindaceae [MD－428] 特征纪要:习性:木本。花程式:K5,C5,A10,=(G)2－3。其他特征参考科。全球2个大洲分布及种数(1－3)非洲:3; 南美洲:2。

Namation A. Brand 溪参属 Scrophulariaceae [MD－536] 特征纪要:习性:－。花程式:－。其他特征参考科。全球6个大洲分布及种数(15)非洲:4; 亚洲:7; 大洋洲:2; 欧洲:7; 北美洲:7; 南美洲:4。

Namibia (Schwantes) Dinter & Schwantes 妙玉属 Aizoaceae [MD－94] 特征纪要:习性:草本。花程式:=↓(K3－4),C3－4,A5 参考科,=↓G－。其他特征参考科。全球1个大洲分布及种数(2)◆非洲。

Namibithamnus H. Rob. Skvarla & V. A. Funk 耳朵菊属 Asteraceae [MD－586] 特征纪要:习性:草本。花程式:－。其他特征参考科。全球1个大洲分布及种数(－)。

Namophila U. Müll.－Doblies & D. Müll.－Doblies 南非风信子属 Liliaceae [MM－633] 特征纪要:习性:草本。花程式:(K)3,C3,A4－8 对,=(G)3。其他特征参考科。全球2个大洲分布及种数(1－5)非洲:4; 南美洲:2。

Nananthea DC. 微黄菊属 Asteraceae [MD－586] 特征纪要:习性:草本。花程式:(K－),(C)3－5,A3 参考科,↓G。其他特征参考科。全球3个大洲分布及种数(1－3)非洲:2; 欧洲:2; 北美洲:2。

Nananthus N. E. Br. 平原玉属 Aizoaceae［MD－94］特征纪要：习性：草本。花程式：=↓(K3－4)，C3－4，A5 参考科，=↓G1－2。物候：－。海拔：－。生境：－。资源：具园艺种类。全球 2 个大洲分布及种数(6－29)非洲：28；南美洲：2。

Nandina Thunb. 南天竹属 Nandinaceae［MD－43］特征纪要(同科)。全球 6 个大洲分布及种数(1－5)非洲：2；亚洲：4；大洋洲：2；欧洲：2；北美洲：2；南美洲：2。【中国种数：1】。

Nandinaceae Horan.［MD－43］南天竹科 特征纪要：习性：草本；落叶。花程式：K4－5(－)，C3，A3，G－。物候：－。花期：3－6 月。果期：6－9 月。果实：浆果。种子：种皮作不规则的矩圆形。海拔：1000 米。生境：山地森林，路旁，灌木丛中的溪边，生于山地林下沟旁，路边或灌丛中。资源：药用，园林。栽培：中国有栽培。全球 6 个大洲分布及属种数(1/1 hort. 1)◆亚洲：1/3。

Nanhaia J. Compton & Schrire 豆科属 Fabaceae3［MD－240］特征纪要：习性：－。花程式：－。其他特征参考科。全球 1 个大洲分布及种数(2)◆亚洲：2。

Nannoglottis Maxim. 毛冠菊属 Asteraceae［MD－586］特征纪要：习性：草本(具根状茎)。花程式：(K)3－5，C3－5，A3－5，=↓G2。物候：－。花期：6－7 月。果期：参考晚于花期。海拔：2000－3400 米。生境：森林，草原，云杉林或灌丛。资源：具园艺种类。全球 1 个大洲分布及种数(10－11)◆亚洲。【中国种数：8】。

Nannorrhops H. Wendl. 寒棕属 Arecaceae［MM－717］特征纪要：习性：木本。花程式：K3－10，C3－10，A3－10，=G3－10。其他特征参考科。全球 3 个大洲分布及种数(2－7)亚洲：7；欧洲：2；北美洲：2。

Nannothelypteris Holttum 微星蕨属 Thelypteridaceae［F－42］特征纪要：习性：－。【Rep】：孢子同形，囊群生叶背有盖－无盖。其他特征参考科。全球 1 个大洲分布及种数(2)◆亚洲。

Nanobryaceae W. Schultze－Motel = Fissidentaceae

Nanobryum Dixon 凤尾藓科属 Fissidentaceae［B－131］特征纪要：－。全球 2 个大洲分布及种数(5)非洲：4；大洋洲：2。

Nanobubon Magee 阿魏属 Apiaceae［MD－480］特征纪要：习性：草本。花程式：K5，C5，A5，↓(G)2。其他特征参考科。全球 1 个大洲分布及种数(3)◆非洲。

Nanochilus K. Schum. 矮唇姜属 Zingiberaceae［MM－737］特征纪要：习性：草本。花程式：(K)3，C3，A5，=↓(G)3。其他特征参考科。全球 1 个大洲分布及种数(cf. 1)◆亚洲。

Nanocnide Bl. 花点草属 Urticaceae［MD－91］特征纪要：习性：木质攀援。花程式：－。物候：－。花期：4－5 月。果期：参考晚于花期。海拔：100－1600 米。生境：生于山谷林下和石缝阴湿处。资源：药用。全球 1 个大洲分布及种数(－)。【中国种数：2】。

Nanodea Banks ex C. F. Gaertn. 卧寄生属 Santalaceae［MD－412］特征纪要：习性：木本。花程式：K3－4，C0，A3－4，=↓G2－3。其他特征参考科。全球 1 个大洲分布及种数(1)◆南美洲。

Nanodes Lindl. = **Epidendrum**

Nanogalactia L. P. Queiroz 蝶形花科属 Fabaceae3［MD－240］特征纪要：习性：－。花程式：－。其他特征参考科。全球 2 个大洲分布及种数(3)北美洲：1；南美洲：3。

Nanomarsupella (R. M. Schust.) R. M. Schust. 钱囊苔属 Gymnomitriaceae［B－41］特征纪要：习性：－。【Rep】：雌苞顶生，雌苞叶数对，内雌叶常相连，蒴萼常存，蒴壁 2－3 层细胞，弹丝 2－4 列螺纹加厚，灰色、褐色或紫色。其他特征参考科。全球 1 个大洲分布及种数(1)◆非洲。

Nanomitriella E. B. Bartram 缅甸葫芦藓属 Funariaceae［B－106］特征纪要：习性：－。【Rep】：雌雄同株，蒴柄细长，顶生，孢蒴直立，对称，近于圆球形或短梨形，台部极短而粗，环带由小形细胞组成而常存，雌雄同株异苞，蒴柄细长，黄色，孢蒴直立，对称，呈倒梨形，多具明显的长台部，环带缺如，蒴齿缺如。其他特征参考科。全球 1 个大洲分布及种数(1)◆亚洲：1。

Nanomitriopsis Cardot ex Broth. 巴西曲尾藓属 Dicranaceae［B－128］特征纪要：－。全球 1 个大洲分布及种数(2)◆非洲。

Nanomitrium Lindb. 夭命藓科属 Ephemeraceae［B－135］特征纪要：习性：－。其他特征参考科。全球 3 个大洲分布及种数(4)大洋洲：2；北美洲：1；南美洲：2。

Nanooravia Kiran Raj & Sivad. 千穗茅属 Poaceae［MM－748］特征纪要：习性：草本。花程式：(K－)，C0 参考科，A3 参考科，↓G－参考科。其他特征参考科。全球 1 个大洲分布及种数(1)◆亚洲：1。

Nanophyton Less. 小蓬属 Amaranthaceae［MD－116］特征纪要：习性：草本，少灌木。花程式：Kn，C2－3 参考科，A5，G－。物候：－。海拔：600－5000 米。生境：灰钙土地区，粘性土壤。资源：－。全球 1 个大洲分布及种数(cf. 1)◆亚洲。【中国种数：2】。

Nanorrhinum Betsche 也门玄参属 Plantaginaceae［MD－527］特征纪要：习性：灌木。花程式：K2－4，C0，A2－4，=(G)2－3。物候：－。海拔：45－6000 米。生境：沼泽草地。资源：－。全球 2 个大洲分布及种数(31－33)非洲：17；亚洲：25。

Nanostictis <unassigned> 孢芽藓科属 Sorapillaceae［B－212］特征纪要：－。全球 1 个大洲分布及种数(－)。

Nanothamnus Thoms. 小绢菊属 Asteraceae［MD－586］特征纪要：习性：－。花程式：－。其他特征参考科。全球 1 个大洲分布及种数(2)◆亚洲：2。

Nanothecium Dixon & P. de la Varde 印度灰藓属 Entodontaceae［B－195］特征纪要：习性：－。【Rep】：雌雄异苞同株，内雌苞叶直立，卵状披针形，上部渐狭成长毛状，近于全缘，无中肋，黄绿色。其他特征参考科。全球 1 个大洲分布及种数(1)◆亚洲：1。

Nanuza L. B. Sm. & Ayensu 扇若翠属 Velloziaceae［MM－704］特征纪要：习性：草本。花程式：－。其他特征参考

科。全球 1 个大洲分布及种数(1-3)◆南美洲(◆巴西)。

Napaea L. 林葵属 Malvaceae [MD-203] 特征纪要:习性:木本。花程式:K5-∞,C5-∞,A10-8,G-。其他特征参考科。全球 4 个大洲分布及种数(1-19)亚洲:3; 欧洲:5; 北美洲:5; 南美洲:13。【中国种数:1】。

Napeanthus Gardner 莲岩桐属 Gesneriaceae [MD-549] 特征纪要:习性:草本(具根状茎)。花程式:-。其他特征参考科。全球 6 个大洲分布及种数(16)非洲:7;亚洲:2-9;大洋洲:7;欧洲:7;北美洲:6-13;南美洲:15-22。

Napoleonaea P. Beauv. 围裙花属 Napoleonaeaceae [MD-272] 特征纪要(同科)。全球 5 个大洲分布及种数(15-31)非洲:30; 亚洲:5; 欧洲:4; 北美洲:4; 南美洲:4。

N

Napoleonaeaceae A. Rich. ex DC. [MD-272] 围裙花科 特征纪要:习性:木本;落叶。花程式:K5,C5,A5,=↓(G)3-5。物候:-。果实:蒴果。种子:卵形,棕色。海拔:-。生境:-。资源:-。栽培:-。全球 1 个大洲分布及属种数(1/1)◆非洲:1/ 13-18。

Naravelia Adans. 锡兰莲属 Ranunculaceae [MD-38] 特征纪要:木质攀援,叶对生,落叶,复叶。花程式:K4-5,C4-5,A4,=↑G:1-3,房位(-)。果实:瘦果。种子:种皮上具斜的纵皱褶,棕黄色。全球 1 个大洲分布及种数(7-9)◆亚洲。【中国种数:1】。

Narcissus L. 水仙属 Amaryllidaceae [MM-694] 特征纪要:习性:草本(基生,多肉)。花程式:(K-),C2-3 参考科,A5 参考科,↓G-。物候:-。花期:2-3 月。果期:参考晚于花期。海拔:100 米。生境:荒地。资源:药用,观赏,具栽培园艺种类。全球 6 个大洲分布及种数(147-223;hort. 1;cult. 41)非洲:42-106;亚洲:75-146;大洋洲:17-76;欧洲:134-207;北美洲:30-91;南美洲:57。【中国种数:8】。

Narda Vell. = **Strychnos**

Nardia Gray 被蒴苔属 Gymnomitriaceae [B-41] 特征纪要:习性:-。【Rep】:常具蒴囊。物候:-。海拔:830 米。生境:土生。资源:-。全球 6 个大洲分布及种数(18-19)非洲:4-19;亚洲:15-29;大洋洲:14;欧洲:4-18;北美洲:6-20;南美洲:3-17。【中国种数:6】。

Nardophyllum Hook. & Arn. 甘松菀属 Asteraceae [MD-586] 特征纪要:习性:草本。花程式:(K)3-5,(C)3-5,A3-5,=↓G2。其他特征参考科。全球 4 个大洲分布及种数(7-50)亚洲:8; 欧洲:4; 北美洲:4; 南美洲:49。

Nardostachys DC. 甘松属 Caprifoliaceae [MD-510] 特征纪要:习性:草本(根状茎,基生)。花程式:-。物候:-。花期:参考早于果期。果期:8-9 月。海拔:2500-5000 米。生境:生于高山灌丛,草地,沼泽地或河谷地带。资源:药用,具栽培园艺种类。全球 2 个大洲分布及种数(1-8)亚洲:7; 北美洲:3。【中国种数:1】。

Narduretia Villar = **Vulpia**

Narduroides Rouy 披碱草属 Poaceae [MM-748] 特征纪要:习性:-。花程式:-。其他特征参考科。全球 2 个大洲分布及种数(1) 亚洲;欧洲。

Nardus L. 沼垫草属 Poaceae [MM-748] 特征纪要:习性:草本。花程式:(K)3,C0 参考科,A1-2,↓G-参考科。物候:-。海拔:-。生境:-。资源:具园艺种类。全球 6 个大洲分布及种数(2)非洲:1-6;亚洲:1-6;大洋洲:1-6;欧洲:1-6;北美洲:1-6;南美洲:5。【中国种数:1】。

Naregamia Wight & Arn. 杜楝属 Meliaceae [MD-414] 特征纪要:习性:木本。花程式:-。其他特征参考科。全球 1 个大洲分布及种数(1-2)◆南亚。

Narenga Burkill = **Saccharum**

Nargedia Bedd. 藏药木属 Rubiaceae [MD-523] 特征纪要:习性:木本。花程式:参考科,C3 参考科,A3 参考科,↓(G)2-9 参考科。其他特征参考科。全球 1 个大洲分布及种数(1) ◆亚洲:1。

Naringi Adans. 柑果子属 Rutaceae [MD-399] 特征纪要:习性:-。花程式:-。其他特征参考科。全球 1 个大洲分布及种数(-)。【中国种数:1】。

Narketis Raf. = **Swertia**

Nartheciaceae Fr. ex Bjurzon [MM-618] 沼金花科 特征纪要:习性:草本;落叶。花程式:(K)6-,C3,A6,↑G3。物候:-。花期:-。果期:-。果实:蒴果。种子:-。海拔:800-3900 米。生境:-。资源:-。栽培:-。全球 2 个大洲分布及属种数(3/6-7 <IFR 1/1> hort. 1) 亚洲:1/1(IFR 1/1); 北美洲:1/3。【中国属种数:4/25】。

Narthecium Huds. 沼金花属 Nartheciaceae [MM-618] 特征纪要:习性:-。花程式:-。其他特征参考科。全球 6 个大洲分布及种数(9-11)非洲:1-2;亚洲:4-6;大洋洲:1;欧洲:3-6;北美洲:4-5;南美洲:1。【中国种数:4】。

Narum Adans. = **Uvaria**

Narvalina Cass. 软翼菊属 Asteraceae [MD-586] 特征纪要:习性:草本。花程式:(K)3-5,(C)3-5,A3-5,=↓G2。其他特征参考科。全球 2 个大洲分布及种数(2-6)北美洲:6; 南美洲:4。

Nasa Weigend 偏刺莲花属 Loasaceae [MD-435] 特征纪要:习性:木本。花程式:-。其他特征参考科。全球 6 个大洲分布及种数(106)非洲:17;亚洲:1-18;大洋洲:17;欧洲:2-19;北美洲:5-22;南美洲:97-119。【中国种数:1】。

Nashia Millsp. 凤鞭草属 Verbenaceae [MD-556] 特征纪要:习性:木本。花程式:K2-4,C0,A2-4,=↓(G)2-4。其他特征参考科。全球 5 个大洲分布及种数(1-78)非洲:22; 亚洲:7; 大洋洲:2; 北美洲:8; 南美洲:44。

Nasonia Lindl. = **Fernandezia**

Nassauvia Comm. ex Juss. 玉露菊属 Asteraceae [MD-586] 特征纪要:习性:草本。花程式:(K)3-5,(C)3-5,A3-5,=↓G2。物候:-。海拔:-。生境:-。资源:具园艺种类。全球 6 个大洲分布及种数(44-264)非洲:5; 亚洲:108; 大洋洲:6; 欧洲:9; 北美洲:9; 南美洲:152。【中国种数:1】。

Nassawia Lag. = **Nassauvia**

Nassella (Trin.) E. Desv. 侧针茅属 Poaceae [MM-748] 特征纪要:习性:草本。花程式:(K)3,C0 参考科,A1-2,=(G)2-3。其他特征参考科。全球 6 个大洲分布及种数(115-177)非洲:8; 亚洲:16; 大洋洲:13; 欧洲:28; 北美洲:28; 南美洲:172。【中国种数:5】。

Nastanthus Miers 萼头花属 Calyceraceae [MD-594] 特征纪要:习性:-。花程式:-。其他特征参考科。全球 1 个大洲分布及种数(6)◆南美洲。

N

Nasturtiopsis Boiss. 蔊菜属 Brassicaceae [MD-213] 特征纪要:习性:草本。花程式:K4,C4,A3 参考科,↓G-参考科。其他特征参考科。全球 2 个大洲分布及种数(-)非洲;亚洲。

Nastus Juss. 狭叶竹属 Poaceae [MM-748] 特征纪要:习性:草本。花程式:(K)3,C0 参考科,A1-2,=G2-3。物候:-。海拔:10-5600 米。生境:林中。资源:-。全球 6 个大洲分布及种数(12-51)非洲:33; 亚洲:14; 大洋洲:11; 欧洲:7; 北美洲:7; 南美洲:14。【中国种数:1】。

Natalanthe Sond. = **Tricalysia**

Nathaliella B. Fedtsch. 石玄参属 Scrophulariaceae [MD-536] 特征纪要:习性:草本。花程式:K2-4,C2-4,A2-4,↓G2。物候:-。花期:6 月。果期:参考晚于花期。海拔:1500-1600 米。生境:石质山坡。资源:-。全球 1 个大洲分布及种数(cf. 1)◆亚洲(◆中国)。【中国种数:1】。

Natschia Bub. = **Nardus**

Natsiatopsis Kurz 麻核藤属 Icacinaceae [MD-450] 特征纪要:习性:木质攀援。花程式:-。物候:-。花期:3 月。果期:参考晚于花期。海拔:600-700 米。生境:季风林,攀援于密林内石灰岩石上。资源:具园艺种类。全球 1 个大洲分布及种数(1-2)◆亚洲(◆中国)。【中国种数:1】。

Natsiatum Buch.-Ham. ex Arn. 薄核藤属 Icacinaceae [MD-450] 特征纪要:习性:木质攀援。花程式:-。物候:-。海拔:2400 米。生境:石灰山常绿阔叶林。资源:-。全球 1 个大洲分布及种数(2-4)◆亚洲。【中国种数:1】。

Nauclea L. 乌檀属 Naucleaceae [MD-522] 特征纪要(同科)。全球 5 个大洲分布及种数(12-219)非洲:35; 亚洲:182; 大洋洲:14; 北美洲:14; 南美洲:10。【中国种数:4】。

Naucleaceae Wernham [MD-522] 乌檀科 特征纪要:习性:木本;落叶。花程式:(K)6-,C4-5,A4,↓(G)-。物候:-。花期:夏季。果期:7-9 月。果实:-。种子:-。海拔:200-2200 米。生境:山谷林中,山丘花岗岩。资源:药用。栽培:-。全球 1 个大洲分布及属种数(2/3 < IFR 1/1 > hort. 1)◆亚洲:2/11-12(IFR 1/1)。

Naucleopsis Miq. 番箭毒木属 Moraceae [MD-87] 特征纪要:习性:木本。花程式:K1-4,C0,A6,(G)1-2。其他特征参考科。全球 3 个大洲分布及种数(28-49)亚洲:3; 北美洲:9; 南美洲:49。【中国种数:1】。

Naudinia Planch. & Linden 褐鳞木属 Rutaceae [MD-399] 特征纪要:习性:-。花程式:-。其他特征参考科。全球 1 个大洲分布及种数(1)◆南美洲。

Nauenia Klotzsch = **Lacaena**

Naufraga Constance & Cannon 碎舟草属 Apiaceae [MD-480] 特征纪要:习性:草本。花程式:=↓(K5),C5,A5,=↓(G)2。其他特征参考科。全球 1 个大洲分布及种数(1)◆欧洲。

Nautilocalyx Linden ex Hanst. 紫凤草属 Gesneriaceae [MD-549] 特征纪要:习性:草本。花程式:K5,C0,A2-5,=G2。物候:-。海拔:-。生境:-。资源:具园艺种类。全球 3 个大洲分布及种数(41-68)亚洲:3; 北美洲:15; 南美洲:68。

Nautonia Decne. 诺东萝藦属 Apocynaceae [MD-492] 特征纪要:习性:木本。花程式:K5,C0,A5,=↓(G)2。其他特征参考科。全球 2 个大洲分布及种数(1-31)非洲:9; 南美洲:31。

Navarretia Ruiz & Pav. 针插草属 Polemoniaceae [MD-481] 特征纪要:习性:草本。花程式:K5,C0,A5,=↓G2-3。其他特征参考科。全球 6 个大洲分布及种数(47-63;hort. 1)非洲:46;亚洲:1-48;大洋洲:1-47;欧洲:3-49;北美洲:45-101;南美洲:2-51。【中国种数:3】。

Navia Schult. & Schult. f. 聚星凤梨属 Bromeliaceae [MM-715] 特征纪要:习性:草本。花程式:-。其他特征参考科。全球 4 个大洲分布及种数(100-146)亚洲:6; 欧洲:2; 北美洲:2; 南美洲:139。

Navisporus <unassigned> 刚果凤龙骨属 Polypodiaceae [F-60] 特征纪要:-。全球 2 个大洲分布及种数(4)非洲:4; 南美洲:2。

Nayariophyton T. K. Paul 枣叶槿属 Malvaceae [MD-203] 特征纪要:习性:木本。花程式:K5-∞,C5-∞,A10-8,G-。物候:-。花期:4-5 月。果期:参考晚于花期。海拔:1600 米。生境:阔叶森林。资源:-。全球 2 个大洲分布及种数(1-3)亚洲:3; 大洋洲:2。【中国种数:1】。

Neacroporium Z. Iwats. & Nog. = **Isocladiella**

Nealchornea Huber 聚蕊戟属 Euphorbiaceae [MD-217] 特征纪要:习性:木本。花程式:K1(1000),C0,A6,=(G)2-3。其他特征参考科。全球 1 个大洲分布及种数(2)◆南美洲。

Neamyza Van Tiegh. 桑寄生属 Loranthaceae [MD-415] 特征纪要:习性:-。花程式:-。其他特征参考科。全球 1 个大洲分布及种数(cf. 1)◆大洋洲。

Neanotis W. H. Lewis 新耳草属 Rubiaceae [MD-523] 特征纪要:习性:木本。花程式:(K-),C2-3 参考科,A8,↓G2。物候:-。花期:4-8 月。果期:参考晚于花期。海拔:100-600 米。生境:草坡,路旁或溪流两岸,中海拔山坡疏林下。资源:药用,具栽培园艺种类。全球 6 个大洲分布及种数(36-38)非洲:10-12;亚洲:33-38;大洋洲:5-7;欧洲:1-3;北美洲:8-10;南美洲:6-8。【中国种数:13】。

Neatostema I. M. Johnst. 低蕊紫草属 Boraginaceae [MD-517] 特征纪要:习性:草本。花程式:K5,C0,A5,=(G)2-4。其他特征参考科。全球 4 个大洲分布及种数(2)非洲:1;亚洲:1;大洋洲:1;欧洲:1。【中国种数:1】。

Nebelia Neck. ex Sweet 绒头花属 Bruniaceae［MD－336］特征纪要:习性:－。花程式:－。其他特征参考科。全球 3 个大洲分布及种数(23)非洲:13; 北美洲:2; 南美洲:10。

Neblinaea Maguire & Wurdack 桐菊木属 Asteraceae［MD－586］特征纪要:习性:草本。花程式:(K)3－5,C3－5,A3－5,＝↓(G)2。其他特征参考科。全球 1 个大洲分布及种数(1)◆南美洲。

Neblinantha Maguire 尼布龙胆属 Gentianaceae［MD－496］特征纪要:习性:灌木。花程式:K4－5,C0,A10,＝(G)2。其他特征参考科。全球 1 个大洲分布及种数(2)◆南美洲。

Neblinanthera Wurdack 橙蕊号丹属 Melastomataceae［MD－364］特征纪要:习性:木本。花程式:＝↓(K4－5),C4－5,A4－5,＝↓(G)3－4。其他特征参考科。全球 1 个大洲分布及种数(1)◆南美洲。

Neblinathamnus Steyerm. 尼布茜属 Rubiaceae［MD－523］特征纪要:习性:木本。花程式:(K)4－5,(C)4－5,A4－5,＝↓(G)2－9。其他特征参考科。全球 1 个大洲分布及种数(2)◆南美洲。

Necepsia Prain 尖药桐属 Euphorbiaceae［MD－217］特征纪要:习性:木本。花程式:K1(1000),C0,A6,＝G2－3。其他特征参考科。全球 2 个大洲分布及种数(9－13)非洲:13; 南美洲:2。

Nechamandra Planch. 虾子菜属 Hydrocharitaceae［MM－599］特征纪要:习性:草本。花程式:－。物候:－。海拔:－。生境:小河沟。资源:－。全球 2 个大洲分布及种数(1－3)非洲:1; 亚洲:3。【中国种数:1】。

Neckera Hedw. 平蘚属 Neckeraceae［B－204］特征纪要:习性:－。【Rep】:雌苞多着生支茎,内雌苞叶基部呈鞘状,孢蒴隐生或高出于雌苞叶,齿毛常缺失,蒴帽兜形,具少数纤毛。物候:－。海拔:－。生境:常见于岩石或树干。资源:－。全球 6 个大洲分布及种数(161)非洲:27;亚洲:76;大洋洲:9;欧洲:17;北美洲:39;南美洲:39。【中国种数:43】。

Neckeraceae Schimp.［B－204］平蘚科 特征纪要:纤细,交织生长。【Rep】:雌雄异株,孢蒴直立或稍弯曲,蒴柄长,蒴齿发育正常,基膜较低,无齿毛,蒴盖具长喙。全球 6 个大洲分布和属种数(33/621)亚洲:24/276;大洋洲:15/75;欧洲:15/60;北美洲:20/137;南美洲:13/171。【中国属种数:27/175(7)】。

Neckerites Ignatov & Perkovsky 平蘚科属 Neckeraceae［B－204］特征纪要:－。全球 1 个大洲分布及种数(－)。

Neckeropsis Reichardt 拟平蘚属 Neckeraceae［B－204］特征纪要:习性:－。【Rep】:雌雄混生同苞,雌苞着生短枝顶,蒴柄极短,孢蒴卵形至短圆柱形,蒴齿两层,外齿层齿片披针形,具细疣。物候:－。海拔:－。生境:常见于岩石或树干。资源:－。全球 6 个大洲分布及种数(38)非洲:12;亚洲:23;大洋洲:7;欧洲:3;北美洲:5;南美洲:9。【中国种数:16】。

Nectandra Rol. ex Rottb. 蜜樟属 Lauraceae［MD－21］特征纪要和分布(－)。全球 6 个大洲分布及种数(127－152)非洲:2;亚洲:13－15;大洋洲:2;欧洲:2;北美洲:45－48;南美洲:110－129。【中国种数:7】。

Nectaropetalum Engl. 合柱古柯属 Erythroxylaceae［MD－319］特征纪要:习性:木本。花程式:－。其他特征参考科。全球 1 个大洲分布及种数(8－9)◆非洲。

Nectouxia Kunth 臭叶茄属 Solanaceae［MD－503］特征纪要:习性:－。花程式:－。其他特征参考科。全球 2 个大洲分布及种数(1－3)北美洲:2; 南美洲:1。

Nectria (Fr.) Fr. 禾本科属 Poaceae［MM－748］特征纪要和分布(－)。

Neea Ruiz & Pav. 黑牙木属 Nyctaginaceae［MD－107］特征纪要:习性:木本。花程式:K1－5,C0,A5,＝G1。其他特征参考科。全球 6 个大洲分布及种数(82－185)非洲:1; 亚洲:19; 大洋洲:2; 欧洲:141; 北美洲:141; 南美洲:126。

Needhamiella L. Watson 雪团石南属 Ericaceae［MD－380］特征纪要:习性:木本。花程式:－。其他特征参考科。全球 2 个大洲分布及种数(1－3)大洋洲:3; 南美洲:2。

Neeopsis Lundell 黑牙木属 Nyctaginaceae［MD－107］特征纪要:习性:木本。花程式:K1－5,C0,A5,G－。其他特征参考科。全球 1 个大洲分布及种数(1)◆北美洲。

Neesenbeckia Levyns 长序莎属 Cyperaceae［MM－747］特征纪要:习性:草本。花程式:(K)3,C3,A3,G－。其他特征参考科。全球 1 个大洲分布及种数(1)◆非洲。

Neesia Bl. 毛榴梿属 Bombacaceae［MD－201］特征纪要和分布(－)。

Neesiochloa Pilg. 匍茎画眉草属 Poaceae［MM－748］特征纪要:习性:草本。花程式:(K－),C0 参考科,A3 参考科,↓G－参考科。其他特征参考科。全球 1 个大洲分布及种数(1)◆南美洲。

Neesioscyphus Grolle 伏蒴苔属 Balantiopsaceae［B－37］特征纪要:习性:－。【Rep】:先端 2－4 裂。其他特征参考科。全球 1 个大洲分布及种数(3)◆南美洲(◆巴西)。

Nefflea (Benth.) Spach 黑蒴属 Scrophulariaceae［MD－536］特征纪要:习性:－。花程式:－。其他特征参考科。全球 1 个大洲分布及种数(－)。

Negundo Böhm. 东北槭属 Sapindaceae［MD－428］特征纪要:习性:－。花程式:－。物候:－。花期:参考早于果期。果期:4－6 月。海拔:50－4000 米。生境:自然山坡地。资源:－。全球 3 个大洲分布及种数(10)亚洲:4; 欧洲:3; 北美洲:3。

Neillia D. Don 绣线梅属 Rosaceae［MD－246］特征纪要:习性:木本。花程式:－。物候:－。花期:5－6 月。果期:参考晚于花期。海拔:1000－2500 米。生境:杂木林中。资源:具栽培园艺种类。全球 5 个大洲分布及种数(22－97)非洲:3; 亚洲:65; 欧洲:9; 北美洲:9; 南美洲:2。【中国种数:10】。

Neja D. Don 菊科属 Asteraceae［MD－586］特征纪要:习性:－。花程式:－。其他特征参考科。全球 2 个大洲分布及种数(5)北美洲:1; 南美洲:4。

Nekemias Raf. ＝ **Ampelopsis**

Nelanaregam Adans. ＝ **Naregamia**

Nelia Schwantes 玉舫花属 Aizoaceae［MD－94］特征纪要：习性：草本。花程式：＝↓（K3－4），C3－4，A5 参考科，＝↓（G）1－2。其他特征参考科。全球 3 个大洲分布及种数（2－11）非洲：11；亚洲：3；南美洲：6。

Nelipus Raf. ＝ **Utricularia**

Nellica Raf. ＝ **Phyllanthus**

Nelmesia Van der Veken 黑拂草属 Cyperaceae［MM－747］特征纪要：习性：草本。花程式：（K）3，C3，A3，＝↓（G）2－3。其他特征参考科。全球 1 个大洲分布及种数（1）◆非洲。

Nelsia Schinz 羽毛苋属 Amaranthaceae［MD－116］特征纪要：习性：草本。花程式：K1－2，C0，A1－2，＝（G）2－3。其他特征参考科。全球 1 个大洲分布及种数（1－3）◆非洲。

Nelsonia R. Br. 瘤子草属 Acanthaceae［MD－572］特征纪要：习性：草本。花程式：－。物候：－。花期：10 月至次年 3 月。果期：参考晚于花期。海拔：400－2000 米。生境：潮湿的开阔的森林，山谷疏林等湿润处。资源：具园艺种类。全球 5 个大洲分布及种数（5）非洲：3；亚洲：2；大洋洲：2；北美洲：1；南美洲：1。【中国种数：1】。

Nelsonianthus H. Rob. & Brettell 千里光属 Asteraceae［MD－586］特征纪要：习性：草本。花程式：（K）3－5，（C）3－5，A3－5，↓G。其他特征参考科。全球 1 个大洲分布及种数（2）◆北美洲。

Nelumbo Adans. 莲属 Nelumbonaceae［MD－34］特征纪要：习性：草本（根状茎，水生）。花程式：－。物候：－。花期：6－8 月。果期：参考晚于花期。海拔：1170－2250 米。生境：湖泊，池塘，耕地。资源：药用，淀粉，具栽培园艺种类。全球 6 个大洲分布及种数 3 个非洲：1－3；亚洲：2－4；大洋洲：2；欧洲：1－3；北美洲：2－4；南美洲：1－3。【中国种数：2】。

Nelumbonaceae A. Rich.［MD－34］莲科 特征纪要：习性：草本；落叶。花程式：K4－5（－），C1，A，G－。物候：－。花期：6－8 月。果期：8－12 月。果实：坚果。种子：－。海拔：1170－2250 米。生境：湖泊，池塘，耕地。资源：药用。栽培：中国有栽培。全球 5 个大洲分布及属种数（2/4 hort. 1）非洲：1/1；亚洲：2/4；欧洲：2/3；北美洲：2/3；南美洲：2/3。【中国属种数：1/2】。

Nemacaulis Nutt. 绒头蓼属 Polygonaceae［MD－120］特征纪要：习性：草本。花程式：K2－3，C0，A2，＝（G）2－3。其他特征参考科。全球 1 个大洲分布及种数（1－3）◆北美洲。

Nemacladaceae（DC.）Nutt.［MD－562］丝枝参科 特征纪要：习性：草本；落叶。花程式：（K）6－，C4－5，A5，↓（G）－。物候：－。果实：－。种子：－。海拔：－。生境：－。资源：－。栽培：－。全球 1 个大洲分布及属种数（2/3 <IFR 1/2>）◆北美洲：1/ 18－20。

Nemacladus Nutt. 线枝草属 Nemacladaceae［MD－562］特征纪要（同科）。全球 2 个大洲分布及种数（29－48）亚洲：5；北美洲：40。【中国种数：2】。

Nemaconia Knowles & Westc. 兰科属 Orchidaceae［MM－723］特征纪要：习性：－。花程式：－。其他特征参考科。全球 2 个大洲分布及种数（6）北美洲：6；南美洲：1。

Nemaluma Baill. ＝ **Pouteria**

Nemastachys Steud. ＝ **Microstegium**

Nemastylis Nutt. 线柱鸢尾属 Iridaceae［MM－700］特征纪要：习性：草本。花程式：（K）3，C3，A10，＝↓G3。其他特征参考科。全球 3 个大洲分布及种数（10－57）非洲：2；北美洲：30；南美洲：28。

Nemastylus Baker ＝ **Nemastylis**

Nemataceae Broth. ＝ Urticaceae

Nematanthera Miq. ＝ **Piper**

Nematanthus Schröd. 袋鼠花属 Gesneriaceae［MD－549］特征纪要和分布（－）。全球 1 个大洲分布及种数（38－48）◆南美洲。【中国种数：2】。

Nematocladia W. R. Buck 拟光藓属 Myriniaceae［B－174］特征纪要：－。全球 1 个大洲分布及种数（1）◆北美洲。

Nematolepis Turcz. 鳞南香属 Rutaceae［MD－399］特征纪要：习性：木本。花程式：K5，C5，A4，＝G1－3。其他特征参考科。全球 3 个大洲分布及种数（8－20）亚洲：2；大洋洲：16；南美洲：3。

Nematopoa C. E. Hubb. 线叶禾属 Poaceae［MM－748］特征纪要：习性：草本。花程式：（K）3，C0 参考科，A1－2，＝（G）2－3。其他特征参考科。全球 2 个大洲分布及种数（1－6）非洲：3；南美洲：4。

Nematopogon Bureau & K. Schum. ＝ **Digomphia**

Nematopyxis Miq. ＝ **Ludwigia**

Nematostemma Choux ＝ **Cynanchum**

Nematostylis Hook. f. 线柱茜属 Rubiaceae［MD－523］特征纪要：习性：木本。花程式：（K）4－5，（C）4－5，A4－5，↓G。其他特征参考科。全球 2 个大洲分布及种数（1－7）非洲：4；南美洲：4。

Nemesia Vent. 龙面花属 Scrophulariaceae［MD－536］特征纪要：习性：灌木。花程式：K2－4，C0，A4，↓G2。其他特征参考科。全球 6 个大洲分布及种数（72－112）非洲：100；亚洲：6；大洋洲：4；欧洲：13；北美洲：13；南美洲：8。【中国种数：1】。

Nemia Berg ＝ **Manulea**

Nemitis Raf. ＝ **Apteria**

Nemochloa Nees ＝ **Blysmus**

Nemoctis Raf. ＝ **Lachnaea**

Nemodon Griff. ＝ **Lepistemon**

Nemopanthus Raf. 枸冬青属 Aquifoliaceae［MD－438］特征纪要：习性：－。花程式：－。其他特征参考科。全球 6 个大洲分布及种数（1093）非洲：45；亚洲：651；大洋洲：46；欧洲：201；北美洲：201；南美洲：448。

Nemophila Nutt. ex W. P. C. Barton 粉蝶花属 Boraginaceae [MD－517] 特征纪要:习性:草本。花程式:－。物候:－。海拔:－。生境:－。资源:具栽培园艺种类。全球 5 个大洲分布及种数(19－101)亚洲:12; 大洋洲:2; 欧洲:39; 北美洲:39; 南美洲:5。【中国种数:2】。

Nemophilla Buckley ＝ **Nemophila**

Nemosenecio (Kitam.) B. Nord. 羽叶菊属 Asteraceae [MD－586] 特征纪要:习性:草本(根状茎,基生)。花程式:(K)3－5,C3－5,A3 参考科,＝↓(G)2。物候:－。海拔:2300－2900 米。生境:潮湿山坡,无。资源:－。全球 1 个大洲分布及种数(6－8)◆亚洲(◆中国)。【中国种数:6】。

Nemuaron Baill. 梨果檫属 Atherospermataceae [MD－19] 特征纪要:习性:木本。花程式:K1－∞,C0,A10－150,G1－3。其他特征参考科。全球 1 个大洲分布及种数(1－2)◆大洋洲(◆美拉尼西亚)。

Nemum Desv. ＝ **Scirpus**

Nenax Gaertn. 奈纳茜属 Rubiaceae [MD－523] 特征纪要:习性:木本。花程式:(K)4－5,(C)4－5,A4－5,↓G。其他特征参考科。全球 2 个大洲分布及种数(12－21)非洲:16; 亚洲:3。

Nenga H. Wendl. & Drude 密穗槟榔属 Arecaceae [MM－717] 特征纪要:习性:木本。花程式:K3－10,C3－10,A3－10,＝G3－10。物候:－。花期:10 月。果期:参考晚于花期。海拔:100－2800 米。生境:半常绿雨林常见乔木,竹林下。资源:－。全球 5 个大洲分布及种数(6－18)非洲:2; 亚洲:16; 大洋洲:3; 北美洲:2; 南美洲:3。

Nenufar Hayn ex Petermann ＝ **Nuphar**

Neoacanthophora Bennet ＝ **Aralia**

Neoalsomitra Hutch. 棒锤瓜属 Cucurbitaceae [MD－205] 特征纪要:习性:木质攀援。花程式:－。物候:－。花期:9 月。果期:参考晚于花期。海拔:550－1600 米。生境:沟谷雨林或次生林中,灌丛中。资源:药用。全球 6 个大洲分布及种数(16)非洲:2－3;亚洲:13－14;大洋洲:6－7;欧洲:1;北美洲:1－2;南美洲:1。【中国种数:1】。

Neoapaloxylon Rauschert 槭果豆属 Fabaceae1 [MD－240] 特征纪要:习性:木本。花程式:＝↓(K3－5－∞),C3－5－∞,A3－5,＝↓G1－2。其他特征参考科。全球 1 个大洲分布及种数(3)◆非洲(◆马达加斯加)。

Neoarytera <unassigned> 无患子属 Sapindaceae [MD－428] 特征纪要:习性:－。花程式:－。其他特征参考科。全球 1 个大洲分布及种数(－)。

Neoastelia J. B. Williams 多星草属 Asteliaceae [MM－635] 特征纪要:习性:草本。花程式:－。其他特征参考科。全球 2 个大洲分布及种数(1－3)大洋洲:3; 南美洲:2。

Neoathyrium Ching & Z. R. Wang 蹄盖蕨科属 Athyriaceae [F－40] 特征纪要:中等大的陆生植物。叶远生。三回羽状探裂;羽片多对,叶轴、羽轴及小羽轴下面被有灰白色的单细胞短毛及浅褐色的多细胞长毛。【Rep】:孢子囊群圆形或椭圆形,无盖,背生于小脉中部。孢子二面型,周壁表面有褶皱状突起。全球 1 个大洲分布及种数(1)◆亚洲。

Neoaulacolepis Rauschert ＝ **Aniselytron**

Neobaclea Hochr. 巴氏锦葵属 Malvaceae [MD－203] 特征纪要:习性:木本。花程式:K5－∞,C5－∞,A10－8,＝(G)1－5。其他特征参考科。全球 1 个大洲分布及种数(1)◆南美洲。

Neobakeria Schltr. ＝ **Daubenya**

Neobalanocarpus P. S. Ashton 栎果香属 Dipterocarpaceae [MD－173] 特征纪要:习性:木本。花程式:－。物候:－。花期:4－5 月。果期:参考晚于花期。海拔:300－1100 米。生境:沟谷雨林及石灰山密林,草甸干燥沙土中。资源:－。全球 1 个大洲分布及种数(cf. 1)◆亚洲。【中国种数:1】。

Neobarbella Nog. 新悬藓属 Lembophyllaceae [B－205] 特征纪要:习性:－。【Rep】:雌雄异株或雌雄异苞同株,内雌苞叶基部呈鞘状,上部呈披针形,孢蒴卵形或椭圆形,蒴齿两层,外齿层透明。物候:－。海拔:－。生境:树生,土生。资源:－。全球 1 个大洲分布及种数(2)◆亚洲:2。【中国种数:4】。

Neobarbula Dusén ＝ **Hennediella**

Neobaronia Baker ＝ **Phylloxylon**

Neobassia A. J. Scott 澳藜属 Amaranthaceae [MD－116] 特征纪要:习性:草本。花程式:K3－5,C0,A3－5,G－。其他特征参考科。全球 1 个大洲分布及种数(2)◆大洋洲。

Neobathiea Schltr. 马岛兰属 Orchidaceae [MM－723] 特征纪要:习性:草本。花程式:(K)3,C3,A3,＝↓G3。其他特征参考科。全球 2 个大洲分布及种数(7－14)非洲:14; 亚洲:2。

Neobeckia (Nutt.) Greene 蔊菜属 Brassicaceae [MD－213] 特征纪要:习性:－。花程式:－。其他特征参考科。全球 2 个大洲分布及种数(6)北美洲:3; 南美洲:1。

Neobeguea J.－F. Leroy 怀春楝属 Meliaceae [MD－414] 特征纪要:习性:木本。花程式:K3－5,C3－5,A6,＝(G)1－2。其他特征参考科。全球 1 个大洲分布及种数(3)◆非洲(◆马达加斯加)。

Neobertiera Wernham 新茜属 Rubiaceae [MD－523] 特征纪要:习性:木本。花程式:(K)4－5,(C)4－5,A4－5,＝↓(G)2－9。其他特征参考科。全球 1 个大洲分布及种数(4)◆南美洲(◆圭亚那)。

Neoblakea Standl. 新茜草属 Rubiaceae [MD－523] 特征纪要:习性:木本。花程式:(K)4－5,(C)4－5,A4－5,＝↓(G)2－9。其他特征参考科。全球 2 个大洲分布及种数(2－3)亚洲:1; 南美洲:3。

Neoblechnum Gasper & V. A. O. Dittrich ＝ **Blechnum**

Neobolusia Schltr. 新波鲁兰属 Orchidaceae [MM－723] 特征纪要:习性:草本。花程式:(K)3,C3,A3,＝↓G3。其他特征参考科。全球 2 个大洲分布及种数(5－10)非洲:9; 亚洲:2。

Neobotrydium Moldenke ＝ **Dysphania**

Neobouteloua Gould 新垂穗草属 Poaceae [MM－748] 特征纪要:习性:草本。花程式:(K)3,C0 参考科,A1－2,＝

(G)2 -3。其他特征参考科。全球 2 个大洲分布及种数(2 -4)北美洲:2; 南美洲:4。

Neoboutonia Müll. Arg. 升麻桐属 Euphorbiaceae [MD -217] 特征纪要:习性:木本。花程式:K1(1000),C0,A6, = (G)2 -3。其他特征参考科。全球 3 个大洲分布及种数(3 -17)非洲:11; 北美洲:3; 南美洲:3。

Neoboykinia HARA = **Boykinia**

Neobracea Britton 布雷斯木属 Apocynaceae [MD -492] 特征纪要:习性:木本。花程式:K5 - ∞ ,C0,A15, = ↓ G2 -5。其他特征参考科。全球 2 个大洲分布及种数(8 -11)亚洲:3; 北美洲:10。

Neobrachyactis Brouillet 藏短星菊属 Asteraceae [MD -586] 特征纪要:习性:草本。花程式:(K)3 -5,C3 -5,A3 -5, ↓ G。物候: - 。海拔:1800 -4300 米。生境:草地,在岩石和灌木中。资源: - 。全球 3 个大洲分布及种数(4 -5)亚洲:5; 北美洲:2; 南美洲:2。【中国种数:2】。

Neobreonia Ridsdale = **Breonia**

Neobrittonia Hochr. 新葵属 Malvaceae [MD -203] 特征纪要:习性:木本。花程式:K5 - ∞ ,C5 - ∞ ,A10 -8, = (G)1 -5。其他特征参考科。全球 2 个大洲分布及种数(1 -2)北美洲:2; 南美洲:2。

Neobrochoneura <unassigned> 肉豆蔻属 Myristicaceae [MD -15] 特征纪要:习性: - 。花程式: - 。其他特征参考科。全球 1 个大洲分布及种数(-)。

Neobuchia Urb. 海地锦葵属 Malvaceae [MD -203] 特征纪要:习性:木本。花程式:Kn,C5,A10, = (G)2 -5。其他特征参考科。全球 2 个大洲分布及种数(1 -2)亚洲:2; 北美洲:2。

Neobyrnesia J. A. Armstr. 岩南香属 Rutaceae [MD -399] 特征纪要:习性:木本。花程式:K4,C4,A4, = G1 -3。其他特征参考科。全球 1 个大洲分布及种数(1)◆大洋洲(◆澳大利亚)。

Neocabreria R. M. King & H. Rob. 毛瓣亮泽兰属 Asteraceae [MD -586] 特征纪要:习性:草本。花程式:(K)3 -5,(C)3 -5,A3 -5, = ↓ G2。其他特征参考科。全球 3 个大洲分布及种数(6 -8)亚洲:2; 大洋洲:1; 南美洲:8。

Neocallitropsidaceae Doweld = Cupressaceae

Neocallitropsis Florin 灯台柏属 Cupressaceae [G -17] 特征纪要:习性: - 。【Rep】:复轴,浆果状,苞鳞融合成果皮状,种鳞多退化,雌雄异株。其他特征参考科。全球 1 个大洲分布及种数(1)◆大洋洲(◆美拉尼西亚)。

Neocalyptrocalyx Hutch. 山柑属 Capparaceae [MD -178] 特征纪要:习性:木本。花程式: - 。其他特征参考科。全球 1 个大洲分布及种数(6)◆南美洲。

Neocarya (DC.) Prance ex F. White 娑罗李属 Chrysobalanaceae [MD -243] 特征纪要:习性:木本。花程式: - 。其他特征参考科。全球 6 个大洲分布及种数(1 -5)非洲:2; 亚洲:3; 大洋洲:2; 欧洲:2; 北美洲:2; 南美洲:2。

Neocaspia Tzvelev = **Vismia**

Neoceis Cass. = **Erechtites**

Neocentema Schinz 花刺苋属 Amaranthaceae [MD -116] 特征纪要:习性:草本。花程式:Kn,C0,A1 -2, = (G)2 -3。其他特征参考科。全球 1 个大洲分布及种数(2)◆非洲。

Neochamaelea (Engl.) Erdtman 叶柄花属 Rutaceae [MD -399] 特征纪要:习性: - 。花程式: - 。其他特征参考科。全球 5 个大洲分布及种数(2)非洲:2; 亚洲:2; 欧洲:2; 北美洲:2; 南美洲:2。

Neochevalierodendron J. Léonard 新舍瓦豆属 Fabaceae1 [MD -240] 特征纪要:习性:木本。花程式: = ↓ (K3 -5 - ∞),C3 -5 - ∞ ,A3 -5, = ↓ G1 -2。其他特征参考科。全球 1 个大洲分布及种数(1)◆非洲。

Neochilenia Backeb. 龙爪球属 Cactaceae [MD -100] 特征纪要:习性: - 。花程式: - 。其他特征参考科。全球 1 个大洲分布及种数(1)◆南美洲。

Neocinnamomum H. Liu 新樟属 Lauraceae [MD -21] 特征纪要:习性:木本。花程式: - 。物候: - 。花期:6 -10 月。果期:参考晚于花期。海拔:500 -1800 米。生境:森林,石灰岩上。资源:药用,具栽培园艺种类。全球 1 个大洲分布及种数(5 -6)◆亚洲。【中国种数:5】。

Neocodon Kolak. & Serdyuk. = **Campanula**

Neocogniauxia Schltr. 树兰属 Orchidaceae [MM -723] 特征纪要:习性:草本。花程式:(K -),C2 -3 参考科,A3 参考科, ↓ G - 。其他特征参考科。全球 2 个大洲分布及种数(2 -4)北美洲:3; 南美洲:1。

Neocollettia Hemsl. 山蚂蝗属 Fabaceae3 [MD -240] 特征纪要:习性:木本。花程式: = ↓ (K1 - ∞),C1 - ∞ ,A5 -9, = ↓ G(-)。其他特征参考科。全球 1 个大洲分布及种数(1) ◆亚洲:1。

Neoconopodium (Koso -Pol.) Pimenov & Kljuykov 苦伞芹属 Apiaceae [MD -480] 特征纪要:习性:草本。花程式: = ↓ (K5),C5,A5, = ↓ G(-)。其他特征参考科。全球 1 个大洲分布及种数(2) ◆亚洲:1。

Neocouma Pierre 苦瓜树属 Apocynaceae [MD -492] 特征纪要:习性:木本。花程式:K5 - ∞ ,C0,A15, = ↓ (G)2 -5。其他特征参考科。全球 1 个大洲分布及种数(2)◆南美洲。

Neocracca Kuntze = **Coursetia**

Neocuatrecasia R. M. King & H. Rob. 腺苞柄泽兰属 Asteraceae [MD -586] 特征纪要:习性:草本。花程式:(K)3 -5,C3 -5,A3 -5, = ↓ (G)2。其他特征参考科。全球 1 个大洲分布及种数(12)◆南美洲。

Neocupropsis de Laub. 柏木属 Cupressaceae [G -17] 特征纪要:习性: - 。【Rep】:复轴,浆果状,苞鳞融合成果皮状,种鳞多退化,雌雄异株。其他特征参考科。全球 1 个大洲分布及种数(cf. 1)◆欧洲。

Neocussonia Hutch. = **Schefflera**

Neodawsonia Backeb. = **Cephalocereus**

Neodeutzia Small = **Deutzia**

Neodicladiella W. R. Buck 新丝藓属 Meteoriaceae [B -188] 特征纪要:习性: - 。【Rep】:雌雄异株,蒴柄略粗糙,孢蒴具环带,蒴齿两层,齿片具穿孔,蒴帽僧帽形,平滑。物候: - 。海拔: - 。生境:山谷林下。资源: - 。全球

2 个大洲分布及种数(2)亚洲:2;北美洲:1。【中国种数:1】。

Neodillenia Aymard 五桠藤属 Dilleniaceae [MD－66] 特征纪要:习性:木本。花程式:K∞,C∞,A5,＝G1－2。其他特征参考科。全球 1 个大洲分布及种数(3)◆南美洲。

Neodistemon Babu & A. N. Henry 双蕊麻属 Urticaceae [MD－91] 特征纪要:习性:木本。花程式:－。其他特征参考科。全球 1 个大洲分布及种数(1)◆亚洲。

Neodolichomitra Nog. 新船叶藓属 Hylocomiaceae [B－193] 特征纪要:习性:－。【Rep】:雌雄异株,内雌苞叶基部呈鞘状,向上渐尖,蒴柄细长,蒴柄直立,长而细,蒴齿两层,内齿层具高基膜和透明并与外齿层等高的齿条,环带不分化,蒴盖具短喙。物候:－。海拔:－。生境:岩面土生。资源:－。全球 1 个大洲分布及种数(1)◆亚洲。【中国种数:3】。

Neodriessenia M. P. Nayar 新牡丹属 Melastomataceae [MD－364] 特征纪要:习性:木本。花程式:－。其他特征参考科。全球 1 个大洲分布及种数(1－7)◆亚洲。

Neodryas Rchb. f. 燥兰属 Orchidaceae [MM－723] 特征纪要:习性:－。花程式:－。其他特征参考科。全球 1 个大洲分布及种数(5－8)◆南美洲。

Neodunnia R. Vig. ＝ **Millettia**

Neofabricia Joy Thomps. 金柳梅属 Myrtaceae [MD－347] 特征纪要:习性:木本。花程式:＝↓(K4－5),C4－5,A8－10,＝↓(G)2－5。其他特征参考科。全球 2 个大洲分布及种数(3－4)大洋洲:4; 北美洲:2。

Neofinetia Hu 风兰属 Orchidaceae [MM－723] 特征纪要:习性:－。花程式:－。物候:－。花期:4 月。果期:参考晚于花期。海拔:1300－1400 米。生境:栎树上,山地林中树干上。资源:花卉。全球 3 个大洲分布及种数(11)亚洲:6; 大洋洲:2; 南美洲:5。

Neogaerrhinum Rothm. 北美婆婆纳属 Plantaginaceae [MD－527] 特征纪要:习性:草本。花程式:K2－4,C0,A2－4,↓G2。其他特征参考科。全球 1 个大洲分布及种数(3)◆北美洲。

Neogaillonia Lincz. 新加永茜属 Rubiaceae [MD－523] 特征纪要:习性:－。花程式:－。其他特征参考科。全球 2 个大洲分布及种数(45)非洲:8; 亚洲:40。

Neogardneria Schltr. ex Garay 新嘉兰属 Orchidaceae [MM－723] 特征纪要:习性:草本。花程式:(K)3,C3,A3,＝↓(G)3。其他特征参考科。全球 1 个大洲分布及种数(1)◆南美洲(◆巴西)。

Neogaya Meisn. 藁本属 Apiaceae [MD－480] 特征纪要:习性:－。花程式:－。物候:－。海拔:50－5600 米。生境:半荒漠中和砾石质山坡上,柞林内。资源:－。全球 1 个大洲分布及种数(－)。

Neoglaziovia Mez 长序凤梨属 Bromeliaceae [MM－715] 特征纪要:习性:草本。花程式:(K)3,C3,A6,＝↓(G)3。其他特征参考科。全球 1 个大洲分布及种数(3)◆南美洲(◆巴西)。

Neogoezia Hemsl. 格茨草属 Apiaceae [MD－480] 特征纪要:习性:草本。花程式:＝↓(K5),C5,A5,＝↓(G)2。其他特征参考科。全球 1 个大洲分布及种数(5)◆北美洲(◆墨西哥)。

Neogomesia Castañeda ＝ **Ariocarpus**

Neogontscharovia Lincz. 彩花属 Plumbaginaceae [MD－227] 特征纪要:习性:灌木。花程式:(K)5－10,(C)5－10,A3 参考科,G3－ 参考科。其他特征参考科。全球 1 个大洲分布及种数(3) ◆亚洲:1。

Neogrollea E. A. Hodgs. 锦叶苔属 Neogrolleaceae [B－65] 特征纪要(同科)。全球 2 个大洲分布及种数(2)亚洲:2; 大洋洲:2。

Neogrolleaceae J. J. Engel & Braggins [B－65] 新片苔科 特征纪要:体形粗壮,绿色或黄绿色,具光泽,稀疏成片生长。【Rep】:雌雄异株或雌雄异苞同株,生殖苞侧生,雌苞叶分化,蒴柄长。全球 2 个大洲分布及属种数(1/1)亚洲:1; 大洋洲:1。

Neoguarea (Harms) E. J. M. Könen & J. J. de Wilde 非洲桐楝属 Meliaceae [MD－414] 特征纪要:习性:木本。花程式:－。其他特征参考科。全球 1 个大洲分布及种数(1)◆非洲。

Neoguillauminia Croizat 银梅戟属 Euphorbiaceae [MD－217] 特征纪要:习性:木本。花程式:K1(1000),C0,A6,＝G2－3。其他特征参考科。全球 1 个大洲分布及种数(1)◆大洋洲(◆美拉尼西亚)。

Neogyna Rchb. f. 新型兰属 Orchidaceae [MM－723] 特征纪要:习性:－。花程式:－。物候:－。海拔:600－2200 米。生境:生于林中树上或荫蔽山谷岩石上。资源:－。全球 2 个大洲分布及种数(10)亚洲:2; 南美洲:7。

Neohallia Hemsl. 爵床属 Acanthaceae [MD－572] 特征纪要:习性:－。花程式:－。其他特征参考科。全球 2 个大洲分布及种数(5)北美洲:1; 南美洲:1。

Neoharmsia R. Vig. 马岛新豆属 Fabaceae3 [MD－240] 特征纪要:习性:木本。花程式:＝↓(K1－∞),C1－∞,A5－9,＝↓G1。其他特征参考科。全球 1 个大洲分布及种数(2)◆非洲(◆马达加斯加)。

Neohattoria Kamim. 耳叶苔科属 Jubulaceae [B－83] 特征纪要:习性:－。【Rep】:雌苞着生主枝,雌苞叶 1－3 对,叶边全缘,蒴萼具 3 脊,脊部狭,弹丝具螺纹加厚,孢子直径约 50 微米。其他特征参考科。全球 1 个大洲分布及种数(2)◆亚洲。

Neohemsleya T. D. Penn. 韩斯榄属 Sapotaceae [MD－357] 特征纪要:习性:木本。花程式:K4－15,C0,A5,＝(G)2－4。其他特征参考科。全球 2 个大洲分布及种数(1－2)非洲:2; 北美洲:1。

Neohenricia L. Bolus 天姬玉属 Aizoaceae [MD－94] 特征纪要:习性:草本。花程式:＝↓(K3－4),C3－4,A5 参考科,＝↓G－。其他特征参考科。全球 2 个大洲分布及种数(2－15)非洲:4; 南美洲:12。

Neohenrya Hemsl. ＝ **Tylophora**

Neohintonia R. M. King & H. Rob. 光柱泽兰属 Asteraceae [MD－586] 特征纪要:习性:－。花程式:－。其他特征参考科。全球 1 个大洲分布及种数(cf. 1)◆北美洲。

Neohodgsonia Perss. 叉蒴苔属 Neohodgsoniaceae［B－7］特征纪要(同科)。全球3个大洲分布及种数(2)亚洲:2;大洋洲:2;南美洲:2。

Neohodgsoniaceae D. G. Long［B－7］叉蒴苔科 特征纪要(参考 Mniaceae):体形纤细,直立丛生,呈淡绿或深绿带红色,常成小片纯群落。【Rep】:雌雄异株,稀同株,孢子体单生,稀丛生,蒴柄高出,粗壮,橙色,孢蒴倾立或下垂。全球3个大洲分布及属种数(1/1)亚洲:1;大洋洲:1;南美洲:1。

Neoholmgrenia W. L. Wagner & Hoch 待晖草属 Onagraceae［MD－396］特征纪要:习性:草本。花程式:=↓(Kn),C2－3参考科,A3参考科,=↓G－。其他特征参考科。全球1个大洲分布及种数(2)◆北美洲。

Neohouzeaua A. Camus 叉簩竹属 Poaceae［MM－748］特征纪要:颖花区,落叶,单叶;花程式:(K)3,C(科)3,A1－2,G(－),房位(－)。果实:蒴果。种子:稃体分离易于脱落,与无柄者相似。全球1个大洲分布及种数(7－8)◆亚洲。

Neohuberia Ledoux = **Eschweilera**

Neohumbertiella Hochr. = **Humbertiella**

Neohusnotia A. Camus = **Panicum**

Neohymenopogon Bennet 石丁香属 Rubiaceae［MD－523］特征纪要:习性:木本。花程式:－。物候:－。花期:6－8月。果期:参考晚于花期。海拔:1250－2700米。生境:山谷林中或灌丛中,常附生在树上或岩石上。资源:药用。全球1个大洲分布及种数(cf. 1)◆亚洲。【中国种数:2】。

Neohyophila H. A. Crum 丛藓科属 Pottiaceae［B－133］特征纪要:－。全球2个大洲分布及种数(4)北美洲:1;南美洲:1。

Neohypnella E. B. Bartram 新叶藓属 Sematophyllaceae［B－192］特征纪要:习性:－。【Rep】:雌苞叶小,基部阔卵形,上部呈狭长尖,蒴柄细长,红色,平滑,孢蒴倾列或平列,长卵形,棕色,蒴齿两层,外,蒴柄侧生,细长,平滑或具弱疣,孢蒴平展或下倾,卵状圆柱形,两侧不对称,台部长而粗,口部强烈收缩。其他特征参考科。全球2个大洲分布及种数(cf. 1)北美洲;南美洲。

Neojeffreya Cabrera 酒神菊属 Asteraceae［MD－586］特征纪要:习性:草本。花程式:(K)3－5,(C)3－5,A3－5,↓G。其他特征参考科。全球2个大洲分布及种数(1－2)非洲:1;南美洲:1。

Neojobertia Baill. 若贝尔藤属 Bignoniaceae［MD－541］特征纪要:习性:－。花程式:－。其他特征参考科。全球1个大洲分布及种数(3)◆南美洲(◆巴西)。

Neokochia (Ulbr.) G. L. Chu & S. C. Sand. 新地肤属 Amaranthaceae［MD－116］特征纪要:习性:草本。花程式:Kn,C0,A3参考科,G－。其他特征参考科。全球1个大洲分布及种数(2)◆北美洲。

Neolabatia Aubteville = **Pouteria**

Neolacis Wedd. 河缎草属 Podostemaceae［MD－322］特征纪要:习性:－。花程式:－。其他特征参考科。全球1个大洲分布及种数(cf. 1)◆南美洲。

Neolamarckia Bosser 团花属 Rubiaceae［MD－523］特征纪要:习性:木本。花程式:－。物候:－。海拔:5－4800米。生境:山谷溪旁或杂木林下。资源:药用,行道树,具栽培园艺种类。全球4个大洲分布及种数(4)亚洲:2－3;大洋洲:1;北美洲:1;南美洲:1。【中国种数:1】。

Neolaria G. L. Nesom 菊科属 Asteraceae［MD－586］特征纪要:习性:－。花程式:－。其他特征参考科。全球1个大洲分布及种数(3)◆大洋洲:3。

Neolemonniera Heine 良脉山榄属 Sapotaceae［MD－357］特征纪要:习性:木本。花程式:－。其他特征参考科。全球4个大洲分布及种数(3－4)非洲:4;欧洲:2;北美洲:2;南美洲:2。

Neolepidozia T. Yamag. & Mizut. = **Telaranea**

Neolepisorus Ching 盾蕨属 Polypodiaceae［F－60］特征纪要:习性:－。【Rep】:孢子囊群圆形,在主脉两侧排成1至多行,或不规则地散布于叶片下面,少有双生或汇合成椭圆形的,幼时被盾状隔丝覆盖。物候:－。海拔:1500米。生境:常绿阔叶林密林下石灰岩隙,竹林下。资源:－。全球2个大洲分布及种数(58)非洲:2;亚洲:34。

Neoleretia Baehni = **Nothapodytes**

Neoleroya Cavaco = **Pyrostria**

Neolescuraea Nog. = **Rigodiadelphus**

Neolindbergia M. Fleisch. 新垂藓属 Pterobryaceae［B－201］特征纪要:习性:－。【Rep】:雌雄异株,稀雌雄同株,蒴柄短或较长,平滑或粗糙,孢蒴长卵形,直立,蒴齿两层,环带不分化,蒴盖圆锥形,亮绿色至红棕色。物候:－。海拔:－。生境:常见于林下树干。资源:－。全球3个大洲分布及种数(6)非洲:1;亚洲:5;大洋洲:3。

Neolindleya Kraenzl. 手参属 Orchidaceae［MM－723］特征纪要:习性:－。花程式:－。其他特征参考科。全球1个大洲分布及种数(cf. 1)◆亚洲。

Neolitsea Merr. 新木姜子属 Lauraceae［MD－21］特征纪要:习性:木本。花程式:－。物候:－。花期:12月至次年1月。果期:参考晚于花期。海拔:1300－2000米。生境:常绿阔叶林。栽培:来自广西龙州。资源:具栽培园艺种类。全球6个大洲分布及种数(81－116;hort. 1;cult. 7)非洲:12－25;亚洲:71－97;大洋洲:15－26;欧洲:8;北美洲:2－10;南美洲:8。【中国种数:42】。

Neolloydia Britton & Rose 天晃玉属 Cactaceae［MD－100］特征纪要:习性:－。花程式:－。其他特征参考科。全球2个大洲分布及种数(2－40)北美洲:6;南美洲:3。

Neolobivia Y. Itô 桃轮球属 Cactaceae［MD－100］特征纪要:习性:－。花程式:－。其他特征参考科。全球1个大洲分布及种数(2)◆南美洲(◆秘鲁)。

Neololeba Widjaja 簕篏竹属 Poaceae［MM－748］特征纪要:习性:草本。花程式:(K)3,C0参考科,A1－2,=(G)

2-3。其他特征参考科。全球3个大洲分布及种数(3-6)非洲:2-4;亚洲:1;大洋洲:2。【中国种数:1】。

Neolourya L. Rodrig. = **Peliosanthes**

Neoluederitzia Schinz 丝绒果属 Zygophyllaceae [MD-288] 特征纪要:习性:木本。花程式:-。其他特征参考科。全球1个大洲分布及种数(1-3)◆亚洲。

Neoluffa Chakrav. = **Siraitia**

Neomacfadya Baill. = **Fridericia**

Neomacfadyena Baill. ex K. Schum. = **Vitex**

Neomacounia Ireland 新平藓属 Neckeraceae [B-204] 特征纪要:习性:-。【Rep】:孢子体不详,黄绿色或黄褐色。其他特征参考科。全球1个大洲分布及种数(1)◆北美洲。

Neomammillaria Britton & Rose 云峰球属 Cactaceae [MD-100] 特征纪要:习性:-。花程式:-。其他特征参考科。全球1个大洲分布及种数(19)◆北美洲。

Neomangenotia J. -F. Leroy = **commiphora**

Neomarica Spragü 巴西鸢尾属 Iridaceae [MM-700] 特征纪要:习性:-。花程式:-。其他特征参考科。全球6个大洲分布及种数(1-49)非洲:4; 亚洲:13; 大洋洲:3; 欧洲:13; 北美洲:13; 南美洲:44。

Neomartinella Pilg. 堇叶芥属 Brassicaceae [MD-213] 特征纪要:习性:-。花程式:-。物候:-。花期:4月。果期:参考晚于花期。海拔:500-600米。生境:常绿阔叶林下沟边。资源:-。全球2个大洲分布及种数(7)亚洲:7; 南美洲:3。

Neomeesia Deguchi 毛寒藓属 Meesiaceae [B-144] 特征纪要:习性:-。【Rep】:雌雄同株或异株,蒴柄细长,孢蒴梨形,下垂,具光泽,蒴齿为真藓类型,下部棕色。其他特征参考科。全球1个大洲分布及种数(1)◆南美洲。

Neomezia Votsch 矮萝桐属 Primulaceae [MD-401] 特征纪要:习性:木本。花程式:(K)8-10,(C)8-10,A8-10,(G)4-5。其他特征参考科。全球2个大洲分布及种数(1-4)北美洲:3; 南美洲:2。

Neomicrocalamus Keng f. 新小竹属 Poaceae [MM-748] 特征纪要:习性:竹类。花程式:(K-),C0参考科,A3参考科,=G2-3。物候:-。花期:4-6月。果期:参考晚于花期。海拔:1200-2600米。生境:常绿阔叶林下带阴湿沟谷中时见。资源:具园艺种类。全球1个大洲分布及种数(4-6)◆亚洲。【中国种数:1】。

Neomillspaughia S. F. Blake 木虎杖属 Polygonaceae [MD-120] 特征纪要:习性:草本。花程式:K2-3,C0,A2,=G2-3。其他特征参考科。全球1个大洲分布及种数(3)◆北美洲。

Neomirandea R. M. King & H. Rob. 肉泽兰属 Asteraceae [MD-586] 特征纪要:习性:草本。花程式:(K)3-5,C3-5,A3-5,=↓(G)2。其他特征参考科。全球2个大洲分布及种数(33)北美洲:29;南美洲:9。

Neomitranthes D. Legrand 团杯番樱属 Myrtaceae [MD-347] 特征纪要:习性:木本。花程式:K4-5,C4-5,A8-10,=↓(G)2-5。其他特征参考科。全球4个大洲分布及种数(13-26)亚洲:2; 大洋洲:1; 北美洲:2; 南美洲:26。【中国种数:1】。

Neomolinia Honda = **Diarrhena**

Neomonolepis Sukhor. 牧儿藜属 Chenopodiaceae [MD-115] 特征纪要:习性:草本。花程式:Kn,C0,A3参考科,G-。其他特征参考科。全球2个大洲分布及种数(1) 大洋洲:1,北美洲:1。

Neomoorea Rolfe 牧儿兰属 Orchidaceae [MM-723] 特征纪要:习性:草本。花程式:(K)3,C3,A3,=↓(G)3。其他特征参考科。全球2个大洲分布及种数(1-3)北美洲:2; 南美洲:2。

Neomortonia Wiehler 橙果岩桐属 Gesneriaceae [MD-549] 特征纪要:习性:草本。花程式:K5,C0,A4,=(G)2。其他特征参考科。全球2个大洲分布及种数(3-4)北美洲:2;南美洲:1。

Neomphalea Pax & K. Hoffm. = **Omphalea**

Neomuretia Kljuykov, Degtjareva & Zakharova 青伞芹属 Apiaceae [MD-480] 特征纪要:习性:-。花程式:-。其他特征参考科。全球1个大洲分布及种数(-)。

Neomussaenda Tange 格林茜属 Rubiaceae [MD-523] 特征纪要:习性:木本。花程式:(K-),(C)4,A3-5,↓G。其他特征参考科。全球1个大洲分布及种数(2)◆亚洲。

Neomyrtus Burret 番樱桃属 Myrtaceae [MD-347] 特征纪要:习性:木本。花程式:K5,C5,A8-10,=↓G-。其他特征参考科。全球3个大洲分布及种数(1-3)大洋洲:1; 北美洲:1; 南美洲:1。

Neonauclea Merr. 新乌檀属 Rubiaceae [MD-523] 特征纪要:习性:木本(水生)。花程式:(K-),C2-3参考科,A5,↓G2。物候:-。花期:7月。果期:参考晚于花期。海拔:800-1300米。生境:沟谷和湿润坡地。栽培:来自广西龙州。资源:具栽培园艺种类。全球4个大洲分布及种数(37-76;hort. 1)非洲:9-23;亚洲:35-69;大洋洲:7-12;北美洲:3-5。【中国种数:10】。

Neonelsonia J. M. Coult. & Rose 新瘤子草属 Apiaceae [MD-480] 特征纪要:习性:草本。花程式:=↓(K5),C5,A5,=↓(G)2。其他特征参考科。全球2个大洲分布及种数(2)北美洲:1;南美洲:1。

Neonesomia Urbatsch & R. P. Roberts 金菀木属 Asteraceae [MD-586] 特征纪要:习性:-。花程式:-。其他特征参考科。全球1个大洲分布及种数(1)◆北美洲。

Neonicholsonia Dammer 单穗椰属 Arecaceae [MM-717] 特征纪要:习性:木本。花程式:K3-10,C3-10,A3-10,=G3-10。其他特征参考科。全球1个大洲分布及种数(1)◆北美洲。

Neoniphopsis Nakai = **Pyrrosia**

Neonoguchia S. H. Lin 耳蔓藓属 Meteoriaceae [B-188] 特征纪要:习性:-。【Rep】:雌雄异株。物候:-。海拔:-。生境:山谷林下。资源:-。全球1个大洲分布及种数(1)◆亚洲:1。【中国种数:1】。

Neonotonia J. A. Lackey 爪哇大豆属 Fabaceae3 [MD-240] 特征纪要:习性:木本。花程式:=↓(K1-∞),C1-

∞,A5－9，＝↓G1。物候：－。海拔：7500 米。生境：矮灌木丛或芦苇丛中，稀见于沿河岸疏林下，作为作物栽培。资源：具栽培园艺种类。全球 6 个大洲分布及种数(3；hort. 1)非洲：2；亚洲：1；大洋洲：1；欧洲：1；北美洲：1；南美洲：1。【中国种数：1】。

Neooreophilus Archila 溪兰属 Orchidaceae［MM－723］特征纪要：习性：－。花程式：－。其他特征参考科。全球 2 个大洲分布及种数(31)北美洲：2；南美洲：31。

N

Neoorthocaulis L. Söderstr.，De Roo & Hedd. 新叶苔属 Anastrophyllaceae［B－60］特征纪要：习性：－。【Rep】：雌雄同株或异株或有序同苞，雄苞顶生或间生，雄苞叶 2－3 对。其他特征参考科。全球 6 个大洲分布及种数(3)非洲：1；亚洲：2－3；大洋洲：1；欧洲：1－2；北美洲：2－3；南美洲：1。

Neopalissya Pax ＝ **Necepsia**

Neopallasia Poljakov 栉叶蒿属 Asteraceae［MD－586］特征纪要：习性：草本，少灌木。花程式：(K)3－5，C3－5，A3 参考科，↓G。物候：－。花期：7－10 月。果期：参考晚于花期。海拔：1300－3400 米。生境：沙漠，河谷碎石地。资源：具园艺种类。全球 1 个大洲分布及种数(1－2)◆亚洲。【中国种数：1】。

Neopanax Allan 矛木属 Araliaceae［MD－471］特征纪要：习性：木本。花程式：＝↓(K1－∞)，C1－∞，A2，＝↓G－。其他特征参考科。全球 3 个大洲分布及种数(5－7)大洋洲：4；北美洲：1；南美洲：1。

Neoparrya Mathias 新巴料草属 Apiaceae［MD－480］特征纪要：习性：草本。花程式：＝↓(K5)，C5，A5，＝↓G(－)。其他特征参考科。全球 1 个大洲分布及种数(2－4)◆北美洲。

Neopaulia M. G. Pimenov & E. V. Kljuykov 新芹属 Apiaceae［MD－480］特征纪要：习性：－。花程式：－。其他特征参考科。全球 6 个大洲分布及种数(1)非洲：1；亚洲：1；大洋洲：1；欧洲：1；北美洲：1；南美洲：1。

Neopaxia ö. Nilsson 南泉草属 Montiaceae［MD－81］特征纪要：习性：－。花程式：－。其他特征参考科。全球 3 个大洲分布及种数(16)非洲：10；大洋洲：3；南美洲：6。

Neopeltandra Gamble ＝ **Meineckia**

Neophoenix R. H. Zander & During 丝丛藓属 Pottiaceae［B－133］特征纪要：习性：－。【Rep】：孢腔轮廓清晰，蒴齿缺如，或具蒴齿而无基膜，下部呈黄绿或黄棕色。全球 2 个大洲分布及种数(4)非洲：2；南美洲：3。

Neopicrorhiza D. Y. Hong 胡黄连属 Plantaginaceae［MD－527］特征纪要：习性：草本(具根状茎)。花程式：－。物候：－。花期：7－8 月。果期：参考晚于花期。海拔：3600－4400 米。生境：高寒草原，砾石地区。资源：药用，具栽培园艺种类。全球 1 个大洲分布及种数(2－3)◆亚洲。【中国种数：1】。

Neopieris Britton & Rose 杜鹃花科属 Ericaceae［MD－380］特征纪要：习性：－。花程式：－。其他特征参考科。

Neopogonatum W. X. Xu & R. L. Xiong ＝ **Pogonatum**

Neopometia Aubrév. ＝ **Pradosia**

Neoporteria Britton & Rose 智利球属 Cactaceae［MD－100］特征纪要：习性：－。花程式：－。其他特征参考科。全球 2 个大洲分布及种数(122)北美洲：1；南美洲：1。

Neopotamolejeunea M. E. Reiner 细鳞苔科属 Lejeuneaceae［B－84］特征纪要：－。全球 3 个大洲分布及种数(5)大洋洲：2；北美洲：1；南美洲：4。

Neopringlea S. Watson 普林格尔木属 Salicaceae［MD－123］特征纪要：习性：木本。花程式：－。其他特征参考科。全球 2 个大洲分布及种数(2－4)北美洲：3；南美洲：2。

Neoptychocarpus Buchheim 皱果大风子属 Salicaceae［MD－123］特征纪要：习性：－。花程式：－。其他特征参考科。全球 1 个大洲分布及种数(3－5)◆南美洲：4。

Neoraimondia Britton & Rose 飞鸟柱属 Cactaceae［MD－100］特征纪要：习性：木本。花程式：＝↓(K1－∞)，C1－∞，A3－100，＝↓G3－100－。其他特征参考科。全球 1 个大洲分布及种数(2)◆南美洲。

Neorautanenia Schinz 葛扁豆属 Fabaceae3［MD－240］特征纪要：习性：木本。花程式：＝↓(K1－∞)，C1－∞，A5－9，＝↓G1。物候：－。海拔：－。生境：－。资源：具园艺种类。全球 3 个大洲分布及种数(2－13)非洲：13；亚洲：2；南美洲：2。

Neoregelia L. B. Sm. 彩叶凤梨属 Bromeliaceae［MM－715］特征纪要：习性：草本。花程式：(K)3，C3，A6，＝↓G3。物候：－。海拔：－。生境：－。资源：具园艺种类。全球 5 个大洲分布及种数(119－189)亚洲：2；大洋洲：1；欧洲：4；北美洲：4；南美洲：166。

Neoregnellia Urb. 岛芝麻属 Malvaceae［MD－203］特征纪要：习性：木本。花程式：－。其他特征参考科。全球 1 个大洲分布及种数(1)◆北美洲(◆古巴)。

Neorhodomela <unassigned> 岛花荷属 Rhodoleiaceae［MD－64］特征纪要：－。全球 3 个大洲分布及种数(5)亚洲：4；欧洲：2；北美洲：2。

Neorites L. S. Sm. 鱼尾栎属 Proteaceae［MD－219］特征纪要：习性：木本。花程式：K3－4－∞，C0，A2，＝G1。其他特征参考科。全球 3 个大洲分布及种数(1－5)亚洲：2；大洋洲：5；南美洲：2。

Neoroepera Müll. Arg. 叶下珠属 Picrodendraceae［MD－317］特征纪要：习性：木本。花程式：－。其他特征参考科。全球 1 个大洲分布及种数(2)◆大洋洲(◆澳大利亚)。

Neorosea N. Hallé ＝ **Tricalysia**

Neorutenbergia Bizot & Pócs 新痕藓属 Rutenbergiaceae［B－167］特征纪要：－。全球 2 个大洲分布及种数(3)非洲：3；亚洲：2。

Neosasamorpha Tatew. ＝ **Sasa**

Neoschischkinia Tzvelev 剪股颖属 Poaceae［MM－748］特征纪要：习性：－。花程式：－。其他特征参考科。全球 2 个大洲分布及种数(cf. 1)非洲；欧洲。

Neoschmidia T. G. Hartley 新芸属 Rutaceae［MD－399］特征纪要:习性:木本。花程式:K4－5,C4－5,A4,＝G1－3。其他特征参考科。全球1个大洲分布及种数(2)◆大洋洲

Neoschroetera Briq. 灯芯豆属 Zygophyllaceae［MD－288］特征纪要:习性:－。花程式:－。其他特征参考科。全球1个大洲分布及种数(－)◆北美洲。

Neoschumannia Schltr. 舒曼萝藦属 Apocynaceae［MD－492］特征纪要:习性:木本。花程式:Kn,C0,A15,↓G。其他特征参考科。全球1个大洲分布及种数(2－3)◆非洲。

Neoscortechinia Pax 红椤桐属 Euphorbiaceae［MD－217］特征纪要:习性:木本。花程式:K1(1000),C0,A6,＝G2－3。其他特征参考科。全球4个大洲分布及种数(6－19)非洲:3; 亚洲:17; 大洋洲:2; 南美洲:2。

Neosepicaea Diels 豪斯曼藤属 Bignoniaceae［MD－541］特征纪要:习性:木本。花程式:－。其他特征参考科。全球3个大洲分布及种数(4－6)非洲:5; 亚洲:4; 大洋洲:6。

Neosharpiella H. Rob. & Delgad. 新孢藓属 Gigaspermaceae［B－108］特征纪要:习性:－。【Rep】:雌雄同株或异株,生殖苞顶生,稀因茁生新芽而成为假侧生,雄苞芽胞形或盘形,配丝多数线形或棒槌形,雌苞叶,雌雄异株,雄苞盘形,雄苞叶较宽大,直立,往往集成莲座状,雌苞叶较小,直立,细胞无疣,蒴柄粗短或较长。其他特征参考科。全球3个大洲分布及种数(2)非洲:1;北美洲:1;南美洲:2。

Neoshirakia Esser 白木乌桕属 Euphorbiaceae［MD－217］特征纪要:习性:木本。花程式:K1(1000),C1－1000,A6,↓G－参考科。物候:－。花期:3－5月。果期:参考晚于花期。海拔:100－400米。生境:灌木丛,路边,森林。资源:药用。全球3个大洲分布及种数(2－3)非洲:2; 亚洲:3; 北美洲:2。【中国种数:2】。

Neosilvia Pax ＝ **Mezilaurus**

Neosinocalamus Keng f. ＝ **Dendrocalamus**

Neosparton Griseb. 南美马鞭草属 Verbenaceae［MD－556］特征纪要:习性:木本。花程式:K2－4,C0,A2－4,＝(G)2－4。其他特征参考科。全球2个大洲分布及种数(3－7)大洋洲:3; 南美洲:7。

Neosprucea Sleumer 裂孔柞属 Salicaceae［MD－123］特征纪要:习性:木本。花程式:－。其他特征参考科。全球5个大洲分布及种数(9－22)亚洲:5; 大洋洲:5; 欧洲:4; 北美洲:4; 南美洲:14。

Neostapfia Burtt Davy 香枝粘草属 Poaceae［MM－748］特征纪要:习性:草本。花程式:(K)3,C0参考科,A1－2,↓G－参考科。其他特征参考科。全球2个大洲分布及种数(1－3)北美洲:2; 南美洲:2。

Neostapfiella A. Camus 新斯塔草属 Poaceae［MM－748］特征纪要:习性:草本。花程式:(K)3,C0参考科,A1－2,＝(G)2－3。其他特征参考科。全球1个大洲分布及种数(3)◆非洲(◆马达加斯加)。

Neostenanthera Exell 窄药木属 Annonaceae［MD－7］特征纪要:习性:木本。花程式:K3－∞,C3,A2,＝G10－100。其他特征参考科。全球3个大洲分布及种数(5－17)非洲:11; 大洋洲:10; 南美洲:2。

Neostrearia L. S. Sm. 疏蛎木属 Hamamelidaceae［MD－63］特征纪要:习性:木本。花程式:－。其他特征参考科。全球1个大洲分布及种数(1)◆大洋洲。

Neosyris Greene ＝ **Llerasia**

Neotessmannia Burret 蚊河木属 Muntingiaceae［MD－193］特征纪要:习性:木本。花程式:K1－∞,C1－∞,A5,＝(G)2－100。其他特征参考科。全球1个大洲分布及种数(1)◆南美洲(◆秘鲁)。

Neothorelia Gagnep. 托雷木属 Resedaceae［MD－196］特征纪要:习性:木本。花程式:K4－6,C4－6,A4－6,＝(G)2－10。物候:－。花期:4－12月。果期:参考晚于花期。海拔:100－2400米。生境:对面约成直角弯曲,植物。资源:－。全球1个大洲分布及种数(2)◆亚洲。【中国种数:1】。

Neotina Capuron 新马岛无患子属 Sapindaceae［MD－428］特征纪要:习性:－。花程式:－。其他特征参考科。全球3个大洲分布及种数(21)非洲:3; 亚洲:11; 南美洲:11。

Neotinacamptis J. M. H. Shaw 缀鸭兰属 Orchidaceae［MM－723］特征纪要:习性:木本。花程式:参考科,C5参考科,A2－3参考科,＝↓G3参考科。其他特征参考科。全球0个大洲分布及种数(4－9)。

Neotinarhiza J. M. H. Shaw 鸭子兰属 Orchidaceae［MM－723］特征纪要:习性:草本。花程式:(K)3,C3,A3,＝↓(G)3。其他特征参考科。全球0个大洲分布及种数(1－3)。

Neotinea Rchb. f. 斑鸭兰属 Orchidaceae［MM－723］特征纪要:习性:草本。花程式:(K)3,C3,A3,＝↓G3。物候:－。海拔:－。生境:－。资源:具园艺种类。全球6个大洲分布及种数(10－40)非洲:10; 亚洲:14; 大洋洲:3; 欧洲:4; 北美洲:4; 南美洲:5。【中国种数:3】。

Neotorularia Hedge & J. Léonard 念珠芥属 Brassicaceae［MD－213］特征纪要:习性:草本。花程式:K2－4,C2－4,A2－4,＝(G)2。物候:－。花期:6－8月。果期:参考晚于花期。海拔:500－3000米。生境:砾质斜坡,沙地,沼泽。资源:具园艺种类。全球4个大洲分布及种数(12－13;hort. 1)非洲:2;亚洲:11－12;欧洲:1;北美洲:1－2。【中国种数:4】。

Neotreleasea Rose ＝ **Tradescantia**

Neotrichocolea S. Hatt. 新绒苔属 Neotrichocoleaceae［B－76］特征纪要:习性:－。物候:－。海拔:－。生境:常见于林下溪流湿岩或湿土。资源:－。全球6个大洲分布及种数(2)非洲:1;亚洲:1－2;大洋洲:1;欧洲:1;北美洲:1;南美洲:1。【中国种数:1】。

Neotrichocoleaceae Inoü［B－76］新绒苔科 特征纪要:体形粗壮或粗大,多硬挺。【Rep】:假雌雄异苞同株,内雌苞叶基部高鞘状,有狭长叶尖,孢蒴完全隐生于雌苞叶内,卵形或长卵形,棕色,平滑。全球1个大洲分布及属种数(1/1)◆亚洲:1。【中国属种数:1/1】。

Neotrinia <unassigned> 禾本科属 Poaceae［MM－748］特征纪要:习性:－。花程式:－。其他特征参考科。全球1个大洲分布及种数(－)。

Neottia Gütt. 鸟巢兰属 Orchidaceae［MM－723］特征纪要:习性:草本。花程式:Kn,C2－3 参考科,A3 参考科,↓G－。物候:－。花期:6－8 月。果期:参考晚于花期。海拔:1400－2600 米。生境:草山坡,竹林,草原。资源:具栽培园艺种类。全球 6 个大洲分布及种数(66－84;hort. 1;cult. 8)非洲:4－25;亚洲:62－88;大洋洲:5－26;欧洲:5－26;北美洲:15－38;南美洲:4－26。【中国种数:37】。

Neottianthe (Rchb.) Schltr. 兜被兰属 Orchidaceae［MM－723］特征纪要:习性:－。花程式:－。物候:－。花期:5－6 月。果期:参考晚于花期。海拔:2100－4500 米。生境:土地。资源:－。全球 6 个大洲分布及种数(10)非洲:1－6;亚洲:9－16;大洋洲:1－6;欧洲:2－7;北美洲:5;南美洲:1－6。

Neottopteris J. Sm. 巢蕨属 Aspleniaceae［F－43］特征纪要:习性:－。【Rep】:孢子囊群长线形,通直,生于小脉的上侧,自主脉外行达叶片的中部或几达叶边,排列整齐。物候:－。海拔:1750 米。生境:生于林内树干高处,阴湿密林下石灰岩上或附林中树干上。资源:－。全球 5 个大洲分布及种数(50)非洲:3; 亚洲:43; 欧洲:2; 北美洲:2; 南美洲:2。

Neotysonia Dalla Torre & Harms 杯冠鼠麹草属 Asteraceae［MD－586］特征纪要:习性:草本。花程式:(K)3－5,(C)3－5,A3－5,=↓G2。其他特征参考科。全球 2 个大洲分布及种数(1－2)非洲:2; 大洋洲:2。

Neo－uvaria Airy－Shaw 嘉陵花属 Annonaceae［MD－7］特征纪要:习性:木本。花程式:K3－∞,C3,A2,↓G－参考科。其他特征参考科。全球 1 个大洲分布及种数(2－6)◆亚洲。

Neoveitchia Becc. 纵花椰属 Arecaceae［MM－717］特征纪要:习性:木本。花程式:K3－10,C3－10,A3－10,=G3－10。其他特征参考科。全球 1 个大洲分布及种数(1－2)◆大洋洲。

Neowerdermannia Frič 宝珠球属 Cactaceae［MD－100］特征纪要:习性:木本。花程式:=↓(K1－∞),C1－∞,A3－100,=↓G－。其他特征参考科。全球 1 个大洲分布及种数(2)◆南美洲。

Neowolffia O. Gruss ＝ **Podangis**

Neoxythece Aubrév. & Pellegr. ＝ **Pouteria**

Nepenthaceae Dum.［MD－122］猪笼草科 特征纪要:习性:木本;落叶。花程式:K5－n,C2－3,A10,↑G－。物候:－。花期: 3－12 月。果期: 8 月至次年 3 月。果实:蒴果。种子:－。海拔:400 米。生境:沼地,路边,山腰和山顶等灌丛中,草地上或林下,沼泽湿地。资源:药用。栽培:－。全球 6 个大洲分布及属种数(2/147－250 hort. 1;cult. 1) 非洲:2/18－20; 亚洲:2/128－157; 大洋洲:2/18－22; 欧洲:2/3; 北美洲:2/6－10; 南美洲:2/4。【中国属种数:1/5】。

Nepenthes L. 猪笼草属 Nepenthaceae［MD－122］特征纪要(同科)。全球 6 个大洲分布及种数(146－249)非洲:16－21;亚洲:126－166;大洋洲:16－23;欧洲:1－4;北美洲:4－11;南美洲:2－5。【中国种数:5】。

Nepeta L. 荆芥属 Lamiaceae［MD－575］特征纪要:习性:草本,少木本。花程式:－。物候:－。花期:6－8 月。果期:参考晚于花期。海拔:1300－2000 米。生境:针叶林。资源:具栽培园艺种类。全球 6 个大洲分布及种数(162－307;hort. 1;cult. 9)非洲:29－54;亚洲:143－242;大洋洲:9－27;欧洲:45－67;北美洲:22－40;南美洲:7－25。【中国种数:49】。

Nephelaphyllum Bl. 云叶兰属 Orchidaceae［MM－723］特征纪要:习性:草本。花程式:Kn,C2－3 参考科,A3 参考科,=↓G3。物候:－。花期:6 月。果期:参考晚于花期。海拔:900 米。生境:山坡林下,雨林。资源:具园艺种类。全球 4 个大洲分布及种数(15－32)非洲:2; 亚洲:30; 大洋洲:2; 南美洲:2。【中国种数:3】。

Nephelea R. M. Tryon 霞桫椤属 Cyatheaceae［F－23］特征纪要:习性:－。【Rep】:孢子同形,囊群生叶背有盖。其他特征参考科。全球 6 个大洲分布及种数(3)非洲:2;亚洲:2;大洋洲:2;欧洲:2;北美洲:2－4;南美洲:2。

Nephelium L. 韶子属 Sapindaceae［MD－428］特征纪要:习性:木本。花程式:－。物候:－。花期:春季。果期:参考晚于花期。海拔:500－1500 米。生境:森林,栽培。资源:药用,经济植物,具栽培园艺种类。全球 6 个大洲分布及种数(32－126)非洲:5; 亚洲:82; 大洋洲:27; 欧洲:7; 北美洲:7; 南美洲:6。【中国种数:3】。

Nephelochloa Boiss. 云间禾属 Poaceae［MM－748］特征纪要:习性:草本。花程式:(K－),C0 参考科,A3 参考科,↓G－参考科。物候:－。海拔:－。生境:－。资源:具栽培园艺种类。全球 2 个大洲分布及种数(1－7)非洲:5; 亚洲:7。

Nephelolejeunea Grolle 细鳞苔科属 Lejeuneaceae［B－84］特征纪要:习性:－。【Rep】:雌苞顶生于主枝,蒴萼具 3 个脊,并常附 1－7 个小脊,脊部具冠状突起,一般稀疏生长。其他特征参考科。全球 2 个大洲分布及种数(14)大洋洲:4; 南美洲:2。

Nephoanthus <unassigned> 野牡丹属 Melastomataceae［MD－364］特征纪要:习性:－。花程式:－。其他特征参考科。全球 1 个大洲分布及种数(－)。

Nephopteris Lellinger 云间蕨属 Pteridaceae［F－31］特征纪要:习性:－。【Rep】:孢子同形,囊群生叶缘。其他特征参考科。全球 1 个大洲分布及种数(1－2)◆南美洲。

Nephradenia Decne. 肾腺萝藦属 Apocynaceae［MD－492］特征纪要:习性:木本。花程式:K5,C0,A5,=(G)2。其他特征参考科。全球 4 个大洲分布及种数(5－11)非洲:1; 亚洲:3; 北美洲:3; 南美洲:11。

Nephrangis (Schltr.) Summerh. 彗星兰属 Orchidaceae［MM－723］特征纪要:习性:草本。花程式:(K－),C2－3 参考科,A3 参考科,↓G－。其他特征参考科。全球 3 个大洲分布及种数(2－4)非洲:2; 北美洲:1; 南美洲:1。

Nephrea R. M. Tryon ＝ **Pterocarpus**

Nephrodesmus Schindl. 肾耀花豆属 Fabaceae3［MD－240］特征纪要:习性:木本。花程式:=↓(K1－∞),C1－∞,A5－9,=↓G1。其他特征参考科。全球 2 个大洲分布及种数(4－7)大洋洲:7; 南美洲:3。

Nephrodium Marthe ex Michx. 南亚鳞毛蕨属 Adiantaceae［F－35］特征纪要:习性:－。【Rep】:囊群生叶背有盖。

物候：-。海拔：20 - 2500 米。生境：-。资源：-。全球 6 个大洲分布及种数(17 - 122；hort. 5；cult. 5)非洲：6；亚洲：10 - 15；大洋洲：1 - 6；欧洲：5；北美洲：1 - 6；南美洲：4 - 9。

Nephrolepidaceae Pic. Serm. [F - 54] 肾蕨科 特征纪要：小形至中形，绿色、棕绿色至深褐色，多生于树上。【Rep】：雌苞叶少，大形，通常鞘状，似筒环抱蒴柄，有时高出蒴柄，中肋单一。全球 6 个大洲分布和属种数(1；hort. & cult. 1)(56 - 118；hort. & cult. 10 - 13)非洲：1/17 - 22；亚洲：1/39 - 47；大洋洲：1/23 - 27；欧洲：1/4 - 6；北美洲：1/20 - 22；南美洲：1/18 - 22。

Nephrolepis Schott 肾蕨属 Nephrolepidaceae [F - 54] 特征纪要(同科)。全球 6 个大洲分布及种数(34 - 190)非洲：31；亚洲：73；大洋洲：34；欧洲：32；北美洲：32；南美洲：40。【中国种数：15】。

Nephromedia Kastel. 蝶形花科属 Fabaceae3 [MD - 240] 特征纪要：习性：-。花程式：-。其他特征参考科。全球 1 个大洲分布及种数(-)。

Nephrophyllidium Gilg 肾叶睡菜属 Menyanthaceae [MD - 526] 特征纪要：习性：草本。花程式：-。其他特征参考科。全球 3 个大洲分布及种数(2 - 5)亚洲：4；欧洲：2；北美洲：2。

Nephrophyllum A. Rich. 埃塞旋花属 Convolvulaceae [MD - 499] 特征纪要：习性：草本。花程式：-。其他特征参考科。全球 1 个大洲分布及种数(1)◆非洲(◆埃塞俄比亚)。

Nephrosperma Balf. f. 槟榔属 Arecaceae [MM - 717] 特征纪要：习性：木本。花程式：K3 - 10，C3 - 10，A3 - 10，G3 - 参考科。其他特征参考科。全球 2 个大洲分布及种数(1 - 5)非洲：1；北美洲：1。

Nephthytis Schott 绿非芋属 Araceae [MM - 639] 特征纪要：习性：草本。花程式：K0，C0，A1 - 4，= G1 - 3。其他特征参考科。全球 4 个大洲分布及种数(8 - 28)非洲：17；亚洲：3；北美洲：4；南美洲：9。

Nepsera Naudin 奈普野牡丹属 Melastomataceae [MD - 364] 特征纪要：习性：木本。花程式：-。其他特征参考科。全球 6 个大洲分布及种数(2 - 3)非洲：2；亚洲：2；大洋洲：2；欧洲：2；北美洲：1 - 3；南美洲：1 - 3。

Neptunia Lour. 假含羞草属 Fabaceae2 [MD - 240] 特征纪要：习性：木本(水生)。花程式：-。物候：-。花期：8 - 10 月。果期：参考晚于花期。海拔：100 米。生境：塘边湿地。资源：具栽培园艺种类。全球 6 个大洲分布及种数(23 - 55)非洲：7；亚洲：18；大洋洲：23；欧洲：12；北美洲：12；南美洲：12。【中国种数：3】。

Neraudia Gaud. 角被麻属 Urticaceae [MD - 91] 特征纪要：习性：木本。花程式：-。其他特征参考科。全球 3 个大洲分布及种数(5 - 23)亚洲：9；欧洲：20；北美洲：20。

Neriacanthus Benth. & Hook. f. 美爵床属 Acanthaceae [MD - 572] 特征纪要：习性：草本。花程式：K2 - 4，C0，A2 - 4，=(G)2。其他特征参考科。全球 3 个大洲分布及种数(5)亚洲：cf. 1；北美洲：1 - 2；南美洲：3 - 4。

Nerine Herb. 纳丽花属 Amaryllidaceae [MM - 694] 特征纪要：习性：草本。花程式：(K)3，C3，A1，= ↓ G3。物候：-。海拔：-。生境：-。资源：具栽培园艺种类。全球 6 个大洲分布及种数(29 - 109)非洲：74；亚洲：25；大洋洲：7；欧洲：10；北美洲：10；南美洲：12。

Nerisyrenia Greene 鲜丽芥属 Brassicaceae [MD - 213] 特征纪要：习性：草本。花程式：K2 - 4，C2 - 4，A2 - 4，=(G)2。其他特征参考科。全球 4 个大洲分布及种数(10 - 26)非洲：3；亚洲：9；北美洲：12；南美洲：6。

Nerium L. 夹竹桃属 Apocynaceae [MD - 492] 特征纪要：习性：木本。花程式：(K -)，C5，A5，↓ G -。物候：-。花期：春季 - 秋天。果期：参考晚于花期。海拔：80 - 3000 米。生境：热带地区；住宅旁。资源：药用，园林，具栽培园艺种类。全球 6 个大洲分布及种数(2)非洲：1 - 6；亚洲：1 - 6；大洋洲：1 - 6；欧洲：1 - 6；北美洲：1 - 6；南美洲：5。【中国种数：1】。

Nernstia Urb. 巴西鸡纳属 Rubiaceae [MD - 523] 特征纪要：习性：木本。花程式：(K)4 - 5，(C)4 - 5，A4 - 5，↓ G。其他特征参考科。全球 2 个大洲分布及种数(1 - 2)北美洲：2；南美洲：2。

Nerophila Naudin 须牡丹属 Melastomataceae [MD - 364] 特征纪要：习性：木本。花程式：= ↓ (Kn)，C2 - 3 参考科，A3 参考科，= ↓ G -。其他特征参考科。全球 2 个大洲分布及种数(8 - 16)非洲：8；南美洲：1。

Nertera Banks ex Gaertn. 薄柱草属 Rubiaceae [MD - 523] 特征纪要：习性：木质攀援。花程式：(K -)，C2 - 3 参考科，A5，↓ G2。物候：-。花期：2 - 3 月。果期：参考晚于花期。海拔：900 - 2500 米。生境：山坡，路旁，沟边，河边岩石上，中海拔疏林下或旷地上。资源：具栽培园艺种类。全球 6 个大洲分布及种数(10 - 12；hort. 1)非洲：1 - 2；亚洲：3 - 5；大洋洲：8 - 9；欧洲：1；北美洲：2 - 3；南美洲：1。【中国种数：3】。

Nerteria Sm. = **Nertera**

Nervilia Comm. ex Gaud. 芋兰属 Orchidaceae [MM - 723] 特征纪要：习性：草本(多肉)。花程式：Kn，C2 - 3 参考科，A3 参考科，= ↓ G3。物候：-。花期：5 - 6 月。果期：参考晚于花期。海拔：200 - 300 米。生境：草原，山坡路旁林下。资源：药用，具栽培园艺种类。全球 6 个大洲分布及种数(80 - 153)非洲：70；亚洲：99；大洋洲：47；欧洲：9；北美洲：9；南美洲：10。【中国种数：17】。

Nervopetalum <unassigned> 亚洲番荔枝属 Annonaceae [MD - 7] 特征纪要：-。全球 1 个大洲分布及种数(1)◆亚洲：1。

Nesaea Comm. ex Kunth 仙水苋属 Lythraceae [MD - 333] 特征纪要：习性：-。花程式：-。其他特征参考科。全球 6 个大洲分布及种数(51 - 81)非洲：46 - 68；亚洲：2 - 7；大洋洲：1 - 10；欧洲：2；北美洲：5 - 7；南美洲：3 - 6。

Nesampelos B. Nord. 香丝草属 Asteraceae [MD - 586] 特征纪要：习性：草本。花程式：(K)3 - 5，(C)3 - 5，A3 - 5，↓ G。其他特征参考科。全球 4 个大洲分布及种数(3)非洲；亚洲；欧洲；北美洲。

Nescidia A. Rich. = **Coffea**

Nesiota Hook. f. 鼠李科属 Rhamnaceae [MD - 331] 特征纪要：习性：木本。花程式：-。其他特征参考科。全球 0

个大洲分布及种数(1－2)。

Neslia Desv. 球果荠属 Brassicaceae [MD－213] 特征纪要:习性:草本(基生)。花程式:Kn,C2－3 参考科,A3,G－。物候:－。花期:5－6 月。果期:参考晚于花期。海拔:1700－2200 米。生境:山坡和平原,田野。资源:具园艺种类。全球 6 个大洲分布及种数(2－25)非洲:15; 亚洲:10; 大洋洲:4; 欧洲:5; 北美洲:5; 南美洲:3。【中国种数:1】。

N

Nesocaryum I. M. Johnst. 天芥菜属 Boraginaceae [MD－517] 特征纪要:习性:草本。花程式:参考科,C5 参考科,A5,G2－4。其他特征参考科。全球 1 个大洲分布及种数(1)◆南美洲。

Nesocodon Thulin 兰花参属 Campanulaceae [MD－561] 特征纪要:习性:灌木。花程式:(K)5,(C)5,A5,↓G－。其他特征参考科。全球 1 个大洲分布及种数(－)。

Nesodaphne Hook. f. ＝ **Beilschmiedia**

Nesodoxa Calest. ＝ **Polyscias**

Nesodraba Greene ＝ **Draba**

Nesogenaceae W. Marais [MD－577] 岛生材科 特征纪要:习性:木本;落叶。花程式:K4－5(－),C0,A,↓(G)－。物候:－。果实:－。种子:－。海拔:－。生境:－。资源:－。栽培:－。全球 1 个大洲分布及属种数(2/9－11) ◆大洋洲:1/ 7。

Nesogenes A. DC. 洋马齿属 Nesogenaceae [MD－577] 特征纪要(同科)。全球 6 个大洲分布及种数(9－17)非洲:11; 亚洲:2; 大洋洲:3; 欧洲:2; 北美洲:2; 南美洲:4。

Nesogordonia Baill. 尼索桐属 Malvaceae [MD－203] 特征纪要:习性:木本。花程式:K5,C3－5－∞,A10－8,＝G1－5。其他特征参考科。全球 2 个大洲分布及种数(22－37)非洲:33; 亚洲:11。

Nesohedyotis (Hook. f.) Bremek. 美耳茜属 Rubiaceae [MD－523] 特征纪要:习性:木本。花程式:(K)4－5,(C)4－5,A4－5,＝↓(G)2－9。其他特征参考科。全球 0 个大洲分布及种数(1－2)。

Nesolechia <unassigned> 水蕨科属 Parkeriaceae [F－36] 特征纪要:－。全球 5 个大洲分布及种数(6)非洲:1; 亚洲:1; 大洋洲:1; 欧洲:4; 南美洲:1。

Nesolindsaea Lehtonen & Christenh. 岛鳞始蕨属 Lindsaeaceae [F－27] 特征纪要:习性:－。物候:－。海拔:800－900 米。生境:半山腰,干地,竹林中疏荫湿地。资源:－。全球 1 个大洲分布及种数(2) ◆亚洲:1。

Nesomia B. L. Turner 墨香蓟属 Asteraceae [MD－586] 特征纪要:习性:草本。花程式:(K)3－5,C3－5,A3－5,＝↓(G)2。其他特征参考科。全球 1 个大洲分布及种数(1)◆北美洲(◆墨西哥)。

Nesopanax Seem. ＝ **Schefflera**

Nesopteris Copel. ＝ **Trichomanes**

Nesphostylis Verdc. 镰扁豆属 Fabaceae3 [MD－240] 特征纪要:习性:木本。花程式:＝↓(K1－∞),C1－∞,A5－9,＝↓G(－)。其他特征参考科。全球 2 个大洲分布及种数(1－2) 非洲:1,亚洲:1。

Nestegis Raf. 岛蜡树属 Oleaceae [MD－498] 特征纪要:习性:木本。花程式:－。其他特征参考科。全球 4 个大洲分布及种数(4－12)大洋洲:9; 欧洲:2; 北美洲:2; 南美洲:2。

Nestoria Urb. ＝ **Pleonotoma**

Nestotus R. P. Roberts, Urbatsch & Neubig 假黄花属 Asteraceae [MD－586] 特征纪要:习性:草本。花程式:(K)3－5,(C)3－5,A3－5,↓G。其他特征参考科。全球 2 个大洲分布及种数(4－7)北美洲:7; 南美洲:3。

Nestronia Raf. 花旗檀香属 Santalaceae [MD－412] 特征纪要:习性:木本。花程式:K3－4,C0,A3－4,↓G。其他特征参考科。全球 2 个大洲分布及种数(1－3)亚洲:1; 北美洲:2。

Nettlera Raf. 茜草科属 Rubiaceae [MD－523] 特征纪要:习性:－。花程式:－。其他特征参考科。全球 1 个大洲分布及种数(－)。

Neuburgia Bl. 纽氏马钱属 Loganiaceae [MD－486] 特征纪要:习性:木本。花程式:－。其他特征参考科。全球 6 个大洲分布及种数(12－56)非洲:22; 亚洲:17; 大洋洲:33; 欧洲:5; 北美洲:5; 南美洲:13。

Neuontobotrys O. E. Schulz 南美芥属 Brassicaceae [MD－213] 特征纪要:习性:草本。花程式:K2－4,C2－4,A2－4,＝(G)2。其他特征参考科。全球 6 个大洲分布及种数(14－30)非洲:4; 亚洲:2; 大洋洲:2; 欧洲:4; 北美洲:4; 南美洲:30。

Neuracanthus Nees 非洲带爵床属 Acanthaceae [MD－572] 特征纪要:习性:草本。花程式:K2－4,C0,A2－4,＝↓(G)2。其他特征参考科。全球 2 个大洲分布及种数(34)非洲:12－27;亚洲:1－9。

Neurachne R. Br. 脉颖草属 Poaceae [MM－748] 特征纪要:习性:草本。花程式:(K)3,C0 参考科,A1－2,＝G2－3。其他特征参考科。全球 5 个大洲分布及种数(7－18)非洲:3; 亚洲:4; 大洋洲:17; 欧洲:4; 北美洲:4。

Neurada B. Juss. 沙莓草属 Neuradaceae [MD－281] 特征纪要:习性:木本。花程式:－。其他特征参考科。全球 3 个大洲分布及种数(2－6)非洲:5; 亚洲:3; 大洋洲:2。

Neuradaceae Kostel. [MD－281] 沙莓草科 特征纪要:习性:木本;落叶。花程式:K5,C5,A10－5,↓(G)－。物候:－。果实:果三裂,多刺。种子:－。海拔:－。生境:－。资源:－。栽培:－。全球 1 个大洲分布及属种数(4/12－14 hort. 1)◆非洲:4/11－12。

Neuradopsis Bremek. & Oberm. 蒺沙莓属 Neuradaceae [MD－281] 特征纪要:习性:木本。花程式:－。其他特征参考科。全球 1 个大洲分布及种数(3)◆非洲。

Neurocallis Fée 美脉蕨属 Adiantaceae [F－35] 特征纪要:习性:－。【Rep】:孢子同形,囊群生叶背。其他特征参

考科。全球 2 个大洲分布及种数(5)北美洲:2；南美洲:2。

Neurocalyx Hook. 绶茜草属 Rubiaceae［MD－523］特征纪要:习性:木本。花程式:(K)4－5,(C)4－5,A4－5,＝↓G2－9。物候:－。花期:参考早于果期。果期:10 月。海拔:5－4800 米。生境:矮林内。资源:－。全球 2 个大洲分布及种数(5－17)亚洲:17；大洋洲:6。【中国种数:1】。

Neurodium Fée 緞带蕨属 Polypodiaceae［F－60］特征纪要:习性:－。【Rep】:孢子囊单生叶背。其他特征参考科。全球 4 个大洲分布及种数(2)非洲:2；亚洲:2；北美洲:2；南美洲:2。

Neurogramma Link ＝ **Hemionitis**

Neurogramme Diels ＝ **Hemionitis**

Neurolaena R. Br. 锥果菊属 Asteraceae［MD－586］特征纪要:草本,落叶；花程式:(K)3－5,(C)3－5,A3－5,＝↓G:2。果实:瘦果。全球 1 个大洲分布及种数(14－17)◆北美洲。【中国种数:1】。

Neurolakis Mattf. 蜜鞘糙毛菊属 Asteraceae［MD－586］特征纪要:习性:草本。花程式:(K)3－5,C3－5,A3－5,＝↓(G)2。其他特征参考科。全球 2 个大洲分布及种数(1－4)非洲:4；亚洲:3。

Neurolejeunea (Spruce) Schiffn. 北美密鳞苔属 Lejeuneaceae［B－84］特征纪要:习性:－。【Rep】:雌苞顶生于主枝,蒴萼具 3 个脊,并常附 1－7 个小脊,脊部具冠状突起,一般稀疏生长。物候:－。海拔:－。生境:山坡,针阔混交林中。资源:－。全球 2 个大洲分布及种数(4)北美洲:3;南美洲:2。

Neurolepis Meisn. 脉鳞竺属 Poaceae［MM－748］特征纪要:习性:－。花程式:－。其他特征参考科。全球 2 个大洲分布及种数(30)北美洲:4；南美洲:29。

Neuroloma Andrz. ex Bess. 黑藓科属 Andreaeaceae［B－98］特征纪要:习性:－。【Rep】:雌雄同株或异株,雌苞叶多长大,鞘状,孢蒴常为椭圆形,直立,成熟时中部 4 或 5 瓣不完全纵裂。其他特征参考科。全球 1 个大洲分布及种数(1)◆南美洲。

Neuromanes Trevisan ＝ **Trichomanes**

Neuropeltis Wall. 盾苞藤属 Convolvulaceae［MD－499］特征纪要:习性:草质攀援。花程式:－。物候:－。花期:6－12 月。果期:参考晚于花期。海拔:400－1100 米。生境:森林,灌丛。资源:具园艺种类。全球 6 个大洲分布及种数(13－18;hort. 1)非洲:10－14;亚洲:3－10;大洋洲:3;欧洲:3;北美洲:3;南美洲:3。【中国种数:2】。

Neuropeltopsis Ooststr. 类盾苞藤属 Convolvulaceae［MD－499］特征纪要:习性:草本。花程式:K5,C0,A5,＝(G)2－5。其他特征参考科。全球 2 个大洲分布及种数(1－3)亚洲:3；南美洲:2。

Neuropoa Clayton 肋稃禾属 Poaceae［MM－748］特征纪要:习性:－。花程式:－。其他特征参考科。全球 2 个大洲分布及种数(5)大洋洲:2；南美洲:4。

Neuropteris Desv. ＝ **Saccoloma**

Neurotheca Salisb. ex Benth. & Hook. f. 绶龙胆属 Gentianaceae［MD－496］特征纪要:习性:草本。花程式:－。其他特征参考科。全球 3 个大洲分布及种数(4－19)非洲:13；亚洲:2；南美洲:13。

Neurotropis (DC.) F. K. Mey. 脉菥蓂属 Brassicaceae［MD－213］特征纪要:习性:－。花程式:－。其他特征参考科。全球 1 个大洲分布及种数(cf. 1)◆亚洲。

Neurymenia <unassigned> 脉花荷属 Rhodoleiaceae［MD－64］特征纪要:－。全球 3 个大洲分布及种数(2)非洲:2；亚洲:1；大洋洲:1。

Neustanthus Benth. 草葛属 Fabaceae3［MD－240］特征纪要:习性:－。花程式:－。其他特征参考科。全球 5 个大洲分布及种数(3－8)非洲:3；亚洲:4；大洋洲:1；北美洲:1；南美洲:1。

Neustruevia Juz. ＝ **Pseudomarrubium**

Neuwiedia Bl. 三蕊兰属 Orchidaceae［MM－723］特征纪要:习性:草本。花程式:－。物候:－。花期:5－6 月。果期:参考晚于花期。海拔:500 米。生境:森林。资源:－。全球 3 个大洲分布及种数(11－24)非洲:5；亚洲:23；大洋洲:8。【中国种数:1】。

Nevada N. H. Holmgren 花旗芥属 Brassicaceae［MD－213］特征纪要:习性:草本。花程式:K2－4,C2－4,A2－4,＝(G)2。物候:－。花期:3－7 月。果期:6－8 月。海拔:30－6200 米。生境:半固定沙地前平地,作为蔬菜栽培。资源:具栽培园艺种类。全球 3 个大洲分布及种数(1－6)亚洲:4；北美洲:2；南美洲:3。【中国种数:1】。

Neves－armondia K. Schum. ＝ **Amphilophium**

Nevillea Esterh. & H. P. Linder 圆苞灯草属 Restionaceae［MM－744］特征纪要:习性:草本。花程式:(K)3,C3,A1－2,＝(G)1－3。其他特征参考科。全球 1 个大洲分布及种数(2－3)◆非洲。

Neviusia A. Gray 雪棠属 Rosaceae［MD－246］特征纪要:习性:木本。花程式:－。其他特征参考科。全球 3 个大洲分布及种数(2－3)亚洲:2；欧洲:3；北美洲:3。【中国种数:1】。

Nevosmila Raf. ＝ **Crateva**

Nevrocallis Fée ＝ **Neurocallis**

Nevrodium Fée ＝ **Neurodium**

Nevskiella Krecz. & Vved. 禾本科属 Poaceae［MM－748］特征纪要:习性:－。花程式:－。其他特征参考科。全球 1 个大洲分布及种数(－)。

Newberrya Torr. 松球兰属 Ericaceae［MD－380］特征纪要:习性:－。花程式:－。其他特征参考科。全球 1 个大洲分布及种数(－)◆北美洲。

Newbouldia Seem. ex Bureau 圣篱木属 Bignoniaceae［MD－541］特征纪要:习性:木本。花程式:－。其他特征参

N

考科。全球 2 个大洲分布及种数(1-3)非洲:1; 南美洲:1。【中国种数:1】。

Newcastelia F. Müll. 星南苏属 Lamiaceae [MD-575] 特征纪要:习性:草本。花程式:K2-4,C0,A3 参考科,=↓G2-4。其他特征参考科。全球 1 个大洲分布及种数(2-12)◆大洋洲(◆澳大利亚)。

Newmania N. S. Lý & Škorničk. 蔟凤梨属 Zingiberaceae [MM-737] 特征纪要:习性:草本。花程式:(K-),C0 参考科,A5,↓(G)3。其他特征参考科。全球 2 个大洲分布及种数(6-18)亚洲:9; 南美洲:12。

Neyraudia Hook. f. 类芦属 Poaceae [MM-748] 特征纪要:习性:竹类。花程式:(K-),C0 参考科,A5,=(G)2-3。物候:-。海拔:300-1500 米。生境:生于河边,山坡或砾石草地,沼泽地。资源:具栽培园艺种类。全球 3 个大洲分布及种数(4-19)非洲:6; 亚洲:14; 北美洲:3。【中国种数:3】。

Nezahualcoyotlia R. González 盔唇兰属 Orchidaceae [MM-723] 特征纪要:习性:-。花程式:-。其他特征参考科。全球 1 个大洲分布及种数(1)◆非洲。

Nhandiroba Adans. = **Fevillea**

Nianhochloa H. N. Nguyen & V. T. Tran 假禾草属 Poaceae [MM-748] 特征纪要:习性:草本。花程式:K5,C3,A3-6,G1。其他特征参考科。全球 1 个大洲分布及种数(1-2)◆非洲。

Niara Dennst. = **Ardisia**

Nibora Raf. = **Gratiola**

Nicandra Adans. 假酸浆属 Solanaceae [MD-503] 特征纪要:习性:草本。花程式:-。物候:-。花期:夏天。果期:参考晚于花期。海拔:800-2600 米。生境:农田,房屋,丘陵和荒地附近。资源:-。全球 6 个大洲分布及种数(3-20)非洲:3; 亚洲:3; 大洋洲:3; 欧洲:5; 北美洲:5; 南美洲:17。【中国种数:1】。

Nichallea Bridson 龙船花属 Rubiaceae [MD-523] 特征纪要:习性:木本。花程式:(K)4-5,(C)4-5,A4-5,↓G。其他特征参考科。全球 1 个大洲分布及种数(1)◆非洲。

Nicobariodendron Vasudeva Rao & Chakrab. 亚洲卫矛属 Celastraceae [MD-339] 特征纪要:习性:木本。花程式:-。其他特征参考科。全球 1 个大洲分布及种数(1)◆亚洲。

Nicodemia Ten. = **Buddleja**

Nicolaia Horan. 椒蔻属 Zingiberaceae [MM-737] 特征纪要:习性:-。花程式:-。其他特征参考科。全球 4 个大洲分布及种数(cf. 1)非洲;亚洲;大洋洲;北美洲。

Nicolasia S. Moore 延叶菊属 Asteraceae [MD-586] 特征纪要:习性:草本。花程式:(K)3-5,C3-5,A3-5,=↓(G)2。其他特征参考科。全球 1 个大洲分布及种数(7)◆非洲。

Nicolletia A. Gray 沙洞菊属 Asteraceae [MD-586] 特征纪要:习性:草本。花程式:(K)3-5,(C)3-5,A3-5,=↓G2。其他特征参考科。全球 2 个大洲分布及种数(3-4)北美洲:4; 南美洲:1。

Nicolsonia DC. = **Desmodium**

Nicoraella Torres = **Anatherostipa**

Nicoraepoa Soreng & L. J. Gillespie 延叶草属 Poaceae [MM-748] 特征纪要:习性:草本。花程式:(K-),C0 参考科,A3 参考科,=G2-3。其他特征参考科。全球 5 个大洲分布及种数(7-9)非洲:2; 亚洲:3; 欧洲:4; 北美洲:4; 南美洲:8。

Nicoteba Lindau 白苞爵床属 Acanthaceae [MD-572] 特征纪要:习性:-。花程式:-。其他特征参考科。全球 2 个大洲分布及种数(4-6)非洲:3; 亚洲:2。

Nicotiana L. 烟草属 Solanaceae [MD-503] 特征纪要:习性:草质攀援。花程式:-。物候:-。花期:夏天。果期:参考晚于花期。海拔:100-5000 米。生境:广泛栽培。资源:具栽培园艺种类。全球 6 个大洲分布及种数(68-132;hort. 1;cult. 8)非洲:10-22;亚洲:23-40;大洋洲:22-61;欧洲:26-40;北美洲:38-58;南美洲:52-85。【中国种数:16】。

Nidema Britton & Millsp. 尼德兰属 Orchidaceae [MM-723] 特征纪要:习性:草本。花程式:(K)3,C3,A3,=↓(G)3。其他特征参考科。全球 2 个大洲分布及种数(3)北美洲:2;南美洲:2。【中国种数:1】。

Nidorella Cass. 长冠田基黄属 Asteraceae [MD-586] 特征纪要:习性:草本。花程式:(K)3-5,C3-5,A3-5,=↓(G)2。物候:-。海拔:-。生境:-。资源:具园艺种类。全球 5 个大洲分布及种数(33-85)非洲:78; 亚洲:1; 欧洲:5; 北美洲:5; 南美洲:5。

Nidularium Lem. 鸟巢凤梨属 Bromeliaceae [MM-715] 特征纪要:习性:草本。花程式:-。其他特征参考科。全球 4 个大洲分布及种数(48-188)大洋洲:5; 欧洲:4; 北美洲:4; 南美洲:158。

Niduregelia (Leme) Leme Nidularium 鸟巢彩凤梨属 Bromeliaceae [MM-715] 特征纪要:习性:草本。花程式:(K)3,C3,A6,=↓(G)3。其他特征参考科。全球 2 个大洲分布及种数(3-7)大洋洲:1; 南美洲:7。

Niebuhria Scop. = **Wedelia**

Niedenzuella W. R. Anderson 红虎尾属 Malpighiaceae [MD-343] 特征纪要:习性:木本。花程式:K5,C5,A10,=G2-3。其他特征参考科。全球 4 个大洲分布及种数(18-21)非洲:3; 欧洲:5; 北美洲:5; 南美洲:21。

Niedzwedzkia B. Fedtsch. 中亚角蒿属 Bignoniaceae [MD-541] 特征纪要:习性:-。花程式:-。其他特征参考科。全球 1 个大洲分布及种数(-)◆亚洲。

Niemeyera F. Müll. 红锈榄属 Sapotaceae [MD-357] 特征纪要:习性:木本。花程式:K4-15,C0,A5,=↓G2-4。其他特征参考科。全球 6 个大洲分布及种数(4-26)非洲:2; 亚洲:4; 大洋洲:25; 欧洲:2; 北美洲:2; 南美洲:2。

Nierembergia Ruiz & Pav. 赛亚麻属 Solanaceae [MD-503] 特征纪要:习性:草本。花程式:-。物候:-。海拔:

100 - 5000 米。生境:草丛中,庄稼地边。资源:具栽培园艺种类。全球 6 个大洲分布及种数(26 - 82)非洲:3;亚洲:9;大洋洲:5;欧洲:16;北美洲:16;南美洲:59。【中国种数:1】。

Nietneria Klotzsch ex Benth. 伞金花属 Nartheciaceae [MM - 618] 特征纪要:习性:草本。花程式:-。其他特征参考科。全球 1 个大洲分布及种数(2)◆南美洲。

Nietoa Schaffn. = **Hanburia**

Nieymera <unassigned> 红锈兰属 Orchidaceae [MM - 723] 特征纪要:-。全球 1 个大洲分布及种数(1)◆大洋洲:1。

Nigella L. 黑种草属 Ranunculaceae [MD - 38] 特征纪要:习性:草本。花程式:-。物候:-。花期:7 - 10 月。果期:参考晚于花期。海拔:50 - 6000 米。生境:-。资源:具栽培园艺种类。全球 6 个大洲分布及种数(43 - 79)非洲:18;亚洲:49;大洋洲:3;欧洲:7;北美洲:7;南美洲:10。【中国种数:7】。

Nihon A. Otero, Jim. Mejías, Valcárcel & P. Vargas 山琉璃草属 Polygonaceae [MD - 120] 特征纪要:习性:-。花程式:-。其他特征参考科。全球 1 个大洲分布及种数(-)。

Nikitinia Iljin 基叶菊属 Asteraceae [MD - 586] 特征纪要:习性:-。花程式:-。其他特征参考科。全球 1 个大洲分布及种数(cf. 1)◆亚洲。

Nimiria Prain ex Craib 相思树属 Fabaceae3 [MD - 240] 特征纪要:习性:-。花程式:-。其他特征参考科。全球 1 个大洲分布及种数(cf. 1)◆东南亚。

Niphaea Lindl. 浅钟岩桐属 Gesneriaceae [MD - 549] 特征纪要:习性:草本。花程式:K5, C0, A4, = (G)2。其他特征参考科。全球 3 个大洲分布及种数(3 - 19)欧洲:10;北美洲:10;南美洲:6。

Niphidium J. Sm. 雅蕨属 Polypodiaceae [F - 60] 特征纪要和分布(-)。全球 1 个大洲分布及种数(13)◆南美洲。

Niphobolus Kaulf. = **Pyrrosia**

Niphogeton Schltdl. 雪草属 Apiaceae [MD - 480] 特征纪要:习性:草本。花程式: = ↓(K5), C5, A5, = ↓G2。其他特征参考科。全球 2 个大洲分布及种数(18 - 33)北美洲:4;南美洲:30。

Niphopsis J. Sm. = **Pyrrosia**

Niphotrichum (Bednarek - Ochyra) Bednarek - Ochyra & Ochyra 长齿藓属 Grimmiaceae [B - 115] 特征纪要:习性:-。【Rep】:-。物候:-。海拔:-。生境:草甸岩面土生。资源:-。全球 6 个大洲分布及种数(11)非洲:4;亚洲:8;大洋洲:2;欧洲:4;北美洲:4;南美洲:3。

Nipponanthemum (Kitam.) Kitam. 日本滨菊属 Asteraceae [MD - 586] 特征纪要:习性:草本。花程式:(K)3 - 5, (C)3 - 5, A3 - 5, ↓G。其他特征参考科。全球 2 个大洲分布及种数(2)亚洲:cf. 1;北美洲:1。【中国种数:1】。

Nipponocalamus Nakai = **Arundinaria**

Nipponolejeunea S. Hatt. 日鳞苔属 Jubulaceae [B - 83] 特征纪要:习性:-。【Rep】:雌苞着生主枝,雌苞叶 1 - 3 对,叶边全缘,蒴萼具 3 脊,脊部狭,弹丝具螺纹加厚,孢子直径约 50 微米。物候:-。海拔:-。生境:山坡,针阔混交林中。资源:-。全球 1 个大洲分布及种数(cf. 1)◆亚洲。

Nirarathamnos Balf. f. 索岛草属 Apiaceae [MD - 480] 特征纪要:习性:草本。花程式:参考科, C5 参考科, A3 参考科, ↓(G)2 - 9 参考科。其他特征参考科。全球 1 个大洲分布及种数(1)◆亚洲。

Niruri Adans. = **Phyllanthus**

Nisa Nor. ex Thou. = **Homalium**

Nisomenes Raf. = **Euphorbia**

Nisoralis Raf. = **Helicteres**

Nispero Aubrév. = **Manilkara**

Nissolia Jacq. 尼豆属 Fabaceae3 [MD - 240] 特征纪要和分布(-)。全球 3 个大洲分布及种数(31 - 34; hort. 1)欧洲:cf. 1;北美洲:18;南美洲:15 - 17。

Nitelium Cass. = **Macledium**

Nitidobulbon Ojeda, Carnevali & G. A. Romero 白刺兰属 Orchidaceae [MM - 723] 特征纪要:习性:-。花程式:-。其他特征参考科。全球 2 个大洲分布及种数(4)北美洲:3;南美洲:4。

Nitidocidium F. Barros & V. T. Rodrigues = **Gomesa**

Nitraria L. 白刺属 Nitrariaceae [MD - 382] 特征纪要(同科)。全球 5 个大洲分布及种数(8 - 23)非洲:5;亚洲:15;大洋洲:6;欧洲:1;北美洲:1。【中国种数:6】。

Nitrariaceae Lindl. [MD - 382] 白刺科 特征纪要:习性:木本;落叶。花程式:K4 - 5(-), C5, A, G -。物候:-。花期:5 - 6 月。果期:8 月。果实:蒴果。种子:-。海拔:1900 - 3500 米。生境:戈壁,山前平原和砾质平坦沙地。资源:药用。栽培:-。全球 1 个大洲分布及属种数(1/1 hort. 1)◆亚洲:1/10。【中国属种数:3/9】。

Nitrophila S. Watson 喜碱草属 Amaranthaceae [MD - 116] 特征纪要:习性:草本。花程式:K3 - 5, C0, A3 - 5, = ↓G2 - 5。其他特征参考科。全球 3 个大洲分布及种数(5 - 12)欧洲:8;北美洲:8;南美洲:9。

Nivellea B. H. Wilcox, K. Bremer & Humphries 茼蒿属 Asteraceae [MD - 586] 特征纪要:习性:草本。花程式:(K)3 - 5, (C)3 - 5, A3 - 5, ↓G。其他特征参考科。全球 1 个大洲分布及种数(1)◆非洲。

Nivenia Vent. 木鸢尾属 Iridaceae [MM - 700] 特征纪要:习性:-。花程式:-。其他特征参考科。全球 5 个大洲分布及种数(11 - 30)非洲:27;大洋洲:2;欧洲:2;北美洲:2;南美洲:2。

Niveophyllum Matuda = **Hechtia**

Nivieria ser. = **Triticum**

Noaea Moq. 附药蓬属 Chenopodiaceae［MD－115］特征纪要:习性:草本。花程式:K3－5,C0,A3－5,=↓G2－5。物候:－。海拔:－。生境:－。资源:具栽培园艺种类。全球5个大洲分布及种数(7－20)非洲:4; 亚洲:16; 大洋洲:2; 欧洲:4; 北美洲:4。【中国种数:1】。

Noahdendron P. K. Endress, B. Hyland & Tracey 红蛎木属 Hamamelidaceae［MD－63］特征纪要:习性:木本。花程式:=↓(K4－5),C4－5,A4－5,=↓(G)2－3。其他特征参考科。全球1个大洲分布及种数(1)◆大洋洲(◆澳大利亚)。

Nobregaea Hedenäs 岩青藓属 Brachytheciaceae［B－187］特征纪要:习性:－。【Rep】:绿色或棕绿色。其他特征参考科。全球1个大洲分布及种数(1)◆欧洲:1。

Noccaea Mönch 岩菥蓂属 Brassicaceae［MD－213］特征纪要:藤本,落叶,单叶; 花程式:(K)3－5,C3－5,A3－5,G(－)。果实:短角果。全球6个大洲分布及种数(116)非洲:4;亚洲:83;大洋洲:3;欧洲:73;北美洲:5;南美洲:1。【中国种数:6】。

Noccaeopsis F. K. Mey. 山币芥属 Brassicaceae［MD－213］特征纪要:习性:草本。花程式:K4,C4,A3参考科,↓G－参考科。其他特征参考科。全球1个大洲分布及种数(1)◆亚洲:1。

Noccidium F. K. Mey. 菥蓂属 Brassicaceae［MD－213］特征纪要:习性:草本。花程式:K2－4,C2－4,A2－4,↓G－参考科。其他特征参考科。全球1个大洲分布及种数(3)◆亚洲。

Nochotta S. G. Gmel. 豆科属 Fabaceae3［MD－240］特征纪要:习性:－。花程式:－。其他特征参考科。

Nodobryoria <unassigned> 水蕨科属 Parkeriaceae［F－36］特征纪要:－。全球1个大洲分布及种数(－)。

Nodocarpaea A. Gray 节果茜属 Rubiaceae［MD－523］特征纪要:习性:木本。花程式:(K)4－5,(C)4－5,A4－5,=↓G2－9。其他特征参考科。全球3个大洲分布及种数(1－4)非洲:2; 亚洲:2; 北美洲:2。

Noea Boiss. & Bal. = **Noaea**

Nogalia Verdc. 天芥菜属 Boraginaceae［MD－517］特征纪要:习性:草本。花程式:Kn,C0,A3参考科,↓G。其他特征参考科。全球3个大洲分布及种数(1－3)非洲:2; 亚洲:1; 南美洲:1。

Nogopterium Crosby & W. R. Buck 黄齿藓属 Leucodontaceae［B－198］特征纪要:习性:－。【Rep】:雌雄异苞同株,雌苞叶卵形,有短尖,上部边缘有齿突,无中肋,蒴柄细长,下部呈棕褐色。其他特征参考科。全球4个大洲分布及种数(1)非洲:1;亚洲:1;欧洲:1;北美洲:1。

Nogra Merr. 土黄芪属 Fabaceae3［MD－240］特征纪要:习性:木质攀援。花程式:(K－),C2－3参考科,A10,=↓G－。物候:－。花期:8月。果期:参考晚于花期。海拔:7500米。生境:山地路旁草丛中。资源:药用,具栽培园艺种类。全球1个大洲分布及种数(4－7)◆亚洲。【中国种数:2】。

Noguchia (Reinw., Blume & Nees) Inoue = **Plagiochilion**

Noguchiodendron T. N. Ninh & Pócs 华小平藓属 Neckeraceae［B－204］特征纪要:习性:－。【Rep】:雌雄多异株或同株,孢蒴侧生于茎或枝上,隐生于雌苞叶内或高出于雌苞叶,蒴齿两层,外齿层齿片狭披针形。物候:－。海拔:－。生境:常见于岩石或树干。资源:－。全球1个大洲分布及种数(1)◆亚洲。【中国种数:1】。

Nohawilliamsia M. W. Chase & Whitten 文心兰属 Orchidaceae［MM－723］特征纪要:习性:草本。花程式:(K－),C2－3参考科,A3参考科,↓G－。其他特征参考科。全球1个大洲分布及种数(1)南美洲:1。

Noisettia Kunth 宿瓣堇属 Violaceae［MD－126］特征纪要:习性:木本。花程式:K5,C5,A10,=G2－3。其他特征参考科。全球4个大洲分布及种数(1－9)亚洲:3; 欧洲:3; 北美洲:3; 南美洲:8。

Nolana L. 假茄属 Nolanaceae［MD－507］特征纪要(同科)。全球6个大洲分布及种数(69－223)非洲:9; 亚洲:30; 大洋洲:5; 欧洲:10; 北美洲:10; 南美洲:188。【中国种数:3】。

Nolanaceae Bercht. & J. Presl［MD－507］假茄科 特征纪要:习性:草本;落叶。花程式:K5,C0,A5,↑G2. 物候:－。果实:－。种子:棕. 海拔:－。生境:－。资源:－。栽培:－。全球1个大洲分布及属种数(2－3/2－3<IFR 1/3> hort. 1)◆南美洲:1/99－100(IFR 1/3)。

Nolina Michx. 熊丝兰属 Nolinaceae［MM－675］特征纪要(同科)。全球6个大洲分布及种数(30－35)非洲:5;亚洲:1－6;大洋洲:5;欧洲:1－6;北美洲:29－38;南美洲:4－9。【中国种数:1】。

Nolinaceae (Endl.) Nakai［MM－675］玲花蕉科 特征纪要:习性:草本;落叶。花程式:K4－5(－),C5,A,G－。物候:－。果实:－。种子:－。海拔:－。生境:－。资源:－。栽培:－。全球3个大洲分布及属种数(1/1 hort. 1) 亚洲:1/3; 北美洲:1/31－35; 南美洲:1/6。

Nolletia Cass. 麻点菀属 Asteraceae［MD－586］特征纪要:习性:草本。花程式:(K)3－5,(C)3－5,A3－5,=↓G2。其他特征参考科。全球4个大洲分布及种数(14－17)非洲:16; 亚洲:2; 欧洲:2; 北美洲:2。

Noltea Rchb. 皂叶树属 Rhamnaceae［MD－331］特征纪要:习性:木本。花程式:K4－5,C4－5,A2,↓G－参考科。其他特征参考科。全球4个大洲分布及种数(1－4)非洲:4; 亚洲:1; 大洋洲:3; 北美洲:2。

Nomocharis Franch. 豹子花属 Liliaceae［MM－633］特征纪要:习性:－。花程式:－。物候:－。花期:6－7月。果期:参考晚于花期。海拔:2700－3400米。生境:山坡小叶杜鹃灌丛中常见,杂木林,松林,云杉林,冷杉林或草坡。资源:－。全球2个大洲分布及种数(34)亚洲:23; 北美洲:2。

Nomopyle Roalson & Boggan 等叶岩桐属 Gesneriaceae［MD－549］特征纪要:习性:草本。花程式:K5,C0,A4,=(G)2。其他特征参考科。全球2个大洲分布及种数(2－3)北美洲:2; 南美洲:3。

Nomosa I. M. Johnst. 牧场紫草属 Boraginaceae［MD－517］特征纪要:习性:－。花程式:－。其他特征参考科。全

球1个大洲分布及种数(1)◆北美洲(◆墨西哥)。

Nonatelia Aubl. = **Psychotria**

Nonea Medik. 假狼紫草属 Boraginaceae [MD-517] 特征纪要:习性:草本(基生)。花程式:-。物候:-。海拔:5700米。生境:沼泽。资源:具园艺种类。全球6个大洲分布及种数(37-61;hort. 1;cult. 2)非洲:11-15;亚洲:29-45;大洋洲:1-3;欧洲:14-22;北美洲:4-7;南美洲:2。【中国种数:3】。

Nopalea Salm-Dyck 胭脂掌属 Cactaceae [MD-100] 特征纪要:习性:-。花程式:-。其他特征参考科。全球6个大洲分布及种数(5-6)非洲:1;亚洲:1-2;大洋洲:2-3;欧洲:1-2;北美洲:4-5;南美洲:2-3。

Nopalxochia Britton & Rose 令箭荷花属 Cactaceae [MD-100] 特征纪要:习性:-。花程式:-。其他特征参考科。全球1个大洲分布及种数(1)◆北美洲。

Norantea Aubl. 蜜瓶花属 Marcgraviaceae [MD-170] 特征纪要:习性:木本。花程式:K3-40,C3-40,A3-40,G2-8。其他特征参考科。全球6个大洲分布及种数(11-12;hort. 1)非洲:2;亚洲:1;大洋洲:1;欧洲:1;北美洲:2-3;南美洲:9-10。【中国种数:1】。

Nordenstamia Lundin 南赤道菊属 Asteraceae [MD-586] 特征纪要:习性:草本。花程式:(K)3-5,C3-5,A3-5,=↓(G)2。其他特征参考科。全球1个大洲分布及种数(16)◆南美洲。

Normanboria Butzin = **Acrachne**

Normanbya F. Müll. ex Becc. 黑狐尾椰属 Arecaceae [MM-717] 特征纪要:习性:木本。花程式:K3-10,C3-10,A3-10,=G3-10。物候:-。海拔:-。生境:-。资源:具园艺种类。全球2个大洲分布及种数(2)亚洲:1;大洋洲:1。

Normandia Hook. f. 诺曼茜属 Rubiaceae [MD-523] 特征纪要:习性:木本。花程式:(K-),(C)4,A3-5,=↓(G)2-9。其他特征参考科。全球1个大洲分布及种数(1)◆大洋洲(◆美拉尼西亚)。

Normandiodendron J. Léonard 喃喃果属 Fabaceae2 [MD-240] 特征纪要:习性:木本。花程式:=↓(K3-5-∞),C3-5-∞,A1-10-50,=↓G(-)。其他特征参考科。全球1个大洲分布及种数(1)◆非洲。

Normania Lowe = **Solanum**

Noronhaea P. & K. = **Noronhia**

Noronhia Stadman ex Thouars 环蕊榄属 Oleaceae [MD-498] 特征纪要:习性:木本。花程式:K2-4,C0,A2-4,=↓G2。物候:-。海拔:-。生境:-。资源:具园艺种类。全球5个大洲分布及种数(106-137)非洲:122;亚洲:9;大洋洲:2;北美洲:4;南美洲:3。

Norrisia Gardner 诺里斯马钱属 Loganiaceae [MD-486] 特征纪要:习性:木本。花程式:K5,C0,A4-5,=(G)2。其他特征参考科。全球3个大洲分布及种数(2-9)亚洲:8;北美洲:2;南美洲:2。

Northia Hook. f. 僧帽榄属 Sapotaceae [MD-357] 特征纪要:习性:木本。花程式:-。其他特征参考科。全球6个大洲分布及种数(1-3)非洲:4;亚洲:2;大洋洲:2;欧洲:2;北美洲:2;南美洲:2。

Nosema Prain 龙船草属 Lamiaceae [MD-575] 特征纪要:习性:-。花程式:-。物候:-。花期:10月至次年2月。果期:参考晚于花期。海拔:100-1000米。生境:山坡,路旁,山谷等处。资源:药用。全球2个大洲分布及种数(24)亚洲:12;南美洲:13。

Nostolachma T. Durand 藏咖啡属 Rubiaceae [MD-523] 特征纪要:习性:木本。花程式:(K)4-5,(C)4-5,A4-5,↓(G)2-9。物候:-。花期:参考早于果期。果期:10月。海拔:5-4800米。生境:矮林内。资源:-。全球5个大洲分布及种数(6-15)非洲:3;亚洲:14;大洋洲:3;北美洲:2;南美洲:3。【中国种数:2】。

Notanthera G. Don 背花寄生属 Loranthaceae [MD-415] 特征纪要:习性:木本。花程式:K5,C0,A4,=↓(G)3-4。其他特征参考科。全球2个大洲分布及种数(1-7)北美洲:1;南美洲:2。

Notaphoebe Griseb. 樟科属 Lauraceae [MD-21] 特征纪要和分布(-)。分布:-。

Notechidnopsis Lavranos & Bleck 姬龙角属 Apocynaceae [MD-492] 特征纪要:习性:木本。花程式:K5,C0,A5,↓G。其他特征参考科。全球1个大洲分布及种数(2)◆非洲。

Notelaea Vent. 澳樨榄属 Oleaceae [MD-498] 特征纪要:习性:木本。花程式:K2-4,C0,A2-4,=G2。物候:-。海拔:-。生境:-。资源:具栽培园艺种类。全球6个大洲分布及种数(13-86)非洲:10;亚洲:39;大洋洲:45;欧洲:5;北美洲:5;南美洲:2。

Noteroclada Taylor 侧叶苔属 Noterocladaceae [B-32] 特征纪要(同科)。全球3个大洲分布及种数(3)欧洲:2;北美洲:2;南美洲:2。

Noterocladaceae W. Frey & M. Stech [B-32] 侧叶苔科 特征纪要(参考 Pterobryellaceae):纤细至中形,绿色、暗绿色、黄绿色至褐色,腹面常密生红棕色假根,匍匐交织群生。全球1个大洲分布和属种数(1/1)◆南美洲:1/1-1。

Noterophila Mart. 粉子鹿丹属 Melastomataceae [MD-364] 特征纪要:习性:-。花程式:-。其他特征参考科。全球3个大洲分布及种数(8-12)非洲:2;北美洲:4;南美洲:9。

Nothaphoebe Bl. 赛楠属 Lauraceae [MD-21] 特征纪要:习性:木本。花程式:Kn,C3,A4,G-。物候:-。花期:5-7月。果期:参考晚于花期。海拔:900-1700米。生境:常见于常绿阔叶林或疏林,溪边。资源:具园艺种类。全球6个大洲分布及种数(22-66)非洲:6;亚洲:61;大洋洲:7;欧洲:2;北美洲:2;南美洲:4。【中国种数:3】。

Nothapodytes Bl. 假柴龙树属 Icacinaceae [MD-450] 特征纪要:习性:-。花程式:-。物候:-。海拔:100米。生境:低海拔林中,寺前树林。资源:-。全球2个大洲分布及种数(1-12)亚洲:12;北美洲:6。【中国种数:1】。

Notheria P. O'Byrne & J. J. Verm. 南兰属 Orchidaceae [MM－723] 特征纪要:习性:－。花程式:－。其他特征参考科。全球 6 个大洲分布及种数(1)非洲:1;亚洲:1;大洋洲:1;欧洲:1;北美洲:1;南美洲:1。

Notho R. M. Schust. 山榄科属 Sapotaceae [MD－357] 特征纪要:习性:－。花程式:－。其他特征参考科。全球 1 个大洲分布及种数(1)。

Nothoalsomitra I. Telford 假大盖瓜属 Cucurbitaceae [MD－205] 特征纪要:习性:木本。花程式:－。其他特征参考科。全球 1 个大洲分布及种数(1) ◆大洋洲。

N

Nothobaccaurea Haegens 假木奶果属 Phyllanthaceae [MD－222] 特征纪要:习性:木本。花程式:K1(1000),C0,A6,＝(G)2－3。其他特征参考科。全球 3 个大洲分布及种数(2－3)亚洲:2; 大洋洲:3; 南美洲:1。

Nothobaccharis R. M. King & H. Rob. 旋叶亮泽兰属 Asteraceae [MD－586] 特征纪要:习性:草本。花程式:(K)3－5,C3－5,A3－5,＝↓(G)2。其他特征参考科。全球 3 个大洲分布及种数(1－2)亚洲:2; 北美洲:2; 南美洲:2。

Nothobartsia Bolliger & Molau 南玄参属 Orobanchaceae [MD－552] 特征纪要:习性:草本。花程式:K4,C0,A3 参考科,↓G2。其他特征参考科。全球 3 个大洲分布及种数(2－4)非洲:1－2;欧洲:1－3;北美洲:1。

Nothocalais (A. Gray) Greene 南菊属 Asteraceae [MD－586] 特征纪要:习性:－。花程式:－。其他特征参考科。全球 2 个大洲分布及种数(6)亚洲:2; 北美洲:5。

Nothocallitris A. V. Bobrov & Melikyan ＝ **Callitris**

Nothoceros (R. M. Schust.) J. Haseg. 假角苔属 Dendrocerotaceae [B－95] 特征纪要:习性:－。【Rep】:雌雄异株,孢蒴细长角状,无气孔,假弹丝具单列螺纹加厚,孢子单细胞,被细疣。其他特征参考科。全球 3 个大洲分布及种数(7)大洋洲:1;北美洲:3;南美洲:4。

Nothocestrum A. Gray 假夜香树属 Solanaceae [MD－503] 特征纪要:习性:木本。花程式:－。其他特征参考科。全球 2 个大洲分布及种数(4－10)亚洲:6; 北美洲:9。

Nothochelone (A. Gray) Straw 假龟头花属 Plantaginaceae [MD－527] 特征纪要:习性:草本。花程式:K2－4,C0,A2－4,↓G2。其他特征参考科。全球 1 个大洲分布及种数(1)◆北美洲。

Nothochilus Radlk. 假唇列当属 Orobanchaceae [MD－552] 特征纪要:习性:灌木。花程式:K2－4,C0,A2－4,G2。其他特征参考科。全球 1 个大洲分布及种数(1)◆南美洲。

Nothochlaena Kaulf. ＝ **Notholaena**

Nothocissus (Miq.) Latiff 禾串藤属 Vitaceae [MD－403] 特征纪要:习性:－。花程式:－。其他特征参考科。全球 3 个大洲分布及种数(6)非洲:4; 亚洲:5; 大洋洲:5。

Nothocnide Chew 厚托麻属 Urticaceae [MD－91] 特征纪要:习性:木本。花程式:－。其他特征参考科。全球 4 个大洲分布及种数(4－7)非洲:1; 亚洲:4; 大洋洲:2; 南美洲:1。【中国种数:1】。

Nothodissotis Ver.－Lib. & G. Kadereit 野牡丹属 Melastomataceae [MD－364] 特征纪要:习性:－。花程式:－。其他特征参考科。全球 1 个大洲分布及种数(－)。

Nothodoritis Z. H. Tsi 象鼻兰属 Orchidaceae [MM－723] 特征纪要:习性:－。花程式:－。物候:－。花期:6 月。果期:参考晚于花期。海拔:300－900 米。生境:山地林中或林缘树枝上,树枝上。资源:－。全球 1 个大洲分布及种数(1)◆亚洲。

Nothofagaceae Kuprian. [MD－68] 南青冈科 特征纪要:习性:木本;落叶。花程式:K4－5(－),C5,A4,G－。物候:－。果实:－。种子:－。海拔:－。生境:－。资源:－。栽培:－。全球 6 个大洲分布及属种数(2/29－53 <IFR 1/3> hort. 1;cult. 1) 非洲:2/3－16(IFR 1/1); 亚洲:2/6－17; 大洋洲:2/18－30(IFR 1/2); 欧洲:2/9; 北美洲:2/6; 南美洲:2/13－16。【中国属种数:1/2】。

Nothofagus Bl. 南青冈属 Nothofagaceae [MD－68] 特征纪要:习性:木本。花程式:－。其他特征参考科。全球 6 个大洲分布及种数(41－94)非洲:27; 亚洲:24; 大洋洲:37; 欧洲:10; 北美洲:10; 南美洲:31。【中国种数:2】。

Nothogymnomitrion R. M. Schust. 南萼苔属 Gymnomitriaceae [B－41] 特征纪要:习性:－。【Rep】:雌苞顶生,雌苞叶数对,内雌叶常相连,蒴萼常存,蒴壁 2－3 层细胞,弹丝 2－4 列螺纹加厚,灰色、褐色或紫色。其他特征参考科。全球 2 个大洲分布及种数(2)大洋洲:1;南美洲:1。

Notholaena R. Br. 隐囊蕨属 Sinopteridaceae [F－34] 特征纪要:习性:－。【Rep】:孢子囊群近圆形或长圆形,近叶边生于叶脉顶端,彼此接近,成熟后向两侧扩大汇合,沿叶边连接成线形,无盖,或有时部分被不变质的反卷叶边所覆盖。物候:－。海拔:700－2600 米。生境:向阳山坡砾石上。资源:－。全球 6 个大洲分布及种数(56－79;hort. 1;cult. 7)非洲:2－17;亚洲:10－26;大洋洲:3－20;欧洲:14;北美洲:37－52;南美洲:19－34。

Notholirion Wall. ex Boiss. 假百合属 Liliaceae [MM－633] 特征纪要:习性:木本。花程式:－。物候:－。花期:7 月。果期:参考晚于花期。海拔:2800－3400 米。生境:半阳处岩石下草地,中湿林下。资源:具园艺种类。全球 4 个大洲分布及种数(4－7)非洲:2; 亚洲:7; 欧洲:4; 北美洲:4。【中国种数:3】。

Notholithocarpus Manos, Cannon & S. H. Oh 烟斗柯属 Fagaceae [MD－69] 特征纪要:习性:木本。花程式:Kn,C2－3 参考科,A3 参考科,G－。物候:－。花期:8－9 月。果期:参考晚于花期。海拔:4500 米。生境:半常绿雨林中,较常见,在石灰岩山地。资源:－。全球 1 个大洲分布及种数(1 hort. 1;cult. 1)◆北美洲(◆美国)。

Nothopegia Bl. 灯笼漆属 Anacardiaceae [MD－432] 特征纪要:习性:木本。花程式:－。其他特征参考科。全球 3 个大洲分布及种数(13－28)非洲:3; 亚洲:21; 南美洲:4。

Nothoperanema (Tagawa) Ching 肉刺蕨属 Dryopteridaceae [F－49] 特征纪要:习性:－。【Rep】:孢子囊群圆形,

生于小脉顶部,在主脉两侧各排列成1行,囊群盖(有时无盖)褐色或深褐色,圆肾形,质厚,以缺刻处着生,全缘。物候:-。海拔:400-2900米。生境:林中,竹林下。资源:-。全球3个大洲分布及种数(7)非洲:1;亚洲:cf.1;北美洲:1。

Nothophlebia Standl. = **Pentagonia**

Nothorites P. H. Weston & A. R. Mast 甜叶菊属 Asteraceae [MD-586] 特征纪要:习性:-。花程式:-。其他特征参考科。全球1个大洲分布及种数(-)。

Nothosaerva Wight 微花苋属 Amaranthaceae [MD-116] 特征纪要:习性:草本。花程式:K1-2,C0,A1-2,G-。其他特征参考科。全球3个大洲分布及种数(1-2)非洲:2; 亚洲:2; 南美洲:2。

Nothoschkuhria B. G. Baldwin 南方菊属 Asteraceae [MD-586] 特征纪要:习性:草本。花程式:(K)3-5,(C)3-5,A3-5,↓G。其他特征参考科。全球1个大洲分布及种数(1)南美洲:1。

Nothoscordum Kunth 假葱属 Amaryllidaceae [MM-694] 特征纪要:习性:草本。花程式:(K)3,C3,A1,=↓G3。物候:-。海拔:-。生境:-。资源:具栽培园艺种类。全球6个大洲分布及种数(50-100;hort.1;cult. 2)非洲:1-3;亚洲:4-6;大洋洲:9-12;欧洲:2;北美洲:8-10;南美洲:49-100。【中国种数:2】。

Nothosmyrnium Miq. 白苞芹属 Apiaceae [MD-480] 特征纪要:习性:草本。花程式:Kn,C5,A3参考科,=↓G2。物候:-。海拔:3100-3200米。生境:低山上的森林,针叶林,溪边。资源:具栽培园艺种类。全球1个大洲分布及种数(3-7)◆亚洲。【中国种数:2】。

Nothospondias Engl. 伪槟榔青属 Simaroubaceae [MD-424] 特征纪要:习性:木本。花程式:K3-10,C3-10,A2,=G1-2。其他特征参考科。全球1个大洲分布及种数(1)◆非洲。

Nothostele Garay 狭喙兰属 Orchidaceae [MM-723] 特征纪要:习性:草本。花程式:(K)3,C3,A3,↓G-。其他特征参考科。全球2个大洲分布及种数(2-3)北美洲:1; 南美洲:3。

Nothostrepta R. M. Schust. 智利叶苔属 Adelanthaceae [B-50] 特征纪要:习性:-。【Rep】:雌苞叶和雌苞腹叶无纤毛和齿,具蒴囊,蒴萼近圆形,口部具细圆齿或突起,蒴壁2层细胞,雌苞叶和雌苞腹叶无纤毛和齿,具蒴囊,蒴萼近圆形,口部具细圆齿或突起,蒴壁2层细胞。其他特征参考科。全球2个大洲分布及种数(3)非洲:2; 南美洲:3。

Nothotalisia W. W. Thomas 檬苦木属 Picramniaceae [MD-409] 特征纪要:习性:木本。花程式:-。其他特征参考科。全球2个大洲分布及种数(3-4)北美洲:3; 南美洲:4。

Nothotsuga H. H. Hu ex C. N. Page 长苞铁杉属 Pinaceae [G-15] 特征纪要:习性:-。【Rep】:复轴,球果状,苞鳞种鳞分离,雌雄异株。物候:-。花期:3-4月。果期:参考晚于花期。海拔:100-4700米。生境:北向缓坡,石灰岩山峰。资源:具园艺种类。全球1个大洲分布及种数(cf.1)◆亚洲(◆中国)。【中国种数:1】。

Nothovernonia H. Rob. & V. A. Funk 非菊属 Asteraceae [MD-586] 特征纪要:习性:草本。花程式:(K)3-5,(C)3-5,A3-5,↓G。其他特征参考科。全球2个大洲分布及种数(2)非洲:2,亚洲:1。

Nothria P. J. Bergius = **Frankenia**

Noticastrum DC. 银菀属 Asteraceae [MD-586] 特征纪要:习性:草本。花程式:(K)3-5,C3-5,A3-5,=↓(G)2。物候:-。花期:7-10月。果期:参考晚于花期。海拔:6000米。生境:阿尔泰山地针叶林带山沟,柞林下路旁。资源:-。全球6个大洲分布及种数(20-32)非洲:3; 亚洲:4; 大洋洲:4; 欧洲:7; 北美洲:7; 南美洲:30。【中国种数:2】。

Notiophrys Lindl. = **Platylepis**

Notiosciadium Speg. 湿伞芹属 Apiaceae [MD-480] 特征纪要:习性:草本。花程式:=↓(K5),C5,A5,=↓(G)2。其他特征参考科。全球2个大洲分布及种数(1-2)北美洲:1; 南美洲:2。

Notisia Pestal. ex Ces. 菊科属 Brassicaceae [MD-213] 特征纪要:习性:草本。花程式:-。其他特征参考科。全球1个大洲分布及种数(1)◆大洋洲:1。

Notjo Adans. = **Campsis**

Notobasis (Cass.) Cass. 银脉蓟属 Asteraceae [MD-586] 特征纪要:习性:草本。花程式:(K)3-5,C3-5,A3-5,=↓(G)2。其他特征参考科。全球4个大洲分布及种数(2)非洲:1;亚洲:1;大洋洲:1;欧洲:1。

Notobubon B. -E. van Wyk 麻前胡属 Apiaceae [MD-480] 特征纪要:习性:草本。花程式:=↓(K5),C5,A5,=↓G2。其他特征参考科。全球6个大洲分布及种数(13-35)非洲:24; 亚洲:20; 大洋洲:3; 欧洲:5; 北美洲:5; 南美洲:3。【中国种数:1】。

Notocactus (K. Schum.) Frič 南国玉属 Cactaceae [MD-100] 特征纪要:木本,落叶; 花程式:=↓(K)1-∞,C1-∞,A3(100),=↓G:3(100)。果实:-。种子:具种脐,略凹陷,稀直伸;胚乳存在或缺失。全球1个大洲分布及种数(57-65)◆南美洲。

Notoceras W. T. Aiton 二角芥属 Brassicaceae [MD-213] 特征纪要:习性:草本。花程式:K2-4,C2-4,A2-4,=(G)2。物候:-。海拔:-。生境:-。资源:具栽培园艺种类。全球3个大洲分布及种数(1-11)非洲:4; 亚洲:6; 南美洲:4。

Notochaete Benth. 钩萼草属 Lamiaceae [MD-575] 特征纪要:习性:-。花程式:-。物候:-。花期:8-9月。果期:参考晚于花期。海拔:1200-2500米。生境:边缘,生于亚热带常绿林林缘或谷地。资源:-。全球1个大洲分布及种数(cf.1)◆亚洲。

Notochloe Domin 北美禾草属 Poaceae [MM-748] 特征纪要:习性:草本。花程式:(K)3,C0参考科,A1-2,↓G

-参考科。其他特征参考科。全球 1 个大洲分布及种数(1)◆大洋洲。

Notodanthonia Zotov = **Rytidosperma**

Notogramme C. Presl = **Hemionitis**

Notolepeum Newman = **Asplenium**

Notoleptopus Voronts. & Petra Hoffm. 澳大戟属 Phyllanthaceae [MD-222] 特征纪要:习性:木本。花程式:K1(1000),C0,A6,=(G)2-3。其他特征参考科。全球 3 个大洲分布及种数(1-3)非洲:1; 亚洲:1; 大洋洲:1。

N

Notoligotrichum G. L. Sm. 短金发藓属 Polytrichaceae [B-101] 特征纪要:习性:-。【Rep】:孢子同形,雌雄异株,稀雌雄同株,蒴柄细长,孢蒴长圆柱形,单生或多个簇生,蒴齿单层,齿片 32,棕红色,蒴盖圆锥形。其他特征参考科。全球 6 个大洲分布及种数(8)非洲:1;亚洲:1;大洋洲:3;欧洲:1;北美洲:1;南美洲:5。

Notonema Raf. = **Agrostis**

Notonia DC. = **Senecio**

Notoniopsis B. Nord. = **Jaumea**

Notopappus Klingenb. 短角菊属 Asteraceae [MD-586] 特征纪要:习性:草本。花程式:(K)3-5,C3-5,A3-5,=↓(G)2。其他特征参考科。全球 2 个大洲分布及种数(4-6)大洋洲:1; 南美洲:6。

Notopleura (Hook. f.) Bremek. 巴拿马茜属 Rubiaceae [MD-523] 特征纪要:习性:木本。花程式:(K)4-5,(C)4-5,A4-5,=↓G2-9。其他特征参考科。全球 6 个大洲分布及种数(99-105;hort. 1;cult. 1)非洲:2;亚洲:2;大洋洲:2;欧洲:2;北美洲:44-47;南美洲:81-83。【中国种数:1】。

Notopora Hook. f. 大梗莓属 Ericaceae [MD-380] 特征纪要:习性:木本。花程式:(K)5-8,(C)5-8,A10,=(G)2-4。其他特征参考科。全球 1 个大洲分布及种数(5-9)◆南美洲。

Notopterygium H. Boiss. 羌活属 Apiaceae [MD-480] 特征纪要:习性:-。花程式:-。物候:-。花期:7-8 月。果期:参考晚于花期。海拔:1600-5000 米。生境:沟谷灌丛草丛中,竹林阴湿从中。资源:药用。全球 3 个大洲分布及种数(18)亚洲:16; 欧洲:1; 北美洲:1。

Notoscyphus Mitt. 假苞苔属 Jungermanniaceae [B-38] 特征纪要:习性:-。【Rep】:雌雄同株或异株或有序同苞,雄苞顶生或间生,雄苞叶 2-3 对。物候:-。海拔:-。生境:常见于腐木上。栽培:来自广西龙州。资源:具栽培园艺种类。全球 6 个大洲分布及种数(2-3)非洲:1-5;亚洲:1-4;大洋洲:1-4;欧洲:3;北美洲:1-4;南美洲:3。【中国种数:2】。

Notoseris C. Shih 紫菊属 Asteraceae [MD-586] 特征纪要:习性:草本(基生)。花程式:(K)3-5,C3-5,A3 参考科,=↓(G)2。物候:-。花期:9 月。果期:参考晚于花期。海拔:1000-2800 米。生境:华山人工桦林下,生于山坡林缘。资源:-。全球 3 个大洲分布及种数(6-20)亚洲:20; 欧洲:3; 北美洲:3。【中国种数:3】。

Notothamia Ochyra & Seppelt 短角叶藓属 Seligeriaceae [B-113] 特征纪要:习性:-。【Rep】:雌雄多异株,蒴柄高出于雌苞叶,直立或弯曲,孢蒴多平滑,干燥时不收缩,短柱形或梨形,有时基部呈短台状。其他特征参考科。全球 2 个大洲分布及种数(21)大洋洲:2; 南美洲:20。

Notothixos Oliv. 银绒寄生属 Santalaceae [MD-412] 特征纪要:习性:木本。花程式:-。其他特征参考科。全球 3 个大洲分布及种数(1-13)非洲:3;亚洲:9;大洋洲:5。

Notothlaspi Hook. f. 南遏蓝菜属 Brassicaceae [MD-213] 特征纪要:习性:草本。花程式:K2-4,C2-4,A2-4,=(G)2。其他特征参考科。全球 2 个大洲分布及种数(3-6)大洋洲:6; 北美洲:2。

Notothyladaceae Müll. Frib. ex Prosk. [B-93] 短角苔科 特征纪要:热带、亚热带藓类,多大形,粗壮或坚挺,稀疏或密集群生,或垂倾生长,具光泽。【Rep】:雌雄异株,稀雌雄同株,蒴柄短或较长,平滑或粗糙,孢蒴长卵形,直立,蒴齿两层,环带不分化,蒴盖圆锥形,亮绿色至红棕色。全球 6 个大洲分布和属种数(3/36-51)非洲:2/15;亚洲:3/19-34;大洋洲:1-2/7-22;欧洲:2/5-20;北美洲:3/12-27;南美洲:3/11-26。【中国属种数:2/3】。

Notothylas Sull. 短角苔属 Notothyladaceae [B-93] 特征纪要:习性:-。【Rep】:孢蒴长卵形,具短柄,蒴足形大,平横着生叶状体上,成熟时有时不开裂,蒴轴较短或缺失,蒴壁无气孔。其他特征参考科。全球 6 个大洲分布及种数(6)非洲:10;亚洲:4-14;大洋洲:10;欧洲:1-11;北美洲:1-11;南美洲:2-12。【中国种数:1】。

Nototriche Turcz. 卧葵属 Malvaceae [MD-203] 特征纪要:习性:木本。花程式:K5-∞,C5-∞,A10-8,=(G)1-5。其他特征参考科。全球 3 个大洲分布及种数(109-154)亚洲:3; 北美洲:4; 南美洲:148。

Nototrichium (A. Gray) W. F. Hillebr. 岩苋属 Amaranthaceae [MD-116] 特征纪要:习性:草本。花程式:K1-2,C0,A1-2,=(G)2-3。其他特征参考科。全球 4 个大洲分布及种数(3-23)亚洲:3; 大洋洲:2; 欧洲:10; 北美洲:10。

Notylia Lindl. 茧柱兰属 Orchidaceae [MM-723] 特征纪要:习性:草本。花程式:(K)3,C3,A3,=↓(G)3。其他特征参考科。全球 6 个大洲分布及种数(73-90;hort. 1)非洲:8;亚洲:8;大洋洲:8;欧洲:8;北美洲:22-32;南美洲:63-77。

Notyliopsis P. Ortiz 茧兰属 Orchidaceae [MM-723] 特征纪要:习性:草本。花程式:(K)3,C3,A3,↓G-。其他特征参考科。全球 1 个大洲分布及种数(1)◆南美洲。

Nouelia Franch. 栌菊木属 Asteraceae [MD-586] 特征纪要:习性:草质攀援。花程式:(K)3-5,C3-5,A3 参考科,↓G。物候:-。花期:2-6 月。果期:参考晚于花期。海拔:1000-2900 米。生境:陡坡,生于山区灌丛中。资源:具园艺种类。全球 1 个大洲分布及种数(cf. 1)◆亚洲(◆中国)。【中国种数:1】。

Nouletia Endl. = **Cuspidaria**

Novaguinea D. J. N. Hind 新几内亚菊属 Asteraceae [MD－586] 特征纪要:习性:草本。花程式:(K)3－5,C3－5,A3－5,=↓(G)2。其他特征参考科。全球3个大洲分布及种数(1－2)非洲:2; 亚洲:2; 大洋洲:2。

Noveloa C. T. Philbrick 凤苔草属 Podostemaceae [MD－322] 特征纪要:习性:草本。花程式:－。其他特征参考科。全球1个大洲分布及种数(2) ◆北美洲:2。

Novenia S. E. Freire 凤梨菀属 Asteraceae [MD－586] 特征纪要:习性:草本。花程式:(K)3－5,C3－5,A3－5,=↓(G)2。其他特征参考科。全球1个大洲分布及种数(1)◆南美洲。

Nowellia Mitt. 拳叶苔属 Cephaloziaceae [B－52] 特征纪要:习性:－。【Rep】:雌苞生于茎腹面短枝上,蒴萼长筒形,口部有长刺,雄苞生于茎腹面,雄苞叶多对,呈穗状。物候:－。海拔:－。生境:常见于湿地,江边山坡。资源:－。全球6个大洲分布及种数(5－7)非洲:1;亚洲:2－3;大洋洲:1－4;欧洲:1－2;北美洲:2－3;南美洲:1－2。【中国种数:1】。

Nowickea J. Martínez & J. A. McDonald 柄商陆属 Phytolaccaceae [MD－125] 特征纪要:习性:草本。花程式:－。其他特征参考科。全球2个大洲分布及种数(2－5)亚洲:2; 北美洲:4。

Nowodworskya J. Presl = **Polypogon**

Noyera Trec. = **Perebea**

Nubelaria M. T. Sharples & E. A. Tripp 苋属 Caryophyllaceae [MD－77] 特征纪要:习性:－。花程式:－。其他特征参考科。全球1个大洲分布及种数(－)。

Nucularia Batt. 双花蓬属 Amaranthaceae [MD－116] 特征纪要:习性:草本。花程式:－。其他特征参考科。全球5个大洲分布及种数(1－47)非洲:4; 亚洲:7; 欧洲:1; 北美洲:1; 南美洲:35。

Nummularia Hill ex Farw. 报春锥属 Primulaceae [MD－401] 特征纪要:习性:－。花程式:－。其他特征参考科。全球6个大洲分布及种数(4)非洲:9;亚洲:9;大洋洲:9;欧洲:9;北美洲:3－12;南美洲:9。

Nuphar Sm. 萍蓬草属 Nupharaceae [MD－26] 特征纪要(同科)。全球6个大洲分布及种数(21－27;hort. 1;cult. 7)非洲:3－23;亚洲:13－38;大洋洲:1－21;欧洲:6－26;北美洲:15－35;南美洲:20。【中国种数:4】。

Nupharaceae á. Löve [MD－26] 萍蓬草科 特征纪要:习性:草本;落叶。花程式:K4－7,C4－7,A－,↑G－。物候:－。花期:5－7月。果期:8－10月。果实:浆果。种子:多数作为亚科来处理。海拔:140－300米。生境:池塘。栽培:来自广西龙州。资源:园艺观赏。栽培:－。全球4个大洲分布及属种数(1/1 <IFR 1/1> hort. 1; cult. 1) 非洲:1/5; 亚洲:1/14－18(IFR 1/1); 欧洲:1/8; 北美洲:1/17。

Nurmonia Harms = **Turraea**

Nuttallanthus D. A. Sutton 细柳穿鱼属 Plantaginaceae [MD－527] 特征纪要:习性:草本。花程式:K2－4,C0,A2－4,=↓(G)2－3。其他特征参考科。全球5个大洲分布及种数(5)亚洲:3;大洋洲:1;欧洲:1;北美洲:3;南美洲:3。【中国种数:2】。

Nuttallia Spreng. 细刺莲花属 Aquifoliaceae [MD－438] 特征纪要和分布(－)。全球1个大洲分布及种数(32)◆南美洲。

Nuxia Comm. ex Lam. 瑞仙木属 Stilbaceae [MD－532] 特征纪要:习性:木本。花程式:－。物候:－。海拔:－。生境:－。资源:具园艺种类。全球6个大洲分布及种数(15－97)非洲:80; 亚洲:12; 大洋洲:3; 欧洲:7; 北美洲:7; 南美洲:13。

Nuytsia R. Br. ex G. Don 金焰檀属 Loranthaceae [MD－415] 特征纪要:习性:木本。花程式:－。其他特征参考科。全球1个大洲分布及种数(1)◆大洋洲(◆澳大利亚)。

Nyctaginaceae Juss. [MD－107] 紫茉莉科 特征纪要:习性:木本,藤本;落叶。花程式:(K)6－,C0,A5,↑G－。物候:－。花期:1－6月。果期:夏季－管季。果实:翅果,瘦果。种子:有胚乳,紫褐色。海拔:0米。生境:森林。资源:药用。栽培:中国有栽培。全球6个大洲分布及属种数(37－43/553－760 <IFR 16/38> hort. 1; cult. 9)非洲:7/79－89(IFR 1/2); 亚洲:8/68－78; 大洋洲:5/47－54; 欧洲:5/13－15; 北美洲:23－26/277－335(IFR 14/32); 南美洲:17/228－292(IFR 3/4)。【中国属种数:8/25】。

Nyctaginia Choisy 红麝花属 Nyctaginaceae [MD－107] 特征纪要:习性:木本。花程式:K1－5,C0,A5,G－。其他特征参考科。全球3个大洲分布及种数(1－6)亚洲:2; 北美洲:2; 南美洲:1。

Nyctago Juss. = **Mirabilis**

Nyctanthes L. 夜花属 Oleaceae [MD－498] 特征纪要:习性:木本。花程式:(K－),C2－3参考科,A10－,↓G2。物候:－。花期:参考早于果期。果期:2月。海拔:20－3950米。生境:自然山坡地。资源:具栽培园艺种类。全球6个大洲分布及种数(2－21)非洲:6; 亚洲:16; 大洋洲:2; 欧洲:8; 北美洲:8; 南美洲:3。【中国种数:1】。

Nycterium Vent. 茄科属 Solanaceae [MD－503] 特征纪要:习性:－。花程式:－。其他特征参考科。全球2个大洲分布及种数(3)北美洲:1; 南美洲:1。

Nycticalanthus Ducke 夜皓木属 Rutaceae [MD－399] 特征纪要:习性:－。花程式:－。其他特征参考科。全球1个大洲分布及种数(1)◆南美洲(◆巴西)。

Nyctocalos Teijsm. & Binn. 照夜白属 Bignoniaceae [MD－541] 特征纪要:习性:木本。花程式:－。物候:－。花期:8－10月。果期:参考晚于花期。海拔:200－1500米。生境:低山丛林中。资源:具园艺种类。全球1个大洲分布及种数(5－8)◆亚洲。【中国种数:3】。

Nyctocereus (A. Berger) Britton & Rose 仙人杖属 Cactaceae [MD－100] 特征纪要:习性:木本。花程式:=↓(K1－∞),C1－∞,A3－100,=↓G－。物候:－。海拔:－。生境:－。资源:药用。全球3个大洲分布及种数(1－

7)大洋洲:1; 北美洲:2; 南美洲:2。【中国种数:1】。

Nylandtia Dum. 尼兰远志属 Polygalaceae [MD - 291] 特征纪要:习性: - 。花程式: - 。其他特征参考科。全球4个大洲分布及种数(37)非洲:7; 亚洲:4; 北美洲:2; 南美洲:28。

Nymania Thunb. 红笼果属 Meliaceae [MD - 414] 特征纪要和分布(-)。全球1个大洲分布及种数(1)◆非洲。

Nymphaea L. 睡莲属 Nymphaeaceae [MD - 27] 特征纪要:习性:草本(根状茎,水生)。花程式:K4,C4,A3参考科,G - 。物候: - 。花期:6 - 8月。果期:参考晚于花期。海拔:4000米。生境:池塘。资源:具栽培园艺种类。全球6个大洲分布及种数(94 - 133;hort. 1;cult. 11)非洲:33 - 64;亚洲:31 - 65;大洋洲:30 - 63;欧洲:11 - 37;北美洲:37 - 68;南美洲:31 - 61。【中国种数:11】。

Nymphaeaceae Salisb. [MD - 27] 睡莲科 特征纪要:习性:草本;落叶。花程式:K4,C4,A - ,G - 。物候: - 。花期: 6月。果期: 10月。果实:浆果。种子:种皮作不规则的矩圆形。海拔:4000米。生境:池塘,湖泊。资源:园艺观赏。栽培:中国有栽培。全球6个大洲分布及属种数(7 - 8/127 - 173 < IFR 1/5 > hort. 1;cult. 2) 非洲:2/34 - 39(IFR 1/2); 亚洲:4/30 - 36(IFR 1/2); 大洋洲:2/31 - 38(IFR 1/1); 欧洲:2/11; 北美洲:2/38 - 43(IFR 1/2); 南美洲:3/37 - 41(IFR 1/1)。【中国属种数:5/19】。

Nymphanthus Lour. = **Phyllanthus**

Nymphoides Ség. 荇菜属 Menyanthaceae [MD - 526] 特征纪要:习性:草本(水生)。花程式:(K -),C5参考科,A10,↓G - 。物候: - 。海拔:100 - 1600米。生境:池塘中,山峰路边东南山坡岩石上。资源:具栽培园艺种类。全球6个大洲分布及种数(60 - 64;hort. 1)非洲:14 - 21;亚洲:23 - 33;大洋洲:26 - 33;欧洲:1 - 7;北美洲:10 - 16;南美洲:8 - 14。【中国种数:7】。

Nypa Steck 水椰属 Arecaceae [MM - 717] 特征纪要:习性:木本。花程式: - 。物候: - 。花期:7月。果期:参考晚于花期。海拔:100 - 2800米。生境:潮湿地区。资源:纤维,食用,具栽培园艺种类。全球6个大洲分布及种数(2)非洲:1 - 7;亚洲:1 - 7;大洋洲:1 - 7;欧洲:6;北美洲:1 - 7;南美洲:6。【中国种数:1】。

Nyssa Gronov. ex L. 蓝果树属 Nyssaceae [MD - 451] 特征纪要:习性:木质攀援。花程式: - 。物候: - 。花期:4 - 5月。果期:参考晚于花期。海拔:100 - 2500米。生境:常绿阔叶林。资源:具栽培园艺种类。全球6个大洲分布及种数(17 - 19)非洲:10;亚洲:13 - 23;大洋洲:1 - 11;欧洲:10;北美洲:9 - 20;南美洲:3 - 13。【中国种数:7】。

Nyssaceae Juss. ex Dum. [MD - 451] 蓝果树科 特征纪要:习性:木本;落叶。花程式:(K)6 - ,C5,A8,↓G - 。物候: - 。花期: 5 - 7月。果期: 9月。果实:核果。种子:种皮很薄,直径5 - 7毫米;果梗长导毫米;总果梗长1 - 2厘米。海拔:1000米。生境:常绿阔叶林。资源:药用。栽培: - 。全球4个大洲分布及属种数(5/24 - 26 hort. 1;cult. 2) 亚洲:4/18; 大洋洲:1/2; 北美洲:1/10 - 11; 南美洲:1/4。【中国属种数:4/11】。

Nyssanthes R. Br. 刺绳苋属 Amaranthaceae [MD - 116] 特征纪要:习性:草本。花程式:Kn,C0,A1 - 2, = (G)2 - 3。其他特征参考科。全球1个大洲分布及种数(4)◆大洋洲(◆澳大利亚)。

Nysseae (Juss. ex Dumort.) Spach 蓝果木属 Nyssaceae [MD - 451] 特征纪要:习性: - 。花程式: - 。其他特征参考科。全球1个大洲分布及种数(1)◆非洲。

O

Oakesiella (Maxim.) Small 垂铃儿属 Asparagaceae [MM－669] 特征纪要:习性:草本。花程式:－。其他特征参考科。全球 1 个大洲分布及种数(2)◆北美洲。

Oaxacania B. L. Rob. & Greenm. 孤泽兰属 Asteraceae [MD－586] 特征纪要:习性:－。花程式:－。其他特征参考科。全球 1 个大洲分布及种数(cf. 1)◆北美洲。

Obelanthera Turcz. = **Saurauia**

Obentonia Vell. = **Conchocarpus**

Oberholzeria Swanepöl, M. M. le Roux, M. F. Wojc. & A. E. van Wyk 黑兰属 Orchidaceae [MM－723] 特征纪要:习性:草本。花程式:(K－),C2－3 参考科,A3 参考科,↓G－。其他特征参考科。全球 1 个大洲分布及种数(1)◆非洲。

Oberonia Lindl. 鸢尾兰属 Orchidaceae [MM－723] 特征纪要:习性:草本。花程式:Kn,C2－3 参考科,A3 参考科,=↓G3。物候:－。花期:3－6 月。果期:参考晚于花期。海拔:1000－1600 米。生境:溪流旁硬木常绿林中树上。资源:具园艺种类。全球 6 个大洲分布及种数(94－354;hort. 1;cult. 1)非洲:12－100;亚洲:83－255;大洋洲:18－123;欧洲:8;北美洲:5－12;南美洲:4。【中国种数:44】。

Oberonioides Szlach. 小沼兰属 Orchidaceae [MM－723] 特征纪要:习性:草本。花程式:(K－),C0 参考科,A3 参考科,↓(G)3。物候:－。花期:4 月。果期:参考晚于花期。海拔:200－1800 米。生境:森林,潮湿和遮荫的岩石。资源:－。全球 2 个大洲分布及种数(7－10)亚洲:9; 南美洲:2。

Obetia Gaud. 荨麻树属 Urticaceae [MD－91] 特征纪要:习性:木本。花程式:－。其他特征参考科。全球 3 个大洲分布及种数(5－14)非洲:11; 亚洲:4; 南美洲:4。

Obletia Rozier = **Verbena**

Oblivia Strother 忘藤菊属 Asteraceae [MD－586] 特征纪要:习性:草本。花程式:(K)3－5,C3－5,A3－5,=↓(G)2。其他特征参考科。全球 3 个大洲分布及种数(3－4)亚洲:1; 北美洲:2; 南美洲:4。

Obolaria L. 铜币草属 Gentianaceae [MD－496] 特征纪要:习性:－。花程式:－。其他特征参考科。全球 4 个大洲分布及种数(1－11)非洲:3; 亚洲:1; 欧洲:2; 北美洲:2。

Obregonia Frič 帝冠球属 Cactaceae [MD－100] 特征纪要:习性:木本。花程式:=↓(K1－∞),C1－∞,A3－100,=↓(G)3－100。其他特征参考科。全球 2 个大洲分布及种数(1－3)亚洲:2; 北美洲:3。

Obsitila Raf. = **Trachyandra**

Obtegomeria Doroszenko & P. D. Cantino 新风轮属 Lamiaceae [MD－575] 特征纪要:习性:草本。花程式:Kn,C0,A3 参考科,↓G。其他特征参考科。全球 2 个大洲分布及种数(1－3)大洋洲:1; 南美洲:2。

Obtusifolium S. W. Arnell 秃瓣裂叶苔属 Cephaloziellaceae [B－53] 特征纪要:习性:－。【Rep】:常具蒴囊,绿色、黄绿色、暗绿色或红褐色。物候:－。海拔:－。生境:常见于腐木上。栽培:来自广西龙州。资源:具栽培园艺种类。全球 1 个大洲分布及种数(3)◆亚洲:2。

Ocalia Klotzsch = **Croton**

Oceana Byng & Christenh. 金莲木属 Ochnaceae [MD－104] 特征纪要:习性:木本。花程式:Kn,C2－3 参考科,A10,G－。其他特征参考科。全球 3 个大洲分布及种数(1)非洲:1;亚洲:1;大洋洲:1。

Oceaniopteris Gasper & Salino = **Blechnum**

Oceanoros (A. Gray) Small = **Zigadenus**

Ocellochloa Zuloaga & Morrone 黍属 Poaceae [MM－748] 特征纪要:习性:草本。花程式:(K－),C0 参考科,A3 参考科,↓G－参考科。其他特征参考科。全球 2 个大洲分布及种数(11－13)北美洲:5;南美洲:8－10。

Ocellularia <unassigned> 芙蓉苔属 Riellaceae [B－5] 特征纪要:－。全球 5 个大洲分布及种数(137)非洲:4; 亚洲:36; 大洋洲:10; 北美洲:5; 南美洲:67。

Ochagavia Phil. 海滨凤梨属 Bromeliaceae [MM－715] 特征纪要:习性:草本。花程式:(K)3,C3,A6,=↓G3。其他特征参考科。全球 1 个大洲分布及种数(5)◆南美洲。

Ochanostachys Mast. 穗檀榛属 Olacaceae [MD－362] 特征纪要:习性:木本。花程式:K3,C3,A5－6,=G2－3。其他特征参考科。全球 3 个大洲分布及种数(1－4)亚洲:3; 欧洲:2; 北美洲:2。【中国种数:1】。

Ochetophila Poepp. ex Endl. = **Discaria**

Ochiobryum J. R. Spence & H. P. Ramsay 澳刺藓属 Bryaceae [B－146] 特征纪要:习性:－。【Rep】:孢子体不发达,雌雄异株或雌雄同株,朔柄长,直立或稍弯曲,孢蒴多直立或倾立,稀横列或下垂,梨形、卵形或棒槌形。其他特征参考科。全球 1 个大洲分布及种数(1)◆大洋洲。

Ochlandra Thwaites 群蕊竹属 Poaceae［MM－748］特征纪要:习性:草本。花程式:(K)3,C0 参考科,A1－2,＝G2－3。其他特征参考科。全球5个大洲分布及种数(10－18)非洲:3; 亚洲:17; 大洋洲:2; 北美洲:1; 南美洲:2。

Ochlogramma C. Presl ＝ **Diplazium**

Ochlopoa (Asch. & Graebn.) H. Scholz ＝ **Poa**

Ochna L. 金莲木属 Ochnaceae［MD－104］特征纪要:习性:木本。花程式:－。物候:－。花期:3－4月。果期:参考晚于花期。海拔:300－1400米。生境:林中,岩石山谷两侧,溪流湿地。资源:具栽培园艺种类。全球6个大洲分布及种数(81－314)非洲:205; 亚洲:64; 大洋洲:5; 欧洲:14; 北美洲:14; 南美洲:51。【中国种数:6】。

Ochnaceae DC.［MD－104］金莲木科 特征纪要:习性:木本;落叶。花程式:(K)6－,C5,A10－2,↑G－。物候:－。花期:7月。果期:8－12月。果实:浆果。种子:棕黄色,直立,纵折。海拔:100－700米。生境:林中,岩石山谷两侧,溪流湿地。资源:－。栽培:－。全球6个大洲分布及属种数(38－53/720－884 <IFR 4/10> hort. 1;cult. 2) 非洲:11/177－196(IFR 2/4); 亚洲:9－12/336－380; 大洋洲:2/2; 欧洲:1; 北美洲:1; 南美洲:19－20/117－132(IFR 2/6)。【中国属种数:7/19】。

Ochnella Tiegh. ＝ **Ochna**

Ochoterenaea F. A. Barkley 半育漆属 Anacardiaceae［MD－432］特征纪要:习性:木本。花程式:K5,C5,A5－10,＝(G)1－3。其他特征参考科。全球2个大洲分布及种数(1－2)北美洲:2; 南美洲:2。

Ochotia A. P. Khokhr. 亚半芹属 Apiaceae［MD－480］特征纪要:习性:－。花程式:－。其他特征参考科。全球2个大洲分布及种数(20)亚洲:19; 南美洲:2。

Ochradenus Delile 刺樨木属 Resedaceae［MD－196］特征纪要:习性:草本。花程式:－。其他特征参考科。全球3个大洲分布及种数(11－13)非洲:3;亚洲:9－11;南美洲:cf. 1。

Ochradiscus S. Blanco & C. E. Wetzel 木樨草属 Resedaceae［MD－196］特征纪要:习性:草本。花程式:－。其他特征参考科。全球1个大洲分布及种数(1－2)◆亚洲:1－2。

Ochranthe Lindl. ＝ **Dalrympelea**

Ochreinauclea Ridsdale & Bakh. f. 水柳檀属 Rubiaceae［MD－523］特征纪要:习性:木本。花程式:(K)4－5,(C)4－5,A4－5,＝↓(G)2－9。物候:－。花期:参考早于果期。果期:10月。海拔:5－4800米。生境:矮林内。资源:－。全球1个大洲分布及种数(cf. 1)◆亚洲。【中国种数:1】。

Ochrobryum Mitt. 南亚白发藓属 Dicranaceae［B－128］特征纪要:习性:－。【Rep】:孢蒴无气孔,雌雄异株或假雌雄同株,雌苞叶鞘状,具长尖,孢子体顶生或侧生,有时丛生,蒴柄直立。物候:－。全球6个大洲分布及种数(8)非洲:3;亚洲:4;大洋洲:1;欧洲:2;北美洲:4;南美洲:3。

Ochrocarpos Noronha ex Thou. 藤黄科属 Clusiaceae［MD－141］特征纪要:习性:－。花程式:－。其他特征参考科。全球3个大洲分布及种数(58)亚洲:2; 北美洲:1; 南美洲:1。

Ochrocarpus Thou. ＝ **Ochrocarpos**

Ochrocephala Dittrich 疆矢车菊属 Asteraceae［MD－586］特征纪要:习性:草本。花程式:(K)3－5,(C)3－5,A3－5,↓G。其他特征参考科。全球1个大洲分布及种数(1)◆非洲。

Ochroma Sw. 轻木属 Malvaceae［MD－203］特征纪要:习性:木质攀援。花程式:(K－),C2－3参考科,A10－,G－。物候:－。花期:3－4月。果期:参考晚于花期。海拔:500－1700米。生境:干热河谷及稀树草原,也可生长在沟谷季雨林内。资源:具栽培园艺种类。全球5个大洲分布及种数(1－23)非洲:2; 亚洲:7; 大洋洲:2; 北美洲:5; 南美洲:13。【中国种数:1】。

Ochronerium Baill. ＝ **Tabernaemontana**

Ochropteris J. Sm. 巴西凤尾蕨属 Pteridaceae［F－31］特征纪要:习性:－。【Rep】:孢子同形,囊群生叶背。其他特征参考科。全球2个大洲分布及种数(2)北美洲:1; 南美洲:1。

Ochrosia Juss. 玫瑰树属 Apocynaceae［MD－492］特征纪要:习性:木本。花程式:(K－),C5,A5,↓G－。物候:－。花期:参考早于果期。果期:8－9月。海拔:80－3000米。生境:－。栽培:－。资源:药用,具栽培园艺种类。全球6个大洲分布及种数(28－53;hort. 1;cult. 3)非洲:10－28;亚洲:10－32;大洋洲:17－48;欧洲:2－20;北美洲:9－27;南美洲:3－20。【中国种数:5】。

Ochrosperma Trudgen 黄籽岗松属 Myrtaceae［MD－347］特征纪要:习性:木本。花程式:＝↓(K4－5),C4－5,A8－10,＝↓(G)2－5。其他特征参考科。全球1个大洲分布及种数(3－6)◆大洋洲(◆澳大利亚)。

Ochthephilus Wurdack 山号丹属 Melastomataceae［MD－364］特征纪要:习性:木本。花程式:＝↓(K4－5),C4－5,A4－5,＝↓(G)3－4。其他特征参考科。全球1个大洲分布及种数(1)◆南美洲。

Ochthocharis Bl. 马来野牡丹属 Melastomataceae［MD－364］特征纪要:习性:木本。花程式:＝↓(K4－5),C4－5,A4－5,＝↓G3－4。其他特征参考科。全球4个大洲分布及种数(9－21)非洲:5; 亚洲:21; 大洋洲:4; 南美洲:6。【中国种数:2】。

Ochthochloa Edgew. 偏穗蟋蟀草属 Poaceae［MM－748］特征纪要:习性:－。花程式:－。其他特征参考科。全球6个大洲分布及种数(3)非洲:3; 亚洲:3; 大洋洲:2; 欧洲:2; 北美洲:2; 南美洲:2。

Ochthocosmus Benth. 莽柴木属 Ixonanthaceae［MD－294］特征纪要:习性:木本。花程式:－。其他特征参考科。全球2个大洲分布及种数(10－35)非洲:18; 南美洲:31。

Ochthodium DC. 厚果荠属 Brassicaceae［MD－213］特征纪要:习性:草本。花程式:K2－4,C2－4,A2－4,＝(G)2。其他特征参考科。全球2个大洲分布及种数(1－4)非洲:3; 亚洲:1。

Ochyraea Váňa 柳叶藓科属 Amblystegiaceae［B－178］特征纪要:－。全球5个大洲分布及种数(9)亚洲:2; 大洋洲:2; 欧洲:4; 北美洲:4; 南美洲:2。

Ocimum L. 罗勒属 Lamiaceae［MD－575］特征纪要：习性：草质攀援。花程式：(K－)，C2－3 参考科，A3 参考科，＝↓G2。物候：－。花期：2－6 月。果期：参考晚于花期。海拔：5400 米。生境：干燥沙质草地。资源：药用，具栽培园艺种类。全球 6 个大洲分布及种数(75－460)非洲：307；亚洲：197；大洋洲：72；欧洲：95；北美洲：95；南美洲：98。【中国种数：11】。

Oclemena Greene 轮菀属 Asteraceae［MD－586］特征纪要：习性：草本。花程式：(K)3－5，(C)3－5，A3－5，↓G。其他特征参考科。全球 5 个大洲分布及种数(4－9)亚洲：5；大洋洲：2；欧洲：7；北美洲：7；南美洲：3。【中国种数：2】。

Ocotea Aubl. 甜樟属 Lauraceae［MD－21］特征纪要：习性：木本。花程式：－。物候：－。花期：6－10 月。果期：参考晚于花期。海拔：20－3800 米。生境：边缘或次生阔叶林中，林缘，路旁。资源：具园艺种类。全球 6 个大洲分布及种数(501－648；hort. 1；cult. 3)非洲：57－73；亚洲：39－54；大洋洲：8；欧洲：4－14；北美洲：154－188；南美洲：368－482。【中国种数：18】。

Octamyrtus Diels 多瓣桃木属 Myrtaceae［MD－347］特征纪要：习性：木本。花程式：＝↓(K4)，C4，A8－10，＝↓(G)2－5。其他特征参考科。全球 3 个大洲分布及种数(5－10)非洲：7；亚洲：8；大洋洲：9。【中国种数：1】。

Octarrhena Thwaites 八雄兰属 Orchidaceae［MM－723］特征纪要：习性：草本。花程式：(K)3，C3，A3，＝↓G3。其他特征参考科。全球 3 个大洲分布及种数(38－58)非洲：26－39；亚洲：17－23；大洋洲：21－32。

Octoblepharaceae (Cardot) A. Eddy ex M. Menzel ＝ Calymperaceae

Octoblepharum Hedw. 八齿藓属 Dicranaceae［B－128］特征纪要：习性：－。【Rep】：雌雄同株或雌雄异株，蒴柄顶生或侧生，孢蒴直立，卵圆形或圆柱形，对称，蒴齿 8 或 16，阔披针形，中缝开裂。物候：－。海拔：－。生境：常见于林下树干和树基，石生。资源：－。全球 6 个大洲分布及种数(18)非洲：6；亚洲：3；大洋洲：6；欧洲：4；北美洲：9；南美洲：11。【中国种数：1】。

Octoceras Bunge 刺果荠属 Brassicaceae［MD－213］特征纪要：习性：草本。花程式：K2－4，C2－4，A2－4，＝(G)2。其他特征参考科。全球 1 个大洲分布及种数(cf. 1)◆亚洲。

Octoclinis F. Muell. ＝ **Callitris**

Octodiceras Brid. 凤尾藓科属 Fissidentaceae［B－131］特征纪要：－。全球 2 个大洲分布及种数(24)北美洲：2；南美洲：1。

Octodon Thonn. ＝ **Spermacoce**

Octogonella Dixon ＝ **Rhachithecium**

Octokepos (Griff.) Grolle 花萼苔属 Aytoniaceae［B－9］特征纪要：习性：－。【Rep】：雌托半球形，边缘 5－7 深裂，雌雄同株或异株，雄托无柄，生于叶状体背面前端，雌托近球形或半球形，基部通常浅裂或近于不开裂，下方具苞。物候：－。海拔：－。生境：山坡向阳，岩面土生。资源：－。全球 1 个大洲分布及种数(－).◆亚洲。

Octoknema Pierre 蚁母檀属 Octoknemaceae［MD－366］特征纪要(同科)。全球 3 个大洲分布及种数(14－18)非洲：18；北美洲：2；南美洲：2。

Octoknemaceae Soler.［MD－366］腔藏花科 特征纪要：习性：木本；落叶。花程式：K5，C5，A5，↓(G)3。物候：－。果实：－。种子：蓝紫色。海拔：－。生境：－。资源：－。栽培：－。全球 1 个大洲分布及属种数(1/1 hort. 1，cult. 1) ◆非洲：1/ 5－15。

Octolepis Oliv. 鳞薇木属 Thymelaeaceae［MD－310］特征纪要：习性：木本。花程式：K2－4，C0，A2，＝G2－5。其他特征参考科。全球 1 个大洲分布及种数(7)◆非洲。

Octolobus Welw. 八裂桐属 Malvaceae［MD－203］特征纪要：习性：木本。花程式：－。其他特征参考科。全球 4 个大洲分布及种数(3－10)非洲：6；亚洲：2；大洋洲：2；南美洲：5。

Octomeles Miq. 八数木属 Tetramelaceae［MD－197］特征纪要：习性：木本。花程式：－。其他特征参考科。全球 3 个大洲分布及种数(1－4)非洲：1；亚洲：4；大洋洲：2。【中国种数：1】。

Octomeria R. Br. 八团兰属 Orchidaceae［MM－723］特征纪要和分布(－)。全球 1 个大洲分布及种数(155－176)◆南美洲。【中国种数：1】。

Octoplis Raf. ＝ **Gnidia**

Octopoma N. E. Br. 白仙木属 Aizoaceae［MD－94］特征纪要：习性：灌木。花程式：＝↓(K3－4)，C3－4，A5 参考科，＝↓(G)1－2。其他特征参考科。全球 2 个大洲分布及种数(4－16)非洲：16；南美洲：2。

Octotheca R. Vig. ＝ **Schefflera**

Octotropis Bedd. 八棱果属 Rubiaceae［MD－523］特征纪要：习性：木本。花程式：(K)4－5，(C)4－5，A4－5，＝↓(G)2－9。其他特征参考科。全球 2 个大洲分布及种数(1－4)亚洲：3；南美洲：2。

Ocymum Tourn. ex L. ＝ **Ocimum**

Ocyroe Phil. ＝ **Nardophyllum**

Ocyroe Phil. ＝ **Nardophyllum**

Oddoniodendron De Wild. 奥多豆属 Fabaceae1［MD－240］特征纪要：习性：木本。花程式：＝↓(K3－5－∞)，C3－5－∞，A3－5，＝↓G1－2。其他特征参考科。全球 1 个大洲分布及种数(3－5)◆非洲。

Odisca Raf. ＝ **Colea**

Odixia Orchard 拟蜡菊属 Asteraceae［MD－586］特征纪要：习性：草本。花程式：(K)3－5，(C)3－5，A3－5，↓G。其他特征参考科。全球 1 个大洲分布及种数(2)◆大洋洲(◆澳大利亚)。

Odollam Adans. ＝ **Cerbera**

Odonellia K. R. Robertson 奥多旋花属 Convolvulaceae［MD－499］特征纪要：习性：草本。花程式：K5，C0，A5，＝

(G)2 - 5。其他特征参考科。全球 2 个大洲分布及种数(2 - 3)北美洲:3; 南美洲:3。

Odonia Bertol. 木豆属 Fabaceae3 [MD - 240] 特征纪要:习性: - 。花程式: - 。其他特征参考科。全球 2 个大洲分布及种数(8)北美洲:1; 南美洲:1。

Odontadenia Benth. 齿腺藤属 Apocynaceae [MD - 492] 特征纪要:习性:木本。花程式:K5 - ∞ ,C0,A15, = ↓ G2 - 5。其他特征参考科。全球 4 个大洲分布及种数(21 - 100)非洲:3; 亚洲:5; 北美洲:41; 南美洲:89。

Odontandra Willd. ex Roem. & Schult. = **Trichilia**

Odontanthera Wight 齿药萝藦属 Apocynaceae [MD - 492] 特征纪要:习性: - 。花程式: - 。其他特征参考科。全球 3 个大洲分布及种数(5)非洲:2; 亚洲:2; 南美洲:2。

Odontarrhena C. A. Mey. = **Alyssum**。【中国种数:1】。

Odonteilema Turcz. = **Acalypha**

Odontelytrum Hack. = **Cenchrus**

Odonthalia <unassigned> 红苞荷属 Rhodoleiaceae [MD - 64] 特征纪要: - 。全球 5 个大洲分布及种数(18)非洲:1; 亚洲:12; 欧洲:8; 北美洲:8; 南美洲:1。

Odontitella Rothm. 总序旱草属 Orobanchaceae [MD - 552] 特征纪要:习性:草本。花程式:参考科,C5 参考科,A5 参考科,(G)2。其他特征参考科。全球 0 个大洲分布及种数(1 - 2)。

Odontites Ludw. 疗齿草属 Orobanchaceae [MD - 552] 特征纪要和分布(-)。全球 6 个大洲分布及种数(53 - 68; hort. 1;cult. 1)非洲:15 - 19;亚洲:18 - 20;大洋洲:1;欧洲:32 - 39;北美洲:4 - 5;南美洲:3 - 4。【中国种数:3】。

Odontocarya Miers 齿果藤属 Menispermaceae [MD - 42] 特征纪要:习性:草本。花程式:K1(6 - 40),C3,A1 - 6 - 40, = G1 - 3。其他特征参考科。全球 3 个大洲分布及种数(41)亚洲:cf. 1;北美洲:6;南美洲:39。

Odontochilus Bl. 齿唇兰属 Orchidaceae [MM - 723] 特征纪要:草本(具根状茎)。花程式:K3,C3,A3, = ↓ (G)3。花期:8 月。果期:参考晚于花期。海拔:1000 - 1800 米。生境:深谷。资源:具园艺种类。全球 6 个大洲分布及种数(73 - 111)非洲:7; 亚洲:90; 大洋洲:12; 欧洲:3; 北美洲:3; 南美洲:6。【中国种数:11】。

Odontocline B. Nord. 葵叶菊属 Asteraceae [MD - 586] 特征纪要:习性:草本。花程式:(K)3 - 5,(C)3 - 5,A3 - 5, ↓ G。其他特征参考科。全球 2 个大洲分布及种数(6 - 7)北美洲:7; 南美洲:1。

Odontoglossum Kunth 齿舌兰属 Orchidaceae [MM - 723] 特征纪要:习性: - 。花程式: - 。物候: - 。花期:参考早于果期。果期:10 - 11 月。海拔:80 - 5200 米。生境:柏树林下或草坡路旁,竹坡中。资源: - 。全球 6 个大洲分布及种数(93 - 135;hort. 1;cult. 19)非洲:1;亚洲:1;大洋洲:1;欧洲:1;北美洲:3 - 4;南美洲:91 - 92。

Odontolejeunea (Spruce) Schiffn. 锯齿鳞苔属 Lejeuneaceae [B - 84] 特征纪要:习性: - 。【Rep】:老时呈红褐色。其他特征参考科。全球 5 个大洲分布及种数(13)非洲:3; 亚洲:2; 大洋洲:2; 北美洲:3; 南美洲:11。

Odontoloma J. Sm. 锯齿鳞始蕨属 Asteraceae [MD - 586] 特征纪要: - 。全球 1 个大洲分布及种数(4)◆南美洲:1。

Odontolophus Cass. = **Psephellus**

Odontomanes C. Presl = **Trichomanes**

Odontonema Nees 鸡冠爵床属 Acanthaceae [MD - 572] 特征纪要:习性:草本。花程式:K2 - 4,C0,A2 - 4, = ↓ G2。物候: - 。海拔: - 。生境: - 。资源:具栽培园艺种类。全球 6 个大洲分布及种数(34 - 45)非洲:5;亚洲:6 - 14;大洋洲:3 - 8;欧洲:5;北美洲:19 - 26;南美洲:22 - 36。【中国种数:2】。

Odontophorus N. E. Br. 怪伟玉属 Aizoaceae [MD - 94] 特征纪要:习性: - 。花程式: - 。其他特征参考科。全球 2 个大洲分布及种数(32)非洲:21; 南美洲:13。

Odontorrhynchus M. N. Correa 齿喙兰属 Orchidaceae [MM - 723] 特征纪要:习性:草本。花程式:(K)3,C3,A3, = ↓ G3。其他特征参考科。全球 2 个大洲分布及种数(4 - 13)亚洲:2; 南美洲:13。

Odontoschisma (Dum.) Dum. 裂齿苔属 Cephaloziaceae [B - 52] 特征纪要:习性: - 。【Rep】:雌苞生于茎腹面短枝上,雌苞叶 2 - 3 对,蒴萼长筒形或长椭圆形,上部有 3 - 4 条纵褶,口部有齿或毛。物候: - 。海拔: - 。生境:常见于腐木上。栽培:来自广西龙州。资源:具栽培园艺种类。全球 6 个大洲分布及种数(8 - 9)非洲:7;亚洲:4 - 11;大洋洲:1 - 8;欧洲:4 - 11;北美洲:4 - 11;南美洲:4 - 12。【中国种数:4】。

Odontoseries Fulford 委内指叶苔属 Lepidoziaceae [B - 63] 特征纪要:习性: - 。【Rep】:裂瓣披针形或指形。其他特征参考科。全球 1 个大洲分布及种数(cf. 1)◆南美洲。

Odontosoria Fée 乌蕨属 Lindsaeaceae [F - 27] 特征纪要:习性: - 。【Rep】:孢子同形,囊群至叶缘。物候: - 。海拔:800 - 900 米。生境:半山腰,干地,杂木林林缘。资源:具栽培园艺种类。全球 6 个大洲分布及种数(35 - 58)非洲:17; 亚洲:19; 大洋洲:12; 欧洲:16; 北美洲:16; 南美洲:15。【中国种数:4】。

Odontostemma Benth. = **Arenaria**。【中国种数:1】。

Odontostemum Baker = **Odontostomum**

Odontostephana Alexander 番萝藦属 Apocynaceae [MD - 492] 特征纪要:习性: - 。花程式: - 。其他特征参考科。全球 1 个大洲分布及种数(5)◆北美洲。

Odontostomum Torr. 喉齿莲属 Tecophilaeaceae [MM - 686] 特征纪要:习性:草本。花程式: - 。其他特征参考科。全球 1 个大洲分布及种数(1)◆北美洲。

Odontotecoma Bureau & K. Schum. = **Adenocalymma**

Odosicyos Keraudren = **Ampelosycios**

Odostemon Raf. 十大功劳属 Berberidaceae [MD - 45] 特征纪要:习性: - 。花程式: - 。其他特征参考科。全球 1 个大洲分布及种数(5)◆北美洲。

Odyendea Engl. = **Quassia**

Odyssea Stapf 奥德赛草属 Poaceae［MM－748］特征纪要:习性:草本。花程式:(K)3,C0 参考科,A1－2,＝(G)2－3。其他特征参考科。全球 4 个大洲分布及种数(1－7)非洲:6; 亚洲:2; 北美洲:2; 南美洲:2。

Oeceoclades Lindl. 僧兰属 Orchidaceae［MM－723］特征纪要:习性:－。花程式:－。物候:－。花期:参考早于果期。果期:10－11 月。海拔:80－5200 米。生境:柏树林下或草坡路旁,竹坡中。资源:－。全球 6 个大洲分布及种数(40－42)非洲:39－42;亚洲:3－4;大洋洲:1－2;欧洲:3－4;北美洲:2－3;南美洲:1－2。

Oechmea J. St. －Hil. ＝ **Aechmea**

Oecopetalum Greenm. & C. H. Thomps. 北美茶茱萸属 Metteniusaceae［MD－454］特征纪要:习性:木本。花程式:K3－4,C3－4,A2,＝(G)2－3。其他特征参考科。全球 1 个大洲分布及种数(2)◆北美洲。

Oedematopus Planch. & Triana 瘤足木属 Clusiaceae［MD－141］特征纪要:习性:－。花程式:－。其他特征参考科。全球 1 个大洲分布及种数(1－3)◆南美洲。

Oedibasis Koso－Pol. 胀基芹属 Apiaceae［MD－480］特征纪要:习性:草本。花程式:＝↓(K5),C5,A5,＝↓(G)2。其他特征参考科。全球 1 个大洲分布及种数(3－4)◆亚洲。

Oedicladium Mitt. 红毛藓属 Myuriaceae［B－208］特征纪要:习性:－。【Rep】:雌雄异株,雌苞叶甚小,直立,内雌苞叶带形或长披针形,有狭长尖,无分化角细胞,蒴柄细长,平滑。其他特征参考科。全球 2 个大洲分布及种数(8)亚洲:7;大洋洲:2。【中国种数:6】。

Oedina Van Tiegh. 五蕊寄生属 Loranthaceae［MD－415］特征纪要:习性:木本。花程式:K3－5,C0,A4,↓G。其他特征参考科。全球 2 个大洲分布及种数(4－5)非洲:4; 南美洲:1。

Oedipodiaceae Schimp.［B－99］长台藓科 特征纪要:纤细至一般大小,稍挺硬,黄色至褐色,呈大片生长。【Rep】:雌雄同株或异株,雄苞呈芽状,较小,雌苞生于短小雌枝上,蒴柄长 0.5－4 厘米,平滑,孢蒴直立,对称。全球 5 个大洲分布和属种数(1/2)亚洲:1/1;大洋洲:1/1;欧洲:1/1;北美洲:1/1;南美洲:1/2。【中国属种数:1/1】。

Oedipodiella Dixon 非洲大孢藓属 Gigaspermaceae［B－108］特征纪要:－。全球 1 个大洲分布及种数(2)◆非洲:2。

Oedipodium Schwägr 长台藓属 Oedipodiaceae［B－99］特征纪要(同科)。全球 5 个大洲分布及种数(2)亚洲:1;大洋洲:1;欧洲:1;北美洲:1;南美洲:2。【中国种数:1】。

Oehmea Buxb. 郎琴球属 Cactaceae［MD－100］特征纪要:习性:－。花程式:－。其他特征参考科。全球 1 个大洲分布及种数(－)。

Oemleria Rchb. 印第安李属 Rosaceae［MD－246］特征纪要:习性:木本。花程式:K1(10－100),C1－10－100,A1－10－100,＝↓G1－50。其他特征参考科。全球 4 个大洲分布及种数(1－8)亚洲:2; 欧洲:2; 北美洲:2; 南美洲:2。【中国种数:1】。

Oenanthe L. 水芹属 Apiaceae［MD－480］特征纪要:习性:草质攀援。花程式:Kn,C5,A3 参考科,＝↓G2。物候:－。花期:5－6 月。果期:参考晚于花期。海拔:1000－2500 米。生境:灌木和树木,沼泽,水边草丛下的潮湿遮荫处。资源:药用,具栽培园艺种类。全球 6 个大洲分布及种数(34－161)非洲:37; 亚洲:77; 大洋洲:12; 欧洲:19; 北美洲:19; 南美洲:12。【中国种数:11】。

Oenocarpus Mart. 油果椰属 Arecaceae［MM－717］特征纪要:习性:木本。花程式:－。其他特征参考科。全球 6 个大洲分布及种数(10－51)非洲:2; 亚洲:10; 大洋洲:3; 欧洲:25; 北美洲:25; 南美洲:48。【中国种数:1】。

Oenothera L. 月见草属 Onagraceae［MD－396］特征纪要:习性:草本(基生)。花程式:(K－),C2－3 参考科,A3 参考科,↓G－。物候:－。海拔:600－2500 米。生境:滨海。资源:药用,具栽培园艺种类。全球 6 个大洲分布及种数(210－948)非洲:40; 亚洲:95; 大洋洲:44; 欧洲:485; 北美洲:485; 南美洲:187。【中国种数:25】。

Oenotheraceae C. C. Robin ＝ Onagraceae

Oenotrichia Copel. 酒蕨属 Dennstaedtiaceae［F－26］特征纪要:习性:－。【Rep】:孢子同形,囊群至叶缘。其他特征参考科。全球 2 个大洲分布及种数(1－5)亚洲:2; 大洋洲:5。

Oeonia Lindl. 银凤兰属 Orchidaceae［MM－723］特征纪要:习性:草本。花程式:(K)3,C3,A3,＝↓G3。其他特征参考科。全球 5 个大洲分布及种数(6－62)非洲:56; 亚洲:6; 欧洲:2; 北美洲:2; 南美洲:4。

Oeoniella Schltr. 银鸟兰属 Orchidaceae［MM－723］特征纪要:习性:草本。花程式:(K)3,C3,A3,＝↓G3。其他特征参考科。全球 4 个大洲分布及种数 3 个非洲:2;亚洲:cf. 1;北美洲:1;南美洲:1。

Oerstedella Rchb. f. 奥特兰属 Orchidaceae［MM－723］特征纪要:习性:－。花程式:－。其他特征参考科。全球 2 个大洲分布及种数(38)北美洲:7; 南美洲:7。

Oerstedianthus Lundell ＝ **Ardisia**

Oerstedina Wiehler 尖果岩桐属 Gesneriaceae［MD－549］特征纪要:习性:－。花程式:－。其他特征参考科。全球 1 个大洲分布及种数(2)◆北美洲。

Oestlundia W. E. Higgins 围柱兰属 Orchidaceae［MM－723］特征纪要:习性:草本。花程式:(K－),C2－3 参考科,A3 参考科,↓G－。其他特征参考科。全球 2 个大洲分布及种数(4) 北美洲;南美洲。

Oestlundorchis Szlach., Rutk. & Mytnik 蜜囊兰属 Orchidaceae［MM－723］特征纪要:习性:－。花程式:－。其他特征参考科。全球 1 个大洲分布及种数(cf. 1)◆北美洲。

Ofaiston Raf. 单蕊蓬属 Amaranthaceae［MD－116］特征纪要:习性:草本。花程式:K3－5,C0,A3－5,＝↓G2－5。物候:－。海拔:600－5000 米。生境:半固定沙丘或河边沙滩,棕钙土。资源:－。全球 1 个大洲分布及种数(cf. 1)◆亚洲。【中国种数:1】。

Oftia Adans. 硬核木属 Oftiaceae［MD－565］特征纪要(同科)。全球 3 个大洲分布及种数(3－7)非洲:7; 欧洲:2; 北美洲:2。

Oftiaceae Takht.［MD－565］硬粒木科 特征纪要:习性:草本;落叶。花程式:K4－5(－),C0,A4,↓(G)－。物

候:-。果实:果实肉质。种子:-。海拔:-。生境:-。资源:-。栽培:-。全球1个大洲分布及属种数(3/6 hort.1)◆非洲:1/3。

Ogastemma Brummitt 齿缘草属 Boraginaceae [MD-517] 特征纪要:习性:草本。花程式:Kn,C0,A5,↓G。其他特征参考科。全球2个大洲分布及种数(1)非洲:1;亚洲:1。

Ogcerostylis Cass. = **Siloxerus**

Ogcerostylus Cass. = **Siloxerus**

Ogiera Cass. = **Eleutheranthera**

Ohashia X. Y. Zhu & R. P. Zhang 蝶形花科属 Fabaceae3 [MD-240] 特征纪要:习性:-。花程式:(K)5,C5,A10多二体,G1。其他特征参考科。全球1个大洲分布及种数(1)◆亚洲(◆中国)。

Ohbaea V. V. Byalt & I. V. Sokolova 岷江景天属 Crassulaceae [MD-229] 特征纪要:习性:-。花程式:-。物候:-。花期:9月。果期:参考晚于花期。海拔:2700-4000米。生境:灌丛,阳光草原,岩石斜坡。资源:-。全球3个大洲分布及种数(11)亚洲:11;大洋洲:2;南美洲:10。

Ohwia H. Ohashi 小槐花属 Fabaceae3 [MD-240] 特征纪要:习性:木本。花程式:-。物候:-。花期:7-9月。果期:参考晚于花期。海拔:100-1000米。生境:山地,沟边,灌丛中。栽培:来自广西龙州。资源:药用,具栽培园艺种类。全球3个大洲分布及种数(2-7)亚洲:5;北美洲:2;南美洲:2。【中国种数:2】。

Oianthus Benth. = **Heterostemma**

Oiospermum Less. 小蓝冠菊属 Asteraceae [MD-586] 特征纪要:习性:-。花程式:-。其他特征参考科。全球3个大洲分布及种数(7)非洲:2;亚洲:2;南美洲:4。

Oistanthera Markgr. = **Tabernaemontana**

Okamuraea Broth. 褶藓属 Leucodontaceae [B-198] 特征纪要:习性:-。【Rep】:雌雄异株,内雌苞叶小于茎叶,基部鞘状,上部急尖,蒴柄长,直立,红色,平滑,孢蒴直立或略垂倾,长卵形。物候:-。海拔:1360米。生境:树生。资源:-。全球1个大洲分布及种数(4)◆亚洲:4。【中国种数:6】。

Okenia Schltdl. & Cham. 沙花生属 Nyctaginaceae [MD-107] 特征纪要:习性:木本。花程式:K1-5,C0,A5,=G1。其他特征参考科。全球3个大洲分布及种数(1-11)亚洲:6;北美洲:8;南美洲:3。

Okoubaka Pellegr. & Normand 天煞檀属 Santalaceae [MD-412] 特征纪要:习性:木本。花程式:K3-4,C0,A3-4,=↓(G)2-3。其他特征参考科。全球1个大洲分布及种数(2)◆非洲。

Olacaceae R. Br. [MD-362] 铁青树科 特征纪要:习性:木本,藤本;常绿,落叶。花程式:(K)6-,C4,A5,↑G-。物候:-。花期和果期:3-9月。果实:核果,坚果。种子:棕色,蓝紫色。海拔:100-1500米。生境:冲积森林和河流森林,沙地,很少有山丘。资源:药用。栽培:-。全球6个大洲分布及属种数(35-38/219-310 <IFR 4/5> hort.1;cult. 4)非洲:14/56-79(IFR 1/1);亚洲:8-11/30-52(IFR 2/2);大洋洲:4/17-27(IFR 1/1);欧洲:3/7;北美洲:4-5/22-23;南美洲:15/101-103(IFR 1/1)。【中国属种数:10/16】。

Olax L. 铁青树属 Olacaceae [MD-362] 特征纪要:习性:木质攀援。花程式:-。物候:-。海拔:500米。生境:低海拔疏林或密林中,热带雨林。资源:具栽培园艺种类。全球6个大洲分布及种数(57-74;hort.1)非洲:21-35;亚洲:14-20;大洋洲:11-18;欧洲:3-6;北美洲:3;南美洲:13-16。【中国种数:3】。

Oldeania Stapleton 小蛇草属 Poaceae [MM-748] 特征纪要:习性:草本。花程式:(K-),C0参考科,A3参考科,↓G-参考科。物候:-。海拔:10-5600米。生境:草地,作为饲料植物或大麦田杂草种植。资源:-。全球2个大洲分布及种数(7-9)非洲:7;南美洲:2。

Oldenburgia Less. 密绒菊属 Asteraceae [MD-586] 特征纪要:习性:草本。花程式:(K)3-5,(C)3-5,A3-5,=↓G2。其他特征参考科。全球2个大洲分布及种数(4-6)非洲:6;北美洲:2。

Oldenlandia L. 蛇舌草属 Rubiaceae [MD-523] 特征纪要和分布(-)。全球6个大洲分布及种数(165-276;hort.1;cult. 6)非洲:76-130;亚洲:81-145;大洋洲:39-78;欧洲:3-31;北美洲:31-64;南美洲:19-51。【中国种数:25】。

Oldenlandiopsis Terrell & W. H. Lewis 微耳草属 Rubiaceae [MD-523] 特征纪要:习性:木本。花程式:(K)4-5,C4-5,A4-5,↓G。物候:-。花期:参考早于果期。果期:10月。海拔:5-4800米。生境:矮林内。资源:-。全球3个大洲分布及种数(2)亚洲:cf.1;北美洲:1;南美洲:1。【中国种数:1】。

Oldfeltia B. Nord. & Lundin 五蟹甲属 Asteraceae [MD-586] 特征纪要:习性:草本。花程式:(K-),(C)5参考科,A3-5,↓G。其他特征参考科。全球1个大洲分布及种数(1)◆北美洲。

Oldfieldia Benth. & Hook. f. 安春桐属 Picrodendraceae [MD-317] 特征纪要:习性:木本。花程式:K1(1000),C1-1000,A1-1000,G2-3。其他特征参考科。全球2个大洲分布及种数(4-7)非洲:7;亚洲:2。

Olea L. 木樨榄属 Oleaceae [MD-498] 特征纪要:习性:木本。花程式:-。物候:-。花期:10月至次年3月。果期:参考晚于花期。海拔:1200-2400米。生境:混合树林。资源:药用,具栽培园艺种类。全球6个大洲分布及种数(34-51;hort.1;cult. 2)非洲:14-23;亚洲:24-38;大洋洲:4-12;欧洲:3-10;北美洲:3-10;南美洲:7。【中国种数:3】。

Oleaceae Hoffmanns. & Link [MD-498] 木樨科 特征纪要:习性:木本,藤本;落叶。花程式:♀|♂(K)6-,C0,A8,↓(G)-。物候:-。花期:1-3月。果期:1月。果实:蒴果。种子:-。海拔:0-3000米。生境:-。资源:原材料。栽培:中国有栽培。全球6个大洲分布及属种数(30-33/678-1027 <IFR 14/117> hort.1;cult. 13)非洲:10-12/223-287(IFR 6/33);亚洲:15-16/377-509(IFR 12/85);大洋洲:11/106-144(IFR 3/8);欧洲:10/87-91(IFR 3/14);北美洲:15/208-237(IFR 8/30);南美洲:9/89(IFR 4/9)。【中国属种数:14/189】。

Oleandra Cav. 条蕨属 Oleandraceae [F-55] 特征纪要(同科)。全球6个大洲分布及种数(50-59)非洲:8-10;

亚洲:36－38;大洋洲:11－14;欧洲:3－4;北美洲:11－12;南美洲:13－14。【中国种数:12】。

Oleandraceae Ching ex Pic. Serm. ［F－55］ 蓧蕨科 特征纪要:常粗硬,绿色,稍带红棕色,基部密生假根,成密集群生的山地砂土藓类。【Rep】:雌雄异株,稀同株,生殖苞芽胞形,基生或侧生,有线形配丝,外雌苞叶小,内雌苞叶较大,蒴柄长,直立。全球 6 个大洲分布和属种数(2;hort. & cult. 2)(68－93;hort. & cult. 4－6)非洲:2/17－22;亚洲:2/55－64;大洋洲:2/17－24;欧洲:2/6－8;北美洲:2/13－16;南美洲:2/15－18。【中国属种数:2/15】。

Olearia Mönch 榄叶菊属 Asteraceae ［MD－586］ 特征纪要:习性:草本。花程式:(K)3－5,(C)3－5,A3－5,＝↓G2。物候:－。海拔:－。生境:－。资源:具栽培园艺种类。全球 6 个大洲分布及种数(185－428)非洲:30; 亚洲:21; 大洋洲:288; 欧洲:27; 北美洲:27; 南美洲:51。【中国种数:4】。

Oleiocarpon Dwyer ＝ **Dipteryx**

Oleolophozia L. Söderstr. , De Roo & Hedd. 加纳裂叶苔属 Cephaloziellaceae ［B－53］ 特征纪要:－。全球 3 个大洲分布及种数(cf. 1)非洲;欧洲;北美洲。

Olfersia Raddi 贯脉舌蕨属 Dryopteridaceae ［F－49］ 特征纪要:习性:－。【Rep】:孢子同形,囊群生叶背有盖。其他特征参考科。全球 3 个大洲分布及种数(2－13)亚洲:2; 北美洲:3; 南美洲:5。【中国种数:1】。

Olgaea Iljin 猬菊属 Asteraceae ［MD－586］ 特征纪要:习性:草本(基生)。花程式:(K)3－5,C3－5,A3 参考科,＝↓G2。物候:－。海拔:1800－2100 米。生境:河谷,河滩砾石地,硬丘间低地。资源:具栽培园艺种类。全球 2 个大洲分布及种数(17－28)非洲:1; 亚洲:25。【中国种数:6】。

Olgantha R. M. Schust. 寡叶苔属 Herbertaceae ［B－69］ 特征纪要:习性:－。【Rep】:褐绿色至深红褐色。其他特征参考科。全球 1 个大洲分布及种数(1)◆非洲。

Olgasis Raf. ＝ **Oncidium**

Oliganthemum F. Muell. ＝ **Pluchea**

Oliganthes Cass. 短毛鸡菊花属 Asteraceae ［MD－586］ 特征纪要:习性:草本。花程式:(K)3－5,(C)3－5,A3－5,＝↓G2。其他特征参考科。全球 4 个大洲分布及种数(11－14)非洲:9－10;亚洲:cf. 1;北美洲:2;南美洲:2。

Oligarrhena R. Br. 沙蓬石南属 Ericaceae ［MD－380］ 特征纪要:习性:木本。花程式:－。其他特征参考科。全球 1 个大洲分布及种数(1)◆大洋洲(◆澳大利亚)。

Oligobotrya Baker ＝ **Maianthemum**

Oligocarpha Cass. ＝ **Brachylaena**

Oligocarpus Less. 小金盏属 Asteraceae ［MD－586］ 特征纪要:习性:－。花程式:－。其他特征参考科。全球 1 个大洲分布及种数(2)◆非洲。

Oligoceras Gagnep. 角萼桐属 Euphorbiaceae ［MD－217］ 特征纪要:习性:木本。花程式:K1(1000),C0,A6,＝(G)2－3。物候:－。花期:3－10 月。果期:参考晚于花期。海拔:20－5000 米。生境:中海拔山地灌木林中。资源:－。全球 1 个大洲分布及种数(cf. 1)◆亚洲。

Oligochaeta K. Koch 寡毛菊属 Asteraceae ［MD－586］ 特征纪要:习性:草本。花程式:(K)3－5,C3－5,A3 参考科,＝↓(G)2。物候:－。海拔:6000 米。生境:山坡。资源:－。全球 5 个大洲分布及种数(3－7)非洲:2; 亚洲:7; 大洋洲:1; 欧洲:1; 北美洲:1。【中国种数:1】。

Oligochaete K. Koch 黄毛菊属 Asteraceae ［MD－586］ 特征纪要:习性:－。花程式:－。其他特征参考科。全球 1 个大洲分布及种数(1)◆非洲。

Oligocladus Chodat & Wilczek 变豆菜属 Apiaceae ［MD－480］ 特征纪要:习性:草本。花程式:＝↓(Kn),C5,A3 参考科,＝↓G(－)。其他特征参考科。全球 1 个大洲分布及种数(1)◆南美洲。

Oligocodon Keay 小冠茜属 Rubiaceae ［MD－523］ 特征纪要:习性:木本。花程式:(K)4－5,(C)4－5,A4－5,＝↓(G)2－9。其他特征参考科。全球 2 个大洲分布及种数(1－2)非洲:2; 亚洲:2。

Oligolobos Gagnep. ＝ **Ottelia**

Oligomeris Cambess. 川樨草属 Resedaceae ［MD－196］ 特征纪要:习性:草本(基生)。花程式:－。物候:－。海拔:2070 米。生境:金沙江河谷沙滩上。资源:具园艺种类。全球 4 个大洲分布及种数(4)非洲:3;亚洲:cf. 1;欧洲:1;北美洲:1。【中国种数:1】。

Oligonema S. Watson ＝ **Olivaea**

Oligoneuron Small 白黄花属 Asteraceae ［MD－586］ 特征纪要:习性:－。花程式:－。其他特征参考科。全球 3 个大洲分布及种数(26)大洋洲:2; 欧洲:13; 北美洲:13。

Oligophyton H. P. Linder 本氏兰属 Orchidaceae ［MM－723］ 特征纪要:习性:草本。花程式:Kn,C0 参考科,A－参考科,↓G－。其他特征参考科。全球 1 个大洲分布及种数(1)◆非洲。

Oligoron Raf. ＝ **Acerates**

Oligoscias Seem. ＝ **Polyscias**

Oligosmilax Seem. ＝ **Heterosmilax**

Oligosporus (Cass.) Cass. 巴尔古津蒿属 Asteraceae ［MD－586］ 特征纪要:习性:－。花程式:－。其他特征参考科。全球 6 个大洲分布及种数(5)非洲:8;亚洲:8;大洋洲:8;欧洲:8;北美洲:8;南美洲:8。

Oligostachyum Z. P. Wang & G. H. Ye 少穗竹属 Poaceae ［MM－748］ 特征纪要:习性:竹类。花程式:(K－),C0 参考科,A3 参考科,＝G2－3。物候:－。花期:3 月。果期:参考晚于花期。海拔:400－500 米。生境:部分阴凉的山坡。栽培:来自广西龙州。资源:具栽培园艺种类。全球 2 个大洲分布及种数(18－31)亚洲:28; 北美洲:2。【中国种数:13】。

Oligothrix DC. 落冠千里光属 Asteraceae ［MD－586］ 特征纪要:习性:草本。花程式:(K)3－5,(C)3－5,A3－5,

↓G。其他特征参考科。全球 1 个大洲分布及种数(1)◆非洲。

Oligotrichum DC. 小赤藓属 Polytrichaceae [B-101] 特征纪要:习性:-。【Rep】:雌雄异株,孢蒴圆柱形或长卵形,直立或倾立,有内外气室,蒴轴具四纵长的翅状突起,蒴齿 32,色淡。物候:-。海拔:-。生境:常见于林边阴湿土壁,杂木林下。资源:-。全球 6 个大洲分布及种数(34)非洲:3;亚洲:13;大洋洲:3;欧洲:3;北美洲:6;南美洲:13。【中国种数:7】。

Olimarabidopsis Al-Shehbaz, O'Kane & R. A. Price 无苞芥属 Brassicaceae [MD-213] 特征纪要:习性:草本。花程式:K2-4,C2-4,A2-4,=(G)2。物候:-。花期:3-5 月。果期:参考晚于花期。海拔:3000-4200 米。生境:山谷,岩石斜坡,河岸。栽培:来自广西龙州。资源:具栽培园艺种类。全球 5 个大洲分布及种数(3-4)非洲:2; 亚洲:4; 欧洲:2; 北美洲:2; 南美洲:2。【中国种数:2】。

Olinia Thunb. 彩梨檀属 Oliniaceae [MD-330] 特征纪要(同科)。全球 4 个大洲分布及种数(8-72)非洲:18; 亚洲:23; 大洋洲:2; 南美洲:36。

Oliniaceae Harv. & Sond. [MD-330] 方枝树科 特征纪要:习性:木本;落叶。花程式:K4-5(-),C5,A8,G-。物候:-。果实:-。种子:-。海拔:-。生境:-。资源:-。栽培:-。全球 1 个大洲分布及属种数(1/1 <IFR 1/1 > hort. 1)◆非洲:1/10-16(IFR 1/1)。

Olivaea Sch. Bip. ex Benth. 水菀属 Asteraceae [MD-586] 特征纪要:习性:-。花程式:-。其他特征参考科。全球 1 个大洲分布及种数(2)◆北美洲(◆墨西哥)。

Oliverella Van Tiegh. 石莲花属 Loranthaceae [MD-415] 特征纪要:习性:-。花程式:-。其他特征参考科。全球 3 个大洲分布及种数(3-7)非洲:3; 北美洲:1; 南美洲:1。

Oliveria Vent. 伊朗寡芹属 Apiaceae [MD-480] 特征纪要:习性:草本。花程式:=↓(Kn),C5,A5,=↓G2。其他特征参考科。全球 3 个大洲分布及种数(1-58)亚洲:1; 北美洲:1; 南美洲:1。

Oliveriana Rchb. f. 伊利兰属 Orchidaceae [MM-723] 特征纪要:习性:草本。花程式:(K)3,C3,A3,=↓(G)3。其他特征参考科。全球 1 个大洲分布及种数(11-13)◆南美洲。

Olmeca Soderstr. 梨丘竹属 Poaceae [MM-748] 特征纪要:习性:草本。花程式:(K)3,C0 参考科,A1-2,=(G)2-3。其他特征参考科。全球 2 个大洲分布及种数(5-6)北美洲:6; 南美洲:2。

Olmedia Ruiz & Pav. = **Trophis**

Olmediella Baill. 奥尔木属 Salicaceae [MD-123] 特征纪要:习性:木本。花程式:-。其他特征参考科。全球 1 个大洲分布及种数(1 个◆北美洲。

Olmedioperebea Ducke = **Maquira**

Olmediophaena H. Karst. = **Maquira**

Olmediopsis H. Karst. = **Pseudolmedia**

Olsynium Raf. 春钟花属 Iridaceae [MM-700] 特征纪要:习性:草本。花程式:(K)3,C3,A10,=↓G3。物候:-。海拔:-。生境:-。资源:具栽培园艺种类。全球 6 个大洲分布及种数(27-28;hort. 1)非洲:1;亚洲:1-2;大洋洲:2-3;欧洲:2-3;北美洲:12-13;南美洲:25-27。

Olympusa Klotzch 竺夹竹属 Asclepiadaceae [MD-494] 特征纪要:-。全球 1 个大洲分布及种数(1) ◆南美洲:1。

Olyra L. 黍竺属 Poaceae [MM-748] 特征纪要:习性:草本。花程式:(K)3,C0 参考科,A1-2,=G2-3。物候:-。海拔:-。生境:-。资源:具园艺种类。全球 6 个大洲分布及种数(27-29)非洲:1-4;亚洲:1-4;大洋洲:3;欧洲:1-4;北美洲:10-13;南美洲:25-29。

Omalia (Brid.) Schimp. = **Homalia**

Omalocarpus Choux 沙木患属 Sapindaceae [MD-428] 特征纪要:习性:木本。花程式:K4-5,C4-5,A10,↓G-参考科。其他特征参考科。全球 1 个大洲分布及种数(1) ◆非洲:1。

Omalotheca Cass. 离缨鼠曲属 Asteraceae [MD-586] 特征纪要:草本,落叶。花程式:(K)3-5,(C)3-5,A3-5,=↓G:2。果实:瘦果。全球 6 个大洲分布及种数(9)非洲:1;亚洲:6-7;大洋洲:1;欧洲:5-6;北美洲:3-4;南美洲:1。【中国种数:1】。

Ombrocharis Hand.-Mazz. 喜雨草属 Lamiaceae [MD-575] 特征纪要:习性:草本(基生,多肉)。花程式:-。物候:-。海拔:1250 米。生境:沟谷处,森林。资源:-。全球 1 个大洲分布及种数(cf. 1)◆亚洲(◆中国)。【中国种数:1】。

Ombronesus N. E. Bell, N. Pedersen & A. E. Newton 雨蒴藓属 Ptychomniaceae [B-159] 特征纪要:习性:-。【Rep】:假雌雄异苞同株,内雌苞叶基部高鞘状,有狭长叶尖,孢蒴完全隐生于雌苞叶内,卵形或长卵形,棕色,平滑。其他特征参考科。全球 1 个大洲分布及种数(1)◆南美洲。

Ombrophila <unassigned> 螺花蕉属 Lowiaceae [MM-729] 特征纪要:-。全球 3 个大洲分布及种数(19)非洲:1; 欧洲:4; 南美洲:10。

Ombrophytum Pöpp. ex Endl. 螺蕊菰属 Balanophoraceae [MD-307] 特征纪要:习性:木本。花程式:K1-2,C0,A1-2,=↓G1-2。其他特征参考科。全球 2 个大洲分布及种数(7-15)北美洲:2; 南美洲:15。

Omegandra G. J. Leach & C. C. Towns. 栀子苋属 Amaranthaceae [MD-116] 特征纪要:习性:草本。花程式:Kn,C0,A1-2,=(G)2-3。其他特征参考科。全球 1 个大洲分布及种数(1)◆大洋洲。

Omiltemia Standl. 墨西哥茜属 Rubiaceae [MD-523] 特征纪要:习性:木本。花程式:(K)4-5,(C)4-5,A4-5,=↓(G)2-9。其他特征参考科。全球 1 个大洲分布及种数(3)◆北美洲(◆墨西哥)。

Omoea Bl. 奥莫兰属 Orchidaceae [MM-723] 特征纪要:习性:草本。花程式:(K)3,C3,A3,=↓(G)3。其他特征参考科。全球 2 个大洲分布及种数(2-6)亚洲:4; 南美洲:3。

Omonoia Raf. = **Eschscholzia**

Omphacomeria A. DC. 酸柴檀属 Santalaceae［MD－412］特征纪要:习性:木本。花程式:－。其他特征参考科。全球2个大洲分布及种数(1－3)亚洲:2; 大洋洲:3。

Omphalandria P. Br. = **Omphalea**

Omphalanthus Lindenb. & Nees 秘鲁苔属 Lejeuneaceae［B－84］特征纪要:习性:－。【Rep】:老时呈红褐色。其他特征参考科。全球2个大洲分布及种数(4)北美洲:cf. 1;南美洲:3。

Omphalea L. 脐戟属 Euphorbiaceae［MD－217］特征纪要:习性:木本。花程式:K1(1000),C0,A6, = G2－3。物候:－。海拔:－。生境:－。资源:具园艺种类。全球6个大洲分布及种数(16－21)非洲:6;亚洲:2－5;大洋洲:2;欧洲:1;北美洲:7－8;南美洲:5。【中国种数:1】。

Omphalina < unassigned > 牛栓藤科属 Connaraceae［MD－284］特征纪要:－。全球4个大洲分布及种数(27)非洲:6; 欧洲:3; 北美洲:3; 南美洲:18。

Omphalobium Gaertn. = **Connarus**

Omphalocarpum P. Beauv. 脐果榄属 Sapotaceae［MD－357］特征纪要:习性:木本。花程式:K4－15,C0,A5, = G2－4。其他特征参考科。全球2个大洲分布及种数(25－47)非洲:44; 亚洲:2。

Omphalodes Mill. 脐果草属 Boraginaceae［MD－517］特征纪要:习性:草本。花程式:K5,C0,A3 参考科, = ↓G2－4。物候:－。花期:7－8月。果期:参考晚于花期。海拔:5700米。生境:草地,路边,耕地,自然山坡地。资源:具栽培园艺种类。全球6个大洲分布及种数(14－30;hort. 1;cult. 2)非洲:2－8;亚洲:5－22;大洋洲:5;欧洲:4－18;北美洲:9－15;南美洲:5。

Omphalogramma Franch. 独花报春属 Primulaceae［MD－401］特征纪要:习性:草本(根状茎,基生,多肉)。花程式:－。物候:－。花期:7月。果期:参考晚于花期。海拔:2200－4600米。生境:泥炭质土壤,在松林和杜鹃花灌丛边缘。资源:具园艺种类。全球3个大洲分布及种数(12－24)亚洲:23; 北美洲:2; 南美洲:2。【中国种数:7】。

Omphalolappula Brand 脐鹤虱属 Boraginaceae［MD－517］特征纪要:习性:草本。花程式:Kn,C0,A5,↓(G)2－4。其他特征参考科。全球1个大洲分布及种数(1)◆大洋洲(◆澳大利亚)。

Omphalolejeunea (Spruce) Lacout. 细鳞苔科属 Lejeuneaceae［B－84］特征纪要:－。全球1个大洲分布及种数(－)。

Omphalopappus O. Hoffm. 齿冠瘦片菊属 Asteraceae［MD－586］特征纪要:习性:草本。花程式:Kn,C3 参考科,A3 参考科,↓G。其他特征参考科。全球1个大洲分布及种数(1)◆非洲(◆安哥拉)。

Omphalora < unassigned > 水蕨科属 Parkeriaceae［F－36］特征纪要:－。全球1个大洲分布及种数(－)。

Omphalothrix Maxim. = **Omphalotrix**

Omphalotrigonotis W. T. Wang 皿果草属 Boraginaceae［MD－517］特征纪要:习性:草本。花程式:－。物候:－。海拔:100米。生境:湿地,灌木丛,路边林下草中。资源:－。全球1个大洲分布及种数(cf. 1)◆亚洲(◆中国)。【中国种数:2】。

Omphalotrix Maxim. 脐草属 Orobanchaceae［MD－552］特征纪要:习性:草本。花程式:－。物候:－。花期:6－9月。果期:参考晚于花期。海拔:300－400米。生境:土地。资源:－。全球1个大洲分布及种数(cf. 1)◆亚洲。【中国种数:1】。

Onagra Mill. 柳叶菜科属 Onagraceae［MD－396］特征纪要:习性:－。花程式:－。其他特征参考科。全球2个大洲分布及种数(12)北美洲:1; 南美洲:1。

Onagraceae Juss.［MD－396］柳叶菜科 特征纪要:习性:木本;落叶。花程式:K2,C2,A10,↓G1－2。物候:－。果实:蒴果。种子:纵沟极明显,有约一半败育。海拔:0－2400米。生境:滨海草本植被,栽培。资源:药用。栽培:中国有栽培。全球6个大洲分布及属种数(47－56/959－1433 <IFR 21/192> hort. 1;cult. 13) 非洲:7/79－86(IFR 2/2); 亚洲:10/189－218(IFR 6/38); 大洋洲:7/79－121(IFR 3/7); 欧洲:8/125－144(IFR 4/43); 北美洲:30－31/689－751(IFR 21/117); 南美洲:11－12/254－270(IFR 5/18)。【中国属种数:10/151】。

Oncaglossum Sutory 墨西哥紫草属 Boraginaceae［MD－517］特征纪要:习性:草本。花程式:Kn,C0,A5,↓(G)2－4。其他特征参考科。全球1个大洲分布及种数(1)◆北美洲(◆墨西哥)。

Oncella Van Tiegh. 瘤寄生属 Loranthaceae［MD－415］特征纪要:习性:木本。花程式:K3－5,C0,A4, = ↓(G)3－4。其他特征参考科。全球2个大洲分布及种数(4－7)非洲:6; 南美洲:2。

Oncidium Sw. 文心兰属 Orchidaceae［MM－723］特征纪要:习性:草本。花程式:(K)3,C3,A3, = ↓(G)3。物候:－。花期:参考早于果期。果期:10－11月。海拔:80－5200米。生境:柏树林下或草坡路旁,竹坡中。资源:具栽培园艺种类。全球6个大洲分布及种数(366－1409)非洲:18; 亚洲:51; 大洋洲:18; 欧洲:435; 北美洲:435; 南美洲:1265。【中国种数:1】。

Oncinema Arn. 丝灯花属 Apocynaceae［MD－492］特征纪要:习性:木本。花程式:K5,C0,A15,↓G。其他特征参考科。全球3个大洲分布及种数(1－3)非洲:3; 北美洲:2; 南美洲:2。

Oncinotis Benth. 魔索藤属 Apocynaceae［MD－492］特征纪要:习性:木本。花程式:K5－∞,C0,A15, = ↓(G)2－5。其他特征参考科。全球4个大洲分布及种数(8－55)非洲:49; 亚洲:6; 大洋洲:2; 南美洲:7。

Oncoba Forssk. 鼻烟盒树属 Flacourtiaceae［MD－142］特征纪要:习性:木本。花程式:－。物候:－。花期:春季。果期:参考晚于花期。海拔:50－3000米。生境:常绿阔叶林,针叶林和阔叶混交林。资源:果可食,具栽培园艺种类。全球6个大洲分布及种数(25－32)非洲:22－26;亚洲:1－5;大洋洲:4;欧洲:4;北美洲:3－7;南美洲:4－9。【中国种数:1】。

Oncocalamus (G. Mann & H. Wendl.) H. Wendl. 鳞果藤属 Arecaceae [MM – 717] 特征纪要:习性:木本。花程式:K3 – 10,C3 – 10,A3 – 10,=G3 – 10。其他特征参考科。全球 3 个大洲分布及种数(4 – 13)非洲:8; 亚洲:3; 南美洲:6。

Oncocalyx Van Tiegh. 瘤萼寄生属 Loranthaceae [MD – 415] 特征纪要:习性:木本。花程式:K5,C0,A4,=↓G3 – 4。其他特征参考科。全球 2 个大洲分布及种数(13 – 14)非洲:10;亚洲:cf. 1。

Oncocyclus Siemssen = **Iris**

Oncophora Brid. ex Wallr. = **Oncophorus**

Oncophoraceae M. Stech [B – 124] 曲背藓科 特征纪要:草本,水生。全球 6 个大洲分布和属种数(12/103 – 171)非洲:7 – 10/19 – 65;亚洲:10/50 – 98;大洋洲:2 – 9/11 – 56;欧洲:7 – 10/23 – 69;北美洲:8 – 10/32 – 78;南美洲:10 – 12/43 – 91。【中国属种数:9/37(3)】。

Oncophorus Brid. 曲背藓属 Dicranaceae [B – 128] 特征纪要:习性: – 。【Rep】:雌雄同株,雄苞侧生,雌苞叶鞘状,基部占叶长度的 1/2,急尖,蒴柄直立,黄褐色,孢蒴长卵形,背曲。物候: – 。全球 6 个大洲分布及种数(68)非洲:3; 亚洲:13; 大洋洲:2; 欧洲:8; 北美洲:8; 南美洲:9。【中国种数:8】。

Oncorachis Morrone & Zuloaga 弯穗黍属 Poaceae [MM – 748] 特征纪要:习性:草本。花程式:(K –),C0 参考科,A3 参考科,↓G – 参考科。其他特征参考科。全球 1 个大洲分布及种数(2)◆南美洲。

Oncorhynchus Lehm. = **Castilleja**

Oncosiphon Källersjö 球黄菊属 Asteraceae [MD – 586] 特征纪要:习性:草本。花程式:(K)3 – 5,(C)3 – 5,A3 – 5,↓G。其他特征参考科。全球 4 个大洲分布及种数(12 – 16)非洲:11;大洋洲:4;欧洲:5;北美洲:4。

Oncosperma Bl. 尼梆刺椰属 Arecaceae [MM – 717] 特征纪要:习性:木本。花程式:K3 – 10,C3 – 10,A3 – 10,=G3 – 10。其他特征参考科。全球 6 个大洲分布及种数(5 – 13)非洲:2; 亚洲:13; 大洋洲:2; 欧洲:3; 北美洲:3; 南美洲:3。【中国种数:2】。

Oncostemma K. Schum. & Sydow 山冠菊属 Apocynaceae [MD – 492] 特征纪要:习性: – 。花程式: – 。其他特征参考科。全球 1 个大洲分布及种数(cf. 1)◆南美洲。

Oncostemon Spach = **Oncostemum**

Oncostemum A. Juss. 环蕊金牛属 Primulaceae [MD – 401] 特征纪要:习性:草本。花程式:(K)3 – 4,(C)3 – 4,A4,=G3 – 5。其他特征参考科。全球 5 个大洲分布及种数(100 – 129)非洲:121; 亚洲:7; 大洋洲:3; 北美洲:3; 南美洲:2。

Oncostylus (Schltdl.) F. Bolle 蔷薇科属 Rosaceae [MD – 246] 特征纪要:习性: – 。花程式: – 。其他特征参考科。全球 1 个大洲分布及种数(–)。

Oncotheca Baill. 钩药茶属 Oncothecaceae [MD – 285] 特征纪要(同科)。全球 2 个大洲分布及种数(2 – 4)非洲:2; 大洋洲:4。

Oncothecaceae Kobuski ex Airy – Shaw [MD – 285] 钩药茶科 特征纪要:习性:木本;落叶。花程式:K5,C5,A5,=↑(G)5。物候: – 。果实:核果。种子: – 。海拔: – 。生境: – 。资源: – 。栽培: – 。全球 1 个大洲分布及属种数(2/3 – 4 hort. 1) ◆大洋洲:1/ 1 – 2。

Oncus Lour. = **Dioscorea**

Ondetia Benth. 黄线菊属 Asteraceae [MD – 586] 特征纪要:习性:草本。花程式:(K)3 – 5,(C)3 – 5,A3 – 5,↓G。其他特征参考科。全球 2 个大洲分布及种数(1 – 3)非洲:3; 南美洲:2。

Ongokea Pierre 油帽果属 Olacaceae [MD – 362] 特征纪要:习性:木本。花程式: – 。其他特征参考科。全球 2 个大洲分布及种数(1 – 4)非洲:4; 北美洲:2。

Onira Ravenna 爪鸢花属 Iridaceae [MM – 700] 特征纪要:习性: – 。花程式: – 。其他特征参考科。全球 1 个大洲分布及种数(1 – 2)◆南美洲。

Onobrychis Mill. 驴食豆属 Fabaceae3 [MD – 240] 特征纪要:习性:木本。花程式: – 。物候: – 。花期:5 – 6 月。果期:参考晚于花期。海拔:1400 – 1800 米。生境:开阔林。资源:具栽培园艺种类。全球 6 个大洲分布及种数(107 – 220;hort. 1;cult. 15)非洲:13 – 25;亚洲:97 – 173;大洋洲:8 – 12;欧洲:28 – 44;北美洲:15 – 24;南美洲:1 – 6。【中国种数:18】。

Onoclea L. 球子蕨属 Onocleaceae [F – 45] 特征纪要:习性: – 。【Rep】:孢子囊群背生于显著的囊托上。物候: – 。海拔: – 。生境:针阔混交林水渠边。资源:具栽培园艺种类。全球 6 个大洲分布及种数(7 – 34)非洲:3; 亚洲:14; 大洋洲:4; 欧洲:8; 北美洲:8; 南美洲:8。【中国种数:4】。

Onocleaceae Pic. Serm. [F – 45] 球子蕨科 特征纪要:体形细小,柔弱,黄色或黄绿色,常具光泽,密集丛生。【Rep】:雌苞叶小,基部阔卵形,上部呈狭长尖,蒴柄细长,红色,平滑,孢蒴倾列或平列,长卵形,棕色,蒴齿两层,外,蒴柄侧生,细长,平滑或具弱疣,孢蒴平展或下倾,卵状圆柱形,两侧不对称,台部长而粗,口部强烈收缩。全球 6 个大洲分布和属种数(2 – 4;hort. & cult. 2)(9 – 28;hort. & cult. 5 – 6)非洲:2/3;亚洲:2/9 – 13;大洋洲:1 – 2/1 – 4;欧洲:1 – 2/1 – 4;北美洲:2/3 – 6;南美洲:2/3。【中国属种数:1/4】。

Onocleopsis F. Ballard 番荚果蕨属 Onocleaceae [F – 45] 特征纪要:习性: – 。【Rep】:孢子同形,囊群生叶背有盖。其他特征参考科。全球 1 个大洲分布及种数(1)◆北美洲。

Onohualcoa Lundell = **Mansoa**

Ononis L. 芒柄花属 Fabaceae3 [MD – 240] 特征纪要:习性:木本。花程式:(K –),C2 – 3 参考科,A3 参考科,=↓G1。物候: – 。花期:5 – 8 月。果期:参考晚于花期。海拔:7500 米。生境:砂质草地,山坡针叶林旁。资源:园林,具栽培园艺种类。全球 6 个大洲分布及种数(51 – 154;hort. 1;cult. 13)非洲:43 – 139;亚洲:22 – 61;大洋洲:3 – 25;欧洲:35 – 91;北美洲:13 – 42;南美洲:6 – 30。【中国种数:14】。

Onopordum L. 大翅蓟属 Asteraceae［MD – 586］特征纪要:习性:草本(基生,多肉)。花程式:(K)3 – 5,C3 – 5,A3 参考科,= ↓ G2。物候:–。海拔:400 – 1200 米。生境:农田旁水渠内,山坡,荒地或水沟边。资源:具栽培园艺种类。全球 6 个大洲分布及种数(78 – 116;hort. 1;cult. 7)非洲:26;亚洲:74 – 79;大洋洲:7;欧洲:36 – 38;北美洲:3;南美洲:2。【中国种数:2】。

Onoseris Willd. 驴菊木属 Asteraceae［MD – 586］特征纪要:习性:草本。花程式:(K)3 – 5,C3 – 5,A3 – 5,= ↓ (G)2。物候:–。海拔:–。生境:–。资源:具园艺种类。全球 6 个大洲分布及种数(32 – 114)非洲:3;亚洲:4;大洋洲:2;欧洲:14;北美洲:14;南美洲:94。

Onosma L. 滇紫草属 Boraginaceae［MD – 517］特征纪要:习性:草本,少木本。花程式:–。物候:–。海拔:1600 – 3000 米。生境:灌木丛。栽培:来自广西龙州。资源:药用,具栽培园艺种类。全球 6 个大洲分布及种数(254 – 354;hort. 1;cult. 6)非洲:13 – 24;亚洲:218 – 300;大洋洲:11;欧洲:57 – 89;北美洲:7 – 21;南美洲:1 – 13。【中国种数:27】。

Onosmodium Michx. 北美紫草属 Boraginaceae［MD – 517］特征纪要:习性:–。花程式:–。其他特征参考科。全球 1 个大洲分布及种数(9 – 18)◆北美洲。

Onotrophe Cass. = **Cirsium**

Onuris Phil. 奥努芥属 Brassicaceae［MD – 213］特征纪要:习性:草本。花程式:K2 – 4,C2 – 4,A2 – 4,= (G)2。其他特征参考科。全球 4 个大洲分布及种数(5 – 27)亚洲:6;欧洲:3;北美洲:3;南美洲:26。

Onychium Kaulf. 金粉蕨属 Pteridaceae［F – 31］特征纪要和分布(–)。全球 5 个大洲分布及种数(18)非洲:5;亚洲:17;大洋洲:4;欧洲:7;北美洲:8。【中国种数:9】。

Onychopetalum R. E. Fr. 爪瓣木属 Annonaceae［MD – 7］特征纪要:习性:木本。花程式:K3 – ∞,C3,A2,= G10 – 100。其他特征参考科。全球 1 个大洲分布及种数(3)◆南美洲。

Onychosepalum Steud. 尖苞灯草属 Restionaceae［MM – 744］特征纪要:习性:–。花程式:–。其他特征参考科。全球 1 个大洲分布及种数(cf. 1)◆大洋洲。

Oocarpon M. Micheli = **Ludwigia**

Oocephala (S. B. Jones) H. Rob. 铁鸠菊属 Asteraceae［MD – 586］特征纪要:习性:草本。花程式:(K)3 – 5,(C)3 – 5,A3 – 5,↓ G。其他特征参考科。全球 1 个大洲分布及种数(3)◆非洲。

Oocephalus (Benth.) Harley & J. F. B. Pastore 南美天芩属 Lamiaceae［MD – 575］特征纪要:习性:草本。花程式:K2,C0,A2,= ↓ G2。其他特征参考科。全球 3 个大洲分布及种数(22 – 27)亚洲:2;北美洲:2;南美洲:27。

Oochlamys Fée = **Thelypteris**

Ooia S. Y. Wong & P. C. Boyce 亚洲南星属 Araceae［MM – 639］特征纪要:习性:草本。花程式:K0,C0,A1 – 4,(G)1 – 3。其他特征参考科。全球 2 个大洲分布及种数(10 – 12)亚洲:10;南美洲:2。

Oonopsis (Nutt.) Greene 卵菀属 Asteraceae［MD – 586］特征纪要:习性:草本。花程式:(K)3 – 5,(C)3 – 5,A3 – 5,↓ G。其他特征参考科。全球 2 个大洲分布及种数(6 – 14)北美洲:12;南美洲:6。

Oophytum N. E. Br. 翠桃玉属 Aizoaceae［MD – 94］特征纪要:习性:草本。花程式:= ↓ (K3 – 4),C3 – 4,A5 参考科,= ↓ G –。其他特征参考科。全球 1 个大洲分布及种数(2)◆非洲。

Oothrinax (Becc.) O. F. Cook 海地棕属 Arecaceae［MM – 717］特征纪要:习性:–。花程式:–。其他特征参考科。全球 1 个大洲分布及种数(–)。

Opa Lour. = **Syzygium**

Opanea Raf. = **Eugenia**

Oparanthus Sherff 齿脉菊属 Asteraceae［MD – 586］特征纪要:习性:草本。花程式:(K –),(C)3 – 5,A3 参考科,↓ G。其他特征参考科。全球 1 个大洲分布及种数(3 – 6)◆大洋洲。

Opercularia Gaertn. 盖茜属 Rubiaceae［MD – 523］特征纪要:习性:木本。花程式:(K)4 – 5,(C)4 – 5,A4 – 5,= ↓ G2 – 9。其他特征参考科。全球 5 个大洲分布及种数(17 – 41)亚洲:3;大洋洲:25;欧洲:2;北美洲:2;南美洲:2。【中国种数:1】。

Operculicarya H. Perrier 盖果漆属 Anacardiaceae［MD – 432］特征纪要:习性:木本。花程式:–。其他特征参考科。全球 1 个大洲分布及种数(7 – 9)◆非洲。

Operculina Silva Manso 盒果藤属 Convolvulaceae［MD – 499］特征纪要:习性:草本(多肉)。花程式:–。物候:–。海拔:500 米。生境:生于低海拔竹地。资源:药用,具栽培园艺种类。全球 6 个大洲分布及种数(22 – 26;hort. 1)非洲:3 – 6;亚洲:8 – 11;大洋洲:7 – 10;欧洲:3;北美洲:11 – 16;南美洲:11 – 16。【中国种数:2】。

Opetiola Gaertn. = **Cyperus**

Ophelia D. Don ex G. Don 阶龙胆属 Gentianaceae［MD – 496］特征纪要:习性:–。花程式:–。其他特征参考科。全球 4 个大洲分布及种数(50)非洲:3;亚洲:30;大洋洲:2;南美洲:12。

Ophellantha Standl. = **Acidocroton**

Ophiala Desv. = **Helminthostachys**

Ophidion Lür 沿阶兰属 Orchidaceae［MM – 723］特征纪要:习性:–。花程式:–。其他特征参考科。全球 6 个大洲分布及种数(4 – 6)非洲:2;亚洲:2;大洋洲:2;欧洲:2;北美洲:2;南美洲:3 – 6。

Ophidocladus <unassigned> 沿花荷属 Rhodoleiaceae［MD – 64］特征纪要:–。全球 5 个大洲分布及种数(3)非洲:1;大洋洲:3;欧洲:1;北美洲:2;南美洲:2。

Ophiobotrys Gilg 香风子属 Salicaceae［MD – 123］特征纪要:习性:木本。花程式:–。其他特征参考科。全球 1

个大洲分布及种数(1)◆非洲。

Ophiocarpus (Bunge) Ikonn. = **Astragalus**

Ophiocaryon Endl. 蛇子果属 Sabiaceae [MD－259] 特征纪要:习性:木本。花程式:－。其他特征参考科。全球2个大洲分布及种数(10－13)亚洲:4; 南美洲:13。【中国种数:1】。

Ophiocephalus Wiggins = **Castilleja**

Ophiochloa Filg., Davidse & Zuloaga 蛇草属 Poaceae [MM－748] 特征纪要:习性:－。花程式:－。其他特征参考科。全球1个大洲分布及种数(2)◆南美洲(◆巴西)。

Ophiocolea H. Perrier 蛇果木属 Bignoniaceae [MD－541] 特征纪要:习性:－。花程式:－。其他特征参考科。全球3个大洲分布及种数(25)非洲:14; 亚洲:6; 南美洲:11。

O

Ophioglossaceae Martinov [F－9] 瓶尔小草科 特征纪要:形多样,绿色至褐绿色,具光泽或无光泽,疏或密生。【Rep】:雌雄同株或异株,雌苞顶生或生于侧枝先端,蒴萼多种形态,通常口部扁平,孢蒴卵圆形。全球6个大洲分布和属种数(4－6;hort. & cult. 1)(39－146;hort. & cult. 4－5)非洲:2－4/28－60;亚洲:2－5/11－40;大洋洲:1－4/7－31;欧洲:4/24;北美洲:3－4/18－49;南美洲:2－4/5－31。【中国属种数:3/37】。

Ophioglossella Schuit. & Ormerod 沿柱兰属 Orchidaceae [MM－723] 特征纪要:习性:草本。花程式:(K)3,C3,A3,↓G－。其他特征参考科。全球2个大洲分布及种数(1－2)非洲:1; 大洋洲:1。

Ophioglossum L. 瓶尔小草属 Ophioglossaceae [F－9] 特征纪要:习性:－。【Rep】:孢子囊穗自营养叶的基部生出,有长柄。物候:－。海拔:3000米。生境:草丛草坡阳处,竹林中,土生。资源:药用,具栽培园艺种类。全球6个大洲分布及种数(60－214)非洲:57; 亚洲:69; 大洋洲:25; 欧洲:48; 北美洲:48; 南美洲:53。【中国种数:13】。

Ophiomeris Miers = **Thismia**

Ophione Schott = **Dracontium**

Ophionella Bruyns 伏龙角属 Apocynaceae [MD－492] 特征纪要:习性:木本。花程式:K5,C0,A5,=↓(G)2。其他特征参考科。全球3个大洲分布及种数(3－16)非洲:15; 亚洲:3; 南美洲:8。

Ophiopogon Ker Gawl. 沿阶草属 Ophiopogonaceae [MM－651] 特征纪要(同科)。全球6个大洲分布及种数(84－194)非洲:18; 亚洲:172; 大洋洲:5; 欧洲:6; 北美洲:6; 南美洲:6。【中国种数:55】。

Ophiopogonaceae (Wight & Arn.) Meisn. [MM－651] 沿阶草科 特征纪要:习性:草本;落叶。花程式:(K)6－,C2,A4,↓(G)－。物候:－。花期:－。果期:－。果实:－。种子:－。海拔:200－3400米。生境:山地雨林。资源:－。栽培:－。全球1个大洲分布及属种数(1/1 hort. 1;cult. 1)◆亚洲:1/60－71。

Ophiorhipsalis (K. Schum.) Doweld 蚯蚓苇属 Cactaceae [MD－100] 特征纪要和分布(－)。全球1个大洲分布及种数(1)◆非洲。

Ophiorhiza L. = **Ophiorrhiza**

Ophiorrhiza L. 蛇根草属 Rubiaceae [MD－523] 特征纪要:习性:木质攀援。花程式:－。物候:－。花期:4－5月。果期:参考晚于花期。海拔:100－1500米。生境:半常绿雨林下,中湿林下。资源:具栽培园艺种类。全球6个大洲分布及种数(377－543)非洲:62; 亚洲:461; 大洋洲:70; 欧洲:7; 北美洲:7; 南美洲:15。【中国种数:72】。

Ophiorrhiziphyllon Kurz 蛇根叶属 Acanthaceae [MD－572] 特征纪要:习性:－。花程式:－。物候:－。花期:10月至次年2月。果期:参考晚于花期。海拔:100－1300米。生境:密林中,水沟边潮湿处。资源:－。全球1个大洲分布及种数(1－2)◆亚洲。

Ophioxylon L. = **Rauvolfia**

Ophispermum Lour. = **Aquilaria**

Ophiurinella Desv. = **Stenotaphrum**

Ophiuros C. F. Gaertn. 蛇尾草属 Poaceae [MM－748] 特征纪要:习性:草本。花程式:(K－),C0参考科,A3参考科,=G2－3。物候:－。海拔:900米。生境:山间草丛中,山坡。资源:－。全球6个大洲分布及种数(5)非洲:2－9;亚洲:4－11;大洋洲:2－9;欧洲:7;北美洲:1－8;南美洲:7。

Ophrestia H. M. L. Forbes 拟大豆属 Fabaceae3 [MD－240] 特征纪要:习性:木质攀援。花程式:(K－),C2－3参考科,A9＋1二体,=↓G1。物候:－。花期:7－8月。果期:参考晚于花期。海拔:1200米。生境:旷野灌木丛中。资源:－。全球3个大洲分布及种数(15－17;hort. 1)非洲:12－14;亚洲:4;大洋洲:1。【中国种数:1】。

Ophryoscleria Nees = **Scleria**

Ophryosporus Meyen 微腺亮泽兰属 Asteraceae [MD－586] 特征纪要:习性:草本。花程式:(K)3－5,(C)3－5,A3－5,=↓G2。其他特征参考科。全球3个大洲分布及种数(42－62)非洲:4; 北美洲:5; 南美洲:58。

Ophrypetalum Diels 刷瓣花属 Annonaceae [MD－7] 特征纪要:习性:木本。花程式:K3－∞,C3,A2,=G10－100。其他特征参考科。全球1个大洲分布及种数(1)◆非洲。

Ophrys L. 蜂兰属 Orchidaceae [MM－723] 特征纪要:习性:草本。花程式:(K)3,C3,A3,=↓G3。物候:－。海拔:－。生境:－。资源:具栽培园艺种类。全球6个大洲分布及种数(35－406;hort. 1;cult. 60)非洲:16－28;亚洲:24－44;大洋洲:9;欧洲:27－39;北美洲:2－12;南美洲:4－16。【中国种数:7】。

Ophthalmoblapton Allemão 毒目戟属 Euphorbiaceae [MD－217] 特征纪要:习性:木本。花程式:K1(1000),C0,A6,=(G)2－3。其他特征参考科。全球1个大洲分布及种数(4)◆南美洲(◆巴西)。

Ophthalmolejeunea (Stephani) R. M. Schust. 角鳞苔属 Lejeuneaceae [B－84] 特征纪要:习性:－。【Rep】:老时呈红褐色。物候:－。海拔:－。生境:山坡,针阔混交林中。资源:－。全球1个大洲分布及种数(－)◆亚洲。

Ophthalmophyllum Dinter & Schwantes 风铃玉属 Aizoaceae [MD－94] 特征纪要:习性:－。花程式:－。其他特征参考科。全球1个大洲分布及种数(15－17)◆非洲。

Opilia Roxb. 山柚子属 Opiliaceae［MD－369］特征纪要:习性:木质攀援。花程式:Kn,C2－3 参考科,A10,G－。物候:－。海拔:500－800 米。生境:森林,灌丛,山坡。资源:具园艺种类。全球 6 个大洲分布及种数(5－7;hort. 1)非洲:4－6;亚洲:1－3;大洋洲:1－3;欧洲:2;北美洲:2;南美洲:2。【中国种数:1】。

Opiliaceae Valeton［MD－369］山柚子科 特征纪要:习性:木本,藤本;常绿,落叶。花程式:(K)6－,C5,A3,↑G－。物候:－。花期:10－12 月。果期:1－4 月。果实:核果。种子:－。海拔:1000 米。生境:灌丛,山谷,山地密林中。资源:药用。栽培:－。全球 5 个大洲分布及属种数(11－12/46－52 <IFR 6/8> hort. 1)非洲:5/19(IFR 4/5);亚洲:7/18－21(IFR 2/2);大洋洲:2/6(IFR 1/1);北美洲:1/8(IFR 1/1);南美洲:1/7(IFR 1/1)。【中国属种数:6/7】。

Opilionanthe Karremans & Bogarín 南羞花属 Fabaceae1［MD－238］特征纪要:习性:木本。花程式:＝↓(K3－5－∞),C3－5－∞,A1－10－50,＝↓G(－)。其他特征参考科。全球 1 个大洲分布及种数(1)◆南美洲:1。

Opisthiolepis L. S. Sm. 鳞背木属 Proteaceae［MD－219］特征纪要:习性:木本。花程式:K3－4－∞,C0,A2,＝G1。其他特征参考科。全球 1 个大洲分布及种数(1)◆大洋洲。

Opisthocentra Hook. f. 背刺野牡丹属 Melastomataceae［MD－364］特征纪要:习性:木本。花程式:＝↓(K4－5),C4－5,A4－5,＝↓(G)3－4。其他特征参考科。全球 1 个大洲分布及种数(1)◆南美洲。

Opisthopappus C. Shih 太行菊属 Asteraceae［MD－586］特征纪要:习性:草本(基生)。花程式:(K)3－5,C3－5,A3 参考科,↓G。物候:－。花期:7－10 月。果期:参考晚于花期。海拔:800－1200 米。生境:山坡。资源:药用。全球 1 个大洲分布及种数(1－2)◆亚洲(◆中国)。【中国种数:1】。

Opithandra B. L. Burtt 后蕊苣苔属 Gesneriaceae［MD－549］特征纪要:习性:－。花程式:－。物候:－。花期:4 月。果期:参考晚于花期。海拔:700－900 米。生境:岩石山谷森林。资源:－。全球 1 个大洲分布及种数(2－12)◆亚洲。

Opizia J. S. Presl 匍匐短柄草属 Brassicaceae［MD－213］特征纪要:习性:－。花程式:－。其他特征参考科。全球 1 个大洲分布及种数(2)◆北美洲。

Oplismenopsis Parodi 水求米草属 Poaceae［MM－748］特征纪要:习性:草本。花程式:(K)3,C0 参考科,A1－2,＝(G)2－3。其他特征参考科。全球 2 个大洲分布及种数(1－3)北美洲:1;南美洲:3。

Oplismenus P. Beauv. 求米草属 Poaceae［MM－748］特征纪要:习性:竹类。花程式:(K－),C0 参考科,A3 参考科,＝G2－3。物候:－。花期:参考早于果期。果期:9－11 月。海拔:10－5600 米。生境:草地疏林阴湿处。栽培:来自广西龙州。资源:具栽培园艺种类。全球 6 个大洲分布及种数(15－16)非洲:10－18;亚洲:8－16;大洋洲:7－15;欧洲:1－8;北美洲:6－14;南美洲:4－12。【中国种数:5】。

Oplonia Raf. 风阁花属 Acanthaceae［MD－572］特征纪要:习性:草本。花程式:K2－4,C0,A2－4,＝↓G2。物候:－。海拔:－。生境:－。资源:具园艺种类。全球 5 个大洲分布及种数(25－38)非洲:15;亚洲:8;欧洲:22;北美洲:22;南美洲:7。【中国种数:1】。

Oplopanax (Torr. & A. Gray) Miq. 刺人参属 Araliaceae［MD－471］特征纪要:习性:木本。花程式:－。物候:－。花期:6－7 月。果期:参考晚于花期。海拔:1400－1600 米。生境:混交林,生于落叶阔叶林下。资源:药用,具栽培园艺种类。全球 5 个大洲分布及种数(3－9)非洲:2;亚洲:7;大洋洲:4;欧洲:4;北美洲:4。【中国种数:3】。

Opocunonia Schltr. 栎珠梅属 Cunoniaceae［MD－255］特征纪要:习性:木本。花程式:－。其他特征参考科。全球 4 个大洲分布及种数(1－5)非洲:1;亚洲:1;大洋洲:1;南美洲:1。

Opoidia Lindl. 前胡属 Apiaceae［MD－480］特征纪要:习性:－。花程式:－。其他特征参考科。全球 1 个大洲分布及种数(－)。

Opopanax W. D. J. Koch 欧帕草属 Apiaceae［MD－480］特征纪要:习性:草本。花程式:＝↓(K5),C5,A5,＝↓G2。其他特征参考科。全球 5 个大洲分布及种数(4－22)非洲:4;亚洲:13;欧洲:2;北美洲:2;南美洲:5。【中国种数:1】。

Opophytum N. E. Br. ＝ **Aizoon**

Oporinia D. Don ＝ **Scorzoneroides**

Opsiandra O. F. Cook ＝ **Gaussia**

Opsicarpium Mozaff. 羽伞芹属 Apiaceae［MD－480］特征纪要:习性:草本。花程式:＝↓(Kn),C5,A3 参考科,＝↓G(－)。其他特征参考科。全球 1 个大洲分布及种数(1)◆亚洲:1。

Opulus Mill. ＝ **Viburnum**

Opuntia Mill. 仙人掌属 Cactaceae［MD－100］特征纪要:习性:木质攀援。花程式:Kn,C2－3 参考科,A3 参考科,＝↓G－。物候:－。海拔:600－2900 米。生境:海边或山坡开阔地。资源:药用,园林,具栽培园艺种类。全球 6 个大洲分布及种数(326－456;hort. 1;cult. 25)非洲:24－152;亚洲:34－166;大洋洲:36－162;欧洲:37－166;北美洲:239－424;南美洲:126－287。【中国种数:10】。

Orania Zipp. 毒椰属 Arecaceae［MM－717］特征纪要:习性:木本。花程式:K3－10,C3－10,A3－10,＝G3－10。物候:－。花期:10 月。果期:参考晚于花期。海拔:100－2800 米。生境:半常绿雨林,竹林下。资源:－。全球 6 个大洲分布及种数(19－31)非洲:16－28;亚洲:7－16;大洋洲:7－19;欧洲:3;北美洲:3;南美洲:3。【中国种数:1】。

Oraniopsis (Becc.) J. Dransf., A. K. Irvine & N. W. Uhl 昆士兰椰属 Arecaceae［MM－717］特征纪要:习性:木本。花程式:K3－10,C3－10,A3－10,＝G3－10。其他特征参考科。全球 2 个大洲分布及种数(2)亚洲:1;大洋洲:1。

Orbea Haw. 犀角属 Apocynaceae［MD－492］特征纪要:习性:木本。花程式:K5,C0,A15,↓G。其他特征参考

科。全球 3 个大洲分布及种数(49 - 62;hort. 1)非洲:38 - 39;亚洲:10;大洋洲:1。

Orbeanthus L. C. Leach 宽杯角属 Apocynaceae [MD - 492] 特征纪要:习性:-。花程式:-。其他特征参考科。全球 2 个大洲分布及种数(6)非洲:6; 亚洲:2。

Orbelia G. D. Rowley 路南海菜花属 Apocynaceae [MD - 492] 特征纪要:习性:-。花程式:-。其他特征参考科。全球 1 个大洲分布及种数(-)。

Orbeopsis L. C. Leach 盾舌萝藦属 Apocynaceae [MD - 492] 特征纪要:习性:-。花程式:-。其他特征参考科。全球 1 个大洲分布及种数(3)◆非洲:3(IFR 1)。

Orbexilum Raf. 皱荚豆属 Fabaceae3 [MD - 240] 特征纪要:习性:木本。花程式:= ↓(K1 - ∞),C1 - ∞,A5 - 9, = ↓G1。其他特征参考科。全球 6 个大洲分布及种数(11 - 12;hort. 1)非洲:1;亚洲:4 - 5;大洋洲:1;欧洲:1;北美洲:10 - 12;南美洲:1。【中国种数:2】。

Orbicularia Baill. = **Phyllanthus**

Orbivestus H. Rob. 铁鸠菊属 Asteraceae [MD - 586] 特征纪要:习性:草本。花程式:(K)3 - 5,(C)3 - 5,A3 - 5, ↓G。其他特征参考科。全球 2 个大洲分布及种数(12) 非洲:12,亚洲:2。

Orchadocarpa Ridl. 橄榄苣苔属 Gesneriaceae [MD - 549] 特征纪要:习性:草本。花程式:Kn,C0,A2, = (G)2。其他特征参考科。全球 1 个大洲分布及种数(1)◆东南亚(◆马来西亚)。

Orch - gymnadenia Camus = **Orchigymnadenia**

Orchidaceae Juss. [MM - 723] 兰科 特征纪要:习性:草本,攀援;落叶。花程式:(K)6 - ,C2 - 3,A - , = ↓G3。物候:-。花期:11 月。果期:春季。果实:蒴果。种子:周围有狭翅或宽翅。海拔:0 米。生境:-。资源:园林。栽培:中国有栽培。全球 6 个大洲分布及属种数(1094 - 1232/26440 - 39975 < IFR 217/1029 > hort. 1;cult. 231) 非洲:203 - 226/2730 - 3962(IFR 75/306); 亚洲:376 - 397/7294 - 11241(IFR 91/391); 大洋洲:200 - 206/1912 - 3420(IFR 19/76); 欧洲:89 - 98/613 - 773(IFR 33/326); 北美洲:272 - 285/4383 - 4843(IFR 56/107); 南美洲:425 - 443/12591 - 13981(IFR 41/90)。【中国属种数:245/3852】。

Orchidactyla P. F. Hunt & Summerh. 倒距兰属 Orchidaceae [MM - 723] 特征纪要:习性:草本。花程式:(K)3,C3, A3, ↓G -。其他特征参考科。全球 0 个大洲分布及种数(13)。

Orchidactylorhiza Soó & Borsos 直毛兰属 Orchidaceae [MM - 723] 特征纪要:习性:草本。花程式:(K)3,C3,A3, = ↓(G)3。其他特征参考科。全球 0 个大洲分布及种数(5 - 11)。

Orchidantha N. E. Br. 兰花蕉属 Lowiaceae [MM - 729] 特征纪要(同科)。全球 2 个大洲分布及种数(33 - 40)亚洲:37; 北美洲:2。【中国种数:3】。

Orchidocarpum Michx. = **Asimina**

Orchidotypus Kraenzl. = **Fernandezia**

Orchigymnadenia E. G. Camus 裸柱兰属 Orchidaceae [MM - 723] 特征纪要:习性:草本。花程式:(K)3,C3,A3, = ↓(G)3。其他特征参考科。全球 3 个大洲分布及种数(3 - 24)亚洲:2; 欧洲:2; 北美洲:2。

Orchimantoglossum Asch. & Graebn. 红门兰属 Orchidaceae [MM - 723] 特征纪要:习性:草本。花程式:(K)3, C3,A3, ↓G -。其他特征参考科。全球 0 个大洲分布及种数(3 - 7)。

Orchinea J. M. H. Shaw 兰科属 Orchidaceae [MM - 723] 特征纪要:习性:-。花程式:-。其他特征参考科。全球 1 个大洲分布及种数 8 个:欧洲:4。

Orchiodes Kuntze = **Goodyera**

Orchipeda Blume = **Voacanga**

Orchipedum Breda 靴兰属 Orchidaceae [MM - 723] 特征纪要:习性:草本。花程式:(K)3,C3,A3, = ↓G3。其他特征参考科。全球 1 个大洲分布及种数(cf. 1)◆亚洲。

Orchiplatanthera E. G. Camus 直牙兰属 Orchidaceae [MM - 723] 特征纪要:习性:草本。花程式:-。其他特征参考科。全球 0 个大洲分布及种数(1 - 7)。

Orchis Tourn. ex L. 红门兰属 Orchidaceae [MM - 723] 特征纪要:习性:草本。花程式:-。物候:-。花期:5 - 6 月。果期:参考晚于花期。海拔:1000 - 2900 米。生境:岩石上或山坡草地上。资源:药用,具栽培园艺种类。全球 6 个大洲分布及种数(110 - 247;hort. 1;cult. 98)非洲:25 - 66;亚洲:82 - 160;大洋洲:10 - 47;欧洲:92 - 152;北美洲:4 - 41;南美洲:3 - 40。【中国种数:9】。

Orchiserapias E. G. Camus 药属 Orchidaceae [MM - 723] 特征纪要:习性:草本。花程式:(K)3,C3,A3, = ↓G3。其他特征参考科。全球 1 个大洲分布及种数(1)◆欧洲。

Orchi - serapias G. Camus = **Orchiserapias**

Orch - serapias (Kern) Camus = **Orchiserapias**

Orcuttia Vasey 二列春池草属 Poaceae [MM - 748] 特征纪要:习性:草本。花程式:(K)3,C0 参考科,A1 - 2, ↓G - 参考科。其他特征参考科。全球 1 个大洲分布及种数(5 - 9)◆北美洲。

Oreanthes Benth. 瓶花莓属 Ericaceae [MD - 380] 特征纪要:习性:木本。花程式:K5 - 8,(C)5 - 8,A10, = (G)2 - 4。其他特征参考科。全球 1 个大洲分布及种数(8)◆南美洲。

Oreas Brid. 山毛藓属 Dicranaceae [B - 128] 特征纪要:习性:-。【Rep】:蒴柄黄色或油绿色,孢蒴卵圆形,干燥时具纵长条纹,蒴齿齿片有纵条纹,有穿孔或不规则开裂,孢子黑褐色。物候:-。全球 3 个大洲分布及种数(3)亚洲:1;欧洲:2;北美洲:2。【中国种数:1】。

Orectanthe Maguire 姜眼草属 Xyridaceae [MM - 712] 特征纪要:习性:草本。花程式:(K)3,C3,A3 - 6, = (G)3。其他特征参考科。全球 1 个大洲分布及种数(2)◆南美洲。【中国种数:1】。

Oregandra Standl. = **Chione**

Oreinotinus Oerst. = **Viburnum**

Oreiostachys Gamble = **Nastus**

Oreithales Schltdl. 银莲花属 Ranunculaceae [MD－38] 特征纪要:习性:－。花程式:－。其他特征参考科。全球2个大洲分布及种数(2)北美洲:1; 南美洲:1。

Orelia Aubl. = **Allamanda**

Oreobambos K. Schum. 岳竹属 Poaceae [MM－748] 特征纪要:习性:草本。花程式:(K)3,C0 参考科,A1－2,=(G)2－3。其他特征参考科。全球4个大洲分布及种数(1－8)非洲:4; 亚洲:5; 大洋洲:2; 北美洲:2。

Oreoblastus Suslova = **Desideria**

Oreobliton Durieu & Moq. 甜菜属 Amaranthaceae [MD－116] 特征纪要:习性:灌木。花程式:－。其他特征参考科。全球1个大洲分布及种数(－)。

Oreobolopsis T. Koyama & Guagl. 高寒薦草属 Cyperaceae [MM－747] 特征纪要:习性:－。花程式:－。其他特征参考科。全球3个大洲分布及种数(5)亚洲:2; 北美洲:2; 南美洲:3。

Oreobolus R. Br. 垫莎属 Cyperaceae [MM－747] 特征纪要:习性:草本。花程式:(K)3,C3,A3,=↓G2－3。其他特征参考科。全球6个大洲分布及种数(17－18;hort. 1;cult. 1)非洲:2－6;亚洲:5－9;大洋洲:10－14;欧洲:4;北美洲:4－8;南美洲:5－9。【中国种数:2】。

Oreobroma Howell 红娘花属 Montiaceae [MD－81] 特征纪要:习性:－。花程式:－。其他特征参考科。全球1个大洲分布及种数(4)◆北美洲。

Oreocalamus Keng = **Chimonobambusa**

Oreocarya Greene 北美山紫草属 Boraginaceae [MD－517] 特征纪要:习性:草本(基生)。花程式:K5,C0,A5,=↓(G)2－4。其他特征参考科。全球2个大洲分布及种数(68－116)亚洲:2; 北美洲:70。【中国种数:1】。

Oreocereus Riccob. 山翁柱属 Cactaceae [MD－100] 特征纪要:习性:木本。花程式:－。其他特征参考科。全球3个大洲分布及种数(8－35)亚洲:2; 北美洲:3; 南美洲:31。

Oreocharis Benth. 马铃苣苔属 Gesneriaceae [MD－549] 特征纪要和分布(－)。全球1个大洲分布及种数(112－126)◆亚洲。【中国种数:65】。

Oreochloa Link 山地禾属 Poaceae [MM－748] 特征纪要:草本。花程式:(K)3,C0 参考科,A1－2,=(G)2－3。其他特征参考科。全球4个大洲分布及种数(4－7)亚洲:2; 大洋洲:4; 欧洲:2; 北美洲:2。【中国种数:1】。

Oreochrysum Rydb. 单冠菊属 Asteraceae [MD－586] 特征纪要:习性:草本。花程式:(K)3－5,(C)3－5,A3－5,↓G。其他特征参考科。全球1个大洲分布及种数(1)◆北美洲。

Oreocnide Miq. 紫麻属 Urticaceae [MD－91] 特征纪要:习性:木本。花程式:Kn,C2－3 参考科,A4,G－。物候:－。花期:3－5月。果期:参考晚于花期。海拔:100－1200米。生境:次生杂木林中,竹林下。资源:具园艺种类。全球5个大洲分布及种数(20－38)非洲:5; 亚洲:34; 大洋洲:4; 北美洲:3; 南美洲:4。【中国种数:10】。

Oreocome Edgew. 山毛草属 Apiaceae [MD－480] 特征纪要:习性:草本。花程式:=↓(K5),C5,A5,=↓G2。物候:－。海拔:50－5600米。生境:半荒漠中和砾石质山坡上,柞林内。资源:－。全球1个大洲分布及种数(6)◆亚洲。【中国种数:1】。

Oreocomopsis Pimenov & Kljuykov 羽苞芹属 Apiaceae [MD－480] 特征纪要:习性:草本。花程式:=↓(K5),C5,A5,=↓(G)2。物候:－。海拔:5100－5300米。生境:杜鹃林,山谷。资源:－。全球1个大洲分布及种数(cf. 1)◆亚洲(◆中国)。

Oreocosmus Naudin = **Tibouchina**

Oreodaphne Nees & Mart. 樟科属 Lauraceae [MD－21] 特征纪要:习性:－。花程式:－。其他特征参考科。全球4个大洲分布及种数(176)非洲:7; 亚洲:2; 北美洲:6; 南美洲:136。

Oreodendron C. T. White = **Phaleria**

Oreogeum (Ser.) E. I. Golubk. 浜蔷薇属 Rosaceae [MD－246] 特征纪要:习性:－。花程式:－。其他特征参考科。全球1个大洲分布及种数(1)◆非洲。

Oreoherzogia W. Vent = **Rhamnus**

Oreojuncus Záv. Drábk. & Kirschner 紫芯草属 Juncaceae [MM－733] 特征纪要:习性:草本。花程式:Kn,C2－3 参考科,A3 参考科,G3－ 参考科。其他特征参考科。全球3个大洲分布及种数(2)亚洲:1,欧洲:2,北美洲:1。

Oreolejeunea R. M. Schust. 细鳞苔科属 Lejeuneaceae [B－84] 特征纪要:－。全球1个大洲分布及种数(－)。

Oreoloma Botsch. 爪花芥属 Brassicaceae [MD－213] 特征纪要:习性:草本。花程式:K2－4,C2－4,A2－4,↓G－参考科。物候:－。花期:6－8月。果期:参考晚于花期。海拔:1000－2200米。生境:山坡,山前砾石地。资源:－。全球1个大洲分布及种数(cf. 1)◆亚洲。【中国种数:3】。

Oreomunnea örst. 坚黄杞属 Juglandaceae [MD－136] 特征纪要:习性:木本。花程式:－。其他特征参考科。全球2个大洲分布及种数(4－6)北美洲:6; 南美洲:2。

Oreomyrrhis Endl. 山茉莉芹属 Apiaceae [MD－480] 特征纪要:习性:－。花程式:－。物候:－。海拔:2000－4000米。生境:草坡,山顶。资源:－。全球6个大洲分布及种数(15)非洲:1;亚洲:1－2;大洋洲:7－8;欧洲:1;北美洲:4－5;南美洲:2－3。

Oreonana Jeps. 山欧芹属 Apiaceae [MD－480] 特征纪要:习性:草本。花程式:=↓(K5),C5,A5,=↓G2。其他特征参考科。全球3个大洲分布及种数(3－9)亚洲:2; 北美洲:7; 南美洲:4。【中国种数:1】。

Oreonesion A. Raynal 岛山龙胆属 Gentianaceae [MD－496] 特征纪要:习性:草本。花程式:K4,C0,A10,=(G)2。

其他特征参考科。全球 1 个大洲分布及种数(1)◆非洲(◆加蓬)。

Oreopanax Decne. & Planch. 高山参属 Araliaceae [MD－471] 特征纪要:习性:木本。花程式:＝↓(K1－∞),C1－∞,A2,＝↓G2－5。其他特征参考科。全球 6 个大洲分布及种数(143－304)非洲:7; 亚洲:45; 大洋洲:7; 欧洲:72; 北美洲:72; 南美洲:270。【中国种数:13】。

Oreophilus W. E. Higgins & Archila ＝ **Andinia**

Oreophyton O. E. Schulz 阿拉伯山芥属 Brassicaceae [MD－213] 特征纪要:习性:草本。花程式:K2－4,C2－4,A2－4,＝(G)2。其他特征参考科。全球 1 个大洲分布及种数(1)◆非洲。

Oreopoa H. Scholz & Parolly 禾本科属 Poaceae [MM－748] 特征纪要:习性:－。花程式:－。其他特征参考科。全球 1 个大洲分布及种数(1)◆亚洲:1。

Oreopolus Schltdl. 卧金花属 Rubiaceae [MD－523] 特征纪要:习性:木本。花程式:(K)4－5,(C)4－5,A4－5,＝↓(G)2－9。其他特征参考科。全球 1 个大洲分布及种数(1)◆南美洲。

Oreopteris Holub 假鳞毛蕨属 Thelypteridaceae [F－42] 特征纪要:习性:－。【Rep】:孢子囊单生叶背。物候:－。海拔:20－2500 米。生境:针阔混交林路边林下。资源:－。全球 2 个大洲分布及种数(4)亚洲:cf. 1;北美洲:2。

Oreorchis Lindl. 山兰属 Orchidaceae [MM－723] 特征纪要:习性:草本。花程式:Kn,C2－3 参考科,A3 参考科,＝↓G3。物候:－。花期:6 月。果期:参考晚于花期。海拔:2500－3400 米。生境:生于高山草地,林下,灌丛中或岩石积土上。资源:具栽培园艺种类。全球 1 个大洲分布及种数(14－20)◆亚洲。【中国种数:12】。

Oreorhamnus Ridl. 鼠李属 Rhamnaceae [MD－331] 特征纪要:习性:－。花程式:－。其他特征参考科。全球 1 个大洲分布及种数(－)。

Oreosalsola Akhani 山兰藜属 Chenopodiaceae [MD－115] 特征纪要:习性:草本。花程式:Kn,C0,A3 参考科,G－。物候:－。海拔:600－5000 米。生境:半固定沙丘或河边沙滩,棕钙土。资源:－。全球 1 个大洲分布及种数(9)亚洲:4。

Oreoschimperella Rauschert 非洲山芹属 Apiaceae [MD－480] 特征纪要:习性:草本。花程式:＝↓(K5),C5,A5,＝↓G2。其他特征参考科。全球 2 个大洲分布及种数(4－5)非洲:2; 亚洲:2。

Oreosciadium Wedd. ＝ **Niphogeton**

Oreoseris DC. 白背大丁草属 Asteraceae [MD－586] 特征纪要:习性:－。花程式:－。物候:－。海拔:6000 米。生境:河岸。资源:－。全球 1 个大洲分布及种数(－)。【中国种数:1】。

Oreosolen Hook. f. 藏玄参属 Scrophulariaceae [MD－536] 特征纪要:习性:－。花程式:－。物候:－。花期:6 月。果期:参考晚于花期。海拔:3000－5100 米。生境:高山草甸。资源:－。全球 1 个大洲分布及种数(4－5)◆亚洲。

Oreosparte Schltr. 苏拉威西萝藦属 Apocynaceae [MD－492] 特征纪要:习性:木本。花程式:参考科,C4－5 参考科,A2－3 参考科,↓(G) 参考科。其他特征参考科。全球 1 个大洲分布及种数(1)◆亚洲。

Oreostemma Greene 山冠菊属 Asteraceae [MD－586] 特征纪要:习性:草本。花程式:(K)3－5,(C)3－5,A3－5,↓G。物候:－。花期:7－10 月。果期:参考晚于花期。海拔:6000 米。生境:阿尔泰山地针叶林带山沟,柞林下路旁。资源:－。全球 3 个大洲分布及种数(5－13)亚洲:3; 北美洲:8; 南美洲:5。【中国种数:2】。

Oreostylidium Berggr. 条叶花柱草属 Stylidiaceae [MD－568] 特征纪要:习性:草本。花程式:－。其他特征参考科。全球 1 个大洲分布及种数(1)◆大洋洲(◆新西兰)。

Oreosyce Hook. f. 直冠葫芦属 Cucurbitaceae [MD－205] 特征纪要:习性:木本。花程式:－。其他特征参考科。全球 1 个大洲分布及种数(1)◆非洲。

Oreoweisia (Bruch & Schimp.) De Not. 石毛藓属 Dicranaceae [B－128] 特征纪要:习性:－。【Rep】:雌雄同株,稀异株,雌苞叶高鞘状,蒴柄直立,常 3－4 个丛生,孢蒴短圆柱形,对称,平滑,干燥时无褶,蒴齿,蒴柄黄色或油绿色,孢蒴卵圆形,干燥时具纵长条纹,蒴齿齿片有纵条纹,有穿孔或不规则开裂,孢子黑褐色。物候:－。全球 5 个大洲分布及种数(17)非洲:1;亚洲:5;欧洲:3;北美洲:7;南美洲:9。【中国种数:5】。

Oreoxis Raf. 春欧芹属 Apiaceae [MD－480] 特征纪要:习性:－。花程式:－。其他特征参考科。全球 1 个大洲分布及种数(4)◆北美洲。

Oresbia Cron & B. Nord. 葵叶菊属 Asteraceae [MD－586] 特征纪要:习性:草本。花程式:(K)3－5,(C)3－5,A3－5,↓G。其他特征参考科。全球 1 个大洲分布及种数(1)◆非洲。

Oresbios (Rudd) M. Sousa 豆科属 Fabaceae3 [MD－240] 特征纪要:习性:－。花程式:－。其他特征参考科。全球 1 个大洲分布及种数(－)。

Oresitrophe Bunge 独根草属 Saxifragaceae [MD－231] 特征纪要:习性:草本(根状茎,基生)。花程式:－。物候:－。花期:5－9 月。果期:参考晚于花期。海拔:600－2100 米。生境:沟壑,悬崖阴湿石隙。资源:观赏,具栽培园艺种类。全球 1 个大洲分布及种数(cf. 1)◆亚洲(◆中国)。【中国种数:1】。

Orestias Ridl. 南山兰属 Orchidaceae [MM－723] 特征纪要:习性:草本。花程式:(K－),C0 参考科,A3,↓G3。其他特征参考科。全球 2 个大洲分布及种数(3－43)非洲:42; 南美洲:37。

Orfilea Baill. 柞桐属 Euphorbiaceae [MD－217] 特征纪要:习性:木本。花程式:K1(1000),C0,A6,＝(G)2－3。其他特征参考科。全球 4 个大洲分布及种数(4－6)非洲:6; 亚洲:2; 北美洲:2; 南美洲:2。

Oriastrum Pöpp. 寒绒菊属 Asteraceae [MD－586] 特征纪要:习性:－。花程式:－。其他特征参考科。全球 1 个大洲分布及种数(－)。

Oricia Pierre 奥里克芸香属 Rutaceae [MD－399] 特征纪要:习性:－。花程式:－。其他特征参考科。全球 1 个大洲分布及种数(5)◆非洲。

Origanum L. 牛至属 Lamiaceae [MD－575] 特征纪要:习性:草本(具根状茎)。花程式:(K－),C2－3 参考科,

A3 参考科,= ↓ G2。物候:-。花期:7-9 月。果期:参考晚于花期。海拔:500-3600 米。生境:山丘,草原和森林。栽培:来自广西龙州。资源:蛋白质,芳香油,药用,具栽培园艺种类。全球 6 个大洲分布及种数(46-94;hort. 1;cult. 13)非洲:19-28;亚洲:27-58;大洋洲:2-4;欧洲:24-31;北美洲:10-16;南美洲:6-8。【中国种数:4】。

Orinoquia Morillo 夹竹桃科属 Apocynaceae [MD-492] 特征纪要:习性:木本。花程式:-。其他特征参考科。全球 1 个大洲分布及种数(-)。

Orinus Hitchc. 固沙草属 Poaceae [MM-748] 特征纪要:习性:草本(根状茎,基生)。花程式:(K-),C0 参考科,A3 参考科,=(G)2-3。物候:-。花期:7-8 月。果期:参考晚于花期。海拔:2400-2600 米。生境:干旱山坡及草原。资源:具栽培园艺种类。全球 3 个大洲分布及种数(3-22)非洲:2; 亚洲:20; 南美洲:3。【中国种数:2】。

Orites R. Br. 山银桦属 Proteaceae [MD-219] 特征纪要和分布(-)。全球 6 个大洲分布及种数(16-19)非洲:10;亚洲:10;大洋洲:12-24;欧洲:10;北美洲:10;南美洲:3-13。

Orithalia Blume = **Agalmyla**

Orithyia D. Don = **Tulipa**

Oritrophium (Kunth) Cuatrec. 白莲菀属 Asteraceae [MD-586] 特征纪要:习性:草本。花程式:(K)3-5,C3-5,A3-5,= ↓ (G)2。其他特征参考科。全球 6 个大洲分布及种数(25;hort. 1;cult. 1)非洲:2;亚洲:4-6;大洋洲:2-4;欧洲:2;北美洲:7-9;南美洲:22-24。【中国种数:2】。

Orixa Thunb. 臭常山属 Rutaceae [MD-399] 特征纪要:习性:木本。花程式:-。物候:-。花期:4-5 月。果期:参考晚于花期。海拔:500-1300 米。生境:开阔或茂密森林,阴性林下水沟边。资源:药用,具栽培园艺种类。全球 3 个大洲分布及种数(1-3)亚洲:2; 北美洲:1; 南美洲:1。【中国种数:1】。

Orlaya Hoffm. 苍耳芹属 Apiaceae [MD-480] 特征纪要:习性:草本。花程式:= ↓ (K5),C5,A5,= ↓ (G)2。其他特征参考科。全球 2 个大洲分布及种数(3-11)非洲:2; 亚洲:3。【中国种数:1】。

Orleanesia Barb. Rodr. 奥利兰属 Orchidaceae [MM-723] 特征纪要:习性:草本。花程式:(K)3,C3,A3,= ↓ G3。其他特征参考科。全球 3 个大洲分布及种数(6-12)非洲:2; 北美洲:2; 南美洲:12。

Ormocarpopsis R. Vig. 拟链荚豆属 Fabaceae3 [MD-240] 特征纪要:习性:木本。花程式:= ↓ (K1-∞),C1-∞,A5-9,= ↓ G1。其他特征参考科。全球 1 个大洲分布及种数(7-8)◆非洲(◆马达加斯加)。

Ormocarpum P. Beauv. 链荚木属 Fabaceae3 [MD-240] 特征纪要:习性:木本。花程式:-。物候:-。花期:6-9 月。果期:参考晚于花期。海拔:7500 米。生境:坡地。资源:具栽培园艺种类。全球 6 个大洲分布及种数(19-22;hort. 1)非洲:17-23;亚洲:5-10;大洋洲:3-8;欧洲:5;北美洲:1-6;南美洲:1-6。【中国种数:2】。

Ormoloma Maxon 热美绳蕨属 Dennstaedtiaceae [F-26] 特征纪要:习性:-。【Rep】:孢子同形,囊群至叶缘。其他特征参考科。全球 2 个大洲分布及种数(3)北美洲:2; 南美洲:2。

Ormopteris J. Sm. ex J. Sm. 旱蕨属 Adiantaceae [F-35] 特征纪要:-。全球 1 个大洲分布及种数(-)◆亚洲。

Ormopterum Schischk. 链翅芹属 Apiaceae [MD-480] 特征纪要:习性:草本。花程式:= ↓ (K5),C5,A5,= ↓ G(-)。其他特征参考科。全球 1 个大洲分布及种数(1-2)◆亚洲。

Ormosciadium Boiss. 亚洲链芹属 Apiaceae [MD-480] 特征纪要:习性:草本。花程式:= ↓ (Kn),C5,A5,= ↓ G2。其他特征参考科。全球 1 个大洲分布及种数(1)◆亚洲。

Ormosia Jacks. 红豆属 Fabaceae3 [MD-240] 特征纪要:习性:木质攀援。花程式:-。物候:-。花期:4 月。果期:参考晚于花期。海拔:200-500 米。生境:常绿阔叶林中,杂木林内。资源:具栽培园艺种类。全球 6 个大洲分布及种数(135-289)非洲:17; 亚洲:148; 大洋洲:5; 欧洲:24; 北美洲:24; 南美洲:111。【中国种数:39】。

Ormycarpus Neck. = **Raphanus**

Ornduffia Tippery & Les 多子荇菜属 Menyanthaceae [MD-526] 特征纪要:习性:草本。花程式:Kn,C0,A3 参考科,↓ G。其他特征参考科。全球 2 个大洲分布及种数(8-11)亚洲:3; 大洋洲:11。

Ornichia Klack. 马岛龙胆属 Gentianaceae [MD-496] 特征纪要:习性:灌木。花程式:K5,C0,A10,=(G)2。其他特征参考科。全球 2 个大洲分布及种数(4-6)非洲:5; 南美洲:2。

Ornithidium Salisb. ex R. Br. 鸟腭兰属 Orchidaceae [MM-723] 特征纪要:习性:-。花程式:-。其他特征参考科。全球 6 个大洲分布及种数(53-62)非洲:2-3;亚洲:4-5;大洋洲:1;欧洲:1;北美洲:19-21;南美洲:47-54。

Ornithoboea C. S. P. Parish ex C. B. Clarke 喜鹊苣苔属 Gesneriaceae [MD-549] 特征纪要:习性:草本(具根状茎)。花程式:-。物候:-。花期:7-8 月。果期:参考晚于花期。海拔:1800-2000 米。生境:裂缝,岩石洞里。资源:具栽培园艺种类。全球 1 个大洲分布及种数(8-16)◆亚洲。【中国种数:5】。

Ornithocarpa Rose 鸟喙果芥属 Brassicaceae [MD-213] 特征纪要:习性:草本。花程式:K2-4,C2-4,A2-4,=(G)2。其他特征参考科。全球 1 个大洲分布及种数(2)◆北美洲(◆墨西哥)。

Ornithocephalochloa Kurz = **Thuarea**

Ornithocephalus Hook. 鸟首兰属 Orchidaceae [MM-723] 特征纪要:习性:草本。花程式:(K)3,C3,A3,= ↓ G3。其他特征参考科。全球 2 个大洲分布及种数(52-63)北美洲:26-27;南美洲:33-42。

Ornithochilus (Wall. ex Lindl.) Benth. & Hook. f. 羽唇兰属 Orchidaceae [MM-723] 特征纪要:习性:-。花程式:-。物候:-。花期:5-7 月。果期:参考晚于花期。海拔:500-2100 米。生境:附生,山地常绿阔叶林中树干上。资源:-。全球 3 个大洲分布及种数(1-13)非洲:2; 亚洲:11; 大洋洲:3。

Ornithocidium Leinig 鸟柱兰属 Orchidaceae [MM-723] 特征纪要:习性:草本。花程式:Kn,C0 参考科,A-参考科,↓ G-。其他特征参考科。全球 1 个大洲分布及种数(cf. 1)◆南美洲。

Ornithogalum L. 玉慵花属 Hyacinthaceae [MM－679] 特征纪要:习性:草本(基生,多肉)。花程式:－。物候:－。花期:参考早于果期。果期:6－11 月。海拔:2600 米。生境:－。栽培:－。资源:具栽培园艺种类。全球 6 个大洲分布及种数(202－319;hort. 1;cult. 6)非洲:145－199;亚洲:65－133;大洋洲:19－42;欧洲:46－86;北美洲:13－36;南美洲:8－31。【中国种数:11】。

Ornithoglossum Salisb. 鸠舌花属 Colchicaceae [MM－623] 特征纪要:习性:草本。花程式:(K)6,C0 参考科,A6,G3－ 参考科。其他特征参考科。全球 2 个大洲分布及种数(10－16)非洲:14; 北美洲:1。

Ornithophora Barb. Rodr. 鸟柱兰属 Orchidaceae [MM－723] 特征纪要:习性:－。花程式:－。其他特征参考科。全球 1 个大洲分布及种数(2)◆南美洲。

Ornithopteris Bernh. 绿片苔科属 Dennstaedtiaceae [F－26] 特征纪要:－。全球 1 个大洲分布及种数(一)◆北美洲。

Ornithopus L. 鸟爪豆属 Fabaceae3 [MD－240] 特征纪要:习性:木本。花程式:=↓(K1－∞),C1－∞,A5－9,=↓G1。其他特征参考科。全球 6 个大洲分布及种数(7－10;hort. 1;cult. 2)非洲:4－9;亚洲:4－8;大洋洲:4－8;欧洲:5－9;北美洲:4－8;南美洲:5－9。【中国种数:3】。

Ornithostaphylos Small 鹊踏珠属 Ericaceae [MD－380] 特征纪要:习性:木本。花程式:(K－),(C)5 参考科,A10,G3－ 参考科。其他特征参考科。全球 1 个大洲分布及种数(1)◆北美洲。

Ornithrophe Poir. = **Allophylus**

Orobanchaceae Vent. [MD－552] 列当科 特征纪要:习性:草本;落叶。花程式:↙(K)6－,C2－3,A5,↓G－。物候:－。花期: 4－6 月。果期: 6－8 月。果实:蒴果。种子:细小,棕色。海拔:0 米。生境:草地。资源:药用。栽培:－。全球 6 个大洲分布及属种数(48－54/735－943 <IFR 9/31> hort. 1;cult. 14) 非洲:23－24/195－224(IFR 3/5); 亚洲:25－26/251－300(IFR 4/10); 大洋洲:7/45－50(IFR 1/1); 欧洲:9/161－183(IFR 2/7); 北美洲:20－21/284－295(IFR 6/14); 南美洲:12/107－112(IFR 1/1)。【中国属种数:48/626】。

Orobanche L. 列当属 Orobanchaceae [MD－552] 特征纪要:习性:草本(多肉)。花程式:－。物候:－。花期:4－6 月。果期:参考晚于花期。海拔:100－1400 米。生境:阴处田梗山坡。资源:具栽培园艺种类。全球 6 个大洲分布及种数(208－273;hort. 1;cult. 25)非洲:61－77;亚洲:115－146;大洋洲:26－39;欧洲:101－125;北美洲:32－42;南美洲:10－21。【中国种数:34】。

Orobus (Tourn.) L. 矮山黧豆属 Fabaceae3 [MD－240] 特征纪要:习性:－。花程式:－。其他特征参考科。全球 6 个大洲分布及种数(106)非洲:5; 亚洲:30; 大洋洲:5; 欧洲:5; 北美洲:5; 南美洲:9。

Orochaenactis Coville 美针垫菊属 Asteraceae [MD－586] 特征纪要:习性:草本。花程式:(K)3－5,(C)3－5,A3－5,↓G。其他特征参考科。全球 1 个大洲分布及种数(1)◆北美洲(◆美国)。

Orogenia S. Watson 阳芋芹属 Apiaceae [MD－480] 特征纪要:习性:－。花程式:－。其他特征参考科。全球 1 个大洲分布及种数(2－3)◆北美洲(◆美国)。

Orontium L. 水金杖属 Araceae [MM－639] 特征纪要:草本,(水生),叶对生,常绿,复叶。花程式:K0,C0,A2－4,G(－)。果实:蒴果。种子:种皮稍厚,棕色。全球 1 个大洲分布及种数(1－3)◆北美洲。

Orontobryum Mitt. ex M. Fleisch. 直蒴南木藓属 Hylocomiaceae [B－193] 特征纪要:习性:－。【Rep】:雌雄异株,内雌苞叶基部呈鞘状,向上渐尖,蒴柄细长,蒴柄直立,长而细,蒴齿两层,内齿层具高基膜和透明并与外齿层等高的齿条,环带不分化,蒴盖具短喙。物候:－。海拔:－。生境:岩面土生。资源:－。全球 1 个大洲分布及种数(1)◆亚洲。

Oropetium Trin. 复苏草属 Poaceae [MM－748] 特征纪要:习性:草本。花程式:(K)3,C0 参考科,A1－2,=G2－3。其他特征参考科。全球 2 个大洲分布及种数(7－8)非洲:4;亚洲:cf. 1。【中国种数:1】。

Orophea Bl. 蚁花属 Annonaceae [MD－7] 特征纪要:习性:木本。花程式:－。物候:－。花期:4－7 月。果期:参考晚于花期。海拔:300－600 米。生境:低海拔山地林中。资源:具园艺种类。全球 4 个大洲分布及种数(60－118)非洲:13; 亚洲:100; 大洋洲:15; 南美洲:7。【中国种数:7】。

Orophochilus Lindau 髯爵床属 Acanthaceae [MD－572] 特征纪要:习性:－。花程式:－。其他特征参考科。全球 1 个大洲分布及种数(1)◆南美洲(◆秘鲁)。

Orostachys Fisch. 瓦松属 Poaceae [MM－748] 特征纪要:习性:草本(基生,多肉)。花程式:－。物候:－。花期:9－10 月。果期:参考晚于花期。海拔:1000－2100 米。生境:岩石裂缝。资源:药用,具栽培园艺种类。全球 5 个大洲分布及种数(14－51)非洲:2; 亚洲:46; 欧洲:6; 北美洲:6; 南美洲:2。【中国种数:7】。

Orothamnus Pappe ex Hook. 泽玫瑰属 Proteaceae [MD－219] 特征纪要:习性:木本。花程式:Kn,C0,A2,G－。其他特征参考科。全球 1 个大洲分布及种数(1)◆非洲。

Oroxylum Vent. 木蝴蝶属 Bignoniaceae [MD－541] 特征纪要:习性:木本。花程式:－。物候:－。花期:9－12 月。果期:参考晚于花期。海拔:500－900 米。生境:开阔森林,路边,山坡,热带及亚热带低丘河谷密林,以及公路边丛林中,常单株生长。资源:具园艺种类。全球 6 个大洲分布及种数(1－152)非洲:14; 亚洲:13; 大洋洲:2; 欧洲:10; 北美洲:10; 南美洲:148。【中国种数:1】。

Oroya Britton & Rose 彩髯玉属 Cactaceae [MD－100] 特征纪要:习性:木本。花程式:=↓(K1－∞),C1－∞,A3－100,=↓(G)3－100。其他特征参考科。全球 2 个大洲分布及种数(2－20)北美洲:1; 南美洲:3。

Orphanodendron Barneby & J. W. Grimes 奥尔法豆属 Fabaceae1 [MD－240] 特征纪要:习性:木本。花程式:=↓(K3－5－∞),C3－5－∞,A3－5,=↓G1－2。其他特征参考科。全球 1 个大洲分布及种数(2)◆南美洲(◆哥伦比亚)。

Orphium E. Mey. 海玫木属 Gentianaceae [MD－496] 特征纪要:习性:草本。花程式:K5,C0,A10,↓G－。其他

特征参考科。全球 2 个大洲分布及种数(1－3)非洲:3; 南美洲:2。
Orphniospora Juss. 英国爵床属 Acanthaceae [MD－572] 特征纪要:－。全球 0 个大洲分布及种数(2)。
Orrhopygium á. Löve ＝ **Aegilops**
Orsinia Bertol. ex DC. ＝ **Clibadium**
Ortachne Nees ex Steud. 窄稃茅属 Poaceae [MM－748] 特征纪要:习性:草本。花程式:(K)3,C0 参考科,A1－2,＝G2－3。其他特征参考科。全球 4 个大洲分布及种数(2－21)非洲:2; 亚洲:2; 北美洲:6; 南美洲:21。
Ortegia Löfl. 腺托草属 Caryophyllaceae [MD－77] 特征纪要:习性:草本。花程式:K1－5,C1－5,A1－5,＝G2－5。其他特征参考科。全球 6 个大洲分布及种数(1－57)非洲:1; 亚洲:22; 大洋洲:3; 欧洲:8; 北美洲:8; 南美洲:24。
Ortegocactus Alexander 帝龙球属 Cactaceae [MD－100] 特征纪要:习性:－。花程式:－。其他特征参考科。全球 1 个大洲分布及种数(1)◆北美洲(◆墨西哥)。
Ortegopuntia <unassigned> 仙人掌科属 Cactaceae [MD－100] 特征纪要:习性:－。花程式:－。其他特征参考科。分布:－。
Ortgiesia Regel ＝ **Aechmea**
Orthacanthus P. M. Peterson & Romasch. 短冠爵床属 Poaceae [MM－748] 特征纪要:习性:草本。花程式:(K－),C0 参考科,A3 参考科,↓G－参考科。其他特征参考科。全球 1 个大洲分布及种数(1)◆非洲。
Orthachne D. K. Hughes ＝ **Ortachne**
Orthaea Klotzsch 笔花莓属 Ericaceae [MD－380] 特征纪要:习性:木本。花程式:－。其他特征参考科。全球 3 个大洲分布及种数(37－45)亚洲:2; 北美洲:6; 南美洲:45。
Orthantha (Benth.) A. Kern. 疗齿草属 Orobanchaceae [MD－552] 特征纪要:习性:－。花程式:－。其他特征参考科。全球 2 个大洲分布及种数(cf.)亚洲;欧洲。
Orthanthera Wight 鞭麻属 Apocynaceae [MD－492] 特征纪要:习性:木本。花程式:K5,C0,A15,＝↓G2。其他特征参考科。全球 2 个大洲分布及种数(7)非洲:5;亚洲:cf. 1。
Orthilia Raf. 单侧花属 Ericaceae [MD－380] 特征纪要:习性:木本。花程式:－。物候:－。花期:7 月。果期:参考晚于花期。海拔:3100 米。生境:山地针阔叶混交林或暗针叶林下,性喜阴湿。资源:具园艺种类。全球 6 个大洲分布及种数(2－30)非洲:3; 亚洲:4; 大洋洲:2; 欧洲:4; 北美洲:4; 南美洲:12。【中国种数:1】。
Orthion Standl. & Steyerm. 瘤果堇属 Violaceae [MD－126] 特征纪要:习性:木本。花程式:K5,C5,A10,＝(G)2－3。其他特征参考科。全球 3 个大洲分布及种数(6－15)欧洲:7; 北美洲:7; 南美洲:6。
Orthiopteris Copel. 碗贝蕨属 Dennstaedtiaceae [F－26] 特征纪要:习性:－。【Rep】:孢子同形,囊群至叶缘。其他特征参考科。全球 5 个大洲分布及种数(2)亚洲:2;大洋洲:1;欧洲:1;北美洲:1;南美洲:1。
Orthoamblystegium Dixon & Sakurai 拟柳叶藓属 Leskeaceae [B－181] 特征纪要:习性:－。【Rep】:雌雄异株,雌苞生于茎上,蒴柄平滑,褐色,长达 1 厘米,孢蒴直立,褐色,长圆柱形至短圆柱形。物候:－。海拔:－。生境:树茎生,岩面土生。资源:－。全球 1 个大洲分布及种数(2)◆亚洲:2。【中国种数:1】。
Orthocarpus Nutt. 鹰钩草属 Orobanchaceae [MD－552] 特征纪要:习性:草本。花程式:－。物候:－。海拔:45－6000 米。生境:沼泽草地。资源:具园艺种类。全球 5 个大洲分布及种数(12－98)非洲:2; 亚洲:17; 欧洲:53; 北美洲:53; 南美洲:4。【中国种数:2】。
Orthocaulis H. Buch 挺叶苔科属 Anastrophyllaceae [B－60] 特征纪要:－。全球 4 个大洲分布及种数(12)亚洲:10; 欧洲:9; 北美洲:9; 南美洲:2。
Orthocentron Cass. ＝ **Cirsium**
Orthoceras R. Br. 直角兰属 Orchidaceae [MM－723] 特征纪要:习性:草本。花程式:(K)3,C3,A3,＝↓G3。其他特征参考科。全球 2 个大洲分布及种数(2－6)亚洲:3; 大洋洲:6。
Orthochilus Hochst. ex A. Rich. ＝ **Eulophia**
Orthoclada P. Beauv. 直枝芒属 Poaceae [MM－748] 特征纪要:习性:草本。花程式:(K)3,C0 参考科,A1－2,＝(G)2－3。其他特征参考科。全球 5 个大洲分布及种数(2－7)非洲:3; 亚洲:2; 欧洲:3; 北美洲:3; 南美洲:3。【中国种数:1】。
Orthodicranum (Bruch & Schimp.) Löske 直毛藓属 Dicranaceae [B－128] 特征纪要:习性:－。【Rep】:雌雄异株,内雌苞叶高鞘状,孢蒴直立,辐射对称,长柱形,干燥时有弱条纹,齿片具条纹和穿孔,2 裂达中下部。物候:－。全球 6 个大洲分布及种数(4)非洲:1－8;亚洲:3－10;大洋洲:7;欧洲:3－10;北美洲:3－10;南美洲:2－9。【中国种数:8】。
Orthodon Benth. 壶藓科属 Lamiaceae [MD－575] 特征纪要:习性:－。【Rep】:－。物候:－。海拔:5400 米。生境:石林内荫处。资源:－。全球 1 个大洲分布及种数(－)◆大洋洲。
Orthodontiaceae Goffinet [B－152] 直齿藓科 特征纪要:体形纤细或中形,一般扁平,绿色或黄绿色,具光泽,疏松或密集成片扁平状生长。【Rep】:雌苞叶中等大小。全球 6 个大洲分布和属种数(3/18－23)非洲:1/3;亚洲:2/6;大洋洲:3/9;欧洲:1/3;北美洲:2/4;南美洲:2/8－8。【中国属种数:1/1】。
Orthodontiopsis Ignatov & B. C. Tan 拟直齿藓属 Orthodontiaceae [B－152] 特征纪要:－。全球 1 个大洲分布及种数(1)◆亚洲(◆中国)。
Orthodontium Goffinet 直齿藓属 Bryaceae [B－146] 特征纪要:习性:－。其他特征参考科。全球 6 个大洲分布及种数(15)非洲:5;亚洲:5;大洋洲:5;欧洲:3;北美洲:3;南美洲:9。【中国种数:3】。
Orthodontopsis Ignatov & B. C. Tan 拟直齿藓属 Bryaceae [B－146] 特征纪要:习性:－。【Rep】:孢子体不发达,雌

雄异株或雌雄同株，朔柄长，直立或稍弯曲，孢蒴多直立或倾立，稀横列或下垂，梨形、卵形或棒槌形。物候：-。海拔：-。生境：常见于林地边或岩面薄土。资源：-。全球1个大洲分布及种数(1)◆亚洲。

Orthoglottis Breda = **Dendrobium**

Orthogramma C. Presl = **Blechnum**

Orthogrimmia (Schimp.) Ochyra & Åearnowiec 北美紫萼藓属 Grimmiaceae [B-115] 特征纪要：-。全球1个大洲分布及种数(cf. 1)◆北美洲。

Orthogynium Baill. 木防己属 Menispermaceae [MD-42] 特征纪要：习性：草本。花程式：K1(6-40)，C3，A1-6-40，↓G-参考科。其他特征参考科。全球1个大洲分布及种数(1)◆非洲。

Ortholimnobium Dixon = **Plagiothecium**

Ortholoma Hanst. 鲸鱼花属 Gesneriaceae [MD-549] 特征纪要：习性：-。花程式：-。其他特征参考科。全球2个大洲分布及种数(10)北美洲：1；南美洲：1。

Orthomene Barneby & Krukoff 月直藤属 Menispermaceae [MD-42] 特征纪要：习性：草本。花程式：K1(6-40)，C3，A1-6-40，=G1-3。其他特征参考科。全球2个大洲分布及种数(4-7)北美洲：1；南美洲：7。

Orthomitrium Lewinsky-Haapasaari & Crosby 华木灵藓属 Orthotrichaceae [B-151] 特征纪要：习性：-。【Rep】：常暗绿色或棕褐色，雌雄异株或同株，稀杂株，雌苞叶不分化，无明显鞘部，蒴柄长，黄色，孢蒴狭长卵形，口蒴，具明显纵褶及纵沟。物候：-。海拔：-。生境：常见于树干或树枝，岩面土生。资源：-。全球1个大洲分布及种数(2)◆亚洲。【中国种数：2】。

Orthomnion Wilson 立灯藓属 Mniaceae [B-149] 特征纪要：习性：-。【Rep】：老时带红棕色。物候：-。海拔：-。生境：林下岩面生。栽培：来自广西龙州。资源：具栽培园艺种类。全球2个大洲分布及种数(10)亚洲：10；大洋洲：2。【中国种数：11】。

Orthomniopsis Broth. 柔叶立灯藓属 Mniaceae [B-149] 特征纪要：习性：-。【Rep】：呈黄绿带红棕色。物候：-。海拔：-。生境：林下岩面生。栽培：来自广西龙州。资源：具栽培园艺种类。全球2个大洲分布及种数(2)亚洲：1；大洋洲：1。【中国种数：2】。

Orthomnium Wilson ex Broth. 立灯藓属 Mniaceae [B-149] 特征纪要：疏松丛生，鲜绿色或暗绿色，高约2-10厘米，茎直立或匍匐，基部被假根。【Rep】：孢子体的形态构造同于提灯藓属，蒴柄长。孢蒴下垂，呈卵形或长卵形。环带呈片状自行散落。蒴齿两层。全球1个大洲分布及种数(1)◆亚洲(◆中国)。【中国种数：4】。

Orthopappus Gleason 直冠地胆草属 Asteraceae [MD-586] 特征纪要：习性：草本。花程式：(K)3-5，(C)3-5，A3-5，↓G。其他特征参考科。全球2个大洲分布及种数(1-3)北美洲：2；南美洲：3。

Orthopetalum Beer = **Pitcairnia**

Orthophytum Beer 叶苞凤梨属 Bromeliaceae [MM-715] 特征纪要：习性：草本。花程式：K3，C3，A6，=↓G3。其他特征参考科。全球3个大洲分布及种数(69-103)亚洲：2；北美洲：2；南美洲：91。

Orthopichonia H. Huber 非洲夹竹桃属 Apocynaceae [MD-492] 特征纪要：习性：木本。花程式：K5-∞，C0，A15，=↓(G)2-5。其他特征参考科。全球3个大洲分布及种数(6-13)非洲：13；亚洲：2；北美洲：1。

Orthopixis P. Beauv. = **Aulacomnium**

Orthopterum L. Bolus 光腭花属 Aizoaceae [MD-94] 特征纪要：习性：草本。花程式：=↓(K3-4)，C3-4，A5参考科，=↓G-。其他特征参考科。全球1个大洲分布及种数(3)◆非洲。

Orthopterygium Hemsl. 三柱草属 Anacardiaceae [MD-432] 特征纪要：习性：木本。花程式：-。其他特征参考科。全球2个大洲分布及种数(1-2)北美洲：1；南美洲：2。

Orthopus Wulfsb. 东亚曲柄藓属 Dicranaceae [B-128] 特征纪要：-。全球1个大洲分布及种数(-)。

Orthopyxis P. Beauv. 沼泽皱蒴藓属 Aulacomniaceae [B-153] 特征纪要：习性：-。物候：-。海拔：-。生境：土生，沼泽生。资源：-。全球1个大洲分布及种数(9)◆南美洲：1。

Orthoraphium Nees 直芒草属 Poaceae [MM-748] 特征纪要：习性：草本(基生)。花程式：(K-)，C0参考科，A5，↓G-参考科。物候：-。海拔：2700米。生境：山坡，森林空地，生于山坡，山谷林下，山沟草丛及路旁。资源：具园艺种类。全球1个大洲分布及种数(2)◆亚洲：1-2。【中国种数：1】。

Orthorrhiza Stapf = **Diptychocarpus**

Orthorrhynchiaceae S. H. Lin [B-203] 裂叶藓科 特征纪要：中形或形大，黄绿色、棕红色或红黑色，疏松丛生。【Rep】：雌雄同株，雌苞叶长披针。全球3个大洲分布和属种数(1/3)亚洲：1/2；大洋洲：1/3；南美洲：1/1。

Orthorrhynchidium Renauld & Cardot 蕨藓科属 Pterobryaceae [B-201] 特征纪要：-。全球2个大洲分布及种数(2)非洲：2；南美洲：2。

Orthorrhynchium Reichardt 折叶藓属 Orthorrhynchiaceae [B-203] 特征纪要(同科)。全球3个大洲分布及种数(3)亚洲：2；大洋洲：3；南美洲：1。

Orthosia Decne. 直萝藦属 Apocynaceae [MD-492] 特征纪要：习性：木本。花程式：K5，C0，A15，=↓(G)2。其他特征参考科。全球6个大洲分布及种数(43-44)非洲：11；亚洲：2-13；大洋洲：11；欧洲：11；北美洲：12-23；南美洲：31-43。【中国种数：1】。

Orthosiphon Benth. 鸡脚参属 Lamiaceae [MD-575] 特征纪要：习性：草质攀援。花程式：Kn，C2-3参考科，A3，=↓G2。物候：-。花期：7-8月。果期：参考晚于花期。海拔：1200-2900米。生境：荒地，阴处岩石上或路旁。资源：药用，具栽培园艺种类。全球6个大洲分布及种数(43-63；hort. 1)非洲：40-49；亚洲：11-23；大洋洲：1-3；欧洲：1-3；北美洲：3-6；南美洲：3。【中国种数：6】。

Orthospermum (R. Br.) Opiz = **Chenopodium**

Orthosphenia Standl. 直楔卫矛属 Celastraceae［MD－339］特征纪要:习性:木本。花程式:K2－3,C2－3,A10,＝(G)2－5。其他特征参考科。全球 2 个大洲分布及种数(1－2)北美洲:1; 南美洲:1。

Orthosporum (R. Br.) C. A. Mey. ex T. Nees ＝ **Chenopodium**

Orthostichella Müll. Hal. 桨叶藓属 Meteoriaceae［B－188］特征纪要:习性:－。【Rep】:雌苞着生茎或枝上,蒴柄平滑或粗糙,孢蒴椭圆形或椭圆状圆柱形,蒴齿内外齿层等长,或内齿层稍短,基膜高出,蒴柄细长,孢蒴卵圆形。其他特征参考科。全球 4 个大洲分布及种数(12)非洲:7;欧洲:2;北美洲:6;南美洲:10。

Orthostichidium Müll. Hal. ex Dusén 蕨藓科属 Pterobryaceae［B－201］特征纪要:－。全球 2 个大洲分布及种数(16)北美洲:1; 南美洲:1。

Orthostichopsis Broth. 直蕨藓属 Pterobryaceae［B－201］特征纪要:习性:－。【Rep】:雌雄异株,稀雌雄同株,蒴柄短或较长,平滑或粗糙,孢蒴长卵形,直立,蒴齿两层,环带不分化,蒴盖圆锥形,亮绿色至红棕色。物候:－。海拔:－。生境:常见于林下树干,土生。资源:－。全球 5 个大洲分布及种数(18)非洲:8;亚洲:1;欧洲:4;北美洲:6;南美洲:11。

Orthotheca Brid. 花叶藓科属 Calymperaceae［B－130］特征纪要:－。全球 1 个大洲分布及种数(－)。

Orthotheciadelphus Dixon 灰叶藓属 Hypnaceae［B－189］特征纪要:习性:－。【Rep】:雌雄异苞同株,内雌苞叶直立,卵状披针形,上部渐狭成长毛状,近于全缘,无中肋,黄绿色。其他特征参考科。全球 1 个大洲分布及种数(1)◆亚洲:1。

Orthotheciella (Müll. Hal.) Ochyra 澳直叶藓属 Amblystegiaceae［B－178］特征纪要:－。全球 5 个大洲分布及种数(1)非洲:1;大洋洲:1;欧洲:1;北美洲:1;南美洲:1。

Orthothecium Bruch & Schimp. 灰石藓属 Hypnaceae［B－189］特征纪要:习性:－。【Rep】:雌雄同株或异株,雄苞呈芽状,较小,雌苞生于短小雌枝上,蒴柄长 0.5－4 厘米,平滑,孢蒴直立,对称。物候:－。海拔:－。生境:枯枝落叶生,岩面土生。资源:－。全球 5 个大洲分布及种数(10)非洲:2;亚洲:6;大洋洲:1;欧洲:6;北美洲:7。【中国种数:5】。

Orthothelium Walp. ＝ **Orthothecium**

Orthothuidium D. H. Norris & T. J. Kop. 直羽藓属 Thuidiaceae［B－184］特征纪要:习性:－。【Rep】:雌苞叶具细长尖,有时叶边具纤毛,蒴柄细长,平滑,稀具密疣,孢蒴卵状圆柱形,倾立至平列,蒴齿两层,黄棕,内雌苞叶椭圆状披针形,上部具长纤毛,蒴柄平滑,孢蒴圆柱形,平列,内齿层基膜高达 1/2,齿毛 2－3。其他特征参考科。全球 1 个大洲分布及种数(1)◆大洋洲。

Orthothylax (Hook. f.) Skottsb. 林葱属 Philydraceae［MM－716］特征纪要:习性:－。花程式:－。其他特征参考科。全球 1 个大洲分布及种数(cf. 1)◆大洋洲。

Orthotrichaceae Arn.［B－151］木灵藓科 特征纪要(参考 Gigaspermaceae):体形纤细、柔弱或稍粗大,褐绿色、深黑色或红褐色,多具光泽,习生于树干、树枝或岩面,稀叶面附生,或悬垂。全球 5 个大洲分布和属种数(34/969)亚洲:20/258;大洋洲:17/193;欧洲:10/115;北美洲:19/244;南美洲:20/385。【中国属种数:14/163(9)】。

Orthotrichum Hedw. 木灵藓属 Orthotrichaceae［B－151］特征纪要:习性:－。【Rep】:常暗绿色或棕褐色,雌雄异株或同株,稀杂株,雌苞叶不分化,无明显鞘部,蒴柄长,黄色,孢蒴狭长卵形,口蒴,具明显纵褶及纵沟。物候:－。海拔:1500 米。生境:常见于树干或树枝,岩面土生。资源:－。全球 6 个大洲分布及种数(188)非洲:37;亚洲:56;大洋洲:20;欧洲:56;北美洲:78;南美洲:51。【中国种数:57】。

Orthrosanthus Sweet 晨鸢尾属 Iridaceae［MM－700］特征纪要:习性:草本。花程式:(K)3,C3,A10,＝↓G3)。其他特征参考科。全球 3 个大洲分布及种数(13－14;hort. 1;cult. 1)大洋洲:6－7;北美洲:6;南美洲:6。

Orthurus Juz. 青钟梅属 Rosaceae［MD－246］特征纪要:习性:－。花程式:－。其他特征参考科。全球 4 个大洲分布及种数(2)非洲:1;亚洲:cf. 1;欧洲:1;南美洲:cf. 1。

Ortizacalia Pruski 北美青菊属 Asteraceae［MD－586］特征纪要:习性:草本。花程式:(K)3－5,(C)3－5,A3－5,↓G。其他特征参考科。全球 1 个大洲分布及种数(1)◆北美洲。

Orychophragmus Bunge 诸葛菜属 Brassicaceae［MD－213］特征纪要:习性:草本(基生)。花程式:－。物候:－。花期:3－5 月。果期:参考晚于花期。海拔:300－1200 米。生境:自然山坡地。资源:具栽培园艺种类。全球 3 个大洲分布及种数(7－24)亚洲:21; 欧洲:2; 北美洲:2。【中国种数:2】。

Oryctanthus Eichler 化石花属 Loranthaceae［MD－415］特征纪要:习性:木本。花程式:－。其他特征参考科。全球 4 个大洲分布及种数(18－48)非洲:2; 亚洲:4; 北美洲:16; 南美洲:43。【中国种数:2】。

Oryctes S. Watson 坛花茄属 Solanaceae［MD－503］特征纪要:习性:草本。花程式:－。其他特征参考科。全球 2 个大洲分布及种数(1－3)北美洲:3; 南美洲:2。

Oryctina Van Tiegh. 苞桑寄生属 Loranthaceae［MD－415］特征纪要:习性:木本。花程式:K6,C0,A4,＝↓G3－4。其他特征参考科。全球 6 个大洲分布及种数(5)非洲:1;亚洲:1;大洋洲:1;欧洲:1;北美洲:1;南美洲:4－5。

Oryticum C. P. Wang & S. H. Tang 禾本科属 Poaceae［MM－748］特征纪要:习性:－。花程式:－。其他特征参考科。全球 1 个大洲分布及种数(－)。

oryza L. 稻属 Poaceae［MM－748］特征纪要:习性:草本(水生)。花程式:(K－),C0 参考科,A2－3,＝G2－3。物候:－。海拔:100－1000 米。生境:池塘,溪沟,藕塘,稻田,沟渠,沼泽等低湿地,竹林。资源:药用,具栽培园艺种类。全球 6 个大洲分布及种数(24－26;hort. 1;cult. 1)非洲:16－29;亚洲:21－34;大洋洲:12－25;欧洲:1－14;北美洲:8－21;南美洲:6－19。【中国种数:12】。

Oryzidium C. E. Hubb. & Schweick. 浮海绵草属 Poaceae［MM－748］特征纪要:习性:草本。花程式:(K)3,C0 参考科,A1－2,↓G－参考科。其他特征参考科。全球 1 个大洲分布及种数(1)◆非洲。

Oryzolejeunea (R. M. Schust.) R. M. Schust. 颖鳞苔属 Lejeuneaceae [B－84] 特征纪要:习性:－。【Rep】:老时呈红褐色。其他特征参考科。全球 2 个大洲分布及种数(4)北美洲:3;南美洲:1。

Oryzopsis Michx. 落须草属 Poaceae [MM－748] 特征纪要:习性:草本(基生)。花程式:(K－),C0 参考科,A3 参考科,＝G2－3。物候:－。花期:6 月。果期:参考晚于花期。海拔:1000－1900 米。生境:潮湿处,杂草丛中。资源:具栽培园艺种类。全球 6 个大洲分布及种数(11－16)非洲:22;亚洲:10－34;大洋洲:22;欧洲:22;北美洲:3－25;南美洲:22。【中国种数:1】。

Osa Aiello 醉心茜属 Rubiaceae [MD－523] 特征纪要:习性:木本。花程式:(K)4－5,(C)4－5,A4－5,＝↓(G)2－9。其他特征参考科。全球 1 个大洲分布及种数(1)◆北美洲。

Osbeckia L. 金锦香属 Melastomataceae [MD－364] 特征纪要:习性:木本。花程式:－。物候:－。海拔:1500－2500 米。生境:草地上及路旁阳处。资源:具栽培园艺种类。全球 6 个大洲分布及种数(45－291)非洲:60;亚洲:124;大洋洲:19;欧洲:28;北美洲:28;南美洲:109。【中国种数:13】。

Osbertia Greene 单头金菀属 Asteraceae [MD－586] 特征纪要:习性:草本。花程式:(K)3－5,C3－5,A3－5,＝↓(G)2。其他特征参考科。全球 2 个大洲分布及种数(4－6)亚洲:cf. 1;北美洲:3。【中国种数:1】。

Osbornia F. Müll. 八宫花属 Myrtaceae [MD－347] 特征纪要:习性:木本。花程式:＝↓(K4－5),C4－5,A8－10,＝↓(G)2－5。其他特征参考科。全球 2 个大洲分布及种数(1－2)亚洲:1;大洋洲:1。【中国种数:1】。

Oschatzia Walp. 奥沙茨草属 Apiaceae [MD－480] 特征纪要:习性:草本。花程式:＝↓(K5),C5,A5,＝↓G2。其他特征参考科。全球 1 个大洲分布及种数(1－2)◆大洋洲(◆澳大利亚)。

Oscularia Schwantes 光琳菊属 Aizoaceae [MD－94] 特征纪要:习性:灌木。花程式:＝↓(K3－4),C3－4,A5 参考科,＝↓(G)1－2。其他特征参考科。全球 2 个大洲分布及种数(23－28)非洲:25;南美洲:3。

Osculatia De Not. 夷真藓属 Bryaceae [B－146] 特征纪要:－。全球 1 个大洲分布及种数(2)◆南美洲:2。

Oserya Tul. & Wedd. 巴西川苔草属 Podostemaceae [MD－322] 特征纪要:习性:草本。花程式:K1－2,C0,A10,＝(G)1－2。其他特征参考科。全球 2 个大洲分布及种数(5－10)北美洲:2;南美洲:9。

Osmadenia Nutt. 星带菊属 Asteraceae [MD－586] 特征纪要:习性:草本。花程式:(K)3－5,(C)3－5,A3－5,↓G。其他特征参考科。全球 1 个大洲分布及种数(1)◆北美洲。

Osmanthus Lour. 木樨属 Oleaceae [MD－498] 特征纪要:习性:木本。花程式:－。物候:－。花期:9－10 月。果期:参考晚于花期。海拔:1000－1700 米。生境:山地。资源:药用,具栽培园艺种类。全球 6 个大洲分布及种数(38－47;hort. 1;cult. 5)非洲:9;亚洲:30－46;大洋洲:8－17;欧洲:6－15;北美洲:14－23;南美洲:9。【中国种数:19】。

Osmelia Thwaites 香风子属 Salicaceae [MD－123] 特征纪要:习性:木本。花程式:K2－10,C0,A2－10,＝(G)2－10。其他特征参考科。全球 3 个大洲分布及种数(8－11)非洲:1;亚洲:7－10;大洋洲:cf. 1。

Osmhydrophora Barb. Rodr. ＝ **Bignonia**

Osmiopsis R. M. King & H. Rob. 飞机草属 Asteraceae [MD－586] 特征纪要:习性:草本。花程式:(K)3－5,(C)3－5,A3－5,↓G。其他特征参考科。全球 1 个大洲分布及种数(1)◆北美洲。

Osmitopsis Cass. 旋叶菊属 Asteraceae [MD－586] 特征纪要:习性:草本。花程式:(K)3－5,(C)3－5,A3－5,↓G。物候:－。海拔:－。生境:－。资源:具园艺种类。全球 2 个大洲分布及种数(11－24)非洲:20;亚洲:2。

Osmoglossum (Schltr.) Schltr. 香花兰属 Orchidaceae [MM－723] 特征纪要:习性:－。花程式:－。其他特征参考科。全球 2 个大洲分布及种数(cf. 1)北美洲;南美洲。

Osmohydrophora Barb. Rodr. ＝ **Bignonia**

Osmolindsaea (K. U. Kramer) Lehtonen & Christenh. 香鳞始蕨属 Lindsaeaceae [F－27] 特征纪要:习性:－。【Rep】:孢子同形,囊群至叶缘。物候:－。海拔:800－900 米。生境:半山腰,干地,竹林中疏荫湿地。资源:－。全球 2 个大洲分布及种数(5－10)非洲:5;亚洲:6。

Osmorhiza Raf. 香根芹属 Apiaceae [MD－480] 特征纪要:习性:草本(基生)。花程式:Kn,C5,A3 参考科,＝↓G2。物候:－。海拔:1600－3500 米。生境:山崖上林阴处,生于山坡林下。资源:药用。全球 6 个大洲分布及种数(17－18)非洲:5;亚洲:5－10;大洋洲:5;欧洲:5;北美洲:15－20;南美洲:6－11。【中国种数:5】。

Osmoxylon Miq. 兰屿加属 Araliaceae [MD－471] 特征纪要:习性:木本。花程式:－。物候:－。花期:参考早于果期。果期:10 月。海拔:1－4200 米。生境:林中。资源:具园艺种类。全球 6 个大洲分布及种数(61－78)非洲:15;亚洲:49;大洋洲:37;欧洲:9;北美洲:9;南美洲:3。【中国种数:1】。

Osmunda L. 紫萁属 Osmundaceae [F－16] 特征纪要:习性:－。【Rep】:孢子囊球圆形,有柄,边缘着生,自顶端纵裂。物候:－。海拔:600－1600 米。生境:林下或溪边酸性土上,竹林下。资源:药用,具栽培园艺种类。全球 6 个大洲分布及种数(24－36)非洲:6－11;亚洲:14－24;大洋洲:7－12;欧洲:5－10;北美洲:8－14;南美洲:7－14。【中国种数:9】。

Osmundaceae Martinov [F－16] 紫萁科 特征纪要:纤细,柔软或硬挺易碎,深绿色或棕色,无光泽或略具光泽。【Rep】:雌雄异株,内雌苞叶基部半鞘状,向上渐狭成长尖,中肋短或无,蒴柄细长,孢蒴倾立,长圆柱形,弯曲。全球 6 个大洲分布和属种数(3;hort. & cult. 2)(30－65;hort. & cult. 8－12)非洲:3/8－16;亚洲:3/17－29;大洋洲:2－3/11－18;欧洲:2/8－15;北美洲:3/11－19;南美洲:3/9－18。【中国属种数:3/11】。

Osmundaria <unassigned> 红花萁属 Rhodoleiaceae [MD－64] 特征纪要:－。全球 6 个大洲分布及种数(6)非洲:4;亚洲:3;大洋洲:6;欧洲:1;北美洲:1;南美洲:2。

Osmundastrum C. Presl 桂皮紫萁属 Osmundaceae [F－16] 特征纪要:习性:－。【Rep】:囊群生叶背。物候:－。海拔:820 米。生境:－。资源:－。全球 6 个大洲分布及种数(4;hort. 1)非洲:1－3;亚洲:2－4;大洋洲:2;欧

洲:3-5;北美洲:2-4;南美洲:1-3。【中国种数:1】。

Osmundopteris (Milde) Small = **Botrychium**

Osmundula Rabenh. = **Fissidens**

Ossaea DC. 锚花丹属 Melastomataceae [MD-364] 特征纪要:木本。花程式:-。其他特征参考科。全球6个大洲分布及种数(56-87;hort.1;cult. 3)非洲:1-5;亚洲:1-6;大洋洲:1-5;欧洲:4;北美洲:23-48;南美洲:50-60。

Ossea Nieuwl. & Lunell = **Cornus**

Osteocarpum F. Müll. 石果藜属 Amaranthaceae [MD-116] 特征纪要:习性:-。花程式:-。其他特征参考科。全球1个大洲分布及种数(-)。

Osteomeles Lindl. 小石积属 Rosaceae [MD-246] 特征纪要:习性:木本。花程式:-。物候:-。花期:4-5月。果期:参考晚于花期。海拔:1000-3000米。生境:灌木,斜坡,路旁,混交林。资源:具栽培园艺种类。全球4个大洲分布及种数(5-11)亚洲:3-6;大洋洲:1;北美洲:3;南美洲:1-4。【中国种数:1】。

Osteophloeum Warb. 硬皮楠属 Myristicaceae [MD-15] 特征纪要:习性:木本。花程式:K2-3,C0,A5,=G1。其他特征参考科。全球2个大洲分布及种数(2-5)北美洲:1; 南美洲:5。

Osteospermum L. 骨子菊属 Asteraceae [MD-586] 特征纪要:习性:草本。花程式:(K)3-5,(C)3-5,A3-5,=↓G2。其他特征参考科。全球6个大洲分布及种数(71-100;hort.1;cult. 4)非洲:69-75;亚洲:5-8;大洋洲:5-9;欧洲:6-9;北美洲:8-11;南美洲:2-5。

Osterdamia Neck. = **Zoysia**

Ostericum Hoffm. 山芹属 Apiaceae [MD-480] 特征纪要:习性:草本(根状茎,基生,多肉)。花程式:Kn,C5,A3参考科,=↓(G)2。物候:-。花期:6-8月。果期:参考晚于花期。海拔:2200-2300米。生境:草丛中,沼泽草甸。资源:药用。全球4个大洲分布及种数(11-46)非洲:2; 亚洲:42; 欧洲:2; 北美洲:2。【中国种数:10】。

Osterwaldiella M. Fleisch. 山地藓属 Pterobryaceae [B-201] 特征纪要:习性:-。【Rep】:雌雄异株,稀雌雄同株,蒴柄短或较长,平滑或粗糙,孢蒴长卵形,直立,蒴齿两层,环带不分化,蒴盖圆锥形,亮绿色至红棕色。物候:-。海拔:-。生境:常见于林下树干,土生。资源:-。全球1个大洲分布及种数(1)◆亚洲:1。

Ostodes Bl. 叶轮木属 Euphorbiaceae [MD-217] 特征纪要:习性:木本。花程式:-。物候:-。花期:4-6月。果期:参考晚于花期。海拔:900-2000米。生境:密林中。资源:具栽培园艺种类。全球5个大洲分布及种数(3-41)非洲:2; 亚洲:36; 大洋洲:3; 北美洲:2; 南美洲:3。【中国种数:2】。

Ostrearia Baill. ex Nied. 蛎木属 Hamamelidaceae [MD-63] 特征纪要:习性:木本。花程式:=↓(K4-5),C4-5,A4-5,=↓(G)2-3。其他特征参考科。全球1个大洲分布及种数(1)◆大洋洲(◆澳大利亚)。

Ostrowskia Regel 丽桔梗属 Campanulaceae [MD-561] 特征纪要:习性:草本。花程式:-。其他特征参考科。全球1个大洲分布及种数(1-2)◆亚洲。

Ostrya G. A. Scop. 铁木属 Betulaceae [MD-79] 特征纪要:习性:木本。花程式:-。物候:-。花期:5-7月。果期:参考晚于花期。海拔:1000-2800米。生境:林中,杂木林中。资源:具栽培园艺种类。全球6个大洲分布及种数(9-66)非洲:4; 亚洲:24; 大洋洲:3; 欧洲:15; 北美洲:15; 南美洲:32。【中国种数:6】。

Ostryocarpus Hook. f. 铁荚果属 Fabaceae3 [MD-240] 特征纪要:习性:木本。花程式:=↓(K1-∞),C1-∞,A5-9,=↓G1。其他特征参考科。全球1个大洲分布及种数(2)◆非洲。

Ostryopsis Decne. 虎榛子属 Betulaceae [MD-79] 特征纪要:习性:木本。花程式:-。物候:-。花期:5-6月。果期:参考晚于花期。海拔:1500-2500米。生境:胡振子,森林,灌丛。资源:药用,丹宁,具栽培园艺种类。全球4个大洲分布及种数(3-6)亚洲:6; 欧洲:2; 北美洲:2; 南美洲:1。【中国种数:3】。

Osvaldoa J. R. Grande 虎子草属 Poaceae [MM-748] 特征纪要:习性:草本。花程式:(K-),C0参考科,A3参考科,↓G-参考科)。其他特征参考科。全球1个大洲分布及种数(1)◆南美洲。

Oswalda Cass. = **Clibadium**

Oswaldia Less. = **Clibadium**

Osyridicarpos A. DC. 韧果檀香属 Santalaceae [MD-412] 特征纪要:习性:木本。花程式:-。其他特征参考科。全球1个大洲分布及种数(1)◆非洲。

Osyris L. 沙针属 Santalaceae [MD-412] 特征纪要:习性:木本。花程式:-。物候:-。花期:4-6。果期:参考晚于花期。海拔:600-2700米。生境:灌木丛。资源:具栽培园艺种类。全球3个大洲分布及种数(11-12)非洲:5;亚洲:cf. 1;欧洲:2。【中国种数:2】。

Otacanthus Lindl. 蓝金花属 Plantaginaceae [MD-527] 特征纪要:习性:-。花程式:-。其他特征参考科。全球1个大洲分布及种数(2-9)◆南美洲。

Otachyrium Nees 耳颖草属 Poaceae [MM-748] 特征纪要:习性:草本。花程式:(K)3,C0参考科,A1-2,=G2-3。其他特征参考科。全球5个大洲分布及种数(8-14)非洲:3; 亚洲:2; 大洋洲:3; 北美洲:3; 南美洲:14。

Otatea (McClure & E. W. Sm.) C. E. Calderón & Söderstr. 墨西哥竹属 Poaceae [MM-748] 特征纪要:习性:草本。花程式:(K)3,C0参考科,A1-2,=(G)2-3。其他特征参考科。全球3个大洲分布及种数(13-18)亚洲:2;北美洲:15; 南美洲:4。【中国种数:1】。

Oteiza La Llave 落冠菊属 Asteraceae [MD-586] 特征纪要:习性:草本。花程式:(K)3-5,(C)3-5,A3-5,=↓G2。其他特征参考科。全球2个大洲分布及种数(4-5)北美洲:4; 南美洲:1。

Othlis Schott = **Doliocarpus**

Otholobium C. H. Stirt. 羊豆茶属 Fabaceae3 [MD-240] 特征纪要:习性:-。花程式:-。物候:-。海拔:7500米。生境:矮灌木丛或芦苇丛中,稀见于沿河岸疏林下,作为作物栽培。资源:具栽培园艺种类。全球6个大洲分布及种数(56－65;hort. 1)非洲:47－53;亚洲:5;大洋洲:5;欧洲:2－7;北美洲:6－11;南美洲:9－14。【中国种数:1】。

Othonna L. 厚敦菊属 Asteraceae［MD－586］特征纪要:习性:草本。花程式:(K)3－5,(C)3－5,A3－5,＝↓G2。物候:－。海拔:－。生境:－。资源:具栽培园艺种类。全球 6 个大洲分布及种数(87－234)非洲:206; 亚洲:7; 大洋洲:6; 欧洲:5; 北美洲:5; 南美洲:8。

Othrys Noronha ex Du Petit－Thou. ＝ **Crateva**

Oticodium (Müll. Hal.) Kindb. 褶叶藓属 Brachytheciaceae［B－187］特征纪要:－。全球 1 个大洲分布及种数(－)。

Otigoniolejeunea (Spruce) Schiffn. 南美耳鳞苔属 Lejeuneaceae［B－84］特征纪要:习性:－。【Rep】:老时呈红褐色。其他特征参考科。全球 3 个大洲分布及种数(10)非洲:2; 北美洲:2; 南美洲:3。

O

Otilix Raf. ＝ **Lycianthes**

Otiophora Zucc. 耳梗茜属 Rubiaceae［MD－523］特征纪要:习性:木本。花程式:(K)4－5,(C)4－5,A4－5,＝↓G2－9。其他特征参考科。全球 3 个大洲分布及种数(24－62)非洲:42; 亚洲:3; 北美洲:2。

Otites Adans. 蝇子草属 Caryophyllaceae［MD－77］特征纪要:习性:－。花程式:－。其他特征参考科。全球 0 个大洲分布及种数(13)。

Otoba (DC.) H. Karst. 山油楠属 Myristicaceae［MD－15］特征纪要:习性:木本。花程式:K2－3,C0,A5,＝G1。其他特征参考科。全球 3 个大洲分布及种数(12－17)亚洲:1; 北美洲:9; 南美洲:16。

Otocalyx Brandegee ＝ **Arachnothryx**

Otocarpus Durieu 耳果芥属 Brassicaceae［MD－213］特征纪要:习性:草本。花程式:K2－4,C2－4,A2－4,＝(G)2。其他特征参考科。全球 1 个大洲分布及种数(1)◆非洲(◆阿尔及利亚)。

Otochilus Lindl. 耳唇兰属 Orchidaceae［MM－723］特征纪要:习性:－。花程式:－。物候:－。花期:6－7 月。果期:参考晚于花期。海拔:1300－1500 米。生境:附生于林中树上或岩石上。资源:－。全球 4 个大洲分布及种数(25)亚洲:18; 欧洲:4; 北美洲:4; 南美洲:4。

Otoglossum (Schltr.) Garay & Dunst. 耳舌兰属 Orchidaceae［MM－723］特征纪要:习性:草本。花程式:(K)3,C3,A3,＝↓(G)3。其他特征参考科。全球 6 个大洲分布及种数(25;hort. 1;cult. 2)非洲:1;亚洲:1;大洋洲:1;欧洲:1;北美洲:7－8;南美洲:23－24。

Otoglyphis Pomel 山芫荽属 Asteraceae［MD－586］特征纪要:习性:－。花程式:－。其他特征参考科。全球 2 个大洲分布及种数(1－2)非洲:1; 亚洲:1。

Otolejeunea Grolle & Tixier 耳鳞苔属 Lejeuneaceae［B－84］特征纪要:习性:－。【Rep】:老时呈红褐色。物候:－。海拔:－。生境:山坡,针阔混交林中。资源:－。全球 4 个大洲分布及种数(13)非洲:3;亚洲:4;大洋洲:5;南美洲:1。

Otomeria Benth. 非洲耳茜属 Rubiaceae［MD－523］特征纪要:习性:木本。花程式:(K)4－5,(C)4－5,A4－5,＝↓G2－9。其他特征参考科。全球 3 个大洲分布及种数(8－25)非洲:24; 亚洲:3; 南美洲:2。

Otonephelium Radlk. 耳韶属 Sapindaceae［MD－428］特征纪要:习性:木本。花程式:K4－8,C4－8,A10,＝(G)2－3。其他特征参考科。全球 1 个大洲分布及种数(cf. 1)◆南亚(◆印度)。

Otopappus Benth. 耳冠菊属 Asteraceae［MD－586］特征纪要:习性:草本。花程式:(K)3－5,(C)3－5,A3－5,＝↓G2。其他特征参考科。全球 2 个大洲分布及种数(17－18)北美洲:16;南美洲:2－3。

Otophora Bl. 爪耳木属 Bignoniaceae［MD－541］特征纪要:习性:－。花程式:－。物候:－。花期:2－5 月。果期:参考晚于花期。海拔:100－2600 米。生境:潮湿陡坡;砂土;灌木丛;种植在寺庙和房屋附近。资源:－。全球 4 个大洲分布及种数(53)非洲:2; 亚洲:50; 北美洲:6; 南美洲:4。

Otoptera DC. 非洲豇豆属 Fabaceae3［MD－240］特征纪要:习性:木本。花程式:＝↓(K1－∞),C1－∞,A5－9,＝↓G1。其他特征参考科。全球 1 个大洲分布及种数(2)◆非洲。

Otoscyphus J. J. Engel, Bardat & L. Thouvenot 大洋洲齿萼苔属 Lophocoleaceae［B－74］特征纪要:－。全球 1 个大洲分布及种数(2)◆大洋洲:2。

Otospermum Willk. 母菊属 Asteraceae［MD－586］特征纪要:习性:草本。花程式:(K)3－5,(C)3－5,A3－5,↓G。其他特征参考科。全球 1 个大洲分布及种数(1－2)◆非洲:1。

Otostegia Benth. 奥氏草属 Lamiaceae［MD－575］特征纪要:习性:草本。花程式:K2,C0,A2,＝G2。其他特征参考科。全球 6 个大洲分布及种数(11－47)非洲:32; 亚洲:31; 大洋洲:2; 欧洲:2; 北美洲:2; 南美洲:3。

Otostemma Bl. 球兰属 Asclepiadaceae［MD－494］特征纪要:木本,叶对生,落叶; 花程式:Kn,内面基部有小腺体 5－10 个,C0,A5,G(－),房位(－)。果实:蓇葖果。种子:具种毛,黄色绢质。全球 1 个大洲分布及种数(－)◆亚洲(◆中国)。

Otostylis Schltr. 耳柱兰属 Orchidaceae［MM－723］特征纪要:习性:草本。花程式:(K)3,C3,A3,＝↓G3。其他特征参考科。全球 3 个大洲分布及种数(2－7)非洲:1; 北美洲:3; 南美洲:7。

Ototropis Nees 山蚂蝗属 Fabaceae3［MD－240］特征纪要:习性:木本。花程式:＝↓(Kn),C2－3 参考科,A3 参考科,＝↓G(－)。物候:－。海拔:7500 米。生境:矮灌木丛或芦苇丛中,稀见于沿河岸疏林下,作为作物栽培。资源:具栽培园艺种类。全球 1 个大洲分布及种数(1－12)◆亚洲(◆中国)。

Otoxalis Small ＝ **Oxalis**

Ottelia Pers. 水车前属 Hydrocharitaceae［MM－599］特征纪要:习性:草本(基生,水生,多肉)。花程式:－。物候:－。花期:5－10 月。果期:参考晚于花期。海拔:－。生境:池塘,河流及湖泊中,水深 1.5 米。资源:药用,具栽培园艺种类。全球 6 个大洲分布及种数(28 - 29;hort. 1;cult. 1)非洲:19 - 29;亚洲:9 - 19;大洋洲:3 - 13;欧洲:2 - 12;北美洲:2 - 12;南美洲:2 - 12。【中国种数:5】。

Ottochloa Dandy 露籽草属 Poaceae [MM - 748] 特征纪要:习性:草本(基生)。花程式:(K -),C0 参考科,A3 参考科, = (G)2 - 3)。物候: - 。花期:7 - 9 月。果期:参考晚于花期。海拔:100 - 1700 米。生境:森林(不在深阴处),林缘,空地,经常与其他植物争夺。资源:具园艺种类。全球 6 个大洲分布及种数(3 - 5)非洲:1 - 3;亚洲:1 - 3;大洋洲:2 - 4;欧洲:1;北美洲:1;南美洲:1。【中国种数:1】。

Ottonia Spreng. 胡椒科属 Piperaceae [MD - 39] 特征纪要:习性: - 。花程式: - 。其他特征参考科。全球 4 个大洲分布及种数(98)非洲:2; 亚洲:3; 北美洲:10; 南美洲:82。

Ottoschmidtia Urb. 施密特茜属 Rubiaceae [MD - 523] 特征纪要:习性:木本。花程式:(K -),(C)4,A3 - 5, = ↓ (G)2 - 9。其他特征参考科。全球 1 个大洲分布及种数(1)◆北美洲。

Ottoschulzia Urb. 危地马拉茱萸属 Metteniusaceae [MD - 454] 特征纪要:习性:木本。花程式:K3 - 4,C3 - 4,A2, = G2 - 3。其他特征参考科。全球 2 个大洲分布及种数(4 - 5)北美洲:5; 南美洲:4。

Ottosonderia L. Bolus 梅仙木属 Aizoaceae [MD - 94] 特征纪要:习性:灌木。花程式: = ↓ (K3 - 4),C3 - 4,A5 参考科, = ↓ G - 。其他特征参考科。全球 1 个大洲分布及种数(2)◆非洲。

Oubanguia Baill. 韦瓣花属 Lecythidaceae [MD - 267] 特征纪要:习性:木本。花程式:K10 - 20,C10 - 20,A10 - 20,G3 - 8。其他特征参考科。全球 1 个大洲分布及种数(3)◆非洲。

Ougeinia Benth. 山蚂蝗属 Fabaceae3 [MD - 240] 特征纪要:习性:木本。花程式: = ↓ (K1 - ∞),C1 - ∞ ,A5 - 9, = ↓ G(-)。其他特征参考科。全球 1 个大洲分布及种数(2) ◆亚洲:1。

Ouratea Aubl. 番金莲木属 Ochnaceae [MD - 104] 特征纪要:习性:木本。花程式:K1 - ∞ ,C1 - ∞ ,A10, = (G)2 - 15。物候: - 。海拔: - 。生境: - 。资源:具栽培园艺种类。全球 5 个大洲分布及种数(296 - 655)非洲:183; 亚洲:47; 欧洲:61; 北美洲:61; 南美洲:389。【中国种数:5】。

Ouratella Tiegh. = **Ouratea**

Ourisia Comm. 匍地梅属 Scrophulariaceae [MD - 536] 特征纪要:习性:灌木。花程式: - 。其他特征参考科。全球 6 个大洲分布及种数(29 - 47;hort. 1;cult. 1)非洲:2;亚洲:2;大洋洲:7 - 25;欧洲:2;北美洲:1 - 3;南美洲:21 - 24。

Ourouparia Aubl. = **Uncaria**

Outreya Jaub. & Spach = **Jurinea**

Ouvirandra Thou. ex Mirb. 水蕹属 Aponogetonaceae [MM - 602] 特征纪要和分布(-)。

Ovidia Meisn. 杜瑞香属 Thymelaeaceae [MD - 310] 特征纪要:习性: - 。花程式: - 。其他特征参考科。全球 3 个大洲分布及种数(2 - 8)非洲:3; 亚洲:2; 南美洲:6。【中国种数:1】。

Ovieda L. 刺叶大青属 Lamiaceae [MD - 575] 特征纪要:习性: - 。花程式: - 。其他特征参考科。全球 6 个大洲分布及种数(8 - 20)非洲:7; 亚洲:6; 大洋洲:6; 欧洲:14; 北美洲:14; 南美洲:3。

Owenia F. Müll. 鸸鹋果属 Meliaceae [MD - 414] 特征纪要:习性: - 。花程式: - 。其他特征参考科。全球 2 个大洲分布及种数(6 - 12)大洋洲:6; 南美洲:1。

Oxalidaceae R. Br. [MD - 395] 酢浆草科 特征纪要:习性:木本;落叶。花程式:(K)6 - ,C0,A10 - 5,↑G5。物候: - 。花期: 4 - 12 月。果期: 7 - 12 月。果实:蒴果。种子: - 。海拔:0 米。生境:被广泛种植,在河流和次生植被中自由生长,针阔混交林和灌丛中。资源:药用。栽培:中国有栽培。全球 6 个大洲分布及属种数(8 - 11/715 - 919 <IFR 3/43> hort. 1;cult. 2) 非洲:3/301 - 338(IFR 2/2); 亚洲:6/76 - 91(IFR 3/4); 大洋洲:2/54 - 61; 欧洲:1/29; 北美洲:3/153 - 165(IFR 1/3); 南美洲:4/374 - 424(IFR 1/34)。【中国属种数:3/38】。

Oxalis L. 酢浆草属 Oxalidaceae [MD - 395] 特征纪要:习性:草本(根状茎,基生,多肉)。花程式: - 。物候: - 。花期:7 - 8 月。果期:参考晚于花期。海拔:2800 - 4000 米。生境:林下和沟谷潮湿处,针阔混交林和灌丛中。资源:具栽培园艺种类。全球 6 个大洲分布及种数(634 - 780;hort. 1;cult. 26)非洲:280 - 334;亚洲:52 - 82;大洋洲:47 - 80;欧洲:28 - 55;北美洲:129 - 168;南美洲:338 - 410。【中国种数:28】。

Oxallis Noronha = **Oxalis**

Oxandra A. Rich. 辕木属 Annonaceae [MD - 7] 特征纪要:木本。花程式:K3 - ∞ ,C3,A2, = G10 - 100。其他特征参考科。全球 6 个大洲分布及种数(33 - 34)非洲:1;亚洲:1;大洋洲:1;欧洲:1;北美洲:10 - 11;南美洲:26 - 28。

Oxera Labill. 酢浆苏属 Verbenaceae [MD - 556] 特征纪要:习性:草本。花程式:K2 - 4,C0,A2 - 4, = G2 - 4。物候: - 。海拔: - 。生境: - 。资源:具园艺种类。全球 6 个大洲分布及种数(26 - 77)非洲:6; 亚洲:19; 大洋洲:64; 欧洲:5; 北美洲:5; 南美洲:2。

Oxisma Raf. = **Bellucia**

Oxossia L. Rocha 有叶花科属 Turneraceae [MD - 149] 特征纪要(同科)。全球 1 个大洲分布及种数(16) ◆南美洲:16。

Oxyandra Rchb. = **Sloanea**

Oxyanthe Steud. = **Phragmites**

Oxyanthus DC. 文殊栀属 Rubiaceae [MD - 523] 特征纪要:习性:木本。花程式:(K)4 - 5,(C)4 - 5,A4 - 5, = ↓ (G)2 - 9。物候: - 。海拔: - 。生境: - 。资源:具栽培园艺种类。全球 5 个大洲分布及种数(45 - 107)非洲:96; 亚洲:10; 欧洲:5; 北美洲:5; 南美洲:3。【中国种数:1】。

Oxybaphus Pers. 山紫茉莉属 Nyctaginaceae [MD - 107] 特征纪要:习性: - 。花程式: - 。物候: - 。海拔:700 - 3400 米。生境:灌丛草地,河边大石缝中及石墙上,河谷,河岸,岩石裂缝,岩壁。资源:药用。全球 6 个大洲分布及种数(21)非洲:1-8;亚洲:2-9;大洋洲:1-8;欧洲:7;北美洲:5-12;南美洲:5-12。

Oxybasis Kar. & Kir. 藜属 Amaranthaceae [MD-116] 特征纪要:习性:草本。花程式:K3-5,C0,A3-5,G-。物候:-。花期:7-10月。果期:参考晚于花期。海拔:600-5000米。生境:荒地,盐碱地,田地边缘。资源:-。全球6个大洲分布及种数(15-17)非洲:1; 亚洲:8; 大洋洲:3; 欧洲:7; 北美洲:7; 南美洲:4。

Oxycarpha S. F. Blake 尖托菊属 Asteraceae [MD-586] 特征纪要:习性:草本。花程式:(K)3-5,C3-5,A3-5,=↓(G)2。其他特征参考科。全球1个大洲分布及种数(1)◆南美洲(◆委内瑞拉)。

Oxycaryum Nees 喙头莎属 Cyperaceae [MM-747] 特征纪要:习性:-。花程式:-。其他特征参考科。全球4个大洲分布及种数(10)非洲:8; 亚洲:2; 北美洲:8; 南美洲:8。

Oxyceros Lour. 钩簕茜属 Rubiaceae [MD-523] 特征纪要:习性:木质攀援。花程式:(K-),C2-3参考科,A6,↓G-。物候:-。花期:参考早于果期。果期:8-10月。海拔:1300-1600米。生境:林中,林缘或灌丛。资源:具园艺种类。全球6个大洲分布及种数(12-42)非洲:9; 亚洲:42; 大洋洲:3; 欧洲:5; 北美洲:5; 南美洲:7。【中国种数:4】。

Oxychloe Phil. 刺蔺属 Juncaceae [MM-733] 特征纪要:习性:草本。花程式:K3,C3,A2-3,G3- 参考科。其他特征参考科。全球2个大洲分布及种数(5-10)大洋洲:3; 南美洲:10。

Oxychloris Lazarides 膜颖虎尾草属 Poaceae [MM-748] 特征纪要:习性:草本。花程式:(K)3,C0参考科,A1-2,↓G-参考科。其他特征参考科。全球2个大洲分布及种数(1-2)大洋洲:2; 北美洲:2。

Oxycoccoides (Benth. & Hook. f.) Nakai = **Vaccinium**

Oxycoccus Hill 红莓属 Ericaceae [MD-380] 特征纪要:习性:-。花程式:-。其他特征参考科。全球5个大洲分布及种数(42)非洲:5; 亚洲:6; 欧洲:9; 北美洲:9; 南美洲:6。

Oxydectes Kuntze = **Croton**

Oxydendrum DC. 酸木属 Ericaceae [MD-380] 特征纪要:习性:木本。花程式:(K)5-8,(C)5-8,A10,G3- 参考科。其他特征参考科。全球3个大洲分布及种数(1-2)亚洲:1; 欧洲:2; 北美洲:2。

Oxydenia Nutt. = **Leptochloa**

Oxygonium C. Presl = **Diplazium**

Oxygonum Burch. ex Campd. 蒺藜蓼属 Polygonaceae [MD-120] 特征纪要:习性:草本。花程式:K2-3,C0,A2,=G2-3。其他特征参考科。全球3个大洲分布及种数(40)非洲:32-40;亚洲:3-4;南美洲:1。

Oxygraphis Bunge 鸦跖花属 Ranunculaceae [MD-38] 特征纪要:习性:草本(根状茎,基生)。花程式:-。物候:-。海拔:2700-5000米。生境:高山草甸,林缘。资源:具园艺种类。全球3个大洲分布及种数(8-17)亚洲:15; 欧洲:3; 北美洲:3。【中国种数:3】。

Oxygyne Schltr. 水玉环属 Burmanniaceae [MM-696] 特征纪要:习性:草本。花程式:(K)3,C3,A3,=↓G3。其他特征参考科。全球2个大洲分布及种数(6-7)非洲:7; 亚洲:3。

Oxylaena Benth. ex Anderb. 针状鼠麴木属 Asteraceae [MD-586] 特征纪要:习性:草本。花程式:(K)3-5,(C)3-5,A3-5,↓G。其他特征参考科。全球1个大洲分布及种数(1)◆非洲。

Oxylobus (Moç. ex DC.) A. Gray 尖裂菊属 Asteraceae [MD-586] 特征纪要:草本。花程式:(K)3-5,C3-5,A3-5,=↓(G)2。其他特征参考科。全球4个大洲分布及种数(7-19)非洲:2; 欧洲:10; 北美洲:10; 南美洲:6。

Oxymitra Bisch. ex Lindenb. 假钱苔属 Oxymitraceae [B-21] 特征纪要(同科)。全球6个大洲分布及种数(1-72)非洲:14; 亚洲:52; 大洋洲:2; 欧洲:4; 北美洲:4; 南美洲:4。

Oxymitraceae Müll. Frib. ex Grolle [B-21] 假钱苔科 特征纪要:深绿色,稀疏群生。【Rep】:雌雄异株或同株,雄苞在雌雄同株时与雌苞着生同一枝的顶端,1-3苞相连,配丝线形,孢子体单生,蒴柄长。全球2个大洲分布和属种数(1/31-32)亚洲:1/31-32;南美洲:1/1-1。

Oxymitus C. Presl = **Argylia**

Oxymyrrhine S. Schaür 凹果岗松属 Myrtaceae [MD-347] 特征纪要:习性:-。花程式:-。其他特征参考科。全球1个大洲分布及种数(-)。

Oxypappus Benth. 尖冠菊属 Asteraceae [MD-586] 特征纪要:习性:草本。花程式:(K)3-5,C3-5,A3-5,=↓(G)2。其他特征参考科。全球2个大洲分布及种数(1-6)北美洲:2; 南美洲:2。

Oxypetalum R. Br. 尖瓣藤属 Apocynaceae [MD-492] 特征纪要:习性:木本。花程式:K5,C0,A15,=↓(G)2。其他特征参考科。全球6个大洲分布及种数(150-336)非洲:3; 亚洲:7; 大洋洲:10; 欧洲:13; 北美洲:13; 南美洲:314。【中国种数:3】。

Oxyphyllum Phil. 腋刺菊属 Asteraceae [MD-586] 特征纪要:习性:草本。花程式:(K)3-5,C3-5,A3-5,=↓(G)2。其他特征参考科。全球1个大洲分布及种数(1)◆南美洲(◆智利)。

Oxypolis Raf. 毒牛芹属 Apiaceae [MD-480] 特征纪要:习性:草本。花程式:=↓(K5),C5,A5,=↓G2。其他特征参考科。全球5个大洲分布及种数(4-30)非洲:2; 亚洲:5; 欧洲:21; 北美洲:21; 南美洲:13。

Oxyrhachis Pilg. 刺纤叶草属 Poaceae [MM-748] 特征纪要:习性:草本。花程式:(K)3,C0参考科,A1-2,↓G-参考科。其他特征参考科。全球2个大洲分布及种数(1-6)非洲:3; 南美洲:3。

Oxyrhynchus Brandegee 尖喙荚豆属 Fabaceae3 [MD-240] 特征纪要:习性:木本。花程式:=↓(K1-∞),C1-∞,A5-9,=↓G1。其他特征参考科。全球3个大洲分布及种数(5)非洲:1;北美洲:4;南美洲:1。

Oxyria Hill 山蓼属 Polygonaceae [MD-120] 特征纪要:习性:草本(根状茎,基生,多肉)。花程式:Kn,C2-3参考科,A3,G-。物候:-。花期:6-10月。果期:参考晚于花期。海拔:1300-4900米。生境:冰川融水河流下游,河边,山谷。资源:具栽培园艺种类。全球6个大洲分布及种数(4-5)非洲:1;亚洲:3-5;大洋洲:1;欧洲:2

-3;北美洲:2-3;南美洲:1。【中国种数:2】。

Oxyrrhynchium (Schimp.) Warnst. 疏网美喙藓属 Brachytheciaceae [B-187] 特征纪要:习性:-。【Rep】:绿色或棕绿色。物候:-。海拔:1400米。生境:土生。资源:-。全球6个大洲分布及种数(22)非洲:5;亚洲:13;大洋洲:3;欧洲:5;北美洲:6;南美洲:7。【中国种数:14】。

Oxyspora DC. 尖子木属 Melastomataceae [MD-364] 特征纪要:习性:木本。花程式:Kn,C2-3参考科,A8,=↓G-。物候:-。花期:9-11月。果期:参考晚于花期。海拔:200-1200米。生境:在亚热带和热带地区山坡林缘常见。资源:药用,具栽培园艺种类。全球5个大洲分布及种数(36-69)非洲:2;亚洲:53;大洋洲:2;北美洲:2;南美洲:13。【中国种数:8】。

Oxystegus (Limpr.) Hilp. 丛藓科属 Pottiaceae [B-133] 特征纪要:习性:-。【Rep】:雌雄异株或同株,孢蒴多呈卵形、长卵状圆柱形,稀球形,多直立,稀倾斜或下垂。物候:-。海拔:800米。生境:岩面土生。资源:-。全球6个大洲分布及种数(8)非洲:3;亚洲:2;大洋洲:1;欧洲:1;北美洲:2;南美洲:2。【中国种数:6】。

O

Oxystelma R. Br. 尖槐藤属 Apocynaceae [MD-492] 特征纪要:习性:木质攀援。花程式:(K-),C2-3参考科,A5参考科,=↓G2。物候:-。花期:7-9月。果期:参考晚于花期。海拔:5000米。生境:灌木丛,小溪和河岸。资源:药用,具栽培园艺种类。全球4个大洲分布及种数(5)非洲:3;亚洲:2-3;大洋洲:1;南美洲:2。【中国种数:1】。

Oxystophyllum Bl. 拟石斛属 Orchidaceae [MM-723] 特征纪要:习性:草本(具根状茎)。花程式:(K)3,C3,A3,=↓(G)3。物候:-。花期:参考早于果期。果期:10-11月。海拔:1000米。生境:附生植物。资源:-。全球5个大洲分布及种数(36-40)非洲:12;亚洲:40;大洋洲:10;北美洲:2;南美洲:2。【中国种数:11】。

Oxystylidaceae Hutch. [MD-209] 尖柱花科 特征纪要:习性:草本;落叶。花程式:K4-5(-),C1-∞,A,G-。全球1个大洲分布及属种数(2/3)◆北美洲:1/1。

Oxystylis Torr. & Frém. 刺果柑属 Oxystylidaceae [MD-209] 特征纪要(同科)。全球1个大洲分布及种数(1)◆北美洲(◆美国)。

Oxytenanthera Munro 锐药竹属 Poaceae [MM-748] 特征纪要:习性:草本。花程式:(K)3,C0参考科,A1-2,=G2-3。其他特征参考科。全球2个大洲分布及种数(3-4)非洲:1;亚洲:cf. 1。

Oxytenia (DC.) Nutt. 锐叶菊属 Asteraceae [MD-586] 特征纪要和分布(-)。全球1个大洲分布及种数(1)◆北美洲。

Oxytheca Nutt. 芒苞蓼属 Polygonaceae [MD-120] 特征纪要:习性:草本。花程式:K2-3,C0,A2,↓G-参考科。其他特征参考科。全球3个大洲分布及种数(4-28)亚洲:2;北美洲:17;南美洲:6。【中国种数:1】。

Oxytropis DC. 棘豆属 Fabaceae3 [MD-240] 特征纪要:习性:木本。花程式:(K-),C2-3参考科,A3参考科,=↓G1。物候:-。花期:5-8月。果期:参考晚于花期。海拔:1000-3000米。生境:草甸盐土上,中山带石质山坡和草丛中。资源:具栽培园艺种类。全球6个大洲分布及种数(431-695;hort. 1;cult. 27)非洲:4-46;亚洲:400-591;大洋洲:4-47;欧洲:33-102;北美洲:55-103;南美洲:5-47。【中国种数:165】。

Oyedaea DC. 喙芒菊属 Asteraceae [MD-586] 特征纪要:习性:草本。花程式:(K)3-5,(C)3-5,A3-5,=↓G2。其他特征参考科。全球4个大洲分布及种数(24-49)亚洲:1;大洋洲:2;北美洲:12;南美洲:46。

Ozarthris Raf. = **Dendrophthora**

Oziroe Raf. 圣泪百合属 Asparagaceae [MM-669] 特征纪要:习性:草本。花程式:(K)3,C3,A3-6,=G3。其他特征参考科。全球5个大洲分布及种数(5-13)亚洲:2;大洋洲:4;欧洲:2;北美洲:2;南美洲:12。

Ozodycus Raf. = **Cucurbita**

Ozomelis Raf. 唢呐草属 Saxifragaceae [MD-231] 特征纪要:习性:-。花程式:-。其他特征参考科。全球1个大洲分布及种数(cf. 1)◆北美洲。

Ozoroa Delile 曜果漆属 Anacardiaceae [MD-432] 特征纪要:习性:木本。花程式:K5,C5,A5-10,=G1-3。其他特征参考科。全球3个大洲分布及种数(55-65)非洲:56;亚洲:1;南美洲:1。

Ozothamnus R. Br. 米花菊属 Asteraceae [MD-586] 特征纪要:习性:草本。花程式:(K)3-5,C3-5,A3-5,=↓(G)2。物候:-。海拔:-。生境:-。资源:具栽培园艺种类。全球6个大洲分布及种数(65-101)非洲:6;亚洲:2;大洋洲:85;欧洲:6;北美洲:6;南美洲:5。【中国种数:1】。

Ozoxeta Raf. = **Helicteres**

P

Pabstia Garay 飞鹰兰属 Orchidaceae［MM－723］特征纪要:习性:草本。花程式:(K)3,C3,A3,＝↓(G)3。其他特征参考科。全球2个大洲分布及种数(5－10)大洋洲:1；南美洲:10。

Pabstiella Brieger & Senghas 拟帕勃兰属 Orchidaceae［MM－723］特征纪要:习性:草本。花程式:(K)3,C3,A3,＝↓G3。其他特征参考科。全球4个大洲分布及种数(143－145)亚洲:1;大洋洲:3;北美洲:10;南美洲:142－143。

Pacherocactus G. D. Rowley 摩彩柱属 Cactaceae［MD－100］特征纪要:习性:木本。花程式:参考科,C5参考科,A5参考科,＝↓(G)参考科。其他特征参考科。全球1个大洲分布及种数(1)◆北美洲。

Pachgerocereus Moran 仙人柱属 Cactaceae［MD－100］特征纪要和分布(－)。全球1个大洲分布及种数(cf. 1)◆北美洲。

Pachira Aubl. 瓜栗属 Bombacaceae［MD－201］特征纪要:习性:木质攀援。花程式:－。物候:－。花期:5－11月。果期:参考晚于花期。海拔:500－1700米。生境:－。栽培:－。资源:具栽培园艺种类。全球6个大洲分布及种数(53－116)非洲:11；亚洲:14；大洋洲:3；欧洲:25；北美洲:25；南美洲:108。【中国种数:3】。

Pachites Lindl. 焚沙兰属 Orchidaceae［MM－723］特征纪要:习性:草本。花程式:(K)3,C3,A3,↓G－。其他特征参考科。全球2个大洲分布及种数(2－7)非洲:6；南美洲:3。

Pachyanthus A. Rich. 粗花野牡丹属 Melastomataceae［MD－364］特征纪要:习性:－。花程式:－。其他特征参考科。全球3个大洲分布及种数(52)大洋洲:3；北美洲:25；南美洲:20。

Pachycarpus E. Mey. 舌杯花属 Apocynaceae［MD－492］特征纪要:习性:木本。花程式:K5,C0,A15,＝↓G2。其他特征参考科。全球5个大洲分布及种数(45－67)非洲:65；亚洲:3；大洋洲:2；北美洲:3；南美洲:5。

Pachycaulos J. L. Clark & J. F. Sm. 棒节岩桐属 Gesneriaceae［MD－549］特征纪要:习性:草本。花程式:K5,C0,A2－5,↓G。其他特征参考科。全球2个大洲分布及种数(2)北美洲:1;南美洲:1。

Pachycentria Bl. 厚距花属 Melastomataceae［MD－364］特征纪要:习性:木质攀援。花程式:－。物候:－。海拔:700－1750米。生境:阔叶林中,荫湿处。资源:－。全球6个大洲分布及种数(1－12)非洲:2;亚洲:8;大洋洲:1;欧洲:1;北美洲:1;南美洲:1。【中国种数:1】。

Pachycereus (A. Berger) Britton & Rose 云阁柱属 Cactaceae［MD－100］特征纪要:习性:木本。花程式:＝↓(K1－∞),C1－∞,A3－100,＝↓(G)3－100。其他特征参考科。全球6个大洲分布及种数(6－34)非洲:2；亚洲:2；大洋洲:2；欧洲:12；北美洲:12；南美洲:11。

Pachycladon Hook. f. 粗秆芥属 Brassicaceae［MD－213］特征纪要:习性:草本。花程式:K2－4,C2－4,A2－4,＝G2。其他特征参考科。全球1个大洲分布及种数(15－17)◆大洋洲。

Pachycormus Coville ex Standl. 盐麸木属 Anacardiaceae［MD－432］特征纪要:习性:木本。花程式:K5,C5,A10,↓G－参考科。其他特征参考科。全球2个大洲分布及种数(1－4)北美洲:2；南美洲:1。

Pachycornia Hook. f. 沙海蓬属 Amaranthaceae［MD－116］特征纪要:习性:－。花程式:－。其他特征参考科。全球1个大洲分布及种数(1－2)◆大洋洲(◆澳大利亚)。

Pachyctenium Maire & Pamp. 厚栉芹属 Apiaceae［MD－480］特征纪要:习性:－。花程式:－。其他特征参考科。全球2个大洲分布及种数(5)非洲:2；南美洲:4。

Pachycymbium L. C. Leach 水牛角属 Apocynaceae［MD－492］特征纪要:习性:－。花程式:－。其他特征参考科。全球3个大洲分布及种数(4)非洲:4;亚洲:1;北美洲:1。

Pachyelasma Harms 厚腺苏木属 Fabaceae1［MD－240］特征纪要:习性:木本。花程式:Kn,C1－∞参考科,A－参考科,＝↓G1－2。其他特征参考科。全球1个大洲分布及种数(1)◆非洲。

Pachyfissidens (Müll. Hal.) Limpr. ＝ **Fissidens**

Pachygenium (Schltr.) Szlach., R. González & Rutk. 厚兰属 Orchidaceae［MM－723］特征纪要:习性:－。花程式:－。其他特征参考科。全球4个大洲分布及种数(1－52)大洋洲:2；欧洲:32；北美洲:32；南美洲:52。

Pachyglossa Herzog & Grolle 齿萼苔科属 Geocalycaceae［B－49］特征纪要:－。全球4个大洲分布及种数(11)非洲:2；亚洲:2；大洋洲:2；南美洲:2。

Pachygone Miers 粉绿藤属 Menispermaceae［MD－42］特征纪要:习性:草质攀援。花程式:－。物候:－。花期:9－10月。果期:参考晚于花期。海拔:200－2500米。生境:林中,山腰山谷路旁密林。资源:药用。全球6个大洲分布及种数(15－21)非洲:1;亚洲:8－12;大洋洲:8－11;欧洲:1－2;北美洲:1－2;南美洲:1。【中国种数:5】。

Pachylaena D. Don ex Hook. & Arn. 厚被菊属 Asteraceae［MD－586］特征纪要:习性:草本。花程式:(K)3－5,(C)3－5,A3－5,＝↓G2。其他特征参考科。全球1个大洲分布及种数(2)◆南美洲。

Pachylarnax Dandy 华盖木属 Magnoliaceae［MD－1］特征纪要:木本,落叶,复叶；花程式:K1－∞,C1－∞,A8,

G,房位(-):果实:果干燥或肉质:种子:1-3枚,黑色。全球1个大洲分布及种数(cf. 1)◆亚洲(◆中国)。

Pachylecythis Ledoux = **Lecythis**

Pachylobus G. Don 梨榄属 Burseraceae [MD-408] 特征纪要:习性:-。花程式:-。其他特征参考科。全球2个大洲分布及种数(17-23)非洲:17; 南美洲:1。

Pachyloma Spach 厚缘野牡丹属 Melastomataceae [MD-364] 特征纪要:习性:-。花程式:-。其他特征参考科。全球3个大洲分布及种数(4-15)非洲:1; 亚洲:2; 南美洲:13。

Pachylophus (Dunal) Spach 厚叶菜属 Onagraceae [MD-396] 特征纪要:习性:-。花程式:-。其他特征参考科。全球3个大洲分布及种数(cf. 1)亚洲;北美洲;南美洲。

Pachymitus O. E. Schulz 粗线芥属 Brassicaceae [MD-213] 特征纪要:习性:草本。花程式:K2-4,C2-4,A2-4,=(G)2。其他特征参考科。全球2个大洲分布及种数(1-5)大洋洲:4; 南美洲:2。

Pachyneuropsis H. A. Mill. 锥丛藓属 Pottiaceae [B-133] 特征纪要:习性:-。【Rep】:孢腔轮廓清晰,蒴齿缺如,或具蒴齿而无基膜,下部呈黄绿或黄棕色。物候:-。海拔:-。生境:常见于高山岩石上。栽培:来自广西龙州。资源:具栽培园艺种类。全球1个大洲分布及种数(1)◆亚洲:1。

Pachyneurum Bunge 条果芥属 Brassicaceae [MD-213] 特征纪要:习性:-。花程式:-。物候:-。花期:3-7月。果期:6-8月。海拔:30-6200米。生境:半固定沙地前平地,作为蔬菜栽培。资源:具栽培园艺种类。全球3个大洲分布及种数(一)亚洲;欧洲;北美洲。【中国种数:1】。

Pachyphiale <unassigned> 爵床科属 Acanthaceae [MD-572] 特征纪要:-。全球1个大洲分布及种数(4)◆南美洲:2。

Pachyphragma Rchb. 菥蓂属 Brassicaceae [MD-213] 特征纪要:习性:草本。花程式:K4,C4,A3参考科,↓G-参考科。物候:-。海拔:-。生境:-。资源:具园艺种类。全球3个大洲分布及种数(1-2)亚洲:1; 北美洲:2; 南美洲:1。

Pachyphyllum Kunth 厚叶兰属 Orchidaceae [MM-723] 特征纪要:习性:-。花程式:-。其他特征参考科。全球3个大洲分布及种数(58)非洲:2; 北美洲:13; 南美洲:56。

Pachyphytum Link, Klotzsch & Otto 厚叶莲属 Crassulaceae [MD-229] 特征纪要:习性:草本。花程式:=↓(K3-5-∞),C3-5-∞,A4,=↓G3-5。其他特征参考科。全球2个大洲分布及种数(24-33)北美洲:26; 南美洲:4。

Pachyplectron Schltr. 粗距兰属 Orchidaceae [MM-723] 特征纪要:习性:草本。花程式:(K)3,C3,A3,=↓(G)3。其他特征参考科。全球1个大洲分布及种数(2-4)◆大洋洲(◆美拉尼西亚)。

Pachypleuria (C. Presl) C. Presl 骨碎补属 Davalliaceae [F-56] 特征纪要:-。全球2个大洲分布及种数(12)亚洲:5; 南美洲:5。

Pachypleurum Ledeb. 厚棱芹属 Apiaceae [MD-480] 特征纪要:习性:草本(基生)。花程式:Kn,C5,A3参考科,=↓(G)2。物候:-。花期:6-7月。果期:参考晚于花期。海拔:2400-2500米。生境:草山坡,山坡草地及冲沟中。资源:蛋白质。全球1个大洲分布及种数(1-16)◆亚洲:13。【中国种数:1】。

Pachypodanthium Engl. & Diels 磐心木属 Annonaceae [MD-7] 特征纪要:习性:-。花程式:-。其他特征参考科。全球1个大洲分布及种数(1)◆非洲。

Pachypodium Lindl. 棒锤树属 Apocynaceae [MD-492] 特征纪要:习性:-。花程式:-。其他特征参考科。全球4个大洲分布及种数(28-31;hort. 1;cult. 2)非洲:27-28;亚洲:cf. 1;欧洲:5;北美洲:4。

Pachyptera DC. ex Meisn. 胡姬藤属 Bignoniaceae [MD-541] 特征纪要:习性:木本。花程式:K5,C0,A5,↓G。其他特征参考科。全球4个大洲分布及种数(5-19)非洲:1; 大洋洲:1; 北美洲:2; 南美洲:7。

Pachypteris Kar. & Kir. = **Pachypterygium**

Pachypterygium Bunge 厚壁荠属 Brassicaceae [MD-213] 特征纪要:习性:-。花程式:-。物候:-。海拔:400-3400米。生境:半固定沙地前平地,山坡。资源:-。全球1个大洲分布及种数(2-3)◆亚洲。

Pachyra A. St.-Hil. & Naudin = **Pachira**

Pachyrhizus Rich. ex DC. 豆薯属 Fabaceae3 [MD-240] 特征纪要:习性:木质攀援。花程式:(K-),C2-3参考科,A3,=↓G-。物候:-。花期:8月。果期:参考晚于花期。海拔:7500米。生境:-。栽培:-。资源:纤维,淀粉,油脂,具栽培园艺种类。全球5个大洲分布及种数(7-8)非洲:2;亚洲:2;大洋洲:2;北美洲:6;南美洲:5。【中国种数:1】。

Pachysandra Michx. 板凳果属 Buxaceae [MD-131] 特征纪要:习性:木质攀援。花程式:-。物候:-。花期:2-5月。果期:参考晚于花期。海拔:1000-2600米。生境:森林,灌丛。资源:药用,观赏,具栽培园艺种类。全球6个大洲分布及种数(4-5;hort. 1;cult. 1)非洲:1;亚洲:2-4;大洋洲:1;欧洲:2-3;北美洲:2-3;南美洲:1。【中国种数:2】。

Pachyschistochila R. M. Schust. 共舌苔属 Schistochilaceae [B-34] 特征纪要:习性:-。【Rep】:雌雄异株,雄苞顶生,雄苞叶数对,与茎叶相,或单独簇状生长。其他特征参考科。全球4个大洲分布及种数(19)非洲:2;亚洲:3;大洋洲:12;南美洲:5。

Pachystachys Nees 金苞花属 Acanthaceae [MD-572] 特征纪要:习性:草质攀援。花程式:K2-4,C0,A2-4,=↓(G)2。物候:-。花期:几乎全年。果期:参考晚于花期。海拔:50-3600米。生境:滨海地带,为红树林重要组成之一,竹林中。资源:具栽培园艺种类。全球6个大洲分布及种数(18-26)非洲:4; 亚洲:5; 大洋洲:1; 欧洲:7; 北美洲:7; 南美洲:24。【中国种数:2】。

Pachystegia Cheeseman 紫菀属 Asteraceae [MD-586] 特征纪要:习性:草本。花程式:(K)3-5,(C)3-5,A3-5,

↓G。其他特征参考科。全球 1 个大洲分布及种数(1-3)◆大洋洲。【中国种数:1】。

Pachystele Schltr. = **Scaphyglottis**

Pachystoma Bl. 粉口兰属 Orchidaceae [MM-723] 特征纪要:习性:草本(根状茎,腐生,多肉)。花程式:Kn,C2-3 参考科,A3 参考科,↓G-。物候:-。花期:7 月。果期:参考晚于花期。海拔:800 米。生境:草山坡,山坡草丛中。资源:-。全球 6 个大洲分布及种数(6-7)非洲:1-5;亚洲:3-8;大洋洲:5-9;欧洲:4;北美洲:4;南美洲:4。【中国种数:1】。

Pachystroma Müll. Arg. 构骨戟属 Euphorbiaceae [MD-217] 特征纪要:习性:木本。花程式:K1(1000),C0,A6,=G2-3。其他特征参考科。全球 4 个大洲分布及种数(1-18)非洲:2; 亚洲:9; 北美洲:3; 南美洲:9。

Pachystylidium Pax & K. Hoffm. 粗柱藤属 Euphorbiaceae [MD-217] 特征纪要:习性:木本。花程式:K1(1000),C1-1000,A6,↓G-参考科。物候:-。海拔:20-5000 米。生境:季节性干燥土地。资源:-。全球 2 个大洲分布及种数(1-2)亚洲:2; 南美洲:2。【中国种数:1】。

Pachystylus K. Schum. 肉茜属 Rubiaceae [MD-523] 特征纪要:习性:木本。花程式:(K)4-5,(C)4-5,A4-5,=↓(G)2-9。其他特征参考科。全球 4 个大洲分布及种数(2-5)非洲:4; 亚洲:3; 大洋洲:3; 南美洲:2。

Pachythamnus (R. M. King & H. Rob.) R. M. King & H. Rob. = **Ageratina**

Pachythelia Steetz = **Epaltes**

Pachytrophe Bur. = **Streblus**

Pachyveria J. N. Haage & Schmidt 厚叶莲属 Crassulaceae [MD-229] 特征纪要和分布(-)。全球 1 个大洲分布及种数(1-9)◆北美洲。

Pacifigeron G. L. Nesom 大洋蓬属 Asteraceae [MD-586] 特征纪要:习性:草本。花程式:(K-),(C)3-5,A3 参考科,↓G。其他特征参考科。全球 1 个大洲分布及种数(1)◆大洋洲。

Packera á. Löve & D. Löve 金千里光属 Asteraceae [MD-586] 特征纪要:习性:草本。花程式:(K)3-5,C3-5,A3-5,=↓(G)2。物候:-。海拔:-。生境:-。资源:具园艺种类。全球 6 个大洲分布及种数(76-81;hort. 1;cult. 2)非洲:11-15;亚洲:21-25;大洋洲:4;欧洲:5-9;北美洲:75-82;南美洲:12-16。【中国种数:12】。

Pacouria Aubl. 全竹桃属 Apocynaceae [MD-492] 特征纪要:习性:木本。花程式:K5-∞,C0,A15,=↓G2-5。物候:-。花期:全年。果期:参考晚于花期。海拔:80-3000 米。生境:矮林或灌木丛中,住宅旁。资源:-。全球 6 个大洲分布及种数(5)非洲:1-2;亚洲:1;大洋洲:1;欧洲:1;北美洲:1;南美洲:3-4。【中国种数:1】。

Pacourina Aubl. 水红菊属 Asteraceae [MD-586] 特征纪要:习性:草本。花程式:(K)3-5,(C)3-5,A3-5,=↓G2。其他特征参考科。全球 2 个大洲分布及种数(1-5)北美洲:2; 南美洲:4。

Pacourinopsis Cass. = **Pacourina**

Padbruggea Miq. 崖豆藤属 Fabaceae3 [MD-240] 特征纪要:木本。花程式:参考科,C1-∞ 参考科,A1-∞ 参考科,=(↓G)2 参考科。其他特征参考科。全球 1 个大洲分布及种数(2-3) ◆亚洲:2。【中国种数:1】。

Padellus Vasil'chenko = **Cerasus**

Padia Mor. = **oryza**

Paederia L. 鸡屎藤属 Rubiaceae [MD-523] 特征纪要:习性:木质攀援。花程式:-。物候:-。花期:4-8 月。果期:参考晚于花期。海拔:100-1900 米。生境:矮林内,疏林下。资源:药用,具栽培园艺种类。全球 6 个大洲分布及种数(32-42;hort. 1;cult. 2)非洲:15-21;亚洲:16-27;大洋洲:5;欧洲:1-6;北美洲:4-9;南美洲:3-9。【中国种数:15】。

Paederotella (E. Wulff) Kem.-Nath. 婆婆纳属 Plantaginaceae [MD-527] 特征纪要:习性:-。花程式:-。其他特征参考科。全球 1 个大洲分布及种数(cf. 1)◆亚洲。

Paedicalyx Pierre ex Pit. = **Xanthophytum**

Paenula Orchard 粉红菊属 Asteraceae [MD-586] 特征纪要:习性:草本。花程式:参考科,C3 参考科,A3 参考科,=↓(G)2 参考科。其他特征参考科。全球 1 个大洲分布及种数(1-2)◆非洲。

Paeonia L. 芍药属 Paeoniaceae [MD-60] 特征纪要(同科)。全球 6 个大洲分布及种数(38-54;hort. 1;cult. 12)非洲:7-19;亚洲:29-41;大洋洲:6-18;欧洲:20-34;北美洲:15-27;南美洲:11。【中国种数:14】。

Paeoniaceae Raf. [MD-60] 芍药科 特征纪要:习性:木本;落叶。花程式:K3,C5,A4,↑G2-3。物候:-。花期:4-7 月。果期: 8-9 月。果实:-。种子:数颗,棕色。海拔:0 米。生境:混合阔叶林和针叶林。资源:药用。栽培:中国有栽培。全球 6 个大洲分布及属种数(2/39-55 <IFR 1/16> hort. 1;cult. 1) 非洲:2/9-10; 亚洲:2/31-32(IFR 1/9); 大洋洲:2/8-9; 欧洲:2/22-25(IFR 1/7); 北美洲:2/17-18; 南美洲:1/1。【中国属种数:1/14】。

Paepalanthus Mart. 头谷精属 Eriocaulaceae [MM-726] 特征纪要:习性:草本。花程式:(K)2-3,C2-3,A1-∞,=G2-3。其他特征参考科。全球 6 个大洲分布及种数(508-1115)非洲:20; 亚洲:19; 大洋洲:11; 欧洲:60; 北美洲:60; 南美洲:979。

Paesia A. St.-Hil. 曲轴蕨属 Dennstaedtiaceae [F-26] 特征纪要:习性:-。【Rep】:孢子囊群沿末回裂片两侧分布,着生于叶边内的一条连接脉上。物候:-。海拔:980 米。生境:-。资源:具园艺种类。全球 6 个大洲分布及种数(14-18)非洲:3-4;亚洲:8-10;大洋洲:6;欧洲:1;北美洲:3;南美洲:2-3。【中国种数:3】。

Pagaea Griseb. = **Irlbachia**

Pagamea Aubl. 帕加茜属 Rubiaceae [MD-523] 特征纪要:习性:木本。花程式:(K)4-5,(C)4-5,A4-5,=↓(G)2-9。其他特征参考科。全球 5 个大洲分布及种数(31-121)非洲:35; 亚洲:32; 大洋洲:6; 北美洲:2; 南美洲:51。

Pagameopsis Steyerm. 拟帕加茜属 Rubiaceae［MD－523］特征纪要：习性：木本。花程式：(K)4－5，(C)4－5，A4－5，＝↓(G)2－9。其他特征参考科。全球1个大洲分布及种数(2)◆南美洲。

Paganuccia <unassigned> 茜草属 Rubiaceae［MD－523］特征纪要：习性：－。花程式：－。其他特征参考科。全球1个大洲分布及种数(－)。

Pagesia Raf. 伏胁花属 Plantaginaceae［MD－527］特征纪要：习性：－。花程式：－。其他特征参考科。全球2个大洲分布及种数(14)北美洲：1；南美洲：1。

Pagiantha Markgr. ＝ **Tabernaemontana**

Pagothyra (Leeuwenb.) J. F. Sm. & J. L. Clark 遮面岩桐属 Gesneriaceae［MD－549］特征纪要：习性：草本。花程式：K5，C0，A2－5，↓G。其他特征参考科。全球1个大洲分布及种数(1)◆南美洲。

Painteria Britton & Rose 全实豆属 Fabaceae2［MD－240］特征纪要：习性：木本。花程式：＝↓(K3－5－∞)，C3－5－∞，A1－10－50，＝↓G1。其他特征参考科。全球3个大洲分布及种数(3－6)非洲：1；北美洲：4；南美洲：4。

Paiva Vell. ＝ **Sabicea**

Paivaea O. Berg ＝ **Campomanesia**

Pajanelia DC. 帕亚木属 Bignoniaceae［MD－541］特征纪要：习性：木本。花程式：K5，C0，A5，＝G2。物候：－。海拔：100－5840米。生境：常绿阔叶林，路旁，斜坡，竹木林中。资源：－。全球1个大洲分布及种数(1－2)◆亚洲。

Pakaraimaea Maguire & P. S. Ashton 短瓣香属 Cistaceae［MD－175］特征纪要：习性：木本。花程式：－。其他特征参考科。全球1个大洲分布及种数(1)◆南美洲。

Pala A. Juss. 夹竹桃科属 Apocynaceae［MD－492］特征纪要：习性：－。花程式：－。其他特征参考科。全球1个大洲分布及种数(7)◆南美洲：1。

Palaeocampylopus Ignatov & Shcherbakov 曲尾藓科属 Dicranaceae［B－128］特征纪要：－。全球1个大洲分布及种数(－)。

Palaeosyrrhopodon Ignatov & Shcherbakov 花叶藓科属 Calymperaceae［B－130］特征纪要：－。全球1个大洲分布及种数(－)。

Palafoxia Lag. 对粉菊属 Asteraceae［MD－586］特征纪要：草本。花程式：(K)3－5，(C)3－5，A3－5，＝↓G2。其他特征参考科。全球4个大洲分布及种数(13－47)亚洲：6；大洋洲：1；北美洲：25；南美洲：3。【中国种数：1】。

Palamocladium Müll. Hal. 褶叶藓属 Brachytheciaceae［B－187］特征纪要：习性：－。【Rep】：雌苞侧生，雌苞叶分化，蒴柄长，平滑或粗糙，孢蒴卵球形或长椭圆状圆柱形，下弯至横生，甚少直立，颈部短而，绿色或棕绿色。物候：－。海拔：2200米。生境：土生。资源：－。全球6个大洲分布及种数(6)非洲：1；亚洲：4；大洋洲：3；欧洲：2；北美洲：3；南美洲：1。【中国种数：7】。

Palandra O. F. Cook ＝ **Phytelephas**

Palaoea Kaneh. 无患子科属 Sapindaceae［MD－428］特征纪要：习性：－。花程式：－。其他特征参考科。全球1个大洲分布及种数(－)。

Palaquium Blanco 胶木属 Sapotaceae［MD－357］特征纪要：习性：木本。花程式：－。物候：－。海拔：100米。生境：低海拔林中。资源：橡胶，材用，食用，具栽培园艺种类。全球6个大洲分布及种数(122－277)非洲：22；亚洲：212；大洋洲：44；欧洲：21；北美洲：21；南美洲：28。【中国种数：7】。

Palaua Cav. 帕劳锦葵属 Malvaceae［MD－203］特征纪要：习性：木本。花程式：K5－∞，C5－∞，A10－8，＝G1－5。其他特征参考科。全球3个大洲分布及种数(16－27)亚洲：3；北美洲：4；南美洲：26。

Palava Juss. ＝ **Palaua**

Palavia Schreb. ＝ **Palaua**

Paleocharis Poinar & D. J. Rosen 锥莎草属 Cyperaceae［MM－747］特征纪要和分布(－)。全球1个大洲分布及种数(1)◆北美洲(◆加拿大)。

Paleodicraeia C. Cusset 非洲川苔草属 Podostemaceae［MD－322］特征纪要：习性：草本。花程式：Kn，C0，A10，G－。其他特征参考科。全球1个大洲分布及种数(1)◆非洲(◆马达加斯加)。

Palhinhaea Franco & Vasc. ex Vasc. & Franco 垂穗石松属 Lycopodiaceae［F－4］特征纪要：习性：－。【Rep】：孢子囊穗单生于小枝顶端，短圆柱形，成熟时通常下垂，淡黄色，无柄。物候：－。海拔：100－3900米。生境：杂木林。资源：－。全球6个大洲分布及种数(15－18)非洲：1；亚洲：cf. 1；大洋洲：cf. 1；欧洲：cf. 1；北美洲：3；南美洲：9。

Paliavana Vell. ex Vand. 彩岩桐属 Gesneriaceae［MD－549］特征纪要：习性：灌木。花程式：－。其他特征参考科。全球1个大洲分布及种数(9－10)◆南美洲。

Palicourea Aubl. 嘉沛木属 Rubiaceae［MD－523］特征纪要：习性：木本。花程式：(K)4－5，(C)4－5，A4－5，＝↓G2－9。其他特征参考科。全球6个大洲分布及种数(660－731；hort. 1；cult. 5)非洲：19－20；亚洲：20－21；大洋洲：9－10；欧洲：1；北美洲：201－203；南美洲：566－624。【中国种数：5】。

Palimbia Besser ex DC. 额尔齐斯芹属 Apiaceae［MD－480］特征纪要：习性：草本。花程式：＝↓(K5)，C5，A5，＝↓G2。物候：－。海拔：50－5600米。生境：半荒漠中和砾石质山坡上，柞林内。资源：－。全球4个大洲分布及种数(3－9)非洲：2；亚洲：9；欧洲：1；北美洲：1。【中国种数：1】。

Palisadula Toyama 栅孔藓属 Sematophyllaceae［B－192］特征纪要：习性：－。【Rep】：雌雄异株，雄苞和雌苞通常生于横茎上，极少生于主茎，蒴柄长8－12毫米，平滑，孢蒴直立，对称，蒴齿两层。物候：－。海拔：－。生境：常见于竹上，岩石上。资源：－。全球6个大洲分布及种数(15)非洲：2；亚洲：11；大洋洲：4；欧洲：6；北美洲：6；南美洲：6。【中国种数：2】。

Palisota Rchb. 浆果鸭跖草属 Commelinaceae [MM－708] 特征纪要：习性：草本。花程式：(K)3，C3，A2－3，＝G3。其他特征参考科。全球6个大洲分布及种数(32－50)非洲：46；亚洲：4；大洋洲：2；欧洲：8；北美洲：8；南美洲：3。【中国种数：1】。

Palissya Baill. ＝ **Necepsia**

Paliurus Mill. 马甲子属 Rhamnaceae [MD－331] 特征纪要：习性：木质攀援。花程式：－。物候：－。花期：4－6月。果期：参考晚于花期。海拔：1600米。生境：山地和平原，野生或栽培。资源：具栽培园艺种类。全球6个大洲分布及种数(6)非洲：7；亚洲：5－12；大洋洲：7；欧洲：4－11；北美洲：2－9；南美洲：7。【中国种数：5】。

Pallavicinia Gray 带叶苔属 Pallaviciniaceae [B－30] 特征纪要：习性：－。【Rep】：蒴柄白色，纤长，孢蒴短圆柱形，2－4瓣开裂，弹丝2列螺纹加厚，孢子棕色，直径约25微米。物候：－。海拔：－。生境：山谷林下。资源：－。全球6个大洲分布及种数(9－10)非洲：6；亚洲：8－15；大洋洲：3－10；欧洲：1－7；北美洲：1－7；南美洲：1－7。【中国种数：5】。

Pallaviciniaceae Mig. [B－30] 带叶苔科 特征纪要：体形甚纤细，深绿色或暗绿色，无光泽。【Rep】：雌雄同株异苞，内雌苞叶基部呈鞘状，叶尖长短不一，蒴柄细长，孢蒴直立，长圆柱形。全球6个大洲分布和属种数(5/33－48)非洲：2－3/5－15；亚洲：3/17－28；大洋洲：5/13－26；欧洲：2－3/2－12；北美洲：3/3－13；南美洲：3/9－20。【中国属种数：2/6】。

P

Pallavicinius Gray 带叶苔科属 Pallaviciniaceae [B－30] 特征纪要：－。全球1个大洲分布及种数(－)。

Pallenis (Cass.) Cass. 叶苞菊属 Asteraceae [MD－586] 特征纪要：习性：草本。花程式：(K)3－5，(C)3－5，A3－5，＝↓G2。其他特征参考科。全球6个大洲分布及种数(7－10；hort. 1；cult. 1)非洲：6－7；亚洲：3－4；大洋洲：1；欧洲：3－4；北美洲：1－2；南美洲：1。【中国种数：2】。

Palmae Juss. ＝ Arecaceae

Palmerella A. Gray 膜瓣莲属 Campanulaceae [MD－561] 特征纪要：习性：草本。花程式：－。其他特征参考科。全球2个大洲分布及种数(2－6)北美洲：4；南美洲：1。【中国种数：1】。

Palmeria F. Müll. 藤盘桂属 Monimiaceae [MD－20] 特征纪要：习性：木本。花程式：K1－∞，C0，A10－150，G1－3。其他特征参考科。全球4个大洲分布及种数(15－33)非洲：22；亚洲：12；大洋洲：32；南美洲：2。

Palmervandenbroekia Gibbs ＝ **Polyscias**

Palmia Endl. ＝ **Hewittia**

Palmogloea <unassigned> 水蕨科属 Parkeriaceae [F－36] 特征纪要：－。全球6个大洲分布及种数(5)非洲：1；亚洲：2；大洋洲：1；欧洲：4；北美洲：3；南美洲：1。

Palmorchis Barb. Rodr. 棕叶兰属 Orchidaceae [MM－723] 特征纪要：习性：草本。花程式：(K)3，C3，A3，＝↓G3。其他特征参考科。全球4个大洲分布及种数(37－41)亚洲：cf. 1；欧洲：cf. 1；北美洲：8－9；南美洲：33－37。

Paloue Aubl. 帕洛豆属 Fabaceae2 [MD－240] 特征纪要：习性：木本。花程式：＝↓(K3－5－∞)，C3－5－∞，A1－10－50，＝↓G1。其他特征参考科。全球1个大洲分布及种数(5)◆南美洲。

Paloveopsis R. S. Cowan 凹头叶豆属 Fabaceae2 [MD－240] 特征纪要：习性：－。花程式：－。其他特征参考科。全球1个大洲分布及种数(1)◆南美洲。

Paludella Ehrh. ex Brid. 沼寒藓属 Meesiaceae [B－144] 特征纪要：习性：－。【Rep】：雌雄同株或异株，蒴柄细长，孢蒴梨形，下垂，具光泽，蒴齿为真藓类型，下部棕色。物候：－。海拔：－。生境：土生。资源：－。全球3个大洲分布及种数(1)亚洲：1；欧洲：1；北美洲：1。【中国种数：1】。

Palumbina Rchb. f. ＝ **Cuitlauzina**

Palura Buch. －Ham. ex Miers ＝ **Symplocos**

Palustricodon <unassigned> 白发藓属 Leucobryaceae [B－129] 特征纪要：－。全球1个大洲分布及种数(－)。

Palustriella Ochyra 沼地藓属 Amblystegiaceae [B－178] 特征纪要：习性：－。【Rep】：雌雄同株或同株异苞。物候：－。海拔：－。生境：沼泽生。资源：－。全球4个大洲分布及种数(3)非洲：2；亚洲：3；欧洲：3；北美洲：3。【中国种数：2】。

Pamburus Swingle 酒饼簕属 Rutaceae [MD－399] 特征纪要：习性：木本。花程式：Kn，C∞参考科，A4，↓G－参考科。其他特征参考科。全球1个大洲分布及种数(2)◆亚洲。

Pamianthe Stapf 白杯水仙属 Amaryllidaceae [MM－694] 特征纪要：习性：草本。花程式：(K)3，C3，A1，＝↓(G)3。其他特征参考科。全球1个大洲分布及种数(2)◆南美洲。

Pamphalea DC. 纤细钝柱菊属 Asteraceae [MD－586] 特征纪要：－。全球2个大洲分布及种数(13)北美洲：1；南美洲：13。

Pamphilia Mart. ex A. DC. 少蕊安息香属 Styracaceae [MD－327] 特征纪要：习性：－。花程式：－。其他特征参考科。全球2个大洲分布及种数(15)亚洲：3；南美洲：9。

Pamplethantha Bremek. ＝ **Pauridiantha**

Panaeolus <unassigned> 摩洛哥蝶豆花属 Fabaceae3 [MD－240] 特征纪要：－。全球3个大洲分布及种数(18)非洲：18；欧洲：1；南美洲：15。

Panaetia Cass. 星绒草属 Asteraceae [MD－586] 特征纪要：习性：－。花程式：－。其他特征参考科。全球1个大洲分布及种数(－)。

Panamanthus Kuijt 花寄生属 Loranthaceae [MD－415] 特征纪要：习性：木本。花程式：K6，C0，A4，↓G。其他特征参考科。全球2个大洲分布及种数(1－2)北美洲：2；南美洲：1。

Panax St. －Lag. 人参属 Araliaceae [MD－471] 特征纪要和分布(－)。全球6个大洲分布及种数(20－35；hort. 1；

cult. 2)非洲:12;亚洲:14 - 30;大洋洲:6 - 21;欧洲:4 - 16;北美洲:5 - 17;南美洲:1 - 15。【中国种数:11】。

Panaxus St. - Lag. = **Panax**

Pancheria Brongn. & Gris 轮枫梅属 Cunoniaceae [MD - 255] 特征纪要:习性: - 。花程式: - 。其他特征参考科。全球 1 个大洲分布及种数(-)。【中国种数:1】。

Panckowia J. J. Kickx ex Mönk. 青藓科属 Brachytheciaceae [B - 187] 特征纪要: - 。全球 1 个大洲分布及种数(-)。

Pancovia Willd. 假木患属 Brachytheciaceae [B - 187] 特征纪要:习性: - 。花程式: - 。其他特征参考科。全球 3 个大洲分布及种数(14 - 39)非洲:14; 北美洲:1; 南美洲:1。

Pancratium Dill. ex L. 全能花属 Amaryllidaceae [MM - 694] 特征纪要:习性:草本(基生)。花程式: - 。物候: - 。花期:7 - 8 月。果期:参考晚于花期。海拔:100 - 4800 米。生境:草地,山坡,灌丛中或松林下。资源:具栽培园艺种类。全球 6 个大洲分布及种数(23 - 45)非洲:7 - 19;亚洲:9 - 25;大洋洲:4 - 13;欧洲:3 - 12;北美洲:3 - 12;南美洲:4 - 13。【中国种数:4】。

Panda Pierre 猿胡桃属 Pandaceae [MD - 234] 特征纪要:习性:木本。花程式: - 。其他特征参考科。全球 3 个大洲分布及种数(1 - 14)非洲:4; 亚洲:5; 南美洲:7。

Pandaca Nor. = **Tabernaemontana**

Pandacastrum Pichon = **Tabernaemontana**

Pandaceae Engl. & Gilg [MD - 234] 小盘木科 特征纪要:习性:木本;落叶。花程式:♀/♂K5,C0,A5,↑G2 - 3,G2 - 5n。物候: - 。花期: 3 - 9 月。果期: 7 - 11 月。果实:蒴果。种子:种皮膜质,纵折,无种阜。海拔:200 - 800 米。生境:森林,山谷,斜坡和灌木丛。资源:药用。栽培: - 。全球 3 个大洲分布及属种数(4/19 - 24 hort. 1; cult. 1) 非洲:2/12 - 13; 亚洲:3/10 - 13; 南美洲:1/3。【中国属种数:2/4】。

Pandanaceae R. Br. [MM - 703] 露兜树科 特征纪要:习性:木本,草本,藤本;常绿。花程式:♀/♂K0,C0,A5,↑G - 。物候: - 。果实:核果。种子:极小,棕黄色。海拔:0 米。生境:果不拉山头及东坡常绿林中偶见。资源:药用。栽培:中国有栽培。全球 6 个大洲分布及属种数(6 - 7/124 - 1271 <IFR 2/10> hort. 1;cult. 2) 非洲:3/43 - 173(IFR 1/1); 亚洲:4/71 - 179(IFR 1/4); 大洋洲:2/31 - 221(IFR 2/5); 欧洲:1/2; 北美洲:2/6 - 12; 南美洲:1/3 - 5。【中国属种数:2/30】。

Pandanophyllum Hassk. = **Hypolytrum**

Pandanus Parkinson 露兜树属 Pandanaceae [MM - 703] 特征纪要:习性:草本。花程式: - 。物候: - 。花期:4 - 5 月。果期:参考晚于花期。海拔:800 米。生境:常绿林中偶见。资源:食用,具栽培园艺种类。全球 6 个大洲分布及种数(355 - 1564)非洲:498; 亚洲:773; 大洋洲:660; 欧洲:283; 北美洲:283; 南美洲:18。【中国种数:25】。

Panderia Fisch. & C. A. Mey. 兜藜属 Chenopodiaceae [MD - 115] 特征纪要:习性: - 。花程式: - 。物候: - 。海拔:600 - 5000 米。生境:戈壁,沙地,荒地,林下及路旁。资源: - 。全球 5 个大洲分布及种数(7)非洲:3; 亚洲:5; 欧洲:2; 北美洲:2; 南美洲:3。

Pandiaka Benth. & Hook. f. 脊被苋属 Amaranthaceae [MD - 116] 特征纪要:习性:草本。花程式:K1 - 2,C0,A1 - 2, = (G)2 - 3。其他特征参考科。全球 6 个大洲分布及种数(13 - 36)非洲:34; 亚洲:4; 大洋洲:4; 欧洲:3; 北美洲:3; 南美洲:2。【中国种数:1】。

Pandorea Spach 粉花凌霄属 Bignoniaceae [MD - 541] 特征纪要:习性:木本。花程式: - 。物候: - 。海拔:100 - 5840 米。生境:常绿阔叶林,路旁,斜坡,竹木林中。资源:具栽培园艺种类。全球 6 个大洲分布及种数(7 - 11; hort. 1)非洲:2 - 7;亚洲:2 - 8;大洋洲:6 - 14;欧洲:4;北美洲:2 - 6;南美洲:4。【中国种数:3】。

Paneion Lunell = **Poa**

Paneroa E. E. Schill. 刺篱菊属 Asteraceae [MD - 586] 特征纪要:习性:草本。花程式:(K)3 - 5,(C)3 - 5,A3 - 5,↓G。其他特征参考科。全球 1 个大洲分布及种数(1)◆北美洲。

Pangium Reinw. 黑羹树属 Achariaceae [MD - 159] 特征纪要:习性:木本。花程式: - 。物候: - 。花期:4 - 5 月。果期:参考晚于花期。海拔:50 - 3000 米。生境:常绿阔叶林,林缘,针叶林和阔叶混交林。资源: - 。全球 5 个大洲分布及种数(1 - 4)非洲:3; 亚洲:2; 大洋洲:3; 欧洲:2; 北美洲:2。【中国种数:1】。

Panicastrella Moench = **Echinaria**

Panicum L. 黍属 Poaceae [MM - 748] 特征纪要:习性:竹类。花程式: - 。物候: - 。海拔:1000 - 2500 米。生境:草坡或干旱丘陵,庄稼地。资源:具栽培园艺种类。全球 6 个大洲分布及种数(466 - 632;hort. 1;cult. 15)非洲:216 - 583;亚洲:109 - 450;大洋洲:79 - 418;欧洲:42 - 373;北美洲:168 - 505;南美洲:200 - 543。【中国种数:34】。

Panisea (Lindl.) Lindl. 曲唇兰属 Orchidaceae [MM - 723] 特征纪要:习性: - 。花程式: - 。物候: - 。花期:12 月至次年 4 月。果期:参考晚于花期。海拔:1700 - 2100 米。生境:生于林中或茶园内岩石上或树上,森林中。资源: - 。全球 1 个大洲分布及种数(11 - 14)◆亚洲。

Panke Molina = **Gunnera**

Pankea Oerst. = **Gunnera**

Pankycodon D. Y. Hong & X. T. Ma 山南参属 Campanulaceae [MD - 561] 特征纪要:习性:草本。花程式:(K -),(C)5 参考科,A3 参考科,↓G - 。物候: - 。花期:4 - 10 月。果期:参考晚于花期。海拔:100 - 5000 米。生境:半阳处林丛下,竹林下。资源: - 。全球 1 个大洲分布及种数(1)◆亚洲:1。

Panmorphia Lür 参兰属 Orchidaceae [MM - 723] 特征纪要:习性: - 。花程式: - 。其他特征参考科。全球 3 个大洲分布及种数(22 - 39)亚洲:cf. 1;北美洲:2;南美洲:18。

Panopsis Salisb. ex Knight 豹木属 Proteaceae［MD－219］特征纪要：习性：木本。花程式：K3－4－∞，C0，A2，＝G1。其他特征参考科。全球4个大洲分布及种数(26－67)非洲：1；亚洲：5；北美洲：10；南美洲：66。

Panphalea Lag. 全菊属 Asteraceae［MD－586］特征纪要：习性：草本。花程式：(K)3－5，(C)3－5，A3－5，＝↓G2。其他特征参考科。全球2个大洲分布及种数(10－13)北美洲：4；南美洲：13。

Pantacantha Speg. 全刺茄属 Solanaceae［MD－503］特征纪要：习性：木本。花程式：Kn，C0，A3参考科，↓G。其他特征参考科。全球1个大洲分布及种数(1)◆南美洲(◆阿根廷)。

Pantadenia Gagnep. 黄腺桐属 Euphorbiaceae［MD－217］特征纪要：习性：木本。花程式：K1(1000)，C0，A6，＝G2－3。其他特征参考科。全球2个大洲分布及种数(2－4)非洲：1－2；亚洲：cf. 1。【中国种数：1】。

Pantasachme Endl. ＝ **Pentasachme**

Pantathera Phil. ＝ **Megalachne**

Panterpa Miers ＝ **Fridericia**

Panthocarpa Raf. 豆科属 Fabaceae2［MD－240］特征纪要：习性：－。花程式：－。其他特征参考科。分布：－。

Pantlingia Prain ＝ **Stigmatodactylus**

Panurea Spruce ex Benth. & Hook. f. 南美长叶豆属 Fabaceae3［MD－240］特征纪要：习性：木本。花程式：＝↓(K1－∞)，C1－∞，A5－9，＝↓G1。其他特征参考科。全球1个大洲分布及种数(2)◆南美洲(◆巴西)。

Panzeria Mönch 唇花蒿属 Lamiaceae［MD－575］特征纪要和分布(－)。全球1个大洲分布及种数(3)◆亚洲。

Panzerina Soják 脓疮草属 Lamiaceae［MD－575］特征纪要：习性：草本。花程式：－。物候：－。花期：7月。果期：参考晚于花期。海拔：900－2700米。生境：干旱地区。栽培：来自广西龙州。资源：具栽培园艺种类。全球5个大洲分布及种数(2－12)亚洲：12；大洋洲：3；欧洲：3；北美洲：3；南美洲：2。【中国种数：2】。

Panzhuyuia Z. Y. Zhu ＝ **Alocasia**

Paolia Chiov. ＝ **Coffea**

Papaver L. 罂粟属 Papaveraceae［MD－54］特征纪要：习性：草本，亚灌木。花程式：－。物候：－。花期：6－8月。果期：参考晚于花期。海拔：1500－3500米。生境：草甸。资源：药用，具栽培园艺种类。全球6个大洲分布及种数(211－320；hort. 1；cult. 14)非洲：21－29；亚洲：163－210；大洋洲：12－21；欧洲：58－79；北美洲：35－49；南美洲：8－15。【中国种数：17】。

Papaveraceae Juss.［MD－54］罂粟科 特征纪要：习性：木本；落叶。花程式：K2，C4，A9，↑G－。物候：－。花期和果期：7－9月。果实：蒴果。种子：有种阜。海拔：0米。生境：坝谷。资源：园林。栽培：中国有栽培。全球6个大洲分布及属种数(45－53/994－1426 <IFR 18/120> hort. 1；cult. 14)非洲：13/57－73(IFR 5/7)；亚洲：21－22/757－898(IFR 5/77)；大洋洲：7/23－26(IFR 1/1)；欧洲：12－13/114－153(IFR 9/18)；北美洲：25/184－207(IFR 6/23)；南美洲：6/39－40。【中国属种数：24/397】。

Papaveroideae M. L. Zhang & Grey－Wilson 罂粟苗属 Papaveraceae［MD－54］特征纪要和分布(－)。全球1个大洲分布及种数(1)◆非洲。

Papaya Mill. 番粟瓜属 Caricaceae［MD－236］特征纪要：习性：－。花程式：－。其他特征参考科。全球6个大洲分布及种数(3－5)非洲：4；亚洲：4；大洋洲：4；欧洲：4；北美洲：4；南美洲：2－6。

Papenfussiella <unassigned> 胡马桑属 Coriariaceae［MD－277］特征纪要：－。全球2个大洲分布及种数(4)大洋洲：2；南美洲：2。

Paphia Seem. 海仙莓属 Ericaceae［MD－380］特征纪要：习性：木本。花程式：－。其他特征参考科。全球2个大洲分布及种数(－)亚洲；大洋洲；南美洲。

Paphinia Lindl. 缨仙兰属 Orchidaceae［MM－723］特征纪要：习性：草本。花程式：(K)3，C3，A3，＝↓(G)3。其他特征参考科。全球3个大洲分布及种数(17－33)亚洲：1；北美洲：7；南美洲：33。

Paphiopedilum Pfitzer 秀丽兜兰属 Orchidaceae［MM－723］特征纪要：习性：草本(根状茎，基生，多肉)。花程式：Kn，C2－3参考科，A3参考科，↓G－。物候：－。花期：1－5月。果期：参考晚于花期。海拔：1000－1300米。生境：草丛中多石地。资源：药用，花卉，具栽培园艺种类。全球5个大洲分布及种数(169－478)非洲：15；亚洲：316；大洋洲：15；北美洲：24；南美洲：64。【中国种数：34】。

Papilionaceae Giseke ＝ Fabaceae3。

Papilionanthe Schltr. 凤蝶兰属 Orchidaceae［MM－723］特征纪要：习性：草本(多肉)。花程式：Kn，C2－3参考科，A3参考科，＝↓G3。物候：－。花期：4月。果期：参考晚于花期。海拔：1700－1900米。生境：附生植物，山地林中树干上。资源：药用，花卉，具栽培园艺种类。全球5个大洲分布及种数(12)非洲：2；亚洲：11；大洋洲：2；北美洲：2；南美洲：2。【中国种数：5】。

Papilisia Garay & H. R. Sweet 兰科属 Orchidaceae［MM－723］特征纪要：习性：草本。花程式：－。其他特征参考科。全球1个大洲分布及种数(－)。

Papillaria (Müll. Hal.) Müll. Hal. 松萝藓属 Meteoriaceae［B－188］特征纪要：习性：－。【Rep】：雌雄异株，内雌苞叶狭披针形，蒴柄平滑或粗糙，孢蒴椭圆形或卵形，蒴齿两层，齿片16，密披疣。物候：－。海拔：1080米。生境：石生。资源：－。全球6个大洲分布及种数(229)非洲：32；亚洲：38；大洋洲：19；欧洲：9；北美洲：9；南美洲：54。【中国种数：11】。

Papillariaceae Kindb. ＝ Meteoriaceae

Papillidiopsis (Broth.) W. R. Buck & B. C. Tan 拟刺疣藓属 Sematophyllaceae［B－192］特征纪要：习性：－。【Rep】：雌雄同株或雌雄异株，稀雌雄杂株，蒴柄细长，下部平滑，上部具乳头突起，孢蒴小，垂倾或悬垂，长卵形或长圆，多暗色、绿色至金黄色。物候：－。海拔：－。生境：常见于竹上，岩石上。资源：－。全球4个大洲分布及种数(11)非洲:2;亚洲:11;大洋洲:2;北美洲:1。【中国种数:2】。

Papillolejeunea Pócs 细鳞苔科属 Lejeuneaceae [B-84] 特征纪要和分布(-)。

Paposoa <unassigned> 石蒜科属 Amaryllidaceae [MM-694] 特征纪要:习性:-。花程式:-。其他特征参考科。全球1个大洲分布及种数(-)。

Pappagrostis Roshev. 冠毛草属 Poaceae [MM-748] 特征纪要:习性:竹类。花程式:参考科,C3 参考科,A3 参考科,G1 参考科。其他特征参考科。全球1个大洲分布及种数(2) ◆亚洲:1。

Pappea Eckl. & Zeyh. 谋木患属 Sapindaceae [MD-428] 特征纪要:习性:-。花程式:-。其他特征参考科。全球1个大洲分布及种数(1)◆非洲。

Papperitzia Rchb. f. = **Leochilus**

Pappobolus S. F. Blake 脱冠菊属 Asteraceae [MD-586] 特征纪要:习性:草本。花程式:(K)3-5,(C)3-5,A3-5,=↓G2。其他特征参考科。全球5个大洲分布及种数(46-58)非洲:2; 大洋洲:3; 欧洲:20; 北美洲:20; 南美洲:58。

Pappochroma Raf. 小蓬草属 Asteraceae [MD-586] 特征纪要:习性:草本。花程式:(K)3-5,(C)3-5,A3-5,↓G。其他特征参考科。全球1个大洲分布及种数(9)◆大洋洲。

Pappophorum Schreb. 冠芒草属 Poaceae [MM-748] 特征纪要:习性:草本。花程式:(K)3,C0 参考科,A1-2,=G2-3。其他特征参考科。全球6个大洲分布及种数(10)非洲:5;亚洲:2-7;大洋洲:5;欧洲:5;北美洲:5-10;南美洲:9-14。【中国种数:1】。

Pappostipa (Speg.) Romasch., P. M. Peterson & Soreng 稻针茅属 Poaceae [MM-748] 特征纪要:习性:草本。花程式:(K-),C0 参考科,A3 参考科,↓G-参考科。其他特征参考科。全球2个大洲分布及种数(30-53)北美洲:2; 南美洲:31。

Pappothrix (A. Gray) Rydb. = **Perityle**

Papuacalia Veldkamp 千里光属 Asteraceae [MD-586] 特征纪要:习性:草本。花程式:(K)3-5,(C)3-5,A3-5,↓G。其他特征参考科。全球2个大洲分布及种数(-)亚洲;大洋洲。

Papuacedrus H. L. Li 巴布亚柏属 Cupressaceae [G-17] 特征纪要:习性:-。【Rep】:复轴,浆果状,苞鳞融合成果皮状,种鳞多退化,雌雄同株。其他特征参考科。全球3个大洲分布及种数(3;hort. 1)非洲:1;亚洲:1;大洋洲:2。【中国种数:1】。

Papuaea Schltr. 巴布亚兰属 Orchidaceae [MM-723] 特征纪要:习性:草本。花程式:(K)3,C3,A3,=↓(G)3。其他特征参考科。全球3个大洲分布及种数(1-2)非洲:1;亚洲:1;大洋洲:1。

Papuahoya <unassigned> 夹竹桃属 Apocynaceae [MD-492] 特征纪要:习性:-。花程式:-。其他特征参考科。全球1个大洲分布及种数(-)。

Papualthia Diels 异瓣暗罗属 Annonaceae [MD-7] 特征纪要:习性:-。花程式:-。其他特征参考科。全球3个大洲分布及种数(9)非洲:3;亚洲:6;大洋洲:4。

Papuanthes Danser 巴布亚寄生属 Loranthaceae [MD-415] 特征纪要:习性:木本。花程式:K6,C0,A4,↓G。其他特征参考科。全球1个大洲分布及种数(cf. 1)◆亚洲。

Papuapteris Christensen = **Polystichum**

Papuechites Markgr. 巴布亚夹竹桃属 Apocynaceae [MD-492] 特征纪要:习性:木本。花程式:参考科,C4-5 参考科,A2-3 参考科,↓(G) 参考科。其他特征参考科。全球3个大洲分布及种数(1-4)非洲:1; 亚洲:1; 大洋洲:1。【中国种数:1】。

Papularia Forssk. = **Trianthema**

Papulipetalum (Schltr.) M. A. Clem. & D. L. Jones 石豆兰属 Orchidaceae [MM-723] 特征纪要:习性:-。花程式:-。物候:-。花期:参考早于果期。果期:10-11月。海拔:80-5200米。生境:柏树林下或草坡路旁,竹坡中。资源:-。全球1个大洲分布及种数(cf. 1)◆亚洲。

Papuodendron C. T. White 木槿属 Malvaceae [MD-203] 特征纪要:习性:木本。花程式:K5-6,C5-6,A10-8,G-。其他特征参考科。全球2个大洲分布及种数(2-4)非洲:2; 大洋洲:2。

Papyrus Willd. = **Cyperus**

Paquirea Panero & S. E. Freire 南美花菊属 Asteraceae [MD-586] 特征纪要:习性:草本。花程式:(K)3-5,(C)3-5,A3-5,↓G。其他特征参考科。全球1个大洲分布及种数(1) ◆南美洲:1。

Parabaena Miers 连蕊藤属 Menispermaceae [MD-42] 特征纪要:习性:草质攀援。花程式:-。物候:-。花期:4-5月。果期:参考晚于花期。海拔:200-2500米。生境:林缘,灌木丛。资源:具园艺种类。全球4个大洲分布及种数(6-22)非洲:5; 亚洲:10; 大洋洲:7; 南美洲:7。【中国种数:1】。

Parabambusa Widjaja 亚洲禾茅属 Poaceae [MM-748] 特征纪要:习性:竹类。花程式:参考科,C5 参考科,A5,G2-4。其他特征参考科。全球2个大洲分布及种数(1-2)非洲:1; 亚洲:2。

Parabeaumontia (Baill.) Pichon = **Vallaris**

Parabenzoin Nakai 大果山胡椒属 Lauraceae [MD-21] 特征纪要:习性:-。花程式:-。物候:-。花期:6-10月。果期:参考晚于花期。海拔:20-3800米。生境:溪边,山坡下。资源:-。全球2个大洲分布及种数(10)亚洲:9; 北美洲:2。

Parabesleria Oerst. = **Besleria**

Parabignonia Bureau ex K. Schum. = **Dolichandra**

Parablechnum C. Presl = **Blechnum**

Paraboea (C. B. Clarke) Ridl. 蛛毛苣苔属 Gesneriaceae [MD－549] 特征纪要:习性:草质攀援。花程式:(K－), C2－3 参考科,A2,↓G－。物候:－。花期:7 月。果期:参考晚于花期。海拔:300－1000 米。生境:山洞中钟乳石上阴生,阴湿岩石上。资源:药用,具栽培园艺种类。全球 3 个大洲分布及种数(154－214)亚洲:199; 大洋洲:2; 南美洲:12。【中国种数:17】。

Parabotrys C. Muell. = **Cyathocalyx**

Paracaleana Blaxell 鸭兰属 Orchidaceae [MM－723] 特征纪要:习性:－。花程式:－。其他特征参考科。全球 2 个大洲分布及种数(1－17)大洋洲:16; 南美洲:2。

Paracalia Cuatrec. 藤蟹甲属 Asteraceae [MD－586] 特征纪要:习性:草本。花程式:(K)3－5,C3－5,A3－5, = ↓(G)2。其他特征参考科。全球 1 个大洲分布及种数(3－7)◆南美洲。

Paracalyx Ali 异萼豆属 Fabaceae3 [MD－240] 特征纪要:习性:木本。花程式: = ↓(K1－∞),C1－∞,A5－9, = ↓G1。其他特征参考科。全球 2 个大洲分布及种数(5－15)非洲:7; 亚洲:9。【中国种数:1】。

Paracarpaea (K. Schum.) Pichon = **Fridericia**

Paracarpidium <unassigned> 紫草科属 Boraginaceae [MD－517] 特征纪要:－。全球 1 个大洲分布及种数(1)◆非洲:1。

Paracaryopsis (Riedl) R. R. Mill 类并核果属 Boraginaceae [MD－517] 特征纪要:习性:－。花程式:－。其他特征参考科。全球 1 个大洲分布及种数(cf. 1)◆亚洲。

Paracaryum Boiss. 并核果属 Boraginaceae [MD－517] 特征纪要:习性:草本。花程式:K5,C0,A5, = (G)2－4。物候:－。花期:7－8 月。果期:参考晚于花期。海拔:5700 米。生境:砾石斜坡。资源:具栽培园艺种类。全球 4 个大洲分布及种数(51－59)非洲:5;亚洲:49－55;欧洲:4;北美洲:cf. 1。【中国种数:2】。

Paracephaelis Baill. 肖头九节属 Rubiaceae [MD－523] 特征纪要:习性:木本。花程式:(K)4－5,(C)4－5,A4－5, = ↓(G)2－9。其他特征参考科。全球 4 个大洲分布及种数(5－6)非洲:5; 亚洲:1; 北美洲:1; 南美洲:1。

Paraceterach Copel. 华金毛蕨属 Adiantaceae [F－35] 特征纪要:习性:－。【Rep】:孢子同形,囊群生叶背。其他特征参考科。全球 6 个大洲分布及种数(8)非洲:1;亚洲:7;大洋洲:3;欧洲:2;北美洲:5;南美洲:1。

Parachampionella Bremek. = **Strobilanthes**

Parachimarrhis Ducke 黄染木属 Rubiaceae [MD－523] 特征纪要:习性:木本。花程式:(K)4－5,(C)4－5,A4－5, = ↓(G)2－9。其他特征参考科。全球 1 个大洲分布及种数(1)◆南美洲。

Parachionolaena M. O. Dillon & Sagást. = **Chionolaena**

Paracladopus M. Kato 拟川苔草属 Podostemaceae [MD－322] 特征纪要:习性:草本。花程式:Kn,C0,A10,G－。其他特征参考科。全球 1 个大洲分布及种数(2)亚洲:2。

Paraclarisia Ducke = **Sorocea**

Paracoffea J. －F. Leroy = **Coffea**

Paracolea Baill. = **Phylloctenium**

Paracolpodium (Tzvelev) Tzvelev 假拟沿沟草属 Poaceae [MM－748] 特征纪要:习性:草本(具根状茎)。花程式:－。物候:－。海拔:2600－4800 米。生境:草地或多石山坡,高山草甸,砾石滩或石缝中。资源:－。全球 3 个大洲分布及种数(5－10)亚洲:7; 欧洲:2; 北美洲:2。【中国种数:2】。

Paracorynanthe Capuron 假春檀属 Rubiaceae [MD－523] 特征纪要:习性:木本。花程式:(K)4－5,(C)4－5,A4－5, = ↓(G)2－9。其他特征参考科。全球 1 个大洲分布及种数(2)◆非洲(◆马达加斯加)。

Paracostus C. D. Specht 独叶姜属 Costaceae [MM－738] 特征纪要:习性:草本。花程式:(K)3,C3,A1－6,↓(G)3。其他特征参考科。全球 2 个大洲分布及种数(2－3)非洲:1;亚洲:cf. 1。

Paracromastigum Fulford & J. Taylor 肖指叶苔属 Lepidoziaceae [B－63] 特征纪要:习性:－。【Rep】:裂瓣披针形或指形。其他特征参考科。全球 4 个大洲分布及种数(11)亚洲:1;大洋洲:6;北美洲:1;南美洲:3。

Paracroton Miq. 红巴豆属 Euphorbiaceae [MD－217] 特征纪要:习性:木本。花程式:K1(1000),C0,A6, = G2－3。其他特征参考科。全球 3 个大洲分布及种数(4)非洲:1;亚洲:4;大洋洲:2。

Paracryphia Baker f. 盔被花属 Paracryphiaceae [MD－279] 特征纪要(同科)。全球 2 个大洲分布及种数(1－3)大洋洲:3; 南美洲:2。

Paracryphiaceae Airy－Shaw [MD－279] 盔被花科 特征纪要:习性:木本;落叶。花程式:(K)4,C4,A8－11,(↓G)8－15。物候:－。果实:蒴果。全球 1 个大洲分布及属种数(3/4－14 hort. 1) ◆大洋洲:1/ 1。

Paractaenum P. Beauv. 大洋洲弯穗草属 Poaceae [MM－748] 特征纪要:习性:草本。花程式:(K)3,C0 参考科,A1－2, = G2－3。其他特征参考科。全球 3 个大洲分布及种数(1－4)非洲:2; 亚洲:2; 大洋洲:3。

Paracynoglossum Popov = **Cynoglossum**

Paradennstaedtia Tagawa = **Dennstaedtia**

Paraderris (Miq.) R. Geesink 拟鱼藤属 Fabaceae3 [MD－240] 特征纪要:习性:－。花程式:－。物候:－。花期:4 月。果期:参考晚于花期。海拔:100 米。生境:森林。资源:具栽培园艺种类。全球 6 个大洲分布及种数(11－13)非洲:29;亚洲:10－40;大洋洲:29;欧洲:29;北美洲:29;南美洲:29。

Paradina Pierre ex Pit. = **Mitragyna**

Paradisanthus Rchb. f. 肖双花木属 Orchidaceae [MM－723] 特征纪要:习性:草本。花程式:(K)3,C3,A3, = ↓(G)3。其他特征参考科。全球 2 个大洲分布及种数(1－9)亚洲:2; 南美洲:9。

Paradisea Mazzuc. 乐园百合属 Asphodelaceae [MM－649] 特征纪要:习性:草本。花程式:(K)3,C0 参考科,A3 参考科, = G3。物候:－。海拔:－。生境:－。资源:具栽培园艺种类。全球 5 个大洲分布及种数(2－17)亚洲:8; 大洋洲:2; 欧洲:2; 北美洲:2; 南美洲:6。【中国种数:1】。

Paradolichandra Hassl. = **Dolichandra**

Paradombeya Stapf 平当树属 Malvaceae [MD－203] 特征纪要:习性:－。花程式:－。物候:－。花期:参考早于果期。果期:3－4 月。海拔:300－1500 米。生境:露天灌木,稀树灌丛草坡中。资源:－。全球 1 个大洲分布及种数(2－4)◆亚洲。

Paradrymonia Hanst. 距瓣岩桐属 Gesneriaceae [MD－549] 特征纪要:习性:灌木。花程式:K5,C0,A4,＝↓G2。其他特征参考科。全球 2 个大洲分布及种数(33－46)北美洲:15;南美洲:23－34。

Paradrypetes Kuhlm. 贴梗桐属 Rhizophoraceae [MD－329] 特征纪要:习性:木本。花程式:K1(1000),C0,A6,＝(G)2－3。其他特征参考科。全球 1 个大洲分布及种数(2)◆南美洲。

Paraerva T. Hammer 苋科属 Amaranthaceae [MD－116] 特征纪要:习性:－。花程式:－。其他特征参考科。全球－个大洲分布及种数(1)。

Parafaujasia C. Jeffrey 香丝草属 Asteraceae [MD－586] 特征纪要:习性:草本。花程式:(K)3－5,(C)3－5,A3－5,↓G。其他特征参考科。全球 2 个大洲分布及种数(1－2) 非洲;欧洲。

Parafestuca E. B. Alexeev 羊茅属 Poaceae [MM－748] 特征纪要:习性:竹类。花程式:参考科,C3 参考科,A3 参考科,G1 参考科。其他特征参考科。全球 1 个大洲分布及种数(1－2)◆欧洲。

Paragelonium Leandri = **Aristogeitonia**

Paragenipa Baill. 九节属 Rubiaceae [MD－523] 特征纪要:习性:木本。花程式:(K－),(C)4,A3 参考科,↓G。其他特征参考科。全球 1 个大洲分布及种数(1)◆非洲。

Paraglycine F. J. Herm. = **Ophrestia**

Paragonia Bur. = **Tanaecium**

Paragophyton K. Schum. = **Spermacoce**

Paragramma (Bl.) T. Moore 亚蕨属 Polypodiaceae [F－60] 特征纪要:习性:－。【Rep】:孢子同形,囊群生叶背。其他特征参考科。全球 1 个大洲分布及种数(－)。

Paragutzlaffia H. P. Tsui 爵床科属 Acanthaceae [MD－572] 特征纪要:习性:－。花程式:－。物候:－。花期:几乎全年。果期:参考晚于花期。海拔:1000－2200 米。生境:路边,山坡及杂木林下。资源:－。全球 1 个大洲分布及种数(2)。

Paragynoxys (Cuatrec.) Cuatrec. 拟绒安菊属 Asteraceae [MD－586] 特征纪要:习性:草本。花程式:(K)3－5,C3－5,A3－5,＝↓(G)2。其他特征参考科。全球 3 个大洲分布及种数(13－15)大洋洲:3; 北美洲:2; 南美洲:15。

Parahancornia Ducke 奶牛木属 Apocynaceae [MD－492] 特征纪要:习性:木本。花程式:K5－∞,C0,A15,＝↓(G)2－5。其他特征参考科。全球 3 个大洲分布及种数(6－10)非洲:1; 北美洲:2; 南美洲:10。

Parahebe W. R. B. Oliv. 拟长阶花属 Plantaginaceae [MD－527] 特征纪要:习性:－。花程式:－。其他特征参考科。全球 1 个大洲分布及种数(1)◆大洋洲。

Parahellenia <unassigned> 闭鞘姜属 Costaceae [MM－738] 特征纪要:习性:－。花程式:－。其他特征参考科。全球 1 个大洲分布及种数(－)。

Parahemionitis Panigrahi 拟泽泻蕨属 Pteridaceae [F－31] 特征纪要:习性:－。【Rep】:孢子同形,囊群生叶背。物候:－。海拔:50－4200 米。生境:常绿阔叶林,自然山坡地。资源:－。全球 3 个大洲分布及种数(3)亚洲:3; 欧洲:2; 北美洲:2。

Parahyparrhenia A. Camus 异雄草属 Poaceae [MM－748] 特征纪要:习性:草本。花程式:(K)3,C0 参考科,A1－2,＝(G)2－3。其他特征参考科。全球 3 个大洲分布及种数(7－9)非洲:4; 亚洲:6; 北美洲:2。

Paraia Rohwer, H. G. Richt. & van der Werff 鹃桂属 Lauraceae [MD－21] 特征纪要:习性:木本。花程式:K3－9,C0,A3－9,＝G1－3。其他特征参考科。全球 2 个大洲分布及种数(1－112)非洲:2; 南美洲:111。

Parainvolucrella R. J. Wang 茜草科属 Rubiaceae [MD－523] 特征纪要:习性:－。花程式:－。其他特征参考科。全球 1 个大洲分布及种数(1)◆亚洲:1。

Paraisometrum W. T. Wang 弥勒苣苔属 Gesneriaceae [MD－549] 特征纪要:草本,落叶; 花程式:K5,C5,A2－5,G(－)。种子:具种脐。全球 1 个大洲分布及种数(cf. 1)◆亚洲。

Paraixeris Nakai 黄瓜菜属 Asteraceae [MD－586] 特征纪要:草本(基生),落叶; 花程式:(K)3－5,C3－5,A(－),G(－)。果实:瘦果。全球 1 个大洲分布及种数(1－6)◆北美洲。

Parajubaea Burret 脊果椰子属 Arecaceae [MM－717] 特征纪要:习性:木本。花程式:K3－10,C3－10,A3－10,＝G3－10。其他特征参考科。全球 1 个大洲分布及种数(3)◆南美洲。

Parakaempferia A. S. Rao & D. M. Verma 肾药姜属 Zingiberaceae [MM－737] 特征纪要:习性:草本。花程式:(K)3,C3,A5,＝↓(G)3。其他特征参考科。全球 1 个大洲分布及种数(1－2)◆亚洲。

Parakibara Phil. 叉榕桂属 Monimiaceae [MD－20] 特征纪要:习性:木本。花程式:K1－∞,C0,A10－150,G1－3。其他特征参考科。全球 1 个大洲分布及种数(－)。

Parakmeria Hu & W. C. Cheng 乌心石舅属 Magnoliaceae [MD－1] 特征纪要:习性:－。花程式:－。物候:－。花期:4－5 月。果期:参考晚于花期。海拔:500－1300 米。生境:常绿阔叶林,山坡阔叶林中。资源:－。全球 1 个大洲分布及种数(cf. 1)◆亚洲。

Paraknoxia Bremek. 白星茜属 Rubiaceae [MD－523] 特征纪要:习性:木本。花程式:(K)4－5,(C)4－5,A4－5,↓G。其他特征参考科。全球 1 个大洲分布及种数(1)◆非洲。

Parakohleria Wiehler 肖树苣苔属 Gesneriaceae [MD－549] 特征纪要:习性:草本。花程式:K5,C0,A2－5,＝G2。其他特征参考科。全球2个大洲分布及种数(11)北美洲:1; 南美洲:4。

Paralagarosolen Y. G. Wei 方鼎苣苔属 Gesneriaceae [MD－549] 特征纪要:习性:－。花程式:－。物候:－。海拔:1080米。生境:石灰石小山。资源:－。全球1个大洲分布及种数(2)◆亚洲:cf. 1。

Paralamium Dunn 假野芝麻属 Lamiaceae [MD－575] 特征纪要:习性:草本。花程式:(K－),C2－3参考科,A3参考科,＝↓(G)2。物候:－。花期:4月。果期:参考晚于花期。海拔:1200－1800米。生境:生于水沟旁或林中潮湿地。资源:油脂,具栽培园艺种类。全球1个大洲分布及种数(cf. 1)◆亚洲。【中国种数:1】。

Paralasianthus H. Zhu 假茜草属 Rubiaceae [MD－523] 特征纪要:习性:木本。花程式:(K－),(C)4,A3参考科,↓G。其他特征参考科。全球2个大洲分布及种数(4) 非洲:1,亚洲:3。

Paralepistemon Lejoly & Lisowski 假鳞蕊藤属 Convolvulaceae [MD－499] 特征纪要:习性:草本。花程式:K5,C0,A3参考科,＝↓(G)2－5。其他特征参考科。全球1个大洲分布及种数(1－2)◆非洲。

Paraleptochilus Copel. ＝ **Colysis**

Paraleucobryum (Lindb. ex Limpr.) Löske 拟白发藓属 Dicranaceae [B－128] 特征纪要:习性:－。【Rep】:雌雄异株,内雌苞叶高鞘状,孢蒴直立,圆柱形,对称,蒴齿单层,齿片2裂,具纵纹和疣,蒴帽兜形,全缘。物候:－。全球6个大洲分布及种数(3)非洲:1;亚洲:3;大洋洲:1;欧洲:3;北美洲:3;南美洲:1。【中国种数:4】。

Paralia Desv. ex Ham. ＝ **Diospyros**

Paraligusticum V. N. Tikhom. 藁本属 Apiaceae [MD－480] 特征纪要:习性:草本。花程式:参考科,C5,A15参考科,＝↓(G)2参考科。其他特征参考科。全球1个大洲分布及种数(1) ◆亚洲:1。

Paralophia P. J. Cribb & Hermans 类豆蔻属 Orchidaceae [MM－723] 特征纪要:习性:－。花程式:－。其他特征参考科。全球1个大洲分布及种数(2)◆亚洲。

Paralychnophora MacLeish 灯盘菊属 Asteraceae [MD－586] 特征纪要:习性:草本。花程式:(K)3－5,C3－5,A3－5,＝↓(G)2。其他特征参考科。全球1个大洲分布及种数(7)◆南美洲。

Paralysimachia <unassigned> 报春花属 Primulaceae [MD－401] 特征纪要:习性:－。花程式:－。其他特征参考科。全球1个大洲分布及种数(－)。

Paramachaerium Ducke 美洲豚豆属 Fabaceae3 [MD－240] 特征纪要:习性:木本。花程式:＝↓(K1－∞),C1－∞,A5－9,＝↓G1。其他特征参考科。全球2个大洲分布及种数(6)北美洲:1;南美洲:4。

Paramacrolobium J. Léonard 赛大裂豆属 Fabaceae1 [MD－240] 特征纪要:习性:木本。花程式:＝↓(K3－5－∞),C3－5－∞,A3－5,＝↓G1－2。其他特征参考科。全球2个大洲分布及种数(1－2)非洲:2; 亚洲:2。

Paramammea J. －F. Leroy ＝ **Mammea**

Paramansoa Baill. ＝ **Fridericia**

Paramapania Uittien 糙鳞芒属 Cyperaceae [MM－747] 特征纪要:习性:草本。花程式:(K)3,C3,A1－3,＝↓(G)2－3。其他特征参考科。全球3个大洲分布及种数(7－14)非洲:4; 亚洲:7; 大洋洲:3。

Paramelhania Arènes 拟梅蓝属 Malvaceae [MD－203] 特征纪要:习性:－。花程式:－。其他特征参考科。全球1个大洲分布及种数(1)◆非洲(◆马达加斯加)。

Parameria Benth. 长节珠属 Apocynaceae [MD－492] 特征纪要:习性:－。花程式:－。物候:－。花期:6－10月。果期:参考晚于花期。海拔:800－1500米。生境:山地森林,峡谷,山地疏林中或密林山谷潮湿攀援大树上。资源:药用。全球5个大洲分布及种数(31)亚洲:16; 大洋洲:2; 欧洲:2; 北美洲:2; 南美洲:16。

Paramesus (C. Presl) C. Presl 蝶形花科属 Fabaceae3 [MD－240] 特征纪要:习性:－。花程式:－。其他特征参考科。全球1个大洲分布及种数(6)◆南美洲:1。

Paramichelia Hu ＝ **Michelia**

Paramicropholis Aubrév. & Pellegr. ＝ **Micropholis**

Paramicrorhynchus Kirp. ＝ **Launaea**

Paramiflos Cuatrec. 连菊属 Asteraceae [MD－586] 特征纪要:习性:－。花程式:－。其他特征参考科。全球2个大洲分布及种数(3)北美洲:2; 南美洲:2。

Paramignya Wight 单叶藤橘属 Rutaceae [MD－399] 特征纪要:习性:木质攀援。花程式:－。物候:－。花期:7－9月。果期:参考晚于花期。海拔:300－900米。生境:路旁中等。栽培:来自广西龙州。资源:具栽培园艺种类。全球5个大洲分布及种数(19－30)非洲:2; 亚洲:25; 大洋洲:5; 欧洲:2; 北美洲:2。【中国种数:5】。

Paramitranthes Burret ＝ **Siphoneugena**

Paramochloa <unassigned> 刺藓科属 Rhachitheciaceae [B－125] 特征纪要:－。全球1个大洲分布及种数(－)。

Paramollugo Thulin 比豆兰属 Orchidaceae [MM－723] 特征纪要:习性:草本。花程式:(K－),C2－3参考科,A3参考科,↓G－。其他特征参考科。全球5个大洲分布及种数(9) 非洲:5,亚洲:1,大洋洲:1,北美洲:3,南美洲:1。

Paramoltkia Greuter 连紫草属 Boraginaceae [MD－517] 特征纪要:习性:草本(基生)。花程式:Kn,C0,A3参考科,↓G。其他特征参考科。全球0个大洲分布及种数(1－2)。

Paramomitrion R. M. Schust. 平萼苔属 Gymnomitriaceae [B－41] 特征纪要:习性:－。【Rep】:雌苞顶生,雌苞叶数对,内雌叶常相连,蒴萼常存,蒴壁2－3层细胞,弹丝2－4列螺纹加厚,灰色、褐色或紫色。其他特征参考科。全球1个大洲分布及种数(1)◆非洲。

Paramomum S. Q. Tong ＝ **Amomum**

Paramongaia Velarde 黄杯水仙属 Amaryllidaceae [MM－694] 特征纪要:习性:草本。花程式:(K)3,C3,A1,＝↓(G)3。其他特征参考科。全球1个大洲分布及种数(1)◆南美洲。

Paramyrciaria Kausel = **Myrciaria**

Paramyristica W. J. de Wilde 肉豆蔻属 Myristicaceae［MD－15］特征纪要:习性:木本。花程式:Kn,C0,A5,↓G－参考科。其他特征参考科。全球 2 个大洲分布及种数(1－2)非洲:1; 大洋洲:1。

Paramyurium (Limpr.) Warnst. 毛尖藓属 Brachytheciaceae［B－187］特征纪要:－。全球 1 个大洲分布及种数(－)。

Paranapiacabaea W. R. Buck & D. M. Vital 全锦藓属 Sematophyllaceae［B－192］特征纪要:习性:－。【Rep】:雌雄同株或雌雄异株,稀雌雄杂株,蒴柄细长,下部平滑,上部具乳头突起,孢蒴小,垂倾或悬垂,长卵形或长圆,多暗色、绿色至金黄色。其他特征参考科。全球 1 个大洲分布及种数(1)◆南美洲。

Paranecepsia Radcl. －Sm. 杜英桐属 Euphorbiaceae［MD－217］特征纪要:习性:木本。花程式:K1(1000),C0,A6,＝(G)2－3。其他特征参考科。全球 1 个大洲分布及种数(1)◆非洲。

Paranephelium Miq. 假韶子属 Sapindaceae［MD－428］特征纪要:习性:木本。花程式:－。物候:－。花期:4－5月。果期:参考晚于花期。海拔:300 米。生境:丛林,森林。资源:具园艺种类。全球 3 个大洲分布及种数(5－21)亚洲:19; 北美洲:2; 南美洲:3。【中国种数:2】。

Paranephelius Pöpp. 莲安菊属 Asteraceae［MD－586］特征纪要:习性:草本。花程式:(K)3－5,C3－5,A3－5,＝↓(G)2。其他特征参考科。全球 2 个大洲分布及种数(3－10)非洲:2; 南美洲:10。

Paraneurachne S. T. Blake 异脉颖草属 Poaceae［MM－748］特征纪要:习性:－。花程式:－。其他特征参考科。全球 1 个大洲分布及种数(1)◆大洋洲(◆澳大利亚)。

Paranomus Salisb. 权杖木属 Proteaceae［MD－219］特征纪要:习性:木本。花程式:K3－4－∞,C0,A2,＝G1。其他特征参考科。全球 3 个大洲分布及种数(18－30)非洲:29; 亚洲:3; 南美洲:4。

Paranotis Pedley ex K. L. Gibbons 茜草科属 Rubiaceae［MD－523］特征纪要:习性:－。花程式:－。其他特征参考科。全球 1 个大洲分布及种数(6)◆大洋洲:6。

Parantennaria Beauverd 离冠蝶须属 Asteraceae［MD－586］特征纪要:习性:草本。花程式:(K)3－5,C3－5,A3－5,＝↓(G)2。其他特征参考科。全球 1 个大洲分布及种数(1)◆大洋洲(◆澳大利亚)。

Parapachygone Forman 粉绿藤属 Menispermaceae［MD－42］特征纪要:习性:草本。花程式:－。其他特征参考科。全球 1 个大洲分布及种数(1)◆大洋洲。

Parapanax Miq. = **Schefflera**

Parapantadenia Capuron = **Pantadenia**

Paraparmelia <unassigned> 水蕨科属 Parkeriaceae［F－36］特征纪要:－。全球 3 个大洲分布及种数(6)非洲:2; 大洋洲:2; 南美洲:3。

Parapentapanax Hutch. = **Aralia**

Parapentas Bremek. 肖五星花属 Rubiaceae［MD－523］特征纪要:习性:木本。花程式:(K)4－5,(C)4－5,A4－5,＝↓(G)2－9。其他特征参考科。全球 1 个大洲分布及种数(3)◆非洲。

Paraphalaenopsis A. D. Hawkes 蝴蝶兰属 Orchidaceae［MM－723］特征纪要:习性:草本。花程式:(K)3,C3,A3,↓G－。其他特征参考科。全球 1 个大洲分布及种数(5)◆东南亚。

Paraphlomis Prain 髯药草属 Lamiaceae［MD－575］特征纪要:习性:草质攀援(基生,多肉)。花程式:(K－),C2－3 参考科,A3 参考科,＝↓G2。物候:－。花期:7－10 月。果期:参考晚于花期。海拔:100－800 米。生境:草地上,阴坡上。资源:药用,具栽培园艺种类。全球 5 个大洲分布及种数(41－84)非洲:4; 亚洲:73; 大洋洲:2; 北美洲:2; 南美洲:11。【中国种数:23】。

Parapholis C. E. Hubb. 假牛鞭草属 Poaceae［MM－748］特征纪要:习性:草本。花程式:－。物候:－。花期:4－6 月。果期:参考晚于花期。海拔:10－5600 米。生境:海岸,沿海盐沼。资源:具栽培园艺种类。全球 6 个大洲分布及种数(5－7)非洲:4－7;亚洲:3－7;大洋洲:3－5;欧洲:4－7;北美洲:3－5;南美洲:1－3。【中国种数:3】。

Paraphyllarthron J. －F. Leroy = **Phyllarthron**

Paraphymatoceros Hässel 拟肿角苔属 Notothyladaceae［B－93］特征纪要:习性:－。【Rep】:孢蒴长卵形,具短柄,蒴足形大,平横着生叶状体上,成熟时有时不开裂,蒴轴较短或缺失,蒴壁无气孔,两裂或,雌雄同株,孢蒴细长角状,基部具短筒状苞膜,孢子黄褐色,圆锥形,具细疣状突起,假弹丝由 1－5 个单列细胞。其他特征参考科。全球 3 个大洲分布及种数(5)亚洲:cf. 1;北美洲:1;南美洲:2。

Paraphysothele <unassigned> 香紫草属 Boraginaceae［MD－517］特征纪要:－。全球 1 个大洲分布及种数(2)◆欧洲:2。

Parapimpinella Fern. Prieto, Sanna & Arjona 伞蛇床属 Apiaceae［MD－480］特征纪要:习性:草本。花程式:＝↓(K5),C5,A5,＝↓G(－)。其他特征参考科。全球 1 个大洲分布及种数(1) ◆欧洲:1。

Parapiptadenia Brenan 香金檀属 Fabaceae2［MD－240］特征纪要:习性:木本。花程式:＝↓(K3－5－∞),C3－5－∞,A1－10－50,＝↓G1。其他特征参考科。全球 2 个大洲分布及种数(6－8)北美洲:2; 南美洲:8。

Parapiqueria R. M. King & H. Rob. 拟皮格菊属 Asteraceae［MD－586］特征纪要:习性:草本。花程式:(K)3－5,C3－5,A3－5,＝↓(G)2。其他特征参考科。全球 1 个大洲分布及种数(1)◆南美洲(◆巴西)。

Paraplacidiopsis <unassigned> 复紫草属 Boraginaceae［MD－517］特征纪要:－。全球 1 个大洲分布及种数(1)◆欧洲:1。

Parapodiopsis <unassigned> 南非独萝藦属 Asclepiadaceae［MD－494］特征纪要:－。全球 1 个大洲分布及种数(2)◆非洲:2。

Parapodium E. Mey. 假足萝藦属 Apocynaceae［MD－492］特征纪要:习性:木本。花程式:K5,C0,A5,↓G。其他

特征参考科。全球 1 个大洲分布及种数(3)◆非洲。

Parapolydora H. Rob. 独菊属 Asteraceae [MD－586] 特征纪要:习性:草本。花程式:(K－),(C)3－5,A3 参考科,↓G。其他特征参考科。全球 1 个大洲分布及种数(1)◆非洲(◆博茨瓦纳)。

Parapolystichum (Keyserl.) Ching = **Lastreopsis**

Paraprenanthes C. C. Chang ex C. Shih 假福王草属 Asteraceae [MD－586] 特征纪要:习性:草本(基生)。花程式:(K)3－5,C3－5,A3 参考科,↓G。物候:－。海拔:1500－2700 米。生境:草地。资源:药用。全球 2 个大洲分布及种数(13－33)非洲:2; 亚洲:32。【中国种数:4】。

Parapteroceras Aver. 虾尾兰属 Orchidaceae [MM－723] 特征纪要:习性:－。花程式:－。物候:－。花期:7 月。果期:参考晚于花期。海拔:1000－1500 米。生境:林缘树干上,蕊柱基部。资源:－。全球 2 个大洲分布及种数(8－9)亚洲:6;大洋洲:2。

Parapteropyrum A. J. Li 翅果蓼属 Polygonaceae [MD－120] 特征纪要:习性:－。花程式:－。物候:－。花期:7－8 月。果期:参考晚于花期。海拔:3000－3400 米。生境:常绿阔叶林内灌丛。资源:－。全球 1 个大洲分布及种数(2)◆亚洲:cf. 1。

Parapyrenaria Hung T. Chang 多瓣核果茶属 Theaceae [MD－168] 特征纪要:－。全球 1 个大洲分布及种数(5)◆亚洲:5。

Paraquilegia J. R. Drumm. & Hutch. 拟耧斗菜属 Ranunculaceae [MD－38] 特征纪要:习性:草本(根状茎,基生)。花程式:－。物候:－。花期:6－7 月。果期:参考晚于花期。海拔:2600－3400 米。生境:高山草甸,岩石裂隙,山顶岩石露头处潮湿缝中。资源:具园艺种类。全球 1 个大洲分布及种数(7－9)◆亚洲。【中国种数:3】。

Pararchidendron I. C. Nielsen 雪合欢属 Fabaceae2 [MD－240] 特征纪要:习性:木本。花程式:=↓(K3－5－∞),C3－5－∞,A1－10－50,=↓G1。其他特征参考科。全球 5 个大洲分布及种数(4－6)非洲:2; 亚洲:4; 大洋洲:3; 北美洲:2; 南美洲:2。

Pararhacocarpus J.－P. Frahm 肖尾藓属 Hedwigiaceae [B－138] 特征纪要:习性:－。【Rep】:(－)。其他特征参考科。全球 2 个大洲分布及种数(1)◆大洋洲:1;南美洲:1。

Parartocarpus Baill. 苞桂木属 Moraceae [MD－87] 特征纪要:习性:木本。花程式:－。其他特征参考科。全球 3 个大洲分布及种数(2－20)非洲:4; 亚洲:19; 大洋洲:6。

Pararuellia Bremek. & Nann.－Bremek. 地皮消属 Acanthaceae [MD－572] 特征纪要:习性:草本(基生)。花程式:－。物候:－。花期:8－10 月。果期:参考晚于花期。海拔:100－600 米。生境:江边疏林下沙地,溪流。资源:具园艺种类。全球 3 个大洲分布及种数(11－20)非洲:3; 亚洲:13; 大洋洲:3。【中国种数:5】。

Parasassafras D. G. Long 拟檫木属 Lauraceae [MD－21] 特征纪要:习性:木本。花程式:－。物候:－。花期:6－10 月。果期:参考晚于花期。海拔:2300－2700 米。生境:山坡。资源:－。全球 1 个大洲分布及种数(cf. 1)◆亚洲。【中国种数:1】。

Parascheelea Dugand = **Attalea**

Paraschistochila R. M. Schust. 合舌苔属 Schistochilaceae [B－34] 特征纪要:习性:－。【Rep】:雌雄异株,雄苞顶生,雄苞叶数对,与茎叶相,或单独簇状生长。其他特征参考科。全球 2 个大洲分布及种数(8)亚洲:4; 大洋洲:5。【中国种数:1】。

Paraselinum H. Wolff 肖亮蛇床属 Apiaceae [MD－480] 特征纪要:习性:草本。花程式:=↓(K5),C5,A5,=↓(G)2。其他特征参考科。全球 1 个大洲分布及种数(1)◆南美洲。

Parasenecio W. W. Sm. & J. Small 蟹甲草属 Asteraceae [MD－586] 特征纪要:习性:草本(根状茎,基生)。花程式:(K)3－5,C3－5,A3 参考科,=↓(G)2。物候:－。花期:7－8 月。果期:参考晚于花期。海拔:1200－2400 米。生境:矮林林缘,竹林下近水沟边。资源:具园艺种类。全球 5 个大洲分布及种数(81－175)非洲:6; 亚洲:145; 欧洲:11; 北美洲:11; 南美洲:9。【中国种数:51】。

Parasenegalia Seigler & Ebinger 西美兰属 Fabaceae3 [MD－240] 特征纪要:习性:草本。花程式:(K－),C2－3 参考科,A3 参考科,↓G－。其他特征参考科。全球 2 个大洲分布及种数(7) 北美洲:4,南美洲:3。

Paraserianthes I. C. Nielsen 箭羽楹属 Fabaceae2 [MD－240] 特征纪要:习性:木本。花程式:=↓(K3－5－∞),C3－5－∞,A1－10－50,=↓G(－)。其他特征参考科。全球 6 个大洲分布及种数(3)非洲:1－2;亚洲:1－2;大洋洲:2－3;欧洲:1－2;北美洲:1－2;南美洲:1－2。

Parashorea Kurz 柳安属 Dipterocarpaceae [MD－173] 特征纪要:习性:木本。花程式:－。物候:－。花期:5－6 月。果期:参考晚于花期。海拔:300－1100 米。生境:生于沟谷,坡地,丘陵及石灰山密林中。资源:具栽培园艺种类。全球 2 个大洲分布及种数(13－25)亚洲:23; 南美洲:2。【中国种数:3】。

Parasicyos Dieterle 肖刺瓜藤属 Cucurbitaceae [MD－205] 特征纪要:习性:木本。花程式:=↓(K3－5),C3－5,A3－5,=↓(G)1－2。其他特征参考科。全球 2 个大洲分布及种数(2－12)北美洲:2; 南美洲:1。

Parasilaus Leute 连芹属 Apiaceae [MD－480] 特征纪要:习性:草本。花程式:=↓(Kn),C5,A3 参考科,=↓G(－)。其他特征参考科。全球 1 个大洲分布及种数(2－3)◆亚洲。

Parasitaxaceae Melikyan & A. V. Bobrov = Podocarpaceae

Parasitaxus de Laub. 寄生松属 Podocarpaceae [G－13] 特征纪要:习性:－。【Rep】:复轴,短穗状,上部苞片杯套状,内有种子发生,寡种子,雌雄同株。全球 2 个大洲分布及种数(1－20)大洋洲:4; 南美洲:17。

Parasopubia H.－P. Hofm. & Eb. Fisch. 连玄参属 Orobanchaceae [MD－552] 特征纪要:习性:灌木。花程式:K5,C0,A3 参考科,↓G2。物候:－。海拔:45－6000 米。生境:沼泽草地。资源:－。全球 1 个大洲分布及种数(2－3)◆南亚(◆印度)。

Parasorus Alderw. = **Davallia**

Parastemon A. DC. 红樱李属 Chrysobalanaceae [MD－243] 特征纪要:习性:木本。花程式:－。其他特征参考科。全球5个大洲分布及种数(2－8)非洲:2; 亚洲:8; 大洋洲:2; 北美洲:2; 南美洲:2。

Parastrephia Nutt. 绒柏菀属 Asteraceae [MD－586] 特征纪要:习性:草本。花程式:(K)3－5,C3－5,A3－5,＝↓(G)2。其他特征参考科。全球4个大洲分布及种数(5－9)非洲:2; 亚洲:2; 大洋洲:2; 南美洲:9。

Parastriga Mildbr. 肖独脚金属 Orobanchaceae [MD－552] 特征纪要:习性:－。花程式:－。其他特征参考科。全球2个大洲分布及种数(2)非洲:1;南美洲:cf. 1。

Parastyrax W. W. Sm. 茉莉果属 Styracaceae [MD－327] 特征纪要:习性:木本。花程式:－。物候:－。花期:参考早于果期。果期:6－8月。海拔:800－1500米。生境:沟谷雨林中,溪旁。资源:－。全球1个大洲分布及种数(3－4)◆亚洲。【中国种数:1】。

Parasyncalathium J. W. Zhang, Boufford & H. Sun 拟合头菊属 Asteraceae [MD－586] 特征纪要和分布(－)。

Parasyringa W. W. Sm. = **Ligustrum**

Paratecoma Kuhlm. 赛黄钟花属 Bignoniaceae [MD－541] 特征纪要:习性:木本。花程式:K5,C0,A2,＝(G)2。其他特征参考科。全球1个大洲分布及种数(1)◆南美洲(◆巴西)。

Parathamnium (M. Fleisch.) Ochyra 平藓科属 Neckeraceae [B－204] 特征纪要:－。全球1个大洲分布及种数(－)。

Parathelypteris (H. Itô) Ching 金星蕨属 Thelypteridaceae [F－42] 特征纪要:习性:－。【Rep】:孢子囊群圆形,中等大,背生于侧脉中部或近顶部,位于主脉和叶边之间或稍近叶边。物候:－。海拔:250－1000米。生境:常绿阔叶林,竹林下。资源:－。全球6个大洲分布及种数(28－30;hort. 1;cult. 3)非洲:3;亚洲:27－32;大洋洲:3;欧洲:3;北美洲:3－6;南美洲:3。

Paratheria Griseb. 水沼异颖草属 Poaceae [MM－748] 特征纪要:习性:草本。花程式:(K)3,C0参考科,A1－2,＝(G)2－3。其他特征参考科。全球6个大洲分布及种数(3)非洲:2－3;亚洲:1－2;大洋洲:1;欧洲:1;北美洲:1－2;南美洲:1－2。

Parathesis Hook. f. 星金牛属 Primulaceae [MD－401] 特征纪要:习性:草本。花程式:(K)3－4,(C)3－4,A4,＝(G)3－5。其他特征参考科。全球3个大洲分布及种数(95－115)亚洲:cf. 1;北美洲:84－97;南美洲:21－25。【中国种数:4】。

Parathyrium Holttum = **Deparia**

Paratinospora Wei Wang 防己科属 Menispermaceae [MD－42] 特征纪要:习性:－。花程式:－。其他特征参考科。全球1个大洲分布及种数(2)◆亚洲:2。

Paratriaina Bremek. = **Triainolepis**

Paratrophis Blume = **Streblus**

Paratropia (Blume) DC. = **Schefflera**

Paravallaris Pierre = **Kibatalia**

Pardanthus Ker Gawl. = **Belamcanda**

Pardoglossum Barbier & Mathez 琉璃草属 Boraginaceae [MD－517] 特征纪要:习性:草本。花程式:K5,C0,A5,↓G。其他特征参考科。全球2个大洲分布及种数(2－7)非洲:1; 南美洲:1。

Parentucella Hand. －Mazz. = **Parentucellia**

Parentucellia Viv. 腺铃草属 Orobanchaceae [MD－552] 特征纪要:习性:草本。花程式:－。物候:－。海拔:45－6000米。生境:沼泽草地。资源:－。全球6个大洲分布及种数(4)非洲:2－3;亚洲:3－4;大洋洲:2－3;欧洲:2－3;北美洲:2－3;南美洲:2－3。【中国种数:1】。

Parepigynum Tsiang & P. T. Li 富宁藤属 Apocynaceae [MD－492] 特征纪要:习性:木本。花程式:－。物候:－。花期:4－9月。果期:参考晚于花期。海拔:1000－1800米。生境:茂密的山地森林。资源:园林,具栽培园艺种类。全球1个大洲分布及种数(cf. 1)◆亚洲。【中国种数:1】。

Parestia C. Presl = **Davallia**

Pariana Aubl. 雨林竺属 Poaceae [MM－748] 特征纪要:习性:草本。花程式:(K)3,C0参考科,A1－2,＝G2－3。其他特征参考科。全球5个大洲分布及种数(34－59)非洲:1; 亚洲:6; 大洋洲:2; 北美洲:19; 南美洲:53。【中国种数:1】。

Parianella Hollowell, F. M. Ferreira & R. P. Oliveira 墙壁草属 Poaceae [MM－748] 特征纪要:习性:草本。花程式:(K－),C0参考科,A3参考科,↓G－参考科。其他特征参考科。全球6个大洲分布及种数(3)非洲:1;亚洲:1;大洋洲:1;欧洲:1;北美洲:1;南美洲:2－3。

Parietaria L. 墙草属 Urticaceae [MD－91] 特征纪要:习性:木本。花程式:－。物候:－。花期:6－7月。果期:参考晚于花期。海拔:700－4000米。生境:潮湿山坡。资源:药用,具栽培园艺种类。全球6个大洲分布及种数(43－57;hort. 1)非洲:13－29;亚洲:21－35;大洋洲:8－21;欧洲:10－24;北美洲:16－29;南美洲:12－25。【中国种数:8】。

Parillax Raf. = **Smilax**

Parinari Aubl. 怀春李属 Chrysobalanaceae [MD－243] 特征纪要:习性:木本。花程式:－。其他特征参考科。全球6个大洲分布及种数(33－50;hort. 1;cult. 1)非洲:12－17;亚洲:9－20;大洋洲:3－10;欧洲:4;北美洲:4－8;南美洲:23－27。【中国种数:3】。

Parinariopsis (Huber) Sothers & Prance 可可李科属 Chrysobalanaceae [MD－243] 特征纪要:习性:木本。花程式:

-。其他特征参考科。全球 1 个大洲分布及种数(-)。

Paris L. 重楼属 Trilliaceae [MM-620] 特征纪要:习性:草本。花程式:-。物候:-。花期:4-6 月。果期:参考晚于花期。海拔:100-2400 米。生境:草丛中,竹林或灌丛下。资源:具栽培园艺种类。全球 6 个大洲分布及种数(32-35;hort. 1;cult. 3)非洲:1-8;亚洲:31-40;大洋洲:2-9;欧洲:3-10;北美洲:7;南美洲:7。【中国种数:17】。

Parishia Hook. f. 柳安漆属 Anacardiaceae [MD-432] 特征纪要:习性:木本。花程式:K4,C4,A5-10,=(G)1-3。其他特征参考科。全球 1 个大洲分布及种数(cf. 1)◆亚洲。

Parisia Broth. 弯尾藓属 Dicranaceae [B-128] 特征纪要:习性:-。【Rep】:雌苞叶分化,基部鞘状,有毛尖,蒴柄长,均高出于雌苞叶,孢蒴直立或背曲,长圆柱形或长椭圆形,辐射对称,雌雄异株,雄株矮小,附于假根上成假雌雄同株,雌苞叶形大,高鞘状,上部具细毛尖,与孢蒴等长或长于孢蒴。其他特征参考科。全球 3 个大洲分布及种数(7)亚洲:2; 大洋洲:4; 北美洲:2。

Parkeriaceae (Torr.) Hook. [F-36] 水蕨科 特征纪要:粗,灰绿色至紫红色。【Rep】:灰绿色至紫红色。全球 1 个大洲分布和属种数(1)◆亚洲(◆中国)。

P

Parkia R. Br. 球花豆属 Fabaceae2 [MD-239] 特征纪要:习性:木本。花程式:-。物候:-。花期:3 月。果期:参考晚于花期。海拔:500-600 米。生境:干常绿和混合落叶林,灌木丛,沿着小溪。资源:药用,园林,具栽培园艺种类。全球 6 个大洲分布及种数(40-82)非洲:24; 亚洲:30; 大洋洲:5; 欧洲:15; 北美洲:15; 南美洲:37。【中国种数:4】。

Parkinsonia Plum. ex L. 扁轴木属 Fabaceae2 [MD-240] 特征纪要:习性:木本。花程式:-。物候:-。花期:5-7 月。果期:参考晚于花期。海拔:100-2500 米。生境:-。栽培:-。资源:药用,具栽培园艺种类。全球 6 个大洲分布及种数(14-16;hort. 1)非洲:5-7;亚洲:3-5;大洋洲:1-3;欧洲:2-4;北美洲:7-9;南美洲:7-10。【中国种数:2】。

Parlatoria Boiss. 南芥属 Brassicaceae [MD-213] 特征纪要:习性:草本。花程式:K4,C4,A3 参考科,↓G-参考科。其他特征参考科。全球 1 个大洲分布及种数(1)◆亚洲(◆伊朗)。

Parmeliella Müll. Arg. 蜡李属 Chrysobalanaceae [MD-243] 特征纪要:-。全球 5 个大洲分布及种数(52)非洲:1; 亚洲:5; 大洋洲:5; 欧洲:3; 南美洲:35。

Parmelinopsis <unassigned> 水蕨科属 Parkeriaceae [F-36] 特征纪要:-。全球 5 个大洲分布及种数(14)非洲:2; 亚洲:3; 欧洲:4; 北美洲:4; 南美洲:14。

Parmeliopsis <unassigned> 水蕨科属 Parkeriaceae [F-36] 特征纪要:-。全球 5 个大洲分布及种数(10)亚洲:2; 大洋洲:3; 欧洲:1; 北美洲:1; 南美洲:5。

Parmentiera DC. 蜡烛树属 Bignoniaceae [MD-541] 特征纪要和分布(-)。全球 6 个大洲分布及种数(12-13)非洲:1;亚洲:2-3;大洋洲:1-2;欧洲:1;北美洲:10-11;南美洲:2-4。【中国种数:2】。

Parmotrema <unassigned> 水蕨科属 Parkeriaceae [F-36] 特征纪要:-。全球 6 个大洲分布及种数(200)非洲:13; 亚洲:23; 大洋洲:3; 欧洲:21; 北美洲:21; 南美洲:178。

Parmotremopsis <unassigned> 水蕨科属 Parkeriaceae [F-36] 特征纪要:-。全球 3 个大洲分布及种数(2)欧洲:2; 北美洲:2; 南美洲:2。

Parnassia L. 梅花草属 Parnassiaceae [MD-345] 特征纪要(同科)。全球 6 个大洲分布及种数(88-91;hort. 1;cult. 5)非洲:7;亚洲:79-90;大洋洲:7;欧洲:1-8;北美洲:15-23;南美洲:7。【中国种数:38】。

Parnassiaceae Martinov [MD-345] 梅花草科 特征纪要:习性:草本;落叶。花程式:(K)6-,C4-5,A4,↑G-。物候:-。花期:10 月。果期:8 月。果实:蒴果。种子:多数作为亚科来处理。海拔:1000 米。生境:草坡,溪边或雪坡附近林内,竹林下。资源:药用。栽培:-。全球 3 个大洲分布及属种数(1/1 <IFR 1/7> hort. 1;cult. 1)亚洲:1/81-82(IFR 1/5); 欧洲:1/3; 北美洲:1/17-18(IFR 1/2)。

Parochetus Buch.-Ham. ex D. Don 紫雀花属 Fabaceae3 [MD-240] 特征纪要:习性:木本。花程式:(K-),C2-3 参考科,A5,=↓G-。物候:-。海拔:1800-3000 米。生境:生于林缘草地,山坡,路旁荒地。资源:具园艺种类。全球 3 个大洲分布及种数(2-3)非洲:1-2;亚洲:1-2;大洋洲:1。【中国种数:1】。

Parodia Speg. 银绣玉属 Cactaceae [MD-100] 特征纪要:习性:木本。花程式:-。其他特征参考科。全球 6 个大洲分布及种数(69-414)非洲:2; 亚洲:22; 大洋洲:4; 欧洲:28; 北美洲:28; 南美洲:354。

Parodianthus Tronc. 帕罗迪草属 Verbenaceae [MD-556] 特征纪要:习性:木本。花程式:K2-4,C0,A2-4,=(G)2-4。其他特征参考科。全球 1 个大洲分布及种数(2)◆南美洲。

Parodiochloa C. E. Hubb. = **Rostraria**

Parodiodendron Hunz. 星蕊桐属 Picrodendraceae [MD-317] 特征纪要:习性:木本。花程式:K1(1000),C0,A6,=(G)2-3。其他特征参考科。全球 1 个大洲分布及种数(1)◆南美洲。

Parodiodoxa O. E. Schulz 雪芥属 Brassicaceae [MD-213] 特征纪要:习性:草本。花程式:K2-4,C2-4,A2-4,=(G)2。其他特征参考科。全球 1 个大洲分布及种数(1)◆南美洲(◆阿根廷)。

Parodiolyra Soderstr. & Zuloaga 类莪利竺属 Poaceae [MM-748] 特征纪要:习性:草本。花程式:(K)3,C0 参考科,A1-2,=(G)2-3。其他特征参考科。全球 2 个大洲分布及种数(6)北美洲:2;南美洲:5。

Parodiophyllochloa Zuloaga & Morrone 锦绣草属 Poaceae [MM-748] 特征纪要:习性:草本。花程式:(K)3,C0 参考科,A1-2,=(G)2-3。其他特征参考科。全球 2 个大洲分布及种数(7)北美洲:3;南美洲:6。

Parolinia Webb 锦绣菜属 Brassicaceae [MD-213] 特征纪要:习性:-。花程式:-。其他特征参考科。全球 3 个大洲分布及种数(7-17)非洲:2; 亚洲:2; 南美洲:6。

Paronychia Mill. 指甲草属 Illecebraceae［MD－113］特征纪要和分布（－）。全球6个大洲分布及种数（136－158；hort. 1；cult. 7）非洲：25－44；亚洲：54－73；大洋洲：8－22；欧洲：36－56；北美洲：35－55；南美洲：41－55。【中国种数：7】。

Parophiorrhiza C. B. Clarke ex Hook. f. ＝ **Mitreola**

Paropsia Noronha ex Thou. 杯树莲属 Passifloraceae［MD－151］特征纪要：习性：木本。花程式：－。其他特征参考科。全球6个大洲分布及种数（15－18）非洲：12－16；亚洲：3－6；大洋洲：2；欧洲：2；北美洲：2；南美洲：2。

Paropsiopsis Engl. 盘树莲属 Passifloraceae［MD－151］特征纪要：习性：木本。花程式：＝↓（K1－∞），C1－∞，A5－20，＝↓G2－3。其他特征参考科。全球1个大洲分布及种数（1－2）◆非洲。

Parosela Cav. 锦绣豆属 Fabaceae3［MD－240］特征纪要：习性：－。花程式：－。其他特征参考科。全球6个大洲分布及种数（30）非洲：43；亚洲：1－44；大洋洲：43；欧洲：43；北美洲：1－44；南美洲：4－47。

Paroxygraphis W. W. Sm. 单性鸦跖花属 Ranunculaceae［MD－38］特征纪要：习性：草本。花程式：K1－∞，C1－∞，A8，＝G1－3。其他特征参考科。全球1个大洲分布及种数（cf. 1）◆亚洲。

Parqui Adans. ＝ **Cestrum**

Parquis Raf. ＝ **Cestrum**

Parrotia C. A. Mey. 波斯铁木属 Hamamelidaceae［MD－63］特征纪要：习性：木本。花程式：－。物候：－。花期：5－6月。果期：参考晚于花期。海拔：600－700米。生境：山地森林。资源：具园艺种类。全球1个大洲分布及种数（1－2）◆亚洲。【中国种数：1】。

Parrotiopsis C. K. Schneid. 白缕梅属 Hamamelidaceae［MD－63］特征纪要：习性：木本。花程式：－。物候：－。花期：4－7月。果期：参考晚于花期。海拔：100－3000米。生境：常绿阔叶林。资源：具园艺种类。全球3个大洲分布及种数（1－9）亚洲：2；北美洲：3；南美洲：6。【中国种数：1】。

Parrya R. Br. 条果芥属 Brassicaceae［MD－213］特征纪要：习性：草本（根状茎，基生，多肉）。花程式：Kn，C2－3参考科，A10，G－。物候：－。花期：5－7月。果期：参考晚于花期。海拔：1600－2200米。生境：草山坡，岩石和粘土斜坡。资源：具园艺种类。全球6个大洲分布及种数（41－47）非洲：7；亚洲：39－46；大洋洲：7；欧洲：1－8；北美洲：4－11；南美洲：1－8。【中国种数：8】。

Parryodes Jafri ＝ **Arabis**

Parryopsis Botsch. ＝ **Phaeonychium**

Parsana Parsa & Maleki 伊朗艾麻属 Urticaceae［MD－91］特征纪要：习性：木本。花程式：Kn，C0，A3参考科，↓G－参考科。其他特征参考科。全球1个大洲分布及种数（1）◆亚洲：1。

Parsonsia R. Br. 同心结属 Apocynaceae［MD－492］特征纪要和分布（－）。全球6个大洲分布及种数（39－118；hort. 1；cult. 1）非洲：11－28；亚洲：19－34；大洋洲：25－106；欧洲：7；北美洲：6－14；南美洲：3－12。【中国种数：3】。

Parthenice A. Gray 金胶菊属 Asteraceae［MD－586］特征纪要：习性：草本。花程式：（K）3－5，（C）3－5，A3－5，↓G。其他特征参考科。全球3个大洲分布及种数（2－9）亚洲：4；北美洲：3；南美洲：4。

Parthenium L. 银胶菊属 Asteraceae［MD－586］特征纪要：习性：草本，亚灌木。花程式：－。物候：－。花期：4－8月。果期：参考晚于花期。海拔：1500米。生境：生于旷地，路旁，河边，荒地。资源：具栽培园艺种类。全球6个大洲分布及种数（16－25；hort. 1；cult. 2）非洲：2－9；亚洲：3－10；大洋洲：2－9；欧洲：3－10；北美洲：13－24；南美洲：4－11。【中国种数：3】。

Parthenocissus Planch. 地锦属 Vitaceae［MD－403］特征纪要：习性：木质攀援。花程式：Kn，C2－3参考科，A5，G2。物候：－。花期：5月。果期：参考晚于花期。海拔：100－1100米。生境：缠绕树上。资源：具栽培园艺种类。全球6个大洲分布及种数（24－26）非洲：1－3；亚洲：17－19；大洋洲：2－4；欧洲：7－9；北美洲：12－15；南美洲：2。【中国种数：8】。

Parthenoxylon Bl. 樟科属 Lauraceae［MD－21］特征纪要：习性：－。花程式：－。其他特征参考科。全球1个大洲分布及种数（－）。

Parvatia Decne. ＝ **Stauntonia**

Parvisedum R. T. Clausen 全景天属 Crassulaceae［MD－229］特征纪要和分布（－）。全球1个大洲分布及种数（cf. 1）◆北美洲。

Parvotrisetum Chrtek 三毛禾属 Poaceae［MM－748］特征纪要：习性：草本。花程式：（K－），C0参考科，A3参考科，↓G－参考科。其他特征参考科。全球1个大洲分布及种数（1）◆欧洲。

Paryphosphaera H. Karst. ＝ **Parkia**

Pasaccardoa Kuntze 肋毛菊属 Asteraceae［MD－586］特征纪要：习性：草本。花程式：（K）3－5，（C）3－5，A3－5，＝↓G2。其他特征参考科。全球3个大洲分布及种数（5－21）非洲：11；亚洲：6；南美洲：7。

Pasania Oerst. ＝ **Lithocarpus**

Pascalia Ortega 微冠菊属 Asteraceae［MD－586］特征纪要：习性：草本。花程式：（K）3－5，（C）3－5，A3－5，↓G。其他特征参考科。全球6个大洲分布及种数（2－11）非洲：3；亚洲：1；大洋洲：3；欧洲：5；北美洲：5；南美洲：8。

Paschira G. Kuntze ＝ **Pachira**

Pascopyrum á. Löve 牧麦草属 Poaceae［MM－748］特征纪要：习性：－。花程式：－。其他特征参考科。全球1个大洲分布及种数（1－2）◆北美洲。

Pasithea D. Don 麦鸡百合属 Asphodelaceae［MM－649］特征纪要：习性：草本。花程式：－。其他特征参考科。全球1个大洲分布及种数（2－4）◆南美洲。

Paspalanthium Desv. = **Paspalum**

Paspalidium Stapf 类雀稗属 Poaceae [MM - 748] 特征纪要:习性:-。花程式:-。物候:-。海拔:100 - 1500 米。生境:池塘,水沟及沼泽地。资源:-。全球 6 个大洲分布及种数(22 - 27)非洲:7 - 14;亚洲:7 - 12;大洋洲:17 - 24;欧洲:5;北美洲:5 - 10;南美洲:3 - 9。

Paspalum L. 雀稗属 Poaceae [MM - 748] 特征纪要:习性:草本。花程式:(K -),C0 参考科,A6, = G2 - 3。物候:-。花期:5 - 9 月。果期:参考晚于花期。海拔:1200 - 1900 米。生境:潮湿山坡田边。资源:药用,具栽培园艺种类。全球 6 个大洲分布及种数(412 - 445;hort. 1;cult. 11)非洲:48 - 133;亚洲:67 - 152;大洋洲:48 - 134;欧洲:12 - 97;北美洲:212 - 298;南美洲:338 - 434。【中国种数:34】。

Passaveria Mart. & Eichler = **Ecclinusa**

Passerina L. 杉瑞香属 Thymelaeaceae [MD - 310] 特征纪要:习性:木本。花程式:K2 - 4,C0,A2, = G2 - 5。物候:-。海拔:-。生境:-。资源:具园艺种类。全球 6 个大洲分布及种数(24 - 98)非洲:88; 亚洲:12; 大洋洲:6; 欧洲:3; 北美洲:3; 南美洲:11。

Passiflora L. 西番莲属 Passifloraceae [MD - 151] 特征纪要:习性:木质攀援。花程式:-。物候:-。花期:8 - 9 月。果期:参考晚于花期。海拔:100 - 1000 米。生境:草坡。资源:具栽培园艺种类。全球 6 个大洲分布及种数(620 - 1241)非洲:71; 亚洲:178; 大洋洲:71; 欧洲:322; 北美洲:322; 南美洲:805。【中国种数:45】。

Passifloraceae Juss. ex Roussel [MD - 151] 西番莲科 特征纪要:习性:木本,藤本;落叶。花程式:K5,C5,A5, = ↓(G) - 。物候:-。花期:4 - 9 月。果期:6 - 11 月。果实:蒴果。种子:数颗,棕色。海拔:1000 - 1800 米。生境:草坡,栽培。资源:园林,药用。栽培:中国有栽培。全球 6 个大洲分布及属种数(32 - 39/1027 - 1241 < IFR 4/37 > hort. 1;cult. 3) 非洲:21 - 25/208 - 281(IFR 3/10); 亚洲:7 - 8/113 - 132(IFR 1/4); 大洋洲:4/49 - 52; 欧洲:3/38 - 40; 北美洲:5/269 - 285(IFR 1/12); 南美洲:10/554 - 617(IFR 1/15)。【中国属种数:6/68】。

Passovia H. Karst. 全寄生属 Loranthaceae [MD - 415] 特征纪要:习性:木本。花程式:Kn,C0,A4,↓G。其他特征参考科。全球 5 个大洲分布及种数(22 - 34)非洲:2; 亚洲:4; 大洋洲:1; 北美洲:6; 南美洲:29。

Passowia H. Karst. = **Passovia**

Pastinaca L. 欧防风属 Apiaceae [MD - 480] 特征纪要:习性:草本(基生)。花程式:Kn,C5,A3 参考科, = ↓G2。物候:-。花期:6 - 8 月。果期:参考晚于花期。海拔:50 - 5600 米。生境:广泛栽培。资源:具栽培园艺种类。全球 6 个大洲分布及种数(27 - 37;hort. 1)非洲:6 - 7;亚洲:19 - 26;大洋洲:1 - 2;欧洲:10 - 14;北美洲:3 - 5;南美洲:2 - 3。【中国种数:3】。

Pastinacopsis Golosk. 大瓣芹属 Apiaceae [MD - 480] 特征纪要:习性:草本。花程式: = ↓(K5),C5,A5, = ↓G(-)。物候:-。海拔:50 - 5600 米。生境:半荒漠中和砾石质山坡上,柞林内。资源:-。全球 1 个大洲分布及种数(1) ◆亚洲:1。【中国种数:1】。

Patagonica Böhm. 紫草科属 Boraginaceae [MD - 517] 特征纪要:习性:-。花程式:-。其他特征参考科。全球 1 个大洲分布及种数(10)◆南美洲:10。

Patagonium Schranck 豆科属 Fabaceae3 [MD - 240] 特征纪要:习性:-。花程式:-。其他特征参考科。全球 1 个大洲分布及种数(-)。

Patania C. Presl = **Dennstaedtia**

Patarola (Hook. f. & Taylor) Trevis. 扁萼苔科属 Radulaceae [B - 81] 特征纪要:-。全球 2 个大洲分布及种数(4)大洋洲:2; 南美洲:2。

Patellifolia A. J. Scott, Ford - Lloyd & J. T. Williams 伏石菜属 Amaranthaceae [MD - 116] 特征纪要:习性:草本。花程式:Kn,C0,A3 - 5,↓(G)2 - 5。其他特征参考科。全球 6 个大洲分布及种数 2 个非洲:1 - 3;亚洲:2;大洋洲:2;欧洲:1 - 3;北美洲:2;南美洲:2。

Patellocalamus W. T. Lin = **Dendrocalamus**

Patersonia R. Br. 延龄鸢尾属 Iridaceae [MM - 700] 特征纪要:习性:草本。花程式:(K)3,C3,A10, = ↓G3。其他特征参考科。全球 3 个大洲分布及种数(20 - 28;hort. 1;cult. 2)非洲:2;亚洲:3 - 4;大洋洲:16 - 22。【中国种数:2】。

Patima Aubl. 星罗木属 Rubiaceae [MD - 523] 特征纪要:习性:木本。花程式:(K)4 - 5,(C)4 - 5,A4 - 5,↓G。其他特征参考科。全球 2 个大洲分布及种数(2 - 7)北美洲:1; 南美洲:3。

Patinoa Cuatrec. 轮枝木棉属 Malvaceae [MD - 203] 特征纪要:习性:木本。花程式:K5,C5,A10, = G2 - 5。其他特征参考科。全球 3 个大洲分布及种数(4 - 7)亚洲:3; 北美洲:2; 南美洲:5。

Patis Ohwi 针茅属 Poaceae [MM - 748] 特征纪要:习性:草本。花程式:(K -),C0 参考科,A3 参考科,↓G - 参考科。物候:-。海拔:10 - 5600 米。生境:-。栽培:-。资源:具栽培园艺种类。全球 2 个大洲分布及种数(4)亚洲;北美洲:cf. 1。

Patosia Buchenau 隐蔺属 Juncaceae [MM - 733] 特征纪要:习性:草本。花程式:K3,C3,A2 - 3, = G3。其他特征参考科。全球 3 个大洲分布及种数(1 - 8)非洲:2; 大洋洲:2; 南美洲:8。

Patrinia Juss. 败酱属 Valerianaceae [MD - 537] 特征纪要:习性:-。花程式:-。物候:-。花期:7 月。果期:参考晚于花期。海拔:100 - 2600 米。生境:草丛中。栽培:来自广西龙州。资源:药用,具栽培园艺种类。全球 6 个大洲分布及种数(18 - 20;hort. 1;cult. 2)非洲:6;亚洲:17 - 26;大洋洲:6;欧洲:6;北美洲:6;南美洲:3 - 9。【中国种数:13】。

Patrisia J. St. - Hil. 毒鼠子科属 Dichapetalaceae [MD - 202] 特征纪要:-。全球 1 个大洲分布及种数(6)◆南美洲:1。

Patropyrum á. Löve = **Aegilops**

Pattalias S. Watson = **Seutera**

Patzkea G. H. Loos 锥禾属 Poaceae［MM－748］特征纪要:习性:草本。花程式:(K)3,C0 参考科,A1－2,＝(G)2－3。其他特征参考科。全球 5 个大洲分布及种数(6－15)非洲:8; 亚洲:5; 大洋洲:2; 欧洲:3; 北美洲:3。【中国种数:1】。

Paubrasilia Gagnon, H. C. Lima & G. P. Lewis 大肚兰属 Orchidaceae［MM－723］特征纪要:习性:草本。花程式:(K－),C2－3 参考科,A3 参考科,↓G－。其他特征参考科。全球 2 个大洲分布及种数(1) 北美洲:1,南美洲:1。

Pauldopia Steenis 翅叶木属 Bignoniaceae［MD－541］特征纪要:习性:木本。花程式:－。物候:－。花期:5－6 月。果期:参考晚于花期。海拔:600－1800 米。生境:常绿阔叶林,路旁,斜坡。栽培:来自广西龙州。资源:药用,具栽培园艺种类。全球 1 个大洲分布及种数(cf. 1)◆亚洲。

Pauletia Cav. = **Bauhinia**

Paulia Korovin 藁本属 Apiaceae［MD－480］特征纪要:习性:－。花程式:－。其他特征参考科。全球 2 个大洲分布及种数(cf. 1)亚洲;南美洲。

Paulita Soják 中亚山草属 Apiaceae［MD－480］特征纪要:习性:草本。花程式:＝↓(K5),C5,A5,＝↓G(－)。其他特征参考科。全球 1 个大洲分布及种数(3)◆亚洲:1。

Paullinia L. 醒神藤属 Sapindaceae［MD－428］特征纪要:习性:木本。花程式:K4－8,C4－8,A10,＝G2－3。其他特征参考科。全球 6 个大洲分布及种数(212－255;hort. 1;cult. 11)非洲:4－11;亚洲:13－21;大洋洲:1－7;欧洲:2－9;北美洲:80－94;南美洲:192－230。【中国种数:6】。

Paulownia Siebold & Zucc. 泡桐属 Paulowniaceae［MD－542］特征纪要:习性:草质攀援。花程式:－。物候:－。花期:4 月。果期:参考晚于花期。海拔:1200 米。生境:林中及坡地。资源:具栽培园艺种类。全球 6 个大洲分布及种数(10－42)非洲:2; 亚洲:38; 大洋洲:2; 欧洲:7; 北美洲:7; 南美洲:5。【中国种数:6】。

Paulowniaceae Nakai［MD－542］泡桐科 特征纪要:习性:草本;落叶。花程式:K4－5(－),C0－2,A,↓(G)－。物候:－。花期:3－4 月。果期:8－9 月。果实:蒴果。种子:－。海拔:100－3000 米。生境:低海拔。资源:药用。栽培:中国有栽培。全球 1 个大洲分布及属种数(4/22－25 <IFR 1/2> hort. 1;cult. 1)◆ 亚洲:4/22(IFR 1/2)。【中国属种数:2/7】。

Paulseniella Briq. = **Elsholtzia**

Pauridia Harv. 小鸢梅草属 Hypoxidaceae［MM－695］特征纪要:习性:草本。花程式:－。其他特征参考科。全球 6 个大洲分布及种数(41－48)非洲:34; 亚洲:3; 大洋洲:11; 欧洲:2; 北美洲:2; 南美洲:2。

Pauridiantha Hook. f. 小花茜属 Rubiaceae［MD－523］特征纪要:习性:木本。花程式:(K)4－5,(C)4－5,A4－5,＝↓G2－9。其他特征参考科。全球 4 个大洲分布及种数(51－78)非洲:69; 亚洲:9; 北美洲:3; 南美洲:2。【中国种数:3】。

Paurolepis S. Moore 毛瓣瘦片菊属 Asteraceae［MD－586］特征纪要:习性:草本。花程式:(K)3－5,(C)3－5,A3－5,↓G。其他特征参考科。全球 2 个大洲分布及种数(1－3)非洲:1; 南美洲:1。

Pausandra Radlk. 青冈桐属 Euphorbiaceae［MD－217］特征纪要:习性:木本。花程式:K1(1000),C0,A6,＝(G)2－3。其他特征参考科。全球 2 个大洲分布及种数(8－17)北美洲:6; 南美洲:17。

Pausinystalia Pierre ex Beille 怀春檀属 Rubiaceae［MD－523］特征纪要:习性:－。花程式:－。其他特征参考科。全球 1 个大洲分布及种数(5)◆非洲。

Pavate Adans. = **Pavetta**

Pavetta L. 大沙叶属 Rubiaceae［MD－523］特征纪要:习性:木本。花程式:(K－),C2－3 参考科,A10,↓G2。物候:－。花期:4－5 月。果期:参考晚于花期。海拔:1030 米。生境:丛林内,疏林下或溪畔。资源:具栽培园艺种类。全球 6 个大洲分布及种数(213－387;hort. 1;cult. 3)非洲:176－249;亚洲:54－141;大洋洲:14－34;欧洲:7－12;北美洲:12－18;南美洲:10－14。【中国种数:13】。

Pavia Mill. = **Aesculus**

Pavieasia Pierre 檀栗属 Sapindaceae［MD－428］特征纪要:习性:木本。花程式:－。物候:－。花期:参考早于果期。果期:秋初。海拔:100－900 米。生境:森林,山谷,溪边及密林中潮湿处。资源:材用,具栽培园艺种类。全球 1 个大洲分布及种数(cf. 1)◆亚洲。【中国种数:1】。

Pavonia Cav. 水粉葵属 Malvaceae［MD－203］特征纪要和分布(－)。全球 6 个大洲分布及种数(321－344;hort. 1;cult. 10)非洲:71－92;亚洲:59－76;大洋洲:20－35;欧洲:13－27;北美洲:75－89;南美洲:218－241。【中国种数:18】。

Pawia Kuntze = **Aesculus**

Paxia ö. Nilsson 南泉草属 Connaraceae［MD－284］特征纪要:习性:－。花程式:－。其他特征参考科。全球 1 个大洲分布及种数(cf. 1)◆非洲。

Paxistima Raf. 崖翠木属 Celastraceae［MD－339］特征纪要:习性:木本。花程式:－。其他特征参考科。全球 3 个大洲分布及种数(3－10)亚洲:3; 北美洲:7; 南美洲:3。【中国种数:2】。

Paxiuscula Herter = **Ditaxis**

Payena A. DC. 矛胶木属 Sapotaceae［MD－357］特征纪要:习性:木本。花程式:－。物候:－。海拔:100－3000 米。生境:常绿阔叶林,混交林,沟谷林中及路旁偶见。资源:－。全球 5 个大洲分布及种数(21－92)非洲:5; 亚洲:85; 大洋洲:4; 北美洲:3; 南美洲:2。【中国种数:3】。

Payera Baill. 佩耶茜属 Rubiaceae［MD－523］特征纪要:习性:木本。花程式:(K)4－5,(C)4－5,A4－5,＝↓G2

-9。其他特征参考科。全球 3 个大洲分布及种数(10-13)非洲:12; 亚洲:2; 北美洲:2。

Paypayrola Aubl. 管蕊堇属 Violaceae [MD-126] 特征纪要:习性:木本。花程式:K5,C5,A10,=G2-3。其他特征参考科。全球 4 个大洲分布及种数(9-14)非洲:1; 亚洲:3; 北美洲:6; 南美洲:12。

Paysonia O'Kane & Al-Shehbaz 延龄菜属 Brassicaceae [MD-213] 特征纪要:习性:草本。花程式:K2-4,C2-4,A2-4,=(G)2。其他特征参考科。全球 5 个大洲分布及种数(10-12)亚洲:2; 大洋洲:1; 欧洲:12; 北美洲:12; 南美洲:2。

Pearcea Regel 佛肚岩桐属 Gesneriaceae [MD-549] 特征纪要:习性:草本。花程式:K5,C0,A4,=(G)2。其他特征参考科。全球 1 个大洲分布及种数(16-18)◆南美洲。

Pearsonia Dümmer 皮尔豆属 Fabaceae3 [MD-240] 特征纪要:木本。花程式:=↓(K1-∞),C1-∞,A5-9,=↓G1)。其他特征参考科。全球 5 个大洲分布及种数(19-47)非洲:40; 大洋洲:3; 欧洲:3; 北美洲:3; 南美洲:4。

Peccana Raf. = **Euphorbia**

Peccania S. Ohba & J. M. H. Shaw 可可李科属 Chrysobalanaceae [MD-243] 特征纪要:习性:-。花程式:-。其他特征参考科。全球 4 个大洲分布及种数(11)非洲:2; 亚洲:5; 欧洲:1; 北美洲:1。

Pechea Pour. = **Cybianthus**

Pechuel-loeschea O. Hoffm. 落苞菊属 Asteraceae [MD-586] 特征纪要:习性:草本。花程式:(K)3-5,(C)3-5,A3-5,↓G。其他特征参考科。全球 1 个大洲分布及种数(1)◆非洲。

Peckia Vell. = **Cybianthus**

Pecluma M. G. Price 岩盖蕨属 Polypodiaceae [F-60] 特征纪要:习性:-。【Rep】:孢子同形,囊群生叶背有盖-无盖。其他特征参考科。全球 3 个大洲分布及种数(47-49;hort. 1;cult. 1)亚洲:cf. 1;北美洲:26;南美洲:38-39。【中国种数:3】。

Pecteilis Raf. 白蝶兰属 Orchidaceae [MM-723] 特征纪要:习性:草本(多肉)。花程式:Kn,C2-3 参考科,A3 参考科,↓G-。物候:-。花期:7 月。果期:参考晚于花期。海拔:1000-1900 米。生境:林下草地。资源:药用,花卉,具栽培园艺种类。全球 5 个大洲分布及种数(10-27)非洲:3; 亚洲:26; 欧洲:3; 北美洲:3; 南美洲:2。【中国种数:4】。

Pectiantia Raf. = **Mitella**

Pectinaria Haw. 针果芹属 Apocynaceae [MD-492] 特征纪要:习性:-。花程式:-。其他特征参考科。全球 1 个大洲分布及种数(4)◆非洲。

Pectinopitys C. N. Page 罗汉松属 Podocarpaceae [G-13] 特征纪要:-。全球 4 个大洲分布及种数(6)亚洲:1; 大洋洲:3; 北美洲:1; 南美洲:2。

Pectis L. 香檬菊属 Asteraceae [MD-586] 特征纪要:习性:草本。花程式:(K)3-5,C3-5,A3-5,=↓G2。物候:-。花期:全年。果期:参考晚于花期。海拔:6000 米。生境:草地,河岸。资源:具园艺种类。全球 6 个大洲分布及种数(109-251)非洲:1; 亚洲:19; 大洋洲:5; 欧洲:110; 北美洲:110; 南美洲:107。【中国种数:1】。

Pectocarya DC. ex Meisn. 梳果草属 Boraginaceae [MD-517] 特征纪要:习性:草本。花程式:K5,C0,A5,=↓G2-4。其他特征参考科。全球 3 个大洲分布及种数(13-26)欧洲:19; 北美洲:19; 南美洲:9。

Pectophytum Kunth = **Azorella**

Pedaliaceae R. Br. [MD-539] 芝麻科 特征纪要:习性:木本;落叶。花程式:↙(K)6-,C0,A10-6,↓(G)-。物候:-。果实:蒴果。种子:多数作为亚科来处理,有黑白之分,具薄肉质胚乳及小型劲直的胚。海拔:120-300 米。生境:干沙地。资源:药用。栽培:中国有栽培。全球 6 个大洲分布及属种数(16-17/90-123 <IFR 3/3> hort. 1;cult. 2)非洲:15/82-105(IFR 3/3); 亚洲:4/22-28; 大洋洲:2/5-8; 欧洲:1/2; 北美洲:2/7; 南美洲:2/2-4。【中国属种数:2/2】。

Pedaliodiscus Ihlenf. 佛肚麻属 Pedaliaceae [MD-539] 特征纪要:习性:木本。花程式:Kn,C0,A10,↓G-。其他特征参考科。全球 1 个大洲分布及种数(1)◆非洲。

Pedalium D. Royen ex L. 天竺麻属 Pedaliaceae [MD-539] 特征纪要和分布(-)。全球 6 个大洲分布及种数(3)非洲:1-9;亚洲:1-9;大洋洲:8;欧洲:8;北美洲:1-9;南美洲:8。

Peddiea Harv. 毒榄果属 Thymelaeaceae [MD-310] 特征纪要:习性:木本。花程式:K2-4,C0,A2,=G2-5。其他特征参考科。全球 2 个大洲分布及种数(10-27)非洲:27; 南美洲:3。

Pedersenia Holub 藤血苋属 Amaranthaceae [MD-116] 特征纪要:习性:草本。花程式:K1-2,C0,A1-2,=(G)2-3。其他特征参考科。全球 4 个大洲分布及种数(8-16)亚洲:5; 欧洲:5; 北美洲:5; 南美洲:10。

Pedicularis L. 马先蒿属 Scrophulariaceae [MD-536] 特征纪要:习性:草质攀援。花程式:-。物候:-。花期:7-8 月。果期:参考晚于花期。海拔:1000-2500 米。生境:沼泽草地。资源:具栽培园艺种类。全球 6 个大洲分布及种数(844-1593)非洲:9; 亚洲:1099; 大洋洲:18; 欧洲:138; 北美洲:138; 南美洲:19。【中国种数:398】。

Pedilanthus Neck. ex Poit. 红雀珊瑚属 Euphorbiaceae [MD-217] 特征纪要:习性:-。花程式:-。物候:-。花期:参考早于果期。果期:2-11 月。海拔:20-5000 米。生境:-。栽培:-。资源:园林,药用,具栽培园艺种类。全球 6 个大洲分布及种数(9)非洲:1-3;亚洲:3-5;大洋洲:1-3;欧洲:2;北美洲:5-7;南美洲:2。

Pedilochilus Schltr. 多脉石豆兰属 Orchidaceae [MM-723] 特征纪要:习性:-。花程式:-。物候:-。花期:参考早于果期。果期:10-11 月。海拔:80-5200 米。生境:柏树林下或草坡路旁,竹坡中。资源:-。全球 4 个大洲分布及种数(61)非洲:34; 亚洲:18; 大洋洲:54; 北美洲:2。

Pedinolejeunea P. C. Chen & P. C. Wu 高山片鳞苔属 Lejeuneaceae [B-84] 特征纪要:习性:-。【Rep】:雌苞顶生

于主枝,蒴萼具3个脊,并常附1-7个小脊,脊部具冠状突起,一般稀疏生长。物候:-。海拔:-。生境:山坡,针阔混交林中。资源:-。全球3个大洲分布及种数(1)亚洲;大洋洲;北美洲。【中国种数:7】。

Pedinopetalum Urb. & H. Wolff 多米尼加芹属 Apiaceae [MD-480] 特征纪要:习性:草本。花程式:=↓(Kn),C5,A5,=↓(G)2。其他特征参考科。全球2个大洲分布及种数(1-2)北美洲:2;南美洲:2。

Pedinophyllopsis R. M. Schust. & Inoue 智利萼苔属 Plagiochilaceae [B-73] 特征纪要:习性:-。【Rep】:雌苞生于短枝上,雄苞生于短侧枝上,短枝上无正常叶发育,仅为雌雄苞叶,雌雄同株,稀异株,雌雄苞一般生于主茎或长分枝顶端,雌苞叶大于茎叶,先端具裂瓣和不规则齿突,蒴萼大。其他特征参考科。全球2个大洲分布及种数(2)亚洲:2;南美洲:2。

Pedinophyllum (Lindb.) Lindb. 平叶苔属 Plagiochilaceae [B-73] 特征纪要:习性:-。【Rep】:雌雄同株或异株,雌苞顶生或生于侧枝先端,蒴萼多种形态,通常口部扁平,孢蒴卵圆形,成熟时4,绿色或淡绿色。物候:-。海拔:-。生境:常见于林地石面。资源:-。全球6个大洲分布及种数(4)非洲:2;亚洲:2-4;大洋洲:1-3;欧洲:2;北美洲:2;南美洲:2。【中国种数:3】。

Pediocactus Britton & Rose 月轮玉属 Cactaceae [MD-100] 特征纪要:习性:木本。花程式:=↓(K1-∞),C1-∞,A3-100,=↓G3-100-。其他特征参考科。全球3个大洲分布及种数(10-31)亚洲:4;北美洲:23;南美洲:2。

Pediomelum Rydb. 麦根豆属 Fabaceae3 [MD-240] 特征纪要:习性:木本。花程式:=↓(K1-∞),C1-∞,A5-9,=↓G1。其他特征参考科。全球4个大洲分布及种数(29-50)非洲:5;亚洲:6;北美洲:41;南美洲:7。【中国种数:3】。

Pedistylis Wiens 足柱寄生属 Loranthaceae [MD-415] 特征纪要:习性:木本。花程式:K5,C0,A4,↓G。其他特征参考科。全球1个大洲分布及种数(1)◆非洲。

Pedleya H. Ohashi & K. Ohashi 芸香科属 Fabaceae3 [MD-240] 特征纪要:习性:木本。花程式:-。其他特征参考科。全球1个大洲分布及种数(-)。

Pedrosia Lowe 蝶形花科属 Fabaceae3 [MD-240] 特征纪要:习性:-。花程式:-。其他特征参考科。全球2个大洲分布及种数(13)北美洲:1;南美洲:1。

Peekeliopanax Harms = **Polyscias**

Peersia L. Bolus 旭光花属 Aizoaceae [MD-94] 特征纪要:习性:草本。花程式:=↓(K3-4),C3-4,A5参考科,=↓G-。其他特征参考科。全球1个大洲分布及种数(1-2)◆非洲。

Pegaeophyton Hayek & Hand.-Mazz. 单花荠属 Brassicaceae [MD-213] 特征纪要:习性:-。花程式:-。物候:-。海拔:3500-4800米。生境:高山冰碛平台仅见种,沼泽地面,沙质河床。资源:-。全球1个大洲分布及种数(cf. 1)◆亚洲。

Peganaceae Van Tiegh. ex Takht. [MD-337] 骆驼蓬科 特征纪要:习性:木本;落叶。花程式:(K)5,C5,A3枚,G3。物候:-。花期:5-6月。果期7-9月。果实:-。种子:-。海拔:1700-3900米。生境:半荒漠带沙地,黄土山坡,荒地,微盐碱化沙。资源:油脂,药用,杀虫。栽培:-。全球5个大洲分布及属种数(1/1 <IFR 1/1> hort. 1)非洲:1/3;亚洲:1/5(IFR 1/1);大洋洲:1/3;欧洲:1/3;北美洲:1/4。

Peganum L. 骆驼蓬属 Peganaceae [MD-337] 特征纪要(同科)。全球6个大洲分布及种数(5;hort. 1)非洲:1-4;亚洲:3-6;大洋洲:1-4;欧洲:1-4;北美洲:2-5;南美洲:3。【中国种数:2】。

Pegia Colebr. 藤漆属 Anacardiaceae [MD-432] 特征纪要:习性:木质攀援。花程式:-。物候:-。花期:1-4月。果期:参考晚于花期。海拔:200-1800米。生境:低地和丘陵森林,石山灌丛或密林中。资源:具园艺种类。全球5个大洲分布及种数(2-80)亚洲:14;大洋洲:8;欧洲:1;北美洲:1;南美洲:6。【中国种数:2】。

Pegolettia Cass. 叉尾菊属 Asteraceae [MD-586] 特征纪要:习性:草本。花程式:(K)3-5,C3-5,A3-5,=↓(G)2。其他特征参考科。全球3个大洲分布及种数(9-21)非洲:21;亚洲:2;南美洲:2。

Pehria Spragü 樱虾花属 Lythraceae [MD-333] 特征纪要:习性:木本。花程式:=↓(K2-4),C2-4,A10,=↓(G)2-4。其他特征参考科。全球5个大洲分布及种数(1-10)非洲:5;亚洲:3;欧洲:3;北美洲:3;南美洲:5。

Peiranisia Raf. 腊肠树属 Fabaceae3 [MD-240] 特征纪要:习性:-。花程式:-。其他特征参考科。全球1个大洲分布及种数(-)。

Peireskia Steud. = **Pereskia**

Peireskiopsis Vaupel = **Pereskiopsis**

Peixotoa A. Juss. 佩肖木属 Malpighiaceae [MD-343] 特征纪要:习性:木本。花程式:K5,C5,A10,=G2-3。其他特征参考科。全球4个大洲分布及种数(29-40)亚洲:1;大洋洲:1;北美洲:8;南美洲:37。

Pekea Aubl. 油桃木科属 Caryocaraceae [MD-111] 特征纪要:习性:-。花程式:-。其他特征参考科。分布:-。

Pelagodoxa Becc. 凤尾椰属 Arecaceae [MM-717] 特征纪要:习性:木本。花程式:K3-10,C3-10,A3-10,=G3-10。物候:-。花期:10月。果期:参考晚于花期。海拔:100-2800米。生境:半常绿雨林常见乔木,竹林下。资源:-。全球4个大洲分布及种数(1-4)亚洲:4;大洋洲:3;北美洲:2;南美洲:2。【中国种数:1】。

Pelargonium L'Hér. ex Aiton 天竺葵属 Geraniaceae [MD-318] 特征纪要:习性:草质攀援。花程式:-。物候:-。花期:5-7月。果期:参考晚于花期。海拔:100-5000米。生境:盆栽。资源:具栽培园艺种类。全球6个大洲分布及种数(375-456;hort. 1;cult. 5)非洲:355-397;亚洲:370-428;大洋洲:30-41;欧洲:39-48;北美洲:60-71;南美洲:32-39。【中国种数:7】。

Pelatantheria Ridl. 钻柱兰属 Orchidaceae [MM-723] 特征纪要:习性:草本(基生,多肉)。花程式:Kn,C2-3参考科,A3参考科,=↓G3。物候:-。花期:6-10月。果期:参考晚于花期。海拔:100-1000米。生境:常绿

阔叶林中树干上或林下岩石上。栽培:来自广西龙州。资源:具栽培园艺种类。全球 1 个大洲分布及种数(6－9)◆亚洲。【中国种数:5】。

Pelea A. Gray. 花旗芸香属 Rutaceae［MD－399］特征纪要:习性:－。花程式:－。其他特征参考科。全球 6 个大洲分布及种数(169)非洲:4; 亚洲:92; 大洋洲:8; 欧洲:136; 北美洲:136; 南美洲:8。

Pelecyphora C. Ehrenb. 松球玉属 Cactaceae［MD－100］特征纪要:习性:木本。花程式:＝↓(K1－∞),C1－∞,A3－100,＝↓G3－100－。其他特征参考科。全球 2 个大洲分布及种数(2－9)北美洲:3; 南美洲:3。

Pelekium Mitt. 鹤嘴藓属 Thuidiaceae［B－184］特征纪要:习性:－。【Rep】:雌雄异株或雌雄同株异苞、蒴柄具长刺疣,孢蒴圆柱形,平列或下垂,蒴齿两层,外齿层齿片 16。物候:－。海拔:－。生境:常见于湿润林地或阴湿岩石。资源:－。全球 6 个大洲分布及种数(30)非洲:11;亚洲:16;大洋洲:11;欧洲:6;北美洲:11;南美洲:12。【中国种数:10】。

Pelexia Poit. ex Lindl. 肥根兰属 Orchidaceae［MM－723］特征纪要:习性:草本(根状茎,基生,多肉)。花程式:Kn,C2－3 参考科,A3 参考科,↓G－。物候:－。花期:9 月。果期:参考晚于花期。海拔:80－5200 米。生境:山谷,小峡谷旁。资源:具园艺种类。全球 5 个大洲分布及种数(91－161)亚洲:6; 大洋洲:7; 欧洲:121; 北美洲:121; 南美洲:134。【中国种数:1】。

P

Pelidnia Barnh. ＝ **Utricularia**

Peliosanthes Andrews 球子草属 Asparagaceae［MM－669］特征纪要:习性:草本。花程式:－。物候:－。花期:7 月。果期:参考晚于花期。海拔:1400－1600 米。生境:常绿森林地面,富含腐殖质杂木林中。资源:具栽培园艺种类。全球 4 个大洲分布及种数(64－121)亚洲:111; 欧洲:3; 北美洲:3; 南美洲:9。【中国种数:12】。

Peliostomum E. Mey. ex Benth. 柳钟萱属 Scrophulariaceae［MD－536］特征纪要:习性:木本。花程式:K2－4,C0,A3 参考科,↓G2。其他特征参考科。全球 1 个大洲分布及种数(6)◆非洲。

Pellacalyx Korth. 山红树属 Rhizophoraceae［MD－329］特征纪要:习性:木本。花程式:(K－),C2－3 参考科,A5,＝↓G－。物候:－。海拔:800－1200 米。生境:森林。资源:具园艺种类。全球 1 个大洲分布及种数(6－8)◆亚洲。【中国种数:2】。

Pellaea Link 旱蕨属 Sinopteridaceae［F－34］特征纪要:习性:－。【Rep】:孢子囊群小,囊群盖线形,由叶边在叶脉顶端以内处反折而成,但叶脉顶端以内仍为绿色组织,仅顶端以外变为干膜质,因此在孢子囊群着生处和叶边之间收缩而成绿色狭边,囊群盖边缘往往有小锯齿或睫毛。物候:－。海拔:700－2600 米。生境:山上,墙基砌石隙。资源:－。全球 6 个大洲分布及种数(71－104;hort. 1;cult. 7)非洲:20－39;亚洲:31－93;大洋洲:7－25;欧洲:3－18;北美洲:28－45;南美洲:29－51。

Pellaeopsis J. Smith. ＝ **Pellaea**

Pellegrinia Sleumer 毛丝莓属 Ericaceae［MD－380］特征纪要:习性:木本。花程式:(K)5－8,(C)5－8,A10,＝(G)2－4。其他特征参考科。全球 1 个大洲分布及种数(6)◆南美洲。

Pelleteria Poir. ＝ **Pelletiera**

Pelletiera A. St.－Hil. 假地椒属 Primulaceae［MD－401］特征纪要:习性:－。花程式:－。其他特征参考科。全球 1 个大洲分布及种数(1)◆南美洲。

Pellia Raddi 溪苔属 Pelliaceae［B－33］特征纪要:习性:－。【Rep】:雌雄同株或异株,精子器隐生叶状体背面近中肋,散生或成群,雌苞卵形或袋形,生于叶状体背面中肋处。物候:－。海拔:900 米。生境:土生。资源:具园艺种类。全球 6 个大洲分布及种数(5)非洲:5;亚洲:4－9;大洋洲:5;欧洲:5;北美洲:4－9;南美洲:5。【中国种数:5】。

Pelliaceae H. Klinggr.［B－33］溪苔科 特征纪要:中形至大形,硬挺,多丛集生长。【Rep】:孢子同形,囊群生叶背有盖,雌雄多异株,雄苞花盘状,中央常再萌生新枝,孢蒴形稍大,棱柱形、圆柱形或球形,基部分化台部,具气孔。全球 6 个大洲分布和属种数(1/4－11)非洲:1/5;亚洲:1/4－9;大洋洲:1/5;欧洲:1/5;北美洲:1/4－9;南美洲:1/5。【中国属种数:1/5】。

Pelliciera Triana & Planch. 假红树属 Pellicieraceae［MD－194］特征纪要(同科)。全球 2 个大洲分布及种数(2)北美洲:1;南美洲:1。

Pellicieraceae L. Beauvis. ex Bullock［MD－194］假红树科 特征纪要:习性:木本;落叶。花程式:K5,C5,A5,＝↑(G)2。物候:－。果实:浆果。全球 0 个大洲分布及属种数(1/1 hort. 1)。

Pellionia Gaud. 赤车属 Urticaceae［MD－91］特征纪要:习性:木本。花程式:Kn,C2－3 参考科,A5 参考科,G－。物候:－。花期:12 月。果期:参考晚于花期。海拔:1100－1300 米。生境:石山林下,悬崖底。资源:具栽培园艺种类。全球 6 个大洲分布及种数(17－154)非洲:14; 亚洲:110; 大洋洲:8; 欧洲:6; 北美洲:6; 南美洲:13。【中国种数:8】。

Pelozia Rose 轩凤花属 Onagraceae［MD－396］特征纪要:习性:－。花程式:－。其他特征参考科。全球 2 个大洲分布及种数(9)北美洲:1; 南美洲:7。

Peltaea (C. Presl) Standl. 盾锦葵属 Malvaceae［MD－203］特征纪要:习性:木本。花程式:K5－∞,C5－∞,A10－8,＝G1－5。其他特征参考科。全球 3 个大洲分布及种数(19－20)亚洲:cf. 1;北美洲:6;南美洲:17。

Peltandra Raf. 箭南星属 Araceae［MM－639］特征纪要:习性:－。花程式:－。其他特征参考科。全球 3 个大洲分布及种数(2－13)亚洲:8; 北美洲:7; 南美洲:2。【中国种数:1】。

Peltanthera Benth. 盾药花属 Apocynaceae［MD－492］特征纪要:习性:－。花程式:－。其他特征参考科。全球 3 个大洲分布及种数(1－5)亚洲:2; 北美洲:4; 南美洲:3。

Peltapteris Link 舌蕨属 Lomariopsidaceae［F－52］特征纪要:习性:－。【Rep】:孢子同形,囊群生叶背。其他特征

参考科。全球 3 个大洲分布及种数(13)亚洲:2; 北美洲:4; 南美洲:8。

Peltaria Jacq. 岩盾荠属 Brassicaceae [MD - 213] 特征纪要:习性: - 。花程式: - 。其他特征参考科。全球 6 个大洲分布及种数(3 - 28)非洲:5; 亚洲:18; 大洋洲:2; 欧洲:2; 北美洲:2; 南美洲:6。【中国种数:2】。

Peltariopsis (Boiss.) N. Busch 假盾草属 Brassicaceae [MD - 213] 特征纪要:习性:草本。花程式:K2 - 4, C2 - 4, A2 - 4, = (G)2。其他特征参考科。全球 1 个大洲分布及种数(cf. 1)◆亚洲。

Peltastes Woodson 盾竹桃属 Apocynaceae [MD - 492] 特征纪要:习性: - 。花程式: - 。其他特征参考科。全球 5 个大洲分布及种数(26)非洲:2; 亚洲:2; 大洋洲:2; 北美洲:4; 南美洲:26。

Peltimela Raf. = **Glossostigma**

Peltoboykinia (Engl.) H. Hara 涧边草属 Saxifragaceae [MD - 231] 特征纪要:习性:草本(根状茎,基生,多肉)。花程式:K5, C5, A10, = ↓ G - 。物候: - 。花期:7 - 10 月。果期:参考晚于花期。海拔:1100 - 1900 米。生境:沟谷林下阴湿处。资源:具园艺种类。全球 1 个大洲分布及种数(1 - 2)◆亚洲。【中国种数:1】。

Peltocalathos Tamura 毛茛属 Ranunculaceae [MD - 38] 特征纪要:习性:草本。花程式:Kn, C2 - 3 参考科, A8, ↓ G - 参考科。其他特征参考科。全球 1 个大洲分布及种数(1)◆非洲。

Peltodon Pohl 盾齿花属 Lamiaceae [MD - 575] 特征纪要:习性: - 。花程式: - 。其他特征参考科。全球 3 个大洲分布及种数(14)亚洲:5; 北美洲:2; 南美洲:14。

Peltogyne Vogel 紫心木属 Fabaceae2 [MD - 240] 特征纪要:习性:木本。花程式: = ↓ (K3 - 5 - ∞), C3 - 5 - ∞, A1 - 10 - 50, = ↓ G1。其他特征参考科。全球 4 个大洲分布及种数(30 - 52)非洲:3; 亚洲:3; 北美洲:5; 南美洲:49。【中国种数:2】。

Peltolejeunea (Spruce) R. M. Schust. 秘鲁苔属 Lejeuneaceae [B - 84] 特征纪要: - 。全球 1 个大洲分布及种数(-)。

Peltolepis Lindb. 月鳞苔属 Cleveaceae [B - 15] 特征纪要:习性: - 。【Rep】:背面有无性芽胞杯,中肋不明显。其他特征参考科。全球 6 个大洲分布及种数(6)非洲:2; 亚洲:4; 大洋洲:2; 欧洲:3; 北美洲:3; 南美洲:2。

Peltophorum (Vogel) Benth. 盾柱木属 Fabaceae2 [MD - 240] 特征纪要:习性:木本。花程式:K5, C3 - 5 - ∞, A10 - , = ↓ G - 。物候: - 。海拔:300 - 400 米。生境:山地疏林。资源:具栽培园艺种类。全球 6 个大洲分布及种数(11 - 15;hort. 1;cult. 1)非洲:4 - 6;亚洲:6 - 10;大洋洲:2 - 4;欧洲:2;北美洲:7 - 9;南美洲:4 - 6。【中国种数:2】。

Peltophyllum Gardner 六尾霉草属 Triuridaceae [MM - 616] 特征纪要:习性:草本。花程式:K2 - 3, C2 - 3, A2 - 3, = G6 - 50。其他特征参考科。全球 5 个大洲分布及种数(2 - 8)亚洲:3; 大洋洲:2; 欧洲:3; 北美洲:3; 南美洲:8。

Peltostigma Walp. 盾柱芸香属 Rutaceae [MD - 399] 特征纪要:习性:木本。花程式:K∞, C∞, A4, = G1 - 3。其他特征参考科。全球 3 个大洲分布及种数(2 - 40)非洲:34; 北美洲:4; 南美洲:5。

Peltula <unassigned> 柱锦葵属 Malvaceae [MD - 203] 特征纪要和分布(-)。

Pelucha S. Watson 毛黄菊属 Asteraceae [MD - 586] 特征纪要:习性:草本。花程式:(K)3 - 5, C3 - 5, A3 - 5, = ↓ (G)2。其他特征参考科。全球 1 个大洲分布及种数(1)◆北美洲(◆墨西哥)。

Pembertonia P. S. Short 鹅河菊属 Asteraceae [MD - 586] 特征纪要:习性:草本。花程式:(K)3 - 5, (C)3 - 5, A3 - 5, ↓ G。其他特征参考科。全球 1 个大洲分布及种数(1) ◆大洋洲:1。

Pemphis J. R. Forst. & G. Forst. 水芫花属 Lythraceae [MD - 333] 特征纪要:习性:木本。花程式: - 。物候: - 。海拔:100 - 2000 米。生境:海岸珊瑚礁岩石上。资源:经济植物,具栽培园艺种类。全球 6 个大洲分布及种数(2)非洲:1 - 9;亚洲:1 - 9;大洋洲:1 - 9;欧洲:8;北美洲:1 - 9;南美洲:8。【中国种数:1】。

Penaea L. 管萼木属 Penaeaceae [MD - 375] 特征纪要:习性:木本。花程式: - 。其他特征参考科。全球 3 个大洲分布及种数(27 - 76)非洲:71; 亚洲:4; 南美洲:21。

Penaeaceae Sweet ex Guill. [MD - 375] 管萼木科 特征纪要:习性:木本;落叶。花程式:K4, C0, A4, = ↑ G4。物候: - 。花期: - 。果期: - 。果实:蒴果。种子: - 。海拔: - 。生境: - 。资源: - 。栽培: - 。全球 1 个大洲分布及属种数(9/72 - 132 hort. 1, cult. 1) ◆非洲:6/ 36 - 57。

Pendressia J. Gay 伞形科属 Apiaceae [MD - 480] 特征纪要:习性:草本。花程式: - 。其他特征参考科。全球 1 个大洲分布及种数(-)。

Pendulothecium Enroth & S. He 大洋洲平藓属 Neckeraceae [B - 204] 特征纪要:习性: - 。【Rep】:孢子体不详,黄绿色或黄褐色。其他特征参考科。全球 3 个大洲分布及种数(4)亚洲:3; 大洋洲:2; 南美洲:2。

Pendusalpinx Karremans & Mel. Fernández 吊生兰属 Orchidaceae [MM - 723] 特征纪要:习性:草本。花程式:(K -), C2 - 3 参考科, A3 参考科, ↓ G - 。其他特征参考科。全球 1 个大洲分布及种数(7) ◆南美洲:7。

Penelopeia Urb. 佩纳葫芦属 Cucurbitaceae [MD - 205] 特征纪要:习性:木本。花程式: - 。其他特征参考科。全球 4 个大洲分布及种数(2 - 18)非洲:2; 欧洲:4; 北美洲:4; 南美洲:17。

Penianthus Miers 半花藤属 Menispermaceae [MD - 42] 特征纪要:习性:木本。花程式:K1(6 - 40), C3, A1 - 6 - 40, = G1 - 3。其他特征参考科。全球 1 个大洲分布及种数(3 - 4)◆非洲。

Penicillaria Willd. = **Pennisetum**

Penicilliopsis <unassigned> 绒苔科属 Trichocoleaceae [B - 62] 特征纪要: - 。全球 2 个大洲分布及种数(2)非洲:2; 南美洲:2。

Peniculus Swallen = **Mesosetum**

Peniocereus (A. Berger) Britton & Rose 块根柱属 Cactaceae [MD - 100] 特征纪要:习性:木本。花程式: = ↓ (K1

-∞),C1-∞,A3-100,=↓G3-100-。其他特征参考科。全球4个大洲分布及种数(9-33)亚洲:4; 大洋洲:2; 北美洲:14; 南美洲:3。

Peniophyllum Pennell 月见草属 Onagraceae [MD-396] 特征纪要:习性:-。花程式:-。其他特征参考科。全球2个大洲分布及种数(2)北美洲:1; 南美洲:1。

Penkimia Phukan & Odyuo 短距兰属 Orchidaceae [MM-723] 特征纪要:习性:-。花程式:-。物候:-。花期:2-3月。果期:参考晚于花期。海拔:1600-2000米。生境:树干或树枝上。资源:-。全球2个大洲分布及种数(13)亚洲:13; 南美洲:9。

Pennantia J. R. Forst. & G. Forst. 毛柴木属 Pennantiaceae [MD-462] 特征纪要(同科)。全球2个大洲分布及种数(3-10)亚洲:6; 大洋洲:9。【中国种数:1】。

Pennantiaceae J. Agardh [MD-462] 毛柴木科 特征纪要:习性:木本;落叶。花程式:K4-5(-),C5,A,G-。全球1个大洲分布及属种数(2/2-6 hort. 1)◆大洋洲:1/9。【中国属种数:1/1】。

Pennellia Nieuwl. 彭内尔芥属 Brassicaceae [MD-213] 特征纪要:习性:草本。花程式:K2-4,C2-4,A2-4,=G2。其他特征参考科。全球4个大洲分布及种数(11-20)非洲:2; 亚洲:2; 北美洲:13; 南美洲:20。

Pennellianthus Crosswh. 五葵草属 Plantaginaceae [MD-527] 特征纪要:习性:草本。花程式:K2-4,C0,A2-4,G2。物候:-。海拔:45-6000米。生境:沼泽草地。资源:-。全球1个大洲分布及种数(cf. 1)◆亚洲。

Pennilabium J. J. Sm. 巾唇兰属 Orchidaceae [MM-723] 特征纪要:习性:草本(多肉)。花程式:Kn,C2-3参考科,A3参考科,=↓(G)3。物候:-。花期:短。果期:10月。海拔:1300米。生境:附生在茶树上。资源:具栽培园艺种类。全球1个大洲分布及种数(8-12)◆亚洲。【中国种数:2】。

Pennisetum Rich. 狼尾草属 Poaceae [MM-748] 特征纪要:习性:-。花程式:-。物候:-。海拔:2000-3000米。生境:归化。资源:具栽培园艺种类。全球6个大洲分布及种数(70-96)非洲:46-90;亚洲:33-83;大洋洲:18-61;欧洲:9-50;北美洲:27-72;南美洲:19-62。

Penstemon Schmidel 钓钟柳属 Scrophulariaceae [MD-536] 特征纪要:习性:灌木。花程式:K2-4,C0,A3参考科,=↓G2-3。资源:具栽培园艺种类。全球6个大洲分布及种数(327-378;hort. 1;cult. 28)非洲:136;亚洲:58-196;大洋洲:136;欧洲:12-150;北美洲:326-507;南美洲:9-147。【中国种数:40】。

Pentabrachion Müll. Arg. 网碟木属 Phyllanthaceae [MD-222] 特征纪要:习性:木本。其他特征参考科。全球4个大洲分布及种数(1-2)非洲:2; 亚洲:2; 北美洲:2; 南美洲:2。【中国种数:1】。

Pentacalia Cass. 五蟹甲属 Asteraceae [MD-586] 特征纪要:习性:草本。花程式:(K)3-5,(C)3-5,A3-5,↓G。其他特征参考科。全球6个大洲分布及种数(256)非洲:1;亚洲:4-5;大洋洲:5-10;欧洲:2-3;北美洲:23-26;南美洲:201-230。

Pentacarpaea Hiern = **Pentanisia**

Pentace Hassk. 五室椴属 Malvaceae [MD-203] 特征纪要:习性:木本。花程式:K1-∞,C1-∞,A10-8,=(G)2-100。资源:具园艺种类。全球1个大洲分布及种数(1-31)◆亚洲。【中国种数:1】。

Pentaceras Hook. f. 五角芸香属 Rutaceae [MD-399] 特征纪要:习性:木本。花程式:K5,C5,A4,=G1-3。其他特征参考科。全球2个大洲分布及种数(1-4)大洋洲:4; 南美洲:2。

Pentachaeta Nutt. 毛冠菀属 Asteraceae [MD-586] 特征纪要:习性:草本。花程式:(K)3-5,(C)3-5,A3-5,=↓G2。其他特征参考科。全球2个大洲分布及种数(8-22)亚洲:2; 北美洲:11。

Pentachlaena H. Perrier 掌杯花属 Sarcolaenaceae [MD-153] 特征纪要:习性:木本。花程式:-。其他特征参考科。全球1个大洲分布及种数(4)◆非洲(◆马达加斯加)。

Pentachondra R. Br. 水螅石南属 Ericaceae [MD-380] 特征纪要:习性:木本。花程式:-。其他特征参考科。全球2个大洲分布及种数(4-10)亚洲:2; 大洋洲:9。

Pentaclethra Benth. 五柳豆属 Fabaceae2 [MD-240] 特征纪要:习性:木本。花程式:=↓(K3-5-∞),C3-5-∞,A1-10-50,=↓G1。其他特征参考科。全球3个大洲分布及种数(4)非洲:2;北美洲:1;南美洲:1。

Pentacme A. DC. = **Shorea**

Pentacoelium Siebold & Zucc. 苦槛蓝属 Scrophulariaceae [MD-536] 特征纪要:习性:-。花程式:-。物候:-。花期:4-6月。果期:参考晚于花期。海拔:-。生境:栽培(来自广西龙州)。资源:具栽培园艺种类。全球1个大洲分布及种数(2)亚洲:cf. 1。

Pentacraspedon Steud. = **Amphipogon**

Pentacrostigma K. Afzel. = **Ipomoea**

Pentactina Nakai 金刚梅属 Rosaceae [MD-246] 特征纪要:习性:木本。花程式:=↓(K1(10-100),C1-10-100,A1-10-100,=↓G1-50。其他特征参考科。全球1个大洲分布及种数(1)◆亚洲。

Pentacyphus Schltr. = **Sarcostemma**

Pentadenia Hanst. = **Columnea**

Pentadesma Sabine 猪油果属 Clusiaceae [MD-141] 特征纪要:习性:木本。花程式:-。物候:-。花期:参考早于果期。果期:4-6月。海拔:4800米。生境:草山坡,竹林中路旁草丛。资源:具栽培园艺种类。全球3个大洲分布及种数(3-9)非洲:2-8;亚洲:cf. 1;北美洲:1。【中国种数:1】。

Pentadiplandra Baill. 忘忧果属 Pentadiplandraceae [MD-199] 特征纪要及分布(-)。

Pentadiplandraceae Hutch. & Dalziel [MD-199] 忘忧果科 特征纪要:习性:木本;落叶。花程式:K5,C5,A2-9,↑G3-5。物候:-。果实:浆果。全球1个大洲分布及属种数(2/3 <IFR 1/1> hort. 1)◆大洋洲:1/1。

Pentadynamis R. Br. = **Crotalaria**

Pentagenella <unassigned> 扭叶苔科属 Riellaceae [B－5] 特征纪要:－。全球 1 个大洲分布及种数(3)◆南美洲:3。

Pentagonia Benth. 红乳果属 Rubiaceae [MD－523] 特征纪要和分布(－)。全球 1 个大洲分布及种数(19－23)◆北美洲。

Pentagonocarpos Micheli ex Parl. ＝ **Kosteletzkya**

Pentagramma Yatsk., Windham & E. Wollenw. 铅背蕨属 Pteridaceae [F－31] 特征纪要:习性:－。【Rep】:孢子囊单生叶背。其他特征参考科。全球 1 个大洲分布及种数(2－3)◆北美洲。

Pentalepis F. Müll. 五鳞菊属 Asteraceae [MD－586] 特征纪要:习性:－。花程式:－。其他特征参考科。全球 1 个大洲分布及种数(－)。

Pentalinon Voigt 金香藤属 Apocynaceae [MD－492] 特征纪要:习性:木本。花程式:K5－∞,C0,A15,＝↓(G)2－5。其他特征参考科。全球 5 个大洲分布及种数(2－4)非洲:2; 亚洲:2; 欧洲:4; 北美洲:4; 南美洲:4。【中国种数:1】。

Pentaloncha Hook. f. 五矛茜属 Rubiaceae [MD－523] 特征纪要:习性:木本。花程式:(K)4－5,(C)4－5,A4－5,＝↓(G)2－9。其他特征参考科。全球 1 个大洲分布及种数(2)◆非洲。

Pentalophus A. DC. 紫草科属 Boraginaceae [MD－517] 特征纪要:习性:－。花程式:－。其他特征参考科。全球 1 个大洲分布及种数(－)。

Pentamerea Klotzsch ex Baill. ＝ **Amanoa**

Pentameris P. Beauv. 五部芒属 Poaceae [MM－748] 特征纪要和分布(－)。全球 1 个大洲分布及种数(86－88)◆非洲。

Pentamerista Maguire 五贵木属 Tetrameristaceae [MD－174] 特征纪要:习性:木本。花程式:－。其他特征参考科。全球 1 个大洲分布及种数(1)◆南美洲。

Pentanema Cass. 苇谷草属 Asteraceae [MD－586] 特征纪要:习性:草本(基生)。花程式:(K)3－5,C3－5,A3 参考科,＝↓G2。物候:－。花期:4－7 月。果期:参考晚于花期。海拔:700－2000 米。生境:草山坡,生于山坡草地和荒地。资源:药用。全球 5 个大洲分布及种数(39－46)非洲:5;亚洲:31－35;欧洲:18;北美洲:1;南美洲:2。【中国种数:1】。

Pentanisia Harv. 白星茜属 Rubiaceae [MD－523] 特征纪要:习性:木本。花程式:(K)4－5,(C)4－5,A4－5,＝↓(G)2－9。其他特征参考科。全球 5 个大洲分布及种数(21－87)非洲:50; 亚洲:3; 大洋洲:3; 北美洲:5; 南美洲:3。【中国种数:1】。

Pentanopsis Rendle 类五星花属 Rubiaceae [MD－523] 特征纪要:习性:木本。花程式:(K)4－5,(C)4－5,A4－5,＝↓(G)2－9。其他特征参考科。全球 3 个大洲分布及种数(2－6)非洲:3; 亚洲:2; 南美洲:3。

Pentapanax Seem. 羽叶参属 Araliaceae [MD－471] 特征纪要:习性:－。花程式:－。物候:－。花期:5－6 月。果期:参考晚于花期。海拔:1200－2000 米。生境:常绿和落叶林,云杉林。资源:－。全球 5 个大洲分布及种数(71)亚洲:57; 大洋洲:6; 欧洲:4; 北美洲:4; 南美洲:7。

Pentapeltis Bunge 澳芹属 Apiaceae [MD－480] 特征纪要:习性:草本。花程式:＝↓(K5),C5,A5,＝↓(G)2。其他特征参考科。全球 1 个大洲分布及种数(2)◆大洋洲(◆澳大利亚)。

Pentapetes L. 午时花属 Malvaceae [MD－203] 特征纪要:习性:木本。花程式:－。物候:－。花期:夏天－秋天。果期:参考晚于花期。海拔:100－3000 米。生境:培养,需要潮湿条件。资源:药用,观赏,具栽培园艺种类。全球 4 个大洲分布及种数(1－11)非洲:1; 亚洲:2; 北美洲:2; 南美洲:1。【中国种数:1】。

Pentaphiltrum Rchb. ＝ **Physalis**

Pentaphragma Wall. ex G. Don 五膜草属 Pentaphragmataceae [MD－560] 特征纪要(同科)。全球 3 个大洲分布及种数(32－54)非洲:3; 亚洲:52; 大洋洲:3。【中国种数:2】。

Pentaphragmataceae J. Agardh [MD－560] 五膜草科 特征纪要:习性:草本;落叶。花程式:K4－5(－),C5,A,↓(G)－。物候:－。花期和果期: 5－11 月。果实:浆果。种子:小。海拔:1400 米。生境:林下及沟边潮湿处。资源:药用。栽培:－。全球 1 个大洲分布及属种数(2/39－46 hort. 1) ◆亚洲:1/ 1。【中国属种数:1/2】。

Pentaphylacaceae Engl. [MD－215] 五列木科 特征纪要:习性:木本;常绿,落叶。花程式:K4－5(－),C5,A5,(G)2－3。物候:－。果实:蒴果。种子:长圆形,纵折,直径约 2 毫米。海拔:100－3500 米。生境:滨海山地及山坡路旁或溪谷边灌丛中。栽培:来自广西龙州。资源:－。栽培:－。全球 1 个大洲分布及属种数(6/72－83 <IFR 2/2> hort. 1, cult. 1) ◆北美洲:1/ 1。【中国属种数:8/142】。

Pentaphylax Gardner & Champ. 五列木属 Pentaphylacaceae [MD－215] 特征纪要:习性:木本。花程式:K5,C5,A3,G－。物候:－。海拔:600－2000 米。生境:常绿阔叶林,密林中。资源:具园艺种类。全球 1 个大洲分布及种数(cf. 1)◆亚洲。【中国种数:1】。

Pentaphylloides Duham. 小金露梅属 Rosaceae [MD－246] 特征纪要:习性:－。花程式:－。物候:－。海拔:50－5400 米。生境:栽培(来自广西龙州),中山阴坡,山地土质干草原。资源:具栽培园艺种类。全球 3 个大洲分布及种数(11)亚洲:10; 欧洲:4; 北美洲:4。

Pentaphyllum Hill 蔷薇科属 Rosaceae [MD－246] 特征纪要:习性:－。花程式:－。其他特征参考科。分布:－。

Pentaplaris L. O. Williams & Standl. 五数木属 Malvaceae [MD－203] 特征纪要:习性:木本。花程式:K1－∞,C1－∞,A10－8,＝(G)2－100。其他特征参考科。全球 2 个大洲分布及种数(3－5)北美洲:4; 南美洲:5。

Pentapleura Hand.－Mazz. 亚洲黄芹属 Lamiaceae [MD－575] 特征纪要:习性:草本。花程式:K2,C0,A2,＝(G)2。其他特征参考科。全球 1 个大洲分布及种数(cf. 1)◆亚洲(◆伊拉克)。

Pentapogon R. Br. 五须茅属 Poaceae［MM－748］特征纪要:习性:草本。花程式:(K)3,C0 参考科,A1－2,＝(G)2－3。其他特征参考科。全球 2 个大洲分布及种数(3－7)亚洲:1; 大洋洲:7。

Pentaptera Roxb. ex DC. ＝ **Cardamine**

Pentaptilon E. Pritz. 翼鸾花属 Goodeniaceae［MD－578］特征纪要:习性:－。花程式:－。其他特征参考科。全球 1 个大洲分布及种数(1－2)◆大洋洲(◆澳大利亚)。

Pentaraphia (Lindl.) Lindl. 北美苣苔属 Gesneriaceae［MD－549］特征纪要:习性:－。花程式:－。其他特征参考科。全球 3 个大洲分布及种数(14)亚洲:3; 北美洲:3; 南美洲:2。

Pentarhizidium Hayata 东方荚果蕨属 Onocleaceae［F－45］特征纪要:习性:－。【Rep】:孢子囊单生叶背。物候:－。海拔:－。生境:林下,针阔混交林水渠边。资源:－。全球 1 个大洲分布及种数(1)◆亚洲。

Pentarhopalopilia (Engl.) Hiepko 头花山柚属 Opiliaceae［MD－369］特征纪要:习性:木本。花程式:K4－5,C4－5,A4－5,＝G2－5。其他特征参考科。全球 1 个大洲分布及种数(4)◆非洲。

Pentaria (DC.) M. Röm. 西番莲科属 Passifloraceae［MD－151］特征纪要:习性:－。花程式:－。其他特征参考科。全球 1 个大洲分布及种数(－)。

Pentarrhaphis Kunth ＝ **Bouteloua**

Pentas Benth. 五星花属 Rubiaceae［MD－523］特征纪要:习性:木本。花程式:－。物候:－。花期:7－9 月。果期:参考晚于花期。海拔:1500 米。生境:花园中栽培,润湿疏荫。资源:观赏,具栽培园艺种类。全球 6 个大洲分布及种数(32－145)非洲:102; 亚洲:21; 大洋洲:7; 欧洲:6; 北美洲:6; 南美洲:10。【中国种数:1】。

Pentasachme Wall. ex Wight 石萝藦属 Apocynaceae［MD－492］特征纪要:习性:－。花期:几乎全年。果期:参考晚于花期。海拔:0－1300 米。生境:河边。资源:－。全球 1 个大洲分布及种数(2－4)◆亚洲。

Pentasacme Wall. ex Wight 麒麟萝藦属 Asclepiadaceae［MD－494］特征纪要:习性:木本。花程式:(K－),C5,A5,↓G－。物候:－。花期:4－10 月。果期:参考晚于花期。海拔:5000 米。生境:草间路旁。资源:具园艺种类。全球 1 个大洲分布及种数(2)◆南亚。

Pentaschistis (Nees) Spach 五裂草属 Poaceae［MM－748］特征纪要:习性:－。花程式:－。其他特征参考科。全球 6 个大洲分布及种数(151)非洲:105; 亚洲:5; 大洋洲:11; 欧洲:4; 北美洲:4; 南美洲:3。

Pentascyphus Radlk. 圭亚那广患子属 Sapindaceae［MD－428］特征纪要:习性:木本。花程式:K4－8,C4－8,A10,＝(G)2－3。其他特征参考科。全球 1 个大洲分布及种数(1)◆南美洲。

Pentaspadon Hook. f. 白纹漆属 Anacardiaceae［MD－432］特征纪要:习性:木本。花程式:－。其他特征参考科。全球 3 个大洲分布及种数(6－15)非洲:3; 亚洲:15; 大洋洲:4。【中国种数:2】。

Pentastelma Tsiang & P. T. Li 白水藤属 Apocynaceae［MD－492］特征纪要:习性:－。花程式:－。物候:－。花期:12 月。果期:参考晚于花期。海拔:300－600 米。生境:潮湿的山丘花岗岩山谷。资源:－。全球 2 个大洲分布及种数(3)亚洲:3; 南美洲:2。

Pentastemona Steenis 五出百部属 Pentastemonaceae［MM－654］特征纪要(同科)。全球 1 个大洲分布及种数(1－2)◆东南亚(◆印度尼西亚)。

Pentastemonaceae B. E. E. Duyfjes［MM－654］鳞百部科 特征纪要:习性:草本;落叶。花程式:K4－5(－),C4,A,G－。全球 1 个大洲分布及属种数(1/1) ◆东南亚:1/ 1－2。

Pentastemonodiscus Rech. f. 五蕊盘草属 Caryophyllaceae［MD－77］特征纪要:习性:草本。花程式:K1－5,C1－5,A1－5,＝(G)2－5。其他特征参考科。全球 1 个大洲分布及种数(1－2)◆亚洲。

Pentasticha Turcz. ＝ **Fuirena**

Pentastichella Müll. Hal. 智利白灵藓属 Orthotrichaceae［B－151］特征纪要:习性:－。【Rep】:常暗绿色或棕褐色,雌雄异株或同株,稀杂株,雌苞叶不分化,无明显鞘部,蒴柄长,黄色,孢蒴狭长卵形,口蒴,具明显纵褶及纵沟。其他特征参考科。全球 2 个大洲分布及种数(9)亚洲:3; 南美洲:5。

Pentatherum Nábělek ＝ **Agrostis**

Pentathymelaea Lecomte ＝ **Daphne**

Pentatrichia Klatt 齿叶鼠麹木属 Asteraceae［MD－586］特征纪要:习性:草本。花程式:(K)3－5,(C)3－5,A3－5,↓G。其他特征参考科。全球 1 个大洲分布及种数(4)◆非洲。

Pentatropis R. Br. ex Wight & Arn. 朱砂莲属 Apocynaceae［MD－492］特征纪要:习性:木本。花程式:K5,C0,A15,＝G2。其他特征参考科。全球 6 个大洲分布及种数(5－7)非洲:3－6;亚洲:4－6;大洋洲:3;欧洲:2;北美洲:1－3;南美洲:2。

Penteca Raf. ＝ **Croton**

Pentelesia Raf. ＝ **Fridericia**

Penthoraceae Rydb. ex Britton［MD－232］扯根菜科 特征纪要:习性:草本;落叶。花程式:K5,C3,A2,＝↓(G)－。物候:－。花期:7－8 月。果期:8－10 月。果实:蒴果。种子:多数作为亚科来处理。海拔:100－2200 米。生境:林下,灌丛草甸及水边。栽培:来自广西龙州。资源:药用,食用。栽培:－。全球 2 个大洲分布及属种数(2/4 hort. 1;cult. 1) 亚洲:2/4; 北美洲:2/3。【中国属种数:1/2】。

Penthorum L. 扯根菜属 Penthoraceae［MD－232］特征纪要(同科)。全球 2 个大洲分布及种数(3)亚洲:cf. 1;北美洲:1。【中国种数:2】。

Pentisea (Lindl.) Szlach. 裂缘兰属 Orchidaceae［MM－723］特征纪要:习性:－。花程式:－。其他特征参考科。全球 1 个大洲分布及种数(cf. 1)◆大洋洲。

Pentodon Hochst. 五齿茜属 Rubiaceae［MD－523］特征纪要:习性:－。花程式:－。其他特征参考科。全球 6 个

大洲分布及种数(2－3;hort. 1)非洲:1－4;亚洲:2;大洋洲:2;欧洲:2;北美洲:1－3;南美洲:1－3。

Pentopetia Decne. 隐节萝藦属 Apocynaceae［MD－492］特征纪要:习性:木本。花程式:K5,C0,A15,＝(G)2。其他特征参考科。全球3个大洲分布及种数(24－44)非洲:35; 亚洲:3; 北美洲:2。

Pentopetiopsis Costantin & Gallaud ＝ **Pentopetia**

Pentostemon Raf. ＝ **Penstemon**

Pentulops Raf. ＝ **Heterotaxis**

Pentzia Thunb. 杯子菊属 Asteraceae［MD－586］特征纪要:习性:草本。花程式:(K)3－5,(C)3－5,A3－5,＝↓G2。其他特征参考科。全球6个大洲分布及种数(31－91)非洲:81; 亚洲:2; 大洋洲:5; 欧洲:6; 北美洲:6; 南美洲:10。

Penzigiella M. Fleisch. 长蕨藓属 Pterobryaceae［B－201］特征纪要:习性:－。【Rep】:亮绿色至红棕色。物候:－。海拔:－。生境:常见于林下树干,土生。资源:－。全球1个大洲分布及种数(1)◆亚洲:1。【中国种数:1】。

Peperomia Ruiz & Pav. 草胡椒属 Peperomiaceae［MD－40］特征纪要(同科)。全球6个大洲分布及种数(1485－1840;hort. 1;cult. 47)非洲:111－152;亚洲:209－284;大洋洲:104－173;欧洲:27－86;北美洲:486－636;南美洲:1016－1156。【中国种数:29】。

Peperomiaceae A. C. Sm.［MD－40］三瓣绿科 特征纪要:习性:草本;落叶。花程式:K4－5(－),C5,A2,G1. 物候:－。花期:10－11月。果期:11月。果实:－。种子:－。海拔:100－1900米。生境:河谷路边林下岩石上。资源:药用。栽培:－。全球4个大洲分布及属种数(2/2 <IFR 1/50> hort. 1;cult. 1) 非洲:IFR 1/45; 大洋洲:IFR 1/1; 北美洲:1/488－617(IFR 1/4); 南美:IFR 1/45。

Pepinia Brongn. ex André 艳红凤梨属 Bromeliaceae［MM－715］特征纪要:萼花区,落叶; 花程式:(K)3,C3,A6,G(－)。种子:大,棕色或带黑色。全球6个大洲分布及种数(1－2)非洲:1;亚洲:1;大洋洲:1;欧洲:1;北美洲:1;南美洲:2。

Peplidium Delile 沟马齿属 Phrymaceae［MD－559］特征纪要:习性:木本(水生)。花程式:－。其他特征参考科。全球3个大洲分布及种数(2－6)非洲:1;亚洲:1;大洋洲:1－5。

Peplonia Decne. 袍萝藦属 Apocynaceae［MD－492］特征纪要:习性:木本。花程式:K5,C0,A5,＝(G)2。其他特征参考科。全球1个大洲分布及种数(8－10)◆南美洲(◆巴西)。

Pepo (Tourn.) L. ＝ **Cucumis**

Peponia Naudin ＝ **Peponium**

Peponidium (Baill.) Arènes 小瓠果属 Rubiaceae［MD－523］特征纪要:习性:木本。花程式:(K)4－5,(C)4－5,A4－5,＝↓(G)2－9。其他特征参考科。全球4个大洲分布及种数(49－62)非洲:57; 亚洲:4; 大洋洲:2; 北美洲:2。【中国种数:1】。

Peponiella Kuntze ＝ **Peponium**

Peponium Engl. 瓠果属 Cucurbitaceae［MD－205］特征纪要:习性:木本。花程式:K3－5,C3－5,A3－5,＝↓G1－2。其他特征参考科。全球6个大洲分布及种数(20－21)非洲:19－22;亚洲:1－3;大洋洲:2;欧洲:2;北美洲:2;南美洲:1－4。

Peponopsis Naudin 拟瓠果属 Cucurbitaceae［MD－205］特征纪要:习性:木本。花程式:＝↓(K3－5),C3－5,A3－5,＝↓(G)1－2。其他特征参考科。全球2个大洲分布及种数(1－4)北美洲:4; 南美洲:4。

Pera Mutis 蚌壳木属 Peraceae［MD－216］特征纪要:习性:木本。花程式:－。其他特征参考科。全球6个大洲分布及种数(31－50;hort. 1;cult. 1)非洲:5;亚洲:5;大洋洲:5;欧洲:5;北美洲:9－25;南美洲:28－44。

Peracarpa Hook. f. & Thoms. 袋果草属 Campanulaceae［MD－561］特征纪要:习性:草本(根状茎,基生,多肉)。花程式:(K－),C2－3参考科,A3,↓G－。物候:－。花期:3－5月。果期:参考晚于花期。海拔:1300－3800米。生境:林下及沟边潮湿岩石上,竹林下。资源:药用。全球2个大洲分布及种数(1－9)非洲:1; 亚洲:9。【中国种数:1】。

Peraceae Klotzsch［MD－216］蚌壳木科 特征纪要:习性:木本;落叶。花程式:K1,C0,A1－5－1000,↑G2－3。物候:－。花期:－。果期:－。果实:－。种子:－。海拔:600－800米。生境:－。资源:－。栽培:－。全球4个大洲分布及属种数(3/36－55 <IFR 1/1> hort. 2;cult. 2) 非洲:1/3; 亚洲:2/2; 北美洲:1/10－21(IFR 1/1); 南美洲:3/32－43。【中国属种数:1/2】。

Perakalia C. K. Lim 藤蟹甲属 Asteraceae［MD－586］特征纪要:习性:草本。花程式:(K)3－5,(C)3－5,A3－5,↓G。其他特征参考科。全球1个大洲分布及种数(1)◆亚洲。

Perakanthus Robyns ex Ridl. 佩拉花属 Rubiaceae［MD－523］特征纪要:习性:木本。花程式:(K)4－5,(C)4－5,A4－5,＝↓(G)2－9。其他特征参考科。全球1个大洲分布及种数(cf. 1)◆亚洲。

Perama Aubl. 佩茜属 Rubiaceae［MD－523］特征纪要:习性:木本。花程式:(K)4－5,(C)4－5,A4－5,＝↓G2－9。其他特征参考科。全球4个大洲分布及种数(15－44)非洲:2; 亚洲:2; 北美洲:9; 南美洲:29。

Peranema D. Don 柄盖蕨属 Peranemataceae［F－48］特征纪要(同科)。全球3个大洲分布及种数(17)亚洲:13; 大洋洲:2; 南美洲:4。

Peranemataceae Buetschli［F－48］球盖蕨科 特征纪要:多大形,绿色、黄绿色或棕黄色,具光泽,一般呈扁平交织生长。【Rep】:卵形。全球6个大洲分布和属种数(2;hort. & cult. 2)(11－29;hort. & cult. 4)非洲:1/2;亚洲:2/9－18;大洋洲:1/2－4;欧洲:1/2;北美洲:1/2;南美洲:1/2。

Peraphyllum Nutt. 榴棠属 Rosaceae［MD－246］特征纪要:习性:木本。花程式:－。其他特征参考科。全球2个大洲分布及种数(1－2)亚洲:2; 北美洲:2。【中国种数:1】。

Peratanthe Urb. = **Coprosma**

Peraxilla Van Tiegh. 大苞鞘花属 Loranthaceae [MD－415] 特征纪要:习性:木本。花程式:K4,C0,A4,↓G。其他特征参考科。全球1个大洲分布及种数(2－3)◆大洋洲(◆新西兰)。

Perdicesca Provancher = **Mitchella**

Perdicium L. 白丁草属 Asteraceae [MD－586] 特征纪要:习性:草本。花程式:(K)3－5,(C)3－5,A3－5,↓G。其他特征参考科。全球3个大洲分布及种数(2－43)非洲:5; 北美洲:2; 南美洲:22。

Perdusenia Hässel 南美齿萼苔属 Lophocoleaceae [B－74] 特征纪要:习性:－。【Rep】:雌苞生于短枝上,雄苞生于短侧枝上,短枝上无正常叶发育,仅为雌雄苞叶,雌雄同株,稀异株,雌雄苞一般生于主茎或长分枝顶端,雌苞叶大于茎叶,先端具裂瓣和不规则齿突,蒴萼大。其他特征参考科。全球1个大洲分布及种数(cf. 1)◆南美洲。

Perebea Aubl. 黄乳桑属 Moraceae [MD－87] 特征纪要:习性:木本。花程式:K1－4,C0,A6,＝G1－2。其他特征参考科。全球6个大洲分布及种数(15－705)非洲:29; 亚洲:38; 大洋洲:4; 欧洲:110; 北美洲:110; 南美洲:666。

Peregrina W. R. Anderson 奇异金虎尾属 Malpighiaceae [MD－343] 特征纪要:习性:木本。花程式:K5,C5,A10,＝G2－3。其他特征参考科。全球1个大洲分布及种数(1)◆南美洲。

Pereilema J. Presl 乱子草属 Poaceae [MM－748] 特征纪要:竹类,落叶。花程式:花基数:3,无被花, 雄蕊:1－2,雌蕊:↑心皮:2－3。全球1个大洲分布及种数(1－4)◆北美洲。

Perella (Tiegh.) Tiegh. 桑寄生属 Loranthaceae [MD－415] 特征纪要:习性:－。花程式:－。其他特征参考科。全球1个大洲分布及种数(cf. 1)◆大洋洲。

Perescia Lem. = **Pereskia**

Pereskia Mill. 木麒麟属 Cactaceae [MD－100] 特征纪要和分布(－)。全球6个大洲分布及种数(22－25;hort. 1; cult. 1)非洲:3;亚洲:4;大洋洲:1;欧洲:2;北美洲:9;南美洲:18－19。【中国种数:1】。

Pereskiopsis Britton & Rose 麒麟掌属 Cactaceae [MD－100] 特征纪要:习性:木本。花程式:＝↓(K1－∞),C1－∞,A3－100,＝↓G3－100－。其他特征参考科。全球3个大洲分布及种数(6－13)亚洲:2; 北美洲:9; 南美洲:4。

Perezia Lag. 莲座钝柱菊属 Asteraceae [MD－586] 特征纪要:习性:草本。花程式:(K)3－5,(C)3－5,A3－5,＝↓G2。其他特征参考科。全球6个大洲分布及种数(28－239)非洲:4; 亚洲:4; 大洋洲:7; 欧洲:25; 北美洲:25; 南美洲:137。【中国种数:1】。

Pereziopsis J. M. Coult. = **Onoseris**

Pergularia L. 棚架藤属 Apocynaceae [MD－492] 特征纪要:习性:木本。花程式:K5,C0,A15,＝↓G2。物候:－。花期:几乎全年。果期:参考晚于花期。海拔:5000米。生境:草间路旁。资源:具园艺种类。全球6个大洲分布及种数(13－20;hort. 1)非洲:4－7;亚洲:10－16;大洋洲:4－7;欧洲:3;北美洲:2－5;南美洲:1－4。【中国种数:2】。

Periandra Mart. ex Benth. 甜甘豆属 Fabaceae3 [MD－240] 特征纪要:习性:－。花程式:－。其他特征参考科。全球2个大洲分布及种数(7－18)北美洲:2; 南美洲:7。

Perianthomega Bureau ex Baill. 绕花紫葳属 Bignoniaceae [MD－541] 特征纪要:习性:木本。花程式:K5,C0,A5,＝(G)2。其他特征参考科。全球1个大洲分布及种数(1)◆南美洲。

Perianthopodus Silva Manso = **Cayaponia**

Periarrabidaea A. Samp. 黄葳属 Bignoniaceae [MD－541] 特征纪要:习性:－。花程式:－。其他特征参考科。全球2个大洲分布及种数(2)北美洲:1; 南美洲:1。

Periballia Trin. 舞芒草属 Poaceae [MM－748] 特征纪要:草本。花程式:(K)3,C0参考科,A1－2,＝(G)2－3。其他特征参考科。全球6个大洲分布及种数(1－11)非洲:6; 亚洲:3; 大洋洲:3; 欧洲:3; 北美洲:3; 南美洲:2。

Periblema DC. = **Boutonia**

Pericalia Cass. = **Roldana**

Pericallis D. Don 瓜叶菊属 Asteraceae [MD－586] 特征纪要:习性:草本,少灌木。花程式:(K)3－5,C3－5,A3参考科,＝↓(G)2。物候:－。海拔:6000米。生境:广泛栽培。资源:药用,观赏,具栽培园艺种类。全球2个大洲分布及种数(4－17)亚洲:3－4;北美洲:2。【中国种数:1】。

Pericalymma (Endl.) Endl. 鱼柳梅属 Myrtaceae [MD－347] 特征纪要:习性:木本。花程式:＝↓(Kn),C2－3参考科,A8－10,＝↓G－。其他特征参考科。全球1个大洲分布及种数(4)◆大洋洲。

Pericalypta Benoist 周盖爵床属 Acanthaceae [MD－572] 特征纪要:习性:草本。花程式:K2－4,C0,A2－4,＝(G)2。其他特征参考科。全球3个大洲分布及种数(1－6)非洲:6; 亚洲:3; 南美洲:3。

Pericampylus Miers 细圆藤属 Menispermaceae [MD－42] 特征纪要:习性:草质攀援。花程式:－。物候:－。花期:4－6月。果期:参考晚于花期。海拔:700米。生境:林中,林缘和灌丛中,路边阳。资源:药用。全球2个大洲分布及种数(2－20)亚洲:14; 大洋洲:3。【中国种数:2】。

Perichasma Miers 防己科属 Menispermaceae [MD－42] 特征纪要:习性:－。花程式:－。其他特征参考科。全球1个大洲分布及种数(3－4)◆非洲:3。

Perichlaena Baill. 周被紫葳属 Bignoniaceae [MD－541] 特征纪要:习性:木本。花程式:K5,C0,A5,＝(G)2。其他特征参考科。全球3个大洲分布及种数(1－13)非洲:5; 亚洲:3; 南美洲:10。

Periclesia A. C. Sm. 异管蕊莓属 Ericaceae [MD－380] 特征纪要:习性:－。花程式:－。其他特征参考科。全球1个大洲分布及种数(－)。

Pericome A. Gray 环毛菊属 Asteraceae [MD－586] 特征纪要:习性:草本。花程式:(K)3－5,(C)3－5,A3－5,＝

↓G2。其他特征参考科。全球 1 个大洲分布及种数(2 - 3)◆北美洲。

Pericopsis Thwaites 柚木豆属 Fabaceae3［MD - 240］特征纪要:习性:木本。花程式:= ↓(K1 - ∞),C1 - ∞,A5 - 9,= ↓G1。其他特征参考科。全球 6 个大洲分布及种数(4 - 12)非洲:9; 亚洲:3; 大洋洲:2; 欧洲:4; 北美洲:4; 南美洲:4。【中国种数:2】。

Perictenia Miers = **Odontadenia**

Perideridia Rchb. 圈芹属 Apiaceae［MD - 480］特征纪要:习性:草本。花程式:= ↓(K5),C5,A5,= ↓G2。其他特征参考科。全球 4 个大洲分布及种数(16 - 47)非洲:4; 亚洲:4; 北美洲:23; 南美洲:14。【中国种数:1】。

Peridictyon Seberg, Fred. & Baden 圣麦草属 Poaceae［MM - 748］特征纪要:习性:草本。花程式:(K -),C0 参考科,A3 参考科,↓G - 参考科。其他特征参考科。全球 2 个大洲分布及种数(1 - 3)欧洲:2; 北美洲:2。

Peridiothelia <unassigned> 围芽藓属 Sorapillaceae［B - 212］特征纪要: - 。全球 1 个大洲分布及种数(-)。

Peridiscaceae Kuhlm.［MD - 98］围盘树科 特征纪要:习性:木本;落叶。花程式:K4 - 5(-),C4,A3,(G)3 - 4。物候: - 。果实:蒴果。种子: - 。海拔: - 。生境: - 。资源: - 。栽培: - 。全球 1 个大洲分布及属种数(3/5 hort. 1) ◆南美洲:2/ 2 - 2。

Peridiscus Benth. 围盘树属 Peridiscaceae［MD - 98］特征纪要:习性:木本。花程式: - 。其他特征参考科。全球 2 个大洲分布及种数(1 - 4)非洲:3; 南美洲:3。

Peridium Schott = **Pera**

Perieilema Benth. & Hook. f. = **Muhlenbergia**

Periestes Baill. 枪刀药属 Acanthaceae［MD - 572］特征纪要:习性: - 。花程式: - 。其他特征参考科。全球 1 个大洲分布及种数(6)◆南美洲:1。

Perigaria Span. = **Gustavia**

Periglossum Decne. 心萝藦属 Apocynaceae［MD - 492］特征纪要:习性:木本。花程式:K5,C0,A15,↓G。其他特征参考科。全球 2 个大洲分布及种数(3 - 12)非洲:4; 南美洲:1。

Perilejeunea (Stephani) H. Rob. 环鳞苔属 Lejeuneaceae［B - 84］特征纪要:习性: - 。【Rep】:老时呈红褐色。其他特征参考科。全球 1 个大洲分布及种数(cf. 1)◆南美洲(◆哥伦比亚)。

Perilla L. 紫苏属 Lamiaceae［MD - 575］特征纪要:习性:草本。花程式:(K -),C2 - 3 参考科,A5 参考科,= ↓G2。物候: - 。花期:8 - 11 月。果期:参考晚于花期。海拔:5400 米。生境:广泛栽培,竹林边。资源:药用,食用,具栽培园艺种类。全球 6 个大洲分布及种数(3 - 47)非洲:3; 亚洲:32; 大洋洲:3; 欧洲:16; 北美洲:16; 南美洲:9。【中国种数:1】。

Perillula Maxim. 铃香薷属 Lamiaceae［MD - 575］特征纪要:习性:草本。花程式:K2,C0,A2,= (G)2。其他特征参考科。全球 1 个大洲分布及种数(cf. 1)◆亚洲(◆日本)。

Perilomia Kunth = **Scutellaria**

Perinka Raf. = **Elaeocarpus**

Perinkara Adans. = **Elaeocarpus**

Peripentadenia L. S. Sm. 环腺木属 Elaeocarpaceae［MD - 134］特征纪要:习性:木本。花程式: - 。其他特征参考科。全球 1 个大洲分布及种数(1 - 2)◆大洋洲(◆澳大利亚)。

Peripeplus Pierre 九节属 Rubiaceae［MD - 523］特征纪要:习性:木本。花程式:(K)4 - 5,(C)4 - 5,A4 - 5,↓G。其他特征参考科。全球 1 个大洲分布及种数(1)◆非洲。

Peripleura (N. T. Burb.) G. L. Nesom 簇毛层菀属 Asteraceae［MD - 586］特征纪要:习性:草本。花程式:(K)3 - 5,(C)3 - 5,A3 - 5,↓G。其他特征参考科。全球 1 个大洲分布及种数(6)◆大洋洲。

Periploca Tourn. ex L. 杠柳属 Periplocaceae［MD - 493］特征纪要(同科)。全球 6 个大洲分布及种数(22 - 36; hort. 1;cult. 1)非洲:10 - 13;亚洲:15 - 19;大洋洲:1;欧洲:4 - 6;北美洲:5 - 8;南美洲:3。【中国种数:7】。

Periplocaceae Schltr.［MD - 493］杠柳科 特征纪要:习性:木本;落叶。花程式:K5,C5,A5,G - 。物候: - 。花期:3 - 4 月。果期:8 月。果实: - 。种子: - 。海拔:1000 米。生境:常绿林中,中山灌丛,林缘。资源:药用。栽培: - 。全球 2 个大洲分布及属种数(1/1 <IFR 1/2> hort. 1;cult. 1) 非洲:IFR 1/1; 亚洲:IFR 1/2。

Periptera DC. 环翅锦葵属 Malvaceae［MD - 203］特征纪要:习性:木本。花程式:K5 - ∞,C5 - ∞,A10 - 8,= (G)1 - 5。其他特征参考科。全球 2 个大洲分布及种数(5 - 9)北美洲:5; 南美洲:2。

Peripteris Raf. = **Pteris**

Peripterygia Lös. 炬樱木属 Celastraceae［MD - 339］特征纪要:习性:木本。花程式:Kn,C2 - 3 参考科,A10,G - 。其他特征参考科。全球 1 个大洲分布及种数(1)◆大洋洲。

Perisiphorus P. Beauv. = **Hedwigia**

Perispermum Degener = **Bonamia**

Perissocarpa Steyerm. & Maguire 帽莲木属 Ochnaceae［MD - 104］特征纪要:习性:木本。花程式:K1 - ∞,C1 - ∞,A10,= (G)2 - 15。其他特征参考科。全球 1 个大洲分布及种数(3)◆南美洲。

Perissocoeleum Mathias & Constance 环芹属 Apiaceae［MD - 480］特征纪要:习性:草本。花程式:= ↓(K5),C5,A5,= ↓(G)2。其他特征参考科。全球 2 个大洲分布及种数(4 - 6)北美洲:3; 南美洲:6。

Peristeranthus T. E. Hunt 鸽花兰属 Orchidaceae［MM - 723］特征纪要:习性:草本。花程式:(K)3,C3,A3,= ↓(G)3。其他特征参考科。全球 2 个大洲分布及种数(1 - 4)亚洲:2; 大洋洲:3。

Peristeria Hook. 鸽兰属 Orchidaceae［MM - 723］特征纪要:习性:草本。花程式:(K)3,C3,A3,= ↓G3。物候: - 。海拔: - 。生境: - 。资源:具栽培园艺种类。全球 4 个大洲分布及种数(10 - 30)非洲:6; 亚洲:5; 北美

洲:10; 南美洲:24。

Peristethium Van Tiegh. 桑寄生科属 Loranthaceae [MD-415] 特征纪要:习性:-。花程式:-。其他特征参考科。全球2个大洲分布及种数(18):北美洲:4; 南美洲:16。

Peristrophe Nees 观音草属 Acanthaceae [MD-572] 特征纪要:习性:-。花程式:-。物候:-。花期:参考早于果期。果期:1-3月。海拔:1300米。生境:潮湿地方。资源:-。全球6个大洲分布及种数(47-58)非洲:23-26;亚洲:29-40;大洋洲:3-7;欧洲:3;北美洲:7-13;南美洲:5-8。【中国种数:1】。

Peristylus Bl. 兰科属 Orchidaceae [MM-723] 特征纪要:习性:草本。花程式:Kn,C2-3参考科,A3参考科,↓G-。物候:-。花期:6-9月。果期:参考晚于花期。海拔:100-1300米。生境:斜坡高山草甸。资源:具栽培园艺种类。全球6个大洲分布及种数(104-272)非洲:89; 亚洲:184; 大洋洲:55; 欧洲:38; 北美洲:38; 南美洲:9。【中国种数:19】。

Peritassa Miers 佩里木属 Celastraceae [MD-339] 特征纪要:习性:木本。花程式:K2-3,C2-3,A10,=G2-5。其他特征参考科。全球4个大洲分布及种数(20-30)非洲:1; 亚洲:4; 北美洲:6; 南美洲:30。【中国种数:1】。

Peritoma DC. 鼬柑属 Cleomaceae [MD-210] 特征纪要:习性:-。花程式:-。其他特征参考科。全球5个大洲分布及种数(15)非洲:2; 亚洲:5; 欧洲:6; 北美洲:6; 南美洲:5。

P

Perityle Benth. 岩雏菊属 Asteraceae [MD-586] 特征纪要:习性:草本。花程式:(K)3-5,(C)3-5,A3-5,=↓G2。其他特征参考科。全球4个大洲分布及种数(80-143)非洲:2; 亚洲:6; 北美洲:108; 南美洲:17。

Perizoma Miers ex Lindl. 百合茄属 Solanaceae [MD-503] 特征纪要和分布(-)。全球1个大洲分布及种数(-)◆非洲。

Perkinsiodendron P. W. Fritsch 亚阔兰属 Orchidaceae [MM-723] 特征纪要:习性:草本。花程式:(K-),C2-3参考科,A3参考科,↓G-。物候:-。花期:参考早于果期。果期:10-11月。海拔:80-5200米。生境:柏树林下或草坡路旁,竹坡中。资源:-。全球1个大洲分布及种数(1)◆亚洲:1。

Perlaria Heist. ex Fabr. = **Aegilops**

Pernettya Gaud. 南白珠属 Celastraceae [MD-339] 特征纪要:习性:-。花程式:-。其他特征参考科。全球5个大洲分布及种数(109)亚洲:6; 大洋洲:17; 欧洲:14; 北美洲:14; 南美洲:65。

Pernetya Scop. = **Pernettya**

Perobachne J. Presl = **Themeda**

Perocarpa Feer = **Peracarpa**

Peromnion Schwägr. 短月藓属 Bryaceae [B-146] 特征纪要:-。全球1个大洲分布及种数(-)。

Peronema Jack 溦齿木属 Lamiaceae [MD-575] 特征纪要:习性:木本。花程式:K2-4,C0,A2-4,=(G)2-4。其他特征参考科。全球3个大洲分布及种数(1-14)非洲:2; 亚洲:5; 南美洲:9。【中国种数:1】。

Perotis Aiton 茅根属 Poaceae [MM-748] 特征纪要:习性:草本(基生)。花程式:(K-),C0参考科,A3,=G2-3。物候:-。海拔:10-5600米。生境:低丘草地或近海沙质土壤上,砂质海岸。资源:具栽培园艺种类。全球6个大洲分布及种数(15-17)非洲:13-17;亚洲:4-7;大洋洲:2-5;欧洲:3;北美洲:1-4;南美洲:3。【中国种数:3】。

Perovskia Kar. 分药花属 Lamiaceae [MD-575] 特征纪要:习性:-。花程式:-。物候:-。花期:6-7月。果期:参考晚于花期。海拔:2000米。生境:砾石山坡,干燥河床,河岸。资源:-。全球4个大洲分布及种数(1-14)亚洲:12; 大洋洲:2; 欧洲:4; 北美洲:4。

Perpensum Burm. f. = **Gunnera**

Perralderia Coss. 直壁菊属 Asteraceae [MD-586] 特征纪要:习性:草本。花程式:(K)3-5,(C)3-5,A3-5,=↓G2。其他特征参考科。全球1个大洲分布及种数(3)◆非洲。

Perriera Courchet 佩氏木属 Simaroubaceae [MD-424] 特征纪要:习性:木本。花程式:K3-10,C3-10,A2,=G1-2。其他特征参考科。全球3个大洲分布及种数(2-8)非洲:8; 亚洲:2; 南美洲:5。

Perrieranthus Hochr. = **Perrierophytum**

Perrierastrum Guillaumin = **Plectranthus**

Perrierbambus A. Camus 梨赤竹属 Poaceae [MM-748] 特征纪要:习性:草本。花程式:(K)3,C0参考科,A1-2,=(G)2-3。其他特征参考科。全球1个大洲分布及种数(2)◆非洲(◆马达加斯加)。

Perrieriella Schltr. = **Oeonia**

Perrierodendron Cavaco 独杯花属 Sarcolaenaceae [MD-153] 特征纪要:习性:木本。花程式:K5-10,C5-10,A5-10,G1-3。其他特征参考科。全球1个大洲分布及种数(5)◆非洲(◆马达加斯加)。

Perrierophytum Hochr. 佩氏锦葵属 Malvaceae [MD-203] 特征纪要:习性:木本。花程式:K5-∞,C5-∞,A10-8,=G1-5。其他特征参考科。全球1个大洲分布及种数(4-10)◆非洲(◆马达加斯加)。

Perrierosedum (A. Berger) H. Ohba 景天属 Crassulaceae [MD-229] 特征纪要:习性:草本。花程式:-。其他特征参考科。全球1个大洲分布及种数(1)◆非洲。

Perrottetia Kunth 核子木属 Dipentodontaceae [MD-233] 特征纪要:习性:-。花程式:-。物候:-。花期:4-10月。果期:参考晚于花期。海拔:400-2500米。生境:卡门河边,山坡上混合的隐花种植园和阔叶林。资源:-。全球6个大洲分布及种数(25-29;hort. 1)非洲:7-8;亚洲:5-7;大洋洲:8-9;欧洲:1;北美洲:7-9;南美洲:9-13。【中国种数:4】。

Persea Mill. 鳄梨属 Lauraceae [MD-21] 特征纪要:习性:木本。花程式:-。物候:-。花期:2-3月。果期:参考晚于花期。海拔:20-3800米。生境:龙山林内。资源:药用,具栽培园艺种类。全球6个大洲分布及种数

(125 – 506)非洲:6; 亚洲:141; 大洋洲:8; 欧洲:66; 北美洲:66; 南美洲:181。【中国种数:4】。

Persicaria (L.) Mill. 蓼属 Polygonaceae [MD – 120] 特征纪要和分布(–)。全球6个大洲分布及种数(160 – 207; hort. 1;cult. 28)非洲:41 – 76;亚洲:120 – 166;大洋洲:27 – 61;欧洲:32 – 68;北美洲:62 – 106;南美洲:33 – 67。【中国种数:58】。

Persoonia Sm. 金钗木属 Proteaceae [MD – 219] 特征纪要和分布(–)。全球6个大洲分布及种数(14 – 111)非洲:1;亚洲:13 – 17;大洋洲:13 – 106;欧洲:2;北美洲:1;南美洲:2。

Perssonia Bizot 佛得角真藓属 Bryaceae [B – 146] 特征纪要:习性:–。【Rep】:孢子体不发达,雌雄异株或雌雄同株,朔柄长,直立或稍弯曲,孢蒴多直立或倾立,稀横列或下垂,梨形、卵形或棒槌形。其他特征参考科。全球1个大洲分布及种数(1)◆非洲。

Perssoniella Herzog 叉舌苔属 Perssoniellaceae [B – 35] 特征纪要(同科)。全球1个大洲分布及种数(cf. 1)◆南美洲。

Perssoniellaceae R. M. Schust. [B – 35] 叉舌苔科 特征纪要(参考 Leucodontaceae),粗壮或纤细,绿色、黄绿色或褐绿色,常成稀疏或密集大片群落。【Rep】:雌雄异苞同株,雌苞叶卵形,有短尖,上部边缘有齿突,无中肋,蒴柄细长,下部呈棕褐色。全球1个大洲分布和属种数(cf. 1)◆南美洲。

Pertusadina Ridsdale 槽裂木属 Rubiaceae [MD – 523] 特征纪要和分布(–)。全球1个大洲分布及种数(3 – 5)◆亚洲。

Pertusaria <unassigned> 圈竹桃属 Apocynaceae [MD – 492] 特征纪要和分布(–)。

Pertya Sch. Bip. 帚菊属 Asteraceae [MD – 586] 特征纪要:习性:草质攀援。花程式:(K)3 – 5,C3 – 5,A3 参考科,= ↓ G2。物候:–。海拔:1900 – 3000 米。生境:草地,灌丛,枝顶。资源:具园艺种类。全球3个大洲分布及种数(34 – 68)亚洲:59; 北美洲:3; 南美洲:2。【中国种数:18】。

Perulifera A. Camus = **Pseudechinolaena**

Peruviasclepias Morillo 夹竹桃科属 Apocynaceae [MD – 492] 特征纪要:习性:木本。花程式:–。其他特征参考科。全球1个大洲分布及种数(–)。

Pervillaea Decne. 梅纳萝藦属 Apocynaceae [MD – 492] 特征纪要:习性:木本。花程式:K5,C0,A15,= G2。其他特征参考科。全球1个大洲分布及种数(4 – 5)◆非洲。

Perymeniopsis H. Rob. 锥花菊属 Asteraceae [MD – 586] 特征纪要:习性:草本。花程式:(K)3 – 5,(C)3 – 5,A3 – 5,↓ G。其他特征参考科。全球2个大洲分布及种数(1 – 2)北美洲:2; 南美洲:2。

Perymenium Schröd. 月菊属 Asteraceae [MD – 586] 特征纪要:习性:草本。花程式:(K)3 – 5,(C)3 – 5,A3 – 5,= ↓ G2。其他特征参考科。全球2个大洲分布及种数(72)北美洲:54 – 56;南美洲:15。

Pescatobollea Rolfe 宝丽兰属 Orchidaceae [MM – 723] 特征纪要和分布(–)。全球1个大洲分布及种数(1)◆南美洲。

Pescatorea Rchb. f. 鲨口兰属 Orchidaceae [MM – 723] 特征纪要:习性:草本。花程式:(K –),C0 参考科,A3,↓ (G)3。其他特征参考科。全球2个大洲分布及种数(5)北美洲:1; 南美洲:4。

Pescatoria Rchb. f. 修丽兰属 Orchidaceae [MM – 723] 特征纪要:习性:草本。花程式:(K)3,C3,A3,= ↓ G3)。其他特征参考科。全球3个大洲分布及种数(24 – 40)非洲:2; 北美洲:5; 南美洲:35。

Peschiera A. DC. = **Tabernaemontana**

Pessopteris Underw. & Maxon 雅蕨属 Polypodiaceae [F – 60] 特征纪要:习性:–。【Rep】:孢子同形,囊群生叶背。其他特征参考科。全球3个大洲分布及种数(10)亚洲:2; 北美洲:2; 南美洲:3。

Petagnaea Carül 伞形科属 Apiaceae [MD – 480] 特征纪要:习性:–。花程式:–。其他特征参考科。全球0个大洲分布及种数(1)。

Petagomoa Bremek. = **Psychotria**

Petalacte D. Don 有托鼠麴木属 Asteraceae [MD – 586] 特征纪要:习性:草本。花程式:(K)3 – 5,(C)3 – 5,A3 – 5,↓ G。其他特征参考科。全球1个大洲分布及种数(1)◆非洲。

Petaladenium Ducke 巴西耳壶豆属 Fabaceae3 [MD – 240] 特征纪要:习性:木本。花程式:= ↓ (K1 – ∞),C1 – ∞,A5 – 9,= ↓ G1。其他特征参考科。全球1个大洲分布及种数(1)◆南美洲(◆巴西)。

Petalidium Nees 扁爵床属 Acanthaceae [MD – 572] 特征纪要:习性:草本。花程式:K2 – 4,C0,A2 – 4,= ↓ (G)2。其他特征参考科。全球3个大洲分布及种数(36 – 45)非洲:34 – 43;亚洲:1;大洋洲:1。

Petalocaryum Pierre ex A. Chev. 非洲铁青树属 Olacaceae [MD – 362] 特征纪要:习性:木本。花程式:–。其他特征参考科。全球1个大洲分布及种数(1) ◆非洲。

Petalocentrum Schltr. = **Oncidium**

Petalodactylis Arènes = **Cassipourea**

Petalodiscus Baill. = **Wielandia**

Petalodon Lür 铁青兰属 Orchidaceae [MM – 723] 特征纪要:习性:–。花程式:–。其他特征参考科。全球6个大洲分布及种数(1 – 2)非洲:1;亚洲:1;大洋洲:1;欧洲:1;北美洲:1;南美洲:1。

Petalonyx A. Gray 爪星花属 Loasaceae [MD – 435] 特征纪要:习性:木本。花程式:–。其他特征参考科。全球3个大洲分布及种数(5 – 12)欧洲:10; 北美洲:10; 南美洲:3。

Petalophyllaceae Stotler & Crand. – Stotl. [B – 24] 瓣叶苔科 特征纪要(参考 Mniaceae),体形纤细,直立丛生,呈淡绿或深绿带红色,常成小片纯群落。【Rep】:雌雄异株,稀同株,孢子体单生,稀丛生,蒴柄高出,粗壮,橙色,孢蒴倾立或下垂。全球2个大洲分布和属种数(1;hort. & cult. 1)(2 – 3;hort. & cult. 1)北美洲:1/2;南美洲:1/1。

Petalophyllum Nees & Gottsche ex Lehm. 瓣叶苔属 Petalophyllaceae［B－24］特征纪要：－。全球 4 个大洲分布及种数(3－4)亚洲：cf. 1；大洋洲：cf. 1；北美洲：2；南美洲：1。

Petalostelma E. Fourn. 巴西盾萝藦属 Apocynaceae［MD－492］特征纪要：习性：木本。花程式：K5，C0，A5，＝↓G2。其他特征参考科。全球 2 个大洲分布及种数(11－23)亚洲：4；南美洲：21。

Petalostemon Michx. 瓣蕊豆属 Fabaceae3［MD－240］特征纪要：习性：－。花程式：－。其他特征参考科。全球 2 个大洲分布及种数(83)北美洲：25；南美洲：2。

Petalostigma F. Müll. 秀柱桐属 Euphorbiaceae［MD－217］特征纪要：习性：木本。花程式：K1(1000)，C1－1000，A1－1000，G2－3。其他特征参考科。全球 2 个大洲分布及种数(5－17)非洲：1；大洋洲：10。

Petalostylis R. Br. 瓣柱豆属 Fabaceae2［MD－240］特征纪要：习性：木本。花程式：＝↓(K3－5－∞)，C3－5－∞，A1－10－50，＝↓G1。其他特征参考科。全球 2 个大洲分布及种数(2－5)亚洲：3；大洋洲：5。【中国种数：1】。

Petasites Mill. 蜂斗菜属 Asteraceae［MD－586］特征纪要：习性：草本(根状茎，基生)。花程式：(K)3－5，C3－5，A3 参考科，＝↓G2。物候：－。花期：5 月。果期：参考晚于花期。海拔：1500－2500 米。生境：草地，在裸露的沙质斜坡上，高山草坡，森林下层，灌丛边缘。资源：具栽培园艺种类。全球 6 个大洲分布及种数(28－121)非洲：10；亚洲：46；大洋洲：6；欧洲：25；北美洲：25；南美洲：8。【中国种数：9】。

Petasostylis Griseb. ＝ **Lisianthius**

Petastoma Miers ＝ **Fridericia**

Petchia Livera 佩奇木属 Apocynaceae［MD－492］特征纪要：习性：木本。花程式：K5－∞，C0，A15，＝↓(G)2－5。其他特征参考科。全球 6 个大洲分布及种数(8－48)非洲：25；亚洲：22；大洋洲：3；欧洲：2；北美洲：2；南美洲：8。【中国种数：2】。

Petelotiella Gagnep. 黄连山麻属 Urticaceae［MD－91］特征纪要：习性：木本。花程式：－。其他特征参考科。全球 1 个大洲分布及种数(1)◆亚洲。

Petenaea Lundell 红毛椴属 Petenaeaceae［MD－145］特征纪要(同科)。全球 2 个大洲分布及种数(1－3)亚洲：2；北美洲：3。

Petenaeaceae Christenh.，M. F. Fay & M. W. Chase［MD－145］红毛椴科 特征纪要：习性：木本；落叶。花程式：K1，C1，A10，(G)2(100)。全球 1 个大洲分布及属种数(2/3 hort. 1) ◆大洋洲：1/ 10－16。

Peteniodendron Lundell ＝ **Pouteria**

Peteravenia R. M. King & H. Rob. 光瓣亮泽兰属 Asteraceae［MD－586］特征纪要：习性：草本。花程式：(K)3－5，C3－5，A3－5，＝↓(G)2。其他特征参考科。全球 2 个大洲分布及种数(5－8)北美洲：6；南美洲：3。

Petermannia F. Müll. 花须藤科属 Petermanniaceae［MM－682］特征纪要(同科)。全球 1 个大洲分布及种数(3)◆亚洲：1。

Petermanniaceae Hutch［MM－682］花须藤科 特征纪要：习性：草本；落叶。花程式：K4－5(－)，C5，A3，G－。物候：－。果实：浆果。种子：－。海拔：－。生境：－。资源：－。栽培：－。全球 2 个大洲分布及属种数(－)。

Peterodendron Sleumer 彼得木属 Achariaceae［MD－159］特征纪要：习性：木本。花程式：－。其他特征参考科。全球 1 个大洲分布及种数(1－2)◆非洲。

Petersianthus Merr. 玉风车属 Lecythidaceae［MD－267］特征纪要：习性：木本。花程式：K4，C40－1000，A40－1000，＝↓G2－6。其他特征参考科。全球 2 个大洲分布及种数(2－3)非洲：1；亚洲：1－2。

Petesia P. Br. 茜草科属 Rubiaceae［MD－523］特征纪要：习性：－。花程式：－。其他特征参考科。全球 2 个大洲分布及种数(16)北美洲：1；南美洲：2。

Petesiodes (Sw.) Kuntze Revis. ＝ **Wallenia**

Petilium Ludw. ＝ **Fritillaria**

Petiniotia J. Léonard 棒果芥属 Brassicaceae［MD－213］特征纪要：习性：草本。花程式：K4，C4，A2－4，↓G－参考科。其他特征参考科。全球 1 个大洲分布及种数(1) ◆亚洲：1。

Petita Cothen. ＝ **Petitia**

Petitia Jacq. 珀蒂草属 Lamiaceae［MD－575］特征纪要：习性：－。花程式：－。其他特征参考科。全球 5 个大洲分布及种数(1－11)非洲：2；亚洲：2；大洋洲：2；北美洲：6；南美洲：5。【中国种数：1】。

Petitiocodon Robbr. 蔓钟木属 Rubiaceae［MD－523］特征纪要：习性：木本。花程式：(K－)，(C)4，A3－5，↓G。其他特征参考科。全球 1 个大洲分布及种数(1)◆非洲。

Petitmenginia Bonati 滇钟草属 Orobanchaceae［MD－552］特征纪要：习性：－。花程式：－。物候：－。海拔：45－6000 米。生境：草地。资源：－。全球 1 个大洲分布及种数(cf. 1)◆亚洲。

Petiveria Plum. ex L. 蒜香草属 Petiveriaceae［MD－128］特征纪要：习性：灌木。花程式：Kn，C0，A3 参考科，↓G－参考科。物候：－。海拔：－。生境：－。资源：具园艺种类。全球 5 个大洲分布及种数(2－10)非洲：2；亚洲：2；欧洲：7；北美洲：7；南美洲：8。【中国种数：1】。

Petiveriaceae C. Agardh［MD－128］蒜香草科 特征纪要：习性：草本；落叶。花程式：K4－5(－)，C0，A，G－。物候：－。果实：翅果，瘦果。全球 1 个大洲分布及属种数(3/6 <IFR 1/1> hort. 1) ◆北美洲：1/ 1。【中国属种数：2/3】。

Petractis <unassigned> 岩芽藓属 Sorapillaceae［B－212］特征纪要：－。全球 1 个大洲分布及种数(－)。

Petradoria Greene 岩黄花属 Asteraceae［MD－586］特征纪要：习性：草本。花程式：(K)3－5，(C)3－5，A3－5，↓G。其他特征参考科。全球 1 个大洲分布及种数(1－3)◆北美洲。

Petraeomyrtus Craven 白千层属 Myrtaceae［MD－347］特征纪要：习性：－。花程式：－。其他特征参考科。全球 1

个大洲分布及种数(cf. 1)◆大洋洲(◆澳大利亚)。

Petraeovitex Oliv. 东芭藤属 Lamiaceae [MD-575] 特征纪要:习性:草本。花程式:K2-4,C0,A2-4,=(G)2-4。物候:-。海拔:-。生境:-。资源:具园艺种类。全球4个大洲分布及种数(9-15)非洲:4; 亚洲:14; 大洋洲:2; 南美洲:3。

Petrea L. 蓝花藤属 Petreaceae [MD-554] 特征纪要(同科)。全球6个大洲分布及种数(12-91)非洲:26; 亚洲:15; 大洋洲:3; 欧洲:34; 北美洲:34; 南美洲:53。【中国种数:1】。

Petreaceae J. Agardh [MD-554] 肖常山科 特征纪要:习性:木本;落叶。花程式:(K)5,C5,A4,G2。物候:-。花期:4-5月。全球5个大洲分布及属种数(1/1 hort. 1;cult. 1) 非洲:1/5-6; 亚洲:1/5; 大洋洲:1/3; 北美洲:1/7-8; 南美洲:1/14-18。【中国属种数:1/1】。

Petriella Zotov = **Zotovia**

Petroana Madhani & Zarre 拟扁芒草属 Caryophyllaceae [MD-77] 特征纪要:习性:-。花程式:-。其他特征参考科。全球2个大洲分布及种数(2)非洲:1; 亚洲:1。

Petrobium R. Br. 澳铁科属 Laxmanniaceae [MM-661] 特征纪要:习性:-。花程式:-。其他特征参考科。全球1个大洲分布及种数(1)◆欧洲:1。

Petrocallis W. T. Aiton 岩丽芥属 Brassicaceae [MD-213] 特征纪要:习性:草本。花程式:K4,C4,A3 参考科,↓G-参考科。其他特征参考科。全球4个大洲分布及种数(1-11)亚洲:3; 大洋洲:2; 欧洲:8; 北美洲:8。【中国种数:1】。

Petrocarya Schreb. = **Parinari**

Petrocodon Hance 石山苣苔属 Gesneriaceae [MD-549] 特征纪要:习性:草本(根状茎,基生)。花程式:-。物候:-。花期:6-9月。果期:参考晚于花期。海拔:200-1000米。生境:林缘草地,悬崖。资源:药用,具栽培园艺种类。全球2个大洲分布及种数(50-64)亚洲:63; 大洋洲:2。【中国种数:13】。

Petrocoptis A. Braun ex Endl. 剪秋罗属 Caryophyllaceae [MD-77] 特征纪要:习性:草本。花程式:K5,C5-4,A10,G-。其他特征参考科。全球0个大洲分布及种数(8-16)。

Petrocosmea Oliv. 石蝴蝶属 Gesneriaceae [MD-549] 特征纪要:习性:草本(根状茎,基生)。花程式:(K-),C2-3 参考科,A5,=↓G2。物候:-。花期:10月。果期:参考晚于花期。海拔:1900-3100米。生境:陡崖阴湿处,沼泽。资源:具园艺种类。全球2个大洲分布及种数(68-88)亚洲:84; 南美洲:3。【中国种数:30】。

Petrodoxa J. Anthony = **Beccarinda**

Petroedmondia Tamamsch. 爱石芹属 Apiaceae [MD-480] 特征纪要:习性:草本。花程式:=↓(K5),C5,A5,=↓G(-)。其他特征参考科。全球1个大洲分布及种数(1) ◆亚洲:1。

Petrogenia I. M. Johnst. 睡帽藤属 Convolvulaceae [MD-499] 特征纪要:习性:草本。花程式:Kn,C0,A5,↓G-参考科。其他特征参考科。全球2个大洲分布及种数(1-2)北美洲:2; 南美洲:2。

Petromarula Vent. ex R. Hedw. 岩莴苣属 Campanulaceae [MD-561] 特征纪要:习性:草本。花程式:(K-),C5 参考科,A3 参考科,↓G-。其他特征参考科。全球5个大洲分布及种数(1-5)非洲:2; 亚洲:3; 欧洲:3; 北美洲:3; 南美洲:2。

Petronymphe H. E. Moore 石仙韭属 Asparagaceae [MM-669] 特征纪要:习性:草本。花程式:(K)3,C0 参考科,A6,G-。其他特征参考科。全球1个大洲分布及种数(2)◆北美洲(◆墨西哥)。

Petrophila R. Br. 石山龙眼属 Proteaceae [MD-219] 特征纪要:-。全球4个大洲分布及种数(57)非洲:1; 大洋洲:25; 北美洲:1; 南美洲:16。

Petrophile R. Br. ex Knight 锣槌木属 Proteaceae [MD-219] 特征纪要:习性:木本。花程式:-。其他特征参考科。全球2个大洲分布及种数(69-108)亚洲:4; 大洋洲:94。

Petrophytum (Nutt.) Rydb. 岩绣菊属 Rosaceae [MD-246] 特征纪要:习性:木本。花程式:=↓(K1(10-100),C1-10-100,A1-10-100,=↓G(-)。其他特征参考科。全球1个大洲分布及种数(4)◆北美洲。

Petroravenia Al-Shehbaz 南美芥属 Brassicaceae [MD-213] 特征纪要:习性:草本。花程式:K2-4,C2-4,A2-4,=(G)2。其他特征参考科。全球1个大洲分布及种数(3)◆南美洲。

Petrorhagia (Ser. ex DC.) Link 膜萼花属 Caryophyllaceae [MD-77] 特征纪要:习性:草本(基生)。花程式:-。物候:-。花期:5-6月。果期:参考晚于花期。海拔:1000-1800米。生境:多石质草地,干草坡。资源:具栽培园艺种类。全球6个大洲分布及种数(28-33)非洲:12-13;亚洲:15-19;大洋洲:3;欧洲:16-18;北美洲:5;南美洲:1。【中国种数:2】。

Petrosavia Becc. 无叶莲属 Petrosaviaceae [MM-614] 特征纪要(同科)。全球1个大洲分布及种数(2-4)◆亚洲。【中国种数:1】。

Petrosaviaceae Hutch. [MM-614] 无叶莲科 特征纪要:习性:草本;落叶。花程式:(K)6-,C5,A4,↑G-。物候:-。花期:7-8月。果期:8-10月。果实:蒴果。种子:种皮作不规则的矩圆形。海拔:1000米。生境:林下或竹林下。全球1个大洲分布及属种数(1/1)◆亚洲:1。【中国属种数:2/2】。

Petrosedum Grulich 云杉草属 Crassulaceae [MD-229] 特征纪要:习性:草本。花程式:=↓(K3-5-∞),C3-5-∞,A4,=↓G(-)。其他特征参考科。全球6个大洲分布及种数(6-25;hort. 1)非洲:1-4;亚洲:2-7;大洋洲:1;欧洲:5-15;北美洲:1-4;南美洲:1-2。

Petroselinum Hill 欧芹属 Apiaceae [MD-480] 特征纪要:习性:草本(基生)。花程式:Kn,C5,A3 参考科,=↓(G)2。物候:-。花期:6-7月。果期:参考晚于花期。海拔:50-5600米。生境:-。栽培:-。资源:药用,具栽培园艺种类。全球6个大洲分布及种数(2-18)非洲:5; 亚洲:7; 大洋洲:3; 欧洲:7; 北美洲:7; 南美洲:

7。【中国种数:1】。

Petrosimonia Bunge 叉毛蓬属 Amaranthaceae [MD-116] 特征纪要:习性:草本。花程式:Kn,C2-3 参考科,A6,G-。物候:-。海拔:600-5000 米。生境:冲积平地,戈壁,沟沿等处,蔬菜地边。资源:具栽培园艺种类。全球2个大洲分布及种数(7-13)亚洲:6-12;欧洲:2-3。【中国种数:6】。

Petteria C. Presl 巴尔干豆属 Fabaceae3 [MD-240] 特征纪要:习性:木本。花程式:=↓(K1-∞),C1-∞,A5-9,=↓G1。其他特征参考科。全球0个大洲分布及种数(1-2)。

Petunga DC. = **Hypobathrum**

Petunia Juss. 矮牵牛属 Solanaceae [MD-503] 特征纪要:习性:草本。花程式:-。物候:-。海拔:100-5000 米。生境:广泛栽培。栽培:来自广西龙州。资源:药用,园林,具栽培园艺种类。全球6个大洲分布及种数(23-33;hort. 1;cult. 3)非洲:2-3;亚洲:4-7;大洋洲:9-11;欧洲:4-6;北美洲:5-7;南美洲:22-33。【中国种数:2】。

Peucedanum L. 前胡属 Apiaceae [MD-480] 特征纪要:习性:草本(基生)。花程式:Kn,C5,A3 参考科,=↓(G)2。物候:-。海拔:100-1300 米。生境:草山坡,山坡上。资源:药用,具栽培园艺种类。全球6个大洲分布及种数(197-271;hort. 1;cult. 5)非洲:57-131;亚洲:123-204;大洋洲:13-80;欧洲:38-116;北美洲:15-80;南美洲:3-65。【中国种数:25】。

Peucephyllum A. Gray 矮松菊属 Asteraceae [MD-586] 特征纪要:习性:草本。花程式:(K)3-5,(C)3-5,A3-5,=↓G2。其他特征参考科。全球2个大洲分布及种数(1-5)亚洲:2; 北美洲:3。

Peumus Molina 解醉茶属 Monimiaceae [MD-20] 特征纪要:习性:木本。花程式:-。其他特征参考科。全球3个大洲分布及种数(1-7)非洲:3; 北美洲:2; 南美洲:6。

Peyritschia E. Fourn. 裂喙草属 Poaceae [MM-748] 特征纪要:习性:草本。花程式:(K)3,C0 参考科,A1-2,=(G)2-3。其他特征参考科。全球3个大洲分布及种数(8)亚洲:cf. 1;北美洲:5;南美洲:4。【中国种数:1】。

Peyrousia Poir. = **Lapeirousia**

Pfaffia Mart. 莽棉苋属 Amaranthaceae [MD-116] 特征纪要:习性:灌木。花程式:K1-2,C0,A3 参考科,=G2-3。其他特征参考科。全球5个大洲分布及种数(34-103)非洲:1; 亚洲:6; 大洋洲:3; 北美洲:9; 南美洲:73。【中国种数:3】。

Pfeiffera Salm-Dyck 丝苇属 Cactaceae [MD-100] 特征纪要:习性:木本。花程式:=↓(K1-∞),C1-∞,A3-100,=↓G-。其他特征参考科。全球2个大洲分布及种数(7-18)北美洲:1; 南美洲:9。

Pfitzeria Senghas = **Comparettia**

Phaca (Tourn.) L. 糙荚棘豆属 Fabaceae3 [MD-240] 特征纪要:习性:-。花程式:-。物候:-。海拔:7500 米。生境:矮灌木丛或芦苇丛中,稀见于沿河岸疏林下,作为作物栽培。资源:具栽培园艺种类。全球6个大洲分布及种数(3-8;hort. 1;cult. 1)非洲:1-43;亚洲:1-43;大洋洲:1-43;欧洲:1-43;北美洲:1-43;南美洲:2-44。

Phacelia Juss. 沙铃花属 Boraginaceae [MD-517] 特征纪要:习性:草本。花程式:K4-5,C0,A3 参考科,=↓G2。物候:-。海拔:900-1000 米。生境:稻田,塘缘,溪边,明林,沼泽或被淹土壤。资源:-。全球6个大洲分布及种数(206-261;hort. 1;cult. 17)非洲:1-68;亚洲:8-75;大洋洲:4-71;欧洲:14-81;北美洲:199-313;南美洲:20-89。【中国种数:20】。

Phacellanthus Siebold & Zucc. 黄筒花属 Orobanchaceae [MD-552] 特征纪要和分布(-)。【中国种数:1】。

Phacellaria Benth. 重寄生属 Santalaceae [MD-412] 特征纪要:习性:木质攀援。花程式:-。物候:-。花期:5-8 月。果期:参考晚于花期。海拔:1000-1400 米。生境:寄生植物枝上。资源:具园艺种类。全球4个大洲分布及种数(6-20)亚洲:12; 欧洲:2; 北美洲:2; 南美洲:9。【中国种数:5】。

Phacellothrix F. Müll. 拟蜡菊属 Asteraceae [MD-586] 特征纪要:习性:草本。花程式:参考科,C3 参考科,A3 参考科,↓(G)2-9 参考科。其他特征参考科。全球2个大洲分布及种数(1-2)亚洲:1; 大洋洲:1。

Phacelurus Griseb. 锥茅属 Poaceae [MM-748] 特征纪要:习性:草本(根状茎,基生)。花程式:(K-),C0 参考科,A3 参考科,=G2-3。物候:-。海拔:1100-2000 米。生境:灌溉渠道。资源:具栽培园艺种类。全球3个大洲分布及种数(13)非洲:7;亚洲:cf. 1;欧洲:1。【中国种数:3】。

Phacosperma Haw. = **Calandrinia**

Phaeanthus Hook. f. & Thoms. 嘉陵花属 Annonaceae [MD-7] 特征纪要:习性:木本。花程式:-。物候:-。花期:8 月。果期:参考晚于花期。海拔:1800-2300 米。生境:山地林中。资源:具园艺种类。全球4个大洲分布及种数(9-34)非洲:1; 亚洲:6; 北美洲:1; 南美洲:1。【中国种数:1】。

Phaecasium Cass. = **Crepis**

Phaedra Klotzsch = **Bernardia**

Phaedranassa Herb. 绿尖石蒜属 Amaryllidaceae [MM-694] 特征纪要:习性:草本。花程式:(K)3,C3,A1,=↓G3。其他特征参考科。全球4个大洲分布及种数(11-26)非洲:2; 亚洲:2; 北美洲:3; 南美洲:23。

Phaedropezia <unassigned> 球盖蕨科属 Peranemataceae [F-48] 特征纪要:-。全球2个大洲分布及种数(3)非洲:3; 南美洲:1。

Phaenanthoecium C. E. Hubb. 显颖草属 Poaceae [MM-748] 特征纪要:习性:草本。花程式:(K)3,C0 参考科,A1-2,=(G)2-3。其他特征参考科。全球2个大洲分布及种数(1-4)非洲:4; 亚洲:2。

Phaeneilema G. Brückn. = **Murdannia**

Phaenocoma D. Don 紫花帚鼠麴属 Asteraceae [MD-586] 特征纪要:习性:草本。花程式:(K)3-5,(C)3-5,A3

-5,↓G。其他特征参考科。全球3个大洲分布及种数(1-2)非洲:2;欧洲:2;北美洲:2。

Phaenosperma Munro ex Benth. 显子草属 Poaceae [MM-748] 特征纪要:习性:草本(基生)。花程式:(K-),C0参考科,A3,=G2-3。物候:-。海拔:100-1800米。生境:生于山坡林下,山谷溪旁及路边草丛。资源:药用。全球2个大洲分布及种数(1-6)亚洲:6;北美洲:2。【中国种数:1】。

Phaeocalicium <unassigned> 番木瓜科属 Caricaceae [MD-236] 特征纪要:-。全球5个大洲分布及种数(11)亚洲:4;大洋洲:2;欧洲:1;北美洲:1;南美洲:2。

Phaeoceros Prosk. 黄角苔属 Notothyladaceae [B-93] 特征纪要:习性:-。【Rep】:雌雄同株,孢蒴细长角状,基部具短筒状苞膜,孢子黄褐色,圆锥形,具细疣状突起,假弹丝由1-5个单列细胞。全球6个大洲分布及种数(28)非洲:5;亚洲:14-19;大洋洲:7-12;欧洲:4-9;北美洲:10-15;南美洲:7-12。【中国种数:2】。

Phaeocyrtis <unassigned> 欧洲脊囊藓属 Rhacocarpaceae [B-139] 特征纪要:-。全球2个大洲分布及种数(1)亚洲:1;欧洲:1。

Phaeolejeunea Mizut. 黑鳞苔属 Lejeuneaceae [B-84] 特征纪要:习性:-。【Rep】:老时呈红褐色。物候:-。海拔:-。生境:山坡,针阔混交林中。资源:-。全球2个大洲分布及种数(5)亚洲:1;大洋洲:4。

Phaeomegaceros R. J. Duff, J. C. Villarreal, Cargill & Renzaglia 暗绿大角苔属 Dendrocerotaceae [B-95] 特征纪要:习性:-。【Rep】:雌雄异株,孢蒴细长角状,无气孔,假弹丝具单列螺纹加厚,孢子单细胞,被细疣。其他特征参考科。全球2个大洲分布及种数(cf. 1)北美洲;南美洲。

Phaeonychium O. E. Schulz 藏芥属 Brassicaceae [MD-213] 特征纪要:习性:-。花程式:-。物候:-。花期:7-9月。果期:参考晚于花期。海拔:1800-2400米。生境:斜坡。资源:-。全球2个大洲分布及种数(15)亚洲:11;南美洲:2。

Phaeophyscia <unassigned> 唐松木科属 Physenaceae [MD-169] 特征纪要:-。全球4个大洲分布及种数(35)亚洲:19;欧洲:7;北美洲:7;南美洲:11。

Phaeoptilum Radlk. 褐羽果属 Nyctaginaceae [MD-107] 特征纪要:习性:木本。花程式:K1-5,C0,A5,G-。其他特征参考科。全球1个大洲分布及种数(1)◆非洲。

Phaeopyxis <unassigned> 柏芽藓属 Sorapillaceae [B-212] 特征纪要和分布(-)。

Phaeorrhiza <unassigned> 唐松木科属 Physenaceae [MD-169] 特征纪要:-。全球2个大洲分布及种数(3)亚洲:2;南美洲:2。

Phaeosphaerion Hassk. 褐鸭跖草属 Commelinaceae [MM-708] 特征纪要:习性:-。花程式:-。其他特征参考科。全球1个大洲分布及种数(2)◆南美洲。

Phaeospherion Auct. = **Phaeosphaerion**

Phaeospora <unassigned> 柳叶菜科属 Boraginaceae [MD-517] 特征纪要:习性:-。花程式:-。其他特征参考科。全球3个大洲分布及种数(45)非洲:2;亚洲:9;南美洲:34。

Phaeosporobolus <unassigned> 棉叶藓属 Sorapillaceae [B-212] 特征纪要:-。全球2个大洲分布及种数(3)亚洲:3;南美洲:3。

Phaeostemma E. Fourn. 暗冠萝藦属 Apocynaceae [MD-492] 特征纪要:习性:木本。花程式:K5,C0,A5,=(G)2。其他特征参考科。全球2个大洲分布及种数(7-13)北美洲:1;南美洲:7。

Phaeostigma Muldashev 亚菊属 Asteraceae [MD-586] 特征纪要:习性:-。花程式:-。其他特征参考科。全球1个大洲分布及种数(cf. 1)◆亚洲。

Phaeostoma Spach = **Clarkia**

Phagnalon Cass. 棉毛菊属 Asteraceae [MD-586] 特征纪要:草本,少木本。花程式:(K)3-5,C3-5,A3参考科,=↓G2。物候:-。花期:5-8月。果期:参考晚于花期。海拔:1800-2700米。生境:山谷。资源:具园艺种类。全球4个大洲分布及种数(49-62;hort. 1;cult. 3)非洲:26;亚洲:22-24;欧洲:19;北美洲:2。【中国种数:5】。

Phaianthes Raf. = **Moraea**

Phainantha Gleason 辉花野牡丹属 Melastomataceae [MD-364] 特征纪要:习性:木本。花程式:=↓(K4-5),C4-5,A4-5,=↓(G)3-4。其他特征参考科。全球1个大洲分布及种数(5)◆南美洲。

Phaius Lour. 鹤顶兰属 Orchidaceae [MM-723] 特征纪要:-。全球6个大洲分布及种数(32-69;hort. 1;cult. 4)非洲:12-24;亚洲:22-52;大洋洲:7-25;欧洲:2-12;北美洲:3-15;南美洲:6-17。

Phajus Hassk. = **Phaius**

Phalacrachena Iljin 秃菊属 Asteraceae [MD-586] 特征纪要:习性:草本。花程式:(K)3-5,C3-5,A3-5,=↓(G)2。其他特征参考科。全球3个大洲分布及种数(2-3)亚洲:3;欧洲:1;北美洲:1。

Phalacraea DC. 秃冠菊属 Asteraceae [MD-586] 特征纪要:习性:草本。花程式:(K)3-5,(C)3-5,A3-5,=↓G2。其他特征参考科。全球2个大洲分布及种数(4-9)北美洲:4;南美洲:7。

Phalacrocarpum Willk. 秃果菊属 Asteraceae [MD-586] 特征纪要:习性:草本。花程式:(K)3-5,C3-5,A3-5,=↓(G)2。其他特征参考科。全球1个大洲分布及种数(3)◆欧洲。

Phalacroloma Cass. = **Erigeron**

Phalacromesus Cass. = **Tessaria**

Phalacroseris A. Gray 秃头苣属 Asteraceae [MD-586] 特征纪要:习性:草本。花程式:(K)3-5,(C)3-5,A3-5,↓G。其他特征参考科。全球1个大洲分布及种数(1)◆北美洲(◆美国)。

Phalaenopsis Bl. 蝴蝶兰属 Orchidaceae [MM-723] 特征纪要:习性:草本。花程式:Kn,C2-3参考科,A3参考科,↓G-。物候:-。海拔:1100-2000米。生境:常绿阔叶林中树干上。资源:具栽培园艺种类。全球6个大

P

洲分布及种数(96 - 234)非洲:2; 亚洲:184; 大洋洲:6; 欧洲:19; 北美洲:19; 南美洲:24。【中国种数:15】。

Phalaridantha St. - Lag. = **Phalaroides**

Phalaridium Nees = **Poa**

Phalaris L. 虉草属 Poaceae [MM - 748] 特征纪要:习性:草本(根状茎,基生)。花程式:(K -),C0 参考科,A6,G -。物候:-。海拔:3000 米。生境:林下,潮湿草地或水湿处。资源:药用,具栽培园艺种类。全球 6 个大洲分布及种数(18 - 22)非洲:11 - 16;亚洲:10 - 16;大洋洲:9 - 14;欧洲:11 - 17;北美洲:13 - 18;南美洲:12 - 17。【中国种数:9】。

Phalaroides Wolf 拟虉草属 Poaceae [MM - 748] 特征纪要:习性:-。花程式:-。其他特征参考科。全球 3 个大洲分布及种数(2)亚洲:cf. 1;欧洲:cf. 1;北美洲:1。

Phaleria Jack 皇冠果属 Thymelaeaceae [MD - 310] 特征纪要:习性:木本。花程式:K2 - 4,C0,A2, = G2 - 5。物候:-。海拔:-。生境:-。资源:具园艺种类。全球 6 个大洲分布及种数(25 - 85)非洲:21; 亚洲:29; 大洋洲:47; 欧洲:6; 北美洲:6; 南美洲:17。【中国种数:2】。

Phalerocarpus G. Don = **Gaultheria**

Phallaria Schumach. = **Psydrax**

P

Phalocallis Herb. 夷鸢尾属 Iridaceae [MM - 700] 特征纪要:习性:草本。花程式:(K)3,C3,A10, = ↓G3。其他特征参考科。全球 1 个大洲分布及种数(4)◆南美洲(◆巴西)。

Phaloe Dum. = **Sagina**

Phalolepis Cass. = **Centaurea**

Phalona Dumort. = **Cynosurus**

Phanera Lour. 首冠藤属 Fabaceae3 [MD - 240] 特征纪要:习性:木本。花程式: = ↓(K3 - 5 - ∞),C3 - 5 - ∞,A1 - 10 - 50, = ↓G1。物候:-。花期:2 - 4 月。果期:参考晚于花期。海拔:100 - 2500 米。生境:石灰岩崖上。资源:-。全球 5 个大洲分布及种数(155 - 238)非洲:8; 亚洲:202; 大洋洲:3; 北美洲:6; 南美洲:41。【中国种数:7】。

Phanerocalyx S. Moore = **Heisteria**

Phanerodiscus Cavaco 假帽果属 Olacaceae [MD - 362] 特征纪要:习性:木本。花程式:-。其他特征参考科。全球 1 个大洲分布及种数(2 - 3)◆非洲(◆马达加斯加)。

Phaneroglossa B. Nord. 腋毛千里光属 Asteraceae [MD - 586] 特征纪要:习性:草本。花程式:(K)3 - 5,(C)3 - 5,A3 - 5,↓G。其他特征参考科。全球 1 个大洲分布及种数(1)◆非洲。

Phanerogonocarpus Cavaco = **Tambourissa**

Phanerophlebia C. Presl 凸脉蕨属 Dryopteridaceae [F - 49] 特征纪要:习性:-。【Rep】:孢子同形,囊群生叶背有盖。物候:-。海拔:-。生境:-。资源:具园艺种类。全球 4 个大洲分布及种数(10 - 23)亚洲:19; 欧洲:15; 北美洲:15; 南美洲:11。【中国种数:3】。

Phanerophlebiopsis Ching 黔蕨属 Dryopteridaceae [F - 49] 特征纪要:习性:-。【Rep】:孢子囊群圆形,生于小脉顶端以下,在主脉两侧不规则的排成 1 - 3 行。物候:-。海拔:400 - 2900 米。生境:林下,杂木林下。资源:-。全球 1 个大洲分布及种数(11 - 12)◆亚洲。

Phanerosorus Copel. 显子蕨属 Gleicheniaceae [F - 18] 特征纪要:习性:-。【Rep】:孢子同形,囊群生叶背有盖。物候:-。全球 2 个大洲分布及种数(2 - 5)非洲:1; 亚洲:5。【中国种数:1】。

Phanerostylis (A. Gray) R. M. King & H. Rob. = **Ipomopsis**

Phania DC. 背腺菊属 Asteraceae [MD - 586] 特征纪要:习性:草本。花程式:(K)3 - 5,(C)3 - 5,A3 - 5, = ↓G2。其他特征参考科。全球 3 个大洲分布及种数(3 - 11)亚洲:3; 北美洲:5; 南美洲:3。

Phanopyrum (Raf.) Nash 莽原黍属 Poaceae [MM - 748] 特征纪要:习性:-。花程式:-。其他特征参考科。全球 2 个大洲分布及种数(2)北美洲:2; 南美洲:2。

Pharbitis Choisy 牵牛属 Convolvulaceae [MD - 499] 特征纪要:习性:-。花程式:-。物候:-。海拔:100 - 1600 米。生境:山坡灌丛,干燥河谷路边,园边宅旁。资源:具栽培园艺种类。全球 5 个大洲分布及种数(32)非洲:5; 亚洲:12; 欧洲:10; 北美洲:10; 南美洲:5。

Pharmacosycea Miq. = **Ficus**

Pharnaceum L. 盘粟草属 Molluginaceae [MD - 99] 特征纪要:习性:草本。花程式: = ↓(K2 - 5),C2 - 5,A5, = ↓G1 - 2。其他特征参考科。全球 5 个大洲分布及种数(26 - 71)非洲:64; 亚洲:12; 欧洲:3; 北美洲:3; 南美洲:3。

Pharomitrium Bruch & Schimp. 盐土藓属 Pottiaceae [B - 133] 特征纪要:-。全球 1 个大洲分布及种数(-)。

Pharseophora Miers = **Adenocalymma**

Pharus P. Br. 服叶竺属 Poaceae [MM - 748] 特征纪要:习性:草本。花程式:(K)3,C0 参考科,A1 - 2, = G2 - 3。其他特征参考科。全球 6 个大洲分布及种数(7 - 69)非洲:5; 亚洲:29; 大洋洲:5; 欧洲:17; 北美洲:17; 南美洲:31。【中国种数:1】。

Phascaceae Schimp. = Physenaceae

Phasconica Müll. Hal. 丛藓科属 Pottiaceae [B - 133] 特征纪要:-。全球 1 个大洲分布及种数(-)。

Phascopsis I. G. Stone 莱丛藓属 Pottiaceae [B - 133] 特征纪要:习性:-。【Rep】:孢腔轮廓清晰,蒴齿缺如,或具蒴齿而无基膜,下部呈黄绿或黄棕色。其他特征参考科。全球 1 个大洲分布及种数(1)◆大洋洲:1。

Phascum Hedw. 丛藓科属 Pottiaceae [B - 133] 特征纪要:习性:-。【Rep】:孢腔轮廓清晰,蒴齿缺如,或具蒴齿

而无基膜,下部呈黄绿或黄棕色。生境:常见于高山岩石上。栽培:来自广西龙州。资源:具栽培园艺种类。全球6个大洲分布及种数(142)非洲:10; 亚洲:10; 大洋洲:15; 欧洲:11; 北美洲:11; 南美洲:14。【中国种数:1】。

Phaseolaster G. L. Nesom 菊科属 Asteraceae [MD-586] 特征纪要:习性:-。花程式:-。其他特征参考科。全球1个大洲分布及种数(3)◆大洋洲:2。

Phaseolodes Kuntze 豆科属 Fabaceae3 [MD-240] 特征纪要:习性:-。花程式:-。物候:-。海拔:7500米。生境:矮灌木丛或芦苇丛中,稀见于沿河岸疏林下,作为作物栽培。资源:具栽培园艺种类。全球3个大洲分布及种数(29)亚洲:2; 北美洲:1; 南美洲:1。

Phaseoloides Duhamel = **Wisteria**

phaseolus L. 菜豆属 Fabaceae3 [MD-240] 特征纪要:习性:木质攀援。花程式:-。物候:-。花期:4-7月。果期:参考晚于花期。海拔:7500米。生境:-。栽培:-。资源:药用,具栽培园艺种类。全球6个大洲分布及种数(86-531)非洲:38; 亚洲:102; 大洋洲:20; 欧洲:153; 北美洲:153; 南美洲:153。【中国种数:8】。

Phaulopsis Willd. 肾苞草属 Acanthaceae [MD-572] 特征纪要:草本。花程式:(K-),C5,A5,↓G-。物候:-。花期:11月至次年5月。果期:参考晚于花期。海拔:300-800米。生境:吊桥旁边丛林,灌木丛,路旁,溪边。资源:具栽培园艺种类。全球5个大洲分布及种数(24-55)非洲:47; 亚洲:8; 欧洲:5; 北美洲:5; 南美洲:6。【中国种数:2】。

Phaulothamnus A. Gray 蛇眼果属 Achatocarpaceae [MD-80] 特征纪要:习性:木本。花程式:-。其他特征参考科。全球2个大洲分布及种数(1-4)北美洲:4; 南美洲:3。

Phebalium Vent. 杜南香属 Rutaceae [MD-399] 特征纪要:习性:木本。花程式:K5,C5,A4,=G1-3。其他特征参考科。全球3个大洲分布及种数(47-128)亚洲:2; 大洋洲:110; 南美洲:2。

Phedimus Raf. 假景天属 Crassulaceae [MD-229] 特征纪要:习性:草本(基生)。花程式:-。物候:-。花期:6-7月。果期:参考晚于花期。海拔:1000-1800米。生境:草本,岩石裂缝。资源:药用,具栽培园艺种类。全球6个大洲分布及种数(18-20;hort. 1)非洲:1-3;亚洲:16-19;大洋洲:2;欧洲:7-9;北美洲:7-9;南美洲:2。【中国种数:6】。

Phegopteris (C. Presl) Fée 卵果蕨属 Thelypteridaceae [F-42] 特征纪要:习性:-。【Rep】:孢子囊群卵圆形或长圆形,背生于侧脉中部以上,无盖。物候:-。海拔:20-2500米。生境:林下,杂木林缘疏荫处。资源:具栽培园艺种类。全球6个大洲分布及种数(28-63)非洲:6-9;亚洲:18-23;大洋洲:5-7;欧洲:4-6;北美洲:5-11;南美洲:1-4。【中国种数:8】。

Pheidochloa S. T. Blake 俭约草属 Poaceae [MM-748] 特征纪要:习性:草本。花程式:(K)3,C0参考科,A1-2,=(G)2-3。其他特征参考科。全球3个大洲分布及种数(2-3)非洲:3; 亚洲:2; 大洋洲:3。

Pheidonocarpa L. E. Skog 岛岩桐属 Gesneriaceae [MD-549] 特征纪要:习性:灌木。花程式:Kn,C0,A4,↓G。其他特征参考科。全球2个大洲分布及种数(2-3)北美洲:3; 南美洲:1。

Pheladenia D. L. Jones & M. A. Clem. 裂缘兰属 Orchidaceae [MM-723] 特征纪要:习性:草本。花程式:(K)3,C3,A3,↓G-。其他特征参考科。全球1个大洲分布及种数(1)◆大洋洲。

Phelipanche Pomel = **Orobanche**

Phellinaceae Takht. [MD-442] 新冬青科 特征纪要:习性:木本;落叶。花程式:K4,C4,A4,↑(G)2-5。物候:-。果实:核果。全球1个大洲分布及属种数(2/2-12 hort. 1) ◆大洋洲:1/30。

Phelline Labill. 新冬青属 Phellinaceae [MD-442] 特征纪要(同科)。全球6个大洲分布及种数(10-112)非洲:4; 亚洲:11; 大洋洲:112; 欧洲:2; 北美洲:2; 南美洲:83。

Phellocalyx Bridson 非洲萼茜属 Rubiaceae [MD-523] 特征纪要:习性:木本。花程式:(K)4-5,(C)4-5,A4-5,=↓(G)2-9。其他特征参考科。全球1个大洲分布及种数(1)◆非洲。

Phellodendron Rupr. 黄檗属 Rutaceae [MD-399] 特征纪要:习性:木本。花程式:K5,C5,A5,=G1-3。物候:-。花期:5-6。果期:参考晚于花期。海拔:900米。生境:混交林。资源:药用,具栽培园艺种类。全球5个大洲分布及种数(3-37)非洲:3; 亚洲:28; 大洋洲:2; 欧洲:7; 北美洲:7。【中国种数:2】。

Phellolophium Baker 软木花属 Apiaceae [MD-480] 特征纪要:习性:草本。花程式:=↓(K5),C5,A5,=↓(G)2。其他特征参考科。全球1个大洲分布及种数(1)◆非洲(◆马达加斯加)。

Phellopterus Benth. 春欧芹属 Apiaceae [MD-480] 特征纪要:习性:-。花程式:-。其他特征参考科。全球2个大洲分布及种数(12)北美洲:1; 南美洲:1。

Phelpsiella Maguire 针蔺花属 Rapateaceae [MM-713] 特征纪要:习性:草本。花程式:-。其他特征参考科。全球1个大洲分布及种数(1)◆南美洲。

Phemeranthus Raf. 玉栌兰属 Montiaceae [MD-81] 特征纪要:习性:草本。花程式:-。其他特征参考科。全球6个大洲分布及种数(22)非洲:1;亚洲:3-4;大洋洲:1;欧洲:1;北美洲:20-22;南美洲:3-4。【中国种数:2】。

Phenakospermum Endl. 渔人蕉属 Strelitziaceae [MM-725] 特征纪要:习性:草本。花程式:-。物候:-。海拔:-。生境:-。资源:具园艺种类。全球2个大洲分布及种数(1-7)北美洲:2; 南美洲:7。

Phenax Wedd. 皱麻木属 Urticaceae [MD-91] 特征纪要:习性:木本。花程式:-。其他特征参考科。全球6个大洲分布及种数(25-37)非洲:3-4;亚洲:4-5;大洋洲:1;欧洲:1;北美洲:10-21;南美洲:21-25。【中国种数:1】。

Phenianthus Raf. 贯月忍冬属 Caprifoliaceae [MD-510] 特征纪要:习性:-。花程式:-。其他特征参考科。全球1个大洲分布及种数(-)。

Pherosphaera W. Archer bis 小泣松属 Podocarpaceae [G-13] 特征纪要:习性:-。【Rep】:复轴,短穗状,上部苞

片杯套状,内有种子发生,寡种子,雌雄异株。物候:-。海拔:100-2100米。生境:常绿阔叶林,中性或微酸性红土或黄土土壤上。资源:-。全球2个大洲分布及种数(2-7)大洋洲:6;北美洲:2。

Pherosphaeraceae Nakai = Podocarpaceae

Pherotrichis Decne. 多毛萝藦属 Apocynaceae [MD-492] 特征纪要:习性:木本。花程式:K5,C0,A5,=↓G2。其他特征参考科。全球3个大洲分布及种数(4-7)亚洲:2;北美洲:5;南美洲:3。

Phialacanthus Benth. 宽刺爵床属 Acanthaceae [MD-572] 特征纪要:习性:草本。花程式:-。其他特征参考科。全球1个大洲分布及种数(1-5)◆东南亚(◆马来西亚)。

Phialanthus Griseb. 花茜草属 Rubiaceae [MD-523] 特征纪要:习性:木本。花程式:(K)4-5,(C)4-5,A4-5,=↓G2-9。其他特征参考科。全球3个大洲分布及种数(22-39)亚洲:7;北美洲:37;南美洲:11。

Phialiphora Groeninckx 马达茜属 Rubiaceae [MD-523] 特征纪要:习性:木本。花程式:(K)4-5,(C)4-5,A4-5,=↓(G)2-9。其他特征参考科。全球3个大洲分布及种数(4-9)非洲:7;亚洲:2;南美洲:5。

Phialis Spreng. = **Eriophyllum**

Phialocarpus Deflers = **Corallocarpus**

P

Phiambolia Klak 勋玉树属 Aizoaceae [MD-94] 特征纪要:习性:草本。花程式:=↓(Kn),C2-3参考科,A5参考科,=↓G-。其他特征参考科。全球1个大洲分布及种数(11)◆非洲。

Philacra Dwyer 钩药莲木属 Ochnaceae [MD-104] 特征纪要:习性:木本。花程式:K1-∞,C1-∞,A10,=G2-15。其他特征参考科。全球2个大洲分布及种数(4-10)亚洲:6;南美洲:10。

Philactis Schröd. 单芒菊属 Asteraceae [MD-586] 特征纪要:习性:草本。花程式:(K)3-5,(C)3-5,A3-5,=↓G2。其他特征参考科。全球2个大洲分布及种数(4-11)亚洲:6;北美洲:5。

Philadelphaceae Martinov [MD-258] 山梅花科 特征纪要:习性:木本;落叶。花程式:(K)6-,C4,A4-6-30,=↓(G)-。物候:-。花期:4-7月。果期:8-10月。果实:蒴果。种子:极多。海拔:100-1500米。生境:灌丛,山坡。资源:药用。栽培:中国有栽培。全球6个大洲分布及属种数(1/1 <IFR 1/7 > hort. 1;cult. 1)亚洲:1/42-46(IFR 1/4);大洋洲:1/5-7;欧洲:1/12-13;北美洲:1/62-71(IFR 1/3);南美洲:1/5-6。

Philadelphus L. 山梅花属 Philadelphaceae [MD-258] 特征纪要(同科)。全球6个大洲分布及种数(57-255)非洲:4;亚洲:114;大洋洲:8;欧洲:95;北美洲:95;南美洲:13。【中国种数:30】。

Philageria Mast. 挂钟藤属 Philesiaceae [MM-645] 特征纪要:-。全球1个大洲分布及种数(6)◆南美洲:4。

Philcoxia P. Taylor & V. C. Souza 巴西金玄参属 Plantaginaceae [MD-527] 特征纪要:习性:草本(水生)。花程式:K2-4,C0,A2-4,G2。其他特征参考科。全球1个大洲分布及种数(7)◆南美洲(◆巴西)。

Philenoptera Hochst. ex A. Rich. 棠豆属 Fabaceae3 [MD-240] 特征纪要:习性:木本。花程式:=↓(K1-∞),C1-∞,A5-9,=↓G1。其他特征参考科。全球4个大洲分布及种数(11-14)非洲:11;亚洲:2;北美洲:2;南美洲:1。【中国种数:1】。

Philesia Comm. ex Juss. 金钟木属 Philesiaceae [MM-645] 特征纪要:习性:木本。花程式:(K)3,C0参考科,A6,=G3。其他特征参考科。全球2个大洲分布及种数(1-8)亚洲:2;南美洲:7。

Philesiaceae Dum. [MM-645] 金钟木科 特征纪要:习性:草本;落叶。花程式:(K)3,C3,A6,=↑G3。物候:-。果实:浆果。全球1个大洲分布及属种数(3/6 hort. 1;cult. 1)◆南美洲:3/6。

Philgamia Baill. 马岛金虎尾属 Malpighiaceae [MD-343] 特征纪要:习性:木本。花程式:K5,C5,A10,=G2-3。其他特征参考科。全球1个大洲分布及种数(4-5)◆非洲(◆马达加斯加)。

Philibertia Kunth 风竹桃属 Asclepiadaceae [MD-494] 特征纪要:习性:木本。花程式:-。物候:-。海拔:-。生境:-。资源:具园艺种类。全球5个大洲分布及种数(43-128)非洲:5;亚洲:17;欧洲:83;北美洲:83;南美洲:90。

Philibertiella Cardot 南牛毛藓属 Ditrichaceae [B-119] 特征纪要:习性:-。【Rep】:参考科特征:孢蒴台部发达,蒴齿具疣或纵斜条纹,绿色或黄绿色。其他特征参考科。全球1个大洲分布及种数(2)◆南美洲。

Philippia Klotzsch 联臂石南属 Ericaceae [MD-380] 特征纪要:习性:-。花程式:-。其他特征参考科。全球5个大洲分布及种数(125)非洲:96;亚洲:3;欧洲:2;北美洲:2;南美洲:15。

Philippiella Speg. 风垫花属 Caryophyllaceae [MD-77] 特征纪要:习性:草本。花程式:Kn,C0,A3参考科,G-参考科。其他特征参考科。全球1个大洲分布及种数(1)◆南美洲。

Phillyrea L. 总序桂属 Oleaceae [MD-498] 特征纪要:习性:木本。花程式:K2-4,C0,A2-4,=G2。其他特征参考科。全球5个大洲分布及种数(2-254)非洲:68;亚洲:10;大洋洲:3;欧洲:8;北美洲:8。【中国种数:2】。

Philocrena Bong. = **Tristicha**

Philodendron Schott 喜林芋属 Araceae [MM-639] 特征纪要:习性:木本。花程式:-。物候:-。海拔:100-4400米。生境:芭蕉-海芋群落,驻地前山阴坡草地。资源:具栽培园艺种类。全球6个大洲分布及种数(443-637;hort. 1;cult. 2)非洲:1-14;亚洲:33-48;大洋洲:6-20;欧洲:13;北美洲:200-225;南美洲:400-589。【中国种数:9】。

Philodendrum Schott = **Philodendron**

Philodice Mart. 坛谷精属 Eriocaulaceae [MM-726] 特征纪要:习性:-。花程式:-。其他特征参考科。全球1个大洲分布及种数(2)◆南美洲。

Philoglossa DC. 匍匐黑药菊属 Asteraceae [MD-586] 特征纪要:习性:草本。花程式:(K)3-5,(C)3-5,A3-5,=↓G2。其他特征参考科。全球1个大洲分布及种数(5)◆南美洲。

Philonotion Schott = **Schismatoglottis**

Philonotis Brid. 泽藓属 Bartramiaceae［B－142］特征纪要:习性:－。【Rep】:雌雄异株,稀同株。物候:－。海拔:960 米。生境:石生,土生。资源:药用。全球 6 个大洲分布及种数(220)非洲:76;亚洲:50;大洋洲:36;欧洲:28;北美洲:54;南美洲:87。【中国种数:49】。

Philonotula Hampe 珠藓科属 Bartramiaceae［B－142］特征纪要:习性:－。【Rep】:雌雄同株或异株,生殖苞顶生,稀因茁生新芽而成为假侧生,雄苞芽胞形或盘形,配丝多数线形或棒槌形,雌苞叶,雌雄异株,雄苞盘形,雄苞叶较宽大,直立,往往集成莲座状,雌苞叶较小,直立,细胞无疣,蒴柄粗短或较长。物候:－。海拔:－。生境:石生,岩面土生。资源:－。全球 1 个大洲分布及种数(－)◆亚洲。【中国种数:1】。

Philophyllum Müll. Hal. 巴西白藓属 Pilotrichaceae［B－166］特征纪要:习性:－。【Rep】:雌苞叶小,基部阔卵形,上部呈狭长尖,蒴柄细长,红色,平滑,孢蒴倾列或平列,长卵形,棕色,蒴齿两层,外,蒴柄侧生,细长,平滑或具弱疣,孢蒴平展或下倾,卵状圆柱形,两侧不对称,台部长而粗,口部强烈收缩。其他特征参考科。全球 1 个大洲分布及种数(1)◆南美洲。

Philoscia Berk. ＝ **Plagiothecium**

Philostizus Cass. ＝ **Centaurea**

Philotheca Rudge 毛南香属 Rutaceae［MD－399］特征纪要:习性:木本。花程式:K5,C5,A4,＝G1－3。其他特征参考科。全球 1 个大洲分布及种数(54－59)◆大洋洲(◆澳大利亚)。

Philoxerus R. Br. 安旱苋属 Amaranthaceae［MD－116］特征纪要:习性:－。花程式:－。物候:－。花期:5－8 月。果期:参考晚于花期。海拔:0 米。生境:海滨岩石上。资源:－。全球 6 个大洲分布及种数(7－8)非洲:1;亚洲:1－2;大洋洲:4－5;欧洲:1;北美洲:1;南美洲:1－3。

Philydraceae Link［MM－716］田葱科 特征纪要:习性:草本;落叶。花程式:(K)6－,C2,A,↑G3。物候:－。花期: 6－7 月。果期: 9－10 月。果实:蒴果。种子:－。海拔:100 米。生境:池塘,沼泽,稻田。资源:药用。栽培:－。全球 4 个大洲分布及属种数(5/8－10 <IFR 1/1> hort. 1) 非洲:2/2; 亚洲:1/2; 大洋洲:4/6－7(IFR 1/1); 北美洲:1/2。【中国属种数:1/1】。

Philydrella Carül 小田葱属 Philydraceae［MM－716］特征纪要:习性:草本。花程式:－。物候:－。海拔:－。生境:－。资源:具园艺种类。全球 3 个大洲分布及种数(3－10)非洲:2; 大洋洲:5; 北美洲:1。

Philydrum Banks & Sol. ex Gaertn. 田葱属 Philydraceae［MM－716］特征纪要:习性:草本(基生)。花程式:－。物候:－。花期:6－7 月。果期:参考晚于花期。海拔:100 米。生境:池塘,沼泽,稻田。资源:药用,具栽培园艺种类。全球 4 个大洲分布及种数(2)非洲:1;亚洲:1;大洋洲:1;北美洲:1。【中国种数:1】。

Philyra Klotzsch 地枸杞属 Euphorbiaceae［MD－217］特征纪要:习性:木本。花程式:K1(1000),C0,A6,＝(G)2－3。其他特征参考科。全球 2 个大洲分布及种数(1－7)亚洲:6; 南美洲:7。

Phinaea Benth. 短钟岩桐属 Gesneriaceae［MD－549］特征纪要:习性:草本。花程式:K5,C0,A4,＝↓(G)2。其他特征参考科。全球 3 个大洲分布及种数(4－21)非洲:5; 北美洲:9; 南美洲:12。

Phippsia (Trin.) R. Br. 冰寒草属 Poaceae［MM－748］特征纪要:习性:草本。花程式:(K)3,C0 参考科,A1－2,＝(G)2－3。其他特征参考科。全球 6 个大洲分布及种数(3－41)非洲:5; 亚洲:13; 大洋洲:3; 欧洲:23; 北美洲:23; 南美洲:14。

Phippsiomeles B. B. Liu & J. Wen 蔷薇科属 Rosaceae［MD－246］特征纪要:习性:－。花程式:－。其他特征参考科。全球 2 个大洲分布及种数(7)北美洲:7; 南美洲:2。

Phitolacca All. ＝ **Phytolacca**

Phitopis Hook. f. ＝ **Schizocalyx**

Phitosia Kamari & Greuter 光株还阳参属 Asteraceae［MD－586］特征纪要:习性:草本。花程式:(K)3－5,C3－5,A3－5,＝↓(G)2。其他特征参考科。全球 0 个大洲分布及种数(1－2)。

Phlebiogonium Fée ＝ **Tectaria**

Phlebiophyllum Bosch ＝ **Polyphlebium**

Phlebocarya R. Br. 纹匣草属 Haemodoraceae［MM－718］特征纪要:习性:草本。花程式:(K)3,C0 参考科,A3－6,↓(G)3。其他特征参考科。全球 1 个大洲分布及种数(3)◆大洋洲(◆澳大利亚)。

Phlebochilus (Benth.) Szlach. 粘兰属 Orchidaceae［MM－723］特征纪要:习性:－。花程式:－。其他特征参考科。全球 3 个大洲分布及种数(33)大洋洲:14; 北美洲:2; 南美洲:4。

Phlebodium (R. Br.) J. Sm. 金水龙骨属 Polypodiaceae［F－60］特征纪要:习性:－。【Rep】:孢子同形,囊群生叶背有盖－无盖。其他特征参考科。全球 6 个大洲分布及种数(4－28)非洲:2; 亚洲:4; 大洋洲:2; 欧洲:15; 北美洲:15; 南美洲:16。【中国种数:1】。

Phlebolobium O. E. Schulz 南芥属 Brassicaceae［MD－213］特征纪要:习性:草本。花程式:K2－4,C2－4,A2－4,↓G－参考科。其他特征参考科。全球 1 个大洲分布及种数(1)◆南美洲。

Phlebosia <unassigned> 水龙骨属 Polypodiaceae［F－60］特征纪要:－。全球 1 个大洲分布及种数(－)。

Phlebotaenia Griseb. 远志属 Polygalaceae［MD－291］特征纪要:习性:木本。花程式:K5,C5,A3 参考科,↓G－参考科。其他特征参考科。全球 1 个大洲分布及种数(2) ◆北美洲:2。

Phlebothamnion Kütz. 远志科属 Polygalaceae［MD－291］特征纪要:－。全球 2 个大洲分布及种数(2)非洲:2; 欧洲:1。

Phlegmariurus (Herter) Holub 马尾杉属 Lycopodiaceae［F－4］特征纪要和分布(－)。全球 6 个大洲分布及种数(146－153)非洲:3－12;亚洲:134－144;大洋洲:4－13;欧洲:9;北美洲:43－52;南美洲:110－119。

Phlegmatospermum O. E. Schulz 粘籽芥属 Brassicaceae［MD－213］特征纪要:习性:草本。花程式:K2－4,C2－4,

A2 – 4, = G2。其他特征参考科。全球 1 个大洲分布及种数(4)◆大洋洲(◆澳大利亚)。

Phleum L. 梯牧草属 Poaceae [MM – 748] 特征纪要:习性:草本(基生)。花程式: – 。物候: – 。花期:参考早于果期。果期:6 – 10 月。海拔:2500 – 3900 米。生境:潮湿的高山草甸,灌木周围潮湿的土壤,河边,以下山坡,道旁,田野以及池沼旁。资源:具栽培园艺种类。全球 6 个大洲分布及种数(16 – 21;hort. 1;cult. 5)非洲:10 – 15;亚洲:13 – 20;大洋洲:8 – 14;欧洲:12 – 20;北美洲:7 – 12;南美洲:1 – 6。【中国种数:9】。

Phloeopeccania <unassigned> 簇叶李属 Chrysobalanaceae [MD – 243] 特征纪要: – 。全球 3 个大洲分布及种数(3)亚洲:1; 大洋洲:1; 欧洲:1。

Phloeophila Höhne & Schltr. 夷萼兰属 Orchidaceae [MM – 723] 特征纪要:习性:草本。花程式:(K)3,C3,A3,=↓G3。其他特征参考科。全球 6 个大洲分布及种数(6 – 59)非洲:4; 亚洲:8; 大洋洲:2; 欧洲:11; 北美洲:11; 南美洲:44。【中国种数:1】。

Phloga Nor. ex Hook. f. 焰轴椰属 Arecaceae [MM – 717] 特征纪要:木本,落叶; 花程式:Kn,C,A(–),G(–)。果实:核果。种子:具种仁,直径约 4.5 毫米。全球 1 个大洲分布及种数(2 – 4)◆非洲。

Phlogacanthus Nees 火焰花属 Acanthaceae [MD – 572] 特征纪要:习性:草本,少木本。花程式: – 。物候: – 。花期:10 月至次年 2 月。果期:参考晚于花期。海拔:400 – 1600 米。生境:低海拔至中海拔林中。资源:具栽培园艺种类。全球 5 个大洲分布及种数(43 – 63)非洲:4; 亚洲:56; 大洋洲:2; 北美洲:2; 南美洲:4。【中国种数:10】。

Phlogella Baill. = **Dypsis**

Phlojodicarpus Turcz. ex Ledeb. 胀果芹属 Apiaceae [MD – 480] 特征纪要:习性:草质攀援。花程式:Kn,C5,A3 参考科,=↓G2。物候: – 。海拔:500 – 1100 米。生境:干燥石质边坡,向阳山坡上的岩石缝隙或草地。资源:具园艺种类。全球 3 个大洲分布及种数(3 – 15)亚洲:13; 欧洲:2; 北美洲:2。【中国种数:2】。

Phlomidoschema (Benth.) Vved. = **Stachys**

Phlomis L. 橙花糙苏属 Lamiaceae [MD – 575] 特征纪要:习性:草本(根状茎,基生,多肉)。花程式: – 。物候: – 。海拔:2000 – 2500 米。生境:草地或灌丛中。资源:药用,具栽培园艺种类。全球 6 个大洲分布及种数(124 – 467)非洲:78; 亚洲:353; 大洋洲:15; 欧洲:18; 北美洲:18; 南美洲:12。【中国种数:5】。

Phlomoides Mönch 糙苏属 Lamiaceae [MD – 575] 特征纪要:习性:草本。花程式:K2,C0,A2,=(G)2。物候: – 。花期:6 – 7 月。果期:参考晚于花期。海拔:5400 米。生境:草坡。栽培:来自广西龙州。资源:药用,具栽培园艺种类。全球 6 个大洲分布及种数(118 – 171)非洲:1 – 3;亚洲:116 – 143;大洋洲:2;欧洲:2 – 4;北美洲:2;南美洲:2。【中国种数:13】。

Phlomostachys K. Koch = **Pitcairnia**

Phlox L. 福禄考属 Polemoniaceae [MD – 481] 特征纪要:习性:草本,少灌木。花程式: – 。物候: – 。花期:6 – 8 月。果期:参考晚于花期。海拔:1000 – 3700 米。生境: – 。栽培: – 。资源:观赏,具栽培园艺种类。全球 6 个大洲分布及种数(109 – 116;hort. 1;cult. 17)非洲:39;亚洲:15 – 54;大洋洲:11 – 50;欧洲:13 – 52;北美洲:107 – 151;南美洲:4 – 43。【中国种数:11】。

Phlyctella <unassigned> 澳石蒜属 Amaryllidaceae [MM – 694] 特征纪要和分布(–)。

Phlyctidia <unassigned> 泡芽藓属 Sorapillaceae [B – 212] 特征纪要: – 。全球 1 个大洲分布及种数(–)。

Phlyctidocarpa Cannon & W. L. Theob. 泡果芹属 Apiaceae [MD – 480] 特征纪要:习性:草本。花程式:=↓(K5),C5,A5,=↓G(–)。其他特征参考科。全球 1 个大洲分布及种数(1)◆非洲。

Phlyctis <unassigned> 棕榈科属 Arecaceae [MM – 717] 特征纪要和分布(–)。分布: – 。

Phoebanthus S. F. Blake 向日菊属 Asteraceae [MD – 586] 特征纪要:习性:草本。花程式:(K)3 – 5,(C)3 – 5,A3 – 5,↓G。其他特征参考科。全球 1 个大洲分布及种数(2)◆北美洲(◆美国)。

Phoebe Nees 楠属 Lauraceae [MD – 21] 特征纪要:习性:木质攀援。花程式:Kn,C3,A3 参考科,G – 。物候: – 。花期:4 月。果期:参考晚于花期。海拔:1200 – 1800 米。生境:常绿阔叶林,沼泽地或水沟边。资源:药用,具栽培园艺种类。全球 6 个大洲分布及种数(60 – 127;hort. 1)非洲:4 – 11;亚洲:45 – 72;大洋洲:1 – 7;欧洲:5;北美洲:9 – 18;南美洲:18 – 29。【中国种数:33】。

Phoenicanthemum (Bl.) Rchb. 桑寄生属 Loranthaceae [MD – 415] 特征纪要:习性: – 。花程式: – 。其他特征参考科。全球 1 个大洲分布及种数(–)。

Phoenicanthus Alston 火凤木属 Annonaceae [MD – 7] 特征纪要:习性: – 。花程式: – 。其他特征参考科。全球 2 个大洲分布及种数(2 – 3)亚洲:2; 南美洲:1。

Phoenicaulis Nutt. 紫茎草属 Brassicaceae [MD – 213] 特征纪要:习性:草本。花程式:K2 – 4,C2 – 4,A2 – 4,↓G – 参考科。其他特征参考科。全球 2 个大洲分布及种数(1 – 4)亚洲:2; 北美洲:2。【中国种数:1】。

Phoenicocissus Mart. ex Meisn. = **Lundia**

Phoenicophorium H. Wendl. 凤凰刺椰属 Arecaceae [MM – 717] 特征纪要:习性:木本。花程式:K3 – 10,C3 – 10,A3 – 10,=G3 – 10。其他特征参考科。全球 4 个大洲分布及种数(1 – 4)非洲:3; 亚洲:2; 北美洲:2; 南美洲:2。

Phoenicosperma Miq. = **Sloanea**

Phoenix L. 刺葵属 Arecaceae [MM – 717] 特征纪要和分布(–)。全球 6 个大洲分布及种数(12 – 18;hort. 1)非洲:6 – 17;亚洲:9 – 25;大洋洲:5 – 15;欧洲:4 – 15;北美洲:8 – 19;南美洲:6 – 17。【中国种数:9】。

Pholacilia Griseb. = **Trichilia**

Pholidocarpus Bl. 球棕属 Arecaceae [MM – 717] 特征纪要:习性:木本。花程式:K3 – 10,C3 – 10,A3 – 10,=G3 – 10。物候: – 。花期:10 月。果期:参考晚于花期。海拔:100 – 2800 米。生境:半常绿雨林常见乔木,竹林下。资源: – 。全球 1 个大洲分布及种数(–)。

Pholidostachys H. Wendl. ex Benth. & Hook. f. 丽椰属 Arecaceae [MM－717] 特征纪要:习性:木本。花程式:K3－10,C3－10,A3－10,＝G3－10。其他特征参考科。全球2个大洲分布及种数(8－13)北美洲:9; 南美洲:12。

Pholidota Lindl. ex Hook. 石仙桃属 Orchidaceae [MM－723] 特征纪要:习性:－。花程式:－。物候:－。花期:6－8月。果期:参考晚于花期。海拔:800－2500米。生境:附生植物,岩石上。资源:－。全球6个大洲分布及种数(126)非洲:8; 亚洲:108; 大洋洲:17; 欧洲:3; 北美洲:3; 南美洲:4。

Pholisma Nutt. ex Hook. 穗沙菰属 Boraginaceae [MD－517] 特征纪要:习性:木本。花程式:－。其他特征参考科。全球3个大洲分布及种数(3－10)亚洲:4; 北美洲:8; 南美洲:2。

Pholistoma Lilja 韶光花属 Boraginaceae [MD－517] 特征纪要:习性:草本。花程式:K4－5,C0,A3参考科,↓G。其他特征参考科。全球2个大洲分布及种数(4－9)亚洲:2; 北美洲:7。【中国种数:1】。

Pholiurus Trin. 蜥尾草属 Poaceae [MM－748] 特征纪要:习性:草本。花程式:(K)3,C0参考科,A1－2,＝(G)2－3。其他特征参考科。全球6个大洲分布及种数(1－17)非洲:4; 亚洲:7; 大洋洲:2; 欧洲:4; 北美洲:4; 南美洲:8。【中国种数:1】。

Phoradendron Nutt. 肉穗寄生属 Santalaceae [MD－412] 特征纪要:习性:木本。花程式:K4,C0,A4,＝↓G3－4。物候:－。海拔:－。生境:－。资源:具园艺种类。全球6个大洲分布及种数(261－689)非洲:4; 亚洲:41; 大洋洲:9; 欧洲:483; 北美洲:483; 南美洲:406。【中国种数:2】。

Phoradendrum Urb. ＝ **Phoradendron**

Phormiaceae Zahlbr. [MM－646] 惠灵麻科 特征纪要:习性:草本;落叶。花程式:K3,C3,A－,＝↑G3。全球1个大洲分布及属种数(2/5 hort. 1;cult. 1)◆大洋洲:2/11－12。

Phormium J. R. Forst. & G. Forst. 麻兰属 Phormiaceae [MM－646] 特征纪要(同科)。全球6个大洲分布及种数(2－21)非洲:8; 亚洲:5; 大洋洲:14; 欧洲:8; 北美洲:8; 南美洲:3。【中国种数:1】。

Phornothamnus Baker ＝ **Gravesia**

Phorolobus Desv. ＝ **Cryptogramma**

Photinia Lindl. 石楠属 Rosaceae [MD－246] 特征纪要:习性:木本。花程式:－。物候:－。花期:5－6月。果期:参考晚于花期。海拔:100－1100米。生境:常绿阔叶林,开阔林,山谷灌木丛,河岸,周公山山坡。资源:具栽培园艺种类。全球6个大洲分布及种数(73－81;hort. 1;cult. 4)非洲:11;亚洲:65－87;大洋洲:7－18;欧洲:12－23;北美洲:22－33;南美洲:2－13。【中国种数:25】。

Photinophyllum Mitt. 南美桧藓属 Rhizogoniaceae [B－154] 特征纪要:－。全球1个大洲分布及种数(1)◆大洋洲。

Photinopteris J. Sm. 顶育蕨属 Drynariaceae [F－61] 特征纪要:习性:－。【Rep】:孢子囊群汇合成齿蕨型囊群。物候:－。海拔:100－3800米。生境:石灰岩生。资源:－。全球2个大洲分布及种数(9)亚洲:4; 南美洲:2。

Phragmanthera Van Tiegh. 篱药寄生属 Loranthaceae [MD－415] 特征纪要:习性:－。花程式:－。其他特征参考科。全球4个大洲分布及种数(37－42)非洲:36; 亚洲:2; 北美洲:1; 南美洲:1。

Phragmicoma Mitt. 褐冠鳞苔属 Lejeuneaceae [B－84] 特征纪要:习性:－。物候:－。海拔:－。生境:山坡,针阔混交林中。资源:－。全球5个大洲分布及种数(13)非洲:4; 亚洲:8; 大洋洲:5; 北美洲:2; 南美洲:4。

Phragmilejeunea Verd. 尼鳞苔属 Lejeuneaceae [B－84] 特征纪要:－。全球1个大洲分布及种数(－)。

Phragmipedium Rolfe 美洲兜兰属 Orchidaceae [MM－723] 特征纪要:习性:草本。花程式:(K)3,C3,A3,＝↓G3。其他特征参考科。全球6个大洲分布及种数(39－101)非洲:2; 亚洲:16; 大洋洲:1; 欧洲:29; 北美洲:29; 南美洲:85。

Phragmites Adans. 芦苇属 Poaceae [MM－748] 特征纪要:习性:草本(具根状茎)。花程式:－。物候:－。海拔:200－1000米。生境:河岸和湖边,沼泽地。资源:药用,具栽培园艺种类。全球6个大洲分布及种数(6;hort. 1;cult. 2)非洲:4－11;亚洲:5－12;大洋洲:3－10;欧洲:1－8;北美洲:2－9;南美洲:1－8。【中国种数:3】。

Phragmocarpidium Krapov. 篱果锦葵属 Malvaceae [MD－203] 特征纪要:习性:木本。花程式:－。其他特征参考科。全球1个大洲分布及种数(1)◆南美洲(◆巴西)。

Phragmorchis L. O. Williams 篱笆兰属 Orchidaceae [MM－723] 特征纪要:习性:草本。花程式:(K)3,C3,A3,＝↓(G)3。其他特征参考科。全球1个大洲分布及种数(cf. 1)◆亚洲。

Phragmotheca Cuatrec. 秘鲁紫木棉属 Malvaceae [MD－203] 特征纪要:习性:木本。花程式:K5,C5,A10－8,＝(G)2－5。其他特征参考科。全球2个大洲分布及种数(13－16)北美洲:2; 南美洲:15。

Phravenia Al－Shehbaz & Warwick 篱笆菜属 Brassicaceae [MD－213] 特征纪要:习性:草本。花程式:K4,C4,A3参考科,↓G－参考科。其他特征参考科。全球2个大洲分布及种数(1－2)北美洲:1; 南美洲:1。

Phreatia Lindl. 馥兰属 Orchidaceae [MM－723] 特征纪要:习性:草本。花程式:Kn,C2－3参考科,A3参考科,＝↓G3。物候:－。花期:8月。果期:参考晚于花期。海拔:1000米。生境:大树干上。栽培:来自广西龙州。资源:具栽培园艺种类。全球6个大洲分布及种数(50－238;hort. 1)非洲:26－137;亚洲:17－92;大洋洲:19－120;欧洲:1－5;北美洲:1－5;南美洲:1－2。【中国种数:17】。

Phrissocarpus Miers ＝ **Tabernaemontana**

Phrodus Miers 南美紫茄属 Solanaceae [MD－503] 特征纪要:习性:－。花程式:－。其他特征参考科。全球3个大洲分布及种数(14)非洲:2; 亚洲:2; 南美洲:14。

Phryganocydia Mart. ex Baill. ＝ **Bignonia**

Phrygilanthus Eichler 花寄生属 Loranthaceae [MD－415] 特征纪要:习性:－。花程式:－。其他特征参考科。全球5个大洲分布及种数(5－10)非洲:1;亚洲:cf. 1;大洋洲:2;北美洲:cf. 1;南美洲:2。

Phryma L. 透骨草属 Phrymaceae［MD－559］特征纪要：习性：－。花程式：－。物候：－。花期：6－10 月。果期：参考晚于花期。海拔：300－2800 米。生境：小丘枫桦林下，阴湿山谷或林下。资源：－。全球 6 个大洲分布及种数(4)非洲：1；亚洲：3－4；大洋洲：1；欧洲：1；北美洲：1－2；南美洲：1。【中国种数：3】。

Phrymaceae Schaür［MD－559］透骨草科 特征纪要：习性：草本；落叶。花程式：↙ K5－n，C0，A4，↑ G－。物候：－。花期：6－10 月。果期：8－12 月。果实：蒴果。种子：－。海拔：0 米。生境：峡谷，森林，路旁，山坡阴湿山谷或林下。资源：药用。栽培：－。全球 5 个大洲分布及属种数(8/15－25 < IFR 1/1 > hort. 1；cult. 1) 非洲：2/3；亚洲：3/8；大洋洲：4/7－18(IFR 1/1)；北美洲：4/6－7；南美洲：1/2。【中国属种数：6/10】。

Phryna (Boiss.) Pax & K. Hoffm. 孩儿参属 Caryophyllaceae［MD－77］特征纪要：习性：－。花程式：－。其他特征参考科。全球 1 个大洲分布及种数(1－3)◆亚洲：1。

Phrynella Pax & K. Hoffm. 少子石竹属 Caryophyllaceae［MD－77］特征纪要：习性：－。花程式：参考科，C5 参考科，A8 参考科，↑ G－ 参考科。其他特征参考科。全球 1 个大洲分布及种数(－)。

Phrynium Willd. 苳叶属 Marantaceae［MM－740］特征纪要和分布(－)。全球 6 个大洲分布及种数(26－52)非洲：7－22；亚洲：17－38；大洋洲：3－18；欧洲：10；北美洲：4－16；南美洲：10。【中国种数：5】。

Phtheirospermum Bunge ex Fisch. & C. A. Mey. 松蒿属 Scrophulariaceae［MD－536］特征纪要：习性：草本。花程式：－。物候：－。海拔：100－1900 米。生境：云南松林下。资源：药用。全球 1 个大洲分布及种数(5－8)◆亚洲。【中国种数：1】。

Phtheirotheca Maxim. ex Regel ＝ **Caulophyllum**

Phthirusa Mart. 热美桑寄生属 Loranthaceae［MD－415］特征纪要：习性：木本。花程式：K3－5，C0，A4，＝ ↓ G3－4。其他特征参考科。全球 5 个大洲分布及种数(18－182)非洲：2；亚洲：4；大洋洲：2；北美洲：16；南美洲：118。

Phuodendron (Graebn.) Dölla Torre & Harms 忍冬科属 Valerianaceae［MD－537］特征纪要：习性：－。花程式：－。其他特征参考科。全球 1 个大洲分布及种数(－)。

Phuopsis (Griseb.) Hook. f. 长柱草属 Rubiaceae［MD－523］特征纪要：习性：木本。花程式：(K－)，C2－3 参考科，A5，↓ G2。物候：－。花期：5－8 月。果期：参考晚于花期。海拔：5－4800 米。生境：－。栽培：－。资源：具栽培园艺种类。全球 5 个大洲分布及种数(1－33)非洲：9；亚洲：5；欧洲：2；北美洲：2；南美洲：16。【中国种数：1】。

Phuphanochloa Sungkaew & Teerawat. 长花草属 Poaceae［MM－748］特征纪要：习性：草本。花程式：(K－)，C0 参考科，A3 参考科，↓ G－参考科。其他特征参考科。全球 1 个大洲分布及种数(2)◆亚洲：1。

Phycella Lindl. 管顶红属 Amaryllidaceae［MM－694］特征纪要：习性：草本。花程式：(K)3，C3，A1，＝ ↓ (G)3。其他特征参考科。全球 3 个大洲分布及种数(13－37)非洲：2；大洋洲：2；南美洲：37。

Phycolapathum <unassigned> 福岛马桑属 Coriariaceae［MD－277］特征纪要：－。全球 1 个大洲分布及种数(1)◆南美洲：1。

Phycolepidozia R. M. Schust. 北美大萼苔属 Phycolepidoziaceae［B－64］特征纪要(同科)。全球 2 个大洲分布及种数(cf. 1)◆亚洲；北美洲。

Phycolepidoziaceae R. M. Schust.［B－64］指片苔科 特征纪要：体形粗壮，硬挺，绿色、黄绿色、褐绿色或棕黄色，略具光泽，长 5－13 厘米，疏生或密集成片生长。全球 2 个大洲分布和属种数(cf. 1)亚洲；北美洲。

Phycoschoenus (Asch.) Nakai 针叶藻属 Potamogetonaceae［MM－606］特征纪要：习性：－。花程式：－。其他特征参考科。全球 1 个大洲分布及种数(－)。

Phygelius E. Mey. ex Benth. 避日花属 Scrophulariaceae［MD－536］特征纪要：习性：灌木。花程式：K2－4，C0，A4，↓ G2。其他特征参考科。全球 5 个大洲分布及种数(2－4)非洲：4；亚洲：2；大洋洲：2；欧洲：4；北美洲：4。【中国种数：1】。

Phyla Lour. 过江藤属 Verbenaceae［MD－556］特征纪要：习性：木质攀援。花程式：－。物候：－。海拔：300－2300 米。生境：河边沙土上。资源：药用，具栽培园艺种类。全球 6 个大洲分布及种数(12；hort. 1；cult. 3)非洲：1－6；亚洲：5－12；大洋洲：1－6；欧洲：1－6；北美洲：10－16；南美洲：7－12。【中国种数：3】。

Phylacium Benn. 苞护豆属 Fabaceae3［MD－240］特征纪要：习性：木质攀援。花程式：－。物候：－。花期：9－11 月。果期：参考晚于花期。海拔：200－900 米。生境：向阳坡，混交林，灌丛。资源：－。全球 5 个大洲分布及种数(2－12)非洲：1；亚洲：4；大洋洲：1；北美洲：2；南美洲：7。【中国种数：2】。

Phylica L. 石南茶属 Rhamnaceae［MD－331］特征纪要：习性：木本。花程式：－。其他特征参考科。全球 6 个大洲分布及种数(186－288)非洲：253；亚洲：7；大洋洲：4；欧洲：4；北美洲：4；南美洲：16。

Phyllacanthus Hook. f. 刺叶茜属 Rubiaceae［MD－523］特征纪要：习性：－。花程式：－。其他特征参考科。全球 1 个大洲分布及种数(1)◆北美洲。

Phyllachne J. R. Forst. & G. Forst. 垫柱草属 Stylidiaceae［MD－568］特征纪要：习性：草本。花程式：－。其他特征参考科。全球 2 个大洲分布及种数(4－11)大洋洲：11；南美洲：2。

Phyllactis Pers. 叶线草属 Caprifoliaceae［MD－510］特征纪要：习性：－。花程式：－。其他特征参考科。全球 3 个大洲分布及种数(44)欧洲：1；北美洲：1；南美洲：38。

Phyllagathis Bl. 锦香草属 Melastomataceae［MD－364］特征纪要：习性：木质攀援。花程式：－。物候：－。花期：5 月。果期：参考晚于花期。海拔：1000－1600 米。生境：常绿阔叶林。资源：药用，具栽培园艺种类。全球 2 个大洲分布及种数(79－138)亚洲：123；南美洲：4。【中国种数：16】。

Phyllamphora Lour. ＝ **Nepenthes**

Phyllangium Dunlop 叶杯花属 Loganiaceae［MD－486］特征纪要：习性：木本。花程式：－。其他特征参考科。全

球2个大洲分布及种数(5-9)大洋洲:6; 南美洲:4。

Phyllanoa Croizat 齿萼茶属 Violaceae [MD-126] 特征纪要:习性:木本。花程式:K1(1000),C0,A6,=(G)2-3。其他特征参考科。全球1个大洲分布及种数(1)◆南美洲(◆哥伦比亚)。

Phyllanthaceae Martinov [MD-222] 叶下珠科 特征纪要:习性:木本;落叶。花程式:K4-5(-),C0,A1-1000,G-。物候:-。花期:3-5月。果期:6-11月。果实:不裂。种子:-。海拔:1000-1600米。生境:常绿混交林。资源:药用。栽培:-。全球1个大洲分布及属种数(24-25/211-284 <IFR 12/22> hort.1,cult.5)◆亚洲:2-3/45-132。【中国属种数:24/156】。

Phyllanthera Bl. 叶萝藦属 Apocynaceae [MD-492] 特征纪要:习性:木本。花程式:-。其他特征参考科。全球3个大洲分布及种数(10-11)非洲:6; 亚洲:9; 大洋洲:9。

Phyllanthidea Didr. = **Andrachne**

Phyllanthopsis (Scheele) Voronts. & Petra Hoffm. 雀舌珠属 Phyllanthaceae [MD-222] 特征纪要:习性:木本。花程式:K1(1000),C0,A6,=(G)2-3。其他特征参考科。全球3个大洲分布及种数(2-3)亚洲:2; 大洋洲:2; 北美洲:3。【中国种数:1】。

Phyllanthus L. 叶下珠属 Euphorbiaceae [MD-217] 特征纪要:习性:木本。花程式:-。物候:-。海拔:100-600米。生境:低海拔山地疏林下或灌木丛中。栽培:来自广西龙州。资源:具栽培园艺种类。全球6个大洲分布及种数(702-1159;hort.1;cult. 12)非洲:249-371;亚洲:215-356;大洋洲:137-330;欧洲:16-42;北美洲:131-196;南美洲:191-243。【中国种数:88】。

Phyllarthron DC. 节叶木属 Bignoniaceae [MD-541] 特征纪要:习性:木本。花程式:K5,C0,A5,=G2。其他特征参考科。全球3个大洲分布及种数(20-31)非洲:27; 亚洲:6; 南美洲:2。

Phyllaurea Lour. = **Codiaeum**

Phyllirea Tourn. ex Adans. = **Phillyrea**

Phyllis L. 叶茜属 Rubiaceae [MD-523] 特征纪要:习性:木本。花程式:(K)4-5,(C)4-5,A4-5,=↓G2-9。其他特征参考科。全球6个大洲分布及种数(3-5)非洲:1-3;亚洲:2;大洋洲:1;欧洲:1;北美洲:1;南美洲:1-3。

Phylliscum <unassigned> 可可李科属 Chrysobalanaceae [MD-243] 特征纪要:-。全球2个大洲分布及种数(9)亚洲:2; 南美洲:5。

Phyllitis Hill 对开蕨属 Pteridaceae [F-31] 特征纪要:习性:-。【Rep】:孢子囊群线形,位于主脉与叶缘之间,着生于相邻两小脉的一侧。物候:-。海拔:50-4200米。生境:-。资源:-。全球6个大洲分布及种数(6)非洲:6;亚洲:3-9;大洋洲:6;欧洲:6;北美洲:6;南美洲:1-7。

Phyllitopsis T. Reichstein 长叶巢蕨属 Aspleniaceae [F-43] 特征纪要:-。全球3个大洲分布及种数(4)亚洲:2; 北美洲:1; 南美洲:1。

Phyllobaea Benth. = **Phylloboea**

Phylloblastia <unassigned> 开紫草属 Boraginaceae [MD-517] 特征纪要:-。全球2个大洲分布及种数(2)亚洲:2; 南美洲:1。

Phylloboea C. B. Clarke 宿苞苣苔属 Gesneriaceae [MD-549] 特征纪要:习性:-。花程式:-。其他特征参考科。全球1个大洲分布及种数(1)◆亚洲。

Phyllobolus N. E. Br. 天赐木属 Aizoaceae [MD-94] 特征纪要:习性:-。花程式:-。其他特征参考科。全球5个大洲分布及种数(51)非洲:47; 亚洲:2; 欧洲:2; 北美洲:2; 南美洲:15。

Phyllobotryon Müll. Arg. 叶序大风子属 Salicaceae [MD-123] 特征纪要:习性:木本。花程式:K2-10,C0,A2-10,=G2-10。其他特征参考科。全球2个大洲分布及种数(5-16)非洲:13; 南美洲:4。

Phyllobotryum Müll. Arg. = **Phyllobotryon**

Phyllocactus Link = **Epiphyllum**

Phyllocara Guşul. 牛舌草属 Boraginaceae [MD-517] 特征纪要:习性:-。花程式:-。其他特征参考科。全球3个大洲分布及种数(1-225)亚洲:1; 北美洲:1; 南美洲:1。

Phyllocarpus Riedel ex Endl. 叶包豆属 Fabaceae3 [MD-240] 特征纪要:习性:-。花程式:-。其他特征参考科。全球1个大洲分布及种数(1)◆南美洲。

Phyllocephalum Bl. 叶苞瘦片菊属 Asteraceae [MD-586] 特征纪要:习性:草本。花程式:(K)3-5,(C)3-5,A3-5,=↓G2。其他特征参考科。全球2个大洲分布及种数(5-13)亚洲:11; 南美洲:1。

Phyllochlamys Bureau = **Streblus**

Phyllocladaceae Bessey [G-14] 伪叶竹柏科 特征纪要(参考 Theliaceae):体形较细弱,黄绿色,无光泽或具弱光泽,密丛集生长。全球1个大洲分布及属种数(2/8-9 <IFR 1/3> hort.1)◆大洋洲:1/6-14。

Phyllocladus Rich. ex Mirb. 叶枝杉属 Phyllocladaceae [G-14] 特征纪要(同科)。全球6个大洲分布及种数(5-36)非洲:3; 亚洲:18; 大洋洲:17; 欧洲:5; 北美洲:5; 南美洲:5。

Phyllocoryne Hook. f. = **Scybalium**

Phyllocosmus Klotzsch 炭柴木属 Ixonanthaceae [MD-294] 特征纪要:习性:木本。花程式:-。其他特征参考科。全球2个大洲分布及种数(4-6)非洲:3-5;南美洲:2-3。

Phyllocrater Wernham 蛇舌草属 Rubiaceae [MD-523] 特征纪要:习性:木本。花程式:(K-),(C)4,A3-5,↓G。其他特征参考科。全球1个大洲分布及种数(1)◆亚洲。

Phylloctenium Baill. 篦叶紫葳属 Bignoniaceae [MD-541] 特征纪要:习性:木本。花程式:K5,C0,A5,=↓G2。其他特征参考科。全球2个大洲分布及种数(2-13)非洲:6; 南美洲:5。

Phyllocyclus Kurz = **Canscora**。【中国种数:1】。

Phyllodium Desv. 排钱树属 Fabaceae3［MD-240］特征纪要:习性:木本。花程式:-。物候:-。花期:7-8月。果期:参考晚于花期。海拔:1100米。生境:平原,荒地,丘陵,草原。资源:药用。全球4个大洲分布及种数(8-19)非洲:4; 亚洲:12; 大洋洲:4; 南美洲:2。【中国种数:5】。

Phyllodoce Salisb. 松毛翠属 Ericaceae［MD-380］特征纪要:习性:-。花程式:-。物候:-。花期:6-7月。果期:参考晚于花期。海拔:1700米。生境:生于林中,亚高山灌丛,高山草甸,草原,多石苔原,岩石。资源:-。全球6个大洲分布及种数(8-11)非洲:4;亚洲:6-12;大洋洲:4;欧洲:1-5;北美洲:5-11;南美洲:4。【中国种数:4】。

Phyllodon Bruch & Schimp. 叶齿藓属 Hypnaceae［B-189］特征纪要:习性:-。【Rep】:雌雄异株或雌雄异苞同株,生殖苞侧生,雌苞叶分化,蒴柄长。生境:常见于林下土或岩面薄土,沼泽水生。资源:-。全球6个大洲分布及种数(9)非洲:4;亚洲:5;大洋洲:1;欧洲:1;北美洲:3;南美洲:1。【中国种数:2】。

Phyllodontia <unassigned> 德国水龙骨属 Polypodiaceae［F-60］特征纪要:-。全球1个大洲分布及种数(1)◆欧洲:1。

Phyllodrepaniaceae Crosby［B-147］叶藓科 特征纪要(参考 Gymnomitriaceae):密集成丛生长,灰色、褐色或紫色。【Rep】:灰色、褐色或紫色。全球5个大洲分布和属种数(2/3)亚洲:1/1;大洋洲:1/1;欧洲:2/2;北美洲:2/2;南美洲:2/2。

Phyllodrepanium Crosby 叶片藓属 Phyllodrepaniaceae［B-147］特征纪要:-。全球3个大洲分布及种数(1)欧洲:1;北美洲:1;南美洲:1。

Phyllogeiton (Weberb.) Herzog 勾儿茶属 Rhamnaceae［MD-331］特征纪要:习性:木本。花程式:Kn,C3参考科,A2,↓G-参考科。其他特征参考科。全球2个大洲分布及种数(3-4)非洲:3; 亚洲:1。

Phylloglossaceae Kunze［F-5］石葱科 特征纪要:叶状体绿色,略具光泽,宽约1厘米,长2-5。【Rep】:雌雄同株,雄托圆盘形,无托柄,雌托半球形,通常5-7浅裂,其下着生孢子体,托柄长1-4厘米。全球1个大洲分布和属种数(1/1)◆大洋洲:1/1。

Phylloglossum Kunze 石葱属 Phylloglossaceae［F-5］特征纪要及分布(-)。

Phyllogoniaceae Kindb.［B-202］带藓科 特征纪要(参考 Erpodiaceae 一般纤细,黄绿色、绿色、暗绿色至褐色,紧贴树上。【Rep】:雌雄同株,雄苞叶少数,卵形,隔丝少数或无,雌苞叶稍长,直立,蒴柄略长,孢蒴卵形,稍伸出苞叶,蒴齿多)。全球4个大洲分布和属种数(1/6)大洋洲:1/3;欧洲:1/3;北美洲:1/3;南美洲:1/5。

Phyllogonium Brid. 带藓属 Phyllogoniaceae［B-202］特征纪要(同科)。全球6个大洲分布及种数(27)非洲:3; 亚洲:7; 大洋洲:6; 欧洲:5; 北美洲:5; 南美洲:11。

Phyllolepidum Trinajstič 金庭荠属 Brassicaceae［MD-213］特征纪要:习性:草本。花程式:K4,C4,A3参考科,↓G-参考科。其他特征参考科。全球2个大洲分布及种数(1) 亚洲:1;欧洲:1(IFR 1)。

Phyllolobium Fisch. 蔓黄芪属 Fabaceae3［MD-240］特征纪要:习性:木本。花程式:(K)5,C5,A10多二体,G1。物候:-。海拔:1000-1700米。生境:矮灌木丛或芦苇丛中,稀见于沿河岸疏林下,作为作物栽培。资源:具栽培园艺种类。全球1个大洲分布及种数(22)◆亚洲(◆中国)。【中国种数:13】。

Phyllomelia Griseb. 楝叶茜属 Rubiaceae［MD-523］特征纪要:习性:木本。花程式:(K)4-5,(C)4-5,A4-5,=↓G2-9。其他特征参考科。全球4个大洲分布及种数(1-6)非洲:2; 亚洲:3; 北美洲:6; 南美洲:3。

Phyllonoma Willd. ex Schult. 叶顶花属 Phyllonomaceae［MD-437］特征纪要(同科)。全球3个大洲分布及种数(4-11)亚洲:2; 北美洲:6; 南美洲:5。

Phyllonomaceae Small［MD-437］叶顶花科 特征纪要:习性:木本;落叶。花程式:(K)6-,C5,A,↓(G)-。全球1个大洲分布及属种数(2/8 hort.1) ◆大洋洲:1/ 1。

Phyllopentas (Verdc.) Kårehed & B. Bremer 非洲叶茜草属 Rubiaceae［MD-523］特征纪要:习性:木本。花程式:(K)4-5,(C)4-5,A4-5,=↓(G)2-9。其他特征参考科。全球3个大洲分布及种数(14-20)非洲:19; 亚洲:4; 北美洲:2。

Phyllophiorhiza Kuntze = **Ophiorrhiziphyllon**

Phyllophyton Kudo = **Marmoritis**

Phyllopodium Benth. 叶梗玄参属 Scrophulariaceae［MD-536］特征纪要:习性:草本。花程式:K2-4,C0,A3参考科,↓G2。其他特征参考科。全球3个大洲分布及种数(26-40)非洲:39; 亚洲:3; 大洋洲:3。

Phyllopsora <unassigned> 莎草科属 Cyperaceae［MM-747］特征纪要:习性:-。花程式:-。其他特征参考科。全球6个大洲分布及种数(68)非洲:7; 亚洲:6; 大洋洲:3; 欧洲:9; 北美洲:9; 南美洲:45。

Phyllorachis Trimen 叶轴草属 Poaceae［MM-748］特征纪要:习性:草本。花程式:(K-),C0参考科,A3参考科,↓G-参考科。其他特征参考科。全球1个大洲分布及种数(1)◆非洲。

Phyllorchis Thou. = **Bulbophyllum**

Phyllosasa Demoly 赤刚竹属 Poaceae［MM-748］特征纪要:习性:草本。花程式:K5,C3,A3-6,G1。其他特征参考科。全球2个大洲分布及种数(3)亚洲:2; 北美洲:2。

Phylloscirpus C. B. Clarke 垫藨草属 Cyperaceae［MM-747］特征纪要:习性:草本。花程式:(K)3,C3,A3,=↓(G)2-3。其他特征参考科。全球4个大洲分布及种数(4-50)亚洲:42; 大洋洲:4; 北美洲:2; 南美洲:10。【中国种数:1】。

Phyllosma Bolus ex Schltr. 烈味芸香属 Rutaceae［MD-399］特征纪要:习性:木本。花程式:K5,C5,A4,↓G-参考科。其他特征参考科。全球2个大洲分布及种数(2-3)非洲:3; 亚洲:2。

Phyllospadix Hook. 虾海藻属 Zosteraceae［MM－612］特征纪要:习性:草本(根状茎,基生,多肉)。花程式:K0－n,C2－3 参考科,A3 参考科,＝↓G1。物候:－。海拔:8 米。生境:低潮线礁石或硬质砂地上,细砂砾或细沙。资源:具园艺种类。全球 2 个大洲分布及种数(6－9)亚洲:2－4;北美洲:4。【中国种数:2】。

Phyllostachys Siebold & Zucc. 刚竹属 Poaceae［MM－748］特征纪要:习性:－。花期:4－5 月。果期:参考晚于花期。海拔:1100－1200 米。生境:阔叶林,竹林中。资源:笋可食用,具栽培园艺种类。全球 6 个大洲分布及种数(64－241)非洲:12; 亚洲:122; 大洋洲:9; 欧洲:45; 北美洲:45; 南美洲:10。【中国种数:50】。

Phyllostegia Benth. 覆叶苏属 Lamiaceae［MD－575］特征纪要:习性:草本。花程式:K2,C0,A2,＝↓G2。其他特征参考科。全球 6 个大洲分布及种数(29－43;hort. 1;cult. 1)非洲:24;亚洲:1－25;大洋洲:1－27;欧洲:24;北美洲:28－62;南美洲:1－25。【中国种数:3】。

Phyllostemonodaphne Kosterm. 瓣蕊桂属 Lauraceae［MD－21］特征纪要:习性:木本。花程式:Kn,C0,A3－9,G1－3。其他特征参考科。全球 1 个大洲分布及种数(1)◆南美洲。

Phyllostephanus Tiegh. ＝ **Aetanthus**

Phyllostylon Capan. ex Benth. & Hook. f. 槭果榆属 Ulmaceae［MD－83］特征纪要:习性:木本。花程式:－。其他特征参考科。全球 4 个大洲分布及种数(1－9)非洲:2; 亚洲:2; 北美洲:4; 南美洲:5。

Phyllota Benth. 大洋洲叶豆属 Fabaceae3［MD－240］特征纪要:习性:木本。花程式:＝↓(K1－∞),C1－∞,A5－9,＝↓G1。其他特征参考科。全球 3 个大洲分布及种数(11－25)非洲:2; 亚洲:2; 大洋洲:25。

Phyllotaenium André ＝ **Caladium**

Phyllothallia E. A. Hodgs. 对瓣苔属 Phyllothalliaceae［B－28］特征纪要(同科)。全球 1 个大洲分布及种数(cf. 1)◆南美洲。

Phyllothalliaceae E. A. Hodgs［B－28］对瓣苔科 特征纪要(参考 Schistochilaceae):粗大,淡绿色,少数褐绿色,柔弱,常与其他苔藓成群落。【Rep】:雌雄异株,雄苞顶生,雄苞叶数对。全球 1 个大洲分布和属种数(cf. 1)◆南美洲。

Phyllotrichum Thorel ex Lecomte 叶毛无患子属 Sapindaceae［MD－428］特征纪要:习性:木本。花程式:－。物候:－。花期:1－5 月。果期:参考晚于花期。海拔:100－2600 米。生境:潮湿,陡坡;砂土;灌木丛。资源:－。全球 1 个大洲分布及种数(1)◆亚洲(◆中国)。【中国种数:1】。

Phylloxylon Baill. 叶木豆属 Fabaceae3［MD－240］特征纪要:习性:木本。花程式:＝↓(K1－∞),C1－∞,A5－9,＝↓G1。其他特征参考科。全球 2 个大洲分布及种数(7－18)非洲:17; 亚洲:2。【中国种数:1】。

Phylohydrax Puff 叶水茜属 Rubiaceae［MD－523］特征纪要:习性:木本。花程式:(K)4－5,(C)4－5,A4－5,＝↓(G)2－9。其他特征参考科。全球 1 个大洲分布及种数(2)◆非洲。

Phymaspermum Less. 瘤子菊属 Asteraceae［MD－586］特征纪要:习性:草本。花程式:(K)3－5,(C)3－5,A3－5,＝↓G2。其他特征参考科。全球 4 个大洲分布及种数(22－36)非洲:35; 欧洲:2; 北美洲:2; 南美洲:9。

Phymatarum M. Hotta 角药落檐属 Araceae［MM－639］特征纪要:习性:草本。花程式:K0,C0,A1－4,＝(G)1－3。其他特征参考科。全球 2 个大洲分布及种数(1－24)亚洲:3; 南美洲:22。

Phymatidium Lindl. 菲玛兰属 Orchidaceae［MM－723］特征纪要:习性:草本。花程式:(K)3,C3,A3,＝↓G3。其他特征参考科。全球 3 个大洲分布及种数(11－29)大洋洲:1; 北美洲:2; 南美洲:29。

Phymatoceros Stotler, W. T. Doyle & Crand.－Stotl. 肿角苔属 Phymatocerotaceae［B－94］特征纪要(同科)。全球 6 个大洲分布及种数(5)非洲:2; 亚洲:5; 大洋洲:2; 欧洲:3; 北美洲:3; 南美洲:3。

Phymatocerotaceae R. J. Duff, J. C. Villarreal, Cargill & Renzaglia［B－94］肿角苔科 特征纪要:柔弱,黄绿色或灰绿色,交织呈片生长。【Rep】:雌雄异株,雌苞生于茎或分枝顶端,颈卵器受精后由茎端膨大形成短柱形的茎鞘,孢蒴长卵圆形。全球 4 个大洲分布和属种数(1/3)非洲:1/1;亚洲:1/3;欧洲:1/2;北美洲:1/2。

Phymatodes C. Presl 瘤蕨属 Dipteridaceae［F－58］特征纪要:习性:－。【Rep】:孢子同形,囊群生叶背有盖－无盖。物候:－。海拔:－。生境:林下,竹林中阴湿地。资源:－。全球 6 个大洲分布及种数(13－21)非洲:1－4;亚洲:12－15;大洋洲:5－8;欧洲:1－4;北美洲:2－5;南美洲:1－4。

Phymatopsis J. Sm. 叶龙骨属 Polypodiaceae［F－60］特征纪要:－。全球 1 个大洲分布及种数(59)◆亚洲:10。

Phymatopteris Pic. Serm. 假瘤蕨属 Polypodiaceae［F－60］特征纪要:习性:－。【Rep】:孢子囊群圆形,在主脉两侧各 1 行,通常叶表面生,少数略凹陷于叶肉中。海拔:1000－1400 米。生境:常绿阔叶林下树干上,紫色页岩岩壁上。资源:－。全球 5 个大洲分布及种数(92)亚洲:79; 大洋洲:2; 欧洲:3; 北美洲:3; 南美洲:4。

Phymatosorus Pic. Serm. 瘤蕨属 Polypodiaceae［F－60］特征纪要:习性:－。【Rep】:孢子囊群圆形或椭圆形,分离,在主脉两侧各 1 行或不规则的多行,凹陷或略凹陷于叶肉,不具隔丝。物候:－。海拔:200－1200 米。生境:低海拔地区湿地灌丛中。资源:具园艺种类。全球 6 个大洲分布及种数(12－39)非洲:9; 亚洲:22; 大洋洲:21; 欧洲:6; 北美洲:6; 南美洲:5。【中国种数:5】。

Phymosia Desv. 菲莫斯木属 Malvaceae［MD－203］特征纪要:习性:木本。花程式:K5－∞,C5－∞,A10－8,＝(G)1－5。其他特征参考科。全球 6 个大洲分布及种数(8－68)非洲:5; 亚洲:3; 大洋洲:3; 欧洲:13; 北美洲:13; 南美洲:56。

Physacanthus Benth. 非洲阔爵床属 Acanthaceae［MD－572］特征纪要:习性:草本。花程式:K2－4,C0,A2－4,＝G2。其他特征参考科。全球 1 个大洲分布及种数(3)◆非洲。

Physalacria <unassigned> 美国合囊蕨属 Marattiaceae［F－13］特征纪要:－。全球 2 个大洲分布及种数(12)北美洲:11; 南美洲:11。

Physaliastrum Makino 散血丹属 Solanaceae［MD－503］特征纪要:习性:－。花程式:－。物候:－。花期:7－9

月。果期:参考晚于花期。海拔:1200 – 1400 米。生境:草坡,森林,松林边山沟。资源: – 。全球 4 个大洲分布及种数(1 – 17)亚洲:17; 欧洲:7; 北美洲:7; 南美洲:3。

Physalidium Fenzl = **Graellsia**

Physalis L. 酸浆属 Solanaceae [MD – 503] 特征纪要:习性:草本,少木本。花程式: – 。物候: – 。海拔:1200 – 2500 米。生境:草丛中,庄稼地边。资源:具栽培园艺种类。全球 6 个大洲分布及种数(131 – 156;hort. 1;cult. 12)非洲:13 – 40;亚洲:26 – 56;大洋洲:17 – 45;欧洲:15 – 43;北美洲:123 – 156;南美洲:33 – 72。【中国种数:11】。

Physaloides Moench = **Withania**

Physandra Botsch. 浆果猪毛菜属 Amaranthaceae [MD – 116] 特征纪要:习性: – 。花程式: – 。其他特征参考科。全球 1 个大洲分布及种数(cf. 1)◆亚洲。

Physantholejeunea R. M. Schust. 广鳞苔属 Lejeuneaceae [B – 84] 特征纪要:习性: – 。【Rep】:老时呈红褐色。其他特征参考科。全球 1 个大洲分布及种数(cf. 1)◆北美洲。

Physaria (Nutt. ex Torr. & A. Gray) A. Gray 洋球果荠属 Brassicaceae [MD – 213] 特征纪要:习性:草本。花程式:K2 – 4,C2 – 4,A2 – 4, = G2。其他特征参考科。全球 6 个大洲分布及种数(135 – 176)非洲:2; 亚洲:9; 大洋洲:2; 欧洲:160; 北美洲:160; 南美洲:23。【中国种数:5】。

Physcia (Schreb.) Michx. 唐松木科属 Physenaceae [MD – 169] 特征纪要:习性:木本。花程式: – 。其他特征参考科。全球 6 个大洲分布及种数(135)非洲:10; 亚洲:18; 大洋洲:3; 欧洲:16; 北美洲:16; 南美洲:66。

Physciella <unassigned> 唐松木科属 Physenaceae [MD – 169] 特征纪要:习性: – 。花程式: – 。其他特征参考科。全球 4 个大洲分布及种数(9)亚洲:2; 欧洲:2; 北美洲:2; 南美洲:6。

Physcomitrella Bruch & Schimp. 小立碗藓属 Funariaceae [B – 106] 特征纪要:习性: – 。【Rep】:雌雄同株,蒴柄细长,顶生,孢蒴直立,对称,近于圆球形或短梨形,台部极短而粗,环带由小形细胞组成而常存,雌雄同株异苞,蒴柄细长,黄色,孢蒴直立,对称,呈倒梨形,多具明显的长台部,环带缺如,蒴齿缺如。物候: – 。海拔: – 。生境:土生。资源: – 。全球 6 个大洲分布及种数(10)非洲:2; 亚洲:4; 大洋洲:3; 欧洲:4; 北美洲:4; 南美洲:3。【中国种数:1】。

Physcomitrellopsis Broth. & Wager 南非瓢藓属 Funariaceae [B – 106] 特征纪要:习性: – 。【Rep】:雌雄同株,蒴柄细长,顶生,孢蒴直立,对称,近于圆球形或短梨形,台部极短而粗,环带由小形细胞组成而常存,雌雄同株异苞,蒴柄细长,黄色,孢蒴直立,对称,呈倒梨形,多具明显的长台部,环带缺如,蒴齿缺如。其他特征参考科。全球 2 个大洲分布及种数(3)非洲:2; 亚洲:2。

Physcomitridium (Müll. Hal.) G. Roth 小立碗藓属 Funariaceae [B – 106] 特征纪要: – 。全球 1 个大洲分布及种数(–)。

Physcomitrium (Brid.) Brid. 立碗藓属 Funariaceae [B – 106] 特征纪要:习性: – 。【Rep】:雌雄同株,蒴柄细长,顶生,孢蒴直立,对称,近于圆球形或短梨形,台部极短而粗,环带由小形细胞组成。物候: – 。海拔:1000 米。生境:河畔土生。资源: – 。全球 6 个大洲分布及种数(75)非洲:14;亚洲:20;大洋洲:14;欧洲:9;北美洲:16;南美洲:28。【中国种数:17】。

Physedium Brid. 丛藓属 Pottiaceae [B – 133] 特征纪要: – 。全球 1 个大洲分布及种数(–)。

Physematium Kaulf. 非盖蕨属 Peranemataceae [F – 48] 特征纪要: – 。分布: – 。

Physena Noronha ex Thou. 唐松木属 Physenaceae [MD – 169] 特征纪要:习性:木本。花程式: – 。其他特征参考科。全球 1 个大洲分布及种数(2)◆非洲(◆马达加斯加)。

Physenaceae Takht. [MD – 169] 唐松木科 特征纪要:习性:木本;落叶。花程式:K4 – 5(–),C5,A,↓(G) – 。物候: – 。果实:蒴果。种子: – 。海拔: – 。生境: – 。资源: – 。栽培: – 。全球 1 个大洲分布及属种数(5/7 hort. 1) ◆亚洲:1/ 2。

Physeterostemon R. Goldenb. & Amorim 巴西松牡丹属 Melastomataceae [MD – 364] 特征纪要:木本。花程式: = ↓(K4 – 5),C4 – 5,A4 – 5, = ↓(G)3 – 4。其他特征参考科。全球 1 个大洲分布及种数(4)◆南美洲(◆巴西)。

Physichilus Nees = **Hygrophila**

Physinga Lindl. = **Epidendrum**

Physocalymma Pohl 樱薇属 Lythraceae [MD – 333] 特征纪要:习性:木本。花程式: – 。其他特征参考科。全球 2 个大洲分布及种数(1 – 4)亚洲:2; 南美洲:3。【中国种数:1】。

Physocalymna DC. = **Physocalymma**

Physocalyx Pohl 泡玄参属 Orobanchaceae [MD – 552] 特征纪要:习性:木本。花程式: – 。其他特征参考科。全球 1 个大洲分布及种数(4)◆南美洲(◆巴西)。

Physocarpa Raf. = **Physocarpus**

Physocarpum Bercht. & J. S. Presl = **Thalictrum**

Physocarpus (Cambess.) Raf. 风箱果属 Rosaceae [MD – 246] 特征纪要:习性:木本。花程式: – 。物候: – 。花期:6 月。果期:参考晚于花期。海拔:50 – 5400 米。生境:山地。资源:具栽培园艺种类。全球 6 个大洲分布及种数(16)非洲:2;亚洲:15 – 17;大洋洲:1 – 3;欧洲:2 – 4;北美洲:15 – 17;南美洲:2。【中国种数:6】。

Physocaulis (DC.) Tausch 膨茎草属 Apiaceae [MD – 480] 特征纪要:习性: – 。花程式: – 。其他特征参考科。全球 1 个大洲分布及种数(cf. 1)◆欧洲。

Physoceras Schltr. 垂距兰属 Orchidaceae [MM – 723] 特征纪要:习性: – 。花程式: – 。其他特征参考科。全球 1 个大洲分布及种数(6 – 11)◆非洲。

Physochlaena K. Koch = **Physochlaina**

Physochlaina G. Don 脬囊草属 Solanaceae [MD－503] 特征纪要:习性:草本。花程式:(K－),C2－3 参考科,A5,＝↓G2。物候:－。花期:4－5 月。果期:参考晚于花期。海拔:800－1600 米。生境:草坡,岩石裂缝,田边石阶上常见。资源:药用,具栽培园艺种类。全球 4 个大洲分布及种数(10－19)非洲:2; 亚洲:17; 欧洲:1; 北美洲:1。【中国种数:5】。

Physocodon Turcz. ＝ **Melochia**

Physocolea (Spruce) Stephani 细鳞苔科属 Lejeuneaceae [B－84] 特征纪要:习性:－。生境:山坡,针阔混交林中。全球 5 个大洲分布及种数(32)非洲:8; 亚洲:13; 大洋洲:2; 北美洲:1; 南美洲:4。

Physodictyon Kütz. 叶囊藓属 Sorapillaceae [B－212] 特征纪要:－。全球 4 个大洲分布及种数(4)亚洲:2; 大洋洲:2; 北美洲:3; 南美洲:4。

Physodium C. Presl 马松子属 Malvaceae [MD－203] 特征纪要:习性:木本。花程式:K3－5－∞,C5,A5－10,↓G－参考科。其他特征参考科。全球 2 个大洲分布及种数(3－6)北美洲:4; 南美洲:1。

Physogyne Garay 假斑叶兰属 Orchidaceae [MM－723] 特征纪要:习性:草本。花程式:(K－),C0 参考科,A3 参考科,↓G－。其他特征参考科。全球 1 个大洲分布及种数(3)◆北美洲。

Physokentia Becc. 菱子椰属 Arecaceae [MM－717] 特征纪要:习性:木本。花程式:K3－10,C3－10,A3－10,＝G3－10。其他特征参考科。全球 3 个大洲分布及种数(7－15)非洲:2; 亚洲:5; 大洋洲:11。

Physolychnis Rupr. ＝ **Silene**

Physominthe Harley & J. F. B. Pastore 南美泡芩属 Lamiaceae [MD－575] 特征纪要:习性:草本。花程式:K2,C0,A2,＝↓(G)2。其他特征参考科。全球 1 个大洲分布及种数(2)◆南美洲(◆巴西)。

Physoplexis Schur 裂檐花属 Campanulaceae [MD－561] 特征纪要:习性:草本。花程式:(K)5,(C)5,A5,↓G－。其他特征参考科。全球 3 个大洲分布及种数(1－49)欧洲:1; 北美洲:1; 南美洲:1。

Physopsis Turcz. 穗南苏属 Lamiaceae [MD－575] 特征纪要:习性:木本。花程式:－。其他特征参考科。全球 2 个大洲分布及种数(2－7)大洋洲:7; 南美洲:2。

Physoptychis Boiss. 泡折芥属 Brassicaceae [MD－213] 特征纪要:习性:草本。花程式:K2－4,C2－4,A2－4,＝(G)2。物候:－。花期:3－7 月。果期:6－8 月。海拔:30－6200 米。生境:半固定沙地前平地,作为蔬菜栽培。资源:具栽培园艺种类。全球 1 个大洲分布及种数(cf. 1)◆亚洲。【中国种数:1】。

Physorhynchus Hook. 膀胱喙芥属 Brassicaceae [MD－213] 特征纪要:习性:草本。花程式:K2－4,C2－4,A2－4,＝G2。其他特征参考科。全球 2 个大洲分布及种数(2－8)亚洲:3; 南美洲:6。

Physosiphon Lindl. 泡兰属 Orchidaceae [MM－723] 特征纪要:习性:－。花程式:－。其他特征参考科。全球 3 个大洲分布及种数(33)欧洲:11; 北美洲:11; 南美洲:22。

Physospermopsis H. Wolff 滇芎属 Apiaceae [MD－480] 特征纪要:习性:草本(基生)。花程式:Kn,C5,A3 参考科,＝↓G2。物候:－。海拔:2200－3300 米。生境:草山坡,山顶。资源:－。全球 2 个大洲分布及种数(8－33)亚洲:26; 大洋洲:2。【中国种数:6】。

Physospermum Cusson ex Juss. 泡囊芹属 Apiaceae [MD－480] 特征纪要:习性:－。花程式:－。其他特征参考科。全球 5 个大洲分布及种数(3－5)非洲:1;亚洲:1－2;大洋洲:cf. 1;欧洲:2－4;南美洲:cf. 1。【中国种数:1】。

Physostegia Benth. 假龙头花属 Lamiaceae [MD－575] 特征纪要:习性:草本。花程式:K2,C0,A2,＝↓G2。物候:－。海拔:－。生境:－。资源:具栽培园艺种类。全球 6 个大洲分布及种数(13－41)非洲:2; 亚洲:10; 大洋洲:2; 欧洲:24; 北美洲:24; 南美洲:2。【中国种数:3】。

Physostelma Wight 球兰属 Asclepiadaceae [MD－494] 特征纪要:习性:－。花程式:－。其他特征参考科。全球 1 个大洲分布及种数(1－2)◆亚洲。

Physostemon Mart. ＝ **Cleome**

Physostigma Balf. 毒扁豆属 Fabaceae3 [MD－240] 特征纪要:习性:木质攀援。花程式:(K－),C2－3 参考科,A4,＝↓G－。物候:－。花期:8 月。果期:参考晚于花期。海拔:7500 米。生境:矮灌木丛或芦苇丛中,稀见于沿河岸疏林下,作为作物栽培。资源:药用,具栽培园艺种类。全球 3 个大洲分布及种数(5－7)非洲:7; 亚洲:2; 北美洲:2。【中国种数:1】。

Physothallis Garay ＝ **Pleurothallis**

Physotheca J. J. Engel & Gradst. 地萼苔科属 Geocalycaceae [B－49] 特征纪要:－。全球 2 个大洲分布及种数(cf. 1)大洋洲;南美洲。

Physotrichia Hiern 珠子属 Apiaceae [MD－480] 特征纪要:习性:草本。花程式:＝↓(Kn),C5,A5,＝↓(G)2。其他特征参考科。全球 1 个大洲分布及种数(3－6)◆非洲。

Phytarrhiza Vis. ＝ **Tillandsia**

Phytelephas Ruiz & Pav. 象牙椰子属 Arecaceae [MM－717] 特征纪要:习性:木本。花程式:K3－10,C3－10,A3－10,＝G3－10。其他特征参考科。全球 3 个大洲分布及种数(4－46)亚洲:13; 北美洲:9; 南美洲:25。

Phyteuma L. 裂檐花属 Campanulaceae [MD－561] 特征纪要:习性:－。花程式:－。其他特征参考科。全球 6 个大洲分布及种数(31－220)非洲:18; 亚洲:59; 大洋洲:15; 欧洲:9; 北美洲:9; 南美洲:7。【中国种数:9】。

Phytocrene Wall. 涌泉藤属 Icacinaceae [MD－450] 特征纪要:习性:木本。花程式:－。其他特征参考科。全球 4 个大洲分布及种数(13－29)非洲:3; 亚洲:27; 大洋洲:3; 北美洲:2。【中国种数:2】。

Phytolacca Tourn. ex L. 商陆属 Phytolaccaceae [MD－125] 特征纪要:习性:草质攀援。花程式:－。物候:－。花期:5－8 月。果期:参考晚于花期。海拔:500－3400 米。生境:沟谷,山坡林下,林缘路旁。资源:药用,具栽培园艺种类。全球 6 个大洲分布及种数(27－31;hort. 1;cult. 2)非洲:9－16;亚洲:12－21;大洋洲:7－14;欧洲:8

-15;北美洲:14-21;南美洲:15-22。【中国种数:7】。

Phytolaccaceae R. Br. [MD-125] 商陆科 特征纪要:习性:木本;落叶。花程式:♀/♂K4-5(-),C0,A6-8,↑G-。物候:-。花期:5-8月。果期:6-10月。果实:蒴果。种子:种皮膜质或硬脆,直径约3毫米。海拔:1100-3000米。生境:沟谷,山坡林下,林缘路旁,栽培。资源:药用。栽培:中国有栽培。全球6个大洲分布及属种数(12-13/84-100 <IFR 1/2> hort. 1;cult. 2) 非洲:1/10; 亚洲:1/13-15(IFR 1/1); 大洋洲:2/9-10; 欧洲:1/9; 北美洲:2-3/20-22(IFR 1/2); 南美洲:11/70-74。【中国属种数:3/9】。

Phytophthora <unassigned> 美国丛藓属 Pottiaceae [B-133] 特征纪要:-。全球4个大洲分布及种数(30)亚洲:12; 欧洲:1; 北美洲:14; 南美洲:7。

Piaranthus R. Br. 姬笋角属 Apocynaceae [MD-492] 特征纪要:习性:木本。花程式:K5,C0,A15,=↓G2。其他特征参考科。全球6个大洲分布及种数(10-47)非洲:30; 亚洲:2; 大洋洲:2; 欧洲:11; 北美洲:11; 南美洲:8。

Pibiria Maas 丝车前属 Plantaginaceae [MD-527] 特征纪要:习性:草本。花程式:-。其他特征参考科。全球1个大洲分布及种数(-)。

Picardaea Urb. 岛扇花属 Rubiaceae [MD-523] 特征纪要:习性:木本。花程式:(K)4-5,(C)4-5,A4-5,=↓(G)2-9。其他特征参考科。全球2个大洲分布及种数(1-3)亚洲:3; 北美洲:3。

Piccolia <unassigned> 南美扇囊藓属 Sorapillaceae [B-212] 特征纪要和分布(-)。

Picconia DC. 大苞榄属 Oleaceae [MD-498] 特征纪要:习性:木本。花程式:K2-4,C0,A2-4,=(G)2。其他特征参考科。全球6个大洲分布及种数(2-784)非洲:170; 亚洲:118; 大洋洲:6; 欧洲:102; 北美洲:102; 南美洲:779。

Picea Lindl. 云杉属 Pinaceae [G-15] 特征纪要:习性:-。【Rep】:复轴,球果状,苞鳞种鳞分离,球果下垂,卵状圆柱形或圆柱形,当年,熟,种鳞宿存,木质较薄,或近革质,倒卵形,斜方形,卵形,腹面有2粒种子,苞鳞短小,不露出,种子倒卵圆形或卵圆形,上部有膜质长翅。物候:-。花期:4-5月。果期:参考晚于花期。海拔:600-1800米。生境:土地。资源:具栽培园艺种类。全球6个大洲分布及种数(41-52;hort. 1;cult. 26)非洲:8-22;亚洲:34-58;大洋洲:12-26;欧洲:22-37;北美洲:28-45;南美洲:7-22。【中国种数:28】。

Pichinia S. Y. Wong & P. C. Boyce 小天南星属 Araceae [MM-639] 特征纪要:习性:草本。花程式:K0,C0,A1-4,G3- 参考科。其他特征参考科。全球1个大洲分布及种数(1-2)◆亚洲:1。

Pichonia Pierre 皮雄榄属 Sapotaceae [MD-357] 特征纪要:习性:木本。花程式:K4-15,C0,A5,=G2-4。其他特征参考科。全球5个大洲分布及种数(12-21)非洲:5; 亚洲:3; 大洋洲:16; 北美洲:2; 南美洲:9。

Picnomon Adans. 密苞蓟属 Asteraceae [MD-586] 特征纪要:习性:-。花程式:-。其他特征参考科。全球2个大洲分布及种数(1-3)非洲:1; 亚洲:1。

Picobryum R. H. Zander & Hedd. 丛藓科属 Pottiaceae [B-133] 特征纪要:-。全球1个大洲分布及种数(-)。

Picradeniopsis Rydb. 花旗刺菊属 Asteraceae [MD-586] 特征纪要:习性:草本。花程式:(K)3-5,(C)3-5,A3-5,↓G。其他特征参考科。全球2个大洲分布及种数(9-10)北美洲:10; 南美洲:4。

Picralima Pierre 鸡纳榄属 Apocynaceae [MD-492] 特征纪要:习性:木本。花程式:K5-∞,C0,A15,=↓(G)2-5。其他特征参考科。全球2个大洲分布及种数(1-8)非洲:8; 亚洲:2。

Picramnia Sw. 美洲苦木属 Picramniaceae [MD-409] 特征纪要:习性:木本。花程式:-。物候:-。海拔:-。生境:-。资源:具园艺种类。全球3个大洲分布及种数(44-62;hort. 1;cult. 2)亚洲:2-3;北美洲:14-18;南美洲:35-49。

Picramniaceae Fernando & Quinn [MD-409] 美洲苦木科 特征纪要:习性:木本;落叶。花程式:K5,C5,A4,G2-3. 物候:-。果实:蒴果。种子:-。海拔:-。生境:-。资源:-。栽培:-。全球3个大洲分布及属种数(5/53-76 <IFR 1/4> hort. 1;cult. 1) 亚洲:1/3; 北美洲:2/17-26(IFR 1/1); 南美洲:5/44-58(IFR 1/4)。

Picrasma Bl. 苦树属 Simaroubaceae [MD-424] 特征纪要:习性:木本。花程式:-。物候:-。花期:4-5月。果期:参考晚于花期。海拔:1400-2400米。生境:半常绿林中,针阔叶林边。资源:具栽培园艺种类。全球6个大洲分布及种数(12-39)非洲:1; 亚洲:18; 大洋洲:3; 欧洲:10; 北美洲:10; 南美洲:9。【中国种数:3】。

Picrella Baill. 赫利芸香属 Rutaceae [MD-399] 特征纪要:习性:木本。花程式:K∞,C∞,A4,↓G-参考科。其他特征参考科。全球1个大洲分布及种数(1-2)◆大洋洲。

Picria Lour. 苦玄参属 Scrophulariaceae [MD-536] 特征纪要:习性:草本。花程式:-。物候:-。海拔:700-1400米。生境:森林,田野,疏林中及荒田中。资源:具园艺种类。全球5个大洲分布及种数(1-57)非洲:3; 亚洲:10; 大洋洲:2; 北美洲:1; 南美洲:42。【中国种数:1】。

Picris L. 毛连菜属 Asteraceae [MD-586] 特征纪要:习性:草本(基生)。花程式:(K)3-5,C3-5,A3 参考科,=↓G2。海拔:1400-3200米。生境:草原。资源:具栽培园艺种类。全球6个大洲分布及种数(51-86;hort. 1;cult. 4)非洲:21-26;亚洲:26-29;大洋洲:6-15;欧洲:19-23;北美洲:10-13;南美洲:1。【中国种数:8】。

Picrodendraceae Small [MD-317] 苦皮桐科 特征纪要:习性:木本;落叶。花程式:K4-5(-),C5,A,G-。物候:-。果实:蒴果。全球4个大洲分布及属种数(13/68-97 <IFR 2/2> hort. 1) 非洲:5/19-23(IFR 1/1); 大洋洲:4/33-58; 北美洲:4/11; 南美洲:1/7(IFR 1/1)。【中国属种数:1/1】。

Picrodendron Planch. 苦皮桐属 Picrodendraceae [MD-317] 特征纪要:习性:木本。花程式:-。其他特征参考科。全球4个大洲分布及种数(1-7)非洲:2; 亚洲:2; 北美洲:3; 南美洲:3。

Picrolemma Hook. f. 苦稃桐属 Simaroubaceae [MD-424] 特征纪要:习性:木本。花程式:K3-10,C3-10,A2,=G1-2。其他特征参考科。全球2个大洲分布及种数(2-7)亚洲:2; 南美洲:6。

Picrophloeus Bl. 苦皮灰莉属 Loganiaceae [MD-486] 特征纪要:习性:-。花程式:-。其他特征参考科。全球3

个大洲分布及种数(4-5)非洲:1; 亚洲:4; 大洋洲:1。

Picrorhiza Royle ex Benth. 天竺黄连属 Plantaginaceae [MD-527] 特征纪要:习性:草本(根状茎,基生)。花程式:(K-),C2-3 参考科,A10-,↓G2。物候:-。花期:7-8 月。果期:参考晚于花期。海拔:45-6000 米。生境:沼泽草地。资源:药用。全球 1 个大洲分布及种数(1-3)◆亚洲。

Picrosia D. Don 糙毛苣属 Asteraceae [MD-586] 特征纪要:习性:草本。花程式:(K)3-5,(C)3-5,A3-5,=↓G2。其他特征参考科。全球 2 个大洲分布及种数(2-7)非洲:4; 南美洲:3。

Picrothamnus Nutt. 刺沙蒿属 Asteraceae [MD-586] 特征纪要:习性:-。花程式:-。其他特征参考科。全球 2 个大洲分布及种数(2)亚洲:2; 北美洲:2。

Pictolejeunea Grolle 皮鳞苔属 Lejeuneaceae [B-84] 特征纪要:习性:-。【Rep】:老时呈红褐色。其他特征参考科。全球 2 个大洲分布及种数(6)北美洲:2;南美洲:4。

Pictus C. C. Towns. 亚洲皮叶藓属 Amblystegiaceae [B-178] 特征纪要:-。全球 2 个大洲分布及种数(12)亚洲:6; 南美洲:6。

Pieris D. Don 马醉木属 Ericaceae [MD-380] 特征纪要:习性:木本。花程式:(K-),C5,A5,G-。物候:-。花期:5-6 月。果期:参考晚于花期。海拔:500-3800 米。生境:灌丛中。栽培:来自广西龙州。资源:药用,具栽培园艺种类。全球 6 个大洲分布及种数(9-11;hort. 1;cult. 2)非洲:11;亚洲:7-18;大洋洲:11;欧洲:3-14;北美洲:5-16;南美洲:3-14。【中国种数:4】。

P

Pierranthus Bonati 皮埃拉婆婆纳属 Linderniaceae [MD-534] 特征纪要:习性:草本。花程式:-。物候:-。海拔:45-6000 米。生境:沼泽草地。资源:-。全球 1 个大洲分布及种数(cf. 1)◆亚洲。【中国种数:1】。

Pierreodendron Engl. 皮埃尔木属 Simaroubaceae [MD-424] 特征纪要和分布(-)。全球 1 个大洲分布及种数(2)◆非洲。

Pierrina Engl. 梭果织瓣花属 Lecythidaceae [MD-267] 特征纪要:习性:木本。花程式:K10-20,C10-20,A10-20,(G)3-8。其他特征参考科。全球 2 个大洲分布及种数(1-5)非洲:5; 亚洲:3。

Pigafetta Becc. 金刺椰属 Arecaceae [MM-717] 特征纪要:习性:-。花程式:-。其他特征参考科。全球 3 个大洲分布及种数(2-5)非洲:4; 亚洲:4; 大洋洲:3。

Pigafettoa C. Massal. 金萼苔属 Lophocoleaceae [B-74] 特征纪要:习性:-。【Rep】:雌苞生于短枝上,雄苞生于短侧枝上,短枝上无正常叶发育,仅为雌雄苞叶,雌雄同株,稀异株,雌雄苞一般生于主茎或长分枝顶端,雌苞叶大于茎叶,先端具裂瓣和不规则齿突,蒴萼大。其他特征参考科。全球 1 个大洲分布及种数(cf. 1)◆南美洲。

Pigea Ging. 独子堇属 Violaceae [MD-126] 特征纪要:习性:-。花程式:-。其他特征参考科。全球 3 个大洲分布及种数(32-36)非洲:13; 亚洲:4; 大洋洲:14。

Pilaisaea Desv. 棉藓属 Plagiotheciaceae [B-170] 性状【Veg】;参考科特征:纤细或形稍大,多具光泽,松散或密集交织成片。【Rep】:参考科特征:雌苞叶中等大小,;雌雄异株。内雌苞叶红棕色,长披针形,渐尖,叶边平展,具齿。蒴柄长 1-2 厘米。孢蒴卵形或短圆柱形。全球 1 个大洲分布及种数(1)◆欧洲。

Pilaisia Bruch & Schimp. ex Hérib. = **Pylaisiella**

Pilbara Lander 细金菊属 Asteraceae [MD-586] 特征纪要:习性:草本。花程式:(K)3-5,(C)3-5,A3-5,↓G。其他特征参考科。全球 1 个大洲分布及种数(cf. 1)◆大洋洲:1。

Pilea Lindl. 五萼冷水花属 Urticaceae [MD-91] 特征纪要:习性:木本。花程式:-。物候:-。花期:4-5 月。果期:参考晚于花期。海拔:100-500 米。生境:草丛中,中山山坡林下。资源:药用,具栽培园艺种类。全球 6 个大洲分布及种数(407-659;hort. 1;cult. 7)非洲:84-106;亚洲:177-229;大洋洲:39-55;欧洲:10-24;北美洲:133-327;南美洲:154-207。【中国种数:101】。

Pileanthus Labill. 铜杯花属 Myrtaceae [MD-347] 特征纪要:习性:木本。花程式:-。其他特征参考科。全球 2 个大洲分布及种数(9-11)亚洲:2; 大洋洲:11。

Pileostegia Hook. f. & Thoms. 冠盖藤属 Hydrangeaceae [MD-429] 特征纪要:习性:-。花程式:-。物候:-。花期:3-8 月。果期:参考晚于花期。海拔:300-700 米。生境:山谷林中。资源:-。全球 2 个大洲分布及种数(9)亚洲:9; 北美洲:2。

Piletocarpus Hassk. = **Dictyospermum**

Piletophyllum (Soják) Soják 地豆麻属 Rosaceae [MD-246] 特征纪要和分布(-)。全球 1 个大洲分布及种数(cf. 种数 1)◆北美洲(◆美国)。

Pileus Ramirez = **Jacaratia**

Pilgerina Z. S. Rogers, Nickrent & Malécot 马达檀香树属 Santalaceae [MD-412] 特征纪要:习性:木本。花程式:Kn,C0,A3-4,=↓(G)2-3。其他特征参考科。全球 1 个大洲分布及种数(1)◆非洲(◆马达加斯加)。

Pilgerochloa Eig 别离草属 Poaceae [MM-748] 特征纪要和分布(-)。全球 1 个大洲分布及种数(1)◆北美洲。

Pilgerodendraceae A. V. Bobrov & Melikyan = Cupressaceae

Pilgerodendron Florin 火地柏属 Cupressaceae [G-17] 特征纪要:习性:-。【Rep】:复轴,浆果状,苞鳞融合成果皮状,种鳞多退化,雌雄同株。物候:-。海拔:-。生境:-。资源:具园艺种类。全球 2 个大洲分布及种数(1-2)北美洲:1; 南美洲:2。

Pilidiostigma Burret 盾桃木属 Myrtaceae [MD-347] 特征纪要:习性:木本。花程式:K4-5,C4-5,A8-10,=↓(G)2-5。其他特征参考科。全球 3 个大洲分布及种数(6-12)非洲:2; 亚洲:2; 大洋洲:12。

Pilinophytum Klotzsch = **Croton**

Piliostigma Hochst. = **Bauhinia**。【中国种数:1】。

Pillansia L. Bolus 火红鸢尾属 Iridaceae［MM－700］特征纪要：习性：草本。花程式：(K)3，C3，A10，↓G。其他特征参考科。全球1个大洲分布及种数(1)◆非洲。

Piloblephis Raf. 风轮菜属 Lamiaceae［MD－575］特征纪要：习性：草本。花程式：K2，C0，A2，↓G。其他特征参考科。全球2个大洲分布及种数(1－2)亚洲：1；北美洲：2。

Pilocarpus Vahl 解表木属 Rutaceae［MD－399］特征纪要：习性：木本。花程式：Kn，C4－5，A4，＝G1－3。其他特征参考科。全球6个大洲分布及种数(21－27；hort. 2；cult. 2)非洲：2；亚洲：2；大洋洲：2；欧洲：2；北美洲：5－8；南美洲：20－23。【中国种数：1】。

Pilocereus Lem. 毛人掌属 Cactaceae［MD－100］特征纪要：习性：－。花程式：－。其他特征参考科。全球3个大洲分布及种数(87)亚洲：5；北美洲：4；南美洲：50。

Pilocosta Almeda & Whiffin 毛肋野牡丹属 Melastomataceae［MD－364］特征纪要：习性：木本。花程式：＝↓(K4－5)，C4－5，A4－5，＝↓(G)3－4。其他特征参考科。全球2个大洲分布及种数(6)北美洲：5；南美洲：1。【中国种数：1】。

Piloecium (Müll. Hal.) Broth. 小毛枝藓属 Myuriaceae［B－208］特征纪要：习性：－。【Rep】：雌雄同株或雌雄异株，稀雌雄杂株，蒴柄细长，下部平滑，上部具乳头突起，孢蒴小，垂倾或悬垂，长卵形或长圆，多暗色、绿色至金黄色。其他特征参考科。全球1个大洲分布及种数(4)◆亚洲：2。

Piloisia (Jacq.) Raf. ＝ **Varronia**

Pilophorus <unassigned> 禾本科属 Poaceae［MM－748］特征纪要：习性：－。花程式：－。其他特征参考科。全球3个大洲分布及种数(10)亚洲：4；欧洲：3；北美洲：3。

Pilophyllum Schltr. 毛叶兰属 Orchidaceae［MM－723］特征纪要：习性：草本。花程式：(K)3，C3，A3，＝↓(G)3。其他特征参考科。全球5个大洲分布及种数(1－14)非洲：1；亚洲：1；大洋洲：1；北美洲：1；南美洲：1。

Pilopleura Schischk. 毛棱芹属 Apiaceae［MD－480］特征纪要：习性：草本。花程式：＝↓(Kn)，C5，A3 参考科，＝↓G(－)。其他特征参考科。全球1个大洲分布及种数(2－3)◆亚洲。

Pilopogon Brid. 毛尾藓属 Dicranaceae［B－128］特征纪要：习性：－。【Rep】：孢蒴无气孔，雌雄异株或假雌雄同株，雌苞叶鞘状，具长尖，孢子体顶生或侧生，有时丛生，蒴柄直立。其他特征参考科。全球6个大洲分布及种数(13)非洲：1；亚洲：3；大洋洲：3；欧洲：2；北美洲：4；南美洲：8。【中国种数：1】。

Pilopogonella E. B. Bartram 曲尾藓科属 Dicranaceae［B－128］特征纪要：－。全球1个大洲分布及种数(－)。

Piloselloides (Less.) C. Jeffrey ex Cufod. ＝ **Gerbera**

Piloseriopus Sharp 毛柄藓属 Hookeriaceae［B－164］特征纪要：－。全球1个大洲分布及种数(－)。

Pilosimitra B. C. Tan & G. Dauphin 锦藓科属 Sematophyllaceae［B－192］特征纪要：习性：－。【Rep】：雌雄同株或雌雄异株，稀雌雄杂株，蒴柄细长，下部平滑，上部具乳头突起，孢蒴小，垂倾或悬垂，长卵形或长圆，多暗色、绿色至金黄色。其他特征参考科。全球1个大洲分布及种数(1)◆北美洲。

Pilosium (Broth.) M. Fleisch. 密叶藓属 Stereophyllaceae［B－172］特征纪要：习性：－。其他特征参考科。全球3个大洲分布及种数(3)欧洲：1；北美洲：2；南美洲：2。

Pilosocereus Byles & G. D. Rowley 毛刺柱属 Cactaceae［MD－100］特征纪要：习性：木本。花程式：＝↓(K1－∞)，C1－∞，A3 参考科，＝↓(G)3－100。其他特征参考科。全球2个大洲分布及种数(97－102；hort. 1)北美洲：22；南美洲：91－95。

Pilosperma Planch. & Triana 毛籽藤黄属 Clusiaceae［MD－141］特征纪要：习性：－。花程式：－。其他特征参考科。全球1个大洲分布及种数(1)◆南美洲(◆哥伦比亚)。

Pilostemon Iljin 毛蕊菊属 Asteraceae［MD－586］特征纪要：草本，落叶；花程式：(K)3－5，C3－5，A(－)，G(－)。果实：瘦果。全球6个大洲分布及种数(2)非洲：1；亚洲：1－2；大洋洲：1；欧洲：1；北美洲：1；南美洲：1。

Pilostigma Van Tiegh. 折冠藤属 Apocynaceae［MD－492］特征纪要：习性：－。花程式：－。其他特征参考科。全球1个大洲分布及种数(cf. 1)◆大洋洲。

Pilostyles Guill. 豆生花属 Apodanthaceae［MD－157］特征纪要：习性：草本。花程式：－。其他特征参考科。全球6个大洲分布及种数(21－23)非洲：1；亚洲：1；大洋洲：2－3；欧洲：cf. 1；北美洲：9；南美洲：11－12。

Pilothecium (Kiaersk.) Kausel ＝ **Eugenia**

Pilotrichaceae Kindb.［B－166］茸帽藓科 特征纪要(参考 Blasiaceae)，叶状体多暗绿色，有时呈黄绿色，常呈大片状生长，阔度可达5毫米以上。【Rep】：雌雄苞着生短侧枝上，假蒴萼缺失，蒴被(Calyptra)形大，圆柱形或棒状形，肉质，尖部多具疣。全球6个大洲分布和属种数(17/332－417)非洲：7－10/60－92；亚洲：7－10/39－63；大洋洲：3－7/20－47；欧洲：2－7/3－27；北美洲：13－15/97－123；南美洲：14－15/215－263。【中国属种数：2/8(1)】。

Pilotrichella (Müll. Hal.) Besch. 毛蔓藓属 Meteoriaceae［B－188］特征纪要：习性：－。【Rep】：雌苞着生茎或枝上，蒴柄平滑或粗糙，孢蒴椭圆形或椭圆状圆柱形，蒴齿内外齿层等长，或内齿层稍短，基膜高出，蒴柄细长，孢蒴卵圆形。其他特征参考科。全球6个大洲分布及种数(69)非洲：36；亚洲：2；大洋洲：5；欧洲：6；北美洲：16；南美洲：31。

Pilotrichidium Besch. 北美毛帽藓属 Pilotrichaceae［B－166］特征纪要：习性：－。【Rep】：雌苞叶小，基部阔卵形，上部呈狭长尖，蒴柄细长，红色，平滑，孢蒴倾列或平列，长卵形，棕色，蒴齿两层，外，蒴柄侧生，细长，平滑或具弱疣，孢蒴平展或下倾，卵状圆柱形，两侧不对称，台部长而粗，口部强烈收缩。其他特征参考科。全球2个大洲分布及种数(4)北美洲：4；南美洲：1。

Pilotrichopsis Besch. 毛枝藓属 Cryphaeaceae［B－197］特征纪要：习性：－。【Rep】：雌雄异苞同株，雌苞着生短枝顶端，基部雌苞叶形小，渐上较大而成长披针形，中肋消失于叶尖。物候：－。海拔：－。生境：常见于树干，岩面薄土。资源:-。全球1个大洲分布及种数(2)◆亚洲:2。【中国种数:3】。

Pilotrichum P. Beauv. 密帽藓属 Pilotrichaceae [B-166] 特征纪要:习性:-。【Rep】:雌苞叶小,基部阔卵形,上部呈狭长尖,蒴柄细长,红色,平滑,孢蒴倾列或平列,长卵形,棕色,蒴齿两层,外,蒴柄侧生,细长,平滑或具弱疣,孢蒴平展或下倾,卵状圆柱形,两侧不对称,台部长而粗,口部强烈收缩。其他特征参考科。全球6个大洲分布及种数(44)非洲:2;亚洲:8;大洋洲:6;欧洲:7;北美洲:26;南美洲:16。【中国种数:1】。

Pilularia L. 线叶蘋属 Marsileaceae [F-65] 特征纪要:习性:-。【Rep】:孢子二形;囊群生叶背。其他特征参考科。全球6个大洲分布及种数(4-7)非洲:1-2;亚洲:2-3;大洋洲:1;欧洲:1-2;北美洲:1;南美洲:1。【中国种数:1】。

Pilulariaceae Mirb. ex DC. = Marsileaceae

Pimecaria Raf. = **Ximenia**

Pimelandra A. DC. = **Ardisia**

Pimelea Banks ex Gaertn. 米瑞香属 Thymelaeaceae [MD-310] 特征纪要:习性:木本。花程式:-。其他特征参考科。全球6个大洲分布及种数(199-379)非洲:9; 亚洲:42; 大洋洲:295; 欧洲:15; 北美洲:15; 南美洲:11。【中国种数:1】。

Pimelia Link = **Pimelea**

Pimelodendron Hassk. 葵柱戟属 Euphorbiaceae [MD-217] 特征纪要:习性:木本。花程式:K1(1000),C0,A6,=G2-3。其他特征参考科。全球3个大洲分布及种数(4-12)非洲:3; 亚洲:12; 大洋洲:3。

Pimenta Lindl. 多香果属 Myrtaceae [MD-347] 特征纪要:习性:木本。花程式:K4-5,C4-5,A8-10,=↓G2-5。其他特征参考科。全球6个大洲分布及种数(23-27;hort. 1;cult. 1)非洲:1;亚洲:3-4;大洋洲:1-2;欧洲:1;北美洲:20-21;南美洲:7-9。【中国种数:2】。

Pimentelia Wedd. 团鸡纳属 Rubiaceae [MD-523] 特征纪要:习性:木本。花程式:(K)4-5,(C)4-5,A4-5,=↓G2-9。其他特征参考科。全球1个大洲分布及种数(1)◆南美洲。

Pimpinella L. 茴芹属 Apiaceae [MD-480] 特征纪要和分布(-)。全球6个大洲分布及种数(238-286;hort. 1;cult. 6)非洲:65-93;亚洲:159-200;大洋洲:5-16;欧洲:41-59;北美洲:11-21;南美洲:12-24。【中国种数:43】。

Pinaceae Spreng. ex F. Rudolphi [G-15] 松科 特征纪要:粗壮,坚挺,稀疏或成层丛集生长,鲜绿色,具强光泽。【Rep】:雌雄异株,内雌苞叶小于茎叶,具长鞘部。全球6个大洲分布及属种数(12/307-385 <IFR 7/120> hort. 1;cult. 6) 非洲:5/86-87(IFR 2/6); 亚洲:12/238-250(IFR 7/75); 大洋洲:5/70-73(IFR 1/5); 欧洲:6/143-147(IFR 6/26); 北美洲:6/213-221(IFR 5/45); 南美洲:4/68-70(IFR 1/3)。【中国属种数:11/170】。

Pinacopodium Exell & Mendonça 伞序古柯属 Erythroxylaceae [MD-319] 特征纪要:习性:木本。花程式:K5,C5,A10,G3-5。其他特征参考科。全球1个大洲分布及种数(2)◆非洲。

Pinalia Lindl. 苹兰属 Orchidaceae [MM-723] 特征纪要:习性:草本(根状茎,基生)。花程式:(K)3,C3,A3,=↓(G)3。物候:-。花期:8月。果期:参考晚于花期。海拔:1000-1500米。生境:附生植物。栽培:来自广西龙州。资源:具栽培园艺种类。全球5个大洲分布及种数(178-308)非洲:29; 亚洲:255; 大洋洲:38; 北美洲:6; 南美洲:19。【中国种数:10】。

Pinanga Bl. 山槟榔属 Arecaceae [MM-717] 特征纪要:习性:木本。花程式:-。物候:-。花期:7月。果期:参考晚于花期。海拔:100-1700米。生境:低地雨林。资源:具栽培园艺种类。全球5个大洲分布及种数(154-236)非洲:5; 亚洲:217; 大洋洲:11; 北美洲:11; 南美洲:13。【中国种数:8】。

Pinaropappus Less. 岩苣属 Asteraceae [MD-586] 特征纪要:习性:草本。花程式:(K)3-5,C3-5,A3-5,=↓(G)2。其他特征参考科。全球2个大洲分布及种数(12-23)北美洲:15; 南美洲:2。

Pinarophyllon Brandegee 劣叶茜属 Rubiaceae [MD-523] 特征纪要:习性:木本。花程式:(K)4-5,(C)4-5,A4-5,=↓(G)2-9。其他特征参考科。全球1个大洲分布及种数(2)◆北美洲。

Pinckneya Michx. 苦扇花属 Rubiaceae [MD-523] 特征纪要:习性:木本。花程式:(K-),(C)4,A3 参考科,↓G。其他特征参考科。全球3个大洲分布及种数(1-15)亚洲:8; 北美洲:3; 南美洲:5。

Pinda P. K. Mukh. & Constance 半夏芹属 Apiaceae [MD-480] 特征纪要:习性:草本。花程式:=↓(K5),C5,A5,=↓(G)2。其他特征参考科。全球1个大洲分布及种数(1-3)◆亚洲。

Pindarea Barb. Rodr. = **Attalea**

Pineda Ruiz & Pav. 安第斯大风子属 Salicaceae [MD-123] 特征纪要:习性:木本。花程式:K2-10,C0,A2-10,=(G)2-10。其他特征参考科。全球2个大洲分布及种数(2-6)北美洲:2; 南美洲:6。

Pinellia Ten. 半夏属 Araceae [MM-639] 特征纪要:习性:草本。花程式:-。物候:-。花期:3-6月。果期:参考晚于花期。海拔:1000米。生境:阔叶森林,竹林河边田坎上。资源:经济植物,具栽培园艺种类。全球4个大洲分布及种数(10-27)亚洲:24; 欧洲:12; 北美洲:12; 南美洲:3。【中国种数:9】。

Pinga Widjaja 亚洲毛草属 Poaceae [MM-748] 特征纪要:习性:草本。花程式:(K-),C0 参考科,A3 参考科,↓G-参考科。其他特征参考科。全球2个大洲分布及种数(1-4)非洲:1; 亚洲:4。

Pingraea Cass. = **Baccharis**

Pinguicula L. 捕虫堇属 Lentibulariaceae [MD-570] 特征纪要:习性:草本(根状茎,基生,多肉)。花程式:-。物候:-。花期:5-7月。果期:参考晚于花期。海拔:1800-4500米。生境:寒冷的水域,山上的沼泽和潮湿的泥炭沼泽中。资源:具栽培园艺种类。全球6个大洲分布及种数(94-122;hort. 1;cult. 7)非洲:4-11;亚洲:14-26;大洋洲:5;欧洲:20-35;北美洲:65-84;南美洲:11-17。【中国种数:7】。

Pinillosia Ossa 四花菊属 Asteraceae [MD－586] 特征纪要:习性:草本。花程式:(K)3－5,(C)3－5,A3－5,＝↓G2。其他特征参考科。全球2个大洲分布及种数(1－8)北美洲:2; 南美洲:1。

Pinnasa Weigend & R. H. Acuña 山槟榔属 Loasaceae [MD－435] 特征纪要:习性:木本。花程式:＝↓(Kn),C2－3参考科,A3参考科,＝↓G(－)。其他特征参考科。全球1个大洲分布及种数(4)◆南美洲。

Pinnatella M. Fleisch. 羽枝藓属 Neckeraceae [B－204] 特征纪要:习性:－。【Rep】:雌雄异株,蒴柄略粗糙,孢蒴卵形,蒴齿两层,约15种,分布亚洲东南部、非洲南部和中南美洲。物候:－。海拔:－。生境:常见于岩石或树干。资源:－。全球6个大洲分布及种数(31)非洲:10;亚洲:19;大洋洲:7;欧洲:3;北美洲:2;南美洲:3。【中国种数:12】。

Pinochia M. E. Endress & B. F. Hansen 毛夹竹属 Apocynaceae [MD－492] 特征纪要:习性:木本。花程式:K5－∞,C0,A15,＝↓(G)2－5。其他特征参考科。全球2个大洲分布及种数(5－7)北美洲:7; 南美洲:1。

Pinonia Gaudich. ＝ **Cibotium**

Pinosia Urb. ＝ **Drymaria**

Pintoa Gay 平托蒺藜属 Zygophyllaceae [MD－288] 特征纪要:习性:木本。花程式:K4－5,C4－5,A3－6,＝(G)2－5。其他特征参考科。全球1个大洲分布及种数(1)◆南美洲(◆智利)。

P

Pinus L. 松属 Pinaceae [G－15] 特征纪要:习性:－。【Rep】:复轴,球果状,苞鳞种鳞分离,球果柱状矩圆形或圆柱状卵形,通常单生,熟时淡红褐色,微具树脂,通常长4－9厘米,径3－6厘米,稀长达17厘米,径7厘米。物候:－。花期:3－4月。果期:参考晚于花期。海拔:100－2600米。生境:种鳞上端反转角度稍大,木材比重较大,材质较硬,加工性能稍差;石灰岩山峰。资源:油脂,具栽培园艺种类。全球6个大洲分布及种数(144－185;hort. 1;cult. 38)非洲:48－137;亚洲:99－195;大洋洲:37－126;欧洲:69－158;北美洲:112－205;南美洲:51－140。【中国种数:76】。

Pinzona Mart. & Zucc. 橙子藤属 Dilleniaceae [MD－66] 特征纪要:习性:木本。花程式:－。其他特征参考科。全球3个大洲分布及种数(1－4)非洲:1; 北美洲:3; 南美洲:3。

Pionandra Miers ＝ **Cyphomandra**

Piora J. Kost. 苦玄参属 Asteraceae [MD－586] 特征纪要:习性:草本。花程式:(K)3－5,(C)3－5,A3－5,↓G。其他特征参考科。全球2个大洲分布及种数(1－2)非洲:1; 大洋洲:1。

Piparea Aubl. 脚骨脆属 Salicaceae [MD－123] 特征纪要:习性:－。花程式:－。其他特征参考科。全球3个大洲分布及种数(3－4)非洲:2; 北美洲:2; 南美洲:4。

Piper L. 胡椒属 Piperaceae [MD－39] 特征纪要:习性:草质攀援。花程式:Kn,C2－3参考科,A10,G－。物候:－。花期:3－6月。果期:参考晚于花期。海拔:100－1300米。生境:在树上的灌木丛或森林。资源:药用,具栽培园艺种类。全球6个大洲分布及种数(2263－2778;hort. 1;cult. 43)非洲:138－228;亚洲:540－712;大洋洲:133－230;欧洲:14－93;北美洲:662－841;南美洲:1380－1588。【中国种数:91】。

Piperaceae Giseke [MD－39] 胡椒科 特征纪要:习性:木本,藤本;落叶。花程式:♀/♂K4－5(－),C0,A8,↑G2。物候:－。花期:4－12月。果实:浆果。种子:具少量的内胚乳和丰富的外胚乳。海拔:1000－1400米。生境:在树上的灌木丛或森林。资源:药用。栽培:中国有栽培。全球6个大洲分布及属种数(16－17/3793－4690 <IFR 2/78 > hort. 1;cult. 4) 非洲:2/139－177(IFR 1/2); 亚洲:5/545－660(IFR 1/4); 大洋洲:3/138－189(IFR 1/2); 欧洲:2/14－41; 北美洲:7/681－808(IFR 2/10); 南美洲:4/1396－1555(IFR 1/64)。【中国属种数:3/121】。

Piperanthera C. DC. 草胡椒属 Piperaceae [MD－39] 特征纪要:习性:－。花程式:－。其他特征参考科。全球2个大洲分布及种数(2)北美洲:1; 南美洲:1。

Piperella (C. Presl ex Rchb.) Spach 唇形科属 Lamiaceae [MD－575] 特征纪要:习性:－。花程式:－。其他特征参考科。全球1个大洲分布及种数(2)◆南美洲:1。

Piperia Rydb. 缰绳兰属 Orchidaceae [MM－723] 特征纪要和分布(－)。全球1个大洲分布及种数(10－16)◆北美洲。

Pippenalia McVaugh 翠雀菊属 Asteraceae [MD－586] 特征纪要:习性:草本。花程式:(K)3－5,C3－5,A3－5,＝↓(G)2。其他特征参考科。全球1个大洲分布及种数(1)◆北美洲。

Piptadenia Benth. 落腺檀属 Fabaceae2 [MD－240] 特征纪要:习性:木本。花程式:＝↓(K3－5－∞),C3－5－∞,A1－10－50,＝↓G1。其他特征参考科。全球4个大洲分布及种数(37－47;hort. 1;cult. 2)非洲:2;亚洲:cf. 1;北美洲:4;南美洲:35－43。【中国种数:1】。

Piptadeniastrum Brenan 腺瘤豆属 Fabaceae2 [MD－240] 特征纪要:习性:木本。花程式:＝↓(K3－5－∞),C3－5－∞,A1－10－50,＝↓G1。其他特征参考科。全球1个大洲分布及种数(1)◆非洲。

Piptadeniopsis Burkart 拟落腺豆属 Fabaceae2 [MD－240] 特征纪要:习性:木本。花程式:＝↓(K3－5－∞),C3－5－∞,A1－10－50,＝↓G1)。其他特征参考科。全球1个大洲分布及种数(1)◆南美洲。

Piptanthus Sweet 黄花木属 Fabaceae3 [MD－240] 特征纪要:习性:木本。花程式:(K－),C2－3参考科,A3,＝↓G－。物候:－。花期:4－7月。果期:参考晚于花期。海拔:1600－4000米。生境:针叶林,林地边缘,灌木丛,草地。资源:具园艺种类。全球4个大洲分布及种数(2－15)亚洲:14; 大洋洲:2; 欧洲:3; 北美洲:3。【中国种数:2】。

Piptatheropsis Romasch., P. M. Peterson & Soreng 北美稃茅属 Poaceae [MM－748] 特征纪要:习性:草本。花程式:(K－),C0参考科,A3参考科,↓G－参考科。其他特征参考科。全球5个大洲分布及种数(5－6)非洲:2; 亚洲:4; 欧洲:6; 北美洲:6; 南美洲:2。【中国种数:2】。

Piptatherum P. Beauv. 落芒草属 Poaceae [MM－748] 特征纪要:习性:草本(根状茎,基生)。花程式:(K)3,C0参

考科,A1 - 2, = (G)2 - 3。物候: - 。海拔:1000 - 1900 米。生境:冲积扇。资源: - 。全球 6 个大洲分布及种数(31 - 35;hort. 1)非洲:2 - 7;亚洲:29 - 38;大洋洲:2 - 7;欧洲:3 - 8;北美洲:5 - 10;南美洲:5。【中国种数:9】。

Piptochaetium J. Presl 槽稃茅属 Poaceae [MM - 748] 特征纪要:习性:草本。花程式:(K)3,C0 参考科,A1 - 2, = (G)2 - 3。其他特征参考科。全球 6 个大洲分布及种数(35 - 94)非洲:4; 亚洲:5; 大洋洲:6; 欧洲:28; 北美洲:28; 南美洲:73。【中国种数:2】。

Piptochlamys C. A. Mey. = **Thymelaea**

Piptoclaina L. = **Heliotropium**

Piptocoma Cass. 脱冠落苞菊属 Asteraceae [MD - 586] 特征纪要:习性:草本。花程式:(K)3 - 5,(C)3 - 5,A3 - 5, = ↓ G2。其他特征参考科。全球 6 个大洲分布及种数(18 - 33)非洲:6; 亚洲:6; 大洋洲:1; 欧洲:12; 北美洲:12; 南美洲:26。

Piptolaena Harv. = **Voacanga**

Piptolepis Sch. Bip. 密叶巴西菊属 Asteraceae [MD - 586] 特征纪要:习性: - 。花程式: - 。其他特征参考科。全球 4 个大洲分布及种数(17 - 22)大洋洲:2; 欧洲:2; 北美洲:2; 南美洲:22。

Piptomeris Turcz. ex Fisch. & C. A. Mey. 落蝶豆属 Fabaceae3 [MD - 240] 特征纪要:习性: - 。花程式: - 。其他特征参考科。全球 1 个大洲分布及种数(-)◆大洋洲。

Piptophyllum C. E. Hubb. 落叶草属 Poaceae [MM - 748] 特征纪要:习性:草本。花程式:(K)3,C0 参考科,A1 - 2, = (G)2 - 3。其他特征参考科。全球 1 个大洲分布及种数(1)◆非洲。

Piptoptera Bunge 落翅蓬属 Amaranthaceae [MD - 116] 特征纪要:习性:草本。花程式:Kn,C0,A1 - 2, ↓ (G)2 - 5。其他特征参考科。全球 1 个大洲分布及种数(1) ◆亚洲:1。

Piptospatha N. E. Br. 落檐属 Araceae [MM - 639] 特征纪要:习性:草本。花程式:K0,C0,A3 参考科,G3 - 参考科。其他特征参考科。全球 2 个大洲分布及种数(3 - 28)亚洲:10; 南美洲:4。

Piptostachya (C. E. Hubb.) Phipps = **Zonotriche**

Piptostigma Oliv. 鼎瓣木属 Annonaceae [MD - 7] 特征纪要:习性:木本。花程式:K3 - ∞ ,C3,A2, = G10 - 100。其他特征参考科。全球 1 个大洲分布及种数(17 - 19)◆非洲。

Piptothrix A. Gray = **Ageratina**

Pipturus Wedd. 落尾木属 Urticaceae [MD - 91] 特征纪要:习性:木质攀援。花程式:Kn,C2 - 3 参考科,A4 - 5,G - 。物候: - 。花期:4 - 6 月。果期:参考晚于花期。海拔:200 - 500 米。生境:低山次生林中。资源:具园艺种类。全球 6 个大洲分布及种数(53 - 57)非洲:17 - 24;亚洲:34 - 45;大洋洲:29 - 36;欧洲:1 - 8;北美洲:15 - 22;南美洲:7。【中国种数:2】。

Piqueria Cav. 皮格菊属 Asteraceae [MD - 586] 特征纪要:习性:草本。花程式:(K)3 - 5,(C)3 - 5,A3 - 5, = ↓ G2。资源:具栽培园艺种类。全球 2 个大洲分布及种数(11 - 15)北美洲:7;南美洲:4 - 6。

Piqueriella R. M. King & H. Rob. 小皮格菊属 Asteraceae [MD - 586] 特征纪要:习性:草本。花程式:(K)3 - 5,C3 - 5,A3 - 5, = ↓ (G)2。其他特征参考科。全球 1 个大洲分布及种数(1)◆南美洲(◆巴西)。

Piqueriopsis R. M. King 矮皮格菊属 Asteraceae [MD - 586] 特征纪要:习性: - 。花程式: - 。其他特征参考科。全球 1 个大洲分布及种数(cf. 1)◆北美洲。

Piranhea Baill. 纹皮桐属 Picrodendraceae [MD - 317] 特征纪要:习性:木本。花程式: - 。其他特征参考科。全球 2 个大洲分布及种数(8;hort. 1)北美洲:1;南美洲:6。

Pircunia Bert. = **Phytolacca**

Pirea Cardot 蕨藓科属 Pterobryaceae [B - 201] 特征纪要: - 。全球 2 个大洲分布及种数(8)北美洲:1; 南美洲:1。

Pireella Cardot 小蕨藓属 Pterobryaceae [B - 201] 特征纪要:习性: - 。【Rep】:雌雄异株,稀雌雄同株,蒴柄短或较长,平滑或粗糙,孢蒴长卵形,直立,蒴齿两层,环带不分化,蒴盖圆锥形,亮绿色至红棕色。物候: - 。海拔: - 。生境:常见于林下树干,土生。资源: - 。全球 5 个大洲分布及种数(16)亚洲:1;大洋洲:1;欧洲:3;北美洲:12;南美洲:7。【中国种数:1】。

Piresia Swallen 问荆竺属 Poaceae [MM - 748] 特征纪要:习性:草本。花程式:(K)3,C0 参考科,A1 - 2, = (G)2 - 3。其他特征参考科。全球 3 个大洲分布及种数(6 - 7)亚洲:2; 北美洲:3; 南美洲:7。【中国种数:1】。

Piresiella Judz. , Zuloaga & Morrone 问荆草属 Poaceae [MM - 748] 特征纪要:习性:草本。花程式:(K -),C0 参考科,A3 参考科, = G2 - 3。其他特征参考科。全球 2 个大洲分布及种数(1 - 6)北美洲:2; 南美洲:5。

Piriadacus Pichon = **Fridericia**

Piringa Juss. = **Gardenia**

Pirinia M. Král 树番樱属 Caryophyllaceae [MD - 77] 特征纪要:习性:木本。花程式:参考科,C5 参考科,A8 参考科, ↑ G - 参考科。其他特征参考科。全球 2 个大洲分布及种数(1 - 14)亚洲:11; 南美洲:3。

Piriqueta Aubl. 坡麻花属 Turneraceae [MD - 149] 特征纪要:习性:木本。花程式:K5,C5,A5, = ↓ G3。其他特征参考科。全球 6 个大洲分布及种数(53 - 56;hort. 1)非洲:1 - 4;亚洲:4 - 7;大洋洲:1 - 4;欧洲:3;北美洲:10 - 13;南美洲:45 - 50。【中国种数:3】。

Pirola Neck. = **Pyrola**

Pisanoa Hässel 豆叶苔属 Adelanthaceae [B - 50] 特征纪要:习性: - 。【Rep】:雌苞叶和雌苞腹叶无纤毛和齿,具蒴囊,蒴萼近圆形,口部具细圆齿或突起,蒴壁 2 层细胞,雌苞叶和雌苞腹叶无纤毛和齿,具蒴囊,蒴萼近圆形,口部具细圆齿或突起,蒴壁 2 层细胞。其他特征参考科。全球 2 个大洲分布及种数(cf. 1)亚洲;南美洲。

Piscaria Piper = **Croton**

Piscidia L. 毒鱼豆属 Fabaceae3［MD－240］特征纪要:习性:木本。花程式:=↓(K1－∞),C1－∞,A5－9,=↓G1。其他特征参考科。全球5个大洲分布及种数(9－26)非洲:2; 亚洲:3; 大洋洲:2; 北美洲:15; 南美洲:8。

Pisonia Plum. ex L. 胶果木属 Nyctaginaceae［MD－107］特征纪要:习性:木质攀援。花程式:－。物候:－。花期:1－6月。果期:参考晚于花期。海拔:500米。生境:海岸灌丛和疏林。资源:具栽培园艺种类。全球6个大洲分布及种数(66－123;hort. 1;cult. 6)非洲:16－32;亚洲:16－36;大洋洲:22－39;欧洲:1－18;北美洲:24－51;南美洲:22－79。【中国种数:2】。

Pisoniella Standl. 叉枝柔木属 Nyctaginaceae［MD－107］特征纪要:习性:木本。花程式:K1－5,C0,A5,=G1。其他特征参考科。全球2个大洲分布及种数(4)北美洲:2;南美洲:3。

Pisosperma Sond. = **Kedrostis**

Pistacia L. 黄连木属 Anacardiaceae［MD－432］特征纪要:习性:木本。花程式:－。物候:－。花期:3－5月。果期:参考晚于花期。海拔:100－3600米。生境:丘陵和山地森林。栽培:来自广西龙州。资源:药用,具栽培园艺种类。全球6个大洲分布及种数(16－20;hort. 1;cult. 3)非洲:8－13;亚洲:12－22;大洋洲:2－6;欧洲:6－11;北美洲:7－12;南美洲:4。【中国种数:5】。

Pistia L. 大薸属 Pistiaceae［MM－640］特征纪要(同科)。全球6个大洲分布及种数(1－42)非洲:28; 亚洲:27; 大洋洲:2; 欧洲:26; 北美洲:26; 南美洲:32。【中国种数:1】。

Pistiaceae Rich. ex C. Agardh［MM－640］大漂科 特征纪要:习性:草本;落叶。花程式:K0,C0,A2,↑G－。全球1个大洲分布及属种数(2/2 hort. 1)◆非洲:1/3。

Pistillaria <unassigned> 香蒲漂属 Typhaceae［MM－736］特征纪要:－。全球4个大洲分布及种数(12)非洲:1; 亚洲:1; 欧洲:7; 南美洲:2。

Pistolochia Bernh. = **Corydalis**

Pistorinia DC. 银波木属 Crassulaceae［MD－229］特征纪要:习性:－。花程式:－。其他特征参考科。全球1个大洲分布及种数(6－10)◆非洲:5。

Pisum L. 豌豆属 Fabaceae3［MD－240］特征纪要:习性:－。花程式:－。物候:－。花期:2－9月。果期:参考晚于花期。海拔:3800米。生境:－。资源:药用,具栽培园艺种类。全球6个大洲分布及种数(7－9;hort. 1;cult. 2)非洲:2－4;亚洲:5－7;大洋洲:2－4;欧洲:3－5;北美洲:2－4;南美洲:1。

Pitardella Tirveng. 栀子属 Rubiaceae［MD－523］特征纪要:习性:木本。花程式:(K－),(C)4,A4－5,↓G。其他特征参考科。全球1个大洲分布及种数(2－3) ◆亚洲:2－3。【中国种数:2】。

Pitavia Molina 皮氏草属 Rutaceae［MD－399］特征纪要:习性:－。花程式:－。其他特征参考科。全球2个大洲分布及种数(－)北美洲;南美洲。

Pitaviaster T. G. Hartley 芸香科属 Rutaceae［MD－399］特征纪要:习性:－。花程式:－。其他特征参考科。全球1个大洲分布及种数(－)。

Pitcairnea Cothen. = **Pitcairnia**

Pitcairnia L'Hér. 艳红凤梨属 Bromeliaceae［MM－715］特征纪要:习性:草本。花程式:(K)3,C3,A6,=↓(G)3。其他特征参考科。全球6个大洲分布及种数(421－456;hort. 1;cult. 6)非洲:4－5;亚洲:8－9;大洋洲:4－5;欧洲:1;北美洲:105－110;南美洲:353－372。【中国种数:5】。

Pithecellobium Mart. 牛蹄豆属 Fabaceae3［MD－240］特征纪要:习性:木质攀援。花程式:－。物候:－。花期:3－6月。果期:参考晚于花期。海拔:200－800米。生境:林中。资源:药用,具栽培园艺种类。全球6个大洲分布及种数(22－548)非洲:35; 亚洲:123; 大洋洲:39; 欧洲:181; 北美洲:181; 南美洲:503。【中国种数:1】。

Pithecolobium Benth. 北美毛实豆属 Fabaceae2［MD－239］特征纪要:习性:木本。花程式:=↓(K3－5－∞),C3－5－∞,A1－10－50,=↓G1。物候:－。海拔:－。生境:－。资源:具栽培园艺种类。全球2个大洲分布及种数(5)北美洲:2;南美洲:4。

Pithecoseris Mart. ex DC. 猴菊属 Asteraceae［MD－586］特征纪要:习性:－。花程式:－。其他特征参考科。全球1个大洲分布及种数(1)◆南美洲(◆巴西)。

Pithocarpa Lindl. 疏头鼠麹草属 Asteraceae［MD－586］特征纪要:习性:草本。花程式:(K)3－5,C3－5,A3－5,=↓(G)2。其他特征参考科。全球1个大洲分布及种数(4－5)◆大洋洲(◆澳大利亚)。

Pithosillum Cass. = **Emilia**

Pitraea Turcz. 皮特马鞭草属 Verbenaceae［MD－556］特征纪要:习性:木本。花程式:K2－4,C0,A2－4,=G2－4。其他特征参考科。全球3个大洲分布及种数(1－3)大洋洲:2; 北美洲:2; 南美洲:3。

Pittiera Cogn. = **Polyclathra**

Pittierella Schltr. = **Cryptocentrum**

Pittocaulon H. Rob. & Brettell 肉脂菊属 Asteraceae［MD－586］特征纪要:习性:草本。花程式:(K－),(C)3－5,A3参考科,↓G。其他特征参考科。全球4个大洲分布及种数(7－9)非洲:2; 欧洲:8; 北美洲:8; 南美洲:1。

Pittoniotis Griseb. 南美茜草属 Rubiaceae［MD－523］特征纪要:习性:木本。花程式:(K)4－5,(C)4－5,A4－5,=↓(G)2－9。其他特征参考科。全球2个大洲分布及种数(3－4)北美洲:3; 南美洲:4。

Pittosporaceae R. Br.［MD－448］海桐科 特征纪要:习性:木本;常绿,落叶。花程式:↙K4－5(－),C5,A2－6,↑G－。物候:－。花期:5月。果实:蒴果。种子:种皮薄,棕色。海拔:1000－1300米。生境:灌丛。资源:药用。栽培:中国有栽培。全球4个大洲分布及属种数(12－14/180－396 <IFR 3/20> hort. 1;cult. 3) 非洲:IFR 1/5;亚洲:3/122－141(IFR 1/11); 大洋洲:10－11/60－117(IFR 2/4); 欧洲:1/1。【中国属种数:3/54】。

Pittosporopsis Craib 假海桐属 Metteniusaceae［MD－454］特征纪要:习性:木本。花程式:－。物候:－。花期:参

考早于果期。果期:2－10 月。海拔:300－1600 米。生境:山谷森林,山溪密林中。资源:药用,果食用,具栽培园艺种类。全球 1 个大洲分布及种数(1－2)◆亚洲。【中国种数:1】。

Pittosporum Banks ex Gaertn. 海桐属 Pittosporaceae [MD－448] 特征纪要:习性:木本。花程式:－。物候:－。花期:5 月。果期:参考晚于花期。海拔:100－2200 米。生境:灌丛。资源:具栽培园艺种类。全球 6 个大洲分布及种数(264－578)非洲:100; 亚洲:254; 大洋洲:227; 欧洲:89; 北美洲:89; 南美洲:10。【中国种数:52】。

Pituranthos Viv. 肖德弗草属 Apiaceae [MD－480] 特征纪要:习性:－。花程式:－。物候:－。海拔:50－5600 米。生境:半荒漠中和砾石质山坡上,柞林内。资源:－。全球 6 个大洲分布及种数(4)非洲:1－5;亚洲:2－5;大洋洲:3;欧洲:3;北美洲:3;南美洲:3。

Pityophykos <unassigned> 灿花荷属 Rhodoleiaceae [MD－64] 特征纪要:－。全球 1 个大洲分布及种数(1)◆大洋洲:1。

Pityopsis Nutt. 禾叶金菀属 Asteraceae [MD－586] 特征纪要:习性:草本。花程式:(K)3－5,(C)3－5,A3－5,↓G。其他特征参考科。全球 4 个大洲分布及种数(12－21)亚洲:9; 欧洲:21; 北美洲:21; 南美洲:5。【中国种数:2】。

Pityopus Small 松足兰属 Ericaceae [MD－380] 特征纪要:习性:木本。花程式:(K)5－8,(C)5－8,A10,=(G)2－4。其他特征参考科。全球 2 个大洲分布及种数(1－6)北美洲:5; 南美洲:3。

Pityphyllum Schltr. 松叶兰属 Orchidaceae [MM－723] 特征纪要:习性:－。花程式:－。其他特征参考科。全球 1 个大洲分布及种数(5)◆南美洲。

Pityranthe Thwaites 锡兰椴属 Malvaceae [MD－203] 特征纪要:习性:－。花程式:－。其他特征参考科。全球 1 个大洲分布及种数(－)。

Pityrocarpa (Benth. & Hook. f.) Britton & Rose 毛实豆属 Fabaceae3 [MD－240] 特征纪要:习性:木本。花程式:=↓(K3－5－∞),C3－5－∞,A1－10－50,=↓G1。其他特征参考科。全球 2 个大洲分布及种数(4)北美洲:1;南美洲:4。

Pityrodia R. Br. 钟南苏属 Verbenaceae [MD－556] 特征纪要:习性:草本。花程式:K2－4,C0,A3 参考科,=↓G2－4。其他特征参考科。全球 3 个大洲分布及种数(21－71)非洲:2; 亚洲:2; 大洋洲:58。

Pityrogramma Link 粉叶蕨属 Pteridaceae [F－31] 特征纪要:习性:－。【Rep】:孢子同形,囊群生叶背无盖。物候:－。海拔:900 米。生境:竹林,路边。资源:具栽培园艺种类。全球 6 个大洲分布及种数(33－61;hort. 1;cult. 7)非洲:7－8;亚洲:11－13;大洋洲:3－4;欧洲:1－2;北美洲:19－25;南美洲:20－27。【中国种数:4】。

Pityromeria L. D. Gómez 红脉蕨属 Pteridaceae [F－31] 特征纪要:习性:－。【Rep】:孢子同形,囊群生叶背。其他特征参考科。全球 2 个大洲分布及种数(－)北美洲;南美洲。

Pityrophyllum Beer = **Tillandsia**

Placea Miers ex Miers 石蒜科属 Amaryllidaceae [MM－694] 特征纪要:习性:－。花程式:－。其他特征参考科。全球 3 个大洲分布及种数(17)亚洲:2; 大洋洲:2; 南美洲:16。

Placidiopsis <unassigned> 紫草科属 Boraginaceae [MD－517] 特征纪要和分布(－)。

Placocarpa Hook. f. 扁果茜属 Rubiaceae [MD－523] 特征纪要:习性:木本。花程式:(K)4－5,(C)4－5,A4－5,=↓(G)2－9。其他特征参考科。全球 2 个大洲分布及种数(1－4)北美洲:2; 南美洲:2。

Placodiscus Radlk. 盾盘木属 Sapindaceae [MD－428] 特征纪要:习性:木本。花程式:K4－8,C4－8,A10,=(G)2－3。其他特征参考科。全球 4 个大洲分布及种数(20－30)非洲:29; 大洋洲:2; 北美洲:2; 南美洲:2。

Placolobium (Korth.) Miq. 豆科属 Fabaceae3 [MD－240] 特征纪要:习性:－。花程式:－。其他特征参考科。全球 1 个大洲分布及种数(1－12)◆亚洲:1。

Placopsis <unassigned> 扁茶蔍属 Trapelliaceae [MD－544] 特征纪要和分布(－)。

Placospermum C. T. White & W. D. Francis 玫银桦属 Proteaceae [MD－219] 特征纪要:习性:木本。花程式:K3－4－∞,C0,A2,=G1。其他特征参考科。全球 2 个大洲分布及种数(1－2)亚洲:2; 大洋洲:2。

Placostigma Blume = **Podochilus**

Placseptalia Espinosa = **Ochagavia**

Placynthiella <unassigned> 肉穗果科属 Bataceae [MD－223] 特征纪要:－。全球 3 个大洲分布及种数(5)欧洲:3; 北美洲:3; 南美洲:3。

Pladaroxylon Hook. f. 千里光科属 Senecionaceae [MD－590] 特征纪要:习性:－。花程式:－。其他特征参考科。全球 1 个大洲分布及种数(1)欧洲:1。

Pladera Soland. = **Canscora**

Plagiacanthus Nees = **Justicia**

Plagiantha Renvoize 斜花黍属 Poaceae [MM－748] 特征纪要:习性:草本。花程式:(K)3,C0 参考科,A1－2,=(G)2－3。其他特征参考科。全球 1 个大洲分布及种数(1)◆南美洲(◆巴西)。

Plagianthus J. R. Forst. & G. Forst. 缎带木属 Malvaceae [MD－203] 特征纪要:习性:木本。花程式:K5－∞,C5－∞,A10－8,=(G)1－5。物候:－。海拔:－。生境:－。资源:具栽培园艺种类。全球 6 个大洲分布及种数(4－170)非洲:39; 亚洲:63; 大洋洲:76; 欧洲:38; 北美洲:38; 南美洲:45。

Plagiobasis Schrenk 斜果菊属 Asteraceae [MD－586] 特征纪要:习性:草本(基生)。花程式:－。物候:－。海拔:800 米。生境:半荒漠及砾石地。资源:－。全球 1 个大洲分布及种数(cf. 1)◆亚洲。【中国种数:1】。

Plagiobothrys Fisch. & C. A. Mey. 米花草属 Boraginaceae [MD－517] 特征纪要:习性:草本。花期:7－8 月。果期:参考晚于花期。海拔:5700 米。生境:草地,路边,耕地,自然山坡地。资源:－。全球 6 个大洲分布及种数

(77 - 214)非洲:3; 亚洲:16; 大洋洲:13; 欧洲:136; 北美洲:136; 南美洲:47。【中国种数:3】。

Plagiobryoides J. R. Spence 真藓科属 Bryaceae [B - 146] 特征纪要:习性: - 。【Rep】:孢子体不发达,雌雄异株或雌雄同株,朔柄长,直立或稍弯曲,孢蒴多直立或倾立,稀横列或下垂,梨形、卵形或棒槌形。其他特征参考科。全球3个大洲分布及种数(7)亚洲:2; 北美洲:3; 南美洲:2。【中国种数:1】。

Plagiobryum Lindb. 平蒴藓属 Bryaceae [B - 146] 特征纪要:习性: - 。【Rep】:雌雄异株,蒴柄短,直立或扭曲,孢蒴棒形至梨形,多弯曲,具长的台部,蒴口常斜生,具气孔及环带,蒴齿两层。物候: - 。海拔: - 。生境:常见于林地边或岩面薄土。资源: - 。全球6个大洲分布及种数(9)非洲:3;亚洲:6;大洋洲:1;欧洲:2;北美洲:3;南美洲:2。【中国种数:3】。

Plagiocarpus Benth. 独花腋生豆属 Fabaceae3 [MD - 240] 特征纪要:习性:木本。花程式: = ↓ (K1 - ∞), C1 - ∞, A5 - 9, = ↓ G1。其他特征参考科。全球2个大洲分布及种数(7 - 9)大洋洲:9; 南美洲:2。

Plagioceltis Mildbr. ex Baehni = **Ampelocera**

Plagiochasma Lehm. & Lindenb. 紫背苔属 Aytoniaceae [B - 9] 特征纪要:习性: - 。【Rep】:雌雄多同株,雄托无柄,生于叶状体背面中肋处,雌托常退化,下方有贝壳状苞膜。物候: - 。海拔:370米。生境:土生。资源:具园艺种类。全球6个大洲分布及种数(11)非洲:4 - 12;亚洲:7 - 15;大洋洲:1 - 9;欧洲:1 - 9;北美洲:4 - 12;南美洲:3 - 11。【中国种数:9】。

Plagiocheilus Arn. ex DC. 斜唇菊属 Asteraceae [MD - 586] 特征纪要:习性:草本。花程式:(K)3 - 5,(C)3 - 5, A3 - 5, = ↓ G2。其他特征参考科。全球3个大洲分布及种数(6 - 12)非洲:2; 北美洲:4; 南美洲:10。

Plagiochila (Dum.) Dum. 羽苔属 Plagiochilaceae [B - 73] 特征纪要:习性: - 。【Rep】:雌雄同株或异株,雌苞顶生或生于侧枝先端,蒴萼多种形态,通常口部扁平,孢蒴卵圆形。物候: - 。海拔: - 。生境:常见于林地石面。资源: - 。全球6个大洲分布及种数(294 - 369)非洲:24 - 227;亚洲:143 - 368;大洋洲:44 - 271;欧洲:11 - 208;北美洲:67 - 267;南美洲:119 - 328。【中国种数:108】。

Plagiochilaceae Müll. Frib. [B - 73] 羽苔科 特征纪要(参考 Lepidoziaceae),密集生长。【Rep】:雌雄同株,雌苞生于茎或分枝先端,蒴被发达,短柱形,被长纤毛,孢蒴卵圆形,蒴壁厚4 - 6层细胞。全球6个大洲分布和属种数(6 - 7/312 - 604)非洲:1 - 4/24 - 233; 亚洲:4 - 5/153 - 384; 大洋洲:5 - 6/54 - 287; 欧洲:1 - 4/11 - 214; 北美洲:2 - 4/68 - 274; 南美洲:2 - 4/120 - 335。【中国属种数:3/116(8)】。

Plagiochilidium Herzog 印尼羽苔属 Plagiochilaceae [B - 73] 特征纪要:习性: - 。【Rep】:雌雄同株或异株,雌苞顶生或生于侧枝先端,蒴萼多种形态,通常口部扁平,孢蒴卵圆形,成熟时4,绿色或淡绿色。其他特征参考科。全球1个大洲分布及种数(cf. 1)◆东南亚(◆印度尼西亚)。

Plagiochilineae (K. Müller & Herzog) Hässel de Menéndez 羽苔属 Plagiochilaceae [B - 73] 特征纪要和分布(-)。全球1个大洲分布及种数(cf. 1)◆大洋洲。

Plagiochilion S. Hatt. 对羽苔属 Plagiochilaceae [B - 73] 特征纪要:习性: - 。【Rep】:雌雄异株,雄苞顶生或间生,蒴萼梨形,口部具不规则齿,孢子球形,具细疣。物候: - 。海拔:2370米。生境:树生。资源: - 。全球6个大洲分布及种数(11)非洲:3;亚洲:6 - 9;大洋洲:5 - 8;欧洲:3;北美洲:1 - 4;南美洲:1 - 4。【中国种数:5】。

Plagiocladus Jean F. Brunel 裂珠木属 Phyllanthaceae [MD - 222] 特征纪要:习性:木本。花程式: - 。其他特征参考科。全球1个大洲分布及种数(1)◆非洲。

Plagiogyria (Kunze) Mett. 瘤足蕨属 Plagiogyriaceae [F - 17] 特征纪要(同科)。全球6个大洲分布及种数(18 - 110)非洲:3; 亚洲:77; 大洋洲:9; 欧洲:8; 北美洲:8; 南美洲:8。【中国种数:9】。

Plagiogyriaceae Bower [F - 17] 瘤足蕨科 特征纪要(参考 Aneuraceae):叶状体多暗绿色,有时呈黄绿色,常呈大片状生长,阔度可达5毫米以上。【Rep】:雌雄苞着生短侧枝上,假蒴萼缺失,蒴被(Calyptra)形大,圆柱形或棒状形,肉质,尖部多具疣。全球6个大洲分布和属种数(1;hort. & cult. 1)(17 - 67;hort. & cult. 3 - 4)非洲:1/27; 亚洲:1/17 - 47;大洋洲:1/27;欧洲:1/27;北美洲:1/27;南美洲:1/27。【中国属种数:1/9】。

Plagiolirion Baker 斜水仙属 Amaryllidaceae [MM - 694] 特征纪要:习性: - 。花程式: - 。其他特征参考科。全球1个大洲分布及种数(-)。

Plagiolophus Greenm. 斜冠菊属 Asteraceae [MD - 586] 特征纪要:习性:草本。花程式:(K)3 - 5, C3 - 5, A3 - 5, = ↓ (G)2。其他特征参考科。全球1个大洲分布及种数(1)◆北美洲(◆墨西哥)。

Plagiolytrum Nees = **Tripogon**

Plagiomnium T. J. Kop. 匐灯藓属 Mniaceae [B - 149] 特征纪要:习性: - 。【Rep】:孢子体的形态构造同于提灯藓属,蒴柄长,孢蒴下垂,呈卵形或长卵形,环带呈片状自行散落,蒴齿两层,外层齿较短。物候: - 。海拔:960米。生境:石生,阳湿。资源:具园艺种类。全球6个大洲分布及种数(30)非洲:8;亚洲:21;大洋洲:10;欧洲:11;北美洲:19;南美洲:6。【中国种数:27】。

Plagiopetalum Rehder 偏瓣花属 Melastomataceae [MD - 364] 特征纪要:习性:木本。花程式:(K -), C2 - 3 参考科, A8, = ↓ G - 。物候: - 。花期:8 - 10月。果期:参考晚于花期。海拔:500 - 3500米。生境:林缘,路旁或草坡灌丛中,山坡石缝间。资源: - 。全球1个大洲分布及种数(cf. 1)◆亚洲。【中国种数:3】。

Plagiopteraceae H. K. Airy - Shaw [MD - 144] 印桐科 特征纪要:习性:木本;落叶。花程式:K3 - 5, C3 - 4 - 5, A5枚, G3。物候: - 。花期: - 。果期: - 。果实:蒴果。种子: - 。海拔:200米。生境:灌丛,森林。资源:药用。栽培: - 。全球1个大洲分布及属种数(2/3 hort. 1)◆亚洲:2/3。

Plagiopteron Griff. 斜翼属 Plagiopteraceae [MD - 144] 特征纪要(同科)。全球1个大洲分布及种数(1 - 2)◆亚洲。【中国种数:1】。

Plagiopus Brid. 平珠藓属 Bartramiaceae [B - 142] 特征纪要:习性: - 。【Rep】:雌雄同株或异株,生殖苞顶生,稀

因茁生新芽而成为假侧生,雄苞芽胞形或盘形,配丝多数线形或棒槌形,雌苞叶,雌雄异株,雄苞盘形,雄苞叶较宽大,直立,往往集成莲座状,雌苞叶较小,直立,细胞无疣,蒴柄粗短或较长。物候:-。海拔:-。生境:石生,岩面土生。资源:-。全球6个大洲分布及种数(3)非洲:1;亚洲:2;大洋洲:1;欧洲:2;北美洲:2;南美洲:1。【中国种数:5】。

Plagioracelopus G. L. Merr. 金发藓科属 Polytrichaceae [B-101] 特征纪要:-。全球1个大洲分布及种数(-)。

Plagiorhegma Maxim. 鲜黄连属 Berberidaceae [MD-45] 特征纪要:习性:草本(水生)。花程式:-。物候:-。花期:5-6月。果期:参考晚于花期。海拔:500-1100米。生境:针叶林,混交林,灌丛,山坡阴湿处。资源:药用,具栽培园艺种类。全球3个大洲分布及种数(1-3)亚洲:3; 欧洲:2; 北美洲:2。【中国种数:1】。

Plagioscyphus Radlk. 非洲阔患子属 Sapindaceae [MD-428] 特征纪要:习性:木本。花程式:K4-8,C4-8,A10,=G2-3。其他特征参考科。全球2个大洲分布及种数(9-12)非洲:11; 亚洲:2。【中国种数:1】。

Plagiosetum Benth. 斜毛草属 Poaceae [MM-748] 特征纪要:习性:草本。花程式:(K)3,C0参考科,A1-2,=(G)2-3。其他特征参考科。全球3个大洲分布及种数(1-3)亚洲:2; 大洋洲:3; 南美洲:2。

Plagiosiphon Harms 偏管豆属 Fabaceae1 [MD-240] 特征纪要:习性:木本。花程式:=↓(K3-5-∞),C3-5-∞,A3-5,=↓G1-2。其他特征参考科。全球3个大洲分布及种数(5-15)非洲:7; 北美洲:2; 南美洲:2。

Plagiostachys Ridl. 偏穗姜属 Zingiberaceae [MM-737] 特征纪要:习性:草本。花程式:-。物候:-。花期:5月。果期:参考晚于花期。海拔:80-3800米。生境:密林中或灌丛下。资源:药用。全球4个大洲分布及种数(32-42)亚洲:41; 大洋洲:2; 北美洲:2; 南美洲:2。【中国种数:2】。

Plagiostyles Pierre 球蕊戟属 Euphorbiaceae [MD-217] 特征纪要:习性:木本。花程式:-。其他特征参考科。全球1个大洲分布及种数(1)◆非洲。

Plagiotheciaceae M. Fleisch. [B-170] 棉藓科 特征纪要:纤细,硬挺,暗绿色,无光泽。【Rep】:雌雄异株,蒴柄纤细,孢蒴卵形,蒴齿内齿层缺失,外齿层齿片16,平滑或具疣,蒴盖具长喙,蒴帽兜形。全球5个大洲分布和属种数(8/94)亚洲:5/46;大洋洲:4/15;欧洲:4/22;北美洲:4/40;南美洲:3/22。【中国属种数:9/78(10)】。

Plagiotheciella M. Fleisch. ex Broth. 棉藓属 Plagiotheciaceae [B-170] 特征纪要:习性:-。【Rep】:参考科特征:雌苞叶中等大小,雌雄异株,内雌苞叶红棕色,长披针形,渐尖,叶边平展,具齿,蒴柄长1-2厘米,孢萌卵形或短圆柱形。其他特征参考科。全球1个大洲分布及种数(1)◆北美洲。

Plagiotheciopsis Broth. 斜灰藓属 Entodontaceae [B-195] 特征纪要:习性:-。【Rep】:雌雄异苞同株,内雌苞叶直立,卵状披针形,上部渐狭成长毛状,近于全缘,无中肋,黄绿色。其他特征参考科。全球2个大洲分布及种数(1)亚洲:1;大洋洲:1。

Plagiothecium Schimp. 棉藓属 Plagiotheciaceae [B-170] 特征纪要:习性:-。【Rep】:雌苞叶中等大小。物候:-。海拔:960米。生境:枯枝落叶生,岩面土生。资源:-。全球6个大洲分布及种数(71)非洲:18;亚洲:33;大洋洲:9;欧洲:16;北美洲:30;南美洲:19。【中国种数:50】。

Plagistra Raf. = **Aristolochia**

Plagius L'Hér. ex DC. 合肋菊属 Asteraceae [MD-586] 特征纪要:习性:草本。花程式:(K)3-5,(C)3-5,A3-5,=↓G2。其他特征参考科。全球2个大洲分布及种数(4-6)非洲:3;亚洲:cf. 1。

Plakothira J. Florence 垂镖花属 Loasaceae [MD-435] 特征纪要:习性:木本。花程式:-。其他特征参考科。全球3个大洲分布及种数(3-6)亚洲:3; 大洋洲:6; 北美洲:2。

Planaltina R. M. Salas & E. L. Cabral 南美阔茜属 Rubiaceae [MD-523] 特征纪要:习性:木本。花程式:(K)4-5,(C)4-5,A4-5,↓G。其他特征参考科。全球1个大洲分布及种数(3-4)◆南美洲。

Planaltoa Taub. 多花修泽兰属 Asteraceae [MD-586] 特征纪要:习性:草本。花程式:(K)3-5,C3-5,A3-5,=↓(G)2。其他特征参考科。全球1个大洲分布及种数(2)◆南美洲(◆巴西)。

Planchonella Pierre 山榄属 Sapotaceae [MD-357] 特征纪要和分布(-)。全球6个大洲分布及种数(97-123)非洲:31-39;亚洲:26-32;大洋洲:58-80;欧洲:1-6;北美洲:6-11;南美洲:13-22。【中国种数:6】。

Planchonia Blume = **Careya**

Planea P. O. Karis 寡头帚鼠麹属 Asteraceae [MD-586] 特征纪要:习性:草本。花程式:(K)3-5,(C)3-5,A3-5,↓G。其他特征参考科。全球1个大洲分布及种数(1)◆非洲。

Planera J. F. Gmel. 沼榆属 Ulmaceae [MD-83] 特征纪要:习性:木本(水生)。花程式:-。其他特征参考科。全球5个大洲分布及种数(1-8)非洲:2; 亚洲:5; 大洋洲:2; 欧洲:6; 北美洲:6。【中国种数:1】。

Planodes Greene 弯蕊芥属 Brassicaceae [MD-213] 特征纪要:习性:草本。花程式:K2-4,C2-4,A2-4,↓G-参考科。其他特征参考科。全球3个大洲分布及种数(2-5)亚洲:1; 北美洲:3; 南美洲:1。

Plantaginaceae Juss. [MD-527] 车前科 特征纪要:习性:木本;落叶。花程式:♀|♂(K)6-,C0,A2,↓(G)-。物候:-。花期和果期:7-9月。果实:蒴果。种子:棕。海拔:1000-1500米。生境:草丛在森林边缘。栽培:来自广西龙州。资源:药用。栽培:中国有栽培。全球6个大洲分布及属种数(72-79/1272-1723 <IFR 19/75 >hort. 1;cult. 19) 非洲:13/134-174(IFR 6/12); 亚洲:28-31/309-408(IFR 7/16); 大洋洲:13/145-216(IFR 1/4); 欧洲:20-21/172-235(IFR 5/18); 北美洲:38/665-747(IFR 7/16); 南美洲:22/287-322(IFR 6/20)。【中国属种数:39/295】。

Plantago L. 车前属 Plantaginaceae [MD-527] 特征纪要:习性:草本,少灌木。花程式:-。物候:-。花期:6-7月。果期:参考晚于花期。海拔:200-3500米。生境:草地,田野,路边,湿地,沼泽。资源:药用,具栽培园艺种类。全球6个大洲分布及种数(355-455;hort. 1;cult. 46)非洲:78-128;亚洲:117-178;大洋洲:64-116;欧洲:93-146;北美洲:88-129;南美洲:132-169。【中国种数:51】。

Plantinia Bubani = **Phleum**

Plaso Adans. = **Butea**

Plasteurhynchium M. Fleisch. ex Broth. 亚洲阔青藓属 Lembophyllaceae［B－205］特征纪要:习性:－。【Rep】:绿色或棕绿色。其他特征参考科。全球 3 个大洲分布及种数(3)亚洲:1;欧洲:3;北美洲:1。

Platanaceae T. Lestib.［MD－67］悬铃木科 特征纪要:习性:木本;落叶。花程式:♀|♂K3,C0,A3,↑G3－5。物候:－。花期: 3－5 月。果期: 6－10 月。果实:坚果。种子:线形,棕黄色。海拔:2348 米。生境:广泛栽培,栽培。资源:药用。栽培:中国有栽培。全球 6 个大洲分布及属种数(2/14－15 hort. 1;cult. 1) 非洲:1/1; 亚洲:2/9－10; 大洋洲:2/3－4; 欧洲:2/6－7; 北美洲:2/14－15; 南美洲:2/6。【中国属种数:1/5】。

Platanthera Rich. 舌唇兰属 Orchidaceae［MM－723］特征纪要:习性:草本。花程式:Kn,C2－3 参考科,A3 参考科,＝↓(G)3。物候:－。花期:9 月。果期:参考晚于花期。海拔:1400－1700 米。生境:草原,竹林中。资源:具栽培园艺种类。全球 6 个大洲分布及种数(157－207;hort. 1;cult. 31)非洲:14－51;亚洲:118－175;大洋洲:9－45;欧洲:12－49;北美洲:61－107;南美洲:6－41。【中国种数:57】。

Platantheroides Szlach. = **Habenella**

Platanus L. 悬铃木属 Platanaceae［MD－67］特征纪要(同科)。全球 6 个大洲分布及种数(9－65)非洲:4; 亚洲:15; 大洋洲:4; 欧洲:17; 北美洲:17; 南美洲:25。【中国种数:5】。

Platea Bl. 肖榄属 Metteniusaceae［MD－454］特征纪要:习性:木本。花程式:K5,C5,A3,G－。物候:－。花期:2－4 月。果期:参考晚于花期。海拔:900－1300 米。生境:沟谷密林中。资源:具园艺种类。全球 4 个大洲分布及种数(12－41)非洲:6; 亚洲:33; 大洋洲:7; 南美洲:5。【中国种数:1】。

Plateilema Cockerell 阔封菊属 Asteraceae［MD－586］特征纪要:习性:草本。花程式:(K)3－5,(C)3－5,A3－5,↓G。其他特征参考科。全球 1 个大洲分布及种数(1)◆北美洲。

Platenia H. Karst. = **Syagrus**

Plathymenia Benth. 黄木豆属 Fabaceae1［MD－238］特征纪要:习性:木本。花程式:＝↓(K3－5－∞),C3－5－∞,A1－10－50,＝↓G1。其他特征参考科。全球 5 个大洲分布及种数(1－19)非洲:6; 亚洲:3; 大洋洲:4; 北美洲:2; 南美洲:18。【中国种数:1】。

Platismatia W. L. Culb. & C. F. Culb. 水蕨科属 Parkeriaceae［F－36］特征纪要:－。全球 3 个大洲分布及种数(8)亚洲:3; 欧洲:1; 南美洲:1。

Platonia Raf. 普拉藤黄属 Clusiaceae［MD－141］特征纪要:习性:－。花程式:－。其他特征参考科。全球 2 个大洲分布及种数(2－3;hort. 1)非洲:1;南美洲:1。

Platostoma P. Beauv. 逐风草属 Lamiaceae［MD－575］特征纪要:习性:草本。花程式:K2,C0,A2,＝↓G2。物候:－。花期:9－10 月。果期:参考晚于花期。海拔:5400 米。生境:栽培沙土密阴潮湿地。资源:具栽培园艺种类。全球 6 个大洲分布及种数(37－47;hort. 1)非洲:24－31;亚洲:20－35;大洋洲:2－8;欧洲:1－7;北美洲:6;南美洲:6。【中国种数:14】。

Platyaechmea (Baker) L. B. Sm. & W. J. Kress 小头花凤梨属 Bromeliaceae［MM－715］特征纪要:习性:－。花程式:－。其他特征参考科。全球 4 个大洲分布及种数(1)亚洲:1;大洋洲:1;北美洲:1;南美洲:1。

Platycapnos (DC.) Bernh. 头花烟堇属 Papaveraceae［MD－54］特征纪要:习性:草本。花程式:K1－∞,C4,A4－6,＝(G)2－100)。其他特征参考科。全球 2 个大洲分布及种数(4－10)非洲:6; 大洋洲:3。

Platycarpha Less. 紫莲菊属 Asteraceae［MD－586］特征纪要:习性:草本。花程式:(K)3－5,(C)3－5,A3－5,↓G。其他特征参考科。全球 1 个大洲分布及种数(3－5)◆非洲。

Platycarphella V. A. Funk & H. Rob. 化香菊属 Asteraceae［MD－586］特征纪要:习性:草本。花程式:(K)3－5,(C)3－5,A3－5,↓G。其他特征参考科。全球 1 个大洲分布及种数(1－2)◆非洲。

Platycarpum Bonpl. 宽果茜属 Rubiaceae［MD－523］特征纪要:习性:木本。花程式:(K)4－5,(C)4－5,A4－5,＝↓G2－9。其他特征参考科。全球 3 个大洲分布及种数(16－24)非洲:2; 亚洲:2; 南美洲:23。

Platycarya Siebold & Zucc. 化香树属 Juglandaceae［MD－136］特征纪要:习性:木本。花程式:－。物候:－。花期:5－7 月。果期:参考晚于花期。海拔:400－2200 米。生境:生于杂木林间。资源:药用,具栽培园艺种类。全球 4 个大洲分布及种数(2－21)亚洲:13; 欧洲:2; 北美洲:2; 南美洲:2。【中国种数:2】。

Platycaulis R. M. Schust. 南美齿萼苔属 Lophocoleaceae［B－74］特征纪要:－。【Rep】:雌苞生于短枝上,雄苞生于短侧枝上,短枝上无正常叶发育,仅为雌雄苞叶,雌雄同株,稀异株,雌雄苞一般生于主茎或长分枝顶端,雌苞叶大于茎叶,先端具裂瓣和不规则齿突,蒴萼大。其他特征参考科。全球 1 个大洲分布及种数(cf. 1)◆南美洲。

Platycaulos H. P. Linder 尖鞘灯草属 Restionaceae［MM－744］特征纪要:习性:草本。花程式:(K)3,C3,A1－2,＝(G)1－3。其他特征参考科。全球 2 个大洲分布及种数(13－15)非洲:15; 大洋洲:4。

Platycelyphium Harms 蓝花宽荚豆属 Fabaceae3［MD－240］特征纪要:习性:木本。花程式:－。其他特征参考科。全球 1 个大洲分布及种数(1)◆非洲(◆肯尼亚)。

Platyceriaceae Ching & Z. R. Wang［F－62］鹿角蕨科 特征纪要:体形较细弱,黄绿色,无光泽或具弱光泽,密丛集生长。全球 5 个大洲分布和属种数(1;hort. & cult. 1)(18－30;hort. & cult. 5－11)非洲:1/11－13;亚洲:1/17－22;大洋洲:1/4－8;北美洲:1/5－6;南美洲:1/3－3。

Platycerium Desv. 鹿角蕨属 Platyceriaceae［F－62］特征纪要(同科)。全球 6 个大洲分布及种数(20－46)非洲:15; 亚洲:22; 大洋洲:12; 欧洲:9; 北美洲:9; 南美洲:6。【中国种数:8】。

Platychorda B. G. Briggs & L. A. S. Johnson 少花灯草属 Restionaceae［MM－744］特征纪要:习性:草本(基生)。花程式:(K)3,C3,A1－2,＝(G)1－3。其他特征参考科。全球 2 个大洲分布及种数(2－3)非洲:2; 大洋洲:3。

Platycladaceae A. V. Bobrov & Melikyan = Cupressaceae

Platycladus Spach 侧柏属 Cupressaceae [G-17] 特征纪要:习性:-。【Rep】:复轴,浆果状,苞鳞融合成果皮状,种鳞多退化,球果当年成熟,熟时开裂,种鳞4对,木质,厚,近扁平,背部顶端的下方有一弯曲的钩状尖头,中部的种鳞发育,各有1-2粒种子,种子无翅,稀有极窄之翅。物候:-。花期:3-4月。果期:参考晚于花期。海拔:300-3300米。生境:引种很难区分。资源:油脂,芳香油,具栽培园艺种类。全球6个大洲分布及种数(1-12)非洲:3;亚洲:4;大洋洲:2;欧洲:3;北美洲:3;南美洲:2。【中国种数:1】。

Platycodon A. DC. 桔梗属 Campanulaceae [MD-561] 特征纪要:习性:草本(多肉)。花程式:-。物候:-。花期:7-9月。果期:参考晚于花期。海拔:2000米。生境:阳处草丛,灌丛中,少生于林下。资源:药用,具栽培园艺种类。全球5个大洲分布及种数(1-13)非洲:3;亚洲:6;欧洲:3;北美洲:3;南美洲:5。【中国种数:1】。

Platycoryne Rchb. f. 扁棒兰属 Orchidaceae [MM-723] 特征纪要:习性:草本。花程式:(K)3,C3,A3,=↓(G)3。其他特征参考科。全球4个大洲分布及种数(20-47)非洲:42;亚洲:3;北美洲:3;南美洲:4。

Platycraspedum O. E. Schulz 宽框荠属 Brassicaceae [MD-213] 特征纪要:习性:-。花程式:-。物候:-。花期:6-8月。果期:参考晚于花期。海拔:4000-4500米。生境:高山,河流,沟壑斜坡。资源:-。全球1个大洲分布及种数(3)◆亚洲:cf. 1。

Platycrater Siebold & Zucc. 蛛网萼属 Hydrangeaceae [MD-429] 特征纪要:习性:-。花程式:-。物候:-。花期:7月。果期:参考晚于花期。海拔:400-1800米。生境:山谷,溪岸,山坡的稀疏森林或灌丛。资源:-。全球1个大洲分布及种数(cf. 1)◆亚洲。

Platycyamus Benth. 扁豆木属 Fabaceae3 [MD-240] 特征纪要:习性:木本。花程式:=↓(K1-∞),C1-∞,A5-9,=↓G1。其他特征参考科。全球1个大洲分布及种数(2)◆南美洲。

Platycyparis A. V. Bobrov & Melikyan = **Cupressus**

Platydesma H. Mann 宽带芸香属 Rutaceae [MD-399] 特征纪要:习性:-。花程式:-。其他特征参考科。全球2个大洲分布及种数(15)亚洲:8;北美洲:13。

Platydictya Berk. 细柳藓属 Amblystegiaceae [B-178] 特征纪要:习性:-。【Rep】:雌雄同株或异株,内雌苞叶平直,披针形,具长尖,中肋分叉,蒴柄纤细,干燥时扭转,橙黄色或紫色,孢蒴多数。物候:-。海拔:-。生境:常见于林地石面。资源:-。全球5个大洲分布及种数(8)非洲:2;亚洲:5;欧洲:3;北美洲:4;南美洲:1。【中国种数:5】。

Platyelasma Kitag. 香薷属 Lamiaceae [MD-575] 特征纪要:习性:-。花程式:-。其他特征参考科。全球1个大洲分布及种数(-)◆大洋洲。

Platyglottis L. O. Williams = **Scaphyglottis**

Platygraphopsis <unassigned> 孢芽藓科属 Sorapillaceae [B-212] 特征纪要:-。全球1个大洲分布及种数(-)。

Platygyna P. Mercier 刺痒藤属 Euphorbiaceae [MD-217] 特征纪要:习性:木本。花程式:K1(1000),C0,A6,↓G-参考科。其他特征参考科。全球2个大洲分布及种数(7-10)北美洲:8;南美洲:1。

Platygyria Ching & S. K. Wu 宽带蕨属 Polypodiaceae [F-60] 特征纪要:习性:-。【Rep】:孢子同形,囊群生叶背。物候:-。海拔:50-3600米。生境:山坡,林下,针阔混交林岩隙。资源:-。全球3个大洲分布及种数(14)亚洲:13;北美洲:2;南美洲:2。

Platygyriella Cardot 拟平锦藓属 Hypnaceae [B-189] 特征纪要:习性:-。【Rep】:雌雄异苞同株,内雌苞叶直立,卵状披针形,上部渐狭成长毛状,近于全缘,无中肋,黄绿色。物候:-。海拔:-。生境:常见于林下土或岩面薄土,沼泽水生。资源:-。全球4个大洲分布及种数(7)非洲:2;亚洲:4;北美洲:3;南美洲:2。

Platygyrium Schimp. 平锦藓属 Hypnaceae [B-189] 特征纪要:习性:-。【Rep】:雌雄异株,内雌苞叶具长尖,蒴柄长,紫红色,平滑,孢蒴直立,辐射对称,圆柱形,环带由2-4列细胞组成。物候:-。海拔:500米。生境:土生。资源:-。全球4个大洲分布及种数(8)非洲:1;亚洲:6;欧洲:1;北美洲:3。【中国种数:3】。

Platyhypnidium M. Fleisch. 平灰藓属 Brachytheciaceae [B-187] 特征纪要:习性:-。【Rep】:绿色或棕绿色。物候:-。海拔:-。生境:水石生。资源:-。全球6个大洲分布及种数(20)非洲:3;亚洲:10;大洋洲:4;欧洲:7;北美洲:6;南美洲:6。【中国种数:8】。

Platyhypnum (I. Hagen) Löske 柳叶藓科属 Amblystegiaceae [B-178] 特征纪要:-。全球1个大洲分布及种数(-)。

Platykeleba N. E. Br. = **Cynanchum**

Platylejeunea (Spruce) Schiffner 印度细鳞苔属 Lejeuneaceae [B-84] 特征纪要:-。全球1个大洲分布及种数(2)◆亚洲:2。

Platylepis Kunth 阔鳞兰属 Orchidaceae [MM-723] 特征纪要和分布(-)。全球6个大洲分布及种数(16-23)非洲:12-18;亚洲:2-5;大洋洲:5-8;欧洲:1-4;北美洲:1-4;南美洲:3。【中国种数:1】。

Platyloma Kindb. 十字花科属 Brassicaceae [MD-213] 特征纪要:习性:-。花程式:-。其他特征参考科。全球2个大洲分布及种数(15)大洋洲:2;南美洲:5。

Platylomella A. L. Andrews 北美阔叶藓属 Amblystegiaceae [B-178] 特征纪要:习性:-。【Rep】:雌雄同株,雌苞生于茎上,雄苞常着生于枝端,蒴柄长,直立,平滑或粗糙具疣,孢蒴多数直立,有时倾立,两侧,雌雄异株-蒴柄纤细,长约1厘米,孢蒴长卵形,蒴齿两层,内齿层齿毛缺失,蒴盖圆锥形。其他特征参考科。全球3个大洲分布及种数(2)亚洲:2;大洋洲:2;北美洲:2。

Platylophus D. Don 水条梅属 Cunoniaceae [MD-255] 特征纪要:习性:-。花程式:-。其他特征参考科。全球1

个大洲分布及种数(1)◆非洲。

Platyluma Baill. = **Micropholis**

Platymiscium Vogel 阔变豆属 Fabaceae3 [MD-240] 特征纪要:习性:木本。花程式:=↓(K1-∞),C1-∞,A5-9,=↓G1。其他特征参考科。全球2个大洲分布及种数(27-31;hort.1)北美洲:14;南美洲:16-20。

Platymitra Börl. 宽帽花属 Annonaceae [MD-7] 特征纪要:习性:木本。花程式:K3-∞,C3,A2,=G10-100。其他特征参考科。全球2个大洲分布及种数(2-5)亚洲:5; 南美洲:2。

Platyneuron (Cardot) Broth. 平尾藓属 Dicranaceae [B-128] 特征纪要:习性:-。【Rep】:雌苞叶分化,基部鞘状,有毛尖,蒴柄长,均高出于雌苞叶,孢蒴直立或背曲,长圆柱形或长椭圆形,辐射对称,雌雄异株,雄株矮小,附于假根上成假雌雄同株,雌苞叶形大,高鞘状,上部具细毛尖,与孢蒴等长或长于孢蒴。其他特征参考科。全球2个大洲分布及种数(2)非洲:2;南美洲:2。

Platyopuntia (Engelm.) Frič & Schelle ex Kreuz. 仙人掌属 Cactaceae [MD-100] 特征纪要:习性:-。花程式:-。其他特征参考科。全球1个大洲分布及种数(-)◆南美洲。

Platyosprion Maxim. 香槐属 Fabaceae3 [MD-240] 特征纪要:习性:-。花程式:-。其他特征参考科。全球1个大洲分布及种数(-)。

Platypetalum Juss. = **Braya**

Platypodanthera R. M. King & H. Rob. 藿香蓟属 Asteraceae [MD-586] 特征纪要:习性:草本。花程式:(K)3-5,(C)3-5,A3-5,↓G。其他特征参考科。全球1个大洲分布及种数(1-2)◆南美洲。

Platypodium Vogel 农花生属 Fabaceae3 [MD-240] 特征纪要:习性:木本。花程式:=↓(K1-∞),C1-∞,A5-9,=↓G1。其他特征参考科。全球5个大洲分布及种数(2-15)亚洲:4; 大洋洲:3; 欧洲:4; 北美洲:4; 南美洲:11。【中国种数:1】。

Platypteris Kunth = **Verbesina**

Platypterocarpus Dunkley & Brenan 五雷木属 Celastraceae [MD-339] 特征纪要:习性:木本。花程式:K2-3,C2-3,A10,=(G)2-5。其他特征参考科。全球1个大洲分布及种数(1)◆非洲(◆坦桑尼亚)。

Platyraphium Cass. = **Ptilostemon**

Platyrhiza Barb. Rodr. 扁根兰属 Orchidaceae [MM-723] 特征纪要:习性:草本。花程式:(K)3,C3,A3,=↓(G)3。其他特征参考科。全球2个大洲分布及种数(1-5)亚洲:2; 南美洲:5。

Platysace Bunge 双盾芹属 Apiaceae [MD-480] 特征纪要:习性:草本。花程式:=↓(K5),C5,A5,=↓G2。其他特征参考科。全球4个大洲分布及种数(24-43)亚洲:13; 大洋洲:33; 欧洲:2; 北美洲:2。

Platyschkuhria Rydb. 盆雏菊属 Asteraceae [MD-586] 特征纪要:习性:草本。花程式:(K-),(C)3-5,A3参考科,↓G。其他特征参考科。全球1个大洲分布及种数(2)◆北美洲。

Platysepalum Welw. ex Baker 宽萼豆属 Fabaceae3 [MD-240] 特征纪要:习性:木本。花程式:=↓(K1-∞),C1-∞,A5-9,=↓G1。其他特征参考科。全球2个大洲分布及种数(12-19)非洲:18; 亚洲:2。【中国种数:1】。

Platyspermation Guillaumin 岛玉铃属 Alseuosmiaceae [MD-475] 特征纪要:习性:木本。花程式:-。其他特征参考科。全球1个大洲分布及种数(-)◆大洋洲。

Platystachys K. Koch = **Tillandsia**

Platystele Schltr. 阔柱兰属 Orchidaceae [MM-723] 特征纪要:习性:草本。花程式:(K)3,C3,A3,=↓G3。其他特征参考科。全球3个大洲分布及种数(123-133)亚洲:cf.1;北美洲:36-42;南美洲:109-111。

Platystemma Wall. 堇叶苣苔属 Gesneriaceae [MD-549] 特征纪要:习性:草本。花程式:(K-),C2-3参考科,A3参考科,↓G-。物候:-。海拔:2300-3200米。生境:山谷或干崖中阴凉潮湿的岩石,生于沟谷阴湿岩石上,海拔约2300。资源:-。全球1个大洲分布及种数(1-2)◆亚洲。【中国种数:1】。

Platystemon Benth. 宽丝罂粟属 Papaveraceae [MD-54] 特征纪要:习性:草本。花程式:K1-∞,C4,A4-6,=G2-100。其他特征参考科。全球5个大洲分布及种数(1-66)非洲:2; 亚洲:2; 欧洲:6; 北美洲:6; 南美洲:3。

Platystephium Gardner = **Egletes**

Platytaenia Nevski & Vved. 凤尾蕨科属 Adiantaceae [F-35] 特征纪要:-。全球2个大洲分布及种数(1-15)非洲:2; 亚洲:13。

Platytheca Steetz 西孔药葎属 Elaeocarpaceae [MD-134] 特征纪要:习性:木本。花程式:-。其他特征参考科。全球1个大洲分布及种数(3)◆大洋洲(◆澳大利亚)。

Platythelys Garay 阔喙兰属 Orchidaceae [MM-723] 特征纪要:习性:-。花程式:-。其他特征参考科。全球6个大洲分布及种数(16-18)非洲:1-2;亚洲:1;大洋洲:1;欧洲:1;北美洲:7-8;南美洲:11-12。

Platytinospora (Engl.) Diels 双子铁属 Menispermaceae [MD-42] 特征纪要:习性:-。花程式:-。其他特征参考科。全球1个大洲分布及种数(-)◆亚洲。

Platyzamia Zucc. = **Dioon**

Platyzoma R. Br. 卷边蕨属 Pteridaceae [F-31] 特征纪要:习性:-。【Rep】:孢子同形,囊群生叶背。其他特征参考科。全球2个大洲分布及种数(13)亚洲:5; 北美洲:1。

Plaubelia Brid. 卷边藓属 Pottiaceae [B-133] 特征纪要:习性:-。【Rep】:孢腔轮廓清晰,蒴齿缺如,或具蒴齿而无基膜,下部呈黄绿或黄棕色。物候:-。海拔:-。生境:常见于高山岩石上。栽培:来自广西龙州。资源:具栽培园艺种类。全球4个大洲分布及种数(2)非洲:1;亚洲:1;北美洲:1;南美洲:2。

Plazia Ruiz & Pav. 脂菊木属 Asteraceae [MD-586] 特征纪要:习性:草本。花程式:(K)3-5,C3-5,A3-5,=↓(G)2)。其他特征参考科。全球1个大洲分布及种数(3-4)◆南美洲。

Pleconax Raf. 蝇子草属 Caryophyllaceae [MD-77] 特征纪要:习性:-。花程式:-。其他特征参考科。全球1个大洲分布及种数(-)◆非洲。

Plecosorus Fée = **Polystichum**

Plecospermum Trec. = **Maclura**

Plecostachys Hilliard & B. L. Burtt 密头火绒草属 Asteraceae [MD-586] 特征纪要:习性:草本。花程式:(K)3-5,(C)3-5,A3-5,↓G。其他特征参考科。全球5个大洲分布及种数(2-5)非洲:3; 大洋洲:2; 欧洲:2; 北美洲:2; 南美洲:2。

Plecostigma Turcz. = **Gagea**

Plectaneia Thou. 编织夹竹桃属 Apocynaceae [MD-492] 特征纪要:习性:木本。花程式:K5-∞,C0,A15,=↓(G)2-5。其他特征参考科。全球2个大洲分布及种数(3-45)非洲:20; 南美洲:6。

Plectis O. F. Cook = **Euterpe**

Plectocarpon <unassigned> 编织苔藓属 Riellaceae [B-5] 特征纪要:-。全球1个大洲分布及种数(-)。

Plectocephalus D. Don 网苞菊属 Asteraceae [MD-586] 特征纪要:习性:草本。花程式:(K)3-5,C3-5,A3-5,=↓(G)2。其他特征参考科。全球3个大洲分布及种数(7-10)非洲:1;北美洲:2;南美洲:3-4。

Plectocolea (Mitt.) Mitt. 叶苔科属 Jungermanniaceae [B-38] 特征纪要:习性:-。【Rep】:绿色、黄绿色、暗绿色或红褐色。物候:-。海拔:-。生境:常见于腐木上。栽培:来自广西龙州。资源:具栽培园艺种类。全球1个大洲分布及种数(1)◆亚洲(◆中国)。【中国种数:2】。

Plectocomia Mart. ex Schult. & Schult. f. 钩叶藤属 Arecaceae [MM-717] 特征纪要:习性:木本。花程式:-。物候:-。花期:12月。果期:参考晚于花期。海拔:1500-2500米。生境:山地雨林。资源:具栽培园艺种类。全球2个大洲分布及种数(15-32)非洲:2; 亚洲:31。【中国种数:4】。

Plectocomiopsis Becc. 编织藤属 Arecaceae [MM-717] 特征纪要:习性:木本。花程式:K3-10,C3-10,A3-10,=G3-10。物候:-。花期:10月。果期:参考晚于花期。海拔:100-2800米。生境:半常绿雨林常见乔木,竹林下。资源:-。全球1个大洲分布及种数(2-5)◆亚洲。【中国种数:1】。

Plectogyne Link = **Aspidistra**

Plectoma Raf. = **Utricularia**

Plectopoma Hanst. 苦苣苔科属 Gesneriaceae [MD-549] 特征纪要:习性:-。花程式:-。其他特征参考科。全球2个大洲分布及种数(27)北美洲:1; 南美洲:1。

Plectopteris Fée = **Calymmodon**

Plectorrhiza Dockrill 缠根兰属 Orchidaceae [MM-723] 特征纪要:习性:草本。花程式:(K)3,C3,A3,=↓G3。其他特征参考科。全球1个大洲分布及种数(3)◆大洋洲(◆澳大利亚)。

Plectrachne Henrard 矛胶草属 Poaceae [MM-748] 特征纪要:习性:-。花程式:-。其他特征参考科。全球1个大洲分布及种数(cf. 1)◆大洋洲。

Plectranthus L'Hér. 马刺花属 Lamiaceae [MD-575] 特征纪要:习性:草本。花程式:-。物候:-。花期:7月。果期:参考晚于花期。海拔:5400米。生境:栽培温室内。资源:具栽培园艺种类。全球6个大洲分布及种数(231-368;hort. 1;cult. 1)非洲:202-286;亚洲:56-107;大洋洲:31-90;欧洲:2-28;北美洲:28-55;南美洲:21-47。【中国种数:5】。

Plectrelminthus Raf. 蠕距兰属 Orchidaceae [MM-723] 特征纪要:习性:草本。花程式:(K)3,C3,A3,=↓G3。其他特征参考科。全球2个大洲分布及种数(2-6)非洲:6; 亚洲:2。

Plectritis (Lindl.) DC. 距缬草属 Caprifoliaceae [MD-510] 特征纪要:习性:-。花程式:-。其他特征参考科。全球4个大洲分布及种数(1-50)亚洲:2; 欧洲:16; 北美洲:16; 南美洲:9。

Plectrocarpa Gillies ex Hook. & Arn. 距果木属 Zygophyllaceae [MD-288] 特征纪要:习性:木本。花程式:K4-5,C4-5,A3-6,=(G)2-5。其他特征参考科。全球1个大洲分布及种数(6)◆南美洲。

Plectrophora H. Focke 距兰属 Orchidaceae [MM-723] 特征纪要:习性:草本。花程式:(K)3,C3,A3,=↓G3。其他特征参考科。全球2个大洲分布及种数(10-11)北美洲:1;南美洲:9-10。

Plectrotropis Schumach. = **Vigna**

Pleea Michx. 芒菖蒲属 Tofieldiaceae [MM-617] 特征纪要:习性:草本。花程式:-。其他特征参考科。全球1个大洲分布及种数(1)◆北美洲(◆美国)。

Pleiacanthus (Nutt.) Rydb. 刺骨苣属 Asteraceae [MD-586] 特征纪要:习性:草本。花程式:(K)3-5,(C)3-5,A3-5,↓G。其他特征参考科。全球2个大洲分布及种数(1-2)亚洲:2; 北美洲:2。【中国种数:1】。

Pleiadelphia Stapf = **Elymandra**

Pleiarina Raf. = **Salix**

Pleimeris Raf. = **Gardenia**

Pleioblastus Nakai 苦竹属 Poaceae [MM-748] 特征纪要:习性:竹类。花程式:(K-),C0参考科,A3参考科,=G2-3。物候:-。花期:4-5月。果期:参考晚于花期。海拔:700-800米。生境:低山坡,庭院有引种栽植。栽培:来自广西龙州。资源:药用,园林,具栽培园艺种类。全球6个大洲分布及种数(27-199)非洲:4; 亚洲:170; 大洋洲:9; 欧洲:17; 北美洲:17; 南美洲:6。【中国种数:19】。

Pleiocardia (Nutt.) Greene 美国苦芥属 Brassicaceae [MD-213] 特征纪要:习性:-。花程式:-。其他特征参考科。全球1个大洲分布及种数(1)◆北美洲。

Pleiocarpa Benth. 多果树属 Apocynaceae [MD-492] 特征纪要:习性:木本。花程式:-。物候:-。海拔:-。生

境:-。资源:具园艺种类。全球4个大洲分布及种数(7-31)非洲:26;亚洲:3;大洋洲:4;南美洲:2。

Pleioceras Baill. 多角夹竹桃属 Apocynaceae [MD-492] 特征纪要:习性:木本。花程式:K5-∞,C0,A15,=↓(G)2-5。其他特征参考科。全球3个大洲分布及种数(5-12)非洲:11;亚洲:2;南美洲:2。【中国种数:1】。

Pleiochasia (Kamienski) Barnhart 狸藻属 Lentibulariaceae [MD-570] 特征纪要:习性:-。花程式:-。其他特征参考科。全球1个大洲分布及种数(-)◆大洋洲。

Pleiochiton Naudin ex A. Gray 多被野牡丹属 Melastomataceae [MD-364] 特征纪要:习性:-。花程式:-。其他特征参考科。全球1个大洲分布及种数(21)◆南美洲(◆巴西)。

Pleiocoryne Rauschert 多棒茜属 Rubiaceae [MD-523] 特征纪要:习性:木本。花程式:(K)4-5,(C)4-5,A4-5,=↓G2-9。其他特征参考科。全球2个大洲分布及种数(1-3)非洲:3;北美洲:1。

Pleiocraterium Bremek. 多杯茜属 Rubiaceae [MD-523] 特征纪要:习性:-。花程式:-。其他特征参考科。全球1个大洲分布及种数(1-3)◆亚洲。

Pleiodon Rchb. = **Bouteloua**

Pleiogyne K. Koch = **Cotula**

Pleiogynium Engl. 帝汶李属 Anacardiaceae [MD-432] 特征纪要:习性:木本。花程式:K5-10,C5-10,A5-10,=G1-3。其他特征参考科。全球5个大洲分布及种数(3-7)非洲:3;亚洲:7;大洋洲:6;欧洲:3;北美洲:3。

Pleioluma (Baill.) Baehni 桐山榄属 Sapotaceae [MD-357] 特征纪要:习性:木本。花程式:Kn,C0,A5,↓G。其他特征参考科。全球3个大洲分布及种数(2-39)非洲:14;亚洲:2;大洋洲:1-17。

Pleiomeris A. DC. 桐铁仔属 Primulaceae [MD-401] 特征纪要:习性:草本。花程式:(K)5,(C)5,A4,G-。其他特征参考科。全球1个大洲分布及种数(1)◆欧洲(◆西班牙)。

Pleione D. Don 独蒜兰属 Orchidaceae [MM-723] 特征纪要:习性:草本。花程式:Kn,C2-3参考科,A3参考科,=↓(G)3。物候:-。花期:4-5。果期:参考晚于花期。海拔:1400-2800米。生境:混交林,中山水漫岩石上。资源:药用,具栽培园艺种类。全球6个大洲分布及种数(32-150)非洲:5;亚洲:140;大洋洲:6;欧洲:9;北美洲:9;南美洲:8。【中国种数:19】。

Pleioneura Rech. f. 肥皂草属 Caryophyllaceae [MD-77] 特征纪要:习性:-。花程式:-。其他特征参考科。全球1个大洲分布及种数(1)◆亚洲。

Pleiosorbus L. H. Zhou & C. Y. Wu = **Sorbus**

Pleiospatha <unassigned> 圭亚那偏穗草属 Rapateaceae [MM-713] 特征纪要:-。全球1个大洲分布及种数(1)◆南美洲:1。

Pleiospermium Swingle 锡兰橘属 Rutaceae [MD-399] 特征纪要:习性:木本。花程式:K∞,C∞,A4,=G1-3。物候:-。海拔:100-3200米。生境:办公室作观赏。资源:-。全球3个大洲分布及种数(7-9)亚洲:9;北美洲:4;南美洲:2。【中国种数:1】。

Pleiospilos N. E. Br. 对叶花属 Aizoaceae [MD-94] 特征纪要:习性:草本。花程式:=↓(K3-4),C3-4,A5参考科,=↓(G)1-2。其他特征参考科。全球3个大洲分布及种数(9-38)非洲:35;亚洲:2;南美洲:4。

Pleiostachya K. Schum. 多穗竹芋属 Marantaceae [MM-740] 特征纪要:习性:草本。花程式:(K)3,C3,A3-4,=↓(G)3。其他特征参考科。全球3个大洲分布及种数(2-6)亚洲:2;北美洲:5;南美洲:6。【中国种数:1】。

Pleiotaenia Coulter & Rose 花旗芹属 Apiaceae [MD-480] 特征纪要:习性:-。花程式:-。其他特征参考科。全球2个大洲分布及种数(3)北美洲:1;南美洲:2。

Pleiotaxis Steetz 多肋菊属 Asteraceae [MD-586] 特征纪要:习性:草本。花程式:(K)3-5,C3-5,A3-5,=↓(G)2。其他特征参考科。全球1个大洲分布及种数(35)◆非洲。

Plenasium C. Presl = **Osmunda**

Plenckia Reissek 杜杞木属 Celastraceae [MD-339] 特征纪要和分布(-)。全球1个大洲分布及种数(4)◆南美洲。

Pleocarphus D. Don 肾瓣麻属 Asteraceae [MD-586] 特征纪要:习性:草本。花程式:Kn,C0,A3参考科,↓G。其他特征参考科。全球2个大洲分布及种数(1-4)北美洲:1;南美洲:3。

Pleocnemia C. Presl 黄腺羽蕨属 Dryopteridaceae [F-49] 特征纪要:习性:-。【Rep】:孢子囊群圆形,位于分离的小脉顶端或很少着生于小脉中部,也有着生于联结的小脉上。物候:-。海拔:150-1400米。生境:-。资源:具园艺种类。全球6个大洲分布及种数(21-49)非洲:11;亚洲:31;大洋洲:18;欧洲:3;北美洲:3;南美洲:5。【中国种数:8】。

Pleodendron Van Tiegh. 多瓣樟属 Canellaceae [MD-9] 特征纪要:习性:木本。花程式:K6-12,C6-12,A6-12,=G2-5。其他特征参考科。全球1个大洲分布及种数(3)◆北美洲。

Pleogyne Miers 澳防己属 Menispermaceae [MD-42] 特征纪要:习性:草本。花程式:-。其他特征参考科。全球2个大洲分布及种数(1-8)大洋洲:8;南美洲:7。

Pleonotoma Miers 多节花属 Bignoniaceae [MD-541] 特征纪要:习性:木本。花程式:K5,C0,A5,=G2。其他特征参考科。全球4个大洲分布及种数(16-42)非洲:1;亚洲:7;北美洲:6;南美洲:37。【中国种数:1】。

Pleopadium Raf. = **Croton**

Pleopeltis Humb. & Bonpl. ex Willd. 百生蕨属 Polypodiaceae [F-60] 特征纪要:习性:-。【Rep】:孢子同形,囊群生叶背有盖-无盖。物候:-。海拔:50-3600米。生境:疏林。栽培:来自广西龙州。资源:具栽培园艺种类。全球6个大洲分布及种数(106-305)非洲:25;亚洲:93;大洋洲:9;欧洲:89;北美洲:89;南美洲:94。【中国种数:4】。

Pleopodium Schelpe & N. C. Anthony 槲基蕨属 Polypodiaceae [F-60] 特征纪要:-。全球2个大洲分布及种数(6)

北美洲:1; 南美洲:1。

Pleopsidium <unassigned> 槲锦藓属 Sematophyllaceae [B – 192] 特征纪要:-。全球 4 个大洲分布及种数(6)亚洲:4; 欧洲:1; 北美洲:1; 南美洲:4。

Pleradenophora Esser 多腺柏属 Euphorbiaceae [MD – 217] 特征纪要:习性:木本。花程式:K1(1000),C0,A6, = (G)2 – 3。其他特征参考科。全球 2 个大洲分布及种数(5 – 7)北美洲:6; 南美洲:2。

Plerandra A. Gray 洋鹅掌柴属 Araliaceae [MD – 471] 特征纪要:习性:木本。花程式:-。其他特征参考科。全球 6 个大洲分布及种数(34 – 44)非洲:4; 亚洲:11; 大洋洲:41; 欧洲:4; 北美洲:4; 南美洲:3。

Plerandropsis R. Vig. = **Trevesia**

Pleroma D. Don 野牡丹科属 Melastomataceae [MD – 364] 特征纪要:习性:-。花程式:-。其他特征参考科。全球 6 个大洲分布及种数(171 – 235)非洲:1; 亚洲:1; 大洋洲:6; 欧洲:11; 北美洲:11; 南美洲:185。

Plesiatropha Pierre ex Hutch. 大戟科属 Euphorbiaceae [MD – 217] 特征纪要:习性:-。花程式:-。其他特征参考科。分布:-。

Plesioneuron (Holttum) Holttum = **Cyclosorus**

Plesisa Raf. = **Utricularia**

Plesmonium Schott = **Amorphophallus**

Plethadenia Urb. 花椒属 Rutaceae [MD – 399] 特征纪要:习性:木本。花程式:K4,C4,A4,↓G – 参考科。其他特征参考科。全球 1 个大洲分布及种数(1 – 2)◆北美洲(◆多米尼加)。

Plethiandra Hook. f. 群雄野牡丹属 Melastomataceae [MD – 364] 特征纪要:习性:木本。花程式: = ↓(K4 – 5),C4 – 5,A4 – 5, = ↓G3 – 4。其他特征参考科。全球 2 个大洲分布及种数(8 – 12)亚洲:10; 南美洲:2。

Plethostephia Miers = **Cordia**

Plettkea Mattf. 卧漆姑属 Caryophyllaceae [MD – 77] 特征纪要:习性:-。花程式:-。其他特征参考科。全球 1 个大洲分布及种数(cf. 1)◆南美洲(◆秘鲁)。

Pleuradena Raf. = **Euphorbia**

Pleuranthium (Rchb. f.) Benth. 兰科属 Orchidaceae [MM – 723] 特征纪要:习性:-。花程式:-。其他特征参考科。全球 2 个大洲分布及种数(5)北美洲:1; 南美洲:1。

Pleuranthodendron L. O. Williams 拟哈氏椴属 Salicaceae [MD – 123] 特征纪要:习性:木本。花程式:K1 – ∞,C1 – ∞,A5, = (G)2 – 100。其他特征参考科。全球 2 个大洲分布及种数(1 – 4)北美洲:3; 南美洲:3。

Pleuranthodium (K. Schum.) R. M. Sm. 垂序姜属 Zingiberaceae [MM – 737] 特征纪要:习性:草本。花程式:K3,C3,A5, = ↓(G)3。其他特征参考科。全球 2 个大洲分布及种数(23 – 24)非洲:21;大洋洲:2。

Pleureia Raf. = **Psychotria**

Pleurendotria Raf. = **Lithophragma**

Pleuriarum Nakai = **Arisaema**

Pleuricospora A. Gray 黄晶兰属 Ericaceae [MD – 380] 特征纪要:习性:木本。花程式:(K)5 – 8,(C)5 – 8,A10,G3 – 参考科。其他特征参考科。全球 2 个大洲分布及种数(1 – 4)亚洲:2; 北美洲:2。【中国种数:1】。

Pleuriditrichum A. L. Andrews & F. J. Herm. 聚毛藓属 Ditrichaceae [B – 119] 特征纪要:习性:-。【Rep】:孢蒴台部发达,蒴齿具疣或纵斜条纹,绿色或黄绿色。其他特征参考科。全球 1 个大洲分布及种数(1)◆北美洲。

Pleuridium Rabenh. 丛毛藓属 Ditrichaceae [B – 119] 特征纪要:习性:-。【Rep】:孢子同形,囊群生叶背有盖 – 无盖。物候:-。海拔:-。生境:土生,野生。资源:-。全球 6 个大洲分布及种数(34)非洲:6;亚洲:5;大洋洲:11;欧洲:2;北美洲:12;南美洲:13。【中国种数:3】。

Pleurisanthes Baill. 巴西茶茱萸属 Icacinaceae [MD – 450] 特征纪要:习性:木本。花程式:-。其他特征参考科。全球 3 个大洲分布及种数(7 – 11)非洲:2; 亚洲:2; 南美洲:11。

Pleuroblepharis Baill. = **Crossandra**

Pleurobotryum Barb. Rodr. 腋花兰属 Orchidaceae [MM – 723] 特征纪要:习性:-。花程式:-。其他特征参考科。全球 2 个大洲分布及种数(11)北美洲:1; 南美洲:9。

Pleurocalyptus Brongn. & Gris 盖缨木属 Myrtaceae [MD – 347] 特征纪要:习性:木本。花程式:K4 – 5,C4 – 5,A8 – 10, = ↓G2 – 5。其他特征参考科。全球 1 个大洲分布及种数(2)◆大洋洲(◆美拉尼西亚)。

Pleurocarpaea Benth. 少花糙毛菊属 Asteraceae [MD – 586] 特征纪要:习性:草本。花程式:(K)3 – 5,C3 – 5,A3 – 5, = ↓(G)2。其他特征参考科。全球 1 个大洲分布及种数(3)◆大洋洲(◆澳大利亚)。

Pleurochaete Lindb. 侧出藓属 Pottiaceae [B – 133] 特征纪要:习性:-。【Rep】:雌雄异株,孢子体着生于侧生短枝顶部,蒴柄长,直立,孢蒴直立,长卵状圆柱形,环带由蒴壁细胞构成。物候:-。海拔:-。生境:常见于高山岩石上。栽培:来自广西龙州。资源:具栽培园艺种类。全球 5 个大洲分布及种数(5)非洲:3;亚洲:2;欧洲:1;北美洲:2;南美洲:3。【中国种数:1】。

Pleuroclada (Hook.) Spruce 大萼苔属 Cephaloziaceae [B – 52] 特征纪要:习性:-。【Rep】:雌苞生于茎腹面短枝上,蒴萼长筒形,口部有长刺,雄苞生于茎腹面,雄苞叶多对,呈穗状,老时呈黄褐色。物候:-。海拔:-。生境:常见于湿地,江边山坡。资源:-。全球 3 个大洲分布及种数(cf. 1)亚洲;欧洲;北美洲。【中国种数:1】。

Pleurocladopsis R. M. Schust. 南美歧舌苔属 Schistochilaceae [B – 34] 特征纪要:习性:-。【Rep】:雌雄异株,雄苞顶生,雄苞叶数对,与茎叶相,或单独簇状生长。其他特征参考科。全球 1 个大洲分布及种数(1)◆南美洲。

Pleurocladula Grolle 侧枝苔属 Cephaloziaceae [B – 52] 特征纪要:习性:-。【Rep】:雌苞生于茎腹面短枝上,蒴萼长筒形,口部有长刺,雄苞生于茎腹面,雄苞叶多对,呈穗状,老时呈黄褐色。物候:-。海拔:-。生境:常见于湿地,江边山坡。资源:-。全球3个大洲分布及种数(cf.1)亚洲;欧洲;北美洲。

Pleurocoffea Baill. = **Coffea**

Pleurocoronis R. M. King & H. Rob. 侧冠菊属 Asteraceae [MD-586] 特征纪要:习性:草本。花程式:(K)3-5,C3-5,A3-5,=↓(G)2。其他特征参考科。全球1个大洲分布及种数(3)◆北美洲。

Pleuroderris Maxon 多足蕨属 Dryopteridaceae [F-49] 特征纪要:-。全球2个大洲分布及种数(4)北美洲:2; 南美洲:4。

Pleurofossa (Hook.) Nakai ex H. Itô 一条线蕨属 Pteridaceae [F-31] 特征纪要:-。分布:-。

Pleurogonium (C. Presl) Lindl. 侧龙骨属 Polypodiaceae [F-60] 特征纪要:-。全球1个大洲分布及种数(-)。

Pleurogramma J. Sm. = **Pleurogramme**

Pleurogramme (Bl. ex Bl.) C. Presl 螺叶蕨属 Pteridaceae [F-31] 特征纪要:-。全球4个大洲分布及种数(13)亚洲:4; 大洋洲:2; 北美洲:1; 南美洲:6。

Pleurogynella Ikonn. 肋柱花属 Gentianaceae [MD-496] 特征纪要:藤本,落叶。花程式(参考科):S:(K)(-),P:C0,A:A10,A8,O:↑G:(-)/Ou:常多数,F:蒴果,S:小,棕色。全球1个大洲分布及种数(-)◆大洋洲。

P

Pleurolobus J. St. -Hil. 豆科属 Fabaceae3 [MD-240] 特征纪要:习性:-。花程式:-。其他特征参考科。全球3个大洲分布及种数(6):非洲:4; 亚洲:3; 大洋洲:1。

Pleuromanes C. Presl 边内脉蕨属 Hymenophyllaceae [F-21] 特征纪要:附生植物。根状茎丝状,长而横走,缠结,被柔毛。叶远生;叶柄细长如丝,柔弱;叶片中形,下垂,下面被白霜,二或三回羽裂;裂片狭线形,全缘,近叶缘处有1条两个细胞厚的带,小脉两侧各有1条数个细胞厚的鞘,鞘上被柔毛。【Rep】:孢子囊群生于向轴短裂片的顶端;囊苞鐔状,口部截形或稍膨大;囊膨大;囊群托纤细,丝状,长而突出。全球1个大洲分布及种数(1)◆亚洲。

Pleuropetalum Hook. f. 多脉苋属 Amaranthaceae [MD-116] 特征纪要:习性:草本。花程式:K1-2,C0,A1-2,=G2-3。其他特征参考科。全球2个大洲分布及种数(3-6)北美洲:2;南美洲:2。

Pleurophascaceae Broth. [B-136] 基节藓科 特征纪要:纤细,绿色带红棕色,密集丛生。【Rep】:雌雄异苞同株,孢子体顶生,内雌苞叶较狭长,呈线状披针形,蒴柄细长,孢蒴圆柱形,直立,对称或略弯曲。全球2个大洲分布及属种数(1/1)亚洲:1; 大洋洲:1。

Pleurophascum Lindb. 澳脉藓属 Pleurophascaceae [B-136] 特征纪要(同科)。全球2个大洲分布及种数(4)亚洲:2; 大洋洲:3。

Pleurophomella <unassigned> 草苞菰属 Helosaceae [MD-305] 特征纪要:-。全球1个大洲分布及种数(1)◆欧洲:1。

Pleurophora D. Don 草薇属 Lythraceae [MD-333] 特征纪要:习性:木本。花程式:-。其他特征参考科。全球2个大洲分布及种数(7-27)亚洲:2; 南美洲:19。

Pleurophragma Rydb. = **Thelypodium**

Pleurophyllum Hook. f. 纵脉菀属 Asteraceae [MD-586] 特征纪要:习性:草本。花程式:(K)3-5,(C)3-5,A3-5,=↓G2。其他特征参考科。全球1个大洲分布及种数(-)◆北美洲。

Pleuroplitis Trin. = **Arthraxon**

Pleuropogon R. Br. 旗号草属 Poaceae [MM-748] 特征纪要:习性:草本。花程式:(K)3,C0参考科,A1-2,=G2-3。其他特征参考科。全球5个大洲分布及种数(6-184)非洲:45; 亚洲:7; 欧洲:50; 北美洲:50; 南美洲:131。【中国种数:1】。

Pleuropterantha Franch. 双翼苋属 Amaranthaceae [MD-116] 特征纪要:习性:草本。花程式:K1-2,C0,A1-2,=(G)2-3。其他特征参考科。全球1个大洲分布及种数(1-3)◆非洲。

Pleuropteropyrum H. Gross 蓼科属 Polygonaceae [MD-120] 特征纪要:习性:-。花程式:-。其他特征参考科。全球1个大洲分布及种数(2-14)◆亚洲:4。

Pleuropus Griff. 青藓科属 Brachytheciaceae [B-187] 特征纪要:习性:-。【Rep】:雌苞侧生,雌苞叶分化,蒴柄长,平滑或粗糙,孢蒴卵球形或长椭圆状圆柱形,下弯至横生,甚少直立,颈部短而,绿色或棕绿色。物候:-。海拔:-。生境:常见于林下土生,岩面土生。资源:-。全球2个大洲分布及种数(25)北美洲:1; 南美洲:1。【中国种数:6】。

Pleuroridgea Tiegh. = **Brackenridgea**

Pleurorthotrichum Broth. 智利木灵藓属 Orthotrichaceae [B-151] 特征纪要:习性:-。【Rep】:常暗绿色或棕褐色,雌雄异株或同株,稀杂株,雌苞叶不分化,无明显鞘部,蒴柄长,黄色,孢蒴狭长卵形,口蒴,具明显纵褶及纵沟。其他特征参考科。全球3个大洲分布及种数(4)大洋洲:2; 北美洲:2; 南美洲:4。

Pleurosoriopsidaceae Kurita & Ikebe ex Ching [F-44] 睫毛蕨科 特征纪要:干旱成片土生,稀石生。【Rep】:雌雄同株,或异株,雌苞顶生或由腹面伸出,苞膜2瓣状,孢蒴成熟后不规则开裂。全球1个大洲分布和属种数(1/1)◆亚洲:1/1。

Pleurosoriopsis Fomin 睫毛蕨属 Pleurosoriopsidaceae [F-44] 特征纪要(同科)。全球1个大洲分布及种数(cf.1)◆亚洲。【中国种数:1】。

Pleurosorus Fée 铁边蕨属 Aspleniaceae [F-43] 特征纪要:习性:-。【Rep】:孢子囊单生叶背。其他特征参考科。全球4个大洲分布及种数(7)非洲:3; 亚洲:2; 大洋洲:6; 南美洲:2。

Pleurospermopsis C. Norman 簇苞芹属 Apiaceae [MD-480] 特征纪要:习性:-。花程式:-。物候:-。海拔:4000米。生境:碎石之间。资源:-。全球1个大洲分布及种数(cf.1)◆亚洲。

Pleurospermum Hoffm. 棱子芹属 Apiaceae［MD－480］特征纪要:习性:草本(基生)。花程式:Kn,C5,A3 参考科,=↓(G)2。物候:－。海拔:2600－4600 米。生境:草地,溪边。栽培:来自广西龙州。资源:具栽培园艺种类。全球 6 个大洲分布及种数(49－55)非洲:1－9;亚洲:47－65;大洋洲:8;欧洲:3－11;北美洲:8;南美洲:8。【中国种数:8】。

Pleurostachys Brongn. 棱穗莎属 Cyperaceae［MM－747］特征纪要:习性:－。花程式:－。其他特征参考科。全球 6 个大洲分布及种数(5－90)非洲:3; 亚洲:2; 大洋洲:3; 欧洲:11; 北美洲:11; 南美洲:74。

Pleurostelma Schltr. = **Astephanus**

Pleurostylia Wight & Arn. 盾柱榄属 Celastraceae［MD－339］特征纪要:习性:木本。花程式:K5,C5,A3,G－。物候:－。花期:5－12 月。果期:参考晚于花期。海拔:700 米。生境:下层初级和次级轻雨林。资源:－。全球 3 个大洲分布及种数(7－8)非洲:6－7;亚洲:1;大洋洲:1。【中国种数:1】。

Pleurothallis R. Br. 腋花兰属 Orchidaceae［MM－723］特征纪要:习性:草本。花程式:(K)3,C3,A3,=↓(G)3。物候:－。花期:参考早于果期。果期:10－11 月。海拔:80－5200 米。生境:柏树林下或草坡路旁,竹坡中。资源:具栽培园艺种类。全球 6 个大洲分布及种数(550－2385)非洲:22; 亚洲:184; 大洋洲:11; 欧洲:858; 北美洲:858; 南美洲:2242。【中国种数:5】。

Pleurothallopsis Porto & Brade 肋兰属 Orchidaceae［MM－723］特征纪要:习性:草本。花程式:(K)3,C3,A3,=↓(G)3。其他特征参考科。全球 4 个大洲分布及种数(20－21)亚洲:1; 大洋洲:1; 北美洲:6; 南美洲:21。

Pleurothyrium Nees 蚁心樟属 Lauraceae［MD－21］特征纪要:习性:木本。花程式:K3－9,C0,A9,=G1－3。其他特征参考科。全球 6 个大洲分布及种数(50－51)非洲:1;亚洲:1;大洋洲:1;欧洲:1;北美洲:16－17;南美洲:37－39。

Pleurotus (Fr.) P. Kumm. 褶叶藓属 Brachytheciaceae［B－187］特征纪要:－。全球 1 个大洲分布及种数(63)◆南美洲:3。

Pleuroweisia Limpr. ex Schlieph. 丛藓科属 Pottiaceae［B－133］特征纪要:习性:－。【Rep】:孢腔轮廓清晰,蒴齿缺如,或具蒴齿而无基膜,下部呈黄绿或黄棕色。物候:－。海拔:－。生境:常见于高山岩石上。栽培:来自广西龙州。资源:具栽培园艺种类。全球 1 个大洲分布及种数(1)◆亚洲(◆中国)。【中国种数:1】。

Pleurozia Dum. 紫叶苔属 Pleuroziaceae［B－85］特征纪要:习性:－。【Rep】:灰绿色至紫红色。物候:－。海拔:－。生境:常见于热带林地腐木或岩石。资源:－。全球 6 个大洲分布及种数(8－9)非洲:5;亚洲:6－12;大洋洲:3－8;欧洲:5;北美洲:3－8;南美洲:5。【中国种数:4】。

Pleuroziaceae Müll. Frib.［B－85］紫叶苔科 特征纪要:茎叶分化,直立,纤细,柔弱,绿色或黄绿色,略透明,一般高 1－2 厘米,稀少分枝。【Rep】:雌雄异株,精子器圆柱形或椭圆棒形,裸露,生于枝条顶端,雌苞叶不明显分化,颈卵器于叶腋处丛生或散生。全球 6 个大洲分布和属种数(1/7－13)非洲:1/5;亚洲:1/6－12;大洋洲:1/3－8;欧洲:1/5;北美洲:1/3－8;南美洲:1/5。【中国属种数:2/5】。

Pleuroziopsis Kindb. ex E. Britton 树藓属 Climaciaceae［B－177］特征纪要:习性:－。【Rep】:雌雄异株,内雌苞叶具高鞘部,上部突狭窄成细长尖。物候:－。海拔:－。生境:土生。资源:－。全球 2 个大洲分布及种数(1)亚洲:1;北美洲:1。【中国种数:1】。

Pleurozium (Sull.) Mitt. 赤茎藓属 Hylocomiaceae［B－193］特征纪要:习性:－。【Rep】:雌雄异株,蒴柄细长,棕红色,孢蒴长卵形或近长圆柱形,台部有时明显,倾立或略垂倾,环带不分化,蒴齿两层。物候:－。海拔:900 米。生境:土生。资源:－。全球 6 个大洲分布及种数(3)非洲:1;亚洲:1;大洋洲:1;欧洲:1;北美洲:1;南美洲:2。【中国种数:2】。

Pleurozygodon Lindb. 丛本藓属 Pottiaceae［B－133］特征纪要:－。全球 2 个大洲分布及种数(2)北美洲:1; 南美洲:1。

Pleurozygodontopsis Dixon = **Zygodon**

Plexipus Raf. 棱马鞭草属 Verbenaceae［MD－556］特征纪要:习性:－。花程式:－。其他特征参考科。全球 3 个大洲分布及种数(38)非洲:23; 亚洲:6; 南美洲:8。

Plicanthus R. M. Schust. 褶萼苔属 Anastrophyllaceae［B－60］特征纪要:习性:－。【Rep】:雌雄同株或异株或有序同苞,雄苞顶生或间生,雄苞叶 2－3 对。物候:－。海拔:－。生境:土生。资源:－。全球 6 个大洲分布及种数(8)非洲:3; 亚洲:6; 大洋洲:3; 欧洲:2; 北美洲:2; 南美洲:2。

Plicatella M. Fleisch. 孢芽藓科属 Sorapillaceae［B－212］特征纪要和分布(－)。

Plicosepalus Van Tiegh. 蔓茎寄生属 Loranthaceae［MD－415］特征纪要:习性:木本。花程式:K5,C0,A4,=↓(G)3－4。其他特征参考科。全球 3 个大洲分布及种数(12－13)非洲:13; 亚洲:5; 大洋洲:2。【中国种数:1】。

Plicouratea Van Tiegh. 番金莲木属 Ochnaceae［MD－104］特征纪要:习性:－。花程式:－。其他特征参考科。全球 1 个大洲分布及种数(cf. 1)◆南美洲。

Plinia L. 树番樱属 Myrtaceae［MD－347］特征纪要:习性:－。花程式:－。其他特征参考科。全球 6 个大洲分布及种数(76－86)非洲:1－11;亚洲:6－16;大洋洲:10;欧洲:10;北美洲:32－49;南美洲:49－62。【中国种数:1】。

Plinthanthesis Steud. 干花扁芒草属 Poaceae［MM－748］特征纪要:习性:草本。花程式:(K)3,C0 参考科,A1－2,=G2－3。其他特征参考科。全球 1 个大洲分布及种数(3)◆大洋洲。

Plinthus Fenzl 鳞叶番杏属 Aizoaceae［MD－94］特征纪要:习性:－。花程式:－。其他特征参考科。全球 1 个大洲分布及种数(4)◆非洲。

Plocama Aiton 卷毛茜属 Rubiaceae［MD－523］特征纪要:习性:木本。花程式:(K)4－5,(C)4－5,A4－5,↓(G)2－9。其他特征参考科。全球 6 个大洲分布及种数(37－119)非洲:24; 亚洲:51; 大洋洲:4; 欧洲:7; 北美洲:

7; 南美洲:26。

Plocaniophyllon Brandegee 北美北美茜属 Rubiaceae［MD－523］特征纪要:习性:木本。花程式:(K)4－5,(C)4－5,A4－5,＝↓(G)2－9。其他特征参考科。全球1个大洲分布及种数(1)◆北美洲。

Plocoglottis Bl. 卷舌兰属 Orchidaceae［MM－723］特征纪要:习性:草本。花程式:(K)3,C3,A3,＝↓G3。物候:－。花期:参考早于果期。果期:10－11月。海拔:80－5200米。生境:柏树林下或草坡路旁,竹坡中。资源:具园艺种类。全球3个大洲分布及种数(35－60)非洲:27; 亚洲:50; 大洋洲:27。【中国种数:6】。

Plocosperma Benth. 戴缨木属 Plocospermataceae［MD－495］特征纪要(同科)。全球1个大洲分布及种数(1)◆北美洲。

Plocospermataceae Hutch.［MD－495］戴缨木科 特征纪要:习性:木本;落叶。花程式:K5,C0,A5,↑G2。全球1个大洲分布及属种数(2/3 hort. 1)◆非洲:1/7－9。

Ploiarium Korth. 银丝茶属 Bonnetiaceae［MD－102］特征纪要:习性:木本。花程式:K1－3,C1－3,A1－3,＝G1－3。物候:－。花期:参考早于果期。果期:9月。海拔:4800米。生境:草山坡,竹林中路旁草丛。资源:－。全球6个大洲分布及种数(3－52)非洲:22; 亚洲:18; 大洋洲:19; 欧洲:9; 北美洲:9; 南美洲:13。【中国种数:1】。

Plotea J. F. Gmel. ＝ **Salvadora**

Plowmania Hunz. & Subils 普洛曼茄属 Solanaceae［MD－503］特征纪要:习性:草本。花程式:K3－4,C0,A2,＝G2。其他特征参考科。全球2个大洲分布及种数(1－3)北美洲:3; 南美洲:2。

Plowmanianthus Faden & C. R. Hardy 花跖草属 Commelinaceae［MM－708］特征纪要:习性:草本。花程式:(K)3,C3,A2－3,＝(G)3。其他特征参考科。全球2个大洲分布及种数(6－9)北美洲:3; 南美洲:7。

Pluchea Cass. 阔苞菊属 Asteraceae［MD－586］特征纪要:习性:草本,少木本。花程式:(K)3－5,C3－5,A3参考科,＝↓G2。物候:－。海拔:100－200米。生境:灌木丛。栽培:来自广西龙州。资源:具栽培园艺种类。全球6个大洲分布及种数(65－90;hort. 1)非洲:24－31;亚洲:24－32;大洋洲:11－25;欧洲:8－14;北美洲:18－25;南美洲:17－23。【中国种数:9】。

Plukenetia L. 星油藤属 Euphorbiaceae［MD－217］特征纪要:习性:木本。花程式:K1(1000),C0,A6,＝(G)2－3。资源:具栽培园艺种类。全球6个大洲分布及种数(18－23)非洲:5－25;亚洲:4－23;大洋洲:17;欧洲:17;北美洲:5－22;南美洲:14－32。【中国种数:1】。

Plumbagella Spach 鸡娃草属 Plumbaginaceae［MD－227］特征纪要:习性:草本。花程式:(K－),C2－3参考科,A2,↓G－。物候:－。花期:7－8月。果期:参考晚于花期。海拔:2000－4500米。生境:沿着道路边缘,斜坡。资源:药用,具栽培园艺种类。全球2个大洲分布及种数(1－7)亚洲:3; 南美洲:5。【中国种数:1】。

Plumbaginaceae Juss.［MD－227］白花丹科 特征纪要:习性:木本;落叶。花程式:K4－5(－),C5,A,↑G5。物候:－。花期: 9－10月。果实:蒴果。种子:有薄层粉质胚乳,中部以上骤细成喙。海拔:0米。生境:草原地带,石质山坡上。资源:药用。栽培:中国有栽培。全球6个大洲分布及属种数(24－28/619－1344 <IFR 6/56> hort. 1;cult. 7) 非洲:11－13/160－218(IFR 1/1); 亚洲:19－21/248－508(IFR 5/24); 大洋洲:6/32－38; 欧洲:7－8/294－447(IFR 4/32); 北美洲:5/73－78(IFR 3/10); 南美洲:5/31。【中国属种数:9/55】。

Plumbago Tourn. ex L. 蓝雪属 Plumbaginaceae［MD－227］特征纪要:习性:草质攀援。花程式:－。物候:－。海拔:300－700米。生境:湿草原。资源:药用,具栽培园艺种类。全球6个大洲分布及种数(26－30)非洲:17－21;亚洲:5－9;大洋洲:3－6;欧洲:4－7;北美洲:6－8;南美洲:8－10。【中国种数:4】。

Plumeria Tourn. ex L. 鸡蛋花属 Apocynaceae［MD－492］特征纪要:习性:木本。花程式:(K－),C2－3参考科,A5,↓G－。物候:－。花期:3－9月。果期:参考晚于花期。海拔:80－3000米。资源:药用,园林,具栽培园艺种类。全球6个大洲分布及种数(20－159)非洲:39; 亚洲:74; 大洋洲:35; 欧洲:119; 北美洲:119; 南美洲:71。【中国种数:8】。

Plumeriopsis Rusby & Woodson ＝ **Thevetia**

Plutarchia A. C. Sm. 烟花莓属 Ericaceae［MD－380］特征纪要:习性:木本。花程式:K5－8,(C)5－8,A10,＝(G)2－4。其他特征参考科。全球1个大洲分布及种数(11)◆南美洲。

Pluvianthus R. M. Schust. 阔鳞苔属 Lejeuneaceae［B－84］特征纪要:习性:－。【Rep】:老时呈红褐色。其他特征参考科。全球1个大洲分布及种数(1)◆南美洲(◆巴西)。

Pneumatopteris Nakai 稀毛蕨属 Thelypteridaceae［F－42］特征纪要:习性:－。【Rep】:孢子同形,囊群生叶背有盖－无盖。物候:－。海拔:20－2500米。生境:侧脉中上部,竹林下沟边。资源:－。全球6个大洲分布及种数(77)非洲:15; 亚洲:52; 大洋洲:19; 欧洲:6; 北美洲:6; 南美洲:4。

Pneumonanthopsis Miq. ＝ **Voyria**

Poa L. 早熟禾属 Poaceae［MM－748］特征纪要:习性:草本。花程式:(K－),C0参考科,A3参考科,＝G2－3。物候:－。花期:4－6月。果期:参考晚于花期。海拔:400－2000米。生境:中高山石质山坡草地。资源:具栽培园艺种类。全球6个大洲分布及种数(601－2587)非洲:615; 亚洲:1134; 大洋洲:286; 欧洲:807; 北美洲:807; 南美洲:518。【中国种数:130】。

Poaceae Barnhart［MM－748］禾本科 特征纪要:习性:木本,草本,藤本;落叶。花程式:K5,C3,A:3－6,G1。物候:－。花期和果期: 7－9月。果实:蒴果,颖果。种子:－。海拔:0米。生境:－。资源:造纸。栽培:中国有栽培。全球6个大洲分布及属种数(946－997/13341－17136 <IFR 136/422> hort. 1;cult. 220) 非洲:368－377/3789－4262(IFR 56/142); 亚洲:408－419/5815－6441(IFR 85/191); 大洋洲:242－243/2458－2689(IFR 25/46); 欧洲:178/1608－1798(IFR 48/132); 北美洲:299－304/3539－3630(IFR 43/84); 南美洲:268－271/4228

-4383(IFR 28/42)。【中国属种数:337/2519】。

Poacynum Baill. = **Gymnema**

Poaephyllum Ridl. 禾兰属 Orchidaceae［MM-723］特征纪要:习性:草本。花程式:(K)3,C3,A3,=↓G3。其他特征参考科。全球4个大洲分布及种数(7-11)非洲:4; 亚洲:5; 大洋洲:3; 南美洲:1。

Poagris Raf. = **Poa**

Poagrostis Stapf = **Pentameris**

Poarion Rchb. = **Rostraria**

Pobeguinea (Stapf) Jacq. -Fél. = **Anadelphia**

Pocilla (Dum.) Fourr. 婆婆纳属 Scrophulariaceae［MD-536］特征纪要:习性:-。花程式:-。其他特征参考科。全球1个大洲分布及种数(-)◆非洲。

Pocsiella Bizot 坦桑曲尾藓属 Dicranaceae［B-128］特征纪要:习性:-。【Rep】:雌苞叶分化,基部鞘状,有毛尖,蒴柄长,均高出于雌苞叶,孢蒴直立或背曲,长圆柱形或长椭圆形,辐射对称,雌雄异株,雄株矮小,附于假根上成假雌雄同株,雌苞叶形大,高鞘状,上部具细毛尖,与孢蒴等长或长于孢蒴。其他特征参考科。全球3个大洲分布及种数(8)非洲:3; 亚洲:6; 南美洲:3。

Poculodiscus Danguy & Choux = **Plagioscyphus**

Podachaenium Benth. 白花冠鳞菊属 Asteraceae［MD-586］特征纪要:习性:草本。花程式:(K)3-5,(C)3-5,A3-5,=↓G2。其他特征参考科。全球3个大洲分布及种数(6-11)亚洲:3; 北美洲:8; 南美洲:4。

Podadenia Thwaites 百褶桐属 Euphorbiaceae［MD-217］特征纪要:习性:木本。花程式:K1(1000),C0,A6,↓G-参考科)。其他特征参考科。全球1个大洲分布及种数(1-2) 亚洲;大洋洲。

Podaechmea (Mez) L. B. Sm. & W. J. Kress 光萼荷属 Bromeliaceae［MM-715］特征纪要:习性:-。花程式:-。其他特征参考科。全球2个大洲分布及种数(3)北美洲:1; 南美洲:1。

Podagrostis (Griseb.) Scribn. & Merr. 列足草属 Poaceae［MM-748］特征纪要:习性:-。花程式:-。其他特征参考科。全球2个大洲分布及种数(5)亚洲:cf. 1;北美洲:4。

Podalyria Lam. ex Willd. 水花槐属 Fabaceae3［MD-240］特征纪要:习性:-。花程式:-。其他特征参考科。全球6个大洲分布及种数(27-39)非洲:26-35;亚洲:2;大洋洲:1-3;欧洲:1-3;北美洲:2-4;南美洲:1-3。

Podandria Rolfe = **Habenaria**

Podandrogyne Ducke 足蕊南星属 Cleomaceae［MD-210］特征纪要:习性:-。花程式:-。其他特征参考科。全球3个大洲分布及种数(21-25)欧洲:1;北美洲:7;南美洲:19-21。

Podangis Schltr. 裂距兰属 Orchidaceae［MM-723］特征纪要:习性:草本。花程式:(K)3,C3,A3,=↓(G)3。其他特征参考科。全球2个大洲分布及种数(3)非洲:2;南美洲:1。

Podanthe Stapf 顶苞苔科属 Acrobolbaceae［B-43］特征纪要:-。全球1个大洲分布及种数(-)。

Podanthum Boiss. = **Asyneuma**

Podanthus Lag. 柄花菊属 Asteraceae［MD-586］特征纪要:习性:草本。花程式:(K)3-5,(C)3-5,A3-5,=↓G2。其他特征参考科。全球2个大洲分布及种数(2-7)大洋洲:2; 南美洲:6。

Podionapus Dulac = **Deschampsia**

Podistera S. Watson 木根芹属 Apiaceae［MD-480］特征纪要:习性:草本。花程式:=↓(K5),C5,A5,=↓G2。其他特征参考科。全球3个大洲分布及种数(4-8)亚洲:3; 欧洲:6; 北美洲:6。

Podoaceae Barnhart［MD-206］九子母科 特征纪要:习性:木本;落叶。花程式:K4,C0,A8,↑G1。物候:-。花期:-果期:-。果实:果为双凸镜状。种子:-。海拔:1100-2300米。生境:江边,河谷疏林中,向阳草坡或灌丛中。资源:药用。栽培:-。全球1个大洲分布及属种数(2-3/4-5 hort. 1)◆东南亚:1-2/2-4。

Podocalyx Klotzsch 垂丝桐属 Picrodendraceae［MD-317］特征纪要:习性:木本。花程式:K1(1000),C0,A6,=(G)2-3。其他特征参考科。全球1个大洲分布及种数(1)◆南美洲。

Podocarpaceae Endl.［G-13］罗汉松科 特征纪要(参考 Schistostegaceae),细小,绿色,扁平,习生于阴暗处的藓丛。全球6个大洲分布及属种数(19/181-268<IFR 2/10> hort. 1;cult. 3) 非洲:5/40-53(IFR 2/5); 亚洲:6/49-81(IFR 2/2); 大洋洲:11/84-112(IFR 1/1); 欧洲:3/12; 北美洲:5/44-50(IFR 1/2); 南美洲:4/36-41(IFR 1/2)。【中国属种数:9/28】。

Podocarpium (Benth.) Yen C. Yang & P. H. Hôangang 长柄山蚂蝗属 Fabaceae3［MD-240］特征纪要:习性:-。花程式:-。物候:-。花期:8-9月。果期:参考晚于花期。海拔:1300-2100米。生境:生于沟旁或混交林下,生于水沟边草丛中。资源:-。全球1个大洲分布及种数(6)◆亚洲。

Podocarpus L'Hér. ex Pers. 罗汉松属 Podocarpaceae［G-13］特征纪要:习性:-。【Rep】:复轴,短穗状,上部苞片杯套状,内有种子发生,寡种子,雌雄异株,雄球花穗状,单生或簇生叶腋,或成分枝状,稀顶生,有总梗或几无总梗,基部有少数螺旋状排列的苞片,雄蕊多数,螺旋状排列,花药2,花粉具2个气囊,雌球花常单生叶腋或苞腋,稀顶生,1套被生1枚倒生胚珠,套被与珠被合生,花后套被增厚成肉质假种皮,苞片发育成肥厚或微肥厚的肉质种托,种子当年成熟,核果状。物候:-。海拔:100-1000米。生境:常绿阔叶林。栽培:来自广西龙州。资源:具栽培园艺种类。全球6个大洲分布及种数(100-159;hort. 1;cult. 4)非洲:26-58;亚洲:30-78;大洋洲:30-74;欧洲:7-26;北美洲:30-55;南美洲:28-52。【中国种数:16】。

Podochilus Bl. 柄唇兰属 Orchidaceae［MM-723］特征纪要:习性:草本(基生,多肉)。花程式:(K-),C2-3参考科,A3参考科,=↓G3。物候:-。海拔:400-1900米。生境:森林。栽培:来自广西龙州。资源:具栽培园艺种类。全球6个大洲分布及种数(65-174)非洲:34; 亚洲:143; 大洋洲:46; 欧洲:2; 北美洲:2; 南美洲:4。

【中国种数:6】。

Podococcus G. Mann & H. Wendl. 梗椰属 Arecaceae［MM－717］特征纪要:习性:木本。花程式:K3－10,C3－10,A3－10,＝G3－10。其他特征参考科。全球 5 个大洲分布及种数(2－19)非洲:3; 亚洲:2; 欧洲:4; 北美洲:4; 南美洲:2。

Podocytisus Boiss. & Heldr. 扫帚豆属 Fabaceae3［MD－240］特征纪要:习性:木本。花程式:＝↓(K1－∞),C1－∞,A5－9,＝↓G1。其他特征参考科。全球 2 个大洲分布及种数(1－2)亚洲:cf. 1;欧洲:1。

Podogyne Hoffmanns. ＝ **Gynandropsis**

Podolasia N. E. Br. 细柄刺芋属 Araceae［MM－639］特征纪要:习性:草本。花程式:－。其他特征参考科。全球 2 个大洲分布及种数(1－2)亚洲:1; 南美洲:1。

Podolepis Labill. 纸苞金绒草属 Asteraceae［MD－586］特征纪要:习性:草本。花程式:(K)3－5,(C)3－5,A3－5,＝↓G2。其他特征参考科。全球 3 个大洲分布及种数(25－79)亚洲:5; 大洋洲:52; 南美洲:2。【中国种数:1】。

Podolobium R. Br. 澳柄花豆属 Fabaceae3［MD－240］特征纪要:习性:－。花程式:－。其他特征参考科。全球 1 个大洲分布及种数(－)。

Podolobus Raf. ＝ **Stanleya**

Podolotus Royle ex Benth. 蝶足花属 Fabaceae3［MD－240］特征纪要:习性:－。花程式:－。其他特征参考科。全球 1 个大洲分布及种数(－)。

Podoluma Baill. ＝ **Pouteria**

Podomitrium Mitt. 大洋洲带叶苔属 Pallaviciniaceae［B－30］特征纪要:习性:－。【Rep】:蒴柄白色,纤长,孢蒴短圆柱形,2－4 瓣开裂,弹丝 2 列螺纹加厚,孢子棕色,直径约 25 微米,与叶状体间具清晰界限,横切面中央有厚壁细胞组成的中轴。其他特征参考科。全球 2 个大洲分布及种数(4)亚洲:2; 大洋洲:2。

Podonephelium Baill. 新喀无患子属 Sapindaceae［MD－428］特征纪要:习性:木本。花程式:K4－5,C4－5,A10,＝(G)2－3。其他特征参考科。全球 1 个大洲分布及种数(2－10)◆大洋洲。

Podonosma Boiss. 金滴草属 Boraginaceae［MD－517］特征纪要:习性:－。花程式:－。其他特征参考科。全球 2 个大洲分布及种数(3－6)非洲:1; 亚洲:3。

Podoon Baill. 九子母属 Podoaceae［MD－206］特征纪要及分布(－)。

Podopeltis Fée ＝ **Tectaria**

Podophorus Phil. 单花岛羊茅属 Poaceae［MM－748］特征纪要:习性:－。花程式:－。其他特征参考科。全球 2 个大洲分布及种数(12)亚洲:3; 南美洲:12。

Podophyllaceae (Bl.) DC.［MD－46］桃儿七科 特征纪要:习性:草本;落叶。花程式:K1,C3,A2,G1。物候:－。花期:－。果期:－。果实:－。种子:棕。海拔:1330 米。生境:山边阴处。栽培:来自广西龙州。资源:药用。栽培:－。全球 2 个大洲分布及属种数(1/1 <IFR 1/2> hort. 1;cult. 1) 亚洲:1/15－19(IFR 1/2); 北美洲:1/5。

Podophyllum L. 北美桃儿七属 Podophyllaceae［MD－46］特征纪要(同科)。全球 6 个大洲分布及种数(15－20;hort. 1;cult. 1)非洲:1;亚洲:13－18;大洋洲:1;欧洲:1－2;北美洲:3－4;南美洲:1。【中国种数:11】。

Podopterus Bonpl. 刺虎杖属 Polygonaceae［MD－120］特征纪要:习性:草本。花程式:K2－3,C0,A2,＝G2－3。其他特征参考科。全球 2 个大洲分布及种数(3－6)北美洲:3; 南美洲:1。

Podorungia Baill. 足孩儿草属 Acanthaceae［MD－572］特征纪要:习性:草本。花程式:K2－4,C0,A2－4,＝G2。其他特征参考科。全球 1 个大洲分布及种数(5)◆非洲(◆马达加斯加)。

Podosaemum Kunth ＝ **Muhlenbergia**

Podosemum Desv. ＝ **Muhlenbergia**

Podosorus Holttum 柄蕨属 Polypodiaceae［F－60］特征纪要:习性:－。【Rep】:孢子同形,囊群生叶背。其他特征参考科。全球 2 个大洲分布及种数(1－3)亚洲:2; 南美洲:2。

Podospadix Raf. ＝ **Anthurium**

Podosperma Labill. ＝ **Podotheca**

Podospermum DC. 柄果菊属 Asteraceae［MD－586］特征纪要:习性:－。花程式:－。物候:－。海拔:1000 米。生境:大草原。栽培:来自广西龙州。资源:具栽培园艺种类。全球 6 个大洲分布及种数(11－15;hort. 1)非洲:2－3;亚洲:10－11;大洋洲:2－3;欧洲:5－6;北美洲:1;南美洲:1。

Podostachys Klotzsch ＝ **Croton**

Podostemaceae Rich. ex Kunth［MD－322］川薹草科 特征纪要:习性:木本,草本;落叶。花程式:K1－2,C0,A10,＝↑(G)1－2。物候:－。花期:9－12 月。果期:1－3 月。果实:蒴果。种子:多数作为亚科来处理,种皮颗粒小。海拔:100－1900 米。生境:溪流和瀑布,依附着岩石。资源:－。栽培:－。全球 5 个大洲分布及属种数(57－65/351－490 <IFR 7/10> hort. 1;cult. 6) 非洲:16－18/63－131(IFR 1/1); 亚洲:12－17/85－122(IFR 2/2); 大洋洲:2/3－4; 北美洲:5/25(IFR 2/2); 南美洲:21－22/185－197(IFR 4/6)。【中国属种数:4/7】。

Podostemma Greene ＝ **Asclepias**

Podostemum Michx. 河苔草属 Podostemaceae［MD－322］特征纪要:习性:草本。花程式:－。其他特征参考科。全球 5 个大洲分布及种数(12－106)非洲:9; 亚洲:46; 大洋洲:7; 北美洲:7; 南美洲:45。

Podotheca Cass. 草苞鼠麴草属 Asteraceae［MD－586］特征纪要:习性:草本。花程式:(K)3－5,(C)3－5,A3－5,＝↓G2。其他特征参考科。全球 3 个大洲分布及种数(8－39)亚洲:4; 大洋洲:37; 南美洲:20。

Podperaea Z. Iwats. & Glime 齿灰藓属 Hypnaceae［B－189］特征纪要:习性:－。【Rep】:雌雄异苞同株,内雌苞叶直立,卵状披针形,上部渐狭成长毛状,近于全缘,无中肋,黄绿色。物候:－。海拔:－。生境:常见于林下土或岩面薄土,沼泽水生。资源:-。全球1个大洲分布及种数(2)◆亚洲:2。【中国种数:2】。

Podranea Spragü 非洲凌霄属 Bignoniaceae [MD-541] 特征纪要:习性:木本。花程式:K5-裂片,C0,A5,=↓(G)2。物候:-。海拔:100-5840米。生境:常绿阔叶林,路旁,斜坡,竹木林中。资源:具栽培园艺种类。全球6个大洲分布及种数(2-3)非洲:3;亚洲:2;大洋洲:2;欧洲:2;北美洲:2;南美洲:2。【中国种数:1】。

Poecilandra Tul. 万代莲木属 Ochnaceae [MD-104] 特征纪要:习性:木本。花程式:K1-∞,C1-∞,A10,=(G)2-15。其他特征参考科。全球1个大洲分布及种数(3)◆南美洲。

Poecilanthe Benth. 小杂花豆属 Fabaceae3 [MD-240] 特征纪要:习性:木本。花程式:=↓(K1-∞),C1-∞,A5-9,=↓G1。其他特征参考科。全球1个大洲分布及种数(10-11)◆南美洲。

Poecilolepis Grau 匍菀属 Asteraceae [MD-586] 特征纪要:习性:草本。花程式:(K)3-5,(C)3-5,A3-5,↓G。其他特征参考科。全球2个大洲分布及种数(2-4)非洲:4;南美洲:2。

Poeciloneuron Bedd. 亚洲红厚壳属 Calophyllaceae [MD-140] 特征纪要:习性:木本。花程式:-。其他特征参考科。全球1个大洲分布及种数(1)◆亚洲。【中国种数:1】。

Poecilophyllum Mitt. 曲尾藓科属 Dicranaceae [B-128] 特征纪要:-。全球1个大洲分布及种数(-)。

Poecilopteris C. Presl 间断实蕨属 Lomariopsidaceae [F-52] 特征纪要:习性:-。【Rep】:孢子同形,囊群生叶背。物候:-。海拔:50-1700米。生境:沟底阴处,杂木林阴湿溪边林下石上。资源:-。全球3个大洲分布及种数(1-3) 亚洲;北美洲;南美洲。

Poecilostachys Hack. 杂色穗草属 Poaceae [MM-748] 特征纪要:习性:草本。花程式:(K)3,C0参考科,A1-2,=G2-3。其他特征参考科。全球4个大洲分布及种数(11-36)非洲:35;亚洲:3;大洋洲:3;北美洲:4。

Poeltia Grolle 杂萼苔属 Gymnomitriaceae [B-41] 特征纪要:习性:-。【Rep】:雌苞顶生,雌苞叶数对,内雌叶常相连,蒴萼常存,蒴壁2-3,层细胞,弹丝2-4列螺纹加厚,灰色、褐色或紫色。其他特征参考科。全球2个大洲分布及种数(1) 亚洲;南美洲。

Poeltinula <unassigned> 顶刺苞藓科属 Rhacocarpaceae [B-139] 特征纪要:-。全球1个大洲分布及种数(-)。

Poeppigia C. Presl 北美珀高豆属 Fabaceae3 [MD-240] 特征纪要:习性:-。花程式:-。其他特征参考科。全球3个大洲分布及种数(2-12)亚洲:1;北美洲:2;南美洲:12。

Poga Pierre 夷楝果属 Anisophylleaceae [MD-324] 特征纪要:习性:木本。花程式:-。其他特征参考科。全球2个大洲分布及种数(1-3)非洲:2;亚洲:2。

Poggea Gürke 波格木属 Achariaceae [MD-159] 特征纪要:习性:木本。花程式:-。其他特征参考科。全球1个大洲分布及种数(1-3)◆非洲(◆加蓬)。

Poggendorffia H. Karst. = **Tacsonia**

Pogochloa S. Moore = **Gouinia**

Pogocybe Pierre = **Gleditsia**

Pogogyne Benth. 须柱草属 Lamiaceae [MD-575] 特征纪要:习性:草本。花程式:K2,C0,A2,=↓G2。其他特征参考科。全球1个大洲分布及种数(9-11)◆北美洲。

Pogonachne Bor 沟颖草属 Poaceae [MM-748] 特征纪要:习性:草本。花程式:(K)3,C0参考科,A1-2,↓G-参考科。其他特征参考科。全球1个大洲分布及种数(2)◆亚洲。

Pogonanthera Bl. 毛药草海桐属 Melastomataceae [MD-364] 特征纪要:习性:-。花程式:-。物候:-。花期:全年。果期:参考晚于花期。海拔:60-5100米。生境:草丛或矮灌丛中,竹林沟边。资源:-。全球1个大洲分布及种数(-)。

Pogonanthus Montrouz. = **Gynochthodes**

Pogonarthria Stapf 镰草属 Poaceae [MM-748] 特征纪要:草本。花程式:(K)3,C0参考科,A1-2,=(G)2-3。其他特征参考科。全球4个大洲分布及种数(4-13)非洲:12;亚洲:3;北美洲:2;南美洲:2。【中国种数:1】。

Pogonatherum P. Beauv. 金发草属 Poaceae [MM-748] 特征纪要:习性:竹类。花程式:(K-),C0参考科,A3参考科,=(G)2-3。物候:-。花期:初夏。果期:参考晚于花期。海拔:2000米。生境:干旱向阳处,山边,路旁,河边,石缝瘠土或灌木下阴湿地。资源:药用,具栽培园艺种类。全球6个大洲分布及种数(4-31)非洲:14;亚洲:19;大洋洲:7;欧洲:6;北美洲:6;南美洲:4。【中国种数:2】。

Pogonatum P. Beauv. 小金发藓属 Polytrichaceae [B-101] 特征纪要:习性:-。【Rep】:雌雄同株或异株,雌苞叶略分化,蒴柄硬挺,一般长2-3厘米,孢蒴多圆柱形。物候:-。海拔:950米。生境:常见于林边阴湿土壁,土生。资源:具园艺种类。全球6个大洲分布及种数(91)非洲:22;亚洲:46;大洋洲:16;欧洲:13;北美洲:31;南美洲:19。【中国种数:81】。

Pogoneura Napper 坦桑尼亚草属 Poaceae [MM-748] 特征纪要:习性:-。花程式:-。其他特征参考科。全球2个大洲分布及种数(cf. 1)非洲;南美洲。

Pogonia Juss. 朱兰属 Orchidaceae [MM-723] 特征纪要:习性:-。花程式:-。物候:-。花期:5-7月。果期:参考晚于花期。海拔:1100-2300米。生境:生于高山草地。栽培:来自广西龙州。资源:具栽培园艺种类。全球6个大洲分布及种数(10-12)非洲:13;亚洲:7-20;大洋洲:4-17;欧洲:13;北美洲:2-15;南美洲:3-16。【中国种数:4】。

Pogoniopsis Rchb. f. 拟朱兰属 Orchidaceae [MM-723] 特征纪要:习性:草本。花程式:(K)3,C3,A3,=↓(G)3。其他特征参考科。全球1个大洲分布及种数(2-3)◆南美洲。

Pogonochloa C. E. Hubb. 热非须毛草属 Poaceae [MM-748] 特征纪要:习性:草本。花程式:(K)3,C0参考科,A1-2,=(G)2-3。其他特征参考科。全球1个大洲分布及种数(1)◆非洲。

P

Pogonolepis Steetz 须鳞鼠麹草属 Asteraceae [MD-586] 特征纪要:习性:草本。花程式:(K)3-5,C3-5,A3-5,=↓(G)2。其他特征参考科。全球1个大洲分布及种数(3)◆大洋洲(◆澳大利亚)。

Pogonolobus F. Muell. = **Caelospermum**

Pogononeura Napper 非洲双花草属 Poaceae [MM-748] 特征纪要:习性:草本。花程式:(K)3,C0参考科,A1-2,=(G)2-3。其他特征参考科。全球1个大洲分布及种数(1)◆非洲。

Pogonophora Miers ex Benth. 髯瓣木属 Peraceae [MD-216] 特征纪要:习性:木本。花程式:-。其他特征参考科。全球6个大洲分布及种数(4)非洲:2-3;亚洲:1;大洋洲:1;欧洲:1;北美洲:1;南美洲:1-2。

Pogonopsis J. Presl = **Pogonatherum**

Pogonopus Klotzsch 绫扇花属 Rubiaceae [MD-523] 特征纪要:习性:木本。花程式:(K)4-5,(C)4-5,A4-5,=↓G2-9。其他特征参考科。全球3个大洲分布及种数(3-32)亚洲:3;北美洲:4;南美洲:28。

Pogonostylis Bertol. = **Fimbristylis**

Pogopetalum Benth. = **Emmotum**

Pogospermum Brongn. = **Catopsis**

Pogostemon Desf. 刺蕊草属 Lamiaceae [MD-575] 特征纪要:习性:草质攀援(具根状茎)。花程式:Kn,C2-3参考科,A3,=↓G2。物候:-。海拔:700-2000米。生境:干塘河潮土。资源:药用,具栽培园艺种类。全球6个大洲分布及种数(84-213)非洲:17;亚洲:188;大洋洲:27;欧洲:9;北美洲:9;南美洲:16。【中国种数:32】。

Pohlia Hedw. 丝瓜藓属 Bryaceae [B-146] 特征纪要:习性:-。【Rep】:雌雄有序同苞或雌雄异株,蒴柄长,干时弯曲,孢蒴倾斜、平列或下垂,梨形、长圆形或长棒状,具明显的台部。物候:-。海拔:900米。生境:土生,岩石面石缝土生。资源:-。全球6个大洲分布及种数(148)非洲:35;亚洲:63;大洋洲:23;欧洲:40;北美洲:54;南美洲:49。【中国种数:52】。

Pohlidium Davidse, Soderstr. & R. P. Ellis 单性轭草属 Poaceae [MM-748] 特征纪要:习性:草本。花程式:(K)3,C0参考科,A1-2,=(G)2-3。其他特征参考科。全球1个大洲分布及种数(1)◆中美洲(◆巴拿马)。

Poidium Nees = **Chascolytrum**

Poikilacanthus Lindau 杂刺爵床属 Acanthaceae [MD-572] 特征纪要:习性:草本。花程式:K2-4,C0,A2-4,=G2。其他特征参考科。全球4个大洲分布及种数(13-25)非洲:2;亚洲:3;北美洲:13;南美洲:23。

Poikilogyne Baker f. 杂蕊野牡丹属 Melastomataceae [MD-364] 特征纪要:习性:木本。花程式:-。其他特征参考科。全球2个大洲分布及种数(-)亚洲;大洋洲。

Poikilospermum Zipp. ex Miq. 锥头麻属 Urticaceae [MD-91] 特征纪要:习性:木质攀援。花程式:-。物候:-。花期:2-5月。果期:参考晚于花期。海拔:700-1800米。生境:热带季雨林地区,山谷疏林湿处。资源:具园艺种类。全球6个大洲分布及种数(34-41)非洲:1;亚洲:29-31;大洋洲:6-7;欧洲:1;北美洲:1-2;南美洲:1。【中国种数:6】。

Poilanedora Gagnep. 五苞山柑属 Capparaceae [MD-178] 特征纪要:习性:木本。花程式:K4-6,C4-6,A4-6,=(G)2-10。物候:-。花期:4-12月。果期:参考晚于花期。海拔:100-2400米。资源:-。全球1个大洲分布及种数(cf. 1)◆亚洲。

Poilannammia C. Hansen 博伊野牡丹属 Melastomataceae [MD-364] 特征纪要:习性:木本。花程式:参考科,C5参考科,A4-5,↓(G)-。其他特征参考科。全球1个大洲分布及种数(4)◆亚洲。

Poincettia Klotzsch & Garcke = **Euphorbia**

Poincianella Britton & Rose 巴西云实豆属 Fabaceae2 [MD-240] 特征纪要:习性:-。花程式:-。其他特征参考科。全球4个大洲分布及种数(36)非洲:2;亚洲:2;北美洲:21;南美洲:36。

Poiretia Vent. 普瓦豆属 Fabaceae3 [MD-240] 特征纪要:习性:-。花程式:-。其他特征参考科。全球6个大洲分布及种数(13-14)非洲:1;亚洲:1;大洋洲:1;欧洲:1;北美洲:1-2;南美洲:12-14。

Poissonia Baill. 宝锋豆属 Fabaceae3 [MD-240] 特征纪要:习性:木本。花程式:=↓(Kn),C1-∞参考科,A3参考科,=↓G(-)。其他特征参考科。全球1个大洲分布及种数(5)◆南美洲。

Poivrea Comm. ex Thou. = **Combretum**

Pojarkovia Askerova 千里光属 Asteraceae [MD-586] 特征纪要:习性:草本。花程式:参考科,C3参考科,A3参考科,↓(G)2-9参考科。其他特征参考科。全球2个大洲分布及种数(1-2)亚洲:1;北美洲:1。

Polakia Stapf = **Salvia**

Polakowskia Pittier = **Sechium**

Polanisia Raf. 沾沙草属 Cleomaceae [MD-210] 特征纪要:习性:-。花程式:-。其他特征参考科。全球6个大洲分布及种数(66)非洲:18;亚洲:9;大洋洲:4;欧洲:45;北美洲:45;南美洲:16。

Polaskia Backeb. 夜雾柱属 Cactaceae [MD-100] 特征纪要:习性:木本。花程式:=↓(K1-∞),C1-∞,A3-100,=↓G3-100-。其他特征参考科。全球1个大洲分布及种数(2)◆北美洲(◆墨西哥)。

Polemanniopsis B. L. Burtt 南非草属 Apiaceae [MD-480] 特征纪要:习性:草本。花程式:=↓(Kn),C5,A3参考科,=↓G(-)。其他特征参考科。全球1个大洲分布及种数(1-2)◆非洲。

Polemoniaceae Juss. [MD-481] 花荵科 特征纪要:习性:木本;落叶。花程式:(K)6-,C4,A5,↓(G)-。物候:-。花期:6-8月。果期:6-9月。果实:蒴果。种子:-。海拔:0米。生境:草地,森林中的开阔地。资源:药用。栽培:中国有栽培。全球6个大洲分布及属种数(34-37/701-863 <IFR 14/75> hort. 1;cult. 8)非洲:1/5;亚洲:5/70-82(IFR 2/2);大洋洲:4/20;欧洲:4/32-33;北美洲:28/558-625(IFR 14/74);南美洲:10/46-57。【中国属种数:14/54】。

Polemonium L. 花荵属 Polemoniaceae［MD－481］特征纪要:习性:草本(基生)。花程式:－。物候:－。花期:6－8月。果期:参考晚于花期。海拔:1000－3700米。生境:草地,森林中的开阔地。资源:药用,具栽培园艺种类。全球6个大洲分布及种数(51－198)非洲:6；亚洲:57；大洋洲:2；欧洲:74；北美洲:74；南美洲:14。【中国种数:17】。

Polevansia De Winter 挺秆草属 Poaceae［MM－748］特征纪要:习性:草本。花程式:(K)3,C0参考科,A1－2,↓G－参考科。其他特征参考科。全球1个大洲分布及种数(1)◆非洲。

Polhillia C. H. Stirt. 南非银豆属 Fabaceae3［MD－240］特征纪要:习性:木本。花程式:＝↓(K1－∞),C1－∞,A5－9,＝↓G1。其他特征参考科。全球2个大洲分布及种数(10－38)非洲:15；亚洲:18。

Polhillides H. Ohashi & K. Ohashi 蝶形花科属 Fabaceae3［MD－240］特征纪要:习性:－。花程式:－。其他特征参考科。全球2个大洲分布及种数(3)非洲:1；亚洲:2。

Polianthes L. 晚香玉属 Asparagaceae［MM－669］特征纪要:习性:－。花程式:－。物候:－。花期:7－9月。果期:参考晚于花期。海拔:180－1700米。生境:潮湿竹林中。资源:－。全球5个大洲分布及种数(42)非洲:5；亚洲:5；大洋洲:2；北美洲:5；南美洲:4。

Polianthion K. R. Thiele 澳鼠李属 Rhamnaceae［MD－331］特征纪要:习性:木本。花程式:K4－5,C4－5,A2,＝(G)2－5。其他特征参考科。全球1个大洲分布及种数(1－5)◆大洋洲。

Poliomintha A. Gray 灰薄荷属 Lamiaceae［MD－575］特征纪要:习性:草本。花程式:K2,C0,A2,＝↓(G)2。其他特征参考科。全球3个大洲分布及种数(9－14)欧洲:11；北美洲:11；南美洲:4。

Poliophyton O. E. Schulz ＝ **Halimolobos**

Poliothyrsis Oliv. 山拐枣属 Salicaceae［MD－123］特征纪要:习性:木本。花程式:－。物候:－。花期:6－7月。果期:参考晚于花期。海拔:400－1500米。生境:常绿落叶阔叶混交林,山坡或山脚落叶阔叶林。资源:具栽培园艺种类。全球2个大洲分布及种数(1－8)亚洲:4；北美洲:2。【中国种数:1】。

Poljakanthema Kamelin 菊蒿属 Asteraceae［MD－586］特征纪要:习性:草本。花程式:(K)3－5,(C)3－5,A3－5,↓G。其他特征参考科。全球1个大洲分布及种数(1－2)◆亚洲:1。

Poljakovia Grubov & Filatova ＝ **Tanacetum**

Polla (Brid.) Löske 提灯藓科属 Mniaceae［B－149］特征纪要:习性:－。【Rep】:孢子体的形态构造同于提灯藓属,蒴柄长,孢蒴下垂,呈卵形或长卵形,环带呈片状自行散落,蒴齿两层,外层齿较短。物候:－。海拔:－。生境:林下岩面生。栽培:来自广西龙州。资源:具栽培园艺种类。全球2个大洲分布及种数(2)亚洲:1;北美:1。【中国种数:2】。

Pollalesta Kunth ＝ **Piptocoma**

Pollia Thunb. 杜若属 Commelinaceae［MM－708］特征纪要:习性:草本。花程式:(K)3,C3枚,A6,↓G－。物候:－。花期:3－6月。果期:参考晚于花期。海拔:1700米。生境:山谷林内潮湿土壤上,竹林下。资源:具栽培园艺种类。全球6个大洲分布及种数(17－23)非洲:7－14;亚洲:12－20;大洋洲:4－10;欧洲:1－5;北美洲:6－10;南美洲:3－7。【中国种数:8】。

Pollichia Aiton 毛束草属 Illecebraceae［MD－113］特征纪要:习性:－。花程式:－。其他特征参考科。全球2个大洲分布及种数(1)非洲:1;亚洲:1。

Pollinia Spreng. ＝ **Chrysopogon**

Pollinidium Stapf ex Haines ＝ **Eulaliopsis**

Polliniopsis Hayata 莠竹属 Poaceae［MM－748］特征纪要:习性:－。花程式:－。其他特征参考科。全球1个大洲分布及种数(cf. 1)◆亚洲。

Polpoda C. Presl 长蕊粟草属 Molluginaceae［MD－99］特征纪要:习性:草本。花程式:K2－5,C2－5,A5,＝↓G－。其他特征参考科。全球1个大洲分布及种数(2)◆非洲。

Polyacanthus C. Presl ＝ **Gymnosporia**

Polyachyrus Lag. 繁花钝柱菊属 Asteraceae［MD－586］特征纪要:习性:草本。花程式:(K)3－5,(C)3－5,A3－5,＝↓G2。其他特征参考科。全球2个大洲分布及种数(8－44)北美洲:3；南美洲:42。

Polyactidium DC. ＝ **Erigeron**

Polyaetnium Desv. ＝ **Polytaenium**

polyalthia Bl. 暗罗属 Annonaceae［MD－7］特征纪要:习性:木本。花程式:－。物候:－。花期:3－5月。果期:参考晚于花期。海拔:100－1100米。生境:低海拔山地疏林中,中海拔山地密林中。资源:材用,具栽培园艺种类。全球6个大洲分布及种数(101－385)非洲:61；亚洲:287；大洋洲:57；欧洲:8；北美洲:8；南美洲:24。【中国种数:5】。

Polyalthiopsis Chaowasku 舶荔枝属 Annonaceae［MD－7］特征纪要:习性:木本。花程式:－。其他特征参考科。全球1个大洲分布及种数(－)。

Polyandrococos Barb. Rodr. & Barb. Rodr. 多蕊椰子属 Arecaceae［MM－717］特征纪要:木本,落叶；花程式:Kn,C(科)3,A(－),↑G3－10,子房上位;果实:核果;种子:具种仁。全球1个大洲分布及种数(1－2)◆南美洲(◆巴西)。

Polyantherix Nees ＝ **Elymus**

Polyanthina R. M. King & H. Rob. 泽兰属 Asteraceae［MD－586］特征纪要:习性:草本。花程式:(K)3－5,(C)3－5,A3－5,↓G。其他特征参考科。全球2个大洲分布及种数(2)北美洲:1;南美洲:1。

Polyanthus Auct. ex Benth. & Hook. f. ＝ **Arundinaria**

Polyarrhena Cass. 帚菀木属 Asteraceae [MD－586] 特征纪要:习性:草本。花程式:(K)3－5,(C)3－5,A3－5,↓G。其他特征参考科。全球2个大洲分布及种数(6－10)非洲:8; 南美洲:2。

Polyaster Hook. f. 十肋芸香属 Rutaceae [MD－399] 特征纪要:习性:木本。花程式:K5,C5,A4,＝G1－3。其他特征参考科。全球1个大洲分布及种数(1)◆北美洲。

Polyblastia <unassigned> 紫草科属 Boraginaceae [MD－517] 特征纪要:－。全球5个大洲分布及种数(32)亚洲:3; 大洋洲:4; 欧洲:1; 北美洲:1; 南美洲:8。

Polybotrya Humb. & Bonpl. ex Willd. 攀实蕨属 Dryopteridaceae [F－49] 特征纪要:习性:－。【Rep】:孢子同形,囊群生叶背有盖。其他特征参考科。全球4个大洲分布及种数(44－60)亚洲:5－6;大洋洲:3－4;北美洲:17－20;南美洲:38－42。【中国种数:5】。

Polycalymma F. Müll. & Sond. 万头菊属 Asteraceae [MD－586] 特征纪要:习性:草本。花程式:(K)3－5,C3－5,A3－5,＝↓(G)2。其他特征参考科。全球1个大洲分布及种数(1)◆大洋洲。

Polycampium C. Presl ＝ **Pyrrosia**

Polycardia Juss. 多心卫矛属 Celastraceae [MD－339] 特征纪要:习性:木本。花程式:K2－3,C2－3,A10,＝G2－5。其他特征参考科。全球2个大洲分布及种数(5－15)非洲:12; 南美洲:4。

P

Polycarena Benth. 麻楦花属 Scrophulariaceae [MD－536] 特征纪要:习性:草本。花程式:－。其他特征参考科。全球6个大洲分布及种数(18－58)非洲:54; 亚洲:5; 大洋洲:2; 欧洲:1; 北美洲:1; 南美洲:2。

Polycarpaea Lam. 白鼓钉属 Caryophyllaceae [MD－77] 特征纪要:习性:草本。花程式:－。物候:－。花期:7－8月。果期:参考晚于花期。海拔:1200米。生境:草地上,山坡沙土草丛中或水边沙滩湿地上。资源:药用。全球6个大洲分布及种数(83－103;hort. 1;cult. 1)非洲:37－48;亚洲:22－29;大洋洲:24－28;欧洲:14－19;北美洲:2－6;南美洲:5－9。【中国种数:3】。

Polycarpoideae Tanfani 石竹果属 Caryophyllaceae [MD－77] 特征纪要和分布(－)。全球1个大洲分布及种数(1)◆非洲。

Polycarpon Löfl. 多荚草属 Caryophyllaceae [MD－77] 特征纪要:习性:草本(基生)。花程式:K5,C5,A10,G1。物候:－。花期:2－5月。果期:参考晚于花期。海拔:300－1500米。生境:农田,开阔的沙滩。资源:具园艺种类。全球6个大洲分布及种数(21－22;hort. 1;cult. 1)非洲:8－10;亚洲:7－9;大洋洲:9－10;欧洲:3－4;北美洲:5－6;南美洲:7－8。【中国种数:2】。

Polycephalium Engl. 多头茱萸属 Icacinaceae [MD－450] 特征纪要:习性:－。花程式:－。其他特征参考科。全球1个大洲分布及种数(2)◆非洲。

Polyceratocarpus Engl. & Diels 聚锥果属 Annonaceae [MD－7] 特征纪要:习性:木本。花程式:K3－∞,C3,A2,＝G10－100。其他特征参考科。全球1个大洲分布及种数(9)◆非洲。

Polychidium (Ach.) A. Gray 菊科属 Asteraceae [MD－586] 特征纪要:习性:－。花程式:－。其他特征参考科。全球2个大洲分布及种数(7)亚洲:3; 南美洲:5。

Polychnemum Zumagl. ＝ **Polycnemum**

Polychrysum (Tzvelev) Kovalevsk. 密金蒿属 Asteraceae [MD－586] 特征纪要:习性:－。花程式:－。其他特征参考科。全球1个大洲分布及种数(cf. 1)◆亚洲。

Polyclathra Bertol. 多格葫芦属 Cucurbitaceae [MD－205] 特征纪要:习性:木本。花程式:＝↓(K3－5),C3－5,A3－5,＝↓G1－2。其他特征参考科。全球1个大洲分布及种数(1)◆北美洲。

Polycline Oliv. ＝ **Trigonostemon**

Polyclita A. C. Sm. 梭花莓属 Ericaceae [MD－380] 特征纪要:习性:木本。花程式:K5－8,(C)5－8,A10,＝(G)2－4。其他特征参考科。全球1个大洲分布及种数(1)◆南美洲。

Polycnemum L. 多节草属 Chenopodiaceae [MD－115] 特征纪要:习性:草本。花程式:－。物候:－。海拔:600－5000米。生境:沙土,荒地。资源:具园艺种类。全球6个大洲分布及种数(8－11)非洲:2－3;亚洲:3－7;大洋洲:3－6;欧洲:4－7;北美洲:3－4;南美洲:1。【中国种数:2】。

Polycocca Hill ＝ **Antrophyum**

Polycoccum <unassigned> 远尾蕨属 Pteridaceae [F－31] 特征纪要和分布(－)。

Polycodium Raf. 鹿莓属 Ericaceae [MD－380] 特征纪要:习性:－。花程式:－。其他特征参考科。全球6个大洲分布及种数(28)非洲:2; 亚洲:4; 大洋洲:2; 欧洲:9; 北美洲:9; 南美洲:4。

Polycoelium A. DC. ＝ **Pentacoelium**

Polyctenium Greene 多栉芥属 Brassicaceae [MD－213] 特征纪要:习性:草本。花程式:K2－4,C2－4,A2－4,↓G－参考科。物候:－。花期:3－7月。果期:6－8月。海拔:30－6200米。生境:半固定沙地前平地,作为蔬菜栽培。资源:具栽培园艺种类。全球4个大洲分布及种数(1－8)亚洲:2; 欧洲:5; 北美洲:5; 南美洲:2。【中国种数:1】。

Polycycnis Rchb. f. 鸿渐兰属 Orchidaceae [MM－723] 特征纪要:习性:草本。花程式:(K)3,C3,A3,＝↓G3。其他特征参考科。全球6个大洲分布及种数(16－19)非洲:1;亚洲:1;大洋洲:1;欧洲:1;北美洲:9－10;南美洲:12－16。

Polydictyum C. Presl ＝ **Tectaria**

Polydiscidium <unassigned> 盾苞菰科属 Helosaceae [MD－305] 特征纪要:－。全球1个大洲分布及种数(1)◆非洲:1。

Polyechma Hochst. ＝ **Hygrophila**

Polygala Tourn. ex L. 远志属 Polygalaceae［MD－291］特征纪要:习性:木本。花程式:－。物候:－。海拔:1000－1500米。生境:草地,灌木林。资源:药用,具栽培园艺种类。全球6个大洲分布及种数(844－969;hort. 1;cult. 45)非洲:303－360;亚洲:186－246;大洋洲:78－128;欧洲:63－122;北美洲:256－311;南美洲:289－365。【中国种数:60】。

Polygalaceae Hoffmanns. & Link［MD－291］远志科 特征纪要:木本;落叶。花程式:(K)6－,C5,A8,↑G2室。物候:－。花期和果期:7－10月。果实:蒴果。种子:有种阜,作为亚科来处理。海拔:1000－1500米。生境:草地,灌木林。资源:药用。栽培:中国有栽培。全球6个大洲分布及属种数(32－35/1541－1864 <IFR 8/57> hort. 1;cult. 5) 非洲:12－14/465－495(IFR 1/13); 亚洲:8－9/221－247(IFR 2/14); 大洋洲:10/145－167(IFR 2/2); 欧洲:3－4/69－88(IFR 1/6); 北美洲:9/349－380(IFR 3/9); 南美洲:18/597－679(IFR 4/15)。【中国属种数:8/84】。

Polygaloides Haller 远志属 Polygalaceae［MD－291］特征纪要:习性:木本。花程式:K5,C5,A3参考科,↓G－参考科。其他特征参考科。全球3个大洲分布及种数(2－7)非洲:3;欧洲:4;北美洲:1。

Polygonaceae Juss.［MD－120］蓼科 特征纪要:习性:木本;落叶。花程式:♀/♂K4－5(－),C0,A2－9,↑G－。物候:－。花期:8－10月。果期:9－11月。果实:瘦果。种子:纵折。海拔:0米。生境:－。资源:药用。栽培:中国有栽培。全球6个大洲分布及属种数(66－73/1798－2371 <IFR 24/233> hort. 1;cult. 17) 非洲:14/209－246(IFR 4/13); 亚洲:27/953－1140(IFR 11/57); 大洋洲:11/151－170(IFR 4/6); 欧洲:15/257－288(IFR 4/45); 北美洲:43/836－959(IFR 13/123); 南美洲:19－20/372－411(IFR 5/9)。【中国属种数:20/314】。

Polygonanthus Ducke 角翅果属 Anisophylleaceae［MD－324］特征纪要:习性:木本。花程式:－。其他特征参考科。全球1个大洲分布及种数(1－2)◆南美洲。

Polygonastrum Moench ＝ **Maianthemum**

Polygonatum Mill. 黄精属 Convallariaceae［MM－638］特征纪要:习性:草本。花程式:－。物候:－。花期:5－6月。果期:参考晚于花期。海拔:1000－2900米。生境:北山坡陡处疏林下。栽培:来自广西龙州。资源:药用,具栽培园艺种类。全球6个大洲分布及种数(65－98;hort. 1;cult. 12)非洲:6－19;亚洲:63－103;大洋洲:13;欧洲:10－24;北美洲:20－34;南美洲:13。【中国种数:43】。

Polygonella Michx. 贴茎蓼属 Polygonaceae［MD－120］特征纪要:习性:－。花程式:－。其他特征参考科。全球4个大洲分布及种数(26)亚洲:4; 大洋洲:3; 北美洲:16; 南美洲:4。

Polygonum L. 蓼属 Polygonaceae［MD－120］特征纪要:习性:草质攀援。花程式:Kn,C2－3参考科,A5,G－。物候:－。花期:5－6月。果期:参考晚于花期。海拔:50－900米。生境:草地山谷,靠近田野和路旁,住宅路边石勘上。资源:具栽培园艺种类。全球6个大洲分布及种数(372－467;hort. 1;cult. 36)非洲:48－212;亚洲:268－449;大洋洲:37－187;欧洲:66－227;北美洲:134－308;南美洲:63－217。【中国种数:44】。

Polylepis Ruiz & Pav. 龙鳞木属 Rosaceae［MD－246］特征纪要:木本。花程式:K1(10－100),C1－10－100,A1－10－100,＝↓G1－50。其他特征参考科。全球3个大洲分布及种数(40－96)大洋洲:1; 北美洲:2; 南美洲:65。

Polylychnis Bremek. 芦莉草属 Acanthaceae［MD－572］特征纪要:习性:草本。花程式:Kn,C0,A3参考科,↓G。其他特征参考科。全球1个大洲分布及种数(1)◆南美洲。

Polymeria R. Br. 澳新旋花属 Convolvulaceae［MD－499］特征纪要:习性:灌木。花程式:K5,C0,A3参考科,＝↓(G)2－5。其他特征参考科。全球4个大洲分布及种数(8－35)亚洲:2; 大洋洲:33; 北美洲:4; 南美洲:24。

Polymerodon Herzog 玻曲尾藓属 Dicranaceae［B－128］特征纪要:习性:－。【Rep】:黄色或黄褐色。其他特征参考科。全球1个大洲分布及种数(1)◆南美洲。

Polymita N. E. Br. 素玉树属 Aizoaceae［MD－94］特征纪要:习性:－。花程式:－。其他特征参考科。全球3个大洲分布及种数(52)非洲:52; 亚洲:2; 南美洲:48。

Polymnia Kalm 杯苞菊属 Asteraceae［MD－586］特征纪要:习性:草本。花程式:(K)3－5,(C)3－5,A3－5,＝↓G2。物候:－。花期:7－10月。果期:参考晚于花期。海拔:6000米。生境:阿尔泰山地针叶林带山沟,柞林下路旁。资源:具栽培园艺种类。全球6个大洲分布及种数(5－21)非洲:1;亚洲:4－5;大洋洲:1;欧洲:1;北美洲:3－5;南美洲:1。【中国种数:1】。

Polyodon Kunth ＝ **Bouteloua**

Polyosma Bl. 多香木属 Polyosmaceae［MD－383］特征纪要(同科)。全球4个大洲分布及种数(91－143)非洲:27; 亚洲:103; 大洋洲:51; 南美洲:4。【中国种数:4】。

Polyosmaceae (Bl.) Bl.［MD－383］多香木科 特征纪要:习性:木本;落叶。花程式:(K)6－,C1－∞,A4,↓(G)－。物候:－。花期:夏季。果期:冬季。果实:浆果。种子:棕色。海拔:1000－2400米。生境:山地雨林,常绿森林。全球2个大洲分布及属种数(1/1 hort. 1) 亚洲:1/63－74; 大洋洲:1/36－45。

Polyotidium Garay 多耳兰属 Orchidaceae［MM－723］特征纪要:习性:草本。花程式:(K)3,C3,A3,＝↓(G)3。其他特征参考科。全球1个大洲分布及种数(1)◆南美洲。

Polyouratea Tiegh. ＝ **Ouratea**

Polypara Lour. ＝ **Houttuynia**

Polyphacum <unassigned> 多花荷属 Rhodoleiaceae［MD－64］特征纪要:－。全球1个大洲分布及种数(2)大洋洲:2。

Polyphlebium Copel. 多脉蕨属 Hymenophyllaceae［F－21］特征纪要:习性:－。【Rep】:孢子同形,囊群生叶缘之外(有托)。物候:－。海拔:200－3700米。生境:常绿阔叶林,砂岩基部生,竹林石隙中。资源:－。全球6个大洲分布及种数(11)非洲:2; 亚洲:2; 大洋洲:3; 欧洲:4; 北美洲:4; 南美洲:8。

Polyplethia Tiegh. = **Balanophora**

Polypleurella Engl. 叉瀑草属 Podostemaceae［MD－322］特征纪要：习性：－。花程式：－。其他特征参考科。全球1个大洲分布及种数(cf. 1)◆亚洲。

Polypleurum (Tul.) Warm. 叉瀑草属 Podostemaceae［MD－322］特征纪要：习性：草本。花程式：K1－2，C0，A10，＝G1－2。其他特征参考科。全球5个大洲分布及种数(20－26)非洲：2；亚洲：26；大洋洲：2；北美洲：1；南美洲：2。【中国种数：1】。

Polypodiaceae J. Presl & C. Presl［F－60］水龙骨科 特征纪要：粗大，淡绿色，少数褐绿色，柔弱，常与其他苔藓成群落。【Rep】：雌雄异株，雄苞顶生，雄苞叶数对。全球6个大洲分布和属种数(69－79；hort. & cult. 17－21)(1902－3655；hort. & cult. 66－130)非洲：20－45/153－363；亚洲：50－58/1077－1415；大洋洲：24－45/262－485；欧洲：11－41/36－232；北美洲：33－52/363－584；南美洲：36－55/591－841。【中国属种数：23/232】。

Polypodiastrum Ching 拟水龙骨属 Polypodiaceae［F－60］特征纪要：习性：－。【Rep】：孢子囊群圆形，在羽片中脉两侧各1行，表面生于内行网眼的内藏小脉顶端，幼时有不规则的盾状隔丝覆盖。物候：－。海拔：50－3600米。生境：杂木疏林附生树上，竹林中。资源：－。全球1个大洲分布及种数(4－5)◆亚洲。

Polypodiodes Ching 水龙骨属 Polypodiaceae［F－60］特征纪要：习性：－。【Rep】：孢子囊群圆形，在裂片中脉两侧各一行，生于网眼内的内藏小脉顶端，叶表面生或略下陷，幼时有盾状隔丝覆盖。物候：－。海拔：1000－2500米。生境：林下岩石上，竹林石块上。资源：－。全球6个大洲分布及种数(2－58)非洲：2；亚洲：49；大洋洲：2；欧洲：3；北美洲：3；南美洲：2。

Polypodiopsis (Müll. Hal.) A. Jaeger 凤尾藓科属 Fissidentaceae［B－131］特征纪要：－。全球1个大洲分布及种数(－)。

Polypodiopteris C. F. Reed = **Selliguea**

Polypodium L. 多足蕨属 Polypodiaceae［F－60］特征纪要：习性：－。【Rep】：孢子囊群圆形或椭圆形，着生于侧脉的基部上侧一小脉的顶端，在裂片中脉两侧各成1行，隔丝有或无，无囊群盖。物候：－。海拔：1910米。生境：潮湿地，针叶林下。资源：药用，具栽培园艺种类。全球6个大洲分布及种数(417－902；hort. 1；cult. 29)非洲：19－69；亚洲：179－265；大洋洲：90－153；欧洲：15－65；北美洲：116－180；南美洲：123－196。【中国种数：13】。

Polypogon Desf. 棒头草属 Poaceae［MM－748］特征纪要：习性：草本(基生)。花程式：－。物候：－。海拔：100－3600米。生境：靠近农田。栽培：来自广西龙州。资源：药用，具栽培园艺种类。全球6个大洲分布及种数(23－160)非洲：57；亚洲：54；大洋洲：17；欧洲：39；北美洲：39；南美洲：62。【中国种数：9】。

Polypogonagrostis (Asch. & Graebn.) Maire & Weiller 禾本科属 Poaceae［MM－748］特征纪要：习性：－。花程式：－。其他特征参考科。全球1个大洲分布及种数(－)。

Polypremaceae L. Watson ex Doweld & Reveal［MD－548］异四粉草科 特征纪要：习性：草本；落叶。花程式：K4，C0，A4，G－。全球6个大洲分布及属种数(2/3 hort. 1)：非洲：2/3；亚洲：2/3；大洋洲：2/3；欧洲：2/3；北美洲：2/3；南美洲：2/3。

Polypremum L. 红锈草属 Polypremaceae［MD－548］特征纪要及分布(－)。【中国种数：1】。

Polypsecadium O. E. Schulz 多碎片芥属 Brassicaceae［MD－213］特征纪要：习性：草本。花程式：K2－4，C2－4，A2－4，＝G2。其他特征参考科。全球4个大洲分布及种数(15－24)大洋洲：1；欧洲：2；北美洲：2；南美洲：23。

Polyrhabda C. C. Towns. 滨藜苋属 Amaranthaceae［MD－116］特征纪要：习性：草本。花程式：Kn，C0，A1－2，＝(G)2－3。其他特征参考科。全球1个大洲分布及种数(1)◆非洲。

Polyschemone Schott, Nyman & Kotschy = **Lychnis**

Polyschistis J. Presl = **Bouteloua**

Polyscias J. R. Forst. & G. Forst. 南洋参属 Araliaceae［MD－471］特征纪要：习性：木本。花程式：－。物候：－。花期：秋季。果期：参考晚于花期。海拔：1－4200米。生境：用于装饰。资源：观赏，具栽培园艺种类。全球6个大洲分布及种数(162－193；hort. 1；cult. 1)非洲：93－112；亚洲：77－95；大洋洲：51－73；欧洲：5－11；北美洲：30－36；南美洲：8－13。【中国种数：20】。

Polysolenia Hook. f. = **Leptomischus**

Polyspatha Benth. 歧苞草属 Commelinaceae［MM－708］特征纪要：习性：草本。花程式：(K)3，C3，A2－3，＝(G)3。其他特征参考科。全球1个大洲分布及种数(2－3)◆非洲。

Polysphaeria Hook. f. 多球茜属 Rubiaceae［MD－523］特征纪要：习性：木本。花程式：(K)4－5，(C)4－5，A4－5，＝↓(G)2－9。其他特征参考科。全球3个大洲分布及种数(31－52)非洲：48；亚洲：2；南美洲：2。

Polyspora Sweet 大头茶属 Theaceae［MD－168］特征纪要：习性：木本。花程式：K5－10，C5－10，A5－10，＝G2－3。物候：－。花期：9－10月。果期：参考晚于花期。海拔：1000－2500米。生境：常绿阔叶林。栽培：来自广西龙州。资源：观赏，具栽培园艺种类。全球6个大洲分布及种数(47－57)非洲：4；亚洲：47；大洋洲：3；欧洲：3；北美洲：3；南美洲：3。【中国种数：4】。

Polysporina <unassigned> 多锦藓属 Sematophyllaceae［B－192］特征纪要：－。全球2个大洲分布及种数(6)亚洲：3；北美洲：1。

Polystachya Hook. 多穗兰属 Orchidaceae［MM－723］特征纪要：习性：草本。花程式：Kn，C2－3参考科，A3参考科，＝↓(G)3。物候：－。海拔：600－1500米。生境：树木上，温室。资源：具栽培园艺种类。全球6个大洲分布及种数(226－275；hort. 1)非洲：200－241；亚洲：20－24；大洋洲：4－7；欧洲：3－6；北美洲：27－31；南美洲：30－33。【中国种数：13】。

Polystemma Decne. 多冠萝藦属 Apocynaceae［MD－492］特征纪要：习性：木本。花程式：K5，C0，A5，＝G2。其他

特征参考科。全球2个大洲分布及种数(6-11)北美洲:8;南美洲:4。

Polystemonanthus Harms 非洲多蕊豆属 Fabaceae1 [MD-240] 特征纪要:习性:木本。花程式:Kn,C1-∞ 参考科,A-参考科,=↓G1-2。其他特征参考科。全球1个大洲分布及种数(1)◆非洲(◆利比里亚)。

Polystichopsis (J. Sm.) C. Chr. 多耳蕨属 Dryopteridaceae [F-49] 特征纪要:习性:-。【Rep】:孢子同形,囊群生叶背有盖。其他特征参考科。全球4个大洲分布及种数(13-14)非洲:1;亚洲:cf. 1;北美洲:9;南美洲:3。

Polystichum Roth 耳蕨属 Dryopteridaceae [F-49] 特征纪要:习性:-。【Rep】:孢子囊群圆形,着生于小脉顶端,少数为背生或近顶生。物候:-。海拔:1200-2400米。生境:常绿阔叶林,石灰岩,常见,竹林下。资源:具栽培园艺种类。全球6个大洲分布及种数(468-621;hort. 1;cult. 54)非洲:44-70;亚洲:345-474;大洋洲:40-70;欧洲:21-43;北美洲:82-124;南美洲:93-124。【中国种数:183】。

Polytaenia DC. 北美多带草属 Apiaceae [MD-480] 特征纪要:习性:草本。花程式:=↓(K5),C5,A5,=↓G(-)。其他特征参考科。全球1个大洲分布及种数(2-3)◆北美洲(◆美国)。

Polytaenium Desv. 多带蕨属 Pteridaceae [F-31] 特征纪要:习性:-。【Rep】:孢子同形,囊群生叶背无盖。其他特征参考科。全球2个大洲分布及种数(12-23)北美洲:11;南美洲:9。【中国种数:2】。

Polytaxis Bunge 菊科属 Asteraceae [MD-586] 特征纪要:习性:-。花程式:-。其他特征参考科。全球1个大洲分布及种数(1)◆亚洲:1。

Polytepalum Süss. & Beyerle 繁被草属 Caryophyllaceae [MD-77] 特征纪要:习性:灌木。花程式:K1-5,C1-5,A1-5,=(G)2-5。其他特征参考科。全球1个大洲分布及种数(1)◆非洲(◆安哥拉)。

Polythecanthum Van Tiegh. 金莲木属 Ochnaceae [MD-104] 特征纪要:习性:-。花程式:-。其他特征参考科。全球1个大洲分布及种数(-)。

Polythecium Tiegh. = **Ochna**

Polythrix Nees = **Crossandra**

Polytoca R. Br. 多裔草属 Poaceae [MM-748] 特征纪要:习性:草本(根状茎,基生)。花程式:(K-),C0 参考科,A6,=G2-3。物候:-。海拔:10-5600米。生境:山坡,草地和路旁。资源:-。全球5个大洲分布及种数(10-21)非洲:3;亚洲:16;大洋洲:6;北美洲:2;南美洲:3。【中国种数:4】。

Polytrias Hack. 单序草属 Poaceae [MM-748] 特征纪要:习性:草本。花程式:(K-),C0 参考科,A3 参考科,↓G-参考科。物候:-。花期:夏天-秋天。果期:参考晚于花期。海拔:10-5600米。生境:草地,荒地,路边,栽培凤尾兰地中。资源:具栽培园艺种类。全球5个大洲分布及种数(1-12)非洲:6;亚洲:8;大洋洲:6;北美洲:6;南美洲:4。【中国种数:1】。

Polytrichaceae Schwägr. [B-101] 金发藓科 特征纪要:叶状体多为灰绿色、鲜绿色至暗绿色,无光泽,三角状心形或长条形,多回叉状分枝,多呈圆盘状或扇形群落。【Rep】:多数雌雄同株,精子器和颈卵器散生,埋于叶状体组织中,孢蒴成熟时不规则开裂,蒴壁自行腐失,孢子较大。全球5个大洲分布和属种数(24/340)亚洲:16/134;大洋洲:12/70;欧洲:12/60;北美洲:13/104;南美洲:15/117。【中国属种数:11/176(39)】。

Polytrichadelphus (Müll. Hal.) Mitt. 多金发藓属 Polytrichaceae [B-101] 特征纪要:习性:-。【Rep】:孢子同形,雌雄异株,稀雌雄同株,蒴柄细长,孢蒴长圆柱形,单生或多个簇生,蒴齿单层,齿片32,棕红色,蒴盖圆锥形。物候:-。海拔:-。生境:常见于林边阴湿土壁,杂木林下。资源:-。全球5个大洲分布及种数(28)亚洲:1;大洋洲:5;欧洲:1;北美洲:4;南美洲:24。

Polytrichastrum G. L. Sm. 拟金发藓属 Polytrichaceae [B-101] 特征纪要:习性:-。【Rep】:雌雄异株,孢蒴圆柱形,或具4-6钝棱,常有台部,蒴壁具气孔,蒴齿一般64片,少数呈32-35片。物候:-。海拔:2300米。生境:土生。资源:药用。全球6个大洲分布及种数(15)非洲:3;亚洲:12;大洋洲:3;欧洲:7;北美洲:12;南美洲:4。【中国种数:14】。

Polytrichites E. Britton 金发藓科属 Polytrichaceae [B-101] 特征纪要:-。全球1个大洲分布及种数(-)。

Polytrichum Hedw. 金发藓属 Polytrichaceae [B-101] 特征纪要:习性:-。【Rep】:孢子同形,雌雄多异株,雄苞花盘状,中央常再萌生新枝,孢蒴形稍大,棱柱形、圆柱形或球形,基部分化台部,具气孔。物候:-。海拔:-。生境:土生,杂木林下。资源:具园艺种类。全球6个大洲分布及种数(461)非洲:65;亚洲:80;大洋洲:30;欧洲:39;北美洲:39;南美洲:80。【中国种数:39】。

Polyura Hook. f. 蛇根草属 Rubiaceae [MD-523] 特征纪要:习性:木本。花程式:(K-),(C)4,A3 参考科,↓G。其他特征参考科。全球2个大洲分布及种数(1-34)亚洲:2;南美洲:1。【中国种数:1】。

Pomaderris Labill. 牛筋茶属 Rhamnaceae [MD-331] 特征纪要:习性:木本。花程式:K4-5,C4-5,A2,=G2-5。其他特征参考科。全球6个大洲分布及种数(88-172)非洲:3;亚洲:8;大洋洲:137;欧洲:3;北美洲:3;南美洲:8。【中国种数:2】。

Pomangium Reinw. = **Argostemma**

Pomaria Cav. 穗实豆属 Fabaceae2 [MD-240] 特征纪要:习性:木本。花程式:=↓(K3-5-∞),C3-5-∞,A1-10-50,=↓G1。其他特征参考科。全球6个大洲分布及种数(16)非洲:4-5;亚洲:2-3;大洋洲:1;欧洲:1-2;北美洲:9-10;南美洲:8-9。

Pomataphytum M. E. Jones = **Cheilanthes**

Pomatium Gaertn. f. = **Bertiera**

Pomatocalpa Breda 鹿角兰属 Orchidaceae [MM-723] 特征纪要:习性:草本(基生,多肉)。花程式:Kn,C2-3 参考科,A3 参考科,=↓(G)3。物候:-。花期:4月。果期:参考晚于花期。海拔:800米。生境:山地林中树干上。资源:具园艺种类。全球6个大洲分布及种数(26-35;hort. 1)非洲:3-5;亚洲:23-31;大洋洲:7-9;欧洲:2;北美洲:2-4;南美洲:2。【中国种数:4】。

Pomatophytum M. E. Jones = **Cheilanthes**

Pomatosace Maxim. 羽叶点地梅属 Primulaceae [MD-401] 特征纪要:习性:草本(基生,多肉)。花程式:(K-),C2-3 参考科,A3 参考科,↓G-。物候:-。花期:5-6 月。果期:参考晚于花期。海拔:2800-4500 米。生境:生长在道路附近和冻胀区域。资源:具园艺种类。全球 1 个大洲分布及种数(cf. 1)◆亚洲(◆中国)。【中国种数:1】。

Pomax Sol. ex DC. 东亚茜属 Rubiaceae [MD-523] 特征纪要:习性:木本。花程式:(K)4-5,(C)4-5,A4-5,=↓(G)2-9。其他特征参考科。全球 1 个大洲分布及种数(1)◆大洋洲(◆澳大利亚)。

Pombalia Vand. 拖鞋堇属 Violaceae [MD-126] 特征纪要:习性:-。花程式:-。其他特征参考科。全球 4 个大洲分布及种数(43-47)非洲:1; 亚洲:2; 北美洲:16; 南美洲:36。

Pomelina (Maire) Gümes & Raynaud 杉石玫属 Cistaceae [MD-175] 特征纪要:习性:-。花程式:-。其他特征参考科。全球 1 个大洲分布及种数(1)◆非洲。

Pommereschea Wittm. 直唇姜属 Zingiberaceae [MM-737] 特征纪要:习性:草本(多肉)。花程式:-。物候:-。花期:8 月。果期:参考晚于花期。海拔:1000 米。生境:生于石灰岩上。资源:具园艺种类。全球 1 个大洲分布及种数(cf. 1)◆亚洲。【中国种数:2】。

Pommereulla L. f. 单生偏穗草属 Poaceae [MM-748] 特征纪要:习性:草本。花程式:(K)3,C0 参考科,A1-2,=(G)2-3。其他特征参考科。全球 2 个大洲分布及种数(1-4)非洲:2; 亚洲:4。

Ponapea Becc. 射叶椰属 Arecaceae [MM-717] 特征纪要:习性:木本。花程式:Kn,C2-3 参考科,A3 参考科,G3-参考科。其他特征参考科。全球 1 个大洲分布及种数(4)◆欧洲。

Ponceletia Thou. 昙石南属 Ericaceae [MD-380] 特征纪要:习性:-。花程式:-。其他特征参考科。全球 1 个大洲分布及种数(-)◆大洋洲。

Ponera Lindl. 波内兰属 Orchidaceae [MM-723] 特征纪要:习性:草本。花程式:(K)3,C3,A3,↓(G)3。其他特征参考科。全球 3 个大洲分布及种数(2-40)亚洲:4; 北美洲:27; 南美洲:28。

Ponerorchis Rchb. f. 小红门兰属 Orchidaceae [MM-723] 特征纪要:习性:-。花程式:-。物候:-。花期:6-7 月。果期:参考晚于花期。海拔:1400-4000 米。生境:开阔森林,草坡。资源:-。全球 6 个大洲分布及种数(51-57;hort. 1;cult. 1)非洲:6;亚洲:50-60;大洋洲:2-8;欧洲:1-7;北美洲:6;南美洲:6。【中国种数:1】。

Pongamia Adans. 水黄皮属 Fabaceae3 [MD-240] 特征纪要:习性:木本。花程式:(K-),C2-3 参考科,A10,=↓G-。物候:-。花期:5-6 月。果期:参考晚于花期。海拔:7500 米。生境:沿海地区。资源:药用,园林,具栽培园艺种类。全球 6 个大洲分布及种数(1-62)非洲:2; 亚洲:49; 大洋洲:3; 欧洲:5; 北美洲:5; 南美洲:3。【中国种数:1】。

Pongamiopsis R. Vig. 拟水黄皮属 Fabaceae3 [MD-240] 特征纪要:习性:木本。花程式:=↓(K1-∞),C1-∞,A5-9,=↓G1。其他特征参考科。全球 1 个大洲分布及种数(3)◆非洲(◆马达加斯加)。

Pongati Adans. = **Sphenoclea**

Pongatium Juss. = **Sphenoclea**

Pongelia Raf. = **Dolichandrone**

Pontechium Böhle & Hilger 亚美尼亚紫草属 Boraginaceae [MD-517] 特征纪要:习性:草本。花程式:Kn,C0,A5,↓(G)2-4。其他特征参考科。全球 2 个大洲分布及种数(2)亚洲:cf. 1;欧洲:1。

Pontederia L. 梭鱼草属 Pontederiaceae [MM-711] 特征纪要:习性:草本。花程式:(K)3,C3,A6,=G3。物候:-。花期:8 月。果期:参考晚于花期。海拔:150-1500 米。生境:丘陵水田中。资源:具栽培园艺种类。全球 6 个大洲分布及种数(25-30)非洲:4-7;亚洲:7-10;大洋洲:6-9;欧洲:1-4;北美洲:10-13;南美洲:14-20。【中国种数:7】。

Pontederiaceae Kunth [MM-711] 雨久花科 特征纪要:习性:草本;落叶。花程式:(K)6-,C3,A3-6,↑G3。物候:-。花期: 7-10 月。果期: 8-11 月。果实:蒴果。种子:卵球形,棕色,小。海拔:1500 米。生境:在池塘,沟渠和稻田中群居生长。资源:药用。全球 6 个大洲分布及属种数(7/62-69 hort. 1;cult. 2) 非洲:4/13; 亚洲:3/22-26; 大洋洲:3/16-17; 欧洲:3/6; 北美洲:3/31-45; 南美洲:5/42-46。【中国属种数:2/10】。

Ponthieva R. Br. 魔杖兰属 Orchidaceae [MM-723] 特征纪要:习性:草本。花程式:(K)3,C3,A3,=↓G3。其他特征参考科。全球 3 个大洲分布及种数(70-80)亚洲:3-4;北美洲:27-31;南美洲:56-61。【中国种数:1】。

Pontia Bubani = **Tanacetum**

Pontya A. Chev. = **Trilepisium**

Poolea Morin 白发藓属 Leucobryaceae [B-129] 特征纪要:-。全球 1 个大洲分布及种数(-)。

Poortmannia Drake 三尖茄属 Solanaceae [MD-503] 特征纪要:习性:-。花程式:-。其他特征参考科。全球 1 个大洲分布及种数(-)。

Pootia Dennst. = **Voacanga**

Popowia Endl. 嘉陵花属 Annonaceae [MD-7] 特征纪要:习性:木质攀援。花程式:-。物候:-。花期:1-7 月。果期:参考晚于花期。海拔:200-300 米。生境:低海拔山地林中,森林山坡。资源:具栽培园艺种类。全球 5 个大洲分布及种数(31-176)非洲:104; 亚洲:75; 大洋洲:14; 北美洲:1; 南美洲:6。【中国种数:2】。

Populina Baill. 杨爵床属 Acanthaceae [MD-572] 特征纪要:习性:草本。花程式:K2-4,C0,A2-4,=(G)2。其他特征参考科。全球 2 个大洲分布及种数(2-5)非洲:5; 南美洲:3。

Populus L. 杨属 Salicaceae [MD-123] 特征纪要:习性:木本。花程式:-。物候:-。花期:3-4 月。果期:参考

晚于花期。海拔:100 - 3800 米。生境:岸边,常形成块状林。资源:具栽培园艺种类。全球 6 个大洲分布及种数(115 - 154;hort. 1;cult. 48)非洲:15 - 68;亚洲:90 - 180;大洋洲:11 - 64;欧洲:32 - 87;北美洲:41 - 102;南美洲:4 - 57。【中国种数:19】。

Porana Burm. f. 马尾藤属 Convolvulaceae [MD - 499] 特征纪要:习性:草质攀援。花程式:-。物候:-。花期:4 - 10 月。果期:参考晚于花期。海拔:670 - 2000 米。生境:草坡或灌丛中,溪边。资源:具栽培园艺种类。全球 6 个大洲分布及种数(6 - 9;hort. 1)非洲:18;亚洲:4 - 24;大洋洲:1 - 19;欧洲:17;北美洲:1 - 18;南美洲:17。【中国种数:1】。

Porandra D. Y. Hong 孔药花属 Commelinaceae [MM - 708] 特征纪要:习性:-。花程式:-。物候:-。海拔:400 - 2400 米。生境:林中,森林,灌木丛。资源:-。全球 2 个大洲分布及种数(2 - 7)亚洲:4; 南美洲:4。【中国种数:2】。

Poranopsis Roberty 白花叶属 Convolvulaceae [MD - 499] 特征纪要:习性:草本。花程式:K5,C5,A5,↓G。物候:-。花期:9 - 12 月。果期:参考晚于花期。海拔:700 - 2000 米。生境:钙质石灰质土壤,常绿森林空地,灌木丛,河岸,路边,耕地边缘,照叶林。资源:具栽培园艺种类。全球 4 个大洲分布及种数(3 - 5)非洲:2; 亚洲:4; 北美洲:2; 南美洲:3。【中国种数:3】。

Poranthera Rudge 杉蓬属 Phyllanthaceae [MD - 222] 特征纪要和分布(-)。全球 1 个大洲分布及种数(8 - 25)◆大洋洲。

Poraqueiba Aubl. 巴拿马茱萸属 Icacinaceae [MD - 450] 特征纪要:习性:木本。花程式:-。其他特征参考科。全球 3 个大洲分布及种数(3 - 13)亚洲:4; 北美洲:4; 南美洲:8。

Porcelia Ruiz & Pav. 猴蕉木属 Annonaceae [MD - 7] 特征纪要:习性:木本。花程式:K3 - ∞,C3,A2,= G10 - 100。其他特征参考科。全球 4 个大洲分布及种数(7 - 52)非洲:2; 亚洲:9; 北美洲:7; 南美洲:52。

Porcellites Cass. = **Hypochaeris**

Porella L. 光萼苔属 Porellaceae [B - 80] 特征纪要:习性:-。【Rep】:卵形。物候:-。海拔:500 米。生境:常见于林下沙地,岩生。资源:-。全球 6 个大洲分布及种数(74 - 77)非洲:8 - 56;亚洲:51 - 97;大洋洲:9 - 55;欧洲:17 - 63;北美洲:16 - 62;南美洲:17 - 63。【中国种数:124】。

Porellaceae Cavers [B - 80] 光萼苔科 特征纪要:草本,水生。全球 6 个大洲分布和属种数(3/75 - 133)非洲:1 - 3/8 - 59;亚洲:3/53 - 104;大洋洲:1 - 3/9 - 58;欧洲:1 - 3/17 - 66;北美洲:2 - 3/17 - 66;南美洲:1 - 3/17 - 66。【中国属种数:3/126(46)】。

Porfiria Böd. 云峰球属 Cactaceae [MD - 100] 特征纪要:习性:-。花程式:-。其他特征参考科。全球 1 个大洲分布及种数(-)。

Porina (Wall.) Staples 小忍冬属 Caprifoliaceae [MD - 510] 特征纪要和分布(-)。全球 6 个大洲分布及种数(1)非洲:9;亚洲:9;大洋洲:9;欧洲:9;北美洲:9;南美洲:9。

Porliera Pers. = **Porlieria**

Porlieria Ruiz & Pav. 皂疮木属 Zygophyllaceae [MD - 288] 特征纪要:习性:木本。花程式:K4 - 5,C4 - 5,A3 - 6,= G2 - 5。其他特征参考科。全球 6 个大洲分布及种数(6 - 7)非洲:1;亚洲:1;大洋洲:1;欧洲:1;北美洲:1 - 2;南美洲:4 - 5。

Porocyphus <unassigned> 可可李科属 Chrysobalanaceae [MD - 243] 特征纪要:-。全球 2 个大洲分布及种数(5)北美洲:1; 南美洲:2。

Porocystis Radlk. 孔囊无患子属 Sapindaceae [MD - 428] 特征纪要:习性:木本。花程式:K4 - 8,C4 - 8,A10,= (G)2 - 3。其他特征参考科。全球 1 个大洲分布及种数(3)◆南美洲。

Porodittia G. Don 秘鲁玄参属 Calceolariaceae [MD - 531] 特征纪要:习性:-。花程式:-。其他特征参考科。全球 1 个大洲分布及种数(cf. 1)◆南美洲。

Porolabium Tang & F. T. Wang 孔唇兰属 Orchidaceae [MM - 723] 特征纪要:习性:-。花程式:-。物候:-。花期:7 月。果期:参考晚于花期。海拔:3000 - 3300 米。生境:山地草原和湖边。资源:-。全球 1 个大洲分布及种数(cf. 1)◆亚洲(◆中国)。

Porothamnium M. Fleisch. 小平藓属 Neckeraceae [B - 204] 特征纪要:习性:-。【Rep】:孢子体不详,黄绿色或黄褐色。物候:-。海拔:-。生境:常见于岩石或树干。资源:-。全球 5 个大洲分布及种数(33)非洲:11;亚洲:1;欧洲:1;北美洲:3;南美洲:19。

Porothrinax H. Wendl. ex Griseb. = **Thrinax**

Porotrichella Cardot 蕨藓科属 Pterobryaceae [B - 201] 特征纪要:-。全球 1 个大洲分布及种数(-)。

Porotrichodendron M. Fleisch. 树枝藓属 Lembophyllaceae [B - 205] 特征纪要:习性:-。【Rep】:孢子体不详,黄绿色或黄褐色。物候:-。海拔:-。生境:树生,土生。资源:-。全球 4 个大洲分布及种数(14)非洲:1;亚洲:1;北美洲:4;南美洲:12。

Porotrichopsis Broth. & Herzog 船叶藓科属 Neckeraceae [B - 204] 特征纪要:-。全球 1 个大洲分布及种数(-)。

Porotrichum (Brid.) Hampe 香平藓属 Neckeraceae [B - 204] 特征纪要:习性:-。【Rep】:雌雄多异株或同株,孢蒴侧生于茎或枝上,隐生于雌苞叶内或高出于雌苞叶,蒴齿两层,外齿层齿片狭披针形。物候:-。海拔:-。生境:常见于岩石或树干。资源:-。全球 6 个大洲分布及种数(64)非洲:17;亚洲:6;大洋洲:1;欧洲:8;北美洲:20;南美洲:36。【中国种数:8】。

Porpax Lindl. 盾柄兰属 Orchidaceae [MM - 723] 特征纪要和分布(-)。全球 1 个大洲分布及种数(26 - 31)◆亚洲。【中国种数:7】。

Porphyrocodon Hook. f. = **Cardamine**

Porphyroglossum <unassigned> 印尼锁阳属 Cynomoriaceae [MD-309] 特征纪要:-。全球 1 个大洲分布及种数(1)◆亚洲:1。

Porphyroglottis Ridl. 紫舌兰属 Orchidaceae [MM-723] 特征纪要:习性:草本。花程式:(K)3,C3,A3,=↓(G)3。其他特征参考科。全球 1 个大洲分布及种数(1-2)◆亚洲。

Porphyrospatha Engl. = **Syngonium**

Porphyrostachys Rchb. f. 舞螳兰属 Orchidaceae [MM-723] 特征纪要:习性:草本。花程式:(K)3,C3,A3,=↓(G)3。其他特征参考科。全球 2 个大洲分布及种数(2-3)北美洲:2; 南美洲:3。

Porphyrostemma Benth. ex Oliv. 红脂菊属 Asteraceae [MD-586] 特征纪要:习性:草本。花程式:(K)3-5,C3-5,A3-5,=↓(G)2。其他特征参考科。全球 1 个大洲分布及种数(3)◆非洲。

Porpidia <unassigned> 脂牡丹属 Melastomataceae [MD-364] 特征纪要和分布(-)。

Porroglossum Schltr. 伸唇兰属 Orchidaceae [MM-723] 特征纪要:习性:草本。花程式:(K)3,C3,A3,=↓(G)3。其他特征参考科。全球 3 个大洲分布及种数(56-76)非洲:2; 北美洲:4; 南美洲:72。

Porrorhachis Garay 囊唇兰属 Orchidaceae [MM-723] 特征纪要:习性:草本。花程式:(K)n,C2 参考科,A6,↓(G)。其他特征参考科。全球 1 个大洲分布及种数(1-3)◆亚洲。

Porroteranthe Steud. = **Glyceria**

Porsildia á. Löve & D. Löve 格陵兰漆姑属 Caryophyllaceae [MD-77] 特征纪要:习性:-。花程式:-。其他特征参考科。全球 1 个大洲分布及种数(cf. 1)◆亚洲。

Portea Brongn. ex K. Koch 塔序凤梨属 Bromeliaceae [MM-715] 特征纪要:习性:草本。花程式:K3,C3,A6,=↓(G)3)。其他特征参考科。全球 2 个大洲分布及种数(10-19)北美洲:3; 南美洲:19。

Portenschlagiella Tutin 早熟伞属 Apiaceae [MD-480] 特征纪要:习性:草本。花程式:=↓(Kn),C5,A3 参考科,=↓G(-)。其他特征参考科。全球 1 个大洲分布及种数(1) ◆欧洲:1。

Porterandia Ridl. 绢冠茜属 Rubiaceae [MD-523] 特征纪要:习性:木本。花程式:-。物候:-。花期:5-6 月。果期:参考晚于花期。海拔:300-1500 米。生境:山坡,山谷溪边林中或灌丛中。资源:-。全球 6 个大洲分布及种数(25-27)非洲:1;亚洲:24-25;大洋洲:1;欧洲:1;北美洲:1;南美洲:2-3。

Porterella Torr. 紫桔梗属 Campanulaceae [MD-561] 特征纪要:习性:草本。花程式:(K-),(C)5 参考科,A3 参考科,↓G-。其他特征参考科。全球 1 个大洲分布及种数(1)◆北美洲(◆美国)。【中国种数:1】。

Porteresia Tateoka 刺叶稻属 Poaceae [MM-748] 特征纪要:习性:-。花程式:-。其他特征参考科。全球 1 个大洲分布及种数(cf. 1)◆南亚(◆孟加拉)。

Porteria (Torr.) Hook. 早熟败酱属 Valerianaceae [MD-537] 特征纪要及分布(-)。

Portesia Cav. = **Trichilia**

Portlandia P. Br. 泉钟花属 Rubiaceae [MD-523] 特征纪要:习性:木本。花程式:-。物候:-。海拔:-。生境:-。资源:具栽培园艺种类。全球 4 个大洲分布及种数(6-40)亚洲:8; 大洋洲:3; 北美洲:19; 南美洲:8。

Portulaca L. 马齿苋属 Portulacaceae [MD-85] 特征纪要:习性:草本(基生,多肉)。花程式:-。物候:-。花期:5-8 月。果期:参考晚于花期。海拔:2348 米。生境:菜园,农田,路旁,为田间常见杂草。资源:药用,具栽培园艺种类。全球 6 个大洲分布及种数(185-207;hort. 1;cult. 5)非洲:58-67;亚洲:50-58;大洋洲:27-40;欧洲:14-22;北美洲:45-57;南美洲:84-95。【中国种数:7】。

Portulacaceae Juss. [MD-85] 马齿苋科 特征纪要:习性:木本;落叶。花程式:K2,C5,A2-3,↑G-。物候:-。果实:蒴果。种子:种阜有或无,圆肾形。海拔:2348 米。生境:菜园,农田,路旁,为田间常见杂草。资源:药用。栽培:中国有栽培。全球 6 个大洲分布及属种数(12-14/259-303<IFR 2/29>hort. 1;cult. 2) 非洲:6/69-74(IFR 1/3); 亚洲:2/51(IFR 1/1); 大洋洲:3/48-53(IFR 1/1); 欧洲:1/14; 北美洲:5/45-49(IFR 2/13); 南美洲:4/88-91(IFR 1/13)。【中国属种数:1/7】。

Portulacaria Jacq. 马齿苋树属 Portulacaceae [MD-85] 特征纪要:习性:木本。花程式:-。其他特征参考科。全球 6 个大洲分布及种数(7-15)非洲:9; 亚洲:1; 大洋洲:3; 欧洲:2; 北美洲:2; 南美洲:3。

Portulacastrum Juss. ex Medik. = **Trianthema**

Portulacca Haw. = **Portulaca**

Portuna Nutt. = **Pieris**

Posadaea Cogn. 波萨达葫芦属 Cucurbitaceae [MD-205] 特征纪要:习性:-。花程式:-。其他特征参考科。全球 2 个大洲分布及种数(2)北美洲:2; 南美洲:2。

Posidonia K. D. König 海神草属 Posidoniaceae [MM-609] 特征纪要:习性:草本(根状茎,基生,多肉)。花程式:-。物候:-。海拔:1-2 米。生境:稀见于河口湾,浅海海底低潮线上。资源:具园艺种类。全球 6 个大洲分布及种数(9-39)非洲:8; 亚洲:10; 大洋洲:12; 欧洲:3; 北美洲:3; 南美洲:19。【中国种数:2】。

Posidoniaceae Vines [MM-609] 海神草科 特征纪要:习性:草本;落叶。花程式:K3,C3,A3,↑G1。物候:-。花期:-。果期:-。果实:-。种子:长圆形纵折。海拔:-。生境:稀见于河口湾。栽培:来自广西龙州。资源:-。栽培:-。全球 6 个大洲分布及属种数(2/23-24 hort. 1) 非洲:2/4; 亚洲:2/4; 大洋洲:2/10-12; 欧洲:2/5; 北美洲:2/3; 南美洲:1。【中国属种数:1/2】。

Poskea Vatke 穗团花属 Plantaginaceae [MD-527] 特征纪要:习性:灌木。花程式:-。其他特征参考科。全球 2 个大洲分布及种数(2-4)非洲:2; 亚洲:2。

Posoqueria Aubl. 波苏茜属 Rubiaceae [MD-523] 特征纪要:习性:木本。花程式:(K)4-5,(C)4-5,A4-5,=

↓G2 - 9。物候：-。海拔：-。生境：-。资源：具栽培园艺种类。全球 6 个大洲分布及种数(24 - 70)非洲:3；亚洲:15；大洋洲:2；欧洲:35；北美洲:35；南美洲:49。【中国种数:2】。

Postiella Kljuykov 伞芹花属 Apiaceae [MD - 480] 特征纪要：习性：草本。花程式：= ↓(K5),C5,A5,= ↓G(-)。其他特征参考科。全球 1 个大洲分布及种数(2) ◆亚洲:1。

Potalia Aubl. 风轮莉属 Potaliaceae [MD - 485] 特征纪要(同科)。全球 3 个大洲分布及种数(9 - 17)非洲:1；北美洲:3；南美洲:17。

Potaliaceae Mart. [MD - 485] 龙爪七叶科 特征纪要：习性：木本；落叶。花程式：(K)4 - 5,C4 - 5 - 16,A5 - 16,G1 - 2(3 - 4)。全球 1 个大洲分布及属种数(1/1) ◆南美洲:1/ 9 - 9。

Potameia Thou. 河樟属 Lauraceae [MD - 21] 特征纪要：习性：木本。花程式：-。其他特征参考科。全球 3 个大洲分布及种数(23 - 38)非洲:31；亚洲:8；南美洲:4。

Potamium Mitt. 杂锦藓属 Sematophyllaceae [B - 192] 特征纪要：习性：-。【Rep】：雌雄同株或雌雄异株，稀雌雄杂株，蒴柄细长，下部平滑，上部具乳头突起，孢蒴小，垂倾或悬垂，长卵形或长圆，多暗色、绿色至金黄色。其他特征参考科。全球 6 个大洲分布及种数(36)非洲:2；亚洲:4；大洋洲:16；欧洲:1；北美洲:1；南美洲:10。

Potamobryon Liebm. = **Tristicha**

Potamochloa Griff. = **Hygroryza**

Potamoganos Sandwith = **Bignonia**

Potamogeton L. 眼子菜属 Potamogetonaceae [MM - 606] 特征纪要和分布(-)。全球 6 个大洲分布及种数(138 - 222；hort. 1；cult. 58)非洲:40 - 111；亚洲:92 - 185；大洋洲:33 - 108；欧洲:69 - 135；北美洲:70 - 148；南美洲:30 - 96。【中国种数:36】。

Potamogetonaceae Bercht. & J. Presl [MM - 606] 眼子菜科 特征纪要：习性：草本；落叶。花程式：K5,C5,A,↑G -。物候：-。花期和果期：4 - 10 月。果实：核果。种子：无胚乳，子叶圆形，棕。海拔：0 米。生境：-。资源：药用。栽培：-。全球 6 个大洲分布及属种数(8 - 10/198 - 295 <IFR 3/22> hort. 1；cult. 2) 非洲:8/48 - 55(IFR 2/3)；亚洲:8/83 - 97(IFR 2/12)；大洋洲:6/44 - 55；欧洲:7/82 - 84(IFR 2/10)；北美洲:6/83 - 86(IFR 2/4)；南美洲:5/39 - 41。【中国属种数:4/43】。

Potamolejeunea Stephani 委内水鳞苔属 Lejeuneaceae [B - 84] 特征纪要：习性：-。【Rep】：老时呈红褐色。其他特征参考科。全球 1 个大洲分布及种数(cf. 1)◆南美洲(◆委内瑞拉)。

Potamophila R. Br. 石溪菰属 Poaceae [MM - 748] 特征纪要和分布(-)。全球 6 个大洲分布及种数(2)非洲:1；亚洲:1；大洋洲:1 - 2；欧洲:1；北美洲:1；南美洲:1。

Potamoxylon Raf. = **Tabebuia**

Potaninia Maxim. 绵刺属 Rosaceae [MD - 246] 特征纪要：习性：木本。花程式：-。物候：-。花期：参考早于果期。果期：8 - 10 月。海拔：50 - 5400 米。生境：沙漠。资源：-。全球 1 个大洲分布及种数(cf. 1)◆亚洲。【中国种数:1】。

Potarophytum Sandwith 溪蔺花属 Rapateaceae [MM - 713] 特征纪要：习性：草本。花程式：(K)3,C0 参考科,A6,(G)3。其他特征参考科。全球 1 个大洲分布及种数(1)◆南美洲(◆圭亚那)。

Potentilla L. 掌叶委陵菜属 Rosaceae [MD - 246] 特征纪要：习性：木本。花程式：-。物候：-。海拔：100 - 1900 米。生境：冰川湖边灌丛草地，沼泽，山谷草原，岩石裂缝。资源：具栽培园艺种类。全球 6 个大洲分布及种数(632 - 937；hort. 1；cult. 99)非洲:34 - 176；亚洲:357 - 586；大洋洲:38 - 183；欧洲:252 - 414；北美洲:227 - 417；南美洲:34 - 163。【中国种数:125】。

Poteranthera Bong. 巴西密牡丹属 Melastomataceae [MD - 364] 特征纪要：习性：木本。花程式：= ↓(K4 - 5),C4 - 5,A4 - 5,= ↓(G)3 - 4。其他特征参考科。全球 3 个大洲分布及种数(5 - 13)非洲:1；大洋洲:1；南美洲:13。

Potha Burm. = **Pothos**

Pothoidium Schott 假石柑属 Araceae [MM - 639] 特征纪要：习性：木本。花程式：-。物候：-。花期：2 - 5 月。果期：参考晚于花期。海拔：100 - 4400 米。生境：芭蕉 - 海芋群落，驻地前山阴坡草地。资源：-。全球 3 个大洲分布及种数(1 - 5)亚洲:2；北美洲:2；南美洲:4。【中国种数:1】。

Pothomorphe Raf. 大胡椒属 Piperaceae [MD - 39] 特征纪要：习性：-。花程式：-。物候：-。花期：11 月。果期：参考晚于花期。海拔：100 - 2700 米。生境：林中湿润处。资源：-。全球 4 个大洲分布及种数(26)亚洲:6；大洋洲:2；北美洲:4；南美洲:10。

Pothos L. 石柑属 Araceae [MM - 639] 特征纪要和分布(-)。全球 6 个大洲分布及种数(24 - 68)非洲:6 - 21；亚洲:22 - 50；大洋洲:1 - 11；欧洲:10；北美洲:10；南美洲:10。【中国种数:7】。

Potosia (Schltr.) R. González & Szlach. ex Mytnik 亚兰属 Orchidaceae [MM - 723] 特征纪要：习性：-。花程式：-。其他特征参考科。全球 2 个大洲分布及种数(8)亚洲:2；北美洲:6。

Potoxylon Kosterm. 铁樟属 Lauraceae [MD - 21] 特征纪要：习性：木本。花程式：Kn,C0,A3 参考科，↓G - 参考科。其他特征参考科。全球 1 个大洲分布及种数(-)。

Pottia Ehrh. ex Fürnr 丛藓属 Pottiaceae [B - 133] 特征纪要：习性：-。【Rep】：孢腔轮廓清晰，蒴齿缺如，或具蒴齿而无基膜，下部呈黄绿或黄棕色。物候：-。海拔：2363 米。生境：石生。资源：-。全球 6 个大洲分布及种数(61)非洲:12；亚洲:6；大洋洲:19；欧洲:9；北美洲:11；南美洲:15。【中国种数:6】。

Pottiaceae Schimp. [B - 133] 丛藓科 特征纪要(参考 Pilotrichaceae)，体形细小，柔弱，黄色或黄绿色，常具光泽，密集丛生。【Rep】：雌苞叶小，基部阔卵形，上部呈狭长尖，蒴柄细长，红色，平滑，孢蒴倾列或平列，长卵形，棕色，蒴齿两层，外，蒴柄侧生，细长，平滑或具弱疣，孢蒴平展或下倾，卵状圆柱形，两侧不对称，台部长而粗，口部强烈收缩。全球 6 个大洲分布和属种数(121/2034)亚洲:69/580;大洋洲:56/362;欧洲:55/408;北美洲:80/605;南美洲:87/745。【中国属种数:53/439(21)】。

Pottiella (Limpr.) Gams = **Microbryum**

Pottingeria Prain 假钓樟属 Pottingeriaceae [MD - 344] 特征纪要(同科)。全球 1 个大洲分布及种数(cf. 1)◆亚洲。【中国种数:1】。

Pottingeriaceae Takht. [MD - 344] 单室木科 特征纪要:习性:木本;落叶。花程式:K4 - 5(-),C5,A10,G - 。物候: - 。花期: - 。果期: - 。果实: - 。种子:种皮紫褐色,棕色或浅棕色。海拔: - 。生境: - 。资源: - 。栽培: - 。全球 1 个大洲分布及属种数(1/1 <IFR 1/1> hort. 1) ◆南美洲:1/ 1 - 1。

Pottiopsis Blockeel & A. J. E. Sm. 假丛藓属 Pottiaceae [B - 133] 特征纪要:习性: - 。【Rep】:孢腔轮廓清晰,蒴齿缺如,或具蒴齿而无基膜,下部呈黄绿或黄棕色。其他特征参考科。全球 4 个大洲分布及种数(2)非洲:1;大洋洲:1;欧洲:1;北美洲:1。

Pottsia Hook. & Arn. 帘子藤属 Apocynaceae [MD - 492] 特征纪要:习性:木质攀援。花程式: - 。物候: - 。花期:4 - 8 月。果期:参考晚于花期。海拔:400 - 1100 米。生境:山地疏林中或山谷向阳处,路旁灌木丛中。资源:药用,具栽培园艺种类。全球 2 个大洲分布及种数(3 - 18)亚洲:15; 南美洲:3。【中国种数:2】。

Pouchetia A. Rich. ex DC. 垂枝茜属 Rubiaceae [MD - 523] 特征纪要:习性:木本。花程式:(K)4 - 5,(C)4 - 5,A4 - 5, = ↓ G2 - 9。其他特征参考科。全球 4 个大洲分布及种数(5 - 15)非洲:9; 亚洲:4; 北美洲:3; 南美洲:7。

Poulsenia Eggers 刺枝桑属 Moraceae [MD - 87] 特征纪要:习性:木本。花程式:K1 - 4,C0,A6, = G1 - 2。其他特征参考科。全球 2 个大洲分布及种数(1 - 3)北美洲:3; 南美洲:3。

Poupartia Comm. ex Juss. 红白木属 Anacardiaceae [MD - 432] 特征纪要:习性:木本。花程式: - 。其他特征参考科。全球 4 个大洲分布及种数(7 - 17)非洲:15; 亚洲:6; 北美洲:3; 南美洲:3。【中国种数:1】。

Poupartiopsis Capuron ex J. D. Mitch. & Daly 浮果漆属 Anacardiaceae [MD - 432] 特征纪要:习性:木本。花程式:K5,C5,A10, = (G)1 - 3。其他特征参考科。全球 1 个大洲分布及种数(1)◆非洲(◆马达加斯加)。

Pourouma Aubl. 雨葡萄属 Urticaceae [MD - 91] 特征纪要:习性:木本。花程式:K4,C0,A3 - 4, = G1。其他特征参考科。全球 5 个大洲分布及种数(43 - 108)非洲:1; 亚洲:1; 欧洲:16; 北美洲:16; 南美洲:108。

Pourthiaea Decne. 蔷薇科属 Rosaceae [MD - 246] 特征纪要:习性:木本。花程式: - 。物候: - 。海拔:50 - 5400 米。生境:水沟边,溪边。资源:具园艺种类。全球 3 个大洲分布及种数(8 - 110)亚洲:12; 北美洲:2; 南美洲:1。【中国种数:2】。

Pouteria Aubl. 桃榄属 Sapotaceae [MD - 357] 特征纪要:习性:木本。花程式: - 。物候: - 。花期:5 月。果期:参考晚于花期。海拔:1500 米。生境:雨林及灌丛中,中海拔疏或密林中,村边路旁偶见。资源:药用,具栽培园艺种类。全球 6 个大洲分布及种数(222 - 763)非洲:102; 亚洲:121; 大洋洲:148; 欧洲:232; 北美洲:232; 南美洲:682。【中国种数:8】。

Pouzolzia Gaud. 雾水葛属 Urticaceae [MD - 91] 特征纪要:习性:木本。花程式: - 。物候: - 。花期:7 - 8 月。果期:参考晚于花期。海拔:100 - 300 米。生境:草地上。资源:药用,具栽培园艺种类。全球 6 个大洲分布及种数(58 - 209)非洲:47; 亚洲:132; 大洋洲:15; 欧洲:18; 北美洲:18; 南美洲:31。【中国种数:8】。

Povedadaphne W. C. Burger 甜樟属 Lauraceae [MD - 21] 特征纪要:习性: - 。花程式: - 。其他特征参考科。全球 1 个大洲分布及种数(cf. 1)◆北美洲(◆哥斯达黎加)。

Powellia Mitt. 亚洲卷柏藓属 Racopilaceae [B - 156] 特征纪要:习性: - 。其他特征参考科。全球 2 个大洲分布及种数(6)亚洲:1;大洋洲:6。

Powelliopsis Zanten 杂柏藓属 Racopilaceae [B - 156] 特征纪要:习性: - 。其他特征参考科。全球 2 个大洲分布及种数(2)非洲:cf. 1;亚洲:cf. 1。

Pozoa Lag. 波索草属 Apiaceae [MD - 480] 特征纪要:习性:草本。花程式: = ↓ (K5),C5,A5, = ↓ (G)2。其他特征参考科。全球 2 个大洲分布及种数(2 - 18)大洋洲:10; 南美洲:8。

Pradosia Liais 普拉榄属 Sapotaceae [MD - 357] 特征纪要:习性:木本。花程式:K4 - 15,C0,A5, = ↓ G2 - 4。其他特征参考科。全球 5 个大洲分布及种数(28 - 49)非洲:3; 亚洲:3; 大洋洲:2; 北美洲:8; 南美洲:45。

Praecereus Buxb. 翁柱属 Cactaceae [MD - 100] 特征纪要:习性:木本。花程式: = ↓ (K1 - ∞),C1 - ∞,A3 - 100, = ↓ G - 。其他特征参考科。全球 2 个大洲分布及种数(7 - 11)北美洲:1; 南美洲:8。

Praecitrullus Pangalo 西瓜属 Cucurbitaceae [MD - 205] 特征纪要:习性: - 。花程式: - 。其他特征参考科。全球 2 个大洲分布及种数(cf. 1)亚洲;北美洲。

Praecoxanthus Hopper & A. P. Br. 裂缘兰属 Orchidaceae [MM - 723] 特征纪要:习性:草本。花程式:(K -),C2 - 3 参考科,A3 参考科,↓ G - 。其他特征参考科。全球 1 个大洲分布及种数(1)◆大洋洲。

Prageluria N. E. Br. = **Telosma**

Pragmatropa Pierre = **Euonymus**

Pragmopora <unassigned> 裂苞菰属 Helosaceae [MD - 305] 特征纪要: - 。全球 1 个大洲分布及种数(1)◆欧洲:1。

Pragmotessara Pierre = **Euonymus**

Prainea King ex Hook. f. 陷毛桑属 Moraceae [MD - 87] 特征纪要:习性:木本。花程式:K1 - 4,C0,A6, = (G)1 - 2。物候: - 。海拔:2 - 2800 米。生境:石灰岩山峰。资源: - 。全球 4 个大洲分布及种数(3 - 11)非洲:1; 亚洲:4; 大洋洲:2; 南美洲:2。

Pranceacanthus Wassh. 巴西刺爵床属 Acanthaceae [MD - 572] 特征纪要:习性:草本。花程式:K2 - 4,C0,A2 -

4, = (G)2。其他特征参考科。全球 1 个大洲分布及种数(1)◆南美洲。

Prangos Lindl. 隐盘芹属 Apiaceae [MD-480] 特征纪要:习性:草本。花程式: = ↓(K5),C5,A5, = ↓(G)2。物候:-。花期:5 月。果期:参考晚于花期。海拔:400-1300 米。生境:草坡或碎石坡。栽培:来自广西龙州。资源:具栽培园艺种类。全球 3 个大洲分布及种数(61-68;hort. 1)非洲:2;亚洲:60-65;欧洲:2-3。【中国种数:5】。

Prantleia Mez = **Orthophytum**

Praravinia Korth. 菲岛茜属 Rubiaceae [MD-523] 特征纪要:习性:木本。花程式:(K)4-5,(C)4-5,A4-5, = ↓G2-9。物候:-。花期:参考早于果期。果期:10 月。海拔:5-4800 米。生境:矮林内。资源:-。全球 1 个大洲分布及种数(23-24)◆亚洲。

Prasanthus Lindb. 穗枝苔属 Gymnomitriaceae [B-41] 特征纪要:习性:-。【Rep】:雌苞顶生,雌苞叶数对,内雌叶常相连,蒴萼常存,蒴壁 2-3 层细胞,弹丝 2-4 列螺纹加厚,灰色、褐色或紫色。物候:-。海拔:-。生境:水石生。资源:-。全球 3 个大洲分布及种数(1) 亚洲;欧洲;北美洲。

Prasium L. 银水苏属 Lamiaceae [MD-575] 特征纪要:习性:草本。花程式:K2,C0,A2, = G2。其他特征参考科。全球 6 个大洲分布及种数(1-20)非洲:6; 亚洲:11; 大洋洲:2; 欧洲:4; 北美洲:4; 南美洲:2。

Prasophyllum R. Br. 韭兰属 Orchidaceae [MM-723] 特征纪要:习性:草本。花程式:(K)3,C3,A3, = ↓G3。其他特征参考科。全球 4 个大洲分布及种数(151-249)亚洲:4; 大洋洲:232; 北美洲:2; 南美洲:2。

Prasoxylon M. Röm. 樫木属 Meliaceae [MD-414] 特征纪要:习性:-。花程式:-。其他特征参考科。全球 2 个大洲分布及种数(7-8)亚洲:5; 大洋洲:2。

Praticola Ehrh. = **Thalictrum**

Pratochloa Hardion 石芒菰属 Poaceae [MM-748] 特征纪要:习性:草本。花程式:(K-),C0 参考科,A3 参考科,↓G-参考科。其他特征参考科。全球 1 个大洲分布及种数(1)◆非洲。

Praxeliopsis G. M. Barroso 寡毛假臭草属 Asteraceae [MD-586] 特征纪要:习性:草本。花程式:(K)3-5,C3-5,A3-5, = ↓(G)2。其他特征参考科。全球 1 个大洲分布及种数(2)◆南美洲。

Praxelis Cass. 假臭草属 Asteraceae [MD-586] 特征纪要:习性:草本,少木本。花程式:(K)3-5,C3-5,A3-5, = ↓(G)2。物候:-。海拔:6000 米。生境:栽培和归化。资源:具栽培园艺种类。全球 6 个大洲分布及种数(20-33)非洲:1; 亚洲:5; 大洋洲:3; 欧洲:6; 北美洲:6; 南美洲:29。【中国种数:1】。

Preauxia Sch. Bip. = **Argyranthemum**

Preissia Corda 背托苔属 Marchantiaceae [B-12] 特征纪要:习性:-。【Rep】:雌雄异株或同株。其他特征参考科。全球 6 个大洲分布及种数(44)非洲:2; 亚洲:5; 大洋洲:5; 欧洲:5; 北美洲:5; 南美洲:37。【中国种数:2】。

Premna L. 千解草属 Verbenaceae [MD-556] 特征纪要:习性:木质攀援。花程式:-。物候:-。海拔:100-1300 米。生境:林下,沼泽地。资源:具栽培园艺种类。全球 6 个大洲分布及种数(135-210;hort. 1;cult. 9)非洲:53-70;亚洲:86-158;大洋洲:22-43;欧洲:8;北美洲:6-17;南美洲:2-10。【中国种数:46】。

Prenanthella Rydb. 小福王草属 Asteraceae [MD-586] 特征纪要:习性:-。花程式:-。其他特征参考科。全球 1 个大洲分布及种数(1)◆北美洲(◆美国)。

Prenanthes L. 蛇根苣属 Asteraceae [MD-586] 特征纪要:习性:草本(基生,多肉)。花程式:(K)3-5,C3-5,A3 参考科, = ↓G2。物候:-。花期:7-10 月。果期:参考晚于花期。海拔:1100-2300 米。生境:林边。栽培:来自广西龙州。资源:具栽培园艺种类。全球 6 个大洲分布及种数(30-57)非洲:1-20;亚洲:25-50;大洋洲:19;欧洲:1-20;北美洲:7-28;南美洲:19。【中国种数:1】。

Prenia N. E. Br. 姬露花属 Aizoaceae [MD-94] 特征纪要:习性:-。花程式:-。其他特征参考科。全球 3 个大洲分布及种数(18)非洲:14; 亚洲:2; 南美洲:5。

Prepodesma N. E. Br. 锦辉玉属 Aizoaceae [MD-94] 特征纪要:习性:草本。花程式: = ↓(K3-4),C3-4,A5 参考科, = ↓G-。其他特征参考科。全球 1 个大洲分布及种数(1)◆非洲。

Prepusa Mart. 显龙胆属 Gentianaceae [MD-496] 特征纪要:习性:木本。花程式:-。其他特征参考科。全球 2 个大洲分布及种数(6-9)亚洲:2; 南美洲:8。

Prescottia Lindl. 普勒兰属 Orchidaceae [MM-723] 特征纪要:习性:草本。花程式:(K)3,C3,A3, = ↓G3。资源:具栽培园艺种类。全球 2 个大洲分布及种数(30-39)北美洲:6-7;南美洲:28-36。

Presla Dulac = **Equisetum**

Preslianthus Iltis & Cornejo 山柑属 Capparaceae [MD-178] 特征纪要:习性:-。花程式:-。其他特征参考科。全球 2 个大洲分布及种数(4)北美洲:1; 南美洲:3。

Presliophytum (Urb. & Gilg) Weigend 显刺莲花属 Loasaceae [MD-435] 特征纪要:习性:木本。花程式: = ↓(K5-10),C5-10,A5-10, = ↓(G)1-3。其他特征参考科。全球 2 个大洲分布及种数(7)北美洲:1;南美洲:6。

Prestelia Sch. Bip. 长管菊属 Asteraceae [MD-586] 特征纪要:习性:草本。花程式:(K)3-5,(C)3-5,A3-5,↓G。其他特征参考科。全球 1 个大洲分布及种数(1)◆南美洲。

Prestoea Hook. f. 粉轴椰属 Arecaceae [MM-717] 特征纪要:习性:木本。花程式:K3-10,C3-10,A3-10, = G3-10。其他特征参考科。全球 6 个大洲分布及种数(14-45)非洲:2; 亚洲:4; 大洋洲:1; 欧洲:25; 北美洲:25; 南美洲:36。【中国种数:1】。

Prestonia R. Br. 金锦葵属 Malvaceae [MD-203] 特征纪要:木本,落叶; 花程式:K5(6),C5(-6),A10 或 8, = ↑(G),2-3,上位子房。果实:蒴果。种子:具种脐,旁侧具一环短柔毛,紫褐色。全球 5 个大洲分布及种数(32)非洲:2;亚洲:2;大洋洲:1;北美洲:25;南美洲:26。

Pretrea J. Gay ex Meisn. = **Dicerocaryum**

Preussiella Gilg 普罗野牡丹属 Melastomataceae [MD-364] 特征纪要:习性:木本。花程式:=↓(K4-5),C4-5,A4-5,=↓(G)3-4。其他特征参考科。全球1个大洲分布及种数(2)◆非洲。

Preussiodora Keay 普罗茜属 Rubiaceae [MD-523] 特征纪要:习性:木本。花程式:(K)4-5,(C)4-5,A4-5,=↓(G)2-9。其他特征参考科。全球1个大洲分布及种数(1)◆非洲。

Prevostea Choisy = **Bonamia**

Pridgeonia Pupulin 兰科属 Orchidaceae [MM-723] 特征纪要:习性:草本。花程式:-。其他特征参考科。全球1个大洲分布及种数(1)◆南美洲:1。

Prieurea DC. = **Ludwigia**

Prieurella Pierre & Aubrév. = **Chrysophyllum**

Primula L. 报春花属 Primulaceae [MD-401] 特征纪要:习性:草本(根状茎,基生,多肉)。花程式:(K-),(C)5参考科,A5,G-。物候:-。花期:5月。果期:参考晚于花期。海拔:3000米。生境:阴凉潮湿的岩石上。资源:具栽培园艺种类。全球6个大洲分布及种数(559-727;hort. 1;cult. 74)非洲:14-59;亚洲:499-667;大洋洲:20-73;欧洲:106-176;北美洲:82-137;南美洲:20-68。【中国种数:298】。

P

Primulaceae Batsch ex Borkh. [MD-401] 报春花科 特征纪要:习性:木本;落叶。花程式:(K)6-,C5,A4-5,↑G-。物候:-。果实:蒴果。种子:-。海拔:0米。生境:阴凉潮湿的岩石上。资源:园林。栽培:中国有栽培。全球6个大洲分布及属种数(65-79/2040-3045 <IFR 18/150> hort. 1;cult. 16) 非洲:15-16/240-311(IFR 3/3); 亚洲:34-35/1024-1291(IFR 8/70); 大洋洲:14-16/143-316(IFR 1/3); 欧洲:15-16/225-295(IFR 5/50); 北美洲:25-27/426-493(IFR 11/25); 南美洲:21/446-512(IFR 3/6)。【中国属种数:28/808】。

Primulina Hance 报春苣苔属 Gesneriaceae [MD-549] 特征纪要:习性:草本(基生,多肉)。花程式:(K-),C5,A5,↓G-。物候:-。花期:4月。果期:参考晚于花期。海拔:100-300米。栽培:来自广西龙州。资源:具栽培园艺种类。全球5个大洲分布及种数(243-263)非洲:3; 亚洲:258; 大洋洲:2; 北美洲:1; 南美洲:4。【中国种数:9】。

Princea Dubard & Dop = **Triainolepis**

Principina Uittien 合鳞芒属 Cyperaceae [MM-747] 特征纪要:习性:草本。花程式:-。其他特征参考科。全球1个大洲分布及种数(1) ◆非洲:1。

Pringlea Anderson ex Hook. f. 普林芥属 Brassicaceae [MD-213] 特征纪要:习性:草本。花程式:K2-4,C2-4,A2-4,=(G)2。其他特征参考科。全球3个大洲分布及种数(1-3)非洲:2; 大洋洲:2; 南美洲:3。

Pringleella Cardot 并列藓属 Ditrichaceae [B-119] 特征纪要:习性:-。物候:-。海拔:-。生境:土生,野生。资源:-。全球3个大洲分布及种数(3)亚洲:1;北美洲:1;南美洲:1。【中国种数:1】。

Pringleochloa Scribn. = **Bouteloua**

Pringleophytum A. Gray = **Holographis**

Prinos L. 落叶冬青属 Aquifoliaceae [MD-438] 特征纪要:习性:-。花程式:-。其他特征参考科。全球6个大洲分布及种数(1-3)非洲:2;亚洲:3;大洋洲:2;欧洲:2;北美洲:3;南美洲:2。

Prinsepia Royle 蕤核属 Rosaceae [MD-246] 特征纪要:习性:木本。花程式:-。物候:-。花期:4-6月。果期:参考晚于花期。海拔:1500-3000米。生境:林间或山坡开阔处以及河岸旁,向阳的斜坡,山脚。资源:药用,具栽培园艺种类。全球3个大洲分布及种数(5-14)亚洲:13; 欧洲:4; 北美洲:4。【中国种数:4】。

Printzia Cass. 尾药菀属 Asteraceae [MD-586] 特征纪要:习性:草本。花程式:(K)3-5,(C)3-5,A3-5,↓G。其他特征参考科。全球5个大洲分布及种数(6-20)非洲:13; 亚洲:9; 欧洲:2; 北美洲:2; 南美洲:3。

Priogymnanthus P. S. Green 桴榄属 Oleaceae [MD-498] 特征纪要:习性:木本。花程式:K2-4,C0,A4,=(G)2。其他特征参考科。全球1个大洲分布及种数(3)◆南美洲。

Prionachne Nees = **Prionanthium**

Prionanthes Schrank = **Alomia**

Prionanthium Desv. 单生穗草属 Poaceae [MM-748] 特征纪要:习性:-。花程式:-。其他特征参考科。全球3个大洲分布及种数(9)非洲:8; 亚洲:3; 南美洲:2。

Prioniaceae S. L. Munro & H. P. Linder [MM-732] 南灯心科 特征纪要:习性:草本;落叶。花程式:K3,C3,A2,↑G-。全球1个大洲分布及属种数(2/3 hort. 1)◆非洲:2/3。

Prionidium Hilp. 丛藓科属 Pottiaceae [B-133] 特征纪要:习性:-。【Rep】:孢腔轮廓清晰,蒴齿缺如,或具蒴齿而无基膜,下部呈黄绿或黄棕色。物候:-。海拔:0米。生境:常见于高山岩石上。栽培:来自广西龙州。资源:具栽培园艺种类。全球1个大洲分布及种数(1)◆亚洲(◆中国)。【中国种数:3】。

Prionium E. Mey. 木蔺属 Prioniaceae [MM-732] 特征纪要(同科)。全球1个大洲分布及种数(1-2)◆非洲。

Prionocolea (R. M. Schust.) R. M. Schust. 蔺鳞苔属 Lejeuneaceae [B-84] 特征纪要:-。全球1个大洲分布及种数(-)。

Prionodon Müll. Hal. 毛藓属 Prionodontaceae [B-200] 特征纪要(同科)。全球4个大洲分布及种数(7)非洲:1;欧洲:1;北美洲:4;南美洲:6。

Prionodontaceae Broth. [B-200] 毛藓科 特征纪要(参考 Makinoaceae):叶状体暗绿色,长5-8厘米,两歧分枝。【Rep】:雌雄异株,精子器多数,密生于叶状体先端半月形凹糟内,苞膜半圆形,边缘呈齿状,着生中肋背面,蒴被筒状。全球5个大洲分布和属种数(2/13)亚洲:1/6;欧洲:1/1;北美洲:1/4;南美洲:1/6。【中国属种数:1/1】。

Prionolejeunea (Spruce) Schiffn. 寡鳞苔属 Lejeuneaceae [B-84] 特征纪要:-。【Rep】:雌苞顶生于主枝,蒴萼具3个脊,并常附1-7个小脊,脊部具冠状突起,一般稀疏生长。生境:山坡,针阔混交林中。全球6个大洲分布及种数(10－11)非洲:2－4;亚洲:1;大洋洲:1;欧洲:1;北美洲:2－3;南美洲:7－8。【中国种数:1】。

Prionolobus (Stephani) S. Hatt. 拟大萼苔科属 Cephaloziellaceae [B－53] 特征纪要:－。全球3个大洲分布及种数(7)亚洲:4; 欧洲:1; 北美洲:1。

Prionophyllum K. Koch = **Dyckia**

Prionosciadium S. Watson 锯伞芹属 Apiaceae [MD－480] 特征纪要:习性:草本。花程式:=↓(K5),C5,A5,=↓G2。其他特征参考科。全球3个大洲分布及种数(22－40)非洲:2; 北美洲:27; 南美洲:6。

Prionostachys Hassk. = **Murdannia**

Prionostemma Miers 普瑞木属 Celastraceae [MD－339] 特征纪要:习性:木本。花程式:K2－3,C2－3,A10,=(G)2－5。其他特征参考科。全球4个大洲分布及种数(1－43)非洲:6; 亚洲:4; 北美洲:3; 南美洲:34。

Prionotes R. Br. 电珠花属 Ericaceae [MD－380] 特征纪要:习性:木本。花程式:(K)2－4,(C)2－4,A10,=G2－5。其他特征参考科。全球4个大洲分布及种数(1－36)亚洲:4; 大洋洲:34; 北美洲:1; 南美洲:33。

Prioria Griseb. 蜂巢豆属 Fabaceae1 [MD－240] 特征纪要:木本。花程式:=↓(K3－5－∞),C3－5－∞,A3－5,=↓G1－2。其他特征参考科。全球5个大洲分布及种数(16)非洲:11;亚洲:4;大洋洲:3;北美洲:1;南美洲:1。

Priotropis Wight & Arn. = **Crotalaria**

Prismatocarpus L'Hér. 帚风铃属 Campanulaceae [MD－561] 特征纪要:习性:灌木。花程式:(K)5,(C)5,A5,↓G－。其他特征参考科。全球6个大洲分布及种数(27－84)非洲:56; 亚洲:11; 大洋洲:3; 欧洲:5; 北美洲:5; 南美洲:6。

Prismatomeris Thwaites 南山花属 Rubiaceae [MD－523] 特征纪要:习性:木本。花程式:－。物候:－。花期:5－9月。果期:参考晚于花期。海拔:300－2400米。生境:林下或灌丛中,水旁,山谷,密林中。资源:具园艺种类。全球3个大洲分布及种数(19－48)亚洲:44; 大洋洲:5; 北美洲:3。【中国种数:4】。

Pristidia Thwaites = **Gaertnera**

Pristimera Miers 扁蒴藤属 Celastraceae [MD－339] 特征纪要:习性:木质攀援。花程式:－。物候:－。花期:6月。果期:参考晚于花期。海拔:300－1100米。生境:灌丛中,石灰岩疏林中。资源:具园艺种类。全球5个大洲分布及种数(48－49;hort. 1;cult. 1)非洲:30;亚洲:9;大洋洲:1;北美洲:9;南美洲:12。

Pritchardia Seem. & H. Wendl. 金棕属 Arecaceae [MM－717] 特征纪要:习性:木本。花程式:K3－10,C3－10,A3－10,=G3－10。物候:－。海拔:－。生境:－。资源:具栽培园艺种类。全球6个大洲分布及种数(37－48)非洲:3;亚洲:29－32;大洋洲:5－9;欧洲:3;北美洲:35－46;南美洲:1－4。

Pritzelago Kuntze = **Hornungia**

Priva Adans. 异柱马鞭草属 Verbenaceae [MD－556] 特征纪要:习性:木本。花程式:K2－4,C0,A2－4,=↓G2－4。物候:－。海拔:－。生境:－。资源:具园艺种类。全球6个大洲分布及种数(21－28;hort. 1;cult. 1)非洲:9－12;亚洲:7－12;大洋洲:2;欧洲:2;北美洲:11－15;南美洲:8－12。【中国种数:4】。

Proatriplex (W. A. Weber) Stutz & G. L. Chu 多花滨藜属 Amaranthaceae [MD－116] 特征纪要:习性:草本。花程式:Kn,C0,A3参考科,G－。其他特征参考科。全球1个大洲分布及种数(1)◆北美洲。

Probletostemon K. Schum. = **Tricalysia**

Proboscidea Schmidel 长角胡麻属 Martyniaceae [MD－557] 特征纪要:习性:木本。花程式:－。物候:－。花期:夏末秋初。果期:参考晚于花期。海拔:－。生境:干沙地。资源:具栽培园艺种类。全球6个大洲分布及种数(11－42)非洲:4; 亚洲:9; 大洋洲:5; 欧洲:26; 北美洲:26; 南美洲:13。【中国种数:1】。

Prockia P. Browne ex L. 鸡骨柞属 Tiliaceae [MD－185] 特征纪要:习性:木本。花程式:－。其他特征参考科。全球6个大洲分布及种数(7－10)非洲:1;亚洲:1－3;大洋洲:1;欧洲:1;北美洲:4－6;南美洲:3－4。【中国种数:1】。

Prockiopsis Baill. 普罗木属 Achariaceae [MD－159] 特征纪要:习性:木本。花程式:K2－10,C2－10,A2－10,=↓(G)2－10。其他特征参考科。全球1个大洲分布及种数(5)◆非洲(◆马达加斯加)。

Proclesia Klotzsch = **Cavendishia**

Procris Comm. ex Juss. 藤麻属 Urticaceae [MD－91] 特征纪要:习性:木质攀援。花程式:－。物候:－。花期:7－8月。果期:参考晚于花期。海拔:300－2000米。生境:森林中阴凉潮湿的长满苔藓的岩石,树干,水旁,山谷。资源:具栽培园艺种类。全球6个大洲分布及种数(32－39;hort. 1)非洲:9－18;亚洲:29－42;大洋洲:10－18;欧洲:1－8;北美洲:5－12;南美洲:1－8。【中国种数:2】。

Proctoria Lür 山龙兰属 Orchidaceae [MM－723] 特征纪要:习性:－。花程式:－。其他特征参考科。全球2个大洲分布及种数(3)北美洲:2; 南美洲:3。

Proferea (C. Presl) C. Presl 沼泽蕨属 Thelypteridaceae [F－42] 特征纪要:－。全球1个大洲分布及种数(－)。

Proiphys Herb. 玉簪水仙属 Amaryllidaceae [MM－694] 特征纪要:习性:草本。花程式:(K)3,C3,A1,=↓G3。其他特征参考科。全球6个大洲分布及种数(5－6)非洲:2－3;亚洲:2－3;大洋洲:4－6;欧洲:1;北美洲:1;南美洲:1。【中国种数:1】。

Prolobus R. M. King & H. Rob. 泽兰属 Asteraceae [MD－586] 特征纪要:习性:草本。花程式:(K)3－5,(C)3－5,A3－5,↓G。其他特征参考科。全球1个大洲分布及种数(1)◆南美洲。

Prolongoa Boiss. 长莛菊属 Asteraceae [MD－586] 特征纪要:习性:草本。花程式:(K)3－5,C3－5,A3－5,=↓(G)2。其他特征参考科。全球5个大洲分布及种数(1－7)非洲:2; 亚洲:2; 欧洲:2; 北美洲:2; 南美洲:2。

Promenaea Lindl. 豹皮兰属 Orchidaceae [MM－723] 特征纪要:习性:草本。花程式:(K)3,C3,A3,=↓G3。其他特征参考科。全球5个大洲分布及种数(15－32)非洲:2; 亚洲:2; 大洋洲:3; 北美洲:2; 南美洲:29。

Prometheum (A. Berger) H. Ohba 绒瓦莲属 Crassulaceae [MD－229] 特征纪要:习性:草本。花程式:＝↓(K3－5－∞),C3－5－∞,A4,＝↓G3－5。其他特征参考科。全球3个大洲分布及种数(3－8)亚洲:7; 欧洲:4; 北美洲:4。

Pronectria <unassigned> 兰科属 Orchidaceae [MM－723] 特征纪要:－。全球4个大洲分布及种数(21)非洲:2; 亚洲:5; 北美洲:1; 南美洲:11。

Pronephrium Fée 新月蕨属 Thelypteridaceae [F－42] 特征纪要:习性:－。【Rep】:孢子囊群圆形,在侧脉间排成2行,背生于小脉上(每小脉1枚),若生于小脉上部则成熟时往往双双汇合为新月形,罕有铺满羽片下面,无盖或有盖,盖上有毛或光滑。物候:－。海拔:20－2500米。生境:低山密林下,竹林边。资源:－。全球6个大洲分布及种数(38－69)非洲:2－5;亚洲:34－48;大洋洲:3－8;欧洲:3;北美洲:3;南美洲:3。

Prosanerpis S. F. Blake ＝ **Clidemia**

Prosaptia C. Presl 穴子蕨属 Polypodiaceae [F－60] 特征纪要:习性:－。【Rep】:孢子囊群圆形至椭圆形,着生于小脉顶端,深陷于叶肉的穴内,向叶缘开口或接近且朝向叶缘,不具隔丝。物候:－。海拔:400－3200米。生境:－。资源:－。全球6个大洲分布及种数(46－49)非洲:13;亚洲:29－44;大洋洲:21－34;欧洲:13;北美洲:1－14;南美洲:13。

Prosartes D. Don 宝仙草属 Liliaceae [MM－633] 特征纪要:习性:草本。花程式:(K)3,C3,A4－8对,G－。其他特征参考科。全球2个大洲分布及种数(6－15)亚洲:4; 北美洲:11。

Proscephaleium Korth. ＝ **Chassalia**

Proserpinaca L. 人鱼藻属 Haloragaceae [MD－271] 特征纪要:习性:草本(水生)。花程式:－。其他特征参考科。全球5个大洲分布及种数(4－14)亚洲:4; 大洋洲:1; 欧洲:10; 北美洲:10; 南美洲:3。【中国种数:1】。

Proskauera (Hook. f. & Taylor) J. Heinrichs & J. J. Engel 澳丽羽苔属 Plagiochilaceae [B－73] 特征纪要:习性:－。【Rep】:雌雄同株或异株,雌苞顶生或生于侧枝先端,蒴萼多种形态,通常口部扁平,孢蒴卵圆形,成熟时4,绿色或淡绿色。其他特征参考科。全球1个大洲分布及种数(cf. 1)◆大洋洲(◆澳大利亚)。

Prosopanche de Bary 牧豆寄生属 Hydnoraceae [MD－72] 特征纪要:习性:草本。花程式:－。其他特征参考科。全球2个大洲分布及种数(7)北美洲:2;南美洲:4。

Prosopidastrum Burkart 球牧豆树属 Fabaceae2 [MD－240] 特征纪要:习性:木本。花程式:＝↓(K3－5－∞),C3－5－∞,A1－10－50,＝↓G1。其他特征参考科。全球3个大洲分布及种数(7－10)非洲:2; 北美洲:8; 南美洲:8。

Prosopis L. 牧豆树属 Fabaceae1 [MD－238] 特征纪要:习性:木本。花程式:－。物候:－。花期:5－7月。果期:参考晚于花期。海拔:100－2500米。生境:栽培(来自广西龙州)。资源:具栽培园艺种类。全球6个大洲分布及种数(57－63;hort. 1;cult. 6)非洲:11－24;亚洲:13－26;大洋洲:5－18;欧洲:2－15;北美洲:34－47;南美洲:44－59。【中国种数:5】。

Prosopostelma Baill. ＝ **Cynanchum**

Prosorus Dalzell ＝ **Margaritaria**

Prospero Salisb. 蓝瑰花属 Asparagaceae [MM－669] 特征纪要:习性:草本。花程式:(K)3,C3,A3－6,G3－ 参考科。其他特征参考科。全球2个大洲分布及种数(9－18)非洲:4;欧洲:4。

Prosphysis Dulac ＝ **Vulpia**

Prosphytochloa Schweick. 攀林菰属 Poaceae [MM－748] 特征纪要:习性:草本。花程式:(K)3,C0参考科,A1－2,↓G－参考科。其他特征参考科。全球1个大洲分布及种数(1)◆非洲。

Prospodium <unassigned> 北美金星蕨属 Thelypteridaceae [F－42] 特征纪要:－。全球2个大洲分布及种数(39)北美洲:27; 南美洲:27。

Prostanthera Labill. 木薄荷属 Lamiaceae [MD－575] 特征纪要:习性:草本。资源:具园艺种类。全球5个大洲分布及种数(114－161)非洲:2; 大洋洲:142; 欧洲:3; 北美洲:3; 南美洲:7。

Prostea Cambess. 无患子科属 Asteraceae [MD－586] 特征纪要:习性:－。花程式:－。其他特征参考科。分布:－。

Prosthechea Knowles & Westc. 章鱼兰属 Orchidaceae [MM－723] 特征纪要:习性:草本。花程式:(K)3,C3,A3,＝↓G3。物候:－。海拔:－。生境:－。资源:具园艺种类。全球6个大洲分布及种数(130－142;hort. 1;cult. 1)非洲:17;亚洲:9－29;大洋洲:17;欧洲:17;北美洲:64－81;南美洲:77－95。【中国种数:12】。

Prosthecidiscus Donn. Sm. 危地萝藦属 Apocynaceae [MD－492] 特征纪要:习性:－。花程式:－。其他特征参考科。全球2个大洲分布及种数(2)北美洲:2; 南美洲:2。

Protangiopteris Hayata ＝ **Angiopteris**

Protarum Engl. 趾叶芋属 Araceae [MM－639] 特征纪要:习性:草本。花程式:K0,C0,A1－4,(G)1－3。其他特征参考科。全球1个大洲分布及种数(1)◆非洲(◆塞舌尔)。

Protea L. 帝王花属 Proteaceae [MD－219] 特征纪要:习性:木本。花程式:K3－4－∞,C0,A2,＝G1。其他特征参考科。全球6个大洲分布及种数(130－401)非洲:369; 亚洲:7; 大洋洲:13; 欧洲:15; 北美洲:15; 南美洲:9。

Proteaceae Juss. [MD－219] 山龙眼科 特征纪要:习性:木本;落叶。花程式:K4－5(－),C2,A2,↑G2。物候:－。花期:5－7月。果期:10－12月。果实:坚果。种子:－。海拔:1000－2000米。生境:森林,山坡,通常沿溪流。资源:种子食用,具特殊风味。栽培:中国有栽培。全球6个大洲分布及属种数(73－87/1128－2422 <IFR 15/145> hort. 1;cult. 18)非洲:20/466－635(IFR 1/10);亚洲:9/189－357(IFR 1/1);大洋洲:48－50/443－1289(IFR 9/121);欧洲:5/10－13;北美洲:7/42－47(IFR 1/2);南美洲:14/146－175(IFR 5/12)。【中国属种数:10/39】。

Proteinophallus Hook. f. 天南星科属 Araceae [MM－639] 特征纪要:习性:－。花程式:－。其他特征参考科。全球1个大洲分布及种数(－)。

Proteopsis Mart. & Zucc. ex Sch. Bip. 尖苞灯头菊属 Asteraceae [MD－586] 特征纪要:习性:草本。花程式:(K)3－5,C3－5,A3－5,＝↓(G)2。其他特征参考科。全球1个大洲分布及种数(2)◆南美洲(◆巴西)。

Proterpia Raf. ＝ **Tabebuia**

Protium Burm. f. 马蹄果属 Burseraceae [MD－408] 特征纪要:习性:木质攀援。花程式:－。物候:－。花期:4－5月。果期:参考晚于花期。海拔:500－600米。生境:森林。资源:具园艺种类。全球6个大洲分布及种数(162－312)非洲:19; 亚洲:22; 大洋洲:51; 欧洲:66; 北美洲:66; 南美洲:217。【中国种数:3】。

Protoblastenia <unassigned> 四心木科属 Tetracarpaeaceae [MD－245] 特征纪要:－。全球4个大洲分布及种数(11)亚洲:3; 欧洲:3; 北美洲:3; 南美洲:2。

Protocephalozia K. I. Göbel 巴西叶苔属 Lepidoziaceae [B－63] 特征纪要:习性:－。【Rep】:裂瓣披针形或指形。其他特征参考科。全球1个大洲分布及种数(cf. 1)◆南美洲。

Protocodon <unassigned> 白发藓属 Leucobryaceae [B－129] 特征纪要:－。全球1个大洲分布及种数(－)。

Protogabunia Boiteau ＝ **Tabernaemontana**

Protogabunifolia <unassigned> 加蓬竹桃属 Apocynaceae [MD－492] 特征纪要:－。全球1个大洲分布及种数(1)◆非洲:1。

Protokuetzingia <unassigned> 葡花荷属 Rhodoleiaceae [MD－64] 特征纪要:－。全球3个大洲分布及种数(2)非洲:1; 大洋洲:1; 南美洲:2。

Protolirion Ridl. ＝ **Petrosavia**

Protolophozia (R. M. Schust.) Schljakov 欧洲裂叶苔属 Cephaloziellaceae [B－53] 特征纪要:习性:－。【Rep】:常具蒴囊,绿色、黄绿色、暗绿色或红褐色。其他特征参考科。全球4个大洲分布及种数(cf. 1)亚洲;大洋洲;欧洲;北美洲。

Protomarattia Hayata ＝ **Angiopteris**

Protomegabaria Hutch. 杯苞茶属 Phyllanthaceae [MD－222] 特征纪要:习性:木本。花程式:K1(1000),C0,A6,＝G2－3。其他特征参考科。全球3个大洲分布及种数(3－4)非洲:4; 亚洲:2; 大洋洲:2。

Protoparmelia <unassigned> 西番莲科属 Passifloraceae [MD－151] 特征纪要:－。全球2个大洲分布及种数(8)亚洲:2; 南美洲:3。

Protorhus Engl. 葡萄漆属 Anacardiaceae [MD－432] 特征纪要:习性:木本。花程式:K5－10,C5－10,A5－10,＝(G)1－3。其他特征参考科。全球3个大洲分布及种数(3－48)非洲:45; 北美洲:2; 南美洲:3。

Protoschwenckea P. & K. ＝ **Protoschwenkia**

Protoschwenkia Soler. 巴西膀胱茄属 Solanaceae [MD－503] 特征纪要:习性:草本。花程式:K3－4,C0,A3－4,＝G2。其他特征参考科。全球1个大洲分布及种数(1)◆南美洲(◆巴西)。

Protosyzygiella (Inoü) R. M. Schust. 匍叶苔属 Adelanthaceae [B－50] 特征纪要:习性:－。【Rep】:雌苞叶和雌苞腹叶无纤毛和齿,具蒴囊,蒴萼近圆形,口部具细圆齿或突起,蒴壁2层细胞。其他特征参考科。全球1个大洲分布及种数(1)◆非洲。

Protothelenella <unassigned> 匍芽藓属 Sorapillaceae [B－212] 特征纪要:－。全球0个大洲分布及种数(6)。

Protousnea (Motyka) Krog 水蕨科属 Parkeriaceae [F－36] 特征纪要:－。全球1个大洲分布及种数(－)。

Protowoodsia Ching 膀胱蕨属 Woodsiaceae [F－47] 特征纪要:习性:－。【Rep】:孢子囊群小,圆形,由6－12个孢子囊组成,位于小脉的顶部或中部。物候:－。海拔:10－3900米。生境:－。资源:－。全球2个大洲分布及种数(1)亚洲:1;大洋洲:1。

Proustia Lag. 刺枝钝柱菊属 Asteraceae [MD－586] 特征纪要:习性:草本。花程式:(K)3－5,C3－5,A3－5,＝↓(G)2。其他特征参考科。全球3个大洲分布及种数(8－46)亚洲:3; 北美洲:8; 南美洲:33。

Prumnopityaceae Melikyan & A. V. Bobrov ＝ Podocarpaceae

Prumnopitys Phil. 核果杉属 Podocarpaceae [G－13] 特征纪要:习性:－。【Rep】:复轴,短穗状,上部苞片杯套状,内有种子发生,寡种子,雌雄同株。其他特征参考科。全球4个大洲分布及种数(10)亚洲:2;大洋洲:6;北美洲:3;南美洲:4。【中国种数:1】。

Prunaceae Martinov [MD－247] 樱科 特征纪要:习性:木本;落叶。花程式:K5,C5,A5,G－。物候:－。花期:4－5月。果期:8－9月。果实:－。种子:－。海拔:1400米。生境:山区。资源:作抗旱砧木。栽培:中国有栽培。全球6个大洲分布及属种数(－)。

Prunella L. 夏枯草属 Lamiaceae [MD－575] 特征纪要:习性:草本。花程式:(K－),(C)5参考科,A3参考科,＝↓G2。物候:－。花期:5－7月。果期:参考晚于花期。海拔:1300－1700米。生境:草坡,湿地和灌木丛,针叶林和玄武碎屑。资源:药用,具栽培园艺种类。全球6个大洲分布及种数(22－35;hort. 1;cult. 11)非洲:5－8;亚洲:11－18;大洋洲:2－4;欧洲:17－22;北美洲:3－6;南美洲:1－3。【中国种数:4】。

Prunum L. 樱科属 Prunaceae [MD－247] 特征纪要及分布(－)。

Prunus L. 榆叶梅属 Rosaceae [MD－246] 特征纪要:习性:木本。花程式:－。物候:－。花期:4月。果期:参考晚于花期。海拔:200－2600米。生境:山区。资源:具栽培园艺种类。全球6个大洲分布及种数(423－1539)非洲:82; 亚洲:859; 大洋洲:64; 欧洲:256; 北美洲:256; 南美洲:173。【中国种数:117】。

Pruskortizia Morillo 夹竹李属 Apocynaceae [MD－492] 特征纪要:习性:木本。花程式:Kn,C0,A15,↓G。其他特征参考科。全球1个大洲分布及种数(2)◆南美洲:2。

Przewalskia Maxim. 马尿脬属 Solanaceae [MD－503] 特征纪要:习性:草本(多肉)。花程式:－。物候:－。花期:6－7月。果期:参考晚于花期。海拔:3200－5000米。生境:高山砂砾地及干旱草原,沙地和洪泛地。资源:－。全球1个大洲分布及种数(cf.1)◆亚洲(◆中国)。【中国种数:1】。

Psacaliopsis H. Rob. & Brettell 类印第安菊属 Asteraceae [MD－586] 特征纪要:习性:草本。花程式:(K)3－5,C3－5,A3－5,＝↓(G)2。其他特征参考科。全球1个大洲分布及种数(5)◆北美洲。

Psacalium Cass. 印第安菊属 Asteraceae [MD－586] 特征纪要:习性:草本。花程式:(K)3－5,C3－5,A3－5,＝↓(G)2。其他特征参考科。全球3个大洲分布及种数(54－63)非洲:4; 北美洲:56; 南美洲:12。

Psamma P. Beauv. ＝ **Ammophila**

Psammagrostis C. A. Gardner & C. E. Hubb. 沙剪股颖属 Poaceae [MM－748] 特征纪要:习性:－。花程式:－。其他特征参考科。全球1个大洲分布及种数(1)◆大洋洲(◆澳大利亚)。

Psammetes Hepper 沙玄参属 Plantaginaceae [MD－527] 特征纪要:习性:－。花程式:－。其他特征参考科。全球1个大洲分布及种数(2)◆非洲。

Psammiosorus Christensen 沙囊蕨属 Oleandraceae [F－55] 特征纪要:习性:－。【Rep】:孢子同形,囊群生叶背有盖。其他特征参考科。全球1个大洲分布及种数(1)◆非洲(◆马达加斯加)。

Psammisia Klotzsch 杞莓属 Ericaceae [MD－380] 特征纪要:习性:木本。花程式:K5－8,(C)5－8,A10,＝(G)2－4。其他特征参考科。全球6个大洲分布及种数(62－67;hort.1)非洲:1;亚洲:1;大洋洲:1;欧洲:1;北美洲:15－16;南美洲:59－65。【中国种数:1】。

Psammochloa Hitchc. 沙鞭属 Poaceae [MM－748] 特征纪要:习性:草本(具根状茎)。花程式:(K－),C0参考科,A3参考科,↓G－参考科。物候:－。海拔:900－2900米。生境:沙丘,生于沙丘上。资源:具园艺种类。全球5个大洲分布及种数(1－31)非洲:4; 亚洲:19; 欧洲:2; 北美洲:2; 南美洲:5。【中国种数:1】。

Psammogeton Edgew. 沙地芹属 Apiaceae [MD－480] 特征纪要:习性:草本。花程式:＝↓(K5),C5,A5,＝↓(G)2。其他特征参考科。全球1个大洲分布及种数(cf.1)◆亚洲。

Psammomoya Diels & Lös. 帚烛花属 Celastraceae [MD－339] 特征纪要:习性:木本。花程式:－。其他特征参考科。全球1个大洲分布及种数(1－4)◆大洋洲(◆澳大利亚)。

Psammophila Schult. ＝ **Ponceletia**

Psammophora Dinter & Schwantes 沾沙玉属 Aizoaceae [MD－94] 特征纪要:习性:灌木。花程式:＝↓(K3－4),C3－4,A5参考科,＝↓G1－2。其他特征参考科。全球3个大洲分布及种数(4－16)非洲:16; 亚洲:3; 南美洲:7。

Psammopyrum á. Löve ＝ **Elytrigia**

Psammosilene W. C. Wu & C. Y. Wu 金铁锁属 Caryophyllaceae [MD－77] 特征纪要:习性:草本(多肉)。花程式:(K－),C2－3参考科,A5,G1。物候:－。花期:6－9月。果期:参考晚于花期。海拔:900－3800米。生境:牧场,石灰质岩石裂缝,森林,生于金沙江和雅鲁藏布江沿岸。资源:药用,具栽培园艺种类。全球1个大洲分布及种数(1－2)◆亚洲。【中国种数:1】。

Psammotropha Eckl. & Zeyh. 沙粟草属 Molluginaceae [MD－99] 特征纪要:习性:草本。花程式:＝↓(K2－5),C2－5,A5,＝↓G1－2。其他特征参考科。全球2个大洲分布及种数(13－21)非洲:20; 南美洲:3。

Psathura Comm. ex Juss. 脆茜属 Rubiaceae [MD－523] 特征纪要:习性:－。花程式:－。其他特征参考科。全球4个大洲分布及种数(17)非洲:13; 欧洲:2; 北美洲:2; 南美洲:2。

Psathyrostachys Nevski ex Roshev. 新麦草属 Poaceae [MM－748] 特征纪要:习性:草本(根状茎,基生)。花程式:(K－),C0参考科,A3参考科,＝G2－3。物候:－。花期:5－8月。果期:参考晚于花期。海拔:1500－5500米。生境:河谷阶地,石质山坡。资源:蛋白质,具栽培园艺种类。全球6个大洲分布及种数(11－29)非洲:3; 亚洲:22; 大洋洲:2; 欧洲:3; 北美洲:3; 南美洲:2。【中国种数:6】。

Psathyrotes A. Gray 龟背菊属 Asteraceae [MD－586] 特征纪要:习性:草本。花程式:(K)3－5,(C)3－5,A3－5,↓G。其他特征参考科。全球2个大洲分布及种数(3－11)亚洲:3; 北美洲:7。

Psathyrotopsis Rydb. 类龟背菊属 Asteraceae [MD－586] 特征纪要:习性:草本。花程式:(K)3－5,(C)3－5,A3－5,＝↓G2。其他特征参考科。全球1个大洲分布及种数(3)◆北美洲。

Psectra (Endl.) Tomševic ＝ **Echinops**

Psednotrichia Hiern 丝莲菊属 Asteraceae [MD－586] 特征纪要:习性:草本。花程式:(K)3－5,(C)3－5,A3－5,＝↓G2。其他特征参考科。全球1个大洲分布及种数(2－3)◆非洲(◆安哥拉)。

Psephellus Cass. 绒矢车菊属 Asteraceae [MD－586] 特征纪要:习性:草本。花程式:(K)3－5,C3－5,A3－5,＝↓G2。物候:－。海拔:1200米。生境:干燥山坡。资源:具栽培园艺种类。全球2个大洲分布及种数(66－118;hort.1)亚洲:64－65;欧洲:6。【中国种数:3】。

Pseudabutilon R. E. Fr. 类苘麻属 Malvaceae [MD－203] 特征纪要:习性:木本。花程式:K5－∞,C5－∞,A10－8,＝G1－5。其他特征参考科。全球6个大洲分布及种数(22－23)非洲:1;亚洲:1;大洋洲:1;欧洲:1;北美洲:8－9;南美洲:17－18。【中国种数:1】。

Pseudacanthopale Benoist 欧洲爵床属 Acanthaceae [MD－572] 特征纪要:习性:草本。花程式:Kn,C0,A3参考科,↓G。其他特征参考科。全球1个大洲分布及种数(1)◆欧洲。

Pseudactis S. Moore ＝ **Emilia**

Pseudadenia P. F. Hunt 假枝兰属 Orchidaceae [MM－723] 特征纪要:习性:草本。花程式:(K)3,C3,A3,＝↓G3。其他特征参考科。全球3个大洲分布及种数(7－19)非洲:2; 亚洲:2; 南美洲:3。

Pseudaechmanthera Bremek. = **Strobilanthes**

Pseudagrostistachys Pax & K. Hoffm. 水锦桐属 Euphorbiaceae [MD-217] 特征纪要:习性:木本。花程式:Kn,C0,A6,=(G)2-3。其他特征参考科。全球2个大洲分布及种数(3-6)非洲:6;亚洲:3。

Pseudaidia Tirveng. 茜树属 Rubiaceae [MD-523] 特征纪要:习性:木本。花程式:(K)4-5,(C)4-5,A4-5,↓G。其他特征参考科。全球2个大洲分布及种数(1-2)亚洲:1;南美洲:1。

Pseudalcantarea (C. Presl) Pinzón & Barfuss 肖凤梨属 Bromeliaceae [MM-715] 特征纪要:习性:草本。花程式:(K)3,C3,A3参考科,↓G。其他特征参考科。全球1个大洲分布及种数(3)◆北美洲:3。

Pseudaleia Thou. = **Olax**

Pseudaleioides Thou. = **Olax**

Pseudaloina Delgad. = **Aloina**

Pseudanamomis Kausel 落萼番樱属 Myrtaceae [MD-347] 特征纪要:习性:-。花程式:-。其他特征参考科。全球3个大洲分布及种数(13)大洋洲:2;北美洲:4;南美洲:2。

Pseudananas Hassl. & Harms 凤梨属 Bromeliaceae [MM-715] 特征纪要和分布(-)。全球1个大洲分布及种数(2)◆南美洲。

Pseudannona (Baill.) Saff. 岛椒木属 Annonaceae [MD-7] 特征纪要:习性:-。花程式:-。其他特征参考科。全球1个大洲分布及种数(2)◆非洲:2。

Pseudanthera McKean 假蕊兰属 Orchidaceae [MM-723] 特征纪要:习性:草本。花程式:Kn,C0参考科,A-参考科,=↓(G)3。其他特征参考科。全球1个大洲分布及种数(cf. 1)◆欧洲。

Pseudanthistiria (Hack.) Hook. f. 假铁秆草属 Poaceae [MM-748] 特征纪要:习性:草本。花程式:-。物候:-。花期:9-12月。果期:参考晚于花期。海拔:500-550米。生境:阴湿地山坡水沟旁。资源:-。全球1个大洲分布及种数(3-4)◆亚洲。【中国种数:1】。

Pseudanthus Sieber ex Spreng. 流苏桐属 Euphorbiaceae [MD-217] 特征纪要:习性:-。花程式:-。其他特征参考科。全球4个大洲分布及种数(12-29)非洲:2;亚洲:2;大洋洲:21;南美洲:2。

Pseudaraeococcus <unassigned> 凤梨属 Bromeliaceae [MM-715] 特征纪要:习性:-。花程式:-。其他特征参考科。全球1个大洲分布及种数(-)。

Pseudarrhenatherum Rouy = **Helictotrichon**

Pseudartabotrys Pellegr. 刺果鹰爪属 Annonaceae [MD-7] 特征纪要:习性:木本。花程式:K3-∞,C3,A2,=G10-100。其他特征参考科。全球1个大洲分布及种数(2)◆非洲。

Pseudathyrium Auct. = **Athyrium**

Pseudatrichum Reimers 穗发小金发藓属 Polytrichaceae [B-101] 特征纪要:习性:-。物候:-。海拔:-。生境:常见于林边阴湿土壁,杂木林下。资源:-。全球1个大洲分布及种数(-)。

Pseudechinolaena Stapf 钩毛草属 Poaceae [MM-748] 特征纪要:习性:草本。花程式:(K-),C0参考科,A3参考科,=G2-3。花期:9-10月。果期:参考晚于花期。海拔:10-5600米。生境:森林阴影,山地疏林下。资源:具园艺种类。全球6个大洲分布及种数(6-19)非洲:13;亚洲:3;大洋洲:3;欧洲:5;北美洲:5;南美洲:7。

Pseudelephantopus Rohr 假地胆草属 Asteraceae [MD-586] 特征纪要:习性:草本。花程式:(K)3-5,C3-5,A3参考科,=↓G2。物候:-。海拔:6000米。生境:草原。资源:-。全球6个大洲分布及种数(3-4)非洲:2;亚洲:2-4;大洋洲:1-3;欧洲:2;北美洲:2-4;南美洲:2-4。【中国种数:1】。

Pseudelymus Barkworth & D. R. Dewey 尾禾草属 Poaceae [MM-748] 特征纪要和分布(-)。全球1个大洲分布及种数(-)◆北美洲。

Pseudeminia Verdc. 热非草豆属 Fabaceae3 [MD-240] 特征纪要:习性:木本。花程式:=↓(K1-∞),C1-∞,A5-9,=↓G1。其他特征参考科。全球2个大洲分布及种数(4-6)非洲:5;南美洲:2。

Pseudephebe M. Choisy 假蕨属 Parkeriaceae [F-36] 特征纪要:-。全球3个大洲分布及种数(2)欧洲:1;北美洲:1;南美洲:2。

Pseudephedranthus Aristeg. 弓脉辕木属 Annonaceae [MD-7] 特征纪要:习性:木本。花程式:K3-∞,C3,A2,=G10-100。其他特征参考科。全球1个大洲分布及种数(2)◆南美洲。

Pseudephemerum (Lindb.) I. Hagen 巴西曲尾藓属 Dicranaceae [B-128] 特征纪要:习性:-。【Rep】:孢蒴台部发达,蒴齿具疣或纵斜条纹,绿色或黄绿色。其他特征参考科。全球6个大洲分布及种数(3)非洲:2;亚洲:1;大洋洲:1;欧洲:1;北美洲:1;南美洲:2。

Pseuderanthemum Radlk. 山壳骨属 Acanthaceae [MD-572] 特征纪要:习性:草本,少木本。花程式:-。物候:-。花期:6-8月。果期:参考晚于花期。海拔:100-1600米。生境:林阴下。资源:具栽培园艺种类。全球6个大洲分布及种数(146-166;hort. 1;cult. 4)非洲:25-32;亚洲:65-71;大洋洲:31-36;欧洲:3;北美洲:22-28;南美洲:51-62。【中国种数:12】。

Pseuderia Schltr. 假毛兰属 Orchidaceae [MM-723] 特征纪要:习性:草本。花程式:(K)3,C3,A3,=↓(G)3。物候:-。花期:参考早于果期。果期:10-11月。海拔:80-5200米。生境:柏树林下或草坡路旁,竹坡中。资源:-。全球6个大洲分布及种数(21-39)非洲:16;亚洲:13;大洋洲:21;欧洲:2;北美洲:2;南美洲:7。【中国种数:4】。

Pseuderucaria O. E. Schulz 假芝麻芥属 Brassicaceae [MD-213] 特征纪要:习性:草本。花程式:K2-4,C2-4,A2-4,=(G)2。其他特征参考科。全球2个大洲分布及种数(3-4)非洲:3;亚洲:1。

Pseudevernia <unassigned> 水蕨科属 Parkeriaceae [F-36] 特征纪要:-。全球3个大洲分布及种数(5)欧洲:2;

北美洲:2; 南美洲:3。

Pseudibatia Malme 巴西假萝藦属 Apocynaceae [MD－492] 特征纪要:习性:－。花程式:－。其他特征参考科。全球 2 个大洲分布及种数(17)非洲:2; 南美洲:17。

Pseudima Radlk. 圭无患子属 Sapindaceae [MD－428] 特征纪要:习性:木本。花程式:K4－8,C4－8,A10,＝(G)2－3。其他特征参考科。全球 3 个大洲分布及种数(2－8)大洋洲:2; 北美洲:4; 南美洲:6。

Pseudinium P. F. Hunt 小假兰属 Orchidaceae [MM－723] 特征纪要:习性:草本。花程式:(K)3,C3,A3,＝↓G3。其他特征参考科。全球 1 个大洲分布及种数(1－2)◆中欧(◆瑞士)。

Pseudiosma (Bl.) DC. 幌芸香属 Rutaceae [MD－399] 特征纪要:－。全球 2 个大洲分布及种数(12)亚洲:4; 南美洲:8。

Pseudisothecium (Müll. Hal.) Grout 船叶藓科属 Lembophyllaceae [B－205] 特征纪要:习性:－。【Rep】:雌雄多异株,内雌苞叶基部呈鞘状,具长尖,孢蒴直立或平列,卵形或长椭圆形,环带分化,蒴齿两层,外齿层黄,雌雄异株或雌雄异苞同株,内雌苞叶基部呈鞘状,上部呈披针形,孢蒴卵形或椭圆形,蒴齿两层,外齿层透明。其他特征参考科。全球 2 个大洲分布及种数(3)亚洲:2; 北美洲:2。

Pseuditella P. F. Hunt 假花兰属 Orchidaceae [MM－723] 特征纪要:习性:草本。花程式:(K)3,C3,A3,＝↓G3。其他特征参考科。全球 1 个大洲分布及种数(1)◆欧洲。

Pseudixus Hayata ＝ **Korthalsella**

Pseudoacanthocereus F. Ritter 南宵柱属 Cactaceae [MD－100] 特征纪要:习性:－。花程式:－。其他特征参考科。全球 2 个大洲分布及种数(1－4)北美洲:2; 南美洲:4。

Pseudoamblystegium Vanderp. & Hedenäs 欧柳叶藓属 Amblystegiaceae [B－178] 特征纪要:习性:－。【Rep】:雌雄同株,绿色、黄色或棕色。物候:－。海拔:－。生境:常见于腐木生,沼泽土生。资源:－。全球 3 个大洲分布及种数(2)亚洲:cf. 1;欧洲:1;北美洲:1。【中国种数:1】。

Pseudoarabidopsis Al－Shehbaz, O'Kane & R. A. Price 假鼠耳芥属 Brassicaceae [MD－213] 特征纪要:习性:草本。花程式:K2－4,C2－4,A2－4,↓G－参考科。物候:－。花期:5－6 月。果期:参考晚于花期。海拔:30－6200米。生境:大草原,阳坡。资源:－。全球 1 个大洲分布及种数(1－2)◆亚洲。【中国种数:1】。

Pseudobaccharis Cabrera ＝ **Baccharis**

Pseudobahia Rydb. 旭日菊属 Asteraceae [MD－586] 特征纪要:习性:草本。花程式:(K)3－5,(C)3－5,A3－5,↓G。其他特征参考科。全球 2 个大洲分布及种数(3－15)北美洲:13; 南美洲:10。

Pseudobambusa T. Q. Nguyen 南亚草属 Poaceae [MM－748] 特征纪要:习性:草本。花程式:(K－),C0 参考科,A3 参考科,↓G－参考科。其他特征参考科。全球 1 个大洲分布及种数(cf. 1)◆亚洲。

Pseudobarbella Nog. 假悬藓属 Meteoriaceae [B－188] 特征纪要:习性:－。【Rep】:雌雄异株,雌苞着生支茎或枝上,蒴柄上部粗糙,孢蒴椭圆状圆柱形,环带分化,蒴齿两层,内外齿层等长。物候:－。海拔:－。生境:树生。资源:－。全球 1 个大洲分布及种数(42)◆亚洲:35。【中国种数:36】。

Pseudobartlettia Rydb. ＝ **Psathyrotopsis**

Pseudobartsia D. Y. Hong 五齿萼属 Orobanchaceae [MD－552] 特征纪要:习性:草本。花程式:(K－),(C)5 参考科,A3 参考科,↓G－。物候:－。花期:10 月。果期:参考晚于花期。海拔:2300 米。生境:森林。资源:－。全球 1 个大洲分布及种数(cf. 1)◆亚洲(◆中国)。

Pseudobersama Verdc. 火球楝属 Meliaceae [MD－414] 特征纪要:习性:木本。花程式:－。其他特征参考科。全球 1 个大洲分布及种数(1)◆非洲。

Pseudobesleria Oerst. ＝ **Besleria**

Pseudobetckea (Höck) Lincz. 贝才草属 Caprifoliaceae [MD－510] 特征纪要:习性:－。花程式:－。其他特征参考科。全球 1 个大洲分布及种数(1)◆非洲。

Pseudoblepharispermum J.－P. Lebrun & Stork 假睑子菊属 Asteraceae [MD－586] 特征纪要:习性:草本。花程式:(K)3－5,C3－5,A3－5,＝↓(G)2。其他特征参考科。全球 1 个大洲分布及种数(2)◆非洲。

Pseudobombax Dugand 番木棉属 Malvaceae [MD－203] 特征纪要:习性:木本。花程式:－。其他特征参考科。全球 6 个大洲分布及种数(28－45)非洲:1; 亚洲:7; 大洋洲:3; 欧洲:9; 北美洲:9; 南美洲:41。【中国种数:1】。

Pseudobotrys Möser 总状茱萸属 Cardiopteridaceae [MD－452] 特征纪要:习性:木本。花程式:K3－4,C3－4,A2,＝(G)2－3。其他特征参考科。全球 4 个大洲分布及种数(2－4)非洲:3; 亚洲:2; 大洋洲:4; 南美洲:2。

Pseudobrachiaria Launert ＝ **Urochloa**

Pseudobrassaiopsis R. N. Banerjee ＝ **Brassaiopsis**

Pseudobraunia (Lesq. & James) Broth. 北美虎尾藓属 Hedwigiaceae [B－138] 特征纪要:习性:－。【Rep】:或带紫红色。其他特征参考科。全球 2 个大洲分布及种数(2)亚洲:2; 北美洲:2。

Pseudobrickellia R. M. King & H. Rob. 线叶肋泽兰属 Asteraceae [MD－586] 特征纪要:习性:草本。花程式:(K)3－5,C3－5,A3－5,＝↓(G)2。其他特征参考科。全球 2 个大洲分布及种数(3－4)非洲:2; 南美洲:4。

Pseudobromus K. Schum. ＝ **Festuca**

Pseudobryopsis <unassigned> 茅蕨藓属 Pterobryaceae [B－201] 特征纪要:－。全球 3 个大洲分布及种数(8)亚洲:3; 大洋洲:2; 欧洲:1。

Pseudobryum (Kindb.) T. J. Kop. 拟真藓属 Mniaceae [B－149] 特征纪要:习性:－。【Rep】:雌雄异株,蒴柄直立,红棕色,孢蒴平展或垂倾,卵状圆柱形,蒴盖圆锥形。物候:－。海拔:900 米。生境:土生。资源:－。全球 3 个大洲分布及种数(2)亚洲:2;欧洲:1;北美洲:1。【中国种数:1】。

Pseudocadia Harms = **Xanthocercis**

Pseudocalliergon (Limpr.) Löske 拟湿原藓属 Amblystegiaceae [B-178] 特征纪要:习性:-。【Rep】:雌雄同株,绿色、黄色或棕色。物候:-。海拔:-。生境:常见于腐木生,沼泽土生。资源:-。全球4个大洲分布及种数(5)亚洲:2;欧洲:4;北美洲:5;南美洲:3。【中国种数:2】。

Pseudocalyx Radlk. 囊苞藤属 Acanthaceae [MD-572] 特征纪要:习性:草本。花程式:K2-4,C0,A4,=(G)2。其他特征参考科。全球1个大洲分布及种数(5-7)◆非洲。

Pseudocamelina (Boiss.) N. Busch = **Peltariopsis**

Pseudocampylium Vanderp. & Hedenäs 巴西柳叶藓属 Amblystegiaceae [B-178] 特征纪要:习性:-。【Rep】:雌雄同株,绿色、黄色或棕色。其他特征参考科。全球1个大洲分布及种数(2)◆南美洲:2。

Pseudocannaboides B.-E. van Wyk 假花芹属 Apiaceae [MD-480] 特征纪要:习性:草本。花程式:=↓(K5),C5,A5,=↓(G)2。其他特征参考科。全球1个大洲分布及种数(1)◆非洲。

Pseudocarapa Hemsl. 蟹楝属 Meliaceae [MD-414] 特征纪要:习性:-。花程式:-。其他特征参考科。全球3个大洲分布及种数(5-10)亚洲:8; 大洋洲:2; 南美洲:4。

Pseudocarpidium Millsp. 腋序荆属 Lamiaceae [MD-575] 特征纪要:习性:木本。花程式:-。其他特征参考科。全球3个大洲分布及种数(9-10)亚洲:2; 欧洲:10; 北美洲:10。

Pseudocarum C. Norman 假葛缕子属 Apiaceae [MD-480] 特征纪要:习性:草本。花程式:=↓(K5),C5,A5,=↓(G)2。其他特征参考科。全球3个大洲分布及种数(2-8)非洲:8; 北美洲:2; 南美洲:4。

Pseudocaryophyllus O. Berg = **Pimenta**

Pseudocaryopteris (Briq.) P. D. Cantino 锥花莸属 Lamiaceae [MD-575] 特征纪要:习性:木本。花程式:Kn,C0,A3参考科,↓G。物候:-。花期:3-9月。果期:参考晚于花期。海拔:80-3300米。生境:岩边壁上。资源:-。全球5个大洲分布及种数(2-5)亚洲:5; 大洋洲:2; 欧洲:2; 北美洲:2; 南美洲:4。【中国种数:2】。

Pseudocatalpa A. H. Gentry 塔纳葳属 Bignoniaceae [MD-541] 特征纪要:习性:-。花程式:-。其他特征参考科。全球2个大洲分布及种数(2)北美洲:1; 南美洲:1。

Pseudocayratia J. Wen, L. M. Lu & Z. D. Chen 假葡萄属 Vitaceae [MD-403] 特征纪要:习性:木本。花程式:-。其他特征参考科。全球1个大洲分布及种数(-)。

Pseudocedrela Harms 铁洋椿属 Meliaceae [MD-414] 特征纪要:习性:木本。花程式:K3-5,C3-5,A6,=G1-2。其他特征参考科。全球1个大洲分布及种数(1)◆非洲。

Pseudocentrum Lindl. 假心兰属 Orchidaceae [MM-723] 特征纪要:习性:草本。花程式:(K)3,C3,A3,=↓(G)3。其他特征参考科。全球3个大洲分布及种数(12-14)亚洲:cf. 1;北美洲:1-3;南美洲:10。

Pseudocephalozia R. M. Schust. 纽指叶苔属 Lepidoziaceae [B-63] 特征纪要:习性:-。【Rep】:裂瓣披针形或指形。其他特征参考科。全球2个大洲分布及种数(8)亚洲:2; 大洋洲:3。

Pseudocephaloziella R. M. Schust. 假叶苔属 Lophoziaceae [B-56] 特征纪要:-。全球1个大洲分布及种数(1)◆非洲。

Pseudocerastium C. Y. Wu, X. H. Guo & X. P. Zhang 假卷耳属 Caryophyllaceae [MD-77] 特征纪要:习性:-。花程式:-。物候:-。海拔:800-1000米。生境:流石滩。资源:-。全球1个大洲分布及种数(cf. 1)◆亚洲(◆中国)。

Pseudochaenomeles Carrière = **Chaenomeles**

Pseudochaetochloa Hitchc. 大洋洲刚毛草属 Poaceae [MM-748] 特征纪要:习性:-。花程式:-。其他特征参考科。全球1个大洲分布及种数(1)◆大洋洲(◆澳大利亚)。

Pseudochamaesphacos Parsa 假矮刺苏属 Lamiaceae [MD-575] 特征纪要:习性:草本。花程式:-。其他特征参考科。全球1个大洲分布及种数(1) ◆亚洲:1。

Pseudocherleria Dillenb. & Kadereit 石漆姑属 Caryophyllaceae [MD-77] 特征纪要:习性:草本。花程式:Kn,C2-3参考科,A10,G-。其他特征参考科。全球2个大洲分布及种数(1) 亚洲:3(IFR 1),北美洲:1。

Pseudochimarrhis Ducke = **Chimarrhis**

Pseudochirita W. T. Wang 异裂苣苔属 Gesneriaceae [MD-549] 特征纪要:习性:草本。花程式:(K-),C2-3参考科,A5,↓G-。物候:-。海拔:550米。生境:山谷阴处石上或山洞中,在石灰岩山林中,罕见。资源:药用。全球1个大洲分布及种数(cf. 1)◆亚洲(◆中国)。【中国种数:1】。

Pseudochorisodontium (Broth.) C. Gao, Vitt, Fu Xing & T. Cao 无齿藓属 Dicranaceae [B-128] 特征纪要:习性:-。【Rep】:雌苞叶分化,基部鞘状,有毛尖,蒴柄长,均高出于雌苞叶,孢蒴直立或背曲,长圆柱形或长椭圆形,辐射对称,雌雄异株,雄株矮小,附于假根上成假雌雄同株,雌苞叶形大,高鞘状,上部具细毛尖,与孢蒴等长或长于孢蒴。物候:-。全球1个大洲分布及种数(1)◆亚洲:1。

Pseudo-chorisodontium (Broth.) C. Gao, Vitt, X. Fu & T. Cao 无齿藓属 Dicranaceae [B-128] 特征纪要:-。全球1个大洲分布及种数(1)◆亚洲(中国)。

Pseudocladia Pierre = **Pouteria**

Pseudoclappia Rydb. 假盐菊属 Asteraceae [MD-586] 特征纪要:习性:草本。花程式:(K)3-5,(C)3-5,A3-5,↓G。其他特征参考科。全球1个大洲分布及种数(2)◆北美洲。

Pseudoclausena T. Clark 割舌树属 Meliaceae [MD-414] 特征纪要:习性:木本。花程式:-。其他特征参考科。全球1个大洲分布及种数(1)◆亚洲。

Pseudoclausia Popov 假香芥属 Brassicaceae [MD-213] 特征纪要:习性:-。花程式:-。物候:-。花期:6-7

月。果期:参考晚于花期。海拔:800－3000 米。生境:山坡。资源:－。全球 1 个大洲分布及种数(cf. 1)◆亚洲。

Pseudocoix A. Camus ＝ **Hickelia**

Pseudocolysis L. D. Gómez ＝ **Polypodium**

Pseudoconnarus Radlk. 假牛栓藤属 Connaraceae［MD－284］特征纪要:习性:木本。花程式:＝↓(K5－10),C5－10,A5,＝↓G1－3。其他特征参考科。全球 3 个大洲分布及种数(5－12)非洲:1; 亚洲:3; 南美洲:12。【中国种数:1】。

Pseudoconyza Cuatrec. 假飞蓬属 Asteraceae［MD－586］特征纪要:习性:草本。花程式:(K－),C3－5,A3 参考科,↓G。物候:－。花期:1－4 月。果期:参考晚于花期。海拔:6000 米。生境:低地栖息地。资源:－。全球 4 个大洲分布及种数(2)非洲:1;亚洲:cf. 1;北美洲:1;南美洲:1。【中国种数:1】。

Pseudocoptosperma De Block 假茜属 Rubiaceae［MD－523］特征纪要:习性:木本。花程式:(K－),(C)4,A3 参考科,↓G。其他特征参考科。全球 1 个大洲分布及种数(1)◆非洲。

Pseudocorchorus Capuron 假黄麻属 Malvaceae［MD－203］特征纪要:习性:木本。花程式:K1－∞,C1－∞,A5,＝(G)2－100。其他特征参考科。全球 3 个大洲分布及种数(6－9)非洲:8; 亚洲:2; 南美洲:3。

Pseudocranichis Garay ＝ **Galeoglossum**

Pseudocrossidium R. S. Williams 拟流梳藓属 Pottiaceae［B－133］特征纪要:习性:－。【Rep】:孢腔轮廓清晰,蒴齿缺如,或具蒴齿而无基膜,下部呈黄绿或黄棕色。物候:－。海拔:－。生境:常见于高山岩石上。栽培:来自广西龙州。资源:具栽培园艺种类。全球 6 个大洲分布及种数(21)非洲:7;亚洲:5;大洋洲:3;欧洲:4;北美洲:6;南美洲:17。【中国种数:1】。

Pseudocroton Müll. Arg. ＝ **Capparis**

Pseudocryphaea E. Britton ex Broth. 假痕藓属 Neckeraceae［B－204］特征纪要:－。全球 2 个大洲分布及种数(4)北美洲:3; 南美洲:4。

Pseudocryptogonium H. Akiyama & B. C. Tan 蕨藓科属 Pterobryaceae［B－201］特征纪要:－。全球 1 个大洲分布及种数(－)。

Pseudoctomeria Kraenzl. 帽花兰属 Orchidaceae［MM－723］特征纪要:习性:－。花程式:－。其他特征参考科。全球 1 个大洲分布及种数(cf. 1)◆北美洲。

Pseudocyclanthera Mart. Crov. 巴西葫芦属 Cucurbitaceae［MD－205］特征纪要:习性:－。花程式:－。其他特征参考科。全球 2 个大洲分布及种数(2)大洋洲:2; 南美洲:2。

Pseudocyclea <unassigned> 中国防己属 Menispermaceae［MD－42］特征纪要:－。全球 1 个大洲分布及种数(1)◆亚洲:1。

Pseudocyclosorus Ching 假毛蕨属 Thelypteridaceae［F－42］特征纪要:习性:－。【Rep】:孢子囊群圆形,通常生于侧脉中部,少为上部或下部。物候:－。海拔:20－2500 米。生境:侧脉中上部,竹林内。资源:－。全球 6 个大洲分布及种数(38－41)非洲:1－7;亚洲:36－44;大洋洲:5;欧洲:5;北美洲:5;南美洲:5。

Pseudocydonia (C. K. Schneid.) C. K. Schneid. 木瓜属 Rosaceae［MD－246］特征纪要:习性:－。花程式:－。物候:－。海拔:－。生境:－。资源:具栽培园艺种类。全球 2 个大洲分布及种数(1－2)亚洲:1; 北美洲:2。【中国种数:1】。

Pseudocymbidium Szlach. & Sitko ＝ **Maxillaria**

Pseudocymopterus J. M. Coult. & Rose 假春芹属 Apiaceae［MD－480］特征纪要:习性:－。花程式:－。其他特征参考科。全球 1 个大洲分布及种数(3－12)◆北美洲。

Pseudocyphellaria <unassigned> 雪绒兰科属 Lanariaceae［MM－681］特征纪要:－。全球 4 个大洲分布及种数(107)亚洲:9; 大洋洲:6; 北美洲:4; 南美洲:89。

Pseudocystopteris Ching 假冷蕨属 Athyriaceae［F－40］特征纪要:习性:－。【Rep】:孢子囊群椭圆形或肾圆形,每裂片 1－7 枚,生于侧小脉基部或单脉中部。物候:－。海拔:10－3900 米。生境:林下。资源:－。全球 4 个大洲分布及种数(35)非洲:2; 亚洲:27; 欧洲:3; 北美洲:3。

Pseudodacryodes Pierlot 鼠李榄属 Burseraceae［MD－408］特征纪要:习性:木本。花程式:K3,C3,A2,＝(G)2－3。其他特征参考科。全球 1 个大洲分布及种数(1)◆非洲。

Pseudodanthonia Bor & C. E. Hubb. 翼稃草属 Poaceae［MM－748］特征纪要:习性:草本。花程式:(K)3,C0 参考科,A1－2,＝G2－3。其他特征参考科。全球 1 个大洲分布及种数(cf. 1)◆亚洲。

Pseudodichanthium Bor 假双花草属 Poaceae［MM－748］特征纪要:习性:草本。花程式:(K)3,C0 参考科,A1－2,＝(G)2－3。其他特征参考科。全球 1 个大洲分布及种数(cf. 1)◆亚洲。

Pseudodicliptera Benoist 假狗肝菜属 Acanthaceae［MD－572］特征纪要:习性:草本。花程式:K2－4,C0,A2－4,＝G2。其他特征参考科。全球 1 个大洲分布及种数(4)◆非洲(◆马达加斯加)。

Pseudodictamnus Fabr. 宽萼苏属 Lamiaceae［MD－575］特征纪要:习性:－。花程式:－。其他特征参考科。全球 2 个大洲分布及种数(13－17)非洲:8; 亚洲:8。

Pseudodimerodontium (Broth.) Broth. 薄罗藓科属 Leskeaceae［B－181］特征纪要:－。全球 1 个大洲分布及种数(－)。

Pseudodiphasium Holub ＝ **Lycopodium**

Pseudodiphryllum Nevski ＝ **Platanthera**

Pseudodiplospora Deb 茜草科属 Rubiaceae［MD－523］特征纪要:习性:木本。花程式:－。其他特征参考科。全球 1 个大洲分布及种数(－)。

Pseudodissochaeta Nayar 类酸脚杆属 Melastomataceae［MD－364］特征纪要:习性:木本。花程式:＝↓(Kn),C2－3参考科,A3 参考科,＝↓G－。其他特征参考科。全球 1 个大洲分布及种数(2－3)◆亚洲。【中国种数:2】。

Pseudodistichium Cardot 纽牛毛藓属 Ditrichaceae［B－119］特征纪要:习性:－。【Rep】:孢蒴台部发达,蒴齿具疣或纵斜条纹,绿色或黄绿色。其他特征参考科。全球 3 个大洲分布及种数(6)非洲:2; 大洋洲:2; 南美洲:2。

Pseudoditrichaceae Steere & Z. Iwats.［B－148］隐叉藓科 特征纪要(参考 Daltoniaceae):体形纤弱,小形至中形,绿色至黄褐色,多具光泽,密集丛生。【Rep】:雌雄混生同株,或异苞同株,雌苞叶小,中肋不明显或缺失,蒴柄细长,干时扭曲,红色,孢蒴卵形或长卵形。全球 1 个大洲分布和属种数(1/1)◆北美洲。

Pseudoditrichum Steere & Z. Iwats. 加拿大隐叉藓属 Pseudoditrichaceae［B－148］特征纪要(同科)。全球 1 个大洲分布及种数(1)◆北美洲。

Pseudodraba Al－Shehbaz, D. A. German & M. Koch 假花菜属 Brassicaceae［MD－213］特征纪要:习性:草本。花程式:K4,C4,A3 参考科,↓G－参考科。其他特征参考科。全球 1 个大洲分布及种数(－)。

Pseudodracontium N. E. Br. 魔龙芋属 Araceae［MM－639］特征纪要:习性:－。花程式:－。物候:－。花期:2－9 月。果期:参考晚于花期。海拔:100－4400 米。生境:芭蕉－海芋群落,驻地前山阴坡草地。资源:－。全球 2 个大洲分布及种数(15)亚洲:15; 北美洲:3。

Pseudodrynaria C. Chr. 崖姜蕨属 Drynariaceae［F－61］特征纪要:习性:－。【Rep】:孢子囊群着生于小脉交叉处,每对侧脉之间有 1 行,生于叶表面,圆形或通常沿第三回小脉而延长。物候:－。海拔:100－3800 米。生境:常绿阔叶林林中树干上,针阔混交林下。资源:－。全球 1 个大洲分布及种数(1)◆亚洲。

Pseudoeriocoma Romasch. 禾本科属 Poaceae［MM－748］特征纪要:习性:－。花程式:－。其他特征参考科。全球 2 个大洲分布及种数(6)北美洲:6; 南美洲:5。

Pseudoeriosema Hauman 假雀脷珠属 Fabaceae3［MD－240］特征纪要:习性:木本。花程式:＝↓(K1－∞),C1－∞,A5－9,＝↓G1。其他特征参考科。全球 3 个大洲分布及种数(6－9)非洲:9; 大洋洲:2; 南美洲:2。

Pseudoernestia Krasser 脷珠牡丹属 Melastomataceae［MD－364］特征纪要:习性:木本。花程式:＝↓(Kn),C2－3参考科,A3 参考科,＝↓G－。其他特征参考科。全球 2 个大洲分布及种数(2－3)非洲:1; 南美洲:2。

Pseudoeugenia Scortechini ＝ **Syzygium**

Pseudoeverardia Gilly ＝ **Everardia**

Pseudofumaria Medik. 假烟堇属 Papaveraceae［MD－54］特征纪要:习性:草本。花程式:K1－∞,C4,A4－6,＝G2－100。其他特征参考科。全球 4 个大洲分布及种数(3;hort. 1)亚洲:1;大洋洲:2;欧洲:2;北美洲:2。

Pseudogaillonia Lincz. 卷毛茜属 Rubiaceae［MD－523］特征纪要:习性:－。花程式:－。其他特征参考科。全球 1 个大洲分布及种数(cf. 1)◆亚洲。

Pseudogalium L. E Yang, Z. L. Nie & H. Sun 风信茜属 Rubiaceae［MD－523］特征纪要:习性:木本。花程式:(K－),(C)4,A3 参考科,↓G。其他特征参考科。全球 1 个大洲分布及种数(－)◆非洲。

Pseudogaltonia (Kuntze) Engl. 垂风信子属 Asparagaceae［MM－669］特征纪要:习性:草本。花程式:(K)3,C0 参考科,A3 参考科,＝G3。其他特征参考科。全球 2 个大洲分布及种数(2－12)非洲:6; 南美洲:7。

Pseudogardneria Racib. ＝ **Gardneria**

Pseudoglochidion Gamble ＝ **Phyllanthus**

Pseudoglossanthis Poljakov 小甘菊属 Asteraceae［MD－586］特征纪要:习性:草本。花程式:(K)3－5,(C)3－5,A3－5,↓G。物候:－。花期:7－10 月。果期:参考晚于花期。海拔:6000 米。生境:阿尔泰山地针叶林带山沟,柞林下路旁。资源:－。全球 1 个大洲分布及种数(2－5) ◆亚洲:2－5。

Pseudoglycine F. J. Herm. ＝ **Ophrestia**

Pseudognaphalium Kirp. 鼠曲草属 Asteraceae［MD－586］特征纪要:习性:草本。花程式:(K)3－5,C3－5,A3－5,＝↓(G)2。物候:－。花期:8－10 月。果期:参考晚于花期。海拔:2600－2800 米。生境:草山坡。资源:具栽培园艺种类。全球 6 个大洲分布及种数(109－121;hort. 1;cult. 1)非洲:10－13;亚洲:15－18;大洋洲:3－6;欧洲:5－8;北美洲:62－68;南美洲:51－61。【中国种数:9】。

Pseudognidia E. Phillips ＝ **Gnidia**

Pseudogoodyera Schltr. 假斑叶兰属 Orchidaceae［MM－723］特征纪要:习性:草本。花程式:(K)3,C3,A3,↓(G)3。其他特征参考科。全球 3 个大洲分布及种数(1－5)亚洲:2; 北美洲:2; 南美洲:1。

Pseudo－gunnera Oerst. ＝ **Gunnera**

Pseudogynoxys (Greenm.) Cabrera 蔓黄金菊属 Asteraceae［MD－586］特征纪要:习性:草本。花程式:(K)3－5,(C)3－5,A3－5,＝↓G2。其他特征参考科。全球 6 个大洲分布及种数(21－23)非洲:2;亚洲:2;大洋洲:1;欧洲:2;北美洲:6－7;南美洲:20。【中国种数:1】。

Pseudohamelia Wernham 假长隔木属 Rubiaceae［MD－523］特征纪要:习性:木本。花程式:(K)4－5,(C)4－5,A4－5,＝↓(G)2－9。其他特征参考科。全球 1 个大洲分布及种数(1)◆南美洲。

Pseudohandelia Tzvelev 拟天山蓍属 Asteraceae［MD－586］特征纪要:习性:草本。花程式:(K)3－5,C3－5,A3－5,↓G。物候:－。花期:7－10 月。果期:参考晚于花期。海拔:6000 米。生境:石山,坡地。资源:－。全球 1 个大洲分布及种数(cf. 1)◆亚洲。【中国种数:1】。

Pseudohelotium <unassigned> 柄苞菰属 Helosaceae［MD－305］特征纪要:－。全球 2 个大洲分布及种数(3)欧洲:1; 南美洲:1。

Pseudoheterocaryum Kaz. Osaloo & Saadati 紫果草属 Boraginaceae［MD－517］特征纪要:习性:草本。花程式:Kn,C0,A5,↓G。物候:－。花期:7－8 月。果期:参考晚于花期。海拔:5700 米。生境:草地,路边,耕地,自然山坡

地。资源:-。全球1个大洲分布及种数(4)◆亚洲:4。

Pseudohydrosme Engl. 短柄刺芋属 Araceae [MM-639] 特征纪要:习性:木本。花程式:K0,C0,A1-4,=G1-3。其他特征参考科。全球1个大洲分布及种数(2)◆非洲。

Pseudohygrohypnum Kanda 柳叶藓科属 Hypnaceae [B-189] 特征纪要:-。全球2个大洲分布及种数(4)亚洲:2; 北美洲:1。【中国种数:1】。

Pseudohyophila Hilp. 假藓属 Dicranaceae [B-128] 特征纪要:习性:-。【Rep】:雌雄同株,稀异株,雌苞叶高鞘状,蒴柄直立,常3-4个丛生,孢蒴短圆柱形,对称,平滑,干燥时无褶,蒴齿,蒴柄黄色或油绿色,孢蒴卵圆形,干燥时具纵长条纹,蒴齿齿片有纵条纹,有穿孔或不规则开裂,孢子黑褐色。其他特征参考科。全球1个大洲分布及种数(1)◆南美洲。

Pseudohypnella (Broth.) M. Fleisch. 亚洲锦藓属 Sematophyllaceae [B-192] 特征纪要:习性:-。【Rep】:雌雄同株或雌雄异株,稀雌雄杂株,蒴柄细长,下部平滑,上部具乳头突起,孢蒴小,垂倾或悬垂,长卵形或长圆,多暗色、绿色至金黄色。其他特征参考科。全球2个大洲分布及种数(1)亚洲:1;大洋洲:1。

Pseudoisotachis Váňa 小袋苔属 Balantiopsaceae [B-37] 特征纪要:-。分布:-。

Pseudojacobaea (Hook. f.) R. Mathur 印度菊属 Asteraceae [MD-586] 特征纪要:-。全球1个大洲分布及种数(2)◆亚洲:2。

Pseudokindbergia M. Li, Y. F. Wang, Ignatov. & B. C. Tan 青钱藓属 Brachytheciaceae [B-187] 特征纪要:习性:-。【Rep】:绿色或棕绿色。其他特征参考科。全球1个大洲分布及种数(1)◆非洲。

Pseudokyrsteniopsis R. M. King & H. Rob. = **Eupatorium**

Pseudolabatia Aubrév. & Pellegr. = **Pouteria**

Pseudolachnostoma Morillo 裸夹竹桃属 Apocynaceae [MD-492] 特征纪要:习性:木本。花程式:Kn,C0,A15,=↓G2。其他特征参考科。全球2个大洲分布及种数(10)北美洲:2;南美洲:8。

Pseudolachnostylis Pax 羚棠属 Phyllanthaceae [MD-222] 特征纪要:习性:木本。花程式:K1(1000),C0,A1-1000,↓G-参考科。其他特征参考科。全球2个大洲分布及种数(4-12)非洲:11; 亚洲:3。

Pseudolaelia Porto & Brade 群丽兰属 Orchidaceae [MM-723] 特征纪要:习性:草本。花程式:(K)3,C3,A3,=↓G3。其他特征参考科。全球2个大洲分布及种数(15-29)北美洲:2; 南美洲:29。

Pseudolappula Khoshsokhan & Kaz. Osaloo 紫草属 Boraginaceae [MD-517] 特征纪要:习性:-。花程式:-。其他特征参考科。全球2个大洲分布及种数(1)非洲:1; 亚洲:1。

Pseudolarix Gordon & Glend. 金钱松属 Pinaceae [G-15] 特征纪要:习性:-。【Rep】:复轴,球果状,苞鳞种鳞分离,球果当年成熟,直立,有短梗,种鳞木质,苞鳞小,基部与种鳞结合而生,熟时与种鳞一同脱落,发育的种鳞各有2粒种子,种子有宽大种翅,种子连同种翅几与种鳞等长,子叶4-6枚。物候:-。花期:4月。果期:参考晚于花期。海拔:100-1500米。生境:生于针叶树,阔叶树林中。资源:油脂,具栽培园艺种类。全球4个大洲分布及种数(1-8)亚洲:7; 大洋洲:2; 欧洲:5; 北美洲:5。【中国种数:1】。

Pseudolasiacis (A. Camus) A. Camus 黍属 Poaceae [MM-748] 特征纪要:习性:草本。花程式:(K-),C0参考科,A3参考科,↓G-参考科。其他特征参考科。全球1个大洲分布及种数(cf. 1)◆非洲。

Pseudolepicolea Fulford & J. Taylor 拟复叉苔属 Pseudolepicoleaceae [B-71] 特征纪要:习性:-。【Rep】:雌雄同株或异株,雄苞着生茎、枝先端,雌苞顶生,雌苞叶与茎叶同形,4-5裂,蒴柄横切面中央4个细胞。其他特征参考科。全球6个大洲分布及种数(4)非洲:2;亚洲:1-3;大洋洲:2;欧洲:2;北美洲:1-3;南美洲:2-4。

Pseudolepicoleaceae Fulford & J. Taylor [B-71] 拟复叉苔科 特征纪要:形态特征同科。【Rep】:雌雄异苞同株,内雌苞叶有皱褶,具细长尖,蒴柄长2-3厘米,孢蒴圆柱形,下垂,蒴齿两层,外齿层齿片披针,老时呈红棕色。全球6个大洲分布和属种数(4/9-14)非洲:2/5;亚洲:2/5-10;大洋洲:2-3/3-8;欧洲:2/5;北美洲:1-2/1-6;南美洲:4/5-10。【中国属种数:1/1】。

Pseudoleskea Bruch & Schimp. 拟薄罗藓科属 Leskeaceae [B-181] 特征纪要:习性:-。【Rep】:雌雄同株,雌苞生于茎上,雄苞常着生于枝端,蒴柄长,直立,平滑或粗糙具疣,孢蒴多数直立,有时倾立。其他特征参考科。全球6个大洲分布及种数(144)非洲:19; 亚洲:33; 大洋洲:1; 欧洲:23; 北美洲:23; 南美洲:14。【中国种数:12】。

Pseudoleskeaceae Schimp. [B-182] 拟薄罗藓科 特征纪要(参考 Daltoniaceae),体形纤弱,小形至中形,绿色至黄褐色,多具光泽,密集丛生。【Rep】:雌雄混生同株,或异苞同株,雌苞叶小,中肋不明显或缺失,蒴柄细长,干时扭曲,红色,孢蒴卵形或长卵形。全球6个大洲分布和属种数(1/17-66)非洲:1/4-45; 亚洲:1/11-53; 大洋洲:1/41; 欧洲:1/1-43; 北美洲:1/3-44; 南美洲:1/5-46。【中国属种数:1/5】。

Pseudoleskeella Kindb. 假细罗藓属 Pseudoleskeellaceae [B-183] 特征纪要(同科)。全球5个大洲分布及种数(10)非洲:5;亚洲:6;欧洲:5;北美洲:9;南美洲:1。【中国种数:5】。

Pseudoleskeellaceae Ignatov & Ignatova [B-183] 假细罗藓科 特征纪要:形小或中形,淡绿色或黄绿色,具光泽,稀疏或密集。全球6个大洲分布和属种数(1/7-13)非洲:1/3;亚洲:1/7-10;大洋洲:1/3;欧洲:1/4-7;北美洲:1/6-9;南美洲:1/3。【中国属种数:1/5】。

Pseudoleskeellites Ignatov & Perkovsky 薄罗藓科属 Leskeaceae [B-181] 特征纪要和分布(-)。

Pseudoleskeopsis Broth. 拟草藓属 Leskeaceae [B-181] 特征纪要:习性:-。【Rep】:雌雄同株,内雌苞叶直立,淡绿色,狭长披针形,蒴柄细长,孢蒴倾立或平列,两侧不对称,长卵形或长柱形。物候:-。海拔:1300米。生境:水土生。资源:-。全球6个大洲分布及种数(31)非洲:5; 亚洲:17; 大洋洲:2; 欧洲:2; 北美洲:2; 南美洲:3。【中国种数:10】。

Pseudoligandra M. O. Dillon & Sagást. = **Chionolaena**

Pseudolitchi Danguy & Choux = **Stadmania**

Pseudolithos P. R. O. Bally 凝蹄玉属 Apocynaceae [MD-492] 特征纪要:习性:木本。花程式:K5,C0,A5,=G2。其他特征参考科。全球3个大洲分布及种数(7-15)非洲:9;亚洲:3;南美洲:6。

Pseudolitsea Yang 木姜子属 Lauraceae [MD-21] 特征纪要和分布(-)。

Pseudolmedia Trécul 双球桑属 Moraceae [MD-87] 特征纪要:习性:木本。花程式:K1-4,C0,A6,=G1-2。其他特征参考科。全球6个大洲分布及种数(18)非洲:1;亚洲:1;大洋洲:1;欧洲:1;北美洲:6-7;南美洲:9-12。

Pseudolophanthus Levin = **Marmoritis**

Pseudolophocolea R. M. Schust. & J. J. Engel 假羽苔属 Plagiochilaceae [B-73] 特征纪要:习性:-。【Rep】:雌苞生于短枝上,雄苞生于短侧枝上,短枝上无正常叶发育,仅为雌雄苞叶,雌雄同株,稀异株,雌雄苞一般生于主茎或长分枝顶端,雌苞叶大于茎叶,先端具裂瓣和不规则齿突,蒴萼大。其他特征参考科。全球2个大洲分布及种数(3)亚洲:3;大洋洲:3。

Pseudolophozia (R. M. Schust. & Damsh.) Konstant. & Vilnet 裂叶苔科属 Lophoziaceae [B-56] 特征纪要:-。全球3个大洲分布及种数(3)亚洲:2;欧洲:3;北美洲:3。

Pseudolotus Rech. f. 百脉根属 Fabaceae3 [MD-240] 特征纪要:习性:-。花程式:-。其他特征参考科。全球1个大洲分布及种数(-)。

Pseudoludovia Harling = **Sphaeradenia**

Pseudolycopodiella Holub 拟小石松属 Lycopodiaceae [F-4] 特征纪要:习性:-。【Rep】:孢子枝单生,直立,仅具稀疏的鳞片状叶片。物候:-。海拔:1000-1500米。生境:山顶,山坡湿地。资源:-。全球6个大洲分布及种数(8-19)非洲:5;亚洲:5;大洋洲:4;欧洲:5;北美洲:5;南美洲:14。

Pseudolycopodium Holub = **Lycopodium**

Pseudolysimachion (W. D. J. Koch) Opiz 兔尾苗属 Plantaginaceae [MD-527] 特征纪要:习性:-。花程式:-。物候:-。花期:7-8月。果期:参考晚于花期。海拔:1100-1300米。生境:草丛在森林边缘。栽培:来自广西龙州。资源:具栽培园艺种类。全球4个大洲分布及种数(18-21)亚洲:16-18;大洋洲:5;欧洲:6-7;北美洲:5-6。

Pseudomalachra (K. Schum.) Monteiro 铜绿锦葵属 Malvaceae [MD-203] 特征纪要:习性:-。花程式:-。其他特征参考科。全球1个大洲分布及种数(1-2)◆南美洲。

Pseudomalia Enroth 缘边拟平藓科属 Echinodiaceae [B-207] 特征纪要:-。全球1个大洲分布及种数(-)。

Pseudomalmea Chatrou 黄辕木属 Annonaceae [MD-7] 特征纪要:习性:木本。花程式:K3-∞,C3,A2,=G10-100。其他特征参考科。全球2个大洲分布及种数(5)北美洲:1;南美洲:3。

Pseudomantalania J.-F. Leroy 拟曼塔茜属 Rubiaceae [MD-523] 特征纪要:习性:木本。花程式:(K)4-5,(C)4-5,A4-5,=↓G2-9。其他特征参考科。全球1个大洲分布及种数(1)◆非洲(◆马达加斯加)。

Pseudomariscus Rauschert = **Courtoisina**

Pseudomarrubium Popov 假欧夏至草属 Lamiaceae [MD-575] 特征纪要:习性:草本。花程式:K2,C0,A2,=G2。其他特征参考科。全球1个大洲分布及种数(cf. 1)◆中亚(◆哈萨克斯坦)。

Pseudomarsupidium Herzog 南美隐蒴苔属 Adelanthaceae [B-50] 特征纪要:习性:-。其他特征参考科。全球2个大洲分布及种数(3)亚洲:cf. 1;南美洲:2。

Pseudomaxillaria Hoehne = **Camaridium**

Pseudomelasma Eb. Fisch. 黑蒴属 Orobanchaceae [MD-552] 特征纪要:习性:草本。花程式:-。其他特征参考科。全球2个大洲分布及种数(1-5)非洲:1;南美洲:1。

Pseudomelissitus Ovcz. Rassulova & Kinzik. = **Trigonella**

Pseudomertensia Riedl 假滨紫草属 Boraginaceae [MD-517] 特征纪要:习性:-。花程式:-。其他特征参考科。全球1个大洲分布及种数(14-15)◆亚洲。

Pseudomiltemia Borhidi 墨西哥苣苔属 Rubiaceae [MD-523] 特征纪要:习性:草本。花程式:K5,C0,A2-5,=(G)2。其他特征参考科。全球2个大洲分布及种数(2-3)北美洲:3;南美洲:2。

Pseudomisopates Güemes 萼玄参属 Plantaginaceae [MD-527] 特征纪要:习性:草本。花程式:Kn,C0,A2-4,↓G。其他特征参考科。全球1个大洲分布及种数(1)。

Pseudomitrocereus Bravo & Buxb. 顶绒柱属 Cactaceae [MD-100] 特征纪要:习性:-。花程式:-。其他特征参考科。全球1个大洲分布及种数(-)。

Pseudomonotes A. C. Londoño, E. Alvarez & Forero 厚隔香属 Dipterocarpaceae [MD-173] 特征纪要:习性:木本。花程式:-。其他特征参考科。全球1个大洲分布及种数(1)◆南美洲(◆哥伦比亚)。

Pseudomorus Bureau 斧柄桑属 Moraceae [MD-87] 特征纪要:习性:-。花程式:-。其他特征参考科。全球5个大洲分布及种数(42)亚洲:27;大洋洲:2;欧洲:3;北美洲:3;南美洲:21。

Pseudomuscari Garbari & Greuter 敞壶花属 Asparagaceae [MM-669] 特征纪要:习性:-。花程式:-。物候:-。花期:参考早于果期。果期:6-11月。海拔:2600米。生境:山坡,草地,路旁或林缘。资源:具栽培园艺种类。全球3个大洲分布及种数(12)非洲:1;亚洲:12;大洋洲:2。

Pseudomussaenda Wernham 双扇金花属 Rubiaceae [MD-523] 特征纪要:习性:木本。花程式:(K)4-5,(C)4-5,A4-5,=↓G2-9。其他特征参考科。全球3个大洲分布及种数(5-10)非洲:10;亚洲:4;北美洲:2。【中国种数:1】。

Pseudomyrcianthes Kausel = **Eugenia**

Pseudonemacladus McVaugh 穗枝草属 Campanulaceae [MD-561] 特征纪要:习性:草本。花程式:(K)5,(C)5,

A5, = ↓G2 - 3。其他特征参考科。全球 2 个大洲分布及种数(1 - 2)北美洲:1; 南美洲:1。

Pseudonesohedyotis Tennant 假美耳茜属 Rubiaceae [MD - 523] 特征纪要:习性:木本。花程式:(K)4 - 5,(C)4 - 5,A4 - 5, = ↓(G)2 - 9。其他特征参考科。全球 1 个大洲分布及种数(1)◆非洲(◆坦桑尼亚)。

Pseudoneura Hübener 绿片苔科属 Aneuraceae [B - 86] 特征纪要:习性: - 。【Rep】:雌雄苞均着生短侧枝上,雌苞无假蒴萼,蒴被形大,肉质,圆柱形或棒形,尖端具疣状突起,孢蒴椭圆形。物候: - 。海拔: - 。生境:腐生,土生。资源: - 。全球 6 个大洲分布及种数(9)非洲:2; 亚洲:5; 大洋洲:2; 欧洲:2; 北美洲:2; 南美洲:5。【中国种数:1】。

Pseudonoseris H. Rob. & Brettell 红安菊属 Asteraceae [MD - 586] 特征纪要:习性:草本。花程式:(K)3 - 5,C3 - 5,A3 - 5, = ↓(G)2。其他特征参考科。全球 1 个大洲分布及种数(4)◆南美洲。

Pseudopaegma Urb. = **Anemopaegma**

Pseudopanax K. Koch 矛木属 Araliaceae [MD - 471] 特征纪要:习性:木本。花程式: = ↓(K1 - ∞),C1 - ∞,A2, = ↓G2 - 5。其他特征参考科。全球 5 个大洲分布及种数(7 - 31)亚洲:10; 大洋洲:27; 欧洲:6; 北美洲:6; 南美洲:6。【中国种数:1】。

P

Pseudopancovia Pellegr. 加蓬无患子属 Sapindaceae [MD - 428] 特征纪要:习性:木本。花程式: - 。其他特征参考科。全球 1 个大洲分布及种数(1)◆中非(◆加蓬)。

Pseudoparis H. Perrier 假重楼属 Commelinaceae [MM - 708] 特征纪要:习性:草本。花程式:(K)3,C3,A2 - 3, = (G)3。其他特征参考科。全球 2 个大洲分布及种数(3 - 8)非洲:4; 南美洲:4。

Pseudoparmelia <unassigned> 水蕨科属 Parkeriaceae [F - 36] 特征纪要: - 。全球 2 个大洲分布及种数(34)北美洲:2; 南美洲:34。

Pseudopegolettia H. Rob. Skvarla & V. A. Funk 红亮菊属 Asteraceae [MD - 586] 特征纪要:习性:草本。花程式: - 。其他特征参考科。全球 1 个大洲分布及种数(-)。

Pseudopentameris Conert 假五数草属 Poaceae [MM - 748] 特征纪要:习性:草本。花程式:(K)3,C0 参考科,A1 - 2,↓G - 参考科。其他特征参考科。全球 2 个大洲分布及种数(4 - 6)非洲:6; 南美洲:2。

Pseudopeponidium Homolle ex Arènes = **Pyrostria**

Pseudophacelurus A. Camus = **Phacelurus**

Pseudophegopteris Ching 紫柄蕨属 Thelypteridaceae [F - 42] 特征纪要:习性: - 。【Rep】:孢子囊群长圆形、卵圆形或近圆形,背生于侧脉中部或中部以上,无盖。物候: - 。海拔:2330 米。生境:常绿林下沟边,针阔混交林路边。资源: - 。全球 6 个大洲分布及种数(2 - 42)非洲:6; 亚洲:32; 大洋洲:4; 欧洲:4; 北美洲:4; 南美洲:3。

Pseudophleum Doğan 类梯牧草属 Poaceae [MM - 748] 特征纪要:习性:草本。花程式:(K -),C0 参考科,A3 参考科, = G2 - 3。其他特征参考科。全球 1 个大洲分布及种数(1 - 2)◆亚洲。

Pseudophoenix H. Wendl. ex Sarg. 樱桃椰属 Arecaceae [MM - 717] 特征纪要:习性:木本。花程式:K3 - 10,C3 - 10,A3 - 10, = G3 - 10。其他特征参考科。全球 3 个大洲分布及种数(4 - 21)亚洲:5; 北美洲:10; 南美洲:4。

Pseudophyllanthus (Müll. Arg.) Voronts. & Petra Hoffm. 连丝木属 Phyllanthaceae [MD - 222] 特征纪要:习性:木本。花程式:K1(1000),C0,A6,↓G - 参考科。其他特征参考科。全球 1 个大洲分布及种数(1)◆非洲。

Pseudopilocereus Buxb. 蓝衣柱属 Cactaceae [MD - 100] 特征纪要:习性: - 。花程式: - 。其他特征参考科。全球 2 个大洲分布及种数(19)北美洲:1; 南美洲:1。

Pseudopiloecium E. B. Bartram 篮锦藓属 Sematophyllaceae [B - 192] 特征纪要:习性: - 。【Rep】:雌雄同株或雌雄异株,稀雌雄杂株,蒴柄细长,下部平滑,上部具乳头突起,孢蒴小,垂倾或悬垂,长卵形或长圆,多暗色、绿色至金黄色。其他特征参考科。全球 1 个大洲分布及种数(-)◆亚洲。

Pseudopilotrichum (Müll. Hal.) W. R. Buck & B. H. Allen 船叶藓科属 Lembophyllaceae [B - 205] 特征纪要: - 。全球 1 个大洲分布及种数(-)。

Pseudopiptadenia Rauschert 假落腺豆属 Fabaceae3 [MD - 240] 特征纪要:习性: - 。花程式: - 。其他特征参考科。全球 4 个大洲分布及种数(10 - 12)亚洲:4; 大洋洲:1; 北美洲:3; 南美洲:12。

Pseudopiptocarpha H. Rob. 铁鸠菊属 Asteraceae [MD - 586] 特征纪要:习性:草本。花程式:(K)3 - 5,(C)3 - 5,A3 参考科,↓G。其他特征参考科。全球 2 个大洲分布及种数(4 - 5)大洋洲:1; 南美洲:5。

Pseudoplantago Süss. 车前苋属 Amaranthaceae [MD - 116] 特征纪要:习性:草本。花程式:K1 - 2,C0,A1 - 2, = (G)2 - 3。其他特征参考科。全球 1 个大洲分布及种数(1 - 2)◆南美洲。

Pseudopleuropus Takaki 拟褶叶藓属 Brachytheciaceae [B - 187] 特征纪要:习性: - 。【Rep】:雌雄同株,雌苞生于茎上,雄苞常着生于枝端,蒴柄长,直立,平滑或粗糙具疣,孢蒴多数直立,有时倾立,两侧,雌雄异株 - 蒴柄纤细,长约 1 厘米,孢蒴长卵形,蒴齿两层,内齿层齿毛缺失,蒴盖圆锥形。物候: - 。海拔: - 。生境:常见于林下土生,岩面土生。资源: - 。全球 1 个大洲分布及种数(2)◆亚洲。【中国种数:1】。

Pseudopodospermum Kuth. 婆罗门参属 Asteraceae [MD - 586] 特征纪要:习性:草本。花程式:(K)3 - 5,(C)3 - 5,A3 - 5,↓G。其他特征参考科。全球 3 个大洲分布及种数(5)非洲:1(IFR 1);亚洲:5(IFR 2);欧洲:1(IFR 1)。

Pseudopogonatherum A. Camus 假金发草属 Poaceae [MM - 748] 特征纪要:习性:草本。花程式: - 。物候: - 。海拔:700 - 1700 米。生境:草地山坡。栽培:来自广西龙州。资源:具栽培园艺种类。全球 4 个大洲分布及种数(6 - 19)非洲:2; 亚洲:17; 大洋洲:3; 北美洲:2。【中国种数:4】。

Pseudopohlia R. S. Williams 拟丝瓜藓属 Bryaceae [B - 146] 特征纪要:习性: - 。【Rep】:孢子体的形态构造同于提灯藓属,蒴柄长,孢蒴下垂,呈卵形或长卵形,环带呈片状自行散落,蒴齿两层,外层齿较短。物候: - 。海拔: - 。生境:林下。资源: - 。全球 3 个大洲分布及种数(4)非洲:1;亚洲:3;北美洲:1。【中国种数:3】。

Pseudoprosopis Harms 假牧豆树属 Fabaceae2［MD－240］特征纪要:习性:木本。花程式:＝↓(K3－5－∞),C3－5－∞,A1－10－50,＝↓G1。其他特征参考科。全球 1 个大洲分布及种数(6－7)◆非洲。

Pseudoprospero Speta 蓝瑰花属 Asparagaceae［MM－669］特征纪要:习性:草本。花程式:(K－),C0 参考科,A3 参考科,G3－ 参考科)。其他特征参考科。全球 1 个大洲分布及种数(1)◆非洲。

Pseudoprotorhus H. Perrier ＝ **Filicium**

Pseudopteris Baill. 假翼无患子属 Sapindaceae［MD－428］特征纪要:习性:木本。花程式:K4－8,C4－8,A10,＝(G)2－3。其他特征参考科。全球 2 个大洲分布及种数(3－5)非洲:5; 南美洲:2。

Pseudopterobryum Broth. 滇蕨藓属 Pterobryaceae［B－201］特征纪要:习性:－。【Rep】:雌雄异株,稀雌雄同株,蒴柄短或较长,平滑或粗糙,孢蒴长卵形,直立,蒴齿两层,环带不分化,蒴盖圆锥形,亮绿色至红棕色。物候:－。海拔:－。生境:常见于林下树干,土生。资源:－。全球 1 个大洲分布及种数(2)◆亚洲。【中国种数:2】。

Pseudopyxis Miq. 假盖果草属 Rubiaceae［MD－523］特征纪要:习性:木质攀援。花程式:－。物候:－。花期:6－8 月。果期:参考晚于花期。海拔:1400－1600 米。生境:潮湿地点,阴湿林下石隙中或沟溪旁。资源:－。全球 1 个大洲分布及种数(2－3)◆亚洲(◆中国)。【中国种数:1】。

Pseudoracelopus Broth. 金发藓科属 Polytrichaceae［B－101］特征纪要:习性:－。【Rep】:孢子同形,雌雄异株,稀雌雄同株,蒴柄细长,孢蒴长圆柱形,单生或多个簇生,蒴齿单层,齿片 32,棕红色,蒴盖圆锥形。物候:－。海拔:－。生境:常见于林边阴湿土壁,杂木林下。资源:－。全球 2 个大洲分布及种数(9)亚洲:4; 大洋洲:2。【中国种数:1】。

Pseudoraphis Griff. ex Pilg. 伪针茅属 Poaceae［MM－748］特征纪要:习性:草本。花程式:－。物候:－。海拔:100－500 米。生境:池塘,沟旁和溪边潮湿地,田畦。资源:－。全球 6 个大洲分布及种数(7－10)非洲:1－3;亚洲:6－10;大洋洲:3－7;欧洲:2;北美洲:2;南美洲:2。【中国种数:5】。

Pseudorchis Ség. 白手参属 Orchidaceae［MM－723］特征纪要和分布(－)。全球 6 个大洲分布及种数(5;hort. 1;cult. 1)非洲:1;亚洲:2－3;大洋洲:1;欧洲:4－5;北美洲:3－4;南美洲:1。【中国种数:1】。

Pseudorhipsalis Britton & Rose 梅枝令箭属 Cactaceae［MD－100］特征纪要:习性:木本。花程式:＝↓(K1－∞),C1－∞,A3－100,＝↓(G)3－100。其他特征参考科。全球 2 个大洲分布及种数(8;hort. 1;cult. 1)北美洲:7;南美洲:5。

Pseudorhiza P. F. Hunt 假根兰属 Orchidaceae［MM－723］特征纪要:习性:草本。花程式:(K)3,C3,A3,＝↓G3。其他特征参考科。全球 1 个大洲分布及种数(3－10)◆欧洲。

Pseudorhynchostegiella Ignatov & Vanderp. 亚青藓属 Brachytheciaceae［B－187］特征纪要:习性:－。【Rep】:雌苞侧生,雌苞叶分化,蒴柄长,平滑或粗糙,孢蒴卵球形或长椭圆状圆柱形,下弯至横生,甚少直立,颈部短而,绿色或棕绿色。其他特征参考科。全球 2 个大洲分布及种数(1)非洲:1;欧洲:1。

Pseudoridolfia Reduron, Mathez & S. R. Downie 鹅伞芹属 Apiaceae［MD－480］特征纪要:习性:草本。花程式:＝↓(Kn),C5,A3 参考科,＝↓G(－)。其他特征参考科。全球 1 个大洲分布及种数(1)◆非洲。

Pseudorlaya (Murb.) Murb. 假奥尔雷草属 Apiaceae［MD－480］特征纪要:习性:－。花程式:－。其他特征参考科。全球 5 个大洲分布及种数(8)非洲:6; 亚洲:2; 欧洲:2; 北美洲:2; 南美洲:2。

Pseudoroegneria (Nevski) á. Löve 假鹅观草属 Poaceae［MM－748］特征纪要:习性:草本。花程式:(K)3,C0 参考科,A1－2,＝(G)2－3。物候:－。花期:6－7 月。果期:参考晚于花期。海拔:10－5600 米。生境:斜坡上。资源:－。全球 6 个大洲分布及种数(12－18;hort. 1;cult. 1)非洲:1;亚洲:10－11;大洋洲:1－2;欧洲:2－3;北美洲:2－3;南美洲:1。【中国种数:3】。

Pseudorontium (A. Gray) Rothm. 獒嘴花属 Plantaginaceae［MD－527］特征纪要:习性:草本。花程式:K2－4,C0,A2－4,↓G2。其他特征参考科。全球 1 个大洲分布及种数(1)◆北美洲。

Pseudorosularia Gurgen. ＝ **Rosularia**

Pseudoryza Griff. ＝ **Leersia**

Pseudosalacia Codd 石檬木属 Celastraceae［MD－339］特征纪要:习性:木本。花程式:K2－3,C2－3,A10,G－。其他特征参考科。全球 1 个大洲分布及种数(1)◆非洲。

Pseudosamanea Harms 古巴雨树属 Fabaceae3［MD－240］特征纪要:习性:木本。花程式:＝↓(Kn),C3－5－∞,A3 参考科,＝↓G(－)。其他特征参考科。全球 2 个大洲分布及种数(3)北美洲:2;南美洲:2。【中国种数:1】。

Pseudosantalum Mill. ＝ **Osmoxylon**

Pseudosarcopera Gir.－Cañas 蜜囊花属 Marcgraviaceae［MD－170］特征纪要:习性:－。花程式:－。其他特征参考科。全球 1 个大洲分布及种数(1)◆南美洲。

Pseudosasa Makino ex Nakai 矢竹属 Poaceae［MM－748］特征纪要:习性:竹类。花程式:(K－),C0 参考科,A3 参考科,＝G2－3。物候:－。花期:3－4 月或 7－8 月。果期:参考晚于花期。海拔:400－500 米。生境:常沿山区溪流种植。栽培:来自广西龙州。资源:具栽培园艺种类。全球 6 个大洲分布及种数(20－122)非洲:5; 亚洲:90; 大洋洲:5; 欧洲:10; 北美洲:10; 南美洲:8。【中国种数:15】。

Pseudosassafras Lecomte 台湾檫木属 Lauraceae［MD－21］特征纪要和分布(－)。全球 2 个大洲分布及种数(cf. 1)亚洲;北美洲。

Pseudoscabiosa Devesa 蓝盆花属 Caprifoliaceae［MD－510］特征纪要:习性:草本。花程式:－。其他特征参考科。全球 2 个大洲分布及种数(2－3)非洲:1,欧洲:2。

Pseudoschoenus (C. B. Clarke) Oteng－Yeb. 赤箭蕉属 Cyperaceae［MM－747］特征纪要:习性:草本。花程式:(K)3,C3,A3,G－。其他特征参考科。全球 2 个大洲分布及种数(1－2)非洲:2; 北美洲:2。

P

Pseudosclerochloa Tzvelev 假硬草属 Poaceae［MM－748］特征纪要:习性:－。花程式:－。物候:－。花期:4－7月。果期:参考晚于花期。海拔:10－5600 米。生境:田野,山谷,溪边。资源:－。全球 6 个大洲分布及种数(5)非洲:2; 亚洲:5; 大洋洲:2; 欧洲:3; 北美洲:3; 南美洲:2。

Pseudoscleropodium（Limpr.）M. Fleisch. 巴西假青藓属 Entodontaceae［B－195］特征纪要:习性:－。【Rep】:绿色或棕绿色。物候:－。海拔:－。生境:岩面土生。资源:－。全球 6 个大洲分布及种数(5)非洲:2; 亚洲:5; 大洋洲:2; 欧洲:2; 北美洲:2; 南美洲:5。【中国种数:4】。

Pseudoscolopia Gilg 假箣柊属 Salicaceae［MD－123］特征纪要:习性:草本。花程式:－。其他特征参考科。全球 1 个大洲分布及种数(1)◆非洲。

Pseudosecale（Godr.）Degen ＝ **Dasypyrum**

Pseudosedum（Boiss.）A. Berger 合景天属 Crassulaceae［MD－229］特征纪要:习性:草本(根状茎,基生,多肉)。花程式:－。物候:－。花期:5－6 月。果期:参考晚于花期。海拔:700－1600 米。生境:沙滩,砾石区,砂质粉土,山沟阴坡上及沙滩砾石砂土中。资源:药用。全球 3 个大洲分布及种数(14－16)亚洲:14; 欧洲:2; 北美洲:2。【中国种数:4】。

Pseudoselago Hilliard 纹杉花属 Scrophulariaceae［MD－536］特征纪要:习性:草本。花程式:K2－4,C0,A2－4,↓G。其他特征参考科。全球 1 个大洲分布及种数(29)◆非洲。

Pseudoselinum C. Norman 假苞芹属 Apiaceae［MD－480］特征纪要:习性:草本。花程式:＝↓(K5),C5,A5,＝↓(G)2。其他特征参考科。全球 1 个大洲分布及种数(1)◆非洲(◆安哥拉)。

Pseudosenefeldera Esser 大苞柏属 Euphorbiaceae［MD－217］特征纪要:习性:木本。花程式:K1(1000),C0,A6,＝(G)2－3。其他特征参考科。全球 2 个大洲分布及种数(1－2)北美洲:2; 南美洲:2。

Pseudosenegalia Seigler & Ebinger 南方兰属 Orchidaceae［MM－723］特征纪要:习性:草本。花程式:(K－),C2－3 参考科,A3 参考科,↓G－。其他特征参考科。全球 1 个大洲分布及种数(2)◆南美洲:2。

Pseudosericocoma Cavaco 互叶绢苋属 Amaranthaceae［MD－116］特征纪要:习性:－。花程式:－。其他特征参考科。全球 2 个大洲分布及种数(3)非洲:2; 南美洲:2。

Pseudosicydium Harms 肖野胡瓜属 Cucurbitaceae［MD－205］特征纪要:习性:－。花程式:－。其他特征参考科。全球 2 个大洲分布及种数(4)北美洲:2; 南美洲:4。

Pseudosmilax Hayata ＝ **Heterosmilax**

Pseudosmodingium Engl. 纸皮漆属 Anacardiaceae［MD－432］特征纪要:习性:木本。花程式:K5,C5,A5－10,＝G1－3。其他特征参考科。全球 3 个大洲分布及种数(5－11)非洲:3; 北美洲:6; 南美洲:5。

Pseudosophora Sweet ＝ **Vexibia**

Pseudosopubia Engl. 假短冠草属 Orobanchaceae［MD－552］特征纪要:习性:灌木。花程式:K5,C0,A2－4,＝(G)2－3。其他特征参考科。全球 1 个大洲分布及种数(3)◆非洲(◆坦桑尼亚)。

Pseudosorghum A. Camus 假高粱属 Poaceae［MM－748］特征纪要:习性:草本(基生)。花程式:(K)3,C0 参考科,A1－2,↓G－参考科。物候:－。海拔:1000 米。生境:土地。资源:－。全球 3 个大洲分布及种数(2－4)非洲:3; 亚洲:3; 大洋洲:2。【中国种数:2】。

Pseudospigelia W. Klett ＝ **Spigelia**

Pseudospiridentopsis（Broth.）M. Fleisch. 拟木毛藓属 Lembophyllaceae［B－205］特征纪要:习性:－。【Rep】:蒴柄细长,孢蒴卵圆形。物候:－。海拔:－。生境:山谷林下。资源:－。全球 1 个大洲分布及种数(3)◆亚洲:3。【中国种数:2】。

Pseudospondias Engl. 异槟榔青属 Anacardiaceae［MD－432］特征纪要:习性:木本。花程式:－。其他特征参考科。全球 2 个大洲分布及种数(2－4)非洲:4; 北美洲:2。

Pseudostachyum Munro 泡竹属 Poaceae［MM－748］特征纪要:习性:竹类。花程式:(K－),C0 参考科,A3 参考科,＝(G)2－3。物候:－。海拔:200－1200 米。生境:常绿阔叶灌木丛中或疏林下。资源:具园艺种类。全球 1 个大洲分布及种数(1－2)◆亚洲。【中国种数:1】。

Pseudostelis Schltr. 银光兰属 Orchidaceae［MM－723］特征纪要:习性:－。花程式:－。其他特征参考科。全球 3 个大洲分布及种数(5)亚洲:2; 北美洲:1; 南美洲:1。

Pseudostellaria Pax 孩儿参属 Caryophyllaceae［MD－77］特征纪要:习性:草本(基生)。花程式:－。物候:－。花期:5－7 月。果期:参考晚于花期。海拔:1000－3800 米。生境:云杉林下或多石质山坡,针阔混交疏林下阴湿地。资源:药用,具栽培园艺种类。全球 5 个大洲分布及种数(25－56)亚洲:48; 大洋洲:2; 欧洲:6; 北美洲:6; 南美洲:2。【中国种数:13】。

Pseudostereodon（Broth.）M. Fleisch. 假丛灰藓属 Hypnaceae［B－189］特征纪要:习性:－。物候:－。海拔:－。生境:常见于林下土或岩面薄土,沼泽水生。资源:－。全球 2 个大洲分布及种数(cf. 1)亚洲;南美洲。【中国种数:1】。

Pseudostifftia H. Rob. 假亮毛菊属 Asteraceae［MD－586］特征纪要:习性:草本。花程式:Kn,C3 参考科,A3 参考科,↓G。其他特征参考科。全球 1 个大洲分布及种数(1)◆南美洲(◆巴西)。

Pseudostreblus Bur. ＝ **Streblus**

Pseudostreptogyne A. Camus ＝ **Koordersiochloa**

Pseudostriga Bonati 假独脚金属 Orobanchaceae［MD－552］特征纪要:习性:草本。花程式:参考科,C4 参考科,A4 参考科,↓G 参考科。物候:－。海拔:45－6000 米。生境:沼泽草地。资源:－。全球 1 个大洲分布及种数(1)◆亚洲(◆中国)。【中国种数:1】。

Pseudosymblepharis Broth. 拟合睫藓属 Pottiaceae［B－133］特征纪要:习性:－。【Rep】:孢腔轮廓清晰,蒴齿缺如,或具蒴齿而无基膜,下部呈黄绿或黄棕色。物候:－。海拔:1040 米。生境:石生。资源:－。全球 5 个大洲分布及种数(15)非洲:5;亚洲:7;大洋洲:5;北美洲:9;南美洲:4。【中国种数:7】。

Pseudotaenidia Mack. 北美太尼草属 Apiaceae［MD－480］特征纪要:习性:－。花程式:－。其他特征参考科。全球 1 个大洲分布及种数(1)◆北美洲。

Pseudotaxiphyllum Z. Iwats. 拟鳞叶藓属 Plagiotheciaceae［B－170］特征纪要:－。【Rep】:雌雄异株或雌雄异苞同株,生殖苞侧生,雌苞叶分化,蒴柄长。物候:－。海拔:－。生境:常见于林下土或岩面薄土,沼泽水生。资源:－。全球 6 个大洲分布及种数(13)非洲:2;亚洲:8;大洋洲:4;欧洲:2;北美洲:6;南美洲:2。【中国种数:5】。

Pseudotaxus W. C. Cheng 白豆杉属 Taxaceae［G－12］特征纪要:习性:－。【Rep】:复轴,核果状,有肉质被套,下部苞鳞残迹,寡种子,球花单生叶腋,无梗,雄球花圆球形,基部有 4 对交叉对生的苞片,雄蕊盾形,交叉对生,6－12 枚,各有 4－6 个辐射排列的花药,花丝短,雄蕊之间生有苞片,雌球花基部有 7 对交叉对生的苞片,顶端的苞腋有 1 直立胚珠着生于圆盘状珠托上,种子坚果状,当年成熟,生于杯状肉质假种皮中,卵圆形,微扁,上部露出,顶端具突起的小尖头。物候:－。海拔:100－3500 米。生境:常绿阔叶树林及落叶阔叶树林中。资源:园林,具栽培园艺种类。全球 3 个大洲分布及种数(1－2)亚洲:2; 欧洲:2; 北美洲:2。【中国种数:1】。

Pseudotectaria Tardieu－Blot 三叉蕨属 Dryopteridaceae［F－49］特征纪要:习性:－。【Rep】:孢子囊单生叶背。其他特征参考科。全球 2 个大洲分布及种数(7)北美洲:1; 南美洲:1。

P

Pseudoterobryum Broth. ex Wijk ＝ **Pseudopterobryum**

Pseudothuidium Herzog ＝ **Diaphanodon**

Pseudotimmiella Bizot 短颈藓科属 Diphysciaceae［B－103］特征纪要:习性:－。其他特征参考科。全球 1 个大洲分布及种数(－)。

Pseudotrachydium (Kljuykov, Pimenov & V. N. Tikhom.) Pimenov & Kljuykov 假伞芹属 Apiaceae［MD－480］特征纪要:习性:草本。花程式:＝↓(K5),C5,A5,＝↓(G)2。其他特征参考科。全球 1 个大洲分布及种数(4－5)◆亚洲(◆伊朗)。

Pseudotrachypus P. de la Varde & Thér. 蔓藓科属 Lembophyllaceae［B－205］特征纪要:习性:－。【Rep】:雌苞着生茎或枝上,蒴柄平滑或粗糙,孢蒴椭圆形或椭圆状圆柱形,蒴齿内外齿层等长,或内齿层稍短,基膜高出,蒴柄细长,孢蒴卵圆形。物候:－。海拔:－。生境:山谷林下。资源:－。全球 4 个大洲分布及种数(6)亚洲:5;大洋洲:1;北美洲:2;南美洲:1。【中国种数:2】。

Pseudotragia Pax ＝ **Plukenetia**

Pseudotrillium S. B. Farmer 延龄草属 Melanthiaceae［MM－621］特征纪要:习性:草本。花程式:(K)3,C3,A3 参考科,G3－ 参考科。其他特征参考科。全球 1 个大洲分布及种数(1) ◆北美洲:1。

Pseudotrimezia R. C. Foster 三角鸢尾属 Iridaceae［MM－700］特征纪要:习性:－。花程式:－。其他特征参考科。全球 3 个大洲分布及种数(28)非洲:2; 亚洲:2; 南美洲:27。

Pseudotrismegistia H. Akiyama & H. Tsubota 拟金枝藓属 Pylaisiadelphaceae［B－191］特征纪要:习性:－。【Rep】:孢子囊,单生叶表,蒴柄直立或稍扭曲,平滑,孢蒴卵形,外齿层细胞沿纵壁加厚,中缝有穿孔,内齿层齿条呈线形,基膜低。物候:－。海拔:－。生境:常见于竹上,岩石上。资源:－。全球 1 个大洲分布及种数(1)◆亚洲:1。【中国种数:1】。

Pseudotritomaria Konstant. & Vilnet 北美刺叶苔属 Scapaniaceae［B－57］特征纪要:习性:－。【Rep】:常具蒴囊,绿色、黄绿色、暗绿色或红褐色。其他特征参考科。全球 1 个大洲分布及种数(cf. 1)◆北美洲。

Pseudotrophis Warb. ＝ **Streblus**

Pseudotsuga Carrière 黄杉属 Pinaceae［G－15］特征纪要:习性:－。【Rep】:复轴,球果状,苞鳞种鳞分离,球果卵圆形,长卵圆形或圆锥状卵形,下垂,有柄,幼时紫红色成熟前淡绿色,熟时褐色或黄褐色,种鳞木质,坚硬,蚌壳状,宿存,苞鳞显著露出,先端三裂,中裂窄长渐尖,侧裂较短,先端钝尖或钝圆,种子连翅较种鳞为短,子叶 6－12 枚,发芽时出土。物候:－。花期:4－5 月。果期:参考晚于花期。海拔:2400－3300 米。生境:常绿阔叶林,针叶林内。资源:具栽培园艺种类。全球 6 个大洲分布及种数(7－48)非洲:3; 亚洲:25; 大洋洲:3; 欧洲:14; 北美洲:14; 南美洲:4。【中国种数:4】。

Pseudoturritis Al－Shehbaz 旗竿菜属 Brassicaceae［MD－213］特征纪要:习性:草本。花程式:K4,C4,A3 参考科,↓G－参考科。物候:－。花期:3－7 月。果期:6－8 月。海拔:30－6200 米。生境:半固定沙地前平地,作为蔬菜栽培。资源:具栽培园艺种类。全球 2 个大洲分布及种数(2)非洲:1;欧洲:1。

Pseudovanilla Garay 拟香荚兰属 Orchidaceae［MM－723］特征纪要:习性:草本(水生)。花程式:(K)3,C3,A3,＝↓(G)3。其他特征参考科。全球 3 个大洲分布及种数(10)非洲:3;亚洲:6;大洋洲:5。

Pseudovesicaria (Boiss.) Rupr. 膀胱菜属 Brassicaceae［MD－213］特征纪要:习性:草本。花程式:K－,C4,A6－4 强雄蕊。其他特征参考科。全球 2 个大洲分布及种数(1) 分布(cf.):亚洲,欧洲。

Pseudovigna (Harms) Verdc. 假豇豆属 Fabaceae3［MD－240］特征纪要:习性:木本。花程式:＝↓(K1－∞),C1－∞,A5－9,＝↓G1。其他特征参考科。全球 2 个大洲分布及种数(3－4)非洲:4; 大洋洲:2。

Pseudovossia A. Camus ＝ **Phacelurus**

Pseudovouapa Britton & Killip ＝ **Macrolobium**

Pseudoweinmannia Engl. 蓬荆梅属 Cunoniaceae［MD－255］特征纪要:习性:木本。花程式:K4－5,C4－5,A4－5,＝↓G2－3。其他特征参考科。全球 1 个大洲分布及种数(2)◆大洋洲(◆澳大利亚)。

Pseudowintera Dandy 含笑林仙属 Winteraceae［MD－3］特征纪要:习性:木本。花程式:－。其他特征参考科。全

球4个大洲分布及种数(4-8)大洋洲:8; 欧洲:2; 北美洲:2; 南美洲:2。

Pseudowoodia <unassigned> 南非金钩萝藦属 Asclepiadaceae [MD-494] 特征纪要:-。全球1个大洲分布及种数(2)◆非洲:2。

Pseudoxalis Rose = **Oxalis**

Pseudoxandra R. E. Fr. 南镶木属 Annonaceae [MD-7] 特征纪要:习性:木本。花程式:K3-∞,C3,A2,=G10-100。其他特征参考科。全球1个大洲分布及种数(19-24)◆南美洲。

Pseudoxytenanthera Soderstr. & R. P. Ellis 巨竹属 Poaceae [MM-748] 特征纪要:习性:草本。花程式:(K-),C0参考科,A3参考科,↓G-参考科。物候:-。海拔:10-5600米。生境:草地,作为饲料植物或大麦田杂草种植。资源:-。全球1个大洲分布及种数(4)◆亚洲。【中国种数:1】。

Pseudoxythece Aubrév. = **Pouteria**

Pseudoyoungia D. Maity & Maiti 金钩菊属 Asteraceae [MD-586] 特征纪要和分布(-)。全球1个大洲分布及种数(cf. 1)◆亚洲。

Pseudoziziphus Haünschild 枣鼠李属 Rhamnaceae [MD-331] 特征纪要:习性:木本。花程式:Kn,C2-3参考科,A2,↓G-参考科。其他特征参考科。全球1个大洲分布及种数(2)◆北美洲:2。

Pseudozoysia Chiov. 卷曲刺毛叶草属 Poaceae [MM-748] 特征纪要:习性:草本。花程式:(K)3,C0参考科,A1-2,=(G)2-3。其他特征参考科。全球1个大洲分布及种数(1)◆非洲。

Pseudrachicallis H. Karst. = **Arcytophyllum**

Pseuduvaria Miq. 金钩花属 Annonaceae [MD-7] 特征纪要:习性:木本。花程式:-。物候:-。花期:2-4月。果期:参考晚于花期。海拔:200-1500米。生境:常绿和落叶阔叶林。资源:具园艺种类。全球6个大洲分布及种数(60-66)非洲:21-23;亚洲:43-49;大洋洲:22-24;欧洲:1;北美洲:1;南美洲:2-3。【中国种数:2】。

Psiadia Jacq. 黄胶菊属 Asteraceae [MD-586] 特征纪要:习性:草本。花程式:(K)3-5,(C)3-5,A3-5,=↓G2。物候:-。海拔:-。生境:-。资源:具栽培园艺种类。全球6个大洲分布及种数(76-81;hort. 1;cult. 1)非洲:69-74;亚洲:11-15;大洋洲:4;欧洲:9-13;北美洲:2-6;南美洲:6-10。

Psiadiella Humbert 单脉黄胶菊属 Asteraceae [MD-586] 特征纪要:习性:-。花程式:-。其他特征参考科。全球1个大洲分布及种数(1)◆非洲(◆马达加斯加)。

Psidiastrum Bello = **Eugenia**

Psidiopsis O. Berg = **Calycolpus**

Psidium L. 番石榴属 Myrtaceae [MD-347] 特征纪要:习性:木本。花程式:-。物候:-。花期:夏天。果期:参考晚于花期。海拔:100-2900米。生境:荒地或低丘陵上。资源:药用,具栽培园艺种类。全球6个大洲分布及种数(103-616)非洲:88; 亚洲:132; 大洋洲:70; 欧洲:211; 北美洲:211; 南美洲:530。【中国种数:9】。

Psiguria Arn. 小蝶瓜属 Cucurbitaceae [MD-205] 特征纪要:木本。花程式:K3-5,C3-5,A2,=↓(G)1-2。其他特征参考科。全球4个大洲分布及种数(6-71)亚洲:7; 欧洲:28; 北美洲:28; 南美洲:70。【中国种数:1】。

Psila Phil. 裸蝶菊属 Asteraceae [MD-586] 特征纪要和分布(-)。全球1个大洲分布及种数(12)◆南美洲。

Psilactis A. Gray 裸冠菀属 Asteraceae [MD-586] 特征纪要:习性:草本。花程式:(K)3-5,C3-5,A3-5,=↓(G)2。其他特征参考科。全球3个大洲分布及种数(6-15)亚洲:2; 北美洲:10; 南美洲:5。

Psilaea Miq. = **Linostoma**

Psilantha (K. Koch) Tzvelev = **Eragrostis**

Psilanthele Lindau 裸花爵床属 Acanthaceae [MD-572] 特征纪要:习性:草本。花程式:K2-4,C0,A2-4,=(G)2。其他特征参考科。全球2个大洲分布及种数(1-5)北美洲:1; 南美洲:3。

Psilanthemum (Link, Klotzsch & Otto) Klotzsch ex Stein 树兰属 Orchidaceae [MM-723] 特征纪要和分布(-)。

Psilanthopsis A. Chev. = **Coffea**

Psilathera Link = **Sesleria**

Psilobium Jack = **Acranthera**

Psilocarphus Nutt. 绵石菊属 Asteraceae [MD-586] 特征纪要:习性:草本。花程式:(K)3-5,(C)3-5,A3-5,↓G。其他特征参考科。全球6个大洲分布及种数(6)非洲:1;亚洲:1;大洋洲:1;欧洲:1;北美洲:5-6;南美洲:2-3。【中国种数:1】。

Psilocarya C. B. Clarke 北美莎草属 Cyperaceae [MM-747] 特征纪要:习性:-。花程式:-。其他特征参考科。全球5个大洲分布及种数(22)非洲:4; 亚洲:3; 大洋洲:2; 北美洲:15; 南美洲:14。

Psilochilus Barb. Rodr. 弱唇兰属 Orchidaceae [MM-723] 特征纪要:习性:草本。花程式:(K)3,C3,A3,=↓(G)3。其他特征参考科。全球2个大洲分布及种数(19-20;hort. 1;cult. 1)北美洲:9;南美洲:13-14。

Psilochloa Launert = **Panicum**

Psiloclada Mitt. 巴布亚指叶苔属 Lepidoziaceae [B-63] 特征纪要:习性:-。【Rep】:裂瓣披针形或指形。其他特征参考科。全球4个大洲分布及种数(4)非洲:3; 亚洲:3; 大洋洲:3; 南美洲:2。

Psilodochea C. Presl = **Angiopteris**

Psiloesthes Benoist 中国爵床属 Acanthaceae [MD-572] 特征纪要:习性:草本。花程式:-。物候:-。花期:几乎全年。果期:参考晚于花期。海拔:50-3600米。生境:滨海地带,为红树林重要组成之一,竹林中。资源:-。全球1个大洲分布及种数(1)◆亚洲(◆中国)。

Psilogramme Kuhn 栗发蕨属 Pteridaceae [F-31] 特征纪要:-。全球1个大洲分布及种数(-)。

Psilolaemus I. M. Johnst. 紫草属 Boraginaceae [MD-517] 特征纪要:习性:-。花程式:-。其他特征参考科。全

球 1 个大洲分布及种数(cf. 1)◆北美洲。

Psilolechia <unassigned> 肉穗果科属 Bataceae [MD－223] 特征纪要:－。全球 3 个大洲分布及种数(4)欧洲:2; 北美洲:2; 南美洲:2。

Psilolemma S. M. Phillips 双稃草属 Poaceae [MM－748] 特征纪要:习性:草本。花程式:(K)3,C0 参考科,A1－2,↓G－参考科。其他特征参考科。全球 1 个大洲分布及种数(1)◆非洲。

Psilonema C. A. Mey. ＝ **Alyssum**

Psiloparmelia <unassigned> 水蕨科属 Parkeriaceae [F－36] 特征纪要:－。全球 2 个大洲分布及种数(10)非洲: 10; 南美洲:9。

Psilopeganum Hemsl. 裸芸香属 Rutaceae [MD－399] 特征纪要:习性:木本。花程式:－。物候:－。海拔:800 米。生境:湿润山斜坡。资源:药用,具栽培园艺种类。全球 1 个大洲分布及种数(cf. 1)◆亚洲(◆中国)。【中国种数:1】。

Psilopilum Brid. 拟赤藓属 Polytrichaceae [B－101] 特征纪要:习性:－。【Rep】:孢子同形,雌雄异株,稀雌雄同株,蒴柄细长,孢蒴长圆柱形,单生或多个簇生,蒴齿单层,齿片 32,棕红色,蒴盖圆锥形。物候:－。海拔:－。生境:常见于林边阴湿土壁,杂木林下。资源:－。全球 6 个大洲分布及种数(29)非洲:5; 亚洲:3; 大洋洲:2; 欧洲:3; 北美洲:3; 南美洲:10。

Psilosanthus Neck. ＝ **Liatris**

Psilosolena C. Presl ＝ **Peddiea**

Psilostoma Klotzsch ＝ **Canthium**

Psilostrophe DC. 纸花菊属 Asteraceae [MD－586] 特征纪要:习性:草本。花程式:(K)3－5,C3－5,A3－5,＝↓(G)2。其他特征参考科。全球 2 个大洲分布及种数(8－27)北美洲:13; 南美洲:1。

Psilotaceae J. W. Griff. & Henfr. [F－1] 松叶蕨科 特征纪要:细小,绿色,扁平,习生于阴暗处的藓丛。全球 6 个大洲分布和属种数(1;hort. & cult. 1)(5－12;hort. & cult. 1－2)非洲:1/1－2;亚洲:1/3－4;大洋洲:1/4－5;欧洲:1/1－2;北美洲:1/3－4;南美洲:1/2－3。【中国属种数:2/4】。

Psilotrichopsis C. C. Towns. 青花苋属 Amaranthaceae [MD－116] 特征纪要:习性:草本。花程式:－。物候:－。海拔:2300 米。生境:山谷中或溪边。栽培:来自广西龙州。资源:具栽培园艺种类。全球 2 个大洲分布及种数(3－7)亚洲:5; 北美洲:2。

Psilotrichum Bl. 林地苋属 Amaranthaceae [MD－116] 特征纪要:习性:草本(多肉)。花程式:Kn,C2－3 参考科,A5,G1。物候:－。海拔:1000－2000 米。生境:潮湿地区,山坡上。资源:－。全球 5 个大洲分布及种数(25－66)非洲:40; 亚洲:25; 大洋洲:5; 北美洲:6; 南美洲:12。【中国种数:2】。

Psilotum Sw. 松叶蕨属 Psilotaceae [F－1] 特征纪要(同科)。全球 6 个大洲分布及种数(6－8)非洲:1－2;亚洲:3－4;大洋洲:4－5;欧洲:1－2;北美洲:3－4;南美洲:2－3。【中国种数:2】。

Psiloxylaceae Croizat [MD－346] 裸木科 特征纪要:习性:木本;落叶。花程式:(K)6－,C1,A10,＝↓(G)3－4。全球 1 个大洲分布及属种数(2/3) ◆非洲:1/ 4。

Psiloxylon Thouars ex Tul. 光桃木属 Psiloxylaceae [MD－346] 特征纪要(同科)。全球 1 个大洲分布及种数(1)◆非洲。

Psilurus Trin. 脆穗茅属 Poaceae [MM－748] 特征纪要:习性:－。花程式:－。其他特征参考科。全球 6 个大洲分布及种数(15)非洲:6; 亚洲:11; 大洋洲:3; 欧洲:12; 北美洲:12; 南美洲:2。

Psittacanthus Mart. 鹦花寄生属 Loranthaceae [MD－415] 特征纪要:习性:木本。花程式:K6,C0,A4,＝↓G3－4。其他特征参考科。全球 5 个大洲分布及种数(130－213)非洲:13; 亚洲:15; 大洋洲:3; 北美洲:42; 南美洲:201。【中国种数:1】。

Psittacoglossum La Llave & Lex. ＝ **Camaridium**

Psomiocarpa C. Presl 芹叶蕨属 Dryopteridaceae [F－49] 特征纪要:习性:－。【Rep】:孢子同形,囊群生叶背。其他特征参考科。全球 2 个大洲分布及种数(cf.)亚洲;北美洲。

Psophiza Raf. ＝ **Aristolochia**

Psophocarpus Neck. ex DC. 四棱豆属 Fabaceae3 [MD－240] 特征纪要:习性:木质攀援。花程式:－。物候:－。海拔:7500 米。生境:－。栽培:－。资源:油脂,具栽培园艺种类。全球 6 个大洲分布及种数(9－17)非洲:13; 亚洲:5; 大洋洲:2; 欧洲:5; 北美洲:5; 南美洲:5。【中国种数:3】。

Psoralea L. 松豆属 Fabaceae3 [MD－240] 特征纪要:习性:木本。花程式:Kn,C2－3 参考科,A5,＝↓G1。物候:－。海拔:7500 米。生境:植物园栽培。资源:药用,具栽培园艺种类。全球 6 个大洲分布及种数(22－80;hort. 1;cult. 2)非洲:6－49;亚洲:10－53;大洋洲:3－46;欧洲:1－44;北美洲:8－51;南美洲:1－44。【中国种数:1】。

Psoralidium Rydb. 张萼麦根豆属 Fabaceae3 [MD－240] 特征纪要:习性:－。花程式:－。其他特征参考科。全球 4 个大洲分布及种数(18)非洲:3; 亚洲:5; 北美洲:9; 南美洲:5。

Psorobatus Rydb. ＝ **Dalea**

Psoroglaena <unassigned> 紫草科属 Boraginaceae [MD－517] 特征纪要:－。全球 1 个大洲分布及种数(5)◆南美洲:4。

Psorospermum Spach ＝ **Harungana**

Psorothamnus Rydb. 戴尔豆属 Fabaceae3 [MD－240] 特征纪要:习性:木本。花程式:＝↓(K1－∞),C1－∞,A5－9,＝↓G(－)。其他特征参考科。全球 1 个大洲分布及种数(10－12)◆北美洲。【中国种数:1】。

Psorotichia <unassigned> 可可李科属 Chrysobalanaceae [MD－243] 特征纪要:－。全球 5 个大洲分布及种数

(25)非洲:2; 亚洲:4; 欧洲:1; 北美洲:1; 南美洲:2。

Psorula <unassigned> 野牡丹科属 Tetracarpaeaceae [MD-245] 特征纪要(同科)。全球1个大洲分布及种数(-)。

Psychilis Raf. 孔雀兰属 Orchidaceae [MM-723] 特征纪要:习性:草本。花程式:(K)3,C3,A3,=↓(G)3。其他特征参考科。全球5个大洲分布及种数(17-22)亚洲:7; 大洋洲:2; 欧洲:21; 北美洲:21; 南美洲:4。

Psychine Desf. 蝶茅属 Brassicaceae [MD-213] 特征纪要:习性:草本。花程式:K2-4,C2-4,A2-4,=(G)2。其他特征参考科。全球2个大洲分布及种数(1-2)非洲:2; 亚洲:2。【中国种数:1】。

Psychopsiella Lückel & Braem 文心兰属 Orchidaceae [MM-723] 特征纪要:习性:草本。花程式:(K)3,C3,A3,↓G-。其他特征参考科。全球1个大洲分布及种数(1) ◆南美洲:1。

Psychopsis Raf. 拟蝶唇兰属 Orchidaceae [MM-723] 特征纪要:习性:草本。花程式:(K)3,C3,A3,=↓(G)3)。物候:-。花期:参考早于果期。果期:10-11月。海拔:80-5200米。生境:柏树林下或草坡路旁,竹坡中。资源:-。全球6个大洲分布及种数(6)非洲:10;亚洲:10;大洋洲:10;欧洲:10;北美洲:2-12;南美洲:5-15。

Psychopterys W. R. Anderson & S. Corso 藤翅果属 Malpighiaceae [MD-343] 特征纪要:习性:木本。花程式:K5,C5,A10,G-。其他特征参考科。全球2个大洲分布及种数(8-9)北美洲:9; 南美洲:2。

P

Psychotria L. 九节属 Rubiaceae [MD-523] 特征纪要:习性:木质攀援。花程式:(K-),C2-3参考科,A5,↓G2。物候:-。海拔:1200-1700米。生境:灌丛或林中,竹林中。资源:药用,具栽培园艺种类。全球6个大洲分布及种数(1394-2188;hort. 1;cult. 17)非洲:459-688;亚洲:251-544;大洋洲:176-494;欧洲:18-67;北美洲:292-442;南美洲:673-818。【中国种数:40】。

Psychotrophum P. Br. = **Psychotria**

Psychrogeton Boiss. 寒蓬属 Asteraceae [MD-586] 特征纪要:习性:草质攀援。花程式:(K)3-5,C3-5,A3参考科,=↓(G)2。物候:-。花期:7-9月。果期:参考晚于花期。海拔:1200-1500米。生境:山谷,亚高山草甸。资源:-。全球3个大洲分布及种数(26-37)亚洲:35; 欧洲:2; 北美洲:2。【中国种数:3】。

Psychrophila Bercht. & J. Presl 毛茛科属 Calendulaceae [MD-583] 特征纪要:习性:-。花程式:-。其他特征参考科。全球1个大洲分布及种数(-)。

Psydaranta Neck. = **Goeppertia**

Psydrax Gaertn. 鱼骨木属 Rubiaceae [MD-523] 特征纪要:习性:木本。花程式:(K)4-5,C4-5,A4-5,=↓G2-9。物候:-。花期:1-8月。果期:参考晚于花期。海拔:100-600米。生境:中低海拔稀疏的森林或灌丛,阔叶林。资源:具园艺种类。全球6个大洲分布及种数(97-122;hort. 1;cult. 4)非洲:65-73;亚洲:26-29;大洋洲:25-28;欧洲:1-4;北美洲:4-7;南美洲:3。【中国种数:2】。

Psygmorchis Dodson & Dressler 埃利兰属 Orchidaceae [MM-723] 特征纪要:习性:-。花程式:-。其他特征参考科。全球2个大洲分布及种数(7)北美洲:1; 南美洲:1。

Psylliostachys (Jaub. & Spach) Nevski 秀穗花属 Plumbaginaceae [MD-227] 特征纪要:习性:草本。花程式:(K)5,(C)5,A5,=(G)5。其他特征参考科。全球4个大洲分布及种数(9-22)非洲:2; 亚洲:20; 欧洲:5; 北美洲:5。

Psyllium Mill. = **Plantago**

Psytonia J. M. H. Shaw 延龄菜属 Orchidaceae [MM-723] 特征纪要:习性:草本。花程式:(K)3,C3,A3,↓G-。其他特征参考科。全球2个大洲分布及种数(1) 北美洲;南美洲。

Ptaeroxylaceae J. -F. Leroy [MD-406] 喷嚏树科 特征纪要:习性:木本;落叶。花程式:K4,C4,A4,G-。果实:蒴果。全球1个大洲分布及属种数(2/3 hort. 1) ◆非洲:2/ 9-11。

Ptaeroxylon Eckl. & Zeyh. 喷嚏树属 Ptaeroxylaceae [MD-406] 特征纪要(同科)。全球1个大洲分布及种数(1) ◆非洲。

Ptelea L. 榆橘属 Rutaceae [MD-399] 特征纪要:习性:木本。花程式:-。物候:-。花期:5月。果期:参考晚于花期。海拔:100-3200米。生境:办公室作观赏。资源:药用,具栽培园艺种类。全球6个大洲分布及种数(12-127)非洲:3; 亚洲:11; 大洋洲:2; 欧洲:38; 北美洲:38; 南美洲:9。【中国种数:2】。

Pteleocarpa Oliv. 鼠莉木属 Gelsemiaceae [MD-491] 特征纪要:习性:草本。花程式:Kn,C0,A5,=(G)2-4。其他特征参考科。全球1个大洲分布及种数(1)◆亚洲。【中国种数:1】。

Pteleopsis Engl. 榄榆属 Combretaceae [MD-354] 特征纪要:习性:-。花程式:-。其他特征参考科。全球1个大洲分布及种数(10-16)◆非洲。

Ptelidium Thou. 榆雷木属 Celastraceae [MD-339] 特征纪要:习性:木本。花程式:-。其他特征参考科。全球1个大洲分布及种数(2)◆非洲(◆马达加斯加)。

Pteracanthus (Nees) Bremek. 爵床科属 Acanthaceae [MD-572] 特征纪要:习性:-。花程式:-。物候:-。花期:8-10月。果期:参考晚于花期。海拔:1000-1600米。生境:溪边荫处或丛林边。资源:-。全球1个大洲分布及种数32个。

Pterachaenia (Benth. & Hook. f.) Lipsch. 鸦葱属 Asteraceae [MD-586] 特征纪要:习性:草本。花程式:(K)3-5,(C)3-5,A3-5,↓G。其他特征参考科。全球1个大洲分布及种数(2)◆南亚。

Pteralyxia K. Schum. 黄瑰树属 Apocynaceae [MD-492] 特征纪要:习性:木本。花程式:K5-∞,C0,A15,=↓G2-5。其他特征参考科。全球2个大洲分布及种数(2-5)亚洲:4; 北美洲:5。

Pterandra A. Juss. 翼雄花属 Malpighiaceae [MD-343] 特征纪要:习性:木本。花程式:K5,C5,A10,=G2-3。其他特征参考科。全球3个大洲分布及种数(15-20)大洋洲:2; 北美洲:3; 南美洲:20。

Pteranthus Forssk. 翅甲草属 Caryophyllaceae［MD－77］特征纪要:习性:草本。花程式:－。其他特征参考科。全球5个大洲分布及种数(1－6)非洲:3; 亚洲:3; 欧洲:1; 北美洲:1; 南美洲:2。

Pteretis Raf. 鹿蕨属 Woodsiaceae［F－47］特征纪要:－。全球1个大洲分布及种数(－)◆非洲。

Pterichis Lindl. 翼兰属 Orchidaceae［MM－723］特征纪要:习性:草本。花程式:(K)3,C3,A3,＝↓(G)3。其他特征参考科。全球4个大洲分布及种数(44－77)亚洲:3; 大洋洲:3; 北美洲:14; 南美洲:73。

Pteridaceae E. D. M. Kirchn.［F－31］凤尾蕨科 特征纪要:甚小,或较小,群生或簇生。【Rep】:雌雄多异株,蒴柄高出于雌苞叶,直立或弯曲,孢蒴多平滑,干燥时不收缩,短柱形或梨形,有时基部呈短台状。全球6个大洲分布和属种数(35－39;hort. & cult. 14)(1121－2059;hort. & cult. 91－133)非洲:15－28/187－343;亚洲:22－31/670－967;大洋洲:15－28/132－270;欧洲:6－26/57－178;北美洲:25－33/304－440;南美洲:21－30/421－571。【中国属种数:25/298】。

Pteridanetium Copel. ＝ **Anetium**

Pteridella Mett. ex Kuhn 碎米蕨属 Sinopteridaceae［F－34］特征纪要:－。全球1个大洲分布及种数(8)◆南美洲:1。

Pteridiaceae Ching［F－30］蕨科 特征纪要:体形纤细或粗壮,具光泽,多密集交织生长。【Rep】:雌雄异苞同株,稀雌雄异株,内雌苞叶较长,尖部呈毛状,蒴柄细长,红色,平滑,孢蒴直立或平列,卵圆形或长。全球6个大洲分布和属种数(1;hort. & cult. 1)(20－30;hort. & cult. 3)非洲:1/6－10;亚洲:1/14－19;大洋洲:1/6－10;欧洲:1/7－11;北美洲:1/11－15;南美洲:1/6－10。

Pteridium Gled. ex G. A. Scop. 蕨属 Pteridiaceae［F－30］特征纪要和分布(－)。【中国种数:6】。

Pteridoblechnum Hennipman 乌毛蕨属 Blechnaceae［F－46］特征纪要:－。全球1个大洲分布及种数(－)◆大洋洲。

Pteridocalyx Wernham 羽茜属 Rubiaceae［MD－523］特征纪要:习性:木本。花程式:(K)4－5,(C)4－5,A4－5,＝↓(G)2－9。其他特征参考科。全球1个大洲分布及种数(2)◆南美洲(◆圭亚那)。

Pteridophyllaceae Nakai ex Reveal & Hoogland［MD－53］蕨罂粟科 特征纪要:习性:草本;落叶。花程式:K2,C5,A4,G2。果实:囊状。全球 － 大洲分布及属种数(1/1 hort. 1)。

Pteridophyllum Siebold & Zucc. 蕨叶草属 Pteridophyllaceae［MD－53］特征纪要及分布(－)。

Pteridrys Christensen & Ching 牙蕨属 Dryopteridaceae［F－49］特征纪要:习性:－。【Rep】:孢子囊群小,圆形,着生于小脉上侧分叉的顶端或中部,在主脉两侧各有1行,位于主脉与叶缘的中间。物候:－。海拔:150－1400米。生境:灌丛下崩落巨石堆中,在流侧。资源:具园艺种类。全球6个大洲分布及种数(22－28)非洲:3; 亚洲:26; 大洋洲:5; 欧洲:2; 北美洲:2; 南美洲:2。【中国种数:5】。

Pteriglyphis Fée ＝ **Diplazium**

Pterigota generic JUSSIEAU ＝ **Pterygota**

Pterigynandraceae Schimp.［B－175］腋苞藓科 特征纪要:水湿或沼泽地区,森林洼地或山洞石坳中的丛生藓类。全球5个大洲分布及属种数(3/12)非洲:1/1; 亚洲:2/4; 欧洲:2/3; 北美洲:2/6; 南美洲:1/2。【中国属种数:3/4】。

Pterigynandrum Hedw. 腋苞藓属 Pterigynandraceae［B－175］特征纪要:习性:－。【Rep】:雌雄同株或异株,雄苞呈芽状,较小,雌苞生于短小雌枝上,蒴柄长0.5－4厘米,平滑,孢蒴直立,对称。物候:－。海拔:－。生境:常见于湿润林地或阴湿岩石。资源:－。全球5个大洲分布及种数(10)非洲:1;亚洲:3;欧洲:2;北美洲:5;南美洲:2。【中国种数:2】。

Pterinodes Kuntze ＝ **Onoclea**

Pteriphis Raf. ＝ **Aristolochia**

Pteris L. 凤尾蕨属 Pteridaceae［F－31］特征纪要和分布(－)。全球6个大洲分布及种数(399－560;hort. 1;cult. 18)非洲:86－134;亚洲:368－467;大洋洲:60－94;欧洲:34－64;北美洲:76－111;南美洲:110－144。【中国种数:119】。

Pterisanthes Bl. 翼序藤属 Vitaceae［MD－403］特征纪要:习性:木本。花程式:K3－4,C3－4,A2,＝G2－3。其他特征参考科。全球1个大洲分布及种数(－)。

Pterium Desv. ＝ **Lamarckia**

Pternandra Jack 翼药花属 Melastomataceae［MD－364］特征纪要:习性:木本。花程式:Kn,C2－3参考科,A8,＝↓G－。物候:－。花期:全年。果期:参考晚于花期。海拔:60－5100米。生境:草丛或矮灌丛中,竹林沟边。资源:－。全球4个大洲分布及种数(19－37)非洲:3; 亚洲:29; 大洋洲:6; 南美洲:4。【中国种数:2】。

Pternopetalum Franch. 囊瓣芹属 Apiaceae［MD－480］特征纪要:习性:草本(根状茎,基生,多肉)。花程式:Kn,C5,A3参考科,＝↓(G)2。物候:－。花期:4－6月。果期:参考晚于花期。海拔:1400－3100米。生境:丛林和阴湿岩石上,针叶林,高山草甸。资源:具园艺种类。全球2个大洲分布及种数(21－65)亚洲:52; 南美洲:2。【中国种数:14】。

Pterobryaceae Kindb.［B－201］蕨藓科 特征纪要:沼泽湿地、稀疏群生藓类,多见于兽类和小动物遗体或粪便上。【Rep】:雌雄同株,或雌雄异株,蒴柄细长,左旋,孢蒴小,直立,卵状倒圆柱形,革质,红棕色,台部较壶部肥大。全球5个大洲分布和属种数(39/309)亚洲:25/149;大洋洲:20/90;欧洲:9/15;北美洲:13/44;南美洲:14/50。【中国属种数:14/77(1)】。

Pterobryella Müll. Hal. 玉柏藓属 Pterobryaceae［B－201］特征纪要:－。全球2个大洲分布及种数(6)亚洲:2;大洋洲:5。

Pterobryellaceae (Broth.) W. R. Buck & Vitt [B－157] 玉柏藓科 特征纪要:多褐绿色,具光泽,疏松丛集生长。【Rep】:雌雄异株,雄株植物体细小,分枝多,每个雄苞叶具1个精子器,雌苞生于茎顶端,蒴萼短筒形或长椭圆形。全球2个大洲分布和属种数(2/8)亚洲:1/2;大洋洲:2/7。

Pterobryidium Broth. & Watts 澳蕨藓属 Pterobryaceae [B－201] 特征纪要:习性:－。【Rep】:雌雄异株,稀雌雄同株,蒴柄短或较长,平滑或粗糙,孢蒴长卵形,直立,蒴齿两层,环带不分化,蒴盖圆锥形,亮绿色至红棕色。其他特征参考科。全球1个大洲分布及种数(1)◆大洋洲。

Pterobryon Hornsch. 蕨藓属 Pterobryaceae [B－201] 特征纪要:习性:－。【Rep】:雌雄异株。物候:－。海拔:－。生境:常见于林下树干,土生。资源:－。全球5个大洲分布及种数(17)非洲:2;亚洲:4;大洋洲:5;北美洲:4;南美洲:5。【中国种数:3】。

Pterobryopsis M. Fleisch. 拟蕨藓属 Pterobryaceae [B－201] 特征纪要:习性:－。【Rep】:雌雄异株,蒴柄短,或稍长,孢蒴多高出于雌苞叶,蒴齿两层,蒴盖圆锥形,有短喙。物候:－。海拔:－。生境:常见于林下树干,土生。资源:－。全球4个大洲分布及种数(42)非洲:6;亚洲:32;北美洲:3;南美洲:4。【中国种数:24】。

Pterocactus K. Schum. 翅子掌属 Cactaceae [MD－100] 特征纪要:习性:木本。花程式:=↓(K1－∞),C1－∞,A3－100,=↓(G)3－100。其他特征参考科。全球3个大洲分布及种数(10－19)欧洲:2; 北美洲:2; 南美洲:17。

Pterocalymma Turcz. = **Lagerstroemia**

Pterocarpus Jacq. 紫檀属 Fabaceae3 [MD－240] 特征纪要和分布(－)。全球1个大洲分布及种数(33－43)◆亚洲。【中国种数:9】。

Pterocarya Kunth 枫杨属 Juglandaceae [MD－136] 特征纪要:习性:－。花程式:－。物候:－。花期:4－5月。果期:参考晚于花期。海拔:1100－2700米。生境:河岸,疏林或密林中。资源:－。全球6个大洲分布及种数(12－13;hort. 1)非洲:4;亚洲:11－17;大洋洲:4;欧洲:3－8;北美洲:5－10;南美洲:2－6。【中国种数:5】。

Pterocaulon Elliott 翼茎草属 Asteraceae [MD－586] 特征纪要:习性:草质攀援。花程式:(K)3－5,C3－5,A3参考科,=↓G2。物候:－。海拔:100米。生境:低海拔旷野荒地或沙地上,耐旱力强。资源:具园艺种类。全球6个大洲分布及种数(30－36;hort. 1;cult. 1)非洲:3－4;亚洲:8－9;大洋洲:16－19;欧洲:1;北美洲:4－5;南美洲:16－17。【中国种数:2】。

Pterocelastrus Meisn. 炬樱木属 Celastraceae [MD－339] 特征纪要:习性:木本。花程式:K2－3,C2－3,A10,=G2－5。其他特征参考科。全球3个大洲分布及种数(4－20)非洲:16; 亚洲:3; 大洋洲:3。

Pteroceltis Maxim. 青檀属 Cannabaceae [MD－89] 特征纪要:习性:木本。花程式:(K－),C5,A5,G－。物候:－。花期:3－5月。果期:参考晚于花期。海拔:100－1500米。生境:山区,生于山谷溪边石灰岩山地疏林中。资源:药用,纤维,油脂,具栽培园艺种类。全球1个大洲分布及种数(cf. 1)◆亚洲。【中国种数:1】。

Pterocephalidium G. López 蓝盆花属 Caprifoliaceae [MD－510] 特征纪要:习性:草本。花程式:－。其他特征参考科。全球2个大洲分布及种数(1－11)亚洲:5; 南美洲:8。

Pterocephalus Vaill. ex Adans. 蓬首花属 Caprifoliaceae [MD－510] 特征纪要:习性:草本,亚灌木。花程式:－。物候:－。花期:7－8月。果期:参考晚于花期。海拔:1600－3400米。生境:草坡,山野草地,高山草甸及耕地附近。资源:具栽培园艺种类。全球6个大洲分布及种数(23－41;hort. 1;cult. 2)非洲:5－10;亚洲:19－34;大洋洲:3;欧洲:3－7;北美洲:3;南美洲:3。【中国种数:2】。

Pteroceras Hasselt ex Hassk. 长足兰属 Orchidaceae [MM－723] 特征纪要:习性:草本(多肉)。花程式:Kn,C2－3参考科,A3参考科,=↓G3。物候:－。海拔:1500米。生境:常绿阔叶林树干附生植物,林缘和山地疏林中树干上。资源:具栽培园艺种类。全球6个大洲分布及种数(29－35)非洲:2－4;亚洲:26－30;大洋洲:21－23;欧洲:2;北美洲:1－3;南美洲:2。【中国种数:3】。

Pterocereus T. MacDoug. & Miranda 云阁柱属 Cactaceae [MD－100] 特征纪要:习性:木本。花程式:=↓(Kn),C1－∞参考科,A3参考科,=↓G－。其他特征参考科。全球2个大洲分布及种数(1－4)北美洲:3; 南美洲:1。

Pterochaeta Steetz 尖柱鼠麹草属 Asteraceae [MD－586] 特征纪要:习性:草本。花程式:(K)3－5,(C)3－5,A3－5,↓G。其他特征参考科。全球2个大洲分布及种数(1－6)大洋洲:1; 南美洲:1。

Pterochiton Torr. = **Atriplex**

Pterochlaena Chiov. = **Alloteropsis**

Pterochloris A. Camus = **Chloris**

Pterocissus Urb. & Ekman = **Cissus**

Pterocladiella <unassigned> 哥斯锁阳属 Cynomoriaceae [MD－309] 特征纪要:－。全球6个大洲分布及种数(11)非洲:6; 亚洲:5; 大洋洲:2; 欧洲:1; 北美洲:9; 南美洲:3。

Pterocyclus Klotzsch 滇羌活属 Apiaceae [MD－480] 特征纪要:习性:－。花程式:－。其他特征参考科。全球2个大洲分布及种数(4－10)亚洲:4; 南美洲:1。

Pterocymbium R. Br. 翅梧桐属 Malvaceae [MD－203] 特征纪要:习性:木本。花程式:K5,C3－5－∞,A10－8,=G1－5。其他特征参考科。全球3个大洲分布及种数(3－13)非洲:2;亚洲:2－7;大洋洲:2。【中国种数:1】。

Pterocyperus Opiz = **Cyperus**

Pterocypsela C. Shih 翅果菊属 Asteraceae [MD－586] 特征纪要:习性:－。花程式:－。物候:－。花期:7－10月。果期:参考晚于花期。海拔:1010－1300米。生境:山谷,山坡林缘及林下,灌丛中或水沟边,山坡草地或田间,生于山坡林缘,灌丛中或潮湿处及田间。资源:－。全球6个大洲分布及种数(3－4)非洲:1－7;亚洲:2－10;大洋洲:6;欧洲:2－8;北美洲:1－7;南美洲:6。

Pterodiscus Hook. 佛肚麻属 Pedaliaceae [MD－539] 特征纪要:习性:木本。花程式:K5,C0,A10,=↓G2。其他

特征参考科。全球 4 个大洲分布及种数(16－24)非洲:24; 欧洲:2; 北美洲:2; 南美洲:4。

Pterodon Vogel 翼齿豆属 Fabaceae3［MD－240］特征纪要:习性:木本。花程式:＝↓(K1－∞),C1－∞,A5－9,＝↓G1。其他特征参考科。全球 2 个大洲分布及种数(4－31)亚洲:4; 南美洲:30。

Pterogaillonia Lincz. 卷毛茜属 Rubiaceae［MD－523］特征纪要:习性:－。花程式:－。其他特征参考科。全球 1 个大洲分布及种数(cf. 1)◆亚洲。

Pterogastra Naudin 翅果野牡丹属 Melastomataceae［MD－364］特征纪要:习性:木本。花程式:＝↓(K4－5),C4－5,A4－5,＝↓(G)3－4。其他特征参考科。全球 3 个大洲分布及种数(3－9)非洲:2; 北美洲:2; 南美洲:7。

Pteroglossa Schltr. 蓬兰属 Orchidaceae［MM－723］特征纪要:习性:草本。花程式:(K)3,C3,A3,＝↓G3)。其他特征参考科。全球 2 个大洲分布及种数(13－26)北美洲:7; 南美洲:25。

Pteroglossaspis Rchb. f. 翼舌兰属 Orchidaceae［MM－723］特征纪要:习性:－。花程式:－。其他特征参考科。全球 4 个大洲分布及种数(4－6)非洲:2－3;欧洲:1;北美洲:1;南美洲:1。

Pterogoniaceae Schimp. ＝ Leucodontaceae

Pterogoniadelphus M. Fleisch. 拟白齿藓属 Leucodontaceae［B－198］特征纪要:习性:－。【Rep】:雌雄异株,蒴柄平滑,孢蒴直立,卵形、长卵形或长圆柱形,常无气孔和气室,环带分化,蒴齿两层。物候:－。海拔:－。生境:常见于树干,林地腐殖质,土生。资源:－。全球 4 个大洲分布及种数(2)非洲:1;亚洲:1;北美洲:1;南美洲:1。【中国种数:1】。

P

Pterogonidium Müll. Hal. 翼锦藓属 Sematophyllaceae［B－192］特征纪要:习性:－。【Rep】:孢子囊,单生叶表,蒴柄直立或稍扭曲,平滑,孢蒴卵形,外齿层细胞沿纵壁加厚,中缝有穿孔,内齿层齿条呈线形,基膜低。其他特征参考科。全球 3 个大洲分布及种数(3)欧洲:1;北美洲:3;南美洲:1。

Pterogoniella Schimp. ex Broth. 锦藓科属 Sematophyllaceae［B－192］特征纪要:习性:－。【Rep】:－。物候:－。海拔:－。生境:常见于竹上,岩石上。资源:－。全球 2 个大洲分布及种数(29)北美洲:1; 南美洲:1。

Pterogoniopsis Müll. Hal. 南美锦藓属 Sematophyllaceae［B－192］特征纪要:习性:－。【Rep】:雌雄同株或雌雄异株,稀雌雄杂株,蒴柄细长,下部平滑,上部具乳头突起,孢蒴小,垂倾或悬垂,长卵形或长圆,多暗色、绿色至金黄色。其他特征参考科。全球 1 个大洲分布及种数(2)◆南美洲。

Pterogonium Sw. 白齿藓科属 Leucodontaceae［B－198］特征纪要:习性:－。【Rep】:雌雄异苞同株,雌苞叶卵形,有短尖,上部边缘有齿突,无中肋,蒴柄细长,下部呈棕褐色。物候:－。海拔:－。生境:常见于树干,林地腐殖质,土生。资源:－。全球 6 个大洲分布及种数(18)非洲:2;亚洲:7;大洋洲:1;欧洲:1;北美洲:10;南美洲:3。【中国种数:2】。

Pterogyne Tul. 蝉翼豆属 Fabaceae3［MD－240］特征纪要:习性:－。花程式:－。其他特征参考科。全球 4 个大洲分布及种数(1－2)非洲:2; 亚洲:1; 北美洲:2; 南美洲:2。

Pterolepis Schröd. 假鹿丹属 Melastomataceae［MD－364］特征纪要:习性:－。花程式:－。其他特征参考科。全球 6 个大洲分布及种数(29)非洲:1;亚洲:3－4;大洋洲:1;欧洲:1;北美洲:4－5;南美洲:23－28。【中国种数:3】。

Pterolobium R. Br. ex Wight & Arn. 老虎刺属 Fabaceae1［MD－238］特征纪要和分布(－)。【中国种数:6】。

Pteromanes Pic. Serm. 南美刺膜蕨属 Hymenophyllaceae［F－21］特征纪要:习性:－。【Rep】:孢子同形,囊群生叶缘之外(有托)。其他特征参考科。全球 1 个大洲分布及种数(－)◆南美洲。

Pteromischus Pichon ＝ **Crescentia**

Pteromonnina B. Eriksen 翼远志属 Polygalaceae［MD－291］特征纪要:习性:－。花程式:－。其他特征参考科。全球 3 个大洲分布及种数(24)非洲:2; 北美洲:4; 南美洲:24。

Pteroneurum DC. ＝ **Cardamine**

Pteronia L. 橙菀属 Asteraceae［MD－586］特征纪要:习性:草本。花程式:(K)3－5,(C)3－5,A3－5,＝↓G2。物候:－。海拔:－。生境:－。资源:具园艺种类。全球 6 个大洲分布及种数(74－86)非洲:73－76;亚洲:1;大洋洲:1－2;欧洲:8－9;北美洲:1;南美洲:1。

Pteroon Lür 细瓣兰属 Orchidaceae［MM－723］特征纪要:习性:－。花程式:－。其他特征参考科。全球 1 个大洲分布及种数(1)◆非洲。

Pteropavonia Mattei ＝ **Pavonia**

Pteropepon Cogn. 翼瓠果属 Cucurbitaceae［MD－205］特征纪要:习性:木本。花程式:－。其他特征参考科。全球 3 个大洲分布及种数(5－11)亚洲:2; 北美洲:1; 南美洲:11。

Pteropetalum Pax ＝ **Euadenia**

Pterophylla D. Don ＝ **Weinmannia**

Pteropsiella Spruce 巴西指叶苔属 Lepidoziaceae［B－63］特征纪要:习性:－。【Rep】:裂瓣披针形或指形。其他特征参考科。全球 1 个大洲分布及种数(1)◆南美洲(◆巴西)。

Pteropsis P. Beauv. ex Desv. 抱树莲属 Polypodiaceae［F－60］特征纪要:－。全球 2 个大洲分布及种数(9)北美洲:1; 南美洲:1。

Pteroptychia Bremek. 爵床科属 Acanthaceae［MD－572］特征纪要:习性:－。花程式:－。物候:－。花期:11 月。果期:参考晚于花期。海拔:50－3600 米。生境:滨海地带,为红树林重要组成之一,竹林中。资源:－。全球 1 个大洲分布及种数(1)。

Pteropyrum Jaub. & Spach 霸王蓼属 Polygonaceae［MD－120］特征纪要:习性:灌木。花程式:K2－3,C0,A2,＝(G)2－3。其他特征参考科。全球 1 个大洲分布及种数(cf. 1)◆亚洲。

Pterorhachis Harms 鸟笼果属 Meliaceae［MD－414］特征纪要:习性:木本。花程式:－。其他特征参考科。全球 1

个大洲分布及种数(2)◆非洲:2。

Pteroriccia R. M. Schust. 钱苔科属 Ricciaceae [B－22] 特征纪要:－。全球1个大洲分布及种数(－)。

Pteroscleria Nees ＝ **Diplacrum**

Pterosicyos Brandegee ＝ **Sechiopsis**

Pterospermadendron Kuntze ＝ **Pterospermum**

Pterospermopsis Arènes ＝ **Macarisia**

Pterospermum Schreb. 翅子树属 Malvaceae [MD－203] 特征纪要:习性:木本。花程式:－。物候:－。花期:春夏。果期:参考晚于花期。海拔:1200－1700米。生境:草坡上。栽培:来自广西龙州。资源:药用,具栽培园艺种类。全球5个大洲分布及种数(50－92)非洲:4; 亚洲:87; 大洋洲:2; 北美洲:4; 南美洲:2。【中国种数:13】。

Pterospora Nutt. 松滴兰属 Ericaceae [MD－380] 特征纪要:习性:木本。花程式:(K)5－8,(C)5－8,A10,＝(G)2－4。其他特征参考科。全球5个大洲分布及种数(1－40)非洲:16; 亚洲:3; 欧洲:34; 北美洲:34; 南美洲:7。【中国种数:1】。

Pterostegia Fisch. & C. A. Mey. 荠蓼属 Polygonaceae [MD－120] 特征纪要:习性:草本。花程式:K2－3,C0,A2,＝G2－3。其他特征参考科。全球1个大洲分布及种数(3)◆北美洲。

Pterostemma Kraenzl. 翅冠兰属 Orchidaceae [MM－723] 特征纪要:习性:草本。花程式:(K)3,C3,A3,＝↓G3。其他特征参考科。全球1个大洲分布及种数(5)◆南美洲。

Pterostemon Schaür 岩溲疏属 Pterostemonaceae [MD－253] 特征纪要(同科)。全球2个大洲分布及种数(3－5)北美洲:3; 南美洲:1。

Pterostemonaceae (Maxim.) Small [MD－253] 齿蕊科 特征纪要:习性:木本;落叶。花程式:(K)6－,C5,A10,＝↓(G)5。全球1个大洲分布及属种数(2/3－5) ◆北美洲:1/ 1－3。

Pterostephus C. Presl ＝ **Spermacoce**

Pterostylis R. Br. 翅柱兰属 Orchidaceae [MM－723] 特征纪要:习性:草本。花程式:(K)3,C3,A3,＝↓(G)3。物候:－。海拔:－。生境:－。资源:具园艺种类。全球6个大洲分布及种数(195－292;hort. 1;cult. 4)非洲:4－8;亚洲:14－17;大洋洲:194－222;欧洲:3;北美洲:3;南美洲:3。

Pterostyrax Siebold & Zucc. 白辛树属 Styracaceae [MD－327] 特征纪要:习性:木本。花程式:－。物候:－。花期:3－4月。果期:参考晚于花期。海拔:400－1600米。生境:潮湿阴影区。资源:具栽培园艺种类。全球3个大洲分布及种数(3－17)亚洲:17; 欧洲:5; 北美洲:5。【中国种数:3】。

Pterota P. Br. ＝ **Fagara**

Pterotaberna Stapf ＝ **Tabernaemontana**

Pterothamnus V. Mayer & Ehrend. 白忍冬属 Caprifoliaceae [MD－510] 特征纪要:习性:木本。花程式:－。其他特征参考科。全球1个大洲分布及种数(1)◆非洲。

Pterothrix DC. 菊科属 Asteraceae [MD－586] 特征纪要:习性:草本。花程式:K－,C3,A4－5,↓(G)2。其他特征参考科。全球1个大洲分布及种数(1－3)◆非洲。

Pterotropia Hillebr. ＝ **Polyscias**

Pteroxygonum Dammer & Diels 翼蓼属 Polygonaceae [MD－120] 特征纪要:习性:草质攀援。花程式:－。物候:－。花期:6－8月。果期:参考晚于花期。海拔:600－2000米。生境:沟底,岩石上,路旁,阴处,灌丛,山谷,斜坡。资源:药用,具栽培园艺种类。全球1个大洲分布及种数(cf. 1)◆亚洲(◆中国)。【中国种数:1】。

Pterozonium Fée 翼带蕨属 Pteridaceae [F－31] 特征纪要:习性:－。【Rep】:孢子同形,囊群生叶缘。其他特征参考科。全球3个大洲分布及种数(14－20)亚洲:2; 北美洲:3; 南美洲:16。

Pterygiella Oliv. 翅茎草属 Orobanchaceae [MD－552] 特征纪要:习性:草质攀援。花程式:－。物候:－。花期:8－9月。果期:参考晚于花期。海拔:1000－2800米。生境:峡谷。资源:－。全球1个大洲分布及种数(cf. 1)◆亚洲(◆中国)。【中国种数:5】。

Pterygiopsis <unassigned> 可可李科属 Chrysobalanaceae [MD－243] 特征纪要:－。全球1个大洲分布及种数(5)◆南美洲:3。

Pterygiosperma O. E. Schulz 大蒜芥属 Brassicaceae [MD－213] 特征纪要:习性:－。花程式:－。其他特征参考科。全球1个大洲分布及种数(cf. 1)◆北美洲(◆美国)。

Pterygocalyx Maxim. 翼萼蔓属 Gentianaceae [MD－496] 特征纪要:习性:草本。花程式:－。物候:－。海拔:1100－2800米。生境:生于山坡林下及林缘。资源:具园艺种类。全球1个大洲分布及种数(cf. 1)◆亚洲。【中国种数:1】。

Pterygodium Sw. 冠萼兰属 Orchidaceae [MM－723] 特征纪要:习性:草本。花程式:(K)3,C3,A3,＝↓G3。物候:－。花期:参考早于果期。果期:10－11月。海拔:80－5200米。生境:柏树林下或草坡路旁,竹坡中。资源:－。全球3个大洲分布及种数(20－39)非洲:20; 北美洲:1; 南美洲:1。

Pterygoloma Hanst. ＝ **Alloplectus**

Pterygoneurum Jur. 盐土藓属 Pottiaceae [B－133] 特征纪要:习性:－。【Rep】:呈鳞茎状小片丛生。物候:－。海拔:－。生境:常见于高山岩石上。栽培:来自广西龙州。资源:具栽培园艺种类。全球6个大洲分布及种数(10)非洲:3;亚洲:4;大洋洲:2;欧洲:8;北美洲:5;南美洲:2。【中国种数:2】。

Pterygopappus Hook. f. 尖叶菊属 Asteraceae [MD－586] 特征纪要:习性:草本。花程式:(K)3－5,(C)3－5,A3－5,＝↓G2。资源:具园艺种类。全球1个大洲分布及种数(1)◆大洋洲(◆澳大利亚)。

Pterygophyllum Brid. 油藓科属 Hookeriaceae [B－164] 特征纪要:习性:－。【Rep】:雌雄异苞同株,蒴柄红色或

橙红色，平滑，孢蒴平列或下垂，长卵形，环带发达，易脱落，蒴齿两层。物候：-。海拔：-。生境：常见于河边石坝上。资源：-。全球 6 个大洲分布及种数(83)非洲:4; 亚洲:3; 大洋洲:4; 欧洲:2; 北美洲:2; 南美洲:9。

Pterygopleurum Kitag. 翅棱芹属 Apiaceae [MD-480] 特征纪要：习性：草本。花程式：Kn, C5, A3 参考科，= ↓ G(-)。物候：-。海拔：50-5600 米。生境：山坡沟旁潮湿地区。资源：-。全球 1 个大洲分布及种数(1-2)◆亚洲。【中国种数：1】。

Pterygostachyum Nees ex Steud. = **Dimeria**

Pterygostemon V. V. Botschantz. 巨茴香芥属 Brassicaceae [MD-213] 特征纪要：习性：草本。花程式：K4, C4, A3 参考科，↓ G-参考科。其他特征参考科。全球 1 个大洲分布及种数(1) ◆亚洲：1。

Pterygota Schott & Endl. 翅苹婆属 Malvaceae [MD-203] 特征纪要：习性：木本。花程式：-。物候：-。花期：4 月。果期：参考晚于花期。海拔：100-3000 米。生境：森林。资源：油脂，具栽培园艺种类。全球 5 个大洲分布及种数(21-23)非洲:13；亚洲:6；大洋洲:1；北美洲:3；南美洲:5。【中国种数：2】。

Pteryxia Nutt. ex Torr. & A. Gray 波翅芹属 Apiaceae [MD-480] 特征纪要：习性：-。花程式：-。其他特征参考科。全球 2 个大洲分布及种数(16)亚洲:3; 北美洲:10。

Ptilagrostiella Romasch., P. M. Peterson & Soreng 禾本科属 Poaceae [MM-748] 特征纪要：习性：-。花程式：-。物候：-。海拔：10-5600 米。生境：草地，作为饲料植物或大麦田杂草种植。全球 1 个大洲分布及种数(-)。

Ptilagrostis Griseb. 细柄茅属 Poaceae [MM-748] 特征纪要：习性：草本。花程式：-。物候：-。海拔：3300-4800 米。生境：山坡，河漫滩，森林，灌木下，生于石砾地，荒漠平原，戈壁滩，石质山坡及岩石上。资源：具栽培园艺种类。全球 4 个大洲分布及种数(14-36)亚洲:29; 大洋洲:2; 欧洲:4; 北美洲:4。【中国种数：7】。

Ptileris Raf. = **Erechtites**

Ptilidiaceae H. Klinggr. [B-75] 毛叶苔科 特征纪要：匍匐片状生长，先端倾立或直立，形体大小多变化。【Rep】：雌雄异株，雄苞间生，雌苞叶与侧叶相似，但较大，蒴萼多背腹扁平。全球 6 个大洲分布和属种数(1/3-5)非洲:1/2；亚洲:1/3-5；大洋洲:1/2；欧洲:1/2；北美洲:1/3-5；南美洲:1/2。【中国属种数：1/5】。

Ptilidium Nees 毛叶苔属 Ptilidiaceae [B-75] 特征纪要：习性：-。【Rep】：雌雄异株，雄株植物体细小，分枝多，每个雄苞叶具 1 个精子器，雌苞生于茎顶端，蒴萼短筒形或长椭圆形。物候：-。海拔：900 米。生境：土生。资源：-。全球 6 个大洲分布及种数(4)非洲:2；亚洲:3-5；大洋洲:2；欧洲:2；北美洲:3-5；南美洲:2。【中国种数：5】。

Ptilimnium Raf. 丝裂芹属 Apiaceae [MD-480] 特征纪要：习性：草本。花程式：= ↓ (K5), C5, A5, = ↓ (G)2。其他特征参考科。全球 6 个大洲分布及种数(6-18)非洲:2; 亚洲:7; 大洋洲:2; 欧洲:11; 北美洲:11; 南美洲:3。【中国种数：1】。

Ptilium De Not. 毛梳藓属 Hypnaceae [B-189] 特征纪要：习性：-。【Rep】：雌雄异株，内雌苞叶直立，淡色，有深长纵褶。物候：-。海拔：900 米。生境：土生。资源：-。全球 4 个大洲分布及种数(1)亚洲:1；欧洲:1；北美洲:1；南美洲:1。【中国种数：4】。

Ptilochaeta Turcz. 巴拉圭金虎尾属 Malpighiaceae [MD-343] 特征纪要：习性：-。花程式：-。其他特征参考科。全球 2 个大洲分布及种数(4-10)北美洲:3; 南美洲:7。

Ptilocladus Lindb. = **Camptochaete**

Ptilomeris Nutt. = **Lasthenia**

Ptiloneilema Steud. = **Melanocenchris**

Ptilophyllum Bosch 膜片蕨属 Hymenophyllaceae [F-21] 特征纪要：-。全球 1 个大洲分布及种数(-)。

Ptilostemon Cass. 卵果蓟属 Asteraceae [MD-586] 特征纪要：习性：草本。花程式：(K)3-5, (C)3-5, A3-5, = ↓ G2。其他特征参考科。全球 3 个大洲分布及种数(19-21；hort. 1；cult. 2)非洲:9；亚洲:11-12；欧洲:10。【中国种数：3】。

Ptilostephium Kunth = **Tridax**

Ptilothrix K. L. Wilson 稻莎属 Cyperaceae [MM-747] 特征纪要：习性：草本。花程式：(K)3, C3, A3, G-。其他特征参考科。全球 2 个大洲分布及种数(1-9)大洋洲:1; 南美洲:1。

Ptilotrichum C. A. Mey. 燥原荠属 Brassicaceae [MD-213] 特征纪要：习性：草本。花程式：K2-4, C2-4, A2-4, ↓ G-参考科。物候：-。花期：6-9 月。果期：参考晚于花期。海拔：30-6200 米。生境：山坡。栽培：来自广西龙州。资源：具栽培园艺种类。全球 5 个大洲分布及种数(1-31)非洲:3; 亚洲:16; 欧洲:3; 北美洲:3; 南美洲:4。【中国种数：1】。

Ptilotus R. Br. 猫尾苋属 Amaranthaceae [MD-116] 特征纪要：习性：草本。花程式：-。其他特征参考科。全球 6 个大洲分布及种数(26-141；hort. 1；cult. 5)非洲:2；亚洲:4-10；大洋洲:25-139；欧洲:2；北美洲:2；南美洲:1。【中国种数：9】。

Ptisana Murdock 粒囊蕨属 Marattiaceae [F-13] 特征纪要：习性：-。【Rep】：囊群生叶背。物候：-。海拔：-。生境：半荫蔽林，植物园中。资源：-。全球 6 个大洲分布及种数(35-43)非洲:22; 亚洲:22; 大洋洲:21; 欧洲:8; 北美洲:8; 南美洲:1。【中国种数：7】。

Ptycanthera Decne. 番萝藦属 Apocynaceae [MD-492] 特征纪要：习性：木本。花程式：Kn, C0, A15, ↓ G。其他特征参考科。全球 1 个大洲分布及种数(2) ◆北美洲：2。

Ptychanthus Nees 皱萼苔属 Lejeuneaceae [B-84] 特征纪要：习性：-。【Rep】：蒴萼侧生，倒梨形或粗棒形，通常具 10 个纵脊，雄苞着生枝中部，小穗状，雄苞叶 6-20 对。物候：-。海拔：785 米。生境：石生。资源：-。全球 6 个大洲分布及种数(4)非洲:1-8；亚洲:3-10；大洋洲:1-8；欧洲:7；北美洲:7；南美洲:7。【中国种数：3】。

Ptychococcus Becc. 皱果椰属 Arecaceae［MM－717］特征纪要:习性:木本。花程式:K3－10,C3－10,A3－10,＝G3－10。其他特征参考科。全球3个大洲分布及种数(2－8)非洲:6; 亚洲:8; 大洋洲:4。

Ptychocoleus (Mitt.) Stephani 细鳞苔科属 Lejeuneaceae［B－84］特征纪要:习性:－。【Rep】:雌苞顶生于主枝,蒴萼具3个脊,并常附1－7个小脊,脊部具冠状突起,一般稀疏生长。物候:－。海拔:－。生境:山坡,针阔混交林中。资源:－。全球2个大洲分布及种数(32)北美洲:1; 南美洲:1。【中国种数:1】。

Ptychodes F. Weber ＝ **Schlotheimia**

Ptychodium Schimp. 薄罗藓科属 Thuidiaceae［B－184］特征纪要:－。全球2个大洲分布及种数(15)北美洲:1; 南美洲:1。

Ptychodon (Endl.) Rchb. 千屈菜科属 Lythraceae［MD－333］特征纪要:习性:－。花程式:－。其他特征参考科。全球1个大洲分布及种数(－)。

Ptychographa <unassigned> 英国岩蕨属 Woodsiaceae［F－47］特征纪要:－。全球2个大洲分布及种数(3)欧洲:2; 北美洲:2。

Ptycholejeunea (Lehm. & Lindenb.) Steph. 华细鳞苔属 Lejeuneaceae［B－84］特征纪要:习性:－。【Rep】:老时呈红褐色。生境:山坡,针阔混交林中。全球2个大洲分布及种数(3)亚洲:3; 大洋洲:2。

Ptycholobium Harms 异灰毛豆属 Fabaceae3［MD－240］特征纪要:习性:木本。花程式:＝↓(K1－∞),C1－∞,A5－9,＝↓G(－)。其他特征参考科。全球1个大洲分布及种数(3)◆非洲。

Ptychomanes Hedwig ＝ **Hymenophyllum**

Ptychomitriaceae Schimp.［B－114］缩叶藓科 特征纪要(参考 Lepidoziaceae):密集生长。【Rep】:雌雄同株,雌苞生于茎或分枝先端,蒴被发达,短柱形,被长纤毛,孢蒴卵圆形,蒴壁厚4－6层细胞。全球6个大洲分布和属种数(6/96)亚洲:4/30;大洋洲:2/9;欧洲:3/10;北美洲:4/19;南美洲:3/37。【中国属种数:4/24(2)】。

Ptychomitriopsis Dixon 南非缩叶藓属 Ptychomitriaceae［B－114］特征纪要:习性:－。【Rep】:雌苞叶少,大形,鞘状,环抱蒴柄,有时高出蒴柄,雌雄异株或同株,孢蒴多呈卵形、长卵状圆柱形,稀球形,多直立,稀倾斜或下垂,蒴壁平滑。其他特征参考科。全球1个大洲分布及种数(2)◆非洲。

Ptychomitrium Fürnr. 缩叶藓属 Ptychomitriaceae［B－114］特征纪要:习性:－。【Rep】:雌雄同株,雌苞叶大于茎叶,蒴柄细长,黄色,干燥时近于直立,湿润时扭曲,孢蒴直立,近黄色,短圆柱形。物候:－。海拔:600米。生境:土生。资源:－。全球6个大洲分布及种数(63)非洲:17;亚洲:15;大洋洲:8;欧洲:6;北美洲:11;南美洲:31。【中国种数:17】。

Ptychomniaceae M. Fleisch.［B－159］棱蒴藓科 特征纪要:叶状体多较大,稀形小,带状,灰绿色、绿色至暗绿色,多数质厚,干燥时边缘有时背卷,常多回叉状分枝。【Rep】:雌雄异株或同株。全球5个大洲分布和属种数(10/25)亚洲:4/5;大洋洲:7/12;欧洲:2/2;北美洲:1/1;南美洲:7/16。【中国属种数:2/7】。

Ptychomniella (Broth.) W. R. Buck, C. J. Cox, A. J. Shaw & Goffinet 棱蒴藓属 Ptychomniaceae［B－159］特征纪要:习性:－。【Rep】:假雌雄异苞同株,内雌苞叶基部高鞘状,有狭长叶尖,孢蒴完全隐生于雌苞叶内,卵形或长卵形,棕色,平滑。其他特征参考科。全球1个大洲分布及种数(1)◆南美洲:1。

Ptychomnion (Hook. f. & Wilson) Mitt. 棱蒴藓属 Ptychomniaceae［B－159］特征纪要:－。【Rep】:假雌雄异苞同株,内雌苞叶基部高鞘状,有狭长叶尖,孢蒴完全隐生于雌苞叶内,卵形或长卵形,棕色,平滑。其他特征参考科。全球6个大洲分布及种数(9)非洲:2;亚洲:1;大洋洲:3;欧洲:1;北美洲:1;南美洲:9。

Ptychopetalum Benth. 褶瓣树属 Olacaceae［MD－362］特征纪要:习性:木本。花程式:K3,C3,A5－6,＝G2－3。其他特征参考科。全球3个大洲分布及种数(7)非洲:4;北美洲:1;南美洲:2。

Ptychophyllum C. Presl 膜蕨科属 Hymenophyllaceae［F－21］特征纪要:－。全球1个大洲分布及种数(－)。

Ptychopyxis Miq. 百褶桐属 Euphorbiaceae［MD－217］特征纪要:习性:木本。花程式:K1(1000),C0,A6,＝G2－3。物候:－。花期:3－10月。果期:参考晚于花期。海拔:20－5000米。生境:中海拔山地灌木林中。资源:－。全球3个大洲分布及种数(12－29)非洲:4; 亚洲:23; 大洋洲:5。

Ptychoraphis Becc. ＝ **Rhopaloblaste**

Ptychosema Benth. 异荚豆属 Fabaceae3［MD－240］特征纪要:习性:木本。花程式:＝↓(K1－∞),C1－∞,A5－9,＝↓G1。其他特征参考科。全球3个大洲分布及种数(1－13)亚洲:2; 大洋洲:13; 南美洲:2。

Ptychosperma Labill. 射叶椰属 Arecaceae［MM－717］特征纪要:习性:木本。花程式:K3－10,C3－10,A3－10,＝G3－10。其他特征参考科。全球6个大洲分布及种数(23－48)非洲:14－43;亚洲:8－21;大洋洲:16－44;欧洲:10;北美洲:7－18;南美洲:2－13。【中国种数:1】。

Ptychostomum Hornsch. 缩真藓属 Bryaceae［B－146］特征纪要:习性:－。【Rep】:雌雄同株或异株。物候:－。海拔:－。生境:常见于林地边或岩面薄土。资源:－。全球6个大洲分布及种数(6)非洲:1;亚洲:1;大洋洲:3;欧洲:4;北美洲:5;南美洲:2。【中国种数:3】。

Ptychotis W. D. J. Koch 安蒙草属 Apiaceae［MD－480］特征纪要:习性:草本。花程式:＝↓(K5),C5,A5,＝↓G(－)。其他特征参考科。全球1个大洲分布及种数(1)◆欧洲。

Ptyssiglottis T. Anderson 折舌爵床属 Acanthaceae［MD－572］特征纪要:习性:草本。花程式:K2－4,C0,A2－4,＝(G)2。其他特征参考科。全球3个大洲分布及种数(38－61)非洲:6; 亚洲:61; 大洋洲:8。【中国种数:2】。

Pubistylus Thoth. 狗骨柴属 Rubiaceae［MD－523］特征纪要:习性:木本。花程式:Kn,C4－5－参考科,A4－5－,↓G。其他特征参考科。全球1个大洲分布及种数(1)◆亚洲。

Pucara Ravenna 短管蒜属 Amaryllidaceae［MM－694］特征纪要:习性:－。花程式:－。其他特征参考科。全球1个大洲分布及种数(1)◆南美洲。

Puccinellia Parl. 碱茅属 Poaceae [MM－748] 特征纪要:习性:草本。花程式:(K－),C0 参考科,A3 参考科,＝G2－3。物候:－。花期:7－8 月。果期:参考晚于花期。海拔:1000－2500 米。生境:草地。栽培:来自广西龙州。资源:具栽培园艺种类。全球 6 个大洲分布及种数(115－136;hort. 1;cult. 10)非洲:16－45;亚洲:77－110;大洋洲:16－43;欧洲:29－60;北美洲:40－68;南美洲:20－47。【中国种数:53】。

Puccionia Chiov. 普奇尼南星属 Cleomaceae [MD－210] 特征纪要:习性:－。花程式:－。其他特征参考科。全球 6 个大洲分布及种数(783)非洲:187; 亚洲:117; 大洋洲:4; 欧洲:98; 北美洲:98; 南美洲:596。

Pucciphippsia Tzvelev 欧洲禾草属 Poaceae [MM－748] 特征纪要:习性:草本。花程式:(K)3,C0 参考科,A1－2,＝(G)2－3。其他特征参考科。全球 3 个大洲分布及种数(2－6)亚洲:2; 欧洲:3; 北美洲:3。

Puchiumazus <unassigned> 锦葵属 Malvaceae [MD－203] 特征纪要:习性:－。花程式:－。其他特征参考科。全球 1 个大洲分布及种数(－)。

Puebloa Doweld 月轮玉属 Cactaceae [MD－100] 特征纪要:习性:－。花程式:－。其他特征参考科。全球 1 个大洲分布及种数(－)。

Puelia Franch. 姜叶竺属 Poaceae [MM－748] 特征纪要:习性:草本。花程式:－。其他特征参考科。全球 3 个大洲分布及种数(5－17)非洲:13; 亚洲:4; 南美洲:2。

Pueraria DC. 葛属 Fabaceae3 [MD－240] 特征纪要:习性:木质攀援。花程式:(K－),C2－3 参考科,A3 参考科,＝↓G1。物候:－。花期:7－10 月。果期:参考晚于花期。海拔:700－1000 米。生境:灌丛中。资源:具栽培园艺种类。全球 6 个大洲分布及种数(19－102)非洲:11; 亚洲:77; 大洋洲:11; 欧洲:9; 北美洲:9; 南美洲:6。【中国种数:8】。

Puffia Razafim. & B. Bremer 沙茜草属 Rubiaceae [MD－523] 特征纪要:习性:木本。花程式:(K)4－5,(C)4－5,A4－5,↓G。其他特征参考科。全球 1 个大洲分布及种数(1)◆非洲。

Pugionium Gaertn. 沙芥属 Brassicaceae [MD－213] 特征纪要:习性:草本(多肉)。花程式:－。物候:－。花期:6－8 月。果期:参考晚于花期。海拔:1000－1100 米。生境:沙漠沙丘。资源:药用,具栽培园艺种类。全球 3 个大洲分布及种数(3－7)亚洲:6; 欧洲:2; 北美洲:2。【中国种数:3】。

Puhuaea H. Ohashi & K. Ohashi 豆属 Fabaceae3 [MD－240] 特征纪要:习性:木本。花程式:－。其他特征参考科。全球 1 个大洲分布及种数(2):亚洲:2。

Puiggaria Duby 蚤帽藓属 Daltoniaceae [B－162] 特征纪要:－。全球 1 个大洲分布及种数(－)。

Puiggariella Broth. 灰藓科属 Hypnaceae [B－189] 特征纪要:习性:－。【Rep】:参考科特征:雌雄异苞同株,内雌苞叶直立,卵状披针形,上部渐狭成长毛状,近于全缘,无中肋,黄绿色。其他特征参考科。全球 1 个大洲分布及种数(3)◆南美洲:1。

Puiggariopsis M. Menzel 巴西灰藓属 Hypnaceae [B－189] 特征纪要:习性:－。【Rep】:雌雄异苞同株,内雌苞叶直立,卵状披针形,上部渐狭成长毛状,近于全缘,无中肋,黄绿色。其他特征参考科。全球 2 个大洲分布及种数(1)北美洲:1;南美洲:1。

Pulassarium Kuntze ＝ **Alyxia**

Pulchranthus V. M. Baum, Reveal & Nowicke 巴西白爵床属 Acanthaceae [MD－572] 特征纪要:习性:草本。花程式:K2－4,C0,A2－4,＝(G)2。其他特征参考科。全球 4 个大洲分布及种数(4－5)非洲:2; 亚洲:2; 北美洲:2; 南美洲:5。

Pulchrinodaceae D. Quandt [B－145] 美丽藓科 特征纪要:叶状体暗绿色,长 5－8 厘米,两歧分枝。【Rep】:雌雄异株,精子器多数,密生于叶状体先端半月形凹槽内,苞膜半圆形,边缘呈齿状,着生中肋背面,蒴被筒状。全球 2 个大洲分布及属种数(1/1)非洲:1; 大洋洲:1。

Pulchrinodus B. H. Allen 美丽藓属 Pulchrinodaceae [B－145] 特征纪要(同科)。全球 2 个大洲分布及种数(2)非洲:2; 大洋洲:2。

Pulegium Mill. ＝ **Mentha**

Pulicaria Gaertn. 蚤草属 Asteraceae [MD－586] 特征纪要:习性:草本,少木本。花程式:(K)3－5,C3－5,A3 参考科,＝↓G2。物候:－。花期:7－8 月。果期:参考晚于花期。海拔:2500－3000 米。生境:草地,沙地,沟渠沿岸和路旁。资源:药用,具栽培园艺种类。全球 6 个大洲分布及种数(88－108;hort. 1)非洲:49－58;亚洲:54－67;大洋洲:2－11;欧洲:14－23;北美洲:3－12;南美洲:2－11。【中国种数:7】。

Pulicarioidea Bunwong, Chantar. & S. C. Keeley 蚤菊属 Asteraceae [MD－586] 特征纪要:习性:草本。花程式:(K)3－5,(C)3－5,A3－5,↓G。物候:－。花期:7－10 月。果期:参考晚于花期。海拔:6000 米。生境:阿尔泰山地针叶林带山沟,柞林下路旁。资源:－。全球 1 个大洲分布及种数(1) ◆亚洲:1。

Puliculum Stapf ex Haines ＝ **Pseudopogonatherum**

Pullea Schltr. 锥枫梅属 Cunoniaceae [MD－255] 特征纪要:习性:木本。花程式:K4－5,C4－5,A4－5,＝↓G2－3。其他特征参考科。全球 3 个大洲分布及种数(3－11)非洲:3; 亚洲:1; 大洋洲:3。

Pullenia H. Ohashi & K. Ohashi 无瓣榴梿属 Malvaceae [MD－203] 特征纪要:习性:－。花程式:－。其他特征参考科。全球 2 个大洲分布及种数(1－11)大洋洲:1; 南美洲:1。

Pulmonaria L. 肺草属 Boraginaceae [MD－517] 特征纪要:习性:草本(基生)。花程式:－。物候:－。花期:7－8 月。果期:参考晚于花期。海拔:5700 米。生境:山坡林下或山谷阴湿处,杂木林下。资源:具栽培园艺种类。全球 6 个大洲分布及种数(23－39;hort. 1;cult. 5)非洲:3－6;亚洲:7－12;大洋洲:1;欧洲:22－35;北美洲:2－5;南美洲:1－2。【中国种数:6】。

Pulsatilla Mill. 白头翁属 Ranunculaceae [MD－38] 特征纪要:习性:草本(根状茎,基生)。花程式:－。物候:－。

海拔:1800 - 3700 米。生境:草坡,森林边缘,山坡。资源:具栽培园艺种类。全球 6 个大洲分布及种数(37 - 68;hort. 1;cult. 13)非洲:3;亚洲:30 - 38;大洋洲:3;欧洲:10 - 14;北美洲:4 - 7;南美洲:3。【中国种数:17】。

Pulsatilloides (DC.) Starod. 罂粟莲花属 Ranunculaceae [MD - 38] 特征纪要和分布(-)。全球 1 个大洲分布及种数(1)◆亚洲。

Pultenaea Sm. 普尔特木属 Fabaceae3 [MD - 240] 特征纪要:习性:木本。花程式:= ↓ (K1 - ∞),C1 - ∞,A5 - 9,= ↓ G1。其他特征参考科。全球 5 个大洲分布及种数(137 - 356)亚洲:6; 大洋洲:284; 欧洲:3; 北美洲:3; 南美洲:6。

Pulvinaria E. Fourn. = **Lhotzkyella**

Pulvinatusia <unassigned> 十字花属 Brassicaceae [MD - 213] 特征纪要:习性: - 。花程式: - 。其他特征参考科。全球 1 个大洲分布及种数(-)。

Pulvinella Broth. & Herzog 白油藓属 Hookeriaceae [B - 164] 特征纪要: - 。全球 2 个大洲分布及种数(3)非洲:1; 南美洲:2。

Pulvinodecton <unassigned> 扭叶苔科属 Riellaceae [B - 5] 特征纪要: - 。全球 1 个大洲分布及种数(1)◆非洲:1。

Puna R. Kiesling 铺云掌属 Cactaceae [MD - 100] 特征纪要:习性: - 。花程式: - 。其他特征参考科。全球 3 个大洲分布及种数(10)亚洲:4; 北美洲:2; 南美洲:7。

Punctelia Krog 点蕨属 Parkeriaceae [F - 36] 特征纪要: - 。全球 5 个大洲分布及种数(41)亚洲:4; 大洋洲:2; 欧洲:3; 北美洲:6; 南美洲:33。

Punctillaria N. E. Br. 霓花属 Aizoaceae [MD - 94] 特征纪要:习性: - 。花程式: - 。其他特征参考科。全球 1 个大洲分布及种数(cf. 1)◆非洲。

Pungentella Müll. Hal. 锦藓属 Sematophyllaceae [B - 192] 特征纪要:习性: - 。物候: - 。海拔:0 米。生境:常见于竹上,岩石上。资源: - 。全球 1 个大洲分布及种数(-)。

Punica L. 石榴属 Punicaceae [MD - 349] 特征纪要(同科)。全球 6 个大洲分布及种数(2 - 57)非洲:2; 亚洲:4; 大洋洲:2; 欧洲:3; 北美洲:3; 南美洲:45。【中国种数:1】。

Punicaceae Bercht. & J. Presl [MD - 349] 安石榴科 特征纪要:习性:木本;落叶。花程式:(K)6 - ,C5,A,G - 。物候: - 。花期: 3 - 7 月。果实:浆果。种子:多数作为亚科来处理。海拔:100 - 2000 米。生境:广泛栽培。资源:药用。栽培:中国有栽培。全球 4 个大洲分布及属种数(1/1 hort. 1;cult. 1) 亚洲:1/4; 大洋洲:1/3; 欧洲:1/3; 北美洲:1/4。

Punjuba Britton & Rose 豆科属 Fabaceae2 [MD - 240] 特征纪要:习性: - 。花程式: - 。其他特征参考科。全球 2 个大洲分布及种数(6)北美洲:1; 南美洲:6。

Punotia D. R. Hunt 铁仔属 Primulaceae [MD - 401] 特征纪要:习性:草本。花程式:Kn,C0,A3 参考科,↓G。其他特征参考科。全球 1 个大洲分布及种数(1)◆南美洲。

Pupalia Juss. 钩刺苋属 Amaranthaceae [MD - 116] 特征纪要:习性:灌木。花程式:K1 - 2,C0,A3 参考科,= G2 - 3。物候: - 。海拔: - 。生境: - 。资源:具园艺种类。全球 4 个大洲分布及种数(8;hort. 1)非洲:6;亚洲:5;大洋洲:2;南美洲:1。【中国种数:1】。

Pupilla C. T. Rizzini 爵床属 Acanthaceae [MD - 572] 特征纪要:习性: - 。花程式: - 。其他特征参考科。全球 1 个大洲分布及种数(cf. 1)◆南美洲。

Pupulinia Karremans & Bogarín 兰科属 Orchidaceae [MM - 723] 特征纪要:习性: - 。花程式: - 。其他特征参考科。全球 1 个大洲分布及种数(1)南美洲:1。

Purdiaea Planch. 虎萼木属 Clethraceae [MD - 326] 特征纪要:习性:木本。花程式: - 。其他特征参考科。全球 2 个大洲分布及种数(14)北美洲:6 - 12;南美洲:2。

Purdieanthus Gilg = **Lehmanniella**

Purpureostemon Gugerli 紫缨木属 Myrtaceae [MD - 347] 特征纪要:习性:木本。花程式:K4 - 5,C4 - 5,A8 - 10,= ↓ (G)2 - 5。其他特征参考科。全球 2 个大洲分布及种数(1 - 2)非洲:2; 大洋洲:2。

Purseglovеia S. Y. Wong, S. L. Low & P. C. Boyce 天南星属 Araceae [MM - 639] 特征纪要:习性:草本。花程式: - 。其他特征参考科。全球 1 个大洲分布及种数(-)。

Pursellia S. H. Lin 蕨藓科属 Pterobryaceae [B - 201] 特征纪要:习性: - 。【Rep】:雌雄异株,稀雌雄同株,蒴柄短或较长,平滑或粗糙,孢蒴长卵形,直立,蒴齿两层,环带不分化,蒴盖圆锥形,亮绿色至红棕色。其他特征参考科。全球 2 个大洲分布及种数(2)亚洲:2; 大洋洲:2。

Purshia Raf. 羚梅属 Rosaceae [MD - 246] 特征纪要和分布(-)。全球 1 个大洲分布及种数(8 - 15)◆北美洲。【中国种数:1】。

Puschkinia Adams 蚁播花属 Hyacinthaceae [MM - 679] 特征纪要:习性:草本。花程式:(K)3,C0 参考科,A3 - 6,(G)3。其他特征参考科。全球 5 个大洲分布及种数(8 - 16)非洲:2; 亚洲:12; 欧洲:3; 北美洲:3; 南美洲:2。

Pusillanthus Kuijt 委内桑寄生属 Loranthaceae [MD - 415] 特征纪要:习性:木本。花程式:K4,C0,A4,= ↓ (G)3 - 4。其他特征参考科。全球 1 个大洲分布及种数(1 - 2)◆南美洲。

Putranjiva Wall. 假黄杨属 Putranjivaceae [MD - 228] 特征纪要:习性:木本。花程式: - 。物候: - 。花期:5 - 7 月。果期:参考晚于花期。海拔: - 。生境:原始沿海森林和灌丛。资源: - 。全球 6 个大洲分布及种数(5)非洲:1 - 2;亚洲:4 - 5;大洋洲:2 - 3;欧洲:1;北美洲:1 - 2;南美洲:1。【中国种数:3】。

Putranjivaceae Meisn. [MD - 228] 核果木科 特征纪要:习性:木本;落叶。花程式:K1 - ∞,C1 - ∞,A234,G(-)。物候: - 。花期:5 - 7 月。果期:7 - 9 月。果实:核果。种子: - 。海拔:1600 米。生境:原始沿海森林和灌丛。

资源:-。栽培:-。全球4个大洲分布及属种数(4/9 hort.1)非洲:2/5;亚洲:1/7;大洋洲:1/3;北美洲:1/2。【中国属种数:2/30】。

Putterlickia Endl. 假裸实属 Celastraceae [MD-339] 特征纪要:习性:木本。花程式:K2-3,C2-3,A10,G-。物候:-。海拔:-。生境:-。资源:具园艺种类。全球2个大洲分布及种数(5-6)非洲:5;南美洲:1。

Puya Molina 龙舌凤梨属 Bromeliaceae [MM-715] 特征纪要:习性:草本。花程式:(K)3,C3,A6,=↓G3。其他特征参考科。全球5个大洲分布及种数(234-330)亚洲:4;大洋洲:13;欧洲:27;北美洲:27;南美洲:315。【中国种数:1】。

Pyankovia Akhani & Roalson 散枝蓬属 Amaranthaceae [MD-116] 特征纪要:习性:-。花程式:-。其他特征参考科。全球1个大洲分布及种数(-)。

Pycnandra Benth. 多蕊榄属 Sapotaceae [MD-357] 特征纪要:习性:木本。花程式:K4-15,C0,A5,=↓(G)2-4。其他特征参考科。全球4个大洲分布及种数(64-79)非洲:2;亚洲:3;大洋洲:78;北美洲:2。【中国种数:1】。

Pycnanthaceae Juss. = Orchidaceae

Pycnanthemum Michx. 山薄荷属 Lamiaceae [MD-575] 特征纪要:习性:草本。花程式:K2,C0,A2,=↓(G)2。其他特征参考科。全球6个大洲分布及种数(22-78)非洲:9;亚洲:34;大洋洲:18;欧洲:58;北美洲:58;南美洲:12。【中国种数:2】。

Pycnanthus Warb. 密花楠属 Myristicaceae [MD-15] 特征纪要:习性:木本。花程式:K2-3,C0,A5,=G1。其他特征参考科。全球1个大洲分布及种数(4)◆非洲。

Pycnapophyscium (Rchb. ex Endl.) Müll. Hal. = **Tetraplodon**

Pycnarrhena Miers ex Hook. f. & Thoms. 密花藤属 Menispermaceae [MD-42] 特征纪要:习性:草质攀援(基生,多肉)。花程式:-。物候:-。花期:夏季。果期:参考晚于花期。海拔:200-2500米。生境:森林。资源:药用。全球6个大洲分布及种数(23-27)非洲:2-5;亚洲:19-23;大洋洲:6-9;欧洲:2;北美洲:2;南美洲:2。【中国种数:3】。

Pycnobotrya Benth. 非洲夹竹桃属 Apocynaceae [MD-492] 特征纪要:习性:木本。花程式:K5-∞,C0,A15,=↓(G)2-5。其他特征参考科。全球1个大洲分布及种数(1)◆非洲。

Pycnocephalum DC. = **Chresta**

Pycnocoma Benth. 角翅桐属 Euphorbiaceae [MD-217] 特征纪要:习性:木本。花程式:K1(1000),C0,A6,=G2-3。其他特征参考科。全球3个大洲分布及种数(18-46)非洲:41;北美洲:2;南美洲:3。

Pycnocomon Hoffmanns. & Link 非洲菊属 Caprifoliaceae [MD-510] 特征纪要:习性:木本。花程式:-。其他特征参考科。全球1个大洲分布及种数(1-2)◆非洲。

Pycnocycla Lindl. 密花芹属 Apiaceae [MD-480] 特征纪要:习性:草本。花程式:=↓(K5),C5,A5,=↓(G)2。其他特征参考科。全球2个大洲分布及种数(18)非洲:2-4;亚洲:10-17。

Pycnodoria C. Presl = **Pteris**

Pycnolejeunea (Spruce) Schiffn. 密鳞苔属 Lejeuneaceae [B-84] 特征纪要:习性:-。【Rep】:雌雄同株,雄苞枝生,雄苞叶2-3对,雌苞着生短枝顶。物候:-。海拔:-。生境:山坡,针阔混交林中。资源:-。全球6个大洲分布及种数(12-19)非洲:17;亚洲:6-21;大洋洲:2-22;欧洲:15;北美洲:2-17;南美洲:5-20。【中国种数:6】。

Pycnoneurum Decne. = **Cynanchum**

Pycnophyllopsis Skottsb. 卧繁缕属 Caryophyllaceae [MD-77] 特征纪要:习性:草本。花程式:K1-5,C1-5,A1-5,=(G)2-5。其他特征参考科。全球1个大洲分布及种数(7-8)◆南美洲。

Pycnophyllum J. Rémy 卧漆姑属 Caryophyllaceae [MD-77] 特征纪要:习性:草本。花程式:-。其他特征参考科。全球2个大洲分布及种数(18-36)北美洲:3;南美洲:35。

Pycnoplinthopsis Jafri 假簇芥属 Brassicaceae [MD-213] 特征纪要:习性:草本。花程式:K2-4,C2-4,A2-4,↓G-参考科。物候:-。花期:5-7月。果期:参考晚于花期。海拔:3000-4500米。生境:溪边的石质区域,潮湿的岩石缝隙,开阔的碎石,瀑布下方的苔藓区域,潮湿的岩石壁架。资源:-。全球1个大洲分布及种数(cf.1)◆亚洲。【中国种数:1】。

Pycnoplinthus O. E. Schulz 簇芥属 Brassicaceae [MD-213] 特征纪要:习性:草本(根状茎,基生,多肉)。花程式:Kn,C2-3参考科,A3参考科,G-。物候:-。花期:6-7月。果期:参考晚于花期。海拔:3600-5200米。生境:潮湿的沙质河床,砾石之间的沙质地区,潮湿的草地地区。栽培:来自广西龙州。资源:具栽培园艺种类。全球1个大洲分布及种数(2-3)◆亚洲。

Pycnopteris T. Moore = **Dryopteris**

Pycnorhachis Benth. 马来夹竹桃属 Apocynaceae [MD-492] 特征纪要:习性:木本。花程式:Kn,C0,A5,=(G)2。其他特征参考科。全球1个大洲分布及种数(1)◆东南亚(◆马来西亚)。

Pycnosandra Blume = **Drypetes**

Pycnosorus Benth. 金槌花属 Asteraceae [MD-586] 特征纪要:习性:草本。花程式:(K)3-5,(C)3-5,A3-5,↓G。其他特征参考科。全球2个大洲分布及种数(6-11)大洋洲:6;南美洲:1。

Pycnospatha Thorel ex Gagnep. 羊角芋属 Araceae [MM-639] 特征纪要:习性:草本。花程式:-。其他特征参考科。全球1个大洲分布及种数(1-2)◆亚洲。【中国种数:1】。

Pycnosphace (Benth.) Rydb. = **Salvia**

Pycnosphaera Gilg 非洲龙胆属 Gentianaceae [MD-496] 特征纪要:习性:草本。花程式:-。其他特征参考科。

全球 1 个大洲分布及种数(1)◆非洲。

Pycnospora R. Br. ex Wight & Arn. 密子豆属 Fabaceae3 [MD－240] 特征纪要:习性:木本。花程式:(K－),C2－3 参考科,A9＋1 二体,＝↓G－。物候:－。海拔:1300 米。生境:生于山野草坡及平原。资源:药用。全球 3 个大洲分布及种数(2)非洲:1;亚洲:1;大洋洲:1。【中国种数:1】。

Pycnostachys Hook. 密穗花属 Lamiaceae [MD－575] 特征纪要:习性:－。花程式:－。其他特征参考科。全球 5 个大洲分布及种数(1－101)非洲:87; 亚洲:8; 大洋洲:2; 北美洲:2; 南美洲:6。

Pycnostelma Bunge ex Decne. 鹅绒藤属 Asclepiadaceae [MD－494] 特征纪要:木本,叶对生,落叶; 花程式:K5,C0,A5,G(－)。果实:蓇葖果。种子:具种毛,黄色绢质。全球 6 个大洲分布及种数(2)非洲:1－2;亚洲:1;大洋洲:1;欧洲:1;北美洲:1;南美洲:1。

Pycnothecium <unassigned> 缘边拟平藓属 Echinodiaceae [B－207] 特征纪要:－。全球 3 个大洲分布及种数(5)非洲:1; 欧洲:4; 南美洲:1。

Pycnothelia <unassigned> 合椿梅科属 Cunoniaceae [MD－255] 特征纪要:－。全球 1 个大洲分布及种数(6)◆南美洲:6。

Pycnothymus (Benth.) Small 夏香草属 Lamiaceae [MD－575] 特征纪要:习性:－。花程式:－。其他特征参考科。全球 1 个大洲分布及种数(1)◆北美洲。

Pycreus P. Beauv. 扁莎属 Cyperaceae [MM－747] 特征纪要:习性:－。花程式:－。物候:－。花期:6 月。果期:参考晚于花期。海拔:100－3000 米。生境:草甸,沼泽,河缘,水缘,浅水,沟缘,阴湿处,稻田缘。资源:－。全球 6 个大洲分布及种数(87－110;hort. 6;cult. 6)非洲:69－102;亚洲:40－72;大洋洲:14－38;欧洲:7－31;北美洲:27－51;南美洲:24－48。【中国种数:2】。

Pygmaeocereus H. Johnson & Backeb. 纤巧柱属 Cactaceae [MD－100] 特征纪要:习性:－。花程式:－。其他特征参考科。全球 1 个大洲分布及种数(3－4)◆南美洲(◆秘鲁)。

Pygmaeopremna Merr. ＝ **Premna**

Pygmaeorchis Brade 矮兰属 Orchidaceae [MM－723] 特征纪要:习性:草本。花程式:(K)3,C3,A3,＝↓(G)3。其他特征参考科。全球 1 个大洲分布及种数(2)◆南美洲(◆巴西)。

Pygmaeothamnus Robyns 矮灌茜属 Rubiaceae [MD－523] 特征纪要:习性:木本。花程式:(K)4－5,(C)4－5,A4－5,↓G。其他特征参考科。全球 1 个大洲分布及种数(2)◆非洲。

Pygmea Hook. f. 婆婆纳属 Plantaginaceae [MD－527] 特征纪要:习性:－。花程式:－。其他特征参考科。全球 3 个大洲分布及种数(1)大洋洲:1;北美洲:1;南美洲:1。

Pylaisaea Desv. ex Bach. Pyl. 金灰藓属 Hypnaceae [B－189] 特征纪要:习性:－。【Rep】:参考科特征:雌雄异苞同株,内雌苞叶直立,卵状披针形,上部渐狭成长毛状,近于全缘,无中肋,黄绿色。其他特征参考科。全球 1 个大洲分布及种数(1)◆亚洲。【中国种数:1】。

Pylaisia Schimp. 金灰藓属 Hypnaceae [B－189] 特征纪要:习性:－。【Rep】:雌雄异株或雌雄异苞同株,生殖苞侧生,雌苞叶分化,蒴柄长。物候:－。海拔:700 米。生境:岩生。资源:－。全球 6 个大洲分布及种数(33)非洲:1;亚洲:22;大洋洲:3;欧洲:3;北美洲:11;南美洲:2。【中国种数:20】。

Pylaisiaceae Schimp. [B－190] 金灰藓科 特征纪要:叶状体宽带形,绿色,略具光泽,顶端分枝或不规则叉状分枝。全球 6 个大洲分布和属种数(3/32－49)非洲:3/9;亚洲:3/28－37;大洋洲:1－3/1－10;欧洲:1－3/2－11;北美洲:3/14－23;南美洲:1－3/2－12。【中国属种数:3/27(2)】。

Pylaisiadelpha Cardot 毛锦藓属 Sematophyllaceae [B－192] 特征纪要:习性:－。【Rep】:雌雄异株,孢蒴直立或稍弯曲,蒴柄长,蒴齿发育正常,基膜较低,无齿毛,蒴盖具长喙。其他特征参考科。全球 4 个大洲分布及种数(15)亚洲:8;大洋洲:1;北美洲:8;南美洲:2。【中国种数:11】。

Pylaisiadelphaceae Goffinet & W. R. Buck [B－191] 毛锦藓科 特征纪要(参考 Cephaloziellaceae):深绿色或褐绿色,匍匐,常与其他苔藓形成群丛茎单一或稀疏分枝叶疏生或覆瓦状蔽前式排列,三角状卵形,先端。【Rep】:雌雄异株,雄苞小,由腹叶叶腋伸出,具 4－8,对雄苞叶,精子器单生,蒴囊黄褐色,长椭圆形。全球 4 个大洲分布和属种数(9/106)亚洲:7/104;大洋洲:1/1;北美洲:1/1;南美洲:1/1。【中国属种数:7/104(1)】。

Pylaisiella Kindb. ex Grout 弯枝金灰藓属 Hypnaceae [B－189] 特征纪要:习性:－。【Rep】:雌雄异苞同株,内雌苞叶长卵形或披针形,叶尖具齿,蒴柄细长,平滑,孢蒴直立,辐射对称,卵形或长圆柱形。物候:－。海拔:900 米。生境:土生生。资源:－。全球 4 个大洲分布及种数(6)非洲:1;亚洲:4;北美洲:3;南美洲:1。【中国种数:12】。

Pylaisiobryum Broth. 非洲绢藓属 Entodontaceae [B－195] 特征纪要:习性:－。【Rep】:雌雄同株,少数异枝,雄苞小,呈芽状,雄苞叶阔卵形,内凹,全缘或具微齿,上部边缘内卷,无中肋,雌苞叶披,蒴柄红褐色,长 1.4－2.5 厘米,孢蒴通常呈卵形或长椭圆形,红褐色,蒴齿两层。其他特征参考科。全球 1 个大洲分布及种数(1)◆非洲。

Pylaisiopsis (Broth.) Broth. 绢锦藓属 Sematophyllaceae [B－192] 特征纪要:习性:－。【Rep】:雌雄同株或雌雄异株,稀雌雄杂株,蒴柄细长,下部平滑,上部具乳头突起,孢蒴小,垂倾或悬垂,长卵形或长圆,多暗色、绿色至金黄色。物候:－。海拔:－。生境:常见于竹上,岩石上。资源:－。全球 1 个大洲分布及种数(1)◆亚洲:1。【中国种数:1】。

Pyracantha M. Röm. 火棘属 Rosaceae [MD－246] 特征纪要:木本。花程式:－。物候:－。花期:5－6 月。果期:参考晚于花期。海拔:1600－3000 米。生境:灌丛。资源:具栽培园艺种类。全球 6 个大洲分布及种数(12－14;hort. 1;cult. 1)非洲:5－9;亚洲:11－17;大洋洲:6－10;欧洲:5－9;北美洲:8－12;南美洲:5－9。【中国种数:6】。

Pyragra Bremek. 火棘茜属 Rubiaceae [MD－523] 特征纪要:习性:－。花程式:－。其他特征参考科。全球 1 个

大洲分布及种数(2)◆非洲(◆马达加斯加)。

Pyramia Cham. 巴西火牡丹属 Melastomataceae [MD－364] 特征纪要和分布(－)。全球1个大洲分布及种数(cf. 1)◆南美洲。

Pyramidanthe Miq. 藏娇木属 Annonaceae [MD－7] 特征纪要:习性:木本。花程式:K3－∞,C3,A2,=G10－100。物候:－。花期:4月。果期:参考晚于花期。海拔:100－2400米。生境:半常绿阔叶林中,在山地灌木丛中。资源:－。全球2个大洲分布及种数(1－3)亚洲:3; 大洋洲:2。

Pyramidium Boiss. 花旗葫芦藓属 Brassicaceae [MD－213] 特征纪要:－。分布:－。

Pyramidoptera Boiss. 锥翅草属 Apiaceae [MD－480] 特征纪要:习性:草本。花程式:=↓(K5),C5,A5,=↓(G)2。其他特征参考科。全球1个大洲分布及种数(cf. 1)◆亚洲(◆阿富汗)。

Pyramidula Brid. 花旗葫芦藓属 Funariaceae [B－106] 特征纪要:习性:－。【Rep】:雌雄同株,蒴柄细长,顶生,孢蒴直立,对称,近于圆球形或短梨形,台部极短而粗,环带由小形细胞组成而常存,雌雄同株异苞,蒴柄细长,黄色,孢蒴直立,对称,呈倒梨形,多具明显的长台部,环带缺如,蒴齿缺如。其他特征参考科。全球4个大洲分布及种数(1)非洲:1;亚洲:1;欧洲:1;北美洲:1。

Pyramitrium Mitt. 红帽藓属 Encalyptaceae [B－105] 特征纪要:－。全球1个大洲分布及种数(－)。

Pyranthus Du Puy & Labat 马达蝶花豆属 Fabaceae3 [MD－240] 特征纪要:习性:木本。花程式:=↓(K1－∞),C1－∞,A5－9,=↓G1。其他特征参考科。全球1个大洲分布及种数(8)◆非洲(◆马达加斯加)。

Pyrenacantha Wight 刺核藤属 Icacinaceae [MD－450] 特征纪要:习性:木质攀援。花程式:－。物候:－。花期:5－8月。果期:参考晚于花期。海拔:100米。生境:疏林中。资源:具园艺种类。全球6个大洲分布及种数(39－46)非洲:35－42;亚洲:2－3;大洋洲:1;欧洲:1－2;北美洲:1;南美洲:1－2。【中国种数:1】。

Pyrenaria Bl. 核果茶属 Theaceae [MD－168] 特征纪要:习性:木本。花程式:－。物候:－。花期:5月。果期:参考晚于花期。海拔:100－1000米。生境:常绿阔叶林。栽培:来自广西龙州。资源:具栽培园艺种类。全球5个大洲分布及种数(33－87)非洲:2; 亚洲:77; 大洋洲:2; 北美洲:3; 南美洲:4。【中国种数:13】。

Pyrenidium <unassigned> 美国葫芦藓属 Funariaceae [B－106] 特征纪要和分布(－)。

Pyrenoglyphis H. Karst. = **Bactris**

Pyrenopsis <unassigned> 可可李科属 Chrysobalanaceae [MD－243] 特征纪要:习性:－。花程式:－。其他特征参考科。全球6个大洲分布及种数(35)非洲:2; 亚洲:4; 大洋洲:3; 欧洲:3; 北美洲:3; 南美洲:3。

Pyrenothrix <unassigned> 核芽藓属 Sorapillaceae [B－212] 特征纪要和分布(－)。

Pyrenula Ach. 丝叶苔藓属 Rosaceae [MD－246] 特征纪要和分布(－)。

Pyrethropsis <unassigned> 菊科属 Asteraceae [MD－586] 特征纪要:习性:－。花程式:－。其他特征参考科。全球1个大洲分布及种数(－)。

Pyrethrum Zinn 匹菊属 Asteraceae [MD－586] 特征纪要和分布(－)。全球6个大洲分布及种数(50)非洲:1－14;亚洲:17－30;大洋洲:3－16;欧洲:5－18;北美洲:1－14;南美洲:1－14。

Pyrgophyllum (Gagnep.) T. L. Wu & Z. Y. Chen 苞叶姜属 Zingiberaceae [MM－737] 特征纪要:习性:草本。花程式:(K)3,C3,A5,=↓(G)3。物候:－。花期:9月。果期:参考晚于花期。海拔:1500－2800米。生境:林下。资源:具园艺种类。全球2个大洲分布及种数(1－3)亚洲:3; 北美洲:2。【中国种数:1】。

Pyrgus Lour. = **Ardisia**

Pyriluma (Baill.) Aubrév. 山榄属 Sapotaceae [MD－357] 特征纪要:习性:－。花程式:－。其他特征参考科。全球1个大洲分布及种数(cf. 1)◆大洋洲。

Pyrofomes <unassigned> 刚果水龙骨属 Polypodiaceae [F－60] 特征纪要:－。全球2个大洲分布及种数(5)非洲:4; 南美洲:3。

Pyrola L. 鹿蹄草属 Pyrolaceae [MD－385] 特征纪要(同科)。全球6个大洲分布及种数(45－192)非洲:6; 亚洲:86; 大洋洲:4; 欧洲:38; 北美洲:38; 南美洲:22。【中国种数:33】。

Pyrolaceae Lindl. [MD－385] 鹿蹄草科 特征纪要:习性:木本;常绿,落叶。花程式:(K)6－,C5,A,↑G－。物候:－。花期:7月。果期:7－8月。资源:药用。栽培:－。全球4个大洲分布及属种数(1/1 <IFR 1/1> hort. 1; cult. 1) 亚洲:1/44－50; 欧洲:1/13－14; 北美洲:1/27－28(IFR 1/1); 南美洲:1/5。

Pyrolirion Herb. 火韭兰属 Amaryllidaceae [MM－694] 特征纪要:习性:草本。花程式:(K)3,C3,A1,=↓(G)3。其他特征参考科。全球5个大洲分布及种数(7－15)非洲:2; 亚洲:2; 大洋洲:3; 北美洲:2; 南美洲:14。

Pyromitrium Wallr. ex Hampe 大帽藓属 Encalyptaceae [B－105] 特征纪要:－。全球1个大洲分布及种数(－)。

Pyrorchis D. L. Jones & M. A. Clem. 红喙兰属 Orchidaceae [MM－723] 特征纪要:习性:草本。花程式:(K)3,C3,A3,=↓(G)3。其他特征参考科。全球2个大洲分布及种数(2－4)亚洲:2; 大洋洲:4。

Pyrostegia C. Presl 炮仗藤属 Bignoniaceae [MD－541] 特征纪要:习性:木质攀援。花程式:(K－),C2－3参考科,A4,G－。物候:－。海拔:100－5840米。生境:常绿阔叶林,路旁,斜坡,竹木林中。资源:药用,具栽培园艺种类。全球6个大洲分布及种数(2－20)非洲:12; 亚洲:3; 大洋洲:2; 欧洲:12; 北美洲:12; 南美洲:18。【中国种数:1】。

Pyrostria Comm. ex A. Juss. 焰畦茜属 Rubiaceae [MD－523] 特征纪要:习性:木本。花程式:(K)4－5,(C)4－5,A4－5,=↓G2－9。物候:－。花期:参考早于果期。果期:10月。海拔:5－4800米。生境:矮林内。资源:－。全球6个大洲分布及种数(68)非洲:55－61;亚洲:12－13;大洋洲:1;欧洲:2－3;北美洲:1－2;南美洲:1。【中国种数:4】。

Pyrotis Ver.－Lib. & R. D. Stone 野牡丹科属 Melastomataceae [MD－364] 特征纪要:习性:－。花程式:－。其他

特征参考科。全球 1 个大洲分布及种数(3)◆非洲:3。

Pyrrhanthera Zotov 扁芒草属 Poaceae [MM－748] 特征纪要:习性:－。花程式:－。其他特征参考科。全球 1 个大洲分布及种数(cf. 1)◆大洋洲。

Pyrrhanthus Jack 使君子科属 Combretaceae [MD－354] 特征纪要:习性:－。花程式:－。其他特征参考科。

Pyrrhobryum Mitt. 桧藓属 Rhizogoniaceae [B－154] 特征纪要:习性:－。【Rep】:雌雄异株,稀同株,孢子体多数单生,蒴柄高出,孢蒴棕色,长卵形,有时隆背或呈圆柱形,具短台部,有时具纵。物候:－。海拔:950 米。生境:土生。资源:－。全球6 个大洲分布及种数(13)非洲:3;亚洲:4;大洋洲:8;欧洲:2;北美洲:3;南美洲:2。【中国种数:4】。

Pyrrhocactus A. Berger 吼熊球属 Cactaceae [MD－100] 特征纪要:习性:－。花程式:－。其他特征参考科。全球 2 个大洲分布及种数(106)北美洲:1; 南美洲:1。

Pyrrhopappus DC. 火红苣属 Asteraceae [MD－586] 特征纪要:习性:草本。花程式:(K)3－5,(C)3－5,A3－5,＝↓G2。其他特征参考科。全球 5 个大洲分布及种数(4－18)非洲:4; 亚洲:5; 欧洲:11; 北美洲:11; 南美洲:3。【中国种数:2】。

Pyrrhosia Farw. ＝ **Pyrrosia**

Pyrrhozia Underwood ＝ **Pyrrosia**

Pyrrocoma Hook. 红毛菀属 Asteraceae [MD－586] 特征纪要:习性:草本。花程式:(K)3－5,(C)3－5,A3－5,＝↓G2。其他特征参考科。全球 6 个大洲分布及种数(18－44;hort. 1)非洲:17;亚洲:17;大洋洲:17;欧洲:17;北美洲:17－38;南美洲:2－19。【中国种数:1】。

Pyrrorhiza Maguire & Wurdack 血球草属 Haemodoraceae [MM－718] 特征纪要:习性:草本。花程式:－。其他特征参考科。全球 1 个大洲分布及种数(1)◆南美洲。

Pyrrosia Mirb. 石韦属 Polypodiaceae [F－60] 特征纪要:习性:－。【Rep】:孢子囊群近圆形,着生于内藏小脉顶端,成熟时多少汇合,在主脉两侧排成 1 至多行,无囊群盖,具有星芒状隔丝,幼时被星状毛复盖,呈淡灰棕色,成熟时孢子囊开裂而呈砖红色。物候:－。海拔:1000－2500 米。生境:低到中海拔的岩石上或树干,土生,针阔混交林树树干上。资源:具栽培园艺种类。全球 6 个大洲分布及种数(96－108;hort. 1;cult. 10)非洲:17－27;亚洲:82－95;大洋洲:16－26;欧洲:7;北美洲:10－18;南美洲:10－18。【中国种数:38】。

Pyrsonota Ridl. ＝ **Sericolea**

Pyrularia Michx. 檀梨属 Santalaceae [MD－412] 特征纪要:习性:木本。花程式:(K－),(C)5 参考科,A5,↓G－。物候:－。花期:12 月至次年 4 月。果期:参考晚于花期。海拔:700－2700 米。生境:常绿阔叶林中,山谷林中。资源:药用。全球 6 个大洲分布及种数(3)非洲:5;亚洲:2－7;大洋洲:5;欧洲:5;北美洲:1－6;南美洲:5。【中国种数:1】。

Pyrus L. 梨属 Rosaceae [MD－246] 特征纪要:习性:木本。花程式:－。物候:－。花期:4－5 月。果期:参考晚于花期。海拔:100－1200 米。生境:谷地溪边灌从中。资源:药用,园林,具栽培园艺种类。全球 6 个大洲分布及种数(160－1018;hort. 1;cult. 14)非洲:9－55;亚洲:140－212;大洋洲:4－49;欧洲:37－90;北美洲:34－83;南美洲:9－56。【中国种数:14】。

Pythion Mart. ＝ **Amorphophallus**

Pythonium Schott ＝ **Amorphophallus**

Pytinicarpa G. L. Nesom 鹅河菊属 Asteraceae [MD－586] 特征纪要:习性:草本。花程式:(K)3－5,(C)3－5,A3－5,↓G。其他特征参考科。全球 1 个大洲分布及种数(2－3)◆大洋洲。

Pyxidanthera Michx. 岩樱属 Diapensiaceae [MD－405] 特征纪要:习性:木本。花程式:－。物候:－。海拔:－。生境:－。资源:具园艺种类。全球 1 个大洲分布及种数(2－3)◆北美洲(◆美国)。

Pyxidanthus Naudin ＝ **Blakea**

Pyxine <unassigned> 唐松木科属 Physenaceae [MD－169] 特征纪要:习性:－。花程式:－。其他特征参考科。全球 3 个大洲分布及种数(51)亚洲:17; 北美洲:6; 南美洲:43。

Q

Qiongzhuea J. R. Xü & T. P. Yi 筇竹属 Poaceae [MM－748] 特征纪要:习性:－。花程式:－。物候:－。花期:参考早于果期。果期:4－5月。海拔:1200－1500米。生境:常绿阔叶林下,中山地带。资源:－。全球1个大洲分布及种数(2－3)◆亚洲:1－9。

Quadrella (DC.) J. Presl 白花菜属 Capparaceae [MD－178] 特征纪要:习性:－。花程式:－。其他特征参考科。全球2个大洲分布及种数(6－32)北美洲:7; 南美洲:1。

Quadribractea Orchard 团菊属 Asteraceae [MD－586] 特征纪要:习性:草本。花程式:(K)3－5,(C)3－5,A3－5,↓G。其他特征参考科。全球1个大洲分布及种数(1)◆非洲:1。

Quadricasaea Woodson = **Tabernaemontana**

Quadricosta Dulac = **Isnardia**

Quadrifaria Manetti ex Gordon = **Araucaria**

Quaesticula R. H. Zander 墨西哥丛藓属 Pottiaceae [B－133] 特征纪要:习性:－。【Rep】:孢腔轮廓清晰,蒴齿缺如,或具蒴齿而无基膜,下部呈黄绿或黄棕色。其他特征参考科。全球1个大洲分布及种数(1)◆北美洲。

Qualea Aubl. 木豆蔻属 Vochysiaceae [MD－314] 特征纪要:习性:木本。花程式:K1－5,C1－5,A1－5,(G)1－3。其他特征参考科。全球5个大洲分布及种数(61－139)非洲:1; 亚洲:4; 大洋洲:2; 北美洲:13; 南美洲:126。【中国种数:1】。

Quamoclidion Choisy 紫茉莉属 Nyctaginaceae [MD－107] 特征纪要:习性:木本。花程式:K1－5,C0,A5,G－。其他特征参考科。全球2个大洲分布及种数(1－9)北美洲:2; 南美洲:1。

Quamoclit Mill. 茑萝属 Convolvulaceae [MD－499] 特征纪要:习性:－。花程式:－。物候:－。海拔:4500米。生境:半荒漠草原及干草原地带或砾石滩中,柞桦林间草地上。资源:－。全球6个大洲分布及种数(46)非洲:4; 亚洲:13; 大洋洲:3; 欧洲:12; 北美洲:12; 南美洲:11。

Quapoya Aubl. 书带木属 Clusiaceae [MD－141] 特征纪要:习性:木本。花程式:－。其他特征参考科。全球2个大洲分布及种数(3－14)北美洲:1; 南美洲:5。

Quaqua N. E. Br. 南蛮角属 Apocynaceae [MD－492] 特征纪要:习性:木本。花程式:K5,C0,A15,=↓G2。其他特征参考科。全球4个大洲分布及种数(27－42)非洲:30; 大洋洲:2; 欧洲:3; 北美洲:3。

Quararibea Aubl. 搅棒树属 Bombacaceae [MD－201] 特征纪要:木本。其他特征参考科。全球6个大洲分布及种数(57－269)非洲:58; 亚洲:47; 大洋洲:3; 欧洲:56; 北美洲:56; 南美洲:166。【中国种数:1】。

Quasiantennaria R. J. Bayer & M. O. Dillon 菊科属 Asteraceae [MD－586] 特征纪要:习性:－。花程式:－。其他特征参考科。全球1个大洲分布及种数(1)◆南美洲:1。

Quassia L. 红雀椿属 Simaroubaceae [MD－424] 特征纪要:习性:木本。花程式:K3－10,C3－10,A2,=G1－2。其他特征参考科。全球6个大洲分布及种数(18－36)非洲:9－11;亚洲:3－7;大洋洲:3－5;欧洲:1－2;北美洲:2－5;南美洲:10－24。【中国种数:1】。

Quaternella Pedersen 灰卷耳属 Amaranthaceae [MD－116] 特征纪要:习性:草本。花程式:K1－2,C1－2,A1－2,G－。其他特征参考科。全球1个大洲分布及种数(－)。

Quathlamba Magill = **Neosharpiella**

Quechua Salazar & L. Jost 南美速兰属 Orchidaceae [MM－723] 特征纪要:习性:草本。花程式:(K－),C2－3参考科,A3参考科,=↓G3。其他特征参考科。全球1个大洲分布及种数(1) ◆南美洲:1。

Quechualia H. Rob. 毛喉斑鸠菊属 Asteraceae [MD－586] 特征纪要:习性:草本。花程式:(K)3－5,(C)3－5,A3参考科,↓G。其他特征参考科。全球1个大洲分布及种数(4)◆南美洲。

Queenslandiella Domin 芳香莎属 Cyperaceae [MM－747] 特征纪要:习性:－。花程式:－。其他特征参考科。全球5个大洲分布及种数(10)非洲:6; 亚洲:5; 大洋洲:5; 北美洲:5; 南美洲:6。

Quekettia Lindl. 快特兰属 Orchidaceae [MM－723] 特征纪要:习性:草本。花程式:(K)3,C3,A3,=↓G3。其他特征参考科。全球2个大洲分布及种数(7－17)北美洲:2; 南美洲:17。

Quelchia N. E. Br. 团菊木属 Asteraceae [MD－586] 特征纪要:习性:草本。花程式:(K)3－5,C3－5,A3－5,=↓(G)2。其他特征参考科。全球1个大洲分布及种数(5)◆南美洲。

Quelusia Vand. 柳叶菜科属 Onagraceae [MD－396] 特征纪要:习性:－。花程式:－。其他特征参考科。全球1个大洲分布及种数(－)。

Quercus L. 栎属 Fagaceae [MD－69] 特征纪要:习性:木本。花程式:－。物候:－。花期:5月。果期:参考晚于花期。海拔:100－2000米。生境:常绿阔叶混交林中,在石灰岩山地。资源:具栽培园艺种类。全球6个大洲分布及种数(611 - 869;hort. 1;cult. 285)非洲:59 - 274;亚洲:382 - 690;大洋洲:43 - 258;欧洲:113 - 338;北美洲:393 - 651;南美洲:43 - 260。【中国种数:164】。

Quesnelia Gaud. 丽冠凤梨属 Bromeliaceae [MM - 715] 特征纪要:习性:草本。花程式:(K)3,C3,A6, = ↓ G3。其他特征参考科。全球 4 个大洲分布及种数(24 - 52)亚洲:2; 大洋洲:1; 北美洲:3; 南美洲:51。

Quetzalia Lundell 番假卫矛属 Celastraceae [MD - 339] 特征纪要:习性:木本。花程式:K2 - 3,C2 - 3,A10, = (G) 2 - 5。其他特征参考科。全球 3 个大洲分布及种数(6 - 15)大洋洲:1; 北美洲:11; 南美洲:7。

Quezelia Scholz = **Quezeliantha**

Quezeliantha H. Scholz 撒哈拉芥属 Brassicaceae [MD - 213] 特征纪要:习性:草本。花程式:K4,C4,A3 参考科,↓ G - 参考科。其他特征参考科。全球 1 个大洲分布及种数(1)◆非洲。

Quiabentia Britton & Rose 船夫掌属 Cactaceae [MD - 100] 特征纪要:习性:木本。花程式: = ↓ (K1 - ∞), C1 - ∞, A3 - 100, = ↓ (G)3 - 100。其他特征参考科。全球 1 个大洲分布及种数(2)◆南美洲。

Quidproquo Greuter & Burdet = **Raphanus**

Quiducia Gagnep. = **Silvianthus**

Quiina Aubl. 绒子树属 Quiinaceae [MD - 112] 特征纪要(同科)。全球 6 个大洲分布及种数(33 - 77)非洲:2; 亚洲:4; 大洋洲:3; 欧洲:10; 北美洲:10; 南美洲:77。

Quiinaceae Choisy ex Engl. [MD - 112] 羽叶树科 特征纪要:习性:木本;落叶。花程式:K1,C1,A15, ↑ G2 - 3。全球 1 个大洲分布及属种数(3/10) ◆南美洲:4/ 59 - 70。

Quiliusa Hook. f. = **Quelusia**

Quillaja Molina 皂皮树属 Quillajaceae [MD - 244] 特征纪要(同科)。全球 4 个大洲分布及种数(2 - 11)亚洲:3; 大洋洲:2; 北美洲:2; 南美洲:8。【中国种数:1】。

Quillajaceae D. Don [MD - 244] 皂皮树科 特征纪要:习性:木本;落叶。花程式:K4 - 5(-),C5,A2, ↓ (G) - 。物候: - 。果实:蓇葖果。种子: - 。海拔: - 。生境: - 。资源: - 。栽培: - 。全球 1 个大洲分布及属种数(2/5 hort. 1) ◆南美洲:1/ 3 - 3。【中国属种数:1/1】。

Quinchamalium Molina 金檀草属 Schoepfiaceae [MD - 370] 特征纪要:习性:木本。花程式: - 。其他特征参考科。全球 3 个大洲分布及种数(1 - 40)非洲:2; 北美洲:3; 南美洲:36。

Quincula Raf. 紫酸浆属 Solanaceae [MD - 503] 特征纪要:习性:草本。花程式:K3 - 4,C0,A3 - 4, ↓ G。其他特征参考科。全球 1 个大洲分布及种数(1)◆北美洲。

Quinetia Cass. 紫鼠麹属 Asteraceae [MD - 586] 特征纪要:习性:草本。花程式:(K)3 - 5,C3 - 5,A3 - 5, = ↓ (G)2。其他特征参考科。全球 1 个大洲分布及种数(1 - 2)◆大洋洲(◆澳大利亚)。

Quinquelocularia K. Koch = **Campanula**

Quinqueremulus Paul G. Wilson 线鼠麹属 Asteraceae [MD - 586] 特征纪要:习性:草本。花程式:(K)3 - 5,C3 - 5,A3 - 5, = ↓ (G)2。其他特征参考科。全球 1 个大洲分布及种数(1)◆大洋洲(◆澳大利亚)。

Quinquina Böhm. = **Cinchona**

Quintilia Endl. = **Miquelia**

Quintinia A. DC. 负鼠木属 Quintiniaceae [MD - 332] 特征纪要(同科)。全球 3 个大洲分布及种数(18 - 32)非洲:3 - 12;亚洲:2 - 11;大洋洲:14 - 26。

Quintiniaceae Doweld [MD - 332] 眠树科 特征纪要:习性:木本;落叶。花程式:(K)6 - ,C5,A5, ↓ (G) - 。物候: - 。果实: - 。种子: - 。海拔: - 。生境: - 。资源: - 。栽培: - 。全球 3 个大洲分布及属种数(2/19 - 33 hort. 1) 非洲:1/3 - 12; 亚洲:1/3 - 11; 大洋洲:1/15 - 27。

Quipuanthus Michelang. & C. Ulloa 奎牡丹属 Melastomataceae [MD - 364] 特征纪要:习性:木本。花程式: = ↓ (Kn),C2 - 3 参考科,A3 参考科, = ↓ G - 。其他特征参考科。全球 1 个大洲分布及种数(1)◆南美洲。

Quirina Raf. = **Cuphea**

Quirosia Blanco = **Crotalaria**

Quisqualis L. 使君子属 Combretaceae [MD - 354] 特征纪要:习性: - 。花程式: - 。物候: - 。花期:1 月。果期:参考晚于花期。海拔:400 - 1100 米。生境:森林,湿地。资源:药用,具栽培园艺种类。全球 6 个大洲分布及种数(10 - 16)非洲:5 - 7;亚洲:4 - 6;大洋洲:1;欧洲:cf. 1;北美洲:1;南美洲:cf. 1。

Quisqueya Dod 紫薇兰属 Orchidaceae [MM - 723] 特征纪要:习性:草本。花程式:(K -),C2 - 3 参考科,A3 参考科, ↓ G - 。其他特征参考科。全球 4 个大洲分布及种数(1 - 4)非洲;亚洲;欧洲;北美洲。

Quivisia Comm. ex Juss. = **Turraea**

Quivisianthe Baill. 割舌李属 Meliaceae [MD - 414] 特征纪要:习性: - 。花程式: - 。其他特征参考科。全球 1 个大洲分布及种数(-)。

Quoya Gaud. 钟南苏属 Lamiaceae [MD - 575] 特征纪要:习性: - 。花程式: - 。其他特征参考科。全球 2 个大洲分布及种数(8 - 12)大洋洲:8; 南美洲:2。

R

Rabdochloa P. Beauv. = **Leptochloa**

Rabdosia Hassk. = **Isodon**

Rabelera M. T. Sharples & E. A. Tripp 石竹属 Caryophyllaceae [MD－77] 特征纪要:习性:－。花程式:－。其他特征参考科。全球0个大洲分布及种数(1)。

Rabiea N. E. Br. 旭波玉属 Aizoaceae [MD－94] 特征纪要:习性:草本。花程式:＝↓(K3－4),C3－4,A5参考科,＝↓G－。其他特征参考科。全球1个大洲分布及种数(6)◆非洲。

Racaria Aubl. = **Talisia**

Racelopodopsis Thér. 金发藓科属 Polytrichaceae [B－101] 特征纪要:习性:－。【Rep】:孢子同形,雌雄异株,稀雌雄同株,蒴柄细长,孢蒴长圆柱形,单生或多个簇生,蒴齿单层,齿片32,棕红色,蒴盖圆锥形。生境:常见于林边阴湿土壁,杂木林下。资源:－。全球1个大洲分布及种数(1)◆亚洲(◆中国)。【中国种数:2】。

Racelopus Dozy & Molk. 金发藓科属 Polytrichaceae [B－101] 特征纪要:－。全球1个大洲分布及种数(－)。

Racemobambos Holttum 总序竹属 Poaceae [MM－748] 特征纪要:习性:草本。花程式:(K)3,C0参考科,A1－2,＝(G)2－3。其他特征参考科。全球4个大洲分布及种数(16－20)非洲:6－8;亚洲:10－12;大洋洲:1;欧洲:1。【中国种数:1】。

Rachelia J. M. Ward & Breitw. 腋头紫绒草属 Asteraceae [MD－586] 特征纪要:习性:草本。花程式:(K－),(C)3－5,A3参考科,↓G。其他特征参考科。全球1个大洲分布及种数(1)◆大洋洲:1。

Rachicallis DC. 美刺茜属 Rubiaceae [MD－523] 特征纪要:习性:木本。花程式:(K)4－5,(C)4－5,A4－5,＝↓(G)2－9。其他特征参考科。全球3个大洲分布及种数(1－8)亚洲:2; 北美洲:3; 南美洲:5。

Rachunia D. J. Middleton & C. Puglisi 仙人掌科属 Cactaceae [MD－100] 特征纪要:习性:木本。花程式:＝↓(Kn),C2－3参考科,A3参考科,＝↓G－。其他特征参考科。全球1个大洲分布及种数(1)◆亚洲。

Racinaea M. A. Spencer & L. B. Sm. 叉序凤梨属 Bromeliaceae [MM－715] 特征纪要:习性:草本。花程式:(K)3,C3,A6,＝↓(G)3。其他特征参考科。全球6个大洲分布及种数(96－133)非洲:2; 亚洲:8; 大洋洲:1; 欧洲:28; 北美洲:28; 南美洲:125。

Racka J. F. Gmel. 海榄雌科属 Avicenniaceae [MD－569] 特征纪要:习性:－。花程式:－。其他特征参考科。全球1个大洲分布及种数(－)。

Racodium <unassigned> 瑞士卷柏藓属 Racopilaceae [B－156] 特征纪要和分布(－)。

Racomitrium Brid. 砂藓属 Grimmiaceae [B－115] 特征纪要:习性:－。物候:－。海拔:1170米。生境:土生。资源:－。全球6个大洲分布及种数(101)非洲:36;亚洲:33;大洋洲:25;欧洲:31;北美洲:37;南美洲:42。【中国种数:26】。

Racopilaceae Kindb. [B－156] 卷柏藓科 特征纪要:绿色或黄绿色,匍匐生长。【Rep】:雌苞生于短枝上,雄苞生于短侧枝上,短枝上无正常叶发育,仅为雌雄苞叶,雌雄同株,稀异株,雌雄苞一般生于主茎或长分枝顶端,雌苞叶大于茎叶,先端具裂瓣和不规则齿突,蒴萼大。全球6个大洲分布和属种数(2/59)亚洲:2/19;大洋洲:2/21;欧洲:1/4;北美洲:1/5;南美洲:1/7。【中国属种数:2/8】。

Racopilum P. Beauv. 卷柏藓属 Racopilaceae [B－156] 特征纪要:习性:－。物候:－。海拔:－。生境:－。资源:具园艺种类。全球6个大洲分布及种数(53)非洲:26;亚洲:18;大洋洲:15;欧洲:4;北美洲:5;南美洲:7。【中国种数:7】。

Racosperma Mart. 山相思树属 Fabaceae3 [MD－240] 特征纪要:习性:－。花程式:－。其他特征参考科。全球6个大洲分布及种数(292－294)非洲:11－24;亚洲:24－41;大洋洲:287－300;欧洲:7－20;北美洲:29－42;南美洲:17－30。

Racua J. F. Gmel. = **Racka**

Radamaea Benth. 马岛林列当属 Orobanchaceae [MD－552] 特征纪要:习性:灌木。花程式:K5,C0,A2－4,＝G2－3。其他特征参考科。全球3个大洲分布及种数(4－6)非洲:6; 北美洲:2; 南美洲:2。

Radcliffea Petra Hoffm. & K. Wurdack 马达大戟属 Euphorbiaceae [MD－217] 特征纪要:习性:木本。花程式:K1(1000),C0,A6,＝(G)2－3。其他特征参考科。全球1个大洲分布及种数(1)◆非洲(◆马达加斯加)。

Raddia Bertol. 玉米竺属 Poaceae [MM－748] 特征纪要:习性:－。花程式:－。其他特征参考科。全球6个大洲分布及种数(13)非洲:4;亚洲:4;大洋洲:4;欧洲:4;北美洲:3－7;南美洲:12－16。

Raddiella Swallen 小黍竺属 Poaceae [MM－748] 特征纪要:习性:草本。花程式:(K)3,C0参考科,A1－2,＝(G)2－3。其他特征参考科。全球2个大洲分布及种数(8－21)北美洲:5; 南美洲:21。

Raddisia Leandro = **Salacia**

Radermachera Zoll. & Mor. 菜豆树属 Bignoniaceae [MD-541] 特征纪要:习性:木本。花程式:(K-),(C)5 参考科,A5,↓G-。物候:-。海拔:1000-1650 米。生境:江边时见常绿阔叶林中多见。资源:药用。全球 3 个大洲分布及种数(17-61)亚洲:54; 北美洲:8; 南美洲:3。【中国种数:7】。

Radermachia Thunb. = **Artocarpus**

Radinosiphon N. E. Br. 美冠鸢尾属 Iridaceae [MM-700] 特征纪要:习性:草本。花程式:(K)3,C3,A10,↓G。其他特征参考科。全球 2 个大洲分布及种数(2-5)非洲:5; 南美洲:2。

Radiola Hill 侏儒麻属 Linaceae [MD-315] 特征纪要:习性:木本。花程式:K5,C5,A1,G-。其他特征参考科。全球 5 个大洲分布及种数(1-9)非洲:2; 亚洲:2; 欧洲:3; 北美洲:3; 南美洲:2。【中国种数:1】。

Radiovittaria (Benedict) E. H. Crane 辐带蕨属 Pteridaceae [F-31] 特征纪要:习性:-。【Rep】:孢子同形,囊群生叶背。其他特征参考科。全球 2 个大洲分布及种数(8)北美洲:5;南美洲:7。【中国种数:1】。

Radlkofera Gilg 拉氏无患子属 Sapindaceae [MD-428] 特征纪要:习性:木本。花程式:K4-8,C4-8,A10,=(G)2-3。其他特征参考科。全球 1 个大洲分布及种数(1)◆非洲。

Radlkoferella Pierre = **Pouteria**

Radlkoferotoma Kuntze 玫菊木属 Asteraceae [MD-586] 特征纪要:习性:草本。花程式:(K-),(C)3-5,A3 参考科,↓G。其他特征参考科。全球 1 个大洲分布及种数(3)◆南美洲。

Radojitskya Turcz. = **Lachnaea**

Radula Dum. 扁萼苔属 Radulaceae [B-81] 特征纪要:习性:-。物候:-。海拔:2450 米。生境:常见于林下湿石或树干基部,叶附生。资源:-。全球 6 个大洲分布及种数(131-166)非洲:19-89;亚洲:56-132;大洋洲:40-112;欧洲:10-75;北美洲:25-90;南美洲:39-119。【中国种数:33】。

Radulaceae (Dumort.) K. Müller [B-81] 扁萼苔科 特征纪要:二年生,矮小成芽苞状,密集丛生。【Rep】:孢腔轮廓清晰,蒴齿缺如,或具蒴齿而无基膜,下部呈黄绿或黄棕色。全球 6 个大洲分布和属种数(1/130-231)非洲:1/19-89;亚洲:1/56-132;大洋洲:1/40-112;欧洲:1/10-75;北美洲:1/25-90;南美洲:1/39-119。【中国属种数:1/33】。

R

Radulina W. R. Buck & B. C. Tan 细锯齿藓属 Sematophyllaceae [B-192] 特征纪要:习性:-。【Rep】:多暗色、绿色至金黄色。物候:-。海拔:-。生境:常见于竹上,岩石上。资源:-。全球 6 个大洲分布及种数(18)非洲:4; 亚洲:9; 大洋洲:4; 欧洲:3; 北美洲:3; 南美洲:3。【中国种数:3】。

Radyera Bullock 沙玫葵属 Malvaceae [MD-203] 特征纪要:习性:木本。花程式:K5-∞,C5-∞,A10-8,=(G)1-5。其他特征参考科。全球 3 个大洲分布及种数(2-3)非洲:1;亚洲:cf. 1;大洋洲:1。

Raffenaldia Godr. 非洲芥属 Brassicaceae [MD-213] 特征纪要:习性:草本。花程式:K2-4,C2-4,A2-4,=G2。其他特征参考科。全球 2 个大洲分布及种数(2-9)非洲:6; 南美洲:4。

Rafflesia R. Br. ex A. Gray 大花草属 Rafflesiaceae [MD-147] 特征纪要:习性:草本。花程式:K4-5-∞,C0,A5-100,=↓(G)4-8。其他特征参考科。全球 1 个大洲分布及种数(4-28)◆亚洲。

Rafflesiaceae Dum. [MD-147] 大花草科 特征纪要:习性:草本;落叶。花程式:♀|♂K5-n,C0,A2-4,=↑(G)2-3。物候:-。花期:2-4 月。果期:10 月。果实:蒴果。种子:小。海拔:800-1200 米。生境:葡萄和四棱蕉草根部寄生。资源:-。栽培:-。全球 1 个大洲分布及属种数(5/13-53 <IFR 1/1> hort. 1;cult. 1) 亚洲:4/15-42(IFR 1/1)。【中国属种数:1/2】。

Rafinesquia Raf. 雪苣属 Asteraceae [MD-586] 特征纪要:习性:-。花程式:-。其他特征参考科。全球 1 个大洲分布及种数(3-4)◆北美洲(◆美国)。【中国种数:1】。

Rafnia Thunb. 雷夫豆属 Fabaceae3 [MD-240] 特征纪要:习性:木本。花程式:=↓(K1-∞),C1-∞,A5-9,=↓G1。其他特征参考科。全球 4 个大洲分布及种数(33-62)非洲:54; 大洋洲:2; 欧洲:2; 北美洲:2。

Ragala Pierre = **Chrysophyllum**

Ragatelus C. Presl = **Trichomanes**

Ragiopteris C. Presl = **Onoclea**

Raillardella (A. Gray) Benth. & Hook. f. 小轮菊属 Asteraceae [MD-586] 特征纪要:习性:草本。花程式:(K)3-5,(C)3-5,A3-5,=↓G2。其他特征参考科。全球 1 个大洲分布及种数(4-8)◆北美洲(◆美国)。

Raimondia Saff. 柱番荔枝属 Annonaceae [MD-7] 特征纪要:习性:-。花程式:-。其他特征参考科。全球 4 个大洲分布及种数(31)非洲:8; 欧洲:10; 北美洲:10; 南美洲:29。

Raimundochloa A. M. Molina = **Rostraria**

Raineria De Not. 壶藓科属 Splachnaceae [B-143] 特征纪要:-。全球 1 个大洲分布及种数(-)。

Rainiera Greene 长序蟹甲草属 Asteraceae [MD-586] 特征纪要:习性:草本。花程式:(K)3-5,(C)3-5,A3-5,↓G。其他特征参考科。全球 2 个大洲分布及种数(1-2)亚洲:2; 北美洲:2。

Rajania Raf. 闭果薯蓣属 Asparagaceae [MM-669] 特征纪要:习性:-。花程式:-。其他特征参考科。全球 4 个大洲分布及种数(69)亚洲:10; 欧洲:11; 北美洲:11; 南美洲:37。

Ramaliella <unassigned> 菊属 Asteraceae [MD-586] 特征纪要:习性:-。花程式:-。其他特征参考科。全球 1 个大洲分布及种数(-)。

Ramatuela Kunth = **Terminalia**

Rameya Baill. = **Triclisia**

Ramirezella Rose 墨花豆属 Fabaceae3 [MD-240] 特征纪要:习性:木本。花程式:=↓(K1-∞),C1-∞,A5-9,

=↓G1。其他特征参考科。全球3个大洲分布及种数(9-18)亚洲:2; 北美洲:12; 南美洲:3。【中国种数:1】。

Ramisia Glaz. ex Baill. 糠柔木属 Nyctaginaceae [MD-107] 特征纪要:习性:木本。花程式:K1-5,C0,A5,=G1。其他特征参考科。全球4个大洲分布及种数(1-23)亚洲:4; 欧洲:12; 北美洲:12; 南美洲:23。

Ramium Kuntze = **Boehmeria**

Ramonadoxa Paudyal & Delprete 刺枝茜属 Rubiaceae [MD-523] 特征纪要:习性:木本。花程式:(K-),(C)4,A3参考科,↓G。其他特征参考科。全球1个大洲分布及种数(1) ◆北美洲:1。

Ramonda Rich. 欧洲苣苔属 Gesneriaceae [MD-549] 特征纪要:习性:草本。花程式:K5,C0,A4-5,=G2。其他特征参考科。全球5个大洲分布及种数(4-10)亚洲:2; 大洋洲:1; 欧洲:3; 北美洲:3; 南美洲:2。

Ramorinoa Speg. 刺枝檀属 Fabaceae3 [MD-240] 特征纪要:习性:木本。花程式:=↓(K1-∞),C1-∞,A5-9,=↓G1。其他特征参考科。全球1个大洲分布及种数(1)◆南美洲(◆阿根廷)。

Ramosmania Tirveng. & Verdc. 蓝茜树属 Rubiaceae [MD-523] 特征纪要:习性:木本。花程式:(K-),(C)4,A3-5,↓G。其他特征参考科。全球1个大洲分布及种数(2)◆非洲。

Ramsdenia Britton = **Phyllanthus**

Ramusia E. Mey. = **Peristrophe**

Ranalisma Stapf 毛茛泽泻属 Alismataceae [MM-597] 特征纪要:习性:草本(水生)。花程式:-。物候:-。海拔:500-2100米。生境:池沼浅水中,沼泽,在中国非常罕见。资源:-。全球2个大洲分布及种数(3-4)非洲:1;亚洲:1-2。【中国种数:1】。

Randia Houst. ex L. 蓝茜树属 Rubiaceae [MD-523] 特征纪要:习性:木本。花程式:(K)4-5,(C)4-5,A4-5,=↓(G)2-9。物候:-。海拔:-。生境:-。资源:具栽培园艺种类。全球6个大洲分布及种数(116-196;hort. 1;cult. 1)非洲:4-31;亚洲:17-48;大洋洲:2-22;欧洲:14;北美洲:80-102;南美洲:34-49。【中国种数:5】。

Randonia Coss. 刺樨草属 Resedaceae [MD-196] 特征纪要:习性:草本。花程式:K3-50,C3-50,A4,=G2-3。其他特征参考科。全球5个大洲分布及种数(1-18)非洲:5; 亚洲:5; 大洋洲:9; 北美洲:1; 南美洲:2。

Rangaeris (Schltr.) Summerh. 朗加兰属 Orchidaceae [MM-723] 特征纪要:习性:草本。花程式:(K)3,C3,A3,=↓G3。其他特征参考科。全球4个大洲分布及种数(3-13)非洲:13; 亚洲:3; 欧洲:2; 北美洲:2。

Rangium Juss. = **Forsythia**

Ranopisoa J.-F. Leroy 硬核木属 Scrophulariaceae [MD-536] 特征纪要:习性:灌木。花程式:Kn,C0,A4,↓G。其他特征参考科。全球1个大洲分布及种数(1)◆非洲。

Ranunculaceae Juss. [MD-38] 毛茛科 特征纪要:习性:木本,藤本;落叶。花程式:♀/♂K4-5(-),C6,A4-8,↑G1-3。物候:-。花期:9月。果实:蒴果。种子:-。海拔:0米。生境:-。资源:园艺。栽培:中国有栽培。全球6个大洲分布及属种数(70-80/3671-5028 <IFR 27/345> hort. 1;cult. 26) 非洲:17-18/317-407(IFR 7/23); 亚洲:48-51/2199-2703(IFR 22/201); 大洋洲:14-15/242-376(IFR 1/4); 欧洲:26-27/1315-1578(IFR 13/71); 北美洲:33/708-802(IFR 11/73); 南美洲:16-20/231-257(IFR 3/5)。【中国属种数:39/977】。

Ranunculus L. 毛茛属 Ranunculaceae [MD-38] 特征纪要:习性:草本。花程式:K5,C5,A2,=G1-3。物候:-。花期:6月。果期:参考晚于花期。海拔:1500-4800米。生境:竹丛,砾石地。资源:具栽培园艺种类。全球6个大洲分布及种数(1506-2001;hort. 1;cult. 98)非洲:121-289;亚洲:487-742;大洋洲:123-344;欧洲:930-1232;北美洲:175-334;南美洲:114-249。【中国种数:179】。

Ranzania T. Itô 兰山草属 Ranzaniaceae [MD-47] 特征纪要(同科)。全球2个大洲分布及种数(1-4)亚洲:4; 南美洲:2。

Ranzaniaceae Takht. [MD-47] 草檗科 特征纪要:习性:草本;落叶。花程式:K3,C3,A2,G-。果实:蒴果。种子:棕。全球1个大洲分布及属种数(1/1 hort. 1)◆亚洲:1/ 1。

Raoulia Hook. f. ex Raoul 鲜菊属 Asteraceae [MD-586] 特征纪要:习性:草本。花程式:(K)3-5,C3-5,A3-5,=↓(G)2。其他特征参考科。全球2个大洲分布及种数(17-50)大洋洲:25; 北美洲:1。

Raouliopsis S. F. Blake 类鲜菊属 Asteraceae [MD-586] 特征纪要:习性:草本。花程式:(K)3-5,C3-5,A3-5,=↓(G)2。其他特征参考科。全球1个大洲分布及种数(2)◆南美洲(◆哥伦比亚)。

Rapanea Aubl. 密花树属 Primulaceae [MD-401] 特征纪要:习性:-。花程式:-。物候:-。花期:参考早于果期。果期:8-10月。海拔:3600米。生境:森林,山坡,山脊,竹林下。资源:-。全球6个大洲分布及种数(83-211)非洲:5-38;亚洲:32-60;大洋洲:34-116;欧洲:16;北美洲:22-39;南美洲:21-49。

Rapatea Aubl. 泽蔺花属 Rapateaceae [MM-713] 特征纪要:习性:草本。花程式:-。其他特征参考科。全球4个大洲分布及种数(24-55)非洲:4; 亚洲:2; 北美洲:6; 南美洲:47。

Rapateaceae Dum. [MM-713] 泽蔺花科 特征纪要:习性:草本;落叶。花程式:(K)3,C3,A6,↑G3-。物候:-。果实:蒴果。种子:-。海拔:-。生境:-。资源:-。栽培:-。全球3个大洲分布及属种数(19/126-130 <IFR 4/6> hort. 1;cult. 1) 非洲:1/2; 北美洲:1/2; 南美洲:18/123-127(IFR 4/6)。【中国属种数:2/2】。

Raphanis Dod. ex Moench = **Armoracia**

Raphanistrocarpus Baill. = **Momordica**

Raphanistrum Tourn. ex Adans. = **Raphanus**

Raphanocarpus Hook. f. = **Momordica**

Raphanorhyncha Rollins 萝卜秧属 Brassicaceae [MD-213] 特征纪要:习性:草本。花程式:K2-4,C2-4,A2-4,

=(G)2。其他特征参考科。全球 1 个大洲分布及种数(1)◆北美洲(◆墨西哥)。

Raphanus L. 萝卜属 Brassicaceae [MD-213] 特征纪要:习性:草本(基生,多肉)。花程式:Kn,C2-3 参考科,A3 参考科,G-。物候:-。花期:5-9 月。果期:参考晚于花期。海拔:30-6200 米。生境:坊沟,海岸。资源:具栽培园艺种类。全球 6 个大洲分布及种数(4-76)非洲:16; 亚洲:39; 大洋洲:5; 欧洲:7; 北美洲:7; 南美洲:6。【中国种数:1】。

Raphia P. Beauv. 酒椰属 Arecaceae [MM-717] 特征纪要:习性:木本。花程式:-。物候:-。花期:3-5 月。果期:参考晚于花期。海拔:100-2800 米。生境:半常绿雨林常见乔木,竹林下。资源:观赏,纤维,食用,具栽培园艺种类。全球 6 个大洲分布及种数(18-26;hort. 1;cult. 1)非洲:17-28;亚洲:7-10;大洋洲:1-4;欧洲:3;北美洲:6-9;南美洲:3-6。【中国种数:4】。

Raphiacme K. Schum. = **Raphionacme**

Raphidiocystis Hook. f. 针囊葫芦属 Cucurbitaceae [MD-205] 特征纪要:习性:木本。花程式:=↓(K3-5),C3-5,A3-5,=↓G1-2。其他特征参考科。全球 1 个大洲分布及种数(5)◆非洲。

Raphiocarpus Chun 肋蒴苣苔属 Gesneriaceae [MD-549] 特征纪要:习性:灌木。花程式:-。物候:-。花期:8-9 月。果期:参考晚于花期。海拔:1600 米。生境:常绿阔叶林,森林下,公路附近,悬崖峭壁上。资源:具园艺种类。全球 1 个大洲分布及种数(13-15)◆亚洲:cf. 1。【中国种数:6】。

Raphiolepis Lindl. = **Rhaphiolepis**

Raphionacme Harv. 澳非萝藦属 Apocynaceae [MD-492] 特征纪要:习性:木本。花程式:K5,C0,A15,=↓G2。其他特征参考科。全球 3 个大洲分布及种数(37-73)非洲:73; 亚洲:5; 北美洲:2。

Raphistemma Wall. 大花藤属 Apocynaceae [MD-492] 特征纪要:习性:-。花程式:-。物候:-。花期:6-7 月。果期:参考晚于花期。海拔:400-1200 米。生境:开阔的树林。资源:-。全球 1 个大洲分布及种数(cf. 1)◆亚洲。

R

Raphithamnus Dalla Torre & Harms = **Rhaphithamnus**

Rapicactus Buxb. & öhme 独乐玉属 Cactaceae [MD-100] 特征纪要:习性:木本。花程式:=↓(Kn),C2-3 参考科,A3 参考科,=↓G-。其他特征参考科。全球 2 个大洲分布及种数(6-8)北美洲:7; 南美洲:2。

Rapistrosymbrium P. Fourn. ex Madiot 十字花科属 Brassicaceae [MD-213] 特征纪要:习性:草本。花程式:-。其他特征参考科。全球 0 个大洲分布及种数(4)。

Rapolocarpus Bojer = **Anaxagorea**

Rapona Baill. 非洲旋花属 Convolvulaceae [MD-499] 特征纪要:习性:木本。花程式:K5,C0,A5,=(G)2-5。其他特征参考科。全球 1 个大洲分布及种数(1)◆非洲。

Rapuntia Chevall. = **Campanula**

Rapuntium Mill. = **Lobelia**

Raputia Engl. 荆钗木属 Rutaceae [MD-399] 特征纪要:习性:木本。花程式:K5,C5,A4,=G1-3。其他特征参考科。全球 3 个大洲分布及种数(13-32)亚洲:2; 北美洲:4; 南美洲:30。

Raputiarana Emmerich 荆钗木属 Rutaceae [MD-399] 特征纪要:习性:木本。花程式:K5,C5,A4,↓G- 参考科。其他特征参考科。全球 2 个大洲分布及种数(2-3)北美洲:3; 南美洲:3。

Raritebe Wernham 哥伦茜属 Rubiaceae [MD-523] 特征纪要:习性:木本。花程式:(K)4-5,(C)4-5,A4-5,=↓G2-9。其他特征参考科。全球 3 个大洲分布及种数(2-18)亚洲:2; 北美洲:14; 南美洲:17。

Raspailia J. Presl = **Polypogon**

Raspalia Brongn. 绒蜡花属 Bruniaceae [MD-336] 特征纪要:习性:-。花程式:-。其他特征参考科。全球 1 个大洲分布及种数(16-18)◆非洲。

Rastrophyllum Wild & G. V. Pope 锄叶菊属 Asteraceae [MD-586] 特征纪要:习性:草本。花程式:(K)3-5,C3-5,A3-5,=↓(G)2。其他特征参考科。全球 1 个大洲分布及种数(2)◆非洲。

Ratibida Raf. 草光菊属 Asteraceae [MD-586] 特征纪要:习性:草本。花程式:(K)3-5,(C)3-5,A3-5,=↓G2。其他特征参考科。全球 4 个大洲分布及种数(8-29)亚洲:7; 欧洲:15; 北美洲:15; 南美洲:3。【中国种数:3】。

Rattraya Phipps = **Danthoniopsis**

Ratzeburgia Kunth = **Mnesithea**

Raua Austin ex I. Hagen = **Rauia**

Rauhia Traub 绿筒石蒜属 Amaryllidaceae [MM-694] 特征纪要:习性:草本。花程式:(K)3,C3,A1,=↓G3。其他特征参考科。全球 1 个大洲分布及种数(3-5)◆南美洲。

Rauhiella Pabst & Braga 劳兰属 Orchidaceae [MM-723] 特征纪要:习性:草本。花程式:(K)3,C3,A3,=↓G3。其他特征参考科。全球 1 个大洲分布及种数(3)◆南美洲(◆巴西)。

Rauhocereus Backeb. 群蛇柱属 Cactaceae [MD-100] 特征纪要:习性:木本。花程式:Kn,C3 参考科,A3 参考科,=↓G-。其他特征参考科。全球 1 个大洲分布及种数(1 hort. 1) ◆南美洲:1(IFR 1)。

Rauia Nees & Mart. 羽藓属 Rutaceae [MD-399] 特征纪要:习性:木本。【Rep】:-。其他特征参考科。全球 3 个大洲分布及种数(5-14)亚洲:1; 北美洲:1; 南美洲:6。

Rauiella Reimers 硬羽藓属 Thuidiaceae [B-184] 特征纪要:习性:-。【Rep】:雌苞叶披针形,叶边具细齿,无纤毛,蒴柄长达 1 厘米以上,红棕色或黄褐色,平滑,孢蒴长卵形至圆柱形。物候:-。海拔:900 米。生境:岩面土生。资源:-。全球 4 个大洲分布及种数(12)非洲:1;亚洲:1;北美洲:6;南美洲:9。【中国种数:3】。

Raukaua Seem. 湖南参属 Araliaceae [MD - 471] 特征纪要:习性:木本。花程式: = ↓ (K1 - ∞), C1 - ∞, A2, = ↓ G - 。其他特征参考科。全球 2 个大洲分布及种数(6 - 9; hort. 1; cult. 2)大洋洲:3;南美洲:2。

Raulinoa R. S. Cowan 劳利芸香属 Rutaceae [MD - 399] 特征纪要:习性:木本。花程式:K4, C4, A4, = G1 - 3。其他特征参考科。全球 2 个大洲分布及种数(1 - 2)大洋洲:1; 南美洲:2。

Raulinoreitzia R. M. King & H. Rob. 泽兰属 Asteraceae [MD - 586] 特征纪要:习性:草本。花程式:(K)3 - 5, (C) 3 - 5, A3 - 5, ↓ G。其他特征参考科。全球 2 个大洲分布及种数(3 - 4)大洋洲:1; 南美洲:4。

Raurea Steud. = **Rourea**

Rauvolfia Plum. ex L. 萝芙木属 Apocynaceae [MD - 492] 特征纪要:习性:木本。花程式: - 。物候: - 。花期:7 月。果期:参考晚于花期。海拔:1300 - 1700 米。生境:低海拔山地沟谷荫湿地方。资源:药用,具栽培园艺种类。全球 6 个大洲分布及种数(72 - 101; hort. 1; cult. 1)非洲:13 - 32;亚洲:25 - 56;大洋洲:11 - 37;欧洲:5 - 21;北美洲:26 - 48;南美洲:42 - 69。【中国种数:18】。

Ravenala Adans. 旅人蕉属 Strelitziaceae [MM - 725] 特征纪要:习性:木本。花程式: - 。物候: - 。海拔: - 。生境: - 。资源:绿化,具栽培园艺种类。全球 6 个大洲分布及种数(2)非洲:1 - 6;亚洲:1 - 6;大洋洲:1 - 6;欧洲:5;北美洲:1 - 6;南美洲:1 - 6。【中国种数:1】。

Ravenea C. D. Bouché 国王椰属 Arecaceae [MM - 717] 特征纪要:习性:木本。花程式:K3 - 10, C3 - 10, A3 - 10, = G3 - 10。物候: - 。海拔: - 。生境: - 。资源:具园艺种类。全球 3 个大洲分布及种数(22 - 29)非洲:26; 亚洲:2; 南美洲:2。

Ravenella Morin 白发藓属 Leucobryaceae [B - 129] 特征纪要: - 。全球 1 个大洲分布及种数(-)。

Ravenia Vell. 荆笛香属 Rutaceae [MD - 399] 特征纪要:习性:木本。花程式: - 。其他特征参考科。全球 6 个大洲分布及种数(11 - 14; hort. 1)非洲:2;亚洲:8 - 11;大洋洲:2;欧洲:2;北美洲:6 - 10;南美洲:7 - 10。

Raveniopsis Gleason 彩笛香属 Rutaceae [MD - 399] 特征纪要:习性:木本。花程式:K5, C5, A4, = G1 - 3。其他特征参考科。全球 1 个大洲分布及种数(19 - 20)◆南美洲。

Ravenochloa <unassigned> 刺藓属 Rhachitheciaceae [B - 125] 特征纪要: - 。全球 1 个大洲分布及种数(-)。

Ravensara Sonn. = **Cryptocarya**

Ravnia Oerst. = **Rajania**

Rawsonia Harv. & Sond. 锯桃木属 Achariaceae [MD - 159] 特征纪要:习性:木本。花程式: - 。其他特征参考科。全球 6 个大洲分布及种数(2 - 44)非洲:29; 亚洲:8; 大洋洲:5; 欧洲:1; 北美洲:1; 南美洲:2。

Raycadenco Dodson = **Fernandezia**

Rayenia Menegoz & A. E. Villarroel 南鼠刺科属 Escalloniaceae [MD - 447] 特征纪要:习性: - 。花程式: - 。其他特征参考科。全球 1 个大洲分布及种数(-)◆南美洲(◆智利)。

Rayjacksonia R. L. Hartm. & M. A. Lane 樟雏菊属 Asteraceae [MD - 586] 特征纪要:习性:草本。花程式:(K)3 - 5, (C)3 - 5, A3 - 5, ↓ G。其他特征参考科。全球 2 个大洲分布及种数(3 - 4)北美洲:4; 南美洲:2。

Rayleya Cristóbal 雷梧桐属 Malvaceae [MD - 203] 特征纪要:习性: - 。花程式: - 。其他特征参考科。全球 1 个大洲分布及种数(1)◆南美洲(◆巴西)。

Raynalia Soják = **Alinula**

Razafimandimbisonia Kainul. & B. Bremer 赤焰茜属 Rubiaceae [MD - 523] 特征纪要:习性:木本。花程式:(K -), (C)4, A3 - 5, ↓ G。其他特征参考科。全球 1 个大洲分布及种数(5)◆非洲。

Razisea örst. 拉齐爵床属 Acanthaceae [MD - 572] 特征纪要:习性: - 。花程式: - 。其他特征参考科。全球 2 个大洲分布及种数(1 - 9)北美洲:4; 南美洲:4。

Razoumofskya Hoffm. 油杉寄生属 Santalaceae [MD - 412] 特征纪要:习性: - 。花程式: - 。其他特征参考科。全球 3 个大洲分布及种数(cf. 1)亚洲;欧洲;北美洲。

Rea Bert. ex Decne. = **Dendroseris**

Readea Gillespie 珍珠茜属 Rubiaceae [MD - 523] 特征纪要:习性: - 。花程式: - 。其他特征参考科。全球 1 个大洲分布及种数(cf. 1)◆大洋洲。

Reaumuria L. 琵琶柴属 Reaumuriaceae [MD - 161] 特征纪要(同科)。全球 3 个大洲分布及种数(25 - 31; hort. 1)非洲:4 - 5;亚洲:23 - 26;欧洲:1 - 2。【中国种数:8】。

Reaumuriaceae (Lindl.) Lindl. [MD - 161] 红砂柳科 特征纪要:习性:木本;落叶。花程式:K4 - 5(-), C5, A2, G - 。物候: - 。花期:5 - 6 月。果期:8 - 10 月。果实:蒴果。种子: - 。海拔:1200 - 4100 米。生境:荒漠(含高寒荒漠),山前冲积,洪积平原上和戈壁侵蚀面上,亦生于低地边缘,基质多为粗砾质戈壁,也生于壤土上。资源:药用。栽培: - 。全球 3 个大洲分布及属种数(1/1 <IFR 1/2> hort. 1) 非洲:1/6 - 7; 亚洲:1/25 - 28(IFR 1/2); 欧洲:1/3 - 4。

Rebentischia Opiz = **Trisetum**

Reboulia Raddi 石地钱属 Aytoniaceae [B - 9] 特征纪要:习性: - 。【Rep】:雌托半球形,边缘 4 - 7 深裂。物候: - 。海拔:900 米。生境:山坡向阳,岩面土生。资源:具园艺种类。全球 6 个大洲分布及种数(6)非洲:2; 亚洲:4; 大洋洲:2; 欧洲:4; 北美洲:4; 南美洲:2。【中国种数:1】。

Rebsamenia Conz. = **Robinsonella**

Rebutia K. Schum. 子孙球属 Cactaceae [MD - 100] 特征纪要:习性:木本。花程式: = ↓ (K1 - ∞), C1 - ∞, A3 - 100, = ↓ (G)3 - 100。物候: - 。海拔: - 。生境: - 。资源:具园艺种类。全球 3 个大洲分布及种数(23 - 213) 亚洲:4; 北美洲:3; 南美洲:185。【中国种数:1】。

Recchia Moç. & Sessé ex DC. 短梗苦木属 Simaroubaceae [MD－424] 特征纪要:习性:木本。花程式:K3－10,C3－10,A2,＝G1－2。其他特征参考科。全球 1 个大洲分布及种数(4)◆北美洲。

Rechsteinera Kuntze 月岩桐属 Gesneriaceae [MD－549] 特征纪要:习性:草本。花程式:Kn,C1－∞ 参考科,A0 参考科,↓G－参考科。其他特征参考科。全球 1 个大洲分布及种数(cf. 1)◆南美洲。

Rechsteineria Regel 月岩桐属 Gesneriaceae [MD－549] 特征纪要:习性:－。花程式:－。其他特征参考科。全球 4 个大洲分布及种数(72)非洲:2; 亚洲:3; 北美洲:3; 南美洲:65。

Recordia Moldenke 雷科德草属 Verbenaceae [MD－556] 特征纪要:习性:木本。花程式:－。其他特征参考科。全球 2 个大洲分布及种数(2－4)大洋洲:1; 南美洲:4。

Recordoxylon Ducke 记木豆属 Fabaceae2 [MD－240] 特征纪要:习性:木本。花程式:＝↓(K3－5－∞),C3－5－∞,A1－10－50,＝↓G1。其他特征参考科。全球 1 个大洲分布及种数(3)◆南美洲。

Rectithecium Hedenäs & Huttunen 棉藓科属 Plagiotheciaceae [B－170] 特征纪要:－。全球 1 个大洲分布及种数(－)。

Rectolejeunea A. Evans 落叶细鳞苔属 Lejeuneaceae [B－84] 特征纪要:习性:－。【Rep】:雌苞顶生于主枝,蒴萼具 3 个脊,并常附 1－7 个小脊,脊部具冠状突起,一般稀疏生长。物候:－。海拔:－。生境:山坡,针阔混交林中。资源:－。全球 6 个大洲分布及种数(19－21)非洲:4－9;亚洲:7－12;大洋洲:2－7;欧洲:5;北美洲:5－10;南美洲:7－14。【中国种数:1】。

Redfieldia Vasey 毛枝草属 Poaceae [MM－748] 特征纪要:习性:－。花程式:－。其他特征参考科。全球 1 个大洲分布及种数(4)◆北美洲:2。

Reederochloa Soderstr. & H. F. Decker ＝ **Distichlis**

Reedia F. Müll. 大苞莎属 Cyperaceae [MM－747] 特征纪要:习性:草本。花程式:－。其他特征参考科。全球 1 个大洲分布及种数(1)◆大洋洲(◆澳大利亚)。

R

Reediella Pic. Serm. ＝ **Crepidomanes**

Reedrollinsia J. W. Walker ＝ **Stenanona**

Reevesia Lindl. 梭罗树属 Malvaceae [MD－203] 特征纪要:习性:木本。花程式:－。物候:－。花期:5 月。果期:参考晚于花期。海拔:500－2500 米。生境:村边杂木林中和林缘,岩石裂隙中。资源:纤维,具栽培园艺种类。全球 3 个大洲分布及种数(16－56)亚洲:50; 北美洲:4; 南美洲:3。【中国种数:8】。

Refractohilum <unassigned> 孢芽藓科属 Sorapillaceae [B－212] 特征纪要:－。全球 1 个大洲分布及种数(－)。

Regalia Lür 尾萼兰属 Orchidaceae [MM－723] 特征纪要:习性:－。花程式:－。其他特征参考科。全球 2 个大洲分布及种数(12)北美洲:1; 南美洲:1。

Regelia Schaür 紫刷树属 Myrtaceae [MD－347] 特征纪要和分布(－)。全球 1 个大洲分布及种数(3－6)◆大洋洲(◆澳大利亚)。

Registaniella Rech. f. 勒吉斯坦草属 Apiaceae [MD－480] 特征纪要:习性:草本。花程式:＝↓(K5),C5,A5,＝↓G(－)。其他特征参考科。全球 1 个大洲分布及种数(1)◆亚洲。

Regmatodon Brid. 异齿藓属 Regmatodontaceae [B－186] 特征纪要:习性:－。【Rep】:雌雄同株,内雌苞叶直立,细长,渐尖,蒴柄长,红棕色,平滑或有粗疣,内齿层基膜低。物候:－。海拔:－。生境:常见于林下石上。资源:－。全球 4 个大洲分布及种数(15)非洲:6;亚洲:5;北美洲:6;南美洲:5。【中国种数:6】。

Regmatodontaceae Broth. [B－186] 异齿藓科 特征纪要:植株微小。全球 1 个大洲分布和属种数(2/16)◆亚洲。【中国属种数:3/8】。

Regnellidium Lindm. 二叶蘋属 Marsileaceae [F－65] 特征纪要:习性:－。【Rep】:孢子囊单生叶背。其他特征参考科。全球 2 个大洲分布及种数(1－2)北美洲:2; 南美洲:2。

Rehdera Moldenke 雷德尔草属 Verbenaceae [MD－556] 特征纪要:习性:木本。花程式:K2－4,C0,A2－4,＝(G)2－4。其他特征参考科。全球 1 个大洲分布及种数(2)◆北美洲。

Rehderodendron Hu 木瓜红属 Styracaceae [MD－327] 特征纪要:习性:木本。花程式:－。物候:－。花期:3－4 月。果期:参考晚于花期。海拔:1000－1300 米。生境:常绿阔叶林中。资源:药用。全球 2 个大洲分布及种数(10－26)亚洲:26; 北美洲:3。【中国种数:5】。

Rehia Fijten 珠芽竺属 Poaceae [MM－748] 特征纪要:习性:草本。花程式:(K)3,C0 参考科,A1－2,＝G2－3。其他特征参考科。全球 3 个大洲分布及种数(1－41)亚洲:4; 北美洲:2; 南美洲:6。

Rehmannia Libosch. ex Fisch. & C. A. Mey. 地黄属 Scrophulariaceae [MD－536] 特征纪要:习性:草本(根状茎,基生,多肉)。花程式:Kn,C2－3 参考科,A3 参考科,↓G。物候:－。花期:4－5 月。果期:参考晚于花期。海拔:100－500 米。生境:草原,步道,砂质壤土,荒山坡,山脚,墙边,路旁等处。资源:具栽培园艺种类。全球 3 个大洲分布及种数(7－18)亚洲:16; 欧洲:2; 北美洲:2。【中国种数:5】。

Rehmanniella Müll. Hal. ＝ **Goniomitrium**

Rehmiomyces <unassigned> 地苞菰属 Helosaceae [MD－305] 特征纪要:－。全球 1 个大洲分布及种数(1)◆南美洲:1。

Reichantha Lür 尾萼兰属 Orchidaceae [MM－723] 特征纪要:习性:－。花程式:－。其他特征参考科。全球 2 个大洲分布及种数(20)北美洲:1; 南美洲:1。

Reicheella Pax 野漆姑属 Caryophyllaceae [MD－77] 特征纪要:习性:草本。花程式:－。其他特征参考科。全球 6 个大洲分布及种数(1－56)非洲:21; 亚洲:20; 大洋洲:11; 欧洲:18; 北美洲:18; 南美洲:56。

Reichela Cothen. ＝ **Hydrolea**

Reichenbachanthus Barb. Rodr. 小巴西兰属 Orchidaceae [MM－723] 特征纪要:习性:－。花程式:－。其他特征参考科。全球3个大洲分布及种数(7)亚洲:2; 北美洲:7; 南美洲:7。
Reichenbachia Spreng. 管花柔木属 Nyctaginaceae [MD－107] 特征纪要:习性:木本。花程式:K1－5,C0,A5, = G1。其他特征参考科。全球1个大洲分布及种数(1)◆南美洲。
Reichenheimia Klotzsch = **Begonia**
Reicheocactus Backeb. 黑鳞球属 Cactaceae [MD－100] 特征纪要:习性:－。花程式:－。其他特征参考科。全球1个大洲分布及种数(－)。
Reidia Wight = **Phyllanthus**
Reiffenscheidia Steud. = **Dillenia**
Reilia Steud. = **Eryngium**
Reimarochloa Hitchc. 沼生雀稗属 Poaceae [MM－748] 特征纪要:习性:－。花程式:－。其他特征参考科。全球2个大洲分布及种数(5)北美洲:4; 南美洲:5。
Reimersia P. C. Chen 仰叶藓属 Pottiaceae [B－133] 特征纪要:习性:－。【Rep】:具蒴齿。物候:－。海拔:－。生境:常见于高山岩石上。栽培:来自广西龙州。资源:具栽培园艺种类。全球2个大洲分布及种数(6)亚洲:3; 南美洲:4。【中国种数:1】。
Reineckea Kunth 吉祥草属 Asparagaceae [MM－669] 特征纪要:习性:－。花程式:－。物候:－。海拔:100－3200米。生境:林下阴湿草丛下,山坡。资源:－。全球3个大洲分布及种数(2－6)亚洲:6; 欧洲:1; 北美洲:1。【中国种数:1】。
Reineckia H. Karst. 吉祥草属 Arecaceae [MM－717] 特征纪要和分布(－)。全球2个大洲分布及种数(1)亚洲:1;大洋洲:1。
Reinhardtia Liebm. 窗孔椰属 Arecaceae [MM－717] 特征纪要:习性:木本。花程式:K3－10,C3－10,A3－10, = G3－10。其他特征参考科。全球2个大洲分布及种数(9－16)北美洲:12; 南美洲:6。
Reinkella <unassigned> 石叶苔属 Riellaceae [B－5] 特征纪要:－。全球1个大洲分布及种数(－)。
Reinwardtia Dum. 石海椒属 Linaceae [MD－315] 特征纪要和分布(－)。全球1个大洲分布及种数(4－6)◆亚洲。【中国种数:1】。
Reinwardtiodendron Koord. 雷楝属 Meliaceae [MD－414] 特征纪要:习性:木本。海拔:100－2900米。生境:灌木丛,野生溪旁。资源:－。全球2个大洲分布及种数(6－10)非洲:1; 亚洲:9。【中国种数:1】。
Reissantia N. Hallé 星刺属 Celastraceae [MD－339] 特征纪要:习性:木本。花程式:K2－3,C2－3,A10, = G2－5。物候:－。花期:5－7月。果期:参考晚于花期。海拔:40－4300米。生境:沙地野生疏林中。资源:－。全球2个大洲分布及种数(8)非洲:3;亚洲:2－5。【中国种数:3】。
Reissekia Endl. 咀签属 Rhamnaceae [MD－331] 特征纪要:习性:木本。花程式:K4－5,C4－5,A2, ↓ G－参考科。其他特征参考科。全球2个大洲分布及种数(1－3)北美洲:1; 南美洲:3。
Reitzia Swallen 细黍竺属 Poaceae [MM－748] 特征纪要:习性:草本。花程式:(K)3,C0参考科,A1－2, = (G)2－3。其他特征参考科。全球1个大洲分布及种数(1)◆南美洲(◆巴西)。
Relchela Steud. 凌风草属 Poaceae [MM－748] 特征纪要:习性:草本。花程式:(K－),C0参考科,A3参考科, ↓ G－参考科。其他特征参考科。全球1个大洲分布及种数(1)◆南美洲。
Reldia Wiehler 堇花岩桐属 Gesneriaceae [MD－549] 特征纪要:习性:草本。花程式:K5,C0,A4, = (G)2。其他特征参考科。全球3个大洲分布及种数(6)亚洲:cf. 1;北美洲:2;南美洲:6。
Relicina <unassigned> 水蕨科属 Parkeriaceae [F－36] 特征纪要:－。全球3个大洲分布及种数(14)亚洲:6; 大洋洲:2; 南美洲:14。
Rellesta Turcz. = **Swertia**
Remijia DC. 北鸡纳属 Rubiaceae [MD－523] 特征纪要:习性:木本。花程式:(K)4－5,(C)4－5,A4－5, = ↓ G2－9。其他特征参考科。全球4个大洲分布及种数(44－78)非洲:1; 亚洲:6; 北美洲:2; 南美洲:70。【中国种数:1】。
Remirea Aubl. 海滨莎属 Cyperaceae [MM－747] 特征纪要:习性:－。花程式:－。物候:－。海拔:5700米。生境:沙滩。资源:－。全球5个大洲分布及种数(9)非洲:7; 亚洲:7; 大洋洲:3; 北美洲:7; 南美洲:3。
Remirema Kerr 盒果藤属 Convolvulaceae [MD－499] 特征纪要:习性:－。花程式:－。其他特征参考科。全球1个大洲分布及种数(－)。
Remusatia Schott 岩芋属 Araceae [MM－639] 特征纪要:习性:草本(多肉)。花程式:－。物候:－。花期:5月。果期:参考晚于花期。海拔:1000－2800米。生境:沟谷阔叶林内石上。栽培:来自广西龙州。资源:药用,具栽培园艺种类。全球6个大洲分布及种数(4－16)非洲:3; 亚洲:16; 大洋洲:2; 欧洲:2; 北美洲:2; 南美洲:2。【中国种数:4】。
Remya Hillebr. ex Benth. & Hook. f. 黄绒菀属 Asteraceae [MD－586] 特征纪要:习性:草本。花程式:(K)3－5,C3－5,A3－5, = ↓ (G)2。其他特征参考科。全球2个大洲分布及种数(3－6)亚洲:4; 北美洲:6。
Remyella Müll. Hal. 珠齿藓属 Brachytheciaceae [B－187] 特征纪要:习性:－。【Rep】:绿色或棕绿色。其他特征参考科。全球2个大洲分布及种数(2)亚洲:1;北美洲:1。
Renanthera Lour. 火焰兰属 Orchidaceae [MM－723] 特征纪要:习性:草本(多肉)。花程式:Kn,C2－3参考科,A3参考科, = ↓ G3。物候:－。花期:4－5月。果期:参考晚于花期。海拔:200－1400米。生境:河谷林中树干上,岩石上。资源:药用,具栽培园艺种类。全球6个大洲分布及种数(22－59)非洲:7; 亚洲:49; 大洋洲:7;

R

欧洲:5; 北美洲:5; 南美洲:6。【中国种数:5】。

Renantherella Ridl. = **Renanthera**

Renauldia Müll. Hal. ex Renauld 异蕨藓属 Pterobryaceae [B-201] 特征纪要:习性:-。【Rep】:雌雄异株,稀雌雄同株,蒴柄短或较长,平滑或粗糙,孢蒴长卵形,直立,蒴齿两层,环带不分化,蒴盖圆锥形,亮绿色至红棕色。其他特征参考科。全球3个大洲分布及种数(11)非洲:6;北美洲:3;南美洲:3。

Rendlia Chiov. = **Microchloa**

Renealmia L. f. 艳苞姜属 Zingiberaceae [MM-737] 特征纪要和分布(-)。全球1个大洲分布及种数(63-70)◆南美洲(◆巴西)。【中国种数:3】。

Renistipula Borhidi = **Arachnothryx**

Rennellia Korth. 伦内尔茜属 Rubiaceae [MD-523] 特征纪要:习性:木本。花程式:(K)4-5,(C)4-5,A4-5,=↓G2-9。其他特征参考科。全球2个大洲分布及种数(10-40)亚洲:37; 南美洲:2。

Rennera Merxm. 皱果菊属 Asteraceae [MD-586] 特征纪要:习性:-。花程式:-。其他特征参考科。全球1个大洲分布及种数(4)◆非洲。

Renschia Vatke 瘤果梓属 Lamiaceae [MD-575] 特征纪要:习性:草本。花程式:-。其他特征参考科。全球3个大洲分布及种数(1-7)非洲:3; 亚洲:4; 南美洲:2。

Rensonia S. F. Blake 稻翅菊属 Asteraceae [MD-586] 特征纪要:习性:草本。花程式:(K-),(C)3-5,A3参考科,↓G。其他特征参考科。全球1个大洲分布及种数(1)◆北美洲。

Renvoizea Zuloaga & Morrone 黍属 Poaceae [MM-748] 特征纪要:习性:草本。花程式:(K-),C0参考科,A3参考科,↓G-参考科。其他特征参考科。全球2个大洲分布及种数(10-13)北美洲:1; 南美洲:12。

Reputia Engl. 枝芸香属 Rutaceae [MD-399] 特征纪要:习性:-。花程式:-。其他特征参考科。全球1个大洲分布及种数(1)◆南美洲(◆秘鲁)。

Requienella <unassigned> 孢芽藓科属 Sorapillaceae [B-212] 特征纪要:-。全球1个大洲分布及种数(-)。

Requienia DC. 勒基灰毛豆属 Fabaceae3 [MD-240] 特征纪要:习性:-。花程式:-。其他特征参考科。全球1个大洲分布及种数(-)。

Reseda Tourn. ex L. 木樨草属 Resedaceae [MD-196] 特征纪要:习性:草本,少木本。花程式:-。物候:-。花期:7-8月。果期:参考晚于花期。海拔:2070米。生境:岛屿(旅顺海猫岛),逸为野生,为装饰而种植。资源:园林,具栽培园艺种类。全球6个大洲分布及种数(95-227)非洲:89; 亚洲:87; 大洋洲:14; 欧洲:13; 北美洲:13; 南美洲:11。【中国种数:9】。

Resedaceae Martinov [MD-196] 木樨草科 特征纪要:习性:木本;落叶。花程式:(K)6-,C2,A2-4,↑G-。物候:-。花期和果期:6-7月。果实:蒴果。种子:多数作为亚科来处理,种皮有皱纹,子叶内弯。海拔:2070米。生境:岛屿(旅顺海猫岛),逸为野生,为装饰而种植。资源:园林。栽培:中国有栽培。全球5个大洲分布及属种数(11/64-133<IFR 2/17>hort. 1;cult. 3)非洲:4/13-15(IFR 1/2); 亚洲:4/16-18(IFR 1/8); 欧洲:4/30-48(IFR 2/8); 北美洲:4/19-22; 南美洲:1/1。【中国属种数:3/11】。

Resedella Webb & Berth. = **Oligomeris**

Resetnikia Španiel, Al-Shehbaz, D. A. German & Marhold 木犀菜属 Brassicaceae [MD-213] 特征纪要:习性:草本。花程式:K4,C4,A3参考科,↓G-参考科。其他特征参考科。全球0个大洲分布及种数(1)。

Resia H. E. Moore 环腺岩桐属 Gesneriaceae [MD-549] 特征纪要:习性:灌木。花程式:K5,C0,A4,=(G)2。其他特征参考科。全球3个大洲分布及种数(5-10)亚洲:5; 大洋洲:1; 南美洲:6。

Resinanthus (Borhidi) Borhidi 岩桐茜草属 Rubiaceae [MD-523] 特征纪要:习性:-。花程式:-。其他特征参考科。全球5个大洲分布及种数(18)非洲:3; 亚洲:4; 欧洲:8; 北美洲:8; 南美洲:4。

Resnova van der Merwe 鱼鳞百合属 Asparagaceae [MM-669] 特征纪要:习性:草本。花程式:-。物候:-。海拔:-。生境:-。资源:具园艺种类。全球2个大洲分布及种数(6-12)非洲:10; 南美洲:2。

Restella Pobed. = **Wikstroemia**。【中国种数:1】。

Restionaceae R. Br. [MM-744] 帚灯草科 特征纪要:习性:草本;落叶。花程式:♀/♂(K)6-,C5,A5,=↓(G)2。物候:-。花期:4-7月。果期:5-8月。果实:不裂。种子:双凸镜状,倒卵形,丰富胚乳。海拔:1400米。生境:海滨沙地或林中湿地上,沙质或泥炭土壤和营养贫乏瘠地。资源:编织。栽培:-。全球6个大洲分布及属种数(48-50/465-649<IFR 4/4>hort. 1;cult. 1) 非洲:15/306-389(IFR 1/1); 亚洲:4/7-8; 大洋洲:29-30/160-216(IFR 3/3); 欧洲:1/1; 北美洲:1/1; 南美洲:2/5。【中国属种数:4/4】。

Restrepia Kunth 甲虫兰属 Orchidaceae [MM-723] 特征纪要:习性:草本。花程式:(K)3,C3,A3,=↓(G)3。其他特征参考科。全球6个大洲分布及种数(49-69;hort. 1;cult. 2)非洲:1;亚洲:1;大洋洲:1-5;欧洲:1-2;北美洲:7-11;南美洲:45-60。

Restrepiella Garay & Dunst. 蛇头兰属 Orchidaceae [MM-723] 特征纪要:习性:草本。花程式:(K)3,C3,A3,=↓(G)3。其他特征参考科。全球2个大洲分布及种数(3-16)北美洲:6; 南美洲:11。

Restrepiopsis Lür 南美蛇头兰属 Orchidaceae [MM-723] 特征纪要:习性:-。花程式:-。其他特征参考科。全球3个大洲分布及种数(23)亚洲:3; 北美洲:7; 南美洲:22。

Retama Raf. 细枝豆属 Fabaceae3 [MD-240] 特征纪要:习性:木本。花程式:=↓(K1-∞),C1-∞,A5-9,=↓G1。其他特征参考科。全球6个大洲分布及种数(4-9;hort. 1)非洲:3-6;亚洲:2-3;大洋洲:2;欧洲:3;北美洲:2;南美洲:2。【中国种数:1】。

Retanilla (DC.) Brongn. 小桃棘属 Rhamnaceae [MD-331] 特征纪要:习性:木本。花程式:K4-5,C4-5,A2,=

G2 – 5。其他特征参考科。全球 3 个大洲分布及种数(4 – 23)欧洲:2; 北美洲:2; 南美洲:22。

Retidens Dixon 掸绢藓属 Entodontaceae [B – 195] 特征纪要:习性: – 。【Rep】:雌雄同株,少数异枝,雄苞小,呈芽状,雄苞叶阔卵形,内凹,全缘或具微齿,上部边缘内卷,无中肋,雌苞叶披,蒴柄红褐色,长 1.4 – 2.5 厘米,孢蒴通常呈卵形或长椭圆形,红褐色,蒴齿两层。其他特征参考科。全球 1 个大洲分布及种数(1)◆亚洲:1。

Retinaria Gaertn. = **Gouania**

Retiniphyllum Bonpl. 脂叶茜属 Rubiaceae [MD – 523] 特征纪要:习性:木本。花程式:(K)4 – 5,(C)4 – 5,A4 – 5,↓(G)2 – 9。其他特征参考科。全球 1 个大洲分布及种数(24 – 27)◆南美洲。

Retrophyllum C. N. Page 扭叶杉属 Podocarpaceae [G – 13] 特征纪要:习性: – 。【Rep】:复轴,短穗状,上部苞片杯套状,内有种子发生,寡种子,雌雄同株。其他特征参考科。全球 5 个大洲分布及种数(5 – 9)非洲:1; 亚洲:3; 大洋洲:5; 北美洲:2; 南美洲:4。【中国种数:1】。

Rettbergia Raddi = **Chusquea**

Retzia Thunb. 掸子木属 Retziaceae [MD – 524] 特征纪要(同科)。全球 3 个大洲分布及种数(1 – 8)非洲:8; 亚洲:3; 南美洲:4。

Retziaceae Choisy [MD – 524] 轮叶科 特征纪要:习性:草本;落叶。花程式:K5,C0,A5,↑(G)2。全球 1 个大洲分布及属种数(2/3 hort. 1) ◆非洲:1/ 1 – 2。

Reutealis Airy – Shaw 三籽桐属 Euphorbiaceae [MD – 217] 特征纪要:习性:木本。花程式:K1(1000),C1 – 1000,A6,↓G – 参考科。物候: – 。花期:4 月。果期:参考晚于花期。海拔:20 – 5000 米。生境:为石油和医药而种植。资源:具栽培园艺种类。全球 6 个大洲分布及种数(1 – 2)非洲:2; 亚洲:2; 大洋洲:1; 欧洲:2; 北美洲:2; 南美洲:2。【中国种数:1】。

Reutera Boiss. = **Pimpinella**

Revealia R. M. King & H. Rob. 毛托菊属 Asteraceae [MD – 586] 特征纪要:习性: – 。花程式: – 。其他特征参考科。全球 1 个大洲分布及种数(cf. 1)◆北美洲。

Reveesia Walp. = **Reevesia**

Reverchonia A. Gray 海石竹属 Phyllanthaceae [MD – 222] 特征纪要:习性: – 。花程式: – 。其他特征参考科。全球 1 个大洲分布及种数(2)◆北美洲:2。

Revwattsia D. L. Jones 根鳞蕨属 Dryopteridaceae [F – 49] 特征纪要:习性: – 。【Rep】:孢子同形,囊群生叶背。其他特征参考科。全球 1 个大洲分布及种数(–)◆大洋洲。

Reyemia Hilliard 雷耶玄参属 Scrophulariaceae [MD – 536] 特征纪要:习性: – 。花程式: – 。其他特征参考科。全球 1 个大洲分布及种数(2)◆非洲。

Reyesia Clos 美人襟属 Solanaceae [MD – 503] 特征纪要:习性:灌木。花程式:Kn,C0,A4,↓G。其他特征参考科。全球 1 个大洲分布及种数(4)◆南美洲。

Reynaudia Kunth 丝形草属 Poaceae [MM – 748] 特征纪要:习性:草本。花程式:(K –),C0 参考科,A3 参考科,↓G – 参考科。其他特征参考科。全球 2 个大洲分布及种数(2)亚洲:cf. 1;北美洲:1。

Reynosia Griseb. 情人李属 Rhamnaceae [MD – 331] 特征纪要:习性:木本。花程式:K4 – 5,C4 – 5,A2,= G2 – 5。其他特征参考科。全球 3 个大洲分布及种数(21 – 27)亚洲:7; 北美洲:23; 南美洲:2。

Reynoutria Houtt. 虎杖属 Polygonaceae [MD – 120] 特征纪要:习性:草本(具根状茎)。花程式: – 。物候: – 。花期:6 – 9 月。果期:参考晚于花期。海拔:100 – 2000 米。生境:灌丛。栽培:来自广西龙州。资源:药用,具栽培园艺种类。全球 4 个大洲分布及种数(7 – 29)亚洲:12; 欧洲:5; 北美洲:5; 南美洲:9。【中国种数:2】。

Rhabdadenia Müll. Arg. 红树藤属 Apocynaceae [MD – 492] 特征纪要:习性:木本。花程式:K5 – ∞,C0,A15,= ↓G2 – 5。其他特征参考科。全球 6 个大洲分布及种数(7)非洲:2;亚洲:2;大洋洲:2;欧洲:2;北美洲:3 – 5;南美洲:5 – 7。

Rhabdocalyx Lindl. = **Cordia**

Rhabdocaulon (Benth.) Epling 棒茎草属 Lamiaceae [MD – 575] 特征纪要:习性:草本。花程式:K2,C0,A2,=(G)2。其他特征参考科。全球 1 个大洲分布及种数(7)◆南美洲。

Rhabdochloa Kunth = **Leptochloa**

Rhabdodendraceae Prance [MD – 296] 棒状木科 特征纪要:习性:木本;落叶。花程式:K5,C5,A2,↑G1。物候: – 。果实:核果。全球 1 个大洲分布及属种数(2/5 hort. 1) ◆南美洲:1/ 3 – 3。

Rhabdodendron Gilg & Pilg. 棒状木属 Rhabdodendraceae [MD – 296] 特征纪要(同科)。全球 1 个大洲分布及种数(3)◆南美洲。

Rhabdodontium Broth. 澳针蕨藓属 Pterobryaceae [B – 201] 特征纪要:习性: – 。【Rep】:雌雄异株,稀雌雄同株,蒴柄短或较长,平滑或粗糙,孢蒴长卵形,直立,蒴齿两层,环带不分化,蒴盖圆锥形,亮绿色至红棕色。其他特征参考科。全球 2 个大洲分布及种数(2)亚洲:2; 大洋洲:2。

Rhabdophyllum Van Tiegh. 番金莲木属 Ochnaceae [MD – 104] 特征纪要:习性: – 。花程式: – 。其他特征参考科。全球 2 个大洲分布及种数(8 – 37)非洲:8; 北美洲:1。

Rhabdosciadium Boiss. 细叶芹属 Apiaceae [MD – 480] 特征纪要:习性:草本。花程式:= ↓(Kn),C5,A3 参考科,= ↓G(–)。其他特征参考科。全球 1 个大洲分布及种数(7)◆亚洲(◆伊朗)。

Rhabdospora <unassigned> 棒囊藓属 Sorapillaceae [B – 212] 特征纪要: – 。全球 4 个大洲分布及种数(14)非洲:3; 亚洲:1; 欧洲:4; 南美洲:2。

Rhabdothamnopsis Hemsl. 长冠苣苔属 Gesneriaceae [MD – 549] 特征纪要:习性:草质攀援。花程式:Kn,C2 – 3

参考科,A3 参考科,↓G-。物候:-。花期:5-8 月。果期:参考晚于花期。海拔:1600-4600 米。生境:生于山地林中石灰岩上,石灰岩。资源:具园艺种类。全球 2 个大洲分布及种数(1-6)非洲:2; 亚洲:4。【中国种数:1】。

Rhabdothamnus A. Cunn. 纹木岩桐属 Gesneriaceae [MD-549] 特征纪要:习性:灌木。花程式:K5,C0,A4,=(G)2。其他特征参考科。全球 1 个大洲分布及种数(1)◆大洋洲(◆新西兰)。

Rhabdotheca Cass. = **Launaea**

Rhabdoweisia Bruch & Schimp. 粗石藓属 Oncophoraceae [B-124] 特征纪要:习性:-。【Rep】:雌雄同株,雌苞叶与营养叶同形,蒴柄细长,直立,黄绿色,孢蒴小,卵圆形,直立,表面多具 8 条棕红色纵长脊。物候:-。海拔:500 米。生境:土生。资源:-。全球 6 个大洲分布及种数(7)非洲:4;亚洲:3;大洋洲:1;欧洲:3;北美洲:3;南美洲:5。【中国种数:4】。

Rhabdoweisiaceae Limpr. = Oncophoraceae

Rhabdoweisiella R. S. Williams 刺藓科属 Oncophoraceae [B-124] 特征纪要:习性:-。【Rep】:参考科特征:雌雄同株,稀异株,雌苞叶高鞘状,蒴柄直立,常 3-4 个丛生,孢蒴短圆柱形,对称,平滑,干燥时无褶,蒴齿,蒴柄黄色或油绿色,孢蒴卵圆形,干燥时具纵长条纹,蒴齿齿片有纵条纹,有穿孔或不规则开裂,孢子黑褐色。其他特征参考科。全球 1 个大洲分布及种数(1)◆亚洲。

Rhabdoweissia Bruch & Schimp. ex Mont. = **Rhabdoweisia**

Rhacelopodopsis Thér. ex Broth. = **Racelopodopsis**

Rhachicallis Spach = **Rachicallis**

Rhachidosoraceae Hotiauuo = Woodsiaceae

Rhachidosorus Ching 轴果蕨属 Woodsiaceae [F-47] 特征纪要:习性:-。【Rep】:孢子囊群短线形,或略呈新月形,单生于末回裂片基部上出小脉上侧,通常每裂片 1 条,在具羽状脉的裂片上常有 1-2 对,紧靠末回小羽片或裂片主脉,彼此几并行。物候:-。海拔:100-1000 米。生境:生于山地溪沟阴湿林下。资源:具园艺种类。全球 6 个大洲分布及种数(8-10)非洲:1-2;亚洲:7-8;大洋洲:1;欧洲:1;北美洲:1;南美洲:1-2。【中国种数:5】。

R

Rhachidospermum Vasey = **Jouvea**

Rhachitheciaceae H. Rob. [B-125] 刺藓科 特征纪要:短小至纤长,黄绿色,具光泽。【Rep】:雌苞着生短侧枝,孢蒴圆柱形,多平列,蒴齿两层,齿片与齿条均呈披针形,基膜高出,孢子棕色,透明。全球 3 个大洲分布和属种数(7/14)亚洲:2/5;北美洲:2/2;南美洲:4/5。【中国属种数:2/3】。

Rhachitheciopsis Varde 小刺藓属 Rhachitheciaceae [B-125] 特征纪要:习性:-。【Rep】:雌雄同株,雌苞叶较长大,有高鞘部,上部短披针形,钝端,有短尖,中肋不及叶尖,蒴柄稍高出于雌苞叶。其他特征参考科。全球 1 个大洲分布及种数(1)◆非洲。

Rhachithecium Broth. ex Le Jolis 刺藓属 Rhachitheciaceae [B-125] 特征纪要:习性:-。【Rep】:雌雄同株,雌苞叶较长大,有高鞘部,上部短披针形,钝端,有短尖,中肋不及叶尖,蒴柄稍高出于雌苞叶。其他特征参考科。全球 4 个大洲分布及种数(3)非洲:1;亚洲:3;北美洲:1;南美洲:1。【中国种数:2】。

Rhacocarpaceae Kindb. [B-139] 顶刺苞藓科 特征纪要:粗壮或纤细,绿色、黄绿色或褐绿色,常成稀疏或密集大片群落。【Rep】:雌雄异苞同株,雌苞叶卵形,有短尖,上部边缘有齿突,无中肋,蒴柄细长,下部呈棕褐色。全球 5 个大洲分布和属种数(2/9)非洲:1/2;亚洲:1/3;大洋洲:1/3;北美洲:1/2;南美洲:2/6-6。

Rhacocarpus Lindb. 顶刺苞藓属 Rhacocarpaceae [B-139] 特征纪要:-。全球 6 个大洲分布及种数(15)非洲:2;亚洲:1;大洋洲:4;欧洲:1;北美洲:3;南美洲:11。

Rhacodiscus Lindau. 爵床属 Acanthaceae [MD-572] 特征纪要:习性:-。花程式:-。其他特征参考科。全球 2 个大洲分布及种数(1-8)北美洲:1; 南美洲:2。

Rhacoma L. 卫矛科属 Asteraceae [MD-586] 特征纪要:习性:-。花程式:-。其他特征参考科。全球 2 个大洲分布及种数(32)北美洲:2; 南美洲:1。

Rhacopilaceae Broth. = Racopilaceae

Rhacopilopsis Renauld & Cardot 非洲灰藓属 Hypnaceae [B-189] 特征纪要:习性:-。【Rep】:雌雄异苞同株,内雌苞叶直立,卵状披针形,上部渐狭成长毛状,近于全缘,无中肋,黄绿色。其他特征参考科。全球 4 个大洲分布及种数(6)非洲:6;欧洲:1;北美洲:1;南美洲:1。

Rhacopilum P. Beauv. = **Racopilum**

Rhadamanthopsis (Oberm.) Speta = **Drimia**

Rhadamanthus Salisb. = **Drimia**

Rhadinopus S. Moore 细足茜属 Rubiaceae [MD-523] 特征纪要:习性:木本。花程式:(K)4-5,(C)4-5,A4-5,=↓(G)2-9。其他特征参考科。全球 2 个大洲分布及种数(2-4)非洲:4; 大洋洲:4。

Rhadinothamnus Paul G. Wilson 梅南香属 Rutaceae [MD-399] 特征纪要:习性:木本。花程式:K5,C5,A4,=G1-3。其他特征参考科。全球 1 个大洲分布及种数(3)◆大洋洲(◆澳大利亚)。

Rhagadiolus Juss. 双苞苣属 Asteraceae [MD-586] 特征纪要:习性:草本。花程式:(K)3-5,(C)3-5,A3-5,↓G。物候:-。海拔:-。生境:-。资源:具园艺种类。全球 5 个大洲分布及种数(2-13)非洲:5; 亚洲:7; 欧洲:3; 北美洲:3; 南美洲:2。【中国种数:1】。

Rhagodia R. Br. 浆果藜属 Amaranthaceae [MD-116] 特征纪要:习性:-。花程式:-。其他特征参考科。全球 4 个大洲分布及种数(38)非洲:2; 亚洲:4; 大洋洲:30; 南美洲:2。

Rhammatophyllum O. E. Schulz 假糖芥属 Brassicaceae [MD – 213] 特征纪要:习性:草本。花程式:K2 – 4,C2 – 4,A2 – 4,= G2。物候:–。花期:3 – 7 月。果期:6 – 8 月。海拔:30 – 6200 米。生境:半固定沙地前平地,作为蔬菜栽培。资源:具栽培园艺种类。全球 4 个大洲分布及种数(9 – 14)亚洲:13;大洋洲:2;欧洲:2;北美洲:2。【中国种数:1】。

Rhamnaceae Juss. [MD – 331] 鼠李科 特征纪要:习性:木本,藤本;常绿,落叶。花程式:♀/♂(K)6 –,C5,A2 – 5,↑G –。物候:–。花期:10 – 12 月。果期:3 – 5 月。果实:蒴果。种子:紫红色或红褐色,子叶肥厚。海拔:0 – 4500 米。生境:–。资源:药用。栽培:中国有栽培。全球 6 个大洲分布及属种数(60 – 69/1146 – 1747 <IFR 23/94 > hort. 1;cult. 18) 非洲:18/298 – 329(IFR 4/6);亚洲:17 – 18/418 – 472(IFR 9/20);大洋洲:18 – 21/98 – 413(IFR 5/17);欧洲:7/67 – 79(IFR 3/7);北美洲:19 – 20/376 – 450(IFR 8/39);南美洲:22 – 23/200 – 233(IFR 2/5)。【中国属种数:21/215】。

Rhamnella Miq. 猫乳属 Rhamnaceae [MD – 331] 特征纪要:习性:木质攀援。花程式:–。物候:–。花期:5 – 6 月。果期:参考晚于花期。海拔:1000 – 1600 米。生境:山林和灌丛,竹园边。资源:具栽培园艺种类。全球 6 个大洲分布及种数(13 – 103)非洲:1;亚洲:44;大洋洲:2;欧洲:2;北美洲:2;南美洲:59。【中国种数:8】。

Rhamnidium Reissek 鼠勾儿茶属 Rhamnaceae [MD – 331] 特征纪要:习性:木本。花程式:K4 – 5,C4 – 5,A2,= G2 – 5。其他特征参考科。全球 6 个大洲分布及种数(7 – 14)非洲:2;亚洲:2;大洋洲:2;欧洲:2;北美洲:3 – 11;南美洲:4 – 6。【中国种数:1】。

Rhamnobrina H. Perrier = **Colubrina**

Rhamnoides Mill. = **Hippophae**

Rhamnoneuron Gilg 鼠皮树属 Thymelaeaceae [MD – 310] 特征纪要:习性:木本。花程式:–。物候:–。花期:3 月。果期:参考晚于花期。海拔:900 – 1200 米。生境:林中干燥或湿润地。资源:–。全球 1 个大洲分布及种数(cf. 1)◆亚洲。【中国种数:1】。

Rhamnus L. 鼠李属 Rhamnaceae [MD – 331] 特征纪要:习性:木本。花程式:–。物候:–。花期:5 – 6 月。果期:参考晚于花期。海拔:1000 – 2100 米。生境:高山陡壁或多石山坡。栽培:来自广西龙州。资源:药用,具栽培园艺种类。全球 6 个大洲分布及种数(225 – 276;hort. 1;cult. 20)非洲:36 – 73;亚洲:146 – 205;大洋洲:14 – 50;欧洲:39 – 80;北美洲:55 – 99;南美洲:20 – 58。【中国种数:68】。

Rhamphicarpa Benth. 渔网草属 Scrophulariaceae [MD – 536] 特征纪要:习性:草本。花程式:K5,C0,A2 – 4,= ↓G2 – 3。物候:–。海拔:45 – 6000 米。生境:沼泽草地。资源:–。全球 6 个大洲分布及种数(14 – 15)非洲:11 – 12;亚洲:3 – 4;大洋洲:3 – 4;欧洲:1;北美洲:1;南美洲:1。【中国种数:1】。

Rhamphidia (Lindl.) Lindl. 长序翻唇兰属 Orchidaceae [MM – 723] 特征纪要:–。全球 5 个大洲分布及种数(16)非洲:1;亚洲:10;大洋洲:8;欧洲:1;南美洲:1。

Rhamphidium Mitt. 曲喙藓属 Ditrichaceae [B – 119] 特征纪要:习性:–。【Rep】:雌雄异株或同株,孢蒴多呈卵形、长卵状圆柱形,稀球形,多直立,稀倾斜或下垂。物候:–。海拔:–。生境:土生,野生。资源:–。全球 5 个大洲分布及种数(16)亚洲:3;大洋洲:2;欧洲:1;北美洲:5;南美洲:7。【中国种数:2】。

Rhamphogyne S. Moore 喙果菀属 Asteraceae [MD – 586] 特征纪要:习性:草本。花程式:(K)3 – 5,C3 – 5,A3 – 5,= ↓(G)2。其他特征参考科。全球 2 个大洲分布及种数(1 – 3)非洲:3;大洋洲:2。

Rhampholepis Stapf = **Sacciolepis**

Rhamphopetalum J. F. B. Pastore & M. Mota 远志科属 Polygalaceae [MD – 291] 特征纪要:习性:木本。花程式:–。其他特征参考科。全球 1 个大洲分布及种数(1)◆南美洲:1。

Rhamphospermum Andrz. ex Besser 十字花科属 Brassicaceae [MD – 213] 特征纪要:习性:草本。花程式:–。其他特征参考科。全球 1 个大洲分布及种数(–)。

Rhanteriopsis Rauschert 金币花属 Asteraceae [MD – 586] 特征纪要:习性:草本。花程式:(K)3 – 5,(C)3 – 5,A3 – 5,↓G。其他特征参考科。全球 2 个大洲分布及种数(4) 亚洲;南美洲。

Rhanterium Desf. 外包菊属 Asteraceae [MD – 586] 特征纪要:习性:草本。花程式:(K)3 – 5,C3 – 5,A3 – 5,= ↓(G)2。其他特征参考科。全球 4 个大洲分布及种数(4 – 5)非洲:5;亚洲:3;欧洲:2;北美洲:2。

Rhaphiacme K. Schum. = **Raphionacme**

Rhaphidolejeunea Herzog 细鳞苔科属 Lejeuneaceae [B – 84] 特征纪要和分布(–)。【中国种数:7】。

Rhaphidophora Hassk. 崖角藤属 Araceae [MM – 639] 特征纪要:习性:木本。花程式:K0,C0,A4,G –。物候:–。花期:4 – 8 月。果期:参考晚于花期。海拔:100 – 2000 米。生境:大树干上。资源:药用,具栽培园艺种类。全球 6 个大洲分布及种数(33 – 112)非洲:9 – 40;亚洲:28 – 90;大洋洲:8 – 36;欧洲:1 – 6;北美洲:7 – 13;南美洲:1 – 6。【中国种数:20】。

Rhaphidophyllum Benth. = **Sopubia**

Rhaphidophyton Iljin 硬叶蓬属 Amaranthaceae [MD – 116] 特征纪要:习性:草本。花程式:Kn,C0,A3 参考科,G –。其他特征参考科。全球 1 个大洲分布及种数(1) ◆亚洲:1。

Rhaphidorhynchus Finet = **Microcoelia**

Rhaphidorrhynchium Besch. ex M. Fleisch. 锦藓科属 Sematophyllaceae [B – 192] 特征纪要:习性:–。【Rep】:–。物候:–。海拔:–。生境:常见于竹上,岩石上。资源:–。全球 2 个大洲分布及种数(114)北美洲:1;南美洲:1。

Rhaphidospora Nees 爵床科属 Acanthaceae [MD – 572] 特征纪要:习性:草质攀援。花程式:(K –),C2 – 3 参考科,A3 参考科,↓G。物候:–。花期:几乎全年。果期:参考晚于花期。海拔:50 – 3600 米。生境:滨海地带,为红树林重要组成之一,竹林中。资源:具园艺种类。全球 1 个大洲分布及种数(1)。

R

Rhaphidostegium (Schimp.) De Not. 锦藓科属 Sematophyllaceae [B - 192] 特征纪要:习性:-。【Rep】:雌雄同株或雌雄异株,稀雌雄杂株,蒴柄细长,下部平滑,上部具乳头突起,孢蒴小,垂倾或悬垂,长卵形或长圆,多暗色、绿色至金黄色。物候:-。海拔:-。生境:常见于竹上,岩石上。资源:-。全球 6 个大洲分布及种数(298)非洲:32; 亚洲:8; 大洋洲:8; 欧洲:2; 北美洲:2; 南美洲:34。

Rhaphidostichum M. Fleisch. 狗尾藓属 Sematophyllaceae [B - 192] 特征纪要:习性:-。【Rep】:雌雄同株或雌雄异株,稀雌雄杂株,蒴柄细长,下部平滑,上部具乳头突起,孢蒴小,垂倾或悬垂,长卵形。物候:-。海拔:-。生境:常见于竹上,岩石上。资源:-。全球 5 个大洲分布及种数(33)非洲:3;亚洲:19;大洋洲:10;北美洲:4;南美洲:2。【中国种数:4】。

Rhaphidura Bremek. 尖叶木属 Rubiaceae [MD - 523] 特征纪要:习性:木本。花程式:(K)4 - 5,(C)4 - 5,A4 - 5,↓G。其他特征参考科。全球 1 个大洲分布及种数(1 - 2)◆亚洲。

Rhaphiodon Schaür 针齿草属 Lamiaceae [MD - 575] 特征纪要:习性:草本。花程式:K2,C0,A2,↓G。其他特征参考科。全球 1 个大洲分布及种数(1)◆南美洲。

Rhaphiolepis Lindl. 石斑木属 Rosaceae [MD - 246] 特征纪要:习性:木本。花期:4 - 6 月。果期:参考晚于花期。海拔:1700 - 1800 米。生境:河谷密林。栽培:来自广西龙州。资源:药用,具栽培园艺种类。全球 6 个大洲分布及种数(51 - 94)非洲:2; 亚洲:77; 大洋洲:3; 欧洲:6; 北美洲:6; 南美洲:3。【中国种数:5】。

Rhaphiophallus Schott = **Amorphophallus**

Rhaphiostylis Planch. ex Benth. 非洲茶茱萸属 Metteniusaceae [MD - 454] 特征纪要:习性:木本。花程式:K3 - 4,C3 - 4,A2,=(G)2 - 3。其他特征参考科。全球 1 个大洲分布及种数(7 - 16)◆非洲。

Rhaphispermum Benth. 针子参属 Orobanchaceae [MD - 552] 特征纪要:习性:灌木。花程式:K5,C0,A2 - 4,G2。其他特征参考科。全球 1 个大洲分布及种数(1)◆非洲。

Rhaphistemum Walp. = **Raphistemma**

Rhaphithamnus Miers 刺番樱桃属 Verbenaceae [MD - 556] 特征纪要:习性:木本。花程式:K2 - 4,C0,A2 - 4,=G2 - 4。其他特征参考科。全球 1 个大洲分布及种数(2 - 3)◆南美洲。

Rhapidophyllum H. Wendl. & Drude 针棕属 Arecaceae [MM - 717] 特征纪要:习性:木本。花程式:K3 - 10,C3 - 10,A3 - 10,G3 - 参考科。其他特征参考科。全球 2 个大洲分布及种数(1 - 2)亚洲:2; 北美洲:2。

Rhapis L. f. ex Aiton 棕竹属 Arecaceae [MM - 717] 特征纪要:习性:木本。花程式:-。物候:-。花期:10 月。果期:参考晚于花期。海拔:300 - 1000 米。生境:树林里,竹林下。资源:观赏,药用,具栽培园艺种类。全球 6 个大洲分布及种数(13 - 63)非洲:27; 亚洲:51; 大洋洲:14; 欧洲:17; 北美洲:17; 南美洲:6。【中国种数:6】。

Rhaponticoides Vaill. 黄矢车菊属 Asteraceae [MD - 586] 特征纪要:习性:草本。花程式:-。物候:-。海拔:1200 - 1900 米。生境:山坡。资源:具栽培园艺种类。全球 2 个大洲分布及种数(33 - 35)非洲:3; 亚洲:26。【中国种数:1】。

Rhaponticum Vaill. 漏芦属 Asteraceae [MD - 586] 特征纪要:习性:-。花程式:-。物候:-。海拔:100 - 2700 米。生境:草原,森林边缘,灌木丛。资源:药用,具栽培园艺种类。全球 4 个大洲分布及种数(14 - 20;hort. 1;cult. 1)亚洲:4 - 7;大洋洲:3;欧洲:12;北美洲:1。

Rhaptonema Miers 枭丝藤属 Menispermaceae [MD - 42] 特征纪要:习性:灌木。花程式:K1(6 - 40),C3,A1 - 6 - 40,=G1 - 3。其他特征参考科。全球 6 个大洲分布及种数(7 - 13)非洲:13; 亚洲:4; 大洋洲:2; 欧洲:3; 北美洲:3; 南美洲:2。

Rhaptopetalum Oliv. 织瓣花属 Lecythidaceae [MD - 267] 特征纪要:习性:木本。花程式:-。其他特征参考科。全球 4 个大洲分布及种数(13 - 27)非洲:26; 亚洲:2; 大洋洲:2; 南美洲:2。

Rhazya Decne. 拉兹草属 Apocynaceae [MD - 492] 特征纪要:习性:木本。花程式:K5 - ∞,C0,A15,=↓G2 - 5。物候:-。海拔:-。生境:-。资源:具园艺种类。全球 2 个大洲分布及种数(2 - 5)非洲:2; 亚洲:4。

Rheedia L. 瑞氏木属 Clusiaceae [MD - 141] 特征纪要:习性:-。花程式:-。其他特征参考科。全球 6 个大洲分布及种数(18)非洲:1 - 9;亚洲:1 - 9;大洋洲:8;欧洲:8;北美洲:2 - 10;南美洲:12 - 20。

Rhegmatodon Brid. ex Rchb. = **Regmatodon**

Rhegmatodontaceae Broth. = Regmatodontaceae

Rheithrophyllum Hassk. = **Aeschynanthus**

Rheochloa Filg., P. M. Peterson & Y. Herrera 巴西针草属 Poaceae [MM - 748] 特征纪要:习性:草本。花程式:(K)3,C0 参考科,A1 - 2,=(G)2 - 3。其他特征参考科。全球 1 个大洲分布及种数(1)◆南美洲(◆巴西)。

Rheome P. Goldblatt 鸢针尾属 Iridaceae [MM - 700] 特征纪要:习性:-。花程式:-。其他特征参考科。全球 6 个大洲分布及种数(3)非洲:2 - 5;亚洲:3;大洋洲:3;欧洲:3;北美洲:3;南美洲:3。

Rheopteris Alston 羽带蕨属 Pteridaceae [F - 31] 特征纪要:习性:-。其他特征参考科。全球 1 个大洲分布及种数(1)◆北美洲。

Rhetinantha M. A. Blanco 脂花兰属 Orchidaceae [MM - 723] 特征纪要:习性:-。花程式:-。其他特征参考科。全球 3 个大洲分布及种数(14 - 15)非洲:1;北美洲:6;南美洲:12。

Rhetinocarpha Paul G. Wilson & M. A. Wilson 万头菊属 Asteraceae [MD - 586] 特征纪要:习性:草本。花程式:(K)3 - 5,(C)3 - 5,A3 - 5,↓G。其他特征参考科。全球 1 个大洲分布及种数(1)◆大洋洲。

Rhetinolepis Coss. 微囊菊属 Asteraceae [MD - 586] 特征纪要:习性:-。花程式:-。其他特征参考科。全球 1 个大洲分布及种数(-)。

Rheum L. 大黄属 Polygonaceae [MD - 120] 特征纪要:习性:草本(根状茎,基生,多肉)。花期:6 - 7 月。果期:参

考晚于花期。海拔:1000－1600米。生境:草山坡。资源:药用,具栽培园艺种类。全球6个大洲分布及种数(58－117)非洲:7; 亚洲:97; 大洋洲:5; 欧洲:14; 北美洲:14; 南美洲:9。【中国种数:31】。

Rhexia Gronov. 鹿丹属 Melastomataceae［MD－364］特征纪要:习性:木本。花程式:＝↓(K4－5),C4－5,A4－5,＝↓G3－4。其他特征参考科。全球6个大洲分布及种数(13－255)非洲:4; 亚洲:21; 大洋洲:2; 欧洲:104; 北美洲:104; 南美洲:99。【中国种数:4】。

Rhexophyllum Herzog 北美针丛藓属 Pottiaceae［B－133］特征纪要:－。【Rep】:孢腔轮廓清晰,蒴齿缺如,或具蒴齿而无基膜,下部呈黄绿或黄棕色。其他特征参考科。全球2个大洲分布及种数(1)北美洲:1;南美洲:1。

Rhigiocarya Miers 硬果藤属 Menispermaceae［MD－42］特征纪要:习性:草本。花程式:K1(6－40),C3,A1－6－40,＝G1－3。其他特征参考科。全球1个大洲分布及种数(1－2)◆非洲。

Rhigiophyllum Hochst. 风鳞草属 Campanulaceae［MD－561］特征纪要:习性:灌木。花程式:(K)5,(C)5,A3参考科,↓G－。其他特征参考科。全球1个大洲分布及种数(1)◆非洲。

Rhigospira Miers 榴瓜树属 Apocynaceae［MD－492］特征纪要:习性:木本。花程式:K5－∞,C0,A15,＝↓G2－5。其他特征参考科。全球2个大洲分布及种数(1－8)北美洲:2; 南美洲:8。

Rhigozum Burch. 刺钟木属 Bignoniaceae［MD－541］特征纪要:习性:木本。花程式:K5,C0,A5,＝↓G2。其他特征参考科。全球4个大洲分布及种数(7－17)非洲:12; 亚洲:5; 北美洲:2; 南美洲:6。

Rhinacanthus Nees 灵枝草属 Acanthaceae［MD－572］特征纪要:习性:草质攀援。花程式:－。物候:－。花期:8－9月。果期:参考晚于花期。海拔:2100－2400米。生境:露天。资源:具栽培园艺种类。全球6个大洲分布及种数(24－32)非洲:18－28;亚洲:8－13;大洋洲:1－5;欧洲:1－5;北美洲:1－5;南美洲:4。【中国种数:4】。

Rhinactinidia Novopokr. 岩菀属 Asteraceae［MD－586］特征纪要:习性:－。花程式:－。物候:－。花期:6－7月。果期:参考晚于花期。海拔:1200－3500米。生境:卵石斜坡。栽培:来自广西龙州。资源:具栽培园艺种类。全球3个大洲分布及种数(3)非洲:1;亚洲:cf. 1;北美洲:1。

Rhinanthus L. 鼻花属 Scrophulariaceae［MD－536］特征纪要:习性:草本(寄生)。花程式:(K－),C2－3参考科,A10－,↓G2。物候:－。花期:6－8月。果期:参考晚于花期。海拔:1200－2400米。生境:草地。资源:具园艺种类。全球6个大洲分布及种数(54－78;hort. 1;cult. 6)非洲:2;亚洲:23－28;大洋洲:2;欧洲:48－56;北美洲:11－13;南美洲:2。【中国种数:6】。

Rhinephyllum N. E. Br. 锉叶花属 Aizoaceae［MD－94］特征纪要:习性:草本。花程式:＝↓(K3－4),C3－4,A5参考科,＝↓G1－2。其他特征参考科。全球1个大洲分布及种数(15)◆非洲。

Rhinerrhiza Rupp 狭唇兰属 Orchidaceae［MM－723］特征纪要:习性:草本。花程式:(K－),C2－3参考科,A3参考科,↓G－。其他特征参考科。全球1个大洲分布及种数(1)◆大洋洲(◆澳大利亚)。

Rhinium Schreb. ＝ **Doliocarpus**

Rhinotropis (S. F. Blake) J. R. Abbott 墨西哥刺远志属 Polygalaceae［MD－291］特征纪要:习性:木本。花程式:－。其他特征参考科。全球3个大洲分布及种数(23－24)亚洲:2; 北美洲:24; 南美洲:4。

Rhipidia Markgr. ＝ **Condylocarpon**

Rhipidocladum McClure 扇枝竹属 Poaceae［MM－748］特征纪要:习性:草本。花程式:(K)3,C0参考科,A1－2,＝(G)2－3。其他特征参考科。全球3个大洲分布及种数(20－22)亚洲:cf. 1;北美洲:10;南美洲:13－15。【中国种数:1】。

Rhipidoglossum Schltr. 扇唇兰属 Orchidaceae［MM－723］特征纪要:习性:草本。花程式:(K)3,C3,A3,＝↓(G)3。其他特征参考科。全球2个大洲分布及种数(51)非洲:50;亚洲:cf. 1。【中国种数:1】。

Rhipogonaceae J. G. Conran & H. T. Clifford［MM－660］菝葜藤科 特征纪要:习性:草本;落叶。花程式:(K)6－,C3,A3,↑G1－3。果实:浆果。全球1个大洲分布及属种数(3/4－14 hort. 1) ◆大洋洲:1/ 1－6。

Rhipogonum J. R. Forst. & G. Forst. 鱼筐藤属 Rhipogonaceae［MM－660］特征纪要:习性:木本。花程式:－。其他特征参考科。全球1个大洲分布及种数(1－6)◆大洋洲(◆澳大利亚)。

Rhipsalidopsis Britton & Rose 落舞苇属 Cactaceae［MD－100］特征纪要:习性:－。花程式:－。其他特征参考科。全球2个大洲分布及种数(3－7)北美洲:1; 南美洲:4。

Rhipsalis Gaertn. 丝苇属 Cactaceae［MD－100］特征纪要:习性:木本。花程式:＝↓(K1－∞),C1－∞,A3－100,＝↓(G)3－100。物候:－。海拔:－。生境:－。资源:具园艺种类。全球6个大洲分布及种数(80－102;hort. 1;cult. 9)非洲:2－6;亚洲:4－8;大洋洲:3－7;欧洲:3－7;北美洲:15－19;南美洲:77－90。【中国种数:2】。

Rhizanthella R. S. Rogers 地下兰属 Orchidaceae［MM－723］特征纪要:习性:草本。花程式:(K)3,C3,A3,＝↓G3。其他特征参考科。全球1个大洲分布及种数(2－4)◆大洋洲(◆澳大利亚)。

Rhizanthera P. F. Hunt & Summerh. 箣柊属 Orchidaceae［MM－723］特征纪要:习性:木本。花程式:参考科,C2－3参考科,A2－3参考科,＝↓G3参考科。其他特征参考科。全球0个大洲分布及种数(7)。

Rhizanthes Dum. 藤寄生属 Rafflesiaceae［MD－147］特征纪要:习性:草本。花程式:K4－5－∞,C0,A5－100,＝↓(G)4－8。其他特征参考科。全球3个大洲分布及种数(4－7)亚洲:4; 北美洲:1; 南美洲:1。

Rhizobolus Gaertn. ex Schreb. ＝ **Pekea**

Rhizobotrya Tausch 奥地利山芥属 Brassicaceae［MD－213］特征纪要:习性:草本。花程式:K4,C4,A3参考科,↓G－参考科。其他特征参考科。全球0个大洲分布及种数(1－2)。

Rhizocarpon Ramond ex DC. 胡唐松木属 Physenaceae［MD－169］特征纪要:－。全球6个大洲分布及种数(125)非洲:2; 亚洲:23; 大洋洲:2; 欧洲:58; 北美洲:14; 南美洲:26。

Rhizocephalus Boiss. 聚头草属 Poaceae［MM－748］特征纪要:习性:草本。花程式:(K)3,C0参考科,A1－2,＝

(G)2－3。其他特征参考科。全球5个大洲分布及种数(1－5)非洲:2; 亚洲:3; 欧洲:2; 北美洲:2; 南美洲:3。

Rhizofabronia (Broth.) M. Fleisch. 刺碎米藓属 Fabroniaceae [B－173] 特征纪要:习性:－。【Rep】:雌雄异株或雌雄同株,孢蒴高出,直立,卵形或圆柱形,台部粗短,薄壁,气孔生于台部,环带常存。物候:－。海拔:－。生境:常见于高寒山区,岩面或土上。资源:－。全球3个大洲分布及种数(3)非洲:3;亚洲:1;欧洲:1。【中国种数:1】。

Rhizoglossum C. Presl 多叶箭蕨属 Ophioglossaceae [F－9] 特征纪要:习性:－。【Rep】:孢子囊叶缘、叶柄。其他特征参考科。全球2个大洲分布及种数(3)北美洲:1; 南美洲:1。

Rhizogoniaceae Broth. [B－154] 桧藓科 特征纪要:灰绿色或褐绿色,紧密或疏松垫状丛生。【Rep】:雌雄异株或假雌雄同株,雌苞叶鞘状,具长尖,孢子体顶生或侧生,有时丛生,蒴柄直立。全球5个大洲分布和属种数(9/58)亚洲:4/18;大洋洲:9/38;欧洲:4/6;北美洲:6/15;南美洲:7/13。【中国属种数:2/15(4)】。

Rhizogonium Brid. 刺叶桧藓属 Rhizogoniaceae [B－154] 特征纪要:习性:－。【Rep】:雌雄异株,稀同株,生殖苞芽胞形,基生或侧生,有线形配丝,外雌苞叶小,内雌苞叶较大,蒴柄长,直立。物候:－。海拔:－。生境:土生。资源:－。全球6个大洲分布及种数(24)非洲:3;亚洲:10;大洋洲:15;欧洲:2;北美洲:6;南美洲:5。【中国种数:11】。

Rhizohypnella M. Fleisch. 刺灰藓属 Hypnaceae [B－189] 特征纪要:习性:－。【Rep】:雌雄异苞同株,内雌苞叶直立,卵状披针形,上部渐狭成长毛状,近于全缘,无中肋,黄绿色。其他特征参考科。全球1个大洲分布及种数(3)◆亚洲:2。

Rhizohypnum (Hampe) Herzog 微灰藓属 Hypnaceae [B－189] 特征纪要:－。全球2个大洲分布及种数(31)北美洲:1; 南美洲:1。

Rhizomatophora Pimenov 棒伞草属 Apiaceae [MD－480] 特征纪要:习性:草本。花程式:＝↓(K5),C5,A5,＝↓G(－)。其他特征参考科。全球2个大洲分布及种数(1)。

Rhizomnium (Mitt. ex Broth.) T. J. Kop. 毛灯藓属 Mniaceae [B－149] 特征纪要:习性:－。【Rep】:孢子体的形态构造同于提灯藓属。物候:－。海拔:2140米。生境:树生。资源:－。全球5个大洲分布及种数(13)非洲:1;亚洲:11;大洋洲:1;欧洲:5;北美洲:8。【中国种数:12】。

Rhizomorpha <unassigned> 皱合囊蕨属 Marattiaceae [F－13] 特征纪要:－。全球2个大洲分布及种数(3)欧洲:1; 南美洲:2。

Rhizonium Brid. ex Endl. ＝ **Rhizogonium**

Rhizopelma Müll. Hal. 刺叶桧藓属 Rhizogoniaceae [B－154] 特征纪要:－。全球1个大洲分布及种数(－)。

Rhizophora L. 红树属 Rhizophoraceae [MD－329] 特征纪要:习性:木本。花程式:－。物候:－。海拔:0米。生境:红树林,沼泽地。资源:具栽培园艺种类。全球6个大洲分布及种数(12－17;hort. 1;cult. 2)非洲:6－11;亚洲:9－17;大洋洲:6－12;欧洲:2－7;北美洲:5－10;南美洲:3－9。【中国种数:4】。

Rhizophoraceae Pers. [MD－329] 红树科 特征纪要:习性:木本;常绿,落叶。花程式:(K)6－,C5,A2－3,↓(G)－。物候:－。花期:秋季。果期:冬春至全年。果实:浆果,蒴果。种子:－。海拔:0－1900米。生境:盐滩。资源:药用。栽培:－。全球6个大洲分布及属种数(18－20/102－211 <IFR 2/2> hort. 1;cult. 2) 非洲:9－10/57－102; 亚洲:10/39－47; 大洋洲:5/20－34(IFR 1/1); 欧洲:3/7; 北美洲:3/16－21; 南美洲:3/23－29(IFR 1/1)。【中国属种数:8/22】。

Rhizophoranae (Pers.) Takht. ex Reveal & Doweld 红树科属 Rhizophoraceae [MD－329] 特征纪要和分布(－)。

Rhizosperma Meyen ＝ **Azolla**

Rhodalsine J. Gay ＝ **Minuartia**

Rhodamnia Jack 玫瑰木属 Myrtaceae [MD－347] 特征纪要:习性:木质攀援。花程式:－。物候:－。花期:6－7月。果期:参考晚于花期。海拔:100米。生境:常绿阔叶林。资源:具园艺种类。全球6个大洲分布及种数(17－46;hort. 1)非洲:9－31;亚洲:7－33;大洋洲:11－49;欧洲:15;北美洲:1－17;南美洲:2－17。【中国种数:4】。

Rhodanthe Lindl. 鳞托菊属 Asteraceae [MD－586] 特征纪要:习性:草本。花程式:(K)3－5,C3－5,A3－5,＝↓(G)2。其他特征参考科。全球6个大洲分布及种数(49－53;hort. 1)非洲:2;亚洲:1－3;大洋洲:48－51;欧洲:1－3;北美洲:1－3;南美洲:2－4。

Rhodanthemum B. H. Wilcox, K. Bremer & Humphries 假匹菊属 Asteraceae [MD－586] 特征纪要:习性:草本。花程式:(K)3－5,C3－5,A3－5,＝↓(G)2。其他特征参考科。全球2个大洲分布及种数(15－16;hort. 1)非洲:13－14;欧洲:1。【中国种数:1】。

Rhodax Spach ＝ **Helianthemum**

Rhodiola L. 红景天属 Crassulaceae [MD－229] 特征纪要:习性:－。花程式:－。物候:－。花期:7月。果期:参考晚于花期。海拔:1800－2700米。生境:草坡灌丛中,湿处,石上,竹林中。资源:－。全球6个大洲分布及种数(78－86;hort. 1;cult. 3)非洲:5－27;亚洲:77－125;大洋洲:22;欧洲:5－27;北美洲:13－35;南美洲:22。【中国种数:41】。

Rhodobranthus Traub 南美石蒜属 Amaryllidaceae [MM－694] 特征纪要:习性:草本。花程式:(K)3,C3,A1,↓G－。其他特征参考科。全球2个大洲分布及种数(6)北美洲:5; 南美洲:2。

Rhodobryum (Schimp.) Limpr. 大叶藓属 Bryaceae [B－146] 特征纪要:习性:－。【Rep】:雌雄异株,孢子体常聚生于顶部,具长柄,孢蒴平列或下垂,圆柱形,台部短或不明显,具气孔,蒴盖半圆形。物候:－。海拔:－。生境:常见于林下腐殖质,岩面薄土及树干。资源:－。全球6个大洲分布及种数(49)非洲:13;亚洲:11;大洋洲:6;欧洲:3;北美洲:18;南美洲:22。【中国种数:8】。

Rhodocactus F. M. Knuth 木麒麟属 Cactaceae［MD－100］特征纪要:习性:－。花程式:－。其他特征参考科。全球3个大洲分布及种数(6;hort. 1)非洲:1;北美洲:1;南美洲:5。

Rhodocalyx Müll. Arg. ＝ **Lass**

Rhodochiton Zucc. ex Otto & A. Dietr. 冠子藤属 Plantaginaceae［MD－527］特征纪要:习性:草本。花程式:Kn, C0,A3参考科,↓G。其他特征参考科。全球1个大洲分布及种数(3－17)◆北美洲。

Rhodoclada Baker ＝ **Asteropeia**

Rhodocodon Baker ＝ **Drimia**

Rhodocolea Baill. 红鞘紫葳属 Bignoniaceae［MD－541］特征纪要:习性:木本。花程式:K5,C0,A5,＝G2。其他特征参考科。全球3个大洲分布及种数(15－36)非洲:17; 亚洲:3; 南美洲:2。

Rhodocoma Nees 悬穗灯草属 Restionaceae［MM－744］特征纪要:习性:草本。花程式:(K)3,C3,A1－2,↓G－参考科。其他特征参考科。全球3个大洲分布及种数(8－10)非洲:9; 亚洲:2; 北美洲:2。

Rhododactylis <unassigned> 杜花荷属 Rhodoleiaceae［MD－64］特征纪要:－。全球1个大洲分布及种数(1)◆大洋洲:1。

Rhododendron L. 越橘杜鹃属 Rhodoraceae［MD－378］特征纪要:习性:木本。花程式:－。物候:－。花期:5月。果期:参考晚于花期。海拔:1300－3200米。生境:－。资源:具栽培园艺种类。全球6个大洲分布及种数(1150－1398;hort. 1;cult. 129)非洲:201－328;亚洲:1067－1323;大洋洲:145－266;欧洲:175－281;北美洲:299－416;南美洲:10－106。【中国种数:557】。

Rhododon Epling 红齿草属 Lamiaceae［MD－575］特征纪要:习性:草本。花程式:K2,C0,A2,↓G。其他特征参考科。全球2个大洲分布及种数(1－3)北美洲:3; 南美洲:2。

Rhodogeron Griseb. 银蓬属 Asteraceae［MD－586］特征纪要:习性:－。花程式:－。其他特征参考科。全球1个大洲分布及种数(cf. 1)◆北美洲。

Rhodognaphalon (Ulbr.) Roberty 锦囊木棉属 Malvaceae［MD－203］特征纪要:习性:木本。花程式:K5,C5,A10－8,＝(G)2－5。其他特征参考科。全球1个大洲分布及种数(6)◆非洲。

R

Rhodognaphalopsis A. Robyns ＝ **Pachira**

Rhodohypoxis Nel 红金梅草属 Hypoxidaceae［MM－695］特征纪要:习性:－。花程式:－。其他特征参考科。全球2个大洲分布及种数(4－12)非洲:9; 亚洲:2。

Rhodolachne <unassigned> 粉花荷属 Rhodoleiaceae［MD－64］特征纪要:－。全球3个大洲分布及种数(1)非洲:1; 大洋洲:1; 北美洲:1。

Rhodolaena Thou. 红杯花属 Sarcolaenaceae［MD－153］特征纪要:习性:木本。花程式:K5－10,C5－10,A5－10, G1－3。其他特征参考科。全球1个大洲分布及种数(－)。

Rhodoleia Champ. ex Hook. 红花荷属 Rhodoleiaceae［MD－64］特征纪要(同科)。全球5个大洲分布及种数(6－36)亚洲:23; 大洋洲:5; 欧洲:10; 北美洲:10; 南美洲:7。【中国种数:5】。

Rhodoleiaceae (Endl.) Nakai［MD－64］红花荷科 特征纪要:习性:木本;落叶。花程式:K4－5(－),C5,A7－10, G－。物候:－。花期:3－4月。果期:8－9月。果实:－。种子:－。海拔:1000米。生境:森林,引种植物园苗圃松林下。资源:药用。栽培:中国有栽培。全球1个大洲分布及属种数(1/1 hort. 1)◆亚洲:1/10－11。

Rhodolirion Phil. ＝ **Rhodolirium**

Rhodolirium Phil. 美花莲属 Amaryllidaceae［MM－694］特征纪要:习性:草本。花程式:(K)3,C3,A1,↓G－。其他特征参考科。全球1个大洲分布及种数(2)◆南美洲。

Rhodomyrtus (DC.) Rchb. 桃金娘属 Myrtaceae［MD－347］特征纪要:习性:木本。花程式:－。物候:－。花期:4－5月。果期:参考晚于花期。海拔:100－2900米。生境:矮林,山坡,低丘和草原,为酸性土指示植物。资源:维生素,丹宁,药用,具栽培园艺种类。全球6个大洲分布及种数(27－55)非洲:18; 亚洲:18; 大洋洲:43; 欧洲:3; 北美洲:3; 南美洲:2。【中国种数:1】。

Rhodopentas Kårehed & B. Bremer 鸡麻茜属 Rubiaceae［MD－523］特征纪要:习性:木本。花程式:(K)4－5,(C)4－5,A4－5,＝↓(G)2－9。其他特征参考科。全球6个大洲分布及种数(3)非洲:2－3;亚洲:1;大洋洲:1;欧洲:1;北美洲:1－2;南美洲:1。

Rhodophiala C. Presl 小顶红属 Amaryllidaceae［MM－694］特征纪要:习性:－。花程式:－。其他特征参考科。全球6个大洲分布及种数(56)非洲:9; 亚洲:8; 大洋洲:9; 欧洲:10; 北美洲:10; 南美洲:48。

Rhodopis Urb. 玫瑰豆属 Fabaceae3［MD－240］特征纪要:习性:木本。花程式:＝↓(K1－∞),C1－∞,A5－9,＝↓G1。其他特征参考科。全球4个大洲分布及种数(4－11)非洲:2; 欧洲:6; 北美洲:6; 南美洲:2。

Rhodoplagiochila R. M. Schust. 叶苔科属 Jungermanniaceae［B－38］特征纪要:－。全球1个大洲分布及种数(－)。

Rhodora L. 紫踯躅属 Rhodoraceae［MD－378］特征纪要及分布(－)。

Rhodoraceae Vent.［MD－378］石楠科 特征纪要:习性:木本;落叶。花程式:K4－5(－),C5,A5,↓(G)－。物候:－。花期:3－6月。果期:8－9月。果实:蒴果。种子:－。海拔:1000－1400米。生境:－。资源:园林。栽培:中国有栽培。全球6个大洲分布及属种数(1/1 <IFR 1/140> hort. 1;cult. 1) 非洲:1/1(IFR 1/7); 亚洲:1/1(IFR 1/131); 大洋洲:1/1; 欧洲:1/1; 北美洲:1/1(IFR 1/2); 南美洲:1/1。

Rhodosciadium S. Watson 红伞芹属 Apiaceae［MD－480］特征纪要:习性:草本。花程式:＝↓(K5),C5,A5,＝↓G2。其他特征参考科。全球2个大洲分布及种数(15－19)北美洲:16; 南美洲:4。

Rhodoscirpus Léveillé－Bourret, Donadío & J. R. Starr 红伞莎属 Cyperaceae［MM－747］特征纪要:习性:草本。花

程式：-。其他特征参考科。全球1个大洲分布及种数(1)◆南美洲：1。

Rhodosepala Baker = **Dissotis**

Rhodoseris Turcz. = **Onoseris**

Rhodospatha Pöpp. 红苞芋属 Araceae [MM-639] 特征纪要：习性：草本。花程式：K0,C0,A1-4,=G1-3。其他特征参考科。全球3个大洲分布及种数(33-120)亚洲：3；北美洲：25；南美洲：115。

Rhodosphaera Engl. 山楂漆属 Anacardiaceae [MD-432] 特征纪要：习性：木本。花程式：K5,C5,A10,=(G)1-3。其他特征参考科。全球3个大洲分布及种数(1-7)亚洲：2；大洋洲：6；南美洲：5。

Rhodostachys Phil. = **Ochagavia**

Rhodostegiella (Pobed.) C. Y. Wu & D. Z. Li = **Cynanchum**

Rhodostemonodaphne Rohwer & Kubitzki 红蕊樟属 Lauraceae [MD-21] 特征纪要：习性：木本。花程式：K3-9,C0,A9,=G1-3。其他特征参考科。全球6个大洲分布及种数(40-44)非洲：2；亚洲：1；大洋洲：1；欧洲：4；北美洲：4；南美洲：43。

Rhodostoma Scheidw. = **Palicourea**

Rhodothamnus Rchb. 伏石花属 Ericaceae [MD-380] 特征纪要：习性：-。花程式：-。其他特征参考科。全球4个大洲分布及种数(2-4)亚洲：3；大洋洲：2；欧洲：4；北美洲：4。

Rhodothyrsus Esser 红序柏属 Euphorbiaceae [MD-217] 特征纪要：习性：木本。花程式：K1(1000),C0,A6,=(G)2-3。其他特征参考科。全球1个大洲分布及种数(2)◆南美洲(◆巴西)。

Rhodotypos Siebold & Zucc. 鸡麻属 Rosaceae [MD-246] 特征纪要：习性：木本。花程式：-。物候：-。花期：4-5月。果期：参考晚于花期。海拔：100-800米。生境：森林。资源：药用或观赏，具栽培园艺种类。全球3个大洲分布及种数(1-5)亚洲：2；欧洲：2；北美洲：2。【中国种数：1】。

Rhodoxis B. Mathew 玫瑰豆属 Rosaceae [MD-246] 特征纪要：习性：-。花程式：-。其他特征参考科。全球1个大洲分布及种数(1)◆非洲。

R

Rhoeidium (Nutt.) Greene 盐麸木属 Anacardiaceae [MD-432] 特征纪要：习性：-。花程式：-。其他特征参考科。全球2个大洲分布及种数(12)北美洲：2；南美洲：5。

Rhoiacarpos A. DC. 榴果檀香属 Santalaceae [MD-412] 特征纪要：习性：木本。花程式：Kn,C0,A3-4,↓G。其他特征参考科。全球1个大洲分布及种数(1)◆非洲。

Rhoicissus Planch. 菱叶藤属 Vitaceae [MD-403] 特征纪要：习性：木本。花程式：K3-4,C3-4,A2,=(G)2-3。其他特征参考科。全球5个大洲分布及种数(11-32)非洲：29；亚洲：5；欧洲：3；北美洲：3；南美洲：2。【中国种数：1】。

Rhoiptelea Diels & Hand.-Mazz. 马尾树属 Rhoipteleaceae [MD-133] 特征纪要(同科)。全球1个大洲分布及种数(cf. 1)◆亚洲。【中国种数：1】。

Rhoipteleaceae Hand.-Mazz. [MD-133] 马尾树科 特征纪要：习性：木本；落叶。花程式：K4,C4,A6,↑G-。物候：-。花期：10月至次年1月。果期：7-8月。果实：果实具翅。种子：-。海拔：700-2500米。生境：山坡，山谷，溪边树林，杂木灌丛。资源：丹宁，木材。栽培：-。全球1个大洲分布及属种数(2/3 hort. 1)◆亚洲：1/2-3。

Rhombochlamys Lindau 单药花属 Acanthaceae [MD-572] 特征纪要：习性：-。花程式：-。其他特征参考科。全球1个大洲分布及种数(1)◆南美洲。

Rhomboda Lindl. 菱兰属 Orchidaceae [MM-723] 特征纪要：习性：草本。花程式：(K)3,C3,A3,=↓G3。物候：-。花期：8-9月。果期：参考晚于花期。海拔：400-2200米。生境：森林。栽培：来自广西龙州。资源：具栽培园艺种类。全球6个大洲分布及种数(16-26;hort. 1)非洲：4-6；亚洲：13-19；大洋洲：2-5；欧洲：1-3；北美洲：2；南美洲：2。【中国种数：6】。

Rhomboelytrum E. Desv. = **Rhombolytrum**

Rhombolytrum Link 菱颖草属 Poaceae [MM-748] 特征纪要：习性：-。花程式：-。其他特征参考科。全球1个大洲分布及种数(2)◆南美洲(◆巴西)。

Rhombophyllum (Schwantes) Schwantes 菱叶草属 Aizoaceae [MD-94] 特征纪要：习性：灌木。花程式：=↓(K3-4),C3-4,A5参考科,=↓G-。其他特征参考科。全球1个大洲分布及种数(3-5)◆非洲。

Rhoogeton Leeuwenb. 囊瓣岩桐属 Gesneriaceae [MD-549] 特征纪要：习性：草本。花程式：K5,C0,A4,=↓(G)2。其他特征参考科。全球2个大洲分布及种数(2-8)北美洲：2；南美洲：8。

Rhopala Schreb. = **Roupala**

Rhopalephora Hassk. 钩毛子草属 Commelinaceae [MM-708] 特征纪要：习性：草本。花程式：-。物候：-。海拔：800-2100米。生境：高山灌丛。栽培：来自广西龙州。资源：具栽培园艺种类。全球6个大洲分布及种数(4-16)非洲：3；亚洲：6；大洋洲：3；欧洲：3；北美洲：3；南美洲：10。【中国种数：1】。

Rhopaloblaste Scheff. 棒椰属 Arecaceae [MM-717] 特征纪要：习性：木本。花程式：K3-10,C3-10,A3-10,=G3-10。其他特征参考科。全球6个大洲分布及种数(6-21)非洲：7；亚洲：13；大洋洲：5；欧洲：2；北美洲：2；南美洲：2。

Rhopalocarpaceae Takht. = Sphaerosepalaceae

Rhopalocnemis Jungh. 盾片蛇菰属 Balanophoraceae [MD-307] 特征纪要：习性：木本。花程式：-。物候：-。海拔：1000-2700米。生境：密林或灌丛中。资源：-。全球3个大洲分布及种数(1-11)非洲：4；亚洲：6；南美洲：2。【中国种数：1】。

Rhopalopilia Pierre 棒花山柚属 Opiliaceae [MD-369] 特征纪要：习性：木本。花程式：K4-5,C4-5,A4-5,=

(G)2-5。其他特征参考科。全球1个大洲分布及种数(3)◆非洲。

Rhopalopodium Ulbr. = **Ranunculus**

Rhopalosciadium Rech. f. 伊朗喙芹属 Apiaceae [MD-480] 特征纪要:习性:草本。花程式:=↓(Kn),C5,A5,=↓(G)2。其他特征参考科。全球1个大洲分布及种数(1)◆亚洲(◆伊朗)。

Rhopalostylis H. Wendl. & Drude 胡刷椰属 Arecaceae [MM-717] 特征纪要:习性:-。花程式:-。其他特征参考科。全球3个大洲分布及种数(1-5)大洋洲:2; 北美洲:1; 南美洲:1。

Rhus L. 盐麸木属 Anacardiaceae [MD-432] 特征纪要:习性:木本。花程式:-。物候:-。花期:8-9月。果期:参考晚于花期。海拔:100-2700米。生境:低地,丘陵和山地森林,溪流沿线森林,灌木丛。栽培:来自广西龙州。资源:具栽培园艺种类。全球6个大洲分布及种数(68-706)非洲:284; 亚洲:178; 大洋洲:36; 欧洲:155; 北美洲:155; 南美洲:58。【中国种数:17】。

Rhynchanthera DC. 喙龙丹属 Melastomataceae [MD-364] 特征纪要和分布(-)。全球3个大洲分布及种数(30-40)非洲:2;北美洲:5;南美洲:28-36。【中国种数:2】。

Rhynchanthus Hook. f. 喙花姜属 Zingiberaceae [MM-737] 特征纪要:习性:草本(根状茎,基生,多肉)。花程式:-。物候:-。花期:7月。果期:参考晚于花期。海拔:1500-1900米。生境:森林,灌木丛,草地,附生于树木上。资源:具园艺种类。全球1个大洲分布及种数(1-4)◆亚洲。【中国种数:1】。

Rhyncharrhena F. Muell. = **Vincetoxicum**

Rhynchelytrum Nees 红毛草属 Poaceae [MM-748] 特征纪要:习性:-。花程式:-。物候:-。海拔:10-5600米。生境:草地,作为饲料植物或大麦田杂草种植。资源:-。全球2个大洲分布及种数(37) 非洲;亚洲。

Rhynchocalycaceae L. A. S. Johnson & B. G. Briggs [MD-340] 喙萼花科 特征纪要:习性:木本;落叶。花程式:K3,C3,A6,↓(G)-。全球1个大洲分布及属种数(2/3 hort. 1) ◆非洲:1/ 1。

Rhynchocalyx Oliv. 喙萼花属 Rhynchocalycaceae [MD-340] 特征纪要(同科)。全球3个大洲分布及种数(1-2)非洲:2; 亚洲:2; 南美洲:2。

Rhynchocarpidium P. de la Varde & J.-F. Leroy = **Schimperella**

Rhynchocladium T. Koyama 长喙莎属 Cyperaceae [MM-747] 特征纪要:习性:草本。花程式:-。其他特征参考科。全球1个大洲分布及种数(1)◆南美洲。

Rhynchocorys Griseb. 伊朗参属 Scrophulariaceae [MD-536] 特征纪要:习性:草本。花程式:K2-4,C0,A2-4,=↓G2-3。物候:-。海拔:-。生境:-。资源:具园艺种类。全球5个大洲分布及种数(8-15)非洲:2; 亚洲:12; 欧洲:3; 北美洲:3; 南美洲:4。【中国种数:1】。

Rhynchoglossum Bl. 尖舌苣苔属 Gesneriaceae [MD-549] 特征纪要:习性:草本。花程式:-。物候:-。花期:7-11月。果期:参考晚于花期。海拔:100-2800米。生境:林缘,森林,洞穴,阴崖,生于山谷沟边或山坡阴处。资源:具栽培园艺种类。全球5个大洲分布及种数(14-40)非洲:3; 亚洲:28; 大洋洲:4; 北美洲:4; 南美洲:6。【中国种数:2】。

Rhynchogyna Seidenf. & Garay 长蕊兰属 Orchidaceae [MM-723] 特征纪要:习性:草本。花程式:(K)3,C3,A3,=↓(G)3。其他特征参考科。全球1个大洲分布及种数(2-3)◆亚洲。

Rhyncho-hypnum (Hampe) Hampe 长喙藓属 Brachytheciaceae [B-187] 特征纪要:-。全球1个大洲分布及种数(-)。

Rhyncholacis Tul. 川薹草科属 Podostemaceae [MD-322] 特征纪要:习性:草本。花程式:K1-2,C0,A10,=(G)1-2。其他特征参考科。全球2个大洲分布及种数(31-41)亚洲:1; 南美洲:36。

Rhyncholaelia Schltr. 洪丽兰属 Orchidaceae [MM-723] 特征纪要:习性:草本。花程式:(K)3,C3,A3,=↓(G)3。其他特征参考科。全球3个大洲分布及种数(2-3)非洲:2; 北美洲:3; 南美洲:2。

Rhynchopetalum Fresen. = **Lobelia**

Rhynchophora Arénes 喙梗木属 Malpighiaceae [MD-343] 特征纪要:习性:木本。花程式:K5,C5,A10,=G2-3。其他特征参考科。全球2个大洲分布及种数(2-14)非洲:14; 南美洲:12。

Rhynchopsidium DC. 寡头鼠麹木属 Asteraceae [MD-586] 特征纪要:习性:草本。花程式:(K)3-5,(C)3-5,A3-5,↓G。其他特征参考科。全球1个大洲分布及种数(2)◆非洲。

Rhynchopyle Engl. 落檐属 Araceae [MM-639] 特征纪要:习性:-。花程式:-。其他特征参考科。全球1个大洲分布及种数(-)。

Rhynchoryza Baill. 浮喙菰属 Poaceae [MM-748] 特征纪要:习性:草本。花程式:(K)3,C0 参考科,A1-2,=G2-3。其他特征参考科。全球1个大洲分布及种数(1)◆南美洲(◆巴西)。

Rhynchosia Lour. 鹿藿属 Fabaceae3 [MD-240] 特征纪要:习性:木质攀援。花程式:-。物候:-。海拔:1200-3300米。生境:草地上。栽培:来自广西龙州。资源:具栽培园艺种类。全球6个大洲分布及种数(298-607)非洲:354; 亚洲:141; 大洋洲:23; 欧洲:70; 北美洲:70; 南美洲:100。【中国种数:30】。

Rhynchosida Fryxell 鞠瓣棯属 Malvaceae [MD-203] 特征纪要:习性:木本。花程式:K5-∞,C5-∞,A10-8,=(G)1-5。其他特征参考科。全球3个大洲分布及种数(2-3)大洋洲:2; 北美洲:2; 南美洲:3。

Rhynchospora Vahl 刺子莞属 Cyperaceae [MM-747] 特征纪要:习性:草本。花程式:-。物候:-。花期:8月。果期:参考晚于花期。海拔:100-1400米。生境:地方。栽培:来自广西龙州。资源:具栽培园艺种类。全球6个大洲分布及种数(363-433;hort. 1;cult. 33)非洲:73-116;亚洲:104-153;大洋洲:47-92;欧洲:17-56;北美洲:209-270;南美洲:276-337。【中国种数:45】。

Rhynchostegiella (Schimp.) Limpr. 细喙藓属 Brachytheciaceae [B-187] 特征纪要:习性:-。【Rep】:绿色或棕

绿色。物候：-。海拔:500米。生境:土生。资源：-。全球6个大洲分布及种数(54)非洲:18;亚洲:24;大洋洲:7;欧洲:16;北美洲:6;南美洲:2。【中国种数:14】。

Rhynchostegiopsis Müll. Hal. 喙白藓属 Hookeriaceae [B-164] 特征纪要：习性：-。【Rep】:雌苞着生短侧枝，孢蒴圆柱形，多平列，蒴齿两层，齿片与齿条均呈披针形，基膜高出，孢子棕色，透明。其他特征参考科。全球2个大洲分布及种数(7)北美洲:6;南美洲:4。

Rhynchostegium Schimp. 长喙藓属 Brachytheciaceae [B-187] 特征纪要：习性：-。【Rep】:雌雄同株，雌苞叶基部呈鞘状，上部狭长，具毛尖，蒴柄红色，平滑，孢蒴倾立或平展，卵圆形，稍呈拱形弯曲。物候：-。海拔:680米。生境:土生。资源：-。全球6个大洲分布及种数(157)非洲:33;亚洲:49;大洋洲:21;欧洲:14;北美洲:22;南美洲:59。【中国种数:31】。

Rhynchostele Rchb. f. 舟舌兰属 Orchidaceae [MM-723] 特征纪要：习性：草本。花程式：(K)3,C3,A3,=↓G3。其他特征参考科。全球2个大洲分布及种数(20-21;hort. 1;cult. 2)北美洲:19;南美洲:4。【中国种数:1】。

Rhynchostylis Bl. 钻喙兰属 Orchidaceae [MM-723] 特征纪要：习性：-。花程式：-。物候：-。花期:1-4月。果期:参考晚于花期。海拔:300-1500米。生境:开放性森林树干附生植物。资源:花卉。全球4个大洲分布及种数(6-22)亚洲:20; 大洋洲:2; 北美洲:2; 南美洲:2。【中国种数:3】。

Rhynchotechum Bl. 线柱苣苔属 Gesneriaceae [MD-549] 特征纪要：习性：草本，少灌木。花程式：(K-),C2-3参考科,A10,↓G-。物候：-。花期:2月。果期:参考晚于花期。海拔:1700米。生境:山地地区的路边，竹林下岩边。资源:具园艺种类。全球3个大洲分布及种数(20-38)非洲:5; 亚洲:33; 大洋洲:6。【中国种数:8】。

Rhynchotheca Ruiz & Pav. 喙果木属 Rhynchothecaceae [MD-320] 特征纪要(同科)。全球3个大洲分布及种数(1-13)亚洲:8; 北美洲:1; 南美洲:5。

Rhynchothecaceae A. Juss. [MD-320] 刺灌木科 特征纪要：习性：木本;落叶。花程式:K4-5(-),C5,A,↑G-。全球1个大洲分布及属种数(2/4 hort. 1)◆南美洲:1/3。

Rhynchotropis Harms 喙龙骨豆属 Fabaceae3 [MD-240] 特征纪要：习性：木本。花程式：=↓(K1-∞),C1-∞,A5-9,=↓G1。其他特征参考科。全球2个大洲分布及种数(2-7)非洲:5; 南美洲:3。

Rhysolepis S. F. Blake 软肋菊属 Asteraceae [MD-586] 特征纪要：习性：-。花程式：-。其他特征参考科。全球1个大洲分布及种数(2-3)◆北美洲。

Rhysopterus J. M. Coult. & Rose 春欧芹属 Apiaceae [MD-480] 特征纪要：习性：草本。花程式：=↓(K5),C5,A5,=↓G(-)。其他特征参考科。全球1个大洲分布及种数(1) ◆北美洲:1。

Rhysotoechia Radlk. 菲律宾无患子属 Sapindaceae [MD-428] 特征纪要：习性：木本。花程式:K4-8,C4-8,A10,=G2-3。其他特征参考科。全球3个大洲分布及种数(20-24)非洲:12; 亚洲:21; 大洋洲:19。

Rhyssolobium E. Mey. 非洲萝藦属 Apocynaceae [MD-492] 特征纪要：习性：木本。花程式:Kn,C0,A15,↓G。其他特征参考科。全球1个大洲分布及种数(1)◆非洲。

Rhyssostelma Decne. 乌拉圭萝藦属 Apocynaceae [MD-492] 特征纪要：习性：-。花程式：-。其他特征参考科。全球1个大洲分布及种数(1)◆南美洲。

Rhystophyllum Ehrh. ex E. Britton 平藓属 Neckeraceae [B-204] 特征纪要：-。全球1个大洲分布及种数(-)。

Rhytachne Desv. 皱颖草属 Poaceae [MM-748] 特征纪要：习性：草本。花程式：(K)3,C0参考科,A1-2,=G2-3。其他特征参考科。全球4个大洲分布及种数(13)非洲:10;亚洲:cf. 1;北美洲:3;南美洲:5。

Rhyticaryum K. Schum. & Lauterb. 新几内亚棕属 Icacinaceae [MD-450] 特征纪要：-。全球4个大洲分布及种数(21)非洲:19; 亚洲:8; 大洋洲:19; 南美洲:1。

Rhyticocos Becc. = **Syagrus**

Rhytidanthera Van Tiegh. 羽莲木属 Ochnaceae [MD-104] 特征纪要：习性：木本。花程式:K1-∞,C1-∞,A10,=(G)2-15。其他特征参考科。全球1个大洲分布及种数(2-5)◆南美洲。

Rhytidiaceae Broth. [B-194] 垂枝藓科 特征纪要(参考 Mniaceae):体形纤细，直立丛生，呈淡绿或深绿带红色，常成小片纯群落。【Rep】:雌雄异株，稀同株，孢子体单生，稀丛生，蒴柄高出，粗壮，橙色，孢蒴倾立或下垂。全球4个大洲分布及属种数(1/1)非洲:1; 亚洲:1; 北美洲:1; 南美洲:1。【中国属种数:1/1】。

Rhytidiadelphus (Limpr.) Warnst. 拟垂枝藓属 Hylocomiaceae [B-193] 特征纪要：习性：-。【Rep】:雌雄异株，内雌苞叶基部呈鞘状，向上渐尖，蒴柄细长，蒴柄直立，长而细，蒴齿两层，内齿层具高基膜和透明并与外齿层等高的齿条，环带不分化，蒴盖具短喙。物候：-。海拔:2150米。生境:土生。资源：-。全球6个大洲分布及种数(5)非洲:3;亚洲:5;大洋洲:2;欧洲:4;北美洲:5;南美洲:3。【中国种数:7】。

Rhytidiastrum Ignatov & Ignatova 亚洲针藓属 Hylocomiaceae [B-193] 特征纪要：习性：-。【Rep】:雌雄异株，内雌苞叶基部呈鞘状，向上渐尖，蒴柄细长，蒴柄直立，长而细，蒴齿两层，内齿层具高基膜和透明并与外齿层等高的齿条，环带不分化，蒴盖具短喙。其他特征参考科。全球2个大洲分布及种数(1) 亚洲;北美洲。

Rhytidiopsis Broth. 北美塔藓属 Hylocomiaceae [B-193] 特征纪要：习性：-。【Rep】:雌雄异株，内雌苞叶基部呈鞘状，向上渐尖，蒴柄细长，蒴柄直立，长而细，蒴齿两层，内齿层具高基膜和透明并与外齿层等高的齿条，环带不分化，蒴盖具短喙。其他特征参考科。全球3个大洲分布及种数(2)亚洲:2; 欧洲:2; 北美洲:2。

Rhytidium (Sull.) Kindb. 垂枝藓属 Rhytidiaceae [B-194] 特征纪要(同科)。全球5个大洲分布及种数(1)非洲:1;亚洲:1;欧洲:1;北美洲:1;南美洲:1。【中国种数:1】。

Rhytidocaulon P. R. O. Bally 皱龙角属 Apocynaceae [MD-492] 特征纪要：习性：木本。花程式:K5,C0,A15,=(G)2。其他特征参考科。全球3个大洲分布及种数(16-20)非洲:12; 亚洲:12; 北美洲:2。

Rhytidophyllum Mart. 皱叶岩桐属 Gesneriaceae [MD-549] 特征纪要：习性：木本。花程式:K5,C0,A4,=↓(G)

2。其他特征参考科。全球5个大洲分布及种数(26－42)非洲:2; 亚洲:8; 欧洲:32; 北美洲:32; 南美洲:10。

Rhytidosolen Tiegh. = **Gnidia**

Rhytidosporum F. Müll. 银酪木属 Pittosporaceae [MD－448] 特征纪要:习性:－。花程式:－。其他特征参考科。全球1个大洲分布及种数(－)。

Rhytidostemma Morillo 糙夹竹属 Apocynaceae [MD－492] 特征纪要:习性:木本。花程式:Kn,C0,A15,↓G。其他特征参考科。全球2个大洲分布及种数(6) 北美洲:1(IFR 1);南美洲:6－7。

Rhytiglossa Nees ex Lindl. 喙爵床属 Acanthaceae [MD－572] 特征纪要:习性:－。花程式:－。其他特征参考科。全球5个大洲分布及种数(76)非洲:8; 亚洲:6; 欧洲:6; 北美洲:6; 南美洲:46。

Rhytispermum Link = **Lithospermum**

Ribes L. 茶藨子属 Grossulariaceae [MD－212] 特征纪要:习性:草质攀援(基生,多肉)。花程式:(K)5,C5,A3参考科,↓G－。物候:－。花期:5－6月。果期:参考晚于花期。海拔:1000－1500米。生境:滨海荒山林下,针叶林或混交林。资源:具栽培园艺种类。全球6个大洲分布及种数(207－259;hort. 1;cult. 23)非洲:13－75;亚洲:112－184;大洋洲:11－73;欧洲:39－105;北美洲:112－182;南美洲:56－127。【中国种数:83】。

Ribesiodes Kuntze = **Embelia**

Ribesioides L. = **Embelia**

Ribesium Medik. = **Ribes**

Ricasolia <unassigned> 叶绒兰属 Lanariaceae [MM－681] 特征纪要:－。全球2个大洲分布及种数(12)亚洲:1; 南美洲:12。

Ricaurtea Triana = **Doliocarpus**

Riccardia Gray 片叶苔属 Aneuraceae [B－86] 特征纪要:习性:－。【Rep】:雌雄异株,蒴被筒状,蒴柄细长,柔弱,芽胞常着生叶状体尖部,1－2个细胞。物候:－。海拔:－。生境:腐生。资源:具园艺种类。全球6个大洲分布及种数(156－162)非洲:12－24;亚洲:38－48;大洋洲:75－88;欧洲:5－15;北美洲:18－28;南美洲:42－52。【中国种数:15】。

Riccia L. 钱苔属 Ricciaceae [B－22] 特征纪要:习性:－。【Rep】:多数雌雄同株,精子器和颈卵器散生,埋于叶状体组织中,孢蒴成熟时不规则开裂,蒴壁自行腐失,孢子较大。物候:－。海拔:1300米。生境:河岸湿土层上土生。资源:药用。全球6个大洲分布及种数(115－154)非洲:55－108;亚洲:27－65;大洋洲:28－82;欧洲:21－55;北美洲:28－62;南美洲:36－71。【中国种数:4】。

Ricciaceae Rchb. [B－22] 钱苔科 特征纪要:体形细长,绿色或黄绿色,匍匐或先端倾立,茎细胞不分化。【Rep】:雌雄异株,雌苞顶生,卵细胞受精后形成假蒴苞,向腹面生长,孢蒴壁具4－5层细胞。全球6个大洲分布和属种数(2/115－189)非洲:1－2/55－109;亚洲:2/28－67;大洋洲:2/29－84;欧洲:1－2/21－56;北美洲:1－2/28－63;南美洲:2/37－73。【中国属种数:2/6】。

Ricciella Stephani 叉钱苔属 Ricciaceae [B－22] 特征纪要:－。全球6个大洲分布及种数(16)非洲:4; 亚洲:3; 大洋洲:3; 欧洲:2; 北美洲:2; 南美洲:7。

Ricciocarpos Corda 浮苔属 Ricciaceae [B－22] 特征纪要:习性:－。【Rep】:多数雌雄同株,精子器和颈卵器散生,埋于叶状体组织中,孢蒴成熟时不规则开裂,蒴壁自行腐失,孢子较大。物候:－。海拔:－。生境:河岸湿土层上土生。资源:－。全球6个大洲分布及种数(3)非洲:2; 亚洲:3; 大洋洲:2; 欧洲:2; 北美洲:2; 南美洲:2。

Richardella Pierre = **Pouteria**

Richardia L. 墨苜蓿属 Rubiaceae [MD－523] 特征纪要和分布(－)。全球1个大洲分布及种数(20－26)◆南美洲。【中国种数:2】。

Richardsiella Elffers & Kenn. －O'Byrne 丝秆草属 Poaceae [MM－748] 特征纪要:习性:草本。花程式:(K)3,C0参考科,A1－2,=(G)2－3。其他特征参考科。全球1个大洲分布及种数(1)◆非洲。

Richardsiopsis Ochyra 镰刀藓属 Amblystegiaceae [B－178] 特征纪要:－。全球1个大洲分布及种数(－)。

Richea R. Br. 彩穗木属 Ericaceae [MD－380] 特征纪要:习性:－。花程式:－。其他特征参考科。全球6个大洲分布及种数(2－15)非洲:1－2;亚洲:1－2;大洋洲:1;欧洲:1;北美洲:1;南美洲:1。

Richella A. Gray 尖花树属 Annonaceae [MD－7] 特征纪要:习性:－。花程式:－。物候:－。花期:4月。果期:参考晚于花期。海拔:100－2400米。生境:山地密林中。资源:－。全球1个大洲分布及种数(1－3)◆大洋洲。

Richeopsis Arènes = **Scolopia**

Richeria Vahl 怀春茶属 Phyllanthaceae [MD－222] 特征纪要:习性:木本。花程式:K1(1000),C0,A1－1000,=G2－3。其他特征参考科。全球5个大洲分布及种数(5－32)非洲:3; 亚洲:4; 欧洲:14; 北美洲:14; 南美洲:28。

Richeriella Pax & K. Hoffm. 龙胆木属 Euphorbiaceae [MD－217] 特征纪要:木本(基生),叶互生,单叶。花程式:K5,C(－),A2,G3,房位(－)。果实:蒴果。种子:无种阜。全球1个大洲分布及种数(cf. 1)◆亚洲。

Richterago Kuntze 莲绒菊属 Asteraceae [MD－586] 特征纪要:习性:草本。花程式:(K)3－5,C3－5,A3－5,=↓(G)2。其他特征参考科。全球1个大洲分布及种数(17)◆南美洲。

Richteria Kar. & Kir. 灰叶匹菊属 Asteraceae [MD－586] 特征纪要:习性:草本。花程式:(K)3－5,C3－5,A3－5,=↓(G)2。物候:－。海拔:3700米。生境:草地,落基山地,洪泛区。资源:具栽培园艺种类。全球1个大洲分布及种数(cf. 1)◆亚洲。【中国种数:1】。

Richtersveldia Meve & Liede 姬龙角属 Apocynaceae [MD－492] 特征纪要:习性:木本。花程式:(K)n,(C)0,A15,↓(G)。其他特征参考科。全球1个大洲分布及种数(1)◆非洲。

Richthofenia Hosseus = **Sapria**

Ricinocarpos Desf. 松梅桐属 Euphorbiaceae [MD - 217] 特征纪要:习性:木本。花程式:K1(1000),C0,A6, = G2 - 3。其他特征参考科。全球 5 个大洲分布及种数(29 - 46)非洲:2; 亚洲:2; 大洋洲:34; 北美洲:2; 南美洲:4。

Ricinodendron Müll. Arg. 蓖麻桐属 Euphorbiaceae [MD - 217] 特征纪要:习性:木本。花程式:K1(1000),C0,A6, = G2 - 3。其他特征参考科。全球 4 个大洲分布及种数(3 - 14)非洲:14; 亚洲:3; 大洋洲:2; 北美洲:2。

Ricinus L. 蓖麻属 Euphorbiaceae [MD - 217] 特征纪要:习性:木本。花程式:(K -),C2 - 3 参考科,A4,G - 。物候: - 。花期:参考早于果期。果期:2 - 11 月。海拔:100 - 2300 米。生境:消落带,杂草,有时移植到河床。资源:药用,具栽培园艺种类。全球 6 个大洲分布及种数(2 - 4)非洲:1;亚洲:1 - 2;大洋洲:1;欧洲:1;北美洲:1;南美洲:1。【中国种数:1】。

Ricotia L. 凹瓣芥属 Brassicaceae [MD - 213] 特征纪要:习性:草本。花程式:K2 - 4,C2 - 4,A2 - 4, = G2。其他特征参考科。全球 5 个大洲分布及种数(10 - 15)非洲:3; 亚洲:11; 欧洲:2; 北美洲:2; 南美洲:2。

Ridan (Tourn.) Adans. 菊科属 Asteraceae [MD - 586] 特征纪要和分布(-)。

Ridlea Spreng. = **Riedlea**

Ridleia Endl. = **Riedlea**

Ridleyandra A. Weber & B. L. Burtt 厚蒴苣苔属 Gesneriaceae [MD - 549] 特征纪要:习性:草本。花程式:K5,C0,A4, = (G)2。其他特征参考科。全球 1 个大洲分布及种数(13 - 30)◆亚洲。

Ridleyella Schltr. 石豆兰属 Orchidaceae [MM - 723] 特征纪要:习性:草本。花程式:(K -),C0 参考科,A3 参考科,↓G - 。其他特征参考科。全球 3 个大洲分布及种数(1 - 2)非洲:1; 亚洲:1; 大洋洲:1。

Ridolfia Moris 里多尔菲草属 Apiaceae [MD - 480] 特征纪要:习性:草本。花程式: = ↓(Kn),C5,A3 参考科, = ↓G(-)。其他特征参考科。全球 1 个大洲分布及种数(1)◆欧洲。【中国种数:1】。

Ridsdalea J. T. Pereira & K. M. Wong 醉子茜属 Rubiaceae [MD - 523] 特征纪要:习性:木本。花程式:(K -),(C)4,A3 参考科,↓G。物候: - 。花期:参考早于果期。果期:10 月。海拔:5 - 4800 米。生境:矮林内。资源: - 。全球 2 个大洲分布及种数(30)非洲:6,亚洲:17。

R

Riedelia Oliv. 蝎尾姜属 Zingiberaceae [MM - 737] 特征纪要和分布(-)。全球 1 个大洲分布及种数(9 - 35)◆亚洲。

Riedeliella Harms 醉畜豆属 Fabaceae3 [MD - 240] 特征纪要:习性:木本。花程式: = ↓(K1 - ∞),C1 - ∞,A5 - 9, = ↓G1。其他特征参考科。全球 1 个大洲分布及种数(3)◆南美洲。

Riedlea Vent. 醉子葵属 Malvaceae [MD - 203] 特征纪要:习性: - 。花程式: - 。其他特征参考科。全球 1 个大洲分布及种数(1)◆北美洲。

Riedleia DC. = **Riedlea**

Riedleja Hassk. = **Riedlea**

Riedlia Dumort. = **Riedlea**

Riella Mont. 扭叶苔属 Riellaceae [B - 5] 特征纪要:习性: - 。其他特征参考科。全球 6 个大洲分布及种数(2)非洲:2;亚洲:2;大洋洲:2;欧洲:2;北美洲:1 - 3;南美洲:2。

Riellaceae Engl. [B - 5] 扭叶苔科 特征纪要(参考 Lepidoziaceae):密集生长。【Rep】:雌雄同株,雌苞生于茎或分枝先端,蒴被发达,短柱形,被长纤毛,孢蒴卵圆形,蒴壁厚 4 - 6 层细胞。全球 6 个大洲分布和属种数(1/1 - 3)非洲:1/2;亚洲:1/2;大洋洲:1/2;欧洲:1/2;北美洲:1/1 - 3;南美洲:1/2。

Riencourtia Cass. 双凸菊属 Asteraceae [MD - 586] 特征纪要:习性:草本。花程式:(K)3 - 5,(C)3 - 5,A3 - 5, = ↓G2。其他特征参考科。全球 6 个大洲分布及种数(6 - 73)非洲:16; 亚洲:5; 大洋洲:2; 欧洲:8; 北美洲:8; 南美洲:57。

Riesenbachia C. Presl = **Lopezia**

Rigidella Lindl. 鞭柱鸢尾属 Iridaceae [MM - 700] 特征纪要:习性: - 。花程式: - 。其他特征参考科。全球 2 个大洲分布及种数(7)北美洲:1; 南美洲:1。

Rigidoporus <unassigned> 四心木科属 Tetracarpaeaceae [MD - 245] 特征纪要: - 。全球 2 个大洲分布及种数(22)非洲:22; 南美洲:22。

Rigiolepis Hook. f. = **Vaccinium**

Rigiopappus A. Gray 硬冠菀属 Asteraceae [MD - 586] 特征纪要:习性:草本。花程式:(K)3 - 5,(C)3 - 5,A3 - 5, ↓G。其他特征参考科。全球 1 个大洲分布及种数(1)◆北美洲(◆美国)。

Rigiostachys Planch. = **Recchia**

Rigodiadelphus Dixon 日本薄罗藓属 Leskeaceae [B - 181] 特征纪要:习性: - 。【Rep】:雌雄同株,雌苞生于茎上,雄苞常着生于枝端,蒴柄长,直立,平滑或粗糙具疣,孢蒴多数直立,有时倾立,两侧,雌雄异株 - 蒴柄纤细,长约 1 厘米,孢蒴长卵形,蒴齿两层,内齿层齿毛缺失,蒴盖圆锥形。其他特征参考科。全球 1 个大洲分布及种数(2)◆亚洲。

Rigodiopsis Dixon & Thér. = **Okamuraea**

Rigodium Kunze ex Schwägr. 船叶藓科属 Lembophyllaceae [B - 205] 特征纪要:习性:木本。其他特征参考科。全球 4 个大洲分布及种数(48)非洲:7; 亚洲:7; 北美洲:4; 南美洲:23。

Rikliella J. Raynal = **Cyperus**

Rimacola Rupp 青石兰属 Orchidaceae [MM - 723] 特征纪要:习性:草本。花程式:(K)3,C3,A3, = ↓G3。其他特征参考科。全球 1 个大洲分布及种数(1)◆大洋洲(◆澳大利亚)。

Rimelia Spach 水蕨科属 Zingiberaceae [MM - 737] 特征纪要: - 。全球 2 个大洲分布及种数(13)北美洲:1; 南美洲:1。

Rimeliella <unassigned> 水蕨科属 Parkeriaceae [F－36] 特征纪要：－。全球3个大洲分布及种数(9)亚洲：2；北美洲：4；南美洲：8。

Rimularia <unassigned> 大地苔藓属 Trapellaceae [MD－544] 特征纪要和分布(－)。

Rindera Pall. 翅果草属 Boraginaceae [MD－517] 特征纪要：习性：草本(基生)。花程式：－。物候：－。花期：4－5月。果期：参考晚于花期。海拔：500－600米。生境：山坡。资源：具园艺种类。全球3个大洲分布及种数(14－34)非洲：1；亚洲：12－25；欧洲：1－3。【中国种数：2】。

Ringentiarum Nakai 天南星科属 Araceae [MM－639] 特征纪要：习性：－。花程式：－。其他特征参考科。全球1个大洲分布及种数(－)。

Rinodina <unassigned> 唐松木科属 Physenaceae [MD－169] 特征纪要：－。全球6个大洲分布及种数(207)非洲：7；亚洲：36；大洋洲：4；欧洲：13；北美洲：13；南美洲：61。

Rinorea Aubl. 三角车属 Violaceae [MD－126] 特征纪要：习性：木本。花程式：K5，C5，A5，G－。物候：－。花期：参考早于果期。果期：9月。海拔：1000米。生境：灌丛或密林中，岩石上山坡阴处疏密林下。资源：具园艺种类。全球6个大洲分布及种数(223－485)非洲：260；亚洲：120；大洋洲：17；欧洲：29；北美洲：29；南美洲：103。【中国种数：8】。

Rinoreocarpus Ducke 尖隔堇属 Violaceae [MD－126] 特征纪要：习性：－。花程式：－。其他特征参考科。全球1个大洲分布及种数(1)◆南美洲。

Rinzia S. Schaür 扁丝岗松属 Myrtaceae [MD－347] 特征纪要：习性：木本。花程式：=↓(K4－5)，C4－5，A8－10，=↓(G)2－5。其他特征参考科。全球2个大洲分布及种数(20－25)亚洲：2；大洋洲：23。【中国种数：1】。

Riocreuxia Decne. 蜡烛藤属 Apocynaceae [MD－492] 特征纪要：习性：木本。花程式：K5，C0，A15，=↓(G)2。其他特征参考科。全球2个大洲分布及种数(10－17)非洲：13；亚洲：2。

Riodocea Delprete 巴西茜木属 Rubiaceae [MD－523] 特征纪要：习性：木本。花程式：(K)4－5，(C)4－5，A4－5，=↓(G)2－9。其他特征参考科。全球1个大洲分布及种数(1)◆南美洲(◆巴西)。

Ripariosida Weakley & D. B. Poind. 萼锦葵属 Malvaceae [MD－203] 特征纪要：习性：木本。花程式：K5－6，C5－6，A10－8，G－。其他特征参考科。全球3个大洲分布及种数(1) 亚洲：1，欧洲：1，北美洲：1。

Riparius <unassigned> 波兰草属 Poaceae [MM－748] 特征纪要：－。全球1个大洲分布及种数(1)◆欧洲：1。

Riparoampelos Morillo 夹竹桃属 Apocynaceae [MD－492] 特征纪要：习性：木本。花程式：－。其他特征参考科。全球1个大洲分布及种数(－)。

Ripidium Bernh. = **Tripidium**

Ripogonum J. R. Forster & G. Forster = **Rhipogonum**

Riqueuria Ruiz & Pav. 醉畜茜属 Rubiaceae [MD－523] 特征纪要：习性：木本。花程式：－。其他特征参考科。全球1个大洲分布及种数(1)◆南美洲。

Riseleya Hemsl. = **Drypetes**

Risleya King & Pantl. 紫茎兰属 Orchidaceae [MM－723] 特征纪要：习性：草本(根状茎，腐生，多肉)。花程式：Kn，C2－3参考科，A3参考科，=↓G3。物候：－。花期：7－8月。果期：参考晚于花期。海拔：2900－3700米。生境：生于冷杉林下或灌丛中。资源：－。全球1个大洲分布及种数(cf. 1)◆亚洲。【中国种数：1】。

Ristantia Peter G. Wilson & J. T. Waterh. 木果水桉属 Myrtaceae [MD－347] 特征纪要：木本。花程式：=↓(K4－5)，C4－5，A8－10，=↓(G)2－5。其他特征参考科。全球1个大洲分布及种数(1－3)◆大洋洲(◆澳大利亚)。

Ritchiea R. Br. ex G. Don 里奇山柑属 Capparaceae [MD－178] 特征纪要：习性：木本。花程式：－。其他特征参考科。全球2个大洲分布及种数(23－60)非洲：57；亚洲：4。

Ritonia Benoist 里顿爵床属 Acanthaceae [MD－572] 特征纪要：习性：草本。花程式：K2－4，C0，A2－4，=(G)2。其他特征参考科。全球1个大洲分布及种数(4)◆非洲(◆马达加斯加)。

Rivasgodaya Esteve 欧洲蝶豆属 Fabaceae3 [MD－240] 特征纪要：习性：木本。花程式：－。其他特征参考科。全球0个大洲分布及种数(2)。

Rivasmartinezia Fern. Prieto & Cires 欧伞草属 Apiaceae [MD－480] 特征纪要：习性：草本。花程式：=↓(K5)，C5，A5，=↓G(－)。其他特征参考科。全球1个大洲分布及种数(2)◆欧洲：2。

Rivea Choisy 力夫藤属 Convolvulaceae [MD－499] 特征纪要：习性：草本。花程式：K5，C0，A5，=↓(G)2－5。物候：－。海拔：4500米。生境：半荒漠草原及干草原地带或砾石滩中，柞桦林间草地上。资源：－。全球5个大洲分布及种数(3－32)非洲：6；亚洲：20；欧洲：2；北美洲：2；南美洲：6。【中国种数：1】。

Rivina Plum. ex L. 数珠珊瑚属 Phytolaccaceae [MD－125] 特征纪要：习性：草本，少灌木。花程式：－。物候：－。花期：6－8月。果期：参考晚于花期。海拔：350－3400米。生境：种植，可能作为杂草在房屋或垃圾堆周围逃逸。资源：观赏，具栽培园艺种类。全球6个大洲分布及种数(1－35)非洲：3；亚洲：7；大洋洲：2；欧洲：10；北美洲：10；南美洲：30。【中国种数：1】。

Rivulariella D. H. Wagner 珠珊瑚苔属 Jungermanniaceae [B－38] 特征纪要：－。分布：－。

Rixea C. Morr. = **Tropaeolum**

Roaldia <unassigned> 金灰藓科属 Hypnaceae [B－189] 特征纪要：－。全球1个大洲分布及种数(－)。

Robbia A. DC. = **Malouetia**

Robbrechtia De Block 马达苞茜属 Rubiaceae [MD－523] 特征纪要：习性：木本。花程式：(K)4－5，(C)4－5，A4－5，=↓(G)2－9。其他特征参考科。全球1个大洲分布及种数(2)◆非洲(◆马达加斯加)。

Robergia Schreb. = **Rourea**

Robeschia Hochst. ex O. E. Schulz 中东芥属 Brassicaceae［MD－213］特征纪要:习性:－。花程式:－。其他特征参考科。全球 2 个大洲分布及种数(1－2)非洲:2; 亚洲:2。

Robinia L. 刺槐属 Fabaceae3［MD－240］特征纪要:习性:木本。花程式:－。物候:－。花期:5－6 月。果期:参考晚于花期。海拔:7500 米。生境:－。栽培:－。资源:药用,具栽培园艺种类。全球 6 个大洲分布及种数(11－18;hort. 1;cult. 4)非洲:4－20;亚洲:7－31;大洋洲:2－18;欧洲:7－23;北美洲:10－30;南美洲:3－19。【中国种数:4】。

Robinsonecio T. M. Barkley & Janovec 外苞狗舌草属 Asteraceae［MD－586］特征纪要:习性:草本。花程式:(K－),(C)5 参考科,A3 参考科,↓G。其他特征参考科。全球 1 个大洲分布及种数(2)◆北美洲(◆墨西哥)。

Robinsonella Rose & Baker f. 肖顶叶菊属 Malvaceae［MD－203］特征纪要:习性:木本。花程式:K5－∞,C5－∞,A10－8,＝G1－5。其他特征参考科。全球 3 个大洲分布及种数(16－25)亚洲:2; 北美洲:19; 南美洲:4。【中国种数:1】。

Robiquetia Gaud. 寄树兰属 Orchidaceae［MM－723］特征纪要:习性:草本(多肉)。花程式:Kn,C2－3 参考科,A3 参考科,＝↓(G)3。物候:－。花期:7－8 月。果期:参考晚于花期。海拔:1700 米。生境:山地林中树干上,林下或溪边岩石上。资源:药用。全球 6 个大洲分布及种数(94－118)非洲:13; 亚洲:88; 大洋洲:27; 欧洲:6; 北美洲:6; 南美洲:3。【中国种数:3】。

Robsonodendron R. H. Archer 金榄属 Celastraceae［MD－339］特征纪要:习性:木本。花程式:Kn,C2－3 参考科,A10,G－。其他特征参考科。全球 1 个大洲分布及种数(1－2)◆非洲。

Robynsia M. Martens & Galeotti 罗宾茜属 Rubiaceae［MD－523］特征纪要:习性:－。花程式:－。其他特征参考科。全球 2 个大洲分布及种数(1－5)非洲:2; 北美洲:1。

Robynsiochloa Jacq.－Fél. ＝ **Rottboellia**

Robynsiophyton R. Wilczek 罗宾豆属 Fabaceae3［MD－240］特征纪要:习性:木本。花程式:＝↓(K1－∞),C1－∞,A5－9,＝↓G1。其他特征参考科。全球 1 个大洲分布及种数(1)◆非洲。

Roccellina <unassigned> 绒叶苔属 Riellaceae［B－5］特征纪要:－。全球 2 个大洲分布及种数(27)北美洲:24; 南美洲:24。

Roccellinastrum <unassigned> 南美蜜花属 Melianthaceae［MD－398］特征纪要:－。全球 1 个大洲分布及种数(5)南美洲:5。

Rochefortia Sw. 绿心檀属 Boraginaceae［MD－517］特征纪要:习性:木本。花程式:－。其他特征参考科。全球 6 个大洲分布及种数(9－17;hort. 1;cult. 1)非洲:1;亚洲:1;大洋洲:1;欧洲:1;北美洲:6－15;南美洲:4－5。

Rochelia Rchb. 李果鹤虱属 Boraginaceae［MD－517］特征纪要和分布(－)。【中国种数:7】。

Rochetia Delile ＝ **Trichilia**

Rochonia DC. 绒菀木属 Asteraceae［MD－586］特征纪要:习性:草本。花程式:(K)3－5,C3－5,A3－5,＝↓(G)2。其他特征参考科。全球 2 个大洲分布及种数(4－10)非洲:7; 亚洲:2。

Rockhausenia D. J. N. Hind 菊属 Asteraceae［MD－586］特征纪要:习性:－。花程式:－。其他特征参考科。全球 1 个大洲分布及种数(－)。

Rockia Heimerl 鸟胶树属 Nyctaginaceae［MD－107］特征纪要:习性:木本。花程式:Kn,C0,A5,G－。其他特征参考科。全球 1 个大洲分布及种数(1) ◆北美洲:1。

Rockinghamia Airy－Shaw 叉柱野桐属 Euphorbiaceae［MD－217］特征纪要:习性:木本。花程式:K1(1000),C0,A6,＝(G)2－3。其他特征参考科。全球 1 个大洲分布及种数(1－2)◆大洋洲(◆澳大利亚)。

Rodetia Moq. ＝ **Bosea**

Rodgersia A. Gray 鬼灯檠属 Saxifragaceae［MD－231］特征纪要:习性:草本(根状茎,基生)。花程式:－。物候:－。花期:5－10 月。果期:参考晚于花期。海拔:1100－3400 米。生境:草坡阴湿处。资源:具栽培园艺种类。全球 4 个大洲分布及种数(8－20)非洲:2; 亚洲:20; 欧洲:7; 北美洲:7。【中国种数:4】。

Rodrigoa Braas 尾萼兰属 Orchidaceae［MM－723］特征纪要:习性:－。花程式:－。其他特征参考科。全球 2 个大洲分布及种数(12)北美洲:1; 南美洲:1。

Rodriguesia Brongn. 凹萼兰属 Orchidaceae［MM－723］特征纪要:习性:－。花程式:－。其他特征参考科。全球 1 个大洲分布及种数(1)◆南美洲。

Rodriguezia Ruiz & Pav. 合距兰属 Orchidaceae［MM－723］特征纪要:习性:草本。花程式:(K)3,C3,A3,＝↓G3。其他特征参考科。全球 6 个大洲分布及种数(50－62)非洲:3;亚洲:3;大洋洲:3;欧洲:3;北美洲:8－12;南美洲:46－59。【中国种数:1】。

Rodrigueziopsis Schltr. 假凹萼兰属 Orchidaceae［MM－723］特征纪要:习性:－。花程式:－。其他特征参考科。全球 4 个大洲分布及种数(5)非洲:2; 欧洲:2; 北美洲:2; 南美洲:5。

Roebelia Engel ＝ **Geonoma**

Roebuckiella P. S. Short 菊科属 Asteraceae［MD－586］特征纪要:习性:草本。花程式:－。其他特征参考科。全球 1 个大洲分布及种数(－)。

Roehlingia Dennst. ＝ **Tetracera**

Roella L. 蛇风铃属 Campanulaceae［MD－561］特征纪要:习性:灌木。花程式:－。其他特征参考科。全球 5 个大洲分布及种数(22－53)非洲:41; 亚洲:3; 欧洲:5; 北美洲:5; 南美洲:8。

Roellia Kindb. 北美真藓属 Bryaceae［B－146］特征纪要:习性:－。【Rep】:孢子体不发达,雌雄异株或雌雄同株,朔柄长,直立或稍弯曲,孢蒴多直立或倾立,稀横列或下垂,梨形、卵形或棒槌形。其他特征参考科。全球 3 个大洲分布及种数(8)亚洲:5; 北美洲:3; 南美洲:2。

Roellobryaceae Ochyra = Riellaceae

Roellobryon Ochyra 扭叶苔科属 Bryaceae [B-146] 特征纪要:习性:-。其他特征参考科。全球1个大洲分布及种数(1)◆北美洲。

Roemeria Mönch 疆罂粟属 Papaveraceae [MD-54] 特征纪要:习性:-。花程式:-。物候:-。花期:4-6月。果期:参考晚于花期。海拔:860-1100米。生境:干旱山坡,沙地和草原。资源:具栽培园艺种类。全球6个大洲分布及种数(8-10)非洲:1;亚洲:7-10;大洋洲:1-2;欧洲:1;北美洲:1-2;南美洲:1。

Roentgenia Urb. = **Bignonia**

Roepera A. Juss. 南霸王属 Zygophyllaceae [MD-288] 特征纪要:习性:-。花程式:-。其他特征参考科。全球2个大洲分布及种数(63-66)非洲:29; 大洋洲:34。

Roeperocharis Rchb. f. 翠钩兰属 Orchidaceae [MM-723] 特征纪要:习性:草本。花程式:(K)3,C3,A3, =↓(G)3。其他特征参考科。全球2个大洲分布及种数(5-17)非洲:17; 亚洲:7。

Roezliella Schltr. = **Oncidium**

Rogeria J. Gay ex Delile 犀角麻属 Pedaliaceae [MD-539] 特征纪要:习性:木本。花程式:K5,C0,A10, =↓G2。其他特征参考科。全球2个大洲分布及种数(6)非洲:4-6;南美洲:1。【中国种数:1】。

Rogersonanthus Maguire & B. M. Boom 绿龙胆属 Gentianaceae [MD-496] 特征纪要:习性:木本。花程式:K5,C0,A10, =G2。其他特征参考科。全球2个大洲分布及种数(4)北美洲:2;南美洲:3。

Rogiera Planch. 罗吉茜属 Rubiaceae [MD-523] 特征纪要:习性:木本。花程式:(K)4-5,(C)4-5,A4-5, =↓(G)2-9。其他特征参考科。全球4个大洲分布及种数(13-26)非洲:2; 大洋洲:2; 北美洲:15; 南美洲:3。

Rohdea Roth 万年青属 Asparagaceae [MM-669] 特征纪要:习性:草本(根状茎,基生,多肉)。花期:5-6月。果期:参考晚于花期。海拔:700-1700米。生境:坑边,山坡,林下,岩石旁。资源:药用,具栽培园艺种类。全球5个大洲分布及种数(25-52)非洲:2; 亚洲:50; 欧洲:3; 北美洲:3; 南美洲:2。【中国种数:7】。

Rohmooa Farille & Lachard 亚伞草属 Apiaceae [MD-480] 特征纪要:习性:草本。花程式: =↓(Kn),C5,A3参考科, =↓G(-)。其他特征参考科。全球1个大洲分布及种数(1)◆亚洲:1。

Roifia Verdc. 叶被珠属 Meliaceae [MD-414] 特征纪要:习性:-。花程式:-。其他特征参考科。全球2个大洲分布及种数(1)非洲:1; 亚洲:1。

Roigella Borhidi & M. Fernández 罗伊格茜属 Rubiaceae [MD-523] 特征纪要:习性:木本。花程式:(K)4-5,(C)4-5,A4-5, =↓(G)2-9。其他特征参考科。全球1个大洲分布及种数(1)◆北美洲(◆古巴)。

Roigia Britton = **Phyllanthus**

Roivainenia Perss. 乳丝苔属 Jungermanniaceae [B-38] 特征纪要:习性:-。【Rep】:雌苞叶和雌苞腹叶无纤毛和齿,具蒴囊,蒴萼近圆形,口部具细圆齿或突起,蒴壁2层细胞。其他特征参考科。全球2个大洲分布及种数(2)亚洲:2; 南美洲:2。

Rojasia Malme 巴西绿萝藦属 Apocynaceae [MD-492] 特征纪要:习性:木本。花程式:K5,C0,A15, =(G)2。其他特征参考科。全球1个大洲分布及种数(2)◆南美洲。

Rojasianthe Standl. & Steyerm. 乳丝菊属 Asteraceae [MD-586] 特征纪要:习性:草本。花程式:(K)3-5,C3-5,A3-5, =↓(G)2。其他特征参考科。全球1个大洲分布及种数(1)◆北美洲。

Rojasimalva Fryxell 委内葵属 Malvaceae [MD-203] 特征纪要:习性:木本。花程式:K5-∞,C5-∞,A10-8, =(G)1-5。其他特征参考科。全球1个大洲分布及种数(1)◆南美洲(◆委内瑞拉)。

Rojasiophyton Hassl. = **Xylophragma**

Rojoc Adans. = **Morinda**

Rokautskyia Leme, S. Heller & Zizka 红凤梨属 Bromeliaceae [MM-715] 特征纪要:习性:草本。花程式:(K)3,C3,A3参考科,↓G。其他特征参考科。全球1个大洲分布及种数(14) ◆南美洲:14。

Rokejeka Forssk. = **Gypsophila**

Rolandra Rottb. 银菊木属 Asteraceae [MD-586] 特征纪要:习性:草本。花程式:(K)3-5,(C)3-5,A3-5,↓G。其他特征参考科。全球4个大洲分布及种数(1-5)亚洲:3; 欧洲:3; 北美洲:3; 南美洲:5。

Roldana La Llave 伞蟹甲属 Asteraceae [MD-586] 特征纪要:习性:草本。花程式:(K)3-5,(C)3-5,A3-5, =↓G2。其他特征参考科。全球6个大洲分布及种数(70-96)非洲:7; 亚洲:6; 大洋洲:4; 欧洲:72; 北美洲:72; 南美洲:24。【中国种数:2】。

Rolfeella Schltr. = **Benthamia**

Rollinia A. St. -Hil. 娄林果属 Annonaceae [MD-7] 特征纪要:习性:-。花程式:-。物候:-。花期:5-6月。果期:参考晚于花期。海拔:100-200米。生境:培养。资源:具栽培园艺种类。全球6个大洲分布及种数(38-45)非洲:1-11;亚洲:4-14;大洋洲:1-11;欧洲:1-11;北美洲:4-14;南美洲:37-50。

Rollinsia Al-Shehbaz = **Dryopetalon**

Romana Vell. = **Buddleja**

Romanoa Trevis. 山芋藤属 Euphorbiaceae [MD-217] 特征纪要:习性:木本。花程式:K1(1000),C0,A6, =G2-3。其他特征参考科。全球4个大洲分布及种数(2-5)非洲:2; 亚洲:2; 北美洲:2; 南美洲:5。

Romanschulzia O. E. Schulz 罗曼芥属 Brassicaceae [MD-213] 特征纪要:习性:草本。花程式:K2-4,C2-4,A2-4, =G2。其他特征参考科。全球2个大洲分布及种数(14-22)北美洲:15; 南美洲:3。

Romanzoffia Cham. 雾绡花属 Boraginaceae [MD-517] 特征纪要:习性:草本。花程式:K4-5,C0,A3参考科, =

↓G2。其他特征参考科。全球 4 个大洲分布及种数(6－18)亚洲:2; 欧洲:14; 北美洲:14; 南美洲:4。
Romanzovia Spreng. ＝ **Romanzoffia**
Romanzowia DC. ＝ **Romanzoffia**
Romeroa Dugand 罗梅紫葳属 Bignoniaceae［MD－541］特征纪要:习性:木本。花程式:－。其他特征参考科。全球 1 个大洲分布及种数(1)◆南美洲。
Romnalda P. F. Stevens 群带草属 Asparagaceae［MM－669］特征纪要:习性:草本。花程式:(K－),C2－3 参考科,A3 参考科,G3 参考科。其他特征参考科。全球 3 个大洲分布及种数(2－5)非洲:1;亚洲:1;大洋洲:1－4。
Romneya Harv. 裂叶罂粟属 Papaveraceae［MD－54］特征纪要:习性:草本。花程式:K1－∞,C4,A4－6,↓G－参考科。其他特征参考科。全球 2 个大洲分布及种数(2－4)大洋洲:3; 北美洲:3。
Romualdea Triana & Planch. ＝ **Cuervea**
Romulea Maratti 沙红花属 Iridaceae［MM－700］特征纪要:习性:草本(水生)。花程式:(K)3,C3,A10,＝↓G3。资源:具栽培园艺种类。全球 6 个大洲分布及种数(103－147;hort. 1;cult. 7)非洲:95－103;亚洲:11－16;大洋洲:10－12;欧洲:16－24;北美洲:5－7;南美洲:7－9。【中国种数:5】。
Ronabea Aubl. 薄茜属 Rubiaceae［MD－523］特征纪要:习性:木本。花程式:(K)4－5,(C)4－5,A4－5,＝↓(G)2－9。其他特征参考科。全球 5 个大洲分布及种数(3－14)非洲:2; 亚洲:4; 大洋洲:2; 北美洲:7; 南美洲:11。【中国种数:1】。
Ronabia St.－Lag. ＝ **Ronabea**
Ronaldella Lür 薄苞兰属 Orchidaceae［MM－723］特征纪要:习性:－。花程式:－。其他特征参考科。全球 2 个大洲分布及种数(cf.)北美洲;南美洲。
Rondeletia L. 郎德木属 Rubiaceae［MD－523］特征纪要:习性:木本。花程式:－。物候:－。花期:7－9 月。果期:参考晚于花期。海拔:5－4800 米。生境:－。栽培:－。资源:具栽培园艺种类。全球 6 个大洲分布及种数(58－195;hort. 1)非洲:2－7;亚洲:13－29;大洋洲:2;欧洲:2－7;北美洲:36－163;南美洲:27－53。【中国种数:4】。
Rondonanthus Herzog 原谷精属 Eriocaulaceae［MM－726］特征纪要:习性:草本。花程式:(K)2－3,C2－3,A1－∞,＝G2－3。其他特征参考科。全球 2 个大洲分布及种数(7－12)北美洲:2; 南美洲:12。
Ronnbergia E. Morren & André 薄苞凤梨属 Bromeliaceae［MM－715］特征纪要:习性:草本。花程式:(K)3,C3,A6,＝↓(G)3。其他特征参考科。全球 2 个大洲分布及种数(23－32)北美洲:10; 南美洲:32。
Ronnowia Buc'hoz ＝ **Omphalea**
Roodebergia B. Nord. 对叶紫菀属 Asteraceae［MD－586］特征纪要:习性:草本。花程式:(K)3－5,(C)3－5,A3－5,↓G。其他特征参考科。全球 1 个大洲分布及种数(1)◆非洲。
Rooksbya (Backeb.) Backeb. ＝ **Cephalocereus**
Rooseveltia O. F. Cook ＝ **Euterpe**
Roosia van Jaarsv. ＝ **Joosia**
Ropala J. F. Gmel. ＝ **Roupala**
Ropalospora Hassk. 鸭跖草科属 Commelinaceae［MM－708］特征纪要:－。全球 2 个大洲分布及种数(6)北美洲:1; 南美洲:1。
Roraimaea Struwe, S. Nilsson & V. A. Albert 南美龙胆属 Gentianaceae［MD－496］特征纪要:习性:草本。花程式:K4－5,C0,A10,＝(G)2。其他特征参考科。全球 1 个大洲分布及种数(2)◆南美洲。
Roraimanthus Gleason ＝ **Sauvagesia**
Roridula Burm. ex L. 捕虫木属 Roridulaceae［MD－427］特征纪要(同科)。全球 2 个大洲分布及种数(2－6)非洲:6; 北美洲:3。
Roridulaceae Martinov［MD－427］捕虫木科 特征纪要:习性:木本;落叶。花程式:(K)6－,C5,A5,↓(G)－。果实:蒴果。全球 1 个大洲分布及属种数(2/4 hort. 1) ◆非洲:1/ 2。
Roripa Adans. ＝ **Rorippa**
Rorippa G. A. Scop. 蔊菜属 Brassicaceae［MD－213］特征纪要:习性:草本(基生)。花程式:－。物候:－。花期:3－8 月。果期:参考晚于花期。海拔:100－2000 米。生境:潮湿环境或近水处,溪岸,路旁,田边,山坡草地及草场,在半阴的路边干沟,苗圃。资源:药用,具栽培园艺种类。全球 6 个大洲分布及种数(105－280)非洲:43;亚洲:93; 大洋洲:25; 欧洲:88; 北美洲:88; 南美洲:37。【中国种数:19】。
Rosa L. 蔷薇属 Rosaceae［MD－246］特征纪要:习性:木本。花程式:－。物候:－。花期:6－7 月。果期:参考晚于花期。海拔:100－200 米。生境:－。资源:具栽培园艺种类。全球 6 个大洲分布及种数(586－896;hort. 1;cult. 126)非洲:63－143;亚洲:275－420;大洋洲:45－124;欧洲:380－483;北美洲:153－300;南美洲:43－124。【中国种数:127】。
Rosaceae Juss.［MD－246］蔷薇科 特征纪要:习性:木本;落叶。花程式:K4,C5,A8,＝↓(G)1(50)。物候:－。花期和果期: 6－8 月。果实:瘦果。种子:棕黄色。海拔:－。生境:－。资源:作砧木,药用。栽培:中国有栽培。全球 6 个大洲分布及属种数(141－175/6711－10746 <IFR 39/326> hort. 1;cult. 60) 非洲:32－35/494－635(IFR 6/10); 亚洲:76－81/3008－3618(IFR 27/187); 大洋洲:30/478－595(IFR 2/5); 欧洲:50－55/2971－3570(IFR 13/31); 北美洲:74－75/1817－2355(IFR 21/111); 南美洲:33－35/512－570(IFR 5/11)。【中国属种数:63/1125】。
Rosalesia La Llave ＝ **Ipomopsis**

Rosanthus Small = **Gaudichaudia**

Roscheria H. Wendl. ex Balf. f. 双花刺椰属 Arecaceae［MM-717］特征纪要:习性:木本。花程式:Kn,C0 参考科,A3 参考科,G3-10。其他特征参考科。全球 3 个大洲分布及种数(1-4)非洲:3; 亚洲:3; 大洋洲:2。

Roscia D. Dietr. = **Vepris**

Roscoea Sm. 象牙鞭属 Zingiberaceae［MM-737］特征纪要和分布(-)。全球 1 个大洲分布及种数(19-30)◆亚洲(◆中国)。【中国种数:20】。

Roscyna Spach = **Hypericum**

Roseanthus Cogn. = **Polyclathra**

Roselliniella <unassigned> 座芽藓属 Sorapillaceae［B-212］特征纪要:-。全球 2 个大洲分布及种数(6)亚洲:2; 南美洲:4。

Roselliniopsis <unassigned> 孢芽藓科属 Sorapillaceae［B-212］特征纪要和分布(-)。

Rosellinula <unassigned> 南美玫囊藓属 Sorapillaceae［B-212］特征纪要:-。全球 1 个大洲分布及种数(-)。

Rosenbergia Oerst. = **Cobaea**

Rosenbergiodendron Fagerl. 玫馨栀属 Rubiaceae［MD-523］特征纪要:习性:木本。花程式:(K)4-5,(C)4-5,A4-5,=↓(G)2-9。其他特征参考科。全球 5 个大洲分布及种数(5-9)非洲:2; 亚洲:5; 大洋洲:6; 北美洲:6; 南美洲:9。【中国种数:1】。

Rosenia Thunb. 二色鼠麴木属 Asteraceae［MD-586］特征纪要:习性:-。花程式:-。其他特征参考科。全球 1 个大洲分布及种数(4)◆非洲。

Rosenstockia Copel. = **Hymenophyllum**

Roseodendron Miranda 粉铃木属 Bignoniaceae［MD-541］特征纪要:习性:木本。花程式:Kn,C0,A5,↓G。物候:-。海拔:100-5840 米。生境:常绿阔叶林,路旁,斜坡,竹木林中。资源:-。全球 3 个大洲分布及种数(2-4)亚洲:1; 北美洲:2; 南美洲:3。

Rosettea Ver. -Lib. & G. Kadereit 野牡丹科属 Melastomataceae［MD-364］特征纪要:习性:-。花程式:-。其他特征参考科。全球 1 个大洲分布及种数(25)非洲:25。

Roshevitzia Tzvelev = **Eragrostis**

Rosifax C. C. Towns. 红炬苋属 Amaranthaceae［MD-116］特征纪要:习性:草本。花程式:K1-2,C0,A1-2,=(G)2-3。其他特征参考科。全球 1 个大洲分布及种数(1)◆非洲。

Rosmarinus L. 迷迭香属 Lamiaceae［MD-575］特征纪要:习性:-。花程式:-。物候:-。花期:11 月。果期:参考晚于花期。海拔:5400 米。生境:-。资源:芳香油,观赏,具栽培园艺种类。全球 6 个大洲分布及种数(51)非洲:18; 亚洲:12; 大洋洲:2; 欧洲:12; 北美洲:12; 南美洲:3。

Rosselia Forman 叶苞榄属 Burseraceae［MD-408］特征纪要:习性:木本。花程式:-。其他特征参考科。全球 6 个大洲分布及种数(1-14)非洲:1; 亚洲:2; 大洋洲:14; 欧洲:6; 北美洲:6; 南美洲:6。

Rossenia Vell. = **Conchocarpus**

Rossioglossum (Schltr.) Garay & G. C. Kenn. 金虎兰属 Orchidaceae［MM-723］特征纪要:习性:草本。花程式:(K)3,C3,A3,=↓(G)3。物候:-。花期:参考早于果期。果期:10-11 月。海拔:80-5200 米。生境:柏树林下或草坡路旁,竹坡中。资源:-。全球 2 个大洲分布及种数(11-15)北美洲:13; 南美洲:6。

Rostellularia Rchb. 爵床属 Acanthaceae［MD-572］特征纪要:习性:草本(多肉)。花程式:-。物候:-。花期:春季。果期:参考晚于花期。海拔:2100-2700 米。生境:草地,溪旁,沙地。栽培:来自广西龙州。资源:具栽培园艺种类。全球 3 个大洲分布及种数(38-70)非洲:4; 亚洲:25; 大洋洲:8。【中国种数:4】。

Rostkovia Desv. 南蔺属 Juncaceae［MM-733］特征纪要:习性:草本。花程式:-。其他特征参考科。全球 6 个大洲分布及种数(2-15)非洲:11; 亚洲:5; 大洋洲:6; 欧洲:1; 北美洲:1; 南美洲:8。

Rostranthera M. J. Rocha & P. J. F. Guim. 野牡丹属 Melastomataceae［MD-364］特征纪要:习性:-。花程式:-。其他特征参考科。全球 1 个大洲分布及种数(-)。

Rostraria Trin. 喙草属 Poaceae［MM-748］特征纪要:习性:草本。花程式:(K)3,C0 参考科,A1-2,=G2-3。物候:-。海拔:10-5600 米。生境:草地,作为饲料植物或大麦田杂草种植。资源:-。全球 6 个大洲分布及种数(13-43)非洲:23; 亚洲:21; 大洋洲:6; 欧洲:6; 北美洲:6; 南美洲:6。【中国种数:2】。

Rostrinucula Kudô 钩子木属 Lamiaceae［MD-575］特征纪要:习性:草本,少灌木。花程式:(K-),C2-3 参考科,A3 参考科,↓G。物候:-。花期:8-10 月。果期:参考晚于花期。海拔:600-2500 米。生境:路旁,山坡上。资源:具园艺种类。全球 2 个大洲分布及种数(2-4)亚洲:4; 北美洲:2。【中国种数:2】。

Rosulabryum J. R. Spence 绿真藓属 Bryaceae［B-146］特征纪要:习性:-。【Rep】:雌雄同株或异株。物候:-。海拔:-。生境:常见于林地边或岩面薄土。资源:-。全球 6 个大洲分布及种数(16)非洲:4;亚洲:3;大洋洲:15;欧洲:2;北美洲:5;南美洲:6。【中国种数:3】。

Rosularia (DC.) Stapf 银星莲属 Crassulaceae［MD-229］特征纪要:习性:草本(基生,多肉)。花程式:-。物候:-。花期:6-7 月。果期:参考晚于花期。海拔:1500-5000 米。生境:高海拔生长,斜坡,岩石裂缝。资源:具园艺种类。全球 6 个大洲分布及种数(33-41;hort. 1;cult. 1)非洲:4-30;亚洲:31-58;大洋洲:26;欧洲:8-34;北美洲:4-30;南美洲:26。【中国种数:3】。

Rotala L. 节节菜属 Lythraceae［MD-333］特征纪要:习性:木本。花程式:-。物候:-。花期:11 月。果期:参考晚于花期。海拔:2700 米。生境:稻田中或湿地上,沼泽中。资源:药用,嫩苗可食,具栽培园艺种类。全球 6 个大洲分布及种数(68-77)非洲:31-42;亚洲:40-48;大洋洲:10-16;欧洲:4-10;北美洲:6-12;南美洲:6

-12。【中国种数:14】。

Rotang Adans. = **Calamus**

Rotanga Böhm. = **Calamus**

Rotanthella <unassigned> 白发藓属 Leucobryaceae [B-129] 特征纪要:-。全球1个大洲分布及种数(-)。

Rothamannia Thunb. = **Rothmannia**

Rotheca Raf. 三对节属 Lamiaceae [MD-575] 特征纪要:习性:草本。花程式:-。其他特征参考科。全球6个大洲分布及种数(57-104)非洲:86; 亚洲:20; 大洋洲:4; 欧洲:3; 北美洲:3; 南美洲:4。【中国种数:4】。

Rothmaleria Font Qür 毛托苣属 Asteraceae [MD-586] 特征纪要:习性:草本。花程式:(K)3-5,C3-5,A3-5,=↓(G)2。其他特征参考科。全球2个大洲分布及种数(1-2)欧洲:1; 北美洲:1。

Rothmannia Thunb. 刺栀子属 Rubiaceae [MD-523] 特征纪要:习性:木本。花程式:-。物候:-。花期:10-12月。果期:参考晚于花期。海拔:300-600米。生境:石灰岩雨林中的岩石裂缝。资源:具园艺种类。全球3个大洲分布及种数(41-48;hort.1)非洲:40-47;亚洲:6-7;大洋洲:1。

Rottboella Murr. = **Rottboellia**

Rottboellia L. f. 筒轴茅属 Poaceae [MM-748] 特征纪要和分布(-)。全球6个大洲分布及种数(26-35;hort.1)非洲:9-14;亚洲:15-19;大洋洲:4-8;欧洲:3;北美洲:8-12;南美洲:5-9。【中国种数:6】。

Rotteria Brid. ex Wijk = **Rottleria**

Rottleria Brid. 湿地藓属 Pottiaceae [B-133] 特征纪要:习性:-。【Rep】:孢腔轮廓清晰,蒴齿缺如,或具蒴齿而无基膜,下部呈黄绿或黄棕色。其他特征参考科。全球1个大洲分布及种数(-)◆亚洲。

Rotula Lour. 轮冠木属 Ehretiaceae [MD-501] 特征纪要:习性:草本,少灌木。花程式:-。物候:-。花期:7-8月。果期:参考晚于花期。海拔:5700米。生境:石山,坡地。资源:-。全球6个大洲分布及种数(3)非洲:1-3;亚洲:1-3;大洋洲:2;欧洲:2;北美洲:2;南美洲:2-4。【中国种数:1】。

R

Rotundanthus Morillo 夹竹桃科属 Apocynaceae [MD-492] 特征纪要:习性:木本。花程式:-。其他特征参考科。全球1个大洲分布及种数(-)。

Rotundiflora <unassigned> 南非梧桐属 Sterculiaceae [MD-189] 特征纪要:-。全球1个大洲分布及种数(1)◆非洲:1。

Roucela Dumort. = **Campanula**

Roucheria Planch. 亚麻木属 Linaceae [MD-315] 特征纪要:习性:木本。花程式:K5,C5,A1,=G2-3。其他特征参考科。全球3个大洲分布及种数(7-19)亚洲:5; 北美洲:2; 南美洲:18。

Rouhamon Aubl. = **Strychnos**

Rouliniella Vail = **Cynanchum**

Roumea DC. = **Dovyalis**

Roupala Aubl. 怀春木属 Proteaceae [MD-219] 特征纪要:习性:木本。花程式:K3-4-∞,C0,A2,=G1。物候:-。海拔:-。生境:-。资源:具园艺种类。全球6个大洲分布及种数(51-186)非洲:5; 亚洲:19; 大洋洲:10; 欧洲:28; 北美洲:28; 南美洲:157。【中国种数:2】。

Roupellina (Baill.) Pichon 羊角拗属 Apocynaceae [MD-492] 特征纪要:习性:-。花程式:-。其他特征参考科。全球1个大洲分布及种数(cf.1)◆非洲。

Rourea Aubl. 红叶藤属 Connaraceae [MD-284] 特征纪要:习性:木质攀援。花程式:-。物候:-。花期:3-9月。果期:参考晚于花期。海拔:800米。生境:山地森林。资源:具栽培园艺种类。全球6个大洲分布及种数(96-257)非洲:81; 亚洲:84; 大洋洲:14; 欧洲:14; 北美洲:14; 南美洲:94。【中国种数:8】。

Roureopsis Planch. 朱果藤属 Connaraceae [MD-284] 特征纪要:习性:-。花程式:-。物候:-。花期:10月至次年3月。果期:参考晚于花期。海拔:300-1200米。生境:混交林。资源:-。全球2个大洲分布及种数(22)非洲:5; 亚洲:15。

Roussea Sm. 守宫花属 Rousseaceae [MD-436] 特征纪要:习性:木本。花程式:-。其他特征参考科。全球2个大洲分布及种数(1-3)非洲:2; 南美洲:2。

Rousseaceae DC. [MD-436] 守宫花科 特征纪要:习性:木本;落叶。花程式:K5,C5,A,↓(G)-。果实:蒴果。全球1个大洲分布及属种数(3/6-15 hort.1) ◆大洋洲:1/2。

Rousseauxia DC. 卢梭野牡丹属 Melastomataceae [MD-364] 特征纪要:木本。花程式:=↓(K4-5),C4-5,A4-5,=↓(G)3-4。其他特征参考科。全球4个大洲分布及种数(16-22)非洲:21; 亚洲:3; 北美洲:2; 南美洲:2。

Rousselia Gaud. 耀麻属 Urticaceae [MD-91] 特征纪要:习性:木本。花程式:K2-4,C0,A2-4,=G1。其他特征参考科。全球5个大洲分布及种数(4-17)亚洲:3; 大洋洲:1; 欧洲:6; 北美洲:6; 南美洲:7。

Rouya Coincy 欧洲短芹属 Apiaceae [MD-480] 特征纪要:习性:-。花程式:-。其他特征参考科。全球1个大洲分布及种数(2)◆非洲:2。

Rovaeanthus Borhidi 耀茜草属 Rubiaceae [MD-523] 特征纪要:习性:木本。花程式:(K)4-5,(C)4-5,A4-5,=↓(G)2-9。其他特征参考科。全球2个大洲分布及种数(2-3)北美洲:3; 南美洲:2。

Rovillia Bub. = **Polycnemum**

Roxburghia W. Jones ex Roxb. 非洲百部属 Roxburghiaceae [MM-653] 特征纪要及分布(-)。

Roxburghiaceae Wall. ex Wight & Arn. [MM-653] 钦百部科 特征纪要:习性:草本;落叶。花程式:K4-5(-),C5,A4,↑=G1。果实:蒴果。全球 - 大洲分布及属种数(1/1)。

Roycea C. A. Gardner 短被澳藜属 Amaranthaceae [MD－116] 特征纪要：习性：草本。花程式：K3－5，C0，A3－5，=↓(G)2－5。其他特征参考科。全球4个大洲分布及种数(3－4)亚洲：2；大洋洲：4；欧洲：2；北美洲：2。【中国种数：1】。

Roydsia Roxb. 罗志藤属 Capparaceae [MD－178] 特征纪要：习性：木本。花程式：－。其他特征参考科。全球1个大洲分布及种数(cf. 1)◆亚洲。

Roylea Wall. ex Benth. 罗氏草属 Lamiaceae [MD－575] 特征纪要：习性：草本。花程式：K2，C0，A2，=(G)2。物候：－。海拔：5400米。生境：石林内荫处。资源：－。全球4个大洲分布及种数(1－4)非洲：2；亚洲：4；大洋洲：1；南美洲：2。【中国种数：1】。

Roystonea O. F. Cook 大王椰属 Arecaceae [MM－717] 特征纪要：习性：木本。花程式：－。物候：－。花期：3－4月。果期：参考晚于花期。海拔：100－2800米。生境：半常绿雨林常见乔木，竹林下。资源：观赏，具栽培园艺种类。全球6个大洲分布及种数(11)非洲：3－6；亚洲：4－7；大洋洲：2－5；欧洲：3；北美洲：10－13；南美洲：3－6。【中国种数：3】。

Rozea Besch. 小绢藓属 Entodontaceae [B－195] 特征纪要：习性：－。【Rep】：雌雄同株或异株，内雌苞叶淡绿色，阔披针形，具毛尖，中肋短弱，蒴柄细长，直立，红色，孢蒴直立，长圆柱形。物候：－。海拔：－。生境：树茎生，岩面土生。资源：－。全球3个大洲分布及种数(7)亚洲：5；北美洲：3；南美洲：3。【中国种数：6】。

Ruagea H. Karst. 雪松楝属 Meliaceae [MD－414] 特征纪要：习性：木本。花程式：K3－5，C3－5，A6，=G1－2。其他特征参考科。全球3个大洲分布及种数(12－24)亚洲：2；北美洲：4；南美洲：24。

Rubachia O. Berg = **Marlierea**

Rubellia (Lür) Lür 香茜兰属 Orchidaceae [MM－723] 特征纪要：习性：－。花程式：－。其他特征参考科。全球2个大洲分布及种数(cf.)北美洲；南美洲。

Rubia L. 茜草属 Rubiaceae [MD－523] 特征纪要：习性：木质攀援。花程式：－。物候：－。花期：5－8月。果期：参考晚于花期。海拔：100－300米。生境：常绿阔叶林中，亦见于松林和灌丛中，自然山坡地。资源：药用，具栽培园艺种类。全球6个大洲分布及种数(62－104；hort. 1；cult. 4)非洲：11－25；亚洲：58－106；大洋洲：4－17；欧洲：12－27；北美洲：4－17；南美洲：13。【中国种数：43】。

Rubiaceae Juss. [MD－523] 茜草科 特征纪要：习性：木本，藤本；落叶。花程式：K4－5(－)，C4－5－，A9，↓(G))2－9。物候：－。花期：4－6月。果期：6－10月。果实：小坚果，蒴果。种子：种脐远离，棕红色。海拔：－。生境：－。资源：园林。栽培：中国有栽培。全球6个大洲分布及属种数(629－719/10963－17501 < IFR 172/843 > hort. 1；cult. 100) 非洲：245－264/3255－4473(IFR 96/406)；亚洲：209－225/3165－5584(IFR 44/204)；大洋洲：89－91/985－1954(IFR 18/46)；欧洲：38－39/353－532(IFR 5/74)；北美洲：165－177/2338－2984(IFR 50/140)；南美洲：184－203/4167－4769(IFR 50/111)。【中国属种数：163/1043】。

Rubimons B. S. Sun = **Miscanthus**

Rubiteucris Kudô 掌叶石蚕属 Lamiaceae [MD－575] 特征纪要：习性：草本。花程式：(K－)，C2－3参考科，A3参考科，↓G－。物候：－。花期：7－8月。果期：参考晚于花期。海拔：2000－3000米。生境：生于亚高山针叶林下，阴湿沃土上。资源：－。全球1个大洲分布及种数(cf. 1)◆亚洲。【中国种数：2】。

Rubovietnamia Tirveng. 越南茜属 Rubiaceae [MD－523] 特征纪要：习性：木本。花程式：(K)4－5，C4－5，A4－5，↓G。物候：－。花期：5－7月。果期：参考晚于花期。海拔：200－1400米。生境：石灰石山上的灌木丛或森林，石灰岩地区潮湿森林中的岩石裂缝。资源：－。全球1个大洲分布及种数(cf. 1)◆亚洲。【中国种数：1】。

Rubrivena M. Král 多穗蓼属 Polygonaceae [MD－120] 特征纪要和分布(－)。全球1个大洲分布及种数(2)◆亚洲。

Rubus L. 悬钩子属 Rosaceae [MD－246] 特征纪要：习性：木本。花程式：－。物候：－。花期：7－9月。果期：参考晚于花期。海拔：300－1800米。生境：草坡，森林，住宅旁。资源：具栽培园艺种类。全球6个大洲分布及种数(2087－2840；hort. 1；cult. 174)非洲：73－327；亚洲：453－809；大洋洲：195－496；欧洲：1462－2005；北美洲：454－738；南美洲：94－335。【中国种数：253】。

Ruckia Regel = **Ochagavia**

Rudbeckia L. 金光菊属 Asteraceae [MD－586] 特征纪要和分布(－)。全球6个大洲分布及种数(32－56；hort. 1；cult. 6)非洲：35；亚洲：14－49；大洋洲：35；欧洲：7－**42**；北美洲：31－67；南美洲：35。【中国种数：7】。

Rudgea Salisb. 鲁奇茜属 Rubiaceae [MD－523] 特征纪要：习性：木本。花程式：(K)4－5，(C)4－5，A4－5，=↓G2－9。其他特征参考科。全球6个大洲分布及种数(169－347)非洲：15；亚洲：14；大洋洲：6；欧洲：53；北美洲：53；南美洲：319。【中国种数：1】。

Rudolfiella Höhne 鲁道兰属 Orchidaceae [MM－723] 特征纪要：习性：草本。花程式：(K)3，C3，A3，=↓(G)3。其他特征参考科。全球4个大洲分布及种数(7－15)非洲：3；亚洲：2；北美洲：5；南美洲：12。

Rudolf－kamelinia Al－Shehbaz & D. A. German 须弥菜属 Brassicaceae [MD－213] 特征纪要：习性：草本。花程式：K4，C4，A3参考科，↓G－参考科。物候：－。花期：3－7月。果期：6－8月。海拔：30－6200米。生境：半固定沙地前平地，作为蔬菜栽培。资源：具栽培园艺种类。全球1个大洲分布及种数(1) ◆亚洲：1。

Rudua Maekawa = **Vigna**

Ruehssia H. Karst. 牛奶菜属 Apocynaceae [MD－492] 特征纪要：习性：木本。花程式：Kn，C0，A5，↓G。物候：－。花期：几乎全年。果期：参考晚于花期。海拔：5000米。生境：草间路旁，主要特征。资源：－。全球2个大洲分布及种数(1) ◆北美洲：1；南美洲：1。

Ruelingia Ehrh. = **Anacampseros**

Ruellia Plum. ex L. 芦莉草属 Acanthaceae [MD－572] 特征纪要：习性：草本(基生)。花程式：－。物候：－。花

期:11 月。果期:参考晚于花期。海拔:100 - 800 米。生境:排水沟。栽培:来自广西龙州。资源:药用,具栽培园艺种类。全球 6 个大洲分布及种数(378 - 1282)非洲:237; 亚洲:304; 大洋洲:65; 欧洲:308; 北美洲:308; 南美洲:582。【中国种数:21】。

Ruelliola Baill. = **Brillantaisia**

Ruelliopsis C. B. Clarke 类芦莉草属 Acanthaceae [MD - 572] 特征纪要:习性:草本。花程式:K2 - 4, C0, A2 - 4, ↓ G。其他特征参考科。全球 1 个大洲分布及种数(2)◆非洲。

Rufodorsia Wiehler 白果岩桐属 Gesneriaceae [MD - 549] 特征纪要:习性:木本。花程式:K5, C0, A4, = (G)2。其他特征参考科。全球 1 个大洲分布及种数(5)◆北美洲。

Rugelia Shuttlew. ex Chapm. 冬泉菊属 Asteraceae [MD - 586] 特征纪要:习性:草本。花程式: - 。其他特征参考科。全球 1 个大洲分布及种数(1)◆北美洲(◆美国)。

Rugoloa Zuloaga 冬泉草属 Poaceae [MM - 748] 特征纪要:习性:草本。花程式:(K -), C0 参考科, A3 参考科, ↓ G - 参考科。其他特征参考科。全球 2 个大洲分布及种数(4)北美洲:3;南美洲:3。

Ruhooglandia S. Dransf. & K. M. Wong 冬泉芒属 Poaceae [MM - 748] 特征纪要:习性:草本。花程式:(K -), C0 参考科, A3 参考科, ↓ G - 参考科。其他特征参考科。全球 1 个大洲分布及种数(1)◆非洲:1。

Ruilopezia Cuatrec. 南美香水菊属 Asteraceae [MD - 586] 特征纪要:习性: - 。花程式: - 。其他特征参考科。全球 3 个大洲分布及种数(31)大洋洲:1; 北美洲:2; 南美洲:31。

Ruizanthus R. M. Schust. 香水苔属 Balantiopsaceae [B - 37] 特征纪要:习性: - 。【Rep】:先端 2 - 4 裂。其他特征参考科。全球 2 个大洲分布及种数(2)北美洲:1;南美洲:1。

Ruizodendron R. E. Fr. 索木属 Annonaceae [MD - 7] 特征纪要:习性:木本。花程式:Kn, C3, A2, ↓ G - 参考科。其他特征参考科。全球 1 个大洲分布及种数(1)◆南美洲。

Ruizterania Marc. - Berti 木砂仁属 Vochysiaceae [MD - 314] 特征纪要:习性:木本。花程式: - 。其他特征参考科。全球 1 个大洲分布及种数(16)◆南美洲。

R

Rulingia R. Br. 龙鳞树属 Sterculiaceae [MD - 189] 特征纪要:习性: - 。花程式: - 。其他特征参考科。全球 2 个大洲分布及种数(45)非洲:3; 大洋洲:37。

Rumex L. 酸模属 Polygonaceae [MD - 120] 特征纪要:习性:草本(根状茎,基生)。花程式:Kn, C2 - 3 参考科, A2 - 5, G - 。物候: - 。花期:5 - 7 月。果期:参考晚于花期。海拔:100 - 1500 米。生境:干热河谷荒山坡脚,中山阳坡朵类草草间。资源:具栽培园艺种类。全球 6 个大洲分布及种数(257 - 382;hort. 1;cult. 75)非洲:55 - 100;亚洲:137 - 212;大洋洲:39 - 79;欧洲:120 - 169;北美洲:101 - 143;南美洲:41 - 78。【中国种数:56】。

Rumfordia DC. 翼柄菊属 Asteraceae [MD - 586] 特征纪要:习性:草本。花程式:(K)3 - 5, C3 - 5, A3 - 5, = ↓ (G)2。其他特征参考科。全球 3 个大洲分布及种数(7 - 26)亚洲:2; 北美洲:8; 南美洲:6。

Rumicastrum Ulbr. 滨藜属 Amaranthaceae [MD - 116] 特征纪要:习性: - 。花程式: - 。其他特征参考科。全球 1 个大洲分布及种数(-)。

Rumohra Raddi 革叶蕨属 Dryopteridaceae [F - 49] 特征纪要:习性: - 。【Rep】:孢子同形,囊群至叶缘有盖。物候: - 。海拔: - 。生境: - 。资源:具园艺种类。全球 6 个大洲分布及种数(12 - 17)非洲:6 - 7;亚洲:2 - 3;大洋洲:2;欧洲:1;北美洲:2;南美洲:4 - 6。【中国种数:1】。

Rungia Nees 孩儿草属 Acanthaceae [MD - 572] 特征纪要:习性:草本(基生)。花程式: - 。物候: - 。花期:9 月。果期:参考晚于花期。海拔:1000 - 1500 米。生境:草原,野生杂草。资源:具园艺种类。全球 6 个大洲分布及种数(74 - 94)非洲:12 - 17;亚洲:62 - 70;大洋洲:3 - 5;欧洲:2;北美洲:2 - 4;南美洲:3 - 5。【中国种数:18】。

Rupertiella Wei Wang & R. Ortiz 防己科属 Menispermaceae [MD - 42] 特征纪要:习性: - 。花程式: - 。其他特征参考科。全球 1 个大洲分布及种数(1)◆南美洲:1。

Rupestrina Prov. = **Trisetum**

Rupicapnos Pomel 岩堇属 Papaveraceae [MD - 54] 特征纪要:习性:草本。花程式:K1 - ∞, C4, A4 - 6, = (G)2 - 100。其他特征参考科。全球 2 个大洲分布及种数(2 - 13;hort. 1;cult. 1)非洲:1 - 11;欧洲:4。

Rupichloa Salariato & Morrone 弯穗黍属 Poaceae [MM - 748] 特征纪要:习性:草本。花程式:(K -), C0 参考科, A3 参考科, ↓ G - 参考科。其他特征参考科。全球 1 个大洲分布及种数(2)◆南美洲。

Rupiphila Pimenov & Lavrova 藁本属 Apiaceae [MD - 480] 特征纪要:习性:草本。花程式:参考科, C5, A15 参考科, = ↓ (G)2 参考科。其他特征参考科。全球 1 个大洲分布及种数(1) ◆亚洲:1。【中国种数:1】。

Ruppia L. 川蔓藻属 Ruppiaceae [MM - 611] 特征纪要(同科)。全球 6 个大洲分布及种数(7 - 12)非洲:3 - 7;亚洲:4 - 11;大洋洲:4 - 10;欧洲:4 - 8;北美洲:4 - 8;南美洲:3 - 7。【中国种数:5】。

Ruppiaceae Horan. [MM - 611] 川蔓藻科 特征纪要:习性:草本;落叶。花程式:K4 - 5(-), C5, A3, G - 。果实:果实强烈伸长或略伸长。种子:无胚乳,子叶圆形。海拔:2348 米。生境:海边泥质盐田及内陆盐碱湖,亦见于海边湖,能耐分布水域盐度变化。全球 5 个大洲分布及属种数(1/1 hort. 1;cult. 1) 亚洲:1/6 - 9; 大洋洲:1/6 - 8; 欧洲:1/6; 北美洲:1/6; 南美洲:1/5。【中国属种数:1/5】。

Ruprechtia C. A. Mey. 旱蓼树属 Polygonaceae [MD - 120] 特征纪要:草本,叶互生,落叶。花程式:K2 - 3, C0, A2, = ↑ G:2 - 3。果实:瘦果。种子:窄卵状椭圆形,棕黑色。全球 1 个大洲分布及种数(30)◆南美洲。

Ruptiliocarpon Hammel & N. Zamora 耳柄木属 Lepidobotryaceae [MD - 297] 特征纪要:习性:木本。花程式:K5, C5 参考科, A10, (G)3。其他特征参考科。全球 2 个大洲分布及种数(1 - 3)北美洲:2; 南美洲:3。

Rusbya Britton 杉叶莓属 Ericaceae [MD - 380] 特征纪要:习性:木本。花程式:K5 - 8, (C)5 - 8, A10, = (G)2 - 4。其他特征参考科。全球 1 个大洲分布及种数(1)◆南美洲(◆玻利维亚)。

Rusbyella Rolfe ex Rusby 香水兰属 Orchidaceae［MM－723］特征纪要：习性：－。花程式：－。其他特征参考科。全球 1 个大洲分布及种数(1－3)◆南美洲。

Ruscaceae (Endl.) M. Röm.［MM－672］假叶树科 特征纪要：习性：草本；落叶。花程式：(K)3，C3，A－，↓G。物候：－。花期：1－4 月。果期：8－11 月。果实：浆果。种子：－。海拔：－。生境：山坡。资源：观赏。栽培：中国有栽培。全球 1 个大洲分布及属种数(2/6－9 hort. 1；cult. 1)◆欧洲：2/6－7。

Ruschia Schwantes 舟叶花属 Aizoaceae［MD－94］特征纪要：习性：灌木。花程式：＝↓(K3－4)，C3－4，A5 参考科，＝↓(G)1－2。其他特征参考科。全球 6 个大洲分布及种数(209－406)非洲：351；亚洲：2；大洋洲：5；欧洲：3；北美洲：3；南美洲：6。

Ruschianthus L. Bolus 镰刀玉属 Aizoaceae［MD－94］特征纪要：习性：草本。花程式：＝↓(Kn)，C∞ 参考科，A5 参考科，＝↓G－。其他特征参考科。全球 1 个大洲分布及种数(1)◆非洲。

Ruscus L. 假叶树属 Ruscaceae［MM－672］特征纪要(同科)。全球 6 个大洲分布及种数(8－56)非洲：20；亚洲：24；大洋洲：13；欧洲：12；北美洲：12；南美洲：9。【中国种数：1】。

Ruspolia Lindau 南山壳骨属 Acanthaceae［MD－572］特征纪要：习性：草本。花程式：K2－4，C0，A2－4，＝↓(G)2。其他特征参考科。全球 4 个大洲分布及种数(5－12)非洲：7；亚洲：5；北美洲：3；南美洲：2。

Russelia Jacq. 爆仗竹属 Plantaginaceae［MD－527］特征纪要：习性：－。花程式：－。其他特征参考科。全球 6 个大洲分布及种数(43－255)非洲：99；亚洲：36；大洋洲：4；欧洲：53；北美洲：53；南美洲：59。【中国种数：3】。

Russowia C. Winkl. 纹苞菊属 Asteraceae［MD－586］特征纪要：习性：草本。花程式：(K)3－5，C3－5，A3 参考科，↓G。物候：－。海拔：800－1000 米。生境：沙漠。资源：－。全球 1 个大洲分布及种数(cf. 1)◆亚洲。【中国种数：1】。

Rustia Klotzsch 里约鸡纳属 Rubiaceae［MD－523］特征纪要：习性：木本。花程式：(K)4－5，(C)4－5，A4－5，＝↓G2－9。其他特征参考科。全球 4 个大洲分布及种数(18－20)非洲：3；亚洲：cf. 1；北美洲：6－7；南美洲：13－14。

Ruta L. 芸香属 Rutaceae［MD－399］特征纪要：习性：木本。花程式：－。物候：－。花期：参考早于果期。果期：8－10 月。海拔：100－3200 米。生境：办公室作观赏。资源：药用，具栽培园艺种类。全球 6 个大洲分布及种数(12－62)非洲：14；亚洲：33；大洋洲：3；欧洲：6；北美洲：6；南美洲：12。【中国种数：3】。

Rutaceae Juss.［MD－399］芸香科 特征纪要：习性：木本；常绿，落叶。花程式：(K)6－，C5，A4－9，↑G－。物候：－。花期：4－8 月。果期：8－12 月。果实：蒴果。种子：－。海拔：－。生境：办公室作观赏。资源：园林，药用。栽培：中国有栽培。全球 6 个大洲分布及属种数(165－185/2144－3164 <IFR 32/119> hort. 1；cult. 30)非洲：38－39/640－753(IFR 8/14)；亚洲：49－51/629－851(IFR 10/29)；大洋洲：50－56/479－950(IFR 14/45)；欧洲：11/53－61(IFR 2/3)；北美洲：35－36/363－444(IFR 8/25)；南美洲：51－53/450－496(IFR 6/18)。【中国属种数：41/180】。

Rutamuraria Ort. ＝ **Asplenium**

Rutaneblina Steyerm. & Luteyn 雾芸木属 Rutaceae［MD－399］特征纪要：习性：木本。花程式：K5，C5，A4，＝G1－3。其他特征参考科。全球 1 个大洲分布及种数(1)◆南美洲。

Rutenbergia Geh. & Hampe ex Besch. 痕藓属 Rutenbergiaceae［B－167］特征纪要：－。全球 1 个大洲分布及种数(5)◆非洲。

Rutenbergiaceae M. Fleisch.［B－167］痕藓科 特征纪要(参考 Blasiaceae)，叶状体多暗绿色，有时呈黄绿色，常呈大片状生长，阔度可达 5 毫米以上。【Rep】：雌雄苞着生短侧枝上，假蒴萼缺失，蒴被(Calyptra)形大，圆柱形或棒状形，肉质，尖部多具疣。全球 4 个大洲分布及属种数(1/1)非洲：1；亚洲：1；北美洲：1；南美洲：1。

Ruthalicia C. Jeffrey 非洲葫芦属 Cucurbitaceae［MD－205］特征纪要：习性：木本。花程式：K3－5，C3－5，A3－5，＝↓(G)1－2。其他特征参考科。全球 1 个大洲分布及种数(2)◆非洲。

Rutheopsis A. Hansen & G. Kunkel 旱伞草属 Apiaceae［MD－480］特征纪要：习性：－。花程式：－。其他特征参考科。全球 1 个大洲分布及种数(－)。

Ruthiella Steenis 贴梗莲属 Campanulaceae［MD－561］特征纪要：习性：草本。花程式：(K)5，(C)5，A5，＝↓G2－3。其他特征参考科。全球 3 个大洲分布及种数(3－10)非洲：4；亚洲：1；大洋洲：3。

Rutidea DC. 皱茜属 Rubiaceae［MD－523］特征纪要：习性：木本。花程式：(K)4－5，(C)4－5，A4－5，＝↓G2－9。其他特征参考科。全球 5 个大洲分布及种数(25－62)非洲：57；亚洲：4；欧洲：1；北美洲：1；南美洲：2。

Rutidosis DC. 锥托棕鼠麹属 Asteraceae［MD－586］特征纪要：习性：草本。花程式：(K)3－5，(C)3－5，A3－5，＝↓G2。其他特征参考科。全球 2 个大洲分布及种数(9－26)大洋洲：21；北美洲：2。

Rutilia Vell. ex DC. 荨麻属 Sapindaceae［MD－428］特征纪要：－。全球 1 个大洲分布及种数(3)◆南美洲：2。

Ruttya Harv. 兔耳爵床属 Acanthaceae［MD－572］特征纪要：习性：草本。花程式：K2－4，C0，A2－4，＝↓G2。其他特征参考科。全球 5 个大洲分布及种数(6－7)非洲：7；亚洲：2；欧洲：2；北美洲：2；南美洲：3。

Ruyschia Jacq. 蜜丸花属 Marcgraviaceae［MD－170］特征纪要和分布(－)。全球 1 个大洲分布及种数(14－15)◆南美洲。

Ruyschiinae Delpino ＝ **Dracocephalum**

Ryanaea DC. ＝ **Ryania**

Ryania Vahl 瑞安木属 Flacourtiaceae［MD－142］特征纪要：习性：木本。花程式：K5，C0，A2－10，＝G2－10。其他特征参考科。全球 4 个大洲分布及种数(19－35)非洲：2；亚洲：5；北美洲：3；南美洲：32。【中国种数：1】。

Rydingia Scheen & V. A. Albert 宽萼苏属 Lamiaceae［MD－575］特征纪要：习性：草本。花程式：K2，C0，A2，↓G。其他特征参考科。全球 4 个大洲分布及种数(4－5)非洲：1；亚洲：4；北美洲：1；南美洲：1。【中国种数：1】。

Rykia de Vriese = **Pandanus**

Ryparosa Bl. 穗龙角属 Achariaceae [MD - 159] 特征纪要:习性:木本。花程式:-。其他特征参考科。全球 5 个大洲分布及种数(25 - 39)非洲:6; 亚洲:37; 大洋洲:7; 北美洲:2; 南美洲:2。【中国种数:2】。

Ryssopterys Bl. ex A. Juss. 翅实藤属 Malpighiaceae [MD - 343] 特征纪要:习性:木本。花程式:-。物候:-。花期:7 月。果期:参考晚于花期。海拔:100 - 2000 米。生境:山坡,竹林中。资源:-。全球 5 个大洲分布及种数(25)亚洲:15; 大洋洲:12; 欧洲:2; 北美洲:2; 南美洲:2。

Rytachne Endl. = **Rhytachne**

Ryticaryum Becc. 新几内亚棕属 Icacinaceae [MD - 450] 特征纪要:习性:木本。花程式:-。其他特征参考科。全球 2 个大洲分布及种数(12)非洲:12;大洋洲:1。

Rytidocarpus Coss. 皱果芥属 Brassicaceae [MD - 213] 特征纪要:习性:草本。花程式:K2 - 4, C2 - 4, A2 - 4, = (G)2。其他特征参考科。全球 1 个大洲分布及种数(1)◆非洲(◆摩洛哥)。

Rytidoloma Turcz. = **Dictyanthus**

Rytidosperma Steud. 袋鼠茅属 Poaceae [MM - 748] 特征纪要:习性:草本。花程式:-。其他特征参考科。全球 6 个大洲分布及种数(77 - 80)非洲:18;亚洲:17;大洋洲:61 - 63;欧洲:7;北美洲:10;南美洲:9。【中国种数:6】。

Rytidostylis Hook. & Arn. 多葫芦属 Cucurbitaceae [MD - 205] 特征纪要:习性:-。花程式:-。其他特征参考科。全球 2 个大洲分布及种数(10)北美洲:7;南美洲:6。

Rytidotus Hook. f. = **Bobea**

Rytigynia Bl. 蔓琼梅属 Rubiaceae [MD - 523] 特征纪要:习性:木本。花程式:(K)4 - 5, (C)4 - 5, A4 - 5, = ↓ (G)2 - 9。其他特征参考科。全球 5 个大洲分布及种数(92 - 149)非洲:143; 亚洲:7; 大洋洲:3; 欧洲:1; 北美洲:1。

Rytiphlaea <unassigned> 赤花荷属 Rhodoleiaceae [MD - 64] 特征纪要:-。全球 5 个大洲分布及种数(6)非洲:1; 亚洲:1; 大洋洲:5; 欧洲:1; 北美洲:1。

Rytiphloea <unassigned> 琼花荷属 Rhodoleiaceae [MD - 64] 特征纪要:-。全球 4 个大洲分布及种数(3)非洲:1; 亚洲:1; 大洋洲:1; 欧洲:1。

Rzedowskia Medrano 杜黄杨属 Celastraceae [MD - 339] 特征纪要:习性:木本。花程式:K4, C4, A10, = (G)2 - 5。其他特征参考科。全球 2 个大洲分布及种数(1 - 2)北美洲:1; 南美洲:1。

S

Saba (Pichon) Pichon 橙香藤属 Apocynaceae [MD－492] 特征纪要:习性:木本。花程式:K5－∞,C0,A15,＝↓(G)2－5。其他特征参考科。全球5个大洲分布及种数(3－16)非洲:6; 亚洲:4; 欧洲:3; 北美洲:3; 南美洲:8。

Sabadilla Brandt & Ratzeb. ＝ **Schoenocaulon**

Sabal Adans. 菜棕属 Arecaceae [MM－717] 特征纪要:习性:木本。花程式:－。物候:－。花期:6月。果期:参考晚于花期。海拔:100－2800米。生境:栽培(来自广西龙州)。资源:观赏,纤维,蔬菜,具栽培园艺种类。全球6个大洲分布及种数(17－78)非洲:3; 亚洲:22; 大洋洲:6; 欧洲:43; 北美洲:43; 南美洲:14。【中国种数:3】。

Sabatia Adans. 绮玫花属 Gentianaceae [MD－496] 特征纪要:习性:草本。花程式:Kn,C0,A10,＝↓G2。其他特征参考科。全球5个大洲分布及种数(22－63)非洲:2; 亚洲:22; 欧洲:40; 北美洲:40; 南美洲:7。【中国种数:5】。

Sabazia Cass. 粉白菊属 Asteraceae [MD－586] 特征纪要:习性:草本。花程式:(K)3－5,(C)3－5,A3－5,＝↓G2。其他特征参考科。全球3个大洲分布及种数(16－56)大洋洲:1; 北美洲:19; 南美洲:9。

Sabdariffa (DC.) Kostel. 锦葵科属 Malvaceae [MD－203] 特征纪要:习性:－。花程式:－。其他特征参考科。分布:－。

Sabia Colebr. 清风藤属 Sabiaceae [MD－259] 特征纪要:习性:木质攀援。花程式:－。物候:－。花期:5月。果期:参考晚于花期。海拔:1100－2600米。生境:中山疏林,灌丛,林缘。资源:具栽培园艺种类。全球6个大洲分布及种数(34－143)非洲:10; 亚洲:109; 大洋洲:3; 欧洲:2; 北美洲:2; 南美洲:13。【中国种数:17】。

Sabiaceae Bl. [MD－259] 清风藤科 特征纪要:习性:木本,藤本;常绿,落叶。花程式:(K)6－,C5,A5,G2－3。物候:－。花期:5－6月。果期:8－10月。果实:核果。种子:单生,种皮膜质。海拔:1000－2500米。生境:中山疏林,灌丛,林缘。资源:药用。栽培:－。全球5个大洲分布及属种数(3/180－230 < IFR 1/6 > hort. 1; cult. 1)非洲:1; 亚洲:2/25－31(IFR 1/6); 大洋洲:1; 北美洲:1; 南美洲:1。【中国属种数:3/53】。

Sabicea Aubl. 木藤茜属 Rubiaceae [MD－523] 特征纪要:习性:木本。花程式:(K)4－5,(C)4－5,A4－5,↓(G)2－9。其他特征参考科。全球5个大洲分布及种数(174)非洲:79－110;亚洲:cf. 1;欧洲:1;北美洲:16－18;南美洲:54－63。

Sabina Mill. 圆柏属 Cupressaceae [G－17] 特征纪要:习性:－。【Rep】:球果通常第二年成熟,稀当年或第三年成熟,种鳞合生,肉质,苞鳞与种鳞结合而生,仅苞鳞顶端尖头分离,熟时不开裂,种子1－6粒,无翅,常有树脂槽,有时具棱脊,子叶2－6枚。物候:－。花期:3－4月。果期:参考晚于花期。海拔:1100－3300米。生境:中下部及近基部土地。资源:芳香油。全球3个大洲分布及种数(92)亚洲:9; 北美洲:2; 南美洲:1。

Sabinaria R. Bernal & Galeano 双扇棕属 Arecaceae [MM－717] 特征纪要:习性:木本。花程式:K3－10,C3－10,A3－10,G3－ 参考科。其他特征参考科。全球1个大洲分布及种数(1) ◆南美洲:1。

Sabinella Nakai ＝ **Juniperus**

Sabouraea Leandri ＝ **Talinella**

Sabsab Adans. ＝ **Paspalum**

Sabulina Rchb. 山漆姑属 Caryophyllaceae [MD－77] 特征纪要:习性:草本。花程式:K1－5,C1－5,A1－5,G－。物候:－。海拔:80－6000米。生境:流石滩。资源:－。全球6个大洲分布及种数(63)非洲:2－5;亚洲:32－35;大洋洲:3;欧洲:16－19;北美洲:21－24;南美洲:2－5。

Sacaglottis G. Don ＝ **Sacoglottis**

Saccellium Bonpl. 南美紫草属 Boraginaceae [MD－517] 特征纪要:习性:－。花程式:－。其他特征参考科。全球1个大洲分布及种数(1)◆南美洲。

Saccharifera Stokes ＝ **Saccharum**

Saccharum L. 河八王属 Poaceae [MM－748] 特征纪要:习性:竹类。花程式:(K－),C0 参考科,A3,＝G2－3。物候:－。花期:参考早于果期。果期:8－12月。海拔:1200－3000米。生境:－。资源:具栽培园艺种类。全球6个大洲分布及种数(47－51;hort. 1;cult. 1)非洲:15－23;亚洲:32－40;大洋洲:9－17;欧洲:2－10;北美洲:19－27;南美洲:18－26。【中国种数:4】。

Saccifoliaceae B. Maguire & J. M. Pires [MD－497] 囊叶木科 特征纪要:习性:草本;落叶。花程式:K4,C0,A4,G－。全球1个大洲分布及属种数(2/3) ◆南美洲:1/ 1－1。

Saccifolium Maguire & Pires 勺叶木属 Saccifoliaceae [MD－497] 特征纪要(同科)。全球1个大洲分布及种数(1)◆南美洲。

Sacciolepis Nash 囊颖草属 Poaceae [MM－748] 特征纪要:习性:草本(基生,水生)。花程式:(K－),C0 参考科,

A3 参考科，= G2 - 3。物候：-。花期：参考早于果期。果期：7 - 11 月。海拔：80 米。生境：浅水和稻田。资源：具园艺种类。全球 6 个大洲分布及种数(30 - 36)非洲：26 - 27；亚洲：10 - 14；大洋洲：2 - 3；欧洲：1；北美洲：7 - 8；南美洲：7 - 10。【中国种数：3】。

Saccobasis H. Buch 叶苔科属 Jungermanniaceae [B - 38] 特征纪要：-。全球 3 个大洲分布及种数(3)亚洲：2；欧洲：2；北美洲：2。

Saccobolus <unassigned> 摩洛哥草属 Poaceae [MM - 748] 特征纪要：-。全球 2 个大洲分布及种数(15)非洲：15；南美洲：10。

Saccoglossum Schltr. 石杯兰属 Orchidaceae [MM - 723] 特征纪要：习性：-。花程式：-。其他特征参考科。全球 1 个大洲分布及种数(cf. 1)◆大洋洲(◆美拉尼西亚)。

Saccoglottis Endl. = **Sacoglottis**

Saccogyna Dum. 囊萼苔属 Geocalycaceae [B - 49] 特征纪要：习性：-。【Rep】：雌雄同株异苞，雌雄苞均生于短侧枝上，蒴囊棒状，雌雄异株，雌枝和雄枝着生腹叶叶腋，雄苞叶小，囊状，淡红色，蒴囊短柱形，雌苞叶数对，无蒴萼，孢蒴卵形。物候：-。海拔：-。生境：常见于树干或腐木，岩面土生。资源：-。全球 4 个大洲分布及种数(5)亚洲：cf. 1；大洋洲：cf. 1；北美洲：1；南美洲：1。【中国种数：3】。

Saccogynidium Grolle 拟囊萼苔属 Acrobolbaceae [B - 43] 特征纪要：习性：-。【Rep】：雌雄异株，雌枝和雄枝着生腹叶叶腋，雄苞叶小，囊状，淡红色，蒴囊短柱形，雌苞叶数对，无蒴萼，孢蒴卵形。物候：-。海拔：-。生境：岩面土生。资源：-。全球 6 个大洲分布及种数(9 - 10)非洲：1；亚洲：5 - 7；大洋洲：4 - 5；欧洲：1；北美洲：1；南美洲：3 - 4。【中国种数：1】。

Saccolabiopsis J. J. Sm. 拟囊唇兰属 Orchidaceae [MM - 723] 特征纪要：习性：草本。花程式：(K)3，C3，A3，= ↓ G3。物候：-。花期：参考早于果期。果期：10 - 11 月。海拔：400 - 500 米。生境：樟科植物树枝上。资源：-。全球 3 个大洲分布及种数(14 - 35)非洲：8；亚洲：28；大洋洲：12。【中国种数：2】。

Saccolabium Bl. 囊唇兰属 Orchidaceae [MM - 723] 特征纪要：习性：草本。花程式：(K)3，C3，A3，= ↓ (G)3。物候：-。花期：参考早于果期。果期：10 - 11 月。海拔：80 - 5200 米。生境：柏树林下或草坡路旁，竹坡中。资源：具栽培园艺种类。全球 3 个大洲分布及种数(4 - 365)非洲：45；亚洲：294；大洋洲：46。

Saccolaria Kuhlm. = **Utricularia**

Saccolepis Nash = **Sacciolepis**

Saccoloma Kaulf. 袋囊蕨属 Dennstaedtiaceae [F - 26] 特征纪要：习性：-。【Rep】：孢子同形，囊群至叶缘。物候：-。海拔：800 - 900 米。生境：半山腰，干地，竹林中疏荫湿地。资源：-。全球 6 个大洲分布及种数(27 - 32；hort. 1)非洲：7 - 8；亚洲：20 - 24；大洋洲：10 - 12；欧洲：1 - 2；北美洲：6 - 9；南美洲：10 - 13。【中国种数：3】。

Saccopetalum Benn. = **miliusa**

Sacculina Bosser = **Utricularia**

Sacellium Spreng. = **Saccellium**

Sachokiella Kolak. 木风铃属 Campanulaceae [MD - 561] 特征纪要：习性：-。花程式：-。其他特征参考科。全球 1 个大洲分布及种数(-)。

Sachsia Griseb. 银蓬属 Asteraceae [MD - 586] 特征纪要：习性：草本。花程式：(K)3 - 5，(C)3 - 5，A3 - 5，= ↓ G2。其他特征参考科。全球 2 个大洲分布及种数(3 - 9)亚洲：4；北美洲：6。

Sacleuxia Baill. 萨克萝藦属 Apocynaceae [MD - 492] 特征纪要：习性：木本。花程式：K5，C0，A5，= G2。其他特征参考科。全球 1 个大洲分布及种数(2)◆非洲。

Sacoglottis Mart. 香柑木属 Humiriaceae [MD - 348] 特征纪要：习性：木本。花程式：-。其他特征参考科。全球 4 个大洲分布及种数(12 - 15；hort. 1；cult. 2)非洲：1；大洋洲：1；北美洲：5；南美洲：8 - 10。

Sacoila Raf. 莎口兰属 Orchidaceae [MM - 723] 特征纪要：习性：草本。花程式：(K)3，C3，A3，= ↓ (G)3。其他特征参考科。全球 6 个大洲分布及种数(8 - 22)非洲：2；亚洲：2；大洋洲：2；欧洲：11；北美洲：11；南美洲：19。

Sacosperma G. Taylor 蛇舌草属 Rubiaceae [MD - 523] 特征纪要：习性：木本。花程式：(K)4 - 5，(C)4 - 5，A4 - 5，↓ G。其他特征参考科。全球 1 个大洲分布及种数(2)◆非洲。

Sadiria Mez 管金牛属 Primulaceae [MD - 401] 特征纪要：习性：草本。花程式：(K)3 - 4，(C)3 - 4，A4，= (G)3 - 5。物候：-。海拔：3600 米。生境：薄森林，上山坡，山脊，竹林下。资源：-。全球 2 个大洲分布及种数(9 - 15)非洲：2；亚洲：14。

Sadleria Kaulf. 红猪蕨属 Blechnaceae [F - 46] 特征纪要：习性：-。【Rep】：孢子同形，囊群生叶背有盖 - 无盖。其他特征参考科。全球 5 个大洲分布及种数(11)亚洲：2；大洋洲：2；欧洲：8；北美洲：8；南美洲：2。

Sadymia Griseb. 天料木科属 Salicaceae [MD - 123] 特征纪要：习性：-。花程式：-。其他特征参考科。全球 1 个大洲分布及种数(-)。

Saelania Lindb. 石缝藓属 Ditrichaceae [B - 119] 特征纪要：习性：-。【Rep】：雌雄同株异苞，雌苞叶与茎叶同形，蒴柄细长，直立，黄色，孢蒴直立，圆柱形，干燥时有不明显纵褶，环带分化。物候：-。海拔：400 米。生境：土生，野生。资源：-。全球 6 个大洲分布及种数(1)非洲：1；亚洲：1；大洋洲：1；欧洲：1；北美洲：1；南美洲：1。【中国种数：1】。

Sagediopsis <unassigned> 棕芽藓属 Sorapillaceae [B - 212] 特征纪要：-。全球 2 个大洲分布及种数(6)大洋洲：2；南美洲：2。

Sagenia C. Presl 银三叉蕨属 Dryopteridaceae [F - 49] 特征纪要：-。全球 5 个大洲分布及种数(30)非洲：2；亚洲：5；欧洲：2；北美洲：2；南美洲：3。

Sagenotortula R. H. Zander 弓藓属 Pottiaceae［B－133］特征纪要:－。【Rep】:孢腔轮廓清晰,蒴齿缺如,或具蒴齿而无基膜,下部呈黄绿或黄棕色。其他特征参考科。全球2个大洲分布及种数(1)北美洲:1;南美洲:1。

Sageraea Dalzell 弓桂木属 Annonaceae［MD－7］特征纪要:习性:木本。花程式:K3－∞,C3,A2,＝G10－100。其他特征参考科。全球3个大洲分布及种数(9－16)亚洲:16; 北美洲:2; 南美洲:3。

Sageretia Brongn. 雀梅藤属 Rhamnaceae［MD－331］特征纪要:习性:木质攀援。花程式:Kn,(C)5齿裂,A5参考科,G－。物候:－。花期:11月。果期:参考晚于花期。海拔:2000－3000米。生境:沟边密林中,石灰岩山顶疏林或灌丛中。资源:药用,具栽培园艺种类。全球6个大洲分布及种数(39－44;hort. 1;cult. 1)非洲:2－4;亚洲:35－39;大洋洲:1－3;欧洲:2;北美洲:5－8;南美洲:4－6。【中国种数:23】。

Sagina L. 漆姑草属 Caryophyllaceae［MD－77］特征纪要:习性:草本(基生)。花程式:－。物候:－。花期:4－5月。果期:参考晚于花期。海拔:100－4000米。生境:草地,森林,溪边,河漫滩,田野。资源:具栽培园艺种类。全球6个大洲分布及种数(46－58;hort. 1;cult. 9)非洲:12－24;亚洲:19－32;大洋洲:9－21;欧洲:25－36;北美洲:13－24;南美洲:7－17。【中国种数:7】。

Sagiolechia <unassigned> 漆芽藓属 Sorapillaceae［B－212］特征纪要:－。全球1个大洲分布及种数(－)。

Sagittaria L. 慈姑属 Alismataceae［MM－597］特征纪要:习性:草本(生)。花程式:－。物候:－。花期:5－9月。果期:参考晚于花期。海拔:1700－2100米。生境:草洲上小沼泽。资源:具栽培园艺种类。全球6个大洲分布及种数(43－51;hort. 1;cult. 9)非洲:1－34;亚洲:30－67;大洋洲:12－45;欧洲:13－46;北美洲:34－69;南美洲:13－47。【中国种数:20】。

Saglorithys C. T. Rizzini 爵床属 Acanthaceae［MD－572］特征纪要:习性:草本。花程式:K2－4,C0,A2－4,↓G。其他特征参考科。全球2个大洲分布及种数(5)北美洲:1; 南美洲:2。

Sagonea Aubl. ＝ **Hydrolea**

Sagotanthus Tiegh. ＝ **Chaunochiton**

Sagotia Baill. 弯萼桐属 Euphorbiaceae［MD－217］特征纪要:习性:木本。花程式:K1(1000),C0,A6,＝G2－3。其他特征参考科。全球6个大洲分布及种数(3)非洲:1;亚洲:1;大洋洲:1;欧洲:1;北美洲:2－3;南美洲:2－3。

Sagraea (Bl.) DC. 银野牡丹属 Melastomataceae［MD－364］特征纪要:习性:－。花程式:－。其他特征参考科。全球6个大洲分布及种数(12－19)非洲:1－3;亚洲:2－4;大洋洲:2;欧洲:1－3;北美洲:11－15;南美洲:7－9。

Sahagunia Liebm. ＝ **Clarisia**

Saharanthus M. B. Crespo & Lledó 篱霜花属 Plumbaginaceae［MD－227］特征纪要:习性:灌木。花程式:(K－),C5参考科,A5,(G)5。其他特征参考科。全球1个大洲分布及种数(1)◆非洲(◆中非)。

Sahulia Swenson 小雄蕊龙胆属 Gentianaceae［MD－496］特征纪要:习性:－。花程式:－。其他特征参考科。全球1个大洲分布及种数(－)。

Sainsburia Dixon ＝ **Fissidens**

Sainthelenia Ignatov & Wigginton 丝青藓属 Brachytheciaceae［B－187］特征纪要:习性:－。【Rep】:雌苞侧生,雌苞叶分化,蒴柄长,平滑或粗糙,孢蒴卵球形或长椭圆状圆柱形,下弯至横生,甚少直立,颈部短而,绿色或棕绿色。其他特征参考科。全球1个大洲分布及种数(1)◆非洲。

Saintpaulia H. Wendl. 非洲堇属 Gesneriaceae［MD－549］特征纪要:习性:草本。花程式:K5,C0,A2－5,＝(G)2。其他特征参考科。全球4个大洲分布及种数(11－16)非洲:10－15;亚洲:cf. 1;北美洲:1;南美洲:1。

Saintpauliopsis Staner 类非洲紫罗兰属 Acanthaceae［MD－572］特征纪要:习性:－。花程式:－。其他特征参考科。全球1个大洲分布及种数(－)。

Sairocarpus D. A. Sutton 净果婆婆纳属 Plantaginaceae［MD－527］特征纪要:习性:草本(水生)。花程式:K2－4,C0,A3参考科,＝↓(G)2－3。其他特征参考科。全球1个大洲分布及种数(13－14)◆北美洲。

Saitoa R. H. Zander 净丛藓属 Pottiaceae［B－133］特征纪要:－。全球1个大洲分布及种数(2)◆南美洲:1。

Saitobryum R. H. Zander 净藓属 Pottiaceae［B－133］特征纪要:习性:－。【Rep】:孢腔轮廓清晰,蒴齿缺如,或具蒴齿而无基膜,下部呈黄绿或黄棕色。其他特征参考科。全球2个大洲分布及种数(1)北美洲:1;南美洲:1。

Saitoella M. Menzel 丛藓科属 Pottiaceae［B－133］特征纪要:－。全球1个大洲分布及种数(2)◆南美洲:1。

Sajanella Soják 栎属 Apiaceae［MD－480］特征纪要:习性:木本。花程式:Kn,C2－3参考科,A5,G－。其他特征参考科。全球1个大洲分布及种数(1) ◆亚洲:1。

Sajania M. G. Pimenov 岩风属 Apiaceae［MD－480］特征纪要:习性:－。花程式:－。其他特征参考科。全球2个大洲分布及种数(cf. 1)亚洲;欧洲。

Sakoanala R. Vig. 海滨森林豆属 Fabaceae3［MD－240］特征纪要:习性:木本。花程式:＝↓(K1－∞),C1－∞,A5－9,＝↓G1。其他特征参考科。全球1个大洲分布及种数(2)◆非洲(◆马达加斯加)。

Sakuraia Broth. 亚螺藓属 Entodontaceae［B－195］特征纪要:习性:－。【Rep】:蒴柄红褐色,长1.4－2.5厘米,孢蒴通常呈卵形或长椭圆形,红褐色,蒴齿两层。物候:－。海拔:－。生境:岩面土生。资源:－。全球1个大洲分布及种数(4)◆亚洲:4。【中国种数:1】。

Salacca Reinw. 蛇皮果属 Arecaceae［MM－717］特征纪要:习性:木本。花程式:－。物候:－。花期:10月。果期:参考晚于花期。海拔:1000米。生境:低地雨林。资源:具栽培园艺种类。全球3个大洲分布及种数(23－42)亚洲:38; 北美洲:3; 南美洲:3。【中国种数:3】。

Salacia L. 五层龙属 Celastraceae［MD－339］特征纪要:习性:木质攀援。花程式:－。物候:－。花期:4－5月。果期:参考晚于花期。海拔:200－300米。生境:阴处林中。资源:具栽培园艺种类。全球6个大洲分布及种数(226－291;hort. 1;cult. 13)非洲:99－126;亚洲:94－109;大洋洲:22－30;欧洲:1－9;北美洲:16－24;南美洲:

S

49－66。【中国种数:22】。

Salacighia Lös. 萨拉卫矛属 Celastraceae［MD－339］特征纪要:习性:木本。花程式:K2－3,C2－3,A10,＝(G)2－5。其他特征参考科。全球1个大洲分布及种数(2)◆非洲。

Salaciopsis Baker f. 拟萨拉卫矛属 Celastraceae［MD－339］特征纪要:习性:木本。花程式:K2－3,C2－3,A10,＝(G)2－5。其他特征参考科。全球1个大洲分布及种数(8)◆大洋洲(◆美拉尼西亚)。

Salazaria Torr. 合唇花属 Lamiaceae［MD－575］特征纪要:习性:－。花程式:－。其他特征参考科。全球1个大洲分布及种数(1)◆北美洲(◆美国)。

Salcedoa Jiménez Rodr. & Katinas 狮菊木属 Asteraceae［MD－586］特征纪要:习性:草本。花程式:(K)3－5,C3－5,A3－5,＝↓(G)2。其他特征参考科。全球1个大洲分布及种数(1)◆北美洲。

Saldanha Vell. ＝ **Halesia**

Saldinia A. Rich. ex DC. 马岛茜草属 Rubiaceae［MD－523］特征纪要:习性:木本。花程式:(K)4－5,(C)4－5,A4－5,＝↓(G)2－9。其他特征参考科。全球6个大洲分布及种数(22－47)非洲:41;亚洲:8;大洋洲:2;欧洲:4;北美洲:4;南美洲:14。【中国种数:1】。

Salicaceae Mirb.［MD－123］杨柳科 特征纪要:习性:木本;落叶。花程式:♀/♂K4－5(－),C0,A9,G－。物候:－。花期:5月。果期:6月。果实:蒴果。种子:微小,种皮疏松。海拔:－。生境:－。资源:纺织原材料园林。栽培:中国有栽培。全球6个大洲分布及属种数(37－39/1064－1426 < IFR 5/91 > hort. 1;cult. 8)非洲:14/146－204(IFR 3/6);亚洲:13/714－830(IFR 3/42);大洋洲:7/86－161;欧洲:5/280－308(IFR 2/23);北美洲:15/387－433(IFR 3/26);南美洲:17/232－266(IFR 3/4)。【中国属种数:20/264】。

Salicornia L. 盐角草属 Amaranthaceae［MD－116］特征纪要:习性:草本,少木本。花程式:－。物候:－。花期:1－8月。果期:参考晚于花期。海拔:600－5000米。生境:盐碱地,盐湖旁及海边。资源:具栽培园艺种类。全球6个大洲分布及种数(51－69;hort. 1;cult. 1)非洲:20－24;亚洲:15－19;大洋洲:3－5;欧洲:17－22;北美洲:12－14;南美洲:8－11。【中国种数:4】。

Salimori Adans. ＝ **Cordia**

Salisburia Sm. ＝ **Ginkgo**

Salisburiana Alph. Wood ＝ **Ginkgo**

Salisburya Link ＝ **Ginkgo**

Salisburyodendron A. V. Bobrov & Melikyan ＝ **Agathis**

Salix L. 柳属 Salicaceae［MD－123］特征纪要:习性:木质攀援。花程式:－。物候:－。花期:6－7月。果期:参考晚于花期。海拔:1300－1700米。生境:灌丛中,针叶林带林下。资源:具栽培园艺种类。全球6个大洲分布及种数(739－980;hort. 1;cult. 235)非洲:48－243;亚洲:548－803;大洋洲:48－250;欧洲:237－454;北美洲:251－470;南美洲:52－245。【中国种数:171】。

Salizaria A. Gray ＝ **Salazaria**

Salmea DC. 银纽扣属 Asteraceae［MD－586］特征纪要:草本。花程式:(K)3－5,(C)3－5,A3－5,＝↓G2。其他特征参考科。全球4个大洲分布及种数(11－32)亚洲:7;欧洲:19;北美洲:19;南美洲:9。【中国种数:1】。

Salomonia Lour. 齿果草属 Polygalaceae［MD－291］特征纪要:习性:木本。花程式:－。物候:－。花期:6－8月。果期:参考晚于花期。海拔:600－1000米。生境:草地上,沼泽地,溪边。资源:药用。全球6个大洲分布及种数(9)非洲:1－9;亚洲:8－17;大洋洲:2－10;欧洲:8;北美洲:2－10;南美洲:8。【中国种数:3】。

Salpianthus Bonpl. 沙茉莉属 Nyctaginaceae［MD－107］特征纪要:习性:木本。花程式:K1－5,C0,A5,＝G1。其他特征参考科。全球2个大洲分布及种数(5－9)北美洲:6;南美洲:4。

Salpichroa Miers 百合茄属 Solanaceae［MD－503］特征纪要:习性:灌木。花程式:K3－4,C0,A3参考科,＝↓G2。物候:－。海拔:－。生境:－。资源:具栽培园艺种类。全球6个大洲分布及种数(25－31;hort. 1)非洲:1－9;亚洲:2－10;大洋洲:2－10;欧洲:1－9;北美洲:4－12;南美洲:24－34。

Salpichroma Miers ＝ **Salpichroa**

Salpiglossis Ruiz & Pav. 美人襟属 Solanaceae［MD－503］特征纪要:习性:草本。花程式:K3－4,C0,A3参考科,＝↓G2。其他特征参考科。全球6个大洲分布及种数(3－40)非洲:2;亚洲:3;大洋洲:1;欧洲:5;北美洲:5;南美洲:36。【中国种数:1】。

Salpinga Mart. ex DC. 棱号丹属 Melastomataceae［MD－364］特征纪要:习性:木本。花程式:＝↓(K4－5),C4－5,A4－5,＝↓G3－4。其他特征参考科。全球3个大洲分布及种数(13－18)非洲:1;大洋洲:1;南美洲:17。

Salpingantha hort. ex Lem. ＝ **Salpixantha**

Salpingostylis Small 谷鸢尾属 Iridaceae［MM－700］特征纪要:习性:－。花程式:－。其他特征参考科。全球1个大洲分布及种数(－)。

Salpistele Dressler 鱼柱兰属 Orchidaceae［MM－723］特征纪要:习性:－。花程式:－。其他特征参考科。全球2个大洲分布及种数(4)北美洲:3;南美洲:cf. 1。

Salpixantha Hook. 热美爵床属 Acanthaceae［MD－572］特征纪要:习性:草本。花程式:Kn,C0,A3参考科,↓G。其他特征参考科。全球1个大洲分布及种数(1)◆北美洲。

Salsola L. 浆果猪毛菜属 Chenopodiaceae［MD－115］特征纪要:习性:草本,少木本。花程式:－。物候:－。花期:7－8月。果期:参考晚于花期。海拔:600－5000米。生境:草地,沼泽中小沙地。资源:具栽培园艺种类。全球6个大洲分布及种数(55－515)非洲:191;亚洲:254;大洋洲:9;欧洲:28;北美洲:28;南美洲:39。【中国种数:18】。

Salta Adr. Sanchez 西班牙蓼属 Polygonaceae［MD－120］特征纪要:习性:草本。花程式:－。其他特征参考科。全球3个大洲分布及种数(2)亚洲:cf.1;欧洲:1;南美洲:1。

Saltera Kunth 瑞龙木属 Penaeaceae［MD－375］特征纪要:习性:－。花程式:－。其他特征参考科。全球1个大洲分布及种数(1)◆非洲。

Saltia R. Br. ex Moq. 羽苋木属 Amaranthaceae［MD－116］特征纪要:习性:－。花程式:－。其他特征参考科。全球2个大洲分布及种数(1－4)非洲:1; 亚洲:4。

Saltugilia (V. E. Grant & A. G. Day) L. A. Johnson 林莉草属 Polemoniaceae［MD－481］特征纪要:习性:草本。花程式:K5,C0,A5,↓G－。其他特征参考科。全球1个大洲分布及种数(3－5)◆北美洲。

Salvadora Garcin ex L. 牙刷树属 Salvadoraceae［MD－425］特征纪要:习性:木本。花程式:－。物候:－。海拔:－。生境:－。资源:具园艺种类。全球3个大洲分布及种数(10－12;hort.1)非洲:4－5;亚洲:6－8;欧洲:1。

Salvadoraceae Lindl.［MD－425］刺茉莉科 特征纪要:习性:木本;落叶。花程式:(K)6－,C0,A4,↑G2。物候:－。花期:1－3月。果实:核果。海拔:84米。生境:平野疏林下,沿海森林。全球3个大洲分布及属种数(4/18－20 <IFR 1/1> hort.1;cult. 1) 非洲:4/12－13; 亚洲:4/12－13(IFR 1/1); 欧洲:2/3。【中国属种数:1/2】。

Salvadoropsis H. Perrier 拟牙刷树属 Celastraceae［MD－339］特征纪要:习性:木本。花程式:K2－3,C2－3,A10,＝(G)2－5。其他特征参考科。全球2个大洲分布及种数(2)非洲:1;南美洲:1。

Salvertia A. St.－Hil. 木姜花属 Vochysiaceae［MD－314］特征纪要:习性:木本。花程式:K1－5,C1－5,A1－5,(G)1－3。其他特征参考科。全球3个大洲分布及种数(1－5)亚洲:3; 北美洲:2; 南美洲:5。

Salvia L. 鼠尾草属 Lamiaceae［MD－575］特征纪要:习性:草本,少木本(根状茎,基生)。花程式:－。物候:－。花期:6月。果期:参考晚于花期。海拔:900－1000米。生境:草丛,山坡或路旁。资源:具栽培园艺种类。全球6个大洲分布及种数(717－1189;hort.1;cult. 57)非洲:106－160;亚洲:275－430;大洋洲:58－100;欧洲:109－157;北美洲:336－560;南美洲:299－383。【中国种数:152】。

Salvinia Ség. 槐叶萍属 Salviniaceae［F－66］特征纪要及分布(－)。【中国种数:4】。

Salviniacae (L.) All. 槐叶蘋属 Salviniaceae［F－66］特征纪要和分布(－)。全球1个大洲分布及种数(1)◆非洲。

Salviniaceae Martinov［F－66］槐叶蘋科 特征纪要:腹叶长存或具残痕。【Rep】:雌苞叶和雌苞腹叶无纤毛和齿,具蒴囊,蒴萼近圆形,口部具细圆齿或突起,蒴壁2层细胞。全球5个大洲分布及属种数(1/1)非洲:1; 亚洲:1; 大洋洲:1; 北美洲:1; 南美洲:1。【中国属种数:2/8】。

Salweenia Baker f. 冬麻豆属 Fabaceae3［MD－240］特征纪要:习性:木本。花程式:Kn,C2－3参考科,A5参考科,＝↓G－。物候:－。海拔:2700－3600米。生境:多刺灌丛中,干燥灌丛或砾石坡。资源:－。全球1个大洲分布及种数(1－2)◆亚洲(◆中国)。【中国种数:2】。

Salzmannia DC. 扎尔茜属 Rubiaceae［MD－523］特征纪要:习性:木本。花程式:(K)4－5,(C)4－5,A4－5,＝↓(G)2－9。其他特征参考科。全球2个大洲分布及种数(4－6)亚洲:3; 南美洲:6。

Samadera Gaertn. 黄楝树属 Simaroubaceae［MD－424］特征纪要:习性:－。花程式:－。其他特征参考科。全球3个大洲分布及种数(4－11)非洲:4; 亚洲:7; 大洋洲:4。

Samaipaticereus Cárdenas 善美柱属 Cactaceae［MD－100］特征纪要:习性:木本。花程式:＝↓(Kn),C1－∞参考科,A3参考科,↓(G)－。其他特征参考科。全球1个大洲分布及种数(1)◆南美洲。

Samama Rumph. ＝ **Anthocephalus**

Samandura Baill. ＝ **Samadera**

Samanea (Benth.) Merr. 雨树属 Fabaceae3［MD－240］特征纪要:习性:木本。花程式:－。物候:－。花期:8－9月。果期:参考晚于花期。海拔:7500米。生境:－。栽培:－。资源:园林,具栽培园艺种类。全球6个大洲分布及种数(3－18)非洲:5; 亚洲:3; 大洋洲:2; 欧洲:5; 北美洲:5; 南美洲:14。【中国种数:1】。

Samaria Wight ＝ **Embelia**

Samaroceltis J. Poiss. ＝ **Lozanella**

Sambirania Tardieu ＝ **Lindsaea**

Sambucaceae Batsch ex Borkh.［MD－508］接骨木科 特征纪要:习性:木本;落叶。花程式:(K)6－,C5,A10,↓(G)3－5。物候:－。花期:4－5月。果期:7－8月。果实:核果。种子:三棱形或椭圆形,圆柱形。海拔:1600－3600米。资源:药用。栽培:中国有栽培。全球6个大洲分布及属种数(1/1 <IFR 1/3> hort.1;cult. 1) 非洲:1/6－7; 亚洲:1/31－37(IFR 1/1); 大洋洲:1/9－11; 欧洲:1/12; 北美洲:1/22－26(IFR 1/2); 南美洲:1/9。

Sambucus L. 接骨木属 Sambucaceae［MD－508］特征纪要(同科)。全球6个大洲分布及种数(34－46;hort.1;cult. 10)非洲:4－23;亚洲:29－54;大洋洲:7－27;欧洲:10－28;北美洲:20－42;南美洲:7－25。【中国种数:10】。

Sameraria Desv. 翅果菘蓝属 Brassicaceae［MD－213］特征纪要:习性:－。花程式:－。其他特征参考科。全球2个大洲分布及种数(21)亚洲:19; 南美洲:2。

Samodia Baudo 报春花科属 Primulaceae［MD－401］特征纪要:习性:－。花程式:－。其他特征参考科。分布:－。

Samolaceae Raf.［MD－400］水茴草科 特征纪要:习性:草本;落叶。花程式:(K)6－,C5,A10,↓(G)－。物候:－。果实:蒴果。种子:种皮革质,子叶卵形。海拔:100－1300米。生境:河岸,溪边,近水区。资源:－。栽培:－。全球6个大洲分布及属种数(2/2 <IFR 1/2> hort.1) 非洲:1/5; 亚洲:1/7; 大洋洲:1/9－10(IFR 1/1); 欧洲:1/3; 北美洲:1/12－13(IFR 1/1); 南美洲:1/11。

Samolus L. 水茴草属 Samolaceae［MD－400］特征纪要(同科)。全球6个大洲分布及种数(21－23;hort.1)非洲:

3－10；亚洲：5－12；大洋洲：7－15；欧洲：1－8；北美洲：10－18；南美洲：9－16。【中国种数：3】。

Sampaiella J. C. Gomes ＝ **Adenocalymma**

Sampantaea Airy－Shaw 山麻秆属 Euphorbiaceae ［MD－217］特征纪要：习性：木本。花程式：Kn，C0，A6，↓G－参考科。其他特征参考科。全球1个大洲分布及种数（1）◆亚洲。

Sampera V. A. Funk & H. Rob. 高丝菊属 Asteraceae ［MD－586］特征纪要：习性：草本。花程式：（K）3－5，（C）3－5，A3－5，↓G）。其他特征参考科。全球1个大洲分布及种数（8）◆南美洲。

Samuelssonia Urb. & Ekman 萨姆爵床属 Acanthaceae ［MD－572］特征纪要：习性：草本。花程式：K2－4，C0，A2－4，＝（G）2。其他特征参考科。全球1个大洲分布及种数（1）◆北美洲。

Samyda L. 美天料木属 Samydaceae ［MD－148］特征纪要（同科）。全球6个大洲分布及种数（7－11）非洲：1；亚洲：2；大洋洲：1；欧洲：1；北美洲：6－8；南美洲：2。

Samydaceae Vent. ［MD－148］天料木科 特征纪要：习性：木本；落叶。花程式：K4－5（－），C5，A，↓（G）－。全球3个大洲分布及属种数（2－3/2－5 <IFR 1/1>）亚洲：1/2；北美洲：1/8－9（IFR 1/1）；南美洲：1－2/2－6。

Sanamunda Adans. ＝ **Passerina**

Sanango G. S. Bunting & J. A. Duke 伞囊木属 Gesneriaceae ［MD－549］特征纪要：习性：木本。花程式：－。其他特征参考科。全球2个大洲分布及种数（1－4）北美洲：2；南美洲：4。

Sanblasia L. Andersson ＝ **Calathea**

Sanchezia Ruiz & Pav. 黄脉爵床属 Acanthaceae ［MD－572］特征纪要：习性：草本，少灌木。花程式：－。物候：－。花期：几乎全年。果期：参考晚于花期。海拔：50－3600米。生境：滨海地带，为红树林重要组成之一，竹林中。资源：园林与花卉，具栽培园艺种类。全球6个大洲分布及种数（59－62）非洲：1－3；亚洲：3－5；大洋洲：2－5；欧洲：2；北美洲：6－9；南美洲：58－63。【中国种数：3】。

Sandbergia Greene 瘦鼠耳芥属 Brassicaceae ［MD－213］特征纪要：习性：草本。花程式：K2－4，C2－4，A2－4，↓G－参考科。其他特征参考科。全球2个大洲分布及种数（2－3）北美洲：3；南美洲：1。

Sandemania Gleason 桑氏野牡丹属 Melastomataceae ［MD－364］特征纪要：习性：木本。花程式：＝↓（K4－5），C4－5，A4－5，＝↓（G）3－4。其他特征参考科。全球3个大洲分布及种数（1－5）亚洲：2；北美洲：2；南美洲：4。

Sandeothallaceae R. M. Schust. ［B－27］沙苔科 特征纪要：体形中形至大形，较坚挺，黄绿色、橄榄绿、黄色至棕红色，色泽暗或略具光泽，疏松交织生长。【Rep】：雌雄异株，内雌苞叶基部呈鞘状，向上渐尖，蒴柄细长，蒴柄直立，长而细，蒴齿两层，内齿层具高基膜和透明并与外齿层等高的齿条，环带不分化，蒴盖具短喙。全球1个大洲分布和属种数（1/1）◆大洋洲：1/1。

Sandeothallus R. M. Schust. 沙苔属 Sandeothallaceae ［B－27］特征纪要（同科）。全球1个大洲分布及种数（1）◆大洋洲

Sanderella Kuntze 桑德兰属 Orchidaceae ［MM－723］特征纪要：习性：草本。花程式：（K）3，C3，A3，＝↓G3。其他特征参考科。全球1个大洲分布及种数（3）◆南美洲。

Sandersonia Hook. 提灯花属 Colchicaceae ［MM－623］特征纪要：习性：草本。花程式：（K）6，C0 参考科，A6，G3－参考科。物候：－。海拔：－。生境：－。资源：具园艺种类。全球4个大洲分布及种数（1－5）非洲：4；亚洲：2；北美洲：2；南美洲：2。【中国种数：1】。

Sandoricum Cav. 仙都果属 Meliaceae ［MD－414］特征纪要：习性：木本。花程式：K3－5，C3－5，A6，＝（G）1－2。物候：－。海拔：100－2900米。生境：蔽荫岩边和石缝中，中海拔以下山地密林或疏林中。资源：－。全球5个大洲分布及种数（13－14）非洲：1；亚洲：12；大洋洲：1；北美洲：1；南美洲：1。【中国种数：1】。

Sandwithia Lanj. 顶序桐属 Euphorbiaceae ［MD－217］特征纪要：习性：木本。花程式：K1（1000），C0，A6，＝（G）2－3。其他特征参考科。全球1个大洲分布及种数（2）◆南美洲。

Sandwithiodoxa Aubrév. & Pellegr. ＝ **Pouteria**

Sanguinaria Dill. ex L. 血根草属 Papaveraceae ［MD－54］特征纪要：习性：－。花程式：－。其他特征参考科。全球5个大洲分布及种数（1－18）非洲：4；亚洲：5；大洋洲：3；北美洲：12；南美洲：7。

Sanguisorba L. 地榆属 Rosaceae ［MD－246］特征纪要：习性：草本。花程式：K4，C5，A8，↓（G）1－50。物候：－。花期：7－8月。果期：参考晚于花期。海拔：100－1300米。生境：沼泽地，峡谷和溪流岸边。资源：药用，具栽培园艺种类。全球6个大洲分布及种数（42－133）非洲：12；亚洲：79；大洋洲：5；欧洲：17；北美洲：17；南美洲：6。【中国种数：10】。

Sanguisuga Fern. Alonso & H. Cuadros ＝ **Bdallophytum**

Sanhilaria Baill. 鬃菊木属 Bignoniaceae ［MD－541］特征纪要：习性：－。花程式：－。其他特征参考科。全球1个大洲分布及种数（－）◆亚洲。

Sanicula L. 变豆菜属 Apiaceae ［MD－480］特征纪要：习性：草本（根状茎，基生）。花程式：Kn，C5，A3 参考科，＝↓G2。物候：－。海拔：1200－1600米。生境：混交林溪岸，山坡草场，山谷森林。资源：具园艺种类。全球6个大洲分布及种数（51－56；hort. 1；cult. 1）非洲：2－13；亚洲：38－51；大洋洲：11；欧洲：5－16；北美洲：27－40；南美洲：5－16。【中国种数：25】。

Saniculiphyllum C. Y. Wu & T. C. Ku 变豆叶草属 Saxifragaceae ［MD－231］特征纪要：习性：草本。花程式：－。物候：－。花期：4月。果期：参考晚于花期。海拔：600－1300米。生境：－。资源：－。全球1个大洲分布及种数（cf. 1）◆亚洲（◆中国）。【中国种数：1】。

Saniella Hilliard & B. L. Burtt 矮金梅草属 Hypoxidaceae ［MM－695］特征纪要：习性：－。花程式：－。其他特征参考科。全球3个大洲分布及种数（5）非洲：3；亚洲：2；南美洲：2。

Sanionia Löske 三洋藓属 Amblystegiaceae [B-178] 特征纪要:习性:-。【Rep】:雌雄同株。物候:-。海拔:-。生境:常见于腐木生,沼泽土生。资源:-。全球 6 个大洲分布及种数(4)非洲:4;亚洲:1;大洋洲:1;欧洲:4;北美洲:4;南美洲:4。【中国种数:2】。

Sanjappa E. R. Souza & Krishnaraj 含羞属 Fabaceae1 [MD-238] 特征纪要:习性:木本。花程式:=↓(K3-5-∞),C3-5-∞,A1-10-50,=↓G(-)。其他特征参考科。全球 1 个大洲分布及种数(1) ◆亚洲:1。

Sankowskya P. I. Forst. 红茜桐属 Picrodendraceae [MD-317] 特征纪要:习性:木本。花程式:-。其他特征参考科。全球 1 个大洲分布及种数(1)◆大洋洲。

Sannantha Peter G. Wilson 扁籽岗松属 Myrtaceae [MD-347] 特征纪要:习性:木本。花程式:=↓(K4-5),C4-5,A8-10,=↓(G)2-5。其他特征参考科。全球 4 个大洲分布及种数(16-18)非洲:1; 大洋洲:16; 北美洲:1; 南美洲:1。【中国种数:1】。

Sanrafaelia Verdc. 芸瓣花属 Annonaceae [MD-7] 特征纪要:习性:木本。花程式:Kn,C3,A2,G10-100。其他特征参考科。全球 1 个大洲分布及种数(1)◆非洲(◆坦桑尼亚)。

Sanrobertia G. L. Nesom 银菊属 Asteraceae [MD-586] 特征纪要:习性:草本。花程式:(K)3-5,(C)3-5,A3-5,↓G。其他特征参考科。全球 1 个大洲分布及种数(2)◆北美洲。

Sanseverinia Petagna = **Sansevieria**

Sansevieria Thunb. 虎尾兰属 Dracaenaceae [MM-665] 特征纪要:习性:-。花程式:-。物候:-。花期:11-12月。果期:参考晚于花期。海拔:-。生境:-。资源:-。全球 6 个大洲分布及种数(55-65)非洲:54-70;亚洲:12-21;大洋洲:3-11;欧洲:3-11;北美洲:18-26;南美洲:5-13。

Santalaceae R. Br. [MD-412] 檀香科 特征纪要:习性:木本;落叶。花程式:♀/♂K4-5(-),C0,A6,↓(G)-。物候:-。果实:核果,浆果。种子:种皮作不规则的矩圆形。海拔:1000-1100 米。生境:背阳草坡上。栽培:来自广西龙州。资源:药用。栽培:中国有栽培。全球 6 个大洲分布及属种数(42-48/954-1176 <IFR 7/14> hort. 1;cult. 8) 非洲:11-13/296-325; 亚洲:12/138-175(IFR 2/2); 大洋洲:9-12/62-130(IFR 2/4); 欧洲:4/22-39; 北美洲:10/425-446(IFR 3/6); 南美洲:11/138-153(IFR 2/3)。【中国属种数:16/84】。

Santalina Baill. = **Coptosperma**

Santalodes Kuntze 亚洲沙牛栓藤属 Connaraceae [MD-284] 特征纪要:习性:-。花程式:-。其他特征参考科。全球 2 个大洲分布及种数(16)亚洲:3; 南美洲:1。

Santaloidella G. Schellenb. = **Rourea**

Santaloides G. Schellenb. 长尾红叶藤属 Connaraceae [MD-284] 特征纪要:-。花期:10 月至次年 3 月。果期:参考晚于花期。海拔:100-1200 米。生境:潮湿密林中。栽培:来自广西龙州。资源:具栽培园艺种类。全球 6 个大洲分布及种数(23)非洲:3-4;亚洲:20-21;大洋洲:4-5;欧洲:1;北美洲:1-2;南美洲:1-2。

Santalum L. 檀香属 Santalaceae [MD-412] 特征纪要:习性:木本。花期:5-6 月。果期:参考晚于花期。海拔:100-4100 米。生境:栽植。资源:药用,树脂,具栽培园艺种类。全球 6 个大洲分布及种数(41-46;hort. 1;cult. 1)非洲:4-8;亚洲:12-15;大洋洲:28-34;欧洲:1-4;北美洲:9-12;南美洲:3-6。【中国种数:2】。

Santapaua N. P. Balakr. & Subram. = **Hygrophila**

Santiria Bl. 斜榄属 Burseraceae [MD-408] 特征纪要:习性:木本。花程式:K3,C3,A2,=G2-3。物候:-。花期:4-5 月。果期:参考晚于花期。海拔:100-2400 米。生境:森林,自然山坡地。资源:-。全球 5 个大洲分布及种数(21-89)非洲:21; 亚洲:61; 大洋洲:13; 欧洲:2; 北美洲:2。【中国种数:2】。

Santisukia Brummitt 菜豆树属 Bignoniaceae [MD-541] 特征纪要:习性:木本。花程式:Kn,C0,A3 参考科,↓G。其他特征参考科。全球 1 个大洲分布及种数(2)◆亚洲。

Santolina L. 银香菊属 Asteraceae [MD-586] 特征纪要:习性:草本。花程式:(K)3-5,C3-5,A3-5,=↓(G)2。其他特征参考科。全球 6 个大洲分布及种数(28-77)非洲:12; 亚洲:5; 大洋洲:2; 欧洲:10; 北美洲:10; 南美洲:4。【中国种数:2】。

Santomasia N. Robson 金丝桃属 Hypericaceae [MD-119] 特征纪要:习性:-。花程式:-。其他特征参考科。全球 2 个大洲分布及种数(2)北美洲:1; 南美洲:1。

Santosia R. M. King & H. Rob. 藤本亮泽兰属 Asteraceae [MD-586] 特征纪要:习性:草本。花程式:(K)3-5,C3-5,A3-5,=↓(G)2。其他特征参考科。全球 1 个大洲分布及种数(1)◆南美洲(◆巴西)。

Santotomasia Ormerod 变兰属 Orchidaceae [MM-723] 特征纪要:习性:草本。花程式:(K)3,C3,A3,=↓(G)3。其他特征参考科。全球 1 个大洲分布及种数(1-2)◆东南亚。

Sanvitalia Lam. 蛇目菊属 Asteraceae [MD-586] 特征纪要:习性:草本。花程式:(K)3-5,C3-5,A3 参考科,=↓G2。物候:-。花期:7-10 月。果期:参考晚于花期。海拔:6000 米。生境:-。资源:具栽培园艺种类。全球 4 个大洲分布及种数(10)亚洲:1-3;欧洲:1;北美洲:7;南美洲:3。【中国种数:1】。

Saphesia N. E. Br. 虚唱花属 Aizoaceae [MD-94] 特征纪要:习性:草本。花程式:=↓(K3-4),C3-4,A5 参考科,=↓G-。其他特征参考科。全球 2 个大洲分布及种数(3)非洲:3; 南美洲:2。

Sapindaceae Juss. [MD-428] 无患子科 特征纪要:习性:木本,藤本;落叶。花程式:(K)6-,C4-5,A10,↑G2-3. 物候:-。花期: 8-9 月。果期: 9-11 月。果实:蒴果。种子:薄胚乳,子叶肥厚。海拔:0 米。生境:潮湿,陡坡;砂土;灌木丛。资源:园林。栽培:中国有栽培。全球 6 个大洲分布及属种数(148-168/1656-2552 <IFR 26/56> hort. 1;cult. 26) 非洲:56-59/320-519(IFR 9/12); 亚洲:48-52/430-584(IFR 9/15); 大洋洲:33-36/240-557(IFR 4/11); 欧洲:8/36-43; 北美洲:28/364-446(IFR 6/12); 南美洲:42-45/767-851(IFR 8/16)。【中国属种数:49/127】。

Sapindus L. 无患子属 Sapindaceae［MD－428］特征纪要:习性:木本。花程式:－。物候:－。花期:初夏。果期:参考晚于花期。海拔:1200－2600 米。生境:混交林密林。资源:油脂,药用,具栽培园艺种类。全球 6 个大洲分布及种数(46－53;hort. 1;cult. 1)非洲:8－16;亚洲:33－42;大洋洲:8－17;欧洲:8;北美洲:11－19;南美洲:7－18。【中国种数:7】。

Sapium Jacq. 美洲柏属 Euphorbiaceae［MD－217］特征纪要:习性:－。花程式:－。物候:－。花期:3－5 月。果期:参考晚于花期。海拔:650 米。生境:旷野,塘边或疏林中。资源:油脂。全球 6 个大洲分布及种数(27－345)非洲:50; 亚洲:74; 大洋洲:22; 欧洲:110; 北美洲:110; 南美洲:165。【中国种数:2】。

Saponaria L. 肥皂草属 Caryophyllaceae［MD－77］特征纪要:习性:草本。花程式:(K－),C2－3 参考科,A5,G1。物候:－。花期:6－9 月。果期:参考晚于花期。海拔:80－6000 米。生境:旱田中,在公园中作为观赏植物种植。资源:药用,具栽培园艺种类。全球 6 个大洲分布及种数(37－51;hort. 1)非洲:6－18;亚洲:32－51;大洋洲:5－19;欧洲:11－29;北美洲:4－16;南美洲:1－12。【中国种数:4】。

Saposhnikovia Schischk. 防风属 Apiaceae［MD－480］特征纪要:习性:草本(基生)。花程式:Kn,C5,A3 参考科,=↓G－。物候:－。花期:8－9 月。果期:参考晚于花期。海拔:400－800 米。生境:灌丛,山坡,草地,石坡。资源:药用,具栽培园艺种类。全球 1 个大洲分布及种数(cf. 1)◆亚洲。【中国种数:1】。

Sapotaceae Juss.［MD－357］山榄科 特征纪要:习性:木本;落叶。花程式:(K)6－,C4－5,A5－8,↑G－。物候:－。花期: 5 月。果期: 10 月。果实:果实偏红色。种子:种皮坚纸质,在雌花中横生;胚马蹄形。海拔:1000－1100 米。生境:常绿阔叶林,混交林,沟谷林中及路旁偶见。资源:油脂,药用。栽培:中国有栽培。全球 6 个大洲分布及属种数(77－97/1126－1763 <IFR 28/83> hort. 1;cult. 11) 非洲:37－40/310－368(IFR 9/14); 亚洲:24－25/264－394(IFR 7/8); 大洋洲:16/156－254(IFR 1/3); 欧洲:3/13－14; 北美洲:11/63－67(IFR 13/41); 南美洲:17/447－473(IFR 10/32)。【中国属种数:19/70】。

Sapphoa Urb. 南美山爵床属 Acanthaceae［MD－572］特征纪要:习性:草本。花程式:Kn,C0,A3 参考科,↓G。其他特征参考科。全球 2 个大洲分布及种数(2－5)北美洲:2; 南美洲:3。

Sapranthus Seem. 腐花木属 Annonaceae［MD－7］特征纪要:习性:木本。花程式:K3－∞,C3,A2,=G10－100。其他特征参考科。全球 2 个大洲分布及种数(8－17)北美洲:9; 南美洲:4。

Sapria Griff. 寄生花属 Rafflesiaceae［MD－147］特征纪要:习性:草本(寄生,多肉)。花程式:－。物候:－。花期:8－9 月。果期:参考晚于花期。海拔:800－1200 米。生境:葡萄和四棱蘼草根部寄生。资源:具园艺种类。全球 1 个大洲分布及种数(3－4)◆亚洲。【中国种数:2】。

S

Saproma Brid. 小烛藓属 Dicranaceae［B－128］特征纪要:习性:－。【Rep】:参考科特征:雌苞叶分化,基部鞘状,有毛尖,蒴柄长,均高出于雌苞叶,孢蒴直立或背曲,长圆柱形或长椭圆形,辐射对称,雌雄异株,雄株矮小,附于假根上成假雌雄同株,雌苞叶形大,高鞘状,上部具细毛尖,与孢蒴等长或长于孢蒴。其他特征参考科。全球 1 个大洲分布及种数(1)◆欧洲。

Saprosma Bl. 染木树属 Rubiaceae［MD－523］特征纪要:习性:木质攀援。花程式:－。物候:－。花期:5 月。果期:参考晚于花期。海拔:300－1000 米。生境:低海拔至中海拔疏林中或山谷林下。资源:具园艺种类。全球 5 个大洲分布及种数(46－103)非洲:11; 亚洲:82; 大洋洲:16; 北美洲:2; 南美洲:2。【中国种数:3】。

Sapucaya R. Knuth = **Lecythis**

Saraca L. 无忧花属 Fabaceae1［MD－240］特征纪要:习性:木质攀援。花程式:－。物候:－。花期:4－5 月。果期:参考晚于花期。海拔:200－1000 米。生境:高山密林或疏林中,山谷或溪边,森林,河岸。资源:药用,具栽培园艺种类。全球 6 个大洲分布及种数(12－45)非洲:5; 亚洲:38; 大洋洲:2; 欧洲:7; 北美洲:7; 南美洲:6。【中国种数:5】。

Saracha Ruiz & Pav. 萨拉茄属 Solanaceae［MD－503］特征纪要:习性:木本。花程式:K3－4,C0,A3－4,=↓G2。物候:－。海拔:100－5000 米。生境:草丛中,庄稼地边。资源:－。全球 6 个大洲分布及种数(22－29)非洲:6;亚洲:6;大洋洲:6;欧洲:6;北美洲:2－8;南美洲:20－29。

Saranthe (Regel & Körn.) Eichler 密穗竹芋属 Marantaceae［MM－740］特征纪要:习性:草本。花程式:(K)3,C3,A3－4,=↓G3。其他特征参考科。全球 5 个大洲分布及种数(10－30)非洲:2; 亚洲:4; 大洋洲:1; 北美洲:6; 南美洲:23。【中国种数:1】。

Sararanga Hemsl. 巨露兜树属 Pandanaceae［MM－703］特征纪要:习性:木本。花程式:K0,C0,A10－100,=G1－80。其他特征参考科。全球 4 个大洲分布及种数(2－4)非洲:1; 亚洲:4; 大洋洲:2; 北美洲:3。

Sarawakodendron Ding Hou 沙捞越卫矛属 Celastraceae［MD－339］特征纪要:习性:木本。花程式:K2－3,C2－3,A10,=(G)2－5。其他特征参考科。全球 1 个大洲分布及种数(1－2)◆东南亚。

Sarcandra Gardner 草珊瑚属 Chloranthaceae［MD－31］特征纪要:习性:草本(多肉)。花程式:Kn,C2－3 参考科,A10,G－。物候:－。花期:6 月。果期:参考晚于花期。海拔:400－1600 米。生境:路旁潮湿地疏林中,生于山坡,沟谷林下荫湿处。资源:具园艺种类。全球 6 个大洲分布及种数(3－12)非洲:2; 亚洲:11; 大洋洲:2; 欧洲:2; 北美洲:2; 南美洲:2。【中国种数:1】。

Sarcanthemum Cass. 黏菀木属 Asteraceae［MD－586］特征纪要:习性:－。花程式:－。其他特征参考科。全球 1 个大洲分布及种数(－)。

Sarcanthera Raf. = **Gymnostachyum**

Sarcanthopsis Garay 肉花兰属 Orchidaceae［MM－723］特征纪要:习性:草本。花程式:(K)3,C3,A3,=↓(G)3。其他特征参考科。全球 3 个大洲分布及种数(7)非洲:3;亚洲:2;大洋洲:5。

Sarcaulus Radlk. 肉山榄属 Sapotaceae［MD－357］特征纪要:习性:木本。花程式:K4－15,C0,A5,=G2－4。其

他特征参考科。全球 2 个大洲分布及种数(6 - 12)北美洲:4; 南美洲:12。

Sarcinula Lür 帽花兰属 Orchidaceae [MM - 723] 特征纪要:习性: - 。花程式: - 。其他特征参考科。全球 6 个大洲分布及种数(1)非洲:2;亚洲:2;大洋洲:2;欧洲:2;北美洲:2;南美洲:2。

Sarcobataceae Behnke [MD - 121] 肉刺蓬科 特征纪要:习性:木本;落叶。花程式:K4,C0,A1 - ,G - 。果实:瘦果。全球 1 个大洲分布及属种数(2/4 hort. 1) ◆北美洲:1/ 2 - 3。

Sarcobatus Nees 肉刺蓬属 Sarcobataceae [MD - 121] 特征纪要(同科)。全球 3 个大洲分布及种数(2 - 5)非洲:2;亚洲:2; 北美洲:4。

Sarcobotrya R. Vig. = **Kotschya**

Sarcoca Raf. = **Phytolacca**

Sarcocadetia (Schltr.) M. A. Clem. & D. L. Jones 兰科属 Orchidaceae [MM - 723] 特征纪要:习性: - 。花程式: - 。物候: - 。花期:参考早于果期。果期:10 - 11 月。海拔:80 - 5200 米。生境:柏树林下或草坡路旁,竹坡中。资源: - 。分布: - 。

Sarcocampsa Miers = **Peritassa**

Sarcocapnos DC. 肉烟堇属 Papaveraceae [MD - 54] 特征纪要:习性:草本。花程式:K1 - ∞ ,C4,A4 - 6, = G2 - 100。其他特征参考科。全球 1 个大洲分布及种数(6)◆欧洲(◆西班牙)。

Sarcocaulon Sweet 龙骨葵属 Crassulaceae [MD - 229] 特征纪要:习性:草本。花程式: - 。其他特征参考科。全球 2 个大洲分布及种数(14 - 23)非洲:22; 南美洲:1。

Sarcocephalus Afzel. ex R. Br. 荔桃属 Rubiaceae [MD - 523] 特征纪要:习性: - 。花程式: - 。其他特征参考科。全球 6 个大洲分布及种数(5)非洲:3 - 4;亚洲:1 - 2;大洋洲:2 - 3;欧洲:1;北美洲:1 - 2;南美洲:1。

Sarcochilus R. Br. 狭唇兰属 Orchidaceae [MM - 723] 特征纪要:习性:草本。花程式:(K)3,C3,A3, = ↓G3。物候: - 。海拔: - 。生境: - 。资源:具栽培园艺种类。全球 4 个大洲分布及种数(23 - 252)非洲:10; 亚洲:173; 大洋洲:207; 北美洲:2。

Sarcochlamys Gaud. 肉被麻属 Urticaceae [MD - 91] 特征纪要:习性:木本。花程式:Kn,C2 - 3 参考科,A5,G - 。物候: - 。花期:4 - 6 月。果期:参考晚于花期。海拔:800 - 1400 米。生境:次生林较湿润处。资源: - 。全球 1 个大洲分布及种数(-)。【中国种数:1】。

Sarcococca Lindl. 野扇花属 Buxaceae [MD - 131] 特征纪要:习性:木本。花程式: - 。物候: - 。海拔:1000 - 3500 米。生境:毛竹林溶洞岩石边。栽培:来自广西龙州。资源:药用,具栽培园艺种类。全球 6 个大洲分布及种数(15 - 19)非洲:1;亚洲:13 - 17;大洋洲:1;欧洲:2 - 4;北美洲:4 - 6;南美洲:1。【中国种数:11】。

Sarcocornia A. J. Scott 盐角木属 Amaranthaceae [MD - 116] 特征纪要:习性: - 。花程式: - 。其他特征参考科。全球 6 个大洲分布及种数(17)非洲:10 - 11;亚洲:2 - 3;大洋洲:4 - 5;欧洲:3 - 4;北美洲:4 - 5;南美洲:4 - 5。

Sarcocyphos (Ehrh.) Spruce 全萼苔科属 Gymnomitriaceae [B - 41] 特征纪要:习性: - 。【Rep】:雌苞顶生,雌苞叶数对,内雌叶常相连,蒴萼常存,蒴壁 2 - 3 层细胞,弹丝 2 - 4 列螺纹加厚,灰色、褐色或紫色。物候: - 。海拔: - 。生境:水石生。资源: - 。全球 4 个大洲分布及种数(9)亚洲:2; 欧洲:2; 北美洲:2; 南美洲:4。

Sarcocyphula Harv. = **Cynanchum**

Sarcodes Torr. 血晶兰属 Ericaceae [MD - 380] 特征纪要:习性:木本。花程式:(K)5 - 8,(C)5 - 8,A10,G3 - 参考科。其他特征参考科。全球 3 个大洲分布及种数(1 - 4)亚洲:3; 北美洲:4; 南美洲:2。【中国种数:1】。

Sarcodiotheca <unassigned> 莎草科属 Cyperaceae [MM - 747] 特征纪要: - 。全球 2 个大洲分布及种数(9)北美洲:3; 南美洲:4。

Sarcodraba Gilg & Muschl. 肉葶苈属 Brassicaceae [MD - 213] 特征纪要:习性:草本。花程式:K2 - 4,C2 - 4,A2 - 4, = G2。其他特征参考科。全球 2 个大洲分布及种数(4 - 7)大洋洲:2; 南美洲:6。

Sarcodum Lour. 鹦喙花属 Fabaceae3 [MD - 240] 特征纪要:习性:木质攀援。花程式: - 。物候: - 。花期:4 - 5 月。果期:参考晚于花期。海拔:7500 米。生境:山谷,陡坡林中,缠绕于他树上。资源:园林。全球 2 个大洲分布及种数(2)亚洲:1;大洋洲:1。【中国种数:1】。

Sarcoglottis C. Presl 肉舌兰属 Orchidaceae [MM - 723] 特征纪要:习性:草本。花程式:(K)3,C3,A3, = ↓G3。其他特征参考科。全球 6 个大洲分布及种数(53 - 104)非洲:2; 亚洲:4; 大洋洲:4; 欧洲:28; 北美洲:28; 南美洲:82。【中国种数:2】。

Sarcoglyphis Garay 大喙兰属 Orchidaceae [MM - 723] 特征纪要:习性:草本(多肉)。花程式: - 。物候: - 。花期:5 月。果期:参考晚于花期。海拔:500 - 700 米。生境:常绿阔叶林树干附生植物。资源:具园艺种类。全球 1 个大洲分布及种数(10 - 11)◆亚洲。【中国种数:3】。

Sarcogonum Sweet = **Muehlenbeckia**

Sarcogyne <unassigned> 喙锦藓属 Sematophyllaceae [B - 192] 特征纪要: - 。全球 3 个大洲分布及种数(22)亚洲:6; 北美洲:2; 南美洲:3。

Sarcolaena Thou. 苞杯花属 Sarcolaenaceae [MD - 153] 特征纪要:习性:木本。花程式:K5 - 10,C5 - 10,A5 - 10,G1 - 3。其他特征参考科。全球 2 个大洲分布及种数(8 - 15)非洲:14; 亚洲:4。【中国种数:1】。

Sarcolaenaceae Carül [MD - 153] 苞杯花科 特征纪要:习性:木本;落叶。花程式:K5 - 10,C5 - 10,A5 - 10,↑G1 - 3。海拔:1000 - 1300 米。生境:茂密森林。全球 1 个大洲分布及属种数(11/79 - 90 hort. 1) ◆非洲:10/ 69 - 79。【中国属种数:1/1】。

Sarcolobus R. Br. 印尼萝藦属 Apocynaceae [MD - 492] 特征纪要:习性:木本。花程式:K5,C0,A15, = G2。其他特征参考科。全球 6 个大洲分布及种数(21 - 47)非洲:16; 亚洲:45; 大洋洲:22; 欧洲:5; 北美洲:5; 南美洲:

S

2。【中国种数:2】。

Sarcolophium Troupin 加蓬防己属 Menispermaceae［MD－42］特征纪要:习性:草本。花程式:－。其他特征参考科。全球 1 个大洲分布及种数(1)◆非洲:1。

Sarcomelicope Engl. 肉稷芸香属 Rutaceae［MD－399］特征纪要:习性:木本。花程式:K∞,C∞,A4,＝G1－3。其他特征参考科。全球 3 个大洲分布及种数(11－14)亚洲:3; 大洋洲:13; 北美洲:3。【中国种数:1】。

Sarcomitrium Mitt. 掌状片叶苔属 Aneuraceae［B－86］特征纪要:－。生境:腐生,土生。全球 1 个大洲分布及种数(1)◆亚洲(◆中国)。

Sarcomphalus P. Br. 枣属 Rhamnaceae［MD－331］特征纪要:习性:－。花程式:－。其他特征参考科。全球 3 个大洲分布及种数(34－41)亚洲:2; 北美洲:26; 南美洲:14。

Sarconeurum Bryhn 厚丛藓属 Pottiaceae［B－133］特征纪要:－。【Rep】:孢腔轮廓清晰,蒴齿缺如,或具蒴齿而无基膜,下部呈黄绿或黄棕色。其他特征参考科。全球 3 个大洲分布及种数(1)非洲:1;大洋洲:1;南美洲:1。

Sarcopera Bedell 蜜盔花属 Marcgraviaceae［MD－170］特征纪要:习性:木本。花程式:－。其他特征参考科。全球 3 个大洲分布及种数(10)大洋洲:cf. 1;北美洲:3;南美洲:8－10。

Sarcopetalum F. Müll. 肉瓣藤属 Menispermaceae［MD－42］特征纪要:习性:草本。花程式:－。其他特征参考科。全球 1 个大洲分布及种数(1)◆大洋洲(◆澳大利亚)。

Sarcopharyngia (Stapf) Boiteau ＝ **Tabernaemontana**

Sarcophrynium K. Schum. 肉柊叶属 Marantaceae［MM－740］特征纪要:习性:草本。花程式:(K)3,C3,A3－4,＝↓(G)3。其他特征参考科。全球 4 个大洲分布及种数(7－24)非洲:21; 亚洲:4; 北美洲:3; 南美洲:6。

Sarcophytaceae A. Körn.［MD－300］肉草科 特征纪要:习性:木本;落叶。花程式:K5－n,C0,A34,↓G－。物候:－。果实:－。种子:种皮作不规则的矩圆形。海拔:－。生境:－。资源:－。栽培:－。全球 1 个大洲分布及属种数(1/1) ◆非洲:1/ 2。

Sarcophyte Sparrm. 锥花菰属 Sarcophytaceae［MD－300］特征纪要(同科)。全球 2 个大洲分布及种数(2－4)非洲:3; 亚洲:3。【中国种数:2】。

Sarcophyton Garay 肉兰属 Orchidaceae［MM－723］特征纪要:习性:草本(多肉)。花程式:Kn,C2－3 参考科,A3 参考科,＝↓(G)3。物候:－。花期:4 月。果期:参考晚于花期。海拔:200－800 米。生境:悬崖上。资源:－。全球 1 个大洲分布及种数(3－13)◆亚洲(◆中国)。【中国种数:2】。

Sarcopoterium Spach 刺地榆属 Rosaceae［MD－246］特征纪要:习性:木本。花程式:＝↓(K1(10－100),C1－10－100,A1－10－100,＝↓G1－50。其他特征参考科。全球 3 个大洲分布及种数(2)非洲:1;亚洲:cf. 1;欧洲:1。

Sarcopteryx Radlk. 肉翼无患子属 Sapindaceae［MD－428］特征纪要:习性:木本。花程式:K4－8,C4－8,A10,＝G2－3。其他特征参考科。全球 5 个大洲分布及种数(12－20)非洲:10; 亚洲:7; 大洋洲:20; 北美洲:2; 南美洲:5。

Sarcopyramis Wall. 肉穗草属 Melastomataceae［MD－364］特征纪要:习性:木质攀援。花程式:(K－),C2－3 参考科,A4,↓G－。物候:－。花期:8－10 月。果期:参考晚于花期。海拔:1000－3200 米。生境:岩石裂缝。资源:具园艺种类。全球 1 个大洲分布及种数(6－9)◆亚洲。【中国种数:2】。

Sarcopyrenia <unassigned> 孢芽藓科属 Sorapillaceae［B－212］特征纪要:－。全球 1 个大洲分布及种数(－)。

Sarcorhachis Trel. 肉胡椒属 Piperaceae［MD－39］特征纪要:习性:－。花程式:－。其他特征参考科。全球 3 个大洲分布及种数(14)亚洲:2; 北美洲:4; 南美洲:11。

Sarcorrhiza Bullock 肉根萝藦属 Apocynaceae［MD－492］特征纪要:习性:木本。花程式:K5,C0,A5,＝↓(G)2。其他特征参考科。全球 2 个大洲分布及种数(1－3)非洲:2; 南美洲:2。

Sarcosagium <unassigned> 锦藓科属 Sematophyllaceae［B－192］特征纪要:－。全球 1 个大洲分布及种数(－)。

Sarcoscyphus (Nees) R. M. Schust. ＝ **Sarcocyphos**

Sarcosiphon Blume ＝ **Thismia**

Sarcosperma Hook. f. 肉实树属 Sarcospermataceae［MD－359］特征纪要(同科)。全球 4 个大洲分布及种数(10－39)亚洲:34; 大洋洲:1; 北美洲:3; 南美洲:3。【中国种数:4】。

Sarcospermataceae H. J. Lam.［MD－359］肉实树科 特征纪要:习性:木本;落叶。花程式:K4－5(－),C5,A,G－。物候:－。花期:9 月至次年 4 月。果期:3－6 月。果实:－。种子:－。海拔:100－1500 米。生境:沟谷密林中。资源:材用。栽培:－。全球 1 个大洲分布及属种数(1/1 hort. 1)◆亚洲:1/9－13。

Sarcostemma R. Br. 肉珊瑚属 Asclepiadaceae［MD－494］特征纪要:习性:－。花程式:－。物候:－。花期:3－11 月。果期:参考晚于花期。海拔:5000 米。生境:海滨灌木丛。资源:药用。全球 6 个大洲分布及种数(22)非洲:9－11;亚洲:4－6;大洋洲:1－3;欧洲:2;北美洲:12－14;南美洲:8－10。

Sarcostigma Wight & Arn. 肉柱藤属 Icacinaceae［MD－450］特征纪要:习性:木本。花程式:K5,C5,A2,＝(G)2－3。其他特征参考科。全球 1 个大洲分布及种数(2)◆东南亚(◆越南)。【中国种数:1】。

Sarcostoma Bl. 肉口兰属 Orchidaceae［MM－723］特征纪要:习性:－。花程式:－。其他特征参考科。全球 3 个大洲分布及种数(11)非洲:1; 亚洲:8; 南美洲:3。

Sarcostyles C. Presl ex DC. ＝ **Hydrangea**

Sarcotheca Turcz. 鹊阳桃属 Oxalidaceae［MD－395］特征纪要:习性:－。花程式:－。其他特征参考科。全球 2 个大洲分布及种数(28)亚洲:10－23; 南美洲:1。

Sarcotoechia Radlk. 肉蜜莓属 Sapindaceae［MD－428］特征纪要:习性:木本。花程式:K4－8,C4－8,A10,＝(G)2－3。其他特征参考科。全球 4 个大洲分布及种数(8－12)非洲:4; 亚洲:2; 大洋洲:12; 北美洲:2。

Sarcotoxicum Cornejo & Iltis 迷蝶花属 Capparaceae［MD－178］特征纪要:习性:－。花程式:－。其他特征参考科。全球1个大洲分布及种数(cf.1)◆南美洲。

Sarcozona J. M. Black 澳海榕属 Aizoaceae［MD－94］特征纪要:习性:草本。花程式:－。其他特征参考科。全球2个大洲分布及种数(3－4)非洲:1;大洋洲:2。

Sarcozygium Bunge 驼蹄瓣属 Zygophyllaceae［MD－288］特征纪要:－。花期:4－5月。果期:参考晚于花期。海拔:3000米。生境:低山山坡,碎石低丘和山前平原。资源:－。全球1个大洲分布及种数(2)◆亚洲(◆中国)。

Sarea <unassigned> 紫锦藓属 Sematophyllaceae［B－192］特征纪要和分布(－)。

Sarga Ewart ＝ **Sorghum**

Sargassum <unassigned> 大香蒲属 Typhaceae［MM－736］特征纪要:－。全球6个大洲分布及种数(158)非洲:11; 亚洲:69; 大洋洲:21; 欧洲:2; 北美洲:8; 南美洲:42。

Sargentodoxa Rehder & E. H. Wilson 大血藤属 Sargentodoxaceae［MD－32］特征纪要(同科)。全球2个大洲分布及种数(1－2)亚洲:2; 北美洲:1。【中国种数:1】。

Sargentodoxaceae Stapf ex Hutch.［MD－32］大血藤科 特征纪要:习性:草本;落叶。花程式:K6,C3,A3,G－。物候:－。花期: 3－7月。果期: 6－10月。果实:果实在果期膨大。种子:－。海拔:400－2000米。生境:开阔森林,山坡疏林下爬在树顶。资源:药用。栽培:－。全球1个大洲分布及属种数(2/3 hort.1) ◆亚洲:1/ 1。

Saribus Bl. 蒲葵属 Arecaceae［MM－717］特征纪要:习性:－。花程式:K3,C3,A6,G1－3。其他特征参考科。全球3个大洲分布及种数(－)亚洲;大洋洲;北美洲。

Sarinia O. F. Cook ＝ **Attalea**

Sarmenthypnum Tuom. & T. J. Kop. 弯叶藓属 Amblystegiaceae［B－178］特征纪要:－。全球1个大洲分布及种数(1)◆非洲。

Sarmenticola Senghas & Garay ＝ **Macroclinium**

Sarmentypnum Tuom. & T. J. Kop. 弯叶藓属 Calliergonaceae［B－179］特征纪要:习性:－。【Rep】:雌雄同株或异株,内雌苞叶具单中肋,蒴柄细长,干燥时扭转,红色或紫色,雌雄同株或异株,内雌苞叶卵状披针形,无褶,中肋单一,蒴柄棕红。物候:－。海拔:－。生境:常见于腐木生,沼泽土生。资源:－。全球6个大洲分布及种数(14)非洲:5;亚洲:6;大洋洲:4;欧洲:11;北美洲:9;南美洲:8。【中国种数:1】。

Sarmienta Ruiz & Pav. 螯毛果属 Gesneriaceae［MD－549］特征纪要:习性:木本。花程式:Kn,C0,A2,↓G。其他特征参考科。全球1个大洲分布及种数(1)◆南美洲。

Sarna H. Karst. ＝ **Pilostyles**

Sarocalamus Stapleton ＝ **Arundinaria**

Sarothamnus Wimm. 帚灌豆属 Fabaceae3［MD－240］特征纪要:习性:－。花程式:－。其他特征参考科。全球4个大洲分布及种数(2－3)非洲:1－2;亚洲:cf.1;欧洲:cf.1;南美洲:cf.1。

Sarotheca Nees ex Steud. 弯爵床属 Acanthaceae［MD－572］特征纪要:习性:－。花程式:－。其他特征参考科。全球1个大洲分布及种数(cf.1)◆南美洲。

Sarothrostachys Klotzsch ＝ **Sebastiania**

Sarracenella Luer ＝ **Pleurothallis**

Sarracenia Tourn. ex L. 瓶子草属 Sarraceniaceae［MD－208］特征纪要:习性:草本。花程式:－。其他特征参考科。全球5个大洲分布及种数(37－160)亚洲:27; 大洋洲:6; 欧洲:75; 北美洲:75; 南美洲:8。

Sarraceniaceae Dum.［MD－208］瓶子草科 特征纪要:习性:草本;落叶。花程式:K10－50,C10－50,A10－50,↑G3－5。物候:－。果实:蒴果。种子:－。海拔:－。生境:－。资源:－。栽培:－。全球3个大洲分布及属种数(4/60－76 <IFR 2/16 > hort.1;cult. 3) 亚洲:IFR 1/9; 北美洲:2/36－51(IFR 1/14); 南美洲:2/24(IFR 1/2)。

Sartidia De Winter 健三芒草属 Poaceae［MM－748］特征纪要:习性:草本。花程式:(K)3,C0参考科,A1－2,＝(G)2－3。其他特征参考科。全球2个大洲分布及种数(6－9)非洲:7; 大洋洲:2。

Sartorina R. M. King & H. Rob. 毛柱泽兰属 Asteraceae［MD－586］特征纪要:习性:草本。花程式:(K)3－5,C3－5,A3－5,＝↓(G)2。其他特征参考科。全球1个大洲分布及种数(1)◆北美洲(◆墨西哥)。

Sartwellia A. Gray 黄光菊属 Asteraceae［MD－586］特征纪要:习性:草本。花程式:(K)3－5,C3－5,A3－5,＝↓(G)2。其他特征参考科。全球2个大洲分布及种数(4－7)北美洲:5; 南美洲:3。

Saruma Oliv. 马蹄香属 Aristolochiaceae［MD－56］特征纪要:习性:草本(根状茎,寄生)。花程式:－。物候:－。花期:4－7月。果期:参考晚于花期。海拔:600－1000米。生境:森林,山谷和河岸。资源:药用。全球4个大洲分布及种数(1－11)亚洲:8; 欧洲:2; 北美洲:2; 南美洲:4。【中国种数:1】。

Sasa Makino & Shibata 赤竹属 Poaceae［MM－748］特征纪要:习性:竹类。花程式:(K－),C0参考科,A3参考科,＝G2－3。物候:－。花期:4－5月。果期:参考晚于花期。海拔:1000－1400米。生境:灌木丛,山地。资源:具栽培园艺种类。全球6个大洲分布及种数(41－542)非洲:3; 亚洲:495; 大洋洲:4; 欧洲:16; 北美洲:16; 南美洲:10。【中国种数:26】。

Sasamorpha Nakai 华箬竹属 Poaceae［MM－748］特征纪要:习性:－。花程式:－。物候:－。海拔:－。生境:－。资源:具园艺种类。全球2个大洲分布及种数(5－19)亚洲:10; 北美洲:1。【中国种数:1】。

Sasaokaea Broth. 类牛角藓属 Amblystegiaceae［B－178］特征纪要:习性:－。【Rep】:雌雄同株,绿色、黄色或棕色。物候:－。海拔:－。生境:常见于腐木生,沼泽土生。资源:－。全球1个大洲分布及种数(1)◆亚洲:1。

Sassa Bruce ex J. F. Gmel. ＝ **Albizia**

Sassafras Nees 台湾檫木属 Lauraceae［MD－21］特征纪要:习性:木本。花程式:－。物候:－。花期:3－4月。

果期:参考晚于花期。海拔:900 - 2400 米。生境:常绿阔叶林,生于疏林或密林中。资源:具栽培园艺种类。全球 5 个大洲分布及种数(3 - 18)非洲:3; 亚洲:14; 欧洲:6; 北美洲:6; 南美洲:3。【中国种数:3】。

Sassia Giseke 酢浆草属 Oxalidaceae [MD - 395] 特征纪要:习性: - 。花程式: - 。其他特征参考科。全球 2 个大洲分布及种数(5)北美洲:1; 南美洲:1。

Satakentia H. E. Moore 琉球椰属 Arecaceae [MM - 717] 特征纪要:习性:木本。花程式:K3 - 10,C3 - 10,A3 - 10, = G3 - 10。其他特征参考科。全球 2 个大洲分布及种数(1 - 3)亚洲:2; 南美洲:1。

Satanocrater Schweinf. 乌爵床属 Acanthaceae [MD - 572] 特征纪要:习性:草本。花程式: - 。其他特征参考科。全球 2 个大洲分布及种数(4 - 14)非洲:8; 南美洲:6。

Satranala J. Dransf. & Beentje 翅核棕属 Arecaceae [MM - 717] 特征纪要:习性:木本。花程式:K3 - 10,C3 - 10,A3 - 10, = G3 - 10。其他特征参考科。全球 1 个大洲分布及种数(1)◆非洲。

Satureja L. 唇形科属 Lamiaceae [MD - 575] 特征纪要:习性:草本。花程式: - 。物候: - 。海拔:5400 米。生境:石林内荫处。资源:具栽培园艺种类。全球 6 个大洲分布及种数(59 - 700)非洲:123; 亚洲:235; 大洋洲:21; 欧洲:114; 北美洲:114; 南美洲:247。【中国种数:3】。

Satyria Klotzsch 壁蕊莓属 Ericaceae [MD - 380] 特征纪要:习性:木本。花程式:(K)5 - 8,(C)5 - 8,A10, = (G)2 - 4。其他特征参考科。全球 3 个大洲分布及种数(25 - 48)亚洲:4; 北美洲:14; 南美洲:45。

Satyrium Thou. 鸟足兰属 Orchidaceae [MM - 723] 特征纪要和分布(-)。全球 6 个大洲分布及种数(87 - 110; hort. 1;cult. 1)非洲:83 - 98;亚洲:12 - 15;大洋洲:1 - 3;欧洲:4 - 6;北美洲:2;南美洲:4 - 7。【中国种数:4】。

Sauchia (Kashyap) S. Hatt. = **Sauteria**

Saugetia Hitchc. & Chase 古巴禾草属 Poaceae [MM - 748] 特征纪要:习性: - 。花程式: - 。其他特征参考科。全球 1 个大洲分布及种数(2)◆北美洲(◆古巴)。

Sauloma (Hook. f. & Wilson) Mitt. 澳白藓属 Saulomataceae [B - 161] 特征纪要: - 。全球 3 个大洲分布及种数(2)亚洲:1;大洋洲:1;南美洲:1。

Saulomataceae W. R. Buck, C. J. Cox, A. J. Shaw & Goffinet [B - 161] 双短肋藓科 特征纪要:体形纤细或粗壮,多密集交织成片生长。【Rep】:雌雄异苞同株,内雌苞叶直立,卵状披针形,上部渐狭成长毛状,近于全缘,无中肋,黄绿色。全球 2 个大洲分布和属种数(3/3)大洋洲:1/1;南美洲:2/2 - 2。

Saundersia Rchb. f. 桑德斯兰属 Orchidaceae [MM - 723] 特征纪要:习性:草本。花程式:(K)3,C3,A3, = ↓(G)3。其他特征参考科。全球 1 个大洲分布及种数(2)◆南美洲(◆巴西)。

Saurania Auct. = **Saurauia**

Saurauia Willd. 水东哥属 Saurauiaceae [MD - 224] 特征纪要(同科)。全球 6 个大洲分布及种数(430 - 757)非洲:105; 亚洲:403; 大洋洲:139; 欧洲:54; 北美洲:54; 南美洲:141。【中国种数:17】。

Saurauiaceae Griseb. [MD - 224] 水东哥科 特征纪要:习性:木本;落叶。花程式:K5,C5,A10,↑G - 。物候: - 。花期和果期:6 - 11 月。果实:浆果。种子:多数作为亚科来处理。海拔:1000 - 1300 米。生境:稀疏的山林,山谷。资源:园林。栽培: - 。全球 2 个大洲分布及属种数(1/1 < IFR 1/6 > hort. 1;cult. 1) 亚洲:1/226 - 247 (IFR 1/1); 南美洲:IFR 1/5。

Sauravia Spreng. = **Saurauia**

Sauroglossum Lindl. 斑龙兰属 Orchidaceae [MM - 723] 特征纪要:习性:草本。花程式:(K)3,C3,A3, = ↓G3。其他特征参考科。全球 3 个大洲分布及种数(11 - 21)欧洲:7; 北美洲:7; 南美洲:21。

Sauromatum Schott 斑龙芋属 Araceae [MM - 639] 特征纪要:习性:草本。花程式:K0,C0,A3 参考科,G3 - 参考科。物候: - 。花期:6 月。果期:参考晚于花期。海拔:2300 - 4000 米。生境:草原。资源:具栽培园艺种类。全球 5 个大洲分布及种数(12 - 32)非洲:13; 亚洲:22; 欧洲:3; 北美洲:3; 南美洲:2。【中国种数:6】。

Sauropus Bl. 守宫木属 Arecaceae [MM - 717] 特征纪要:习性: - 。花程式: - 。物候: - 。花期:4 - 7 月。果期:参考晚于花期。海拔:100 - 400 米。生境:海边沙滩或湖旁草地上,石上。资源: - 。全球 6 个大洲分布及种数(8 - 202)非洲:7; 亚洲:123; 大洋洲:57; 欧洲:7; 北美洲:7; 南美洲:39。

Saururaceae Rich. ex T. Lestib. [MD - 35] 三白草科 特征纪要:习性:草本;落叶。花程式:K4 - 5(-),C0,A3,G - 。物候: - 。花期: 4 - 11 月。果实:蒴果。种子:有少量内胚乳 丰富的外胚乳及小的胚。海拔:1000 米。生境:低湿沟边,塘边或溪旁,沼泽地。资源:药用。栽培: - 。全球 5 个大洲分布及属种数(7 - 8/150 - 191 hort. 1;cult. 1) 非洲:1; 亚洲:4/8; 大洋洲:2/2; 北美洲:4/6; 南美洲:1。【中国属种数:3/5】。

Sauruopsis Turcz. = **Saururus**

Saururus L. 三白草属 Saururaceae [MD - 35] 特征纪要:习性:草本(具根状茎)。花程式:Kn,C2 - 3 参考科,A2,G - 。物候: - 。花期:4 - 6 月。果期:参考晚于花期。海拔:1700 米。生境:低湿沟边,塘边或溪旁,沼泽地。资源:药用,具栽培园艺种类。全球 3 个大洲分布及种数(4)亚洲:3 - 4;大洋洲:1;北美洲:2。【中国种数:2】。

Saussurea DC. 风毛菊属 Asteraceae [MD - 586] 特征纪要和分布(-)。全球 6 个大洲分布及种数(475 - 619; hort. 1;cult. 29)非洲:6 - 28;亚洲:469 - 552;大洋洲:3 - 25;欧洲:11 - 47;北美洲:13 - 36;南美洲:22。【中国种数:269】。

Sauteria Nees 星孔苔属 Cleveaceae [B - 15] 特征纪要:习性: - 。【Rep】:灰绿色至深绿色,叉状分枝。其他特征参考科。全球 6 个大洲分布及种数(5)非洲:3;亚洲:4 - 7;大洋洲:3;欧洲:3;北美洲:3;南美洲:1 - 4。

Sauvagesia L. 蒴莲木属 Sauvagesiaceae [MD - 105] 特征纪要(同科)。全球 5 个大洲分布及种数(54 - 59;hort. 1)非洲:3;亚洲:cf. 1;欧洲:1;北美洲:7;南美洲:49 - 52。【中国种数:2】。

Sauvagesiaceae Dum. [MD - 105] 旱金莲木科 特征纪要:习性:木本;落叶。花程式:K4 - 5(-),C5,A6,G - 。物

候:-。花期:4-5 月。果期:8 月。果实:蒴果。种子:直径 5-6 毫米,种皮暗红色,直径 5-6 毫米。海拔:1000 米。生境:生于山谷水旁密林中。资源:药用。栽培:-。全球 5 个大洲分布及属种数(1/1 < IFR 1/4 > hort. 1) 非洲:1/5(IFR 1/1); 亚洲:1/8; 欧洲:1/3; 北美洲:1/9(IFR 1/1); 南美洲:1/51-54(IFR 1/3)。

Sauvetrea Szlach. 欧洲兰花属 Orchidaceae [MM-723] 特征纪要:习性:-。花程式:-。其他特征参考科。全球 3 个大洲分布及种数(16)欧洲:6; 北美洲:6; 南美洲:12。

Savannosiphon Goldblatt & Marais 夕放鸢尾属 Iridaceae [MM-700] 特征纪要:习性:草本。花程式:(K)3,C3,A10,=↓(G)3。其他特征参考科。全球 1 个大洲分布及种数(1)◆非洲。

Savastania Scop. = **Tibouchina**

Savia Willd. 姬碟木属 Phyllanthaceae [MD-222] 特征纪要:习性:-。花程式:-。其他特征参考科。全球 6 个大洲分布及种数(7)非洲:2-3;亚洲:1;大洋洲:1;欧洲:1;北美洲:2-3;南美洲:3-4。【中国种数:1】。

Saviczia Abramova & I. I. Abramov = **Plagiothecium**

Savignya DC. 肉叶长柄芥属 Brassicaceae [MD-213] 特征纪要:习性:草本。花程式:K2-4,C2-4,A2-4,=(G)2。其他特征参考科。全球 3 个大洲分布及种数(3-6)非洲:6; 亚洲:3; 南美洲:2。

Saxegothaea Lindl. 卓杉属 Podocarpaceae [G-13] 特征纪要:习性:-。【Rep】:复轴,短穗状,上部苞片杯套状,内有种子发生,寡种子,雌雄同株。其他特征参考科。全球 3 个大洲分布及种数(1-3)亚洲:2; 北美洲:2; 南美洲:3。【中国种数:1】。

Saxegothaeaceae Gaussen ex Doweld & Reveal = Podocarpaceae

Saxegothea Benth. & Hook. f. = **Saxegothaea**

Saxicolella Engl. 河鳞草属 Podostemaceae [MD-322] 特征纪要:习性:草本。花程式:Kn,C0,A10,G-。其他特征参考科。全球 1 个大洲分布及种数(1-6)◆非洲。

Saxifraga Tourn. ex L. 虎耳草属 Saxifragaceae [MD-231] 特征纪要:习性:草本(根状茎,基生,多肉)。花程式:K5,C5,A5,=↓G-。物候:-。花期:6-8 月。果期:参考晚于花期。海拔:1000-4000 米。生境:柏林或冷杉林下,林缘和高山草甸。资源:具栽培园艺种类。全球 6 个大洲分布及种数(632-2427)非洲:81; 亚洲:1183; 大洋洲:64; 欧洲:274; 北美洲:274; 南美洲:138。【中国种数:221】。

Saxifragaceae Juss. [MD-231] 虎耳草科 特征纪要:习性:木本,草本,藤本;落叶。花程式:K4,C4-5,A8,=↓G-。物候:-。花期和果期:6-9 月。果实:蒴果,瘦果。种子:棕。海拔:-。生境:柏林或冷杉林下,林缘和高山草甸。资源:药用。栽培:中国有栽培。全球 5 个大洲分布及属种数(1/1)非洲:1; 亚洲:1; 大洋洲:1; 北美洲:1; 南美洲:1。【中国属种数:18/319】。

S

Saxifragodes D. M. Moore 火地草属 Saxifragaceae [MD-231] 特征纪要:习性:草本。花程式:-。其他特征参考科。全球 1 个大洲分布及种数(1)◆南美洲(◆智利)。

Saxifragopsis Small 崖莓草属 Saxifragaceae [MD-231] 特征纪要:习性:草本。花程式:=↓(K5),C5,A5-10,=↓G-。其他特征参考科。全球 2 个大洲分布及种数(1-2)欧洲:2; 北美洲:2。

Saxiglossum Ching 石蕨属 Polypodiaceae [F-60] 特征纪要:习性:-。【Rep】:孢子囊群线形,沿主脉两侧各成一行,位于主脉与叶缘之间,幼时全被反卷的叶边覆盖,成熟时张开,孢子囊外露;孢子椭圆形,单裂缝,周壁上面具有分散的小瘤,外壁光滑。物候:-。海拔:50-3600 米。生境:常绿阔叶林,棕竹林下。资源:-。全球 1 个大洲分布及种数(1)◆亚洲。

Saxipoa Soreng, L. J. Gillespie & S. W. L. Jacobs 虎草属 Poaceae [MM-748] 特征纪要:习性:草本。花程式:(K-),C0 参考科,A3 参考科,↓G-参考科。其他特征参考科。全球 1 个大洲分布及种数(1)◆大洋洲(◆澳大利亚)。

Saxofridericia R. H. Schomb. = **Saxo-fridericia**。【中国种数:1】。

Saxo-fridericia R. H. Schomb. 葱蔺花属 Rapateaceae [MM-713] 特征纪要:习性:-。花程式:-。其他特征参考科。全球 1 个大洲分布及种数(9)◆南美洲。

Scabiosa L. 蓝盆花属 Dipsacaceae [MD-545] 特征纪要:习性:草本,亚灌木。花期:5-8 月。果期:参考晚于花期。海拔:3000-3200 米。生境:草山坡,云杉林下。资源:药用,观赏,具栽培园艺种类。全球 6 个大洲分布及种数(82-501)非洲:99; 亚洲:188; 大洋洲:14; 欧洲:37; 北美洲:37; 南美洲:51。【中国种数:10】。

Scabrethia W. A. Weber 糙韦斯菊属 Asteraceae [MD-586] 特征纪要:习性:草本。花程式:(K)3-5,(C)3-5,A3-5,↓G。其他特征参考科。全球 1 个大洲分布及种数(1)◆北美洲。

Scabridens E. B. Bartram 疣齿藓属 Pterobryaceae [B-201] 特征纪要:习性:-。【Rep】:下部呈棕褐色。物候:-。海拔:1900 米。生境:树生。资源:-。全球 1 个大洲分布及种数(1)◆亚洲。【中国种数:1】。

Scadoxus Raf. 网球花属 Amaryllidaceae [MM-694] 特征纪要:习性:草本。花程式:(K)3,C3,A1,=↓G3。物候:-。海拔:100-4800 米。生境:草地,山坡,灌丛中或松林下。资源:-。全球 6 个大洲分布及种数(11-24)非洲:17; 亚洲:4; 大洋洲:2; 欧洲:4; 北美洲:4; 南美洲:3。【中国种数:1】。

Scaevola L. 草海桐属 Goodeniaceae [MD-578] 特征纪要:习性:草本,少灌木。花程式:-。物候:-。海拔:100 米。生境:海边砂地上或海岸峭壁上,水旁。资源:药用,具栽培园艺种类。全球 6 个大洲分布及种数(148-196;hort. 1;cult. 5)非洲:11-21;亚洲:30-48;大洋洲:126-170;欧洲:1-9;北美洲:29-43;南美洲:9-19。【中国种数:4】。

Scagea McPherson 黄杨桐属 Picrodendraceae [MD-317] 特征纪要:习性:木本。花程式:K1(1000),C0,A6,=(G)2-3。其他特征参考科。全球 3 个大洲分布及种数(2-3)大洋洲:2; 北美洲:1; 南美洲:1。

Scaligera Adans. = **Aspalathus**

Scaligeria DC. 丝叶芹属 Apiaceae [MD-480] 特征纪要:习性:草本(基生)。花程式:Kn,C5,A3 参考科,=↓G2。物候:-。花期:5-6月。果期:参考晚于花期。海拔:50-5600米。生境:灌木丛,草坡。资源:-。全球2个大洲分布及种数(6-46)非洲:1; 亚洲:6。

Scalius Spruce 裸蒴苔科属 Haplomitriaceae [B-2] 特征纪要:-。全球2个大洲分布及种数(47)亚洲:12; 南美洲:38。

Scambopus O. E. Schulz 大洋洲曲芥属 Brassicaceae [MD-213] 特征纪要:习性:草本。花程式:K4,C4,A3 参考科,↓G-参考科。其他特征参考科。全球2个大洲分布及种数(2)大洋洲:1;北美洲:1。

Scandia J. W. Dawson 当归属 Apiaceae [MD-480] 特征纪要:习性:草本。花程式:=↓(K5),C5,A5,=↓G(-)。其他特征参考科。全球1个大洲分布及种数(1-2)◆大洋洲。

Scandicium (K. Koch) Thell. 针果芹属 Apiaceae [MD-480] 特征纪要:习性:-。花程式:-。其他特征参考科。全球1个大洲分布及种数(cf. 1)◆非洲。

Scandix L. 针果芹属 Apiaceae [MD-480] 特征纪要:习性:草本。花程式:-。物候:-。海拔:2000米。生境:草坡,垃圾场和路旁。栽培:来自广西龙州。资源:具栽培园艺种类。全球6个大洲分布及种数(25-28;hort. 1;cult. 1)非洲:9-15;亚洲:16-24;大洋洲:4-10;欧洲:16-22;北美洲:1-7;南美洲:2-9。【中国种数:3】。

Scandosorbus Sennikov 蔷薇属 Papaveraceae [MD-54] 特征纪要:习性:-。花程式:-。其他特征参考科。全球0个大洲分布及种数(1)。

Scapania (Dum.) Dum. 合叶苔属 Scapaniaceae [B-57] 特征纪要:习性:-。【Rep】:雌雄异株,雄苞间生,雌苞叶与侧叶相似,但较大,蒴萼多背腹扁平。物候:-。海拔:900米。生境:常见于山地湿土,沼泽生。资源:-。全球6个大洲分布及种数(74-77)非洲:12-64;亚洲:63-117;大洋洲:3-56;欧洲:32-84;北美洲:35-87;南美洲:7-59。【中国种数:42】。

Scapaniaceae Mig. [B-57] 合叶苔科 特征纪要:体形较大,绿色或棕绿色,有光泽,硬挺,疏生。【Rep】:雌雄同株。全球6个大洲分布和属种数(3/89-157)非洲:1-3/12-73;亚洲:2-3/71-135;大洋洲:2-3/9-71;欧洲:2-3/35-96;北美洲:3/42-103;南美洲:2-3/11-72。【中国属种数:3/50】。

Scapaniella (Taylor) A. Evans ex Verd. 腐木合叶苔属 Scapaniaceae [B-57] 特征纪要:-。全球3个大洲分布及种数(6)亚洲:4; 北美洲:2; 南美洲:3。

Scaphispatha Brongn. ex Schott 展苞芋属 Araceae [MM-639] 特征纪要:习性:草本。花程式:K0,C0,A1-4,=G1-3。其他特征参考科。全球1个大洲分布及种数(2)◆南美洲。

Scaphium Schott & Endl. 胖大海属 Malvaceae [MD-203] 特征纪要:习性:木本。花程式:-。物候:-。花期:4月。果期:参考晚于花期。海拔:100-3000米。生境:板状干基,中山坡路边灌丛。资源:药用,具栽培园艺种类。全球2个大洲分布及种数(8-14)亚洲:12; 南美洲:3。【中国种数:2】。

Scaphocalyx Ridl. 马来钟花属 Achariaceae [MD-159] 特征纪要:习性:木本。花程式:-。其他特征参考科。全球1个大洲分布及种数(2)◆东南亚(◆马来西亚)。

Scaphochlamys Baker 纹山柰属 Zingiberaceae [MM-737] 特征纪要:习性:草本。花程式:(K)3,C3,A5,=↓(G)3。其他特征参考科。全球2个大洲分布及种数(63-75)亚洲:72; 北美洲:3。【中国种数:1】。

Scaphopetalum Mast. 假可可属 Malvaceae [MD-203] 特征纪要:习性:木本。花程式:K3-5-∞,C3-5-∞,A10-8,=G1-5。其他特征参考科。全球2个大洲分布及种数(22-31)非洲:29; 亚洲:3。【中国种数:1】。

Scaphophyllum Inoü 碗叶苔属 Jungermanniaceae [B-38] 特征纪要:习性:-。【Rep】:雌苞腹叶长存。物候:-。海拔:-。生境:常见于腐木上。栽培:来自广西龙州。资源:具栽培园艺种类。全球1个大洲分布及种数(-)。

Scaphosepalum Pfitzer 碗萼兰属 Orchidaceae [MM-723] 特征纪要:习性:草本。花程式:(K)3,C3,A3,=↓G3。其他特征参考科。全球6个大洲分布及种数(49-55;hort. 1)非洲:1;亚洲:1;大洋洲:1;欧洲:1;北美洲:8-9;南美洲:47-52。

Scaphospermum Korovin = **Parasilaus**

Scaphyglottis Pöpp. & Endl. 碗唇兰属 Orchidaceae [MM-723] 特征纪要:习性:草本。花程式:(K)3,C3,A3,=↓G3。其他特征参考科。全球6个大洲分布及种数(77-177)非洲:2; 亚洲:14; 大洋洲:1; 欧洲:112; 北美洲:112; 南美洲:120。【中国种数:1】。

Scapiarabis M. Koch, R. Karl, D. A. German & Al-Shehbaz 碗唇菜属 Brassicaceae [MD-213] 特征纪要:习性:草本。花程式:K4,C4,A3 参考科,↓G-参考科。其他特征参考科。全球1个大洲分布及种数(4) ◆亚洲:4。

Scapicephalus Ovcz. & Czukav. = **Pseudomertensia**

Scapisenecio <unassigned> 菊属 Asteraceae [MD-586] 特征纪要:习性:-。花程式:-。其他特征参考科。全球1个大洲分布及种数(-)。

Scaraboides Magee & B.-E. van Wyk 碗伞花属 Apiaceae [MD-480] 特征纪要:习性:草本。花程式:=↓(Kn),C5,A3 参考科,=↓G(-)。其他特征参考科。全球1个大洲分布及种数(1) ◆非洲。

Scariola F. W. Schmidt 雀苣属 Lactucaceae [MD-593] 特征纪要:草本或小半灌木。花程式(参考科):S:K(-),P:C3,A:4-5,O:↓(G)2/Ou:1,F:瘦果,S:棕色,无胚乳。全球1个大洲分布及种数(1)。

Sceletium N. E. Br. 镇心草属 Aizoaceae [MD-94] 特征纪要:习性:-。花程式:-。其他特征参考科。全球1个大洲分布及种数(12-14)◆非洲。

Scelochiloides Dodson & M. W. Chase 凹唇兰属 Orchidaceae [MM-723] 特征纪要:习性:-。花程式:-。其他特征参考科。全球1个大洲分布及种数(cf. 1)◆南美洲。

Scelochilopsis Dodson & M. W. Chase = **Comparettia**

Scelochilus Klotzsch 硬唇兰属 Orchidaceae [MM-723] 特征纪要:习性:-。花程式:-。其他特征参考科。全球2个大洲分布及种数(10-72)北美洲:5; 南美洲:72。
Scepasma Blume = **Phyllanthus**
Scepocarpus Wedd. = **Urera**
Scepseothamnus Cham. = **Alibertia**
Sceptranthes Graham = **Zephyranthes**
Sceptridium Lyon 阴地蕨属 Ophioglossaceae [F-9] 特征纪要:习性:-。【Rep】:囊群生叶背。其他特征参考科。全球5个大洲分布及种数(1-39)亚洲:18; 大洋洲:4; 欧洲:22; 北美洲:22; 南美洲:8。
Sceptrocnide Maxim. = **Laportea**
Schaeffera Schreb. = **Schaefferia**
Schaefferia Jacq. 榄黄杨属 Celastraceae [MD-339] 特征纪要:习性:木本。花程式:-。其他特征参考科。全球3个大洲分布及种数(11-17)亚洲:cf. 1;北美洲:7-13;南美洲:4。
Schaereria <unassigned> 岩石蕨属 Woodsiaceae [F-47] 特征纪要和分布(-)。
Schaetzelia Sch. Bip. = **Onoseris**
Schaffnerella Nash = **Muhlenbergia**
Schaffneria Fée 石扇蕨属 Aspleniaceae [F-43] 特征纪要:习性:-。其他特征参考科。全球1个大洲分布及种数(-)◆欧洲。
Schanginia C. A. Mey. = **Homalachne**
Schauera Nees ex Lindl. 樟科属 Lauraceae [MD-21] 特征纪要:习性:-。花程式:-。其他特征参考科。分布:-。
Schaueria Nees 金羽花属 Acanthaceae [MD-572] 特征纪要:习性:-。花程式:-。其他特征参考科。全球6个大洲分布及种数(28-30)非洲:1-2;亚洲:1;大洋洲:1-2;欧洲:1;北美洲:8-9;南美洲:22-25。
Schaueriopsis Champl. & I. Darbysh. 金爵床属 Acanthaceae [MD-572] 特征纪要:习性:草本。花程式:Kn,C0,A3参考科,↓G。其他特征参考科。全球1个大洲分布及种数(1)◆非洲。
Schedonnardus Steud. 异留草属 Poaceae [MM-748] 特征纪要:习性:-。花程式:-。其他特征参考科。全球6个大洲分布及种数(2)非洲:1-2;亚洲:1;大洋洲:1-2;欧洲:1;北美洲:1-2;南美洲:1-2。
Schedonorus P. Beauv. 杂雀麦属 Poaceae [MM-748] 特征纪要:习性:-。花程式:-。其他特征参考科。全球6个大洲分布及种数(6-8)非洲:3-7;亚洲:4-8;大洋洲:4;欧洲:4-8;北美洲:4-8;南美洲:4。
Scheelea Karsl. 迤逦椰子属 Arecaceae [MM-717] 特征纪要:木本,落叶。花程式:K3-10,C3-10,A3-10,=↑G:3-10。果实:核果。种子:具种仁,直径约4.5毫米。全球6个大洲分布及种数(6-7)非洲:1;亚洲:1;大洋洲:1;欧洲:1;北美洲:2;南美洲:5-6。
Schefflera J. R. Forst. & G. Forst. 南鹅掌柴属 Araliaceae [MD-471] 特征纪要:习性:木质攀援。花程式:-。物候:-。花期:7-10月。果期:参考晚于花期。海拔:100-2100米。生境:中山湿性常绿阔叶林。资源:具栽培园艺种类。全球6个大洲分布及种数(353-579;hort. 1;cult. 5)非洲:19-91;亚洲:161-312;大洋洲:18-39;欧洲:20;北美洲:37-58;南美洲:164-203。
Schefflerodendron Harms 舍夫豆属 Fabaceae3 [MD-240] 特征纪要:习性:木本。花程式:=↓(K1-∞),C1-∞,A5-9,=↓G1。其他特征参考科。全球1个大洲分布及种数(4)◆非洲。
Scheffleropsis Ridley = **Schefflera**
Scheflera Pers. = **Schefflera**
Scheidweileria Klotzsch = **Begonia**
Schelhammera R. Br. 薹草属 Colchicaceae [MM-623] 特征纪要:习性:草本。花程式:(K-),C0参考科,A3参考科,G3-参考科。其他特征参考科。全球3个大洲分布及种数(2-5)非洲:1; 亚洲:1; 大洋洲:2。
Schellolepis J. Sm. 盖舌蕨属 Polypodiaceae [F-60] 特征纪要:习性:-。【Rep】:孢子囊群圆形,在羽片中脉两侧各1行,生于靠近中脉的1行网眼的内藏小脉顶端,通常多少陷入于穴孔内并在叶表面略形成乳头状突起,幼时有隔丝。物候:-。海拔:50-3600米。生境:常绿阔叶林,棕竹林下。资源:-。全球6个大洲分布及种数(6)非洲:1;亚洲:4-10;大洋洲:4-5;欧洲:1-2;北美洲:1-2;南美洲:2-3。
Schenckochloa J. J. Ortíz = **Gouinia**
Schenkia Griseb. 青龙胆属 Gentianaceae [MD-496] 特征纪要:习性:草本。花程式:K4-5,C0,A10,=↓(G)2。物候:-。花期:5-7月。果期:参考晚于花期。海拔:2-6000米。生境:耕地杂草。资源:-。全球6个大洲分布及种数(6-9)非洲:2; 亚洲:4; 大洋洲:6; 欧洲:4; 北美洲:4; 南美洲:4。【中国种数:2】。
Schenodorus P. Beauv. = **Schedonorus**
Scherya R. M. King & H. Rob. 彩片菊属 Asteraceae [MD-586] 特征纪要:习性:草本。花程式:(K)3-5,C3-5,A3-5,=↓(G)2。其他特征参考科。全球1个大洲分布及种数(1)◆南美洲(◆巴西)。
Schetti Adans. = **Ixora**
Scheuchzeria L. 冰沼草属 Scheuchzeriaceae [MM-603] 特征纪要(同科)。全球6个大洲分布及种数(1-15)非洲:2; 亚洲:6; 大洋洲:2; 欧洲:8; 北美洲:8; 南美洲:3。【中国种数:1】。
Scheuchzeriaceae F. Rudolphi [MM-603] 冰沼草科 特征纪要:习性:草本;落叶。花程式:K0,C5,A6,↓(G)-。物候:-。花期:6-7月。果期:7-8月。果实:蓇葖果。种子:无胚乳,子叶圆形。海拔:10-1680米。生境:沼泽和其他极湿处。资源:-。栽培:-。全球4个大洲分布及属种数(2/3 hort. 1)亚洲:2/3; 欧洲:1/2; 北美洲:2/3; 南美洲:2/2。【中国属种数:1/1】。

S

Schickendantziella Speg. 鼎蛛花属 Amaryllidaceae［MM－694］特征纪要：习性：草本。花程式：－。其他特征参考科。全球 1 个大洲分布及种数(1)◆南美洲。

Schiedea Cham. & Schltdl. 洋漆姑属 Caryophyllaceae［MD－77］特征纪要和分布(－)。全球 1 个大洲分布及种数(23－38)◆北美洲。

Schiedeella Schltr. 缎兰属 Orchidaceae［MM－723］特征纪要：习性：草本。花程式：(K)3，C3，A3，=↓G3。其他特征参考科。全球 4 个大洲分布及种数(18－61)非洲：2；欧洲：24；北美洲：24；南美洲：8。

Schiekia Meisn. 淡血草属 Haemodoraceae［MM－718］特征纪要：习性：草本。花程式：(K)3，C0 参考科，A3，↓G3。其他特征参考科。全球 3 个大洲分布及种数(3－10)亚洲：2；北美洲：2；南美洲：9。

Schiffneria Steph. 塔叶苔属 Cephaloziaceae［B－52］特征纪要：习性：－。【Rep】：雌雄异株，雌雄苞均由茎腹面伸出，呈短枝状。物候：－。海拔：－。生境：江边山坡。资源：－。全球 6 个大洲分布及种数(3)非洲：1；亚洲：2－3；大洋洲：1；欧洲：1；北美洲：1；南美洲：1。【中国种数：2】。

Schiffneriolejeunea Verd. 尼鳞苔属 Lejeuneaceae［B－84］特征纪要：习性：－。【Rep】：雌苞顶生于主枝，蒴萼具 3 个脊，并常附 1－7 个小脊，脊部具冠状突起，一般稀疏生长。物候：－。海拔：－。生境：山坡，针阔混交林中。资源：－。全球 4 个大洲分布及种数(12)非洲：5；亚洲：4；大洋洲：4；南美洲：2。

Schima Reinw. ex Bl. 木荷属 Theaceae［MD－168］特征纪要：习性：木本。花程式：－。物候：－。花期：7－9 月。果期：参考晚于花期。海拔：300－2700 米。生境：常绿阔叶林。资源：药用。全球 4 个大洲分布及种数(16－85)亚洲：67；大洋洲：2；北美洲：2；南美洲：3。【中国种数：12】。

Schimpera Steud. & Hochst. ex Endl. 盾喙芥属 Brassicaceae［MD－213］特征纪要：习性：草本。花程式：K2－4，C2－4，A2－4，=G2。其他特征参考科。全球 2 个大洲分布及种数(1－3)非洲：2；亚洲：3。

Schimperella Thér. 钻地藓属 Brachytheciaceae［B－187］特征纪要：习性：－。【Rep】：雌苞侧生，雌苞叶分化，蒴柄长，平滑或粗糙，孢蒴卵球形或长椭圆状圆柱形，下弯至横生，甚少直立，颈部短而，绿色或棕绿色。其他特征参考科。全球 2 个大洲分布及种数(9)非洲：7；亚洲：3。

Schimperobryaceae W. R. Buck, C. J. Cox, A. J. Shaw & Goffinet［B－163］辛氏亮叶藓科 特征纪要(参考 Schistostegaceae)：细小，绿色，扁平，习生于阴暗处的藓丛。全球 1 个大洲分布和属种数(1/1)◆南美洲：1/1－1。

Schimperobryum Margad. 智利油藓属 Schimperobryaceae［B－163］特征纪要(同科)。全球 2 个大洲分布及种数(3)亚洲：2；南美洲：2。

Schindleria H. Walter 苋珊瑚属 Petiveriaceae［MD－128］特征纪要：习性：灌木。花程式：K4－5，C0，A6，=G1－4。其他特征参考科。全球 2 个大洲分布及种数(3－12)北美洲：2；南美洲：11。

Schinopsis Engl. 破斧木属 Anacardiaceae［MD－432］特征纪要：习性：木本。花程式：K5，C5，A5－10，=(G)1－3。其他特征参考科。全球 3 个大洲分布及种数(6－18)亚洲：2；北美洲：6；南美洲：15。【中国种数：1】。

Schinus L. 肖乳香属 Anacardiaceae［MD－432］特征纪要：习性：木本。花程式：－。物候：－。海拔：－。生境：－。资源：具栽培园艺种类。全球 6 个大洲分布及种数(47－51；hort. 1；cult. 8)非洲：6－10；亚洲：7－11；大洋洲：6－10；欧洲：8－12；北美洲：11－15；南美洲：44－51。【中国种数：1】。

Schinziella Gilg 欣兹龙胆属 Gentianaceae［MD－496］特征纪要：习性：草本。花程式：K4，C0，A10，=(G)2。其他特征参考科。全球 1 个大洲分布及种数(1)◆非洲。

Schinziophyton Hutch. ex Radcl.－Sm. 护肤桐属 Euphorbiaceae［MD－217］特征纪要：习性：木本。花程式：K1(1000)，C0，A6，↓G－参考科。其他特征参考科。全球 1 个大洲分布及种数(1)◆非洲。

Schippia Burret 单心棕属 Arecaceae［MM－717］特征纪要：习性：木本。花程式：K3－10，C3－10，A3－10，=G3－10。其他特征参考科。全球 1 个大洲分布及种数(1)◆北美洲。

Schisandra Michx. 五味子属 Schisandraceae［MD－8］特征纪要：习性：木质攀援。花程式：－。物候：－。花期：4－6 月。果期：参考晚于花期。海拔：800－2100 米。生境：宅院附近。资源：药用，园艺，食用，具栽培园艺种类。全球 6 个大洲分布及种数(26－27；hort. 1；cult. 3)非洲：3；亚洲：25－31；大洋洲：3；欧洲：3；北美洲：8－11；南美洲：3。【中国种数：22】。

Schisandraceae Bl.［MD－8］五味子科 特征纪要：习性：木本，藤本；落叶。花程式：♀/♂K4－5(－)，C5，A8，G12(300)。物候：－。花期：6 月。果期：9 月。果实：蓇葖果，浆果。种子：－。海拔：0 米。生境：产于浙江，江西，福建，河南南部(信阳)，湖北，湖南，广东，广西，四川中部，贵州，云南东南部。资源：园艺，药用。栽培：－。全球 2 个大洲分布及属种数(3/47－52 <IFR 1/4> hort. 1；cult. 1) 亚洲：2/46－51(IFR 1/4)；北美洲：2/10。【中国属种数：2/32】。

Schischkinia Iljin 白刺菊属 Asteraceae［MD－586］特征纪要：习性：草本。花程式：(K)3－5，C3－5，A3 参考科，↓G。物候：－。花期：6 月。果期：参考晚于花期。海拔：600 米。生境：沙地。资源：－。全球 1 个大洲分布及种数(cf. 1)◆亚洲。【中国种数：1】。

Schisma Dum. 长刺剪叶苔属 Herbertaceae［B－69］特征纪要：习性：－。物候：－。海拔：－。生境：树生，土生。资源：－。全球 5 个大洲分布及种数(48)非洲：11；亚洲：9；大洋洲：7；北美洲：1；南美洲：20。

Schismatoclada Baker 裂枝茜属 Rubiaceae［MD－523］特征纪要：习性：木本。花程式：(K)4－5，(C)4－5，A4－5，=↓G2－9。其他特征参考科。全球 1 个大洲分布及种数(15－19)◆非洲(◆马达加斯加)。

Schismatoglottis Zoll. & Mor. 落檐属 Araceae［MM－639］特征纪要：习性：草本(基生，多肉)。花程式：K0，C0，A3 参考科，=(G)1－3。物候：－。花期：6 月。果期：参考晚于花期。海拔：700－900 米。生境：热带密林中石上，热带森林下层。资源：具栽培园艺种类。全球 6 个大洲分布及种数(150－305)非洲：16；亚洲：284；大洋洲：33；欧洲：4；北美洲：4；南美洲：11。【中国种数：2】。

Schismatopera Klotzsch = **Pera**

Schismocarpus S. F. Blake 裂果刺莲花属 Loasaceae［MD－435］特征纪要:习性:木本。花程式:－。其他特征参考科。全球1个大洲分布及种数(2)◆北美洲(◆墨西哥)。

Schismus P. Beauv. 齿稃草属 Poaceae［MM－748］特征纪要:习性:草本(基生)。花程式:(K－),C0参考科,A3,G－。物候:－。海拔:10－5600米。生境:开阔地带,盐碱地和沙漠。资源:具栽培园艺种类。全球6个大洲分布及种数(7)非洲:6－8;亚洲:3－5;大洋洲:2－4;欧洲:2－4;北美洲:2－4;南美洲:2。【中国种数:2】。

Schistachne Fig. & De Not. = **Aristida**

Schistidium Bruch & Schimp. 连轴藓属 Grimmiaceae［B－115］特征纪要:习性:－。【Rep】:－。物候:－。海拔:1000米。生境:草甸岩面土生。资源:－。全球6个大洲分布及种数(129)非洲:36;亚洲:28;大洋洲:13;欧洲:58;北美洲:62;南美洲:41。【中国种数:16】。

Schistocarpaea F. Müll. 裂果鼠李属 Rhamnaceae［MD－331］特征纪要:习性:木本(水生)。花程式:K4－5,C4－5,A2,＝(G)2－5。其他特征参考科。全球1个大洲分布及种数(1)◆大洋洲(◆澳大利亚)。

Schistocarpha Less. 裂托菊属 Asteraceae［MD－586］特征纪要:习性:草本。花程式:(K)3－5,(C)3－5,A3－5,＝↓G2。其他特征参考科。全球2个大洲分布及种数(15－18)北美洲:13－15;南美洲:4。

Schistochila Dum. 歧舌苔属 Schistochilaceae［B－34］特征纪要:习性:－。【Rep】:雌雄异株,雄苞顶生,雄苞叶数对。其他特征参考科。全球6个大洲分布及种数(32)非洲:4－24;亚洲:12－32;大洋洲:16－36;欧洲:20;北美洲:20;南美洲:8－28。【中国种数:4】。

Schistochilaceae Broth.［B－34］歧舌苔科 特征纪要:主茎匍匐横生,常成片贴生,有棕色假根。【Rep】:雌雄异苞同株或雌雄异株,内雌苞叶基部略长或呈鞘状,上部具长尖,叶边全缘。全球6个大洲分布和属种数(3/50－70)非洲:2/6－26;亚洲:2/15－35;大洋洲:2/28－48;欧洲:1/20;北美洲:1/20;南美洲:3/14－34。【中国属种数:3/6】。

Schistochilaster H. A. Mill. 歧舌苔科属 Schistochilaceae［B－34］特征纪要:习性:－。【Rep】:雌雄异株,雄苞顶生,雄苞叶数对,与茎叶相,或单独簇状生长。其他特征参考科。全球2个大洲分布及种数(3)非洲:2; 亚洲:2。

Schistochilopsis (N. Kitag.) Konstant. 歧舌苔科属 Scapaniaceae［B－57］特征纪要:习性:－。【Rep】:常具蒴囊,绿色、黄绿色、暗绿色或红褐色。物候:－。海拔:－。生境:常见于腐木上。栽培:来自广西龙州。资源:具栽培园艺种类。全球4个大洲分布及种数(8)亚洲:6;欧洲:3;北美洲:5;南美洲:1。

Schistocodon Schauer = **Toxocarpus**

Schistogyne Hook. & Arn. 裂蕊萝藦属 Apocynaceae［MD－492］特征纪要:习性:－。花程式:－。其他特征参考科。全球1个大洲分布及种数(9)◆南美洲。

Schistolobos W. T. Wang = **Opithandra**

Schistomitrium Dozy & Molk. 光发藓属 Dicranaceae［B－128］特征纪要:习性:－。【Rep】:孢蒴无气孔,雌雄异株或假雌雄同株,雌苞叶鞘状,具长尖,孢子体顶生或侧生,有时丛生,蒴柄直立。其他特征参考科。全球2个大洲分布及种数(8)亚洲:7;大洋洲:3。

Schistonema Schltr. 裂丝萝藦属 Apocynaceae［MD－492］特征纪要:习性:木本。花程式:K5,C0,A5,＝(G)2。其他特征参考科。全球1个大洲分布及种数(1)◆南美洲。

Schistophragma Benth. ex Endl. 裂隔玄参属 Plantaginaceae［MD－527］特征纪要:习性:草本。花程式:K2－4,C0,A2－4,↓G2。其他特征参考科。全球3个大洲分布及种数(3－7)亚洲:2; 北美洲:7; 南美洲:4。

Schistophyllidium (Juz. ex Fed.) Ikonn. = **Potentilla**

Schistophyllum Lindb. 凤尾藓科属 Fissidentaceae［B－131］特征纪要:习性:－。【Rep】:孢蒴弯曲。生境:常见于半荫蔽环境溪边石上,土生。全球2个大洲分布及种数(28)北美洲:1; 南美洲:1。【中国种数:1】。

Schistostega D. Mohr 光藓属 Schistostegaceae［B－132］特征纪要(同科)。全球4个大洲分布及种数(1)非洲:1;亚洲:1;欧洲:1;北美洲:1。

Schistostegaceae Schimp.［B－132］光藓科 特征纪要:密集生长。【Rep】:雌雄同株,雌苞生于茎或分枝先端,蒴被发达,短柱形,被长纤毛,孢蒴卵圆形,蒴壁厚4－6层细胞。全球3个大洲分布和属种数(1/1)亚洲:1/1;欧洲:1/1;北美洲:1/1。

Schistostemon (Urb.) Cuatrec. 叉蕊木属 Humiriaceae［MD－348］特征纪要:习性:木本。花程式:K10－30,C10－30,A20,G4－5。其他特征参考科。全球1个大洲分布及种数(16)◆南美洲。

Schistostephium Less. 平菊木属 Asteraceae［MD－586］特征纪要:习性:草本。花程式:(K)3－5,C3－5,A3－5,＝↓(G)2。其他特征参考科。全球1个大洲分布及种数(12)◆非洲。

Schivereckia Andrz. ex DC. 庭荠属 Brassicaceae［MD－213］特征纪要:习性:草本。花程式:K4,C4,A3参考科,↓G－参考科。其他特征参考科。全球1个大洲分布及种数(2)◆欧洲。

Schizachne Hack. 裂稃茅属 Poaceae［MM－748］特征纪要:习性:草本(基生)。花程式:(K－),C0参考科,A3,G－。物候:－。海拔:800－3500米。生境:林下灌木,潮湿的草地。资源:－。全球6个大洲分布及种数(3;hort. 1;cult. 2)非洲:2;亚洲:1－4;大洋洲:2;欧洲:2;北美洲:2－4;南美洲:2。【中国种数:1】。

Schizachyrium Nees 裂稃草属 Poaceae［MM－748］特征纪要:习性:草本(基生)。花程式:(K－),C0参考科,A3参考科,＝G2－3。物候:－。海拔:1200－3400米。生境:山坡,针阔混交林下。资源:蛋白质,具栽培园艺种类。全球6个大洲分布及种数(70－77;hort. 1;cult. 2)非洲:37－44;亚洲:20－25;大洋洲:17－27;欧洲:5－10;北美洲:28－35;南美洲:29－34。【中国种数:5】。

Schizacme Dunlop 莲杯花属 Loganiaceae［MD－486］特征纪要:习性:木本。花程式:－。其他特征参考科。全球

1个大洲分布及种数(5)◆大洋洲。

Schizaea Sm. 羽莎蕨属 Schizaeaceae [F-19] 特征纪要:习性:-。【Rep】:孢子囊形体同海金沙科,无柄。物候:-。海拔:-。生境:热带地区干燥贫瘠沙质酸性土壤上。栽培:来自广西龙州。资源:具栽培园艺种类。全球6个大洲分布及种数(32-42;hort.1)非洲:4-7;亚洲:14-17;大洋洲:17-23;欧洲:1-2;北美洲:9-10;南美洲:17-19。【中国种数:7】。

Schizaeaceae Kaulf. [F-19] 莎草蕨科 特征纪要:体形中形,茎匍匐先端上倾,腹面分枝。【Rep】:雌枝和雄枝短,生于茎腹面,受精后雌苞发育成棒状假蒴萼,蒴柄粗,直径6个细胞,芽胞缺失或发育。全球6个大洲分布和属种数(3-4;hort. & cult.2-3)(181-249;hort. & cult.8-12)非洲:3-4/24-34;亚洲:3-4/24-34;大洋洲:3-4/31-42;欧洲:2-4/2-7;北美洲:3-4/52-68;南美洲:3-4/119-135。【中国属种数:2/9】。

Schizanthus Ruiz & Pav. 蛾蝶花属 Solanaceae [MD-503] 特征纪要:习性:灌木。花程式:K3-4,C0,A2,=↓G2。物候:-。海拔:-。生境:-。资源:具栽培园艺种类。全球6个大洲分布及种数(17-52)非洲:2; 亚洲:2; 大洋洲:2; 欧洲:4; 北美洲:4; 南美洲:45。【中国种数:1】。

Schizea Raf. = **Schizaea**

Schizeilema (Hook. f.) Domin 裂壳草属 Apiaceae [MD-480] 特征纪要:习性:-。花程式:-。其他特征参考科。全球2个大洲分布及种数(21)大洋洲:18; 南美洲:3。

Schizenterospermum Homolle ex Arènes 星裂籽属 Rubiaceae [MD-523] 特征纪要:习性:木本。花程式:(K)4-5,(C)4-5,A4-5,=↓(G)2-9。其他特征参考科。全球1个大洲分布及种数(4)◆非洲(◆马达加斯加)。

Schizobasis Baker 小苍角殿属 Asparagaceae [MM-669] 特征纪要:习性:-。花程式:-。其他特征参考科。全球2个大洲分布及种数(15)非洲:11; 南美洲:3。

Schizoboea (Engl.) B. L. Burtt 长蒴苣苔属 Gesneriaceae [MD-549] 特征纪要:习性:-。花程式:-。其他特征参考科。全球2个大洲分布及种数(cf.1)非洲;南美洲。

Schizocaena J. Sm. = **Cyathea**

Schizocalomyrtus Kausel = **Calycorectes**

Schizocalyx Wedd. 东鸡纳属 Rubiaceae [MD-523] 特征纪要和分布(-)。全球1个大洲分布及种数(9)◆南美洲。

Schizocapsa Hance 裂果薯属 Taccaceae [MM-685] 特征纪要:草本,(根状茎,基生),落叶。花程式:(K)6,C6,A6,G。果实:蒴果。种子:多数。全球1个大洲分布及种数(cf. 1)◆亚洲。

Schizocardia A. C. Sm. & Standl. = **Purdiaea**

Schizocarphus van der Merwe 碧药花属 Asparagaceae [MM-669] 特征纪要:习性:草本。花程式:(K)3,C3,A3-6,G3- 参考科。其他特征参考科。全球2个大洲分布及种数(1-10)非洲:9; 大洋洲:2。

Schizocarpum Schröd. 裂果葫芦属 Cucurbitaceae [MD-205] 特征纪要:习性:木本。花程式:=↓(K3-5),C3-5,A3-5,=↓(G)1-2。其他特征参考科。全球2个大洲分布及种数(9-17)北美洲:12; 南美洲:2。

Schizocarpus P. & K. = **Lapsana**

Schizocarya Spach = **Gaura**

Schizocentron Meisn. = **Heterocentron**

Schizochilus Sond. 裂唇兰属 Orchidaceae [MM-723] 特征纪要:习性:草本。花程式:(K)3,C3,A3,=↓(G)3。其他特征参考科。全球2个大洲分布及种数(13-43)非洲:40; 南美洲:10。

Schizochiton Spreng. = **Chisocheton**

Schizocodon Siebold & Zucc. 岩镜属 Diapensiaceae [MD-405] 特征纪要:习性:木本。花程式:-。物候:-。海拔:900-5000米。生境:林下或灌木林中岩石上。资源:具栽培园艺种类。全球3个大洲分布及种数(10-20)亚洲:17; 北美洲:2; 南美洲:2。【中国种数:1】。

Schizocolea Bremek. 裂鞘茜属 Rubiaceae [MD-523] 特征纪要:习性:木本。花程式:(K)4-5,(C)4-5,A4-5,=↓(G)2-9。其他特征参考科。全球2个大洲分布及种数(2-8)非洲:3; 南美洲:6。

Schizodon Sw. = **Schlotheimia**

Schizoglossum E. Mey. 裂舌萝藦属 Apocynaceae [MD-492] 特征纪要:木本。花程式:K5,C0,A15,=↓G2。其他特征参考科。全球4个大洲分布及种数(37-194)非洲:181; 亚洲:4; 大洋洲:2; 南美洲:3。【中国种数:1】。

Schizogyne Cass. 旋覆花科属 Inulaceae [MD-585] 特征纪要:习性:-。花程式:-。其他特征参考科。全球1个大洲分布及种数(3)◆欧洲:1。

Schizojacquemontia (Roberty) Roberty = **Jacquemontia**

Schizolaena Thou. 齿杯花属 Sarcolaenaceae [MD-153] 特征纪要:习性:木本。花程式:K5-10,C5-10,A5-10,G1-3。其他特征参考科。全球1个大洲分布及种数(19-22)◆非洲(◆马达加斯加)。

Schizolegnia Alston = **Lindsaea**

Schizolepis Schröd. ex Nees = **Scleria**

Schizolepton Fée = **Taenitis**

Schizolobium Vogel 离荚豆属 Fabaceae2 [MD-240] 特征纪要:习性:木本。花程式:=↓(K3-5-∞),C3-5-∞,A1-10-50,=↓G1。其他特征参考科。全球6个大洲分布及种数(3)非洲:2;亚洲:1-3;大洋洲:2;欧洲:2;北美洲:2-4;南美洲:2-4。【中国种数:1】。

Schizoloma Gaud. 双唇蕨属 Lindsaeaceae [F-27] 特征纪要:习性:-。【Rep】:孢子囊群线形,沿叶边生于联结多数细脉的顶端,不断裂。物候:-。海拔:500-850米。生境:山谷常绿阔叶林下,竹林及杂木林下。资源:-。全球6个大洲分布及种数(38)非洲:5; 亚洲:16; 大洋洲:4; 欧洲:1; 北美洲:1; 南美洲:7。

Schizomeria D. Don 齿瓣李属 Cunoniaceae [MD－255] 特征纪要:习性:木本。花程式:=↓(K4－5),C4－5,A4－5,=↓G2－3。其他特征参考科。全球6个大洲分布及种数(9－40)非洲:26; 亚洲:12; 大洋洲:40; 欧洲:10; 北美洲:10; 南美洲:6。【中国种数:1】。

Schizomitrium Schimp. 青舌苔属 Hookeriaceae [B－164] 特征纪要:习性:－。【Rep】:雌雄异苞同株,蒴柄红色或橙红色,平滑,孢蒴平列或下垂,长卵形,环带发达,易脱落,蒴齿两层。物候:－。海拔:－。生境:常见于河边石坝上。资源:－。全球5个大洲分布及种数(14)非洲:4;亚洲:1;欧洲:1;北美洲:3;南美洲:6。

Schizomussaenda H. L. Li 裂果金花属 Rubiaceae [MD－523] 特征纪要:习性:木本。花程式:(K－),(C)5 参考科,A6,↓G2。物候:－。花期:5－10月。果期:参考晚于花期。海拔:100－1000米。生境:森林。资源:药用。全球1个大洲分布及种数(cf. 1)◆亚洲。【中国种数:1】。

Schizonepeta Briq. 裂叶荆芥属 Lamiaceae [MD－575] 特征纪要:草本(基生),落叶。花程式:Kn,具15脉,C0,A4或2,G(－)。果实:－。种子:子叶缘倚胚根。全球1个大洲分布及种数(1)◆亚洲。

Schizonephos Griff. = **Piper**

Schizopelte Th. Fr. 扭叶苔科属 Riellaceae [B－5] 特征纪要:－。全球1个大洲分布及种数(2)◆南美洲:1。

Schizopepon Maxim. 裂瓜属 Cucurbitaceae [MD－205] 特征纪要:习性:木质攀援。花程式:－。物候:－。海拔:1000－2400米。生境:草地和路旁。资源:－。全球3个大洲分布及种数(10－18)亚洲:18; 欧洲:2; 北美洲:2。【中国种数:6】。

Schizopetalon Sims 裂瓣芥属 Brassicaceae [MD－213] 特征纪要:习性:草本。花程式:K2－4,C2－4,A2－4,=G2。其他特征参考科。全球2个大洲分布及种数(10－21)北美洲:2; 南美洲:21。

Schizophragma Siebold & Zucc. 钻地风属 Hydrangeaceae [MD－429] 特征纪要:习性:－。花程式:－。物候:－。花期:6月。果期:参考晚于花期。海拔:200－2000米。生境:道路斜坡。资源:具栽培园艺种类。全球3个大洲分布及种数(2－32)亚洲:27; 欧洲:4; 北美洲:4。

Schizophyllopsis Váňa & L. Söderstr. 褶裂苔属 Anastrophyllaceae [B－60] 特征纪要:习性:－。【Rep】:雌雄同株或异株或有序同苞,雄苞顶生或间生,雄苞叶2－3对。物候:－。海拔:－。生境:常见于腐木上。栽培:来自广西龙州。资源:具栽培园艺种类。全球1个大洲分布及种数(－)。

Schizopogon Rchb. = **Schizachyrium**

Schizopsera Turcz. ex Fisch. & C. A. Mey. 菊科属 Asteraceae [MD－586] 特征纪要:－。全球1个大洲分布及种数(8)◆南美洲:1。

Schizoptera Turcz. 裂翅菊属 Asteraceae [MD－586] 特征纪要:草本。花程式:(K)3－5,(C)3－5,A3－5,=↓G2。其他特征参考科。全球6个大洲分布及种数(2－3)非洲:1;亚洲:1;大洋洲:1;欧洲:1;北美洲:2;南美洲:1－2。

Schizorhiza Goldblatt & J. C. Manning 鸢尾科属 Iridaceae [MM－700] 特征纪要:习性:草本。花程式:－。其他特征参考科。全球1个大洲分布及种数(－)。

Schizostachyum Nees 思簩竹属 Poaceae [MM－748] 特征纪要:习性:竹类。花程式:(K－),C0 参考科,A3 参考科,=(G)2－3。物候:－。海拔:400－700米。生境:－。资源:药用,具栽培园艺种类。全球6个大洲分布及种数(71－145)非洲:13; 亚洲:120; 大洋洲:18; 欧洲:8; 北美洲:8; 南美洲:2。【中国种数:13】。

Schizostege Hillebr. 凤尾蕨属 Pteridaceae [F－31] 特征纪要:－。分布:－。

Schizostephanus Hochst. ex Benth. & Hook. f. 鹅绒藤属 Apocynaceae [MD－492] 特征纪要:习性:－。花程式:－。其他特征参考科。全球1个大洲分布及种数(－)。

Schizotechium (Fenzl) Rchb. 繁缕属 Caryophyllaceae [MD－77] 特征纪要:习性:－。花程式:－。其他特征参考科。全球1个大洲分布及种数(－)。

Schizotorenia T. Yamaz. 蝴蝶草属 Linderniaceae [MD－534] 特征纪要:习性:草本。花程式:K5,C0,A3 参考科,↓G2。其他特征参考科。全球1个大洲分布及种数(2－3)◆亚洲。

Schizotrichia Benth. 裂毛菊属 Asteraceae [MD－586] 特征纪要:习性:草本。花程式:(K)3－5,C3－5,A3－5,=↓(G)2。其他特征参考科。全球1个大洲分布及种数(4－5)◆南美洲。

Schizozygia Baill. 手疮木属 Apocynaceae [MD－492] 特征纪要:习性:木本。花程式:K5－∞,C0,A15,=↓(G)2－5。其他特征参考科。全球1个大洲分布及种数(2)◆非洲。

Schizymenium Harv. 五灯藓属 Bryaceae [B－146] 特征纪要:习性:－。【Rep】:呈黄绿带红棕色。其他特征参考科。全球6个大洲分布及种数(47)非洲:8;亚洲:2;大洋洲:1;欧洲:2;北美洲:12;南美洲:33。

Schlagintweitia Griseb. 山柳菊属 Asteraceae [MD－586] 特征纪要:习性:－。花程式:－。其他特征参考科。全球0个大洲分布及种数(5－7)。

Schlagintweitiella Ulbr. = **Thalictrum**

Schlechtendalia Less. = **Adenophyllum**

Schlechteranthus Schwantes 叠琅玉属 Aizoaceae [MD－94] 特征纪要:习性:灌木。花程式:=↓(K3－4),C3－4,A5 参考科,=↓G－。其他特征参考科。全球1个大洲分布及种数(16)◆非洲。

Schlechterina Harms 单柱莲属 Passifloraceae [MD－151] 特征纪要:习性:木本。花程式:－。其他特征参考科。全球1个大洲分布及种数(1)◆非洲。

Schlechterosciadium H. Wolff = **Chamarea**

Schlegelia Miq. 钟萼桐属 Schlegeliaceae [MD－538] 特征纪要:习性:木本。花程式:－。其他特征参考科。全球3个大洲分布及种数(22－27)亚洲:5－6;北美洲:10－11;南美洲:19－22。【中国种数:1】。

Schlegeliaceae Reveal [MD－538] 钟萼桐科 特征纪要:习性:木本;落叶。花程式:K4－5(－),C0,A2,G－。全球3个大洲分布及属种数(5/40－46 hort.1) 亚洲:1/6－7; 北美洲:3/25－27; 南美洲:3/23－26。【中国属种数:1/1】。

Schleichera Willd. 久树属 Sapindaceae [MD－428] 特征纪要:习性:木本。花程式:K4－8,C4－8,A10,＝G2－3。物候:－。花期:2－5月。果期:参考晚于花期。海拔:100－2600米。生境:潮湿,陡坡,砂土,灌木丛。资源:－。全球4个大洲分布及种数(1－7)非洲:2; 亚洲:6; 大洋洲:2; 北美洲:2。

Schleinitzia Warb. ex L. I. Nevling & C. J. Niezgoda 异牧豆树属 Fabaceae2 [MD－240] 特征纪要:习性:木本。花程式:＝↓(K3－5－∞),C3－5－∞,A1－10－50,＝↓G1。物候:－。花期:5－7月。果期:参考晚于花期。海拔:100－2500米。生境:潮湿的地方。资源:－。全球6个大洲分布及种数(5－10)非洲:6; 亚洲:5; 大洋洲:5; 欧洲:3; 北美洲:3; 南美洲:2。【中国种数:1】。

Schleropelta Buckley ＝ **Hilaria**

Schliephackea Müll. Hal. 五尾藓属 Dicranaceae [B－128] 特征纪要:习性:－。【Rep】:雌苞叶分化,基部鞘状,有毛尖,蒴柄长,均高出于雌苞叶,孢蒴直立或背曲,长圆柱形或长椭圆形,辐射对称,雌雄异株,雄株矮小,附于假根上成假雌雄同株,雌苞叶形大,高鞘状,上部具细毛尖,与孢蒴等长或长于孢蒴。其他特征参考科。全球2个大洲分布及种数(2)北美洲:1;南美洲:2。

Schlimia Planch. & Linden ＝ **Lehmanniella**

Schlimmia Planch. & Linden ex Linden 施利兰属 Orchidaceae [MM－723] 特征纪要:习性:－。花程式:－。其他特征参考科。全球2个大洲分布及种数(9)北美洲:2; 南美洲:9。

Schljakovia Konstant. & Vilnet 瑞典挺叶苔属 Anastrophyllaceae [B－60] 特征纪要:习性:－。【Rep】:雌雄同株或异株或有序同苞,雄苞顶生或间生,雄苞叶2－3对。其他特征参考科。全球3个大洲分布及种数(2)亚洲:2; 欧洲:2; 北美洲:2。

Schljakovianthus Konstant. & Vilnet 北美挺叶苔属 Anastrophyllaceae [B－60] 特征纪要:习性:－。【Rep】:雌雄同株或异株或有序同苞,雄苞顶生或间生,雄苞叶2－3对。物候:－。海拔:－。生境:土生。资源:－。全球2个大洲分布及种数(2)亚洲:cf.1;北美洲:1。【中国种数:1】。

Schlotheimia Brid. 火藓属 Orthotrichaceae [B－151] 特征纪要:习性:－。【Rep】:雌苞叶不分化或较长大,具小尖或有芒,蒴柄直立,稀弯曲,有时极短,孢蒴直立,卵形或圆柱形,对称。物候:－。海拔:－。生境:山谷林下石上。资源:－。全球6个大洲分布及种数(127)非洲:47;亚洲:12;大洋洲:13;欧洲:5;北美洲:12;南美洲:62。【中国种数:7】。

S

Schlumbergera Lem. 蟹爪兰属 Cactaceae [MD－100] 特征纪要:习性:木本。花程式:＝↓(K1－∞),C1－∞,A3－100,＝↓G3－100－。物候:－。海拔:－。生境:－。资源:具园艺种类。全球6个大洲分布及种数(13－18; hort.1;cult. 3)非洲:1;亚洲:4－5;大洋洲:1;欧洲:1;北美洲:6－7;南美洲:12－13。【中国种数:2】。

Schlumbergeria E. Morr. ＝ **Guzmania**

Schmalhausenia C. Winkl. 虎头蓟属 Asteraceae [MD－586] 特征纪要:习性:－。花程式:－。物候:－。海拔:3600米。生境:草地。资源:－。全球1个大洲分布及种数(cf.1)◆亚洲。

Schmaltzia Desv. ex Steud. 北美漆属 Anacardiaceae [MD－432] 特征纪要和分布(－)。全球1个大洲分布及种数(7－43)◆北美洲。

Schmardaea H. Karst. 云楝属 Meliaceae [MD－414] 特征纪要:习性:木本。花程式:K3－5,C3－5,A6,＝(G)1－2。其他特征参考科。全球1个大洲分布及种数(1)◆南美洲。

Schmidelia Böhm. 大叶异木患属 Sapindaceae [MD－428] 特征纪要:习性:－。花程式:－。其他特征参考科。全球6个大洲分布及种数(91)非洲:24; 亚洲:23; 大洋洲:4; 欧洲:3; 北美洲:3; 南美洲:30。

Schmidiella Veldkamp 无患子科属 Sapindaceae [MD－428] 特征纪要:习性:木本。花程式:－。其他特征参考科。全球1个大洲分布及种数(－)。

Schmidtia Steud. ex J. A. Schmidt 丛林草属 Poaceae [MM－748] 特征纪要:习性:－。花程式:－。其他特征参考科。全球4个大洲分布及种数(2－15)非洲:10; 亚洲:3; 欧洲:3; 北美洲:3。【中国种数:1】。

Schmidtottia Urb. 施米茜属 Rubiaceae [MD－523] 特征纪要:习性:木本。花程式:(K)4－5,(C)4－5,A4－5,＝↓(G)2－9。其他特征参考科。全球1个大洲分布及种数(8－17)◆北美洲。

Schmiedtia Raf. ＝ **Coleanthus**

Schnabelia Hand.－Mazz. 四棱草属 Lamiaceae [MD－575] 特征纪要:习性:草本(基生)。花程式:－。物候:－。海拔:500－1800米。生境:在石灰质土壤的山谷中的开放森林。资源:药用,具栽培园艺种类。全球1个大洲分布及种数(cf.1)◆亚洲(◆中国)。【中国种数:4】。

Schnella Raddi 羊蹄甲属 Fabaceae3 [MD－240] 特征纪要:习性:木本。花程式:＝↓(K3－5－∞),C3－5－∞, A1－10－50,＝↓G(－)。其他特征参考科。全球2个大洲分布及种数(45)北美洲:9;南美洲:42－44。

Schoenanthus Adans. ＝ **Ischaemum**

Schoenefeldia Kunth 苇禾属 Poaceae [MM－748] 特征纪要:习性:草本。花程式:(K)3,C0参考科,A1－2,↓G－参考科。其他特征参考科。全球6个大洲分布及种数(2－9)非洲:8; 亚洲:3; 大洋洲:2; 欧洲:2; 北美洲:2; 南美洲:2。【中国种数:1】。

Schoenia Steetz 舌苞菊属 Asteraceae [MD－586] 特征纪要:习性:草本。花程式:(K)3－5,C3－5,A3－5,＝↓(G)2。其他特征参考科。全球1个大洲分布及种数(5)◆大洋洲(◆澳大利亚)。

Schoenobiblos Endl. ＝ **Schoenobiblus**

Schoenobiblus Mart. 珊瑚瑞香属 Thymelaeaceae [MD－310] 特征纪要:习性:木本。花程式:K2－4,C0,A2,＝G2

-5。其他特征参考科。全球 2 个大洲分布及种数(16)北美洲:3;南美洲:15。

Schoenobryum Dozy & Molk. 顶隐蒴藓属 Cryphaeaceae [B-197] 特征纪要:习性:-。【Rep】:雌雄异苞同株,内雌苞叶具高鞘部,基部透明,尖端突成锥状,中肋细弱,长达叶尖,鞘部细胞薄壁,孢蒴长卵圆。物候:-。海拔:-。生境:岩面薄土,常见于树干或树枝。资源:-。全球 5 个大洲分布及种数(10)非洲:5;亚洲:1;大洋洲:1;北美洲:2;南美洲:5。【中国种数:1】。

Schoenocaulon A. Gray 羽柄花属 Melanthiaceae [MM-621] 特征纪要:习性:草本。花程式:(K)3-∞,C3-∞参考科,A3 参考科,=G3。其他特征参考科。全球 4 个大洲分布及种数(28-42)亚洲:2; 欧洲:34; 北美洲:34; 南美洲:8。

Schoenocephalium Seub. 塔蔺花属 Rapateaceae [MM-713] 特征纪要:习性:草本。花程式:(K)3,C0 参考科,A6,G3。其他特征参考科。全球 2 个大洲分布及种数(4-12)非洲:2; 南美洲:12。

Schoenocrambe (Nutt.) Greene 南美芥属 Brassicaceae [MD-213] 特征纪要:习性:-。花程式:-。其他特征参考科。全球 2 个大洲分布及种数(9)北美洲:5; 南美洲:1。

Schoenodorus Roem. & Schult. = **Schedonorus**

Schoenolaena Bunge 黄伞草属 Apiaceae [MD-480] 特征纪要:习性:草本。花程式:参考科,C5,A15 参考科,=↓(G)2 参考科。其他特征参考科。全球 1 个大洲分布及种数(-)◆大洋洲。

Schoenolirion Durand 阳光百合属 Asparagaceae [MM-669] 特征纪要:草本。花程式:(K)3,C0 参考科,A3 参考科,G3- 参考科。其他特征参考科。全球 2 个大洲分布及种数(3-10)亚洲:4; 北美洲:7。【中国种数:1】。

Schoenoplectiella Lye 泽田藨属 Cyperaceae [MM-747] 特征纪要:习性:草本。花程式:(K)3,C3,A1-3,=↓G2-3。物候:-。花期:8-10 月。果期:参考晚于花期。海拔:5700 米。生境:潮湿的水田,沿着山谷的潮湿草地,沼泽。资源:-。全球 6 个大洲分布及种数(56-63;hort. 2;cult. 2)非洲:24;亚洲:39-41;大洋洲:12;欧洲:8;北美洲:12;南美洲:5。【中国种数:10】。

Schoenoplectus (Rchb.) Palla 水葱属 Cyperaceae [MM-747] 特征纪要:习性:草本(根状茎,基生)。花程式:(K)3,C3,A1-3,=↓G2-3。物候:-。海拔:300-3200 米。生境:潮湿草地。资源:药用。全球 6 个大洲分布及种数(52-58;hort. 1;cult. 10)非洲:25-46;亚洲:42-65;大洋洲:18-38;欧洲:15-35;北美洲:25-45;南美洲:7-27。【中国种数:13】。

Schoenorchis Reinw. ex Bl. 匙唇兰属 Orchidaceae [MM-723] 特征纪要:习性:草本(多肉)。花程式:Kn,C2-3 参考科,A3 参考科,↓G-。物候:-。花期:3-6 月。果期:参考晚于花期。海拔:200-2000 米。生境:江边,树上,山地林中树干上。资源:具园艺种类。全球 6 个大洲分布及种数(21-31)非洲:1-3;亚洲:20-25;大洋洲:4-6;欧洲:1;北美洲:1;南美洲:1。【中国种数:5】。

S

Schoenoselinum Jim. Mejías & P. Vargas 黑伞草属 Apiaceae [MD-480] 特征纪要:习性:草本。花程式:=↓(K5),C5,A5,=↓G(-)。其他特征参考科。全球 1 个大洲分布及种数(1) ◆非洲:1。

Schoenoxiphium Nees 南嵩草属 Cyperaceae [MM-747] 特征纪要:习性:-。花程式:-。其他特征参考科。全球 6 个大洲分布及种数(18-20)非洲:17-18;亚洲:3;大洋洲:2;欧洲:1;北美洲:2;南美洲:2。

Schoenus L. 赤箭莎属 Cyperaceae [MM-747] 特征纪要:习性:草本(根状茎,基生)。花程式:-。物候:-。海拔:1800-1900 米。生境:沿海草原,阳山顶。资源:具栽培园艺种类。全球 6 个大洲分布及种数(64-164;hort. 1;cult. 3)非洲:48-68;亚洲:16-29;大洋洲:49-107;欧洲:5-14;北美洲:4-15;南美洲:9-17。【中国种数:13】。

Schoepfia Schreb. 青皮木属 Schoepfiaceae [MD-370] 特征纪要:习性:木本。花程式:-。物候:-。花期:2-4 月。果期:参考晚于花期。海拔:1800-2100 米。生境:常绿阔叶林中,山坡,林缘等地。资源:药用,油脂,具栽培园艺种类。全球 3 个大洲分布及种数(28-62)亚洲:17; 北美洲:21; 南美洲:26。【中国种数:4】。

Schoepfiaceae Bl. [MD-370] 青皮木科 特征纪要:习性:木本;落叶。花程式:K3,C3,A3,=↓(G)2-3。物候:-。花期:2-4 月。果期:4-8 月。果实:核果。种子:-。海拔:1700 米。生境:常绿阔叶林中,山坡,林缘等地。资源:药用。栽培:-。全球 1 个大洲分布及属种数(3/28-29 <IFR 1/1> hort. 1)◆南美洲:3/28-29 (IFR 1/1)。【中国属种数:1/4】。

Schoepfiopsis Miers = **Schoepfia**

Schofieldia J. D. Godfrey 美国大萼苔属 Cephaloziaceae [B-52] 特征纪要:习性:-。【Rep】:雌苞生于茎腹面短枝上,蒴萼长筒形,口部有长刺,雄苞生于茎腹面,雄苞叶多对,呈穗状,老时呈黄褐色。其他特征参考科。全球 1 个大洲分布及种数(cf. 1)◆北美洲。

Schofieldiella W. R. Buck 锦藓科属 Hylocomiaceae [B-193] 特征纪要:习性:-。【Rep】:-。物候:-。海拔:-。生境:常见于竹上,岩石上。资源:-。全球 1 个大洲分布及种数(-)。

Scholtzia S. Schaür 帚蜡花属 Myrtaceae [MD-347] 特征纪要:习性:木本。花程式:=↓(K4-5),C4-5,A8-10,=↓G2-5。其他特征参考科。全球 3 个大洲分布及种数(42-51)非洲:2; 大洋洲:50; 南美洲:2。

Schomburghia DC. = **Calea**

Schomburgkia Lindl. 香蕉兰属 Asteraceae [MD-586] 特征纪要:习性:-。其他特征参考科。全球 6 个大洲分布及种数(11-18;hort. 1;cult. 3)非洲:1-2;亚洲:1-2;大洋洲:1-2;欧洲:1;北美洲:5-6;南美洲:6-8。

Schorigeram Adans. = **Tragia**

Schotia Jacq. 挂钟豆属 Fabaceae3 [MD-240] 特征纪要:习性:木本。花程式:=↓(K3-5-∞),C3-5-∞,A1-10-50,=↓G1。其他特征参考科。全球 6 个大洲分布及种数(5-28)非洲:25; 亚洲:1; 大洋洲:3; 欧洲:3; 北美洲:3; 南美洲:2。

Schottariella P. C. Boyce & S. Y. Wong 天南星科属 Araceae［MM－639］特征纪要:习性:木本。花程式:－。其他特征参考科。全球 1 个大洲分布及种数(－)。
Schottarum P. C. Boyce & S. Y. Wong 落檐属 Araceae［MM－639］特征纪要:习性:木本。花程式:K0,C0,A3 参考科,G3－参考科。其他特征参考科。全球 1 个大洲分布及种数(2)◆亚洲。
Schousbea Raf. ＝ **Stipa**
Schoutenia Korth. 星芒椴属 Malvaceae［MD－203］特征纪要:习性:木本。花程式:－。其他特征参考科。全球 3 个大洲分布及种数(11－19)亚洲:18; 大洋洲:2; 南美洲:2。
Schouwia DC. ＝ **Pavonia**
Schradera Willd. 施拉茜属 Rubiaceae［MD－523］特征纪要和分布(－)。全球 6 个大洲分布及种数(46－58)非洲:6－7;亚洲:13－18;大洋洲:5－6;欧洲:1;北美洲:11－14;南美洲:30－39。
Schraderanthus Averett 五目茄属 Solanaceae［MD－503］特征纪要:习性:草本。花程式:Kn,C0,A3 参考科,↓G。其他特征参考科。全球 1 个大洲分布及种数(1) ◆北美洲:1。
Schraderella Müll. Hal. 元锦藓属 Sematophyllaceae［B－192］特征纪要:习性:－。【Rep】:雌雄同株或雌雄异株,稀雌雄杂株,蒴柄细长,下部平滑,上部具乳头突起,孢蒴小,垂倾或悬垂,长卵形或长圆,多暗色、绿色至金黄色。其他特征参考科。全球 2 个大洲分布及种数(1)北美洲:1;南美洲:1。
Schraderobryum M. Fleisch. 顶胞藓属 Sematophyllaceae［B－192］特征纪要:－。全球 1 个大洲分布及种数(－)。
Schrameckia Danguy ＝ **Tambourissa**
Schrankia Medik. 无刺含羞草属 Brassicaceae［MD－213］特征纪要:习性:－。花程式:－。其他特征参考科。全球 4 个大洲分布及种数(45)非洲:2; 亚洲:10; 北美洲:12; 南美洲:14。
Schrebera Roxb. 元春花属 Oleaceae［MD－498］特征纪要:习性:木本。花程式:K2－4,C0,A2－4,＝↓G2。其他特征参考科。全球 3 个大洲分布及种数(9－12)非洲:6;亚洲:cf. 1;南美洲:1。【中国种数:1】。
Schreiteria Carolin 红娘花属 Montiaceae［MD－81］特征纪要:习性:草本。花程式:－。其他特征参考科。全球 1 个大洲分布及种数(1)◆南美洲。
Schrenkia Fisch. & C. A. Mey. 双球芹属 Apiaceae［MD－480］特征纪要:习性:草本,少灌木。花程式:Kn,C5,A3 参考科,＝↓G2。物候:－。花期:5 月。果期:参考晚于花期。海拔:2000 米。生境:山地草原带砾石质干山坡。资源:－。全球 1 个大洲分布及种数(4－10)◆亚洲。【中国种数:1】。
S
Schrenkiella D. A. Germann & Al－Shehbaz 巴西芥属 Brassicaceae［MD－213］特征纪要:习性:草本。花程式:K4,C4,A3 参考科,↓G－参考科。其他特征参考科。全球 2 个大洲分布及种数(1－4)亚洲:1; 南美洲:3。
Schroeterella Briq. 锦藓科属 Sematophyllaceae［B－192］特征纪要:习性:－。【Rep】:雌雄同株或雌雄异株,稀雌雄杂株,蒴柄细长,下部平滑,上部具乳头突起,孢蒴小,垂倾或悬垂,长卵形或长圆,多暗色、绿色至金黄色。其他特征参考科。全球 1 个大洲分布及种数(1)◆南美洲。
Schtschurowskia Regel & Schmalh. 希茨草属 Apiaceae［MD－480］特征纪要:习性:草本。花程式:＝↓(Kn),C5,A3 参考科,＝↓G(－)。其他特征参考科。全球 1 个大洲分布及种数(cf. 1)◆中亚(◆哈萨克斯坦)。
Schufia Spach ＝ **Fuchsia**
Schuitemania Ormerod 钳唇兰属 Orchidaceae［MM－723］特征纪要:习性:草本。花程式:(K)3,C3,A3,↓G－。其他特征参考科。全球 1 个大洲分布及种数(2)◆亚洲。
Schultesia Mart. 翅杯花属 Gentianaceae［MD－496］特征纪要:草本。花程式:K4－5,C0,A10,＝↓(G)2。其他特征参考科。全球 4 个大洲分布及种数(21－22;hort. 2;cult. 2)非洲:2;亚洲:cf. 1;北美洲:6;南美洲:19－20。
Schultesianthus Hunz. 舒尔花属 Solanaceae［MD－503］特征纪要:习性:灌木。花程式:K3－4,C0,A3－4,＝(G)2。其他特征参考科。全球 2 个大洲分布及种数(10－11)北美洲:5;南美洲:8。
Schultesiophytum Harling 簇苞草属 Cyclanthaceae［MM－706］特征纪要:习性:草本。花程式:K0,C0,A4－10,↓(G)4。其他特征参考科。全球 1 个大洲分布及种数(1)◆南美洲。
Schultzia Raf. 分苞芹属 Apiaceae［MD－480］特征纪要:草本(基生),落叶; 花程式:Kn,C5,A(－),G(－)。果实:果长圆形或卵形。种子:种皮上,心皮柄 2 裂。全球 1 个大洲分布及种数(2)◆亚洲。
Schulzia Spreng. 苞裂芹属 Apiaceae［MD－480］特征纪要:习性:草本。花程式:－。物候:－。花期:7－8 月。果期:参考晚于花期。海拔:2500－2900 米。生境:高海拔半稳定碎石,沼泽。资源:－。全球 2 个大洲分布及种数(6－17)亚洲:14; 南美洲:3。【中国种数:3】。
Schumacheria Vahl 非洲有叶花属 Dilleniaceae［MD－66］特征纪要:习性:木本。花程式:－。其他特征参考科。全球 1 个大洲分布及种数(3)◆南亚(◆斯里兰卡)。
Schumannia P. & K. 球根阿魏属 Apiaceae［MD－480］特征纪要:草本(基生),叶互生,落叶。花程式:Kn,C5,A(－),G(－)。果实:果椭圆形或长圆形。全球 1 个大洲分布及种数(1－2)◆亚洲。
Schumannianthus Gagnep. 竹叶蕉属 Marantaceae［MM－740］特征纪要:习性:草本。花程式:(K)3,C3,A3－4,↓G－。其他特征参考科。全球 4 个大洲分布及种数(1－2) 亚洲;大洋洲;欧洲;北美洲。
Schumanniophyton Harms 舒曼木属 Rubiaceae［MD－523］特征纪要:习性:木本。花程式:(K)4－5,(C)4－5,A4－5,＝↓G2－9。其他特征参考科。全球 1 个大洲分布及种数(3)◆非洲。
Schumeria Iljin ＝ **Klasea**
Schunkea Senghas 席兰属 Orchidaceae［MM－723］特征纪要:习性:草本。花程式:(K)3,C3,A3,＝↓(G)3。其他特征参考科。全球 1 个大洲分布及种数(1)◆南美洲。
Schusterella S. Hatt., Sharp & Mizut. 毛耳苔科属 Jubulaceae［B－83］特征纪要:－。全球 1 个大洲分布及种数

(-)。

Schusteria Kachroo 哥斯细鳞苔属 Lejeuneaceae [B-84] 特征纪要:-。全球 2 个大洲分布及种数(16)亚洲:15;北美洲:1。

Schusterolejeunea Grolle 蔟鳞苔属 Lejeuneaceae [B-84] 特征纪要:习性:-。【Rep】:老时呈红褐色。其他特征参考科。全球 1 个大洲分布及种数(1)◆南美洲。

Schuurmansia Bl. 巨叶莲木属 Ochnaceae [MD-104] 特征纪要:习性:木本。花程式:-。其他特征参考科。全球 3 个大洲分布及种数(3-21)非洲:2; 亚洲:5; 大洋洲:2。

Schuurmansiella Hallier f. 桃莲木属 Ochnaceae [MD-104] 特征纪要:习性:木本。花程式:K1-∞,C1-∞,A10,=G2-15。其他特征参考科。全球 3 个大洲分布及种数(1-21)非洲:14; 亚洲:21; 大洋洲:14。

Schwackaea Cogn. 施瓦野牡丹属 Melastomataceae [MD-364] 特征纪要:习性:木本。花程式:=↓(K4-5),C4-5,A4-5,=↓(G)3-4。其他特征参考科。全球 2 个大洲分布及种数(1-2)北美洲:2; 南美洲:2。

Schwalbea L. 施瓦尔列当属 Orobanchaceae [MD-552] 特征纪要:习性:草本。花程式:-。其他特征参考科。全球 2 个大洲分布及种数(1-3)亚洲:1; 北美洲:3。

Schwantesia Dinter 晚霞玉属 Aizoaceae [MD-94] 特征纪要:习性:-。花程式:-。其他特征参考科。全球 1 个大洲分布及种数(10-12)◆非洲。

Schwartzia Vell. 蜜杯花属 Marcgraviaceae [MD-170] 特征纪要:习性:木本。花程式:K3-40,C3-40,A3-40,G2-8。其他特征参考科。全球 2 个大洲分布及种数(20-25)北美洲:6;南美洲:15-20。

Schweiggeria Spreng. 异萼堇属 Violaceae [MD-126] 特征纪要:习性:木本。花程式:K5,C5,A10,=G2-3。其他特征参考科。全球 2 个大洲分布及种数(2-9)北美洲:2; 南美洲:9。

Schweinfurthia A. Braun 施氏婆婆纳属 Plantaginaceae [MD-527] 特征纪要:习性:草本。花程式:K2-4,C0,A2-4,=G2-3。其他特征参考科。全球 2 个大洲分布及种数(3-7)非洲:1-2;亚洲:2-6。

Schwenckia L. 施文克茄属 Solanaceae [MD-503] 特征纪要:习性:木本。花程式:-。其他特征参考科。全球 5 个大洲分布及种数(21-59)非洲:5; 亚洲:2; 欧洲:5; 北美洲:5; 南美洲:49。

Schwendenera K. Schum. 施文茜属 Rubiaceae [MD-523] 特征纪要:习性:木本。花程式:(K)4-5,(C)4-5,A4-5,=↓(G)2-9。其他特征参考科。全球 1 个大洲分布及种数(1)◆南美洲(◆巴西)。

Schwetschkea Müll. Hal. 附干藓属 Leskeaceae [B-181] 特征纪要:习性:-。【Rep】:雌雄异苞同株,内雌苞叶卵状披针形,向上急狭成细长尖,蒴柄细弱,干时螺旋状旋扭,红棕色,上部粗糙或平滑。物候:-。海拔:-。生境:树茎生,岩面土生。资源:-。全球 5 个大洲分布及种数(24)非洲:7;亚洲:14;大洋洲:1;北美洲:1;南美洲:3。【中国种数:10】。

S

Schwetschkeopsis Broth. 拟附干藓属 Fabroniaceae [B-173] 特征纪要:习性:-。【Rep】:雌雄异株或同株,内雌苞叶基部鞘状,向上渐成披针形或毛状尖,蒴柄细长,干时卷扭,橙黄色,孢蒴直立。物候:-。海拔:-。生境:常见于高寒山区,岩面或土上。资源:-。全球 2 个大洲分布及种数(5)亚洲:5;北美洲:1。【中国种数:6】。

Sciadocephala Mattf. 伞头菊属 Asteraceae [MD-586] 特征纪要:习性:草本。花程式:(K)3-5,C3-5,A3-5,=↓(G)2。其他特征参考科。全球 2 个大洲分布及种数(6-8)北美洲:2; 南美洲:8。

Sciadocladus Lindb. ex Kindb. 防灰藓属 Hypnodendraceae [B-158] 特征纪要:-。全球 3 个大洲分布及种数(3)亚洲:1;大洋洲:2;欧洲:1。

Sciadodendron Griseb. 湖南参属 Araliaceae [MD-471] 特征纪要:习性:-。花程式:-。其他特征参考科。全球 2 个大洲分布及种数(cf. 1)北美洲;南美洲。

Sciadopanax Seem. = **Polyscias**

Sciadopityaceae Lürss. [G-18] 金松科 特征纪要:中形,黄褐色或带红色。【Rep】:黄褐色或带红色。全球 1 个大洲分布及属种数(2/4 hort. 1)◆亚洲:1/1。【中国属种数:1/1】。

Sciadopitys Siebold & Zucc. 金松属 Sciadopityaceae [G-18] 特征纪要(同科)。全球 4 个大洲分布及种数(1-6)亚洲:4; 大洋洲:3; 欧洲:2; 北美洲:2。【中国种数:1】。

Sciadotenia Miers 阴毒藤属 Menispermaceae [MD-42] 特征纪要:习性:草本。花程式:K1(6-40),C3,A1-6-40,=G1-3。其他特征参考科。全球 2 个大洲分布及种数(19-28)北美洲:3; 南美洲:28。

Sciaphila Bl. 霉草属 Triuridaceae [MM-616] 特征纪要:习性:草本(基生,腐生)。花程式:-。物候:-。花期:夏季。果期:参考晚于花期。海拔:800 米。生境:森林。资源:-。全球 6 个大洲分布及种数(48-138)非洲:43; 亚洲:86; 大洋洲:51; 欧洲:8; 北美洲:8; 南美洲:31。【中国种数:8】。

Sciaphyllum Bremek. = **Streblacanthus**

Sciaromiella Ochyra 柳叶藓科属 Amblystegiaceae [B-178] 特征纪要:-。全球 1 个大洲分布及种数(-)。

Sciaromiopsis Broth. 厚边藓属 Amblystegiaceae [B-178] 特征纪要:习性:-。【Rep】:雌雄同株,绿色、黄色或棕色。物候:-。海拔:-。生境:常见于溪流间水生。资源:-。全球 2 个大洲分布及种数(4)亚洲:3; 大洋洲:2。【中国种数:2】。

Sciaromium (Mitt.) Mitt. 柳叶藓科属 Echinodiaceae [B-207] 特征纪要:-。全球 5 个大洲分布及种数(33)亚洲:4; 大洋洲:8; 欧洲:4; 北美洲:4; 南美洲:12。

Scilla L. 蓝瑰花属 Hyacinthaceae [MM-679] 特征纪要:习性:木本。花程式:-。物候:-。花期:参考早于果期。果期:6-11 月。海拔:2600 米。生境:山坡,草地,路旁或林缘。资源:具栽培园艺种类。全球 6 个大洲分布及种数(68-143;hort. 1;cult. 6)非洲:26-86;亚洲:35-63;大洋洲:3-27;欧洲:31-61;北美洲:12-36;南美洲:2-28。【中国种数:6】。

Scindapsus Schott 藤芋属 Araceae［MM－639］特征纪要:习性:草本(多肉)。花程式:K0,C0,A3 参考科,G－。物候:－。花期:11－12 月。果期:参考晚于花期。海拔:400－600 米。生境:热带森林,在树木和石墙上攀爬。资源:具栽培园艺种类。全球 6 个大洲分布及种数(36－94)非洲:7; 亚洲:78; 大洋洲:20; 欧洲:15; 北美洲:15; 南美洲:3。【中国种数:3】。

Sciodaphyllum P. Browne ＝ **Schefflera**

Scirpidium Nees ＝ **Eleocharis**

Scirpobambus (A. Rich.) P. & K. ＝ **Oxytenanthera**

Scirpodendron Zipp. ex Kurz 大喙芒属 Cyperaceae［MM－747］特征纪要:习性:草本。花程式:(K)3,C3,A3 参考科,＝↓G2－3。其他特征参考科。全球 6 个大洲分布及种数(2－7)非洲:3; 亚洲:7; 大洋洲:5; 欧洲:2; 北美洲:2; 南美洲:2。

Scirpoides Scheuchz. ex Ség. 球藨草属 Cyperaceae［MM－747］特征纪要:习性:草本。花程式:(K)3,C3,A1－3,＝↓G2－3。其他特征参考科。全球 6 个大洲分布及种数(7;hort. 1)非洲:5－6;亚洲:1－2;大洋洲:1;欧洲:1－2;北美洲:3－4;南美洲:1－2。【中国种数:1】。

Scirpus Tourn. ex L. 藨草属 Cyperaceae［MM－747］特征纪要:习性:草本。花程式:－。物候:－。海拔:1800－2400 米。生境:草原流域边缘,沼泽草地。资源:具栽培园艺种类。全球 6 个大洲分布及种数(104－201;hort. 1;cult. 25)非洲:23－177;亚洲:53－219;大洋洲:25－177;欧洲:12－162;北美洲:40－195;南美洲:29－187。【中国种数:23】。

Sciuro－hypnum Hampe 拟青藓属 Brachytheciaceae［B－187］特征纪要:习性:－。【Rep】:绿色或棕绿色。物候:－。海拔:－。生境:常见于林下土生。资源:－。全球 6 个大洲分布及种数(17)非洲:6;亚洲:11;大洋洲:1;欧洲:12;北美洲:11;南美洲:3。【中国种数:5】。

Sciuroleskea Hampe ex Broth. 厄硬叶藓属 Stereophyllaceae［B－172］特征纪要:习性:－。其他特征参考科。全球 1 个大洲分布及种数(3)◆南美洲。

Sclerandrium Stapf & C. E. Hubb. ＝ **Germainia**

Scleranthus L. 线球草属 Illecebraceae［MD－113］特征纪要:习性:灌木。花程式:K5,C5,A3 参考科,G－参考科。其他特征参考科。全球 6 个大洲分布及种数(24－34)非洲:5－8;亚洲:4－8;大洋洲:8－15;欧洲:15－21;北美洲:2－5;南美洲:2－5。【中国种数:3】。

Scleria P. J. Bergius 珍珠茅属 Cyperaceae［MM－747］特征纪要:习性:草本。花程式:－。物候:－。海拔:100－900 米。生境:草原,荒地,田地边缘,中下部山坡灌丛。资源:具栽培园艺种类。全球 6 个大洲分布及种数(262－821)非洲:311; 亚洲:275; 大洋洲:121; 欧洲:247; 北美洲:247; 南美洲:355。【中国种数:51】。

Scleroblitum Ulbr. 莲座藜属 Amaranthaceae［MD－116］特征纪要:习性:－。花程式:－。其他特征参考科。全球 2 个大洲分布及种数(2)大洋洲:1;欧洲:1。

Sclerocactus Britton & Rose 虹山玉属 Cactaceae［MD－100］特征纪要:习性:木本。花程式:＝↓(K1－∞),C1－∞,A3－100,＝↓G3－100)。物候:－。海拔:－。生境:－。资源:具园艺种类。全球 3 个大洲分布及种数(28－61)亚洲:3; 北美洲:41; 南美洲:6。【中国种数:1】。

Sclerocalymma Asch. ＝ **Atriplex**

Sclerocarpus Jacq. 硬果菊属 Asteraceae［MD－586］特征纪要:习性:草本。花程式:(K)3－5,C3－5,A3－5,＝↓G2。物候:－。花期:7－10 月。果期:参考晚于花期。海拔:6000 米。生境:阿尔泰山地针叶林带山沟,柞林下路旁。资源:具栽培园艺种类。全球 6 个大洲分布及种数(12－16;hort. 1)非洲:1－3;亚洲:1－3;大洋洲:2;欧洲:1－3;北美洲:10－13;南美洲:4－6。【中国种数:1】。

Sclerocarya Hochst. 象李属 Anacardiaceae［MD－432］特征纪要:习性:木本。花程式:K5－10,C5－10,A5－10,＝G1－3。其他特征参考科。全球 3 个大洲分布及种数(4－9)非洲:9; 亚洲:2; 北美洲:3。

Sclerochiton Harv. 蓝唇花属 Acanthaceae［MD－572］特征纪要:习性:草本。花程式:K2－4,C0,A2－4,＝↓G2。其他特征参考科。全球 1 个大洲分布及种数(17－19)◆非洲。

Sclerochlaena P. & K. ＝ **Sclerolaena**

Sclerochlamys F. Müll. 珍珠藜属 Amaranthaceae［MD－116］特征纪要:习性:－。花程式:－。其他特征参考科。全球 1 个大洲分布及种数(1)◆大洋洲。

Sclerochloa P. Beauv. 硬草属 Poaceae［MM－748］特征纪要:习性:草本(基生)。花程式:－。物候:－。海拔:500－1000 米。生境:丘陵沟渠旁和田间,生于中山石质地带。资源:具栽培园艺种类。全球 6 个大洲分布及种数(3－36)非洲:22; 亚洲:21; 大洋洲:3; 欧洲:8; 北美洲:8; 南美洲:2。【中国种数:2】。

Sclerochorton Boiss. 希腊革叶芹属 Apiaceae［MD－480］特征纪要:习性:草本。花程式:＝↓(Kn),C5,A3 参考科,＝↓G(－)。其他特征参考科。全球 1 个大洲分布及种数(1)◆欧洲(◆希腊)。

Sclerocroton Hochst. 海漆属 Euphorbiaceae［MD－217］特征纪要:习性:木本。花程式:K1(1000),C0,A6,↓G－参考科。其他特征参考科。全球 2 个大洲分布及种数(6－12)非洲:6; 南美洲:1。

Sclerocyathium Prokh. ＝ **Euphorbia**

Sclerodactylon Stapf 假龙爪茅属 Poaceae［MM－748］特征纪要:习性:草本。花程式:(K)3,C0 参考科,A1－2,＝G2－3。其他特征参考科。全球 3 个大洲分布及种数(1－6)非洲:4; 亚洲:4; 南美洲:2。

Sclerodeyeuxia (Stapf) Pilg. ＝ **Calamagrostis**

Sclerodontium Schwägr. 异白齿藓属 Dicranaceae［B－128］特征纪要:习性:－。【Rep】:雌苞叶分化,基部鞘状,有毛尖,蒴柄长,均高出于雌苞叶,孢蒴直立或背曲,长圆柱形或长椭圆形,辐射对称,雌雄异株,雄株矮小,附于假根上成假雌雄同株，雌苞叶形大，高鞘状，上部具细毛尖，与孢蒴等长或长于孢蒴。其他特征参考科。全球3个大洲分布及种数(4)亚洲:2;大洋洲:3;南美洲:1。

Scleroglossum Alderw. 革舌蕨属 Polypodiaceae [F-60] 特征纪要:习性:-。【Rep】:孢子囊群线形，着生于叶缘或叶缘与主脉之间的深纵沟内，在主脉两侧各有1行，通常只分布于叶片上部而不达于顶端，不具隔丝或隔丝极不明显。物候:-。海拔:400-3200米。生境:-。资源:-。全球5个大洲分布及种数(9-16)非洲:5; 亚洲:13; 大洋洲:7; 欧洲:2; 北美洲:2。【中国种数:2】。

Sclerographa <unassigned> 扭叶苔科属 Riellaceae [B-5] 特征纪要:-。全球1个大洲分布及种数(1)◆亚洲:1。

Sclerohypnum Dixon 拟青藓属 Hookeriaceae [B-164] 特征纪要:习性:-。【Rep】:雌雄异苞同株，蒴柄红色或橙红色，平滑，孢蒴平列或下垂，长卵形，环带发达，易脱落，蒴齿两层。其他特征参考科。全球1个大洲分布及种数(1)◆亚洲:1。

Sclerolaena R. Br. 澳藜属 Amaranthaceae [MD-116] 特征纪要:习性:木本。花程式:-。其他特征参考科。全球6个大洲分布及种数(79-110)非洲:5; 亚洲:14; 大洋洲:96; 欧洲:6; 北美洲:6; 南美洲:6。【中国种数:7】。

Sclerolinon C. M. Rogers 地耳麻属 Linaceae [MD-315] 特征纪要:习性:-。花程式:-。其他特征参考科。全球1个大洲分布及种数(1)◆北美洲(◆美国)。

Sclerolobium Vogel 硬荚豆属 Fabaceae3 [MD-240] 特征纪要:习性:-。花程式:-。其他特征参考科。全球2个大洲分布及种数(1-69)北美洲:2; 南美洲:57。

Scleromelum K. Schum. & Lauterb. = **Scleropyrum**

Scleromitrion (Wight & Arn.) Meisn. 耳草属 Rubiaceae [MD-523] 特征纪要:习性:木本。花程式:(K-),(C)4,A3参考科,↓G。物候:-。花期:参考早于果期。果期:10月。海拔:5-4800米。生境:栽培(来自广西龙州)。资源:具栽培园艺种类。全球3个大洲分布及种数(3-12)非洲:1,亚洲:3-11,大洋洲:1-2。

Scleronema Benth. 硬丝木棉属 Malvaceae [MD-203] 特征纪要:习性:木本。花程式:K5,C5,A10-8,=G2-5。其他特征参考科。全球2个大洲分布及种数(6-8)北美洲:1;南美洲:5-7。

Sclerophora <unassigned> 德国苦苣苔属 Gesneriaceae [MD-549] 特征纪要和分布(-)。

Sclerophylacaceae (DC.) Miers [MD-504] 南美茄科 特征纪要:习性:草本;落叶。花程式:K4-5(-),C0,A,G-。全球1个大洲分布及属种数(2/16-18) ◆亚洲:1/1。

Sclerophylax Miers 盐生茄属 Sclerophylacaceae [MD-504] 特征纪要(同科)。全球2个大洲分布及种数(14-19)非洲:1; 南美洲:19。

Sclerophyton Eschw. 大戟科属 Euphorbiaceae [MD-217] 特征纪要和分布(-)。

Scleropodiopsis Ignatov 青藓科属 Brachytheciaceae [B-187] 特征纪要:-。全球1个大洲分布及种数(-)。

Scleropodium Bruch & Schimp. 疣柄藓属 Brachytheciaceae [B-187] 特征纪要:习性:-。【Rep】:绿色或棕绿色。物候:-。海拔:-。生境:常见于林下土生，岩面土生。资源:-。全球5个大洲分布及种数(12)非洲:1;亚洲:5;大洋洲:2;欧洲:2;北美洲:8。【中国种数:4】。

Scleropogon Phil. 驴草属 Poaceae [MM-748] 特征纪要:习性:草本。花程式:(K)3,C0参考科,A1-2,↓G-参考科)。其他特征参考科。全球2个大洲分布及种数(1-5)北美洲:3; 南美洲:3。

Scleropyrum Arn. 硬核属 Santalaceae [MD-412] 特征纪要:习性:木本。花程式:(K-),C2-3参考科,A6,↓G-。物候:-。花期:4-5月。果期:参考晚于花期。海拔:600-1700米。生境:缓坡或山谷疏林中，常与龙脑香属混交，森林，斜坡，山谷。资源:具园艺种类。全球3个大洲分布及种数(4-12)非洲:4; 亚洲:8; 大洋洲:4。【中国种数:1】。

Sclerorhachis (Rech. f.) Rech. f. 宿轴菊属 Asteraceae [MD-586] 特征纪要:习性:草本。花程式:(K)3-5,C3-5,A3-5,=↓(G)2。其他特征参考科。全球1个大洲分布及种数(3-8)◆亚洲。

Scleroschoenus <unassigned> 莎草科属 Cyperaceae [MM-747] 特征纪要:习性:-。花程式:-。其他特征参考科。全球2个大洲分布及种数(-)◆大洋洲。

Sclerosciadium W. D. J. Koch ex DC. 烟叶草属 Apiaceae [MD-480] 特征纪要:习性:-。花程式:-。其他特征参考科。全球1个大洲分布及种数(-)。

Sclerosiphon Nevski = **Iris**

Sclerosperma G. Mann & H. Wendl. 硬子椰属 Arecaceae [MM-717] 特征纪要:习性:木本。花程式:K3-10,C3-10,A3-10,=G3-10。其他特征参考科。全球3个大洲分布及种数(3-22)非洲:6; 亚洲:2; 南美洲:16。

Sclerostachya (Andersson ex Hack.) A. Camus 革茅属 Poaceae [MM-748] 特征纪要:习性:-。花程式:-。其他特征参考科。全球3个大洲分布及种数(7)非洲:2; 亚洲:6; 北美洲:2。

Sclerotheca A. DC. 双孔莲属 Campanulaceae [MD-561] 特征纪要:习性:木本。花程式:(K)5,(C)5,A5,=↓G2-3。其他特征参考科。全球4个大洲分布及种数(10-12)亚洲:2; 大洋洲:12; 北美洲:3; 南美洲:2。

Sclerothrix C. Presl = **Klaprothia**

Sclerotiaria Korovin 中亚珍珠芹属 Apiaceae [MD-480] 特征纪要:习性:草本。花程式:=↓(Kn),C5,A3参考科,=↓G(-)。其他特征参考科。全球1个大洲分布及种数(1-2)◆亚洲。

Scleroxylon Steud. = **Myrsine**

Scleroxylum Willd. = **Myrsine**

Scobinaria Seibert = **Fridericia**

Scoliaxon Payson 曲轴芥属 Brassicaceae [MD-213] 特征纪要:习性:草本。花程式:K2-4,C2-4,A2-4,=(G)2。其他特征参考科。全球3个大洲分布及种数(1-5)亚洲:2; 北美洲:2; 南美洲:3。

S

Scoliopaceae Takht. ［MM－631］伏地草科 特征纪要：习性：草本；落叶。花程式：(K)6－，C5，A3，↑G－。物候：－。全球1个大洲分布及属种数(2/4 hort. 1)◆北美洲：1/2。

Scoliopus Torr. 紫脉花属 Scoliopaceae［MM－631］特征纪要(同科)。全球3个大洲分布及种数(2－6)亚洲：2；北美洲：6；南美洲：4。【中国种数：1】。

Scoliosorus T. Moore ＝ **Antrophyum**

Scolochloa Link 水茅属 Poaceae［MM－748］特征纪要和分布(－)。全球6个大洲分布及种数(2)非洲：1；亚洲：1－3；大洋洲：1；欧洲：1－2；北美洲：1－2；南美洲：1。【中国种数：1】。

Scolopendrium Adans. 叉叶铁角蕨属 Aspleniaceae［F－43］特征纪要：－。全球4个大洲分布及种数(25)亚洲：8；欧洲：2；北美洲：2；南美洲：4。

Scolophyllum T. Yamaz. 陌上菜属 Linderniaceae［MD－534］特征纪要：习性：草本。花程式：K2－4，C0，A3 参考科，↓G。物候：－。海拔：45－6000米。生境：沼泽草地。资源：－。全球1个大洲分布及种数(1－3)◆亚洲。【中国种数：1】。

Scolopia Schreb. 箣柊属 Flacourtiaceae［MD－142］特征纪要：习性：木本。花程式：－。物候：－。花期：6－9月。果期：参考晚于花期。海拔：400－1500米。生境：海边沙地。栽培：来自广西龙州。资源：木材，具栽培园艺种类。全球6个大洲分布及种数(45－126)非洲：57；亚洲：52；大洋洲：8；欧洲：3；北美洲：3；南美洲：8。【中国种数：7】。

Scolopospermum Hemsl. ＝ **Baltimora**

Scolosanthus Vahl 花旗果茜属 Rubiaceae［MD－523］特征纪要：木本。花程式：(K)4－5，(C)4－5，A4－5，＝↓G2－9。其他特征参考科。全球5个大洲分布及种数(29－37)非洲：3；亚洲：7；欧洲：33；北美洲：33；南美洲：2。

Scolymanthus Willd. ex DC. ＝ **Perezia**

Scolymus Tourn. ex L. 刺苣属 Asteraceae［MD－586］特征纪要：习性：草本。花程式：(K)3－5，(C)3－5，A3－5，↓G。其他特征参考科。全球6个大洲分布及种数(4－26)非洲：6；亚洲：10；大洋洲：3；欧洲：4；北美洲：4；南美洲：13。

Scoparia L. 野甘草属 Plantaginaceae［MD－527］特征纪要：习性：草质攀援。花程式：－。物候：－。海拔：1400米。生境：在小径旁，偶尔在山坡上，荒地。资源：具栽培园艺种类。全球6个大洲分布及种数(10－40)非洲：3；亚洲：4；大洋洲：5；欧洲：10；北美洲：10；南美洲：34。【中国种数：1】。

S

Scopella W. J. de Wilde & Duyfjes 滇马瓟属 Cucurbitaceae［MD－205］特征纪要：习性：－。花程式：－。其他特征参考科。全球1个大洲分布及种数(21)◆南美洲：1。

Scopellaria W. J. de Wilde & Duyfjes 滇马瓟属 Cucurbitaceae［MD－205］特征纪要：习性：木本。花程式：(K)3－5，C3－5，A3－5，＝↓(G)1－2。物候：－。花期：7－9月。果期：参考晚于花期。海拔：600－800米。生境：疏林或路旁。资源：－。全球4个大洲分布及种数(3－21)亚洲：5；欧洲：2；北美洲：2；南美洲：17。【中国种数：1】。

Scopelogena L. Bolus ex A. G. J. Herre 崖辉玉属 Aizoaceae［MD－94］特征纪要：习性：灌木。花程式：＝↓(Kn)，C2－3 参考科，A5 参考科，＝↓G－。其他特征参考科。全球1个大洲分布及种数(2)◆非洲。

Scopelophila (Mitt.) Lindb. 舌叶藓属 Pottiaceae［B－133］特征纪要：习性：－。【Rep】：雌雄异株，孢蒴直立，长卵形或长椭圆状圆柱形，蒴齿缺失，蒴盖呈圆锥形，具长喙，蒴帽兜形。物候：－。海拔：－。生境：常见于高山岩石上。栽培：来自广西龙州。资源：具栽培园艺种类。全球6个大洲分布及种数(8)非洲：2；亚洲：5；大洋洲：1；欧洲：2；北美洲：4；南美洲：3。【中国种数：2】。

Scopola Jacq. ＝ **Scopolia**

Scopolia Jacq. 欧茛菪属 Solanaceae［MD－503］特征纪要和分布(－)。全球6个大洲分布及种数(3－6)非洲：1；亚洲：2－4；大洋洲：1；欧洲：2；北美洲：2；南美洲：1。

Scoporia Cothen. ＝ **Scoparia**

Scopulophila M. E. Jones 岩甲草属 Caryophyllaceae［MD－77］特征纪要：习性：草本。花程式：K5，C5－4，A3 参考科，G－参考科。其他特征参考科。全球2个大洲分布及种数(2－5)北美洲：4；南美洲：1。

Scorodocarpus Becc. 蒜味果属 Olacaceae［MD－362］特征纪要：习性：木本。花程式：－。物候：－。海拔：100－1700米。生境：冲积森林和河流森林，沙地，少有山丘。资源：－。全球1个大洲分布及种数(cf. 1)◆亚洲。【中国种数：1】。

Scorodophloeus Harms 蒜皮苏木属 Fabaceae1［MD－240］特征纪要：习性：木本。花程式：＝↓(K3－5－∞)，C3－5－∞，A3－5，＝↓G1－2。其他特征参考科。全球1个大洲分布及种数(2－3)◆非洲。

Scorodosma Bunge ＝ **Ferula**

Scorpidiaceae Ignatov & Ignatova［B－180］蝎尾藓科 特征纪要(参考 Lepidolaenaceae)：中形，黄褐色或带红色。【Rep】：黄褐色或带红色。全球3个大洲分布和属种数(1/3)亚洲：1/1；欧洲：1/2；北美洲：1/2。【中国属种数：2/3】。

Scorpidium (Schimp.) Limpr. 蝎尾藓属 Scorpidiaceae［B－180］特征纪要(同科)。全球6个大洲分布及种数(4)非洲：1；亚洲：3；大洋洲：3；欧洲：3；北美洲：3；南美洲：4。【中国种数：2】。

Scorpiothyrsus H. L. Li 卷花丹属 Melastomataceae［MD－364］特征纪要：习性：木质攀援。海拔：600－1400米。生境：林中下荫处。全球1个大洲分布及种数(5－8)◆亚洲(◆中国)。【中国种数：1】。

Scorpiurium Schimp. 非洲青藓属 Brachytheciaceae［B－187］特征纪要：习性：－。【Rep】：绿色或棕绿色。物候：－。海拔：－。生境：常见于林下土生，岩面土生。资源：－。全球6个大洲分布及种数(4)非洲：3；亚洲：3；大洋洲：1；欧洲：3；北美洲：1；南美洲：2。【中国种数：1】。

scorpiurus L. 蝎尾豆属 Fabaceae3 [MD-240] 特征纪要:习性:木本。花程式:=↓(K1-∞),C1-∞,A5-9,=↓G1。其他特征参考科。全球6个大洲分布及种数(3-5)非洲:2-3;亚洲:2-3;大洋洲:1-2;欧洲:2-3;北美洲:2-3;南美洲:1。【中国种数:1】。

Scorzonera L. 鸦葱属 Asteraceae [MD-586] 特征纪要:习性:草质攀援(基生,多肉)。花程式:(K)3-5,C3-5,A3参考科,=↓(G)2。物候:-。海拔:1300-1800米。生境:草地。资源:具栽培园艺种类。全球6个大洲分布及种数(169-259;hort. 1;cult. 9)非洲:18-24;亚洲:155-185;大洋洲:1-6;欧洲:45-55;北美洲:3-8;南美洲:2-8。【中国种数:16】。

Scorzoneroides Mönch 苦鸦葱属 Asteraceae [MD-586] 特征纪要:习性:草本。花程式:(K)3-5,C3-5,A3-5,=↓(G)2。其他特征参考科。全球6个大洲分布及种数(32-59)非洲:16; 亚洲:17; 大洋洲:2; 欧洲:5; 北美洲:5; 南美洲:5。【中国种数:1】。

Scotanthus Naudin = **Gymnopetalum**

Scottellia Oliv. 非洲大风子属 Achariaceae [MD-159] 特征纪要:习性:木本。花程式:-。其他特征参考科。全球1个大洲分布及种数(3-9)◆非洲。

Scoulera Hook. ex I. Hagen = **Scouleria**

Scouleria Hook. 非洲水石藓属 Scouleriaceae [B-110] 特征纪要(同科)。全球5个大洲分布及种数(6)亚洲:1;大洋洲:1;欧洲:1;北美洲:3;南美洲:1。【中国种数:1】。

Scouleriaceae S. P. Churchill [B-110] 水石藓科 特征纪要:细小至中形,绿色、黄绿色、暗绿色或红褐色。【Rep】:雌雄同株或异株或有序同苞,雄苞顶生或间生,雄苞叶2-3对。全球4个大洲分布和属种数(2/6)亚洲:1/4;大洋洲:1/1;北美洲:1/3;南美洲:1/2-2。

Scribneria Hack. 芒鞭草属 Poaceae [MM-748] 特征纪要:习性:-。花程式:-。其他特征参考科。全球1个大洲分布及种数(1)◆北美洲(◆美国)。

Scrithacola Alava 亚洲鞭芹属 Apiaceae [MD-480] 特征纪要:习性:草本。花程式:=↓(K5),C5,A5,=↓G(-)。其他特征参考科。全球1个大洲分布及种数(1) ◆亚洲:1。

Scrobicaria Cass. 多榔木属 Asteraceae [MD-586] 特征纪要:习性:-。花程式:-。其他特征参考科。全球1个大洲分布及种数(-)。

Scrofella Maxim. 细穗玄参属 Plantaginaceae [MD-527] 特征纪要:习性:草本。花程式:(K-),C5,A5,↓G2。物候:-。花期:7-8月。果期:参考晚于花期。海拔:2800-3900米。生境:草甸。资源:药用。全球2个大洲分布及种数(1-4)亚洲:4; 南美洲:4。【中国种数:1】。

Scrofularia Spreng. = **Scrophularia**

Scrophucephalus A. P. Khokhr. 玄参属 Scrophulariaceae [MD-536] 特征纪要:习性:-。花程式:-。其他特征参考科。全球2个大洲分布及种数(cf. 1)欧洲;北美洲。

Scrophularia L. 玄参属 Scrophulariaceae [MD-536] 特征纪要:习性:草本,少木本(根状茎,基生)。花程式:-。物候:-。花期:6-7月。果期:参考晚于花期。海拔:1000-1500米。生境:草地,竹林,溪旁,丛林及高草丛中。资源:药用,具栽培园艺种类。全球6个大洲分布及种数(273-411;hort. 1;cult. 8)非洲:24-52;亚洲:201-296;大洋洲:8-27;欧洲:70-115;北美洲:22-48;南美洲:3-22。【中国种数:57】。

Scrophulariaceae Juss. [MD-536] 玄参科 特征纪要:习性:木本;落叶。花程式:K4-5(-),C0,A6,↑G2。物候:-。花期和果期: 7-10月。果实:蒴果。种子:种皮作不规则的矩圆形,棕。海拔:0米。生境:-。资源:药用。栽培:中国有栽培。全球6个大洲分布及属种数(198-212/4797-6953 <IFR 34/465> hort. 1;cult. 33)非洲:85-86/1154-1477(IFR 13/25); 亚洲:70-75/1928-2370(IFR 13/161); 大洋洲:29/271-611(IFR 3/39); 欧洲:30/835-1016(IFR 8/141); 北美洲:51-52/794-905(IFR 13/114); 南美洲:43-44/341-395(IFR 4/7)。【中国属种数:16/174】。

Scrophulari-verbascum P. Fourn. 玄参科属 Scrophulariaceae [MD-536] 特征纪要:习性:草本。花程式:-。其他特征参考科。全球0个大洲分布及种数(3)。

Scrotochloa Judz. 澳草属 Poaceae [MM-748] 特征纪要:习性:草本。花程式:(K)3,C0参考科,A1-2,=(G)2-3。其他特征参考科。全球3个大洲分布及种数(2-3)非洲:3; 亚洲:2; 大洋洲:3。【中国种数:1】。

Scurrula L. 梨果寄生属 Loranthaceae [MD-415] 特征纪要:习性:木本。花程式:K4,C4,A5参考科,↓G1。物候:-。花期:6-10月。果期:参考晚于花期。海拔:2000-2800米。生境:倒吊笔、蓝树、三叉苦、鹊肾树、酸橙等植物上,樟科植物上。资源:药用。全球4个大洲分布及种数(28-75)亚洲:67; 大洋洲:2; 北美洲:2; 南美洲:10。【中国种数:10】。

Scutachne Hitchc. & Chase 岩坡草属 Poaceae [MM-748] 特征纪要:习性:草本。花程式:(K)3,C0参考科,A1-2,=(G)2-3。其他特征参考科。全球2个大洲分布及种数(1-3)亚洲:2; 北美洲:2。

Scutellaria L. 黄芩属 Lamiaceae [MD-575] 特征纪要:习性:草质攀援。花程式:-。物候:-。花期:7-8月。果期:参考晚于花期。海拔:900-1500米。生境:草地上,在石林内荫处。资源:具栽培园艺种类。全球6个大洲分布及种数(326-550;hort. 1;cult. 25)非洲:20-70;亚洲:211-387;大洋洲:10-59;欧洲:35-88;北美洲:132-211;南美洲:52-103。【中国种数:121】。

Scutia (Comm. ex DC.) Brongn. 对刺藤属 Rhamnaceae [MD-331] 特征纪要:习性:木质攀援。花程式:-。物候:-。花期:3-5月。果期:参考晚于花期。海拔:100米。生境:低海拔林下,空旷处散生。栽培:来自广西龙州。资源:具栽培园艺种类。全球6个大洲分布及种数(7-9)非洲:4-6;亚洲:1-3;大洋洲:2;欧洲:2;北美洲:2;南美洲:3-6。【中国种数:1】。

S

Scuticaria Lindl. 鞭兰属 Orchidaceae［MM－723］特征纪要:习性:草本。花程式:(K)3,C3,A3,=↓(G)3。其他特征参考科。全球1个大洲分布及种数(10－14)◆南美洲。

Scutinanthe Thwaites 梅心榄属 Burseraceae［MD－408］特征纪要:习性:木本。花程式:K5,C5,A2,=(G)2－3。其他特征参考科。全球2个大洲分布及种数(2－5)亚洲:2; 大洋洲:1。

Scybaliaceae A. Körn.［MD－303］膜叶菰科 特征纪要:习性:木本;落叶。花程式:K5－n,C0,A－,↓G－。物候:－。果实:－。种子:种皮作不规则的矩圆形。海拔:－。生境:－。资源:－。栽培:－。全球1个大洲分布及属种数(2/6)◆南美洲:2/6。

Scybalium Schott & Endl. 覆苞菰属 Scybaliaceae［MD－303］特征纪要(同科)。全球5个大洲分布及种数(4－8)非洲:2; 亚洲:2; 欧洲:2; 北美洲:2; 南美洲:8。【中国种数:1】。

Scyphanthus D. Don 杯莲花属 Loasaceae［MD－435］特征纪要:习性:木本。花程式:－。其他特征参考科。全球1个大洲分布及种数(2)◆南美洲。

Scyphellandra Thwaites 鳞隔堇属 Violaceae［MD－126］特征纪要:习性:木本。花程式:－。物候:－。花期:参考早于果期。果期:5－11月。海拔:100－4500米。生境:林缘或灌木林中。资源:具园艺种类。全球1个大洲分布及种数(1)◆亚洲。【中国种数:1】。

Scyphiphora C. F. Gaertn. 瓶花木属 Rubiaceae［MD－523］特征纪要:习性:木本。花程式:(K－),C2－3参考科,A5参考科,↓G－。物候:－。花期:7－11月。果期:参考晚于花期。海拔:5－20米。生境:海岸前滩泥,海边泥滩上。资源:－。全球5个大洲分布及种数(1－5)非洲:4; 亚洲:5; 大洋洲:4; 欧洲:2; 北美洲:2。【中国种数:1】。

Scyphocephalium Warb. 鱼香楠属 Myristicaceae［MD－15］特征纪要:习性:木本。花程式:K2－3,C0,A5,=G1。其他特征参考科。全球1个大洲分布及种数(2－3)◆非洲。

Scyphocoronis A. Gray 单头鼠麹草属 Asteraceae［MD－586］特征纪要:习性:草本。花程式:Kn,C3参考科,A3－5,↓G。其他特征参考科。全球1个大洲分布及种数(－)◆大洋洲。

Scyphofilix Thou. = **Microlepia**

Scyphogyne Klotzsch 脐柱石南属 Ericaceae［MD－380］特征纪要:习性:－。花程式:－。其他特征参考科。全球6个大洲分布及种数(96)非洲:63; 亚洲:15; 大洋洲:6; 欧洲:7; 北美洲:7; 南美洲:38。

Scypholepia J. Sm. = **Davallia**

Scyphonychium Radlk. 杯距无患子属 Sapindaceae［MD－428］特征纪要:习性:木本。花程式:K4－8,C4－8,A10,=(G)2－3。其他特征参考科。全球2个大洲分布及种数(1－2)大洋洲:2; 南美洲:2。

Scyphophorus <unassigned> 合椿梅科属 Cunoniaceae［MD－255］特征纪要:－。全球1个大洲分布及种数(1)◆欧洲:1。

Scyphostachys Thwaites 杯穗茜属 Rubiaceae［MD－523］特征纪要:习性:木本。花程式:(K)4－5,(C)4－5,A4－5,=↓(G)2－9。其他特征参考科。全球2个大洲分布及种数(2－3)亚洲:3; 大洋洲:3。

Scyphostegia Stapf 杯盖花属 Scyphostegiaceae［MD－114］特征纪要(同科)。全球1个大洲分布及种数(－)。

Scyphostegiaceae Hutch.［MD－114］杯盖花科 特征纪要:习性:木本;落叶。花程式:K3,C5,A3,(G)8－13。物候:－。全球1个大洲分布及种数(1/2)◆亚洲:2。

Scyphostelma Baill. 杜楝属 Apocynaceae［MD－492］特征纪要:习性:木本。花程式:Kn,C2－3参考科,A6,↓G－参考科。其他特征参考科。全球2个大洲分布及种数(4－28) 北美洲:1,南美洲:4－28。

Scyphosyce Baill. 杯桑属 Moraceae［MD－87］特征纪要:习性:木本。花程式:K1－4,C0,A6,=(G)1－2。其他特征参考科。全球1个大洲分布及种数(3)◆非洲。

Scyphularia Fée = **Davallia**

Scyrtocarpus P. & K. = **Symplocos**

Scytalina I. Hagen 直毛藓属 Dicranaceae［B－128］特征纪要:习性:－。【Rep】:－。物候:－。全球2个大洲分布及种数(7)亚洲:2; 南美洲:4。

Scytopetalaceae Engl.［MD－164］木果树科 特征纪要:习性:木本;落叶。花程式:K1,C1,A10,G3－8。物候:－。果实:核果。种子:－。海拔:－。生境:－。资源:－。栽培:－。全球1个大洲分布及属种数(5/15－16) ◆非洲:5/ 16－25。

Scytopetalum Pierre ex Engl. 革瓣花属 Scytopetalaceae［MD－164］特征纪要(同科)。全球1个大洲分布及种数(3－4)◆非洲。

Scytopteris C. Presl = **Pyrrosia**

Sczukinia Turcz. = **Swertia**

Searsia F. A. Barkley 三出漆属 Anacardiaceae［MD－432］特征纪要:习性:木本。花程式:－。物候:－。花期:4月。果期:参考晚于花期。海拔:93－3600米。生境:常绿阔叶林中,中山区山腰坡地路旁岩石上。资源:－。全球6个大洲分布及种数(132－171)非洲:133; 亚洲:22; 大洋洲:3; 欧洲:9; 北美洲:9; 南美洲:14。【中国种数:3】。

Sebacina <unassigned> 业平禾属 Poaceae［MM－748］特征纪要:－。全球3个大洲分布及种数(22)非洲:9; 亚洲:2; 南美洲:11。

Sebaea Sol. ex R. Br. 小黄管属 Gentianaceae［MD－496］特征纪要:习性:草本。花程式:(K－),C2－3参考科,A5,↓G－。物候:－。海拔:2300米。生境:森林。资源:具园艺种类。全球5个大洲分布及种数(57－176)非洲:161; 亚洲:8; 大洋洲:5; 北美洲:2; 南美洲:7。【中国种数:2】。

Sebastiania Spreng. 漆杨桃属 Euphorbiaceae［MD－217］特征纪要和分布(－)。全球6个大洲分布及种数(43－73)非洲:9;亚洲:11;大洋洲:1－10;欧洲:9;北美洲:8－24;南美洲:35－60。

Sebastiano－schaueria Nees 塞沙爵床属 Acanthaceae［MD－572］特征纪要:习性:草本。花程式:Kn,C0,A3 参考科,↓G。其他特征参考科。全球1个大洲分布及种数(1)◆南美洲。

Sebeokia Pierre ex Engl. & Prantl ＝ **Gentiana**

Sebifera Lour. 潺槁木姜子属 Lauraceae［MD－21］特征纪要:习性:－。花程式:－。其他特征参考科。全球3个大洲分布及种数(6)非洲:4; 亚洲:3; 大洋洲:2。

Sebillea Bizot 业平丛藓属 Pottiaceae［B－133］特征纪要:习性:－。【Rep】:孢腔轮廓清晰,蒴齿缺如,或具蒴齿而无基膜,下部呈黄绿或黄棕色。其他特征参考科。全球1个大洲分布及种数(1)◆南美洲。

Secale L. 黑麦属 Poaceae［MM－748］特征纪要:习性:草本。花程式:－。物候:－。海拔:10－5600米。生境:栽培,栽培种混生麦田地中。资源:具栽培园艺种类。全球6个大洲分布及种数(10－14)非洲:5－8;亚洲:9－16;大洋洲:2－5;欧洲:6－9;北美洲:4－7;南美洲:1－4。【中国种数:3】。

Secamone R. Br. 鲫鱼藤属 Apocynaceae［MD－492］特征纪要:习性:木质攀援。花程式:(K－),C5,A5,↓G－。物候:－。花期:5－7月。果期:参考晚于花期。海拔:800米。生境:混交林,山坡向阳处。资源:具栽培园艺种类。全球6个大洲分布及种数(114－158;hort. 1;cult. 2)非洲:92－114;亚洲:27－42;大洋洲:2－14;欧洲:1－4;北美洲:3;南美洲:3。【中国种数:3】。

Secamonopsis Jum. 类鲫鱼藤属 Apocynaceae［MD－492］特征纪要:习性:木本。花程式:K5,C0,A5,＝(G)2。其他特征参考科。全球2个大洲分布及种数(2－3)非洲:3; 亚洲:2。【中国种数:1】。

Sechiopsis Naudin 类佛手瓜属 Cucurbitaceae［MD－205］特征纪要:习性:木本。花程式:＝↓(K3－5),C3－5,A3－5,＝↓G1－2。其他特征参考科。全球2个大洲分布及种数(5－8)北美洲:7; 南美洲:1。

Sechium P. Br. 佛手瓜属 Cucurbitaceae［MD－205］特征纪要:习性:－。花程式:－。物候:－。花期:7－9月。果期:参考晚于花期。海拔:60－3500米。生境:－。栽培:－。资源:食用,具栽培园艺种类。全球5个大洲分布及种数(8－18)非洲:3; 亚洲:2; 大洋洲:3; 北美洲:11; 南美洲:4。

Secondatia A. DC. 塞考木属 Apocynaceae［MD－492］特征纪要:习性:木本。花程式:K5－∞,C0,A15,＝↓G2－5。其他特征参考科。全球6个大洲分布及种数(5－6)非洲:1;亚洲:1－2;大洋洲:1;欧洲:1;北美洲:3－4;南美洲:3－5。【中国种数:1】。

Secretania Müll. Arg. ＝ **Minquartia**

Securidaca L. 蝉翼藤属 Polygalaceae［MD－291］特征纪要:习性:－。花程式:－。物候:－。花期:5－8月。果期:参考晚于花期。海拔:500－1100米。生境:茂密森林。资源:药用。全球6个大洲分布及种数(62－83;hort. 1;cult. 1)非洲:7－10;亚洲:16－23;大洋洲:2－4;欧洲:1－3;北美洲:13－21;南美洲:51－64。【中国种数:5】。

securigera DC. 斧荚豆属 Fabaceae3［MD－240］特征纪要:习性:－。花程式:－。物候:－。海拔:7500米。生境:矮灌木丛或芦苇丛中,稀见于沿河岸疏林下,作为作物栽培。资源:具栽培园艺种类。全球6个大洲分布及种数(20)非洲:6; 亚洲:13; 大洋洲:11; 欧洲:6; 北美洲:6; 南美洲:3。

Securinega Comm. ex A. Juss. 缺斧木属 Euphorbiaceae［MD－217］特征纪要:习性:木本。花程式:K1(1000),C0,A1－1000,＝G2－3。物候:－。海拔:－。生境:－。资源:药用。全球6个大洲分布及种数(6－8;hort. 1;cult. 1)非洲:5－10;亚洲:1－6;大洋洲:5;欧洲:5;北美洲:5;南美洲:5。

Seddera Hochst. 赛德旋花属 Convolvulaceae［MD－499］特征纪要:习性:灌木。花程式:K5,C0,A3 参考科,＝↓G2－5。其他特征参考科。全球6个大洲分布及种数(30－33;hort. 1;cult. 1)非洲:21－25;亚洲:12－15;大洋洲:2;欧洲:2;北美洲:2;南美洲:2。

Sedderopsis Roberty 赛德旋花属 Convolvulaceae［MD－499］特征纪要:习性:－。花程式:－。其他特征参考科。全球1个大洲分布及种数(－)。

Sedirea Garay & H. R. Sweet 萼脊兰属 Orchidaceae［MM－723］特征纪要:习性:－。花程式:－。物候:－。花期:6月。果期:参考晚于花期。海拔:600－1400米。生境:山坡林中树干上,悬崖上。资源:花卉。全球2个大洲分布及种数(3)亚洲:3; 大洋洲:2。

Sedirisia J. M. H. Shaw 钗子股属 Orchidaceae［MM－723］特征纪要:习性:－。花程式:－。其他特征参考科。全球1个大洲分布及种数(－)。

Sedopsis (Engl. ex Legrand) Exell & Mendonça 景天马齿属 Portulacaceae［MD－85］特征纪要和分布(－)。全球1个大洲分布及种数(1－2)◆非洲(◆安哥拉)。

Sedum L. 景天属 Ericaceae［MD－380］特征纪要:习性:草质攀援。花程式:－。物候:－。花期:2－3月。果期:参考晚于花期。海拔:1000－1500米。生境:山坡阴地。资源:丹宁,具栽培园艺种类。全球6个大洲分布及种数(524－621;hort. 1;cult. 21)非洲:56－127;亚洲:274－368;大洋洲:29－98;欧洲:89－178;北美洲:247－334;南美洲:33－95。【中国种数:148】。

Seegeriella Senghas 苦兰属 Orchidaceae［MM－723］特征纪要:习性:草本。花程式:(K)3,C3,A3,＝↓(G)3。其他特征参考科。全球1个大洲分布及种数(3)◆南美洲(◆玻利维亚)。

Seemannaralia R. Vig. 泽曼五加属 Araliaceae［MD－471］特征纪要:习性:木本。花程式:＝↓(K1－∞),C1－∞,A2,＝↓G－。其他特征参考科。全球1个大洲分布及种数(1)◆非洲。

Seemannia Regel 苦乐花属 Gesneriaceae［MD－549］特征纪要:习性:－。花程式:－。其他特征参考科。全球5个大洲分布及种数(4－18)非洲:3; 亚洲:3; 欧洲:3; 北美洲:3; 南美洲:18。

Seetzenia R. Br. 西茨蒺藜属 Zygophyllaceae [MD－288] 特征纪要:习性:木本。花程式:－。其他特征参考科。全球6个大洲分布及种数(1－30)非洲:7; 亚洲:9; 大洋洲:2; 欧洲:26; 北美洲:26; 南美洲:18。

Segiddolia Lür 银光兰属 Orchidaceae [MM－723] 特征纪要和分布(－)。全球1个大洲分布及种数(1)◆非洲。

Seguieria Löfl. 针盒珊瑚属 Phytolaccaceae [MD－125] 特征纪要:习性:木本。花程式:－。其他特征参考科。全球5个大洲分布及种数(6－33)非洲:3; 亚洲:4; 大洋洲:2; 北美洲:6; 南美洲:33。【中国种数:1】。

Seguinum Raf. ＝ **Dieffenbachia**

Sehima Forssk. 沟颖草属 Poaceae [MM－748] 特征纪要:习性:草本(基生)。花程式:－。物候:－。海拔:100米。生境:干草原,路边草丛中。资源:具园艺种类。全球6个大洲分布及种数(5－18)非洲:12; 亚洲:10; 大洋洲:6; 欧洲:3; 北美洲:3; 南美洲:2。【中国种数:1】。

Sehnemobryum Lewinsky－Haapasaari & Hedenäs 光木藓属 Orthotrichaceae [B－151] 特征纪要:习性:－。【Rep】:常暗绿色或棕褐色,雌雄异株或同株,稀杂株,雌苞叶不分化,无明显鞘部,蒴柄长,黄色,孢蒴狭长卵形,口蒴,具明显纵褶及纵沟。其他特征参考科。全球1个大洲分布及种数(1)◆南美洲:1。

Seidelia Baill. 光果龍属 Euphorbiaceae [MD－217] 特征纪要:习性:木本。花程式:K1(1000),C0,A6,↓G－参考科。其他特征参考科。全球1个大洲分布及种数(3－5)◆非洲。

Seidenfadenia Garay 指甲兰属 Orchidaceae [MM－723] 特征纪要:习性:草本。花程式:(K－),C2－3参考科,A3参考科,↓G－。其他特征参考科。全球1个大洲分布及种数(1)◆亚洲。

Seidlitzia Bunge ex Boiss. 白茎蓬属 Amaranthaceae [MD－116] 特征纪要:习性:－。花程式:－。物候:－。海拔:600－5000米。生境:半固定沙丘或河边沙滩,棕钙土。资源:－。全球3个大洲分布及种数(6)非洲:2;亚洲:cf.1;欧洲:2。

Sekra Adans. ex Lindb. 复边藓属 Pottiaceae [B－133] 特征纪要:习性:－。【Rep】:参考科特征:孢腔轮廓清晰,蒴齿缺如,或具蒴齿而无基膜,下部呈黄绿或黄棕色。其他特征参考科。全球1个大洲分布及种数(1)◆欧洲。

Selaginaceae Choisy [MD－553] 穗花科 特征纪要:习性:草本;落叶。花程式:K5,C0,A2,G－。全球1大洲分布及属种数(6/270－292 <IFR 2/5> hort. 1)◆非洲:6/270－287(IFR 2/5)。

Selaginella P. Beauv. 卷柏属 Selaginellaceae [F－6] 特征纪要:习性:－。【Rep】:孢子叶穗生茎或枝的先端,或侧生于小枝上,紧密或疏松,四棱形或压扁,偶呈圆柱形。物候:－。海拔:100－1500米。生境:干旱山坡草地,岩石上,砖缝。资源:具栽培园艺种类。全球6个大洲分布及种数(664－862;hort. 1;cult. 13)非洲:155－193;亚洲:278－347;大洋洲:80－115;欧洲:24－52;北美洲:214－261;南美洲:265－312。【中国种数:146】。

Selaginellaceae Willk. [F－6] 卷柏科 特征纪要(参考 Aneuraceae),叶状体多暗绿色,有时呈黄绿色,常呈大片状生长,阔度可达5毫米以上。【Rep】:雌雄苞着生短侧枝上,假蒴萼缺失,蒴被(Calyptra)形大,圆柱形或棒状形,肉质,尖部多具疣。全球6个大洲分布和属种数(2;hort. & cult. 1)(668－962;hort. & cult. 39－54)非洲:2/156－194;亚洲:2/279－348;大洋洲:1/80－115;欧洲:1/24－52;北美洲:2/217－264;南美洲:1/265－312。【中国属种数:1/146】。

Selaginoides Böhm. ＝ **Selaginella**

Selanodesmium (H. Christ) Ching ＝ **Trichomanes**

Selenia Nutt. 半月芥科属 Brassicaceae [MD－213] 特征纪要:－。全球2个大洲分布及种数(4－21)北美洲:7; 南美洲:2。

Selenicereus Britton & Rose 蛇鞭柱属 Cactaceae [MD－100] 特征纪要:习性:木本。花程式:＝↓(K1－∞),C1－∞,A3－100,＝↓G3－100－。其他特征参考科。全球6个大洲分布及种数(34－61)非洲:3; 亚洲:10; 大洋洲:1; 欧洲:38; 北美洲:38; 南美洲:21。【中国种数:1】。

Selenipedium Rchb. f. 碗兰属 Orchidaceae [MM－723] 特征纪要:习性:草本。花程式:(K)3,C3,A3,＝↓G3。其他特征参考科。全球3个大洲分布及种数(10－47)亚洲:3; 北美洲:6; 南美洲:34。

Selenodesmium (Prantl) Copel. ＝ **Trichomanes**

Selera Ulbr. ＝ **Gossypium**

Seligera Bruch & Schimp. ex Schur ＝ **Seligeria**

Seligeria Bruch & Schimp. 细叶藓属 Seligeriaceae [B－113] 特征纪要:习性:－。【Rep】:雌雄多异株,蒴柄高出于雌苞叶,直立或弯曲,孢蒴多平滑,干燥时不收缩,短柱形或梨形,有时基部呈短台状。其他特征参考科。全球6个大洲分布及种数(93)非洲:6; 亚洲:17; 大洋洲:5; 欧洲:18; 北美洲:18; 南美洲:42。

Seligeriaceae Schimp. [B－113] 细叶藓科 特征纪要:体形柔弱,形小或纤细,绿色或黄绿色,不规则羽状分枝。【Rep】:雌雄多同株,稀异株,蒴萼倒梨形,一般具5个脊,雄苞多呈穗状。全球6个大洲分布和属种数(10/77)亚洲:3/15;大洋洲:6/20;欧洲:4/27;北美洲:4/30;南美洲:5/18。【中国属种数:1/1】。

Selinopsis Coss. & Durieu ex Munby 葛缕子属 Apiaceae [MD－480] 特征纪要:习性:－。花程式:－。其他特征参考科。全球1个大洲分布及种数(－)。

Selinum L. 亮蛇床属 Apiaceae [MD－480] 特征纪要:习性:草本(基生,多肉)。花程式:Kn,C5,A3参考科,＝↓G2。物候:－。花期:7－8月。果期:参考晚于花期。海拔:2500－4100米。生境:高山,林下,灌丛,草地。栽培:来自广西龙州。资源:具栽培园艺种类。全球6个大洲分布及种数(16－29)非洲:2－8;亚洲:13－23;大洋洲:5;欧洲:5－14;北美洲:3－8;南美洲:1－7。【中国种数:2】。

Selkirkia Hemsl. 塞尔草属 Boraginaceae [MD－517] 特征纪要:习性:草本。花程式:K5,C0,A5,＝(G)2－4。其他特征参考科。全球1个大洲分布及种数(4)◆南美洲(◆智利)。

Selleola Urb. 海地漆姑属 Caryophyllaceae [MD－77] 特征纪要:习性:草本。花程式:－。其他特征参考科。全球

1 个大洲分布及种数(1) ◆北美洲:1。

Selleophytum Urb. 金鸡菊属 Asteraceae [MD-586] 特征纪要:习性:-。花程式:-。其他特征参考科。全球 1 个大洲分布及种数(cf. 1)◆北美洲。

Selliguea Bory 修蕨属 Polypodiaceae [F-60] 特征纪要:习性:-。【Rep】:孢子囊群长条形,位于相邻的两侧脉之间,连续或有间断。物候:-。海拔:50-3600 米。生境:常绿阔叶林下树干岩石上。栽培:来自广西龙州。资源:具栽培园艺种类。全球 6 个大洲分布及种数(138-157;hort. 1;cult. 1)非洲:15-23;亚洲:132-141;大洋洲:7-17;欧洲:4;北美洲:4-9;南美洲:2-6。【中国种数:17】。

Sellimeris Fraser-Jenk., Sushil K. Singh & J. Fraser-Jenk. 水龙骨属 Polypodiaceae [F-60] 特征纪要:-。全球 1 个大洲分布及种数(-)。

Selloa Kunth 车前菊属 Asteraceae [MD-586] 特征纪要:习性:-。花程式:-。其他特征参考科。全球 5 个大洲分布及种数(6)非洲:1;亚洲:1;欧洲:1;北美洲:5;南美洲:1。

Sellocharis Taub. 鞍豆属 Fabaceae3 [MD-240] 特征纪要:习性:木本。花程式:=↓(K1-∞),C1-∞,A5-9,=↓G1。其他特征参考科。全球 1 个大洲分布及种数(1)◆南美洲(◆巴西)。

Sellulocalamus W. T. Lin = **Dendrocalamus**

Selysia Cogn. 箭齿瓜属 Cucurbitaceae [MD-205] 特征纪要:习性:木本。花程式:=↓(K3-5),C3-5,A3-5,=↓(G)1-2。其他特征参考科。全球 2 个大洲分布及种数(4-10)北美洲:3; 南美洲:10。

Semaphyllanthe L. Andersson 异檬檀属 Rubiaceae [MD-523] 特征纪要:习性:-。花程式:-。其他特征参考科。全球 1 个大洲分布及种数(2)◆南美洲(◆巴西)。

Sematophyllaceae Broth. [B-192] 锦藓科 特征纪要:多树干附生,稀岩面生长,形体较小或中形,绿色至黄绿色,具弱光泽。【Rep】:雌雄多异株,内雌苞叶基部呈鞘状,具长尖,孢蒴直立或平列,卵形或长椭圆形,环带分化,蒴齿两层,外齿层黄,雌雄异株或雌雄异苞同株,内雌苞叶基部呈鞘状,上部呈披针形,孢蒴卵形或椭圆形,蒴齿两层,外齿层透明。全球 5 个大洲分布和属种数(71/1344)亚洲:44/513;大洋洲:31/297;欧洲:21/63;北美洲:36/219;南美洲:41/340。【中国属种数:27/96(11)】。

Sematophyllites J.-P. Frahm 锦藓科属 Sematophyllaceae [B-192] 特征纪要:-。全球 1 个大洲分布及种数(-)。

Sematophyllum Mitt. 锦藓属 Sematophyllaceae [B-192] 特征纪要:习性:-。【Rep】:雌雄异苞同株,稀雌雄异株,内雌苞叶较长,尖部呈毛状,蒴柄细长,红色,平滑,孢蒴直立或平列,卵圆形或长。物候:-。海拔:-。生境:常见于竹上,岩石上。资源:-。全球 6 个大洲分布及种数(218)非洲:60;亚洲:41;大洋洲:31;欧洲:11;北美洲:46;南美洲:95。【中国种数:20】。

Semecarpeae <unassigned> 漆树科属 Anacardiaceae [MD-432] 特征纪要和分布(-)。

Semecarpus L. f. 肉托果属 Anacardiaceae [MD-432] 特征纪要:习性:木本。花程式:-。物候:-。花期:4-6 月。果期:参考晚于花期。海拔:500-1400 米。生境:海岸,森林。资源:具栽培园艺种类。全球 5 个大洲分布及种数(86-214)非洲:32; 亚洲:175; 大洋洲:65; 欧洲:8; 北美洲:8。【中国种数:5】。

Semeiostachys Drobow = **Elymus**

Semele Kunth 仙蔓属 Asparagaceae [MM-669] 特征纪要:习性:木本。花程式:(K)3,C0 参考科,A3-6,=G3。物候:-。海拔:-。生境:-。资源:具园艺种类。全球 3 个大洲分布及种数(2-40)非洲:1; 亚洲:5; 南美洲:29。

Semenovia Regel & Herder 大瓣芹属 Apiaceae [MD-480] 特征纪要:习性:草本(基生)。花程式:Kn,C5,A3 参考科,=↓G2。物候:-。花期:7-8 月。果期:参考晚于花期。海拔:1900-3200 米。生境:草坡,草地,山坡无隙及石堆处。资源:-。全球 1 个大洲分布及种数(23-26)◆亚洲。【中国种数:4】。

Semialarium N. Hallé 半腋生卫矛属 Celastraceae [MD-339] 特征纪要:习性:木本。花程式:K2-3,C2-3,A10,=G2-5。其他特征参考科。全球 6 个大洲分布及种数(3)非洲:1;亚洲:1;大洋洲:1;欧洲:1;北美洲:1-2;南美洲:2-3。

Semiaquilegia Makino 天葵属 Ranunculaceae [MD-38] 特征纪要:习性:草本(基生)。花程式:-。物候:-。花期:3-4 月。果期:参考晚于花期。海拔:100-1100 米。生境:森林,路边。资源:药用,具栽培园艺种类。全球 3 个大洲分布及种数(4-15)亚洲:13; 欧洲:1; 北美洲:1。【中国种数:1】。

Semiarundinaria Makino ex Nakai 业平竹属 Poaceae [MM-748] 特征纪要:习性:竹类。花程式:(K-),C0 参考科,A3 参考科,=G2-3。物候:-。海拔:10-5600 米。生境:林区。资源:具栽培园艺种类。全球 4 个大洲分布及种数(6-27)亚洲:26; 大洋洲:2; 欧洲:6; 北美洲:6。【中国种数:2】。

Semibarbula Herzog ex Hilp. 扭口藓属 Pottiaceae [B-133] 特征纪要:习性:-。【Rep】:参考科特征:孢腔轮廓清晰,蒴齿缺如,或具蒴齿而无基膜,下部呈黄绿或黄棕色。物候:-。海拔:-。生境:常见于高山岩石上。栽培:来自广西龙州。资源:具栽培园艺种类。全球 3 个大洲分布及种数(4)非洲:2;亚洲:2;北美洲:2。【中国种数:2】。

Semicipium Pierre = **Labramia**

Semiliquidambar H. T. Chang 半枫荷属 Hamamelidaceae [MD-63] 特征纪要:习性:-。花程式:-。物候:-。花期:3-6 月。果期:参考晚于花期。海拔:600-1000 米。生境:森林。资源:-。全球 1 个大洲分布及种数(4)亚洲:cf. 1。

Semiphajus Gagnep. = **Eulophia**

Semiramisia Klotzsch 裙花莓属 Ericaceae [MD-380] 特征纪要:习性:木本。花程式:(K)5-8,(C)5-8,A10,=

(G)2 -4。其他特征参考科。全球 1 个大洲分布及种数(3 -4)◆南美洲。

Semiria D. J. N. Hind 翼果柄泽兰属 Asteraceae [MD -586] 特征纪要:习性:草本。花程式:(K)3 -5,C3 -5,A3 -5, = ↓(G)2。其他特征参考科。全球 1 个大洲分布及种数(1)◆南美洲(◆巴西)。

Sempervivella Stapf = **Rosularia**

Sempervivum L. 长生草属 Crassulaceae [MD -229] 特征纪要:习性:草本。花程式: -。物候: -。海拔: -。生境: -。资源:具栽培园艺种类。全球 6 个大洲分布及种数(94 -144;hort. 1;cult. 6)非洲:6 -11;亚洲:19 -32;大洋洲:9 -13;欧洲:83 -100;北美洲:18 -25;南美洲:2。【中国种数:4】。

Senaea Taub. 塞纳龙胆属 Gentianaceae [MD -496] 特征纪要:习性:灌木。花程式: -。其他特征参考科。全球 1 个大洲分布及种数(2)◆南美洲。

Senckenbergia G. Gaertn. B. Mey. & Scherb. = **Lepidium**

Sendtnera (Dicks.) Gottsche & Rabenh. 剪叶苔属 Herbertaceae [B -69] 特征纪要:习性: -。【Rep】:雌雄异株,雄苞叶常 4 -8 对,雌苞叶常大于枝叶,与枝叶近似,开裂深,内雌苞叶包被蒴萼,边缘常具齿,孢蒴,褐绿色至深红褐色。物候: -。海拔: -。生境:树生,土生。资源: -。全球 6 个大洲分布及种数(10)非洲:3; 亚洲:2; 大洋洲:2; 欧洲:2; 北美洲:2; 南美洲:5。

Senebiera DC. = **Lepidium**

Senecillis Gaertn. = **Ligularia**

Senecio L. 千里光属 Senecionaceae [MD -590] 特征纪要(同科)。全球 6 个大洲分布及种数(1865 -2502;hort. 1;cult. 70)非洲:683 -884;亚洲:313 -522;大洋洲:223 -421;欧洲:218 -420;北美洲:291 -507;南美洲:871 -1124。【中国种数:94】。

Seneciodes (L.) Kuntze ex Kuntze = **Cyanthillium**

Senecionaceae Bercht. & J. Presl [MD -590] 千里光科 特征纪要:习性:草本;落叶。花程式:(K)6 - ,C4 -5,A3, ↓(G) -。物候: -。花期:10 -12 月。果期:8 -10 月。果实: -。种子: -。海拔:0 米。生境: -。资源:药用。栽培: -。全球 6 个大洲分布及属种数(21 -24/57 -62 < IFR 1/156 > hort. 1;cult. 1) 非洲:3/687 -703 (IFR 1/31); 亚洲:2/311 -328(IFR 1/19); 大洋洲:2/225 -238(IFR 1/23); 欧洲:(IFR 1/31); 北美洲:13/331 -359(IFR 1/22); 南美洲:3/877 -945(IFR 1/56)。

S

Senefeldera Mart. 牛耳桕属 Euphorbiaceae [MD -217] 特征纪要:习性:木本。花程式:K1(1000),C0,A6, = G2 -3。其他特征参考科。全球 3 个大洲分布及种数(3 -18)亚洲:2; 北美洲:7; 南美洲:17。

Senefelderopsis Steyerm. 复序桕属 Euphorbiaceae [MD -217] 特征纪要:习性:木本。花程式:K1(1000),C0,A6, = (G)2 -3。其他特征参考科。全球 1 个大洲分布及种数(2)◆南美洲。

Senegalia Raf. 儿茶属 Fabaceae3 [MD -240] 特征纪要:习性:木本。花程式: = ↓(K3 -5 -∞),C3 -5 -∞,A1 -10 -50, = ↓G1。物候: -。花期:4 -6 月。果期:参考晚于花期。海拔:7500 米。生境:低荒漠河滩常见种。栽培:来自广西龙州。资源:具栽培园艺种类。全球 6 个大洲分布及种数(208 -237;hort. 1)非洲:65 -67;亚洲:48 -49;大洋洲:9 -10;欧洲:1;北美洲:41 -44;南美洲:80 -87。【中国种数:3】。

Senghasia Szlach. = **Kefersteinia**

Senisetum Honda = **Agrostis**

Senites Adans. = **Zeugites**

Senna Mill. 决明属 Fabaceae3 [MD -240] 特征纪要:习性:木本。花程式: -。物候: -。花期:5 -7 月。果期:参考晚于花期。海拔:100 -2500 米。生境:灌木,有许多拱形和上升的茎形成灌木丛,在路边的草本,山坡,荒地,河岸沙地,植物园内。资源:药用,具栽培园艺种类。全球 6 个大洲分布及种数(290 -298;hort. 1;cult. 4)非洲:64 -69;亚洲:284 -295;大洋洲:78 -81;欧洲:20 -23;北美洲:132 -136;南美洲:195 -202。【中国种数:36】。

Senneberia Neck. = **Ocotea**

Senra Cav. 决明锦葵属 Malvaceae [MD -203] 特征纪要:习性:木本。花程式:K5 -∞,C5 -∞,A10 -8, = G1 -5。其他特征参考科。全球 2 个大洲分布及种数(3 -4)非洲:2;亚洲:1 -2。

Senraea Willd. = **Senra**

Senyumia Kiew, A. Weber & B. L. Burtt 旋蒴苣苔属 Gesneriaceae [MD -549] 特征纪要:习性:草本。花程式:Kn, C0,A2,↓G。其他特征参考科。全球 1 个大洲分布及种数(1)◆亚洲。

Seorsus Rye & Trudgen 束蕊梅属 Myrtaceae [MD -347] 特征纪要:习性:木本。花程式: = ↓(Kn),C2 -3 参考科,A8 -10, = ↓G -。其他特征参考科。全球 2 个大洲分布及种数(4 -5)亚洲:2; 大洋洲:2。

Sepalosaccus Schltr. = **Camaridium**

Separotheca Waterf. = **Tradescantia**

Sepikea Schltr. 柱果苣苔属 Gesneriaceae [MD -549] 特征纪要:习性:草本。花程式:Kn,C0,A2, = (G)2。其他特征参考科。全球 2 个大洲分布及种数(1 -2)非洲:2; 大洋洲:2。

Seppeltia Grolle 澳带叶苔属 Pallaviciniaceae [B -30] 特征纪要:习性: -。【Rep】:蒴柄白色,纤长,孢蒴短圆柱形,2 -4 瓣开裂,弹丝 2 列螺纹加厚,孢子棕色,直径约 25 微米,与叶状体间具清晰界限,横切面中央有厚壁细胞组成的中轴。其他特征参考科。全球 3 个大洲分布及种数(11)大洋洲:2; 北美洲:3; 南美洲:7。

Septotheca Ulbr. 秘鲁木棉属 Malvaceae [MD -203] 特征纪要:习性:木本。花程式:K5,C5,A10, = (G)2 -5。其他特征参考科。全球 2 个大洲分布及种数(1 -3)亚洲:2; 南美洲:3。

Septulina Van Tiegh. 海角寄生属 Loranthaceae [MD -415] 特征纪要:习性:木本。花程式:K4,C0,A4,↓G。其他特征参考科。全球 3 个大洲分布及种数(2 -3)非洲:3; 亚洲:2; 南美洲:2。【中国种数:1】。

Sequencia Givnish 岩菖蒲属 Bromeliaceae [MM-715] 特征纪要:习性:草本。花程式:(K)3,C3,A3 参考科,↓G。其他特征参考科。全球 1 个大洲分布及种数(1) ◆南美洲:1。

Sequoia Endl. 北美红杉属 Taxodiaceae [G-16] 特征纪要:习性:-。【Rep】:球果下垂,当年成熟,卵状椭圆形或卵圆形,种鳞木质,盾形,发育种鳞有 2-5 粒种子,种子两侧有翅,子叶 2 枚。物候:-。花期:1-2 月。果期:参考晚于花期。海拔:200-2800 米。生境:-。栽培:-。资源:具栽培园艺种类。全球 5 个大洲分布及种数(1-12)亚洲:6; 大洋洲:3; 欧洲:9; 北美洲:9; 南美洲:2。【中国种数:1】。

Sequoiaceae Luerss. = Cupressaceae

Sequoiadendron J. Buchholz 巨杉属 Cupressaceae [G-17] 特征纪要:习性:-。【Rep】:球果椭圆状,下垂,第二年成熟,宿存树上多年,种鳞木质,盾形,顶部有凹槽,发育种鳞有 3-9 粒种子,排成一行或二行,种子两侧有宽翅,子叶 3-5 枚。物候:-。花期:1-2 月。果期:参考晚于花期。海拔:200-2800 米。生境:-。栽培:-。资源:具栽培园艺种类。全球 6 个大洲分布及种数(1-12)非洲:2; 亚洲:3; 大洋洲:2; 欧洲:5; 北美洲:5; 南美洲:3。【中国种数:1】。

Serangium Wood ex Salisb. = **Monstera**

Serapias L. 长药兰属 Orchidaceae [MM-723] 特征纪要:习性:草本。花程式:(K)3,C3,A3,=↓(G)3。物候:-。海拔:-。生境:-。资源:具栽培园艺种类。全球 6 个大洲分布及种数(49-415)非洲:121; 亚洲:105; 大洋洲:13; 欧洲:31; 北美洲:31; 南美洲:39。【中国种数:4】。

Serapicamptis Godfrey 白顶兰属 Orchidaceae [MM-723] 特征纪要:习性:草本。花程式:(K)3,C3,A3,↓(G)3。其他特征参考科。全球 1 个大洲分布及种数(1-29)◆亚洲。

Serapirhiza Potucek 红门兰属 Orchidaceae [MM-723] 特征纪要:习性:草本。花程式:(K)3,C3,A3,↓G-。其他特征参考科。全球 0 个大洲分布及种数(1-4)。

Serawaia J. Compton & Schrire 豆科属 Fabaceae3 [MD-240] 特征纪要:习性:-。花程式:-。其他特征参考科。全球 1 个大洲分布及种数(1)◆亚洲:1。

Serenoa Hook. f. 锯棕属 Arecaceae [MM-717] 特征纪要:习性:木本。花程式:K3-10,C3-10,A3-10,G3- 参考科。物候:-。海拔:-。生境:-。资源:具栽培园艺种类。全球 2 个大洲分布及种数(1-4)亚洲:1; 北美洲:2。

Sergia Fed. 长药风铃属 Campanulaceae [MD-561] 特征纪要:习性:草本。花程式:-。其他特征参考科。全球 2 个大洲分布及种数(2-19)亚洲:18; 南美洲:14。

Serianthes Benth. 丝花树属 Fabaceae2 [MD-240] 特征纪要:习性:木本。花程式:=↓(K3-5-∞),C3-5-∞,A1-10-50,=↓G1。其他特征参考科。全球 6 个大洲分布及种数(21-35)非洲:8; 亚洲:9; 大洋洲:24; 欧洲:4; 北美洲:4; 南美洲:6。

Sericanthe Robbr. 丝花茜属 Rubiaceae [MD-523] 特征纪要:习性:木本。花程式:(K)4-5,(C)4-5,A4-5,=↓G2-9。其他特征参考科。全球 3 个大洲分布及种数(31-40)非洲:38; 亚洲:3; 南美洲:2。

Serichonus K. R. Thiele 澳鼠李属 Rhamnaceae [MD-331] 特征纪要:习性:木本。花程式:Kn,C2-3 参考科,A2,(G)2-5。其他特征参考科。全球 2 个大洲分布及种数(1-5)亚洲:4; 大洋洲:5。

Sericocalyx Bremek. 爵床科属 Acanthaceae [MD-572] 特征纪要:习性:-。花程式:-。物候:-。花期:参考早于果期。果期:春夏。海拔:50-3600 米。生境:山谷。资源:-。全球 1 个大洲分布及种数(2)。

Sericocarpus Nees 白顶菊属 Asteraceae [MD-586] 特征纪要:习性:草本。花程式:(K)3-5,C3-5,A3-5,=↓(G)2。其他特征参考科。全球 6 个大洲分布及种数(7-40)非洲:4; 亚洲:6; 大洋洲:2; 欧洲:14; 北美洲:14; 南美洲:17。【中国种数:3】。

Sericocoma Fenzl 绢苋属 Amaranthaceae [MD-116] 特征纪要:习性:草本。花程式:K1-2,C0,A1-2,=G2-3。物候:-。海拔:-。生境:-。资源:具园艺种类。全球 2 个大洲分布及种数(3-18)非洲:17; 北美洲:1。

Sericocomopsis Schinz 北绢苋属 Amaranthaceae [MD-116] 特征纪要:习性:草本。花程式:K1-2,C0,A1-2,=(G)2-3。其他特征参考科。全球 1 个大洲分布及种数(2)◆非洲。

Sericodes A. Gray 绢绒果属 Zygophyllaceae [MD-288] 特征纪要:习性:木本。花程式:K4-5,C4-5,A3-6,=(G)2-5。其他特征参考科。全球 2 个大洲分布及种数(1-16)北美洲:16; 南美洲:15。

Sericographis Nees ex Steud. 箭爵床属 Acanthaceae [MD-572] 特征纪要:习性:-。花程式:-。其他特征参考科。全球 2 个大洲分布及种数(39)北美洲:1; 南美洲:1。

Sericolea Schltr. 丝鞘杜英属 Elaeocarpaceae [MD-134] 特征纪要:习性:木本。花程式:-。其他特征参考科。全球 5 个大洲分布及种数(21-46)非洲:35; 亚洲:23; 大洋洲:38; 北美洲:2; 南美洲:5。

Sericorema Lopr. 羊须苋属 Amaranthaceae [MD-116] 特征纪要:习性:草本。花程式:K1-2,C0,A1-2,G-。其他特征参考科。全球 1 个大洲分布及种数(2)◆非洲。

Sericostachys Gilg & Lopr. 铁莲苋属 Amaranthaceae [MD-116] 特征纪要:习性:草本。花程式:K1-2,C0,A1-2,=(G)2-3。其他特征参考科。全球 4 个大洲分布及种数(2-3)非洲:3; 亚洲:2; 北美洲:2; 南美洲:2。【中国种数:1】。

Sericostoma Stocks ex Wight 丝口五加属 Boraginaceae [MD-517] 特征纪要:习性:-。花程式:-。其他特征参考科。全球 2 个大洲分布及种数(7)非洲:2; 亚洲:5。

Sericrostis Raf. = **Muhlenbergia**

Seringia J. Gay 塞林梧桐属 Celastraceae [MD-339] 特征纪要:木本,落叶。花程式:K3-5-∞,C3-5-∞,A10 或 8,=↑G:1-5。果实:蒴果。种子:具种脐,旁侧具一环短柔毛,紫褐色。全球 1 个大洲分布及种数(14-19)

◆大洋洲(◆澳大利亚)。

Seriola L. = **Hypochaeris**

Seriphium L. 帚鼠曲属 Asteraceae [MD-586] 特征纪要:习性:-。花程式:-。其他特征参考科。全球2个大洲分布及种数(9-15)非洲:9; 南美洲:1。

Seris Willd. = **Richterago**

Serissa Comm. ex Juss. 白马骨属 Rubiaceae [MD-523] 特征纪要:习性:-。花程式:-。物候:-。花期:4-10月。果期:参考晚于花期。海拔:100-1600米。生境:荒地或草坪,针叶林山地。资源:观赏。全球6个大洲分布及种数(33)非洲:12; 亚洲:27; 大洋洲:3; 欧洲:4; 北美洲:4; 南美洲:5。

Serjania Mill. 瓜瓶藤属 Sapindaceae [MD-428] 特征纪要:习性:木本。花程式:K4-8,C4-8,A10,=G2-3。其他特征参考科。全球6个大洲分布及种数(250-284;hort.1;cult. 18)非洲:2-3;亚洲:21-27;大洋洲:3-4;欧洲:5-7;北美洲:96-113;南美洲:186-206。【中国种数:11】。

Serophyton Benth. = **Ditaxis**

Serpocaulon A. R. Sm. 蛇足蕨属 Polypodiaceae [F-60] 特征纪要:习性:-。【Rep】:孢子同形,囊群生叶背有盖-无盖。其他特征参考科。全球6个大洲分布及种数(49-68)非洲:2; 亚洲:11; 大洋洲:5; 欧洲:31; 北美洲:31; 南美洲:62。【中国种数:3】。

Serpoleskea (Limpr. ex Hampe) Löske 素冠藓属 Amblystegiaceae [B-178] 特征纪要:-。全球6个大洲分布及种数(2)非洲:1-3;亚洲:2;大洋洲:2;欧洲:2;北美洲:2;南美洲:1-3。

Serpotortella Dixon 香藓属 Serpotortellaceae [B-137] 特征纪要(同科)。全球1个大洲分布及种数(5)◆非洲:5。

Serpotortellaceae W. D. Reese & R. H. Zander [B-137] 香藓科 特征纪要:多粗大,暗绿色至褐绿形,一般无光泽。【Rep】:雌雄异株,蒴柄密被疣,孢蒴卵形至卵状椭圆形,蒴齿两层,内外齿层等长。全球1个大洲分布及属种数(1/1)◆非洲:1。

Serpyllopsis Bosch = **Hymenophyllum**

Serra Cav. = **Senra**

Serraea Spreng. = **Senra**

Serrafalcus Parl. = **Bromus**

S

Serratula L. 伪泥胡菜属 Asteraceae [MD-586] 特征纪要:习性:草本(根状茎,基生,多肉)。花程式:(K)3-5,C3-5,A3参考科,=↓G2。物候:-。海拔:100-1600米。生境:山坡,粗糙地区。栽培:来自广西龙州。资源:具栽培园艺种类。全球6个大洲分布及种数(28-84;hort.1;cult. 1)非洲:2-13;亚洲:20-34;大洋洲:11;欧洲:9-20;北美洲:3-15;南美洲:11。【中国种数:2】。

Serronia Gaudich. = **Ottonia**

Serruria Salisb. 娇娘花属 Proteaceae [MD-219] 特征纪要:习性:木本。花程式:K3-4-∞,C0,A2,=G1。其他特征参考科。全球2个大洲分布及种数(55-121)非洲:103; 北美洲:2。

Sersalisia R. Br. 白山榄属 Sapotaceae [MD-357] 特征纪要:习性:木本。花程式:Kn,C0,A5,↓(G)2-4。其他特征参考科。全球3个大洲分布及种数(6-7)非洲:1;亚洲:2;大洋洲:3。

Sertifera Lindl. ex Rchb. f. 巴西丝兰属 Orchidaceae [MM-723] 特征纪要:习性:草本。花程式:(K)3,C3,A3,=↓G3。其他特征参考科。全球1个大洲分布及种数(8-10)◆南美洲。

Sertuernera Mart. = **Pfaffia**

Sertula (DC.) Kuntze 豆科属 Fabaceae3 [MD-240] 特征纪要:习性:-。花程式:-。其他特征参考科。全球3个大洲分布及种数(17)亚洲:3; 北美洲:1; 南美洲:1。

Sesamoides Ortega 麻樨草属 Resedaceae [MD-196] 特征纪要:习性:草本。花程式:K3-50,C3-50,A4,=G2-3。其他特征参考科。全球4个大洲分布及种数(9-22)非洲:6; 亚洲:2; 欧洲:3; 北美洲:3。

Sesamopteris DC. ex Meisn. = **Sesamum**

Sesamothamnus Welw. 无距刺麻木属 Pedaliaceae [MD-539] 特征纪要:习性:木本。花程式:K5,C0,A10,=↓G2。其他特征参考科。全球1个大洲分布及种数(5)◆非洲。

Sesamum L. 芝麻属 Pedaliaceae [MD-539] 特征纪要:习性:木质攀援。花程式:(K-),C2-3参考科,A10-,↓G2。物候:-。花期:夏末秋初。果期:参考晚于花期。海拔:-。生境:干沙地。资源:药用,具栽培园艺种类。全球6个大洲分布及种数(33-41;hort.1)非洲:30-35;亚洲:18-25;大洋洲:3-5;欧洲:2-4;北美洲:4-6;南美洲:1-4。【中国种数:1】。

Sesbania Adans. 田菁属 Fabaceae3 [MD-240] 特征纪要:习性:木本。花程式:Kn,C2-3参考科,A2,=↓G-。物候:-。花期:8-12月。果期:参考晚于花期。海拔:300-1300米。生境:沼泽低洼地及沟边。资源:果胶,具栽培园艺种类。全球6个大洲分布及种数(71-173)非洲:73; 亚洲:52; 大洋洲:32; 欧洲:34; 北美洲:34; 南美洲:35。【中国种数:12】。

Seseli L. 西风芹属 Apiaceae [MD-480] 特征纪要:习性:草质攀援。花程式:-。物候:-。花期:8月。果期:参考晚于花期。海拔:1200-3200米。生境:干旱石灰岩斜坡,在山坡草地或路旁。资源:具园艺种类。全球6个大洲分布及种数(152-354)非洲:42; 亚洲:214; 大洋洲:10; 欧洲:13; 北美洲:13; 南美洲:12。【中国种数:40】。

Seselopsis Schischk. 西归芹属 Apiaceae [MD-480] 特征纪要:习性:草本(基生)。花程式:Kn,C5,A3参考科,=↓(G)2。物候:-。花期:7月。果期:参考晚于花期。海拔:1500-2500米。生境:灌木,草坡中,生于天山山区。资源:药用。全球1个大洲分布及种数(1-2)◆亚洲。【中国种数:1】。

Sesleria G. A. Scop. 蓝禾属 Poaceae [MM-748] 特征纪要:习性:草本。花程式:(K)3,C0参考科,A1-2,=G2-

3。物候：-。海拔：-。生境：-。资源：具园艺种类。全球 6 个大洲分布及种数(32-127)非洲：20；亚洲：37；大洋洲：13；欧洲：13；北美洲：13；南美洲：5。【中国种数：8】。

Sesleriella Deyl = **Sesleria**

Sessea Ruiz & Pav. 塞斯茄属 Solanaceae [MD-503] 特征纪要：习性：草本。花程式：K3-4，C0，A3-4，=(G)2。其他特征参考科。全球 2 个大洲分布及种数(20-41)北美洲：3；南美洲：38。

Sessilanthera Molseed & Cruden 无丝鸢尾属 Iridaceae [MM-700] 特征纪要：习性：-。花程式：-。其他特征参考科。全球 1 个大洲分布及种数(3)◆北美洲。

Sesuviaceae ex Horan. [MD-95] 海马齿科 特征纪要：习性：木本，草本；落叶。花程式：(K)6-，C2-3，A6 枚，↑G-。物候：-。花期：4-7 月。果期：-。果实：蒴果。种子：数颗，棕色。海拔：2348 米。生境：海岸，沙地上。资源：-。栽培：-。全球 5 个大洲分布及属种数(1/1 <IFR 1/1> hort. 1；cult. 1) 非洲：1/10-15(IFR 1/1)；亚洲：1/9；大洋洲：1/4；北美洲：1/9-10；南美洲：1/10。

Sesuvium L. 海马齿属 Sesuviaceae [MD-95] 特征纪要(同科)。全球 6 个大洲分布及种数(19-25；hort. 1；cult. 2)非洲：8-15；亚洲：7-9；大洋洲：2-4；欧洲：2-4；北美洲：7-10；南美洲：8-10。【中国种数：1】。

setaria P. Beauv. 狗尾草属 Poaceae [MM-748] 特征纪要：习性：竹类。花程式：-。物候：-。海拔：1000-1300 米。生境：竹林下。资源：具栽培园艺种类。全球 6 个大洲分布及种数(144-175；hort. 1；cult. 16)非洲：67-99；亚洲：48-75；大洋洲：54-84；欧洲：16-41；北美洲：61-85；南美洲：64-91。【中国种数：22】。

Setariopsis Scribn. ex Millsp. 拟狗尾草属 Poaceae [MM-748] 特征纪要：习性：草本。花程式：(K)3，C0 参考科，A1-2，=(G)2-3。其他特征参考科。全球 5 个大洲分布及种数(2-8)非洲：5；亚洲：6；大洋洲：3；北美洲：7；南美洲：2。【中国种数：1】。

Setchellanthaceae Iltis [MD-177] 青莲木科 特征纪要：习性：木本；落叶。花程式：K4，C4，A4，↑(G)3。全球 1 个大洲分布及属种数(2/3 hort. 1) ◆北美洲：1/ 1。

Setchellanthus Brandegee 青莲木属 Setchellanthaceae [MD-177] 特征纪要(同科)。全球 1 个大洲分布及种数(1)◆北美洲(◆墨西哥)。

Sethia Kunth = **Erythroxylum**

Setiechinopsis Backeb. ex de Haas 奇想球属 Cactaceae [MD-100] 特征纪要：习性：-。花程式：-。其他特征参考科。全球 1 个大洲分布及种数(-)。

Setilobus Baill. = **Cuspidaria**

Setosa Ewart = **Chamaeraphis**

Setulipes <unassigned> 刚果合囊蕨属 Marattiaceae [F-13] 特征纪要：-。全球 1 个大洲分布及种数(1)◆非洲：1。

Setulocarya R. R. Mill & D. G. Long 刺果草属 Boraginaceae [MD-517] 特征纪要：习性：-。花程式：-。物候：-。花期：7-8 月。果期：参考晚于花期。海拔：5700 米。生境：草地，路边，耕地，自然山坡地。资源：-。全球 1 个大洲分布及种数(cf. 1)◆亚洲。

Seutera Rchb. 隔山消属 Apocynaceae [MD-492] 特征纪要：习性：-。花程式：-。其他特征参考科。全球 4 个大洲分布及种数(8)亚洲：3；欧洲：5；北美洲：5；南美洲：3。

Sevada Moq. 小异子蓬属 Amaranthaceae [MD-116] 特征纪要：习性：草本。花程式：Kn，C0，A3-5，G-。其他特征参考科。全球 2 个大洲分布及种数(1-2)非洲：1；亚洲：1。

Severinia Ten. ex Endl. 酒饼簕属 Rutaceae [MD-399] 特征纪要：习性：-。花程式：-。物候：-。海拔：100-3200 米。生境：办公室作观赏。资源：-。全球 6 个大洲分布及种数(6)非洲：3-4；亚洲：5-6；大洋洲：3-4；欧洲：1；北美洲：2-3；南美洲：2-3。

Sewardiella Kashyap 柄叶苔属 Petalophyllaceae [B-24] 特征纪要：-。全球 1 个大洲分布及种数(cf. 1)◆亚洲。

Sewerzowia Regel & Schmalh. = **Astragalus**

Sextonia van der Werff 赤桂楠属 Lauraceae [MD-21] 特征纪要：习性：木本。花程式：Kn，C0，A3-9，G1-3。其他特征参考科。全球 2 个大洲分布及种数(2-4)北美洲：2；南美洲：4。

Seychellea Razafim. 茜草属 Rubiaceae [MD-523] 特征纪要：习性：-。花程式：-。其他特征参考科。全球 1 个大洲分布及种数(-)。

Seymeria Pursh 西摩列当属 Scrophulariaceae [MD-536] 特征纪要：习性：草本。花程式：K2-4，C0，A3 参考科，=↓(G)2-3。物候：-。海拔：-。生境：-。资源：具园艺种类。全球 5 个大洲分布及种数(21-55)非洲：2；亚洲：5；大洋洲：2；北美洲：41；南美洲：17。

Seymeriopsis Tzvelev 古巴列当属 Orobanchaceae [MD-552] 特征纪要：习性：草本。花程式：K5，C0，A2-4，G2。其他特征参考科。全球 2 个大洲分布及种数(1-3)北美洲：3；南美洲：2。

Seyrigia Keraudren 青龙瓜属 Cucurbitaceae [MD-205] 特征纪要：习性：木本。花程式：-。其他特征参考科。全球 1 个大洲分布及种数(5-6)◆非洲(◆马达加斯加)。

Shafera Greenm. 层绒菊属 Asteraceae [MD-586] 特征纪要：习性：草本。花程式：(K)3-5，C3-5，A3-5，=↓(G)2。其他特征参考科。全球 1 个大洲分布及种数(1)◆北美洲(◆古巴)。

Shaferocharis Urb. 层茜属 Rubiaceae [MD-523] 特征纪要：习性：木本。花程式：(K)4-5，(C)4-5，A4-5，=↓(G)2-9。其他特征参考科。全球 1 个大洲分布及种数(3)◆北美洲(◆古巴)。

Shaferodendron Gilly = **Manilkara**

Shakua Boj. = **Poupartia**

Shallonium Raf. = **Gaultheria**

Shangrilaia Al – Shehbaz, J. P. Yü & H. Sun 中甸荠属 Brassicaceae［MD – 213］特征纪要:习性:草本。花程式:K2 – 4,C2 – 4,A2 – 4,↓G – 参考科。物候: – 。花期:3 – 7 月。果期:6 – 8 月。海拔:30 – 6200 米。生境:半固定沙地前平地,作为蔬菜栽培。资源:具栽培园艺种类。全球 1 个大洲分布及种数(cf. 1)◆亚洲(◆中国)。【中国种数:1】。

Shangwua Yu J. Wang, Raab – Straube, Susanna & J. Quan Liu 尚武菊属 Asteraceae［MD – 586］特征纪要:习性:草本。花程式:(K)3 – 5,(C)3 – 5,A3 – 5, = ↓G2。物候: – 。花期:7 – 10 月。果期:参考晚于花期。海拔:6000 米。生境:阿尔泰山地针叶林带山沟,柞林下路旁。资源: – 。全球 1 个大洲分布及种数(3 hort. 1) ◆亚洲:2 (IFR 1)。

Shaniodendron M. B. Deng, H. T. Wei & X. Q. Wang = **Parrotia**

Sharpiella Z. Iwats. 北美灰藓属 Hypnaceae［B – 189］特征纪要:习性: – 。【Rep】:雌雄异苞同株,内雌苞叶直立,卵状披针形,上部渐狭成长毛状,近于全缘,无中肋,黄绿色。物候: – 。海拔: – 。生境:常见于林下土或岩面薄土,沼泽水生。资源: – 。全球 4 个大洲分布及种数(8)亚洲:6; 欧洲:3; 北美洲:3; 南美洲:2。

Sheareria S. Moore 虾须草属 Asteraceae［MD – 586］特征纪要:习性:草本。花程式:(K)3 – 5,C3 – 5,A3 参考科,↓G。物候: – 。花期:4 月。果期:参考晚于花期。海拔:700 米。生境:河岸,山坡,田边,湖边草地或河边沙滩上。资源:具园艺种类。全球 1 个大洲分布及种数(2)◆亚洲:cf. 1。【中国种数:1】。

Shehbazia D. A. Germann 虾须菜属 Brassicaceae［MD – 213］特征纪要:习性:草本。花程式:K4,C4,A3 参考科,↓G – 参考科。物候: – 。花期:3 – 7 月。果期:6 – 8 月。海拔:30 – 6200 米。生境:半固定沙地前平地,作为蔬菜栽培。资源:具栽培园艺种类。全球 1 个大洲分布及种数(1)◆亚洲:1。

Sheilanthera I. Williams 希拉芸香属 Rutaceae［MD – 399］特征纪要:习性:木本。花程式:K5,C5,A4,↓G – 参考科。其他特征参考科。全球 1 个大洲分布及种数(1)◆非洲。

Shepherdia Nutt. 野牛果属 Elaeagnaceae［MD – 356］特征纪要:习性:木本。花程式: – 。物候: – 。海拔: – 。生境: – 。资源:具栽培园艺种类。全球 4 个大洲分布及种数(3 – 8)亚洲:2; 大洋洲:2; 欧洲:4; 北美洲:4。【中国种数:1】。

Sherardia L. 田茜属 Rubiaceae［MD – 523］特征纪要和分布(–)。全球 6 个大洲分布及种数(3)非洲:1 – 2;亚洲:2 – 3;大洋洲:1 – 2;欧洲:1 – 2;北美洲:1 – 2;南美洲:1。【中国种数:1】。

Sherbournia G. Don 号角栀属 Rubiaceae［MD – 523］特征纪要:习性:木本。花程式:(K)4 – 5,(C)4 – 5,A4 – 5, = ↓(G)2 – 9。其他特征参考科。全球 3 个大洲分布及种数(15 – 39)非洲:33; 亚洲:3; 南美洲:4。【中国种数:2】。

Shevockia Enroth & Meng – Cheng Ji 亮蒴藓属 Neckeraceae［B – 204］特征纪要:习性: – 。【Rep】:雌雄多异株或同株,孢蒴侧生于茎或枝上,隐生于雌苞叶内或高出于雌苞叶,蒴齿两层,外齿层齿片狭披针形。物候: – 。海拔: – 。生境:常见于岩石或树干。资源: – 。全球 1 个大洲分布及种数(1)◆亚洲。【中国种数:1】。

Shibataea Makino ex Nakai 鹅毛竹属 Poaceae［MM – 748］特征纪要:习性:竹类。花程式:(K –),C0 参考科,A3 参考科,↓G – 参考科。物候: – 。花期:3 – 5 月。果期:参考晚于花期。海拔:300 米。生境:山林地带。资源:具栽培园艺种类。全球 2 个大洲分布及种数(7 – 21)亚洲:16; 北美洲:5。【中国种数:7】。

Shibateranthis t. Nakai 菟葵属 Ranunculaceae［MD – 38］特征纪要:习性: – 。花程式: – 。其他特征参考科。全球 1 个大洲分布及种数(cf. 1)◆亚洲。

Shiia Makino = **Castanopsis**

Shinnersia R. M. King & H. Rob. 虫泽兰属 Asteraceae［MD – 586］特征纪要:习性:草本。花程式:(K)3 – 5,(C)3 – 5,A3 – 5,↓G。其他特征参考科。全球 2 个大洲分布及种数(1 – 2)欧洲:1; 北美洲:1。

Shinnersoseris Tomb 喙骨苣属 Asteraceae［MD – 586］特征纪要:习性:草本。花程式:(K)3 – 5,(C)3 – 5,A3 – 5,↓G。其他特征参考科。全球 1 个大洲分布及种数(1)◆北美洲。

Shirakia Hurus. = **Sapium**

Shirakiopsis Esser 齿叶乌桕属 Euphorbiaceae［MD – 217］特征纪要:习性:木本。花程式:K1(1000),C1 – 1000, A6, = (G)2 – 3。物候: – 。花期:6 – 7 月。果期:参考晚于花期。海拔:100 米。生境:河边。资源:具园艺种类。全球 2 个大洲分布及种数(6 – 7)非洲:3;亚洲:cf. 1。【中国种数:1】。

Shishindenia Makino ex Koidz. = **Chamaecyparis**

Shiuyinghua Paclt 秀英桐属 Paulowniaceae［MD – 542］特征纪要:习性:草本。花程式:Kn,C0,A3 参考科,↓G。物候: – 。海拔:45 – 6000 米。生境:栽培(来自广西龙州)。资源:具栽培园艺种类。全球 1 个大洲分布及种数(2)◆亚洲:cf. 1。

Shivparvatia Pusalkar & D. K. Singh 亚石竹属 Caryophyllaceae［MD – 77］特征纪要:习性:草本。花程式:K5,C5 – 4,A10,G – 。物候: – 。花期:7 – 8 月。果期:参考晚于花期。海拔:80 – 6000 米。生境:高山草甸,沙滩。资源: – 。全球 1 个大洲分布及种数(7) ◆亚洲:7(IFR 1)。

Shonia R. J. F. Hend. & Halford 木姜桐属 Euphorbiaceae［MD – 217］特征纪要:习性:木本。花程式:K1(1000), C0,A6,↓G – 参考科。其他特征参考科。全球 1 个大洲分布及种数(1 – 5)◆大洋洲。

Shorea Roxb. ex C. F. Gaertn. 娑罗双属 Dipterocarpaceae［MD – 173］特征纪要:习性:木本。花程式: – 。物候: – 。花期:6 – 7 月。果期:参考晚于花期。海拔:1000 米。生境:热带山谷森林。栽培:来自广西龙州。资源:材用,树脂,具栽培园艺种类。全球 5 个大洲分布及种数(199 – 342)非洲:3; 亚洲:304; 大洋洲:20; 北美洲:12; 南美洲:5。【中国种数:19】。

Shortia Torr. & A. Gray 岩扇属 Diapensiaceae［MD－405］特征纪要:习性:木本。花程式:－。物候:－。花期:3－4 月。果期:参考晚于花期。海拔:1000－3000 米。生境:林中沟边岩壁上,岩石地带,高山地区。资源:具栽培园艺种类。全球 6 个大洲分布及种数(6－10)非洲:1;亚洲:5－9;大洋洲:1;欧洲:1;北美洲:2－5;南美洲:1。【中国种数:3】。

Shoshonea Evert & Constance 怀俄明草属 Apiaceae［MD－480］特征纪要:习性:草本。花程式:＝↓(K5),C5,A5,＝↓G(－)。其他特征参考科。全球 1 个大洲分布及种数(1)◆北美洲(◆美国)。

Shoubiaonia <unassigned> 石蒜属 Amaryllidaceae［MM－694］特征纪要:习性:－。花程式:－。其他特征参考科。全球 1 个大洲分布及种数(－)。

Shrirangia <unassigned> 青藓属 Brachytheciaceae［B－187］特征纪要:－。全球 1 个大洲分布及种数(－)。

Shuaria D. A. Neill & J. L. Clark 灯盏岩桐属 Gesneriaceae［MD－549］特征纪要:习性:草本。花程式:K5,C0,A2－5,＝(G)2。其他特征参考科。全球 1 个大洲分布及种数(1)◆南美洲(◆厄瓜多尔)。

Shuteria Wight & Arn. 宿苞豆属 Fabaceae3［MD－240］特征纪要:习性:木质攀援。花程式:(K－),C2－3 参考科,A9＋1 二体,＝↓G1。物候:－。花期:7－12 月。果期:参考晚于花期。海拔:200－2300 米。生境:灌丛地,森林,路旁。资源:药用。全球 6 个大洲分布及种数(6－8)非洲:2－3;亚洲:5－8;大洋洲:1;欧洲:1;北美洲:1－2;南美洲:1。【中国种数:3】。

Siagonanthus Poepp. & Endl. ＝ **Ornithidium**

Siamanthus K. Larsen & J. Mood 角果姜属 Zingiberaceae［MM－737］特征纪要:习性:草本。花程式:－。其他特征参考科。全球 1 个大洲分布及种数(cf. 1)◆亚洲。

Siamosia K. Larsen & Pedersen 泰苋属 Amaranthaceae［MD－116］特征纪要:习性:草本。花程式:－。其他特征参考科。全球 1 个大洲分布及种数(1)◆东南亚(◆泰国)。

Siapaea Pruski 匍匐尖泽兰属 Asteraceae［MD－586］特征纪要:习性:草本。花程式:(K)3－5,C3－5,A3－5,＝↓(G)2。其他特征参考科。全球 1 个大洲分布及种数(1)◆南美洲。

Sibangea Oliv. 核果木科属 Putranjivaceae［MD－228］特征纪要:习性:－。花程式:－。其他特征参考科。全球 1 个大洲分布及种数(4)◆南美洲:1。

Sibara Greene 假南芥属 Brassicaceae［MD－213］特征纪要:习性:草本。花程式:K2－4,C2－4,A2－4,＝(G)2。其他特征参考科。全球 5 个大洲分布及种数(12－27)非洲:2; 大洋洲:1; 欧洲:19; 北美洲:19; 南美洲:14。

Sibaropsis S. Boyd & T. S. Ross 异南芥属 Brassicaceae［MD－213］特征纪要:习性:－。花程式:－。其他特征参考科。全球 1 个大洲分布及种数(1)◆北美洲(◆美国)。

Sibbaldia L. 山莓草属 Rosaceae［MD－246］特征纪要:习性:木本。花程式:－。物候:－。海拔:2400－2600 米。生境:草地,岩石裂缝。资源:具栽培园艺种类。全球 5 个大洲分布及种数(12－52)非洲:3; 亚洲:51; 大洋洲:2; 欧洲:8; 北美洲:8。【中国种数:5】。

Sibbaldianthe Juz. 毛莓草属 Rosaceae［MD－246］特征纪要:习性:－。花程式:－。其他特征参考科。全球 1 个大洲分布及种数(－)。【中国种数:3】。

Sibbaldiopsis Rydb. 银莓草属 Rosaceae［MD－246］特征纪要:习性:－。花程式:－。其他特征参考科。全球 3 个大洲分布及种数(3)亚洲:2; 欧洲:2; 北美洲:2。

Sibiraea Maxim. 鲜卑花属 Rosaceae［MD－246］特征纪要:习性:木本。花程式:－。物候:－。花期:6 月。果期:参考晚于花期。海拔:3000－4000 米。生境:开阔森林,山坡,山谷路旁。资源:药用,具栽培园艺种类。全球 2 个大洲分布及种数(5－6)亚洲:3－5;欧洲:2。【中国种数:3】。

Sibirotrisetum Barberá, Soreng, Romasch., A. Quintanar & P. M. Peterson 禾本科属 Poaceae［MM－748］特征纪要:习性:－。花程式:－。其他特征参考科。全球 3 个大洲分布及种数(7－8)亚洲:7; 欧洲:1; 北美洲:1。

Sibthorpia L. 金幌菊属 Scrophulariaceae［MD－536］特征纪要:习性:灌木。花程式:－。物候:－。海拔:－。生境:－。资源:具园艺种类。全球 4 个大洲分布及种数(8－10)非洲:2－3;欧洲:4－5;北美洲:2;南美洲:4。

Sicana Naudin 麝香瓜属 Cucurbitaceae［MD－205］特征纪要:习性:木本。花程式:－。其他特征参考科。全球 3 个大洲分布及种数(4－8)大洋洲:2; 北美洲:8; 南美洲:6。

Siccobaccatus P. J. Braun & Esteves 独丽柱属 Cactaceae［MD－100］特征纪要:习性:－。花程式:－。其他特征参考科。全球 1 个大洲分布及种数(－)。

Sichuania M. G. Gilbert & P. T. Li 四川藤属 Apocynaceae［MD－492］特征纪要:习性:－。花程式:－。物候:－。花期:几乎全年。果期:参考晚于花期。海拔:5000 米。生境:草间路旁。资源:藤具。全球 1 个大洲分布及种数(cf. 1)◆亚洲(◆中国)。

Sickingia Willd. ＝ **Simira**

Sicrea (Pierre) Hallier f. 落萼椴属 Malvaceae［MD－203］特征纪要:习性:－。花程式:－。其他特征参考科。全球 2 个大洲分布及种数(6)亚洲:4; 南美洲:3。

Siculosciadium C. Brullo, Brullo, S. R. Downie & Giusso 伞形科属 Apiaceae［MD－480］特征纪要:习性:－。花程式:－。其他特征参考科。全球 1 个大洲分布及种数(－)。

Sicydium Schltdl. 野胡瓜属 Cucurbitaceae［MD－205］特征纪要:习性:木本。花程式:＝↓(K3－5),C3－5,A3－5,＝↓G1－2。其他特征参考科。全球 3 个大洲分布及种数(9－43)亚洲:4; 北美洲:12; 南美洲:27。

Sicyocarya (Gray) H. St. John ＝ **Sicyos**

Sicyocaulis Wiggins ＝ **Sicyos**

Sicyocodon Feer ＝ **Campanula**

Sicyomorpha Miers = **Peritassa**

Sicyos L. 刺果瓜属 Cucurbitaceae [MD-205] 特征纪要:习性:木本。花程式:-。物候:-。海拔:-。生境:-。资源:具栽培园艺种类。全球6个大洲分布及种数(64-177)非洲:6; 亚洲:28; 大洋洲:12; 欧洲:99; 北美洲:99; 南美洲:63。【中国种数:2】。

Sicyosperma A. Gray 箭叶瓜属 Cucurbitaceae [MD-205] 特征纪要:习性:木本。花程式:=↓(K3-5),C3-5,A3-5,=↓G(-)。其他特征参考科。全球1个大洲分布及种数(1)◆北美洲。

Sida L. 黄花棯属 Malvaceae [MD-203] 特征纪要:习性:木本。花程式:(K-),C2-3参考科,A10,G-。物候:-。花期:冬-春。果期:参考晚于花期。海拔:1100-1600米。生境:路边,荒地。栽培:来自广西龙州。资源:具栽培园艺种类。全球6个大洲分布及种数(286-954)非洲:136; 亚洲:158; 大洋洲:120; 欧洲:175; 北美洲:175; 南美洲:455。【中国种数:20】。

Sidalcea A. Gray ex Benth. 棯葵属 Malvaceae [MD-203] 特征纪要:习性:木本。花程式:K5-∞,C5-∞,A10-8,=(G)1-5。其他特征参考科。全球5个大洲分布及种数(49-165)亚洲:8; 大洋洲:2; 欧洲:82; 北美洲:82; 南美洲:11。【中国种数:5】。

Sidanoda Wooton & Standl. = **Anoda**

Sidasodes Fryxell & Fürtes 南美葵属 Malvaceae [MD-203] 特征纪要:习性:木本。花程式:K5-∞,C5-∞,A10-8,=(G)1-5。其他特征参考科。全球1个大洲分布及种数(1-2)◆南美洲。

Sidastrum Baker f. 沙棯属 Malvaceae [MD-203] 特征纪要:习性:木本。花程式:K5-∞,C5-∞,A10-8,=(G)1-5。其他特征参考科。全球6个大洲分布及种数(8-15)非洲:4; 亚洲:4; 大洋洲:3; 欧洲:14; 北美洲:14; 南美洲:12。【中国种数:1】。

Sideranthus (DC.) Nutt. 花旗侧菊属 Asteraceae [MD-586] 特征纪要和分布(-)。

Siderasis Raf. 绒毡草属 Commelinaceae [MM-708] 特征纪要:习性:草本。花程式:(K)3,C3,A2-3,=(G)3。其他特征参考科。全球3个大洲分布及种数(6-12)亚洲:6; 北美洲:2; 南美洲:8。

Sideritis L. 毒马草属 Lamiaceae [MD-575] 特征纪要:习性:草本。花程式:-。物候:-。海拔:5400米。生境:山谷,灌丛。资源:具栽培园艺种类。全球6个大洲分布及种数(98-239;hort. 1;cult. 36)非洲:27-42;亚洲:37-85;大洋洲:9-17;欧洲:83-128;北美洲:8-9;南美洲:1。【中国种数:4】。

Sideropogon Pichon = **Fridericia**

Sideroxylon L. 久榄属 Sapotaceae [MD-357] 特征纪要:习性:木本。花程式:K4-15,C0,A5,=↓(G)2-4。物候:-。海拔:100-3000米。生境:石山,阴湿云杉林下。资源:具栽培园艺种类。全球6个大洲分布及种数(96-640)非洲:154; 亚洲:183; 大洋洲:100; 欧洲:146; 北美洲:146; 南美洲:221。【中国种数:2】。

Sidneya E. E. Schill. & Panero 美花莲属 Asteraceae [MD-586] 特征纪要:习性:草本。花程式:(K-),C2-3参考科,A1,↓G-。其他特征参考科。全球2个大洲分布及种数(4-5)北美洲:4; 南美洲:1。

Sidotheca Reveal 星苞蓼属 Polygonaceae [MD-120] 特征纪要:习性:草本。花程式:-。其他特征参考科。全球1个大洲分布及种数(3)◆北美洲(◆美国)。

Siegesbecka Cothen. = **Sigesbeckia**

Siegesbeckia L. 豨莶属 Asteraceae [MD-586] 特征纪要:习性:草本。花程式:(K)3-5,C3-5,A3-5,↓G。物候:-。海拔:110-2700米。生境:草坪中,河谷,溪边,河槽潮湿地,旷野,耕地边。资源:-。全球5个大洲分布及种数(4)非洲:2;亚洲:3;大洋洲:3;欧洲:1;南美洲:2。

Siegfriedia C. A. Gardner 西澳鼠李属 Rhamnaceae [MD-331] 特征纪要:习性:木本。花程式:K4-5,C4-5,A2,=(G)2-5。其他特征参考科。全球1个大洲分布及种数(1)◆大洋洲(◆澳大利亚)。

Sieglingia Bernh. 北美禾草属 Poaceae [MM-748] 特征纪要:习性:-。花程式:-。其他特征参考科。全球1个大洲分布及种数(7)◆欧洲。

Siemensia Urb. 泉钟花属 Rubiaceae [MD-523] 特征纪要:习性:木本。花程式:(K-),(C)4,A3-5,↓G。其他特征参考科。全球1个大洲分布及种数(1)◆北美洲。

Siemssenia Steetz 细刺菊属 Asteraceae [MD-586] 特征纪要:习性:-。花程式:-。其他特征参考科。全球1个大洲分布及种数(-)。

Sievekingia Rchb. f. 领瓣兰属 Orchidaceae [MM-723] 特征纪要:习性:草本。花程式:(K)3,C3,A3,=↓G3。其他特征参考科。全球2个大洲分布及种数(11-20)北美洲:5; 南美洲:18。

Sieversandreas Eb. Fisch. 领玄参属 Orobanchaceae [MD-552] 特征纪要:习性:灌木。花程式:K2-4,C0,A2-4,G2。其他特征参考科。全球1个大洲分布及种数(1)◆非洲(◆马达加斯加)。

Sieversia Willd. 岩车木属 Rosaceae [MD-246] 特征纪要:习性:木本。花程式:K1(10-100),C1-10-100,A1-10-100,=↓G1-50。物候:-。海拔:-。生境:-。资源:具栽培园艺种类。全球5个大洲分布及种数(2-32)亚洲:8; 大洋洲:2; 欧洲:16; 北美洲:16; 南美洲:3。

Sigesbeckia L. 豨莶属 Asteraceae [MD-586] 特征纪要:习性:草本。花程式:(K)3-5,C3-5,A3-5,=↓G2。物候:-。花期:4-9月。果期:参考晚于花期。海拔:100-2800米。生境:山坡,森林边缘,灌木丛和草原,针叶林山地黄棕壤。资源:药用。全球6个大洲分布及种数(14-19;hort. 1;cult. 2)非洲:3-4;亚洲:3-5;大洋洲:2-4;欧洲:3-4;北美洲:8-11;南美洲:7-9。【中国种数:3】。

Sigmatanthus Huber ex Emmerich 荆钗木属 Rutaceae [MD-399] 特征纪要:习性:木本。花程式:K5,C5,A4,↓G-参考科。其他特征参考科。全球1个大洲分布及种数(1)◆南美洲。

Sigmatella (Müll. Hal.) Müll. Hal. 麻锦藓属 Sematophyllaceae [B-192] 特征纪要:-。全球2个大洲分布及种数

(2)大洋洲:1;南美洲:1。

Sigmatostalix Rchb. f. 弓柱兰属 Orchidaceae [MM－723] 特征纪要:习性:－。花程式:－。其他特征参考科。全球6个大洲分布及种数(41－48)非洲:1;亚洲:1;大洋洲:1;欧洲:1;北美洲:16－17;南美洲:33－34。

Sigmoidala J. Compton & Schrire 豆科属 Fabaceae3 [MD－240] 特征纪要:习性:－。花程式:－。其他特征参考科。全球1个大洲分布及种数(1)◆亚洲:1。

Sigmoidotropis (Piper) A. Delgado 波多黎各豆属 Fabaceae3 [MD－240] 特征纪要:习性:木本。花程式:＝↓(Kn),C1－∞参考科,A3参考科,＝↓G(－)。其他特征参考科。全球1个大洲分布及种数(7)◆北美洲。

Sigridea <unassigned> 松叶苔属 Riellaceae [B－5] 特征纪要:－。全球3个大洲分布及种数(57)亚洲:5; 北美洲:2; 南美洲:56。

Silaum Mill. 亮叶芹属 Apiaceae [MD－480] 特征纪要:习性:草本。花程式:＝↓(K5),C5,A5,＝↓(G)2。物候:－。海拔:100－300米。生境:潮湿草甸。资源:具园艺种类。全球5个大洲分布及种数(1－21)亚洲:13; 大洋洲:2; 欧洲:2; 北美洲:2; 南美洲:2。【中国种数:1】。

Silene L. 蝇子草属 Caryophyllaceae [MD－77] 特征纪要:习性:草本,亚灌木。花程式:－。物候:－。花期:7－8月。果期:参考晚于花期。海拔:3000－4700米。生境:矮杜鹃灌丛中,竹林边。资源:具栽培园艺种类。全球6个大洲分布及种数(700－1082;hort. 1;cult. 50)非洲:125－259;亚洲:496－761;大洋洲:47－148;欧洲:199－437;北美洲:119－226;南美洲:61－157。【中国种数:166】。

Silentvalleya V. J. Nair, Sreek., Vajr. & Bhargavan 静谷草属 Poaceae [MM－748] 特征纪要:习性:草本。花程式:(K－),C0参考科,A3参考科,↓G－参考科。其他特征参考科。全球1个大洲分布及种数(1－2)◆亚洲。

Siler Mill. 银花芹属 Apiaceae [MD－480] 特征纪要:习性:草本。花程式:＝↓(Kn),C5,A3参考科,＝↓G(－)。物候:－。海拔:－。生境:－。资源:具园艺种类。全球1个大洲分布及种数(4)◆欧洲。

Siliquamomum Baill. 长果姜属 Zingiberaceae [MM－737] 特征纪要:习性:草本(具根状茎)。花程式:－。物候:－。花期:10月。果期:参考晚于花期。海拔:800米。生境:生于山谷密林中潮湿处。资源:具园艺种类。全球1个大洲分布及种数(1－2)◆亚洲。【中国种数:1】。

Sillaphyton Pimenov 丝伞芹属 Apiaceae [MD－480] 特征纪要:习性:草本。花程式:－。其他特征参考科。全球1个大洲分布及种数(－)。

Siloxerus Labill. 头序鼠麹草属 Asteraceae [MD－586] 特征纪要:习性:草本。花程式:(K)3－5,(C)3－5,A3－5,＝↓G2。其他特征参考科。全球1个大洲分布及种数(5)◆大洋洲(◆澳大利亚)。

Silphiodaucus (Koso－Pol.) Spalik, Wojew., Banasiak, Piwczyłski & Reduron 伞形科属 Apiaceae [MD－480] 特征纪要:习性:草本。花程式:－。其他特征参考科。全球3个大洲分布及种数(3)亚洲:2; 欧洲:1; 北美洲:1。

Silphium L. 松香草属 Asteraceae [MD－586] 特征纪要:习性:草本。花程式:(K)3－5,(C)3－5,A3－5,＝↓G2。物候:－。海拔:－。生境:－。资源:具栽培园艺种类。全球6个大洲分布及种数(19－34;hort. 1;cult. 4)非洲:21;亚洲:8－29;大洋洲:21;欧洲:3－24;北美洲:18－43;南美洲:21。【中国种数:4】。

Silvia Allemão 墨西哥樟属 Lauraceae [MD－21] 特征纪要和分布(－)。全球6个大洲分布及种数(3)非洲:4;亚洲:4;大洋洲:4;欧洲:4;北美洲:2－6;南美洲:4。

Silvianthus Hook. f. 蜘蛛花属 Carlemanniaceae [MD－528] 特征纪要:习性:木本。花程式:－。物候:－。花期:参考早于果期。果期:秋季。海拔:700－900米。生境:森林。资源:具园艺种类。全球1个大洲分布及种数(cf. 1)◆亚洲。【中国种数:2】。

Silviella Pennell 墨西哥樟属 Orobanchaceae [MD－552] 特征纪要:习性:木本。花程式:－。其他特征参考科。全球2个大洲分布及种数(2－4)北美洲:3; 南美洲:2。

Silvorchis J. J. Sm. 林荫兰属 Orchidaceae [MM－723] 特征纪要:习性:草本。花程式:(K)3,C3,A3,＝↓G3。其他特征参考科。全球1个大洲分布及种数(1－5)◆亚洲。

Silybum Adans. 水飞蓟属 Asteraceae [MD－586] 特征纪要:习性:草本(基生,多肉)。花程式:(K)3－5,C3－5,A3参考科,↓G。物候:－。花期:7－10月。果期:参考晚于花期。海拔:6000米。生境:草地。资源:具栽培园艺种类。全球6个大洲分布及种数(3－4)非洲:2;亚洲:2;大洋洲:1;欧洲:2;北美洲:2;南美洲:1。【中国种数:2】。

Simaba Aubl. 苦香木属 Simaroubaceae [MD－424] 特征纪要:习性:木本。花程式:K3－10,C3－10,A2,＝G1－2。其他特征参考科。全球4个大洲分布及种数(10－59)非洲:3; 亚洲:7; 北美洲:6; 南美洲:50。

Simarouba Aubl. 苦樗属 Simaroubaceae [MD－424] 特征纪要:习性:木本。花程式:K5,C5,A2,G－。其他特征参考科。全球2个大洲分布及种数(5－7)北美洲:3－5;南美洲:2－3。

Simaroubaceae DC. [MD－424] 苦木科 特征纪要:习性:木本;常绿,落叶。花程式:K3,C4,A10－2,G－。物候:－。花期: 4－5月。果期: 8－10月。果实:翅果,核果。种子:－。海拔:100－2500米。生境:半常绿林中,针阔叶林边。资源:园林,药用。栽培:中国有栽培。全球6个大洲分布及属种数(20－25/127－212 <IFR 1/1> hort. 1;cult. 4) 非洲:8－9/34－35; 亚洲:7/32－41; 大洋洲:5－7/14－29; 欧洲:4/11; 北美洲:8－9/37－46; 南美洲:8－10/59－102(IFR 1/1)。【中国属种数:7/14】。

Simaruba Aubl. ＝ **Simarouba**

Simethis Kunth 净百合属 Asphodelaceae [MM－649] 特征纪要:习性:草本。花程式:－。其他特征参考科。全球3个大洲分布及种数(1－12)非洲:7; 亚洲:4; 南美洲:4。

Simicratea N. Hallé 化风藤属 Celastraceae [MD－339] 特征纪要:习性:木本。花程式:Kn,C2－3参考科,A10,G－。其他特征参考科。全球1个大洲分布及种数(1)◆非洲。

Similisinocarum Cauwet & Farille 喜马拉雅茴芹属 Apiaceae [MD－480] 特征纪要:习性:－。花程式:－。其他特征参考科。全球1个大洲分布及种数(－)。

Simira Aubl. 美染木属 Rubiaceae [MD－523] 特征纪要:习性:木本。花程式:(K)4－5,(C)4－5,A4－5,＝↓(G)2－9。其他特征参考科。全球4个大洲分布及种数(42－72)亚洲:6; 大洋洲:3; 北美洲:17; 南美洲:62。

Simmondsia Nutt. 油蜡树属 Simmondsiaceae [MD－163] 特征纪要:习性:木本。花程式:－。其他特征参考科。全球4个大洲分布及种数(1－5)非洲:3; 亚洲:2; 北美洲:3; 南美洲:2。【中国种数:1】。

Simmondsiaceae Van Tiegh. [MD－163] 油蜡树科 特征纪要:习性:木本;落叶。花程式:(K)8－10,(C)8－10,A8－10,＝(↓G)3。全球1个大洲分布及属种数(2/4 hort. 1) ◆北美洲:1/ 2－3。【中国属种数:1/1】。

Simocheilus Klotzsch 联室石南属 Ericaceae [MD－380] 特征纪要:习性:－。花程式:－。其他特征参考科。全球2个大洲分布及种数(39)非洲:36; 亚洲:4。

Simocybe <unassigned> 马桑科属 Coriariaceae [MD－277] 特征纪要:－。全球2个大洲分布及种数(20)欧洲:1; 南美洲:18。

Simodon (Lindb.) Lindb. 芬兰小叶苔属 Fossombroniaceae [B－23] 特征纪要:－。全球3个大洲分布及种数(10)非洲:2; 亚洲:2; 南美洲:9。

Simophyllum Lindb. 齿叶石毛藓属 Ephemeraceae [B－135] 特征纪要:－。分布:－。

Simplicia Kirk 单脊茅属 Poaceae [MM－748] 特征纪要:习性:草本。花程式:(K－),C0参考科,A3参考科,↓G－参考科。其他特征参考科。全球1个大洲分布及种数(3－13)◆大洋洲(◆新西兰)。

Simplicidens Herzog 凤尾藓科属 Fissidentaceae [B－131] 特征纪要:－。全球1个大洲分布及种数(－)。

Simpsonanthus <unassigned> 紫草属 Boraginaceae [MD－517] 特征纪要:习性:－。花程式:－。其他特征参考科。全球1个大洲分布及种数(－)。

Sinacalia H. Rob. & Brettell 华蟹甲属 Asteraceae [MD－586] 特征纪要:习性:草本(根状茎,基生)。花程式:(K)3－5,C3－5,A3参考科,↓G。物候:－。海拔:1000－2900米。生境:路边,林下,山谷,水洞中。资源:具园艺种类。全球2个大洲分布及种数(5)亚洲:cf. 1;欧洲:1。【中国种数:3】。

Sinadoxa C. Y. Wu, Z. L. Wu & R. F. Huang 华福花属 Adoxaceae [MD－530] 特征纪要:习性:－。花程式:－。物候:－。花期:6－7月。果期:参考晚于花期。海拔:3900－4800米。生境:生于砾石带,峡谷潮湿地,岩石掩体,潮湿的沟壑,高山碎屑斜坡。资源:－。全球1个大洲分布及种数(cf. 1)◆亚洲(◆中国)。

Sinalliaria X. F. Jin, Y. Y. Zhou & H. W. Zhang 华葱芥属 Brassicaceae [MD－213] 特征纪要:习性:草本。花程式:K4,C4,A3参考科,↓G－参考科。物候:－。花期:3－7月。果期:6－8月。海拔:30－6200米。生境:半固定沙地前平地,作为蔬菜栽培。资源:具栽培园艺种类。全球1个大洲分布及种数(1 hort. 1) ◆亚洲:1(IFR 1)。

Sinapidendron Lowe 芥树属 Brassicaceae [MD－213] 特征纪要:习性:草本。花程式:K2－4,C2－4,A2－4,＝G2。其他特征参考科。全球1个大洲分布及种数(1－6)◆非洲。

Sinapis L. 白芥属 Brassicaceae [MD－213] 特征纪要:习性:草本。花程式:Kn,C2－3参考科,A3参考科,G－。物候:－。花期:5－9月。果期:参考晚于花期。海拔:400－1800米。生境:公路旁草地。资源:药用,饲料,具栽培园艺种类。全球6个大洲分布及种数(8－11;hort. 1;cult. 3)非洲:5－11;亚洲:4－11;大洋洲:2－7;欧洲:4－10;北美洲:4－9;南美洲:1－6。【中国种数:1】。

Sinarundinaria Nakai 华西箭竹属 Poaceae [MM－748] 特征纪要:习性:－。花程式:－。物候:－。海拔:10－5600米。生境:沼泽。资源:－。全球6个大洲分布及种数(4－5)非洲:2;亚洲:3－11;大洋洲:2;欧洲:2;北美洲:2;南美洲:1－3。

Sinclairia Hook. & Arn. 麻安菊属 Asteraceae [MD－586] 特征纪要:习性:草本。花程式:(K)3－5,(C)3－5,A3－5,＝↓G2。其他特征参考科。全球3个大洲分布及种数(31－38)非洲:2; 北美洲:32; 南美洲:5。

Sincoraea Ule ＝ **Orthophytum**

Sindechites Oliv. 毛药藤属 Apocynaceae [MD－492] 特征纪要:习性:木质攀援。花程式:(K－),C2－3参考科,A4,↓G－。物候:－。花期:3－7月。果期:参考晚于花期。海拔:100－700米。生境:低海拔至中海拔山地密林中或溪边灌木丛中,常攀援树上。资源:药用,具栽培园艺种类。全球2个大洲分布及种数(1－4)亚洲:4; 南美洲:2。【中国种数:1】。

Sindora Miq. 油楠属 Fabaceae1 [MD－238] 特征纪要:习性:木质攀援。花程式:－。物候:－。花期:4－5月。果期:参考晚于花期。海拔:800米。生境:混交林,山坡,河岸。资源:具栽培园艺种类。全球6个大洲分布及种数(7－21;hort. 1)非洲:1－2;亚洲:5－19;大洋洲:1;欧洲:1;北美洲:1;南美洲:1。【中国种数:5】。

Sindoropsis J. Léonard 甘豆属 Fabaceae1 [MD－240] 特征纪要:习性:木本。花程式:＝↓(K3－5－∞),C3－5－∞,A3－5,＝↓G1－2。其他特征参考科。全球1个大洲分布及种数(1)◆非洲。

Sinephropteris Mickel 西北铁角蕨属 Aspleniaceae [F－43] 特征纪要:小型,土生。根状茎短而直立,被鳞片;鳞片披针形,长渐尖头,膜质,粗筛孔,边缘有疏齿。单叶,簇生;叶柄栗黑色,有光泽,基部疏被鳞片,向上光滑;叶片圆形或团扇形,基部深心脏形,边缘全缘。叶草质或厚纸质,无毛。叶脉从基部辐射,多回二叉分枝,小脉不达叶边,先端具水囊,分离或偶有在近叶边联结成少数狭长网眼。【Rep】:孢子囊群线形,生于每两条小脉相对的两侧,成熟时汇合;囊群盖同形,膜质。全球1个大洲分布及种数(1)◆亚洲。

Singana Aubl. & Hallier. f. 圭亚那豆属 Fabaceae3 [MD－240] 特征纪要:－。全球1个大洲分布及种数(2)◆南美洲:1。

Singaporandia K. M. Wong 毛药茜属 Rubiaceae [MD－523] 特征纪要:习性:木本。花程式:(K－),(C)4,A3参考科,↓G。其他特征参考科。全球1个大洲分布及种数(1) ◆亚洲:1。

Singchia Z. J. Liu & L. J. Chen 心启兰属 Orchidaceae [MM-723] 特征纪要:习性:-。花程式:-。物候:-。花期:参考早于果期。果期:10-11 月。海拔:80-5200 米。生境:柏树林下或草坡路旁,竹坡中。资源:-。全球 1 个大洲分布及种数(1-2)◆亚洲:cf. 1。

Sinia Diels 蒴莲木属 Ochnaceae [MD-104] 特征纪要:习性:木本。花期:4-5 月。果期:参考晚于花期。海拔:1000 米。生境:山谷水旁密林中。资源:药用。全球 1 个大洲分布及种数(1)◆亚洲(◆中国)。

Sinningia Nees 大岩桐属 Gesneriaceae [MD-549] 特征纪要:习性:灌木。花程式:K5,C0,A4,=↓G2。其他特征参考科。全球 6 个大洲分布及种数(82-169)非洲:7; 亚洲:16; 大洋洲:6; 欧洲:17; 北美洲:17; 南美洲:141。【中国种数:5】。

Sinoadina Ridsdale 鸡仔木属 Rubiaceae [MD-523] 特征纪要:习性:-。花程式:-。物候:-。海拔:300-1500 米。生境:生于向阳处,水边,森林。资源:-。全球 4 个大洲分布及种数(3)非洲:2; 亚洲:3; 大洋洲:2; 南美洲:2。

Sinoarundinaria Ohwi = **Phyllostachys**

Sinobacopa D. Y. Hong = **Bacopa**

Sinobaijiania C. Jeffrey & W. J. de Wilde 白兼果属 Cucurbitaceae [MD-205] 特征纪要:习性:木本。花程式:(K)3-5,C3-5,A3-5,=↓(G)1-2。物候:-。花期:6-8 月。果期:参考晚于花期。海拔:1000-1800 米。生境:山谷,森林。资源:-。全球 1 个大洲分布及种数(5)◆亚洲:cf. 1。【中国种数:3】。

Sinobambusa Makino ex Nakai 唐竹属 Poaceae [MM-748] 特征纪要:习性:竹类。花程式:(K-),C0 参考科,A3 参考科,=G2-3。物候:-。海拔:10-5600 米。生境:河边。资源:具栽培园艺种类。全球 3 个大洲分布及种数(13-40)亚洲:34; 欧洲:7; 北美洲:7。【中国种数:10】。

Sinoboea Chum = **Ornithoboea**

Sinocalamus McClure 麻竹属 Poaceae [MM-748] 特征纪要:习性:-。花程式:-。物候:-。海拔:10-5600 米。生境:草地,作为饲料植物或大麦田杂草种植。资源:-。全球 5 个大洲分布及种数(6-36)非洲:24; 亚洲:30; 大洋洲:2; 北美洲:6; 南美洲:2。

Sinocalliergon Sakurai 华原藓属 Amblystegiaceae [B-178] 特征纪要:习性:-。【Rep】:雌雄同株,绿色、黄色或棕色。物候:-。海拔:-。生境:常见于腐木生,沼泽土生。资源:-。全球 1 个大洲分布及种数(2)◆亚洲:cf. 1。

Sinocalycanthus (W. C. Cheng & S. Y. Chang) W. C. Cheng & S. Y. Chang = **Calycanthus**

Sinocarum H. Wolff ex R. H. Shan & F. T. Pu 小芹属 Apiaceae [MD-480] 特征纪要:习性:草本(根状茎,基生)。花程式:-。物候:-。海拔:2400-4000 米。生境:草坡,杂木林下或岩石上,高山草地或灌丛中。资源:具园艺种类。全球 2 个大洲分布及种数(18-64)亚洲:63; 南美洲:21。【中国种数:9】。

Sinochasea Keng 三蕊草属 Poaceae [MM-748] 特征纪要:习性:草本。花程式:K5,C3 参考科,A3 参考科,↓G-参考科。物候:-。海拔:3800-5100 米。生境:高山草甸,山坡,松林下,林间空地。资源:-。全球 1 个大洲分布及种数(1-2)◆亚洲。【中国种数:1】。

Sinocrassula A. Berger 石莲属 Crassulaceae [MD-229] 特征纪要:习性:草本(基生)。花程式:-。物候:-。花期:5-9 月。果期:参考晚于花期。海拔:1200-3300 米。生境:岩石。资源:药用。全球 3 个大洲分布及种数(22-42)非洲:2; 亚洲:37; 北美洲:2。【中国种数:7】。

Sinocurculigo Z. J. Liu, L. J. Chen & K. Wei Liu 仙茅属 Hypoxidaceae [MM-695] 特征纪要:习性:草本。花程式:(K-),C0 参考科,A3 参考科,↓G。物候:-。花期:4-5 月。果期:参考晚于花期。海拔:550-2500 米。生境:栽培品种。资源:具栽培园艺种类。全球 1 个大洲分布及种数(1) ◆亚洲:1。

Sinodolichos Verdc. 华扁豆属 Fabaceae3 [MD-240] 特征纪要:习性:木质攀援。花程式:-。物候:-。花期:11 月。果期:参考晚于花期。海拔:100-1700 米。生境:森林,灌丛。资源:-。全球 1 个大洲分布及种数(cf. 1)◆亚洲。【中国种数:1】。

Sinofranchetia (Diels) Hemsl. 串果藤属 Lardizabalaceae [MD-33] 特征纪要:习性:草质攀援。花程式:-。物候:-。花期:5-6 月。果期:参考晚于花期。海拔:900-2450 米。生境:山沟密林,林缘或灌丛中。资源:药用。全球 2 个大洲分布及种数(1-2)亚洲:2; 北美洲:2。【中国种数:1】。

Sinogentiana Adr. Favre & Y. M. Yuan 华龙胆属 Gentianaceae [MD-496] 特征纪要:习性:草本。花程式:Kn,C0,A10,↓G-。物候:-。海拔:2-6000 米。生境:栽培(来自广西龙州)。资源:具栽培园艺种类。全球 1 个大洲分布及种数(2)◆亚洲:2。

Sinojackia Hu 秤锤树属 Styracaceae [MD-327] 特征纪要:习性:木本。花程式:-。物候:-。花期:4 月。果期:参考晚于花期。海拔:300-400 米。生境:灌丛,山谷河边林中。资源:具园艺种类。全球 2 个大洲分布及种数(8-17)亚洲:14; 北美洲:4。【中国种数:7】。

Sinojohnstonia Hu 车前紫草属 Boraginaceae [MD-517] 特征纪要:习性:草本(根状茎,基生)。花程式:-。物候:-。花期:4-5 月。果期:参考晚于花期。海拔:1000-2700 米。生境:山谷中,岩石地区。资源:具园艺种类。全球 1 个大洲分布及种数(4-8)◆亚洲(◆中国)。【中国种数:3】。

Sinoleontopodium Y. L. Chen 君范菊属 Asteraceae [MD-586] 特征纪要:习性:-。花程式:-。物候:-。花期:7 月。果期:参考晚于花期。海拔:4500-4900 米。生境:高山岩石壁上时见。资源:-。全球 1 个大洲分布及种数(1-2)◆亚洲:cf. 1。

Sinolimprichtia H. Wolff 舟瓣芹属 Apiaceae [MD-480] 特征纪要:习性:草本。花程式:Kn,C5,A3 参考科,=↓G(-)。物候:-。花期:5-9。果期:参考晚于花期。海拔:3300-5000 米。生境:高山草坡或岩石隙缝中。资源:药用。全球 1 个大洲分布及种数(1-2)◆亚洲(◆中国)。【中国种数:1】。

Sinomalus Koidz. = **Malus**

Sinomarsdenia P. T. Li & J. J. Chen 裂冠藤属 Apocynaceae［MD－492］特征纪要:习性:－。花程式:－。物候:－。花期:几乎全年。果期:参考晚于花期。海拔:5000 米。生境:草间路旁。资源:－。全球 1 个大洲分布及种数(2)◆亚洲:cf. 1。

Sinomenium Diels 风龙属 Menispermaceae［MD－42］特征纪要:习性:草质攀援。花程式:－。物候:－。花期:夏天。果期:参考晚于花期。海拔:200－2500 米。生境:森林。资源:药用。全球 2 个大洲分布及种数(1－5)亚洲:2; 北美洲:2。【中国种数:1】。

Sinopanax H. L. Li 华参属 Araliaceae［MD－471］特征纪要:习性:木本。花程式:－。物候:－。花期:9 月。果期:参考晚于花期。海拔:2300－2600 米。生境:森林。资源:观赏,具栽培园艺种类。全球 1 个大洲分布及种数(cf. 1)◆亚洲(◆中国)。【中国种数:1】。

Sinoplagiospermum Rauschert = **Prinsepia**

Sinopodophyllum T. S. Ying 桃儿七属 Berberidaceae［MD－45］特征纪要:习性:－。花程式:－。物候:－。花期:5－6 月。果期:参考晚于花期。海拔:2200－4300 米。生境:草地,生于林下,林缘湿地,灌丛中或草丛中。资源:药用。全球 3 个大洲分布及种数(5)亚洲:3; 欧洲:2; 北美洲:2。

Sinopora J. Li, N. H. Xia & H. W. Li 油果樟属 Lauraceae［MD－21］特征纪要:习性:木本。花程式:－。物候:－。海拔:400－500 米。生境:常绿阔叶林。资源:－。全球 2 个大洲分布及种数(1－13)亚洲:13; 南美洲:2。【中国种数:1】。

Sinopteridaceae Koidz.［F－34］华蕨科 特征纪要:体形中形,茎匍匐先端上倾,腹面分枝。【Rep】:雌枝和雄枝短,生于茎腹面,受精后雌苞发育成棒状假蒴萼,蒴柄粗,直径 6 个细胞,芽胞缺失或发育。全球 6 个大洲分布和属种数(3;hort. & cult. 2)(85－305;hort. & cult. 15－22)非洲:1/20－39;亚洲:3/44－122;大洋洲:1/7－25;欧洲:2/6－21;北美洲:2/35－52;南美洲:2/34－56。

Sinopteris C. Chr. & Ching 中国蕨属 Sinopteridaceae［F－34］特征纪要及分布(－)。

Sinosasa <unassigned> 刺藓属 Rhachitheciaceae［B－125］特征纪要:－。全球 1 个大洲分布及种数(－)。

Sinosassafras H. W. Li 华檫木属 Lauraceae［MD－21］特征纪要:习性:－。花程式:－。物候:－。海拔:20－3800 米。生境:疏林,中山湿性常绿阔叶林。资源:－。全球 1 个大洲分布及种数(cf. 1)◆亚洲。

S

Sinosenecio B. Nord. 蒲儿根属 Asteraceae［MD－586］特征纪要:习性:草本(根状茎,基生)。花程式:(K)3－5,C3－5,A3 参考科,=↓(G)2。物候:－。海拔:1000－1600 米。生境:边岸悬崖,岩石上。资源:药用,具栽培园艺种类。全球 4 个大洲分布及种数(49－75)亚洲:71; 欧洲:4; 北美洲:4; 南美洲:2。【中国种数:36】。

Sinosideroxylon (Engl.) Aubrév. 铁榄属 Sapotaceae［MD－357］特征纪要:习性:木本。花程式:－。物候:－。花期:5－8 月。果期:参考晚于花期。海拔:1000－1100 米。生境:密林中或池畔,石灰岩小山和密林中。资源:具栽培园艺种类。全球 1 个大洲分布及种数(cf. 1)◆亚洲。

Sinosophiopsis Al－Shehbaz 华羽芥属 Brassicaceae［MD－213］特征纪要:习性:－。花程式:－。物候:－。海拔:2100－2500 米。生境:岩石裂缝,阴处水渠边。资源:－。全球 1 个大洲分布及种数(3)◆亚洲:2－3。

Sinoswertia T. N. Ho, S. W. Liu & J. Q. Liu 绮龙草属 Gentianaceae［MD－496］特征纪要:习性:草本。花程式:Kn,C0,A10,↓G－。物候:－。海拔:2－6000 米。生境:草地。资源:－。全球 1 个大洲分布及种数(1) ◆亚洲:1。

Sinowilsonia Hemsl. 山白树属 Hamamelidaceae［MD－63］特征纪要:习性:木本。花程式:－。物候:－。花期:3－5 月。果期:参考晚于花期。海拔:1000－1500 米。生境:森林。资源:具园艺种类。全球 3 个大洲分布及种数(1－5)亚洲:5; 欧洲:2; 北美洲:2。【中国种数:1】。

Sinskea W. R. Buck 多疣藓属 Meteoriaceae［B－188］特征纪要:习性:－。【Rep】:雌雄异株,孢蒴卵形,隐生于雌苞叶内,环带分化,蒴齿两层,蒴帽平滑,孢子具细密疣。物候:－。海拔:－。生境:山谷林下。资源:－。全球 4 个大洲分布及种数(7)非洲:3; 亚洲:6; 欧洲:3; 北美洲:3。【中国种数:4】。

Siolmatra Baill. 西奥瓜属 Cucurbitaceae［MD－205］特征纪要:习性:木本。花程式:=↓(K3－5),C3－5,A3－5,=↓(G)1－2。其他特征参考科。全球 2 个大洲分布及种数(2－8)亚洲:2; 南美洲:8。

Sipanea Aubl. 西巴茜属 Rubiaceae［MD－523］特征纪要:习性:木本。花程式:(K)4－5,(C)4－5,A4－5,=↓G2－9。其他特征参考科。全球 5 个大洲分布及种数(20－77)非洲:18; 亚洲:7; 欧洲:14; 北美洲:14; 南美洲:49。

Sipaneopsis Steyerm. 拟西巴茜属 Rubiaceae［MD－523］特征纪要:习性:木本。花程式:(K)4－5,(C)4－5,A4－5,=↓(G)2－9。其他特征参考科。全球 1 个大洲分布及种数(9)◆南美洲。

Sipania Seem. = **Sipanea**

Sipapoa Maguire = **Diacidia**

Sipapoantha Maguire & B. M. Boom 西巴龙胆属 Gentianaceae［MD－496］特征纪要:习性:草本。花程式:K5,C0,A10,=(G)2。其他特征参考科。全球 1 个大洲分布及种数(1－2)◆南美洲。

Siparuna Aubl. 坛罐花属 Siparunaceae［MD－17］特征纪要:习性:木本。花程式:－。其他特征参考科。全球 5 个大洲分布及种数(52－277)非洲:1; 亚洲:11; 欧洲:32; 北美洲:32; 南美洲:238。【中国种数:1】。

Siparunaceae (A. DC.) Schodde［MD－17］坛罐花科 特征纪要:习性:木本;落叶。花程式:K4－∞,C0,A1,G4(100)。物候:－。果实:核果。种子:－。海拔:－。生境:－。资源:－。栽培:－。全球 2 个大洲分布及属种数(3－4/80－86 hort. 1) 非洲:1/2; 南美洲:2－3/78－80。【中国属种数:1/1】。

Siparunoideae Money = Siparunaceae

Siphanthera Pohl 管药野牡丹属 Melastomataceae［MD－364］特征纪要:习性:木本。花程式:=↓(K4－5),C4－

5,A4-5,=↓G3-4。其他特征参考科。全球6个大洲分布及种数(20-48)非洲:5;亚洲:2;大洋洲:2;欧洲:2;北美洲:2;南美洲:43。

Siphantheropsis Brade = **Macairea**

Siphocampylus Pohl 蝰齿花属 Campanulaceae [MD-561] 特征纪要:习性:灌木。花程式:(K)5,(C)5,A5,=↓G2-3。其他特征参考科。全球6个大洲分布及种数(205-277)非洲:3-4;亚洲:6-8;大洋洲:7;欧洲:3-4;北美洲:29-39;南美洲:195-259。【中国种数:3】。

Siphocodon Turcz. 管风铃属 Campanulaceae [MD-561] 特征纪要:习性:木本。花程式:-。其他特征参考科。全球1个大洲分布及种数(-)。

Siphocolea Baill. = **Stereospermum**

Siphocranion Kudô 筒冠花属 Lamiaceae [MD-575] 特征纪要:习性:草本。花程式:-。物候:-。花期:7-10月。果期:参考晚于花期。海拔:1300-3200米。生境:生于亚热带常绿林或混交林内。资源:药用,具栽培园艺种类。全球1个大洲分布及种数(cf.1)◆亚洲。【中国种数:2】。

Siphonandraceae Raf. [MD-379] 管药莓科 特征纪要:习性:草本;落叶。花程式:K4-5(-),C5,A5-8,G-。物候:-。果实:-。种子:-。海拔:-。生境:-。资源:-。栽培:-。全球1个大洲分布及属种数(1/1)◆亚洲:1/ 1。

Siphonandrium K. Schum. 管茜草属 Rubiaceae [MD-523] 特征纪要:习性:木本。花程式:(K)4-5,(C)4-5,A4-5,↓G。其他特征参考科。全球2个大洲分布及种数(1-2)非洲:1;大洋洲:1。

Siphonella (Torr. & A. Gray) Small 花旗花葱属 Caprifoliaceae [MD-510] 特征纪要和分布(-)。全球1个大洲分布及种数(1)◆北美洲。

Siphonema Raf. 茄科属 Solanaceae [MD-503] 特征纪要:习性:-。花程式:-。其他特征参考科。全球1个大洲分布及种数(6)◆南美洲:1。

Siphoneranthemum (örst.) Kuntze 山壳骨属 Acanthaceae [MD-572] 特征纪要:习性:-。花程式:-。其他特征参考科。全球1个大洲分布及种数(-)◆大洋洲。

Siphoneugena O. Berg 杯番樱属 Myrtaceae [MD-347] 特征纪要:习性:木本。花程式:K4,C4,A8-10,=↓G2-5。其他特征参考科。全球4个大洲分布及种数(13-36)非洲:3;亚洲:4;北美洲:8;南美洲:33。【中国种数:1】。

Siphonochilus J. M. Wood & Franks 管唇姜属 Zingiberaceae [MM-737] 特征纪要:习性:草本。花程式:(K)3,C3,A5,=↓G3。其他特征参考科。全球4个大洲分布及种数(11-18)非洲:18;亚洲:5;北美洲:3;南美洲:2。

Siphonodon Griff. 木瓜桐属 Siphonodontaceae [MD-341] 特征纪要(同科)。全球3个大洲分布及种数(2-8)非洲:1;亚洲:1-3;大洋洲:4。【中国种数:1】。

Siphonodontaceae Gagnep. & Tardieu [MD-341] 异卫矛科 特征纪要:习性:木本;落叶。花程式:K5,C5,A5,G10-. 全球3个大洲分布及属种数(3/6-12 hort.1) 非洲:1-2/3-4;亚洲:1/2-4;大洋洲:1/1-5。

Siphonoglossa (Miq.) örst. 管舌爵床属 Acanthaceae [MD-572] 特征纪要:习性:-。花程式:-。其他特征参考科。全球6个大洲分布及种数(12-14)非洲:4-10;亚洲:2-7;大洋洲:5;欧洲:5;北美洲:8-14;南美洲:3-8。

Siphonolejeunea Herzog 管鳞苔属 Lejeuneaceae [B-84] 特征纪要:习性:-。【Rep】:老时呈红褐色。其他特征参考科。全球3个大洲分布及种数(6)亚洲:2;大洋洲:3;南美洲:3。

Siphonostegia Benth. 阴行草属 Orobanchaceae [MD-552] 特征纪要:习性:草质攀援。花程式:(K-),(C)5参考科,A3参考科,↓G2。物候:-。花期:6-8月。果期:参考晚于花期。海拔:800-3400米。生境:山坡和草原。资源:具园艺种类。全球1个大洲分布及种数(cf.1)◆亚洲。【中国种数:2】。

Sipolisia Glaz. ex Oliv. 尖苞灯头菊属 Asteraceae [MD-586] 特征纪要:习性:-。花程式:-。其他特征参考科。全球1个大洲分布及种数(cf.1)◆南美洲。

Siraitia Merr. 罗汉果属 Cucurbitaceae [MD-205] 特征纪要:习性:木质攀援。花程式:-。物候:-。花期:参考早于果期。果期:8-10月。海拔:1050米。生境:河谷,溪边灌丛中石缝中。资源:药用,具栽培园艺种类。全球3个大洲分布及种数(5-11)非洲:2;亚洲:8;北美洲:2。【中国种数:3】。

Siraitos Raf. = **Chionographis**

Sirdavidia Couvreur & Sauqüt 茄花木属 Annonaceae [MD-7] 特征纪要:习性:木本。花程式:K3,C3,A2,G10-100参考科。其他特征参考科。全球1个大洲分布及种数(1)◆非洲:1。

Sirhookera Kuntze 西卢兰属 Orchidaceae [MM-723] 特征纪要:习性:草本。花程式:(K)3,C3,A3,=↓(G)3。其他特征参考科。全球1个大洲分布及种数(cf. 1)◆亚洲。

Sirindhornia H. A. Pedersen & Suksathan 毛轴兰属 Orchidaceae [MM-723] 特征纪要:习性:草本。花程式:(K)3,C3,A3,=↓(G)3。物候:-。花期:参考早于果期。果期:10-11月。海拔:80-5200米。生境:山坡林下。资源:-。全球2个大洲分布及种数(3-4)非洲:2;亚洲:4。【中国种数:1】。

Sirochloa S. Dransf. 非洲禾草属 Poaceae [MM-748] 特征纪要:习性:草本。花程式:(K)3,C0参考科,A1-2,=(G)2-3。其他特征参考科。全球1个大洲分布及种数(1)◆非洲。

Sison L. 岩欧芹属 Apiaceae [MD-480] 特征纪要:习性:草本。花程式:=↓(K5),C5,A5,=↓G2。其他特征参考科。全球6个大洲分布及种数(3-27)非洲:3;亚洲:11;大洋洲:2;欧洲:4;北美洲:4;南美洲:8。【中国种数:1】。

Sisymbrella Spach 姬大蒜芥属 Brassicaceae [MD-213] 特征纪要:习性:草本。花程式:K2-4,C2-4,A2-4,=(G)2。其他特征参考科。全球3个大洲分布及种数(4-12)非洲:3;亚洲:2;南美洲:5。【中国种数:1】。

Sisymbriopsis Botsch. & Tzvelev 假蒜芥属 Brassicaceae [MD-213] 特征纪要:习性:草本。花程式:K2-4,C2-4,

S

A2-4,=(G)2。物候:-。花期:6-8月。果期:参考晚于花期。海拔:2500-3000米。生境:河岸,砾石陡坡,河滩,冲积平原。栽培:来自广西龙州。资源:具栽培园艺种类。全球1个大洲分布及种数(5-6)◆亚洲。【中国种数:1】。

Sisymbrium L. 大蒜芥属 Brassicaceae [MD-213] 特征纪要:习性:草本(基生)。花程式:Kn,C2-3参考科,A3参考科,G-。物候:-。花期:4-7月。果期:参考晚于花期。海拔:2000-3000米。生境:灌木丛,沟壑,山坡,溪边,阴坡草丛及农田附近。资源:具栽培园艺种类。全球6个大洲分布及种数(68-81;hort. 1;cult. 6)非洲:23-50;亚洲:37-64;大洋洲:6-32;欧洲:28-54;北美洲:17-43;南美洲:18-44。【中国种数:12】。

Sisyndite E. Mey. ex Sond. 沙帚树属 Zygophyllaceae [MD-288] 特征纪要:习性:木本。花程式:K4-5,C4-5,A3-6,G-。其他特征参考科。全球1个大洲分布及种数(1)◆非洲。

Sisyranthus E. Mey. 非洲庭萝藦属 Apocynaceae [MD-492] 特征纪要:习性:木本。花程式:K5,C0,A5,=↓(G)2。其他特征参考科。全球1个大洲分布及种数(14)◆非洲。

Sisyrinchium L. 庭菖蒲属 Iridaceae [MM-700] 特征纪要和分布(-)。全球1个大洲分布及种数(149-246)◆北美洲。【中国种数:14】。

Sisyrolepis Radlk. 簇枝菊属 Sapindaceae [MD-428] 特征纪要:习性:木本。花程式:K5,C5,A10,↓G-参考科。物候:-。花期:1-5月。果期:参考晚于花期。海拔:100-2600米。生境:潮湿陡坡,砂土,灌木丛。资源:-。全球1个大洲分布及种数(1)◆亚洲。【中国种数:1】。

Sitobolium Desv. = **Dennstaedtia**

Sitolobium J. Sm. = **Dennstaedtia**

Sitopsis (Jaub. & Spach) á. Löve = **Aegilops**

Sitospelos Adans. = **Elymus**

Sium L. 泽芹属 Apiaceae [MD-480] 特征纪要:习性:草本(基生,水生)。花程式:Kn,C5,A3参考科,=↓G2。物候:-。花期:参考早于果期。果期:8月。海拔:100-1300米。生境:水沟边缘,沼泽及水沟旁草丛中。资源:药用,具栽培园艺种类。全球6个大洲分布及种数(24-29)非洲:9-12;亚洲:11-14;大洋洲:2;欧洲:3-5;北美洲:6-9;南美洲:2。【中国种数:7】。

Sivadasania N. Mohanan & Pimenov 走马伞属 Apiaceae [MD-480] 特征纪要:习性:草本。花程式:=↓(K5),C5,A5,=↓G(-)。其他特征参考科。全球1个大洲分布及种数(1) ◆亚洲:1。

Skapanthus C. Y. Wu & H. W. Li 子宫草属 Lamiaceae [MD-575] 特征纪要:习性:-。花程式:-。物候:-。花期:7-8月。果期:参考晚于花期。海拔:2500-3700米。生境:森林,斜坡,灌木丛。资源:经济植物。全球1个大洲分布及种数(2)◆亚洲:cf. 1。

Skeptrostachys Garay 冠兰属 Orchidaceae [MM-723] 特征纪要:习性:草本。花程式:(K)3,C3,A3,=↓(G)3。其他特征参考科。全球2个大洲分布及种数(10-17)北美洲:3; 南美洲:17。

Skiatophytum L. Bolus 银唱花属 Aizoaceae [MD-94] 特征纪要:习性:草本。花程式:=↓(K3-4),C3-4,A5参考科,=↓G-。其他特征参考科。全球1个大洲分布及种数(3)◆非洲。

Skidanthera Raf. = **Elaeocarpus**

Skimmia Thunb. 茵芋属 Rutaceae [MD-399] 特征纪要:习性:木本。花程式:-。物候:-。花期:4-6月。果期:参考晚于花期。海拔:1000-2800米。生境:高海拔山地密或疏林下,枝干上常附生苔藓。资源:具栽培园艺种类。全球3个大洲分布及种数(11-53)亚洲:36; 欧洲:7; 北美洲:7。【中国种数:5】。

Skinnera J. R. Forst. & G. Forst. = **Fuchsia**

Skiophila Hanst. = **Chrysothemis**

Skitophyllum Bach. Pyl. 凤尾藓属 Fissidentaceae [B-131] 特征纪要:-。分布:-。

Skoliopteris Cuatrec. 八腺木属 Malpighiaceae [MD-343] 特征纪要:参考.木质攀援,叶对生,落叶,单叶。花程式(参考科):S:(K)(-),P:C5,A:A10,A5,O:↑G:2-3/Vu(-),F:蒴果,S:种子(-)。全球1个大洲分布及种数(-)◆亚洲。

Skottsbergia Cardot 南桑牛毛藓属 Ditrichaceae [B-119] 特征纪要:习性:-。【Rep】:孢蒴台部发达,蒴齿具疣或纵斜条纹,绿色或黄绿色。其他特征参考科。全球1个大洲分布及种数(1)◆南美洲:1。

Skutchia Pax & K. Hoffm. = **Trophis**

Skytanthus Meyen 巴西夹竹桃属 Apocynaceae [MD-492] 特征纪要:习性:木本。花程式:K5-∞,C0,A15,=↓G2-5。其他特征参考科。全球4个大洲分布及种数(3-11)亚洲:3; 大洋洲:2; 北美洲:3; 南美洲:10。

Skyttea <unassigned> 桃芽藓属 Sorapillaceae [B-212] 特征纪要:-。全球1个大洲分布及种数(-)。

Skyttella <unassigned> 孢芽藓科属 Sorapillaceae [B-212] 特征纪要:-。全球1个大洲分布及种数(-)。

Sladenia Kurz 肋果茶属 Sladeniaceae [MD-166] 特征纪要:习性:木本。花程式:-。物候:-。花期:5-6月。果期:参考晚于花期。海拔:1000-1300米。生境:森林。资源:具园艺种类。全球1个大洲分布及种数(2-3)◆亚洲(◆中国)。【中国种数:2】。

Sladeniaceae Airy-Shaw [MD-166] 肋果茶科 特征纪要:习性:木本;落叶。花程式:K5,C5,A-,↑G-。物候:-。花期:3-6月。果期:7-12月。果实:蒴果。种子:每室2颗,有翅。海拔:1000-1300米。生境:森林。资源:-。栽培:-。全球1个大洲分布及属种数(1/1)◆亚洲:1。【中国属种数:1/2】。

Slateria Desv. = **Ophiopogon**

Sleumerodendron Virot 琼楠李属 Proteaceae [MD-219] 特征纪要:习性:木本。花程式:Kn,C0,A2,G1。其他特征参考科。全球2个大洲分布及种数(1-3)大洋洲:3; 南美洲:2。

Slevogtia Rchb. = **Enicostema**

Sloana L. = **Sloanea**

Sloanea L. 猴欢喜属 Elaeocarpaceae［MD-134］特征纪要:习性:木本。花期:3-4 月。果期:参考晚于花期。海拔:1000-1600 米。生境:森林。资源:具栽培园艺种类。全球 6 个大洲分布及种数(187-232;hort. 1)非洲:18-39;亚洲:45-63;大洋洲:25-49;欧洲:1-6;北美洲:58-63;南美洲:114-130。【中国种数:14】。

Sloania St. -Lag. = **Sloanea**

Sloetia Teijsm. & Binn. = **Streblus**

Sloetiopsis Engl. 裂果桑属 Moraceae［MD-87］特征纪要:习性:-。花程式:-。其他特征参考科。全球 1 个大洲分布及种数(-)。

Smallanthus Mack. 包果菊属 Asteraceae［MD-586］特征纪要:习性:草本。花程式:(K)3-5,C3-5,A3-5,=↓(G)2。物候:-。花期:6-9 月。果期:参考晚于花期。海拔:6000 米。生境:灌木丛。资源:具栽培园艺种类。全球 3 个大洲分布及种数(24-27)亚洲:20-22;北美洲:10-13;南美洲:17。【中国种数:3】。

Smeathmannia Sol. ex R. Br. 腋树莲属 Passifloraceae［MD-151］特征纪要:习性:-。花程式:-。其他特征参考科。全球 1 个大洲分布及种数(2-3)◆非洲。

Smelophyllum Radlk. 南非木属 Sapindaceae［MD-428］特征纪要:习性:木本。花程式:Kn,C5 参考科,A10,↓G-参考科。其他特征参考科。全球 1 个大洲分布及种数(1)◆非洲。

Smelowskia C. A. Mey. 芹叶荠属 Brassicaceae［MD-213］特征纪要:习性:草本(根状茎,基生)。花程式:Kn,C2-3 参考科,A3 参考科,G-。物候:-。花期:6-7 月。果期:参考晚于花期。海拔:2500-4900 米。生境:高山草甸。栽培:来自广西龙州。资源:具栽培园艺种类。全球 5 个大洲分布及种数(26-59)非洲:3; 亚洲:47; 欧洲:29; 北美洲:29; 南美洲:4。【中国种数:15】。

Smicrostigma N. E. Br. 樱龙木属 Aizoaceae［MD-94］特征纪要:习性:灌木。花程式:=↓(K3-4),C3-4,A5 参考科,=↓G-。其他特征参考科。全球 1 个大洲分布及种数(1)◆非洲。

Smidetia Raf. = **Coleanthus**

Smilacaceae Vent.［MM-674］菝葜科 特征纪要:习性:木本,草本;常绿,落叶。花程式:(K)6-,C5,A4,↓(G)-。物候:-。花期:1 月。果实:浆果。种子:卵圆形。海拔:-。生境:灌木丛,杂木林中。资源:药用。栽培:-。全球 3 个大洲分布及属种数(3-5/14-22 <IFR 2/17> hort. 1;cult. 1) 亚洲:2-3/161-216(IFR 2/16); 北美洲:1-2/1; 南美洲:IFR 1/1。【中国属种数:1/117】。

Smilax L. 菝葜属 Smilacaceae［MM-674］特征纪要:习性:草本。花程式:-。物候:-。花期:3-4 月。果期:参考晚于花期。海拔:100-2000 米。生境:低山坡,竹疏林。资源:具栽培园艺种类。全球 6 个大洲分布及种数(265-867)非洲:60; 亚洲:471; 大洋洲:56; 欧洲:194; 北美洲:194; 南美洲:188。【中国种数:117】。

Smirnowia Bunge 没药豆属 Fabaceae3［MD-240］特征纪要:习性:木本。花程式:-。物候:-。海拔:-。生境:-。资源:具栽培园艺种类。全球 1 个大洲分布及种数(1)◆欧洲(◆法国)。【中国种数:1】。

Smithia Aiton 坡油甘属 Fabaceae3［MD-240］特征纪要和分布(-)。全球 6 个大洲分布及种数(16-27)非洲:6-11;亚洲:12-20;大洋洲:3-5;欧洲:2;北美洲:2;南美洲:2-4。【中国种数:5】。

Smithiantha Kuntze 绒桐草属 Gesneriaceae［MD-549］特征纪要:习性:灌木。花程式:K5,C0,A4,=↓G2。其他特征参考科。全球 3 个大洲分布及种数(6-16)亚洲:3; 北美洲:7; 南美洲:3。

Smithiastrum <unassigned> 白发藓属 Leucobryaceae［B-129］特征纪要:-。全球 1 个大洲分布及种数(-)。

Smithicodonia H. Wiehler 绒苣苔属 Gesneriaceae［MD-549］特征纪要:习性:草本。花程式:参考科,C5,A8 参考科,↓(G) 参考科。其他特征参考科。全球 1 个大洲分布及种数(1-2)◆非洲。

Smithiodendron Hu = **Broussonetia**

Smithorchis Tang & F. T. Wang 反唇兰属 Orchidaceae［MM-723］特征纪要:习性:-。花期:8-9 月。果期:参考晚于花期。海拔:3200-4000 米。生境:高山草原。资源:-。全球 1 个大洲分布及种数(2)◆亚洲:cf. 1。

Smithsonia C. J. Saldanha 指甲兰属 Orchidaceae［MM-723］特征纪要:习性:草本。花程式:(K)3,C3,A3,↓G-。其他特征参考科。全球 1 个大洲分布及种数(4)◆亚洲。

Smitinandia Holttum 盖喉兰属 Orchidaceae［MM-723］特征纪要:习性:草本(多肉)。花程式:Kn,C2-3 参考科,A3 参考科,=↓(G)3。物候:-。花期:4 月。果期:参考晚于花期。海拔:600 米。生境:森林中树干附生植物。资源:具园艺种类。全球 3 个大洲分布及种数(3-5)亚洲:5; 大洋洲:2; 北美洲:2。【中国种数:2】。

Smodingium E. Mey. ex Sond. 彩漆藤属 Anacardiaceae［MD-432］特征纪要:习性:木本。花程式:K5,C5,A5-10,↓G-参考科。其他特征参考科。全球 2 个大洲分布及种数(1-5)非洲:4; 北美洲:3。

Smyrniopsis Boiss. 肖没药属 Apiaceae［MD-480］特征纪要:习性:草本。花程式:=↓(K5),C5,A5,=↓(G)2。其他特征参考科。全球 2 个大洲分布及种数(2-6)非洲:3; 亚洲:6。

Smyrnium L. 马芹属 Apiaceae［MD-480］特征纪要:习性:草本。花程式:=↓(K5),C5,A5,=↓G2。其他特征参考科。全球 5 个大洲分布及种数(7-26)非洲:2; 亚洲:6; 欧洲:2; 北美洲:2; 南美洲:1。【中国种数:2】。

Smythea Seem. 扁果藤属 Rhamnaceae［MD-331］特征纪要:习性:木本。花程式:K4-5,C4-5,A2,=(G)2-5。物候:-。花期:4-7 月。果期:参考晚于花期。海拔:4500 米。生境:滨海砂地灌丛或疏林中,柞林下。资源:-。全球 3 个大洲分布及种数(2-12)非洲:1;亚洲:1-10;大洋洲:1。

Snowdenia C. E. Hubb. 斯诺登草属 Poaceae［MM-748］特征纪要:习性:草本。花程式:(K)3,C0 参考科,A1-2,=(G)2-3。其他特征参考科。全球 6 个大洲分布及种数(4-13)非洲:9; 亚洲:5; 大洋洲:1; 欧洲:2; 北美洲:2; 南美洲:4。

Sobennikoffia Schltr. 鹤距兰属 Orchidaceae［MM－723］特征纪要:习性:草本。花程式:(K)3,C3,A3,=↓(G)3。其他特征参考科。全球2个大洲分布及种数(4－5)非洲:4; 亚洲:1。

Sobolewskia M. Bieb. 索包草属 Brassicaceae［MD－213］特征纪要:习性:草本。花程式:K2－4,C2－4,A2－4,=G2。物候:－。海拔:－。生境:－。资源:具园艺种类。全球2个大洲分布及种数(5)亚洲:cf. 1;北美洲:2。

Sobralia Ruiz & Pav. 折叶兰属 Orchidaceae［MM－723］特征纪要:习性:草本。花程式:(K)3,C3,A3,=↓G3。物候:－。花期:参考早于果期。果期:10－11月。海拔:80－5200米。生境:柏树林下或草坡路旁,竹坡中。资源:具栽培园艺种类。全球6个大洲分布及种数(141－182;hort. 1;cult. 5)非洲:2;亚洲:2－4;大洋洲:2;欧洲:2;北美洲:76－92;南美洲:90－116。

Socotrella Bruyns & A. G. Mill. 高竹桃属 Apocynaceae［MD－492］特征纪要:习性:木本。花程式:Kn,C0,A15,↓G。其他特征参考科。全球1个大洲分布及种数(1)◆南美洲。

Socotria G. M. Levin 千屈菜科属 Lythraceae［MD－333］特征纪要:习性:－。花程式:－。其他特征参考科。全球1个大洲分布及种数(－)。

Socratea H. Karst. 高跷椰属 Arecaceae［MM－717］特征纪要:习性:木本。花程式:K3－10,C3－10,A3－10,=G3－10。其他特征参考科。全球4个大洲分布及种数(5－21)非洲:1; 亚洲:2; 北美洲:10; 南美洲:20。

Socratesia Klotzsch = **Cavendishia**

Socratina Balle 索克寄生属 Loranthaceae［MD－415］特征纪要:习性:木本。花程式:K5,C0,A4,=↓(G)3－4。其他特征参考科。全球1个大洲分布及种数(2－7)◆非洲(◆马达加斯加)。

Soda (Dum.) Fourr. 藜科属 Chenopodiaceae［MD－115］特征纪要:习性:－。花程式:－。其他特征参考科。全球3个大洲分布及种数(14)非洲:6; 亚洲:12; 欧洲:4。

Soderstromia Morton = **Bouteloua**

Sodiroa André = **Guzmania**

Soehrensia Backeb. 逍遥球属 Cactaceae［MD－100］特征纪要:习性:木本。花程式:－。其他特征参考科。全球2个大洲分布及种数(1) 北美洲;南美洲。

Soejatmia K. M. Wong 苏亚竹属 Poaceae［MM－748］特征纪要:习性:草本。花程式:(K)3,C0参考科,A1－2,=(G)2－3。其他特征参考科。全球1个大洲分布及种数(cf. 1)◆亚洲。

Soelanthus Raf. = **Cissus**

Soemmeringia Mart. 常花豆属 Fabaceae3［MD－240］特征纪要:习性:木本。花程式:=↓(K1－∞),C1－∞,A5－9,=↓G1。其他特征参考科。全球2个大洲分布及种数(1－2)非洲:1; 南美洲:2。

Sogerianthe Danser 索花属 Loranthaceae［MD－415］特征纪要:习性:木本。花程式:K6,C0,A4,=↓(G)3－4。其他特征参考科。全球4个大洲分布及种数(5－8)非洲:5; 大洋洲:8; 欧洲:2; 北美洲:2。

Sohmaea H. Ohashi & K. Ohashi 娑罗双属 Fabaceae3［MD－240］特征纪要:习性:－。花程式:－。物候:－。海拔:7500米。生境:矮灌木丛或芦苇丛中,稀见于沿河岸疏林下,作为作物栽培。资源:具栽培园艺种类。全球2个大洲分布及种数(8)非洲:3; 亚洲:8。

Sohnreyia K. Krause 南棕枫属 Rutaceae［MD－399］特征纪要:习性:－。花程式:－。其他特征参考科。全球2个大洲分布及种数(5－7)非洲:1; 南美洲:6。

Sohnsia Airy－Shaw 白霜叶草属 Poaceae［MM－748］特征纪要:习性:草本。花程式:(K)3,C0参考科,A1－2,=G2－3。其他特征参考科。全球2个大洲分布及种数(1－3)北美洲:1; 南美洲:1。

Sokinochloa S. Dransf. 折兰属 Orchidaceae［MM－723］特征纪要:习性:草本。花程式:(K－),C2－3参考科,A3参考科,↓G－。其他特征参考科。全球1个大洲分布及种数(7)◆非洲。

Solanaceae Adans.［MD－503］茄科 特征纪要:习性:木本;落叶。花程式:(K)6－,C2－3,A3－,↓G－。物候:－。果实:蒴果。种子:棕。海拔:－。生境:草丛中,庄稼地边。资源:原材料,药用。栽培:中国有栽培。全球6个大洲分布及属种数(116－135/3276－4651 <IFR 19/75> hort. 1;cult. 22) 非洲:24/386－490(IFR 2/5); 亚洲:35－37/475－548(IFR 4/6); 大洋洲:31/316－450(IFR 6/11); 欧洲:21－24/240－251(IFR 3/3); 北美洲:49－50/1007－1140(IFR 6/23); 南美洲:72－73/2095－2422(IFR 12/33)。【中国属种数:33/220】。

Solanandra Pers. = **Galax**

Solandera Kuntze = **Solandra**

Solandra Sw. 金盏藤属 Solanaceae［MD－503］特征纪要:习性:－。花程式:－。其他特征参考科。全球6个大洲分布及种数(11－12)非洲:1－3;亚洲:10－12;大洋洲:3－5;欧洲:1－3;北美洲:8－10;南美洲:6－8。【中国种数:1】。

Solanecio (Sch. Bip.) Walp. 盘花千里光属 Asteraceae［MD－586］特征纪要:习性:草本。花程式:(K)3－5,C3－5,A3－5,=↓(G)2。其他特征参考科。全球5个大洲分布及种数(18－20)非洲:19; 亚洲:3; 欧洲:3; 北美洲:3; 南美洲:2。【中国种数:1】。

Solanoa Greene 夹竹桃科属 Apocynaceae［MD－492］特征纪要:习性:－。花程式:－。其他特征参考科。全球1个大洲分布及种数(－)。

Solanoana Kuntze = **Solanoa**

Solanopteris Copel. 茄蕨属 Polypodiaceae［F－60］特征纪要:习性:－。【Rep】:孢子同形,囊群生叶背。其他特征参考科。全球2个大洲分布及种数(5)北美洲:3; 南美洲:5。

Solanum L. 茄属 Solanaceae［MD－503］特征纪要:习性:草质攀援。花程式:－。物候:－。花期:3－8月。果期:参考晚于花期。海拔:100－1300米。生境:村边林内空地,栽培用于观赏用途。资源:具栽培园艺种类。全球6个大洲分布及种数(1279－1882;hort. 1;cult. 80)非洲:237－408;亚洲:202－318;大洋洲:155－307;欧洲:108－188;北美洲:413－523;南美洲:956－1111。【中国种数:101】。

Solaria Phil. 美蛛花属 Amaryllidaceae［MM－694］特征纪要和分布(－)。全球1个大洲分布及种数(5)◆南美洲。

Soldanella L. 雪铃花属 Primulaceae［MD－401］特征纪要:木本。花程式:(K)5,(C)5,A4,＝G5。其他特征参考科。全球5个大洲分布及种数(34－78)亚洲:23; 大洋洲:7; 欧洲:2; 北美洲:2; 南美洲:2。【中国种数:6】。

Soleirolia Gaud. 金钱麻属 Urticaceae［MD－91］特征纪要:习性:木本。花程式:－。其他特征参考科。全球3个大洲分布及种数(1－3)欧洲:2; 北美洲:2; 南美洲:2。

Solena Lour. 茅瓜属 Cucurbitaceae［MD－205］特征纪要:习性:－。花程式:－。物候:－。花期:5－8月。果期:参考晚于花期。海拔:2000－2300米。生境:沟谷丛中。栽培:来自广西龙州。资源:药用,具栽培园艺种类。全球6个大洲分布及种数(5－71)非洲:10; 亚洲:36; 大洋洲:4; 欧洲:10; 北美洲:10; 南美洲:33。【中国种数:3】。

Solenachne Steud. ＝ **Spartina**

Solenangis Schltr. 攀根兰属 Orchidaceae［MM－723］特征纪要:习性:草本。花程式:(K)3,C3,A3,＝↓G3。其他特征参考科。全球1个大洲分布及种数(4)◆非洲。

Solenanthus Ledeb. 长蕊琉璃草属 Boraginaceae［MD－517］特征纪要:习性:草本(基生)。花程式:－。物候:－。花期:4－5月。果期:参考晚于花期。海拔:600米。生境:云杉林间,草间。资源:具园艺种类。全球6个大洲分布及种数(23－32;hort. 1)非洲:5－6;亚洲:14－21;大洋洲:1;欧洲:6－8;北美洲:1;南美洲:1。【中国种数:4】。

Solenidium Lindl. 小管兰属 Orchidaceae［MM－723］特征纪要:习性:草本。花程式:(K)3,C3,A3,↓G－。其他特征参考科。全球2个大洲分布及种数(3－10)北美洲:3; 南美洲:9。

Soleniscia DC. 垂钉石南属 Ericaceae［MD－380］特征纪要:习性:－。花程式:－。其他特征参考科。全球1个大洲分布及种数(－)◆大洋洲。

Solenisia Steud. ＝ **Soleniscia**

Solenixora Baill. ＝ **Coffea**

Solenocarpus Wight & Arn. 寄树漆属 Anacardiaceae［MD－432］特征纪要:习性:－。花程式:－。其他特征参考科。全球3个大洲分布及种数(2－5)非洲:1; 亚洲:2; 大洋洲:1。

Solenocentrum Schltr. 管距兰属 Orchidaceae［MM－723］特征纪要:习性:草本。花程式:(K)3,C3,A3,＝↓(G)3。其他特征参考科。全球2个大洲分布及种数(6)北美洲:3;南美洲:2。

Solenochasma Fenzl ＝ **Dicliptera**

Solenomelus Miers 管蕊鸢尾属 Iridaceae［MM－700］特征纪要:习性:草本。花程式:(K)3,C3,A10,＝↓G3。其他特征参考科。全球2个大洲分布及种数(2－17)北美洲:7; 南美洲:17。

Solenophora Benth. 长筒岩桐属 Gesneriaceae［MD－549］特征纪要:习性:木本。花程式:K5,C0,A4,＝(G)2。其他特征参考科。全球3个大洲分布及种数(17－29)欧洲:22; 北美洲:22; 南美洲:2。

Solenopsis C. Presl 石蝶莲属 Campanulaceae［MD－561］特征纪要:习性:草本。花程式:－。物候:－。海拔:－。生境:－。资源:具园艺种类。全球6个大洲分布及种数(4－9)非洲:2－36;亚洲:2－37;大洋洲:34;欧洲:1－35;北美洲:34;南美洲:34。

Solenoruellia Baill. ＝ **Henrya**

Solenospora <unassigned> 小野牡丹属 Melastomataceae［MD－364］特征纪要和分布(－)。

Solenostemma Hayne 鹅绒藤属 Apocynaceae［MD－492］特征纪要:习性:木本。花程式:K5,C0,A15,↓G。其他特征参考科。全球3个大洲分布及种数(1－4)非洲:1; 亚洲:1; 南美洲:1。

Solenostemon Thonn. 彩叶草属 Lamiaceae［MD－575］特征纪要:习性:－。花程式:－。物候:－。海拔:5400米。生境:石林内荫处。资源:－。全球6个大洲分布及种数(53)非洲:46; 亚洲:6; 大洋洲:4; 欧洲:6; 北美洲:6; 南美洲:5。

Solenostigma Endl. ＝ **Celtis**

Solenostoma Mitt. 管口苔属 Jungermanniaceae［B－38］特征纪要:习性:－。【Rep】:雌雄同株或异株或有序同苞,雄苞顶生或间生,雄苞叶2－3对。生境:常见于林下湿土和岩石表面。全球6个大洲分布及种数(56－58)非洲:3－35;亚洲:46－80;大洋洲:2－34;欧洲:32;北美洲:4－36;南美洲:32。【中国种数:5】。

Solenostomataceae Stotler & Crand. －Stot. ＝ Jungermanniaceae

Solenotinus Spach ＝ **Viburnum**

Solfia Rech. 棕榈科属 Arecaceae［MM－717］特征纪要:习性:－。花程式:－。其他特征参考科。全球2个大洲分布及种数(3)大洋洲:3; 北美洲:2。

Solidago L. 一枝黄花属 Asteraceae［MD－586］特征纪要:习性:草质攀援。花程式:(K)3－5,C3－5,A3参考科,＝↓G2。物候:－。花期:8－9月。果期:参考晚于花期。海拔:300－2100米。生境:林边,草地。资源:药用,具栽培园艺种类。全球6个大洲分布及种数(167－249;hort. 1;cult. 33)非洲:18－113;亚洲:88－192;大洋洲:3－98;欧洲:43－138;北美洲:138－238;南美洲:19－117。【中国种数:22】。

Solidaster Wehrhahn 一枝菀属 Asteraceae［MD－586］特征纪要:习性:草本。花程式:(K－),(C)3－5,A3参考科,↓G。其他特征参考科。全球2个大洲分布及种数(7)北美洲:2; 南美洲:3。

Solisia Britton & Rose 仙人掌科属 Cactaceae［MD－100］特征纪要:习性:－。花程式:－。其他特征参考科。全球1个大洲分布及种数(－)。

Solitaria Phil. ＝ **Shivparvatia**

S

Soliva Ruiz & Pav. 裸柱菊属 Asteraceae［MD－586］特征纪要：习性：草本。花程式：(K)3－5，C3－5，A3 参考科，＝↓G2。物候：－。花期：全年。果期：参考晚于花期。海拔：6000 米。生境：归化于荒地和耕地。资源：药用，具栽培园艺种类。全球 6 个大洲分布及种数(7－22)非洲：5；亚洲：6；大洋洲：6；欧洲：10；北美洲：10；南美洲：19。【中国种数：2】。

Sollya Lindl. 蓝藤莓属 Pittosporaceae［MD－448］特征纪要：习性：－。花程式：－。其他特征参考科。全球 1 个大洲分布及种数(2－5)◆大洋洲(◆澳大利亚)。

Solmsia Baill. 苞领藓属 Dicranaceae［B－128］特征纪要：－。全球 1 个大洲分布及种数(2－4)◆大洋洲：2。

Solmsiella Müll. Hal. 细鳞藓属 Erpodiaceae［B－126］特征纪要：习性：－。【Rep】：雌雄同株，雄苞叶少数，卵形，隔丝少数或无，雌苞叶稍长，直立，蒴柄略长，孢蒴卵形，稍伸出苞叶，蒴齿多退，雌雄同株，雄苞于茎上侧生，雌苞于分枝顶端，雌苞叶较大，卵状披针形，内凹，有时细长毛尖，蒴柄短。其他特征参考科。全球 5 个大洲分布及种数(4)非洲：2；亚洲：3；大洋洲：1；北美洲：2；南美洲：1。【中国种数：1】。

Solms－laubachia Muschl. 丛菔属 Brassicaceae［MD－213］特征纪要：习性：草本(根状茎，基生，多肉)。花程式：Kn，C2－3 参考科，A6，G－。物候：－。花期：7－9 月。果期：参考晚于花期。海拔：3200－4500 米。生境：高山草甸，流石滩。栽培：来自广西龙州。资源：具栽培园艺种类。全球 3 个大洲分布及种数(34－56)亚洲：48；欧洲：2；北美洲：2。【中国种数：14】。

Solonia Urb. 合丝金牛属 Primulaceae［MD－401］特征纪要：习性：草本。花程式：(K)5，(C)5，A4，G－。其他特征参考科。全球 2 个大洲分布及种数(1－2)北美洲：1；南美洲：2。

Solulus (DC.) Kuntze 豆科属 Fabaceae3［MD－240］特征纪要：习性：－。花程式：－。其他特征参考科。分布：－。

Somerauera Hoppe ＝ **Facchinia**

Sommera Schltdl. 绒绫花属 Rubiaceae［MD－523］特征纪要：习性：木本。花程式：(K)4－5，(C)4－5，A4－5，＝↓(G)2－9。其他特征参考科。全球 2 个大洲分布及种数(13)北美洲：10；南美洲：5。

Sommerfeltia Less. 柄腺层菀属 Asteraceae［MD－586］特征纪要：习性：草本。花程式：(K)3－5，(C)3－5，A3－5，＝↓G2。其他特征参考科。全球 2 个大洲分布及种数(2－4)北美洲：1；南美洲：4。

Sommieria Becc. 白叶椰属 Arecaceae［MM－717］特征纪要：习性：木本。花程式：K3－10，C3－10，A3－10，＝G3－10。其他特征参考科。全球 3 个大洲分布及种数(1－4)非洲：1；亚洲：1；大洋洲：1。

Somphoxylon Eichl. ＝ **Odontocarya**

S

Somrania D. J. Middleton 假杜鹃属 Acanthaceae［MD－572］特征纪要：习性：－。花程式：－。其他特征参考科。全球 1 个大洲分布及种数(－)。

Sonchella Sennikov 碱苣属 Asteraceae［MD－586］特征纪要：习性：草本。花程式：(K)3－5，C3－5，A3－5，↓G。物候：－。海拔：2500－3700 米。生境：草原沙质土壤，碱性地区，沼泽和盐碱草甸。资源：－。全球 1 个大洲分布及种数(cf. 1)◆亚洲。【中国种数：2】。

Sonchidium Pomel ＝ **Sonchus**

Sonchoseris Fourr. ＝ **Sonchus**

Sonchus L. 苦苣菜属 Asteraceae［MD－586］特征纪要：习性：草本(根状茎，基生，多肉)。花程式：(K)3－5，C3－5，A3 参考科，＝↓G2。物候：－。花期：5－10 月。果期：参考晚于花期。海拔：1500－3700 米。生境：山坡，森林边缘，水边，田地边缘，荒芜地区。栽培：来自广西龙州。资源：药用，具栽培园艺种类。全球 6 个大洲分布及种数(89－190；hort. 1；cult. 13)非洲：33－48；亚洲：26－50；大洋洲：9－25；欧洲：48－64；北美洲：9－25；南美洲：2－16。【中国种数：8】。

Sonderina H. Wolff 桑德尔草属 Apiaceae［MD－480］特征纪要：习性：－。花程式：－。其他特征参考科。全球 1 个大洲分布及种数(5－6)◆非洲。

Sondottia P. S. Short 光鼠麹属 Asteraceae［MD－586］特征纪要：习性：草本。花程式：(K)3－5，C3－5，A3－5，＝↓(G)2。其他特征参考科。全球 1 个大洲分布及种数(2)◆大洋洲(◆澳大利亚)。

Sonerila Roxb. 蜂斗草属 Melastomataceae［MD－364］特征纪要：习性：木质攀援。花程式：－。物候：－。花期：6－10 月。果期：参考晚于花期。海拔：100－1300 米。生境：阴湿林，林缘灌草丛中。资源：药用，具栽培园艺种类。全球 4 个大洲分布及种数(197－284)非洲：2；亚洲：256；大洋洲：13；北美洲：2。【中国种数：10】。

Sonneratia L. f. 海桑属 Sonneratiaceae［MD－335］特征纪要(同科)。全球 6 个大洲分布及种数(10－11；hort. 1；cult. 2)非洲：3－6；亚洲：9－14；大洋洲：5－8；欧洲：1－4；北美洲：1－4；南美洲：3。【中国种数：5】。

Sonneratiaceae Engl.［MD－335］海桑科 特征纪要：习性：木本；落叶。花程式：(K)6－，C5，A8，G－。物候：－。花期：春季。果实：浆果，蒴果。种子：多数作为亚科来处理。海拔：900－1500 米。生境：海边泥滩。资源：药用。栽培：中国有栽培。全球 3 个大洲分布及属种数(2/2 <IFR 1/1> hort. 1；cult. 1) 非洲：IFR 1/1；亚洲：1/11；大洋洲：2/7(IFR 1/1)。

Sonninia Rchb. ＝ **Diplolepis**

Sophia (Tourn.) Adans. 十字花科属 Bombacaceae［MD－201］特征纪要：习性：－。花程式：－。其他特征参考科。全球 1 个大洲分布及种数(－)。

Sophiopsis O. E. Schulz 羽裂叶荠属 Brassicaceae［MD－213］特征纪要：草本(基生)，叶对生，落叶。花程式：Kn，C，A，G(－)，房位(－)。果实：果瓣呈龙骨状凸起。种子：卵形，棕色。全球 1 个大洲分布及种数(2)◆亚洲。

Sophoclesia Klotzsch ＝ **Sphyrospermum**

Sophora L. 越南槐属 Fabaceae3［MD－240］特征纪要：习性：木质攀援。花程式：(K－)，C2－3 参考科，A3，＝↓G－。物候：－。海拔：1000－2000 米。生境：常绿阔叶林。资源：具栽培园艺种类。全球 6 个大洲分布及种数

(82 - 292)非洲:25; 亚洲:123; 大洋洲:30; 欧洲:45; 北美洲:45; 南美洲:54。【中国种数:23】。
Sophorocapnos Turcz. = **Corydalis**
Sophrocattleya Rolfe 蕾嘉兰属 Orchidaceae [MM - 723] 特征纪要和分布(-)。全球1个大洲分布及种数(-)◆南美洲。
Sophronanthe Benth. 水八角属 Plantaginaceae [MD - 527] 特征纪要:习性:-。花程式:-。其他特征参考科。全球1个大洲分布及种数(-)◆非洲。
Sophronitis Porta & Brade 贞兰属 Orchidaceae [MM - 723] 特征纪要:习性:-。花程式:-。物候:-。花期:参考早于果期。果期:10 - 11月。海拔:80 - 5200米。生境:柏树林下或草坡路旁,竹坡中。资源:-。全球5个大洲分布及种数(57)非洲:2; 亚洲:4; 大洋洲:3; 北美洲:6; 南美洲:51。
Sopubia Buch. - Ham. ex D. Don 短冠草属 Scrophulariaceae [MD - 536] 特征纪要:习性:草本。花程式:-。物候:-。海拔:100 - 400米。生境:空旷草坡或荒地中。资源:-。全球6个大洲分布及种数(27 - 39;hort. 1;cult. 2)非洲:22 - 35;亚洲:8 - 9;大洋洲:1 - 2;欧洲:1;北美洲:1 - 2;南美洲:1。【中国种数:6】。
Soramia Aubl. = **Doliocarpus**
Soranthus Ledeb. 簇花芹属 Apiaceae [MD - 480] 特征纪要:习性:-。花程式:-。物候:-。花期:5月。果期:参考晚于花期。海拔:400 - 800米。生境:沙地,山坡,河缘。资源:-。全球1个大洲分布及种数(cf. 1)◆亚洲。
Sorapilla Spruce & Mitt. 孢芽藓属 Sorapillaceae [B - 212] 特征纪要:-。全球1个大洲分布及种数(3)◆南美洲:2。
Sorapillaceae M. Fleisch. [B - 212] 孢芽藓科 特征纪要(参考 Ricciaceae),叶状体多为灰绿色、鲜绿色至暗绿色,无光泽,三角状心形或长条形,多回叉状分枝,多呈圆盘状或扇形群落,有。【Rep】:多数雌雄同株,精子器和颈卵器散生,埋于叶状体组织中,孢蒴成熟时不规则开裂,蒴壁自行腐失,孢子较大。全球5个大洲分布及属种数(1/1)非洲:1; 亚洲:1; 大洋洲:1; 北美洲:1; 南美洲:1。
Sorbaria (Ser.) A. Braun 珍珠梅属 Rosaceae [MD - 246] 特征纪要:习性:木本。花程式:-。物候:-。花期:6 - 7月。果期:参考晚于花期。海拔:1600 - 3500米。生境:密林,林缘,山坡,溪边,路旁。资源:具栽培园艺种类。全球6个大洲分布及种数(9)非洲:5;亚洲:7 - 12;大洋洲:1 - 6;欧洲:4 - 9;北美洲:6 - 11;南美洲:5。【中国种数:3】。
Sorbaronia C. K. Schneid. 北美花蔷薇属 Rosaceae [MD - 246] 特征纪要:习性:木本。花程式:= ↓ (K1(10 - 100),C1 - 10 - 100,A1 - 10 - 100,= ↓ G(-)。其他特征参考科。全球1个大洲分布及种数(4)◆北美洲。
Sorbocotoneaster Pojark. 亚洲花蔷薇属 Rosaceae [MD - 246] 特征纪要:习性:木本。花程式:K4,C5,A8,↓ (G)1 - 50。其他特征参考科。全球3个大洲分布及种数(5)亚洲:3; 欧洲:2; 北美洲:2。
Sorbomeles Sennikov & Kurtto 花蔷薇属 Rosaceae [MD - 246] 特征纪要:习性:木本。花程式:-。其他特征参考科。全球1个大洲分布及种数(-)。
Sorbopyrus C. K. Schneid. 梨属 Rosaceae [MD - 246] 特征纪要:习性:木本。花程式:Kn,C5 参考科,A - 参考科,= ↓ G(-)。其他特征参考科。全球2个大洲分布及种数(cf. 1)欧洲;北美洲。
Sorbus L. 花楸属 Rosaceae [MD - 246] 特征纪要:习性:木本。花程式:-。物候:-。花期:4 - 6月。果期:参考晚于花期。海拔:1000 - 1300米。生境:灌丛,草地,竹林中。资源:具栽培园艺种类。全球6个大洲分布及种数(123 - 679)非洲:16; 亚洲:359; 大洋洲:17; 欧洲:123; 北美洲:123; 南美洲:15。【中国种数:58】。
Sorghastrum Nash 假高粱属 Poaceae [MM - 748] 特征纪要:习性:草本。花程式:(K)3,C0 参考科,A1 - 2,= G2 - 3。其他特征参考科。全球6个大洲分布及种数(21 - 51)非洲:20; 亚洲:7; 大洋洲:5; 欧洲:40; 北美洲:40; 南美洲:30。【中国种数:3】。
Sorghum Mönch 高粱属 Poaceae [MM - 748] 特征纪要:习性:草本(根状茎,基生,多肉)。花程式:(K -),C0 参考科,A3 参考科,= G2 - 3。物候:-。花期:6 - 9月。果期:参考晚于花期。海拔:300 - 1400米。生境:广西龙州河边。栽培:来自广西龙州。资源:具栽培园艺种类。全球6个大洲分布及种数(37 - 45)非洲:18 - 39;亚洲:21 - 45;大洋洲:23 - 46;欧洲:3 - 24;北美洲:13 - 35;南美洲:6 - 27。【中国种数:7】。
Sorgum Adans. = **Holcus**
Soridium Miers 四角霉草属 Triuridaceae [MM - 616] 特征纪要:习性:草本。花程式:-。其他特征参考科。全球2个大洲分布及种数(1 - 3)北美洲:3; 南美洲:3。
Sorindeia Thou. 毒麸杨属 Anacardiaceae [MD - 432] 特征纪要:习性:木本。花程式:-。其他特征参考科。全球6个大洲分布及种数(10 - 84)非洲:71; 亚洲:4; 大洋洲:2; 欧洲:2; 北美洲:2; 南美洲:4。【中国种数:2】。
Sorocea A. St. - Hil. 剑鞘桑属 Moraceae [MD - 87] 特征纪要:习性:木本。花程式:K1 - 4,C0,A6,= G1 - 2。其他特征参考科。全球2个大洲分布及种数(25 - 34;hort. 1;cult. 1)北美洲:5;南美洲:24 - 31。
Sorocephalus R. Br. 粉扑木属 Proteaceae [MD - 219] 特征纪要:习性:木本。花程式:K3 - 4 - ∞,C0,A2,= G1。其他特征参考科。全球3个大洲分布及种数(11 - 31)非洲:31; 亚洲:2; 南美洲:4。
Sorolepidium Christ 玉龙蕨属 Dryopteridaceae [F - 49] 特征纪要:习性:-。【Rep】:孢子囊群圆形,生于小脉顶端,在主脉两侧各排列成1行,通常被鳞片所覆盖,不见,成熟后往往散开,无囊群盖。物候:-。海拔:400 - 2900米。生境:流石滩大块石灰岩石隙。资源:-。全球1个大洲分布及种数(cf. 1)◆亚洲。
Soromanes Fée = **Polybotrya**
Soroseris Stebbins 肉菊属 Asteraceae [MD - 586] 特征纪要:习性:草本(根状茎,基生,多肉)。花程式:(K)3 - 5,C3 - 5,A3 参考科,↓ G。物候:-。海拔:2600 - 4600米。生境:草原。栽培:来自广西龙州。资源:药用,具栽培园艺种类。全球2个大洲分布及种数(12 - 26)非洲:3; 亚洲:23。【中国种数:4】。
Sorostachys Steud. = **Cyperus**

S

Soroveta H. P. Linder & C. R. Hardy = **Sorocea**

Soterosanthus F. Lehm. ex Jenny 丘花兰属 Orchidaceae［MM-723］特征纪要：习性：草本。花程式：(K)3，C3，A3，=↓(G)3。其他特征参考科。全球1个大洲分布及种数(1)◆南美洲。

Sotoa Salazar 丘兰花属 Orchidaceae［MM-723］特征纪要：习性：草本。花程式：(K-)，C0参考科，A3，↓(G)3。其他特征参考科。全球1个大洲分布及种数(1-3)◆北美洲：2。

Soulamea Lam. 甜苦木属 Simaroubaceae［MD-424］特征纪要：习性：木本。花程式：-。其他特征参考科。全球5个大洲分布及种数(14-16)非洲：2；亚洲：1；大洋洲：14；欧洲：2；北美洲：2。

Souleyetia Gaudich. = **Pandanus**

Souliea Franch. 黄三七属 Ranunculaceae［MD-38］特征纪要：草本(具根状茎)，落叶，复叶。花程式：K5，C5，A2，G(-)，房位(-)。果实：具果瓣。种子：多数。全球1个大洲分布及种数(cf. 1)◆亚洲。

Souroubea Aubl. 蜜笛花属 Marcgraviaceae［MD-170］特征纪要：木本。花程式：-。其他特征参考科。全球6个大洲分布及种数(21；hort. 1)非洲：1；亚洲：1；大洋洲：1；欧洲：1；北美洲：9-10；南美洲：17-18。【中国种数：1】。

Southbya Spruce 横叶苔属 Arnelliaceae［B-72］特征纪要：习性：-。【Rep】：淡绿色或褐绿色。物候：-。海拔：-。生境：常见于泥土。资源：-。全球6个大洲分布及种数(4)非洲：1-2；亚洲：3-4；大洋洲：1；欧洲：1-2；北美洲：1-2；南美洲：1-2。

Sowerbaea Sm. 紫缨百合属 Asparagaceae［MM-669］特征纪要：习性：草本。花程式：-。其他特征参考科。全球2个大洲分布及种数(5-6)大洋洲：5；南美洲：1。

Soyauxia Oliv. 围药树属 Peridiscaceae［MD-98］特征纪要：习性：木本。花程式：-。其他特征参考科。全球1个大洲分布及种数(6-7)◆非洲。

Soyeria Monnier = **Crepis**

Soymida A. Juss. 天竺楝属 Meliaceae［MD-414］特征纪要：习性：木本。花程式：K3-5，C3-5，A6，=(G)1-2。物候：-。海拔：-。生境：-。资源：具园艺种类。全球1个大洲分布及种数(cf. 1)◆亚洲。

Spachea A. Juss. 斯帕木属 Malpighiaceae［MD-343］特征纪要：习性：木本。花程式：K5，C5，A10，=G2-3。物候：-。海拔：-。生境：-。资源：具园艺种类。全球3个大洲分布及种数(8-9)亚洲：cf. 1；北美洲：5-6；南美洲：4。

Spananthe Jacq. 寡花草属 Apiaceae［MD-480］特征纪要：习性：草本。花程式：=↓(K5)，C5，A5，=↓(G)2。其他特征参考科。全球2个大洲分布及种数(3)北美洲：1；南美洲：2。

Spaniopappus B. L. Rob. 疏泽兰属 Asteraceae［MD-586］特征纪要：习性：草本。花程式：(K)3-5，C3-5，A3-5，=↓(G)2。其他特征参考科。全球2个大洲分布及种数(5-8)北美洲：6；南美洲：2。

Spanizium Griseb. = **Saponaria**

Sparattanthelium Mart. 九节桂属 Hernandiaceae［MD-24］特征纪要：习性：木本。花程式：-。其他特征参考科。全球3个大洲分布及种数(12-32)亚洲：2；北美洲：5；南美洲：27。【中国种数：1】。

Sparattosperma Mart. ex Meisn. 巴西假紫葳属 Bignoniaceae［MD-541］特征纪要：习性：木本。花程式：K5，C0，A5，=(G)2。其他特征参考科。全球3个大洲分布及种数(2-10)非洲：2；北美洲：3；南美洲：10。

Sparattosyce Bureau 假榕属 Moraceae［MD-87］特征纪要：习性：木本。花程式：K1-4，C0，A6，=(G)1-2。其他特征参考科。全球1个大洲分布及种数(2)◆大洋洲(◆美拉尼西亚)。

Sparaxis Ker Gawl. 魔杖花属 Iridaceae［MM-700］特征纪要：习性：草本。花程式：(K)3，C3，A10，↓G。其他特征参考科。全球6个大洲分布及种数(19-47)非洲：34；亚洲：7；大洋洲：7；欧洲：11；北美洲：11；南美洲：12。

Sparganiaceae Hanin［MM-734］黑三棱科 特征纪要：习性：草本；落叶。花程式：K4-5(-)，C5，A，G-。物候：-。花期和果期：7-9月。果实：-。种子：种皮作不规则的矩圆形。海拔：1500米。生境：湖泊，溪流和沼泽。资源：-。栽培：-。全球6个大洲分布及属种数(-)。

Sparganium L. 黑三棱属 Sparganiaceae［MM-734］特征纪要(同科)。全球6个大洲分布及种数(26-149)非洲：24；亚洲：100；大洋洲：14；欧洲：48；北美洲：48；南美洲：8。【中国种数：15】。

Sparganophorus Vaill. ex Crantz = **Struchium**

Spармannia Buc'hoz 垂蕾树属 Malvaceae［MD-203］特征纪要：乔木，落叶。花程式：-。种子：肾形或倒卵形。子叶扁平，折叠状或回旋状。全球4个大洲分布及种数(1)非洲：1；亚洲：1；欧洲：1；北美洲：1。

Sparmanniaceae J. Agardh［MD-184］朴椴树科 特征纪要：习性：木本；落叶。花程式：K1-∞，C1-∞，A10或8，=↑G2(100)。全球2个大洲分布及属种数(3/4-34)。

Sparrea A. T. Hunz. & N. Dottori = **Celtis**

Sparrmanna Cothen. = **Sparrmannia**

Sparrmannia L. f. 垂蕾树属 Malvaceae［MD-203］特征纪要：习性：木本。花程式：K1-∞，C1-∞，A10-8，=(G)2-100。其他特征参考科。全球6个大洲分布及种数(6-13)非洲：11；亚洲：2；大洋洲：1；欧洲：2；北美洲：2；南美洲：2。

Sparthothamnus H. Buek = **Spartothamnus**

Spartina Schreb. 米草属 Poaceae［MM-748］特征纪要：习性：-。花程式：-。物候：-。海拔：10-5600米。生境：海滩沼泽中。资源：具栽培园艺种类。全球6个大洲分布及种数(19-20)非洲：8-16；亚洲：7-16；大洋洲：3-12；欧洲：8-17；北美洲：13-22；南美洲：11-19。

Spartium L. 鹰爪豆属 Fabaceae3［MD-240］特征纪要：习性：木本。花程式：(K-)，C2-3参考科，A4，=↓G-。物候：-。花期：4-7月。果期：参考晚于花期。海拔：7500米。生境：矮灌木丛或芦苇丛中，稀见于沿河岸疏林下,作为作物栽培。资源:园林,具栽培园艺种类。全球 6 个大洲分布及种数(1-66)非洲:21; 亚洲:5; 大洋洲:2; 欧洲:4; 北美洲:4; 南美洲:3。【中国种数:1】。

Spartochloa C. E. Hubb. 金雀枝草属 Poaceae [MM-748] 特征纪要:习性:草本。花程式:(K)3,C0 参考科,A1-2,=(G)2-3。其他特征参考科。全球 1 个大洲分布及种数(1)◆大洋洲(◆澳大利亚)。

Spartotamnus Webb & Berthel. ex C. Presl = **Cytisus**

Spartothamnella Briq. 小索灌属 Verbenaceae [MD-556] 特征纪要:习性:-。花程式:-。其他特征参考科。全球 1 个大洲分布及种数(4)◆大洋洲(◆澳大利亚)。

Spartothamnus A. Cunn. ex Walp. 澳蝶灌豆属 Lamiaceae [MD-575] 特征纪要:习性:-。花程式:-。其他特征参考科。全球 1 个大洲分布及种数(-)◆大洋洲。

Spatalla Salisb. 勺架木属 Proteaceae [MD-219] 特征纪要:习性:木本。花程式:K3-4-∞,C0,A2,=G1。其他特征参考科。全球 3 个大洲分布及种数(20-45)非洲:44; 大洋洲:2; 南美洲:2。

Spathacanthus Baill. 扁刺爵床属 Acanthaceae [MD-572] 特征纪要:习性:草本。花程式:K2-4,C0,A2-4,=(G)2。其他特征参考科。全球 2 个大洲分布及种数(4-8)亚洲:2; 北美洲:5。

Spathandra Guill. & Perr. 谷木属 Melastomataceae [MD-364] 特征纪要:习性:木本。花程式:-。其他特征参考科。全球 1 个大洲分布及种数(1-2)◆亚洲。【中国种数:1】。

Spathantheum Schott 美梳芋属 Araceae [MM-639] 特征纪要:习性:草本。花程式:K0,C0,A1-4,=G1-3。其他特征参考科。全球 1 个大洲分布及种数(1)◆南美洲。

Spathanthus Desv. 舟蔺花属 Rapateaceae [MM-713] 特征纪要:习性:草本。花程式:-。其他特征参考科。全球 1 个大洲分布及种数(2)◆南美洲。

Spathelia L. 棕枫属 Rutaceae [MD-399] 特征纪要:习性:木本。花程式:K∞,C∞,A4,=G1-3。物候:-。海拔:-。生境:-。资源:具园艺种类。全球 2 个大洲分布及种数(11-32)北美洲:16; 南美洲:31。

Spathepteris C. Presl = **Osmunda**

Spathia Ewart 佛焰苞草属 Poaceae [MM-748] 特征纪要:习性:草本。花程式:(K)3,C0 参考科,A1-2,=(G)2-3。其他特征参考科。全球 1 个大洲分布及种数(1)◆大洋洲(◆澳大利亚)。

Spathicalyx J. C. Gomes 青萼紫葳属 Bignoniaceae [MD-541] 特征纪要:习性:-。花程式:-。其他特征参考科。全球 1 个大洲分布及种数(1-2)◆南美洲。

Spathicarpa Hook. 青荚芋属 Araceae [MM-639] 特征纪要:习性:草本。花程式:K0,C0,A1-4,=G1-3。物候:-。海拔:-。生境:-。资源:具园艺种类。全球 3 个大洲分布及种数(3-13)亚洲:3; 北美洲:2; 南美洲:13。【中国种数:1】。

Spathichlamys R. Parker 缅甸茜草属 Rubiaceae [MD-523] 特征纪要:习性:-。花程式:-。其他特征参考科。全球 2 个大洲分布及种数(4)亚洲:4; 南美洲:3。

Spathionema Taub. 窄线豆属 Fabaceae3 [MD-240] 特征纪要:习性:木本。花程式:=↓(Kn),C2-3 参考科,A3 参考科,=↓G(-)。其他特征参考科。全球 1 个大洲分布及种数(1)◆南美洲。

Spathiostemon Bl. 匙蕊戟属 Euphorbiaceae [MD-217] 特征纪要:习性:木本。花程式:K1(1000),C0,A6,=(G)2-3。其他特征参考科。全球 3 个大洲分布及种数(2-8)非洲:2; 亚洲:7; 大洋洲:2。【中国种数:1】。

Spathiphyllopsis Teijsm. & Binn. = **Spathiphyllum**

Spathiphyllum Schott 白鹤芋属 Araceae [MM-639] 特征纪要:习性:草本。花程式:K0,C0,A1-4,=G1-3。物候:-。海拔:-。生境:-。资源:具栽培园艺种类。全球 6 个大洲分布及种数(51-62;hort. 1)非洲:2-5;亚洲:6-9;大洋洲:4-7;欧洲:2;北美洲:28-33;南美洲:39-48。【中国种数:2】。

Spathodea P. Beauv. 火焰树属 Bignoniaceae [MD-541] 特征纪要:习性:木本。花程式:(K-),C2-3 参考科,A4,↓G-。物候:-。花期:4-5 月。果期:参考晚于花期。海拔:100-5840 米。生境:常绿阔叶林,路旁,斜坡,竹木林中。资源:药用,具栽培园艺种类。全球 6 个大洲分布及种数(3-8;hort. 1)非洲:1;亚洲:1;大洋洲:1-3;欧洲:1;北美洲:1;南美洲:1。【中国种数:1】。

Spathoglottis Bl. 苞舌兰属 Orchidaceae [MM-723] 特征纪要:习性:草本。花程式:Kn,C2-3 参考科,A3 参考科,↓G-。物候:-。花期:8-9 月。果期:参考晚于花期。海拔:2300-2800 米。生境:岩石边坡。资源:具栽培园艺种类。全球 6 个大洲分布及种数(43-97)非洲:28; 亚洲:66; 大洋洲:42; 欧洲:18; 北美洲:18; 南美洲:6。【中国种数:7】。

Spatholirion Ridl. 竹叶吉祥草属 Commelinaceae [MM-708] 特征纪要:习性:草本。花程式:-。物候:-。花期:5-6 月。果期:参考晚于花期。海拔:400-1200 米。生境:森林地区,山坡林间石隙。资源:药用。全球 3 个大洲分布及种数(6-9)亚洲:9; 北美洲:2; 南美洲:2。【中国种数:2】。

Spatholobus Hassk. 密花豆属 Fabaceae3 [MD-240] 特征纪要:习性:木质攀援。花程式:(K-),C2-3 参考科,A5 参考科,=↓G1。物候:-。花期:4 月。果期:参考晚于花期。海拔:1400 米。生境:溪旁疏林中。资源:具栽培园艺种类。全球 3 个大洲分布及种数(14-41)非洲:cf. 1;亚洲:13-39;南美洲:1。【中国种数:13】。

Spathoscaphe Oerst. = **Chamaedorea**

Spatularia G. Don. 虎耳草属 Saxifragaceae [MD-231] 特征纪要:习性:-。花程式:-。其他特征参考科。全球 2 个大洲分布及种数(cf. 1)欧洲;北美洲。

Specklinia Lindl. 帽花兰属 Orchidaceae [MM-723] 特征纪要:习性:草本。花程式:(K)3,C3,A3,=↓(G)3。其他特征参考科。全球 6 个大洲分布及种数(110-438)非洲:5; 亚洲:21; 大洋洲:3; 欧洲:149; 北美洲:149; 南美洲:392。【中国种数:1】。

Spectaculum Lür 梗兰属 Orchidaceae［MM－723］特征纪要:习性:－。花程式:－。其他特征参考科。全球1个大洲分布及种数(－)◆南美洲。

Specularia Heist. ex Fabr. 北美桔梗属 Campanulaceae［MD－561］特征纪要:习性:－。花程式:－。其他特征参考科。全球2个大洲分布及种数(46)北美洲:2; 南美洲:1。

Speea Phil. 仰蛛花属 Amaryllidaceae［MM－694］特征纪要:习性:－。花程式:－。其他特征参考科。全球5个大洲分布及种数(54)非洲:16; 亚洲:29; 大洋洲:5; 北美洲:5; 南美洲:11。

Spegazziniophytum Esser 杨柏属 Euphorbiaceae［MD－217］特征纪要:习性:木本。花程式:Kn,C0,A6,↓G－参考科。其他特征参考科。全球1个大洲分布及种数(1)◆南美洲:1。

Speirantha Baker 白穗花属 Asparagaceae［MM－669］特征纪要:习性:草本(根状茎,基生)。花程式:－。物候:－。花期:5－6月。果期:参考晚于花期。海拔:600－900米。生境:背阳山坡,石边,阔叶林,山坡。资源:具园艺种类。全球2个大洲分布及种数(1－3)亚洲:3; 北美洲:2。【中国种数:1】。

Speirema Hook. f. & Thoms. = **Lobelia**

Speirodela S. Watson = **Spirodela**

Spelaeanthus Kiew, A. Weber & B. L. Burtt 微旋苣苔属 Gesneriaceae［MD－549］特征纪要:习性:草本。花程式:Kn,C0,A2,=(G)2。其他特征参考科。全球1个大洲分布及种数(1)◆东南亚(◆马来西亚)。

Spelta Wolf = **Triticum**

Spenceria Trimen 马蹄黄属 Rosaceae［MD－246］特征纪要:习性:木本。花程式:－。物候:－。花期:7－8月。果期:参考晚于花期。海拔:3000－5000米。生境:高山草甸,生于高山草原石灰岩山坡。资源:药用,具栽培园艺种类。全球4个大洲分布及种数(2－13)亚洲:7; 欧洲:3; 北美洲:3; 南美洲:7。【中国种数:1】。

Spennera Mart. ex DC. = **Aciotis**

Speranskia Baill. 地构叶属 Euphorbiaceae［MD－217］特征纪要:习性:木本。花程式:－。物候:－。花期:2－7月。果期:参考晚于花期。海拔:200－2600米。生境:草地或灌丛中,石灰岩林下阴湿地。资源:具园艺种类。全球5个大洲分布及种数(3－8)亚洲:8; 大洋洲:2; 欧洲:1; 北美洲:1; 南美洲:2。【中国种数:3】。

Spergula Dill. ex L. 大爪草属 Caryophyllaceae［MD－77］特征纪要:习性:草本(基生)。花程式:K5,C5,A10,G1。物候:－。花期:6－7月。果期:参考晚于花期。海拔:80－6000米。生境:草原,河岸。资源:动物饲料,具栽培园艺种类。全球6个大洲分布及种数(30－32;hort. 1;cult. 2)非洲:14－54;亚洲:12－52;大洋洲:3－42;欧洲:12－51;北美洲:6－45;南美洲:13－52。【中国种数:4】。

S

Spergularia (Pers.) J. Presl & C. Presl 牛漆姑属 Caryophyllaceae［MD－77］特征纪要:习性:草本(基生,多肉)。花程式:－。物候:－。花期:5－7月。果期:参考晚于花期。海拔:200－2800米。生境:潮湿盐碱化草地,山沟湿地,河滩地,水沟边潮湿处,小湖边。资源:具园艺种类。全球6个大洲分布及种数(109－125;hort. 1;cult. 5)非洲:28－56;亚洲:20－44;大洋洲:14－41;欧洲:30－60;北美洲:24－50;南美洲:51－76。【中国种数:6】。

Spermachiton Llanos = **Sporobolus**

Spermacoce L. 纽扣草属 Rubiaceae［MD－523］特征纪要:习性:木本。花程式:－。物候:－。海拔:100－1500米。生境:中山湿润林下。资源:药用,具栽培园艺种类。全球6个大洲分布及种数(246－356;hort. 1;cult. 8)非洲:88－118;亚洲:184－287;大洋洲:40－100;欧洲:7－19;北美洲:69－93;南美洲:145－176。【中国种数:22】。

Spermacoceodes Kuntze 纽扣草属 Rubiaceae［MD－523］特征纪要:习性:－。花程式:－。其他特征参考科。全球2个大洲分布及种数(5)北美洲:1; 南美洲:1。

Spermadictyon Roxb. 香花木属 Rubiaceae［MD－523］特征纪要:习性:木本。花程式:－。物候:－。花期:参考早于果期。果期:10月。海拔:5－4800米。生境:花园培育。资源:观赏,具栽培园艺种类。全球3个大洲分布及种数(1－22)非洲:3; 亚洲:19; 北美洲:2。【中国种数:1】。

Spermodon Beauv. ex Lestib. Essai = **Rhynchospora**

Spermolepis Raf. 鳞子芹属 Apiaceae［MD－480］特征纪要:习性:－。花程式:－。其他特征参考科。全球6个大洲分布及种数(10－14)非洲:3;亚洲:3;大洋洲:3;欧洲:3;北美洲:7－14;南美洲:2－5。【中国种数:2】。

Spetaea Wetschnig & Pfosser 蓝熙凤属 Asparagaceae［MM－669］特征纪要:习性:草本。花程式:(K)3,C3,A3参考科,G3－参考科。其他特征参考科。全球1个大洲分布及种数(1)◆非洲。

Sphacanthus Benoist 楔刺爵床属 Acanthaceae［MD－572］特征纪要:习性:草本。花程式:K2－4,C0,A2－4,=(G)2。其他特征参考科。全球1个大洲分布及种数(2)◆非洲(◆马达加斯加)。

Sphacelaria <unassigned> 楔桔梗属 Campanulaceae［MD－561］特征纪要:－。全球5个大洲分布及种数(31)非洲:2; 亚洲:6; 大洋洲:13; 欧洲:4; 南美洲:12。

Sphacele Benth. = **Lepechinia**

Sphaenolobium Pimenov 前胡属 Apiaceae［MD－480］特征纪要:习性:草本。花程式:=↓(Kn),C5,A5,=↓G(－)。其他特征参考科。全球1个大洲分布及种数(3)◆亚洲:3。

Sphaeradenia Harling 珠药草属 Cyclanthaceae［MM－706］特征纪要:习性:草本。花程式:K0,C0,A4－10,↓G4。其他特征参考科。全球3个大洲分布及种数(56－80)亚洲:2; 北美洲:25; 南美洲:63。【中国种数:1】。

Sphaeralcea A. St.－Hil. 球葵属 Malvaceae［MD－203］特征纪要:习性:木本。花程式:K5－∞,C5－∞,A10－8,=G1－5。其他特征参考科。全球6个大洲分布及种数(66－75;hort. 1;cult. 5)非洲:25;亚洲:6－31;大洋洲:2－27;欧洲:4－29;北美洲:43－70;南美洲:42－70。【中国种数:4】。

Sphaerangium Bruch & Schimp. 矮藓属 Pottiaceae［B－133］特征纪要:习性:－。【Rep】:参考科特征:孢腔轮廓清晰,蒴齿缺如,或具蒴齿而无基膜,下部呈黄绿或黄棕色。其他特征参考科。全球1个大洲分布及种数(16)

◆南美洲:1。

Sphaeranthus L. 戴星草属 Asteraceae [MD-586] 特征纪要:习性:草本。花程式:-。物候:-。花期:12月至次年5月。果期:参考晚于花期。海拔:600-1300米。生境:荒地,草坡,田间。资源:药用。全球6个大洲分布及种数(44-54;hort. 1)非洲:36-38;亚洲:39-41;大洋洲:5-7;欧洲:1-3;北美洲:1-3;南美洲:2。【中国种数:3】。

Sphaerantia Peter G. Wilson & B. Hyland 隐果水桉属 Myrtaceae [MD-347] 特征纪要:习性:木本。花程式:=↓(K4-5),C4-5,A8-10,=↓(G)2-5。其他特征参考科。全球2个大洲分布及种数(2-5)亚洲:2;大洋洲:4。

Sphaerella Bubani = **Airopsis**

Sphaerellothecium <unassigned> 球芽藓属 Sorapillaceae [B-212] 特征纪要:-。全球4个大洲分布及种数(6)亚洲:2;欧洲:2;北美洲:2;南美洲:3。

Sphaerine Herb. = **Bomarea**

Sphaerium Kuntze = **Coix**

Sphaerobambos S. Dransf. 球籽竹属 Poaceae [MM-748] 特征纪要:习性:草本。花程式:(K)3,C0参考科,A1-2,=(G)2-3。其他特征参考科。全球2个大洲分布及种数(3-5)亚洲:5;南美洲:2。

Sphaerocardamum S. Schaür 球碎米荠属 Brassicaceae [MD-213] 特征纪要:习性:草本。花程式:K2-4,C2-4,A2-4,=G2。其他特征参考科。全球2个大洲分布及种数(5-9)北美洲:7;南美洲:2。

Sphaerocarpaceae Heeg [B-4] 囊果苔科 特征纪要:密集或疏散丛生,绿色或黄绿色,下部棕色。【Rep】:下部棕色。全球6个大洲分布和属种数(2;hort. & cult. 1)(3-10;hort. & cult. 1)非洲:1/4;亚洲:1/4;大洋洲:1/1-5;欧洲:1/4;北美洲:1-2/1-5;南美洲:1/2-7。

Sphaerocarpos Böhm. 囊果苔属 Sphaerocarpaceae [B-4] 特征纪要:-。全球6个大洲分布及种数(13)非洲:3;亚洲:4;大洋洲:2;欧洲:7;北美洲:7;南美洲:10。

Sphaerocaryum Nees ex Hook. f. 稗荩属 Poaceae [MM-748] 特征纪要:习性:草本。花程式:-。物候:-。花期:秋天。果期:参考晚于花期。海拔:1500米。生境:沼泽地,灌丛或草甸中。资源:具园艺种类。全球5个大洲分布及种数(1-8)非洲:2;亚洲:7;大洋洲:2;北美洲:2;南美洲:3。【中国种数:1】。

Sphaerocephalus (DC.) Kuntze 皱皮藓属 Aulacomniaceae [B-153] 特征纪要和分布(-)。

Sphaerocionium C. Presl 球膜蕨属 Hymenophyllaceae [F-21] 特征纪要:习性:-。【Rep】:孢子同形,囊群生叶缘之外(有托)。物候:-。海拔:200-3700米。生境:常绿阔叶林,砂岩基部生,竹林石隙中。资源:-。全球6个大洲分布及种数(18-23)非洲:3-7;亚洲:4-8;大洋洲:4-8;欧洲:4;北美洲:3-7;南美洲:7-11。

Sphaeroclinium (DC.) Sch. Bip. 菊科属 Asteraceae [MD-586] 特征纪要:习性:-。花程式:-。其他特征参考科。全球1个大洲分布及种数(-)。

Sphaerocodon Benth. 球冠萝藦属 Apocynaceae [MD-492] 特征纪要:习性:-。花程式:-。其他特征参考科。全球1个大洲分布及种数(3-5)◆非洲。

Sphaerocoma T. Anderson 球甲蓬属 Caryophyllaceae [MD-77] 特征纪要:灌木。花程式:K5,C5,A3参考科,G-参考科。其他特征参考科。全球5个大洲分布及种数(2-14)非洲:3;亚洲:13;欧洲:5;北美洲:5;南美洲:4。

Sphaerocoryne Scheff. ex Ridl. 唇膏花属 Annonaceae [MD-7] 特征纪要:习性:木本。花程式:K3-∞,C3,A2,=G10-100。其他特征参考科。全球2个大洲分布及种数(8)非洲:2;亚洲:6-7。【中国种数:1】。

Sphaerodiscus Nakai = **Euonymus**

Sphaerogyne Naudin = **Tococa**

Sphaerolejeunea Herzog 细鳞苔属 Lejeuneaceae [B-84] 特征纪要:-。全球1个大洲分布及种数(cf. 1)◆南美洲。

Sphaerolobium Sm. 弹珠豆属 Fabaceae3 [MD-240] 特征纪要:习性:木本。花程式:=↓(K1-∞),C1-∞,A5-9,=↓G1。其他特征参考科。全球1个大洲分布及种数(1-22)◆大洋洲(◆澳大利亚)。

Sphaeromariscus E. G. Camus = **Cyperus**

Sphaeromeria Nutt. 球序蒿属 Asteraceae [MD-586] 特征纪要:习性:-。花程式:-。其他特征参考科。全球4个大洲分布及种数(12)亚洲:2;欧洲:8;北美洲:8;南美洲:2。

Sphaeromorphaea DC. = **Epaltes**。【中国种数:2】。

Sphaerophora Blume = **Eremanthus**

Sphaerophoropsis <unassigned> 合椿梅科属 Cunoniaceae [MD-255] 特征纪要:-。全球1个大洲分布及种数(1)◆南美洲:1。

Sphaerophysa DC. 苦马豆属 Fabaceae3 [MD-240] 特征纪要:习性:木质攀援。花程式:-。物候:-。花期:5-8月。果期:参考晚于花期。海拔:1000-3200米。生境:山坡,草原,荒地,沙滩,戈壁绿洲,沟渠旁及盐池周围。资源:药用。全球5个大洲分布及种数(2-7)亚洲:6;大洋洲:3;欧洲:2;北美洲:2;南美洲:2。【中国种数:1】。

Sphaeropteris Bernh. 白桫椤属 Cyatheaceae [F-23] 特征纪要:-。【Rep】:囊群生叶背有盖。海拔:500-1150米。生境:生于常绿阔叶林缘,山沟谷底。栽培:来自广西龙州。资源:具栽培园艺种类。全球6个大洲分布及种数(105-146)非洲:28;亚洲:83;大洋洲:51;欧洲:17;北美洲:17;南美洲:42。【中国种数:8】。

Sphaeropus Boeck. = **Diplacrum**

Sphaerorhizon Hook. f. = **Scybalium**

Sphaerorrhiza Roalson & Boggan 长筒花属 Gesneriaceae [MD-549] 特征纪要:习性:草本(具根状茎)。花程式:K5,C0,A4,↓G。其他特征参考科。全球1个大洲分布及种数(4)◆南美洲。

S

Sphaerosacme Wall. ex Royle 须弥楝属 Meliaceae［MD－414］特征纪要:习性:－。花程式:－。其他特征参考科。全球 1 个大洲分布及种数(－)。

Sphaerosciadium Pimenov & Kljuykov 泡囊芹属 Apiaceae［MD－480］特征纪要:习性:草本。花程式:＝↓(K5),C5,A5,＝↓G(－)。其他特征参考科。全球 1 个大洲分布及种数(1) ◆亚洲:1。

Sphaerosepalaceae Bullock［MD－137］龙眼茶科 特征纪要:习性:木本;落叶。花程式:K2,C4,A2,(G)2－3。果实:蒴果。全球 1 个大洲分布及属种数(3/21－23 hort. 1,cult. 2) ◆非洲:2/ 2－4。

Sphaerosicyos Hook. f. ＝ **Lagenaria**

Sphaerosicyus P. & K. ＝ **Lagenaria**

Sphaerosporoceros Hässel 角苔科属 Anthocerotaceae［B－91］特征纪要:习性:－。【Rep】:雌雄多同株,精子器着生封闭的腔内,孢蒴长角状,基部由筒状苞膜所包围,胞壁常具气孔,孢子多黑褐色。其他特征参考科。全球 2 个大洲分布及种数(2)亚洲:2; 北美洲:2。

Sphaerostephanos J. Sm. 圆腺蕨属 Thelypteridaceae［F－42］特征纪要:习性:－。【Rep】:囊群生叶背有盖－无盖。其他特征参考科。全球 6 个大洲分布及种数(2－180)非洲:5; 亚洲:142; 大洋洲:32; 欧洲:4; 北美洲:4; 南美洲:4。

Sphaerostichum C. Presl ＝ **Pyrrosia**

Sphaerostigma Fisch. & C. A. Mey. 北美圆柳菜属 Onagraceae［MD－396］特征纪要:习性:－。花程式:－。其他特征参考科。全球 6 个大洲分布及种数(4－5)非洲:10;亚洲:10;大洋洲:10;欧洲:10;北美洲:3－13;南美洲:10。

Sphaerostylis Baill. 球柱藤属 Euphorbiaceae［MD－217］特征纪要:习性:木本。花程式:K1(1000),C0,A6,＝G2－3。其他特征参考科。全球 3 个大洲分布及种数(2－17)非洲:17; 亚洲:4; 南美洲:12。

Sphaerotheciella M. Fleisch. 球蒴藓属 Cryphaeaceae［B－197］特征纪要:习性:－。【Rep】:雌雄异苞同株,雌苞着生短枝上,内雌苞叶长卵形,孢蒴近球形,隐没于雌苞叶中,蒴齿通常两层,稀单层。生境:常见于树干或树枝。全球 3 个大洲分布及种数(5)亚洲:3;北美洲:2;南美洲:2。【中国种数:4】。

Sphaerothecium Hampe 河曲尾藓属 Dicranaceae［B－128］特征纪要:习性:－。【Rep】:孢蒴无气孔,雌雄异株或假雌雄同株,雌苞叶鞘状,具长尖,孢子体顶生或侧生,有时丛生,蒴柄直立。其他特征参考科。全球 3 个大洲分布及种数(3)非洲:1;亚洲:1;南美洲:1。

Sphaerothylax Bisch. ex C. Krauss 河松萝属 Podostemaceae［MD－322］特征纪要:习性:草本。花程式:K1－2,C0,A10,＝G1－2。其他特征参考科。全球 2 个大洲分布及种数(3－12)非洲:12; 亚洲:2。

Sphaerotorrhiza (Lam. ex Poir.) Khokhr. ＝ **Cardamine**

Sphaerotylos C. J. Chen ＝ **Sarcochlamys**

Sphaerulina <unassigned> 隔芽藓属 Rosaceae［MD－246］特征纪要和分布(－)。

Sphagnaceae Dum.［B－97］泥炭藓科 特征纪要(参考 Phyllogoniaceae):丛集群生,灰绿色、黄绿色至浅绿色,具明显光泽。全球 5 个大洲分布和属种数(2/353)亚洲:2/98;大洋洲:2/46;欧洲:1/105;北美洲:1/129;南美洲:1/201。【中国属种数:2/90(9)】。

Sphagneticola O. Hoffm. 蟛蜞菊属 Asteraceae［MD－586］特征纪要:习性:草本。花程式:(K)3－5,C3－5,A3－5,＝↓G2。物候:－。花期:3－9 月。果期:参考晚于花期。海拔:6000 米。生境:稻田,草原和潮湿的低地洼地,沿海地区,山坡和路边。资源:具栽培园艺种类。全球 6 个大洲分布及种数(6－7)非洲:2;亚洲:5;大洋洲:2;欧洲:1;北美洲:4;南美洲:3。【中国种数:2】。

Sphagnites Cookson 孢芽藓科属 Sorapillaceae［B－212］特征纪要和分布(－)。

Sphagnum L. 泥炭藓属 Sphagnaceae［B－97］特征纪要:习性:－。物候:－。海拔:－。生境:水生,土生。资源:具园艺种类。全球 6 个大洲分布及种数(352)非洲:52;亚洲:97;大洋洲:45;欧洲:105;北美洲:129;南美洲:201。【中国种数:89】。

Sphalanthus Jack ＝ **Quisqualis**

Sphallerocarpus Besser ex DC. 迷果芹属 Apiaceae［MD－480］特征纪要:习性:草本(基生)。花程式:Kn,C5,A3 参考科,＝↓G(－)。物候:－。海拔:500－2800 米。生境:山坡,耕地和荒地。资源:药用。全球 1 个大洲分布及种数(cf. 1)◆亚洲。【中国种数:1】。

Sphalmanthus N. E. Br. 伏赐花属 Aizoaceae［MD－94］特征纪要:习性:－。花程式:－。其他特征参考科。全球 1 个大洲分布及种数(53－58)◆非洲。

Sphalmium B. G. Briggs, B. Hyland & L. A. S. Johnson 山银桦属 Proteaceae［MD－219］特征纪要:习性:木本。花程式:－。其他特征参考科。全球 1 个大洲分布及种数(1)◆大洋洲。

Spheconisca <unassigned> 缎紫草属 Boraginaceae［MD－517］特征纪要:－。全球 1 个大洲分布及种数(1)◆欧洲:1。

Sphedamnocarpus Planch. ex Benth. & Hook. f. 槭金藤属 Malpighiaceae［MD－343］特征纪要:习性:木本。花程式:K5,C5,A10,＝G2－3。其他特征参考科。全球 2 个大洲分布及种数(11－38)非洲:36; 南美洲:2。

Sphenantha Schröd. ＝ **Cucurbita**

Sphenanthera Hassk. ＝ **Begonia**

Spheneria Kuhlm. 假颖草属 Poaceae［MM－748］特征纪要:习性:草本。花程式:(K)3,C0 参考科,A1－2,＝(G)2－3。其他特征参考科。全球 2 个大洲分布及种数(1－6)非洲:2; 南美洲:6。

Sphenista Raf. ＝ **Hirtella**

Sphenocentrum Pierre 楔心藤属 Menispermaceae［MD－42］特征纪要:习性:灌木。花程式:K1(6－40),C3,A1－6

-40, = G1 -3。其他特征参考科。全球 2 个大洲分布及种数(1 -2)非洲:2; 南美洲:2。

Sphenoclea Gaertn. 楔瓣花属 Sphenocleaceae [MD -529] 特征纪要(同科)。全球 6 个大洲分布及种数(3)非洲:2 -3;亚洲:1 -2;大洋洲:1 -2;欧洲:1;北美洲:1 -2;南美洲:1 -2。【中国种数:1】。

Sphenocleaceae T. Baskerv. [MD -529] 楔瓣花科 特征纪要:习性:草本;落叶。花程式:(K)6 -,C5,A,G -。物候:-。花期和果期:全年。果实:蒴果。种子:棕。海拔:2348 米。生境:稻田及潮湿处。资源:药用。栽培:-。全球 5 个大洲分布及属种数(3/5 -106 < IFR 1/4 > hort. 1;cult. 1) 非洲:1/3(IFR 1/4); 亚洲:1/2; 大洋洲:1/2; 北美洲:1/2; 南美洲:2/3。【中国属种数:1/1】。

Sphenodesme Jack 楔翅藤属 Verbenaceae [MD -556] 特征纪要:习性:木质攀援。花程式:-。物候:-。花期:3 -4 月。果期:参考晚于花期。海拔:300 -700 米。生境:混交林,在疏林攀援在石岩上。资源:具园艺种类。全球 1 个大洲分布及种数(7 -10)◆亚洲。【中国种数:7】。

Sphenolobopsis R. M. Schust. & N. Kitag. 拟折瓣苔属 Anastrophyllaceae [B -60] 特征纪要:习性:-。【Rep】:雌雄同株或异株或有序同苞,雄苞顶生或间生,雄苞叶 2 -3 对。物候:-。海拔:-。生境:土生。资源:-。全球 3 个大洲分布及种数(1) 亚洲;欧洲;北美洲。

Sphenolobus (Lindb.) Berggr. 华钱袋苔属 Anastrophyllaceae [B -60] 特征纪要:习性:-。【Rep】:雌雄同株或异株或有序同苞,雄苞顶生或间生,雄苞叶 2 -3 对。物候:-。海拔:-。生境:沼泽土生。资源:-。全球 5 个大洲分布及种数(24)亚洲:22; 大洋洲:3; 欧洲:8; 北美洲:8; 南美洲:2。【中国种数:3】。

Sphenomeris Maxon 球棒蕨属 Lindsaeaceae [F -27] 特征纪要:习性:-。【Rep】:孢子同形,囊群至叶缘。物候:-。海拔:500 -850 米。生境:杂木林林缘。资源:具栽培园艺种类。全球 6 个大洲分布及种数(16 -20)非洲:1 -2;亚洲:9 -11;大洋洲:10;欧洲:5;北美洲:4;南美洲:4。【中国种数:1】。

Sphenopholis Scribn. 楔鳞草属 Poaceae [MM -748] 特征纪要:习性:草本。花程式:(K)3,C0 参考科,A1 -2,↓G -参考科。其他特征参考科。全球 6 个大洲分布及种数(6 -25)非洲:4; 亚洲:7; 大洋洲:4; 欧洲:16; 北美洲:16; 南美洲:9。【中国种数:3】。

Sphenopus Trin. 楔柄禾属 Poaceae [MM -748] 特征纪要:习性:草本。花程式:(K)3,C0 参考科,A1 -2,↓G -参考科。其他特征参考科。全球 6 个大洲分布及种数(2 -12)非洲:5; 亚洲:4; 大洋洲:2; 欧洲:2; 北美洲:2; 南美洲:2。【中国种数:1】。

Sphenostemon Baill. 楔药花属 Sphenostemonaceae [MD -441] 特征纪要(同科)。全球 3 个大洲分布及种数(9 -23)非洲:9; 亚洲:11; 大洋洲:16。

Sphenostemonaceae P. Royen & Airy -Shaw [MD -441] 楔蕊花科 特征纪要:习性:木本;落叶。花程式:(K)4,C4,A4 -12,↓G1 -3。果实:蒴果。全球 1 个大洲分布及属种数(1 -2/1 -4 hort. 1)◆大洋洲:1/2 -9。

Sphenostigma Baker 楔点鸢尾属 Iridaceae [MM -700] 特征纪要:习性:-。花程式:-。其他特征参考科。全球 3 个大洲分布及种数(4 -34)大洋洲:2; 北美洲:2; 南美洲:26。

Sphenostylis E. Mey. 楔柱豆属 Fabaceae3 [MD -240] 特征纪要:习性:木本。花程式:= ↓(K1 -∞),C1 -∞,A5 -9, = ↓G1。其他特征参考科。全球 3 个大洲分布及种数(9 -22)非洲:18; 亚洲:3; 北美洲:3。

Sphenotoma R. Br. ex Sweet = **Dracophyllum**

Spheroidia Dulac = **Marsilea**

Sphinctacanthus Benth. 韧喉花属 Acanthaceae [MD -572] 特征纪要:习性:草本。花程式:K2 -4,C0,A2 -4, = (G)2。其他特征参考科。全球 2 个大洲分布及种数(2 -9)亚洲:2; 南美洲:1。

Sphinctanthus Benth. 束花茜属 Rubiaceae [MD -523] 特征纪要:习性:木本。花程式:(K)4 -5,(C)4 -5,A4 -5, = ↓G2 -9。其他特征参考科。全球 3 个大洲分布及种数(8 -17)大洋洲:3; 北美洲:2; 南美洲:16。

Sphinctostoma Benth. ex Benth. & Hook. f. = **Marsdenia**

Sphinga Barneby & J. W. Grimes 北美云实属 Fabaceae2 [MD -240] 特征纪要:习性:木本。花程式:= ↓(K3 -5 -∞),C3 -5 -∞,A1 -10 -50, = ↓G1。其他特征参考科。全球 6 个大洲分布及种数(2)非洲:1;亚洲:1;大洋洲:1;欧洲:1;北美洲:1 -2;南美洲:1。

Sphingiphila A. H. Gentry 束紫葳属 Bignoniaceae [MD -541] 特征纪要:习性:-。花程式:-。其他特征参考科。全球 1 个大洲分布及种数(1)◆南美洲。

Sphragidia Thwaites = **Drypetes**

Sphyranthera Hook. f. 变叶木属 Euphorbiaceae [MD -217] 特征纪要:习性:木本。花程式:-。其他特征参考科。全球 1 个大洲分布及种数(2)◆亚洲。

Sphyrarhynchus Mansf. 拟武夷兰属 Orchidaceae [MM -723] 特征纪要:习性:草本。花程式:(K -),C2 -3 参考科,A3 参考科,↓G -。其他特征参考科。全球 1 个大洲分布及种数(2 -3)◆非洲。

Sphyrastylis Schltr. 鸟首兰属 Orchidaceae [MM -723] 特征纪要:习性:-。花程式:-。其他特征参考科。全球 2 个大洲分布及种数(cf. 1)北美洲;南美洲。

Sphyrospermum Pöpp. & Endl. 提灯莓属 Ericaceae [MD -380] 特征纪要:木本。花程式:(K)5 -8,(C)5 -8,A10, = G2 -4。其他特征参考科。全球 4 个大洲分布及种数(22 -50)亚洲:4; 大洋洲:2; 北美洲:9; 南美洲:45。

Spicantopsis Nakai = **Blechnum**

Spiculaea Lindl. 矛兰属 Orchidaceae [MM -723] 特征纪要:习性:草本。花程式:(K)3,C3,A3,↓(G)3。其他特征参考科。全球 2 个大洲分布及种数(1 -10)大洋洲:8; 南美洲:2。

Spielmannia Medik. 白玄参属 Spielmanniaceae [MD -540] 特征纪要及分布(-)。

Spielmanniaceae Rich. ex Hook. & Lindl. [MD -540] 白玄参科 特征纪要:习性:草本;常绿,落叶。花程式:K4 -5

(-),C0,A,G-。物候:-。果实:-。种子:胚直,或稍弯曲。海拔:-。生境:-。资源:-。栽培:-。全球-大洲分布及属种数(-)。

Spiesia Neck. ex Kuntze 棘豆属 Fabaceae3 [MD-240] 特征纪要:习性:-。花程式:-。物候:-。海拔:7500 米。生境:矮灌木丛或芦苇丛中,稀见于沿河岸疏林下,作为作物栽培。资源:具栽培园艺种类。全球 2 个大洲分布及种数(117)北美洲:1; 南美洲:1。

Spigela Cothen. = **Spigelia**

Spigelia L. 翅子草属 Spigeliaceae [MD-489] 特征纪要和分布(-)。全球 6 个大洲分布及种数(108-125;hort. 1;cult. 3)非洲:1-3;亚洲:6-9;大洋洲:2-4;欧洲:2;北美洲:38-44;南美洲:87-101。【中国种数:6】。

Spigeliaceae Bercht. & J. Presl [MD-489] 度量草科 特征纪要:习性:木本;落叶。花程式:K5,C0,A5,↑(G)2。物候:-。果实:-。种子:-。海拔:-。生境:-。资源:-。栽培:-。全球 1 个大洲分布及属种数(2/3 < IFR 1/1 > hort. 1;cult. 1)◆南美洲:2/91-103(IFR 1/1)。

Spilanthes Jacq. 鸽笼菊属 Asteraceae [MD-586] 特征纪要:习性:草本。花程式:(K)3-5,C3-5,A3 参考科,=↓G2。物候:-。花期:4-6 月。果期:参考晚于花期。海拔:1000-1900 米。生境:草丛,生于田边,沟边,溪旁潮湿地,荒地,路旁及林缘。资源:药用,具栽培园艺种类。全球 6 个大洲分布及种数(13-48;hort. 1;cult. 5)非洲:2-7;亚洲:8-16;大洋洲:5;欧洲:5;北美洲:2-7;南美洲:5-10。

Spilanthus L. = **Spilanthes**

Spilonema <unassigned> 非洲十字花属 Brassicaceae [MD-213] 特征纪要和分布(-)。

Spilotantha Lür 尾萼兰属 Orchidaceae [MM-723] 特征纪要:习性:-。花程式:-。其他特征参考科。全球 2 个大洲分布及种数(36)北美洲:1; 南美洲:1。

Spiloxene Salisb. 小星梅草属 Hypoxidaceae [MM-695] 特征纪要:习性:-。花程式:-。其他特征参考科。全球 6 个大洲分布及种数(27)非洲:24; 亚洲:2; 大洋洲:3; 欧洲:4; 北美洲:4; 南美洲:3。

Spinacea Schur = **Spinacia**

Spinachia Hill = **Spinacia**

Spinacia L. 菠菜属 Amaranthaceae [MD-116] 特征纪要:习性:草本(多肉)。花程式:Kn,C2-3 参考科,A2,G-。物候:-。海拔:600-5000 米。生境:肥土,密荫,潮湿,只作为蔬菜种植。资源:具栽培园艺种类。全球 4 个大洲分布及种数(3-4)非洲:1;亚洲:2-3;欧洲:1;北美洲:1。【中国种数:2】。

Spinifex L. 鬣刺属 Poaceae [MM-748] 特征纪要:习性:草本。花程式:(K-),C0 参考科,A3 参考科,=G2-3。物候:-。海拔:10-5600 米。生境:海边沙滩。资源:具园艺种类。全球 6 个大洲分布及种数(8-9)非洲:2-3;亚洲:2-3;大洋洲:7-8;欧洲:1;北美洲:1;南美洲:1。【中国种数:1】。

Spiniluma (Baill.) Aubrév. 久榄属 Sapotaceae [MD-357] 特征纪要:习性:木本。花程式:K4-15,C0,A5,↓G。物候:-。海拔:100-3000 米。生境:常绿阔叶林,混交林,沟谷林中及路旁偶见,中海拔疏或密林中,村边路旁偶见。资源:-。全球 2 个大洲分布及种数(2-4)非洲:1; 亚洲:1。

Spinoliva G. Sancho, Lübert & Katinas 菊科属 Asteraceae [MD-586] 特征纪要:习性:草本。花程式:-。其他特征参考科。全球 1 个大洲分布及种数(2)◆南美洲:2。

Spirabutilon Krapov. 绶锦葵属 Malvaceae [MD-203] 特征纪要:习性:木本。花程式:-。其他特征参考科。全球 1 个大洲分布及种数(1) ◆南美洲。

Spiracantha Kunth 旋花菊属 Asteraceae [MD-586] 特征纪要:习性:草本。花程式:(K)3-5,(C)3-5,A3-5,↓G。其他特征参考科。全球 2 个大洲分布及种数(2-3)北美洲:1;南美洲:1。

Spiradiclis Bl. 螺序草属 Rubiaceae [MD-523] 特征纪要:习性:-。花程式:-。物候:-。海拔:1200-1500 米。生境:常绿阔叶林下,阴处岩石上。资源:-。全球 1 个大洲分布及种数(-)。【中国种数:1】。

Spiraea L. 绣线菊属 Rosaceae [MD-246] 特征纪要:习性:木本。花程式:-。物候:-。花期:4-6 月。果期:参考晚于花期。海拔:100-2000 米。生境:丛林山坡,山峰。资源:具栽培园艺种类。全球 6 个大洲分布及种数(164-246;hort. 1;cult. 44)非洲:16-56;亚洲:143-200;大洋洲:14-53;欧洲:48-90;北美洲:59-107;南美洲:3-40。【中国种数:71】。

Spiraeanthemum A. Gray 榄珠梅属 Cunoniaceae [MD-255] 特征纪要:习性:木本。花程式:=↓(K4-5),C4-5,A4-5,=↓G2-3。其他特征参考科。全球 3 个大洲分布及种数(20-37)非洲:9; 亚洲:8; 大洋洲:33。

Spiraeanthus (Fisch. & C. A. Mey.) Maxim. 散绣菊属 Rosaceae [MD-246] 特征纪要:习性:木本。花程式:Kn,C2-3 参考科,A1-10-100,=↓G1-50。其他特征参考科。全球 3 个大洲分布及种数(1-4)亚洲:3; 欧洲:2; 北美洲:2。

Spiranthera A. St. -Hil. 螺药木属 Pittosporaceae [MD-448] 特征纪要:木本。花程式:K5,C5,A4 束,=G:1-3,房位(-)。种子:具种脐。全球 1 个大洲分布及种数(5)◆大洋洲(◆美拉尼西亚)。

Spiranthes Rich. 绶草属 Orchidaceae [MM-723] 特征纪要:习性:草本。花程式:-。物候:-。花期:3-4 月。果期:参考晚于花期。海拔:1500 米。生境:路边,山坡林下,灌丛下,草地或河滩沼泽草甸中。资源:药用,具栽培园艺种类。全球 6 个大洲分布及种数(69-109;hort. 1;cult. 5)非洲:6-37;亚洲:31-67;大洋洲:6-38;欧洲:6-36;北美洲:43-77;南美洲:23-53。【中国种数:11】。

Spiridens Nees 木毛藓属 Hypnodendraceae [B-158] 特征纪要:习性:-。【Rep】:雌雄异株,蒴柄短,孢蒴略倾斜,长卵形,不对称,稍弯曲,平滑,蒴盖高圆锥体形,有弯斜尖喙,蒴齿两层。其他特征参考科。全球 4 个大洲分布及种数(11)亚洲:5;大洋洲:10;欧洲:1;北美洲:2。【中国种数:1】。

Spiridentaceae Kindb. = Hypnodendraceae

Spiridentopsis Broth. 巴西蕨藓属 Pterobryaceae［B－201］特征纪要:习性:－。【Rep】:雌雄异株,稀雌雄同株,蒴柄短或较长,平滑或粗糙,孢蒴长卵形,直立,蒴齿两层,环带不分化,蒴盖圆锥形,亮绿色至红棕色。其他特征参考科。全球 2 个大洲分布及种数(2)亚洲:2; 南美洲:2。

Spirobassia Freitag & G. Kadereit 扭序藜属 Amaranthaceae［MD－116］特征纪要:习性:草本。花程式:Kn,C0,A3 参考科,G－。物候:－。海拔:600－5000 米。生境:半固定沙丘或河边沙滩,棕钙土。资源:－。全球 2 个大洲分布及种数(1 个。

Spiroceratium H. Wolff 绶芹属 Apiaceae［MD－480］特征纪要:习性:草本。花程式:参考科,C5,A15 参考科,=↓(G)2 参考科。其他特征参考科。全球 2 个大洲分布及种数(1－2)欧洲:2; 北美洲:2。

Spirochaeta Turcz. = **Pseudelephantopus**

Spirochloe Lunell = **Schedonnardus**

Spirodela Schleid. 紫萍属 Araceae［MM－639］特征纪要:习性:草本(水生,多肉)。花程式:－。物候:－。花期:6－9 月。果期:参考晚于花期。海拔:2900 米。生境:池塘,湖畔,稻田,水池,沟渠,夏凉地区不见,苇丛边。资源:具园艺种类。全球 6 个大洲分布及种数(6－7)非洲:2－4;亚洲:5－8;大洋洲:2－4;欧洲:1－3;北美洲:5－7;南美洲:3－5。【中国种数:2】。

Spirogyra <unassigned> 美国天南星属 Araceae［MM－639］特征纪要:－。全球 6 个大洲分布及种数(87)非洲:2; 亚洲:10; 大洋洲:3; 欧洲:21; 北美洲:34; 南美洲:10。

Spirolobium Orb. 夹竹桃科属 Apocynaceae［MD－492］特征纪要:习性:－。花程式:－。其他特征参考科。全球 1 个大洲分布及种数(1)◆亚洲:1。【中国种数:1】。

Spiropodium F. Muell. = **Pluchea**

Spirorhynchus Kar. & Kir. 螺喙荠属 Brassicaceae［MD－213］特征纪要:习性:－。花程式:－。物候:－。海拔:300－1000 米。生境:沙漠,沙丘。资源:－。全球 1 个大洲分布及种数(cf. 1)◆亚洲。

Spiroseris Rech. f. 鸟足兰属 Asteraceae［MD－586］特征纪要:习性:草本。花程式:(K－),(C)3－5,A3 参考科,↓G。其他特征参考科。全球 1 个大洲分布及种数(2)◆亚洲。

Spirospatha Raf. 天南星科属 Araceae［MM－639］特征纪要:习性:－。花程式:－。其他特征参考科。全球 1 个大洲分布及种数(－)。

Spirospermum Thou. 旋子藤属 Menispermaceae［MD－42］特征纪要:习性:灌木。花程式:K1(6－40),C3,A1－6－40,=G1－3。其他特征参考科。全球 1 个大洲分布及种数(1)◆非洲。

Spirostachys Sond. 桦柏属 Euphorbiaceae［MD－217］特征纪要:习性:－。花程式:－。其他特征参考科。全球 1 个大洲分布及种数(11)◆非洲:1－2。

Spirostegia Ivanina 中亚地黄属 Plantaginaceae［MD－527］特征纪要:习性:－。花程式:－。其他特征参考科。全球 1 个大洲分布及种数(cf. 1)◆亚洲。

Spirotheca Ulbr. 巴西旋木棉属 Malvaceae［MD－203］特征纪要:习性:木本。花程式:K5,C5,A10－8,=(G)2－5。其他特征参考科。全球 5 个大洲分布及种数(8－17)非洲:2; 亚洲:3; 大洋洲:3; 北美洲:2; 南美洲:17。【中国种数:1】。

Spirotheros Raf. = **Heteropogon**

Spirotropis Tul. 铁木豆属 Fabaceae3［MD－240］特征纪要:习性:草本。花程式:Kn,C0,A3 参考科,↓G。其他特征参考科。全球 1 个大洲分布及种数(1)◆南美洲。

Spirula Dozy & Molk. 南美旋尾藓属 Dicranaceae［B－128］特征纪要:－。全球 2 个大洲分布及种数(10)北美洲:1; 南美洲:7。

Spitzelia Sch. Bip. = **Picris**

Splachnaceae Grev. & Arn.［B－143］壶藓科 特征纪要:多树生、稀石生的藓类,常呈垫状或片状密丛集。【Rep】:常暗绿色或棕褐色,雌雄异株或同株,稀杂株,雌苞叶不分化,无明显鞘部,蒴柄长,黄色,孢蒴狭长卵形,口蒴,具明显纵褶及纵沟。全球 5 个大洲分布和属种数(10/89)亚洲:5/30;大洋洲:4/11;欧洲:6/27;北美洲:7/36;南美洲:7/27。【中国属种数:6/31(5)】。

Splachnobryaceae A. K. Kop. = Pottiaceae

Splachnobryum Müll. Hal. 短壶藓属 Pottiaceae［B－133］特征纪要:习性:－。【Rep】:孢腔轮廓清晰,蒴齿缺如,或具蒴齿而无基膜,下部呈黄绿或黄棕色。物候:－。海拔:－。生境:常见于湿土上。资源:－。全球 6 个大洲分布及种数(13)非洲:4;亚洲:9;大洋洲:5;欧洲:1;北美洲:1;南美洲:1。【中国种数:1】。

Splachnum Hedw. 壶藓属 Splachnaceae［B－143］特征纪要:习性:－。【Rep】:雌雄同株,或雌雄异株,蒴柄细长,左旋,孢蒴小,直立,卵状倒圆柱形,革质,红棕色,台部较壶部肥大。物候:－。海拔:1400 米。生境:土生。资源:－。全球 6 个大洲分布及种数(15)非洲:1;亚洲:3;大洋洲:1;欧洲:8;北美洲:9;南美洲:5。【中国种数:3】。

Splitgerbera Miq. = **Boehmeria**

Spodiopogon Trin. 油芒属 Poaceae［MM－748］特征纪要:习性:竹类。花程式:(K－),C0 参考科,A5,=(G)2－3。物候:－。海拔:1000－2000 米。生境:草坡,温带区域广布。资源:具园艺种类。全球 5 个大洲分布及种数(17－81)非洲:15; 亚洲:60; 大洋洲:8; 欧洲:7; 北美洲:7。【中国种数:9】。

Spondianthus Engl. 毒漆茶属 Phyllanthaceae［MD－222］特征纪要:习性:木本。花程式:K1(1000),C0,A1－1000,=(G)2－3。其他特征参考科。全球 3 个大洲分布及种数(2－17)非洲:11; 亚洲:2; 南美洲:5。

Spondias L. 槟榔青属 Anacardiaceae［MD－432］特征纪要:习性:木本。花程式:－。物候:－。花期:4－5 月。果期:参考晚于花期。海拔:360－1200 米。生境:低山或沟谷林中,向阳山坡疏林中。资源:具栽培园艺种类。

全球 6 个大洲分布及种数(31-38)非洲:10-17;亚洲:15-25;大洋洲:7-14;欧洲:1-7;北美洲:12-18;南美洲:17-23。【中国种数:5】。

Spondylantha C. Presl = **Cissus**

Spongiocarpella Yakovlev & N. Ulziykh. 云雀豆属 Fabaceae3 [MD-240] 特征纪要:习性:-。花程式:-。物候:-。花期:7-8 月。果期:参考晚于花期。海拔:7500 米。生境:高山流石滩下部。栽培:来自广西龙州。资源:具栽培园艺种类。全球 1 个大洲分布及种数(3-5)◆亚洲。

Spongiola J. J. Wood & A. L. Lamb 印度兰属 Orchidaceae [MM-723] 特征纪要:习性:-。花程式:-。其他特征参考科。全球 2 个大洲分布及种数(19)亚洲:19; 南美洲:15。

Spongiosperma Zarucchi 脂瓜树属 Apocynaceae [MD-492] 特征纪要:习性:木本。花程式:K5-∞,C0,A15,=↓(G)2-5。其他特征参考科。全球 2 个大洲分布及种数(6-10)亚洲:3; 南美洲:10。

Spongostemma (Rchb.) Rchb. 地中海续断属 Caprifoliaceae [MD-510] 特征纪要:习性:-。花程式:-。其他特征参考科。全球 1 个大洲分布及种数(-)。

Spongotrichum Nees ex Steud. 榄叶菊属 Asteraceae [MD-586] 特征纪要:习性:-。花程式:-。其他特征参考科。全球 1 个大洲分布及种数(-)。

Sponia Comm. ex Decne. = **Trema**

Sporadanthus F. Müll. 散花灯草属 Restionaceae [MM-744] 特征纪要:习性:草本。花程式:(K)3,C3,A1-2,=(G)1-3。其他特征参考科。全球 1 个大洲分布及种数(7-8)◆大洋洲。

Sporastatia <unassigned> 散锦藓属 Sematophyllaceae [B-192] 特征纪要:-。全球 1 个大洲分布及种数(-)。

Sporledera Bernh. 麻藓属 Ditrichaceae [B-119] 特征纪要:-。全球 2 个大洲分布及种数(16)北美洲:2; 南美洲:1。

Sporobolus R. Br. 鼠尾粟属 Poaceae [MM-748] 特征纪要:习性:草本。花程式:(K-),C0 参考科,A6,=G2-3。物候:-。海拔:400-1200 米。生境:草地,树木零落。栽培:来自广西龙州。资源:药用,具栽培园艺种类。全球 6 个大洲分布及种数(223-814)非洲:444; 亚洲:227; 大洋洲:117; 欧洲:284; 北美洲:284; 南美洲:159。【中国种数:31】。

Sporopodium <unassigned> 伞菊属 Asteraceae [MD-586] 特征纪要和分布(-)。

Sporoxeia W. W. Sm. 八蕊花属 Melastomataceae [MD-364] 特征纪要:习性:木本。花程式:(K-),C2-3 参考科,A5,↓G-。物候:-。花期:8 月。果期:参考晚于花期。海拔:1100-1300 米。生境:疏,密林下,荫湿处或岩石积土上。资源:-。全球 3 个大洲分布及种数(8-16)非洲:2; 亚洲:16; 南美洲:3。【中国种数:2】。

Sportella Hance = **Pyracantha**

Spraguea Torr. 伞石薇属 Portulacaceae [MD-85] 特征纪要:习性:-。花程式:-。其他特征参考科。全球 3 个大洲分布及种数(15)亚洲:2; 北美洲:5; 南美洲:3。

Spragueanella Balle 胀萼马鞭草属 Loranthaceae [MD-415] 特征纪要:习性:木本。花程式:-。其他特征参考科。全球 1 个大洲分布及种数(1-2)◆非洲。

Sprekelia Heist. 燕水仙属 Amaryllidaceae [MM-694] 特征纪要:习性:草本。花程式:(K-),C2-3 参考科,A5 参考科,↓G-。物候:-。花期:春季。果期:参考晚于花期。海拔:100-4800 米。生境:草地,山坡,灌丛中或松林下。资源:具栽培园艺种类。全球 4 个大洲分布及种数(1-5)亚洲:2; 大洋洲:1; 北美洲:2; 南美洲:2。【中国种数:1】。

Sprengelia Sm. 昙石南属 Epacridaceae [MD-391] 特征纪要:习性:-。花程式:-。其他特征参考科。全球 1 个大洲分布及种数(10)◆大洋洲(◆澳大利亚)。

Springalia Andrews = **Sprengelia**

Spruceanthus Verd. 多褶苔属 Lejeuneaceae [B-84] 特征纪要:习性:-。【Rep】:雌苞叶略狭长而上部具多数粗齿,蒴萼具 5-10 个脊。物候:-。海拔:-。生境:山坡,针阔混交林中。资源:-。全球 6 个大洲分布及种数(8)非洲:2;亚洲:3-5;大洋洲:5-7;欧洲:2;北美洲:1-3;南美洲:1-3。【中国种数:3】。

Spruceella Müll. Hal. 巴西黄刺藓属 Pottiaceae [B-133] 特征纪要:-。全球 1 个大洲分布及种数(-)。

Sprucella Steph. 指片苔属 Lepidoziaceae [B-63] 特征纪要:-。全球 1 个大洲分布及种数(1) ◆非洲。

Sprygínia Popov 斯皮里芥属 Brassicaceae [MD-213] 特征纪要:习性:-。花程式:-。其他特征参考科。全球 1 个大洲分布及种数(-)。【中国种数:1】。

Spuriomitella (H. Boissieu) R. A. Folk & Y. Okuyama 虎耳草科属 Saxifragaceae [MD-231] 特征纪要:习性:-。花程式:K-,C5,A2,=↓G-参考科。其他特征参考科。全球 2 个大洲分布及种数(-)亚洲;北美洲。

Spuriopimpinella (H. Boiss.) Kitag. 茴芹属 Apiaceae [MD-480] 特征纪要:习性:草本。花程式:=↓(Kn),C5,A3 参考科,=↓G(-)。物候:-。海拔:50-5600 米。生境:林下湿地。栽培:来自广西龙州。资源:具栽培园艺种类。全球 1 个大洲分布及种数(8)亚洲:5。【中国种数:3】。

Spyridium Fenzl 火绒茶属 Rhamnaceae [MD-331] 特征纪要:习性:木本。花程式:K4-5,C4-5,A2,=G2-5。其他特征参考科。全球 6 个大洲分布及种数(53-112)非洲:7; 亚洲:8; 大洋洲:92; 欧洲:8; 北美洲:8; 南美洲:19。

Squamellaria Becc. 小鳞茜属 Rubiaceae [MD-523] 特征纪要:习性:木本。花程式:(K)4-5,(C)4-5,A4-5,=↓(G)2-9。其他特征参考科。全球 2 个大洲分布及种数(8-15)亚洲:5; 大洋洲:9。

Squamidium (Müll. Hal.) Broth. 冠青藓属 Meteoriaceae [B-188] 特征纪要:习性:-。【Rep】:绿色或棕绿色。其他特征参考科。全球 4 个大洲分布及种数(15)非洲:3;欧洲:2;北美洲:8;南美洲:13。

Squamopappus R. K. Jansen, N. A. Harriman & Urbatsch 多鳞菊属 Asteraceae [MD - 586] 特征纪要:习性:草本。花程式:(K)3 -5,C3 -5,A3 -5, = ↓ (G)2。其他特征参考科。全球 1 个大洲分布及种数(1)◆北美洲。

Staavia Dahl 绒盏花属 Bruniaceae [MD - 336] 特征纪要:习性:木本。花程式: - 。其他特征参考科。全球 3 个大洲分布及种数(10 - 21)非洲:21; 亚洲:2; 南美洲:3。

Staberoha Kunth 球穗灯草属 Restionaceae [MM - 744] 特征纪要:习性:草本。花程式:(K)3,C3,A1 -2, ↓ G - 参考科。其他特征参考科。全球 2 个大洲分布及种数(9 - 15)非洲:12; 大洋洲:3。

Stablera Braithw. ex I. Hagen = **Stableria**

Stableria Lindb. ex Braithw. 英国真藓属 Bryaceae [B - 146] 特征纪要:习性: - 。【Rep】:孢子体不发达,雌雄异株或雌雄同株,朔柄长,直立或稍弯曲,孢蒴多直立或倾立,稀横列或下垂,梨形、卵形或棒槌形。其他特征参考科。全球 1 个大洲分布及种数(1)◆非洲:1。

Stachyacanthus Nees 爵床科属 Acanthaceae [MD - 572] 特征纪要:习性: - 。花程式: - 。其他特征参考科。全球 1 个大洲分布及种数(2)◆南美洲:2。

Stachyandra J. - F. Leroy ex Radcl. - Sm. 绒背桐属 Picrodendraceae [MD - 317] 特征纪要:习性:木本。花程式:Kn,C2 -3 参考科,A3 参考科, ↓ G - 参考科。其他特征参考科。全球 1 个大洲分布及种数(4 hort. 1)◆非洲。

Stachyarrhena Hook. f. 雄穗茜属 Rubiaceae [MD - 523] 特征纪要:习性:木本。花程式:(K)4 -5,(C)4 -5,A4 -5, = ↓ (G)2 -9。其他特征参考科。全球 3 个大洲分布及种数(13 - 19)亚洲:2; 北美洲:4; 南美洲:18。

Stachycarpus Tiegh. = **Prumnopitys**

Stachycephalum Sch. Bip. ex Benth. 穗头菊属 Asteraceae [MD - 586] 特征纪要:习性:草本。花程式:(K)3 -5,C3 -5,A3 -5, = ↓ (G)2。其他特征参考科。全球 2 个大洲分布及种数(4)北美洲:1;南美洲:2。

Stachycrater Turcz. = **Osmelia**

Stachydeoma Small 北美穗灌属 Lamiaceae [MD - 575] 特征纪要:习性:草本。花程式:Kn,C0,A3 参考科, ↓ G。其他特征参考科。全球 1 个大洲分布及种数(1 -3)◆北美洲(◆美国)。

Stachyococcus Standl. 穗果茜属 Rubiaceae [MD - 523] 特征纪要:习性: - 。花程式: - 。其他特征参考科。全球 5 个大洲分布及种数(19)非洲:2; 亚洲:10; 欧洲:2; 北美洲:2; 南美洲:11。

Stachyophorbe Liebm. = **Chamaedorea**

Stachyopogon Klotzsch = **Aletris**

Stachyopsis Popov & Vved. 假水苏属 Lamiaceae [MD - 575] 特征纪要:习性:草本。花期:8 月。果期:参考晚于花期。海拔:2400 米。生境:生于亚高山草甸。全球 2 个大洲分布及种数(10)亚洲:8; 南美洲:3。

Stachyothyrsus Harms 塔穗豆属 Fabaceae1 [MD - 240] 特征纪要:习性:木本。花程式: = ↓ (K3 -5 - ∞),C3 -5 - ∞,A3 -5, = ↓ G1 -2。其他特征参考科。全球 3 个大洲分布及种数(2 - 16)非洲:16; 亚洲:2; 南美洲:4。

Stachyphrynium K. Schum. 穗花柊叶属 Marantaceae [MM - 740] 特征纪要:习性:草本。花程式:(K)3,C3,A3 -4, = ↓ (G)3。物候: - 。花期:6 -9 月。果期:参考晚于花期。海拔:700 - 1100 米。生境:沟底潮阴处山北山坡密林下,山区山谷水旁密林。资源: - 。全球 6 个大洲分布及种数(9 - 24)非洲:2; 亚洲:24; 大洋洲:5; 欧洲:4; 北美洲:4; 南美洲:5。【中国种数:4】。

Stachyphyllum Tiegh. = **Antidaphne**

Stachys L. 水苏属 Lamiaceae [MD - 575] 特征纪要:习性:草本,少木本(根状茎,基生)。花程式: - 。物候: - 。花期:7 月。果期:参考晚于花期。海拔:600 - 3200 米。生境:草地,河岸,竹林,灌木丛,芦苇沼泽和湿地。资源:药用,具栽培园艺种类。全球 6 个大洲分布及种数(426 - 1134)非洲:298; 亚洲:469; 大洋洲:57; 欧洲:259; 北美洲:259; 南美洲:118。【中国种数:37】。

Stachystemon Planch. 穗雄大戟属 Picrodendraceae [MD - 317] 特征纪要:习性:木本。花程式:K1(1000),C0,A6, = (G)2 -3。其他特征参考科。全球 1 个大洲分布及种数(6 -9)◆大洋洲(◆澳大利亚)。

Stachytarpha Link = **Stachytarpheta**

Stachytarpheta Vahl 假马鞭属 Verbenaceae [MD - 556] 特征纪要:习性:木本。花程式: - 。物候: - 。花期:8 月。果期:参考晚于花期。海拔:300 - 600 米。生境:山谷中阴凉的草地,阳处山谷草丛中。资源:药用,具栽培园艺种类。全球 6 个大洲分布及种数(132 - 353)非洲:57; 亚洲:43; 大洋洲:22; 欧洲:72; 北美洲:72; 南美洲:216。【中国种数:4】。

Stachyuraceae J. Agardh [MD - 92] 旌节花科 特征纪要:习性:木本;常绿,落叶。花程式:♀/♂K4,C4,A10, = ↓ (G) - 。物候: - 。花期: 3 -4 月。果期: 5 -7 月。果实:浆果。种子:种皮作不规则的矩圆形。海拔:0 米。生境:锥栗林中。资源:药用。栽培: - 。全球 1 个大洲分布及属种数(2/16 - 18 hort. 1;cult. 1)◆亚洲:2/16 - 17。【中国属种数:1/9】。

Stachyurus Siebold & Zucc. 旌节花属 Stachyuraceae [MD - 92] 特征纪要(同科)。全球 2 个大洲分布及种数(13 - 59)亚洲:44; 北美洲:5。【中国种数:9】。

Stackhousia Sm. 野烛花属 Stackhousiaceae [MD - 388] 特征纪要(同科)。全球 5 个大洲分布及种数(16 - 49)非洲:1; 亚洲:2; 大洋洲:39; 欧洲:3; 北美洲:3。

Stackhousiaceae R. Br. [MD - 388] 木根草科 特征纪要:习性:木本;落叶。花程式:K5,C5,A10,G2 -3。种子:种皮紫褐色,棕色或浅棕色。全球 1 个大洲分布及属种数(2 -3/2 -4 hort. 1,cult. 1) ◆大洋洲:1 -3/ 1 -26。

Stadiochilus R. M. Sm. 围丝姜属 Zingiberaceae [MM - 737] 特征纪要:习性:草本。花程式:(K)3,C3,A5, = ↓ (G)3。其他特征参考科。全球 1 个大洲分布及种数(cf. 1)◆东南亚(◆缅甸)。

Stadmania Lam. ex Poir. 斯达无患子属 Sapindaceae [MD - 428] 特征纪要:习性:木本。花程式:K4 -8,C4 -8,

S

A10, = G2 - 3。其他特征参考科。全球 3 个大洲分布及种数(18)非洲:9; 亚洲:2; 南美洲:16。

Stadmannia Lam. = **Stadmania**

Staehelina L. 迷迭菊属 Asteraceae [MD - 586] 特征纪要:习性:草本。花程式:(K)3 - 5, C3 - 5, A3 - 5, = ↓ (G)2。物候: - 。海拔: - 。生境: - 。资源:具园艺种类。全球 3 个大洲分布及种数(4 - 29)非洲:5; 亚洲:7; 南美洲:8。【中国种数:1】。

Staelia Cham. & Schltdl. 施泰茜属 Rubiaceae [MD - 523] 特征纪要:习性:木本。花程式:(K)4 - 5, (C)4 - 5, A4 - 5, = ↓ G2 - 9。其他特征参考科。全球 4 个大洲分布及种数(22 - 53)非洲:2; 亚洲:7; 北美洲:3; 南美洲:53。

Stahlianthus Kuntze 土田七属 Zingiberaceae [MM - 737] 特征纪要:习性: - 。花程式: - 。物候: - 。花期:5 - 6 月。果期:参考晚于花期。海拔:80 - 3800 米。生境:林下,荒坡或栽培。资源:药用,具栽培园艺种类。全球 1 个大洲分布及种数(-)。

Staintoniella H. Hara = **Aphragmus**

Stalkya Garay 委内有柄兰属 Orchidaceae [MM - 723] 特征纪要:习性:草本。花程式:(K)3, C3, A3, = ↓ (G)3。其他特征参考科。全球 3 个大洲分布及种数(1 - 3)亚洲:2; 北美洲:2; 南美洲:2。

Staminodianthus D. B. O. S. Cardoso, H. C. Lima & L. P. Qüiroz 柱子豆属 Fabaceae3 [MD - 240] 特征纪要:习性:木本。花程式: = ↓ (Kn), C2 - 3 参考科, A3 参考科, = ↓ G(-)。其他特征参考科。全球 1 个大洲分布及种数(3) ◆南美洲:3。

Stammarium Willd. ex DC. = **Pectis**

Standleya Brade 斯坦茜属 Rubiaceae [MD - 523] 特征纪要:习性:木本。花程式:(K)4 - 5, (C)4 - 5, A4 - 5, = ↓ (G)2 - 9。其他特征参考科。全球 1 个大洲分布及种数(4 - 5)◆南美洲(◆巴西)。

Standleyanthus R. M. King & H. Rob. 泽兰属 Asteraceae [MD - 586] 特征纪要:习性:草本。花程式:(K)3 - 5, (C)3 - 5, A3 参考科, ↓ G。其他特征参考科。全球 1 个大洲分布及种数(1)◆北美洲。

Stanfieldiella Brenan 光花草属 Commelinaceae [MM - 708] 特征纪要:习性:草本。花程式:(K)3, C3, A2 - 3, = (G)3。其他特征参考科。全球 2 个大洲分布及种数(4 - 8)非洲:6; 南美洲:1。

Stangea Graebn. 施坦格草属 Caprifoliaceae [MD - 510] 特征纪要:习性: - 。花程式: - 。其他特征参考科。全球 1 个大洲分布及种数(6)◆南美洲。

Stangeria T. Moore 蕨铁属 Stangeriaceae [G - 4] 特征纪要(同科)。全球 3 个大洲分布及种数(1 - 4)非洲:2; 北美洲:2; 南美洲:2。

Stangeriaceae Schimp. & Schenk [G - 4] 托叶苏铁科 特征纪要(参考 Targioniaceae):干旱成片土生,稀石生。【Rep】:雌雄同株,或异株,雌苞顶生或由腹面伸出,苞膜 2 瓣状,孢蒴成熟后不规则开裂。全球 1 个大洲分布及属种数(2/4 hort. 1) ◆非洲:1/ 2。

Stanhopea J. Frost ex Hook. 螳臂兰属 Orchidaceae [MM - 723] 特征纪要:习性:草本。花程式:(K)3, C3, A3, = ↓ G3。物候: - 。花期:参考早于果期。果期:10 - 11 月。海拔:80 - 5200 米。生境:柏树林下或草坡路旁,竹坡中。资源: - 。全球 2 个大洲分布及种数(76 - 96; hort. 1; cult. 3)北美洲:55 - 58; 南美洲:42 - 56。

Stanhopeastrum Rchb. f. 兰科属 Orchidaceae [MM - 723] 特征纪要:习性: - 。花程式: - 。其他特征参考科。全球 2 个大洲分布及种数(6)北美洲:1; 南美洲:1。

Stanleya Nutt. 长药芥属 Brassicaceae [MD - 213] 特征纪要:习性:草本。花程式:K2 - 4, C2 - 4, A2 - 4, ↓ G - 参考科。其他特征参考科。全球 1 个大洲分布及种数(7 - 16)◆北美洲。

Stanleyella (Baill.) Rydb. 雌足芥属 Brassicaceae [MD - 213] 特征纪要:习性: - 。花程式: - 。其他特征参考科。全球 2 个大洲分布及种数(cf. 1)北美洲;南美洲。

Stanmarkia Almeda 北美野牡丹属 Melastomataceae [MD - 364] 特征纪要:习性:木本。花程式: = ↓ (K4 - 5), C4 - 5, A4 - 5, = ↓ (G)3 - 4。其他特征参考科。全球 1 个大洲分布及种数(2)◆北美洲。

Stannia H. Karst. 波苏茜属 Rubiaceae [MD - 523] 特征纪要:习性: - 。花程式: - 。其他特征参考科。全球 2 个大洲分布及种数(4)北美洲:1; 南美洲:1。

Staparesia G. D. Rowley 萝藦科属 Asclepiadaceae [MD - 494] 特征纪要:习性: - 。花程式: - 。其他特征参考科。全球 1 个大洲分布及种数(-)。

Stapelia L. 犀角属 Asclepiadaceae [MD - 494] 特征纪要:习性:木本。花程式:(K -), C5, A5, = ↓ (G)2。物候: - 。花期:10 月。果期:参考晚于花期。海拔:5000 米。生境:肥沃土地。资源:园林,具栽培园艺种类。全球 6 个大洲分布及种数(37 - 384)非洲:218; 亚洲:25; 大洋洲:18; 欧洲:18; 北美洲:18; 南美洲:12。【中国种数:2】。

Stapelianthus Choux ex A. C. White & B. Sloane 海葵角属 Apocynaceae [MD - 492] 特征纪要:习性:木本。花程式:K5, C0, A5, = (G)2。其他特征参考科。全球 2 个大洲分布及种数(7 - 13)非洲:12; 北美洲:3。

Stapeliopsis Pillans 壶花角属 Apocynaceae [MD - 492] 特征纪要和分布(-)。

Stapfiella Gilg 荆麻花属 Passifloraceae [MD - 151] 特征纪要:习性:木本。花程式: - 。其他特征参考科。全球 3 个大洲分布及种数(8 - 9)非洲:9; 亚洲:2; 南美洲:2。【中国种数:1】。

Stapfiola Kuntze = **Desmostachya**

Stapfochloa H. Scholz 虎尾草属 Poaceae [MM - 748] 特征纪要:习性:草本。花程式:(K -), C0 参考科, A3 参考科, ↓ G - 参考科。其他特征参考科。全球 3 个大洲分布及种数(1 - 6) 非洲:1, 北美洲:3, 南美洲:5。

Staphidium Naud. 野牡丹科属 Melastomataceae [MD - 364] 特征纪要:习性: - 。花程式: - 。其他特征参考科。全球 2 个大洲分布及种数(23)北美洲:1; 南美洲:1。

Staphylea L. 省沽油属 Staphyleaceae［MD－407］特征纪要:习性:木本。花程式:－。物候:－。花期:4－5月。果期:参考晚于花期。海拔:1200－2200米。生境:干燥山坡上,宅边。资源:药用,油类,纤维,具栽培园艺种类。全球6个大洲分布及种数(24－27)非洲:3;亚洲:19－24;大洋洲:3;欧洲:1－4;北美洲:7－12;南美洲:1－4。【中国种数:10】。

Staphyleaceae Martinov［MD－407］省沽油科 特征纪要:习性:木本;落叶。花程式:♀/♂K5,C5,A4－9,↑G－。物候:－。花期:4－6月。果期:8－11月。果实:蓇葖果,蒴果。种子:数枚圆球形。海拔:100－1300米。生境:干燥山坡上,宅边。资源:油类,纤维。栽培:中国有栽培。全球4个大洲分布及属种数(5－6/37－63 <IFR 1/2> hort. 1;cult. 2) 亚洲:3/29－31; 欧洲:1/1; 北美洲:2/10－14(IFR 1/2); 南美洲:2/2(IFR 1/1)。【中国属种数:3/14】。

Staphylodendron Mill. = **Staphylea**

Staphylodendrum Moench = **Staphylea**

Staphylosyce Hook. f. = **Coccinia**

Stapletonia P. Singh, S. S. Dash & P. Kumari 沽油草属 Poaceae［MM－748］特征纪要:习性:竹类。花程式:参考科,C5参考科,A5,G2－4。其他特征参考科。全球1个大洲分布及种数(1－4)◆非洲。

Stapvalia D. M. Cumming = **Stapelia**

Stathmostelma K. Schum. 尺冠萝藦属 Apocynaceae［MD－492］特征纪要:习性:木本。花程式:K5,C0,A15, =↓(G)2。其他特征参考科。全球4个大洲分布及种数(18－36)非洲:36; 亚洲:2; 北美洲:3; 南美洲:4。

Staudtia Warb. 单头楠属 Myristicaceae［MD－15］特征纪要:习性:木本。花程式:K2－3,C0,A5, =G1。其他特征参考科。全球1个大洲分布及种数(1－2)◆非洲。

Staufferia Z. S. Rogers, Nickrent & Malécot 马达檀香属 Santalaceae［MD－412］特征纪要:习性:木本。花程式:K5,C0,A3－4, =↓(G)2－3。其他特征参考科。全球1个大洲分布及种数(1)◆非洲(◆马达加斯加)。

Stauntonia DC. 野木瓜属 Lardizabalaceae［MD－33］特征纪要:习性:草质攀援(基生,多肉)。花程式:－。物候:－。花期:4月。果期:参考晚于花期。海拔:300－1200米。生境:混交林由溪流或其他阴暗湿岩,中山湿性常绿阔叶林。资源:具栽培园艺种类。全球3个大洲分布及种数(28－64)亚洲:57; 大洋洲:2; 北美洲:4。【中国种数:19】。

Stauracanthus Link 角荆豆属 Fabaceae3［MD－240］特征纪要:习性:木本。花程式: =↓(K1－∞),C1－∞,A5－9, =↓G1。资源:具园艺种类。全球2个大洲分布及种数(3－4)非洲:1－2;欧洲:2－3。

Stauranthera Benth. 亚苣苔属 Gesneriaceae［MD－549］特征纪要:习性:草本(多肉)。花程式:－。物候:－。花期:2－6月。果期:参考晚于花期。海拔:400－1100米。生境:森林,山谷中的林缘。资源:具园艺种类。全球3个大洲分布及种数(8－20)非洲:1; 亚洲:14; 大洋洲:3。【中国种数:1】。

Stauranthus Liebm. 芥芸香属 Rutaceae［MD－399］特征纪要:习性:木本。花程式:K4－5,C4－5,A4, =G1－3。其他特征参考科。全球1个大洲分布及种数(1－2)◆北美洲。

Staurochilus Ridl. ex Pfitzer 掌唇兰属 Orchidaceae［MM－723］特征纪要:习性:－。花程式:－。物候:－。花期:5－7月。果期:参考晚于花期。海拔:500－800米。生境:林缘树干附生植物。资源:－。全球3个大洲分布及种数(22)亚洲:20; 北美洲:6; 南美洲:2。

Staurochlamys Baker 裂舌菊属 Asteraceae［MD－586］特征纪要:习性:草本。花程式:Kn,C3参考科,A3－5, =↓(G)2。其他特征参考科。全球1个大洲分布及种数(1)◆南美洲(◆巴西)。

Staurogyne Wall. 叉柱花属 Acanthaceae［MD－572］特征纪要:习性:草质攀援。花程式:－。物候:－。花期:3－4月。果期:参考晚于花期。海拔:100－400米。生境:常绿阔叶林,竹林下。资源:具园艺种类。全球5个大洲分布及种数(153－241)非洲:24; 亚洲:158; 大洋洲:14; 北美洲:6; 南美洲:59。【中国种数:16】。

Stauropsis Rchb. f. 船唇兰属 Orchidaceae［MM－723］特征纪要:习性:－。花程式:－。其他特征参考科。全球6个大洲分布及种数(93)非洲:6; 亚洲:41; 大洋洲:7; 欧洲:19; 北美洲:19; 南美洲:85。

Staurothele <unassigned> 紫草科属 Boraginaceae［MD－517］特征纪要:－。全球4个大洲分布及种数(36)亚洲:8; 欧洲:3; 北美洲:3; 南美洲:8。

Staurothyrax Griff. = **Phyllanthus**

Stawellia F. Müll. 支根百合属 Asphodelaceae［MM－649］特征纪要:习性:草本。花程式:－。其他特征参考科。全球2个大洲分布及种数(2－3)亚洲:2; 大洋洲:3。

Stayneria L. Bolus 关玉树属 Aizoaceae［MD－94］特征纪要:习性:灌木。花程式: =↓(K3－4),C3－4,A5参考科, =↓(G)1－2。其他特征参考科。全球1个大洲分布及种数(1－2)◆非洲。

Stechmannia DC. = **Jurinea**

Steenhamera Kostel. = **Mertensia**

Steenisia Bakh. f. 斯地茜属 Rubiaceae［MD－523］特征纪要:习性:木本。花程式:(K)4－5,(C)4－5,A4－5, =↓(G)2－9。其他特征参考科。全球2个大洲分布及种数(5－11)亚洲:6; 南美洲:6。

Steenisioblechnum Hennipman 渐尖蕨属 Blechnaceae［F－46］特征纪要:习性:－。【Rep】:孢子同形,囊群生叶背有盖－无盖。其他特征参考科。全球1个大洲分布及种数(1)◆大洋洲(◆澳大利亚)。

Steerea Yuzawa, Müs & S. Hatt. 耳叶苔属 Frullaniaceae［B－82］特征纪要:－。全球1个大洲分布及种数(22)◆南美洲:1。

Steerecleus H. Rob. 青藓科属 Brachytheciaceae［B－187］特征纪要:－。全球4个大洲分布及种数(5)亚洲:2; 欧洲:2; 北美洲:2; 南美洲:3。

Steereella Kuwah. 叉苔科属 Metzgeriaceae［B－89］特征纪要:习性:－。【Rep】:雌枝背腹面被长纤毛,雄枝仅腹面被纤毛,与叶状体分界明显,叶状体边缘及中肋腹面通常着生单细胞的长纤毛。其他特征参考科。全球 1 个大洲分布及种数(1)◆北美洲。

Steereobryon G. L. Sm. 北美金藓属 Polytrichaceae［B－101］特征纪要:习性:－。【Rep】:孢子同形,雌雄异株,稀雌雄同株,蒴柄细长,孢蒴长圆柱形,单生或多个簇生,蒴齿单层,齿片 32,棕红色,蒴盖圆锥形。其他特征参考科。全球 3 个大洲分布及种数(2)欧洲:1;北美洲:1;南美洲:2。

Steereochila Inoü 羽苔科属 Plagiochilaceae［B－73］特征纪要:－。全球 1 个大洲分布及种数(－)。

Steereocolea（R. M. Schust.）R. M. Schust. 直蒴苔科属 Balantiopsaceae［B－37］特征纪要:－。全球 1 个大洲分布及种数(－)。

Steereomitrium E. O. Campb. 裸囊苔属 Haplomitriaceae［B－2］特征纪要:习性:－。【Rep】:精子器黄色或橙黄色,着生于茎顶端,颈卵器 2 至多个,受精后颈卵器基部发育形成短筒状蒴帽。其他特征参考科。全球 1 个大洲分布及种数(－)◆大洋洲。

Stefanoffia H. Wolff 斯特草属 Apiaceae［MD－480］特征纪要:习性:草本。花程式:＝↓(Kn),C5,A3 参考科,＝↓G(－)。其他特征参考科。全球 2 个大洲分布及种数(1－2) 亚洲;欧洲。

Stegania R. Br. ＝ **Blechnum**

Steganotaenia Hochst. 胡萝卜树属 Apiaceae［MD－480］特征纪要:习性:草本。花程式:＝↓(K5),C5,A5,＝↓(G)2。其他特征参考科。全球 2 个大洲分布及种数(4－7)非洲:6; 北美洲:2。

Steganthera Perkins 榕檫属 Monimiaceae［MD－20］特征纪要:习性:木本。花程式:K1－∞,C0,A10－150,G1－3。其他特征参考科。全球 3 个大洲分布及种数(27－49)非洲:38; 亚洲:13; 大洋洲:48。

Stegnocarpus（A. DC.）Torr. 双柱紫草属 Boraginaceae［MD－517］特征纪要:习性:－。花程式:－。其他特征参考科。全球 1 个大洲分布及种数(－)。

Stegnogramma Bl. 溪边蕨属 Pteridaceae［F－31］特征纪要:中等大的土生蕨类。根状茎短,直立或斜升,密被单细胞或有分隔的长毛和疏被棕色、边缘具刚毛的披针形鳞片。叶簇生,叶柄深禾秆色,基部被同样鳞片,并有灰白色单细胞或多细胞分隔的针状长毛;叶片长圆状披针形或阔披针形,羽裂渐尖头,基部不变狭或略变狭,一回羽状;羽片约 10 对,开展,无柄或仅下部几对具极短柄,向上多少与叶轴合生,披针形或卵状披针形,短急尖头或圆钝头,少为渐尖头,基部圆楔形或平截,近对称,边缘呈波状。全球 1 个大洲分布及种数(6)◆亚洲。

Stegnosperma Benth. 鹂眼果属 Stegnospermataceae［MD－108］特征纪要(同科)。全球 1 个大洲分布及种数(5)◆北美洲。

Stegnospermataceae Nakai［MD－108］鹂眼果科 特征纪要:习性:木本;落叶。花程式:K4－5(－),C0,A,G－。果实:蒴果。种子:被覆,平滑。全球 1 个大洲分布及属种数(2/7 hort. 1) ◆北美洲:1/ 5。

Stegocedrus Doweld ＝ **Libocedrus**

Stegolepis Klotzsch ex Körn. 星蔺花属 Rapateaceae［MM－713］特征纪要:习性:草本。花程式:(K)3,C0 参考科,A3 参考科,＝(G)3。其他特征参考科。全球 3 个大洲分布及种数(35－61)亚洲:5; 北美洲:2; 南美洲:58。

Stegonia Venturi 石芽藓属 Pottiaceae［B－133］特征纪要:习性:－。【Rep】:雌雄异苞同株,蒴柄细长黄棕色,长约 2－2.5 厘米,孢蒴卵状长圆柱形,具短台部,蒴齿直立,齿片 16 条。物候:－。海拔:－。生境:常见于高山岩石上。栽培:来自广西龙州。资源:具栽培园艺种类。全球 4 个大洲分布及种数(3)非洲:1;亚洲:1;欧洲:1;北美洲:3。【中国种数:1】。

Stegonotus Cass. ＝ **Arctotis**

Stegosia Lour. ＝ **Rottboellia**

Steinbachiella Harms 玻利维亚豆属 Fabaceae3［MD－240］特征纪要:习性:木本。花程式:＝↓(K1－∞),C1－∞,A5－9,＝↓G1。其他特征参考科。全球 2 个大洲分布及种数(1－2)北美洲:2; 南美洲:2。

Steinchisma Raf. 无柄黍属 Poaceae［MM－748］特征纪要:习性:草本。花程式:(K)3,C0 参考科,A1－2,＝G2－3。其他特征参考科。全球 6 个大洲分布及种数(8)非洲:4－5;亚洲:1－2;大洋洲:2－3;欧洲:1;北美洲:5－6;南美洲:7－8。

Steineria Klotzsch ＝ **Begonia**

Steirachne Ekman 南美毛枝草属 Poaceae［MM－748］特征纪要:习性:草本。花程式:(K)3,C0 参考科,A1－2,＝(G)2－3。其他特征参考科。全球 4 个大洲分布及种数(2－3)亚洲:2; 欧洲:2; 北美洲:2; 南美洲:3。

Steiractinia S. F. Blake 斑实菊属 Asteraceae［MD－586］特征纪要:习性:草本。花程式:(K)3－5,C3－5,A3－5,＝↓(G)2。其他特征参考科。全球 3 个大洲分布及种数(15－27)大洋洲:6; 北美洲:2; 南美洲:27。

Steirexa Raf. ＝ **Trichopus**

Steiroctis Raf. ＝ **Lachnaea**

Steirodiscus Less. 黄窄叶菊属 Asteraceae［MD－586］特征纪要:习性:草本。花程式:(K)3－5,(C)3－5,A3－5,↓G。其他特征参考科。全球 5 个大洲分布及种数(6－18)非洲:17; 亚洲:4; 欧洲:2; 北美洲:2; 南美洲:2。

Steironema Raf. 新报春属 Primulaceae［MD－401］特征纪要:习性:－。花程式:－。其他特征参考科。全球 6 个大洲分布及种数(4－7)非洲:6;亚洲:1－7;大洋洲:1－7;欧洲:1－7;北美洲:3－9;南美洲:6。

Steiropteris（C. Chr.）Pic. Serm. 结囊蕨属 Thelypteridaceae［F－42］特征纪要:习性:－。【Rep】:孢子同形,囊群生叶背有盖－无盖。物候:－。海拔:20－2500 米。生境:侧脉中上部,竹林下沟边。资源:－。全球 3 个大洲分布及种数(7)亚洲:cf. 1;北美洲:2;南美洲:3。

Stelbophyllum D. L. Jones & M. A. Clem. ＝ **Stilbophyllum**

Stelechanteria Thou. ex Baill. = **Drypetes**

Stelechocarpus Hook. f. & Thoms. 杜棠木属 Annonaceae［MD－7］特征纪要:习性:木本。花程式:K3－∞,C3,A2,＝G10－100。其他特征参考科。全球 3 个大洲分布及种数(3－10)非洲:2; 亚洲:10; 北美洲:2。

Stelephuros Adans. = **Phleum**

Stelestylis Drude 滴药草属 Cyclanthaceae［MM－706］特征纪要:习性:草本。花程式:K0,C0,A4－10,↓G4。其他特征参考科。全球 1 个大洲分布及种数(4)◆南美洲。

Stelis Sw. 银光兰属 Orchidaceae［MM－723］特征纪要:习性:草本。花程式:(K)3,C3,A3 参考科,＝↓(G)3。物候:－。花期:参考早于果期。果期:10－11 月。海拔:80－5200 米。生境:柏树林下或草坡路旁,竹坡中。资源:具栽培园艺种类。全球 6 个大洲分布及种数(1261－1392;hort. 1;cult. 1)非洲:23－28;亚洲:37－45;大洋洲:23－30;欧洲:5;北美洲:246－272;南美洲:1127－1235。【中国种数:13】。

Stellamaris Mel. Fernández & Bogarín 蓝瑰花属 Orchidaceae［MM－723］特征纪要:习性:－。花程式:－。其他特征参考科。全球 2 个大洲分布及种数(1)北美洲:1; 南美洲:1。

Stellaria L. 繁缕属 Caryophyllaceae［MD－77］特征纪要和分布(－)。全球 6 个大洲分布及种数(181－235;hort. 1;cult. 25)非洲:21－52;亚洲:130－177;大洋洲:29－62;欧洲:36－68;北美洲:53－87;南美洲:44－76。【中国种数:58】。

Stellariomnium M. C. Bowers 提灯藓科属 Mniaceae［B－149］特征纪要:习性:－。【Rep】:孢子体的形态构造同于提灯藓属,蒴柄长,孢蒴下垂,呈卵形或长卵形,环带呈片状自行散落,蒴齿两层,外层齿较短。物候:－。海拔:－。生境:林下岩面生。栽培:来自广西龙州。资源:具栽培园艺种类。全球 1 个大洲分布及种数(－)◆亚洲。

Stellariopsis (Baill.) Rydb. = **Ivesia**

Stellera L. 狼毒属 Thymelaeaceae［MD－310］特征纪要:习性:－。花程式:－。物候:－。花期:4－5 月。果期:参考晚于花期。海拔:2600－4200 米。生境:高山草坡,草坪或河滩台地,斜坡,沙地。资源:－。全球 3 个大洲分布及种数(1－28)亚洲:4; 北美洲:1; 南美洲:1。【中国种数:1】。

Stelleria Hill = **Stellera**

Stelleropsis Pobed. = **Diarthron**

Stelligera A. J. Scott 地肤属 Amaranthaceae［MD－116］特征纪要:习性:－。花程式:－。其他特征参考科。全球 1 个大洲分布及种数(cf. 1)◆大洋洲(◆澳大利亚)。

Stellilabium Schltr. 毛顶兰属 Orchidaceae［MM－723］特征纪要:习性:－。花程式:－。其他特征参考科。全球 2 个大洲分布及种数(4－53)北美洲:1; 南美洲:5。

Stellorkis Thou. = **Nervilia**

Stelmagonum Baill. 哥伦夹竹桃属 Apocynaceae［MD－492］特征纪要:习性:木本。花程式:K5,C0,A5,＝G2。其他特征参考科。全球 2 个大洲分布及种数(3)北美洲:2; 南美洲:3。

Stelmation E. Fourn. = **Metastelma**

Stelmatocrypton Baill. = **Finlaysonia**

Stelmocrypton Baill. 须药藤属 Asclepiadaceae［MD－494］特征纪要:习性:－。花程式:－。物候:－。花期:5－9 月。果期:参考晚于花期。海拔:5000 米。生境:森林。资源:药用,园林,具栽培园艺种类。全球 1 个大洲分布及种数(cf. 1)◆亚洲。

Stematella Ruiz & Pav. = **Galinsoga**

Stemeiena Raf. = **Krameria**

Stemmacantha Cass. = **Centaurea**

Stemmadenia Benth. 腺冠木属 Apocynaceae［MD－492］特征纪要:习性:－。花程式:－。其他特征参考科。全球 6 个大洲分布及种数(16)非洲:2－5;亚洲:1－4;大洋洲:1－4;欧洲:3;北美洲:14－17;南美洲:4－7。

Stemmatosiphum Pohl = **Symplocos**

Stemmatospermum P. Beauv. = **Nastus**

Stemodia L. 离药草属 Scrophulariaceae［MD－536］特征纪要:习性:灌木。花程式:K2－4,C2－4,A2－4,↓G2。物候:－。海拔:45－6000 米。生境:沼泽草地。资源:具园艺种类。全球 6 个大洲分布及种数(67－80;hort. 1;cult. 4)非洲:3－21;亚洲:18－40;大洋洲:20－41;欧洲:2－20;北美洲:23－44;南美洲:34－58。【中国种数:2】。

Stemodiopsis Engl. 拟离药草属 Linderniaceae［MD－534］特征纪要:习性:灌木。花程式:K2－4,C0,A2－4,↓G2。其他特征参考科。全球 3 个大洲分布及种数(8－22)非洲:15; 亚洲:2; 南美洲:7。

Stemona Lour. 百部属 Stemonaceae［MM－650］特征纪要:习性:木本。花程式:－。物候:－。花期:5－7 月。果期:参考晚于花期。海拔:300－400 米。生境:草地路边。栽培:来自广西龙州。资源:药用,淀粉,具栽培园艺种类。全球 3 个大洲分布及种数(14－27;hort. 1)非洲:4;亚洲:13－23;大洋洲:4－6。【中国种数:8】。

Stemonaceae Caruel［MM－650］百部科 特征纪要:习性:木本,草本;落叶。花程式:(K)5,C5,A10,＝↑(G)2。物候:－。果实:蒴果。种子:种皮厚,棕色。海拔:105 米。生境:草地路边。栽培:来自广西龙州。资源:药用。栽培:中国有栽培。全球 4 个大洲分布及属种数(5/21－44 <IFR 1/2> hort. 1) 非洲:1/5(IFR 1/1); 亚洲:4/16－31(IFR 1/2); 大洋洲:1/5－7; 北美洲:1。【中国属种数:2/10】。

Stemonocoleus Harms 扭柄豆属 Fabaceae1［MD－240］特征纪要:习性:木本。花程式:＝↓(K3－5－∞),C3－5－∞,A3－5,＝↓G1－2。其他特征参考科。全球 1 个大洲分布及种数(1)◆非洲。

Stemonoporus Thwaites 天竺香属 Dipterocarpaceae［MD－173］特征纪要:习性:木本。花程式:－。其他特征参考科。全球 2 个大洲分布及种数(26－32)亚洲:29; 大洋洲:4。

Stemonuraceae Kårehed [MD-440] 粗丝木科 特征纪要:习性:木本;落叶。花程式:K4-5(-),C4,A3,↑G2-3。果实:核果。种子:棕色。海拔:20-180米。生境:林中。全球4个大洲分布及属种数(6/33-91 < IFR 2/2 > hort. 1;cult. 1) 非洲:1-2/2-4(IFR 1/1); 亚洲:3/27-63(IFR 1/1); 大洋洲:1/1-11; 南美洲:1/3。【中国属种数:3/6】。

Stemonurus Bl. 毛丝木属 Stemonuraceae [MD-440] 特征纪要:习性:木本。生境:林中。资源:-。全球5个大洲分布及种数(15-68)非洲:10; 亚洲:52; 大洋洲:16; 欧洲:4; 北美洲:4。【中国种数:1】。

Stemoptera Miers = **Apteria**

Stemotria Wettst. & Harms 阮囊花属 Calceolariaceae [MD-531] 特征纪要:习性:-。花程式:-。其他特征参考科。全球2个大洲分布及种数(cf. 1)亚洲;南美洲。

Stenachaenium Benth. 长尾菊属 Asteraceae [MD-586] 特征纪要:习性:草本。花程式:(K)3-5,C3-5,A3-5,=↓(G)2。其他特征参考科。全球3个大洲分布及种数(6-10)大洋洲:2; 北美洲:1; 南美洲:8。

Stenandriopsis S. Moore = **Stenandrium**

Stenandrium Nees 狭蕊爵床属 Acanthaceae [MD-572] 特征纪要:习性:草本。花程式:K2-4,C0,A2-4,=↓G2。资源:具园艺种类。全球6个大洲分布及种数(60-77;hort. 1)非洲:19-20;亚洲:1-5;大洋洲:1-2;欧洲:2;北美洲:14-26;南美洲:28-34。

Stenanona Standl. 赤龙木属 Annonaceae [MD-7] 特征纪要:习性:木本。花程式:K3-∞,C3,A2,=G10-100。其他特征参考科。全球3个大洲分布及种数(17-21)亚洲:2; 北美洲:18; 南美洲:4。

Stenanthemum Reissek 大洋洲赤鼠李属 Rhamnaceae [MD-331] 特征纪要:习性:木本。花程式:-。其他特征参考科。全球1个大洲分布及种数(31)◆大洋洲。

Stenanthium (A. Gray) Kunth 羽铃花属 Melanthiaceae [MM-621] 特征纪要:习性:草本。花程式:(K)3-∞,C3-∞参考科,A3参考科,=G3。其他特征参考科。全球3个大洲分布及种数(6-18)亚洲:7; 欧洲:13; 北美洲:13。【中国种数:1】。

Stenaria (Raf.) Terrell 窄石竹属 Rubiaceae [MD-523] 特征纪要:习性:木本。花程式:(K)4-5,(C)4-5,A4-5,=↓(G)2-9。其他特征参考科。全球3个大洲分布及种数(11-20)亚洲:4; 北美洲:19; 南美洲:4。

Stenarrhena D. Don = **Salvia**

Stenia Lindl. 狭团兰属 Orchidaceae [MM-723] 特征纪要:习性:草本。花程式:(K)3,C3,A3,=↓G3。物候:-。海拔:-。生境:-。资源:具园艺种类。全球3个大洲分布及种数(24-43)亚洲:3; 北美洲:5; 南美洲:42。

Stenocactus (K. Schum.) A. Berger 薄棱玉属 Cactaceae [MD-100] 特征纪要:习性:木本。花程式:=↓(K1-∞),C1-∞,A3-100,=↓(G)3-100。其他特征参考科。全球3个大洲分布及种数(20-23)亚洲:cf. 1;欧洲:1;北美洲:19。

Stenocarpha S. F. Blake 牛膝菊属 Asteraceae [MD-586] 特征纪要:习性:草本。花程式:(K)3-5,(C)3-5,A3-5,↓G。其他特征参考科。全球2个大洲分布及种数(2-5)北美洲:3; 南美洲:1。

Stenocarpidiopsis M. Fleisch. ex Broth. 厄瓜青藓属 Brachytheciaceae [B-187] 特征纪要:习性:-。【Rep】:雌苞侧生,雌苞叶分化,蒴柄长,平滑或粗糙,孢蒴卵球形或长椭圆状圆柱形,下弯至横生,甚少直立,颈部短而,绿色或棕绿色。其他特征参考科。全球1个大洲分布及种数(1)◆南美洲。

Stenocarpidium Müll. Hal. 南美硬叶藓属 Stereophyllaceae [B-172] 特征纪要:习性:-。其他特征参考科。全球1个大洲分布及种数(1)◆南美洲。

Stenocarpus R. Br. 火轮树属 Proteaceae [MD-219] 特征纪要:习性:木本。花程式:K3-4-∞,C0,A2,=G1。其他特征参考科。全球5个大洲分布及种数(22-48)非洲:4; 亚洲:8; 大洋洲:43; 北美洲:2; 南美洲:4。

Stenocephalum Sch. Bip. 窄头斑鸠菊属 Asteraceae [MD-586] 特征纪要:习性:草本。花程式:(K)3-5,C3-5,A3-5,=↓(G)2。其他特征参考科。全球4个大洲分布及种数(7-13)非洲:2; 亚洲:3; 北美洲:5; 南美洲:13。【中国种数:2】。

Stenocereus (A. Berger) Riccob. 新绿柱属 Cactaceae [MD-100] 特征纪要:习性:木本。花程式:=↓(K1-∞),C1-∞,A3-100,=↓G3-100-。其他特征参考科。全球4个大洲分布及种数(26;hort. 1;cult. 5)大洋洲:1;欧洲:2;北美洲:25;南美洲:5。【中国种数:1】。

Stenochlaena J. Sm. 光叶藤蕨属 Stenochlaenaceae [F-33] 特征纪要(同科)。全球6个大洲分布及种数(19-48)非洲:7-10;亚洲:8-11;大洋洲:6-8;欧洲:1;北美洲:5;南美洲:2。【中国种数:1】。

Stenochlaenaceae Ching [F-33] 光叶蕨科 特征纪要:叶状体淡绿色,两歧分枝。【Rep】:蒴柄白色,纤长,孢蒴短圆柱形,2-4瓣开裂,弹丝2列螺纹加厚,孢子棕色,直径约25微米。全球6个大洲分布和属种数(1;hort. & cult. 1)(18-49;hort. & cult. 2-3)非洲:1/7-10;亚洲:1/8-11;大洋洲:1/6-8;欧洲:1/1;北美洲:1/5;南美洲:1/2-2。

Stenochloa Nutt. = **Poa**

Stenocline DC. 多头鼠麴木属 Asteraceae [MD-586] 特征纪要:习性:草本。花程式:(K)3-5,C3-5,A3-5,=↓(G)2。其他特征参考科。全球3个大洲分布及种数(4-7)非洲:2;北美洲:1;南美洲:1。

Stenocoelium Ledeb. 狭腔芹属 Apiaceae [MD-480] 特征纪要:习性:草本(基生)。花程式:Kn,C5,A3参考科,=↓G(-)。物候:-。花期:7-8月。果期:参考晚于花期。海拔:50-5600米。生境:山区砾石质山坡上。资源:具园艺种类。全球1个大洲分布及种数(cf. 1)◆亚洲。【中国种数:3】。

Stenocoryne Lindl. 双柄兰属 Orchidaceae [MM-723] 特征纪要:习性:-。花程式:-。其他特征参考科。全球2个大洲分布及种数(8)北美洲:1; 南美洲:1。

Stenocybe <unassigned> 非洲唐松木属 Asteraceae [MD－586] 特征纪要和分布(－)。

Stenodesmus (Mitt.) A. Jaeger 厄毛帽藓属 Pilotrichaceae [B－166] 特征纪要:习性:－。【Rep】:雌苞叶小,基部阔卵形,上部呈狭长尖,蒴柄细长,红色,平滑,孢蒴倾列或平列,长卵形,棕色,蒴齿两层,外蒴柄侧生,细长,平滑或具弱疣,孢蒴平展或下倾,卵状圆柱形,两侧不对称,台部长而粗,口部强烈收缩。其他特征参考科。全球5个大洲分布及种数(85)非洲:18; 亚洲:23; 欧洲:26; 北美洲:26; 南美洲:85。

Stenodictyon (Mitt.) A. Jaeger 硬帽藓属 Pilotrichaceae [B－166] 特征纪要:习性:－。【Rep】:雌苞叶小,基部阔卵形,上部呈狭长尖,蒴柄细长,红色,平滑,孢蒴倾列或平列,长卵形,棕色,蒴齿两层,外蒴柄侧生,细长,平滑或具弱疣,孢蒴平展或下倾,卵状圆柱形,两侧不对称,台部长而粗,口部强烈收缩。其他特征参考科。全球2个大洲分布及种数(6)北美洲:6;南美洲:3。

Stenodon Naudin 薇龙丹属 Melastomataceae [MD－364] 特征纪要:习性:－。花程式:－。其他特征参考科。全球1个大洲分布及种数(2)◆南美洲。

Stenodraba O. E. Schulz 南美菜花属 Brassicaceae [MD－213] 特征纪要和分布(－)。全球1个大洲分布及种数(1)◆南美洲。

Stenodrepanum Harms 狭镰豆属 Fabaceae2 [MD－240] 特征纪要:习性:木本。花程式:＝↓(K3－5－∞),C3－5－∞,A1－10－50,＝↓G1。其他特征参考科。全球1个大洲分布及种数(1)◆南美洲(◆阿根廷)。

Stenofestuca (Honda) Nakai ＝ **Bromus**

Stenoglossum H. B. & K. ＝ **Epidendrum**

Stenoglottis Lindl. 狭舌兰属 Orchidaceae [MM－723] 特征纪要:习性:草本。花程式:(K)3,C3,A3,＝↓(G)3。其他特征参考科。全球3个大洲分布及种数(5－14)非洲:6; 北美洲:2; 南美洲:1。

Stenogonum Nutt. 双轮蓼属 Polygonaceae [MD－120] 特征纪要:习性:草本。花程式:K2－3,C0,A2,↓G－参考科。其他特征参考科。全球1个大洲分布及种数(2)◆北美洲(◆美国)。

Stenogramma (Klotzsch) E. Fourn. ＝ **Bommeria**

Stenogrammitis Labiak 光龙蕨属 Polypodiaceae [F－60] 特征纪要:习性:－。【Rep】:孢子同形,囊群生叶背有盖－无盖。其他特征参考科。全球6个大洲分布及种数(1－31)非洲:10; 亚洲:2; 大洋洲:2; 欧洲:6; 北美洲:6; 南美洲:6。

Stenogyne Cass. 狭蕊藤属 Lamiaceae [MD－575] 特征纪要和分布(－)。全球1个大洲分布及种数(29－132)◆北美洲(◆美国)。

Stenolejeunea R. M. Schust. 狭鳞苔属 Lejeuneaceae [B－84] 特征纪要:习性:－。【Rep】:老时呈红褐色。物候:－。海拔:－。生境:山坡,针阔混交林中。资源:－。全球2个大洲分布及种数(4)亚洲:3;大洋洲:2。

Stenolepia Alderw. 细鳞蕨属 Dryopteridaceae [F－49] 特征纪要:习性:－。【Rep】:孢子同形,囊群生叶背。其他特征参考科。全球1个大洲分布及种数(cf. 1)◆亚洲。

Stenolobus C. Presl ＝ **Davallia**

Stenoloma Fée 球棍蕨属 Blechnaceae [F－46] 特征纪要:－。【Rep】:孢子囊群近叶缘着生,顶生脉端,每个囊群下有一条细脉,或有时融合2－3条细脉。海拔:500－850米。生境:山谷常绿阔叶林下,竹林及杂木林下。资源:－。全球6个大洲分布及种数(2)非洲:11;亚洲:1－12;大洋洲:11;欧洲:11;北美洲:11;南美洲:11。

Stenomeria Turcz. 丝瓣藤属 Apocynaceae [MD－492] 特征纪要:习性:－。花程式:－。其他特征参考科。全球1个大洲分布及种数(3－4)◆南美洲。

Stenomeridaceae J. Agardh [MM－687] 丝瓣藤科 特征纪要:习性:草本;落叶。花程式:(K)6－,C2－4－12,A,↓(G)－。果实:蒴果。种子:大,棕色或带黑色。全球1个大洲分布及属种数(1/1)◆东南亚:1/ 1－2。

Stenomeris Planch. 多子薯蓣属 Stenomeridaceae [MM－687] 特征纪要(同科)。全球1个大洲分布及种数(1－2)◆亚洲。

Stenomesson Herb. 狭管蒜属 Amaryllidaceae [MM－694] 特征纪要:习性:草本。花程式:(K)3,C3,A1,＝↓G3。其他特征参考科。全球5个大洲分布及种数(18－113)非洲:9; 大洋洲:7; 欧洲:6; 北美洲:6; 南美洲:105。

Stenomitrium (Mitt.) Broth. ＝ **Pentastichella**

Stenopadus S. F. Blake 绛菊木属 Asteraceae [MD－586] 特征纪要:习性:草本。花程式:(K)3－5,(C)3－5,A3－5,↓G2。其他特征参考科。全球3个大洲分布及种数(15－38)亚洲:2; 北美洲:3; 南美洲:35。

Stenopetalum R. Br. ex DC. 狭瓣芥属 Brassicaceae [MD－213] 特征纪要:习性:草本。花程式:K2－4,C2－4,A2－4,＝(G)2。其他特征参考科。全球2个大洲分布及种数(11－22)亚洲:2; 大洋洲:18。【中国种数:1】。

Stenophalium Anderb. 光果彩鼠麴属 Asteraceae [MD－586] 特征纪要:习性:－。花程式:－。其他特征参考科。全球3个大洲分布及种数(7)非洲:2; 北美洲:2; 南美洲:7。

Stenophyllus Raf. 莎草科属 Cyperaceae [MM－747] 特征纪要:习性:－。花程式:－。其他特征参考科。全球6个大洲分布及种数(48)非洲:8; 亚洲:12; 大洋洲:5; 欧洲:20; 北美洲:20; 南美洲:24。

Stenops B. Nord. 窄叶菊属 Asteraceae [MD－586] 特征纪要:习性:草本。花程式:(K)3－5,(C)3－5,A3－5,＝↓G2。其他特征参考科。全球2个大洲分布及种数(2－5)非洲:2; 南美洲:1。

Stenoptera C. Presl 狭翅兰属 Orchidaceae [MM－723] 特征纪要:习性:草本。花程式:(K)3,C3,A3,＝↓(G)3。其他特征参考科。全球3个大洲分布及种数(6－38)亚洲:2; 北美洲:7; 南美洲:36。

Stenorhynchus Lindl. ＝ **Stenorrhynchos**

Stenorhyncus Lindl. ＝ **Stenorrhynchos**

Stenorrhipis Gradst. 拟大萼苔科属 Cephaloziellaceae [B－53] 特征纪要:习性:－。【Rep】:雌苞叶全缘,老时呈红

S

褐色。其他特征参考科。全球 2 个大洲分布及种数(3)亚洲:2; 南美洲:3。

Stenorrhynchos Rich. ex Spreng. 狭喙兰属 Orchidaceae [MM-723] 特征纪要:习性:草本。花程式:(K)3,C3,A3,=↓(G)3。其他特征参考科。全球 5 个大洲分布及种数(5-188)非洲:2; 亚洲:3; 大洋洲:2; 北美洲:85; 南美洲:172。【中国种数:1】。

Stenorrhynchus Rchb. = **Stenorrhynchos**

Stenosemia (C. Presl) C. Presl 疏鳞蕨属 Dryopteridaceae [F-49] 特征纪要:习性:-。【Rep】:孢子囊单生叶背。其他特征参考科。全球 1 个大洲分布及种数(-)◆亚洲。

Stenosemis E. Mey. ex Sond. 南非草属 Apiaceae [MD-480] 特征纪要:习性:草本。花程式:=↓(Kn),C5,A3 参考科,=↓G(-)。其他特征参考科。全球 1 个大洲分布及种数(1-3)◆非洲。

Stenosepala C. H. Perss. 美洲茜属 Rubiaceae [MD-523] 特征纪要:习性:木本。花程式:(K)4-5,(C)4-5,A4-5,=↓(G)2-9。其他特征参考科。全球 3 个大洲分布及种数(2)亚洲:cf.1;北美洲:1;南美洲:1。

Stenoseris C. Shih 细莴苣属 Asteraceae [MD-586] 特征纪要:习性:-。花程式:-。物候:-。海拔:2100-2600 米。生境:山坡,林下。资源:-。全球 1 个大洲分布及种数(4-6)◆亚洲。

Stenosiphanthus A. Samp. = **Arrabidaea**

Stenosiphon Spach 银桃草属 Onagraceae [MD-396] 特征纪要:习性:-。花程式:-。其他特征参考科。全球 2 个大洲分布及种数(5)北美洲:2; 南美洲:2。

Stenosolen (Müll. Arg.) Markgr. = **Tabernaemontana**

Stenosolenium Turcz. 紫筒草属 Boraginaceae [MD-517] 特征纪要:习性:草本(基生)。花程式:(K-),C5,A5,↓G-4。物候:-。花期:5-9 月。果期:参考晚于花期。海拔:5700 米。生境:草地,路边,耕地,荒地。资源:具栽培园艺种类。全球 4 个大洲分布及种数(1-3)亚洲:3; 欧洲:2; 北美洲:2; 南美洲:2。【中国种数:1】。

Stenospermation Schott 厚叶芋属 Araceae [MM-639] 特征纪要:习性:草本。花程式:K0,C0,A1-4,=G1-3。其他特征参考科。全球 2 个大洲分布及种数(46-81;hort.1)北美洲:18-19;南美洲:41-74。

Stenospermatium Schott = **Stenospermation**

Stenospermatum Engl. = **Stenospermation**

Stenostachys Turcz. = **Elymus**

Stenostegia A. R. Bean 岗松属 Myrtaceae [MD-347] 特征纪要:习性:木本。花程式:=↓(K4-5),C4-5,A8-10,=↓G-。其他特征参考科。全球 1 个大洲分布及种数(1-2)◆大洋洲。

Stenostelma Schltr. 细冠萝藦属 Apocynaceae [MD-492] 特征纪要:习性:木本。花程式:K5,C0,A5,=↓(G)2。其他特征参考科。全球 2 个大洲分布及种数(6-15)非洲:14; 亚洲:2。

Stenostephanus Nees 窄冠爵床属 Acanthaceae [MD-572] 特征纪要:习性:草本。花程式:K2-4,C0,A2-4,=(G)2。其他特征参考科。全球 5 个大洲分布及种数(92-104)非洲:2; 亚洲:1; 大洋洲:1; 北美洲:33; 南美洲:91。

Stenostomum C. F. Gaertn. 硬茜属 Rubiaceae [MD-523] 特征纪要:习性:木本。花程式:(K)4-5,(C)4-5,A4-5,=↓G2-9。其他特征参考科。全球 6 个大洲分布及种数(52)非洲:3;亚洲:3;大洋洲:3;欧洲:3;北美洲:48-54;南美洲:3-6。

Stenotaenia Boiss. 独活属 Apiaceae [MD-480] 特征纪要:习性:草本。花程式:=↓(K5),C5,A5,=↓G(-)。其他特征参考科。全球 1 个大洲分布及种数(1-5)◆亚洲。

Stenotalis B. G. Briggs & L. A. S. Johnson 厚果草属 Restionaceae [MM-744] 特征纪要:习性:-。花程式:-。其他特征参考科。全球 1 个大洲分布及种数(cf.1)◆大洋洲。

Stenotaphrum Trin. 钝叶草属 Poaceae [MM-748] 特征纪要:习性:草本。花程式:(K-),C0 参考科,A5,=G2-3。物候:-。海拔:1100 米。生境:湿润草地,林缘或疏林中。资源:具栽培园艺种类。全球 6 个大洲分布及种数(8)非洲:6-7;亚洲:4-5;大洋洲:2-3;欧洲:2-3;北美洲:4-5;南美洲:1-2。【中国种数:3】。

Stenotheca Monn. = **Hieracium**

Stenotheciopsis M. Fleisch. 窄灰藓属 Hypnaceae [B-189] 特征纪要:习性:-。【Rep】:雌雄异苞同株,内雌苞叶直立,卵状披针形,上部渐狭成长毛状,近于全缘,无中肋,黄绿色。其他特征参考科。全球 1 个大洲分布及种数(1)◆非洲。

Stenothecium Müll. Hal. 白齿藓科属 Hylocomiaceae [B-193] 特征纪要:习性:-。【Rep】:雌雄异株,内雌苞叶基部呈鞘状,向上渐尖,蒴柄细长,蒴柄直立,长而细,蒴齿两层,内齿层具高基膜和透明并与外齿层等高的齿条,环带不分化,蒴盖具短喙。其他特征参考科。全球 1 个大洲分布及种数(1)◆亚洲。

Stenothyrsus C. B. Clarke 细茎爵床属 Acanthaceae [MD-572] 特征纪要:习性:草本。花程式:Kn,C0,A2-4,=(G)2。其他特征参考科。全球 1 个大洲分布及种数(1)◆东南亚(◆马来西亚)。

Stenotis Terrell 耳草属 Rubiaceae [MD-523] 特征纪要:习性:木本。花程式:(K)4-5,(C)4-5,A4-5,↓G。其他特征参考科。全球 6 个大洲分布及种数(7)非洲:1;亚洲:1;大洋洲:1;欧洲:1;北美洲:7-8;南美洲:1。

Stenotropis Hassk. = **Erythrina**

Stenotus Nutt. 窄黄花属 Asteraceae [MD-586] 特征纪要:习性:草本。花程式:(K)3-5,C3-5,A3-5,=↓(G)2。资源:具园艺种类。全球 1 个大洲分布及种数(7-14)◆北美洲。

Stenotyla Dressler 巴拿马兰属 Orchidaceae [MM-723] 特征纪要:习性:草本。花程式:(K)3,C3,A3,=↓(G)3。其他特征参考科。全球 2 个大洲分布及种数(9-13)亚洲:4; 北美洲:13。

Stenouratea Tiegh. = **Ouratea**

Stephanachne Keng 冠毛草属 Poaceae [MM - 748] 特征纪要:习性:草本(根状茎,基生)。花程式: - 。物候: - 。花期:8 月。果期:参考晚于花期。海拔:4400 - 4700 米。生境:灌木下,生于山坡锦鸡儿灌丛及山坡冲积沟。资源: - 。全球 1 个大洲分布及种数(2 - 5) ◆亚洲。【中国种数:1】。

Stephanandra Siebold & Zucc. 小米空木属 Rosaceae [MD - 246] 特征纪要:习性: - 。花程式: - 。物候: - 。花期:5 月。果期:参考晚于花期。海拔:1000 - 1500 米。生境:生于山坡或沟边。资源: - 。全球 5 个大洲分布及种数(11)非洲:3; 亚洲:8; 大洋洲:2; 欧洲:3; 北美洲:3。

Stephananthus Lehm. = **Baccharis**

Stephanbeckia H. Rob. & V. A. Funk 玻利冠菊属 Asteraceae [MD - 586] 特征纪要:习性:草本。花程式:(K)3 - 5,C3 - 5,A3 - 5, = ↓(G)2。其他特征参考科。全球 1 个大洲分布及种数(1) ◆南美洲(◆玻利维亚)。

Stephania Lour. 千金藤属 Menispermaceae [MD - 42] 特征纪要:习性: - 。花程式: - 。物候: - 。花期:5 - 6 月。果期:参考晚于花期。海拔:1000 - 2500 米。生境:板页岩岩石上,竹林边。资源:药用。全球 6 个大洲分布及种数(84 - 95;hort. 1)非洲:13 - 21;亚洲:70 - 88;大洋洲:12 - 18;欧洲:2 - 8;北美洲:5 - 11;南美洲:6。【中国种数:36】。

Stephaniella J. B. Jack 墨西哥全萼苔属 Stephaniellaceae [B - 42] 特征纪要: - 。全球 2 个大洲分布及种数(8)北美洲:3; 南美洲:6。

Stephaniellaceae R. M. Schust. [B - 42] 轮苔科 特征纪要:细弱,绿色或黄绿色,具光泽,稀疏丛生。【Rep】:雌雄同株,稀异株,雌苞叶高鞘状,蒴柄直立,常 3 - 4 个丛生,孢蒴短圆柱形,对称,平滑,干燥时无褶,蒴齿,蒴柄黄色或油绿色,孢蒴卵圆形,干燥时具纵长条纹,蒴齿齿片有纵条纹,有穿孔或不规则开裂,孢子黑褐色。全球 2 个大洲分布和属种数(2/2)北美洲:1/1;南美洲:1/1 - 1。

Stephaniellidium S. Winkl. ex Grolle 南美全萼苔属 Stephaniellaceae [B - 42] 特征纪要: - 。全球 1 个大洲分布及种数(1) ◆南美洲(◆阿根廷)。

Stephanocaryum Popov 亚洲硬紫草属 Boraginaceae [MD - 517] 特征纪要:习性:草本。花程式:Kn,C0,A5,↓G。其他特征参考科。全球 1 个大洲分布及种数(3) ◆亚洲。

Stephanocereus A. Berger 毛环柱属 Cactaceae [MD - 100] 特征纪要和分布(-)。全球 1 个大洲分布及种数(2) ◆南美洲。

Stephanococcus Bremek. 蛇舌草属 Rubiaceae [MD - 523] 特征纪要:习性:木本。花程式:(K)4 - 5,(C)4 - 5,A4 - 5,↓G。其他特征参考科。全球 1 个大洲分布及种数(1) ◆非洲。

Stephanodaphne Baill. 冠薇香属 Thymelaeaceae [MD - 310] 特征纪要:习性:木本。花程式:K2 - 4,C0,A2, = (G)2 - 5。其他特征参考科。全球 1 个大洲分布及种数(9) ◆非洲。

Stephanodictyon Dixon = **Trichostomum**

Stephanodoria Greene 知母茜草属 Asteraceae [MD - 586] 特征纪要:习性:草本。花程式:(K)3 - 5,(C)3 - 5,A3 - 5,↓G。其他特征参考科。全球 2 个大洲分布及种数(1 - 2)北美洲:1; 南美洲:1。

Stephanolirion Baker 石蒜科属 Liliaceae [MM - 633] 特征纪要:习性: - 。花程式: - 。其他特征参考科。全球 1 个大洲分布及种数(-)。

Stephanoluma Baill. = **Micropholis**

Stephanomeria Nutt. 线莴苣属 Asteraceae [MD - 586] 特征纪要:习性:草本。花程式:(K)3 - 5,C3 - 5,A3 - 5, = ↓(G)2。其他特征参考科。全球 6 个大洲分布及种数(23 - 94)非洲:6; 亚洲:14; 大洋洲:7; 欧洲:44; 北美洲:44; 南美洲:5。【中国种数:4】。

Stephanopodium Pöpp. 福禄李属 Dichapetalaceae [MD - 202] 特征纪要:习性:木本。花程式: - 。其他特征参考科。全球 2 个大洲分布及种数(16 - 17)北美洲:4;南美洲:13 - 14。

Stephanostachys Klotzsch ex Oerst. = **Chamaedorea**

Stephanostegia Baill. 马达狭竹桃属 Apocynaceae [MD - 492] 特征纪要:习性:木本。花程式:K5 - ∞,C0,A15, = ↓(G)2 - 5。其他特征参考科。全球 1 个大洲分布及种数(2) ◆非洲(◆马达加斯加)。

Stephanostema K. Schum. 冠蕊夹竹桃属 Apocynaceae [MD - 492] 特征纪要:习性:木本。花程式:K5 - ∞,C0,A15, = ↓(G)2 - 5。其他特征参考科。全球 2 个大洲分布及种数(1 - 3)非洲:3; 北美洲:2。

Stephanostoma (Mitt.) Kindb. = **Erpodium**

Stephanotella E. Fourn. = **Telosma**

Stephanothelys Garay 盾柱兰属 Orchidaceae [MM - 723] 特征纪要:习性:草本。花程式:(K)3,C3,A3,↓G - 。其他特征参考科。全球 1 个大洲分布及种数(5) ◆南美洲:5。

Stephanotis Thou. 耳药藤属 Apocynaceae [MD - 492] 特征纪要:习性:木质攀援。花程式:(K -),C5,A5,↓G - 。物候: - 。花期:5 - 6 月。果期:参考晚于花期。海拔:5000 米。生境:草间路旁。资源:具栽培园艺种类。全球 5 个大洲分布及种数(5 - 42)非洲:8; 亚洲:41; 大洋洲:3; 北美洲:6; 南美洲:18。【中国种数:3】。

Stephegyne Korth. = **Mitragyna**

Stephensoniella Kashyap 短托苔属 Exormothecaceae [B - 16] 特征纪要: - 。全球 1 个大洲分布及种数(cf. 1) ◆亚洲。

Stephostachys Zuloaga & Morrone 北美狭草属 Poaceae [MM - 748] 特征纪要:习性:草本。花程式:(K)3,C0 参考科,A1 - 2, = (G)2 - 3。其他特征参考科。全球 3 个大洲分布及种数(1 - 2)亚洲:1; 北美洲:2; 南美洲:2。

Steppomitra Vondr. & Hadač 窄葫藓属 Funariaceae [B - 106] 特征纪要:习性: - 。【Rep】:雌雄同株,蒴柄细长,顶生,孢蒴直立,对称,近于圆球形或短梨形,台部极短而粗,环带由小形细胞组成而常存,雌雄同株异苞,蒴柄细长,黄色,孢蒴直立,对称,呈倒梨形,多具明显的长台部,环带缺如,蒴齿缺如。其他特征参考科。全球 1 个大

S

洲分布及种数(1)◆非洲。

Steptorhamphus Bunge 莴苣属 Lactucaceae［MD－593］特征纪要:草本,落叶; 花程式:(K)3－5,(C)3－5,A3－5,G(－)。果实:瘦果。全球 1 个大洲分布及种数(－)◆亚洲(◆中国)。

Sterculia L. 苹婆属 Sterculiaceae［MD－189］特征纪要:习性:木本。花程式:－。物候:－。花期:4 月。果期:参考晚于花期。海拔:1600－1700 米。生境:干旱坡地,也栽培于村边,路旁。资源:具栽培园艺种类。全球 6 个大洲分布及种数(194－489)非洲:99; 亚洲:253; 大洋洲:87; 欧洲:44; 北美洲:44; 南美洲:100。【中国种数:31】。

Sterculiaceae Vent.［MD－189］梧桐科 特征纪要:木本,藤本;落叶。花程式:(K)6－,C5,A8,G5。物候:－。花期:春夏季节。果实:蒴果。种子:着生于果瓣的边缘,子叶褶合。海拔:1000－1050 米。生境:板状干基,山地,靠近海岸。资源:紫胶。栽培:中国有栽培。全球 6 个大洲分布及属种数(35－44/730－971 < IFR 6/27 > hort. 1;cult. 5) 非洲:13－14/128－144(IFR 1/2); 亚洲:14－15/244－280(IFR 1/6); 大洋洲:9－12/60－76(IFR 2/2); 欧洲:4/7; 北美洲:12－13/66－69(IFR 2/6); 南美洲:9/134－145(IFR 4/15)。【中国属种数:2/7】。

Stereocaryum Burret 石番樱属 Myrtaceae［MD－347］特征纪要:习性:－。花程式:－。其他特征参考科。全球 1 个大洲分布及种数(2－3)◆大洋洲(◆美拉尼西亚)。

Stereocauliscum <unassigned> 芬兰蜜花属 Melianthaceae［MD－398］特征纪要:－。全球 1 个大洲分布及种数(1)◆欧洲:1。

Stereochilus Lindl. 坚唇兰属 Orchidaceae［MM－723］特征纪要:习性:草本。花程式:(K)3,C3,A3,＝↓(G)3。物候:－。花期:6 月。果期:参考晚于花期。海拔:80－5200 米。生境:柏树林下或草坡路旁,竹坡中。资源:－。全球 2 个大洲分布及种数(8－19)亚洲:12; 南美洲:7。【中国种数:3】。

Stereochlaena Hack. 小翼轴草属 Poaceae［MM－748］特征纪要:习性:草本。花程式:(K)3,C0 参考科,A1－2,＝G2－3。其他特征参考科。全球 2 个大洲分布及种数(4－11)非洲:9; 南美洲:3。

Stereodon（Brid.）Mitt. 灰藓科属 Hypnaceae［B－189］特征纪要:习性:－。【Rep】:参考科特征:雌雄异苞同株,内雌苞叶直立,卵状披针形,上部渐狭成长毛状,近于全缘,无中肋,黄绿色。物候:－。海拔:－。生境:常见于林下土或岩面薄土,沼泽水生。资源:－。全球 2 个大洲分布及种数(340)北美洲:1; 南美洲:1。【中国种数:6】。

Stereodontopsis R. S. Williams 拟硬叶藓属 Hypnaceae［B－189］特征纪要:习性:－。【Rep】:黄绿色。物候:－。海拔:－。生境:常见于林下土或岩面薄土,沼泽水生。资源:－。全球 2 个大洲分布及种数(2)亚洲:2;大洋洲:1。【中国种数:1】。

Stereohypnum（Hampe）M. Fleisch. 微灰藓属 Hypnaceae［B－189］特征纪要:－。全球 1 个大洲分布及种数(－)。

Stereophyllaceae W. R. Buck & Ireland［B－172］硬叶藓科 特征纪要(参考 Schistochilaceae),粗大,淡绿色,少数褐绿色,柔弱,常与其他苔藓成群落。【Rep】:雌雄异株,雄苞顶生,雄苞叶数对。全球 5 个大洲分布和属种数(7/62)亚洲:3/21;大洋洲:3/5;欧洲:2/4;北美洲:4/15;南美洲:7/21。【中国属种数:3/9】。

Stereophyllum Mitt. 硬叶藓属 Stereophyllaceae［B－172］特征纪要:习性:－。生境:常见于石灰岩或腐木,常见于树干或腐木。资源:－。全球 5 个大洲分布及种数(33)非洲:13;亚洲:12;大洋洲:3;北美洲:6;南美洲:6。【中国种数:3】。

Stereosandra Bl. 肉药兰属 Orchidaceae［MM－723］特征纪要:习性:草本(根状茎,腐生,多肉)。花程式:Kn,C2－3 参考科,A3 参考科,↓G－。物候:－。花期:6－7 月。果期:参考晚于花期。海拔:1200 米。生境:低海拔地区常绿林下,森林。资源:－。全球 3 个大洲分布及种数(1－6)非洲:1; 亚洲:2; 大洋洲:1。【中国种数:1】。

Stereosanthus Franch. ＝ **Nannoglottis**

Stereospermum Cham. 羽叶楸属 Bignoniaceae［MD－541］特征纪要:习性:木本。花程式:(K－),C2－3 参考科,A5,↓G－。物候:－。花期:5－7 月。果期:参考晚于花期。海拔:400－1800 米。生境:热带丘陵,沟谷密林中,生于石灰岩密林或散生。资源:药用。全球 6 个大洲分布及种数(21－34)非洲:14－19;亚洲:7－16;大洋洲:1;欧洲:1－2;北美洲:1－2;南美洲:1。【中国种数:5】。

Stereoxylon Ruiz & Pav. ＝ **Escallonia**

Sterigma DC. ＝ **Sterigmostemum**

Sterigmanthe Klotzsch & Garcke ＝ **Euphorbia**

Sterigmapetalum Kuhlm. 叉瓣红树属 Rhizophoraceae［MD－329］特征纪要:习性:木本(水生)。花程式:－。其他特征参考科。全球 1 个大洲分布及种数(8－9)◆南美洲。

Sterigmostemon Poir. ＝ **Sterigmostemum**

Sterigmostemum M. Bieb. 棒果芥属 Brassicaceae［MD－213］特征纪要:习性:草本(基生)。花程式:Kn,C2－3 参考科,A3 参考科,G－。物候:－。花期:4－6 月。果期:参考晚于花期。海拔:500－1200 米。生境:草原,沙漠,干旱地区,山坡。资源:－。全球 5 个大洲分布及种数(13－37)非洲:3; 亚洲:29; 欧洲:3; 北美洲:3; 南美洲:8。【中国种数:2】。

Steriphoma Spreng. 固点山柑属 Capparaceae［MD－178］特征纪要:习性:－。花程式:－。其他特征参考科。全球 2 个大洲分布及种数(8)北美洲:2;南美洲:7。

Sternbergia Waldst. & Kit. 黄韭兰属 Amaryllidaceae［MM－694］特征纪要:习性:草本。花程式:(K)3,C3,A1,＝↓(G)3。物候:－。海拔:－。生境:－。资源:具栽培园艺种类。全球 6 个大洲分布及种数(8－41)非洲:17; 亚洲:30; 大洋洲:4; 欧洲:6; 北美洲:6; 南美洲:4。

Stetsonia Britton & Rose 仙人柱属 Cactaceae［MD－100］特征纪要:习性:木本。花程式:＝↓(Kn),C1－∞ 参考科,A3 参考科,＝↓G－。其他特征参考科。全球 1 个大洲分布及种数(1)◆南美洲。

Steudelella Honda = **Sphaerocaryum**

Steudnera K. Koch 泉七属 Araceae［MM－639］特征纪要:习性:草本(多肉)。花程式:K0,C0,A3 参考科,=(G)1－3。物候:－。花期:3－4 月。果期:参考晚于花期。海拔:100－500 米。生境:草地,溪流旁,通常在石灰岩上。资源:药用,具栽培园艺种类。全球 5 个大洲分布及种数(11－14)非洲:2; 亚洲:14; 大洋洲:2; 北美洲:4; 南美洲:3。【中国种数:4】。

Stevenia Adams & Fisch. 曙南芥属 Brassicaceae［MD－213］特征纪要:习性:草本(基生)。花期:5－7 月。果期:参考晚于花期。海拔:30－6200 米。生境:岩石斜坡,裂缝,碱性草原。栽培:来自广西龙州。资源:具栽培园艺种类。全球 4 个大洲分布及种数(8－18)亚洲:12; 欧洲:3; 北美洲:3; 南美洲:2。【中国种数:2】。

Steveniella Schltr. 帽唇兰属 Orchidaceae［MM－723］特征纪要:习性:草本。花程式:(K)3,C3,A3,=↓G3。其他特征参考科。全球 2 个大洲分布及种数(1－2)亚洲:2; 北美洲:2。

Stevensia Poit. 独香玫属 Rubiaceae［MD－523］特征纪要:习性:木本。花程式:(K)4－5,(C)4－5,A4－5,=↓(G)2－9。其他特征参考科。全球 2 个大洲分布及种数(11－13)北美洲:13; 南美洲:4。

Stevia Cav. 甜叶菊属 Asteraceae［MD－586］特征纪要:习性:草本。花程式:(K)3－5,(C)3－5,A3－5,=↓G2。物候:－。海拔:－。生境:－。资源:药用,具栽培园艺种类。全球 6 个大洲分布及种数(275－311;hort. 1;cult. 6)非洲:11;亚洲:6－17;大洋洲:8－20;欧洲:11;北美洲:136－154;南美洲:171－197。【中国种数:4】。

Steviopsis R. M. King & H. Rob. 轮叶修泽兰属 Asteraceae［MD－586］特征纪要:草本。花程式:(K)3－5,(C)3－5,A3－5,=↓G2。其他特征参考科。全球 4 个大洲分布及种数(5－18)非洲:2; 亚洲:2; 北美洲:9; 南美洲:7。

Stewartia L. 紫茎属 Theaceae［MD－168］特征纪要:习性:木本。花程式:－。物候:－。花期:5－6 月。果期:参考晚于花期。海拔:1100－1300 米。生境:常绿阔叶林。栽培:来自广西龙州。资源:具栽培园艺种类。全球 6 个大洲分布及种数(24－27;hort. 1;cult. 4)非洲:8;亚洲:23－33;大洋洲:8;欧洲:8;北美洲:7－16;南美洲:3－11。【中国种数:17】。

Stewartiella Nasir 斯图草属 Apiaceae［MD－480］特征纪要:习性:草本。花程式:=↓(Kn),C5,A3 参考科,=↓G(－)。其他特征参考科。全球 1 个大洲分布及种数(cf. 1)◆亚洲(◆阿富汗)。

Steyemarkiella H. Rob. 委内曲尾藓属 Dicranaceae［B－128］特征纪要:－。全球 1 个大洲分布及种数(1)◆非洲。

Steyerbromelia L. B. Sm. 聚星凤梨属 Bromeliaceae［MM－715］特征纪要:习性:草本。花程式:－。其他特征参考科。全球 1 个大洲分布及种数(9)◆南美洲。

Steyermarkia Standl. 斯泰茜属 Rubiaceae［MD－523］特征纪要:习性:木本。花程式:Kn,C4－5－ 参考科,A4－5－,=↓(G)2－9。其他特征参考科。全球 1 个大洲分布及种数(1)◆北美洲。

Steyermarkiella H. Rob. 委内曲尾藓属 Dicranaceae［B－128］特征纪要:习性:－。【Rep】:雌苞叶分化,基部鞘状,有毛尖,蒴柄长,均高出于雌苞叶,孢蒴直立或背曲,长圆柱形或长椭圆形,辐射对称,雌雄异株,雄株矮小,附于假根上成假雌雄同株,雌苞叶形大,高鞘状,上部具细毛尖,与孢蒴等长或长于孢蒴。其他特征参考科。全球 1 个大洲分布及种数(1)◆南美洲:1。

Steyermarkina R. M. King & H. Rob. 泽兰属 Asteraceae［MD－586］特征纪要:习性:草本。花程式:(K)3－5,(C)3－5,A3－5,↓G)。其他特征参考科。全球 3 个大洲分布及种数(4－7)大洋洲:1; 北美洲:1; 南美洲:5。

Steyermarkochloa Davidse & R. P. Ellis 单叶草属 Poaceae［MM－748］特征纪要:习性:草本。花程式:－。其他特征参考科。全球 1 个大洲分布及种数(1－4)◆南美洲。

Stibadotheca Klotzsch 秋海棠科属 Begoniaceae［MD－195］特征纪要:习性:－。花程式:－。其他特征参考科。全球 1 个大洲分布及种数(－)。

Stibasia C. Presl = **Marattia**

Stiburus Stapf = **Eragrostis**

Sticherus C. Presl 假芒萁属 Gleicheniaceae［F－18］特征纪要:习性:－。【Rep】:孢子囊群小,以一行生于每组叶脉的上侧小脉,一般由 4 个(少有 6 个)无柄孢子囊组成。物候:－。全球 6 个大洲分布及种数(104－118;hort. 1;cult. 3)非洲:15－17;亚洲:25－28;大洋洲:18－23;欧洲:2－4;北美洲:33－40;南美洲:60－66。【中国种数:12】。

Stichianthus Valeton 针茜草属 Rubiaceae［MD－523］特征纪要:习性:木本。花程式:(K)4－5,(C)4－5,A4－5,=↓(G)2－9。其他特征参考科。全球 1 个大洲分布及种数(cf. 1)◆亚洲。

Stichoneuron Hook. f. 羽脉百部属 Stemonaceae［MM－650］特征纪要:习性:草本(具根状茎)。花程式:－。其他特征参考科。全球 1 个大洲分布及种数(cf. 1)◆亚洲。

Stichorchis Thou. = **Stichorkis**

Stichorkis Thou. 覆苞兰属 Orchidaceae［MM－723］特征纪要:习性:草本。花程式:(K)3,C3,A3,=↓(G)3。物候:－。花期:参考早于果期。果期:10－11 月。海拔:80－5200 米。生境:栽培(来自广西龙州)。资源:具栽培园艺种类。全球 6 个大洲分布及种数(53－91)非洲:1－3;亚洲:37－42;大洋洲:15－18;欧洲:2;北美洲:2;南美洲:2。

Sticta (Schreb.) Ach. 覆绒兰属 Lanariaceae［MM－681］特征纪要:习性:－。花程式:－。其他特征参考科。全球 6 个大洲分布及种数(2)非洲:12;亚洲:12;大洋洲:12;欧洲:12;北美洲:12;南美洲:1－13。

Stictocardia Hallier f. 腺叶藤属 Convolvulaceae［MD－499］特征纪要:习性:草质攀援。花程式:K5,C5,A5,↓G－。物候:－。花期:10－11 月。果期:参考晚于花期。海拔:100 米。生境:海滨及海滨灌木林中。资源:具园艺种类。全球 6 个大洲分布及种数(13－24)非洲:17; 亚洲:12; 大洋洲:4; 欧洲:4; 北美洲:4; 南美洲:2。【中国种数:1】。

Stictolejeunea (Spruce) Schiffn. 蔓鳞苔属 Lejeuneaceae［B－84］特征纪要:习性:－。【Rep】:老时呈红褐色。其他特征参考科。全球3个大洲分布及种数(4)亚洲:3;大洋洲:1;南美洲:1。

Stictophyllorchis Dodson & Carnevali 蔓腺兰属 Orchidaceae［MM－723］特征纪要:习性:－。花程式:－。其他特征参考科。全球3个大洲分布及种数(3)亚洲:2; 北美洲:2; 南美洲:3。

Stictyosiphon <unassigned> 亮马桑属 Coriariaceae［MD－277］特征纪要:－。全球2个大洲分布及种数(6)欧洲:2; 南美洲:1。

Stifftia J. C. Mikan 亮毛菊属 Asteraceae［MD－586］特征纪要:习性:木本。花程式:－。其他特征参考科。全球3个大洲分布及种数(6－20)亚洲:2; 北美洲:2; 南美洲:18。【中国种数:1】。

Stiftia Cass. = **Stifftia**

Stigmamblys Kuntze = **Amblystigma**

Stigmaphyllon A. Juss. 叶柱藤属 Malpighiaceae［MD－343］特征纪要:习性:木本。花程式:K5,C5,A10,＝G2－3。物候:－。花期:8月。果期:参考晚于花期。海拔:100－2000米。生境:山坡,竹林中。资源:－。全球6个大洲分布及种数(117－126;hort. 1;cult. 8)非洲:10－14;亚洲:18－21;大洋洲:15－20;欧洲:3－6;北美洲:32－36;南美洲:87－90。【中国种数:4】。

Stigmatococca Willd. ex Schult. = **Ardisia**

Stigmatodactylus Maxim. ex Makino 指柱兰属 Orchidaceae［MM－723］特征纪要:习性:草本。花程式:Kn,C2－3参考科,A3参考科,＝↓(G)3。物候:－。花期:8－9月。果期:参考晚于花期。海拔:1800米。生境:阴凉处和沟壑旁,阴湿处。资源:－。全球3个大洲分布及种数(26－33)非洲:3; 亚洲:16; 大洋洲:17。【中国种数:1】。

Stigmatodon Leme, G. K. Br. & Barfuss 头凤梨属 Bromeliaceae［MM－715］特征纪要:习性:草本。花程式:(K)3,C3,A3参考科,↓G。其他特征参考科。全球1个大洲分布及种数(18)◆南美洲:18。

Stigmatophyllon Meisn. = **Stigmaphyllon**

Stigmatopteris C. Chr. 热美蕨属 Dryopteridaceae［F－49］特征纪要:习性:－。【Rep】:孢子同形,囊群生叶背有盖。其他特征参考科。全球5个大洲分布及种数(26－45)非洲:2; 亚洲:9; 大洋洲:1; 北美洲:21; 南美洲:38。【中国种数:3】。

Stigmatorhynchus Schltr. 喙柱萝藦属 Apocynaceae［MD－492］特征纪要:习性:木本。花程式:K5,C0,A15,＝↓(G)2。其他特征参考科。全球2个大洲分布及种数(2－4)非洲:4; 亚洲:2。

Stigmatorthos M. W. Chase & D. E. Benn. 凹唇兰属 Orchidaceae［MM－723］特征纪要:习性:－。花程式:－。其他特征参考科。全球1个大洲分布及种数(cf. 1)◆南美洲。

Stigmatosema Garay 礼裙兰属 Orchidaceae［MM－723］特征纪要:习性:－。花程式:－。其他特征参考科。全球2个大洲分布及种数(1－22)北美洲:1; 南美洲:7。

Stigmidium <unassigned> 显柱茅属 Poaceae［MM－748］特征纪要和分布(－)。

Stilaginaceae C. Agardh［MD－220］房还被科 特征纪要:习性:木本;落叶。花程式:K4－5(－),C5,A10,G－。全球2个大洲分布及属种数(1/1 <IFR 1/19 > hort. 1;cult. 1) 非洲:IFR 1/5; 亚洲:1(IFR 1/17)。

Stilaginella Tul. = **Hieronyma**

Stilago L. 五柱茶属 Stilaginaceae［MD－220］特征纪要及分布(－)。

Stilbaceae Kunth［MD－532］耀仙木科 特征纪要:习性:木本;落叶。花程式:K4－5(－),C0,A,↓(G)－。果实:蒴果。全球1个大洲分布及属种数(8/46－50 hort. 1,cult. 1) ◆非洲:3－4/ 11－13。【中国属种数:1/1】。

Stilbanthus Hook. f. 巨苋藤属 Amaranthaceae［MD－116］特征纪要:习性:草本。花程式:K1－2,C1－2,A1－2,G－。物候:－。海拔:900－2300米。生境:森林。资源:－。全球1个大洲分布及种数(cf. 1)◆亚洲。【中国种数:1】。

Stilbe Berg. 耀仙木属 Stilbaceae［MD－532］特征纪要:习性:木本。花程式:K4－5,C0,A4－5,↓G。其他特征参考科。全球2个大洲分布及种数(7－18)非洲:16; 南美洲:3。

Stilbocarpa (Hook. f.) Decne. & Planch. 亮果参属 Apiaceae［MD－480］特征纪要:习性:－。花程式:－。其他特征参考科。全球2个大洲分布及种数(6)大洋洲:5; 南美洲:2。

Stilbophyllum D. L. Jones & M. A. Clem. 丝球兰属 Orchidaceae［MM－723］特征纪要:习性:－。花程式:－。其他特征参考科。全球1个大洲分布及种数(cf. 1)亚洲;大洋洲。

Stilifolium Königer & D. Pongratz = **Cohniella**

Stillingia L. 齿柏属 Euphorbiaceae［MD－217］特征纪要:习性:木本。花程式:K1(1000),C0,A6,＝G2－3。物候:－。海拔:－。生境:－。资源:具栽培园艺种类。全球6个大洲分布及种数(32－38;hort. 1;cult. 2)非洲:2－10;亚洲:4－12;大洋洲:1－9;欧洲:1－9;北美洲:15－25;南美洲:18－26。【中国种数:2】。

Stilpnogyne DC. 耳雏菊属 Asteraceae［MD－586］特征纪要:习性:草本。花程式:(K)3－5,(C)3－5,A3－5,↓G。其他特征参考科。全球1个大洲分布及种数(1)◆非洲。

Stilpnolepis Krasch. 百花蒿属 Asteraceae［MD－586］特征纪要:习性:草本,少灌木。花程式:(K)3－5,C3－5,A3参考科,↓G。物候:－。海拔:1100－1300米。生境:沙漠,草原,沙丘。资源:－。全球1个大洲分布及种数(cf. 1)◆亚洲。【中国种数:2】。

Stilpnopappus Mart. ex DC. 芒冠斑鸠菊属 Asteraceae［MD－586］特征纪要:习性:草本。花程式:(K)3－5,C3－5,A3－5,＝↓(G)2。其他特征参考科。全球1个大洲分布及种数(22－23)◆南美洲。

Stilpnophleum Nevski = **Calamagrostis**

Stilpnophyllum Hook. f. 亮叶鸡纳属 Rubiaceae［MD－523］特征纪要:习性:－。花程式:－。其他特征参考科。

全球 1 个大洲分布及种数(4)◆南美洲。

Stilpnophytum Less. = **Athanasia**

Stimpsonia C. Wright ex A. Gray 假婆婆纳属 Primulaceae [MD-401] 特征纪要:习性:草本(基生)。花程式:(K-),C5,A5,↓G-。物候:-。花期:4-5 月。果期:参考晚于花期。海拔:100-1000 米。生境:生于丘陵和低山草坡和林缘。资源:具园艺种类。全球 1 个大洲分布及种数(2-3)◆亚洲。【中国种数:1】。

Stipa L. 针茅属 Poaceae [MM-748] 特征纪要:习性:草本(基生)。花程式:-。物候:-。海拔:100-3400 米。生境:波状高原上,在湖边缘的草甸,潮湿的田野边缘。资源:具栽培园艺种类。全球 6 个大洲分布及种数(175-1240)非洲:121; 亚洲:426; 大洋洲:135; 欧洲:170; 北美洲:170; 南美洲:379。【中国种数:32】。

Stipagrostis Nees 针禾属 Poaceae [MM-748] 特征纪要:习性:草本(根状茎,基生)。花程式:-。物候:-。海拔:1100-1500 米。生境:沙漠砂,河道河岸。资源:具园艺种类。全球 6 个大洲分布及种数(61-62;hort. 1)非洲:54-55;亚洲:25-27;大洋洲:1;欧洲:5-6;北美洲:10-11;南美洲:1。【中国种数:5】。

Stipecoma Müll. Arg. 毛梗夹竹桃属 Apocynaceae [MD-492] 特征纪要:习性:木本。花程式:K5-∞,C0,A15,=↓G2-5。其他特征参考科。全球 1 个大洲分布及种数(1-2)◆南美洲。

Stipellaria Klotzsch = **Alchornea**

Stipellula Röser & Hamasha 针茅草属 Poaceae [MM-748] 特征纪要:习性:草本。花程式:(K-),C0 参考科,A3 参考科,=G2-3。其他特征参考科。全球 5 个大洲分布及种数(6-7)非洲:4-5;亚洲:cf. 1;欧洲:2;北美洲:1;南美洲:1。

Stipidium M. K. Elias 北美针茅属 Poaceae [MM-748] 特征纪要:习性:竹类。花程式:K5,C3 参考科,A3 参考科,↓G-参考科。其他特征参考科。全球 1 个大洲分布及种数(cf. 1)大洋洲;北美洲。

Stiporyzopsis B. L. Johnson & Rogler 北美针草属 Poaceae [MM-748] 特征纪要:习性:草本。花程式:(K-),C0 参考科,A3 参考科,↓G-参考科。其他特征参考科。全球 1 个大洲分布及种数(2)◆北美洲。

Stipularia P. Beauv. 大爪草属 Caryophyllaceae [MD-77] 特征纪要:习性:草本。花程式:K5,C5-4,A10,G-。其他特征参考科。全球 1 个大洲分布及种数(2)◆非洲。

Stipulicida Michx. 齿托草属 Caryophyllaceae [MD-77] 特征纪要:习性:草本。花程式:K1-5,C1-5,A1-5,G-。其他特征参考科。全球 2 个大洲分布及种数(2-6)亚洲:1; 北美洲:6。

Stiradotheca Klotzsch = **Stibadotheca**

Stirlingia Endl. 莳萝木属 Proteaceae [MD-219] 特征纪要:习性:木本。花程式:K3-4-∞,C0,A2,=G1。其他特征参考科。全球 6 个大洲分布及种数(7-27)非洲:2; 亚洲:3; 大洋洲:13; 欧洲:5; 北美洲:5; 南美洲:9。

Stiroctis P. & K. = **Lachnaea**

Stirtonanthus B.-E. van Wyk & A. L. Schutte 蔓豆属 Fabaceae3 [MD-240] 特征纪要:习性:木本。花程式:=↓(K1-∞),C1-∞,A5-9,=↓G(-)。其他特征参考科。全球 1 个大洲分布及种数(3)◆非洲。

Stisseria Heist. ex Fabr. 山榄科属 Apocynaceae [MD-492] 特征纪要:习性:-。花程式:-。物候:-。花期:几乎全年。果期:参考晚于花期。海拔:5000 米。生境:草间路旁。资源:-。全球 2 个大洲分布及种数(30)北美洲:1; 南美洲:1。

Stixaceae Kunth [MD-179] 斑果藤科 特征纪要:习性:木本;落叶。花程式:K6,C5-6,A3,G-。物候:-。花期:4-5 月。果期:8-12 月。果实:核果。种子:种皮薄,棕色。海拔:100-1200 米。生境:季节雨林,森林。资源:药用。栽培:中国有栽培。全球 1 个大洲分布及属种数(1/1 hort. 1) ◆大洋洲:1/ 1-8。

Stixis Lour. 斑果藤属 Stixaceae [MD-179] 特征纪要(同科)。全球 2 个大洲分布及种数(11-23)亚洲:19; 南美洲:1。【中国种数:3】。

Stizolobium P. Br. 黧豆属 Fabaceae3 [MD-240] 特征纪要:习性:-。花程式:-。物候:-。海拔:7500 米。生境:矮灌木丛或芦苇丛中,稀见于沿河岸疏林下,作为作物栽培。资源:具栽培园艺种类。全球 6 个大洲分布及种数(6-8)非洲:2-8;亚洲:4-12;大洋洲:1-7;欧洲:1-7;北美洲:1-8;南美洲:2-8。

Stizolophus Cass. 菊科属 Asteraceae [MD-586] 特征纪要:习性:-。花程式:-。其他特征参考科。全球 2 个大洲分布及种数(4)亚洲:4; 欧洲:1。

Stizophyllum Miers 刺叶紫葳属 Bignoniaceae [MD-541] 特征纪要:木本。花程式:K2-5-裂片,C0,A5,=G2。其他特征参考科。全球 4 个大洲分布及种数(3-22)非洲:2; 亚洲:3; 北美洲:6; 南美洲:18。【中国种数:1】。

Stocksia Benth. 斯托无患子属 Sapindaceae [MD-428] 特征纪要:习性:木本。花程式:K4-8,C4-8,A10,=(G)2-3。其他特征参考科。全球 1 个大洲分布及种数(cf. 1)◆亚洲。

Stockwellia D. J. Carr, S. G. M. Carr & B. Hyland 四裂假桉属 Myrtaceae [MD-347] 特征纪要:习性:木本。花程式:K4-5,C4-5,A8-10,=↓(G)2-5。其他特征参考科。全球 1 个大洲分布及种数(1)◆大洋洲(◆澳大利亚)。

Stoebe L. 帚鼠曲属 Asteraceae [MD-586] 特征纪要:习性:草本。花程式:(K)3-5,C3-5,A3-5,=↓(G)2。其他特征参考科。全球 2 个大洲分布及种数(16-78)非洲:69; 南美洲:3。

Stoeberia Dinter & Schwantes 武玉树属 Aizoaceae [MD-94] 特征纪要:习性:灌木。花程式:=↓(K3-4),C3-4,A5 参考科,=↓(G)1-2。其他特征参考科。全球 3 个大洲分布及种数(8-13)非洲:12; 亚洲:2; 南美洲:2。

Stoibrax Raf. 葛缕子属 Apiaceae [MD-480] 特征纪要:习性:草本。花程式:=↓(Kn),C5,A3 参考科,=↓G(-)。其他特征参考科。全球 1 个大洲分布及种数(1-3)◆非洲。

Stokesia L'Hér. 琉璃菊属 Asteraceae [MD-586] 特征纪要:习性:草本。花程式:(K)3-5,(C)3-5,A3-5,↓G。其他特征参考科。全球 3 个大洲分布及种数(1-3)亚洲:2; 大洋洲:2; 北美洲:2。【中国种数:1】。

Stokesiella (Kindb.) H. Rob. 异叶藓属 Brachytheciaceae [B-187] 特征纪要:习性:-。【Rep】:参考科特征:雌苞

侧生，雌苞叶分化，蒴柄长，平滑或粗糙，孢蒴卵球形或长椭圆状圆柱形，下弯至横生，甚少直立，颈部短而，绿色或棕绿色。物候：-。海拔：-。生境：常见于林下土生，岩面土生。资源：-。全球2个大洲分布及种数(6)北美洲:1；南美洲:1。

Stolonivector J. J. Engel 纽萼苔属 Lophocoleaceae [B-74] 特征纪要：习性：-。【Rep】：雌苞生于短枝上，雄苞生于短侧枝上，短枝上无正常叶发育，仅为雌雄苞叶，雌雄同株，稀异株，雌雄苞一般生于主茎或长分枝顶端，雌苞叶大于茎叶，先端具裂瓣和不规则齿突，蒴萼大。其他特征参考科。全球1个大洲分布及种数(1)◆大洋洲(◆新西兰)。

Stolonophora J. J. Engel & R. M. Schust. 地萼苔科属 Geocalycaceae [B-49] 特征纪要：-。全球1个大洲分布及种数(-)。

Stolzia Schltr. 封树兰属 Orchidaceae [MM-723] 特征纪要：习性：-。花程式：-。其他特征参考科。全球1个大洲分布及种数(11)◆非洲。

Stomandra Standl. = **Rustia**

Stomatanthes R. M. King & H. Rob. 口泽兰属 Asteraceae [MD-586] 特征纪要：习性：草本。花程式：(K)3-5，C3-5，A3-5，=↓(G)2。其他特征参考科。全球2个大洲分布及种数(19-20)非洲:5；南美洲:15。

Stomatium Schwantes 夜舟玉属 Aizoaceae [MD-94] 特征纪要：习性：草本(具根状茎)。花程式：=↓(K3-4)，C3-4，A5参考科，=↓G-。其他特征参考科。全球4个大洲分布及种数(38-48)非洲:47；亚洲:3；北美洲:2；南美洲:2。

Stomatochaeta (S. F. Blake) Maguire & Wurdack 鬃菊木属 Asteraceae [MD-586] 特征纪要：习性：草本。花程式：(K)3-5，(C)3-5，A3-5，↓G2。其他特征参考科。全球1个大洲分布及种数(6)◆南美洲。

Stomatostemma N. E. Br. 口冠萝藦属 Apocynaceae [MD-492] 特征纪要：习性：木本。花程式：K5，C0，A5，↓G。其他特征参考科。全球1个大洲分布及种数(1)◆非洲。

Stomoisis (L.) Gleason 冠狸藻属 Lentibulariaceae [MD-570] 特征纪要：习性：-。花程式：-。其他特征参考科。全球1个大洲分布及种数(cf. 1)◆南美洲。

Stonea R. H. Zander 澳尾丛藓属 Pottiaceae [B-133] 特征纪要：习性：-。【Rep】：孢腔轮廓清晰，蒴齿缺如，或具蒴齿而无基膜，下部呈黄绿或黄棕色。其他特征参考科。全球2个大洲分布及种数(3)大洋洲:2；南美洲:2。

S

Stoneobryum D. H. Norris & H. Rob. 南非木灵藓属 Orthotrichaceae [B-151] 特征纪要：习性：-。【Rep】：常暗绿色或棕褐色，雌雄异株或同株，稀杂株，雌苞叶不分化，无明显鞘部，蒴柄长，黄色，孢蒴狭长卵形，口蒴，具明显纵褶及纵沟。其他特征参考科。全球1个大洲分布及种数(3)◆非洲:2。

Stonesia G. Taylor 河尾草属 Podostemaceae [MD-322] 特征纪要：习性：草本。花程式：K1-2，C0，A10，=(G)1-2。其他特征参考科。全球3个大洲分布及种数(5-12)非洲:11；亚洲:1；南美洲:8。

Storckiella Seem. 名材豆木属 Fabaceae2 [MD-239] 特征纪要：习性：木本。花程式：=↓(K3-5-∞)，C3-5-∞，A1-10-50，=↓G1。其他特征参考科。全球1个大洲分布及种数(6)◆大洋洲。

Stormesia Kickx f. = **Asplenium**

Storthocalyx Radlk. 明材无患子属 Sapindaceae [MD-428] 特征纪要：习性：木本。花程式：K5，C5，A10，=(G)2-3。其他特征参考科。全球1个大洲分布及种数(5)◆大洋洲。

Stramentopappus H. Rob. & V. A. Funk 铁鸠菊属 Asteraceae [MD-586] 特征纪要：习性：草本。花程式：(K)3-5，(C)3-5，A3参考科，↓G。其他特征参考科。全球1个大洲分布及种数(2) ◆北美洲:2。

Straminergon Hedenäs 华湿原藓属 Amblystegiaceae [B-178] 特征纪要：习性：-。【Rep】：雌雄同株或异株，内雌苞叶具单中肋，蒴柄细长，干燥时扭转，红色或紫色，雌雄同株或异株，内雌苞叶卵状披针形，无褶，中肋单一，蒴柄棕红。物候：-。海拔：-。生境：常见于腐木生，沼泽土生。资源：-。全球6个大洲分布及种数(3)非洲:2；亚洲:3；大洋洲:2；欧洲:2；北美洲:2；南美洲:2。【中国种数:1】。

Strangea Meisn. 锚轮树属 Proteaceae [MD-219] 特征纪要：习性：木本。花程式：K3-4-∞，C0，A2，G1。其他特征参考科。全球3个大洲分布及种数(3-8)亚洲:2；大洋洲:7；南美洲:2。

Strangospora <unassigned> 锚锦藓属 Sematophyllaceae [B-192] 特征纪要：-。全球2个大洲分布及种数(6)非洲:2；南美洲:2。

Strangula Noronha = **Ardisia**

Stranvaesia Lindl. 红果树属 Rosaceae [MD-246] 特征纪要：习性：木本。花程式：-。物候：-。花期:5-6月。果期:参考晚于花期。海拔:1000-1500米。生境：混交林，在小路旁边。资源：具栽培园艺种类。全球4个大洲分布及种数(3-37)亚洲:30；大洋洲:1；欧洲:4；北美洲:4。

Strasburgeria Baill. 栓皮果属 Strasburgeriaceae [MD-143] 特征纪要(同科)。全球1个大洲分布及种数(1)◆大洋洲(◆美拉尼西亚)。

Strasburgeriaceae Van Tiegh. [MD-143] 栓皮果科 特征纪要：习性：木本；落叶。花程式：=↓(K)10，C10，A10，=↓G5。果实：蒴果。全球1个大洲分布及属种数(2/3 hort. 1) ◆大洋洲:1/1。

Stratiotes L. 水凤梨属 Hydrocharitaceae [MM-599] 特征纪要：习性：草本。花程式：(K)3，C3，A2-3，↓G-。物候：-。海拔：-。生境：-。资源：具园艺种类。全球6个大洲分布及种数(1-11)非洲:5；亚洲:9；大洋洲:4；欧洲:5；北美洲:5；南美洲:3。【中国种数:1】。

Straussia A. Gray = **Psychotria**

Strebanthus Raf. = **Eryngium**

Streblacanthus Kuntze 大刺爵床属 Acanthaceae [MD-572] 特征纪要：习性：草本。花程式：K2-4，C0，A2-4，=

G2。其他特征参考科。全球 2 个大洲分布及种数(7)北美洲:4;南美洲:4。

Streblanthus Raf. = **Eryngium**

Streblochaete Hochst. ex A. Rich. 旋芒草属 Poaceae [MM-748] 特征纪要:习性:-。花程式:-。其他特征参考科。全球 2 个大洲分布及种数(7)非洲:6; 亚洲:2。

Streblocladia <unassigned> 秘鲁红花荷属 Rhodoleiaceae [MD-64] 特征纪要:-。全球 4 个大洲分布及种数(5)非洲:4; 欧洲:1; 北美洲:1; 南美洲:5。

Streblopilum Ångström 青藓科属 Brachytheciaceae [B-187] 特征纪要:-。全球 1 个大洲分布及种数(-)。

Streblorrhiza Endl. 绞根耀花豆属 Fabaceae3 [MD-240] 特征纪要:习性:木本。花程式:=↓(K1-∞),C1-∞,A5-9,=↓G(-)。其他特征参考科。全球 1 个大洲分布及种数(1)◆大洋洲。

Streblosa Korth. 马来茜属 Rubiaceae [MD-523] 特征纪要:习性:木本。花程式:(K)4-5,(C)4-5,A4-5,=↓(G)2-9。其他特征参考科。全球 3 个大洲分布及种数(25-43)非洲:2; 亚洲:36; 南美洲:5。

Streblosiopsis Valeton 扭茜草属 Rubiaceae [MD-523] 特征纪要:习性:木本。花程式:(K-),(C)4,A3-5,=↓(G)2-9。其他特征参考科。全球 1 个大洲分布及种数(1)◆东南亚(◆印度尼西亚)。

Streblotrichum P. Beauv. 丛藓科属 Pottiaceae [B-133] 特征纪要:习性:-。【Rep】:雌雄异株或同株,孢蒴多呈卵形、长卵状圆柱形,稀球形,多直立,稀倾斜或下垂。生境:常见于高山岩石上。栽培:来自广西龙州。资源:具栽培园艺种类。全球 4 个大洲分布及种数(3)非洲:1;亚洲:2;欧洲:1;北美洲:2。【中国种数:2】。

Streblus Lour. 叶被木属 Moraceae [MD-87] 特征纪要:习性:木质攀援。花程式:-。物候:-。花期:2-4 月。果期:参考晚于花期。海拔:100-500 米。生境:村庄,森林,水塘边向阳。资源:具栽培园艺种类。全球 6 个大洲分布及种数(32-35;hort. 1)非洲:7-26;亚洲:19-39;大洋洲:14-34;欧洲:1-19;北美洲:5-23;南美洲:2-20。【中国种数:2】。

Streimannia Ochyra 鹤青藓属 Brachytheciaceae [B-187] 特征纪要:-。全球 1 个大洲分布及种数(-)。

Strelitzia Banks 鹤望兰属 Strelitziaceae [MM-725] 特征纪要:习性:草本。花程式:-。物候:-。海拔:-。生境:-。资源:观赏,具栽培园艺种类。全球 6 个大洲分布及种数(6-7;hort. 1;cult. 1)非洲:5-6;亚洲:3-4;大洋洲:2-3;欧洲:1-2;北美洲:3-4;南美洲:4-5。【中国种数:2】。

Strelitziaceae Hutch. [MM-725] 鹤望兰科 特征纪要:习性:木本;落叶。花程式:K3,C3,A2-5,↓(G)↓(G)3。物候:-。花期:冬。果期:-。果实:蒴果。种子:种皮作不规则的矩圆形。海拔:-米。生境:-。资源:绿化。栽培:中国有栽培。全球 6 个大洲分布及属种数(4/11-14 <IFR 1/1> hort. 1;cult. 1) 非洲:2/8; 亚洲:2/6; 大洋洲:2/5; 欧洲:1/2; 北美洲:2/6(IFR 1/1); 南美洲:4/10-12。【中国属种数:2/3】。

Strempelia A. Rich. = **Psychotria**

Strempeliopsis Benth. 施特夹竹桃属 Apocynaceae [MD-492] 特征纪要:习性:木本。花程式:K5-∞,C0,A15,=↓(G)2-5。其他特征参考科。全球 1 个大洲分布及种数(1-2)◆北美洲。

Strephium Schröd. ex Nees = **Raddia**

Strephonema Hook. f. 肉瘿木属 Combretaceae [MD-354] 特征纪要:习性:木本。花程式:-。其他特征参考科。全球 4 个大洲分布及种数(3-21)非洲:11; 欧洲:2; 北美洲:2; 南美洲:6。

Strepsanthera Raf. = **Anthurium**

Strepsilejeunea (Spruce) Schiffn. 唇鳞苔属 Lejeuneaceae [B-84] 特征纪要:习性:-。【Rep】:老时呈红褐色。物候:-。海拔:-。生境:山坡,针阔混交林中。资源:-。全球 4 个大洲分布及种数(1) 非洲;亚洲;北美洲;南美洲。【中国种数:2】。

Streptachne R. Br. 禾本科属 Poaceae [MM-748] 特征纪要:习性:-。花程式:-。其他特征参考科。分布:-。

Streptanthella Rydb. 长喙提琴芥属 Brassicaceae [MD-213] 特征纪要:习性:-。花程式:-。其他特征参考科。全球 3 个大洲分布及种数(3)亚洲:2; 欧洲:3; 北美洲:3。

Streptanthus Nutt. 扭花芥属 Brassicaceae [MD-213] 特征纪要:习性:草本。花程式:K2-4,C2-4,A2-4,=G2。其他特征参考科。全球 5 个大洲分布及种数(70-242)亚洲:4; 大洋洲:25; 欧洲:110; 北美洲:110; 南美洲:11。【中国种数:1】。

Streptima Raf. = **Frankenia**

Streptium Roxb. = **Priva**

Streptocalpta Müll. Hal. 扭丛藓属 Pottiaceae [B-133] 特征纪要:-。全球 1 个大洲分布及种数(1)◆非洲。

Streptocalypta Müll. Hal. 扭丛藓属 Pottiaceae [B-133] 特征纪要:习性:-。【Rep】:孢腔轮廓清晰,蒴齿缺如,或具蒴齿而无基膜,下部呈黄绿或黄棕色。其他特征参考科。全球 3 个大洲分布及种数(4)非洲:1;北美洲:2;南美洲:1。

Streptocalyx Beer 扭萼凤梨属 Bromeliaceae [MM-715] 特征纪要和分布(-)。全球 1 个大洲分布及种数(8)◆南美洲。

Streptocarpus Lindl. 海角苣苔属 Gesneriaceae [MD-549] 特征纪要:习性:草本。花程式:K5,C0,A2,=↓G2。资源:具栽培园艺种类。全球 6 个大洲分布及种数(220-300)非洲:278; 亚洲:14; 大洋洲:3; 欧洲:10; 北美洲:10; 南美洲:8。【中国种数:2】。

Streptocaulon Wight & Arn. 马莲鞍属 Apocynaceae [MD-492] 特征纪要:习性:木质攀援。花程式:-。物候:-。花期:5-10 月。果期:参考晚于花期。海拔:300-1000 米。生境:山地森林,灌木丛,通常依附于树木。资源:药用,具栽培园艺种类。全球 6 个大洲分布及种数(5-22)非洲:3; 亚洲:19; 大洋洲:2; 欧洲:2; 北美洲:2; 南美洲:3。【中国种数:3】。

Streptochaeta Schröd. ex Nees 扭芒竺属 Poaceae［MM－748］特征纪要:习性:草本。花程式:－。其他特征参考科。全球2个大洲分布及种数(3－6)北美洲:3; 南美洲:5。

Streptochaetaceae Nakai ＝ Poaceae

Streptocolea (I. Hagen) Ochyra & Åearnowiec 扭萼藓属 Grimmiaceae［B－115］特征纪要:习性:－。其他特征参考科。全球1个大洲分布及种数(－)◆北美洲。

Streptoechites D. J. Middleton & Livsh. 泥藤属 Apocynaceae［MD－492］特征纪要:习性:木本。花程式:Kn,C0,A15,↓G。物候:－。花期:全年。果期:参考晚于花期。海拔:80－3000米。生境:矮林或灌木丛中,住宅旁。资源:－。全球1个大洲分布及种数(2) ◆亚洲:1。

Streptoglossa Steetz ex F. Müll. 小蓬草属 Asteraceae［MD－586］特征纪要:习性:草本。花程式:(K)3－5,(C)3－5,A3－5,↓G。其他特征参考科。全球1个大洲分布及种数(6－8)◆大洋洲(◆澳大利亚)。

Streptogyna P. Beauv. 扭果竺属 Poaceae［MM－748］特征纪要:习性:草本。花程式:(K)3,C0参考科,A1－2,＝G2－3。其他特征参考科。全球4个大洲分布及种数(4)非洲:1;亚洲:cf. 1;北美洲:1;南美洲:3。

Streptolirion Edgew. 竹叶子属 Commelinaceae［MM－708］特征纪要:习性:草本。花程式:－。物候:－。花期:7－8月。果期:参考晚于花期。海拔:2000米。生境:山坡。资源:具园艺种类。全球4个大洲分布及种数(3－14)亚洲:11; 欧洲:2; 北美洲:2; 南美洲:2。【中国种数:1】。

Streptoloma Bunge 曲缘芥属 Brassicaceae［MD－213］特征纪要:习性:草本。花程式:K2－4,C2－4,A2－4,＝(G)2。其他特征参考科。全球1个大洲分布及种数(cf. 1)◆中亚(◆土库曼斯坦)。

Streptolophus Hughes 攀缘箭叶草属 Poaceae［MM－748］特征纪要:习性:草本。花程式:(K)3,C0参考科,A1－2,＝(G)2－3。其他特征参考科。全球1个大洲分布及种数(1)◆非洲(◆安哥拉)。

Streptopetalum Hochst. 黄麻花属 Passifloraceae［MD－151］特征纪要:习性:木本。花程式:K5,C5,A5,＝↓(G)3。其他特征参考科。全球1个大洲分布及种数(2－5)◆非洲。

Streptopogon Wilson ex Mitt. 扭油藓属 Pottiaceae［B－133］特征纪要:习性:－。【Rep】:孢腔轮廓清晰,蒴齿缺如,或具蒴齿而无基膜,下部呈黄绿或黄棕色。其他特征参考科。全球6个大洲分布及种数(28)非洲:8; 亚洲:4; 大洋洲:2; 欧洲:6; 北美洲:6; 南美洲:15。

Streptopus Michx. 扭柄花属 Liliaceae［MM－633］特征纪要:习性:草本。花程式:－。物候:－。花期:5月。果期:参考晚于花期。海拔:1700－4000米。生境:林下。资源:具栽培园艺种类。全球6个大洲分布及种数(11－16;hort. 1;cult. 4)非洲:9;亚洲:9－19;大洋洲:9;欧洲:2－11;北美洲:7－16;南美洲:1－10。【中国种数:8】。

Streptosiphon Mildbr. 坦桑曲爵床属 Acanthaceae［MD－572］特征纪要:习性:草本。花程式:K2－4,C0,A2－4,＝(G)2。其他特征参考科。全球1个大洲分布及种数(1)◆非洲(◆坦桑尼亚)。

Streptosolen Miers 扭管花属 Solanaceae［MD－503］特征纪要:习性:草本。花程式:K3－4,C0,A3－4,↓G。其他特征参考科。全球5个大洲分布及种数(1－3)非洲:2; 亚洲:3; 大洋洲:2; 北美洲:2; 南美洲:2。【中国种数:1】。

Streptostachys Desv. 弯穗黍属 Poaceae［MM－748］特征纪要:习性:草本。花程式:(K)3,C0参考科,A1－2,＝G2－3。其他特征参考科。全球6个大洲分布及种数(2－8)非洲:2; 亚洲:3; 大洋洲:2; 欧洲:3; 北美洲:3; 南美洲:8。

Streptothamnus F. Müll. 海金藤属 Berberidopsidaceae［MD－62］特征纪要:习性:木本。花程式:－。其他特征参考科。全球1个大洲分布及种数(1)◆大洋洲。

Streptotrachelus Greenm. ＝ **Laubertia**

Streptotrichum Herzog 玻丛藓属 Pottiaceae［B－133］特征纪要:习性:－。【Rep】:孢腔轮廓清晰,蒴齿缺如,或具蒴齿而无基膜,下部呈黄绿或黄棕色。其他特征参考科。全球1个大洲分布及种数(1)◆南美洲。

Streptoura Lür 尾萼兰属 Orchidaceae［MM－723］特征纪要:习性:－。花程式:－。其他特征参考科。全球1个大洲分布及种数(cf. 1)◆南美洲。

Striga Lour. 独脚金属 Orobanchaceae［MD－552］特征纪要:习性:草本(寄生,多肉)。花程式:(K－),C2－3参考科,A4,↓G2。物候:－。花期:9－12月。果期:参考晚于花期。海拔:800米。生境:地方。栽培:来自广西龙州。资源:具栽培园艺种类。全球6个大洲分布及种数(51－62)非洲:38－48;亚洲:15－21;大洋洲:7－13;欧洲:1－4;北美洲:5－8;南美洲:2－5。【中国种数:4】。

Strigilia Cav. ＝ **Styrax**

Strigosella Boiss. 涩芥属 Brassicaceae［MD－213］特征纪要:习性:草本。花程式:K2－4,C2－4,A2－4,＝(G)2。物候:－。花期:4－6月。果期:参考晚于花期。海拔:30－6200米。生境:大草原,沙漠,山坡。栽培:来自广西龙州。资源:具栽培园艺种类。全球5个大洲分布及种数(24－26)非洲:2; 亚洲:25; 欧洲:3; 北美洲:3; 南美洲:2。【中国种数:6】。

Strigula <unassigned> 类报春属 Primulaceae［MD－401］特征纪要和分布(－)。

Strobilanthes Bl. 延苞蓝属 Acanthaceae［MD－572］特征纪要:习性:草本,少木本。花程式:－。物候:－。花期:6－10月。果期:参考晚于花期。海拔:100－1000米。生境:草山坡,在河边。资源:药用,具栽培园艺种类。全球6个大洲分布及种数(468－1069)非洲:106; 亚洲:953; 大洋洲:59; 欧洲:47; 北美洲:47; 南美洲:43。【中国种数:134】。

Strobilanthopsis S. Moore 类马蓝属 Acanthaceae［MD－572］特征纪要:习性:－。花程式:－。其他特征参考科。全球4个大洲分布及种数(1－77)非洲:1; 亚洲:2; 北美洲:1; 南美洲:1。

Strobilopsis Hilliard & B. L. Burtt 球果玄参属 Scrophulariaceae［MD－536］特征纪要:习性:草本。花程式:K2－4,C0,A2－4,↓G2。其他特征参考科。全球2个大洲分布及种数(1－3)非洲:3; 南美洲:2。

S

Strobilurus <unassigned> 墨西哥合囊蕨属 Marattiaceae［F－13］特征纪要：－。全球 2 个大洲分布及种数(2)北美洲：1；南美洲：1。

Strobocalyx (Bl. ex DC.) Spach 铁鸠菊属 Asteraceae［MD－586］特征纪要：习性：草本。花程式：(K)3－5，(C)3－5，A3－5，↓G。物候：－。花期：参考早于果期。果期：4－6 月。海拔：300－3000 米。生境：开阔灌丛，林缘。栽培：来自广西龙州。资源：具栽培园艺种类。全球 3 个大洲分布及种数(9－12)非洲：2；亚洲：6；大洋洲：1。【中国种数：4】。

Stroemia I. Hagen 木灵藓科属 Capparaceae［MD－178］特征纪要：－。全球 1 个大洲分布及种数(－)。

Stroganowia Kar. & Kir. 革叶荠属 Brassicaceae［MD－213］特征纪要：习性：－。花程式：－。物候：－。花期：3－7 月。果期：6－8 月。海拔：30－6200 米。生境：半固定沙地前平地，作为蔬菜栽培。资源：具栽培园艺种类。全球 6 个大洲分布及种数(1－5)非洲：2；亚洲：2；大洋洲：2；欧洲：2；北美洲：2；南美洲：2。

Stromanthe Sond. 紫背竹芋属 Marantaceae［MM－740］特征纪要：习性：草本。花程式：(K)3，C3，A3－4，＝↓G3。物候：－。海拔：－。生境：－。资源：具栽培园艺种类。全球 5 个大洲分布及种数(20－32)亚洲：5；大洋洲：1；欧洲：15；北美洲：15；南美洲：30。【中国种数：2】。

Stromatopteris Mett. 马陆蕨属 Gleicheniaceae［F－18］特征纪要：习性：－。【Rep】：孢子同形，囊群生叶背有盖。其他特征参考科。全球 2 个大洲分布及种数(1－2)亚洲：2；大洋洲：2。【中国种数：1】。

Strombocactus Britton & Rose 独乐玉属 Cactaceae［MD－100］特征纪要：习性：木本。花程式：＝↓(Kn)，C1－∞参考科，A3 参考科，＝↓(G)3－100。物候：－。海拔：－。生境：－。资源：具园艺种类。全球 3 个大洲分布及种数(2－14)亚洲：2；北美洲：3；南美洲：1。

Strombocarpa (Benth.) Engelm. & A. Gray 牧豆树属 Fabaceae3［MD－240］特征纪要：习性：木本。花程式：－。其他特征参考科。全球 1 个大洲分布及种数(cf. 1)◆北美洲。

Strombodurus Willd. ex Steud. ＝ **Bouteloua**

Strombosia Bl. 润肺木属 Olacaceae［MD－362］特征纪要：习性：木本。花程式：－。物候：－。海拔：100－1700 米。生境：冲积森林和河流森林，沙地，很少有山丘。资源：－。全球 3 个大洲分布及种数(13－34)非洲：18；亚洲：15；大洋洲：2。【中国种数：1】。

Strombosiopsis Engl. 拟陀螺树属 Olacaceae［MD－362］特征纪要：习性：木本。花程式：－。其他特征参考科。全球 1 个大洲分布及种数(3－5)◆非洲。

Strombulidens W. R. Buck 翠毛藓属 Ditrichaceae［B－119］特征纪要：习性：－。【Rep】：孢蒴台部发达，蒴齿具疣或纵斜条纹，绿色或黄绿色。其他特征参考科。全球 1 个大洲分布及种数(1)◆亚洲：1。

Strongyleria (Pfitzer) Schuit., Y. P. Ng & H. A. Pedersen 劲房兰属 Orchidaceae［MM－723］特征纪要：习性：草本。花程式：(K－)，C2－3 参考科，A3 参考科，↓G－。物候：－。花期：参考早于果期。果期：10－11 月。海拔：80－5200 米。生境：柏树林下或草坡路旁，竹坡中。资源：－。全球 2 个大洲分布及种数(4) 非洲：1，亚洲：3。

Strongylodon Vogel 翡翠葛属 Fabaceae3［MD－240］特征纪要：习性：木本。花程式：＝↓(K1－∞)，C1－∞，A5－9，＝↓G1。物候：－。海拔：7500 米。生境：矮灌木丛或芦苇丛中，稀见于沿河岸疏林下，作为作物栽培。资源：具栽培园艺种类。全球 6 个大洲分布及种数(8－18)非洲：4－8；亚洲：5－13；大洋洲：2－6；欧洲：1－2；北美洲：3；南美洲：2。【中国种数：2】。

Strongylosperma Less. ＝ **Cotula**

Strophanthus DC. 羊角拗属 Apocynaceae［MD－492］特征纪要：习性：木本。花程式：(K－)，C5，A5，↓G－。物候：－。花期：4－6 月。果期：参考晚于花期。海拔：100－1000 米。生境：丘陵山地，路旁疏林中或山坡灌木丛中。资源：园林，具栽培园艺种类。全球 6 个大洲分布及种数(39－141)非洲：95；亚洲：53；大洋洲：3；欧洲：17；北美洲：17；南美洲：7。【中国种数：7】。

Strophioblachia Börl. 宿萼木属 Euphorbiaceae［MD－217］特征纪要：习性：木本。花程式：－。物候：－。花期：3－10 月。果期：参考晚于花期。海拔：200－400 米。生境：密林中或灌木丛中。资源：具园艺种类。全球 1 个大洲分布及种数(cf. 1)◆亚洲。【中国种数：1】。

Strophiodiscus Choux ＝ **Plagioscyphus**

Strophiostoma Turcz. ＝ **Myosotis**

Strophocactus Britton & Rose 蛇鞭柱属 Cactaceae［MD－100］特征纪要：习性：木本。花程式：＝↓(Kn)，C1－∞参考科，A3 参考科，＝↓G－。其他特征参考科。全球 2 个大洲分布及种数(3－5)北美洲：1；南美洲：4。

Strophopappus DC. 芒冠斑鸠菊属 Asteraceae［MD－586］特征纪要：习性：－。花程式：－。其他特征参考科。全球 1 个大洲分布及种数(1－2)◆南美洲。

Strophostyles Elliott 曲瓣莱豆属 Fabaceae3［MD－240］特征纪要：习性：木本。花程式：＝↓(K1－∞)，C1－∞，A5－9，＝↓G1。其他特征参考科。全球 4 个大洲分布及种数(3－11)非洲：3；亚洲：5；北美洲：7；南美洲：2。【中国种数：2】。

Strotheria B. L. Turner 岩丘菊属 Asteraceae［MD－586］特征纪要：习性：草本。花程式：(K)3－5，(C)3－5，A3－5，＝↓G2。其他特征参考科。全球 5 个大洲分布及种数(1－31)非洲：9；亚洲：2；欧洲：2；北美洲：2；南美洲：22。

Struchium P. Br. 骨冠菊属 Asteraceae［MD－586］特征纪要：习性：草本。花程式：(K)3－5，(C)3－5，A3－5，↓G。其他特征参考科。全球 5 个大洲分布及种数(1－8)非洲：4；亚洲：4；大洋洲：3；北美洲：5；南美洲：6。

Struckia Müll. Hal. 牛尾藓属 Sematophyllaceae［B－192］特征纪要：习性：－。【Rep】：雌苞叶中等大小，雌雄异株，内雌苞叶红棕色，长披针形，渐尖，叶边平展，具齿，蒴柄长 1－2 厘米，孢蒴卵形或短圆柱形。物候：－。海拔：－。生境：常见于竹上，岩石上。资源：－。全球 3 个大洲分布及种数(3)亚洲：2；欧洲：1；北美洲：1。【中国

S

种数:3】。

Strumaria Jacq. 柔石蒜属 Amaryllidaceae [MM-694] 特征纪要:习性:草本。花程式:(K)3,C3,A1,=↓G3。物候:-。海拔:-。生境:-。资源:具栽培园艺种类。全球5个大洲分布及种数(32-51)非洲:36; 亚洲:3; 欧洲:3; 北美洲:3; 南美洲:6。

Strumpfia Jacq. 松傲木属 Rubiaceae [MD-523] 特征纪要:习性:木本。花程式:(K)4-5,(C)4-5,A4-5,↓G。其他特征参考科。全球3个大洲分布及种数(1-2)亚洲:2; 北美洲:2; 南美洲:2。

Strusiola Raf. = **Struthiola**

Struthanthus Mart. 驼鸟花属 Loranthaceae [MD-415] 特征纪要:习性:木本。花程式:K6,C0,A4,=↓G3-4。其他特征参考科。全球5个大洲分布及种数(96-213)非洲:5; 亚洲:7; 欧洲:69; 北美洲:69; 南美洲:203。

Struthia L. = **Gnidia**

Struthiola L. 杉薇香属 Thymelaeaceae [MD-310] 特征纪要:习性:木本。花程式:K2-4,C0,A2,=G2-5。其他特征参考科。全球5个大洲分布及种数(32-79)非洲:75; 亚洲:6; 大洋洲:2; 欧洲:3; 北美洲:3。

Struthiolopsis E. Phillips = **Gnidia**

Struthiopteris Willd. 鹿蕨属 Blechnaceae [F-46] 特征纪要:习性:-。【Rep】:孢子囊群线形,连续不断,沿羽片主脉两侧各有1行,几与羽片等长,仅羽片的喙状先端不育。物候:-。海拔:1600-2800米。生境:杂木林林缘潮湿崖壁石隙。资源:-。全球4个大洲分布及种数(38)非洲:2; 亚洲:22; 北美洲:4; 南美洲:2。

Strutiola Burm. f. = **Struthiola**

Strychnaceae DC. ex Perleb [MD-487] 马钱子科 特征纪要:习性:木本;落叶。花程式:K4-5(-),C5,A,G-。物候:-。花期:3-6月。果期:8-9月。果实:-。种子:-。海拔:100-2100米。资源:药用。栽培:中国有栽培。全球5个大洲分布及属种数(1/1)非洲:1/1; 亚洲:1/1; 大洋洲:1/1; 北美洲:1/1; 南美洲:1/1。

Strychnella <unassigned> 非洲马钱属 Loganiaceae [MD-486] 特征纪要:-。全球1个大洲分布及种数(1)◆非洲:1。

Strychnopsis Baill. 马钱藤属 Menispermaceae [MD-42] 特征纪要:习性:草本。花程式:K1(6-40),C3,A1-6-40,=G1-3。其他特征参考科。全球1个大洲分布及种数(1)◆非洲(◆马达加斯加)。

Strychnos L. 马钱属 Strychnaceae [MD-487] 特征纪要:习性:木质攀援。花程式:-。物候:-。海拔:200-1800米。生境:-。资源:具栽培园艺种类。全球6个大洲分布及种数(257-281;hort. 1;cult. 1)非洲:92-102;亚洲:87-100;大洋洲:27-34;欧洲:5;北美洲:29-34;南美洲:93-106。【中国种数:19】。

Stryphnodendron Mart. 涩树属 Fabaceae2 [MD-240] 特征纪要:习性:木本。花程式:=↓(K3-5-∞),C3-5-∞,A1-10-50,=↓G1。其他特征参考科。全球6个大洲分布及种数(37-60)非洲:5; 亚洲:2; 大洋洲:2; 欧洲:6; 北美洲:6; 南美洲:57。【中国种数:1】。

Stuartina Sond. 无冠紫绒草属 Asteraceae [MD-586] 特征纪要:草本。花程式:(K)3-5,C3-5,A3-5,=↓(G)2。其他特征参考科。全球6个大洲分布及种数(3)非洲:3;亚洲:3;大洋洲:2-5;欧洲:3;北美洲:3;南美洲:3。

Stubendorffia Schrenk ex Fisch. 施图芥属 Brassicaceae [MD-213] 特征纪要:习性:-。花程式:-。其他特征参考科。全球1个大洲分布及种数(cf. 1)◆亚洲。

Stuckenia Börner 篦齿眼子菜属 Potamogetonaceae [MM-606] 特征纪要:习性:草本。花程式:-。物候:-。海拔:1-2米。生境:池塘,湖泊,沼泽。资源:具园艺种类。全球6个大洲分布及种数(14-15)非洲:1-5;亚洲:9-13;大洋洲:4;欧洲:8-12;北美洲:10-14;南美洲:7-11。【中国种数:4】。

Stuckertiella Beauverd 联冠紫绒草属 Asteraceae [MD-586] 特征纪要:习性:-。花程式:-。其他特征参考科。全球1个大洲分布及种数(2)◆南美洲。

Stuebelia Pax = **Belencita**

Stuessya B. L. Turner & F. G. Davies 芒苞菊属 Asteraceae [MD-586] 特征纪要:习性:草本。花程式:(K)3-5,C3-5,A3-5,=↓(G)2。其他特征参考科。全球1个大洲分布及种数(2)◆北美洲。

Stuhlmannia Taub. 非洲云实属 Fabaceae1 [MD-240] 特征纪要:习性:木本。花程式:=↓(K3-5-∞),C3-5-∞,A3-5,=↓G1-2。其他特征参考科。全球1个大洲分布及种数(1)◆非洲。

Stupa Asch. = **Stipa**

Stussenia C. Hansen 柏拉木属 Melastomataceae [MD-364] 特征纪要:习性:木本。花程式:-。其他特征参考科。全球1个大洲分布及种数(1)◆亚洲。

Stutzia E. H. Zacharias 鳞滨藜属 Amaranthaceae [MD-116] 特征纪要:习性:草本。花程式:Kn,C0,A1-2,G-。其他特征参考科。全球1个大洲分布及种数(2)◆北美洲(◆美国)。

Styctyosiphon <unassigned> 非洲马桑属 Coriariaceae [MD-277] 特征纪要:-。全球1个大洲分布及种数(1)◆非洲:1。

Stygnanthe Hanst. = **Columnea**

Stylagrostis Mez = **Deyeuxia**

Stylandra Nutt. = **Asclepias**

Stylesia Nutt. = **Bahia**

Stylidiaceae R. Br. [MD-568] 花柱草科 特征纪要:习性:木本;落叶。花程式:K4-5(-),C4-5-,A8,↓(G)-。物候:-。花期和果期:10月。果实:蒴果。种子:-。海拔:1000米。生境:稻田,沼泽,丘陵溪边湿草地中。资源:药用。栽培:-。全球5个大洲分布及属种数(6/197-360 <IFR 1/3> hort. 1;cult. 1)非洲:1/2;亚洲:1/165－297; 大洋洲:5/191－344(IFR 1/3); 欧洲:1/1－2; 南美洲:1/2。【中国属种数:1/3】。

Stylidium Sw. ex Willd. 条叶花柱草属 Stylidiaceae [MD－568] 特征纪要:习性:草本(基生)。花程式:－。物候:－。海拔:1000 米。生境:稻田,沼泽,丘陵溪边湿草地中。资源:药用,具栽培园艺种类。全球 6 个大洲分布及种数(188－331;hort. 1;cult. 8)非洲:2－4;亚洲:164－298;大洋洲:183－322;欧洲:1－4;北美洲:2;南美洲:2。【中国种数:3】。

Stylimnus Raf. = **Pluchea**

Stylisma Raf. 曙花藤属 Convolvulaceae [MD－499] 特征纪要:习性:草本。花程式:K5,C0,A5,↓G。其他特征参考科。全球 4 个大洲分布及种数(8－33)亚洲:15; 欧洲:19; 北美洲:19; 南美洲:3。

Stylobasiaceae J. Agardh [MD－251] 过柱花科 特征纪要:习性:木本;落叶。花程式:(K)6－,C5,A5,=↓(G)1。全球 1 个大洲分布及属种数(2/2－4) ◆大洋洲:1/ 2。

Stylobasium Desf. 檐铃木属 Stylobasiaceae [MD－251] 特征纪要(同科)。全球 1 个大洲分布及种数(－)。

Styloceras Kunth ex A. Juss. 羚角果属 Stylocerataceae [MD－181] 特征纪要(同科)。全球 1 个大洲分布及种数(6－7)◆南美洲。

Stylocerataceae Takht. ex Reveal & Hoogland [MD－181] 尖角黄杨科 特征纪要:习性:木本;落叶。花程式:K6,C0,A6,↑G2－3。全球 1 个大洲分布及属种数(2/8－9) ◆南美洲:1/ 6－7。

Stylochaeton Schott 地宝芋属 Araceae [MM－639] 特征纪要:习性:草本。花程式:K0,C0,A1－4,=G1－3。其他特征参考科。全球 2 个大洲分布及种数(22－70)非洲:62; 亚洲:4。

Stylochiton Schott 坦桑天南星属 Araceae [MM－639] 特征纪要:习性:－。花程式:－。其他特征参考科。全球 4 个大洲分布及种数(37)非洲:31; 亚洲:2; 北美洲:2; 南美洲:7。

Stylocline Nutt. 筑巢草属 Asteraceae [MD－586] 特征纪要:习性:草本。花程式:(K)3－5,C3－5,A3－5,=↓(G)2。其他特征参考科。全球 3 个大洲分布及种数(7－13)亚洲:2; 欧洲:10; 北美洲:10。

Stylocoryna Cav. 茜草科属 Rubiaceae [MD－523] 特征纪要:习性:－。花程式:－。其他特征参考科。全球 1 个大洲分布及种数(1)◆亚洲:1。

Stylocoryne Wight & Arn. = **Stylocoryna**

Stylogyne A. DC. 铁金牛属 Primulaceae [MD－401] 特征纪要:习性:草本。花程式:(K)3－4,(C)3－4,A4,=(G)3－5。其他特征参考科。全球 6 个大洲分布及种数(46)非洲:1;亚洲:7－9;大洋洲:1;欧洲:1;北美洲:12－13;南美洲:39－43。【中国种数:4】。

Stylolejeunea Sim 细鳞苔科属 Lejeuneaceae [B－84] 特征纪要:－。全球 1 个大洲分布及种数(－)。

Stylomecon G. Taylor 风罂粟属 Papaveraceae [MD－54] 特征纪要:习性:－。花程式:－。其他特征参考科。全球 1 个大洲分布及种数(1)◆北美洲。

Styloncerus Spreng. ex Juss. 澳柱菊属 Asteraceae [MD－586] 特征纪要和分布(－)。全球 1 个大洲分布及种数(1－7)◆大洋洲。

Stylophorum Nutt. 金罂粟属 Papaveraceae [MD－54] 特征纪要:习性:草本(基生,多肉)。花程式:－。物候:－。花期:4－8 月。果期:参考晚于花期。海拔:1100－1700 米。生境:林下或沟边。资源:药用,具栽培园艺种类。全球 6 个大洲分布及种数(6－7)非洲:1;亚洲:5－6;大洋洲:1;欧洲:1;北美洲:2－3;南美洲:1。【中国种数:2】。

Stylophyllum Britton & Rose 景天科属 Crassulaceae [MD－229] 特征纪要:习性:－。花程式:－。其他特征参考科。全球 1 个大洲分布及种数(－)。

Stylosanthes Sw. 笔花豆属 Fabaceae3 [MD－240] 特征纪要:木本。花程式:(K－),C2－3 参考科,A10,=↓G1。海拔:7500 米。生境:栽培和归化。资源:具栽培园艺种类。全球 6 个大洲分布及种数(49－58;hort. 1;cult. 7)非洲:9－13;亚洲:12－16;大洋洲:9－13;欧洲:1－5;北美洲:20－25;南美洲:41－51。【中国种数:7】。

Stylosiphonia Brandegee 墨茜属 Rubiaceae [MD－523] 特征纪要:习性:木本。花程式:(K)4－5,(C)4－5,A4－5,=↓(G)2－9。其他特征参考科。全球 1 个大洲分布及种数(1)◆北美洲。

Stylostegium Bruch & Schimp. 小穗藓属 Seligeriaceae [B－113] 特征纪要和分布(－)。

Stylotrichium Mattf. 毛柱柄泽兰属 Asteraceae [MD－586] 特征纪要:习性:草本。花程式:(K)3－5,C3－5,A3－5,=↓(G)2。其他特征参考科。全球 3 个大洲分布及种数(6－7)亚洲:2; 北美洲:2; 南美洲:7。

Stypandra R. Br. 垂璃百合属 Asphodelaceae [MM－649] 特征纪要:习性:草本。花程式:K3,C0 参考科,A6,G3。其他特征参考科。全球 2 个大洲分布及种数(2－16)大洋洲:2; 南美洲:1。

Styphelia Sm. 垂钉石南属 Ericaceae [MD－380] 特征纪要:习性:木本。花程式:(K)2－4,(C)2－4,A10,=G2－5。其他特征参考科。全球 6 个大洲分布及种数(177－410)非洲:19; 亚洲:32; 大洋洲:273; 欧洲:3; 北美洲:3; 南美洲:8。

Styphnolobium Schott 槐属 Fabaceae3 [MD－240] 特征纪要:习性:木本。花程式:=↓(K1－∞),C1－∞,A5－9,=↓G1。物候:－。花期:7－8 月。果期:参考晚于花期。海拔:7500 米。生境:万寿山南山坡下,南近昆明湖。资源:具园艺种类。全球 5 个大洲分布及种数(9－11)非洲:2; 亚洲:2; 欧洲:10; 北美洲:10; 南美洲:3。【中国种数:1】。

Styppeiochloa De Winter 纤维鞘草属 Poaceae [MM－748] 特征纪要:草本。花程式:(K)3,C0 参考科,A1－2,=(G)2－3。其他特征参考科。全球 5 个大洲分布及种数(5－17)非洲:10; 亚洲:4; 欧洲:1; 北美洲:1; 南美洲:4。

Styracaceae DC. & Spreng. [MD－327] 安息香科 特征纪要:习性:木本;落叶。花程式:(K)6－,C4－5,A8,↓(G)－。物候:－。花期: 3－4 月。果期: 7－9 月。果实:蒴果。种子:棕,种脐。海拔:0 米。生境:常绿阔叶林,密林中。资源:油脂。栽培:－。全球 6 个大洲分布及属种数(13－14/230－257 <IFR 3/9> hort. 1;cult. 3) 非洲:

S

1/11－12；亚洲:12/125－135(IFR 3/4)；大洋洲:1/5－6；欧洲:1/1；北美洲:2/58－61(IFR 1/4)；南美洲:3－4/92－102(IFR 1/2)。【中国属种数:10/59】。

Styrax L. 安息香属 Styracaceae［MD－327］特征纪要:习性:木本。花程式:(K－),C2－3参考科,A10－,G－。物候:－。花期:3－11月。果期:参考晚于花期。海拔:100－1700米。生境:常绿阔叶林中,山中向阳山坡上。资源:具栽培园艺种类。全球6个大洲分布及种数(176－198;hort. 1;cult. 12)非洲:10－34;亚洲:73－105;大洋洲:4－28;欧洲:1－24;北美洲:51－77;南美洲:89－120。【中国种数:32】。

Styrophyton S. Y. Hu 长穗花属 Melastomataceae［MD－364］特征纪要:习性:木本。花程式:－。物候:－。花期:5－6月。果期:参考晚于花期。海拔:400－1500米。生境:河岸,山谷,灌木丛或沟边。资源:药用。全球1个大洲分布及种数(9－10)◆亚洲(◆中国)。【中国种数:1】。

Suaeda Forssk. ex J. F. Gmel. 纵翅碱蓬属 Chenopodiaceae［MD－115］特征纪要:习性:草本,少木本。花程式:－。物候:－。海拔:900－2200米。生境:柽柳树下,重盐碱地。资源:具栽培园艺种类。全球6个大洲分布及种数(100－115;hort. 1;cult. 2)非洲:28－42;亚洲:96－119;大洋洲:10－24;欧洲:19－34;北美洲:27－41;南美洲:18－32。【中国种数:29】。

Suardia Schrank ＝ **Melinis**

Suarezia Dodson 苏亚兰属 Orchidaceae［MM－723］特征纪要:习性:草本。花程式:Kn,C0参考科,A－参考科,↓(G)3。其他特征参考科。全球1个大洲分布及种数(1)◆南美洲(◆厄瓜多尔)。

Suberanthus Borhidi & M. Fernández 加勒比皮茜属 Rubiaceae［MD－523］特征纪要:习性:木本。花程式:(K)4－5,(C)4－5,A4－5,＝↓(G)2－9。其他特征参考科。全球5个大洲分布及种数(9－12)非洲:2；亚洲:2；大洋洲:2；北美洲:12；南美洲:2。

Suberogerens Morillo 夹竹桃科属 Apocynaceae［MD－492］特征纪要:习性:木本。花程式:－。其他特征参考科。全球1个大洲分布及种数(－)。

Subhysteropycnis <unassigned> 疣顶苔属 Aytoniaceae［B－9］特征纪要:－。全球1个大洲分布及种数(2)◆南美洲:2。

Subpilocereus Backeb. 翁柱属 Cactaceae［MD－100］特征纪要和分布(－)。全球1个大洲分布及种数(1)◆南美洲。

Subularia Ray ex L. 钻叶荠属 Brassicaceae［MD－213］特征纪要:草本,落叶,单叶；花程式:K2－4,C2－4,A2－4,＝↑(G),2,房位(－)。果实:短角果。种子:棕色。全球1个大洲分布及种数(2－3)◆非洲。【中国种数:1】。

Succisa Haller 魔噬花属 Caprifoliaceae［MD－510］特征纪要:习性:木本。花程式:－。其他特征参考科。全球6个大洲分布及种数(4－5)非洲:2－5;亚洲:2－5;大洋洲:3;欧洲:2－6;北美洲:2－5;南美洲:3。【中国种数:1】。

Succisella Beck 小断草属 Caprifoliaceae［MD－510］特征纪要:习性:木本。花程式:－。其他特征参考科。全球4个大洲分布及种数(5－8)亚洲:3；大洋洲:2；欧洲:2；北美洲:2。【中国种数:1】。

Suchtelenia Kar. ex Meisn. 苏合草属 Boraginaceae［MD－517］特征纪要:习性:草本。花程式:K5,C0,A5,＝(G)2－4。其他特征参考科。全球3个大洲分布及种数(2－7)亚洲:7；欧洲:1；北美洲:1。【中国种数:1】。

Suckleya A. Gray 异被滨藜属 Amaranthaceae［MD－116］特征纪要:习性:草本。花程式:Kn,C0,A3参考科,G－。其他特征参考科。全球1个大洲分布及种数(1－2)◆北美洲。

Sucrea Soderstr. 旋颖竺属 Poaceae［MM－748］特征纪要:习性:草本。花程式:(K)3,C0参考科,A1－2,＝(G)2－3。其他特征参考科。全球1个大洲分布及种数(3)◆南美洲(◆巴西)。

Sudacaste Archila & Chiron 兰科属 Orchidaceae［MM－723］特征纪要:习性:－。花程式:－。其他特征参考科。全球1个大洲分布及种数(－)。

Sudamerlycaste Archila 南捧心兰属 Orchidaceae［MM－723］特征纪要:习性:－。花程式:－。其他特征参考科。全球5个大洲分布及种数(64)非洲:3；亚洲:5；欧洲:8；北美洲:8；南美洲:58。

Suddia Renvoize 慈姑竺属 Poaceae［MM－748］特征纪要:习性:草本。花程式:(K)3,C0参考科,A1－2,＝(G)2－3。其他特征参考科。全球2个大洲分布及种数(1－4)非洲:2；南美洲:3。

Suessenguthia Merxm. 苏氏爵床属 Acanthaceae［MD－572］特征纪要:习性:草本。花程式:K2－4,C0,A2－4,＝(G)2。其他特征参考科。全球2个大洲分布及种数(9－13)亚洲:2；南美洲:12。【中国种数:1】。

Suessenguthiella Friedrich 刺萼粟草属 Molluginaceae［MD－99］特征纪要:习性:草本。花程式:－。其他特征参考科。全球1个大洲分布及种数(1－2)◆非洲。

Sugerokia Miq. ＝ **Heloniopsis**

Suitenia Stokes ＝ **Swietenia**

Suksdorfia A. Gray 堇蓬草属 Saxifragaceae［MD－231］特征纪要:习性:草本。花程式:－。其他特征参考科。全球3个大洲分布及种数(2－6)亚洲:3；北美洲:4；南美洲:2。

Sulaimania Hedge & Rech. f. 贝壳花属 Lamiaceae［MD－575］特征纪要:习性:－。花程式:－。其他特征参考科。全球1个大洲分布及种数(cf. 1)◆亚洲。

Sulcorebutia Backeb. 宝珠球属 Cactaceae［MD－100］特征纪要:习性:－。花程式:－。其他特征参考科。全球1个大洲分布及种数(1－56)◆南美中部。

Sulettaria A. D. Poulsen & Mathisen 山姜苗属 Zingiberaceae［MM－737］特征纪要:习性:草本。花程式:(K－),C2－3参考科,A3参考科,↓G。物候:－。海拔:80－3800米。生境:湿沟边,竹木林中。资源:－。全球1个大洲分布及种数(15) ◆亚洲:1。

Sulipa Blanco ＝ **Gardenia**

Sulla Medik. 岩黄芪属 Fabaceae3 [MD - 240] 特征纪要:习性:-。花程式:-。其他特征参考科。全球 3 个大洲分布及种数(7 - 11)非洲:9; 亚洲:2; 大洋洲:1。

Sullivantia Torr. & A. Gray 冷瀑草属 Saxifragaceae [MD - 231] 特征纪要:习性:草本。花程式:= ↓(K5),C5,A5 - 10,= ↓G -。其他特征参考科。全球 2 个大洲分布及种数(4 - 11)亚洲:1; 北美洲:7。

Sumatroscirpus Oteng - Yeb. 蘼草属 Cyperaceae [MM - 747] 特征纪要:习性:草本(基生)。花程式:-。物候:-。花期:参考早于果期。果期:5 - 6 月。海拔:5700 米。生境:草地,森林中的湿地,江边。资源:-。全球 1 个大洲分布及种数(1 - 2)◆亚洲。

Sumbaviopsis J. J. Sm. 缅桐属 Euphorbiaceae [MD - 217] 特征纪要:习性:木本。花程式:-。物候:-。海拔:400 - 900 米。生境:森林覆盖的石灰岩山谷沙丘,山沟湿润常绿林中。资源:油脂。全球 5 个大洲分布及种数(1 - 4)非洲:2; 亚洲:3; 大洋洲:2; 北美洲:2; 南美洲:2。【中国种数:1】。

Summerhayesia P. J. Cribb 细距兰属 Orchidaceae [MM - 723] 特征纪要:习性:草本。花程式:(K -),C2 - 3 参考科,A3 参考科,↓G -。其他特征参考科。全球 1 个大洲分布及种数(1 - 2)◆非洲。

Sunania Raf. = **Antenoron**

Sundacarpus (J. Buchholz & N. E. Gray) C. N. Page 巽他杉属 Podocarpaceae [G - 13] 特征纪要:习性:-。【Rep】:复轴,短穗状,上部苞片杯套状,内有种子发生,寡种子,雌雄同株。物候:-。海拔:100 - 2100 米。生境:常绿阔叶林,中性或微酸性红土或黄土土壤上。资源:-。全球 5 个大洲分布及种数(1 - 3)非洲:1; 亚洲:3; 大洋洲:2; 欧洲:2; 北美洲:2。【中国种数:1】。

Sundamomum A. D. Poulsen & M. F. Newman 巽他姜属 Zingiberaceae [MM - 737] 特征纪要:习性:草本。花程式:(K -),C2 - 3 参考科,A3 参考科,↓G。物候:-。海拔:80 - 3800 米。生境:被发现在一条湿沟边形成一个小群体,竹木林中。资源:-。全球 1 个大洲分布及种数(14) ◆亚洲:2。

Sunhangia H. Ohashi & K. Ohashi 蓼科属 Fabaceae3 [MD - 240] 特征纪要:习性:草本。花程式:-。其他特征参考科。全球 1 个大洲分布及种数(8)◆亚洲:8。

Sunipia Lindl. 大苞兰属 Orchidaceae [MM - 723] 特征纪要:习性:-。花程式:-。物候:-。花期:9 - 10 月。果期:参考晚于花期。海拔:700 - 1800 米。生境:林下,树干。资源:-。全球 4 个大洲分布及种数(1 - 37)亚洲:33; 大洋洲:2; 北美洲:3; 南美洲:3。

Suprago Gaertn. = **Liatris**

Suregada Roxb. ex Rottler 白树属 Euphorbiaceae [MD - 217] 特征纪要:习性:木本。花程式:-。物候:-。花期:5 - 7 月。果期:参考晚于花期。海拔:100 米。生境:低地和山地灌木丛,沿海灌丛。资源:具园艺种类。全球 6 个大洲分布及种数(34 - 92)非洲:37; 亚洲:42; 大洋洲:3; 欧洲:4; 北美洲:4; 南美洲:16。【中国种数:4】。

Suriana Plum. ex L. 海人树属 Surianaceae [MD - 257] 特征纪要:习性:木本。花程式:-。物候:-。花期:6 - 7 月。果期:参考晚于花期。海拔:2348 米。生境:沙地,海滩上石头之间的缝隙。资源:具园艺种类。全球 6 个大洲分布及种数(1 - 4)非洲:2; 亚洲:2; 大洋洲:2; 欧洲:2; 北美洲:2; 南美洲:4。【中国种数:1】。

Surianaceae Arn. [MD - 257] 海人树科 特征纪要:习性:木本;落叶。花程式:K4 - 5(-),C0,A4,G -。物候:-。花期:6 - 7 月。果期:8 - 10 月。果实:核果。种子:纵折。海拔:2348 米。生境:沙地或石缝中。全球 6 个大洲分布及属种数(4/6 - 7 hort. 1):非洲:1/1; 亚洲:1/2; 大洋洲:4/6 - 7; 北美洲:1/2; 南美洲:1/2。【中国属种数:1/1】。

Suriania P. & K. = **Suriana**

Suringariella <unassigned> 澳重马桑属 Coriariaceae [MD - 277] 特征纪要:-。全球 1 个大洲分布及种数(1)◆大洋洲:1。

Surreya R. Masson & G. Kadereit 双蕊蓬属 Amaranthaceae [MD - 116] 特征纪要:习性:灌木。花程式:Kn,C0,A2,G -。其他特征参考科。全球 6 个大洲分布及种数(3)非洲:2;亚洲:2;大洋洲:2 - 4;欧洲:2;北美洲:2;南美洲:2。

Susilkumara Bennet = **Alajja**

Sutera Roth 雪朵花属 Scrophulariaceae [MD - 536] 特征纪要:习性:草本。花程式:K2 - 4,C0,A3 参考科,↓G2。物候:-。海拔:45 - 6000 米。生境:沼泽草地。资源:具园艺种类。全球 6 个大洲分布及种数(3 - 183)非洲:171; 亚洲:5; 大洋洲:4; 欧洲:3; 北美洲:3; 南美洲:7。

Sutherlandia R. Br. 纸荚豆属 Fabaceae3 [MD - 240] 特征纪要:-。全球 6 个大洲分布及种数(8)非洲:6; 亚洲:1; 大洋洲:2; 欧洲:1; 北美洲:1; 南美洲:2。

Sutrina Lindl. 苏特兰属 Orchidaceae [MM - 723] 特征纪要:习性:草本。花程式:(K)3,C3,A3,= ↓(G)3。其他特征参考科。全球 1 个大洲分布及种数(2)◆南美洲。

Suttonia A. Rich. ex DC. 报春花科属 Myrsinaceae [MD - 389] 特征纪要:习性:-。花程式:-。其他特征参考科。全球 2 个大洲分布及种数(25)北美洲:1; 南美洲:1。

Suzukia Kudô 台钱草属 Lamiaceae [MD - 575] 特征纪要:习性:草本。花程式:-。物候:-。花期:7 月。果期:参考晚于花期。海拔:5400 米。生境:山地林中。资源:-。全球 1 个大洲分布及种数(cf. 1)◆亚洲。【中国种数:2】。

Svenkoeltzia Burns - Bal. = **Spiranthes**

Svida Opiz = **Swida**

Svitramia Cham. 斯维野牡丹属 Melastomataceae [MD - 364] 特征纪要:习性:-。花程式:-。其他特征参考科。全球 1 个大洲分布及种数(6)◆南美洲(◆巴西)。

Swainsona Salisb. 沙耀花豆属 Fabaceae3 [MD-240] 特征纪要:习性:木本。花程式:=↓(K1-∞),C1-∞,A5-9,=↓G1。资源:具栽培园艺种类。全球6个大洲分布及种数(95-145)非洲:2; 亚洲:6; 大洋洲:128; 欧洲:3; 北美洲:3; 南美洲:4。

Swallenia Soderstr. & H. F. Decker 斯窝伦草属 Poaceae [MM-748] 特征纪要:习性:草本。花程式:(K)3,C0参考科,A1-2,↓G-参考科。其他特征参考科。全球1个大洲分布及种数(1)◆北美洲(◆美国)。

Swallenochloa McClure = **Chusquea**

Swammerdamia DC. 拟蜡菊属 Asteraceae [MD-586] 特征纪要:草本,落叶; 花程式:(K)3-5,(C)3-5,A3-5,G(-)。果实:瘦果。全球1个大洲分布及种数(1)◆大洋洲。

Swartzia Schreb. 铁木豆属 Fabaceae2 [MD-239] 特征纪要和分布(-)。全球6个大洲分布及种数(231)非洲:2;亚洲:4;大洋洲:1;欧洲:1;北美洲:31;南美洲:216。【中国种数:3】。

Sweetia Spreng. 斯威豆属 Fabaceae3 [MD-240] 特征纪要:习性:-。花程式:-。其他特征参考科。全球5个大洲分布及种数(1-50)非洲:2; 亚洲:7; 大洋洲:6; 北美洲:3; 南美洲:39。

Swertia L. 獐牙菜属 Gentianaceae [MD-496] 特征纪要和分布(-)。全球6个大洲分布及种数(197-236;hort. 1;cult. 9)非洲:40-100;亚洲:193-281;大洋洲:3-52;欧洲:2-50;北美洲:19-71;南美洲:5-55。【中国种数:79】。

Swida Opiz 梾木属 Cornaceae [MD-457] 特征纪要:习性:-。花程式:-。物候:-。花期:4月。果期:参考晚于花期。海拔:1000-3000米。生境:杂木林中。资源:-。全球6个大洲分布及种数(81)非洲:4; 亚洲:42; 大洋洲:4; 欧洲:14; 北美洲:14; 南美洲:2。

Swietenia Jacq. 桃花心木属 Meliaceae [MD-414] 特征纪要:习性:木本。花程式:(K)5,C5,A5,G-。物候:-。花期:5-6月。果期:参考晚于花期。海拔:100-2900米。生境:-。栽培:-。资源:具栽培园艺种类。全球6个大洲分布及种数(9)非洲:2-9;亚洲:6-14;大洋洲:7;欧洲:2-9;北美洲:5-12;南美洲:4-11。【中国种数:3】。

Swinglea Merr. 胶果橘属 Rutaceae [MD-399] 特征纪要:习性:木本。花程式:Kn,C∞参考科,A4,↓G-参考科。其他特征参考科。全球2个大洲分布及种数(1-2)亚洲:1; 南美洲:1。

Swintonia Griff. 翅果漆属 Anacardiaceae [MD-432] 特征纪要:习性:木本。花程式:K5,C5,A5-10,=G1-3。物候:-。花期:4月。果期:参考晚于花期。海拔:93-3600米。生境:常绿阔叶林中,中山区山腰坡地路旁岩石上。资源:-。全球1个大洲分布及种数(cf. 1)◆亚洲。【中国种数:1】。

S

Syagrus Mart. 金山葵属 Arecaceae [MM-717] 特征纪要:习性:木本。花程式:K3,C3,A3参考科,=↓G3-10。物候:-。花期:2月。果期:参考晚于花期。海拔:100-2800米。生境:杂木芭蕉竹林阴湿溪边石上。资源:观赏,具栽培园艺种类。全球6个大洲分布及种数(80-182)非洲:9; 亚洲:16; 大洋洲:4; 欧洲:25; 北美洲:25; 南美洲:156。【中国种数:1】。

Sychinium Desv. = **Dorstenia**

Sycopsis Oliv. 水丝梨属 Hamamelidaceae [MD-63] 特征纪要:习性:木本。花程式:-。物候:-。花期:4-6月。果期:参考晚于花期。海拔:1300-1500米。生境:森林。资源:具栽培园艺种类。全球5个大洲分布及种数(2-17)非洲:3; 亚洲:15; 大洋洲:2; 欧洲:2; 北美洲:2。【中国种数:2】。

Sydneya Traub 美花莲属 Amaryllidaceae [MM-694] 特征纪要:习性:草本。花程式:(K)3,C3,A1,↓G-。其他特征参考科。全球1个大洲分布及种数(1)◆北美洲。

Syena Schreb. = **Mayaca**

Sykesia Arn. = **Gaertnera**

Syllepis E. Fourn. ex Benth. & Hook. f. = **Imperata**

Syllysium Meyen & J. C. Schauer in J. C. Schauer = **Syzygium**

Sylphia Lür 帽花兰属 Orchidaceae [MM-723] 特征纪要:习性:-。花程式:-。其他特征参考科。全球2个大洲分布及种数(6)北美洲:1; 南美洲:1。

Sylvichadsia Du Puy & Labat 非洲蝶豆属 Fabaceae3 [MD-240] 特征纪要:习性:木本。花程式:=↓(K1-∞),C1-∞,A5-9,=↓G1。其他特征参考科。全球1个大洲分布及种数(4)◆非洲。

Sylvipoa Soreng, L. J. Gillespie & S. W. L. Jacobs 亚洲合草芒属 Poaceae [MM-748] 特征纪要:习性:草本。花程式:(K-),C0参考科,A3参考科,↓G-参考科。其他特征参考科。全球2个大洲分布及种数(2)亚洲:cf. 1; 大洋洲:1。

Symbegonia Warb. = **Begonia**

Symbiezidium Trevis. 合鳞苔属 Lejeuneaceae [B-84] 特征纪要:习性:-。【Rep】:老时呈红褐色。其他特征参考科。全球4个大洲分布及种数(9)亚洲:3; 大洋洲:3; 北美洲:3; 南美洲:6。

Symblepharis Mont. 合睫藓属 Dicranaceae [B-128] 特征纪要:习性:-。【Rep】:雌雄同株,稀异株,雌苞叶高鞘状,蒴柄直立,常3-4个丛生,孢蒴短圆柱形,对称,平滑,干燥时无褶。物候:-。全球4个大洲分布及种数(12)亚洲:6;大洋洲:1;北美洲:3;南美洲:6。【中国种数:9】。

Symblomeria Nutt. = **Albertinia**

Symbolanthus G. Don 热美龙胆属 Gentianaceae [MD-496] 特征纪要:习性:木本。花程式:K5,C0,A10,=G2。其他特征参考科。全球5个大洲分布及种数(31-59)非洲:2; 亚洲:3; 欧洲:6; 北美洲:6; 南美洲:45。

Symingtonia Steenis = **Exbucklandia**

Symmeria Benth. 榄仁蓼属 Polygonaceae [MD-120] 特征纪要:习性:草本。花程式:K2-3,C0,A2,=G2-3。其

他特征参考科。全球 2 个大洲分布及种数(2)非洲:1;南美洲:1。

Symonanthus Haegi 尾花茄属 Solanaceae [MD-503] 特征纪要:习性:灌木。花程式:K3-4,C0,A3-5,↓G。其他特征参考科。全球 1 个大洲分布及种数(1-2)◆大洋洲。

Sympagis (Nees) Bremek. = **Strobilanthes**

Sympegma Bunge 合头草属 Amaranthaceae [MD-116] 特征纪要:习性:草本,少灌木。花程式:Kn,C2-3 参考科,A5,G-。物候:-。海拔:600-5000 米。生境:荒漠,干山坡,冲积扇,沟沿,沼泽地。资源:具园艺种类。全球 2 个大洲分布及种数(2-8)亚洲:7; 南美洲:4。【中国种数:1】。

Sympetalandra Stapf 东南亚苏木属 Fabaceael [MD-240] 特征纪要:木本。花程式:=↓(K3-5-∞),C3-5-∞,A3-5,=↓G1-2。花期:4-5 月。果期:参考晚于花期。海拔:100-1500 米。生境:高山密林或疏林中,山谷或溪边。资源:具栽培园艺种类。全球 2 个大洲分布及种数(5-7)亚洲:7; 南美洲:2。【中国种数:1】。

Sympetaleia A. Gray. 沙岩麻属 Loasaceae [MD-435] 特征纪要:习性:-。花程式:-。其他特征参考科。全球 1 个大洲分布及种数(3)◆北美洲。

Symphionema R. Br. 银线木属 Proteaceae [MD-219] 特征纪要:习性:木本。花程式:K3-4-∞,C0,A2,=G1。其他特征参考科。全球 1 个大洲分布及种数(1)◆大洋洲。

Symphonia L. f. 医胶树属 Clusiaceae [MD-141] 特征纪要:习性:木本。花程式:-。其他特征参考科。全球 6 个大洲分布及种数(21)非洲:17-19;亚洲:2-4;大洋洲:1-3;欧洲:2;北美洲:4-6;南美洲:5-7。【中国种数:2】。

Symphorema Roxb. 六苞藤属 Symphoremataceae [MD-551] 特征纪要(同科)。全球 2 个大洲分布及种数(3-21)亚洲:17; 南美洲:5。【中国种数:2】。

Symphoremataceae Wight [MD-551] 伞序材科 特征纪要:习性:木本;落叶。花程式:K4-5(-),C5,A4,G-。海拔:500-800 米。生境:灌丛或疏林中。资源:-。栽培:-。全球 1 个大洲分布及属种数(1/1 hort. 1) ◆非洲:1/4。

Symphoricarpos Duham. 毛核木属 Caprifoliaceae [MD-510] 特征纪要:习性:木本。花程式:-。物候:-。花期:7-9 月。果期:参考晚于花期。海拔:600-2300 米。生境:山坡灌木林中。资源:具栽培园艺种类。全球 6 个大洲分布及种数(16-71)非洲:5; 亚洲:12; 大洋洲:3; 欧洲:31; 北美洲:31; 南美洲:12。【中国种数:5】。

Symphoricarpus Kunth = **Symphoricarpos**

Symphydolon Salisb. = **Gladiolus**

Symphyglossum Schltr. = **Oncidium**

Symphyllanthus Vahl = **Dichapetalum**

Symphyllocarpus Maxim. 含苞草属 Asteraceae [MD-586] 特征纪要:习性:草本。花程式:(K)3-5,C3-5,A3 参考科,↓G-。物候:-。海拔:6000 米。生境:河流,淤泥地,浅滩或河岸。资源:-。全球 1 个大洲分布及种数(2)◆亚洲:cf. 1。【中国种数:1】。

Symphyllophyton Gilg 合叶龙胆属 Gentianaceae [MD-496] 特征纪要:习性:草本。花程式:K4-5,C0,A10,=(G)2。其他特征参考科。全球 1 个大洲分布及种数(2)◆南美洲(◆巴西)。

Symphyobasis K. Krause 合海桐属 Goodeniaceae [MD-578] 特征纪要:习性:-。花程式:-。其他特征参考科。全球 1 个大洲分布及种数(1)◆大洋洲(◆澳大利亚)。

Symphyodon Mont. 刺果藓属 Daltoniaceae [B-162] 特征纪要:习性:-。【Rep】:雌雄异苞同株,内雌苞叶有皱褶,具细长尖,蒴柄长 2-3 厘米,孢蒴圆柱形,下垂,蒴齿两层,外齿层齿片披针,老时呈红棕色。物候:-。海拔:-。生境:常见于雨林内树枝上附生。资源:-。全球 6 个大洲分布及种数(19)非洲:2;亚洲:19;大洋洲:1;欧洲:1;北美洲:3;南美洲:1。【中国种数:10】。

Symphyodontaceae M. Fleisch. [B-196] 刺果藓科 特征纪要:体形矮小,柔弱,灰绿色或鲜绿色,稀疏丛集。【Rep】:高 0.5-2 厘米,原丝体叶状。全球 6 个大洲分布和属种数(3/20-32)非洲:1-2/1-7;亚洲:3/18-24;大洋洲:1-2/3-10;欧洲:2/6;北美洲:2/6;南美洲:1-2/1-7。【中国属种数:2/10】。

Symphyogyna Nees & Mont. 合带叶苔属 Pallaviciniaceae [B-30] 特征纪要:习性:-。【Rep】:蒴柄白色,纤长,孢蒴短圆柱形,2-4 瓣开裂,弹丝 2 列螺纹加厚,孢子棕色,直径约 25 微米,与叶状体间具清晰界限,横切面中央有厚壁细胞组成的中轴。其他特征参考科。全球 6 个大洲分布及种数(14-17)非洲:3-6;亚洲:6-9;大洋洲:6-11;欧洲:1-4;北美洲:1-4;南美洲:5-9。

Symphyogynopsis Grolle 联叶苔属 Pallaviciniaceae [B-30] 特征纪要:习性:-。【Rep】:蒴柄白色,纤长,孢蒴短圆柱形,2-4 瓣开裂,弹丝 2 列螺纹加厚,孢子棕色,直径约 25 微米,与叶状体间具清晰界限,横切面中央有厚壁细胞组成的中轴。其他特征参考科。全球 1 个大洲分布及种数(1)◆大洋洲。

Symphyoloma C. A. Mey. 独活属 Apiaceae [MD-480] 特征纪要:习性:草本。花程式:=↓(K5),C5,A5,=↓G(-)。其他特征参考科。全球 2 个大洲分布及种数(1) 亚洲;欧洲。

Symphyomitra Spruce 联苞苔属 Acrobolbaceae [B-43] 特征纪要:-。全球 1 个大洲分布及种数(2)◆大洋洲:2。

Symphyonema Spreng. ex Juss. 大洋洲山龙眼属 Proteaceae [MD-219] 特征纪要:-。全球 1 个大洲分布及种数(4)◆大洋洲:4。

Symphyopappus Turcz. 合冠菊属 Asteraceae [MD-586] 特征纪要:习性:草本。花程式:(K)3-5,(C)3-5,A3-5,=↓G2。其他特征参考科。全球 3 个大洲分布及种数(13-32)大洋洲:1; 北美洲:2; 南美洲:25。

Symphyostemon Miers 合白花菜属 Cleomaceae [MD-210] 特征纪要:-。全球 2 个大洲分布及种数(19)非洲:2;南美洲:19。

S

Symphyotrichum Nees 联毛紫菀属 Asteraceae [MD – 586] 特征纪要:习性:草本。花程式: – 。物候: – 。海拔:500 – 1500 米。生境:开阔森林,混交林,灌丛,草原。资源:具栽培园艺种类。全球 6 个大洲分布及种数(108 – 114;hort. 1;cult. 4)非洲:1 – 13;亚洲:42 – 57;大洋洲:1 – 13;欧洲:3 – 15;北美洲:100 – 115;南美洲:9 – 21。【中国种数:31】。

Symphysia C. Presl 檐冠莓属 Ericaceae [MD – 380] 特征纪要:习性: – 。花程式: – 。其他特征参考科。全球 5 个大洲分布及种数(1 – 17)亚洲:3; 大洋洲:2; 欧洲:4; 北美洲:4; 南美洲:5。

Symphysicarpus Hassk. = **Heterostemma**

Symphysocarpus Hassk. = **Heterostemma**

Symphysodon Dozy & Molk. 合蕨藓属 Pterobryaceae [B – 201] 特征纪要:习性: – 。【Rep】:雌雄异株,稀雌雄同株,蒴柄短或较长,平滑或粗糙,孢蒴长卵形,直立,蒴齿两层,环带不分化,蒴盖圆锥形,亮绿色至红棕色。其他特征参考科。全球 3 个大洲分布及种数(9)亚洲:3;大洋洲:7;南美洲:1。

Symphysodontella M. Fleisch. 瓢叶藓属 Pterobryaceae [B – 201] 特征纪要:习性: – 。【Rep】:雌雄异株,稀雌雄同株,蒴柄短或较长,平滑或粗糙,孢蒴长卵形,直立,蒴齿两层,环带不分化,蒴盖圆锥形。物候: – 。海拔: – 。生境:常见于林下树干。资源: – 。全球 2 个大洲分布及种数(11)亚洲:10;大洋洲:5。【中国种数:2】。

Symphytonema Schltr. = **Nonea**

Symphytosiphon Harms = **Trichilia**

Symphytum Tourn. ex L. 聚合草属 Boraginaceae [MD – 517] 特征纪要:习性:草本(基生,多肉)。花程式: – 。物候: – 。花期:5 – 10 月。果期:参考晚于花期。海拔:5700 米。生境:森林。资源:具栽培园艺种类。全球 6 个大洲分布及种数(40 – 123)非洲:6; 亚洲:49; 大洋洲:8; 欧洲:19; 北美洲:19; 南美洲:6。【中国种数:7】。

Sympieza Licht. ex Röm. & Schult. 欧石南属 Ericaceae [MD – 380] 特征纪要:习性: – 。花程式: – 。其他特征参考科。全球 1 个大洲分布及种数(cf. 1)◆非洲。

Symplectochilus Lindau = **Dianthera**

Symplectrodia Lazarides 根茎三齿稃属 Poaceae [MM – 748] 特征纪要:习性: – 。花程式: – 。其他特征参考科。全球 1 个大洲分布及种数(2)◆大洋洲(◆澳大利亚)。

Symplocaceae Desf. [MD – 373] 山矾科 特征纪要:习性:木本;落叶。花程式:(K)6 – ,C0,A2 – 5,↓(G) – 。花期和果期: 7 – 8 月。果实:蒴果。种子:纵折。海拔:1000 – 1700 米。生境:常绿阔叶林中。栽培:来自广西龙州。资源:叶药用,根皮与叶作农药用(早年的用途,现今少作农药用)。栽培:中国有栽培。全球 6 个大洲分布及属种数(3 – 7/296 – 626 < IFR 1/24 > hort. 1;cult. 1) 非洲:IFR 1/2; 亚洲:2 – 3/295 – 315(IFR 1/19); 大洋洲:IFR 1/2; 南美洲:1(IFR 1/2)。【中国属种数:1/65】。

Symplocarpus Salisb. ex W. P. C. Barton 臭菘属 Araceae [MM – 639] 特征纪要:习性:草本(根状茎,基生,多肉)。花程式: – 。物候: – 。花期:参考早于果期。果期:隔年春季。海拔:300 米。生境:潮湿的森林沼泽,潮湿的混交林和针叶林。资源:药用,具栽培园艺种类。全球 6 个大洲分布及种数(4 – 7)非洲:1;亚洲:3 – 6;大洋洲:1;欧洲:1;北美洲:1 – 3;南美洲:1。【中国种数:3】。

Symplococarpon Airy – Shaw 矾桐属 Pentaphylacaceae [MD – 215] 特征纪要:习性:木本。花程式:K5 – 10,C5 – 10,A5 – 10,=(G)2 – 3。其他特征参考科。全球 2 个大洲分布及种数(1 – 11)北美洲:4; 南美洲:3。

Symplocos Jacq. 山矾属 Symplocaceae [MD – 373] 特征纪要:习性:木本。花程式: – 。物候: – 。海拔:1000 – 2000 米。生境:常绿阔叶林中。栽培:来自广西龙州。资源:具栽培园艺种类。全球 6 个大洲分布及种数(488 – 1255)非洲:85; 亚洲:721; 大洋洲:180; 欧洲:84; 北美洲:84; 南美洲:280。【中国种数:65】。

Synadenium Boiss. 彩云木属 Euphorbiaceae [MD – 217] 特征纪要:习性: – 。花程式: – 。其他特征参考科。全球 6 个大洲分布及种数(5)非洲:2 – 6;亚洲:4;大洋洲:1 – 5;欧洲:4;北美洲:4;南美洲:4。

Synalissa <unassigned> 大戟科属 Chrysobalanaceae [MD – 243] 特征纪要:习性: – 。花程式: – 。其他特征参考科。全球 2 个大洲分布及种数(8)亚洲:2; 南美洲:2。

Synammia C. Presl 聚龙蕨属 Polypodiaceae [F – 60] 特征纪要:习性: – 。【Rep】:孢子同形,囊群生叶背。其他特征参考科。全球 1 个大洲分布及种数(1)◆南美洲(◆智利)。

Synandra Schröd. 单药花属 Lamiaceae [MD – 575] 特征纪要:习性: – 。花程式: – 。其他特征参考科。全球 3 个大洲分布及种数(1 – 16)亚洲:1; 北美洲:2; 南美洲:7。

Synandrina Standl. & L. O. Williams 脚骨脆属 Salicaceae [MD – 123] 特征纪要:习性: – 。花程式: – 。其他特征参考科。全球 1 个大洲分布及种数(cf. 1)◆北美洲。

Synandrodaphne Gilg 甜樟属 Thymelaeaceae [MD – 310] 特征纪要:习性: – 。花程式: – 。其他特征参考科。全球 2 个大洲分布及种数(1 – 3)非洲:1; 南美洲:1。

Synandrogyne Buchet = **Arophyton**

Synandropus A. C. Sm. = **Odontocarya**

Synandrospadix Engl. 毒虫芋属 Araceae [MM – 639] 特征纪要:习性:草本。花程式:K0,C0,A1 – 4,=G1 – 3。其他特征参考科。全球 2 个大洲分布及种数(1 – 19)亚洲:2; 南美洲:3。

Synantherias Schott = **Amorphophallus**

Synantherophora <unassigned> 马达桔梗属 Campanulaceae [MD – 561] 特征纪要: – 。全球 1 个大洲分布及种数(1)◆非洲:1。

Synaphe Dulac = **Catapodium**

Synaphea R. Br. 烟木属 Proteaceae [MD – 219] 特征纪要:习性:木本。花程式:K3 – 4 – ∞,C0,A2,=G1。其他特

征参考科。全球 3 个大洲分布及种数(60 – 73)亚洲:1; 大洋洲:71; 南美洲:8。

Synaphlebium J. Sm. = **Lindsaea**

Synapisma Steud. = **Codiaeum**

Synapsis Griseb. 枸骨桐属 Schlegeliaceae [MD – 538] 特征纪要:习性:草本。花程式: – 。其他特征参考科。全球 4 个大洲分布及种数(1 – 9)非洲:2; 亚洲:3; 北美洲:9; 南美洲:5。

Synaptantha Hook. f. 合花茜属 Rubiaceae [MD – 523] 特征纪要:习性:木本。花程式:(K)4 – 5,(C)4 – 5,A4 – 5, = ↓G2 – 9。其他特征参考科。全球 1 个大洲分布及种数(2)◆大洋洲(◆澳大利亚)。

Synaptolepis Oliv. 袖薇香属 Thymelaeaceae [MD – 310] 特征纪要:习性:木本。花程式:K2 – 4,C0,A2, = (G)2 – 5。其他特征参考科。全球 1 个大洲分布及种数(5)◆非洲。

Synardisia (Mez) Lundell 紫金牛属 Primulaceae [MD – 401] 特征纪要:习性: – 。花程式: – 。其他特征参考科。全球 1 个大洲分布及种数(cf. 1)◆北美洲。

Syncalathium Lipsch. 合头菊属 Asteraceae [MD – 586] 特征纪要:习性:草本。花程式:(K)3 – 5,C3 – 5,A3 参考科,↓G。物候: – 。花期:7 月。果期:参考晚于花期。海拔:4100 – 4700 米。生境:生于高山草地或砾石地,小石子斜坡。资源: – 。全球 1 个大洲分布及种数(7 – 10)◆亚洲(◆中国)。【中国种数:2】。

Syncarpha DC. 小麦秆菊属 Asteraceae [MD – 586] 特征纪要:习性:草本。花程式:(K)3 – 5,(C)3 – 5,A3 – 5,↓G。其他特征参考科。全球 4 个大洲分布及种数(23 – 36)非洲:32; 亚洲:4; 大洋洲:3; 南美洲:4。

Syncarpia Ten. 聚果木属 Myrtaceae [MD – 347] 特征纪要:习性:木本。花程式: = ↓(K4 – 5),C4 – 5,A8 – 10, = ↓G2 – 5。物候: – 。海拔: – 。生境: – 。资源:具栽培园艺种类。全球 5 个大洲分布及种数(4 – 14)非洲:7; 亚洲:5; 大洋洲:12; 欧洲:6; 北美洲:6。【中国种数:1】。

Syncephalantha Bartl. = **Aster**

Syncephalum DC. 合头鼠麹木属 Asteraceae [MD – 586] 特征纪要:习性:草本。花程式:(K)3 – 5,(C)3 – 5,A3 – 5, = ↓G2。其他特征参考科。全球 1 个大洲分布及种数(5)◆非洲(◆马达加斯加)。

Synchaeta Kirp. = **Gnaphalium**

Synchoriste Baill. = **Lasiocladus**

Synclinostyles Farille & Lachard 合柱伞属 Apiaceae [MD – 480] 特征纪要:习性:草本。花程式: = ↓(Kn),C5,A3 参考科, = ↓G(–)。其他特征参考科。全球 1 个大洲分布及种数(2) ◆亚洲:2。

Synclisia Benth. 合被藤属 Menispermaceae [MD – 42] 特征纪要:习性:草本。花程式:K1(6 – 40),C3,A1 – 6 – 40, = G1 – 3。其他特征参考科。全球 2 个大洲分布及种数(2 – 19)非洲:8; 南美洲:9。

Syncolostemon E. Mey. ex Benth. 紫翎花属 Lamiaceae [MD – 575] 特征纪要:习性:草本。花程式:K2,C0,A2, = ↓(G)2。其他特征参考科。全球 2 个大洲分布及种数(47 – 55)非洲:55; 亚洲:9。【中国种数:2】。

Syncretocarpus S. F. Blake 油果菊属 Asteraceae [MD – 586] 特征纪要:习性:草本。花程式:(K)3 – 5,C3 – 5,A3 – 5, = ↓(G)2。其他特征参考科。全球 1 个大洲分布及种数(3 – 4)◆南美洲(◆秘鲁)。

Syndesmanthus Klotzsch 杜鹃花科属 Ericaceae [MD – 380] 特征纪要:习性: – 。花程式: – 。其他特征参考科。分布: – 。

Syndiclis Hook. f. 不丹樟属 Lauraceae [MD – 21] 特征纪要:习性:木本。花程式: – 。物候: – 。花期:6 月。果期:参考晚于花期。海拔:1200 米。生境:常绿林或热带雨林中,生于石灰岩山或沟谷密林中。资源: – 。全球 2 个大洲分布及种数(10 – 14)非洲:3; 亚洲:13。【中国种数:7】。

Syndyophyllum K. Schum. & Lauterb. 野桐属 Euphorbiaceae [MD – 217] 特征纪要:习性:木本。花程式:Kn,C0,A6,↓G – 参考科。其他特征参考科。全球 3 个大洲分布及种数(2 – 5)非洲:1; 亚洲:2; 大洋洲:1。

Synechanthus H. Wendl. 巧椰属 Arecaceae [MM – 717] 特征纪要:习性:木本。花程式:K3,C3,A3 – 10, = G3 – 10。资源:具园艺种类。全球 3 个大洲分布及种数(3 – 14)非洲:3; 北美洲:4; 南美洲:5。

Synedrella Gaertn. 金腰箭属 Asteraceae [MD – 586] 特征纪要:习性:草本(基生)。花程式:(K)3 – 5,C3 – 5,A3 参考科,↓G。花期:全年。果期:参考晚于花期。海拔:6000 米。生境:旷野,耕地,路旁及宅旁。资源:具园艺种类。全球 6 个大洲分布及种数(1 – 11)非洲:2; 亚洲:2; 大洋洲:2; 欧洲:3; 北美洲:3; 南美洲:3。【中国种数:1】。

Synedrellopsis Hieron. & Kuntze ex Kuntze 黄腰箭属 Asteraceae [MD – 586] 特征纪要:习性:草本。花程式:(K –),(C)3 – 5,A3 参考科,↓G。其他特征参考科。全球 2 个大洲分布及种数(1 – 4)大洋洲:2; 南美洲:2。

Syneilesis Maxim. 兔儿伞属 Asteraceae [MD – 586] 特征纪要:习性:草本(根状茎,基生)。花程式:(K)3 – 5,C3 – 5,A3 参考科, = ↓(G)2。物候: – 。花期:6 – 7 月。果期:参考晚于花期。海拔:300 – 500 米。生境:林下,竹林下。资源:药用,具栽培园艺种类。全球 3 个大洲分布及种数(9 – 12)亚洲:12; 欧洲:3; 北美洲:3。【中国种数:6】。

Synexemia Raf. = **Phyllanthus**

Syngonanthus Ruhland 簪谷精属 Eriocaulaceae [MM – 726] 特征纪要:习性:草本。花程式: – 。其他特征参考科。全球 6 个大洲分布及种数(139 – 214;hort. 1;cult. 11)非洲:8 – 23;亚洲:1 – 4;大洋洲:1 – 4;欧洲:3;北美洲:17 – 21;南美洲:126 – 186。【中国种数:2】。

Syngonium Schott 合果芋属 Araceae [MM – 639] 特征纪要:习性:草本。花程式:K0,C0,A1 – 4, = G1 – 3。资源:具园艺种类。全球 6 个大洲分布及种数(36 – 38;hort. 1)非洲:2;亚洲:5 – 7;大洋洲:4 – 6;欧洲:2;北美洲:27 – 29;南美洲:23 – 27。【中国种数:2】。

Syngramma J. Sm. 合脉蕨属 Pteridaceae [F – 31] 特征纪要:习性: – 。【Rep】:孢子同形,囊群生叶缘。海拔:100

-2800 米。生境:白垩土上,竹林,油杉,沟边。资源:-。全球 4 个大洲分布及种数(24-27)非洲:5;亚洲:19;大洋洲:8-9;北美洲:1。【中国种数:6】。

Syngrammatopsis Alston = **Pterozonium**

Synhymenium Griff. 黄光苔属 Targioniaceae [B-20] 特征纪要:-。全球 1 个大洲分布及种数(1)◆亚洲(◆中国)。

Synima Radlk. 合生无患子属 Sapindaceae [MD-428] 特征纪要:习性:木本。花程式:K4-8,C4-8,A10,=(G)2-3。其他特征参考科。全球 2 个大洲分布及种数(5-8)亚洲:4; 大洋洲:8。

Synnema Benth. 毛麝香属 Acanthaceae [MD-572] 特征纪要:习性:-。花程式:-。其他特征参考科。全球 6 个大洲分布及种数(1-2)非洲:2;亚洲:1;大洋洲:1;欧洲:1;北美洲:1;南美洲:1。

Synnotia Sweet 漏斗莲属 Iridaceae [MM-700] 特征纪要:习性:-。花程式:-。其他特征参考科。全球 4 个大洲分布及种数(3)非洲:2;亚洲:cf. 1;大洋洲:cf. 1;南美洲:cf. 1。

Synochlamys Fée = **Pellaea**

Synodontia (Duby ex Besch.) Broth. 双叉藓属 Dicranaceae [B-128] 特征纪要:-。全球 1 个大洲分布及种数(-)。

Synostemon F. Müll. 守宫木属 Phyllanthaceae [MD-222] 特征纪要:习性:木本。花程式:Kn,C0,A6,↓G-参考科。物候:-。花期:4-7 月。果期:参考晚于花期。海拔:20-5000 米。生境:生于田埂。资源:具园艺种类。全球 3 个大洲分布及种数(35-36)非洲:2; 亚洲:1; 大洋洲:34。【中国种数:1】。

Synotis (C. B. Clarke) C. Jeffrey & Y. L. Chen 合耳菊属 Asteraceae [MD-586] 特征纪要:习性:草质攀援。花程式:(K)3-5,C3-5,A3 参考科,=↓(G)2。物候:-。海拔:1000-1700 米。生境:草坡,林缘岩石处,阴湿山谷及多岩石山坡。资源:-。全球 6 个大洲分布及种数(61-65;hort. 1;cult. 1)非洲:1-19;亚洲:60-80;大洋洲:1-19;欧洲:18;北美洲:18;南美洲:18。【中国种数:37】。

Synoum A. Juss. 黄檀楝属 Meliaceae [MD-414] 特征纪要:习性:木本。花程式:K3-5,C3-5,A6,=(G)1-2。其他特征参考科。全球 2 个大洲分布及种数(2-8)大洋洲:8; 南美洲:5。

Synsepalum (A. DC.) Daniell 神秘果属 Sapotaceae [MD-357] 特征纪要:习性:木本。花程式:-。物候:-。海拔:100-3000 米。生境:常绿阔叶林,混交林,沟谷林中及路旁偶见,中海拔疏或密林中,村边路旁偶见。资源:具园艺种类。全球 6 个大洲分布及种数(36-66)非洲:65; 亚洲:6; 大洋洲:2; 欧洲:3; 北美洲:3; 南美洲:19。【中国种数:1】。

Synstemon Botsch. 连蕊芥属 Brassicaceae [MD-213] 特征纪要:习性:草本(基生)。花程式:Kn,C2-3 参考科,A6,G-。物候:-。花期:4 月。果期:参考晚于花期。海拔:1500-2400 米。生境:山坡。资源:-。全球 1 个大洲分布及种数(2-3)◆亚洲(◆中国)。【中国种数:2】。

Synstemonanthus Botsch. = **Synstemon**

Synthetodontium Cardot 合齿藓属 Bryaceae [B-146] 特征纪要:习性:-。【Rep】:呈黄绿带红棕色。物候:-。海拔:-。生境:常见于林地边或岩面薄土。资源:-。全球 2 个大洲分布及种数(5)亚洲:2; 北美洲:2。

Synthlipsis A. Gray 合集芥属 Brassicaceae [MD-213] 特征纪要:习性:草本。花程式:K2-4,C2-4,A2-4,=(G)2。其他特征参考科。全球 2 个大洲分布及种数(2-9)北美洲:3; 南美洲:1。

Synthyris Benth. 猫尾草属 Plantaginaceae [MD-527] 特征纪要:习性:-。花程式:-。其他特征参考科。全球 2 个大洲分布及种数(47)亚洲:2; 北美洲:23。

Syntriandrium Engl. 三叶藤属 Menispermaceae [MD-42] 特征纪要:习性:草本。花程式:-。其他特征参考科。全球 2 个大洲分布及种数(1-5)非洲:5; 亚洲:2。【中国种数:1】。

Syntriandrum Engl. 防己属 Menispermaceae [MD-42] 特征纪要:习性:草本。花程式:-。其他特征参考科。全球 1 个大洲分布及种数(4)◆非洲。

Syntrichia Brid. 赤藓属 Pottiaceae [B-133] 特征纪要:习性:-。【Rep】:老时往往成红棕色。物候:-。海拔:-。生境:常见于高山岩石上。栽培:来自广西龙州。资源:具栽培园艺种类。全球 6 个大洲分布及种数(99)非洲:43;亚洲:28;大洋洲:24;欧洲:30;北美洲:37;南美洲:56。【中国种数:23】。

Syntrichopappus A. Gray 合毛菊属 Asteraceae [MD-586] 特征纪要:习性:草本。花程式:(K)3-5,(C)3-5,A3-5,↓G。其他特征参考科。全球 1 个大洲分布及种数(2-3)◆北美洲(◆美国)。

Synurus Iljin 山牛蒡属 Asteraceae [MD-586] 特征纪要:习性:草本(具根状茎)。花程式:(K)3-5,C3-5,A3 参考科,↓G。物候:-。海拔:500-2200 米。生境:生于山坡林缘,林下或草甸。资源:药用。全球 4 个大洲分布及种数(3-11)亚洲:9; 欧洲:2; 北美洲:2; 南美洲:2。【中国种数:2】。

Syreitschikovia Pavlov 疆菊属 Asteraceae [MD-586] 特征纪要:习性:草本(具根状茎)。花程式:(K)3-5,C3-5,A3 参考科,=↓(G)2。物候:-。海拔:1200-1700 米。生境:草原。资源:-。全球 1 个大洲分布及种数(2-3)◆亚洲(◆中国)。【中国种数:1】。

Syrenia Andrz. ex Besser 棱果芥属 Brassicaceae [MD-213] 特征纪要:习性:-。花程式:-。物候:-。花期:5 月。果期:参考晚于花期。海拔:30-6200 米。生境:沙丘。资源:-。全球 6 个大洲分布及种数(146)非洲:2; 亚洲:34; 大洋洲:4; 欧洲:6; 北美洲:6; 南美洲:3。

Syreniopsis H. P. Fuchs = **Erysimum**

Syringa L. 丁香属 Oleaceae [MD-498] 特征纪要:习性:-。花程式:-。物候:-。花期:参考早于果期。果期:5 月。海拔:100-1200 米。生境:灌丛。资源:-。全球 6 个大洲分布及种数(20-42;hort. 1;cult. 11)非洲:8; 亚洲:18-35;大洋洲:1-9;欧洲:11-21;北美洲:13-24;南美洲:1-9。【中国种数:12】。

S

Syringantha Standl. 白茜草属 Rubiaceae［MD－523］特征纪要:习性:木本。花程式:(K)4－5,(C)4－5,A4－5,↓G。其他特征参考科。全球2个大洲分布及种数(1－3)北美洲:1; 南美洲:1。

Syringodea Hook. f. 南红花属 Iridaceae［MM－700］特征纪要:习性:－。花程式:－。其他特征参考科。全球4个大洲分布及种数(8－24)非洲:18; 亚洲:3; 北美洲:2; 南美洲:6。

Syringodium Kütz. 针叶藻属 Cymodoceaceae［MM－615］特征纪要:习性:草本(具根状茎)。花程式:－。物候:－。海拔:－。生境:海底。资源:－。全球6个大洲分布及种数(2－5)非洲:2; 亚洲:3; 大洋洲:2; 欧洲:3; 北美洲:3; 南美洲:2。【中国种数:1】。

Syringothecium Mitt. 灰藓科属 Hypnaceae［B－189］特征纪要:－。全球1个大洲分布及种数(－)。

Syrmatium Vogel 千兰豆属 Fabaceae3［MD－240］特征纪要:习性:－。花程式:－。其他特征参考科。全球2个大洲分布及种数(16)北美洲:1; 南美洲:1。

Syrrheonema Miers 针防己属 Menispermaceae［MD－42］特征纪要:习性:草本。花程式:K1(6－40),C3,A1－6－40,＝G1－3。其他特征参考科。全球1个大洲分布及种数(2－3)◆非洲。

Syrrhopodon Schwägr. 网藓属 Calymperaceae［B－130］特征纪要:习性:－。【Rep】:蒴柄不甚长,孢蒴顶生,直立,圆柱形,蒴齿发育或退失,齿片16,披针形,具细疣,蒴盖具长喙,蒴帽多兜。物候:－。海拔:－。生境:常见于林下树干和树基,常见于树干上。资源:－。全球6个大洲分布及种数(125)非洲:46;亚洲:55;大洋洲:34;欧洲:20;北美洲:34;南美洲:40。【中国种数:32】。

Systasis Griff. 带叶苔科属 Pallaviciniaceae［B－30］特征纪要:－。全球1个大洲分布及种数(－)。

Systegium Bruch & Schimp. 丛藓科属 Pottiaceae［B－133］特征纪要:习性:－。【Rep】:参考科特征:孢腔轮廓清晰,蒴齿缺如,或具蒴齿而无基膜,下部呈黄绿或黄棕色。其他特征参考科。全球1个大洲分布及种数(22)◆南美洲:1。

Systellantha B. C. Stone 紫金牛属 Primulaceae［MD－401］特征纪要:习性:草本。花程式:－。其他特征参考科。全球1个大洲分布及种数(3)◆亚洲。

Systeloglossum Schltr. 长齿兰属 Orchidaceae［MM－723］特征纪要:习性:草本。花程式:(K)3,C3,A3,＝↓G3。其他特征参考科。全球2个大洲分布及种数(7)北美洲:4;南美洲:2。

Systemonodaphne Mez 南美樟属 Lauraceae［MD－21］特征纪要:习性:－。花程式:－。其他特征参考科。全球1个大洲分布及种数(cf. 1)◆南美洲。

Systenotheca Reveal & Hardham 齿苞蓼属 Polygonaceae［MD－120］特征纪要:习性:草本。花程式:K2－3,C0,A2,↓G－参考科。其他特征参考科。全球2个大洲分布及种数(1－3)大洋洲:1; 北美洲:3。

Systylium Hornsch. ＝ **Tayloria**

Syzygiella Spruce 对耳苔属 Adelanthaceae［B－50］特征纪要:习性:－。【Rep】:雌苞叶和雌苞腹叶无纤毛和齿,具蒴囊,蒴萼近圆形,口部具细圆齿或突起,蒴壁2层细胞。生境:栽培(来自广西龙州)。资源:具栽培园艺种类。全球6个大洲分布及种数(31)非洲:3－5;亚洲:16－18;大洋洲:5－7;欧洲:1－3;北美洲:11－13;南美洲:18－20。

Syzygiopsis Ducke ＝ **Pouteria**

Syzygites <unassigned> 桑科属 Moraceae［MD－87］特征纪要:－。全球1个大洲分布及种数(1)◆欧洲:1。

Syzygium Gaertn. 蒲桃属 Myrtaceae［MD－347］特征纪要:习性:木质攀援。花程式:(K－),C2－3参考科,A2－4,↓G－。物候:－。花期:7－10月。果期:参考晚于花期。海拔:100－1200米。生境:常绿阔叶林,山坡。资源:具栽培园艺种类。全球6个大洲分布及种数(1244－2071)非洲:478; 亚洲:1425; 大洋洲:716; 欧洲:188; 北美洲:188; 南美洲:175。【中国种数:135】。

Szechenyia Kanitz ＝ **Gagea**

Szovitsia Fisch. & C. A. Mey. 亚美尼亚芹属 Apiaceae［MD－480］特征纪要:习性:草本。花程式:＝↓(Kn),C5,A5,＝↓G2。其他特征参考科。全球1个大洲分布及种数(1)◆亚洲(◆亚美尼亚)。

Szweykowskia (J. B. Jack & Stephani) Gradst. & M. E. Reiner 哥伦羽苔属 Plagiochilaceae［B－73］特征纪要:－。全球1个大洲分布及种数(2)◆南美洲:2。

T

Tabascina Baill. 爵床属 Acanthaceae［MD－572］特征纪要:习性:草本。花程式:Kn,C0,A3 参考科,↓G。其他特征参考科。全球 1 个大洲分布及种数(1) ◆北美洲:1。

Tabebuia Gomes ex DC. 粉铃木属 Bignoniaceae［MD－541］特征纪要:习性:木本。花程式:K5,C0,A5,＝↓(G)2。物候:－。海拔:100－5840 米。生境:常绿阔叶林,路旁,斜坡,竹木林中。资源:药用,具栽培园艺种类。全球 6 个大洲分布及种数(101－116;hort. 1;cult. 2)非洲:9－18;亚洲:96－114;大洋洲:6－14;欧洲:3－12;北美洲:68－83;南美洲:47－60。【中国种数:3】。

Taberna Miers ＝ **Tabernaemontana**

Tabernaemontana Plum. ex L. 山辣椒属 Apocynaceae［MD－492］特征纪要:习性:木本。花程式:K5－∞,C5－∞,A15,＝↓G2－5。物候:－。花期:5－6 月。果期:参考晚于花期。海拔:100－1000 米。生境:混交林,植物园栽培。资源:药用,园林,具栽培园艺种类。全球 6 个大洲分布及种数(124－600)非洲:156; 亚洲:226; 大洋洲:78; 欧洲:165; 北美洲:165; 南美洲:235。【中国种数:22】。

Tabernanthe Baill. 夜灵木属 Apocynaceae［MD－492］特征纪要:习性:木本。花程式:K5－∞,C0,A15,＝↓G2－5。其他特征参考科。全球 4 个大洲分布及种数(2－16)非洲:14; 亚洲:3; 北美洲:2; 南美洲:2。

Tabernemontana Scop. ＝ **Tabernaemontana**

Tacarcuna Huft 云碟木属 Phyllanthaceae［MD－222］特征纪要:习性:木本。花程式:K1(1000),C0,A6,＝(G)2－3。其他特征参考科。全球 2 个大洲分布及种数(4)北美洲:1;南美洲:3。

Tacazzea Decne. 非洲塔卡萝藦属 Asclepiadaceae［MD－494］特征纪要:习性:木本。花程式:K5,C0,A15,＝↓(G)2。其他特征参考科。全球 3 个大洲分布及种数(5－24)非洲:24; 北美洲:2; 南美洲:2。

Tacca J. R. Forst. & G. Forst. 蒟蒻薯属 Taccaceae［MM－685］特征纪要(同科)。全球 6 个大洲分布及种数(18－92)非洲:26; 亚洲:66; 大洋洲:24; 欧洲:20; 北美洲:20; 南美洲:11。【中国种数:8】。

Taccaceae Dum.［MM－685］蒟蒻薯科 特征纪要:习性:草本;落叶。花程式:(K)6,C6,A4－6,↓G－。物候:－。花期和果期: 5－8 月。果实:浆果,蒴果。种子:多数作为亚科来处理。海拔:120－1300 米。生境:河谷,半常绿林中。资源:药用。栽培:中国有栽培。全球 1 个大洲分布及属种数(4/14－24 hort. 1;cult. 1)◆亚洲:3/13－18。

Taccarum Brongn. ex Schott 篷船芋属 Araceae［MM－639］特征纪要:习性:草本。花程式:K0,C0,A1－4,＝G1－3。其他特征参考科。全球 2 个大洲分布及种数(5－14)北美洲:3; 南美洲:14。

Tachia Pers. 大吉阿属 Gentianaceae［MD－496］特征纪要:习性:－。花程式:－。其他特征参考科。全球 6 个大洲分布及种数(14)非洲:1;亚洲:1;大洋洲:1－2;欧洲:1;北美洲:1－2;南美洲:13－14。

Tachiadenus Griseb. 啤酒树属 Gentianaceae［MD－496］特征纪要:习性:灌木。花程式:K5,C0,A10,＝(G)2。其他特征参考科。全球 1 个大洲分布及种数(12)◆非洲。

Tachibota Aubl. ＝ **Hirtella**

Tachigali Aubl. 蚁豆属 Fabaceae2［MD－239］特征纪要:习性:木本。花程式:＝↓(K3－5－∞),C3－5－∞,A1－10－50,＝↓G1。其他特征参考科。全球 6 个大洲分布及种数(80－88)非洲:2;亚洲:2;大洋洲:2;欧洲:2;北美洲:3－6;南美洲:78－86。

Tacinga Britton & Rose 狼烟掌属 Cactaceae［MD－100］特征纪要:习性:木本。花程式:＝↓(K1－∞),C1－∞,A3 参考科,＝↓(G)3－100。其他特征参考科。全球 2 个大洲分布及种数(13－23)亚洲:2; 南美洲:22。

Tacitus Moran 美丽莲属 Crassulaceae［MD－229］特征纪要:习性:－。花程式:－。其他特征参考科。全球 2 个大洲分布及种数(13)亚洲:12; 北美洲:1。

Tacsonia Juss. 蕉番莲属 Passifloraceae［MD－151］特征纪要:习性:－。花程式:－。其他特征参考科。全球 3 个大洲分布及种数(70)大洋洲:4; 北美洲:5; 南美洲:58。

Tadeastrum Szlach. 小葫芦兰属 Orchidaceae［MM－723］特征纪要:习性:－。花程式:－。其他特征参考科。全球 2 个大洲分布及种数(3)北美洲:2; 南美洲:3。

Tadehagi H. Ohashi 葫芦茶属 Fabaceae3［MD－240］特征纪要:习性:木本。花程式:－。物候:－。花期:8 月。果期:参考晚于花期。海拔:500－2000 米。生境:森林。资源:具园艺种类。全球 6 个大洲分布及种数(3－8)非洲:1－5;亚洲:2－7;大洋洲:1－3;欧洲:1;北美洲:1;南美洲:1。【中国种数:3】。

Taeniandra Bremek. 延苞蓝属 Acanthaceae［MD－572］特征纪要:习性:－。花程式:－。其他特征参考科。全球 2 个大洲分布及种数(cf. 1)亚洲;南美洲。

Taenianthera Burret ＝ **Geonoma**

Taeniatherum Nevski 带芒草属 Poaceae［MM－748］特征纪要:习性:草本。花程式:(K)3,C0 参考科,A1－2,↓G

-参考科。物候:-。海拔:10-5600米。生境:草地,作为饲料植物或大麦田杂草种植。资源:-。全球6个大洲分布及种数(1-10)非洲:4; 亚洲:5; 大洋洲:2; 欧洲:4; 北美洲:4; 南美洲:2。【中国种数:1】。

Taenidia Drude 北美太尼草属 Apiaceae [MD-480] 特征纪要:习性:草本。花程式:=↓(K5),C5,A5,=↓G(-)。其他特征参考科。全球1个大洲分布及种数(2-6)◆北美洲。【中国种数:1】。

Taeniochlaena Hook. f. = **Roureopsis**

Taeniolejeunea (Schiffner) Zwickel 佛氏疣鳞苔属 Lejeuneaceae [B-84] 特征纪要:-。全球2个大洲分布及种数(5)亚洲:5; 大洋洲:2。

Taeniopetalum Vis. 前胡属 Apiaceae [MD-480] 特征纪要:习性:-。花程式:-。其他特征参考科。全球1个大洲分布及种数(-)。

Taeniophyllum Bl. 带叶兰属 Orchidaceae [MM-723] 特征纪要:习性:草本(基生,多肉)。花程式:-。物候:-。海拔:700-1200米。生境:林缘树干附生植物,山坑处阴湿处。资源:具园艺种类。全球6个大洲分布及种数(243-335)非洲:165; 亚洲:178; 大洋洲:199; 欧洲:8; 北美洲:8; 南美洲:3。【中国种数:8】。

Taeniopsis (Sm.) Sm. 靴带蕨属 Pteridaceae [F-31] 特征纪要:-。全球1个大洲分布及种数(-)。

Taeniorhachis Cope 非洲芒属 Poaceae [MM-748] 特征纪要:习性:草本。花程式:(K)3,C0参考科,A1-2,=(G)2-3。其他特征参考科。全球1个大洲分布及种数(1)◆非洲。

Taeniorrhiza Summerh. 姜唇兰属 Orchidaceae [MM-723] 特征纪要:习性:草本。花程式:Kn,C0参考科,A-参考科,=↓(G)3。其他特征参考科。全球1个大洲分布及种数(1)◆非洲。

Taeniosapium Müll. Arg. = **Excoecaria**

Taeniostema Spach = **Helianthemum**

Taenitidaceae Pic. Serm. [F-28] 竹叶蕨科 特征纪要(参考 Lepidoziaceae),密集生长。【Rep】:雌雄同株,雌苞生于茎或分枝先端,蒴被发达,短柱形,被长纤毛,孢蒴卵圆形,蒴壁厚4-6层细胞。全球6个大洲分布和属种数(1-2;hort. & cult. 1)(15-31;hort. & cult. 1)非洲:2/2;亚洲:1-2/15-22;大洋洲:1-2/2-4;欧洲:2/2;北美洲:2/2;南美洲:2/2。

Taenitis Willd. ex Schkuhr 竹叶蕨属 Taenitidaceae [F-28] 特征纪要(同科)。全球6个大洲分布及种数(18-43)非洲:6; 亚洲:27; 大洋洲:8; 欧洲:2; 北美洲:2; 南美洲:2。【中国种数:3】。

Taetsia Medik. = **Cordyline**

Tafalla Ruiz & Pav. 雪香兰属 Chloranthaceae [MD-31] 特征纪要:草本(根状茎,基生),叶对生,落叶,复叶。无花被或在雌花中有浅杯状3齿裂的花被(萼管);有3枚雄蕊时,药隔下部互相结合或仅基部结合或分离,雌蕊1枚,由1心皮所组成,子房下位,1室,含1颗下垂的直生胚珠。核果卵形或球形,外果皮多少肉质,内果皮硬。种子含丰富的胚乳和微小的胚。全球1个大洲分布及种数(1)◆南美洲:1。

Tagetes L. 万寿菊属 Asteraceae [MD-586] 特征纪要:习性:草本(基生)。花程式:(K)3-5,C3-5,A3参考科,=↓G2。物候:-。花期:6-10月。果期:参考晚于花期。海拔:6000米。生境:广泛栽培。资源:具栽培园艺种类。全球6个大洲分布及种数(50-255)非洲:10; 亚洲:14; 大洋洲:7; 欧洲:199; 北美洲:199; 南美洲:184。【中国种数:4】。

Taguaria Raf. = **Gaiadendron**

Tahina J. Dransf. & Rakotoarin. 塔棕属 Arecaceae [MM-717] 特征纪要:木本。花程式:K3-10,C3-10,A3-10,=G3-10。其他特征参考科。全球5个大洲分布及种数(1-20)非洲:20; 亚洲:3; 欧洲:4; 北美洲:4; 南美洲:14。

Taimingasa (Kitam.) C. Ren & Q. E. Yang 泰米菊属 Asteraceae [MD-586] 特征纪要:习性:草本。花程式:(K)3-5,(C)3-5,A3-5,↓G。物候:-。花期:7-10月。果期:参考晚于花期。海拔:6000米。生境:阿尔泰山地针叶林带山沟,柞林下路旁。资源:-。全球1个大洲分布及种数(3)◆亚洲:3(IFR 1)。

Tainia Bl. 带唇兰属 Orchidaceae [MM-723] 特征纪要:习性:草本。花程式:Kn,C2-3参考科,A3参考科,↓G-。物候:-。花期:9-10月。果期:参考晚于花期。海拔:500-1000米。生境:常绿阔叶林下,竹林下。资源:具栽培园艺种类。全球6个大洲分布及种数(32-135)非洲:8; 亚洲:123; 大洋洲:8; 欧洲:2; 北美洲:2; 南美洲:7。【中国种数:11】。

Tainus Torr. -Montúfar, H. Ochot. & Borsch 荚蒾属 Rubiaceae [MD-523] 特征纪要:习性:-。花程式:-。其他特征参考科。全球1个大洲分布及种数(-)。

Taiwania Hayata 台湾杉属 Cupressaceae [G-17] 特征纪要:习性:-。【Rep】:球果形小,种鳞革质,扁平,鳞背尖头的下方有明显或不明显的圆形腺点,露出部分。物候:-。花期:1-2月。果期:参考晚于花期。海拔:500-2800米。生境:红桧及台湾扁柏林中,间有小块纯林,针叶林,阔叶林或混合常绿河谷林。资源:纤维,油脂,木材,具栽培园艺种类。全球5个大洲分布及种数(1-10)亚洲:7; 大洋洲:3; 欧洲:3; 北美洲:3; 南美洲:2。【中国种数:1】。

Taiwaniaceae Hayata = Cupressaceae

Taiwanobryum Nog. 台湾藓属 Prionodontaceae [B-200] 特征纪要:-。【Rep】:雌雄异株,内雌苞叶鞘部长卵形,上部狭长披针形,有细长尖,蒴柄细长,黄色。其他特征参考科。全球1个大洲分布及种数(6)◆亚洲:6。【中国种数:2】。

Takakia S. Hatt. & Inoü 藻苔属 Takakiaceae [B-96] 特征纪要(同科)。全球3个大洲分布及种数(8)亚洲:5; 北美洲:3; 南美洲:4。【中国种数:2】。

Takakiaceae M. Stech & W. Frey [B-96] 藻苔科 特征纪要(参考 Mniaceae),体形纤细,直立丛生,呈淡绿或深绿带

红色，常成小片纯群落。【Rep】：雌雄异株，稀同株，孢子体单生，稀丛生，蒴柄高出，粗壮，橙色，孢蒴倾立或下垂。全球 2 个大洲分布和属种数(1/2)亚洲:1/2;北美洲:1/2。【中国属种数:1/2】。

Takakiales M. Stech & W. Frey 孢芽藓科属 Sorapillaceae [B-212] 特征纪要和分布(-)。

Takasagoya Kimura = **Hypericum**

Takeikadzuchia Kitag. & Kitam. = **Olgaea**

Takhtajania Baranova & J. -F. Leroy 单室林仙属 Winteraceae [MD-3] 特征纪要:习性:木本。花程式:-。其他特征参考科。全球 3 个大洲分布及种数(1-7)非洲:4; 亚洲:2; 大洋洲:6。

Takhtajaniaceae Baranova & J. -F. Leroy = Winteraceae

Takhtajaniantha Nazarova 鸦葱属 Asteraceae [MD-586] 特征纪要:习性:草本。花程式:(K)3-5,(C)3-5,A3-5,↓G。物候:-。花期:4-7 月。果期:参考晚于花期。海拔:6000 米。生境:洪积平原草地潮湿地。资源:-。全球 2 个大洲分布及种数(10-11)非洲:1; 亚洲:10。【中国种数:1】。

Takhtajaniella V. E. Avet. = **Alyssum**

Talamancalia H. Rob. & Cuatrec. 翅柄千里光属 Asteraceae [MD-586] 特征纪要:习性:草本。花程式:(K-),(C)5 参考科,A3 参考科,↓G。其他特征参考科。全球 2 个大洲分布及种数(4-5)北美洲:2;南美洲:1。

Talamancaster Pruski 菊科属 Asteraceae [MD-586] 特征纪要:习性:-。花程式:-。其他特征参考科。全球 2 个大洲分布及种数(6)北美洲:6; 南美洲:1。

Talasium Spreng. = **Panicum**

Talassia Korovin 伊犁芹属 Apiaceae [MD-480] 特征纪要:习性:-。花程式:-。物候:-。花期:6 月。果期:参考晚于花期。海拔:2100-2800 米。生境:薄草坡,砾石斜坡。资源:-。全球 1 个大洲分布及种数(1-2)◆亚洲。

Talauma Juss. 盖裂木属 Magnoliaceae [MD-1] 特征纪要:习性:-。花程式:-。物候:-。花期:4-5 月。果期:参考晚于花期。海拔:800-1500 米。生境:森林。资源:-。全球 6 个大洲分布及种数(9-24;hort. 1)非洲:3;亚洲:5-8;大洋洲:3;欧洲:3;北美洲:5-8;南美洲:3。

Talbotiella Baker f. 小塔尔豆属 Fabaceae1 [MD-240] 特征纪要:习性:木本。花程式:=↓(K3-5-∞),C3-5-∞,A3-5,=↓G1-2。其他特征参考科。全球 2 个大洲分布及种数(9-11)非洲:10; 亚洲:2。

Talbotiopsis L. B. Sm. = **Xerophyta**

Tali Adans. = **Rourea**

Talinaceae Doweld [MD-84] 土人参科 特征纪要:习性:草本;落叶。花程式:K4,C4,A4,=↓(G)2-3。物候:-。花期:6-8 月。果期:8-11 月。果实:蒴果。种子:黑色。海拔:2350 米。生境:-。资源:药用。栽培:中国有栽培。全球 1 个大洲分布及属种数(2/14 hort. 1;cult. 1)◆非洲:2/36。【中国属种数:1/3】。

Talinella Baill. 栌兰树属 Talinaceae [MD-84] 特征纪要:习性:草本。花程式:K4-5,C4-5,A4-5,=↓G2-3。其他特征参考科。全球 5 个大洲分布及种数(37)非洲:14; 亚洲:2; 欧洲:3; 北美洲:3; 南美洲:2。

Talinium Raf. = **Talinum**

Talinopsis A. Gray 马齿藤属 Anacampserotaceae [MD-274] 特征纪要:习性:灌木。花程式:-。其他特征参考科。全球 2 个大洲分布及种数(1-2)北美洲:2; 南美洲:1。

Talinum Adans. 土人参属 Talinaceae [MD-84] 特征纪要:习性:草本,少灌木。花程式:-。物候:-。花期:6-8 月。果期:参考晚于花期。海拔:2350 米。生境:-。资源:药用,具栽培园艺种类。全球 6 个大洲分布及种数(36-43)非洲:21-48;亚洲:6-33;大洋洲:3-30;欧洲:27;北美洲:12-44;南美洲:12-41。【中国种数:3】。

Talipariti Fryxell 黄槿属 Malvaceae [MD-203] 特征纪要:习性:-。花程式:-。其他特征参考科。全球 6 个大洲分布及种数(9-19)非洲:2;亚洲:4-6;大洋洲:3-5;欧洲:2;北美洲:2-4;南美洲:2。

Talisia Aubl. 牛睛果属 Sapindaceae [MD-428] 特征纪要:习性:木本。花程式:K4-8,C4-8,A10,=G2-3。物候:-。海拔:-。生境:-。资源:具园艺种类。全球 6 个大洲分布及种数(54-55;hort. 1;cult. 1)非洲:2;亚洲:1-3;大洋洲:2;欧洲:1-3;北美洲:11-13;南美洲:52-55。

Talpinaria H. Karst. = **Pleurothallis**

Tamamschjanella Pimenov & Kljuykov 亚肿芹属 Apiaceae [MD-480] 特征纪要:习性:草本。花程式:=↓(K5),C5,A5,=↓G(-)。其他特征参考科。全球 1 个大洲分布及种数(1)◆欧洲。

Tamamschjania Pimenov & Kljuykov 藁本属 Apiaceae [MD-480] 特征纪要:习性:草本。花程式:参考科,C5,A15 参考科,=↓(G)2 参考科。其他特征参考科。全球 2 个大洲分布及种数(1-2)亚洲:1; 北美洲:1。

Tamananthus V. M. Badillo 肿叶菊属 Asteraceae [MD-586] 特征纪要:习性:草本。花程式:(K)3-5,C3-5,A3-5,=↓(G)2。其他特征参考科。全球 1 个大洲分布及种数(1)◆南美洲(◆委内瑞拉)。

Tamania Cuatrec. = **Wyethia**

Tamaricaceae Link [MD-162] 柽柳科 特征纪要:习性:木本;落叶。花程式:(K)6-,C5,A2-5,↑G-。物候:-。花期:6-7 月。果期:8-9 月。果实:蒴果。种子:多数作为亚科来处理,无胚乳。海拔:0 米。生境:-。资源:园林,药用。栽培:中国有栽培。全球 6 个大洲分布及属种数(6/155-180 <IFR 2/2> hort. 1;cult. 2)非洲:2/44-49; 亚洲:5/87-97(IFR 2/2); 大洋洲:1/8; 欧洲:2/32-35; 北美洲:1/17; 南美洲:1/5。【中国属种数:3/50】。

Tamaricaria Qaiser & Ali 水柏枝属 Tamaricaceae [MD-162] 特征纪要:习性:-。花程式:-。其他特征参考科。全球 1 个大洲分布及种数(cf. 1)◆亚洲。

tamarindus Tourn. ex L. 酸豆属 Fabaceae3 [MD-240] 特征纪要:习性:木本。花程式:-。物候:-。花期:5-8 月。果期:参考晚于花期。海拔:100-2500 米。生境:-。栽培:-。资源:甜味剂,果胶,具栽培园艺种类。全球 6 个大洲分布及种数(2)非洲:1;亚洲:1;大洋洲:1;欧洲:1;北美洲:1;南美洲:1。【中国种数:1】。

Tamariscella (Müll. Hal.) Müll. Hal. 羽藓属 Thuidiaceae [B-184] 特征纪要:-。全球 2 个大洲分布及种数(19)北美洲:1; 南美洲:1。

Tamarix L. 柽柳属 Tamaricaceae [MD-162] 特征纪要:习性:木本。花程式:-。物候:-。花期:4-5 月,偶尔秋季新枝开花。果期:8-10 月。海拔:1000-5200 米。生境:-。资源:具栽培园艺种类。全球 6 个大洲分布及种数(112-129;hort. 1;cult. 2)非洲:43-64;亚洲:69-94;大洋洲:7-23;欧洲:31-50;北美洲:16-32;南美洲:5-21。【中国种数:32】。

Tamatavia Hook. f. = **Chapelieria**

Tamaulipa R. M. King & H. Rob. 天泽兰属 Asteraceae [MD-586] 特征纪要:习性:草本。花程式:(K)3-5,(C)3-5,A3-5,↓G。其他特征参考科。全球 2 个大洲分布及种数(1-2)北美洲:2; 南美洲:1。

Tamayorkis Szlach. 原沼兰属 Orchidaceae [MM-723] 特征纪要:习性:草本。花程式:(K-),C2-3 参考科,A3 参考科,↓G-。其他特征参考科。全球 1 个大洲分布及种数(3-4)◆北美洲。

Tambourissa Sonn. 岛盘桂属 Monimiaceae [MD-20] 特征纪要:习性:木本。花程式:K1-∞,C0,A10-150,G1-3。其他特征参考科。全球 4 个大洲分布及种数(48-73)非洲:67; 亚洲:3; 欧洲:2; 北美洲:2。

Tamijia S. Sakai & Nagam. 贴蕊姜属 Zingiberaceae [MM-737] 特征纪要:习性:草本。花程式:(K)3,C3,A5,=↓(G)3。其他特征参考科。全球 2 个大洲分布及种数(2-4)亚洲:4; 南美洲:2。

Tamilnadia Tirveng. & Sastre 山石榴属 Rubiaceae [MD-523] 特征纪要:习性:木本。花程式:(K)4-5,(C)4-5,A4-5,↓G。物候:-。花期:参考早于果期。果期:10 月。海拔:5-4800 米。生境:矮林内。资源:-。全球 1 个大洲分布及种数(2)◆亚洲。【中国种数:1】。

Tammsia H. Karst. 绫薇花属 Rubiaceae [MD-523] 特征纪要:习性:木本。花程式:(K)4-5,(C)4-5,A4-5,=↓(G)2-9。其他特征参考科。全球 2 个大洲分布及种数(1-2)亚洲:1; 南美洲:2。

Tamonea Aubl. 鸦帚草属 Verbenaceae [MD-556] 特征纪要和分布(-)。全球 3 个大洲分布及种数(10-12)大洋洲:2;北美洲:8;南美洲:4。

Tampoa Aubl. & Hallier. f. 卫矛科属 Celastraceae [MD-339] 特征纪要:-。全球 1 个大洲分布及种数(3)◆南美洲:1。

Tamridaea Thulin & B. Bremer 玉叶金花属 Rubiaceae [MD-523] 特征纪要:习性:木本。花程式:(K-),(C)4,A4-5,↓G。其他特征参考科。全球 2 个大洲分布及种数(1) 非洲;亚洲。

Tana B.-E. van Wyk 非洲天芹属 Apiaceae [MD-480] 特征纪要:习性:草本。花程式:=↓(K5),C5,A5,=↓(G)2。其他特征参考科。全球 2 个大洲分布及种数(1-8)非洲:3; 亚洲:6。

Tanacetopsis (Tzvelev) Kovalevsk. 类菊蒿属 Asteraceae [MD-586] 特征纪要:习性:草本。花程式:(K)3-5,C3-5,A3-5,=↓(G)2。物候:-。花期:7-10 月。果期:参考晚于花期。海拔:6000 米。生境:阿尔泰山地针叶林带山沟,柞林下路旁。资源:-。全球 1 个大洲分布及种数(20-23)◆亚洲。【中国种数:1】。

Tanacetum L. 菊蒿属 Asteraceae [MD-586] 特征纪要:习性:草质攀援。花程式:(K)3-5,C3-5,A3 参考科,=↓(G)2。物候:-。海拔:1800-2500 米。生境:草地,栽培。资源:具栽培园艺种类。全球 6 个大洲分布及种数(130-184;hort. 1;cult. 5)非洲:6-21;亚洲:108-140;大洋洲:9-24;欧洲:39-56;北美洲:16-31;南美洲:3-18。【中国种数:23】。

Tanaecium Sw. 塔纳葳属 Bignoniaceae [MD-541] 特征纪要:习性:木本。花程式:K5,C0,A5,=↓G2。其他特征参考科。全球 6 个大洲分布及种数(18-27)非洲:3;亚洲:1-4;大洋洲:1-4;欧洲:3;北美洲:4-9;南美洲:17-28。【中国种数:3】。

Tanakaea Franch. & Sav. 峨屏草属 Saxifragaceae [MD-231] 特征纪要:习性:草本(根状茎,基生)。花程式:-。物候:-。花期:4-10 月。果期:参考晚于花期。海拔:900-1100 米。生境:湿岩石阴影。资源:药用。全球 4 个大洲分布及种数(1-6)亚洲:4; 大洋洲:2; 北美洲:2; 南美洲:2。【中国种数:1】。

Tandonia Moq. = **Tannodia**

Tangaraca Adans. = **Hamelia**

Tanghinia Thou. = **Cerbera**

Tangshuia S. S. Ying 茜草科属 Rubiaceae [MD-523] 特征纪要:习性:-。花程式:-。其他特征参考科。全球 1 个大洲分布及种数(1)◆亚洲:1。

Tannodia Baill. 旌节桐属 Euphorbiaceae [MD-217] 特征纪要:习性:木本。花程式:K1(1000),C0,A6,=G2-3。其他特征参考科。全球 4 个大洲分布及种数(9-25)非洲:19; 亚洲:6; 北美洲:3; 南美洲:7。

Tanquana H. Hartmann & Liede 拈花玉属 Aizoaceae [MD-94] 特征纪要:习性:草本。花程式:=↓(K3-4),C3-4,A5 参考科,=↓G-。其他特征参考科。全球 1 个大洲分布及种数(1-3)◆非洲。

Tansaniochloa Rauschert = **setaria**

Tanulepis Balf. f. = **Nonea**

Taonabo Aubl. & Hallier. f. 厚皮茶属 Pentaphylacaceae [MD-215] 特征纪要:习性:-。花程式:-。物候:-。花期:7-8 月。果期:参考晚于花期。海拔:50-2600 米。生境:常绿阔叶林。资源:-。全球 2 个大洲分布及种数(4)亚洲:cf. 1;北美洲:1。

Tapanava Adans. = **Pothos**

Tapeinia Comm. ex Juss. 卧鸢尾属 Iridaceae [MM-700] 特征纪要:习性:-。花程式:-。其他特征参考科。全球 3 个大洲分布及种数(1-7)非洲:2; 北美洲:2; 南美洲:7。

Tapeinidium (C. Presl) C. Chr. 达边蕨属 Lindsaeaceae [F-27] 特征纪要:习性:-。【Rep】:孢子囊群分离,圆形,单独顶生于各脉上,近边缘,每齿牙有1-2枚。物候:-。海拔:500-850米。生境:山谷常绿阔叶林下,竹林及杂木林下。资源:-。全球6个大洲分布及种数(21-43)非洲:7;亚洲:32;大洋洲:18;欧洲:2;北美洲:2;南美洲:3。【中国种数:5】。

Tapeinochilos Miq. 小唇姜属 Costaceae [MM-738] 特征纪要:习性:草本。资源:具园艺种类。全球3个大洲分布及种数(3-19)非洲:15;亚洲:4;大洋洲:2-16。

Tapeinosperma Hook. f. 长柱金牛属 Primulaceae [MD-401] 特征纪要:习性:草本。花程式:(K)3-4,(C)3-4,A4,=G3-5。其他特征参考科。全球4个大洲分布及种数(81-96)非洲:6;亚洲:13;大洋洲:96;南美洲:1。【中国种数:1】。

Tapeinostemon Benth. 小雄蕊龙胆属 Gentianaceae [MD-496] 特征纪要:习性:草本。花程式:K4-5,C0,A10,=G2。其他特征参考科。全球1个大洲分布及种数(12-13)◆南美洲。

Tapellaria <unassigned> 蜜花科属 Melianthaceae [MD-398] 特征纪要(同科)。全球2个大洲分布及种数(14)北美洲:11;南美洲:13。

Taphrospermum C. A. Mey. 沟子荠属 Brassicaceae [MD-213] 特征纪要:习性:-。花程式:-。物候:-。花期:6-8月。果期:参考晚于花期。海拔:3200-5300米。生境:高山牧场,矮草坡,斜坡与矮灌木,砾石,板岩。资源:-。全球1个大洲分布及种数(2)◆亚洲:1-6。

Tapia Mill. = **Crateva**

Tapinanthus (Bl.) Rchb. 折瓣寄生属 Loranthaceae [MD-415] 特征纪要:习性:木本。花程式:K5,C0,A4,=↓(G)3-4。其他特征参考科。全球6个大洲分布及种数(30-149)非洲:124;亚洲:22;大洋洲:7;欧洲:6;北美洲:6;南美洲:13。【中国种数:1】。

Tapinostemma (Benth. & Hook. f.) Van Tiegh. 桑寄生属 Loranthaceae [MD-415] 特征纪要:习性:-。花程式:-。其他特征参考科。全球1个大洲分布及种数(cf. 1)◆亚洲。

Tapiphyllum Robyns = **Vangueria**

Tapirira Aubl. 鸽枣属 Anacardiaceae [MD-432] 特征纪要:习性:木本。花程式:K5-10,C5-10,A5-10,=G1-3。物候:-。花期:4月。果期:参考晚于花期。海拔:93-3600米。生境:常绿阔叶林中,中山区山腰坡地路旁岩石上。资源:具园艺种类。全球6个大洲分布及种数(12-15;hort. 1)非洲:3;亚洲:1-4;大洋洲:3;欧洲:3;北美洲:5-11;南美洲:9-12。【中国种数:1】。

Tapirocarpus Sagot = **Talisia**

Tapiscia Oliv. 瘿椒树属 Tapisciaceae [MD-426] 特征纪要:习性:木本。花程式:-。物候:-。花期:3-5月。果期:参考晚于花期。海拔:500-2200米。生境:疏林中,山谷。资源:具栽培园艺种类。全球3个大洲分布及种数(2-9)亚洲:8;北美洲:2;南美洲:2。【中国种数:1】。

Tapisciaceae Takht. [MD-426] 瘿椒树科 特征纪要:习性:木本;落叶。花程式:K4-5(-),C5,A6,↑G1。物候:-。花期:3-4月。果期:4-5月。果实:核果。种子:-。海拔:1500-2300米。生境:疏林中,山谷。资源:药用。栽培:-。全球1个大洲分布及属种数(3-4/8-10 hort. 1)◆亚洲:1/2-3。【中国属种数:2/2】。

Taplinia Lander 岩鼠麹属 Asteraceae [MD-586] 特征纪要:习性:草本。花程式:(K)3-5,C3-5,A3-5,=↓(G)2。其他特征参考科。全球1个大洲分布及种数(1)◆大洋洲(◆澳大利亚)。

Tapoides Airy-Shaw 叶轮木属 Euphorbiaceae [MD-217] 特征纪要:习性:木本。花程式:K1(1000),C0,A6,↓G-参考科。其他特征参考科。全球1个大洲分布及种数(1-2)◆亚洲。

Taprobanea Christenson 凤蝶兰属 Orchidaceae [MM-723] 特征纪要:习性:草本。花程式:(K-),C2-3参考科,A3参考科,↓G-。其他特征参考科。全球1个大洲分布及种数(1) ◆亚洲:1。

Tapura Aubl. 泡花李属 Dichapetalaceae [MD-202] 特征纪要:习性:木本。花程式:-。其他特征参考科。全球6个大洲分布及种数(38-71)非洲:26;亚洲:4;大洋洲:2;欧洲:14;北美洲:14;南美洲:39。

Taquara I. L. C. Oliveira & R. P. Oliveira = **Tara**

Tara Molina 角实豆属 Fabaceae2 [MD-240] 特征纪要:习性:木本。花程式:=↓(K1-∞),C3-5-∞,A5-9,=↓G(-)。其他特征参考科。全球6个大洲分布及种数(3-4)非洲:1-2;亚洲:1;大洋洲:1;欧洲:1;北美洲:2-4;南美洲:1-2。

Tarachia (C. Presl) C. Presl 大羽铁角蕨属 Aspleniaceae [F-43] 特征纪要:-。全球3个大洲分布及种数(24)亚洲:4;大洋洲:5;南美洲:3。

Taralea Aubl. 南香豆树属 Fabaceae3 [MD-240] 特征纪要:习性:木本。花程式:=↓(K1-∞),C1-∞,A5-9,=↓G1。其他特征参考科。全球2个大洲分布及种数(7-13)北美洲:1;南美洲:9。

Tarasa Phil. 星毛卷萼锦属 Malvaceae [MD-203] 特征纪要:习性:木本。花程式:K5-∞,C5-∞,A10-8,=(G)1-5。其他特征参考科。全球6个大洲分布及种数(28-40)非洲:2;亚洲:4;大洋洲:2;欧洲:6;北美洲:6;南美洲:40。【中国种数:1】。

Taravalia (Nutt.) Greene 榆橘属 Rutaceae [MD-399] 特征纪要:习性:-。花程式:-。其他特征参考科。全球2个大洲分布及种数(15)北美洲:1;南美洲:9。

Taraxacum F. H. Wigg. 蒲公英属 Asteraceae [MD-586] 特征纪要:习性:草本(基生,多肉)。花程式:(K)3-5,C3-5,A3参考科,=↓G2。物候:-。海拔:100-300米。生境:高山草甸,中、高海拔地区松林下或山坡草地。资源:具栽培园艺种类。全球6个大洲分布及种数(2041-2597;hort. 1;cult. 30)非洲:18-53;亚洲:1400-1568;大洋洲:12-48;欧洲:1579-1756;北美洲:42-76;南美洲:10-43。【中国种数:139】。

Taraxia (Torr. & A. Gray) Nutt. ex Raim. 待晖草属 Onagraceae [MD－396] 特征纪要:习性:－。花程式:－。其他特征参考科。全球6个大洲分布及种数(1)非洲:5;亚洲:5;大洋洲:5;欧洲:5;北美洲:5;南美洲:5。

Taraxis B. G. Briggs & L. A. S. Johnson 木贼灯草属 Restionaceae [MM－744] 特征纪要:习性:草本。花程式:(K)3,C3,A1－2,＝(G)1－3。其他特征参考科。全球3个大洲分布及种数(1－7)亚洲:2; 大洋洲:7; 南美洲:5。

Tarchonantheae (Cass.) S. C. Keeley & R. K. Jansen 不明科属 Asteraceae [MD－586] 特征纪要和分布(－)。

Tarchonanthus L. 棉果菊属 Asteraceae [MD－586] 特征纪要:习性:草本。花程式:(K)3－5,C3－5,A3－5,＝↓(G)2。其他特征参考科。全球4个大洲分布及种数(5－16)非洲:13; 亚洲:2; 欧洲:1; 北美洲:1。

Tardavel Adans. ＝ **Spermacoce**

Tarenaya Raf. 醉蝶花属 Cleomaceae [MD－210] 特征纪要:草本,落叶,单叶。花程式:K4－6,C4－6,A4－6,＝↑G:2－10,房位(－)。种子:10－20,平滑。全球6个大洲分布及种数(4－6)非洲:1;亚洲:2－3;大洋洲:1－2;欧洲:1;北美洲:3－4;南美洲:2－3。

Tarenna Gaertn. 乌口树属 Rubiaceae [MD－523] 特征纪要:习性:木本。花程式:(K－),C2－3参考科,A10,↓G2。物候:－。花期:4－9月。果期:参考晚于花期。海拔:500－1600米。生境:草地上,森林中。资源:药用,具栽培园艺种类。全球6个大洲分布及种数(150－210;hort. 1;cult. 1)非洲:64－78;亚洲:87－125;大洋洲:21－33;欧洲:1－9;北美洲:10－19;南美洲:13－21。【中国种数:34】。

Tarennella De Block 茜草科属 Rubiaceae [MD－523] 特征纪要:习性:－。花程式:K－,C4－5－参考科,A9,↓(G)2－9。其他特征参考科。全球1个大洲分布及种数(－)◆非洲。

Tarennoidea Tirveng. & Sastre 岭罗麦属 Rubiaceae [MD－523] 特征纪要:习性:木本。花程式:－。物候:－。花期:3－6月。果期:参考晚于花期。海拔:400－2200米。生境:山谷中溪边或丘陵或山区的森林或灌丛。资源:药用。全球3个大洲分布及种数(2－6)非洲:3; 亚洲:6; 大洋洲:2。【中国种数:1】。

Targionia L. 皮叶苔属 Targioniaceae [B－20] 特征纪要:习性:－。【Rep】:雌雄同株,或异株,雌苞顶生或由腹面伸出,苞膜2瓣状,孢蒴成熟后不规则开裂。物候:－。海拔:900米。生境:岩面石缝土生。资源:－。全球6个大洲分布及种数(4－6)非洲:2－4;亚洲:2;大洋洲:2;欧洲:1;北美洲:1;南美洲:1。【中国种数:2】。

Targioniaceae Dum. [B－20] 皮叶苔科 特征纪要:丛集群生,灰绿色、黄绿色至浅绿色,具明显光泽。全球6个大洲分布和属种数(5/34－49)非洲:1－2/1－2; 亚洲:1－2/1－2; 大洋洲:1/1; 欧洲:1/1; 北美洲:1/1; 南美洲:3/32－35。【中国属种数:1/2(1)】。

Tarigidia Stent 约等颖草属 Poaceae [MM－748] 特征纪要:习性:草本。花程式:(K)3,C0参考科,A1－2,＝(G)2－3。其他特征参考科。全球2个大洲分布及种数(2－3)非洲:1;北美洲:1。

Tarlmounia H. Rob., S. C. Keeley, Skvarla & R. Chan 斑鸠草属 Asteraceae [MD－586] 特征纪要:习性:草本。花程式:(K－),(C)3－5,A3参考科,↓G。其他特征参考科。全球2个大洲分布及种数(1－2)亚洲:2; 大洋洲:1。【中国种数:1】。

Tarpheta Raf. ＝ **Stachytarpheta**

Tarphochlamys Bremek. ＝ **Strobilanthes**

Tarrietia Bl. 蝴蝶树属 Malvaceae [MD－203] 特征纪要:习性:木本。花程式:K5－∞,C5－∞,A10－8,G－。其他特征参考科。全球4个大洲分布及种数(39)非洲:4; 亚洲:18; 大洋洲:7; 北美洲:2。

Tartonia Raf. ＝ **Thymelaea**

Taschneria C. Presl ＝ **Crepidomanes**

Tashiroea Matsum. 野海棠属 Melastomataceae [MD－364] 特征纪要:习性:木本。花程式:＝↓(Kn),C2－3参考科,A3参考科,＝↓G－。物候:－。花期:全年。果期:参考晚于花期。海拔:60－5100米。生境:草丛或矮灌丛中,竹林沟边。资源:－。全球1个大洲分布及种数(3)◆亚洲。【中国种数:1】。

Tasmannia R. Br. ex DC. 椒林仙属 Winteraceae [MD－3] 特征纪要:习性:木本。花程式:－。其他特征参考科。全球6个大洲分布及种数(10－52)非洲:31; 亚洲:20; 大洋洲:42; 欧洲:2; 北美洲:2; 南美洲:10。

Tassadia Decne. 热美萝藦属 Apocynaceae [MD－492] 特征纪要:习性:木本。花程式:K5,C0,A5,＝(G)2。其他特征参考科。全球3个大洲分布及种数(29－65)非洲:2; 北美洲:3; 南美洲:62。

Tassilicyparis A. V. Bobrov & Melikyan ＝ **Cupressus**

Tateanthus Gleason 威尼斯野牡丹属 Melastomataceae [MD－364] 特征纪要:习性:木本。花程式:－。其他特征参考科。全球1个大洲分布及种数(1)◆南美洲。

Tateishia H. Ohashi & K. Ohashi 金山兰属 Orchidaceae [MM－723] 特征纪要:习性:草本。花程式:(K－),C2－3参考科,A3参考科,↓G－。物候:－。花期:参考早于果期。果期:10－11月。海拔:80－5200米。生境:柏树林下或草坡路旁,竹坡中。资源:－。全球1个大洲分布及种数(2) ◆亚洲:2。

Tatianyx Zuloaga & Soderstr. 黍属 Poaceae [MM－748] 特征纪要:习性:草本。花程式:(K)3,C0参考科,A1－2,↓G－参考科。其他特征参考科。全球1个大洲分布及种数(1)◆南美洲。

Taubertia K. Schum. ex Taub. ＝ **Disciphania**

Tauscheria Fisch. ex DC. 舟果荠属 Brassicaceae [MD－213] 特征纪要:习性:－。花程式:－。物候:－。花期:4－6月。果期:参考晚于花期。海拔:400－3800米。生境:荒漠草原,少数砾石戈壁,路边,田边,河岸,沙漠草原,岩石土壤,路旁和河岸。资源:－。全球1个大洲分布及种数(cf. 1)◆亚洲。

Tauschia Schltdl. 陶施草属 Apiaceae [MD－480] 特征纪要:草本,落叶; 花程式:＝↓(K)5,C5,A5,＝↓G:2。种子:种皮上,心皮柄2裂。全球1个大洲分布及种数(29－47)◆北美洲。

Tavaresia Welw. 丽钟角属 Apocynaceae [MD－492] 特征纪要:习性:木本。花程式:K5－∞,C0,A15,＝↓G2－

5。其他特征参考科。全球 1 个大洲分布及种数(3 - 4)◆非洲。

Taverniera DC. 带豆属 Fabaceae3［MD - 240］特征纪要:习性:木本。花程式:= ↓(K1 - ∞),C1 - ∞,A5 - 9,= ↓G1。其他特征参考科。全球 2 个大洲分布及种数(14 - 19)非洲:8 - 9;亚洲:11 - 15。

Tawaia <unassigned> 兰属 Orchidaceae［MM - 723］特征纪要:习性:-。花程式:-。其他特征参考科。全球 1 个大洲分布及种数(-)。

Taxaceae Gray［G - 12］红豆杉科 特征纪要(参考 Makinoaceae),叶状体暗绿色,长 5 - 8 厘米,两歧分枝。【Rep】:雌雄异株,精子器多数,密生于叶状体先端半月形凹糟内,苞膜半圆形,边缘呈齿状,着生中肋背面,蒴被筒状。全球 6 个大洲分布及属种数(6/33 - 41 <IFR 2/3> hort. 1;cult. 1) 非洲:1/5; 亚洲:5/20 - 24(IFR 2/3); 大洋洲:1/2; 欧洲:1/3 - 4; 北美洲:2/9 - 10; 南美洲:1。【中国属种数:5/15】。

Taxandria (Benth.) J. R. Wheeler & N. G. Marchant 香松梅属 Myrtaceae［MD - 347］特征纪要:习性:木本。花程式:K4 - 5,C4 - 5,A8 - 10,= ↓(G)2 - 5。其他特征参考科。全球 1 个大洲分布及种数(9 - 11)◆大洋洲(◆澳大利亚)。

Taxicaulis (Müll. Hal.) Müll. Hal. 同叶藓属 Hypnaceae［B - 189］特征纪要:-。全球 2 个大洲分布及种数(51)北美洲:1; 南美洲:1。

Taxilejeunea (Spruce) Schiffn. 长叶细鳞苔属 Lejeuneaceae［B - 84］特征纪要:习性:-。【Rep】:雌苞顶生于主枝,蒴萼具 3 个脊,并常附 1 - 7 个小脊,脊部具冠状突起,一般稀疏生长。物候:-。海拔:-。生境:山坡,针阔混交林中。资源:-。全球 6 个大洲分布及种数(20 - 21)非洲:4 - 14;亚洲:19 - 30;大洋洲:1 - 12;欧洲:10;北美洲:2 - 12;南美洲:12 - 22。【中国种数:1】。

Taxillus Van Tiegh. 钝果寄生属 Loranthaceae［MD - 415］特征纪要:习性:木本。海拔:100 - 400 米。生境:枫树,石栗,荷树,马尾树或木兰科,壳斗科等植物上,针叶林或混交林,山坡。资源:具栽培园艺种类。全球 6 个大洲分布及种数(31 - 43;hort. 1)非洲:3 - 6;亚洲:28 - 36;大洋洲:3;欧洲:3;北美洲:3;南美洲:3。【中国种数:19】。

Taxiphyllopsis Higuchi & Deguchi 亚洲天藓属 Hypnaceae［B - 189］特征纪要:习性:-。【Rep】:雌雄异苞同株,内雌苞叶直立,卵状披针形,上部渐狭成长毛状,近于全缘,无中肋,黄绿色。其他特征参考科。全球 1 个大洲分布及种数(1)◆亚洲:1。

Taxiphyllum M. Fleisch. 鳞叶藓属 Hypnaceae［B - 189］特征纪要:习性:-。【Rep】:雌雄异株,内雌苞叶长卵形,急狭成芒状尖,蒴柄细长,孢蒴直立或平列,长卵形,有长台部,蒴齿两层。物候:-。海拔:-。生境:常见于林下土或岩面薄土,沼泽水生。资源:-。全球 6 个大洲分布及种数(41)非洲:6;亚洲:24;大洋洲:5;欧洲:3;北美洲:19;南美洲:4。【中国种数:19】。

T

Taxitheliella Dixon 马来锦藓属 Fabroniaceae［B - 173］特征纪要:习性:-。【Rep】:孢子囊,单生叶表,蒴柄直立或稍扭曲,平滑,孢蒴卵形,外齿层细胞沿纵壁加厚,中缝有穿孔,内齿层齿条呈线形,基膜低。其他特征参考科。全球 1 个大洲分布及种数(1)◆亚洲:1。

Taxithelium Spruce ex Mitt. 麻锦藓属 Sematophyllaceae［B - 192］特征纪要:-。【Rep】:雌雄异苞同株或雌雄异株,稀雌雄杂株,内雌苞叶直立,基部卵形或披针形,向上急尖或渐尖。生境:常见于竹上,岩石上。全球 6 个大洲分布及种数(108)非洲:33;亚洲:48;大洋洲:43;欧洲:6;北美洲:5;南美洲:12。【中国种数:9】。

Taxodiaceae Saporta［G - 16］杉科 特征纪要(参考 Notothyladaceae),叶状体薄,叉状分枝,多层细胞。【Rep】:孢蒴长卵形,具短柄,蒴足形大,平横着生叶状体上,成熟时有时不开裂,蒴轴较短或缺失,蒴壁无气孔。全球 6 个大洲分布及属种数(10 - 11/26 - 28 <IFR 1/1> hort. 1;cult. 4) 亚洲:5/10(IFR 1/1); 大洋洲:1; 欧洲:(IFR 1/1); 北美洲:4/10(IFR 1/1); 南美:(IFR 1/1)。【中国属种数:1/7】。

Taxodium Rich. 落羽杉属 Taxodiaceae［G - 16］特征纪要(同科)。全球 6 个大洲分布及种数(3 - 41)非洲:4; 亚洲:13; 大洋洲:2; 欧洲:20; 北美洲:20; 南美洲:21。【中国种数:1】。

Taxotrophis Bl. 尖叶刺桑属 Moraceae［MD - 87］特征纪要和分布(-)。

Taxus L. 红豆杉属 Taxaceae［G - 12］特征纪要:习性:-。【Rep】:复轴,核果状,有肉质被套,下部苞鳞残迹,寡种子,球花单生叶腋,雄球花圆球形,有梗,雄蕊 6 - 14 枚,盾状,雌球花几无梗,上端 2 - 3 对苞片交叉对生,胚珠直立,单生于总花轴上部侧生短轴之顶端的苞腋,珠托发育成肉质,杯状,红色的假种皮,种子坚果状,当年成熟。海拔:100 - 3500 米。生境:住房边。资源:药用,具栽培园艺种类。全球 6 个大洲分布及种数(15 - 21;hort. 1;cult. 4)非洲:4 - 17;亚洲:11 - 28;大洋洲:13;欧洲:2 - 16;北美洲:8 - 22;南美洲:13。【中国种数:6】。

Tayloria Hook. 小壶藓属 Splachnaceae［B - 143］特征纪要:习性:-。【Rep】:绿色或黄绿色。生境:常见于生于湿土上。资源:-。全球 6 个大洲分布及种数(46)非洲:8;亚洲:19;大洋洲:8;欧洲:9;北美洲:13;南美洲:12。【中国种数:13】。

Tayloriella <unassigned> 尖花荷属 Rhodoleiaceae［MD - 64］特征纪要:-。全球 3 个大洲分布及种数(4)非洲:1; 北美洲:2; 南美洲:1。

Tchihatchewia Boiss. 土耳其芥属 Brassicaceae［MD - 213］特征纪要:习性:-。花程式:-。其他特征参考科。全球 1 个大洲分布及种数(cf. 1)◆南亚(◆斯里兰卡)。

Teagueia (Lür) Lür 阔柱兰属 Orchidaceae［MM - 723］特征纪要:习性:草本。花程式:(K)3,C3,A3,↓G -。其他特征参考科。全球 1 个大洲分布及种数(16 - 18)◆南美洲。

Teclea Delile = **Vepris**

Tecmarsis DC. = **Pluchea**

Tecoma Juss. 黄钟花属 Bignoniaceae［MD - 541］特征纪要:习性:木本。花程式:K5 - 裂片,C0,A5,= ↓(G)2。

海拔:100 - 5840 米。生境:常绿阔叶林,路旁,斜坡,竹木林中。资源:药用,具栽培园艺种类。全球 6 个大洲分布及种数(15 - 254)非洲:30; 亚洲:29; 大洋洲:19; 欧洲:72; 北美洲:72; 南美洲:164。【中国种数:2】。

Tecomanthe Baill. 南洋凌霄属 Bignoniaceae [MD - 541] 特征纪要:习性:木本。花程式:K5 - 裂片,C0,A4, = ↓ G2。资源:具园艺种类。全球 6 个大洲分布及种数(4 - 11)非洲:1 - 8;亚洲:1 - 8;大洋洲:3 - 14;欧洲:5;北美洲:1 - 6;南美洲:5。

Tecomaria Spach 硬骨凌霄属 Bignoniaceae [MD - 541] 特征纪要:习性:木本。花程式:Kn,C0,A3 参考科,↓ G。资源:药用。全球 5 个大洲分布及种数(2 - 11)非洲:2; 亚洲:1; 欧洲:2; 北美洲:2; 南美洲:2。【中国种数:1】。

Tecomella Seem. 小黄钟花属 Bignoniaceae [MD - 541] 特征纪要:习性:木本。花程式:K5,C0,A4 - 5, = (G)2。海拔:100 - 5840 米。生境:常绿阔叶林,路旁,斜坡,竹木林中。资源: - 。全球 4 个大洲分布及种数(1 - 3)非洲:2; 亚洲:2; 北美洲:2; 南美洲:2。【中国种数:1】。

Tecophilaea Bertero ex Colla 蓝嵩莲属 Tecophilaeaceae [MM - 686] 特征纪要:习性:草本。花程式:(K)3,C0 参考科,A3,↓ G3。其他特征参考科。全球 2 个大洲分布及种数(2 - 11)北美洲:4; 南美洲:8。

Tecophilaeaceae Leyb. [MM - 686] 蓝嵩莲科 特征纪要:习性:草本;落叶。花程式:(K)6 - ,C3,A6,↓ (G)3。果实:蒴果。种子:大,棕色或带黑色。全球 5 个大洲分布及属种数(10/32 - 39 <IFR 1/1> hort. 1;cult. 2) 非洲:5/8 - 10(IFR 1/1); 亚洲:1/1; 大洋洲:1/3; 北美洲:2/3; 南美洲:4/15 - 16。

Tecophilea Herb. = **Tecophilaea**

Tectaria Sw. 叉蕨属 Aspidiaceae [F - 50] 特征纪要:习性: - 。海拔:200 - 1200 米。生境:边缘及锯齿上,竹林下。全球 6 个大洲分布及种数(273 - 411;hort. 1;cult. 8)非洲:45 - 87;亚洲:162 - 231;大洋洲:65 - 108;欧洲:5 - 37;北美洲:60 - 95;南美洲:64 - 94。【中国种数:50】。

Tecticornia Hook. f. 澳海蓬属 Amaranthaceae [MD - 116] 特征纪要:习性:草本。花程式:K3 - 5,C0,A3 - 5, = ↓ (G)2 - 5。其他特征参考科。全球 3 个大洲分布及种数(59 - 65)非洲:3; 亚洲:5; 大洋洲:63。【中国种数:1】。

Tectiphiala H. E. Moore 披叶刺椰属 Arecaceae [MM - 717] 特征纪要:习性:木本。花程式: - 。其他特征参考科。全球 1 个大洲分布及种数(1)◆非洲。

Tectona L. f. 柚木属 Lamiaceae [MD - 575] 特征纪要:习性:木质攀援。花程式: - 。物候: - 。花期:6 - 8 月。果期:参考晚于花期。海拔:900 米。生境:潮湿疏林中,培养,有时归化。资源:药用,具栽培园艺种类。全球 5 个大洲分布及种数(3 - 26)非洲:4; 亚洲:10; 大洋洲:3; 北美洲:3; 南美洲:8。【中国种数:1】。

Tecunumania Standl. & Steyerm. 特库瓜属 Cucurbitaceae [MD - 205] 特征纪要:习性:木本。花程式: = ↓ (K3 - 5),C3 - 5,A3 - 5, = ↓ (G)1 - 2。其他特征参考科。全球 2 个大洲分布及种数(2 - 3)北美洲:1; 南美洲:1。

Tedingea D. & U. Müler - Doblies = **Strumaria**

Teedia Rudolphi 苏桃木属 Scrophulariaceae [MD - 536] 特征纪要:习性:灌木。花程式:K2 - 4,C0,A4,↓ G2。其他特征参考科。全球 5 个大洲分布及种数(2 - 4)非洲:3; 亚洲:2; 大洋洲:2; 欧洲:3; 北美洲:3。

Teesdalia W. T. Aiton 野屈曲花属 Brassicaceae [MD - 213] 特征纪要:习性:草本。花程式:K2 - 4,C2 - 4,A2 - 4, = G2。物候: - 。海拔: - 。生境: - 。资源:具园艺种类。全球 6 个大洲分布及种数(3 - 18)非洲:4; 亚洲:5; 大洋洲:2; 欧洲:5; 北美洲:5; 南美洲:8。【中国种数:2】。

Tegneria Lilja = **Calandrinia**

Tegularia Reinw. = **Didymochlaena**

Tegulifolium Hässel 歧叶苔属 Schistochilaceae [B - 34] 特征纪要: - 。全球 1 个大洲分布及种数(-)。

Tehuana Panero & Villaseñor 长托菊属 Asteraceae [MD - 586] 特征纪要:习性:草本。花程式:(K)3 - 5,C3 - 5,A3 - 5, = ↓ (G)2。其他特征参考科。全球 2 个大洲分布及种数(1 - 3)北美洲:3; 南美洲:2。

Teichodontium Müll. Hal. 蓑藓属 Orthotrichaceae [B - 151] 特征纪要: - 。全球 1 个大洲分布及种数(-)。

Teijsmanniodendron Koord. 单核荆属 Lamiaceae [MD - 575] 特征纪要:习性:草本。海拔:20 - 3950 米。生境:自然山坡地。资源: - 。全球 2 个大洲分布及种数(13 - 26)非洲:3 - 4;亚洲:12 - 19。【中国种数:3】。

Teinostachyum Munro = **Schizostachyum**

Teixeiranthus R. M. King & H. Rob. 藿香蓟属 Asteraceae [MD - 586] 特征纪要:习性:草本。花程式:(K)3 - 5,(C)3 - 5,A3 - 5,↓ G。其他特征参考科。全球 2 个大洲分布及种数(2 - 3)北美洲:1; 南美洲:3。

Telanthera R. Br. 锦绣苋属 Amaranthaceae [MD - 116] 特征纪要:习性: - 。花程式: - 。其他特征参考科。全球 6 个大洲分布及种数(2 - 3)非洲:3;亚洲:3;大洋洲:3;欧洲:3;北美洲:3;南美洲:1 - 5。

Telanthophora H. Rob. & Brettell 顶叶千里光属 Asteraceae [MD - 586] 特征纪要:习性:草本。花程式:(K)3 - 5,C3 - 5,A3 - 5, = ↓ (G)2)。其他特征参考科。全球 2 个大洲分布及种数(12 - 13)北美洲:10;南美洲:2。

Telaranea Spruce ex Schiffn. 皱指苔属 Lepidoziaceae [B - 63] 特征纪要:习性: - 。【Rep】:裂瓣披针形或指形。物候: - 。海拔: - 。生境:常见于高山林下腐殖质,土生。资源: - 。全球 6 个大洲分布及种数(82 - 83)非洲:6;亚洲:29;大洋洲:51 - 52;欧洲:4;北美洲:2;南美洲:15。

Telectadium Baill. 东南亚萝藦属 Apocynaceae [MD - 492] 特征纪要:习性:木本。花程式:Kn,C0,A5, = (G)2。其他特征参考科。全球 1 个大洲分布及种数(3)◆东南亚(◆越南)。【中国种数:1】。

Telekia Baumg. 蒂立菊属 Asteraceae [MD - 586] 特征纪要:习性:草本。花程式:(K)3 - 5,C3 - 5,A3 - 5, = ↓ (G)2。其他特征参考科。全球 4 个大洲分布及种数(1 - 21)亚洲:1; 欧洲:1; 北美洲:1; 南美洲:1。

Teleozoma R. Br. = **Acrostichum**

Telephium L. 八宝韦草属 Caryophyllaceae [MD - 77] 特征纪要:习性: - 。花程式: - 。其他特征参考科。全球 3 个大洲分布及种数(6)非洲:4;亚洲:3;欧洲:1。

T

Telesonix Raf. 八幡草属 Saxifragaceae［MD－231］特征纪要:习性:草本。花程式:－。其他特征参考科。全球 1 个大洲分布及种数(2)◆北美洲。

Telestria Raf. ＝ **Bauhinia**

Telfairia Hook. 牡蛎瓜属 Cucurbitaceae［MD－205］特征纪要:习性:－。花程式:－。其他特征参考科。全球 3 个大洲分布及种数(3－4)非洲:4；欧洲:3；北美洲:3。

Telfordia R. Br. ＝ **Ozothamnus**

Teliostachya Nees 圭亚那爵床属 Acanthaceae［MD－572］特征纪要:习性:－。花程式:－。其他特征参考科。全球 4 个大洲分布及种数(1－16)非洲:2；亚洲:2；北美洲:2；南美洲:15。

Telipodus Raf. ＝ **Philodendron**

Telipogon Kunth 毛顶兰属 Orchidaceae［MM－723］特征纪要:习性:草本。花程式:(K)3,C3,A3,＝↓G3。其他特征参考科。全球 3 个大洲分布及种数(246－332)亚洲:2；北美洲:88；南美洲:321。

Telis (DC.) Kuntze 豆科属 Fabaceae3［MD－240］特征纪要:习性:－。花程式:－。其他特征参考科。全球 2 个大洲分布及种数(49)北美洲:1；南美洲:1。

Telitoxicum Moldenke 矛毒藤属 Menispermaceae［MD－42］特征纪要:习性:草本。花程式:K1(6－40),C3,A1－6－40,＝G1－3。其他特征参考科。全球 1 个大洲分布及种数(8)◆南美洲。

Tellima R. Br. 饰缘花属 Saxifragaceae［MD－231］特征纪要:习性:草本。花程式:＝↓(K5),C5,A5－10,＝↓G2－5。资源:具园艺种类。全球 3 个大洲分布及种数(1－23)大洋洲:2；欧洲:4；北美洲:4。

Telmatoblechnum Perrie, D. J. Ohlsen & Brownsey 黑毛蕨属 Blechnaceae［F－46］特征纪要:习性:－。其他特征参考科。全球 5 个大洲分布及种数(3)非洲:1;亚洲:1;大洋洲:1;北美洲:1;南美洲:1。【中国种数:1】。

Telmatophace Schleid. ＝ **Lemna**

Telmatophila Mart. ex Baker 冰沼草属 Asteraceae［MD－586］特征纪要:习性:－。花程式:－。其他特征参考科。全球 1 个大洲分布及种数(1)◆南美洲。

Telmatosphace Ball. ＝ **Lemna**

Telminostelma E. Fourn. 马利筋属 Apocynaceae［MD－492］特征纪要:习性:－。花程式:－。其他特征参考科。全球 2 个大洲分布及种数(7)北美洲:1；南美洲:1。

Telopea R. Br. 蒂罗花属 Proteaceae［MD－219］特征纪要:习性:－。花程式:－。其他特征参考科。全球 5 个大洲分布及种数(5－13)非洲:3；亚洲:2；大洋洲:8；北美洲:3；南美洲:2。

Teloschistes Norman 肉穗果科属 Bataceae［MD－223］特征纪要:－。全球 4 个大洲分布及种数(25)非洲:2；亚洲:3；北美洲:2；南美洲:14。

T

Telosiphonia (Woodson) Henrickson 飘香藤属 Apocynaceae［MD－492］特征纪要:习性:－。花程式:－。其他特征参考科。全球 1 个大洲分布及种数(4)◆北美洲。

Telosma Coville 夜来香属 Apocynaceae［MD－492］特征纪要:习性:木质攀援。花程式:(K－),C5,A5,↓G－。花期:5－10 月。果期:参考晚于花期。海拔:300－800 米。生境:森林,沿河。资源:具栽培园艺种类。全球 6 个大洲分布及种数(10－11)非洲:3－5;亚洲:8－10;大洋洲:1－2;欧洲:1;北美洲:1;南美洲:1。【中国种数:3】。

Tema Adans. ＝ **Echinochloa**

Temburongia S. Dransf. & K. M. Wong 裂草属 Poaceae［MM－748］特征纪要:习性:竹类。花程式:参考科,C5 参考科,A5,G2－4。其他特征参考科。全球 1 个大洲分布及种数(1) ◆亚洲。

Temnadenia Miers 碧鱼连属 Apocynaceae［MD－492］特征纪要:习性:木本。花程式:K5－∞,C0,A15,＝↓(G)2－5。其他特征参考科。全球 5 个大洲分布及种数(3－25)非洲:2；亚洲:1；大洋洲:2；北美洲:9；南美洲:24。

Temnocalyx Robyns 非洲裂茜属 Rubiaceae［MD－523］特征纪要:习性:木本。花程式:(K－),(C)4,A4－5,↓(G)2－9。其他特征参考科。全球 1 个大洲分布及种数(1)◆非洲。

Temnoma Mitt. & Hook. f. 裂片苔属 Pseudolepicoleaceae［B－71］特征纪要:习性:－。【Rep】:雌雄同株或异株,雄苞着生茎、枝先端,雌苞顶生,雌苞叶与茎叶同形,4－5 裂,蒴柄横切面中央 4 个细胞。其他特征参考科。全球 6 个大洲分布及种数(5)非洲:3;亚洲:4－7;大洋洲:2－5;欧洲:3;北美洲:3;南美洲:1－4。【中国种数:1】。

Temnopteryx Hook. f. 裂茜属 Rubiaceae［MD－523］特征纪要:习性:木本。花程式:(K)4－5,(C)4－5,A4－5,＝↓(G)2－9。其他特征参考科。全球 1 个大洲分布及种数(1)◆非洲。

Temochloa S. Dransf. 碧草属 Poaceae［MM－748］特征纪要:习性:草本。花程式:(K－),C0 参考科,A3 参考科,↓G－参考科。其他特征参考科。全球 1 个大洲分布及种数(1－2)◆亚洲。

Templetonia R. Br. 彗豆属 Fabaceae3［MD－240］特征纪要:习性:木本。花程式:＝↓(K1－∞),C1－∞,A5－9,＝↓G1。其他特征参考科。全球 3 个大洲分布及种数(13－19)大洋洲:18；欧洲:2；北美洲:2。

Temu O. Berg 睫萼木属 Myrtaceae［MD－347］特征纪要:习性:－。花程式:－。其他特征参考科。全球 1 个大洲分布及种数(－)。

Tenacistachya L. Liu 坚轴草属 Poaceae［MM－748］特征纪要和分布(－)。全球 1 个大洲分布及种数(2)◆亚洲。

Tenaris E. Mey. 泰纳萝藦属 Apocynaceae［MD－492］特征纪要:习性:－。花程式:－。其他特征参考科。全球 2 个大洲分布及种数(9)非洲:7；南美洲:2。

Tenaxia N. P. Barker & H. P. Linder 禾黄草属 Poaceae［MM－748］特征纪要:习性:草本。花程式:(K)3,C0 参考科,A1－2,＝(G)2－3。物候:－。花期:5－10 月。果期:参考晚于花期。海拔:10－5600 米。生境:草地山坡上。资源:－。全球 2 个大洲分布及种数(8－9)非洲:5;亚洲:cf. 1。【中国种数:2】。

Tenicroa Raf. ＝ **Drimia**

Teniola W. D. Reese = **Teniolophora**

Teniolophora W. D. Reese 波丛藓属 Pottiaceae [B-133] 特征纪要:习性:-。【Rep】:孢腔轮廓清晰,蒴齿缺如,或具蒴齿而无基膜,下部呈黄绿或黄棕色。其他特征参考科。全球 1 个大洲分布及种数(1)◆北美洲。

Tennantia Verdc. 豺咖啡属 Rubiaceae [MD-523] 特征纪要:习性:木本。花程式:(K-),(C)4,A3-5,↓G。其他特征参考科。全球 1 个大洲分布及种数(1)◆非洲。

Tenrhynea Hilliard & B. L. Burtt 密头紫绒草属 Asteraceae [MD-586] 特征纪要:习性:草本。花程式:(K)3-5,(C)3-5,A3-5,↓G。其他特征参考科。全球 1 个大洲分布及种数(1)◆非洲。

Teonongia Stapf = **Streblus**

Tephrocactus Lem. 武士掌属 Cactaceae [MD-100] 特征纪要:习性:木本。花程式:=↓(K1-∞),C1-∞,A3-100,=↓(G)3-100。其他特征参考科。全球 2 个大洲分布及种数(10-94)北美洲:1; 南美洲:12。

Tephromela M. Choisy 肉穗果科属 Bataceae [MD-223] 特征纪要:-。全球 6 个大洲分布及种数(23)非洲:3; 亚洲:5; 大洋洲:2; 欧洲:2; 北美洲:2; 南美洲:14。

Tephroseris (Rchb.) Rchb. 狗舌草属 Asteraceae [MD-586] 特征纪要:习性:草本(根状茎,基生)。花程式:(K)3-5,C3-5,A3 参考科,=↓G2。物候:-。海拔:2600-4000 米。生境:草地,沼泽地。资源:药用。全球 6 个大洲分布及种数(48-56;hort. 1;cult. 3)非洲:14-19;亚洲:46-53;大洋洲:5;欧洲:16-21;北美洲:14-19;南美洲:6-11。【中国种数:18】。

Tephrosia Pers. 灰毛豆属 Fabaceae3 [MD-240] 特征纪要:习性:木本。花程式:-。物候:-。花期:10-11 月。果期:参考晚于花期。海拔:100-700 米。生境:草地,荒野及撂荒地。栽培:来自广西龙州。资源:具栽培园艺种类。全球 6 个大洲分布及种数(313-412;hort. 1;cult. 10)非洲:191-230;亚洲:68-92;大洋洲:53-90;欧洲:8-14;北美洲:89-100;南美洲:41-49。【中国种数:26】。

Tepualia Griseb. 沼铁心木属 Myrtaceae [MD-347] 特征纪要:习性:-。花程式:-。其他特征参考科。全球 1 个大洲分布及种数(1)◆南美洲。

Tepuia Camp 腺白珠属 Ericaceae [MD-380] 特征纪要:习性:-。花程式:-。其他特征参考科。全球 1 个大洲分布及种数(7)◆南美洲。

Tepuianthaceae B. Maguire & J. A. Steyermark [MD-413] 苦皮树科 特征纪要:习性:木本;落叶。花程式:K4-5(-),C5,A,G-。全球 1 个大洲分布及属种数(1/1 <IFR 1/1>) ◆南美洲:1/6-6。

Tepuianthus Maguire & Steyerm. 绢毛果属 Tepuianthaceae [MD-413] 特征纪要(同科)。全球 1 个大洲分布及种数(6)◆南美洲。

Teramnus P. Br. 软荚豆属 Fabaceae3 [MD-240] 特征纪要:习性:木质攀援。花程式:-。物候:-。花期:6-7 月。果期:参考晚于花期。海拔:500 米。生境:稀疏灌丛和荒地。资源:-。全球 6 个大洲分布及种数(11-46)非洲:17; 亚洲:13; 大洋洲:4; 欧洲:6; 北美洲:6; 南美洲:16。【中国种数:1】。

Teratophyllum Mett. ex Kuhn 符藤蕨属 Dryopteridaceae [F-49] 特征纪要:习性:-。【Rep】:孢子同形,囊群生叶背。物候:-。海拔:300 米。生境:生于山谷路旁林下阴处,攀援于树干上。资源:-。全球 3 个大洲分布及种数(10-15;hort. 1)非洲:2;亚洲:9-11;大洋洲:2-4。【中国种数:5】。

Terebinthus P. Br. 笃耨香属 Anacardiaceae [MD-432] 特征纪要:习性:-。花程式:-。其他特征参考科。全球 1 个大洲分布及种数(-)。

Teretidens R. S. Williams 牛毛藓科属 Dicranaceae [B-128] 特征纪要:-。全球 1 个大洲分布及种数(-)。

Terminalia L. 榄仁属 Combretaceae [MD-354] 特征纪要:习性:木质攀援。花程式:-。物候:-。花期:3-4 月。果期:参考晚于花期。海拔:1000-3700 米。生境:干燥灌丛及杂木林中。资源:药用,具栽培园艺种类。全球 6 个大洲分布及种数(339-402;hort. 1;cult. 2)非洲:138-175;亚洲:123-149;大洋洲:96-124;欧洲:5-16;北美洲:47-67;南美洲:73-98。【中国种数:19】。

Terminaliopsis Danguy = **Terminalia**

Terminthia Bernh. 三叶漆属 Anacardiaceae [MD-432] 特征纪要和分布(-)。全球 1 个大洲分布及种数(cf. 1)◆亚洲。

Terminthodia Ridl. = **Tetractomia**

Ternatea Herm. ex Mill. 蝶豆属 Fabaceae3 [MD-240] 特征纪要:习性:-。花程式:-。其他特征参考科。全球 2 个大洲分布及种数(1) 亚洲;南美洲。

Terniopsis H. C. Chao 川藁草科属 Podostemaceae [MD-322] 特征纪要:习性:草本,少灌木。花程式:-。物候:-。花期:参考早于果期。果期:1-3 月。海拔:100-1900 米。生境:水底岩石,木桩上,溪流水底岩石或木桩上。资源:-。全球 1 个大洲分布及种数(1)。

Ternstroemia Mutis ex L. f. 厚皮香属 Ternstroemiaceae [MD-167] 特征纪要:习性:木本。花程式:-。物候:-。花期:7-8 月。果期:参考晚于花期。海拔:1300-2600 米。生境:常绿阔叶林。资源:园林,具栽培园艺种类。全球 6 个大洲分布及种数(148-199;hort. 1;cult. 2)非洲:13-26;亚洲:63-88;大洋洲:11-22;欧洲:6;北美洲:31-62;南美洲:71-84。【中国种数:17】。

Ternstroemiaceae Mirb. ex DC. [MD-167] 厚皮香科 特征纪要:习性:木本;落叶。花程式:K5,C5,A30-50,↑G2-4。花期:4-5 月。果期:8-12 月。海拔:1100-1500 米。生境:常绿阔叶林。资源:园林。栽培:中国有栽培。全球 6 个大洲分布及属种数(1-2/1-2 <IFR 1/3> hort. 1;cult. 1) 非洲:1-2/15-23; 亚洲:1/65-84; 大洋洲:1/13-19; 欧洲:1/2-3; 北美洲:1/33-59(IFR 1/1); 南美洲:1/73-81(IFR 1/2)。

Terobera Steud. = **Machaerina**

Terpsichore A. R. Sm. 水龙骨科属 Polypodiaceae［F－60］特征纪要：习性：－。【Rep】：孢子同形，囊群生叶背有盖－无盖。其他特征参考科。全球 6 个大洲分布及种数(40－47)非洲：6；亚洲：6－12；大洋洲：6；欧洲：6；北美洲：23－29；南美洲：31－39。

Terranea Colla ＝ **Erigeron**

Terraria T. J. Hildebr. & Al－Shehbaz 魔星兰属 Iridaceae［MM－700］特征纪要：习性：草本。花程式：(K－)，C2－3 参考科，A10，↓G。其他特征参考科。全球 1 个大洲分布及种数(1) ◆北美洲：1。

Terrentia Vell. ＝ **Ichthyothere**

Terrestria W. L. Peterson 触尾藓属 Dicranaceae［B－128］特征纪要：习性：－。【Rep】：雌苞叶分化，基部鞘状，有毛尖，蒴柄长，均高出于雌苞叶，孢蒴直立或背曲，长圆柱形或长椭圆形，辐射对称，雌雄异株，雄株矮小，附于假根上成假雌雄同株，雌苞叶形大，高鞘状，上部具细毛尖，与孢蒴等长或长于孢蒴。其他特征参考科。全球 1 个大洲分布及种数(－)◆北美洲。

Tersonia Moq. 触须果属 Gyrostemonaceae［MD－198］特征纪要：习性：草本。花程式：－。其他特征参考科。全球 2 个大洲分布及种数(2－5)大洋洲：5；南美洲：2。

Tertrea DC. ＝ **Machaonia**

Terua Standl. & F. J. Herm. 北美蝶须花属 Fabaceae3［MD－240］特征纪要：习性：－。花程式：－。其他特征参考科。全球 1 个大洲分布及种数(cf. 1)◆北美洲。

Tessaria Ruiz & Pav. 单树菊属 Asteraceae［MD－586］特征纪要：习性：草本。花程式：(K)3－5，(C)3－5，A3－5，＝↓G2。其他特征参考科。全球 4 个大洲分布及种数(7－28)亚洲：3；大洋洲：2；北美洲：5；南美洲：22。【中国种数：1】。

Tesserantherum Curran ＝ **Swertia**

Tessiera DC. ＝ **Spermacoce**

Tessmannia Harms 鹃花豆属 Fabaceae1［MD－240］特征纪要：习性：木本。花程式：＝↓(K3－5－∞)，C3－5－∞，A3－5，＝↓G1－2。其他特征参考科。全球 2 个大洲分布及种数(13－21)非洲：21；大洋洲：2。

Tessmanniacanthus Mildbr. 特斯曼爵床属 Acanthaceae［MD－572］特征纪要：习性：草本。花程式：K2－4，C0，A2－4，＝(G)2。其他特征参考科。全球 1 个大洲分布及种数(1)◆南美洲(◆秘鲁)。

Tessmannianthus Markgr. 爪号丹属 Melastomataceae［MD－364］特征纪要：习性：木本。花程式：＝↓(K4－5)，C4－5，A4－5，＝↓(G)3－4。其他特征参考科。全球 2 个大洲分布及种数(8)北美洲：3；南美洲：4。

Tessmanniodoxa Burret ＝ **Chelyocarpus**

Tessmanniophoenix Burret ＝ **Chelyocarpus**

T

Testulea Pellegr. 梦莲木属 Ochnaceae［MD－104］特征纪要：习性：木本。花程式：－。其他特征参考科。全球 1 个大洲分布及种数(1)◆非洲。

Teta Roxb. ＝ **Peliosanthes**

Tetilla DC. 猫耳珠属 Francoaceae［MD－269］特征纪要：习性：草本。花程式：＝↓(K5)，C5，A5－10，＝↓G2－5。其他特征参考科。全球 1 个大洲分布及种数(2)◆南美洲。

Tetraberlinia (Harms) Hauman 四鞋木属 Fabaceae1［MD－240］特征纪要：习性：木本。花程式：＝↓(K3－5－∞)，C3－5－∞，A3－5，＝↓G1－2。其他特征参考科。全球 1 个大洲分布及种数(6－7)◆非洲。

Tetracarpaea Hook. 四心木属 Codonaceae［MD－518］特征纪要(同科)。全球 1 个大洲分布及种数(－)。

Tetracarpaeaceae Nakai［MD－245］四心木科 特征纪要：习性：木本；落叶。花程式：(K)6－，C4－5，A5，↓(G)2。果实：浆果。全球 1 个大洲分布及属种数(1/1 hort. 1) ◆非洲：1/ 7。

Tetracarpum Moench ＝ **Bahia**

Tetracentraceae A. C. Sm.［MD－23］水青树科 特征纪要：习性：木本；落叶。花程式：K4－5(－)，C5，A4，↑G－。物候：－。花期：4－7 月。果期：7－10 月。生境：沟谷林及溪边杂木林中。资源：木材，观赏。栽培：－。全球 1 个大洲分布及属种数(2/3 hort. 1) ◆非洲：1/ 1。

Tetracentron Oliv. 水青树属 Tetracentraceae［MD－23］特征纪要(同科)。全球 3 个大洲分布及种数(1－5)亚洲：3；北美洲：2；南美洲：2。【中国种数：1】。

Tetracera L. 锡叶藤属 Dilleniaceae［MD－66］特征纪要：习性：木质攀援。花程式：－。物候：－。花期：4－5 月。果期：参考晚于花期。海拔：400－1000 米。生境：开阔斜坡上。资源：具园艺种类。全球 6 个大洲分布及种数(83－94；hort. 1)非洲：25－29；亚洲：44－51；大洋洲：14－20；欧洲：2－6；北美洲：14－18；南美洲：27－32。【中国种数：4】。

Tetrachaete Chiov. 胶鳞禾状草属 Poaceae［MM－748］特征纪要：习性：草本。花程式：(K)3，C0 参考科，A1－2，＝(G)2－3。其他特征参考科。全球 3 个大洲分布及种数(1－3)非洲：2；亚洲：2；南美洲：2。

Tetrachne Nees 高原牧场草属 Poaceae［MM－748］特征纪要：习性：草本。花程式：(K)3，C0 参考科，A1－2，↓G－参考科。其他特征参考科。全球 4 个大洲分布及种数(1－3)非洲：3；亚洲：2；北美洲：2；南美洲：2。

Tetrachondra Petrie ex Oliv. 四核香属 Tetrachondraceae［MD－547］特征纪要(同科)。全球 2 个大洲分布及种数(2－3)大洋洲：1；南美洲：1。

Tetrachondraceae Wettst.［MD－547］四核香科 特征纪要：习性：草本；落叶。花程式：K4，C0，A4，↑(G)2。果实：蒴果。全球 2 个大洲分布及属种数(2/3－4 hort. 1) 大洋洲：2/2－3；南美洲：2/3。

Tetrachyron Schltdl. 四芒菊属 Asteraceae［MD－586］特征纪要：习性：草本。花程式：(K)3－5，C3－5，A3－5，＝↓(G)2。其他特征参考科。全球 2 个大洲分布及种数(10－16)北美洲：11；南美洲：6。

Tetracladium (Mitt.) Broth. = **Bryonoguchia**

Tetraclinaceae Hayata = Cupressaceae

Tetraclinis Mast. 香漆柏属 Cupressaceae [G-17] 特征纪要:习性:-。【Rep】:复轴,浆果状,苞鳞融合成果皮状,种鳞多退化,雌雄异株。其他特征参考科。全球5个大洲分布及种数(2)非洲:1;亚洲:1;大洋洲:1;欧洲:1;北美洲:1。【中国种数:1】。

Tetraclis Hiern = **Diospyros**

Tetracme Bunge 四齿芥属 Brassicaceae [MD-213] 特征纪要:习性:草本。花程式:-。物候:-。海拔:300-3800米。生境:洪积扇上,生于沙丘,沙地及冲积平原。资源:具栽培园艺种类。全球2个大洲分布及种数(8-17)亚洲:14; 南美洲:4。【中国种数:4】。

Tetracmidion Korsh. = **Tetracme**

Tetracoccus Engelm. ex Parry 岗松桐属 Picrodendraceae [MD-317] 特征纪要:习性:木本。花程式:-。其他特征参考科。全球2个大洲分布及种数(5-10)北美洲:7; 南美洲:2。

Tetracoscinodon R. Br. 麝丛藓属 Pottiaceae [B-133] 特征纪要:习性:-。【Rep】:孢腔轮廓清晰,蒴齿缺如,或具蒴齿而无基膜,下部呈黄绿或黄棕色。其他特征参考科。全球1个大洲分布及种数(1)◆大洋洲:1。

Tetractomia Hook. f. 四片芸香属 Rutaceae [MD-399] 特征纪要:习性:木本。花程式:K4,C4,A4,=G1-3。其他特征参考科。全球3个大洲分布及种数(6-22)非洲:4; 亚洲:21; 大洋洲:4。

Tetracymbaliella Grolle 大洋洲短片苔属 Brevianthaceae [B-46] 特征纪要:习性:-。【Rep】:雌苞生于短枝上,雄苞生于短侧枝上,短枝上无正常叶发育,仅为雌雄苞叶,雌雄同株,稀异株,雌雄苞一般生于主茎或长分枝顶端,雌苞叶大于茎叶,先端具裂瓣和不规则齿突,蒴萼大。其他特征参考科。全球1个大洲分布及种数(1)◆非洲。

Tetradenia Nees 麝香木属 Lamiaceae [MD-575] 特征纪要:习性:-。花程式:-。其他特征参考科。全球6个大洲分布及种数(22-24)非洲:19-22;亚洲:6-7;大洋洲:3-5;欧洲:1;北美洲:2-3;南美洲:3-4。【中国种数:3】。

Tetradia Thouars ex Tul. 锦葵科属 Malvaceae [MD-203] 特征纪要:习性:-。花程式:-。其他特征参考科。全球2个大洲分布及种数(2)非洲:1; 南美洲:1。

Tetradiclidaceae Takht. [MD-358] 旱霸王科 特征纪要:习性:木本;落叶。花程式:K4,C4,A4,↑(G)2-5。全球3个大洲分布及属种数(2/3-4) 非洲:1/2; 亚洲:2/3; 欧洲:1/1。

Tetradiclis Steven ex M. Bieb. 沙盘蓬属 Tetradiclidaceae [MD-358] 特征纪要(同科)。全球6个大洲分布及种数(2-3)非洲:1-2;亚洲:1-2;大洋洲:1;欧洲:1-2;北美洲:1;南美洲:1。【中国种数:1】。

Tetradium Lour. 吴茱萸属 Rutaceae [MD-399] 特征纪要:习性:-。花程式:-。物候:-。花期:6-7月。果期:参考晚于花期。海拔:100-3000米。生境:森林,灌丛,杂木林中。资源:油脂,木材。全球5个大洲分布及种数(9-21)亚洲:18; 大洋洲:2; 欧洲:4; 北美洲:4; 南美洲:4。【中国种数:6】。

Tetradontium Schimp. = **Tetrodontium**

Tetradoxa C. Y. Wu 五福花属 Adoxaceae [MD-530] 特征纪要:草本(基生,多肉),叶对生,落叶,复叶。花程式:Kn,C,A5,G,子房下位。果实:核果。种子:倒卵形,棕色。全球2个大洲分布及种数(1)亚洲:1;大洋洲:1。

Tetradymia DC. 四蟹甲属 Asteraceae [MD-586] 特征纪要:习性:草本。花程式:(K)3-5,(C)3-5,A3-5,=↓G2。其他特征参考科。全球4个大洲分布及种数(13-34)非洲:2; 亚洲:3; 大洋洲:2; 北美洲:21。【中国种数:2】。

Tetraena Maxim. 四合木属 Zygophyllaceae [MD-288] 特征纪要:习性:-。花程式:-。物候:-。花期:5月至次年1月。果期:参考晚于花期。海拔:3000米。生境:草原化荒漠黄河阶地,低山山坡,河流梯田。资源:-。全球3个大洲分布及种数(24)非洲:19; 亚洲:24; 大洋洲:2。

Tetragastris Gaertn. 香膏橄属 Burseraceae [MD-408] 特征纪要:习性:-。花程式:-。其他特征参考科。全球2个大洲分布及种数(8)北美洲:3-4;南美洲:7。

Tetraglochidium Bremek. 爵床科属 Acanthaceae [MD-572] 特征纪要:习性:-。花程式:-。物候:-。花期:几乎全年。果期:参考晚于花期。海拔:200米。生境:林中。资源:-。全球1个大洲分布及种数(2)。

Tetraglochin Pöpp. 四箭果属 Rosaceae [MD-246] 特征纪要:习性:木本。花程式:=↓K1(10-100),C1-10-100,A1-10-100,=↓G1-50。其他特征参考科。全球1个大洲分布及种数(8-9)◆南美洲。

Tetraglossa Bedd. = **Cleidion**

Tetragoga Bremek. = **Strobilanthes**

Tetragonia L. 番杏属 Tetragoniaceae [MD-96] 特征纪要(同科)。全球6个大洲分布及种数(61-63)非洲:43-48;亚洲:7-12;大洋洲:14-19;欧洲:6-11;北美洲:2-7;南美洲:15-22。【中国种数:2】。

Tetragoniaceae (Lindl.) Lindl. [MD-96] 坚果番杏科 特征纪要:习性:草本;落叶。花程式:K4-5(-),C5,A1-100,G-。物候:-。花期和果期:8-12月。生境:海滩,沙质海岸。资源:药用。栽培:中国有栽培。全球6个大洲分布及属种数(1/1 hort. 1) 非洲:1/45; 亚洲:1/9; 大洋洲:1/16; 欧洲:1/8; 北美洲:1/4; 南美洲:1/17-19。

Tetragonocalamus Nakai = **Bambusa**

Tetragonolobus G. A. Scop. 翅荚百脉根属 Fabaceae3 [MD-240] 特征纪要:习性:-。花程式:-。物候:-。海拔:7500米。生境:矮灌木丛或芦苇丛中,稀见于沿河岸疏林下,作为作物栽培。资源:具栽培园艺种类。全球5个大洲分布及种数(18)非洲:6; 亚洲:7; 大洋洲:3; 欧洲:3; 北美洲:3。

Tetragonotheca L. 四角菊属 Asteraceae [MD-586] 特征纪要:习性:草本。花程式:(K)3-5,(C)3-5,A3-5,↓G。其他特征参考科。全球3个大洲分布及种数(4-11)亚洲:6; 大洋洲:3; 北美洲:6。

Tetralocularia O'Donell 四室旋花属 Convolvulaceae [MD-499] 特征纪要:习性:草本。花程式:K5,C0,A5, =(G) 2-5。其他特征参考科。全球1个大洲分布及种数(1)◆南美洲。

Tetralopha Hook. f. = **Gynochthodes**

Tetralophozia (R. M. Schust.) Schljakov 小广萼苔属 Anastrophyllaceae [B-60] 特征纪要:习性:-。【Rep】:雌雄同株或异株或有序同苞,雄苞顶生或间生,雄苞叶2-3对。物候:-。海拔:-。生境:土生。资源:-。全球4个大洲分布及种数(4)亚洲:3;大洋洲:1;欧洲:1;北美洲:2。【中国种数:1】。

Tetramelaceae Airy-Shaw [MD-197] 四数木科 特征纪要:习性:木本;落叶。花程式:(K)6-,C5-8,A4,↑G-。物候:-。花期:3-4月。果期:5月。果实:蒴果。种子:极小,棕黄色,细小,棕色。海拔:500-700米。生境:石灰岩山雨林或沟谷雨林中。资源:-。栽培:-。全球1个大洲分布及属种数(2-3/3-4 hort. 1)◆东南亚:1/1。【中国属种数:2/2】。

Tetrameles R. Br. 四数木属 Tetramelaceae [MD-197] 特征纪要:习性:木本。花程式:-。物候:-。花期:3-4月。果期:参考晚于花期。海拔:500-700米。生境:石灰岩山雨林或沟谷雨林中。资源:具园艺种类。全球4个大洲分布及种数(1-5)非洲:1;亚洲:2;大洋洲:2;南美洲:3。【中国种数:1】。

Tetrameranthus R. E. Fr. 榄匙木属 Annonaceae [MD-7] 特征纪要:习性:木本。花程式:K3-∞,C3,A2, =G10-100。其他特征参考科。全球1个大洲分布及种数(5-7)◆南美洲。

Tetramerista Miq. 四贵木属 Tetrameristaceae [MD-174] 特征纪要:习性:木本。花程式:-。其他特征参考科。全球1个大洲分布及种数(cf. 1)◆亚洲。

Tetrameristaceae Hutch. [MD-174] 四贵木科 特征纪要:习性:木本;落叶。花程式:K5,C5,A5,↑(G)2。果实:浆果。全球3个大洲分布及属种数(4/6-7 hort. 1)亚洲:1/1-2;北美洲:1;南美洲:3/3。

Tetramerium Nees 巧绒花属 Rubiaceae [MD-523] 特征纪要:草本,落叶,复叶;花程式:K2-4,C0,A2-4, =↑G:2。果实:蒴果。种子:棕色。全球1个大洲分布及种数(26-27)◆北美洲。

Tetramicra Lindl. 蛇纹兰属 Orchidaceae [MM-723] 特征纪要:习性:草本。花程式:(K)3,C3,A3, =↓(G)3。其他特征参考科。全球4个大洲分布及种数(8-16)亚洲:2-3;大洋洲:1;北美洲:7-15;南美洲:3-4。【中国种数:2】。

Tetramolopium Nees 层菀木属 Asteraceae [MD-586] 特征纪要:习性:草本。花程式:(K)3-5,(C)3-5,A3-5, =↓G2。其他特征参考科。全球6个大洲分布及种数(38-41;hort. 1;cult. 1)非洲:25-28;亚洲:23-25;大洋洲:21-25;欧洲:2;北美洲:12-16;南美洲:2-4。【中国种数:1】。

Tetranema Benth. 四蕊花属 Plantaginaceae [MD-527] 特征纪要:习性:-。花程式:-。其他特征参考科。全球3个大洲分布及种数(5-16)亚洲:4;北美洲:9;南美洲:2。

Tetraneuris Greene 四脉菊属 Asteraceae [MD-586] 特征纪要:习性:草本。花程式:(K)3-5,(C)3-5,A3-5, =↓G2)。物候:-。海拔:-。生境:-。资源:具栽培园艺种类。全球3个大洲分布及种数(14-58)亚洲:3;北美洲:26;南美洲:5。【中国种数:1】。

Tetranthera Thunb. 日本木姜子属 Lauraceae [MD-21] 特征纪要:习性:-。花程式:-。物候:-。花期:6-10月。果期:参考晚于花期。海拔:20-3800米。生境:栽培(来自广西龙州)。资源:具栽培园艺种类。全球6个大洲分布及种数(20-29)非洲:1;亚洲:14-21;大洋洲:4-5;欧洲:1;北美洲:1;南美洲:1-2。

Tetranthus Sw. 四花菊属 Asteraceae [MD-586] 特征纪要:习性:草本。花程式:(K)3-5,(C)3-5,A3-5, =↓G2。其他特征参考科。全球3个大洲分布及种数(4-29)亚洲:4;北美洲:16;南美洲:19。

Tetrapanax (K. Koch) K. Koch 通脱木属 Araliaceae [MD-471] 特征纪要:习性:木质攀援。花程式:-。物候:-。花期:10-12月。果期:参考晚于花期。海拔:100-2800米。生境:生于阔叶林中,中山山坡。资源:药用,纤维,观赏,造纸,具栽培园艺种类。全球6个大洲分布及种数(1-11)非洲:2;亚洲:9;大洋洲:3;欧洲:4;北美洲:4;南美洲:4。【中国种数:1】。

Tetrapathea Raoul = **Passiflora**

Tetraperone Urb. 多花佳乐菊属 Asteraceae [MD-586] 特征纪要:习性:草本。花程式:(K)3-5,C3-5,A3-5, =↓(G)2。其他特征参考科。全球1个大洲分布及种数(1)◆北美洲(◆古巴)。

Tetraphidaceae Schimp. [B-100] 四齿藓科 特征纪要:柔弱,扁平贴生,灰绿色,具光泽。【Rep】:雌雄异苞同株,蒴柄红色或橙红色,平滑,孢蒴平列或下垂,长卵形,环带发达,易脱落,蒴齿两层。全球5个大洲分布和属种数(2/5)亚洲:2/4;大洋洲:2/3;欧洲:2/4;北美洲:2/5;南美洲:2/2。【中国属种数:2/2】。

Tetraphidopsis Broth. & Dixon 纽四数蒴藓属 Ptychomniaceae [B-159] 特征纪要:习性:-。【Rep】:假雌雄异苞同株,内雌苞叶基部高鞘状,有狭长叶尖,孢蒴完全隐生于雌苞叶内,卵形或长卵形,棕色,平滑。其他特征参考科。全球1个大洲分布及种数(1)◆大洋洲。

Tetraphis Hedw. 四齿藓属 Tetraphidaceae [B-100] 特征纪要:习性:-。【Rep】:雌雄异苞同株,孢子体顶生,内雌苞叶较狭长,呈线状披针形,蒴柄细长,孢蒴圆柱形,直立,对称或略弯曲。海拔:700米。生境:土生。全球6个大洲分布及种数(2)非洲:1;亚洲:2;大洋洲:2;欧洲:1;北美洲:2;南美洲:1。【中国种数:1】。

Tetraphyle Eckl. & Zeyh. 青锁龙属 Crassulaceae [MD-229] 特征纪要:习性:-。花程式:-。其他特征参考科。全球1个大洲分布及种数(6)◆南美洲:1。

Tetraphylloides Doweld 崖苣苔属 Gesneriaceae [MD-549] 特征纪要:习性:草本。花程式:Kn,C0,A3 参考科,↓G。其他特征参考科。全球1个大洲分布及种数(3) ◆亚洲:2。

Tetraphysa Schltr. 四室萝藦属 Apocynaceae [MD-492] 特征纪要:习性:-。花程式:-。其他特征参考科。全球1个大洲分布及种数(1)◆南美洲。

Tetrapilus Lour. = **Olea**
Tetraplacus Radlk. = **Otacanthus**
Tetraplasia Rehder = **Damnacanthus**

Tetraplodon Bruch & Schimp. 并齿藓属 Splachnaceae [B－143] 特征纪要:习性:－。【Rep】:雌雄同株或异株,雄株常纤细,雄苞芽胞形,叶多数具长尖,孢蒴台部大于壶部,并有不同色泽,蒴盖分化。物候:－。海拔:900 米。生境:土生。资源:－。全球 6 个大洲分布及种数(9)非洲:1;亚洲:4;大洋洲:1;欧洲:6;北美洲:7;南美洲:3。【中国种数:7】。

Tetrapodenia Gleason = **Burdachia**

Tetrapogon Desf. 四须草属 Poaceae [MM－748] 特征纪要:习性:草本。花程式:(K)3,C0 参考科,A1－2,＝G2－3。其他特征参考科。全球 5 个大洲分布及种数(10－33)非洲:21; 亚洲:9; 欧洲:4; 北美洲:4; 南美洲:1。【中国种数:1】。

Tetrapollinia Maguire & B. M. Boom 四龙胆属 Gentianaceae [MD－496] 特征纪要:习性:草本。花程式:K5,C0,A10,＝G2。其他特征参考科。全球 1 个大洲分布及种数(1)◆南美洲。

Tetrapoma Turcz. ex Fisch. & C. A. Mey. = **Rorippa**

Tetrapora S. Schaür 岗松属 Myrtaceae [MD－347] 特征纪要:习性:木本。花程式:＝↓(Kn),C2－3 参考科,A8－10,＝↓G－。其他特征参考科。全球 1 个大洲分布及种数(4－5)◆大洋洲。

Tetrapterocarpon Humbert 风车豆属 Fabaceae1 [MD－240] 特征纪要:习性:木本。花程式:＝↓(K3－5－∞),C3－5－∞,A3－5,＝↓G1－2。其他特征参考科。全球 1 个大洲分布及种数(1－3)◆非洲(◆马达加斯加)。

Tetrapteron (Munz) W. L. Wagner & Hoch 菱晖草属 Onagraceae [MD－396] 特征纪要:习性:草本(水生)。花程式:－。其他特征参考科。全球 1 个大洲分布及种数(2)◆北美洲(◆美国)。

Tetrapterum Hampe ex A. Jaeger 四丛藓属 Pottiaceae [B－133] 特征纪要:习性:－。【Rep】:孢腔轮廓清晰,蒴齿缺如,或具蒴齿而无基膜,下部呈黄绿或黄棕色。其他特征参考科。全球 4 个大洲分布及种数(7)非洲:1;大洋洲:4;北美洲:2;南美洲:2。

Tetrapterygium Fisch. & C. A. Mey. = **Sameraria**

Tetrapterys Cav. 四翅木属 Malpighiaceae [MD－343] 特征纪要:习性:木本。花程式:K5,C5,A10,＝G2－3。其他特征参考科。全球 2 个大洲分布及种数(91－111)北美洲:29－32;南美洲:74－87。

Tetrardisia Mez 四数金牛属 Primulaceae [MD－401] 特征纪要:习性:－。花程式:－。其他特征参考科。全球 5 个大洲分布及种数(9)非洲:2; 亚洲:7; 大洋洲:4; 北美洲:2; 南美洲:2。

Tetraria P. Beauv. 长序莎属 Cyperaceae [MM－747] 特征纪要:习性:草本。其他特征参考科。全球 6 个大洲分布及种数(54－81)非洲:42－64;亚洲:8－11;大洋洲:15－18;欧洲:1;北美洲:1;南美洲:1。【中国种数:1】。

Tetrarrhena R. Br. = **Ehrharta**

Tetraselago Junell 立杉花属 Scrophulariaceae [MD－536] 特征纪要:习性:草本。花程式:K2－4,C0,A2－4,↓G。其他特征参考科。全球 1 个大洲分布及种数(4)◆非洲。

Tetrasida Ulbr. 四稔属 Malvaceae [MD－203] 特征纪要:习性:木本。花程式:K5－∞,C5－∞,A10－8,＝(G)1－5。其他特征参考科。全球 1 个大洲分布及种数(4)◆南美洲。

Tetrasiphon Urb. 四管卫矛属 Celastraceae [MD－339] 特征纪要:习性:木本。花程式:K4,C4,A10,＝(G)2－5。其他特征参考科。全球 2 个大洲分布及种数(1－2)亚洲:2; 北美洲:2。

Tetraspidium Baker 四被列当属 Orobanchaceae [MD－552] 特征纪要:习性:草本。花程式:K5,C0,A2－4,G2。其他特征参考科。全球 2 个大洲分布及种数(1－3)非洲:3; 北美洲:2。

Tetrastemma Diels 单性玉盘属 Annonaceae [MD－7] 特征纪要:习性:－。花程式:－。其他特征参考科。全球 1 个大洲分布及种数(11)◆南美洲:1。

Tetrastemon Hook. & Arn. = **Myrrhinium**

Tetrastichella Pichon = **Cuspidaria**

Tetrastichium (Mitt.) Cardot 石头藓属 Hookeriaceae [B－164] 特征纪要:习性:－。【Rep】:雌苞着生短侧枝,孢蒴圆柱形,多平列,蒴齿两层,齿片与齿条均呈披针形,基膜高出,孢子棕色,透明。其他特征参考科。全球 2 个大洲分布及种数(3)亚洲:2; 大洋洲:2。

Tetrastigma (Miq.) Planch. 崖爬藤属 Vitaceae [MD－403] 特征纪要:习性:－。花程式:－。物候:－。花期:4－5 月。果期:参考晚于花期。海拔:100－1100 米。生境:沟谷常绿阔叶林内时见,中山区,灌丛中。资源:－。全球 6 个大洲分布及种数(89－152;hort. 1;cult. 3)非洲:4－23;亚洲:87－133;大洋洲:6－16;欧洲:10;北美洲:6－16;南美洲:4－14。【中国种数:52】。

Tetrastylidium Engl. 巴西铁青木属 Olacaceae [MD－362] 特征纪要:习性:木本。花程式:－。其他特征参考科。全球 1 个大洲分布及种数(2)◆南美洲。

Tetrastylis Barb.－Rodr. 西番莲属 Passifloraceae [MD－151] 特征纪要:习性:－。花程式:－。其他特征参考科。全球 2 个大洲分布及种数(cf. 1)北美洲;南美洲。

Tetrataenium (DC.) Manden. 四带芹属 Apiaceae [MD－480] 特征纪要:习性:草本(基生)。花程式:Kn,C5,A3 参考科,＝↓(G)2。物候:－。花期:7－9 月。果期:参考晚于花期。海拔:50－5600 米。生境:山地森林边缘。资源:具园艺种类。全球 2 个大洲分布及种数(21－31)亚洲:26; 南美洲:3。【中国种数:4】。

Tetrataxis Hook. f. 亚洲千屈菜属 Lythraceae [MD－333] 特征纪要:习性:木本。花程式:－。其他特征参考科。全球 2 个大洲分布及种数(1) 非洲;亚洲。

T

Tetratheca Sm. 孔药莃属 Elaeocarpaceae [MD - 134] 特征纪要:习性:木本。花程式:-。其他特征参考科。全球2个大洲分布及种数(58-85)亚洲:3; 大洋洲:71。

Tetrathylacium Pöpp. 四囊木属 Salicaceae [MD - 123] 特征纪要:习性:木本。花程式:K5,C0,A2-10, = G2-10。其他特征参考科。全球2个大洲分布及种数(4-10)北美洲:4; 南美洲:7。

Tetrathyrium Benth. = **Loropetalum**

Tetratome Poepp. & Endl. = **Mollinedia**

Tetraulacium Turcz. 巴西四玄参属 Plantaginaceae [MD - 527] 特征纪要:习性:草本。花程式:K2-4,C0,A4, = (G)2-3。其他特征参考科。全球1个大洲分布及种数(1)◆南美洲(◆巴西)。

Tetrazygia Rich. ex DC. 雀舌棯属 Melastomataceae [MD - 364] 特征纪要:习性:-。花程式:-。其他特征参考科。全球6个大洲分布及种数(24-33;hort. 1)非洲:1;亚洲:2-3;大洋洲:1;欧洲:1-2;北美洲:23-31;南美洲:4-7。

Tetrodontium Schwägr. 小四齿藓属 Tetraphidaceae [B - 100] 特征纪要:习性:-。【Rep】:呈芽苞状。物候:-。海拔:-。生境:土生。资源:-。全球5个大洲分布及种数(3)亚洲:2;大洋洲:1;欧洲:3;北美洲:3;南美洲:1。【中国种数:1】。

Tetrodus (Cass.) Cass. 菊科属 Asteraceae [MD - 586] 特征纪要和分布(-)。全球1个大洲分布及种数(1)◆非洲。

Tetroncium Willd. 沼牛膝属 Juncaginaceae [MM - 604] 特征纪要:习性:草本。花程式:-。其他特征参考科。全球2个大洲分布及种数(1-7)亚洲:3; 南美洲:6。

Tetrorchidiopsis Rauschert = **Tetrorchidium**

Tetrorchidium Pöpp. 楠桐属 Euphorbiaceae [MD - 217] 特征纪要:习性:木本。花程式:K1(1000),C0,A6, = G2-3。其他特征参考科。全球3个大洲分布及种数(24-27)非洲:6;北美洲:11-13;南美洲:14-16。

Teucrium L. 唇形科属 Lamiaceae [MD - 575] 特征纪要:习性:草质攀援(基生,多肉)。花程式:-。物候:-。花期:10月。果期:参考晚于花期。海拔:100-1500米。生境:丘陵地,沼泽边及湿草地。资源:具栽培园艺种类。全球6个大洲分布及种数(410-1064)非洲:321; 亚洲:341; 大洋洲:72; 欧洲:78; 北美洲:78; 南美洲:49。【中国种数:35】。

Teuscheria Garay 杜氏兰属 Orchidaceae [MM - 723] 特征纪要:习性:草本。花程式:(K)3,C3,A3, = ↓(G)3。其他特征参考科。全球2个大洲分布及种数(8-11)北美洲:4-7;南美洲:6。

Teutliopsis (Dum.) Čelak. 苋科属 Chenopodiaceae [MD - 115] 特征纪要和分布(-)。

Texosporium <unassigned> 番木瓜科属 Caricaceae [MD - 236] 特征纪要:-。全球2个大洲分布及种数(9)北美洲:1; 南美洲:6。

Teyleria Backer 琼豆属 Fabaceae3 [MD - 240] 特征纪要:习性:木质攀援。花程式:Kn,C2-3参考科,A10-, = ↓G-。物候:-。花期:11-12月。果期:参考晚于花期。海拔:7500米。生境:旷野灌木丛内或疏林中。资源:-。全球2个大洲分布及种数(3-7)亚洲:6; 南美洲:2。

Thaia Seidenf. 泰兰属 Orchidaceae [MM - 723] 特征纪要:习性:草本。花程式:(K-),C0参考科,A3,↓(G)3)。物候:-。花期:参考早于果期。果期:10-11月。海拔:80-5200米。生境:柏树林下或草坡路旁,竹坡中。资源:-。全球2个大洲分布及种数(1-31)亚洲:31; 南美洲:22。【中国种数:1】。

Thailentadopsis Kosterm. 牛蹄豆属 Fabaceae2 [MD - 240] 特征纪要:习性:木本。花程式: = ↓(K3-5-∞),C3-5-∞,A1-10-50, = ↓G(-)。其他特征参考科。全球1个大洲分布及种数(2-3) ◆亚洲:2。

Thala Cothen. = **Thalia**

Thalamia Spreng. = **Phyllocladus**

Thalassia Banks & Sol. ex K. D. König 泰来藻属 Thalassiaceae [MM - 600] 特征纪要(同科)。全球6个大洲分布及种数(2-30)非洲:8; 亚洲:14; 大洋洲:7; 欧洲:4; 北美洲:4; 南美洲:12。【中国种数:1】。

Thalassiaceae (Endl.) Nakai [MM - 600] 海生草科 特征纪要:习性:草本;落叶。花程式:K4-5(-),C3,A3-12, G-。全球1个大洲分布及属种数(1/1 hort. 1)◆亚洲:1/4。【中国属种数:1/1】。

Thalassodendron Hartog 木秆藻属 Cymodoceaceae [MM - 615] 特征纪要:习性:草本。花程式:-。其他特征参考科。全球3个大洲分布及种数(3-4)非洲:1-2;亚洲:1;大洋洲:2。【中国种数:1】。

Thaleropia Peter G. Wilson 铁心木属 Myrtaceae [MD - 347] 特征纪要:习性:木本。花程式: = ↓(K4-5),C4-5,A8-10, = ↓G-。其他特征参考科。全球2个大洲分布及种数(3-4)非洲:2;大洋洲:1。

Thalia L. 水竹芋属 Marantaceae [MM - 740] 特征纪要:习性:草本。花程式:(K)3,C3,A3-4, = ↓G3。物候:-。海拔:-。生境:-。资源:具栽培园艺种类。全球6个大洲分布及种数(7-9)非洲:1-14;亚洲:3-16;大洋洲:2-15;欧洲:2-15;北美洲:2-15;南美洲:5-19。【中国种数:3】。

Thalictrum Tourn. ex L. 唐松草属 Ranunculaceae [MD - 38] 特征纪要:习性:草本(根状茎,基生,多肉)。花程式:-。物候:-。花期:4-7月。果期:参考晚于花期。海拔:100-1500米。生境:针叶林带。资源:药用,具栽培园艺种类。全球6个大洲分布及种数(241-295;hort. 1;cult. 12)非洲:9-59;亚洲:168-239;大洋洲:7-56;欧洲:31-91;北美洲:89-151;南美洲:13-61。【中国种数:90】。

Thallocarpus Warnst. ex Croz. 叉钱苔属 Ricciaceae [B - 22] 特征纪要:-。全球1个大洲分布及种数(-)。

Thalysia Kuntze = **zea**

Thaminophyllum Harv. 帚粉菊属 Asteraceae [MD - 586] 特征纪要:习性:草本。花程式:(K)3-5,(C)3-5,A3-5,↓G。其他特征参考科。全球1个大洲分布及种数(4)◆非洲。

Thamnea Sol. ex Brongn. 岩杉杜属 Bruniaceae [MD - 336] 特征纪要:习性:木本。花程式:-。其他特征参考科。

全球 3 个大洲分布及种数(9 – 12)非洲:12; 亚洲:2; 南美洲:2。

Thamniella Besch. 爪藓属 Lembophyllaceae [B – 205] 特征纪要:–。全球 1 个大洲分布及种数(–)。

Thamniopsis (Mitt.) M. Fleisch. 木油藓属 Pilotrichaceae [B – 166] 特征纪要:习性:–。【Rep】:雌苞叶小,基部阔卵形,上部呈狭长尖,蒴柄细长,红色,平滑,孢蒴倾列或平列,长卵形,棕色,蒴齿两层,外,蒴柄侧生,细长,平滑或具弱疣,孢蒴平展或下倾,卵状圆柱形,两侧不对称,台部长而粗,口部强烈收缩。其他特征参考科。全球 6 个大洲分布及种数(21)非洲:4;亚洲:2;大洋洲:1;欧洲:2;北美洲:14;南美洲:16。【中国种数:2】。

Thamnium Klotzsch 石南藓属 Neckeraceae [B – 204] 特征纪要:习性:–。【Rep】:雌雄异株,稀同株,雄苞芽胞形,有线形配丝,或盘形而有棒槌形配丝,雌苞叶异形,蒴柄高出,孢蒴下垂。物候:–。海拔:–。生境:常见于岩石或树干。资源:–。全球 6 个大洲分布及种数(17)非洲:5;亚洲:3;大洋洲:2;欧洲:1;北美洲:2;南美洲:5。【中国种数:9】。

Thamnobryum Nieuwl. 木藓属 Neckeraceae [B – 204] 特征纪要:习性:–。【Rep】:雌雄异株,蒴柄细长,孢蒴椭圆形或卵状椭圆形,具台部,蒴齿两层,内外齿层等长,齿毛呈线形,蒴帽兜形。物候:–。海拔:2170 米。生境:树生。资源:–。全球 6 个大洲分布及种数(36)非洲:2;亚洲:16;大洋洲:8;欧洲:8;北美洲:8;南美洲:11。【中国种数:16】。

Thamnocalamus Munro 筱竹属 Poaceae [MM – 748] 特征纪要:习性:竹类。花程式:(K –),C0 参考科,A3 参考科,= G2 – 3。物候:–。海拔:2500 – 2900 米。生境:常绿阔叶林上带山坡优势灌木,针叶林和混合亚高山林。资源:具园艺种类。全球 6 个大洲分布及种数(4 – 22)非洲:3; 亚洲:15; 大洋洲:2; 欧洲:4; 北美洲:4; 南美洲:2。【中国种数:1】。

Thamnocharis W. T. Wang 辐花苣苔属 Gesneriaceae [MD – 549] 特征纪要:习性:–。花程式:–。物候:–。花期:7 – 8 月。果期:参考晚于花期。海拔:1500 – 1600 米。生境:生于山地灌丛中或林下。资源:–。全球 1 个大洲分布及种数(2)◆亚洲:cf. 1。

Thamnochortus P. J. Bergius 垂穗灯草属 Restionaceae [MM – 744] 特征纪要:习性:草本。花程式:(K)3,C3,A1 – 2,= G1 – 3。物候:–。海拔:–。生境:–。资源:具园艺种类。全球 3 个大洲分布及种数(34 – 75)非洲:70; 亚洲:2; 大洋洲:6。

Thamnogala <unassigned> 平藓科属 Neckeraceae [B – 204] 特征纪要和分布(–)。

Thamnoldenlandia Groeninckx 马达可可茜属 Rubiaceae [MD – 523] 特征纪要:习性:木本。花程式:(K –),(C)4,A3 – 5,= ↓(G)2 – 9。其他特征参考科。全球 1 个大洲分布及种数(1)◆非洲(◆马达加斯加)。

Thamnomalia S. Olsson, Enroth & D. Quandt 木平藓属 Neckeraceae [B – 204] 特征纪要:习性:–。【Rep】:孢子体不详,黄绿色或黄褐色。其他特征参考科。全球 2 个大洲分布及种数(1)北美洲:1;南美洲:1。

Thamnopteris (C. Presl) C. Presl 长叶巢蕨属 Aspleniaceae [F – 43] 特征纪要:习性:–。【Rep】:–。物候:–。海拔:100 – 4100 米。生境:常绿阔叶林面礼树干上,竹林中石壁下。资源:–。分布:–。

Thamnosciadium Hartvig 灌伞芹属 Apiaceae [MD – 480] 特征纪要:习性:草本。花程式:= ↓(K5),C5,A5,= ↓ G(–)。其他特征参考科。全球 1 个大洲分布及种数(1) ◆欧洲:1。

Thamnosma Torr. & Frém. 沙芸香属 Rutaceae [MD – 399] 特征纪要:习性:木本。花程式:K4,C4,A4,= G1 – 3。其他特征参考科。全球 6 个大洲分布及种数(9 – 16)非洲:3 – 7;亚洲:1 – 3;大洋洲:2;欧洲:2;北美洲:5 – 10;南美洲:2。

Thapsia L. 毒胡萝卜属 Apiaceae [MD – 480] 特征纪要:习性:草本。花程式:= ↓(K5),C5,A5,= ↓ G2。其他特征参考科。全球 6 个大洲分布及种数(3 – 18;hort. 1)非洲:1 – 9;亚洲:2;大洋洲:1;欧洲:2 – 14;北美洲:1;南美洲:3。【中国种数:1】。

Thapsium Walp. = **Thaspium**

Tharpia Britton & Rose = **Senna**

Thaspium Nutt. 草地防风属 Apiaceae [MD – 480] 特征纪要:习性:草本。花程式:= ↓(K5),C5,A5,= ↓ G2。其他特征参考科。全球 6 个大洲分布及种数(6;hort. 1;cult. 1)非洲:4;亚洲:3 – 7;大洋洲:4;欧洲:2 – 6;北美洲:4 – 8;南美洲:4。【中国种数:2】。

Thaumasianthes Danser 奇异寄生属 Loranthaceae [MD – 415] 特征纪要:习性:木本。花程式:K6,C0,A4,= ↓(G)3 – 4。其他特征参考科。全球 2 个大洲分布及种数(1 – 2)非洲:2; 亚洲:2。

Thaumastochloa C. E. Hubb. 缚颖假蛇尾草属 Poaceae [MM – 748] 特征纪要:习性:草本。花程式:(K)3,C0 参考科,A1 – 2,=(G)2 – 3。物候:–。海拔:10 – 5600 米。生境:草地,作为饲料植物或大麦田杂草种植。资源:–。全球 3 个大洲分布及种数(8 – 16)非洲:3; 亚洲:4; 大洋洲:12。

Thaumatocaryon Baill. 奇果紫草属 Boraginaceae [MD – 517] 特征纪要:习性:草本。花程式:K5,C0,A5,= G2 – 4。其他特征参考科。全球 1 个大洲分布及种数(3)◆南美洲。

Thaumatococcus Benth. 翅果竹芋属 Marantaceae [MM – 740] 特征纪要:习性:草本。花程式:(K)3,C3,A3 – 4,↓ G –。其他特征参考科。全球 2 个大洲分布及种数(2 – 3;hort. 1)非洲:1 – 2;北美洲:1。【中国种数:1】。

Thaumatophyllum Schott = **Philodendron**

Thawatchaia M. Kato, Koi & Y. Kita 瀑薹草属 Podostemaceae [MD – 322] 特征纪要:习性:草本。花程式:Kn,C0,A10,G –。其他特征参考科。全球 1 个大洲分布及种数(2) ◆亚洲:2。

Theaceae Mirb. [MD – 168] 山茶科 特征纪要:习性:木本;常绿,落叶。花程式:♀/♂ K5 – 6 – 9,C5 – 6 – 9,A∞,↑ G –。物候:–。花期:4 月。果实:蒴果。种子:圆形,子叶肉质,周围有翅。海拔:0 米。生境:–。资源:园艺,观赏。栽培:中国有栽培。全球 6 个大洲分布及属种数(25 – 29/475 – 1306 < IFR 11/78 > hort. 1;cult. 6) 非

洲:6/11 - 15(IFR 2/7); 亚洲:16/279 - 429(IFR 11/75); 大洋洲:3/7 - 11; 欧洲:3 - 4/2 - 7; 北美洲:10/63 - 72; 南美洲:8/25 - 33(IFR 2/3)。【中国属种数:7/148】。

Theana Ham. = **Grosourdya**

Thecacoris A. Juss. 安痛茶属 Phyllanthaceae [MD - 222] 特征纪要:习性:木本。花程式: - 。其他特征参考科。全球 4 个大洲分布及种数(21 - 49)非洲:43; 亚洲:4; 北美洲:3; 南美洲:8。【中国种数:1】。

Thecanthes Wikstr. 囊花瑞香属 Thymelaeaceae [MD - 310] 特征纪要:习性: - 。花程式: - 。其他特征参考科。全球 2 个大洲分布及种数(7)亚洲:3; 大洋洲:6。

Thecocarpus Boiss. 套果草属 Apiaceae [MD - 480] 特征纪要:习性:草本。花程式: = ↓(Kn),C5,A3 参考科, = ↓G(-)。其他特征参考科。全球 1 个大洲分布及种数(3)◆亚洲。

Thecopus Seidenf. 盒足兰属 Orchidaceae [MM - 723] 特征纪要:习性:草本。花程式:(K)3,C3,A3, = ↓(G)3。其他特征参考科。全球 2 个大洲分布及种数(2 - 12)亚洲:6; 南美洲:7。【中国种数:1】。

Thecostele Rchb. f. 盒柱兰属 Orchidaceae [MM - 723] 特征纪要:习性:草本。花程式:(K)3,C3,A3, = ↓G3。物候: - 。花期:参考早于果期。果期:10 - 11 月。海拔:80 - 5200 米。生境:柏树林下或草坡路旁,竹坡中。资源: - 。全球 3 个大洲分布及种数(1 - 11)亚洲:2; 北美洲:1; 南美洲:1。【中国种数:1】。

Thedachloa S. W. L. Jacobs 澳安草属 Poaceae [MM - 748] 特征纪要:习性:草本。花程式:(K -),C0 参考科,A3 参考科,↓G - 参考科。其他特征参考科。全球 1 个大洲分布及种数(1)◆大洋洲(◆澳大利亚)。

Theileamea Baill. = **Phaulopsis**

Theilera E. Phillips 簇叶风铃属 Campanulaceae [MD - 561] 特征纪要:习性:灌木。花程式:(K)5,(C)5,A3 参考科,↓G - 。其他特征参考科。全球 2 个大洲分布及种数(2 - 6)非洲:4; 亚洲:2。

Thela Lour. = **Plumbago**

Thelaia Alef. 杜鹃花科属 Ericaceae [MD - 380] 特征纪要:习性: - 。花程式: - 。其他特征参考科。全球 2 个大洲分布及种数(10)北美洲:1; 南美洲:1。

Thelasis Bl. 矮柱兰属 Orchidaceae [MM - 723] 特征纪要:习性:草本(具根状茎)。花程式:Kn,C2 - 3 参考科,A3 参考科, = ↓(G)3。物候: - 。花期:7 月。果期:参考晚于花期。海拔:900 - 2000 米。生境:开放性森林树干附生植物。资源:具园艺种类。全球 6 个大洲分布及种数(27 - 55)非洲:18; 亚洲:45; 大洋洲:15; 欧洲:1; 北美洲:1; 南美洲:3。【中国种数:3】。

Thelenella <unassigned> 矮芽藓属 Sorapillaceae [B - 212] 特征纪要和分布(-)。

Theleophyton (Hook. f.) Moq. 矮柱苋属 Amaranthaceae [MD - 116] 特征纪要:习性: - 。花程式: - 。其他特征参考科。全球 1 个大洲分布及种数(cf. 1)◆亚洲。

Thelepogon Roth 乳须草属 Poaceae [MM - 748] 特征纪要:习性:草本。花程式:(K)3,C0 参考科,A1 - 2, = G2 - 3。其他特征参考科。全球 5 个大洲分布及种数(1 - 8)非洲:3; 亚洲:2; 大洋洲:4; 北美洲:2; 南美洲:2。【中国种数:1】。

Thelesperma Less. 绿线菊属 Asteraceae [MD - 586] 特征纪要:习性:草本。花程式:(K)3 - 5,(C)3 - 5,A3 - 5, = ↓G2。其他特征参考科。全球 4 个大洲分布及种数(16 - 44)亚洲:2; 欧洲:33; 北美洲:33; 南美洲:7。

Thelethylax C. Cusset 肋河杉属 Podostemaceae [MD - 322] 特征纪要:习性:草本。花程式:K1 - 2,C0,A10, = (G)1 - 2。其他特征参考科。全球 2 个大洲分布及种数(3 - 5)非洲:5; 亚洲:3。

Thelia Sull. 鳞藓属 Theliaceae [B - 210] 特征纪要:习性: - 。其他特征参考科。全球 2 个大洲分布及种数(3)非洲:1;北美洲:3。

Theliaceae M. Fleisch. [B - 210] 鳞藓科 特征纪要:叶状体宽窄多形,叉状分枝或不规则分枝。【Rep】:雌雄同株或异株,精子器隐生叶状体背面近中肋,散生或成群,雌苞卵形或袋形,生于叶状体背面中肋处。全球 5 个大洲分布和属种数(3/12)亚洲:2/8;大洋洲:1/1;欧洲:1/3;北美洲:2/6;南美洲:1/2。

Thelidiola <unassigned> 紫草科属 Boraginaceae [MD - 517] 特征纪要: - 。全球 1 个大洲分布及种数(1)◆非洲:1。

Thelidium <unassigned> 紫草科属 Boraginaceae [MD - 517] 特征纪要:习性: - 。花程式: - 。其他特征参考科。全球 4 个大洲分布及种数(36)亚洲:3; 欧洲:2; 北美洲:2; 南美洲:2。

Thelignya <unassigned> 可可李科属 Chrysobalanaceae [MD - 243] 特征纪要和分布(-)。

Theligonaceae Dum. [MD - 467] 假繁缕科 特征纪要:习性:草本;落叶。花程式:♀|♂(K)2 - 3,C2 - 3,A5, = ↑G1。物候: - 。花期: 3 - 7 月。果期: 6 - 8 月。种子:棕色。海拔:2050 - 2400 米。生境:潮湿阴湿处。全球 3 个大洲分布及属种数(2/5 - 6 hort. 1;cult. 1): 非洲:2/2 - 3; 亚洲:2/5 - 6; 欧洲:2/2 - 3。

Theligonum L. 假繁缕属 Theligonaceae [MD - 467] 特征纪要(同科)。全球 3 个大洲分布及种数(4 - 5)非洲:1; 亚洲:3 - 4;欧洲:1。【中国种数:4】。

Thelionema R. J. F. Hend. 盘丝百合属 Asphodelaceae [MM - 649] 特征纪要:习性:草本。花程式: - 。其他特征参考科。全球 4 个大洲分布及种数(3 - 8)非洲:2; 亚洲:2; 大洋洲:7; 南美洲:3。

Thelira Thou. = **Hirtella**

Thellungia Stapf = **Eragrostis**

Thellungiella O. E. Schulz 盐芥属 Brassicaceae [MD - 213] 特征纪要:草本(基生),落叶。花程式:Kn,C,A6 枚,G(-),房位(-)。果实:长角果;种子:小,纵径 1 - 1.5 毫米。全球 6 个大洲分布及种数(1)非洲:3;亚洲:3;大洋洲:3;欧洲:3;北美洲:3;南美洲:3。

Thelmatophace Godr. = **Lemna**

Thelocactus (K. Schum.) Britton & Rose 天晃玉属 Cactaceae [MD－100] 特征纪要:习性:木本。花程式:＝↓(K1－∞),C1－∞,A3－100,＝↓(G)3－100。其他特征参考科。全球4个大洲分布及种数(21－67)亚洲:2; 欧洲:29; 北美洲:29; 南美洲:11。【中国种数:1】。

Thelocarpon <unassigned> 天锦藓属 Sematophyllaceae [B－192] 特征纪要:－。全球3个大洲分布及种数(12)亚洲:3; 欧洲:1; 北美洲:1。

Thelomma <unassigned> 番木瓜科属 Caricaceae [MD－236] 特征纪要和分布(－)。

Thelopsis <unassigned> 金丝桃科属 Hypericaceae [MD－119] 特征纪要和分布(－)。

Thelotrema <unassigned> 锦葵科属 Malvaceae [MD－203] 特征纪要:习性:－。花程式:－。其他特征参考科。全球6个大洲分布及种数(212)非洲:13; 亚洲:58; 大洋洲:15; 欧洲:8; 北美洲:8; 南美洲:81。

Thelycrania (Dum.) Fourr. ＝ **Swida**

Thelygonum L. ＝ **Theligonum**

Thelymitra J. R. Forst. & G. Forst. 太阳兰属 Orchidaceae [MM－723] 特征纪要:习性:草本。花程式:(K)3,C3,A3,＝↓G3。其他特征参考科。全球3个大洲分布及种数(37－146;hort. 1;cult. 5)非洲:1;亚洲:2－6;大洋洲:36－140。【中国种数:1】。

Thelypodiopsis Rydb. 类女足芥属 Brassicaceae [MD－213] 特征纪要:习性:草本。花程式:K2－4,C2－4,A2－4,＝(G)2。其他特征参考科。全球3个大洲分布及种数(8－28)非洲:2; 北美洲:18; 南美洲:3。

Thelypodium Endl. 雌足芥属 Brassicaceae [MD－213] 特征纪要:习性:草本。花程式:K2－4,C2－4,A2－4,＝G2。其他特征参考科。全球5个大洲分布及种数(22－115)亚洲:2; 大洋洲:2; 欧洲:48; 北美洲:48; 南美洲:14。

Thelypteridaceae Ching ex Pic. Serm. [F－42] 金星蕨科 特征纪要(参考 Fabroniaceae),细弱,鲜绿色或亮绿色,稀暗绿色,具光泽,平铺交织生长。【Rep】:雌雄同株,内雌苞叶鞘状,具细长尖,边缘具齿或毛,无中肋,蒴柄短或稍细长,黄色,平滑,孢蒴直立。全球5个大洲分布及属种数(1/1)非洲:1; 亚洲:1; 大洋洲:1; 北美洲:1; 南美洲:1。【中国属种数:4/132】。

Thelypteris Schmidel 沼泽蕨属 Thelypteridaceae [F－42] 特征纪要:习性:－。【Rep】:孢子囊群圆形,背生于侧脉上,位于主脉和叶缘之间,在主脉两侧各成1列,往往被多少反卷的叶边覆盖。物候:－。海拔:20－2500米。生境:沟边,沼泽草地。资源:药用,具栽培园艺种类。全球6个大洲分布及种数(1091－1659)非洲:252; 亚洲:763; 大洋洲:220; 欧洲:344; 北美洲:344; 南美洲:421。【中国种数:118】。

Thelyschista Garay 齿喙兰属 Orchidaceae [MM－723] 特征纪要:习性:草本。花程式:(K)3,C3,A3,↓G－。其他特征参考科。全球1个大洲分布及种数(1)◆南美洲。

Themeda Forssk. 菅属 Poaceae [MM－748] 特征纪要:习性:草本(根状茎,基生)。花程式:(K－),C0 参考科,A3 参考科,＝G2－3。物候:－。海拔:1500－3000米。生境:草地,山坡,半阴处。资源:具栽培园艺种类。全球6个大洲分布及种数(31－34)非洲:9－15;亚洲:29－36;大洋洲:9－14;欧洲:2－7;北美洲:7－12;南美洲:1－6。【中国种数:15】。

Themelium (T. Moore) Parris 莴蕨属 Polypodiaceae [F－60] 特征纪要:习性:－。【Rep】:孢子同形,囊群生叶背有盖－无盖。物候:－。海拔:50－3600米。生境:常绿阔叶林,棕竹林下。资源:－。全球2个大洲分布及种数(11)亚洲:11; 大洋洲:2。

Themidaceae Salisb. [MM－678] 菅草科 特征纪要:习性:草本;落叶。花程式:(K)6－,C5,A,G－。全球 － 大洲分布及属种数(－)。

Themis Salisb. 丽颜韭属 Themidaceae [MM－678] 特征纪要及分布(－)。

Themistoclesia Klotzsch 山杞莓属 Ericaceae [MD－380] 特征纪要:习性:木本。花程式:K5－8,(C)5－8,A10,＝G2－4。其他特征参考科。全球3个大洲分布及种数(35－53)亚洲:3; 北美洲:11; 南美洲:50。

Thenardia Kunth 掌花夹竹桃属 Apocynaceae [MD－492] 特征纪要:习性:－。花程式:－。其他特征参考科。全球4个大洲分布及种数(3－14)亚洲:2; 大洋洲:2; 北美洲:5; 南美洲:6。

Theobroma L. 可可属 Sterculiaceae [MD－189] 特征纪要:习性:木本。花程式:－。物候:－。花期:全年。果期:参考晚于花期。海拔:100－3000米。生境:－。资源:药用,具栽培园艺种类。全球6个大洲分布及种数(26－30;hort. 1;cult. 1)非洲:1－2;亚洲:1－2;大洋洲:1－2;欧洲:1－2;北美洲:14－15;南美洲:23－25。【中国种数:1】。

Theodora Medik. ＝ **Schotia**

Theophrasta L. 刺萝桐属 Theophrastaceae [MD－387] 特征纪要(同科)。全球5个大洲分布及种数(2－28)非洲:2; 亚洲:4; 欧洲:20; 北美洲:20; 南美洲:19。

Theophrastaceae D. Don ex G. Don [MD－387] 假轮叶科 特征纪要:习性:木本;落叶。花程式:(K)8－10,(C)8－10,A4,＝↑G4－5。物候:－。果实:核果。种子:－。海拔:－。生境:－。资源:－。栽培:－。全球1个大洲分布及属种数(4/7 <IFR 2/3> hort. 1)◆北美洲:4/50－53(IFR 2/3)。

Theopsis (Cohen－Stuart) Nakai 山茶科属 Theaceae [MD－168] 特征纪要:习性:－。花程式:－。其他特征参考科。全球2个大洲分布及种数(16)亚洲:2; 南美洲:1。

Theopyxis Griseb. ＝ **Lysimachia**

Thereianthus G. J. Lewis 细管鸢尾属 Iridaceae [MM－700] 特征纪要:习性:草本。花程式:(K)3,C3,A10,↓G。其他特征参考科。全球2个大洲分布及种数(11－14)非洲:13; 大洋洲:2。

Theresa Clos ＝ **Scutellaria**

Theriophonum Bl. 兔耳芋属 Araceae [MM－639] 特征纪要:习性:草本。花程式:K0,C0,A1－4,＝G1－3。物

候：-。花期：2-9月。果期：参考晚于花期。海拔：100-4400米。生境：芭蕉-海芋群落，驻地前山阴坡草地。资源：-。全球5个大洲分布及种数(6-17)非洲：2；亚洲：16；大洋洲：3；北美洲：5；南美洲：2。【中国种数：1】。

Theriotia Cardot 厚叶短颈藓属 Buxbaumiaceae［B-102］特征纪要：习性：-。【Rep】：雌雄异株，雄株甚小，高度不超过0.5毫米，蚌壳状，多透明，着生于原丝体上，精子器多球形，雌株略大。物候：-。海拔：-。生境：常见于林下腐木，林地或火烧迹地上。资源：-。全球1个大洲分布及种数(2)◆亚洲：2。【中国种数：1】。

Thermophila Miers = **Salacia**

Thermopsis R. Br. 野决明属 Fabaceae3［MD-240］特征纪要：习性：木质攀援。花程式：-。物候：-。花期：5-7月。果期：参考晚于花期。海拔：2400-4800米。生境：草原沙丘，河岸和砾滩，生于河谷滩地，山坡。资源：药用，具栽培园艺种类。全球6个大洲分布及种数(26-32；hort. 1；cult. 1)非洲：11；亚洲：20-36；大洋洲：11；欧洲：3-14；北美洲：9-20；南美洲：11。【中国种数：15】。

Thermutis <unassigned> 可可李科属 Chrysobalanaceae［MD-243］特征纪要和分布(-)。

Theropogon Maxim. 夏须草属 Asparagaceae［MM-669］特征纪要：习性：草本(根状茎，基生)。花程式：-。物候：-。花期：5-6月。果期：参考晚于花期。海拔：2300-2600米。生境：灌丛，背阴的岩石斜坡，河边树阴下巨石上。资源：具园艺种类。全球1个大洲分布及种数(1-2)◆亚洲。【中国种数：1】。

Therorhodion (Maxim.) Small 云间杜鹃属 Ericaceae［MD-380］特征纪要：习性：-。花程式：-。其他特征参考科。全球2个大洲分布及种数(2)亚洲：cf. 1；北美洲：1。

Thesidium Sond. 小百蕊草属 Santalaceae［MD-412］特征纪要：习性：-。花程式：-。其他特征参考科。全球2个大洲分布及种数(14)非洲：14；亚洲：3。

Thesium L. 百蕊草属 Santalaceae［MD-412］特征纪要：习性：木质攀援。花程式：-。物候：-。海拔：1200-2000米。生境：背阳草坡上。栽培：来自广西龙州。资源：药用，具栽培园艺种类。全球6个大洲分布及种数(314-389)非洲：264-284；亚洲：45-65；大洋洲：8-15；欧洲：15-35；北美洲：6-10；南美洲：15-19。【中国种数：24】。

Thesmophora Rourke 岩仙木属 Stilbaceae［MD-532］特征纪要：习性：木本。花程式：K4-5，C0，A4-5，↓G。其他特征参考科。全球2个大洲分布及种数(1-3)非洲：3；南美洲：2。

Thespesia Sol. ex Corrêa 桐棉属 Malvaceae［MD-203］特征纪要：习性：木本。花程式：-。物候：-。花期：9月至次年1月。果期：参考晚于花期。海拔：300-3000米。生境：海边和海岸向阳处。资源：纤维，具栽培园艺种类。全球6个大洲分布及种数(22-23)非洲：13-16；亚洲：20-23；大洋洲：9-11；欧洲：1-3；北美洲：7-9；南美洲：4-6。【中国种数：1】。

Thespidium F. Müll. ex Benth. 腋基菊属 Asteraceae［MD-586］特征纪要：习性：草本。花程式：(K)3-5，C3-5，A3-5，=↓(G)2。其他特征参考科。全球1个大洲分布及种数(1)◆大洋洲(◆澳大利亚)。

Thespis DC. 歧伞菊属 Asteraceae［MD-586］特征纪要：习性：草本(基生)。花程式：(K)3-5，C3-5，A3参考科，=↓(G)2。物候：-。花期：7-10月。果期：参考晚于花期。海拔：100-1000米。生境：生于田边或路旁。资源：具园艺种类。全球2个大洲分布及种数(3-10)亚洲：5；南美洲：6。【中国种数：1】。

Thevenotia DC. 毛叶刺苞菊属 Asteraceae［MD-586］特征纪要：习性：草本。花程式：(K)3-5，C3-5，A3-5，=↓(G)2。其他特征参考科。全球3个大洲分布及种数(2-29)非洲：20；亚洲：12；南美洲：2。

Thevetia L. 黄花夹竹桃属 Apocynaceae［MD-492］特征纪要：习性：-。花期：几乎全年。果期：参考晚于花期。海拔：80-3000米。生境：苗圃，栽培庭院，植物园栽培。资源：具栽培园艺种类。全球6个大洲分布及种数(7-10)非洲：12；亚洲：3-15；大洋洲：1-13；欧洲：12；北美洲：4-16；南美洲：5-17。【中国种数：2】。

Thibaudia Ruiz & Pav. ex J. St. -Hil. 赤宝花属 Ericaceae［MD-380］特征纪要：习性：木本。花程式：-。物候：-。海拔：-。生境：-。资源：具园艺种类。全球4个大洲分布及种数(74-182)亚洲：23；欧洲：13；北美洲：13；南美洲：170。

Thiemea Müll. Hal. 赤尾藓属 Dicranaceae［B-128］特征纪要：习性：-。【Rep】：雌苞叶分化，基部鞘状，有毛尖，蒴柄长，均高出于雌苞叶，孢蒴直立或背曲，长圆柱形或长椭圆形，辐射对称，雌雄异株，雄株矮小，附于假根上成假雌雄同株，雌苞叶形大，高鞘状，上部具细毛尖，与孢蒴等长或长于孢蒴。其他特征参考科。全球1个大洲分布及种数(-)◆南美洲。

Thilachium Lour. 合萼山柑属 Capparaceae［MD-178］特征纪要：习性：木本。花程式：-。其他特征参考科。全球3个大洲分布及种数(15-29)非洲：25；亚洲：2；大洋洲：2。

Thiloa Eichler 少蕊车木属 Combretaceae［MD-354］特征纪要：习性：-。花程式：-。其他特征参考科。全球2个大洲分布及种数(16)北美洲：2；南美洲：9。

Thinicola J. H. Ross 大洋洲玉杯豆属 Fabaceae3［MD-240］特征纪要：习性：木本。花程式：=↓(K1-∞)，C1-∞，A5-9，=↓G1。其他特征参考科。全球1个大洲分布及种数(1)◆大洋洲：1。

Thinoelymus Banfi 无忧草属 Poaceae［MM-748］特征纪要：习性：-。花程式：-。其他特征参考科。全球0个大洲分布及种数(2-4)。

ThinopyrumÅ. Löve 薄冰草属 Poaceae［MM-748］特征纪要：习性：草本。花程式：(K)3，C0参考科，A1-2，↓G-参考科。物候：-。海拔：10-5600米。生境：草地，作为饲料植物或大麦田杂草种植。资源：-。全球6个大洲分布及种数(15-29)非洲：4；亚洲：13；大洋洲：3；欧洲：8；北美洲：8；南美洲：1。【中国种数：2】。

Thinouia Triana & Planch. 温美无患子属 Sapindaceae［MD-428］特征纪要：习性：木本。花程式：K4-8，C4-8，A10，=(G)2-3。其他特征参考科。全球2个大洲分布及种数(11-18)北美洲：7；南美洲：18。

Thiollierea Montrouz. 比克茜属 Rubiaceae［MD-523］特征纪要：习性：木本。花程式：(K)4-5，(C)4-5，A4-

5，↓G。其他特征参考科。全球 1 个大洲分布及种数(1－16)◆北美洲。

Thiseltonia Hemsl. 柔鼠麹属 Asteraceae [MD－586] 特征纪要:习性:草本。花程式:(K)3－5,C3－5,A3－5,＝↓(G)2。其他特征参考科。全球 1 个大洲分布及种数(2)◆大洋洲(◆澳大利亚)。

Thismia Griff. 水玉杯属 Thismiaceae [MM－699] 特征纪要(同科)。全球 6 个大洲分布及种数(36－85)非洲:3－9;亚洲:18－45;大洋洲:3－12;欧洲:6;北美洲:3－9;南美洲:12－20。【中国种数:5】。

Thismiaceae J. Agardh [MM－699] 肉质腐生草科 特征纪要:习性:草本;落叶。花程式:(K)6－,C3,A6,↓(G)－。物候:－。果实:蒴果。种子:极小,棕黄色,种皮作不规则的矩圆形。海拔:－。生境:－。资源:－。栽培:－。全球 1 个大洲分布及属种数(1/2 hort. 1)◆亚洲:1/21－42。

Thladiantha Bunge 赤瓟属 Cucurbitaceae [MD－205] 特征纪要:习性:木质攀援。花程式:－。物候:－。海拔:1000－2700 米。生境:沟边,林缘或山坡灌丛中,杂木林中。资源:具园艺种类。全球 6 个大洲分布及种数(29－89)非洲:2; 亚洲:75; 大洋洲:2; 欧洲:4; 北美洲:4; 南美洲:2。【中国种数:23】。

Thlaspi L. 菥蓂属 Brassicaceae [MD－213] 特征纪要:习性:草本(根状茎,基生,寄生,多肉)。花程式:Kn,C2－3参考科,A3 参考科,G2。物候:－。海拔:100－5000 米。生境:山坡阴坡洪积扇上,沼泽化草甸。资源:药用,具栽培园艺种类。全球 6 个大洲分布及种数(6－311)非洲:32; 亚洲:126; 大洋洲:28; 欧洲:35; 北美洲:35; 南美洲:31。【中国种数:2】。

Thliphthisa (Griseb.) P. Caputo & Del Guacchio 茜草科属 Rubiaceae [MD－523] 特征纪要:习性:－。花程式:－。其他特征参考科。全球 1 个大洲分布及种数(－)。

Thoa Aubl. ＝ **Gnetum**

Thogsennia Aiello 泉钟花属 Rubiaceae [MD－523] 特征纪要:习性:木本。花程式:(K－),(C)4,A3－5,↓G。其他特征参考科。全球 1 个大洲分布及种数(1)◆北美洲。

Tholurna <unassigned> 番木瓜科属 Caricaceae [MD－236] 特征纪要:习性:－。花程式:－。其他特征参考科。全球 1 个大洲分布及种数(－)。

Thomandersia Baill. 猩猩茶属 Thomandersiaceae [MD－574] 特征纪要(同科)。全球 2 个大洲分布及种数(6－9)非洲:9; 北美洲:1。

Thomandersiaceae Sreem. [MD－574] 猩猩茶科 特征纪要:习性:草本;落叶。花程式:K4－5(－),C0,A,↓(G)－。果实:蒴果。全球 1 个大洲分布及属种数(2/8 hort. 1) ◆非洲:1/ 6。

Thomasia J. Gay 薄毡麻属 Malvaceae [MD－203] 特征纪要:习性:木本。花程式:K3－5－∞,C3－5－∞,A10－8,＝G1－5。其他特征参考科。全球 4 个大洲分布及种数(30－81)大洋洲:64; 欧洲:3; 北美洲:3; 南美洲:13。

Thompsonella Britton & Rose 紫穗莲属 Crassulaceae [MD－229] 特征纪要:习性:草本。花程式:＝↓(K3－5－∞),C3－5－∞,A4,＝↓G3－5。其他特征参考科。全球 1 个大洲分布及种数(8－9)◆北美洲(◆墨西哥)。

Thomsonaria Rushforth 天南星科属 Araceae [MM－639] 特征纪要:习性:草本。花程式:－。其他特征参考科。全球 1 个大洲分布及种数(26)◆亚洲:25。

Thomsonia Wall. ＝ **Amorphophallus**

Thonandia H. P. Linder ＝ **Rytidosperma**

Thonningia Vahl 莲花菰属 Balanophoraceae [MD－307] 特征纪要:习性:木本。花程式:K1－2,C0,A1－2,＝↓G1－2。其他特征参考科。全球 3 个大洲分布及种数(1－10)非洲:9; 欧洲:1; 北美洲:1。

Thoracocarpus Harling 叠苞草属 Cyclanthaceae [MM－706] 特征纪要:习性:草本。花程式:K0,C0,A4－10,↓(G)4。资源:具栽培园艺种类。全球 3 个大洲分布及种数(1－2)非洲:1; 北美洲:2; 南美洲:2。

Thoracostachyum Kurz ＝ **Mapania**

Thoreauea J. K. Williams 墨西哥夹竹桃属 Apocynaceae [MD－492] 特征纪要:习性:木本。花程式:K5－∞,C0,A15,＝↓(G)2－5。其他特征参考科。全球 1 个大洲分布及种数(3)◆北美洲(◆墨西哥)。

Thorella Briq. 南美芹属 Apiaceae [MD－480] 特征纪要:习性:－。花程式:－。其他特征参考科。全球 1 个大洲分布及种数(2)◆欧洲。

Thoreochloa Holub ＝ **Helictotrichon**

Thornbera Rydb. ＝ **Dalea**

Thorncroftia N. E. Br. 石丹参属 Lamiaceae [MD－575] 特征纪要:习性:草本。花程式:K2,C0,A2,＝↓(G)2。其他特征参考科。全球 1 个大洲分布及种数(4－5)◆非洲。

Thornea BreedLöve & E. M. McClint. 托纳藤属 Hypericaceae [MD－119] 特征纪要:习性:－。花程式:－。其他特征参考科。全球 3 个大洲分布及种数(12)亚洲:3; 北美洲:1; 南美洲:8。

Thorneochloa Romasch. ,P. M. Peterson & Soreng 禾本科属 Poaceae [MM－748] 特征纪要:习性:－。花程式:－。其他特征参考科。全球 1 个大洲分布及种数(－)。

Thorvaldsenia Liebm. ＝ **Chysis**

Thottea Rottb. 线果兜铃属 Aristolochiaceae [MD－56] 特征纪要:习性:草质攀援。花程式:Kn,C2－3 参考科,A4,G－。物候:－。花期:8－12 月。果期:参考晚于花期。海拔:60－3200 米。生境:森林。资源:－。全球 6 个大洲分布及种数(44－179)非洲:25; 亚洲:85; 大洋洲:31; 欧洲:41; 北美洲:41; 南美洲:37。

Thouarsiora Homolle ex Arènes ＝ **Ixora**

Thouinia Poit. 索英木属 Sapindaceae [MD－428] 特征纪要:木本,落叶; 花程式:K4－8,C4－8,A10,＝↑G:2－3,房位(－)。果实:－。种子:具种脐,纵径 1－1.5 毫米。全球 1 个大洲分布及种数(16－52)◆北美洲。

Thouinidium Radlk. 索英无患子属 Sapindaceae [MD－428] 特征纪要:习性:木本。花程式:K4－8,C4－8,A10,

=(G)2－3。其他特征参考科。全球 4 个大洲分布及种数(7－12)非洲:2; 欧洲:8; 北美洲:8; 南美洲:2。

Thouvenotia Danguy = **Beilschmiedia**

Thrasya Kunth 勇夫草属 Poaceae [MM－748] 特征纪要:习性:－。花程式:－。其他特征参考科。全球 3 个大洲分布及种数(1－43)亚洲:11; 北美洲:10; 南美洲:30。

Thrasyopsis Parodi 拟勇夫草属 Poaceae [MM－748] 特征纪要:习性:－。花程式:－。其他特征参考科。全球 3 个大洲分布及种数(4)非洲:2; 北美洲:2; 南美洲:4。

Threlkeldia R. Br. 肉被澳藜属 Amaranthaceae [MD－116] 特征纪要:习性:草本。花程式:K3－5,C0,A3－5,=↓G2－5。其他特征参考科。全球 2 个大洲分布及种数(2－15)非洲:2; 大洋洲:13。

Thrinax L. f. ex Sw. 豆棕属 Arecaceae [MM－717] 特征纪要:习性:木本。花程式:K3－10,C3－10,A3－10,=G3－10。物候:－。海拔:－。生境:－。资源:具栽培园艺种类。全球 6 个大洲分布及种数(4－133)非洲:6; 亚洲:42; 大洋洲:3; 欧洲:20; 北美洲:20; 南美洲:34。

Thrincia Roth = **Leontodon**

Thringis O. F. Cook = **Coccothrinax**

Thrixanthocereus Backeb. 银衣柱属 Cactaceae [MD－100] 特征纪要:习性:－。花程式:－。其他特征参考科。全球 1 个大洲分布及种数(4)◆南美洲(◆秘鲁)。

Thrixgyne Keng = **Duthiea**

Thrixspermum Lour. 白点兰属 Orchidaceae [MM－723] 特征纪要:习性:草本。花程式:Kn,C2－3 参考科,A3 参考科,=↓(G)3。物候:－。花期:短,常 1 天后凋萎。果期:全年。海拔:500－1500 米。生境:大树枝干上,杂木林中。资源:具园艺种类。全球 6 个大洲分布及种数(198－368)非洲:19; 亚洲:317; 大洋洲:80; 欧洲:5; 北美洲:5; 南美洲:14。【中国种数:19】。

Thryallis Mart. 绒金英属 Malpighiaceae [MD－343] 特征纪要:习性:－。花程式:－。物候:－。花期:8－9 月。果期:参考晚于花期。海拔:100－2000 米。生境:山坡,竹林中。资源:具栽培园艺种类。全球 3 个大洲分布及种数(5－25)亚洲:3; 北美洲:14; 南美洲:23。

Thryocephalon J. R. Forster & G. Forster = **Kyllinga**

Thryothamnus Phil. = Verbenaceae

Thryptomene Endl. 葵蜡花属 Myrtaceae [MD－347] 特征纪要:习性:木本。花程式:=↓(K4－5),C4－5,A8－10,=↓(G)2－5。其他特征参考科。全球 2 个大洲分布及种数(49－98)大洋洲:96; 北美洲:3。

Thrysoideum <unassigned> 圭亚那漆树属 Anacardiaceae [MD－432] 特征纪要:－。全球 1 个大洲分布及种数(1)◆南美洲:1。

Thuarea Pers. 砂滨草属 Poaceae [MM－748] 特征纪要:习性:草本。花程式:(K－),C0 参考科,A5,=G2－3。物候:－。海拔:10－5600 米。生境:海岸沙滩,砂质海岸。资源:－。全球 5 个大洲分布及种数(2－9)非洲:8; 亚洲:3; 大洋洲:7; 欧洲:2; 北美洲:2。【中国种数:1】。

Thuidiaceae Schimp. [B－184] 羽藓科 特征纪要(参考 Schistostegaceae),细小,绿色,扁平,习生于阴暗处的藓丛。全球 2 个大洲分布和属种数(23/176)亚洲:22/172;南美洲:1/4。【中国属种数:22/172(12)】。

Thuidiopsis (Broth.) M. Fleisch. 羽叶藓属 Thuidiaceae [B－184] 特征纪要:习性:－。【Rep】:雌苞叶具细长尖,有时叶边具纤毛,蒴柄细长,平滑,稀具密疣,孢蒴卵状圆柱形,倾立至平列,蒴齿两层,黄棕,内雌苞叶椭圆状披针形,上部具长纤毛,蒴柄平滑,孢蒴圆柱形,平列,内齿层基膜高达 1/2,齿毛 2－3。其他特征参考科。全球 5 个大洲分布及种数(9)亚洲:2;大洋洲:5;欧洲:1;北美洲:1;南美洲:5。

Thuidium Schimp. 羽藓属 Thuidiaceae [B－184] 特征纪要:习性:－。【Rep】:雌苞叶具细长尖,有时叶边具纤毛,蒴柄细长,平滑,稀具密疣,孢蒴卵状圆柱形,倾立至平列,蒴齿两层。物候:－。海拔:－。生境:常见于湿润林地或阴湿岩石。资源:－。全球 6 个大洲分布及种数(146)非洲:25;亚洲:48;大洋洲:29;欧洲:15;北美洲:38;南美洲:57。【中国种数:60】。

Thuja L. 崖柏属 Cupressaceae [G－17] 特征纪要:习性:－。【Rep】:复轴,浆果状,苞鳞融合成果皮状,种鳞多退化,球果矩圆形或长卵圆形,种鳞薄,革质,扁平,近顶端有突起的尖头,仅下面 2－3 对种鳞各具 1－2 粒种子,种子扁平,两侧有翅。物候:－。花期:3－4 月。果期:参考晚于花期。海拔:700－1800 米。生境:山谷,山坡,山脊。资源:具栽培园艺种类。全球 6 个大洲分布及种数(8)非洲:7;亚洲:6－13;大洋洲:3－10;欧洲:3－10;北美洲:7－14;南美洲:7。【中国种数:5】。

Thujiaecarpus Trautv. = **Juniperus**

Thujopsidaceae Bessey = Cupressaceae

Thujopsis Siebold & Zucc. ex Endl. 罗汉柏属 Cupressaceae [G－17] 特征纪要:习性:－。【Rep】:复轴,浆果状,苞鳞融合成果皮状,种鳞多退化,球果近圆球形,种鳞 3－4 对,木质,扁平,在顶端的下方有一短尖头,中间的两对种鳞各有 3－5 粒种子,种子近圆形,两侧具窄翅,子叶 2 枚。物候:－。花期:3－4 月。果期:参考晚于花期。海拔:100－5100 米。生境:为装饰而种植。资源:具栽培园艺种类。全球 6 个大洲分布及种数(2－11)非洲:2; 亚洲:7; 大洋洲:2; 欧洲:4; 北美洲:4; 南美洲:2。【中国种数:1】。

Thulinia P. J. Cribb 图林兰属 Orchidaceae [MM－723] 特征纪要:习性:木本。花程式:－。其他特征参考科。全球 1 个大洲分布及种数(1－2)◆非洲。

Thunbergia Retz. 山牵牛属 Thunbergiaceae [MD－573] 特征纪要和分布(－)。全球 6 个大洲分布及种数(162－191;hort. 1;cult. 3)非洲:111－132;亚洲:62－64;大洋洲:12－14;欧洲:3－5;北美洲:16－18;南美洲:8－10。【中国种数:12】。

Thunbergiaceae Lilja [MD－573] 山牵牛科 特征纪要:习性:草本,攀援;落叶。花程式:K4－5(－),C5,A,↓(G)2。物候:－。花期:8－12 月。果期:2－5 月。果实:果实具翅。种子:－。海拔:1000－2500 米。生境:灌丛或林下,在花园中种植,并沿道路自然化。资源:园林与花卉,药用。栽培:中国有栽培。全球 5 个大洲分布及属种数(1/1 < IFR 1/1 > hort. 1;cult. 1) 非洲:1/113－132; 亚洲:1/64(IFR 1/1); 大洋洲:1/14; 北美洲:1/18; 南美洲:1/10。【中国属种数:1/12】。

Thunbergianthus Engl. 桑氏列当属 Orobanchaceae [MD－552] 特征纪要:习性:灌木。花程式:K4,C0,A3 参考科,↓G2。其他特征参考科。全球 1 个大洲分布及种数(1－2)◆非洲。

Thunia Rchb. f. 笋兰属 Orchidaceae [MM－723] 特征纪要:习性:草本。花程式:Kn,C2－3 参考科,A3 参考科,=↓(G)3。物候:－。花期:6 月。果期:参考晚于花期。海拔:1200－2300 米。生境:生于林下岩石上或树杈凹处,也见于多石地上。栽培:来自广西龙州。资源:花卉,具栽培园艺种类。全球 3 个大洲分布及种数(5－25)亚洲:22; 北美洲:3; 南美洲:3。【中国种数:2】。

Thuranthos C. H. Wright = **Drimia**

Thurnia Hook. f. 梭子草属 Thurniaceae [MM－735] 特征纪要(同科)。全球 2 个大洲分布及种数(3－5)非洲:2; 南美洲:5。

Thurniaceae Engl. [MM－735] 梭子草科 特征纪要:习性:草本;落叶。花程式:K3,C3,A6,↑(G)3。果实:蒴果。全球 1 个大洲分布及属种数(2/6 hort. 1) ◆南美洲:1/ 4－4。

Thurovia Rose 三花蛇黄花属 Asteraceae [MD－586] 特征纪要:习性:草本。花程式:(K)3－5,(C)3－5,A3－5,↓G。其他特征参考科。全球 1 个大洲分布及种数(1)◆北美洲(◆美国)。

Thurya Boiss. & Balansa 刺漆姑属 Caryophyllaceae [MD－77] 特征纪要:－。全球 2 个大洲分布及种数(2)欧洲:2; 北美洲:1。

Thuspeinanta T. Durand 总序旱草属 Lamiaceae [MD－575] 特征纪要:习性:草本。花程式:K2,C0,A2,=G2。其他特征参考科。全球 2 个大洲分布及种数(2－11)非洲:3; 亚洲:5。

Thyana Desv. ex Ham. 香蒲属 Sapindaceae [MD－428] 特征纪要:习性:－。花程式:－。其他特征参考科。全球 2 个大洲分布及种数(7)北美洲:1; 南美洲:1。

Thydium Bruch & Schimp. ex Mans. = **Thuidium**

Thyella Raf. 旋花属 Convolvulaceae [MD－499] 特征纪要:习性:－。花程式:－。其他特征参考科。全球 2 个大洲分布及种数(9)北美洲:1; 南美洲:2。

Thyidium Bruch & Schimp. ex Lindb. = **Thuidium**

Thylachium DC. = **Thilachium**

Thylacodraba (Nábělek) O. E. Schulz 十字花科属 Brassicaceae [MD－213] 特征纪要:习性:－。花程式:－。其他特征参考科。分布:－。

Thylacopteris Kunze ex J. Smith 乳头蕨属 Polypodiaceae [F－60] 特征纪要:习性:－。【Rep】:孢子同形,囊群生叶背。其他特征参考科。全球 3 个大洲分布及种数(3－4)非洲:1; 亚洲:3; 大洋洲:1。

Thylacospermum Fenzl 囊种草属 Caryophyllaceae [MD－77] 特征纪要:习性:草本(基生,多肉)。花程式:－。物候:－。花期:6－7 月。果期:参考晚于花期。海拔:3600－6000 米。生境:山顶沼泽地,流石滩,岩石缝和高山垫状植被中,水平或缓坡石质区域,通常位于岩石裂缝中。资源:具园艺种类。全球 2 个大洲分布及种数(1－4)亚洲:3; 南美洲:2。【中国种数:1】。

Thymelaea Mill. 欧瑞香属 Thymelaeaceae [MD－310] 特征纪要和分布(－)。全球 6 个大洲分布及种数(32－36; hort. 1;cult. 2)非洲:15－21;亚洲:9－15;大洋洲:1－7;欧洲:19－25;北美洲:1－7;南美洲:6。【中国种数:1】。

Thymelaeaceae Juss. [MD－310] 瑞香科 特征纪要:习性:木本;常绿,落叶。花程式:♀|♂(K)6－,C0,A2－8,↑G1。物候:－。花期: 春季－夏季。果期: 夏季－秋季。果实:蒴果。种子:子叶厚。海拔:0 米。生境:－。资源:园艺观赏,纤维造纸,药用。栽培:中国有栽培。全球 6 个大洲分布及属种数(56－62/1114－1270 < IFR 11/55 > hort. 1;cult. 10) 非洲:18/415－429(IFR 5/6); 亚洲:18/257－259(IFR 4/11); 大洋洲:14－15/246－259(IFR 2/21); 欧洲:3/82(IFR 2/12); 北美洲:7/109(IFR 2/5); 南美洲:10/100－103(IFR 1/1)。【中国属种数:18/136】。

Thymelina Hoffmanns. = **Gnidia**

Thymocarpus Nicolson, Steyerm. & Sivad. = **Goeppertia**

Thymophylla Lag. 丝叶菊属 Asteraceae [MD－586] 特征纪要:习性:草本。花程式:(K)3－5,(C)3－5,A3－5,=↓G2。其他特征参考科。全球 6 个大洲分布及种数(21－56)非洲:5; 亚洲:4; 大洋洲:2; 欧洲:36; 北美洲:36; 南美洲:27。

Thymus L. 百里香属 Lamiaceae [MD－575] 特征纪要:习性:草本,少灌木。花程式:(K－),C2－3 参考科,A3 参考科,=↓G2。物候:－。花期:7－8 月。果期:参考晚于花期。海拔:600－900 米。生境:草原或山坡上。栽培:来自广西龙州。资源:药用,具栽培园艺种类。全球 6 个大洲分布及种数(187－507;hort. 1;cult. 84)非洲:22－67;亚洲:127－233;大洋洲:18－46;欧洲:134－196;北美洲:27－57;南美洲:6－32。【中国种数:30】。

Thyridachne C. E. Hubb. 盾草属 Poaceae [MM－748] 特征纪要:习性:草本。花程式:(K)3,C0 参考科,A1－2,=G2－3。其他特征参考科。全球 3 个大洲分布及种数(1－4)非洲:2; 亚洲:2; 南美洲:2。

Thyridia W. R. Barker & Beardsley 窗梭草属 Phrymaceae [MD－559] 特征纪要:习性:木本(水生)。花程式:Kn,C0,A4,↓G。其他特征参考科。全球 3 个大洲分布及种数(1－9)亚洲:3; 大洋洲:2; 南美洲:5。

Thyridium Mitt. 匍网藓属 Calymperaceae [B－130] 特征纪要:习性:－。【Rep】:参考科特征:雌雄同株或雌雄异

T

株,蒴柄顶生或侧生,孢蒴直立,卵圆形或圆柱形,对称,蒴齿 8 或 16,阔披针形,中缝开裂,蒴柄不甚长,孢蒴顶生,直立,圆柱形,蒴齿发育或退失,齿片 16,披针形,具细疣,蒴盖具长喙,蒴帽多兜。物候:-。海拔:-。生境:常见于林下树干和树基,石生。资源:-。全球 4 个大洲分布及种数(15)非洲:3;亚洲:6;大洋洲:8;欧洲:2。【中国种数:2】。

Thyridocalyx Bremek. = **Triainolepis**

Thyridolepis S. T. Blake 窗草属 Poaceae [MM-748] 特征纪要:习性:草本。花程式:(K)3,C0 参考科,A1-2,=(G)2-3。其他特征参考科。全球 4 个大洲分布及种数(3-5)非洲:2; 大洋洲:5; 欧洲:2; 北美洲:2。

Thyridostachyum Nees = **Mnesithea**

Thyrocarpus Hance 盾果草属 Boraginaceae [MD-517] 特征纪要:习性:草质攀援。花程式:(K-),C5,A5,↓G-4。物候:-。海拔:5700 米。生境:山坡路边荒地。资源:药用。全球 1 个大洲分布及种数(cf. 1)◆亚洲(◆中国)。【中国种数:2】。

Thyroma Miers = **Aspidosperma**

Thyrsacanthus Moric. 火唇花属 Acanthaceae [MD-572] 特征纪要:习性:-。花程式:-。物候:-。海拔:-。生境:-。资源:具栽培园艺种类。全球 3 个大洲分布及种数(6-35)亚洲:1; 北美洲:1; 南美洲:7。

Thyrsanthella (Baill.) Pichon 小杖花属 Apocynaceae [MD-492] 特征纪要:木本。花程式:K5-∞,C0,A15,↓G。其他特征参考科。全球 4 个大洲分布及种数(1-2)非洲:2; 亚洲:2; 北美洲:2; 南美洲:2。【中国种数:1】。

Thyrsanthemum Pichon 锥花草属 Commelinaceae [MM-708] 特征纪要:习性:草本。花程式:(K)3,C3,A2-3,=(G)3。其他特征参考科。全球 2 个大洲分布及种数(4-7)北美洲:6; 南美洲:2。

Thyrsanthera Pierre ex Gagnep. 柬桐属 Euphorbiaceae [MD-217] 特征纪要:习性:木本。花程式:K1(1000),C0,A6,=(G)2-3。其他特征参考科。全球 1 个大洲分布及种数(cf. 1)◆亚洲。【中国种数:1】。

Thyrsia Stapf 禾本科属 Poaceae [MM-748] 特征纪要:习性:竹类。花程式:K5,C3,A3-6,G1。物候:-。海拔:10-5600 米。生境:山坡草地。资源:-。全球 1 个大洲分布及种数(1)。

Thyrsodium Salzm. ex Benth. 黏乳椿属 Anacardiaceae [MD-432] 特征纪要:习性:木本。花程式:K5,C5,A5-10,=G1-3。其他特征参考科。全球 2 个大洲分布及种数(9)非洲:cf. 1;南美洲:8。

Thyrsopteris Kunze 伞序蕨属 Malvaceae [MD-203] 特征纪要:-。全球 6 个大洲分布及种数(1-26)非洲:6; 亚洲:9; 大洋洲:5; 欧洲:13; 北美洲:13; 南美洲:3。

Thyrsosalacia Lös. 杖卫矛属 Celastraceae [MD-339] 特征纪要:习性:木本。花程式:K2-3,C2-3,A10,=(G)2-5。其他特征参考科。全球 1 个大洲分布及种数(2-5)◆非洲(◆加蓬)。

Thyrsosma Raf. = **Viburnum**

Thyrsostachys Gamble 泰竹属 Poaceae [MM-748] 特征纪要:习性:竹类。花程式:(K-),C0 参考科,A3 参考科,↓G-参考科。物候:-。海拔:500-1000 米。生境:村寨前后。资源:具栽培园艺种类。全球 2 个大洲分布及种数(2-4)亚洲:3; 北美洲:2。【中国种数:2】。

Thysanachne C. Presl = **Arundinella**

Thysananthus Lindenb. 毛鳞苔属 Lejeuneaceae [B-84] 特征纪要:习性:-。【Rep】:雌苞顶生于主枝,蒴萼具 3 个脊,并常附 1-7 个小脊,脊部具冠状突起。物候:-。海拔:-。生境:山坡,针阔混交林中。资源:-。全球 6 个大洲分布及种数(17-18)非洲:1-8;亚洲:8-15;大洋洲:11-18;欧洲:7;北美洲:7;南美洲:2-9。【中国种数:2】。

Thysanobotrya Alderw. = **Alsophila**

Thysanocarpus Hook. 风轮荠属 Brassicaceae [MD-213] 特征纪要:习性:草本。花程式:K2-4,C2-4,A2-4,=G2。资源:具栽培园艺种类。全球 3 个大洲分布及种数(7-34)亚洲:2; 大洋洲:1; 北美洲:14。

Thysanoglossa Porto & Brade 綫舌兰属 Orchidaceae [MM-723] 特征纪要:习性:草本。花程式:(K)3,C3,A3,=↓(G)3。其他特征参考科。全球 1 个大洲分布及种数(3)◆南美洲(◆巴西)。

Thysanolaena Nees 粽叶芦属 Poaceae [MM-748] 特征纪要:习性:草本(基生)。花程式:-。物候:-。海拔:10-5600 米。生境:山麓,山坡和山谷,岩石之间,灌木丛中,森林边缘,开阔草原,河岸。资源:药用,蛋白质,具栽培园艺种类。全球 6 个大洲分布及种数(2)非洲:1-3;亚洲:1-3;大洋洲:2;欧洲:1-3;北美洲:1-3;南美洲:1-3。【中国种数:1】。

Thysanolejeunea <unassigned> = **Thysananthus**

Thysanomitrion Schwägr. 曲尾藓科属 Dicranaceae [B-128] 特征纪要:习性:-。【Rep】:雌苞叶分化,基部鞘状,有毛尖,蒴柄长,均高出于雌苞叶,孢蒴直立或背曲,长圆柱形或长椭圆形,辐射对称,雌雄异株,雄株矮小,附于假根上成假雌雄同株,雌苞叶形大,高鞘状,上部具细毛尖,与孢蒴等长或长于孢蒴。物候:-。全球 2 个大洲分布及种数(60)北美洲:1; 南美洲:1。【中国种数:2】。

Thysanomitriopsis Müll. Hal. = **Campylopus**

Thysanomitrium Schwägr. ex Reinw. & Hornsch. = **Thysanomitrion**

Thysanosoria A. Gepp 风尾藤蕨属 Lomariopsidaceae [F-52] 特征纪要:习性:-。【Rep】:孢子同形,囊群生叶背。其他特征参考科。全球 1 个大洲分布及种数(cf. 1)◆东南亚(◆印度尼西亚)。

Thysanostemon Maguire 綫蕊藤黄属 Clusiaceae [MD-141] 特征纪要:习性:木本。花程式:K1-3,C1-3,A1-3,(G)1-3。其他特征参考科。全球 1 个大洲分布及种数(2)◆南美洲。

Thysanostigma J. B. Imlay 綫柱爵床属 Acanthaceae [MD-572] 特征纪要:习性:草本。花程式:Kn,C0,A2-4,=(G)2。其他特征参考科。全球 1 个大洲分布及种数(2)◆东南亚(◆泰国)。

T

Thysanotus R. Br. 异蕊草属 Asparagaceae［MM－669］特征纪要:习性:草本(根状茎,基生)。花程式:－。物候:－。海拔:50－5400 米。生境:近山脊松林下岩石上。栽培:来自广西龙州。资源:具栽培园艺种类。全球 4 个大洲分布及种数(56－108)非洲:4; 亚洲:9; 大洋洲:89; 南美洲:2。【中国种数:1】。

Thysanus Lour. ＝ **Connarus**

Tianschaniella B. Fedtsch. ex Popov 阿富汗紫草属 Boraginaceae［MD－517］特征纪要:习性:草本。花程式:Kn, C0, A5, ＝(G)2－4。其他特征参考科。全球 1 个大洲分布及种数(1)◆亚洲(◆阿富汗)。

Tiarella L. 黄水枝属 Saxifragaceae［MD－231］特征纪要:习性:草本(根状茎,基生)。花程式:K5, C5, A5, ＝↓G－。物候:－。花期:4 月。果期:参考晚于花期。海拔:1000－3800 米。生境:山坡林下。资源:药用,具栽培园艺种类。全球 6 个大洲分布及种数(6;hort. 1;cult. 4)非洲:4;亚洲:3－7;大洋洲:4;欧洲:4;北美洲:5－9;南美洲:4。【中国种数:2】。

Tiarrhena (Maxim.) Nakai ＝ **Triarrhena**

Tibetia (Ali) H. P. Tsui 高山豆属 Fabaceae3［MD－240］特征纪要:习性:木本。花程式:(K－), C2－3 参考科, A3 参考科, ＝↓G1。物候:－。海拔:2500 米。生境:干燥山坡草地,石隙或灌丛林下。资源:－。全球 1 个大洲分布及种数(cf. 1)◆亚洲。【中国种数:5】。

Tibetoseris Sennikov 莴苣属 Lactucaceae［MD－593］特征纪要:草本,落叶; 花程式:(K)3－5,(C)3－5, A3－5, G(－)。果实:瘦果。全球 1 个大洲分布及种数(1)◆亚洲。

Tibisia C. D. Tyrrell, Londoño & L. G. Clark 禾本属 Poaceae［MM－748］特征纪要:习性:－。花程式:－。其他特征参考科。全球 1 个大洲分布及种数(－)。

Tibouchina Aubl. 蒂牡花属 Melastomataceae［MD－364］特征纪要:习性:木本。花程式:＝↓(K4－5), C4－5, A4－5, ＝↓G3－4。其他特征参考科。全球 6 个大洲分布及种数(299－371;hort. 1;cult. 2)非洲:8－9;亚洲:80－97;大洋洲:12－13;欧洲:1;北美洲:66－71;南美洲:265－331。【中国种数:8】。

Tibouchinopsis Markgr. 巴西高牡丹属 Melastomataceae［MD－364］特征纪要:习性:－。花程式:－。其他特征参考科。全球 1 个大洲分布及种数(2)◆南美洲(◆巴西)。

Tibuchina J. St. －Hil. ＝ **Tibouchina**

Ticodendraceae Gómez－Laur. & L. D. Gómez［MD－71］核果桦科 特征纪要:习性:木本;落叶。花程式:K8, C8－10, A8, ＝↓(G)2。果实:核果。全球 1 个大洲分布及属种数(2/3 hort. 1) ◆非洲:1/ 26－39。

Ticodendron Gómez－Laur. & L. D. Gómez 核果桦属 Ticodendraceae［MD－71］特征纪要(同科)。全球 1 个大洲分布及种数(1)◆北美洲。

Ticoglossum See Lucas Caballero, Rafael Lucas ex Halb. 白虎兰属 Orchidaceae［MM－723］特征纪要:习性:－。花程式:－。其他特征参考科。全球 1 个大洲分布及种数(2)◆北美洲。

Ticorea Aubl. 桂笛香属 Rutaceae［MD－399］特征纪要:习性:木本。花程式:K5, C5, A4, ＝G1－3。其他特征参考科。全球 2 个大洲分布及种数(6－7)亚洲:cf. 1;南美洲:5－6。

Tidestromia Standl. 枝毛苋属 Amaranthaceae［MD－116］特征纪要:草本。花程式:K1－2, C0, A1－2, ＝G2－3。其他特征参考科。全球 6 个大洲分布及种数(8－18)非洲:2; 亚洲:2; 大洋洲:2; 欧洲:11; 北美洲:11; 南美洲:2。

Tiedemannia DC. 药牛芹属 Apiaceae［MD－480］特征纪要:草本。花程式:＝↓(Kn), C5, A3 参考科, ＝↓G(－)。其他特征参考科。全球 6 个大洲分布及种数(3－4)非洲:2;亚洲:2;大洋洲:2;欧洲:2;北美洲:2－4;南美洲:2。

Tieghemella Pierre 猴子果属 Sapotaceae［MD－357］特征纪要:习性:木本。花程式:－。其他特征参考科。全球 1 个大洲分布及种数(2)◆非洲。

Tieghemopanax R. Vig. ＝ **Polyscias**

Tienmuia Hu ＝ **Phacellanthus**

Tietkensia P. S. Short 长序金绒草属 Asteraceae［MD－586］特征纪要:习性:草本。花程式:(K)3－5, C3－5, A3－5, ＝↓(G)2。其他特征参考科。全球 1 个大洲分布及种数(1)◆大洋洲(◆澳大利亚)。

Tiganophyton <unassigned> 十字花属 Brassicaceae［MD－213］特征纪要:习性:－。花程式:－。其他特征参考科。全球 1 个大洲分布及种数(－)。

Tigarea Aubl. ＝ **Doliocarpus**

Tigivesta Lür 虎颜兰属 Orchidaceae［MM－723］特征纪要:习性:－。花程式:－。其他特征参考科。全球 1 个大洲分布及种数(cf. 1)◆南美洲。

Tiglium Klotzsch ＝ **Croton**

Tigridia Juss. 虎皮兰属 Iridaceae［MM－700］特征纪要:习性:草本(基生)。花程式:－。物候:－。花期:4－5 月。果期:参考晚于花期。海拔:100－4400 米。生境:草丛中,自然山坡地。资源:具栽培园艺种类。全球 6 个大洲分布及种数(62－69;hort. 1;cult. 1)非洲:1;亚洲:1－2;大洋洲:1;欧洲:1;北美洲:56－61;南美洲:13－14。【中国种数:1】。

Tigridiopalma C. Chen 虎颜花属 Melastomataceae［MD－364］特征纪要:习性:木质攀援。花程式:(K－), C2－3 参考科, A10, ＝↓G－。物候:－。花期:11 月。果期:参考晚于花期。海拔:400 米。生境:森林,山谷,溪边,岩石裂缝。资源:观赏,具栽培园艺种类。全球 1 个大洲分布及种数(cf. 1)◆亚洲(◆中国)。【中国种数:1】。

Tilesia G. Mey. 菱果菊属 Asteraceae［MD－586］特征纪要:习性:草本。花程式:(K)3－5, C3－5, A3－5, ＝↓(G)2。其他特征参考科。全球 2 个大洲分布及种数(4－25)北美洲:4; 南美洲:23。

Tilia L. 椴属 Tiliaceae［MD－185］特征纪要(同科)。全球 6 个大洲分布及种数(56－553)非洲:14; 亚洲:167; 大洋洲:6; 欧洲:65; 北美洲:65; 南美洲:11。【中国种数:23】。

Tiliaceae Juss.［MD－185］椴树科 特征纪要:习性:木本;落叶。花程式:♀/♂K5,C5,A5,G5。物候:－。花期:5－9 月。果实:蒴果。种子:－。海拔:1000 米。生境:照叶林。资源:园林。栽培:中国有栽培。全球 6 个大洲分布及属种数(19－20/76－88 <IFR 1/7> hort. 1;cult. 1) 非洲:4/14－15; 亚洲:4/56－70(IFR 1/6); 大洋洲:1－2/7－8; 欧洲:IFR 1/1; 北美洲:6/80－96; 南美洲:7/27－28。

Tiliacora Colebr. 香料藤属 Menispermaceae［MD－42］特征纪要:习性:草本。花程式:K1(6－40),C3,A1－6－40,＝G1－3。物候:－。海拔:200－2500 米。生境:板页岩岩石上,竹林中。资源:－。全球 6 个大洲分布及种数(26－36)非洲:21－30;亚洲:4－6;大洋洲:1－2;欧洲:1;北美洲:1;南美洲:1。【中国种数:2】。

Tilingia Regel & Šilićg 黑水芹属 Apiaceae［MD－480］特征纪要:习性:草本。花程式:＝↓(K5),C5,A5,＝↓(G)2。物候:－。海拔:50－5600 米。生境:半荒漠中和砾石质山坡上,柞林内。资源:具园艺种类。全球 5 个大洲分布及种数(3－17)亚洲:11; 大洋洲:2; 欧洲:2; 北美洲:2; 南美洲:5。【中国种数:1】。

Tillaea L. 东爪草属 Crassulaceae［MD－229］特征纪要:习性:－。花程式:－。物候:－。花期:9 月。果期:参考晚于花期。海拔:3000－4800 米。生境:处,岩石湿处偶见。资源:－。全球 6 个大洲分布及种数(14－16;hort. 1)非洲:3－11;亚洲:6－13;大洋洲:5－13;欧洲:2－10;北美洲:2－9;南美洲:2－9。

Tillandsia L. 铁兰属 Bromeliaceae［MM－715］特征纪要:习性:草本。花程式:(K)3,C3,A6,＝↓G3。物候:－。海拔:－。生境:－。资源:具栽培园艺种类。全球 6 个大洲分布及种数(679－785;hort. 1;cult. 27)非洲:7－35;亚洲:30－60;大洋洲:33－61;欧洲:7－35;北美洲:339－403;南美洲:466－529。【中国种数:5】。

Tilmia O. F. Cook ＝ **Aiphanes**

Timaeosia Klotzsch ＝ **Gypsophila**

Timandra Klotzsch ＝ **Croton**

Timanthea Salisb. ＝ **Baltimora**

Timmia Hedw. 美姿藓属 Timmiaceae［B－104］特征纪要(同科)。全球 6 个大洲分布及种数(652)非洲:17; 亚洲:36; 大洋洲:570; 欧洲:35; 北美洲:35; 南美洲:20。【中国种数:11】。

Timmiaceae Schimp.［B－104］美姿藓科 特征纪要:叶状体膜质,通常叉形分枝,稀羽状分枝,有时腹面生长新枝。【Rep】:与叶状体分界明显,叶状体边缘及中肋腹面通常着生单细胞的长纤毛。全球 4 个大洲分布和属种数(1/8)亚洲:1/6;大洋洲:1/1;欧洲:1/6;北美洲:1/6。【中国属种数:1/11(2)】。

Timmiella (De Not.) Limpr. 反纽藓属 Pottiaceae［B－133］特征纪要:习性:－。【Rep】:孢腔轮廓清晰,蒴齿缺如,或具蒴齿而无基膜,下部呈黄绿或黄棕色。海拔:600 米。生境:土生。栽培:来自广西龙州。资源:具栽培园艺种类。全球 6 个大洲分布及种数(15)非洲:5;亚洲:8;大洋洲:1;欧洲:4;北美洲:4;南美洲:5。【中国种数:7】。

Timmiellaceae Y. Inoue & H. Tsubota ＝ Pottiaceae

Timokoponenia Zanten 华卷柏藓属 Racopilaceae［B－156］特征纪要:习性:－。其他特征参考科。全球 1 个大洲分布及种数(cf. 1)◆亚洲。

Timonius Rumph. ex DC. 海茜树属 Rubiaceae［MD－523］特征纪要:习性:木本。花程式:－。物候:－。花期:参考早于果期。果期:4－6 月。海拔:400 米。生境:林中灌丛。资源:具园艺种类。全球 6 个大洲分布及种数(56－206;hort. 1;cult. 1)非洲:21－100;亚洲:36－125;大洋洲:30－116;欧洲:11;北美洲:4－14;南美洲:8。【中国种数:7】。

Timotimius W. R. Buck 皱垫锦藓属 Sematophyllaceae［B－192］特征纪要:习性:－。【Rep】:雌雄同株或雌雄异株,稀雌雄杂株,蒴柄细长,下部平滑,上部具乳头突起,孢蒴小,垂倾或悬垂,长卵形或长圆,多暗色、绿色至金黄色。其他特征参考科。全球 1 个大洲分布及种数(1)◆南美洲。

Timouria Roshev. 禾本科属 Poaceae［MM－748］特征纪要:习性:竹类。花程式:K5,C3,A3－6,G1。物候:－。海拔:1500－3500 米。生境:生于干燥山坡,草原。资源:具栽培园艺种类。全球 1 个大洲分布及种数(1)。【中国种数:1】。

Tina Schult. 马岛无患子属 Sapindaceae［MD－428］特征纪要:习性:木本。花程式:K4－8,C4－8,A10,＝G2－3。其他特征参考科。全球 6 个大洲分布及种数(20－39)非洲:35; 亚洲:5; 大洋洲:3; 欧洲:3; 北美洲:3; 南美洲:5。【中国种数:3】。

Tinadendron Achille 海岸桐属 Rubiaceae［MD－523］特征纪要:习性:木本。花程式:(K－),(C)4,A3－5,↓G。其他特征参考科。全球 1 个大洲分布及种数(2)◆大洋洲。

Tinantia Scheidw. 孀泪花属 Commelinaceae［MM－708］特征纪要:习性:－。花程式:－。其他特征参考科。全球 6 个大洲分布及种数(13－30)非洲:6; 亚洲:12; 大洋洲:2; 欧洲:19; 北美洲:19; 南美洲:14。【中国种数:2】。

Tinnea Kotschy ex Hook. f. 火梓属 Lamiaceae［MD－575］特征纪要:习性:草本。花程式:K2,C0,A2,＝↓G2。其他特征参考科。全球 2 个大洲分布及种数(14－21;hort. 1)非洲:13－19;北美洲:2。

Tinocladia <unassigned> 澳火马桑属 Coriariaceae［MD－277］特征纪要:－。全球 2 个大洲分布及种数(2)大洋洲:2; 南美洲:1。

Tinomiscium Miers 大叶藤属 Menispermaceae［MD－42］特征纪要:习性:草质攀援(基生,多肉)。花程式:－。物候:－。花期:春夏。果期:参考晚于花期。海拔:200－2500 米。生境:森林。资源:药用,橡胶,具栽培园艺种类。全球 3 个大洲分布及种数(1－12)非洲:3; 亚洲:12; 大洋洲:2。【中国种数:1】。

Tinopsis Radlk. ＝ **Tina**

Tinospora Miers 青牛胆属 Menispermaceae［MD－42］特征纪要：习性：草质攀援。花程式：－。物候：－。花期：春季。果期：参考晚于花期。海拔：200－2500 米。生境：林下，林缘，竹林及草地上，公路边。资源：药用，具栽培园艺种类。全球 6 个大洲分布及种数（33－119）非洲：31；亚洲：68；大洋洲：18；欧洲：4；北美洲：4；南美洲：14。【中国种数：5】。

Tintinnabularia Woodson 铃竹桃属 Apocynaceae［MD－492］特征纪要：习性：木本。花程式：K5－∞，C0，A15，＝↓（G）2－5。其他特征参考科。全球 1 个大洲分布及种数（3）◆北美洲。

Tipuana Benth. 金蝶木属 Fabaceae3［MD－240］特征纪要：习性：木本。花程式：＝↓（K1－∞），C1－∞，A5－9，＝↓G（－）。物候：－。海拔：7500 米。生境：矮灌木丛或芦苇丛中，稀见于沿河岸疏林下，作为作物栽培。资源：具栽培园艺种类。全球 1 个大洲分布及种数（3）◆南美洲。【中国种数：1】。

Tipularia Nutt. 筒距兰属 Orchidaceae［MM－723］特征纪要：习性：草本。花程式：Kn，C2－3 参考科，A3 参考科，＝↓G3。物候：－。海拔：2700－2900 米。生境：生于云杉或冷杉林下。资源：具栽培园艺种类。全球 4 个大洲分布及种数（6－22）亚洲：16；欧洲：3；北美洲：3；南美洲：4。【中国种数：5】。

Tiputinia P. E. Berry & C. L. Woodw. 皱垫玉簪属 Burmanniaceae［MM－696］特征纪要：习性：草本。花程式：（K）3，C3，A3 参考科，↓G－。其他特征参考科。全球 1 个大洲分布及种数（1）◆南美洲（◆厄瓜多尔）。

Tiquilia Pers. 皱垫草属 Boraginaceae［MD－517］特征纪要：习性：灌木。花程式：K5，C0，A3 参考科，＝↓G2－4。其他特征参考科。全球 6 个大洲分布及种数（30）非洲：1；亚洲：1；大洋洲：1；欧洲：1；北美洲：15－16；南美洲：17－18。【中国种数：2】。

Tirania Pierre 六瓣山柑属 Resedaceae［MD－196］特征纪要：习性：木本。花程式：－。其他特征参考科。全球 1 个大洲分布及种数（1－2）◆亚洲。

Tirpitzia Hallier f. 青篱柴属 Linaceae［MD－315］特征纪要：习性：木本。花程式：K5，C5，A5，G－。物候：－。花期：5－10 月。果期：参考晚于花期。海拔：300－2000 米。生境：路旁，山坡，山地沃土和石灰岩山顶阳处，岩石裂缝，通常在石灰质山坡上。资源：药用，具栽培园艺种类。全球 1 个大洲分布及种数（cf. 1）◆亚洲。【中国种数：2】。

Tisonia Baill. 蒂松木属 Salicaceae［MD－123］特征纪要：习性：木本。花程式：－。其他特征参考科。全球 3 个大洲分布及种数（11－23）非洲：20；大洋洲：3；南美洲：2。

Tissa（Tourn.）Adans. 北美石竹属 Caryophyllaceae［MD－77］特征纪要：习性：－。花程式：－。其他特征参考科。全球 2 个大洲分布及种数（31）北美洲：4；南美洲：1。

Tisserantiella Varde 禾藓属 Rhachitheciaceae［B－125］特征纪要：习性：－。【Rep】：雌雄同株，雌苞叶较长大，有高鞘部，上部短披针形，钝端，有短尖，中肋不及叶尖，蒴柄稍高出于雌苞叶。其他特征参考科。全球 2 个大洲分布及种数（2）非洲：2；南美洲：1。

Titanopsis Schwantes 天女玉属 Aizoaceae［MD－94］特征纪要：习性：草本。花程式：＝↓（K3－4），C3－4，A5 参考科，＝↓（G）1－2。其他特征参考科。全球 2 个大洲分布及种数（3－11）非洲：9；南美洲：3。

Titanotrichum Soler. 台闽苣苔属 Gesneriaceae［MD－549］特征纪要：习性：草本。花程式：－。物候：－。花期：7－11 月。果期：参考晚于花期。海拔：100－1200 米。生境：生于山谷阴处。资源：具园艺种类。全球 3 个大洲分布及种数（1－3）非洲：3；亚洲：3；北美洲：2。【中国种数：1】。

Tithonia Desf. 肿柄菊属 Asteraceae［MD－586］特征纪要：习性：－。花程式：－。物候：－。花期：9 月至次年 1 月。果期：参考晚于花期。海拔：6000 米。生境：－。栽培：－。资源：油脂，具栽培园艺种类。全球 6 个大洲分布及种数（14－45）非洲：5；亚洲：10；大洋洲：3；欧洲：25；北美洲：25；南美洲：15。【中国种数：2】。

Tithymaloides Ort. ＝ **Pedilanthus**

Tittmannia Brongn. 白杉杜属 Bruniaceae［MD－336］特征纪要：习性：－。花程式：－。其他特征参考科。全球 1 个大洲分布及种数（4－5）◆非洲。

Tium Medik. 蛇荚黄芪属 Fabaceae3［MD－240］特征纪要：习性：－。花程式：－。其他特征参考科。全球 1 个大洲分布及种数（4）◆北美洲。

Tmesipteridaceae Nakai［F－2］梅溪蕨科 特征纪要：叶状体膜质，通常叉形分枝，稀羽状分枝，有时腹面生长新枝。【Rep】：与叶状体分界明显，叶状体边缘及中肋腹面通常着生单细胞的长纤毛。全球 1 个大洲分布和属种数（1/10－18）◆亚洲：1/1。

Tmesipteris Bernh. 梅溪蕨属 Tmesipteridaceae［F－2］特征纪要（同科）。全球 5 个大洲分布及种数（16－25）亚洲：6；大洋洲：19；欧洲：2；北美洲：2；南美洲：2。【中国种数：2】。

Tobagoa Urb. 托巴茜属 Rubiaceae［MD－523］特征纪要：习性：木本。花程式：（K）4－5，（C）4－5，A4－5，＝↓（G）2－9。其他特征参考科。全球 3 个大洲分布及种数（2－3）亚洲：2；北美洲：2；南美洲：3。

Tobira Adans. ＝ **Pittosporum**

Tocantinia Ravenna 夷石蒜属 Amaryllidaceae［MM－694］特征纪要：习性：－。花程式：－。其他特征参考科。全球 1 个大洲分布及种数（1）◆南美洲（◆巴西）。

Tococa Aubl. 托克野牡丹属 Melastomataceae［MD－364］特征纪要：习性：－。花程式：－。其他特征参考科。全球 6 个大洲分布及种数（143）非洲：3；亚洲：8；大洋洲：2；欧洲：21；北美洲：21；南美洲：124。

Tocoyena Aubl. 托克茜属 Rubiaceae［MD－523］特征纪要：习性：木本。花程式：（K）4－5，（C）4－5，A4－5，＝↓G2－9。其他特征参考科。全球 4 个大洲分布及种数（21－66）非洲：2；亚洲：8；北美洲：16；南美洲：53。

Todaroa A. Rich. & Galeotti 托达草属 Apiaceae［MD－480］特征纪要：习性：－。花程式：－。其他特征参考科。全球 3 个大洲分布及种数（2－6）欧洲：2；北美洲：2；南美洲：3。

Toddalia Juss. 飞龙掌血属 Rutaceae［MD－399］特征纪要：习性：－。花程式：－。物候：－。花期：参考早于果期。果期：秋季，冬季。海拔：2000 米。生境：二次森林，灌丛，小叶甚细小，长 1.5－3 厘米。资源：药用。全球 6 个大洲分布及种数（11－12）非洲：6－7；亚洲：4－7；大洋洲：1－2；欧洲：1；北美洲：1－2；南美洲：2－3。

Toddavaddia（Mart. & Zucc. ex Zucc.）Kuntze ＝ **Biophytum**

Todea Willd. 南紫萁属 Osmundaceae［F－16］特征纪要：习性：－。【Rep】：无鳞片，囊群生叶背。其他特征参考科。全球 5 个大洲分布及种数（5－10）非洲：1－2；亚洲：1；大洋洲：4；北美洲：1；南美洲：1。【中国种数：1】。

Toechima Radlk. 特喜无患子属 Sapindaceae［MD－428］特征纪要：习性：木本。花程式：K4－8，C4－8，A10，＝（G）2－3。其他特征参考科。全球 3 个大洲分布及种数（7－14）非洲：6；亚洲：6；大洋洲：14。

Tofieldia Huds. 岩菖蒲属 Tofieldiaceae［MM－617］特征纪要：习性：木本。花程式：（K）2－∞，C2－∞，A6，↓G－）。物候：－。花期：7－8 月。果期：参考晚于花期。海拔：1800－2400 米。生境：草甸，湿原或岩石缝中，针叶林中。资源：具园艺种类。全球 6 个大洲分布及种数（14－23；hort. 1；cult. 1）非洲：1－6；亚洲：11－17；大洋洲：5；欧洲：4－9；北美洲：4－10；南美洲：5。【中国种数：8】。

Tofieldiaceae Takht.［MM－617］岩菖蒲科 特征纪要：习性：草本；落叶。花程式：（K）6－，C3，A9，↑G－。物候：－。果实：蒴果。全球 5 个大洲分布及属种数（4/19－24 < IFR 1/12 > hort. 1；cult. 1）非洲：1/4；亚洲：1/17－19（IFR 1/9）；欧洲：1/9－11（IFR 1/2）；北美洲：3/13－14（IFR 1/11）；南美洲：1/8－11。【中国属种数：2/11】。

Toga <unassigned> 异叶木属 Anisophylleaceae［MD－324］特征纪要：习性：－。花程式：－。其他特征参考科。全球 1 个大洲分布及种数（－）。

Toisusu Kimura 心叶柳属 Salicaceae［MD－123］特征纪要：木质攀援，落叶。花单性，雌雄异株，罕有杂性。蒴果 2－5 瓣裂。种子微小，种皮薄，胚直立，无胚乳，或有少量胚乳，基部围有多数白色丝状长毛。全球 1 个大洲分布及种数（－）◆大洋洲。

Toiyabea R. P. Roberts, Urbatsch & Neubig 山蛇菊属 Asteraceae［MD－586］特征纪要：习性：草本。花程式：（K）3－5，C3－5，A3－5，＝↓（G）2。其他特征参考科。全球 1 个大洲分布及种数（1）◆北美洲（◆美国）。

Toliara Judz. 马达禾草属 Poaceae［MM－748］特征纪要：习性：－。花程式：－。其他特征参考科。全球 3 个大洲分布及种数（6）非洲：6；亚洲：3；南美洲：3。

Tolmachevia á. Löve & D. Löve 景天属 Crassulaceae［MD－229］特征纪要：习性：－。花程式：－。其他特征参考科。全球 5 个大洲分布及种数（1）非洲：1；亚洲：1；大洋洲：1；欧洲：1；北美洲：1。

Tolmiea Torr. & A. Gray 千母草属 Saxifragaceae［MD－231］特征纪要：习性：－。花程式：－。其他特征参考科。全球 3 个大洲分布及种数（2－6）欧洲：3；北美洲：3；南美洲：4。

Toloxis W. R. Buck 反叶藓属 Meteoriaceae［B－188］特征纪要：习性：－。【Rep】：雌雄异株，蒴柄短而粗糙，蒴齿两层，内齿层齿条线形，具穿孔，齿毛缺失，基膜高出。物候：－。海拔：－。生境：山坡。资源：－。全球 4 个大洲分布及种数（3）非洲：1；亚洲：1；北美洲：1；南美洲：1。【中国种数：1】。

Tolpis Adans. 糙缨苣属 Asteraceae［MD－586］特征纪要：习性：草本。花程式：（K）3－5，（C）3－5，A3－5，＝↓G2）。资源：具园艺种类。全球 6 个大洲分布及种数（21－31；hort. 1）非洲：9－16；亚洲：7－12；大洋洲：2－7；欧洲：16－25；北美洲：5－10；南美洲：1－6。【中国种数：2】。

Tolumnia Raf. 剑心兰属 Orchidaceae［MM－723］特征纪要：习性：草本。花程式：（K）3，C3，A3，＝↓（G）3。物候：－。海拔：－。生境：－。资源：具园艺种类。全球 6 个大洲分布及种数（31－61）非洲：5；亚洲：8；大洋洲：2；欧洲：52；北美洲：52；南美洲：44。

Tolypanthus（Bl.）Rchb. 大苞寄生属 Loranthaceae［MD－415］特征纪要：习性：木本。花程式：－。物候：－。花期：4－6 月。果期：参考晚于花期。海拔：100－1200 米。生境：枇杷，油桐或山茶属植物上；油茶，柿树，紫薇或杜鹃属，杜英属，冬青属等植物上。资源：药用。全球 3 个大洲分布及种数（7－9）亚洲：9；欧洲：2；北美洲：2。【中国种数：2】。

Tomasellia <unassigned> 苦槛蓝科属 Myoporaceae［MD－566］特征纪要：－。全球 2 个大洲分布及种数（12）北美洲：2；南美洲：8。

Tomentaurum G. L. Nesom 金菀属 Asteraceae［MD－586］特征纪要：习性：草本。花程式：（K）3－5，（C）3－5，A3－5，↓G。其他特征参考科。全球 1 个大洲分布及种数（2）◆北美洲。

Tomenthypnum Loeske ＝ **Tomentypnum**

Tomentypnum Löske 毛青藓属 Brachytheciaceae［B－187］特征纪要：习性：－。【Rep】：绿色或棕绿色。物候：－。海拔：－。生境：土生。资源：－。全球 3 个大洲分布及种数（3）亚洲：2；欧洲：2；北美洲：3。【中国种数：2】。

Tomiephyllum（Benth.）Fourr. 玄参属 Scrophulariaceae［MD－536］特征纪要：习性：－。花程式：－。其他特征参考科。全球 1 个大洲分布及种数（－）。

Tomophyllum（E. Fourn.）Parris 裂禾蕨属 Polypodiaceae［F－60］特征纪要：习性：－。【Rep】：孢子同形，囊群生叶背有盖－无盖。物候：－。海拔：50－3600 米。生境：杂木林阴湿石壁上。资源：－。全球 5 个大洲分布及种数（8－48）非洲：2；亚洲：21；大洋洲：8；北美洲：3；南美洲：11。

Tomostima Raf. ＝ **Draba**

Tomzanonia Nir 印巴兰属 Orchidaceae［MM－723］特征纪要：习性：草本。花程式：（K－），C2－3 参考科，A3 参考科，↓G－。其他特征参考科。全球 1 个大洲分布及种数（1）◆北美洲。

Tonalanthus Brandegee ＝ **Calea**

Tonduzia Pittier 通杜木属 Apocynaceae［MD－492］特征纪要：习性：－。花程式：－。其他特征参考科。全球 2 个大洲分布及种数（2）北美洲：1；南美洲：cf. 1。

Tonella Nutt. ex A. Gray 稚龙花属 Plantaginaceae［MD－527］特征纪要：习性：草本。花程式：K2－4，C0，A3 参考科，↓G。其他特征参考科。全球 2 个大洲分布及种数(2－40)北美洲：22；南美洲：20。

Tonestus A. Nelson 蛇菊属 Asteraceae［MD－586］特征纪要：习性：草本。花程式：(K)3－5，(C)3－5，A3－5，↓G。其他特征参考科。全球 2 个大洲分布及种数(2－14)北美洲：12；南美洲：2。

Tongoloa H. Wolff 东俄芹属 Apiaceae［MD－480］特征纪要：习性：草本(基生，多肉)。花程式：Kn，C5，A4，=↓(G)2。物候：－。花期：6 月。果期：参考晚于花期。海拔：2000－4000 米。生境：草山坡。资源：具栽培园艺种类。全球 1 个大洲分布及种数(cf. 1)◆亚洲。【中国种数：13】。

Tonina Aubl. 水谷精属 Eriocaulaceae［MM－726］特征纪要：习性：－。花程式：－。其他特征参考科。全球 6 个大洲分布及种数(2)非洲：15；亚洲：1－16；大洋洲：15；欧洲：15；北美洲：1－16；南美洲：1－16。

Toona M. Röm. 香椿属 Meliaceae［MD－414］特征纪要：习性：木本。花程式：－。物候：－。花期：1－6 月。果期：参考晚于花期。海拔：300－1900 米。生境：常绿阔叶林中或山坡疏林中。栽培：来自广西龙州。资源：药用，具栽培园艺种类。全球 6 个大洲分布及种数(12－13)非洲：3－7；亚洲：11－16；大洋洲：2－6；欧洲：4；北美洲：4－8；南美洲：6－10。【中国种数：3】。

Topelia <unassigned> 芸香科属 Rutaceae［MD－399］特征纪要和分布(－)。

Topobea Aubl. 丝碟花属 Melastomataceae［MD－364］特征纪要：习性：－。花程式：－。其他特征参考科。全球 6 个大洲分布及种数(29－61)非洲：1；亚洲：1；大洋洲：1；欧洲：1；北美洲：8－9；南美洲：20－21。

Toppingia O. Deg. = **Thelypteris**

Tordyliopsis DC. 阔翅芹属 Apiaceae［MD－480］特征纪要：习性：草本。花程式：=↓(K5)，C5，A5，=↓G(－)。物候：－。花期：7－8 月。果期：参考晚于花期。海拔：4200－4300 米。生境：亚高山湿润矮灌木丛，灌木和巨石之间。资源：－。全球 1 个大洲分布及种数(cf. 1)◆亚洲。【中国种数：1】。

Tordylium Tourn. ex L. 环翅芹属 Apiaceae［MD－480］特征纪要：习性：草本。花程式：=↓(K5)，C5，A5，=↓(G)2。物候：－。海拔：50－5600 米。生境：半荒漠中和砾石质山坡上，柞林内。资源：具园艺种类。全球 6 个大洲分布及种数(4－22)非洲：1－6；亚洲：3－20；大洋洲：2；欧洲：1－11；北美洲：2；南美洲：1－2。【中国种数：2】。

Torena Cothen. = **Torenia**

Torenia L. 蝴蝶草属 Scrophulariaceae［MD－536］特征纪要：习性：草本。花程式：Kn，C2－3 参考科，A4，↓G－。物候：－。海拔：1000 米。生境：山坡草地，林下，田边及路旁潮湿处。栽培：来自广西龙州。资源：具栽培园艺种类。全球 6 个大洲分布及种数(83－99)非洲：17－33；亚洲：72－85；大洋洲：8－17；欧洲：1－10；北美洲：11－20；南美洲：9－18。【中国种数：20】。

Torfasadis Raf. = **Euphorbia**

Torgesia Bornm. = **Crypsis**

Toricellia DC. 角叶鞘柄木属 Torricelliaceae［MD－466］特征纪要：习性：木本。花程式：－。物候：－。花期：4 月。果期：参考晚于花期。海拔：900－2000 米。生境：林下，林缘或溪边。资源：具园艺种类。全球 2 个大洲分布及种数(5)亚洲：3；南美洲：1。

Torilis Adans. 窃衣属 Apiaceae［MD－480］特征纪要：习性：草本。花程式：Kn，C5，A3 参考科，=↓G2。物候：－。海拔：100－3800 米。生境：沟谷灌丛林下草地，竹林下。资源：药用，具栽培园艺种类。全球 6 个大洲分布及种数(31－34；hort. 1；cult. 2)非洲：11－16；亚洲：22－28；大洋洲：2－6；欧洲：15－20；北美洲：7－11；南美洲：2－6。【中国种数：5】。

Torminalis Medik. 驱疝木属 Rosaceae［MD－246］特征纪要：习性：－。花程式：－。其他特征参考科。全球 2 个大洲分布及种数(1－2)非洲：1；亚洲：1。

Tornabea Benth. & Hook. f. 唐松木科属 Physenaceae［MD－169］特征纪要：习性：－。花程式：－。其他特征参考科。全球 2 个大洲分布及种数(5)非洲：2；南美洲：4。

Toronia L. A. S. Johnson & B. G. Briggs 肋果钗木属 Proteaceae［MD－219］特征纪要：习性：木本。花程式：K3－4－∞，C0，A2，=G1。其他特征参考科。全球 1 个大洲分布及种数(1)◆大洋洲。

Torpesia (Endl.) M. Röm. 帚木属 Meliaceae［MD－414］特征纪要：习性：－。花程式：－。其他特征参考科。全球 1 个大洲分布及种数(cf. 1)◆非洲。

Torralbasia Krug & Urb. 楔叶卫矛属 Celastraceae［MD－339］特征纪要：习性：木本。花程式：K4，C4，A10，=(G)2－5。其他特征参考科。全球 2 个大洲分布及种数(3－5)北美洲：4；南美洲：1。

Torrentaria Ochyra 榧藓属 Brachytheciaceae［B－187］特征纪要：－。全球 3 个大洲分布及种数(17)大洋洲：2；北美洲：1；南美洲：2。

Torreya Arn. 榧树属 Taxaceae［G－12］性状【Veg】常绿乔木，枝轮生，叶交叉对生或近对生，基部扭转排列成两列，条形或条状披针形，坚硬，先端有刺状尖头，基部下延生长，上面微拱凸，中脉不明显或微明显，下面有两条较窄的气孔带【Rep】：复轴，核果状，有肉质被套，下部苞鳞残迹，寡种子；种子倒卵圆形，肉质假种皮被白粉，长 2－3 厘米，顶端有小凸尖，基部有宿存苞片，胚乳周围向内深皱。全球 6 个大洲分布及种数(8；hort. 1；cult. 2)非洲：3；亚洲：7－10；大洋洲：3；欧洲：3；北美洲：5－8；南美洲：3。【中国种数：4】。

Torreycactus Doweld 天照玉属 Cactaceae［MD－100］特征纪要：习性：－。花程式：－。其他特征参考科。全球 1 个大洲分布及种数(－)◆亚洲(◆中国)。

Torreyochloa Church 假甜茅属 Poaceae［MM－748］特征纪要：习性：草本。花程式：(K)3，C0 参考科，A1－2，=G2－3。其他特征参考科。全球 5 个大洲分布及种数(6－11)非洲：2；亚洲：5；欧洲：10；北美洲：10；南美洲：3。【中国种数：1】。

Torricellia DC. 鞘柄木属 Torricelliaceae [MD-466] 特征纪要:习性:-。花程式:-。物候:-。海拔:-。生境:-。资源:药用。全球 2 个大洲分布及种数(2-7)亚洲:5; 南美洲:2。【中国种数:2】。

Torricelliaceae Hu [MD-466] 鞘柄木科 特征纪要:习性:木本;落叶。花程式:K4-5(-),C5,A,G-。物候:-。花期:11 月至次年 3 月。果期:4-6 月。果实:核果。种子:-。海拔:1640-2600 米。生境:林下,林缘或溪边。资源:幼枝,叶片作绿肥。栽培:-。全球 1 个大洲分布及属种数(2/4 hort. 1)◆亚洲:2/4。【中国属种数:2/3】。

Torrubia Vell. 珠花柔木属 Nyctaginaceae [MD-107] 特征纪要:习性:-。花程式:-。其他特征参考科。全球 6 个大洲分布及种数(7)非洲:4;亚洲:2-6;大洋洲:4;欧洲:4;北美洲:5-9;南美洲:1-5。

Tortella (Lindb.) Limpr. 纽藓属 Pottiaceae [B-133] 特征纪要:习性:-。【Rep】:孢腔轮廓清晰,蒴齿缺如,或具蒴齿而无基膜,下部呈黄绿或黄棕色。物候:-。海拔:2310 米。生境:腐木生。资源:-。全球 6 个大洲分布及种数(63)非洲:18;亚洲:20;大洋洲:14;欧洲:21;北美洲:17;南美洲:19。【中国种数:7】。

Tortuella Urb. 榧茜草属 Rubiaceae [MD-523] 特征纪要:习性:木本。花程式:(K)4-5,(C)4-5,A4-5,=↓(G)2-9。其他特征参考科。全球 1 个大洲分布及种数(1)◆北美洲(◆海地)。

Tortula Hedw. 异柱马鞭草属 Pottiaceae [B-133] 特征纪要:习性:-。花程式:-。物候:-。海拔:2280 米。生境:石生,土生。资源:-。全球 6 个大洲分布及种数(268)非洲:70;亚洲:64;大洋洲:46;欧洲:61;北美洲:83;南美洲:111。【中国种数:40】。

Torularia (Coss.) O. E. Schulz 断节芥属 Brassicaceae [MD-213] 特征纪要:习性:-。花程式:-。物候:-。花期:4-6 月。果期:参考晚于花期。海拔:1800-5000 米。生境:生于坡地,河边。资源:-。全球 1 个大洲分布及种数(37)◆亚洲:5。

Tostimontia S. Díaz = **Acourtia**

Touchardia Gaud. 鱼线麻属 Urticaceae [MD-91] 特征纪要:习性:木本。花程式:-。其他特征参考科。全球 3 个大洲分布及种数(2-6)亚洲:2; 北美洲:3; 南美洲:3。

Toulicia Aubl. 图里无患子属 Sapindaceae [MD-428] 特征纪要:习性:木本。花程式:K4-8,C4-8,A10,=G2-3。其他特征参考科。全球 4 个大洲分布及种数(14-30)非洲:1; 亚洲:3; 北美洲:2; 南美洲:30。

Tounatea Aubl. = **Swartzia**

Tournaya A. Schmitz 羊蹄甲属 Fabaceae3 [MD-240] 特征纪要:习性:木本。花程式:=↓(K1-∞),C3-5-∞,A5-9,=↓G(-)。其他特征参考科。全球 1 个大洲分布及种数(1)◆非洲。

Tournefortia L. 紫丹属 Boraginaceae [MD-517] 特征纪要:习性:草质攀援。花程式:-。物候:-。海拔:0-1900 米。生境:沙地。资源:药用,具栽培园艺种类。全球 6 个大洲分布及种数(142-171;hort. 2;cult. 2)非洲:8-14;亚洲:35-41;大洋洲:8-12;欧洲:7-11;北美洲:55-67;南美洲:86-100。【中国种数:3】。

Tournefortiopsis Rusby = **Guettarda**

Tourneuxia Coss. 双翅苣属 Asteraceae [MD-586] 特征纪要:习性:草本。花程式:(K)3-5,C3-5,A3-5,=↓(G)2。其他特征参考科。全球 1 个大洲分布及种数(1)◆非洲。

Tournonia Moq. 落葵薯属 Basellaceae [MD-117] 特征纪要:习性:草本。花程式:K5,C0,A5,G-。其他特征参考科。全球 2 个大洲分布及种数(1-3)北美洲:1; 南美洲:2。

Touroulia Aubl. 茜椿属 Ochnaceae [MD-104] 特征纪要:习性:木本。花程式:K15-30,C15-30,A15-30,G2-3。其他特征参考科。全球 1 个大洲分布及种数(2)◆南美洲。

Tourrettia Foug. 钩蒴藤属 Bignoniaceae [MD-541] 特征纪要:习性:木本。花程式:-。其他特征参考科。全球 3 个大洲分布及种数(2)亚洲:cf. 1;北美洲:1;南美洲:1。

Toussaintia Boutiqü 胭栀藤属 Annonaceae [MD-7] 特征纪要:习性:木本。花程式:K3-∞,C3,A2,=G10-100。其他特征参考科。全球 1 个大洲分布及种数(-)。

Touwia Ochyra 华平藓属 Neckeraceae [B-204] 特征纪要:习性:-。【Rep】:孢子体不详,黄绿色或黄褐色。物候:-。海拔:-。生境:常见于岩石或树干。资源:-。全球 2 个大洲分布及种数(17)亚洲:3; 南美洲:15。【中国种数:1】。

Touwiodendron N. E. Bell, A. E. Newton & D. Quandt 华灰藓属 Hypnodendraceae [B-158] 特征纪要:习性:-。【Rep】:雌雄异株,蒴柄短,孢蒴略倾斜,长卵形,不对称,稍弯曲,平滑,蒴盖高圆锥体形,有弯斜尖喙,蒴齿两层。其他特征参考科。全球 1 个大洲分布及种数(1)◆非洲。

Tovaria Ruiz & Pav. 芹味草属 Tovariaceae [MD-180] 特征纪要(同科)。全球 4 个大洲分布及种数(2-38)亚洲:28; 欧洲:23; 北美洲:23; 南美洲:3。

Tovariaceae Pax [MD-180] 芹味草科 特征纪要:习性:木本;落叶。花程式:K6,C6,A6,↑G5-6。全球 1 个大洲分布及属种数(1/1) ◆北美洲(JM):1/ 2-3。

Tovarochloa T. D. Macfarl. & P. But = **Poa**

Tovomita Aubl. 胶红木属 Clusiaceae [MD-141] 特征纪要:习性:木本。花程式:-。其他特征参考科。全球 4 个大洲分布及种数(80-97)非洲:1;亚洲:cf. 1;北美洲:14-16;南美洲:73-86。

Tovomitidium Ducke 胶红木属 Clusiaceae [MD-141] 特征纪要:习性:-。花程式:-。其他特征参考科。全球 1 个大洲分布及种数(cf. 1)◆南美洲。

Tovomitopsis Planch. & Triana 拟托福木属 Clusiaceae [MD-141] 特征纪要:习性:木本。花程式:-。其他特征参考科。全球 3 个大洲分布及种数(2-23)亚洲:2; 北美洲:14; 南美洲:22。

Townsendia Hook. 孤菀属 Asteraceae [MD-586] 特征纪要:习性:草本。花程式:(K)3-5,C3-5,A3-5,=↓(G)2。其他特征参考科。全球 2 个大洲分布及种数(30-68)北美洲:43; 南美洲:1。

Townsonia Cheeseman 汤森兰属 Orchidaceae［MM－723］特征纪要:习性:草本。花程式:(K－),C0 参考科,A3,↓(G)3。其他特征参考科。全球 1 个大洲分布及种数(3)◆大洋洲(◆澳大利亚)。

Toxacanthus <unassigned> 菊科属 Asteraceae［MD－586］特征纪要和分布(－)。

Toxanthera Hook. f. ＝ **Kedrostis**

Toxanthes Turcz. 腺叶鼠麹草属 Asteraceae［MD－586］特征纪要:习性:－。花程式:－。其他特征参考科。全球 1 个大洲分布及种数(2－3)◆大洋洲(◆澳大利亚)。

Toxicodendron Mill. 漆属 Anacardiaceae［MD－432］特征纪要:习性:木质攀援。花程式:－。物候:－。花期:5－7 月。果期:参考晚于花期。海拔:100－2500 米。生境:常绿阔叶林中,中山区山腰坡地路旁岩石上。资源:具栽培园艺种类。全球 6 个大洲分布及种数(43－50;hort. 1;cult. 6)非洲:13－69;亚洲:26－82;大洋洲:2－56;欧洲:2－56;北美洲:21－79;南美洲:4－58。【中国种数:18】。

Toxicophlaea Harv. ＝ **Carissa**

Toxicopueraria A. N. Egan & B. Pan 苦葛属 Fabaceae3［MD－240］特征纪要:习性:木本。花程式:＝↓(Kn),C2－3 参考科,A3 参考科,＝↓G(－)。物候:－。海拔:7500 米。生境:栽培(来自广西龙州)。资源:具栽培园艺种类。全球 1 个大洲分布及种数(2) ◆亚洲:2。

Toxicoscordion Rydb. 沼盘花属 Melanthiaceae［MM－621］特征纪要:习性:草本。花程式:(K)2－∞,C2－∞,A4－8 对,G－。其他特征参考科。全球 2 个大洲分布及种数(9－15)北美洲:12; 南美洲:1。

Toxiphloea <unassigned> 夹竹桃科属 Apocynaceae［MD－492］特征纪要:－。全球 1 个大洲分布及种数(1)◆非洲:1。

Toxocarpus Wight & Arn. 弓果藤属 Apocynaceae［MD－492］特征纪要:习性:木质攀援。花程式:－。物候:－。花期:3 月。果期:参考晚于花期。海拔:100－600 米。生境:混合树林。栽培:来自广西龙州。资源:具栽培园艺种类。全球 6 个大洲分布及种数(14－39;hort. 1)非洲:2－7;亚洲:11－28;大洋洲:1;欧洲:1;北美洲:1;南美洲:1。【中国种数:7】。

Toxophoenix Schott ＝ **Astrocaryum**

Toxosiphon Baill. 罩衫花属 Rutaceae［MD－399］特征纪要:习性:木本。花程式:K5,C5,A4,↓G－参考科。其他特征参考科。全球 2 个大洲分布及种数(4－6)北美洲:2; 南美洲:4。

Tozzia L. 欧玄参属 Scrophulariaceae［MD－536］特征纪要:习性:草本。花程式:－。其他特征参考科。全球 5 个大洲分布及种数(2－7)亚洲:3; 大洋洲:2; 欧洲:2; 北美洲:2; 南美洲:3。【中国种数:1】。

Trabacellula Fulford 丛萼苔属 Cephaloziaceae［B－52］特征纪要:习性:－。【Rep】:雌苞生于茎腹面短枝上,蒴萼长筒形,口部有长刺,雄苞生于茎腹面,雄苞叶多对,呈穗状,老时呈黄褐色。其他特征参考科。全球 1 个大洲分布及种数(cf. 1)◆南美洲。

Tracanthelium Kit. ex Schur ＝ **Asyneuma**

Trachanthelium Kit. ex Schur ＝ **Asyneuma**

Trachelium Tourn. ex L. 疗喉草属 Campanulaceae［MD－561］特征纪要:习性:草本。花程式:(K)5,(C)5,A5,＝↓(G)2－3。其他特征参考科。全球 6 个大洲分布及种数(2－6)非洲:1－2;亚洲:1;大洋洲:1－2;欧洲:1－2;北美洲:1－2;南美洲:1。

Trachelospermum Lem. 络石属 Apocynaceae［MD－492］特征纪要:习性:木质攀援。花程式:(K－),C5,A5,↓G－。物候:－。花期:4－7 月。果期:参考晚于花期。海拔:100－1000 米。生境:常绿阔叶林下。栽培:来自广西龙州。资源:药用,具栽培园艺种类。全球 6 个大洲分布及种数(10－90)非洲:5; 亚洲:65; 大洋洲:2; 欧洲:5; 北美洲:5; 南美洲:14。【中国种数:6】。

Trachoma Garay 络石兰属 Orchidaceae［MM－723］特征纪要:习性:草本。花程式:(K－),C0 参考科,A3,↓(G)3。物候:－。花期:参考早于果期。果期:10－11 月。海拔:80－5200 米。生境:柏树林下或草坡路旁,竹坡中。资源:－。全球 3 个大洲分布及种数(16－21)非洲:2; 亚洲:15; 大洋洲:9。【中国种数:1】。

Trachomitum Woodson ＝ **Gymnema**

Trachyandra Kunth 丛尾草属 Asphodelaceae［MM－649］特征纪要:习性:草本。花程式:K3,C0 参考科,A3 参考科,＝G3。其他特征参考科。全球 6 个大洲分布及种数(67－116)非洲:85; 亚洲:15; 大洋洲:11; 欧洲:6; 北美洲:6; 南美洲:7。【中国种数:3】。

Trachybryum (Broth.) W. B. Schofield 青藓科属 Brachytheciaceae［B－187］特征纪要:－。全球 2 个大洲分布及种数(2)亚洲:2; 北美洲:2。

Trachycarpidium Broth. 单丛藓属 Pottiaceae［B－133］特征纪要:习性:－。【Rep】:孢腔轮廓清晰,蒴齿缺如,或具蒴齿而无基膜,下部呈黄绿或黄棕色。其他特征参考科。全球 4 个大洲分布及种数(5)非洲:1;亚洲:1;大洋洲:3;南美洲:1。

Trachycarpus H. Wendl. 棕榈属 Arecaceae［MM－717］特征纪要:习性:木本。花程式:－。物候:－。花期:4。果期:参考晚于花期。海拔:100－2400 米。生境:生于疏林中,海拔上限 2000,栽培路旁疏阴干燥。资源:药用,观赏,具栽培园艺种类。全球 6 个大洲分布及种数(10－26)非洲:2; 亚洲:24; 大洋洲:3; 欧洲:5; 北美洲:5; 南美洲:5。【中国种数:4】。

Trachycladiella (M. Fleisch.) M. Menzel 细带藓属 Meteoriaceae［B－188］特征纪要:习性:－。【Rep】:雌雄异株,蒴柄略粗糙,孢蒴具环带,蒴齿两层,内齿层齿条具脊及穿孔,齿毛退化,染色体数目 n＝6。物候:－。海拔:－。生境:山谷林下。资源:－。全球 1 个大洲分布及种数(2)◆亚洲:2。【中国种数:2】。

Trachycnemum Maire & Sam. 非洲野蔓菁属 Brassicaceae［MD－213］特征纪要:习性:草本。花程式:K4,C4,A2

T

-4，↓G-参考科。其他特征参考科。全球 2 个大洲分布及种数(1) 非洲;欧洲。

Trachycystis Lindb. 疣灯藓属 Mniaceae [B-149] 特征纪要:习性:-。【Rep】:雌雄蒴异株。物候:-。海拔:1300 米。生境:树生,土石生。资源:-。全球 2 个大洲分布及种数(3)亚洲:3;北美洲:1。【中国种数:4】。

Trachydium Lindl. 瘤果芹属 Apiaceae [MD-480] 特征纪要:习性:草本(基生)。花程式:-。物候:-。海拔:3000-5000 米。生境:石质高山草甸。资源:具栽培园艺种类。全球 5 个大洲分布及种数(11-76)非洲:4; 亚洲:62; 欧洲:2; 北美洲:2; 南美洲:2。【中国种数:8】。

Trachylejeunea Stephani 细鳞苔属 Lejeuneaceae [B-84] 特征纪要:习性:-。【Rep】:雌苞顶生于主枝,蒴萼具 3 个脊,并常附 1-7 个小脊,脊部具冠状突起,一般稀疏生长。物候:-。海拔:-。生境:山坡,针阔混交林中。资源:-。全球 4 个大洲分布及种数(1) 亚洲;大洋洲;北美洲;南美洲。

Trachyloma Brid. 粗柄藓属 Trachylomataceae [B-168] 特征纪要(同科)。全球 4 个大洲分布及种数(11)非洲:1;亚洲:3;大洋洲:8;北美洲:1。【中国种数:1】。

Trachylomataceae W. R. Buck & Vitt [B-168] 粗柄藓科 特征纪要(参考 Corsiniaceae):叶状体两岐分叉,黄绿色,弱光下呈萤光。【Rep】:雌雄异株孢蒴球形,成熟后顶端 6-8 瓣裂。全球 3 个大洲分布和属种数(1/2)亚洲:1/1;大洋洲:1/2;北美洲:1/1。【中国属种数:1/1】。

Trachymene Rudge 翠珠花属 Araliaceae [MD-471] 特征纪要:习性:木本。花程式:-。物候:-。海拔:-。生境:-。资源:具栽培园艺种类。全球 6 个大洲分布及种数(67-210)非洲:19; 亚洲:154; 大洋洲:143; 欧洲:4; 北美洲:4; 南美洲:13。【中国种数:2】。

Trachymitrium Brid. 花叶藓科属 Calymperaceae [B-130] 特征纪要:-。全球 1 个大洲分布及种数(-)。

Trachynia Link 披碱草属 Poaceae [MM-748] 特征纪要和分布(-)。全球 5 个大洲分布及种数(1) 非洲;亚洲;欧洲;北美洲;南美洲。

Trachynotus (Müll. Hal.) Cardot = **Exodictyon**

Trachyodontium Steere 厄瓜叉丛藓属 Pottiaceae [B-133] 特征纪要:习性:-。【Rep】:孢腔轮廓清晰,蒴齿缺如,或具蒴齿而无基膜,下部呈黄绿或黄棕色。其他特征参考科。全球 1 个大洲分布及种数(1)◆南美洲。

Trachyozus Rchb. = **Trachys**

Trachyphrynium Benth. 蔓柊叶属 Marantaceae [MM-740] 特征纪要:习性:草本。花程式:(K)3,C3,A3-4,=↓G3。其他特征参考科。全球 2 个大洲分布及种数(1-13)非洲:13; 亚洲:2。

Trachyphyllum A. Gepp 叉肋藓属 Pterigynandraceae [B-175] 特征纪要:习性:-。【Rep】:孢子体不常见,蒴柄纤长,孢蒴横生,长卵形,蒴齿两层。其他特征参考科。全球 5 个大洲分布及种数(9)非洲:4;亚洲:6;大洋洲:1;欧洲:1;南美洲:1。【中国种数:2】。

Trachypoa Bubani = **Dactylis**

Trachypodaceae M. Fleisch. = Lembophyllaceae

Trachypodopsis M. Fleisch. 拟扭叶藓属 Lembophyllaceae [B-205] 特征纪要:习性:-。【Rep】:雌雄异株,蒴柄细长,孢蒴圆球形,蒴齿两层,内齿层短,齿条有穿孔,齿毛不发育。物候:-。海拔:1360 米。生境:土生。资源:-。全球 4 个大洲分布及种数(7)非洲:3;亚洲:4;欧洲:1;北美洲:3。【中国种数:15】。

Trachypogon Nees 糙须禾属 Poaceae [MM-748] 特征纪要:习性:草本。花程式:(K)3,C0 参考科,A1-2,=G2-3。其他特征参考科。全球 6 个大洲分布及种数(6)非洲:3-6;亚洲:1-4;大洋洲:3;欧洲:3;北美洲:4-7;南美洲:4-7。【中国种数:1】。

Trachypteris André ex Christ 野蕨属 Pteridaceae [F-31] 特征纪要:习性:-。【Rep】:孢子同形,囊群生叶缘。其他特征参考科。全球 6 个大洲分布及种数(5)非洲:1-2;亚洲:1;大洋洲:1;欧洲:1;北美洲:1-2;南美洲:3-4。【中国种数:1】。

Trachypus Reinw. & Hornsch. 扭叶藓属 Lembophyllaceae [B-205] 特征纪要:习性:-。【Rep】:蒴柄具刺疣,孢蒴球形或卵形,蒴齿齿毛未发育,蒴盖具细长喙,蒴帽被黄色纤毛。物候:-。海拔:930 米。生境:土生。资源:-。全球 5 个大洲分布及种数(17)非洲:5;亚洲:12;大洋洲:4;北美洲:5;南美洲:1。【中国种数:10】。

Trachyrhizum (Schltr.) Brieger 肋囊石斛属 Orchidaceae [MM-723] 特征纪要:习性:-。花程式:-。物候:-。花期:参考早于果期。果期:10-11 月。海拔:80-5200 米。生境:柏树林下或草坡路旁,竹坡中。资源:-。全球 3 个大洲分布及种数(9)非洲:3; 亚洲:8; 大洋洲:9。

Trachyrhynchium Nees = **Machaerina**

Trachys Pers. 单翼草属 Poaceae [MM-748] 特征纪要:习性:草本。花程式:(K)3,C0 参考科,A1-2,=G2-3。其他特征参考科。全球 2 个大洲分布及种数(4-23)亚洲:14; 南美洲:13。

Trachysciadium (DC.) Eckl. & Zeyh. 葛缕子属 Apiaceae [MD-480] 特征纪要:习性:-。花程式:-。其他特征参考科。全球 1 个大洲分布及种数(cf. 1)◆非洲。

Trachyspermum Link 糙果芹属 Apiaceae [MD-480] 特征纪要:习性:草本(基生)。花程式:Kn,C5,A3 参考科,=↓(G)2。物候:-。花期:5-8 月。果期:参考晚于花期。海拔:600-2600 米。生境:野生地区外生。资源:具栽培园艺种类。全球 6 个大洲分布及种数(23-25)非洲:6-8;亚洲:19-21;大洋洲:1;欧洲:2-4;北美洲:1-2;南美洲:1。【中国种数:3】。

Trachystachys A. Dietr. = **Trachys**

Trachystemon D. Don 圣仙草属 Boraginaceae [MD-517] 特征纪要:习性:草本。花程式:K5,C0,A5,=G2-4。其他特征参考科。全球 3 个大洲分布及种数(1-5)亚洲:1; 欧洲:1; 北美洲:1。【中国种数:1】。

Trachystoma O. E. Schulz 糙嘴芥属 Brassicaceae [MD-213] 特征纪要:习性:-。花程式:-。其他特征参考科。

T

全球 3 个大洲分布及种数(7)非洲:7; 亚洲:2; 北美洲:3。

Trachystylis S. T. Blake 厚柱莎属 Cyperaceae [MM – 747] 特征纪要:习性:草本。花程式:–。其他特征参考科。全球 1 个大洲分布及种数(1)◆大洋洲(◆澳大利亚)。

Trachytella DC. = **Tetracera**

Trachythecium M. Fleisch. 刺蒴藓属 Hypnaceae [B – 189] 特征纪要:习性:–。【Rep】:雌雄异苞同株,内雌苞叶有皱褶,具细长尖,蒴柄长 2 – 3 厘米,孢蒴圆柱形,下垂,蒴齿两层,外齿层齿片披针,老时呈红棕色。物候:–。海拔:–。生境:常见于林下土或岩面薄土,沼泽水生。资源:–。全球 6 个大洲分布及种数(15)非洲:4; 亚洲:6; 大洋洲:2; 欧洲:2; 北美洲:2; 南美洲:2。

Trachyxiphium W. R. Buck 单帽藓属 Pilotrichaceae [B – 166] 特征纪要:习性:–。【Rep】:雌苞叶小,基部阔卵形,上部呈狭长尖,蒴柄细长,红色,平滑,孢蒴倾列或平列,长卵形,棕色,蒴齿两层,外,蒴柄侧生,细长,平滑或具弱疣,孢蒴平展或下倾,卵状圆柱形,两侧不对称,台部长而粗,口部强烈收缩。其他特征参考科。全球 3 个大洲分布及种数(14)欧洲:1;北美洲:10;南美洲:13。

Tracyina S. F. Blake 喙实菀属 Asteraceae [MD – 586] 特征纪要:习性:草本。花程式:(K)3 – 5,(C)3 – 5,A3 – 5,↓G。其他特征参考科。全球 1 个大洲分布及种数(1)◆北美洲(◆美国)。

Tradescantia L. 紫竹梅属 Commelinaceae [MM – 708] 特征纪要:习性:草本。花程式:–。物候:–。花期:8 – 10 月。果期:参考晚于花期。海拔:400 – 3400 米。生境:归化,栽培。资源:药用,具栽培园艺种类。全球 6 个大洲分布及种数(90 – 407)非洲:44; 亚洲:102; 大洋洲:24; 欧洲:254; 北美洲:254; 南美洲:164。【中国种数:13】。

Tragacantha Mill. 豆科属 Fabaceae3 [MD – 240] 特征纪要:习性:–。花程式:–。物候:–。海拔:7500 米。生境:矮灌木丛或芦苇丛中,稀见于沿河岸疏林下,作为作物栽培。资源:具栽培园艺种类。全球 2 个大洲分布及种数(283)北美洲:1; 南美洲:2。

Traganopsis Maire & Wilczek 簇花蓬属 Amaranthaceae [MD – 116] 特征纪要:习性:草本。花程式:Kn,C0,A1 – 2,↓(G)2 – 5。其他特征参考科。全球 1 个大洲分布及种数(1)◆非洲。

Traganthus Klotzsch = **Bernardia**

Traganum Delile 羊蓬属 Amaranthaceae [MD – 116] 特征纪要:习性:草本。花程式:Kn,C0,A3 – 5,↓(G)2 – 5。其他特征参考科。全球 2 个大洲分布及种数(2 – 5)非洲:4; 亚洲:2。

Tragia Plum. ex L. 刺痒藤属 Euphorbiaceae [MD – 217] 特征纪要:习性:木本。花程式:K1(1000),C0,A6,=(G)2 – 3。物候:–。海拔:–。生境:–。资源:具栽培园艺种类。全球 6 个大洲分布及种数(150 – 406)非洲:173; 亚洲:71; 大洋洲:10; 欧洲:90; 北美洲:90; 南美洲:320。【中国种数:7】。

Tragiella Pax & K. Hoffm. 刺痒草属 Euphorbiaceae [MD – 217] 特征纪要:习性:木本。花程式:K1(1000),C0,A6,= G2 – 3。其他特征参考科。全球 2 个大洲分布及种数(4 – 8)非洲:7; 南美洲:4。

Tragoceros (Kunth) Kunth 美国绿菊属 Asteraceae [MD – 586] 特征纪要和分布(–)。

Tragopogon L. 婆罗门参属 Asteraceae [MD – 586] 特征纪要:习性:草本(根状茎,基生)。花程式:(K)3 – 5,C3 – 5,A3 参考科,= ↓G2。物候:–。海拔:1000 – 1300 米。生境:草甸,河谷,山前平原及干燥山坡,石坡。资源:具栽培园艺种类。全球 6 个大洲分布及种数(77 – 162;hort. 1;cult. 7)非洲:12 – 17;亚洲:61 – 115;大洋洲:9 – 17;欧洲:31 – 47;北美洲:17 – 25;南美洲:5。【中国种数:24】。

Tragus Haller 锋芒草属 Poaceae [MM – 748] 特征纪要:习性:–。花程式:–。物候:–。海拔:1200 米。生境:路边,其他杂草丛生的杂草。资源:蛋白质。全球 6 个大洲分布及种数(11)非洲:8 – 10;亚洲:5 – 7;大洋洲:2 – 4;欧洲:3 – 5;北美洲:4 – 6;南美洲:3 – 5。【中国种数:3】。

Trailliaedoxa W. W. Sm. & Forrest 丁茜属 Rubiaceae [MD – 523] 特征纪要:习性:木本。花程式:–。物候:–。花期:7 – 8 月。果期:参考晚于花期。海拔:1400 – 3000 米。生境:在岩石上或在干燥和温暖的山谷的山坡上的灌木丛中。资源:–。全球 1 个大洲分布及种数(cf. 1)◆亚洲(◆中国)。【中国种数:1】。

Trallesia Zumag. = **Tripleurospermum**

Transberingia Al – Shehbaz & O'Kane 北美芥属 Brassicaceae [MD – 213] 特征纪要:习性:–。花程式:–。其他特征参考科。全球 3 个大洲分布及种数(3)亚洲:2; 欧洲:2; 北美洲:2。

Trapa L. 菱属 Trapaceae [MD – 377] 特征纪要(同科)。全球 6 个大洲分布及种数(16 – 20;hort. 1;cult. 2)非洲:4 – 22;亚洲:9 – 28;大洋洲:18;欧洲:3 – 21;北美洲:2 – 20;南美洲:1 – 19。【中国种数:2】。

Trapaceae Dum. [MD – 377] 菱科 特征纪要:习性:草本;落叶。花程式:(K)4,C4,A1 – 3 个,= ↓G2。物候:–。花期: 5 – 10 月。果期: 7 – 11 月。果实:–。种子:纵折。海拔:1000 – 2000 米。生境:边远湖沼中。栽培:来自广西龙州。资源:药用。栽培:中国有栽培。全球 4 个大洲分布及属种数(1/1 < IFR 1/2 > hort. 1;cult. 1) 非洲:1/6(IFR 1/2); 亚洲:1/11(IFR 1/2); 欧洲:1/5; 北美洲:1/4。

Trapelia <unassigned> 胡茶菱属 Trapellaceae [MD – 544] 特征纪要和分布(–)。

Trapeliopsis <unassigned> 桔梗科属 Campanulaceae [MD – 561] 特征纪要和分布(–)。

Trapella Oliv. 茶菱属 Plantaginaceae [MD – 527] 特征纪要:习性:木本。花程式:–。物候:–。花期:6 月。果期:参考晚于花期。海拔:300 米。生境:池塘,湖泊,生于池塘或湖泊中。资源:具园艺种类。全球 4 个大洲分布及种数(1 – 7)亚洲:4; 欧洲:2; 北美洲:2; 南美洲:4。【中国种数:1】。

Trapellaceae Honda & Sakis. [MD – 544] 茶菱科 特征纪要:习性:木本;落叶。花程式:(K)6 –,C4 – 5,A6,↓(G) –。物候:–。花期:6 月。果实:果顶端具锐尖的 3 长 2 短的钩状附属物。种子:纵折。海拔:300 米。生境:生于池塘或湖泊中。资源:–。栽培。全球 1 个大洲分布及属种数(1/1 hort. 1;cult. 1)◆亚洲:1/4。

Trasi Lestib. = **Machaerina**

Trattinnickia Willd. 油脂橄属 Burseraceae [MD－408] 特征纪要:习性:木本。花程式:K3,C3,A2,＝G2－3。其他特征参考科。全球 4 个大洲分布及种数(20－41)非洲:2; 亚洲:1; 北美洲:6; 南美洲:31。

Traubia Moldenke 紫纹莲属 Amaryllidaceae [MM－694] 特征纪要:习性:草本。花程式:(K)3,C3,A1,＝↓(G)3。其他特征参考科。全球 4 个大洲分布及种数(1－5)非洲:2; 亚洲:3; 大洋洲:3; 南美洲:4。

Traunsteinera Rchb. 葱序兰属 Orchidaceae [MM－723] 特征纪要:习性:草本。花程式:(K)3,C3,A3,＝↓(G)3。其他特征参考科。全球 3 个大洲分布及种数(2－3)亚洲:2; 欧洲:1; 北美洲:1。【中国种数:1】。

Trautvetteria Fisch. & C. A. Mey. 唐松毛茛属 Ranunculaceae [MD－38] 特征纪要:习性:草本。花程式:K1－∞,C1－∞,A8,＝G1－3。物候:－。花期:7－10 月。果期:参考晚于花期。海拔:50－6000 米。生境:竹林中。资源:－。全球 3 个大洲分布及种数(4－19)亚洲:7; 欧洲:9; 北美洲:9。【中国种数:1】。

Traversia Hook. f. 千里光属 Asteraceae [MD－586] 特征纪要:习性:草本。花程式:(K－),(C)3－5,A3 参考科,↓G。其他特征参考科。全球 1 个大洲分布及种数(1)◆大洋洲。

Traxilisa Raf. ＝ **Tetracera**

Treculia Decne. ex Trécul 非洲面包树属 Moraceae [MD－87] 特征纪要:木本。花程式:K1－4,C0,A6,＝G1－2。其他特征参考科。全球 4 个大洲分布及种数(9－28)非洲:27; 亚洲:2; 北美洲:2; 南美洲:2。【中国种数:1】。

Treichelia Vatke 覆苞草属 Campanulaceae [MD－561] 特征纪要:草本。花程式:(K)5,(C)5,A5,＝↓(G)2－3。其他特征参考科。全球 6 个大洲分布及种数(2－6)非洲:6; 亚洲:3; 大洋洲:2; 欧洲:2; 北美洲:2; 南美洲:2。

Treisia Haw. ＝ **Euphorbia**

Trema Lour. 山黄麻属 Cannabaceae [MD－89] 特征纪要:习性:木质攀援。花程式:－。物候:－。花期:4－6 月。果期:参考晚于花期。海拔:100－1600 米。生境:次生季风林,竹林下。资源:具栽培园艺种类。全球 6 个大洲分布及种数(43－53;hort. 1;cult. 1)非洲:11－20;亚洲:30－38;大洋洲:11－19;欧洲:8;北美洲:10－20;南美洲:9－18。【中国种数:2】。

Tremacron Craib 短檐苣苔属 Gesneriaceae [MD－549] 特征纪要:习性:－。花程式:－。物候:－。花期:8 月。果期:参考晚于花期。海拔:1000 米。生境:栎树林下路边沙质地上,石质山坡。资源:－。全球 1 个大洲分布及种数(4－5)◆亚洲:3－8。

Tremandra R. Br. ex DC. 孔药草属 Tremandraceae [MD－299] 特征纪要(同科)。全球 1 个大洲分布及种数(2)◆大洋洲(◆澳大利亚)。

Tremandraceae R. Br. ex DC. [MD－299] 孔药花科 特征纪要:习性:木本;落叶。花程式:K6,C6,A10,↑(G)2。全球 1 个大洲分布及属种数(2/2－5 hort. 1,cult. 1) ◆大洋洲:1－3/ 8－66。

Tremanthera P. & K. ＝ **Saurauia**

Tremanthus Pers. ＝ **Styrax**

Trematanthera F. Muell. ＝ **Saurauia**

Trematodon Michx. 长蒴藓属 Bruchiaceae [B－120] 特征纪要:习性:－。物候:－。海拔:960 米。生境:土生。资源:－。全球 6 个大洲分布及种数(90)非洲:30;亚洲:18;大洋洲:19;欧洲:7;北美洲:13;南美洲:20。【中国种数:4】。

Trematolobelia Zahlbr. ex Rock 孔果莲属 Campanulaceae [MD－561] 特征纪要:习性:草本。花程式:(K)5,(C)5,A5,↓G－。其他特征参考科。全球 4 个大洲分布及种数(8－19)非洲:4; 亚洲:3; 北美洲:10; 南美洲:3。【中国种数:1】。

Trembleya DC. 耀龙丹属 Melastomataceae [MD－364] 特征纪要:习性:－。花程式:－。其他特征参考科。全球 5 个大洲分布及种数(61)非洲:2; 亚洲:3; 大洋洲:2; 北美洲:5; 南美洲:39。

Tremolecia <unassigned> 菊科属 Asteraceae [MD－586] 特征纪要:－。全球 1 个大洲分布及种数(2)◆南美洲:1。

Tremotylium <unassigned> 龙冠苔属 Aytoniaceae [B－9] 特征纪要:－。全球 3 个大洲分布及种数(4)非洲:1; 大洋洲:2; 南美洲:1。

Tremularia Heist. ex Fabr. ＝ **Briza**

Tremulina B. G. Briggs & L. A. S. Johnson 帚灯草属 Restionaceae [MM－744] 特征纪要:习性:草本(基生)。花程式:(K－),C2－3 参考科,A3 参考科,↓G－参考科。其他特征参考科。全球 1 个大洲分布及种数(1－2)◆大洋洲(◆澳大利亚)。

Trepadonia H. Rob. 藤状斑鸠菊属 Asteraceae [MD－586] 特征纪要:习性:草本。花程式:(K)3－5,C3－5,A3－5,＝↓(G)2。其他特征参考科。全球 1 个大洲分布及种数(2)◆南美洲(◆秘鲁)。

Trepocarpus Nutt. ex DC. 白仙芹属 Apiaceae [MD－480] 特征纪要:习性:草本。花程式:＝↓(K5),C5,A5,＝↓G(－)。其他特征参考科。全球 1 个大洲分布及种数(1)◆北美洲(◆美国)。

Tresanthera H. Karst. ＝ **Rustia**

Tressensia H. A. Keller 罗布夹竹属 Apocynaceae [MD－492] 特征纪要:习性:木本。花程式:Kn,C0,A15,↓G。其他特征参考科。全球 1 个大洲分布及种数(1) ◆南美洲:1。

Tretorhiza Adans. ＝ **Gentiana**

Tretorrhiza Delarbre 龙胆属 Gentianaceae [MD－496] 特征纪要:习性:－。花程式:－。其他特征参考科。全球 1 个大洲分布及种数(1)◆非洲。

Treubella (Griseb.) Pierre 桑寄生科属 Loranthaceae [MD－415] 特征纪要:习性:－。花程式:－。其他特征参考科。全球 1 个大洲分布及种数(－)。

Treubia K. I. Göbel 陶氏苔属 Treubiaceae [B－1] 特征纪要:－。全球 6 个大洲分布及种数(18)非洲:2; 亚洲:10;

大洋洲:6; 欧洲:2; 北美洲:2; 南美洲:7。

Treubiaceae Verd. [B-1] 陶氏苔科 特征纪要:叶状体宽阔带状,两歧分枝。【Rep】:雌雄苞无特化生殖枝,雄苞2列至多列着生中肋背面,颈卵器群生,孢蒴通常圆柱形,成熟时不完全2-4瓣裂。全球6个大洲分布和属种数(2/3-5)非洲:1/1;亚洲:2/3-4;大洋洲:1/1-2;欧洲:1/1;北美洲:1/1;南美洲:1/1。

Treubiidae Stotler & Crand. - Stot. 孢芽藓科属 Sorapillaceae [B-212] 特征纪要和分布(-)。

Treutlera Hook. f. 东喜马萝藦属 Apocynaceae [MD-492] 特征纪要:习性:木本。花程式:K5,C0,A5,=(G)2。其他特征参考科。全球1个大洲分布及种数(1-2)◆亚洲。

Trevesia Vis. 刺通草属 Araliaceae [MD-471] 特征纪要:习性:木本。花程式:-。物候:-。花期:10月。果期:参考晚于花期。海拔:600-2000米。生境:山坡混交林。资源:药用,具栽培园艺种类。全球5个大洲分布及种数(8-33)非洲:3; 亚洲:26; 大洋洲:6; 北美洲:6; 南美洲:3。【中国种数:2】。

Trevia L. 野桐属 Euphorbiaceae [MD-217] 特征纪要:习性:-。花程式:-。物候:-。花期:1-4月。果期:参考晚于花期。海拔:100-800米。生境:河谷,林间溪流。资源:-。全球3个大洲分布及种数(2)亚洲:2; 北美洲:1; 南美洲:1。

Trevirana Lam. ex Willd. 苦苣苔科属 Gesneriaceae [MD-549] 特征纪要:习性:-。花程式:-。其他特征参考科。全球1个大洲分布及种数(-)。

Trevoa Miers ex Hook. 五脉棘属 Rhamnaceae [MD-331] 特征纪要:习性:木本。花程式:K4-5,C4-5,A2,=(G)2-5。其他特征参考科。全球4个大洲分布及种数(1-22)亚洲:7; 欧洲:1; 北美洲:1; 南美洲:15。

Trevoria F. Lehm. 飘带兰属 Orchidaceae [MM-723] 特征纪要:习性:草本。花程式:(K)3,C3,A3,=↓G3。其他特征参考科。全球2个大洲分布及种数(5-9)北美洲:4; 南美洲:8。

Trevouxia Scop. = **Luffa**

Triachyrum Hochst. = **Sporobolus**

Triacis Griseb. 西番莲科属 Turneraceae [MD-149] 特征纪要:习性:-。花程式:-。其他特征参考科。全球1个大洲分布及种数(6)◆南美洲:1。

Triadenum Raf. 三腺金丝桃属 Hypericaceae [MD-119] 特征纪要:习性:-。花程式:-。物候:-。花期:7-8月。果期:参考晚于花期。海拔:600米。生境:生于水沟旁草地,潮湿地及田埂上。资源:-。全球6个大洲分布及种数(9)非洲:1;亚洲:4-6;大洋洲:2-3;欧洲:1;北美洲:6-7;南美洲:1。

Triadica Lour. 乌桕属 Euphorbiaceae [MD-217] 特征纪要:习性:木本。花程式:K1(1000),C1-1000,A6,=G2-3)。物候:-。花期:4-6。果期:参考晚于花期。海拔:100-1100米。生境:疏林中,针叶林山地。资源:具栽培园艺种类。全球6个大洲分布及种数(3-11)非洲:2; 亚洲:10; 大洋洲:2; 欧洲:2; 北美洲:2; 南美洲:3。【中国种数:3】。

Triadodaphne Kosterm. 土楠属 Lauraceae [MD-21] 特征纪要:习性:木本。花程式:-。其他特征参考科。全球3个大洲分布及种数(3-4)非洲:1; 亚洲:1; 大洋洲:1。

Triaena Kunth = **Bouteloua**

Triaenophora Soler. 崖白菜属 Orobanchaceae [MD-552] 特征纪要:习性:草本(基生,寄生)。花程式:-。物候:-。花期:7-9月。果期:参考晚于花期。海拔:700-1200米。生境:林中,悬岩。资源:药用。全球2个大洲分布及种数(4-7)亚洲:7; 南美洲:2。【中国种数:4】。

Triainolepis Hook. f. 三尖鳞茜草属 Rubiaceae [MD-523] 特征纪要:习性:木本。花程式:(K)4-5,(C)4-5,A4-5,=↓(G)2-9。其他特征参考科。全球5个大洲分布及种数(7-44)非洲:22; 亚洲:1; 大洋洲:1; 北美洲:2; 南美洲:17。

Trianaea Planch. & Linden 三尖茄属 Solanaceae [MD-503] 特征纪要:习性:灌木。花程式:K3-4,C0,A3-4,=G2。其他特征参考科。全球2个大洲分布及种数(3-11)北美洲:2; 南美洲:11。

Trianaeopiper Trel. 腋花椒木属 Piperaceae [MD-39] 特征纪要:习性:-。花程式:-。其他特征参考科。全球2个大洲分布及种数(25)北美洲:3; 南美洲:22。

Triandra <unassigned> 天门冬科属 Asparagaceae [MM-669] 特征纪要:习性:-。花程式:-。其他特征参考科。全球1个大洲分布及种数(-)。

Triandrophyllum Fulford & Hatcher 叉叶苔属 Herbertaceae [B-69] 特征纪要:习性:-。【Rep】:褐绿色至深红褐色。其他特征参考科。全球5个大洲分布及种数(5)亚洲:1-2;大洋洲:1;欧洲:1;北美洲:1;南美洲:4。

Trianoptiles Fenzl ex Endl. 海角莎属 Cyperaceae [MM-747] 特征纪要:习性:草本。花程式:(K)3,C3,A3,G-。其他特征参考科。全球4个大洲分布及种数(3-11)非洲:9; 亚洲:2; 大洋洲:3; 南美洲:2。

Trianosperma Mart. = **Cayaponia**

Triantha (Nutt.) Baker 黏菖蒲属 Tofieldiaceae [MM-617] 特征纪要:草本。花程式:(K)3,C3,A4-8对,G-。其他特征参考科。全球4个大洲分布及种数(6-13)亚洲:6; 欧洲:9; 北美洲:9; 南美洲:2。【中国种数:3】。

Trianthema L. 假海马齿属 Aizoaceae [MD-94] 特征纪要:习性:草质攀援(基生,多肉)。花程式:-。物候:-。花期:夏季。果期:参考晚于花期。海拔:2348米。生境:海洋或杂草田附近,空旷干沙地。资源:具园艺种类。全球6个大洲分布及种数(49-60)非洲:23-25;亚洲:6-9;大洋洲:25-29;欧洲:2-3;北美洲:1-2;南美洲:6-7。【中国种数:1】。

Triaristellina Rauschert = **Trisetella**

Triarrhena (Maxim.) Nakai 禾本科属 Poaceae [MM-748] 特征纪要:习性:-。花程式:-。物候:-。海拔:26-30米。生境:低洼粘土与积水湿地,在湖洲沙壤土上。资源:纤维。全球1个大洲分布及种数(15)。

Trias Lindl. 三角兰属 Orchidaceae［MM－723］特征纪要:习性:－。花程式:－。物候:－。花期:参考早于果期。果期:10－11 月。海拔:80－5200 米。生境:林下。资源:－。全球 3 个大洲分布及种数(28)非洲:2; 亚洲:20; 南美洲:8。

Triaspis Burch. 三虎尾属 Malpighiaceae［MD－343］特征纪要:习性:木本。花程式:K5,C5,A10,＝G2－3。物候:－。海拔:－。生境:－。资源:具园艺种类。全球 3 个大洲分布及种数(18－58)非洲:50; 亚洲:3; 南美洲:12。

Triathera Desv. ＝ **Bouteloua**

Triatherus Raf. ＝ **Ctenium**

Triavenopsis P. Candargy ＝ **Duthiea**

Tribelaceae H. K. Airy－Shaw［MD－444］智利木科 特征纪要:习性:木本;落叶。花程式:K5,C5,A5,＝↑G3。全球 1 个大洲分布及属种数(2/3) ◆南美洲:1/ 1－1。

Tribeles Phil. 三齿叶属 Tribelaceae［MD－444］特征纪要(同科)。全球 1 个大洲分布及种数(1)◆南美洲。

Tribolium Desv. 毛凌草属 Poaceae［MM－748］特征纪要:习性:草本。花程式:(K)3,C0 参考科,A1－2,＝G2－3。其他特征参考科。全球 6 个大洲分布及种数(14－18)非洲:12－14;亚洲:4－6;大洋洲:5－7;欧洲:2－4;北美洲:5－7;南美洲:5－7。【中国种数:2】。

Tribonanthes Endl. 绵绒花属 Haemodoraceae［MM－718］特征纪要:习性:草本。花程式:－。其他特征参考科。全球 1 个大洲分布及种数(1－6)◆大洋洲(◆澳大利亚)。

Tribrachia Lindl. ＝ **Bulbophyllum**

Tribroma O. F. Cook ＝ **Theobroma**

Tribulago Lür 蒺藜兰属 Orchidaceae［MM－723］特征纪要:习性:－。花程式:－。其他特征参考科。全球 2 个大洲分布及种数(3)北美洲:3; 南美洲:3。

Tribulocarpus S. Moore 蒺藜番杏属 Aizoaceae［MD－94］特征纪要:习性:草本。花程式:＝↓(K3－4),C3－4,A5 参考科,＝↓G－。其他特征参考科。全球 1 个大洲分布及种数(1－2)◆非洲。

Tribulopis R. Br. 澳蒺藜属 Zygophyllaceae［MD－288］特征纪要:习性:木本。花程式:－。其他特征参考科。全球 1 个大洲分布及种数(7)◆大洋洲。

Tribulopsis F. Muell. ＝ **Tribulopis**

Tribulus L. 蒺藜属 Zygophyllaceae［MD－288］特征纪要:习性:木本。花程式:K5,C5,A10,G－。物候:－。花期:5－6 月。果期:参考晚于花期。海拔:3300 米。生境:滨海沙滩,滨海疏林及干热河谷,广布于热带地区,沙地,荒地,山坡,居民点附近。资源:药用,具栽培园艺种类。全球 6 个大洲分布及种数(46－61;hort. 1;cult. 4)非洲:16－27;亚洲:20－27;大洋洲:23－32;欧洲:4－9;北美洲:3－9;南美洲:8－13。【中国种数:2】。

T

Tricalysia A. Rich. ex DC. 豺咖啡属 Rubiaceae［MD－523］特征纪要:习性:木本。花程式:(K)4－5,(C)4－5,A4－5,＝↓G2－9。物候:－。海拔:－。生境:－。资源:具园艺种类。全球 6 个大洲分布及种数(70－98;hort. 1)非洲:61－76;亚洲:8－11;大洋洲:2;欧洲:2;北美洲:2;南美洲:2。

Tricardia Torr. ex S. Watson 三心草属 Boraginaceae［MD－517］特征纪要:习性:草本。花程式:K4－5,C0,A4－5,↓G。其他特征参考科。全球 1 个大洲分布及种数(1)◆北美洲(◆美国)。

Tricarium Lour. ＝ **Phyllanthus**

Tricarpelema J. K. Morton 三瓣果属 Commelinaceae［MM－708］特征纪要:习性:草本(具根状茎)。花程式:－。物候:－。花期:7－8 月。果期:参考晚于花期。海拔:1500 米。生境:阔叶林下,山谷林下。资源:－。全球 3 个大洲分布及种数(8－12)非洲:2; 亚洲:11; 南美洲:2。【中国种数:1】。

Triceraia Willd. ex Roem. & Schult. ＝ **Turpinia**

Triceratella Brenan 黄剑茅属 Commelinaceae［MM－708］特征纪要:习性:草本。花程式:(K)3,C3,A2－3,＝(G)3。其他特征参考科。全球 1 个大洲分布及种数(1)◆非洲。

Triceratia A. Rich. ＝ **Sicydium**

Triceratorhynchus Summerh. 彗星兰属 Orchidaceae［MM－723］特征纪要:习性:草本。花程式:(K－),C2－3 参考科,A3 参考科,↓G－。其他特征参考科。全球 1 个大洲分布及种数(3)◆非洲。

Tricercandra A. Gray ＝ **Chloranthus**

Trichadenia Thwaites 毛腺木属 Achariaceae［MD－159］特征纪要:习性:木本。花程式:－。其他特征参考科。全球 3 个大洲分布及种数(3－6)非洲:4; 亚洲:5; 大洋洲:5。

Trichaeta P. Beauv. ＝ **Trisetaria**

Trichantha Hook. 须毛鲸花属 Convolvulaceae［MD－499］特征纪要:习性:－。花程式:－。其他特征参考科。全球 2 个大洲分布及种数(41)北美洲:9; 南美洲:41。

Trichanthecium Zuloaga & Morrone 春黄属 Poaceae［MM－748］特征纪要:习性:草本。花程式:(K－),C0 参考科,A3 参考科,↓G－参考科。其他特征参考科。全球 3 个大洲分布及种数(38)非洲:13,北美洲:4,南美洲:26。

Trichanthemis Regel & Schmalh. 毛春黄菊属 Asteraceae［MD－586］特征纪要:习性:草本。花程式:(K)3－5,(C)3－5,A3－5,＝↓G2。其他特征参考科。全球 1 个大洲分布及种数(4－8)◆亚洲。

Trichanthodium Sond. & F. Müll. 骨苞鼠麹草属 Asteraceae［MD－586］特征纪要:习性:草本。花程式:(K)3－5,C3－5,A3－5,＝↓(G)2。其他特征参考科。全球 1 个大洲分布及种数(3－4)◆大洋洲(◆澳大利亚)。

Trichapium Gilli ＝ **Clibadium**

Tricharia <unassigned> 尾瓣桂科属 Goupiaceae［MD－384］特征纪要和分布(－)。
Trichaulax Vollesen 坦桑爵床属 Acanthaceae［MD－572］特征纪要:习性:草本。花程式:K2－4,C0,A2－4,＝(G)2。其他特征参考科。全球1个大洲分布及种数(1)◆非洲。
Trichaurus Arn. ＝ **Tamarix**
Trichelostylis P. Beauv. ex T. Lestib. ＝ **Fimbristylis**
Trichilia P. Br. 帚木属 Meliaceae［MD－414］特征纪要:习性:木本。花期:4－6月。果期:参考晚于花期。海拔:100－2900米。生境:山地林中,中海拔以下山地密林或疏林中。资源:具园艺种类。全球6个大洲分布及种数(119－527)非洲:104; 亚洲:44; 大洋洲:14; 欧洲:69; 北美洲:69; 南美洲:305。【中国种数:8】。
Trichiocarpa (Hook.) J. Sm. 亚洲鳞毛蕨属 Dryopteridaceae［F－49］特征纪要:－。全球2个大洲分布及种数(4)北美洲:1; 南美洲:1。
Trichiogramme Kuhn 翼带蕨属 Pteridaceae［F－31］特征纪要:习性:－。海拔:100－2800米。生境:白垩土上,竹林,油杉,沟边。资源:－。全球2个大洲分布及种数(11)北美洲:1; 南美洲:1。
Trichipteris C. Presl 叉桫椤属 Cyatheaceae［F－23］特征纪要:习性:－。【Rep】:囊群生叶背有盖。其他特征参考科。全球6个大洲分布及种数(87)非洲:3; 亚洲:3; 大洋洲:2; 欧洲:18; 北美洲:18; 南美洲:69。
Trichlora Baker 延龄韭属 Amaryllidaceae［MM－694］特征纪要:习性:草本。花程式:(K)3,C3,A3,(G)3。其他特征参考科。全球1个大洲分布及种数(2－4)◆南美洲。
Trichloris E. Fourn. ex Benth. 三虎尾草属 Poaceae［MM－748］特征纪要:习性:－。花程式:－。其他特征参考科。全球6个大洲分布及种数(3)非洲:6;亚洲:6;大洋洲:6;欧洲:6;北美洲:2－8;南美洲:2－8。
Trichocarpus Schreb. ＝ **Sloanea**
Trichocaulon N. E. Br. 亚罗汉属 Apocynaceae［MD－492］特征纪要:习性:－。花程式:－。其他特征参考科。全球3个大洲分布及种数(39)非洲:24; 亚洲:2; 南美洲:3。
Trichocentrum Pöpp. & Endl. 舞袖兰属 Orchidaceae［MM－723］特征纪要:习性:草本。花程式:(K)3,C3,A3,＝↓G3。其他特征参考科。全球6个大洲分布及种数(100－399)非洲:6; 亚洲:38; 大洋洲:3; 欧洲:108; 北美洲:108; 南美洲:346。【中国种数:1】。
Trichocephalus Brongn. 绒头茶属 Rhamnaceae［MD－331］特征纪要:习性:木本。花程式:Kn,C2－3参考科,A2,(G)2－5。其他特征参考科。全球6个大洲分布及种数(1－2)非洲:1;亚洲:1;大洋洲:1;欧洲:1;北美洲:1;南美洲:1。
Trichocereus (A. Berger) Riccob. 毛花柱属 Cactaceae［MD－100］特征纪要:习性:木本。花程式:＝↓(K1－∞),C1－∞,A3－100,＝↓(G)3－100。其他特征参考科。全球2个大洲分布及种数(4－200)北美洲:11; 南美洲:175。
Trichoceros Kunth 毛角兰属 Orchidaceae［MM－723］特征纪要:习性:草本。花程式:(K)3,C3,A3,＝↓G3。其他特征参考科。全球3个大洲分布及种数(10－36)亚洲:3; 北美洲:2; 南美洲:35。
Trichochaeta Steud. ＝ **Rhynchospora**
Trichochloa Beauv. ＝ **Muhlenbergia**
Trichocladus Pers. 毛缕梅属 Hamamelidaceae［MD－63］特征纪要:习性:木本。花程式:－。其他特征参考科。全球3个大洲分布及种数(5－19)非洲:10; 亚洲:4; 南美洲:6。
Trichocline Cass. 毛丁草属 Asteraceae［MD－586］特征纪要:习性:草本。花程式:(K)3－5,C3－5,A3－5,＝↓(G)2。其他特征参考科。全球6个大洲分布及种数(25－93)非洲:3; 亚洲:11; 大洋洲:12; 欧洲:6; 北美洲:6; 南美洲:76。
Trichocolea Dum. 绒苔属 Trichocoleaceae［B－62］特征纪要:习性:－。【Rep】:雌雄异株,雌苞生于茎或分枝顶端,颈卵器受精后由茎端膨大形成短柱形的茎鞘,孢蒴长卵圆形。物候:－。海拔:－。生境:石生。资源:具园艺种类。全球6个大洲分布及种数(10－13)非洲:14;亚洲:3－18;大洋洲:3－18;欧洲:1－15;北美洲:2－16;南美洲:6－22。【中国种数:6】。
Trichocoleaceae Nakai［B－62］绒苔科 特征纪要:稀疏或密集丛生,绿色,黄绿色至黄褐色,无光泽或具光泽。全球6个大洲分布和属种数(2;hort. & cult. 1)(12－29;hort. & cult. 1)非洲:1/14;亚洲:1/3－18;大洋洲:2/5－20;欧洲:1/1－15;北美洲:1/2－16;南美洲:2/8－24。【中国属种数:2/7】。
Trichocoleopsis S. Okamura 囊绒苔属 Neotrichocoleaceae［B－76］特征纪要:习性:－。【Rep】:雌雄同株,雌苞生于茎或分枝先端,蒴被发达,短柱形,披长纤毛,孢蒴卵圆形,蒴壁厚4－6层细胞。物候:－。海拔:－。生境:常见于林下,阴湿石壁或腐木。资源:－。全球6个大洲分布及种数(2)非洲:4;亚洲:1－5;大洋洲:4;欧洲:4;北美洲:4;南美洲:4。【中国种数:1】。
Trichocoronis A. Gray 虫泽兰属 Asteraceae［MD－586］特征纪要:习性:草本。花程式:(K)3－5,(C)3－5,A3－5,＝↓G2。其他特征参考科。全球3个大洲分布及种数(2－10)欧洲:7; 北美洲:7; 南美洲:6。
Trichocoryne S. F. Blake 毛盔菊属 Asteraceae［MD－586］特征纪要:习性:草本。花程式:(K)3－5,C3－5,A3－5,＝↓(G)2。其他特征参考科。全球1个大洲分布及种数(1)◆北美洲(◆墨西哥)。
Trichocyclus Dulac 岩蕨属 Aizoaceae［MD－94］特征纪要:－。全球1个大洲分布及种数(－)。
Trichodesma R. Br. 毛束草属 Boraginaceae［MD－517］特征纪要:习性:草质攀援。花程式:(K－),C5,A5,↓G－4。物候:－。花期:1－3月。果期:参考晚于花期。海拔:500－2200米。生境:山坡草地,灌木丛,森林。资

T

源:具园艺种类。全球6个大洲分布及种数(52-63;hort. 1;cult. 3)非洲:25-30;亚洲:33-40;大洋洲:4-6;欧洲:3-5;北美洲:3-5;南美洲:2。【中国种数:4】。

Trichodiadema Schwantes 仙宝木属 Aizoaceae [MD-94] 特征纪要:习性:灌木。花程式:=↓(K3-4),C3-4,A5参考科,=↓(G)1-2。其他特征参考科。全球2个大洲分布及种数(32-40)非洲:40; 北美洲:2。

Trichodium Michx. = **Agrostis**

Trichodon Schimp. 毛齿藓属 Ditrichaceae [B-119] 特征纪要:习性:-。【Rep】:雌雄异株,蒴柄细长,直立,孢蒴长圆柱形,略倾垂,表面平滑,环带分化,由数列大形厚壁细胞组成。物候:-。海拔:700米。生境:土生,野生。资源:-。全球5个大洲分布及种数(2)亚洲:2;大洋洲:1;欧洲:1;北美洲:1;南美洲:1。【中国种数:2】。

Trichodontium (Dixon) Fife 曲尾藓科属 Dicranaceae [B-128] 特征纪要:-。全球1个大洲分布及种数(5)◆南美洲:4。

Trichodrymonia örst. 喜荫花属 Gesneriaceae [MD-549] 特征纪要:习性:-。花程式:-。其他特征参考科。全球2个大洲分布及种数(29-30)北美洲:13; 南美洲:20。

Trichodypsis Baill. = **Dypsis**

Trichogalium Fourr. = **Galium**

Trichoglottis Bl. 毛舌兰属 Orchidaceae [MM-723] 特征纪要:习性:草本(基生,多肉)。花程式:Kn,C2-3参考科,A3参考科,=↓G3。物候:-。花期:4-5月。果期:参考晚于花期。海拔:1180米。生境:山地林中树干上。资源:具园艺种类。全球6个大洲分布及种数(83-152)非洲:7; 亚洲:124; 大洋洲:9; 欧洲:15; 北美洲:15; 南美洲:18。【中国种数:11】。

Trichogonia (DC.) Gardner 毛瓣柄泽兰属 Asteraceae [MD-586] 特征纪要:习性:草本。花程式:(K)3-5,C3-5,A3-5,=↓(G)2。其他特征参考科。全球3个大洲分布及种数(26-62)亚洲:1; 北美洲:4; 南美洲:50。

Trichogoniopsis R. M. King & H. Rob. 腺瓣柄泽兰属 Asteraceae [MD-586] 特征纪要:习性:草本。花程式:(K)3-5,C3-5,A3-5,=↓(G)2。其他特征参考科。全球1个大洲分布及种数(4)◆南美洲。

Trichogyne Less. = **Ifloga**

Tricholaena Schröd. 贫地黍属 Poaceae [MM-748] 特征纪要:习性:草本。花程式:(K)3,C0参考科,A1-2,↓G-参考科。物候:-。海拔:-。生境:-。资源:具栽培园艺种类。全球6个大洲分布及种数(5-9;hort. 1)非洲:3-4;亚洲:4-5;大洋洲:3-4;欧洲:3-4;北美洲:1;南美洲:1。【中国种数:1】。

Tricholaser Gilli 亚洲三角芹属 Apiaceae [MD-480] 特征纪要:习性:草本。花程式:=↓(Kn),C5,A3参考科,=↓G(-)。其他特征参考科。全球1个大洲分布及种数(2)◆亚洲。

T

Tricholemma (Röser) Röser 非洲角属 Poaceae [MM-748] 特征纪要:习性:草本。花程式:(K-),C0参考科,A3参考科,↓G-参考科。其他特征参考科。全球1个大洲分布及种数(2)◆非洲。

Tricholepidium Ching 毛鳞蕨属 Polypodiaceae [F-60] 特征纪要:习性:-。【Rep】:孢子囊群大型,在主脉两侧排成不规则的2行,叶片背面可见到孢子囊群着生的穴痕。海拔:50-3600米。生境:林下岩石上,杂木林中附生树干基部。全球5个大洲分布及种数(44)非洲:5; 亚洲:41; 大洋洲:5; 北美洲:3; 南美洲:2。

Tricholepidozia (R. M. Schust.) E. D. Cooper 毛指叶苔属 Lepidoziaceae [B-63] 特征纪要:习性:-。生境:常见于高山林下腐殖质,土生。全球2个大洲分布及种数(23)亚洲:3; 南美洲:3。

Tricholepis DC. 飞廉属 Asteraceae [MD-586] 特征纪要:习性:草本。花程式:(K)3-5,C3-5,A3参考科,↓G。物候:-。海拔:2600米。生境:干燥的岩石斜坡,生于山谷林缘。资源:具园艺种类。全球3个大洲分布及种数(19-29)亚洲:21; 北美洲:1; 南美洲:1。【中国种数:3】。

Tricholobus Blume = **Connarus**

Trichomanes L. 刚毛蕨属 Hymenophyllaceae [F-21] 特征纪要和分布(-)。全球1个大洲分布及种数(159-187)◆亚洲。【中国种数:74】。

Trichonema Ker-Gawl. = **Romulea**

Trichoneura Andersson 毛肋茅属 Poaceae [MM-748] 特征纪要:草本。花程式:(K)3,C0参考科,A1-2,=G2-3。其他特征参考科。全球6个大洲分布及种数(9)非洲:5;亚洲:1;大洋洲:2;欧洲:1;北美洲:1;南美洲:2。

Trichoon Roth = **Phragmites**

Trichopetalum Lindl. 缨瓣草属 Asparagaceae [MM-669] 特征纪要:习性:草本。花程式:(K)3,C3,A3参考科,G3-参考科。其他特征参考科。全球1个大洲分布及种数(2)◆南美洲。

trichophorum Pers. 蔺藨草属 Cyperaceae [MM-747] 特征纪要:习性:草本(根状茎,基生)。花程式:(K)3,C3,A3,=↓G2-3。物候:-。海拔:2000-4600米。生境:高山苔原,沼泽地。资源:具栽培园艺种类。全球6个大洲分布及种数(15-18;hort. 1)非洲:2-12;亚洲:9-20;大洋洲:10;欧洲:5-15;北美洲:8-18;南美洲:5-16。【中国种数:6】。

Trichopilia Lindl. 毛足兰属 Orchidaceae [MM-723] 特征纪要:习性:草本。花程式:(K)3,C3,A3,=↓G3。其他特征参考科。全球6个大洲分布及种数(38-52)非洲:2;亚洲:2;大洋洲:2;欧洲:2;北美洲:20-27;南美洲:28-37。

Trichopodaceae Hutch. [MM-688] 毛柄花科 特征纪要:习性:草本;落叶。花程式:K4-5(-),C5,A6,↓(G)3。全球-个大洲分布及属种数(1/10)。

Trichopodium (C. Presl) C. Presl 蝶形花科属 Fabaceae3 [MD-240] 特征纪要:习性:-。花程式:-。其他特征

参考科。全球 1 个大洲分布及种数(-)。

Trichopodus Lindl. 毛柄花属 Trichopodaceae [MM-688] 特征纪要及分布(-)。

Trichopteris Neck. = **Trichipteris**

Trichopteryx Nees 翼毛草属 Poaceae [MM-748] 特征纪要:习性:草本。花程式:(K)3,C0 参考科,A1-2,=G2-3。其他特征参考科。全球 3 个大洲分布及种数(5-99)非洲:82; 亚洲:2; 南美洲:2。【中国种数:1】。

Trichoptilium A. Gray 毛羽菊属 Asteraceae [MD-586] 特征纪要:习性:草本。花程式:(K)3-5,(C)3-5,A3-5,↓G。其他特征参考科。全球 1 个大洲分布及种数(1)◆北美洲。

Trichopus Gaertn. 丝柄花属 Dioscoreaceae [MM-691] 特征纪要:习性:木本。花程式:-。物候:-。海拔:50-4000 米。生境:边缘,中山灌丛,林缘。资源:-。全球 3 个大洲分布及种数(2-58)非洲:2; 亚洲:7; 南美洲:51。

Trichopyrum á. Löve = **Elytrigia**

Trichosalpinx Lür 绒帽兰属 Orchidaceae [MM-723] 特征纪要:习性:草本。花程式:(K)3,C3,A3,=↓G3。其他特征参考科。全球 4 个大洲分布及种数(128-140)亚洲:1;大洋洲:1;北美洲:53-54;南美洲:115-124。【中国种数:1】。

Trichosanchezia Mildbr. 毛爵床属 Acanthaceae [MD-572] 特征纪要:习性:草本。花程式:K2-4,C0,A2-4,=(G)2。其他特征参考科。全球 1 个大洲分布及种数(1)◆南美洲(◆秘鲁)。

Trichosandra Decne. 毛蕊萝藦属 Apocynaceae [MD-492] 特征纪要:习性:木本。花程式:Kn,C0,A15,↓G。其他特征参考科。全球 1 个大洲分布及种数(1) ◆非洲:1。

Trichosanthes L. 栝楼属 Cucurbitaceae [MD-205] 特征纪要:习性:木本。花程式:-。物候:-。海拔:1000 米。生境:常绿阔叶林下或灌丛中。栽培:来自广西龙州。资源:药用,具栽培园艺种类。全球 6 个大洲分布及种数(129-261)非洲:28; 亚洲:216; 大洋洲:38; 欧洲:13; 北美洲:13; 南美洲:15。【中国种数:36】。

Trichoschoenus J. Raynal 毛秆莎属 Cyperaceae [MM-747] 特征纪要:习性:草本。花程式:(K)3,C3,A1-3,=↓(G)2-3。其他特征参考科。全球 1 个大洲分布及种数(1)◆非洲(◆马达加斯加)。

Trichoscypha Hook. f. 杯盘漆属 Anacardiaceae [MD-432] 特征纪要:习性:木本。花程式:-。其他特征参考科。全球 2 个大洲分布及种数(29-104)非洲:102; 南美洲:2。

Trichosiphum Schott & Endl. 澳梧桐属 Malvaceae [MD-203] 特征纪要:-。全球 1 个大洲分布及种数(2)◆大洋洲:1。

Trichosma Lindl. = **Eria**

Trichosorus Liebmann = **Lophosoria**

Trichospermum Bl. 多络麻属 Tiliaceae [MD-185] 特征纪要:习性:木本。花程式:-。其他特征参考科。全球 6 个大洲分布及种数(37-77)非洲:11; 亚洲:71; 大洋洲:32; 欧洲:12; 北美洲:12; 南美洲:14。【中国种数:1】。

Trichospira Kunth 鬼角草属 Asteraceae [MD-586] 特征纪要:习性:草本。花程式:(K-),(C)3-5,A3 参考科,↓G。其他特征参考科。全球 3 个大洲分布及种数(1-10)欧洲:3; 北美洲:3; 南美洲:8。

Trichostachys Welw. 毛穗茜草属 Rubiaceae [MD-523] 特征纪要:习性:-。花程式:-。其他特征参考科。全球 2 个大洲分布及种数(12-23)非洲:23; 南美洲:2。

Trichosteleum Mitt. 刺疣藓属 Sematophyllaceae [B-192] 特征纪要:习性:-。【Rep】:雌雄异苞同株,内雌苞叶直立,尖部狭长。物候:-。海拔:-。生境:常见于竹上,岩石上。资源:-。全球 6 个大洲分布及种数(151)非洲:41;亚洲:47;大洋洲:45;欧洲:4;北美洲:18;南美洲:28。【中国种数:12】。

Trichostelma Baill. = **Gonolobus**

Trichostema L. 香莸属 Lamiaceae [MD-575] 特征纪要:习性:草本。花程式:K2,C0,A2,=↓G2。其他特征参考科。全球 5 个大洲分布及种数(20-34)亚洲:7; 大洋洲:2; 欧洲:28; 北美洲:28; 南美洲:4。【中国种数:4】。

Trichostemma Cass. = **Trichostema**

Trichostephanus Gilg 毛冠木属 Salicaceae [MD-123] 特征纪要:习性:木本。花程式:-。其他特征参考科。全球 2 个大洲分布及种数(2-5)非洲:5; 亚洲:3。

Trichostephus Cass. = **Wedelia**

Trichosterigma Klotzsch & Garcke = **Euphorbia**

Trichostigma A. Rich. 铁环藤属 Petiveriaceae [MD-128] 特征纪要:习性:木本。花程式:-。其他特征参考科。全球 4 个大洲分布及种数(3-13)非洲:2; 亚洲:3; 北美洲:7; 南美洲:12。【中国种数:2】。

Trichostomaceae Schimp. = Trichocoleaceae

Trichostomopsis Cardot 小叉丛藓属 Pottiaceae [B-133] 特征纪要:习性:-。【Rep】:孢腔轮廓清晰,蒴齿缺如,或具蒴齿而无基膜,下部呈黄绿或黄棕色。其他特征参考科。全球 4 个大洲分布及种数(3)非洲:2;亚洲:1;欧洲:1;南美洲:1。

Trichostomum Bruch 毛口藓属 Pottiaceae [B-133] 特征纪要:习性:-。【Rep】:孢腔轮廓清晰,蒴齿缺如,或具蒴齿而无基膜,下部呈黄绿或黄棕色。物候:-。海拔:900 米。生境:石生,岩面土生。资源:-。全球 6 个大洲分布及种数(151)非洲:33;亚洲:32;大洋洲:17;欧洲:19;北美洲:39;南美洲:52。【中国种数:20】。

Trichotemnoma R. M. Schust. 裂叉苔属 Trichotemnomaceae [B-36] 特征纪要:-。全球 2 个大洲分布及种数(3)亚洲:3; 大洋洲:3。

Trichotemnomaceae R. M. Schust. [B-36] 分舌苔科 特征纪要:中形,长 1-2 厘米,连叶宽 0.8-1 毫米,黄绿色,常

带淡紫红色。【Rep】:雌雄异株,雄苞叶3-4对,呈瓢形,每个雄苞叶中有1个精子器,蒴萼长椭圆状卵形,高出于雌苞叶,上部渐收。全球1个大洲分布和属种数(1/1)◆北美洲:1/1。

Trichotemnomataceae R. M. Schust. = Trichotemnomaceae

Trichothelium <unassigned> 禾本科属 Poaceae [MM-748] 特征纪要:习性:-。花程式:-。其他特征参考科。全球3个大洲分布及种数(37)欧洲:3;北美洲:3;南美洲:25。

Trichotolinum O. E. Schulz 大蒜芥属 Brassicaceae [MD-213] 特征纪要:习性:草本。花程式:K2-4,C2-4,A2-4,↓G-参考科。其他特征参考科。全球1个大洲分布及种数(1)◆南美洲。

Trichotosia Bl. 毛鞘兰属 Orchidaceae [MM-723] 特征纪要:习性:草本(根状茎,基生)。花程式:(K)3,C3,A3,=↓G3。花期:6-9月。果期:参考晚于花期。海拔:1000-1500米。生境:附生植物,野生。资源:具园艺种类。全球5个大洲分布及种数(75-125)非洲:32;亚洲:107;大洋洲:35;北美洲:1;南美洲:8。【中国种数:7】。

Trichovaselia Tiegh. = **Elvasia**

Trichuriella Bennet 针叶苋属 Amaranthaceae [MD-116] 特征纪要:习性:草本。花程式:K1-2,C1-2,A1-2,G-。物候:-。花期:4-8月。果期:参考晚于花期。海拔:-。生境:沙滩。资源:-。全球3个大洲分布及种数(1-8)亚洲:5;北美洲:2;南美洲:6。【中国种数:1】。

Triclanthera Raf. = **Crateva**

Tricliceras Thonn. ex DC. 田麻花属 Passifloraceae [MD-151] 特征纪要:习性:木本。花程式:K5,C5,A5,=↓G3。其他特征参考科。全球4个大洲分布及种数(19-41)非洲:34;亚洲:2;北美洲:2;南美洲:5。

Triclisia Benth. 三被藤属 Menispermaceae [MD-42] 特征纪要:草本。花程式:K1(6-40),C3,A1-6-40,=G1-3。其他特征参考科。全球5个大洲分布及种数(20-40)非洲:32;亚洲:2;欧洲:2;北美洲:2;南美洲:8。

Tricomaria Gillies ex Hook. & Arn. 三毛金虎尾属 Malpighiaceae [MD-343] 特征纪要:习性:木本。花程式:K5,C5,A10,=G2-3。其他特征参考科。全球1个大洲分布及种数(1)◆南美洲。

Tricomariopsis Dubard = **Sphedamnocarpus**

Tricoryne R. Br. 金秋百合属 Asphodelaceae [MM-649] 特征纪要:习性:草本。花程式:-。其他特征参考科。全球3个大洲分布及种数(10-21)非洲:3;亚洲:3;大洋洲:17。

Tricoscypha Engl. = **Trichoscypha**

Tricostularia Nees ex Lehm. 三肋莎属 Cyperaceae [MM-747] 特征纪要:习性:草本(基生)。花程式:(K)3,C3,A3,=G2-3。物候:-。花期:参考早于果期。果期:5-6月。海拔:5700米。生境:水边海岸附近。资源:-。全球2个大洲分布及种数(6-7)亚洲:1;大洋洲:5。

Tricuspis Pers. = **Tridens**

Tricyclandra Keraudren = **Ampelosycios**

Tricyrtidaceae Takht. [MM-619] 油点草科 特征纪要:习性:草本;落叶。花程式:(K)6-,C2,A12,↑G3。物候:-。花期:10-11月。果期:10-11月。果实:蒴果。种子:-。海拔:3000米。生境:森林,灌木丛和荫蔽处。资源:-。栽培:-。全球1个大洲分布及属种数(1/1 <IFR 1/3> hort. 1;cult. 1)◆亚洲:1/22-28(IFR 1/3)。

Tricyrtis Wall. 油点草属 Tricyrtidaceae [MM-619] 特征纪要(同科)。全球5个大洲分布及种数(24-75)非洲:3;亚洲:60;欧洲:9;北美洲:9;南美洲:6。【中国种数:12】。

Tridactyle Schltr. 三指兰属 Orchidaceae [MM-723] 特征纪要:习性:草本。花程式:(K)3,C3,A3,=↓(G)3。其他特征参考科。全球2个大洲分布及种数(53-95)非洲:91;南美洲:4。

Tridactylina Sch. Bip. 三指菊属 Asteraceae [MD-586] 特征纪要:习性:草本。花程式:(K)3-5,C3-5,A3-5,=↓(G)2。其他特征参考科。全球1个大洲分布及种数(1-2)◆亚洲。

Tridax L. 羽芒菊属 Asteraceae [MD-586] 特征纪要:习性:草本(基生)。花程式:(K)3-5,C3-5,A3参考科,=↓G2。物候:-。花期:11月至次年3月。果期:参考晚于花期。海拔:6000米。生境:低海拔旷野,荒地,坡地以及路旁阳处,路边,荒地和草坪蔓延。资源:具园艺种类。全球6个大洲分布及种数(35-82)非洲:3;亚洲:5;大洋洲:3;欧洲:51;北美洲:51;南美洲:61。【中国种数:1】。

Tridelta Lür 小三尾兰属 Orchidaceae [MM-723] 特征纪要:习性:-。花程式:-。其他特征参考科。全球4个大洲分布及种数(-)非洲;欧洲;北美洲;南美洲。

Tridens Röm. & Schult. 三齿稃属 Poaceae [MM-748] 特征纪要:习性:草本。花程式:(K)3,C0参考科,A1-2,=G2-3。其他特征参考科。全球6个大洲分布及种数(19-21;hort. 1;cult. 3)非洲:3-8;亚洲:5-10;大洋洲:1-6;欧洲:5;北美洲:11-16;南美洲:10-15。【中国种数:1】。

Tridentea Haw. 三齿萝藦属 Apocynaceae [MD-492] 特征纪要:习性:木本。花程式:K5,C0,A15,=↓(G)2。其他特征参考科。全球2个大洲分布及种数(10-25)非洲:18;南美洲:2。

Tridentopsis P. M. Peterson 三齿草属 Poaceae [MM-748] 特征纪要:习性:草本。花程式:(K-),C0参考科,A3参考科,↓G-参考科。其他特征参考科。全球2个大洲分布及种数(2-6)北美洲:3;南美洲:5。

Tridesmostemon Engl. 金叶树属 Sapotaceae [MD-357] 特征纪要:习性:木本。花程式:Kn,C0,A5,↓G。其他特征参考科。全球1个大洲分布及种数(2)◆非洲。

Tridianisia Baill. = **Cassinopsis**

Tridimeris Baill. 三台木属 Annonaceae [MD-7] 特征纪要:习性:木本。花程式:-。其他特征参考科。全球2个大洲分布及种数(4-6)北美洲:5;南美洲:1。

Tridontium Hook. f. 水石藓属 Grimmiaceae［B－115］特征纪要：－。全球 1 个大洲分布及种数(4)◆大洋洲:3。

Tridynamia Gagnep. 三翅藤属 Convolvulaceae［MD－499］特征纪要:习性:草本。花程式:－。物候:－。海拔:600－900 米。生境:常含钙质的土壤,路边,草原,林缘,灌木丛,山坡,河岸,斜坡,岩石悬崖上。资源:药用。全球 1 个大洲分布及种数(cf. 1)◆亚洲。【中国种数:3】。

Trieenea Hilliard 波籽玄参属 Scrophulariaceae［MD－536］特征纪要:习性:灌木。花程式:K2－4,C0,A3 参考科,↓G2。其他特征参考科。全球 2 个大洲分布及种数(10－12)非洲:12; 大洋洲:2。

Trientalis L. 七瓣莲属 Primulaceae［MD－401］特征纪要:习性:－。花程式:－。物候:－。花期:5－6 月。果期:参考晚于花期。海拔:900－1300 米。生境:针叶林或混交林下。资源:－。全球 6 个大洲分布及种数(4)非洲:4;亚洲:2－6;大洋洲:4;欧洲:4;北美洲:2－7;南美洲:4。

Trifidacanthus Merr. 三叉刺属 Fabaceae3［MD－240］特征纪要:习性:木本。花程式:－。物候:－。花期:4－7 月。果期:参考晚于花期。海拔:200 米。生境:干燥的稀树草原丛林,稀疏的河岸森林。资源:－。全球 1 个大洲分布及种数(cf. 1)◆亚洲。【中国种数:1】。

Triflorensia S. T. Reynolds 狗骨柴属 Rubiaceae［MD－523］特征纪要:习性:木本。花程式:(K－),(C)4,A4－5,↓G。其他特征参考科。全球 1 个大洲分布及种数(3)◆大洋洲。

Trifolium Tourn. ex L. 车轴草属 Fabaceae3［MD－240］特征纪要:习性:木质攀援。花程式:－。物候:－。花期:4－5 月。果期:参考晚于花期。海拔:500－800 米。生境:低湿草地,林缘和山坡,针叶林,岩石溪流和河岸。资源:具栽培园艺种类。全球 6 个大洲分布及种数(250－379;hort. 1;cult. 41)非洲:102－230;亚洲:128－283;大洋洲:62－181;欧洲:102－250;北美洲:157－288;南美洲:52－155。【中国种数:76】。

Trigastrotheca F. Müll. 粟米草属 Aizoaceae［MD－94］特征纪要:习性:－。花程式:－。其他特征参考科。全球 2 个大洲分布及种数(4－5)亚洲:3; 大洋洲:2。

Triglochin Riv. ex L. 水麦冬属 Juncaginaceae［MM－604］特征纪要:习性:草本(根状茎,基生)。花程式:－。物候:－。海拔:4500 米。生境:沟谷湿地草甸溪旁,咸湿地或浅水处。资源:蛋白质,具栽培园艺种类。全球 6 个大洲分布及种数(23－61)非洲:8－19;亚洲:4－16;大洋洲:13－48;欧洲:6－15;北美洲:7－18;南美洲:4－17。【中国种数:4】。

Triglossum Fisch. = **Arundinaria**

Trigonachras Radlk. 菲律宾患子属 Sapindaceae［MD－428］特征纪要:习性:木本。花程式:K5,C5,A10,＝(G)2－3。其他特征参考科。全球 3 个大洲分布及种数(6－14)非洲:1; 亚洲:5; 大洋洲:1。

Trigonanthus Endl. ex Steud. 大萼苔科属 Orchidaceae［MM－723］特征纪要:－。分布:－。

Trigonella L. 胡卢巴属 Fabaceae3［MD－240］特征纪要:习性:木质攀援。花程式:－。物候:－。花期:3－6 月。果期:参考晚于花期。海拔:4500 米。生境:半阳坡。栽培:来自广西龙州。资源:药用,具栽培园艺种类。全球 6 个大洲分布及种数(77－131;hort. 1;cult. 4)非洲:18－37;亚洲:73－119;大洋洲:7－17;欧洲:16－35;北美洲:12－23;南美洲:7。【中国种数:19】。

Trigonia Aubl. 三角果属 Trigoniaceae［MD－316］特征纪要:习性:木本。花程式:－。其他特征参考科。全球 4 个大洲分布及种数(36－128)非洲:2; 亚洲:5; 北美洲:14; 南美洲:114。

Trigoniaceae A. Juss.［MD－316］三角果科 特征纪要:习性:木本;落叶。花程式:K5,C5,A5,↑G2－3。物候:－。果实:蒴果。种子:有毛。海拔:－。生境:－。资源:－。栽培:－。全球 3 个大洲分布及属种数(7/41－49 <IFR 1/3> hort. 1;cult. 1) 非洲:1/2; 亚洲:1/2; 南美洲:5/37－39(IFR 1/3)。

Trigoniastrum Miq. 三槭果属 Trigoniaceae［MD－316］特征纪要:习性:木本。花程式:－。其他特征参考科。全球 1 个大洲分布及种数(cf. 1)◆亚洲。

Trigonidium Lindl. 美洲三角兰属 Orchidaceae［MM－723］特征纪要:习性:－。花程式:－。其他特征参考科。全球 6 个大洲分布及种数(16－17)非洲:1;亚洲:1;大洋洲:1;欧洲:1;北美洲:4－5;南美洲:15－17。

Trigoniodendron E. F. Guim. & Migül 圆角果属 Trigoniaceae［MD－316］特征纪要:习性:木本。花程式:－。其他特征参考科。全球 1 个大洲分布及种数(1)◆南美洲(◆巴西)。

Trigonobalanus Forman 轮叶三棱栎属 Fagaceae［MD－69］特征纪要:习性:木本。花程式:－。物候:－。花期:11 月。果期:参考晚于花期。海拔:1000－1600 米。生境:常绿阔叶林。资源:具园艺种类。全球 2 个大洲分布及种数(3－4)亚洲:3; 南美洲:2。【中国种数:2】。

Trigonocapnos Schltr. 三棱烟堇属 Papaveraceae［MD－54］特征纪要:习性:草本。花程式:K1－∞,C4,A4－6,↓G－参考科。其他特征参考科。全球 1 个大洲分布及种数(1)◆非洲。

Trigonocaryum Trautv. 角果五加属 Boraginaceae［MD－517］特征纪要:习性:草本。花程式:参考科,C4 参考科,A4 参考科,G4 参考科。其他特征参考科。全球 3 个大洲分布及种数(1－3)亚洲:3; 欧洲:1; 北美洲:1。

Trigonochilum Königer & Schildh. 委内三角兰属 Orchidaceae［MM－723］特征纪要:习性:－。花程式:－。其他特征参考科。全球 2 个大洲分布及种数(57)北美洲:6; 南美洲:56。

Trigonochloa P. M. Peterson & N. Snow 三角禾属 Poaceae［MM－748］特征纪要:习性:草本。花程式:(K－),C0 参考科,A3 参考科,＝G2－3。其他特征参考科。全球 6 个大洲分布及种数(2－3)非洲:3; 亚洲:3; 大洋洲:2; 欧洲:2; 北美洲:2; 南美洲:2。

Trigonodictyon Dixon & P. de la Varde 紫萼藓科属 Orthotrichaceae［B－151］特征纪要:－。全球 1 个大洲分布及种数(－)。

Trigonophyllum (Prantl) Pic. Serm. 角膜蕨属 Hymenophyllaceae [F－21] 特征纪要：－。全球 1 个大洲分布及种数(－)。

Trigonopleura Hook. f. 楼梯木属 Peraceae [MD－216] 特征纪要：习性：木本。花程式：K1(1000)，C0，A6，＝G2－3。其他特征参考科。全球 2 个大洲分布及种数(3－8)非洲：2；亚洲：7。

Trigonopterum Hook. f. 菊科属 Asteraceae [MD－586] 特征纪要：－。全球 1 个大洲分布及种数(1－3)◆南美洲：1。

Trigonosciadium Boiss. 三角芹属 Apiaceae [MD－480] 特征纪要：习性：草本。花程式：＝↓(K5)，C5，A5，＝↓(G)2。其他特征参考科。全球 2 个大洲分布及种数(7－8)亚洲：6；北美洲：1。

Trigonospermum Less. 角子菊属 Asteraceae [MD－586] 特征纪要：习性：草本。花程式：(K)3－5，C3－5，A3－5，＝↓(G)2。其他特征参考科。全球 2 个大洲分布及种数(6－13)北美洲：6；南美洲：2。

Trigonospora Holttum 三槽孢蕨属 Thelypteridaceae [F－42] 特征纪要：习性：－。【Rep】：孢子同形，囊群生叶背有盖。物候：－。海拔：400－2900 米。生境：常绿阔叶林，石灰岩，自然山坡地。资源：－。全球 6 个大洲分布及种数(3－5)非洲：8；亚洲：2－12；大洋洲：8；欧洲：8；北美洲：8；南美洲：8。

Trigonostemon Bl. 三宝木属 Euphorbiaceae [MD－217] 特征纪要：习性：木本。花程式：－。物候：－。花期：4－5 月。果期：参考晚于花期。海拔：300－500 米。生境：低海拔至中海拔山谷密林中。资源：具园艺种类。全球 6 个大洲分布及种数(67－200)非洲：4；亚洲：167；大洋洲：10；欧洲：3；北美洲：3；南美洲：14。【中国种数：10】。

Trigonotis Steven 附地菜属 Boraginaceae [MD－517] 特征纪要：习性：草本(根状茎，基生)。花程式：－。物候：－。海拔：1000－1500 米。生境：岩缝。资源：药用。全球 6 个大洲分布及种数(80－130)非洲：16；亚洲：117；大洋洲：15；欧洲：2；北美洲：2；南美洲：3。【中国种数：41】。

Trigynaea Schltdl. 榛桂木属 Annonaceae [MD－7] 特征纪要：习性：木本。花程式：K3－∞，C3，A2，＝G10－100。其他特征参考科。全球 3 个大洲分布及种数(9－26)亚洲：3；北美洲：2；南美洲：26。

Trigyneia Rchb. ＝ **Trigynaea**

Trihaloragis M. L. Moody & Les 酸模仙草属 Haloragaceae [MD－271] 特征纪要：习性：草本。花程式：－。其他特征参考科。全球 1 个大洲分布及种数(1)◆大洋洲(◆澳大利亚)。

Trihesperus Herb. 圆果吊兰属 Asparagaceae [MM－669] 特征纪要：习性：－。花程式：(K)n，C3，A5，G－参考科。其他特征参考科。全球 1 个大洲分布及种数(－).◆亚洲。

Trikeraia Bor 三角草属 Poaceae [MM－748] 特征纪要：习性：草本(根状茎，基生)。花程式：－。物候：－。海拔：2800－5200 米。生境：山谷，盐化草甸土上。资源：－。全球 3 个大洲分布及种数(3－6)亚洲：6；北美洲：1；南美洲：1。

Trilepidea Van Tiegh. 大苞鞘花属 Loranthaceae [MD－415] 特征纪要：习性：木本。花程式：K4，C0，A4，↓G。其他特征参考科。全球 1 个大洲分布及种数(1)◆大洋洲。

Trilepis Nees 三鳞茅属 Cyperaceae [MM－747] 特征纪要：习性：草本。花程式：(K)3，C3，A1－3，＝↓G2－3。其他特征参考科。全球 3 个大洲分布及种数(5－16)非洲：6；亚洲：2；南美洲：15。

Trilepisium Thou. 鳞桑属 Moraceae [MD－87] 特征纪要：习性：木本。花程式：K1－4，C0，A6，↓G－参考科。其他特征参考科。全球 4 个大洲分布及种数(1－21)非洲：20；亚洲：2；欧洲：3；北美洲：3。【中国种数：1】。

Trilix L. ＝ **Prockia**

Trilliaceae Chevall. [MM－620] 延龄草科 特征纪要：习性：草本；落叶。花程式：(K)6－，C3，A，↑G－。海拔：100－4300 米。生境：森林，灌木丛，草坡，竹树林下。资源：－。栽培：－。全球 5 个大洲分布及属种数(2－3/2－4 <IFR 3/17> hort. 1；cult. 2) 非洲：1/1；亚洲：1/35－38(IFR 3/12)；大洋洲：1/1；欧洲：1/7；北美洲：2/49－50(IFR 1/7)。

Trillium L. 延龄草属 Trilliaceae [MM－620] 特征纪要(同科)。全球 6 个大洲分布及种数(53－63；hort. 1；cult. 26)非洲：22；亚洲：34－59；大洋洲：22；欧洲：5－27；北美洲：47－71；南美洲：22。【中国种数：10】。

Trilobachne Schenck ex Henrard 三裂果属 Poaceae [MM－748] 特征纪要：习性：草本。花程式：(K)3，C0 参考科，A1－2，＝(G)2－3。其他特征参考科。全球 1 个大洲分布及种数(cf. 1)◆亚洲。

Trilobulina Raf. ＝ **Utricularia**

Trilophozia (R. M. Schust.) Bakalin 三裂苔属 Lophoziaceae [B－56] 特征纪要：习性：－。生境：土生，沼泽土生。全球 6 个大洲分布及种数(2)非洲：1；亚洲：1－2；大洋洲：1；欧洲：1－2；北美洲：1；南美洲：1。

Trimeiandra Raf. ＝ **Passerina**

Trimenia Seem. 苞被木属 Trimeniaceae [MD－16] 特征纪要(同科)。全球 3 个大洲分布及种数(8－17)非洲：5；亚洲：5；大洋洲：14。

Trimeniaceae Gibbs [MD－16] 苞被木科 特征纪要：习性：木本；落叶。花程式：K1，C0，A1－，↑(G)1－2。物候：－。果实：核果。种子：－。海拔：－。生境：－。资源：－。栽培：－。全球 1 个大洲分布及属种数(2/2－12 hort. 1) ◆北美洲：1/ 6。

Trimeria Harv. 桑柞属 Flacourtiaceae [MD－142] 特征纪要：习性：木本。花程式：－。其他特征参考科。全球 5 个大洲分布及种数(3－22)非洲：15；亚洲：5；大洋洲：2；北美洲：1；南美洲：8。

Trimerocalyx (Murb.) Murb. 突尼斯玄参属 Plantaginaceae [MD－527] 特征纪要：习性：－。花程式：－。其他特征参考科。全球 1 个大洲分布及种数(cf. 1)◆非洲。

Trimezia Salisb. ex Şerb. 豹纹鸢尾属 Iridaceae [MM－700] 特征纪要：习性：草本。花程式：(K)3，C3，A10，＝↓

G3。其他特征参考科。全球 6 个大洲分布及种数(74 - 94;hort. 1)非洲:7 - 8;亚洲:5 - 6;大洋洲:1;欧洲:3 - 4;北美洲:10 - 11;南美洲:72 - 93。【中国种数:1】。

Trimmatothele <unassigned> 紫草科属 Boraginaceae [MD - 517] 特征纪要和分布(-)。

Trimorphaea Cass. = **Erigeron**

Trimorphopetalum Baker = **Impatiens**

Trinacte Gaertn. = **Ayenia**

Trinia Hoffm. 磨石芹属 Apiaceae [MD - 480] 特征纪要:习性:草本。花程式: = ↓ (K5),C5,A5, = ↓ G2。其他特征参考科。全球 6 个大洲分布及种数(14 - 53)非洲:4; 亚洲:21; 大洋洲:3; 欧洲:3; 北美洲:3; 南美洲:19。【中国种数:3】。

Triniochloa Hitchc. 闭针草属 Poaceae [MM - 748] 特征纪要:习性:草本。花程式:(K)3,C0 参考科,A1 - 2, = (G)2 - 3。其他特征参考科。全球 5 个大洲分布及种数(6 - 8)非洲:2; 亚洲:3; 大洋洲:2; 北美洲:8; 南美洲:4。【中国种数:1】。

Triniteurybia Brouillet, Urbatsch & R. P. Roberts 三叉湖绿顶菊属 Asteraceae [MD - 586] 特征纪要:习性: - 。花程式: - 。其他特征参考科。全球 1 个大洲分布及种数(1)◆北美洲(◆美国)。

Triniusa Steud. = **Bromus**

Triocles (Ker Gawl.) Salisb. 三百合属 Liliaceae [MM - 633] 特征纪要:习性: - 。花程式: - 。其他特征参考科。全球 4 个大洲分布及种数(29)非洲:24; 亚洲:9; 北美洲:3; 南美洲:4。

Triodanis Raf. 异檐花属 Campanulaceae [MD - 561] 特征纪要:习性:草本。花程式: - 。物候: - 。海拔:100 - 1000 米。生境:归化于山坡和溪边,裂缝中。资源:具栽培园艺种类。全球 6 个大洲分布及种数(8;hort. 1;cult. 1)非洲:2;亚洲:3 - 5;大洋洲:2;欧洲:2 - 4;北美洲:6 - 8;南美洲:1 - 3。【中国种数:1】。

Triodia R. Br. 矛胶草属 Poaceae [MM - 748] 特征纪要:习性:草本。花程式:(K)3,C0 参考科,A1 - 2, = G2 - 3。资源:具园艺种类。全球 6 个大洲分布及种数(83 - 190)非洲:18; 亚洲:20; 大洋洲:169; 欧洲:35; 北美洲:35; 南美洲:40。【中国种数:2】。

Triodoglossum Bullock 非洲角萝藦属 Apocynaceae [MD - 492] 特征纪要:习性: - 。花程式: - 。其他特征参考科。全球 6 个大洲分布及种数(1)非洲:1;亚洲:1;大洋洲:1;欧洲:1;北美洲:1;南美洲:1。

Triolena Naudin 奋臂花属 Melastomataceae [MD - 364] 特征纪要:习性:木本。花程式: = ↓ (K4 - 5),C4 - 5,A4 - 5, = ↓ G3 - 4。其他特征参考科。全球 2 个大洲分布及种数(28;hort. 1)北美洲:13;南美洲:20。

Triomma Hook. f. 风车榄属 Burseraceae [MD - 408] 特征纪要:习性:木本。花程式:Kn,C4 - 5,A2, = G2 - 3。其他特征参考科。全球 2 个大洲分布及种数(1 - 14)亚洲:10; 南美洲:4。

Trioncinia (F. Müll.) Veldkamp 折芒菊属 Asteraceae [MD - 586] 特征纪要:习性:草本。花程式:(K)3 - 5,C3 - 5,A3 - 5, = ↓ (G)2。其他特征参考科。全球 1 个大洲分布及种数(2)◆大洋洲(◆澳大利亚)。

Trionfettia P. & K. = **Triumfetta**

Triopteris L. = **Tetrapterys**

Triosteospermum Mill. = **Triosteum**

Triosteum L. 莛子藨属 Caprifoliaceae [MD - 510] 特征纪要:习性:木本。花程式: - 。物候: - 。花期:5 - 7 月。果期:参考晚于花期。海拔:1800 - 4100 米。生境:山顶林下和沟边等处,山坡暗针叶林下和沟边向阳处。资源:具栽培园艺种类。全球 6 个大洲分布及种数(8 - 9;hort. 1)非洲:3;亚洲:6 - 10;大洋洲:3;欧洲:3;北美洲:6 - 9;南美洲:3。【中国种数:5】。

Triotosiphon Lür 尾萼兰属 Orchidaceae [MM - 723] 特征纪要:习性: - 。花程式: - 。其他特征参考科。全球 1 个大洲分布及种数(cf. 1)◆南美洲。

Triphalia Banks & Sol. ex Hook. f. = **Aristotelia**

Triphasia Lour. 锦橘果属 Rutaceae [MD - 399] 特征纪要:习性:木本。花程式:K∞,C∞,A4, = G1 - 3。物候: - 。海拔:100 - 3200 米。生境:办公室作观赏。资源:具栽培园艺种类。全球 6 个大洲分布及种数(3 - 12)非洲:4; 亚洲:8; 大洋洲:6; 欧洲:4; 北美洲:4; 南美洲:3。【中国种数:1】。

Triphora Nutt. 垂帽兰属 Orchidaceae [MM - 723] 特征纪要:习性:草本。花程式:(K)3,C3,A3, = ↓ (G)3。物候: - 。海拔: - 。生境: - 。资源:具园艺种类。全球 6 个大洲分布及种数(24;hort. 1;cult. 3)非洲:11;亚洲:2 - 13;大洋洲:1 - 12;欧洲:11;北美洲:14 - 25;南美洲:15 - 26。【中国种数:1】。

Triphylleion Suess. = **Niphogeton**

Triphyophyllum Airy - Shaw 露松藤属 Dioncophyllaceae [MD - 139] 特征纪要:习性:木本。花程式: - 。其他特征参考科。全球 1 个大洲分布及种数(1)◆非洲。

Triphysaria Fisch. & C. A. Mey. 直果草属 Orobanchaceae [MD - 552] 特征纪要:习性:草本。花程式: - 。物候: - 。花期:9 - 10 月。果期:参考晚于花期。海拔:45 - 6000 米。生境:沼泽草地。资源:具栽培园艺种类。全球 6 个大洲分布及种数(8 - 16)非洲:2; 亚洲:7; 大洋洲:4; 欧洲:12; 北美洲:12; 南美洲:3。【中国种数:6】。

Tripidium H. Scholz 亚洲三角禾属 Poaceae [MM - 748] 特征纪要:草本。花程式:(K)3,C0 参考科,A1 - 2, = (G)2 - 3。其他特征参考科。全球 5 个大洲分布及种数(7 - 11)非洲:6; 亚洲:9; 大洋洲:2; 欧洲:3; 北美洲:3。

Triplachne Link 三须草属 Poaceae [MM - 748] 特征纪要:习性:草本。花程式:(K)3,C0 参考科,A1 - 2, = (G)2 - 3。其他特征参考科。全球 2 个大洲分布及种数(2)非洲:1;欧洲:1。【中国种数:1】。

T

Tripladenia D. Don 铁线百合属 Colchicaceae [MM-623] 特征纪要:习性:-。花程式:-。其他特征参考科。全球1个大洲分布及种数(-)。

Triplandra Raf. = **Croton**

Triplarina Raf. 岗松属 Myrtaceae [MD-347] 特征纪要:习性:木本。花程式:=↓(K4-5),C4-5,A8-10,=↓G-。其他特征参考科。全球2个大洲分布及种数(8-10)大洋洲:8; 南美洲:1。

Triplaris Löfl. 蓼树属 Polygonaceae [MD-120] 特征纪要:习性:木本。花程式:K2-3,C0,A2,=G2-3。物候:-。海拔:-。生境:-。资源:具栽培园艺种类。全球4个大洲分布及种数(21-84)非洲:1; 亚洲:5; 北美洲:7; 南美洲:21。【中国种数:1】。

Triplasiella P. M. Peterson & Romasch. 三花禾属 Poaceae [MM-748] 特征纪要:习性:草本。花程式:(K-),C0参考科,A3参考科,↓G-参考科。其他特征参考科。全球2个大洲分布及种数(1)北美洲:1,南美洲:1。

Triplasis P. Beauv. 三重茅属 Poaceae [MM-748] 特征纪要:习性:草本。花程式:(K)3,C0参考科,A1-2,↓G-参考科。物候:-。海拔:-。生境:-。资源:具园艺种类。全球4个大洲分布及种数(1-30)非洲:12; 亚洲:10; 北美洲:14; 南美洲:11。【中国种数:1】。

Triplateia Bartl. 苏漆姑属 Caryophyllaceae [MD-77] 特征纪要:习性:-。花程式:-。其他特征参考科。全球1个大洲分布及种数(-)。

Triplathera Endl. = **Bouteloua**

Tripleurospermum Sch. Bip. 三肋果属 Asteraceae [MD-586] 特征纪要:习性:草本(根状茎,基生)。花程式:(K)3-5,C3-5,A3参考科,=↓(G)2。物候:-。海拔:700-2600米。生境:高山林缘,阳光山坡,河谷草原。资源:具栽培园艺种类。全球6个大洲分布及种数(44-54;hort. 1;cult. 1)非洲:8-10;亚洲:40-43;大洋洲:4-6;欧洲:15-17;北美洲:8-10;南美洲:2。【中国种数:8】。

Triplocephalum O. Hoffm. 三头菊属 Asteraceae [MD-586] 特征纪要:习性:草本。花程式:(K-),(C)3-5,A3参考科,↓G。其他特征参考科。全球1个大洲分布及种数(1)◆非洲(◆肯尼亚)。

Triplochiton K. Schum. 伞白桐属 Malvaceae [MD-203] 特征纪要:习性:-。花程式:-。其他特征参考科。全球6个大洲分布及种数(3)非洲:2-9;亚洲:7;大洋洲:7;欧洲:7;北美洲:1-8;南美洲:1-8。

Triplocoma Bach. Pyl. 指发藓属 Polytrichaceae [B-101] 特征纪要:-。全球1个大洲分布及种数(-)。

Triplopetalum Nyar. = **Alyssum**

Triplophyllum Holttum 泉水蕨属 Aspidiaceae [F-50] 特征纪要:习性:-。【Rep】:孢子同形,囊群生叶背有盖。其他特征参考科。全球5个大洲分布及种数(28)非洲:15-20;亚洲:1;大洋洲:1;北美洲:2-3;南美洲:10-12。

Triplopogon Bor 鸭嘴草属 Poaceae [MM-748] 特征纪要:习性:草本。花程式:(K-),C0参考科,A3参考科,↓G-参考科。其他特征参考科。全球1个大洲分布及种数(2)◆亚洲。

Triplostegia Wall. ex DC. 双参属 Triplostegiaceae [MD-543] 特征纪要(同科)。全球3个大洲分布及种数(1-10)非洲:3; 亚洲:10; 大洋洲:2。【中国种数:1】。

Triplostegiaceae A. E. Bobrov ex Airy-Shaw [MD-543] 双参科 特征纪要:习性:草本;落叶。花程式:(K)6-,C,A4,↓G-。物候:-。花期和果期:8-10月。果实:-。种子:-。海拔:1500-4000米。生境:林下,溪旁,山坡草地,草甸及林缘路旁,阴山林下。资源:药用。栽培:-。全球1个大洲分布及属种数(1/1 hort. 1) ◆非洲:1/ 2。

Triplotaxis Hutch. = **Cyanthillium**

Tripodandra Baill. = **Rhaptonema**

Tripodanthera M. Roem. = **Gymnopetalum**

Tripodanthus Van Tiegh. 三足花属 Loranthaceae [MD-415] 特征纪要:习性:木本。花程式:K3-5,C0,A4,=↓(G)3-4。其他特征参考科。全球3个大洲分布及种数(3-5)亚洲:2; 北美洲:2; 南美洲:5。【中国种数:1】。

Tripogandra Raf. 须竹草属 Commelinaceae [MM-708] 特征纪要:习性:-。花程式:-。其他特征参考科。全球6个大洲分布及种数(48)非洲:3; 亚洲:5; 大洋洲:4; 欧洲:32; 北美洲:32; 南美洲:38。

Tripogon Röm. & Schult. 草沙蚕属 Poaceae [MM-748] 特征纪要:习性:草本(基生)。花程式:(K-),C0参考科,A3,=G2-3。物候:-。海拔:1300-2600米。生境:草坡地,云南松林。资源:药用,具栽培园艺种类。全球6个大洲分布及种数(54-56)非洲:13-15;亚洲:46-51;大洋洲:2-3;欧洲:3-4;北美洲:2-3;南美洲:5-6。【中国种数:12】。

Tripolium Nees 碱菀属 Asteraceae [MD-586] 特征纪要:习性:草本(基生,多肉)。花程式:(K)3-5,C3-5,A3参考科,↓G。物候:-。海拔:2500米。生境:海岸,湖滨,沼泽及盐碱地。栽培:来自广西龙州。资源:具栽培园艺种类。全球6个大洲分布及种数(3-24)非洲:2; 亚洲:5; 大洋洲:2; 欧洲:5; 北美洲:5; 南美洲:13。【中国种数:1】。

Tripora P. D. Cantino 叉枝莸属 Lamiaceae [MD-575] 特征纪要:习性:木本。花程式:Kn,C0,A2-4,↓(G)2-4。物候:-。海拔:20-3950米。生境:林下,自然山坡地。资源:-。全球1个大洲分布及种数(cf. 1)◆亚洲。【中国种数:1】。

Tripsacum L. 摩擦草属 Poaceae [MM-748] 特征纪要:习性:草本(基生)。花程式:(K-),C0参考科,A3参考科,=(G)2-3。物候:-。海拔:10-5600米。生境:热带肥沃土壤上。资源:具栽培园艺种类。全球6个大洲分布及种数(14-60)非洲:23; 亚洲:13; 大洋洲:12; 欧洲:39; 北美洲:39; 南美洲:18。【中国种数:1】。

Tripterella Michx. = **Burmannia**

Tripterium Bercht. & J. Presl = **Thalictrum**

Tripterocalyx (Torr.) Hook. 沙烟花属 Nyctaginaceae [MD-107] 特征纪要:习性:木本。花程式:K1-5,C0,A5,G-。其他特征参考科。全球2个大洲分布及种数(5-14)欧洲:8; 北美洲:8。

Tripterocladium (Müll. Hal.) A. Jaeger 北美角藓属 Lembophyllaceae [B-205] 特征纪要:习性:-。【Rep】:雌雄多异株,内雌苞叶基部呈鞘状,具长尖,孢蒴直立或平列,卵形或长椭圆形,环带分化,蒴齿两层,外齿层黄,雌雄异株或雌雄异苞同株,内雌苞叶基部呈鞘状,上部呈披针形,孢蒴卵形或椭圆形,蒴齿两层,外齿层透明。其他特征参考科。全球2个大洲分布及种数(7)亚洲:2; 北美洲:2。

Tripterococcus Endl. 风烛花属 Celastraceae [MD-339] 特征纪要:习性:木本。花程式:-。其他特征参考科。全球1个大洲分布及种数(1)◆大洋洲(◆澳大利亚)。

Tripterodendron Radlk. 三翅木属 Sapindaceae [MD-428] 特征纪要:习性:木本。花程式:K4-8,C4-8,A10,=(G)2-3。其他特征参考科。全球1个大洲分布及种数(1)◆南美洲(◆巴西)。

Tripterospermum Bl. 双蝴蝶属 Gentianaceae [MD-496] 特征纪要:习性:草本(基生)。花程式:-。物候:-。海拔:1500-3000米。生境:灌丛中,杂木林岩石阴处。资源:具园艺种类。全球4个大洲分布及种数(34-73)非洲:2; 亚洲:65; 欧洲:2; 北美洲:2。【中国种数:21】。

Tripterygium Hook. f. 雷公藤属 Celastraceae [MD-339] 特征纪要:习性:木质攀援。花程式:K5,C5,A5,G-。物候:-。花期:5-10月。果期:参考晚于花期。海拔:100-3500米。生境:栽培(来自广西龙州),中心灌丛林缘。资源:药用,具栽培园艺种类。全球6个大洲分布及种数(5)非洲:3;亚洲:4-8;大洋洲:3;欧洲:3;北美洲:1-4;南美洲:3。【中国种数:2】。

Triptilion Ruiz & Pav. 白蓝钝柱菊属 Asteraceae [MD-586] 特征纪要:习性:草本。花程式:(K)3-5,(C)3-5,A3-5,=↓G2。其他特征参考科。全球1个大洲分布及种数(8-9)◆南美洲。

Triptilodiscus Turcz. 小麦秆菊属 Asteraceae [MD-586] 特征纪要:习性:草本。花程式:(K)3-5,(C)3-5,A3-5,↓G。其他特征参考科。全球1个大洲分布及种数(1)◆大洋洲(◆澳大利亚)。

Triquetrella Müll. Hal. 三丛藓属 Pottiaceae [B-133] 特征纪要:习性:-。【Rep】:孢腔轮廓清晰,蒴齿缺如,或具蒴齿而无基膜,下部呈黄绿或黄棕色。其他特征参考科。全球6个大洲分布及种数(23)非洲:3; 亚洲:3; 大洋洲:7; 欧洲:1; 北美洲:1; 南美洲:5。

Triraphis R. Br. 三针草属 Poaceae [MM-748] 特征纪要:习性:草本。花程式:(K)3,C0参考科,A1-2,=G2-3。物候:-。海拔:-。生境:-。资源:具园艺种类。全球6个大洲分布及种数(11)非洲:8;亚洲:1;大洋洲:3;欧洲:1;北美洲:2;南美洲:2。【中国种数:1】。

Trirostellum Z. P. Wang & Q. Z. Xie = **Gynostemma**

Trisanthus Lour. = **Centella**

Triscenia Griseb. 古巴黍属 Poaceae [MM-748] 特征纪要:习性:草本。花程式:(K)3,C0参考科,A1-2,=(G)2-3。其他特征参考科。全球1个大洲分布及种数(1)◆北美洲(◆古巴)。

Trischidium Tul. 铁木豆属 Fabaceae2 [MD-240] 特征纪要:习性:木本。花程式:=↓(K3-5-∞),C3-5-∞,A1-10-50,=↓G(-)。其他特征参考科。全球1个大洲分布及种数(5)◆南美洲。

Trisciadium Phil. = **Huanaca**

Trisepalum C. B. Clarke 唇萼苣苔属 Gesneriaceae [MD-549] 特征纪要:习性:-。花程式:-。物候:-。花期:9月。果期:参考晚于花期。海拔:1000-1700米。生境:灌木丛中的岩石,生于山地岩石上及灌丛下石缝中。资源:-。全球1个大洲分布及种数(2-4)◆亚洲。

Trisetaria Forssk. 三毛禾属 Poaceae [MM-748] 特征纪要:习性:草本。花程式:(K)3,C0参考科,A1-2,=G2-3。其他特征参考科。全球6个大洲分布及种数(14-69)非洲:32; 亚洲:35; 大洋洲:2; 欧洲:8; 北美洲:8; 南美洲:3。【中国种数:1】。

Trisetarium Poir. = **Trisetum**

Trisetella Lür 三尾兰属 Orchidaceae [MM-723] 特征纪要:习性:草本。花程式:(K)3,C3,A3,=↓G3。其他特征参考科。全球3个大洲分布及种数(25-27)大洋洲:1;北美洲:5;南美洲:22。

Trisetokoeleria Tzvelev 三尾草属 Poaceae [MM-748] 特征纪要:习性:草本。花程式:(K-),C0参考科,A3参考科,↓G-参考科。其他特征参考科。全球1个大洲分布及种数(2-7)◆亚洲:2。

Trisetopsotrichon Röser & A. Wölk 三尾芒属 Poaceae [MM-748] 特征纪要:习性:草本。花程式:-。其他特征参考科。全球1个大洲分布及种数(-)。

Trisetum Pers. 三毛草属 Poaceae [MM-748] 特征纪要:习性:-。花程式:K5,C3参考科,A3参考科,↓G-参考科。物候:-。花期:6-9月。果期:参考晚于花期。海拔:1900-2800米。生境:草地山坡,高山草甸。栽培:来自广西龙州。资源:具栽培园艺种类。全球6个大洲分布及种数(89-107;hort. 1;cult. 9)非洲:12-28;亚洲:35-59;大洋洲:17-32;欧洲:28-45;北美洲:34-51;南美洲:24-43。【中国种数:5】。

Trisiola Raf. = **Uniola**

Trismegistia (Müll. Hal.) Müll. Hal. 金枝藓属 Sematophyllaceae [B-192] 特征纪要:习性:-。【Rep】:雌雄异苞同株或雌雄异株,稀雌雄混生同苞,雌雄杂株或叶生(雄苞)异株,雄苞芽状。物候:-。海拔:-。生境:常见于竹上,岩石上。资源:-。全球5个大洲分布及种数(23)非洲:2;亚洲:19;大洋洲:11;欧洲:1;南美洲:1。【中国种数:2】。

Trispermium Hill = **Lycopodioides**

Tristachya Nees 三联穗草属 Poaceae［MM-748］特征纪要：习性：草本。花程式：(K)3，C0参考科，A1-2，=G2-3。物候：-。海拔：-。生境：-。资源：具园艺种类。全球6个大洲分布及种数(31-33)非洲：24-25；亚洲：1-2；大洋洲：1；欧洲：1；北美洲：6-7；南美洲：1-2。【中国种数：1】。

Tristagma Pöpp. 雪星韭属 Amaryllidaceae［MM-694］特征纪要：草本。花程式：(K)3，C3，A1，=↓G3。其他特征参考科。全球6个大洲分布及种数(18-74)非洲：2；亚洲：6；大洋洲：6；欧洲：20；北美洲：20；南美洲：70。

Tristania R. Br. 金桃柳属 Myrtaceae［MD-347］特征纪要：习性：木本。花程式：-。物候：-。花期：5-7月。果期：参考晚于花期。海拔：100-2900米。生境：矮林，山坡，低丘和草原。资源：具栽培园艺种类。全球5个大洲分布及种数(1-100)非洲：12；亚洲：48；大洋洲：44；北美洲：8；南美洲：3。

Tristaniopsis Brongn. & Gris 水桉属 Myrtaceae［MD-347］特征纪要：习性：木本。花程式：=↓(K5)，C5，A8-10，=↓(G)2-5。物候：-。花期：4月。果期：参考晚于花期。海拔：100-2900米。生境：矮林，山坡，低丘和草原。资源：-。全球6个大洲分布及种数(48-61)非洲：7；亚洲：41；大洋洲：25；欧洲：3；北美洲：3；南美洲：3。【中国种数：2】。

Tristeca P. Beauv. ex Mirb. = **Psilotum**

Tristegis Nees = **Melinis**

Tristellateia Thou. 三星果属 Malpighiaceae［MD-343］特征纪要：习性：木质攀援。花程式：-。物候：-。花期：8月。果期：参考晚于花期。海拔：100-2000米。生境：海岸附近的森林。资源：具园艺种类。全球6个大洲分布及种数(9-79)非洲：34；亚洲：5；大洋洲：4；欧洲：2；北美洲：2；南美洲：2。【中国种数：1】。

Tristemma Juss. 三冠野牡丹属 Melastomataceae［MD-364］特征纪要：习性：木本。花程式：=↓(K4-5)，C4-5，A4-5，=↓G3-4。其他特征参考科。全球6个大洲分布及种数(22-66)非洲：47；亚洲：8；大洋洲：3；欧洲：5；北美洲：5；南美洲：3。【中国种数：4】。

Tristemonanthus Lös. 曲蕊卫矛属 Celastraceae［MD-339］特征纪要：习性：木本。花程式：Kn，C2-3参考科，A10，G-。其他特征参考科。全球1个大洲分布及种数(1-2)◆非洲。

Tristerix Mart. 鞘花属 Loranthaceae［MD-415］特征纪要：习性：木本。花程式：-。其他特征参考科。全球3个大洲分布及种数(13-17)亚洲：1；北美洲：1；南美洲：14。

Tristicha Thou. 枝川藻属 Podostemaceae［MD-322］特征纪要：习性：草本。花程式：K1-2，C0，A10，=G1-2。其他特征参考科。全球5个大洲分布及种数(2-49)非洲：8；亚洲：4；大洋洲：4；北美洲：5；南美洲：36。

Tristichella Dixon 锦藓科属 Sematophyllaceae［B-192］特征纪要：习性：-。【Rep】：-。物候：-。海拔：-。生境：常见于竹上，岩石上。资源：-。全球1个大洲分布及种数(-)。

Tristichiopsis Müll. Hal. = **Tristichium**

Tristichium Müll. Hal. 立毛藓属 Ditrichaceae［B-119］特征纪要：习性：-。【Rep】：黄绿色。生境：土生，野生。全球4个大洲分布及种数(5)非洲：2；亚洲：5；北美洲：2；南美洲：4。【中国种数：1】。

Tristira Radlk. 李荔枝属 Sapindaceae［MD-428］特征纪要：习性：木本。花程式：K5，C5，A10，=(G)2-3。其他特征参考科。全球2个大洲分布及种数(1-7)亚洲：1；南美洲：1。

Tristiropsis Radlk. 广无患子属 Sapindaceae［MD-428］特征纪要：木本。花程式：K4-8，C4-8，A10，=G2-3。其他特征参考科。全球6个大洲分布及种数(3-15)非洲：6；亚洲：13；大洋洲：9；欧洲：3；北美洲：3；南美洲：2。

Tritaxis Baill. 异萼木属 Euphorbiaceae［MD-217］特征纪要：习性：-。花程式：-。物候：-。花期：3-10月。果期：参考晚于花期。海拔：20-5000米。生境：中海拔山地灌木林中。资源：-。全球3个大洲分布及种数(18-21)亚洲：17；大洋洲：1；南美洲：1。

Triteleia Douglas ex Lindl. 无味韭属 Asparagaceae［MM-669］特征纪要：习性：草本。花程式：(K)3，C0参考科，A6，G-。其他特征参考科。全球6个大洲分布及种数(21-66)非洲：3；亚洲：9；大洋洲：6；欧洲：44；北美洲：44；南美洲：23。【中国种数：6】。

Triteleiopsis Hoover 蓝沙韭属 Asparagaceae［MM-669］特征纪要：习性：草本。花程式：(K)3，C0参考科，A6，G-。其他特征参考科。全球1个大洲分布及种数(1)◆北美洲。

Trithecanthera Van Tiegh. 马来桑寄生属 Loranthaceae［MD-415］特征纪要：习性：木本。花程式：K6，C0，A4，=↓(G)3-4。其他特征参考科。全球1个大洲分布及种数(1-6)◆东南亚。

Trithrinax Mart. 长刺棕属 Arecaceae［MM-717］特征纪要：习性：木本。花程式：K3-10，C3-10，A3-10，=G3-10。其他特征参考科。全球2个大洲分布及种数(4-16)北美洲：5；南美洲：16。

Trithuria Hook. f. 独蕊草属 Hydatellaceae［MM-707］特征纪要(同科)。全球3个大洲分布及种数(14-43)亚洲：6；大洋洲：21；南美洲：22。

Triticale (Wittm.) Muntz 三麦草属 Poaceae［MM-748］特征纪要：习性：竹类。花程式：K5，C3参考科，A3参考科，↓G-参考科。其他特征参考科。全球2个大洲分布及种数(2)亚洲：2；北美洲：1。

Triticosecale Wittm. 小黑麦属 Poaceae［MM-748］特征纪要：习性：竹类。花程式：参考科，C3参考科，A3参考科，G1参考科。其他特征参考科。全球4个大洲分布及种数(1-5)亚洲；欧洲；北美洲；南美洲。

Triticum L. 小麦属 Poaceae［MM-748］特征纪要：习性：草本(基生)。花程式：(K-)，C0参考科，A3参考科，=G2-3。物候：-。海拔：1500-3000米。生境：广泛栽培，在云南西南部为食用而种植。资源：药用，具栽培园艺种类。全球6个大洲分布及种数(20-922)非洲：308；亚洲：382；大洋洲：79；欧洲：170；北美洲：170；南美洲:92。【中国种数:5】。

Trititrigia N. N. Tzvelev 小麦属 Poaceae［MM－748］特征纪要:习性:草本。花程式:(K－),C0 参考科,A3 参考科,↓G－参考科。其他特征参考科。全球 2 个大洲分布及种数(－)亚洲;欧洲。

Tritomaria R. M. Schust. 三瓣苔属 Lophoziaceae［B－56］特征纪要:习性:－。海拔:700 米。生境:土生。全球 6 个大洲分布及种数(6)非洲:4;亚洲:5－9;大洋洲:4;欧洲:4－8;北美洲:5－9;南美洲:4。

Tritomopterys Nied. ＝ **Gaudichaudia**

Tritonia Ker Gawl. 观音兰属 Iridaceae［MM－700］特征纪要:习性:草本(基生)。花程式:(K－),C2－3 参考科,A4,↓G－。物候:－。花期:4－5 月。果期:参考晚于花期。海拔:100－4400 米。生境:草丛中,自然山坡地。资源:具栽培园艺种类。全球 6 个大洲分布及种数(32－158)非洲:110; 亚洲:19; 大洋洲:11; 欧洲:7; 北美洲:7; 南美洲:32。【中国种数:1】。

Tritoniopsis L. Bolus 兰花鸢尾属 Iridaceae［MM－700］特征纪要:草本。花程式:(K)3,C3,A10,＝↓(G)3。其他特征参考科。全球 6 个大洲分布及种数(22－64)非洲:45; 亚洲:5; 大洋洲:4; 欧洲:3; 北美洲:3; 南美洲:4。

Tritordeum Asch. & Graebn. 兰鸢草属 Poaceae［MM－748］特征纪要和分布(－)。全球 1 个大洲分布及种数(－).◆欧洲。

Triumfetta Plum. ex L. 刺蒴麻属 Malvaceae［MD－203］特征纪要:习性:木本。花程式:－。物候:－。花期:秋天。果期:参考晚于花期。海拔:100－1500 米。生境:低坡灌丛中。资源:药用,具栽培园艺种类。全球 6 个大洲分布及种数(153－221;hort. 1;cult. 3)非洲:68－84;亚洲:39－48;大洋洲:33－79;欧洲:4－8;北美洲:56－62;南美洲:24－35。【中国种数:15】。

Triumphetta Griff. ＝ **Triumfetta**

Triunia L. A. S. Johnson & B. G. Briggs 山龙眼属 Proteaceae［MD－219］特征纪要:习性:木本。花程式:K3－4－∞,C0,A2,G－。其他特征参考科。全球 1 个大洲分布及种数(1－5)◆大洋洲。

Triuridaceae Gardner［MM－616］霉草科 特征纪要:习性:草本;落叶。花程式:♀| ♂K2,C2,A3,↑G6(50).物候:－。果实:瘦果。种子:－。海拔:300 米。生境:森林。资源:－。栽培:－。全球 6 个大洲分布及属种数(10/48－88 hort. 1) 非洲:3/12－23; 亚洲:1/8－26; 大洋洲:2/9－28; 欧洲:1/1; 北美洲:2/7－8; 南美洲:6/26。【中国属种数:1/8】。

Triuridopsis H. Maas & Maas 三角霉草属 Triuridaceae［MM－616］特征纪要:习性:草本。花程式:K2－3,C2－3,A2－3,＝G6－50。其他特征参考科。全球 1 个大洲分布及种数(2)◆南美洲。

Triuris Miers 三尾霉草属 Triuridaceae［MM－616］特征纪要:习性:草本。花程式:K2－3,C2－3,A2－3,＝G6－50。其他特征参考科。全球 2 个大洲分布及种数(4－12)北美洲:4; 南美洲:11。

Triurocodon Schltr. ＝ **Thismia**

Trivalvaria (Miq.) Miq. 海岛木属 Annonaceae［MD－7］特征纪要:习性:木本。花程式:K3－∞,C3,A2,＝G10－100。物候:－。花期:4 月。果期:参考晚于花期。海拔:100－2400 米。生境:再生林中。资源:－。全球 2 个大洲分布及种数(12－18)亚洲:13; 南美洲:1。【中国种数:1】。

Trixostis Raf. ＝ **Aristida**

Trizeuxis Lindl. 三宙兰属 Orchidaceae［MM－723］特征纪要:习性:草本。花程式:(K)3,C3,A3,＝↓G3。其他特征参考科。全球 2 个大洲分布及种数(1－5)北美洲:4; 南美洲:5。

Trocdaris Raf. 葛缕子属 Apiaceae［MD－480］特征纪要:习性:－。花程式:－。其他特征参考科。全球 1 个大洲分布及种数(－)。

Trochera Rich. ＝ **Ehrharta**

Trochetia DC. 宝珥花属 Malvaceae［MD－203］特征纪要:习性:－。花程式:－。其他特征参考科。全球 3 个大洲分布及种数(32)非洲:30; 亚洲:2; 南美洲:8。

Trochiscanthes W. D. J. Koch 旋芹属 Apiaceae［MD－480］特征纪要:习性:草本。花程式:＝↓(K5),C5,A5,＝↓G2。其他特征参考科。全球－个大洲分布及种数(1－3)。

Trochobryum Breidl. & Beck 轮叶藓属 Seligeriaceae［B－113］特征纪要:习性:－。【Rep】:雌雄多异株,蒴柄高出于雌苞叶,直立或弯曲,孢蒴多平滑,干燥时不收缩,短柱形或梨形,有时基部呈短台状。其他特征参考科。全球 1 个大洲分布及种数(1)◆欧洲:1。

Trochocarpa R. Br. 轮果石南属 Ericaceae［MD－380］特征纪要:木本。花程式:(K)2－4,(C)2－4,A10,＝(G)2－5。其他特征参考科。全球 3 个大洲分布及种数(15－29)非洲:9; 亚洲:12; 大洋洲:24。【中国种数:1】。

Trochocephalus Opiz ex Bercht. ＝ **Scabiosa**

Trochodendraceae Eichler［MD－50］昆栏树科 特征纪要:习性:木本;常绿,落叶。花程式:K4－5(－),C5,A8－10－12－n,G－。物候:－。花期: 5－6 月。果期: 10－11 月。果实:蓇葖果。种子:多数作为亚科来处理。海拔:300－2700 米。生境:常绿阔叶林,阔叶林或混交林中。资源:－。栽培:－。全球 1 个大洲分布及属种数(2/3 hort. 1,cult. 1) ◆亚洲:1/ 1。【中国属种数:2/2】。

Trochodendron Siebold & Zucc. 昆栏树属 Trochodendraceae［MD－50］特征纪要(同科)。全球 4 个大洲分布及种数(1－4)亚洲:4; 欧洲:2; 北美洲:2; 南美洲:2。【中国种数:1】。

Trocholejeunea Schiffner 瓦鳞苔属 Lejeuneaceae［B－84］特征纪要:习性:－。【Rep】:雌苞叶大于茎叶,斜卵形,无齿或略具缺刻,蒴萼倒梨形,具 8－10 个脊,弹丝棕色,具 1－2 列螺纹加厚。物候:－。海拔:600 米。生境:

土生。资源:-。全球6个大洲分布及种数(3)非洲:1;亚洲:2-3;大洋洲:1;欧洲:1;北美洲:1;南美洲:1。【中国种数:2】。

Trochomeria Hook. f. 旋葫芦属 Cucurbitaceae [MD-205] 特征纪要:习性:木本。花程式:K3-5,C3-5,A3-5,=↓(G)1-2。其他特征参考科。全球3个大洲分布及种数(10-31)非洲:23; 北美洲:1; 南美洲:3。

Trochomeriopsis Cogn. 转葫芦属 Cucurbitaceae [MD-205] 特征纪要:习性:木本。花程式:-。其他特征参考科。全球1个大洲分布及种数(1)◆非洲(◆马达加斯加)。

Trochostigma Siebold & Zucc. = **Actinidia**

Troglophyton Hilliard & B. L. Burtt 多头金绒草属 Asteraceae [MD-586] 特征纪要:习性:草本。花程式:(K)3-5,(C)3-5,A3-5,↓G。其他特征参考科。全球1个大洲分布及种数(2)◆非洲。

Trolliella Herzog 华锦藓属 Sematophyllaceae [B-192] 特征纪要:习性:-。【Rep】:雌雄异苞同株或雌雄异株,稀雌雄混生同苞,雌雄杂株或叶生(雄苞)异株,雄苞芽状。物候:-。海拔:-。生境:常见于竹上,岩石上。资源:-。全球4个大洲分布及种数(3)亚洲:3; 欧洲:2; 北美洲:2; 南美洲:2。【中国种数:1】。

Trollius L. 金莲花属 Ranunculaceae [MD-38] 特征纪要:习性:草本(根状茎,基生)。花程式:-。物候:-。花期:5-7月。果期:参考晚于花期。海拔:100-900米。生境:草地,针叶林。资源:具栽培园艺种类。全球6个大洲分布及种数(52-110)非洲:2; 亚洲:86; 大洋洲:2; 欧洲:12; 北美洲:12; 南美洲:2。【中国种数:19】。

Tromlyca Borhidi 盘龙茜属 Rubiaceae [MD-523] 特征纪要:习性:木本。花程式:(K-),(C)4,A3参考科,↓G。其他特征参考科。全球1个大洲分布及种数(1)◆南美洲:1。

Tromotriche Haw. 盘龙角属 Apocynaceae [MD-492] 特征纪要:习性:木本。花程式:K5,C0,A15,=↓G2。资源:具园艺种类。全球4个大洲分布及种数(11-15)非洲:13; 亚洲:2; 欧洲:2; 北美洲:2。

Trompettia J. Dupin 金叶树属 Solanaceae [MD-503] 特征纪要:习性:-。花程式:-。其他特征参考科。全球1个大洲分布及种数(-)。

Troostwykia Benth. & Hook. f. = **Agelaea**

Tropaeolaceae Juss. ex DC. [MD-355] 旱金莲科 特征纪要:习性:草本;落叶。花程式:(K)6-,C5,A2,↑G-。物候:-。花期:6-10月。果期:7-10月。果实:果为3个合生心皮。种子:-。海拔:3100米。生境:栽培和归化。资源:观赏。栽培:中国有栽培。全球1个大洲分布及属种数(4/112-129 <IFR 1/13> hort. 1;cult. 1)◆南美洲:2/110-126(IFR 1/13)。【中国属种数:1/2】。

Tropaeolum L. 旱金莲属 Tropaeolaceae [MD-355] 特征纪要:习性:草本(多肉)。花程式:-。物候:-。花期:6-10月。果期:参考晚于花期。海拔:-。生境:栽培和归化。资源:观赏,具栽培园艺种类。全球6个大洲分布及种数(106-212)非洲:2; 亚洲:8; 大洋洲:5; 欧洲:18; 北美洲:18; 南美洲:195。【中国种数:2】。

T

Tropexa Raf. = **Aristolochia**

Trophaeastrum Sparre 旱金莲属 Tropaeolaceae [MD-355] 特征纪要:习性:-。花程式:-。其他特征参考科。全球1个大洲分布及种数(-)。

Trophaeum (DC.) Kuntze 旱金莲科属 Tropaeolaceae [MD-355] 特征纪要:习性:-。花程式:-。其他特征参考科。全球1个大洲分布及种数(-)。

Trophis P. Br. 牛头木属 Moraceae [MD-87] 特征纪要:习性:木本。花程式:-。其他特征参考科。全球6个大洲分布及种数(5-73)非洲:11; 亚洲:15; 大洋洲:5; 欧洲:11; 北美洲:11; 南美洲:34。【中国种数:1】。

Trophisomia Rojas Acosta = **Sorocea**

Tropidia Lindl. 竹茎兰属 Orchidaceae [MM-723] 特征纪要:习性:草本。花程式:(K-),C2-3参考科,A3参考科,=↓G3。物候:-。花期:9月。果期:参考晚于花期。海拔:100-1800米。生境:常绿阔叶林,山坡林下。资源:具园艺种类。全球6个大洲分布及种数(12-39;hort. 1)非洲:19;亚洲:7-35;大洋洲:3-25;欧洲:9;北美洲:1-10;南美洲:2-11。【中国种数:7】。

Tropidocarpum Hook. 龙骨果芥属 Brassicaceae [MD-213] 特征纪要:习性:草本。花程式:K2-4,C2-4,A2-4,=G2。其他特征参考科。全球2个大洲分布及种数(4-15)北美洲:4; 南美洲:2。【中国种数:1】。

Tropidococcus Krapov. 锦葵属 Malvaceae [MD-203] 特征纪要:习性:-。花程式:-。其他特征参考科。全球1个大洲分布及种数(cf. 1)◆南美洲。

Trouettia Pierre ex Baill. = **Chrysophyllum**

Trozelia Raf. 鸫茄属 Solanaceae [MD-503] 特征纪要:习性:-。花程式:-。其他特征参考科。全球2个大洲分布及种数(2-3)大洋洲:1; 南美洲:2。

Truncaria DC. = **Tococa**

Trungboa Rauschert 实玄参属 Scrophulariaceae [MD-536] 特征纪要:习性:草本。花程式:Kn,C0,A3参考科,↓G。物候:-。海拔:45-6000米。生境:沼泽草地。资源:-。全球1个大洲分布及种数(cf. 1)◆亚洲(◆中国)。

Trybliocalyx Lindau 智利喜花草属 Acanthaceae [MD-572] 特征纪要:习性:-。花程式:-。其他特征参考科。全球1个大洲分布及种数(cf. 1)◆北美洲。

Trymalium Fenzl 负鼠茶属 Rhamnaceae [MD-331] 特征纪要:习性:木本。花程式:K4-5,C4-5,A2,=(G)2-5。其他特征参考科。全球1个大洲分布及种数(6-18)◆大洋洲。

Trymatococcus Pöpp. & Endl. 白杯桑属 Moraceae [MD-87] 特征纪要:习性:-。花程式:-。其他特征参考科。全球2个大洲分布及种数(15)非洲:7; 南美洲:11。

Tryonia Schuettp., J. Prado & A. T. Cochran 万羽蕨属 Pteridaceae [F-31] 特征纪要:习性:-。【Rep】:孢子同形,囊群生叶背。其他特征参考科。全球1个大洲分布及种数(4)◆南美洲:4。

Tryssophyton Wurdack 精美野牡丹属 Melastomataceae [MD-364] 特征纪要:习性:木本。花程式:=↓(K4-5),C4-5,A4-5,=↓(G)3-4。其他特征参考科。全球1个大洲分布及种数(1)◆南美洲(◆圭亚那)。

Tsaiodendron Y. H. Tan, H. Zhu & H. Sun 尖嘴大戟属 Euphorbiaceae [MD-217] 特征纪要:习性:木本。花程式:Kn,C0,A6,↓G-参考科。物候:-。花期:3-10月。果期:参考晚于花期。海拔:20-5000米。生境:中海拔山地灌木林中。资源:-。全球1个大洲分布及种数(1)◆亚洲:1。

Tsaiorchis Tang & F. T. Wang 长喙兰属 Orchidaceae [MM-723] 特征纪要:习性:草本。花程式:(K-),C2-3参考科,A3参考科,↓G-。物候:-。花期:8-9月。果期:参考晚于花期。海拔:1500米。生境:森林,山谷,山坡或沟谷密林下。资源:-。全球1个大洲分布及种数(1-2)◆亚洲(◆中国)。【中国种数:1】。

Tschulaktavia Bajtenov ex Pimenov & Kljuykov 旋伞草属 Apiaceae [MD-480] 特征纪要:习性:草本。花程式:=↓(K5),C5,A5,=↓G(-)。其他特征参考科。全球1个大洲分布及种数(1)◆亚洲:1。

Tsebona Capuron 蔡山榄属 Sapotaceae [MD-357] 特征纪要:习性:木本。花程式:K4-15,C0,A5,=(G)2-4。其他特征参考科。全球1个大洲分布及种数(1)◆非洲(◆马达加斯加)。

Tsiangia P. But = **Ixora**

Tsilaitra R. Baron = **Mascarenhasia**

Tsimatimia Jum. & H. Perrier = **Garcinia**

Tsingya Capuron 蒋英无患子属 Sapindaceae [MD-428] 特征纪要:习性:木本。花程式:K4-8,C4-8,A10,=(G)2-3。其他特征参考科。全球1个大洲分布及种数(1)◆非洲(◆马达加斯加)。

Tsjeru-caniram Adans. = **Cansjera**

Tsoala Bosser & D'Arcy 马达茄属 Solanaceae [MD-503] 特征纪要:习性:木本。花程式:K3-4,C0,A3-5,↓G。其他特征参考科。全球1个大洲分布及种数(1)◆非洲(◆马达加斯加)。

Tsoongia Merr. 假紫珠属 Lamiaceae [MD-575] 特征纪要:习性:-。花程式:-。物候:-。海拔:900-1000米。生境:茂密森林,湿润山谷密林中。资源:-。全球1个大洲分布及种数(1-2)◆亚洲。

Tsoongiodendron Chun = **Magnolia**

Tsuga (Endl.) Carrière 铁杉属 Pinaceae [G-15] 特征纪要:习性:-。【Rep】:复轴,球果状,苞鳞种鳞分离,球果当年成熟,直立或下垂,或初直立后下垂,卵圆形,长卵圆形或圆柱形,有短梗或无梗,种鳞薄木质,成熟后张开,不脱落,苞鳞短小不露出,稀较长而露出,种子上部有膜质翅,种翅连同种子较种鳞为短,种子腹面有油点,子叶3-6枚,发芽时出土。物候:-。海拔:1000-3200米。生境:山坡,河流流域,山区。资源:具栽培园艺种类。全球6个大洲分布及种数(15-18;hort.1;cult. 4)非洲:4;亚洲:13-18;大洋洲:3-7;欧洲:7-11;北美洲:10-14;南美洲:4。【中国种数:8】。

Tuberaria (Dunal) Spach 松露花属 Cistaceae [MD-175] 特征纪要:习性:木本。花程式:-。其他特征参考科。全球4个大洲分布及种数(13-28)非洲:16; 亚洲:4; 欧洲:2; 北美洲:2。【中国种数:2】。

Tuberculocarpus Pruski 瘤果菊属 Asteraceae [MD-586] 特征纪要:习性:草本。花程式:(K)3-5,C3-5,A3-5,=↓(G)2。其他特征参考科。全球2个大洲分布及种数(2-3)北美洲:1;南美洲:1。

Tuberolabium Yamam. 红头兰属 Orchidaceae [MM-723] 特征纪要:习性:草本(多肉)。花程式:Kn,C2-3参考科,A3参考科,↓G-。物候:-。花期:12月至次年2月。果期:参考晚于花期。海拔:80-5200米。生境:丛林中树干上。资源:具园艺种类。全球3个大洲分布及种数(10-28)亚洲:26; 大洋洲:5; 北美洲:2。【中国种数:4】。

Tuberostylis Steetz 肿柱菊属 Asteraceae [MD-586] 特征纪要:习性:草本。花程式:(K)3-5,(C)3-5,A3-5,=↓G2。其他特征参考科。全球2个大洲分布及种数(2-3)北美洲:2; 南美洲:3。

Tubocapsicum Makino 龙珠属 Solanaceae [MD-503] 特征纪要:习性:草本(基生,多肉)。花程式:-。物候:-。花期:8-10月。果期:参考晚于花期。海拔:100-5000米。生境:山谷,水旁或山坡密林中。资源:具栽培园艺种类。全球4个大洲分布及种数(2-6)非洲:2; 亚洲:6; 北美洲:2; 南美洲:2。【中国种数:1】。

Tuckermannopsis <unassigned> 水蕨科属 Parkeriaceae [F-36] 特征纪要:-。全球4个大洲分布及种数(12)亚洲:2; 欧洲:1; 北美洲:1; 南美洲:3。

Tuckermanopsis Gyeln. 水蕨科属 Parkeriaceae [F-36] 特征纪要:-。全球1个大洲分布及种数(2)◆南美洲:1。

Tuctoria Reeder 春池草属 Poaceae [MM-748] 特征纪要:习性:草本。花程式:(K)3,C0参考科,A1-2,=G2-3。其他特征参考科。全球2个大洲分布及种数(3-4)北美洲:4; 南美洲:2。

Tuerckheimia Broth. 托氏藓属 Pottiaceae [B-133] 特征纪要:习性:-。【Rep】:孢腔轮廓清晰,蒴齿缺如,或具蒴齿而无基膜,下部呈黄绿或黄棕色。物候:-。海拔:-。生境:常见于高山岩石上。栽培:来自广西龙州。资源:具栽培园艺种类。全球3个大洲分布及种数(6)亚洲:2;北美洲:5;南美洲:1。【中国种数:1】。

Tugarinovia Iljin 革苞菊属 Asteraceae [MD-586] 特征纪要:习性:草本(根状茎,基生)。花程式:(K)3-5,C3-5,A3参考科,↓G-。物候:-。海拔:800-1500米。生境:砾石山坡,石质山坡,沙质坡地。资源:-。全球1个大洲分布及种数(cf.1)◆亚洲(◆中国)。【中国种数:1】。

Tulasneantha P. Royen 磨石芹属 Podostemaceae [MD-322] 特征纪要:习性:-。花程式:-。其他特征参考科。全球1个大洲分布及种数(cf.1)◆南美洲。

Tulbaghia L. 紫娇花属 Amaryllidaceae [MM－694] 特征纪要和分布(－)。全球 6 个大洲分布及种数(27－33;hort. 1)非洲:26－30;亚洲:1－3;大洋洲:1－3;欧洲:2;北美洲:1－3;南美洲:2。【中国种数:1】。

Tulearia De Block 松露花属 Rubiaceae [MD－523] 特征纪要:习性:－。花程式:－。其他特征参考科。全球 1 个大洲分布及种数(－)。

Tulipa L. 郁金香属 Liliaceae [MM－633] 特征纪要:习性:草本。花程式:－。物候:－。花期:参考早于果期。果期:4－8 月。海拔:1000－1200 米。生境:大草原。栽培:来自广西龙州。资源:药用,具栽培园艺种类。全球 6 个大洲分布及种数(98－481)非洲:81; 亚洲:374; 大洋洲:5; 欧洲:53; 北美洲:53; 南美洲:6。【中国种数:16】。

Tulipifera Mill. = **Liriodendron**

Tulista Raf. 珠纹卷属 Asphodelaceae [MM－649] 特征纪要:习性:－。花程式:－。其他特征参考科。全球 1 个大洲分布及种数(－)。

Tulotis Raf. 蜻蜓兰属 Orchidaceae [MM－723] 特征纪要:习性:－。花程式:－。物候:－。花期:6－8 月。果期:参考晚于花期。海拔:1900－2400 米。生境:山坡林下,林缘或沟边。资源:－。全球 1 个大洲分布及种数(3－13)◆北美洲。

Tumalis Raf. = **Euphorbia**

Tumamoca Rose 图马瓜属 Cucurbitaceae [MD－205] 特征纪要:习性:－。花程式:－。其他特征参考科。全球 1 个大洲分布及种数(2)◆北美洲。

Tumboaceae Wettst. = Welwitschiaceae

Tumelaia Raf. = **Daphne**

Tumidinodus H. W. Li = **Anna**

Tunga Roxb. = **Hypolytrum**

Tunilla D. R. Hunt & Iliff 丽刺掌属 Cactaceae [MD－100] 特征纪要:习性:－。花程式:－。其他特征参考科。全球 1 个大洲分布及种数(5)◆南美洲。

Tupeia Cham. & Schltdl. 米扎树属 Loranthaceae [MD－415] 特征纪要:习性:木本。花程式:K－,C0,A4,↓(G)(－)。其他特征参考科。全球 1 个大洲分布及种数(1－2)◆亚洲。

Tupidanthus Hook. f. & Thoms. 多蕊木属 Araliaceae [MD－471] 特征纪要:木质攀援(多肉),落叶,复叶; 花程式:(K),C,A8,G,果实:核果状。种子:多数。全球 1 个大洲分布及种数(cf. 1)◆亚洲。

Tupistra Ker Gawl. 长柱开口箭属 Convallariaceae [MM－638] 特征纪要:草本。花程式:(K)2－∞,C2－∞,A6,↓G3。物候:－。花期:12 月至次年 1 月。果期:参考晚于花期。海拔:1000－1600 米。生境:林荫下,岩石。资源:具园艺种类。全球 5 个大洲分布及种数(38－74)非洲:2; 亚洲:71; 大洋洲:2; 北美洲:2; 南美洲:2。【中国种数:4】。

Turanecio Hamzaoğlu 土蒿菊属 Asteraceae [MD－586] 特征纪要:习性:草本。花程式:(K)3－5,(C)3－5,A3－5,↓G。其他特征参考科。全球 2 个大洲分布及种数(13－14)亚洲:13; 北美洲:4。

Turania Akhani & Roalson 蝴蝶草属 Amaranthaceae [MD－116] 特征纪要:习性:草本。花程式:－。物候:－。海拔:600－5000 米。生境:半固定沙丘或河边沙滩,棕钙土。资源:－。全球 1 个大洲分布及种数(4) ◆亚洲:4。

Turbina Raf. 盘蛇藤属 Convolvulaceae [MD－499] 特征纪要:习性:－。花程式:－。其他特征参考科。全球 6 个大洲分布及种数(23)非洲:13; 亚洲:7; 大洋洲:3; 欧洲:5; 北美洲:5; 南美洲:21。

Turbinicarpus (Backeb.) Buxb. & Backeb. 仙境球属 Cactaceae [MD－100] 特征纪要:习性:木本。花程式:=↓(K1－∞),C1－∞,A3－100,=↓G3－100－。其他特征参考科。全球 2 个大洲分布及种数(38－67)北美洲:43; 南美洲:21。

Turczaninovia DC. 女菀属 Asteraceae [MD－586] 特征纪要:习性:草本。花程式:(K－),C3－5,A3 参考科,↓G。物候:－。海拔:500 米。生境:杂草丛中。资源:－。全球 3 个大洲分布及种数(1－3)亚洲:3; 欧洲:2; 北美洲:2。【中国种数:1】。

Turczaninowia Endl. 紫菀属 Asteraceae [MD－586] 特征纪要:习性:－。花程式:－。物候:－。海拔:50－150 米。生境:荒地,山坡,路旁。资源:－。全球 2 个大洲分布及种数(cf. 1)亚洲;北美洲。

Turgenia Hoffm. 刺果芹属 Apiaceae [MD－480] 特征纪要:习性:草本。花程式:Kn,C5,A3 参考科,=↓(G)2。物候:－。花期:7 月。果期:参考晚于花期。海拔:2000 米。生境:荒地,路旁,冲沟等处,针叶林缘。资源:具园艺种类。全球 4 个大洲分布及种数(3－4)非洲:1;亚洲:2－3;欧洲:1;北美洲:1。【中国种数:1】。

Turgeniopsis Boiss. 钩果芹属 Apiaceae [MD－480] 特征纪要:习性:草本。花程式:=↓(Kn),C5,A3 参考科,=↓G(－)。其他特征参考科。全球 2 个大洲分布及种数(1) 亚洲:1;欧洲:1。

Turia Forssk. = **Luffa**

Turibana (Nakai) Nakai = **Euonymus**

Turnera Plum. ex L. 时钟花属 Turneraceae [MD－149] 特征纪要:习性:木本。花程式:－。物候:－。海拔:－。生境:－。资源:具栽培园艺种类。全球 6 个大洲分布及种数(147－170;hort. 1;cult. 3)非洲:4－8;亚洲:12－16;大洋洲:3－7;欧洲:1－5;北美洲:17－25;南美洲:141－160。【中国种数:10】。

Turneraceae Kunth ex DC. [MD－149] 有叶花科 特征纪要:习性:木本;落叶。花程式:K4－5(－),C5,A5,=↓(G)3。全球 4 个大洲分布及属种数(5－6/7－8 <IFR 3/29> hort. 1;cult. 1) 非洲:2－3/8－9(IFR 2/4); 亚洲:IFR 1/2; 北美洲:1/19－23(IFR 1/2); 南美洲:IFR 2/25。

Turpinia Vent. 番香圆属 Staphyleaceae［MD－407］特征纪要和分布(－)。全球 1 个大洲分布及种数(2－14)◆北美洲。【中国种数:3】。

Turraea L. 杜楝属 Meliaceae［MD－414］特征纪要:习性:木本。花程式:(K－),C2－3 参考科,A10,G－。物候:－。花期:4－7 月。果期:参考晚于花期。海拔:100－2900 米。生境:低海拔山地或海边疏林和灌木丛中。资源:具栽培园艺种类。全球 6 个大洲分布及种数(69－147)非洲:118; 亚洲:24; 大洋洲:5; 欧洲:3; 北美洲:3; 南美洲:5。【中国种数:1】。

Turraeanthus Baill. 白桃楝属 Meliaceae［MD－414］特征纪要:习性:木本。花程式:K3－5,C3－5,A6,＝G1－2。其他特征参考科。全球 1 个大洲分布及种数(2－3)◆非洲。

Turricula J. F. Macbr. 狮犬木属 Boraginaceae［MD－517］特征纪要:习性:草本。花程式:K4－5,C0,A4－5,↓G。其他特征参考科。全球 1 个大洲分布及种数(1－4)◆北美洲(◆美国)。

Turrillia A. C. Sm. 椒叶李属 Proteaceae［MD－219］特征纪要:习性:木本。花程式:K3－4－∞,C0,A2,＝G1。其他特征参考科。全球 4 个大洲分布及种数(3－11)亚洲:3; 大洋洲:6; 北美洲:1; 南美洲:5。

Turrita Wallr. 十字花科属 Brassicaceae［MD－213］特征纪要:习性:－。花程式:－。其他特征参考科。分布:－。

Turritis Tourn. ex L. 旗杆芥属 Brassicaceae［MD－213］特征纪要:习性:草本(基生)。花程式:Kn,C2－3 参考科,A3 参考科,＝G2。物候:－。花期:4－7 月。果期:参考晚于花期。海拔:100－3500 米。生境:山坡,森林边缘,山谷,田地,草地,树林,田地,河岸,路旁。资源:具栽培园艺种类。全球 6 个大洲分布及种数(4－5)非洲:1－6;亚洲:2－7;大洋洲:1－6;欧洲:3－8;北美洲:2－7;南美洲:5。【中国种数:1】。

Turukhania Vassilcz. ＝ **Melissitus**

Turulia P. & K. ＝ **Touroulia**

Tussilago L. 款冬属 Asteraceae［MD－586］特征纪要:习性:草本(根状茎,基生)。花程式:(K)3－5,C3－5,A3 参考科,＝↓G2。物候:－。花期:7－10 月。果期:参考晚于花期。海拔:600－3400 米。生境:草地,山谷湿地或林下。资源:具栽培园艺种类。全球 6 个大洲分布及种数(8－17)非洲:1－3;亚洲:3－6;大洋洲:1－3;欧洲:1－3;北美洲:1－3;南美洲:5－8。【中国种数:1】。

Tutcheria Dunn 石笔木属 Theaceae［MD－168］特征纪要:习性:－。花程式:－。物候:－。花期:5－6 月。果期:参考晚于花期。海拔:100－3500 米。生境:滨海山地及山坡路旁或溪谷边灌丛中,竹林中。资源:－。全球 6 个大洲分布及种数(24)非洲:21;亚洲:2－23;大洋洲:21;欧洲:21;北美洲:21;南美洲:21。

Tutigaea Ando 拟灰藓属 Hypnaceae［B－189］特征纪要:习性:－。【Rep】:－。物候:－。海拔:－。生境:常见于林下土或岩面薄土,沼泽水生。资源:－。全球 1 个大洲分布及种数(－)。

Tuxtla Villaseñor & Strother 薄翅菊属 Asteraceae［MD－586］特征纪要:习性:草本。花程式:(K－),(C)3－5,A3 参考科,↓G。其他特征参考科。全球 1 个大洲分布及种数(1)◆北美洲。

Tuyamaella S. Hatt. 鞍叶苔属 Lejeuneaceae［B－84］特征纪要:习性:－。【Rep】:一般稀疏生长。物候:－。海拔:－。生境:山坡,针阔混交林中。资源:－。全球 1 个大洲分布及种数(cf. 1)◆亚洲。【中国种数:1】。

Tuzibeanthus S. Hatt. 异鳞苔属 Lejeuneaceae［B－84］特征纪要:习性:－。【Rep】:雌雄异株,雄苞着生主枝,雌苞着生主枝或小枝上,雌苞叶和雌苞腹叶全缘,蒴萼具 10 个脊。物候:－。海拔:－。生境:山坡,针阔混交林中。资源:－。全球 1 个大洲分布及种数(2)◆亚洲(◆中国)。【中国种数:2】。

Tweedia Hook. & Arn. 琉瓣藤属 Apocynaceae［MD－492］特征纪要:习性:木本。花程式:K5,C0,A15,＝(G)2。其他特征参考科。全球 1 个大洲分布及种数(8)◆南美洲。

Tylanthus Reiss. ex Endl. ＝ **Phylica**

Tylecodon Tölken 奇峰木属 Crassulaceae［MD－229］特征纪要:习性:草本。花程式:－。其他特征参考科。全球 2 个大洲分布及种数(56－74)非洲:66; 北美洲:5。

Tyleria Gleason 雾莲木属 Ochnaceae［MD－104］特征纪要:习性:木本。花程式:K1－∞,C1－∞,A10,＝G2－15。其他特征参考科。全球 2 个大洲分布及种数(14－18)亚洲:2; 南美洲:18。

Tyleropappus Greenm. 毛泰勒菊属 Asteraceae［MD－586］特征纪要:习性:草本。花程式:(K)3－5,C3－5,A3－5,＝↓(G)2。其他特征参考科。全球 1 个大洲分布及种数(1)◆南美洲。

Tylimanthus Mitt. 齿萼羽苔属 Acrobolbaceae［B－43］特征纪要:习性:－。【Rep】:黄色、淡绿色或暗绿色。其他特征参考科。全球 6 个大洲分布及种数(4－6)非洲:1;亚洲:2－5;大洋洲:1－2;欧洲:1;北美洲:1;南美洲:2－3。

Tylochilus Nees ＝ **Cyrtopodium**

Tyloderma Miers ＝ **Hylenaea**

Tylodontia Griseb. ＝ **Astephanus**

Tylomium C. Presl ＝ **Diastatea**

Tylopetalum Barneby & Krukoff ＝ **Sciadotenia**

Tylophora R. Br. 娃儿藤属 Asclepiadaceae［MD－494］特征纪要:习性:－。花程式:－。物候:－。花期:6 月。果期:参考晚于花期。海拔:700－2000 米。生境:灌木丛。资源:－。全球 6 个大洲分布及种数(77－111)非洲:23－45;亚洲:49－77;大洋洲:10－30;欧洲:2－19;北美洲:3－20;南美洲:2－19。

Tylophoron <unassigned> 虎须苋属 Amaranthaceae［MD－116］特征纪要和分布(－)。

Tylopsacas Leeuwenb. 聚花岩桐属 Gesneriaceae［MD－549］特征纪要:习性:木本。花程式:K5,C0,A2－5,＝G2。其他特征参考科。全球 2 个大洲分布及种数(1－4)亚洲:2; 南美洲:3。

Tylosema (Schweinf.) Torre & Hillc. 羊蹄甲属 Fabaceae2 [MD – 240] 特征纪要:习性:木本。花程式:= ↓ (K3 – 5 – ∞),C3 – 5 – ∞,A1 – 10 – 50,= ↓ G(–)。其他特征参考科。全球 1 个大洲分布及种数(5)◆非洲。

Tylostigma Schltr. 瘤柱兰属 Orchidaceae [MM – 723] 特征纪要:习性:草本。花程式:(K)3,C3,A3,= ↓ (G)3。其他特征参考科。全球 1 个大洲分布及种数(2 – 8)◆非洲(◆马达加斯加)。

Tylothallia <unassigned> 爵床科属 Acanthaceae [MD – 572] 特征纪要和分布(–)。

Tylothrasya Döll = **Paspalum**

Tympananthe Hassk. = **Vincetoxicum**

Tynanthus Miers 香樟藤属 Bignoniaceae [MD – 541] 特征纪要:习性:木本。花程式:K5,C0,A5,= ↓ G2。其他特征参考科。全球 2 个大洲分布及种数(22 – 28)北美洲:4;南美洲:19 – 23。

Typha L. 香蒲属 Typhaceae [MM – 736] 特征纪要(同科)。全球 6 个大洲分布及种数(30 – 56;hort. 1;cult. 6)非洲:8 – 16;亚洲:25 – 49;大洋洲:8 – 16;欧洲:14 – 24;北美洲:9 – 19;南美洲:5 – 13。【中国种数:13】。

Typhaceae Juss. [MM – 736] 香蒲科 特征纪要:习性:草本;落叶。花程式:♀ | ♂ K0,C0,A4,↑ G1。物候:–。花期和果期:6 – 9 月。果实:瘦果。种子:椭圆形,作为亚科来处理。海拔:1100 米。生境:沼泽或水塘边浅水处。资源:药用。栽培:–。全球 6 个大洲分布及属种数(4/61 – 96 < IFR 2/6 > hort. 1;cult. 2) 非洲:3/19 – 20(IFR 1/3); 亚洲:3/51 – 70(IFR 1/5); 大洋洲:3/18 – 20; 欧洲:2/31 – 34(IFR 2/4); 北美洲:3/26 – 28(IFR 1/1); 南美洲:3/10。【中国属种数:2/28】。

Typhalea Neck. ex DC. 孔雀葵属 Malvaceae [MD – 203] 特征纪要:习性:–。花程式:–。其他特征参考科。全球 1 个大洲分布及种数(8)◆南美洲:1。

Typhonium Schott 犁头尖属 Araceae [MM – 639] 特征纪要:习性:草本。花程式:K0,C0,A4,= G1 – 3。物候:–。花期:5 月。果期:参考晚于花期。海拔:1200 米。生境:草坝,地边或高山草地,杂木林阴湿处。资源:药用,具栽培园艺种类。全球 6 个大洲分布及种数(87 – 170)非洲:15; 亚洲:135; 大洋洲:25; 欧洲:6; 北美洲:6; 南美洲:10。【中国种数:13】。

Typhonodorum Schott 暴风芋属 Araceae [MM – 639] 特征纪要:习性:草本。花程式:K0,C0,A1 – 4,= G1 – 3。其他特征参考科。全球 4 个大洲分布及种数(1 – 4)非洲:4; 亚洲:1; 北美洲:1; 南美洲:2。

Tyrbastes B. G. Briggs & L. A. S. Johnson 细秆灯草属 Restionaceae [MM – 744] 特征纪要:习性:草本。花程式:(K)3,C3,A1 – 2,= (G)1 – 3。其他特征参考科。全球 1 个大洲分布及种数(1)◆大洋洲。

Tyrimnus Cass. 高莛蓟属 Asteraceae [MD – 586] 特征纪要:习性:草本。花程式:(K)3 – 5,C3 – 5,A3 – 5,= ↓ (G)2。其他特征参考科。全球 3 个大洲分布及种数(2)非洲:1;亚洲:cf. 1;欧洲:1。

Tysonia Bolus 南非紫草属 Boraginaceae [MD – 517] 特征纪要:习性:–。花程式:–。其他特征参考科。全球 1 个大洲分布及种数(–)◆亚洲。

Tzeltalia E. Estrada & M. Martínez 北美茄属 Solanaceae [MD – 503] 特征纪要:习性:灌木。花程式:K3 – 4,C0,A3 – 4,= (G)2。其他特征参考科。全球 2 个大洲分布及种数(3 – 4)北美洲:3; 南美洲:1。

Tzvelevia E. B. Alekseev = **Poa**

Tzveleviochloa Röser & A. Wölk 广禾草属 Poaceae [MM – 748] 特征纪要:习性:草本。花程式:(K –),C0 参考科,A3 参考科,↓ G – 参考科。物候:–。海拔:10 – 5600 米。生境:草地,作为饲料植物或大麦田杂草种植。资源:–。全球 1 个大洲分布及种数(3)亚洲:2。

Tzvelevopyrethrum Kamelin 茼蒿属 Asteraceae [MD – 586] 特征纪要:习性:草本。花程式:(K)3 – 5,(C)3 – 5,A3 – 5,↓ G。其他特征参考科。全球 1 个大洲分布及种数(4)◆亚洲。

U

Uapaca Baill. 柱根茶属 Euphorbiaceae［MD－217］特征纪要:习性:木本。花程式:－。物候:－。海拔:－。生境:－。资源:具园艺种类。全球 6 个大洲分布及种数(28－139)非洲:99; 亚洲:15; 大洋洲:2; 欧洲:4; 北美洲:4; 南美洲:4。【中国种数:2】。

Ucacou Adans. = **Synedrella**

Uebelinia Hochst. 林仙翁属 Caryophyllaceae［MD－77］特征纪要:习性:－。花程式:－。其他特征参考科。全球 1 个大洲分布及种数(6－10)◆非洲。

Uebelmannia Buining 乳胶球属 Cactaceae［MD－100］特征纪要:习性:木本。花程式:＝↓(K1－∞),C1－∞,A3－100,＝↓(G)3－100。其他特征参考科。全球 1 个大洲分布及种数(3－4)◆南美洲(◆巴西)。

Uechtritzia Freyn 红丁草属 Asteraceae［MD－586］特征纪要:习性:－。花程式:－。其他特征参考科。全球 1 个大洲分布及种数(cf. 1)◆亚洲。

Ugamia Pavlov 垂甘菊属 Asteraceae［MD－586］特征纪要:习性:草本。花程式:(K－),(C)3－5,A3 参考科,↓G。其他特征参考科。全球 1 个大洲分布及种数(1－3)◆亚洲。

Ugni Turcz. 莓香果属 Myrtaceae［MD－347］特征纪要:习性:木本。花程式:K5,C5,A8－10,＝↓(G)2－5。其他特征参考科。全球 4 个大洲分布及种数(4－36)亚洲:2; 大洋洲:8; 北美洲:12; 南美洲:23。

Uittienia Steenis 摘亚苏木属 Fabaceae3［MD－240］特征纪要:习性:－。花程式:－。其他特征参考科。全球 1 个大洲分布及种数(－)。

Ulbrichia Urb. = **Thespesia**

Ulea Müll. Hal. 荆藓属 Rhachitheciaceae［B－125］特征纪要:习性:－。【Rep】:参考科特征:雌雄同株,雌苞叶较长大,有高鞘部,上部短披针形,钝端,有短尖,中肋不及叶尖,蒴柄稍高出于雌苞叶。其他特征参考科。全球 1 个大洲分布及种数(1)◆非洲:1。

Uleanthus Harms 荆花豆属 Fabaceae3［MD－240］特征纪要:习性:木本。花程式:＝↓(K1－∞),C1－∞,A5－9,＝↓G1。其他特征参考科。全球 1 个大洲分布及种数(1)◆南美洲(◆巴西)。

Ulearum Engl. 匍彩芋属 Araceae［MM－639］特征纪要:习性:草本。花程式:K0,C0,A1－4,＝G1－3。其他特征参考科。全球 1 个大洲分布及种数(1－2)◆南美洲。

Uleastrum W. R. Buck 巴西荆刺藓属 Orthotrichaceae［B－151］特征纪要:习性:－。【Rep】:雌雄同株,雌苞叶较长大,有高鞘部,上部短披针形,钝端,有短尖,中肋不及叶尖,蒴柄稍高出于雌苞叶。其他特征参考科。全球 1 个大洲分布及种数(2)◆南美洲。

Uleiorchis Höhne 荆兰属 Orchidaceae［MM－723］特征纪要:习性:草本。花程式:(K)3,C3,A3,＝↓(G)3。其他特征参考科。全球 2 个大洲分布及种数(5－6)北美洲:1－2;南美洲:4－5。

Uleobryum Broth. 荆丛藓属 Pottiaceae［B－133］特征纪要:习性:－。【Rep】:孢腔轮廓清晰,蒴齿缺如,或具蒴齿而无基膜,下部呈黄绿或黄棕色。其他特征参考科。全球 5 个大洲分布及种数(3)非洲:1;亚洲:1;大洋洲:2;北美洲:2;南美洲:2。

Uleodendron Rauschert = **Naucleopsis**

Uleophytum Hieron. 腋序亮泽兰属 Asteraceae［MD－586］特征纪要:习性:草本。花程式:(K)3－5,C3－5,A3－5,＝↓(G)2。其他特征参考科。全球 1 个大洲分布及种数(1)◆南美洲(◆秘鲁)。

Ulex L. 荆豆属 Fabaceae3［MD－240］特征纪要:习性:木本。花程式:Kn,C2－3 参考科,A10,＝↓G－。海拔:7500 米。生境:林中。栽培:来自广西龙州。资源:园林,具栽培园艺种类。全球 6 个大洲分布及种数(13－28; hort. 1)非洲:6－22;亚洲:4－12;大洋洲:2－9;欧洲:11－25;北美洲:2－10;南美洲:1－8。【中国种数:3】。

Ullucus Caldas 落葵属 Basellaceae［MD－117］特征纪要:习性:草本。花程式:K5,C0,A5,G－。其他特征参考科。全球 2 个大洲分布及种数(1－6)北美洲:1; 南美洲:2。

Ulmaceae Mirb.［MD－83］榆科 特征纪要:习性:木本;常绿,落叶。花程式:♀/♂K4－5(－),C0,A4,↑G2－3。物候:－。果实:坚果。种子:种皮薄,棕色。海拔:1000－1500 米。生境:常绿阔叶林中,山坡,谷地及溪旁阔叶树林中。资源:油脂。栽培:中国有栽培。全球 6 个大洲分布及属种数(15/180－285 <IFR 2/7> hort. 1; cult. 3) 非洲:4/15－20; 亚洲:9－10/53－61(IFR 2/6); 大洋洲:4/15－21(IFR 1/1); 欧洲:2/3－5; 北美洲:7/54－59; 南美洲:8/32－34。【中国属种数:5/37】。

Ulmarronia Friesen = **Varronia**

Ulmus L. 榆属 Ulmaceae［MD－83］特征纪要:习性:木本。花程式:－。物候:－。花期:2－4 月。果期:参考晚于花期。海拔:100－200 米。生境:常绿阔叶林中,山坡,谷地及溪旁阔叶树林中。资源:具栽培园艺种类。全

U

球 6 个大洲分布及种数(45－237)非洲:12; 亚洲:135; 大洋洲:13; 欧洲:46; 北美洲:46; 南美洲:7。【中国种数:31】。

Ulophyllum Hornsch. 缩叶藓科属 Sorapillaceae [B－212] 特征纪要和分布(－)。

Ulota D. Mohr 卷叶藓属 Orthotrichaceae [B－151] 特征纪要:习性:－。【Rep】:雌雄同株,稀异株,雌苞叶不分化,或略分化,蒴柄长,高出雌苞叶外,孢蒴直立,对称,有 8 条纵褶,干时突起。物候:－。海拔:－。生境:常见于树干或树枝,岩面土生。资源:－。全球 6 个大洲分布及种数(69)非洲:7;亚洲:20;大洋洲:19;欧洲:14;北美洲:19;南美洲:27。【中国种数:18】。

Ulotrichum Bruch & Schimp. 孢芽藓科属 Sorapillaceae [B－212] 特征纪要和分布(－)。

Ulugbekia Zakirov ＝ **Arnebia**

Umbelliferae Juss. ＝ Apiaceae

Umbellularia Nutt. 加州桂属 Lauraceae [MD－21] 特征纪要:习性:木本。花程式:K3－9,C0,A3 参考科,↓G－参考科。其他特征参考科。全球 1 个大洲分布及种数(1)◆北美洲。【中国种数:1】。

Umbilicus DC. 脐景天属 Crassulaceae [MD－229] 特征纪要:习性:草本。花程式:＝↓(K3－5－∞),C3－5－∞,A4,＝↓G(－)。物候:－。海拔:－。生境:－。资源:具园艺种类。全球 4 个大洲分布及种数(74)非洲:11－20; 亚洲:4－69; 欧洲:7－55; 北美洲:7。【中国种数:1】。

Umtiza Sim 鸟吧树属 Fabaceae1 [MD－240] 特征纪要:习性:木本。花程式:－。其他特征参考科。全球 1 个大洲分布及种数(1)◆非洲。

Uncaria Schreb. 钩藤属 Rubiaceae [MD－523] 特征纪要和分布(－)。全球 6 个大洲分布及种数(34－48;hort. 1; cult. 2)非洲:7－22;亚洲:29－48;大洋洲:8－22;欧洲:9;北美洲:3－12;南美洲:3－12。【中国种数:20】。

Uncarina Stapf 钩刺麻属 Pedaliaceae [MD－539] 特征纪要:习性:木本。花程式:K5,C0,A10,＝↓(G)2。其他特征参考科。全球 2 个大洲分布及种数(15－18)非洲:18; 北美洲:4。

Uncifera Lindl. 叉喙兰属 Orchidaceae [MM－723] 特征纪要:习性:草本(多肉)。花程式:Kn,C2－3 参考科,A3 参考科,＝↓G3。物候:－。花期:4－7 月。果期:参考晚于花期。海拔:1300－1900 米。生境:密林树干附生,山地雨林内。资源:－。全球 1 个大洲分布及种数(4－6)◆亚洲。【中国种数:2】。

Unciferia (Lür) Lür 银光兰属 Orchidaceae [MM－723] 特征纪要:习性:－。花程式:－。其他特征参考科。全球 2 个大洲分布及种数(10)北美洲:1; 南美洲:1。

Uncinia Pers. 钩穗薹属 Cyperaceae [MM－747] 特征纪要:习性:－。花程式:－。其他特征参考科。全球 6 个大洲分布及种数(45－48)非洲:5－38;亚洲:7－39;大洋洲:21－53;欧洲:7－39;北美洲:11－43;南美洲:27－59。

Unclejackia Ignatov, T. J. Kop. & D. H. Norris 印尼青藓属 Brachytheciaceae [B－187] 特征纪要:习性:－。【Rep】:绿色或棕绿色。其他特征参考科。全球 1 个大洲分布及种数(2)◆大洋洲:2。

Unedo Hoffmanns. & Link ＝ **Arbutus**

Ungernia Bunge 石蒜属 Amaryllidaceae [MM－694] 特征纪要:习性:草本。花程式:(K－),C2－3 参考科,A1,↓G－。其他特征参考科。全球 2 个大洲分布及种数(10－15)亚洲:8; 南美洲:1。【中国种数:1】。

Ungnadia Endl. 鹿睛果属 Sapindaceae [MD－428] 特征纪要:习性:木本。花程式:K4－8,C4－8,A10,↓G－参考科。其他特征参考科。全球 3 个大洲分布及种数(1－4)亚洲:2; 北美洲:2; 南美洲:1。【中国种数:1】。

Unguella (Lür) Lür 北美穗兰属 Orchidaceae [MM－723] 特征纪要:习性:－。花程式:－。其他特征参考科。全球 2 个大洲分布及种数(3)北美洲:2; 南美洲:2。

Unguiculariopsis <unassigned> 爪花蕉属 Lowiaceae [MM－729] 特征纪要:－。全球 1 个大洲分布及种数(2)◆南美洲:2。

Ungulipetalum Moldenke 蹄瓣藤属 Menispermaceae [MD－42] 特征纪要:习性:草本。花程式:K1(6－40),C3,A1－6－40,＝G1－3。其他特征参考科。全球 1 个大洲分布及种数(1)◆南美洲(◆巴西)。

Unigenes E. Wimm. 纤枝莲属 Campanulaceae [MD－561] 特征纪要:习性:草本。花程式:(K－),C5 参考科,A3 参考科,↓G－。其他特征参考科。全球 1 个大洲分布及种数(1)◆大洋洲(◆澳大利亚)。

Uniola L. 牧场草属 Poaceae [MM－748] 特征纪要:习性:草本。花程式:(K)3,C0 参考科,A1－2,＝G2－3。其他特征参考科。全球 6 个大洲分布及种数(7－11)非洲:13;亚洲:1－13;大洋洲:12;欧洲:12;北美洲:4－16;南美洲:3－15。

Unisema Raf. ＝ **Pontederia**

Univiscidiatus (Kores) Szlach. 针花兰属 Orchidaceae [MM－723] 特征纪要:习性:－。花程式:－。其他特征参考科。全球 1 个大洲分布及种数(cf. 1)◆大洋洲。

Unona L. f. 寡瓣树属 Annonaceae [MD－7] 特征纪要:习性:－。花程式:－。其他特征参考科。全球 6 个大洲分布及种数(1－2)非洲:2;亚洲:2;大洋洲:2;欧洲:2;北美洲:2;南美洲:2。

Unonopsis R. E. Fr. 北辕木属 Annonaceae [MD－7] 特征纪要:习性:木本。花程式:K3－∞,C3,A2,＝G10－100。其他特征参考科。全球 3 个大洲分布及种数(54－55)亚洲:cf. 1;北美洲:20;南美洲:42－43。【中国种数:2】。

Unrecorded <unassigned> 毛苞芹属 Apiaceae [MD－480] 特征纪要:－。全球 3 个大洲分布及种数(1)大洋洲:1; 北美洲:1; 南美洲:1。

Unxia L. f. 毛苞菊属 Asteraceae [MD－586] 特征纪要:习性:草本。花程式:(K)3－5,(C)3－5,A3－5,＝↓G2。其他特征参考科。全球 2 个大洲分布及种数(4－7)北美洲:1;南美洲:3－4。

Upudalia Raf. ＝ **Eranthemum**

Upuna Symington 长隔香属 Dipterocarpaceae [MD－173] 特征纪要:习性:木本。花程式:－。其他特征参考科。全

球 1 个大洲分布及种数(1)◆亚洲。

Urananthus Benth. 洋桔梗属 Gentianaceae［MD－496］特征纪要:习性:－。花程式:－。其他特征参考科。全球 1 个大洲分布及种数(cf. 1)◆北美洲中部。

Uranodactylus Gilli ＝ **Winklera**

Uranostachys（Dum.）Fourr. 婆婆纳属 Plantaginaceae［MD－527］特征纪要:习性:－。花程式:－。其他特征参考科。全球 1 个大洲分布及种数(－)。

Uranthoecium Stapf 扁轴草属 Poaceae［MM－748］特征纪要:习性:草本。花程式:(K)3,C0 参考科,A1－2,＝(G)2－3。其他特征参考科。全球 1 个大洲分布及种数(1)◆大洋洲(◆澳大利亚)。

Uraria Desv. 狸尾豆属 Fabaceae3［MD－240］特征纪要:习性:木本。花程式:－。物候:－。海拔:500 米。生境:干燥的废弃斜坡,路边,灌木丛。栽培:来自广西龙州。资源:药用,具栽培园艺种类。全球 6 个大洲分布及种数(16－28;hort. 1)非洲:3－4;亚洲:14－28;大洋洲:5－7;欧洲:1;北美洲:1;南美洲:1。【中国种数:11】。

Urariopsis Schindl. 算珠豆属 Fabaceae3［MD－240］特征纪要:习性:木本。花程式:－。物候:－。海拔:100－500 米。生境:干旱草原,山坡,生于山地阳坡,路旁杂草中。资源:－。全球 1 个大洲分布及种数(2－3)◆亚洲。【中国种数:2】。

Uraspermum（DC.）Nutt. 算珠芹属 Apiaceae［MD－480］特征纪要:习性:－。花程式:－。物候:－。海拔:50－5600 米。生境:半荒漠中和砾石质山坡上,柞林内。资源:－。全球 6 个大洲分布及种数(2)非洲:1;亚洲:1;大洋洲:1;欧洲:1;北美洲:1－2;南美洲:1。

Urbananthus R. M. King & H. Rob. ＝ **Eupatorium**

Urbanella Pierre ＝ **Pouteria**

Urbanisol Kuntze ＝ **Tithonia**

Urbanodendron Mez 多腺桂属 Lauraceae［MD－21］特征纪要:习性:木本。花程式:K3－9,C0,A3－9,＝G1－3。其他特征参考科。全球 1 个大洲分布及种数(3)◆南美洲。

Urbanolophium Melch. ＝ **Amphilophium**

Urbanosciadium H. Wolff ＝ **Niphogeton**

Urbinella Greenm. 领杯藤属 Asteraceae［MD－586］特征纪要:习性:草本。花程式:(K－),(C)3－5,A3 参考科,↓G。其他特征参考科。全球 1 个大洲分布及种数(1)◆北美洲。

Urbinia Rose ＝ **Echeveria**

Urceocharis Mast. 南美水仙属 Amaryllidaceae［MM－694］特征纪要:习性:草本。花程式:(K)3,C3,A1,↓G－。其他特征参考科。全球 1 个大洲分布及种数(cf.)◆南美洲。

Urceola Roxb. 水壶藤属 Apocynaceae［MD－492］特征纪要:习性:木本。花程式:(K－),C5,A15－6 参考科,＝↓G2－5。物候:－。花期:4－6 月。果期:参考晚于花期。海拔:200－1000 米。生境:开阔的森林,潮湿的山谷。资源:经济植物,具栽培园艺种类。全球 5 个大洲分布及种数(21－95)非洲:3; 亚洲:92; 大洋洲:4; 北美洲:3; 南美洲:4。【中国种数:9】。

Urceolina Rchb. 坛水仙属 Amaryllidaceae［MM－694］特征纪要:草本。花程式:(K)3,C3,A1,＝↓(G)3。其他特征参考科。全球 6 个大洲分布及种数(30－78)非洲:3; 亚洲:8; 大洋洲:5; 欧洲:8; 北美洲:8; 南美洲:58。

Urelytrum Hack. 圆叶舌茅属 Poaceae［MM－748］特征纪要:习性:草本。花程式:(K)3,C0 参考科,A1－2,＝(G)2－3。其他特征参考科。全球 2 个大洲分布及种数(8－26)非洲:25; 亚洲:3。

Urena Dill. ex L. 梵天花属 Malvaceae［MD－203］特征纪要:习性:木本。花程式:－。物候:－。花期:7－10 月。果期:参考晚于花期。海拔:500 米。生境:－。栽培:来自广西龙州。资源:药用,具栽培园艺种类。全球 6 个大洲分布及种数(24－30;hort. 1;cult. 1)非洲:3－22;亚洲:9－31;大洋洲:6－24;欧洲:1－19;北美洲:6－24;南美洲:11－32。【中国种数:3】。

Urera Gaud. 红珠麻属 Urticaceae［MD－91］特征纪要:习性:木本。花程式:K2－4,C0,A2－4,＝G1。物候:－。花期:参考早于果期。果期:1 月。海拔:25－5400 米。生境:灌木丛,路旁,石灰岩林中。资源:具园艺种类。全球 6 个大洲分布及种数(28－119)非洲:38; 亚洲:21; 大洋洲:4; 欧洲:34; 北美洲:34; 南美洲:43。

Urginavia Speta ＝ **Drimia**

Urginea Steinh. 海葱属 Asparagaceae［MM－669］特征纪要:习性:－。花程式:－。其他特征参考科。全球 6 个大洲分布及种数(22－39)非洲:21－36;亚洲:2－7;大洋洲:5;欧洲:5;北美洲:5;南美洲:6。

Urgineopsis Compton ＝ **Drimia**

Urginia Kunth ＝ **Urginea**

Uribea Dugand & Romero 假罗望子属 Fabaceae3［MD－240］特征纪要:习性:木本。花程式:＝↓(K1－∞),C1－∞,A5－9,＝↓G1。其他特征参考科。全球 3 个大洲分布及种数(1－3)亚洲:2; 北美洲:2; 南美洲:2。

Urmenetea Phil. 驴菊木属 Asteraceae［MD－586］特征纪要:习性:草本。花程式:(K)3－5,(C)3－5,A3－5,↓G。其他特征参考科。全球 1 个大洲分布及种数(1)◆南美洲。

Urnularia Stapf ＝ **Willughbeiopsis**

Urobotrya Stapf 尾球木属 Opiliaceae［MD－369］特征纪要:习性:木本。花程式:－。物候:－。花期:4－5 月。果期:参考晚于花期。海拔:200－400 米。生境:灌木,山谷密林或疏林中,喜生于石灰岩山上。资源:具园艺种类。全球 2 个大洲分布及种数(9－10;hort. 1)非洲:4;亚洲:4－5。【中国种数:2】。

Urocarpidium Ulbr. 尾果锦葵属 Malvaceae［MD－203］特征纪要:习性:木本。花程式:K5－∞,C5－∞,A10－8,＝G1－5。其他特征参考科。全球 2 个大洲分布及种数(9－10)北美洲:1;南美洲:8。

Urochlaena Nees = **Tribolium**

Urochloa P. Beauv. 尾稃草属 Poaceae［MM－748］特征纪要:习性:草本(基生)。花程式:(K－),C0 参考科,A3 参考科,＝(G)2－3。物候:－。海拔:1000 米。生境:草场和荒地。资源:具园艺种类。全球 6 个大洲分布及种数(92－96;hort. 1;cult. 2)非洲:56－63;亚洲:35－41;大洋洲:29－35;欧洲:6;北美洲:36－42;南美洲:34－40。【中国种数:12】。

Urochondra C. E. Hubb. 毛子房草属 Poaceae［MM－748］特征纪要:习性:草本。花程式:(K)3,C0 参考科,A1－2,＝(G)2－3。其他特征参考科。全球 6 个大洲分布及种数(1－2)非洲:2; 亚洲:2; 大洋洲:2; 欧洲:2; 北美洲:2; 南美洲:2。【中国种数:1】。

Urodon Turcz. 普尔特木属 Fabaceae3［MD－240］特征纪要:习性:木本。花程式:＝↓(K1－∞),C1－∞,A5－9,＝↓G1。其他特征参考科。全球 1 个大洲分布及种数(2)◆大洋洲。

Urogentias Gilg & Gilg－Ben. 尾龙胆属 Gentianaceae［MD－496］特征纪要:习性:草本。花程式:－。其他特征参考科。全球 1 个大洲分布及种数(1)◆亚洲。

Urolepis (DC.) R. M. King & H. Rob. 泽兰属 Asteraceae［MD－586］特征纪要:习性:草本。花程式:(K－),(C)3－5,A3 参考科,↓G。其他特征参考科。全球 1 个大洲分布及种数(1)◆南美洲。

Uromyrtus Burret 垂花桃木属 Myrtaceae［MD－347］特征纪要:习性:木本。花程式:＝↓(K5),C5,A8－10,＝↓(G)2－5。其他特征参考科。全球 5 个大洲分布及种数(21－29)非洲:7; 亚洲:6; 大洋洲:28; 北美洲:3; 南美洲:2。

Uropetalum Burch. = **Dipcadi**

Urophyllum Jack ex Wall. 尖叶木属 Rubiaceae［MD－523］特征纪要和分布(－)。全球 6 个大洲分布及种数(31－127)非洲:4－24;亚洲:29－62;大洋洲:4－10;欧洲:6;北美洲:6;南美洲:6。【中国种数:8】。

Urophysa Ulbr. 尾囊草属 Ranunculaceae［MD－38］特征纪要:习性:草本(根状茎,基生)。花程式:－。物候:－。花期:3－4 月。果期:参考晚于花期。海拔:50－6000 米。生境:阜江两岸,悬崖,岩石的裂缝。资源:药用。全球 1 个大洲分布及种数(2－5)◆亚洲(◆中国)。【中国种数:2】。

Uroskinnera Lindl. 尾婆婆纳属 Plantaginaceae［MD－527］特征纪要:习性:灌木。花程式:K2－4,C0,A2－4,＝G2－3。其他特征参考科。全球 3 个大洲分布及种数(5－7)亚洲:2; 大洋洲:2; 北美洲:6。

Urospatha Schott 尾苞芋属 Araceae［MM－639］特征纪要:习性:草本。花程式:K0,C0,A4－6,＝G1－3。物候:－。海拔:－。生境:－。资源:具园艺种类。全球 5 个大洲分布及种数(11－34)非洲:2; 亚洲:3; 大洋洲:2; 北美洲:8; 南美洲:33。

Urospathella G. S. Bunting = **Urospatha**

Urospermum G. A. Scop. 尾喙苣属 Asteraceae［MD－586］特征纪要:习性:草本。花程式:(K)3－5,(C)3－5,A3－5,＝↓G2。其他特征参考科。全球 6 个大洲分布及种数(3－37)非洲:5; 亚洲:24; 大洋洲:3; 欧洲:5; 北美洲:5; 南美洲:2。【中国种数:2】。

Urostachya (Lindl.) Brieger 毛兰属 Orchidaceae［MM－723］特征纪要:习性:－。花程式:－。物候:－。花期:参考早于果期。果期:10－11 月。海拔:80－5200 米。生境:柏树林下或草坡路旁,竹坡中。资源:－。全球 1 个大洲分布及种数(1)◆亚洲。

U

Urostachys Herter 苍山石杉属 Lycopodiaceae［F－4］特征纪要:习性:－。【Rep】:囊单生叶表。其他特征参考科。全球 6 个大洲分布及种数(33)非洲:2;亚洲:3－5;大洋洲:6－8;欧洲:2;北美洲:3－8;南美洲:8－10。

Urostemon B. Nord. 葵叶菊属 Asteraceae［MD－586］特征纪要:习性:草本。花程式:(K)3－5,(C)3－5,A3－5,↓G。其他特征参考科。全球 1 个大洲分布及种数(1)◆大洋洲:1(IFR 1)。

Urostigma Gasp. = **Ficus**

Ursia Vassilcz. = **Melissitus**

Ursinia Gaertn. 熊菊属 Asteraceae［MD－586］特征纪要:习性:草本。花程式:(K)3－5,C3－5,A3－5,＝↓(G)2。其他特征参考科。全球 5 个大洲分布及种数(50－97)非洲:76; 大洋洲:7; 欧洲:6; 北美洲:6; 南美洲:7。

Urtica L. 荨麻属 Urticaceae［MD－91］特征纪要:习性:木质攀援。花程式:Kn,C2－3 参考科,A3 参考科,G－。物候:－。花期:6－8 月。果期:参考晚于花期。海拔:2700－4100 米。生境:阴暗潮湿的森林,灌木丛,河岸,针叶林下。资源:具栽培园艺种类。全球 6 个大洲分布及种数(90－120;hort. 1;cult. 8)非洲:10－38;亚洲:53－85;大洋洲:9－38;欧洲:13－42;北美洲:29－60;南美洲:18－47。【中国种数:18】。

Urticaceae Juss.［MD－91］荨麻科 特征纪要:习性:木本,藤本;落叶。花程式:♀|♂K5－n,C2－3,A1 枚,G－。物候:－。花期: 5－8 月。果期: 8－10 月。果实:－。种子:子叶圆形。海拔:0 米。生境:灌木丛,路旁,通常种植在右石灰岩林中。资源:园林,药用。栽培:中国有栽培。全球 6 个大洲分布及属种数(54－64/1721－2654 <IFR 20/111> hort. 1;cult. 11) 非洲:24－25/302－440(IFR 7/11); 亚洲:39－42/1017－1391(IFR 12/70); 大洋洲:21－22/197－356(IFR 1/1); 欧洲:15/66－81(IFR 1/1); 北美洲:26/344－564(IFR 7/18); 南美洲:23－24/402－479(IFR 5/13)。【中国属种数:32/440】。

Urticastrum Heist. ex Fabr. = **Laportea**

Uruparia Raf. = **Uncaria**

Urvillea Kunth 于维尔无患子属 Sapindaceae［MD－428］特征纪要:习性:木本。花程式:K4－8,C4－8,A10,＝G2－3。其他特征参考科。全球 2 个大洲分布及种数(21－27)北美洲:3－4;南美洲:18－21。【中国种数:2】。

Usmania Laz. = **Grimmia**

Usnea Zahlbr. 银桦百合属 Liliaceae［MM－633］特征纪要:习性:草本。花程式:－。物候:－。花期:参考早于果期。果期:7－11 月。海拔:50－5400 米。生境:半固定沙丘,作为蔬菜栽培。资源:具栽培园艺种类。全球 3 个大洲分布及种数(386)亚洲:2; 北美洲:1; 南美洲:1。

Usteria Willd. 于斯马钱属 Loganiaceae [MD－486] 特征纪要:习性:－。花程式:－。其他特征参考科。全球 5 个大洲分布及种数(1－14)非洲:3; 亚洲:2; 大洋洲:4; 北美洲:5; 南美洲:6。

Utania G. Don 灰莉属 Gentianaceae [MD－496] 特征纪要:习性:木本。花程式:Kn,C0,A3 参考科,↓G。物候:－。花期:4－8 月。果期:参考晚于花期。海拔:200－3000 米。生境:林地,杂灌丛边草地。资源:－。全球 3 个大洲分布及种数(7)非洲:1;亚洲:7;大洋洲:1。

Utleya Wilbur & Luteyn 五棱莓属 Ericaceae [MD－380] 特征纪要:习性:木本。花程式:－。其他特征参考科。全球 1 个大洲分布及种数(1－2)◆北美洲。

Utricularia L. 狸藻属 Lentibulariaceae [MD－570] 特征纪要:习性:草本(基生,水生,多肉)。花程式:－。物候:－。花期:6－11 月。果期:参考晚于花期。海拔:2100－3000 米。生境:草地,稻田,沼泽中。资源:具栽培园艺种类。全球 6 个大洲分布及种数(257－275)非洲:58－85;亚洲:90－116;大洋洲:86－112;欧洲:19－46;北美洲:65－92;南美洲:117－148。【中国种数:44】。

Utsetela Pellegr. 桂叶桑属 Moraceae [MD－87] 特征纪要:习性:木本。花程式:K1－4,C0,A6,＝(G)1－2。其他特征参考科。全球 1 个大洲分布及种数(2)◆非洲(◆加蓬)。

Uva Kuntze ＝ **Uvaria**

Uvaria L. 紫玉盘属 Annonaceae [MD－7] 特征纪要:习性:木质攀援。花程式:－。物候:－。花期:5－10 月。果期:参考晚于花期。海拔:100－800 米。生境:中海拔山地林中或灌木丛中。资源:具栽培园艺种类。全球 6 个大洲分布及种数(187－251;hort. 1;cult. 1)非洲:105－131;亚洲:92－145;大洋洲:19－38;欧洲:2－17;北美洲:4－22;南美洲:10－27。【中国种数:17】。

Uvariastrum Engl. 金玉盘属 Annonaceae [MD－7] 特征纪要:习性:木本。花程式:K3－∞,C3,A2,＝G10－100。其他特征参考科。全球 1 个大洲分布及种数(7－8)◆非洲。

Uvariodendron (Engl. & Diels) R. E. Fr. 桃面玉盘属 Annonaceae [MD－7] 特征纪要:习性:木本。花程式:K3－∞,C3,A2,＝G10－100。其他特征参考科。全球 2 个大洲分布及种数(13－21)非洲:21; 亚洲:3。

Uvariopsis Engl. 单性玉盘属 Annonaceae [MD－7] 特征纪要:习性:木本。花程式:－。其他特征参考科。全球 3 个大洲分布及种数(19－35)非洲:30; 亚洲:2; 南美洲:5。

Uva－ursi Duham. 杜鹃花科属 Ericaceae [MD－380] 特征纪要:习性:－。花程式:－。其他特征参考科。分布:－。

Uvedalia R. Br. 沟漆姑属 Phrymaceae [MD－559] 特征纪要:习性:－。花程式:－。其他特征参考科。全球 1 个大洲分布及种数(－)。

Uvirandra J. St.－Hil. ＝ **Aponogeton**

Uvularia L. 垂铃儿属 Uvulariaceae [MM－628] 特征纪要(同科)。全球 5 个大洲分布及种数(5－37)非洲:2; 亚洲:23; 欧洲:18; 北美洲:18; 南美洲:2。【中国种数:1】。

Uvulariaceae A. Gray ex Kunth [MM－628] 悬阶草科 特征纪要:习性:草本;落叶。花程式:(K)6－,C3,A6,↑G－。果实:蒴果。全球 1 个大洲分布及属种数(2/10 hort. 1,cult. 1) ◆北美洲:1－2/ 8－14。

Uwarowia Bunge ＝ **Verbena**

V

Vaccaria Wolf 麦蓝菜属 Caryophyllaceae [MD－77] 特征纪要:习性:－。花程式:－。物候:－。花期:4－7月。果期:参考晚于花期。海拔:80－6000米。生境:草坡,撂荒地或麦田中,为麦田常见杂草。资源:药用,具栽培园艺种类。全球6个大洲分布及种数(3－4)非洲:1－5;亚洲:2－6;大洋洲:1－5;欧洲:1－5;北美洲:2－7;南美洲:1－5。

Vacciniaceae DC. ex Perleb [MD－381] 乌饭树科 特征纪要:习性:木本;落叶。花程式:K4－5(－),C5,A5,G－。物候:－。花期:春夏以至秋季。果期:8－9月。果实:－。种子:－。海拔:1000－1600米。生境:草坡,锥栗林中。资源:药用。栽培:－。全球5个大洲分布及属种数(1/1 <IFR 1/19> hort. 1; cult. 1) 非洲:IFR 1/1; 亚洲:IFR 1/14; 欧洲:IFR 1/1; 北美洲:IFR 1/1; 南美洲:IFR 1/1。【中国属种数:1/112】。

Vacciniopsis Rusby = **Disterigma**

Vaccinium L. 越橘属 Vacciniaceae [MD－381] 特征纪要(同科)。全球6个大洲分布及种数(541－650;hort. 1; cult. 34)非洲:158－231;亚洲:412－518;大洋洲:107－171;欧洲:26－78;北美洲:142－214;南美洲:48－112。【中国种数:112】。

Vachellia Wight & Arn. 金合欢属 Fabaceae3 [MD－240] 特征纪要:习性:木本。花程式:－。物候:－。海拔:7500米。生境:矮灌木丛或芦苇丛中,稀见于沿河岸疏林下,作为作物栽培。资源:具栽培园艺种类。全球6个大洲分布及种数(144－165;hort. 1;cult. 6)非洲:67－71;亚洲:37－41;大洋洲:22－26;欧洲:5－9;北美洲:54－61;南美洲:18－22。【中国种数:6】。

Vacoparis Spangler 高粱属 Poaceae [MM－748] 特征纪要:习性:－。花程式:－。其他特征参考科。全球1个大洲分布及种数(cf. 1)◆亚洲。

Vadensea Jongkind & O. Lachenaud 茶茱萸科属 Icacinaceae [MD－450] 特征纪要:习性:－。花程式:－。其他特征参考科。全球1个大洲分布及种数(4)◆非洲:4。

Vagaria Herb. 叉蕊花属 Amaryllidaceae [MM－694] 特征纪要:习性:草本。花程式:(K)3,C3,A1,=↓G3。其他特征参考科。全球3个大洲分布及种数(2－37)非洲:34; 亚洲:2; 南美洲:30。

Vaginopteris (Hook.) T. Nakai 一条线蕨属 Pteridaceae [F－31] 特征纪要:－。分布:－。

Vaginularia Fée 针叶蕨属 Vittariaceae [F－39] 特征纪要:习性:－。【Rep】:孢子囊形成汇生囊群,短线形,着生于叶下面的侧脉上,每叶片有1－3枚,无囊群盖,具隔丝。物候:－。海拔:700－1400米。生境:生于山谷密林中阴湿处石上。资源:－。全球2个大洲分布及种数(4－6)亚洲:3;大洋洲:2。

Vahadenia Stapf 瓦腺木属 Apocynaceae [MD－492] 特征纪要:习性:木本。花程式:K5－∞,C0,A15,=↓(G)2－5。其他特征参考科。全球1个大洲分布及种数(2)◆非洲。

Vahea Lam. = **Landolphia**

Vahla Cothen. = **Vahlia**

Vahlia Thunb. 黄漆姑属 Vahliaceae [MD－420] 特征纪要和分布(－)。全球1个大洲分布及种数(7－9)◆非洲。

Vahliaceae Dandy [MD－420] 黄漆姑科 特征纪要:习性:木本;落叶。花程式:K5,C5,A5,=↓(G)2－3。果实:蒴果。全球1个大洲分布及属种数(3/10－13 <IFR 1/2> hort. 1) ◆北美洲:1/ 1。

Vahlodea Fr. 山发草属 Poaceae [MM－748] 特征纪要:习性:草本。花程式:(K－),C0参考科,A3参考科,↓G－参考科。其他特征参考科。全球6个大洲分布及种数(3)非洲:1－2;亚洲:2－3;大洋洲:1－2;欧洲:2－3;北美洲:2－3;南美洲:1－2。【中国种数:1】。

Vailia Rusby 缬夹竹属 Apocynaceae [MD－492] 特征纪要:习性:木本。花程式:Kn,C0,A15,↓G。其他特征参考科。全球1个大洲分布及种数(2)◆南美洲。

Valantia L. 瓦朗茜属 Rubiaceae [MD－523] 特征纪要:习性:木本。花程式:(K)4－5,(C)4－5,A4－5,=↓G2－9。其他特征参考科。全球6个大洲分布及种数(7－10;hort. 1)非洲:3－7;亚洲:5－11;大洋洲:4;欧洲:4－10;北美洲:4;南美洲:3－7。

Valdesia Ruiz & Pav. = **Blakea**

Valdivia Remy 紫金莲属 Escalloniaceae [MD－447] 特征纪要:习性:木本。花程式:－。其他特征参考科。全球1个大洲分布及种数(1－2)◆南美洲。

Valdiviella Thér. & Herzog = **Muscoherzogia**

Valdiviesoa Thér. & Herzog = **Fernandezia**

Valdonia Ochyra 缬叶藓属 Seligeriaceae [B－113] 特征纪要:习性:－。【Rep】:雌雄多异株,蒴柄高出于雌苞叶,直立或弯曲,孢蒴多平滑,干燥时不收缩,短柱形或梨形,有时基部呈短台状。其他特征参考科。全球 6 个大洲分布及种数(22)非洲:5; 亚洲:14; 大洋洲:7; 欧洲:8; 北美洲:8; 南美洲:9。

Valeriana L. 缬草属 Valerianaceae [MD－537] 特征纪要:习性:草质攀援。花程式:－。物候:－。花期:6－7 月。果期:参考晚于花期。海拔:2000－3000 米。生境:草坡,林缘或林下,溪边,中山阴湿地区。资源:具栽培园艺种类。全球 6 个大洲分布及种数(447－543;hort. 1;cult. 10)非洲:37－75;亚洲:106－160;大洋洲:9－45;欧洲:72－120;北美洲:94－136;南美洲:265－321。【中国种数:37】。

Valerianaceae Batsch [MD－537] 败酱科 特征纪要:习性:木本,草本;落叶。花程式:↙(K)6－,C6,A15,↓(G)↓(G)3。物候:－。花期:6－8 月。果期:8－9 月。果实:瘦果。种子:无胚乳,子叶圆形。海拔:0 米。生境:－。资源:药用。栽培:中国有栽培。全球 6 个大洲分布及属种数(10－11/556－687 <IFR 2/22> hort. 1;cult. 3) 非洲:2/60－73(IFR 1/1); 亚洲:4/168－207(IFR 2/4); 大洋洲:2/22－31; 欧洲:3/102－129(IFR 1/7); 北美洲:2/117－129(IFR 1/3); 南美洲:7/291－318(IFR 1/8)。

Valerianella Mill. 歧缬草属 Valerianaceae [MD－537] 特征纪要:习性:草本。花程式:－。物候:－。海拔:50－5000 米。生境:路边草丛。资源:具栽培园艺种类。全球 6 个大洲分布及种数(73－100)非洲:21－34;亚洲:42－66;大洋洲:11－22;欧洲:27－44;北美洲:21－29;南美洲:7－15。【中国种数:2】。

Valerioanthus Lundell ＝ **Ardisia**

Valetonia Durand ＝ **Pleurisanthes**

Valiha S. Dransf. 非洲禾属 Poaceae [MM－748] 特征纪要:习性:草本。花程式:(K)3,C0 参考科,A1－2,＝(G)2－3。其他特征参考科。全球 5 个大洲分布及种数(2－80)非洲:11; 亚洲:5; 欧洲:3; 北美洲:3; 南美洲:13。

Vallaris Burm. f. 纽子花属 Apocynaceae [MD－492] 特征纪要和分布(－)。全球 1 个大洲分布及种数(3－5)◆亚洲。【中国种数:2】。

Vallea Mutis ex L. f. 硬梨木属 Elaeocarpaceae [MD－134] 特征纪要:习性:木本。花程式:－。其他特征参考科。全球 4 个大洲分布及种数(2－15)大洋洲:2; 欧洲:7; 北美洲:7; 南美洲:15。

Vallesia Ruiz & Pav. 泪珠莓属 Apocynaceae [MD－492] 特征纪要:习性:木本。花程式:K5－∞,C0,A15,＝↓(G)2－5。其他特征参考科。全球 3 个大洲分布及种数(10－14)大洋洲:1－2;北美洲:8－10;南美洲:3－5。

Vallifilix Thou. ＝ **Lygodium**

Vallisneria L. 苦草属 Vallisneriaceae [MM－598] 特征纪要(同科)。全球 6 个大洲分布及种数(12－16)非洲:2－4;亚洲:9－11;大洋洲:7－13;欧洲:3－5;北美洲:3－5;南美洲:2－4。【中国种数:7】。

Vallisneriaceae Dum. [MM－598] 苦草科 特征纪要:习性:草本;落叶。花程式:K3,C3,A6,↓G－。全球 1 个大洲分布及属种数(1/1 hort. 1;cult. 1)◆大洋洲:1/9－13。【中国属种数:1/7】。

Valoradia Hochst. ＝ **Ceratostigma**

Valvanthera C. T. White ＝ **Hernandia**

Vanaea (Inoue & Gradst.) Gradst. & J. Florsch. 圭亚那叶苔属 Adelanthaceae [B－50] 特征纪要:习性:－。【Rep】:雌苞叶和雌苞腹叶无纤毛和齿,具蒴囊,蒴萼近圆形,口部具细圆齿或突起,蒴壁 2 层细胞。其他特征参考科。全球 1 个大洲分布及种数(－)。

Vanalpighmia Steud. ＝ **Saurauia**

Vanasushava P. K. Mukh. & Constance 独活属 Apiaceae [MD－480] 特征纪要:习性:草本。花程式:K5,C5,A5,↓(G)2。其他特征参考科。全球 1 个大洲分布及种数(1)◆亚洲。

Vanclevea Greene 胶菀属 Asteraceae [MD－586] 特征纪要:习性:－。花程式:－。其他特征参考科。全球 1 个大洲分布及种数(cf. 1)◆北美洲。

Vancouveria C. Morren & Decne. 折瓣花属 Berberidaceae [MD－45] 特征纪要:习性:草本。花程式:K6,C3,A2,＝G1－3。资源:具栽培园艺种类。全球 2 个大洲分布及种数(3－11)欧洲:4; 北美洲:4。

Vanda R. Br. 万代兰属 Orchidaceae [MM－723] 特征纪要:习性:草本(基生,多肉)。花程式:－。物候:－。花期:参考早于果期。果期:10－11 月。海拔:500－1800 米。生境:常绿阔叶林中树干上。栽培:来自广西龙州。资源:具栽培园艺种类。全球 6 个大洲分布及种数(39－98;hort. 1;cult. 5)非洲:1－9;亚洲:38－81;大洋洲:4－14;欧洲:5;北美洲:9－15;南美洲:5。【中国种数:18】。

Vandasina Rauschert 鱼藤属 Fabaceae3 [MD－240] 特征纪要:习性:木本。花程式:＝↓(K1－∞),C1－∞,A5－9,＝↓G1。物候:－。海拔:7500 米。生境:矮灌木丛或芦苇丛中,稀见于沿河岸疏林下,作为作物栽培。资源:具栽培园艺种类。全球 3 个大洲分布及种数(1－2)非洲:1; 亚洲:1; 大洋洲:1。

Vandellia L. 长蒴母草属 Scrophulariaceae [MD－536] 特征纪要:习性:草本。花程式:K2－4,C0,A4,＝↓G2－3。物候:－。海拔:45－6000 米。生境:栽培(来自广西龙州)。资源:具栽培园艺种类。全球 6 个大洲分布及种数(45－58)非洲:7－11;亚洲:30－35;大洋洲:9－15;欧洲:4;北美洲:4;南美洲:4。【中国种数:6】。

Vandenboschia Copel. 瓶蕨属 Hymenophyllaceae [F－21] 特征纪要:习性:－。【Rep】:孢子囊群可从各脉先端生出。物候:－。海拔:300－500 米。生境:密林下岩石上,杂木林,阴湿箐沟树干基部,攀援。资源:－。全球 6 个大洲分布及种数(11－18)非洲:1－12;亚洲:7－18;大洋洲:11;欧洲:11;北美洲:2－13;南美洲:3－15。

Vandesia Salisb. ＝ **Bomarea**

Vandiemenia Hewson 大洋洲叉苔属 Metzgeriaceae [B－89] 特征纪要:习性:－。【Rep】:雌枝背腹面被长纤毛,雄

枝仅腹面被纤毛,与叶状体分界明显,叶状体边缘及中肋腹面通常着生单细胞的长纤毛。其他特征参考科。全球1个大洲分布及种数(cf. 1)◆大洋洲。

Vandiemeniaceae Hewson = Metzgeriaceae。

Vandoglossum Garay 兰科属 Orchidaceae [MM-723] 特征纪要:习性:草本。花程式:-。其他特征参考科。全球1个大洲分布及种数(-)。

Vandopsis Pfitzer 拟万代兰属 Orchidaceae [MM-723] 特征纪要:习性:草本。花程式:Kn,C2-3参考科,A3参考科,=↓G3。物候:-。花期:3-4月。果期:参考晚于花期。海拔:1500-2300米。生境:附生,山地林缘或疏林中,附生于大乔木树干上。资源:具园艺种类。全球5个大洲分布及种数(2-35)非洲:7; 亚洲:21; 大洋洲:12; 北美洲:2; 南美洲:6。【中国种数:2】。

Vangueria Juss. 斑嘉果属 Rubiaceae [MD-523] 特征纪要:习性:木本。花程式:(K)4-5,(C)4-5,A4-5,↓(G)2-9。资源:具栽培园艺种类。全球6个大洲分布及种数(75-234)非洲:213; 亚洲:29; 大洋洲:5; 欧洲:13; 北美洲:13; 南美洲:3。【中国种数:2】。

Vangueriella Verdc. 非洲野茜属 Rubiaceae [MD-523] 特征纪要:习性:木本。花程式:(K)4-5,(C)4-5,A4-5,=↓(G)2-9。其他特征参考科。全球3个大洲分布及种数(18-21)非洲:21; 亚洲:6; 大洋洲:2。

Vanguerioipsis Robyns 斑嘉茜属 Rubiaceae [MD-523] 特征纪要:习性:木本。花程式:(K)4-5,(C)4-5,A4-5,=↓(G)2-9。其他特征参考科。全球1个大洲分布及种数(5-7)◆非洲。

Vanheerdea L. Bolus ex H. E. K. Hartmann 胧玉属 Aizoaceae [MD-94] 特征纪要:习性:草本。花程式:=↓(K3-4),C3-4,A5参考科,=↓(G)1-2。其他特征参考科。全球1个大洲分布及种数(1-3)◆非洲。

Vanhouttea Lem. 红岩桐属 Gesneriaceae [MD-549] 特征纪要:习性:灌木。花程式:K5,C0,A4,=(G)2。其他特征参考科。全球1个大洲分布及种数(-)。

Vania F. K. Mey. 十字花科属 Brassicaceae [MD-213] 特征纪要:习性:-。花程式:-。其他特征参考科。全球1个大洲分布及种数(-)。

Vanieria Lour. 亚洲五椏果属 Moraceae [MD-87] 特征纪要:习性:-。花程式:-。其他特征参考科。全球1个大洲分布及种数(-)。

Vanilla Plum. ex Mill. 香荚兰属 Orchidaceae [MM-723] 特征纪要:习性:草本(基生,水生,腐生,多肉)。花程式:Kn,C2-3参考科,A3参考科,↓G-。物候:-。花期:4-5月。果期:参考晚于花期。海拔:1200-1300米。生境:森林,悬崖。资源:具栽培园艺种类。全球6个大洲分布及种数(130-146;hort. 1;cult. 1)非洲:33-46;亚洲:40-51;大洋洲:12-22;欧洲:2-12;北美洲:34-46;南美洲:61-75。【中国种数:5】。

Vanillosmopsis Sch. Bip. 陷托斑鸠菊属 Asteraceae [MD-586] 特征纪要和分布(-)。全球1个大洲分布及种数(-)◆南美洲。

Vaniotia H. Lév. = **Petrocosmea**

Vanoverberghia Merr. 须叶姜属 Zingiberaceae [MM-737] 特征纪要:习性:草本。花程式:(K)3,C3,A5,=↓(G)3。物候:-。海拔:80-3800米。生境:竹木林中。资源:具园艺种类。全球1个大洲分布及种数(2-3)◆亚洲。【中国种数:1】。

Van-royena Aubrév. 澳山榄属 Sapotaceae [MD-357] 特征纪要:习性:木本。花程式:K4-15,C0,A5,=(G)2-4。其他特征参考科。全球1个大洲分布及种数(1)◆大洋洲(◆澳大利亚)。

Vanroyenella Novelo & C. Philbrick 河翎草属 Podostemaceae [MD-322] 特征纪要:习性:-。花程式:-。其他特征参考科。全球1个大洲分布及种数(1)◆北美洲(◆墨西哥)。

Vantanea Aubl. 香矾木属 Humiriaceae [MD-348] 特征纪要:习性:木本。花程式:-。其他特征参考科。全球2个大洲分布及种数(22-23;hort. 1)北美洲:3;南美洲:19。

Vanwykia Wiens 绒袍寄生属 Loranthaceae [MD-415] 特征纪要:习性:木本。花程式:K5,C0,A4,=↓(G)3-4。其他特征参考科。全球1个大洲分布及种数(2)◆非洲。

Vanzijlia L. Bolus 万叟玉属 Aizoaceae [MD-94] 特征纪要:习性:草本。花程式:=↓(K3-4),C3-4,A5参考科,=↓G-。其他特征参考科。全球3个大洲分布及种数(1-4)非洲:3; 大洋洲:3; 北美洲:2。

Varengevillea Baill. = **Vitex**

Vargasiella C. Schweinf. 瓦尔兰属 Orchidaceae [MM-723] 特征纪要:习性:草本。花程式:(K)3,C3,A3,=↓(G)3。其他特征参考科。全球1个大洲分布及种数(3)◆南美洲。

Varilla A. Gray 棒菊属 Asteraceae [MD-586] 特征纪要:习性:草本。花程式:(K)3-5,C3-5,A3-5,=↓(G)2。其他特征参考科。全球2个大洲分布及种数(3-7)北美洲:4; 南美洲:4。

Varronia P. Br. 破布树属 Boraginaceae [MD-517] 特征纪要:习性:木本。花程式:K5,C0,A5,=↓(G)2-4。其他特征参考科。全球6个大洲分布及种数(153)非洲:2;亚洲:7-9;大洋洲:1-3;欧洲:2;北美洲:74-84;南美洲:88-90。【中国种数:3】。

Varroniopsis Friesen = **Varronia**

Varthemia DC. = **Aster**

Vasconcellea A. St.-Hil. 徒木瓜属 Caricaceae [MD-236] 特征纪要:习性:木本。花程式:(K)5,(C)5,A5,=↓G5。其他特征参考科。全球6个大洲分布及种数(22-23;hort. 1)非洲:1;亚洲:1-2;大洋洲:1-2;欧洲:1;北美洲:3-4;南美洲:21-22。【中国种数:1】。

Vasconcellosia Caruel = **Vasconcellea**
Vasconella Regel = **Vasconcellea**
Vaselia Tiegh. = **Elvasia**
Vaseya Thurb. = **Muhlenbergia**
Vaseyanthus Cogn. 香脂瓜属 Cucurbitaceae [MD－205] 特征纪要:木本,落叶。花程式:=↓(K),C,A3－5,G(－)。果实:偏红色。种子:周围有膜质的翅。全球1个大洲分布及种数(1)属分布和种数(－)◆北美洲。
Vaseyochloa Hitchc. 德州茅属 Poaceae [MM－748] 特征纪要:习性:草本。花程式:(K)3,C0参考科,A1－2,↓G－参考科)。其他特征参考科。全球1个大洲分布及种数(1)◆北美洲(◆美国)。
Vasivaea Baill. 群蕊椴属 Malvaceae [MD－203] 特征纪要:习性:木本。花程式:K1－∞,C1－∞,A5,=(G)2－100。其他特征参考科。全球1个大洲分布及种数(2)◆南美洲。
Vasquesia Rydb. = **Unxia**
Vasquezia Phil. = **Bahia**
Vasqueziella Dodson 橙香兰属 Orchidaceae [MM－723] 特征纪要:习性:草本。花程式:(K)3,C3,A3,=↓(G)3。其他特征参考科。全球1个大洲分布及种数(1)◆南美洲。
Vassobia Rusby 瓦索茄属 Solanaceae [MD－503] 特征纪要:习性:草本。花程式:K3－4,C0,A3－4,=(G)2。其他特征参考科。全球3个大洲分布及种数(2－9)非洲:2;北美洲:2;南美洲:9。
Vatairea Aubl. 黑汁檀属 Fabaceae3 [MD－240] 特征纪要:习性:木本。花程式:=↓(K1－∞),C1－∞,A5－9,=↓G1。其他特征参考科。全球2个大洲分布及种数(8－13)北美洲:3;南美洲:11。
Vataireopsis Ducke 除癣檀属 Fabaceae3 [MD－240] 特征纪要:习性:木本。花程式:=↓(K1－∞),C1－∞,A5－9,=↓G1。其他特征参考科。全球1个大洲分布及种数(4)◆南美洲。
Vateria L. 天竺香属 Dipterocarpaceae [MD－173] 特征纪要:习性:木本。花程式:－。物候:－。花期:4－5月。果期:参考晚于花期。海拔:300－1100米。生境:沟谷雨林及石灰山密林中,在草甸干燥沙土中。资源:－。全球5个大洲分布及种数(3－53)非洲:2;亚洲:47;大洋洲:19;北美洲:2;南美洲:6。
Vateriopsis F. Heim 燕岛香属 Dipterocarpaceae [MD－173] 特征纪要:习性:木本。花程式:－。其他特征参考科。全球1个大洲分布及种数(1)◆亚洲。
Vatica L. 青梅属 Dipterocarpaceae [MD－173] 特征纪要:习性:木本。花程式:－。物候:－。花期:4－5月。果期:参考晚于花期。海拔:800－1000米。生境:山坡,丘陵,在草甸干燥沙土中。资源:具栽培园艺种类。全球6个大洲分布及种数(87－248)非洲:8;亚洲:183;大洋洲:16;欧洲:9;北美洲:9;南美洲:54。【中国种数:10】。
Vatkea Hildeb. & O. Hoffm. = **Martynia**
Vatovaea Chiov. 瓦托豆属 Fabaceae3 [MD－240] 特征纪要:习性:木本。花程式:=↓(K1－∞),C1－∞,A5－9,=↓G1。其他特征参考科。全球2个大洲分布及种数(1－3)非洲:3;亚洲:2。
Vatricania Backeb. 金鬃柱属 Cactaceae [MD－100] 特征纪要:习性:－。花程式:－。其他特征参考科。全球1个大洲分布及种数(－)。
Vaupelia Brand = **Cystostemon**
Vaupesia R. E. Schult. 血水桐属 Euphorbiaceae [MD－217] 特征纪要:习性:木本。花程式:K1(1000),C0,A6,↓G－参考科。其他特征参考科。全球2个大洲分布及种数(1－2)北美洲:2;南美洲:2。
Vauquelinia Corrêa ex Bonpl. 檀梅属 Rosaceae [MD－246] 特征纪要:习性:木本。花程式:K1(10－100),C1－10－100,A1－10－100,=↓G1－50。其他特征参考科。全球2个大洲分布及种数(6－24)北美洲:9;南美洲:1。
Vavaea Benth. 木莓楝属 Meliaceae [MD－414] 特征纪要:习性:木本。花程式:－。其他特征参考科。全球4个大洲分布及种数(5－32)非洲:5;亚洲:3;大洋洲:8;南美洲:1。【中国种数:1】。
Vavanga Rohr = **Vangueria**
Vavilovia Fed. 野豌豆属 Fabaceae3 [MD－240] 特征纪要:习性:－。花程式:－。其他特征参考科。全球1个大洲分布及种数(2)◆亚洲。
Vazquezella Szlach. & Sitko = **Maxillaria**
Veconcibea (Müll. Arg.) Pax & K. Hoffm. = **Conceveiba**
Veeresia Monach. & Moldenke 白梧桐属 Malvaceae [MD－203] 特征纪要:习性:－。花程式:－。其他特征参考科。全球1个大洲分布及种数(1)◆北美洲。
Vegaea Urb. 柳金牛属 Primulaceae [MD－401] 特征纪要:习性:草本。花程式:(K－),(C)5参考科,A4,G－)。其他特征参考科。全球2个大洲分布及种数(1－4)北美洲:2;南美洲:4。
Veitchia Lindl. 蜡轴椰属 Arecaceae [MM－717] 特征纪要:习性:－。花程式:－。其他特征参考科。全球5个大洲分布及种数(11－30)非洲:2;亚洲:5;大洋洲:25;北美洲:11;南美洲:3。
Velarum (DC.) Rchb. = **Sisymbrium**
Velascoa Calderón & Rzed. 管缨木属 Crossosomataceae [MD－241] 特征纪要:习性:木本。花程式:－。其他特征参考科。全球2个大洲分布及种数(1－3)北美洲:3;南美洲:2。
Velasquezia Pritz. = **Triplaris**
Veldkampia Ibaragi & Shiro Kobay. 管缨草属 Poaceae [MM－748] 特征纪要:习性:草本。花程式:(K－),C0参考科,A3参考科,↓G－参考科。其他特征参考科。全球1个大洲分布及种数(1) ◆亚洲:1。

Velezia L. 柱石竹属 Caryophyllaceae [MD－77] 特征纪要:习性:－。花程式:－。其他特征参考科。全球 6 个大洲分布及种数(3－13)非洲:3; 亚洲:8; 大洋洲:2; 欧洲:2; 北美洲:2; 南美洲:3。

Vella L. 翡若莱属 Brassicaceae [MD－213] 特征纪要:习性:草本。花程式:K2－4,C2－4,A2－4,＝G2。其他特征参考科。全球 6 个大洲分布及种数(11－29)非洲:11; 亚洲:5; 大洋洲:2; 欧洲:3; 北美洲:3; 南美洲:8。

Vellasquezia Bertol. ＝ **Triplaris**

Vellereophyton Hilliard & B. L. Burtt 白鼠曲属 Asteraceae [MD－586] 特征纪要:草本。花程式:(K)3－5,(C)3－5,A3－5,↓G。其他特征参考科。全球 3 个大洲分布及种数(8)非洲:7;亚洲:1;大洋洲:1。【中国种数:1】。

Vellosiella Baill. 韦略列当属 Scrophulariaceae [MD－536] 特征纪要:习性:草本。花程式:K2－4,C0,A2－4,G2。其他特征参考科。全球 1 个大洲分布及种数(2－3)◆南美洲。

Vellozia Vand. 翡若翠属 Velloziaceae [MM－704] 特征纪要:习性:草本。资源:具园艺种类。全球 3 个大洲分布及种数(134－148;hort. 1)大洋洲:cf. 1;北美洲:1;南美洲:133－143。【中国种数:10】。

Velloziaceae J. Agardh [MM－704] 翡若翠科 特征纪要:习性:草本;落叶。花程式:(K)6－,C3,A6,↓(G)3。花期: 6 月。果期: 8 月。果实:蒴果。种子:大,棕色或带黑色,假种皮。海拔:2700－3500 米。生境:露天灌木,草坡。全球 5 个大洲分布及属种数(7/303－360 <IFR 3/12> hort. 1;cult. 1) 非洲:1/45－66(IFR 2/7); 亚洲:1/2; 大洋洲:1/1; 北美洲:1/1; 南美洲:7/269－294(IFR 2/5)。【中国属种数:3/13】。

Velloziella Baill. ＝ **Vellosiella**

Veltheimia Gled. 仙火花属 Asparagaceae [MM－669] 特征纪要:习性:草本。花程式:(K)3,C0 参考科,A3 参考科,G3－ 参考科。其他特征参考科。全球 4 个大洲分布及种数(2－16)非洲:13; 亚洲:7; 欧洲:4; 北美洲:4。

Venana Lam. ＝ **Brexia**

Venegasia DC. 谷菊属 Asteraceae [MD－586] 特征纪要:习性:草本。花程式:(K)3－5,(C)3－5,A3－5,↓G。其他特征参考科。全球 2 个大洲分布及种数(1－4)非洲:2; 北美洲:2。

Venilia (G. Don) Fourr. 玄参科属 Scrophulariaceae [MD－536] 特征纪要:习性:－。花程式:－。其他特征参考科。全球 1 个大洲分布及种数(－)。

Ventenata Köler 别离草属 Poaceae [MM－748] 特征纪要:习性:草本。花程式:(K)3,C0 参考科,A1－2,＝G2－3。其他特征参考科。全球 6 个大洲分布及种数(8－24)非洲:8; 亚洲:16; 大洋洲:2; 欧洲:12; 北美洲:12; 南美洲:4。【中国种数:2】。

Ventilago Gaertn. 翼核果属 Rhamnaceae [MD－331] 特征纪要:习性:木质攀援。花程式:(K－),C5,A5,G－。物候:－。花期:10－12 月。果期:参考晚于花期。海拔:1500 米。生境:低海拔林中,疏林下或灌丛中。资源:具栽培园艺种类。全球 6 个大洲分布及种数(41－90)非洲:11; 亚洲:65; 大洋洲:22; 欧洲:4; 北美洲:4; 南美洲:2。【中国种数:8】。

Ventricularia Garay 寡花兰属 Orchidaceae [MM－723] 特征纪要:习性:－。花程式:－。其他特征参考科。全球 6 个大洲分布及种数(11)非洲:2; 亚洲:5; 大洋洲:2; 欧洲:2; 北美洲:2; 南美洲:7。

Venturiella Müll. Hal. 钟帽藓属 Erpodiaceae [B－126] 特征纪要:习性:－。【Rep】:雌雄同株,雄苞于茎上侧生,雌苞于分枝顶端,雌苞叶较大,卵状披针形,内凹,有时细长毛尖,蒴柄短。其他特征参考科。全球 2 个大洲分布及种数(1)亚洲:1;北美洲:1。【中国种数:1】。

V

Vepris Comm. ex A Juss. 白铁木属 Rutaceae [MD－399] 特征纪要:习性:木本。花程式:K4,C4,A4,＝G1－3。其他特征参考科。全球 6 个大洲分布及种数(92－139)非洲:133; 亚洲:6; 大洋洲:3; 欧洲:3; 北美洲:3; 南美洲:3。

Verataxus J. Nelson ＝ **Taxus**

Veratrilla Franch. 黄秦艽属 Gentianaceae [MD－496] 特征纪要:习性:草本。花程式:－。物候:－。海拔:3200－4600 米。生境:生于山坡草地,灌丛中,高山灌丛草甸。资源:药用,具栽培园艺种类。全球 1 个大洲分布及种数(cf. 1)◆亚洲。【中国种数:1】。

Veratrum L. 藜芦属 Melanthiaceae [MM－621] 特征纪要:习性:草本(根状茎,基生,多肉)。花程式:－。物候:－。花期:6－8 月。果期:参考晚于花期。海拔:2000－4000 米。生境:草甸和山坡湿草地,竹林内。资源:药用,具栽培园艺种类。全球 6 个大洲分布及种数(30－40;hort. 1;cult. 6)非洲:9;亚洲:26－40;大洋洲:9;欧洲:6－15;北美洲:12－21;南美洲:1－10。【中国种数:17】。

Verbascum L. 毛蕊花属 Scrophulariaceae [MD－536] 特征纪要:习性:草本(基生)。花程式:－。物候:－。花期:5－6 月。果期:参考晚于花期。海拔:100－1300 米。生境:草地。栽培:来自广西龙州。资源:具栽培园艺种类。全球 6 个大洲分布及种数(605－882;hort. 1;cult. 235)非洲:56－68;亚洲:378－441;大洋洲:33－37;欧洲:266－293;北美洲:20－23;南美洲:7－10。【中国种数:20】。

Verbena L. 马鞭草属 Verbenaceae [MD－556] 特征纪要:习性:木质攀援。花程式:－。物候:－。花期:6－8 月。果期:参考晚于花期。海拔:100－1800 米。生境:栽培。资源:药用,具栽培园艺种类。全球 6 个大洲分布及种数(201－247;hort. 1;cult. 74)非洲:20－60;亚洲:43－90;大洋洲:21－62;欧洲:21－62;北美洲:101－154;南美洲:128－180。【中国种数:13】。

Verbenaceae J. St. Hil. [MD－556] 马鞭草科 特征纪要:习性:木本,藤本;落叶。花程式:↙K4－5(－),C0,A6,↓(G)－。物候:－。果实:蒴果。种子:－。海拔:0 米。生境:林下,沼泽地。资源:药用。栽培:中国有栽培。全球 6 个大洲分布及属种数(68－69/1398－2335 <IFR 25/168> hort. 1;cult. 28) 非洲:17－18/312－440(IFR

11/44)；亚洲:29/362 - 505(IFR 9/38)；大洋洲:23/145 - 173(IFR 5/10)；欧洲:8/59 - 65(IFR 2/2)；北美洲:22/381 - 456(IFR 13/42)；南美洲:31/649 - 712(IFR 9/62)。【中国属种数:9/53】。

Verbenoxylum Tronc. 马鞭木属 Verbenaceae［MD - 556］特征纪要:习性:-。花程式:-。其他特征参考科。全球1个大洲分布及种数(1)◆南美洲(◆巴西)。

Verbesina L. 马鞭菊属 Asteraceae［MD - 586］特征纪要:习性:木本。花程式:(K)3 - 5,(C)3 - 5,A3参考科,=↓G2。物候:-。海拔:-。生境:-。资源:具栽培园艺种类。全球6个大洲分布及种数(347 - 426;hort. 1;cult. 3)非洲:2 - 19;亚洲:12 - 33;大洋洲:6 - 25;欧洲:7 - 24;北美洲:222 - 275;南美洲:152 - 198。【中国种数:5】。

Verdesmum H. Ohashi & K. Ohashi 春带豆属 Fabaceae3［MD - 240］特征纪要:习性:木本。花程式:=↓(Kn),C2 - 3参考科,A3参考科,=↓G(-)。物候:-。海拔:7500米。生境:矮灌木丛或芦苇丛中,稀见于沿河岸疏林下,作为作物栽培。资源:具栽培园艺种类。全球1个大洲分布及种数(1)◆非洲:1。

Verdoornia R. M. Schust. 亚洲绿片苔属 Verdoorniaceae［B - 88］特征纪要(同科)。全球2个大洲分布及种数(2)亚洲:2; 大洋洲:2。

Verdoorniaceae Inoü［B - 88］绿叉苔科 特征纪要(参考 Schistochilaceae):粗大,淡绿色,少数褐绿色,柔弱,常与其他苔藓成群落。【Rep】:雌雄异株,雄苞顶生,雄苞叶数对。全球2个大洲分布及属种数(1/1)亚洲:1; 大洋洲:1。

Verdoornianthus Gradst. 草鳞苔属 Lejeuneaceae［B - 84］特征纪要:习性:-。【Rep】:老时呈红褐色。其他特征参考科。全球1个大洲分布及种数(2)◆南美洲(◆巴西)。

Verea Willd. = **Kalanchoe**

Verhuellia Miq. 草胡椒属 Piperaceae［MD - 39］特征纪要:习性:草本。花程式:Kn,C0,A8,G -。其他特征参考科。全球2个大洲分布及种数(3 - 7)北美洲:4; 南美洲:1。

Vermeulenia á. Löve & D. Löve = **Orchis**

Vernicia Lour. 油桐属 Euphorbiaceae［MD - 217］特征纪要:习性:木本。花程式:-。物候:-。花期:3 - 4月。果期:参考晚于花期。海拔:200 - 2000米。生境:森林。资源:油脂,具栽培园艺种类。全球6个大洲分布及种数(3 - 18)非洲:7; 亚洲:7; 大洋洲:4; 欧洲:4; 北美洲:4; 南美洲:11。【中国种数:3】。

Verniseckia Steud. = **Humiria**

Vernonanthura H. Rob. 方晶斑鸠菊属 Asteraceae［MD - 586］特征纪要:习性:草本。花程式:(K)3 - 5,C3 - 5,A3 - 5,=↓(G)2。其他特征参考科。全球6个大洲分布及种数(77 - 621)非洲:283; 亚洲:149; 大洋洲:31; 欧洲:55; 北美洲:55; 南美洲:201。【中国种数:5】。

Vernonella Sond. 铁鸠菊属 Asteraceae［MD - 586］特征纪要:习性:-。花程式:-。其他特征参考科。全球2个大洲分布及种数(11 - 13)非洲:11; 大洋洲:1。

Vernonia Schreb. 铁鸠菊属 Vernoniaceae［MD - 587］特征纪要(同科)。全球6个大洲分布及种数(375 - 2413)非洲:806; 亚洲:367; 大洋洲:56; 欧洲:237; 北美洲:237; 南美洲:859。【中国种数:14】。

Vernoniaceae Burmeist.［MD - 587］斑鸠菊科 特征纪要:习性:草本;落叶。花程式:(K)3 - 5,C3 - 5,A -,=↓G2。花期:10月至翌年2月。果期:4 - 6月。果实:瘦果。海拔:1000 - 2400米。生境:自然山坡地。资源:药用;药用。栽培:中国有栽培。全球5个大洲分布及属种数(17 - 19/56 - 61 <IFR 1/20> hort. 1;cult. 1)非洲:6/6 - 8(IFR 1/17)；亚洲:1; 大洋洲:1; 北美洲:1/1(IFR 1/2)；南美洲:9/53 - 54(IFR 1/1)。

Vernoniastrum H. Rob. 斑鸠瘦片菊属 Asteraceae［MD - 586］特征纪要:习性:草本。花程式:(K)3 - 5,(C)3 - 5,A3 - 5,↓G。其他特征参考科。全球1个大洲分布及种数(11)◆非洲。

Vernoniopsis Humbert 距药菊属 Asteraceae［MD - 586］特征纪要:习性:草本。花程式:(K)3 - 5,C3 - 5,A3 - 5,=↓(G)2。其他特征参考科。全球2个大洲分布及种数(2 - 6)非洲:2; 南美洲:1。

Veronica L. 婆婆纳属 Veronicaceae［MD - 535］特征纪要(同科)。全球6个大洲分布及种数(394 - 667;hort. 1;cult. 52)非洲:47 - 101;亚洲:228 - 338;大洋洲:105 - 158;欧洲:160 - 227;北美洲:84 - 137;南美洲:24 - 69。【中国种数:101】。

Veronicaceae Cassel［MD - 535］婆婆纳科 特征纪要:习性:草本;落叶。花程式:K4 - 5(-),C5,A2,G -。花期:2 - 4月。物候:-。海拔:1000 - 2000米。资源:药用。全球5个大洲分布及属种数(1/1 <IFR 1/44> hort. 1;cult. 1)非洲:IFR 1/5; 亚洲:IFR 1/27; 大洋洲:IFR 1/4; 欧洲:IFR 1/7; 北美洲:IFR 1/5。

Veronicastrum Heist. ex Fabr. 四方麻属 Plantaginaceae［MD - 527］特征纪要:习性:草本(根状茎,基生)。花期:7 - 9月。果期:参考晚于花期。海拔:1500 - 3000米。生境:沟壑,有草的阴坡,林下。资源:药用,具栽培园艺种类。全球5个大洲分布及种数(26 - 94)亚洲:63; 大洋洲:2; 欧洲:6; 北美洲:6; 南美洲:24。【中国种数:14】。

Verreauxia Benth. 穗鸾花属 Goodeniaceae［MD - 578］特征纪要:习性:-。花程式:-。其他特征参考科。全球1个大洲分布及种数(5)◆大洋洲(◆澳大利亚)。

Verrucidens Cardot 曲尾藓科属 Seligeriaceae［B - 113］特征纪要:-。全球1个大洲分布及种数(-)。

Verrucularia A. Juss. 铁虎尾属 Malpighiaceae［MD - 343］特征纪要:习性:-。花程式:-。其他特征参考科。全球1个大洲分布及种数(-)。

Verrucularina Rauschert 伞金英属 Malpighiaceae［MD - 343］特征纪要:习性:木本。花程式:-。其他特征参考科。全球6个大洲分布及种数(3)非洲:1;亚洲:1;大洋洲:1;欧洲:1;北美洲:1;南美洲:2 - 3。

Verschaffeltia H. Wendl. 竹马刺椰属 Arecaceae［MM - 717］特征纪要:习性:木本。花程式:Kn,C0参考科,A3参

考科,G3－10。其他特征参考科。全球2个大洲分布及种数(1－2)非洲:1;北美洲:1。

Verticordia DC. 羽蜡花属 Myrtaceae［MD－347］特征纪要:习性:木本。花程式:K4－5,C4－5,A8－10,＝↓G2－5。资源:具园艺种类。全球5个大洲分布及种数(145－213)非洲:2; 亚洲:2; 大洋洲:193; 北美洲:2; 南美洲:10。【中国种数:1】。

Verulamia DC. ex Poir. ＝ **Pavetta**

Vesalea M. Martens & Galeotti ＝ **Abelia**

Veselskya Opiz 韦塞尔芥属 Brassicaceae［MD－213］特征纪要:习性:草本。花程式:K2－4,C2－4,A2－4,＝G2。其他特征参考科。全球1个大洲分布及种数(cf. 1)◆亚洲(◆阿富汗)。

Veseyochloa Phipps ＝ **Tristachya**

Vesicarex Steyerm. ＝ **Carex**

Vesicisepalum (J. J. Sm.) Garay, Hamer & Siegerist 石豆兰属 Orchidaceae［MM－723］特征纪要:习性:－。花程式:－。物候:－。花期:参考早于果期。果期:10－11月。海拔:80－5200米。生境:柏树林下或草坡路旁,竹坡中。资源:－。全球1个大洲分布及种数(－)。

Vesicularia (Müll. Hal.) Müll. Hal. 明叶藓属 Hypnaceae［B－189］特征纪要:习性:－。【Rep】:雌雄异苞同株,内雌苞叶直立,卵状披针形,上部渐狭成长毛状,近于全缘,无中肋,黄绿色。生境:常见于林下土或岩面薄土。全球6个大洲分布及种数(117)非洲:38;亚洲:38;大洋洲:25;欧洲:8;北美洲:16;南美洲:17。【中国种数:16】。

Vesiculariopsis Broth. 南美毛帽藓属 Saulomataceae［B－161］特征纪要:－。全球1个大洲分布及种数(2)◆南美洲:2。

Vesper R. L. Hartm. & G. L. Nesom 凹伞草属 Apiaceae［MD－480］特征纪要:习性:草本。花程式:＝↓(K5),C5,A5,＝↓G(－)。其他特征参考科。全球1个大洲分布及种数(6) ◆北美洲:6。

Vespuccia Parl. ＝ **Hydrocleys**

Vesselowskya Pamp. 银荆梅属 Cunoniaceae［MD－255］特征纪要:习性:木本。花程式:＝↓(K4－5),C4－5,A4－5,＝↓G2－3。其他特征参考科。全球1个大洲分布及种数(1－2)◆大洋洲。

Vestergrenopsis <unassigned> 可可李科属 Chrysobalanaceae［MD－243］特征纪要和分布(－)。

Vestia Willd. 南枸杞属 Solanaceae［MD－503］特征纪要:习性:木本。花程式:K3－4,C0,A3－4,＝G2。其他特征参考科。全球3个大洲分布及种数(1－4)亚洲:4; 大洋洲:3; 南美洲:3。

Vetaforma Fulford & J. Taylor 南帽苔属 Vetaformaceae［B－66］特征纪要(同科)。全球1个大洲分布及种数(1)◆南美洲。

Vetaformaceae Fulford & J. Taylor［B－66］大片苔科 特征纪要:黄绿色,或呈褐绿色,无光泽。【Rep】:孢子体不详,黄绿色或黄褐色。全球1个大洲分布和属种数(1/1)◆亚洲:1/1。

Vetiplanaxis N. E. Bell 桧藓科属 Rhizogoniaceae［B－154］特征纪要:－。全球1个大洲分布及种数(－)。

Vexatorella Rourke 帝王花属 Proteaceae［MD－219］特征纪要:习性:木本。花程式:Kn,C0,A2,G－。其他特征参考科。全球1个大洲分布及种数(1－4)◆非洲。

Vexibia Raf. 豆科属 Fabaceae3［MD－240］特征纪要:习性:－。花程式:－。其他特征参考科。分布:－。

Vexillifera Ducke ＝ **Dussia**

Veyretella Szlach. & Olszewski 狗兰属 Orchidaceae［MM－723］特征纪要:习性:草本。花程式:(K－),C2－3参考科,A3参考科,↓G－。其他特征参考科。全球1个大洲分布及种数(1－2)◆非洲。

Veyretia Szlach. 绶草属 Orchidaceae［MM－723］特征纪要:习性:草本。花程式:(K)3,C3,A3,↓G－。其他特征参考科。全球3个大洲分布及种数(11－14)非洲:2; 北美洲:3; 南美洲:12。

Vezdaea <unassigned> 伞形科属 Apiaceae［MD－480］特征纪要和分布(－)。

Viborquia Ortega ＝ **Eysenhardtia**

Viburnaceae Raf.［MD－506］荚蒾科 特征纪要:习性:木本;落叶。花程式:K4－5(－),C4－5,A2,↓(G)3－5。花期:11月。果期:8－10月。果实:－。种子:胚直,硬肉质或嚼烂状。海拔:100～1000米。生境:中山,山地黄梁,灌丛中。资源:园林绿化。栽培:中国有栽培。全球6个大洲分布及属种数(1/1 <IFR 2/19> hort. 1; cult. 1) 非洲:1/12; 亚洲:1/143－153(IFR 1/10); 大洋洲:1/11－12; 欧洲:1/26－27; 北美洲:1/122－129(IFR 1/5); 南美洲:IFR 2/4。

Viburnum L. 荚蒾属 Viburnaceae［MD－506］特征纪要:习性:木本。花程式:－。物候:－。花期:5－6月。果期:参考晚于花期。海拔:100－1100米。生境:中山,山地黄梁,灌丛中。资源:具栽培园艺种类。全球6个大洲分布及种数(229－262;hort. 1;cult. 33)非洲:10－52;亚洲:141－207;大洋洲:9－52;欧洲:24－67;北美洲:120－169;南美洲:41－93。【中国种数:94】。

Vicatia DC. 凹乳芹属 Apiaceae［MD－480］特征纪要:习性:草本(基生)。花程式:Kn,C5,A3参考科,＝↓(G)2。物候:－。花期:5－6月。果期:参考晚于花期。海拔:2700－4000米。生境:山坡,草地,沟边,草丛中,云杉林下。资源:药用。全球1个大洲分布及种数(cf. 1)◆亚洲。【中国种数:3】。

Vicia L. 野豌豆属 Fabaceae3［MD－240］特征纪要:习性:木质攀援。花程式:Kn,C2－3参考科,A3参考科,＝↓G1。物候:－。花期:4－9月。果期:参考晚于花期。海拔:200－1200米。生境:溪边,田地边缘。资源:药用,具栽培园艺种类。全球6个大洲分布及种数(158－266;hort. 1;cult. 21)非洲:35－108;亚洲:113－225;大洋洲:30－92;欧洲:56－146;北美洲:57－126;南美洲:54－113。【中国种数:78】。

Vicilla Schur = **Vicia**

Vickia <unassigned> 菊属 Asteraceae [MD-586] 特征纪要:习性:-。花程式:-。其他特征参考科。全球1个大洲分布及种数(-)。

Vickifunkia <unassigned> 菊属 Asteraceae [MD-586] 特征纪要:习性:-。花程式:-。其他特征参考科。全球1个大洲分布及种数(-)。

Vicoa Cass. 垂头苇谷草属 Asteraceae [MD-586] 特征纪要:-。资源:具栽培园艺种类。全球4个大洲分布及种数(15-27)非洲:2; 亚洲:13; 北美洲:2; 南美洲:1。【中国种数:2】。

Victoria Lindl. 王莲属 Nymphaeaceae [MD-27] 特征纪要:习性:草本。资源:具栽培园艺种类。全球5个大洲分布及种数(3-10)非洲:3; 亚洲:4; 大洋洲:2; 北美洲:5; 南美洲:8。【中国种数:2】。

Victorinia Leon = **Cnidoscolus**

Vidalasia Tirveng. 点茜属 Rubiaceae [MD-523] 特征纪要:习性:木本。花程式:(K)4-5,(C)4-5,A4-5,=↓(G)2-9。物候:-。花期:参考早于果期。果期:10月。海拔:5-4800米。生境:矮林内。资源:-。全球1个大洲分布及种数(cf. 1)◆亚洲。

Vieraea Sch. Bip. 春黄菊属 Asteraceae [MD-586] 特征纪要:习性:草本。花程式:(K)3-5,(C)3-5,A3-5,↓G。其他特征参考科。全球1个大洲分布及种数(1)◆欧洲。

Viereckia R. M. King & H. Rob. = **Eupatorium**

Vierhapperia Hand. -Mazz. = **Nannoglottis**

Vierlingia Königer = **Cyrtochilum**

Vietnamocalamus T. Q. Nguyen 禾本科属 Poaceae [MM-748] 特征纪要:习性:草本。花程式:-。其他特征参考科。全球1个大洲分布及种数(-)。

Vietnamochloa Veldkamp & R. Nowack 点草属 Poaceae [MM-748] 特征纪要:习性:竹类。花程式:参考科,C3参考科,A3参考科,G1参考科。其他特征参考科。全球1个大洲分布及种数(1-2)◆亚洲。

Vietnamosasa T. Q. Nguyen 北美箭竹属 Poaceae [MM-748] 特征纪要:习性:草本。花程式:(K)3,C0参考科,A1-2,↓G-参考科。物候:-。海拔:10-5600米。生境:草地,作为饲料植物或大麦田杂草种植。资源:-。全球1个大洲分布及种数(3-4)◆亚洲。【中国种数:2】。

Vietsenia C. Hansen 越南野牡丹属 Melastomataceae [MD-364] 特征纪要:习性:木本。花程式:参考科,C5参考科,A4-5,↓(G)-。其他特征参考科。全球1个大洲分布及种数(4)◆亚洲。

Vigethia W. A. Weber 骡耳菊属 Asteraceae [MD-586] 特征纪要:习性:草本。花程式:(K)3-5,(C)3-5,A3-5,↓G。其他特征参考科。全球1个大洲分布及种数(1)◆北美洲。

Vigia Vell. = **Plukenetia**

Vigieria Vell. = **Escallonia**

Vigna Savi 豇豆属 Fabaceae3 [MD-240] 特征纪要:习性:木质攀援。花程式:-。物候:-。海拔:100米。生境:草地上。资源:维生素,具栽培园艺种类。全球6个大洲分布及种数(122-158;hort. 1;cult. 5)非洲:78-100;亚洲:51-73;大洋洲:24-37;欧洲:16-26;北美洲:36-48;南美洲:35-47。【中国种数:24】。

Vignea P. Beauv. ex T. Lestib. = **Carex**

Viguiera Kunth 金目菊属 Asteraceae [MD-586] 特征纪要:习性:草本。花程式:(K)3-5,C3-5,A3-5,=↓(G)2。其他特征参考科。全球6个大洲分布及种数(19-370)非洲:3; 亚洲:8; 大洋洲:3; 欧洲:194; 北美洲:194; 南美洲:178。

Viguieranthus Villiers 点花豆属 Fabaceae3 [MD-240] 特征纪要:习性:木本。花程式:=↓(K1-∞),C3-5-∞,A5-9,=↓G1。其他特征参考科。全球2个大洲分布及种数(21-27)非洲:27; 北美洲:9。

Viguierella A. Camus 马岛旱禾属 Poaceae [MM-748] 特征纪要:习性:草本。花程式:(K)3,C0参考科,A1-2,=(G)2-3。其他特征参考科。全球1个大洲分布及种数(1)◆非洲(◆马达加斯加)。

Vilbouchevitchia A. Chev. = **Alafia**

Villadia Rose 塔莲属 Crassulaceae [MD-229] 特征纪要:习性:草本。花程式:=↓(K3-5-∞),C3-5-∞,A4,=↓G3-5。其他特征参考科。全球6个大洲分布及种数(49-51;hort. 1)非洲:2;亚洲:1-3;大洋洲:2;欧洲:2;北美洲:35-38;南美洲:14-17。

Villaria Rolfe 维勒茜属 Rubiaceae [MD-523] 特征纪要:习性:木本。花程式:(K)4-5,(C)4-5,A4-5,=↓G2-9。物候:-。花期:参考早于果期。果期:10月。海拔:5-4800米。生境:矮林内。资源:-。全球3个大洲分布及种数(5-9)亚洲:4-8;北美洲:1-2;南美洲:1。【中国种数:1】。

Villarrealia G. L. Nesom 北美凹芹属 Apiaceae [MD-480] 特征纪要:习性:草本。花程式:=↓(Kn),C5,A3参考科,=↓G(-)。其他特征参考科。全球1个大洲分布及种数(1)◆北美洲(◆墨西哥)。

Villarsia Vent. 海角荇菜属 Menyanthaceae [MD-526] 特征纪要:习性:-。花程式:-。物候:-。海拔:60-3600米。生境:池塘中,沼泽中。资源:-。全球6个大洲分布及种数(12-19)非洲:3-8;亚洲:3-11;大洋洲:4-12;欧洲:5;北美洲:5;南美洲:3-9。

Villasenoria B. L. Clark 大羽千里光属 Asteraceae [MD-586] 特征纪要:习性:草本。花程式:(K)3-5,(C)3-5,A3-5,=↓G2。其他特征参考科。全球1个大洲分布及种数(1)◆北美洲(◆墨西哥)。

Villebrunea Gaudich. ex Wedd. 凹尖紫麻属 Urticaceae [MD-91] 特征纪要:习性:-。花程式:-。物候:-。花

期:参考早于果期。果期:1 月。海拔:25 - 5400 米。生境:栽培(来自广西龙州)。资源:具栽培园艺种类。全球 4 个大洲分布及种数(24)非洲:5; 亚洲:17; 大洋洲:4; 南美洲:2。

Villocuspis (A. DC.) Aubrév. & Pellegr. = **Chrysophyllum**

Vilobia Strother 玻利点菊属 Asteraceae [MD - 586] 特征纪要:习性:-。花程式:-。其他特征参考科。全球 1 个大洲分布及种数(1)◆南美洲(◆玻利维亚)。

Viminaria Sm. 折枝扫帚属 Fabaceae3 [MD - 240] 特征纪要:习性:木本。花程式:= ↓(K1 - ∞),C1 - ∞,A5 - 9,= ↓G1。其他特征参考科。全球 3 个大洲分布及种数(1 - 5)非洲:2; 亚洲:2; 大洋洲:4。【中国种数:1】。

Vinca L. 蔓长春花属 Apocynaceae [MD - 492] 特征纪要:习性:木本。花程式:(K -),C5,A5,↓G -。物候:-。花期:3 - 5 月。果期:参考晚于花期。海拔:80 - 3000 米。生境:道路边缘。资源:药用,经济植物,具栽培园艺种类。全球 6 个大洲分布及种数(8 - 11;hort. 1;cult. 2)非洲:4;亚洲:6 - 7;大洋洲:4;欧洲:5;北美洲:4;南美洲:4 - 5。【中国种数:4】。

Vincetoxicum Wolf 白前属 Asclepiadaceae [MD - 494] 特征纪要和分布(-)。全球 1 个大洲分布及种数(151 - 189)◆亚洲。【中国种数:25】。

Vindasia Benoist 文达爵床属 Acanthaceae [MD - 572] 特征纪要:习性:草本。花程式:K2 - 4,C0,A2 - 4,= ↓(G)2。其他特征参考科。全球 2 个大洲分布及种数(1 - 3)非洲:3; 南美洲:2。

Vindicta Raf. = **Epimedium**

Vinealobryum R. H. Zander 点丛藓属 Pottiaceae [B - 133] 特征纪要:习性:-。【Rep】:孢腔轮廓清晰,蒴齿缺如,或具蒴齿而无基膜,下部呈黄绿或黄棕色。其他特征参考科。全球 1 个大洲分布及种数(1)◆非洲。

Vinicia Dematt. 点菊属 Asteraceae [MD - 586] 特征纪要:习性:草本。花程式:(K)3 - 5,C3 - 5,A3 - 5,= ↓(G)2。其他特征参考科。全球 1 个大洲分布及种数(1)◆南美洲(◆巴西)。

Vinkia Meijden 马齿藻属 Haloragaceae [MD - 271] 特征纪要:习性:-。花程式:-。其他特征参考科。全球 1 个大洲分布及种数(1)◆大洋洲(◆澳大利亚)。

Vinogradovia Bani, D. A. German & M. A. Koch 亚凹芹属 Apiaceae [MD - 480] 特征纪要:习性:草本。花程式:= ↓(K5),C5,A5,= ↓G(-)。其他特征参考科。全球 1 个大洲分布及种数(1) ◆亚洲:1。

Vinsonia Gaudich. = **Pandanus**

Viola L. 堇菜属 Violaceae [MD - 126] 特征纪要:习性:木质攀援。花程式:-。物候:-。花期:参考早于果期。果期:3 - 4 月。海拔:200 - 2800 米。生境:草地,草坡,灌丛,林缘,疏林下,田野荒地及河岸沙地等处,自然山坡地。资源:芳香油,观赏,具栽培园艺种类。全球 6 个大洲分布及种数(737 - 1012;hort. 1;cult. 173)非洲:54 - 237;亚洲:391 - 656;大洋洲:49 - 235;欧洲:229 - 467;北美洲:217 - 421;南美洲:174 - 368。【中国种数:173】。

Violaceae Batsch [MD - 126] 堇菜科 特征纪要:习性:木本;落叶。花程式:K4 - 5(-),C5,A10 - 5,↑G -。物候:-。花期:6 - 7 月。果期:7 - 8 月。果实:蒴果。种子:种皮坚硬,棕红色。海拔:0 米。生境:草地,草坡,灌丛,林缘,疏林下,田野荒地及河岸沙地等处,自然山坡地。资源:药用。栽培:中国有栽培。全球 6 个大洲分布及属种数(32 - 37/1024 - 1675 <IFR 7/92> hort. 1;cult. 9) 非洲:7 - 8/83 - 107(IFR 2/5); 亚洲:6/364 - 439(IFR 3/22); 大洋洲:7 - 8/94 - 124(IFR 3/5); 欧洲:2/236 - 298(IFR 2/30); 北美洲:7 - 10/292 - 326(IFR 3/30); 南美洲:15 - 16/340 - 376(IFR 3/8)。【中国属种数:4/183】。

Viorna (Pers.) Rich. 毛茛科属 Ranunculaceae [MD - 38] 特征纪要:习性:-。花程式:-。其他特征参考科。全球 - 大洲分布及属种数(-)。

Viposia Lundell 点卫矛属 Celastraceae [MD - 339] 特征纪要和分布(-)。全球 1 个大洲分布及种数(cf. 1)◆南美洲。

Viracocha Szlach. & Sitko = **Maxillaria**

Virectaria Bremek. 绿洲茜属 Rubiaceae [MD - 523] 特征纪要:习性:木本。花程式:(K)4 - 5,(C)4 - 5,A4 - 5,= ↓(G)2 - 9。其他特征参考科。全球 2 个大洲分布及种数(12 - 19)非洲:18; 亚洲:3。

Virga Hill = **Dipsacus**

Virgaria Raf. ex DC. = **Symphyotrichum**

Virginea (DC.) R. M. Nicoli = **Helichrysum**

Viridantha Espejo 绿花凤梨属 Bromeliaceae [MM - 715] 特征纪要和分布(-)。全球 1 个大洲分布及种数(1)◆北美洲。

Viridivelleraceae I. G. Stone [B - 127] 翠藓科 特征纪要(参考 Lepidoziaceae),密集生长。【Rep】:雌雄同株,雌苞生于茎或分枝先端,蒴被发达,短柱形,被长纤毛,孢蒴卵圆形,蒴壁厚 4 - 6 层细胞。全球 1 个大洲分布和属种数(1/1)◆大洋洲。

Viridivellerus I. G. Stone 小翠藓属 Viridivelleraceae [B - 127] 特征纪要:-。全球 1 个大洲分布及种数(1)。

Viridivellus I. G. Stone 小翠藓属 Viridivelleraceae [B - 127] 特征纪要:-。全球 1 个大洲分布及种数(2)◆大洋洲:2。

Viridivia J. H. Hemsl. & Verdc. 管树莲属 Passifloraceae [MD - 151] 特征纪要:习性:木本。花程式:-。其他特征参考科。全球 1 个大洲分布及种数(1)◆非洲(◆赞比亚)。

Virletia Sch. Bip. ex Benth. & Hook. f. = **Bahia**

Virola Aubl. 油脂楠属 Myristicaceae [MD - 15] 特征纪要:习性:木本。资源:具园艺种类。全球 6 个大洲分布及

V

种数(66－103)非洲:5; 亚洲:13; 大洋洲:9; 欧洲:29; 北美洲:29; 南美洲:92。【中国种数:2】。

Virotia L. A. S. Johnson & B. G. Briggs 岛山龙眼属 Proteaceae [MD－219] 特征纪要:习性:木本。花程式:－。其他特征参考科。全球 2 个大洲分布及种数(7－10)大洋洲:8; 南美洲:4。

Viscaceae Batsch [MD－419] 槲寄生科 特征纪要:习性:木本;落叶。花程式:♀|♂K4－5(－),C0,A4,G1,↓(G)1。花期:11 月至翌年 3 月。果期:6－11 月。果实:浆果。种子:纵折,种皮作不规则的矩圆形。海拔:100－1700 米。生境:长苞冷杉或川滇冷杉上,针叶林,山坡。资源:药用。栽培:－。全球 5 个大洲分布及属种数(2－3/2－15 <IFR 1/2 > hort. 1;cult. 1) 非洲:1－2/67－89; 亚洲:2/53－70(IFR 1/1); 大洋洲:2/15－22(IFR 1/1); 北美洲:1/7(IFR 1/1); 南美洲:1/2。

Viscago Hall. = **Silene**

Viscainoa Greene 点蒺藜属 Zygophyllaceae [MD－288] 特征纪要:习性:木本。花程式:K5,C5,A3－6,G－。其他特征参考科。全球 2 个大洲分布及种数(2－4)北美洲:3; 南美洲:1。

Viscum L. 槲寄生属 Viscaceae [MD－419] 特征纪要(同科)。全球 6 个大洲分布及种数(118－149;hort. 1;cult. 4)非洲:65－91;亚洲:50－65;大洋洲:12－21;欧洲:4－11;北美洲:5－12;南美洲:1－8。【中国种数:20】。

Visena Schult. = **Melochia**

Vismia Vand. 封蜡树属 Clusiaceae [MD－141] 特征纪要:习性:木本。花程式:K1－3,C1－3,A1－3,＝G1－3。资源:具园艺种类。全球 6 个大洲分布及种数(63－68;hort. 1)非洲:9－14;亚洲:4－8;大洋洲:4;欧洲:4;北美洲:13－17;南美洲:57－62。【中国种数:3】。

Vismianthus Mildbr. 维斯花属 Connaraceae [MD－284] 特征纪要:习性:木本。花程式:－。其他特征参考科。全球 2 个大洲分布及种数(2－5)非洲:1; 亚洲:1。

Visnaga Mill. 阿米芹属 Apiaceae [MD－480] 特征纪要:习性:－。花程式:－。其他特征参考科。全球 5 个大洲分布及种数(2－4)非洲:1; 亚洲:1; 欧洲:1; 北美洲:1; 南美洲:1。

Vissadali Adans. = **Knoxia**

Vitaceae Juss. [MD－403] 葡萄科 特征纪要:习性:木本,藤本;落叶。花程式:K4－5(－),C5,A2,↑G2。物候:－。花期:6 月。果期:8 月。果实:浆果。种子:棕色。海拔:0 米。生境:缠绕树上,栽培。资源:园林。栽培:中国有栽培。全球 6 个大洲分布及属种数(17－24/844－1365 <IFR 9/48 > hort. 1;cult. 7) 非洲:10/384－565 (IFR 3/11); 亚洲:13－14/385－562(IFR 6/32); 大洋洲:9/75－102; 欧洲:7－8/45－48; 北美洲:9/151－173 (IFR 2/6); 南美洲:6/113－125(IFR 1/1)。【中国属种数:11/198】。

Vitalia Vis. 梅藓属 Sematophyllaceae [B－192] 特征纪要:－。全球 1 个大洲分布及种数(1)◆南美洲。

Vitaliana Sesl. 金地梅属 Primulaceae [MD－401] 特征纪要:习性:－。花程式:－。其他特征参考科。全球 6 个大洲分布及种数(2)非洲:3;亚洲:1－4;大洋洲:3;欧洲:1－4;北美洲:3;南美洲:3。

Vitalianthus R. M. Schust. & Giancotti 油肋苔属 Lejeuneaceae [B－84] 特征纪要:习性:－。【Rep】:老时呈红褐色。物候:－。海拔:－。生境:山坡,针阔混交林中。资源:－。全球 2 个大洲分布及种数(4)亚洲:2; 南美洲:4。

Vitekorchis Romowicz & Szlach. 文心兰属 Orchidaceae [MM－723] 特征纪要:习性:草本。花程式:(K)3,C3,A3,↓G－。其他特征参考科。全球 2 个大洲分布及种数(5)大洋洲:1;南美洲:4。

Vitellaria C. F. Gaertn. 牛油果属 Sapotaceae [MD－357] 特征纪要:习性:木本。花程式:K4－15,C0,A5,↓G。资源:具园艺种类。全球 4 个大洲分布及种数(2－34)非洲:11; 亚洲:4; 北美洲:4; 南美洲:22。

Vitellariopsis (Baill.) Dubard 假牛油果属 Sapotaceae [MD－357] 特征纪要:习性:木本。花程式:－。其他特征参考科。全球 2 个大洲分布及种数(5－7)非洲:7; 南美洲:3。

Vitex L. 牡荆属 Viticaceae [MD－550] 特征纪要(同科)。全球 6 个大洲分布及种数(185－263;hort. 1;cult. 25) 非洲:107－154;亚洲:49－84;大洋洲:15－33;欧洲:6－18;北美洲:31－52;南美洲:64－84。【中国种数:30】。

Viticaceae A. Juss. [MD－550] 牡荆科 特征纪要:习性:木本;常绿,落叶。花程式:K4－5(－),C0,A,↓(G)－。物候:－。花期:3－5 月。果期:4－6 月。果实:在果熟时长达 5 毫米。种子:无胚乳,子叶圆形。海拔:0 米。生境:潮湿山谷和密林中,竹丛中。资源:园艺。栽培:中国有栽培。全球 6 个大洲分布及属种数(4－5/196－279 <IFR 1/12 > hort. 1;cult. 1)非洲:1/108－143(IFR 1/10); 亚洲:3/53－74(IFR 1/6); 大洋洲:1/16－22 (IFR 1/4); 欧洲:1/6; 北美洲:2/38－51(IFR 1/4); 南美洲:1/65－73(IFR 1/2)。

Viticella Mitch. 紫草科属 Ranunculaceae [MD－38] 特征纪要:习性:－。花程式:－。其他特征参考科。全球 2 个大洲分布及种数(13)北美洲:1; 南美洲:1。

Vitis L. 葡萄属 Vitaceae [MD－403] 特征纪要:习性:木质攀援。花程式:－。物候:－。花期:5－6 月。果期:参考晚于花期。海拔:100－1300 米。生境:常绿阔叶林中或灌丛,中山阳坡。资源:具栽培园艺种类。全球 6 个大洲分布及种数(140－199;hort. 1;cult. 17)非洲:13－63;亚洲:99－176;大洋洲:19－64;欧洲:17－61;北美洲:50－103;南美洲:11－56。【中国种数:50】。

Vittadinia A. Rich. 簇毛层菀属 Asteraceae [MD－586] 特征纪要:习性:草本。花程式:(K)3－5,C3－5,A3－5,＝↓(G)2。资源:具栽培园艺种类。全球 6 个大洲分布及种数(26－35;hort. 1;cult. 3)非洲:4;亚洲:5－10;大洋洲:24－33;欧洲:3－7;北美洲:3－9;南美洲:4。

Vittaria Sm. 靴带蕨属 Vittariaceae [F－39] 特征纪要(同科)。全球 6 个大洲分布及种数(75－110)非洲:17－28;亚洲:53－70;大洋洲:14－22;欧洲:7;北美洲:14－21;南美洲:14－24。【中国种数:2】。

Vittariaceae Ching [F－39] 书带蕨科 特征纪要(参考 Monocleaceae),叶状体宽阔带状,两岐分枝。【Rep】:雌雄苞

无特化生殖枝,雄苞2列至多列着生中肋背面,颈卵器群生,孢蒴通常圆柱形,成熟时不完全2-4瓣裂。全球6个大洲分布和属种数(1;hort. & cult. 1)(74-129;hort. & cult. 4)非洲:1/17-28;亚洲:1/53-70;大洋洲:1/14-22;欧洲:1/7;北美洲:1/14-21;南美洲:1/14-24。

Vittetia R. M. King & H. Rob. 点腺柄泽兰属 Asteraceae [MD-586] 特征纪要:习性:草本。花程式:(K-),(C)3-5,A3 参考科,↓G。其他特征参考科。全球1个大洲分布及种数(2)◆南美洲(◆巴西)。

Vittia Ochyra 点柳叶藓属 Amblystegiaceae [B-178] 特征纪要:-。全球4个大洲分布及种数(3)非洲:1;大洋洲:1;欧洲:1;南美洲:3。

Viviania Cav. 巍安草属 Vivianiaceae [MD-283] 特征纪要和分布(-)。全球1个大洲分布及种数(14-28)◆南美洲。

Vivianiaceae Klotzsch [MD-283] 曲胚科 特征纪要:习性:木本;落叶。花程式:K8,C8-10,A12-8,G-。果实:蒴果。全球1个大洲分布及属种数(2/2 hort. 1)◆南美洲:1/16-28。

Vladimiria Iljin = **Dolomiaea**

Vlokia S. A. Hammer 墨石花属 Aizoaceae [MD-94] 特征纪要:习性:草本。花程式:=↓(K3-4),C3-4,A5 参考科,=↓(G)1-2。其他特征参考科。全球1个大洲分布及种数(2-3)◆非洲。

Voacanga Thou. 马铃果属 Apocynaceae [MD-492] 特征纪要:习性:木本。花程式:K5-∞,C5-∞,A15,=↓G2-5。物候:-。花期:全年。果期:参考晚于花期。海拔:80-3000米。生境:矮林或灌木丛中,住宅旁。资源:材用,具栽培园艺种类。全球6个大洲分布及种数(18-86)非洲:42; 亚洲:29; 大洋洲:3; 欧洲:7; 北美洲:7; 南美洲:12。【中国种数:3】。

Voanioala J. Dransf. 森林椰子属 Arecaceae [MM-717] 特征纪要:习性:木本。花程式:K3-10,C3-10,A3-10,=G3-10。其他特征参考科。全球1个大洲分布及种数(1)◆非洲(◆马达加斯加)。

Voatamalo Capuron ex Bosser 叶萼桐属 Picrodendraceae [MD-317] 特征纪要:习性:木本。花程式:-。其他特征参考科。全球1个大洲分布及种数(2)◆非洲(◆马达加斯加)。

Vochysia Aubl. 萼囊花属 Vochysiaceae [MD-314] 特征纪要:习性:木本。花程式:-。其他特征参考科。全球5个大洲分布及种数(154-242)非洲:5; 亚洲:3; 欧洲:29; 北美洲:29; 南美洲:226。

Vochysiaceae A. St.-Hil. [MD-314] 萼囊花科 特征纪要:习性:木本;落叶。花程式:K1,C1,A1-,G1-3。果实:蒴果。全球2个大洲分布及属种数(10/248-299 <IFR 5/19> hort. 1;cult. 2) 非洲:2/3-5; 南美洲:7/244-292(IFR 5/19)。【中国属种数:1/1】。

Voharanga Costantin & Bois = **Cynanchum**

Vohemaria Buchenau = **Cynanchum**

Voitia Hornsch. 隐壶藓属 Splachnaceae [B-143] 特征纪要:习性:-。【Rep】:雌雄同株,或雌雄异株,蒴柄细长,左旋,孢蒴小,直立,卵状倒圆柱形,革质,红棕色,台部较壶部肥大,色泽,绿色或黄绿色。物候:-。海拔:-。生境:常见于生于湿土上。资源:-。全球3个大洲分布及种数(3)亚洲:2;欧洲:2;北美洲:2。【中国种数:3】。

Voladeria Benoist 赤箭莎属 Cyperaceae [MM-747] 特征纪要和分布(-)。全球1个大洲分布及种数(1)◆南美洲。

Volkamera L. = **Volkameria**

Volkameria Mill. 苦郎树属 Lamiaceae [MD-575] 特征纪要和分布(-)。【中国种数:2】。

V

Volkensinia Schinz 鬃尾苋属 Amaranthaceae [MD-116] 特征纪要:习性:草本。花程式:-。其他特征参考科。全球3个大洲分布及种数(1-6)非洲:5; 欧洲:2; 北美洲:2。

Volkiella Merxm. & Czech 叉苞莎属 Cyperaceae [MM-747] 特征纪要:习性:-。花程式:-。其他特征参考科。全球1个大洲分布及种数(2)◆非洲:2。

Volutarella Cass. = **Volutaria**

Volutaria Cass. 旋瓣菊属 Asteraceae [MD-586] 特征纪要:习性:草本。花程式:(K)3-5,C3-5,A3-5,=↓(G)2。物候:-。海拔:-。生境:-。资源:具园艺种类。全球4个大洲分布及种数(18-22;hort. 1;cult. 1) 非洲:14-16;亚洲:8-9;欧洲:6-7;北美洲:2-3。

Volvariella <unassigned> 山龙眼科属 Proteaceae [MD-219] 特征纪要:-。全球2个大洲分布及种数(11)非洲:11; 南美洲:8。

Volvulopsis Roberty = **Evolvulus**

Volvulus Medik. 旋花科属 Convolvulaceae [MD-499] 特征纪要:习性:-。花程式:-。其他特征参考科。全球4个大洲分布及种数(7)亚洲:3; 欧洲:1; 北美洲:1; 南美洲:2。

Vonitra Becc. = **Dypsis**

Vossia Wall. & Griff. 河马草属 Poaceae [MM-748] 特征纪要:习性:-。花程式:-。其他特征参考科。全球5个大洲分布及种数(1-14)非洲:4; 亚洲:7; 欧洲:3; 北美洲:3; 南美洲:5。【中国种数:1】。

Vossianthus Kuntze = **Sparrmannia**

Votomita Aubl. 顶腺谷木属 Melastomataceae [MD-364] 特征纪要:习性:木本。花程式:=↓(K4),C4,A4-5,=↓G3-4。其他特征参考科。全球3个大洲分布及种数(10-19)亚洲:3; 北美洲:4; 南美洲:18。

Votschia B. Ståhl 黄萝桐属 Primulaceae [MD-401] 特征纪要:习性:木本。花程式:(K)8-10,(C)8-10,A8-10,(G)4-5。其他特征参考科。全球2个大洲分布及种数(1-2)北美洲:1; 南美洲:1。

Vouacapoua Aubl. 沃埃苏木属 Fabaceae3［MD－240］特征纪要:木本,落叶,复叶; 花程式: = ↓(K)3－5－∞,C3－5－∞,A3－5, = ↑G:1－2。果实:无果颈。种子:棕色。全球1个大洲分布及种数(6)◆南美洲。

Vouarana Aubl. 圭亚那无患子属 Sapindaceae［MD－428］特征纪要:习性:木本。花程式:K4－8,C4－8,A10, = (G)2－3。其他特征参考科。全球3个大洲分布及种数(2－3)大洋洲:1; 北美洲:3; 南美洲:3。

Vouauxiella <unassigned> 孢芽藓科属 Sorapillaceae［B－212］特征纪要:－。全球1个大洲分布及种数(－)。

Vouauxiomyces <unassigned> 承芽藓属 Sorapillaceae［B－212］特征纪要:－。全球1个大洲分布及种数(－)。

Vouay Aubl. = **Geonoma**

Voyria Aubl. 沃伊龙胆属 Gentianaceae［MD－496］特征纪要:草本。花程式:K4－5,C0,A10, = ↓G2。其他特征参考科。全球6个大洲分布及种数(22)非洲:1－9;亚洲:8;大洋洲:8;欧洲:8;北美洲:11－20;南美洲:16－24。

Voyriella (Miq.) Miq. 小沃伊龙胆属 Gentianaceae［MD－496］特征纪要:习性:草本。花程式:K4－5,C0,A10, = (G)2。其他特征参考科。全球2个大洲分布及种数(1－3)北美洲:1; 南美洲:3。

Vriesea Lindl. 丽穗凤梨属 Bromeliaceae［MM－715］特征纪要:习性:－。其他特征参考科。全球6个大洲分布及种数(273－671)非洲:3; 亚洲:16; 大洋洲:33; 欧洲:180; 北美洲:180; 南美洲:575。【中国种数:1】。

Vriesia Lindl. = **Vriesea**

Vrolickia Steud. = **Heteranthia**

Vrolijkheidia Hedd. & R. H. Zander 南非丛藓属 Pottiaceae［B－133］特征纪要:习性:－。【Rep】:孢腔轮廓清晰,蒴齿缺如,或具蒴齿而无基膜,下部呈黄绿或黄棕色。其他特征参考科。全球1个大洲分布及种数(1)◆非洲。

Vrydagzynea Bl. 二尾兰属 Orchidaceae［MM－723］特征纪要:习性:草本。花程式:Kn,C2－3参考科,A3参考科, = ↓G3。物候:－。花期:3－5月。果期:参考晚于花期。海拔:300－700米。生境:阴湿林下或山谷湿地上。资源:－。全球5个大洲分布及种数(43－65)非洲:9; 亚洲:32; 大洋洲:14; 欧洲:1; 北美洲:1。【中国种数:3】。

Vulcanoa Morillo 夹竹桃科属 Apocynaceae［MD－492］特征纪要:习性:木本。花程式:－。其他特征参考科。全球1个大洲分布及种数(－)。

Vulpia C. C. Gmel. 鼠茅属 Poaceae［MM－748］特征纪要:习性:－。花程式:－。物候:－。花期:4－7月。果期:参考晚于花期。海拔:160－4200米。生境:路边,山坡,沙滩,石缝及沟边。资源:－。全球6个大洲分布及种数(31－35)非洲:22－35;亚洲:18－29;大洋洲:9－19;欧洲:23－33;北美洲:14－24;南美洲:12－22。

Vulpicida <unassigned> 水蕨科属 Parkeriaceae［F－36］特征纪要:－。全球3个大洲分布及种数(6)亚洲:4; 欧洲:2; 北美洲:2。

Vulpiella (Batt. & Trab.) Burollet 硬鼠茅属 Poaceae［MM－748］特征纪要:习性:草本。花程式:(K)3,C0参考科,A1－2, = (G)2－3。其他特征参考科。全球5个大洲分布及种数(3－10)非洲:6; 亚洲:3; 欧洲:2; 北美洲:2; 南美洲:4。

Vuralia Vis. 梅蓝属 Sterculiaceae［MD－189］特征纪要:习性:木本。花程式:参考科,C6参考科,A6参考科,G5参考科。其他特征参考科。全球2个大洲分布及种数(1)亚洲:1;欧洲:1。

Vvedenskya Korovin 韦坚草属 Apiaceae［MD－480］特征纪要:习性:草本。花程式: = ↓(K5),C5,A5, = ↓G(－)。其他特征参考科。全球1个大洲分布及种数(1) ◆亚洲:1。

Vvedenskyella Botsch. = **Phaeonychium**

W

Wachendorfia Cothen. 折扇草属 Haemodoraceae［MM－718］特征纪要和分布(－)。全球5个大洲分布及种数(6－9)非洲:5;大洋洲:2;欧洲:1;北美洲:1;南美洲:1。

Wadea Raf. ＝ **Cestrum**

Wadithamnus T. Hammer & R. W. Davis 苋科属 Amaranthaceae［MD－116］特征纪要:习性:草本。花程式:－。其他特征参考科。全球1个大洲分布及种数(2)◆亚洲:2。

Wagatea Dalz. 穗花云实属 Fabaceae3［MD－240］特征纪要:习性:－。花程式:－。其他特征参考科。全球1个大洲分布及种数(2)◆北美洲:2。

Wagneriopteris á. Löve & D. Löve ＝ **Thelypteris**

Wahlbomia Thunb. ＝ **Tetracera**

Wahlenbergia Schröd. ex Roth 兰花参属 Campanulaceae［MD－561］特征纪要和分布(－)。【中国种数:4】。

Waireia D. L. Jones, Molloy & M. A. Clem. 裂缘兰属 Orchidaceae［MM－723］特征纪要:习性:草本。花程式:(K)3,C3,A3,↓G－。其他特征参考科。全球2个大洲分布及种数(1－2)大洋洲:1; 南美洲:1。

Wajira Thulin 节柱兰属 Fabaceae3［MD－240］特征纪要:习性:木本。花程式:＝↓(Kn),C1－∞参考科,A3参考科,＝↓G(－)。其他特征参考科。全球1个大洲分布及种数(2－6)◆非洲。

Wakilia Gilli ＝ **Phaeonychium**

Walafrida E. Mey. ＝ **Cromidon**

Waldschmidia Weber ＝ **Nymphoides**

Waldsteinia Willd. 林石草属 Rosaceae［MD－246］特征纪要:习性:木本。花程式:－。物候:－。花期:5－6月。果期:参考晚于花期。海拔:700－1000米。生境:森林。资源:具栽培园艺种类。全球5个大洲分布及种数(8－23)非洲:4; 亚洲:13; 大洋洲:2; 欧洲:14; 北美洲:14。【中国种数:2】。

Walkuffa Bruce ex Steud. ＝ **Dombeya**

Wallacea Spruce ex Benth. & Hook. f. 渔莲木属 Ochnaceae［MD－104］特征纪要:习性:木本。花程式:K1－∞,C1－∞,A10,＝(G)2－15。其他特征参考科。全球2个大洲分布及种数(3－4)非洲:1; 南美洲:4。

Wallaceodendron Koord. 铁岛合欢属 Fabaceae2［MD－240］特征纪要:习性:木本。花程式:＝↓(Kn),C3－5－∞,A3参考科,＝↓G(－)。其他特征参考科。全球1个大洲分布及种数(1－2)◆亚洲。

Wallaceodoxa Heatubun & W. J. Baker 黄棕榈属 Arecaceae［MM－717］特征纪要:习性:木本。花程式:K3－10,C3－10,A3－10,G3－ 参考科。其他特征参考科。全球1个大洲分布及种数(1)◆非洲。

Wallenia Sw. 黄金牛属 Myrsinaceae［MD－389］特征纪要:习性:草本。花程式:(K)3－4,(C)3－4,A4,＝G3－5。其他特征参考科。全球5个大洲分布及种数(30－48)非洲:4; 亚洲:16; 欧洲:43; 北美洲:43; 南美洲:7。

Walleria J. Kirk 锥药莲属 Walleriaceae［MM－684］特征纪要(同科)。全球3个大洲分布及种数(3－12)非洲:11; 亚洲:2; 北美洲:2。

Walleriaceae (R. Dahlgren) H. Huber ex Takht.［MM－684］肉根草科 特征纪要:习性:草本;落叶。花程式:(K)6－,C3,A,↓(G)－。果实:蒴果。种子:大,棕色或带黑色。全球1个大洲分布及属种数(1/1 hort. 1)◆非洲:1/ 1。

Wallichia Roxb. 小堇棕属 Arecaceae［MM－717］特征纪要:习性:－。花程式:－。物候:－。花期:10月。果期:参考晚于花期。海拔:200－1000米。生境:低地雨林,岩石地带。资源:园林。全球4个大洲分布及种数(8－31)非洲:2; 亚洲:25; 北美洲:3; 南美洲:2。【中国种数:5】。

Walshia Jeanes 菊科属 Asteraceae［MD－586］特征纪要:习性:－。花程式:K－,C3,A4－5,↓(G)2。其他特征参考科。全球1个大洲分布及种数(1)非洲。

Walsholaria G. L. Nesom 菊科属 Asteraceae［MD－586］特征纪要:习性:－。花程式:－。其他特征参考科。全球1个大洲分布及种数(4)◆大洋洲:4。

Walsura Roxb. 割舌树属 Meliaceae［MD－414］特征纪要:习性:木本。花程式:(K)5,C5,A5,G－。物候:－。花期:2－7月。果期:参考晚于花期。海拔:900－1000米。生境:森林。栽培:来自广西龙州。资源:具栽培园艺种类。全球2个大洲分布及种数(18－62)亚洲:55; 大洋洲:3。【中国种数:2】。

Walteranthus Keighery 小触须果属 Gyrostemonaceae［MD－198］特征纪要:习性:草本。花程式:－。其他特征参考科。全球1个大洲分布及种数(1)◆大洋洲。

Walthera Cothen. = **Waltheria**

Waltheria L. 蛇婆子属 Sterculiaceae [MD－189] 特征纪要:习性:木本。花期:夏天－秋天。果期:参考晚于花期。海拔:100－3000米。生境:热带地区,杂草。资源:药用,纤维,具栽培园艺种类。全球6个大洲分布及种数(60－132)非洲:13; 亚洲:23; 大洋洲:6; 欧洲:38; 北美洲:38; 南美洲:120。【中国种数:5】。

Waltillia Leme, Barfuss & Halbritt. 蛇凤梨属 Bromeliaceae [MM－715] 特征纪要:习性:草本。花程式:(K)3,C3,A3参考科,↓G。其他特征参考科。全球1个大洲分布及种数(1) ◆南美洲:1。

Waluewa Regel = **Oncidium**

Walwhalleya Wills & J. J. Bruhl 澳红禾属 Poaceae [MM－748] 特征纪要:习性:草本。花程式:(K－),C0参考科,A3参考科,↓G－参考科。其他特征参考科。全球6个大洲分布及种数(5)非洲:1;亚洲:1;大洋洲:4－5;欧洲:1;北美洲:1;南美洲:1。

Wamalchitamia Strother 棱果菊属 Asteraceae [MD－586] 特征纪要:习性:草本。花程式:(K)3－5,C3－5,A3－5,＝↓(G)2。其他特征参考科。全球1个大洲分布及种数(7)◆北美洲。

Wandersong David W. Taylor 茜草科属 Rubiaceae [MD－523] 特征纪要:习性:木本。花程式:(K－),(C)4,A3参考科,↓G。其他特征参考科。全球1个大洲分布及种数(2)◆北美洲。

Wangenheimia Mönch 冰鼠茅属 Poaceae [MM－748] 特征纪要:习性:－。花程式:－。其他特征参考科。全球2个大洲分布及种数(1－9)非洲:4; 南美洲:2。

Wangia X. Guo & R. M. K. Saunders 文采木属 Annonaceae [MD－7] 特征纪要:习性:－。花期:4月。果期:参考晚于花期。海拔:100－2400米。生境:半常绿阔叶林中,在山地灌木丛中。资源:－。全球1个大洲分布及种数(－)。

Warburgia Engl. 十数樟属 Canellaceae [MD－9] 特征纪要:习性:木本。花程式:K6－12,C6－12,A6－12,＝G2－5。其他特征参考科。全球2个大洲分布及种数(5－9)非洲:8; 南美洲:2。

Warburgiella Müll. Hal. 裂帽藓属 Sematophyllaceae [B－192] 特征纪要:习性:－。【Rep】:雌雄异苞同株,雌苞叶与营养叶相似,蒴柄纤细,红色,平滑或上部具疣,长2－3.5厘米,孢蒴平展或悬垂。物候:－。海拔:－。生境:常见于竹上,岩石上。资源:－。全球3个大洲分布及种数(31)非洲:2;亚洲:24;大洋洲:12。【中国种数:2】。

Warczewiczella Rchb. f. 盾盘兰属 Orchidaceae [MM－723] 特征纪要:习性:草本。花程式:(K－),C0参考科,A3,↓(G)3。其他特征参考科。全球2个大洲分布及种数(11－12)北美洲:2;南美洲:10－11。【中国种数:1】。

Wardaster J. Small 藏菀属 Asteraceae [MD－586] 特征纪要和分布(－)。全球1个大洲分布及种数(2)◆亚洲:cf. 1。

Wardenia King = **Brassaiopsis**

Wardia Harv. & Hook. ex Hook. 水藓科属 Rhacocarpaceae [B－139] 特征纪要:习性:－。其他特征参考科。全球1个大洲分布及种数(1)◆非洲。

Warea C. B. Clarke 韦尔芥属 Brassicaceae [MD－213] 特征纪要:习性:－。花程式:－。其他特征参考科。全球3个大洲分布及种数(4－8)亚洲:3; 北美洲:7; 南美洲:2。

Waria Aubl. = **Uvaria**

Warionia Benth. & Coss. 沙菊木属 Asteraceae [MD－586] 特征纪要:习性:草本。花程式:(K)3－5,C3－5,A3－5,＝↓(G)2。其他特征参考科。全球1个大洲分布及种数(1)◆非洲。

Warmingia Rchb. f. 紫槟榔青属 Orchidaceae [MM－723] 特征纪要:习性:－。花程式:－。其他特征参考科。全球2个大洲分布及种数(4－9)北美洲:3; 南美洲:9。

Warneckea Gilg 桂谷木属 Melastomataceae [MD－364] 特征纪要:习性:木本。花程式:－。其他特征参考科。全球4个大洲分布及种数(49－70)非洲:52; 亚洲:17; 大洋洲:2; 北美洲:2。

Warnockia M. W. Turner 瓦尔草属 Lamiaceae [MD－575] 特征纪要:习性:草本。花程式:K2,C0,A2,↓G。其他特征参考科。全球3个大洲分布及种数(1－5)非洲:2; 北美洲:5; 南美洲:2。

Warnstorfia Löske 范氏藓属 Amblystegiaceae [B－178] 特征纪要:习性:－。【Rep】:雌雄同株或异株,内雌苞叶卵状披针形,无褶,中肋单一,蒴柄棕红。物候:－。海拔:－。生境:常见于腐木生,沼泽土生。资源:－。全球6个大洲分布及种数(14)非洲:5;亚洲:6;大洋洲:4;欧洲:11;北美洲:9;南美洲:8。【中国种数:3】。

Warpuria Stapf = **Podorungia**

Warrea Lindl. 节柱兰属 Orchidaceae [MM－723] 特征纪要:习性:草本。花程式:(K)3,C3,A3,＝↓(G)3。其他特征参考科。全球5个大洲分布及种数(3－26)非洲:5; 亚洲:2; 大洋洲:2; 北美洲:8; 南美洲:20。

Warreella Schltr. 小瓦利兰属 Orchidaceae [MM－723] 特征纪要:习性:草本。花程式:(K)3,C3,A3,＝↓(G)3。其他特征参考科。全球2个大洲分布及种数(2－4)亚洲:1; 南美洲:3。

Warreopsis Garay 类瓦利兰属 Orchidaceae [MM－723] 特征纪要:习性:草本。花程式:(K)3,C3,A3,＝↓(G)3。其他特征参考科。全球2个大洲分布及种数(4－5)北美洲:1;南美洲:2－3。

Warscaea Szlach. 剑蕊兰属 Orchidaceae [MM－723] 特征纪要:习性:－。花程式:－。其他特征参考科。全球1个大洲分布及种数(2)◆南美洲。

Warszewiczia Klotzsch 红缎花属 Rubiaceae [MD－523] 特征纪要:习性:木本。花程式:(K)4－5,(C)4－5,A4－5,＝↓G2－9。其他特征参考科。全球6个大洲分布及种数(9－22)非洲:1; 亚洲:2; 大洋洲:2; 欧洲:11; 北

美洲:11; 南美洲:18。

Wasatchia M. E. Jones = **Festuca**

Washingtonia Winslow 丝葵属 Arecaceae [MM-717] 特征纪要:习性:-。花程式:-。物候:-。花期:7月。果期:参考晚于花期。海拔:100-2800米。生境:-。栽培:-。资源:具栽培园艺种类。全球6个大洲分布及种数(2-36)非洲:6; 亚洲:3; 大洋洲:5; 欧洲:13; 北美洲:13; 南美洲:4。【中国种数:2】。

Watsonia Mill. 弯管鸢尾属 Iridaceae [MM-700] 特征纪要:习性:-。花程式:-。物候:-。花期:4-5月。果期:参考晚于花期。海拔:100-4400米。生境:草丛中,自然山坡地。资源:-。全球6个大洲分布及种数(65-72;hort.1;cult. 2)非洲:62-70;亚洲:8-15;大洋洲:7-14;欧洲:4-11;北美洲:7-14;南美洲:1-8。【中国种数:1】。

Wattakaka Hassk. = **Dregea**

Weatherbya Copel. = **Lemmaphyllum**

Webera Schreb. 白花若灯笼属 Bryaceae [B-146] 特征纪要和分布(-)。全球6个大洲分布及种数(45)非洲:7; 亚洲:12;大洋洲:1;欧洲:6;北美洲:10;南美洲:10。【中国种数:4】。

Weberbauera Gilg & Muschl. 韦伯芥属 Brassicaceae [MD-213] 特征纪要:草本。花程式:K2-4,C2-4,A2-4,=G2。其他特征参考科。全球5个大洲分布及种数(25-35)非洲:2; 亚洲:2; 欧洲:2; 北美洲:2; 南美洲:31。

Weberbauerella Ulbr. 小韦豆属 Fabaceae3 [MD-240] 特征纪要:习性:木本。花程式:=↓(K1-∞),C1-∞,A5-9,=↓G1。其他特征参考科。全球1个大洲分布及种数(3)◆南美洲(◆秘鲁)。

Weberbauerocereus Backeb. 金髯柱属 Cactaceae [MD-100] 特征纪要:习性:木本。花程式:=↓(K1-∞),C1-∞,A3-100,=↓G3-100-。物候:-。海拔:-。生境:-。资源:具园艺种类。全球1个大洲分布及种数(13-14)◆南美洲。

Weberocereus Britton & Rose 月林令箭属 Cactaceae [MD-100] 特征纪要:习性:木本。花程式:=↓(K1-∞),C1-∞,A3-100,=↓(G)3-100。物候:-。海拔:-。生境:-。资源:具园艺种类。全球2个大洲分布及种数(10-12;hort.1)北美洲:8-9;南美洲:1。【中国种数:1】。

Websteria S. H. Wright 藻蘸草属 Cyperaceae [MM-747] 特征纪要:习性:-。花程式:-。其他特征参考科。全球5个大洲分布及种数(7)非洲:4; 亚洲:4; 大洋洲:2; 北美洲:4; 南美洲:4。

Weddellina Tul. 花菱藻属 Podostemaceae [MD-322] 特征纪要:习性:草本。花程式:K1-2,C0,A10,=(G)1-2。其他特征参考科。全球1个大洲分布及种数(2)◆南美洲。

Wedela Steud. = **Ardisia**

Wedelia Jacq. 滨蟛菊属 Asteraceae [MD-586] 特征纪要:习性:-。花程式:-。物候:-。花期:4-10月。果期:参考晚于花期。海拔:500-800米。生境:海岸干燥沙土地。栽培:来自广西龙州。资源:具栽培园艺种类。全球6个大洲分布及种数(130-184;hort.1;cult. 2)非洲:11;亚洲:18-33;大洋洲:5-17;欧洲:11;北美洲:29-47;南美洲:91-108。

Weigela Thunb. 锦带花属 Caprifoliaceae [MD-510] 特征纪要:习性:木本。花程式:-。物候:-。花期:4-8月。果期:参考晚于花期。海拔:100-1500米。生境:混交林,灌丛。栽培:来自广西龙州。资源:药用,具栽培园艺种类。全球6个大洲分布及种数(13-53)非洲:2; 亚洲:41; 大洋洲:2; 欧洲:11; 北美洲:11; 南美洲:3。【中国种数:3】。

Weigelia Pers. = **Weigela**

Weigeltia A. DC. 鞠报春属 Primulaceae [MD-401] 特征纪要:习性:-。花程式:-。其他特征参考科。全球3个大洲分布及种数(41)亚洲:2; 北美洲:3; 南美洲:37。

Weihea Spreng. 非洲红树属 Iridaceae [MM-700] 特征纪要:习性:-。花程式:-。其他特征参考科。全球1个大洲分布及种数(1)◆非洲。

Weilbachia Klotzsch & Oerst. = **Begonia**

Weingartia Werderm. 惠毛球属 Cactaceae [MD-100] 特征纪要:习性:-。花程式:-。其他特征参考科。全球2个大洲分布及种数(1-66)北美洲:3; 南美洲:52。

Weinmannia L. 盐麸梅属 Cunoniaceae [MD-255] 特征纪要:习性:木本。花程式:-。物候:-。海拔:-。生境:-。资源:具园艺种类。全球5个大洲分布及种数(181-220;hort.1;cult. 15)非洲:42-48;亚洲:24-30;大洋洲:39-62;北美洲:25-26;南美洲:91-95。【中国种数:1】。

Weisiodon Bruch & Schimp. 丛藓科属 Pottiaceae [B-133] 特征纪要:-。全球1个大洲分布及种数(-)。

Weisiopsis Broth. 小墙藓属 Pottiaceae [B-133] 特征纪要:习性:-。【Rep】:雌雄同株,蒴柄黄色,细长,孢蒴直立,长圆柱形,环带成熟后自行脱落,蒴齿短,直立,平滑或具疣,蒴盖圆。物候:-。海拔:-。生境:常见于高山岩石上。栽培:来自广西龙州。资源:具栽培园艺种类。全球5个大洲分布及种数(11)非洲:4;亚洲:2;大洋洲:3;北美洲:4;南美洲:2。【中国种数:4】。

Weissia Hedw. 小石藓属 Pottiaceae [B-133] 特征纪要:习性:-。【Rep】:雌雄同株或雌雄异株,雌苞叶多与一般叶同形,基部略呈鞘状,孢蒴隐生于雌苞叶中或高出于外,呈卵状柱形。物候:-。海拔:900米。生境:土生,岩面土生。资源:-。全球6个大洲分布及种数(139)非洲:30;亚洲:30;大洋洲:30;欧洲:38;北美洲:40;南美洲:33。【中国种数:13】。

Weissiaceae Schimp. = Pottiaceae

Weissiodicranum W. D. Reese 波多丛藓属 Pottiaceae [B-133] 特征纪要:习性:-。【Rep】:孢腔轮廓清晰,蒴齿缺如,或具蒴齿而无基膜,下部呈黄绿或黄棕色。其他特征参考科。全球2个大洲分布及种数(2)北美洲:2; 南美洲:2。

Welchiodendron Peter G. Wilson & J. T. Waterh. 黄胶木属 Myrtaceae [MD-347] 特征纪要:木本。花程式:=↓(K4-5),C4-5,A8-10,=↓(G)2-5。其他特征参考科。全球2个大洲分布及种数(1-3)非洲:1; 大洋洲:2。

Weldena Pohl ex K. Schum. = **Abutilon**

Weldenia Schult. f. 银瓣花属 Commelinaceae [MM-708] 特征纪要:习性:草本。花程式:(K)3,C3,A2-3,=G3。其他特征参考科。全球2个大洲分布及种数(1-8)亚洲:2; 北美洲:2。

Welfia H. Wendl. 星蕊椰属 Arecaceae [MM-717] 特征纪要:习性:木本。花程式:K3-10,C3-10,A3-10,=G3-10。其他特征参考科。全球2个大洲分布及种数(2-5)北美洲:3; 南美洲:4。

Wellstedia Balf. f. 蒴紫草属 Wellstediaceae [MD-520] 特征纪要(同科)。全球2个大洲分布及种数(7-11)非洲:8; 亚洲:2。

Wellstediaceae Novák [MD-520] 番厚壳树科 特征纪要:习性:草本;落叶。花程式:K4,C0,A4,↓(G)2。果实:-。种子:种皮膜质,纵折。海拔:-。生境:-。资源:-。栽培:-。全球1个大洲分布及属种数(1/1 < IFR 1/1 > hort. 1)◆非洲:1/ 1-6。

Welwitschia Welw. 百岁兰属 Welwitschiaceae [G-8] 特征纪要(同科)。全球5个大洲分布及种数(1-30)非洲:2; 亚洲:17; 欧洲:2; 北美洲:2; 南美洲:18。

Welwitschiaceae Carül [G-8] 百岁兰科 特征纪要:绒毛状,深绿色或黄绿色,密交织生长。全球1个大洲分布及属种数(1/1 hort. 1)◆非洲:1/1。

Wenchengia C. Y. Wu & S. Chow 保亭花属 Lamiaceae [MD-575] 特征纪要:习性:草本,亚灌木。花程式:-。物候:-。花期:9月。果期:参考晚于花期。海拔:350米。生境:生于热带密林中。资源:-。全球1个大洲分布及种数(cf. 1)◆亚洲(◆中国)。

Wenderothia Schlecht. = **Canavalia**

Wendlandia Bartl. ex DC. 水锦树属 Rubiaceae [MD-523] 特征纪要和分布(-)。全球6个大洲分布及种数(49-89;hort. 1;cult. 1)非洲:3-9;亚洲:47-80;大洋洲:3-12;欧洲:2;北美洲:3-5;南美洲:2-4。【中国种数:38】。

Wendlandiella Dammer 亚马逊椰属 Arecaceae [MM-717] 特征纪要:习性:木本。花程式:K3-10,C3-10,A3-10,=G3-10。其他特征参考科。全球2个大洲分布及种数(3-7)北美洲:3; 南美洲:7。

Wendtia Meyen 秀露梅属 Ledocarpaceae [MD-287] 特征纪要:习性:-。花程式:-。其他特征参考科。全球4个大洲分布及种数(20)亚洲:11; 欧洲:1; 北美洲:1; 南美洲:9。

Wenzelia Merr. 文策尔芸香属 Rutaceae [MD-399] 特征纪要:习性:木本。花程式:K∞,C∞,A4,=G1-3。其他特征参考科。全球3个大洲分布及种数(2-9)非洲:1-5;亚洲:2;大洋洲:1。

Werauhia J. R. Grant 夜花凤梨属 Bromeliaceae [MM-715] 特征纪要:习性:草本。花程式:(K)3,C3,A6,=↓G3。其他特征参考科。全球6个大洲分布及种数(92-95)非洲:1;亚洲:2-3;大洋洲:1;欧洲:1;北美洲:80-82;南美洲:59-60。

Wercklea Pittier & Standl. 幌伞葵属 Malvaceae [MD-203] 特征纪要:习性:木本。花程式:K5-∞,C5-∞,A10-8,=(G)1-5。其他特征参考科。全球2个大洲分布及种数(14-16)北美洲:9-11;南美洲:6。

Werckleocereus Britton & Rose 月林令箭属 Cactaceae [MD-100] 特征纪要:习性:-。花程式:-。其他特征参考科。全球1个大洲分布及种数(cf. 1)◆北美洲。

Werdermannia O. E. Schulz 韦德芥属 Brassicaceae [MD-213] 特征纪要和分布(-)。全球1个大洲分布及种数(2)◆北美洲。

Werneria Kunth 光莲菊属 Asteraceae [MD-586] 特征纪要:习性:草本。花程式:(K)3-5,(C)3-5,A3-5,=↓G2。资源:具园艺种类。全球4个大洲分布及种数(48-128)非洲:2; 亚洲:2; 北美洲:4; 南美洲:106。

Werneriobryaceae Herzog = Dicranaceae

Werneriobryum Herzog 大锦叶藓属 Dicranaceae [B-128] 特征纪要:-。全球1个大洲分布及种数(-)。

Wernischeckia Scop. ex P. & K. = **Humiria**

Wernisekia Scop. = **Humiria**

Werrinuwa B. Heyne = **Guizotia**

Westia Vahl 豆科属 Fabaceae2 [MD-239] 特征纪要:习性:-。花程式:-。其他特征参考科。分布:-。

Westoniella Cuatrec. 紫绒菀属 Asteraceae [MD-586] 特征纪要:习性:草本。花程式:(K)3-5,C3-5,A3-5,=↓(G)2。其他特征参考科。全球1个大洲分布及种数(6)◆北美洲。

Westphalina A. Robyns & Bamps = **Mortoniodendron**

Westringia Sm. 迷南苏属 Lamiaceae [MD-575] 特征纪要:习性:草本。花程式:K2,C0,A2,G2。其他特征参考科。全球4个大洲分布及种数(33-53)大洋洲:50; 欧洲:3; 北美洲:3; 南美洲:3。

Wetria Baill. 柔丝桐属 Euphorbiaceae [MD-217] 特征纪要:习性:木本。花程式:K1(1000),C0,A6,=(G)2-3。物候:-。花期:3-10月。果期:参考晚于花期。海拔:20-5000米。生境:中海拔山地灌木林中。资源:-。全球3个大洲分布及种数(2-9)非洲:1; 亚洲:6; 大洋洲:2。【中国种数:1】。

Wetriaria Kuntze = **Argomuellera**

Wettinella O. F. Cook & Doyle = **Wettinia**

Wettinia Pöpp. ex Endl. 绳序椰属 Arecaceae [MM – 717] 特征纪要:习性:木本。花程式:K3 – 10,C3 – 10,A3 – 10,G3 – 10。其他特征参考科。全球 4 个大洲分布及种数(22 – 57)亚洲:5; 大洋洲:1; 北美洲:12; 南美洲:53。

Wettiniicarpus Burret = **Wettinia**

Wettsteinia Schiffn. 无萼苔属 Adelanthaceae [B – 50] 特征纪要:习性:–。其他特征参考科。全球 6 个大洲分布及种数(3)非洲:2;亚洲:2 – 4;大洋洲:2;欧洲:2;北美洲:2;南美洲:1 – 3。【中国种数:1】。

Wettsteiniola Süss. 河川草属 Podostemaceae [MD – 322] 特征纪要:习性:草本。花程式:K1 – 2,C0,A10, = (G)1 – 2。其他特征参考科。全球 1 个大洲分布及种数(3)◆南美洲。

Weymouthia Broth. 山蔓藓属 Meteoriaceae [B – 188] 特征纪要:习性:–。【Rep】:雌苞着生茎或枝上,蒴柄平滑或粗糙,孢蒴椭圆形或椭圆状圆柱形,蒴齿内外齿层等长,或内齿层稍短,基膜高出,蒴柄细长,孢蒴卵圆形。其他特征参考科。全球 3 个大洲分布及种数(2)大洋洲:2;北美洲:2;南美洲:2。

Whalleya Wills & J. J. Bruhl = **Walwhalleya**

Whipplea Torr. 林黛梅属 Hydrangeaceae [MD – 429] 特征纪要:习性:木本。花程式:–。其他特征参考科。全球 1 个大洲分布及种数(1 – 2)◆北美洲(◆美国)。

Whiteochloa C. E. Hubb. 怀特黍属 Poaceae [MM – 748] 特征纪要:习性:草本。花程式:(K)3,C0 参考科,A1 – 2, = (G)2 – 3。其他特征参考科。全球 4 个大洲分布及种数(6 – 7)非洲:3; 亚洲:2; 大洋洲:7; 北美洲:3。

Whiteodendron Steenis 金桃柳属 Myrtaceae [MD – 347] 特征纪要:习性:木本。花程式: = ↓(Kn),C2 – 3 参考科,A8 – 10, = ↓G –。其他特征参考科。全球 1 个大洲分布及种数(1)◆亚洲。

White – sloanea Chiov. 沙龙玉属 Apocynaceae [MD – 492] 特征纪要:习性:木本。花程式:Kn,C0,A15, ↓G。其他特征参考科。全球 1 个大洲分布及种数(1)◆欧洲。

Whitfieldia Hook. 惠特爵床属 Acanthaceae [MD – 572] 特征纪要:习性:草本。花程式:K2 – 4,C0,A2 – 4, = (G)2。其他特征参考科。全球 5 个大洲分布及种数(14 – 29)非洲:29; 亚洲:3; 欧洲:2; 北美洲:2; 南美洲:2。【中国种数:2】。

Whitfordia Elmer = **Whitfordiodendron**

Whitfordiodendron Elmer 崖豆藤属 Fabaceae3 [MD – 240] 特征纪要:习性:木质攀援。花程式:–。物候:–。海拔:250 – 1300 米。生境:生于山谷疏林中。资源:药用。全球 6 个大洲分布及种数(3 – 5)非洲:1;亚洲:2 – 3;大洋洲:1;欧洲:1;北美洲:1;南美洲:1。

Whitlavia Harv. = **Phacelia**

Whitmorea Sleumer 缨丝木属 Stemonuraceae [MD – 440] 特征纪要:习性:木本。花程式:–。其他特征参考科。全球 1 个大洲分布及种数(1)◆大洋洲(◆美拉尼西亚)。

Whittonia Sandwith 围墙树属 Peridiscaceae [MD – 98] 特征纪要:习性:木本。花程式:–。其他特征参考科。全球 2 个大洲分布及种数(1 – 4)亚洲:3; 南美洲:4。

Whyanbeelia Airy – Shaw & B. Hyland 沟柱桐属 Picrodendraceae [MD – 317] 特征纪要:习性:木本。花程式:K1(1000),C0,A6, ↓G – 参考科。其他特征参考科。全球 1 个大洲分布及种数(1)◆大洋洲(◆澳大利亚)。

Whytockia W. W. Sm. 异叶苣苔属 Gesneriaceae [MD – 549] 特征纪要:习性:草本。花程式:–。物候:–。海拔:500 – 1500 米。生境:林中溪边潮湿阴影区。资源:药用。全球 3 个大洲分布及种数(11 – 21)亚洲:17; 大洋洲:2; 北美洲:2。【中国种数:8】。

Wiborgiella Boatwr. & B. – E. van Wyk 非洲紫花豆属 Fabaceae3 [MD – 240] 特征纪要:木本。花程式:参考科,C1 – ∞ 参考科,A1 – ∞ 参考科, = (↓G)2 参考科。其他特征参考科。全球 1 个大洲分布及种数(10)◆非洲。

Wickstroemia Rchb. = **Wikstroemia**

W

Widdringtonia Endl. 南非柏属 Cupressaceae [G – 17] 特征纪要:习性:–。【Rep】:复轴,浆果状,苞鳞融合成果皮状,种鳞多退化,雌雄同株。物候:–。海拔:–。生境:–。资源:具园艺种类。全球 6 个大洲分布及种数(4 – 28)非洲:16; 亚洲:3; 大洋洲:4; 欧洲:8; 北美洲:8; 南美洲:3。【中国种数:1】。

Widdringtoniaceae Doweld = Cupressaceae

Widgrenia Malme 维德萝藦属 Apocynaceae [MD – 492] 特征纪要:习性:–。花程式:–。其他特征参考科。全球 1 个大洲分布及种数(1)◆南美洲。

Widjajachloa K. M. Wong & S. Dransf. 紫花草属 Poaceae [MM – 748] 特征纪要:习性:草本。花程式:(K –),C0 参考科,A3 参考科, ↓G – 参考科。其他特征参考科。全球 3 个大洲分布及种数(1)非洲:1; 亚洲:1; 大洋洲:1。

Wielandia Baill. 紫碟木属 Phyllanthaceae [MD – 222] 特征纪要:习性:木本。花程式:K1(1000),C0,A6, = G2 – 3。其他特征参考科。全球 1 个大洲分布及种数(12 – 14)◆非洲。

Wierzbickia Rchb. = **Minuartia**

Wiesnerella Schiffn. 魏氏苔属 Wiesnerellaceae [B – 10] 特征纪要(同科)。全球 6 个大洲分布及种数(2)非洲:1; 亚洲:1 – 2;大洋洲:1;欧洲:1;北美洲:1;南美洲:1。【中国种数:1】。

Wiesnerellaceae Inoü [B – 10] 魏氏苔科 特征纪要(参考 Ricciaceae):叶状体淡绿色,两歧分枝。【Rep】:蒴柄白色,纤长,孢蒴短圆柱形,2 – 4 瓣开裂,弹丝 2 列螺纹加厚,孢子棕色,直径约 25 微米。全球 6 个大洲分布和属种数(1/1 – 2)非洲:1/1;亚洲:1/1 – 2;大洋洲:1/1;欧洲:1/1;北美洲:1/1;南美洲:1/1。【中国属种数:1/1】。

Wiesneria Micheli 穗花泽泻属 Alismataceae [MM – 597] 特征纪要:习性:草本。花程式:K3 – ∞,C3 – ∞,A3 – 6,

= G3 – 6。其他特征参考科。全球 2 个大洲分布及种数(4)非洲:3;亚洲:cf. 1。

Wigandia Kunth = **Eriodictyon**

Wigginsia Salm – Dyck 地球玉属 Cactaceae [MD – 100] 特征纪要:习性: – 。花程式: – 。其他特征参考科。全球 2 个大洲分布及种数(1 – 24)北美洲:1; 南美洲:2。

Wightia Wall. 美丽桐属 Paulowniaceae [MD – 542] 特征纪要和分布(–)。全球 1 个大洲分布及种数(cf. 1)◆亚洲。【中国种数:1】。

Wijkia H. A. Crum 刺枝藓属 Sematophyllaceae [B – 192] 特征纪要:习性: – 。【Rep】:孢子囊,单生叶表,蒴柄直立或稍扭曲,平滑,孢蒴卵形,外齿层细胞沿纵壁加厚,中缝有穿孔,内齿层齿条呈线形,基膜低。物候: – 。海拔: – 。生境:常见于竹上,岩石上。资源: – 。全球 6 个大洲分布及种数(47)非洲:11;亚洲:27;大洋洲:5;欧洲:2;北美洲:6;南美洲:4。【中国种数:15】。

Wijkiella Bizot & Lewinsky 肯尼亚灰藓属 Sematophyllaceae [B – 192] 特征纪要:习性: – 。【Rep】:雌雄同株或雌雄异株,稀雌雄杂株,蒴柄细长,下部平滑,上部具乳头突起,孢蒴小,垂倾或悬垂,长卵形或长圆,多暗色、绿色至金黄色。其他特征参考科。全球 1 个大洲分布及种数(1)◆非洲。

Wikstroemia Endl. 荛花属 Thymelaeaceae [MD – 310] 特征纪要:习性: – 。花程式: – 。物候: – 。海拔:1000 – 2000 米。生境:道路上方的斜坡上,开阔的森林,石灰岩山丘上的灌木丛中,阴凉处,路边,竹林中。资源: – 。全球 6 个大洲分布及种数(94 – 302)非洲:15; 亚洲:213; 大洋洲:23; 欧洲:49; 北美洲:49; 南美洲:23。【中国种数:47】。

Wilbrandia Silva Manso 威尔瓜属 Cucurbitaceae [MD – 205] 特征纪要:习性: – 。花程式: – 。其他特征参考科。全球 2 个大洲分布及种数(7 – 20)北美洲:2; 南美洲:17。

Wilckia Scop. = **Malcolmia**

Wilczekra M. P. Simmons 银卫矛属 Celastraceae [MD – 339] 特征纪要:习性:木本。花程式:Kn, C2 – 3 参考科, A10, G – 。其他特征参考科。全球 1 个大洲分布及种数(1)◆非洲。

Wildia Müll. Hal. & Broth. ex Broth. 澳树生藓属 Erpodiaceae [B – 126] 特征纪要: – 。全球 1 个大洲分布及种数(–)。

Wildii Müll. Hal. 野生藓属 Erpodiaceae [B – 126] 特征纪要: – 。全球 1 个大洲分布及种数(1)◆非洲。

Wildpretia U. Reifenb. & A. Reifenb. = **Sonchus**

Wilhelmsia Rchb. 北极漆姑属 Caryophyllaceae [MD – 77] 特征纪要:习性: – 。花程式: – 。其他特征参考科。全球 4 个大洲分布及种数(1 – 4)非洲:3; 亚洲:3; 欧洲:2; 北美洲:2。

Wilibald – schmidtia Conrad = **Sieglingia**

Wilkesia A. Gray 多轮菊属 Asteraceae [MD – 586] 特征纪要:习性:草本。花程式:(K)3 – 5, (C)3 – 5, A3 – 5, ↓ G。其他特征参考科。全球 2 个大洲分布及种数(2 – 4)亚洲:3; 北美洲:4。【中国种数:1】。

Wilkiea F. Müll. 南榄桂属 Monimiaceae [MD – 20] 特征纪要:习性:木本。花程式:K1 – ∞, C0, A10 – 150, G1 – 3。其他特征参考科。全球 3 个大洲分布及种数(12 – 18)非洲:4; 亚洲:1; 大洋洲:18。

Willardia Rose = **Lonchocarpus**

Willbleibia Herter = **Willkommia**

Willdenowia Thunb. 硬果灯草属 Restionaceae [MM – 744] 特征纪要:习性:草本。花程式: – 。其他特征参考科。全球 6 个大洲分布及种数(12 – 35)非洲:30; 亚洲:2; 大洋洲:2; 欧洲:4; 北美洲:4; 南美洲:3。

Willemetia Neck. ex Neck. 粉苞菊属 Asteraceae [MD – 586] 特征纪要:习性: – 。花程式: – 。其他特征参考科。全球 1 个大洲分布及种数(1)◆欧洲。

Willia Müll. Hal. 望丛藓属 Pottiaceae [B – 133] 特征纪要:习性: – 。【Rep】:孢腔轮廓清晰,蒴齿缺如,或具蒴齿而无基膜,下部呈黄绿或黄棕色。其他特征参考科。全球 5 个大洲分布及种数(4)非洲:3;亚洲:1;大洋洲:2;欧洲:1;南美洲:2。

Williamia Baill. = **Phyllanthus**

Williamodendron Kubitzki & H. G. Richt. 润土楠属 Lauraceae [MD – 21] 特征纪要:习性:木本。花程式:K3 – 9, C0, A3 – 9, = G1 – 3。其他特征参考科。全球 2 个大洲分布及种数(6)北美洲:2;南美洲:5。

Williamsiella E. Britton = **Leptodontium**

Willisia Warm. 丝瀑草属 Podostemaceae [MD – 322] 特征纪要:习性:草本。花程式:K1 – 2, C0, A10, = (G)1 – 2。其他特征参考科。全球 1 个大洲分布及种数(1 – 2)◆南亚(◆印度)。

Willkommia Hack. 结脉草属 Poaceae [MM – 748] 特征纪要和分布(–)。全球 1 个大洲分布及种数(4)◆非洲。

Willrussellia A. Chev. = **Pitcairnia**

Willughbeia Roxb. 锚钩藤属 Apocynaceae [MD – 492] 特征纪要和分布(–)。全球 6 个大洲分布及种数(12 – 19)非洲:3 – 4;亚洲:11 – 14;大洋洲:1 – 2;欧洲:1;北美洲:1 – 2;南美洲:2 – 3。【中国种数:3】。

Willughbeiopsis (Stapf) Rauschert 锚钩藤属 Apocynaceae [MD – 492] 特征纪要:习性: – 。花程式: – 。其他特征参考科。全球 1 个大洲分布及种数(cf. 1)◆南亚(◆印度)。

Wilmattea Britton & Rose 仙人掌科属 Cactaceae [MD – 100] 特征纪要:习性: – 。花程式: – 。其他特征参考科。全球 1 个大洲分布及种数(–)。

Wilsonaria Rushforth 蔷薇属 Rosaceae [MD – 246] 特征纪要:习性: – 。花程式: – 。其他特征参考科。全球 1 个

W

大洲分布及种数(-)。

Wilsoniella Müll. Hal. 威氏藓属 Ditrichaceae [B - 119] 特征纪要:习性: - 。【Rep】:孢蒴台部发达,蒴齿具疣或纵斜条纹。生境:土生,野生。全球 6 个大洲分布及种数(11)非洲:1;亚洲:4;大洋洲:5;欧洲:1;北美洲:1;南美洲:1。【中国种数:2】。

Wimmeranthus Rzed. 匍桔梗属 Campanulaceae [MD - 561] 特征纪要:习性:草本。花程式:(K -),(C)5 参考科,A3 参考科,↓G - 。其他特征参考科。全球 1 个大洲分布及种数(1) ◆北美洲:1。

Wimmerella Serra, M. B. Crespo & Lammers 匍枝莲属 Campanulaceae [MD - 561] 特征纪要:习性:草本。花程式: - 。其他特征参考科。全球 5 个大洲分布及种数(10 - 14)非洲:12; 亚洲:2; 大洋洲:11; 北美洲:3; 南美洲:4。

Wimmeria Schltdl. & Cham. 车卫矛属 Celastraceae [MD - 339] 特征纪要和分布(-)。全球 1 个大洲分布及种数(19 - 20)◆北美洲。

Winchia A. DC. 鸡骨常山属 Apocynaceae [MD - 492] 特征纪要:木本(多肉),叶对生。花程式:(K),5 裂,C5 - ∞,A5,G。果实:蓇葖果。全球 1 个大洲分布及种数(1)◆亚洲(◆中国)。

Windmannia P. Br. = **Weinmannia**

Windsoria Nutt. = **Tridens**

Windsorina Gleason 蕉蔺花属 Rapateaceae [MM - 713] 特征纪要:习性:草本。花程式:(K)3,C0 参考科,A6,(G)3。其他特征参考科。全球 1 个大洲分布及种数(1)◆南美洲(◆圭亚那)。

Winifredia L. A. S. Johnson & B. G. Briggs 细灯草属 Restionaceae [MM - 744] 特征纪要:习性:草本。花程式:(K)3,C3,A1 - 2, = (G)1 - 3。其他特征参考科。全球 1 个大洲分布及种数(1)◆大洋洲(◆澳大利亚)。

Winklera Regel 温克勒芥属 Brassicaceae [MD - 213] 特征纪要:习性: - 。花程式: - 。其他特征参考科。全球 1 个大洲分布及种数(1 - 4)◆亚洲:cf. 1。

Winklerella Engl. 翅河杉属 Podostemaceae [MD - 322] 特征纪要:习性:草本。花程式:K1 - 2,C0,A10, = (G)1 - 2。其他特征参考科。全球 2 个大洲分布及种数(1 - 3)非洲:3; 南美洲:2。

Winteraceae R. Br. ex Lindl. [MD - 3] 林仙科 特征纪要:习性:木本;落叶。花程式:K4 - 5(-),C1,A15,↑G1 - 3。果实:浆果。全球 3 个大洲分布及属种数(7/88 - 167 <IFR 2/10> hort. 1;cult. 1) 非洲:1/1; 大洋洲:6/86 - 158(IFR 1/6); 南美洲:IFR 1/4。【中国属种数:1/2】。

Wislizenia Engelm. 折柄柑属 Cleomaceae [MD - 210] 特征纪要:习性: - 。花程式: - 。其他特征参考科。全球 1 个大洲分布及种数(3 - 6)◆北美洲。

Wissadula Medik. 隔蒴苘属 Malvaceae [MD - 203] 特征纪要:习性:木本。花程式:(K -),C2 - 3 参考科,A10,G5。物候: - 。花期:9 月至次年 2 月。果期:参考晚于花期。海拔:300 - 3000 米。生境:草地,路旁。栽培:来自广西龙州。资源:具栽培园艺种类。全球 6 个大洲分布及种数(45 - 50;hort. 1;cult. 4)非洲:8 - 11;亚洲:10 - 13;大洋洲:3 - 6;欧洲:3;北美洲:11 - 15;南美洲:41 - 48。【中国种数:5】。

Wistaria Spreng. ex Juss. 紫藤属 Fabaceae3 [MD - 240] 特征纪要和分布(-)。全球 1 个大洲分布及种数(-)◆大洋洲。

Wisteria Nutt. 紫藤属 Fabaceae3 [MD - 240] 特征纪要:习性:木本。花程式: - 。物候: - 。花期:参考早于果期。果期:4 - 6 月。海拔:500 - 1800 米。生境:灌木丛中。资源:药用,园林,具栽培园艺种类。全球 6 个大洲分布及种数(5 - 95)非洲:11; 亚洲:38; 大洋洲:5; 欧洲:19; 北美洲:19; 南美洲:38。【中国种数:3】。

Wisteriopsis J. Compton & Schrire 蝶形花属 Fabaceae3 [MD - 240] 特征纪要:习性: - 。花程式: - 。其他特征参考科。全球 2 个大洲分布及种数(5 - 6)亚洲:6; 北美洲:1。

Withania Pauquy 睡茄属 Solanaceae [MD - 503] 特征纪要:习性:草本,少木本。花程式: - 。物候: - 。海拔:750 - 1000 米。生境:林下。资源:药用,具栽培园艺种类。全球 6 个大洲分布及种数(19 - 33)非洲:8 - 16;亚洲:12 - 22;大洋洲:2 - 9;欧洲:3 - 10;北美洲:4 - 13;南美洲:2 - 16。【中国种数:2】。

W

Witsenia Thunb. 金木鸢尾属 Iridaceae [MM - 700] 特征纪要:习性:草本。花程式:(K)3,C3,A10,↓G。其他特征参考科。全球 2 个大洲分布及种数(1 - 11)非洲:7; 南美洲:4。

Wittelsbachia Mart. = **Cochlospermum**

Wittmackanthus Kuntze 槿扇花属 Rubiaceae [MD - 523] 特征纪要:习性:木本。花程式:(K)4 - 5,(C)4 - 5,A4 - 5, = ↓G2 - 9。其他特征参考科。全球 2 个大洲分布及种数(2)北美洲:1;南美洲:1。

Wittmackia Mez 光萼荷属 Bromeliaceae [MM - 715] 特征纪要:习性:草本。花程式:(K)3,C3,A3 参考科,↓G。其他特征参考科。全球 3 个大洲分布及种数(2 - 44) 大洋洲:1,北美洲:1 - 18,南美洲:2 - 27。

Wittrockia Lindm. 杯苞凤梨属 Bromeliaceae [MM - 715] 特征纪要:萼花区,落叶; 花程式:(K),C(科)3,A6,↓(G),3。种子:大,棕色或带黑色。全球 1 个大洲分布及种数(9)◆南美洲(◆巴西)。

Wittsteinia F. Müll. 岛乌饭属 Alseuosmiaceae [MD - 475] 特征纪要:习性:木本。花程式: - 。其他特征参考科。全球 3 个大洲分布及种数(3 - 4)非洲:1; 大洋洲:4; 北美洲:2。

Wodyetia A. K. Irvine 狐尾椰属 Arecaceae [MM - 717] 特征纪要:习性:木本。花程式:K3 - 10,C3 - 10,A3 - 10, = G3 - 10。其他特征参考科。全球 2 个大洲分布及种数(1 - 2)亚洲:1;大洋洲:1。

Woikoia Baebni = **Wokoia**

Wokoia Baehni 山榄科属 Sapotaceae [MD - 357] 特征纪要:习性: - 。花程式: - 。其他特征参考科。全球 3 个大洲分布及种数(1)非洲:1; 大洋洲:1; 南美洲:1。

Wolffia Horkel ex Schleid 无根萍属 Lemnaceae［MM－647］特征纪要:习性:草本。花程式:－。物候:－。花期:6－9 月。果期:参考晚于花期。海拔:1300 米。生境:湖边,水池,池塘,沟渠,静水池沼中。资源:淀粉,蛋白质,饲料,具栽培园艺种类。全球 6 个大洲分布及种数(10－12)非洲:5－11;亚洲:7－14;大洋洲:4－10;欧洲:2－8;北美洲:7－14;南美洲:3－10。【中国种数:4】。

Wolffiella Hegelm. 小芜萍属 Araceae［MM－639］特征纪要:习性:草本。花程式:K0,C0,A10,＝G1。物候:－。海拔:－。生境:－。资源:具园艺种类。全球 6 个大洲分布及种数(12)非洲:6－8;亚洲:2－4;大洋洲:2;欧洲:2;北美洲:4－6;南美洲:6－8。

Wolfia Dennst. ＝ **Wolffia**

Wolfiella Hegelm. ＝ **Wolffiella**

Wollastonia DC. ex Decne. 孪花菊属 Asteraceae［MD－586］特征纪要:习性:草本,少木本。花程式:(K)3－5,C3－5,A3－5,＝↓(G)2。物候:－。花期:全年。果期:参考晚于花期。海拔:500－3000 米。生境:海滨,溪边,路旁。资源:－。全球 6 个大洲分布及种数(20－33;hort. 1)非洲:2－3;亚洲:3－4;大洋洲:2－4;欧洲:1;北美洲:14－15;南美洲:1。【中国种数:1】。

Wollemia W. G. Jones, K. D. Hill & J. M. Allen 恶来杉属 Araucariaceae［G－10］特征纪要:习性:－。【Rep】:复轴,球果状,苞鳞下部生种子,无种鳞,雌雄同株。其他特征参考科。全球 2 个大洲分布及种数(1－2)大洋洲:2; 北美洲:2。

Wollemiaster G. L. Nesom 菊科属 Asteraceae［MD－586］特征纪要:习性:－。花程式:－。其他特征参考科。全球 1 个大洲分布及种数(1)◆大洋洲:1。

Wollnya Herzog ＝ **Leptobryum**

Womersleyella Nakai 五花荷属 Rhodoleiaceae［MD－64］特征纪要:－。全球 3 个大洲分布及种数(2)大洋洲:1;欧洲:1; 北美洲:1。

Woodburnia Prain 缅甸五加属 Araliaceae［MD－471］特征纪要:习性:木本。花程式:＝↓(K1－∞),C1－∞,A2,＝↓(G)2－5。其他特征参考科。全球 1 个大洲分布及种数(cf. 1)◆亚洲。

Woodfordia Salisb. 虾子花属 Lythraceae［MD－333］特征纪要:习性:木本。花程式:(K－),C2－3 参考科,A3,＝↓G－。物候:－。花期:参考早于果期。果期:4－5 月。海拔:100－2000 米。生境:常见于森林和开阔斜坡,山坡路旁。资源:药用,丹宁,观赏,具栽培园艺种类。全球 3 个大洲分布及种数(2－8)非洲:4; 亚洲:7; 北美洲:2。【中国种数:1】。

Woodia Schltr. 伍得萝藦属 Apocynaceae［MD－492］特征纪要:习性:木本。花程式:K5,C0,A15,↓G。其他特征参考科。全球 2 个大洲分布及种数(3－5)非洲:4; 亚洲:2。

Woodianthus Krapov. 狗脊锦葵属 Malvaceae［MD－203］特征纪要:习性:木本。花程式:K5－∞,C5－∞,A10－8,G－。其他特征参考科。全球 1 个大洲分布及种数(1)◆南美洲(◆玻利维亚)。

Woodrowia Stapf ＝ **Dimeria**

Woodsia R. Br. 岩蕨属 Woodsiaceae［F－47］特征纪要:习性:－。【Rep】:孢子囊群近圆形,通常顶生脉端,每裂片有 2－4 枚。物候:－。海拔:2150－3650 米。生境:林下,针阔混交林岩隙。资源:具栽培园艺种类。全球 6 个大洲分布及种数(57－75;hort. 1;cult. 8)非洲:6－10;亚洲:40－48;大洋洲:4－9;欧洲:7－11;北美洲:22－30;南美洲:11－16。【中国种数:29】。

Woodsiaceae Herter［F－47］岩蕨科 特征纪要:叶状体薄,叉状分枝,多层细胞。【Rep】:孢蒴长卵形,具短柄,蒴足形大,平横着生叶状体上,成熟时有时不开裂,蒴轴较短或缺失,蒴壁无气孔。全球 6 个大洲分布和属种数(7;hort. & cult. 1)(80－261;hort. & cult. 9－11)非洲:3－6/8－63;亚洲:6/63－153;大洋洲:1－5/4－60;欧洲:1－5/7－62;北美洲:2－6/23－82;南美洲:2－5/12－68。【中国属种数:5/157】。

Woodsiopsis Shmakov ＝ **Woodsia**

Woodsonia L. H. Bailey ＝ **Neonicholsonia**

Woodvillea DC. ＝ **Erigeron**

Woodwardia Sm. 狗脊属 Blechnaceae［F－46］特征纪要:习性:－。【Rep】:孢子囊群粗线形或椭圆形,不连续,呈单行并行于主脉(有时也沿羽轴)两侧,着生于靠近主脉的网眼的外侧小脉上,并多少陷入叶肉中。物候:－。海拔:1600－2800 米。生境:林下,竹林下路边。资源:具栽培园艺种类。全球 6 个大洲分布及种数(30－34)非洲:2－5;亚洲:27－32;大洋洲:3－7;欧洲:1－4;北美洲:11－15;南美洲:3－8。【中国种数:13】。

Wooleya L. Bolus 粉玉树属 Aizoaceae［MD－94］特征纪要:习性:灌木。花程式:＝↓(K3－4),C3－4,A5 参考科,＝↓G－。其他特征参考科。全球 1 个大洲分布及种数(1)◆非洲。

Woollsia F. Müll. 辣石南属 Ericaceae［MD－380］特征纪要:习性:－。花程式:－。其他特征参考科。全球 1 个大洲分布及种数(－)。

Woonyoungia Y. W. Law 焕镛木属 Magnoliaceae［MD－1］特征纪要:木本,落叶,复叶。花程式:K1－∞,C1－∞,A8,＝↑G:2(20－200),房位(－)。果实:果干燥或肉质。种子:棕色。全球 1 个大洲分布及种数(cf. 1)◆亚洲。

Wootonia (Nutt.) Greene 美国木菊花属 Asteraceae［MD－586］特征纪要:－。全球 1 个大洲分布及种数(1)◆北美洲:1。

Wormskioldia Thonn. 非洲有叶花属 Turneraceae［MD－149］特征纪要:习性:－。花程式:－。其他特征参考科。全球 4 个大洲分布及种数(44)非洲:19; 亚洲:24; 大洋洲:4; 南美洲:22。

Worsleya (Traub) Traub 瀑石莲属 Amaryllidaceae [MM－694] 特征纪要:习性:草本。花程式:－。其他特征参考科。全球 2 个大洲分布及种数(1－4)北美洲:2; 南美洲:4。

Wrightia R. Br. 倒吊笔属 Apocynaceae [MD－492] 特征纪要:习性:－。花程式:－。物候:－。花期:5－10 月。果期:参考晚于花期。海拔:200－1000 米。生境:生于低海拔热带雨林中和干燥稀树林中。资源:－。全球 6 个大洲分布及种数(27－44;hort. 1)非洲:6－8;亚洲:20－33;大洋洲:8－10;欧洲:1;北美洲:1;南美洲:1。【中国种数:8】。

Wrightiella <unassigned> 北美红花荷属 Rhodoleiaceae [MD－64] 特征纪要:－。全球 2 个大洲分布及种数(4)北美洲:2; 南美洲:2。

Wuacanthus Y. F. Deng, N. H. Xia & H. Peng 勒爵床属 Acanthaceae [MD－572] 特征纪要:习性:草本。花程式:Kn,C0,A3 参考科,↓G。物候:－。花期:几乎全年。果期:参考晚于花期。海拔:50－3600 米。生境:栽培(来自广西龙州)。资源:具栽培园艺种类。全球 1 个大洲分布及种数(1) ◆亚洲:1。

Wulfenia Jacq. 石墙花属 Plantaginaceae [MD－527] 特征纪要:习性:草本。花程式:－。物候:－。海拔:－。生境:－。资源:具栽培园艺种类。全球 6 个大洲分布及种数(6－10)非洲:5;亚洲:2－10;大洋洲:5;欧洲:7;北美洲:4－10;南美洲:5。

Wulfeniopsis D. Y. Hong 石墙花属 Plantaginaceae [MD－527] 特征纪要:习性:草本。花程式:－。其他特征参考科。全球 1 个大洲分布及种数(3)◆亚洲。

Wullschlaegelia Rchb. f. 伍尔兰属 Orchidaceae [MM－723] 特征纪要:习性:草本。花程式:(K)3,C3,A3,=↓G3。其他特征参考科。全球 2 个大洲分布及种数(3)北美洲:2;南美洲:2。

Wunderlichia Riedel ex Benth. & Hook. f. 风菊木属 Asteraceae [MD－586] 特征纪要:习性:草本。花程式:(K)3－5,(C)3－5,A3－5,↓(G)2。其他特征参考科。全球 1 个大洲分布及种数(8－10)◆南美洲(◆巴西)。

Wunschmannia Urb. = **Amphilophium**

Wuodendron B. Xü, Y. H. Tan & Chaowasku 山茉莉属 Annonaceae [MD－7] 特征纪要:习性:－。花程式:－。物候:－。花期:4 月。果期:参考晚于花期。海拔:100－2400 米。生境:半常绿阔叶林中,在山地灌木丛中。资源:－。全球 1 个大洲分布及种数(－)。

Wurdastom B. Walln. 南美石牡丹属 Melastomataceae [MD－364] 特征纪要:习性:木本。花程式:=↓(K4－5),C4－5,A4－5,=↓(G)3－4。其他特征参考科。全球 1 个大洲分布及种数(9)◆南美洲。

Wurmbea Thunb. 獐牙花属 Colchicaceae [MM－623] 特征纪要:习性:草本(具根状茎)。花程式:(K)6,C0 参考科,A6,=G3－4。其他特征参考科。全球 6 个大洲分布及种数(36－56;hort. 1;cult. 3)非洲:28－30;亚洲:1;大洋洲:10－31;欧洲:2－3;北美洲:4－5;南美洲:1。

Wurtzia Baill. = **Margaritaria**

Wyethia Nutt. 骡耳菊属 Asteraceae [MD－586] 特征纪要:习性:草本。花程式:(K)3－5,C3－5,A3－5,=↓(G)2。其他特征参考科。全球 4 个大洲分布及种数(11－215)亚洲:4; 欧洲:192; 北美洲:192; 南美洲:184。【中国种数:2】。

Wyomingia A. Nelson = **Erigeron**

X

Xananthes Raf. = **Utricularia**

Xantheranthemum Lindau 矮爵床属 Acanthaceae [MD－572] 特征纪要:习性:草本。花程式:Kn,C0,A2－4,↓G。其他特征参考科。全球2个大洲分布及种数(1－2)北美洲:1; 南美洲:2。

Xanthisma DC. 眠雏菊属 Asteraceae [MD－586] 特征纪要:习性:草本。花程式:(K)3－5,(C)3－5,A3－5,=↓G2。其他特征参考科。全球3个大洲分布及种数(28－51)亚洲:4; 北美洲:30; 南美洲:8。【中国种数:3】。

Xanthium L. 苍耳属 Asteraceae [MD－586] 特征纪要:习性:草本(基生)。花程式:(K)3－5,C3－5,A3参考科,=↓G2。物候:－。花期:7－10月。果期:参考晚于花期。海拔:6000米。生境:堤边路旁田埂边,沼泽地旁。资源:具栽培园艺种类。全球6个大洲分布及种数(18－73;hort. 1;cult. 4)非洲:2－24;亚洲:6－29;大洋洲:3－25;欧洲:13－35;北美洲:6－28;南美洲:5－27。【中国种数:2】。

Xanthobrychis Galushko = **Onobrychis**

Xanthocephalum Willd. 知母茜草属 Rubiaceae [MD－523] 特征纪要:草本,落叶。花程式:(K)3－5,(C)3－5,A3－5,G(－)。果实:瘦果。全球1个大洲分布及种数(15)属分布和种数(－)◆北美洲(◆美国)。

Xanthoceras Bunge 文冠果属 Sapindaceae [MD－428] 特征纪要:习性:木本。花程式:K5,C5,A8,G－。物候:－。花期:春季。果期:参考晚于花期。海拔:100－2600米。生境:沟壁,丘陵山坡等处,各地也常栽培。资源:药用,具栽培园艺种类。全球4个大洲分布及种数(1－5)亚洲:5; 大洋洲:2; 欧洲:3; 北美洲:3。【中国种数:1】。

Xanthocercis Baill. 羚豆属 Fabaceae3 [MD－240] 特征纪要:习性:木本。花程式:=↓(K1－∞),C1－∞,A5－9,=↓G1。其他特征参考科。全球2个大洲分布及种数(3－4)非洲:4; 北美洲:2。

Xanthochloa (Krivot.) Tzvelev 羊茅属 Poaceae [MM－748] 特征纪要:习性:－。花程式:－。其他特征参考科。全球1个大洲分布及种数(cf. 1)◆亚洲。

Xanthochymus Roxb. = **Garcinia**

Xanthocoma (Kunth) Kunth 花旗羚菊属 Asteraceae [MD－586] 特征纪要和分布(－)。全球1个大洲分布及种数(1－3)◆北美洲。

Xanthocyparis Farjon & T. H. Nguyên = **Cupressus**。

Xanthogalum Avé－Lall. = **Angelica**

Xanthomyrtus Diels 金桃木属 Myrtaceae [MD－347] 特征纪要:习性:木本。花程式:=↓(K4－5),C4－5,A8－10,=↓(G)2－5。其他特征参考科。全球4个大洲分布及种数(15－30)非洲:8－20;亚洲:11－21;大洋洲:10－21;南美洲:1。【中国种数:1】。

Xanthonanthos St.－Lag. = **Anthoxanthum**

Xanthopappus C. Winkl. 黄缨菊属 Asteraceae [MD－586] 特征纪要:习性:草本(基生)。花程式:(K)3－5,C3－5,A3参考科,↓G。物候:－。海拔:2400－4000米。生境:生于草甸,草原及干燥山坡。资源:药用,具栽培园艺种类。全球1个大洲分布及种数(cf. 1)◆亚洲(◆中国)。【中国种数:1】。

Xanthoparmelia (Vain.) Hale 木蕨属 Parkeriaceae [F－36] 特征纪要:－。全球6个大洲分布及种数(285)非洲:144; 亚洲:16; 大洋洲:8; 欧洲:13; 北美洲:13; 南美洲:98。

Xanthophthalmum Sch. Bip. = **Glebionis**

Xanthophyllaceae Gagnep. ex Reveal & Hoogland [MD－292] 黄叶树科 特征纪要:习性:木本;落叶。花程式:K4－5(－),C5,A,G－。物候:－。花期:3－4月。果期:4－6月。果实:－。种子:－。海拔:150－2000米。生境:低中山坡常绿阔叶林或沟谷密林中,山林中。资源:－。栽培:－。全球1个大洲分布及属种数(1/1 < IFR 1/3 > hort. 1;cult. 1)◆亚洲:1/125－139(IFR 1/3)。

Xanthophyllum Roxb. 黄叶树属 Xanthophyllaceae [MD－292] 特征纪要(同科)。全球6个大洲分布及种数(127－151;hort. 1;cult. 2)非洲:1－6;亚洲:123－139;大洋洲:4－8;欧洲:2;北美洲:2;南美洲:3－5。【中国种数:11】。

Xanthophytopsis Pit. = **Xanthophytum**

Xanthophytum Reinw. ex Bl. 岩黄树属 Rubiaceae [MD－523] 特征纪要:习性:木本。花程式:－。物候:－。花期:1－3月。果期:参考晚于花期。海拔:1400米。生境:林下潮湿在杂林阴处湿地。资源:－。全球3个大洲分布及种数(33－45)非洲:5; 亚洲:41; 大洋洲:5。【中国种数:4】。

Xanthopsis K. Koch = **Psephellus**

Xanthopsorella <unassigned> 菊科属 Asteraceae [MD－586] 特征纪要:－。全球2个大洲分布及种数(3)欧洲:2; 北美洲:2。

Xanthorhiza Marshall 黄根木属 Ranunculaceae [MD－38] 特征纪要:习性:灌木。花程式:K1－∞,C1－∞,A8,↓

G－参考科。其他特征参考科。全球 3 个大洲分布及种数(1－4)亚洲:4；欧洲:3；北美洲:3。

Xanthoria (Fr.) Fr. 毛茛科属 Ranunculaceae［MD－38］特征纪要:习性:－。花程式:－。其他特征参考科。全球 6 个大洲分布及种数(45)非洲:3；亚洲:10；大洋洲:5；欧洲:5；北美洲:5；南美洲:20。

Xanthorrhoea Sm. 黄脂木属 Asphodelaceae［MM－649］特征纪要:习性:草本。花程式:K3,C0 参考科,A6,＝G3。其他特征参考科。全球 4 个大洲分布及种数(33－56)亚洲:4；大洋洲:47；北美洲:2；南美洲:3。

Xanthorrhoeaceae Dum.［MM－701］黄脂木科 特征纪要:习性:草本;落叶。花程式:K3,C3,A6,＝↑G3。果实:蒴果。海拔:240～1700 米。全球 1 个大洲分布及属种数(21－23/393－642 <IFR 11/22> hort. 1,cult. 7)◆大洋洲:2－4/ 14－56。【中国属种数:7/36】。

Xanthosia Rudge 黄伞草属 Apiaceae［MD－480］特征纪要:习性:草本。花程式:＝↓(K5),C5,A5,＝↓G2。其他特征参考科。全球 4 个大洲分布及种数(21－42)亚洲:3；大洋洲:37；北美洲:2；南美洲:2。

Xanthosoma Schott 黄肉芋属 Araceae［MM－639］特征纪要:习性:草本。花程式:K0,C0,A1－4,＝G1－3。物候:－。海拔:－。生境:－。资源:具栽培园艺种类。全球 6 个大洲分布及种数(176－214;hort. 1;cult. 3)非洲:6－17;亚洲:8－20;大洋洲:8－20;欧洲:1－10;北美洲:28－40;南美洲:162－200。【中国种数:4】。

Xanthostemon F. Müll. 金缨木属 Myrtaceae［MD－347］特征纪要:习性:木本。花程式:K4－5,C4－5,A8－10,＝↓G2－5。物候:－。花期:4 月。果期:参考晚于花期。海拔:100－2900 米。生境:矮林,山坡,低丘和草原,总梗上,易于识别。资源:－。全球 5 个大洲分布及种数(46－116)非洲:6；亚洲:29；大洋洲:95；北美洲:3；南美洲:2。

Xanthoxalis Small 酢浆苗属 Oxalidaceae［MD－395］特征纪要:习性:－。花程式:－。其他特征参考科。全球 6 个大洲分布及种数(10－18)非洲:11;亚洲:5－16;大洋洲:11;欧洲:11;北美洲:9－20;南美洲:11。

Xanthoxylon Spreng. ＝ **Zanthoxylum**

Xantolis Raf. 刺榄属 Sapotaceae［MD－357］特征纪要:习性:木本。花程式:－。物候:－。花期:1－2 月。果期:参考晚于花期。海拔:1100－1800 米。生境:低海拔至中海拔林中,山地雨林。资源:食用,具栽培园艺种类。全球 5 个大洲分布及种数(16－55)非洲:3；亚洲:32；大洋洲:16；北美洲:11；南美洲:19。【中国种数:6】。

Xantonneopsis Pit. 黄头茜草属 Rubiaceae［MD－523］特征纪要:习性:木本。花程式:Kn,C4－5－ 参考科,A4－5－,＝↓(G)2－9。其他特征参考科。全球 1 个大洲分布及种数(1)◆亚洲。

Xarmeniaco－prunus Cinovskis 蔷薇科属 Rosaceae［MD－246］特征纪要和分布(－)。

Xatardia Meisn. 尖柱鼠麴木属 Apiaceae［MD－480］特征纪要:习性:草本。花程式:－。其他特征参考科。全球 0 个大洲分布及种数(1－2)。

Xeilyathum Raf. ＝ **Oncidium**

Xenismia DC. ＝ **Dimorphotheca**

Xenocephalozia R. M. Schust. 干萼苔属 Lophocoleaceae［B－74］特征纪要:－。【Rep】:雌苞生于短枝上,雄苞生于短侧枝上,短枝上无正常叶发育,仅为雌雄苞叶,雌雄同株,稀异株,雌雄苞一般生于主茎或长分枝顶端,雌苞叶大于茎叶,先端具裂瓣和不规则齿突,蒴萼大。其他特征参考科。全球 1 个大洲分布及种数(cf. 1)◆南美洲。

Xenochila R. M. Schust. 黄羽苔属 Plagiochilaceae［B－73］特征纪要:习性:－。【Rep】:绿色或淡绿色。物候:－。海拔:－。生境:常见于树干,树枝上,岩面薄土。资源:－。全球 2 个大洲分布及种数(3)亚洲:2；南美洲:2。

Xenochloa Licht. ＝ **Phragmites**

Xenoscapa (Goldblatt) Goldblatt & J. C. Manning 兜帽鸢尾属 Iridaceae［MM－700］特征纪要:习性:草本。花程式:(K)3,C3,A10,↓G。其他特征参考科。全球 2 个大洲分布及种数(3－11)非洲:11；南美洲:8。

Xenosia Lür 地旋兰属 Orchidaceae［MM－723］特征纪要:习性:－。花程式:－。其他特征参考科。全球 3 个大洲分布及种数(9)亚洲:3；北美洲:3；南美洲:5。

Xenostegia D. F. Austin & Staples 地旋花属 Convolvulaceae［MD－499］特征纪要:习性:草本。花程式:－。物候:－。花期:全年。果期:参考晚于花期。海拔:300－700 米。生境:空旷沙地。资源:药用,具栽培园艺种类。全球 5 个大洲分布及种数(8－33)非洲:9；亚洲:4；大洋洲:4；北美洲:2；南美洲:2。【中国种数:1】。

Xenothallus R. M. Schust. 地叶苔属 Pallaviciniaceae［B－30］特征纪要:习性:－。【Rep】:蒴柄白色,纤长,孢蒴短圆柱形,2－4 瓣开裂,弹丝 2 列螺纹加厚,孢子棕色,直径约 25 微米,与叶状体间具清晰界限,横切面中央有厚壁细胞组成的中轴。其他特征参考科。全球 1 个大洲分布及种数(1)◆非洲。

Xerandra Raf. ＝ **Iresine**

Xeranthemum L. 干花菊属 Asteraceae［MD－586］特征纪要:习性:草本。花程式:(K)3－5,(C)3－5,A3－5,＝↓G2。物候:－。海拔:－。生境:－。资源:具栽培园艺种类。全球 6 个大洲分布及种数(4－46)非洲:19；亚洲:18；大洋洲:7；欧洲:3；北美洲:3；南美洲:3。【中国种数:3】。

Xeroaloysia Tronc. 旱鞭木属 Verbenaceae［MD－556］特征纪要:习性:－。花程式:－。其他特征参考科。全球 2 个大洲分布及种数(2)北美洲:2；南美洲:2。

Xerobius Cass. ＝ **Egletes**

Xerobotrys Nutt. ＝ **Arctostaphylos**

Xerochlamys Baker ＝ **Leptolaena**

Xerochloa R. Br. 灯草旱禾属 Poaceae［MM－748］特征纪要:习性:草本。花程式:(K)3,C0 参考科,A1－2,＝(G)2－3。其他特征参考科。全球 5 个大洲分布及种数(3－17)非洲:3；亚洲:7；大洋洲:14；北美洲:2；南美洲:8。

Xerochrysum Tzvelev 麦秆菊属 Asteraceae［MD－586］特征纪要:习性:草本。花程式:(K)3－5,C3－5,A3－5,＝

↓G2。物候：-。花期：7-9月。果期：参考晚于花期。海拔：6000米。生境：广泛栽培。资源：具栽培园艺种类。全球6个大洲分布及种数(24-35)非洲：3；亚洲：3；大洋洲：28；欧洲：3；北美洲：3；南美洲：2。【中国种数：1】。

Xerocladia Harv. 干枝豆属 Fabaceae2 [MD-240] 特征纪要：习性：木本。花程式：-。其他特征参考科。全球2个大洲分布及种数2个非洲：1；南美洲：cf. 1。

Xeroderris Roberty 红皮鱼豆属 Fabaceae3 [MD-240] 特征纪要：习性：-。花程式：-。其他特征参考科。全球1个大洲分布及种数(1)◆非洲。

Xerodraba Skottsb. 干葶苈属 Brassicaceae [MD-213] 特征纪要：习性：草本。花程式：K2-4，C2-4，A2-4，=(G)2。物候：-。海拔：-。生境：-。资源：具园艺种类。全球2个大洲分布及种数(6-12)大洋洲：4；南美洲：12。

Xerogona Raf. = **Passiflora**

Xerolirion A. S. George 帚枝草属 Asparagaceae [MM-669] 特征纪要：习性：草本。花程式：-。其他特征参考科。全球1个大洲分布及种数(1)◆大洋洲(◆澳大利亚)。

Xeroloma Cass. = **Xeranthemum**

Xeromphis Raf. = **Catunaregam**

Xeronema Brongn. & Gris 鸢尾麻属 Xeronemataceae [MM-666] 特征纪要(同科)。全球1个大洲分布及种数(2)◆大洋洲。

Xeronemataceae M. W. Chase, Rudall & M. F. Fay [MM-666] 鸢尾麻科 特征纪要：习性：草本；落叶。花程式：(K)6-，C5，A，↑G-。果实：蒴果。全球1个大洲分布及属种数(2/4 <IFR 1/1> hort. 1，cult. 1)◆大洋洲：1/2。

Xerophyllaceae Takht. [MM-624] 密花草科 特征纪要：习性：草本；落叶。花程式：(K)6-，C3，A6，↑G-。种子：细小，棕色。全球1个大洲分布及属种数(1/1 hort. 1) ◆北美洲：1/2-5。

Xerophyllum Michx. 熊尾草属 Xerophyllaceae [MM-624] 特征纪要(同科)。全球3个大洲分布及种数(2-7)亚洲：2；北美洲：5；南美洲：2。【中国种数：1】。

Xerophyta Juss. 黑炭木属 Velloziaceae [MM-704] 特征纪要：习性：草本。花程式：(K)3，C0参考科，A6，=↓(G)3。其他特征参考科。全球3个大洲分布及种数(47-75；hort. 1)非洲：44-65；亚洲：cf. 1；南美洲：12。

Xerorchis Schltr. 羊柴兰属 Orchidaceae [MM-723] 特征纪要：习性：草本。花程式：(K)3，C3，A3，=↓(G)3。其他特征参考科。全球1个大洲分布及种数(2)◆南美洲。

Xerosicyos Humbert 碧雷鼓属 Cucurbitaceae [MD-205] 特征纪要：习性：木本。花程式：=↓(K3-5)，C3-5，A3-5，=↓G1-2。其他特征参考科。全球1个大洲分布及种数(6)◆非洲(◆马达加斯加)。

Xerosiphon Turcz. 千日红属 Amaranthaceae [MD-116] 特征纪要：习性：草本。花程式：Kn，C0，A3参考科，G-。其他特征参考科。全球2个大洲分布及种数(2-5)亚洲：1；南美洲：3。

Xerospermum Bl. 干果木属 Sapindaceae [MD-428] 特征纪要：习性：木本。花期：春季。果期：参考晚于花期。海拔：400-500米。生境：森林。资源：具园艺种类。全球2个大洲分布及种数(3-37)亚洲：29；北美洲：2。

Xerospiraea Henrard 旱绣菊属 Rosaceae [MD-246] 特征纪要：习性：木本。花程式：=↓(K1(10-100)，C1-10-100，A1-10-100，=↓G1-50。其他特征参考科。全球2个大洲分布及种数(1-5)北美洲：2；南美洲：5。

Xerotecoma J. C. Gomes = **Godmania**

Xerothamnella C. T. White 旱灌爵床属 Acanthaceae [MD-572] 特征纪要：习性：草本。花程式：K2-4，C0，A2-4，=(G)2。其他特征参考科。全球1个大洲分布及种数(2)◆大洋洲(◆澳大利亚)。

Xerotia Oliv. 假麻黄属 Caryophyllaceae [MD-77] 特征纪要：习性：灌木。花程式：K5，C5，A3参考科，G-。其他特征参考科。全球1个大洲分布及种数(1)◆亚洲。

Xerriara Anon. 兰科属 Orchidaceae [MM-723] 特征纪要：习性：-。花程式：-。其他特征参考科。全球1个大洲分布及种数(-)。

Xerxes J. R. Grant 无茎叉毛菊属 Asteraceae [MD-586] 特征纪要：习性：-。花程式：-。其他特征参考科。全球1个大洲分布及种数(1)◆南美洲(◆巴西)。

Xestaea Griseb. 龙胆科属 Gentianaceae [MD-496] 特征纪要：习性：-。花程式：-。其他特征参考科。全球3个大洲分布及种数(1)亚洲：1；北美洲：1；南美洲：1。

Ximenia Plum. ex L. 海檀木属 Olacaceae [MD-362] 特征纪要：习性：木质攀援。花程式：-。物候：-。海拔：100米。生境：海边砂地上，或沿海低山少见。资源：具栽培园艺种类。全球6个大洲分布及种数(14-17)非洲：4-5；亚洲：2-4；大洋洲：2-4；欧洲：1-2；北美洲：6-7；南美洲：3-4。【中国种数：1】。

Ximeniaceae Horan. = Olacaceae

Ximeniopsis Alain 海檀木属 Olacaceae [MD-362] 特征纪要：习性：-。花程式：-。其他特征参考科。全球2个大洲分布及种数(2)北美洲：1；南美洲：1。

Xiphidium Aubl. 鸠尾花属 Haemodoraceae [MM-718] 特征纪要：习性：草本。花程式：(K)3，C0参考科，A3-6，=↓G3。其他特征参考科。全球4个大洲分布及种数(2-17)亚洲：3；大洋洲：3；北美洲：14；南美洲：13。【中国种数：1】。

Xiphizusa Rchb. f. = **Bulbophyllum**

Xiphochaeta Pöpp. 沼生斑鸠菊属 Asteraceae [MD-586] 特征纪要：习性：草本。花程式：(K)3-5，(C)3-5，A3-5，=↓G2。其他特征参考科。全球1个大洲分布及种数(1)◆南美洲。

Xipholepis Steetz = **Vernonia**

X

Xiphopterella Parris 剑羽蕨属 Polypodiaceae［F-60］特征纪要:一年生,叶脉分离,小脉单一或分叉。【Rep】:孢子同形,囊群生叶背有盖。全球 1 个大洲分布及种数(cf. 1)◆亚洲(◆中国)。

Xiphopteris Kaulf. 叉毛锯蕨属 Grammitidaceae［F-63］特征纪要:习性:-。【Rep】:孢子同形,囊群生叶背有盖。物候:-。海拔:400-3200 米。生境:针阔混交林树干上。资源:-。全球 6 个大洲分布及种数(67)非洲:12;亚洲:30;大洋洲:5;欧洲:7;北美洲:7;南美洲:16。

Xiphosium Griff. = **Eria**

Xiphotheca Eckl. & Zeyh. 豆科属 Fabaceae3［MD-240］特征纪要:习性:-。花程式:-。其他特征参考科。全球 1 个大洲分布及种数(10-14)◆非洲:10。

Xiquexique <unassigned> 仙人掌属 Cactaceae［MD-100］特征纪要:习性:-。花程式:-。其他特征参考科。全球 1 个大洲分布及种数(-)。

Xiris Raf. = **Xyris**

Xizangia D. Y. Hong 马松蒿属 Orobanchaceae［MD-552］特征纪要:习性:-。花程式:-。物候:-。花期:8 月。果期:参考晚于花期。海拔:3100-3400 米。生境:陡坡,林缘山坡砾石地。资源:-。全球 1 个大洲分布及种数(cf. 1)◆亚洲(◆中国)。

Xochiquetzallia J. Gut. 天门冬科属 Asparagaceae［MM-669］特征纪要:习性:-。花程式:-。其他特征参考科。全球 1 个大洲分布及种数(4)◆北美洲:4。

Xolisma Raf. 光叶珍珠花属 Ericaceae［MD-380］特征纪要:习性:-。花程式:-。物候:-。海拔:100-5000 米。生境:栽培(来自广西龙州)。资源:具栽培园艺种类。全球 6 个大洲分布及种数(3-4)非洲:2;亚洲:1-3;大洋洲:2;欧洲:2;北美洲:1-3;南美洲:2。

Xolocotzia Miranda 墨西哥鞭木属 Verbenaceae［MD-556］特征纪要:习性:-。花程式:-。其他特征参考科。全球 1 个大洲分布及种数(1)◆北美洲。

Xuaresia Pers. = **Capraria**

Xuarezia Ruiz & Pav. = **Capraria**

Xylacanthus Aver. & K. S. Nguyen 爵床属 Acanthaceae［MD-572］特征纪要:习性:-。花程式:-。其他特征参考科。全球 1 个大洲分布及种数(-)。

Xylanche Beck 丁座草属 Orobanchaceae［MD-552］特征纪要:习性:-。花程式:-。其他特征参考科。全球 1 个大洲分布及种数(-)。【中国种数:1】。

Xylanthemum Tzvelev 山木菊属 Asteraceae［MD-586］特征纪要:习性:草本。花程式:(K)3-5,C3-5,A3-5,=↓(G)2。物候:-。花期:7-10 月。果期:参考晚于花期。海拔:6000 米。生境:阿尔泰山地针叶林带山沟,柞林下路旁。资源:-。全球 1 个大洲分布及种数(cf. 1)◆亚洲。【中国种数:1】。

Xylia Benth. 木荚豆属 Fabaceae2［MD-240］特征纪要:习性:木本。花程式:=↓(K3-5-∞),C3-5-∞,A1-10-50,=↓G1。物候:-。花期:5-7 月。果期:参考晚于花期。海拔:100-2500 米。生境:潮湿的地方。资源:具栽培园艺种类。全球 4 个大洲分布及种数(10-213)非洲:36;亚洲:18;大洋洲:4;南美洲:189。【中国种数:1】。

Xylinabariopsis Pit. = **Urceola**

Xylobium Lindl. 长寿兰属 Orchidaceae［MM-723］特征纪要:习性:草本。花程式:(K)3,C3,A3,=↓G3。其他特征参考科。全球 5 个大洲分布及种数(39-46;hort. 1;cult. 1)非洲:2;亚洲:5;大洋洲:1;北美洲:15-17;南美洲:34-37。【中国种数:3】。

Xylocalyx Balf. f. 雕萼木属 Orobanchaceae［MD-552］特征纪要:习性:灌木。花程式:K5,C0,A2-4,G2。其他特征参考科。全球 2 个大洲分布及种数(5-6)非洲:4;亚洲:5。

Xylocarpus J. König 木果楝属 Meliaceae［MD-414］特征纪要:习性:木本。花程式:-。物候:-。海拔:100-2900 米。生境:红树林。资源:丹宁,材用,具栽培园艺种类。全球 6 个大洲分布及种数(3-18)非洲:4;亚洲:15;大洋洲:5;欧洲:3;北美洲:3;南美洲:3。【中国种数:2】。

Xylococcus Nutt. 熊果属 Ericaceae［MD-380］特征纪要:习性:木本。花程式:(K-),(C)5 参考科,A10,G3-参考科。其他特征参考科。全球 1 个大洲分布及种数(1)◆北美洲。

Xylographa <unassigned> 木根蕨属 Woodsiaceae［F-47］特征纪要:-。全球 3 个大洲分布及种数(9)亚洲:2;北美洲:1;南美洲:4。

Xylolejeunea X. L. He & Grolle 巴西硬鳞苔属 Lejeuneaceae［B-84］特征纪要:习性:-。【Rep】:老时呈红褐色。其他特征参考科。全球 1 个大洲分布及种数(2)◆南美洲(◆巴西)。

Xylomelum Sm. 火木梨属 Proteaceae［MD-219］特征纪要:习性:木本。花程式:K3-4-∞,C0,A2,=G1。其他特征参考科。全球 1 个大洲分布及种数(1-7)◆大洋洲(◆澳大利亚)。

Xylonagra Donn. Sm. & Rose 加州柳叶菜属 Onagraceae［MD-396］特征纪要:习性:灌木。花程式:-。其他特征参考科。全球 1 个大洲分布及种数(1)◆北美洲(◆墨西哥)。

Xylonymus Kalkman ex Ding Hou 木果卫矛属 Celastraceae［MD-339］特征纪要:习性:木本。花程式:-。其他特征参考科。全球 3 个大洲分布及种数(1-2)非洲:2;亚洲:2;大洋洲:2。

Xyloolaena Baill. 木杯花属 Sarcolaenaceae［MD-153］特征纪要:习性:木本。花程式:K5-10,C5-10,A5-10,G1-3。其他特征参考科。全球 1 个大洲分布及种数(5-6)◆非洲(◆马达加斯加)。

Xylophacos Rydb. ex Small 硬豆属 Fabaceae3［MD-240］特征纪要:习性:-。花程式:-。其他特征参考科。全球 3 个大洲分布及种数(74)欧洲:3;北美洲:3;南美洲:58。

Xylophragma Spragü 紫葳木属 Bignoniaceae［MD－541］特征纪要:习性:木本。花程式:－。其他特征参考科。全球 2 个大洲分布及种数(8－22)北美洲:5; 南美洲:17。

xylopia L. 木瓣树属 Annonaceae［MD－7］特征纪要:习性:木本。花程式:－。物候:－。花期:3－6 月。果期:参考晚于花期。海拔:400－700 米。生境:森林山坡。资源:具栽培园艺种类。全球 6 个大洲分布及种数(158－198;hort. 1;cult. 2)非洲:80－90;亚洲:38－47;大洋洲:10－19;欧洲:1－4;北美洲:15－23;南美洲:55－64。【中国种数:3】。

Xylopodia Weigend 叠镖花属 Loasaceae［MD－435］特征纪要:习性:木本。花程式:＝↓(K5－10),C5－10,A5－10,＝↓(G)1－3。其他特征参考科。全球 1 个大洲分布及种数(1－3)◆南美洲(◆秘鲁)。

Xylosalsola Tzvelev 木猪毛菜属 Amaranthaceae［MD－116］特征纪要:习性:草本。花程式:Kn,C0,A3－5,G－。其他特征参考科。全球 2 个大洲分布及种数(4－5)非洲:1; 亚洲:5。

Xyloselinum Pimenov & Kljuykov 伞形属 Apiaceae［MD－480］特征纪要:习性:草本。花程式:＝↓(Kn),C5,A3 参考科,＝↓G(－)。其他特征参考科。全球 1 个大洲分布及种数(3) ◆亚洲:1。

Xylosma G. Forst. 柞木属 Flacourtiaceae［MD－142］特征纪要:习性:木本。花程式:Kn,C2－3 参考科,A3,＝↓G－。物候:－。花期:7－11 月。果期:参考晚于花期。海拔:1000－1600 米。生境:常绿阔叶林,林缘,栽培路旁中等土疏荫干燥。资源:药用,具栽培园艺种类。全球 6 个大洲分布及种数(109－156)非洲:9－17;亚洲:26－40;大洋洲:41－70;欧洲:1－9;北美洲:32－58;南美洲:37－46。【中国种数:5】。

Xylosteon Mill. 金银木属 Caprifoliaceae［MD－510］特征纪要:木本,叶对生,复叶。花程式:(K)2－4,(C)2－4,A2－4,＝↓(G),2－5。种子:柱状,圆柱形。全球 6 个大洲分布及种数(2)非洲:4;亚洲:4;大洋洲:4;欧洲:4;北美洲:1－5;南美洲:4。

Xylosterculia Kosterm. ＝ **Sterculia**

Xylothamia G. L. Nesom, Y. B. Suh, D. R. Morgan & B. B. Simpson ＝ **Gundlachia**

Xylotheca Hochst. 犬玫木属 Achariaceae［MD－159］特征纪要:习性:木本。花程式:K2－10,C2－10,A5,＝↓(G)2－10。资源:具园艺种类。全球 3 个大洲分布及种数(7－40)非洲:11; 亚洲:12; 南美洲:19。

Xylovirgata Urbatsch & R. P. Roberts ＝ **Medranoa**

Xymalobium Steud. ＝ **Xysmalobium**

Xymalos Baill. 单心桂属 Monimiaceae［MD－20］特征纪要:习性:木本。花程式:K1－∞,C0,A10－150,↓G－参考科。物候:－。海拔:－。生境:－。资源:具园艺种类。全球 1 个大洲分布及种数(1)◆非洲。

Xyochlaena Stapf ＝ **Tricholaena**

Xyomalobium Weale ＝ **Xysmalobium**

Xyphostylis Raf. ＝ **Canna**

Xyridaceae C. Agardh［MM－712］黄眼草科 特征纪要:习性:草本;落叶。花程式:(K)6－,C3,A,↑G3。物候:－。花期: 8－9 月。果实:蒴果。种子:小。海拔:100－2700 米。生境:低海拔荒地,田野或海岸沙土上,沼泽湿地。资源:药用。栽培:－。全球 6 个大洲分布及属种数(6－7/366－452 <IFR 3/27> hort. 1;cult. 2) 非洲:1/60－87(IFR 1/3); 亚洲:1/38－50(IFR 1/5); 大洋洲:1/27－41; 欧洲:1/5; 北美洲:1/49－61(IFR 1/5); 南美洲:6/283－301(IFR 3/21)。【中国属种数:2/20】。

Xyris Gronov. ex L. 黄眼草属 Xyridaceae［MM－712］特征纪要:习性:草本(根状茎,基生)。花程式:(K－),C2－3 参考科,A3 参考科,＝G3。物候:－。花期:8－9 月。果期:参考晚于花期。海拔:250－600 米。生境:低海拔荒地,田野或海岸沙土上,沼泽湿地。资源:药用。全球 6 个大洲分布及种数(334－419;hort. 1;cult. 10)非洲:59－107;亚洲:37－70;大洋洲:26－61;欧洲:4－25;北美洲:48－81;南美洲:250－289。【中国种数:19】。

Xyropteris Kramer 剃刀蕨属 Lindsaeaceae［F－27］特征纪要:习性:－。【Rep】:孢子同形,囊群至叶缘。其他特征参考科。全球 1 个大洲分布及种数(1－2)◆亚洲。

Xyroschoenus Larridon 莎草科属 Cyperaceae［MM－747］特征纪要:习性:－。花程式:－。其他特征参考科。全球 1 个大洲分布及种数(－)。

Xysmalobium R. Br. 绵轮藤属 Apocynaceae［MD－492］特征纪要:习性:木本。花程式:K5,C0,A15,＝↓G2。资源:具园艺种类。全球 5 个大洲分布及种数(42－86)非洲:81; 亚洲:3; 欧洲:5; 北美洲:5; 南美洲:4。

Xystidium Trin. ＝ **Perotis**

Xystrolobos Gagnep. 海菜花属 Hydrocharitaceae［MM－599］特征纪要和分布(－)。全球 5 个大洲分布及种数(1)非洲:1;亚洲:1;欧洲:1;北美洲:1;南美洲:1。

Y

Yabea Koso - Pol. 假胡萝卜属 Apiaceae [MD - 480] 特征纪要:习性:草本。花程式: = ↓(K5),C5,A5, = ↓G(-)。其他特征参考科。全球1个大洲分布及种数(1)◆北美洲。

Yadakeya (Makino) Makino = **Pseudosasa**

Yakirra Lazarides & R. D. Webster 雅克拉黍属 Poaceae [MM - 748] 特征纪要:习性: -。花程式: -。其他特征参考科。全球2个大洲分布及种数(8)亚洲:1;大洋洲:6。

Yakushimabryum H. Akiyama, Y. Chang, T. Yamag. & B. C. Tan 开门藓属 Pylaisiadelphaceae [B - 191] 特征纪要:习性: -。【Rep】:孢子囊,单生叶表,蒴柄直立或稍扭曲,平滑,孢蒴卵形,外齿层细胞沿纵壁加厚,中缝有穿孔,内齿层齿条呈线形,基膜低。其他特征参考科。全球1个大洲分布及种数(1)◆非洲。

Yamanusia Ignatov & Shcherbakov 孢芽藓科属 Sorapillaceae [B - 212] 特征纪要和分布(-)。

Yamazakia <unassigned> 母草属 Bruniaceae [MD - 336] 特征纪要:习性: -。花程式: -。其他特征参考科。全球1个大洲分布及种数(-)。

Yangapa Raf. = **Gardenia**

Yanomamua J. R. Grant, Maas & Struwe 西龙胆属 Gentianaceae [MD - 496] 特征纪要:习性:草本。花程式:K4 - 5,C0,A10, = (G)2。其他特征参考科。全球1个大洲分布及种数(1)◆南美洲(◆巴西)。

Yariguianthus S. Díaz & Rodr. - Cabeza 狐尾菊属 Asteraceae [MD - 586] 特征纪要:习性:草本。花程式:(K)3 - 5,(C)3 - 5,A3 - 5,↓G。其他特征参考科。全球2个大洲分布及种数(1)。

Yarina O. F. Cook = **Phytelephas**

Yasunia van der Werff 亚苏樟属 Lauraceae [MD - 21] 特征纪要:习性:木本。花程式: -。其他特征参考科。全球1个大洲分布及种数(1 - 2)◆南美洲。

Yavia R. Kiesling & Piltz 慈母球属 Cactaceae [MD - 100] 特征纪要:习性:木本。花程式: = ↓(K1 - ∞),C1 - ∞,A3 - 100, = ↓(G)3 - 100。其他特征参考科。全球1个大洲分布及种数(1 - 2)◆南美洲。

Yazdana <unassigned> 石竹属 Caryophyllaceae [MD - 77] 特征纪要:习性: -。花程式: -。其他特征参考科。全球1个大洲分布及种数(-)。

Yeatesia Small 苞穗花属 Acanthaceae [MD - 572] 特征纪要:习性:草本。花程式:K2 - 4,C0,A2 - 4, = ↓(G)2。其他特征参考科。全球3个大洲分布及种数(3 - 6)亚洲:3; 北美洲:5; 南美洲:1。

Yermo Dorn 沙黄头菊属 Asteraceae [MD - 586] 特征纪要:习性:草本。花程式:(K)3 - 5,(C)3 - 5,A3 - 5,↓G。其他特征参考科。全球1个大洲分布及种数(2)◆北美洲(◆美国)。

Yersinochloa H. N. Nguyen & V. T. Tran 沙黄草属 Poaceae [MM - 748] 特征纪要:习性:草本。花程式: -。其他特征参考科。全球1个大洲分布及种数(-)。

Yinquania Z. Y. Zhu = **Cornus**

Yinshania Ma & Y. Z. Zhao 阴山荠属 Brassicaceae [MD - 213] 特征纪要:习性:草本(具根状茎)。花程式: -。物候: -。花期:7 - 8月。果期:参考晚于花期。海拔:1000 - 1200米。生境:路边,阳性山坡贫脊荒草地。资源: -。全球1个大洲分布及种数(14 - 15)◆亚洲。【中国种数:12】。

Ynesa O. F. Cook = **Attalea**

Yoania Maxim. 宽距兰属 Orchidaceae [MM - 723] 特征纪要:习性:草本(根状茎,腐生,多肉)。花程式:Kn,C2 - 3参考科,A3参考科,↓G -。物候: -。花期:6 - 7月。果期:参考晚于花期。海拔:1800 - 2000米。生境:草坡,甜储木荷林下。资源:花卉,具栽培园艺种类。全球2个大洲分布及种数(5 - 9)亚洲:8; 大洋洲:2。【中国种数:2】。

Yolanda Hoehne = **Brachionidium**

Yosemitea P. J. Alexander & Windham 宽莱属 Brassicaceae [MD - 213] 特征纪要:习性:草本。花程式:K4,C4,A3参考科,↓G - 参考科。其他特征参考科。全球1个大洲分布及种数(1)北美洲:1。

Youngia Cass. 黄鹌菜属 Asteraceae [MD - 586] 特征纪要:习性:草本(根状茎,基生)。花程式:(K)3 - 5,C3 - 5,A3参考科, = ↓G2。物候: -。海拔:3000 - 3600米。生境:草地,杂草。资源:具栽培园艺种类。全球6个大洲分布及种数(46 - 262)非洲:5; 亚洲:235; 大洋洲:4; 欧洲:11; 北美洲:11; 南美洲:8。【中国种数:26】。

Ypsilandra Franch. 丫蕊花属 Melanthiaceae [MM - 621] 特征纪要:习性: -。花程式: -。物候: -。花期:7 - 10月。果期:参考晚于花期。海拔:2000 - 2100米。生境:丛林边缘,草地,生于林下,路旁湿地或沟边。资源: -。全球2个大洲分布及种数(13)亚洲:10; 北美洲:5。

Ypsilopus Summerh. 叉足兰属 Orchidaceae [MM - 723] 特征纪要:习性:草本。花程式:(K)3,C3,A3, = ↓(G)3。

其他特征参考科。全球 1 个大洲分布及种数(5)◆非洲。

Ypsilorchis Z. J. Liu, S. C. Chen & L. J. Chen 丫瓣兰属 Orchidaceae [MM-723] 特征纪要:习性:-。花程式:-。物候:-。花期:9-11 月。果期:参考晚于花期。海拔:1200-1600 米。生境:常绿阔叶林中微阳石灰岩上,林中树木上。资源:-。全球 1 个大洲分布及种数(cf. 1)◆亚洲(◆中国)。

Ysabelensis <unassigned> 火把木属 Cunoniaceae [MD-255] 特征纪要:-。全球 1 个大洲分布及种数(13)◆大洋洲:10。

Ystia Compere = **Schizachyrium**

Yua C. L. Li 俞藤属 Vitaceae [MD-403] 特征纪要:习性:木质攀援。花程式:Kn,C2-3 参考科,A4,G2。物候:-。花期:5-7 月。果期:参考晚于花期。海拔:100-900 米。生境:高山丘林山顶灌木丛中。资源:药用,具栽培园艺种类。全球 3 个大洲分布及种数(2-10)亚洲:8; 北美洲:2; 南美洲:2。【中国种数:2】。

Yucaratonia Burkart 藩篱豆属 Fabaceae3 [MD-240] 特征纪要:习性:-。花程式:-。其他特征参考科。全球 1 个大洲分布及种数(cf. 1)◆南美洲。

Yucca L. 丝兰属 Asparagaceae [MM-669] 特征纪要:习性:木本。花程式:-。物候:-。海拔:180-1700 米。生境:潮湿竹林中。资源:药用,具栽培园艺种类。全球 6 个大洲分布及种数(53-265)非洲:33; 亚洲:31; 大洋洲:4; 欧洲:144; 北美洲:144; 南美洲:44。【中国种数:7】。

Yulania Spach 玉兰属 Magnoliaceae [MD-1] 特征纪要:习性:-。花程式:-。物候:-。花期:4-5 月。果期:参考晚于花期。海拔:1300-2400 米。生境:林缘。资源:具栽培园艺种类。全球 5 个大洲分布及种数(42)亚洲:39; 大洋洲:3; 欧洲:16; 北美洲:16; 南美洲:3。

Yunckeria Lundell = **Ctenardisia**

Yungasocereus F. Ritter 优雅柱属 Cactaceae [MD-100] 特征纪要:习性:木本。花程式:=↓(Kn),C1-∞ 参考科,A3 参考科,↓(G)-。其他特征参考科。全球 1 个大洲分布及种数(1)◆南美洲。

Yunkia <unassigned> 十字花属 Brassicaceae [MD-213] 特征纪要:习性:-。花程式:-。其他特征参考科。全球 1 个大洲分布及种数(-)。

Yunnanobryon Shevock, Ochyra, S. He & D. G. Long 云南藓属 Regmatodontaceae [B-186] 特征纪要:习性:-。【Rep】:雌雄同株,内雌苞叶直立,细长,渐尖,蒴柄长,红棕色,平滑或有粗疣,内齿层基膜低。物候:-。海拔:-。生境:常见于林下石上。资源:-。全球 1 个大洲分布及种数(1)◆亚洲。【中国种数:1】。

Yunnanopilia C. Y. Wu & D. Z. Li = **Champereia**

Yunquea Skottsb. 寄菊属 Asteraceae [MD-586] 特征纪要:-。全球 1 个大洲分布及种数(1)◆南美洲:1。

Yushania Keng f. 玉山竹属 Poaceae [MM-748] 特征纪要:习性:竹类。花程式:(K-),C0 参考科,A3 参考科,=G2-3。物候:-。花期:参考早于果期。果期:8 月。海拔:1000-2300 米。生境:常绿阔叶林下,棕壤土林下。资源:具园艺种类。全球 6 个大洲分布及种数(82-89)非洲:4;亚洲:81-89;大洋洲:4;欧洲:1-5;北美洲:3-7;南美洲:4。【中国种数:62】。

Yushunia Kamik. = **Sassafras**

Yuyba L. H. Bailey = **Bactris**

Yvesia A. Camus 马岛臂形草属 Poaceae [MM-748] 特征纪要:习性:草本。花程式:(K)3,C0 参考科,A1-2,=(G)2-3。其他特征参考科。全球 1 个大洲分布及种数(1)◆非洲(◆马达加斯加)。

Z

Zaa Baill. = **Phyllarthron**

Zabelia (Rehder) Makino 六道木属 Caprifoliaceae [MD - 510] 特征纪要:习性:木本。花程式: - 。物候: - 。花期:4 - 6 月。果期:参考晚于花期。海拔:1000 - 2000 米。生境:灌丛,森林,草原。资源: - 。全球 4 个大洲分布及种数(7 - 16)亚洲:12; 欧洲:4; 北美洲:4; 南美洲:2。【中国种数:3】。

Zagrosia Speta 蓝瑰花属 Asparagaceae [MM - 669] 特征纪要:习性:草本。花程式:(K)3,C3,A3 - 6,G3 - 参考科。其他特征参考科。全球 1 个大洲分布及种数(2) ◆亚洲:1。

Zahlbrucknerella <unassigned> 可可李科属 Chrysobalanaceae [MD - 243] 特征纪要: - 。全球 2 个大洲分布及种数(7)北美洲:1; 南美洲:4。

Zahleria Lür 马棕兰属 Orchidaceae [MM - 723] 特征纪要:习性: - 。花程式: - 。其他特征参考科。全球 2 个大洲分布及种数(3)北美洲:2; 南美洲:3。

Zahora Lemmel & M. Koch 十字花科属 Brassicaceae [MD - 213] 特征纪要:习性: - 。花程式: - 。其他特征参考科。全球 1 个大洲分布及种数(1)◆非洲:1。

Zala Lour. 裂盖马齿属 Pistiaceae [MM - 640] 特征纪要和分布(-)。

Zaleya Burm. f. 裂盖马齿属 Aizoaceae [MD - 94] 特征纪要:习性:草本。花程式: = ↓ (K3 - 4),C3 - 4,A5 参考科, = ↓ G1 - 2。其他特征参考科。全球 6 个大洲分布及种数(7 - 10)非洲:6; 亚洲:4; 大洋洲:5; 欧洲:3; 北美洲:3; 南美洲:2。【中国种数:2】。

Zalitea Raf. = **Euphorbia**

Zaluzania Pers. 黄带菊属 Asteraceae [MD - 586] 特征纪要:草本。花程式:(K)3 - 5,(C)3 - 5,A3 - 5, = ↓ G2。其他特征参考科。全球 5 个大洲分布及种数(14 - 42)亚洲:2; 大洋洲:2; 欧洲:19; 北美洲:19; 南美洲:14。【中国种数:1】。

Zaluzanskya Neck. ex Hitchcock = **Marsilea**

Zameioscirpus Dhooge & Götgh. 南美泽莎草属 Cyperaceae [MM - 747] 特征纪要:习性:草本。花程式:(K)3,C3,A3, = ↓ (G)2 - 3。其他特征参考科。全球 5 个大洲分布及种数(3 - 4)非洲:3; 亚洲:3; 大洋洲:2; 北美洲:2; 南美洲:4。

Zamia L. 泽米铁属 Zamiaceae [G - 2] 特征纪要:习性: - 。【Rep】:雌雄异株,单轴球果。物候: - 。海拔: - 。生境: - 。资源:具栽培园艺种类。全球 6 个大洲分布及种数(86 - 95)非洲:5 - 13;亚洲:8 - 16;大洋洲:6 - 14;欧洲:5 - 13;北美洲:63 - 73;南美洲:33 - 44。【中国种数:5】。

Zamiaceae Horan. [G - 2] 泽米铁科 特征纪要:叶状体绿色、黄绿色或深绿色,长 2 - 3 厘米,宽 4 - 7 毫米。【Rep】:雌雄同株,雄托生于叶状体近尖部,无柄雌托托着生叶状体先端,具短柄,托柄长约 2 毫米,具 2 条假根沟。全球 6 个大洲分布及属种数(9/233 - 286 <IFR 2/4> hort. 1;cult. 5) 非洲:3/61 - 82(IFR 1/3); 亚洲:1/9; 大洋洲:3/40 - 57; 欧洲:1/6; 北美洲:5/121 - 123(IFR 1/1); 南美洲:1/34 - 37。【中国属种数:2/6】。

Zamioculcas Schott 雪铁芋属 Araceae [MM - 639] 特征纪要:习性:木本。花程式:K0,C0,A3 参考科,G3 - 参考科。物候: - 。海拔: - 。生境: - 。资源:具园艺种类。全球 3 个大洲分布及种数(1 - 6)非洲:1; 北美洲:1; 南美洲:1。

Zandera D. L. Schulz 豨莶属 Asteraceae [MD - 586] 特征纪要:习性:草本。花程式:(K)3 - 5,(C)3 - 5,A3 - 5, ↓ G。其他特征参考科。全球 1 个大洲分布及种数(3) ◆北美洲:3。

Zanderia Goffinet 巴西黄刺藓属 Rhachitheciaceae [B - 125] 特征纪要:习性: - 。【Rep】:雌雄同株,雌苞叶较长大,有高鞘部,上部短披针形,钝端,有短尖,中肋不及叶尖,蒴柄稍高出于雌苞叶。其他特征参考科。全球 1 个大洲分布及种数(1)◆南美洲。

Zanha Hiern 赞哈木属 Sapindaceae [MD - 428] 特征纪要:习性:木本。花程式:K4 - 8,C4 - 8,A10, = G2 - 3。其他特征参考科。全球 3 个大洲分布及种数(3 - 9)非洲:5; 亚洲:3; 南美洲:5。【中国种数:1】。

Zannichelia Scop. = **Zannichellia**

Zannichellia L. 角果藻属 Zannichelliaceae [MM - 613] 特征纪要(同科)。全球 6 个大洲分布及种数(9 - 11;hort. 1)非洲:5 - 12;亚洲:11 - 18;大洋洲:2 - 9;欧洲:4 - 11;北美洲:1 - 8;南美洲:2 - 9。【中国种数:2】。

Zannichelliaceae Chevall. [MM - 613] 角茨藻科 特征纪要:习性:草本;落叶。花程式:K5,C5,A3, ↑ G1(9)。物候: - 。果实:瘦果。种子:直生,有时具浅褐色的斑点。海拔:100 ~ 3800 米。生境:淡水或咸水中,亦见于海滨或内陆盐碱湖泊。资源: - 。栽培: - 。全球 6 个大洲分布及属种数(4/50 - 80 <IFR 1/1> hort. 1;cult. 1) 非洲:2/6(IFR 1/1); 亚洲:2/8(IFR 1/1); 大洋洲:4/10 - 11; 欧洲:2/4(IFR 1/1); 北美洲:2/2; 南美洲:1/2。

Zanonia L. 翅子瓜属 Cucurbitaceae［MD-205］特征纪要:习性:-。花程式:-。物候:-。花期:7-9月。果期:参考晚于花期。海拔:300-900米。生境:河边,山坡,疏林中及干燥沟谷边缘。资源:-。全球4个大洲分布及种数(3-22)非洲:1; 亚洲:17; 北美洲:2; 南美洲:3。【中国种数:1】。

Zantedeschia Spreng. 马蹄莲属 Araceae［MM-639］特征纪要:习性:草本(基生,多肉)。花程式:-。物候:-。花期:2-3月。果期:参考晚于花期。海拔:100-4400米。生境:-。栽培:-。资源:观赏,具栽培园艺种类。全球6个大洲分布及种数(9-102)非洲:51; 亚洲:74; 大洋洲:36; 欧洲:41; 北美洲:41; 南美洲:37。【中国种数:3】。

Zantenia (S. Hatt.) Váňa & J. J. Engel 蹄叶苔属 Anastrophyllaceae［B-60］特征纪要:-。全球2个大洲分布及种数(5)亚洲:4; 大洋洲:3。

Zanthoxilon Franch. & Sav. = **Zanthoxylum**

Zanthoxylon Walter = **Zanthoxylum**

Zanthoxylum L. 花椒属 Rutaceae［MD-399］特征纪要:习性:木质攀援。花程式:-。物候:-。花期:4-5月。果期:参考晚于花期。海拔:100-800米。生境:侧枝上,呈老茎着花状,植株常呈小灌木状。资源:具栽培园艺种类。全球6个大洲分布及种数(277-322;hort. 1;cult. 20)非洲:58-133;亚洲:103-192;大洋洲:42-120;欧洲:11-82;北美洲:86-159;南美洲:92-172。【中国种数:45】。

Zapoteca H. M. Hern. 羊须合欢属 Fabaceae2［MD-240］特征纪要:习性:木本。花程式:=↓(K3-5-∞),C3-5-∞,A1-10-50,=↓G1。其他特征参考科。全球5个大洲分布及种数(26;hort. 1)非洲:1;亚洲:3;大洋洲:5;北美洲:24;南美洲:14。

Zappania G. A. Scop. 唇形科属 Verbenaceae［MD-556］特征纪要:习性:-。花程式:-。其他特征参考科。全球5个大洲分布及种数(44)非洲:15; 大洋洲:7; 欧洲:5; 北美洲:23; 南美洲:31。

Zaqiqah P. M. Peterson & Romasch. 禾本科属 Poaceae［MM-748］特征纪要:习性:草本。花程式:-。其他特征参考科。全球2个大洲分布及种数(1)非洲:1; 亚洲:1。

Zarabellia Neck. = **Berkheya**

Zataria Boiss. 波斯苏属 Lamiaceae［MD-575］特征纪要:习性:草本。花程式:K2,C0,A2,=(G)2。其他特征参考科。全球6个大洲分布及种数(1-25)非洲:4; 亚洲:6; 大洋洲:8; 欧洲:1; 北美洲:1; 南美洲:8。

Zauschneria C. Presl 朱巧花属 Onagraceae［MD-396］特征纪要:习性:-。花程式:-。其他特征参考科。全球1个大洲分布及种数(3-18)◆北美洲。

zea L. 玉蜀黍属 Poaceae［MM-748］特征纪要:习性:草本。花程式:(K-),C0参考科,A3,=G2-3。物候:-。花期:夏天-秋天。果期:参考晚于花期。海拔:10-5600米。生境:广泛栽培。资源:药用,纤维,淀粉,维生素,色素,具栽培园艺种类。全球6个大洲分布及种数(7-9;hort. 1;cult. 1)非洲:3-22;亚洲:3-22;大洋洲:3-22;欧洲:1-20;北美洲:6-25;南美洲:4-23。【中国种数:2】。

Zederachia Heist. ex Fabr. = **Melia**

Zehnderia C. Cusset 带河杉属 Podostemaceae［MD-322］特征纪要:习性:草本。花程式:Kn,C0,A10,=(G)1-2。其他特征参考科。全球1个大洲分布及种数(1)◆非洲(◆喀麦隆)。

Zehneria Endl. 马瓟儿属 Cucurbitaceae［MD-205］特征纪要:习性:木质攀援。花程式:(K-),C2-3参考科,A3,=↓G-。物候:-。花期:4-8月。果期:参考晚于花期。海拔:400-1400米。生境:低山灌丛。资源:药用,具栽培园艺种类。全球6个大洲分布及种数(73-77;hort. 1)非洲:41-45;亚洲:28-33;大洋洲:17-22;欧洲:1-5;北美洲:4;南美洲:4-8。【中国种数:8】。

Zeia Lunell = **Triticum**

Zelenkoa M. W. Chase & N. H. Williams 富仙兰属 Orchidaceae［MM-723］特征纪要:习性:草本。花程式:(K)3,C3,A3,=↓(G)3。其他特征参考科。全球2个大洲分布及种数(2)北美洲:1;南美洲:1。

Zelkova Spach 榉属 Ulmaceae［MD-83］特征纪要:习性:木本。花程式:-。物候:-。花期:4月。果期:参考晚于花期。海拔:200-2800米。生境:大河边,露天,园林。资源:纤维,具栽培园艺种类。全球6个大洲分布及种数(7-10)非洲:2;亚洲:6-10;大洋洲:1-3;欧洲:2-6;北美洲:2-5;南美洲:2-4。【中国种数:3】。

Zelmira Raf. = **Goeppertia**

Zelometeorium Manül 巴西蔓藓属 Meteoriaceae［B-188］特征纪要:习性:-。【Rep】:绿色或棕绿色。其他特征参考科。全球4个大洲分布及种数(7)非洲:3; 亚洲:2; 北美洲:4; 南美洲:6。

Zeltnera G. Mans. 北美龙胆属 Gentianaceae［MD-496］特征纪要:习性:草本。花程式:K4-5,C0,A10,=↓(G)2。其他特征参考科。全球6个大洲分布及种数(26-31)非洲:3; 亚洲:2; 大洋洲:2; 欧洲:27; 北美洲:27; 南美洲:7。【中国种数:1】。

Zemisia B. Nord. 甲菊属 Asteraceae［MD-586］特征纪要:习性:草本。花程式:(K)3-5,(C)3-5,A3-5,↓G。其他特征参考科。全球2个大洲分布及种数(2-3)北美洲:3; 南美洲:1。

Zemisne O. Deg. & Sherff 岛葵树属 Asteraceae［MD-586］特征纪要和分布(-)。全球1个大洲分布及种数(1)◆亚洲。

Zenia Chun 任豆属 Fabaceae1［MD-240］特征纪要:习性:木本。花程式:K5,C3-5-∞,A10-,=↓G-。物候:-。花期:5月。果期:参考晚于花期。海拔:200-1000米。生境:森林,山坡,土山地山坡橡胶林缘。资源:果胶,具栽培园艺种类。全球3个大洲分布及种数(1-9)亚洲:4; 北美洲:2; 南美洲:7。【中国种数:1】。

Zenkerella Taub. 固氮豆属 Fabaceae1［MD-240］特征纪要:习性:木本。花程式:=↓(K3-5-∞),C3-5-∞,A3-5,=↓G1-2。其他特征参考科。全球3个大洲分布及种数(6-11)非洲:9; 亚洲:2; 南美洲:3。

Zenkeria Trin. 铁苏木属 Poaceae［MM－748］特征纪要：习性：－。花程式：－。其他特征参考科。全球 2 个大洲分布及种数(5－7)亚洲：5；南美洲：1。

Zenobia D. Don 粉姬木属 Ericaceae［MD－380］特征纪要：习性：木本。花程式：(K)5－8，(C)5－8，A10，＝(G)2－4。物候：－。海拔：－。生境：－。资源：具栽培园艺种类。全球 4 个大洲分布及种数(1－7)亚洲：3；大洋洲：2；欧洲：5；北美洲：5。

Zeocriton Wolf ＝ **Hordeum**

Zephyra D. Don 西风莲属 Tecophilaeaceae［MM－686］特征纪要：习性：草本(具根状茎)。花程式：－。其他特征参考科。全球 2 个大洲分布及种数(2－10)大洋洲：3；南美洲：10。

Zephyranthes Herb. 葱莲属 Amaryllidaceae［MM－694］特征纪要：习性：草本(基生)。花程式：(K－)，C2－3 参考科，A5，↓G－。物候：－。花期：秋天。果期：参考晚于花期。海拔：100－4800 米。生境：作为观赏植物广泛栽培。资源：观赏，具栽培园艺种类。全球 6 个大洲分布及种数(106－127；hort. 1；cult. 3)非洲：7－20；亚洲：14－29；大洋洲：8－21；欧洲：5－18；北美洲：61－85；南美洲：62－80。【中国种数：8】。

Zeravschania Korovin 氨胶芹属 Apiaceae［MD－480］特征纪要：习性：草本。花程式：＝↓(Kn)，C5，A3 参考科，＝↓G(－)。其他特征参考科。全球 1 个大洲分布及种数(10)◆中亚(◆塔吉克斯坦)。

Zerdana Boiss. 类木果芥属 Brassicaceae［MD－213］特征纪要：习性：－。花程式：－。其他特征参考科。全球 1 个大洲分布及种数(cf. 1)◆亚洲。

Zerna Panz. ＝ **Bromus**

Zetocapnia Link & Otto ＝ **Polianthes**

Zeugandra P. H. Davis 合丝风铃属 Campanulaceae［MD－561］特征纪要：习性：草本。花程式：(K)5，(C)5，A5，＝↓(G)2－3。其他特征参考科。全球 1 个大洲分布及种数(cf. 1)◆亚洲。

Zeugites P. Br. 轭草属 Poaceae［MM－748］特征纪要：习性：草本。花程式：(K)3，C0 参考科，A1－2，＝G2－3。其他特征参考科。全球 2 个大洲分布及种数(11－39)北美洲：21；南美洲：14。

Zeuktophyllum N. E. Br. 矮樱龙属 Aizoaceae［MD－94］特征纪要：习性：灌木。花程式：＝↓(K3－4)，C3－4，A5 参考科，＝↓G－。其他特征参考科。全球 1 个大洲分布及种数(1－2)◆非洲。

Zeuxine Lindl. 线柱兰属 Orchidaceae［MM－723］特征纪要：习性：草本。花程式：Kn，C2－3 参考科，A3 参考科，＝↓(G)3。物候：－。花期：2－4 月。果期：参考晚于花期。海拔：200－1700 米。生境：本地草地路旁阴处，普遍散生，野生，阴凉处，林缘，山谷。资源：具园艺种类。全球 6 个大洲分布及种数(56－104)非洲：16－39；亚洲：39－80；大洋洲：10－44；欧洲：16；北美洲：2－19；南美洲：2－17。【中国种数：21】。

Zeuxinella Aver. 拟线柱兰属 Orchidaceae［MM－723］特征纪要：习性：－。花程式：－。物候：－。花期：参考早于果期。果期：10－11 月。海拔：80－5200 米。生境：柏树林下或草坡路旁，竹坡中。资源：－。全球 4 个大洲分布及种数(6)非洲：3；亚洲：3；北美洲：2；南美洲：2。

Zexmenia La Llave 薄翅菊属 Asteraceae［MD－586］特征纪要：习性：草本。花程式：(K)3－5，(C)3－5，A3－5，＝↓G2。物候：－。海拔：－。生境：－。资源：具园艺种类。全球 6 个大洲分布及种数(12－21)非洲：12；亚洲：17；大洋洲：12；欧洲：12；北美洲：6－19；南美洲：7－20。

Zeyherella (Pierre ex Baill.) Aubrév. & Pellegr. 山榄科属 Sapotaceae［MD－357］特征纪要：习性：－。花程式：－。其他特征参考科。全球 1 个大洲分布及种数(－)。

Zeyheria Mart. 门垫树属 Bignoniaceae［MD－541］特征纪要：木本，叶对生，落叶，复叶。花程式：Kn，deeply 2－lobed，C0，A5，＝↑G：2。种子：周围具透明膜质翅。全球 1 个大洲分布及种数(4)◆南美洲(◆巴西)。

Zeylanidium (Tul.) Engl. 河苔草属 Podostemaceae［MD－322］特征纪要：习性：草本。花程式：K1－2，C0，A10，G－。其他特征参考科。全球 1 个大洲分布及种数(8－9)◆亚洲。

Zhengyia T. Deng, D. G. Zhang & H. Sun 征镒麻属 Urticaceae［MD－91］特征纪要：习性：木本。花程式：Kn，C0，A3 参考科，↓G－参考科。物候：－。花期：参考早于果期。果期：1 月。海拔：25－5400 米。生境：边缘，灌木丛，路旁，通常种植在石灰岩林中。资源：－。全球 1 个大洲分布及种数(1) ◆亚洲：1。

Zhukowskia Szlach., R. González & Rutk. 北美麦兰属 Orchidaceae［MM－723］特征纪要：习性：－。花程式：－。其他特征参考科。全球 1 个大洲分布及种数(cf. 1)◆北美洲。

Zieria Sm. 真藓属 Rutaceae［MD－399］特征纪要：习性：木本。其他特征参考科。全球 4 个大洲分布及种数(74－110)亚洲：6；大洋洲：95；欧洲：4；北美洲：4。

Zigadenus Michx. 沼盘花属 Melanthiaceae［MM－621］特征纪要：习性：草本(根状茎，基生，多肉)。花程式：－。物候：－。花期：7 月。果期：参考晚于花期。海拔：2600 米。生境：林下和山坡草地上，灌木丛中的潮湿地带。资源：具栽培园艺种类。全球 6 个大洲分布及种数(8－10)非洲：19；亚洲：5－24；大洋洲：19；欧洲：19；北美洲：6－32；南美洲：19。

Zilla Forssk. 齐拉芥属 Brassicaceae［MD－213］特征纪要：习性：草本。花程式：K2－4，C2－4，A2－4，＝G2。其他特征参考科。全球 6 个大洲分布及种数(3)非洲：2－6；亚洲：1－7；大洋洲：4；欧洲：4；北美洲：4；南美洲：4。

Zimapania Engl. & Pax ＝ **Jatropha**

Zimmermannia Pax ＝ **Meineckia**

Zingania A. Chev. 加蓬含羞草属 Fabaceae3［MD－240］特征纪要：习性：－。花程式：－。其他特征参考科。全球 1 个大洲分布及种数(cf. 1)◆非洲。

Zingela N. R. Crouch, Mart.－Azorín, M. B. Crespo, M. Pinter & M. á. Alonso 剪股稷属 Poaceae［MM－748］特征纪要：习性：－。花程式：－。其他特征参考科。全球 1 个大洲分布及种数(－)。

Zingeria P. A. Smirn. 剪股稷属 Poaceae［MM－748］特征纪要：习性：－。花程式：－。其他特征参考科。全球 6 个大洲分布及种数(28)非洲：7；亚洲：15；大洋洲：2；欧洲：3；北美洲：3；南美洲：8。

Zingeriopsis Prob. 小剪股草属 Poaceae［MM－748］特征纪要：习性：－。花程式：－。其他特征参考科。全球 3 个大洲分布及种数(2)非洲：2；亚洲：2；大洋洲：2。

Zingiber Mill. 姜属 Zingiberaceae［MM－737］特征纪要：习性：草本。花期：8 月。果期：参考晚于花期。海拔：1200－1600 米。生境：潮湿地方。资源：药用，具栽培园艺种类。全球 6 个大洲分布及种数(99－211；hort. 1；cult. 2)非洲：5－17；亚洲：97－175；大洋洲：4－13；欧洲：5－14；北美洲：7－16；南美洲：3－12。【中国种数：51】。

Zingiberaceae Martinov［MM－737］姜科 特征纪要：习性：草本；落叶。花程式：(K)6－，C2－3，A10，↓G3。物候：－。花期：4－5 月。果期：11－12 月。果实：蒴果。种子：种皮作不规则的矩圆形。海拔：0 米。生境：狭谷砂岩草地。资源：园林。栽培：中国有栽培。全球 6 个大洲分布及属种数(59－75/998－2176 < IFR 19/48 个 hort. 1；cult. 6) 非洲：8－12/107－148(IFR 2/2)；亚洲：49－56/842－1522(IFR 17/42)；大洋洲：5/17－18(IFR 1/1)；欧洲：3/15－16；北美洲：5/32－36(IFR 3/5)；南美洲：5/77－80(IFR 1/1)。【中国属种数：25/291】。

Zinnia L. 百日菊属 Asteraceae［MD－586］特征纪要：习性：草质攀援。花程式：(K)3－5，C3－5，A3 参考科，＝↓G2。物候：－。花期：6－11 月。果期：参考晚于花期。海拔：1300 米。生境：山沟水渠。资源：药用，观赏，具栽培园艺种类。全球 6 个大洲分布及种数(27－124)非洲：6；亚洲：33；大洋洲：12；欧洲：41；北美洲：41；南美洲：41。【中国种数：5】。

Zinowiewia Turcz. 白雷木属 Celastraceae［MD－339］特征纪要：习性：木本。花程式：K2－3，C2－3，A10，＝G2－5。其他特征参考科。全球 6 个大洲分布及种数(16－18)非洲：1；亚洲：1；大洋洲：1；欧洲：1；北美洲：11－13；南美洲：6－8。

Zinziber Mill. ＝ **Zingiber**

Zippelia Rchb. 齐头绒属 Piperaceae［MD－39］特征纪要和分布(－)。【中国种数：1】。

Zizania L. 菰属 Poaceae［MM－748］特征纪要：习性：草本(根状茎，基生，水生，寄生)。花程式：－。物候：－。海拔：10－5600 米。生境：农田旁，栽培(池塘水田中)。资源：药用，具栽培园艺种类。全球 6 个大洲分布及种数(6－7；hort. 1；cult. 1)非洲：2；亚洲：5－8；大洋洲：1－3；欧洲：3－5；北美洲：4－6；南美洲：1－4。【中国种数：3】。

Zizaniopsis Döll & Asch. 假菰属 Poaceae［MM－748］特征纪要：习性：草本。花程式：(K)3，C0 参考科，A1－2，＝G2－3。其他特征参考科。全球 4 个大洲分布及种数(7)亚洲：1；大洋洲：1；北美洲：1；南美洲：5。

Zizia W. D. J. Koch 金防风属 Apiaceae［MD－480］特征纪要：习性：草本。花程式：＝↓(K5)，C5，A5，＝↓(G)2。其他特征参考科。全球 4 个大洲分布及种数(3－15)亚洲：7；大洋洲：2；欧洲：9；北美洲：9。【中国种数：1】。

Ziziphora L. 新塔花属 Lamiaceae［MD－575］特征纪要：习性：草本，少木本。花程式：(K－)，C2－3 参考科，A3 参考科，＝↓G2。物候：－。花期：8－9 月。果期：参考晚于花期。海拔：700－1100 米。生境：砾石地上，河谷及峡谷斜坡上。栽培：来自广西龙州。资源：药用，具栽培园艺种类。全球 6 个大洲分布及种数(12－23；hort. 1；cult. 1)非洲：5－7；亚洲：10－18；大洋洲：2；欧洲：7－9；北美洲：2；南美洲：2。【中国种数：7】。

Ziziphus Mill. 枣属 Rhamnaceae［MD－331］特征纪要：习性：木质攀援。花程式：Kn，C2－3 参考科，A3 参考科，G－。物候：－。花期：2－5 月。果期：参考晚于花期。海拔：500－1100 米。生境：滨海砂地灌丛或疏林中。资源：具栽培园艺种类。全球 6 个大洲分布及种数(125－157；hort. 1；cult. 5)非洲：18－31；亚洲：80－104；大洋洲：16－27；欧洲：5－16；北美洲：32－46；南美洲：21－38。【中国种数：16】。

Zizkaea W. Till & Barfuss 金凤梨属 Bromeliaceae［MM－715］特征纪要：习性：草本。花程式：(K)3，C3，A3 参考科，↓G。其他特征参考科。全球 1 个大洲分布及种数(1)◆北美洲：1。

Zoegea L. 掌片菊属 Asteraceae［MD－586］特征纪要：习性：草本。花程式：(K)3－5，C3－5，A3－5，＝↓(G)2。其他特征参考科。全球 2 个大洲分布及种数(3－15)非洲：4；亚洲：11。

Zollernia Wied－Neuw. & Nees 佐勒铁豆属 Fabaceae3［MD－240］特征纪要：习性：木本。花程式：＝↓(K1－∞)，C1－∞，A5－9，＝↓G1。其他特征参考科。全球 3 个大洲分布及种数(10－27)亚洲：3；北美洲：2；南美洲：26。【中国种数：1】。

Zollikoferiastrum (Kirp.) Kamelin ＝ **Lactuca**

Zombia L. H. Bailey 海地棕属 Arecaceae［MM－717］特征纪要：习性：木本。花程式：K3－10，C3－10，A3－10，＝G3－10。其他特征参考科。全球 3 个大洲分布及种数(1－3)亚洲：2；北美洲：2；南美洲：2。

Zombitsia Keraudren ＝ **Ctenolepis**

Zomicarpa Schott 蟒芋属 Araceae［MM－639］特征纪要：习性：草本。花程式：K0，C0，A1－4，＝G1－3。其他特征参考科。全球 1 个大洲分布及种数(3)◆南美洲(◆巴西)。

Zomicarpella N. E. Br. 匍斑芋属 Araceae［MM－639］特征纪要：习性：草本(具根状茎)。花程式：K0，C0，A1－4，＝(G)1－3。其他特征参考科。全球 1 个大洲分布及种数(1－2)◆南美洲。

Zonanthus Griseb. 古巴龙胆属 Gentianaceae［MD－496］特征纪要：习性：木本。花程式：－。其他特征参考科。全球 2 个大洲分布及种数(1－5)北美洲：5；南美洲：4。

Zonotriche (C. E. Hubb.) J. B. Phipps 髯戟草属 Poaceae［MM－748］特征纪要：习性：草本。花程式：(K)3，C0 参考科，A1－2，＝G2－3。其他特征参考科。全球 1 个大洲分布及种数(3)◆非洲。

Zoophthalmum P. Br. ＝ **Mucuna**

Zoopsidella R. M. Schust. 指虫苔属 Lepidoziaceae［B－63］特征纪要：习性：－。【Rep】：裂瓣披针形或指形。其他特征参考科。全球 3 个大洲分布及种数(7)大洋洲：1；北美洲：1；南美洲：5。

Zoopsis (Hook. f. & Taylor) Gottsche, Lindenb. & Nees 虫叶苔属 Lepidoziaceae［B－63］特征纪要：习性：－。

【Rep】:灰白色。物候:-。海拔:-。生境:常见于林下腐木或树干。资源:-。全球6个大洲分布及种数(5-6)非洲:4;亚洲:1-5;大洋洲:2-6;欧洲:4;北美洲:4;南美洲:1-5。【中国种数:1】。

Zootrophion Lür 虫首兰属 Orchidaceae [MM-723] 特征纪要:习性:草本。花程式:(K)3,C3,A3,=↓G3。其他特征参考科。全球2个大洲分布及种数(33-38)北美洲:14; 南美洲:32。

Zornia J. F. Gmel. 丁癸草属 Fabaceae3 [MD-240] 特征纪要:习性:-。花程式:-。物候:-。花期:4-7月。果期:参考晚于花期。海拔:100-1200米。生境:泛滥平原。资源:-。全球6个大洲分布及种数(94-116;hort.1;cult. 2)非洲:25-29;亚洲:13-21;大洋洲:21-29;欧洲:1;北美洲:22-25;南美洲:57-63。【中国种数:10】。

Zosima Hoffm. 艾叶芹属 Apiaceae [MD-480] 特征纪要和分布(-)。全球6个大洲分布及种数(8-11)非洲:4;亚洲:7-13;大洋洲:3;欧洲:3;北美洲:3;南美洲:3。

Zosimia M. Bieb. = **Zosima**

Zostera L. 大叶藻属 Zosteraceae [MM-612] 特征纪要:习性:草本(根状茎,基生,多肉)。花程式:K0-n,C2-3参考科,A3参考科,=↓G1。物候:-。海拔:1-2米。生境:近岸边浅海中。资源:药用,具栽培园艺种类。全球6个大洲分布及种数(16)非洲:6-13;亚洲:7-14;大洋洲:10-17;欧洲:5-12;北美洲:5-12;南美洲:3-10。【中国种数:7】。

Zosteraceae Dum. [MM-612] 大叶藻科 特征纪要:习性:草本;落叶。花程式:♀|♂K0-n,C2-3,A-,=↓G1。花期:3-5月。果期:6-8月。果实:瘦果。种子:无胚乳。海拔:8米。生境:低潮线礁石或硬质砂地上,最深分布可达10米,细砂砾或细沙。全球3个大洲分布及属种数(4/12-15 hort.1;cult. 1) 亚洲:1/11-13; 北美洲:1/11; 南美洲:1/7。【中国属种数:2/9】。

Zosterophyllanthos Szlach. & Marg. 结缕兰属 Orchidaceae [MM-723] 特征纪要:-。全球2个大洲分布及种数(69)北美洲:8; 南美洲:42。

Zotovia Edgar & Connor 山皱稃草属 Poaceae [MM-748] 特征纪要:习性:草本。花程式:(K-),C0参考科,A3参考科,=G2-3。其他特征参考科。全球1个大洲分布及种数(3-7)◆大洋洲:4。

Zoysia Willd. 结缕草属 Poaceae [MM-748] 特征纪要:习性:草本(具根状茎)。花程式:(K-),C0参考科,A3,=G2-3。物候:-。花期:5-8月。果期:参考晚于花期。海拔:10-5600米。生境:草丛中,中低山草甸。资源:蛋白质,具栽培园艺种类。全球6个大洲分布及种数(12-14;hort.1;cult. 4)非洲:1;亚洲:8-11;大洋洲:7-9;欧洲:1-2;北美洲:6-7;南美洲:4-5。【中国种数:5】。

Zschokkea Müll. Arg. = **Lacmellea**

Zucca Comm. ex Juss. = **Momordica**

Zuccagnia Cav. 细点苏木属 Fabaceae3 [MD-240] 特征纪要:习性:-。花程式:-。其他特征参考科。全球2个大洲分布及种数(1-8)亚洲:3; 南美洲:6。

Zuccarinia (Bl.) Bl. 杨属 Rubiaceae [MD-523] 特征纪要:习性:-。花程式:-。其他特征参考科。全球1个大洲分布及种数(3)◆亚洲:1。

Zuckertia Baill. = **Tragia**

Zuckia Standl. 壤藜属 Amaranthaceae [MD-116] 特征纪要:习性:-。花程式:-。其他特征参考科。全球1个大洲分布及种数(1-2)◆北美洲。

Zuelania A. Rich. 苏兰木属 Salicaceae [MD-123] 特征纪要:习性:-。花程式:-。其他特征参考科。全球4个大洲分布及种数(25)非洲:2; 亚洲:3; 北美洲:3; 南美洲:3。

Zuelia A. Rich. = **Zuelania**

Zuloagaea Bess 北美草属 Poaceae [MM-748] 特征纪要:习性:草本。花程式:(K)3,C0参考科,A1-2,=(G)2-3。其他特征参考科。全球5个大洲分布及种数(1-3)非洲:2; 亚洲:3; 大洋洲:3; 北美洲:3; 南美洲:3。

Zuloagocardamum Salariato & Al-Shehbaz 祖鲁菜属 Brassicaceae [MD-213] 特征纪要:习性:草本。花程式:K4,C4,A3参考科,↓G-参考科。其他特征参考科。全球1个大洲分布及种数(1) ◆南美洲:1。

Zulustylis <unassigned> 莎草属 Cyperaceae [MM-747] 特征纪要:习性:-。花程式:-。其他特征参考科。全球1个大洲分布及种数(-)。

Zunilia Lundell = **Ardisia**

Zuvanda Askerova 香花芥属 Brassicaceae [MD-213] 特征纪要:习性:草本。花程式:K4,C4,A2-4,↓G-参考科。其他特征参考科。全球2个大洲分布及种数(2-3) 非洲:1,亚洲:2。

Zygia P. Br. 大合欢属 Fabaceae3 [MD-240] 特征纪要:习性:木质攀援。花期:5月。果期:参考晚于花期。海拔:160-300米。生境:山沟中。栽培:来自广西龙州。资源:具栽培园艺种类。全球6个大洲分布及种数(62-63;hort.1)非洲:1;亚洲:8-10;大洋洲:1;欧洲:1;北美洲:18-20;南美洲:50-51。【中国种数:4】。

Zygocarpum Thulin & Lavin 亚洲蝶豆花属 Fabaceae3 [MD-240] 特征纪要:习性:木本。花程式:=↓(K1-∞),C1-∞,A5-9,=↓G1。其他特征参考科。全球2个大洲分布及种数(6-8)非洲:3; 亚洲:4。

Zygochloa S. T. Blake 怪禾木属 Poaceae [MM-748] 特征纪要:习性:草本。花程式:(K)3,C0参考科,A1-2,=G2-3。其他特征参考科。全球1个大洲分布及种数(1)◆大洋洲(◆澳大利亚)。

Zygodon Hook. & Taylor 变齿藓属 Orthotrichaceae [B-151] 特征纪要:习性:-。【Rep】:雌雄异株或同株,稀杂株,雌苞叶不分化,无明显鞘部,蒴柄长,黄色,孢蒴狭长卵形,口蒴,具明显纵褶及纵沟。生境:常见于树干或树枝,岩面土生。全球6个大洲分布及种数(97)非洲:22;亚洲:22;大洋洲:10;欧洲:9;北美洲:23;南美洲:57。【中国种数:13】。

Zygodontaceae Schimp. = Orthotrichaceae

Zygogynum Baill. 合林仙属 Winteraceae [MD-3] 特征纪要:习性:木本。花程式:-。其他特征参考科。全球6个大洲分布及种数(59-82)非洲:29; 亚洲:12; 大洋洲:74; 欧洲:4; 北美洲:4; 南美洲:2。

Zygopabstia Garay 轭瓣兰属 Orchidaceae [MM-723] 特征纪要:习性:木本。花程式:参考科,C2-3参考科,A2-3参考科,=↓G3参考科。其他特征参考科。全球1个大洲分布及种数(1-2)◆非洲。

Zygopetalon Rchb. = **Zygopetalum**

Zygopetalum Hook. 轭瓣兰属 Orchidaceae [MM-723] 特征纪要:习性:草本。花程式:(K)3,C3,A3,=↓G3。其他特征参考科。全球6个大洲分布及种数(22-34)非洲:1;亚洲:1;大洋洲:1;欧洲:1;北美洲:1-2;南美洲:21-25。【中国种数:1】。

Zygophlebia L. E. Bishop 轭脉蕨属 Polypodiaceae [F-60] 特征纪要:习性:-。【Rep】:孢子同形,囊群生叶背有盖。其他特征参考科。全球4个大洲分布及种数(14-17)非洲:8-10;欧洲:1;北美洲:3;南美洲:5。

Zygophyllaceae R. Br. [MD-288] 蒺藜科 特征纪要:习性:木本;落叶。花程式:K5,C5,A12-16,G3-5。果实:蒴果。种子:无胚乳。海拔:0-3000米。生境:滨海沙滩,滨海疏林及干热河谷,广布于热带地区,沙地,荒地,山坡,居民点附近。资源:药用。栽培:-。全球6个大洲分布及属种数(26-28/371-519 < IFR 4/12 > hort. 1; cult. 5) 非洲:11/144-178(IFR 2/6); 亚洲:9-10/119-142(IFR 3/8); 大洋洲:7/72-100(IFR 1/1); 欧洲:6/18-20; 北美洲:11/61-62; 南美洲:11/57-60(IFR 1/1)。【中国属种数:5/32】。

Zygophyllum L. 驼蹄瓣属 Zygophyllaceae [MD-288] 特征纪要:习性:木本。花程式:-。物候:-。花期:5-6月。果期:参考晚于花期。海拔:1600-2600米。生境:草丘陵,耕地。栽培:来自广西龙州。资源:具栽培园艺种类。全球6个大洲分布及种数(173-212;hort. 1;cult. 2)非洲:98-111;亚洲:68-89;大洋洲:29-41;欧洲:8-14;北美洲:10-14;南美洲:1-5。【中国种数:26】。

Zygoruellia Baill. 马达轭爵床属 Acanthaceae [MD-572] 特征纪要:习性:草本。花程式:K2-4,C0,A2-4,=(G)2。其他特征参考科。全球1个大洲分布及种数(1)◆非洲(◆马达加斯加)。

Zygosepalum (Rchb. f.) Rchb. f. 轭肩兰属 Orchidaceae [MM-723] 特征纪要:习性:草本。花程式:(K)3,C3,A3,=↓(G)3。其他特征参考科。全球3个大洲分布及种数(8-11)非洲:2; 北美洲:2; 南美洲:11。

Zygosicyos Humbert 葫芦科属 Cucurbitaceae [MD-205] 特征纪要:习性:-。花程式:-。其他特征参考科。全球2个大洲分布及种数(7)非洲:7; 北美洲:2。

Zygospermum Thwaites ex Baill. = **Margaritaria**

Zygostates Lindl. 天平兰属 Orchidaceae [MM-723] 特征纪要:习性:草本。花程式:(K)3,C3,A3,=↓G3。其他特征参考科。全球4个大洲分布及种数(25-43)亚洲:1; 大洋洲:3; 北美洲:2; 南美洲:41。

Zygostigma Griseb. 轭头龙胆属 Gentianaceae [MD-496] 特征纪要:习性:草本。花程式:-。其他特征参考科。全球2个大洲分布及种数(1-3)北美洲:1; 南美洲:3。

Zygotrichia Brid. 赤藓属 Pottiaceae [B-133] 特征纪要:-。全球1个大洲分布及种数(5)◆南美洲:1。

Zygotritonia Mildbr. 唇花鸢尾属 Iridaceae [MM-700] 特征纪要:习性:草本。花程式:(K)3,C3,A10,=↓(G)3。其他特征参考科。全球1个大洲分布及种数(5)◆非洲。

Zyrphelis Cass. 曲毛菀属 Asteraceae [MD-586] 特征纪要:习性:草本。花程式:(K)3-5,(C)3-5,A3-5,↓G。其他特征参考科。全球1个大洲分布及种数(1)◆非洲。

Zyzyura H. Rob. & Pruski 尾喙菊属 Asteraceae [MD-586] 特征纪要:习性:草本。花程式:(K)3-5,(C)3-5,A3-5,↓G。其他特征参考科。全球1个大洲分布及种数(1)◆北美洲。

Zyzyxia Strother 北喙芒菊属 Asteraceae [MD-586] 特征纪要:习性:草本。花程式:(K)3-5,C3-5,A3-5,=↓(G)2。其他特征参考科。全球1个大洲分布及种数(1)◆中美洲(◆危地马拉)。

附录 I　苔藓植物科属系统索引

苔藓植物分类系统：贾渝 2021（见傅德志 2017：世界植物要览，青岛出版社；王文采、傅德志 2021：世界植物简志 135—142）。

B－1 Treubiaceae：**Apotreubia，Treubia**

B－2 ★Haplomitriaceae：★**Calobryum**，★**Haplomitrium，Scalius，Steereomitrium**

B－3 ★Blasiaceae：★**Blasia，Cavicularia**

B－4 Sphaerocarpaceae：**Geothallus，Sphaerocarpos**

B－5 Riellaceae：Roellobryaceae，**Austroriella，Bombyliospora，Crocynia，Dendrographa，Dirina，Enterographa，Follmanniella，Mazosia，Ocellularia，Pentagenella，Plectocarpon，Pulvinodecton，Reinkella，Riella，Roccellina，Schizopelte，Sclerographa，Sigridea**

B－6 Monocleaceae：**Monoclea**

B－7 Neohodgsoniaceae：**Neohodgsonia**

B－8 Lunulariaceae：**Lunularia**

B－9 ★Aytoniaceae：**Allarthonia**，*Arnelliella*，**Arthonia，Arthoniopsis**，★**Asterella，Aytonia，Coccopeziza，Cryptomitrium，Dermatina，Fimbraria，Grimaldia，Herpothallon**，★**Mannia，Massalongoa，Octokepos**，★**Plagiochasma**，★**Reboulia，Subhysteropycnis，Tremotylium**

B－10 ★Wiesnerellaceae：★**Wiesnerella**

B－11 ★Conocephalaceae：★**Conocephalum**

B－12 ★Marchantiaceae：**Askepos，Bucegia，Hobsonia**，★**Marchantia，Marchantiopsis**，★**Preissia**

B－13 ★Dumortieraceae：★**Dumortiera**

B－14 ★Monosoleniaceae：**Dumortieropsis，Monosolenia**，★**Monosolenium**

B－15 Cleveaceae：**Athalamia，Clevea，Gollaniella，Peltolepis**，*Sauchia*，**Sauteria**

B－16 Exormothecaceae：**Aitchisoniella，Exormotheca，Stephensoniella**

B－17 ★Cyathodiaceae：★**Cyathodium**

B－18 Corsiniaceae：**Corsinia，Cronisia，Michenera**

B－19 Monocarpaceae：**Leoheo，Monocarpa，Monocarpus**

B－20 ★Targioniaceae：**Synhymenium**，★**Targionia**

B－21 Oxymitraceae：**Oxymitra**

B－22 ★Ricciaceae：**Hemiseuma，Pteroriccia**，★**Riccia，Ricciella，Ricciocarpos，Thallocarpus**

B－23 ★Fossombroniaceae：**Austro，Austrofossombronia**，★**Fossombronia，Simodon**

B－24 Petalophyllaceae：**Petalophyllum，Sewardiella**，Calyculariaceae

B－25 Allisoniaceae：**Allisonia，Calycularia**

B－26 ★Makinoaceae：★**Makinoa**

B－27 Sandeothallaceae：**Sandeothallus**

B－28 Phyllothalliaceae：**Phyllothallia**

B－29 ★Moerckiaceae：★**Hattorianthus**，★**Moerckia**

B－30 ★Pallaviciniaceae：*Brevilongium*，**Diplomitrion，Greeneothallus，Jensenia，Makednothallus**，★**Pallavicinia，Pallavicinius，Podomitrium，Seppeltia，Symphyogyna，Symphyogynopsis，Systasis，Xenothallus**

B－31 Hymenophytaceae：**Hymenophyton**

B－32 Noterocladaceae：**Noteroclada**

B－33 ★Pelliaceae：**Androcryphia，Apopellia**，★**Pellia**

B－34 ★Schistochilaceae：★**Gottschea，Pachyschistochila**，★**Paraschistochila，Pleurocladopsis**，★**Schistochila，Schistochilaster，Tegulifolium**

B－35 Perssoniellaceae：**Perssoniella**

B－36 Trichotemnomaceae：Trichotemnomataceae，**Trichotemnoma**

B－37 ★Balantiopsaceae：Balantiopsidaceae，**Acroscyphella，Austroscyphus，Balantiopsis，Eoisotachis，Hypoisotachis**，★**Isotachis，Neesioscyphus，Pseudoisotachis，Ruizanthus，Steereocolea**

B－38 ★Jungermanniaceae：Solenostomataceae，★**Alicularia，Anomacaulis**，*Anomomarsupella*，★**Aplozia，Aponardia**，

Appiana, Arctoscyphus, Crossogyna, Cryptochila, Cryptocolea, Cryptostipula, Diplocolea, Eremonotus, Eucalyx, *Haplozia*, **Hattoriella, Horikawaella, Invisocaulis, ★ Jungermannia, Jungermannites, Leiocolea, Lichenastrum, Liochlaena, ★ Notoscyphus, ★ Plectocolea, Rhodoplagiochila, Rivulariella, Roivainenia, Saccobasis, Scaphophyllum, ★ Solenostoma**

B－39 ★Myliaceae：**Leiomylia, ★Mylia**

B－40 Mesoptychiaceae：**Mesoptychia**

B－41 ★Gymnomitriaceae：**Acolea, Acrolophozia, Anomomarsurpella, ★ Apomarsupella, Cesius, Cryptocoleopsis, ★Gymnomitrion**, *Gymnomitrium*, **★ Marsupella, Naiadia, Nanomarsupella, ★ Nardia, Nothogymnomitrion, Paramomitrion, Poeltia, Prasanthus, Sarcocyphos**, *Sarcoscyphus*

B－42 Stephaniellaceae：**Stephaniella, Stephaniellidium**

B－43 ★Acrobolbaceae：**Acrobolba, ★ Acrobolbus, Austrolophozia, Enigmella, Goebelobryum, Gymnanthe, Lethocolea, Marsupellopsis, Marsupidium, Podanthe, ★Saccogynidium, Symphyomitra, Tylimanthus**

B－44 ★Calypogeiaceae：**★Calypogeia, Cincinnulus, Eocalypogeia, Kantius, ★Metacalypogeia, Mnioloma**

B－45 ★Antheliaceae：**★Anthelia**

B－46 Brevianthaceae：**Brevianthus, Tetracymbaliella**

B－47 Chonecoleaceae：**Chonecolea**

B－48 Gyrothyraceae：**Gyrothyra**

B－49 ★Geocalycaceae：**Amphilophocolea, Campanocolea, Clasmatocolea, Cyanolophocolea, ★ Geocalyx, Harpanthus, Leioscyphus, Leptoscyphopsis, Pachyglossa, Physotheca, ★Saccogyna, Stolonophora**

B－50 ★Adelanthaceae：**Adelanthus, Adelocolia, Calyptrocolea, Cuspidatula, Denotarisia, Nothostrepta, Pisanoa, Protosyzygiella, Pseudomarsupidium, Syzygiella, Vanaea, ★Wettsteinia**

B－51 ★Jamesoniellaceae：**★Jamesoniella**, Hygrobiellaceae

B－52 ★Cephaloziaceae：**Alobiella, Alobiellopsis, Anomoclada, ★ Cephalozia, Cladomastigum, Cladopodiella, Fuscocephaloziopsis, Haesselia, Hgrobiella, Hygrobiella, Iwatsukia, Metahygrobiella, ★ Nowellia, ★ Odontoschisma, ★Pleuroclada, Pleurocladula, ★Schiffneria, Schofieldia, Trabacellula**

B－53 ★Cephaloziellaceae：**Allisoniella, Amphicephalozia, Anastrophyllopsis, Cephalojonesia, Cephalomitrion, ★Cephaloziella, Cephaloziopsis**, *Chondrophyllum*, **★ Cylindrocolea, Dichiton, Gottschelia, Gymnocoleopsis, Herzogobryum, Kymatocalyx, Lophonardia, Obtusifolium, Oleolophozia, Prionolobus, Protolophozia, Stenorrhipis**

B－54 ★Jackiellaceae：**★Jackiella**

B－55 Chaetophyllopsaceae：Chaetophyllopsidaceae, **Chaetophyllopsis, Herzogianthus**

B－56 Lophoziaceae：Lopidiaceae, **Andrewsianthus, Cephalolobus, Gerhildiella, Heterogemma, Lophozia, Lophoziopsis, Pseudocephaloziella, Pseudolophozia, Trilophozia, Tritomaria**

B－57 ★Scapaniaceae：**★ Diplophyllum, Douinia, Krunodiplophyllum, ★ Macrodiplophyllum, Pseudotritomaria, ★Scapania, Scapaniella, Schistochilopsis**

B－58 Delavayellaceae：**Delavayella**

B－59 Blepharidophyllaceae：**Blepharidophyllum, Clandarium**

B－60 ★Anastrophyllaceae：**★ Anastrepta, ★ Anastrophyllum, ★ Barbilophozia, Biantheridion, ★ Chandonanthus, Crossocalyx, Gymnocolea, Hamatostrepta, Hattoria, Isopaches, Neoorthocaulis, Orthocaulis, Plicanthus, Schizophyllopsis, Schljakovia, ★Schljakovianthus, Sphenolobopsis, ★Sphenolobus, ★Tetralophozia, Zantenia**

B－61 ★Blepharostomataceae：**★Blepharostoma**

B－62 ★Trichocoleaceae：Trichostomaceae, **Aspergillus, Castanoclobus, Chaetosartorya, Dactylomyces, Eotrichocolea, ★Leiomitra, Penicilliopsis, ★Trichocolea**

B－63 ★Lepidoziaceae：**★ Acromastigum, Amazoopsis, Amazopsis, Arachniopsis, Austrolembidium, ★ Bazzania, Ceramanus, Chloranthelia, Dendrobazzania, Dendrolembidium, Drucella, Herpetium, Hyalolepidozia, Hygrolembidium, Isolembidium, Kuruna, ★ Kurzia, Lembidium, ★ Lepidozia, Maculia, Mastigobryum, Mastigopelma, Mastigopsis, Megalembidium, Meinungeria, Micrisophylla, Microlepidozia, Micropterygium, Monodactylopsis, Mytilopsis**, *Neolepidozia*, **Odontoseries, Paracromastigum, Protocephalozia, Pseudocephalozia, Psiloclada, Pteropsiella, Sprucella, Telaranea, Tricholepidozia, Zoopsidella, ★Zoopsis**

B－64 Phycolepidoziaceae：**Phycolepidozia**

B－65 Neogrolleaceae：**Neogrollea**

B－66 Vetaformaceae：**Vetaforma**

B－67 ★Lepicoleaceae：**Leperoma, ★Lepicolea**

B－68 ★Mastigophoraceae：**Dendromastigophora, ★Mastigophora**

B－69 ★Herbertaceae：**★Herbertus, Herpocladium, Olgantha, Schisma, Sendtnera, Triandrophyllum**

B－70 Grolleaceae：**Grollea**

B－71 ★Pseudolepicoleaceae：**Archeochaete, Archeophylla, Castanoclobos, Chaetocolea, Fulfordiella, Herzogiaria,**

Isophyllaria, Lophochaete, Pseudolepicolea, ★Temnoma

B-72 ★Arnelliaceae: **Arnellia, ★Gongylanthus, Southbya**

B-73 ★Plagiochilaceae: **Acrochila, Chiastocaulon, Dinckleria,** *Noguchia*, **Pedinophyllopsis, ★Pedinophyllum, ★Plagiochila, Plagiochilidium, Plagiochilineae, ★Plagiochilion, Proskauera, Pseudolophocolea, Steereochila, Szweykowskia, Xenochila**

B-74 ★Lophocoleaceae: **Anomylia, Bragginsella, ★Chiloscyphus, Conoscyphus, Cryptolophocolea, Deceptifrons, Evansianthus, Hepatostolonophora, ★Heteroscyphus, Lamellocolea, Leptophyllopsis, ★Leptoscyphus, ★Lophocolea, Otoscyphus, Perdusenia, Pigafettoa, Platycaulis, Stolonivector, Xenocephalozia**

B-75 ★Ptilidiaceae: **Blepharozia, ★Ptilidium**

B-76 ★Neotrichocoleaceae: **★Neotrichocolea, ★Trichocoleopsis**

B-77 ★Lepidolaenaceae: **Gackstroemia, Lepidogyna, Lepidolaena**

B-78 Jubulopsaceae: **Jubulopsis**

B-79 Goebeliellaceae: **Goebeliella**

B-80 ★Porellaceae: **★Ascidiota, Bellincinia, ★Macvicaria, Madotheca, ★Porella**

B-81 ★Radulaceae: **Martinellius, Patarola, ★Radula**

B-82 ★Frullaniaceae: **Amphijubula, ★Frullania, Steerea**

B-83 ★Jubulaceae: **★Jubula, Neohattoria, Nipponolejeunea, Schusterella**

B-84 ★Lejeuneaceae: **Acanthocoleus, Acantholejeunea, ★Acrolejeunea, Allorgella, Amblyolejeunea, Amphilejeunea, Anomalolejeunea, Anoplolejeunea, ★Aphanolejeunea, Aphanotropis, ★Archilejeunea, Aureolejeunea, Austrolejeunea, Blepharolejeunea, ★Brachiolejeunea, Bromeliophila, Bryopteris, Calatholejeunea, Campylolejeunea, Capillolejeunea, Cardiolejeunea, ★Caudalejeunea, Cephalantholejeunea, Cephalolejeunea, ★Ceratolejeunea, ★Cheilolejeunea, Chondriolejeunea, Cladolejeunea, ★Cololejeunea, ★Colura, Colurolejeunea, ★Crossotolejeunea, Cryptogynolejeunea, Cyclolejeunea, Cyrtolejeunea, Cystolejeunea, Dactylophorella, Dendrolejeunea, Dicladolejeunea, Dicranolejeunea, ★Diplasiolejeunea, ★Drepanolejeunea, Echinocolea, Echinolejeunea, Eulejeunea, ★Euosmolejeunea, Evansiolejeunea, Frullanoides, Fulfordianthus, Gradsteinianthus, Haplolejeunea, Harpalejeunea, Hattoriolejeunea, Homalolejeunea, ★Hygrolejeunea, Inflatolejeunea, Jovetastella, Kingiolejeunea, Kymatolejeunea, Leiolejeunea, ★Lejeunea, ★Lepidolejeunea, ★Leptocolea, ★Leptolejeunea, ★Leucolejeunea, Lindigianthus, ★Lopholejeunea, Luteolejeunea, Macrocolura, Macrolejeunea, Marchesinia, ★Mastigolejeunea, ★Metalejeunea, Metzgeriopsis, ★Microlejeunea, Myriocolea, Myriocoleopsis, Neopotamolejeunea, Nephelolejeunea, Neurolejeunea, Odontolejeunea, Omphalanthus, Omphalolejeunea, Ophthalmolejeunea, Oreolejeunea, Oryzolejeunea, Otigoniolejeunea, Otolejeunea, Papillolejeunea, ★Pedinolejeunea, Peltolejeunea, Perilejeunea, Phaeolejeunea, Phragmicoma, Phragmilejeunea, Physantholejeunea, Physocolea, Pictolejeunea, Platylejeunea, Pluvianthus, Potamolejeunea, Prionocolea, ★Prionolejeunea, ★Ptychanthus, ★Ptychocoleus, Ptycholejeunea, ★Pycnolejeunea, ★Rectolejeunea, ★Rhaphidolejeunea, Schiffneriolejeunea, Schusteria, Schusterolejeunea, Siphonolejeunea, Sphaerolejeunea, ★Spruceanthus, Stenolejeunea, Stictolejeunea, ★Strepsilejeunea, Stylolejeunea, Symbiezidium, Taeniolejeunea, ★Taxilejeunea, ★Thysananthus,** *Thysanolejeunea*, **Trachylejeunea, ★Trocholejeunea, ★Tuyamaella, ★Tuzibeanthus, Verdoornianthus, Vitalianthus, Xylolejeunea**

B-85 ★Pleuroziaceae: **★Eopleurozia, ★Pleurozia**

B-86 ★Aneuraceae: **Acrostolia, Cryptothallus, Lobatiricardia, Lobatiriccardia, ★Pseudoneura, ★Riccardia, Sarcomitrium**

B-87 Mizutaniaceae: **Mizutania**

B-88 Verdoorniaceae: **Verdoornia**, Vandiemeniaceae

B-89 ★Metzgeriaceae: **★Apometzgeria, Austrometzgeria, Echinomitrion, ★Metzgeria, Steereella, Vandiemenia**

B-90 Leiosporocerotaceae: **Leiosporoceros**

B-91 ★Anthocerotaceae: **★Anthoceros, Aspiromitus, Sphaerosporoceros**

B-92 ★Foliocerotaceae: **★Folioceros**

B-93 ★Notothyladaceae: **Hattorioceros, Mesoceros, ★Notothylas, Paraphymatoceros, ★Phaeoceros**

B-94 Phymatocerotaceae: **Phymatoceros**

B-95 ★Dendrocerotaceae: **Dendroceros, ★Megaceros, Nothoceros, Phaeomegaceros**

B-96 ★Takakiaceae: **★Takakia**, Flatbergiaceae

B-97 ★Sphagnaceae: Ambuchananiaceae, **Ambuchanania, Eosphagnum, ★Flatbergium,** *Isocladus*, **★Sphagnum**

B-98 Andreaeaceae: **Acroschisma, ★Andreaea, Andreaeobryum, Bicosta, Neuroloma**

B-99 ★Oedipodiaceae: **★Oedipodium**

B-100 ★Tetraphidaceae: Georgiaceae, *Tetradontium*, **★Tetraphis, ★Tetrodontium**

B-101 ★Polytrichaceae: Dawsoniaceae, **Alophosia, Atrichites, Atrichopsis, ★atrichum, Bartramiopsis, Callibryon, ★Catharinea, Catharinella, Dawsonia, Dendroligotrichum, Dendroligotrichun, Eopolytrichum, Hebantia, Itatiella, ★Lyellia, Meiotrichum, ★Microdendron, Myxotrichum,** *Neopogonatum*, **Notoligotrichum, ★Oligotri-**

chum, **Plagioracelopus**, ★ **Pogonatum**, **Polytrichadelphus**, ★ **Polytrichastrum**, **Polytrichites**, ★ **Polytrichum**, **Pseudatrichum**, ★ **Pseudoracelopus**, **Psilopilum**, ★ **Racelopodopsis**, **Racelopus**, *Rhacelopodopsis*, **Steereobryon**, **Triplocoma**

B – 102 ★Buxbaumiaceae: ★**Buxbaumia**, *Diphas*, **Diphascum**, ★**Diphyscium**, *Florschuetzia*, *Hymenopogon*, *Hymenopogum*, **Muscoflorschuetzia**, ★**Theriotia**

B – 103 ★Diphysciaceae: **Pseudotimmiella**

B – 104 ★Timmiaceae: ★**Timmia**

B – 105 ★Encalyptaceae: **Bryobrittomia**, **Bryobrittonia**, ★**Encalypta**, **Pyramitrium**, **Pyromitrium**

B – 106 ★ Funariaceae: **Amphoritheca**, **Aphanorrhegma**, ★ **Brachymeniopsis**, **Brachymenuiosus**, **Bryobeckettia**, **Clavitheca**, ★**Corynotheca**, **Cygnicollum**, ★**Entosthodon**, ★**Funaria**, **Funariella**, **Funariophyscomitrella**, *Genthia*, **Goniomitrium**, **Jonesia**, **Koehlreutera**, **Loiseaubryum**, **Micropoma**, **Nanomitriella**, ★ **Physcomitrella**, **Physcomitrellopsis**, **Physcomitridium**, ★**Physcomitrium**, **Pyramidula**, **Pyrenidium**, *Rehmanniella*, **Steppomitra**

B – 107 Disceliaceae: **Discelium**

B – 108 Gigaspermaceae: **Chamaebryum**, **Costesia**, **Gigaspermum**, **Lorentziella**, **Neosharpiella**, **Oedipodiella**, *Quathlamba*

B – 109 Catoscopiaceae: **Catoscopium**

B – 110 Scouleriaceae: *Scoulera*, ★**Scouleria**

B – 111 ★Drummondiaceae: ★**Drummondia**, ★**Hymenoloma**, *Hymenostoma*

B – 112 ★Bryoxiphiaceae: ★**Bryoxiphium**, **Eustichium**

B – 113 ★Seligeriaceae: Brachyodontaceae, **Anodus**, ★**Blindia**, **Blindiadelphus**, **Blindiopsis**, **Brachydontium**, **Brachyodon**, **Brachyodus**, **Hymenolomopsis**, *Hymenolopsis*, **Notothamia**, *Seligera*, **Seligeria**, **Stylostegium**, **Trochobryum**, **Valdonia**, **Verrucidens**

B – 114 ★ Ptychomitriaceae: Campylosteliaceae, **Aulacomitrium**, ★ **Brachypodium**, **Brachysteleum**, *Brevipodium*, **Campylostelium**, ★**Glyphomitrium**, *Henoniella*, **Ptychomitriopsis**, ★**Ptychomitrium**

B – 115 ★Grimmiaceae: **Aligrimmia**, *Anodon*, *Apocarpum*, ★**Bucklandiella**, ★**Codriophorus**, ★**Coscinodon**, **Coscinodontella**, ★**Dryptodon**, **Eugrimmia**, **Gasterogrimmia**, ★**Grimmia**, **Guembelia**, ★**Indusiella**, ★**Jaffueliobryum**, **Leucoperichaetium**, **Niphotrichum**, **Orthogrimmia**, ★ **Racomitrium**, ★ **Schistidium**, **Streptocolea**, **Tridontium**, *Usmania*

B – 116 ★Archidiaceae: *Archidiella*, ★**Archidium**

B – 117 Mitteniaceae: **Mittenia**

B – 118 Eustichiaceae: **Diplostichum**, **Eustichia**

B – 119 ★ Ditrichaceae: **Aschistodon**, ★ **Astomiopsis**, **Austrophilibertiella**, **Bryomanginia**, ★ **Ceratodon**, ★ **Cheilothela**, **Chrysoblastella**, **Cladastomum**, ★ **Cleistocarpidium**, **Crumuscus**, **Cygniella**, **Cynontodium**, **Diaphanophyllum**, ★ **Distichium**, *Distichum*, ★ **Ditrichopsis**, ★ **Ditrichum**, **Ditricium**, **Eccremidiium**, **Eccremidium**, ★**Flexitrichum**, ★ **Garckea**, **Leptotrichum**, **Lophiodon**, *Maireola*, *Melophyllum*, **Philibertiella**, **Pleuriditrichum**, ★**Pleuridium**, ★**Pringleella**, **Pseudodistichium**, ★ **Rhamphidium**, ★ **Saelania**, **Skottsbergia**, **Sporledera**, **Strombulidens**, ★**Trichodon**, *Tristichiopsis*, ★**Tristichium**, ★**Wilsoniella**

B – 120 ★Bruchiaceae: ★**Bruchia**, **Eobruchia**, ★**Trematodon**

B – 121 ★Aongstroemiaceae: ★**Aongstroemia**, **Diobelonella**, *Illecebraria*

B – 122 ★Dicranellaceae: *Campylochaetium*, ★**Campylopodium**, ★**Dicranella**, ★**Leptotrichella**

B – 123 ★Amphidiaceae: ★**Amphidium**

B – 124 ★Oncophoraceae: Rhabdoweisiaceae, ★**Rhabdoweisia**, **Rhabdoweisiella**, *Rhabdoweissia*

B – 125 ★Rhachitheciaceae: **Agrostula**, **Alpagrostis**, **Aulonemiella**, **Barkworthia**, **Cnidochloa**, **Greeneochloa**, **Hypnodon**, **Hypnodontopsis**, **Jonesiobryum**, **Khoonmengia**, *Kibunemuscus*, **Laegaardia**, **Laobambos**, *Octogonella*, **Paramochloa**, **Ravenochloa**, **Rhachitheciopsis**, ★**Rhachithecium**, **Sinosasa**, **Tisserantiella**, **Ulea**, **Zanderia**

B – 126 ★Erpodiaceae: ★**Aulacopilum**, ★**Erpodium**, *Herpodium*, **Leptangium**, ★**Solmsiella**, *Stephanostoma*, ★**Venturiella**, **Wildia**, **Wildii**

B – 127 Viridivelleraceae: **Viridivellerus**, **Viridivellus**

B – 128 ★Dicranaceae: Dicnemonaceae, Werneriobryaceae, ★**Anisothecium**, ★**Aongstroemiopsis**, ★**Arctoa**, ★**Atractylocarpus**, **Austinella**, ★ **Braunfelsia**, *Breedlovea*, ★ **Brothera**, **Brotherobryum**, **Bryohumbertia**, *Bryoporteria*, **Bryotestua**, **Camptodontium**, ★ **Campylopodiella**, **Cardotia**, **Cecalyphum**, ★ **Chorisodontium**, **Cladophascum**, **Cladopodanthus**, **Cnestrum**, **Cryptodicranum**, **Cynodontiella**, ★ **Cynodontium**, ★**Dichodontium**, **Dicnemoloma**, **Dicnemon**, **Dicranites**, **Dicranodon**, ★ **Dicranoloma**, ★ **Dicranoweisia**, ★ **Dicranum**, **Diobelon**, **Eucamptodon**, **Eucamptodontopsis**, **Gongronia**, *Gyrophyllum*, **Holodontium**, **Holomitriopsis**, ★ **Holomitrium**, **Hygrodicranum**, ★**Kiaeria**, *Kiairia*, **Kingiobryum**, ★ **Leucoloma**, **Macrodictyum**, *Macrodon*, **Megalostylium**, **Mesotus**, *Metarhacocarpus*, **Metzlerella**, ★ **Microcampylopus**, ★ **Microdus**, **Mitrobryum**, **Monocranum**, **Muscoherzogia**, **Nanomitriopsis**, **Ochrobryum**, ★ **Octoblepharum**, *Oncophora*, ★ **Oncophorus**, ★ **Oreas**, ★ **Oreoweisia**, ★ **Orthodicranum**,

Orthopus, **Palaeocampylopus**, ★ **Paraleucobryum**, **Parisia**, ★ **Pilopogon**, **Pilopogonella**, **Platyneuron**, **Pocsiella**, **Poecilophyllum**, **Polymerodon**, **Pseudephemerum**, **Pseudochorisodontium**, **Pseudo – chorisodontium**, **Pseudohyophila**, **Saproma**, **Schistomitrium**, **Schliephackea**, **Sclerodontium**, **Scytalina**, **Solmsia**, **Sphaerothecium**, **Spirula**, **Steyemarkiella**, **Steyermarkiella**, ★ **Symblepharis**, **Synodontia**, **Teretidens**, **Terrestria**, **Thiemea**, ★ **Thysanomitrion**, *Thysanomitrium*, **Trichodontium**, *Valdiviella*, **Werneriobryum**

B – 129 ★ Leucobryaceae: *Bizotia*, *Campilopus*, *Campylocarpus*, ★ **Campylopus**, *Carpoecia*, ★ **Dicranodontium**, **Eastwoodiella**, *Glaucodipsis*, **Kericodon**, ★ **Leucobryum**, ★ **Leucophanes**, **Melanocalyx**, *Metzlera*, **Metzleria**, **Palustricodon**, **Poolea**, **Protocodon**, **Ravenella**, **Rotanthella**, **Smithiastrum**, *Thysanomitriopsis*

B – 130 ★ Calymperaceae: Octoblepharaceae, **Arthrocormus**, ★ **Calymperes**, **Calymperidium**, **Calymperopsis**, **Carinafolium**, **Chameleion**, ★ **Cleistostoma**, *Cryphium*, ★ **Exodictyon**, ★ **Exostratum**, **Heliconema**, ★ **Leucophanella**, ★ **Mitthyridium**, **Orthotheca**, **Palaeosyrrhopodon**, ★ **Syrrhopodon**, ★ **Thyridium**, **Trachymitrium**, *Trachynotus*

B – 131 ★ Fissidentaceae: Nanobryaceae, **Conomitrium**, ★ **Fissidens**, *Fissidentella*, **Heterodon**, *Kisophyllum*, *Moenckemeyera*, **Moenkemeyera**, **Nanobryum**, **Octodiceras**, *Osmundula*, *Pachyfissidens*, **Polypodiopsis**, *Sainsburia*, ★ **Schistophyllum**, **Simplicidens**, **Skitophyllum**

B – 132 Schistostegaceae: *Catoptridium*, **Schistostega**

B – 133 ★ Pottiaceae: Splachnobryaceae, Timmiellaceae, Weissiaceae, ★ **Acaulon**, **Acaulonopsis**, *Acaulum*, **Algaria**, *Aloidella*, ★ **Aloina**, **Aloinella**, *Amblyphyllum*, **Anacalypta**, **Andina**, **Anictangium**, ★ **Anoectangium**, *Aporella*, **Ardeuma**, **Aschisma**, ★ **Astomum**, ★ **Barbula**, *Barnesia*, *Beccaria*, *Beckettia*, ★ **Bellibarbula**, *Bryella*, **Bryoceuthospora**, ★ **Bryoerythrophyllum**, **Calymperastrum**, **Calyptopogon**, **Campylotortula**, **Ceuthospora**, ★ **Chenia**, ★ **Chionoloma**, *Chloronotus*, *Cicclidotus*, **Cinclidotus**, ★ **Crossidium**, **Crumia**, *Cycnea*, *Dactylhymenium*, *Dendia*, **Dermatodon**, ★ **Desmatodon**, **Dialytrichia**, *Didimodon*, ★ **Didymodon**, *Didymodum*, **Dolotortula**, **Entosthymenium**, ★ **Ephemerum**, **Erythrobarbula**, **Erythrophyllastrum**, **Erythrophyllopsis**, ★ **Erythrophyllum**, ★ **Eucladium**, **Exobryum**, **Fiedleria**, **Fuscobryum**, **Ganguleea**, **Geheebia**, **Gelrebia**, **Gertrudia**, **Gertrudiella**, **Globulina**, **Globulinella**, **Guerramontesia**, **Gymnobarbula**, *Gymnomitriella*, ★ **Gymnostomiella**, ★ **Gymnostomum**, **Gymnstomum**, **Gyrostomum**, ★ **Gyroweisia**, *Hennedia*, ★ **Hennediella**, ★ **Hilpertia**, **Husnotiella**, **Hyalophyllum**, ★ **Hydrogonium**, **Hymenostomum**, **Hymenostyliella**, ★ **Hymenostylium**, ★ **Hyophila**, **Hyophiladelphus**, **Hyophilopsis**, **Indopottia**, **Koponobryum**, **Kopononobryum**, **Leptobarbula**, **Leptodontiella**, ★ **Leptodontium**, **Leptophascum**, *Limneria*, **Ludorugbya**, **Luisierella**, *Lydiaea*, ★ **Merceya**, **Merceyopsis**, ★ **Microbryum**, **Microcrossidium**, **Micromitrium**, **Mildeella**, **Mironia**, ★ **Molendoa**, ★ **Morinia**, *Neobarbula*, **Neohyophila**, **Neophoenix**, ★ **Oxystegus**, **Pachyneuropsis**, **Pharomitrium**, **Phasconica**, **Phascopsis**, ★ **Phascum**, **Physedium**, **Phytophthora**, **Picobryum**, **Plaubelia**, ★ **Pleurochaete**, ★ **Pleuroweisia**, **Pleurozygodon**, ★ **Pottia**, *Pottiella*, **Pottiopsis**, ★ **Prionidium**, *Pseudaloina*, ★ **Pseudocrossidium**, ★ **Pseudosymblepharis**, ★ **Pterygoneurum**, **Quaesticula**, ★ **Reimersia**, **Rhexophyllum**, *Rotteria*, **Rottleria**, **Sagenotortula**, **Saitoa**, **Saitobryum**, **Saitoella**, **Sarconeurum**, ★ **Scopelophila**, **Sebillea**, **Sekra**, ★ **Semibarbula**, **Sphaerangium**, ★ **Splachnobryum**, **Spruceella**, ★ **Stegonia**, *Stephanodictyon*, **Stonea**, ★ **Streblotrichum**, **Streptocalpta**, **Streptocalypta**, **Streptopogon**, **Streptotrichum**, ★ **Syntrichia**, **Systegium**, *Teniola*, **Teniolophora**, **Tetracoscinodon**, **Tetrapterum**, ★ **Timmiella**, ★ **Tortella**, ★ **Tortula**, **Trachycarpidium**, **Trachyodontium**, **Trichostomopsis**, ★ **Trichostomum**, **Triquetrella**, ★ **Tuerckheimia**, **Uleobryum**, **Vinealobryum**, **Vrolijkheidia**, **Weisiodon**, ★ **Weisiopsis**, ★ **Weissia**, **Weissiodicranum**, **Willia**, *Williamsiella*, **Zygotrichia**

B – 134 Hypodontiaceae: **Hypodontium**, Micromitriaceae

B – 135 ★ Ephemeraceae: Ephemerellaceae, **Ephemerella**, **Ephemeridium**, **Euephemerum**, **Nanomitrium**, **Simophyllum**

B – 136 Pleurophascaceae: **Pleurophascum**

B – 137 Serpotortellaceae: **Serpotortella**

B – 138 ★ Hedwigiaceae: ★ **Braunia**, ★ **Hedwigia**, **Hedwigidium**, **Pararhacocarpus**, *Perisiphorus*, **Pseudobraunia**

B – 139 Rhacocarpaceae: **Catolechia**, **Epilichen**, **Phaeocyrtis**, **Poeltinula**, **Rhacocarpus**, **Wardia**

B – 140 ★ Bryowijkjaceae: Bryowijkiaceae, ★ **Bryowijkia**

B – 141 Helicophyllaceae: **Helicophyllum**

B – 142 ★ Bartramiaceae: ★ **Anacolia**, ★ **Bartramia**, ★ **Bartramidula**, ★ **Breutelia**, **Cephalorchis**, *Cephaloxis*, **Conostomum**, **Exodokidium**, ★ **Fleischerobryum**, ★ **Flowersia**, **Glyphocarpa**, ★ **Glyphocarpus**, **Leiomela**, ★ **Philonotis**, ★ **Philonotula**, ★ **Plagiopus**

B – 143 ★ Splachnaceae: **Aplodon**, *Apodanthus*, **Brachymitrion**, **Bryomnium**, *Cyrtodon*, ★ **Dissodon**, **Eremodon**, **Haplodon**, *Krauseella*, **Moseniella**, **Mseniella**, *Pycnapophyscium*, **Raineria**, ★ **Splachnum**, *Systylium*, ★ **Tayloria**, ★ **Tetraplodon**, ★ **Voitia**

B – 144 ★ Meesiaceae: Amblyodontaceae, ★ **Amblyodon**, **Amblyodum**, **Diplocomium**, ★ **Meesia**, **Neomeesia**, ★ **Paludella**

B – 145 Pulchrinodaceae: **Pulchrinodus**

B – 146 ★ Bryaceae: **Acidodontium**, **Anisostichium**, **Anomobryopsis**, ★ **Anomobryum**, **Apalodium**, **Apiocarpa**, **Argy-**

robryum, ★ **Brachymenium**, *Brium*, **Bryobartramia**, ★ **Bryum**, **Cladodium**, ★ **Epipterygium**, **Erpodiopsis**, ★ **Gemmabryum**, **Haplodontium**, **Hemisynapsium**, **Imbribryum**, ★ **Leptobryum**, **Leptochlaena**, **Leptostomopsis**, **Macrauchenium**, *Macrothecium*, *Megalangium*, **Microphilonotis**, **Mielichhobryum**, ★ **Mielichhoferia**, **Mniobryoides**, ★ **Mniobryum**, **Ochiobryum**, ★ **Orthodontium**, **Orthodontopsis**, **Osculatia**, **Peromnion**, **Perssonia**, ★ **Plagiobryoides**, ★ **Plagiobryum**, ★ **Pohlia**, ★ **Pseudopohlia**, ★ **Ptychostomum**, ★ **Rhodobryum**, **Roellia**, **Roellobryon**, ★ **Rosulabryum**, **Schizymenium**, *Stablera*, **Stableria**, **Synthetodontium**, ★ **Webera**, *Wollnya*

B – 147 Phyllodrepaniaceae: **Mniomalia**, **Phyllodrepanium**

B – 148 Pseudoditrichaceae: **Pseudoditrichum**

B – 149 ★ Mniaceae: Cinclidiaceae, **Astrophyllum**, ★ **Cinclidium**, **Cyrtomnium**, *Flagellomnium*, **Leucolepis**, ★ **Mnium**, ★ **Orthomnion**, ★ **Orthomniopsis**, **Orthomnium**, ★ **Plagiomnium**, ★ **Polla**, ★ **Pseudobryum**, ★ **Rhizomnium**, **Stellariomnium**, ★ **Trachycystis**

B – 150 Leptostomataceae: *Helmsia*, **Leptostomum**

B – 151 ★ Orthotrichaceae: Macromitriaceae, Zygodontaceae, *Amphidrium*, **Amphoridium**, **Anodontium**, **Baeomyces**, **Brachytrichum**, **Bryodixonia**, ★ **Bryomaltaea**, *Bryomyces*, **Cardotiella**, **Ceuthotheca**, **Codonoblepharon**, **Codonoblepharum**, **Coleochaetium**, **Cryptocarpon**, **Cylicocarpus**, **Dasymitrium**, **Desmotheca**, **Dorcadion**, **Euzygodon**, ★ **Florschuetziella**, ★ **Groutiella**, **Kleioweisiopsis**, **Leiomitrium**, *Leiostoma*, **Leiotheca**, **Leptodontiopsis**, **Leratia**, **Leratiella**, **Lewinskya**, ★ **Macrocoma**, ★ **Macromitrium**, **Matteria**, **Muelleriella**, ★ **Orthomitrium**, ★ **Orthotrichum**, **Pentastichella**, **Pleurorthotrichum**, *Pleurozygodontopsis*, *Ptychodes*, *Schizodon*, ★ **Schlotheimia**, **Sehnemobryum**, *Stenomitrium*, **Stoneobryum**, **Teichodontium**, **Trigonodictyon**, **Uleastrum**, ★ **Ulota**, ★ **Zygodon**

B – 152 ★ Orthodontiaceae: **Hymenodon**, **Leptotheca**, **Orthodontiopsis**

B – 153 ★ Aulacomniaceae: **Arrhenopterum**, ★ **Aulacomnium**, **Fusiconia**, **Gymnocephalus**, *Gymnocybe*, *Limnobryum*, *Orthopixis*, **Orthopyxis**, **Sphaerocephalus**

B – 154 ★ Rhizogoniaceae: **Calomnion**, *Calomnium*, **Cryptopodium**, *Cryptoseta*, **Goniobryum**, **Hymenodontopsis**, **Mesochaete**, *Nadeaudia*, **Photinophyllum**, ★ **Pyrrhobryum**, ★ **Rhizogonium**, *Rhizonium*, **Rhizopelma**, **Vetiplanaxis**

B – 155 Braithwaiteaceae: **Braithwaitea**

B – 156 ★ Racopilaceae: Rhacopilaceae, **Powellia**, **Powelliopsis**, **Racodium**, ★ **Racopilum**, *Rhacopilum*, **Timokoponenia**

B – 157 Pterobryellaceae: **Cyrtopodendron**

B – 158 ★ Hypnodendraceae: Spiridentaceae, **Bryoacantholoma**, **Dendro – hypnum**, **Franciella**, ★ **Hypnodendron**, **Mniodendron**, *Mniodendrum*, **Sciadocladus**, ★ **Spiridens**, **Touwiodendron**

B – 159 ★ Ptychomniaceae: **Achyrophyllum**, **Cladomnion**, **Cladomniopsis**, *Cladomnium*, **Dichelodontium**, **Glyphotheciopsis**, ★ **Glyphothecium**, **Glypphotheciopsis**, **Glypphothecium**, **Glyptothecium**, **Hampeella**, **Ombronesus**, **Ptychomniella**, **Ptychomnion**, **Tetraphidopsis**

B – 160 ★ Hypopterygiaceae: **Arbusculohypopterygium**, **Canalohypopterygium**, **Dendrohypopterygium**, **Eohypopterygiopsis**

B – 161 Saulomataceae: *Achrohypnella*, **Ancistrodes**, **Sauloma**, **Vesiculariopsis**

B – 162 ★ Daltoniaceae: **Amblyotropsis**, *Archboldiella*, **Benitotania**, **Callicosta**, **Catharomnion**, **Crossomitrium**, ★ **Daltonia**, **Distichophyllidium**, ★ **Leskeodon**, **Leskeodontopsis**, **Puiggaria**, ★ **Symphyodon**

B – 163 Schimperobryaceae: **Schimperobryum**

B – 164 ★ Hookeriaceae: Adelotheciaceae, Cyathophoraceae, **Achrophyllum**, **Adelothecium**, **Archephemeropsis**, **Beeveria**, *Bescherellea*, **Bescherellia**, **Bryobrothera**, ★ **Calyptrochaeta**, *Calyptrochaete*, **Chaetomitrella**, **Chaetophora**, **Crosbya**, **Curviramea**, ★ **Cyathophorella**, ★ **Cyathophorum**, **Cyrtopus**, ★ **Dendrocyathophorum**, **Discophyllum**, ★ **Distichophyllum**, **Elharveya**, **Ephemeropsis**, ★ **Eriopus**, *Eurydictyon*, **Hampeohypnum**, **Harpophyllum**, **Holoblepharum**, ★ **Hookeria**, ★ **Hypopterygium**, ★ **Lopidium**, **Metadistichophyllum**, *Mitrapoma*, *Mitropoma*, **Mniadelphus**, **Piloseriopus**, **Pterygophyllum**, **Pulvinella**, **Rhynchostegiopsis**, **Schizomitrium**, **Sclerohypnum**, **Tetrastichium**

B – 165 ★ Leucomiaceae: ★ **Leucomium**, *Leucomnium*

B – 166 ★ Pilotrichaceae: *Acamptodous*, **Actinodontium**, **Brymela**, ★ **Callicostella**, **Callicostellopsis**, *Campylotrichum*, **Cyclodictyon**, **Diploneuron**, **Helicoblepharum**, **Hemiragis**, ★ **Hookeriopsis**, **Hypnella**, **Lepidopilidium**, **Lepidopilum**, **Philophyllum**, **Pilotrichidium**, ★ **Pilotrichum**, **Stenodesmus**, **Stenodictyon**, ★ **Thamniopsis**, **Trachyxiphium**

B – 167 Rutenbergiaceae: **Neorutenbergia**, **Rutenbergia**

B – 168 ★ Trachylomataceae: **Fayodia**, ★ **Trachyloma**

B – 169 ★ Fontinalaceae: Dichelymaceae, **Brachelyma**, *Brachyelyma*, **Cryphaeadelphus**, **Dichelyma**, ★ **Fontinalis**, **Histriomitrium**

B – 170 ★ Plagiotheciaceae: **Acrocladiopsis**, **Bardunovia**, ★ **Isocladiella**, ★ **Isopterygiopsis**, *Neacroporium*, *Ortholimnobium*, *Philoscia*, **Pilaisaea**, **Plagiotheciella**, ★ **Plagiothecium**, ★ **Pseudotaxiphyllum**, **Rectithecium**, *Saviczia*

B – 171 Catagoniaceae: **Eucatagonium**

B – 172 ★ Stereophyllaceae: *Complanato – hypnum*, ★ **Entodontopsis**, **Eulacophyllum**, *Fabroniella*, **Glossophyllum**,

★**Juratzkaea**, **Pilosium**, **Sciuroleskea**, **Stenocarpidium**, ★**Stereophyllum**

B－173 ★Fabroniaceae: ★**Anacamptodon**, *Anisodon*, **Austinia**, ★**Clasmatodon**, **Dimerodontium**, **Dubyella**, *Ectropodon*, *Fabbronia*, ★**Fabronia**, **Helicodontium**, **Hypnofabronia**, **Ischyrodon**, **Leptoischyrodon**, ★**Levierella**, **Macgregorella**, **Merrilliobryum**, **Myrinia**, ★**Rhizofabronia**, ★**Schwetschkeopsis**, **Taxitheliella**

B－174 Myriniaceae: **Elsinoe**, **Myriangina**, **Nematocladia**

B－175 ★Pterigynandraceae: **Haptymenium**, *Mascalomthus*, **Maschalanthus**, **Maschalocarpus**, ★**Pterigynandrum**, ★**Trachyphyllum**

B－176 ★Habrodontaceae: ★**Habrodon**

B－177 ★Climaciaceae: ★**Climacium**, *Climatium*, ★**Pleuroziopsis**

B－178 ★Amblystegiaceae: Acrocladiaceae, Cratoneuraceae, Donrichardsiaceae, Hypnobartlettiaceae, ★**Amblystegiella**, ★**Amblystegium**, ★**Apterygium**, ★**Callialaria**, ★**Calliergidium**, ★**Calliergon**, ★**Calliergonella**, ★**Campyliadelphus**, ★**Campylidium**, ★**Campylium**, **Campylophyllopsis**, **Chrysohypnum**, ★**Conardia**, ★**Cratoneuron**, **Cratoneuropsis**, ★**Donrichardsia**, **Drepanium**, ★**Drepanocladus**, **Drepano－hypnum**, ★**Drepanophyllaria**, **Gradsteinia**, ★**Hamatocaulis**, **Harpidium**, ★**Hygroamblystegium**, ★**Hygrohypnum**, **Hypnites**, **Hypnobartlettia**, **Koponenia**, ★**Leptodictyum**, **Limnobium**, ★**Limprichtia**, **Loeskypnum**, **Ochyraea**, **Orthotheciella**, ★**Palustriella**, **Pictus**, ★**Platydictya**, **Platyhypnum**, **Platylomella**, ★**Pseudoamblystegium**, ★**Pseudocalliergon**, **Pseudocampylium**, **Richardsiopsis**, ★**Sanionia**, **Sarmenthypnum**, **Sasaokaea**, **Sciaromiella**, ★**Sciaromiopsis**, **Serpoleskea**, **Sinocalliergon**, ★**Straminergon**, **Vittia**, ★**Warnstorfia**

B－179 ★Calliergonaceae: ★**Sarmentypnum**

B－180 ★Scorpidiaceae: ★**Hygrohypnella**, ★**Scorpidium**

B－181 ★Leskeaceae: ★**Bryonorrisia**, **Chileobryon**, ★**Claopodium**, **Fabroleskea**, **Fabronidium**, *Ishibaea*, ★**Iwatsukiella**, ★**Lescuraea**, **Leskeadelphus**, ★**Leskeella**, ★**Lindbergia**, **Mamillariella**, *Neolescuraea*, ★**Orthoamblystegium**, **Pseudodimerodontium**, ★**Pseudoleskea**, **Pseudoleskeellites**, ★**Pseudoleskeopsis**, **Rigodiadelphus**, ★**Schwetschkea**

B－182 ★Pseudoleskeaceae: ★**Leskea**

B－183 ★Pseudoleskeellaceae: ★**Pseudoleskeella**

B－184 ★Thuidiaceae: ★**Abietinella**, ★**Actinothuidium**, **Aequatoriella**, ★**Anomodon**, ★**Boulaya**, ★**Bryochenea**, ★**Bryohaplocladium**, ★**Bryonoguchia**, *Crassicosta*, ★**Cyrto－hypnum**, **Echinophyllum**, ★**Elodium**, *Garysmithia*, ★**Haplocladium**, ★**Helodium**, ★**Herpetineuron**, ★**Hylocomiopsis**, ★**Indothuidium**, **Inouethuidium**, ★**Leptocladium**, ★**Leptopterigynandrum**, *Leptopterygynandrum*, *Leskeopsis*, **Microthuidium**, ★**Miyabea**, **Muscites**, **Orthothuidium**, ★**Pelekium**, **Ptychodium**, ★**Rauiella**, **Tamariscella**, *Tetracladium*, **Thuidiopsis**, ★**Thuidium**, *Thydium*, *Thyidium*

B－185 ★Heterocladiaceae: ★**Heterocladium**

B－186 ★Regmatodontaceae: Rhegmatodontaceae, *Anhymenium*, ★**Regmatodon**, *Rhegmatodon*, ★**Yunnanobryon**

B－187 ★Brachytheciaceae: Camptotheciaceae, *Achrolepis*, **Aerolindigia**, ★**Brachytheciastrum**, **Brachytheciella**, ★**Brachythecium**, ★**Bryhnia**, **Bryoandersonia**, **Bryostreimannia**, *Camplothecium*, *Campothecium*, ★**Camptothecium**, **Catagoniopsis**, ★**Chamberlainia**, *Chionobryum*, ★**Cirriphyllum**, **Cratoneurella**, **Eriodon**, **Eurhynchiadelphu**, ★**Eurhynchiadelphus**, ★**Eurhynchiastrum**, **Eurhynchiella**, ★**Eurhynchium**, *Eurrhynchium*, **Flabellidium**, ★**Frahmiella**, **Hedenaesia**, **Hedenasiastrum**, ★**Homalotheciella**, ★**Homalothecium**, **Juratzkaeella**, ★**Kindbergia**, **Koponeniella**, **Kurohimehypnum**, **Lepyrodontopsis**, **Mandoniella**, **Microeurhynchium**, ★**Myuroclada**, **Nobregaea**, **Oticodium**, ★**Oxyrrhynchium**, ★**Palamocladium**, **Panckowia**, **Pancovia**, **Paramyurium**, ★**Platyhypnidium**, ★**Pleuropus**, **Pleurotus**, **Pseudokindbergia**, ★**Pseudopleuropus**, **Pseudorhynchostegiella**, **Remyella**, *Rhynchocarpidium*, **Rhyncho－hypnum**, ★**Rhynchostegiella**, ★**Rhynchostegium**, **Sainthelenia**, **Schimperella**, ★**Sciuro－hypnum**, **Scleropodiopsis**, ★**Scleropodium**, ★**Scorpiurium**, **Shrirangia**, **Steerecleus**, **Stenocarpidiopsis**, **Stokesiella**, **Streblopilum**, **Streimannia**, *Tomenthypnum*, ★**Tomentypnum**, **Torrentaria**, **Trachybryum**, **Unclejackia**

B－188 ★Meteoriaceae: Papillariaceae, ★**Aerobryidium**, ★**Aerobryopsis**, ★**Aerobryum**, **Afrothamnium**, ★**Barbella**, ★**Barbellopsis**, **Bryodusenia**, ★**Chrysocladium**, **Coelidium**, ★**Cryptopapillaria**, ★**Dicladiella**, ★**Duthiella**, *Eriocladium*, ★**Floribundaria**, **Lindigia**, **Looseria**, **Loxotis**, *Matsumuraea*, **Meteoridium**, ★**Meteoriopsis**, ★**Meteorium**, ★**Neodicladiella**, ★**Neonoguchia**, **Orthostichella**, ★**Papillaria**, **Pilotrichella**, ★**Pseudobarbella**, ★**Sinskea**, **Squamidium**, ★**Toloxis**, ★**Trachycladiella**, **Weymouthia**, **Zelometeorium**

B－189 ★Hypnaceae: **Allorgea**, **Andoa**, *Aplocera*, **Aquilonium**, **Austrohondaella**, ★**Breidleria**, ★**Bryocrumia**, **Bryosedgwickia**, ★**Buckiella**, ★**Callicladium**, ★**Calohypnum**, ★**Campylophyllum**, **Caribaeohypnum**, **Catagonium**, **Chryso－hypnum**, *Collania*, **Ctenidiadelphus**, ★**Ctenidium**, ★**Ctenium**, **Cupressina**, **Cyathothecium**, **Dacryophyllum**, **Dimorphella**, **Dolichotheca**, ★**Ectropotheciella**, **Ectropotheciopsis**, ★**Ectropothecium**, ★**Elmeriobryum**, **Entodontella**, ★**Eurohypnum**, ★**Giraldiella**, ★**Glossadelphus**, ★**Gollania**, ★**Herzogiella**, ★**Homomallium**, ★**Hondaella**, **Hyocomiella**, ★**Hyocomium**, ★**Hypnum**, **Irelandia**, ★**Isopterygium**, **Isotheciopsis**, ★**Lei-**

odontium, Macrothamniella, ★ Microctenidium, Microthamnium, ★ Mittenothamnium, Orthotheciadelphus, ★Orthothecium, *Orthothelium*, ★ Phyllodon, *Pilaisia*, Platygyriella, ★ Platygyrium, ★ Podperaea, ★Pseudohygrohypnum, ★ Pseudostereodon, ★ Ptilium, Puiggariella, Puiggariopsis, ★ Pylaisaea, ★ Pylaisia, ★Pylaisiella, Rhacopilopsis, Rhizohypnella, Rhizohypnum, Roaldia, Sharpiella, Stenotheciopsis, ★ Stereodon, ★Stereodontopsis, Stereohypnum, Syringothecium, Taxicaulis, Taxiphyllopsis, ★ Taxiphyllum, Trachythecium, *Triatherus*, Tutigaea, ★ Vesicularia

B－190 ★Pylaisiaceae: **Buckia**

B－191 ★Pylaisiadelphaceae: **★Brotherella, ★Heterophyllium**, *Heterophyllon*, **★Pseudotrismegistia, Yakushimabryum**

B－192 ★Sematophyllaceae: **Acanthocladiella, Acanthocladium, ★Acanthodium, Acanthorrhynchium, Acarospora, Acritodon, ★ Acroporium, Allioniella, Allioniellopsis, ★ Aptychella, Aptychopsis, Aptychus, ★ Brittonodoxa,** *Cephalocladium*, *Chinostomum*, **★Chionostomum, ★Clastobryella, Clastobryophilum, ★Clastobryopsis, ★Clastobryum, Cliostomum, Colobodontium, Donnellia, ★Foreauella**, *Gamiella*, **★Gammiella, Glypholecia, ★Hageniella, Heterocladiella, Horridohypnum, Hydropogon, Hydropogonella, Isocladiellopsis, Kuerschneria, Lazarenkia,** *Limnobiella*, **Macrohymenium,** *Macrymenum*, **Mahua, ★ Mastopoma, Meiotheciella, Meiotheciopsis, ★Meiothecium, Neohypnella, ★Palisadula, ★Papillidiopsis, Paranapiacabaea, Pilosimitra, Pleopsidium, Polysporina, Potamium, Pseudohypnella, Pseudopiloecium, Pterogonidium, Pterogoniella, Pterogoniopsis, Pungentella, ★Pylaisiadelpha, ★Pylaisiopsis, ★Radulina, Rhaphidorrhynchium, Rhaphidostegium, ★Rhaphidostichum, Sarcogyne, Sarcosagium, Sarea, Schraderella, Schraderobryum, Schroeterella, Sematophyllites, ★ Sematophyllum, Sigmatella, Sporastatia, Strangospora, ★ Struckia, ★ Taxithelium, Thelocarpon, Timotimius, ★ Trichosteleum, ★Trismegistia, Tristichella, ★Trolliella, Vitalia, ★Warburgiella, ★Wijkia, Wijkiella**

B－193 ★ Hylocomiaceae: **Hylocomiadelphus, ★ Hylocomiastrum, ★ Hylocomium,** *Hypnopsis*, **★ Leptocladiella, ★Leptohymenium, ★ Loeskeobryum, ★ Macrothamnium, Miehea, ★ Neodolichomitra, Orontobryum, ★Pleurozium, ★Rhytidiadelphus, Rhytidiastrum, Rhytidiopsis, Schofieldiella, Stenothecium**

B－194 ★Rhytidiaceae: **★Rhytidium**

B－195 ★Entodontaceae: **★Campylodontium, Cribrodontium, ★Cylindrothecium, ★Entodon, ★Erythrodontium, Holmgrenia, ★ Mesonodon, Nanothecium, Plagiotheciopsis, ★ Pseudoscleropodium, Pylaisiobryum, Retidens, ★Rozea, ★Sakuraia**

B－196 ★Symphyodontaceae: **★Chaetomitriopsis, Chaetomitrium, Dimorphocladon**

B－197 ★ Cryphaeaceae: **Acrocryphaea,** *Bryobartlettia*, **★ Cryphaea, Cryphaeophilum, Cryphidium, Cyptodon, ★Cyptodontopsis, Dendrocryphaea, Dendropogonella, Monocryphaea, ★ Pilotrichopsis, ★ Schoenobryum, ★Sphaerotheciella**

B－198 ★Leucodontaceae: Pterogoniaceae, **Alsia, Astrodontium, Bestia, ★ Dendroalsia, ★ Dozya, Dusenia, Eoleucodon, Felipponea, ★ Forsstroemia, ★ Leucodon, Leucodontella, Macouniella, Macrosporiella, Nogopterium, ★Okamuraea, ★Pterogoniadelphus, ★Pterogonium**, *Rigodiopsis*

B－199 ★Antitrichiaceae: **★Antitrichia**

B－200 ★Prionodontaceae: **Prionodon, ★Taiwanobryum**

B－201 ★Pterobryaceae: **★ Calyptothecium, ★ Cryptogonium, Cryptoleptodon, Cryptotheca, Cryptothecia, ★ Endotrichella, Endotrichellopsis, Endotrichum, Euptychium, ★ Garovaglia, Henicodium, Hildebrandtiella, ★Horikawaea, Jaegerina, Jaegerinopsis, ★ Meteoriella, Micralsopsis, Muellerobryum, Neolindbergia, Orthorrhynchidium, Orthostichidium, Orthostichopsis, Osterwaldiella, ★Penzigiella, Pirea, ★Pireella, Porotrichella, Pseudobryopsis, Pseudocryptogonium, ★ Pseudopterobryum,** *Pseudoterobryum*, **Pterobryella, Pterobryidium, ★Pterobryon, ★Pterobryopsis, Pursellia, Renauldia, Rhabdodontium, ★Scabridens, Spiridentopsis, Symphysodon, ★Symphysodontella**

B－202 Phyllogoniaceae: **Phyllogonium**

B－203 Orthorrhynchiaceae: **Orthorrhynchium**

B－204 ★Neckeraceae: Leptodontaceae, **Alleniella, ★Arbuscula, ★ Baldwiniella, Bissetia, ★Bryolawtonia, ★ Caduciella, ★Circulifolium, Crassiphyllum, Cryptopodia, ★ Curvicladium,** *Dendro－leskea*, **Distichia, ★Dixonia, Echinodiopsis, Eleutera, Exsertotheca,** *Goudotia*, **★Handeliobryum, ★Himantocladium, ★Homalia, ★Homaliadelphus, ★Homaliodendron, ★ Hydrocryphaea, Isodrepanium, Leptodon, Leucodontopsis, Limbella,** *Lomoporotrichum*, **★ Metaneckera, ★ Neckera, Neckerites, ★ Neckeropsis, Neomacounia, ★ Noguchiodendron,** *Omalia*, **Parathamnium, Pendulothecium, ★ Pinnatella, Porothamnium, Porotrichopsis, ★ Porotrichum, Pseudocryphaea, Rhystophyllum, ★Shevockia, ★Thamnium, ★Thamnobryum, Thamnogala, Thamnomalia, ★Touwia**

B－205 ★ Lembophyllaceae: Trachypodaceae, **Acrocladium, ★ Camptochaete, ★ Diaphanodon, ★ Dolichomitra, ★Dolichomitriopsis, Fallaciella, Fifea, Isotheciadelphus, ★Isothecium, Lembophyllum, ★Neobarbella, Plasteurhynchium, Porotrichodendron, Pseudisothecium, Pseudopilotrichum, ★ Pseudospiridentopsis,** *Pseudothuidium*, **★Pseudotrachypus,** *Ptilocladus*, **Rigodium, Thamniella, ★Trachypodopsis, ★Trachypus, Tripterocladium**

B – 206 Lepyrodontaceae : **Lepyrodon**

B – 207 Echinodiaceae : *Dorophyllum* , **Echinodium** , **Pseudomalia** , **Pycnothecium** , **Sciaromium**

B – 208 ★Myuriaceae : ★**Eumyurium** , ★**Myuriopsis** , ★**Myurium** , ★**Oedicladium** , **Piloecium**

B – 209 ★Anomodontaceae : ★**Haplohymenium**

B – 210 Theliaceae : ★**Fauriella** , ★**Myurella** , **Thelia**

B – 211 Microtheciellaceae : **Microtheciella**

B – 212 Sorapillaceae : Mycosphaerellaceae , **Absconditella** , **Adelolecia** , **Anamylospora** , **Anzina** , **Arctomia** , **Asterothyrium** , **Biatoropsis** , **Bryokhutuliinia** , **Bryosporis** , **Bullatina** , **Celothelium** , **Cercidospora** , **Cercosporella** , **Cercosporidium** , **Chionosphaera** , **Chromatochlamys** , **Clauzadea** , **Clypeococcum** , **Cornutispora** , **Corticifraga** , **Cystobasidium** , **Cystocoleus** , **Dacampia** , **Echinoplaca** , **Echinothecium** , **Eopyrenula** , **Epicladonia** , **Everniicola** , **Farnoldia** , **Guignardia** , **Gyalidea** , **Hafellnera** , **Hawksworthiana** , **Helocarpon** , **Heterocyphelium** , **Illosporium** , **Immersaria** , **Kohlmeyera** , **Laeviomyces** , **Lecanographa** , **Lethariicola** , **Lichenochora** , **Lichenoconium** , **Lichenodiplis** , **Lichenosticta** , **Liopilus** , **Lithographa** , **Lopezaria** , **Loxosporopsis** , **Macrymenium** , **Marchandiomyces** , **Megaspora** , **Melaspilea** , **Metzgeriothallus** , **Microlychnus** , **Minutoexcipula** , **Mycoglaena** , **Myxocladium** , **Nadvornikia** , **Nanostictis** , **Peridiothelia** , **Petractis** , **Phaeopyxis** , **Phaeosporobolus** , **Phlyctidia** , **Physodictyon** , **Piccolia** , **Platygraphopsis** , **Plicatella** , **Protothelenella** , **Pyrenothrix** , **Refractohilum** , **Requienella** , **Rhabdospora** , **Roselliniella** , **Roselliniopsis** , **Rosellinula** , **Sagediopsis** , **Sagiolechia** , **Sarcopyrenia** , **Skyttea** , **Skyttella** , **Sorapilla** , **Sphaerellothecium** , **Sphagnites** , **Takakiales** , **Thelenella** , **Treubiidae** , **Ulophyllum** , **Ulotrichum** , **Vouauxiella** , **Vouauxiomyces** , **Yamanusia**

附录Ⅱ　蕨类植物科属系统索引

蕨类植物分类系统:秦仁昌 1978:植物分类学报(16:3)1 - 19;陆树刚 2007:蕨类植物学,高等教育出版社;陆树刚 2017:蕨类植物学概论,科学出版社;傅德志 2021:世界植物简志 142—144,北京出版社。

F - 1 ★Psilotaceae:★**Psilotum**, *Tristeca*

F - 2 Tmesipteridaceae:★**Tmesipteris**

F - 3 Huperziaceae:★**Huperzia**

F - 4 ★Lycopodiaceae:*Austrolycopodium*, **Diphasiastrum**, **Diphasium**, *Lateristachys*, **Lycopodiastrum**, ★**Lycopodiella**, ★**Lycopodium**, **Palhinhaea**, **Phlegmariurus**, *Pseudodiphasium*, **Pseudolycopodiella**, *Pseudolycopodium*, **Urostachys**

F - 5 Phylloglossaceae:Roellobryaceae, **Phylloglossum**

F - 6 ★Selaginellaceae:**Bryodesma**, *Didiclis*, *Diplostachyum*, **Lycopodiodes**, ★**Selaginella**, *Selaginoides*

F - 7 ★Isoetaceae:**Calamaria**, *Cephaloceraton*, *Isoetella*, ★**Isoetes**

F - 8 ★Equisetaceae:*Allostelites*, ★**Equisetum**, **Hippochaete**, *Presla*

F - 9 ★Ophioglossaceae:**Botrypus**, **Cheiroglossa**, *Cymba*, **Mankyua**, ★**Ophioglossum**, **Rhizoglossum**, **Sceptridium**

F - 10 Botrychiaceae:★**Botrychium**, *Japanobotrychium*, *Osmundopteris*

F - 11 Helminthostachyaceae:*Botryopteris*, ★**Helminthostachys**, *Ophiala*

F - 12 Angiopteridaceae:★**Angiopteris**, **Archangiopteris**, *Clementea*, *Protangiopteris*, *Protomarattia*, *Psilodochea*

F - 13 ★Marattiaceae:**Chaetocalathus**, **Cymatellopsis**, **Cyptotrama**, **Discostegia**, ★**Eupodium**, **Favolaschia**, **Gerronema**, **Gloiocephala**, **Heliomyces**, **Marasmiellus**, ★**Marattia**, *Myriotheca*, **Physalacria**, ★**Ptisana**, **Rhizomorpha**, **Setulipes**, *Stibasia*, **Strobilurus**

F - 14 Danaeaceae:★**Danaea**, *Heterodanaea*

F - 15 Christenseniaceae:★**Christensenia**

F - 16 ★Osmundaceae:*Aphyllocalpa*, **Leptopteris**, ★**Osmunda**, ★**Osmundastrum**, *Plenasium*, *Spathepteris*, ★**Todea**

F - 17 ★Plagiogyriaceae:★**Plagiogyria**

F - 18 ★Gleicheniaceae:*Acropterygium*, *Calymella*, *Casselia*, ★**Dicranopteris**, ★**Diplopterygium**, **Gleichenella**, ★**Gleichenia**, *Gleicheniastrum*, **Hicriopteris**, ★**Mertensia**, *Mesosorus*, ★**Phanerosorus**, *Steenhamera*, ★**Sticherus**, ★**Stromatopteris**

F - 19 ★Schizaeaceae:★**Actinostachys**, **Lophidium**, ★**Schizaea**, *Schizea*

F - 20 ★Lygodiaceae:*Cteisium*, *Gisopteris*, *Hydroglossum*, **Jankaea**, *Lygodictyon*, ★**Lygodium**, *Vallifilix*

F - 21 ★Hymenophyllaceae:**Abrodictyum**, *Amphipterum*, *Apteropteris*, *Buesia*, **Callistopteris**, *Cephalomanes*, *Craspedoneuron*, **Craspedophyllum**, **Crepidomanes**, **Crepidophyllum**, *Davalliopsis*, **Didymoglossum**, *Diploophyllum*, **Feea**, **Gonocormus**, *Habrodictyon*, **Haplodictyum**, *Hemicyatheon*, *Hemiphlebium*, *Homoeotes*, *Hymenoglossum*, **Hymenophyllopsis**, ★**Hymenophyllum**, *Hymenostachys*, **Lacostea**, *Lacosteopsis*, *Lecanolepis*, **Leptocionium**, **Loxsoma**, *Macroglena*, *Maschalosorus*, **Mecodium**, **Meringium**, **Microgonium**, *Microtrichomanes*, **Mortoniopteris**, *Myriodon*, *Myrmecostylum*, *Nesopteris*, *Neuromanes*, *Odontomanes*, *Phlebiophyllum*, *Pleuromanes*, **Polyphlebium**, **Pteromanes**, **Ptilophyllum**, *Ptychomanes*, **Ptychophyllum**, *Ragatelus*, *Reediella*, *Rosenstockia*, *Selanodesmium*, *Selenodesmium*, *Serpyllopsis*, **Sphaerocionium**, *Taschneria*, ★**Trichomanes**, **Trigonophyllum**, **Vandenboschia**

F - 22 ★Dicksoniaceae:Cibotiaceae, Culcitaceae, ★**Calochlaena**, ★**Culcita**, ★**Dicksonia**, ★**Lophosoria**, *Trichosorus*

F - 23 ★Cyatheaceae:*Actinophlebia*, ★**Alsophila**, **Amphicosmia**, *Chnoophora*, ★**Cibotium**, **Cnemidaria**, **Cormophyllum**, ★**Cyathea**, **Dicranophlebia**, *Disphenia*, *Eatoniopteris*, *Gymnosphaera*, **Haplophlebia**, **Hemistegia**, **Hemitelia**, **Homostegia**, *Microstegnus*, **Nephelea**, *Pinonia*, *Schizocaena*, ★**Sphaeropteris**, *Thysanobotrya*, **Trichipteris**, *Trichopteris*

F - 24 Metaxyaceae:**Metaxya**

F - 25 Monachosoraceae:*Monachosorella*, ★**Monachosorum**

F - 26 ★Dennstaedtiaceae:**Adectum**, ★**Blotiella**, *Coptidipteris*, **Coptodipteris**, *Costaricia*, ★**Dennstaedtia**, *Emodiopteris*, **Filix - foemina**, *Fuziifilix*, ★**Histiopteris**, **Ithycaulon**, *Lepidocaulon*, **Leptolepia**, **Lindsaeosoria**, *Litolobium*, **Loxsomopsis**, ★**Microlepia**, *Neuropteris*, **Oenotrichia**, **Ormoloma**, **Ornithopteris**, **Orthiopteris**, ★**Paesia**, *Paradennstaedtia*, *Patania*, ★**Saccoloma**, *Scyphofilix*, *Sitobolium*, *Sitolobium*

F－27 ★Lindsaeaceae：★**Cystodium**，*Guerinia*，*Humblotiella*，**Isoloma**，★**Lindsaea**，*Lindsaenium*，*Lindsea*，**Nesolindsaea**，★**Odontosoria**，**Osmolindsaea**，*Sambirania*，*Schizolegnia*，**Schizoloma**，★**Sphenomeris**，*Synaphlebium*，★**Tapeinidium**，**Xyropteris**

F－28 Taenitidaceae：*Holttumiella*，*Schizolepton*，★**Taenitis**

F－29 ★Hypodematiaceae：*Araiostegiella*，★**Leucostegia**

F－30 Pteridiaceae：**Cincinalis**，*Eupteris*，★**Pteridium**

F－31 ★Pteridaceae：Actiniopteridaceae，**Actiniceps**，★**Actiniopteris**，*Adenogramme*，**Adiantopsis**，*Afropteris*，★**Aleuritopteris**，*Allosorus*，★**Ananthacorus**，**Anetium**，★**Anogramma**，**Anopteris**，**Argyrochosma**，*Aropteris*，*Arthrobotrys*，**Aspidotis**，**Aspleniopsis**，**Astrolepis**，**Austrogramme**，*Bakeriopteris*，**Bommeria**，*Calciphilopteris*，*Callogramme*，**Calomelanos**，*Campteria*，*Casebeeria*，*Cassebura*，**Ceropteris**，★**Cerosora**，**Cheiloplecton**，**Chrysodium**，★**Coniogramme**，*Craspedodictyum*，★**Cryptogramma**，*Dichasium*，*Diclisodon*，**Doryopteris**，*Driopteris*，★**Dryopteris**，**Eriosonia**，*Eriosorus*，**Filix**，**Gastoniella**，★**Haplopteris**，★**Hecistopteris**，**Hemionanthes**，*Hemipteris*，*Heterophlebium*，**Idiopteris**，★**Jamesonia**，*Lathyropteris*，*Lemapteris*，**Leptolepidium**，*Leptostegia*，**Litobrochia**，**Lophodium**，**Monogramma**，*Monogramme*，**Nephopteris**，**Ochropteris**，★**Onychium**，**Parahemionitis**，**Pentagramma**，*Peripteris*，*Phorolobus*，**Phyllitis**，★**Pityrogramma**，**Pityromeria**，**Platyzoma**，**Pleurofossa**，*Pleurogramma*，**Pleurogramme**，*Polyaetnium*，**Polycoccum**，★**Polytaenium**，**Psilogramme**，*Pteridanetium*，★**Pteris**，**Pterozonium**，*Pycnodoria*，*Pycnopteris*，★**Radiovittaria**，**Rheopteris**，**Schizostege**，*Stegnogramma*，*Stenogramma*，★**Syngramma**，*Syngrammatopsis*，**Taeniopsis**，★**Trachypteris**，**Trichiogramme**，**Tryonia**，**Vaginopteris**

F－32 Acrostichaceae：★**Acrostichum**，*Acrosticum*，*Teleozoma*

F－33 Stenochlaenaceae：*Lomariobotrys*，★**Stenochlaena**

F－34 Sinopteridaceae：*Allosurus*，★**Cheilanthes**，**Cheilosoria**，*Choristosoria*，*Chrysochosma*，**Cosentinia**，*Gaga*，*Nothochlaena*，**Notholaena**，**Pellaea**，*Pellaeopsis*，*Pomataphytum*，*Pomatophytum*，**Pteridella**，**Sinopteris**，*Synochlamys*

F－35 Adiantaceae：★**Adiantum**，*Colina*，**Hemigramma**，**Mildella**，**Mohria**，**Myriopteris**，**Nephrodium**，**Neurocallis**，*Nevrocallis*，**Ormopteris**，**Paraceterach**，**Platytaenia**

F－36 Parkeriaceae：**Allantoparmelia**，**Allocetraria**，**Aphanocapsa**，**Arctocetraria**，**Arctoparmelia**，**Asahinea**，**Brodoa**，**Bryocaulon**，**Bulbothrix**，**Canoparmelia**，**Cavernularia**，★**Ceratopteris**，**Cetrariella**，**Cornicularia**，**Dactylina**，*Ellobocarpus*，**Esslingeriana**，**Everniastrum**，**Flavocetraria**，**Flavoparmelia**，**Flavopunctelia**，**Hypogymnia**，**Hypotrachyna**，**Imshaugia**，**Inoderma**，**Masonhalea**，**Menegazzia**，**Myelochroa**，**Nesolechia**，**Nodobryoria**，**Omphalora**，**Palmogloea**，**Paraparmelia**，**Parmelinopsis**，**Parmeliopsis**，**Parmotrema**，**Parmotremopsis**，**Platismatia**，**Protousnea**，**Pseudephebe**，**Pseudevernia**，**Pseudoparmelia**，**Psiloparmelia**，**Punctelia**，**Relicina**，**Rimeliella**，**Tuckermannopsis**，**Tuckermanopsis**，**Vulpicida**，**Xanthoparmelia**

F－37 Hemionitidaceae：*Gymnogramma*，**Gymnopteris**，★**Hemionitis**，*Neurogramma*，*Neurogramme*，*Notogramme*

F－38 Antrophyaceae：*Anthrophyum*，★**Antrophyum**，*Polycocca*，*Scoliosorus*

F－39 Vittariaceae：*Diclidopteris*，**Vaginularia**，★**Vittaria**

F－40 ★Athyriaceae：**Allantodia**，**Anisocampium**，**Athyriopsis**，★**Athyrium**，*Brachysorus*，★**Cornopteris**，★**Deparia**，*Dictyodroma*，*Dryoathyrium*，*Hypochlamys*，*Kuniwatsukia*，**Lunathyrium**，**Monomelangium**，*Neoathyrium*，*Parathyrium*，*Pseudathyrium*，**Pseudocystopteris**

F－41 ★Hypolepidaceae：★**Hypolepis**

F－42 ★Thelypteridaceae：**Amauropelta**，*Ampelopteris*，**Amphineuron**，*Carpogymnia*，**Chingia**，**Chrismatopteris**，**Christella**，**Coryphopteris**，**Craspedosorus**，*Currania*，**Cyclogramma**，**Cyclosorus**，**Dictyocline**，*Dimorphopteris*，*Glaphyropteridopsis*，*Glaphyropteris*，**Goniopteris**，★**Gymnocarpium**，**Lastrea**，*Lastrella*，**Leptogramma**，★**Macrothelypteris**，**Meniscium**，*Menisorus*，*Mesochlaena*，*Mesoneuron*，**Mesophlebion**，**Mesopteris**，★**Metathelypteris**，**Monogonia**，**Nannothelypteris**，*Oochlamys*，**Oreopteris**，**Parathelypteris**，★**Phegopteris**，*Plesioneuron*，**Pneumatopteris**，**Proferea**，**Pronephrium**，**Prospodium**，**Pseudocyclosorus**，**Pseudophegopteris**，**Sphaerostephanos**，**Steiropteris**，★**Thelypteris**，*Toppingia*，**Trigonospora**，*Wagneriopteris*

F－43 ★Aspleniaceae：**Acropteris**，*Amesium*，*Antigramma*，Apleniaceae，*Asplenidictyum*，★**Asplenium**，**Asplenoceterach**，**Asplenosorus**，*Boniniella*，*Caenopteris*，**Camptosorus**，**Ceterach**，**Ceterachopsis**，*Chamaefilix*，*Coenopteris*，*Darea*，*Daria*，**Desmophlebium**，**Diellia**，**Diplora**，*Eremopodium*，★**Hemidictyum**，**Holodictyum**，*Hymenasplenium*，**Loxoscaphe**，**Myriotrema**，**Neottopteris**，*Notolepeum*，**Phyllitopsis**，**Pleurosorus**，*Rutamuraria*，**Schaffneria**，**Scolopendrium**，*Sinephropteris*，*Stormesia*，**Tarachia**，**Thamnopteris**

F－44 Pleurosoriopsidaceae：★**Pleurosoriopsis**

F－45 ★Onocleaceae：*Calypterium*，**Matteuccia**，★**Onoclea**，**Onocleopsis**，**Pentarhizidium**，*Pterinodes*，*Ragiopteris*

F－46 ★Blechnaceae：*Blechnidium*，**Blechnopsis**，★**Blechnum**，**Brainea**，*Chieniopteris*，*Cleistoblechnum*，*Diploblechnum*，**Distaxia**，**Doodia**，*Homophyllum*，*Icarus*，**Lomaria**，*Lomaridium*，*Lomariocycas*，*Lonchitis－aspera*，**Mesothema**，*Neoblechnum*，*Oceaniopteris*，*Orthogramma*，*Parablechnum*，**Pteridoblechnum**，**Sadleria**，*Spicantopsis*，**Steenisioblechnum**，*Stegania*，**Stenoloma**，**Struthiopteris**，★**Telmatoblechnum**，★**Woodwardia**

F－47 ★Woodsiaceae：Diplaziopsidaceae，Rhachidosoraceae，★**Acystopteris**，**Adenoderris**，**Agyrium**，*Anisogonium*，

Athelia, *Callipteris*, **Cheilanthopsis**, *Digrammaria*, ★ **Diplaziopsis**, ★ **Diplazium**, **Homalosorus**, *Hymenocystis*, *Lotzea*, *Microstegia*, *Ochlogramma*, *Oxygonium*, **Protowoodsia**, **Pteretis**, *Pteriglyphis*, **Ptychographa**, ★ **Rhachidosorus**, **Schaereria**, ★ **Woodsia**, *Woodsiopsis*, **Xylographa**

F-48 Peranemataceae: **Acrophorus**, **Diacalpe**, **Leucoscypha**, *Lindsaynium*, **Peranema**, **Phaedropezia**, **Physematium**

F-49 ★ Dryopteridaceae: **Abacopteris**, **Acropelta**, **Acrorumohra**, **Aenigmopteris**, *Aetopteron*, *Amblia*, ★ **Arachniodes**, **Arcypteris**, **Atalopteris**, **Ataxipteris**, **Bathmium**, **Byrsopteris**, *Cheilolepton*, **Coveniella**, ★ **Ctenitis**, ★ **Cyclodium**, **Cyrtogonellum**, **Cyrtomidictyum**, ★ **Cyrtomium**, **Dictyopteris**, ★ **Didymochlaena**, *Dorcapteris*, **Dryopolystichum**, **Dryopsis**, **Fadyenia**, *Hemesteum*, **Heterogonium**, *Hyopeltis*, ★ **Hypoderris**, ★ **Lastreopsis**, **Leptorumohra**, **Lithostegia**, ★ **Lomagramma**, ★ **Maxonia**, ★ **Megalastrum**, ★ **Mickelia**, **Microbrochis**, **Nothoperanema**, ★ **Olfersia**, *Papuapteris*, *Parapolystichum*, ★ **Phanerophlebia**, **Phanerophlebiopsis**, *Plecosorus*, ★ **Pleocnemia**, **Pleuroderris**, ★ **Polybotrya**, **Polystichopsis**, ★ **Polystichum**, **Pseudotectaria**, **Psomiocarpa**, ★ **Pteridrys**, **Revwattsia**, ★ **Rumohra**, **Sagenia**, **Sorolepidium**, *Soromanes*, **Stenolepia**, **Stenosemia**, ★ **Stigmatopteris**, *Tegularia*, ★ **Teratophyllum**, **Trichiocarpa**

F-50 ★ Aspidiaceae: *Amphiblestra*, **Aspidium**, *Camptodium*, *Cardiochlaena*, *Chlamydogramme*, *Cionidium*, *Ctenitopsis*, **Dictyoxiphium**, **Draconopteris**, *Dryomenis*, *Grammatosorus*, **Lenda**, *Malaifilix*, *Phlebiogonium*, *Podopeltis*, *Polydictyum*, ★ **Tectaria**, **Triplophyllum**

F-51 Bolbitidaceae: ★ **Bolbitis**, *Campium*, *Cyrtogonium*, *Edanyoa*

F-52 ★ Lomariopsidaceae: **Agrocybe**, ★ **Cyclopeltis**, **Dracoglossum**, **Egenolfia**, *Hemicardion*, ★ **Lomariopsis**, **Microstaphyla**, **Peltapteris**, **Poecilopteris**, **Thysanosoria**

F-53 Elaphoglossaceae: *Dictyoglossum*, ★ **Elaphoglossum**

F-54 Nephrolepidaceae: *Lepidoneuron*, *Leptopleuria*, ★ **Nephrolepis**

F-55 ★ Oleandraceae: ★ **Arthropteris**, ★ **Oleandra**, **Psammiosorus**

F-56 ★ Davalliaceae: Cystopteridaceae, **Araiostegia**, *Cyste*, *Cystea*, *Cystoathyrium*, ★ **Cystopteris**, ★ **Davallia**, ★ **Davallodes**, **Filicula**, **Humata**, *Katoella*, **Pachypleuria**, *Parasorus*, *Parestia*, *Scypholepia*, *Scyphularia*, *Stenolobus*

F-57 ★ Gymnogrammitidaceae: Matoniaceae, **Gymnogrammitis**

F-58 ★ Dipteridaceae: ★ **Dipteris**, **Phymatodes**

F-59 Cheiropleuriaceae: ★ **Cheiropleuria**

F-60 ★ Polypodiaceae: ★ **Acrosorus**, **Adenophorus**, **Adetogramma**, **Aglaomorpha**, **Alansmia**, **Anapausia**, **Anapeltis**, *Apalophlebia*, *Archigrammitis*, **Arthromeris**, **Ascogrammitis**, **Belvisia**, ★ **Calymmodon**, *Campylogramma*, ★ **Campyloneurum**, **Caobangia**, **Ceradenia**, *Cheilogramma*, **Cheilogramme**, **Chilopteris**, *Chorizopteris*, **Christiopteris**, **Christopteris**, **Chrysogrammitis**, *Chrysopteris*, **Cochlidium**, **Colysis**, **Craspedaria**, *Crypsinopsis*, **Crypsinus**, *Cryptosorus*, *Ctenopterella*, *Ctenopteris*, **Cyclophorus**, *Cyrtophlebium*, **Daedalea**, *Dendroconche*, **Dicranoglossum**, **Dictymia**, **Drymoglossum**, **Drymotaenium**, **Drynariopsis**, **Enterosora**, **Favolus**, **Fomes**, **Galactodenia**, *Galeoglossa*, ★ **Goniophlebium**, *Gonophlebium*, **Grammatopteridium**, ★ **Grammitis**, *Gyrosorium*, **Hemistachyum**, **Himalayopteris**, **Holostachyum**, *Kaulinia*, **Kontumia**, **Laetiporus**, ★ **Lecanopteris**, **Lellingeria**, **Lemmaphyllum**, **Lenzites**, *Lepicystis*, **Lepidogrammitis**, **Lepidomicrosorium**, ★ **Lepisorus**, ★ **Leptochilus**, **Leucotrichum**, **Lomaphlebia**, **Loweporus**, ★ **Loxogramme**, **Luisma**, **Marginaria**, *Marginariopsis*, *Mecosorus*, **Melpomene**, **Metapolypodium**, ★ **Microgramma**, *Microphlebodium*, **Micropolypodium**, **Microporellus**, *Microsorium*, ★ **Microsorum**, **Microterus**, **Moranopteris**, **Myrmecopteris**, *Myuropteris*, **Navisporus**, **Neolepisorus**, *Neoniphopsis*, **Neurodium**, *Nevrodium*, **Niphidium**, *Niphobolus*, *Niphopsis*, **Paragramma**, *Paraleptochilus*, ★ **Pecluma**, **Pessopteris**, ★ **Phlebodium**, **Phlebosia**, **Phyllodontia**, **Phymatopsis**, **Phymatopteris**, ★ **Phymatosorus**, **Platygyria**, *Plectopteris*, ★ **Pleopeltis**, **Pleopodium**, **Pleurogonium**, **Podosorus**, *Polycampium*, **Polypodiastrum**, **Polypodiodes**, *Polypodiopteris*, ★ **Polypodium**, **Prosaptia**, *Pseudocolysis*, **Pteropsis**, **Pyrofomes**, *Pyrrhosia*, *Pyrrhozia*, ★ **Pyrrosia**, **Saxiglossum**, **Schellolepis**, ★ **Scleroglossum**, *Scytopteris*, ★ **Selliguea**, **Sellimeris**, ★ **Serpocaulon**, **Solanopteris**, *Sphaerostichum*, **Stenogrammitis**, **Synammia**, **Terpsichore**, **Themelium**, **Thylacopteris**, **Tomophyllum**, **Tricholepidium**, *Weatherbya*, *Xiphopterella*, **Zygophlebia**

F-61 Drynariaceae: ★ **Drynaria**, **Photinopteris**, **Pseudodrynaria**

F-62 Platyceriaceae: **Alcicornium**, ★ **Platycerium**

F-63 Grammitidaceae: **Glyphotaenium**, **Melpomense**, **Xiphopteris**

F-64 Loxogrammaceae: **Loxogramma**

F-65 ★ Marsileaceae: Pilulariaceae, *Calamistrum*, **Lemma**, *Marsiglia*, ★ **Marsilea**, *Marsilla*, ★ **Pilularia**, **Regnellidium**, *Spheroidia*, *Zaluzanskya*

F-66 ★ Salviniaceae: ★ **Salvinia**, **Salviniacae**

F-67 Azollaceae: ★ **Azolla**, *Rhizosperma*

附录Ⅲ　裸子植物科属系统索引

裸子植物分类系统：Fu De－zhi，Yang Yong and Zhu Guang－hua2004：A new scheme of classification system of living gymnosperm at family level，Kew，Bull. 59：111－116；傅德志 2012：植物科属大辞典1519—1520，青岛出版社；傅德志 2021：世界植物简志 144，北京出版社。

G－1 ★Cycadaceae：★**Cycas**，*Dyerocycas*，*Epicycas*

G－2 ★Zamiaceae：Dioaceae，Microcycadaceae，*Aulacophyllum*，*Catakidozamia*，**Ceratozamia**，*Chigua*，*Dion*，**Dioon**，★**Encephalartos**，*Encephallartes*，**Lepidozamia**，**Macrozamia**，**Microcycas**，*Platyzamia*，★**Zamia**

G－3 Boweniaceae：**Bowenia**

G－4 Stangeriaceae：**Stangeria**

G－5 ★Ginkgoaceae：★**Ginkgo**，*Salisburia*，*Salisburiana*，*Salisburya*

G－6 ★Nageiaceae：*Decussocarpus*，★**Nageia**

G－7 ★Ephedraceae：*Chaetocladus*，★**Ephedra**

G－8 Welwitschiaceae：Tumboaceae，**Welwitschia**

G－9 ★Gnetaceae：*Gnemon*，★**Gnetum**，*Thoa*

G－10 ★Araucariaceae：Agathidaceae，★**Agathis**，★**Araucaria**，**Columbea**，*Eutacta*，*Eutassa*，*Marywildea*，*Quadrifaria*，*Salisburyodendron*，**Wollemia**

G－11 Cephalotaxaceae：★**Cephalotaxus**

G－12 ★Taxaceae：Amentotaxaceae，Austrotaxaceae，★**Amentotaxus**，★**Austrotaxus**，★**Pseudotaxus**，★**Taxus**，**Torreya**，*Verataxus*

G－13 ★Podocarpaceae：Acmopylaceae，Dacrycarpaceae，Falcatifoliaceae，Halocarpaceae，Lepidothamnaceae，Microcachrydaceae，Microstrobaceae，Parasitaxaceae，Pherosphaeraceae，Prumnopityaceae，Saxegothaeaceae，**Acmopyle**，★**Afrocarpus**，*Botryopitys*，*Bracteocarpus*，**Byssoloma**，★**Dacrycarpus**，★**Dacrydium**，**Falcatifolium**，**Fellhanera**，*Gaussenia*，**Halocarpus**，**Lagarostrobos**，*Laubenfelsia*，★**Lepidothamnus**，**Manoao**，**Margbensonia**，**Microcachrys**，**Parasitaxus**，**Pectinopitys**，**Pherosphaera**，★**Podocarpus**，★**Prumnopitys**，★**Retrophyllum**，★**Saxegothaea**，*Saxegothea*，*Stachycarpus*，★**Sundacarpus**

G－14 Phyllocladaceae：**Phyllocladus**，*Thalamia*

G－15 ★Pinaceae：Abietaceae，★**Abies**，*Caryopitys*，★**Cathaya**，★**Cedrus**，*Ducampopinus*，★**Keteleeria**，★**Larix**，*Leucopitys*，★**Nothotsuga**，★**Picea**，★**Pinus**，★**Pseudolarix**，★**Pseudotsuga**，★**Tsuga**

G－16 ★Taxodiaceae：★**Sequoia**，★**Taxodium**

G－17 ★Cupressaceae：Actinostrobaceae，Arceuthidaceae，Athrotaxidaceae，Cryptomeriaceae，Cunninghamiaceae，Diselmaceae，Fitzroyaceae，Juniperaceae，Libocedraceae，Limnopityaceae，Metasequoiaceae，Microbiotaceae，Neocallitropsidaceae，Pilgerodendraceae，Platycladaceae，Sequoiaceae，Taiwaniaceae，Tetraclinaceae，Thujopsidaceae，Widdringtoniaceae，**Actinostrobus**，*Arceuthos*，*Arthrotaxis*，**Athrotaxis**，**Austrocedrus**，*Belis*，★**Callitris**，**Callitropsis**，★**Calocedrus**，★**Chamaecyparis**，★**Cryptomeria**，★**Cunninghamia**，*Cupresstellata*，★**Cupressus**，*Cyparissia*，**Diselma**，★**Fitzroya**，*Fitz－roya*，★**Fokienia**，★**Glyptostrobus**，★**Hesperocyparis**，**Hesperotropsis**，★**Juniperus**，*Laechhardtia*，**Libocedrus**，**Lobocolax**，★**Metasequoia**，**Microbiota**，**Neocallitropsis**，**Neocupropsis**，*Nothocallitris*，*Octoclinis*，★**Papuacedrus**，**Pilgerodendron**，★**Platycladus**，*Platycyparis*，**Sabina**，*Sabinella*，★**Sequoiadendron**，*Shishindenia*，*Stegocedrus*，★**Taiwania**，*Tassilicyparis*，★**Tetraclinis**，★**Thuja**，*Thujiaecarpus*，★**Thujopsis**，★**Widdringtonia**，*Xanthocyparis*

G－18 ★Sciadopityaceae：★**Sciadopitys**

附录Ⅳ 被子植物双子叶植物科属系统索引

被子植物分类系统:傅德志 2012:植物科属大辞典 1449—1518,青岛出版社;傅德志 2021:世界植物简志 145—167,北京出版社。

MD－1 ★Magnoliaceae:**Alcimandra**,*Champaca*,**Dugandiodendron**,*Gwillimia*,**Houpoea**,**Kmeria**,*Kobus*,**Lirianthe**,**★Liriodendron**,**★Magnolia**,**Manglietia**,**Michelia**,*Micheliopsis*,**Pachylarnax**,**Parakmeria**,*Paramichelia*,**Talauma**,*Tsoongiodendron*,*Tulipifera*,**Woonyoungia**,**Yulania**

MD－2 Austrobaileyaceae:**Austrobaileya**

MD－3 ★Winteraceae:Takhtajaniaceae,**Bubbia**,**Canella**,**★Drimys**,*Drymis*,**Pseudowintera**,**Takhtajania**,**Tasmannia**,**Zygogynum**

MD－4 Himantandraceae:**Galbulimima**

MD－5 Eupomatiaceae:**Eupomatia**

MD－6 ★Illiciaceae:*Cymbostemon*,**★Illicium**

MD－7 ★Annonaceae:**Afroguatteria**,*Alcmene*,**★Alphonsea**,**Ambavia**,*Anaxagoraea*,**★Anaxagorea**,**Ancana**,**Annickia**,**★Annona**,**Anomianthus**,**Anonidium**,**★Artabotrys**,*Artobotrys*,*Asimia*,**★Asimina**,**Asteranthe**,*Asteranthopsis*,**Balonga**,**Bocagea**,**★Bocageopsis**,**Brieya**,**★Cananga**,*Canangium*,**Cardiopetalum**,**★Chieniodendron**,**Cleistochlamys**,*Cleistopetalum*,**Cleistopholis**,**Craibella**,**Cremastosperma**,**★Cyathocalyx**,**Cyathostemma**,**Cymbopetalum**,**★Dasymaschalon**,**Deeringothamnus**,**Dendrokingstonia**,**Dennettia**,**Desmopsis**,**★Desmos**,**Diclinanona**,**Dielsiothamnus**,**★Disepalum**,**Drepananthus**,**Duckeanthus**,**★Duguetia**,**Ellipeiopsis**,*Enicosanthellum*,**Enicosanthum**,**Ephedranthus**,**Exellia**,**Fenerivia**,**★Fissistigma**,**Fitzalania**,**★Friesodielsia**,**Froesiodendron**,**Fusaea**,*Geanthemum*,**Gilbertiella**,**★Goniothalamus**,**Greenwayodendron**,**Guamia**,*Guanabanus*,**★Guatteria**,*Guatteriella*,*Guatteriopsis*,*Henicosanthum*,*Heteropetalum*,**Hexalobus**,**Hornschuchia**,**Huberantha**,**Isolona**,*Kinginda*,**Klarobelia**,**Letestudoxa**,**Lettowianthus**,**Maasia**,**Malmea**,**★Marsypopetalum**,**Meiocarpidium**,**★Meiogyne**,**Melodorum**,**Mezzettia**,**Mezzettiopsis**,**★miliusa**,**Mischogyne**,**Mitrella**,**★Mitrephora**,**Mkilua**,**Monanthotaxis**,**Monocarpia**,**Monocyclanthus**,**★Monodora**,**★Monoon**,**Mosannona**,**Mwasumbia**,*Narum*,**Neostenanthera**,**Neo－uvaria**,**Nervopetalum**,**Onychopetalum**,**Ophrypetalum**,*Orchidocarpum*,**★Orophea**,**Oxandra**,**Pachypodanthium**,**Papualthia**,*Parabotrys*,**★Phaeanthus**,**Phoenicanthus**,**Piptostigma**,**Platymitra**,**★polyalthia**,**Polyalthiopsis**,**Polyceratocarpus**,**★Popowia**,**Porcelia**,**Pseudannona**,**Pseudartabotrys**,**Pseudephedranthus**,**Pseudomalmea**,**Pseudoxandra**,**★Pseuduvaria**,**Pyramidanthe**,**Raimondia**,*Rapolocarpus*,*Reedrollinsia*,**Richella**,**Rollinia**,**Ruizodendron**,*Saccopetalum*,**Sageraea**,**Sanrafaelia**,**Sapranthus**,**Sirdavidia**,**★Sphaerocoryne**,**Stelechocarpus**,**Stenanona**,**Tetrameranthus**,**Tetrastemma**,**Toussaintia**,**Tridimeris**,**Trigynaea**,*Trigyneia*,**★Trivalvaria**,**Unona**,**★Unonopsis**,*Uva*,**★Uvaria**,**Uvariastrum**,**Uvariodendron**,**Uvariopsis**,**Wangia**,*Waria*,**Wuodendron**,**★xylopia**

MD－8 ★Schisandraceae:**★Kadsura**,**★Schisandra**

MD－9 ★Canellaceae:*Capsicodendron*,**★Cinnamodendron**,**Cinnamosma**,**Pleodendron**,**Warburgia**

MD－10 Gomortegaceae:**Gomortega**

MD－11 Idiospermaceae:**Idiospermum**

MD－12 ★Calycanthaceae:**★Calycanthus**,**★Chimonanthus**,*Sinocalycanthus*

MD－13 Degeneriaceae:**Degeneria**

MD－14 Amborellaceae:**Amborella**

MD－15 ★Myristicaceae:**Bicuiba**,**Brochoneura**,*Campsoneura*,**Cephalosphaera**,**Coelocaryon**,**Compsoneura**,*Dialyanthera*,**Doyleanthus**,**Endocomia**,**Gymnacranthera**,**Haematodendron**,**★Horsfieldia**,**Iryanthera**,**★Knema**,*Maloutchia*,**Mauloutchia**,**★Myristica**,**Neobrochoneura**,**Osteophloeum**,**Otoba**,**Paramyristica**,**Pycnanthus**,**Scyphocephalium**,**Staudtia**,**★Virola**

MD－16 Trimeniaceae:**Trimenia**

MD－17 ★Siparunaceae:*Bracteanthus*,*Citriosma*,*Citrosma*,*Conuleum*,**Glossocalyx**,**★Siparuna**

MD－18 Lactoridaceae:**Lactoris**

MD－19 ★Atherospermataceae:**Atherosperma**,**Daphnandra**,**Doryphora**,**Dryadodaphne**,**Laureliopsis**,**Nemuaron**

MD－20 ★Monimiaceae:*Ambora*,**Austromatthaea**,**Decarydendron**,**Ephippiandra**,**Faika**,**Grazielanthus**,**★Hedy-**

carya, *Hedycaryopsis*, **Hennecartia**, **Hortonia**, **Kairoa**, ★ **Kibara**, **Kibaropsis**, ★ **Laurelia**, **Lauterbachia**, **Levieria**, **Macropeplus**, **Matthaea**, *Mithridatea*, **Mollinedia**, **Monimia**, **Palmeria**, **Parakibara**, **Peumus**, *Phanerogonocarpus*, *Schrameckia*, **Steganthera**, **Tambourissa**, *Tetratome*, **Wilkiea**, **Xymalos**

MD – 21 ★ Lauraceae: ★ **Actinodaphne**, **Adenodaphne**, *Agathophyllum*, ★ **Aiouea**, ★ **Alseodaphne**, **Alseodaphnopsis**, **Anaueria**, ★ **Aniba**, **Aperula**, ★ **Aspidostemon**, *Beilschmidtia*, ★ **Beilschmiedia**, *Bellota*, *Bernieria*, **Camphora**, ★ **Caryodaphnopsis**, ★ **Cassytha**, **Cephalodaphne**, *Chanekia*, **Chlorocardium**, ★ **Cinnadenia**, ★ **Cinnamomum**, **Clinostemon**, ★ **Cryptocarya**, **Cylicodaphne**, **Damburneya**, **Daphnidium**, ★ **Dehaasia**, *Dendrodaphne*, **Dicypellium**, ★ **Dodecadenia**, ★ **Endiandra**, ★ **Endlicheria**, **Eusideroxylon**, **Fiwa**, **Gamanthera**, **Hexanthus**, **Hexapora**, **Hypodaphnis**, *Iozoste*, **Iteadaphne**, **Kubitzkia**, **Kuloa**, *Lauromerrillia*, ★ **Laurus**, **Lepidadenia**, ★ **Licaria**, ★ **Lindera**, *Linharia*, ★ **Litsea**, ★ **Machilus**, **Malapoenna**, **Mespilodaphne**, **Mezilaurus**, *Micropora*, **Misanteca**, *Mutisiopersea*, ★ **Nectandra**, ★ **Neocinnamomum**, ★ **Neolitsea**, *Neosilvia*, *Nesodaphne*, **Notaphoebe**, ★ **Nothaphoebe**, ★ **Ocotea**, **Oreodaphne**, **Parabenzoin**, **Paraia**, ★ **Parasassafras**, **Parthenoxylon**, ★ **Persea**, ★ **Phoebe**, **Phyllostemonodaphne**, **Pleurothyrium**, **Potameia**, **Potoxylon**, **Povedadaphne**, **Pseudolitsea**, **Pseudosassafras**, *Ravensara*, **Rhodostemonodaphne**, ★ **Sassafras**, **Schauera**, **Sebifera**, *Senneberia*, **Sextonia**, **Silvia**, ★ **Sinopora**, **Sinosassafras**, ★ **Syndiclis**, **Systemonodaphne**, **Tetranthera**, *Thouvenotia*, **Triadodaphne**, ★ **Umbellularia**, **Urbanodendron**, **Williamodendron**, **Yasunia**, *Yushunia*

MD – 22 ★ Cabombaceae: ★ **Brasenia**, ★ **Cabomba**

MD – 23 Tetracentraceae: ★ **Tetracentron**

MD – 24 ★ Hernandiaceae: *Biassolettia*, **Hazomalania**, *Hernandezia*, ★ **Hernandia**, *Hernandiopsis*, ★ **Illigera**, ★ **Sparattanthelium**, *Valvanthera*

MD – 25 Hydropeltidaceae: **Hydropeltis**

MD – 26 Nupharaceae: *Nenufar*, ★ **Nuphar**

MD – 27 ★ Nymphaeaceae: *Leuconymphaea*, ★ **Nymphaea**, ★ **Victoria**

MD – 28 Euryalaceae: ★ **Euryale**

MD – 29 Barclayaceae: ★ **Barclaya**

MD – 30 Gyrocarpaceae: **Gyrocarpus**

MD – 31 ★ Chloranthaceae: **Ascarina**, *Ascarinopsis*, ★ **Chloranthus**, *Hedyosmon*, ★ **Hedyosmum**, ★ **Sarcandra**, **Tafalla**, *Tricercandra*

MD – 32 Sargentodoxaceae: ★ **Sargentodoxa**

MD – 33 ★ Lardizabalaceae: ★ **Akebia**, **Archakebia**, **Boquila**, ★ **Decaisnea**, **Holboellia**, **Lardizabala**, *Parvatia*, ★ **Sinofranchetia**, ★ **Stauntonia**

MD – 34 ★ Nelumbonaceae: ★ **Nelumbo**

MD – 35 ★ Saururaceae: *Aneimiaebotrys*, **Anemidictyon**, *Anemiopsis*, **Anemopsis**, ★ **Gymnotheca**, **Hemianemia**, ★ **Houttuynia**, *Polypara*, *Saururopsis*, ★ **Saururus**

MD – 36 Kingdoniaceae: ★ **Kingdonia**

MD – 37 Helleboraceae: ★ **Helleborus**

MD – 38 ★ Ranunculaceae: **Aconitella**, *Aconitopsis*, ★ **Aconitum**, ★ **Actaea**, *Adonanthe*, ★ **Adonis**, ★ **Anemoclema**, *Anemonastrum*, ★ **Anemone**, **Anemonella**, ★ **Anemonoides**, **Anemonopsis**, ★ **Aquilegia**, *Archiclematis*, *Arcteranthis*, *Arsenjevia*, ★ **Asteropyrum**, **Barneoudia**, **Batrachium**, **Beckwithia**, ★ **Beesia**, ★ **Calathodes**, **Callianthemoides**, ★ **Callianthemum**, ★ **Caltha**, **Ceratocephala**, *Chienia*, **Cimicifuga**, ★ **Clematis**, *Clematopsis*, **Consolida**, **Coptidium**, ★ **Coptis**, ★ **Cyrtorhyncha**, **Delphidium**, ★ **Delphinium**, ★ **Dichocarpum**, *Diedropetala*, ★ **Enemion**, ★ **Eranthis**, *Eriocapitella*, **Ficaria**, **Gymnaconitum**, ★ **Halerpestes**, **Hamadryas**, *Hegemone*, ★ **Hepatica**, ★ **Isopyrum**, **Knowltonia**, *Krapfia*, **Laccopetalum**, ★ **Leptopyrum**, *Lycoctonum*, **Macrotorus**, **Megaleranthis**, ★ **Metanemone**, **Miyakea**, **Myosurus**, **Naravelia**, ★ **Nigella**, **Oreithales**, ★ **Oxygraphis**, ★ **Paraquilegia**, **Paroxygraphis**, **Peltocalathos**, *Physocarpum*, *Praticola*, ★ **Pulsatilla**, **Pulsatilloides**, ★ **Ranunculus**, *Rhopalopodium*, *Schlagintweitiella*, ★ **Semiaquilegia**, **Shibateranthis**, **Souliea**, ★ **Thalictrum**, ★ **Trautvetteria**, *Tripterium*, ★ **Trollius**, ★ **Urophysa**, **Viorna**, **Viticella**, **Xanthorhiza**, **Xanthoria**

MD – 39 ★ Piperaceae: *Arctottonia*, **Artanthe**, *Chavica*, *Circaeocarpus*, **Macropiper**, **Manekia**, *Nematanthera*, **Ottonia**, ★ **Piper**, **Piperanthera**, **Pothomorphe**, **Sarcorhachis**, *Schizonephos*, *Serronia*, **Trianaeopiper**, **Verhuellia**, ★ **Zippelia**

MD – 40 Peperomiaceae: ★ **Peperomia**

MD – 41 Hydrastidaceae: **Hydrastis**

MD – 42 ★ Menispermaceae: ★ **Abuta**, ★ **Albertisia**, **Anamirta**, *Anelasma*, **Anisocycla**, **Anomospermum**, **Antizoma**, ★ **Arcangelisia**, ★ **Aspidocarya**, **Beirnaertia**, **Borismene**, **Burasaia**, **Calycocarpum**, **Carronia**, **Caryomene**, *Chasmanthera*, **Chlaenandra**, **Chondrodendron**, **Cionomene**, ★ **Cissampelos**, ★ **Cocculus**, **Coscinium**, **Curarea**, ★ **Cyclea**, *Detandra*, **Dialytheca**, **Dioscoreophyllum**, ★ **Diploclisia**, **Disciphania**, *Dissopetalum*, **Echinostephia**, **Elephantomene**, ★ **Eleutharrhena**, **Elissarrhena**, ★ **Fibraurea**, *Gamopoda*, *Glossopholis*, ★ **Haematocarpus**, *Holopeira*, **Hyperbaena**, ★ **Hypserpa**, ★ **Jateorhiza**, **Joedes**, **Kolobopetalum**, **Legnephora**, **Leptoterantha**, ★ **Limacia**, **Lima-**

ciopsis, **Macrococculus**, ★ **Menispermum**, **Odontocarya**, **Orthogynium**, **Orthomene**, ★ **Pachygone**, ★ **Parabaena**, **Parapachygone**, **Paratinospora**, **Penianthus**, ★ **Pericampylus**, **Perichasma**, **Platytinospora**, **Pleogyne**, **Pseudocyclea**, ★ **Pycnarrhena**, *Rameya*, **Rhaptonema**, **Rhigiocarya**, **Rupertiella**, **Sarcolophium**, **Sarcopetalum**, **Sciadotenia**, ★ **Sinomenium**, *Somphoxylon*, **Sphenocentrum**, **Spirospermum**, ★ **Stephania**, **Strychnopsis**, *Synandropus*, **Synclisia**, ★ **Syntriandrium**, **Syntriandrum**, **Syrrheonema**, *Taubertia*, **Telitoxicum**, ★ **Tiliacora**, ★ **Tinomiscium**, ★ **Tinospora**, **Triclisia**, *Tripodandra*, *Tylopetalum*, **Ungulipetalum**

MD – 43 Nandinaceae: ★ **Nandina**

MD – 44 Leonticaceae: ★ **Leontice**, *Leontopetalon*

MD – 45 ★ Berberidaceae: *Aceranthus*, **Achlys**, ★ **Berberis**, **Bongardia**, ★ **Caulophyllum**, **Diphylleia**, **Dysosma**, ★ **Epimedium**, ★ **Gymnospermium**, **Jeffersonia**, ★ **Mahonia**, **Odostemon**, *Phtheirotheca*, ★ **Plagiorhegma**, **Sinopodophyllum**, **Vancouveria**, *Vindicta*

MD – 46 Podophyllaceae: ★ **Podophyllum**

MD – 47 Ranzaniaceae: **Ranzania**

MD – 48 Glaucidiaceae: ★ **Glaucidium**

MD – 49 ★ Eupteleaceae: ★ **Euptelea**

MD – 50 ★ Trochodendraceae: ★ **Trochodendron**

MD – 51 ★ Cercidiphyllaceae: ★ **Cercidiphyllum**

MD – 52 ★ Ceratophyllaceae: ★ **Ceratophyllum**

MD – 53 Pteridophyllaceae: **Pteridophyllum**

MD – 54 ★ Papaveraceae: ★ **Adlumia**, **Arctomecon**, ★ **Argemone**, ★ **Bocconia**, **Canbya**, *Capnogorium*, ★ **Capnoides**, **Cathcartia**, ★ **Ceratocapnos**, ★ **Chelidonium**, ★ **Corydalis**, **Cryptocapnos**, *Cucularia*, *Cysticorydalis*, ★ **Dactylicapnos**, *Dactyliocapnos*, ★ **Dendromecon**, ★ **Dicentra**, ★ **Dicranostigma**, **Discocapnos**, *Echtrus*, **Ehrendorferia**, *Enomegra*, ★ **Eomecon**, *Escholtzia*, ★ **Eschscholzia**, **Fumarioideae**, **Fumariola**, ★ **Glaucium**, **Hesperomecon**, *Hunnemania*, **Hunnemannia**, ★ **Hylomecon**, ★ **Ichtyoselmis**, ★ **Lamprocapnos**, ★ **Macleaya**, ★ **Meconella**, ★ **Meconopsis**, *Omonoia*, ★ **Papaver**, **Papaveroideae**, *Pistolochia*, **Platycapnos**, **Platystemon**, **Pseudofumaria**, **Roemeria**, **Romneya**, **Rupicapnos**, **Sanguinaria**, **Sarcocapnos**, **Scandosorbus**, *Sophorocapnos*, **Stylomecon**, ★ **Stylophorum**, **Trigonocapnos**

MD – 55 Hypecoaceae: ★ **Hypecoum**, *Mnemosilla*

MD – 56 ★ Aristolochiaceae: *Ambuya*, ★ **Aristolochia**, *Dasyphonion*, *Dictyanthes*, *Diglosselis*, *Einomeia*, *Endotheca*, **Euglypha**, *Guaco*, **Heterotropa**, *Hexaplectris*, **Hexastylis**, *Hocquartia*, *Isiphia*, *Plagistra*, *Psophiza*, *Pteriphis*, ★ **Saruma**, **Thottea**, *Tropexa*

MD – 57 Asaraceae: ★ **Asarum**, *Asiasarum*, *Geotaenium*, *Japonasarum*

MD – 58 ★ Circaeasteraceae: ★ **Circaeaster**

MD – 59 Fumariaceae: ★ **Fumaria**

MD – 60 ★ Paeoniaceae: **Gonatozygon**, ★ **Paeonia**

MD – 61 Kaliphoraceae: ★ **Kaliphora**

MD – 62 Berberidopsidaceae: **Berberidopsis**, **Streptothamnus**

MD – 63 ★ Hamamelidaceae: **Altingia**, **Chunia**, ★ **Corylopsis**, *Diania*, **Dicoryphe**, ★ **Disanthus**, ★ **Distyliopsis**, ★ **Distylium**, **Embolanthera**, ★ **Eustigma**, ★ **Exbucklandia**, ★ **Fortunearia**, **Fothergilla**, ★ **Hamamelis**, ★ **Loropetalum**, **Maingaya**, **Matudaea**, **Molinadendron**, ★ **Mytilaria**, **Neostrearia**, **Noahdendron**, **Ostrearia**, ★ **Parrotia**, ★ **Parrotiopsis**, **Semiliquidambar**, *Shaniodendron*, ★ **Sinowilsonia**, ★ **Sycopsis**, *Symingtonia*, *Tetrathyrium*, **Trichocladus**

MD – 64 Rhodoleiaceae: **Abbottella**, **Adamsiella**, **Bostrychia**, **Brongniartella**, **Bryocladia**, **Bryothamnion**, **Chiracanthia**, **Chondrophycus**, **Coeloclonium**, **Dasyclonium**, **Dawsoniella**, **Dictyomenia**, **Digeneopsis**, **Doxodasya**, **Echinothamnion**, **Euzoniella**, **Herposiphonia**, **Janczewskia**, **Kuetzingia**, **Lenormandiopsis**, **Lophosiphonia**, **Lophothalia**, **Metamorphe**, **Murrayella**, **Neorhodomela**, **Neurymenia**, **Odonthalia**, **Ophidocladus**, **Osmundaria**, **Pityophykos**, **Polyphacum**, **Protokuetzingia**, **Rhododactylis**, **Rhodolachne**, ★ **Rhodoleia**, **Rytiphlaea**, **Rytiphloea**, **Streblocladia**, **Tayloriella**, **Womersleyella**, **Wrightiella**

MD – 65 ★ Altingiaceae: ★ **Liquidambar**

MD – 66 ★ Dilleniaceae: ★ **Acrotrema**, *Assa*, *Calinea*, ★ **Curatella**, ★ **Davilla**, *Delima*, *Delimopsis*, **Didesmandra**, ★ **Dillenia**, *Diploter*, ★ **Doliocarpus**, *Eleiastis*, *Empedoclea*, *Gynetera*, **Hibbertia**, *Korosvel*, *Lenidia*, *Leontoglossum*, **Neodillenia**, *Othlis*, **Pinzona**, *Reiffenscheidia*, *Rhinium*, *Ricaurtea*, *Roehlingia*, **Schumacheria**, *Soramia*, ★ **Tetracera**, *Tigarea*, *Trachytella*, *Traxilisa*, *Wahlbomia*

MD – 67 ★ Platanaceae: ★ **Platanus**

MD – 68 ★ Nothofagaceae: ★ **Nothofagus**

MD – 69 ★ Fagaceae: ★ **castanea**, ★ **Castanopsis**, ★ **Chrysolepis**, ★ **Cyclobalanopsis**, *Erythrobalanus*, ★ **Fagus**, **Fucodium**, *Limlia*, ★ **Lithocarpus**, *Macrobalanus*, **Notholithocarpus**, *Pasania*, ★ **Quercus**, *Shiia*, ★ **Trigonobalanus**

MD – 70 Myrothamnaceae: *Myosurandra*, **Myrothamnus**

MD – 71 Ticodendraceae: **Ticodendron**

MD – 72 Hydnoraceae: **Hydnora**, **Prosopanche**

MD – 73 ★Casuarinaceae: ★**Allocasuarina**, ★**Casuarina**, **Ceuthostoma**, ★**Gymnostoma**

MD – 74 ★Balanopaceae: ★**Balanops**

MD – 75 Didymelaceae: **Didymeles**

MD – 76 Corylaceae: ★**Corylus**

MD – 77 ★Caryophyllaceae: Corrigiolaceae, ★**Acanthophyllum**, **Achyronychia**, *Aciclinium*, **Adenonema**, ★**Agrostemma**, **Allochrusa**, **Alsineae**, **Alsinidendron**, *Ammodenia*, *Ankyropetalum*, **Anychia**, ★**Arenaria**, **Atocion**, **Balkana**, *Behenantha*, ★**Bolanthus**, *Bolbosaponaria*, ★**Brachystemma**, *Buda*, ★**Bufonia**, ★**Cerastium**, **Cerdia**, **Cetraria**, ★**Chaetonychia**, *Charesia*, *Cherleria*, *Coccyganthe*, **Colobanthus**, **Cometes**, *Conosilene*, **Cyathophylla**, **Dadjoua**, ★**Dianthus**, **Diaphanoptera**, **Dicheranthus**, ★**Dichodon**, *Dichoglottis*, *Dolophragma*, ★**Drymaria**, **Drypis**, *Elisanthe*, ★**Eremogone**, ★**Eudianthe**, **Facchinia**, *Fimbripetalum*, **Gastrolychnis**, **Geocarpon**, *Gooringia*, **Graecobolanthus**, ★**Gymnocarpos**, ★**Gypsophila**, **Habrosia**, **Hartmaniella**, **Haya**, *Heliosperma*, ★**Herniaria**, *Heterochiton*, *Heterochroa*, ★**Holosteum**, *Honckeneja*, *Honckeneya*, ★**Honckenya**, **Kabulia**, *Krascheninikovia*, *Krascheninnikowia*, **Krauseola**, *Kuhitangia*, *Lepigonum*, ★**Lepyrodiclis**, ★**Loeflingia**, *Louichea*, **Lychnis**, **Mcneillia**, **Melandrium**, *Melandrum*, *Melandryum*, **Mesostemma**, **Microphyes**, ★**Minuartia**, **Minuartiella**, ★**Moehringia**, ★**Moenchia**, *Mollugophytum*, **Mononeuria**, **Myosoton**, **Nubelaria**, *Odontostemma*, **Ortegia**, **Otites**, **Pentastemonodiscus**, **Petroana**, **Petrocoptis**, ★**Petrorhagia**, *Phaloe*, **Philippiella**, **Phryna**, **Phrynella**, *Physolychnis*, *Pinosia*, **Pirinia**, **Pleconax**, **Pleioneura**, **Plettkea**, ★**Polycarpaea**, **Polycarpoideae**, ★**Polycarpon**, *Polyschemone*, **Polytepalum**, **Porsildia**, ★**Psammosilene**, **Pseudocerastium**, **Pseudocherleria**, ★**Pseudostellaria**, **Pteranthus**, **Pycnophyllopsis**, **Pycnophyllum**, **Rabelera**, **Reicheella**, *Rhodalsine*, *Rokejeka*, **Sabulina**, ★**Sagina**, ★**Saponaria**, **Schiedea**, **Schizotechium**, **Scopulophila**, **Selleola**, **Shivparvatia**, ★**Silene**, *Solitaria*, *Somerauera*, *Spanizium*, ★**Spergula**, ★**Spergularia**, **Sphaerocoma**, ★**Stellaria**, **Stipularia**, **Stipulicida**, **Telephium**, **Thurya**, ★**Thylacospermum**, *Timaeosia*, **Tissa**, **Triplateia**, **Uebelinia**, **Vaccaria**, **Velezia**, *Viscago*, *Wierzbickia*, **Wilhelmsia**, **Xerotia**, **Yazdana**

MD – 78 Dysphaniaceae: ★**Dysphania**, *Neobotrydium*

MD – 79 ★Betulaceae: *Alnaster*, ★**Alnus**, ★**Betula**, ★**Carpinus**, *Clethropsis*, ★**Ostrya**, ★**Ostryopsis**

MD – 80 Achatocarpaceae: **Achatocarpus**, **Phaulothamnus**

MD – 81 ★Montiaceae: *Belia*, **Calyptridieae**, **Calyptridium**, ★**Cistanthe**, *Claytona*, ★**Claytonia**, **Claytoniella**, **Crunocallis**, **Erocallis**, **Lenzia**, *Leptrinia*, ★**Lewisia**, **Lewisiopsis**, **Limnia**, **Lyallia**, ★**Montia**, ★**Montiopsis**, *Naiocrene*, **Neopaxia**, **Oreobroma**, ★**Phemeranthus**, **Schreiteria**

MD – 82 ★Myricaceae: **Canacomyrica**, *Cerophora*, ★**Comptonia**, **Morella**, ★**Myrica**

MD – 83 ★Ulmaceae: **Ampelocera**, **Capsosiphon**, *Chaetoptelea*, **Enteromorpha**, ★**Gironniera**, ★**Hemiptelea**, ★**Holoptelea**, **Letterstedtia**, **Phyllostylon**, *Plagioceltis*, ★**Planera**, ★**Ulmus**, ★**Zelkova**

MD – 84 ★Talinaceae: **Amphipetalum**, *Helianthemoides*, *Litanum*, *Sabouraea*, **Talinella**, *Talinium*, ★**Talinum**

MD – 85 ★Portulacaceae: ★**Calandrinia**, **Ceraria**, *Lemia*, **Mona**, *Monocosmia*, *Phacosperma*, ★**Portulaca**, **Portulacaria**, *Portulacca*, **Sedopsis**, **Spraguea**, *Tegneria*

MD – 86 Hectorellaceae: **Hectorella**

MD – 87 ★Moraceae: **Acanthinophyllum**, *Alicastrum*, *Aliteria*, ★**Allaeanthus**, **Ampalis**, *Anonocarpus*, ★**Antiaris**, **Antiaropsis**, *Argyrophyllum*, ★**Artocarpus**, **Bagassa**, *Balanostreblus*, **Batocarpus**, *Bipontia*, ★**Bleekrodea**, *Bosqueia*, **Bosqueiopsis**, *Bosscheria*, *Brosimopsis*, ★**Brosimum**, ★**Broussonetia**, *Calpidochlamys*, *Cardiogyne*, ★**Castilla**, *Cephalotrophis*, **Clarisia**, *Craterogyne*, *Ctenocladium*, **Cudrania**, *Cyathanthus*, *Dimerocarpus*, *Diplocos*, *Diplothorax*, ★**Dorstenia**, *Dumartroya*, ★**Fatoua**, ★**Ficus**, *Galoglychia*, **Helianthostylis**, **Helicostylis**, **Hullettia**, *Inophloeum*, *Ipo*, *Joxylon*, *Laurea*, ★**Maclura**, *Maillardia*, **Maquira**, **Mesogyne**, **Milicia**, ★**Morus**, ★**Naucleopsis**, *Noyera*, *Olmedia*, *Olmedioperebea*, *Olmediophaena*, *Olmediopsis*, *Pachytrophe*, *Paraclarisia*, **Parartocarpus**, *Paratrophis*, **Perebea**, *Pharmacosycea*, *Phyllochlamys*, *Plecospermum*, *Pontya*, **Poulsenia**, **Prainea**, **Pseudolmedia**, **Pseudomorus**, *Pseudostreblus*, *Pseudotrophis*, *Radermachia*, *Sahagunia*, **Scyphosyce**, *Skutchia*, *Sloetia*, **Sloetiopsis**, *Smithiodendron*, **Sorocea**, *Soroveta*, **Sparattosyce**, ★**Streblus**, *Sychinium*, **Syzygites**, **Taxotrophis**, *Teonongia*, ★**Treculia**, ★**Trilepisium**, ★**Trophis**, *Trophisomia*, **Trymatococcus**, *Uleodendron*, *Urostigma*, **Utsetela**, **Vanieria**

MD – 88 Cecropiaceae: ★**Cecropia**, *Coilotapalus*

MD – 89 ★Cannabaceae: ★**Aphananthe**, **Calaunia**, ★**Cannabis**, **Chaetachme**, *Chaetacme*, *Humulopsis*, ★**Humulus**, **Lozanella**, *Mirandaceltis*, ★**Pteroceltis**, *Samaroceltis*, *Sponia*, ★**Trema**

MD – 90 Celtidaceae: ★**Celtis**, *Solenostigma*, *Sparrea*

MD – 91 ★Urticaceae: Nemataceae, *Aboriella*, **Achudemia**, ★**Archiboehmeria**, ★**Astrothalamus**, **Australina**, ★**Boehmeria**, *Bohemeria*, *Caidbeja*, ★**Chamabainia**, **Coussapoa**, ★**Cypholophus**, ★**Debregeasia**, ★**Dendrocnide**, ★**Didymodoxa**, **Discocnide**, ★**Droguetia**, *Drouguetia*, *Dubrueilia*, *Dunniella*, ★**Elatostema**, *Elatostemma*, **Forskohlea**, **Forsskaolea**, **Gesnouinia**, **Gibbsia**, **Gigartina**, ★**Girardinia**, *Goethartia*, ★**Gonostegia**, **Gyrotaenia**, *Hemistylis*,

Hemistylus, **Hesperocnide**, ★ **Laportea**, ★ **Lecanthus**, *Leucocnides*, *Leucococcus*, ★ **Leucosyke**, ★ **Maoutia**, *Margarocarpus*, *Memorialis*, *Meniscogyne*, **Metapilea**, **Metatrophis**, **Musanga**, ★ **Myrianthus**, ★ **Myriocarpa**, *Myriocarpus*, ★ **Nanocnide**, **Neodistemon**, **Neraudia**, ★ **Nothocnide**, **Obetia**, ★ **Oreocnide**, ★ **Parietaria**, **Parsana**, ★ **Pellionia**, **Petelotiella**, ★ **Phenax**, ★ **Pilea**, ★ **Pipturus**, ★ **Poikilospermum**, **Pourouma**, ★ **Pouzolzia**, ★ **Procris**, *Ramium*, **Rousselia**, ★ **Sarcochlamys**, *Scepocarpus*, *Sceptrocnide*, **Soleirolia**, *Sphaerotylos*, *Splitgerbera*, **Touchardia**, **Urera**, ★ **Urtica**, *Urticastrum*, **Villebrunea**, **Zhengyia**

MD – 92 ★ Stachyuraceae: ★ **Stachyurus**

MD – 93 Barbeuiaceae: **Barbeuia**

MD – 94 ★ Aizoaceae: **Acrodon**, **Acrosanthes**, **Aethephyllum**, **Aizoanthemopsis**, **Aizoanthemum**, ★ **Aizoon**, **Aloinopsis**, **Amphibolia**, **Antegibbaeum**, **Antimima**, **Apatesia**, **Argyroderma**, **Astridia**, **Bergeranthus**, **Bijlia**, **Braunsia**, **Brianhuntleya**, **Calamophyllum**, **Carpanthea**, ★ **Carpobrotus**, **Carruanthophyllum**, **Carruanthus**, **Caryotophora**, **Cephalophyllum**, **Cerochlamys**, **Chasmatophyllum**, **Cheiridopsis**, **Circandra**, **Cleretum**, **Colacodasya**, **Conicosia**, **Conophytum**, **Corpuscularia**, *Cryophytum*, **Cylindrophyllum**, **Cypselea**, **Dasysiphonia**, **Deilanthe**, **Delosperma**, **Dicrocaulon**, **Didymaotus**, **Dinteranthus**, **Diplosoma**, **Dipterocladia**, **Disphyma**, **Dorotheanthus**, **Dracophilus**, **Drosanthemopsis**, **Drosanthemum**, **Eberlanzia**, **Ebracteola**, **Enarganthe**, **Erepsia**, **Erythrandra**, **Esterhuysenia**, **Faucaria**, **Fenestraria**, **Frithia**, **Galenia**, **Gibbaeum**, **Glottiphyllum**, **Gunniopsis**, **Hallianthus**, **Halydictyon**, **Hammeria**, **Hartmanthus**, **Hereroa**, **Herrea**, **Herreanthus**, **Heterosiphonia**, **Hymenogyne**, **Jacobsenia**, **Jensenobotrya**, **Jordaaniella**, **Juttadinteria**, **Khadia**, ★ **Lampranthus**, **Lapidaria**, **Leipoldtia**, **Lemonanthemum**, **Lithops**, **Machairophyllum**, **Malephora**, **Malotigena**, **Marlothistella**, **Maughaniella**, ★ **Mesembryanthemum**, **Mestoklema**, **Meyerophytum**, **Micropterum**, **Mitrophyllum**, **Monilaria**, **Mossia**, **Muiria**, **Namaquanthus**, **Namibia**, **Nananthus**, **Nelia**, **Neohenricia**, **Octopoma**, **Odontophorus**, **Oophytum**, **Ophthalmophyllum**, *Opophytum*, **Orthopterum**, **Oscularia**, **Ottosonderia**, *Papularia*, **Peersia**, **Phiambolia**, **Phyllobolus**, **Pleiospilos**, **Plinthus**, **Polymita**, *Portulacastrum*, **Prenia**, **Prepodesma**, **Psammophora**, **Punctillaria**, **Rabiea**, **Rhinephyllum**, **Rhombophyllum**, **Ruschia**, **Ruschianthus**, **Saphesia**, **Sarcozona**, **Sceletium**, **Schlechteranthus**, **Schwantesia**, **Scopelogena**, **Skiatophytum**, **Smicrostigma**, **Sphalmanthus**, **Stayneria**, **Stoeberia**, **Stomatium**, **Tanquana**, **Titanopsis**, ★ **Trianthema**, **Tribulocarpus**, **Trichocyclus**, **Trichodiadema**, **Trigastrotheca**, **Vanheerdea**, **Vanzijlia**, **Vlokia**, **Wooleya**, ★ **Zaleya**, **Zeuktophyllum**

MD – 95 Sesuviaceae: ★ **Sesuvium**

MD – 96 Tetragoniaceae: ★ **Tetragonia**

MD – 97 ★ Gisekiaceae: ★ **Gisekia**

MD – 98 Peridiscaceae: **Peridiscus**, **Soyauxia**, **Whittonia**

MD – 99 ★ Molluginaceae: Kewaceae, **Adenogramma**, **Coelanthum**, *Galiastrum*, ★ **Glinus**, **Glischrothamnus**, **Hypertelis**, **Kewa**, ★ **Mollugo**, **Pharnaceum**, **Polpoda**, **Psammotropha**, **Suessenguthiella**

MD – 100 ★ Cactaceae: **Acanthocalycium**, **Acanthocereus**, **Acharagma**, **Airampoa**, *Anisocereus*, **Aporocactus**, **Aporophyllum**, ★ **Ariocarpus**, **Arioechinopsis**, **Armatocereus**, **Arrojadoa**, **Arthrocereus**, **Astrophytum**, **Austrocactus**, **Austrocephalocereus**, **Austrocylindropuntia**, **Aylostera**, **Aztekium**, **Azureocereus**, **Backebergia**, **Bergerocactus**, *Bisnaga*, **Blossfeldia**, **Borzicactus**, **Borzipostoa**, **Brachycereus**, **Bragaia**, **Brasilicactus**, **Brasilicereus**, **Brasiliopuntia**, **Browningia**, **Cactus**, **Calymmanthium**, *Carnegia*, **Carnegiea**, *Carpophillus*, **Castellanosia**, **Cephalocereus**, ★ **Cereus**, **Chamaecereus**, **Chamaelobivia**, **Chichimecactus**, **Cipocereus**, **Cleistocactus**, **Cleistocana**, **Cochemiea**, **Coleocephalocereus**, **Consolea**, ★ **Copiapoa**, **Corryocactus**, **Corynopuntia**, **Coryphantha**, **Cremnocereus**, *Cryptocereus*, **Cumarinia**, **Cumulopuntia**, **Cylindropuntia**, **Deamia**, **Denmoza**, **Discocactus**, ★ **Disocactus**, **Echinocactus**, ★ **Echinocereus**, **Echinofossulocactus**, **Echinomastus**, **Echinopsis**, ★ **Epiphyllum**, ★ **Epithelantha**, **Erdisia**, *Eriocephala*, **Eriocereus**, **Eriosyce**, **Escobaria**, **Escontria**, **Espostoa**, **Espostoopsis**, **Estevesia**, **Eulychnia**, **Facheiroa**, ★ **Ferocactus**, **Frailea**, **Geohintonia**, **Glandulicactus**, *Glandulifera*, **Grusonia**, **Gymnanthocereus**, **Gymnocalycium**, **Haageocereus**, **Haagespostoa**, **Hamatocactus**, **Hariota**, **Harrisia**, **Hatiora**, **Heliocereus**, **Hylocereus**, *Hymenorebutia*, **Islaya**, **Isolatocereus**, **Jasminocereus**, **Kadenicarpus**, **Krainzia**, **Kroenleinia**, **Lasiocereus**, **Lemaireocereus**, **Leocereus**, *Lepidocoryphantha*, **Lepismium**, **Leptocereus**, **Leptocladia**, **Leuchtenbergia**, **Leucostele**, **Leuenbergeria**, **Lobivia**, **Lophocereus**, ★ **Lophophora**, **Loxanthocereus**, **Lymanbensonia**, **Maihuenia**, **Maihueniopsis**, ★ **Malacocarpus**, *Mamillaria*, **Mamillopsis**, *Mammilaria*, ★ **Mammillaria**, **Mammilloydia**, *Marenopuntia*, **Marginatocereus**, *Mariottia*, **Marshallocereus**, **Matucana**, **Melocactus**, **Micranthocereus**, **Mila**, **Miqueliopuntia**, *Mirabella*, **Monvillea**, **Morangaya**, **Myrtillocactus**, **Neochilenia**, *Neodawsonia*, *Neogomesia*, **Neolloydia**, **Neolobivia**, **Neomammillaria**, **Neoporteria**, **Neoraimondia**, **Neowerdermannia**, **Nopalea**, **Nopalxochia**, **Notocactus**, ★ **Nyctocereus**, **Obregonia**, **Oehmea**, **Ophiorhipsalis**, ★ **Opuntia**, **Oreocereus**, **Oroya**, **Ortegocactus**, **Ortegopuntia**, **Pacherocactus**, **Pachgerocereus**, **Pachycereus**, **Parodia**, **Pediocactus**, *Peireskia*, *Peireskiopsis*, **Pelecyphora**, **Peniocereus**, *Perescia*, ★ **Pereskia**, **Pereskiopsis**, **Pfeiffera**, *Phyllocactus*, **Pilocereus**, **Pilosocereus**, **Platyopuntia**, **Polaskia**, **Porfiria**, **Praecereus**, **Pseudoacanthocereus**, **Pseudomitrocereus**, **Pseudopilocereus**, **Pseudorhipsalis**, **Pterocactus**, **Pterocereus**, **Puebloa**, **Puna**, **Pygmaeocereus**, **Pyrrhocactus**, **Quiabentia**, **Rachunia**, **Rapicactus**, **Rauhocereus**, ★ **Rebutia**,

Reicheocactus, **Rhipsalidopsis**, ★ **Rhipsalis**, **Rhodocactus**, *Rooksbya*, **Samaipaticereus**, ★ **Schlumbergera**, ★ **Sclerocactus**, ★ **Selenicereus**, **Setiechinopsis**, **Siccobaccatus**, **Soehrensia**, **Solisia**, **Stenocactus**, ★ **Stenocereus**, **Stephanocereus**, **Stetsonia**, **Strombocactus**, **Strophocactus**, **Subpilocereus**, **Sulcorebutia**, **Tacinga**, **Tephrocactus**, ★ **Thelocactus**, **Thrixanthocereus**, **Torreycactus**, **Trichocereus**, **Tunilla**, **Turbinicarpus**, **Uebelmannia**, **Vatricania**, **Weberbauerocereus**, ★ **Weberocereus**, **Weingartia**, **Werckleocereus**, **Wigginsia**, **Wilmattea**, **Xiquexique**, **Yavia**, **Yungasocereus**

MD – 101 Barbeyaceae: **Barbeya**

MD – 102 ★ Bonnetiaceae: **Archytaea**, ★ **Ploiarium**

MD – 103 Medusagynaceae: **Medusagyne**, *Medusogyna*

MD – 104 ★ Ochnaceae: **Adenarake**, **Blastemanthus**, ★ **Brackenridgea**, ★ **Campylospermum**, **Cespedesia**, *Cespedezia*, *Diporidium*, *Discladium*, **Elvasia**, ★ **Euthemis**, **Fleurydora**, *Fournieria*, **Froesia**, **Godoya**, **Gomphia**, **Hilairella**, *Hostmannia*, **Idertia**, **Indosinia**, *Kaieteurea*, **Krukoviella**, ★ **Lacunaria**, **Luxemburgia**, **Oceana**, ★ **Ochna**, *Ochnella*, ★ **Ouratea**, *Ouratella*, **Perissocarpa**, **Philacra**, *Pleuroridgea*, **Plicouratea**, **Poecilandra**, *Polyouratea*, **Polythecanthum**, *Polythecium*, **Rhabdophyllum**, **Rhytidanthera**, **Schuurmansia**, **Schuurmansiella**, **Sinia**, *Stenouratea*, **Testulea**, **Touroulia**, *Trichovaselia*, *Turulia*, **Tyleria**, *Vaselia*, **Wallacea**

MD – 105 Sauvagesiaceae: *Roraimanthus*, ★ **Sauvagesia**

MD – 106 ★ Daphniphyllaceae: ★ **Daphniphyllum**

MD – 107 ★ Nyctaginaceae: ★ **Abronia**, ★ **Acleisanthes**, **Allionia**, **Andradea**, **Anulocaulis**, **Belemia**, ★ **Boerhavia**, ★ **Bougainvillea**, **Calopadia**, *Calpidia*, **Caribea**, **Cephalotomandra**, **Colignonia**, ★ **Commicarpus**, **Cryptocarpus**, **Cuscatlania**, **Cyphomeris**, **Grajalesia**, ★ **Guapira**, **Hesperonia**, **Leucaster**, ★ **Mirabilis**, **Neea**, **Neeopsis**, **Nyctaginia**, *Nyctago*, **Okenia**, **Oxybaphus**, **Phaeoptilum**, ★ **Pisonia**, **Pisoniella**, **Quamoclidion**, **Ramisia**, **Reichenbachia**, **Rockia**, **Salpianthus**, **Torrubia**, **Tripterocalyx**

MD – 108 Stegnospermataceae: **Stegnosperma**

MD – 109 Limeaceae: Macarthuriaceae, **Limeum**, **Macarthuria**

MD – 110 Lophiocarpaceae: **Corbichonia**, **Lophiocarpus**

MD – 111 ★ Caryocaraceae: *Acantacaryx*, **Anthodiscus**, ★ **Caryocar**, **Pekea**, *Rhizobolus*

MD – 112 Quiinaceae: **Quiina**

MD – 113 Illecebraceae: **Cardionema**, ★ **Illecebrum**, **Mniarum**, ★ **Paronychia**, **Pollichia**, ★ **Scleranthus**

MD – 114 Scyphostegiaceae: **Scyphostegia**

MD – 115 ★ Chenopodiaceae: **Adamea**, *Agathophytum*, *Agatophyton*, ★ **Anabasis**, ★ **Atriplex**, *Borszczowia*, *Brezia*, *Bushiola*, *Camforosma*, ★ **Camphorosma**, **Chenolea**, ★ **Chenopodium**, **Cycloloma**, *Eucochlospermum*, *Gandriloa*, *Graya*, ★ **Grayia**, **Heterostachys**, **Kochia**, *Koockia*, **Lipandra**, **Neomonolepis**, ★ **Noaea**, *Noea*, **Oreosalsola**, *Orthospermum*, *Orthosporum*, **Panderia**, *Polychnemum*, ★ **Polycnemum**, *Pterochiton*, *Rovillia*, ★ **Salsola**, *Sclerocalymma*, **Soda**, ★ **Suaeda**, **Teutliopsis**

MD – 116 ★ Amaranthaceae: ★ **Achyranthes**, **Achyropsis**, **Acnida**, ★ **Acroglochin**, *Aellenia*, ★ **Aerva**, **Agathophora**, ★ **Agriophyllum**, *Albersia*, **Allenrolfea**, ★ **Allmania**, **Allmaniopsis**, ★ **Alternanthera**, ★ **Amaranthus**, ★ **Anthochlamys**, **Aphanisma**, ★ **Archiatriplex**, **Armola**, **Arthraerua**, **Arthrocaulon**, **Arthrocnemum**, ★ **Arthrophytum**, ★ **Axyris**, ★ **Baolia**, ★ **Bassia**, *Belovia*, **Belowia**, ★ **Beta**, ★ **Bienertia**, **Blutaparon**, **Bosea**, **Calicorema**, ★ **Caroxylon**, ★ **Celosia**, **Centema**, **Centemopsis**, *Centropsis*, ★ **Centrostachys**, ★ **Ceratocarpus**, **Ceratoides**, ★ **Chamissoa**, **Charpentiera**, **Chenoleoides**, **Chenopodiastrum**, **Chenopodina**, **Chionothrix**, **Choriptera**, *Cladostachys*, ★ **Climacoptera**, **Coenogonium**, ★ **Corispermum**, ★ **Cornulaca**, *Coryspermum*, **Cyathobasis**, ★ **Cyathula**, **Dasysphaera**, ★ **Deeringia**, *Dendroportulaca*, *Desmochaeta*, **Dicraurus**, **Didymanthus**, ★ **Digera**, ★ **Dissocarpus**, **Duriala**, **Einadia**, **Enchylaena**, **Eremophea**, **Eriochiton**, **Eriostylos**, *Euchylaena*, **Exomis**, **Extriplex**, **Fadenia**, **Froelichiella**, **Gamanthus**, ★ **Girgensohnia**, *Goerziella*, ★ **Gomphrena**, **Gossypianthus**, **Grubovia**, ★ **Guilleminea**, **Gyroptera**, **Hablitzia**, *Hablizia*, **Halanthium**, **Halarchon**, ★ **Halimocnemis**, **Halocharis**, *Halocnemon*, ★ **Halocnemum**, ★ **Halogeton**, ★ **Halopeplis**, **Halosarcia**, ★ **Halostachys**, ★ **Halothamnus**, **Halotis**, ★ **Haloxylon**, **Hammada**, **Hebanthe**, **Hebanthodes**, **Hemichroa**, **Henonia**, **Herbstia**, **Hermbstaedtia**, **Holmbergia**, ★ **Horaninovia**, ★ **Iljinia**, **Indobanalia**, *Ireneis*, **Irenella**, ★ **Iresine**, ★ **Kalidium**, **Kaviria**, *Kranikovia*, *Krascheninikova*, ★ **Krascheninnikovia**, **Lagenantha**, **Lagrezia**, **Lecosia**, **Leprocaulon**, **Leucosphaera**, **Lithophila**, **Lopriorea**, **Maireana**, **Malacocera**, **Mangleticornia**, **Manochlamys**, **Marcelliopsis**, **Mechowia**, *Melanocarpum*, **Microcnemum**, ★ **Microgynoecium**, **Micromonolepis**, **Monolepis**, **Montelia**, ★ **Nanophyton**, **Nelsia**, **Neobassia**, **Neocentema**, **Neokochia**, **Nitrophila**, **Nothosaerva**, **Nototrichium**, **Nucularia**, **Nyssanthes**, ★ **Ofaiston**, **Omegandra**, **Oreobliton**, **Osteocarpum**, **Oxybasis**, **Pachycornia**, ★ **Pandiaka**, **Paraerva**, **Patellifolia**, **Pedersenia**, ★ **Petrosimonia**, ★ **Pfaffia**, **Philoxerus**, **Physandra**, **Piptoptera**, **Pleuropetalum**, **Pleuropterantha**, **Polyrhabda**, **Proatriplex**, **Pseudoplantago**, **Pseudosericocoma**, **Psilotrichopsis**, ★ **Psilotrichum**, ★ **Ptilotus**, ★ **Pupalia**, **Pyankovia**, **Quaternella**, **Rhagodia**, **Rhaphidophyton**, *Rodetia*, **Rosifax**, ★ **Roycea**, **Rumicastrum**, ★ **Salicornia**, **Saltia**, **Sarcocornia**, **Scleroblitum**, *Sclerochlaena*, **Sclerochlamys**, ★ **Sclerolaena**, **Seidlitzia**, **Sericocoma**, **Sericocomopsis**, **Sericorema**, ★ **Sericostachys**, *Sertuernera*, **Seva-**

da, Siamosia, *Spinacea*, *Spinachia*, ★ **Spinacia**, **Spirobassia**, **Stelligera**, ★ **Stilbanthus**, **Stutzia**, **Suckleya**, **Surreya**, ★ **Sympegma**, ★ **Tecticornia**, **Telanthera**, **Theleophyton**, **Threlkeldia**, **Tidestromia**, **Traganopsis**, **Traganum**, ★ **Trichuriella**, **Turania**, **Tylophoron**, **Volkensinia**, **Wadithamnus**, *Xerandra*, **Xerosiphon**, **Xylosalsola**, **Zuckia**

MD－117 ★Basellaceae: ★ **Anredera**, ★ **Basella**, *Gandola*, **Tournonia**, **Ullucus**

MD－118 Halophytaceae: **Halophytum**

MD－119 ★ Hypericaceae: *Androsaemum*, *Arungana*, **Ascyrum**, *Brathys*, *Eliaea*, **Eliea**, ★ **Harungana**, ★ **Hypericum**, *Knifa*, **Lianthus**, *Psorospermum*, *Roscyna*, **Santomasia**, *Takasagoya*, **Thelopsis**, **Thornea**, **Triadenum**

MD－120 ★ Polygonaceae: **Acanthoscyphus**, **Aconogonum**, **Afrobrunnichia**, **Antenoron**, ★ **Antigonon**, **Aristocapsa**, ★ **Atraphaxis**, ★ **Bistorta**, *Blochmannia*, **Brunnichia**, **Caelestium**, *Calacinum*, ★ **Calligonum**, **Centrostegia**, *Cephalophilon*, *Ceratogonon*, **Chorizanthe**, ★ **Coccoloba**, *Coccolobis*, *Cocoloba*, **Dedeckera**, **Dodecahema**, **Duma**, **Emex**, ★ **Eriogonum**, **Eskemukerjea**, *Eucycla*, ★ **Fagopyrum**, ★ **Fallopia**, **Gilmania**, **Goodmania**, *Guaiabara*, **Gymnopodium**, **Harfordia**, **Harpagocarpus**, **Hollisteria**, **Homalocladium**, **Johanneshowellia**, *Karkinetron*, ★ **Knorringia**, ★ **Koenigia**, *Lapathum*, **Lastarriaea**, **Leptogonum**, **Magoniella**, **Mucronea**, ★ **Muehlenbeckia**, **Nemacaulis**, **Neomillspaughia**, **Nihon**, **Oxygonum**, ★ **Oxyria**, ★ **Oxytheca**, **Parapteropyrum**, ★ **Persicaria**, **Pleuropteropyrum**, **Podopterus**, **Polygonella**, ★ **Polygonum**, **Pteropyrum**, **Pterostegia**, ★ **Pteroxygonum**, ★ **Reynoutria**, ★ **Rheum**, **Rubrivena**, ★ **Rumex**, **Ruprechtia**, **Salta**, *Sarcogonum*, **Sidotheca**, **Stenogonum**, *Sunania*, **Symmeria**, **Systenotheca**, ★ **Triplaris**, *Velasquezia*, *Vellasquezia*

MD－121 Sarcobataceae: **Sarcobatus**

MD－122 ★ Nepenthaceae: *Anurosperma*, ★ **Nepenthes**, *Phyllamphora*

MD－123 ★ Salicaceae: **Abatia**, ★ **Ahernia**, *Balsamiflua*, **Bartholomaea**, ★ **Bennettiodendron**, **Bivinia**, **Byrsanthus**, **Calantica**, ★ **Carrierea**, ★ **Casearia**, *Caseria*, *Celsa*, *Chetocrater*, *Chosenia*, **Christannia**, *Christiannia*, **Dissomeria**, ★ **Dovyalis**, **Euceraea**, *Euceras*, *Gossypiosperma*, **Gossypiospermum**, **Hasseltia**, **Hasseltiopsis**, **Hecatostemon**, ★ **Hemiscolopia**, *Henningsocarpum*, ★ **Idesia**, ★ **Itoa**, **Lasiochlamys**, ★ **Ludia**, **Lunania**, **Macrohasseltia**, **Macrothumia**, **Mocquerysia**, **Neopringlea**, **Neoptychocarpus**, **Neosprucea**, **Olmediella**, **Ophiobotrys**, **Osmelia**, **Phyllobotryon**, *Phyllobotryum*, **Pineda**, **Piparea**, *Pleiarina*, **Pleuranthodendron**, ★ **Poliothyrsis**, ★ **Populus**, **Pseudoscolopia**, *Roumea*, **Sadymia**, ★ **Salix**, *Stachycrater*, **Synandrina**, **Tetrathylacium**, **Tisonia**, **Toisusu**, **Trichostephanus**, **Zuelania**, *Zuelia*

MD－124 ★ Aphloiaceae: ★ **Aphloia**, **Lightfootia**, *Ligtfoota*

MD－125 ★ Phytolaccaceae: **Anisomeria**, **Ercilla**, **Hilleria**, **Microtea**, *Microthea*, **Nowickea**, *Phitolacca*, ★ **Phytolacca**, *Pircunia*, ★ **Rivina**, *Sarcoca*, ★ **Seguieria**

MD－126 ★ Violaceae: **Acentra**, *Afrohybanthus*, **Agatea**, *Agation*, **Allexis**, **Amphirrhox**, *Amphirrox*, **Anchietea**, **Bribria**, **Corynostylis**, **Decorsella**, *Erpetion*, **Fusispermum**, **Gloeospermum**, *Grammeionium*, **Hybanthopsis**, ★ **Hybanthus**, *Ionidium*, **Isodendrion**, **Ixchelia**, *Jonidium*, **Leonia**, **Lophion**, **Mayanaea**, **Melicytus**, **Noisettia**, **Orthion**, **Paypayrola**, **Phyllanoa**, **Pigea**, **Pombalia**, ★ **Rinorea**, **Rinoreocarpus**, **Schweiggeria**, ★ **Scyphellandra**, ★ **Viola**

MD－127 Agdestidaceae: **Agdestis**

MD－128 ★ Petiveriaceae: *Flueckigera*, **Gallesia**, **Ledenbergia**, **Monococcus**, ★ **Petiveria**, **Schindleria**, ★ **Trichostigma**

MD－129 ★ Elatinaceae: ★ **Bergia**, ★ **Elatine**, **Hydropiper**, *Ilyphilos*

MD－130 Haptanthaceae: **Haptanthus**

MD－131 ★ Buxaceae: ★ **Buxus**, *Macropodandra*, ★ **Pachysandra**, ★ **Sarcococca**

MD－132 Asteropeiaceae: **Asteropeia**, *Rhodoclada*

MD－133 Rhoipteleaceae: ★ **Rhoiptelea**

MD－134 ★ Elaeocarpaceae: *Ablania*, **Aceratium**, *Acronoda*, *Acronodia*, *Acronozus*, *Acrozus*, *Adenobasium*, *Adenobium*, *Adenodus*, *Ageratium*, *Anoniodes*, *Antholoma*, *Aristotelesa*, **Aristotelia**, *Ayparia*, *Beaumaria*, *Beuthea*, *Beythea*, *Biondea*, *Blondea*, *Coelina*, *Courimari*, *Craspedum*, **Crinodendron**, *Crinodendrum*, *Curimari*, *Dasycarpus*, *Dasynema*, **Dubouzetia**, *Ducosia*, *Echinocarpus*, ★ **Elaeocarpus**, *Elaiocarpus*, *Forgetina*, *Friesea*, *Ganitrum*, *Ganitrus*, *Hormopetalum*, *Lecostemon*, *Lecostomum*, *Lochneria*, *Mischopleura*, *Misipus*, *Monathera*, *Monoceras*, *Oxyandra*, *Perinka*, *Perinkara*, **Peripentadenia**, *Phoenicosperma*, **Platytheca**, *Pyrsonota*, **Sericolea**, *Skidanthera*, *Sloana*, ★ **Sloanea**, *Slonania*, **Tetratheca**, *Trichocarpus*, *Triphalia*, **Vallea**

MD－135 Lophiraceae: **Lophira**

MD－136 ★ Juglandaceae: **Alfaroa**, **Annamocarya**, ★ **Carya**, ★ **Cyclocarya**, ★ **Engelhardia**, *Fortunaea*, **Hicoria**, ★ **Juglans**, **Oreomunnea**, ★ **Platycarya**, ★ **Pterocarya**

MD－137 Sphaerosepalaceae: Rhopalocarpaceae, **Dialyceras**

MD－138 ★ Lacistemataceae: ★ **Lacistema**, **Lozania**

MD－139 Dioncophyllaceae: **Dioncophyllum**, **Habropetalum**, **Triphyophyllum**

MD－140 ★ Calophyllaceae: Endogemmataceae, **Astrotheca**, **Bonnetia**, ★ **Calophyllum**, ★ **Caraipa**, **Clusiella**, **Endodesmia**, **Endogemma**, **Haploclathra**, **Lebrunia**, ★ **Mahurea**, ★ **Mammea**, **Marila**, *Paramammea*, ★ **Poecilo-**

neuron

MD－141 ★Clusiaceae：**Guttiferae**，**Allanblackia**，*Androsemum*，*Aneuriscus*，**Arawakia**，★**Chrysochlamys**，*Chrysopia*，★**Clusia**，★**Cratoxylum**，**Dactylanthera**，**Decaphalangium**，**Dystovomita**，★**Garcinia**，**Havetia**，**Havetiopsis**，**Kayea**，**Kielmeyera**，**Lamprophyllum**，**Lorostemon**，*Marialvaea*，*Marialvea*，★**Mesua**，*Micranthera*，**Montrouziera**，**Moronobea**，**Myriandra**，*Neocaspia*，**Ochrocarpos**，*Ochrocarpus*，**Oedematopus**，★**Pentadesma**，**Pilosperma**，**Platonia**，**Quapoya**，**Rheedia**，★**Symphonia**，**Thysanostemon**，**Tovomita**，**Tovomitidium**，**Tovomitopsis**，*Tsimatimia*，★**Vismia**，*Xanthochymus*

MD－142 Flacourtiaceae：**Anticona**，*Antinisa*，★**Azara**，*Azaraea*，★**Banara**，*Christiania*，*Dasyanthera*，★**Flacourtia**，*Flacurtia*，★**Homalium**，**Laetia**，**Maingerae**，**Marshallia**，*Myrianthea*，*Myriantheia*，*Nisa*，★**Oncoba**，*Richeopsis*，*Ryanaea*，★**Ryania**，★**Scolopia**，**Trimeria**，★**Xylosma**

MD－143 Strasburgeriaceae：**Strasburgeria**

MD－144 Plagiopteraceae：★**Plagiopteron**

MD－145 Petenaeaceae：**Petenaea**

MD－146 Bembiciaceae：**Bembicia**

MD－147 ★Rafflesiaceae：**Rafflesia**，**Rhizanthes**，*Richthofenia*，★**Sapria**

MD－148 Samydaceae：**Irenodendron**，**Samyda**

MD－149 Turneraceae：*Burcarda*，**Oxossia**，★**Piriqueta**，**Triacis**，★**Turnera**，**Wormskioldia**

MD－150 Huaceae：**Afrostyrax**，**Hua**

MD－151 ★Passifloraceae：★**Adenia**，**Adenoa**，**Afroqueta**，**Ancistrothyrsus**，**Androsiphonia**，**Arboa**，**Barteria**，**Basananthe**，*Blepharanthes*，**Crossostemma**，★**Deidamia**，**Dilkea**，**Disemma**，*Distemma*，**Dysosmia**，**Efulensia**，**Erblichia**，*Granadilla*，*Hounea*，**Hyalocalyx**，**Jongkindia**，**Loewia**，*Macrophora*，**Mathurina**，*Microblepharis*，**Mitostemma**，*Modeca*，**Modecca**，*Murucuia*，**Paropsia**，**Paropsiopsis**，★**Passiflora**，**Pentaria**，*Poggendorffia*，**Protoparmelia**，**Schlechterina**，**Smeathmannia**，★**Stapfiella**，**Streptopetalum**，**Tacsonia**，*Tetrapathea*，**Tetrastylis**，**Tricliceras**，**Viridivia**，*Xerogona*

MD－152 Didiereaceae：**Alluaudia**，**Alluaudiopsis**，**Calyptrotheca**，**Decarya**，**Didierea**

MD－153 ★Sarcolaenaceae：Chlaenaceae，**Eremolaena**，**Leptolaena**，**Mediusella**，**Pentachlaena**，**Perrierodendron**，**Rhodolaena**，★**Sarcolaena**，**Schizolaena**，*Xerochlamys*，**Xyloolaena**

MD－154 Malesherbiaceae：**Malesherbia**

MD－155 ★Ancistrocladaceae：★**Ancistrocladus**，*Bigamea*

MD－156 Cochlospermaceae：*Azeredia*，★**Cochlospermum**，*Euryanthe*，*Wittelsbachia*

MD－157 Apodanthaceae：**Apodanthes**，**Berlinianche**，*Frostia*，**Pilostyles**，*Sarna*

MD－158 Gerrardinaceae：*Gerrardiana*，**Gerrardina**

MD－159 ★Achariaceae：**Acharia**，**Baileyoxylon**，**Buchnerodendron**，★**Caloncoba**，**Camptostylus**，★**Carpotroche**，**Ceratiosicyos**，**Chiangiodendron**，**Chlorocarpa**，**Dasylepis**，*Dendrostylis*，**Eleutherandra**，**Erythrospermum**，**Grandidiera**，**Guthriea**，★**Gynocardia**，★**Hydnocarpus**，**Kuhlmanniodendron**，**Lindackeria**，★**Mayna**，★**Pangium**，**Peterodendron**，**Poggea**，**Prockiopsis**，**Rawsonia**，★**Ryparosa**，**Scaphocalyx**，**Scottellia**，**Trichadenia**，**Xylotheca**

MD－160 ★Frankeniaceae：*Beatsonia*，★**Frankenia**，*Nothria*，*Streptima*

MD－161 Reaumuriaceae：*Eichwaldia*，**Hololachna**，★**Reaumuria**

MD－162 ★Tamaricaceae：★**Myricaria**，*Myrtama*，**Tamaricaria**，★**Tamarix**，*Trichaurus*

MD－163 ★Simmondsiaceae：**Brocchia**，★**Simmondsia**

MD－164 Scytopetalaceae：**Scytopetalum**

MD－165 Diegodendraceae：**Diegodendron**

MD－166 ★Sladeniaceae：**Ficalhoa**，★**Sladenia**

MD－167 Ternstroemiaceae：*Mokof*，★**Ternstroemia**

MD－168 ★Theaceae：**Apterosperma**，*Bembiciopsis*，★**Camellia**，**Dankia**，*Erotium*，★**Eurya**，★**Franklinia**，★**Freziera**，★**Gordonia**，**Hartia**，**Laplacea**，*Lindleyara*，**Parapyrenaria**，★**Polyspora**，★**Pyrenaria**，★**Schima**，★**Stewartia**，**Theopsis**，**Tutcheria**

MD－169 Physenaceae：Mycocaliciaceae，Phascaceae，**Amandinea**，**Anaptychia**，**Buelliella**，**Chaenothecopsis**，**Dermatiscum**，**Dermiscellum**，**Dimelaena**，**Diploicia**，**Diplotomma**，**Dirinaria**，**Embolidium**，**Fuligo**，**Hafellia**，**Hyperphyscia**，**Lichenothelia**，**Melanaspicilia**，**Mobergia**，**Mycocalicium**，**Phaeophyscia**，**Phaeorrhiza**，**Physcia**，**Physciella**，**Physena**，**Pyxine**，**Rhizocarpon**，**Rinodina**，**Tornabea**

MD－170 ★Marcgraviaceae：*Loghania*，*Marcgraavia*，★**Marcgravia**，**Marcgraviastrum**，★**Norantea**，**Pseudosarcopera**，**Ruyschia**，**Sarcopera**，**Schwartzia**，★**Souroubea**

MD－171 Monotaceae：**Monotes**

MD－172 ★Centroplacaceae：★**Bhesa**，**Centroplacus**

MD－173 ★Dipterocarpaceae：★**Anisoptera**，★**Cotylelobium**，★**Dipterocarpus**，★**Dryobalanops**，**Engelhardtia**，★**Hopea**，**Marquesia**，★**Neobalanocarpus**，★**Parashorea**，*Pentacme*，**Pseudomonotes**，★**Shorea**，**Stemonoporus**，

Upuna, **Vateria**, **Vateriopsis**, ★**Vatica**

MD – 174 Tetrameristaceae: **Pentamerista**, **Tetramerista**

MD – 175 ★Cistaceae: ★**Cistus**, ★**Crocanthemum**, ★**Fumana**, **Halimium**, ★**Helianthemum**, *Heteromeris*, **Horanthes**, ★**Hudsonia**, **Pakaraimaea**, **Pomelina**, *Rhodax*, *Taeniostema*, ★**Tuberaria**

MD – 176 ★Bixaceae: ★**Bixa**

MD – 177 Setchellanthaceae: **Setchellanthus**

MD – 178 ★Capparaceae: **Anisocapparis**, **Apophyllum**, **Atamisquea**, **Baccapparis**, **Bachmannia**, **Bachmanniomyces**, **Beautempsia**, **Belencita**, **Boscia**, **Bosciopsis**, **Buchholzia**, **Cadaba**, **Calanthea**, **Caphexandra**, **Capparicordis**, **Capparidastrum**, ★**Capparis**, **Cladostemon**, **Colicodendron**, *Courbonia*, ★**Crateva**, **Cynophalla**, **Dhofaria**, **Euadenia**, **Hemiscola**, **Hispaniolanthus**, **Hypselandra**, *Intutis*, ★**Maerua**, **Mesocapparis**, **Monilicarpa**, **Morisonia**, **Neocalyptrocalyx**, *Nevosmila*, *Othrys*, **Poilanedora**, **Preslianthus**, *Pseudocroton*, *Pteropetalum*, **Quadrella**, **Ritchiea**, **Roydsia**, **Sarcotoxicum**, **Steriphoma**, **Stroemia**, *Stuebelia*, *Tapia*, **Thilachium**, *Thylachium*, *Triclanthera*

MD – 179 Stixaceae: ★**Stixis**

MD – 180 Tovariaceae: **Tovaria**

MD – 181 Stylocerataceae: **Styloceras**

MD – 182 Cytinaceae: **Bdallophytum**, *Botryocytinus*, **Cytinus**, *Sanguisuga*

MD – 183 Koeberliniaceae: **Koeberlinia**

MD – 184 Sparmanniaceae: *Braunlowia*, ★**Brownlowia**

MD – 185 Tiliaceae: **Apeiba**, **Christiana**, ★**Colona**, *Colonia*, *Colonna*, *Luchea*, ★**Luehea**, *Luhea*, ★**Prockia**, ★**Tilia**, ★**Trichospermum**, *Trilix*

MD – 186 Berryaceae: ★**Berrya**

MD – 187 Byttneriaceae: **Androcalva**, *Buetneria*, *Buettnera*, *Bytneria*, **Byttneria**, *Chaetaea*

MD – 188 Helicteraceae: *Anisora*, *Camaion*, ★**Helicteres**, **Icosinia**, *Isora*, *Nisoralis*, *Ozoxeta*

MD – 189 ★Sterculiaceae: *Aleurodendron*, *Altheria*, *Asteropus*, *Astropoea*, *Astropus*, *Ayena*, ★**Ayenia**, *Balanopteris*, *Brotobroma*, *Bubroma*, *Cattimarus*, **Caucanthus**, *Chichaea*, **Chiranthodendron**, **Chiranthofremontia**, ★**Commersonia**, *Cybiostigma*, *Diuroglossum*, ★**Eriolaena**, *Glossospermum*, ★**Guazuma**, **Hafotra**, *Heretiera*, *Heritera*, ★**Heritiera**, *Hermanna*, **Hermannia**, **Herrania**, *Kleinhofia*, *Kleinhovea*, ★**Kleinhovia**, *Kleinhowia*, **Lasiopetalum**, *Lochemia*, *Martrasia*, *Mateatia*, ★**Melhania**, ★**Melochia**, *Meluchia*, *Moluchia*, *Physocodon*, **Rotundiflora**, **Rulingia**, ★**Sterculia**, ★**Theobroma**, *Tribroma*, *Trinacte*, *Visena*, **Vuralia**, *Walthera*, ★**Waltheria**, *Xylosterculia*

MD – 190 Kiggelariaceae: *Kigellaria*, **Kiggelaria**, *Kiggellaria*

MD – 191 Dombeyaceae: *Astrapaea*, ★**Dombeya**, *Walkuffa*

MD – 192 Grewiaceae: *Chadara*, *Charadra*, *Greuia*, *Grewa*, ★**Grewia**

MD – 193 ★Muntingiaceae: **Dicraspidia**, *Muntinga*, ★**Muntingia**, **Neotessmannia**

MD – 194 Pellicieraceae: **Pelliciera**

MD – 195 ★Begoniaceae: ★**Begonia**, **Begoniella**, *Doratometra*, *Gireoudia*, ★**Hillebrandia**, *Knesebeckia*, *Magnusia*, *Mezierea*, *Reichenheimia*, *Scheidweileria*, *Sphenanthera*, *Steineria*, **Stibadotheca**, *Stiradotheca*, *Symbegonia*, *Weilbachia*

MD – 196 ★Resedaceae: **Astrocarpa**, ★**Borthwickia**, **Caylusea**, *Dipetalia*, *Ellimia*, **Forchhammeria**, **Homalodiscus**, *Murbeckia*, ★**Neothorelia**, **Ochradenus**, **Ochradiscus**, ★**Oligomeris**, **Randonia**, ★**Reseda**, *Resedella*, **Sesamoides**, **Tirania**

MD – 197 ★Tetramelaceae: ★**Octomeles**, ★**Tetrameles**

MD – 198 Gyrostemonaceae: **Codonocarpus**, **Cypselocarpus**, **Gyrostemon**, **Tersonia**, **Walteranthus**

MD – 199 Pentadiplandraceae: **Pentadiplandra**

MD – 200 Durionaceae: *Duria*, ★**Durio**

MD – 201 Bombacaceae: ★**Adansonia**, *Baobabus*, *Bombacopsis*, ★**Bombax**, **Catostemma**, **Cavanillesia**, **Neesia**, ★**Pachira**, *Pachyra*, *Paschira*, ★**Quararibea**, *Rhodognaphalopsis*, **Sophia**

MD – 202 ★Dichapetalaceae: *Chailletia*, ★**Dichapetalum**, *Leucosia*, **Patrisia**, **Stephanopodium**, *Symphyllanthus*, **Tapura**

MD – 203 ★Malvaceae: ★**Abelmoschus**, ★**Abroma**, ★**Abutilon**, *Abutilothamnus*, **Acaulimalva**, *Achania*, ★**Acropogon**, **Aguiaria**, **Akrosida**, ★**Alcea**, **Allobriquetia**, ★**Allosidastrum**, **Allowissadula**, ★**Althaea**, **Alyogyne**, ★**Ancistrocarpus**, **Andeimalva**, **Andringitra**, ★**Anisodontea**, ★**Anoda**, **Anotea**, *Antichorus*, **Arthothelium**, **Asterophorum**, **Asterotrichion**, **Astiria**, *Astyria*, *Atkinsia*, ★**Azanza**, **Bakeridesia**, **Basiloxylon**, **Bastardia**, **Bastardiastrum**, **Bastardiopsis**, **Batesimalva**, *Belandra*, *Beloere*, **Belotia**, **Bernoullia**, **Billieturnera**, **Bombicella**, *Bombix*, ★**Bombycidendron**, *Bombycodendron*, **Bordasia**, **Boschia**, ★**Brachychiton**, **Briquetia**, ★**Burretiodendron**, **Callianthe**, ★**Callirhoe**, **Calyculogygas**, **Calyptraemalva**, **Camptostemon**, **Carpodiptera**, ★**Ceiba**, ★**Cenocentrum**, **Cephalohibiscus**, **Ceratocoreta**, **Cheirolaena**, *Chirochlaena*, **Chlamydocola**, **Chorisia**, *Cienfuegia*, **Cienfuegosia**, *Cienfugosia*, *Cistanthera*, **Clappertonia**, *Codonochlamys*, **Coelostegia**, ★**Cola**, ★**Corchoropsis**, ★**Corchorus**, **Corynabutilon**, ★**Craigia**, **Cristaria**, **Cullenia**, *Decaschista*, ★**Decaschistia**, *Dendroleandria*, **Dendrosida**, **Desplatsia**, **Dicarpidium**,

Dicellostyles, **Diplodiscus**, *Diplopenta*, **Dirhamphis**, ★ **Dodartia**, **Duboscia**, *Dumreichera*, **Eleutherostylis**, **Entelea**, ★ **Eremalche**, **Erinocarpus**, *Erione*, **Eriotheca**, *Erioxylum*, **Excentrodendron**, **Fioria**, ★ **Firmiana**, **Franciscodendron**, ★ **Fremontodendron**, **Fryxellia**, **Fuertesimalva**, **Ganja**, ★ **Gaya**, **Gilesia**, **Glossostemon**, *Glossostemum*, **Glyphaea**, **Goethalsia**, *Goethea*, **Gossypioides**, ★ **Gossypium**, *Greevesia*, **Guichenotia**, **Gynatrix**, **Gyranthera**, **Hampea**, **Hannafordia**, **Harmsia**, **Helicteropsis**, ★ **Heliocarpus**, **Helmiopsiella**, **Helmiopsis**, ★ **Herissantia**, **Hibiscadelphus**, ★ **Hibiscus**, ★ **Hildegardia**, **Hochreutinera**, **Hoheria**, **Horsfordia**, **Howittia**, **Huberodendron**, *Humbertianthus*, **Humbertiella**, **Hydrogaster**, **Iliamna**, **Indagator**, **Jarandersonia**, *Julostyles*, **Julostylis**, **Jumelleanthus**, **Kearnemalvastrum**, *Kerandrenia*, **Keraudrenia**, **Kitaibela**, **Kitaibelia**, **Kokia**, ★ **Kosteletzkya**, **Kostermansia**, ★ **Krapovickasia**, ★ **Kydia**, ★ **Lagunaria**, ★ **Lancea**, **Lass**, **Lavatera**, **Lawrencia**, **Lebronnecia**, **Lecanophora**, ★ **Leptonychia**, **Lopimia**, *Luederitzia*, **Lueheopsis**, *Lysiopetalum*, **Lysiosepalum**, *Lysisepalum*, **Macrostelia**, **Malache**, ★ **Malachra**, **Malacothamnus**, **Malope**, ★ **Malva**, **Malvalthaea**, ★ **Malvastrum**, ★ **Malvaviscus**, ★ **Malvella**, ★ **Mansonia**, **Marcanodendron**, *Marconia*, **Matisia**, **Maxwellia**, **Megatritheca**, **Megistostegium**, **Meximalva**, ★ **Microcos**, ★ **Modiola**, **Modiolastrum**, **Mollia**, ★ **Monteiroa**, **Mortoniodendron**, ★ **Napaea**, ★ **Nayariophyton**, **Neobaclea**, **Neobrittonia**, **Neobuchia**, *Neohumbertiella*, **Neoregnellia**, **Nesogordonia**, **Nototriche**, ★ **Ochroma**, **Octolobus**, **Palaua**, *Palava*, *Palavia*, **Papuodendron**, **Paradombeya**, **Paramelhania**, **Patinoa**, ★ **Pavonia**, **Peltaea**, **Peltula**, ★ **Pentace**, *Pentagonocarpos*, ★ **Pentapetes**, **Pentaplaris**, **Periptera**, *Perrieranthus*, **Perrierophytum**, **Phragmocarpidium**, **Phragmotheca**, **Phymosia**, **Physodium**, **Pityranthe**, **Plagianthus**, **Prestonia**, ★ **Pseudabutilon**, ★ **Pseudobombax**, **Pseudocorchorus**, **Pseudomalachra**, *Pterigota*, ★ **Pterocymbium**, *Pteropavonia*, *Pterospermadendron*, ★ **Pterospermum**, ★ **Pterygota**, **Puchiumazus**, **Pullenia**, **Radyera**, **Rayleya**, *Rebsamenia*, ★ **Reevesia**, *Reevesia*, *Rhodocalyx*, **Rhodognaphalon**, **Rhynchosida**, *Ridlea*, *Ridleia*, **Riedlea**, *Riedleia*, *Riedleja*, *Riedlia*, **Ripariosida**, ★ **Robinsonella**, **Rojasimalva**, **Sabdariffa**, ★ **Scaphium**, ★ **Scaphopetalum**, **Schoutenia**, *Schouwia*, **Scleronema**, *Selera*, **Senra**, *Senraea*, **Septotheca**, *Serra*, *Serraea*, **Sicrea**, ★ **Sida**, ★ **Sidalcea**, *Sidanoda*, **Sidasodes**, ★ **Sidastrum**, **Sparmannia**, *Sparrmanna*, **Sparrmannia**, ★ **Sphaeralcea**, **Spirabutilon**, ★ **Spirotheca**, **Talipariti**, ★ **Tarasa**, **Tarrietia**, **Tetradia**, **Tetrasida**, **Thelotrema**, ★ **Thespesia**, **Thomasia**, **Thyrsopteris**, **Trichosiphum**, *Trionfettia*, **Triplochiton**, ★ **Triumfetta**, *Triumphetta*, **Trochetia**, **Tropidococcus**, **Typhalea**, *Ulbrichia*, ★ **Urena**, **Urocarpidium**, **Vasivaea**, **Veeresia**, *Vossianthus*, *Weldena*, **Wercklea**, *Westphalina*, ★ **Wissadula**, **Woodianthus**

MD – 204 ★ Datiscaceae: ★ **Datisca**

MD – 205 ★ Cucurbitaceae: **Abobra**, **Acanthosicyos**, ★ **Actinostemma**, *Adenopus*, *Aechmandra*, *Ahzolia*, *Allagosperma*, ★ **Alsomitra**, *Alternasemina*, *Ampelosicyos*, **Ampelosycios**, **Anacaona**, **Anangia**, *Anguina*, *Anguriopsis*, **Anisosperma**, *Anomalosicyos*, *Antagonia*, **Apatzingania**, **Apodanthera**, *Arkezostis*, **Austrobryonia**, *Baderoa*, **Baijiania**, **Bambekea**, **Bayabusua**, ★ **Benincasa**, **Biswarea**, **Blastania**, ★ **Bolbostemma**, **Borneosicyos**, **Brandegea**, **Bryonia**, *Calpidosicyos*, **Calycophysum**, *Calyptrosicyos*, ★ **Cayaponia**, *Cephalandra*, **Cephalopentandra**, *Cerasiocarpum*, ★ **Ceratosanthes**, **Chalema**, *Chayota*, *Cionandra*, *Cionosicyos*, **Cionosicys**, **Cirromitra**, ★ **Citrullus**, ★ **Coccinia**, **Cogniauxia**, **Colocynthis**, *Coniandra*, **Corallocarpus**, *Costarica*, *Cremastopus*, **Ctenolepis**, **Cucumella**, *Cucumeroides*, ★ **Cucumis**, ★ **Cucurbita**, **Cucurbitaria**, **Cucurbitella**, ★ **Cyclanthera**, **Cyclantheropsis**, *Cyrtonema*, **Dactyliandra**, *Delognaea*, **Dendrosicyos**, *Dermophylla*, **Dieterlea**, *Dimorphoclamys*, ★ **Diplocyclos**, *Discanthera*, **Doyerea**, ★ **Ecballium**, ★ **Echinocystis**, ★ **Echinopepon**, **Edgaria**, **Elateriopsis**, *Enkylia*, *Eulenburgia*, **Eureiandra**, ★ **Fevillea**, *Frantzia*, **Gerrardanthus**, ★ **Gomphogyne**, ★ **Gurania**, **Guraniopsis**, **Gymnopetalum**, ★ **Gynostemma**, **Halosicyos**, **Hanburia**, **Helmontia**, ★ **Hemsleya**, ★ **Herpetospermum**, ★ **Hodgsonia**, *Hypanthera*, **Ibervillea**, *Ilocania*, **Indofevillea**, ★ **Indomelothria**, *Involucraria*, *Joliffia*, *Karivia*, **Kedrostis**, **Khmeriosicyos**, ★ **Lagenaria**, *Landersia*, **Lemurosicyos**, **Linnaeosicyos**, ★ **Luffa**, ★ **Marah**, **Melancium**, *Mellonia*, *Melo*, **Melobesia**, *Melopepo*, ★ **Melothria**, **Melothrianthus**, **Microlagenaria**, **Microsechium**, *Mitrosicyos*, ★ **Momordica**, **Muellerargia**, **Mukia**, *Muricia*, ★ **Neoalsomitra**, *Neoluffa*, *Nhandiroba*, *Nietoa*, **Nothoalsomitra**, *Odosicyos*, **Oreosyce**, *Ozodycus*, **Parasicyos**, **Penelopeia**, *Pepo*, *Peponia*, *Peponiella*, **Peponium**, **Peponopsis**, *Perianthopodus*, *Phialocarpus*, *Pisosperma*, *Pittiera*, *Polakowskia*, **Polyclathra**, **Posadaea**, **Praecitrullus**, **Pseudocyclanthera**, **Pseudosicydium**, ★ **Psiguria**, **Pteropepon**, *Pterosicyos*, *Raphanistrocarpus*, *Raphanocarpus*, **Raphidiocystis**, *Roseanthus*, **Ruthalicia**, **Rytidostylis**, **Schizocarpum**, ★ **Schizopepon**, **Scopella**, ★ **Scopellaria**, *Scotanthus*, **Sechiopsis**, **Sechium**, **Selysia**, **Seyrigia**, **Sicana**, **Sicydium**, *Sicyocarya*, *Sicyocaulis*, ★ **Sicyos**, **Sicyosperma**, ★ **Sinobaijiania**, **Siolmatra**, ★ **Siraitia**, ★ **Solena**, *Sphaerosicyos*, *Sphaerosicyus*, *Sphenantha*, *Staphylosyce*, **Tecunumania**, **Telfairia**, ★ **Thladiantha**, *Toxanthera*, *Trevouxia*, *Trianosperma*, *Triceratia*, ★ **Trichosanthes**, *Tricyclandra*, *Tripodanthera*, *Trirostellum*, **Trochomeria**, **Trochomeriopsis**, **Tumamoca**, *Turia*, **Vaseyanthus**, **Wilbrandia**, **Xerosicyos**, ★ **Zanonia**, ★ **Zehneria**, *Zombitsia*, *Zucca*, **Zygosicyos**

MD – 206 Podoaceae: **Podoon**

MD – 207 ★ Moringaceae: *Anoma*, *Hyperanthera*, ★ **Moringa**

MD – 208 Sarraceniaceae: **Darlingtonia**, **Heliamphora**, **Sarracenia**

MD – 209 Oxystylidaceae: **Oxystylis**

MD – 210 ★ Cleomaceae: **Andinocleome**, *Aubion*, **Buhsea**, *Buhsia*, **Carsonia**, *Celome*, ★ **Cleome**, ★ **Cleomella**, **Cleoserrata**, **Cristatella**, *Cyrbasium*, **Dactylaena**, **Dipterygium**, *Dispara*, *Gymnogonia*, **Gynandropsis**, **Haptocarpum**, *Hypo-*

nema, **Justago**, *Laganasa*, **Melidiscus**, **Mitostylis**, **Peritoma**, *Physostemon*, **Podandrogyne**, *Podogyne*, **Polanisia**, **Puccionia**, **Symphyostemon**, **Tarenaya**, **Wislizenia**

MD - 211 ★Iteaceae: **Choristylis**, ★**Itea**

MD - 212 ★Grossulariaceae: **Basidioradulum**, *Botryocarpium*, **Cyclobotrya**, **Grossularia**, **Hyphodontia**, ★**Ribes**, *Ribesium*

MD - 213 ★Brassicaceae: **Cruciferae**, **Abasicarpon**, *Abdra*, **Acachmena**, *Achoriphragma*, *Acroschizocarpus*, **Acuston**, ★**Aethionema**, **Agianthus**, ★**Alliaria**, *Alloceratium*, **Alniaria**, **Alshehbazia**, **Alyssoides**, **Alyssopsis**, ★**Alyssum**, **Ammosperma**, **Anastatica**, **Anchonium**, **Andrzeiowskia**, ★**Anelsonia**, *Anodontea*, **Anzhengxia**, ★**Aphragmus**, **Aplanodes**, ★**Arabidella**, *Arabidium*, ★**Arabidopsis**, ★**Arabis**, **Arcyosperma**, ★**Armoracia**, **Aschersoniodoxa**, **Asperuginoides**, **Asta**, ★**Atelanthera**, **Athysanus**, ★**Aubrieta**, ★**Aurinia**, ★**Baimashania**, **Ballantinia**, **Barbamine**, ★**Barbarea**, ★**Berteroa**, **Berteroella**, *Biauricula*, *Biscutela*, ★**Biscutella**, **Bivonaea**, **Blennodia**, ★**Boechera**, **Boleum**, **Boreava**, **Bornmuellera**, **Borodinia**, **Botschantzevia**, *Brachiolobos*, **Brachycarpaea**, **Brachylobus**, **Brachypus**, ★**brassica**, *Brassicella*, ★**Braya**, **Brayopsis**, ★**Bunias**, *Bursa - pastoris*, ★**Cakile**, ★**Calepina**, **Calymmatium**, ★**Camelina**, **Camelinopsis**, *Campyloptera*, ★**Capsella**, ★**Cardamine**, *Cardaminum*, **Carinavalva**, *Cartiera*, **Catadysia**, **Catenulina**, ★**Catolobus**, **Caulanthus**, **Caulostramina**, **Ceratocnemum**, **Ceriosperma**, *Chamaeplium*, **Chamira**, **Chartoloma**, **Chaunanthus**, **Chilocardamum**, **Chlorocrambe**, *Chorispermum*, ★**Chorispora**, ★**Christolea**, *Chrysanthemopsis*, *Chrysobraya*, **Chrysochamela**, *Cistocarpium*, ★**Cithareloma**, **Clastopus**, ★**Clausia**, ★**Clypeola**, ★**Cochlearia**, *Cochleariella*, **Coelonema**, **Coincya**, ★**Conringia**, **Cordylocarpus**, **Cornalia**, *Coulterina*, ★**Crambe**, **Crambella**, **Cremolobus**, *Crenularia*, ★**Crucihimalaya**, ★**Cryptospora**, **Cuphonotus**, **Cusickiella**, **Cymatocarpus**, **Dactylocardamum**, **Decaptera**, **Degenia**, *Deilosma*, **Delgadoa**, **Delpinophytum**, **Dendroarabis**, **Dentaria**, ★**Descurainia**, **Desideria**, **Diceratella**, **Dichasianthus**, **Dictyophragmus**, **Didesmus**, **Didymophysa**, **Dielsiocharis**, ★**Dilophia**, **Dimorphocarpa**, *Dimorphostemon*, ★**Diplotaxis**, ★**Dipoma**, ★**Diptychocarpus**, **Dithyrea**, ★**Dontostemon**, **Douepea**, ★**Draba**, **Drabastrum**, **Drabopsis**, *Dracamine*, **Dryopetalon**, **Dvorakia**, **Eigia**, *Elburzia*, **Enarthrocarpus**, **Englerocharis**, **Eremobium**, **Eremoblastus**, **Eremodraba**, **Eremophyton**, **Erioderma**, *Ermaniopsis*, **Erophila**, ★**Eruca**, **Erucaria**, ★**Erucastrum**, *Erysimastrum*, ★**Erysimum**, *Esquiroliella*, ★**Euclidium**, **Euclisia**, **Eudema**, **Eurycarpus**, ★**Eutrema**, **Exhalimolobos**, *Farsetia*, *Fedtschenkoa*, **Fezia**, ★**Fibigia**, **Foleyola**, **Fortuynia**, *Fosselinia*, *Gagria*, ★**Galitzkya**, *Gansblum*, **Geococcus**, *Glaribraya*, **Glastaria**, **Glaucocarpum**, *Glaucocochlearia*, *Glyce*, **Goerkemia**, ★**Goldbachia**, **Gongylia**, ★**Graellsia**, **Grammosperma**, **Guillenia**, **Guiraoa**, **Gynophorea**, **Halimolobos**, *Halimolobus*, **Harmsiodoxa**, ★**Hedinia**, *Hediniopsis*, **Heldreichia**, **Heliophila**, **Hemicrambe**, ★**Hemilophia**, **Henophyton**, **Hesperidanthus**, *Hesperidopsis*, ★**Hesperis**, **Hilliella**, ★**Hirschfeldia**, *Holargidium*, **Hollermayera**, *Hormathophylla*, ★**Hornungia**, **Horwoodia**, **Hugueninia**, **Hutchinsia**, *Hutchinsiella*, *Hylandra*, ★**Ianhedgea**, *Iberidella*, ★**Iberis**, *Icianthus*, **Idahoa**, **Iljinskaea**, **Iodanthus**, **Ionopsidium**, **Irania**, **Irenepharsus**, ★**Isatis**, **Iskandera**, **Ivania**, **Jonopsidium**, *Kardanoglyphos*, *Koelzia*, *Konig*, **Kremeriella**, **Lachnocapsa**, ★**Lachnoloma**, **Ladakiella**, *Lamprophragma*, ★**Leavenworthia**, **Leiocarpaea**, ★**Leiospora**, **Lemphoria**, ★**Lepidium**, **Lepidostemon**, **Lepidotrichum**, *Leposma*, ★**Leptaleum**, **Leptormus**, **Lesquerella**, *Lexarzanthe*, **Lignariella**, **Lithodraba**, ★**Litwinowia**, ★**Lobularia**, *Lonchophora*, **Loxospora**, *Loxostemon*, ★**Lunaria**, **Lutzia**, **Lycocarpus**, **Lyrocarpa**, **Lysakia**, ★**Macropodium**, *Macrosporum*, ★**Malcolmia**, **Malcomia**, **Mancoa**, **Marcus - kochia**, **Maresia**, *Marsypocarpus*, **Mathewsia**, ★**Matthiola**, ★**Megacarpaea**, ★**Megadenia**, *Meniocus*, ★**Menkea**, ★**Menonvillea**, *Mesoreanthus*, **Metashangrilaia**, *Microcardamum*, **Microlepidium**, **Micropodium**, *Microsemia*, *Microsisymbrium*, ★**Microstigma**, **Microthlaspi**, **Morettia**, ★**Moricandia**, **Moriera**, **Morisia**, ★**Mostacillastrum**, ★**Murbeckiella**, **Muricaria**, ★**Myagrum**, **Nasturtiopsis**, **Neobeckia**, **Neomartinella**, ★**Neotorularia**, **Nerisyrenia**, ★**Neslia**, *Nesodraba*, **Neuontobotrys**, **Neurotropis**, ★**Nevada**, **Noccaea**, **Noccaeopsis**, **Noccidium**, **Notisia**, **Notoceras**, **Notothlaspi**, **Ochthodium**, **Octoceras**, *Odontarrhena*, ★**Olimarabidopsis**, **Onuris**, **Opizia**, *Oreoblastus*, ★**Oreoloma**, **Oreophyton**, *Ormycarpus*, **Ornithocarpa**, *Orthorrhiza*, ★**Orychophragmus**, **Otocarpus**, **Pachycladon**, **Pachymitus**, ★**Pachyneurum**, **Pachyphragma**, *Pachypteris*, **Pachypterygium**, **Parlatoria**, **Parodiodoxa**, **Parolinia**, ★**Parrya**, *Parryodes*, *Parryopsis*, **Paysonia**, **Pegaeophyton**, ★**Peltaria**, **Peltariopsis**, **Pennellia**, *Pentaptera*, **Petiniotia**, ★**Petrocallis**, **Petroravenia**, **Phaeonychium**, **Phlebolobium**, **Phlegmatospermum**, ★**Phoenicaulis**, **Phravenia**, **Phyllolepidum**, *Physalidium*, ★**Physaria**, ★**Physoptychis**, **Physorhynchus**, **Planodes**, **Platycraspedum**, **Platyloma**, *Platypetalum*, **Pleiocardia**, *Pleurophragma*, *Podolobus*, *Poliophyton*, ★**Polyctenium**, **Polypsecadium**, *Porphyrocodon*, **Pringlea**, *Pritzelago*, **Pseuderucaria**, ★**Pseudoarabidopsis**, *Pseudocamelina*, **Pseudoclausia**, **Pseudodraba**, **Pseudoturritis**, **Pseudovesicaria**, *Psilonema*, ★**Psychine**, *Pteroneurum*, **Pterygiosperma**, **Pterygostemon**, ★**Ptilotrichum**, ★**Pugionium**, **Pulvinatusia**, ★**Pycnoplinthopsis**, **Pycnoplinthus**, **Pyramidium**, *Quezelia*, **Quezeliantha**, *Quidproquo*, **Raffenaldia**, *Raphanis*, *Raphanistrum*, **Raphanorhyncha**, ★**Raphanus**, **Rapistrosymbrium**, **Resetnikia**, ★**Rhammatophyllum**, **Rhamphospermum**, **Rhizobotrya**, **Ricotia**, **Robeschia**, *Rollinsia*, **Romanschulzia**, *Roripa*, ★**Rorippa**, **Rudolf - kamelinia**, **Rytidocarpus**, **Sameraria**, **Sandbergia**, **Sarcodraba**, **Savignya**, **Scambopus**, **Scapiarabis**, **Schimpera**, **Schivereckia**, **Schizopetalon**, **Schoenocrambe**, **Schrankia**, **Schrenkiella**, **Scoliaxon**, **Selenia**, *Senckenbergia*, *Senebiera*, ★**Shangrilaia**, **Shehbazia**, **Sibara**, **Sibaropsis**, **Sinalliaria**, **Sinapidendron**, ★**Sinapis**, **Sinosophiopsis**, ★**Si-**

symbrella, ★**Sisymbriopsis**, ★**Sisymbrium**, ★**Smelowskia**, **Sobolewskia**, ★**Solms - laubachia**, **Sophiopsis**, **Sphaerocardamum**, *Sphaerotorrhiza*, **Spilonema**, **Spirorhynchus**, ★**Spryginia**, *Staintoniella*, **Stanleya**, **Stanleyella**, **Stenodraba**, ★**Stenopetalum**, *Sterigma*, *Sterigmostemon*, ★**Sterigmostemum**, ★**Stevenia**, **Streptanthella**, ★**Streptanthus**, **Streptoloma**, ★**Strigosella**, **Stroganowia**, **Stubendorffia**, **Subularia**, ★**Synstemon**, *Synstemonanthus*, **Synthlipsis**, **Syrenia**, *Syreniopsis*, *Takhtajaniella*, **Taphrospermum**, **Tauscheria**, **Tchihatchewia**, ★**Teesdalia**, ★**Tetracme**, *Tetracmidion*, *Tetrapoma*, *Tetrapterygium*, **Thellungiella**, **Thelypodiopsis**, **Thelypodium**, ★**Thlaspi**, **Thylacodraba**, **Thysanocarpus**, **Tiganophyton**, *Tomostima*, **Torularia**, **Trachycnemum**, **Trachystoma**, **Transberingia**, **Trichotolinum**, *Triplopetalum*, ★**Tropidocarpum**, **Turrita**, ★**Turritis**, *Uranodactylus*, **Vania**, *Velarum*, **Vella**, **Veselskya**, *Vvedenskyella*, *Wakilia*, **Warea**, **Weberbauera**, **Werdermannia**, *Wilckia*, **Winklera**, **Xerodraba**, ★**Yinshania**, **Yosemitea**, **Yunkia**, **Zahora**, **Zerdana**, **Zilla**, **Zuloagocardamum**, **Zuvanda**

MD - 214 Baueraceae: **Bauera**

MD - 215 ★Pentaphylacaceae: ★**Adinandra**, ★**Anneslea**, **Archboldiodendron**, **Balthasaria**, ★**Cleyera**, ★**Euryodendron**, ★**Pentaphylax**, **Symplococarpon**, **Taonabo**

MD - 216 ★Peraceae: **Chaetocarpus**, ★**Clutia**, **Pera**, *Peridium*, **Pogonophora**, *Schismatopera*, **Trigonopleura**

MD - 217 ★Euphorbiaceae: *Aapaca*, ★**Acalypha**, *Acalyphes*, *Acalyphopsis*, *Accia*, **Acidocroton**, **Acidoton**, ★**Actephila**, *Actinostema*, ★**Actinostemon**, ★**Adelia**, **Adenochlaena**, ★**Adenocline**, *Adenogyne*, **Adenopeltis**, **Adenophaedra**, *Adenorima*, *Adisa*, **Adriana**, **Afrosavia**, **Afrotrewia**, ★**Agrostistachys**, *Alatraea*, ★**Alchornea**, **Alchorneopsis**, *Alcoceria*, *Alectoroctonum*, ★**Aleurites**, *Alevia*, **Algernonia**, *Allobia*, **Alphandia**, **Amperea**, **Amyrea**, ★**Andrachne**, *Angostylidium*, **Angostylis**, **Anisophyllum**, **Annesijoa**, **Anomalocalyx**, **Anomostachys**, *Anthacantha*, **Anthostema**, *Aonikena*, ★**Aparisthmium**, *Apodandra*, ★**Aporosa**, *Aporosella*, *Arachnodes*, **Argomuellera**, *Argyra*, *Argyrothamnia*, *Argytamnia*, **Argythamnia**, *Aroton*, *Arthrothamnus*, ★**Astraea**, **Astrococcus**, *Astrogyne*, **Aubletiana**, **Avellanita**, ★**Baccaurea**, ★**Balakata**, ★**Baliospermum**, **Baloghia**, *Barhamia*, **Benoistia**, ★**Bernardia**, **Bertya**, **Beyeria**, **Bia**, *Bivonia*, ★**Blachia**, ★**Blumeodendron**, **Bocquillonia**, *Bojeria*, **Bonania**, **Borneodendron**, **Bossera**, *Botryanthe*, **Botryophora**, *Brachystachys*, **Brasiliocroton**, ★**Breynia**, **Burseranthe**, *Caelodepas*, **Calycopeplus**, *Calypteriopetalum*, *Camirium*, *Caoutchoua*, ★**Caperonia**, *Carcia*, **Caryodendron**, *Castiglionia*, *Cataputia*, *Cathetus*, **Cavacoa**, *Centrandra*, **Cephalocroton**, **Cephalocrotonopsis**, ★**Cephalomappa**, *Ceratococcus*, **Chamaesyce**, *Characias*, **Chascotheca**, **Cheilosa**, **Chiropetalum**, **Chlamydojatropha**, *Chlorocaulon*, **Chondrostylis**, ★**Chrozophora**, *Chylogala*, **Cladogelonium**, ★**Cladogynos**, ★**Claoxylon**, **Claoxylopsis**, ★**Cleidiocarpon**, ★**Cleidion**, *Cleodora*, **Clonostylis**, *Cnemidostachys*, ★**Cnesmone**, ★**Cnidoscolus**, **Cocconerion**, ★**Codiaeum**, *Collenucia*, **Colliguaja**, **Colobocarpos**, *Comatocroton*, ★**Conceveiba**, **Coniocybe**, *Conosapium*, *Corythea*, *Cremophyllum*, *Crepidaria*, ★**Croton**, *Crotonanthus*, **Crotonogyne**, **Crotonogynopsis**, *Crozophora*, *Ctenomeria*, *Cubacroton*, **Cubanthus**, *Cupameni*, **Cyrtogonone**, *Cystidospermum*, *Cytidospermum*, **Cyttaranthus**, *Dactylanthes*, *Dactylostemon*, ★**Dalechampia**, **Dalembertia**, *Decarinium*, *Dematra*, *Dendrocousinsia*, *Dendrophyllanthus*, **Dendrothrix**, *Desfontaena*, *Deuteromallotus*, ★**Deutzianthus**, *Diadenaria*, *Dichelactina*, **Dichostemma**, **Dimorphocalyx**, *Dimorphocladium*, *Diplocyathium*, **Discoclaoxylon**, ★**Discocleidion**, **Discoglypremna**, **Ditaxis**, **Ditrysinia**, **Ditta**, **Dodecastigma**, *Domohinea*, **Dorozinckia**, ★**Doryxylon**, *Drepadenium*, **Droceloncia**, *Duchola*, **Dysopsis**, *Elachocroton*, *Elaeophora*, *Elaeophorbia*, ★**Elateriospermum**, *Eleutherostigma*, ★**Endospermum**, **Enriquebeltrania**, ★**Epiprinus**, *Epistylium*, *Epurga*, *Eriococcus*, ★**Erismanthus**, ★**Erythrococca**, *Eumecanthus*, ★**Euphorbia**, *Euphorbiastrum*, *Euphorbiodendron*, *Euphorbion*, *Euphorbium*, *Eutropia*, ★**Excoecaria**, ★**Falconeria**, ★**Flueggea**, *Flueggeopsis*, *Fluggea*, *Foersteria*, **Fontainea**, *Fragariopsis*, ★**Garcia**, **Garciadelia**, *Gavarretia*, *Geiseleria*, **Gelonium**, *Geminaria*, *Genesiphyla*, *Genesiphylla*, **Gitara**, **Givotia**, ★**Glochidion**, **Glycydendron**, **Gradyana**, **Grimmeodendron**, **Grossera**, *Gymnalypha*, ★**Gymnanthes**, *Gymnostillingia*, *Gynamblosis*, **Haematostemon**, *Halecus*, **Hamilcoa**, ★**Hancea**, *Hebecocca*, *Hecatea*, *Hedraiostylus*, *Hemicicca*, *Hendecandra*, *Heptallon*, *Heptanis*, *Hermesia*, *Heterochlamys*, *Heterocroton*, ★**Hevea**, *Hexadena*, *Hexadenia*, *Hexaspermum*, **Hippomane**, ★**Homalanthus**, ★**Homonoia**, *Hotnima*, ★**Hura**, **Hylandia**, **Incadendron**, *Jahipha*, ★**Jatropha**, ★**Joannesia**, *Kanopikon*, **Klaineanthus**, *Klotzschiphytum*, *Kobiosis*, ★**Koilodepas**, *Kurkas*, *Lacanthis*, *Lascadium*, ★**Lasiococca**, **Lasiocroton**, *Lasiogyne*, *Lasiostyles*, *Lassia*, *Lathyris*, *Lautembergia*, **Leeuwenbergia**, **Leidesia**, *Lepidoturus*, *Leptobotrys*, *Leptorhachis*, **Leptorhaphis**, *Leucandra*, **Leucocroton**, *Linostachys*, **Lobanilia**, *Lophobios*, **Mabea**, ★**Macaranga**, *Macrocroton*, ★**Mallotus**, *Mandioca*, ★**Manihot**, *Manihotoides*, **Manniophyton**, **Maprounea**, *Maprounia*, **Mareya**, **Mareyopsis**, *Meborea*, *Medea*, *Medusea*, *Megalostylis*, ★**Megistostigma**, **Melanolecia**, ★**Melanolepis**, *Melanthesa*, *Melanthesopsis*, *Menarda*, ★**Mercurialis**, *Mercuriastrum*, *Merleta*, *Mesandrinia*, **Micrandra**, **Micrandropsis**, **Micrantheum**, ★**Micrococca**, ★**Microstachys**, **Mildbraedia**, *Moacroton*, *Moeroris*, **Monadelpha**, *Monguia*, **Monotaxis**, **Moultonianthus**, *Murtekias*, **Myricanthe**, *Myriogomphos*, **Nealchornea**, **Necepsia**, *Nellica*, **Neoboutonia**, **Neoguillauminia**, *Neomphalea*, *Neopalissya*, **Neoscortechinia**, ★**Neoshirakia**, *Niruri*, *Nisomenes*, *Nymphanthus*, *Ocalia*, *Odonteilema*, **Oligoceras**, *Omphalandria*, ★**Omphalea**, *Ophellantha*, **Ophthalmoblapton**, *Orbicularia*, **Orfilea**, ★**Ostodes**, *Oxydectes*, **Pachystroma**, ★**Pachystylidium**, *Palissya*, ★**Pantadenia**, **Paracroton**, **Paranecepsia**, *Parapantadenia*, **Pausandra**, *Paxiuscula*, *Peccana*, **Pedilanthus**, *Penteca*, **Petalostigma**, *Phaedra*, **Philyra**, *Phyllanthidea*, ★**Phyllanthus**, *Phyllaurea*, *Pilinophytum*, **Pimelodendron**, *Piscaria*, **Plagiostyles**, **Platygyna**, *Pleopadium*, **Pleradenophora**, **Plesiatropha**, *Pleuradena*, ★**Plukenetia**, **Podade-**

nia, *Podostachys*, *Poincettia*, *Polycline*, **Pseudagrostistachys**, **Pseudanthus**, *Pseudoglochidion*, **Pseudosenefeldera**, *Pseudotragia*, **Ptychopyxis**, **Pycnocoma**, **Radcliffea**, *Ramsdenia*, *Reidia*, ★ **Reutealis**, **Rhodothyrsus**, **Richeriella**, **Ricinocarpos**, **Ricinodendron**, ★ **Ricinus**, **Rockinghamia**, *Roigia*, **Romanoa**, *Ronnowia*, **Sagotia**, **Sampantaea**, **Sandwithia**, ★ **Sapium**, *Sarothrostachys*, *Scepasma*, **Schinziophyton**, *Schorigeram*, **Sclerocroton**, *Sclerocyathium*, **Sclerophyton**, **Sebastiania**, **Securinega**, **Seidelia**, **Senefeldera**, **Senefelderopsis**, *Serophyton*, *Shirakia*, ★ **Shirakiopsis**, **Shonia**, ★ **Spathiostemon**, **Spegazziniophytum**, ★ **Speranskia**, **Sphaerostylis**, **Sphyranthera**, **Spirostachys**, *Staurothyrax*, *Sterigmanthe*, ★ **Stillingia**, *Stipellaria*, ★ **Strophioblachia**, ★ **Sumbaviopsis**, ★ **Suregada**, **Synadenium**, *Synapisma*, **Syndyophyllum**, *Synexemia*, *Taeniosapium*, *Tandonia*, **Tannodia**, **Tapoides**, *Tetraglossa*, *Tetrorchidiopsis*, **Tetrorchidium**, ★ **Thyrsanthera**, *Tiglium*, *Timandra*, *Tithymaloides*, *Torfasadis*, *Traganthus*, ★ **Tragia**, **Tragiella**, *Treisia*, **Trevia**, ★ **Triadica**, *Tricarium*, *Trichosterigma*, ★ **Trigonostemon**, *Triplandra*, **Tritaxis**, **Tsaiodendron**, *Tumalis*, ★ **Uapaca**, **Vaupesia**, *Veconcibea*, ★ **Vernicia**, *Victorinia*, *Vigia*, ★ **Wetria**, *Wetriaria*, *Williamia*, *Zalitea*, *Zimapania*, *Zuckertia*

MD – 218 ★ Emblingiaceae: ★ **Emblingia**

MD – 219 ★ Proteaceae: **Acidonia**, **Adenanthos**, **Agastachys**, **Alloxylon**, *Andriapetalum*, **Athertonia**, **Aulax**, **Austromuellera**, ★ **Banksia**, **Beauprea**, **Beaupreopsis**, **Bellendena**, **Bleasdalea**, **Brabejum**, **Buckinghamia**, **Cardwellia**, **Carnarvonia**, **Catalepidia**, **Cenarrhenes**, ★ **Conocarpus**, **Conospermum**, *Cybele*, **Darlingia**, **Diastella**, **Dilobeia**, **Dryandra**, **Eidothea**, ★ **Embothrium**, *Embotrium*, **Eucarpha**, **Euplassa**, **Faurea**, ★ **Finschia**, **Floydia**, **Franklandia**, **Garnieria**, **Gevuina**, ★ **Grevillea**, **Grevilleanum**, **Hakea**, ★ **Helicia**, ★ **Heliciopsis**, **Hicksbeachia**, **Hollandaea**, *Hylogyne*, **Isopogon**, **Kermadecia**, **Knightia**, **Lambertia**, **Lasjia**, **Leucadendron**, **Leucospermum**, ★ **Lomatia**, ★ **Macadamia**, **Malagasia**, **Megahertzia**, **Mimetes**, **Musgravea**, **Neorites**, **Opisthiolepis**, **Orites**, **Orothamnus**, **Panopsis**, **Paranomus**, **Persoonia**, **Petrophila**, **Petrophile**, **Placospermum**, **Protea**, *Rhopala*, *Ropala*, ★ **Roupala**, **Serruria**, **Sleumerodendron**, **Sorocephalus**, **Spatalla**, **Sphalmium**, **Stenocarpus**, **Stirlingia**, **Strangea**, **Symphionema**, **Symphyonema**, **Synaphea**, **Telopea**, **Toronia**, **Triunia**, **Turrillia**, **Vexatorella**, **Virotia**, **Volvariella**, **Xylomelum**

MD – 220 Stilaginaceae: **Stilago**

MD – 221 Bischofiaceae: *Bischoffia*, ★ **Bischofia**

MD – 222 ★ Phyllanthaceae: *Aerisilvaea*, ★ **Amanoa**, ★ **Antidesma**, **Apodiscus**, **Ashtonia**, ★ **Astrocasia**, *Baccaureopsis*, *Blotia*, ★ **Bridelia**, *Briedelia*, *Calococcus*, **Celianella**, *Chlorolepis*, **Chonocentrum**, **Chorisandrachne**, ★ **Cleistanthus**, *Cluytiandra*, **Croizatia**, *Cyathogyne*, *Danguyodrypetes*, **Dicoelia**, **Didymocistus**, **Diplomorpha**, **Discocarpus**, **Distichirhops**, **Endococcus**, **Gonatogyne**, **Heterosavia**, **Heywoodia**, **Hieronyma**, *Hieronymia*, ★ **Hymenocardia**, **Jablonskia**, **Keayodendron**, *Kleinodendron*, **Lachnostylis**, *Lebidiera*, **Leptonema**, ★ **Leptopus**, **Lingelsheimia**, ★ **Maesobotrya**, ★ **Margaritaria**, **Martretia**, ★ **Meineckia**, *Neopeltandra*, **Nothobaccaurea**, **Notoleptopus**, ★ **Pentabrachion**, *Pentamerea*, *Petalodiscus*, ★ **Phyllanthopsis**, **Plagiocladus**, **Poranthera**, *Prosorus*, **Protomegabaria**, **Pseudolachnostylis**, **Pseudophyllanthus**, **Reverchonia**, **Richeria**, ★ **Savia**, **Spondianthus**, *Stilaginella*, ★ **Synostemon**, **Tacarcuna**, ★ **Thecacoris**, **Wielandia**, *Wurtzia*, *Zimmermannia*, *Zygospermum*

MD – 223 Bataceae: **Amygdalaria**, **Batis**, **Biatora**, **Cephalophysis**, **Frutidella**, **Heppsora**, **Mycoblastus**, **Placynthiella**, **Psilolechia**, **Teloschistes**, **Tephromela**

MD – 224 Saurauiaceae: *Apatelia*, *Draytonia*, *Obelanthera*, *Saurania*, ★ **Saurauia**, *Sauravia*, *Tremanthera*, *Trematanthera*, *Vanalpighmia*

MD – 225 Leitneriaceae: ★ **Leitneria**

MD – 226 Limoniaceae: **Limonia**

MD – 227 ★ Plumbaginaceae: ★ **Acantholimon**, ★ **Aegialitis**, ★ **Armeria**, *Armeriastrum*, **Bakerolimon**, **Bamiania**, **Bukiniczia**, *Caballeroa*, **Cephalorhizum**, **Ceratolimon**, ★ **Ceratostigma**, **Dictyolimon**, ★ **Goniolimon**, ★ **Ikonnikovia**, **Limoniastrum**, **Limoniopsis**, ★ **Limonium**, **Myriolimon**, **Neogontscharovia**, ★ **Plumbagella**, ★ **Plumbago**, **Psylliostachys**, **Saharanthus**, *Thela*, *Valoradia*

MD – 228 ★ Putranjivaceae: *Anaua*, *Astylis*, *Brexiopsis*, *Calyptosepalum*, *Cometia*, *Dodecastemon*, ★ **Drypetes**, *Freireodendron*, *Guya*, *Hemicyclia*, *Henribaillonia*, *Humblotia*, *Laneasagum*, *Liparena*, ★ **Putranjiva**, *Pycnosandra*, *Riseleya*, **Sibangea**, *Sphragidia*, *Stelechanteria*

MD – 229 ★ Crassulaceae: **Adromischus**, **Aeonium**, **Afrovivella**, **Aichryson**, *Aizopsis*, **Altamiranoa**, **Amerosedum**, *Asterosedum*, **Bryophyllum**, **Chaloupkaea**, *Chamaerhodiola*, ★ **Chiastophyllum**, ★ **Cotyledon**, *Courantia*, ★ **Crassula**, **Cremneria**, **Cremnophila**, **Diamorpha**, *Diopogon*, **Dudleveria**, **Dudleya**, ★ **Echeveria**, *Geaya*, **Gomara**, *Gomaria*, ★ **Graptopetalum**, **Graptoveria**, ★ **Hylotelephium**, **Hypagophytum**, **Jovibarba**, ★ **Kalanchoe**, *Kalenchoe*, *Kirpicznikovia*, *Kitchingia*, ★ **Kungia**, **Lenophyllum**, **Macrobia**, **Megalonium**, **Meterostachys**, **Monanthes**, **Ohbaea**, **Pachyphytum**, **Pachyveria**, **Parvisedum**, **Perrierosedum**, **Petrosedum**, ★ **Phedimus**, **Pistorinia**, **Prometheum**, *Pseudorosularia*, ★ **Pseudosedum**, ★ **Rhodiola**, ★ **Rosularia**, **Sarcocaulon**, *Sempervivella*, ★ **Sempervivum**, ★ **Sinocrassula**, **Stylophyllum**, **Tacitus**, **Tetraphyle**, **Thompsonella**, **Tillaea**, **Tolmachevia**, **Tylecodon**, ★ **Umbilicus**, *Urbinia*, *Verea*, **Villadia**

MD－230 Aphanopetalaceae：**Aphanopetalum**

MD－231 ★Saxifragaceae：*Aceriphyllum*，Asimitellaria，★Astilbe，★Astilboides，Bensoniella，Berenice，★Bergenia，Bolandra，★Boykinia，Brewerimitella，Cascadia，★Chrysosplenium，Conimitella，★Darmera，*Dermasea*，*Diptera*，Elmera，Hemieva，Heterisia，★Heuchera，Hieronymusia，Hirculus，Hydatica，Jepsonia，Leptarrhena，Leptasea，*Leptaxis*，★Lithophragma，*Megasea*，★Micranthes，*Miscaria*，★Mitella，Mitellastra，★Mukdenia，*Neoboykinia*，★Oresitrophe，Ozomelis，*Pectiantia*，★Peltoboykinia，*Pleurendotria*，★Rodgersia，★Saniculiphyllum，★Saxifraga，Saxifragodes，Saxifragopsis，Spatularia，Spuriomitella，Suksdorfia，Sullivantia，★Tanakaea，Telesonix，Tellima，★Tiarella，Tolmiea

MD－232 ★Penthoraceae：★**Penthorum**

MD－233 ★Dipentodontaceae：★**Dipentodon**，★**Perrottetia**

MD－234 ★Pandaceae：★Galearia，*Microdesmia*，★Microdesmis，Panda

MD－235 Eucryphiaceae：*Carpodontos*，*Eucriphia*，Eucryphia

MD－236 ★Caricaceae：Acroscyphus，Calicium，★Carica，Cylicomorpha，Cyphelium，*Hemipapaya*，Jacaratia，Jarilla，*Jarrilla*，*Leucopremna*，Papaya，Phaeocalicium，*Pileus*，Texosporium，Thelomma，Tholurna，★Vasconcellea，*Vasconcellosia*，*Vasconella*

MD－237 ★Mitrastemonaceae：Caesalpiniaceae，★**Mitrastemon**

MD－238 ★Fabaceae1：Mimosaceae，★Acacia，Acuania，Adelphacme，Adenolobus，★Albizia，Amherstia，Anneslia，Anthonotha，*Apaloxylon*，Arapatiella，Augouardia，Baculellum，Baikiaea，Balsamocarpon，Bambuseria，Batesia，Baudouinia，Bengt－jonsellia，Berlinia，Bikinia，Brachycylix，Brachystegia，Brenierea，Brodriguesia，Burkea，Bussea，Cenostigma，Chayamaritia，Chidlowia，Cordeauxia，Cryptosepalum，*Cymbosepalum*，★Desmanthus，★Detarium，★Dialium，Dianyuea，Dicorynia，Dicymbe，Didelotia，Dimorphandra，Diptychandra，★Distemonanthus，Eligmocarpus，Elizabetha，Endertia，Englerodendron，★Entada，★Eperua，Eurypetalum，Forzzaea，Gilbertiodendron，Guibourtia，★Gymnocladus，*Haematoxylon*，★Haematoxylum，Hererolandia，Hoplocryptanthus，Hylodendron，★Hymenaea，*Hymenia*，Hymenostegia，★Intsia，Isoberlinia，Jagrantia，Japonicalia，Johoralia，Julbernardia，Kalappia，Lebruniodendron，Leonardoxa，Leucostegane，Librevillea，Loesenera，★Lysidice，Macrolobium，Mariosousa，Mendoravia，★Mezoneuron，Michelsonia，Microberlinia，Mora，★Moullava，Mummenhoffia，Neoapaloxylon，Neochevalierodendron，Oddoniodendron，Opilionanthe，Orphanodendron，Pachyelasma，Paramacrolobium，Plagiosiphon，★Plathymenia，Polystemonanthus，Prioria，★Prosopis，*Pseudovouapa*，★Pterolobium，Sanjappa，★Saraca，*Sassa*，Scorodophloeus，★Sindora，Sindoropsis，Stachyothyrsus，Stemonocoleus，Stuhlmannia，★Sympetalandra，Talbotiella，Tessmannia，Tetraberlinia，Tetrapterocarpon，Umtiza，★Zenia，Zenkerella

MD－239 ★Fabaceae2：★Adenanthera，★Afzelia，*Amaria*，Amblygonocarpus，★Anadenanthera，*Apalatoa*，Archidendropsis，Arcoa，Aubrevillea，*Bauhina*，★Bauhinia，*Beliceodendron*，Blanchetiodendron，★Bobgunnia，*Bracteolanthus*，*Brasilettia*，★Brownea，Browneopsis，★Caesalpinia，Cailliea，Calliandropsis，Calpocalyx，★Campsiandra，Candolleodendron，*Cansenia*，Casparia，★Cassia，Cedrelinga，★Ceratonia，★Clitoria，Cojoba，Conzattia，Copaiba，★Copaifera，*Copaiva*，*Costantina*，Coulteria，★Crudia，Cylicodiscus，★Cynometra，*Denisophytum*，★Dichrostachys，*Earleocassia*，Ebenopsis，*Elayuna*，★Enterolobium，★Erythrophleum，★Erythrostemon，Fairchildia，Falcataria，Fillaeopsis，Gagnebina，*Gigasiphon*，★Gleditsia，Goniorrhachis，*Guilandia*，★Guilandina，Havardia，Heteroflorum，*Hoelzelia*，★Hoffmannseggia，★Humboldtia，Indopiptadenia，Jacqueshuberia，Larrea，Lecointea，★Leucaena，★Libidibia，Lophocarpinia，★Lygisma，Lysiloma，★Lysiphyllum，Maniltoa，Marmaroxylon，Melanoxylon，*Metrocynia*，Microlobius，Mimozyganthus，*Monoteles*，★Neptunia，Normandiodendron，Painteria，Paloue，Paloveopsis，Panthocarpa，Parapiptadenia，Pararchidendron，Paraserianthes，★Parkia，★Parkinsonia，*Paryphosphaera*，*Pauletia*，★Peltogyne，★Peltophorum，Pentaclethra，★Petalostylis，*Piliostigma*，★Piptadenia，Piptadeniastrum，Piptadeniopsis，Pithecolobium，*Pogocybe*，Poincianella，Pomaria，Prosopidastrum，Pseudoprosopis，Punjuba，Recordoxylon，★Schizolobium，★Schleinitzia，Serianthes，Sphinga，Stenodrepanum，Storckiella，★Stryphnodendron，★Swartzia，Tachigali，*Taquara*，Tara，*Telestria*，Thailentadopsis，*Tounatea*，Trischidium，Tylosema，Wallaceodendron，Westia，Xerocladia，★Xylia，Zapoteca

MD－240 ★Fabaceae3：Leguminosae，Fabaceae；Papilionaceae，Abarema，★Abrus，★Acaciella，*Acanthonotus*，Achyronia，★Acmispon，★Acosmium，★Acrocarpus，★Adenocarpus，Adenodolichos，Adenopodia，★Adesmia，★Adinobotrys，Aenictophyton，★Aeschynomene，Affonsea，★Afgekia，Afrocalliandra，★Aganope，*Agathelepis*，Airyantha，★Akschindlium，★Alantsilodendron，★Aldina，*Alepidocalyx*，Alexa，★Alhagi，Alistilus，Almaleea，*Alophotropis*，★Alysicarpus，*Alysistyles*，*Amarenus*，*Amblyotropis*，*Amblytropis*，★Amburana，Amerimnon，Amicia，★Ammodendron，★Ammopiptanthus，Amoria，★Amorpha，*Amphicarpa*，★Amphicarpaea，Amphimas，Amphinomia，Amphiodon，Amphithalea，Amphymenium，★Anagyris，★Anarthrophyllum，Ancistrotropis，★Andira，Androcalymma，Angylocalyx，Anil，Anila，Anisolotus，★Antheroporum，★Anthyllis，Aotus，*Aphaca*，Aphanocalyx，★Aphyllodium，★Apios，Apoplanesia，*Aprevalia*，★Apuleia，Apurimacia，★Arachis，★Archidendron，Argyrocytisus，★Argyrolobium，Arouna，Arquita，Arthroclianthus，*Aruna*，Aspalathus，Asterocytisus，Astracantha，

★ Astragalus, *Astyposanthes*, Ateleia, Atelophragma, *Atossa*, Austrocallerya, Austrodolichos, Austrosteenisia, Baigulia, Balizia, ★ Baphia, Baphiastrum, Baphiopsis, ★ Baptisia, ★ Barbieria, Barklya, Barnebydendron, *Bathiaea*, *Baukea*, Behaimia, Belairia, Betencourtia, Biancaea, Binaria, Bionia, Biserrula, Bituminaria, Bocoa, Bolusafra, Bolusanthus, Bolusia, Borbonia, ★ Bossiaea, *Botryolotus*, Bowdichia, ★ Bowringia, ★ Brachypterum, Brachysema, Bracteolaria, Bradburya, Brandzeia, ★ Brongniartia, Brya, Bryaspis, *Buchenroedera*, Burkilliodendron, Burtonia, ★ Butea, ★ Cadia, Caetangil, ★ Cajanus, Calicotome, ★ Callerya, ★ Calliandra, Callistachys, Calobota, ★ Calophaca, ★ Calopogonium, Calpurnia, *Calycomorphum*, Camoensia, Camptosema, ★ Campylotropis, *Canavali*, ★ Canavalia, ★ Caragana, Carmichaelia, Carrissoa, *Carroa*, Cascaronia, *Cashalia*, ★ Castanospermum, ★ Cathormion, Catyclia, ★ Centrolobium, ★ Centrosema, Cercidium, ★ Cercis, Cerradicola, Chadsia, Chaetocalyx, ★ Chamaecrista, *Chamaecystis*, ★ Chamaecytisus, Chamaefistula, Chamaespartium, Chapmannia, Chasmone, ★ Chesneya, Chesniella, ★ Chloroleucon, *Chloryllis*, Chorizema, ★ Christia, Chronanthos, *Chrysaspis*, ★ Cicer, ★ Cladrastis, Clathrotropis, Clavulium, *Clavulum*, Cleobula, Cleobulia, Clianthus, Clitoriopsis, ★ Cochlianthus, Cochliasanthus, ★ Codariocalyx, Codoriocalyx, Collaea, Cologania, ★ Colutea, Colvillea, Condylostylis, *Copisma*, ★ Corethrodendron, ★ Coronilla, Coumarouna, ★ Coursetia, Cracca, *Craccina*, Craepaloprumnon, Craibia, Cranocarpus, ★ Craspedolobium, Cratylia, *Crepidotropis*, *Crimaea*, Cristonia, ★ Crotalaria, *Crotolaria*, *Crotularia*, ★ Cruddasia, *Crypsocalyx*, Ctenodon, ★ Cullen, *Cumaruna*, Cuprella, ★ Cyamopsis, Cyathostegia, Cyclocarpa, Cyclolobium, Cyclopia, Cylindrokelupha, *Cylipogon*, *Cylista*, Cymbosema, *Cyrtolobum*, Cystium, Cytisopsis, ★ Cytisus, *Dactiphyllum*, *Dahlberga*, Dahlstedtia, ★ Dalbergia, Dalbergiella, ★ Dalea, Dalhousiea, *Damapana*, Daprainia, Daubentonia, Daviesia, Decorsea, ★ Deguelia, *Delaria*, ★ Delonix, *Dendrobrychis*, ★ Dendrolobium, Dermatophyllum, ★ Derris, *Desmodiastrum*, ★ Desmodium, Dewevrea, Dichilus, Dicraeopetalum, Dicymbopsis, *Didymopelta*, *Diesingia*, Diholcos, ★ Dillwynia, Dinizia, ★ Dioclea, *Diphaca*, ★ Diphyllarium, Diphysa, Diploprion, ★ Diplotropis, *Dipterix*, ★ Dipteryx, Discolobium, Disynstemon, Dolicholus, Dolichopsis, ★ Dolichos, *Dolichovigna*, Dorycnium, Dorycnopsis, Drepanocarpus, Droogmansia, *Duchassaingia*, ★ Dumasia, ★ Dunbaria, Duparquetia, Dupuya, Dussia, ★ Dysolobium, Ecastaphyllum, ★ Echinospartum, Ecuadendron, *Edbakeria*, Eleiotis, Emerus, Eminia, Endosamara, Entadopsis, ★ Eremosparton, Erichsenia, Erinacea, Eriosella, ★ Eriosema, Erophaca, Ervum, ★ Erythrina, Etaballia, Euchilopsis, *Euchlora*, ★ Euchresta, *Euriosma*, Eutaxia, ★ Eversmannia, Exostyles, ★ Eysenhardtia, falcata, *Falcatula*, Feuilleea, Fiebrigiella, Fissicalyx, ★ Flemingia, ★ Fordia, Gabonius, Gajanus, ★ Galactia, ★ Galega, ★ Gastrolobium, ★ Geissaspis, ★ Genista, Geoffroea, *Geoffroya*, Gilletiodendron, ★ Gliricidia, ★ Glycine, ★ Glycyrrhiza, Glycyrrhizopsis, *Goebelia*, Gompholobium, *Goniogyna*, Gonocytisus, ★ Goodia, Graphina, Graphis, Grazielodendron, Gretheria, Greuteria, Grona, ★ Gueldenstaedtia, Guianodendron, Guinetia, *Gynophoraria*, Halimodendron, Hammatolobium, Hanslia, Haplormosia, ★ Hardenbergia, Harleyodendron, Harpalyce, *Haydonia*, Haymondia, Hebestigma, ★ Hedysarum, ★ Hegnera, Helicotropis, *Herminiera*, Herpetica, Herpyza, Hesperolaburnum, *Hesperonix*, ★ Hesperothamnus, Heterostemon, ★ Hippocrepis, Holocalyx, Homalobus, ★ Hosackia, ★ Hovea, *Humboldtiella*, Humularia, Hybosema, Hydrochorea, ★ Hylodesmum, Hymenocarpos, Hymenolobium, *Hypaphorus*, *Hypechusa*, Hypocalyptus, Ibatiria, Icuria, Imbralyx, Indigastrum, *Indigo*, ★ Indigofera, ★ Inga, ★ Inocarpus, *Iocaulon*, Isandrina, Isotropis, *Jonesiella*, *Jupunba*, Kanburia, Kartalinia, Kebirita, ★ Kennedia, Keyserlingia, ★ Koompassia, ★ Kotschya, Kraunhia, Krebsia, Kuhnistera, ★ Kummerowia, ★ Kunstleria, Labichea, ★ Lablab, ★ Laburnum, Lackeya, Ladeania, Lamprolobium, Lasiobema, ★ Lathyrus, Latrobea, Lebeckia, Lembotropis, Lemurodendron, Lennea, lens, Leobordea, Lepiota, Leptidium, Leptoderris, Leptodesmia, Leptoglottis, Leptolobium, Leptosema, ★ Leptospron, ★ Lespedeza, ★ Lessertia, Leucochloron, Leucomphalos, Limadendron, *Lingoum*, Liparia, ★ Listia, *Lithoon*, ★ Lonchocarpus, Lopadium, Lotodes, ★ Lotononis, ★ Lotus, *Lovanafia*, *Loxospermum*, Luetzelburgia, ★ Lupinus, Lygos, ★ Maackia, ★ Machaerium, *Macrocymbium*, Macropsychanthus, ★ Macroptilium, Macrosamanea, ★ Macrotyloma, Maekawaea, Mantiqueira, Maraniona, *Maria – antonia*, Marina, Martiodendron, ★ Mastersia, ★ Mecopus, ★ Medicago, Meibomia, Melanoxylum, Melilotoides, ★ Melilotus, Melissitus, Melliniella, Meristotropis, Mezoneurum, Mezonevron, Micklethwaitia, ★ Microcharis, Microlespedeza, Mildbraediodendron, ★ Millettia, ★ Mimosa, Mimosopsis, Mirbelia, *Miroxilum*, *Miroxylum*, ★ Moldenhawera, *Monarthrocarpus*, Monopteryx, Montigena, Moutouchi, ★ Mucuna, Muellera, Muelleranthus, ★ Mundulea, Murtonia, *Myobroma*, ★ Myrocarpus, Myrospermum, ★ Myroxylon, *Myroxylum*, Mysanthus, Nanhaia, Nanogalactia, *Neobaronia*, Neocollettia, *Neocracca*, *Neodunnia*, Neoharmsia, ★ Neonotonia, Neorautanenia, *Nephrea*, Nephrodesmus, Nephromedia, Nesphostylis, Neustanthus, *Nicolsonia*, Nimiria, Nissolia, Nochotta, ★ Nogra, Odonia, Ohashia, ★ Ohwia, *Oleiocarpon*, ★ Onobrychis, ★ Ononis, *Ophiocarpus*, ★ Ophrestia, ★ Orbexilum, Oresbios, Ormocarpopsis, ★ Ormocarpum, ★ Ormosia, ★ Ornithopus, Orobus, Ostryocarpus, ★ Otholobium, Otoptera, Ototropis, Ougeinia, Oxyrhynchus, ★ Oxytropis, ★ Pachyrhizus, ★ Padbruggea, Panaeolus, Panurea, ★ Paracalyx, Paraderris, *Paraglycine*, Paramachaerium, Paramesus, Parasenegalia, ★ Parochetus, Parosela, Patagonium, Pearsonia, ★ Pediomelum, Pedleya, Pedrosia, Peiranisia, *Pentadynamis*, Periandra, ★ Pericopsis, Petaladenium, Petalostemon, Petteria, Phaca, ★ Phanera, Phaseolodes, *Phaseoloides*, ★ phaseolus, ★ Philenoptera, ★ Phylacium, Phyllocarpus, ★ Phyllodium, ★ Phyllolobium,

Phyllota, ★ **Phylloxylon**, ★ **Physostigma**, ★ **Piptanthus**, **Piptomeris**, **Piscidia**, **Pisum**, ★ **Pithecellobium**, **Pityrocarpa**, **Placolobium**, **Plagiocarpus**, *Plaso*, **Platycelyphium**, **Platycyamus**, **Platymiscium**, **Platyosprion**, ★ **Platypodium**, ★ **Platysepalum**, *Plectrotropis*, **Pleurolobus**, **Podalyria**, **Podocarpium**, **Podocytisus**, **Podolobium**, **Podolotus**, **Poecilanthe**, **Poeppigia**, **Poiretia**, **Poissonia**, **Polhillia**, **Polhillides**, ★ **Pongamia**, **Pongamiopsis**, *Priotropis*, **Pseudeminia**, *Pseudocadia*, **Pseudoeriosema**, *Pseudoglycine*, **Pseudolotus**, *Pseudomelissitus*, **Pseudopiptadenia**, ★ **Pseudosamanea**, *Pseudosophora*, **Pseudovigna**, ★ **Psophocarpus**, ★ **Psoralea**, **Psoralidium**, *Psorobatus*, ★ **Psorothamnus**, ★ **Pterocarpus**, **Pterodon**, **Pterogyne**, **Ptycholobium**, **Ptychosema**, ★ **Pueraria**, **Puhuaea**, **Pultenaea**, ★ **Pycnospora**, **Pyranthus**, *Quirosia*, **Racosperma**, **Rafnia**, ★ **Ramirezella**, **Ramorinoa**, **Requienia**, ★ **Retama**, **Rhodopis**, ★ **Rhynchosia**, **Rhynchotropis**, **Riedeliella**, **Rivasgodaya**, ★ **Robinia**, **Robynsiophyton**, *Rudua*, **Sakoanala**, ★ **Salweenia**, ★ **Samanea**, *Sarcobotrya*, ★ **Sarcodum**, **Sarothamnus**, *Scaligera*, **Schefflerodendron**, **Schnella**, **Schotia**, **Sclerolobium**, ★ **scorpiurus**, **securigera**, **Sellocharis**, ★ **Senegalia**, ★ **Senna**, **Serawaia**, **Sertula**, ★ **Sesbania**, *Sewerzowia*, ★ **Shuteria**, **Sigmoidala**, **Sigmoidotropis**, **Singana**, ★ **Sinodolichos**, ★ **Smirnowia**, ★ **Smithia**, **Soemmeringia**, **Sohmaea**, **Solulus**, ★ **Sophora**, ★ **Spartium**, *Spartotamnus*, **Spathionema**, ★ **Spatholobus**, **Sphaerolobium**, ★ **Sphaerophysa**, **Sphenostylis**, **Spiesia**, **Spirotropis**, **Spongiocarpella**, **Staminodianthus**, **Stauracanthus**, **Steinbachiella**, *Stenotropis*, **Stirtonanthus**, **Stizolobium**, **Streblorrhiza**, **Strombocarpa**, ★ **Strongylodon**, ★ **Strophostyles**, ★ **Stylosanthes**, ★ **Styphnolobium**, **Sulla**, **Sunhangia**, **Sutherlandia**, **Swainsona**, **Sweetia**, **Sylvichadsia**, **Syrmatium**, ★ **Tadehagi**, ★ **tamarindus**, **Taralea**, **Taverniera**, **Telis**, **Templetonia**, ★ **Tephrosia**, ★ **Teramnus**, **Ternatea**, **Terua**, **Tetragonolobus**, **Teyleria**, *Tharpia*, *Theodora*, ★ **Thermopsis**, **Thinicola**, *Thornbera*, ★ **Tibetia**, ★ **Tipuana**, **Tium**, **Tournaya**, **Toxicopueraria**, **Tragacantha**, **Trichopodium**, ★ **Trifidacanthus**, ★ **trifolium**, ★ **Trigonella**, *Turukhania*, **Uittienia**, **Uleanthus**, ★ **Ulex**, ★ **Uraria**, ★ **Urariopsis**, **Uribea**, **Urodon**, *Ursia*, ★ **Vachellia**, **Vandasina**, **Vatairea**, **Vataireopsis**, **Vatovaea**, **Vavilovia**, **Verdesmum**, **Vexibia**, *Vexillifera*, *Viborquia*, ★ **Vicia**, *Vicilla*, ★ **Vigna**, **Viguieranthus**, ★ **Viminaria**, **Vouacapoua**, **Wagatea**, **Wajira**, **Weberbauerella**, *Wenderothia*, *Whitfordia*, **Whitfordiodendron**, **Wiborgiella**, *Willardia*, **Wistaria**, ★ **Wisteria**, **Wisteriopsis**, *Xanthobrychis*, **Xanthocercis**, **Xeroderris**, **Xiphotheca**, **Xylophacos**, **Yucaratonia**, **Zingania**, ★ **Zollernia**, *Zoophthalmum*, ★ **Zornia**, **Zuccagnia**, ★ **Zygia**, **Zygocarpum**

MD – 241 Crossosomataceae: **Apacheria**, **Crossosoma**, **Glossopetalon**, **Velascoa**

MD – 242 ★ Actinidiaceae: ★ **Actinidia**, *Calomicta*, ★ **Clematoclethra**, *Kalomikta*, *Trochostigma*

MD – 243 ★ Chrysobalanaceae: **Acioa**, *Afrolicania*, **Afrolilacina**, **Anema**, *Angelesia*, ★ **Atuna**, **Bafodeya**, **Balantium**, **Calotrichopsis**, *Causea*, ★ **Chrysobalanus**, **Collemopsis**, ★ **Couepia**, **Cryptothele**, *Cyclandrophora*, *Cycnia*, ★ **Dactyladenia**, *Dahuronia*, *Diemenia*, *Dugortia*, *Entosiphon*, **Ephebeia**, **Euopsis**, **Exellodendron**, **Forssellia**, **Fuscopannaria**, **Gaulettia**, **Geobalanus**, **Gonohymenia**, **Grangeria**, *Grymania*, *Hedycrea*, ★ **Hirtella**, *Hirtellia*, **Homopsella**, **Hunga**, *Icaco*, **Koerberia**, ★ **Kostermanthus**, **Lecania**, *Lemnescia*, **Lempholemma**, *Lepidocarpa*, *Lepidocarya*, **Leprocollema**, **Leptobalanus**, ★ **Licania**, **Lichina**, **Lichinella**, **Lichinodium**, *Lincania*, **Magnistipula**, **Malmgrenia**, ★ **Maranthes**, *Maranthus*, **Metamelaena**, *Moquilea*, **Neocarya**, **Parastemon**, ★ **Parinari**, **Parinariopsis**, **Parmeliella**, **Peccania**, *Petrocarya*, **Phloeopeccania**, **Phylliscum**, **Porocyphus**, **Psorotichia**, **Pterygiopsis**, **Pyrenopsis**, *Sphenista*, **Synalissa**, *Tachibota*, **Thelignya**, *Thelira*, **Thermutis**, **Vestergrenopsis**, **Zahlbrucknerella**

MD – 244 ★ Quillajaceae: *Fontenellea*, ★ **Quillaja**

MD – 245 Tetracarpaeaceae: **Lecidoma**, **Protoblastenia**, **Psorula**, **Rigidoporus**

MD – 246 ★ Rosaceae: ★ **Acaena**, *Adenilema*, **Adenorachis**, **Adenostoma**, *Aflatunia*, ★ **Agrimonia**, *Agrimonoides*, ★ **Alchemilla**, ★ **Amelanchier**, **Amelasorbus**, *Amygdalopsis*, *Ancistrum*, **Aphanes**, ★ **Aremonia**, ★ **Argentina**, **Aria**, **Armeniaca**, **Armenoprunus**, ★ **Aronia**, ★ **Aruncus**, **Atomostigma**, **Batidea**, **Bencomia**, **Brachycaulos**, **Cerasus**, ★ **Cercocarpus**, ★ **Chaenomeles**, **Chamaebatia**, ★ **Chamaebatiaria**, **Chamaemeles**, **Chamaemespilus**, *Chamaemorus*, ★ **Chamaerhodos**, **Cliffortia**, **Coleogyne**, ★ **Coluria**, *Comarella*, ★ **Comarum**, *Commarum*, **Cormus**, ★ **Cotoneaster**, **Cowania**, **Crataegomespilus**, **Crataegosorbus**, ★ **Crataegus**, **Crataemespilus**, **Crategus**, ★ **Cydonia**, **Cylactis**, ★ **Dalibarda**, ★ **Dasiphora**, ★ **Dichotomanthes**, ★ **Docynia**, *Dryadanthe*, ★ **Dryas**, ★ **Drymocallis**, **Duchesnea**, **Eriobotrya**, **Eriolithis**, **Eriolobus**, ★ **Exochorda**, **Fallugia**, ★ **Farinopsis**, ★ **Filipendula**, *Fourraea*, ★ **Fragaria**, ★ **Geum**, **Hedlundia**, *Hesperhodos*, ★ **Hesperomeles**, **Heteromeles**, ★ **Holodiscus**, **Horkelia**, **Horkeliella**, *Hulthemia*, **Hulthemosa**, **Hultholia**, **Ivesia**, **Kageneckia**, **Karpatiosorbus**, **Kelseya**, **Keria**, ★ **Kerria**, **Lachemilla**, **Laurocerasus**, **Leucosidea**, **Lindleya**, **Luetkea**, **Lyonothamnus**, ★ **Macromeles**, **Maddenia**, **Majovskya**, **Malacomeles**, **Marcetella**, **Margyracaena**, **Margyricarpus**, **Mespilus**, *Microcerasus*, ★ **Micromeles**, ★ **Neillia**, ★ **Neviusia**, ★ **Oemleria**, **Oncostylus**, **Oreogeum**, **Orthurus**, ★ **Osteomeles**, *Padellus*, **Pentactina**, **Pentaphylloides**, **Pentaphyllum**, ★ **Peraphyllum**, **Petrophytum**, **Phippsiomeles**, ★ **Photinia**, *Physocarpa*, ★ **Physocarpus**, **Piletophyllum**, *Pleiosorbus*, **Polylepis**, ★ **Potaninia**, ★ **Potentilla**, ★ **Pourthiaea**, ★ **Prinsepia**, ★ **Prunus**, *Pseudochaenomeles*, ★ **Pseudocydonia**, ★ **Purshia**, ★ **Pyracantha**, **Pyrenula**, ★ **Pyrus**, *Raphiolepis*, ★ **Rhaphiolepis**, ★ **Rhodotypos**, **Rhodoxis**, ★ **Rosa**, ★ **Rubus**, ★ **Sanguisorba**, **Sarcopoterium**, *Schistophyllidium*, ★ **Sibbaldia**, ★ **Sibbaldianthe**, **Sibbaldiopsis**, ★ **Sibiraea**, **Sieversia**, *Sinoplagiospermum*, ★ **Sorbaria**, **Sorbaronia**, **Sorbocotoneaster**, **Sorbomeles**, **Sorbopyrus**, ★ **Sorbus**, ★ **Spenceria**, **Sphaerulina**, ★ **Spiraea**, **Spiraeanthus**, *Sportella*, *Stellariopsis*, **Stephanandra**,

Stranvaesia, **Tetraglochin**, **Torminalis**, **Vauquelinia**, ★ **Waldsteinia**, **Wilsonaria**, **Xarmeniaco – prunus**, **Xerospiraea**

MD – 247 Prunaceae: **Prunum**

MD – 248 Amygdalaceae: **Amygdalus**

MD – 249 Malaceae: ★**Malus**, *Sinomalus*

MD – 250 Davidsoniaceae: **Davidsonia**

MD – 251 Stylobasiaceae: **Stylobasium**

MD – 252 ★Brunelliaceae: *Apopetalum*, ★**Brunellia**

MD – 253 Pterostemonaceae: **Pterostemon**

MD – 254 ★Eucommiaceae: ★**Eucommia**

MD – 255 ★Cunoniaceae: **Ackama**, **Acrophyllum**, **Acsmithia**, **Aistopetalum**, **Anodopetalum**, **Caldcluvia**, **Callicoma**, **Cenomyce**, **Ceratopetalum**, **Codia**, **Cunonia**, **Dibaeis**, **Geissois**, **Gillbeea**, **Gymnoderma**, **Hooglandia**, **Karrabina**, ★**Lamanonia**, **Leiospermum**, **Opocunonia**, ★ **Pancheria**, **Platylophus**, **Pseudoweinmannia**, *Pterophylla*, **Pullea**, **Pycnothelia**, ★ **Schizomeria**, **Scyphophorus**, **Sphaerophoropsis**, **Spiraeanthemum**, **Vesselowskya**, ★ **Weinmannia**, *Windmannia*, **Ysabelensis**

MD – 256 Aextoxicaceae: **Aextoxicon**

MD – 257 ★Surianaceae: **Cadellia**, **Guilfoylia**, ★**Suriana**, *Suriania*

MD – 258 Philadelphaceae: ★**Philadelphus**

MD – 259 ★Sabiaceae: ★**Ophiocaryon**, ★**Sabia**

MD – 260 Meliosmaceae: *Botryogramme*, *Ceratodactylis*, *Kingsboroughia*, **Llavea**, *Lorenzanea*, ★**Meliosma**

MD – 261 ★Droseraceae: ★**Aldrovanda**, **Dionaea**, ★**Drosera**

MD – 262 Drosophyllaceae: **Drosophyllum**

MD – 263 Guamatelaceae: **Guamatela**

MD – 264 Lepuropetalaceae: **Lepuropetalon**

MD – 265 Dirachmaceae: **Dirachma**

MD – 266 ★Barringtoniaceae: *Agasta*, ★**Barringtonia**, *Butonica*

MD – 267 ★ Lecythidaceae: ★ **Allantoma**, **Asteranthos**, *Barthollesia*, *Bergena*, ★ **Bertholletia**, **Brazzeia**, ★ **Careya**, ★**Cariniana**, ★ **Chydenanthus**, *Chytroma*, **Corythophora**, **Couratari**, *Couratarіa*, ★ **Couroupita**, **Crateranthus**, *Curataria*, *Erythropyxis*, **Eschweilera**, **Grias**, ★**Gustavia**, *Holopyxidium*, *Jugastrum*, ★**Lecythis**, *Lecythopsis*, *Neohuberia*, **Oubanguia**, *Pachylecythis*, *Perigaria*, **Petersianthus**, **Pierrina**, *Planchonia*, **Rhaptopetalum**, *Sapucaya*

MD – 268 ★Foetidiaceae: ★**Foetidia**

MD – 269 ★Francoaceae: ★**Bersama**, **Francoa**, **Melianthus**, **Tetilla**

MD – 270 Cephalotaceae: **Cephalotus**

MD – 271 ★Haloragaceae: **Glischrocaryon**, *Gonatocarpus*, *Goniocarpus*, ★**Gonocarpus**, **Gunneroideaea**, ★**Haloragis**, **Haloragoideae**, *Halorrhagis*, **Laurembergia**, *Linociria*, **Meziella**, ★ **Myriophyllum**, ★ **Proserpinaca**, **Trihaloragis**, **Vinkia**

MD – 272 Napoleonaeaceae: **Napoleonaea**

MD – 273 Euphroniaceae: **Euphronia**

MD – 274 Anacampserotaceae: **Anacampseros**, **Grahamia**, *Ruelingia*, **Talinopsis**

MD – 275 Gonystylaceae: *Asclerum*, **Gonystylus**

MD – 276 Diclidantheraceae: **Diclidanthera**

MD – 277 ★Coriariaceae: **Buffhamia**, **Cladosiphon**, ★ **Coriaria**, **Cortinarius**, **Corynophlaea**, **Corynophloea**, **Crepidotus**, **Dictyosiphon**, **Giffordia**, *Heterocladus*, **Isthmoplea**, **Kjellmania**, **Kuetzingiella**, **Leathesia**, **Mesogloea**, **Mesogloia**, **Microspongium**, **Myriactula**, **Myriogloia**, **Papenfussiella**, **Phycolapathum**, **Simocybe**, **Stictyosiphon**, **Styctyosiphon**, **Suringariella**, **Tinocladia**

MD – 278 Brexiaceae: ★**Brexia**, *Venana*

MD – 279 Paracryphiaceae: **Paracryphia**

MD – 280 ★Gunneraceae: ★**Gunnera**, *Gunneropsis*, *Misandropsis*, *Panke*, *Pankea*, *Perpensum*, *Pseudo – gunnera*

MD – 281 Neuradaceae: *Figaraea*, **Grielum**, **Neurada**, **Neuradopsis**

MD – 282 ★Ctenolophonaceae: ★**Ctenolophon**

MD – 283 Vivianiaceae: **Caesarea**, **Cissarobryon**, **Ledocarpon**, **Viviania**

MD – 284 ★ Connaraceae: ★ **Agelaea**, *Anisostemon*, **Bernardinia**, **Burttia**, *Canicidia*, *Castanola*, **Cnestidium**, ★ **Cnestis**, ★ **Connarus**, *Dinklagea*, ★**Ellipanthus**, *Erythrostigma*, *Hamiandrina*, **Hemandradenia**, **Jaundea**, **Jollydora**, *Kalawael*, **Manotes**, **Omphalina**, *Omphalobium*, **Paxia**, ★ **Pseudoconnarus**, *Raurea*, *Robergia*, ★ **Rourea**, **Roureopsis**, **Santalodes**, *Santaloidella*, **Santaloides**, *Taeniochlaena*, *Tali*, *Thysanus*, *Tricholobus*, *Troostwykia*, **Vismianthus**

MD – 285 Oncothecaceae: **Oncotheca**

MD – 286 Lophopyxidaceae: **Lophopyxis**

MD – 287 Ledocarpaceae: **Balbisia**, *Ingenhouszia*, **Ledocarpum**, **Wendtia**

MD – 288 ★Zygophyllaceae: **Augea**, **Bulnesia**, **Fagonia**, ★ **Guaiacum**, *Guajacum*, *Halimiphyllum*, **Izozogia**, ★ **Kallstroemia**, **Kelleronia**, **Melocarpum**, **Metharme**, **Miltianthus**, **Morkillia**, **Neoluederitzia**, **Neoschroetera**, **Pintoa**, **Plectrocarpa**, *Porliera*, **Porlieria**, **Roepera**, **Sarcozygium**, **Seetzenia**, **Sericodes**, **Sisyndite**, **Tetraena**, **Tribulopis**, *Tribulopsis*, ★ **Tribulus**, **Viscainoa**, ★ **Zygophyllum**

MD – 289 Ixerbaceae: **Ixerba**

MD – 290 Balanitaceae: **Balanites**

MD – 291 ★ Polygalaceae: **Acanthocladus**, **Ancylotropis**, **Asemeia**, **Atroxima**, ★ **Badiera**, **Balgoya**, **Barnhartia**, **Bredemeyera**, **Caamembeca**, **Carpolobia**, *Chamaebuxus*, **Comesperma**, *Comosperma*, *Epirhizanthes*, ★ **Epirixanthes**, *Epirizanthes*, **Eriandra**, **Gymnospora**, *Hebeandra*, **Hebecarpa**, **Heterosamara**, **Hualania**, *Monina*, ★ **Monnina**, **Monrosia**, **Moutabea**, **Mundtia**, ★ **Muraltia**, **Nylandtia**, **Phlebotaenia**, **Phlebothamnion**, ★ **Polygala**, **Polygaloides**, **Pteromonnina**, **Rhamphopetalum**, **Rhinotropis**, ★ **Salomonia**, ★ **Securidaca**

MD – 292 Xanthophyllaceae: ★ **Xanthophyllum**

MD – 293 ★ Krameriaceae: *Dimenops*, *Ixina*, *Kramera*, ★ **Krameria**, *Stemeiena*

MD – 294 ★ Ixonanthaceae: **Cyrillopsis**, ★ **Ixonanthes**, **Ochthocosmus**, **Phyllocosmus**

MD – 295 Averrhoaceae: ★ **Averrhoa**, *Carambola*

MD – 296 Rhabdodendraceae: **Rhabdodendron**

MD – 297 Lepidobotryaceae: **Lepidobotrys**, **Ruptiliocarpon**

MD – 298 Dactylanthaceae: **Dactylanthus**

MD – 299 Tremandraceae: **Tremandra**

MD – 300 Sarcophytaceae: ★ **Sarcophyte**

MD – 301 Mystropetalaceae: **Mystropetalon**

MD – 302 Lophophytaceae: *Archimedea*, **Lophophytum**

MD – 303 Scybaliaceae: *Phyllocoryne*, ★ **Scybalium**, *Sphaerorhizon*

MD – 304 Latraeophilaceae: **Latraeophila**

MD – 305 Helosaceae: **Cenangiella**, **Helosis**, **Heterosphaeria**, **Pleurophomella**, **Polydiscidium**, **Pragmopora**, **Pseudohelotium**, **Rehmiomyces**

MD – 306 Langsdorffiaceae: *Cephalophyton*, **Langsdorffia**

MD – 307 ★ Balanophoraceae: *Balania*, *Balaniella*, ★ **Balanophora**, **Balanophoreae**, **Chlamydophytum**, **Corynaea**, **Ditepalanthus**, **Hachettea**, *Itoasia*, *Juelia*, **Lathrophytum**, **Ombrophytum**, *Polyplethia*, ★ **Rhopalocnemis**, **Thonningia**

MD – 308 ★ Fouquieriaceae: *Bronnia*, *Fouquiera*, ★ **Fouquieria**, **Idria**

MD – 309 ★ Cynomoriaceae: ★ **Cynomorium**, **Porphyroglossum**, **Pterocladiella**

MD – 310 ★ Thymelaeaceae: **Aetoxylon**, **Amyxa**, **Arnhemia**, *Arthrosolen*, **Atemnosiphon**, *Balendasia*, *Basutica*, *Brachythalamus*, *Calyptrostegia*, *Canalia*, *Chamaejasme*, *Chlamydanthus*, *Chymococca*, *Coleophora*, *Craspedostoma*, **Craterosiphon**, **Cryptadenia**, *Cyathodiscus*, **Dais**, ★ **Daphne**, *Daphnimorpha*, *Daphnobryon*, ★ **Daphnopsis**, **Deltaria**, *Dendrostellera*, *Dessenia*, ★ **Diarthron**, **Dicranolepis**, ★ **Dirca**, *Dofia*, **Drapetes**, **Drimyspermum**, *Drymispermum*, ★ **Edgeworthia**, **Englerodaphne**, ★ **Enkleia**, *Epichrocantha*, ★ **Eriosolena**, *Eriosolenia*, *Farreria*, **Funifera**, *Gastrilia*, *Gilgiodaphne*, **Gnidia**, *Gnidiopsis*, *Gonophylla*, **Goodallia**, *Gymnococca*, **Gyrinops**, *Hargasseria*, *Hyptiodaphne*, **Jedda**, *Kaernbachia*, ★ **Kelleria**, **Lachnaea**, *Lachnolepis*, **Lagetta**, *Lariadenia*, **Lasiadenia**, **Lasiosiphon**, **Lethedon**, *Leucosmia*, *Ligia*, **Linodendron**, ★ **Linostoma**, **Lophostoma**, *Macgregorianthus*, *Makokoa*, *Mezereum*, *Microsemma*, *Mistralia*, *Nemoctis*, **Octolepis**, *Octoplis*, *Oreodendron*, ★ **Ovidia**, **Passerina**, **Peddiea**, *Pentathymelaea*, ★ **Phaleria**, ★ **Pimelea**, *Pimelia*, *Piptochlamys*, *Pseudognidia*, *Psilaea*, *Psilosolena*, *Radojitskya*, *Restella*, ★ **Rhamnoneuron**, *Rhytidosolen*, *Sanamunda*, *Schoenobiblos*, **Schoenobiblus**, *Steiroctis*, ★ **Stellera**, *Stelleria*, *Stelleropsis*, **Stephanodaphne**, *Stiroctis*, *Strusiola*, *Struthia*, **Struthiola**, *Struthiolopsis*, *Strutiola*, **Synandrodaphne**, **Synaptolepis**, *Tartonia*, **Thecanthes**, ★ **Thymelaea**, *Thymelina*, *Trimeiandra*, *Tumelaia*, *Wickstroemia*, ★ **Wikstroemia**

MD – 311 Hugoniaceae: **Hugonia**

MD – 312 Aquilariaceae: *Aloexylum*, ★ **Aquilaria**, *Aquilariella*, *Decaisnella*, *Gyrinopsis*, *Ophispermum*

MD – 313 ★ Irvingiaceae: **Allantospermum**, *Cleistanthopsis*, **Desbordesia**, ★ **Irvingia**, **Klainedoxa**

MD – 314 ★ Vochysiaceae: **Agardhia**, **Callisthene**, **Erisma**, **Erismadelphus**, **Korupodendron**, **Mahechadendron**, ★ **Qualea**, **Ruizterania**, **Salvertia**, **Vochysia**

MD – 315 ★ Linaceae: ★ **Anisadenia**, **Cliococca**, **Durandea**, **Hebepetalum**, **Hesperolinon**, **Indorouchera**, *Linopsis*, ★ **Linum**, **Mesyniopsis**, **Mesynium**, ★ **Radiola**, ★ **Reinwardtia**, **Roucheria**, **Sclerolinon**, ★ **Tirpitzia**

MD – 316 Trigoniaceae: *Hoeffnagelia*, **Humbertiodendron**, *Humbertodendron*, **Isidodendron**, *Mainea*, **Trigonia**, **Trigoniastrum**, **Trigoniodendron**

MD – 317 ★ Picrodendraceae: **Androstachys**, **Aristogeitonia**, ★ **Austrobuxus**, *Celaenodendron*, **Choriceras**, **Dissiliaria**, **Hyaenanche**, **Kairothamnus**, **Longetia**, **Mischodon**, **Neoroepera**, **Oldfieldia**, *Paragelonium*, **Parodiodendron**, **Pi-**

crodendron, **Piranhea**, **Podocalyx**, **Sankowskya**, **Scagea**, **Stachyandra**, **Stachystemon**, **Tetracoccus**, **Voatamalo**, **Whyanbeelia**

MD – 318 ★Geraniaceae: **California**, ★**Erodium**, *Geraniopsis*, ★**Geranium**, **Monsonia**, ★**Pelargonium**

MD – 319 ★Erythroxylaceae: **Aneulophus**, ★**Erythroxylum**, **Nectaropetalum**, **Pinacopodium**, *Sethia*

MD – 320 Rhynchothecaceae: **Rhynchotheca**

MD – 321 Greyiaceae: **Greyia**

MD – 322 ★Podostemaceae: **Angolaea**, **Apinagia**, **Autana**, **Carajaea**, **Castelnavia**, **Ceratolacis**, **Cipoia**, ★**Cladopus**, **Crenias**, **Ctenobryum**, **Cussetia**, ★**Dalzellia**, **Devillea**, **Diamantina**, **Dicraeanthus**, **Djinga**, **Endocaulos**, **Farmeria**, **Hanseniella**, **Heterotristicha**, ★**Hydrobryum**, **Indodalzellia**, **Indotristicha**, **Inversodicraea**, **Jenmaniella**, **Laosia**, *Lawiella*, **Ledermanniella**, **Leiothylax**, **Letestuella**, **Lonchostephus**, **Lophogyne**, **Macarenia**, **Macropodiella**, **Marathrum**, **Monostylis**, **Mourera**, **Neolacis**, **Noveloa**, **Oserya**, **Paleodicraeia**, **Paracladopus**, *Philocrena*, **Podostemum**, **Polypleurella**, ★**Polypleurum**, *Potamobryon*, **Rhyncholacis**, **Saxicolella**, **Sphaerothylax**, **Stonesia**, **Terniopsis**, **Thawatchaia**, **Thelethylax**, **Tristicha**, **Tulasneantha**, **Vanroyenella**, **Weddellina**, **Wettsteiniola**, **Willisia**, **Winklerella**, **Zehnderia**, **Zeylanidium**

MD – 323 Lissocarpaceae: **Lissocarpa**, *Lissocarpus*

MD – 324 ★Anisophylleaceae: ★**Anisophyllea**, **Combretocarpus**, **Poga**, **Polygonanthus**, **Toga**

MD – 325 Erythropalaceae: ★**Erythropalum**

MD – 326 ★Clethraceae: *Alloiosepalum*, ★**Clethra**, *Costaea*, *Costea*, *Kowalewskia*, **Purdiaea**, *Schizocardia*

MD – 327 ★Styracaceae: *Adnaria*, ★**Alniphyllum**, *Anthostyrax*, ★**Bruinsmia**, **Changiostyrax**, *Cyrta*, *Epigenia*, *Fereiria*, ★**Halesia**, ★**Huodendron**, ★**Melliodendron**, **Pamphilia**, ★**Parastyrax**, ★**Pterostyrax**, ★**Rehderodendron**, *Saldanha*, ★**Sinojackia**, *Strigilia*, ★**Styrax**, *Tremanthus*

MD – 328 Geissolomataceae: **Geissoloma**

MD – 329 ★Rhizophoraceae: **Anopyxis**, *Barraldeia*, ★**Blepharistemma**, ★**Bruguiera**, **Bruguieria**, ★**Carallia**, **Cassipourea**, ★**Ceriops**, **Comiphyton**, **Crossostylis**, *Dactylopetalum*, ★**Gynotroches**, ★**Kandelia**, **Macarisia**, **Paradrypetes**, ★**Pellacalyx**, *Petalodactylis*, *Pterospermopsis*, ★**Rhizophora**, **Rhizophoranae**, **Sterigmapetalum**

MD – 330 Oliniaceae: **Olinia**

MD – 331 ★Rhamnaceae: **Adolphia**, ★**Alphitonia**, **Alvimiantha**, **Ampelozizyphus**, *Apetlothamnus*, *Araliorhamnus*, **Araracuara**, **Auerodendron**, *Barcena*, **Bathiorhamnus**, ★**Berchemia**, ★**Berchemiella**, **Blackallia**, ★**Ceanothus**, **Chaydaia**, **Colletia**, ★**Colubrina**, **Cormonema**, **Crumenaria**, ★**Cryptandra**, ★**Discaria**, **Doerpfeldia**, **Emmenosperma**, **Fenghwaia**, *Forgerouxa*, ★**Frangula**, ★**Gouania**, *Govania*, **Granitites**, *Guania*, **Helinus**, ★**Hovenia**, **Jaffrea**, **Johnstonalia**, ★**Karwinskia**, **Kentrothamnus**, **Krugiodendron**, **Lasiodiscus**, ★**Maesopsis**, *Mystacinus*, **Nesiota**, **Noltea**, *Ochetophila*, *Oreoherzogia*, **Oreorhamnus**, ★**Paliurus**, **Phylica**, **Phyllogeiton**, **Polianthion**, ★**Pomaderris**, **Pseudoziziphus**, **Reissekia**, **Retanilla**, *Retinaria*, **Reynosia**, ★**Rhamnella**, ★**Rhamnidium**, *Rhamnobrina*, ★**Rhamnus**, ★**Sageretia**, **Sarcomphalus**, **Schistocarpaea**, ★**Scutia**, **Serichonus**, **Siegfriedia**, **Smythea**, **Spyridium**, **Stenanthemum**, **Trevoa**, **Trichocephalus**, **Trymalium**, *Tylanthus*, ★**Ventilago**, ★**Ziziphus**

MD – 332 Quintiniaceae: **Quintinia**

MD – 333 ★Lythraceae: **Adenaria**, *Alkanna*, *Amannia*, *Ammania*, *Ammanna*, ★**Ammannia**, *Balsamona*, **Camptocarpus**, **Capuronia**, **Cetrelia**, *Crenaea*, **Crenea**, *Cuphaea*, ★**Cuphea**, ★**Decodon**, **Didiplis**, *Dipetalon*, *Diplousodon*, ★**Diplusodon**, *Endecaria*, *Fatioa*, *Faya*, **Galpinia**, ★**Ginoria**, **Gyrosphragma**, ★**Heimia**, **Isnardia**, **Koehneria**, ★**Lafoensia**, ★**Lagerstroemia**, ★**Lawsonia**, **Lourtella**, ★**Lythrum**, *Melanium*, *Melfona*, *Melvilla*, *Millania*, **Nesaea**, **Pehria**, ★**Pemphis**, ★**Physocalymma**, *Physocalymna*, **Pleurophora**, *Pterocalymma*, **Ptychodon**, *Quadricosta*, *Quirina*, ★**Rotala**, **Socotria**, **Tetrataxis**, ★**Woodfordia**

MD – 334 Duabangaceae: ★**Duabanga**

MD – 335 Sonneratiaceae: *Mycostylis*, ★**Sonneratia**

MD – 336 Bruniaceae: **Audouinia**, **Berzelia**, **Brunia**, **Linconia**, **Lonchostoma**, **Nebelia**, **Raspalia**, **Staavia**, **Thamnea**, **Tittmannia**, **Yamazakia**

MD – 337 Peganaceae: ★**Peganum**

MD – 338 Hypseocharitaceae: **Hypseocharis**

MD – 339 ★Celastraceae: **Acanthothamnus**, **Allocassine**, *Amphizoma*, **Anthodon**, *Anthodus*, **Apatophyllum**, **Apodostigma**, ★**Arnicratea**, **Astrocassine**, **Bequaertia**, **Brassiantha**, **Brexiella**, **Campylostemon**, **Canotia**, ★**Cassine**, ★**Catha**, ★**Celastrus**, **Cheiloclinium**, **Crossopetalum**, **Cuervea**, **Denhamia**, **Dicarpellum**, **Dinghoua**, **Elachyptera**, ★**Elaeodendron**, **Empleuridium**, ★**Euonymus**, **Evonymopsis**, *Evonymus*, **Fraunhofera**, *Genitia*, ★**Glyptopetalum**, **Goniodiscus**, **Gyminda**, ★**Gymnosporia**, **Halleriopsis**, **Hartogiopsis**, **Haydenia**, **Haydenoxylon**, **Hedraianthera**, **Helictonema**, **Hemiangium**, **Hexaspora**, *Hippomanica*, **Hylenaea**, **Hypsophila**, *Kalonymus*, **Kokoona**, **Lauridia**, ★**Loeseneriella**, ★**Lophopetalum**, **Lydenburgia**, **Macahanea**, **Macgregoria**, **Managa**, *Masakia*, ★**Maytenus**, *Melanocarya*, **Menepetalum**, ★**Microtropis**, ★**Monimopetalum**, **Monocelastrus**, **Mortonia**, **Myginda**, ★**Mystroxylon**, **Nicobariodendron**, **Orthosphenia**, ★**Paxistima**, **Peripterygia**, ★**Peritassa**, **Pernettya**, *Pernetya*,

Platypterocarpus, **Plenckia**, ★ **Pleurostylia**, *Polyacanthus*, **Polycardia**, *Pragmatropa*, *Pragmotessara*, **Prionostemma**, **Pristimera**, **Psammomoya**, **Pseudosalacia**, **Ptelidium**, **Pterocelastrus**, **Putterlickia**, **Quetzalia**, *Raddisia*, ★ **Reissantia**, **Robsonodendron**, *Romualdea*, **Rzedowskia**, ★ **Salacia**, **Salacighia**, **Salaciopsis**, **Salvadoropsis**, **Sarawakodendron**, *Sarcocampsa*, *Schaeffera*, **Schaefferia**, **Semialarium**, **Seringia**, *Sicyomorpha*, **Simicratea**, *Sphaerodiscus*, **Tampoa**, **Tetrasiphon**, *Thermophila*, **Thyrsosalacia**, **Torralbasia**, **Tripterococcus**, ★ **Tripterygium**, **Tristemonanthus**, *Turibana*, *Tyloderma*, **Viposia**, **Wilczekra**, **Wimmeria**, **Xylonymus**, **Zinowiewia**

MD – 340 Rhynchocalycaceae: **Rhynchocalyx**

MD – 341 Siphonodontaceae: ★**Siphonodon**

MD – 342 Abrophyllaceae: **Abrophyllum**

MD – 343 ★Malpighiaceae: **Acmanthera**, ★ **Acridocarpus**, **Adelphia**, **Aenigmatanthera**, **Alicia**, **Amorimia**, **Andersoniodoxa**, **Anomalopteris**, ★ **Aspicarpa**, ★ **Aspidopterys**, ★ **Banisteriopsis**, **Barnebya**, **Blepharandra**, **Brachylophon**, *Brachypteris*, **Brachypterys**, **Bronwenia**, ★ **Bunchosia**, **Burdachia**, ★ **Byrsonima**, **Calcicola**, **Callaeum**, *Callyntranthele*, *Calyptostylis*, **Camarea**, **Carolus**, **Christianella**, **Clonodia**, **Coleostachys**, **Cordobia**, **Diacidia**, **Dicella**, **Digoniopterys**, **Dinemagonum**, **Dinemandra**, ★ **Diplopterys**, **Echinopterys**, **Ectopopterys**, **Eriocaucanthus**, **Excentradenia**, ★ **Flabellaria**, **Flabellariopsis**, **Gallardoa**, ★ **Galphimia**, **Gaudichaudia**, **Glandonia**, **Glicophyllum**, **Heladena**, **Henleophytum**, ★ **Heteropterys**, ★ **Hiptage**, **Hiraea**, **Janusia**, **Jubelina**, **Lasiocarpus**, **Lophanthera**, *Lophopteris*, **Lophopterys**, **Madagasikaria**, *Malpigha*, ★ **Malpighia**, **Malpighiodes**, *Malpigia*, **Mascagnia**, **Mcvaughia**, **Meckelia**, **Mezia**, **Microsteira**, **Mionandra**, **Niedenzuella**, **Peixotoa**, **Peregrina**, **Philgamia**, **Psychopterys**, **Pterandra**, **Ptilochaeta**, **Rhynchophora**, *Rosanthus*, **Ryssopterys**, *Sipapoa*, **Skoliopteris**, **Spachea**, **Sphedamnocarpus**, ★ **Stigmaphyllon**, *Stigmatophyllon*, *Tetrapodenia*, **Tetrapterys**, **Thryallis**, **Triaspis**, **Tricomaria**, *Tricomariopsis*, *Triopteris*, ★ **Tristellateia**, *Tritomopterys*, **Verrucularia**, **Verrucularina**

MD – 344 Pottingeriaceae: ★**Pottingeria**

MD – 345 Parnassiaceae: ★**Parnassia**

MD – 346 Psiloxylaceae: **Psiloxylon**

MD – 347 ★ Myrtaceae: *Abbevillea*, **Acca**, **Accara**, **Acmena**, *Acrandra*, *Acreugenia*, **Actinodium**, **Adhunia**, **Agalmanthus**, ★ **Agonis**, *Aguava*, **Algrizea**, **Allosyncarpia**, **Aluta**, **Amomyrtella**, **Amomyrtus**, *Amyrsia*, *Anetholea*, ★ **Angophora**, **Anticoryne**, **Archirhodomyrtus**, **Arillastrum**, **Astartea**, **Asteromyrtus**, **Astus**, **Austrobaeckea**, **Austromyrtus**, **Babingtonia**, **Backhousia**, ★ **Baeckea**, **Balaustion**, **Barongia**, **Basisperma**, **Beaufortia**, ★ **Blepharocalyx**, **Britoa**, **Callistemon**, **Calothamnus**, *Calycampe*, ★ **Calycolpus**, **Calycorectes**, *Calypthranthes*, **Calyptranthes**, *Calyptranthus*, **Calyptrogenia**, *Calyptromyrcia*, **Calyptromyrtus**, ★ **Calytrix**, ★ **Campomanesia**, *Catinga*, *Cerocarpus*, *Cerqueiria*, **Chamelaucium**, **Chamguava**, **Cheyniana**, *Chloromyrtus*, **Chytraculia**, *Chytralia*, **Cloezia**, ★ **Corymbia**, **Corynemyrtus**, *Cryptorhiza*, *Cumetea*, **Curitiba**, **Cyathostemon**, **Darwinia**, ★ **Decaspermum**, ★ **Diplachne**, *Emurtia*, **Enekbatus**, *Epleienda*, **Eremaea**, **Ericomyrtus**, **Eucalyptopsis**, ★ **Eucalyptus**, ★ **Eugenia**, *Eugeniopsis*, **Euryomyrtus**, *Evanesca*, **Feijoa**, *Felicianea*, **Gomidesia**, **Gossia**, *Guaiava*, *Guapurium*, **Harmogia**, *Heteromyrtus*, **Hexachlamys**, **Homaliopsis**, **Homalocalyx**, **Homalospermum**, **Homoranthus**, **Hottea**, **Hypocalymma**, **Hysterobaeckea**, *Kajuputi*, **Kanakomyrtus**, **Kania**, **Kardomia**, **Kjellbergiodendron**, *Krokia*, *Krugia*, ★ **Kunzea**, *Lacerdaea*, **Legrandia**, **Lencymmoea**, **Lenwebbia**, ★ **Leptospermum**, **Lindsayomyrtus**, **Lithomyrtus**, *Lomastelma*, **Lophomyrtus**, ★ **Lophostemon**, **Luma**, **Lysicarpus**, *Malidra*, **Malleostemon**, **Marlierea**, *Marlieriopsis*, ★ **Melaleuca**, *Mentodendron*, ★ **Metrosideros**, **Microcystis**, *Microjambosa*, ★ **Micromyrtus**, **Mitranthes**, **Mitrantia**, *Mitropsidium*, *Monimiastrum*, **Mosiera**, *Myrceugenella*, ★ **Myrceugenia**, ★ **Myrcia**, *Myrcialeucus*, ★ **Myrcianthes**, ★ **Myrciaria**, *Myrciariopsis*, **Myrrhinium**, **Myrtastrum**, *Myrtekmania*, ★ **Myrtella**, **Myrteola**, **Myrtinae**, ★ **Myrtus**, **Neofabricia**, ★ **Neomitranthes**, **Neomyrtus**, **Ochrosperma**, ★ **Octamyrtus**, *Opa*, *Opanea*, ★ **Osbornia**, **Oxymyrrhine**, *Paivaea*, *Paramitranthes*, *Paramyrciaria*, **Pericalymma**, **Petraeomyrtus**, **Pileanthus**, **Pilidiostigma**, *Pilothecium*, ★ **Pimenta**, **Pleurocalyptus**, ★ **Plinia**, **Pseudanamomis**, *Pseudocaryophyllus*, *Pseudoeugenia*, *Pseudomyrcianthes*, *Psidiastrum*, *Psidiopsis*, ★ **Psidium**, **Purpureostemon**, **Regelia**, ★ **Rhodamnia**, ★ **Rhodomyrtus**, ★ **Rinzia**, **Ristantia**, *Rubachia*, ★ **Sannantha**, *Schizocalomyrtus*, **Scholtzia**, **Seorsus**, ★ **Siphoneugena**, **Sphaerantia**, **Stenostegia**, **Stereocaryum**, **Stockwellia**, *Syllysium*, ★ **Syncarpia**, ★ **Syzygium**, **Taxandria**, **Temu**, **Tepualia**, **Tetrapora**, *Tetrastemon*, **Thaleropia**, **Thryptomene**, **Triplarina**, **Tristania**, ★ **Tristaniopsis**, **Ugni**, **Uromyrtus**, ★ **Verticordia**, **Welchiodendron**, **Whiteodendron**, ★ **Xanthomyrtus**, **Xanthostemon**

MD – 348 ★Humiriaceae: *Aubrya*, **Duckesia**, **Endopleura**, *Houmiri*, *Houmiria*, **Humiria**, ★ **Humiriastrum**, **Hylocarpa**, *Lemniscia*, *Myrodendron*, *Myrodendrum*, *Sacaglottis*, *Saccoglottis*, **Sacoglottis**, **Schistostemon**, **Vantanea**, *Verniseckia*, *Wernischeckia*, *Wernisekia*

MD – 349 Punicaceae: **Granatum**, ★**Punica**

MD – 350 Hippocrateaceae: *Bejuco*, **Hippocratea**, *Hippocratesa*

MD – 351 ★Alzateaceae: *Alzalia*, ★**Alzatea**

MD – 352 ★Cyrillaceae: **Cliftonia**, ★**Cyrilla**, *Mylocarium*, **Mylocaryum**

MD – 353 ★Ebenaceae: *Brayodendron*, ★**Diospyros**, *Dyospyros*, **Euclea**, *Macreightia*, *Paralia*, *Tetraclis*

MD – 354 ★ combretaceae: *Adamaram*, **Anogeissus**, *Badamia*, **Buchenavia**, **Bucida**, *Calopyxis*, *Catappa*, *Chuncoa*, ★**Combretum**, **Dansiea**, ★ **Getonia**, *Gimbernatea*, **Gimbernatia**, **Guiera**, ★ **Laguncularia**, ★ **Lumnitzera**, **Macropteranthes**, **Meiostemon**, *Myrobalanifera*, **Myrobalanus**, *Poivrea*, **Pteleopsis**, **Pyrrhanthus**, **Quisqualis**, *Ramatuela*, *Sphalanthus*, **Strephonema**, ★ **Terminalia**, *Terminaliopsis*, **Thiloa**

MD – 355 ★ Tropaeolaceae: *Anisocentra*, *Cardamindum*, *Rixea*, ★ **Tropaeolum**, **Trophaeastrum**, **Trophaeum**

MD – 356 ★ Elaeagnaceae: ★ **Elaeagnus**, *Hippopha?*, ★ **Hippophae**, *Hippophaes*, *Rhamnoides*, ★ **Shepherdia**

MD – 357 ★ Sapotaceae: *Achradelpha*, *Achrouteria*, *Amorphospermum*, **Aningeria**, *Apterygia*, **Argania**, **Aubregrinia**, **Aulandra**, **Autranella**, *Auzuba*, **Baillonella**, **Bakerisideroxylon**, *Barylucuma*, **Beccariella**, **Bemangidia**, **Breviea**, **Burckella**, *Cainito*, *Calospermum*, *Calvaria*, **Capurodendron**, *Caramuri*, *Chiclea*, *Chloroluma*, **Chromolucuma**, ★ **Chrysophyllum**, *Cornuella*, *Crepinodendron*, *Dactimala*, *Dasillipe*, *Dasyaulus*, *Delastrea*, **Delpydora**, *Diplo? n*, ★ **Diploknema**, **Diploon**, *Discoluma*, ★ **Donella**, ★ **Eberhardtia**, ★ **Ecclinusa**, *Eglerodendron*, **Elaeoluma**, *Englerella*, **Englerophytum**, *Eremoluma*, ★ **Faucherea**, *Gambeya*, *Gayella*, **Gluema**, *Glycoxylon*, *Gomphiluma*, *Guersentia*, *Gymnoluma*, *Ichthyophora*, **Inhambanella**, **Isonandra**, *Krugella*, **Labourdonnaisia**, **Labramia**, **Lecomtedoxa**, *Leioluma*, **Leptostylis**, **Letestua**, **Lucuma**, ★ **Madhuca**, **Magodendron**, **Malacantha**, ★ **Manilkara**, *Manilkariopsis*, *Martiusella*, *Meioluma*, *Microluma*, ★ **Micropholis**, ★ **Mimusops**, **Monotheca**, *Mopania*, *Murianthe*, *Muriea*, *Myrtiluma*, *Nemaluma*, **Neohemsleya**, *Neolabatia*, **Neolemonniera**, *Neopometia*, *Neoxythece*, **Niemeyera**, *Nispero*, **Northia**, **Notho**, **Omphalocarpum**, ★ **Palaquium**, *Paramicropholis*, *Passaveria*, ★ **Payena**, *Peteniodendron*, **Pichonia**, ★ **Planchonella**, *Platyluma*, **Pleioluma**, *Podoluma*, ★ **Pouteria**, **Pradosia**, *Prieurella*, *Pseudocladia*, *Pseudolabatia*, *Pseudoxythece*, ★ **Pycnandra**, **Pyriluma**, *Radlkoferella*, *Ragala*, *Richardella*, *Sandwithiodoxa*, **Sarcaulus**, *Semicipium*, **Sersalisia**, *Shaferodendron*, ★ **Sideroxylon**, **Sinosideroxylon**, **Spiniluma**, *Stephanoluma*, ★ **Synsepalum**, *Syzygiopsis*, **Tieghemella**, **Tridesmostemon**, *Trouettia*, **Tsebona**, *Urbanella*, **Van – royena**, *Villocuspis*, **Vitellaria**, **Vitellariopsis**, *Woikoia*, **Wokoia**, ★ **Xantolis**, **Zeyherella**

MD – 358 Tetradiclidaceae: *Anatropa*, ★ **Tetradiclis**

MD – 359 Sarcospermataceae: ★ **Sarcosperma**

MD – 360 Bretschneideraceae: ★ **Bretschneidera**

MD – 361 Medusandraceae: **Medusandra**

MD – 362 ★ Olacaceae: Ximeniaceae, *Acrolobus*, ★ **Anacolosa**, *Aptandropsis*, **Brachynema**, **Cathedra**, **Chaunochiton**, **Coula**, **Curupira**, **Diogoa**, **Douradoa**, **Dulacia**, *Eganthus*, *Endusa*, **Engomegoma**, ★ **Harmandia**, ★ **Heisteria**, *Hemiheisteria*, *Hesioda*, **Hondurodendron**, *Hypocarpus*, **Hysterographium**, *Liriosma*, **Maburea**, ★ **Malania**, **Minquartia**, **Mytilinidion**, ★ **Ochanostachys**, ★ **Olax**, **Ongokea**, **Petalocaryum**, *Phanerocalyx*, **Phanerodiscus**, *Pimecaria*, *Pseudaleia*, *Pseudaleioides*, **Ptychopetalum**, *Sagotanthus*, ★ **Scorodocarpus**, *Secretania*, ★ **Strombosia**, **Strombosiopsis**, **Tetrastylidium**, ★ **Ximenia**, **Ximeniopsis**

MD – 363 Memecylaceae: *Memaecylum*, ★ **Memecylon**

MD – 364 ★ Melastomataceae: **Acanthella**, *Acinodendron*, ★ **Aciotis**, ★ **Acisanthera**, *Adelbertia*, ★ **Adelobotrys**, **Allomaieta**, **Allomorphia**, **Alloneuron**, **Almedanthus**, *Amaraboya*, **Amphiblemma**, **Amphorocalyx**, **Anaheterotis**, **Andesanthus**, **Anerincleistus**, **Antherotoma**, *Apatitia*, **Appendicularia**, **Argyrella**, **Arthrostemma**, **Aschistanthera**, **Asterophoma**, **Astrocalyx**, ★ **Astronia**, *Atherotoma*, *Aulacocarpus*, **Axinaea**, *Axinanthera*, ★ **Barthea**, **Beccarianthus**, **Behuria**, **Bellucia**, **Benna**, **Bertolonia**, **Bisglaziovia**, **Blakea**, ★ **Blastus**, **Boerlagea**, **Boyania**, **Brachyotum**, **Brasilianthus**, ★ **Bredia**, **Bucquetia**, **Cailliella**, **Calophysa**, **Calvoa**, **Calycogonium**, ★ **Cambessedesia**, **Castratella**, **Catanthera**, **Catocoryne**, ★ **Centradenia**, **Centradeniastrum**, **Centronia**, *Chaenophora*, ★ **Chaetolepis**, **Chaetostoma**, **Chalybea**, **Charianthus**, *Chastenaea*, **Cincinnobotrys**, **Clauzadeana**, **Clidemia**, *Climedia*, ★ **Comolia**, **Comoliopsis**, **Conostegia**, *Coryphadenia*, *Cremanium*, **Creochiton**, *Cyphostyla*, ★ **Cyphotheca**, **Dalenia**, **Derosiphia**, ★ **Desmoscelis**, **Dicellandra**, **Dichaetanthera**, **Dinophora**, **Diolena**, **Dionycha**, **Dionychastrum**, **Diplarpea**, **Diplectria**, **Diplochita**, *Diplogenea*, ★ **Dissochaeta**, **Dissotidendron**, **Dissotis**, **Dolichoura**, **Driessenia**, **Dupineta**, **Eiglera**, **Eleotis**, **Eriocnema**, **Ernestia**, **Feliciadamia**, **Feliciotis**, ★ **Fordiophyton**, **Fritzschia**, **Glossoma**, ★ **Graffenrieda**, **Gravesia**, **Guyonia**, *Hartigia*, *Hedusa*, **Henriettea**, **Henriettella**, ★ **Heterocentron**, **Heteronoma**, ★ **Heterotis**, *Hormocalyx*, **Huberia**, **Huilaea**, **Icaria**, **Itatiaia**, *Jucunda*, **Kedhalia**, ★ **Kendrickia**, **Kerriothyrsus**, **Killipia**, **Kirkbridea**, **Lavoisiera**, **Leandra**, **Lecanorella**, **Lijndenia**, **Lithobium**, *Llewelynia*, **Loreya**, **Loricalepis**, ★ **Macairea**, **Macrocentrum**, **Macrolenes**, **Maguireanthus**, **Maieta**, *Malacochaete*, **Mallophyton**, ★ **Marcetia**, **Mecranium**, ★ **Medinilla**, *Meiandra*, **Meisneria**, ★ **Melastoma**, **Melastomastrum**, *Meliandra*, ★ **Meriania**, **Merianthera**, **Micarea**, ★ **Miconia**, **Microlepis**, ★ **Microlicia**, ★ **Monochaetum**, **Monolena**, ★ **Mouriri**, **Myriaspora**, *Myrmidone*, **Neblinanthera**, **Neodriessenia**, **Nephoanthus**, **Nepsera**, **Nerophila**, **Noterophila**, **Nothodissotis**, **Ochthephilus**, ★ **Ochthocharis**, **Opisthocentra**, *Oreocosmus*, ★ **Osbeckia**, **Ossaea**, *Oxisma*, ★ **Oxyspora**, **Pachyanthus**, ★ **Pachycentria**, **Pachyloma**, **Phainantha**, *Phornothamnus*, ★ **Phyllagathis**, **Physeterostemon**, ★ **Pilocosta**, ★ **Plagiopetalum**, **Pleiochiton**, **Pleroma**, **Plethiandra**, **Pogonanthera**, **Poikilogyne**, **Poilannammia**, **Porpidia**, **Poteranthera**, **Preussiella**, *Prosanerpis*, ★ **Pseudodissochaeta**, **Pseudoernestia**, ★ **Pternandra**, **Pterogastra**, ★ **Pterolepis**, **Pyramia**, **Pyrotis**, *Pyxidanthus*, **Quipuanthus**, ★ **Rhexia**, *Rhodosepala*, ★ **Rhynchanthera**, **Rosettea**, **Rostranthera**, **Rousseauxia**, **Sagraea**, **Salpinga**, **Sande-**

mania, ★ **Sarcopyramis**, *Savastania*, *Schizocentron*, **Schwackaea**, ★ **Scorpiothyrsus**, **Siphanthera**, *Siphantheropsis*, **Solenospora**, ★ **Sonerila**, ★ **Spathandra**, *Spennera*, *Sphaerogyne*, ★ **Sporoxeia**, **Stanmarkia**, **Staphidium**, **Stenodon**, **Stussenia**, ★ **Styrophyton**, **Svitramia**, ★ **Tashiroea**, **Tateanthus**, **Tessmannianthus**, **Tetrazygia**, ★ **Tibouchina**, **Tibouchinopsis**, *Tibuchina*, ★ **Tigridiopalma**, **Tococa**, **Topobea**, **Trembleya**, **Triolena**, ★ **Tristemma**, *Truncaria*, **Tryssophyton**, *Valdesia*, **Vietsenia**, **Votomita**, **Warneckea**, **Wurdastom**

MD – 365 Aptandraceae: **Aptandra**

MD – 366 Octoknemaceae: **Octoknema**

MD – 367 Heteropyxidaceae: **Heteropyxis**

MD – 368 Corokiaceae: **Corokia**

MD – 369 ★ Opiliaceae: **Agonandra**, ★ **Cansjera**, ★ **Champereia**, **Gjellerupia**, ★ **Lepionurus**, ★ **Melientha**, ★ **Opilia**, **Pentarhopalopilia**, **Rhopalopilia**, *Tsjeru – caniram*, ★ **Urobotrya**, *Yunnanopilia*

MD – 370 ★ Schoepfiaceae: **Arjona**, *Arjonaea*, **Quinchamalium**, ★ **Schoepfia**, *Schoepfiopsis*

MD – 371 Corynocarpaceae: **Corynocarpus**

MD – 372 ★ Crypteroniaceae: **Axinandra**, ★ **Crypteronia**, **Dactylocladus**

MD – 373 ★ Symplocaceae: *Barberina*, *Bobua*, *Ciponima*, **Cordyloblaste**, *Eugenioides*, **Hassea**, *Mongezia*, *Palura*, *Scyrtocarpus*, *Stemmatosiphum*, ★ **Symplocos**

MD – 374 Asteranthaceae: **Asteranthus**

MD – 375 Penaeaceae: **Brachysiphon**, **Endonema**, **Penaea**, **Saltera**

MD – 376 Carpodetaceae: *Argyrocalymma*, **Carpodetus**

MD – 377 Trapaceae: ★ **Trapa**

MD – 378 Rhodoraceae: ★ **Rhododendron**, **Rhodora**

MD – 379 Siphonandraceae: **Bellonia**

MD – 380 ★ Ericaceae: **Acrostemon**, **Acrothamnus**, *Acrotiche*, **Acrotriche**, *Acunna*, ★ **Agapetes**, ★ **Agarista**, **Agauria**, **Agiortia**, *Allodaphne*, ★ **Allotropa**, *Amechania*, ★ **Andromeda**, **Androstoma**, *Antherocephala*, **Anthopteropsis**, ★ **Anthopterus**, ★ **Arbutus**, **Archeria**, *Arcterica*, ★ **Arctostaphylos**, ★ **Arctous**, **Atherocephala**, **Azalea**, **Azaleastrum**, **Bejaria**, **Blaeria**, *Brossaea*, *Brossea*, **Bryanthus**, ★ **Calluna**, **Calopteryx**, ★ **Cassiope**, ★ **Cavendishia**, ★ **Ceratiola**, **Ceratostema**, ★ **Chamaedaphne**, **Cheilotheca**, ★ **Chimaphila**, *Chimophila*, **Choristemon**, **Coccosperma**, **Coilostigma**, **Coleanthera**, ★ **Comarostaphylis**, **Conostephium**, **Cosmelia**, **Costera**, ★ **Craibiodendron**, **Croninia**, **Cyathopsis**, ★ **Daboecia**, **Dacryanthus**, *Daphnidostaphylis*, **Decachaena**, **Decatoca**, **Demosthenesia**, **Didonica**, **Dielsiodoxa**, ★ **Dimorphanthera**, **Diogenesia**, **Diplarche**, **Diplycosia**, ★ **Disterigma**, **Elliottia**, *Empedoclesia*, ★ **Enkianthus**, ★ **Epigaea**, **Eremia**, ★ **Eremotropa**, ★ **Erica**, *Ericinella*, **Eubotryoides**, **Eubotrys**, *Eurygania*, *Gaulteria*, ★ **Gaultheria**, *Gaulthiera*, *Gaulthieria*, ★ **Gaylussacia**, *Glyciphylla*, *Glycyphylla*, **Gonocalyx**, *Gualteria*, *Gualtheria*, **Harrimanella**, ★ **Hemitomes**, **Hugeria**, **Hymenanthes**, *Jacquinotia*, *Jurgensenia*, ★ **Kalmia**, **Kalmiella**, **Kalmiopsis**, **Killipiella**, *Lasierpa*, **Lateropora**, **Lebetanthus**, **Ledothamnus**, **Ledum**, **Leiophyllum**, **Leptecophylla**, **Leucopogon**, *Leucotho?*, ★ **Leucothoe**, **Loiseleuria**, ★ **Lyonia**, *Lysiclesia*, **Lysinema**, **Macleania**, *Mairrania*, **Melichrus**, **Menziesia**, **Metagonia**, *Mitrastylus*, ★ **Moneses**, *Monesis*, **Monotoca**, ★ **Monotropastrum**, **Monotropsis**, **Montitega**, **Mycerinus**, **Needhamiella**, **Neopieris**, **Newberrya**, **Notopora**, **Oligarrhena**, **Oreanthes**, **Ornithostaphylos**, **Orthaea**, ★ **Orthilia**, **Oxycoccus**, **Oxydendrum**, **Paphia**, **Pellegrinia**, **Pentachondra**, **Periclesia**, *Phalerocarpus*, **Philippia**, ★ **Phyllodoce**, ★ **Pieris**, **Pityopus**, ★ **Pleuricospora**, **Plutarchia**, **Polyclita**, **Polycodium**, **Ponceletia**, *Portuna*, **Prionotes**, *Proclesia*, ★ **Psammisia**, *Psammophila*, ★ **Pterospora**, **Rhodothamnus**, **Richea**, **Rusbya**, ★ **Sarcodes**, **Satyria**, **Scyphogyne**, ★ **Sedum**, **Semiramisia**, *Shallonium*, **Simocheilus**, *Socratesia*, **Soleniscia**, *Solenisia*, *Sophoclesia*, **Sphyrospermum**, **Styphelia**, **Symphysia**, **Sympieza**, **Syndesmanthus**, **Tepuia**, **Thelaia**, **Themistoclesia**, **Therorhodion**, **Thibaudia**, ★ **Trochocarpa**, *Unedo*, **Utleya**, **Uva – ursi**, *Vacciniopsis*, **Woollsia**, *Xerobotrys*, **Xolisma**, **Xylococcus**, **Zenobia**

MD – 381 ★ Vacciniaceae: *Cavinium*, *Epigynium*, *Oxycoccoides*, *Rigiolepis*, ★ **Vaccinium**

MD – 382 ★ Nitrariaceae: ★ **Nitraria**

MD – 383 Polyosmaceae: ★ **Polyosma**

MD – 384 Goupiaceae: *Coupia*, **Gomphillus**, **Goupia**, **Gyalectidium**, **Gyalideopsis**, **Hippocrepidea**, **Microspatha**, **Tricharia**

MD – 385 Pyrolaceae: *Amelia*, *Pirola*, ★ **Pyrola**

MD – 386 Maesaceae: *Doraena*, *Maasa*, ★ **Maesa**

MD – 387 Theophrastaceae: *Claviga*, **Clavija**, *Horta*, **Theophrasta**

MD – 388 Stackhousiaceae: **Stackhousia**

MD – 389 Myrsinaceae: *Anamtia*, *Athruphyllum*, *Caballeria*, *Manglilla*, *Merista*, ★ **Myrsine**, *Petesiodes*, *Scleroxylon*, *Scleroxylum*, **Suttonia**, **Wallenia**

MD – 390 Monotropaceae: *Hypopithis*, **Hypopitys**, *Hypopythis*, ★ **Monotropa**, *Monotropion*

MD – 391 Epacridaceae: **Andersonia**, **Astroloma**, *Bladha*, **Brachyloma**, **Cyathodes**, **Dracophyllum**, ★ **Epacris**, **Lissanthe**, *Sphenotoma*, **Sprengelia**, *Springalia*

MD – 392 Dulongiaceae: **Dulongia**

MD – 393 Aegicerataceae: ★**Aegiceras**

MD – 394 ★Biebersteiniaceae: ★**Biebersteinia**

MD – 395 ★Oxalidaceae: **Bilimbia**, ★**Biophytum**, **Dapania**, *Lotoxalis*, *Monoxalis*, *Otoxalis*, ★**Oxalis**, *Oxallis*, *Pseudoxalis*, **Sarcotheca**, **Sassia**, *Toddavaddia*, **Xanthoxalis**

MD – 396 ★Onagraceae: Oenotheraceae, **Boisduvalia**, **Brebissonia**, *Burragea*, *Calylophis*, **Calylophus**, ★**Camissonia**, **Camissoniopsis**, **Chamerion**, *Chylisma*, **Chylismia**, **Chylismiella**, ★**Circaea**, *Clarkea*, ★**Clarkia**, **Cordylophorum**, *Crossostigma*, *Danthia*, **Dictyopetalum**, *Ellobium*, *Encliandra*, *Enthomanthus*, **Epicoccum**, ★**Epilobium**, ★**Eremothera**, *Eucharidium*, **Eulobus**, ★**Fuchsia**, **Gaura**, *Gauridium*, ★**Gayophytum**, **Gongylocarpus**, **Hauya**, **Hemifuchsia**, **Jehlia**, **Jussiaea**, *Kierschlegeria*, **Kneiffia**, **Lavauxia**, ★**Lopezia**, ★**Ludwigia**, **Ludwigiantha**, **Megacorax**, **Megapterium**, *Nematopyxis*, **Neoholmgrenia**, ★**Oenothera**, **Onagra**, *Oocarpon*, **Pachylophus**, **Pelozia**, **Peniophyllum**, *Phaeostoma*, *Prieurea*, **Quelusia**, *Quiliusa*, *Riesenbachia*, *Schizocarya*, *Schufia*, *Skinnera*, **Sphaerostigma**, **Stenosiphon**, **Taraxia**, **Tetrapteron**, **Xylonagra**, **Zauschneria**

MD – 397 Cneoraceae: ★**Cneorum**

MD – 398 Melianthaceae: **Byssolecania**, **Eugeniella**, **Loflammia**, **Roccellinastrum**, **Stereocauliscum**, **Tapellaria**

MD – 399 ★Rutaceae: **Achuaria**, **Acmadenia**, **Acradenia**, ★**Acronychia**, **Adenandra**, **Adiscanthus**, ★**Aegle**, **Aeglopsis**, **Afraegle**, **Afraurantium**, **Agathosma**, **Almeidea**, **Andreadoxa**, **Angostura**, *Aplophyllum*, **Apocaulon**, **Asterolasia**, ★**Atalantia**, **Balfourodendron**, ★**Balsamocitrus**, *Belou*, ★**Boenninghausenia**, **Boronella**, ★**Boronia**, **Bosistoa**, **Bottegoa**, **Bouchardatia**, **Bouzetia**, **Brombya**, **Burkillanthus**, **Calodendrum**, ★**Casimiroa**, ★**Cedrelopsis**, **Chloroxylon**, ★**Choisya**, **Chorilaena**, **Citropsis**, ★**Citrus**, ★**Clausena**, **Clymenia**, **Cneoridium**, **Coleonema**, ★**Comptonella**, **Conchocarpus**, **Correa**, **Crossosperma**, **Crowea**, *Dangervilla*, **Decagonocarpus**, **Decatropis**, **Decazyx**, **Democrita**, **Dendrosma**, **Desmotes**, ★**Dictamnus**, **Dictyoloma**, *Diglottis*, **Dinosperma**, **Diosma**, *Dipetalum*, **Diplolaena**, **Drummondita**, *Duncania*, **Dutailliopsis**, **Dutaillyea**, **Empleurum**, **Eriostemon**, **Ertela**, **Erythrochiton**, ★**Esenbeckia**, **Euchaetis**, ★**Euodia**, **Euphrona**, **Euxylophora**, **Evodia**, **Evodiella**, **Fagara**, **Fagaropsis**, **Feroniella**, ★**Flindersia**, **Galipea**, **Geijera**, **Geleznowia**, ★**Glycosmis**, **Halfordia**, ★**Haplophyllum**, **Helietta**, **Hesperethusa**, ★**Hortia**, *Humblotiodendron*, **Ivodea**, *Katafa*, **Leionema**, **Leptothyrsa**, **Lubaria**, ★**Lunasia**, ★**Luvunga**, ★**Maclurodendron**, **Macrostylis**, **Medicosma**, **Megastigma**, ★**Melicope**, **Merope**, **Merrillia**, **Metrodorea**, **Microcybe**, ★**Micromelum**, **Monanthocitrus**, **Muiriantha**, *Murraea*, ★**Murraya**, ★**Naringi**, **Naudinia**, **Nematolepis**, **Neobyrnesia**, **Neochamaelea**, **Neoschmidia**, **Nycticalanthus**, *Obentonia*, **Oricia**, ★**Orixa**, **Pamburus**, ★**Paramignya**, **Pelea**, **Peltostigma**, **Pentaceras**, **Phebalium**, ★**Phellodendron**, **Philotheca**, **Phyllosma**, **Picrella**, ★**Pilocarpus**, **Pitavia**, **Pitaviaster**, **Platydesma**, ★**Pleiospermium**, **Plethadenia**, **Polyaster**, **Pseudiosma**, ★**Psilopeganum**, ★**Ptelea**, *Pterota*, **Raputia**, **Raputiarana**, *Raua*, **Rauia**, **Raulinoa**, **Ravenia**, **Raveniopsis**, **Reputia**, **Rhadinothamnus**, *Roscia*, *Rossenia*, ★**Ruta**, **Rutaneblina**, ★**Sarcomelicope**, **Severinia**, **Sheilanthera**, **Sigmatanthus**, ★**Skimmia**, **Sohnreyia**, **Spathelia**, **Stauranthus**, **Swinglea**, **Taravalia**, *Teclea*, *Terminthodia*, **Tetractomia**, ★**Tetradium**, **Thamnosma**, **Ticorea**, **Toddalia**, **Topelia**, **Toxosiphon**, ★**Triphasia**, **Vepris**, **Wenzelia**, *Xanthoxylon*, *Zanthoxilon*, *Zanthoxylon*, ★**Zanthoxylum**, **Zieria**

MD – 400 Samolaceae: ★**Samolus**

MD – 401 ★Primulaceae: *Afrardisia*, *Amatlania*, ★**Amblyanthopsis**, **Amblyanthus**, **Anagallis**, *Andripetalum*, ★**Androsace**, **Antistrophe**, ★**Ardisia**, **Ardisiandra**, *Auriculardisia*, **Badula**, **Bonellia**, ★**Bryocarpum**, *Chontalesia*, *Choripetalum*, *Climacandra*, *Comomyrsine*, **Conandrium**, *Conomorpha*, ★**Coris**, *Correlliana*, *Cortusa*, *Coxia*, **Ctenardisia**, *Cybianthopsis*, ★**Cybianthus**, ★**Cyclamen**, *Dameria*, **Deherainia**, *Dicaryum*, **Dionysia**, ★**Discocalyx**, **Dodecatheon**, **Douglasia**, **Elingamita**, ★**Embelia**, **Emblemantha**, **Fittingia**, **Geissanthus**, **Gentlea**, *Ghesaembilla*, **Glaux**, *Graphardisia*, *Gybianthus*, **Heberdenia**, ★**Hottonia**, ★**Hymenandra**, *Ibarraea*, *Jacquina*, **Jacquinia**, *Jaquinia*, **Kaolakia**, **Katoutheka**, *Katouthexa*, ★**Kaufmannia**, ★**Labisia**, *Leucophylon*, *Lisimachia*, **Loheria**, *Lubinia*, ★**Lysimachia**, **Mangenotiella**, **Marantodes**, *Microconomorpha*, ★**Monoporus**, **Neomezia**, *Niara*, **Nummularia**, *Oerstedianthus*, ★**Omphalogramma**, *Oncostemon*, **Oncostemum**, **Paralysimachia**, ★**Parathesis**, *Pechea*, *Peckia*, *Pelleteria*, **Pelletiera**, *Pimelandra*, **Pleiomeris**, ★**Pomatosace**, ★**Primula**, **Punotia**, *Pyrgus*, **Rapanea**, *Ribesiodes*, *Ribesioides*, **Sadiria**, *Samaria*, **Samodia**, ★**Soldanella**, **Solonia**, **Steironema**, *Stigmatococca*, ★**Stimpsonia**, *Strangula*, **Strigula**, ★**Stylogyne**, **Synardisia**, **Systellantha**, ★**Tapeinosperma**, **Tetrardisia**, *Theopyxis*, **Trientalis**, *Valerioanthus*, **Vegaea**, **Vitaliana**, **Votschia**, *Wedela*, **Weigeltia**, *Yunckeria*, *Zunilia*

MD – 402 Coridaceae: **Corida**

MD – 403 ★Vitaceae: **Acareosperma**, **Afrocayratia**, *Allosampela*, ★**Ampelocissus**, ★**Ampelopsis**, *Carpidopterix*, **Causonis**, ★**Cayratia**, ★**Cissus**, **Clematicissus**, *Columella*, ★**Cyphostemma**, *Gonoloma*, *Ituterion*, *Kemoxis*, *Muscadinia*, *Nekemias*, **Nothocissus**, ★**Parthenocissus**, **Pseudocayratia**, **Pterisanthes**, *Pterocissus*, ★**Rhoicissus**, *Soelanthus*, *Spondylantha*, ★**Tetrastigma**, ★**Vitis**, ★**Yua**

MD – 404 Leeaceae: *Blackwella*, ★**Leea**

MD – 405 ★Diapensiaceae: ★**Berneuxia**, ★**Diapensia**, **Galax**, **Pyxidanthera**, ★**Schizocodon**, ★**Shortia**, *Solanandra*

MD – 406 Ptaeroxylaceae：**Ptaeroxylon**

MD – 407 ★Staphyleaceae：*Bumalda*，★**Dalrympelea**，**Euscaphis**，*Hebokia*，*Lacepedea*，*Ochranthe*，★**Staphylea**，*Staphylodendron*，*Staphylodendrum*，*Triceraia*，★**Turpinia**

MD – 408 ★Burseraceae：**Ambilobea**，**Aucoumea**，**Balsamodendrum**，**Beiselia**，★**Boswellia**，★**Bursera**，★**Canarium**，★**commiphora**，**Crepidospermum**，★**Dacryodes**，**Elaphrium**，★**Garuga**，★**Haplolobus**，*Heudelotia*，*Icica*，*Neomangenotia*，**Pachylobus**，★**Protium**，**Pseudodacryodes**，**Rosselia**，★**Santiria**，**Scutinanthe**，**Tetragastris**，**Trattinnickia**，**Triomma**

MD – 409 Picramniaceae：**Alvaradoa**，**Nothotalisia**，**Picramnia**

MD – 410 Grubbiaceae：**Grubbia**

MD – 411 Kirkiaceae：**Kirkia**

MD – 412 ★Santalaceae：Cervantesiaceae，**Acanthosyris**，*Allobium*，**Amphorogyne**，**Anthobolus**，*Antholobus*，**Antidaphne**，★**Arceuthobium**，*Baratostachys*，*Basicarpus*，★**Buckleya**，**Cervantesia**，★**Choretrum**，**Cladomyza**，**Colpoon**，★**Comandra**，**Daenikera**，**Dendromyza**，**Dendrophthora**，★**Dendrotrophe**，*Distichella*，**Elaphanthera**，**Eubrachion**，★**Exocarpos**，**Geocaulon**，★**Ginalloa**，*Heydia*，**Hylomyza**，**Ixidium**，**Jodina**，★**Korthalsella**，**Lepidoceras**，**Leptomeria**，**Mida**，**Myoschilos**，**Nanodea**，**Nestronia**，**Notothixos**，**Okoubaka**，**Omphacomeria**，**Osyridicarpos**，★**Osyris**，*Ozarthris*，★**Phacellaria**，★**Phoradendron**，*Phoradendrum*，**Pilgerina**，*Pseudixus*，★**Pyrularia**，**Razoumofskya**，**Rhoiacarpos**，★**Santalum**，*Scleromelum*，★**Scleropyrum**，*Stachyphyllum*，**Staufferia**，**Thesidium**，★**Thesium**

MD – 413 Tepuianthaceae：**Tepuianthus**

MD – 414 ★Meliaceae：*Acanthotrichilia*，*Acrilia*，*Aglaea*，★**Aglaia**，*Ailantopsis*，**Amoora**，**Anthocarapa**，**Anthocarpa**，**Antrodiella**，★**Aphanamixis**，**Astrotrichilia**，★**Azadirachta**，*Azedarach*，*Barbilus*，★**Cabralea**，**Calodecaryia**，*Calodryum*，**Capuronianthus**，★**Carapa**，★**Cedrela**，*Cedrella*，★**Chisocheton**，★**Chukrasia**，★**Cipadessa**，★**Dysoxylum**，**Ekebergia**，*Elcaja*，**Entandrophragma**，*Garretia*，**Goniocheton**，*Grevellina*，★**Guarea**，*Hartigsea*，**Heckeldora**，★**Heynea**，**Humbertioturraea**，★**Khaya**，★**Lansium**，**Lepidotrichilia**，**Leplaea**，**Lovoa**，**Lutheria**，*Mafureira*，*Mahagoni*，**Malleastrum**，★**Melia**，*Monosoma*，*Moschoxylon*，*Moschoxylum*，★**Munronia**，**Naregamia**，*Nelanaregam*，**Neobeguea**，**Neoguarea**，*Nurmonia*，**Nymania**，*Odontandra*，**Owenia**，*Pholacilia*，*Portesia*，**Prasoxylon**，**Pseudobersama**，**Pseudocarapa**，**Pseudocedrela**，**Pseudoclausena**，**Pterorhachis**，*Quivisia*，**Quivisianthe**，★**Reinwardtiodendron**，*Rochetia*，**Roifia**，**Ruagea**，★**Sandoricum**，*Schizochiton*，**Schmardaea**，**Soymida**，**Sphaerosacme**，*Suitenia*，★**Swietenia**，*Symphytosiphon*，**Synoum**，★**Toona**，**Torpesia**，★**Trichilia**，★**Turraea**，**Turraeanthus**，★**Vavaea**，★**Walsura**，★**Xylocarpus**，*Zederachia*

MD – 415 ★Loranthaceae：*Acranthemum*，**Acrostachys**，**Actinanthella**，**Aetanthus**，**Agelanthus**，**Alepis**，*Allohemia*，★**Amyema**，★**Amylotheca**，**Atkinsonia**，**Bakerella**，**Bakoaella**，**Barathranthus**，**Baratranthus**，**Benthamina**，**Berhautia**，**Botryoloranthus**，**Cecarria**，**Cichlanthus**，**Cladocolea**，**Cyne**，**Dactyliophora**，**Decaisnina**，**Dendropemon**，★**Dendrophthoe**，**Desmaria**，*Desrousseauxia*，**Diplatia**，**Distrianthes**，★**Elytranthe**，**Emelianthe**，**Englerina**，**Erianthemum**，★**Gaiadendron**，**Globimetula**，*Helicanthera*，**Helicanthes**，★**Helixanthera**，**Hemiarthron**，*Hyphear*，**Ileostylus**，**Isocaulon**，**Ixocactus**，**Kingella**，**Lampas**，**Lepeostegeres**，**Lepidaria**，**Lepidella**，**Ligaria**，**Lipotactes**，★**Loranthus**，**Loxanthera**，**Lysiana**，★**Macrosolen**，**Maracanthus**，**Moquiniella**，**Muellerina**，**Neamyza**，**Notanthera**，**Nuytsia**，**Oedina**，**Oliverella**，**Oncella**，**Oncocalyx**，★**Oryctanthus**，**Oryctina**，**Panamanthus**，**Papuanthes**，**Passovia**，*Passowia*，**Pedistylis**，**Peraxilla**，**Perella**，**Peristethium**，**Phoenicanthemum**，**Phragmanthera**，**Phrygilanthus**，**Phthirusa**，*Phyllostephanus*，★**Plicosepalus**，★**Psittacanthus**，**Pusillanthus**，★**Scurrula**，★**Septulina**，**Socratina**，**Sogerianthe**，**Spragueanella**，**Struthanthus**，*Taguaria*，★**Tapinanthus**，**Tapinostemma**，★**Taxillus**，**Thaumasianthes**，★**Tolypanthus**，**Treubella**，**Trilepidea**，★**Tripodanthus**，**Tristerix**，**Trithecanthera**，**Tupeia**，**Vanwykia**

MD – 416 Misodendraceae：*Misodendron*，**Misodendrum**，*Myzodendron*

MD – 417 ★Akaniaceae：**Akania**

MD – 418 Eremolepidaceae：**Eremolepis**

MD – 419 Viscaceae：*Aspidixia*，★**Viscum**

MD – 420 Vahliaceae：**Bistella**，**Cryptodiaporthe**，*Vahla*，**Vahlia**

MD – 421 Julianiaceae：**Juliania**

MD – 422 Eremosynaceae：**Eremosyne**

MD – 423 Empetraceae：★**Corema**，★**Empetrum**

MD – 424 ★Simaroubaceae：★**Ailanthus**，*Biporeia*，★**Brucea**，★**Castela**，★**Eurycoma**，**Gymnostemon**，★**Harrisonia**，**Holacantha**，**Homalolepis**，**Iridosma**，**Nothospondias**，*Odyendea*，**Perriera**，★**Picrasma**，**Picrolemma**，**Pierreodendron**，★**Quassia**，**Recchia**，*Rigiostachys*，**Samadera**，*Samandura*，**Simaba**，**Simarouba**，*Simaruba*，**Soulamea**

MD – 425 ★Salvadoraceae：★**Azima**，**Dobera**，*Monetia*，*Plotea*，**Salvadora**

MD – 426 ★Tapisciaceae：*Huerta*，★**Huertea**，★**Tapiscia**

MD – 427 Roridulaceae：**Roridula**

MD – 428 ★Sapindaceae：*Acladodea*，★**Aesculus**，**Alatococcus**，★**Alectryon**，**Allophylastrum**，*Allophyllus*，★**Allophy-**

lus, **Allosanthus**, ★ **Amesiodendron**, *Aphania*, **Aporrhiza**, ★ **Arfeuillea**, ★ **Arytera**, *Atacama*, ★ **Atalaya**, **Athyana**, **Averrhoidium**, **Balsas**, **Beguea**, **Billia**, **Bizonula**, ★ **Blighia**, **Blighiopsis**, **Blomia**, ★ **Boniodendron**, **Bridgesia**, **Camptolepis**, **Cardiophyllariopsis**, ★ **Cardiospermum**, *Casimira*, **Castanospora**, **Chaetangium**, **Chimborazoa**, **Chonopetalum**, **Chouxia**, ★ **Chytranthus**, **Cnesmocarpon**, *Comatoglossum*, ★ **Conchopetalum**, *Cossignia*, **Cossinia**, *Cotylodiscus*, **Crossonephelis**, **Cubilia**, ★ **Cupania**, **Cupaniopsis**, ★ **Deinbollia**, ★ **Delavaya**, ★ **Diatenopteryx**, **Dictyonema**, ★ **Dictyoneura**, **Dilodendron**, ★ **Dimocarpus**, **Diploglottis**, **Diplokeleba**, **Diplopeltis**, *Dipterodendron*, ★ **Dipteronia**, ★ **Dodonaea**, **Doratoxylon**, **dubius**, **Elattostachys**, *Ephielis*, *Eriandrostachys*, **Eriocoelum**, *Ernstingia*, **Erythrophysa**, *Erythrophysopsis*, *Esculus*, **Euchorium**, **Euphorianthus**, ★ **Eurycorymbus**, ★ **Exothea**, ★ **Filicium**, **Ganophyllum**, **Gereaua**, ★ **Glenniea**, **Gloeocarpus**, **Gongrodiscus**, **Gongrospermum**, **Guindilia**, ★ **Guioa**, ★ **Handeliodendron**, **Haplocoelopsis**, **Haplocoelum**, ★ **Harpullia**, *Hemigyrosa*, **Hippobromus**, **Hirania**, **Hornea**, **Houssayanthus**, **Hypelate**, **Jagera**, ★ **Koelreuteria**, **Laccodiscus**, **Lecaniodiscus**, **Lepiderema**, **Lepidocupania**, ★ **Lepidopetalum**, ★ **Lepisanthes**, ★ **Litchi**, **Llagunoa**, **Lophostigma**, **Loxodiscus**, **Lychnodiscus**, ★ **Macphersonia**, **Majidea**, *Manongarivea*, ★ **Matayba**, *Meleagrinex*, ★ **Melicoccus**, **Mildea**, **Mischarytera**, ★ **Mischocarpus**, **Mnassea**, **Molinaea**, **Namataea**, **Negundo**, **Neoarytera**, **Neotina**, ★ **Nephelium**, **Omalocarpus**, *Ornithrophe*, **Otonephelium**, **Palaoea**, **Pappea**, ★ **Paranephelium**, ★ **Paullinia**, *Pavia*, ★ **Pavieasia**, *Pawia*, **Pentascyphus**, ★ **Phyllotrichum**, **Placodiscus**, ★ **Plagioscyphus**, *Poculodiscus*, **Podonephelium**, **Porocystis**, **Pseudima**, *Pseudolitchi*, **Pseudopancovia**, *Pseudoprotorhus*, **Pseudopteris**, *Racaria*, **Radlkofera**, **Rhysotoechia**, **Rutilia**, ★ **Sapindus**, **Sarcopteryx**, **Sarcotoechia**, **Schleichera**, **Schmidelia**, **Schmidiella**, **Scyphonychium**, ★ **Serjania**, ★ **Sisyrolepis**, **Smelophyllum**, **Stadmania**, *Stadmannia*, **Stocksia**, **Storthocalyx**, *Strophiodiscus*, **Synima**, **Talisia**, *Tapirocarpus*, **Thinouia**, **Thouinia**, **Thouinidium**, **Thyana**, ★ **Tina**, *Tinopsis*, **Toechima**, **Toulicia**, **Trigonachras**, **Tripterodendron**, **Tristira**, **Tristiropsis**, **Tsingya**, ★ **Ungnadia**, ★ **Urvillea**, **Vouarana**, ★ **Xanthoceras**, **Xerospermum**, ★ **Zanha**

MD – 429 ★ Hydrangeaceae: **Broussaisia**, *Calyptranthe*, **Cardiandra**, **Carpenteria**, *Cornidia*, **Decumaria**, **Deinanthe**, ★ **Deutzia**, **Dichroa**, ★ **Fendlera**, **Fendlerella**, *Hortensia*, ★ **Hydrangea**, *Hydrangia*, **Jamesia**, ★ **Kirengeshoma**, *Neodeutzia*, **Pileostegia**, **Platycrater**, *Sarcostyles*, **Schizophragma**, **Whipplea**

MD – 430 Hippocastanaceae: **Hippocastanum**

MD – 431 ★ Aceraceae: ★ **Acer**

MD – 432 ★ Anacardiaceae: **Abrahamia**, **Actinocheita**, ★ **Allospondias**, **Amphipterygium**, ★ **Anacardium**, **Androtium**, **Antrocaryon**, **Apterokarpos**, **Astronium**, **Attilaea**, *Baronia*, **Blepharocarya**, **Bonetiella**, ★ **Bouea**, ★ **Buchanania**, **Campnospera**, ★ **Campnosperma**, **Campylopetalum**, **Cardenasiodendron**, ★ **Choerospondias**, **Comocladia**, ★ **Cotinus**, **Cyrtocarpa**, *Cyrtospermum*, ★ **Dobinea**, **Dobineeeae**, ★ **Dracontomelon**, ★ **Drimycarpus**, *Duckera*, **Euleria**, **Euroschinus**, **Faguetia**, **Fegimanra**, ★ **Gluta**, **Haematostaphis**, **Haplorhus**, **Haplospondias**, **Harpephyllum**, **Heeria**, ★ **Holigarna**, **Koordersiochloa**, ★ **Koordersiodendron**, ★ **Lannea**, **Laurophyllus**, ★ **Lithraea**, **Lithrea**, *Lobadium*, **Loxopterygium**, **Loxostylis**, **Malosma**, ★ **Mangifera**, **Mauria**, **Melanochyla**, ★ **Metopium**, **Micronychia**, **Mosquitoxylum**, **Myracrodruon**, **Nothopegia**, **Ochoterenaea**, **Operculicarya**, **Orthopterygium**, **Ozoroa**, **Pachycormus**, **Parishia**, ★ **Pegia**, ★ **Pentaspadon**, ★ **Pistacia**, **Pleiogynium**, ★ **Poupartia**, **Poupartiopsis**, **Protorhus**, **Pseudosmodingium**, **Pseudospondias**, *Pseudostreptogyne*, **Rhodosphaera**, **Rhoeidium**, ★ **Rhus**, ★ **Schinopsis**, ★ **Schinus**, **Schmaltzia**, **Sclerocarya**, ★ **Searsia**, **Semecarpeae**, ★ **Semecarpus**, *Shakua*, **Smodingium**, **Solenocarpus**, ★ **Sorindeia**, ★ **Spondias**, ★ **Swintonia**, ★ **Tapirira**, **Terebinthus**, **Terminthia**, **Thrysoideum**, **Thyrsodium**, ★ **Toxicodendron**, **Trichoscypha**, *Tricoscypha*

MD – 433 ★ Limnanthaceae: ★ **Floerkea**, ★ **Limnanthes**, *Limnanthus*

MD – 434 ★ Balsaminaceae: ★ **Hydrocera**, *Hydroceras*, ★ **Impatiens**, *Impatientella*, *Trimorphopetalum*

MD – 435 ★ Loasaceae: Cevalliaceae, Gronoviaceae, ★ **Aosa**, **Bicuspidaria**, ★ **Blumenbachia**, **Caiophora**, *Cajophora*, ★ **Cevallia**, **Chichicaste**, **Eucnide**, **Fuertesia**, **Gronovia**, **Huidobria**, **Kissenia**, **Klaprothia**, ★ **Loasa**, ★ **Mentzelia**, ★ **Nasa**, **Petalonyx**, **Pinnasa**, **Plakothira**, **Presliophytum**, **Schismocarpus**, *Sclerothrix*, **Scyphanthus**, **Sympetaleia**, **Xylopodia**

MD – 436 Rousseaceae: **Cuttsia**, **Roussea**

MD – 437 Phyllonomaceae: **Phyllonoma**

MD – 438 ★ Aquifoliaceae: *Aquifolium*, **Chomelia**, ★ **Ilex**, *Isquierdia*, **Izquierdia**, **Nemopanthus**, **Nuttallia**, **Prinos**

MD – 439 Donatiaceae: **Donatia**

MD – 440 ★ Stemonuraceae: **Cantleya**, **Codiocarpus**, **Gastrolepis**, ★ **Gomphandra**, **Grisollea**, **Hartleya**, **Irvingbaileya**, **Lasianthera**, ★ **Medusanthera**, ★ **Stemonurus**, **Whitmorea**

MD – 441 Sphenostemonaceae: **Sphenostemon**

MD – 442 Phellinaceae: **Phelline**

MD – 443 Alangiaceae: ★ **Alangium**, *Diacicarpium*, *Marlea*

MD – 444 Tribelaceae: **Tribeles**

MD – 445 Argophyllaceae: **Argophyllum**

MD – 446 ★ Garryaceae: ★ **Garrya**

MD－447 ★Escalloniaceae:**Anopterus**, ★**Escallonia**, **Forgesia**, **Rayenia**, *Stereoxylon*, **Valdivia**, *Vigieria*

MD－448 ★Pittosporaceae:**Auranticarpa**, **Bentleya**, ★**Billardiera**, **Bursaria**, **Citriobatus**, ★**Hymenosporum**, **Marianthus**, ★**Pittosporum**, **Rhytidosporum**, **Sollya**, **Spiranthera**, *Tobira*

MD－449 Byblidaceae:**Byblis**

MD－450 ★Icacinaceae:**Alsodeiopsis**, *Briquetina*, **Casimirella**, ★**Cassinopsis**, ★**Citronella**, **Desmostachys**, **Discophora**, ★**Emmotum**, *Endacanthus*, *Freeria*, ★**Hosiea**, *Humirianthera*, **Icacina**, ★**Iodes**, *Kummeria*, **Lavigeria**, **Leretia**, ★**Mappia**, ★**Mappianthus**, **Merrilliodendron**, ★**Miquelia**, *Moldenhauera*, *Monocephalium*, ★**Natsiatopsis**, ★**Natsiatum**, *Neoleretia*, ★ **Nothapodytes**, ★ **Phytocrene**, **Pleurisanthes**, *Pogopetalum*, **Polycephalium**, **Poraqueiba**, ★**Pyrenacantha**, *Quintilia*, **Rhyticaryum**, **Ryticaryum**, ★**Sarcostigma**, *Tridianisia*, **Vadensea**, *Valetonia*

MD－451 ★Nyssaceae: ★**Camptotheca**, ★**Diplopanax**, ★**Nyssa**, **Nysseae**

MD－452 ★Cardiopteridaceae: ★**Cardiopteris**, ★**Gonocaryum**, **Pseudobotrys**

MD－453 Leptaulaceae: ★**Leptaulus**

MD－454 ★Metteniusaceae: ★**Apodytes**, *Asterolepidion*, **Calatola**, *Clavapetalum*, **Dendrobangia**, **Metteniusa**, **Oecopetalum**, **Ottoschulzia**, ★**Pittosporopsis**, ★**Platea**, **Rhaphiostylis**

MD－455 Davidiaceae: ★**Davidia**

MD－456 Curtisiaceae:**Curtisia**

MD－457 ★ Cornaceae: *Arctocrania*, *Benthamidia*, **Bothrocaryum**, *Chamaepericlimenum*, **Chamaepericlymenum**, ★**Cornus**, *Eukrania*, *Macrocarpium*, *Ossea*, *Svida*, **Swida**, *Thelycrania*, *Yinquania*

MD－458 Mastixiaceae: ★**Mastixia**

MD－459 Callitrichaceae: ★**Callitriche**

MD－460 Aucubaceae: ★**Aucuba**

MD－461 Hippuridaceae: ★**Hippuris**

MD－462 ★Pennantiaceae: ★**Pennantia**

MD－463 ★Montiniaceae:**Grevea**, **Montinia**

MD－464 Melanophyllaceae:**Melanophylla**

MD－465 ★Griseliniaceae: ★**Griselinia**

MD－466 ★Torricelliaceae: ★**Aralidium**, **Toricellia**, ★**Torricellia**

MD－467 Theligonaceae: ★**Theligonum**, *Thelygonum*

MD－468 Hoplestigmataceae:**Hoplestigma**

MD－469 ★Helwingiaceae: ★**Helwingia**

MD－470 Aralidiaceae:**Aralidiales**

MD－471 ★ Araliaceae: Botryodendraceae, Hederaceae, *Actinophyllum*, *Anakasia*, ★ **Aralia**, **Araliopsis**, *Astropanax*, ★**Astrotricha**, **Boerlagiodendron**, *Boninofatsia*, *Bonnierella*, *Botryopanax*, ★ **Brassaiopsis**, **Cephalaralia**, **Cephalopanax**, *Cephaloschefflera*, *Cesatia*, **Cheirodendron**, ★**Chengiopanax**, *Cotylanthes*, *Crepinella*, *Cuphocarpus*, **Cussonia**, *Cwangayana*, ★ **Dendropanax**, *Didiscus*, **Didymopanax**, *Dimetopia*, *Dipanax*, *Diplofatsia*, **Dizygotheca**, *Dominia*, ★**Eleutherococcus**, *Eremopanax*, *Eschweileria*, *Eupteron*, *Evodiopanax*, **Fatshedera**, ★**Fatsia**, **Frodinia**, ★**Gamblea**, *Gelibia*, *Geopanax*, *Ginsen*, *Grotefendia*, *Gynapteina*, **Harmsiopanax**, ★ **Hedera**, *Hederopsis*, *Hemicarpus*, **Heptapleurum**, *Heptoneurum*, ★ **Heteropanax**, *Hexocenia*, *Indokingia*, ★ **Kalopanax**, **Kirkophytum**, ★ **Macropanax**, *Megalopanax*, ★ **Merrilliopanax**, ★ **Meryta**, ★ **Metapanax**, *Monopanax*, *Montagueia*, **Motherwellia**, *Neoacanthophora*, *Neocussonia*, **Neopanax**, *Nesodoxa*, *Nesopanax*, *Octotheca*, *Oligoscias*, ★ **Oplopanax**, ★ **Oreopanax**, ★ **Osmoxylon**, *Palmervandenbroekia*, ★**Panax**, *Panaxus*, *Parapanax*, *Parapentapanax*, *Paratropia*, *Peekeliopanax*, **Pentapanax**, **Plerandra**, *Plerandropsis*, ★ **Polyscias**, *Pseudobrassaiopsis*, ★ **Pseudopanax**, *Pseudosantalum*, *Pterotropia*, **Raukaua**, **Schefflera**, *Scheffleropsis*, *Scheflera*, **Sciadodendron**, *Sciadopanax*, *Sciodaphyllum*, **Seemannaralia**, ★ **Sinopanax**, ★ **Tetrapanax**, *Tieghemopanax*, ★**Trachymene**, ★**Trevesia**, **Tupidanthus**, *Wardenia*, **Woodburnia**

MD－472 Myodocarpaceae:**Delarbrea**, **Myodocarpus**

MD－473 Mackinlayaceae:*Anomorhegmia*, **Mackinlaya**

MD－474 Hydrostachyaceae:**Hydrostachys**

MD－475 Alseuosmiaceae:**Alseuosmia**, **Crispiloba**, **Platyspermation**, **Wittsteinia**

MD－476 Cobaeaceae: ★**Cobaea**, *Rosenbergia*

MD－477 Lennoaceae:*Corallophyllum*, **Lennoa**

MD－478 Dialypetalanthaceae:**Dialypetalanthus**

MD－479 Hydrocotylaceae:*Hidrocotile*, *Hydrocotile*, ★**Hydrocotyle**

MD－480 ★Apiaceae:**Umbelliferae**, ★**aciphylla**, ★**Acronema**, **Actinanthus**, ★**Actinolema**, **Actinotus**, **Adenosciadium**, **Aegokeras**, **Aegomarathrum**, ★**Aegopodium**, ★**Aethusa**, **Aframmi**, **Afroligusticum**, **Afrosciadium**, **Agasyllis**, **Agrocharis**, *Albovia*, **Alepidea**, **Aletes**, ★**Ammi**, *Ammios*, **Ammodaucus**, **Ammoides**, **Ammoselinum**, **Andriana**, ★**Anethum**, ★ **Angelica**, **Anginon**, **Angoseseli**, **Anisopoda**, **Anisosciadium**, ★ **Anisotome**, **Annesorhiza**, **Anthrichaerophyllum**, ★**Anthriscus**, ★**Aphanopleura**, ★**Apiastrum**, **Apiopetalum**, ★**Apium**, **Apodicarpum**, **Ap-**

trootia, Arafoe, Arctopus, ★ Arcuatopterus, Arracacia, Artedia, Asciadium, Asteriscium, Astomaea, ★ Astrantia, ★ Astrodaucus, Astydamia, ★ Athamanta, *Atirsita*, ★ Aulacospermum, Austropeucedanum, Autumnalia, Azilia, Azorella, ★ Berula, ★ Bifora, Billburttia, Bolax, Bowlesia, Brachyapium, Brachyscias, *Bradlaeia*, *Buniella*, ★ Bunium, ★ Bupleurum, Cachrys, Calyptrosciadium, Cannaboides, Capnophyllum, ★ Carlesia, *Caropodium*, Caropsis, ★ Carum, ★ Caucalis, Cenolophium, ★ Centella, Cephalopodum, ★ Chaerophyllopsis, ★ Chaerophyllum, Chaetosciadium, Chamaele, ★ Chamaesciadium, ★ Chamaesium, Chamarea, ★ Changium, Chlaenosciadium, Choritaenia, Chrysophae, *Chrysosciadium*, ★ Chuanminshen, Chymsydia, Ciclospermum, ★ Cicuta, Cnidiocarpa, ★ Cnidium, Coaxana, Cogswellia, ★ Conioselinum, ★ Conium, ★ Conopodium, ★ Coriandrum, Coriophyllus, ★ Cortia, ★ Cortiella, Cotopaxia, Coulterophytum, ★ Crithmum, ★ Cryptotaenia, ★ Cuminum, Cyathoselinum, ★ Cyclorhiza, ★ Cyclospermum, Cymbocarpum, ★ Cymopterus, Cynorhiza, *Cynorrhiza*, Cynosciadium, Czernaevia, Dactylaea, Dahliaphyllum, Dasispermum, Daucosma, ★ Daucus, Demavendia, Dethawia, Deverra, Dichoropetalum, Dichosciadium, ★ Dickinsia, Dicyclophora, Dimorphosciadium, Diplaspis, Diplolophium, Diplotaenia, Diposis, Dipterygia, Discopleura, *Distichoselinum*, Domeykoa, Donnellsmithia, ★ Dorema, Dracosciadium, Drepanophyllum, Drusa, Ducrosia, Dumaniana, Dystaenia, ★ Echinophora, Ekimia, *Elaeopleurum*, *Elaeoselinum*, Elaeosticta, Eleutherospermum, Elwendia, Enantiophylla, Endressia, Eremocharis, Eremodaucus, Ergocarpon, Erigenia, *Eringium*, Eriocycla, ★ Eryngium, *Euryptera*, Eurytaenia, Exoacantha, Ezosciadium, ★ Falcaria, Fergania, ★ Ferula, ★ Ferulago, ★ Ferulopsis, ★ Foeniculum, Frommia, Froriepia, Fuernrohria, ★ Galagania, *Gasparrinia*, ★ Geocaryum, ★ Gingidia, Glaucosciadium, ★ Glehnia, Glia, *Golenkinianthe*, Gongylosciadium, Gongylotaxis, Grafia, Grammosciadium, Gymnophyton, Hacquetia, Halosciastrum, Haloselinum, ★ Hansenia, Haplosciadium, Haploseseli, Haplosphaera, Harbouria, Harperella, Harperia, ★ Harrysmithia, Haussknechtia, Hellenocarum, Heptaptera, ★ Heracleum, Hermas, Heteromorpha, Heteroptilis, Hladnikia, Hohenackeria, Homalosciadium, Horstrissea, Huanaca, ★ Hyalolaena, ★ Hymenidium, Hymenolyma, Itasina, Johrenia, ★ Kadenia, Kafirnigania, Kailashia, Kalakia, Kamelinia, Kandaharia, Karatavia, Karnataka, Kedarnatha, Keracia, ★ Keraymonia, ★ Kitagawia, *Klonion*, ★ Klotzschia, *Koelzella*, Komaroviopsis, Korovinia, Korshinskia, Kozlovia, ★ Krasnovia, Krubera, Kundmannia, Kuramosciadium, *Ladyginia*, Lagoecia, Lalldhwojia, *Langlassea*, Laretia, ★ Laser, Laserocarpum, ★ Laserpitium, *Laureria*, Lecokia, Ledebouriella, Lefebvrea, Leiotulus, Lereschia, Leutea, ★ Levisticum, ★ Libanotis, Lichtensteinia, Lignocarpa, ★ Ligusticopsis, ★ Ligusticum, ★ Lilaeopsis, Limnosciadium, Lipskya, Lisaea, ★ Lithosciadium, ★ Lomatium, ★ Lomatocarpa, Lomatocarum, Magadania, Magydaris, Malabaila, Margotia, Marlothiella, Mastigosciadium, Mathiasella, Mediasia, ★ Meeboldia, ★ Melanosciadium, Melanoselinum, *Merwiopsis*, ★ Meum, Micropleura, Modesciadium, Mogoltavia, Molopospermum, Monizia, *Mozaffariania*, Mulinum, Museniopsis, Musineon, Mutellina, Myrrhidendron, ★ Myrrhis, Myrrhoides, Nanobubon, Naufraga, Neoconopodium, Neogaya, Neogoezia, Neomuretia, Neonelsonia, Neoparrya, Neopaulia, Niphogeton, Nirarathamnos, ★ Nothosmyrnium, Notiosciadium, ★ Notobubon, Notopterygium, Ochotia, Oedibasis, ★ Oenanthe, Oligocladus, Oliveria, Opoidia, ★ Opopanax, Opsicarpium, ★ Oreocome, Oreocomopsis, Oreomyrrhis, ★ Oreonana, Oreoschimperella, *Oreosciadium*, Oreoxis, ★ Orlaya, Ormopterum, Ormosciadium, Orogenia, Oschatzia, ★ Osmorhiza, ★ Ostericum, Oxypolis, Pachyctenium, ★ Pachypleurum, ★ Palimbia, Paraligusticum, Parapimpinella, Paraselinum, Parasilaus, ★ Pastinaca, ★ Pastinacopsis, Paulia, Paulita, *Pectophytum*, Pedinopetalum, Pendressia, Pentapeltis, ★ Perideridia, Perissocoeleum, Petagnaea, Petroedmondia, ★ Petroselinum, ★ Peucedanum, Phellolophium, Phellopterus, ★ Phlojodicarpus, Phlyctidocarpa, Physocaulis, ★ Physospermopsis, ★ Physospermum, Physotrichia, Pilopleura, ★ Pimpinella, Pinda, Pituranthos, Platysace, Pleiotaenia, Pleurospermopsis, ★ Pleurospermum, Podistera, Polemanniopsis, Polytaenia, Portenschlagiella, Postiella, Pozoa, ★ Prangos, Prionosciadium, Psammogeton, Pseudocannaboides, Pseudocarum, Pseudocymopterus, Pseudoridolfia, Pseudorlaya, Pseudoselinum, Pseudotaenidia, Pseudotrachydium, ★ Pternopetalum, Pterocyclus, ★ Pterygopleurum, Pteryxia, ★ Ptilimnium, Ptychotis, Pycnocycla, Pyramidoptera, Registaniella, *Reilia*, *Reutera*, Rhabdosciadium, Rhizomatophora, Rhodosciadium, Rhopalosciadium, Rhysopterus, ★ Ridolfia, Rivasmartinezia, Rohmooa, Rouya, ★ Rupiphila, Rutheopsis, Sajanella, Sajania, ★ Sanicula, ★ Saposhnikovia, Scaligeria, Scandia, Scandicium, ★ Scandix, *Scaphospermum*, Scaraboides, Schizeilema, *Schlechterosciadium*, Schoenolaena, Schoenoselinum, ★ Schrenkia, Schtschurowskia, Schultzia, ★ Schulzia, Schumannia, Sclerochorton, Sclerosciadium, Sclerotiaria, *Scorodosma*, Scrithacola, Selinopsis, ★ Selinum, ★ Semenovia, ★ Seseli, ★ Seselopsis, Shoshonea, Siculosciadium, ★ Silaum, Siler, Sillaphyton, Silphiodaucus, Similisinocarum, ★ Sinocarum, ★ Sinolimprichtia, ★ Sison, ★ Sium, Sivadasania, Smyrniopsis, ★ Smyrnium, Sonderina, Soranthus, Spananthe, ★ Spermolepis, Sphaenolobium, Sphaerosciadium, ★ Sphallerocarpus, Spiroceratium, ★ Spuriopimpinella, Stefanoffia, Steganotaenia, ★ Stenocoelium, Stenosemis, Stenotaenia, Stewartiella, Stilbocarpa, Stoibrax, *Strebanthus*, *Streblanthus*, Symphyoloma, Synclinostyles, Szovitsia, ★ Taenidia, Taeniopetalum, Talassia, Tamamschjanella, Tamamschjania, Tana, Tauschia, ★ Tetrataenium, Thamnosciadium, ★ Thapsia, *Thapsium*, ★ Thaspium, Thecocarpus, Thorella, Tiedemannia, ★ Tilingia, Todaroa, ★ Tongoloa, ★ Tordyliopsis, ★ Tordylium, ★ Torilis, ★ Trachydium, Trachysciadium, ★ Trachyspermum, Trepocarpus,

Tricholaser, **Trigonosciadium**, ★ **Trinia**, *Triphylleion*, *Trisanthus*, *Trisciadium*, **Trocdaris**, **Trochiscanthes**, **Tschulaktavia**, ★ **Turgenia**, **Turgeniopsis**, **Unrecorded**, **Uraspermum**, *Urbanosciadium*, **Vanasushava**, **Vesper**, **Vezdaea**, ★ **Vicatia**, **Villarrealia**, **Vinogradovia**, **Visnaga**, **Vvedenskya**, *Xanthogalum*, **Xanthosia**, **Xatardia**, **Xyloselinum**, **Yabea**, **Zeravschania**, ★ **Zizia**, **Zosima**, *Zosimia*

MD – 481 ★ Polemoniaceae: **Acanthogilia**, **Aliciella**, ★ **Allophyllum**, **Bonplandia**, **Bryantiella**, ★ **Cantua**, ★ **Collomia**, **Collomiastrum**, **Dayia**, ★ **Eriastrum**, ★ **Gilia**, ★ **Giliastrum**, **Gymnosteris**, **Hugelia**, **Huthia**, **Ipomopsis**, *Ismaria*, **Langloisia**, **Lathrocasis**, **Leptodactylon**, ★ **Leptosiphon**, ★ **Linanthus**, ★ **Loeselia**, **Loeseliastrum**, **Maculigilia**, **Microgilia**, ★ **Microsteris**, ★ **Navarretia**, *Phanerostylis*, ★ **Phlox**, ★ **Polemonium**, *Rosalesia*, **Saltugilia**

MD – 482 Columelliaceae: **Columellia**

MD – 483 Desfontainiaceae: **Desfontainia**

MD – 484 Cynocrambaceae: **Cynocramba**

MD – 485 Potaliaceae: **Potalia**

MD – 486 ★ Loganiaceae: **Bonyunia**, ★ **Fagraea**, ★ **Gardneria**, **Labordia**, **Liesneria**, **Logania**, *Mitragyne*, ★ **Mitrasacme**, ★ **Mitreola**, **Neuburgia**, **Norrisia**, *Parophiorrhiza*, **Phyllangium**, **Picrophloeus**, *Pseudogardneria*, **Schizacme**, **Strychnella**, **Usteria**

MD – 487 Strychnaceae: *Atherstonea*, *Narda*, *Rouhamon*, ★ **Strychnos**

MD – 488 Antoniaceae: ★ **Antonia**

MD – 489 Spigeliaceae: *Anthelmenthia*, *Arapabaca*, *Canala*, *Montira*, *Pseudospigelia*, *Spigela*, ★ **Spigelia**

MD – 490 Geniostomaceae: *Anassera*, ★ **Geniostoma**

MD – 491 ★ Gelsemiaceae: ★ **Gelsemium**, *Leptocladus*, **Mostuea**, ★ **Pteleocarpa**

MD – 492 ★ Apocynaceae: **Absolmsia**, **Acerates**, ★ **Acokanthera**, *Acustelma*, **Adelostemma**, ★ **Adenium**, **Aganonerion**, ★ **Aganosma**, *Ahouai*, *Ahovai*, ★ **Alafia**, ★ **Allamanda**, **Allomarkgrafia**, *Allotoonia*, **Allowoodsonia**, ★ **Alstonia**, ★ **Alyxia**, ★ **Amalocalyx**, **Ambelania**, **Amblystigma**, **Ampelamus**, *Ampelanus*, ★ **Amphineurion**, ★ **Amsonia**, *Anacampta*, *Anartia*, *Ancylobothrys*, **Ancylobotrys**, **Anechites**, **Anemotrochus**, ★ **Angadenia**, **Angolluma**, *Anisolobus*, ★ **Anisopus**, **Anisotoma**, *Anisotomaria*, *Annularia*, ★ **Anodendron**, ★ **Apocynum**, ★ **Artia**, **Asketanthera**, **Aspidoglossum**, **Aspidonepsis**, **Aspidosperma**, **Astephanus**, **Asterostemma**, *Astrostemma*, ★ **Atherandra**, **Australluma**, **Austrochthamalia**, **Baharuia**, **Bahiella**, ★ **Baissea**, **Ballyanthus**, **Barjonia**, **Baroniella**, **Baseonema**, **Batesanthus**, **Baynesia**, ★ **Beaumontia**, *Belonites*, *Belutta – kaka*, *Blaberopus*, *Blastotrophe*, ★ **Blepharodon**, **Blyttia**, *Bonafousia*, **Boucerosia**, ★ **Bousigonia**, **Brachystelma**, **Bruceholstia**, **Buckollia**, **Caa**, *Cabucala*, **Calciphila**, **Callichilia**, **Calocrater**, **Calostigma**, ★ **Calotropis**, **Calyptranthera**, ★ **Cameraria**, *Camerunia*, **Campestigma**, *Canahia*, *Capuronetta*, *Carandas*, ★ **Carissa**, **Carruthersia**, **Carvalhoa**, ★ **Cascabela**, ★ **Catharanthus**, **Caudanthera**, ★ **Cerbera**, **Cerberiopsis**, **Chamaeclitandra**, *Chariomma*, ★ **Chilocarpus**, **Chlorocyathus**, ★ **Chonemorpha**, *Chunechites*, **Cibirhiza**, ★ **Cionura**, ★ **Cleghornia**, **Clitandra**, *Codonechites*, *Codonemma*, *Colyris*, **Condylocarpon**, **Conomitra**, *Conopharyngia*, **Cordylogyne**, ★ **Cosmostigma**, **Couma**, *Coutinia*, **Craspidospermum**, **Crioceras**, **Cristobalia**, ★ **Cryptostegia**, *Cufodontia*, *Curnilia*, **Cycladenia**, **Cyclocotyla**, *Cylicadenia*, **Cylindropsis**, *Cyrtosiphonia*, **Dalzielia**, **Decalepis**, **Decastelma**, **Desmidorchis**, **Dewevrella**, *Dicrus*, **Dictyanthus**, **Dictyophleba**, ★ **Diplolepis**, **Diplorhynchus**, *Discalyxia*, ★ **Dischidanthus**, ★ **Dischidia**, ★ **Ditassa**, **Dittoceras**, ★ **Dolichopetalum**, *Domkeocarpa*, **Duvalia**, **Duvaliandra**, **Dyera**, **Echidnopsis**, *Echitella*, ★ **Echites**, **Ectadium**, *Ectinocladus*, **Ecua**, **Edithcolea**, *Elcana*, **Elytropus**, **Emicocarpus**, **Emplectanthus**, **Ephippiocarpa**, ★ **Epigynum**, **Epistemma**, *Eriadenia*, **Eucorymbia**, **Eustegia**, *Exothostemon*, **Fanninia**, ★ **Farquharia**, **Fernaldia**, ★ **Finlaysonia**, ★ **Fischeria**, **Fockea**, *Formosia*, ★ **Forsteronia**, **Frerea**, ★ **Funastrum**, ★ **Funtumia**, *Gabunia*, **Galactophora**, **Geissospermum**, ★ **Genianthus**, **Glossonema**, **Glossostelma**, ★ **Gongronema**, **Gonioma**, ★ **Goniostemma**, *Gonocrypta*, **Gonostemon**, **Graciemoriana**, **Graphistemma**, ★ **Gymnanthera**, *Gynopogon*, **Gyrostelma**, *Haemadictyon*, **Hancornia**, *Haplophandra*, **Haplophyton**, **Harmandiella**, *Hazunta*, **Hemipogon**, ★ **Heterostemma**, **Heterothrix**, *Heurckia*, **Heynella**, **Hiepia**, **Himatanthus**, *Holalafia*, ★ **Holarrhena**, **Holostemma**, *Homaladenia*, **Hoodia**, *Hortsmania*, **Huerniopsis**, ★ **Hunteria**, *Hutchinia*, *Huthamnus*, **Hylaea**, **Hypolobus**, **Ibatia**, ★ **Ichnocarpus**, *Isaura*, **Ischnolepis**, **Ischnostemma**, **Isonema**, **Ixodonerium**, ★ **Jasminanthes**, *Jasminonerium*, **Jobinia**, **Kamettia**, **Kanahia**, **Kerbera**, ★ **Kibatalia**, *Kompitsia*, ★ **Kopsia**, *Labidostelma*, **Lachnostoma**, **Lacmellea**, **Lagarinthus**, *Lamechites*, ★ **Landolphia**, *Lanugia*, *Larrainia*, **Larryleachia**, *Laseguea*, ★ **Laubertia**, **Lavrania**, **Laxoplumeria**, **Leachiella**, **Leichardtia**, *Leioclusia*, **Lepinia**, ★ **Lepiniopsis**, ★ **Leptadenia**, *Leptopharyngia*, **Leuconotis**, **Lhotzkyella**, **Liedea**, *Macaglia*, **Maclaudia**, **Macoubea**, **Macroditassa**, **Macropharynx**, ★ **Macroscepis**, **Macrosiphonia**, **Mahawoa**, **Malouetia**, ★ **Mandevilla**, **Manothrix**, **Margaretta**, **Mascarenhasia**, ★ **Matelea**, *Maycockia*, ★ **Melodinus**, *Menabea*, *Merizadenia*, **Merrillanthus**, ★ **Mesechites**, **Metalepis**, **Metaplexis**, *Micradenia*, ★ **Micrechites**, **Microdactylon**, **Microloma**, **Microplumeria**, **Minaria**, **Miraglossum**, **Mitostigma**, **Molongum**, **Mondia**, **Monolluma**, *Morleya*, **Morrenia**, **Mortoniella**, **Motandra**, **Mucoa**, *Muntafara*, **Nautonia**, **Neobracea**, **Neocouma**, **Neoschumannia**, **Nephradenia**, ★ **Nerium**, **Notechidnopsis**, *Ochronerium*, ★ **Ochrosia**, *Odollam*, **Odontadenia**, **Odontanthera**, **Odontostephana**, *Oianthus*, *Oistanthera*, *Oligoron*, **Oncinema**, **Oncinotis**, **Oncostemma**, **Ophionella**, *Ophioxylon*, **Orbea**, **Orbeanthus**, **Orbelia**, **Orbeopsis**, *Orchipeda*, *Orelia*, **Oreosparte**, **Orinoquia**, **Or-**

thanthera, **Orthopichonia**, ★ **Orthosia**, ★ **Oxypetalum**, ★ **Oxystelma**, **Pachycarpus**, **Pachycymbium**, **Pachypodium**, ★ **Pacouria**, *Pagiantha*, **Pala**, *Pandaca*, *Pandacastrum*, *Pantasachme*, **Papuahoya**, ★ **Papuechites**, *Parabeaumontia*, **Parahancornia**, **Parameria**, **Parapodium**, *Paravallaris*, ★ **Parepigynum**, ★ **Parsonsia**, *Pattalias*, **Pectinaria**, **Peltanthera**, **Peltastes**, ★ **Pentalinon**, **Pentasachme**, **Pentastelma**, **Pentatropis**, **Pentopetia**, *Pentopetiopsis*, **Peplonia**, ★ **Pergularia**, *Perictenia*, **Periglossum**, **Pertusaria**, **Peruviasclepias**, **Pervillaea**, *Peschiera*, **Petalostelma**, ★ **Petchia**, **Phaeostemma**, **Pherotrichis**, *Phrissocarpus*, **Phyllanthera**, **Piaranthus**, **Picralima**, **Pilostigma**, **Pinochia**, *Piptolaena*, **Plectaneia**, **Pleiocarpa**, ★ **Pleioceras**, *Pleurostelma*, ★ **Plumeria**, *Plumeriopsis*, **Polystemma**, *Pootia*, ★ **Pottsia**, *Prageluria*, **Prosthecidiscus**, *Protogabunia*, **Protogabunifolia**, **Pruskortizia**, **Pseudibatia**, **Pseudolachnostoma**, **Pseudolithos**, **Pteralyxia**, *Pterotaberna*, **Ptycanthera**, *Pulassarium*, *Pulvinaria*, **Pycnobotrya**, **Pycnorhachis**, *Quadricasaea*, **Quaqua**, *Raphiacme*, **Raphionacme**, **Raphistemma**, ★ **Rauvolfia**, **Rhabdadenia**, *Rhaphiacme*, *Rhaphistemum*, **Rhazya**, **Rhigospira**, *Rhipidia*, **Rhyssolobium**, **Rhyssostelma**, **Rhytidocaulon**, **Rhytidostemma**, **Richtersveldia**, **Riocreuxia**, **Riparoampelos**, *Robbia*, **Rojasia**, **Rotundanthus**, **Roupellina**, **Ruehssia**, *Rytidoloma*, **Saba**, **Sacleuxia**, ★ **Sarcolobus**, *Sarcopharyngia*, **Sarcorrhiza**, *Schistocodon*, **Schistogyne**, **Schistonema**, ★ **Schizoglossum**, **Schizostephanus**, **Schizozygia**, **Scyphostelma**, ★ **Secamone**, ★ **Secamonopsis**, ★ **Secondatia**, **Seutera**, **Sichuania**, ★ **Sindechites**, **Sinomarsdenia**, **Sisyranthus**, **Skytanthus**, **Socotrella**, **Solanoa**, *Solanoana*, **Solenostemma**, *Sonninia*, **Sphaerocodon**, ★ **Spirolobium**, **Spongiosperma**, **Stapelianthus**, **Stapeliopsis**, **Stathmostelma**, **Stelmagonum**, *Stelmatocrypton*, **Stemmadenia**, **Stenomeria**, *Stenosolen*, **Stenostelma**, **Stephanostegia**, **Stephanostema**, *Stephanotella*, ★ **Stephanotis**, *Stigmamblys*, **Stigmatorhynchus**, **Stipecoma**, **Stisseria**, **Stomatostemma**, **Strempeliopsis**, ★ **Streptocaulon**, **Streptoechites**, *Streptotrachelus*, ★ **Strophanthus**, **Suberogerens**, *Symphysicarpus*, *Symphysocarpus*, *Taberna*, ★ **Tabernaemontana**, **Tabernanthe**, *Tabernemontana*, *Tanghinia*, **Tassadia**, **Tavaresia**, ★ **Telectadium**, **Telminostelma**, **Telosiphonia**, ★ **Telosma**, **Temnadenia**, **Tenaris**, **Tetraphysa**, **Thenardia**, ★ **Thevetia**, **Thoreauea**, *Thyroma*, ★ **Thyrsanthella**, **Tintinnabularia**, **Tonduzia**, *Toxicophlaea*, **Toxiphloea**, ★ **Toxocarpus**, ★ **Trachelospermum**, **Tressensia**, **Treutlera**, **Trichocaulon**, **Trichosandra**, **Tridentea**, **Triodoglossum**, **Tromotriche**, *Tsilaitra*, **Tweedia**, *Tylodontia*, ★ **Urceola**, *Urnularia*, **Vahadenia**, *Vahea*, **Vailia**, ★ **Vallaris**, **Vallesia**, *Vilbouchevitchia*, ★ **Vinca**, ★ **Voacanga**, **Vulcanoa**, **White – sloanea**, **Widgrenia**, ★ **Willughbeia**, **Willughbeiopsis**, **Winchia**, **Woodia**, ★ **Wrightia**, *Xylinabariopsis*, *Xymalobium*, *Xyomalobium*, **Xysmalobium**, *Zschokkea*

MD – 493 Periplocaceae: ★ **Periploca**

MD – 494 Asclepiadaceae: *Acrocoryne*, *Alexitoxicon*, **Anthemimatricaria**, *Antiostelma*, *Antitoxicum*, *Apteranthes*, **Araujia**, ★ **Asclepias**, *Baxtera*, **Belostemma**, *Bidaria*, **Biondia**, **Caralluma**, *Caruncularia*, *Centrostemma*, ★ **Ceropegia**, ★ **Cryptolepis**, *Cyathella*, ★ **Cynanchum**, *Decanema*, ★ **Dregea**, *Drepanostemma*, **Emphytostemma**, *Esmeraldia*, *Exolobus*, *Fimbristemma*, *Folotsia*, ★ **Gomphocarpus**, *Gonolobium*, ★ **Gonolobus**, ★ **Gymnema**, ★ **Hemidesmus**, **Hoodiorbea**, ★ **Hoya**, *Hoyopsis*, **Huernia**, *Irmischia*, *Karimbolea*, *Mahafalia*, ★ **Marsdenia**, **Melinia**, *Meresaldia*, ★ **Metastelma**, **Micholitzia**, ★ **Myriopteron**, *Nematostemma*, *Neohenrya*, **Olympusa**, **Otostemma**, **Parapodiopsis**, *Pentacyphus*, **Pentasacme**, **Philibertia**, **Physostelma**, *Platykeleba*, *Poacynum*, *Podostemma*, *Prosopostelma*, **Pseudowoodia**, *Pycnoneurum*, **Pycnostelma**, *Rhodostegiella*, *Rhyncharrhena*, *Rouliniella*, *Sarcocyphula*, **Sarcostemma**, *Sphinctostoma*, **Staparesia**, ★ **Stapelia**, *Stapvalia*, *Stelmation*, **Stelmocrypton**, *Stylandra*, **Tacazzea**, *Trachomitum*, *Trichostelma*, **Tylophora**, *Tympananthe*, ★ **Vincetoxicum**, *Voharanga*, *Vohemaria*, *Wattakaka*

MD – 495 Plocospermataceae: **Plocosperma**

MD – 496 ★ Gentianaceae: *Adenema*, *Adenimesa*, **Adenolisianthus**, *Agathotes*, *Aliopsis*, *Aloitis*, **Anthocleista**, *Arenbergia*, **Aripuana**, ★ **Bartonia**, *Belmontia*, **Bisgoeppertia**, ★ **Blackstonia**, *Blepharaden*, **Calolisianthus**, ★ **Canscora**, *Carissophyllum*, **Celiantha**, ★ **Centaurium**, ★ **Chelonanthus**, ★ **Chironia**, *Chondropsis*, **Chorisepalum**, ★ **Cicendia**, ★ **Comastoma**, **Congolanthus**, **Cotylanthera**, **Coutoubea**, *Coutubea*, ★ **Cracosna**, ★ **Crawfurdia**, **Curtia**, *Cutubea*, **Cyrtophyllum**, **Deianira**, *Disadena*, **Djaloniella**, **Duplipetala**, *Dupratzia*, ★ **Enicostema**, *Enicostemma*, *Euphorbiopsis*, ★ **Eustoma**, **Exaculum**, ★ **Exacum**, *Exadenus*, **Exochaenium**, **Faroa**, ★ **Frasera**, **Geniostemon**, ★ **Gentiana**, ★ **Gentianella**, ★ **Gentianopsis**, **Gentianothamnus**, **Gyrandra**, **Halecania**, ★ **Halenia**, **Helia**, *Henicostemma*, *Henricea*, *Heterocanscora*, *Hippionum*, **Hockinia**, **Hoppea**, **Irlbachia**, **Ixanthus**, **Jaeschkea**, **Karina**, *Kingdon – wardia*, **Klackenbergia**, *Kudoa*, **Lagenanthus**, **Lagenias**, **Lapithea**, ★ **Latouchea**, **Lehmanniella**, *Leianthostemon*, *Lepinema*, **Limahlania**, **Lisianthius**, *Lita*, ★ **Lomatogoniopsis**, ★ **Lomatogonium**, *Lysianthius*, **Macrocarpaea**, ★ **Megacodon**, ★ **Metagentiana**, **Microrphium**, *Monobothrium*, *Narketis*, **Neblinantha**, **Neurotheca**, **Obolaria**, **Ophelia**, **Oreonesion**, **Ornichia**, **Orphium**, *Pagaea*, *Petasostylis*, *Phyllocyclus*, *Pladera*, **Pleurogynella**, *Pneumonanthopsis*, **Prepusa**, ★ **Pterygocalyx**, *Purdieanthus*, **Pycnosphaera**, *Rellesta*, **Rogersonanthus**, **Roraimaea**, ★ **Sabatia**, **Sahulia**, ★ **Schenkia**, **Schinziella**, *Schlimia*, **Schultesia**, *Sczukinia*, ★ **Sebaea**, *Sebeokia*, **Senaea**, **Sinogentiana**, **Sinoswertia**, **Sipapoantha**, *Slevogtia*, ★ **Swertia**, **Symbolanthus**, **Symphyllophyton**, **Tachia**, **Tachiadenus**, **Tapeinostemon**, *Tesserantherum*, **Tetrapollinia**, *Tretorhiza*, **Tretorrhiza**, ★ **Tripterospermum**, **Urananthus**, **Urogentias**, **Utania**, ★ **Veratrilla**, **Voyria**, **Voyriella**, **Xestaea**, **Yanomamua**, ★ **Zeltnera**, **Zonanthus**, **Zygostigma**

MD – 497 Saccifoliaceae: **Saccifolium**

MD – 498 ★ Oleaceae: **Abeliophyllum**, **Balangue**, **Bolivaria**, *Calyptrospermum*, **Cartrema**, **Chengiodendron**, ★ **Chio-**

nanthus, **Chrysojasminum**, **Comoranthus**, **Dimetra**, *Fontainesia*, ★ **Fontanesia**, ★ **Forestiera**, ★ **Forsythia**, ★ **Fraxinus**, **Haenianthus**, **Hesperelaea**, *Jasminium*, ★ **Jasminum**, *Ligustrina*, ★ **Ligustrum**, *Mannaphorus*, **Menodora**, **Menodoropsis**, ★ **Myxopyrum**, **Nestegis**, *Noronhaea*, **Noronhia**, **Notelaea**, ★ **Nyctanthes**, ★ **Olea**, ★ **Osmanthus**, *Parasyringa*, ★ **Phillyrea**, *Phyllirea*, **Picconia**, **Priogymnanthus**, *Rangium*, ★ **Schrebera**, ★ **Syringa**, *Tetrapilus*

MD – 499 ★ Convolvulaceae: *Acmostemon*, ★ **Aniseia**, ★ **Argyreia**, **Astripomoea**, **Batatas**, ★ **Blinkworthia**, *Bombycospermum*, **Bonamia**, **Bonanox**, **Breweria**, *Breweriopsis*, *Calboa*, **Calycobolus**, ★ **Calystegia**, *Camdenia*, **Camonea**, **Cardiochlamys**, **Chlamydocarya**, **Cladostigma**, *Convolvuloides*, ★ **Convolvulus**, ★ **Cordisepalum**, ★ **Cressa**, *Dactylostigma*, **Daustinia**, **Decalobanthus**, ★ **Dichondra**, *Dichondropsis*, **Dicranostyles**, *Dinetopsis*, ★ **Dinetus**, **Dipteropeltis**, **Distimake**, **Duperreya**, *Eremosperma*, ★ **Erycibe**, **Evolvolus**, ★ **Evolvulus**, *Falckia*, **Falkia**, **Galeata**, *Gaseranthus*, ★ **Hewittia**, **Hildebrandtia**, **Hyalocystis**, *Ipomea*, ★ **Ipomoea**, **Iseia**, **Itzaea**, ★ **Jacquemontia**, *Kuhlmanniella*, *Legendrea*, ★ **Lepistemon**, **Lepistemonopsis**, *Leptocallis*, **Lettsomia**, **Lysiostyles**, *Maireria*, ★ **Maripa**, ★ **Merremia**, **Metaporana**, *Mina*, *Montejacquia*, *Moorcroftia*, **Mouroucoa**, *Murucoa*, *Murueva*, *Nemodon*, **Nephrophyllum**, ★ **Neuropeltis**, **Neuropeltopsis**, **Odonellia**, ★ **Operculina**, *Palmia*, **Paralepistemon**, *Pentacrostigma*, *Perispermum*, **Petrogenia**, **Pharbitis**, **Polymeria**, ★ **Porana**, ★ **Poranopsis**, *Prevostea*, **Quamoclit**, **Rapona**, **Remirema**, ★ **Rivea**, *Schizojacquemontia*, **Seddera**, **Sedderopsis**, ★ **Stictocardia**, **Stylisma**, **Tetralocularia**, **Thyella**, **Trichantha**, ★ **Tridynamia**, **Turbina**, *Volvulopsis*, **Volvulus**, ★ **Xenostegia**

MD – 500 Humbertiaceae: *Endrachium*, **Humbertia**

MD – 501 Ehretiaceae: ★ **Ehretia**, ★ **Rotula**

MD – 502 Cuscutaceae: ★ **Cuscuta**, **Grammica**, *Kadurias*

MD – 503 ★ Solanaceae: **Acnistus**, *Alicabon*, *Androcera*, ★ **Anisodus**, **Anthocercis**, *Anthoceris*, **Anthotroche**, *Anthrotroche*, *Aquartia*, **Archiphysalis**, **Athenaea**, **Atrichodendron**, ★ **Atropa**, ★ **Atropanthe**, **Aureliana**, *Belenia*, **Benthamiella**, *Bissea*, *Boberella*, **Bouchetia**, **Brachistus**, **Brachyhelus**, *Browalia*, ★ **Browallia**, ★ **Brugmansia**, ★ **Brunfelsia**, *Brunsfelsia*, ★ **Calibrachoa**, **Calliphysalis**, **Capsicophysalis**, ★ **Capsicum**, **Ceratocaulos**, ★ **Cestrum**, **Chamaesaracha**, **Coeloneurum**, **Combera**, **Crenidium**, **Cuatresia**, **Cyphanthera**, **Cyphomandra**, **Darcyanthus**, ★ **Datura**, **Deprea**, **Doselia**, **Duboisia**, *Dulcamara*, ★ **Dunalia**, **Dyssochroma**, **Eriolarynx**, **Espadaea**, **Exodeconus**, **Fabiana**, *Franciscea*, **Grabowskia**, **Grammosolen**, *Habrothamnus*, **Hawkesiophyton**, **Hebecladus**, **Henoonia**, **Heteranthia**, **Hunzikeria**, ★ **Hyoscyamus**, **Iochroma**, ★ **Jaborosa**, ★ **Jaltomata**, **Juanulloa**, **Larnax**, **Latua**, **Leptoglossis**, **Leucophysalis**, *Lomeria*, ★ **Lycianthes**, ★ **Lycium**, **Lycopersicon**, *Mairella*, ★ **Mandragora**, **Margaranthus**, **Markea**, *Megista*, **Melananthus**, *Melongena*, **Merinthopodium**, **Metternichia**, **Nectouxia**, ★ **Nicandra**, ★ **Nicotiana**, ★ **Nierembergia**, *Normania*, **Nothocestrum**, **Nycterium**, **Oryctes**, *Otilix*, **Pantacantha**, *Parqui*, *Parquis*, *Pentaphiltrum*, **Perizoma**, ★ **Petunia**, **Phrodus**, **Physaliastrum**, ★ **Physalis**, *Physaloides*, *Physochlaena*, ★ **Physochlaina**, *Pionandra*, **Plowmania**, **Poortmannia**, *Protoschwenckea*, **Protoschwenkia**, ★ **Przewalskia**, **Quincula**, **Reyesia**, **Salpichroa**, *Salpichroma*, ★ **Salpiglossis**, **Saracha**, ★ **Schizanthus**, **Schraderanthus**, **Schultesianthus**, **Schwenckia**, *Scopola*, **Scopolia**, **Sessea**, **Siphonema**, *Solandera*, ★ **Solandra**, ★ **Solanum**, ★ **Streptosolen**, **Symonanthus**, **Trianaea**, **Trompettia**, **Trozelia**, **Tsoala**, ★ **Tubocapsicum**, **Tzeltalia**, **Vassobia**, **Vestia**, *Vrolickia*, *Wadea*, ★ **Withania**

MD – 504 Sclerophylacaceae: **Sclerophylax**

MD – 505 Duckeodendraceae: **Duckeodendron**

MD – 506 Viburnaceae: *Actinotinus*, *Microtinus*, *Opulus*, *Oreinotinus*, *Solenotinus*, *Thyrsosma*, ★ **Viburnum**

MD – 507 Nolanaceae: *Haplocarya*, ★ **Nolana**

MD – 508 Sambucaceae: ★ **Sambucus**

MD – 509 Goetzeaceae: **Goetzea**

MD – 510 ★ Caprifoliaceae: **Abelia**, **Aretiastrum**, **Astrephia**, ★ **Bassecoia**, **Belonanthus**, **Betckea**, *Betkea*, *Caprifolium*, **Centranthus**, **Diabelia**, **Dipelta**, ★ **Heptacodium**, **Kentranthus**, *Knauta*, ★ **Knautia**, **Kolkwitzia**, ★ **Leycesteria**, ★ **Lomelosia**, ★ **Lonicera**, **Metalonicera**, ★ **Nardostachys**, **Phenianthus**, **Phyllactis**, **Plectritis**, **Porina**, **Pseudobetckea**, **Pseudoscabiosa**, **Pterocephalidium**, ★ **Pterocephalus**, **Pterothamnus**, **Pycnocomon**, **Siphonella**, **Spongostemma**, **Stangea**, ★ **Succisa**, ★ **Succisella**, ★ **Symphoricarpos**, *Symphoricarpus*, *Triosteospermum*, ★ **Triosteum**, *Vesalea*, ★ **Weigela**, *Weigelia*, **Xylosteon**, ★ **Zabelia**

MD – 511 Diervillaceae: ★ **Diervilla**

MD – 512 Linnaeaceae: ★ **Linnaea**, *Linneusia*

MD – 513 Hydrophyllaceae: ★ **Ellisia**, ★ **Hydrophyllum**

MD – 514 ★ Hydroleaceae: *Ascleia*, *Attalerie*, *Beloanthera*, *Hydrolaea*, ★ **Hydrolea**, *Hydrolia*, *Reichela*, *Sagonea*

MD – 515 Buddlejaceae: ★ **Buddleja**, *Nicodemia*, *Romana*

MD – 516 Cordiaceae: *Acnadena*, **Boodleopsis**, **Callipsygma**, *Cienkowskya*, ★ **Cordia**, *Cordiopsis*, *Hymenesthes*, *Myxa*, *Plethostephia*, *Rhabdocalyx*, *Salimori*

MD – 517 ★ Boraginaceae: ★ **Actinocarya**, **Adelocaryum**, **Adelococcus**, **Aegonychon**, **Afrotysonia**, **Agonimia**, **Ailuroglossum**, *Aipyanthus*, ★ **Amblynotus**, **Amphibologyne**, ★ **Amsinckia**, **Amsinckiopsis**, ★ **Anchusa**, **Ancistrocarya**, **Andersonglossum**, *Andropus*, ★ **Anoplocaryum**, ★ **Antiotrema**, **Antiphytum**, *Antrophora*, *Arguzia*, ★ **Arnebia**,

★ **Asperugo**, *Austrocynoglossum*, **Bagliettoa**, ★ **Borago**, ★ **Bothriospermum**, ★ **Bourreria**, **Brachybotrys**, **Brandella**, ★ **Brunnera**, ★ **Buglossoides**, **Cacadinium**, ★ **Caccinia**, **Catapyrenium**, ★ **Cerinthe**, *Chilochium*, ★ **Chionocharis**, **Choriantha**, **Codon**, ★ **Coldenia**, *Conanthus*, *Cosmanthus*, ★ **Craniospermum**, *Crematomia*, **Crucicaryum**, ★ **Cryptantha**, **Cynoglossopsis**, ★ **Cynoglossum**, **Cynoglottis**, **Cystostemon**, **Dasynotus**, **Decalepidanthus**, **Dermatocarpon**, **Draperia**, **Echinoglochin**, **Echinospermum**, **Echiochilon**, ★ **Echium**, **Embadium**, ★ **Emmenanthe**, *Endiplus*, **Endopyrenium**, **Eremocarya**, ★ **Eriodictyon**, *Eriodyction*, ★ **Eritrichium**, ★ **Eucrypta**, ★ **Euploca**, *Eutoca*, *Exioxylon*, *Friederichsthalia*, ★ **Gastrocotyle**, *Glochidocaryum*, ★ **Greeneocharis**, **Gyrocaryum**, ★ **Hackelia**, **Halacsya**, **Halgania**, **Harpagonella**, *Harpanema*, **Heliocarya**, **Heliophytum**, ★ **Hesperochiron**, **Heterocarpon**, **Heterocaryum**, *Heteryta*, **Hilgeria**, **Hilsenbergia**, **Hormuzakia**, **Howellanthus**, **Hydropunctaria**, **Iberodes**, **Involucrothele**, **Ivanjohnstonia**, **Ixorhea**, **Johnstonella**, *Lacaitaea*, ★ **Lappula**, ★ **Lasiocaryum**, **Lauderlindsaya**, ★ **Lepechiniella**, **Lepidocordia**, **Leucocarpopsis**, ★ **Lindelofia**, **Lithocardium**, ★ **Lithodora**, **Lithoicea**, ★ **Lithospermum**, **Lithosphaeria**, *Lobophyllum*, **Lobostemon**, **Macentina**, **Macromeria**, **Macrotomia**, ★ **Maharanga**, **Mairetis**, **Mattiastrum**, **Melanortocarya**, **Memoremea**, **Merismatium**, **Messerschmidia**, *Messerschmidtia*, **Metaeritrichium**, ★ **Microcaryum**, *Microgenetes*, **Microparacaryum**, ★ **Microula**, **Mimophytum**, ★ **Moltkia**, **Moltkiopsis**, *Montjolya*, **Morelosia**, **Moritzia**, **Muellerella**, **Myosotidium**, ★ **Myosotis**, **Myriopus**, ★ **Nama**, ★ **Neatostema**, ★ **Nemophila**, *Nemophilla*, **Nesocaryum**, **Nogalia**, **Nomosa**, ★ **Nonea**, **Ogastemma**, **Omphalodes**, **Omphalolappula**, ★ **Omphalotrigonotis**, **Oncaglossum**, ★ **Onosma**, **Onosmodium**, ★ **Oreocarya**, **Paracarpidium**, **Paracaryopsis**, ★ **Paracaryum**, *Paracynoglossum*, **Paramoltkia**, **Paraphysothele**, **Paraplacidiopsis**, **Pardoglossum**, **Patagonica**, **Pectocarya**, **Pentalophus**, ★ **Phacelia**, **Phaeospora**, **Pholisma**, ★ **Pholistoma**, **Phylloblastia**, **Phyllocara**, *Piloisia*, **Placidiopsis**, ★ **Plagiobothrys**, **Podonosma**, **Polyblastia**, **Pontechium**, **Pseudoheterocaryum**, **Pseudolappula**, **Pseudomertensia**, **Psilolaemus**, **Psoroglaena**, ★ **Pulmonaria**, *Rhytispermum*, ★ **Rindera**, **Rochefortia**, ★ **Rochelia**, **Romanzoffia**, *Romanzovia*, *Romanzowia*, **Saccellium**, *Sacellium*, *Scapicephalus*, **Selkirkia**, **Sericostoma**, **Setulocarya**, **Simpsonanthus**, ★ **Sinojohnstonia**, ★ **Solenanthus**, **Spheconisca**, **Staurothele**, **Stegnocarpus**, ★ **Stenosolenium**, **Stephanocaryum**, *Strophiostoma*, ★ **Suchtelenia**, *Symphytonema*, ★ **Symphytum**, *Tanulepis*, **Thaumatocaryon**, **Thelidiola**, **Thelidium**, ★ **Thyrocarpus**, **Tianschaniella**, ★ **Tiquilia**, ★ **Tournefortia**, ★ **Trachystemon**, **Tricardia**, ★ **Trichodesma**, **Trigonocaryum**, ★ **Trigonotis**, **Trimmatothele**, **Turricula**, **Tysonia**, *Ulmarronia*, *Ulugbekia*, ★ **Varronia**, *Varroniopsis*, *Vaupelia*, *Whitlavia*, *Wigandia*

MD – 518 Codonaceae：**Tetracarpaea**

MD – 519 Heliotropiaceae：**Granulopyrenis**, ★ **Heliotropium**, *Piptoclaina*

MD – 520 Wellstediaceae：**Wellstedia**

MD – 521 Ellisiophyllaceae：★ **Ellisiophyllum**, *Moseleya*

MD – 522 Naucleaceae：*Burttdavya*, ★ **Nauclea**

MD – 523 ★ Rubiaceae：**Achilleanthus**, *Acmostigma*, ★ **Acranthera**, **Acrobotrys**, **Acrosynanthus**, **Acunaeanthus**, **Adenorandia**, ★ **Adina**, *Adinauclea*, **Adolphoduckea**, **Afrocanthium**, **Agathisanthemum**, **Agouticarpa**, *Agylophora*, ★ **Aidia**, **Aidiopsis**, **Airosperma**, **Aitchisonia**, **Alberta**, **Aleisanthia**, **Aleisanthiopsis**, ★ **Alibertia**, *Alleizettea*, ★ **Alleizettella**, **Allenanthus**, **Alseis**, **Amaioua**, ★ **Amaracarpus**, **Amphiasma**, **Amphidasya**, **Amphistemon**, **Anotis**, **Antherostele**, *Antherura*, **Anthocephalum**, **Anthocephalus**, **Anthorrhiza**, **Anthospermopsis**, ★ **Anthospermum**, **Antirhea**, *Antirhoea*, **Aoranthe**, *Aparinanthus*, *Aparine*, *Aparinella*, **Aphaenandra**, **Aphanocarpus**, *Apomuria*, **Appunia**, **Arachnothryx**, *Arbulocarpus*, ★ **Arcytophyllum**, **Argocoffeopsis**, ★ **Argostemma**, **Ascophyllum**, *Asemanthia*, **Asemnantha**, *Aspera*, **Asperugalium**, ★ **Asperula**, **Astiella**, ★ **Atractocarpus**, **Atractogyne**, **Augusta**, **Aulacocalyx**, **Badusa**, *Balfourina*, **Balmea**, **Bathysa**, **Batopedina**, *Becheria*, *Belicea*, *Belilla*, *Bellizinca*, **Belonophora**, *Bemsetia*, ★ **Benkara**, **Benzonia**, **Berghesia**, ★ **Bertiera**, *Bertuchia*, **Bikkia**, **Blepharidium**, **Bobea**, **Boholia**, *Borojoa*, **Bothriospora**, **Botryarrhena**, ★ **Bouvardia**, ★ **Brachytome**, **Bradea**, ★ **Bremeria**, **Brenania**, **Breonadia**, ★ **Breonia**, **Bridsonia**, *Bruinsmania*, **Bullockia**, *Bunburya*, **Bungarimba**, **Burchellia**, **Byrsophyllum**, **Caelospermum**, *Cafe*, *Calderonia*, **Callipeltis**, **Calochone**, *Calycodendron*, **Calycophyllum**, **Calycosia**, **Calycosiphonia**, **Canephora**, ★ **Canthium**, **Canthiumera**, **Capirona**, *Caquepiria*, ★ **Carapichea**, *Carinta*, *Carmenocania*, **Carpacoce**, **Carphalea**, **Carterella**, **Casasia**, *Cassupa*, **Catesbaea**, ★ **Catunaregam**, ★ **Cephalanthus**, *Cephalidium*, **Ceratopyxis**, ★ **Ceriscoides**, **Ceuthocarpus**, *Chaenocarpus*, **Chaetostachydium**, **Chalepophyllum**, **Chamaepentas**, **Chapelieria**, *Chasallia*, ★ **Chassalia**, **Chazaliella**, *Chesnea*, *Chimarhis*, **Chimarrhis**, ★ **Chiococca**, **Chione**, *Chlorostemma*, *Choristes*, *Chytropsia*, *Cigarrilla*, **Ciliosemina**, ★ **Cinchona**, **Cinchonopsis**, **Cladoceras**, ★ **Clarkella**, **Coccochondra**, *Coccocipsilum*, **Coccocypselum**, **Coddia**, **Coelopyrena**, ★ **Coelospermum**, ★ **Coffea**, *Coleactina*, **Colleteria**, **Colletoecema**, *Commitheca*, **Condalia**, **Condaminea**, **Conostomium**, ★ **Coprosma**, **Coptophyllum**, ★ **Coptosapelta**, **Coptosperma**, **Cordiera**, **Cordillera**, ★ **Cordylostigma**, **Corynanthe**, *Corynula*, **Coryphothamnus**, ★ **Cosmibuena**, **Cosmocalyx**, *Coursiana*, **Coussarea**, **Coutaportla**, **Coutarea**, **Coutareopsis**, **Cowiea**, **Craterispermum**, *Creatantha*, **Cremaspora**, **Cremocarpon**, **Crobylanthe**, **Crocyllis**, **Crossopteryx**, ★ **Crucianella**, ★ **Cruciata**, **Cruckshanksia**, **Crusea**, *Csapodya*, **Cubanola**, *Cupi*, **Cuviera**, **Cyanoneuron**, ★ **Cyclophyllum**, **Cynanchica**, ★ **Damnacanthus**, **Danais**, *Daun – contu*, *Decameria*, **Deccania**, **Declieuxia**, *Delpechia*, *Democritea*, **Dendrosipanea**, **Denscantia**, ★ **Dentella**, **Deppea**, *Deppeopsis*, **Diacrodon**, **Di-**

brachionostylus, Dibridsonia, Dichilanthe, *Dichrospermum*, Didymaea, Didymopogon, Didymosalpinx, Dimetia, *Dinocanthium*, Diodella, ★Diodia, ★Dioecrescis, Dioicodendron, *Diotocarpus*, *Diotocranus*, ★Diplospora, Dirichletia, *Discocoffea*, ★Discospermum, Ditrichanthus, Diyaminauclea, Dolianthus, Dolichocarpa, Dolichodelphys, Dolicholobium, Dolichometra, Dolichopentas, Donnellyanthus, *Douarrea*, *Dressleriopsis*, *Duhamela*, Duidania, *Dukea*, ★Dunnia, ★Duperrea, Duroia, Durringtonia, *Dychotria*, *Dysoda*, Edithea, Edrastima, Eizia, Elaeagia, *Elattospermum*, Eleuthranthes, ★Emmenopterys, Emmeorhiza, Empogona, *Encopea*, *Enterospermum*, Eosanthe, *Epithinia*, Ereicoctis, Eriosemopsis, *Eriostoma*, ★Erithalis, Ernodea, Etericius, ★Euclinia, *Eumachia*, *Eumorphanthus*, Everistia, *Exallage*, Exallosperma, *Exandra*, Exostema, Fadogia, Fadogiella, ★Faramea, Ferdinandusa, Feretia, Fergusonia, Fernelia, *Fistularia*, Flagenium, Fleroya, Flexanthera, Foonchewia, ★Fosbergia, *Franchetia*, ★Froelichia, *Fructesca*, ★Gaertnera, Galianthe, Galiniera, ★Galium, Gallienia, *Gallion*, Galopina, *Galvania*, *Gamotopea*, Ganguelia, *Garapatica*, ★Gardenia, Gardeniopsis, Genipa, Gentingia, *Geocardia*, ★Geophila, Gerontostoma, Gillespiea, Gleasonia, Glionnetia, Globulostylis, Glossostipula, Gomphocalyx, Gonzalagunia, *Gonzalea*, grandiflora, ★Greenea, Greeniopsis, Griffitharia, ★Guettarda, *Guettardella*, ★Guihaiothamnus, *Gunthera*, *Guttenbergia*, ★Gynochthodes, *Gynochtodes*, Gynopachis, *Gynopachys*, Gyrostipula, Habroneuron, Haldina, ★Hamelia, *Hayataella*, Hedstromia, ★Hedyotis, Hedythyrsus, Heinsenia, Heinsia, Hekistocarpa, Helictosperma, Heterophyllaea, Hexaphylla, *Hexepta*, ★Himalrandia, ★Hindsia, Hintonia, Hippotis, Hodgkinsonia, *Holocarpa*, Holstianthus, *Holtonia*, *Homaloclados*, Homollea, *Homolliella*, *Hondbesseion*, ★Houstonia, ★Hydnophytum, Hydrophylax, *Hymenocnemis*, Hymenocoleus, ★Hymenodictyon, ★Hyperacanthus, ★Hypobathrum, Hypolyssus, ★Hyptianthera, *Imantina*, *Indopolysolenia*, Involucrella, Isertia, Isidorea, ★Ixora, Jackiopsis, Jamaicanthus, Janotia, *Javorkaea*, Joosia, Jovetia, *Jurgensia*, *Justenia*, ★Kadua, ★Kailarsenia, Kajewskiella, Keenania, Keetia, ★Kelloggia, Kerianthera, Khasiaclunea, Kindia, *Kinkina*, Klossia, ★Knoxia, Kochummenia, ★Kohautia, ★Kraussia, Kupeantha, *Kurria*, Kutchubaea, *Lachnosiphonium*, ★Ladenbergia, *Lagynias*, Lamprothamnus, Landiopsis, Larsenaikia, ★Lasianthus, *Lasionema*, Lathraeocarpa, *Laugieria*, Lecananthus, Lecariocalyx, ★Lelya, Lemyrea, Lepidostoma, ★Leptactina, ★Leptodermis, ★Leptomischus, Leptopetalum, Leptoscela, ★Leptostigma, Leptunis, ★Lerchea, *Leroya*, Leucocodon, Leucolophus, Limnosipanea, Lintersemina, *Litosanthes*, *Lorencea*, ★Luculia, Lucya, Ludekia, *Lycioserissa*, Macbrideina, ★Machaonia, Macrocnemum, Macrosphyra, Maguireocharis, Maguireothamnus, Malanea, Mallostoma, ★Manettia, Manostachya, Mantalania, Mapouria, Margaritopsis, *Marquisia*, Martensianthus, Maschalodesme, Massularia, Mastixiodendron, Mazaea, *Megalopus*, ★Melanopsidium, Melanoxerus, *Menestoria*, Mericarpaea, *Mericocalyx*, Merumea, *Metabolos*, *Metabolus*, Metadina, ★Mexotis, ★Meyna, Micrasepalum, ★Microphysa, *Microsplenium*, ★Mitchella, ★Mitracarpus, ★Mitragyna, Mitrasacmopsis, *Mitrastigma*, Mitriostigma, Molopanthera, Monosalpinx, *Montamans*, Morelia, Morierina, ★Morinda, ★Morindopsis, Motleya, *Motleyia*, Motleyothamnus, ★Mouretia, Multidentia, *Mungos*, ★Mussaenda, Mussaendopsis, *Muzonia*, ★Mycetia, Myrioneuron, ★Myrmecodia, Myrmeconauclea, Myrmephytum, *Myrstiphylla*, *Nacibea*, *Naletonia*, Nargedia, *Natalanthe*, ★Neanotis, Neblinathamnus, Nematostylis, Nenax, Neobertiera, Neoblakea, *Neobreonia*, Neogaillonia, ★Neohymenopogon, ★Neolamarckia, *Neoleroya*, Neomussaenda, ★Neonauclea, *Neorosea*, Nernstia, ★Nertera, *Nerteria*, *Nescidia*, Nesohedyotis, Nettlera, ★Neurocalyx, Nichallea, Nodocarpaea, *Nonatelia*, Normandia, ★Nostolachma, *Nothophlebia*, ★Notopleura, ★Ochreinauclea, *Octodon*, Octotropis, ★Oldenlandia, ★Oldenlandiopsis, Oligocodon, Omiltemia, ★Opercularia, *Ophiorhiza*, ★Ophiorrhiza, *Oregandra*, Oreopolus, Osa, Otiophora, *Otocalyx*, Otomeria, Ottoschmidtia, *Ourouparia*, ★Oxyanthus, ★Oxyceros, Pachystylus, ★Paederia, *Paedicalyx*, Pagamea, Pagameopsis, Paganuccia, *Paiva*, ★Palicourea, *Pamplethantha*, *Paolia*, Paracephaelis, Parachimarrhis, *Paracoffea*, Paracorynanthe, *Paradina*, Paragenipa, *Paragophyton*, Parainvolucrella, Paraknoxia, Paralasianthus, Paranotis, Parapentas, *Paratriaina*, Patima, ★Pauridiantha, Pausinystalia, *Pavate*, ★Pavetta, Payera, *Pentacarpaea*, Pentagonia, Pentaloncha, ★Pentanisia, Pentanopsis, ★Pentas, Pentodon, ★Peponidium, Perakanthus, Perama, *Peratanthe*, *Perdicesca*, Peripeplus, Pertusadina, *Petagomoa*, Petesia, Petitiocodon, *Petunga*, *Phallaria*, Phellocalyx, Phialanthus, Phialiphora, *Phitopis*, ★Phuopsis, Phyllacanthus, Phyllis, Phyllocrater, Phyllomelia, Phyllopentas, Phylohydrax, Picardaea, Pimentelia, Pinarophyllon, Pinckneya, *Piringa*, ★Pitardella, Pittoniotis, Placocarpa, Planaltina, Platycarpum, *Pleimeris*, Pleiocoryne, Pleiocraterium, *Pleureia*, *Pleurocoffea*, Plocama, Plocaniophyllon, *Pogonanthus*, *Pogonolobus*, Pogonopus, *Polysolenia*, Polysphaeria, ★Polyura, *Pomangium*, *Pomatium*, Pomax, Porterandia, Portlandia, ★Posoqueria, Pouchetia, Praravinia, Preussiodora, *Princea*, ★Prismatomeris, *Pristidia*, *Probletostemon*, *Proscephaleium*, Psathura, Pseudaidia, *Pseudochimarrhis*, Pseudocoptosperma, Pseudodiplospora, Pseudogaillonia, Pseudogalium, Pseudohamelia, Pseudomantalania, Pseudomiltemia, ★Pseudomussaenda, Pseudonesohedyotis, *Pseudopeponidium*, ★Pseudopyxis, *Pseudrachicallis*, *Psilanthopsis*, *Psilobium*, *Psilostoma*, ★Psychotria, *Psychotrophum*, ★Psydrax, Pteridocalyx, Pterogaillonia, *Pterostephus*, Pubistylus, Puffia, Pygmaeothamnus, Pyragra, ★Pyrostria, *Quinquina*, Rachicallis, Ramonadoxa, Ramosmania, ★Randia, Raritebe, Razafimandimbisonia, Readea, ★Remijia, *Renistipula*, Rennellia, Resinanthus, Retiniphyllum, *Rhachicallis*, Rhadinopus, Rhaphidura, Rhodopentas, *Rhodostoma*, ★Richardia, Ridsdalea, Riodocea, Riqueuria, Robbrechtia, Robynsia, Rogiera, Roigella, *Rojoc*,

★ **Ronabea**, *Ronabia*, ★ **Rondeletia**, *Roosia*, ★ **Rosenbergiodendron**, *Rothamannia*, **Rothmannia**, **Rovaeanthus**, ★ **Rubia**, ★ **Rubovietnamia**, ★ **Rudgea**, **Rustia**, **Rutidea**, *Rytidotus*, **Rytigynia**, **Sabicea**, **Sacosperma**, ★ **Saldinia**, **Salzmannia**, *Samama*, *Santalina*, ★ **Saprosma**, **Sarcocephalus**, *Scepseothamnus*, *Schetti*, **Schismatoclada**, **Schizenterospermum**, **Schizocalyx**, **Schizocolea**, ★ **Schizomussaenda**, **Schmidtottia**, **Schradera**, **Schumanniophyton**, **Schwendenera**, **Scleromitrion**, **Scolosanthus**, ★ **Scyphiphora**, **Scyphostachys**, **Semaphyllanthe**, **Sericanthe**, **Serissa**, **Seychellea**, **Shaferocharis**, ★ **Sherardia**, ★ **Sherbournia**, *Sickingia*, **Siemensia**, **Simira**, **Singaporandia**, **Sinoadina**, **Sipanea**, **Sipaneopsis**, *Sipania*, **Siphonandrium**, *Solenixora*, **Sommera**, **Spathichlamys**, ★ **Spermacoce**, **Spermacoceodes**, ★ **Spermadictyon**, **Sphinctanthus**, ★ **Spiradiclis**, **Squamellaria**, **Stachyarrhena**, **Stachyococcus**, **Staelia**, **Standleya**, **Stannia**, **Steenisia**, **Stenaria**, **Stenosepala**, **Stenostomum**, **Stenotis**, **Stephanococcus**, *Stephegyne*, **Stevensia**, **Steyermarkia**, **Stichianthus**, **Stilpnophyllum**, *Stomandra*, *Straussia*, **Streblosa**, **Streblosiopsis**, *Strempelia*, **Strumpfia**, **Stylocoryna**, *Stylocoryne*, **Stylosiphonia**, **Suberanthus**, *Sulipa*, *Sykesia*, **Synaptantha**, **Syringantha**, **Tainus**, *Tamatavia*, ★ **Tamilnadia**, **Tammsia**, **Tamridaea**, *Tangaraca*, **Tangshuia**, *Tapiphyllum*, *Tardavel*, ★ **Tarenna**, **Tarennella**, ★ **Tarennoidea**, **Temnocalyx**, **Temnopteryx**, **Tennantia**, *Tertrea*, *Tessiera*, *Tetralopha*, **Tetramerium**, *Tetraplasia*, **Thamnoldenlandia**, **Thiollierea**, **Thliphthisa**, **Thogsennia**, *Thouarsiora*, *Thyridocalyx*, ★ **Timonius**, **Tinadendron**, **Tobagoa**, **Tocoyena**, **Tortuella**, *Tournefortiopsis*, ★ **Trailliaedoxa**, *Tresanthera*, **Triainolepis**, **Tricalysia**, *Trichogalium*, **Trichostachys**, **Triflorensia**, **Tromlyca**, *Tsiangia*, **Tulearia**, ★ **Uncaria**, ★ **Urophyllum**, *Uruparia*, **Valantia**, ★ **Vangueria**, **Vangueriella**, **Vangueriopsis**, *Vavanga*, *Verulamia*, **Vidalasia**, ★ **Villaria**, **Virectaria**, *Vissadali*, **Wandersong**, **Warszewiczia**, ★ **Wendlandia**, **Wittmackanthus**, **Xanthocephalum**, *Xanthophytopsis*, ★ **Xanthophytum**, **Xantonneopsis**, *Xeromphis*, *Yangapa*, **Zuccarinia**

MD – 524 Retziaceae: **Retzia**

MD – 525 Henriqueziaceae: **Henriquezia**

MD – 526 ★ Menyanthaceae: **Limnanthemum**, **Liparophyllum**, ★ **Menyanthes**, **Nephrophyllidium**, ★ **Nymphoides**, **Ornduffia**, **Villarsia**, *Waldschmidia*

MD – 527 ★ Plantaginaceae: **Acanthorrhinum**, **Achetaria**, **Albraunia**, ★ **Anamaria**, ★ **Anarrhinum**, **Ancistrostylis**, ★ **Angelonia**, *Anthirrinum*, ★ **Antirrhinum**, **Aragoa**, ★ **Asarina**, ★ **Bacopa**, **Basistemon**, **Becabunga**, *Beccabunga*, **Benjaminia**, **Besseya**, **Boelckea**, *Botryopleuron*, **Bougueria**, **Bryodes**, **Bythophyton**, *Calorhabdos*, **Campylanthus**, ★ **Chaenorhinum**, **Cheilophyllum**, ★ **Chelone**, **Chionophila**, ★ **Cymbalaria**, **Cymbilabia**, **Darcya**, ★ **Deinostema**, ★ **Digitalis**, **Dintera**, **Dizygostemon**, ★ **Dopatrium**, **Encopella**, **Epixiphium**, **Gambelia**, **Geochorda**, **Hebe**, **Heliohebe**, **Hemianthus**, ★ **Hemiphragma**, **Holmgrenanthe**, **Holzneria**, **Hueblia**, **Hydrotriche**, **Ildefonsia**, **Isoplexis**, **Kashmiria**, ★ **Keckiella**, **Lafuentea**, **Lapaea**, **Lendneria**, **Leptandra**, ★ **Leucospora**, **Littorella**, **Lophospermum**, **Mabrya**, **Maeviella**, **Maurandella**, *Mella*, **Melosperma**, **Microrrhinum**, ★ **Misopates**, **Mohavea**, **Monopera**, **Monttea**, *Naiadothrix*, **Nanorrhinum**, **Neogaerrhinum**, ★ **Neopicrorhiza**, **Nothochelone**, ★ **Nuttallanthus**, **Otacanthus**, **Paederotella**, **Pagesia**, **Parahebe**, **Pennellianthus**, **Philcoxia**, **Pibiria**, **Picrorhiza**, ★ **Plantago**, **Poskea**, **Psammetes**, **Pseudolysimachion**, **Pseudomisopates**, **Pseudorontium**, *Psyllium*, **Pygmea**, **Rhodochiton**, ★ **Russelia**, **Sairocarpus**, **Schistophragma**, **Schweinfurthia**, ★ **Scoparia**, *Scoporia*, ★ **Scrofella**, *Sinobacopa*, **Sophronanthe**, **Spirostegia**, **Synthyris**, **Tetranema**, *Tetraplacus*, **Tetraulacium**, **Tonella**, ★ **Trapella**, **Trimerocalyx**, **Uranostachys**, **Uroskinnera**, ★ **Veronicastrum**, **Wulfenia**, **Wulfeniopsis**

MD – 528 ★ Carlemanniaceae: ★ **Carlemannia**, *Quiducia*, ★ **Silvianthus**

MD – 529 ★ Sphenocleaceae: *Pongati*, *Pongatium*, ★ **Sphenoclea**

MD – 530 ★ Adoxaceae: ★ **Adoxa**, *Moscatella*, *Moschatellina*, **Sinadoxa**, **Tetradoxa**

MD – 531 ★ Calceolariaceae: ★ **Calceolaria**, **Fagelia**, **Jovellana**, **Porodittia**, **Stemotria**

MD – 532 ★ Stilbaceae: **Anastrabe**, **Bowkeria**, **Brookea**, **Charadrophila**, **Euthystachys**, *Hallera*, ★ **Halleria**, **Ixianthes**, **Kogelbergia**, *Lachnopylis*, **Nuxia**, **Stilbe**, **Thesmophora**

MD – 533 ★ Gratiolaceae: ★ **Gratiola**, *Nibora*

MD – 534 ★ Linderniaceae: *Anagalloides*, **Bampsia**, ★ **Bonnaya**, **Catimbaua**, **Craterostigma**, ★ **Crepidorhopalon**, **Hartliella**, **Hemiarrhena**, **Ilysanthes**, **Isabelcristinia**, **Legazpia**, ★ **Lindernia**, **Linderniella**, ★ **Micranthemum**, ★ **Pierranthus**, **Schizotorenia**, ★ **Scolophyllum**, **Stemodiopsis**

MD – 535 Veronicaceae: *Cochlidiosperma*, *Lunellia*, **Macrocystis**, ★ **Veronica**

MD – 536 ★ Scrophulariaceae: ★ **Adenosma**, *Agathelpis*, *Alectorolophus*, ★ **Alonsoa**, *Alonzoa*, **Ambuli**, **Ameroglossum**, **Androya**, **Antherothamnus**, **Anticharis**, **Aptosimum**, **Artanema**, *Artenema*, **Barthlottia**, ★ **Bartsia**, ★ **Bontia**, ★ **Buchnera**, *Buechneria*, **Campbellia**, **Camptoloma**, **Celsioverbascum**, ★ **Centranthera**, **Ceramanthe**, ★ **Chaenostoma**, **Chamaecrypta**, **Chenopodiopsis**, ★ **Collinsia**, **Colpias**, **Conobea**, *Conobia*, *Conopea*, **Cromidon**, *Dasanthera*, **Dermatobotrys**, **Diascia**, **Diclis**, *Dischimia*, **Dischisma**, **Dolichostemon**, *Doranthera*, **Doratanthera**, **Elatinoides**, *Elmigera*, **Emorya**, **Eremogeton**, ★ **Erinus**, **Esterhazya**, *Faxonanthus*, **Fonkia**, *Freylenia*, ★ **Freylinia**, *Galvesia*, **Galvezia**, **Glekia**, **Globulariopsis**, **Glossostigma**, **Glumicalyx**, **Glycocystis**, **Gomphostigma**, **Gosela**, **Graderia**, *Gymnandra*, *Hebenstreitia*, **Hebenstretia**, **Hemimeris**, *Herpestes*, **Herpestis**, *Hydropityon*, *Hydropityum*, **Hyobanche**, *Hyogeton*, **Jamesbrittenia**, ★ **Kickxia**, ★ **Lagotis**, ★ **Lathraea**, **Letharia**, **Leucophyllum**, ★ **Limnophila**, *Limnophylla*, ★ **Li-**

mosella, ★ **Linaria**, ★ **Lindenbergia**, **Lychnitis**, *Lymnophila*, **Lyperia**, **Macranthera**, *Malasma*, **Manulea**, **Manuleopsis**, **Maurandya**, ★ **Mazus**, ★ **Mecardonia**, **Melanospermum**, ★ **Melasma**, **Microdon**, ★ **Mimulus**, *Monavia*, **Mycoporum**, **Namation**, ★ **Nathaliella**, **Nefflea**, ★ **Nemesia**, *Nemia*, **Oreosolen**, **Ourisia**, ★ **Pedicularis**, **Peliostomum**, *Peltimela*, ★ **Penstemon**, **Pentacoelium**, *Pentostemon*, ★ **Phtheirospermum**, ★ **Phygelius**, **Phyllopodium**, ★ **Picria**, **Pocilla**, **Polycarena**, *Polycoelium*, **Pseudoselago**, **Ranopisoa**, ★ **Rehmannia**, **Reyemia**, ★ **Rhamphicarpa**, *Rhaphidophyllum*, ★ **Rhinanthus**, ★ **Rhynchocorys**, *Scrofularia*, **Scrophucephalus**, ★ **Scrophularia**, **Scrophulari - verbascum**, **Seymeria**, **Sibthorpia**, ★ **Sopubia**, ★ **Stemodia**, **Strobilopsis**, **Sutera**, **Teedia**, **Tetraselago**, **Tomiephyllum**, *Torena*, ★ **Torenia**, ★ **Tozzia**, **Trieenea**, **Trungboa**, ★ **Vandellia**, **Vellosiella**, *Velloziella*, **Venilia**, ★ **Verbascum**, *Walafrida*

MD - 537 Valerianaceae: *Dufresnea*, *Dufresnia*, **Fedia**, *Feedia*, *Fuisa*, ★ **Patrinia**, **Phuodendron**, **Porteria**, ★ **Valeriana**, ★ **Valerianella**

MD - 538 ★ Schlegeliaceae: *Dermatocalyx*, **Exarata**, **Gibsoniothamnus**, ★ **Schlegelia**, **Synapsis**

MD - 539 ★ Pedaliaceae: **Ceratotheca**, **Dewinteria**, **Dicerocaryum**, **Harpagophytum**, **Holubia**, *Josephina*, **Josephinia**, **Linariopsis**, **Pedaliodiscus**, **Pedalium**, *Pretrea*, **Pterodiscus**, ★ **Rogeria**, *Sesamopteris*, **Sesamothamnus**, ★ **Sesamum**, **Uncarina**

MD - 540 Spielmanniaceae: **Spielmannia**

MD - 541 ★ Bignoniaceae: ★ **Adenocalymma**, *Amphicome*, ★ **Amphilophium**, ★ **Amphitecna**, ★ **Anemopaegma**, *Anomoctenium*, **Argylia**, **Arrabidaea**, **Astianthus**, *Bayonia*, ★ **Bignonia**, *Blepharitheca*, *Bothriopodium*, *Calampelis*, ★ **Callichlamys**, **Campsidium**, ★ **Campsis**, ★ **Catalpa**, *Catalpium*, **Catophractes**, **Ceratophytum**, ★ **Chilopsis**, **Chitalpa**, *Chodanthus*, *Clytostomanthus*, *Codazzia*, **Colea**, *Cotema*, *Couralia*, *Cremastus*, ★ **Crescentia**, *Cumbulu*, ★ **Cuspidaria**, ★ **Cybistax**, **Delostoma**, *Dendrosicus*, ★ **Deplanchea**, **Digomphia**, **Dinklageodoxa**, *Distictella*, ★ **Dolichandra**, ★ **Dolichandrone**, **Eccremocarpus**, **Ekmanianthe**, **Enallagma**, *Endoloma*, *Exsertanthera*, *Fernandia*, ★ **Fernandoa**, ★ **Fridericia**, *Gardnerodoxa*, *Glaziovia*, **Godmania**, *Hanburyophyton*, ★ **Handroanthus**, *Haplolophium*, *Haplophragma*, ★ **Heterophragma**, ★ **Hieris**, *Hilariophyton*, *Iacaranda*, *Icaranda*, ★ **Incarvillea**, ★ **Jacaranda**, ★ **Kigelia**, *Kigelianthe*, *Kissodendron*, *Kokoschkinia*, *Kuhlmannia*, **Lamiodendron**, *Leucocalantha*, *Levya*, **Lundia**, *Macranthisiphon*, *Macrocatalpa*, *Macrodiscus*, **Manaosella**, ★ **Mansoa**, ★ **Markhamia**, *Martinella*, ★ **Mayodendron**, *Melloa*, *Microbignonia*, *Micropaegma*, ★ **Millingtonia**, *Mormoraphis*, *Mussatia*, *Nematopogon*, **Neojobertia**, *Neomacfadya*, **Neosepicaea**, *Nestoria*, *Neves - armondia*, ★ **Newbouldia**, **Niedzwedzkia**, *Notjo*, *Nouletia*, ★ **Nyctocalos**, *Odisca*, *Odontotecoma*, *Onohualcoa*, **Ophiocolea**, ★ **Oroxylum**, *Osmhydrophora*, *Osmohydrophora*, **Otophora**, *Oxymitus*, **Pachyptera**, **Pajanelia**, ★ **Pandorea**, *Panterpa*, *Parabignonia*, *Paracarpaea*, *Paracolea*, *Paradolichandra*, *Paragonia*, *Paramansoa*, *Paraphyllarthron*, **Paratecoma**, ★ **Parmentiera**, **Pauldopia**, *Pentelesia*, **Perianthomega**, **Periarrabidaea**, **Perichlaena**, *Petastoma*, *Pharseophora*, *Phoenicocissus*, *Phryganocydia*, **Phyllarthron**, **Phylloctenium**, *Piriadacus*, ★ **Pleonotoma**, ★ **Podranea**, *Pongelia*, *Potamoganos*, *Potamoxylon*, *Proterpia*, **Pseudocatalpa**, *Pseudopaegma*, *Pteromischus*, ★ **Pyrostegia**, ★ **Radermachera**, **Rhigozum**, **Rhodocolea**, *Roentgenia*, *Rojasiophyton*, **Romeroa**, **Roseodendron**, *Sampaiella*, **Sanhilaria**, **Santisukia**, *Scobinaria*, *Setilobus*, *Sideropogon*, *Siphocolea*, **Sparattosperma**, **Spathicalyx**, ★ **Spathodea**, **Sphingiphila**, *Stenosiphanthus*, ★ **Stereospermum**, ★ **Stizophyllum**, ★ **Tabebuia**, ★ **Tanaecium**, ★ **Tecoma**, **Tecomanthe**, ★ **Tecomaria**, ★ **Tecomella**, *Tetrastichella*, **Tourrettia**, **Tynanthus**, *Urbanolophium*, *Wunschmannia*, *Xerotecoma*, **Xylophragma**, *Zaa*, **Zeyheria**

MD - 542 ★ Paulowniaceae: Wightiaceae, ★ **Paulownia**, **Shiuyinghua**, ★ **Wightia**

MD - 543 Triplostegiaceae: ★ **Triplostegia**

MD - 544 Trapellaceae: **Placopsis**, **Rimularia**, **Trapelia**

MD - 545 ★ Dipsacaceae: *Asterocephalus*, *Astrocephalus*, ★ **Cephalaria**, *Chetastrum*, **Coulterella**, ★ **Dipsacus**, ★ **Scabiosa**, *Trochocephalus*, *Virga*

MD - 546 Morinaceae: **Acanthocalyx**, *Cryptothladia*, ★ **Morina**, *Morinea*

MD - 547 Tetrachondraceae: **Tetrachondra**

MD - 548 Polypremaceae: ★ **Polypremum**

MD - 549 ★ Gesneriaceae: **Acanthonema**, *Achaemenes*, **Achimenantha**, ★ **Achimenes**, **Actinostephanus**, ★ **Aeschynanthus**, ★ **Agalmyla**, *Alagophyla*, ★ **Allocheilos**, **Alloplectus**, ★ **Allostigma**, **Alsobia**, **Amalophyllon**, **Ancylostemon**, **Anetanthus**, ★ **Anna**, **Anodiscus**, **Asteranthera**, *Babactes*, ★ **Beccarinda**, **Belonia**, ★ **Besleria**, **Billolivia**, ★ **Boea**, ★ **Boeica**, *Boeicopsis*, **Bopopia**, **Bournea**, *Brachiostemon*, **Briggsia**, ★ **Briggsiopsis**, *Buxiphyllum*, *Calanthus*, **Calcareoboea**, **Capanea**, **Cathayanthe**, **Centrosolenia**, *Ceratoscyphus*, **Championia**, **Chautemsia**, *Chiliandra*, **Chirita**, **Chiritopsis**, *Chlamydoboea*, **Christopheria**, ★ **Chrysothemis**, **Cobananthus**, **Codonanthe**, **Codonanthopsis**, ★ **Codonoboea**, *Collandra*, *Colpogyne*, ★ **Columnea**, ★ **Conandron**, **Conradia**, **Coptocheile**, ★ **Corallodiscus**, **Coronanthera**, **Corytholoma**, **Corytoplectus**, **Crantzia**, **Cremersia**, **Cremosperma**, **Cremospermopsis**, **Cubitanthus**, ★ **Cyrtandra**, ★ **Cyrtandromoea**, *Dalbergaria*, **Damrongia**, *Dasydesmus*, **Dayaoshania**, **Deinocheilos**, **Deinostigma**, *Deltocheilos*, **Depanthus**, **Diastema**, *Dichiloboea*, **Dichrotrichium**, **Dichrotrichum**, ★ **Didissandra**, ★ **Didymocarpus**, ★ **Didymostigma**, **Dolicholoma**, *Dorcoceras*, **Drymonia**, **Emarhendia**, ★ **Episcia**, ★ **Epithema**, *Erythran-*

thus, **Eucodonia**, **Eucodonopsis**, *Fiebrigia*, **Fieldia**, *Fritschiantha*, **Gasteranthus**, ★ **Gesneria**, **Glabrella**, **Glocodonia**, **Glossoloma**, **Gloxinella**, **Gloxinia**, **Gloxiniopsis**, **Goyazia**, ★ **Gyrocheilos**, ★ **Gyrogyne**, *Heintzia*, ★ **Hemiboea**, ★ **Henckelia**, **Heppiantha**, **Heppiella**, **Hippodamia**, **Houttea**, **Hovanella**, **Hypocyrta**, **Isometrum**, **Jerdonia**, ★ **Kaisupeea**, *Klugia*, **Koellikeria**, ★ **Kohleria**, **Lagarosolen**, **Lampadaria**, **Lembocarpus**, **Lenbrassia**, ★ **Leptoboea**, **Lesia**, **Liebigia**, **Ligeria**, ★ **Litostigma**, **Locheria**, *Lophia*, **Loxocarpus**, **Loxonia**, ★ **Loxostigma**, ★ **Lysionotus**, *Macrochlamys*, **Mandirola**, *Matsumuria*, **Metapetrocosmea**, **Michaelmoelleria**, **Microchirita**, **Middletonia**, **Mitraria**, **Monophyllaea**, **Monopyle**, **Moussonia**, **Napeanthus**, **Nautilocalyx**, ★ **Nematanthus**, **Neomortonia**, **Niphaea**, **Nomopyle**, **Oerstedina**, **Opithandra**, **Orchadocarpa**, ★ **Oreocharis**, *Orithalia*, ★ **Ornithoboea**, **Ortholoma**, **Pachycaulos**, **Pagothyra**, **Paliavana**, *Parabesleria*, ★ **Paraboea**, **Paradrymonia**, **Paraisometrum**, **Parakohleria**, **Paralagarosolen**, **Pearcea**, *Pentadenia*, **Pentaraphia**, ★ **Petrocodon**, ★ **Petrocosmea**, *Petrodoxa*, **Pheidonocarpa**, **Phinaea**, *Phyllobaea*, **Phylloboea**, ★ **Platystemma**, **Plectopoma**, ★ **Primulina**, *Pseudobesleria*, ★ **Pseudochirita**, *Pterygoloma*, **Ramonda**, ★ **Raphiocarpus**, **Rechsteinera**, **Rechsteineria**, **Reldia**, **Resia**, ★ **Rhabdothamnopsis**, **Rhabdothamnus**, *Rheithrophyllum*, **Rhoogeton**, ★ **Rhynchoglossum**, ★ **Rhynchotechum**, **Rhytidophyllum**, **Ridleyandra**, **Rufodorsia**, **Saintpaulia**, **Sanango**, **Sarmienta**, *Schistolobos*, **Schizoboea**, **Sclerophora**, **Seemannia**, **Senyumia**, **Sepikea**, **Shuaria**, ★ **Sinningia**, *Sinoboea*, *Skiophila*, **Smithiantha**, **Smithicodonia**, **Solenophora**, **Spelaeanthus**, **Sphaerorrhiza**, ★ **Stauranthera**, ★ **Streptocarpus**, *Stygnanthe*, **Tetraphylloides**, **Thamnocharis**, ★ **Titanotrichum**, **Tremacron**, **Trevirana**, **Trichodrymonia**, **Trisepalum**, *Tumidinodus*, **Tylopsacas**, **Vanhouttea**, *Vaniotia*, ★ **Whytockia**

MD－550 Viticaceae: *Chrysomallum*, *Neomacfadyena*, *Varengevillea*, ★ **Vitex**

MD－551 Symphoremataceae: ★ **Symphorema**

MD－552 ★ Orobanchaceae: *Adenostegia*, ★ **Aeginetia**, ★ **Agalinis**, ★ **Alectra**, **Anisantherina**, *Anoplon*, **Asepalum**, *Aulaya*, ★ **Aureolaria**, **Baumia**, ★ **Boschniakia**, ★ **Brandisia**, ★ **Bungea**, **Buttonia**, ★ **Castilleja**, *Chingyungia*, **Chloropyron**, ★ **Christisonia**, *Cimbaria*, ★ **Cistanche**, *Clevelandia*, ★ **Conopholis**, ★ **Cordylanthus**, **Cycniopsis**, ★ **Cycnium**, ★ **Cymbaria**, *Dargeria*, *Dasistema*, **Dasistoma**, *Dasystoma*, **Dicranostegia**, **Diphelypaea**, ★ **Epifagus**, **Eremitilla**, **Escobedia**, *Euchroma*, ★ **Euphrasia**, *Gentrya*, *Gerardianella*, **Gerardiina**, **Ghikaea**, ★ **Gleadovia**, **Harveya**, **Hedbergia**, **Hiernia**, ★ **Kopsiopsis**, **Lamourouxia**, ★ **Leptorhabdos**, **Lesquereuxia**, **Leucosalpa**, **Magdalenaea**, ★ **Mannagettaea**, ★ **Melampyrum**, **Micrargeria**, **Micrargeriella**, ★ **Monochasma**, **Nothobartsia**, **Nothochilus**, **Odontitella**, ★ **Odontites**, *Omphalothrix*, ★ **Omphalotrix**, *Oncorhynchus*, *Ophiocephalus*, ★ **Orobanche**, **Orthantha**, ★ **Orthocarpus**, **Parasopubia**, **Parastriga**, *Parentucella*, ★ **Parentucellia**, **Petitmenginia**, ★ **Phacellanthus**, *Phelipanche*, **Physocalyx**, **Pseudobartsia**, **Pseudomelasma**, **Pseudosopubia**, ★ **Pseudostriga**, ★ **Pterygiella**, **Radamaea**, **Rhaphispermum**, **Schwalbea**, **Seymeriopsis**, **Sieversandreas**, **Silviella**, ★ **Siphonostegia**, ★ **Striga**, **Tetraspidium**, **Thunbergianthus**, *Tienmuia*, ★ **Triaenophora**, ★ **Triphysaria**, **Xizangia**, ★ **Xylanche**, **Xylocalyx**

MD－553 Selaginaceae: **Lycopodioides**, *Trispermium*

MD－554 ★ Petreaceae: ★ **Petrea**

MD－555 Cyclocheilaceae: **Cyclocheilon**

MD－556 ★ Verbenaceae: **Acantholippia**, ★ **Aloysia**, *Amasona*, **Amasonia**, **Baillonia**, **Bouchea**, ★ **Callicarpa**, *Campylobotrys*, *Chacasanum*, **Chascanum**, ★ **Citharexylum**, **Coelocarpum**, **Deniseia**, **Diostea**, **Diphyllocalyx**, *Dipterocalyx*, **Dipyrena**, ★ **Duranta**, *Durantea*, **Glandularia**, *Goniostachyum*, **Hastingia**, *Helleranthus*, **Hierobotana**, *Holmskidia*, ★ **Holmskioldia**, *Ischina*, **Ischnia**, **Junellia**, *Lampaya*, **Lampayo**, ★ **Lantana**, *Latana*, *Lippa*, ★ **Lippia**, *Melasanthus*, **Mulguraea**, **Nashia**, **Neosparton**, *Obletia*, **Oxera**, **Parodianthus**, ★ **Phyla**, **Pitraea**, **Pityrodia**, **Plexipus**, ★ **Premna**, ★ **Priva**, *Pygmaeopremna*, *Raphithamnus*, **Recordia**, **Rehdera**, **Rhaphithamnus**, **Spartothamnella**, ★ **Sphenodesme**, *Stachytarpha*, ★ **Stachytarpheta**, *Streptium*, **Tamonea**, *Tarpheta*, *Uwarowia*, ★ **Verbena**, **Verbenoxylum**, **Xeroaloysia**, **Xolocotzia**, **Zappania**

MD－557 ★ Martyniaceae: *Carpoceras*, **Craniolaria**, *Disteira*, **Holoregmia**, **Ibicella**, ★ **Martynia**, ★ **Proboscidea**, *Vatkea*

MD－558 Globulariaceae: ★ **Globularia**

MD－559 ★ Phrymaceae: *Berendtiella*, **Elacholoma**, ★ **Erythranthe**, **Hemichaena**, *Leptostachia*, **Leucocarpus**, ★ **Microcarpaea**, **Mimetanthe**, ★ **Mimulicalyx**, **Peplidium**, ★ **Phryma**, **Thyridia**, **Uvedalia**

MD－560 ★ Pentaphragmataceae: ★ **Pentaphragma**

MD－561 ★ Campanulaceae: ★ **Adenophora**, *Annaea*, ★ **Asyneuma**, *Asyneumopsis*, **Azorina**, *Bolelia*, ★ **Brighamia**, ★ **Burmeistera**, **Calcaratolobelia**, ★ **Campanula**, **Campanumoea**, *Canaria*, **Canarina**, ★ **Centropogon**, *Cephalostigma*, ★ **Clermontia**, ★ **Codonopsis**, **Craterocapsa**, **Cryptocodon**, ★ **Cyananthus**, ★ **Cyanea**, ★ **Cyclocodon**, **Cylindrocarpa**, **Cyphocarpus**, **Delissea**, **Dialypetalum**, **Diastatea**, **Dielsantha**, *Diosphaera*, ★ **Downingia**, **Dysmicodon**, **Echinocodon**, ★ **Edraianthus**, **Favratia**, **Fedorovia**, **Feeria**, **Fockeanthus**, **Githopsis**, *Glosocomia*, **Grammatotheca**, **Gunillaea**, **Hanabusaya**, **Heterochaenia**, ★ **Heterocodon**, **Heterotoma**, **Himalacodon**, ★ **Hippobroma**, ★ **Homocodon**, **Howellia**, **Isotoma**, ★ **Jasione**, **Laurentia**, **Legenere**, ★ **Legousia**, **Leptogium**, **Lysipomia**, **Merciera**, **Michauxia**, **Microcodon**, *Mindium*, **Monopsis**, **Muehlbergella**, **Musschia**, *Myopsia*, **Namacodon**, *Neocodon*, **Nesocodon**, **Ostrowskia**, ★ **Palmerella**, **Pankycodon**, ★ **Peracarpa**, *Perocarpa*, **Petromarula**, **Physoplexis**, ★ **Phy-**

teuma, ★**Platycodon**, *Podanthum*, ★**Porterella**, **Prismatocarpus**, **Pseudonemacladus**, *Quinquelocularia*, *Rapuntia*, **Rhigiophyllum**, **Roella**, *Roucela*, **Ruthiella**, **Sachokiella**, **Sclerotheca**, **Sergia**, *Sicyocodon*, ★**Siphocampylus**, **Siphocodon**, **Solenopsis**, **Specularia**, **Sphacelaria**, **Synantherophora**, **Theilera**, *Tracanthelium*, *Trachanthelium*, **Trachelium**, **Trapeliopsis**, **Treichelia**, ★**Trematolobelia**, ★**Triodanis**, *Tylomium*, **Unigenes**, ★**Wahlenbergia**, **Wimmeranthus**, **Wimmerella**, **Zeugandra**

MD－562 Nemacladaceae：★**Nemacladus**

MD－563 Cyphocarpaceae：**Cyphocarpa**

MD－564 Cyphiaceae：**Cyphia**, *Cyphopsis*

MD－565 Oftiaceae：**Oftia**

MD－566 Myoporaceae：**Eremophila**, **Mycoporellum**, **Myoporoideae**, ★**Myoporum**, **Tomasellia**

MD－567 Lobeliaceae：*Cardinalis*, *Colensoa*, *Dortmanna*, *Hypsela*, ★**Lobelia**, *Rapuntium*, *Rhynchopetalum*, *Speirema*

MD－568 ★Stylidiaceae：**Forstera**, *Gynocampus*, *Leeuwenhockia*, *Leeuwenhoekia*, **Levenhookia**, **Oreostylidium**, **Phyllachne**, ★**Stylidium**

MD－569 Avicenniaceae：*Avicenia*, ★**Avicennia**, **Racka**, *Racua*

MD－570 ★Lentibulariaceae：*Akentra*, *Avesicaria*, *Diurospermum*, *Enetophyton*, *Enskide*, **Genlisea**, *Hamulia*, **Isoloba**, *Megozipa*, *Meionula*, *Meloneura*, *Nelipus*, *Pelidnia*, ★**Pinguicula**, *Plectoma*, **Pleiochasia**, *Plesisa*, *Saccolaria*, *Sacculina*, **Stomoisis**, *Trilobulina*, ★**Utricularia**, *Xananthes*

MD－571 Dicrastylidaceae：**Dicrastylis**

MD－572 ★Acanthaceae：*Acanthodus*, **Acanthopale**, **Acanthopsis**, **Acanthura**, ★**Acanthus**, **Achyrocalyx**, **Adhatoda**, *Aechmanthera*, *Aetheilema*, **Afrofittonia**, **Ambongia**, *Amphiestes*, *Ancalanthus*, **Ancistranthus**, ★**Andrographis**, **Angkalanthus**, ★**Anisacanthus**, **Anisosepalum**, **Anisostachya**, **Anisotes**, **Anomacanthus**, **Apassalus**, **Aphanosperma**, ★**Aphelandra**, **Aphelandrella**, *Aphragmia*, *Apolepsis*, **Arrhostoxylum**, **Ascotheca**, ★**Asystasia**, **Asystasiella**, *Aubleta*, **Bacidina**, **Ballochia**, *Baphicacanthus*, ★**Barleria**, **Barleriola**, *Belantheria*, **Beloperone**, *Benoicanthus*, **Blechum**, ★**Blepharis**, **Borneacanthus**, **Boutonia**, **Brachystephanus**, **Bravaisia**, **Brillantaisia**, **Brunoniella**, **Buceragenia**, **Calacanthus**, *Calasias*, **Calycacanthus**, **Camarotea**, ★**Capraria**, *Cardanthera*, ★**Carlowrightia**, **Catillaria**, **Celerina**, **Cephalacanthus**, **Cephalophis**, **Chaetacanthus**, **Chaetochlamys**, **Chaetothylax**, **Chalarothyrsus**, **Chamaeranthemum**, *Championella*, **Champluviera**, **Cheileainea**, **Chileranthemum**, *Chingiacanthus*, **Chlamydacanthus**, **Chlamydocardia**, **Chorisochora**, ★**Chroesthes**, **Clarkeasia**, ★**Clinacanthus**, **Clistax**, ★**Codonacanthus**, *Corymbostachys*, ★**Cosmianthemum**, **Crabbea**, ★**Crossandra**, **Crossandrella**, **Cuenotia**, **Cyclacanthus**, **Cylindrosolenium**, **Cynarospermum**, **Cyphacanthus**, **Cystacanthus**, *Dactylostegium*, *Daedalacanthus*, **Dasytropis**, *Delphinacanthus*, ★**Dianthera**, **Diceratotheca**, **Dichazothece**, **Dicladanthera**, ★**Dicliptera**, **Dinteracanthus**, **Dipteracanthus**, **Dischistocalyx**, **Dolichostachys**, **Duosperma**, ★**Dyschoriste**, ★**Echinacanthus**, *Ecteinanthus*, ★**Elytraria**, **Encephalosphaera**, **Epiclastopelma**, ★**Eranthemum**, **Eremomastax**, **Eusiphon**, **Exogonium**, **Filetia**, ★**Fittonia**, **Forcipella**, **Geissomeria**, **Gerardia**, *Glosarithys*, **Glossochilus**, **Goudaea**, **Graphandra**, ★**Graptophyllum**, **Gymnophragma**, ★**Gymnostachyum**, **Gynocraterium**, **Gypsacanthus**, **Habracanthus**, **Hansteinia**, **Haplanthodes**, *Haplanthoides*, ★**Harpochilus**, **Haselhoffia**, **Hemiadelphis**, **Hemigraphis**, **Henrya**, **Henryacanthus**, **Herpetacanthus**, **Heteradelphia**, **Holographis**, **Hoverdenia**, **Hulemacanthus**, ★**Hygrophila**, **Hymenochlaena**, ★**Hypoestes**, **Ichthyostoma**, *Intrusaria*, **Ionacanthus**, *Isaloa*, ★**Isoglossa**, **Isotheca**, **Jacobinia**, **Jadunia**, **Juruasia**, ★**Justicia**, **Kalbreyeriella**, **Karima**, **Kenyacanthus**, **Kosmosiphon**, ★**Kudoacanthus**, **Lankesteria**, **Lasiocladus**, **Leandriella**, **Lepidacanthus**, ★**Lepidagathis**, **Leptosiphonium**, **Leptostachya**, **Liberatia**, **Linariantha**, *Linostylis*, **Lissospermum**, **Lophostachys**, **Louteridium**, *Lundellia*, **Lychniothyrsus**, **Mackaya**, **Mananthes**, **Marcania**, **Megalochlamys**, **Megalospora**, **Megalostoma**, **Megaskepasma**, **Melittacanthus**, **Mellera**, **Metarungia**, **Mexacanthus**, **Meyenia**, ★**Mimulopsis**, **Mirandea**, **Monechma**, **Monothecium**, **Morsacanthus**, ★**Nelsonia**, **Neohallia**, **Neriacanthus**, **Neuracanthus**, **Nicoteba**, ★**Odontonema**, **Ophiorrhiziphyllon**, ★**Oplonia**, **Orophochilus**, **Orphniospora**, **Pachyphiale**, ★**Pachystachys**, *Parachampionella*, **Paragutzlaffia**, ★**Pararuellia**, *Periblema*, **Pericalypta**, **Periestes**, ★**Peristrophe**, **Petalidium**, ★**Phaulopsis**, **Phialacanthus**, ★**Phlogacanthus**, *Phyllophiorhiza*, **Physacanthus**, *Physichilus*, *Plagiacanthus*, *Pleuroblepharis*, **Podorungia**, **Poikilacanthus**, *Polyechma*, **Polylychnis**, *Polythrix*, **Populina**, **Pranceacanthus**, *Pringleophytum*, **Pseudacanthopale**, *Pseudaechmanthera*, ★**Pseuderanthemum**, **Pseudocalyx**, **Pseudodicliptera**, **Psilanthele**, **Psiloesthes**, **Pteracanthus**, **Pteroptychia**, ★**Ptyssiglottis**, **Pulchranthus**, **Pupilla**, *Ramusia*, **Razisea**, **Rhacodiscus**, **Rhaphidospora**, ★**Rhinacanthus**, **Rhombochlamys**, **Rhytiglossa**, **Ritonia**, ★**Rostellularia**, ★**Ruellia**, *Ruelliola*, **Ruelliopsis**, ★**Rungia**, **Ruspolia**, **Ruttya**, **Saglorithys**, **Saintpauliopsis**, *Salpingantha*, **Salpixantha**, **Samuelssonia**, ★**Sanchezia**, *Santapaua*, **Sapphoa**, *Sarcanthera*, **Sarotheca**, **Satanocrater**, **Schaueria**, **Schaueriopsis**, *Sciaphyllum*, **Sclerochiton**, **Sebastiano－schaueria**, **Sericocalyx**, **Sericographis**, **Siphoneranthemum**, **Siphonoglossa**, *Solenochasma*, *Solenoruellia*, **Somrania**, **Spathacanthus**, **Sphacanthus**, **Sphinctacanthus**, **Stachyacanthus**, ★**Staurogyne**, *Stenandriopsis*, **Stenandrium**, **Stenostephanus**, **Stenothyrsus**, **Streblacanthus**, **Streptosiphon**, ★**Strobilanthes**, **Strobilanthopsis**, ★**Suessenguthia**, *Sympagis*, *Symplectochilus*, *Synchoriste*, **Synnema**, **Tabascina**, **Taeniandra**, *Tarphochlamys*, **Teliostachya**, **Tessmanniacanthus**, **Tetraglochidium**, *Tetragoga*, *Theileamea*, **Th-**

yrsacanthus, **Thysanostigma**, **Trichaulax**, **Trichosanchezia**, **Trybliocalyx**, **Tylothallia**, *Upudalia*, **Vindasia**, *Warpuria*, ★ **Whitfieldia**, **Wuacanthus**, **Xantheranthemum**, **Xerothamnella**, *Xuaresia*, *Xuarezia*, **Xylacanthus**, **Yeatesia**, **Zygoruellia**

MD – 573 ★Thunbergiaceae: ★**Thunbergia**

MD – 574 Thomandersiaceae: **Thomandersia**

MD – 575 ★Lamiaceae: **Labiatae**, ★ **Acanthomintha**, **Acanthoprasium**, ★ **Achyrospermum**, **Acinos**, **Acrocephalus**, **Acrotome**, **Acrymia**, *Adelosa*, ★ **Aegiphila**, *Aeolanthus*, ★ **Aeollanthus**, **Aethiopis**, *Aethyopys*, ★ **Agastache**, ★ **Ajuga**, **Ajugoides**, **Alajja**, **Alvesia**, ★ **Amethystea**, *Anaspis*, **Anisochilus**, ★ **Anisomeles**, **Apatelantha**, *Aphanochilus*, *Arischrada*, *Astemon*, **Asterohyptis**, ★ **Ballota**, ★ **Basilicum**, *Becium*, ★ **Benguellia**, ★ **Betonica**, **Blephilia**, **Bostrychanthera**, **Brachysola**, **Brazoria**, *Brunella*, *Burnatastrum*, **Bystropogon**, **Calamintha**, ★ **Cantinoa**, **Capitanopsis**, *Cardioteucris*, ★ **Caryopteris**, ★ **Catoferia**, *Catopheria*, **Cedronella**, **Ceratanthus**, ★ **Chaiturus**, *Chamaepitys*, ★ **Chamaesphacos**, **Changruicaoia**, *Chartocalyx*, **Chaunostoma**, **Cheilyctis**, ★ **Chelonopsis**, *Chienodoxa*, **Chloanthes**, **Cleonia**, **Clerodendranthus**, ★ **Clerodendrum**, **Clinomicromeria**, ★ **Clinopodium**, *Cloanthe*, *Cloanthes*, ★ **Colebrookea**, ★ **Coleus**, ★ **Collinsonia**, ★ **Colquhounia**, ★ **Comanthosphace**, **Condea**, ★ **Congea**, **Conradina**, ★ **Cornutia**, ★ **Craniotome**, **Cuminia**, **Cunila**, **Cyanocephalus**, **Cyanostegia**, *Cyclonema*, *Cyclostegia*, **Cyclotrichium**, ★ **Cymaria**, **Dasymalla**, *Dauphinea*, **Dicerandra**, **Discretitheca**, *Douglassia*, ★ **Dracocephalum**, **Drepanocaryum**, **Dysophylla**, ★ **Elsholtzia**, ★ **Endostemon**, **Eplingiella**, **Equilabium**, **Eremostachys**, **Erianthera**, **Eriope**, ★ **Eriophyton**, **Eriopidion**, **Eriothymus**, ★ **Eurysolen**, **Faradaya**, *Fedtschenkiella*, **Fuerstia**, **Galeobdolon**, ★ **Galeopsis**, *Gardoquia*, ★ **Garrettia**, **Geniosporum**, *Germanea*, ★ **Glechoma**, **Glechon**, *Glecoma*, ★ **Glossocarya**, ★ **Gmelina**, *Gnoteris*, ★ **Gomphostemma**, **Gontscharovia**, **Gymneia**, ★ **Hanceola**, **Haplostachys**, ★ **Haumaniastrum**, **Hedeoma**, **Hedeomoides**, *Hedyosma*, *Hedyosmos*, **Hemiandra**, **Hemigenia**, **Hemiphora**, **Hemizygia**, **Hesperozygis**, ★ **Heterolamium**, **Hoehnea**, ★ **Holocheila**, **Horminum**, **Hosea**, **Hoslundia**, *Huxleya*, **Hymenocrater**, ★ **Hymenopyramis**, **Hypenia**, **Hypogomphia**, *Hypothronia*, **Hyptidendron**, ★ **Hyptis**, ★ **Hyssopus**, ★ **Isodon**, **Isoleucas**, **Kalaharia**, **Karomia**, **Killickia**, *Kiosmina*, **Koellia**, *Koevia*, *Kudrjaschevia*, **Kurzamra**, *Lachanostachys*, **Lachnostachys**, *Lagochilopsis*, ★ **Lagochilus**, ★ **Lagopsis**, ★ **Lallemantia**, **Lamiophlomis**, ★ **Lamium**, ★ **Lavandula**, ★ **Leonotis**, ★ **Leonurus**, ★ **Lepechinia**, **Leptohyptis**, ★ **Leucas**, ★ **Leucosceptrum**, *Lopanthus*, ★ **Lophanthus**, ★ **Loxocalyx**, ★ **Lycopus**, **Macbridea**, *Mahya*, *Manabaea*, **Marmoritis**, ★ **Marrubium**, ★ **Marsypianthes**, **Martianthus**, *Mastranzo*, ★ **Matsumurella**, **Medusantha**, ★ **Meehania**, ★ **Melissa**, **Melittis**, *Melosmon*, ★ **Mentha**, **Meriandra**, ★ **Mesosphaerum**, ★ **Metastachydium**, **Microcorys**, ★ **Micromeria**, ★ **Microtoena**, **Minthostachys**, **Moluccella**, **Molucella**, ★ **Monarda**, ★ **Monardella**, *Monipsis*, **Monochilus**, ★ **Mosla**, ★ **Nepeta**, *Neustruevia*, **Newcastelia**, **Nosema**, **Notochaete**, **Obtegomeria**, ★ **Ocimum**, *Ocymum*, ★ **Ombrocharis**, **Oocephalus**, ★ **Origanum**, **Orthodon**, ★ **Orthosiphon**, **Otostegia**, **Ovieda**, **Panzeria**, ★ **Panzerina**, ★ **Paralamium**, ★ **Paraphlomis**, *Paulseniella*, **Peltodon**, **Pentapleura**, ★ **Perilla**, **Perillula**, *Perilomia*, ★ **Peronema**, **Perovskia**, *Perrierastrum*, *Petita*, ★ **Petitia**, **Petraeovitex**, *Phlomidoschema*, ★ **Phlomis**, ★ **Phlomoides**, *Phyllophyton*, ★ **Phyllostegia**, **Physominthe**, **Physopsis**, ★ **Physostegia**, **Piloblephis**, **Piperella**, ★ **Platostoma**, **Platyelasma**, ★ **Plectranthus**, **Pogogyne**, ★ **Pogostemon**, *Polakia*, **Poliomintha**, **Prasium**, **Prostanthera**, ★ **Prunella**, **Pseudocarpidium**, ★ **Pseudocaryopteris**, **Pseudochamaesphacos**, **Pseudodictamnus**, *Pseudolophanthus*, **Pseudomarrubium**, *Pulegium*, ★ **Pycnanthemum**, *Pycnosphace*, **Pycnostachys**, **Pycnothymus**, **Quoya**, *Rabdosia*, **Renschia**, **Rhabdocaulon**, **Rhaphiodon**, **Rhododon**, **Rosmarinus**, ★ **Rostrinucula**, ★ **Rotheca**, ★ **Roylea**, ★ **Rubiteucris**, *Ruyschiinae*, ★ **Rydingia**, **Salazaria**, *Salizaria*, ★ **Salvia**, ★ **Satureja**, **Schizonepeta**, ★ **Schnabelia**, ★ **Scutellaria**, ★ **Sideritis**, ★ **Siphocranion**, **Skapanthus**, **Solenostemon**, *Sparthothamnus*, **Spartothamnus**, *Sphacele*, **Stachydeoma**, **Stachyopsis**, ★ **Stachys**, *Stenarrhena*, **Stenogyne**, **Sulaimania**, *Susilkumara*, ★ **Suzukia**, **Synandra**, ★ **Syncolostemon**, ★ **Tectona**, ★ **Teijsmanniodendron**, ★ **Tetradenia**, ★ **Teucrium**, *Theresa*, **Thorncroftia**, **Thuspeinanta**, ★ **Thymus**, **Tinnea**, ★ **Trichostema**, *Trichostemma*, ★ **Tripora**, **Tsoongia**, *Volkamera*, ★ **Volkameria**, **Warnockia**, **Wenchengia**, **Westringia**, **Zataria**, ★ **Ziziphora**

MD – 576 Mendonciaceae: *Afromendoncia*, *Mendocina*, **Mendoncia**, *Monachochlamys*

MD – 577 Nesogenaceae: *Acharitea*, **Nesogenes**

MD – 578 ★Goodeniaceae: **Anthotium**, *Balingayum*, **Coopernookia**, **Crossotoma**, **Dampiera**, **Diaspasis**, ★ **Goodenia**, **Lechenaultia**, **Leschenaultia**, **Pentaptilon**, ★ **Scaevola**, **Symphyobasis**, **Verreauxia**

MD – 579 Helianthaceae: *Chrysis*, *Diomedea*, ★ **Helianthus**

MD – 580 Ambrosiaceae: ★ **Ambrosia**

MD – 581 Heleniaceae: **Helenia**

MD – 582 Arctotidaceae: **Arctotheca**, ★ **Arctotis**, *Damatris*, *Stegonotus*

MD – 583 Calendulaceae: ★ **Calendula**, *Castalis*, **Psychrophila**

MD – 584 Brunoniaceae: **Brunonia**

MD – 585 ★Inulaceae: *Corvisartia*, ★ **Inula**, **Schizogyne**

MD – 586 ★Asteraceae: **Compositae**, *Abesina*, **Abrotanella**, **Acamptopappus**, *Acanos*, *Acanthium*, ★ **Acanthocephalus**, **Acanthodesmos**, **Acantholepis**, *Acanthophyton*, ★ **Acanthospermum**, **Acanthostyles**, *Acanthotheca*, *Acarphaea*,

★ Achillea, *Achillios*, Achnophora, Achnopogon, ★ Achyrachaena, Achyranthemum, *Achyrastrum*, ★ Achyrocline, Achyropappus, Achyrostephus, *Acicarphaea*, Acilepidopsis, ★ Acilepis, Aciphyllaea, *Acispermum*, ★ Acmella, Acomis, Acosta, Acourtia, Acrisione, Acritopappus, *Acrolophus*, Acroptilon, Actinobole, *Actinolepis*, *Actipsis*, Acunniana, Adelostigma, Adenanthellum, *Adenocarpum*, ★ Adenocaulon, Adenocritonia, *Adenocyclus*, Adenoglossa, Adenoon, *Adenopappus*, Adenophyllum, *Adenospermum*, ★ Adenostemma, ★ Adenostyles, *Adenostylium*, Adenothamnus, *Adonigeron*, Adopogon, *Adventina*, Aedesia, *Aegoseris*, Aequatorium, Aetheolaena, Aetheorhiza, *Afoninia*, Afroaster, *Agathaea*, Ageratella, ★ Ageratina, Ageratinastrum, ★ Ageratum, Agnorhiza, ★ Agoseris, Agrianthus, ★ Ainsliaea, ★ Ajania, Ajaniopsis, Akeassia, *Akylopsis*, *Alairia*, *Alarconia*, Alatoseta, Albertinia, *Albinea*, Alboviodoxa, *Alciope*, Aldama, Alepidocline, ★ Alfredia, Aliella, *Alix*, Allagopappus, ★ Allardia, *Allendea*, Allittia, *Allocarpus*, Allocephalus, Alloispermum, Allopterigeron, Almutaster, Alomia, Alomiella, Amauria, ★ Amberboa, *Amberboia*, *Amblachaenium*, Amblyocarpum, ★ Amblyolepis, ★ Amblyopappus, *Amblyopogon*, Amblysperma, Amboroa, Ameghinoa, Amellus, ★ Ammobium, *Ammoseris*, Amolinia, Ampelaster, ★ Amphiachyris, *Amphicalea*, Amphidoxa, Amphiglossa, Amphipappus, Amphoricarpos, Anacantha, Anactinia, ★ Anacyclus, *Anacylus*, *Anandria*, Anaphalioides, ★ Anaphalis, *Anaschovadi*, Anastraphia, Anaxeton, ★ Ancathia, Ancistrocarphus, Anderbergia, Andicolea, *Andiscus*, *Andromachia*, ★ Andryala, Anemocarpa, Angeldiazia, Angelphytum, Angianthus, Anisocarpus, Anisochaeta, ★ Anisocoma, ★ Anisopappus, *Anomantia*, Antartica, *Antaurea*, ★ Antennaria, Anteremanthus, Anthematricaria, Antillanthus, Antillia, Antiphiona, *Antodon*, *Antunesia*, Anvillea, Apalochlamys, Aphanactis, Aphanostephus, *Aphyllocaulon*, Aphyllocladus, *Aplotaxis*, Apodocephala, Apopyros, ★ Aposeris, Apostates, Apowollastonia, *Apuleja*, Aquilula, *Arachnospermum*, *Araschcoolia*, Arbelaezaster, *Arcangelina*, Archanthemis, ★ Archibaccharis, Archidasyphyllum, ★ Archiserratula, ★ Arctium, ★ Arctogeron, *Arcyna*, *Arelina*, Argentipallium, ★ Argyranthemum, Argyrautia, Argyroglottis, Argyrotegium, Argyroxiphium, Arida, ★ Aristeguietia, *Aristotela*, Arnaldoa, ★ Arnica, Arnicastrum, ★ Arnoseris, Arrhenechthites, Arrojadocharis, Arrowsmithia, ★ Artemisia, Artemisiella, Artemisiopsis, Asanthus, *Aschenbornia*, Ascidiogyne, ★ Askellia, *Aspidalis*, *Aspideium*, Aspilia, Asplundianthus, Astartoseris, *Astephanocarpa*, ★ Aster, Asterago, Asteridea, *Asteridium*, *Asterigeron*, *Asteringa*, *Asteriscodes*, Asteriscus, Asteropsis, ★ Asterothamnus, *Astradelphus*, ★ Astranthium, Athanasia, ★ Athrixia, Athroisma, *Athronia*, ★ Atractylis, ★ Atractylodes, Atrichantha, Atrichoseris, Atriscia, *Aucklandia*, Austrobrickellia, Austrocritonia, ★ Austroeupatorium, Austroliabum, Austrosynotis, Axiniphyllum, Ayapana, Ayapanopsis, Aylacophora, Aynia, Aztecaster, *Bacasia*, *Baccharidiopsis*, ★ Baccharis, ★ Baccharoides, Bacurio, Badilloa, *Baeria*, Baeriopsis, Bahia, Bahianthus, Bahiopsis, Baileya, *Baillieria*, Bajacalia, Balduina, Balladonia, *Ballieria*, Baltimora, *Bardana*, Barkleyanthus, Barnadesia, Barroetea, ★ Barrosoa, Bartlettia, Bartlettina, *Bartolia*, Basedowia, Bathysanthus, Batopilasia, *Baziasa*, Bebbia, Bechium, Bedfordia, Bejaranoa, Bellida, *Bellidium*, ★ Bellis, Bellium, Belloa, Benitoa, Berardia, ★ Berkheya, Berkheyopsis, ★ Berlandiera, *Berniera*, Berroa, *Berthelotia*, Berylsimpsonia, Bethencourtia, ★ Bidens, *Billya*, Bishopalea, Bishopanthus, Bishopiella, Bishovia, ★ Blainvillea, Blakeanthus, Blakiella, Blanchetia, *Blaxium*, Blennosperma, Blennospora, ★ Blepharipappus, Blepharispermum, Blepharizonia, Blumeopsis, Boeberastrum, Boeberoides, Bolandia, Bolanosa, *Bolocephalus*, *Bolosia*, ★ Boltonia, ★ Bombycilaena, ★ Borrichia, Bosmania, ★ Bothriocline, *Bowmania*, ★ Brachanthemum, Brachionostylum, *Brachyachaenium*, *Brachyachenium*, *Brachyachyris*, Brachyclados, Brachycome, Brachyglottis, Brachylaena, *Brachyramphus*, Brachyscome, *Brachystylis*, Brachythrix, *Bracteantha*, *Brasilia*, ★ Brenandendron, Brickelliastrum, Brintonia, ★ Buphthalmum, Burkartia, *Burrielia*, Caatinganthus, Cabobanthus, Cabreriella, Cacalia, Cacaliopsis, Cacosmia, Cadiscus, *Caenotus*, Caesulia, *Calais*, Calanticaria, ★ Calea, *Calebrachys*, Calimeris, Callicephalus, *Callichroa*, Callilepis, Callistemma, ★ Callistephus, Calocephalus, Calomeria, *Calonnea*, Calorezia, *Caloseris*, Calostephane, Calotesta, Calotis, *Calthoides*, ★ Calycadenia, *Calycium*, ★ Calycoseris, *Calydermos*, ★ Calyptocarpus, *Calyptrocarpus*, ★ Camchaya, *Camomilla*, Campovassouria, Camptacra, ★ Campuloclinium, *Campylotheca*, *Camutia*, Canadanthus, ★ Cancrinia, Cancriniella, *Candidea*, Capelio, Carbeni, *Cardonaea*, Cardopatium, Carduncellus, Carduocirsium, Carduogalactites, *Carelia*, ★ Carlina, Carlquistia, Carminatia, ★ Carpesium, Carphephorus, Carphochaete, *Carramboa*, *Carterothamnus*, ★ Carthamus, *Cartodium*, Cassinia, *Cassiniola*, Castanedia, Castenedia, *Castra*, Castrilanthemum, Castroviejoa, Catamixis, ★ Catananche, Catatia, Catolesia, *Catophyllum*, Caucasalia, Cavalcantia, ★ Cavea, Caxamarca, *Celaena*, *Cenia*, ★ Centaurea, Centaurodendron, Centauropsis, Centaurothamnus, Centenaria, ★ Centipeda, ★ Centratherum, *Centroclinium*, ★ Centromadia, Centropappus, *Centrospermum*, *Cephalanophlos*, Cephalipterum, Cephalopappus, *Cephalophora*, Cephalorrhynchus, *Cephaloseris*, Cephalosorus, Ceratocephalus, Ceratogyne, Ceruana, *Ceruchis*, Chacoa, ★ Chaenactis, *Chaetachlaena*, ★ Chaetadelpha, ★ Chaetopappa, Chaetoseris, *Chaetospira*, Chaetymenia, Chamaechaenactis, Chamaegeron, Chamaeleon, ★ Chamaemelum, Chamaepus, Chaochienchangia, ★ Chaptalia, Charadranaetes, Chardinia, *Charieis*, Chartolepis, *Chatelania*, *Chatiakella*, ★ Cheirolophus, Chersodoma, Chevreulia, *Chihuahuana*, Chiliadenus, Chiliocephalum, Chiliophyllum, Chiliotrichiopsis, Chiliotrichum, Chimantaea, Chionolaena, Chionopappus, *Chlaenobolus*, *Chlamydites*, Chlamydophora, Chloracantha, ★ Chondrilla, Chondropyxis, *Chorisis*, Chorisiva, Chresta, ★ Chromolaena, Chromolepis, *Chronobasis*, Chronopappus, Chrysactinia, Chrysactinium, Chrysanthellum,

★ Chrysanthemum, Chrysanthoglossum, Chryselium, Chrysocephalum, Chrysocoma, ★ Chrysogonum, Chrysolaena, Chrysoma, Chrysophtalmum, *Chrysoprenanthes*, ★ Chrysopsis, ★ Chrysothamnus, Chthonocephalus, Chucoa, Chuquiraga, *Chylodia*, ★ Cicerbita, Ciceronia, ★ Cichorium, Cineraria, Cirsiocarduus, ★ Cirsium, ★ Cissampelopsis, *Cladanthus*, Cladochaeta, *Cladoseris*, *Claotrachelus*, Clappia, *Clarionella*, *Clarionema*, *Cleistanthium*, ★ Clibadium, Cloiselia, *Clomenocoma*, *Closirospermum*, Cnicothamnus, Cnicus, Coespeletia, Coleocoma, ★ Coleostephus, Colobanthera, Cololobus, Columbiadoria, *Columellea*, *Colymbada*, Comaclinium, Commidendrum, *Comptonanthus*, Condylidium, Condylopodium, *Conforata*, Coniochaeta, Conocliniopsis, ★ Conoclinium, *Conopsis*, Constancea, ★ Conyza, *Conyzanthus*, Conyzigeron, Cordiofontis, Coreocarpus, ★ Coreopsis, Corethamnium, Corethrogyne, ★ Coronidium, Corymbium, *Corynanthelium*, *Cosmea*, *Cosmidium*, ★ Cosmos, ★ Cota, ★ Cotula, *Cotyla*, ★ Cousinia, Cousiniopsis, Craspedia, ★ Crassocephalum, Crassothonna, Cratystylis, ★ Cremanthodium, Cremnothamnus, *Cremocephalum*, *Crepidiastrixeris*, ★ Crepidiastrum, Crepidifolium, ★ Crepis, *Crinissa*, Crinitaria, Criscia, Criscianthus, ★ Critonia, Critoniadelphus, Critoniella, Critoniopsis, ★ Crocidium, Crocodilium, *Crodisperma*, *Cronquistia*, Cronquistianthus, ★ Croptilon, ★ Crossostephium, ★ Crupina, *Crupinastrum*, *Cryanthemum*, *Cryptostephane*, Crystallopollen, Cuatrecasanthus, Cuatrecasasiella, Cuchumatanea, Cullumia, *Cullumiopsis*, Cuniculotinus, Curio, *Cursonia*, Cuspidia, ★ Cyanthillium, Cyanus, *Cyathidium*, ★ Cyathocline, Cyathomone, *Cyclachaena*, Cylindrocline, *Cymbaecarpa*, Cymbolaena, Cymbonotus, Cymbopappus, Cymophora, ★ Cynara, *Cynaropsis*, Cyrtocymura, Dacryotrichia, ★ Dahlia, Damnamenia, Damnxanthodium, Darwiniothamnus, *Dasiorima*, Dasyandantha, Dasyanthina, *Dasyanthus*, Dasycondylus, ★ Dasyphyllum, *Dasyranthus*, Dauresia, Daveaua, Davilanthus, *Decachaeta*, ★ Decaneuropsis, *Decaneurum*, Decastylocarpus, Decazesia, *Deckera*, ★ Deinandra, ★ Delairea, Delamerea, Delilia, Delwiensia, *Demetria*, *Demidium*, Dendrocacalia, ★ Dendrophorbium, Dendrosenecio, Dendroseris, Dendroviguiera, Denekea, *Denira*, Desmanthodium, Desmodiopsis, Dewildemania, Diacranthera, *Dialesta*, Diaperia, Diaphractanthus, Diaspananthus, *Diazeuxis*, *Dibothrospermum*, ★ Dicercoclados, Dicerothamnus, Dichaetophora, *Dichotoma*, ★ Dichrocephala, Dichromochlamys, Dicoma, Dicomopsis, Dicoria, Dicranocarpus, Dicrocephala, Didelta, Dielitzia, Dieteria, Digitacalia, Dillandia, *Dimenostemma*, Dimerella, Dimeresia, Dimerostemma, Dimorphocoma, Dimorphotheca, Dinoseris, Diodontium, *Diomedella*, Diplazoptilon, *Diplemium*, ★ Diplostephium, *Diplothrix*, Dipterocome, Dipterocypsela, Disparago, Dissothrix, Distegia, ★ Distephanus, *Distreptus*, *Disynanthus*, Disynaphia, Dithyrostegia, ★ Dittrichia, *Dizonium*, Doellia, ★ Doellingeria, Dolichlasium, Dolichoglottis, Dolichorrhiza, Dolichothrix, ★ Dolomiaea, Doniophyton, *Dontospermum*, Dorobaea, ★ Doronicum, *Dracontopsis*, *Dracopis*, *Dracopsis*, Dresslerothamnus, Dubautia, ★ Dubyaea, *Duchesnia*, Dugesia, ★ Duhaldea, Duidaea, *Dumerilia*, *Dunantia*, Duseniella, Dymondia, Dysaster, *Dyscritogyne*, Dyscritothamnus, Dysodiopsis, Eastwoodia, Eatonella, ★ Echinacea, *Echinanthus*, Echinocoryne, ★ Echinops, *Echinopsus*, ★ Eclipta, *Edemias*, Edwartiothamnus, Egletes, Eirmocephala, Eitenia, Ekmania, Ekmaniopappus, Elachanthemum, Elachanthus, Elaphandra, Electranthera, Elekmania, *Elephantopsis*, ★ Elephantopus, ★ Eleutheranthera, *Eleuthrantheron*, *Elichrysum*, Ellenbergia, *Elvira*, Elytropappus, ★ Emilia, Emiliella, *Enalcida*, *Enantiotrichum*, ★ Encelia, Enceliopsis, Endocellion, Endopappus, Engleria, ★ Enydra, *Epallage*, ★ Epaltes, Ephedrides, ★ Epilasia, *Epitrachys*, Epitriche, Erato, ★ Erechtites, Eremanthus, Eremothamnus, Eriachaenium, ★ Ericameria, Ericentrodea, *Erigerodes*, ★ Erigeron, *Erinacella*, *Eriocarpha*, Eriocephalus, Eriochlamys, *Eriophorus*, ★ Eriophyllum, Eriothrix, *Eriotrix*, Erlangea, Erodiophyllum, Erymophyllum, Eryngiophyllum, Erythradenia, Erythrocephalum, *Erythrochaete*, Erythroseris, ★ Eschenbachia, Espejoa, *Espeletia*, ★ Ethulia, *Ethuliopsis*, *Etorloba*, *Eualcida*, Eucephalus, ★ Euchiton, Eumorphia, Eupatoriastrum, Eupatorina, *Eupatoriophalacron*, Eupatoriopsis, Euphrosyne, ★ Eurybia, Eurybiopsis, Eurydochus, ★ Euryops, Eutetras, ★ Eutrochium, *Evax*, *Evopis*, Ewartia, Ewartiothamnus, Exomiocarpon, Exostigma, *Exothamnus*, ★ Faberia, *Faberiopsis*, Facelis, Famatinanthus, *Farfara*, ★ Farfugium, Faujasia, Faujasiopsis, *Faustula*, Faxonia, *Feaea*, *Feaella*, Feddea, Feldstonia, ★ Felicia, Fenixia, Ferreyranthus, Ferreyrella, ★ Filago, Filfia, ★ Filifolium, *Fingalia*, Fitzwillia, ★ Flaveria, ★ Fleischmannia, Fleischmanniopsis, Florestina, Floscaldasia, Flosmutisia, *Flotovia*, *Flotowia*, Flourensia, Flyriella, ★ Formania, Foveolina, *Fragmosa*, *Francoeuria*, Franseria, Freya, Frolovia, Fulcaldea, ★ Gaillardia, Galactites, *Galardia*, ★ Galatella, Galeana, Galeomma, ★ Galinsoga, *Galordia*, ★ Gamochaeta, Gamochaetopsis, Garberia, Garcibarrigoa, Garcilassa, Gardnerina, ★ Garhadiolus, Garuleum, *Gattenhoffia*, ★ Gazania, Geigeria, Geissolepis, *Gelasia*, Georgia, *Georgina*, Geraea, ★ Gerbera, Geropogon, Gibbaria, Gilberta, Gilruthia, *Giraldia*, Gladiopappus, ★ Glebionis, Glossarion, ★ Glossocardia, Glossopappus, *Glycyderas*, *Glyphia*, Glyphis, Glyptopleura, *Gnaphalion*, *Gnaphaliothamnus*, ★ Gnaphalium, *Gnaphalopsis*, Gnephosis, ★ Gnomophalium, Gochnatia, Goldmanella, *Goldmania*, Gongrostylus, *Gongrothamnus*, Gongyloglossa, Gongylolepis, Goniocaulon, Gonospermum, Gonzalezia, Gorceixia, Gorteria, Gossweilera, Goyazianthus, *Graciela*, *Grammarthron*, ★ Grangea, ★ Grangeopsis, Graphistylis, Gratwickia, Grauanthus, Grazielia, Greenmaniella, ★ Grindelia, Grisebachianthus, *Grossheimia*, Grosvenoria, Guaicaia, Guardiola, Guayania, Guevaria, ★ Guizotia, Gundelia, Gundlachia, Gutenbergia, ★ Gutierrezia, Guynesomia, *Gymnactis*, ★ Gymnanthemum, Gymnarrhena, *Gymnaster*, *Gymnocline*, Gymnocondylus, ★ Gymnocoronis, Gymnodiscus, Gymnolaena, Gymnolomia, Gymnopentzia, ★ Gymnosperma, Gymnostephium, *Gymnostylis*, *Gynaphanes*, *Gynema*, *Gyneteria*,

Gynheteria, Gynoxys, ★ Gynura, Gypothamnium, Gyptidium, Gyptis, Gyrodoma, Haastia, Haeckeria, Haegiela, *Hagioseris*, Hainanecio, *Hamalium*, ★ Handelia, Haplocarpha, Haploesthes, Haploesthes, ★ Haplopappus, Haptotrichion, Harleya, Harmonia, Harnackia, Hartmannia, Hartwrightia, ★ Hasteola, Hatschbachiella, Hazardia, Hebeclinium, Hecastocleis, Hedosyne, Hedypnois, ★ Helenium, *Helepta*, ★ Helianthella, *Helianthopsis*, Helichrysopsis, ★ Helichrysum, Heliocauta, Heliomeris, Heliopsis, Helminthotheca, Helodeaster, *Helogyne*, *Hemibaccharis*, ★ Hemizonella, ★ Hemizonia, Hemmantia, Henricksonia, Heppia, Heptanthus, Herderia, Herodotia, Herreranthus, Hertia, Hesperevax, Hesperodoria, ★ Hesperomannia, ★ Heteracia, Heteranthemis, Heterocoma, ★ Heterocondylus, Heterocypsela, Heteroderis, Heterolepis, *Heterolophus*, Heteromma, Heteropappus, ★ Heteroplexis, Heterorhachis, Heterosperma, Heterothalamus, ★ Heterotheca, Heterotrichum, Hexinia, ★ Hieracium, *Hilairia*, Hilliardia, Hilliardiella, Himalaiella, *Hinterhubera*, Hippia, ★ Hippolytia, *Hipposeris*, Hirtellina, Hispidella, Hoehnephytum, Hoffmannanthus, Hoffmanniella, Hofmeisteria, ★ Holocarpha, Holocheilus, *Hologymne*, ★ Hololeion, Hololepis, Holoschkuhria, Holozonia, *Homanthis*, Homognaphalium, ★ Homogyne, *Hopkirkia*, Hoplophyllum, Huarpea, Huberopappus, Hubertia, Hughesia, Hullsia, ★ Hulsea, Hulteniella, Humbertacalia, Humeocline, Hyalea, Hyalochlamys, Hyaloseris, Hyalosperma, Hybridella, *Hydrodyssodia*, Hydroidea, Hydropectis, *Hydrophytum*, Hymenelia, Hymenocephalus, Hymenolepis, Hymenonema, ★ Hymenopappus, *Hymenopus*, Hymenostemma, Hymenostephium, ★ Hymenothrix, Hymenoxis, ★ Hymenoxys, ★ Hyoseris, Hypacanthium, Hypericophyllum, ★ Hypochaeris, Hypochoeris, Hysterionica, Hystrichophora, Ianthopappus, Ichthyothere, Idiopappus, Idiothamnus, ★ Ifloga, Ighermia, Ignurbia, Iltisia, Imeria, *Impia*, Indocypraea, Inezia, Inkaliabum, Inulanthera, Inuleae, Inuloides, ★ Inulopsis, Io, Iocenes, Iodocephalopsis, Iodocephalus, Iogeton, ★ Ionactis, ★ Iostephane, Iotasperma, Iphiona, Iphionopsis, ★ Iranecio, Iranoaster, Irwinia, ★ Ischnea, ★ Ismelia, Isocarpha, ★ Isocoma, Isoetopsis, Isostigma, *Isotypus*, ★ Iva, ★ Ixeridium, ★ Ixeris, Ixiochlamys, Ixiolaena, Ixodia, Jacmaia, ★ Jacobaea, *Jacobaeoides*, ★ Jaegeria, Jalcophila, Jaliscoa, Jamesianthus, Jaramilloa, Jasonia, ★ Jaumea, Jefea, Jeffreya, Jeffreycia, ★ Jensia, Jessea, *Joannea*, Joseanthus, ★ Jurinea, Kalimeris, *Kanimia*, ★ Karelinia, Karvandarina, ★ Kaschgaria, Katinasia, Kaunia, *Keerlia*, Kemulariella, *Kentrophyllum*, Keraunea, *Kerneria*, ★ Keysseria, Kieslingia, Kinghamia, Kingianthus, *Kirkianella*, *Kitamuraea*, *Kitamuraster*, ★ Klasea, Klaseopsis, Koanophyllon, Koehneola, ★ Koelpinia, Koyamasia, *Kralikia*, *Kralikiella*, ★ Krigia, Kurziella, ★ Kyhosia, Kyrsteniopsis, Lachanodes, ★ Lachnophyllum, Lachnorhiza, Lachnospermum, Lactucosonchus, ★ Laennecia, Laestadia, Laevicarpa, laevigata, *Lagasca*, ★ Lagascea, Lagenocypsela, ★ Lagenophora, ★ Laggera, ★ Lagophylla, Lagoseriopsis, *Lagurostemon*, Lamprocephalus, Lampropappus, *Lamyra*, Lamyropappus, Lamyropsis, Landerolaria, Langebergia, *Lanipila*, Lantanopsis, *Lanugothamnus*, Laphamia, Laphangium, ★ Lapsana, ★ Lapsanastrum, Lasianthaea, Lasiocephalus, Lasiolaena, Lasiopogon, Lasiospermum, Lasiospora, ★ Lasthenia, ★ Launaea, *Lavenia*, Lawrencella, ★ Layia, *Lebetina*, Lecocarpus, ★ Leibnitzia, Leiboldia, Leiocarpa, *Leioligo*, *Lejica*, *Lemmatium*, Lemooria, Leonis, ★ Leontodon, *Leontophthalmum*, ★ Leontopodium, ★ Lepidaploa, Lepidesmia, Lepidochyris, Lepidolopha, Lepidolopsis, ★ Lepidonia, Lepidophorum, ★ Lepidospartum, Lepidostephium, ★ Leptinella, Leptocarpha, Leptoclinium, *Leptophytus*, Leptorhynchos, Leptostelma, *Leptosyne*, Lescaillea, ★ Lessingia, ★ Lessingianthus, *Lestadia*, Leto, Leucactinia, ★ Leucanthemella, ★ Leucanthemopsis, ★ Leucanthemum, ★ Leucheria, Leuciva, Leucoblepharis, Leucochrysum, Leucogenes, ★ Leucomeris, *Leucopholis*, Leucophyta, Leucoptera, Leucoseris, Leucosyris, Leunisia, ★ Leuzea, Leysera, Liabum, ★ Liatris, Libanothamnus, Libinhania, Lidbeckia, *Lieberkuhnia*, Lifago, ★ Ligularia, ★ Ligulariopsis, Lihengia, ★ Limbarda, *Limnocrepis*, *Limnoseris*, *Limonoseris*, Lindheimera, Linealia, Linochilus, Linzia, Lipoblepharis, Lipochaeta, Lipotriche, Lipschitzia, Litogyne, Litothamnus, *Litrisa*, Llerasia, ★ Logfia, Lomanthus, *Lomatolepis*, Lomatozona, Lonas, *Lophiolepis*, Lopholaena, Lophopappus, Lorandersonia, Loranthella, Lordhowea, Lorentzia, Lorentzianthus, Loricaria, Lourteigia, Loxothysanus, ★ Lucilia, Luciliocline, ★ Luina, Lulia, Lundellianthus, Lundinia, Lycapsus, Lychnocephalus, ★ Lychnophora, Lychnophorella, Lychnophoriopsis, ★ Lycoseris, Lygodesmia, ★ Machaeranthera, *Machlis*, Macledium, Macowania, Macrachaenium, Macroclinidium, Macropodina, Macvaughiella, Madagaster, *Madaroglossa*, ★ Madia, Madiinae, Mairia, ★ Malacothrix, Malmeanthus, Malperia, Mantagnaea, Mantisalca, Manyonia, Marasmodes, *Margaripes*, Marshalljohnstonia, Marticorenia, Maschalostachys, *Matamoria*, Mataxa, ★ Matricaria, Mattfeldanthus, Mattfeldia, *Matudina*, ★ Mauranthemum, Mcdadea, Mecomischus, Medranoa, *Megaliabum*, Megalodonta, Meistera, ★ Melampodium, *Melananthera*, Melanodendron, Melanomma, ★ Melanoseris, Melanthera, *Melarhiza*, Merrittia, Mesanthophora, Mesogramma, *Mesoligus*, Mesoneuris, *Metabasis*, Metalasia, *Metastevia*, Mexerion, Mexianthus, *Meyeria*, Micractis, ★ Microcephala, *Microchaeta*, ★ Microglossa, *Microgyne*, *Microgynella*, Microliabum, *Microlophus*, *Micropappus*, ★ Micropsis, ★ Micropus, ★ Microseris, Microspermum, *Microtrichia*, ★ Mikania, Mikaniopsis, ★ Milleria, *Millina*, Millotia, Minasia, Minuria, Miricacalia, Misbrookea, Mixtecalia, Miyamayomena, Mniodes, *Modestia*, Mojiangia, *Mollera*, Monactinocephalus, Monactis, Monarrhenus, *Monenteles*, Monogereion, ★ Monolopia, *Monophalacrus*, Monoptilon, ★ Monosis, ★ Montanoa, Monticapra, Moonia, Moquinia, Moquiniastrum, Morithamnus, Msuata, Mtonia, Muellerolaria, Mulgedium, ★ Munnozia, Munzothamnus, murorum, Muschleria, Muscosomorphe, Musteron, Myanmaria, *Mycelis*, *Myconella*, Myopordon, ★ Myriactis, Myriocephalus, *Myrio-*

gyne, ★ **Myripnois**, **Myrovernix**, **Myxopappus**, **Nabalu**, ★ **Nabalus**, **Nahuatlea**, **Namibithamnus**, **Nananthea**, ★ **Nannoglottis**, **Nanothamnus**, **Nardophyllum**, **Narvalina**, ★ **Nassauvia**, *Nassawia*, **Neblinaea**, **Neja**, **Nelsonianthus**, ★ **Nemosenecio**, ★ **Neobrachyactis**, **Neocabreria**, *Neoceis*, **Neocuatrecasia**, **Neohintonia**, **Neojeffreya**, **Neolaria**, **Neomirandea**, **Neonesomia**, ★ **Neopallasia**, *Neosyris*, **Neotysonia**, **Nesampelos**, **Nesomia**, **Nestotus**, **Neurolaena**, **Neurolakis**, **Nicolasia**, **Nicolletia**, **Nidorella**, *Niebuhria*, **Nikitinia**, ★ **Nipponanthemum**, *Nitelium*, **Nivellea**, **Nolletia**, **Nordenstamia**, **Nothobaccharis**, **Nothocalais**, **Nothorites**, **Nothoschkuhria**, **Nothovernonia**, ★ **Noticastrum**, **Notobasis**, *Notoniopsis*, **Notopappus**, ★ **Notoseris**, ★ **Nouelia**, **Novaguinea**, **Novenia**, **Oaxacania**, **Oblivia**, **Ochrocephala**, ★ **Oclemena**, *Ocyro?*, *Ocyroe*, **Odixia**, **Odontocline**, **Odontoloma**, *Odontolophus*, *Ogcerostylis*, *Ogcerostylus*, *Ogiera*, **Oiospermum**, **Oldenburgia**, **Oldfeltia**, ★ **Olearia**, ★ **Olgaea**, *Oliganthemum*, **Oliganthes**, *Oligocarpha*, **Oligocarpus**, ★ **Oligochaeta**, **Oligochaete**, *Oligonema*, **Oligoneuron**, **Oligosporus**, **Oligothrix**, **Olivaea**, **Omalotheca**, **Omphalopappus**, **Oncosiphon**, **Ondetia**, ★ **Onopordum**, **Onoseris**, *Onotrophe*, **Oocephala**, **Oonopsis**, **Oparanthus**, **Ophryosporus**, ★ **Opisthopappus**, *Oporinia*, **Orbivestus**, **Oreochrysum**, ★ **Oreoseris**, ★ **Oreostemma**, **Oresbia**, **Oriastrum**, ★ **Oritrophium**, **Orochaenactis**, *Orsinia*, *Orthocentron*, **Orthopappus**, **Ortizacalia**, ★ **Osbertia**, **Osmadenia**, **Osmiopsis**, **Osmitopsis**, **Osteospermum**, *Oswalda*, *Oswaldia*, **Oteiza**, **Othonna**, **Otoglyphis**, **Otopappus**, **Otospermum**, *Outreya*, **Oxycarpha**, **Oxylaena**, **Oxylobus**, **Oxypappus**, **Oxyphyllum**, **Oxytenia**, **Oyedaea**, ★ **Ozothamnus**, **Pachylaena**, ★ **Pachystegia**, *Pachythamnus*, *Pachythelia*, **Pacifigeron**, ★ **Packera**, **Pacourina**, *Pacourinopsis*, **Paenula**, ★ **Palafoxia**, ★ **Pallenis**, **Pamphalea**, **Panaetia**, **Paneroa**, **Panphalea**, **Pappobolus**, **Pappochroma**, *Pappothrix*, **Papuacalia**, **Paquirea**, **Paracalia**, *Parachionolaena*, **Parafaujasia**, **Paragynoxys**, **Paraixeris**, **Paralychnophora**, *Paramicrorhynchus*, **Paramiflos**, **Paranephelius**, **Parantennaria**, **Parapiqueria**, **Parapolydora**, ★ **Paraprenanthes**, ★ **Parasenecio**, **Parastrephia**, **Parasyncalathium**, **Parthenice**, ★ **Parthenium**, **Pasaccardoa**, **Pascalia**, **Paurolepis**, **Pechuel－loeschea**, ★ **Pectis**, **Pegolettia**, **Pelucha**, **Pembertonia**, **Pentacalia**, **Pentachaeta**, **Pentalepis**, ★ **Pentanema**, **Pentatrichia**, **Pentzia**, **Perakalia**, **Perdicium**, ★ **Perezia**, *Pereziopsis*, *Pericalia*, ★ **Pericallis**, **Pericome**, **Peripleura**, **Perityle**, **Perralderia**, ★ **Pertya**, **Perymeniopsis**, **Perymenium**, **Petalacte**, ★ **Petasites**, **Peteravenia**, **Petradoria**, **Peucephyllum**, **Phacellothrix**, *Phaecasium*, **Phaenocoma**, **Phaeostigma**, ★ **Phagnalon**, **Phalacrachena**, **Phalacraea**, **Phalacrocarpum**, *Phalacroloma*, *Phalacromesus*, **Phalacroseris**, *Phalolepis*, **Phaneroglossa**, **Phania**, **Phaseolaster**, *Phialis*, **Philactis**, **Philoglossa**, *Philostizus*, **Phitosia**, **Phoebanthus**, **Phyllocephalum**, **Phymaspermum**, **Picnomon**, **Picradeniopsis**, ★ **Picris**, **Picrosia**, **Picrothamnus**, **Pilbara**, *Piloselloides*, **Pilostemon**, **Pinaropappus**, *Pingraea*, **Pinillosia**, **Piora**, **Pippenalia**, **Piptocoma**, **Piptolepis**, *Piptothrix*, **Piqueria**, **Piqueriella**, **Piqueriopsis**, **Pithecoseris**, **Pithocarpa**, *Pithosillum*, **Pittocaulon**, ★ **Pityopsis**, ★ **Plagiobasis**, **Plagiocheilus**, **Plagiolophus**, **Plagius**, **Planaltoa**, **Planea**, **Plateilema**, **Platycarpha**, **Platycarphella**, **Platypodanthera**, *Platypteris*, *Platyraphium*, **Platyschkuhria**, *Platystephium*, **Plazia**, **Plecostachys**, **Plectocephalus**, ★ **Pleiacanthus**, *Pleiogyne*, **Pleiotaxis**, **Pleocarphus**, **Pleurocarpaea**, **Pleurocoronis**, **Pleurophyllum**, ★ **Pluchea**, **Podachaenium**, **Podanthus**, ★ **Podolepis**, *Podosperma*, **Podospermum**, **Podotheca**, **Poecilolepis**, **Pogonolepis**, **Pojarkovia**, **Poljakanthema**, *Poljakovia*, *Pollalesta*, **Polyachyrus**, *Polyactidium*, **Polyanthina**, **Polyarrhena**, **Polycalymma**, **Polychidium**, **Polychrysum**, ★ **Polymnia**, **Polytaxis**, *Pontia*, *Porcellites*, **Porphyrostemma**, **Praxeliopsis**, ★ **Praxelis**, *Preauxia*, **Prenanthella**, ★ **Prenanthes**, **Prestelia**, **Printzia**, *Prionanthes*, **Prolobus**, **Prolongoa**, **Prostea**, **Proteopsis**, **Proustia**, **Psacaliopsis**, **Psacalium**, **Psathyrotes**, **Psathyrotopsis**, *Psectra*, **Psednotrichia**, ★ **Psephellus**, *Pseudactis*, ★ **Pseudelephantopus**, *Pseudobaccharis*, **Pseudobahia**, *Pseudobartlettia*, **Pseudoblepharispermum**, **Pseudobrickellia**, **Pseudoclappia**, ★ **Pseudoconyza**, **Pseudoglossanthis**, ★ **Pseudognaphalium**, ★ **Pseudogynoxys**, ★ **Pseudohandelia**, **Pseudojacobaea**, *Pseudoligandra*, **Pseudonoseris**, **Pseudopegolettia**, **Pseudopiptocarpha**, **Pseudopodospermum**, **Pseudostifftia**, **Pseudoyoungia**, **Psiadia**, **Psiadiella**, **Psila**, **Psilactis**, ★ **Psilocarphus**, *Psilosanthus*, **Psilostrophe**, ★ **Psychrogeton**, **Pterachaenia**, ★ **Pterocaulon**, **Pterochaeta**, **Pterocypsela**, **Pteronia**, **Pterothrix**, **Pterygopappus**, *Ptileris*, *Ptilomeris*, ★ **Ptilostemon**, *Ptilostephium*, ★ **Pulicaria**, **Pulicarioidea**, *Pycnocephalum*, **Pycnosorus**, **Pyrethropsis**, **Pyrethrum**, ★ **Pyrrhopappus**, ★ **Pyrrocoma**, **Pytinicarpa**, **Quadribractea**, **Quasiantennaria**, **Quechualia**, **Quelchia**, **Quinetia**, **Quinqueremulus**, **Rachelia**, **Radlkoferotoma**, ★ **Rafinesquia**, **Raillardella**, **Rainiera**, **Ramaliella**, **Raoulia**, **Raouliopsis**, **Rastrophyllum**, ★ **Ratibida**, **Raulinoreitzia**, **Rayjacksonia**, *Rea*, **Remya**, **Rennera**, **Rensonia**, **Revealia**, *Rhabdotheca*, **Rhacoma**, ★ **Rhagadiolus**, **Rhamphogyne**, **Rhanteriopsis**, **Rhanterium**, ★ **Rhaponticoides**, **Rhaponticum**, **Rhetinocarpha**, **Rhetinolepis**, **Rhinactinidia**, **Rhodanthe**, ★ **Rhodanthemum**, **Rhodogeron**, *Rhodoseris*, **Rhynchopsidium**, **Rhysolepis**, **Richterago**, ★ **Richteria**, **Ridan**, **Riencourtia**, **Rigiopappus**, **Robinsonecio**, **Rochonia**, **Rockhausenia**, **Roebuckiella**, **Rojasianthe**, **Rolandra**, ★ **Roldana**, **Roodebergia**, **Rosenia**, **Rothmaleria**, ★ **Rudbeckia**, **Rugelia**, **Ruilopezia**, **Rumfordia**, ★ **Russowia**, **Rutidosis**, **Sabazia**, **Sachsia**, **Salcedoa**, ★ **Salmea**, **Sampera**, **Sanrobertia**, ★ **Santolina**, **Santosia**, ★ **Sanvitalia**, **Sarcanthemum**, **Sartorina**, **Sartwellia**, ★ **Saussurea**, **Scabrethia**, **Scapisenecio**, *Schaetzelia*, **Scherya**, ★ **Schischkinia**, **Schistocarpha**, **Schistostephium**, *Schizocarpus*, **Schizopsera**, **Schizoptera**, **Schizotrichia**, **Schlagintweitia**, *Schlechtendalia*, **Schmalhausenia**, **Schoenia**, *Schomburghia*, **Schomburgkia**, *Schumeria*, **Sciadocephala**, ★ **Sclerocarpus**, **Sclerorhachis**, *Scolospermum*, *Scolymanthus*, **Scolymus**, ★ **Scorzonera**, ★ **Scorzoneroides**, **Scrobicaria**, **Scyphocoronis**, **Selleophytum**, **Selloa**, **Semiria**, *Senecillis*, *Seneciodes*, ★ **Sericocarpus**, *Seriola*, **Seriphium**, *Seris*, ★ **Serratula**, **Shafera**, **Shangwua**, ★ **Sheareria**, **Shinnersia**, **Shin-**

nersoseris, Siapaea, Sideranthus, Sidneya, *Siegesbecka*, Siegesbeckia, Siemssenia, ★ Sigesbeckia, Siloxerus, ★ Silphium, ★ Silybum, ★ Sinacalia, Sinclairia, Sinoleontopodium, ★ Sinosenecio, Sipolisia, ★ Smallanthus, ★ Solanecio, ★ Solidago, Solidaster, ★ Soliva, Sommerfeltia, ★ Sonchella, *Sonchidium*, *Sonchoseris*, ★ Sonchus, Sondottia, ★ Soroseris, *Soyeria*, Spaniopappus, *Sparganophorus*, ★ Sphaeranthus, Sphaeroclinium, Sphaeromeria, *Sphaeromorphaea*, *Sphaerophora*, ★ Sphagneticola, Spilanthes, *Spilanthus*, Spinoliva, Spiracantha, *Spirochaeta*, *Spiropodium*, Spiroseris, *Spitzelia*, Spongotrichum, Sporopodium, Squamopappus, Stachycephalum, ★ Staehelina, *Stammarium*, Standleyanthus, Staurochlamys, *Stechmannia*, Steiractinia, Steirodiscus, *Stematella*, *Stemmacantha*, Stenachaenium, Stenocarpha, ★ Stenocephalum, Stenocline, Stenocybe, Stenopadus, Stenophalium, Stenops, Stenoseris, *Stenotheca*, Stenotus, *Stephananthus*, Stephanbeckia, Stephanodoria, ★ Stephanomeria, *Stereosanthus*, ★ Stevia, Steviopsis, Steyermarkina, ★ Stifftia, *Stiftia*, Stilpnogyne, ★ Stilpnolepis, Stilpnopappus, *Stilpnophytum*, Stizolophus, Stoebe, ★ Stokesia, Stomatanthes, Stomatochaeta, Stramentopappus, Streptoglossa, ★ Strobocalyx, *Strongylosperma*, Strophopappus, Strotheria, Struchium, Stuartina, Stuckertiella, Stuessya, *Stylesia*, *Stylimnus*, Stylocline, Styloncerus, Stylotrichium, *Suprago*, Swammerdamia, *Symblomeria*, ★ Symphyllocarpus, Symphyopappus, ★ Symphyotrichum, ★ Syncalathium, Syncarpha, *Syncephalantha*, Syncephalum, *Synchaeta*, Syncretocarpus, ★ Synedrella, Synedrellopsis, ★ Syneilesis, ★ Synotis, Syntrichopappus, ★ Synurus, ★ Syreitschikovia, ★ Tagetes, Taimingasa, *Takeikadzuchia*, ★ Takhtajaniantha, Talamancalia, Talamancaster, Tamananthus, *Tamania*, Tamaulipa, ★ Tanacetopsis, ★ Tanacetum, Taplinia, ★ Taraxacum, Tarchonantheae, Tarchonanthus, ★ Tarlmounia, *Tecmarsis*, Tehuana, Teixeiranthus, Telanthophora, Telekia, *Telfordia*, Telmatophila, Tenrhynea, ★ Tephroseris, *Terranea*, *Terrentia*, ★ Tessaria, *Tetracarpum*, Tetrachyron, ★ Tetradymia, Tetragonotheca, ★ Tetramolopium, ★ Tetraneuris, Tetranthus, Tetraperone, Tetrodus, Thaminophyllum, Thelesperma, Thespidium, ★ Thespis, Thevenotia, Thiseltonia, *Thrincia*, Thurovia, Thymophylla, Tietkensia, Tilesia, *Timanthea*, ★ Tithonia, Toiyabea, ★ Tolpis, Tomentaurum, *Tonalanthus*, Tonestus, *Tostimontia*, Tourneuxia, Townsendia, Toxacanthus, Toxanthes, Tracyina, Tragoceros, ★ Tragopogon, *Trallesia*, Traversia, Tremolecia, Trepadonia, Trichanthemis, Trichanthodium, *Trichapium*, Trichocline, Trichocoronis, Trichocoryne, Trichogonia, Trichogoniopsis, *Trichogyne*, ★ Tricholepis, Trichoptilium, Trichospira, *Trichostephus*, Tridactylina, ★ Tridax, Trigonopterum, Trigonospermum, *Trimorphaea*, Triniteurybia, Trioncinia, ★ Tripleurospermum, Triplocephalum, *Triplotaxis*, ★ Tripolium, Triptilion, Triptilodiscus, Troglophyton, Tuberculocarpus, Tuberostylis, ★ Tugarinovia, Turanecio, ★ Turczaninovia, Turczaninowia, ★ Tussilago, Tuxtla, Tyleropappus, Tyrimnus, Tzvelevopyrethrum, *Ucacou*, Uechtritzia, Ugamia, Uleophytum, Unxia, *Urbanisol*, Urbinella, Urmenetea, Urolepis, ★ Urospermum, Urostemon, Ursinia, Vanclevea, Vanillosmopsis, Varilla, *Varthemia*, *Vasquesia*, *Vasquezia*, ★ Vellereophyton, Venegasia, ★ Verbesina, ★ Vernonanthura, Vernonella, Vernoniastrum, Vernoniopsis, Vickia, Vickifunkia, ★ Vicoa, Vieraea, *Vierhapperia*, Vigethia, Viguiera, Villasenoria, Vilobia, Vinicia, *Virgaria*, *Virginea*, *Virletia*, Vittadinia, Vittetia, *Vladimiria*, *Volutarella*, Volutaria, Walshia, Walsholaria, Wamalchitamia, Wardaster, Warionia, Wedelia, Werneria, *Werrinuwa*, Westoniella, *Wildpretia*, ★ Wilkesia, Willemetia, ★ Wollastonia, Wollemiaster, *Woodvillea*, Wootonia, Wunderlichia, ★ Wyethia, *Wyomingia*, ★ Xanthisma, ★ Xanthium, Xanthocoma, ★ Xanthopappus, *Xanthophthalmum*, *Xanthopsis*, Xanthopsorella, *Xenismia*, ★ Xeranthemum, *Xerobius*, ★ Xerochrysum, *Xeroloma*, Xerxes, Xiphochaeta, ★ Xylanthemum, *Xylothamia*, *Xylovirgata*, Yariguianthus, Yermo, ★ Youngia, Yunquea, ★ Zaluzania, Zandera, *Zarabellia*, Zemisia, Zemisne, Zexmenia, ★ Zinnia, Zoegea, Zyrphelis, Zyzyura, Zyzyxia

MD – 587 Vernoniaceae: **Ambassa**, *Baccharodes*, *Eremosis*, *Khasianthus*, ★ **Vernonia**, *Xipholepis*

MD – 588 Eupatoriaceae: *Chrone*, *Eupatoriadelphus*, ★ **Eupatorium**, *Pseudokyrsteniopsis*, *Urbananthus*, *Viereckia*

MD – 589 Anthemidaceae: ★ **Anthemis**

MD – 590 Senecionaceae: *Anecio*, *Branicia*, *Crociseris*, **Culcitium**, *Madaractis*, *Notonia*, **Pladaroxylon**, ★ **Senecio**

MD – 591 Carduaceae: ★ **Carduus**

MD – 592 Mutisiaceae: **Mutisia**

MD – 593 Lactucaceae: *Agathyrsus*, *Agathyrus*, *Bunioseris*, *Galathenium*, *Garacium*, *Kovalevskiella*, ★ **Lactuca**, *Lactucopsis*, *Lagedium*, **Scariola**, **Steptorhamphus**, **Tibetoseris**, *Zollikoferiastrum*

MD – 594 Calyceraceae: **Acicarpha**, **Asynthema**, **Boopis**, **Calycera**, **Gamocarpha**, **Leucocera**, **Moschopsis**, **Nastanthus**

附录V 被子植物单子叶植物科属系统索引

被子植物分类系统:傅德志 2012:植物科属大辞典 1449—1518,青岛出版社;傅德志 2021:世界植物简志 145—167,北京出版社。

MM - 595 ★Butomaceae:★**Butomus**,**Elattosis**

MM - 596 Limnocharitaceae:★**Limnocharis**

MM - 597 ★Alismataceae:*Albidella*,★**Alisma**,**Alismatoideae**,**Aquarius**,**Astonia**,★**Baldellia**,**Burnatia**,★**Butomopsis**,★**Caldesia**,★**Damasonium**,*Dipseudochorion*,★**Echinodorus**,*Elisma*,*Hydrocleis*,★**Hydrocleys**,★**Limnophyton**,★**Luronium**,★**Ranalisma**,★**Sagittaria**,*Vespuccia*,**Wiesneria**

MM - 598 ★Vallisneriaceae:★**Vallisneria**

MM - 599 ★Hydrocharitaceae:**Apalanthe**,**Appertiella**,★**Blyxa**,*Blyxopsis*,*Boottia*,*Diplosiphon*,**Egeria**,★**Elodea**,★**Enhalus**,**Halophiloideae**,★**Hydrilla**,★**Hydrocharis**,*Hydrotrophus*,**Lagarosiphon**,★**Nechamandra**,*Oligolobos*,★**Ottelia**,★**Stratiotes**,**Xystrolobos**

MM - 600 ★Thalassiaceae:★**Thalassia**

MM - 601 Halophilaceae:★**Halophila**

MM - 602 ★Aponogetonaceae:★**Aponogeton**,**Ouvirandra**,*Uvirandra*

MM - 603 ★Scheuchzeriaceae:★**Scheuchzeria**

MM - 604 ★Juncaginaceae:**Cycnogeton**,*Juncago*,**Tetroncium**,★**Triglochin**

MM - 605 Lilaeaceae:**Lilaea**

MM - 606 ★Potamogetonaceae:**Althenia**,★**Groenlandia**,**Phycoschoenus**,★**Potamogeton**,★**Stuckenia**

MM - 607 Najadaceae:**Fluvialis**,*Ittnera*,*Naias*,★**Najas**

MM - 608 Maundiaceae:**Maundia**

MM - 609 ★Posidoniaceae:*Kernera*,★**Posidonia**

MM - 610 Japonoliriaceae:★**Japonolirion**

MM - 611 ★Ruppiaceae:★**Ruppia**

MM - 612 ★Zosteraceae:**Heterozostera**,★**Phyllospadix**,★**Zostera**

MM - 613 Zannichelliaceae:**Lepilaena**,*Zannichelia*,★**Zannichellia**

MM - 614 ★Petrosaviaceae:*Miyoshia*,★**Petrosavia**,*Protolirion*

MM - 615 ★Cymodoceaceae:Lacandoniaceae,**Amphibolis**,**Caulinia**,★**Cymodocea**,*Halodula*,★**Halodule**,★**Syringodium**,★**Thalassodendron**

MM - 616 ★Triuridaceae:*Aphylleia*,*Hexuris*,**Kihansia**,**Kupea**,**Lacandonia**,**Peltophyllum**,★**Sciaphila**,**Soridium**,**Triuridopsis**,**Triuris**

MM - 617 ★Tofieldiaceae:**Harperocallis**,**Pleea**,★**Tofieldia**,★**Triantha**

MM - 618 ★Nartheciaceae:★**Aletris**,★**Lophiola**,★**Metanarthecium**,★**Narthecium**,**Nietneria**,*Stachyopogon*

MM - 619 Tricyrtidaceae:*Compsoa*,★**Tricyrtis**

MM - 620 Trilliaceae:*Daiswa*,*Euthyra*,*Kinugasa*,★**Paris**,★**Trillium**

MM - 621 ★Melanthiaceae:**Amianthium**,*Anepsa*,★**Anticlea**,**Chamaelirium**,**Heloniopsis**,*Hexonix*,*Kozola*,*Oceanoros*,**Pseudotrillium**,*Sabadilla*,**Schoenocaulon**,★**Stenanthium**,*Sugerokia*,**Toxicoscordion**,★**Veratrum**,**Ypsilandra**,**Zigadenus**

MM - 622 Burchardiaceae:★**Burchardia**

MM - 623 ★Colchicaceae:**Androcymbium**,*Aphoma*,★**Baeometra**,**Camptorrhiza**,★**Colchicum**,★**Disporum**,*Drapiezia*,★**Gloriosa**,**Hexacyrtis**,★**Iphigenia**,**Kuntheria**,**Littonia**,**Merendera**,**Ornithoglossum**,★**Sandersonia**,**Schelhammera**,**Tripladenia**,**Wurmbea**

MM - 624 Xerophyllaceae:★**Xerophyllum**

MM - 625 Heloniadaceae:★**Helonias**

MM - 626 Chionographidaceae:**Chionographis**,*Siraitos*

MM - 627 Luzuriagaceae:★**Luzuriaga**

MM - 628 Uvulariaceae:★**Uvularia**

MM - 629 Calochortaceae:★**Calochortus**

MM－630 ★Boryaceae：**Alania**，★**Borya**

MM－631 Scoliopaceae：★**Scoliopus**

MM－632 Geitonoplesiaceae：*Calcoa*，**Geitonoplesium**

MM－633 ★Liliaceae：★**Amana**，**Campylandra**，★**Cardiocrinum**，★**Chlorophytum**，★**Clintonia**，★**Erythronium**，★**Fritillaria**，★**Gagea**，**Heterosmilax**，*Huolirion*，**Kiewia**，**Kinia**，★**Lilium**，**Lipastrum**，★**Lloydia**，**Mariposa**，**Namophila**，**Nomocharis**，★**Notholirion**，*Oligosmilax*，*Orithyia*，*Petilium*，*Plecostigma*，**Prosartes**，*Pseudosmilax*，**Stephanolirion**，★**Streptopus**，*Szechenyia*，**Triocles**，★**Tulipa**，**Usnea**

MM－634 Medeolaceae：★**Medeola**

MM－635 ★Asteliaceae：**Compositae**，★**Astelia**，**Asterostomella**，**Dimerosporium**，**Echidnodes**，**Englerulaster**，**Hysterostoma**，**Milligania**，**Neoastelia**

MM－636 Blandfordiaceae：**Blandfordia**

MM－637 ★Acoraceae：★**Acorus**

MM－638 ★Convallariaceae：*Antherolophus*，★**Aspidistra**，*Colania*，★**Convallaria**，*Evrardiella*，*Macrogyne*，★**Maianthemum**，*Majanthemum*，*Oligobotrya*，*Plectogyne*，*Polygonastrum*，★**Polygonatum**，★**Tupistra**

MM－639 ★Araceae：*Acontias*，*Afrorhaphidophora*，★**Aglaodorum**，★**Aglaonema**，*Allopythion*，**Alloschemone**，★**Alocasia**，**Ambrosina**，*Amomophyllum*，**Amorphallus**，★**Amorphophallus**，★**Amydrium**，★**Anadendrum**，**Anaphyllopsis**，**Anaphyllum**，*Anarmodium*，**Anchomanes**，*Anepsias*，★**Anthurium**，**Anubias**，*Aphyllarum*，**Apoballis**，**Aridarum**，**Ariopsis**，★**Arisaema**，**Arisarum**，*Arodendron*，**Arophyton**，*Arosma*，★**Arum**，**Asterostigma**，*Atimeta*，**Bakoa**，*Baursea*，**Biarum**，**Bidayuha**，**Bognera**，*Brachyspatha*，**Bruniera**，**Bucephalandra**，**Burttianthus**，*Caladiopsis*，★**Caladium**，★**Calla**，**Callopsis**，*Candarum*，**Carlephyton**，**Cercestis**，*Chamaecladon*，*Chersydrium*，**Chlorospatha**，**Colletogyne**，**Colobogynium**，★**Colocasia**，*Conophallus*，*Corynophallus*，**Croatiella**，★**Cryptocoryne**，★**Culcasia**，*Curmeria*，*Cyrtocladon*，★**Cyrtosperma**，*Diandriella*，★**Dieffenbachia**，*Dochafa*，**Dracontioides**，★**Dracontium**，★**Dracunculus**，*Echidnium*，*Elopium*，★**Eminium**，**Englerarum**，*Ensolenanthe*，*Epipremnopsis*，★**Epipremnum**，*Eutereia*，**Fenestratarum**，**Filarum**，*Flagellarisaema*，**Furtadoa**，**Galantharum**，**Gamogyne**，**Gearum**，*Godwinia*，**Gonatopus**，*Goniurus*，**Gorgonidium**，**Gosong**，**Gymnostachys**，*Hansalia*，*Hapale*，★**Hapaline**，**Helicodiceros**，**Hera**，**Hestia**，**Heteroaridarum**，**Heteroarisaema**，**Heteropsis**，**Heterostalis**，**Holochlamys**，*Homaid*，★**Homalomena**，**Hottarum**，*Humbertina*，*Hydnostachyon*，*Hydrosme*，**Idimanthus**，**Incarum**，**Jasarum**，*Kunda*，★**Lagenandra**，★**Lasia**，**Lasimorpha**，*Lazarum*，*Leucocasia*，**Lorenzia**，★**Lysichiton**，*Maguirea*，**Mangonia**，*Massovia*，*Massowia*，*Megotigea*，★**Monstera**，**Montrichardia**，**Nephthytis**，**Ooia**，*Ophione*，**Orontium**，*Panzhuyuia*，★**Peltandra**，★**Philodendron**，*Philodendrum*，*Philonotion*，*Phyllotaenium*，**Phymatarum**，**Pichinia**，★**Pinellia**，**Piptospatha**，*Plesmonium*，*Pleuriarum*，**Podolasia**，*Podospadix*，*Porphyrospatha*，*Potha*，★**Pothoidium**，★**Pothos**，**Protarum**，**Proteinophallus**，**Pseudodracontium**，**Pseudohydrosme**，**Purseglovea**，★**Pycnospatha**，*Pythion*，*Pythonium*，★**Remusatia**，★**Rhaphidophora**，*Rhaphiophallus*，**Rhodospatha**，**Rhynchopyle**，**Ringentiarum**，★**Sauromatum**，**Scaphispatha**，★**Schismatoglottis**，**Schottariella**，**Schottarum**，★**Scindapsus**，*Seguinum*，*Serangium*，**Spathantheum**，★**Spathicarpa**，*Spathiphyllopsis*，★**Spathiphyllum**，*Speirodela*，★**Spirodela**，**Spirogyra**，**Spirospatha**，**Stenospermation**，*Stenospermatium*，*Stenospermatum*，★**Steudnera**，*Strepsanthera*，**Stylochaeton**，**Stylochiton**，★**Symplocarpus**，*Synandrogyne*，**Synandrospadix**，*Synantherias*，★**Syngonium**，**Taccarum**，*Tapanava*，*Telipodus*，*Thaumatophyllum*，★**Theriophonum**，**Thomsonaria**，*Thomsonia*，★**Typhonium**，**Typhonodorum**，**Ulearum**，**Urospatha**，*Urospathella*，**Wolffiella**，*Wolfiella*，★**Xanthosoma**，**Zamioculcas**，★**Zantedeschia**，**Zomicarpa**，**Zomicarpella**

MM－640 Pistiaceae：★**Pistia**，**Zala**

MM－641 Isophysidaceae：**Isophysis**

MM－642 Johnsoniaceae：**Johnsonia**

MM－643 Anthericaceae：★**Anthericum**，**Hensmania**

MM－644 Chlorogalaceae：★**Chlorogalum**

MM－645 Philesiaceae：**Lapageria**，**Philageria**，**Philesia**

MM－646 Phormiaceae：★**Phormium**

MM－647 Lemnaceae：**Chantransia**，★**Lemna**，*Telmatophace*，*Telmatosphace*，*Thelmatophace*，★**Wolffia**，*Wolfia*

MM－648 Dianellaceae：★**Dianella**

MM－649 ★Asphodelaceae：**Agrostocrinum**，**Aloestrela**，**Aloiampelos**，**Arnocrinum**，★**Asphodeline**，★**Asphodelus**，**Astroloba**，**Astroworthia**，★**Bulbine**，★**Bulbinella**，**Caesia**，**Chamaescilla**，**Gasteria**，**Haworthia**，**Haworthiopsis**，**Herpolirion**，*Obsitila*，★**Paradisea**，**Pasithea**，**Simethis**，**Stawellia**，**Stypandra**，**Thelionema**，★**Trachyandra**，**Tricoryne**，**Tulista**，**Xanthorrhoea**

MM－650 ★Stemonaceae：★**Stemona**，**Stichoneuron**

MM－651 Ophiopogonaceae：*Chloopsis*，*Mondo*，★**Ophiopogon**，*Slateria*

MM－652 Croomiaceae：★**Croomia**

MM－653 Roxburghiaceae：**Roxburghia**

MM－654 Pentastemonaceae：**Pentastemona**

MM – 655 Behniaceae : **Behnia**

MM – 656 Hemerocallidaceae : ★**Hemerocallis**

MM – 657 Campynemataceae : **Campynema**, **Campynemanthe**

MM – 658 ★Hostaceae : ★**Hosta**

MM – 659 Liriaceae : **Lirium**

MM – 660 Rhipogonaceae : **Rhipogonum**, *Ripogonum*

MM – 661 Laxmanniaceae : *Drimyphyllum*, **Laxmannia**, **Petrobium**

MM – 662 Anemarrhenaceae : ★**Anemarrhena**

MM – 663 Funkiaceae : **Funkia**

MM – 664 Hesperocallidaceae : **Hesperocallis**

MM – 665 Dracaenaceae : *Acyntha*, ★**Dracaena**, *Sanseverinia*, **Sansevieria**

MM – 666 Xeronemataceae : **Xeronema**

MM – 667 Alliaceae : ★**Allium**, ★**Brodiaea**, *Caloscordum*, **Diphalangium**, **Leucocoryne**, ★**Milla**

MM – 668 Aloaceae : ★**Aloe**, **Aristaloe**, **Astrolista**, **Gonialoe**, *Lemeea*

MM – 669 ★Asparagaceae : **Acanthocarpus**, **Alrawia**, *Amphisiphon*, *Androsiphon*, **Androstephium**, *Anthropodium*, **Arthropodium**, ★**Asparagus**, *Aulisconema*, **Austronea**, **Autonoe**, ★**Barnardia**, **Beaucarnea**, **Bellevalia**, **Beschorneria**, **Bessera**, ★**Bloomeria**, **Bowiea**, **Brimeura**, *Bulbospermum*, **Calibanus**, ★**Camassia**, **Chamaexeros**, *Chlamysporum*, **Clara**, ★**Comospermum**, ★**Cordyline**, ★**Danae**, **Dandya**, ★**Dasylirion**, **Daubenya**, **Diamena**, ★**Dichelostemma**, ★**Dichopogon**, **Diora**, **Dipterostemon**, ★**Disporopsis**, ★**Diuranthera**, ★**Drimiopsis**, **Echeandia**, **Eremocrinum**, **Eucomis**, ★**Eustrephus**, **Fabricia**, **Fessia**, *Fourcroya*, *Funium*, ★**Furcraea**, *Furcroya*, **Fusifilum**, **Galtonia**, **Hagenbachia**, **Hastingsia**, **Hemiphylacus**, **Herreriopsis**, ★**Hesperaloe**, **Hesperoyucca**, ★**Heteropolygonatum**, **Hooveria**, ★**Hyacinthoides**, **Jaimehintonia**, ★**Ledebouria**, **Leucocrinum**, ★**Liriope**, **Litanthus**, *Lourya*, **Manfreda**, **Massonia**, **Melanthium**, **Merwilla**, **Muilla**, **Murchisonia**, **Muscarimia**, *Myrsiphyllum*, *Neobakeria*, *Neolourya*, **Oakesiella**, **Oziroe**, ★**Peliosanthes**, **Petronymphe**, **Polianthes**, **Prospero**, **Pseudogaltonia**, **Pseudomuscari**, **Pseudoprospero**, **Rajania**, *Ravnia*, ★**Reineckea**, **Resnova**, ★**Rohdea**, **Romnalda**, **Schizobasis**, **Schizocarphus**, ★**Schoenolirion**, **Semele**, **Sowerbaea**, ★**Speirantha**, **Spetaea**, *Taetsia*, *Teta*, ★**Theropogon**, ★**Thysanotus**, **Triandra**, **Trichopetalum**, **Trihesperus**, ★**Triteleia**, **Triteleiopsis**, **Urginea**, *Urginia*, **Veltheimia**, **Xerolirion**, **Xochiquetzallia**, ★**Yucca**, **Zagrosia**, *Zetocapnia*

MM – 670 Herreriaceae : ★**Herreria**

MM – 671 Agapanthaceae : *Abumon*, ★**Agapanthus**

MM – 672 Ruscaceae : ★**Ruscus**

MM – 673 Aphyllanthaceae : ★**Aphyllanthes**

MM – 674 ★Smilacaceae : *Coprosmanthus*, *Parillax*, ★**Smilax**

MM – 675 Nolinaceae : ★**Nolina**

MM – 676 ★Alstroemeriaceae : ★**Alstroemeria**, **Bomarea**, *Dodecasperma*, **Drymophila**, *Leontochir*, *Sphaerine*, *Vandesia*

MM – 677 Eriospermaceae : **Eriospermum**

MM – 678 Themidaceae : **Themis**

MM – 679 ★Hyacinthaceae : ★**Albuca**, *Avonsera*, *Beryllis*, **Chionodoxa**, **Dipcadi**, ★**Drimia**, *Ebertia*, *Honorius*, **Hyacinthella**, ★**Hyacinthus**, ★**Lachenalia**, **Leopoldia**, ★**Muscari**, ★**Ornithogalum**, **Puschkinia**, *Rhadamanthopsis*, *Rhadamanthus*, *Rhodocodon*, ★**Scilla**, *Tenicroa*, *Thuranthos*, *Urginavia*, *Urgineopsis*, *Uropetalum*

MM – 680 Lomandraceae : ★**Lomandra**

MM – 681 Lanariaceae : **Cyanisticta**, **Dendriscocaulon**, **Lanaria**, **Lobaria**, **Multiclavula**, **Pseudocyphellaria**, **Ricasolia**, **Sticta**

MM – 682 Petermanniaceae : **Petermannia**

MM – 683 ★Ixiolirionaceae : ★**Ixiolirion**, *Kolpakowskia*

MM – 684 Walleriaceae : **Walleria**

MM – 685 Taccaceae : *Leontopetaloides*, **Schizocapsa**, ★**Tacca**

MM – 686 Tecophilaeaceae : **Conanthera**, **Cyanella**, *Distrepta*, **Eremiolirion**, **Kabuyea**, *Odontostemum*, **Odontostomum**, **Tecophilaea**, *Tecophilea*, **Zephyra**

MM – 687 Stenomeridaceae : *Halloschulzia*, **Stenomeris**

MM – 688 Trichopodaceae : **Trichopodus**

MM – 689 Doryanthaceae : **Doryanthes**

MM – 690 Avetraceae : ★**Aneura**

MM – 691 ★Dioscoreaceae : *Atacca*, **Ataccia**, *Avetra*, *Botryosicyos*, ★**Dioscorea**, **Hyperocarpa**, *Oncus*, *Steirexa*, **Trichopus**

MM – 692 Acanthochlamydaceae : ★**Acanthochlamys**

MM – 693 Cyanastraceae : **Cyanastrum**

MM – 694 ★Amaryllidaceae: **Acis**, **Amarcrinum**, **Amarygia**, ★ **Amaryllis**, **Ammocharis**, **Apodolirion**, **Atacamallium**, *Atamasco*, **Atamosco**, **Belladonna**, *Bokkeveldia*, **Boophone**, **Brunsvigia**, **Calicharis**, **Caliphruria**, **Calostemma**, **Cearanthes**, **Chlidanthus**, **Cladosporium**, **Clinanthus**, ★ **Clivia**, **Cooperia**, ★ **Crinum**, **Crocopsis**, **Crossyne**, **Cryptostephanus**, **Cyrtanthus**, *Cyrthanthus*, *Dewinterella*, **Eithea**, **Eremolirion**, *Erinosma*, **Eucharis**, **Eucrosia**, **Eustephia**, **Fortunatia**, ★ **Galanthus**, **Gilliesia**, **Griffinia**, **Habranthus**, **Haemanthus**, **Hannonia**, **Hessea**, **Hieronymiella**, ★ **Hippeastrum**, ★ **Hymenocallis**, **Ipheion**, **Ismene**, *Kamiesbergia*, **Lapiedra**, **Latace**, **Leptochiton**, ★ **Leucojum**, ★ **Lycoris**, **Mathieua**, **Miersia**, ★ **Narcissus**, **Nerine**, ★ **Nothoscordum**, **Pamianthe**, ★ **Pancratium**, **Paposoa**, **Paramongaia**, **Phaedranassa**, **Phlyctella**, **Phycella**, **Placea**, **Plagiolirion**, ★ **Proiphys**, **Pucara**, **Pyrolirion**, **Rauhia**, **Rhodobranthus**, *Rhodolirion*, **Rhodolirium**, **Rhodophiala**, ★ **Scadoxus**, *Sceptranthes*, **Schickendantziella**, **Shoubiaonia**, **Solaria**, **Speea**, ★ **Sprekelia**, **Stenomesson**, **Sternbergia**, **Strumaria**, **Sydneya**, *Tedingea*, **Tocantinia**, **Traubia**, **Trichlora**, **Tristagma**, ★ **Tulbaghia**, ★ **Ungernia**, **Urceocharis**, **Urceolina**, **Vagaria**, **Worsleya**, ★ **Zephyranthes**

MM – 695 ★Hypoxidaceae: Compsoaceae, ★ **Curculigo**, **Empodium**, *Friedmannia*, **Hypoxidia**, ★ **Hypoxis**, *Janthe*, **Molineria**, **Pauridia**, **Rhodohypoxis**, **Saniella**, **Sinocurculigo**, **Spiloxene**

MM – 696 ★Burmanniaceae: **Afrothismia**, **Apteria**, *Benitzia*, ★ **Burmannia**, **Campylosiphon**, **Cymbocarpa**, ★ **Dictyostega**, *Dictyostegia*, *Dipterosiphon*, **Geomitra**, ★ **Gymnosiphon**, **Haplothismia**, **Hexapterella**, **Marthella**, **Miersiella**, *Nemitis*, **Oxygyne**, *Stemoptera*, **Tiputinia**, *Tripterella*

MM – 697 ★Hanguanaceae: ★ **Hanguana**

MM – 698 Agavaceae: ★ **Agave**, *Littaea*

MM – 699 Thismiaceae: *Bagnisia*, *Mamorea*, *Myostoma*, *Ophiomeris*, *Sarcosiphon*, ★ **Thismia**, *Triurocodon*

MM – 700 ★Iridaceae: **Acidanthera**, **Afrocrocus**, **Afrosolen**, *Ainea*, **Alophia**, **Anapalina**, ★ **Aristea**, ★ **Babiana**, **Belamcanda**, **bicolor**, **Bobartia**, **Calydorea**, **Cardenanthus**, **Chasmanthe**, **Cipura**, **Cobana**, **Codonorhiza**, **Colima**, ★ **Crocosmia**, ★ **Crocus**, *Cryptobasis*, **Cyanixia**, ★ **Cypella**, **Debia**, **Deluciris**, **Devia**, **Dierama**, ★ **Dietes**, **Diplarrena**, **Duthiastrum**, ★ **Eleutherine**, **Ennealophus**, **Evansia**, **Ferraria**, ★ **Freesia**, **Geissorhiza**, **Gelasine**, ★ **Gladiolus**, **Hebea**, ★ **Herbertia**, ★ **Hesperantha**, **Hesperoxiphion**, **Homeria**, *Hydastilus*, **Hydastylus**, *Hydrotaenia*, *Ilmu*, ★ **Iris**, **Ixia**, **Juno**, **Kelissa**, **Klattia**, **Lapeirousia**, **Larentia**, **Lethia**, ★ **Libertia**, *Limniris*, **Marica**, **Mastigostyla**, **Melasphaerula**, **Micranthus**, *Montbretia*, ★ **Moraea**, **Nemastylis**, *Nemastylus*, **Neomarica**, **Nivenia**, **Olsynium**, *Oncocyclus*, **Onira**, **Orthrosanthus**, *Pardanthus*, ★ **Patersonia**, *Peyrousia*, *Phaianthes*, **Phalocallis**, **Pillansia**, **Pseudotrimezia**, **Radinosiphon**, **Rheome**, **Rigidella**, ★ **Romulea**, **Salpingostylis**, **Savannosiphon**, **Schizorhiza**, *Sclerosiphon*, **Sessilanthera**, ★ **Sisyrinchium**, **Solenomelus**, **Sparaxis**, **Sphenostigma**, *Symphydolon*, **Synnotia**, **Syringodea**, **Tapeinia**, **Terraria**, **Thereianthus**, ★ **Tigridia**, *Trichonema*, ★ **Trimezia**, ★ **Tritonia**, **Tritoniopsis**, ★ **Watsonia**, **Weihea**, **Witsenia**, **Xenoscapa**, **Zygotritonia**

MM – 701 ★Xanthorrhoeaceae: **Aloidendron**, *Ammolirion*, **Chortolirion**, ★ **Eremurus**, **Gastrolirion**, *Henningia*, **Hodgsoniola**, ★ **Kniphofia**, **Kumara**

MM – 702 Geosiridaceae: **Geosiris**

MM – 703 ★Pandanaceae: **Benstonea**, *Dorystigma*, *Euduxia*, ★ **Freycinetia**, *Heterostigma*, *Keura*, **Martellidendron**, ★ **Pandanus**, *Rykia*, **Sararanga**, *Souleyetia*, *Vinsonia*

MM – 704 ★Velloziaceae: ★ **Barbacenia**, **Barbaceniopsis**, **Nanuza**, *Talbotiopsis*, ★ **Vellozia**, **Xerophyta**

MM – 705 ★Corsiaceae: **Arachnitis**, **Corsia**, ★ **Corsiopsis**

MM – 706 ★Cyclanthaceae: ★ **Asplundia**, ★ **Carludovica**, **Chorigyne**, **Cyclanthus**, **Dianthoveus**, **Dicranopygium**, **Evodianthus**, **Ludovia**, *Pseudoludovia*, **Schultesiophytum**, ★ **Sphaeradenia**, **Stelestylis**, **Thoracocarpus**

MM – 707 Hydatellaceae: **Julella**, **Trithuria**

MM – 708 ★Commelinaceae: **Aetheolirion**, *Amischophacelus*, ★ **Amischotolype**, ★ **Aneilema**, **Anthericopsis**, *Baoulia*, **Belosynapsis**, **Buforrestia**, ★ **Callisia**, **Cochliostema**, **Coleotrype**, *Comelina*, ★ **Commelina**, *Commelinopis*, **Corallina**, ★ **Cyanotis**, *Cymbispatha*, ★ **Dichorisandra**, ★ **Dictyospermum**, *Dithyrocarpus*, **Elasis**, ★ **Floscopa**, **Geogenanthus**, ★ **Gibasis**, **Gibasoides**, *Hadrodemas*, **Leptocallisia**, *Leptorhoeo*, **Matudanthus**, ★ **Murdannia**, *Neotreleasea*, ★ **Palisota**, *Phaeneilema*, **Phaeosphaerion**, *Phaeospherion*, *Piletocarpus*, **Plowmanianthus**, ★ **Pollia**, **Polyspatha**, ★ **Porandra**, *Prionostachys*, **Pseudoparis**, ★ **Rhopalephora**, **Ropalospora**, *Separotheca*, **Siderasis**, ★ **Spatholirion**, **Stanfieldiella**, ★ **Streptolirion**, **Thyrsanthemum**, ★ **Tinantia**, ★ **Tradescantia**, ★ **Tricarpelema**, **Triceratella**, **Tripogandra**, **Weldenia**

MM – 709 Cartonemataceae: ★ **Cartonema**

MM – 710 Dasypogonaceae: **Dasypogon**, **Kingia**

MM – 711 ★Pontederiaceae: **Eichhornia**, *Eichornia*, *Gomphima*, ★ **Heteranthera**, **Hydrothrix**, *Leptanthus*, **Monochoria**, ★ **Pontederia**, *Unisema*

MM – 712 ★Xyridaceae: **Abolboda**, **Achlyphila**, **Aratitiyopea**, ★ **Orectanthe**, *Xiris*, ★ **Xyris**

MM – 713 ★Rapateaceae: **Amphiphyllum**, ★ **Cephalostemon**, **Conotrema**, **Duckea**, **Epidryos**, **Guacamaya**, **Kunhardtia**, **Marahuacaea**, **Maschalocephalus**, **Monotrema**, **Phelpsiella**, **Pleiospatha**, **Potarophytum**, **Rapatea**, *Saxofridericia*, **Saxo – fridericia**, **Schoenocephalium**, **Spathanthus**, **Stegolepis**, **Windsorina**

MM – 714 Mayacaceae: *Biaslia*, *Coletia*, **Mayaca**, *Syena*

MM – 715 ★ Bromeliaceae: **Abromeitiella**, *Acanthospora*, **Acanthostachys**, *Achupalla*, *Aechmaea*, ★ **Aechmea**, *Agallostachys*, **Alcantarea**, *Allardtia*, *Amalia*, *Amalias*, *Anacyclia*, ★ **Ananas**, *Ananassa*, **Androlepis**, *Anoplophytum*, **Araeococcus**, **Ayensua**, *Bakerantha*, **Barfussia**, ★ **Billbergia**, **Brewcaria**, **Brocchinia**, ★ **Bromelia**, *Buonapartea*, **Canistropsis**, **Canistrum**, ★ **Catopsis**, *Chevaliera*, *Chirripoa*, **Cipuropsis**, *Cochliopetalum*, *Conanthes*, **Connellia**, **Cottendorfia**, *Cremobotrys*, *Cryptanthopsis*, **Cryptanthus**, **Deinacanthon**, **Dendropogon**, **Deuterocohnia**, **Disteganthus**, *Distiacanthus*, **Dyckia**, **Edmundoa**, **Eduandrea**, **Encholirium**, *Eucallias*, **Fascicularia**, **Fernseea**, **Fosterella**, *Garrelia*, **Glomeropitcairnia**, **Gregbrownia**, **Greigia**, *Gusmannia*, **Guzlandsia**, ★ **Guzmania**, ★ **Hechtia**, *Helicodea*, *Hepetis*, *Hesperogreigia*, *Hexalepis*, **Hohenbergia**, **Hohenbergiopsis**, **Hohenmea**, *Hoiriri*, *Hoplophytum*, **Hylaeaicum**, *Jonghea*, **Karawata**, *Lamprococcus*, *Lamproconus*, **Lapanthus**, **Lemeltonia**, *Lievena*, **Lindmania**, **Lymania**, *Macrochordion*, *Macrochordium*, *Madvigia*, *Massangea*, **Mesoamerantha**, *Meziothamnus*, **Mezobromelia**, *Mosenia*, **Navia**, **Neoglaziovia**, **Neoregelia**, **Nidularium**, **Niduregelia**, *Niveophyllum*, **Ochagavia**, *Oechmea*, *Ortgiesia*, *Orthopetalum*, **Orthophytum**, **Pepinia**, *Phlomostachys*, *Phytarrhiza*, *Pitcairnea*, ★ **Pitcairnia**, *Pityrophyllum*, *Placseptalia*, **Platyaechmea**, *Platystachys*, **Podaechmea**, *Pogospermum*, **Portea**, *Prantleia*, *Prionophyllum*, **Pseudalcantarea**, **Pseudananas**, **Pseudaraeococcus**, ★ **Puya**, **Quesnelia**, **Racinaea**, *Rhodostachys*, **Rokautskyia**, **Ronnbergia**, *Ruckia*, *Schlumbergeria*, **Sequencia**, *Sincoraea*, *Sodiroa*, **Steyerbromelia**, **Stigmatodon**, **Streptocalyx**, ★ **Tillandsia**, **Viridantha**, ★ **Vriesea**, *Vriesia*, **Waltillia**, **Werauhia**, *Willrussellia*, **Wittmackia**, **Wittrockia**, **Zizkaea**

MM – 716 ★ Philydraceae: *Helmholtzia*, **Orthothylax**, **Philydrella**, ★ **Philydrum**

MM – 717 ★ Arecaceae: **Palmae**, *Acanthococos*, **Acanthophoenix**, *Acanthorrhiza*, *Acanthosabal*, **Acoelorraphe**, **Acoelorrhaphe**, *Acrista*, **Acrocomia**, **Acrocordia**, *Acrostigma*, **Actinokentia**, **Actinorhytis**, *Adelodypsis*, **Adonidia**, **Aimara**, ★ **Aiphanes**, *Alfonsia*, **Allagoptera**, **Ammandra**, *Antongilia*, **Aphandra**, ★ **Archontophoenix**, ★ **Areca**, ★ **Arenga**, *Arikury*, *Arikuryroba*, *Aristeyera*, **Asterogyne**, **Astrocaryum**, **Attalea**, *Avoira*, *Bactria*, ★ **Bactris**, **Balaka**, *Barbosa*, **Barcella**, ★ **Basselinia**, **Beccariophoenix**, *Beethovenia*, **Bentinckia**, **Bismarckia**, ★ **Borassodendron**, ★ **Borassus**, ★ **Brahea**, **Brassiophoenix**, **Burretiokentia**, ★ **Butia**, **Butyagrus**, ★ **Calamus**, **Calyptrocalyx**, **Calyptrogyne**, **Calyptronoma**, **Carpentaria**, **Carpoxylon**, ★ **Caryota**, *Catis*, **Catoblastus**, *Catostigma*, **Ceratolobus**, **Ceroxylon**, ★ **Chamaedorea**, ★ **Chamaerops**, **Chambeyronia**, **Chelyocarpus**, *Chrysallidosperma*, **Chuniophoenix**, **Clinosperma**, **Clinostigma**, ★ **Coccothrinax**, *Cocops*, ★ **Cocos**, **Colpothrinax**, **Copernicia**, ★ **Corypha**, *Coryphomia*, ★ **Cryosophila**, *Cuatrecasea*, *Cyclospathe*, ★ **Cyphokentia**, **Cyphophoenix**, **Cyphosperma**, ★ **Cyrtostachys**, **Daemonorops**, *Dahlgrenia*, **Deckenia**, *Deckeria*, ★ **Desmoncus**, **Dictyocaryum**, ★ **Dictyosperma**, *Diglossophyllum*, *Diodosperma*, *Diplothemium*, **Dransfieldia**, ★ **Drymophloeus**, *Dypsidium*, ★ **Dypsis**, ★ **Elaeis**, *Elais*, *Elate*, **Eleiodoxa**, *Elephantusia*, *Eleutheropetalum*, *Englerophoenix*, **Eremospatha**, **Erythea**, **Eugeissona**, **Euterpe**, **Gastrococos**, **Gaussia**, ★ **Geonoma**, *Glaucothea*, *Gorgasia*, **Grisebachia**, ★ **Guihaia**, *Gynestum*, *Haitiella*, *Halmoorea*, *Haplodypsis*, *Haplophloga*, **Hedyscepe**, *Hemithrinax*, **Heterospathe**, *Hexopetion*, **Howea**, **Hydriastele**, ★ **Hyophorbe**, ★ **Hyospathe**, **Hyphaene**, ★ **Iguanura**, **Iriartea**, **Iriartella**, **Itaya**, **Jailoloa**, **Johannesteijsmannia**, **Juania**, **Jubaea**, **Jubaeopsis**, *Kalbreyera*, **Kentiopsis**, **Kerriodoxa**, *Kinetostigma*, *Klopstockia*, ★ **Korthalsia**, **Laccospadix**, **Laccosperma**, **Latania**, **Lemurophoenix**, **Leopoldinia**, **Lepidocaryum**, **Lepidorrhachis**, **Leucothrinax**, ★ **Licuala**, **Linospadix**, ★ **Livistona**, **Lodoicea**, *Louvelia*, **Loxococcus**, **Lytocaryum**, *Macrophloga*, *Malortiea*, **Manicaria**, **Manjekia**, *Marara*, **Marojejya**, **Martinezia**, **Masoala**, **Mauritia**, ★ **Mauritiella**, **Maxburretia**, **Medemia**, *Metasocratea*, **Metroxylon**, *Micrococos*, **Myrialepis**, **Nannorrhops**, **Nenga**, **Neonicholsonia**, **Neoveitchia**, **Nephrosperma**, **Normanbya**, ★ **Nypa**, ★ **Oenocarpus**, **Oncocalamus**, ★ **Oncosperma**, **Oothrinax**, *Opsiandra*, ★ **Orania**, **Oraniopsis**, *Palandra*, **Parajubaea**, *Parascheelea*, ★ **Pelagodoxa**, **Phloga**, *Phlogella*, **Phlyctis**, **Phoenicophorium**, ★ **Phoenix**, **Pholidocarpus**, **Pholidostachys**, **Physokentia**, **Phytelephas**, **Pigafetta**, ★ **Pinanga**, *Pindarea*, *Platenia*, *Plectis*, ★ **Plectocomia**, ★ **Plectocomiopsis**, **Podococcus**, **Polyandrococos**, **Ponapea**, *Porothrinax*, ★ **Prestoea**, **Pritchardia**, **Pseudophoenix**, **Ptychococcus**, *Ptychoraphis*, ★ **Ptychosperma**, *Pyrenoglyphis*, ★ **Raphia**, **Ravenea**, **Reineckia**, **Reinhardtia**, **Rhapidophyllum**, ★ **Rhapis**, **Rhopaloblaste**, **Rhopalostylis**, *Rhyticocos*, *Roebelia*, *Rooseveltia*, **Roscheria**, *Rotang*, *Rotanga*, ★ **Roystonea**, ★ **Sabal**, **Sabinaria**, ★ **Salacca**, **Saribus**, *Sarinia*, **Satakentia**, **Satranala**, **Sauropus**, **Scheelea**, **Schippia**, **Sclerosperma**, **Serenoa**, **Socratea**, **Solfia**, **Sommieria**, *Spathoscaphe*, *Stachyophorbe*, *Stephanostachys*, ★ **Syagrus**, **Synechanthus**, *Taenianthera*, **Tahina**, **Tectiphiala**, *Tessmanniodoxa*, *Tessmanniophoenix*, **Thrinax**, *Thringis*, *Tilmia*, *Toxophoenix*, ★ **Trachycarpus**, *Trichodypsis*, **Trithrinax**, **Veitchia**, **Verschaffeltia**, **Voanioala**, *Vonitra*, *Vouay*, **Wallaceodoxa**, ★ **Wallichia**, ★ **Washingtonia**, **Welfia**, **Wendlandiella**, *Wettinella*, **Wettinia**, *Wettiniicarpus*, **Wodyetia**, *Woodsonia*, *Yarina*, *Ynesa*, *Yuyba*, **Zombia**

MM – 718 ★ Haemodoraceae: ★ **Anigozanthos**, **Barberetta**, **Blancoa**, *Camderia*, **Cubanicula**, **Dilatris**, **Gethyllis**, **Haemodorum**, ★ **Lachnanthes**, **Macropidia**, **Phlebocarya**, **Pyrrorhiza**, **Schiekia**, **Tribonanthes**, **Wachendorfia**, ★ **Xiphidium**

MM – 719 Calectasiaceae: **Calectasia**

MM – 720 Conostylidaceae: **Conostylis**

MM – 721 Apostasiaceae: ★ **Apostasia**, *Mesodactylis*

MM – 722 Cypripediaceae：★ **Cypripedium**

MM – 723 ★ Orchidaceae：Pycnanthaceae, **Aa**, **Abdominea**, **Aberrantia**, **Acacallis**, ★ **Acampe**, **Acanthephippium**, ★ **Acanthophippium**, **Achlydosa**, ★ **Acianthera**, **Acianthus**, **Acineta**, **Acinopetala**, *Ackermania*, **Acostaea**, ★ **Acriopsis**, **Acrochaene**, **Acrolophia**, **Acronia**, *Acropera*, **Acrorchis**, **Ada**, **Adamantinia**, **Adenochilus**, ★ **Adenoncos**, **Adrorhizon**, **Aenhenrya**, ★ **Aerangis**, **Aeranthes**, ★ **Aerides**, ★ **Aeridostachya**, *Aerobion*, **Aetheorhyncha**, **Afroamphica**, **Afropectinariella**, **Afroscirpoides**, **Aganisia**, **Aglossorrhyncha**, ★ **Agrostophyllum**, **Alamania**, **Alaticaulia**, **Alatiglossum**, **Alatiliparis**, **Alismorchis**, **Altensteinia**, **Amblostoma**, **Ambrella**, **Amerorchis**, **Amesia**, **Amesiella**, **Amitostigma**, **Amoana**, **Amparoa**, **Anacamptiplatanthera**, ★ **Anacamptis**, **Anacamptorchis**, ★ **Anathallis**, **Ancipitia**, **Ancistrochilus**, **Ancistrorhynchus**, **Andinia**, **Andreettaea**, **Androcorys**, *Androgyne*, *Angorchis*, **Angraecopsis**, ★ **Angraecum**, **Anguloa**, ★ **Ania**, **Anisopetala**, *Anisopetalum*, **Anneliesia**, ★ **Anoectochilus**, **Anota**, **Ansellia**, *Anthereon*, ★ **Anthogonium**, **Anthosiphon**, **Antilla**, *Aopla*, *Aorchis*, *Apatostelis*, ★ **Aphyllorchis**, **Aplectrum**, **Apoda – prorepentia**, **Aporostylis**, *Aporum*, ★ **Appendicula**, **Aracamunia**, ★ **Arachnis**, **Archivea**, **Areldia**, **Arethusa**, **Armodorum**, **Arnottia**, **Arpophyllum**, **Arthrochilus**, **Arthrosia**, **Artorima**, ★ **Arundina**, **Asarca**, **Ascidieria**, **Ascocentropsis**, **Ascocentrum**, **Ascochilopsis**, **Ascochilus**, **Ascoglossum**, **Ascotainia**, **Aspasia**, *Aspegrenia*, **Aspidogyne**, **Astichis**, **Atopoglossum**, *Aucellia*, *Aulosepalum*, **Auxopus**, **Baptistonia**, **Barbosella**, **Barbrodria**, ★ **Barkeria**, **Barlorchis**, **Bartholina**, **Basiphyllaea**, **Baskervilla**, *Batemania*, **Batemannia**, *Bathiea*, *Bathiorchis*, **Beadlea**, **Beclardia**, *Belingia*, **Beloglottis**, **Bensteinia**, ★ **Benthamia**, **Benzingia**, **Bhutanthera**, **Bidoupia**, ★ **Biermannia**, ★ **Bifrenaria**, **Bipinnula**, **Blephariglottis**, ★ **Bletia**, ★ **Bletilla**, **Bogoria**, *Bolborchis*, **Bollea**, ★ **Bolusiella**, ★ **Bonatea**, **Bothriochilus**, **Bouffordia**, **Brachionidium**, **Brachtia**, ★ **Brachycorythis**, **Brachypeza**, **Brachystele**, **Bracisepalum**, **Braemia**, **Brasiliorchis**, **Brasilocycnis**, **Brassavola**, ★ **Brassia**, **Brassocattleya**, **Brenesia**, ★ **Bromheadia**, ★ **Broughtonia**, **Brownleea**, ★ **Bryobium**, **Buccella**, **Buchtienia**, **Buesiella**, *Bulbophyllaria*, ★ **Bulbophyllum**, **Bulleyia**, **Burnettia**, **Byrsella**, **Caelogyne**, ★ **Caladenia**, ★ **Calanthe**, **Calassodia**, **Caleana**, *Calista*, **Callista**, ★ **Callostylis**, **Calochilus**, *Caloglossum*, **Calonema**, ★ **Calopogon**, **Caluera**, **Calymmanthera**, ★ **Calypso**, **Calyptrochilum**, **Camaridium**, *Camilleugenia*, **Campanulorchis**, *Campylocentron*, **Campylocentrum**, **Capanemia**, **Cardiochilos**, ★ **Catasetum**, ★ **Cattleya**, **Cattleyella**, **Caucaea**, **Caularthron**, **Celmearia**, **Centroglossa**, *Centropetalum*, *Centrosia*, **Centrostigma**, ★ **Cephalanthera**, **Cephalantheropsis**, **Cephalopactis**, **Ceratandra**, **Ceratocentron**, **Ceratochilus**, ★ **Ceratostylis**, *Chaenanthe*, *Chaetocephala*, *Chamaeangis*, ★ **Chamaeanthus**, **Chamaecallis**, ★ **Chamaegastrodia**, *Chamaeleorchis*, **Chamelophyton**, ★ **Chamorchis**, ★ **Changnienia**, **Chaseella**, **Chaubardia**, **Chaubardiella**, **Chauliodon**, **Cheiradenia**, ★ **Cheirostylis**, **Chelonistele**, *Chelyella*, *Chelyorchis*, **Chiloglottis**, **Chilopogon**, ★ **Chiloschista**, ★ **Chloraea**, **Chondrorhyncha**, **Chondroscaphe**, **Christensonella**, **Christensonia**, ★ **Chroniochilus**, **Chrysocycnis**, ★ **Chrysoglossum**, **Chusua**, **Chysis**, **Chytroglossa**, **Cirrhaea**, **Cirrhopetalum**, **Cischweinfia**, **Claderia**, **Cleisocentron**, **Cleisomeria**, ★ **Cleisostoma**, ★ **Cleisostomopsis**, ★ **Cleistes**, **Cleistesiopsis**, **Clematepistephium**, **Clowesia**, *Clynhymenia*, **Coccineorchis**, **Cochleanthes**, **Cochlioda**, **Cocleorchis**, **Codonorchis**, *Codonosiphon*, **Coelia**, **Coeliopsis**, **Coeloglossorchis**, ★ **Coelogyne**, **Coenoemersa**, **Cohniella**, **Coilochilus**, *Coilostylis*, ★ **Collabium**, *Collea*, **Comparettia**, **Conchidium**, **Condylago**, **Constantia**, **Cooktownia**, **Coppensia**, ★ **Corallorhiza**, **Corunastylis**, **Coryanthes**, ★ **Corybas**, **Corycium**, *Corydandra*, *Corymborchis*, ★ **Corymborkis**, *Costaricaea*, **Cottonia**, **Cotylolabium**, **Cranichis**, ★ **Cremastra**, ★ **Crepidium**, **Cribbia**, **Crinonia**, **Crocodeilanthe**, ★ **Crossoglossa**, **Crossoliparis**, **Cryptarrhena**, **Cryptocentrum**, ★ **Cryptochilus**, *Cryptophoranthus*, **Cryptopus**, **Cryptopylos**, *Cryptosaccus*, *Cryptosanus*, ★ **Cryptostylis**, *Ctenorchis*, **Cucumeria**, **Cuitlauzina**, **Cyanaeorchis**, **Cyanicula**, **Cybebus**, ★ **Cyclopogon**, **Cycnoches**, **Cylindrocladium**, **Cylindrolobus**, **Cymbidiella**, ★ **Cymbidium**, ★ **Cynorkis**, *Cynosorchis*, **Cyperocymbidium**, **Cyperorchis**, **Cyphochilus**, **Cypholoron**, **Cyrtidiorchis**, *Cyrtidium*, **Cyrtochiloides**, ★ **Cyrtochilum**, *Cyrtoglottis*, *Cyrtopera*, ★ **Cyrtopodium**, **Cyrtorchis**, ★ **Cyrtosia**, ★ **Cyrtostylis**, ★ **Cystorchis**, **Dactylitella**, **Dactylocamptis**, **Dactylodenia**, **Dactyloglossum**, **Dactylogymnadenia**, **Dactylorchis**, ★ **Dactylorhiza**, **Dactylostalix**, **Daiotyla**, **Danhatchia**, **Danxiaorchis**, **Deceptor**, **Degranvillea**, **Deiregyne**, ★ **Dendrobium**, **Dendrochilum**, **Dendrocoryne**, **Dendrodochium**, **Dendrolirium**, **Dendrophylax**, **Devogelia**, **Diacrium**, **Diadenium**, *Dialyssa*, ★ **Diaphananthe**, **Diceratostele**, **Dichaea**, *Dichaeopsis*, **Dichromanthus**, **Dickasonia**, *Dicrypta*, *Dictyophyllaria*, *Didactyle*, **Didactylus**, ★ **Didymoplexiella**, ★ **Didymoplexiopsis**, ★ **Didymoplexis**, ★ **Dienia**, ★ **Diglyphosa**, *Dignathe*, **Dilochia**, **Dilochiopsis**, **Dilomilis**, **Dimerandra**, **Dimorphorchis**, **Dinema**, **Dinklageella**, **Diodonopsis**, **Diphylax**, *Diplacorchis*, *Diplecthrum*, **Diplocentrum**, ★ **Diplomeris**, ★ **Diploprora**, ★ **Dipodium**, **Dipteranthus**, *Dipterostele*, ★ **Disa**, **Discyphus**, ★ **Disperis**, **Distylodon**, *Dithyridanthus*, **Diuris**, **Dodsonia**, **Dolichocentrum**, **Domingoa**, *Donacopsis*, **Dondodia**, **Dossinia**, **Dracomonticola**, **Draconanthes**, **Dracontia**, **Dracula**, **Drakaea**, **Drakonorchis**, **Dresslerella**, **Dressleria**, **Dryadella**, **Dryadorchis**, **Drymoanthus**, **Drymoda**, *Dryopeia*, *Dubois – reymondia*, **Duckeella**, **Dungsia**, **Dunnaria**, **Dunstervillea**, **Dyakia**, **Earina**, **Echinorhyncha**, **Echinosepala**, **Eclecticus**, **Effusiella**, **Eggelingia**, ★ **Eleorchis**, **Eleutheroglossum**, ★ **Elleanthus**, **Elongatia**, **Eloyella**, **Eltroplectris**, **Elythranthera**, **Embreea**, *Empusa*, **Empusella**, **Encabarcenia**, ★ **Encyclia**, *Enothrea*, **Entomophobia**, *Eparmatostigma*, **Ephippianthus**, ★ **Epiblastus**, **Epiblema**, *Epicranthes*, *Epidanthus*, *Epidendron*, ★ **Epidendrum**, *Epidorchis*, **Epilyna**, ★ **Epipactis**, ★ **Epipogium**, **Epistephium**, **Erasanthe**, ★ **Eria**, **Eriaxis**, **Ericksonella**, **Eriochilus**, ★ **Eriodes**, **Eriopsis**, *Erporchis*, ★ **Erycina**, ★ **Erythrodes**,

★**Erythrorchis**, **Esmeralda**, **Espinhassoa**, *Etaeria*, **Euanthe**, **Euchile**, *Eucnemia*, ★ **Eulophia**, **Eulophiella**, *Eulophiopsis*, **Euphlebium**, *Euproboscis*, **Euryblema**, **Eurycentrum**, **Eurychone**, **Eurystyles**, **Evotella**, **Fernandezia**, **Fissia**, *Fractiunguis*, **Frigidorchis**, **Frondaria**, **Fruticicola**, **Fuertesiella**, *Funckiella*, **Funkiella**, **Galeandra**, ★ **Galearis**, **Galeoglossum**, ★ **Galeola**, **Galeottia**, **Galeottiella**, *Gamoplexis*, ★ **Gastrochilus**, ★ **Gastrodia**, **Gastrorchis**, **Gastrosiphon**, **Gavilea**, **Geesinkorchis**, *Geissanthera*, ★ **Gennaria**, ★ **Genoplesium**, *Genorchis*, **Genyorchis**, **Geoblasta**, **Geodorum**, **Gerardoa**, **Gerlachia**, ★ **Glomera**, **Glossadenia**, **Glossodia**, **Glossorhyncha**, *Glossorrhyncha*, ★ **Gomesa**, **Gomphichis**, **Gonatostylis**, ★ **Gongora**, **Goniochilus**, ★ **Goodyera**, ★ **Govenia**, *Govindooia*, **Gracielanthus**, **Grammangis**, ★ **Grammatophyllum**, **Grandiphyllum**, **Graphidium**, *Graphorchis*, **Graphorkis**, **Grastidium**, **Gravendeelia**, **Greenwoodiella**, ★ **Grobya**, ★ **Grosourdya**, *Grussia*, **Guanchezia**, **Guarianthe**, *Gularia*, **Gunnarella**, *Gunnaria*, **Gymnacamptis**, ★ **Gymnadenia**, **Gymnaglossum**, **Gymnanacamptis**, **Gymnigritella**, *Gymnochilus*, **Gymnotraunsteinera**, **Gymplatanthera**, **Gynoglottis**, **Gyrostachys**, ★ **Habenaria**, **Habenella**, **Hadrolaelia**, **Hagsatera**, **Halleorchis**, ★ **Hammarbya**, ★ **Hancockia**, **Hapalochilus**, **Hapalorchis**, *Haplostellis*, **Haraella**, **Harashuteria**, *Hardingia*, **Harrisella**, **Hederorkis**, **Helcia**, **Helleborine**, **Helleriella**, **Helonoma**, *Helorchis*, ★ **Hemipilia**, **Hemipiliopsis**, ★ **Herminium**, **Herminorchis**, **Herpetophytum**, ★ **Herpysma**, **Herschelia**, *Herschellia*, ★ **Hetaeria**, *Heteroncidium*, **Heterotaxis**, *Hexadesmia*, **Hexalectris**, *Hexisea*, ★ **Himantoglossum**, **Hintonella**, **Hippeophyllum**, **Hirtzia**, *Hispaniella*, **Hoehneella**, **Hoffmannseggella**, **Hofmeisterella**, ★ **Holcoglossum**, **Holcosia**, **Holothrix**, **Holttumia**, **Homalopetalum**, **Horichia**, **Horvatia**, **Houlletia**, **Hsenhsua**, **Huangtcia**, **Huntleya**, **Huttonaea**, **Hybochilus**, **Hygrochilus**, **Hylaeorchis**, ★ **Hylophila**, **Hymeneria**, **Hymenorchis**, **Imerinaea**, **Incaea**, **India**, **Inti**, **Ionaspis**, **Ionopsis**, **Ipsea**, ★ **Isabelia**, **Isanitella**, **Ischnogyne**, *Isochilos*, ★ **Isochilus**, **Isotria**, **Ivonia**, **Ixyophora**, ★ **Jacquiniella**, *Javieria*, **Jejewoodia**, *Jejosephia*, **Jennyella**, *Jonopsis*, **Jumellea**, **Kefersteinia**, **Kegeliella**, **Kingidium**, **Kionophyton**, **Kipandiorchis**, **Koellensteinia**, **Koerberiella**, **Konantzia**, **Kraenzlinella**, **Kreodanthus**, **Kryptostoma**, **Kuhlhasseltia**, **Kylicanthe**, **Lacaena**, **Lachesiodendron**, **Lacomucinaea**, ★ **Laelia**, **Laelichilis**, **Laeliocattleya**, *Laelio – cattleya*, *Lalexia*, **Lanium**, **Lankesterella**, *Laricorchis*, *Leaoa*, **Lebbiea**, ★ **Lecanorchis**, *Lemboglossum*, *Lemurangis*, *Lemuranthe*, **Lemurella**, **Lemurorchis**, ★ **Leochilus**, *Lepantes*, ★ **Lepanthes**, ★ **Lepanthopsis**, **Lepidogyne**, **Leporella**, *Leptocentrum*, **Leptoceras**, **Leptorchis**, ★ **Leptotes**, **Leucerminium**, **Leucohyle**, **Leucorchis**, *Lichenora*, *Lichterveldia*, **Ligeophila**, ★ **Limodorum**, **Lindleyalis**, ★ **Liparis**, *Lissochilus*, **Listera**, **Listrostachys**, **Lockhartia**, *Lockia*, **Loefgrenianthus**, **Lomax**, **Lophiaris**, **Loroglossum**, *Lothiania*, ★ **Ludisia**, **Lueckelia**, **Lueddemannia**, **Lueranthos**, **Luerella**, **Luida**, ★ **Luisia**, **Luzama**, **Lycamerlycaste**, **Lycaste**, **Lycida**, **Lycomormium**, **Lyperanthus**, **Lyroglossa**, **Macodes**, **Macradenia**, **Macroclinium**, *Macroplectrum*, ★ **Macropodanthus**, *Macrostomium*, **Madisonia**, ★ **Malaxis**, **Malleola**, **Manniella**, **Mapinguari**, **Maronea**, *Marsupiaria*, **Masdevallia**, **Masdevalliantha**, ★ **Maxillaria**, **Maxillariella**, ★ **Mediocalcar**, **Megalorchis**, **Megalotus**, **Megastylis**, **Megema**, **Meiracyllium**, *Menadena*, *Mendoncella*, **Mesadenella**, **Mesadenus**, *Mesoglossum*, *Mesoptera*, **Mesospinidium**, *Mexicoa*, *Mexipedium*, **Microchilus**, **Microcoelia**, **Microepidendrum**, *Microholmesia*, **Microlaelia**, ★ **Micropera**, ★ **Microsaccus**, **Microstylis**, **Microtatorchis**, *Microtheca*, **Microthelys**, ★ **Microtis**, *Miguelia*, **Miltonia**, **Miltonidium**, *Miltonioides*, **Miltoniopsis**, **Mobilabium**, **Monanthus**, *Monixus*, **Monomeria**, **Monophyllorchis**, **Mormodes**, **Mormolyca**, ★ **Mycaranthes**, **Myoxanthus**, **Myrmechis**, **Myrmecolaelia**, **Myrmecophila**, *Myrobroma*, **Myrosmodes**, **Mystacidium**, **Mystacorchis**, **Nageliella**, *Nanodes*, *Nasonia*, *Nauenia*, **Nemaconia**, **Neobathiea**, **Neobolusia**, **Neocogniauxia**, **Neodryas**, **Neofinetia**, **Neogardneria**, **Neogyna**, **Neolindleya**, **Neomoorea**, **Neooreophilus**, **Neotinacamptis**, **Neotinarhiza**, ★ **Neotinea**, ★ **Neottia**, **Neottianthe**, *Neowolffia*, ★ **Nephelaphyllum**, **Nephrangis**, ★ **Nervilia**, ★ **Neuwiedia**, **Nezahualcoyotlia**, ★ **Nidema**, **Nieymera**, **Nitidobulbon**, *Nitidocidium*, **Nohawilliamsia**, **Notheria**, **Nothodoritis**, **Nothostele**, *Notiophrys*, **Notylia**, **Notyliopsis**, **Oberholzeria**, ★ **Oberonia**, **Oberonioides**, **Octarrhena**, ★ **Octomeria**, ★ **Odontochilus**, **Odontoglossum**, **Odontorrhynchus**, **Oeceoclades**, **Oeonia**, **Oeoniella**, **Oerstedella**, **Oestlundia**, **Oestlundorchis**, *Olgasis*, **Oligophyton**, **Oliveriana**, **Omoea**, ★ **Oncidium**, **Ophidion**, **Ophioglossella**, ★ **Ophrys**, *Orch – gymnadenia*, **Orchidactyla**, **Orchidactylorhiza**, *Orchidotypus*, **Orchigymnadenia**, **Orchimantoglossum**, **Orchinea**, *Orchiodes*, **Orchipedum**, **Orchiplatanthera**, ★ **Orchis**, **Orchiserapias**, *Orchi – serapias*, *Orch – serapias*, *Oreophilus*, ★ **Oreorchis**, **Orestias**, **Orleanesia**, **Ornithidium**, **Ornithocephalus**, **Ornithochilus**, **Ornithocidium**, **Ornithophora**, **Orthoceras**, *Orthochilus*, *Orthoglottis*, **Osmoglossum**, **Otochilus**, **Otoglossum**, **Otostylis**, ★ **Oxystophyllum**, **Pabstia**, **Pabstiella**, **Pachites**, **Pachygenium**, **Pachyphyllum**, **Pachyplectron**, *Pachystele*, ★ **Pachystoma**, **Palmorchis**, *Palumbina*, **Panisea**, **Panmorphia**, *Pantlingia*, **Paphinia**, ★ **Paphiopedilum**, ★ **Papilionanthe**, **Papilisia**, *Papperitzia*, **Papuaea**, **Papulipetalum**, **Paracaleana**, **Paradisanthus**, **Paralophia**, **Paramollugo**, **Paraphalaenopsis**, **Parapteroceras**, **Paubrasilia**, ★ **Pecteilis**, **Pedilochilus**, ★ **Pelatantheria**, ★ **Pelexia**, **Pendusalpinx**, **Penkimia**, ★ **Pennilabium**, **Pentisea**, *Pentulops*, **Peristeranthus**, **Peristeria**, ★ **Peristylus**, **Perkinsiodendron**, *Perrieriella*, **Pescatobollea**, **Pescatorea**, **Pescatoria**, *Petalocentrum*, **Petalodon**, *Pfitzeria*, **Phaius**, *Phajus*, ★ **Phalaenopsis**, **Pheladenia**, **Phlebochilus**, ★ **Phloeophila**, **Pholidota**, **Phragmipedium**, **Phragmorchis**, ★ **Phreatia**, *Phyllorchis*, **Phymatidium**, *Physinga*, **Physoceras**, **Physogyne**, **Physosiphon**, *Physothallis*, **Pilophyllum**, ★ **Pinalia**, **Piperia**, *Pittierella*, **Pityphyllum**, *Placostigma*, ★ **Platanthera**, *Platantheroides*, **Platycoryne**, *Platyglottis*, ★ **Platylepis**, **Platyrhiza**, **Platystele**, **Platythelys**, **Plectorrhiza**, **Plectrelminthus**, **Plectrophora**, ★ **Pleione**, **Pleuranthium**, **Pleurobotryum**, ★ **Pleurothallis**, **Pleurothallopsis**,

★**Plocoglottis**, **Poaephyllum**, *Podandria*, **Podangis**, ★**Podochilus**, ★**Pogonia**, **Pogoniopsis**, **Polycycnis**, **Polyotidium**, ★**Polystachya**, ★**Pomatocalpa**, **Ponera**, ★**Ponerorchis**, ★**Ponthieva**, **Porolabium**, ★**Porpax**, **Porphyroglottis**, **Porphyrostachys**, **Porroglossum**, **Porrorhachis**, **Potosia**, **Praecoxanthus**, **Prasophyllum**, **Prescottia**, **Pridgeonia**, **Proctoria**, **Promenaea**, **Pronectria**, ★**Prosthechea**, **Pseudadenia**, **Pseudanthera**, ★**Pseuderia**, **Pseudinium**, **Pseuditella**, **Pseudocentrum**, *Pseudocranichis*, **Pseudoctomeria**, *Pseudocymbidium*, *Pseudodiphryllum*, **Pseudogoodyera**, **Pseudolaelia**, *Pseudomaxillaria*, ★**Pseudorchis**, **Pseudorhiza**, **Pseudosenegalia**, **Pseudostelis**, **Pseudovanilla**, **Psilanthemum**, **Psilochilus**, *Psittacoglossum*, **Psychilis**, **Psychopsiella**, **Psychopsis**, **Psygmorchis**, **Psytonia**, **Pterichis**, ★**Pteroceras**, **Pteroglossa**, **Pteroglossaspis**, **Pteroon**, **Pterostemma**, **Pterostylis**, **Pterygodium**, **Pupulinia**, **Pygmaeorchis**, **Pyrorchis**, **Quechua**, **Quekettia**, **Quisqueya**, **Rangaeris**, **Rauhiella**, *Raycadenco*, **Regalia**, **Reichantha**, **Reichenbachanthus**, ★**Renanthera**, *Renantherella*, **Restrepia**, **Restrepiella**, **Restrepiopsis**, **Rhamphidia**, *Rhaphidorhynchus*, **Rhetinantha**, **Rhinerrhiza**, ★**Rhipidoglossum**, **Rhizanthella**, **Rhizanthera**, ★**Rhomboda**, **Rhynchogyna**, **Rhyncholaelia**, ★**Rhynchostele**, ★**Rhynchostylis**, **Ridleyella**, **Rimacola**, ★**Risleya**, ★**Robiquetia**, **Rodrigoa**, **Rodriguesia**, ★**Rodriguezia**, **Rodrigueziopsis**, **Roeperocharis**, *Roezliella*, *Rolfeella*, **Ronaldella**, **Rossioglossum**, **Rubellia**, **Rudolfiella**, **Rusbyella**, **Saccoglossum**, ★**Saccolabiopsis**, **Saccolabium**, **Sacoila**, **Salpistele**, **Sanderella**, **Santotomasia**, **Sarcanthopsis**, **Sarcinula**, **Sarcocadetia**, **Sarcochilus**, ★**Sarcoglottis**, ★**Sarcoglyphis**, ★**Sarcophyton**, **Sarcostoma**, *Sarmenticola*, *Sarracenella*, ★**Satyrium**, **Saundersia**, **Sauroglossum**, **Sauvetrea**, **Scaphosepalum**, ★**Scaphyglottis**, **Scelochiloides**, *Scelochilopsis*, **Scelochilus**, **Schiedeella**, **Schizochilus**, **Schlimmia**, ★**Schoenorchis**, **Schuitemania**, **Schunkea**, **Scuticaria**, **Sedirea**, **Sedirisia**, **Seegeriella**, **Segiddolia**, **Seidenfadenia**, **Selenipedium**, *Semiphajus*, *Senghasia*, *Sepalosaccus*, ★**Serapias**, **Serapicamptis**, **Serapirhiza**, **Sertifera**, *Siagonanthus*, **Sievekingia**, **Sigmatostalix**, **Silvorchis**, **Singchia**, **Sirhookera**, ★**Sirindhornia**, **Skeptrostachys**, **Smithorchis**, **Smithsonia**, ★**Smitinandia**, **Sobennikoffia**, **Sobralia**, **Sokinochloa**, **Solenangis**, **Solenidium**, **Solenocentrum**, **Sophrocattleya**, **Sophronitis**, **Soterosanthus**, **Sotoa**, ★**Spathoglottis**, ★**Specklinia**, **Spectaculum**, **Sphyrarhynchus**, **Sphyrastylis**, **Spiculaea**, **Spilotantha**, ★**Spiranthes**, **Spongiola**, **Stalkya**, **Stanhopea**, **Stanhopeastrum**, **Staurochilus**, **Stauropsis**, *Stelbophyllum*, ★**Stelis**, **Stellamaris**, **Stellilabium**, *Stellorkis*, **Stenia**, **Stenocoryne**, *Stenoglossum*, **Stenoglottis**, **Stenoptera**, *Stenorhynchus*, *Stenorhyncus*, ★**Stenorrhynchos**, *Stenorrhynchus*, **Stenotyla**, **Stephanothelys**, ★**Stereochilus**, ★**Stereosandra**, **Steveniella**, *Stichorchis*, **Stichorkis**, **Stictophyllorchis**, ★**Stigmatodactylus**, **Stigmatorthos**, **Stigmatosema**, **Stilbophyllum**, *Stilifolium*, **Stolzia**, **Streptoura**, **Strongyleria**, **Suarezia**, **Sudacaste**, **Sudamerlycaste**, **Summerhayesia**, **Sunipia**, **Sutrina**, *Svenkoeltzia*, **Sylphia**, *Symphyglossum*, **Systeloglossum**, **Tadeastrum**, ★**Taeniophyllum**, **Taeniorrhiza**, ★**Tainia**, *Talpinaria*, **Tamayorkis**, **Taprobanea**, **Tateishia**, **Tawaia**, **Teagueia**, **Telipogon**, ★**Tetramicra**, **Teuscheria**, ★**Thaia**, *Theana*, ★**Thecopus**, ★**Thecostele**, ★**Thelasis**, ★**Thelymitra**, **Thelyschista**, *Thorvaldsenia*, ★**Thrixspermum**, **Thulinia**, ★**Thunia**, **Thysanoglossa**, **Ticoglossum**, **Tigivesta**, ★**Tipularia**, **Tolumnia**, **Tomzanonia**, **Townsonia**, ★**Trachoma**, **Trachyrhizum**, ★**Traunsteinera**, **Trevoria**, *Triaristellina*, **Trias**, *Tribrachia*, **Tribulago**, **Triceratorhynchus**, ★**Trichocentrum**, **Trichoceros**, ★**Trichoglottis**, **Trichopilia**, ★**Trichosalpinx**, *Trichosma*, ★**Trichotosia**, **Tridactyle**, **Tridelta**, **Trigonanthus**, **Trigonidium**, **Trigonochilum**, **Triotosiphon**, ★**Triphora**, **Trisetella**, **Trizeuxis**, ★**Tropidia**, ★**Tsaiorchis**, ★**Tuberolabium**, **Tulotis**, *Tylochilus*, **Tylostigma**, **Uleiorchis**, ★**Uncifera**, **Unciferia**, **Unguella**, **Univiscidiatus**, **Urostachya**, *Valdiviesoa*, ★**Vanda**, **Vandoglossum**, ★**Vandopsis**, ★**Vanilla**, **Vargasiella**, **Vasqueziella**, *Vazquezella*, **Ventricularia**, *Vermeulenia*, **Vesicisepalum**, **Veyretella**, **Veyretia**, *Vierlingia*, *Viracocha*, **Vitekorchis**, ★**Vrydagzynea**, **Waireia**, *Waluewa*, ★**Warczewiczella**, **Warmingia**, **Warrea**, **Warreella**, **Warreopsis**, **Warscaea**, **Wullschlaegelia**, *Xeilyathum*, **Xenosia**, **Xerorchis**, **Xerriara**, *Xiphizusa*, *Xiphosium*, ★**Xylobium**, ★**Yoania**, *Yolanda*, **Ypsilopus**, **Ypsilorchis**, **Zahleria**, **Zelenkoa**, ★**Zeuxine**, **Zeuxinella**, **Zhukowskia**, **Zootrophion**, **Zosterophyllanthos**, **Zygopabstia**, *Zygopetalon*, ★**Zygopetalum**, **Zygosepalum**, **Zygostates**

MM－724 ★Flagellariaceae：★**Flagellaria**

MM－725 ★Strelitziaceae：**Phenakospermum**, ★**Ravenala**, ★**Strelitzia**

MM－726 ★Eriocaulaceae：**Actinocephalus**, **Blastocaulon**, ★**Comanthera**, **Cyanthera**, ★**Eriocaulon**, **Fockonia**, *Gilberta*, **Lachnocaulon**, **Leiothrix**, ★**Mesanthemum**, *Moldenkeanthus*, **Paepalanthus**, **Philodice**, **Rondonanthus**, ★**Syngonanthus**, **Tonina**

MM－727 ★Musaceae：★**Ensete**, ★**Musa**, ★**Musella**

MM－728 ★Joinvilleaceae：★**Joinvillea**

MM－729 ★Lowiaceae：**Antimanoa**, **Gorgoniceps**, **Llimoniella**, **Ombrophila**, ★**Orchidantha**, **Unguiculariopsis**

MM－730 ★Heliconiaceae：★**Heliconia**, *Heliconiopsis*

MM－731 Baxteriaceae：**Baxteria**

MM－732 Prioniaceae：**Prionium**

MM－733 ★Juncaceae：*Andesia*, *Cephaloxys*, *Gymnodes*, *Juncastrum*, *Juncodes*, **Juncoides**, ★**Juncus**, *Luciola*, ★**Luzula**, **Marsippospermum**, **Oreojuncus**, **Oxychloe**, **Patosia**, **Rostkovia**

MM－734 Sparganiaceae：★**Sparganium**

MM－735 Thurniaceae：**Thurnia**

MM－736 ★Typhaceae：**Massula**，**Pistillaria**，**Sargassum**，★**Typha**

MM－737 ★Zingiberaceae：**Adelmeria**，★**Aframomum**，★**Alpinia**，★**Amomum**，**Aulotandra**，★**Boesenbergia**，**Brachychilum**，**Burbidgea**，★**Camptandra**，*Cardamomum*，★**Caulokaempferia**，★**Cautleya**，**Conamomum**，**Cornukaempferia**，★**Curcuma**，**Cyphostigma**，**Distichochlamys**，★**Elettaria**，**Elettariopsis**，**Epiamomum**，*Ethanium*，★**Etlingera**，★**Gagnepainia**，*Gamochilus*，*Gandasulium*，**Geocharis**，★**Geostachys**，★**Globba**，**Haniffia**，**Haplochorema**，★**Hedychium**，**Hemiorchis**，**Hitchenia**，**Hitcheniopsis**，**Hornstedtia**，★**Kaempferia**，**Lanxangia**，**Larsenianthus**，**Leptosolena**，**Myxochlamys**，**Nanochilus**，**Newmania**，**Nicolaia**，**Parakaempferia**，*Paramomum*，★**Plagiostachys**，**Pleuranthodium**，★**Pommereschea**，★**Pyrgophyllum**，★**Renealmia**，★**Rhynchanthus**，**Riedelia**，**Rimelia**，★**Roscoea**，★**Scaphochlamys**，**Siamanthus**，★**Siliquamomum**，**Siphonochilus**，**Stadiochilus**，**Stahlianthus**，**Sulettaria**，**Sundamomum**，**Tamijia**，★**Vanoverberghia**，★**Zingiber**，*Zinziber*

MM－738 ★Costaceae：*Banksea*，*Cadalvena*，★**Chamaecostus**，**Cheilocostus**，★**Costus**，**Dimerocostus**，*Glissanthe*，*Jacuanga*，**Monocostus**，*Mulfordia*，**Paracostus**，**Parahellenia**，**Tapeinochilos**

MM－739 ★Cannaceae：*Achirida*，★**Canna**，*Cannacorus*，*Eurystylus*，*Katubala*，*Xyphostylis*

MM－740 ★Marantaceae：**Afrocalathea**，*Arundastrum*，★**Calathea**，★**Ctenanthe**，*Ctenophrynium*，*Donacium*，★**Donax**，*Endocodon*，*Eudonax*，★**Goeppertia**，★**Halopegia**，**Haumania**，**Hylaeanthe**，**Hypselodelphys**，★**Ischnosiphon**，★**Koernickanthe**，★**Maranta**，★**Marantochloa**，**Megaphrynium**，**Monophyllanthe**，*Monostiche*，**Monotagma**，**Myanmaranthus**，**Myrosma**，★**Phrynium**，★**Pleiostachya**，*Psydaranta*，*Sanblasia*，★**Saranthe**，**Sarcophrynium**，**Schumannianthus**，★**Stachyphrynium**，★**Stromanthe**，*Thala*，★**Thalia**，★**Thaumatococcus**，*Thymocarpus*，**Trachyphrynium**，*Zelmira*

MM－741 Anarthriaceae：**Anarthria**

MM－742 Hopkinsiaceae：**Hopkinsia**

MM－743 Lyginiaceae：**Lyginia**

MM－744 ★Restionaceae：**Alexgeorgea**，**Anthochortus**，**Aphelia**，**Apodasmia**，**Askidiosperma**，**Baloskion**，**Calorophus**，**Cannomois**，**Catacolea**，**Ceratocaryum**，**Chaetanthus**，**Chordifex**，**Coleocarya**，**Cytogonidium**，★**Dapsilanthus**，★**Desmocladus**，**Dielsia**，**Elegia**，★**Empodisma**，**Eurychorda**，**Hydrophilus**，**Hypodiscus**，★**Hypolaena**，**Kulinia**，**Lepidobolus**，**Leptocarpus**，**Lepyrodia**，**Loxocarya**，**Mastersiella**，**Meeboldina**，**Melanostachya**，**Nevillea**，**Onychosepalum**，**Platycaulos**，**Platychorda**，**Rhodocoma**，**Sporadanthus**，**Staberoha**，**Stenotalis**，**Taraxis**，**Thamnochortus**，**Tremulina**，**Tyrbastes**，**Willdenowia**，**Winifredia**

MM－745 ★Centrolepidaceae：★**Centrolepis**，**Gaimardia**

MM－746 Ecdeiocoleaceae：**Ecdeiocolea**，**Georgeantha**

MM－747 ★cyperaceae：**Abildgaardia**，*Abilgaardia*，*Acriulus*，★**Actinoschoenus**，★**Actinoscirpus**，**Afrotrilepis**，*Agylla*，**Alinula**，★**Amphiscirpus**，*Androcoma*，**Androtrichum**，*Anosporum*，**Anthelepis**，★**Arthrostylis**，**Ascolepis**，*Ascopholis*，**Asterochaete**，*Atomostylis*，**Baeothryon**，**Becquerelia**，**Betaphycus**，**Bisboeckelera**，*Blysmocarex*，**Blysmopsis**，**Blysmoschoenus**，★**Blysmus**，**Bolboschoenoplectus**，★**Bolboschoenus**，*Borabora*，★**Bulbostylis**，**Calliscirpus**，**Calyptrocarya**，*Calyptrostylis*，**Capeobolus**，**Capitularina**，★**Carex**，★**Carpha**，**Caustis**，**Cephalocarpus**，*Cephaloschoenus*，*Cephaloscirpus*，**Chaetocyperus**，**Chamaedendron**，*Chapelliera*，*Chlorocyperus*，**Chorizandra**，**Chrysitrix**，**Chrysothrix**，**Cladina**，★**Cladium**，*Cobresia*，**Coleochloa**，*Comostemum*，**Costularia**，**Courtoisina**，**Crosslandia**，**Cryptangium**，**Cyathochaeta**，**Cyathocoma**，*Cylindrolepis*，**Cymophyllus**，★**Cyperus**，**Cypringlea**，*Diclidium*，*Didymia*，**Didymiandrum**，★**Diplacrum**，**Diplasia**，**Dracoscirpoides**，★**Dulichium**，*Duval－jouvea*，*Ebelia*，**Echinolytrum**，*Echinoschoenus*，**Egleria**，★**Eleocharis**，*Eleogenus*，*Eleogiton*，*Ephippiorhynchium*，*Epiphystis*，**Epischoenus**，★**Eriophorum**，★**Erioscirpus**，*Eucyperus*，**Evandra**，**Everardia**，**Exocarya**，**Exochogyne**，★**Ficinia**，★**Fimbristylis**，*Fintelmannia*，*Forexeta*，★**Fuirena**，★**Gahnia**，*Galilea*，★**Gymnoschoenus**，*Haloschoenus*，*Haplostylis*，*Hedychloe*，**Heleocharis**，**Hellmuthia**，*Helothrix*，*Holmia*，*Hydroschoenus*，*Hymenolytrum*，*Hypaelytum*，★**Hypolytrum**，*Hypoporum*，*Indocourtoisia*，★**Isolepis**，**Karinia**，**Khaosokia**，**Kobresia**，**Koyamaea**，**Krenakia**，**Kyllinga**，**Kyllingiella**，**Lagenocarpus**，*Lampocarya*，★**Lepidosperma**，**Lepidospora**，★**Lepironia**，*Leptoschoenus*，**Leucocoma**，**Leucoglochin**，*Limnochloa*，**Lipocarpha**，**Loxotrema**，*Lyprolepis*，★**Machaerina**，★**Mapania**，*Mapaniopsis*，*Mariscopsis*，*Marisculus*，**Mariscus**，**Mesomelaena**，**Microdracoides**，*Mischospora*，*Mitrospora*，**Morelotia**，**Neesenbeckia**，**Nelmesia**，*Nemochloa*，*Nemum*，*Opetiola*，*Ophryoscleria*，**Oreobolopsis**，★**Oreobolus**，**Oxycaryum**，**Paleocharis**，*Pandanophyllum*，*Papyrus*，**Paramapania**，*Pentasticha*，**Phyllopsora**，★**Phylloscirpus**，**Pleurostachys**，*Pogonostylis*，**Principina**，*Pseudoeverardia*，*Pseudomariscus*，**Pseudoschoenus**，**Psilocarya**，*Pterocyperus*，*Pteroscleria*，**Ptilothrix**，★**Pycreus**，**Queenslandiella**，*Raynalia*，**Reedia**，**Remirea**，**Rhodoscirpus**，**Rhynchocladium**，★**Rhynchospora**，*Rikliella*，**Sarcodiotheca**，*Schizolepis*，★**Schoenoplectiella**，★**Schoenoplectus**，**Schoenoxiphium**，★**Schoenus**，*Scirpidium*，**Scirpodendron**，★**Scirpoides**，★**Scirpus**，★**Scleria**，**Scleroschoenus**，*Sorostachys*，*Spermodon*，*Sphaeromariscus*，*Sphaeropus*，**Stenophyllus**，**Sumatroscirpus**，*Terobera*，★**Tetraria**，*Thoracostachyum*，*Thryocephalon*，*Trachyrhynchium*，**Trachystylis**，*Trasi*，**Trianoptiles**，*Trichelostylis*，*Trichochaeta*，★**trichophorum**，**Trichoschoenus**，**Tricostularia**，**Trilepis**，*Tunga*，**Uncinia**，*Vesicarex*，*Vignea*，**Voladeria**，**Volkiella**，**Websteria**，**Xyroschoenus**，**Zameioscirpus**，**Zulustylis**

MM－748 ★Poaceae：**Gramineae**，Anomochloaceae，Streptochaetaceae，**Aakia**，*Achaeta*，**Achlaena**，★**Achnatherum**，

Achnella, *Achnodon*, *Achnodonton*, *Achyrodes*, **Aciachne**, *Acicarpa*, ★ **Acidosasa**, **Aconisia**, **Acostia**, ★ **Acrachne**, *Acratherum*, **Acritochaete**, ★ **Acroceras**, *Acroelytrum*, *Acrospelion*, **Actinocladum**, **Adenochloa**, *Aechmophora*, *Aegialina*, *Aegicon*, *Aegilemma*, *Aegilonearum*, ★ **Aegilops**, **Aegilotriticum**, **Aegopogon**, *Aelbroeckia*, ★ **Aeluropus**, *Aeropsis*, *Afrachneria*, **Afrotrichloris**, ★ **Agenium**, **Agnesia**, *Agraulus*, **Agrestia**, *Agrestis*, **Agroelymus**, **Agrohordeum**, **Agropogon**, ★ **Agropyron**, **Agropyropsis**, *Agropyrum*, **Agrositanion**, *Agrosticula*, ★ **Agrostis**, *Agrostomia*, **Agrostopoa**, **Agrotrigia**, ★ **Aira**, *Airella*, *Airidium*, *Airochloa*, **Airopsis**, *Alectoridia*, **Alexfloydia**, *Allelotheca*, **Alloeochaete**, *Alloiatheros*, **Allolepis**, ★ **Alloteropsis**, *Alopecuropsis*, ★ **Alopecurus**, **Altoparadisium**, **Alvimia**, *Amagris*, *Amaxitis*, *Amblyachyrum*, **Amblyopyrum**, *Amblytes*, **Amelichloa**, **Ammocalamagrostis**, ★ **Ammochloa**, **Ammophila**, ★ **Ampelocalamus**, ★ **Ampelodesmos**, *Ampelodonax*, **Amphibromus**, **Amphicarpum**, *Amphidonax*, *Amphigenes*, *Amphilopsis*, **Amphipogon**, *Anachortus*, *Anachyris*, *Anachyrium*, **Anadelphia**, **Anatherostipa**, **Ancistrachne**, **Ancistragrostis**, *Ancistrochloa*, ★ **Andropogon**, **Andropterum**, *Androscepia*, *Anelytrum*, *Anemagrostis*, **Anemanthele**, *Anisachne*, **Anisantha**, ★ **Aniselytron**, **Anisopogon**, *Anisopyrum*, **Annamocalamus**, *Anomalotis*, **Anomochloa**, *Antephora*, **Anthaenantia**, **Anthaenantiopsis**, *Anthaenantropsis*, *Anthenantia*, **Anthephora**, *Anthipsimus*, *Anthisteria*, *Anthistiria*, **Anthochloa**, *Anthosachne*, ★ **Anthoxanthum**, ★ **Antinoria**, *Antitragus*, *Antonella*, **Anzia**, ★ **Apera**, *Aphanelytrum*, *Aplexia*, ★ **Apluda**, *Apochaete*, **Apochiton**, **Apochloa**, **Apoclada**, ★ **Apocopis**, **Apogonia**, **Arberella**, ★ **Arctagrostis**, **Arctodupontia**, **Arctohyalopoa**, **Arctophila**, ★ **Arctopoa**, *Argopogon*, *Aristaria*, *Aristavena*, ★ **Aristida**, *Aristidium*, *Aristopsis*, ★ **Arrhenatherum**, *Arrozia*, **Arthragrostis**, *Arthraterum*, *Arthratherum*, ★ **Arthraxon**, *Arthrochortus*, **Arthropogon**, *Arthrostachya*, *Arthrostachys*, ★ **Arthrostylidium**, *Arundarbor*, ★ **Arundinaria**, ★ **Arundinella**, ★ **Arundo**, **Arundoclaytonia**, *Asprella*, *Asthenatherum*, **Asthenochloa**, **Astrebla**, *Ataxia*, *Athernotus*, **Athroostachys**, **Atractantha**, *Atractocarpa*, *Atropis*, *Aulaxanthus*, **Aulaxina**, ★ **Aulonemia**, ★ **Australopyrum**, **Austrochloris**, *Austrodanthonia*, **Austroderia**, **Austrofestuca**, **Austrostipa**, **Avellinia**, ★ **Avena**, *Avenaria*, ★ **Avenella**, **Avenula**, ★ **Axonopus**, *Balansochloa*, *Baldomiria*, *Bambos*, ★ **Bambusa**, **Baptorhachis**, ★ **Bashania**, **Bathelium**, *Batratherum*, *Bauchea*, *Bealia*, *Beckera*, *Beckeropsis*, ★ **Beckmannia**, **Bellardiochloa**, *Berchtoldia*, **Bergbambos**, *Berghausia*, **Berriochloa**, **Bewsia**, **Bhidea**, *Biatherium*, **Blepharidachne**, *Blepharochloa*, **Blepharoneuron**, *Bluffia*, **Boissiera**, ★ **Bonia**, *Boriskellera*, ★ **Bothriochloa**, ★ **Bouteloua**, *Brachatera*, **Brachiaria**, **Brachyachne**, *Brachyathera*, **Brachychloa**, ★ **Brachyelytrum**, **Brachystachyum**, *Brachystylus*, *Braconotia*, *Brandtia*, *Brasilocalamus*, **Brasilochloa**, ★ **Briza**, **Brizochloa**, **Bromidium**, **Bromofestuca**, **Bromopsis**, **Bromuniola**, ★ **Bromus**, *Brousemichea*, *Bruchmannia*, ★ **Brylkinia**, *Bucetum*, *Buchlo?*, **Buchloe**, *Buchlomimus*, **Buergersiochloa**, *Burmabambus*, *Butania*, **Byssophytum**, *Cabrera*, ★ **Calamagrostis**, *Calamina*, **Calammophila**, *Calamochlo?*, *Calamochloe*, *Calamogrostis*, **Calamovilfa**, **Calderonella**, *Calosteca*, **Calotheca**, *Calycodon*, **Calyptochloa**, **Cambajuva**, **Campeiostachys**, *Campuloa*, **Campulosus**, *Camusia*, **Camusiella**, **Canastra**, **Capeochloa**, ★ **Capillipedium**, *Caryophyllea*, **Castellia**, ★ **Catabrosa**, ★ **Catabrosella**, **Catalepis**, **Catapodium**, **Cathariostachys**, **Cathestecum**, **Celtica**, ★ **Cenchrus**, *Cencrus*, *Centosteca*, ★ **Centotheca**, **Centrochloa**, *Centrophorum*, **Centropodia**, ★ **Cephalostachyum**, **Ceratochloa**, *Cerea*, *Ceresia*, *Chaboissaea*, *Chaetaria*, **Chaetium**, **Chaetobromus**, **Chaetopoa**, **Chaetopogon**, *Chaetostichium*, *Chalcoelytrum*, *Chamaedactylis*, **Chamaeraphis**, *Chamagrostis*, **Chandrasekharania**, **Chascolytrum**, *Chasechloa*, ★ **Chasmanthium**, **Chasmopodium**, *Chennapyrum*, **Chevalierella**, ★ **Chikusichloa**, *Chilochloa*, **Chimaerochloa**, ★ **Chimonobambusa**, ★ **Chimonocalamus**, **Chionachne**, ★ **Chionochloa**, *Chloachne*, *Chloammia*, *Chloothamnus*, ★ **Chloris**, **Chlorocalymma**, *Chloropsis*, *Chlorostis*, *Chondrachyrum*, *Chondrolaena*, *Chondrosium*, **Chondrosum**, **Chrysochloa**, ★ **Chrysopogon**, *Chrysurus*, *Chumsriella*, **Chusquea**, ★ **Cinna**, *Cinnagrostis*, *Cinnastrum*, **Cladoraphis**, *Claudia*, **Clausospicula**, *Clavinodum*, **Cleistachne**, **Cleistochloa**, ★ **Cleistogenes**, **Clementsiella**, *Cliffordiochloa*, *Clomena*, **Cochinchinochloa**, ★ **Coelachne**, *Coelarthron*, **Coelorachis**, ★ **Coix**, **Colanthelia**, ★ **Coleanthus**, ★ **Coleataenia**, *Colladoa*, *Colobachne*, **Colpodium**, *Commelinidium*, *Comopyrum*, **Compsopogon**, **Connorochloa**, **Cornucopiae**, ★ **Cortaderia**, ★ **Corynephorus**, **Cottea**, *Craepalia*, **Craspedorhachis**, *Crassipes*, *Cremopyrum*, *Criciuma*, **Crinipes**, *Critho*, *Crithodium*, ★ **Crithopsis**, *Crossotropis*, *Crypsinna*, **Crypsis**, **Cryptachne**, **Cryptochloa**, *Cryptostachys*, *Crypturus*, **Ctenopsis**, *Curtopogon*, ★ **Cutandia**, ★ **Cyathopus**, **Cyathorhachis**, **Cybebe**, *Cyclichnium*, *Cyclostachya*, *Cymatochloa*, ★ **Cymbopogon**, **Cynochloris**, ★ **Cynodon**, ★ **Cynosurus**, **Cyperochloa**, **Cyphochlaena**, **Cyphonanthus**, **Cyrtochloa**, ★ **Cyrtococcum**, *Cyrtopogon*, **Czerniaevia**, *Czernya*, ★ **Dactylis**, ★ **Dactyloctenium**, *Dactylodes*, *Dactylogramma*, **Daknopholis**, **Dallwatsonia**, *Dalucum*, ★ **Danthonia**, **Danthoniastrum**, **Danthonidium**, ★ **Danthoniopsis**, **Danthosieglingia**, *Dasiola*, **Dasyochloa**, *Dasypoa*, ★ **Dasypyrum**, **Davidsea**, *Decandolia*, **Decaryella**, **Decaryochloa**, *Deina*, **Dendrocalamopsis**, ★ **Dendrocalamus**, *Dendrochloa*, ★ **Deschampsia**, **Desmazeria**, ★ **Desmostachya**, *Despretzia*, ★ **Deyeuxia**, *Diachroa*, *Diachyrium*, *Diandrochloa*, **Diandrolyra**, *Diandrostachya*, ★ **Diarrhena**, *Diastemanthe*, *Diastemenanthe*, ★ **Dichaetaria**, ★ **Dichanthelium**, ★ **Dichanthium**, ★ **Dichelachne**, *Dictyochloa*, *Didactylon*, *Didymochaeta*, **Didymogonyx**, **Dielsiochloa**, *Digastrium*, ★ **Digitaria**, *Digitariella*, *Digitariopsis*, ★ **Dignathia**, *Digraphis*, ★ **Diheteropogon**, *Dilepyrum*, *Dilophotriche*, *Dimeiostemon*, ★ **Dimeria**, *Dimesia*, *Dimorphochloa*, *Dimorphostachys*, *Dinaeba*, *Dineba*, ★ **Dinebra**, ★ **Dinochloa**, *Diperium*, *Diplachyrium*, *Diplasanthum*, *Diplax*, *Diplocea*, **Diplopogon**, *Dipogonia*, *Diptychum*, **Disakisperma**, **Dissanthelium**, **Dissochondrus**, ★ **Distichlis**, *Distomomischus*, *Doellochloa*, *Dolichochaete*, **Douglasdeweya**, *Drake – brockmania*, **Dregeochloa**, ★ **Drepanostachyum**, **Drymochloa**, **Dryopoa**, **Dupoa**, ★ **Dupontia**, **Dupontiopsis**, **Dupontopoa**,

★ **Duthiea**, *Dybowskia*, *Eccoilopus*, **Eccoptocarpha**, ★ **Echinaria**, ★ **Echinochloa**, ★ **Echinolaena**, ★ **Echinopogon**, **Ectrosia**, **Ectrosiopsis**, ★ **Ehrharta**, *Ehrhartia*, **Ekmanochloa**, ★ **Eleusine**, ★ **Elionurus**, **Ellisochloa**, **Elyhordeum**, **Elyleymus**, **Elymandra**, **Elymordeum**, **Elymostachys**, **Elymotrigia**, ★ **Elymus**, *Elyonorus*, **Elysitanion**, **Elytrigia**, *Elytroblepharum*, ★ **Elytrophorus**, **Elytrostachys**, *Endallex*, *Endodia*, ★ **Enneapogon**, *Enodium*, ★ **Enteropogon**, **Entolasia**, **Entoplocamia**, **Eragrostideae**, ★ **Eragrostiella**, ★ **Eragrostis**, **Eremitis**, *Eremium*, **Eremocaulon**, *Eremochlamys*, ★ **Eremochloa**, *Eremochloe*, **Eremopoa**, **Eremopogon**, ★ **Eremopyrum**, ★ **Eriachne**, *Erianthecium*, **Erianthus**, *Erioblastus*, *Eriochaeta*, ★ **Eriochloa**, **Eriochrysis**, **Erioneuron**, *Erochloe*, *Erosion*, *Erythranthera*, **Euclasta**, *Eufournia*, *Euklastaxon*, ★ **Eulalia**, ★ **Eulaliopsis**, ★ **Eustachys**, *Euthryptochloa*, *Eutriana*, ★ **Exotheca**, *Exydra*, *Falimiria*, *Falona*, ★ **Fargesia**, **Farrago**, *Fartis*, *Fasciculochloa*, *Fendleria*, ★ **Ferrocalamus**, ★ **Festuca**, **Festucopsis**, **Festulolium**, **Festulpia**, *Fibichia*, **Filgueirasia**, *Filipedium*, **Fimbribambusa**, **Fingerhuthia**, *Flavia*, **Fluminaria**, *Foenodorum*, *Forasaccus*, **Froesiochloa**, *Frumentum*, *Fussia*, *Gamelythrum*, ★ **Gaoligongshania**, ★ **Garnotia**, *Garnotiella*, ★ **Gastridium**, *Gastropyrum*, ★ **Gaudinia**, **Gaudinopsis**, *Gazachloa*, ★ **Gelidocalamus**, **Geochloa**, ★ **Germainia**, **Gerritea**, ★ **Gigantochloa**, **Gilgiochloa**, **Glaziophyton**, ★ **Glyceria**, **Glyphochloa**, *Gossweilerochloa*, ★ **Gouinia**, *Goulardia*, *Gouldochloa*, *Gracilea*, *Gramerium*, *Graminastrum*, **Graphephorum**, **Greslania**, *Griffithsochloa*, ★ **Guadua**, **Guaduella**, *Gymnachne*, *Gymnandropogon*, ★ **Gymnopogon**, *Gymnostichum*, *Gymnothrix*, *Gymnotrix*, ★ **Gynerium**, **Habrochloa**, ★ **Hackelochloa**, **Hainardia**, **Hainardiopholis**, **Hakonechloa**, ★ **Halopyrum**, *Haplachne*, ★ **Harpachne**, **Harpochloa**, **Haynaldoticum**, *Hekaterosachne*, ★ **Helictochloa**, ★ **Helictotrichon**, *Hellerochloa*, *Helopus*, ★ **Hemarthria**, *Hemibromus*, *Hemimunroa*, *Hemisacris*, ★ **Hemisorghum**, **Henrardia**, **Hesperostipa**, **Heterachne**, **Heteranthelium**, **Heteranthoecia**, *Heterelytron*, *Heterocarpha*, *Heterochloa*, **Heteropholis**, ★ **Heteropogon**, *Heterosteca*, *Hexarrhena*, **Hickelia**, *Hierochlo?*, *Hierochloa*, **Hierochloe**, ★ **Hilaria**, ★ **Himalayacalamus**, *Hippagrostis*, **Hitchcockella**, **Holcolemma**, ★ **Holcus**, *Hologamium*, *Holosetum*, **Holttumochloa**, **Homalachne**, **Homalotrichon**, *Homoiachne*, ★ **Homolepis**, **Homopholis**, *Homopogon*, **Homozeugos**, **Hookerochloa**, **Hopia**, *Hoplismenus*, ★ **Hordelymus**, ★ **Hordeum**, *Houzeaubambus*, **Hsuehochloa**, **Hubbardia**, **Hubbardochloa**, **Humbertochloa**, **Hyalopoa**, **Hyalopodium**, *Hydropoa*, *Hydropyrum*, **Hydrothauma**, **Hygrochloa**, ★ **Hygroryza**, **Hylebates**, ★ **Hymenachne**, ★ **Hyparrhenia**, ★ **Hyperthelia**, **Hypseochloa**, *Hystericina*, **Hystrix**, ★ **Ichnanthus**, ★ **Imperata**, ★ **Indocalamus**, *Indochloa*, **Indopoa**, ★ **Indosasa**, *Ipnum*, ★ **Isachne**, *Isalus*, *Ischaemopogon*, ★ **Ischaemum**, *Ischnanthus*, *Ischnochloa*, *Ischurochloa*, ★ **Iseilema**, **Ixophorus**, *Jacquesfelixia*, ★ **Jansenella**, **Jarava**, **Jardinea**, **Jarixa**, *Joachima*, *Joannegria*, **Jouvea**, **Joycea**, **Kalinia**, **Kampochloa**, **Kaokochloa**, **Kellochloa**, *Kengia*, ★ **Kengyilia**, *Keniochloa*, **Keratochlaena**, *Kerinozoma*, ★ **Kerriochloa**, *Kielboul*, *Kiharapyrum*, **Kikuyuochloa**, ★ **Kinabaluchloa**, *Klemachloa*, ★ **Koeleria**, *Krombholzia*, *Ktenosachne*, ★ **Lachnagrostis**, **Lachnochloa**, *Lachryma - jobi*, *Lachrymaria*, *Lacryma*, ★ **Lagurus**, *Lamarckea*, ★ **Lamarckia**, **Lamprothyrsus**, *Lappago*, *Lappagopsis*, **Lasiacis**, *Lasiolytrum*, *Lasiorhachis*, ★ **Lasiurus**, *Latipes*, **Lecomtella**, ★ **Leersia**, *Leleba*, *Lepargochloa*, *Lepeocercis*, *Lepideilema*, *Lepidopironia*, *Lepiurus*, **Leptagrostis**, ★ **Leptaspis**, *Leptocanna*, **Leptocarydion**, *Leptocercus*, *Leptochlo? psis*, ★ **Leptochloa**, **Leptochloopsis**, **Leptocoryphium**, **Leptophyllochloa**, *Leptosaccharum*, ★ **Leptothrium**, *Lepturella*, **Lepturidium**, **Lepturopetium**, *Lepturopsis*, ★ **Lepturus**, *Lesourdia*, *Leucophrys*, **Leucopoa**, **Leydeum**, **Leymostachys**, **Leymotrigia**, ★ **Leymus**, **Libyella**, ★ **Limnas**, *Limnetis*, **Limnodea**, **Limnopoa**, **Lindbergella**, *Lingnania*, **Linkagrostis**, **Lintonia**, **Lithachne**, *Lithacne*, *Lithagrostis*, ★ **Littledalea**, *Lodicularia*, **Loliolum**, ★ **lolium**, *Lombardochloa*, **Lophacme**, ★ **Lophatherum**, **Lopholepis**, **Lophopogon**, *Lorenzochloa*, *Loretia*, ★ **Loudetia**, **Loudetiopsis**, **Louisiella**, ★ **Loxodera**, *Loxostachys*, *Lucaea*, *Ludolphia*, **Luziola**, **Lycochloa**, **Lycurus**, ★ **Lygeum**, **Maclurochloa**, **Maclurolyra**, *Macroblepharus*, *Macrobriza*, **Macrochloa**, **Macrohystrix**, *Macronax*, **Maillea**, *Maizilla*, *Malacurus*, **Maltebrunia**, *Mandelorna*, **Manisuris**, *Manochlaenia*, *Mapira*, **Massia**, *Matrella*, *Matudacalamus*, **Mayariochloa**, *Mays*, *Mayzea*, *Medusather*, **Megalachne**, **Megaloprotachne**, **Megastachya**, ★ **Megathyrsus**, **Melanocenchris**, ★ **Melica**, ★ **Melinis**, ★ **Melocalamus**, ★ **Melocanna**, *Menstruocalamus*, *Meoschium*, *Merathrepta*, *Merisachne*, ★ **Merostachys**, **Merxmuellera**, **Mesosetum**, *Metasasa*, **Metcalfia**, *Mezochloa*, ★ **Mibora**, *Michelaria*, **Micrachne**, **Micraira**, *Microbambus*, *Microbriza*, **Microcalamus**, ★ **Microchloa**, **Microhystrix**, *Micropogon*, **Micropyropsis**, **Micropyrum**, ★ **Microstegium**, *Mildbraediochloa*, ★ **Milium**, **Miscanthidium**, ★ **Miscanthus**, *Mitwabachloa*, ★ **Mnesithea**, **Mniochloa**, **Molineriella**, ★ **Molinia**, ★ **Moliniopsis**, **Monachather**, *Monachne*, *Monachyron*, *Monandraira*, **Monanthochloe**, **Monelytrum**, *Monium*, *Monochaete*, *Monocladus*, **Monocymbium**, **Monodia**, *Monopogon*, *Monospatha*, *Monostachya*, ★ **Moorochloa**, **Morronea**, **Mosdenia**, **Moulinsia**, *Muantijamvella*, ★ **Muhlenbergia**, **Mullerochloa**, **Munroa**, *Mygalurus*, *Myriachaeta*, **Myriocladus**, **Myriostachya**, *Nabelekia*, **Nanooravia**, *Narduretia*, **Narduroides**, ★ **Nardus**, *Narenga*, ★ **Nassella**, ★ **Nastus**, *Natschia*, **Nectria**, **Neesiochloa**, *Nemastachys*, **Nematopoa**, *Neoaulacolepis*, **Neobouteloua**, **Neohouzeaua**, *Neohusnotia*, ★ **Neololeba**, ★ **Neomicrocalamus**, *Neomolinia*, *Neosasamorpha*, **Neoschischkinia**, *Neosinocalamus*, **Neostapfia**, **Neostapfiella**, **Neotrinia**, **Nephelochloa**, **Neurachne**, **Neurolepis**, **Neuropoa**, **Nevskiella**, ★ **Neyraudia**, **Nianhochloa**, *Nicoraella*, **Nicoraepoa**, *Nipponocalamus*, *Nivieria*, *Normanboria*, **Notochloe**, *Notodanthonia*, *Notonema*, *Nowodworskya*, **Ocellochloa**, **Ochlandra**, *Ochlopoa*, **Ochthochloa**, *Odontelytrum*, **Odyssea**, **Oldeania**, ★ **Oligostachyum**, **Olmeca**, **Olyra**, **Oncorachis**, **Ophiochloa**, *Ophiurinella*, **Ophiuros**, **Oplismenopsis**, ★ **Oplismenus**, **Orcuttia**, *Oreiostachys*, **Oreobambos**, *Oreocalamus*, ★ **Oreochloa**, **Oreopoa**, ★ **Orinus**, *Ornithocephalochloa*, ★ **Oropetium**, ★ **Orostachys**, *Orrhopygi-*

um, **Ortachne**, **Orthacanthus**, *Orthachne*, ★ **Orthoclada**, ★ **Orthoraphium**, **Oryticum**, ★ **oryza**, **Oryzidium**, ★**Oryzopsis**, **Osterdamia**, **Osvaldoa**, **Otachyrium**, ★ **Otatea**, ★ **Ottochloa**, *Oxyanthe*, **Oxychloris**, *Oxydenia*, **Oxyrhachis**, **Oxytenanthera**, *Padia*, *Paneion*, *Panicastrella*, ★ **Panicum**, *Pantathera*, **Pappagrostis**, ★ **Pappophorum**, **Pappostipa**, **Parabambusa**, ★ **Paracolpodium**, **Paractaenum**, **Parafestuca**, **Parahyparrhenia**, **Paraneurachne**, ★**Parapholis**, **Paratheria**, ★ **Pariana**, **Parianella**, *Parodiochloa*, **Parodiolyra**, **Parodiophyllochloa**, **Parvotrisetum**, **Pascopyrum**, *Paspalanthium*, **Paspalidium**, ★ **Paspalum**, *Patellocalamus*, **Patis**, *Patropyrum*, ★ **Patzkea**, *Penicillaria*, *Peniculus*, **Pennisetum**, *Pentacraspedon*, **Pentameris**, **Pentapogon**, *Pentarrhaphis*, **Pentaschistis**, *Pentatherum*, **Pereilema**, **Periballia**, **Peridictyon**, *Perieilema*, *Perlaria*, *Perobachne*, ★ **Perotis**, **Perrierbambus**, *Perulifera*, *Petriella*, ★ **Peyritschia**, ★ **Phacelurus**, **Phaenanthoecium**, ★ **Phaenosperma**, *Phalaridantha*, *Phalaridium*, ★ **Phalaris**, **Phalaroides**, *Phalona*, **Phanopyrum**, ★ **Pharus**, **Pheidochloa**, **Phippsia**, ★ **Phleum**, ★ **Pholiurus**, ★ **Phragmites**, **Phuphanochloa**, **Phyllorachis**, **Phyllosasa**, ★ **Phyllostachys**, **Pilgerochloa**, **Pilophorus**, **Pinga**, ★ **Piptatheropsis**, ★ **Piptatherum**, ★ **Piptochaetium**, **Piptophyllum**, *Piptostachya*, ★ **Piresia**, **Piresiella**, **Plagiantha**, *Plagiolytrum*, **Plagiosetum**, *Plantinia*, **Plectrachne**, *Pleiadelphia*, ★ **Pleioblastus**, *Pleiodon*, *Pleuroplitis*, ★ **Pleuropogon**, **Plinthanthesis**, ★ **Poa**, *Poagris*, *Poagrostis*, *Poarion*, *Pobeguinea*, **Podagrostis**, *Podionapus*, **Podophorus**, *Podosaemum*, *Podosemum*, **Poecilostachys**, *Pogochloa*, **Pogonachne**, ★ **Pogonarthria**, ★ **Pogonatherum**, **Pogoneura**, **Pogonochloa**, **Pogononeura**, *Pogonopsis*, **Pohlidium**, *Poidium*, **Polevansia**, *Pollinia*, *Pollinidium*, **Polliniopsis**, *Polyantherix*, *Polyanthus*, *Polyodon*, ★ **Polypogon**, **Polypogonagrostis**, *Polyschistis*, ★ **Polytoca**, ★ **Polytrias**, **Pommereulla**, *Porroteranthe*, **Porteresia**, *Potamochloa*, **Potamophila**, **Pratochloa**, *Pringleochloa*, *Prionachne*, **Prionanthium**, *Prosphysis*, **Prosphytochloa**, *Psamma*, **Psammagrostis**, ★ **Psammochloa**, *Psammopyrum*, ★ **Psathyrostachys**, ★ **Pseudanthistiria**, *Pseudarrhenatherum*, **Pseudechinolaena**, **Pseudelymus**, **Pseudobambusa**, *Pseudobrachiaria*, *Pseudobromus*, **Pseudochaetochloa**, *Pseudocoix*, **Pseudodanthonia**, **Pseudodichanthium**, **Pseudoeriocoma**, **Pseudolasiacis**, **Pseudopentameris**, *Pseudophacelurus*, **Pseudophleum**, ★ **Pseudopogonatherum**, ★ **Pseudoraphis**, ★ **Pseudoroegneria**, *Pseudoryza*, ★ **Pseudosasa**, **Pseudosclerochloa**, *Pseudosecale*, ★ **Pseudosorghum**, ★ **Pseudostachyum**, *Pseudovossia*, ★ **Pseudoxytenanthera**, **Pseudozoysia**, *Psilantha*, *Psilathera*, *Psilochloa*, **Psilolemma**, **Psilurus**, *Pterium*, *Pterochlaena*, *Pterochloris*, *Pterygostachyum*, **Ptilagrostiella**, ★ **Ptilagrostis**, *Ptiloneilema*, ★ **Puccinellia**, **Pucciphippsia**, **Puelia**, *Puliculum*, **Pyrrhanthera**, **Qiongzhuea**, *Rabdochloa*, ★ **Racemobambos**, **Raddia**, **Raddiella**, *Raimundochloa*, *Raspailia*, *Rattraya*, *Ratzeburgia*, *Rebentischia*, **Redfieldia**, *Reederochloa*, **Rehia**, **Reimarochloa**, **Reitzia**, **Relchela**, *Rendlia*, **Renvoizea**, *Rettbergia*, **Reynaudia**, *Rhabdochloa*, *Rhachidospermum*, *Rhampholepis*, **Rheochloa**, ★ **Rhipidocladum**, **Rhizocephalus**, *Rhomboelytrum*, **Rhombolytrum**, **Rhynchelytrum**, **Rhynchoryza**, **Rhytachne**, **Richardsiella**, **Riparius**, *Ripidium*, *Robynsiochloa*, *Roshevitzia*, ★ **Rostraria**, *Rottboella*, ★ **Rottboellia**, *Rubimons*, **Rugoloa**, **Ruhooglandia**, *Rupestrina*, **Rupichloa**, *Rytachne*, ★ **Rytidosperma**, *Sabsab*, *Saccharifera*, ★ **Saccharum**, ★ **Sacciolepis**, **Saccobolus**, *Saccolepis*, *Sarga*, *Sarocalamus*, **Sartidia**, ★ **Sasa**, ★ **Sasamorpha**, **Saugetia**, **Saxipoa**, *Schaffnerella*, *Schanginia*, **Schedonnardus**, **Schedonorus**, *Schenckochloa*, *Schenodorus*, ★ **Schismus**, *Schistachne*, ★ **Schizachne**, ★ **Schizachyrium**, *Schizopogon*, ★ **Schizostachyum**, *Schleropelta*, ★ **Schmidtia**, *Schmiedtia*, *Schoenanthus*, ★ **Schoenefeldia**, *Schoenodorus*, *Schousbea*, *Scirpobambus*, *Sclerandrium*, ★ **Sclerochloa**, **Sclerodactylon**, *Sclerodeyeuxia*, **Scleropogon**, **Sclerostachya**, ★ **Scolochloa**, **Scribneria**, ★ **Scrotochloa**, **Scutachne**, **Sebacina**, ★ **Secale**, ★ **Sehima**, *Sellulocalamus*, *Semeiostachys*, ★ **Semiarundinaria**, *Senisetum*, *Senites*, *Sericrostis*, *Serrafalcus*, ★ **Sesleria**, *Sesleriella*, ★ **setaria**, ★ **Setariopsis**, *Setosa*, ★ **Shibataea**, **Sibirotrisetum**, **Sieglingia**, **Silentvalleya**, **Simplicia**, **Sinarundinaria**, *Sinoarundinaria*, ★ **Sinobambusa**, **Sinocalamus**, ★ **Sinochasea**, **Sirochloa**, *Sitopsis*, *Sitospelos*, *Smidetia*, **Snowdenia**, *Soderstromia*, **Soejatmia**, **Sohnsia**, *Solenachne*, ★ **Sorghastrum**, ★ **Sorghum**, *Sorgum*, **Spartina**, **Spartochloa**, **Spathia**, *Spelta*, *Spermachiton*, *Sphaerella*, *Sphaerium*, **Sphaerobambos**, ★ **Sphaerocaryum**, **Spheneria**, ★ **Sphenopholis**, ★ **Sphenopus**, ★ **Spinifex**, *Spirochloe*, *Spirotheros*, ★ **Spodiopogon**, ★ **Sporobolus**, *Stapfiola*, **Stapfochloa**, **Stapletonia**, *Stegosia*, **Steinchisma**, **Steirachne**, *Stelephuros*, *Stemmatospermum*, *Stenochloa*, *Stenofestuca*, *Stenostachys*, ★ **Stenotaphrum**, ★ **Stephanachne**, **Stephostachys**, **Stereochlaena**, *Steudelella*, **Steyermarkochloa**, *Stiburus*, **Stigmidium**, *Stilpnophleum*, ★ **Stipa**, ★ **Stipagrostis**, **Stipellula**, **Stipidium**, **Stiporyzopsis**, **Streblochaete**, *Strephium*, **Streptachne**, **Streptochaeta**, **Streptogyna**, **Streptolophus**, **Streptostachys**, *Strombodurus*, *Stupa*, *Stylagrostis*, **Styppeiochloa**, *Suardia*, **Sucrea**, **Suddia**, **Swallenia**, *Swallenochloa*, *Syllepis*, **Sylvipoa**, **Symplectrodia**, *Synaphe*, ★ **Taeniatherum**, **Taeniorhachis**, *Talasium*, *Tansaniochloa*, **Tarigidia**, **Tatianyx**, *Teinostachyum*, *Tema*, **Temburongia**, **Temochloa**, **Tenacistachya**, ★ **Tenaxia**, **Tetrachaete**, **Tetrachne**, *Tetragonocalamus*, ★ **Tetrapogon**, *Tetrarrhena*, *Thalysia*, ★ **Thamnocalamus**, **Thaumastochloa**, **Thedachloa**, ★ **Thelepogon**, *Thellungia*, ★ **Themeda**, **Thinoelymus**, ★ **Thinopyrum**, *Thonandia*, *Thoreochloa*, **Thorneochloa**, **Thrasya**, **Thrasyopsis**, *Thrixgyne*, ★ **Thuarea**, **Thyridachne**, **Thyridolepis**, *Thyridostachyum*, **Thyrsia**, ★ **Thyrsostachys**, *Thysanachne*, ★ **Thysanolaena**, *Tiarrhena*, **Tibisia**, ★ **Timouria**, **Toliara**, *Torgesia*, ★ **Torreyochloa**, *Tovarochloa*, **Trachynia**, *Trachyozus*, *Trachypoa*, ★ **Trachypogon**, **Trachys**, *Trachystachys*, ★ **Tragus**, *Tremularia*, *Triachyrum*, *Triaena*, **Triarrhena**, *Triathera*, *Triavenopsis*, ★ **Tribolium**, *Trichaeta*, **Trichanthecium**, **Trichloris**, *Trichochloa*, *Trichodium*, ★ **Tricholaena**, **Tricholemma**, **Trichoneura**, *Trichoon*, ★ **Trichopteryx**, *Trichopyrum*, **Trichothelium**, *Tricuspis*, ★ **Tridens**, **Tridentopsis**, *Triglossum*, **Trigonochloa**, **Trikeraia**, **Trilobachne**, ★ **Triniochloa**, *Triniusa*, ★ **Triodia**, **Tripidium**, ★ **Triplachne**, **Triplasiel-**

la, ★**Triplasis**, *Triplathera*, **Triplopogon**, ★ **Tripogon**, ★ **Tripsacum**, ★ **Triraphis**, **Triscenia**, ★ **Trisetaria**, *Trisetarium*, **Trisetokoeleria**, **Trisetopsotrichon**, ★ **Trisetum**, *Trisiola*, ★ **Tristachya**, *Tristegis*, **Triticale**, **Triticosecale**, ★**Triticum**, **Trititrigia**, **Tritordeum**, *Trixostis*, *Trochera*, **Tuctoria**, *Tylothrasya*, *Tzvelevia*, **Tzveleviochloa**, **Uniola**, **Uranthoecium**, **Urelytrum**, *Urochlaena*, ★ **Urochloa**, ★ **Urochondra**, **Vacoparis**, ★ **Vahlodea**, **Valiha**, *Vaseya*, **Vaseyochloa**, **Veldkampia**, ★ **Ventenata**, *Veseyochloa*, **Vietnamocalamus**, **Vietnamochloa**, ★ **Vietnamosasa**, **Viguierella**, ★**Vossia**, **Vulpia**, **Vulpiella**, **Walwhalleya**, **Wangenheimia**, *Wasatchia*, *Whalleya*, **Whiteochloa**, **Widjajachloa**, *Wilibald - schmidtia*, *Willbleibia*, **Willkommia**, *Windsoria*, *Woodrowia*, **Xanthochloa**, *Xanthonanthos*, *Xenochloa*, **Xerochloa**, *Xyochlaena*, *Xystidium*, *Yadakeya*, **Yakirra**, **Yersinochloa**, *Ystia*, ★ **Yushania**, **Yvesia**, **Zaqiqah**, ★ **zea**, *Zeia*, **Zenkeria**, *Zeocriton*, *Zerna*, **Zeugites**, **Zingela**, **Zingeria**, **Zingeriopsis**, ★ **Zizania**, **Zizaniopsis**, **Zonotriche**, **Zotovia**, ★**Zoysia**, **Zuloagaea**, **Zygochloa**

附录Ⅵ　被子植物分类系统转换表说明

1. 本被子植物分类系统转换表按照科拉丁学名字母音序排列，为本大辞典使用数字标准被子植物分类系统（简称数字系统）与国际流行或中国学者发表的8家分类系统的系统科号对应和转换表。数字系统采用各家分类系统共同使用或分别使用的科，计有748科。线性排列的系统科号为从1到748。其中双子叶植物有594科，单子叶植物有154科。其中148科是所有分类系统共同使用的核心科。广义豆科与狭义豆科蝶形花科（Fabaceae3）的系统科号相同，为第240科。
2. 各家分类系统使用的系统科号为黑体数字，从第1科的科号1，排列到该分类系统的最大科号。各分类系统中，与该系统使用的黑体系统科号相同的斜体科号，即为归入该系统科号范围的科名（见"Fam"拉丁科名一栏）。科名只有广义科和狭义科之分。各家分类系统的狭义科，包括在系统科号的黑体科号范围内。
3. 达尔文提出进化论思想以来，现代和当代各家植物分类系统建立的大多是谱系亲缘的单元起源分类系统，并形成了两个主流学派理论，即以离生多心皮两性花为祖先式样的真花学派理论和以柔荑花序单性花为祖先式样的假花学派理论。各家分类系统祖先式样、起源时间地点、各科之间演化关系的详尽论述，可参见本大辞典姊妹书《分类系统的比较》（已列入国家"十四五"重点图书出版规划，将于近期推出）。
4. 不同系统同一科演化水平的高低，只能用各家分类各科的系统指数FSI（Family Systematic Index）比较（见《植物科属大辞典》2020：1446页），即标准化了的绝对科号可以比较不同分类系统同一科演化水平的高低。科系统指数FSI的计算公式为：

相对科号（FSI）＝（绝对科号－1）/（最大科号－1）

Rosaceae 绝对科号和 FSI 的计算和分析

	【数字系统】	【APG】	【CR】	【EG】	【HS】	【HT】	【TH】	【WU】	【ZD】
Fn	【246】	143	174	115	167	24	233	278	101
Fmax	748	417	383	344	348	420	563	572	297
FSI	0.33	0.34	0.46	0,33	0,48	0,05	0.41	0,49	0.34

Rosacea 数字系统的绝对科号超过APG分类系统103个绝对科号，但在两个分类系统中，该科的演化水平却几乎相同。各家分类系统的数字比较，图谱分析，相似性分析和函数模型，亦见即将推出的《分类系统的比较》一书。

5. 各家分类系统说明

【数字系统】真花学派分类系统。中国学者在2010创建的分类系统（傅德志：《世界维管植物》，青岛出版社2010年版，第一卷和第二卷的附录）。黑括号中数字为被子植物数字分类系统的系统科号。数字分类系统由16亚纲65超目187目和748科构成。

【APG】无分类学派理论基础。英国学者建立的APG分类系统。1993年以英国学者Mark W. Chase为主的数十位作者以国际被子植物研究小组APG（Agiosperm Plant Group）名义，发表基于植物叶绿体基因rbcL核苷酸序列的分析结果（PHYLOGENETICS OF SEED PLANTS：AN ANALYSIS OF NUCLEOTIDE SEQUENCES FROM THE PLASTID GENE rbcL Ann. Missouri. Bot. Gard. 80：528－580 1993）开创分子系统学。并把单子叶作为一个亚纲，镶嵌到双子叶亚纲之中。本书采用这个系统的第四版，即APGIV（2017）：An update of the Angiosperm Phylogeny Group classification for the orders and families of flowering plants：APG IVBotanical Journal of the Linnean Society 181（1）：1－20. 2016，包括18亚纲超目64目和417科。

【CR】真花学派分类系统。美国克朗奎斯特建立的分类系统。克朗奎斯特（Arthur John Cronquist 1919－1992）于1957年发表了"双子叶植物科目新系统纲要"（Outline of a new system of families and orders ofdicotyledons *Bull. Jard. Bot. L' Etat.* 27（1）：13－40 1957）；1981年出版《整合的有花植物分类系统》（*An Integrated System of Classification of Flowering Plants*，Columbia University Press New York 1981）一书，把被子植物分为11个亚纲、83个目、383个科。

【EG】假花学派分类系统。德国恩格勒分类系统。恩格勒(Adolf Engler 1844 - 1930)是德国柏林大学植物学教授,曾任柏林植物园主任,为国际著名植物分类学家。恩格勒与柏兰特(Karl Prantl 1849 - 1893)合作,于 1897 - 1909 年间出版了植物分类学的空前巨著《植物自然科志》(*Die NaturlichenPflanzenfamilien* 23vol. Verlag von Wilhelm Engeman Leipzig 1897 - 1909)。该书记载了当时植物界已知的所有类群,并发表新植物分类系统(即恩格勒系统)。本书采用德国学者曼希尔(Hans Melchior 1894 - 1984)等 1964 年主持修订该书第十二版《植物科志纲要》(*Syllabusder Pflanzenfamilien* ed. 12 Gebruder Borntrager Berlin 1964),被子植物分为双子叶和单子叶 2 个纲,双子叶分为原始花被亚纲(离生花瓣类)和后生花被亚纲(合生花瓣类)。总共有 62 目和 344 科

【HS】真花 - 假花学派分类系统。中国胡先骕分类系统。著名植物学者胡先骕(Hu Hsen - Hsu 1894 - 1968)于 1950 年发表"一个被子植物的多元分类系统"(A polyphyletic system of classification of angiosperms*Science Record*(Peking)3(2 - 4):221 - 230 950)一文,在 1955 年出版的《植物分类学简编》(北京:高等教育出版社 1 - 430 1955)一书中,又对他建立的多元被子植物分类系统进行了补充和论述。1958 年重新修订,并改写绪论、第一章与第十二章,增补第十三章与第十四章,其余部分重新校对学名,并重出版《植物分类学简编》(北京:科学技术出版社,1958)。胡先骕系统将被子植物分为 15 支、113 目、348 科。

【HT】真花学派分类系统。英国哈钦松分类系统。哈钦松(John Hutchinson 1884 - 1972)于 1926 年和 1934 年先后出版了两卷的《有花植物(被子植物)科志》(*The Families of Flowering Plants*, OxfordUniversityPress Oxford1926, 1934)一书(1959 年第 2 版,1973 年第 3 版)提出了他的被子植物分类系统。他的系统把双子叶植物分为木本支和草本支,单子叶植物分为萼花区 Calyciflorae,冠花区 Corolliflorae 和颖花区 Glumiflorae。整个被子植物共有 111 目、420 科

【TH】真花学派分类系统。苏联塔赫他间分类系统。苏联植物学家塔赫他间(Armen Leonovich Takhtajan 1910 - 2009)自 20 世纪 40 年代起发表关于被子植物系统发育的论著。在 1959 年出版的《被子植物的演化》(*Die Evolution der Angiospermen* Fischer Jena 1959)一书中正式提出自己的系统,其后多次修订。2009 年出版的 FloweringPlant(2009Springer)是最后一版的分类系统,部分接受恩子系统性结果,被子植物分为双子叶单子叶 2 个纲、双子叶有 8 个亚纲、单子叶有 4 个亚纲。共有 44 超目 156 目和 563 科。

【WU】真花学派分类系统。中国吴征镒分类系统。1998 年,吴征镒等发表了"试论木兰植物门的一级分类——一个被子植物八纲系统的新方案"(植物分类学报 36(5):385 - 402,1998)一文,提出把被子植物分为 8 个纲。并把单子叶作为独立的第 5 个纲,镶嵌并列双子叶纲里面。该分类系统依据分子之间,把被子植物起源时间,从有化石记录的 1.4 亿年前的白垩纪,提前一亿多年到 2.5 亿年前的三叠纪泛古大陆,是学术界不能接受的。但各科特征和现代分布的数据却是值得参考使用的。该分类系统有 8 纲(相当亚纲),40 亚纲(相当超目)164 目和 572 科。

【ZA】假花学派分类系统。中国张宏达分类系统。1986 年,中国植物学者张宏达(Zhang Hongta 1914 - 2016)发表"种子植物系统分类提纲"[中山大学学报(自然科学版)1:1 - 13 1986]一文,提出种子植物新分类系统。张宏达(2000)将种子植物分为 6 个植物亚门,即前种子蕨植物亚门、蕨叶种子植物亚门、肉籽植物亚门、松柏植物亚门、前有花植物亚门和有花植物亚门。有花植物亚门又分为原始有花植物和后生有花植物。被子植物就是后生有花植物,分为 2 纲 13 亚纲 81 目 297 科。

附录Ⅶ　各家分类系统比较表

数字系统	FAM	【APG】	【CR】	【EG】	【HS】	【HT】	【TH】	【WU】	【ZD】
【342】	Abrophyllaceae	*394*	*166*	*107*	*78*	*308*	**328**	**158**	*95*
【572】	Acanthaceae	**378**	**299**	**270**	**274**	**334**	**432**	**481**	**201**
【692】	Acanthochlamydaceae	*47*	*371*	*314*	*323*	*395*	**521**	**49**	*262*
【431】	Aceraceae	*240*	**254**	**146**	**219**	**226**	**262**	**362**	**124**
【159】	Achariaceae	**199**	**123**	**191**	**125**	**111**	**165**	**223**	*86*
【80】	Achatocarpaceae	**296**	**65**	**28**	*91*	**80**	**81**	**195**	*56*
【637】	Acoraceae	**27**	*338*	*333*	*318*	*390*	**461**	**33**	*230*
【242】	Actinidiaceae	**342**	**86**	**81**	**135**	**139**	**131**	**401**	**63**
【530】	Adoxaceae	**409**	**314**	**281**	**250**	**314**	**351**	**412**	**183**
【393】	Aegicerataceae	*335*	*154*	*236*	*256*	**212**	**149**	*391*	*173*
【256】	Aextoxicaceae	**271**	**225**	**152**	*157*	**185**	**154**	**172**	*77*
【671】	Agapanthaceae	*73*	*369*	*302*	*309*	*381*	**506**	*86*	*260*
【698】	Agavaceae	*74*	**373**	**305**	**328**	**401**	**504**	**92**	**266**
【127】	Agdestidaceae	*305*	*64*	*199*	*88*	**290**	*76*	**188**	*48*
【94】	Aizoaceae	**304**	**67**	**31**	**102**	**283**	**83**	**192**	**50**
【417】	Akaniaceae	**254**	**251**	**138**	**218**	**229**	**172**	**347**	*123*
【443】	Alangiaceae	*324*	**201**	**221**	**52**	**45**	**345**	**371**	**159**
【597】	Alismataceae	**30**	**321**	**292**	**283**	**354**	**452**	**37**	**211**
【667】	Alliaceae	*73*	*369*	*302*	*309*	*381*	**507**	**86**	*260*
【668】	Aloaceae	*27*	*369*	*302*	*309*	*381*	*499*	*82*	**265**
【475】	Alseuosmiaceae	**398**	**170**	*280*	*249*	*49*	**382**	**433**	*182*
【676】	Alstroemeriaceae	**55**	*369*	*308*	**315**	**387**	**479**	**64**	*260*
【65】	Altingiaceae	**123**	*45*	*103*	*28*	*51*	**63**	*152*	**8**
【351】	Alzateaceae	**221**	*219*	*160*	*192*	*187*	**240**	**286**	*141*
【116】	Amaranthaceae	**297**	**71**	**37**	**91**	**293**	**95**	**197**	**56**
【694】	Amaryllidaceae	**73**	*369*	**308**	**322**	**394**	**508**	**69**	*260*
【14】	Amborellaceae	**1**	**11**	**52**	*6*	*12*	**1**	**1**	*38*
【580】	Ambrosiaceae	*404*	*318*	*291*	*254*	*328*	*387*	*439*	*210*
【248】	Amygdalaceae	*279*	*174*	*115*	*167*	*24*	*233*	*278*	*101*
【274】	Anacampserotaceae	**316**	*171*	*105*	*76*	*306*	*223*	*156*	*94*
【432】	Anacardiaceae	**239**	**256**	**145**	**224**	**225**	**276**	**361**	**120**
【741】	Anarthriaceae	*99*	*347*	*327*	*343*	*418*	**560**	**124**	*239*
【155】	Ancistrocladaceae	**288**	**119**	**91**	**138**	**152**	**103**	**203**	**85**
【662】	Anemarrhenaceae	*74*	*369*	*302*	*309*	*381*	**502**	**90**	*260*

数字系统	FAM	【APG】	【CR】	【EG】	【HS】	【HT】	【TH】	【WU】	【ZD】
【324】	Anisophylleaceae	**160**	**169**	*213*	*175*	**167**	**218**	**264**	*108*
【7】	Annonaceae	**18**	**8**	**44**	**4**	**10**	**18**	**15**	**23**
【589】	Anthemidaceae	*404*	*318*	*291*	*254*	*328*	*387*	*439*	*210*
【643】	Anthericaceae	*62*	*369*	*302*	*309*	*381*	**501**	**85**	*260*
【488】	Antoniaceae	*354*	*270*	*246*	*244*	**235**	**391**	**455**	*176*
【230】	Aphanopetalaceae	**131**	*159*	*107*	*78*	*308*	**221**	*159*	*95*
【124】	Aphloiaceae	**223**	*107*	*193*	*108*	*75*	**166**	*299*	*79*
【673】	Aphyllanthaceae	*74*	*369*	*302*	*309*	*381*	**510**	**93**	*260*
【480】	Apiaceae	**417**	**269**	**227**	**83**	**319**	**371**	**426**	**161**
【492】	Apocynaceae	**356**	**274**	**250**	**246**	**240**	**398**	**458**	**179**
【157】	Apodanthaceae	**159**	*217*	*74*	*65*	*269*	**35**	**326**	*154*
【602】	Aponogetonaceae	**34**	**323**	**296**	**290**	**361**	**447**	**39**	**215**
【721】	Apostasiaceae	*61*	*383*	*344*	**333**	**408**	*488*	*75*	**275**
【365】	Aptandraceae	*273*	*207*	*16*	*201*	**198**	**312**	**209**	*149*
【438】	Aquifoliaceae	**393**	**223**	**157**	**190**	**177**	**357**	**405**	**139**
【312】	Aquilariaceae	*249*	*192*	*181*	*185*	**85**	*205*	*315*	*78*
【639】	Araceae	**28**	**338**	**333**	**318**	**390**	**462**	**34**	**230**
【471】	Araliaceae	**415**	**268**	**226**	**53**	**48**	**369**	**427**	**160**
【470】	Aralidiaceae	*412*	*203*	*226*	*53*	*48*	**365**	**421**	*160*
【582】	Arctotidaceae	*404*	*318*	*291*	*254*	*328*	*387*	*439*	*210*
【717】	Arecaceae	**76**	**335**	**331**	**346**	**402**	**528**	**99**	**227**
【445】	Argophyllaceae	**400**	*166*	*107*	*78*	*308*	**380**	**434**	*95*
【56】	Aristolochiaceae	**12**	**22**	**73**	**63**	**267**	**32**	**25**	**45**
【57】	Asaraceae	*61*	*22*	*73*	**64**	*267*	*32*	*25*	*45*
【494】	Asclepiadaceae	*356*	**275**	**251**	**247**	**242**	*398*	**458**	**180**
【669】	Asparagaceae	**74**	*369*	*302*	*309*	*381*	**515**	**95**	*260*
【649】	Asphodelaceae	**72**	*369*	*302*	*309*	*381*	**499**	**82**	*260*
【635】	Asteliaceae	**64**	*369*	*302*	*309*	*381*	**485**	**71**	*260*
【586】	Asteraceae	**404**	**318**	**291**	**254**	**328**	**387**	**439**	**210**
【374】	Asteranthaceae	*330*	*103*	*207*	*172*	*165*	*252*	*289*	*111*
【132】	Asteropeiaceae	**292**	*85*	*183*	*110*	*111*	**97**	*175*	*79*
【19】	Atherospermataceae	**22**	*13*	*53*	*6*	*12*	**23**	*20*	*38*
【460】	Aucubaceae	*351*	*203*	*224*	*50*	*44*	**347**	**442**	*158*
【2】	Austrobaileyaceae	**5**	**5**	**50**	**12**	**13**	**6**	**4**	*22*
【295】	Averrhoaceae	*171*	*263*	*125*	*96*	**219**	*281*	**272**	*132*
【690】	Avetraceae	*45*	*379*	*312*	*327*	*399*	*526*	*55*	*271*
【569】	Avicenniaceae	*378*	*286*	*270*	*274*	*334*	**433**	**481**	*201*
【290】	Balanitaceae	*138*	*262*	*127*	*95*	**133**	**288**	**270**	*117*
【74】	Balanopaceae	**193**	**60**	**4**	**37**	**61**	**65**	**257**	*5*
【307】	Balanophoraceae	**275**	**214**	**23**	**208**	**205**	**321**	**216**	**153**

数字系统	FAM	【APG】	【CR】	【EG】	【HS】	【HT】	【TH】	【WU】	【ZD】
【434】	Balsaminaceae	**325**	**267**	**153**	**100**	**343**	**117**	**380**	**133**
【93】	Barbeuiaceae	**302**	*67*	**26**	*102*	**287**	**80**	**193**	*50*
【101】	Barbeyaceae	**144**	**50**	*14*	**45**	**73**	**324**	**320**	*13*
【29】	Barclayaceae	*4*	**27**	*67*	*57*	*257*	**5**	*8*	*36*
【266】	Barringtoniaceae	*330*	*103*	*211*	**142**	**166**	*139*	**384**	*73*
【117】	Basellaceae	**312**	**73**	**33**	**92**	**296**	**87**	**179**	**53**
【223】	Bataceae	**261**	**138**	**101**	**93**	**295**	**185**	**341**	*57*
【214】	Baueraceae	*172*	*173*	*107*	*78*	**39**	*226*	*158*	*95*
【731】	Baxteriaceae	*75*	*374*	*319*	*340*	*415*	**548**	*122*	*241*
【195】	Begoniaceae	**166**	**129**	**202**	**127**	**113**	**171**	**230**	**88**
【655】	Behniaceae	*74*	*378*	*302*	*309*	*381*	**478**	**89**	*260*
【146】	Bembiciaceae	*204*	*107*	*183*	*111*	*77*	*155*	*222*	*79*
【45】	Berberidaceae	**110**	**32**	**63**	**58**	**266**	**45**	**145**	**30**
【62】	Berberidopsidaceae	**272**	*32*	*63*	*58*	*266*	**153**	*173*	*30*
【186】	Berryaceae	*247*	*99*	*173*	*148*	*119*	*191*	*303*	*68*
【79】	Betulaceae	**158**	**62**	**8**	**38**	**62**	**70**	**170**	**18**
【394】	Biebersteiniaceae	**235**	*264*	*125*	*96*	*339*	**264**	**356**	*132*
【541】	Bignoniaceae	**379**	**301**	**268**	**272**	**246**	**419**	**479**	**203**
【221】	Bischofiaceae	*211*	*232*	*130*	*157*	*135*	*214*	**251**	*77*
【176】	Bixaceae	**250**	**109**	**193**	**108**	**75**	**201**	**306**	*86*
【636】	Blandfordiaceae	**63**	*369*	*302*	*309*	*381*	**484**	**74**	*260*
【201】	Bombacaceae	*247*	**101**	**175**	**152**	**121**	**199**	**303**	**70**
【102】	Bonnetiaceae	**182**	*85*	*86*	*131*	**136**	**121**	**237**	*61*
【517】	Boraginaceae	**357**	**285**	**257**	**275**	**347**	**409**	**450**	**190**
【630】	Boryaceae	**62**	*369*	*302*	*309*	*381*	*472*	**70**	*260*
【213】	Brassicaceae	**270**	**134**	**97**	**120**	**277**	**180**	**332**	**91**
【360】	Bretschneideraceae	*254*	**250**	**147**	**119**	*222*	**173**	**348**	**126**
【278】	Brexiaceae	*168*	*166*	*107*	*78*	*308*	**303**	**158**	*95*
【715】	Bromeliaceae	**91**	**356**	**321**	**302**	**374**	**529**	**114**	**248**
【252】	Brunelliaceae	**175**	**156**	**108**	**159**	**22**	**217**	**266**	*116*
【336】	Bruniaceae	**407**	**168**	**114**	**26**	**57**	**336**	**363**	*5*
【584】	Brunoniaceae	*402*	**309**	**288**	*261*	**326**	**384**	**437**	*209*
【515】	Buddlejaceae	*372*	**292**	**265**	*244*	**234**	**413**	**455**	**196**
【622】	Burchardiaceae	*56*	*369*	*302*	*309*	*381*	*468*	*65*	*260*
【696】	Burmanniaceae	**44**	**381**	**316**	**336**	**411**	**474**	**56**	**272**
【408】	Burseraceae	**238**	**255**	**136**	**215**	**218**	**275**	**360**	**119**
【595】	Butomaceae	**31**	**319**	**293**	**281**	**352**	**448**	**35**	**213**
【131】	Buxaceae	**117**	**229**	**165**	**30**	**55**	**66**	**135**	**140**
【449】	Byblidaceae	**375**	**163**	**112**	**165**	**92**	**434**	**469**	*75*
【187】	Byttneriaceae	*247*	*100*	*176*	**151**	*120*	*196*	*305*	*69*

数字系统	FAM	【APG】	【CR】	【EG】	【HS】	【HT】	【TH】	【WU】	【ZD】
【22】	Cabombaceae	**3**	**28**	*67*	**55**	**260**	**3**	**7**	**34**
【100】	Cactaceae	**317**	**69**	**39**	**130**	**116**	**89**	**178**	**51**
【531】	Calceolariaceae	**369**	*294*	*266*	*267*	*333*	**416**	*464*	*197*
【719】	Calectasiaceae	*75*	*374*	*319*	*340*	*415*	**551**	**122**	*241*
【583】	Calendulaceae	*111*	*318*	*291*	*254*	*328*	*387*	*439*	*210*
【459】	Callitrichaceae	*371*	**289**	**260**	**184**	**300**	**425**	**163**	**194**
【629】	Calochortaceae	*60*	*369*	*302*	*309*	*381*	**471**	**69**	*260*
【140】	Calophyllaceae	**184**	*97*	*90*	*146*	*162*	*122*	*238*	*66*
【12】	Calycanthaceae	**19**	**15**	**54**	**7**	**26**	**22**	**16**	**39**
【594】	Calyceraceae	**403**	**317**	**290**	**253**	**322**	**386**	**438**	*210*
【561】	Campanulaceae	**395**	**306**	**284**	**259**	**323**	**376**	**430**	**207**
【657】	Campynemataceae	**51**	*369*	*308*	*322*	*394*	**467**	**59**	*260*
【9】	Canellaceae	**8**	**10**	**47**	**14**	**4**	**13**	**24**	*23*
【89】	Cannabaceae	**149**	**52**	*14*	**48**	**70**	**208**	**325**	**12**
【739】	Cannaceae	**86**	**363**	**341**	**307**	**379**	**536**	**109**	**255**
【178】	Capparaceae	**268**	**133**	**96**	**116**	**96**	**178**	**330**	**90**
【510】	Caprifoliaceae	**410**	**313**	**280**	**249**	**49**	**352**	**413**	**182**
【452】	Cardiopteridaceae	**390**	**226**	**167**	*201*	**181**	**362**	**408**	**138**
【591】	Carduaceae	*404*	*318*	*291*	*254*	*328*	*387*	*439*	*210*
【236】	Caricaceae	**257**	**124**	**199**	**129**	**115**	**176**	**344**	*210*
【528】	Carlemanniaceae	**365**	*313*	*252*	*248*	*244*	**422**	**460**	*181*
【376】	Carpodetaceae	*394*	*166*	*107*	*78*	*308*	**373**	**158**	*95*
【709】	Cartonemataceae	*78*	*343*	*322*	*296*	**368**	*539*	*100*	*235*
【111】	Caryocaraceae	**187**	**84**	**87**	**134**	**144**	**116**	**236**	*73*
【77】	Caryophyllaceae	**295**	**75**	**34**	**85**	**282**	**93**	**198**	**55**
【73】	Casuarinaceae	**156**	**63**	**1**	**41**	**68**	**72**	**171**	**19**
【88】	Cecropiaceae	*151*	**54**	*13*	*44*	*71*	**209**	**322**	*11*
【339】	Celastraceae	**168**	**219**	**160**	**192**	**187**	**304**	**218**	**141**
【90】	Celtidaceae	*149*	*51*	*14*	*47*	*72*	*210*	*324*	*13*
【745】	Centrolepidaceae	*94*	**348**	**328**	**342**	**417**	**562**	**128**	**240**
【172】	Centroplacaceae	**190**	*232*	*193*	*108*	*75*	*201*	*306*	*161*
【270】	Cephalotaceae	**174**	**172**	**106**	**77**	**307**	**219**	**267**	*95*
【52】	Ceratophyllaceae	**104**	**29**	**68**	**56**	**259**	**11**	**9**	**37**
【51】	Cercidiphyllaceae	**125**	**42**	**61**	**25**	**9**	**60**	**151**	**6**
【115】	Chenopodiaceae	*91*	**70**	**36**	**90**	**292**	**96**	**196**	**57**
【626】	Chionographidaceae	*53*	*369*	*302*	*309*	*381*	*472*	*69*	*260*
【31】	Chloranthaceae	**26**	**19**	**71**	**17**	**273**	**10**	**2**	**43**
【644】	Chlorogalaceae	*74*	*369*	*302*	*309*	*381*	*472*	*69*	*260*
【243】	Chrysobalanaceae	**197**	**177**	**117**	*167*	*24*	**236**	**256**	*101*
【58】	Circaeasteraceae	**107**	**31**	*71*	**59**	**265**	**51**	**143**	**28**

数字系统	FAM	【APG】	【CR】	【EG】	【HS】	【HT】	【TH】	【WU】	【ZD】
【175】	Cistaceae	**251**	**110**	**192**	**112**	**76**	**203**	**311**	**80**
【210】	Cleomaceae	**269**	*133*	*96*	*116*	**276**	**179**	**331**	*90*
【326】	Clethraceae	**343**	**140**	**229**	**229**	**153**	**132**	*402*	**162**
【141】	Clusiaceae	**183**	**97**	**90**	**146**	**162**	**122**	**238**	**66**
【397】	Cneoraceae	*241*	**259**	**133**	**195**	**180**	**266**	**352**	*115*
【476】	Cobaeaceae	*329*	*282*	*253*	*263*	**245**	*137*	*383*	*188*
【156】	Cochlospermaceae	*250*	*109*	**195**	**109**	**78**	**202**	**308**	*23*
【518】	Codonaceae	*357*	*285*	*257*	*275*	*347*	*409*	*450*	*190*
【623】	Colchicaceae	**56**	*369*	*302*	*309*	*381*	**468**	**65**	*260*
【482】	Columelliaceae	**406**	**165**	**274**	**270**	**338**	**333**	**377**	*176*
【354】	Combretaceae	**214**	**199**	**214**	**174**	**172**	**245**	**293**	**109**
【708】	Commelinaceae	**78**	**343**	**322**	**296**	**367**	**539**	**100**	**235**
【284】	Connaraceae	**170**	**157**	**118**	**225**	**20**	**256**	**263**	**102**
【720】	Conostylidaceae	*81*	*367*	*306*	*330*	*405*	*542*	**102**	*259*
【638】	Convallariaceae	*74*	*369*	*302*	*309*	*381*	**511**	**69**	*260*
【499】	Convolvulaceae	**359**	**279**	**255**	**266**	**331**	**405**	**446**	**187**
【516】	Cordiaceae	*357*	*285*	*257*	*275*	*347*	*409*	**450**	*190*
【277】	Coriariaceae	**162**	**36**	**144**	**107**	**23**	**278**	**247**	**121**
【402】	Coridaceae	*335*	*155*	*236*	*256*	*303*	**152**	**391**	*173*
【457】	Cornaceae	**324**	**203**	**224**	**50**	**44**	**344**	**372**	**158**
【368】	Corokiaceae	*400*	*203*	*107*	*78*	*308*	**381**	**158**	*95*
【705】	Corsiaceae	**52**	**382**	**317**	**338**	**413**	**476**	**58**	**273**
【76】	Corylaceae	*158*	*62*	*9*	**39**	**64**	*68*	*168*	*17*
【371】	Corynocarpaceae	**161**	**227**	**158**	**193**	**188**	**279**	**246**	*120*
【738】	Costaceae	**88**	**362**	*340*	*306*	*378*	**535**	**112**	**254**
【229】	Crassulaceae	**130**	**171**	**105**	**76**	**306**	**223**	**156**	**94**
【652】	Croomiaceae	*48*	*377*	*304*	*326*	*398*	*522*	**53**	*269*
【241】	Crossosomataceae	**229**	**176**	**78**	**106**	**21**	**235**	**297**	*101*
【372】	Crypteroniaceae	**220**	**191**	**206**	**178**	**40**	**246**	**287**	**110**
【282】	Ctenolophonaceae	**178**	*239*	*16*	*201*	**131**	**294**	**242**	*149*
【205】	Cucurbitaceae	**163**	**127**	**203**	**126**	**112**	**168**	**229**	**87**
【255】	Cunoniaceae	**172**	**159**	**109**	**158**	**32**	**216**	**265**	*95*
【456】	Curtisiaceae	**322**	*203*	*224*	*50*	*44*	**342**	*365*	*158*
【502】	Cuscutaceae	*359*	**280**	*255*	*266*	**346**	**406**	**446**	*187*
【693】	Cyanastraceae	*73*	**368**	**307**	*330*	**382**	**492**	**102**	**261**
【706】	Cyclanthaceae	**49**	**336**	**332**	**348**	**404**	**518**	**51**	**228**
【555】	Cyclocheilaceae	*388*	*286*	*259*	*279*	*250*	**438**	**472**	*191*
【615】	Cymodoceaceae	**41**	**331**	*300*	*295*	**365**	**459**	**42**	**223**
【484】	Cynocrambaceae	*352*	*312*	*252*	**89**	*244*	*394*	*457*	*181*
【309】	Cynomoriaceae	**135**	*214*	**220**	*208*	*205*	**320**	**217**	*153*

数字系统	FAM	【APG】	【CR】	【EG】	【HS】	【HT】	【TH】	【WU】	【ZD】
【747】	Cyperaceae	**98**	**351**	**338**	**344**	**419**	**554**	**123**	**243**
【564】	Cyphiaceae	*395*	*306*	*284*	*259*	*323*	*376*	**430**	*207*
【563】	Cyphocarpaceae	*297*	*306*	*284*	*259*	*323*	*376*	**430**	*207*
【722】	Cypripediaceae	*61*	*383*	*344*	*339*	*414*	*488*	*75*	*274*
【352】	Cyrillaceae	**344**	**139**	**155**	**194**	**182**	**133**	**403**	*200*
【182】	Cytinaceae	**244**	*217*	*74*	*65*	*269*	**37**	**328**	*154*
【298】	Dactylanthaceae	*275*	*214*	*23*	*208*	*205*	*321*	*216*	*153*
【106】	Daphniphyllaceae	**126**	**47**	**131**	*185*	**56**	**64**	**154**	**7**
【710】	Dasypogonaceae	**75**	*374*	*319*	*340*	*415*	**550**	**113**	*241*
【204】	Datiscaceae	**165**	**128**	**201**	**128**	**114**	**169**	**231**	*120*
【455】	Davidiaceae	*318*	*203*	**223**	*50*	*44*	**339**	**373**	**156**
【250】	Davidsoniaceae	*172*	**160**	**110**	*78*	*308*	*226*	**158**	*95*
【13】	Degeneriaceae	**15**	**2**	**41**	**3**	*117*	**14**	**12**	**21**
【483】	Desfontainiaceae	*406*	*270*	**247**	*244*	*233*	**334**	**378**	*176*
【478】	Dialypetalanthaceae	*352*	**161**	**208**	*248*	**243**	**393**	*457*	*181*
【648】	Dianellaceae	*69*	*369*	*302*	*309*	*381*	*472*	*69*	*260*
【405】	Diapensiaceae	**338**	**147**	**228**	**234**	**157**	**135**	**398**	**167**
【202】	Dichapetalaceae	**195**	**228**	**180**	**139**	**25**	**237**	**259**	**76**
【276】	Diclidantheraceae	*142*	*150*	*241*	**242**	*42*	*143*	*397*	*171*
【571】	Dicrastylidaceae	*404*	*286*	*259*	*279*	**252**	*436*	*470*	*191*
【152】	Didiereaceae	**311**	**68**	**38**	**222**	**231**	**90**	**180**	*120*
【75】	Didymelaceae	*117*	**48**	**6**	*30*	**82**	**67**	**136**	*140*
【165】	Diegodendraceae	*250*	*80*	*193*	*108*	**146**	**197**	**307**	*60*
【511】	Diervillaceae	*410*	*313*	*280*	*249*	*49*	*352*	*414*	*182*
【66】	Dilleniaceae	**120**	**78**	**76**	**104**	**19**	**108**	**208**	**59**
【139】	Dioncophyllaceae	**287**	**118**	**83**	*110*	**77**	**104**	**204**	*79*
【691】	Dioscoreaceae	**45**	**379**	**312**	**327**	**399**	**526**	**55**	**271**
【233】	Dipentodontaceae	**234**	**206**	**17**	**32**	**199**	**160**	**351**	**148**
【545】	Dipsacaceae	*410*	**316**	**283**	**252**	**321**	**355**	**417**	**185**
【173】	Dipterocarpaceae	**253**	**83**	**85**	**168**	**151**	**192**	**313**	**72**
【265】	Dirachmaceae	**145**	*263*	*125*	*96*	**117**	**325**	**319**	*132*
【191】	Dombeyaceae	*247*	*100*	*176*	*150*	*120*	*196*	*303*	*69*
【439】	Donatiaceae	*397*	**308**	*107*	*78*	**312**	**377**	**158**	*95*
【689】	Doryanthaceae	**67**	*373*	*308*	*322*	*394*	**493**	**76**	*260*
【665】	Dracaenaceae	*74*	*373*	*302*	*309*	*381*	**512**	**96**	*260*
【261】	Droseraceae	**284**	**106**	**94**	**79**	**315**	**107**	**206**	**75**
【262】	Drosophyllaceae	**286**	*106*	*94*	*79*	*315*	**106**	*205*	*75*
【334】	Duabangaceae	*215*	*188*	*209*	*177*	*168*	*249*	**291**	*106*
【505】	Duckeodendraceae	*360*	**276**	**264**	*265*	*329*	**402**	**445**	*186*
【392】	Dulongiaceae	*391*	*166*	*270*	*162*	*35*	*227*	*162*	*96*

数字系统	FAM	【APG】	【CR】	【EG】	【HS】	【HT】	【TH】	【WU】	【ZD】
【200】	Durionaceae	*247*	*101*	*175*	*152*	*121*	*199*	*303*	*70*
【78】	Dysphaniaceae	*297*	*70*	**35**	*85*	*282*	*93*	*198*	*55*
【353】	Ebenaceae	**334**	**149**	**240**	**236**	**213**	**145**	**385**	**169**
【746】	Ecdeiocoleaceae	**102**	*347*	*327*	*343*	*418*	**561**	**131**	*239*
【501】	Ehretiaceae	*357*	*285*	*257*	*275*	**249**	*409*	*450*	*190*
【356】	Elaeagnaceae	**146**	**183**	**182**	**210**	**207**	**323**	**318**	**147**
【134】	Elaeocarpaceae	**173**	**98**	**171**	*166*	*95*	**167**	**268**	**67**
【129】	Elatinaceae	**191**	**94**	**198**	**84**	**280**	**124**	**239**	**65**
【521】	Ellisiophyllaceae	*371*	*294*	*256*	*264*	*345*	*408*	**451**	*189*
【218】	Emblingiaceae	**263**	*133*	*96*	*116*	*96*	**189**	*339*	*90*
【423】	Empetraceae	*345*	**142**	**232**	**191**	**184**	*134*	**404**	**164**
【391】	Epacridaceae	*345*	**143**	**233**	**232**	**156**	*134*	**404**	*163*
【418】	Eremolepidaceae	*276*	**213**	*22*	*204*	*201*	**319**	**212**	*152*
【422】	Eremosynaceae	*405*	*173*	*107*	*78*	**309**	**327**	**375**	*95*
【380】	Ericaceae	**345**	**144**	**231**	**230**	**155**	**134**	**404**	**163**
【726】	Eriocaulaceae	**94**	**344**	**326**	**301**	**373**	**546**	**119**	**236**
【677】	Eriospermaceae	*74*	*369*	*302*	*309*	*381*	**516**	**98**	*260*
【325】	Erythropalaceae	*273*	*207*	*16*	*201*	**192**	*310*	**209**	*149*
【319】	Erythroxylaceae	**180**	**236**	**129**	**156**	**130**	**297**	**250**	**129**
【447】	Escalloniaceae	**405**	*166*	*107*	*78*	*308*	**326**	**374**	*95*
【254】	Eucommiaceae	**350**	**49**	**12**	**42**	**74**	**348**	**441**	**9**
【235】	Eucryphiaceae	*172*	**158**	**79**	**144**	**163**	*216*	**265**	*95*
【588】	Eupatoriaceae	*404*	*318*	*291*	*254*	*328*	*387*	*439*	*210*
【217】	Euphorbiaceae	**207**	**232**	**130**	**157**	**135**	**214**	**251**	**77**
【273】	Euphroniaceae	**196**	*242*	*115*	*167*	*24*	**239**	*260*	*101*
【5】	Eupomatiaceae	**17**	**4**	**45**	**5**	**11**	**17**	**14**	*23*
【49】	Eupteleaceae	**105**	**43**	**60**	**24**	*1*	**41**	**139**	**3**
【28】	Euryalaceae	*4*	*26*	*67*	*57*	*257*	*4*	**8**	*36*
【238】	Fabaceae1	*140*	**181**	*119*	**169**	**28**	*254*	**280**	**99**
【239】	Fabaceae2	*140*	**180**	*119*	**170**	**29**	*254*	**280**	**98**
【240】	Fabaceae3	*140*	**182**	**119**	**171**	**30**	*254*	**280**	**100**
【69】	Fagaceae	**317**	**61**	**9**	**40**	**63**	**68**	**168**	**17**
【142】	Flacourtiaceae	*204*	**107**	**183**	**110**	*111*	**155**	**222**	**79**
【724】	Flagellariaceae	**100**	**345**	**329**	**297**	**369**	**557**	**129**	**237**
【268】	Foetidiaceae	*330*	*103*	*211*	*141*	*169*	*139*	*384*	*73*
【308】	Fouquieriaceae	**328**	**125**	**254**	**122**	**101**	**136**	**382**	*83*
【269】	Francoaceae	**213**	*173*	*107*	*78*	**311**	**286**	*275*	*95*
【160】	Frankeniaceae	**280**	**117**	**197**	**113**	**99**	**102**	**202**	**84**
【59】	Fumariaceae	*106*	**39**	*95*	**70**	**275**	**55**	**149**	**47**
【663】	Funkiaceae	*74*	*369*	*302*	*309*	*381*	*472*	*69*	*260*

数字系统	FAM	【APG】	【CR】	【EG】	【HS】	【HT】	【TH】	【WU】	【ZD】
【446】	Garryaceae	**351**	**204**	**225**	**34**	**46**	**346**	**440**	*158*
【328】	Geissolomataceae	**224**	**218**	**178**	**186**	**86**	**242**	**298**	*120*
【632】	Geitonoplesiaceae	*72*	*369*	*302*	*309*	*381*	*472*	**69**	*260*
【491】	Gelsemiaceae	**355**	*270*	*246*	*244*	*233*	**388**	**456**	*176*
【490】	Geniostomaceae	*354*	*270*	*246*	*244*	*237*	**397**	**455**	*176*
【496】	Gentianaceae	**353**	**272**	**248**	**255**	**301**	**396**	**454**	**177**
【702】	Geosiridaceae	*70*	**380**	**315**	*323*	*395*	**494**	**79**	**263**
【318】	Geraniaceae	**212**	**264**	**125**	**96**	**339**	**281**	**272**	**132**
【158】	Gerrardinaceae	**231**	*107*	*183*	*110*	*111*	*155*	*349*	*79*
【549】	Gesneriaceae	**370**	**298**	**273**	**271**	**335**	**420**	**465**	**200**
【97】	Gisekiaceae	**303**	*67*	*31*	*102*	*283*	**78**	**190**	**54**
【48】	Glaucidiaceae	*111*	*30*	*62*	*54*	*256*	**56**	**141**	*27*
【558】	Globulariaceae	*371*	**295**	**267**	**276**	**350**	**423**	**466**	*195*
【509】	Goetzeaceae	*360*	*278*	*263*	*265*	*329*	**403**	**445**	*186*
【10】	Gomortegaceae	**21**	**14**	**55**	**9**	**16**	**25**	**21**	*23*
【275】	Gonystylaceae	*249*	*192*	*181*	**149**	**84**	*205*	*315*	*78*
【578】	Goodeniaceae	**402**	**310**	**287**	**261**	**325**	**383**	**437**	**209**
【384】	Goupiaceae	**201**	*219*	*160*	*192*	**190**	**301**	**253**	*141*
【533】	Gratiolaceae	*352*	*294*	*266*	*267*	*333*	*418*	*463*	*197*
【192】	Grewiaceae	*247*	*99*	*173*	*148*	*119*	*191*	*304*	*68*
【321】	Greyiaceae	*240*	**167**	*148*	**161**	**37**	**285**	**276**	*123*
【465】	Griseliniaceae	**413**	*203*	*224*	*50*	*44*	**364**	**423**	*158*
【212】	Grossulariaceae	**128**	**166**	*107*	**162**	**35**	**227**	**162**	**96**
【410】	Grubbiaceae	**323**	**141**	**19**	**206**	**202**	**343**	**364**	*151*
【263】	Guamatelaceae	**227**	*174*	*115*	*167*	*24*	*233*	*295*	*101*
【280】	Gunneraceae	**119**	**187**	*217*	*183*	*299*	**225**	**367**	*104*
【30】	Gyrocarpaceae	*23*	*18*	*57*	*10*	*17*	*26*	**19**	*41*
【198】	Gyrostemonaceae	**266**	**137**	**27**	*88*	**289**	**182**	*336*	*48*
【718】	Haemodoraceae	**81**	**367**	**306**	**330**	**405**	**542**	**102**	**259**
【601】	Halophilaceae	*32*	*322*	*294*	*282*	*353*	*450*	*38*	*214*
【118】	Halophytaceae	**313**	*70*	*36*	*90*	*292*	**88**	*177*	*57*
【271】	Haloragaceae	**134**	**186**	**217**	**183**	**299**	**224**	**163**	**104**
【63】	Hamamelidaceae	**124**	**45**	**103**	**28**	**51**	**62**	**153**	**5**
【697】	Hanguanaceae	**77**	**375**	*329*	*297*	*369*	**538**	**101**	*237*
【130】	Haptanthaceae	*117*	*229*	*165*	*30*	*55*	**66**	*135*	*140*
【86】	Hectorellaceae	*310*	*72*	*32*	*103*	*284*	**86**	**176**	*52*
【581】	Heleniaceae	*404*	*318*	*291*	*254*	*328*	*387*	*439*	*210*
【579】	Helianthaceae	*404*	*318*	*291*	*254*	*328*	*387*	*439*	*210*
【730】	Heliconiaceae	**84**	**358**	*340*	*306*	*378*	**533**	**108**	**250**
【188】	Helicteraceae	*247*	*100*	*176*	*150*	*120*	*196*	*303*	*69*

数字系统	FAM	【APG】	【CR】	【EG】	【HS】	【HT】	【TH】	【WU】	【ZD】
【519】	Heliotropiaceae	*357*	*285*	*257*	*275*	*347*	*409*	*450*	*190*
【37】	Helleboraceae	*111*	*30*	*62*	*54*	**255**	*49*	*147*	*27*
【625】	Heloniadaceae	*53*	*369*	*302*	*309*	*381*	*472*	*69*	*260*
【305】	Helosaceae	*275*	*214*	*23*	*208*	*205*	*321*	*216*	*153*
【469】	Helwingiaceae	**392**	*203*	*226*	*53*	*48*	**359**	**406**	*160*
【656】	Hemerocallidaceae	*72*	*369*	*302*	*309*	*381*	**496**	**83**	*260*
【525】	Henriqueziaceae	*352*	*311*	**269**	*248*	*244*	*394*	*457*	*181*
【24】	Hernandiaceae	**23**	**18**	**57**	**10**	**17**	**26**	**19**	**41**
【670】	Herreriaceae	*74*	*369*	*302*	*309*	*381*	**509**	**91**	*260*
【664】	Hesperocallidaceae	*74*	*369*	*302*	*309*	*381*	*472*	**69**	*260*
【367】	Heteropyxidaceae	*218*	*194*	*207*	**211**	**206**	*252*	**289**	*111*
【4】	Himantandraceae	**16**	**3**	**42**	**2**	**6**	**16**	**13**	*23*
【430】	Hippocastanaceae	*240*	**253**	**149**	*217*	**227**	**261**	**362**	**125**
【350】	Hippocrateaceae	*168*	**220**	**162**	**197**	**191**	*304*	*218*	**142**
【461】	Hippuridaceae	*371*	**288**	**219**	*183*	*299*	**426**	**163**	**193**
【742】	Hopkinsiaceae	*99*	*347*	*327*	*343*	*418*	*559*	*126*	*239*
【468】	Hoplestigmataceae	*357*	**126**	**244**	**238**	**79**	**410**	**453**	*190*
【658】	Hostaceae	*74*	*369*	*302*	*309*	*381*	*472*	**69**	*260*
【150】	Huaceae	**169**	**111**	*176*	*150*	**128**	**309**	**261**	*69*
【311】	Hugoniaceae	*208*	**239**	*128*	*94*	*126*	**292**	**243**	*128*
【500】	Humbertiaceae	*359*	*279*	*255*	*266*	*331*	**407**	*446*	*187*
【348】	Humiriaceae	**198**	**237**	*265*	**155**	**125**	**296**	**241**	*196*
【679】	Hyacinthaceae	*74*	*369*	*302*	*309*	*381*	**503**	**87**	*260*
【707】	Hydatellaceae	**2**	**353**	*328*	*342*	*417*	**547**	**118**	**245**
【72】	Hydnoraceae	*12*	**215**	**75**	**67**	**268**	**33**	**27**	*45*
【429】	Hydrangeaceae	**320**	**164**	*107*	**163**	**34**	**337**	**369**	**97**
【41】	Hydrastidaceae	*111*	*30*	*62*	*54*	*256*	**48**	**146**	*27*
【599】	Hydrocharitaceae	**32**	**322**	**294**	**282**	**353**	**450**	**38**	**214**
【479】	Hydrocotylaceae	*415*	*269*	*227*	*83*	*319*	*371*	**426**	*161*
【514】	Hydroleaceae	**363**	*283*	*256*	*264*	*345*	**404**	*447*	*189*
【25】	Hydropeltidaceae	*3*	*28*	*67*	*57*	*257*	**2**	**8**	*36*
【513】	Hydrophyllaceae	*149*	**283**	**256**	**264**	**345**	**408**	**451**	**189**
【474】	Hydrostachyaceae	**319**	**290**	**121**	**82**	**318**	**442**	**368**	*195*
【55】	Hypecoaceae	*106*	*39*	*95*	*69*	*274*	**54**	**149**	*46*
【119】	Hypericaceae	**186**	*97*	*90*	**143**	**161**	**123**	**238**	*66*
【695】	Hypoxidaceae	**66**	*369*	**309**	**331**	**406**	**487**	**72**	*260*
【338】	Hypseocharitaceae	*212*	*263*	*124*	*97*	*341*	**280**	**273**	*131*
【450】	Icacinaceae	**348**	**224**	**166**	**198**	**183**	**358**	**444**	**137**
【11】	Idiospermaceae	*19*	**16**	*54*	*7*	**27**	**21**	**16**	*39*
【113】	Illecebraceae	*295*	*75*	*34*	**87**	**286**	*93*	**198**	*55*

数字系统	FAM	【APG】	【CR】	【EG】	【HS】	【HT】	【TH】	【WU】	【ZD】
【6】	Illiciaceae	*7*	**23**	**49**	**20**	**2**	**7**	**5**	**25**
【585】	Inulaceae	*404*	*318*	*291*	*254*	*328*	*387*	*439*	*210*
【700】	Iridaceae	**70**	**370**	**314**	**323**	**395**	**495**	**79**	**262**
【313】	Irvingiaceae	**177**	*258*	**134**	*214*	**127**	**271**	**244**	*116*
【641】	Isophysidaceae	*70*	*370*	*302*	*309*	*381*	*472*	*69*	*260*
【211】	Iteaceae	**127**	*166*	*107*	**160**	**38**	**229**	**160**	*95*
【289】	Ixerbaceae	*225*	*166*	*107*	*78*	*308*	**329**	**300**	*95*
【683】	Ixiolirionaceae	*68*	*369*	*308*	*322*	*394*	**489**	**78**	*260*
【294】	Ixonanthaceae	**209**	**238**	*128*	*94*	**123**	**295**	**245**	**130**
【610】	Japonoliriaceae	*42*	*369*	*302*	*285*	*356*	**443**	*30*	*225*
【642】	Johnsoniaceae	*73*	*369*	*302*	*309*	*381*	*472*	**84**	*260*
【728】	Joinvilleaceae	**101**	**346**	*329*	*297*	*369*	**558**	**130**	**238**
【136】	Juglandaceae	**155**	**58**	**3**	**226**	**66**	**75**	**165**	**16**
【421】	Julianiaceae	*239*	**257**	**154**	**227**	**230**	*276*	*361*	*120*
【733】	Juncaceae	**97**	**349**	**319**	**340**	**415**	**553**	**122**	**241**
【604】	Juncaginaceae	**345**	**325**	**297**	**287**	**358**	**454**	**44**	**217**
【61】	Kaliphoraceae	*361*	*6*	*40*	*1*	*1*	**331**	**11**	*22*
【190】	Kiggelariaceae	*199*	*232*	*130*	*157*	*135*	*214*	**251**	*77*
【36】	Kingdoniaceae	*107*	*31*	*62*	*54*	*256*	**50**	*147*	*27*
【411】	Kirkiaceae	**237**	*258*	*160*	*214*	*217*	**272**	**354**	*116*
【183】	Koeberliniaceae	**260**	*133*	*96*	*116*	**179**	**184**	**340**	*90*
【293】	Krameriaceae	**137**	**247**	**120**	*95*	**104**	**300**	**271**	*117*
【138】	Lacistemataceae	**203**	**112**	*183*	**18**	**83**	**157**	*222*	*79*
【18】	Lactoridaceae	*12*	**7**	**72**	**13**	**7**	**28**	**26**	*44*
【593】	Lactucaceae	*404*	*318*	*291*	*254*	*328*	*387*	*439*	*210*
【575】	Lamiaceae	**384**	**287**	**261**	**280**	**351**	**441**	**470**	**192**
【681】	Lanariaceae	**295**	*369*	*308*	*322*	*394*	**486**	**73**	*260*
【306】	Langsdorffiaceae	*275*	*214*	*23*	*208*	*205*	*321*	*216*	*153*
【33】	Lardizabalaceae	**108**	**34**	**65**	**60**	**262**	**42**	**142**	**32**
【304】	Latraeophilaceae	*275*	*214*	*23*	*208*	*205*	*321*	*216*	*153*
【21】	Lauraceae	**25**	**17**	**56**	**8**	**15**	**27**	**18**	**40**
【661】	Laxmanniaceae	*74*	*369*	*302*	*309*	*381*	*501*	*94*	*260*
【267】	Lecythidaceae	**330**	**103**	**211**	**141**	**169**	**139**	**384**	**73**
【287】	Ledocarpaceae	*212*	*264*	*125*	*96*	**129**	**283**	**274**	*132*
【404】	Leeaceae	*136*	**234**	**170**	*212*	*209*	**232**	**302**	**145**
【225】	Leitneriaceae	*242*	**56**	**5**	**35**	**59**	**269**	*353*	*116*
【647】	Lemnaceae	*28*	**339**	**334**	**319**	**391**	**464**	**34**	**231**
【477】	Lennoaceae	*357*	**284**	**258**	**235**	**159**	**411**	**452**	*190*
【570】	Lentibulariaceae	**380**	**303**	**276**	**269**	**337**	**435**	**480**	**204**
【44】	Leonticaceae	*110*	*32*	*63*	*58*	*266*	*45*	**145**	*30*

数字系统	FAM	【APG】	【CR】	【EG】	【HS】	【HT】	【TH】	【WU】	【ZD】
【297】	Lepidobotryaceae	**167**	*263*	*128*	*94*	**132**	**302**	**220**	*128*
【453】	Leptaulaceae	*390*	*224*	*166*	*198*	*183*	*358*	*444*	*137*
【264】	Lepuropetalaceae	*168*	*173*	*107*	*78*	*308*	*226*	*158*	*95*
【605】	Lilaeaceae	*345*	*325*	*297*	**288**	**359**	*454*	**44**	*217*
【633】	Liliaceae	**60**	**369**	**302**	**309**	**381**	**472**	**69**	**260**
【109】	Limeaceae	**299**	*74*	*31*	*88*	*288*	**92**	*184*	*48*
【433】	Limnanthaceae	**258**	**265**	**123**	**98**	**340**	**175**	**343**	*201*
【596】	Limnocharitaceae	*30*	**320**	*292*	*283*	*354*	**451**	**36**	**212**
【226】	Limoniaceae	*241*	*77*	*237*	*257*	*304*	*100*	*200*	*174*
【315】	Linaceae	**208**	**240**	**128**	**94**	**126**	**293**	**248**	**128**
【534】	Linderniaceae	**374**	*294*	*266*	*267*	*333*	*418*	*468*	*197*
【512】	Linnaeaceae	*410*	*313*	*280*	*249*	*49*	*352*	*415*	*182*
【659】	Liriaceae	*98*	*369*	*302*	*309*	*381*	*472*	*69*	*260*
【323】	Lissocarpaceae	*334*	**151**	**242**	**243**	**41**	*145*	**385**	*169*
【435】	Loasaceae	**321**	**130**	**200**	**115**	**108**	**338**	**370**	*201*
【567】	Lobeliaceae	*395*	*306*	*284*	**260**	**324**	*376*	**430**	*207*
【486】	Loganiaceae	**354**	**270**	**246**	**244**	**233**	**389**	**455**	**176**
【680】	Lomandraceae	*74*	*374*	*302*	*309*	*381*	**549**	**69**	*260*
【110】	Lophiocarpaceae	**300**	*64*	*31*	*88*	*288*	*76*	*191*	*48*
【135】	Lophiraceae	*181*	*80*	*85*	*168*	*151*	**127**	*313*	*72*
【302】	Lophophytaceae	*275*	*214*	*23*	*208*	*205*	*321*	*216*	*153*
【286】	Lophopyxidaceae	**188**	*219*	*130*	*157*	*135*	**306**	**228**	*77*
【415】	Loranthaceae	**279**	**211**	**22**	**204**	**201**	**317**	**212**	**152**
【729】	Lowiaceae	**83**	**360**	**343**	**305**	**377**	**531**	**106**	**252**
【627】	Luzuriagaceae	*55*	*378*	*302*	*309*	*381*	**477**	**63**	*260*
【743】	Lyginiaceae	*99*	*347*	*327*	*343*	*418*	*559*	*127*	*239*
【333】	Lythraceae	**215**	**189**	**204**	**176**	**171**	**249**	**291**	**105**
【473】	Mackinlayaceae	*417*	*268*	*226*	*53*	*48*	*369*	*427*	*160*
【386】	Maesaceae	*335*	*154*	*235*	*239*	*210*	**148**	*387*	*172*
【1】	Magnoliaceae	**14**	**6**	**40**	**1**	**1**	**15**	**11**	**22**
【249】	Malaceae	*143*	*174*	*115*	*167*	*24*	*233*	*278*	*101*
【154】	Malesherbiaceae	*202*	**121**	**189**	**123**	**109**	**164**	**227**	*86*
【343】	Malpighiaceae	**192**	**241**	**139**	**154**	**124**	**299**	**254**	**135**
【203】	Malvaceae	**247**	**102**	**174**	**153**	**122**	**200**	**303**	**71**
【740】	Marantaceae	**87**	**364**	**342**	**308**	**380**	**537**	**110**	**256**
【170】	Marcgraviaceae	**326**	**92**	**88**	**133**	**143**	**118**	**379**	*61*
【557】	Martyniaceae	**376**	*300*	**272**	*273*	**248**	**428**	**476**	*202*
【458】	Mastixiaceae	*318*	*203*	*224*	*50*	*44*	**341**	**372**	*158*
【608】	Maundiaceae	**36**	*325*	*300*	*295*	*366*	*449*	**44**	*220*
【714】	Mayacaceae	**95**	**342**	**323**	**298**	**370**	**543**	**120**	**234**

数字系统	FAM	【APG】	【CR】	【EG】	【HS】	【HT】	【TH】	【WU】	【ZD】
【634】	Medeoloaceae	*60*	*369*	*302*	*309*	*381*	**473**	**69**	*260*
【103】	Medusagynaceae	*181*	**96**	**80**	**132**	**145**	**129**	**235**	*60*
【361】	Medusandraceae	*121*	**205**	**24**	*163*	**200**	**314**	**210**	*97*
【464】	Melanophyllaceae	*412*	*203*	*224*	*50*	*44*	**367**	**422**	*158*
【621】	Melanthiaceae	**53**	*369*	*302*	*309*	*381*	**465**	**60**	*260*
【364】	Melastomataceae	**219**	**198**	**212**	**173**	**175**	**248**	**288**	**112**
【414】	Meliaceae	**243**	**260**	**137**	**216**	**220**	**274**	**359**	**118**
【398】	Melianthaceae	*240*	**249**	**151**	**221**	**221**	**284**	**277**	*123*
【260】	Meliosmaceae	*384*	*37*	*150*	*220*	*224*	*263*	**137**	*127*
【363】	Memecylaceae	*219*	*198*	*212*	*173*	*175*	**247**	**288**	*112*
【576】	Mendonciaceae	*378*	**302**	*270*	*274*	*334*	*432*	*481*	*201*
【42】	Menispermaceae	**109**	**35**	**66**	**62**	**263**	**43**	**144**	**33**
【526】	Menyanthaceae	**401**	**281**	**249**	*255*	**302**	**385**	**436**	**178**
【454】	Metteniusaceae	**349**	*201*	*166*	*198*	*183*	*358*	**444**	*137*
【416】	Misodendraceae	**277**	**210**	**21**	**207**	**204**	**316**	**211**	*153*
【237】	Mitrastemonaceae	**346**	**216**	*74*	**66**	*269*	**34**	**329**	*154*
【99】	Molluginaceae	**309**	**74**	**30**	**101**	**281**	**91**	**194**	*50*
【20】	Monimiaceae	**25**	**13**	**53**	**6**	**12**	**20**	**17**	**38**
【171】	Monotaceae	*310*	*83*	*85*	*168*	*151*	**193**	**313**	*72*
【390】	Monotropaceae	*345*	**146**	*230*	**233**	**158**	*134*	**404**	**166**
【81】	Montiaceae	**310**	*72*	*32*	*103*	*284*	*85*	*176*	*52*
【463】	Montiniaceae	**361**	*166*	*215*	*181*	*297*	**332**	**449**	*113*
【87】	Moraceae	**150**	**53**	**13**	**44**	**71**	**207**	**322**	**11**
【546】	Morinaceae	*410*	*316*	*283*	*252*	*321*	**356**	**416**	*185*
【207】	Moringaceae	**256**	**135**	**100**	**117**	**97**	**177**	**345**	*86*
【193】	Muntingiaceae	**245**	*107*	*173*	*148*	*119*	**190**	*312*	*68*
【727】	Musaceae	**85**	**359**	**339**	**303**	**375**	**532**	**105**	**251**
【592】	Mutisiaceae	*404*	*318*	*291*	*254*	*328*	*387*	*439*	*210*
【472】	Myodocarpaceae	**416**	*268*	*226*	*53*	*48*	**370**	*428*	*160*
【566】	Myoporaceae	*372*	**296**	**277**	**277**	**348**	**430**	**483**	**198**
【82】	Myricaceae	**154**	**59**	**2**	**36**	**60**	**73**	**166**	**14**
【15】	Myristicaceae	**13**	**9**	**46**	**11**	**18**	**19**	**10**	**24**
【70】	Myrothamnaceae	**118**	**46**	**104**	**29**	**52**	**61**	**366**	*5*
【389】	Myrsinaceae	*335*	**154**	**235**	**239**	**210**	**147**	**389**	**172**
【347】	Myrtaceae	**218**	**194**	**207**	**172**	**165**	**252**	**289**	**111**
【301】	Mystropetalaceae	*275*	*214*	*23*	*208*	*205*	*321*	*216*	*153*
【607】	Najadaceae	*32*	**328**	**300**	**295**	**366**	**449**	**38**	**220**
【43】	Nandinaceae	*110*	*32*	*63*	*58*	**264**	**44**	**145**	*30*
【272】	Napoleonaeaceae	*330*	*103*	*211*	*141*	**174**	**140**	*384*	*73*
【618】	Nartheciaceae	**43**	*369*	*302*	*309*	*381*	**446**	**32**	*260*

数字系统	FAM	【APG】	【CR】	【EG】	【HS】	【HT】	【TH】	【WU】	【ZD】
【522】	Naucleaceae	*352*	*311*	*252*	*248*	*244*	*394*	**457**	*181*
【34】	Nelumbonaceae	**113**	**25**	*67*	*57*	*257*	**40**	**138**	**35**
【562】	Nemacladaceae	*395*	*306*	*284*	*259*	*323*	*376*	**430**	*207*
【122】	Nepenthaceae	**285**	**105**	**93**	**68**	**270**	**105**	**207**	**74**
【577】	Nesogenaceae	*388*	*286*	*261*	*280*	*351*	**439**	*474*	*191*
【281】	Neuradaceae	**246**	**175**	**116**	*167*	*24*	**195**	**310**	*101*
【382】	Nitrariaceae	**236**	*262*	*127*	*95*	*134*	**290**	**358**	*117*
【507】	Nolanaceae	*360*	**277**	**262**	*266*	**332**	**400**	*446*	*187*
【675】	Nolinaceae	*74*	*373*	*302*	*309*	*381*	**513**	**97**	*260*
【68】	Nothofagaceae	**152**	*61*	*9*	*40*	*63*	**69**	**167**	*17*
【26】	Nupharaceae	*4*	*26*	*67*	*57*	*257*	*4*	*8*	*36*
【107】	Nyctaginaceae	**308**	**66**	**29**	**188**	**89**	**82**	**185**	**49**
【27】	Nymphaeaceae	**4**	**26**	**67**	**57**	**257**	**4**	**8**	**36**
【451】	Nyssaceae	**318**	**202**	**222**	**49**	**47**	**340**	**373**	**157**
【104】	Ochnaceae	**181**	**80**	**82**	**137**	**148**	**128**	**233**	**60**
【366】	Octoknemaceae	*273*	*207*	*16*	**203**	**197**	**313**	**209**	*149*
【565】	Oftiaceae	*372*	*296*	*277*	*277*	*348*	**431**	**483**	*198*
【362】	Olacaceae	**273**	**207**	**16**	**201**	**195**	**310**	**209**	**149**
【498】	Oleaceae	**366**	**293**	**245**	**245**	**238**	**412**	**459**	**175**
【330】	Oliniaceae	*222*	**197**	**216**	**180**	**36**	**244**	**284**	*105*
【396】	Onagraceae	**216**	**196**	**215**	**181**	**297**	**251**	**292**	**113**
【285】	Oncothecaceae	**347**	**91**	*157*	*190*	*177*	**115**	**443**	*139*
【651】	Ophiopogonaceae	*74*	*369*	*302*	*309*	*381*	*472*	*69*	*260*
【369】	Opiliaceae	**274**	**208**	**18**	**202**	**196**	**311**	**213**	**150**
【723】	Orchidaceae	**61**	**383**	**344**	**339**	**414**	**488**	**75**	**274**
【552】	Orobanchaceae	**388**	**297**	**275**	**268**	**336**	*418*	**472**	**199**
【395】	Oxalidaceae	**171**	**263**	**124**	**97**	**341**	**257**	**262**	**131**
【209】	Oxystylidaceae	*269*	*133*	*96*	*116*	**278**	*178*	*330*	*90*
【60】	Paeoniaceae	**122**	**79**	**77**	**105**	**254**	**57**	**140**	**29**
【234】	Pandaceae	**176**	**231**	**159**	**196**	**176**	**215**	**251**	*77*
【703】	Pandanaceae	**50**	**337**	**335**	**347**	**403**	**517**	**50**	**229**
【54】	Papaveraceae	**106**	**38**	**95**	**69**	**274**	**52**	**149**	**46**
【279】	Paracryphiaceae	**408**	**95**	*79*	*144*	*163*	**109**	**411**	*182*
【345】	Parnassiaceae	*168*	*173*	*160*	*192*	**313**	**308**	**219**	*141*
【151】	Passifloraceae	**202**	**122**	**190**	**124**	**110**	**162**	**225**	**86**
【542】	Paulowniaceae	**387**	*301*	*266*	*267*	*333*	*418*	*471*	*197*
【539】	Pedaliaceae	**377**	**300**	**271**	**273**	**247**	**427**	**467**	**202**
【337】	Peganaceae	*236*	*262*	*127*	*95*	*134*	**289**	**270**	*117*
【194】	Pellicieraceae	*327*	**90**	*175*	*152*	**140**	**120**	**381**	*70*
【375】	Penaeaceae	**222**	**190**	**179**	**187**	**87**	**243**	**283**	*120*

数字系统	FAM	【APG】	【CR】	【EG】	【HS】	【HT】	【TH】	【WU】	【ZD】
【462】	Pennantiaceae	**411**	*224*	*166*	*198*	*183*	**363**	*424*	*137*
【199】	Pentadiplandraceae	**265**	*133*	*173*	*148*	**186**	**183**	**337**	*68*
【560】	Pentaphragmataceae	**396**	**304**	**286**	*259*	*323*	**374**	**429**	**205**
【215】	Pentaphylacaceae	**332**	**88**	**156**	*131*	**141**	**112**	**393**	**64**
【654】	Pentastemonaceae	*48*	*377*	*304*	*326*	*396*	**523**	**52**	*269*
【232】	Penthoraceae	**133**	*173*	*105*	*76*	*306*	**222**	**157**	*94*
【40】	Peperomiaceae	*11*	*21*	*70*	*15*	*271*	**31**	*29*	*44*
【216】	Peraceae	**205**	*232*	*130*	*157*	*135*	*214*	*251*	*77*
【98】	Peridiscaceae	**121**	**108**	**184**	*108*	**81**	**158**	**255**	*97*
【493】	Periplocaceae	*356*	*275*	*251*	*247*	**241**	*398*	**458**	*180*
【145】	Petenaeaceae	**232**	*98*	*171*	*148*	*119*	*167*	*268*	*67*
【682】	Petermanniaceae	**54**	*378*	*312*	**316**	**388**	**480**	**62**	*271*
【128】	Petiveriaceae	**306**	*64*	*199*	*88*	**291**	*76*	*187*	*48*
【554】	Petreaceae	*383*	*286*	*259*	*279*	*250*	*436*	*477*	*191*
【614】	Petrosaviaceae	**42**	**333**	*302*	**285**	**356**	**444**	**30**	**225**
【442】	Phellinaceae	**399**	*223*	*157*	*190*	*177*	**379**	**435**	*139*
【258】	Philadelphaceae	*320*	*164*	*107*	*78*	**33**	*226*	*158*	*95*
【645】	Philesiaceae	**57**	*378*	*302*	**317**	**389**	**481**	**67**	*260*
【716】	Philydraceae	**79**	**365**	**318**	**335**	**410**	**540**	**104**	**257**
【646】	Phormiaceae	*72*	*373*	*302*	*309*	*381*	**497**	**69**	*260*
【559】	Phrymaceae	**386**	*286*	**278**	*279*	**253**	**437**	**473**	*191*
【222】	Phyllanthaceae	**211**	*232*	*130*	*157*	*135*	**211**	*251*	*77*
【437】	Phyllonomaceae	**391**	*166*	*107*	*78*	*308*	**360**	**407**	*95*
【169】	Physenaceae	**291**	*122*	*190*	*124*	*110*	**98**	**174**	*86*
【125】	Phytolaccaceae	**305**	**64**	*199*	**88**	**288**	**76**	**189**	**48**
【409】	Picramniaceae	**230**	*258*	*270*	*214*	*217*	**268**	*355*	*116*
【317】	Picrodendraceae	**210**	*232*	**135**	*214*	**67**	**213**	*353*	*116*
【39】	Piperaceae	**11**	**21**	**70**	**15**	**271**	**30**	**29**	**44**
【640】	Pistiaceae	*28*	*338*	*333*	*318*	*390*	**463**	*34*	*230*
【448】	Pittosporaceae	**414**	**162**	**111**	**164**	**91**	**368**	**425**	**93**
【144】	Plagiopteraceae	*168*	*107*	*173*	*148*	*119*	**305**	**218**	*68*
【527】	Plantaginaceae	**371**	**291**	**279**	**258**	**305**	**424**	**466**	**195**
【67】	Platanaceae	**114**	**44**	**102**	**31**	**53**	**38**	**134**	**4**
【495】	Plocospermataceae	**364**	*274*	*246*	*244*	**239**	**421**	**462**	*176*
【227】	Plumbaginaceae	**282**	**77**	**237**	**257**	**304**	**100**	**200**	**174**
【748】	Poaceae	**103**	**352**	**330**	**345**	**420**	**563**	**132**	**244**
【206】	Podoaceae	*239*	*64*	*145*	*88*	**223**	**277**	**189**	*48*
【46】	Podophyllaceae	*110*	*32*	*63*	*58*	**258**	**47**	**145**	*30*
【322】	Podostemaceae	**207**	**185**	**122**	**81**	**317**	**230**	**240**	**103**
【481】	Polemoniaceae	**329**	**282**	**253**	**263**	**344**	**137**	**383**	**188**

数字系统	FAM	【APG】	【CR】	【EG】	【HS】	【HT】	【TH】	【WU】	【ZD】
【291】	Polygalaceae	**142**	**245**	**143**	**73**	**103**	**255**	**281**	**136**
【120】	Polygonaceae	**283**	**76**	**25**	**86**	**285**	**99**	**199**	**58**
【383】	Polyosmaceae	*405*	*166*	*107*	*78*	*308*	*226*	**158**	*95*
【548】	Polypremaceae	*372*	*287*	*261*	*280*	*351*	**414**	*461*	*192*
【711】	Pontederiaceae	**80**	**366**	**313**	**312**	**384**	**541**	**103**	**258**
【85】	Portulacaceae	**315**	**72**	**32**	**103**	**284**	**85**	**176**	**52**
【609】	Posidoniaceae	**39**	**330**	**298**	**289**	**360**	**456**	**41**	**222**
【485】	Potaliaceae	*353*	*270*	*246*	*244*	**232**	*389*	*455*	*176*
【606】	Potamogetonaceae	**38**	**326**	*300*	**292**	**363**	**455**	**45**	**218**
【344】	Pottingeriaceae	*168*	*164*	*160*	*192*	*187*	*304*	**218**	*141*
【401】	Primulaceae	**335**	**155**	**236**	**256**	**303**	**151**	**391**	**173**
【732】	Prioniaceae	*96*	*349*	*319*	*340*	*415*	*553*	*122*	*241*
【219】	Proteaceae	**115**	**184**	**15**	**189**	**90**	**39**	**133**	**155**
【247】	Prunaceae	*143*	*174*	*115*	*167*	*24*	*233*	*278*	*101*
【346】	Psiloxylaceae	*218*	*194*	*207*	*172*	*165*	*252*	**289**	*111*
【53】	Pteridophyllaceae	*106*	*39*	*95*	*69*	*274*	**53**	**148**	*46*
【253】	Pterostemonaceae	*127*	*166*	*115*	*167*	**31**	**228**	**161**	*101*
【406】	Pteroxylaceae	*241*	*261*	*132*	*213*	*216*	**273**	*352*	*115*
【349】	Punicaceae	*215*	**195**	**210**	**179**	**173**	*249*	**291**	**107**
【228】	Putranjivaceae	**189**	*232*	*130*	*157*	*135*	**212**	*252*	*77*
【385】	Pyrolaceae	*345*	**145**	**230**	*230*	**154**	*134*	**404**	**165**
【112】	Quiinaceae	*181*	**93**	**89**	**145**	**164**	**130**	**234**	*66*
【244】	Quillajaceae	**139**	*174*	*115*	*167*	*24*	**234**	*279*	*101*
【332】	Quintiniaceae	*408*	*166*	*107*	*78*	*308*	*226*	*158*	*95*
【147】	Rafflesiaceae	**206**	**217**	**74**	**65**	**269**	**36**	**327**	**154**
【38】	Ranunculaceae	**111**	**30**	**62**	**54**	**256**	**49**	**147**	**27**
【47】	Ranzaniaceae	*110*	*32*	*63*	*58*	*266*	**46**	*145*	*30*
【713】	Rapateaceae	**92**	**340**	**325**	**300**	**372**	**545**	**115**	**232**
【161】	Reaumuriaceae	*281*	*116*	*196*	*121*	*100*	*101*	*201*	*83*
【196】	Resedaceae	**267**	**136**	**99**	**72**	**279**	**181**	**335**	*45*
【744】	Restionaceae	**99**	**347**	**327**	**343**	**418**	**559**	**125**	**239**
【524】	Retziaceae	*373*	**271**	*263*	*265*	**330**	*399*	**445**	*186*
【296】	Rhabdodendraceae	**289**	**179**	*132*	*213*	*216*	**77**	**181**	*115*
【331】	Rhamnaceae	**147**	**233**	**168**	**209**	**208**	**322**	**317**	**144**
【660】	Rhipogonaceae	*59*	*378*	*302*	*309*	*381*	**482**	**66**	*260*
【329】	Rhizophoraceae	**179**	**200**	**213**	**175**	**170**	**298**	**249**	**108**
【64】	Rhodoleiaceae	*124*	*45*	*103*	*28*	*51*	*62*	*153*	*5*
【378】	Rhodoraceae	*345*	*144*	*231*	*230*	*155*	*134*	**404**	*163*
【133】	Rhoipteleaceae	*155*	**57**	**10**	**228**	**65**	**74**	**164**	**15**
【340】	Rhynchocalycaceae	*222*	*189*	*204*	*176*	*171*	**241**	**285**	*105*

数字系统	FAM	【APG】	【CR】	【EG】	【HS】	【HT】	【TH】	【WU】	【ZD】
【320】	Rhynchothecaceae	*213*	*264*	*125*	*96*	*339*	*281*	**272**	*132*
【427】	Roridulaceae	**341**	*106*	**113**	*79*	*315*	**142**	**400**	*75*
【246】	Rosaceae	**143**	**174**	**115**	**167**	**24**	**233**	**278**	**101**
【436】	Rousseaceae	**394**	*166*	*107*	*78*	*308*	**372**	**432**	*95*
【653】	Roxburghiaceae	*48*	*377*	*304*	*326*	**398**	*522*	*53*	*269*
【523】	Rubiaceae	**352**	**311**	**252**	**248**	**244**	**394**	**457**	**181**
【611】	Ruppiaceae	**40**	**327**	*300*	**293**	**364**	**457**	**43**	**219**
【672】	Ruscaceae	*74*	**372**	*302*	**314**	**386**	**514**	**69**	*260*
【399】	Rutaceae	**241**	**261**	**132**	**213**	**216**	**265**	**352**	**115**
【259】	Sabiaceae	**304**	**37**	**150**	**220**	**224**	**263**	**137**	**127**
【497】	Saccifoliaceae	*57*	**273**	*248*	*255*	*301*	*396*	**454**	*177*
【123】	Salicaceae	**204**	**131**	**7**	**33**	**58**	**156**	**224**	**92**
【425】	Salvadoraceae	**262**	**222**	**164**	**199**	**178**	**186**	**342**	**143**
【508】	Sambucaceae	*409*	*313*	*280*	*249*	*49*	**350**	**413**	*182*
【400】	Samolaceae	*335*	*155*	*236*	*256*	*303*	*151*	*390*	*173*
【148】	Samydaceae	*204*	*107*	*183*	**111**	*111*	*155*	**222**	*79*
【412】	Santalaceae	**276**	**209**	**20**	**205**	**203**	**315**	**214**	**151**
【428】	Sapindaceae	**240**	**252**	**148**	**217**	**222**	**260**	**362**	**123**
【357】	Sapotaceae	**333**	**148**	**238**	**237**	**214**	**146**	**386**	**168**
【121】	Sarcobataceae	**307**	*70*	*36*	*90*	*292*	**79**	*186*	*57*
【153】	Sarcolaenaceae	**252**	**82**	**172**	**140**	**149**	**194**	**314**	*57*
【300】	Sarcophytaceae	*275*	*214*	*23*	*208*	*205*	*321*	*216*	*153*
【359】	Sarcospermataceae	*333*	*148*	**239**	*237*	**215**	*146*	**386**	*168*
【32】	Sargentodoxaceae	*108*	**33**	**64**	**61**	**261**	*42*	**142**	**31**
【208】	Sarraceniaceae	**340**	**104**	**92**	**80**	**316**	**141**	**399**	*63*
【224】	Saurauiaceae	*342*	*86*	*81*	**136**	**138**	*131*	**401**	*63*
【35】	Saururaceae	**111**	**20**	**69**	**16**	**272**	**29**	**28**	**42**
【105】	Sauvagesiaceae	*181*	*80*	*82*	*137*	*148*	**126**	**233**	*60*
【231】	Saxifragaceae	**129**	**173**	**107**	**78**	**308**	**226**	**158**	**95**
【603】	Scheuchzeriaceae	**33**	**324**	**295**	**284**	**355**	**453**	**40**	**216**
【8】	Schisandraceae	**7**	**24**	**48**	**21**	**5**	**8**	**6**	**26**
【538】	Schlegeliaceae	**381**	*294*	*268*	*272*	*246*	*419*	*475*	*203*
【370】	Schoepfiaceae	**278**	*207*	*16*	*201*	*195*	*310*	**209**	*149*
【504】	Sclerophylacaceae	*360*	*278*	*263*	*265*	*329*	**401**	**445**	*186*
【631】	Scoliopaceae	*60*	*369*	*302*	*309*	*381*	**470**	*69*	*260*
【536】	Scrophulariaceae	**372**	**294**	**266**	**267**	**333**	**418**	**483**	**197**
【303】	Scybaliaceae	*275*	*214*	*23*	*208*	*205*	*321*	*216*	*153*
【114】	Scyphostegiaceae	*204*	**113**	**187**	**46**	**194**	**161**	**17**	*38*
【164】	Scytopetalaceae	*330*	**87**	**177**	**147**	**118**	**138**	**209**	*149*
【553】	Selaginaceae	*372*	*295*	*266*	**278**	**349**	*418*	*483*	*197*

数字系统	FAM	【APG】	【CR】	【EG】	【HS】	【HT】	【TH】	【WU】	【ZD】
【590】	Senecionaceae	*404*	*318*	*291*	*254*	*328*	*387*	*439*	*210*
【95】	Sesuviaceae	*304*	*67*	*31*	*102*	*283*	*83*	*192*	*50*
【177】	Setchellanthaceae	**259**	*133*	*96*	*116*	*96*	**188**	*333*	*90*
【424】	Simaroubaceae	**242**	**258**	*270*	**214**	**217**	**267**	**353**	**116**
【163】	Simmondsiaceae	**404**	**230**	*165*	*30*	*55*	**94**	**182**	*140*
【17】	Siparunaceae	**20**	*13*	*53*	*6*	*12*	**24**	*22*	*38*
【379】	Siphonandraceae	*345*	*144*	*231*	*230*	*155*	*134*	*404*	*163*
【341】	Siphonodontaceae	*168*	*219*	*160*	*192*	**193**	*304*	*218*	*141*
【166】	Sladeniaceae	**331**	*85*	*86*	*131*	*137*	**111**	**395**	**62**
【674】	Smilacaceae	**59**	**378**	*302*	**313**	**385**	**483**	**68**	**270**
【503】	Solanaceae	**360**	**278**	**263**	**265**	**329**	**399**	**445**	**186**
【335】	Sonneratiaceae	*215*	**188**	**209**	**177**	**168**	*249*	**291**	**106**
【734】	Sparganiaceae	*90*	**354**	**336**	**320**	**392**	**555**	**116**	**246**
【184】	Sparmanniaceae	*247*	*99*	*173*	*148*	*119*	*191*	*303*	*68*
【137】	Sphaerosepalaceae	**248**	**81**	**194**	*109*	**150**	**198**	**309**	*23*
【529】	Sphenocleaceae	**362**	**305**	**285**	*259*	*323*	**375**	**448**	**206**
【441】	Sphenostemonaceae	*408*	*223*	*157*	*190*	*177*	**361**	**410**	*139*
【540】	Spielmanniaceae	*372*	*296*	*266*	*267*	*333*	*418*	*483*	*197*
【489】	Spigeliaceae	*354*	*270*	*246*	*244*	**236**	**392**	**455**	*176*
【92】	Stachyuraceae	**228**	**114**	**186**	**27**	**54**	**110**	**296**	**82**
【388】	Stackhousiaceae	*168*	**221**	**163**	**200**	**189**	**307**	**218**	*141*
【407】	Staphyleaceae	**226**	**248**	**161**	**223**	**228**	**258**	**294**	**122**
【108】	Stegnospermataceae	**298**	*64*	*183*	*88*	**93**	**84**	**183**	*48*
【650】	Stemonaceae	**48**	**377**	**304**	**326**	**396**	**522**	**53**	**269**
【440】	Stemonuraceae	**389**	*224*	*16*	*201*	*195*	*310*	*409*	*149*
【687】	Stenomeridaceae	*45*	*379*	*312*	**324**	*399*	**525**	*55*	*271*
【189】	Sterculiaceae	*247*	**100**	**176**	**150**	**120**	**196**	**303**	**69**
【220】	Stilaginaceae	*211*	*232*	*130*	*157*	*135*	*214*	**251**	*77*
【532】	Stilbaceae	**373**	*286*	*259*	*279*	**251**	**417**	**482**	*191*
【179】	Stixaceae	*268*	*133*	*96*	*116*	*96*	*178*	*334*	*90*
【143】	Strasburgeriaceae	**225**	*173*	**84**	*78*	**147**	**125**	**301**	*95*
【725】	Strelitziaceae	**82**	**357**	*339*	**304**	**376**	**530**	**107**	**249**
【487】	Strychnaceae	*354*	*270*	*246*	*244*	**237**	**390**	**455**	*176*
【568】	Stylidiaceae	**397**	**307**	**289**	**262**	**327**	**378**	**431**	**208**
【251】	Stylobasiaceae	*141*	*178*	*115*	*167*	*24*	*233*	*278*	*101*
【181】	Stylocerataceae	*117*	*229*	*130*	*157*	*135*	*214*	*251*	*77*
【327】	Styracaceae	**339**	**150**	**241**	**240**	**42**	**143**	**397**	**171**
【257】	Surianaceae	**141**	**178**	*199*	*88*	*288*	**270**	**282**	*48*
【551】	Symphoremataceae	*384*	*286*	*259*	*279*	*250*	**440**	**470**	*191*
【373】	Symplocaceae	**337**	**152**	**243**	**241**	**43**	**144**	**396**	**170**

数字系统	FAM	【APG】	【CR】	【EG】	【HS】	【HT】	【TH】	【WU】	【ZD】
【685】	Taccaceae	*45*	**376**	**311**	**334**	**409**	**524**	**55**	**268**
【84】	Talinaceae	**314**	*72*	*32*	*103*	*284*	*85*	*176*	*52*
【162】	Tamaricaceae	**281**	**116**	**196**	**121**	**100**	**101**	**201**	**83**
【426】	Tapisciaceae	**233**	*248*	*148*	*217*	*222*	**259**	**350**	*123*
【686】	Tecophilaeaceae	**69**	*369*	*306*	**310**	*405*	**491**	**77**	*259*
【413】	Tepuianthaceae	*249*	*192*	*181*	*185*	*88*	**204**	**316**	*78*
【167】	Ternstroemiaceae	*332*	*85*	*86*	*131*	*137*	**113**	*394*	*61*
【245】	Tetracarpaeaceae	**132**	*166*	*107*	*162*	*35*	**220**	**155**	*96*
【23】	Tetracentraceae	*116*	**40**	**58**	**23**	**50**	**59**	**11**	**1**
【547】	Tetrachondraceae	**367**	*287*	*261*	*280*	*351*	**415**	**461**	*192*
【358】	Tetradiclidaceae	*236*	*262*	*127*	*95*	*134*	**291**	**357**	*117*
【96】	Tetragoniaceae	*304*	*67*	*31*	*102*	*283*	*83*	*192*	*50*
【197】	Tetramelaceae	**164**	*128*	*201*	*128*	*114*	**170**	**232**	**89**
【174】	Tetrameristaceae	**327**	**89**	*82*	*137*	**142**	**119**	**381**	*60*
【600】	Thalassiaceae	*97*	*322*	*294*	*282*	*353*	*450*	*38*	*214*
【168】	Theaceae	**336**	**85**	**86**	**131**	**137**	**114**	**392**	**61**
【467】	Theligonaceae	*352*	**312**	**218**	*89*	**294**	**395**	**457**	*181*
【678】	Themidaceae	*74*	*369*	*302*	*309*	*381*	**505**	**88**	*260*
【387】	Theophrastaceae	*335*	**153**	**234**	*239*	**211**	**150**	**388**	*172*
【699】	Thismiaceae	*44*	*381*	*316*	**337**	**412**	**475**	*57*	*272*
【574】	Thomandersiaceae	**382**	*299*	*270*	*274*	*334*	*432*	*481*	*201*
【573】	Thunbergiaceae	*378*	*299*	*270*	*274*	*334*	*432*	*481*	*201*
【735】	Thurniaceae	**96**	**350**	**320**	**341**	**416**	**552**	**121**	**242**
【310】	Thymelaeaceae	**249**	**192**	**181**	**185**	**88**	**205**	**315**	**78**
【71】	Ticodendraceae	**157**	*61*	*9*	*40*	*63*	**71**	**169**	*17*
【185】	Tiliaceae	*247*	**99**	**173**	**148**	**119**	**191**	**303**	**68**
【617】	Tofieldiaceae	**29**	*369*	*302*	*309*	*381*	**445**	*31*	*260*
【466】	Torricelliaceae	**412**	*203*	*224*	**51**	*44*	**366**	**420**	*158*
【180】	Tovariaceae	**264**	**132**	**98**	**118**	**98**	**187**	**338**	*90*
【377】	Trapaceae	*215*	**193**	**205**	**182**	**298**	**250**	**291**	**114**
【544】	Trapellaceae	*371*	*300*	*271*	*273*	*247*	**429**	**478**	*202*
【299】	Tremandraceae	*173*	**244**	**142**	**166**	**95**	*191*	**269**	*67*
【444】	Tribelaceae	*405*	*166*	*111*	*164*	*91*	**330**	**425**	*93*
【688】	Trichopodaceae	*45*	*379*	*312*	**325**	**397**	**527**	**55**	*271*
【619】	Tricyrtidaceae	*60*	*369*	*302*	*309*	*381*	**469**	*69*	*260*
【316】	Trigoniaceae	**194**	**243**	**140**	**74**	**105**	**238**	**258**	*139*
【620】	Trilliaceae	*53*	*369*	*302*	**311**	**383**	**466**	**61**	*260*
【16】	Trimeniaceae	**357**	**12**	**51**	*6*	**14**	**9**	**3**	*38*
【543】	Triplostegiaceae	*410*	*315*	*283*	*252*	*321*	**354**	**418**	*185*
【616】	Triuridaceae	**46**	**334**	**301**	**286**	**357**	**519**	**54**	**226**

数字系统	FAM	【APG】	【CR】	【EG】	【HS】	【HT】	【TH】	【WU】	【ZD】
【50】	Trochodendraceae	**116**	**41**	**59**	**22**	**8**	**58**	**150**	**2**
【355】	Tropaeolaceae	**255**	**266**	**126**	**99**	**342**	**174**	**346**	**134**
【149】	Turneraceae	*202*	**120**	**188**	**114**	**107**	**163**	**226**	*86*
【736】	Typhaceae	**90**	**355**	**337**	**321**	**393**	**556**	**116**	**247**
【83】	Ulmaceae	**148**	**51**	**11**	**43**	**69**	**206**	**321**	**10**
【91】	Urticaceae	**151**	**55**	**14**	**47**	**72**	**210**	**323**	**13**
【628】	Uvulariaceae	*56*	*369*	*302*	*309*	*381*	*472*	*69*	*260*
【381】	Vacciniaceae	*345*	*144*	*231*	**231**	**160**	*134*	**404**	*163*
【420】	Vahliaceae	**358**	*173*	*107*	*78*	**310**	**335**	**376**	*95*
【537】	Valerianaceae	*410*	**315**	**282**	**251**	**320**	**353**	**419**	**184**
【598】	Vallisneriaceae	*32*	*322*	*294*	*282*	*353*	*450*	*38*	*214*
【704】	Velloziaceae	**47**	**371**	**310**	**332**	**407**	**520**	**48**	**264**
【556】	Verbenaceae	**383**	**286**	**259**	**279**	**250**	**436**	**475**	**191**
【587】	Vernoniaceae	*404*	*318*	*291*	*254*	*328*	*387*	*439*	*210*
【535】	Veronicaceae	*371*	*294*	*266*	*267*	*333*	*418*	*483*	*197*
【506】	Viburnaceae	*409*	*313*	*280*	*249*	*49*	**349**	**413**	*182*
【126】	Violaceae	**200**	**115**	**185**	**71**	**102**	**159**	**221**	**81**
【419】	Viscaceae	*276*	**212**	*22*	*204*	*201*	**318**	**215**	*152*
【403】	Vitaceae	**136**	**235**	**169**	**212**	**209**	**231**	**302**	**146**
【550】	Viticaceae	*384*	*286*	*259*	*279*	*250*	*436*	**470**	*191*
【283】	Vivianiaceae	*213*	*264*	*125*	*96*	**94**	**282**	**272**	*132*
【314】	Vochysiaceae	**217**	**242**	**141**	**75**	**106**	**253**	**290**	*139*
【684】	Walleriaceae	*69*	*369*	*308*	*322*	*394*	**490**	*69*	*260*
【520】	Wellstediaceae	*357*	*285*	*257*	*275*	*347*	*409*	**450**	*190*
【3】	Winteraceae	**9**	**1**	**43**	**19**	**3**	**12**	**23**	**20**
【292】	Xanthophyllaceae	*352*	**246**	*143*	*73*	*103*	*255*	**281**	*136*
【701】	Xanthorrhoeaceae	*72*	**374**	**303**	**329**	**400**	**500**	**80**	**267**
【666】	Xeronemataceae	**71**	*373*	*302*	*309*	*381*	**498**	*81*	*260*
【624】	Xerophyllaceae	*53*	*369*	*302*	*309*	*381*	*472*	*69*	*260*
【712】	Xyridaceae	**93**	**341**	**324**	**299**	**371**	**544**	**117**	**233**
【613】	Zannichelliaceae	*38*	**329**	**299**	**294**	*366*	**458**	**47**	**221**
【737】	Zingiberaceae	**89**	**361**	**340**	**306**	**378**	**534**	**111**	**253**
【612】	Zosteraceae	**37**	**332**	*300*	**291**	**362**	**460**	**46**	**224**
【288】	Zygophyllaceae	**138**	**262**	**127**	**95**	**134**	**287**	**270**	**117**

跋

分类学是人类一切学问的基础和基本条件。任何学科都必须首先把研究对象正确地、系统全面地、无限接近客观地进行分类。分类搞得不好,分类的路径错了,或者分类的方法论错了,后面的一切工作肯定是南辕北辙,越走越远。同样,植物分类学就是植物学研究的基础和基本条件,是植物学这门基础学科的基础学科。在巨大的植物学科系统里,植物分类学无疑位于最基础和最中枢的位置,它要回答某植物是谁、在哪里和从哪里来的问题。要回答"是谁",就衍生出植物解剖学、植物形态学和植物系统学;要回答"在哪里",则衍生出植物生态学、植被学、植物地理学和地植物学。在对植物的发生、发育、繁殖、进化以及为人类造福的应用性的进一步研究中,则衍生出植物生理学、植物化学、园林园艺学、农林学等。要回答"哪里来",就必然涉及古植物化石证据,以及进化论的理论体系。植物分类学可谓最古老最基础的学科,无论国内还是国际,都曾经有过辉煌的历史。但现代植物分类学的研究,无论在中国还是世界,相比其他学科,都是很难做出创新成果的学科。选择这门学问做终身事业,没有情怀、兴趣和天赋是很难成功的。

我的这位老同学傅德志,当过知青和工人,但一直都对自然科学抱有浓厚兴趣。1977 年恢复高考,1978 年他因机缘巧合,考入东北地区以植物分类学科见长的东北林学院。达尔文、林奈、塔赫他间、胡先骕、吴征镒等先驱的名字和精神,都融汇进他的血肉魂魄。1982 年,我们一起考进中国科学院植物研究所做研究生。他的导师王文采先生,是中国植物分类学鼻祖胡先骕先生的大弟子。这更激发了他献身植物分类学、继承胡先骕等先驱开创事业的情怀!研究生毕业后,他亦步亦趋地追随导师搞研究,在世界植物志编写,全球植物区系地理格局,以及植物分类系统方面都建树卓越、著述斐然,创立了形态演化和区系地理的理论体系。他的导师王文采院士认为他的傅氏理论达到很高学科水平,称他是"中国的塔赫他间"。他为植物分类献身的自豪感和情怀也达到了巅峰。

1985 年研究生刚毕业,他发表的硕士论文中,就指出日本学者多年来对染色体报道的错误,并预测正确的结果。日本学者后来重新报道,改正了错误。他发表的毛茛科研究论文,完成了导师交给他梳理科内各属和属内各种间关系的任务。他自主开题研究,并发表了裸子植物一新科——竹柏科,成为全球上千种子植物科里,仅有中国学者发表的几个新科之一,立即就被《中国植物志》收录。基于这一新科的研究,他提出裸子植物的苞鳞种鳞复合体演化理论,并基于这一理论,在国外著名专业期刊发表裸子植物新分类系统。这是中国学者唯一在国际领域发表的分类系统。20 世纪 90 年代,他基于数理统计方法和计算机数据库技术,进行中国种子植物区系定量化研究,发表多篇植物区系地理理论和方法论论文,提出区系指数和等效相等面积研究思想,奠定了后来利用计算机技术做植物大数据研究的基础。在标本馆坐了十年冷板凳后，1995—2005年间，出任国家植物标本馆馆长，执掌植物分类学科牛耳。并先后进入过植物所和华南植物所的领导班子行列。其间，他开创性地组织了植物标本馆、植物园和自然保护区的数字化管理体系，也为他自己做植物大数据奠定了坚实基础。

2005年，他退下领导岗位不久，就利用中国和世界数字化标本信息和植物大数据，独立编著了50卷《世界维管植物》（2010年，第一版和第二版，共计100册，青岛出版社）。该书不仅获得国家出版基金扶持，还荣获了由中国出版协会颁发的“中华优秀出版物奖”。著名的人天书店一次性购入《世界维管植物》1000套。这套书参加当年法兰克福国际书展。英国皇家植物园邱园、美国密苏里植物园都收藏了这部书。这部书以收录全球33万种植物为依据，首次向全世界宣布，中国是世界上植物种类最多的国家。该书出版后，出版界掀起一波植物学图书出版热潮，争相努力占领植物学出版高地。

他的科研能力和植物的大数据，可谓世界植物分类学研究的宝库。2012年，他的非洲留学生和他带出的博士生在他的指导下，使用植物大数据，出版了尼日利亚历史上第一部植物志书——《尼日利亚维管植物多样性和地理分布》（2012年，青岛出版社）。这是中国学者第一次编纂出版全域外的植物志书。事实上，这套植物大数据，完全可以满足全球各大洲、各个国家、各个地区植物志书的编写。

2011年，他主持并主编《手绘濒危植物》以及《手绘濒危植物长编（中国珍稀濒危植物名录）》（甘肃少儿出版社），首次全面系统整理了中国珍稀濒危植物现状。2012年，他独立编著出版《植物科属大辞典》（维管植物版，青岛出版社）。该书由王文采先生题写书名。2012年，他作为第一副主编的14卷《中国高等植物》（2012年，青岛出版社）出版，获得国家出版基金扶持，被列入国家重大出版工程，并以科技图书第一名的成绩荣获“中国出版政府奖图书奖”。2017年退休之际，国际植物学大会在中国深圳召开，他主编的《世界各国植物要览（数字版）》（青岛出版社）成为大会赠送各国参会植物学家的礼品。退休后依然著述斐然，2021年，由王文采院士任总主编、傅德志任主编的《世界植物简志》在北京出版社出版。2022年，列入国家十四五重点出版物规划项目，出版基金资助项目，以及湖北省社会公益出版专项项目的《植物科属大辞典》（高等植物版，崇文书局、北京出版社）出版。2024年，他任主编、王文采院士审校的《数字植物分类系统》又入选了国家十四五规划重点出版图书。他策划的《地理编码：世界植物区系地理格局和区划》也被辽宁科学技术出版社列入出版重点选题。

傅德志凭借着他几十年的学术积累和底蕴，在植物分类学志书编写、区系地理和分类系统研究方面各有建树，形成了他的傅氏理论架构，实现了他学术生涯的大满贯。

一般来说，高级别的科学家都认为科普是义务而不是工作，有的人甚至认为科普就是小儿科，没有必要浪费时间和精力，因为科普文章和科普实践并不能给自己的学术加分。其实，存在着一个残酷的现象，就是大多数科学家搞科普都是眼高手低，写出来的文章读者读不懂，远远达不到科普的初衷。而傅德志从小饱读中外文学经典，具备很高的文字修养，特别适合做科普工作。他曾长期担任科普刊物《植物》（后改名《生命世界》）杂志的主编，也开了新浪博客，大力宣传普及植物科学知识。他雄厚的学术功底和社会责任，使他很早就崭露头角了。1993年的中国桂圆市场出现混乱，疯传市场上正在销售疯人果冒充的桂圆，食用这种假桂圆会导致人们精神失常。一时间人心惶惶。傅德志认为这种涉及植物的问题，必须尽快澄清，否则就是失职。他立即到标本馆里找到“假桂圆”和有关的标本，与社会来源的样品认真比对分析，确认当时市场上销售的桂圆都不是疯人果，并正式发表论文澄清事实：桂圆的植物体表面附着星状毛，而俗称疯人果的龙荔其表面是单生的柔毛；桂圆的果皮表面如气泡般平滑瘤状突起，而龙荔的表面长着小刺！在还没有互联网的时代，他通过专业论文，报纸广播，公布权威论断，成功地安抚了大众恐慌心态，避免了一次全国性的公共危机。

他们这代人，插过队，做过工，改革开放后成为大学生，最懂得祖国和人民的利益是至高无上的。他打假证据被国际著名的科学杂志（*Science*）实名采纳，一时间，受到很多威胁和恐吓。傅德志一笑了之说，世界总会有布鲁诺、闻一多和李公仆等众多先贤，能够位列仙班也是他的荣幸。傅德志的家国情怀就是倾尽所学所能，报答国家的培育和感恩这个伟大的时代。

科学研究无论何种学科，都有其相通之处。傅德志学业范围涉猎很广。在他跟导师王文采院士合作出版的《世界植物简志》一篇附录里面，他依据自然界的生物都是从无到有发生的规律，用达尔文进化论思想解释了非生命的物质从无到有的发生和发展过程。得益于植物分类学研究中查阅文献的功底，他发现200多年前德国学者莱布尼茨活力公式（惯性运动动能公式），是可与牛顿万有引力定律相媲美的万物运动定律，并计算出宇宙万物诞生时候就获得了0.71光速（21.3万千米/秒）的惯性速度，远离起源中心。这也就是宇宙膨胀速度。他还用事实、经验和理论证明，物质世界的所有力，都是物质基本结构间相互排斥力（短程力）和吸引力（长程力）相互作用。力的作用没有任何延迟。两个物体无论多远都有即时（超距）的引力作用。近代科学中，国外著名物理学家薛定谔讨论过生命现象和演变规律，而生命领域的科学家探讨数理和宇宙天文界的现象，还绝无仅有。王文采院士听过弟子傅德志的讲解后，评价是他给物理学界出了难题。傅德志专业从事的是基础性，甚至略显保守性的植物分类学研究，但其研究的理性和方法论，却是十分超前的。他的某些认识甚至极为超前，可能是写给未来科学家看的。

我和傅德志是研究生同学。他的专业、他的导师、他说起植物学来引经据典滔滔不绝，开口闭口克朗奎斯特、塔赫他间，让我们这些从事生态、生理、光合专业的小伙伴们心生羡慕，甚至嫉妒。做论文时，傅德志只身进峨眉几个月，发誓要找到毛茛科白头翁的新种，那种浪漫和潇洒，我们简直就是崇拜了。几十年过去了，傅德志已经垂垂老矣，仍然老骥伏枥志在千里。他著作等身，学术积累远远超过了他身体的高度，他酝酿的学术果实香飘万里，已经是不争的事实，这也是我们当年就估计到的。然而，我想表述的是，在学术领域之外，他的价值也体现得淋漓尽致，却是我们这些小伙伴们没有料到的。

我知道，《植物科属大辞典》（简明版）是一部学术书、一部工具书，我在这里不应该使用过多的文学词汇，这难免有吹拍之嫌。素来喜欢傅德志的人认为他刚正不阿有风骨、有个性、有战斗力，是科学界的鲁迅，不喜欢他的人认为他偏激、走极端，不懂人情世故。喜欢他的人说他接地气，讨嫌他的人认为他不优雅、不得体。所有这一切塑造起了一个立体的、大写的人。所幸，评价一个人靠的不是咒骂，也不是歌声，而是靠他的历史性贡献。等到历史有了足够的沉淀，我相信，傅德志必定会成为这个时代的一个路标。

是为跋。

高继民（编审，全球性植物专著出品策划人）

2023年12月24日

后　　记

本辞典内文插页是王文采院士写给晚辈学生的一封信，代用作为序言。信中言简意赅地总结了植物分类学科研究：关系近的聚为一类，原始的群排列在前，进化的群排列在后。王文采院士的研究思想中，原始和进化的唯一标准就是化石记录。

迄今为止最早的被子植物祖先化石是中华古果化石，发掘于我国辽宁北部。该化石记录确认被子植物起源于两性花的祖先类群。基于化石证据可以推论：系统发育越早期的类群性状越原始；个体发育越早期的特征越原始；营养体形态越接近叶状体形态越原始；生殖结构越接近营养结构越原始。任何以模型、公式、想象等证明植物起源早于化石标定起源时间的结论都是错误的。近年来风靡一时的 APG 分子分类系统，提出被子植物起源时间早于化石记录，这一结论违反科学事实；提出具单性、杂性花的 ANITA 作为被子植物祖先群，与最早化石记录中华古果具有的两性花不一致。那种认为 APG 分类系统使用的 DNA 证据更接近遗传本质、为更直接的进化证据的结论是错误的。生物遗传的仅仅是形态结构及其本能，进化不是一种证据，而是通过比较研究获得的一种知识。知识不能遗传。APG 分类系统没有自己的形态结构演化理论体系，更与植物分类学发展历史上的任何分类系统都格格不入。

2012 年出版的《植物科属大辞典》作为“维管植物版”有近 5 万条科属记录，而 2022 年出版的“高等植物版”已达近 7 万条。目前科属数据已经达近 10 万条，当这本最新的简明版问世后，很快就可以考虑再继续出版更新的版本了。随着研究不断深入和更新，我更加体会到导师王文采院士的睿智。他曾告诉我，分类学的核心标准和方法是国际植物命名法，而命名法的核心是标本，即每个植物名称后面都有无数标本实物的支撑。他对植物分类的认识和理解是超越时代的。20 世纪 60 年代以前，普通高等教育中并没有开设概率论和数理统计课程，王文采院士却已经发现物种和植物名称都具有数学集合论的性质。科是属的集合，属是种的集合，种是无数个体和标本的集合。集合论里元素从属总体表达方式中“元素 ∈ 总体”的从属符号 ∈，也可以用来表达不同植物类群和名称间的从属关系。种级的水平可以记作“标本（个体）∈ 种”。同理，亦有“种 ∈ 属”“属 ∈ 科”的各种从属关系。分类学历史上一直使用的“异名 = 正名”的编目方式，实质上就是异名从属于正名的含义，也可以用数学集合里的从属符号，记作“异名 ∈ 正名”。可以认为，王文采先生即使已经过世，他的思想却还在影响和指导我发现物种和植物名称的数学集合概念。

国外学者 Turland 在 2013 年出版了一本 *The Code Decoded*（2018 年出版了第二版）的小册子，提出“正名 ≡或 = 异名”的异名引证方式，相当于让作为总体的正名从属于作为元素的异名。这是错误的异名引证方式。分类学界著名期刊 *Taxon* 采用了这种方式，对世界植物分类学产生了很大的负面影响。我国近十几年来出版的《泛喜马拉雅植物志》（FLPH）所有卷册，和近年出版的《肯尼亚植物志》(FLKN)都采用了这种错误方式编写,也都造成了难以挽回的后果。

这都是因为缺乏对物种和植物名称数学集合性质的理解,他们才提出和使用了这种错误的方法。他们也更缺乏对命名法有关保留名规则(第 14 款)和附录Ⅲ中“保留名 (H)、(≡)或 (=) 废弃名(同模或异模异名)”的正确理解。保留名相当于特殊的正名,以(≡)或 (=)引证后面的异名,含义是正名里面包容后面引证的一个或多个异名。植物分类学中,每个发表过的名称,一般都有唯一存在的特性。去掉括号,使“正名 ≡ 或 = 异名”,就意味着某种植物可以同时使用等号前后的两个名称,有悖命名法中规定每个植物只能有唯一合法使用名称的基本原则。这也排除了更多异名与这个正名的对应关系,更相当于彻底消灭了等号前面的这个正名。另外,即使没有去掉命名法里规定使用的括号,把命名法和附录Ⅲ的保留名引证废弃名的方法用于非保留名引证异名的方式,也是需要商榷的。

建立植物分类系统一直是植物科学研究“王冠上的明珠”。植物分类学近现代和当代发展中,学术界一致接受的是单元起源分类系统,其中最有影响力的是依据被子植物祖先具有单性花的“假花学派”分类系统和被子植物祖先具有两性花的“真花学派”分类系统。真花学派分类系统获得中华古果化石作为证据支持,成为主流学派,当今国际上著名的克朗奎斯特、达赫格瑞、索恩和塔赫他间等分类系统都是真花学派分类系统。我国胡先骕和吴征镒建立的分类系统也都是真花学派分类系统。

本辞典使用的数字标准被子植物分类系统也属于真花学派分类系统。特点是双子叶比单子叶原始,多心皮类的木兰、毛茛群是原始类群。离瓣花类的五加科、伞形科等科是进化类群。合瓣花类的柿树科、杜鹃花科等科原始,菊科是最进化的类群。单子叶里多心皮的泽泻、花蔺类是原始群,风媒的禾本科和虫媒的兰科代表最进化的类群。

数字标准的被子植物分类系统(《世界维管植物》五十卷中的第一卷和第二卷,2010 年出版,青岛出版社;《植物科属大辞典》2012 年版,青岛出版社)构建的原理是,先把各家分类系统各科线性排列的绝对科号标准化转换成相对科号,计算不同分类系统中各个科,以相对科号表达进化水平的平均值,对所有分类系统里所有科相对科号的平均值重新排序,就得到数字标准的分类系统。

植物区系地理亦是系统发育研究不可或缺的内容。此前出版的《植物科属大辞典》(2022 年版,崇文书局、北京出版社)中提出过全球植物区系的“三区两带”分布模型。化石记录表明,被子植物起源于白垩纪早期。在白垩纪持续的七千万年里,被子植物即使以最慢速率传播,也可以一次或数次覆盖全球陆地范围,比被子植物早发生类群的传播更是如此。白垩纪继承古生代全球温暖气候,因此形成全球科属组成成分基本一致的泛球植物区系。

当今全球洲际植物科属种成分相似性比较结果中,科的相似性大于属的相似性,属的大于种。说明科级分类单位反映白垩纪孑遗植物区系格局,属级分类单位更多反映第三纪北半球气候变冷以来,南半球三大热带陆地被海洋隔离,以及被南北半球气候隔离,导致全球植物区系格局隔离分化的结果。只有极少数种级分类单位广布全球,大部分种都是各个大洲特有,大洲内各国特有比例一般也超过 50%。经验和事实都证明,洲际种级分类单位在经度方向传播距离大于纬度方向的传播距离。南北相邻的南—北美洲,非洲—欧洲以及大洋洲—亚洲之间的相似性,远远大于东西相邻的南半球三大热带陆地植物区系之间的相似性。种级分类单位在洲际植物区系格局，呈现南北大于东西的分布规律，正如达尔文在《物种起源》第 12 章地理分布中指出的，全球生物地理格局的区划首先是东西半球的划分。北半球存在一个泛球的寒温带植物区系，南半球却不存在泛热带植物区系。

《植物科属大辞典》（简明版）相当于世界首部高等植物科属百科全书。这篇后记也是对我研究历程、学术成果、科研思想的全面总结。如果能让读者朋友有所借鉴，我则幸甚。我所有的成就都离不开王文采先生的精心教诲，离不开中国科学院植物所标本馆这片沃土，离不开背后家人默默的支持和付出。值此出版之际，衷心铭感上苍对我学术人生的眷顾。

日月如梭，光阴似箭。如今我已年逾古稀，崇文书局和北京出版社联合出版的《植物科属大辞典》（简明版）可能是我学术生涯最后一部植物学专著了。我的老同学高继民最先策划出版了我的全球性植物专著系列，此次特意为本书题跋，其中多有过誉之词，令我惭愧难当，但也算是对我学术生涯的一个全面总结。我 1982 年从本科毕业，继而读研究生，开始专业研究植物分类学，至今四十余年，抚今思昔，感慨万千如斯：

忆昔陋庐庐中欢，
举座皆无白丁，
纵横古今谈系统，
笔墨文章里，
石破天也惊。
光阴荏苒心境平，
不求无过功名，
从来华夏出豪英，
环宇世界中，
自有英雄情。

傅德志
于北京香山
2024 年 3 月 20 日